DICCIONARIO DE INFORMÁTICA, TELECOMUNICACIONES Y CIENCIAS AFINES

DICTIONARY OF COMPUTING, TELECOMMUNICATIONS, AND RELATED SCIENCES

MARIO LEÓN

DICCIONARIO DE INFORMÁTICA, TELECOMUNICACIONES Y CIENCIAS AFINES

DICTIONARY OF COMPUTING, TELECOMMUNICATIONS, AND RELATED SCIENCES

INGLÉS - ESPAÑOL

SPANISH - ENGLISH

Diaz de Santos

BABEL 2000, S.A.

© Mario León, 2004

Reservados todos los derechos.

«No está permitida la reproducción total o parcial de este libro, ni su tratamiento informático, ni la transmisión de ninguna forma o por cualquier medio, ya sea electrónico, mecánico, por fotocopia, por registro u otros métodos, sin el permiso previo y por escrito de los titulares del Copyright.»

Ediciones Díaz de Santos, S. A.
Doña Juana I de Castilla, 22
28027 MADRID
www.diazdesantos.es/ediciones
ediciones@diaz desantos.es

Babel 2000, S. A.
c/ Peñascales 2, bajo Dcha.
28028 MADRID

ISBN: 84-7978-626-4
Depósito legal: M. 14.219-2004

Diseño de cubierta: Ángel Calvete
Fotocomposición: FER, S. A.
Impresión: Edigrafos, S. A.
Encuadernación: Rústica-Hilo, S. L.

Impreso en España

*A Sol Nogueras, en
agradecimiento por
la ofrenda de su
soledad en aras de
esta obra.*

To Sol Nogueras,
who offered
her loneliness
for the sake
of this volume.

EQUIPO DE COLABORADORES / TEAM OF COLLABORATORS:

Nacho Arrímarlo
Maurie Fitzgibbon
Nieves García Martín
Trinidad García Blázquez
Hans Gärtner
Beth Gelb
Claire Godfrey
Lidia Godoy
Walter Lockhart
Mabel Lus
Juan Pablo R. Nogueras
Belén Santana López
Mónica Tamariz
Yuli Vassíleva
Antonio Villalba

Y mi especial agradecimiento a Tere González Barreiro, amiga y colaboradora que ha intervenido en las múltiples fases de transcripción, organización, cotejo, depuración, definición y revisión que ha requerido esta obra a lo largo de los últimos años.

And my special appreciation to Tere González Barreiro, a friend and collaborator, who has intervened in the many stages of transcription, organisation, collation, correction, definition and revision that this work has required throughout the last years.

Reseña del autor

Mario León Rodríguez Román nació en Zamora (España) en 1947. Estudió Ciencias Económicas, Ciencias Políticas y Ciencias de la Información en la Universidad Complutense de Madrid. Comenzó su actividad de traductor técnico en 1966 y es intérprete simultáneo de conferencias desde 1973. Forma intérpretes y traductores desde 1982, en universidades y escuelas privadas. Ha publicado 5 diccionarios técnicos y el "Manual de Interpretación y Traducción" (en 2000). Es intérprete jurado de alemán, italiano y francés. Es gerente de la Fundación Europea de Bioelectromagnetismo y Ciencias de la Salud y profesor de Traducción e Interpretación en la Universidad Alfonso X El Sabio de Madrid.

CE: mario@sistelcom.com

About the author

Mario León Rodríguez Román was born in Zamora (Spain) in 1947. He studied economics, political science and journalism at the Universidad Complutense de Madrid. He began as a technical translator in 1966 and has been a simultaneous conference interpreter since 1973. He has been training interpreters and translators since 1982 in private schools and universities. He has published five technical dictionaries and the Manual de Interpretación y Traducción (Manual of Interpretation and Translation) (in 2000). He is a sworn interpreter of German, Italian and French. He is general manager of the European Foundation of Bioelectromagnetism and Health Sciences, and translation and interpretation university teacher in the Universidad Alfonso X El Sabio in Madrid.

e-mail: mario@sistelcom.com

INTRODUCTION

The mercurial development of electricity-related sciences and technology during the second half of the 20th century, disseminated primarily in English, has significantly disoriented the accurate use of Spanish technical terminology, undermining the univocal clarity required of all technical communication. Translations into Spanish of original English texts done in all good will by linguistically-naive, technical people, and the overuse of English terms in the language of communications has riddled Spanish with anglicisms. This has often duplicated already existing terminology and, what is more serious, it has distorted the original meaning in many cases.

The structure of the Queen's English has undergone similar distortion. Spelling differences and lexical reductions among English-speaking countries have, on occasion, led to confusion about the meaning of words.

The main bilingual lexicographic sources, particularly the various specialised dictionaries, abound in inaccuracies, contradictions, substandard forms and, to put it bluntly, gross errors. Such a situation is understandable in the genesis of a new science, as has been the case with electronics, telecommunications and especially information technology. The more exponentially a technology develops, greater will be the abundance of local terms, abbreviations, acronyms and jargon used by sub-sectors of sub-sectors, the meaning of which is only discernible for the initiated.

Information and Communications Technology is now, at least, in its adolescence. Today, information science is not just the computer, the war of the galaxies or the biochip; all sciences and all activities make use of its achievements. This dictionary attempts to bring a little order into the English and Spanish terminology. It focuses on the language roots, on the original meanings of the words and expressions and, particularly, on the clarity and modernity of the terms, but without sacrificing any of the wealth and variety of the language to usage. Indeed, this goal has been only partially achieved, since many gaps remain, scores of inaccuracies await clarification, numerous concepts need defining and countless doubts must be resolved.

Any aid that the user of this work can provide by way of comment, rectification, clarification, suggestion, definition, expansion or discussion will not only be welcome, but will also constitute one more step towards proper communication, to the benefit of all.

This DICTIONARY OF COMPUTING, TELECOMMUNICATIONS, AND RELATED SCIENCES: ENGLISH-SPANISH and SPANISH-ENGLISH, containing more than 80,000 entries and almost 100,000 meanings, and nearly 10,000 abbreviations and 6,000 definitions and explanations, is the result of experience accumulated during the last 20 years in specialised technical translation in the field and consultation of the main works recently published on these topics, as well as the explanations and resolution of many doubts by engineers, ICT specialists, experts and those that apply the techniques and systems in the sectors covered.

The dictionary justifies its polytechnic nature with scores of terms pertaining to related, specialised fields, such as radioactivity, alternative energies, teletransmission of data, telephony, electromedicine, weapons systems, telegraphy, signalling, thermoelectricity, radio broadcasting, nucleonics, laser, ultrasonics, acoustics, electricity, detection techniques, graphic arts, spectrography, air and space navigation, industrial processes, biomagnetism, satellites, interactive television, etc.

We trust that this work will prove its usefulness as a linguistic contribution to accuracy in technical communication. But, only you, esteemed reader, can confirm this.

Madrid, March 2004

INTRODUCCIÓN

El vertiginoso desarrollo de las ciencias y las técnicas relacionadas con la electricidad que ha tenido lugar en la segunda mitad del siglo XX, donde la difusión de conocimientos se ha producido fundamentalmente en idioma inglés, ha provocado una notable desorientación entre los usuarios del español a la hora de aplicar la terminología técnica con la precisión, la univocidad y la claridad que toda manifestación de índole técnica requiere. Las traducciones de textos originales ingleses al español, hechas con la mejor voluntad por técnicos no expertos en el lenguaje, y el empleo abusivo de términos ingleses en el lenguaje de las comunicaciones no sólo ha introducido anglicismos en el español, sino que muchas veces ha duplicado terminología existente y, lo que es más grave, ha provocado la distorsión del significado original en múltiples casos.

Con el idioma de la Dulce Albión ha sucedido algo parecido en lo que a distorsión gramatical se refiere. Las diferencias entre países de habla inglesa en la grafía y la expresión simplificada llegan en ocasiones a crear confusión sobre el significado de las palabras.

De hecho, las principales fuentes lexicográficas bilingües, sobre todo los distintos diccionarios del ramo, presentan una sorprendente profusión de imprecisiones, contradicciones, barbarismos y, dicho llanamente, errores de bulto. Tal situación es comprensible en la génesis de una nueva ciencia, como ha sido el caso de la electrónica, las telecomunicaciones y sobre todo la informática. Cuanto más exponencial se vuelve el desarrollo técnico, tanto más se incrementan los localismos, las abreviaturas, las siglas y los términos empleados por subsectores de subsectores cuyo significado sólo se les alcanza a los iniciados.

La informática ha entrado, cuanto menos, en la etapa de la adolescencia. Hoy no sólo es informática el ordenador, la guerra de las galaxias o el biochip, sino que todas las ciencias y todas las actividades usufructúan sus logros. Por eso, con este diccionario hemos tratado de poner un poco de orden en la terminología inglesa y española, centrándonos en las raíces lingüísticas, en los significados primigenios de las palabras y las expresiones y, sobre todo, en la claridad y modernidad de los términos, pero sin sacrificar nada de la riqueza y variedad del lenguaje al uso. Cierto que esa meta se ha logrado sólo en parte, pues aún quedan muchas lagunas por cubrir, muchas imprecisiones por aclarar, muchos conceptos por definir y muchas dudas por resolver.

Cualquier ayuda que el usuario de esta obra pueda aportar en forma de comentario, rectificación, aclaración, sugerencia, definición, ampliación o discusión no solo será bien recibida, sino que supondrá un paso más hacia la correcta comunicación, lo que redundará en bien de todos.

El presente DICCIONARIO DE INFORMÁTICA, TELECOMUNICACIONES Y CIENCIAS AFINES INGLÉS-ESPAÑOL y ESPAÑOL-INGLÉS, que engloba más de 80.000 entradas y 100.000 acepciones, así como casi 10.000 abreviaturas y 6.000 definiciones y aclaraciones, es el resultado de la experiencia recopilada durante los últimos 20 años en la traducción técnica especializada en la materia y de la consulta de las principales obras aparecidas recientemente en el mercado sobre estos temas, así como de la explicación y resolución de muchas dudas por ingenieros, informáticos, expertos y aplicadores de técnicas y sistemas de los sectores abarcados.

El diccionario justifica su carácter politécnico porque se han añadido numerosos términos de ramos afines y especializados, como por ejemplo radiactividad, energías alternativas, teletransmisión de datos, telefonía, electromedicina, sistemas de armas, telegrafía, señalización, termoelectricidad, radiodifusión, nucleónica, láser, ultrasónica, acústica, electricidad, técnicas de detección, artes gráficas, espectrografía, navegación aérea y espacial, procesos industriales, biomagnetismo, satélites, televisión interactiva, etc.

Confiamos en que esta obra demuestre su utilidad como aportación lingüística a la precisión en la comunicación técnica. Pero sólo usted, lector, podrá confirmarlo.

Madrid, marzo de 2004

METHODOLOGICAL ORGANISATION OF THE DICTIONARY

This dictionary has three types of entries:

a) **terms**: words that designate a concept,
b) **expressions**: concepts expressed with several words,
c) **abbreviations**: terms or expressions with shortened spelling.

In addition, a few acronyms (combinations of letters of proper nouns) of organisms or companies amply known in the sector are included as well as the main symbols (units, chemical elements, etc.). To simplify, we refer to the overall set of these items as "abbreviations". There are also some trade marks that, on occasion, are used erroneously as common nouns.

The following fundamental criteria have been applied throughout:

1 - For the English terms, we have attempted to distinguish between those applied in the United Kingdom and in the United States of North America. When two different words are used to designate the same thing in the two nations, both words are given with the relevant indication of their scope of use. In expressions, both variations are included when the expression begins with the word that differs on each side of the Atlantic. Sometimes, we abbreviate the indication of two possible spellings, for example *therm(o)ionic*. In Spanish, we have tended towards the more modern expression, for example, in the case of the prefix "trans", which allows omitting the letter "n". Examples:

transceptor	=	trasceptor
transconexión	=	trasconexión
transductor	=	trasductor
transferencia	=	trasferencia
translación	=	traslación
transmisor	=	trasmisor
transporte	=	trasporte
etc.		etc.

2 - Explanations in the text appear between square brackets and in italics. Examples:

tacitron | tacitrón [*tiratrón en el que la acción de la rejilla puede detener la corriente anódica*]

tail [*of a list*] | extremo final [*de una lista*]

3 - To save space and streamline consultation, brevity slightly encroaches on integrity. We have crimped the meanings whenever possible without sacrificing clarity. That is:

a) Words or letters in brackets indicate that the meaning can be expressed with or without them.

ORGANIZACIÓN METODOLÓGICA DEL DICCIONARIO

Este diccionario considera tres tipos de entradas:

a) **términos**: palabras que designan un concepto,
b) **expresiones**: conceptos expresados con varias palabras,
c) **abreviaturas**: términos o expresiones con grafía resumida.

Además se incluyen unas pocas siglas (combinación de letras de nombres propios) de organismos o empresas ampliamente conocidas en el sector y los principales símbolos (unidades, elementos químicos, etc.). Para simplificar, nos referimos al conjunto de estas voces como "abreviaturas". También figuran algunas marcas comerciales que en ocasiones se usan erróneamente como nombre común.

Para la confección de la obra se han aplicado los siguientes criterios fundamentales:

1º - En los términos de habla inglesa se ha intentado diferenciar entre los aplicados en el Reino Unido y en los Estados Unidos de América del Norte. Cuando en ambas naciones se emplean respectivamente dos palabras diferentes para designar la misma cosa, figuran las dos palabras con la correspondiente indicación de su ámbito de empleo. En las expresiones se ha optado por la inclusión de ambas variantes cuando la expresión comienza con la palabra en cuestión. A veces reflejamos dos posibles grafías de modo abreviado, por ejemplo *therm(o)ionic*. En el español hemos tendido a la expresión más moderna, como por ejemplo en el caso del prefijo "trans", del que puede omitirse la letra "n". Así, por ejemplo, figuran:

transceptor	=	trasceptor
transconexión	=	trasconexión
transductor	=	trasductor
transferencia	=	trasferencia
translación	=	traslación
transmisor	=	trasmisor
transporte	=	trasporte
etc.		etc.

2º - Las explicaciones aparecen en el texto entre corchetes y en letra cursiva. Ejemplos:

tacitron | tacitrón [*tiratrón en el que la acción de la rejilla puede detener la corriente anódica*]

tail [*of a list*] | extremo final [*de una lista*]

3º - Hemos procurado evitar la pérdida de tiempo y espacio a la hora de consultar la obra, sacrificando en parte la brevedad a la integridad. Para ello, hemos engatillado las acepciones siempre que ha sido posible sin menoscabo de la claridad. Es decir:

a) Las palabras o letras que figuran entre paréntesis indican que la acepción se puede expresar con ellas o sin ellas.

Examples:

tra(n)sformador	is the same as:	trasformador transformador
flecha (de cable)	is the same as:	flecha flecha de cable
modo (de funcionamiento) saturado	is the same as:	modo saturado modo de funcionamiento saturado
generación de (onda en) dientes de sierra	is the same as:	generación de dientes de sierra generación de onda en dientes de sierra

b) Within a pair of brackets, the word or words that come after a slash "/" comprise the option that replaces the last word preceding the brackets. Examples:

línea tanque (/de cuarto de onda)	is the same as:	línea tanque línea de cuarto de onda
agente reactivo (/desplazante) salino	is the same as:	agente reactivo salino agente desplazante salino
escala (/densidad, /grado, /nivel) de integración	is the same as:	escala de integración densidad de integración grado de integración nivel de integración

c) Conventions a) and b) can also be combined, for example:

borne (/borna, /terminal) de (puesta a) tierra	is the same as:	borne de tierra borna de tierra terminal de tierra borne de puesta a tierra borna de puesta a tierra terminal de puesta a tierra

4º - In the Spanish part, more commonly used terms take precedence over localisms, although many of the latter are also included. Nevertheless, we have tried to avoid deformations of Spanish arising from substandard forms (e. gr.: "*desfasaje*" for "desfase", "*pulso*" for "impulso", "*conteo*" for "recuento", "*falla*" for "fallo", etc.).

5 - Abbreviations appear with their corresponding meaning (when they have one), as well as the meaning itself as an independent entry. When the abbreviation of the entry is based on another language, but has an equivalent explanation in the source language, this is indicated in square brackets.

Ejemplos:

tra(n)sformador	equivale a:	trasformador transformador
flecha (de cable)	equivale a:	flecha flecha de cable
modo (de funcionamiento) saturado	equivale a:	modo saturado modo de funcionamiento saturado
generación de (onda en) dientes de sierra	equivale a:	generación de dientes de sierra generación de onda en dientes de sierra

b) Dentro de un paréntesis, la palabra o palabras que figuran después de una barra "/" son la opción que sustituye a la última palabra que precede al paréntesis. Ejemplos:

línea tanque (/de cuarto de onda)	equivale a:	línea tanque línea de cuarto de onda
agente reactivo (/desplazante) salino	equivale a:	agente reactivo salino agente desplazante salino
escala (/densidad, /grado, /nivel) de integración	equivale a:	escala de integración densidad de integración grado de integración nivel de integración

c) Las grafías a) y b) también pueden aparecer combinadas, por ejemplo:

borne (/borna, /terminal) de (puesta a) tierra	equivale a:	borne de tierra borna de tierra terminal de tierra borne de puesta a tierra borna de puesta a tierra terminal de puesta a tierra

4º - En la parte española ha primado la terminología de uso más común sobre los localismos, aunque muchos también figuran. Sin embargo se han tratado de evitar las deformaciones del español causadas por barbarismos (p.e. "*desfasaje*" por "desfase", "*pulso*" por "impulso", "*conteo*" por "recuento", "*falla*" por "fallo", etc.).

5º - Las abreviaturas aparecen con su significado correspondiente (cuando lo tienen), además de figurar también el propio significado como entrada independiente. Cuando la abreviatura de la entrada corresponde a un tercer idioma, pero en el idioma de partida tiene una explicación equivalente, así se indica entre corchetes.

Examples:

>**SEC** = secondary electron conduction | SEC [*conducción por electrones secundarios*]
>
>**sec.** = second [USA] | s = segundo
>
>**SECAM** = Systéme électronique couleur avec mémoire (*fra*) [*French colour television broadcasting system*] | SECAM [*sistema francés de televisión en color*]

6 - The gender of words is not indicated, as is customary in English-Spanish bilingual dictionaries.

7 - We have eluded plurals in words and expressions as much as possible.

8 - Verbs are entered in the infinitive. In the English-Spanish part, all the verbs appear under the letter "T", preceded by "to". Many of them, however, are also listed under the corresponding letters (particularly when they can function as another part of speech).

9 - The principle of conciseness without sacrificing integrity led us to leave out descriptive phrases made up of more than one expression.

ALPHABETICAL ORDER

We have systematically placed lower case before upper case letters (naturally, this is only relevant when the whole set of letters of the entries is the same). For example:

>**pH** [*grado de acidez*]
>**pH** = picohenrio
>**Ph** = fonio

When the set of letters of more than one entry is the same, pure sets are placed before others that contain non-orthographic symbols. For example:

>**SD** [*densidad de escritura sencilla*]
>**SD** = señal digital
>**S/D** [*anuncio de apagar el trasmisor*]
>**SDF** [*repartidor de supergrupo (/grupo secundario)*]

Ejemplos:

> **SEC** = secondary electron conduction | SEC [*conducción por electrones secundarios*]
>
> **sec.** = second [USA] | s = segundo
>
> **SECAM** = Systéme électronique couleur avec mémoire (*fra*) [*French colour television broadcasting system*] | SECAM [*sistema francés de televisión en color*]

6º - Se ha prescindido de indicar los géneros de las palabras, como es usual en los diccionarios bilingües de inglés y español.

7º - Se ha intentado eludir en lo posible el plural en palabras y expresiones.

8º - Las entradas que son verbos figuran en infinitivo. En la parte Inglés-Español, todos los verbos aparecen en la letra "T", precedidos por "to", aunque muchos de ellos también se encuentran en las letras correspondientes (sobre todo cuando su significado puede ser un verbo o un sustantivo).

9º - Se ha buscado siempre la concisión dentro de la integridad. Es decir, se ha procurado omitir las frases descriptivas compuestas de varias expresiones.

EL ORDEN ALFABÉTICO

Por principio hemos colocado primero las letras minúsculas y después las mayúsculas (como es natural, esto sólo tiene relevancia cuando el conjunto de letras de las entradas es el mismo). Por ejemplo:

> **pH** [*grado de acidez*]
> **pH** = picohenrio
> **Ph** = fonio

A igual conjunto de letras, primero va el conjunto puro y después el mismo conjunto con signos ortográficos. Por ejemplo:

> **SD** [*densidad de escritura sencilla*]
> **SD** = señal digital
> **S/D** [*anuncio de apagar el trasmisor*]
> **SDF** [*repartidor de supergrupo (/grupo secundario)*]

English-Spanish part

The alphabetical order of the English entries follows the criteria of *The Concise Oxford Dictionary*. That is, the whole entry is considered a continuous string of letters, without taking into account blank spaces or non-orthographic symbols (with the same combination of letters, pure strings are placed before those that contain symbols).

Examples:
ATVM = attenuator thermoelement volt-meter | ATVM [*voltímetro con termoelemento atenuador*]
at zero potential | separación galvánica
Au = gold | Au = oro
AU = arithmetic unit | UA = unidad aritmética
a.u. = astronomical unit | u.a. = unidad astronómica [*1 u.a. = 1,495 × 108 km*]
audibility | audibilidad

or:
wattless power | potencia desvatada (/reactiva)
watt loss | pérdida de potencia
wattmeter | vatímetro
wattmeter bridge | puente vatimétrico
watt per steradian | vatio por esterradián
WATTS = World administrative...

Spanish-English part

The non-orthographic symbols that appear between words or between an abbreviation and a word are not considered for purposes of alphabetical ordering. Otherwise, we have applied Spanish international alphabetical order.

For example, for alphabetical order:

"*c.c./c.a.*" is considered the same as "*ccca*"
"*positivo-negativo*" is considered the same as "*positivo negativo*"
"*amplificador PNP-NPN*" is considered the same as "*amplificador PNPNPN*"
etc.

Consequently, these examples have been ordered thus:

activo
A/CTL
actuación

activado
activado/desactivado
activado por energía acústica

acoplamiento entre válvulas
acoplamiento E/S
acoplamiento espín-espín

cc = copia por calco
CC = control de calidad
c.c. = corriente continua

Likewise, lower case letters take precedence over upper case letters. For example:

agujero terminal
aH
A/h
AHFR
ahogar

or:

CAC
c.a./c.c.
caché

Parte inglés-español

Para establecer el orden alfabético de las entradas inglesas nos hemos guiado por The Concise Oxford Dictionary. Es decir, la entrada completa se considera una sucesión continua de letras, sin tener en cuenta los espacios en blanco ni los signos ortográficos que incluyan (a igual combinación de letras, primero va la combinación pura y luego la que tiene signos).

Ejemplos:
    ATVM = attenuator thermoelement volt-meter | ATVM [*voltímetro con termoelemento atenuador*]
    at zero potential | separación galvánica
    Au = gold | Au = oro
    AU = arithmetic unit | UA = unidad aritmética
    a.u. = astronomical unit | u.a. = unidad astronómica [*1 u.a. = 1,495 × 108 km*]
    audibility | audibilidad

o bien:
    wattless power | potencia desvatada (/reactiva)
    watt loss | pérdida de potencia
    wattmeter | vatímetro
    wattmeter bridge | puente vatimétrico
    watt per steradian | vatio por esterradián
    WATTS = World administrative...

Parte español-inglés

Los signos ortográficos que aparecen en las entradas unen abreviaturas entre sí, pero a efectos de alfabetización no se consideran cuando aparecen entre palabras o entre una abreviatura y una palabra. Por lo demás, hemos aplicado la alfabetización española internacional.

Por ejemplo, para la alfabetización se considera:

"*c.c./c.a.*" como si fuera "*ccca*"
"*positivo-negativo*" como si fuera "*positivo negativo*"
"*amplificador PNP-NPN*" como si fuera "*amplificador PNPNPN*"
etc.

Por eso, en la alfabetización se ha procedido como indican estos ejemplos:

activo	activado
A/CTL	activado/desactivado
actuación	activado por energía acústica
acoplamiento entre válvulas	**cc** = copia por calco
acoplamiento E/S	**CC** = control de calidad
acoplamiento espín-espín	**c.c.** = corriente continua

También se ha dado prelación a las minúsculas sobre las mayúsculas. Por ejemplo:

agujero terminal	o bien:	CAC
aH		c.a./c.c.
A/h		caché
AHFR		
ahogar		

GEOGRAPHICAL DIFFERENCES

Technical documents published or translated in America often contain terms that differ from the established general usage of Spanish, or with meanings that are not used in Spain or, in the case of English, in the United Kingdom. This dictionary attempts to reflect the main differences, eliminating the words that may not be understood the same by most Spanish speakers or English speakers respectively.

Based on the Diccionario de la Lengua Española de la Real Academia and the Vocabulario Científico y Técnico de la Real Academia de Ciencias Exactas, Físicas y Naturales, we have generally given the following terms and expressions in their European form when the meaning is identical to that of the American form:

American term	Spanish term	American term	Spanish term
acarreo	transporte, avance	falla	fallo
acoplo	acoplamiento	fisión	escisión, fisión
aislación	aislamiento	focalización	enfoque
almacenaje	almacenamiento	fototubo	fotoválvula
altoparlante	altavoz	guiado	dirigido
ampere	amperio	hertz	hercio
amperios-vueltas	amperio vueltas	humección	humectación
arrancador	arranque	intercepción	interceptación
baud	baudio	jack	clavija
busca	búsqueda	lasca	pastilla, chip
cablería	cableado	magnetostricción	magnetoestricción
caldeo	calentamiento, calefacción	mapeado	con mapa
capacitancia	capacidad, condensador	marcaje	marcado
cascode	de dos etapas	píldora	pastilla
cassette	casete	preénfasis	preacentuación, preamplificación
choque	bobina de autoinducción, transformador reductor	puesta en trabajo	puesta en funcionamiento
coaxil	coaxial	pulso	impulso
compás	brújula	quasar	cuasar
compresible	comprimible	radioactividad	radiactividad
computador	ordenador	radomo	cúpula
cómputo	cálculo, recuento	rango	gama, banda
conductibilidad	conductividad	reflexividad	reflectividad
contactor	contacto, enchufe, conector	resistor	resistencia
contaje	recuento	responsividad	capacidad de respuesta
conversor	convertidor	rómbico	romboidal
decodificador	descodificador	scanner	escáner, explorador (por barrido)
demanda	petición		
demodulador	desmodulador	selectancia	selectividad
desacoplo	desacoplamiento	sensitividad	sensibilidad
desfasaje	desfase	sexagesimal	hexagesimal
deswatado	desvatado	solape	solapamiento
diagnosis	diagnóstico	sondaje	sondeo
doblador	duplicador	susceptancia	susceptibilidad
electrización	electrificación	tarificar	tarifar
emisivo	emisor	tubo	válvula (electrónica)
espiga	clavija	volt	voltio
evento	acontecimiento, incidencia, incidente	watt	vatio

TERMINOLOGÍA COMPARADA

En la documentación técnica publicada o traducida en América aparecen con frecuencia términos coloquiales que difieren de la gramática establecida para el uso general del español, o cuya acepción no se utiliza en España o, en el caso del inglés, en el Reino Unido. En el presente diccionario hemos tratado de reflejar las principales diferencias, eliminando las voces que pueden no ser entendidas por igual por la mayoría de hispanoparlantes o angloparlantes respectivamente.

Basándonos en el Diccionario de la Lengua Española de la Real Academia y en el Vocabulario Científico y Técnico de la Real Academia de Ciencias Exactas, Físicas y Naturales, en español hemos aplicado en general los siguientes términos y expresiones en su forma europea cuando su significado es idéntico a la forma americana:

Término americano	Término español	Término americano	Término español
acarreo	transporte, avance	falla	fallo
acoplo	acoplamiento	fisión	escisión, fisión
aislación	aislamiento	focalización	enfoque
almacenaje	almacenamiento	fototubo	fotoválvula
altoparlante	altavoz	guiado	dirigido
ampere	amperio	hertz	hercio
amperios-vueltas	amperio vueltas	humección	humectación
arrancador	arranque	intercepción	interceptación
baud	baudio	jack	clavija
busca	búsqueda	lasca	pastilla, chip
cablería	cableado	magnetostricción	magnetoestricción
caldeo	calentamiento, calefacción	mapeado	con mapa
capacitancia	capacidad, condensador	marcaje	marcado
cascode	de dos etapas	píldora	pastilla
cassette	casete	preénfasis	preacentuación, preamplificación
choque	bobina de autoinducción, transformador reductor	puesta en trabajo	puesta en funcionamiento
coaxil	coaxial	pulso	impulso
compás	brújula	quasar	cuasar
compresible	comprimible	radioactividad	radiactividad
computador	ordenador	radomo	cúpula
cómputo	cálculo, recuento	rango	gama, banda
conductibilidad	conductividad	reflexividad	reflectividad
contactor	contacto, enchufe, conector	resistor	resistencia
contaje	recuento	responsividad	capacidad de respuesta
conversor	convertidor	rómbico	romboidal
decodificador	descodificador	scanner	escáner, explorador (por barrido)
demanda	petición		
demodulador	desmodulador	selectancia	selectividad
desacoplo	desacoplamiento	sensitividad	sensibilidad
desfasaje	desfase	sexagesimal	hexagesimal
deswatado	desvatado	solape	solapamiento
diagnosis	diagnóstico	sondaje	sondeo
doblador	duplicador	susceptancia	susceptibilidad
electrización	electrificación	tarificar	tarifar
emisivo	emisor	tubo	válvula (electrónica)
espiga	clavija	volt	voltio
evento	acontecimiento, incidencia, incidente	watt	vatio

The same criterion generally applies for the following terms, presented for the purpose of illustration, although, in these cases, both terms of most of the pairs are listed, indicating their scope of use:

American term	British term	American term	British term
airplane	aeroplane	disk	disc
allotter	alloter	distill	distil
analog	analogue	gage	gauge
analyzer	analyzer, analyser	gram	gramme
antenna	aerial	ground	earth
armor	armour	hologram	hologramme
barreling	barrelling	leveling	levelling
behavior	behaviour	license	licence
bullhorn	loudhailer	meter	metre (*unit*)
caliber	calibre		meter (*instrument*)
calk	caulk	nucleus	nucleous
catalog	catalogue	plate	anode
center	centre	program	programme
cesium	caesium	signaling	signalling
color	colour	sulfide	sulphide
dialer	dialler	tube	(electronic) valve
diopter	dioptre	vapor	vapour

In addition, many words ending in "gramme" (British spelling) appear here ending in "gram" (US spelling), or both are given. For the duplication of the final consonant before suffixes, the British norm is followed. In any case, we have tried to give the most common spelling, which sometimes causes inconsistencies.

Finally yet importantly, for compound words written with a hyphen or as two words, we have often opted to join them, deleting the hyphen. Here are some examples:

Accepted form	Form given here
actino-uranium	actinouranium
air-burst	airburst
air-tight	airtight
audio-frequency	audiofrequency
audio-level	audiolevel
back-up	backup
band gap	bandgap
band pass	bandpass
band width	bandwidth
change-over	changeover
cross-section	cross section
cut-off	cutoff
feed-out	feedout
take-off	takeoff
... and many others.	

El mismo criterio se ha seguido, en general, para los siguientes términos, presentados a título de ejemplo, aunque en este caso figura la mayoría de las dos versiones con la indicación de su correspondiente ámbito de uso:

Término americano	Término inglés	Término americano	Término inglés
airplane	aeroplane	disk	disc
allotter	alloter	distill	distil
analog	analogue	gage	gauge
analyzer	analyzer, analyser	gram	gramme
antenna	aerial	ground	earth
armor	armour	hologram	hologramme
barreling	barrelling	leveling	levelling
behavior	behaviour	license	licence
bullhorn	loudhailer	meter	metre (*unit*)
caliber	calibre		meter (*instrument*)
calk	caulk	nucleus	nucleous
catalog	catalogue	plate	anode
center	centre	program	programme
cesium	caesium	signaling	signalling
color	colour	sulfide	sulphide
dialer	dialler	tube	(electronic) valve
diopter	dioptre	vapor	vapour

Además, muchas palabras terminadas en "gramme" (grafía inglesa) aparecen aquí terminadas en "gram" (grafía estadounidense), o indicando ambas. La desinencia "ling" se suele añadir a la raíz completa (forma inglesa). De todos modos se ha tratado de reflejar la grafía más al uso, lo que a veces origina inconsistencias.

Finalmente, en las palabras compuestas que a veces se escriben con guión o separadas también hemos optado con frecuencia por la unión de sus componentes y la eliminación de guiones. He aquí algunos ejemplos:

Forma admitida	Forma aquí aplicada
actino-uranium	actinouranium
air-burst	airburst
air-tight	airtight
audio-frequency	audiofrequency
audio-level	audiolevel
back-up	backup
band gap	bandgap
band pass	bandpass
band width	bandwidth
change-over	changeover
cross-section	cross section
cut-off	cutoff
feed-out	feedout
take-off	takeoff
... y otras muchas.	

ABBREVIATIONS USED BY THE AUTHOR:

ale.	= German
AM/FM	= amplitude modulation/frequency modulation
Aviac.	= aviation, aeronautics
CA/CC	= alternating current/continuous current
Cont.	= accounting
esp.	= Spanish
fam.	= word used colloquially in the sector
Fot.	= photography
fra.	= French
Hispan.	= Spanish America; word used in one or more Spanish American countries
Inf.	= data processing
lat.	= Latin
Mat.	= mathematics
Med.	= medicine
Min.	= mining
Neol.	= coined word
Nucl.	= nucleonics
Obs.	= obsolete term
Telef.	= telephony
Teleg.	= telegraphy
TV	= television
UK	= United Kingdom, entry used in the United Kingdom
USA	= United States of America, entry used in the U.S.A.

ABREVIATURAS UTILIZADAS POR EL AUTOR:

ale.	= alemán
AM/FM	= amplitud modulada/frecuencia modulada
Aviac.	= aviación, aeronáutica
CA/CC	= corriente alterna/corriente continua
Cont.	= contabilidad
esp.	= español
fam.	= voz usada familiarmente en el sector
Fot.	= fotografía
fra.	= francés
Hispan.	= Hispanoamérica; voz usada en algún o algunos países hispanoamericanos
Info.	= informática
lat.	= latín
Mat.	= matemáticas
Med.	= medicina
Min.	= minería
Neol.	= neologismo
Nucl.	= nucleónica
Obs.	= término obsoleto
Telef.	= telefonía
Teleg.	= telegrafía
TV	= televisión
UK	= United Kingdom, entrada utilizada en el Reino Unido
USA	= United States of America, entrada usada en los EEUU

PRIMERA PARTE:

INGLÉS - ESPAÑOL

FIRST PART:

ENGLISH - SPANISH

A

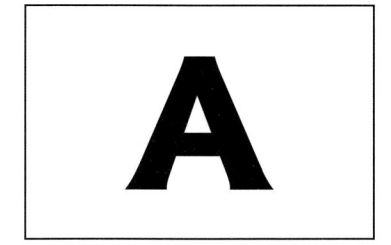

A = ampere | A = amperio
A: [*identifier used for the first disc drive*] | A: [*identificador de primera unidad de disco*]
AA = all after | todo después
AA = automated attendant feature | OA = operadora automática
AAA server = authentication, authorization, and accounting server | servidor AAA [*servidor de verificación, autorización y facturación*]
AAC = advanced audio coder | AAC [*codificador de audio avanzado*]
AAI = angle of approach indicator | AAI [*indicador del ángulo de aproximación*]
AAL = ATM adaptation layer | AAL [*capa de adaptación ATM*]
AAR = Australia antigen radioimmunoessay | AAR [*radioinmunoensayo para (determinar) el antígeno Australia*]
AARR = Argonne advanced research reactor | AARR [*reactor de investigación avanzado del ANL*]
AAWS = automatic attack warning system | AAWS [*sistema automático de alarma de ataque*]
abac | ábaco; nomograma
abampere | abamperio [*unidad de intensidad de corriente eléctrica en el sistema CGS*]
abandoned call | llamada abandonada
A battery [USA] | batería de encendido (/filamentos)
abbreviated dialling | marcación abreviada
abbreviated form of message | forma abreviada de mensaje
abbreviated ringing | llamada abreviada
ABC = Atanasoff-Berry computer | ABC [*ordenador de Atanasoff-Berry*]
ABC = automatic brightness control | ABC [*control automático de brillo*]
abcoulomb | abculombio [*unidad de carga eléctrica en el sistema CGS*]
Abelian group | grupo abeliano (/conmutativo)

abend = abnormal end (of operation) | fin anormal del funcionamiento, finalización anormal [*de un proceso*]
aberration | aberración
abfarad | abfaradio [*unidad de capacidad eléctrica en el sistema CGS*]
abhenry | abhenrio [*unidad de inductancia eléctrica en el sistema CGS*]
ABI = application binary interface | ABI [*interfaz binaria de aplicaciones*]
ABIOS = advanced basic input/output system | ABIOS [*sistema básico avanzado de entrada/salida*]
ablation | ablación
ablative | ablativo
abmho | abmho [*unidad de conductancia eléctrica en el sistema CGS*]
abnormal | anormal
abnormal end | fin anormal [*del funcionamiento*], finalización anormal [*de un programa o proceso*]
abnormal glow | luminiscencia anormal (/esporádica), brillo (/descarga luminosa) anormal
abnormal propagation | propagación anormal
abnormal radiation | radiación anormal
abnormal reflection | reflexión anormal
abnormal termination | finalización (/terminación) anormal
A board | cuadro (de salida) en posición A
A board toll operation | establecimiento de comunicaciones interurbanas por operadora local en posición A
abode of the addressee | domicilio del destinatario
abohm | abohmio [*unidad de resistencia eléctrica en el sistema CGS*]
A bomb = atomic bomb | bomba A = bomba atómica
A-Bone = Asian-Pacific Internet backbone | A-Bone [*red principal de internet para Asia y el Pacífico*]
abort [*abruptly termination of a program or procedure*] | aborto [*terminación abrupta de un programa o proceso*]

abort, to - | cancelar, terminar anormalmente, cortar la comunicación; [*to interrupt a process*] abortar [*interrumpir un proceso*]
about | acerca de
about help | sobre la ayuda
AB pack [USA] | unidad de alimentación AB
AB power pack [USA] | unidad de alimentación AB
ABR = automatic bit rate detection | ABR [*detección automática de la velocidad de trasmisión en baudios*]
abrading | amolado
abrasion machine | máquina de abrasión
abrasion resistance | resistencia a la abrasión
abrasion soldering | soldadura por abrasión
abrasive cutoff machine | tronzadora de muela
abrasive trimming | ajuste por abrasión
abridged spectrophotometry | espectrofotometría reducida
ABS = alternate billing service | ABS [*servicio de abono alternativo*]
ABS = anti block system | ABS [*sistema de antibloqueo electrónico*]
abscissa | abscisa
absence-of-earth searching selector | selector de búsqueda de falta de tierra
absent subscriber | abonado ausente
absolute | absoluto
absolute accuracy | precisión absoluta
absolute address | dirección absoluta (/directa, /real)
absolute addressing | direccionamiento absoluto
absolute altimeter | altímetro absoluto
absolute altitude | altitud absoluta
absolute ampere | amperio absoluto
absolute apparatus | aparato absoluto
absolute block | bloqueo absoluto
absolute calibration | calibración absoluta

absolute category rating | índice de categoría absoluto [*en calidad de codificadores*]
absolute ceiling | techo absoluto
absolute code | código absoluto
absolute coding | codificación absoluta (/real)
absolute coordinates | coordenadas absolutas (/cartesianas)
absolute cutoff frequency | frecuencia absoluta de corte
absolute delay | retardo absoluto
absolute device | dispositivo de valor absoluto
absolute digital position transducer | trasductor de posición digital absoluto
absolute drift | deriva absoluta
absolute efficiency | rendimiento absoluto
absolute electrode potential | tensión absoluta del electrodo
absolute error | error absoluto
absolute frequency meter | frecuencímetro absoluto
absolute gain of the aerial | ganancia absoluta de la antena
absolute humidity | humedad absoluta
absolute instruction | instrucción absoluta
absolute language | lenguaje absoluto
absolute level | nivel absoluto
absolute loader | cargador absoluto
absolute maximum rating | límites máximos absolutos
absolute maximum supply voltage | tensión de alimentación máxima absoluta
absolute minimum resistance | resistencia mínima absoluta
absolute path | ruta absoluta (/completa)
absolute peak | punta absoluta
absolute Peltier coefficient | coeficiente absoluto de Peltier
absolute permeability | permeabilidad absoluta
absolute pitch | altura de tono absoluta
absolute pointing device | dispositivo de marcado absoluto [*para posicionamiento de un elemento en función de la posición del cursor*]
absolute power | potencia absoluta
absolute power level | nivel absoluto de potencia
absolute pressure | presión absoluta
absolute pressure pick-up | trasductor de presión absoluta
absolute pressure transducer | trasductor de presión absoluta
absolute radio frequency number | número de radiofrecuencia absoluta
absolute scale | escala absoluta
absolute Seebeck coefficient | coeficiente de Seebeck absoluto
absolute sensitivity | sensibilidad absoluta
absolute spectral response | respuesta espectral absoluta
absolute stop signal | señal de parada absoluta
absolute system of Gauss | sistema absoluto de Gauss
absolute system of units | sistema de unidades fundamentales
absolute temperature | temperatura absoluta
absolute temperature scale | escala de temperatura absoluta
absolute tolerance | tolerancia absoluta
absolute unit | unidad absoluta
absolute value | valor absoluto
absolute value device | instrumento de valor absoluto
absolute voltage level | valor absoluto de tensión
absolute zero | cero absoluto
absorbance | capacidad de absorción, absorbancia; extinción
absorbed | absorbido
absorbed dose | dosis absorbida
absorbed dose integral | integral de la absorbente
absorbed dose rate | velocidad de absorción de dosis, dosis por unidad de tiempo
absorbed wave | onda absorbida
absorbency | absorbancia, capacidad de absorción; extinción
absorber | absorbedor; absorbente
absorber circuit | circuito de absorción
absorber circuit factor | relación de circuito absorbente
absorber control | control por absorbente
absorbing | absorbente
absorbing capacity | capacidad de absorción
absorbing filter | filtro absorbente
absorbing screen | pantalla absorbente
absorptance | capacidad de absorción, absorbancia; extinción
absorptiometer | absorciómetro
absorption | absorción; amortiguación
absorption analysis | análisis de absorción
absorption attenuation | atenuación por absorción
absorption attenuator | atenuador de absorción
absorption band | banda de absorción
absorption cell | cubeta de absorción
absorption chamber | cámara de absorción
absorption circuit | circuito de absorción
absorption coefficient | coeficiente de absorción
absorption continuum | continuo de absorción
absorption control | control por absorción
absorption cross section | sección eficaz de absorción
absorption current | corriente de absorción
absorption curve | curva de absorción
absorption discontinuity | discontinuidad de absorción
absorption dynamometer | dinamómetro de absorción
absorption edge | discontinuidad (/corte, /borde, /límite) de absorción
absorption factor | factor de absorción
absorption fading | atenuación por absorción
absorption filter | filtro de absorción
absorption frequency meter | frecuencímetro de absorción
absorption half-value thickness | espesor de absorción al valor mitad, capa de absorción del 50%
absorption index | índice de absorción
absorption law | ley de absorción
absorption length | longitud de absorción
absorption limit | límite de absorción
absorption line | línea de absorción
absorption loss | pérdida por absorción
absorption marker | señal de absorción
absorption maximum | máximo de absorción
absorption measurement | medición por absorción
absorption mesh | red de absorción, malla absorbente
absorption modulation | modulación por absorción
absorption of charged particles | absorción de partículas cargadas (/con carga)
absorption of light | absorción de luz
absorption peak | pico (/cresta) de absorción
absorption spectrum | espectro de absorción
absorption spectrum analysis | análisis espectral por absorción
absorption trap | trampa de absorción, circuito de amortiguamiento
absorption type wavemeter | ondámetro de absorción
absorption wavemeter | ondámetro de absorción, medidor de la longitud de onda por absorción
absorptive attenuator | atenuador de absorción
absorptivity | capacidad de absorción, absortividad
abstract | resumen; símbolo comodín [*en sistemas de reconocimiento de caracteres*]
abstract class | clase abstracta [*clase en la que no se pueden crear objetos (en programación orientada al objeto)*]
abstract data type | tipo de datos abstracto
abstract family of languages | familia abstracta de lenguajes
abstraction | abstracción

abstract machine | máquina abstracta
abstract machine language | lenguaje máquina abstracto [*seudocódigo usado por compiladores*]
abstract specification | especificación abstracta
abstract syntax | sintaxis abstracta [*para programación informática*]
abstract syntax notation | notación sintáctica abstracta [*en programación informática*]
abstract syntax tree | árbol sintáctico abstracto [*para representación estructurada de programas*]
abstract toolkit | juego de herramientas abstractas
abstract window toolkit | juego de herramientas abstractas de ventana [*para conexiones entre aplicaciones Java e interfaces gráficas de usuario*]
A/B switch box | conmutador A/B [*conmutador con dos salidas*]
ABT = about | alrededor de, aproximadamente; acerca de
AB test = adapter booster test | prueba del repetidor adaptador
abundance | abundancia
abundance ratio | relación de abundancia, relación de contenido
abvolt | abvoltio [*unidad de diferencia de potencial eléctrico del sistema CGS*]
abwatt | abvatio [*unidad de potencia eléctrica en el sistema CGS*]
Ac = accelerator | acelerador
AC = accumulator | acumulador
AC, a.c. = alternating current | CA, c.a. = corriente alterna
ACA = automatic clinical analyser | ACA = analizador clínico automático
AC adapter = alternating current adapter | adaptador CA = adaptador de corriente alterna
AC anode resistance [UK] | resistencia anódica en corriente alterna
AC bias | polarización de corriente alterna
ACC = adaptive cruise control | ACC [*control de crucero adaptativo (adaptador de velocidad a la distan-cia)*]
ACC = area control centre | central de control de área (/zona)
ACC = automatic colour control | CAC = control automático del color
ACCDLY = accordingly | conforme a; por consiguiente
accelerate, to - | acelerar
accelerated ageing | envejecimiento acelerado
accelerated graphics port | puerto de gráficos acelerado
accelerated life test | prueba acelerada de vida
accelerated service test | prueba de funcionamiento acelerado
accelerating anode | ánodo acelerador (/de aceleración)
accelerating chamber | cámara aceleradora (/de aceleración)
accelerating conductor | conductor de aceleración
accelerating electrode | electrodo acelerador (/de aceleración)
accelerating grid | rejilla aceleradora
accelerating potential | potencial de aceleración
accelerating relay | relé de aceleración
accelerating time | tiempo de aceleración
accelerating valve | válvula aceleradora
accelerating voltage | tensión de aceleración
acceleration | aceleración
acceleration at stall | aceleración en pérdida
acceleration constant | constante de aceleración
acceleration effect | efecto de aceleración
acceleration error | error de aceleración
acceleration focusing | enfoque de aceleración
acceleration grid | rejilla de aceleración
acceleration indicator | acelerómetro
acceleration pump | bomba de aceleración
acceleration space | espacio de aceleración
acceleration time | tiempo de aceleración
acceleration torque | par acelerador
acceleration valve | válvula de aceleración
acceleration voltage | voltaje (/tensión) de aceleración
accelerator | acelerador; circuito (/dispositivo) acelerador
accelerator board | tarjeta aceleradora
accelerator card | tarjeta aceleradora [*para microprocesadores*]
accelerator dynamic test | prueba dinámica de aceleración
accelerator grid | rejilla de aceleración
accelerograph | acelerógrafo
accelerometer | acelerómetro
accentuation | acentuación
accentuator | acentuador
accept, to - | aceptar; reconocer
acceptable-environmental-range test | prueba de condiciones ambientales aceptables
acceptable quality level | grado aceptable de calidad
acceptable reliability level | nivel aceptable de fiabilidad
acceptable use policy | política de uso aceptable, normativa sobre uso aceptable
accept a call, to - | aceptar una llamada
acceptance | recepción; aceptación
acceptance angle | ángulo de aceptación (/admisión)
acceptance cone | cono de aceptación
acceptance pattern | patrón de aceptación
acceptance sampling plan | plan de aceptación de muestras (/muestreo)
acceptance test | prueba de aceptación (/recepción)
acceptance testing | prueba de aceptación
accepting clerk | agente (/empleado) tasador
accepting state | estado de aceptación
acceptor | aceptor
acceptor atom | átomo receptor
acceptor circuit | circuito aceptor
acceptor concentration | concentración de aceptores
acceptor impurity | impureza aceptora
acceptor level | nivel aceptor (/colector, /de aceptores)
acceptor-type semiconductor | semiconductor tipo aceptor
access | acceso
access, to - | acceder
access arm | brazo de acceso
access associated signalling | señalización asociada al acceso
access bus | bus de acceso [*bus bidireccional para periféricos*]
access code | código de acceso (/entrada); indicativo
access concentrator | concentrador de acceso
access contention of channel | conflicto de acceso al canal
access control | control de acceso
access control list | lista de control de accesos
access grant | concesión de permiso de acceso
access grant channel | canal de asignación de acceso [*para asignación de recursos a las estaciones móviles*]
access hole | agujero de acceso
accessibility | accesibilidad
accessible terminal | terminal accesible
access key | tecla de acceso
access level | nivel de acceso, nivel de entrada
access list and permissions | lista de accesos y permisos
access mechanism | mecanismo de acceso
access method | método de acceso
access mode | modalidad de acceso
access number | número de acceso
accessorie | accesorio
accessory | accesorio, suplemento, equipo suplementario
accessory lens | lente adicional
access path | ruta de acceso
access permission | permiso (/autorización) de acceso
access point | punto de acceso
access point name | nombre del punto de acceso
access privilege | privilegio de acceso

access profile | perfil de acceso
access protocol | protocolo de acceso
access provider | proveedor de accesos [*en internet*]
access related service attributes | atributos de servicio asociados al acceso
access request | petición de acceso
access right | derecho de acceso
access selector | selector primario (/de acceso), preselector
access speed | velocidad de acceso
access technology | tecnología de acceso
access time | tiempo (/velocidad) de acceso (/entrada)
access vector | vector de acceso
accidental | accidental
accidental earth [UK] | pérdida a tierra, derivación a tierra
accidental error | error accidental
accidental exposure | radioexposición accidental
accidental ground [USA] [*accidental earth (UK)*] | puesta a tierra accidental
accidental jamming | interferencia (/perturbación) accidental
AC circuit breaker | interruptor (/disyuntor) de corriente alterna
accommodation | acomodación
accompanying audio channel | canal de audio de acompañamiento
accompanying element | elemento acompañante
accompanying sound channel | canal de audio de acompañamiento
AC component | componente de corriente alterna
AC conductance anode [UK] | conductancia anódica (/interna de corriente continua)
AC conductance plate [USA] | conductancia anódica (/interna de corriente continuaz)
accordion | acordeón
account | cuenta
accountable file | archivo significativo
accounting file | archivo contable
accounting machine | (máquina) calculadora
accounting management | gestión de costes
accounting server | servidor de facturación
account name | número de cuenta
account number | número de cuenta
account policy | normativa de acceso [*para usuarios de redes*]
AC-coupled flip-flop | biestable acoplado en (corriente) alterna
AC coupling | acoplamiento de corriente alterna
ACCT = account | recuento; cuenta
ACCTG = accounting | contabilización
Accu = accumulator | acumulador
accumulation | acumulación
accumulation key | tecla acumuladora
accumulator | acumulador

accumulator substation | subestación de acumuladores
accuracy | precisión, exactitud
accuracy checking mark | marca de verificación de la exactitud
accuracy in measurement | exactitud de la medición
accuracy of analysis | exactitud analítica (/del análisis)
accuracy of measurement | exactitud de medición
accuracy rating of the instrument | tasa de precisión del instrumento
accuracy to be expected | exigencia de precisión
accurate | preciso, exacto
accurate range marker | indicador de distancia exacta
ACD = army communications division [USA] | ACD [*departamento militar de comunicaciones de USA*]
ACD = automatic call distributor | DAL = distribuidor automático de llamadas
AC-DC, AC/DC = alternating current/direct current | CA/CC, c.a./c.c.= corriente alterna/corriente continua
AC/DC converter | trasformador de CA/CC
AC/DC receiver | receptor para CA/CC = receptor para corriente alterna y continua [*receptor para corriente universal*]
AC/DC ringing | timbre de corriente alterna y continua
ACD hybrid telephone system | emulación telefónica ACD
AC dialling = alternated current dialling | telemarcación (/marcación telefónica) con impulsos de corriente alterna (/sinusoidal)
AC directional overcurrent relay | relé de sobrecorriente direccional alterna
AC dump | descarga de corriente alterna, caída de tensión alterna
ACE = automatic computing engine | ACE [*máquina automática de computación*]
ACE = axle counter evaluator | ECE = evaluador de contadores de ejes [*en ferrocarriles*]
ACEC = Advisory commission on electronic commerce | ACEC [*comisión de vigilancia del comercio electrónico*]
AC erase | borrado por corriente alterna
AC erase head | cabeza de borrado de corriente alterna
acetate | acetato
acetate base | base (/soporte) de acetato
acetate disc | disco de acetato
acetate record | disco de acetato
acetate tape | cinta de acetato
acetylene flame | llama de acetileno
ACG = angiocardiography | ACG = angiocardiografía
AC generator | alternador, generador de corriente alterna
A channel | canal A

achieved reliability | fiabilidad lograda
achromat = achromatic lens | lente acromática
achromatic | acromático
achromatic aerial | antena acromática
achromatic colour | color acromático
achromatic lens | lente acromática
achromatic locus | región (/zona, /área) acromática
achromatic point | punto acromático
achromatic region | región acromática
achromatic stimulus | estímulo acromático
achromatic threshold | umbral acromático
ACI = addressee claims incorrect | ACI [*reclamación del destinatario por mensaje incorrecto*]
ACIA = asynchronous communications interface adapter | ACIA [*adaptador para interfaz de comunicaciones asincrónicas*]
acicular | acicular
acid | ácido
ACID = atomicity, consistency, isolation, and durability | ACID [*atomicidad, coherencia, aislamiento y duración (propiedades de un protocolo de transacciones)*]
acid depolarizer | despolarizador ácido
acid flux | fundente ácido
acid hydrometer | acidímetro
acidity | acidez
AC interruption | interrupción de corriente alterna
ACIS = Andy, Charles, Ian's system | ACIS [*sistema Andy, Charles, Ian para modelado geométrico en 3D*]
ACK = acknowledge, (affirmative) acknowledgement | AR = acuse de recibo [*confirmación de la recepción; reconocimiento (afirmativo), señal de respuesta*]
Ackermann's benchmark | prueba de referencia de Ackermann
Ackermann's function | función de Ackermann
acknowledge | acuse de recibo; conocimiento
acknowledge, to - | conocer, reconocer
acknowledgement | acuse de recibo; reconocimiento; asentimiento, confirmación
acknowledgement signal | señal de recepción (/reconocimiento, /acuse de recibo)
ACL = **access control list** | ACL [*lista de control de accesos*]
ACL = application command link | ACL [*enlace para órdenes de aplicación*]
AC line | línea de corriente alterna
AC line filter | filtro de línea de corriente alterna
aclinic line | línea aclínica
ACLS = automated control and landing system | ACLS [*sistema automático de supervisión y aterrizaje*]
ACM = address complete message |

ACM [*mensaje de dirección completo*]
ACM = Association for computing machinery | ACM [*asociación para la maquinaria informática*]
AC magnetic bias | polarización magnética de corriente alterna
ACMESUP = Acme supplementary code | ACMESUP [*código de industria privada estadounidense*]
AC noise | ruido de corriente alterna
AC noise immunity | inmunidad al ruido de la corriente alterna
ACO = adaptive control optimization | ACO [*control de optimación automática*]
acorn valve | válvula miniatura (/de bellota)
acoustic | acústico
acoustic absorption coefficient | coeficiente de absorción acústica
acoustic absorption factor | coeficiente específico de absorción acústica
acoustic absorption loss | pérdida por absorción acústica
acoustic absorptivity | coeficiente de absorción acústica
acoustic adjustment of the room | corrección acústica de la sala
acoustic admittance | admitancia acústica
acoustical | acústico
acoustic amplifier | amplificador acústico
acoustic attenuation constant | constante de atenuación acústica
acoustic bridge | puente acústico
acoustic burglar alarm | alarma acústica antirrobo
acoustic capacitance | capacidad acústica
acoustic clarifier | aclarador acústico; clarificador del sonido
acoustic compensator | compensador acústico
acoustic compliance | elasticidad acústica
acoustic conductivity | conductividad acústica
acoustic coupler | acoplador (telefónico) acústico
acoustic coupling | acoplamiento acústico
acoustic delay line | línea de retardo acústica
acoustic depth finder | sonosonda
acoustic detector | detector acústico, fonolocalizador
acoustic diaphragm | diafragma acústico
acoustic dispersion | dispersión acústica
acoustic displacement detector | detector acústico de desplazamiento
acoustic dissipation element | elemento de disipación acústica
acoustic elasticity | elasticidad acústica

acoustic electron paramagnetic resonance | resonancia magnetoacústica nuclear
acoustic feedback | realimentación acústica
acoustic filter | filtro acústico
acoustic frequency | frecuencia acústica
acoustic frequency response | respuesta en frecuencia acústica
acoustic generator | generador acústico
acoustic grating | retículo acústico
acoustic homing | control (/guiado) acústico
acoustic homing system | sistema de guía acústico
acoustic horn | bocina (acústica), pabellón acústico
acoustic impedance | impedancia acústica
acoustic inertance | inertancia (/masa) acústica
acoustic intensity | intensidad acústica
acoustic interferometer | interferómetro acústico
acoustic intrusion detector | detector acústico de intrusión
acoustic labyrinth | laberinto acústico
acoustic labyrinth loudspeaker | altavoz de laberinto
acoustic lens | lente acústica
acoustic line | línea acústica
acoustic mass | masa acústica
acoustic material | material acústico
acoustic memory | memoria acústica
acoustic mine | mina acústica
acoustic mirage | espejismo acústico
acoustic mode | modo acústico
acoustic nonspecular reflection | reflexión acústica difusa
acoustic nuclear magnetic resonance | resonancia magnetoacústica nuclear
acoustic ohm | ohmio acústico
acoustic oscillation | vibración acústica
acoustic panel | tablero (/panel) acústico
acoustic phase constant | constante de fase acústica
acoustic phonograph | fonógrafo acústico
acoustic pick-up | fonocaptor mecánico
acoustic propagation constant | constante de propagación acústica
acoustic radiator | radiador acústico
acoustic radiometer | radiómetro acústico
acoustic reactance | reactancia acústica
acoustic reading | interpretación (/lectura) de señales acústicas, recepción auditiva
acoustic reciprocity theorem | teorema de reciprocidad acústica
acoustic reflection coefficient | coeficiente de reflexión acústica

acoustic reflectivity | reflectividad acústica
acoustic refraction | refracción acústica
acoustic regeneration | regeneración acústica
acoustic resistance | resistencia acústica
acoustic resonance | resonancia acústica
acoustic resonator | resonador acústico
acoustics | acústica
acoustic scattering | dispersión acústica
acoustic shadow | sombra acústica
acoustic shock | choque acústico
acoustic shock absorber | amortiguador de choques acústicos
acoustic speech pressure | potencia vocal, presión acústica vocal
acoustic stiffness | rigidez acústica
acoustic stimulus | excitación por la voz
acoustic storage | almacenamiento acústico
acoustic strain gauge | banda extensométrica acústica
acoustic surface wave component | componente de ondas superficiales acústicas
acoustic suspension | suspensión acústica
acoustic system | sistema acústico
acoustic telemetry | telemetría acústica
acoustic transformer | trasformador acústico
acoustic transmission | trasmisión acústica
acoustic transmission coefficient | coeficiente de trasmisión acústica
acoustic transmission system | sistema de trasmisión acústica
acoustic transmittivity | trasmisividad acústica
acoustic treatment | tratamiento acústico (/antisonoro); insonorización
acoustic vault | bóveda reverberante (/acústica)
acoustic velocity | velocidad acústica
acoustic wave | onda acústica
acoustic wave filter | filtro de ondas acústicas
acoustodynamics | acustodinámico
acoustoelectric | electroacústico
acoustoelectric effect | efecto electroacústico
acoustoelectric index | índice electroacústico
acousto-optic Bragg cell | célula optoacústica Bragg
acousto-optics | optoacústica
AC plate resistance [USA] [*AC anode resistance (UK)*] | resistencia anódica en corriente alterna
AC power = alternating current power | toma de corriente alterna

AC power cord | cable de alimentación de corriente alterna
AC power input socket | zócalo de entrada de corriente alterna
AC power supply | fuente de alimentación de corriente alterna
ACPR = annular core pulse reactor | ACPR [*reactor de impulsos de núcleo anular*]
acquirer | comprador
acquiring processor | procesador de adquisición
acquisition | adquisición
acquisition and tracking radar | radar de captación y seguimiento
acquisition of signal | captación de señales de radio, comienzo de la trasmisión
acquisition radar | radar de captación (/adquisición)
acquisition range | rango de adquisición
acquisition time | tiempo de adquisición
ACR = absolute category rating | ACR [*índice de categoría absoluto (en calidad de codificadores)*]
ACR = approach control radar | RCA = radar de control de aproximación
ACR = attenuation to crosstalk ratio | ACR [*índice de atenuación frente a diafonía*]
AC receiver | receptor de corriente alterna
AC reclosing relay | relé de reconexión en corriente alterna
AC relay | relé de corriente alterna
AC resistance | resistencia de corriente alterna
AC resistance anode | resistencia interna de corriente alterna
AC ringdown | señalización manual por corriente alterna
AC ringing | llamada (/aviso acústico) por corriente alterna
Acrobat | Acrobat [*programa de Adobe Systems Inc. para convertir archivos al formato PDF*]
Acrobat Reader | Acrobat Reader [*programa para ver e imprimir documentos en formato PDF*]
acronym | acrónimo
across | a través; en paralelo
across-the-line starting | arranque directo (/en línea)
across the output | sobre los bornes de salida, en paralelo con los bornes de salida
across the resistor | entre los terminales de la resistencia
acrylic resin | resina acrílica
ACSE = association control service element | ACSE [*elemento asociativo del servicio de control (método de interconexión de servicios abiertos)*]
AC signalling = alternating current signalling | señalización en corriente alterna

AC signalling system | sistema de señalización por corriente alterna
ACT = automatic code translator | ACT [*convertidor automático de códigos*]
AC tachogenerator | generador tacométrico de corriente alterna
actigram | actigrama
AC time overcurrent relay | relé de sobrecorriente temporizado de alterna
actinic | actínico
actinide | actínido
actinium | actinio
actinium series | familia del actinio, serie actínica
actinodielectric | actinodieléctrico
actinoelectric | actinoeléctrico
actinoelectric effect | efecto actinoeléctrico
actinoelectricity | actinoelectricidad
actinometer | actinómetro
actinon | actinón
actinouranium | actinouranio
actinouranium series | serie del actinouranio
action | acción, operación, función
action area | área de acción
action choice | opción de acción
action contact | contacto de activación
action current | corriente de accionamiento
action database | base de datos de acciones
action definition file | archivo de definición de acciones
action icon | icono de acción
action label | etiqueta de acción
action message | mensaje de acción
action name | nombre de la acción
action palette | gama de acciones
action potential | potencial de acción
action spectrum | espectro de acción
action spike | cresta de acción
action statement | planteamiento de actuación
activatable element | elemento activable
activate, to - | activar, excitar
activated AC arc | arco de corriente alterna activado
activated charcoal | carbón activado (/activo)
activated water | agua activada
activating | activación, excitación
activation | activación, excitación
activation analysis | análisis por activación
activation and deactivation procedure | protocolo de activación y desactivación
activation cross section | sección eficaz de activación
activation curve | curva de activación
activation detector | detector de activación
activation energy | energía de activación
activation preview | vista previa de la activación

activation record | registro de activación
activation sample | muestra de activación
activation time | tiempo de activación
activator | activador, sensibilizador, accionador
active | activo, en uso
active, to - | activar
active area | área activa
active balance | equilibrio activo
active balance loss | pérdida del equilibrio activo
active balance return loss | pérdida del equilibrio activo de corrientes de retorno
active cell | centro activo; célula activa
active channel | canal activo
active circuit | circuito activo
active communications satellite | satélite de comunicaciones activo
active component | componente activo
active computer | ordenador activo
active content | contenido activo [*en diálogo usuario-ordenador*]
active core | medio multiplicador
active current | corriente activa
active cursor | cursor activo
active decoder | descodificador activo
active delay line | línea activa de retardo
active deposit | depósito activo (/radiactivo)
active desktop | autoedición activa
active device | dispositivo activo
active directory | directorio activo (/en uso)
active electric network | red eléctrica activa
active electronic countermeasure | contramedida electrónica activa
active element | elemento activo
active equalizer | ecualizador activo
active file | archivo activo (/en uso)
active filter | filtro activo
active fuel length | longitud activa del combustible
active high signal | señal fuerte activa
active homing | búsqueda activa (del blanco), guiado activo
active hub | regenerador activo [*ordenador central*]
active infrared detection | detección activa por infrarrojos
active infrared system | sistema activo por infrarrojos
active intrusion sensor | detector de intrusión activo
active jamming | interferencia (/perturbación) activa (/intencionada)
active junction | unión activa
active lattice | estructura activa
active leg | palpador activo
active line | línea activa
active loop | lazo (/bucle) activo
active low signal | señal débil activa
active maintenance down time | tiempo de parada por mantenimiento acti-

vo
active material | material activo, materia activa
active matrix | matriz activa
active-matrix display | pantalla de matriz activa
active medium | medio activo
active mixer and modulator | modulador mezclador activo
active network | red activa
active platform | plataforma activa
active power | potencia activa
active power relay | relé de potencia activa
active pressure | presión activa
active probe | sonda activa
active product | producto activo
active programme | programa activo (/en uso)
active pullup | tirón activo, carga de arranque activa
active RC network = active resistance-capacity network | red activa RC = red activa de resistencia-capacidad
active redundancy | redundancia activa
active repair time | tiempo de reparación activo
active satellite | satélite activo
active section | sección activa
active sensor | sensor activo
active server | servidor activo (/en uso)
active server component | componente de servidor activo
active server page | página de servidor activa
active singing point | punto activo de cebado del oscilador
active sonar | sonar activo (/supersónico)
active star | estrella activa [red en estrella en uso]
active substrate | sustrato activo
active sweep frequency interferometer radar | radar interferómetro por frecuencia de barrido activa
active system | sistema activo
active text region | región activa de texto
active tracking system | sistema activo de rastreo (/seguimiento)
active transducer | trasductor activo
active trim | ajuste activo
active water homing | guiado por agua radiactiva
active Web architecture | arquitectura Web activa
active window | ventana activa (/en uso)
active wire | hilo activo
activity concentration | concentración de la actividad
activity curve | curva de actividad
activity dip | caída de actividad
activity graph | gráfico de actividades
activity indicator | indicador de actividad
activity LED | LED indicador de actividad
activity meter | medidor de actividad
activity meter with automatic changer | medidor de actividad con cambiador automático
activity network | red de actividades
activity ratio | índice (/relación) de actividad
A/CTL = audio control | A/CTL [*control (del cabezal) de audio*]
AC toll dialling | marcación telefónica interurbana (/de larga distancia) por corriente alterna
AC transducer | trasductor de corriente alterna
AC transmission | trasmisión por corriente alterna
actual flow | caudal real
actual frequency | frecuencia efectiva
actual height | altura efectiva
actual noise silencer | silenciador eficaz
actual parameter | parámetro efectivo
actual power | potencia efectiva
actual power gain | ganancia efectiva de potencia
actuated position | posición de accionamiento
actuating coil | bobina excitadora de accionamiento
actuating device | instrumento activador
actuating quantity | magnitud activa
actuating signal | señal de actuación
actuating system | sistema activador
actuating time | tiempo de actuación
actuating transfer function | función de trasferencia actuante
actuation | actuación, influencia, repercusión
actuator | accionador, activador
actuator of a disk drive | activador de unidad de discos
ACU = automatic calling unit | ULLA = unidad de llamada automática
acuity of hearing | agudeza auditiva
acute exposure | exposición aguda
AC voltage | tensión alterna, voltaje de corriente alterna
AC welder | soldador de corriente alterna
acyclic | acíclico
acyclic graph | gráfico acíclico
acyclic machine | generador de corriente continua, máquina acíclica
a/d = after date | después de la fecha
A/D = analog/digital | A/D = analógico/digital
ADAC = analog-digital converter | ADAC [*convertidor analógico digital*]
ADAC = automated direct analogue computer | ADAC [*ordenador analógico automático*]
adamantine | diamantino
adamantine compound | compuesto diamantino
adaptation | adaptación
adaptation data | datos de adaptación
adaptation layer | capa de adaptación
adapter | adaptador
adapter booster | repetidor adaptador
adapter card | tarjeta adaptadora
adaptive answering | respuesta adaptable [*de un módem al mensaje entrante, diferenciando entre fax y datos*]
adaptive array | disposición directiva y autoadaptable de antenas
adaptive channel allocation | asignación de canal adaptable
adaptive communication | comunicación autoadaptable
adaptive control | control autoadaptable
adaptive control optimization | control de optimación automática
adaptive control system | sistema de control adaptable (/autoadaptable)
adaptive cruise control | control de crucero adaptativo [*adaptador de velocidad a la distancia*]
adaptive delta pulse code modulation | modulación adaptable de impulsos delta codificados
adaptive device | dispositivo adaptable
adaptive differential pulse code modulation | modulación adaptable de impulsos diferenciales codificados
adaptive ferroelectric transformer | trasformador ferroeléctrico adaptiv
adaptive filter | filtro adaptable
adaptive maintenance | mantenimiento de adaptación
adaptive process | proceso adaptable
adaptive pulse code modulation | modulación adaptativa de impulsos codificados
adaptive quadrature | cuadratura adaptable
adaptive rate | tasa adaptativa
adaptive system | sistema adaptable
adaptive telemetry | telemetría autoadaptable
adaptive waveform recognition | reconocimiento de forma de la onda por autoadaptación
adaptor | adaptador
adaptor card | tarjeta adaptadora
ADAR = advanced design array radar | ADAR [*diseño avanzado de radar de antenas*]
adatom | adátomo [*átomo absorbido en la superficie de un cuerpo durante una reacción química*]
ADB = Apple desktop bus | ADB [*bus de escritorio Apple*]
A/D bus = analog/digital bus | bus A/D = bus analógico/digital
ADC = analog-to-digital converter, analog/digital converter | ADC [*convertidor de analógico a digital*]; convertidor A/D = convertidor analógico/D
ADCCP = advanced data communication control procedure | ADCCP [*procedimiento avanzado de control de comunicación de datos*]

Adcock aerial | radiogoniómetro de Adcock
Adcock direction finder | radiogoniómetro de Adcock
Adcock radio range | banda de radio de Adcock
A/D conversion = analog/digital conversion | conversión A/D = conversión analógico/digital
A-D converter = analog-to-digital converter | convertidor A/D = convertidor analógico/digital
ADD = added | agregado, añadido
add, to - | agregar, añadir, sumar
add and drop multiplexer | multiplexor de inserción-extracción
add-and-substract relay | relé de adición y sustracción, relé para sumar y restar
add circuit | circuito sumador
add-drop multiplexer | multiplexor de inserción-extracción
add echo, to - | agregar eco
addend | sumando
addendum | suplemento
adder | contabilizador, sumador, circuito de adición
add file, to - | añadir archivo
add hot spot, to - | añadir punto de actuación
add-in | dispositivo de expansión [*en ordenadores de arquitectura abierta*]
add-in, to - | añadir
add-in board | tarjeta (/placa) adicional
add-in card | tarjeta de ampliación
add-in memory | memoria adicional (/opcional)
addition | añadido; adición, suma
addition agent | agente de adición
addition record | registro de adición
addition time | tiempo de adición
additional | suplementario, adicional
additional charge | tasa adicional (/suplementaria), sobretasa
additional features | servicios opcionales
additional set | teléfono supletorio (/suplementario)
additional station | estación adicional
additional steel suspension | cable soporte (/auxiliar de suspensión)
additional twisting | torcido (/trenzado) adicional; rotación suplementaria
addition record | registro de entradas nuevas
additive | suplemento, aditivo
additive colour | color aditivo
additive primary | primario aditivo
additive process | proceso aditivo (/de adición)
additive synthesis | síntesis aditiva
additivity | aditividad
additron | aditrón [*válvula electrónica de doble haz radial*]
add mode | modo de añadir
add name, to - | añadir nombre
add on | conferencia tripartita [*conferencia para añadir un tercer abonado*]; accesorio; servicio suplementario; función adicional [*prestación accesoria no considerada en el equipo básico*]; dispositivo de expansión [*en ordenadores de arquitectura abierta*]
add-on component | componente opcional
add-on-conference | conferencia incremental [*en telefonía móvil*]
add-on device | dispositivo opcional
add-on memory | memoria adicional
add-on witness | testigo
address | dirección
address, to - | direccionar
addressable cursor | cursor direccionable
addressable location | posición direccionable
address decoder | descodificador de direcciones
address book | agenda de direcciones, listín telefónico
address bus | bus de direcciones
address calculation sorting | clasificación de cálculo de direcciones
address character | carácter de dirección
address comparator | comparador de direcciones
address complete message | mensaje de dirección completo
address computation | cómputo de direcciones
address constant | constante de dirección
addressed memory | memoria direccionada
address failure | error de dirección
address field | campo de direcciones
address format | formato de dirección
addressing | direccionamiento, asignación de direcciones
addressing mode | modo de direccionamiento
addressing schema | esquema de direccionamiento
address line short | cortocircuito detectado
address mapping | transformación de dirección
address mapping table | cuadro de distribución de direcciones
address mark | marca de dirección (/direccionamiento)
address mask | máscara de direcciones
address mode | modo de direccionamiento [*para indicar direcciones en memoria*]
address modification | modificación de direcciones
address part | parte de dirección
address range | grupo (/ámbito) de direcciones
address register | registro de dirección (/direcciones)
addressregister high | registro (en nivel) alto de direcciones
addressregister low | registro (en nivel) bajo de direcciones
address resolution | resolución de direcciones
address resolution protocol | protocolo de resolución de direcciones [*en internet*]
address-routing indicator | indicador de direccionamiento
address space | espacio de direccionamiento (/direcciones)
address table sorting | clasificación de tabla de direcciones
address track | pista de direcciones
address translation | conversión de direcciones
add subpanel, to - | añadir subpanel
add-substract time | tiempo de adición y sustracción, tiempo de suma/resta
add time | tiempo de suma
add workspace, to - | añadir espacio de trabajo
ADEINTE [*Spanish association for intelligent building and infrastructure development*] | ADEINTE = Asociación para el desarrollo del edificio e infraestructura inteligente en España
ADF = automatic direction finder | ADF [*radiogoniómetro automático*]
adhesion | adherencia
adhesive tape | cinta aislante (/para empalmes)
ad-hoc network | red específica
adiabatic | adiabático
adiabatic approximation | aproximación adiabática
adiabatic compression | compresión adiabática
adiabatic containment | confinamiento adiabático
adiabatic damping | amortiguación adiabática, decaimiento adiabático
adiabatic demagnetization | desmagnetización adiabática
adiabatic heating | calentamiento adiabático
adiabatic invariant | invariante adiabática
adiabatic trap | trampa adiabática
adiactinic | adiactínico
A digit selector | selector registrador de A [*selector registrador de la primera letra*]
adion | adión [*ión lábil*]
A display | pantalla tipo A, presentación (visual) tipo A, indicador tipo A
ADJ = adjacent | adyacente [*denominador booleano*]
adjacency | colateralidad; vecindad, proximidad
adjacency list | lista de adyacencia
adjacency matrix | matriz de adyacencia (/asequibilidad, /conectividad)
adjacency structure | estructura de adyacencia
adjacent | adyacente; colateral
adjacent audio channel | canal de audio adyacente

adjacent channel | canal adyacente
adjacent-channel attenuation | atenuación del canal adyacente
adjacent-channel interference | interferencia del canal adyacente
adjacent-channel selectivity | selectividad de canal adyacente
adjacent frequency | frecuencia adyacente
adjacent line | línea adyacente
adjacent sound channel | canal de sonido (/audio) adyacente
adjacent video carrier | portadora de vídeo adyacente
adjoint function | función adjunta
adjust | ajuste
adjust, to - | ajustar
adjustable component | componente ajustable
adjustable inductor | inductor regulable
adjustable resistor | resistencia ajustable
adjustable short | cortocircuito graduable
adjustable transformer | trasformador ajustable (/regulable)
adjustable voltage divider | divisor de tensión ajustable
adjust click technique | técnica de ajuste por señalamiento [con el ratón]
adjusted circuit | circuito ajustado (/regulado)
adjusted decibel | decibelio ajustado (/corregido, /de ajuste)
adjusted toggling | ajuste de conmutación
adjusting potentiometer | potenciómetro de regulación (/ajuste)
adjusting valve | válvula reguladora (/de ajuste, /de reglaje)
adjustment | ajuste
adjustment by shims | ajuste por compensación
adjustment cover | capuchón de ajuste
adjustment lamp | lámpara de ajuste
adjustment policy | política de ajuste
adjustment technique | técnica de ajuste
adjust swipe technique | técnica de ajuste por ratón
ADM = add and drop multiplexer | ADM [*multiplexor de inserción-extracción*]
ADMD = administrative management domain | ADMD [*dominio de gestión administrativa (para mensajes)*]
administrative management domain | dominio de gestión administrativa [*para mensajes*]
administrative mode | modo administrativo
administrative terminal | terminal de servicio
admittance | admisibilidad; admitancia
ADN = advanced digital network | ADN [*red digital avanzada*]
ADP = adenosine diphosphate | ADP [*difosfato de adenosina*]

ADP = ammonium dihydrogen phosphate | ADP [*dihidrofosfato amónico*]
ADP = automatic data processing | PAD = proceso automático de datos
ADPCM = adaptive delta pulse code modulation | ADPCM [*modulación de impulsos delta codificados adaptables*]
ADPCM = adaptative-differential pulse code modulation | ADPCM [*modulación de impulsos codificados adaptativa diferencial*]
ADP crystal | cristal de fosfato monoamónico
ADP microphone | micrófono con cristal de fosfato monoamónico
ADR = address | dirección
ADRH = addressregister high | ADRH [*registro (en nivel) alto de direcciones*]
ADRL = addressregister low | ADRL [*registro (en nivel) bajo de direcciones*]
A DRV = atomic drive | MA = motor atómico
ADS = address | dirección
ADS = application development system | ADS [*sistema de desarrollo de aplicaciones*]
ADSD = addressed | con destinatario, dirigido
ADSE = addressee | destinatario
ADSL = asymmetrical digital subscriber line | ADSL [*línea de abonado digital asimétrica*]
adsorbate | adsorbato
adsorbent | adsorbente
adsorption | adsorción
adsorption potential | potencial de adsorción
ADSPEC = advertisiment specification | ADSPEC [*especificación de anuncio*]
ADTU = automatic digital test unit | ADTU [*comprobador automático digital*]
ADU = application data unit | UDA = unidad de datos de aplicación
A DUB = audio dubbing | A DUB [*mezcla de audio*]
ADV = advice | aviso
adv. = advanced | av. = avanzado
advance | aviso; adelanto, avance
advance ball | esfera guía; bola de avance
advance calling | llamada adelantada
advanced audio coder | codificador de audio avanzado
advanced basic input/output system | sistema básico avanzado de entrada /salida
advanced chipset configuration | configuracion avanzada del grupo de chips
advanced design array radar | diseño avanzado de radar de antenas
advanced digital network | red digital avanzada
advanced field | campo avanzado
advanced function | función avanzada
advanced interactive executive | ejecución interactiva avanzada [*sistema operativo de UNIX*]
advanced licence | licencia adelantada
advanced mobile phone service | servicio avanzado de telefonía móvil
advanced planetary probe | sonda planetaria avanzada
advanced potential | potencial avanzado
advanced power management | gestión avanzada de la alimentación de energía
advanced program-to-program communication | comunicación avanzada entre programas [*programa avanzado para programar comunicaciones*]
advanced research reactor | reactor de investigación avanzado
advanced RISC = advanced reduced instruction set computing | RISC avanzado [*programa avanzado con juego de instrucciones reducido*]
advanced streaming format | formato avanzado de difusión continua [*para multimedia*]
advanced technological satellite | satélite de tecnología avanzada
advanced technology attachment | suplemento de tecnología avanzada
advanced test prototype reactor | prototipo de reactor de prueba avanzado
advance feed tape | cinta perforada de arrastre avanzado
advance feedhole | agujero de avance (/progresión) adelantado
advance notification of incoming call | preaviso (/notificación adelantada) de llamada (/comunicación)
advance preparation service | servicio con preparación
advance wire | hilo de avance
advantage factor | factor de ventaja
ADVCE = advice | aviso; informe
adventure game | juego de aventura [*por ordenador*]
advertisement specification | especificación de anuncio
advice | aviso; informe
ADX = automatic data exchange | ADX [*intercambio automático de datos*]
AE = application entity | AE [*entidad activa; una de las dos partes de software que participan en una comunicación*]
AE = audio erase | AE [*cabezal de borrado de audio*]
AED = Algol extended for design | AED [*Algol ampliado para diseño*]
AEG = air encephalogram | EGA = encefalograma aéreo
AEN = attenuation équivalente de nitidité (*fra*) [*equivalent brightness attenuation*] | AEN = atenuación equivalente de nitidez
AENOR [*Spanish standards association*] | AENOR = Asociación española de normalización
aeolian tone [UK] | tono eólico

aeolight | luz fría; lámpara de cátodo frío, lámpara de descarga luminosa
AEPR = acoustic electron paramagnetic resonance | AEPR [*resonancia magnetoacústica unclear*]
AER = articulation equivalent reference | referencia equivalente de articulación
aerial [UK] | antena; aéreo
aerial array | sistema (/red, /grupo) de antenas
aerial bandwidth | ancho de banda de la antena
aerial bay | sección de antena
aerial beam width | ancho del haz de antena
aerial booster | amplificador de antena
aerial cable | cable aéreo (/de antena)
aerial cable line | línea de cable aéreo
aerial changeover switch | conmutador de antena
aerial choke | bobina de autoinducción de antena, trasformador reductor de antena
aerial circuit breaker | disyuntor de antena
aerial coil | bobina de antena
aerial coincidence | coincidencia de antena
aerial communication | comunicación aérea
aerial-conducted interference | interferencia conducida por la antena
aerial connection | conexión de antena
aerial contact line | línea de antena de contacto
aerial control board | panel de control de antena
aerial core | núcleo de antena
aerial counterpoise | contraantena
aerial coupler | acoplador de antena
aerial cross section | sección eficaz (/trasversal) de antena
aerial crosstalk | diafonía entre antenas, diafonía de antena
aerial current | corriente (/intensidad) de antena
aerial curtain | cortina de antenas
aerial detector | detector de antena
aerial diplexer | diplexor de antena
aerial-directivity diagram | diagrama de direccionalidad de la antena
aerial disconnect switch | interruptor de desconexión de antena
aerial drive | accionamiento (/arrastre, /dispositivo de rotación) de antena
aerial duplexer | duplicador (/duplexor) de antena
aerial effect | efecto de antena (/altura)
aerial effective area | área eficaz de antena
aerial effective height | altura eficaz de la antena
aerial effective resistance | resistencia eficaz de la antena
aerial efficiency | rendimiento de la antena
aerial electrical height | altura (/longitud) eficaz de la antena
aerial element | elemento de antena
aerial elevation | elevación de antena
aerial eliminator | eliminador de antena
aerial factor | factor de antena
aerial farm | granja de antenas
aerial feed | alimentación de antena
aerial feed impedance | impedancia de entrada de la antena
aerial feeder | alimentador de antena
aerial field | campo de antena
aerial field gain | ganancia de campo de antena
aerial front-to-back ratio | eficacia directiva de la antena
aerial gain | ganancia de antena
aerial ground system | sistema de (puesta a) tierra de la antena
aerial height | altura de antena
aerial height above average terrain | altura de antena sobre la cota media del terreno
aerial impedance | impedancia de antena
aerial impedance transformer | trasformador de impedancia de antena
aerial-induced microvolts | microvoltios inducidos en antena
aerial lens | lente de antena
aerial loading | carga de antena
aerial lobe | lóbulo de antena
aerial mast | mástil de antena
aerial matching | adaptación de antena
aerial matching transformer | trasformador adaptador de impedancia de antena
aerial multicoupler | multiacoplador de antena
aerial pair | par de antenas
aerial pattern | diagrama (/patrón de emisión) de la antena
aerial-pattern measuring equipment | equipo medidor de intensidad de campo en antena
aerial pedestal | pedestal de antena
aerial polar diagram | diagrama polar de antena
aerial polarization | polarización de la antena
aerial power | potencia de antena
aerial power gain | ganancia de potencia de la antena
aerial preamplifier | preamplificador de antena
aerial radiation resistance | resistencia de radiación de la antena
aerial reflector | reflector de antena
aerial relay | relé de antena
aerial resistance | resistencia de antena
aerial resonant frequency | frecuencia de resonancia de la antena
aerial series capacitor | condensador en serie de antena
aerial series loading | carga de antena en serie
aerial spacing | distancia entre antenas
aerial stabilization | estabilización de la antena
aerial structure | estructura de antena
aerial switch | conmutador de antena
aerial switching | conmutación de lóbulos de antena
aerial system | sistema de antena
aerial terminal | terminal de antena
aerial tilt error | error de inclinación de la antena
aerial tower | mástil (/torre) de antena
aerial tuning capacitor | condensador de sintonización de antena
aerial tuning coil | bobina de sintonización de antena
aerial tuning inductor | bobina de sintonización de antena
aerial unit | unidad de antena
aerial wire | hilo de antena
aerobe | aerobio
aerodiscone aerial | antena aerodiscone (/disco-cono aerotrasportada)
aerodrome [UK] | aeropuerto, aeródromo
aerodrome control radar | radar de control de aeropuerto (/aeródromo)
aerodrome control radio station | estación de radiocontrol de aeropuerto
aerodrome control station | estación de control de aeropuerto
aerodrome identification sign | señal de identificación de aeropuerto
aeroduct | aeroducto
aerodynamic heating | calentamiento aerodinámico
aerodynamic missile | proyectil aerodinámico
aerodynamics | aerodinámica
aerograph | aerógrafo
aeromagnetic | aeromagnético
aerometeorograph | aerometeorógrafo
aerometric | aerométrico
aeronautical | aeronáutico
aeronautical administrative message | mensaje de administración aeronáutica
aeronautical beacon | faro aeronáutico
aeronautical broadcast station | emisora de radio aeronáutica
aeronautical broadcasting | radiodifusión para navegación aérea
aeronautical broadcasting service | servicio de radiodifusión aeronáutica
aeronautical earth station [UK] | estación aeronáutica de tierra
aeronautical fixed circuit | circuito fijo aeronáutico
aeronautical fixed service | servicio fijo aeronáutico
aeronautical fixed station | estación fija aeronáutica
aeronautical fixed telecommunication network | red de telecomunicaciones fijas aeronáuticas
aeronautical ground light | luz aeronáutica de superficie
aeronautical ground station [USA] [*aeronautical earth station (UK)*] | es-

tación aeronáutica de tierra
aeronautical marker beacon station | estación de radiofaro aeronáutico, estación de radiobaliza aeronáutica
aeronautical mobile service | servicio móvil aeronáutico
aeronautical radio beacon station | estación de radiobaliza aeronáutica, estación de radiofaro aeronáutico
aeronautical radio service | servicio aeronáutico de radio
aeronautical radionavigation service | servicio de radionavegación aeronáutica
aeronautical station | estación aeronáutica
aeronautical telecommunication | telecomunicación aeronáutica
aeronautical telecommunication log | cuaderno de telecomunicaciones aeronáuticas, parte de telecomunicación aeronáutica
aeronautical telecommunication service | servicio de telecomunicaciones aeronáuticas
aeronautical telecommunication station | estación de telecomunicaciones aeronáuticas
aeronautical utility land station | estación de tierra para uso aeronáutico
aeronautical utility mobile station | estación móvil de uso aeronáutico
aerophare | radiobaliza, aerofaro
aeroplane [UK] | aeroplano
aeroplane effect | efecto aeroplano [efecto de interferencia de un avión]
aeroplane flutter rejection | rechazo de las vibraciones del avión
aerosol | aerosol
aerosol development | revelado mediante aerosol
aerosol droplet | gotita de niebla
aerospace ground equipment | equipo aeroespacial de tierra
aerospace system test reactor | reactor de prueba para sistemas aeroespaciales
AES = application enviroment service | AES [servicio de entorno de aplicación]
AES = Auger electron spectroscopy | AES [espectroscopia nuclear (electrónica) de Auger]
AF = audiofrequency | AF = audiofrecuencia; BF = baja frecuencia
AF amplification stage | etapa amplificadora de audiofrecuencia
AFC = application foundation classes | AFC [juego de aplicaciones para bibliotecas Java]
AFC = automatic frequency control | CAF = control automático de frecuencia
AFDET = automatic fault detection | AFDET [detección automática de fallos]
AFDW = active framework for data warehousing | AFDW [solución para gestión de metadatos de Microsoft]
affiliate program | programa vinculado
affinely connected space | espacio de conexión afín
affinity | afinidad
affirmative acknowledgement | acuse de recibo (/recepción); reconocimiento afirmativo
AFID = alkali flame ionization detector | AFID [detector de ionización y llama por metal alcalino]
AFIPS = American federation of information processing societies | AFIPS [federación estadounidense de empresas informáticas]
A-fixture line | línea doble
AFK = away from keyboard | AFK [fuera del teclado; indicación de un participante en chat de que no puede contestar]
AFL = abstract family of languages | FAL = familia abstracta de lenguajes
AF noise = audiofrequency noise | ruido de audiofrecuencia
afocal | afocal, sin foco
AFPAM = automatic flight planning and monitoring | AFPAM [planificación y supervisión automática de vuelo]
AFS = aeronautical fixed service | servicio fijo aeronáutico
AF signal generator | generador de señales de audiofrecuencia
AFSK = audio frequency shift keying | AFSK [manipulación de la audiofrecuencia]
AFSR = Argonne fast source reactor | AFSR [reactor fuente rápido del ANL]
AFT = adaptive ferroelectric transformer | AFT [trasformador ferroeléctrico adaptivo]
afterbody | cuerpo anexo posterior
after date | después de la fecha
afterdiversity demand | carga específica media
afterdiversity maximum demand | carga específica máxima
afterglow | persistencia (de la imagen); fosforescencia; persistencia lumínica; luminiscencia residual (/remanente)
afterglow time | duración de la persistencia
afterheat | calor residual (/posterior)
after loading | después de la carga; después del enhebrado [en vídeo]
afterpower | potencia residual
afterpulse | impulso posterior; pulsación ulterior
after recording | después de la grabación
afterwind | viento provocado
AFTN = aeronautical fixed telecommunication network | AFTN [red de telecomunicaciones aeronáuticas fijas]
AFTN = afternoon | por la tarde
AFT/POS = electronic fund transfer/point of sale | AFT/POS [tipo de caja registradora electrónica]
Ag = silver | Ag = plata
AG = again | otra vez, de nuevo
AGA = advanced graphics adapter | adaptador avanzado de gráficos
AGACS = air ground air communications system | AGACS [sistema de comunicación aire-tierra-aire]
agate mortar | mortero de ágata
AGB = accelerated graphics board | AGB [puerto para gráficos acelerados]
AGC = automatic gain control | CAA = control automático de la amplificación; CAG = control automático de ganancia
AGCH = access grant channel | AGCH [canal de asignación de acceso (para asignación de recursos a las estaciones móviles)]
AGE = aerospace ground equipment | AGE [equipo aerospacial de tierra]
ageing [UK] | maduración; envejecimiento
ageing rack | bastidor de envejecimiento (/curado)
ageing stabilization | estabilización por envejecimiento
ageing test | prueba de envejecimiento (/quemado, /aceleración)
agent | agente; activo (adj)
agent busy | agente ocupado
agent not ready | agente no preparado
agent start time | hora de comienzo del agente
aggregate | conjunto; suma; agregado
aggregate baud rate | velocidad combinada (de varios canales) en baudios, velocidad suma en baudios
aggregate input | velocidad total de entrada
aggregate recoil | grupo de retroceso
aggregate speed | velocidad agregada, velocidad total de entrada
aggression | agresión
aging [USA] [ageing (UK)] | maduración; envejecimiento
AGN = again | otra vez, de nuevo
agonic line | línea agónica
AGP = accelerated graphics port | AGP [puerto de gráficos acelerado]
agree | conforme, de acuerdo
agreement | acuerdo, contrato
AGS = automatic gain stabilization | AGS [estabilización automática de la ganancia]
aH = abhenry | aH = abhenrio [unidad de inductancia en el sistema CGS]
Ah = ampere-hour | A/h = amperios hora
AH = authentication header | AH [protocolo de cabecera de autenticación]
AHFR = Argonne high flux reactor | AHFR [reactor de alto flujo del ANL]
AHR = aqueous homogeneous reactor | AHR [reactor homogéneo acuoso del AEC]
AHVR = automatic high voltage regulator | AHVR [estabilizador automático de alta tensión]

AI = artificial intelligence | IA = inteligencia artificial
aid | ayuda
aided tracking | seguimiento (/rastreo) asistido
AIDS = airborne integrated data system | AIDS [*sistema informático integrado para aviación*]
AIDS = automatic in flight data system | AIDS [*equipo automático para datos de vuelo*]
AIDS = automatic installation and diagnostic service | AIDS [*servicio automático de instalación y diagnóstico*]
aid to air navigation | ayuda para la navegación aérea
aid to approach | ayuda para la aproximación
aid to identification | ayuda para la identificación
aid to landing | ayuda para el aterrizaje
aid to location | ayuda para la localización
AIEE = American Institute of Electrical Engineers | AIEE [*instituto estadounidense de ingenieros eléctricos*]
AIM calculation = atoms in molecules calculation | AIM [*cálculo de átomos en moléculas*]
AIN = analog input | AIN [*entrada analógica*]
air | aire
AI radar = airborne intercept radar | radar aéreo de interceptación
air bearing | cojinete de aire
air blanketing | neutralización (/arropamiento) por aire
air bloc | bloqueo de aire
airborne | eólico; aéreo; aerotransportado
airborne beacon | radar secundario aerotrasportado (/de aeronave); radiofaro aéreo
airborne computer | ordenador de a bordo
airborne electronics | equipo electrónico de a bordo
airborne instrument | instrumento de navegación a bordo
airborne integrated data system | sistema informático integrado para aviación
airborne intercept radar | radar de interceptación de a bordo
airborne launch control centre | centro volante de control de despegue
airborne long-range input | entrada de soporte aéreo de larga distancia
airborne noise | ruido atmosférico (/del aire)
airborne radar | radar aerotrasportado (/de avión, /de a bordo)
airborne radar approach | aproximación por radar de a bordo
airborne radar platform | plataforma de radar aerotrasportado
airborne receiver | receptor de a bordo
airborne self protection jammer | emisora de interferencia y confusión
airborne sound | sonido aéreo
airborne transmitter | trasmisor de a bordo
airburst | ráfaga de aire; explosión aérea (/en el aire)
air capacitor | condensador de aire
aircarrier aircraft station | emisora de carguero áereo
air cell | pila (/celda) de aire
air column | columna de aire
air conditioner | acondicionador de aire
air conditioning | climatización
air contamination indicator | indicador de contaminación atmosférica
air contamination meter | medidor de contaminación atmosférica
air-cooled valve | válvula refrigerada por aire
air cooling | refrigeración por aire
air-core cable | cable con núcleo de aire
air-core coil | bobina con núcleo de aire
air-core inductor | inductancia de núcleo de aire
air-core transformer | trasformador de núcleo de aire
air count | cuenta (/recuento) en el aire
aircraft | avión, aeronave; aviación
aircraft aerial | antena de avión
aircraft bonding | apantallado de aeronave
aircraft charge | tasa de aeronave (/a bordo)
aircraft equipment | equipo de a bordo, equipo del avión
aircraft flutter | fluctuación (/titilación) de avión
aircraft instrument | instrumento de navegación aérea
aircraft interception | interceptación de aeronaves
aircraft station | estación de aeronave (/a bordo); emisora aérea
air data computer | ordenador para aeronavegación
air dielectric | dieléctrico de aire
air dielectric capacitor | condensador con dieléctrico de aire
airdrome [USA] [*aerodrome (UK)*] | aeropuerto, aeródromo
air encephalogram | encefalograma aéreo
air environment | intemperie
air equivalent | equivalente en aire
air-equivalent ionization chamber | cámara de ionización con equivalente de aire
air-equivalent material | sustancia equivalente al aire
airflow | corriente de aire
airframe | aeroestructura
airframe bonding lead | cable de metalización eléctrica de la célula
air gap | entrehierro, espacio entre electrodos
air-gap choke | bobina de autoinducción con entrehierro
air-gap crystal | cristal múltiple con espacio de aire
air-gap crystal holder | portacristales con espacio de aire
air-ground-air communications system | sistema de comunicación aire-tierra-aire
air-ground communication | comunicación aeroterrestre (/aire-tierra)
air/ground control radio station | estación de radiocontrol aire/ tierra
air/ground liaison code | código de enlace aire/tierra
air jet | tobera de aire
air leak | pérdida de aire
airlift | trasportador (/elevador) neumático
airline | línea recta (/aérea)
airlock | esclusa de aire
air log | medidor de intervalos
air marker | señal aérea (en tierra)
air monitor | monitor atmosférico (/aéreo)
air navigation radio aid | ayuda por radio a la navegación aérea
airplane [USA] [*aeroplane (UK)*] | aeroplano
airport | aeropuerto
airport beacon | radiofaro de aterrizaje
airport control station | estación de control de aeropuerto
airport radar control | control de radar de aeropuerto
airport runway beacon | baliza de pista de aeropuerto
airport surface detection equipment | radar (/equipo de detección) de superficie del aeropuerto
airport surveillance radar | radar de vigilancia de aeropuerto
air-position indicator | indicador de posición aérea
air relay | relé neumático
air-route traffic centre | centro de control de tráfico aéreo
air scatter | dispersión en el aire
air-space cable | cable con espacio (/circulación) de aire [*entre los hilos*]
air-space coax = air-space coaxial cable | cable coaxial con circulación de aire
airspeed computer | ordenador tacométrico aeronáutico
airspeed head | antena de anemómetro
air speed indicator | anemómetro [*indicador de velocidad del aire*]
air speed indicator calibrator | corrector de anemómetro
airspeed meter | medidor de velocidad relativa
air-target indicator radar | eliminador de ecos del suelo
airtight | hermético, impermeable al aire
airtight machine | máquina hermética

airtight seal | cierre hermético
air-to-air guided missile | misil (/proyectil) dirigido aire-aire
air-to-earth radio frequency | frecuencia de radio aire-tierra
air-to-ground communication | comunicación aire-tierra
air-to-surface guided missile | misil (/proyectil) dirigido aire-superficie
air-wall ionization chamber | cámara de ionización de pared de aire, cámara de ionización de pared equivalente al aire
air warning system | sistema de alarma aérea
airwave | onda aérea
airway beacon | baliza de jalonamiento
AIS = alarm indication signal | SIA = señal de indicación de alarma
Aitken's process | proceso de Aitken
AIX = advanced interactive executive | AIX [*ejecución interactiva avanzada (sistema operativo de UNIX)*]
AK resonance = Azbel Kaner resonance | resonancia de Azbel-Kaner [*resonancia ciclotrónica en metales*]
Al = aluminium | Al = aluminio
AL = after loading | después de la carga; después del enhebrado [*en vídeo*]
AL = always | continuamente, siempre
AL = all | todo
AL = assembly language | lenguaje ensamblador
alabamine | alabamio
alacritized switch | contacto alacrilado [*contacto de mercurio con baja adhesividad*]
alarm | alarma
alarm call | señal (/acústica), toque de alarma
alarm call service | servicio de despertador; calendario de citas
alarm circuit | circuito de alarma
alarm condition | condición de alarma
alarm device | aparato de alarma
alarm discrimination | discriminación de la alarma
alarm display | pantalla (/imagen) de alarma
alarm fuse | fusible con alarma (/indicador)
alarm hold | mantenimiento de la alarma
alarm indication signal | señal de indicación de alarma
alarm lamp | lámpara de alarma
alarm line | línea de alarma
alarm panel | panel de alarmas
alarm relay | relé de alarma
alarms extended to operators | repetición de alarmas en el puesto de operadora
alarm signal | señal de alarma
alarm state | estado de alarma
alarm system | sistema de alarma
alarm tone | tono de alarma
alarm transfer | trasferencia de alarma
alarm trunk circuit | circuito interurbano de alarma
A law | ley A
albedo | albedo
ALC = automatic level control | CAV = control automático de volumen
ALC = automatic light | ALC [*regulación automática de la luz*]
ALCC = airborne launch control centre | ALCC [*centro volante de control de despegue*]
alcohol | alcohol
Alcomax | Alcomax [*marca comercial de material magnético con una fuerza de cohesión extraordinaria*]
aleph null | alef (/alefo) cero
alert | alerta
alert box | ventana de alerta [*en interfaces gráficas de usuario*]
alert protocol | protocolo de alerta
Alexanderson aerial | antena Alexanderson
Alexanderson alternator | alternador de Alexanderson [*alternador de alta frecuencia*]
Alford aerial | antena Alford
Alford loop aerial | antena de lazo Alford
Alford slotted tubular aerial | antena tubular ranurada de Alford
Alfven velocity | velocidad de Alfven
algebra | álgebra
algebraic adder | sumador algebraico
algebraic language | lenguaje algebraico
algebraic logic | lógica algebraica
algebraic semantics | semántica algebraica
algebraic specification | especificación algebraica
algebraic structure | estructura algebraica
algebraic sum | suma algebraica
algebraic symbol manipulation language | lenguaje de manipulación de símbolos algebraicos
algebra system | sistema de álgebra
ALGOL = algorithmic language | ALGOL [*lenguaje algorítmico*]
ALGOL extended for design | ALGOL ampliado para diseño
algorithm | algoritmo
algorithm efficiency | eficacia algorítmica
algorithmically generated pattern | muestra generada algorítmicamente
algorithmic language | lenguaje algorítmico
algorithmic pattern generation | generación algorítmica de muestras
algorithmic state machine | máquina de estado algorítmico
algorithm translation | traducción de algoritmo
alias | alias, apodo
aliasing | solapamiento; repliegue
aliasing bug | error de solapamiento
alighting channel | canal de amaraje por instrumentos
align, to - | alinear
aligned bundle | haz ajustado
aligned circuits | circuitos ajustados (/alineados)
aligned-grid valve | válvula de haces (/rejilla alineada)
aligned paper document | documento de papel alineado [*modelo de impresos de Naciones Unidas*]
aligning plug | clavija guía (/de alineación)
aligning tool | herramienta de alineación
alignment | ajuste, alineación, alineamiento
alignment chart | ficha (/esquema) de alineación; carta de ajuste
alignment error | error de alineación
alignment function | función de alineación
alignment of a circuit | ajuste de un circuito
alignment of knife edges | alineación de aristas
alignment pin | clavija (/pin) de ajuste; patilla de alineación
alignment protractor | prolongador de alineamiento
alignment tool | herramienta de ajuste
alisonite | alisonita
alive | vivo, activo, activado, en funcionamiento; bajo tensión, con corriente
alive circuit | circuito vivo (/en funcionamiento)
alkali | álcali
alkali earth metal | metal alcalinotérreo
alkali flame ionization detector | detector de ionización y llama por metal alcalino
alkali metal | metal alcalino
alkaline accumulator | acumulador alcalino
alkaline battery | batería alcalina
alkaline cell | pila alcalina
alkaline storage battery | batería de acumuladores alcalinos
ALL = always | constantemente, siempre, continuamente
all-channel tuning | sintonización de todos los canales
all day | todo el día
all-diffused monolithic integrated circuit | circuito integrado monolítico de difusión
Allen screw | tornillo Allen
all-epitaxial transistor | transistor totalmente epitaxial
allergy screen disc | disco de prueba de alergias
all-glass joint | acoplamiento de vidrio
alligator clip | pinza de cocodrilo
all log messages | todos los mensajes del registro
all-metal magnetron | magnetrón (íntegramente) metálico
allobar | alóbaro
allocate, to - | asignar, reservar [*memoria*]

allocated channel | canal asignado
allocated frequency band | banda asignada de frecuencias
allocated-use circuit | circuito de uso asignado
allocation | asignación; ubicación; [*de memoria*]
allocation block size | tamaño del bloque asignado
allocation of a circuit | asignación (/utilización) de un circuito
allocation routine | rutina de asignación
allocation technique | técnica de asignación
allocation to frequencies | asignación de frecuencias
allocation unit | unidad de asignación [*por ejemplo un clúster*]
allochromatic | alocromático
allochromy | alocromía
allo-diffused transistor | transistor de aleación-difusión, transistor aleado difundido
allophone | alófono
all-or-nothing relay | relé todo o nada
allot, to - | asignar, atribuir
alloter [USA] [*allotter (UK)*] | distribuidor [*de buscadores*]
allotment of frequencies | asignación de frecuencias
allotter [UK] | distribuidor [*de buscadores*]
allotter relay | relé distribuidor
allowable deviation | desviación admisible
allowance | tolerancia; concesión; rebaja, reducción de tasa (/tarifa)
allowed | permitido
allowed band | banda permitida
allowed transition | transición permitida
alloy | aleación; mezcla
alloyed contact | contacto aleado
alloyed junction | unión aleada (/de aleación)
alloyed transistor | transistor aleado (/por fusión)
alloying | fusión
alloy-junction photocell | fotocélula (/célula fotoeléctrica) de aleación (/unión aleada)
alloy plate | depósito de aleación
alloy process | proceso de aleación
alloy transistor | transistor aleado (/de aleación, /por fusión)
all-pass filter | filtro (de banda) de paso total
all-pass network | red de desplazamiento de fase, red de todo pasa, red de paso total
all points addressable | (modo de) direccionamiento de todos los puntos [*manipulación individual de píxeles*]
all purpose computer | ordenador de aplicación general (/universal)
all-relay central office | central telefónica de relés

all-relay selector | selector de relés (/relevadores)
all-relay system | sistema (automático) de relés, sistema todo relés
all rights reserved | todos los derechos reservados
all-stations call | llamada general a todas las estaciones
allstrom relay | relé de corriente universal
all-trunks-busy register | contador de ocupación total
all-wave aerial | antena universal (/toda onda)
all-wave receiver | receptor universal (/toda onda)
Alnico | Alnico [*marca comercial de material magnético para imanes permanentes*]
ALOHA [*computer network in the Hawai Islands*] | ALOHA [*red de ordenadores en la Islas Hawai*]
alpha | alfa [*ganancia de corriente de emisor a colector*]
alphabet | alfabeto
alphabetic code | código alfabético
alphabetic coding | codificación alfabética
alphabetic-numeric code | código alfanumérico
alphabetic string | cadena alfabética
alphabet keyboard | teclado alfabético
alphabet list of call signs | lista alfabética de indicativos de llamada
alphabet office code | indicativo literal, letra característica
alpha chamber | cámara alfa
alpha channel | canal alfa [*para el color de gráficos*]
alpha contamination indicator | indicador de contaminación alfa
alpha counter | contador alfa
alpha counter valve | válvula contadora alfa
alpha cutoff | corte alfa
alpha cutoff frequency | frecuencia de corte alfa
alpha decay | decaimiento alfa
alpha disintegration energy | energía de desintegración alfa
alpha emitter | emisor alfa
alphageometric | alfageométrico
alphamosaic | alfamosaico [*técnica de presentación para gráficos de ordenador*]
alphanumeric | alfanumérico
alphanumerical | alfanumérico
alphanumeric character | carácter alfanumérico
alphanumeric display | visualizador alfanumérico
alphanumeric display terminal | terminal de presentación alfanumérica [*no puede reproducir gráficos*]
alphanumeric key | tecla alfanumérica
alphanumeric mode | modo alfanumérico [*modo de texto*]
alphanumeric reader | lector alfanumérico

alphanumeric readout | lectura alfanumérica
alphanumeric sort | selección alfanumérica [*para datos*]
alpha particle | helión, partícula alfa
alpha particle model | modelo nuclear alfa
alpha particle spectrum | espectro de partículas alfa
alphaphotographic | alfafotográfico
alpha proton reaction | reacción alfa-protón
alpha radiation | radiación alfa
alpha radiator | radiador alfa
alpha radioactivity | radiactividad alfa
alpha ratio | relación alfa
alpha ray | rayo alfa
alpha ray spectrometer | espectrómetro de rayos alfa
alpha ray spectrum | espectro de rayos alfa
alpha ray vacuum gauge | indicador de vacío de partículas alfa
alpha rhythm | ritmo alfa
alpha spectrometer | espectrómetro alfa
alpha system | sistema alfa
alpha test | prueba alfa
alphatron | alfatrón
alphatron gauge | medidor por alfatrón
alpha uranium | uranio alfa
alpha wave | onda alfa
alpha-wave detector | detector de ondas alfa
alpha-wave meter | medidor de ondas alfa
ALS = advanced low drain of Schottky | ALS [*bajo consumo avanzado de Schottky*]
ALS = automatic line selection | ALS [*selección automática de voltaje*]
ALSTG = altimeter setting | reglaje (/puesta a cero) del altímetro
altaite | altaita
alterable memory | memoria alterable
alterable read only memory | memoria alterable de sólo lectura
alteration switch | interruptor de alteración
alternate | alternativo; encaminamiento
alternate channel | canal alternativo
alternate-channel interference |·interferencia del canal alternativo
alternated current dialling | telemarcación (/marcación telefónica) con impulsos de corriente alterna (/sinusoidal)
alternate facility | instalación alternativa
alternate key | tecla alternativa
alternate keyboard | teclado reconfigurado
alternate mode | modo alternativo
alternate operation | explotación (/trasmisión) alternativa
alternate route | camino alternativo, vía auxiliar, ruta alternativa

alternate routing | camino (/encaminamiento) alternativo
alternate voice/data circuit | circuito alternativo para telefonía y datos
alternate voice/data operation | proceso alternativo de telefonía y datos
alternating | alternante, alterno; consulta repetida (/alternativa)
alternating comparison method | método de comparación alternativa
alternating component bridge | puente con componentes alternativos
alternating current | corriente alterna
alternating-current adapter | adaptador de corriente alterna
alternating-current bias | polarización alterna (/magnética)
alternating-current charge characteristic | característica de carga alterna
alternating-current circuit | circuito de corriente alterna
alternating-current commutator motor | motor de colector de corriente alterna
alternating-current component | componente de corriente alterna
alternating current/direct current | corriente alterna/corriente continua
alternating-current erasing head | cabeza borradora de corriente alterna
alternating-current generator | generador de corriente alterna
alternating-current motor | motor de corriente alterna
alternating-current power | toma de corriente alterna
alternating-current pulse | impulso de corriente alterna
alternating-current selection | selección por corriente alterna
alternating-current track circuit | circuito de vía de corriente alterna
alternating-current transmission | trasmisión por corriente alterna
alternating field | campo alternante
alternating flasher | conmutador cíclico
alternating gradient | gradiente alterno
alternating-gradient accelerator | acelerador de gradiente alterno
alternating-gradient synchrotron | sincrotrón de gradiente alterno
alternating mark inversion | inversión alternada de códigos
alternating positive-negative pressure breathing | reanimación por presión alternante
alternating quantity | magnitud alterna
alternating square-wave voltage | tensión alterna de onda rectangular
alternating voltage | tensión alterna
alternation | alternancia
alternative | alternativo; encaminamiento
alternative frequency | frecuencia alternativa
alternative keyboard | teclado reconfigurado
alternative route | ruta alternativa, vía auxiliar (/supletoria, /alternativa, /de desvío)
alternative routing | vía alternativa, encaminamiento alternativo (/de desvío), reencaminamiento
alternator | alternador
alternator transmitter | trasmisor de alternador
altigraph | altímetro registrador, altígrafo
altimeter | altímetro
altimeter calibrator | corrector de altímetro
altimeter lag | retraso del altímetro
altimeter setting | reglaje (/puesta a cero) del altímetro
altimeter station | estación altimétrica
altimetric | altimétrico
altimetrical flareout | ensanchamiento altimétrico
altitude | altitud
altitude chamber | cámara de altitud
altitude delay | retardo de altitud
altitude hole | círculo de altitud
altitude recorder | altímetro registrador, altígrafo
altitude sensitive switch | interruptor altimétrico
altitude signal | señal de altitud
altitude switch | interruptor de altímetro
Alt key = alternate key | tecla alternativa [*para usar en combinación con otra tecla*]
ALU = arithmetic and logic unit | UAL = unidad aritmética y lógica; ULA = unidad lógica y aritmética
alumina | alúmina
alumina formation | formación de corindón aluminio
aluminium [UK] | aluminio
aluminium antimonide | antimoniuro de aluminio
aluminium electrolytic capacitor | condensador electrolítico de aluminio
aluminium foil | hoja de aluminio
aluminium-leaf electroscope | electroscopio de hojas de aluminio
aluminium-steel conductor | cable de acero-aluminio
aluminized screen | pantalla aluminada (/aluminizada)
aluminized-screen picture valve | válvula (/tubo) de imagen con pantalla aluminizada
aluminizing | aluminizado
aluminum [USA] [*aluminium (UK)*] | aluminio
alumoweld | aluminio soldado (/fundido sobre núcleo de acero)
Alundum | Alundum [*marca de material duro de aluminio fundido, utilizado como material abrasivo y refractario*]
Alven speed | velocidad Alven
Alven wave | onda Alven
always | constantemente, siempre, continuamente
always on top | siempre visible

AM = amplitude modulation | AM = amplitud modulada [*modulación de amplitud*]
AM = associative memory | MA = memoria asociativa
AMA = automatic message accounting | AMA [*tarifación telefónica automática*]
amateur | aficionado
amateur band | banda de aficionados
amateur call letters | distintivo de radioaficionado
amateur extra licence | licencia extra de aficionado
amateur radio | radioafición
amateur radio communication | comunicación de radioaficionado
amateur radio licence | licencia de radioaficionado
amateur radio operation | práctica de la radioafición
amateur radio operator | radioaficionado
amateur radio service | servicio de radioafición
amateur station | emisora de radioaficionado
AM broadcast channel | canal de radiodifusión de amplitud modulada
ambience | tonalidad del local, característica tonal de la sala
ambient | (temperatura) ambiente
ambient effect | efecto (acústico) del ambiente
ambient level | nivel ambiental
ambient light | luz ambiental
ambient-light filter | filtro de luz ambiente (/ambiental)
ambient lighting | iluminación ambiental
ambient noise | ruido ambiental
ambient operating temperature | temperatura ambiente de funcionamiento
ambient pressure | presión ambiente
ambient temperature | temperatura ambiente
ambient temperature range | gama de temperaturas ambiente
ambient temperature, pressure, saturated | temperatura ambiente y presión saturada
ambiguity | ambigüedad
ambiguous grammar | gramática ambigua
ambipolar diffusion | difusión ambipolar
ambisonic reproduction | reproducción ambisónica
AMC = automatic modulation control | AMC [*control automático de modulación*]
AMCW = amplitude modulation continuous wave | AMCW [*onda continua de modulación de amplitud*]
AMD = advanced micro device | AMD [*microdispositivo avanzado*]
AMD = amplitude modulation distortion | AMD [*distorsión de la amplitud modulada*]

American Morse code | código Morse estadounidense
americium | americio
AM/FM = amplitude modulation / frequency modulation | AM/FM = amplitud modulada / frecuencia modulada
AM/FM receiver | receptor de AM/FM
AM/FM tuner | sintonizador de AM/FM
AMI = alternate mark inversion | AMI [*código para trasmisión de señales binarias*]
AMI code = altenate mark inversion code | código AMI
Amiga | Amiga [*sistema operativo de los ordenadores Commodore*]
A minus | A negativo
AMIS = audio messaging interchange specification | AMIS [*norma sobre intercambio de mensajes de audio*]
AML = amplitude modulated link | AML [*enlace con amplitud modulada*]
ammeter = amperimeter | amperímetro
ammeter shunt | derivador para amperímetro, resistencia paralela al amperímetro
ammonia beam maser | máser de amoníaco
ammonia gas maser | máser de gas amoníaco
ammonia maser clock | reloj máser de amoníaco
ammonium | amoniaco, amoníaco
ammonium chloride | cloruro amónico, sal de amoniaco
ammonium dihydrogen phosphate crystal | cristal de fosfato monoamónico, cristal de dihidrofosfato amónico
amorphous quartz | cuarzo amorfo
amortisseur winding | arrollamiento amortiguador
amount | cantidad
amount of charge | importe de la tasa; cantidad de carga
amount of modulation | tanto de modulación
amp = ampere | A = amperio
AMP = amplifier | AMP = amplificador
AMP AC = ampere alternating current | AMP CA = amperios de corriente alterna
ampacity | ampacidad [*capacidad de trasporte de corriente en amperios*]
AMP DC = ampere direct current | AMP CC = amperios de corriente continua
AMPEP = amplitude modulated peak envelope power | AMPEP [*pico de potencia de amplitud modulada*]
amperage | amperaje
ampere [*basic unit of electric current*] | amperio [*unidad fundamental de la corriente eléctrica, equivalente a 1 culombio por segundo*]
ampere alternating current | amperios de corriente alterna
ampere direct current | amperios de corriente continua
ampere-hour | amperios hora
ampere-hour capacity | capacidad en amperios hora
ampere-hour efficiency | rendimiento en amperios hora
ampere-hour meter | amperhorímetro, contador (/medidor) de amperios hora
Ampere's law | ley de Ampère
Ampere's rule | regla de Ampère
Ampere solenoid | solenoide de Ampère
Ampere's theorem | teorema de Ampère
Ampere's theory of magnetism | teoría magnética de Ampère
ampere-turn | amperios vueltas
ampere-turn amplification | amplificación de amperios vueltas
ampere-turn control | control por amperios vueltas
ampere-turn gain | ganancia en amperios vueltas
ampere-turn per meter | amperios vueltas por metro
ampere-turn ratio | coeficiente en amperios vueltas
amp. fac. = amplification factor | factor de amplificación
amplidyne | amplidino, amplificador variable
amplification | ampliación; ganancia, amplificación
amplification constant of resonator | constante de amplificación del resonador
amplification factor | factor (/coeficiente) de amplificación
amplification stage | etapa amplificadora
amplified | amplificado
amplified AGC = amplified automatic gain control | control automático de ganancia amplificado
amplified automatic gain control | control automático de ganancia amplificado
amplified back bias | realimentación negativa amplificada
amplifier | amplificador
amplifier bandwidth | (ancho de) banda del amplificador
amplifier circuit | circuito amplificador
amplifier distortion | distorsión del amplificador
amplifier feedback | realimentación del amplificador
amplifier noise | ruido del amplificador
amplifier nonlinearity | no linealidad del amplificador
amplifier power amplification | ganancia de potencia del amplificador
amplifier regeneration | regeneración en amplificadores
amplifier under test | amplificador en pruebas
amplify, to - | amplificar
amplifying | amplificación
amplifying circuit | circuito amplificador
amplifying delay line | línea de retardo con amplificación
amplifying exchange | central amplificadora
amplifying frequency | frecuencia de señal
amplifying stage | etapa amplificadora
amplistat | amplistato, amplificador magnético
amplitron | amplitrón [*válvula para amplificación de microondas*]
amplitude | amplitud
amplitude analyser | analizador de amplitud
amplitude balance control | control de equilibrio de amplitud
amplitude change signalling | señalización (/formación de señales) por modulación de amplitud
amplitude comparison | comparación de amplitud
amplitude comparison lamp | lámpara de comparación de amplitud
amplitude-controlled rectifier | rectificador controlado por amplitud
amplitude demodulator | desmodulador de amplitud
amplitude density distribution | distribución por densidad de amplitudes
amplitude discriminator | discriminador de amplitud
amplitude distortion | distorsión de amplitud
amplitude distribution function | función de distribución de amplitud
amplitude fading | atenuación en amplitud
amplitude frequency distortion | distorsión de amplitud-frecuencia
amplitude frequency response | respuesta de amplitud-frecuencia
amplitude gate | puerta de amplitud
amplitude jitter | temblor (/fluctuación) de amplitud
amplitude-keyed tone | tono manipulado en amplitud
amplitude keying | manipulación de amplitud
amplitude level selection | selección del nivel de amplitud
amplitude limiter | limitador de amplitud
amplitude modulated link | enlace con amplitud modulada
amplitude modulated peak envelope power | pico de potencia de amplitud modulada
amplitude-modulated transmitter | trasmisor con modulación de amplitud, trasmisor de amplitud modulada
amplitude-modulated valve | válvula para modulación de amplitud, válvula de amplitud modulada
amplitude-modulated wave | onda de amplitud modulada
amplitude modulation | modulación de (la) amplitud, amplitud modulada
amplitude modulation continuous wave | onda continua de modulación

de amplitud
amplitude modulation distortion | distorsión de la amplitud modulada
amplitude modulation monitor | monitor de modulación de amplitud
amplitude modulation noise | ruido de modulación de amplitud
amplitude modulation noise level | nivel de ruido en la modulación de amplitud
amplitude modulation reducer carrier | portadora reducida de modulación de amplitud
amplitude modulation rejection | supresión de la modulación de amplitud
amplitude modulation suppressed carrier | portadora suprimida de modulación de amplitud
amplitude modulator | modulador de amplitud
amplitude noise | ruido de amplitud
amplitude of a complex number | argumento de un número complejo
amplitude of noise | amplitud de ruido
amplitude of oscillation | amplitud de oscilación (/vibración)
amplitude of voltage | valor máximo de la tensión, tensión de cresta
amplitude permeability | permeabilidad de la amplitud
amplitude quantization | cuantificación de amplitud
amplitude range | margen (/orden) de amplitud
amplitude resonance | resonancia de amplitud
amplitude response | respuesta en amplitud
amplitude selection | selección en amplitud
amplitude selector | selector de amplitud
amplitude separation | separación por amplitudes
amplitude separator | separador de amplitudes
amplitude-shift keying | codificación por variación de amplitud
amplitude-suppression ratio | relación de supresión de amplitud
amplitude versus frequency distortion | distorsión de amplitud en función de la frecuencia
AMPS = advanced mobile phone service | AMPS [*servicio avanzado de telefonía móvil*]
AMPTD = amplitude | AMPTD = amplitud
AMPTD-MODUL = amplitude modulation | MOD AMP = modulación de amplitud
AM-RC = amplitude modulation reducer carrier | AM-RC [*portadora reducida de modulación de amplitud*]
AM rejection ratio | relación de rechazo de la amplitud modulada
AM-SC = amplitude modulation suppressed carrier | AM-SC [*portadora suprimida de modulación de amplitud*]
AM suppression | supresión de la modulación de amplitud
AMT = address mapping table | AMT [*cuadro de distribución de direcciones*]
AMT = amount | suma, cantidad
AM tuner | sintonizador de amplitud modulada
AMU = atomic mass unit | UMA = unidad de masa atómica
AMW = average molecular weight | PMM = peso molecular medio
An = actinon | An = actinón
A/N = alphanumeric, alphanumerical | alfanumérico
analog [USA] | analógico
analogue [UK] | analógico
analog adder | sumador analógico
analog amplifier | amplificador analógico
analog calculating device | calculador analógico
analog channel | canal analógico
analog circuit | circuito analógico
analog communication | comunicación analógica
analog comparator | comparador analógico
analog computer | ordenador analógico
analog computing | cálculo analógico
analog data | datos analógicos
analog/digital | analógico/digital
analog/digital bus | bus analógico/digital
analog-digital conversion | conversión analógico/digital
analog-digital converter | convertidor analógico/digital
analog display | pantalla analógica
analog input | entrada (de datos) analógica
analog input module | módulo de entrada analógico
analog integrated circuit | circuito integrado analógico
analog line | línea analógica [*de comunicación*]
analog meter | medidor analógico
analog multiplexer | multiplexor analógico
analog multiplier | multiplicador analógico
analog network | red analógica
analog output | salida analógica
analog recording | registro analógico, grabación analógica
analog representation | representación analógica
analog signal | señal analógica
analog signal generator | generador de señales analógicas
analog switch | interruptor analógico
analog to digital | analógico/digital
analog-to-digital conversion | conversión analógico/digital
analog-to-digital converter | convertidor de analógico a digital
analog transmission | trasmisión analógica
analog value | valor analógico
analogy | analogía
analyser [UK] [*analyzer (UK+ USA)*] | analizador
analysing crystal | cristal analizador
analysis | análisis
analysis by absorption | análisis por absorción
analysis by weight | análisis ponderado
analysis line | línea analítica
analysis of a residue | análisis de residuos
analysis of plasma | análisis de plasma
analysis of precious metal | análisis de metal precioso
analysis of variance | análisis de varianza
analysis without standard samples | valoración libre (/sin muestra de comparación)
analyst | analista
analytical balance | balanza para análisis
analytical engine | máquina analítica
analytical gap | diferencia analítica
analyzer [UK+USA] [*analyser (UK)*] | analizador, programa de análisis
anastigmat | anastigmático
AnC = analog computer | ordenador analógico
ancestor [*of a node in a tree*] | antepasado
anchor | ancla, amarra, (traviesa de) anclaje, viento; armadura; punto de fin de rango
anchoring | anclaje
anchor toggle, to - | conmutar punto de fin de rango
ancillary | auxiliar
ancillary circuit | circuito auxiliar
ancillary equipment | equipo accesorio (/adicional, /suplementario, /ancilario, /subordinado, /esclavo)
ancillary jack | clavija auxiliar
ancillary position | posición auxiliar
AND circuit | circuito lógico Y
Anderson bridge | puente de Anderson
AND device | dispositivo lógico Y
AND gate | puerta (lógica) Y [*circuito cuya salida tiene el valor 1 sólo cuando todos sus valores de entrada son 1*]
AND/NOR gate | puerta lógica Y/NI
AND operation | operación Y
AND/OR circuit | circuito lógico Y/O
AND/OR gate | puerta lógica Y/O
android | androide
anechoic | anecoico
anechoic chamber | cámara anecoica
anechoic enclosure | recinto anecoico
anechoic room | cámara (/sala) anecoica
anelectronic | anelectrónico

anelectrotonus | anelectrotono
anemograph | anemógrafo
anemometer | anemómetro
anemometric | anemométrico
anemometrograph | anemometrógrafo
anemoscope | anemoscopio
A neutron | neutrón A
angel | ángel, eco parásito, reflector de confusión
angiocardiography | angiocardiografía
angiography | angiografía
angle | larguero; ángulo, escuadra
angle bracket | ménsula; paréntesis angular
angle fluctuation | fluctuación angular
angle jamming | confusión de ángulo
angle modulation | modulación angular (/de ángulo, /de fase)
angle noise | ruido (/fluctuación) angular
angle of a sine wave | ángulo de una onda sinusoidal
angle of approach indicator | indicador del ángulo de aproximación
angle of approach indicator light | indicador luminoso de pendiente de aproximación
angle of arrival | ángulo de llegada
angle of beam | ángulo de abertura del haz
angle of convergence | ángulo de convergencia
angle of deflection | ángulo de deflexión (/desviación)
angle of departure | ángulo de partida
angle of divergence | ángulo de divergencia
angle of downwash | ángulo de deflexión
angle of elevation | ángulo de elevación
angle of emission | ángulo de emisión
angle of incidence | ángulo de incidencia
angle of lag | ángulo de demora (/retraso)
angle of lead | ángulo de adelanto
angle of phase difference | ángulo de desfase
angle of radiation | ángulo de radiación
angle of reflection | ángulo de reflexión
angle of refraction | ángulo de refracción
angle scintillation | fluctuación angular
angle tracking noise | ruido de seguimiento angular
angled socket | zócalo biselado
angstrom | angstrom [unidad de medida igual a 10^{-10} metros, empleada para medir la longitud de onda de la luz]
animated cursor | cursor animado
angstrom unit | (unidad) angstrom
angular | angular
angular acceleration | aceleración angular
angular accelerometer | acelerómetro angular
angular aperture | abertura angular, ángulo de abertura
angular carrier frequency | frecuencia angular portadora
angular correlation | distribución angular
angular deviation loss | pérdida por desfase (/desviación angular)
angular deviation sensitivity | sensibilidad de desfase (/desviación angular)
angular dispersion | dispersión angular
angular displacement | desviación angular, desplazamiento de fase
angular distance | distancia angular
angular distribution | distribución angular
angular frequency | frecuencia angular
angular length | longitud angular
angular momentum | momento angular
angular-momentum quantum number | número cuántico del momento angular
angular phase difference | ángulo de desfase
angular-position pick-up | trasductor de posición angular
angular rate | velocidad angular
angular resolution | resolución (/definición) angular
angular velocity | velocidad angular
angular width | anchura angular
anharmonic oscillator | oscilador anarmónico
anhydrous | anhidro, seco
anhysteresis | anhistéresis
ANI = automatic number identification | ANI [presentación automática del número que llama]
ANIEL [Spanish association of electronic industries] | ANIEL = Asociación nacional de industrias electrónicas
ANM = answer message | MR = mensaje de respuesta
ANN = artificial neural network | ANN [red neural artificial (tipo de inteligencia artificial informática)]
animated GIF | GIF animado
animation | animación
animation programme | programa de animación
anion | anión
anion gap | espacio aniónico, brecha aniónica
anionic current | corriente aniónica
aniseikonic | aniseicónico
anisochronous signal | señal anisócrona
anisodesmic structure | estructura anisodésmica
anisotropic | anisotrópico, anisótropo
anisotropic body | cuerpo anisotrópico
anisotropic dielectric | dieléctrico anisótropo
anisotropic magnet | imán anisotrópico
anisotropic material | material anisotrópico
anisotropy | anisotropía
anisotropy of polarizability | anisotropía de la polarizabilidad
ANMR = acoustic nuclear magnetic resonance | ANMR [resonancia magnetoacústica nuclear]
anneal, to - | recocer, templar
annealed | recocido
annealed lamination | laminación templada
annealed wire | hilo templado
annealing | recocido
annihilation force | fuerza de aniquilación
annihilation radiation | radiación de aniquilación
annotate, to - | anotar
annotation | anotación
annoybot | programa de repetición molesta [en chat]
annular | anular
annular conductor | conductor anular
annular core pulse reactor | reactor de impulsos de núcleo anular
annular ring | corona
annular transistor | transistor anular
annulling network | red de anulación
annunciation relay | relé anunciador
annunciator | anunciador
anode [UK] | ánodo
anode-balancing coil | bobina equilibradora (/de compensación) de ánodos
anode battery | batería de ánodo
anode bend | curvatura anódica, codo de ánodo
anode bend detection | detección por curva anódica
anode bend detector | detector por curva (característica) de ánodo
anode bend rectification | rectificación por curva anódica
anode breakdown voltage | voltaje anódico de descarga, tensión anódica de cebado (/descarga), voltaje de disrupción del ánodo
anode butt | descanso de ánodo
anode bypass capacitor | condensador de desacoplamiento de ánodo
anode-cathode capacitance | capacidad entre ánodo y cátodo
anode-cathode voltage drop | caída de tensión entre ánodo y cátodo
anode characteristic | característica anódica
anode characteristic curve | curva característica del ánodo
anode circuit | circuito anódico (/de ánodo)
anode circuit breaker | interruptor de ánodo
anode circuit efficiency | rendimiento del circuito de ánodo
anode cleaning | limpieza anódica
anode current | corriente anódica (/de ánodo)

anode dark space | espacio oscuro anódico (/de ánodo)
anode detection | detección anódica
anode dissipation | disipación anódica (/de ánodo)
anode drop | caída de la tensión anódica
anode efficiency | rendimiento anódico
anode fall | caída anódica (/de ánodo), caída de potencial anódico
anode feed resistance | resistencia de alimentación de ánodo
anode fin | aleta de ánodo
anode firing | cebado anódico
anode follower | seguidor de ánodo
anode glow | luminosidad anódica
anode impedance | impedancia anódica
anode input power | potencia anódica de entrada
anode keying | manipulación anódica
anode layer | capa anódica
anode load | carga anódica (/de ánodo)
anode load impedance | impedancia anódica de carga
anode modulation | modulación anódica
anode mud | fango anódico
anode neutralization | neutralización anódica (/de ánodo)
anode pickling | decapado anódico
anode power input | potencia anódica de entrada
anode power supply | fuente de alimentación de ánodo
anode pulse modulation | modulación de impulsos por ánodo
anode pulsing | oscilador de ánodo pulsado
anode ray | rayo anódico
anode region | región anódica
anode resistance [UK] | resistencia anódica (/del ánodo)
anode saturation | saturación anódica (/de ánodo)
anode sheath | envolvente (/capa, /vaina) anódica
anode shield | pantalla anódica
anode slime | fango anódico
anode sputtering | pulverización anódica
anode stopper | elemento de bloqueo del ánodo
anode strap | cinta (/banda) anódica, ligadura de ánodo
anode supply | alimentación anódica (/del ánodo)
anode supply voltage | voltaje de alimentación del ánodo
anode terminal | terminal anódico, ánodo terminal
anode-to-grid capacitance | capacidad entre ánodo y rejilla
anode voltage | voltaje anódico, tensión anódica (/de ánodo)
anode voltage drop | caída de tensión anódica (/del ánodo), caída del voltaje anódico

anodically oxidised electrode | electrodo anodizado
anodic protection | protección anódica
anodic silver | plata anódica
anodic solution | solución (/disolución) anódica
anodise, to - [UK] | anodizar
anodization | anodización
anodize, to - [UK+USA] | anodizar
anodizing | anodizado, anodización
anolyte | anolito, espacio anódico
anomalous | anómalo, anormal
anomalous dispersion | dispersión anómala
anomalous displacement current | corriente de desplazamiento anómala
anomalous magnetic moment | momento magnético anómalo
anomalous photoconductivity | fotoconductividad anómala
anomalous propagation | propagación anómala
anomalous Zeeman effect | efecto Zeeman anómalo
anonymity | anonimato
anonymous class | clase anónima
anonymous FTP = anonymous file-transfer protocol | FTP anónimo [protocolo anónimo de trasferencia de archivos]
anonymous post | correo anónimo
anonymous remailer | reemisor anónimo [servidor de correo electrónico que oculta al destinatario la dirección del remitente]
anonymous server | servidor anónimo
anotron | anotrón [válvula de vacío rectificadora]
ANOVA = analysis of variance | ANOVA [análisis de varianza]
ANS = actual noise silencer | ANS [silenciador eficaz]
ANS = answer | respuesta, contestación
ANSD = answered | contestado
ANSI = American national standards institute | ANSI [instituto nacional estadounidense de normativa]
AN-signal = air navigation signal | señal para la navegación aérea
ANSI keyboard | teclado ANSI
ANSI standard | norma ANSI
answer | contestación, respuesta
answer, to - | contestar; anunciarse en la línea
answerback, answer back | retorno de respuesta, contestación; identificación
answerback system | sistema de respuesta
answerback unit | unidad de respuesta
answer hold | retención de llamadas
answering | respuesta, contestación
answering and listening circuit | circuito de contestación y escucha
answering cord | cable de respuesta
answering flex | cordón de respuesta
answering interval | demora en la respuesta

answering line | línea de respuesta
answering service | servicio de respuesta
answering wave | onda de respuesta
answer lamp | lámpara de respuesta
answer message | mensaje de respuesta
answer mode | modo de respuesta
answer-only modem | módem de sólo respuesta
answer on the circuit | anuncio en la línea
answer/originate modem | módem de recepción y trasmisión
answer signal | señal de respuesta
ANT = antenna [USA] | ANT = antena
antenna [USA] [aerial (UK)] | antena
antenna and converter | antena y convertidor
antenna and transmitter | antena y trasmisor
antenna earth system [UK] | sistema de tierra de antena [sistema de puesta a tierra de la antena]
antennafier | antena amplificadora, antenificador
antenna ground system [USA] [antenna earth system (UK)] | sistema de tierra de antena
antennamitter = antenna and transmitter | antena y trasmisor, emisor de antena
antennaverter = antenna and converter | antena y convertidor, antenaversor, convertidor de antena incorporado
anti-alias | antialias
antialiasing | antialias; antisolapamiento
antiarcing screen | pantalla cortaarcos
antiblock system | sistema de antibloqueo electrónico
antibonding orbital | orbital antienlace
antibounce lever | palanca de amortiguación
anticapacitance switch | interruptor (/conmutador) anticapacitivo
anticathode | anticátodo
anticipatory carry | arrastre anticipativo
anticlutter | limitador de ecos parásitos
anticlutter circuit | circuito antiemborronamiento (/limitador de ecos parásitos)
anticlutter gain control | control de ganancia antirruido, control limitador de ecos parásitos
anticoincidence | anticoinciencia
anticoincidence circuit | circuito de anticoincidencia
anticoincidence counter | contador de anticoincidencia
anticoincidence counting | recuento de anticoincidencia
anticoincidence selector | selector de anticoincidencia
anticollision radar | radar anticolisión
anticyclotron | anticiclotrón
antidazzle | antideslumbrante

antidiffusing screen | pantalla antidifusora
antidiffusion grid | rejilla antidifusora
antifading aerial | antena antidesvanecimiento (/correctora de desvanecimiento)
antiferroelectric material | material antiferroeléctrico
antiferroelectricity | antiferroelectricidad
antiferromagnetic material | material antiferromagnético
antiferromagnetic resonance | resonancia antiferromagnética
antiferromagnetism | antiferromagnetismo
antiglare | antideslumbrante, antirreflejos
antiglare shield | pantalla antideslumbrante
antihunting | estabilización, antioscilación
antihunting circuit | circuito estabilizador (/antioscilación)
antihunting device | dispositivo antioscilación
antihunting transformer | trasformador estabilizador (/antioscilación)
anti-inductive arrangement | dispositivo antiinductivo
anti-interference | contra interferencias
antijammer | dispositivo contra interferencias ajenas
antijamming | antibloqueo
antijamming device | eliminador de bloqueos
antilambda | antilambda
antilogarithm | antilogaritmo
antimagnetic | antimagnético
antimatter | antimateria
antimicrophonic | antimicrofónico
antimissile missile | misil antimisil
antimony | antimonio
antimony electrode | electrodo de antimonio
antineutrino | antineutrino
antineutron | antineutrón
antinode | antinodo
antinoise carrier-operated device | dispositivo antirruido gobernado por portadora
antinoise microphone | micrófono antirruido
antinucleon | antinucleón
Antiope = acquisition numérique et télévision d'images organisées en pages d'écriture (*fra*) [*French coding system for videotext*] | ANTIOPE [*sistema francés de codificación para videotexto*]
antiparticle | antipartícula
antiphase | oposición de fase
antiplugging relay | relé contrafrenado (/de conector)
antiproton | antiprotón
antirad = antiradioactive | antirradiactivo
antiradiation missile | misil antirradiación
antiradiation screen | pantalla antirradiaciones
antireaction device | supresor de reacción
antireflection coating | revestimiento antirreflejos
antiresonance | antirresonancia
antiresonant circuit | circuito antirresonante
antiresonant frequency | frecuencia de antirresonancia
antisidetone | antilocal, contra efectos locales
antisidetone circuit | circuito antirreactivo (/eliminador de efectos locales)
antisidetone induction coil | bobina de inducción antilocal
antisidetone telephone set | aparato telefónico antilocal
antisinging | contra el canto, contra las reacciones (/oscilaciones)
antiskating bias | polarización antideslizamiento [*fuerza de equilibrado de la cabeza fonocaptora*]
antiskating device | dispositivo antideslizamiento
anti-spoofing | antiengaño [*en señales GPS*]
antistatic aerial | antena antiparasitaria
antistatic agent | agente antiestático
antistatic cleaner | limpiadiscos antiestático
antistatic coating | revestimiento antiestático
antistatic device | dispositivo antiestático
antistatic foam | espuma antiestática
antistatic spray | aerosol (/spray) antiestático
antistatic wrist strap | correa antiestática, brazalete antiestático
antistickoff voltage | tensión desplazadora de falso cero, tensión contra el comportamiento ambiguo
antistiction oscillator | oscilador compensador de rozamiento
antisymmetric | antisimétrico
antisymmetric relation | relación antisimétrica
antisymmetrical flutter | flameo antisimétrico
anti-tr = antitransmit-receive | recepción antitrasmisión
antitransmit-receive box | caja de recepción antitrasmisión
antitransmit-receive switch | conmutador de recepción antitrasmisión
antitransmit-receive valve | válvula de recepción antitrasmisora
anti-tr box = antitransmit-receive box | caja de recepción antitrasmisión
anti-tr valve = antitransmit-receive valve | válvula de recepción antitrasmisora
antivibration accumulator | acumulador antivibración
antivibration mounting | instalación antivibratoria
antivirus | antivirus
antivirus program | programa antivirus
antivoice-operated transmission | trasmisión activada por la voz, trasmisión bilateral con conmutación automática
anycast | distribución a uno entre varios
any key | cualquier tecla
any-to-any connectivity | conectividad múltiple [*para compartir datos a través de múltiples medios*]
AOC = advice of charge | aviso de tarifas
AOC = automatic overload control | control automático de sobrecarga [*del radar*]
AOL = America on line | AOL [*América en línea*]
A operator | operador de salida, operador asignado a la posición A
AP = action potential | PA = potencial de acción
AP = automatic pagination | PA = paginación automática
APA = all points addressable | APA [*(modo de) direccionamiento de todos los puntos* (*manipulación individual de píxeles*)]
APACHE = accelerator for physics and chemistry of heavy elements | APACHE [*acelerador para estudiar la física y la química de los elementos pesados*]
APC = all purpose computer | APC [*ordenador de aplicación universal*]
APC = asynchronous procedure call | APC [*llamada de procedimiento asincrónico*]
APC = automatic phase control | CAF = control automático de fase [*en vídeo*]
APC = automatic picture control | control automático de imagen
APCM = adaptative pulse code modulation | APCM [*modulación adaptativa de impulsos codificados*]
APD = avalanche photodiode | APD [*fotodiodo de avalancha*]
aperiodic | aperiódico
aperiodic aerial | antena aperiódica
aperiodic circuit | circuito aperiódico
aperiodic compass | brújula aperiódica
aperiodic damping | amortiguamiento aperiódico
aperiodic discharge | descarga aperiódica
aperiodic function | función aperiódica
aperiodicity | aperiodicidad
aperiodic oscillation | oscilación aperiódica
aperiodic phenomenon | fenómeno aperiódico
aperiodic trigger circuit | circuito de disparo aperiódico
aperiodic waveform | forma de onda aperiódica
aperture | abertura, ventana

aperture aerial | antena de abertura
aperture card | tarjeta con abertura
aperture compensation | compensación de abertura
aperture correction | corrección de abertura
aperture delay time | retardo de abertura
aperture distortion | distorsión de abertura (/sombra); definición insuficiente
aperture grill | parrilla de apertura [*tipo de tubo de rayos catódicos*]
aperture illumination | iluminación de abertura
aperture jitter | incertidumbre de abertura
aperture mask | máscara de sombra (/abertura)
aperture of the aerial array | apertura del grupo de antenas
aperture plate | placa de abertura
aperture time | tiempo de abertura
aperture wheel | disco de abertura
apexcardiography | apexcardiografía
apex-matching plate | placa de adaptación del vértice
apex step | vértice escalonado
aphelion | afelio
API = application program (/programming) interface; application programmer interface | API [*interfaz para programa (/programación) de aplicaciones; interfaz de programador de aplicaciones*]
API = application portability interface | API [*interfaz para ejecutar aplicaciones sobre clientes*]
APL = advanced programming language | APL [*lenguaje de programación avanzado*]
APL = automatic pulse length switching | APL [*conmutación automática de longitud de impulsos*]
APL = average picture level | nivel medio de la imagen
APLL = automatic phase locked loop | APLL [*bucle regulador automático de fase fija*]
A plus | A positivo
APM = advanced power management | APM [*gestión avanzada de la alimentación de energía*]
APM = aerial positioning mechanism | mecanismo de orientación de la antena
APM = average potential model | APM [*modelo de potencial promediado*]
APN = access point name | APN [*nombre del punto de acceso*]
APNB = alternating positive-negative pressure breathing | APNB [*reanimación por presión alternante*]
APNIC = Asian-Pacific network information center | APNIC [*Centro de información de la red de Asia-Pacífico*]
APNSS = analog private network signalling system | APNSS [*sistema de señalización para redes privadas analógicas*]
apochromatic lens | lente apocromática
apogee | apogeo
APON = asynchronous transfer mode over passive optical network | APON [*modo de trasferencia asincrónica sobre red óptica pasiva*]
A position | posición A, posición de salida
A position working | método de llamada sencilla
A positive | A positivo
apostilb | apostilbio [*unidad de luminancia = 1/10.000 lambertio*]
A power supply | fuente de alimentación A
app = application | aplicación
APP = advanced planetary probe | APP [*sonda planetaria avanzada*]
APP = application-defined packet | APP [*paquete definido por la aplicación*]
apparatus | aparato
apparatus blank | tapa (/placa) ciega del aparato
apparatus room | sala de aparatos
apparatus table | mesa de aparatos
apparatus wire and cable | cableado del aparato
apparent | aparente
apparent astronomic horizon | horizonte astronómico aparente (/sensible)
apparent bearing | rumbo aparente
apparent centre of radar reflection | centro aparente de la reflexión de radar
apparent crater | cráter aparente
apparent power | potencia aparente
apparent power loss | pérdidas de potencia aparente
apparent precession | precesión aparente
apparent source | fuente aparente
APPC = advanced program-to-program communication | APPC [*comunicación avanzada entre programas (programa avanzado para programar comunicaciones*)]
appearance potential | potencial de aparición
append, to - | adjuntar, añadir al final, añadir apéndice [*datos o caracteres*]
appendix | apéndice
Applegate diagram | diagrama de Applegate
applet | applet [*aplicación de dimensiones reducidas escrita en JAVA y compilada*]
Appleton layer | capa de Appleton
Apple valve | válvula Apple
appliance | aparato eléctrico, electrodoméstico
appliance wire and cable | cableado del aparato
appliance wiring material | material de instalación para aparatos eléctricos
application | solicitud; aplicación
application binary interface | interfaz binaria de aplicación
application builder | creador de aplicaciones
application-centric | de aplicación central
application command link | enlace para órdenes de aplicación
application data unit | unidad de datos de aplicación
application-defined link | enlace definido por aplicación
application-defined packet | paquete definido por la aplicación
application developer | creador de aplicaciones
application development | desarrollo de aplicaciones
application development environment | entorno para creación (/desarrollo) de aplicaciones
application development language | lenguaje para desarrollo de aplicaciones
application development system | sistema de desarrollo de aplicaciones
application entity | entidad activa [*una de las dos partes de software que participan en una comunicación*]
application factor | factor de aplicación
application file | archivo de aplicación (/programa)
application for service | solicitud de abono (/servicio)
application gateway | portal de aplicaciones
application generator | generador de aplicaciones
application group | grupo de aplicaciones
application heap | pila de aplicación
application help | ayuda de la aplicación
application icon | icono de aplicación
application layer | nivel de aplicación
application-level gateway | puerta para nivel de aplicaciones
application manager | gestor de aplicaciones
application modal | restringido por la aplicación
application-orientated language | lenguaje de aplicación
application package | paquete de aplicación (/software)
application processor | procesador de aplicación [*para una sola aplicación*]
application programme | programa de aplicación (/usuario)
application program interface | interfaz para programa de aplicaciones
application programmer interface | interfaz de programador de aplicaciones
application programming interface | interfaz para programación de aplicaciones

application protocol | protocolo de aplicación
application renovation | actualización de la aplicación
application schematic diagram | esquema de la aplicación
applications control | control de aplicaciones
applications developer | programador de aplicaciones
application server | servidor de aplicaciones
application service provider | proveedor de servicio de aplicaciones
application setup | instalación de la aplicación
application shortcut key | tecla abreviada de aplicación
application software | software de aplicación (/aplicaciones)
applications package | paquete de aplicaciones, software de aplicaciones
application-specific integrated circuit | circuito integrado para aplicaciones específicas
applications programme | programa de aplicaciones
applications programmer | programador de aplicaciones
application status change | cambio del estado de la aplicación
application suite | paquete de aplicaciones [*conjunto de programas*]
application terminal | terminal de aplicación
application toolkit | juego de herramientas para aplicaciones [*en informática*]
application window | ventana de la aplicación
applicative language | lenguaje funcional (/aplicativo, /de aplicación)
applicator | aplicador
applicator electrode | electrodo (del) aplicador
applied circuit | circuito accesorio (/aplicado, /adaptador, /de aplicación)
applied pressure | presión aplicada; tensión (/potencial) entre terminales (/bornes)
applied robotics | robótica aplicada
applied shock | trasformador reductor aplicado
applied voltage | tensión aplicada, voltaje aplicado
apply, to - | aplicar
appointment | cita
appointment editor | editor de citas
appointment list | lista de citas
approach | aproximación
approach beacon | radiofaro de aterrizaje (/pista, /aproximación)
approach control radar | radar de control de aproximación
approach light beacon | faro de aproximación
approach locking device | bloqueo de llegada
approach navigation | navegación de aproximación
approach path | ruta de aproximación, trayectoria de aterrizaje
approach receiver | receptor de aproximación
approach to criticality | aproximación a crítico (/la criticidad)
approval procedure | procedimiento de aprobación
approved | homologado
approximation | aproximación
approximation norm | norma de aproximación
approximation theory | teoría de la aproximación
APRA = army pulsed reactor assembly | APRA [*equipo militar de reactores de impulsos*]
APRF = army pulsed reactor facility | APRF [*equipo militar de reactores de impulsos*]
APS = anode potential, stabilized | APS [*potencial anódico estabilizado*]
APS = automatic picture setting | APS [*ajuste automático de imagen*]
APT = appointment | cita; concertación
APT = automatic programmed tool | APT [*herramienta programada automáticamente*]
APU = auxiliary power unit | grupo electrógeno auxiliar
AQL = accepted quality level | nivel de calidad aceptado
aquadag | grafito coloidal
aquadag coating | revestimiento de grafito coloidal
aquadag layer | capa de grafito coloidal
A quadrant | cuadrante A
aqua regia | agua regia
aqueous homogeneous reactor | reactor homogéneo acuoso
aqueous reactor | reactor acuoso
Ar | argon | Ar = argón
AR = after recording | después de la grabación
ARA = airborne radar approach | ARA [*aproximación por radar de a bordo*]
aramid yarn | hilaza de aramida
arbitrary constant | constante arbitraria
arbitrary function fitter | ajustador de función arbitraria
arbitrary function generator | generador de función arbitraria
arbitrary phase-angle power relay | relé de potencia y ángulo variable
arbitrary waveform generator | generador de forma de onda arbitraria
arbitration | arbitraje
arc | arco (voltaico)
arcade game | juego de tragaperras
arc-back | arco inverso, retroarco
arc baffle | difusor de arco
arc cathode | cátodo de arco
arc channel | vía del arco
arc characteristic | característica del arco
arc chute | caída del arco
arc column | columna del arco
arc converter | trasformador (/convertidor) de arco
arc cross section | sección trasversal del arco
arc cutting machine | máquina para recortar por arco
arc discharge | descarga de (/en) arco
arc-discharge valve | válvula de descarga de arco
arc drop | caída del arco
arc-drop loss | pérdida por caída de tensión del arco
arc excitation | excitación del arco
arc failure | fallo del arco
arc function | función del arco
arc furnace | fundición por arco; horno de arco
arc heating apparatus | aparato de calentamiento por arco
arching | arqueo
architectural design | diseño arquitectónico (/de alto nivel)
architecture | arquitectura
archive | archivo, fichero
archive, to - | archivar; guardar [*en memoria*]
archive bit | bit de archivo
archived file | archivo guardado
archive file | archivo de archivos
archive site | sitio para almacenamiento de archivos [*en internet*]
arc ignition | encendido del arco voltaico
arcing | cebado; producción de arco
arcing contact | contacto de arco
arcing time | tiempo de arco
arcing voltage | tensión de arco
arc-jet engine | motor a chorro con arco eléctrico
arc lamp | lámpara de arco
arc-like excitation | excitación del tipo arco
arc line | línea atómica
ARCnet = attached resource computer network | ARCnet [*red informática de recursos vinculados*]
arc of a graph | arco de un grafo
arc oscillator | oscilador de arco
arc over | salto de arco
arcover | descarga exterior
arcover resistance | resistencia al arco
arcover voltage | tensión de arco
arc percussive welding | soldadura con arco percusivo
arc rectifier | rectificador de arco
arc resistance | resistencia de (/al) arco
arc spectrum | espectro de arco
arc spraying | rociado por arco
arc suppressor | supresor de arco
arc switch | conmutador de arco
arc through | paso del arco
arctic transmitter | trasmisor ártico
arc transmitter | trasmisor (/generador) de arco

arc welding | soldadura por arco
arc with electrodes dipping in a fluid | arco (voltaico) de inmersión
Arden's rule | regla de Arden
area | ámbito, área, zona
area broadcast | radiodifusión de área (/zona)
area chart | presentación por áreas [*de datos*]
area click technique | técnica de delimitación por pulsación
area code | prefijo (/código) de zona
area communication centre | centro de comunicaciones de área (/zona)
area control centre | central de control de área (/zona)
area control radar | radar de control de zona
area inclusion policy | política de inclusión de área
area monitor | monitor de áreas
area of interest | región (/área) de interés, región afectada
area protection | protección del área
area redistribution | redistribución de área
area search | búsqueda de área [*en un conjunto de documentos*]
area sensor | sensor de área
area swipe technique | técnica de delimitación por ratón
area technique | técnica de área
A register | registro A
ARFN = absolute radio frequency number | ARFN [*número de radiofrecuencia absoluta*]
arg = argument | argumento
argon | argón
argon-arc welding | soldadura al arco en argón
argon atmosphere | atmósfera de argón
argon chamber | cámara de ionización de argón
argon glow lamp | lámpara (incandescente) de argón
argon thyratron | tiratrón de argón
argument | argumento [*de una función; variable independiente*]
ARIN = American registry for Internet numbers | ARIN [*registro estadounidense de números de internet*]
arithmetic and logic(al) unit | unidad lógica y aritmética, unidad aritmética y lógica
arithmetic capability | capacidad aritmética
arithmetic check | prueba aritmética
arithmetic element | elemento aritmético
arithmetic expression | expresión aritmética
arithmetic logic unit | unidad aritmética lógica
arithmetic mean | media aritmética
arithmetic operation | operación aritmética
arithmetic operator | operador aritmético
arithmetic organ | órgano aritmético
arithmetic shift | desplazamiento aritmético
arithmetic statement | instrucción aritmética
arithmetic sum | suma aritmética
arithmetic symmetry | simetría aritmética
arithmetic unit | unidad aritmética
ARL = advanced run-lenght limited | ARL [*proceso de grabación de discos duros que duplica su capacidad de memoria*]
arm | brazo, rama
ARM = antiradiation missile | ARM [*misil antirradiación*]
ARMA = autoregressive moving average | ARMA [*promedio móvil autorregresivo*]
armature | armadura, bastidor, inducido
armature backstop | tope posterior de la armadura
armature bail | fiador de armadura
armature chatter | vibración de la armadura
armature contact | contacto de armadura (/inducido)
armature control of speed | control de velocidad por el inducido
armature core | núcleo de inducido
armature gap | entrehierro de inducido
armature hesitation | vacilación de inducido
armature-impact contact chatter | enganche de los contactos por impacto de la armadura
armature of a permanent magnet | armadura de un imán permanente
armature of a relay | armadura de un relé
armature of an electromagnet | armadura de un electroimán
armature overtravel | sobreaccionamiento de armadura
armature reactance | reactancia de la armadura
armature reaction | reacción del inducido
armature rebound | rebote de armadura
armature-rebound contact chatter | enganche del contacto por rebote de armadura
armature relay | relé de armadura
armature slot | ranura de armadura
armature stroke | recorrido de la armadura
armature stud | botón de armadura
armature travel | recorrido de armadura
armature voltage control | control de la tensión de inducido
armature wire | conductor de armadura
armature with double lever | armadura de dos brazos
armature with single lever | armadura de un brazo
armchair copy | copia de sillón
Armco iron | hierro Armco [*marca comercial*]
armed emphasis | elemento activo resaltado
armed sweep | barrido armado
arming of pole | armado del poste
arming signal | señal de armado
arming the oscilloscope sweep | armado del barrido del osciloscopio
armor [USA] | blindaje, protector; armadura [*del cable*]
armour [UK] | blindaje, protector, armadura [*del cable*]
armour clamp | abrazadera de protección
armoured cable | cable apantallado (/blindado)
armouring for cord | espiral protectora de cordón
Armstrong frequency-modulation system | sistema Armstrong de modulación de frecuencia
Armstrong modulation | modulación Armstrong
Armstrong oscillator | oscilador Armstrong
army pulsed reactor assembly | equipo militar de reactores de impulsos
army pulsed reactor facility | equipo militar de reactores de impulsos
ARN = atmospheric radio noise | ARN [*radiointerferencia atmosférica*]
AROM = alterable read only memory | AROM [*memoria alterable de sólo lectura*]
ARP = address resolution protocol | ARP [*protocolo de resolución de direcciones*]
ARPA = Advanced research projects agency | ARPA [*agencia para proyectos de investigación avanzada*]
ARPANET = Advanced research projects agency network | ARPANET [*red de la agencia para proyectos de investigación avanzada (red de área amplia creada en 1960, de la que surgió internet)*]
ARP request = address resolution protocol request | petición ARP [*petición de protocolo de resolución de direcciones*]
ARQ = automatic request for repetition | ARQ [*repetición de trasmisión con corrección automática de errores; retrasmisión de datos dañados*]
arrange, to - | organizar
arrange all, to - | organizar todo
arrangement | instalación, circuito, disposición, configuración; montaje
arranging icons command | orden de organizar iconos
array | antena, red (de antenas), conjunto (/grupo) de antenas; agrupación, conjunto, grupo, matriz, formación, dispositivo, fila, tabla, orden, serie homogénea
array device | dispositivo en red

array element | elemento de conjunto
array of aerial arrays | conjunto de grupos de antenas
array of slits | retícula de rendijas
array processor | procesador vectorial (/de matrices, /múltiple paralelo)
arrester | protector; dispositivo de parada; pararrayos, descargador
arresting | detención
arrival message | mensaje de llegada
arrow | flecha
arrow button | botón de desplazamiento
arrow button row | fila de botones de desplazamiento
arrow key | tecla de dirección [*del cursor*]
arrow pointer | puntero de flecha
arrowhead | punta de flecha
ARS = automatic route selection | ARS [*selección automática de encaminamiento de llamadas*]
arsenic | arsénico
ARSR = air route surveillance radar | ARSR [*radar de vigilancia de rutas aéreas*]
ARTCC = air-route traffic control centre | CCTRA = centro de control de tráfico aéreo
article | artículo
articulation | articulación; inteligibilidad; nitidez
articulation equivalent | articulación equivalente
articulation point | punto de articulación; vértice cortado (/eliminado)
artificial | artificial
artificial aerial | antena artificial (/muda)
artificial delay line | línea de retardo artificial
artificial dielectric | dieléctrico artificial
artificial ear | oído artificial
artificial echo | eco artificial
artificial extension pad | línea artificial complementaria (/de extensión)
artificial gravity | gravedad artificial
artificial horizon | horizonte artificial
artificial intelligence | inteligencia artificial
artificial ionization | ionización artificial
artificial language | lenguaje artificial
artificial larynx | laringe artificial
artificial life | vida artificial
artificial line | línea (/red) artificial
artificial line duct | línea doble (/de conducción) artificial
artificial load | carga artificial
artificially-accelerated safety mechanism | mecanismo de seguridad con aceleración complementaria
artificial neural network | red neural artificial [*tipo de inteligencia artificial informática*]
artificial radioactive element | elemento radiactivo artificial
artificial radioactivity | radiactividad artificial (/inducida)

artificial radionuclide | radioelemento (/radionúclido) artificial
artificial target | blanco artificial, reflector artificial de señales [*de radar*]
artificial traffic | tráfico ficticio (/simulado, /artificial)
artificial transmission line | línea (de trasmisión) artificial
artificial voice | voz artificial
artificial word | palabra artificial
ARTS = automated radar terminal system | ARTS [*sistema terminal de radar automático*]
artwork | diseño, dibujo modelo
artwork layout sketch | borrador de dibujo modelo
artwork master | dibujo modelo ampliado
A-S = anti-spoofing | antiengaño [*en señales GPS*]
ASA = American Standards Association | ASA [*asociación estadounidense de normativa*]
ASA code | código ASA
ASAP = as soon as possible | tan pronto como sea posible
asbestos | amianto, asbesto
asbestos board | placa de amianto
ASC = automatic selectivity control | control automático de selectividad
A scan | exploración A, pantalla tipo A; ecografía en modo A
ASCC = automatic sequence controlled calculator | ASCC [*calculador automático de frecuencias controladas*]
ascender | cabeza [*de letra*], palo alto
ascending | ascendente
ascending order | orden ascendente
ascending sort | selección ascendente
ASCII = American standard code for information interchange | ASCII [*código estadounidense normalizado para el intercambio de información*]
ASN = abstract syntax notation | ASN [*notación sintáctica abstracta*]
ASCII file | archivo ASCII
ASCII transfer | trasferencia ASCII [*para archivos de texto*]
A scope | osciloscopio A
ASE = autostabilization equipment | ASE [*autoestabilizador*]
ASF = advanced streaming format | ASF [*formato avanzado de difusión continua (para multimedia)*]
ash content | contenido en cenizas
ASI = advanced scientific instrument | ASI [*instrumento científico avanzado*]
ASI = air speed indicator | anemómetro, indicador de la velocidad del viento
ASIC = application-specific integrated circuit | ASIC [*circuito integrado para aplicaciones específicas*]
A signal | señal A
ASIMELEC [*Spanish association of importers of electronic products*] | ASIMELEC = Asociación española de importadores de productos electrónicos
ASINEL [*Spanish association of the electrotechnical industry*] | ASINEL = Asociación de la industria electrónica
ASK = amplitude-shift keying | ASK [*codificación por variación de amplitud*]
ask me at logout | pregunta al finalizar la sesión
ASLAN [*association for the LANs development*] | ASLAN [*asociación para la difusión de redes de área local*]
ASMBL = assemble | montaje, ensamblaje
ASN = abstract syntax notation | ASN [*notación sintáctica abstracta (en programación informática)*]
ASN = autonomous system number | ASN [*número de sistema autónomo*]
ASP = active server page | ASP [*página del servidor activo*]
ASP = application service provider | ASP [*proveedor de servicio de aplicaciones*]
aspect ratio | coeficiente (/relación) de aspecto [*relación entre la anchura y la altura de una imagen*]
asperity | aspereza
aspheric | asférico
ASPI = advanced SCSI programming interface | ASPI [*interfaz avanzada de programación SCSI*]
ASPJ = airborne self protection jammer | ASPJ [*emisora de interferencia y confusión*]
as placed | en su sitio
ASR = automatic system reconfiguration | ASR [*reconfiguración automática del sistema*]
ASRA = automatic stereophonic recording amplifier | ASRA [*amplificador de registro estereofónico con ajuste automático de compresión*]
assay | pureza; concentración
assemble | montaje, ensamblaje
assemble, to - | ensamblar [*un programa*]; integrar, reunir
assembler | ensamblador
assembler/disassembler | ensamblador/desensamblador
assembler programme | programa ensamblador
assembly | conjunto; montaje, ensamblaje, ensamblado
assembly language | lenguaje ensamblador
assembly-language programming | programación en lenguaje ensamblador
assembly listing | listado de ensamblador
assembly machine | máquina de montaje
assembly-output language | lenguaje de salida ensamblada
assembly programme | programa ensamblador (/de ensamblaje)
assembly robot | robot ensamblador
assembly routine | rutina de ensamblaje
assertion | afirmación, aserto

assertion checker | comprobador de asertos
assertion checking | comprobación por aserción
assessment | asesoramiento, valoración
assign, to - | asignar
assignable cause | causa asignable
assign a junction, to - | asignar una conexión
assign a trunk, to - | asignar un circuito de enlace
assigned frequency | frecuencia asignada
assigned frequency band | banda de frecuencia asignada
assigned night answer | circuito nocturno individual
assigning outgoing trunk call | asignación inmediata de línea [*urbana*]
assignment | asignación
assignment-free language | lenguaje sin asignación
assignment key | llave de asignación (/designación)
assignment of frequencies | asignación de frecuencias
assignment of hours | horario de trabajo; cuadro de servicio
assignment operator | operador de asignación
assignment statement | sentencia de asignación
assign to key, to - | asignar a una tecla
assign to menu, to - | asignar a un menú
assistance | asistencia, ayuda; información
assistance code | indicativo de llamada informativa
assistance traffic | llamada informativa
assistant operator | operador auxiliar
associate | asociado
associated corpuscular emission | emisión corpuscular asociada
association | asociación
association control service element | elemento de servicio de control de asociaciones [*en protocolos*]
associative addressing | direccionamiento asociativo
associative computer | ordenador asociativo
associative law | ley asociativa
associative memory | memoria asociativa
associative operation | operación asociativa
associative storage | memoria asociativa, almacenamiento (/registro) asociativo
associative store | almacenamiento (/registro) asociativo
associativity | asociatividad
as soon as possible | tan pronto como sea posible
assumption | supuesto
assurance | tasa de servicio

assured service | servicio asegurado
assymmetry potential | potencial de asimetría
astable | astable
astable circuit | circuito astable
astable multivibrator | multivibrador astable
astatic | astático
astatic galvanometer | galvanómetro astático
astatic microphone | micrófono astático
astatic pair | equipo astático
astatic wattmeter | vatímetro astático
astatine | astato
A station | estación A
asterisk | asterisco
astigmatism | astigmatismo
ASTM = American Society for Testing and Materials | ASTM [*sociedad estadounidense de ensayos y materiales*]
ASTM index | índice ASTM
Aston dark space | espacio oscuro (/negro) de Aston
Aston mass spectrograph | espectrógrafo de masas Aston
Aston rule | regla de Aston
ASTR = aerospace system test reactor | ASTR [*reactor de prueba para sistemas aeroespaciales*]
astrionics | astriónica, astroelectrónica
astrocompass | astrobrújula
Astrolink | Astrolink [*sistema de acceso vía satélite de nueva generación*]
astronautics | astronáutica
astronavigation | astronavegación
astronomical navigation | astronavegación
astronomical unit | unidad astronómica [$1\ u.a. = 149.597.870\ km$]
astrotracker | astroseguidor
A-sub = atomic submarine | submarino atómico
A supply | alimentación A
A switchboard | centralita A, cuadro A, centralita (/cuadro) de salida
asymmetric | asimétrico
asymmetrical | asimétrico
asymmetrical cell | célula asimétrica, elemento de conductividad unilateral
asymmetrical conductivity | conductividad unidireccional
asymmetrical digital subscriber line | línea de abonado digital asimétrica
asymmetrical distortion | distorsión asimétrica
asymmetrical flutter | flameo asimétrico
asymmetrical sideband transmission | trasmisión de banda lateral asimétrica
asymmetrical transmission | trasmisión asimétrica
asymmetric compression | compresión asimétrica [*de archivos*]
asymmetric digital subscriber line | línea de abonado digital asimétrica
asymmetric digital subscriber loop | bucle de abonado digital asimétrico
asymmetric key cryptography | criptografía en clave asimétrica
asymmetric modem | módem asimétrico
asymmetric relation | relación asimétrica
asymmetry | asimetría
asymmetry control | control de asimetría
asymmetry energy | energía de asimetría
asymptote | asíntota
asymptotic breakdown voltage | tensión de ruptura asintótica
asynchronous | asincrónico
asynchronous alternator | alternador asincrónico
asynchronous circuit | circuito asincrónico
asynchronous communication | comunicación (/trasmisión) asincrónica
asynchronous communications interface adapter | adaptador para interfaz de comunicaciones asincrónicas
asynchronous computer | ordenador asincrónico, calculadora asincrónica
asynchronous control | control asincrónico
asynchronous device | dispositivo asincrónico
asynchronous input | entrada asincrónica
asynchronous input/output | entrada-salida asincrónicas
asynchronous logic | lógica asincrónica
asynchronous machine | máquina asincrónica
asynchronous messaging | intercambio asincrónico de mensajes
asynchronous motor | motor asincrónico
asynchronous multiplex | múltiplex asincrónico
asynchronous multiplexing | multiplexión asincrónica
asynchronous operation | funcionamiento asincrónico
asynchronous procedure call | llamada de procedimiento asincrónico
asynchronous protocol specification | especificación de protocolo asincrónico
asynchronous shift register | registro de desplazamiento asincrónico
asynchronous spark gap | explosor asincrónico
asynchronous static RAM | RAM estática asincrónica
asynchronous time division multiplex | multiplexor asincrónico de tiempo
asynchronous transfer mode | modo de trasferencia asincrónico [*en trasmisión de datos*]
asynchronous transmission | trasmisión asincrónica

async SRAM = asynchronous static RAM | RAM estática asincrónica
at [@] | arroba [@]
At = astaline | At = astato
AT = advanced technology | TA = tecnología avanzada
AT = attention | AT = atención
ATA = advanced technology attachment [*an industry standard for hard disk controller*] | ATA [*norma industrial para controladoras de disco duro*]
ATC = aerial tuning capacitor | ATC [*condensador de sintonización de antena*]
ATC = air traffic control | CTA = control del tráfico aéreo
ATC = automatic temperature control | CAT = control automático de temperatura
ATC = automatic traffic control | CTC = control de tráfico centralizado [*en ferrocarriles*]
ATCD = automatic telephone call distribution | ATCD [*distribución automática de llamadas telefónicas*]
AT commands = attention character commands | comandos AT [*órdenes para control de módem desarrolladas por Hayes*]
ATDM = asynchronous time division multiplex | ATDM [*multiplexor asincrónico de tiempo*]
ATDP = attention dial pulse | ATDP [*impulso de marcación de aviso*]
ATDT = attention dial tone | ATDT [*tono de marcación de aviso*]
ATF = automatic transmission fluid | ATF [*aceite hidráulico para cambios automáticos*]
ATFC = automatic traffic flow control | CTC = control de tráfico centralizado
athermanous | atérmano, atérmico [*opaco a la radiación infrarroja*]
ATI = aerial tuning inductor | ATI [*bobina de sintonización de antena*]
ATI = air target indicator radar | ATI [*eliminador de ecos del suelo*]
ATL = automatic tape library | ATL [*biblioteca automatizada de cintas*]
ATM = Adobe type manager | ATM [*gestor de tipos de letra de Adobe*]
ATM = asynchronous transfer (/transmission) mode | MTA = modo de trasferencia (/trasmisión) asincrónico
ATM = automated (bank) teller machine | ATM [*cajero automático*]
ATME = automatic transmission measuring equipment | ATME [*equipo automático de mediciones de trasmisión*]
Atmite | Atmite [*marca comercial de una resistencia no lineal de carburo de silicio*]
atmosphere | atmósfera
atmospheric | atmosférico
atmospheric absorption | absorción atmosférica
atmospheric absorption noise | ruido de absorción atmosférica
atmospheric discharge | descarga atmosférica
atmospheric duct | conducto atmosférico
atmospheric electricity | electricidad atmosférica
atmospheric humidity | humedad del aire
atmospheric noise | ruido atmosférico, parásitos atmosféricos
atmospheric pressure | presión atmosférica
atmospheric radio noise | radiointerferencia atmosférica
atmospheric radio wave | onda de radio atmosférica
atmospheric radio window | radioventana atmosférica
atmospheric refraction | refracción atmosférica
atmospherics | parásitos (/agentes) atmosféricos, interferencias atmosféricas
atmospheric shower | lluvia atmosférica de partículas
atmospheric sound refraction | refracción acústica atmosférica
atmospheric static | (electricidad) estática atmosférica
atmospheric transmittance | trasmitancia atmosférica
ATO = automatic train operation | CAT = conducción automática de trenes
A-to-B working | servicio con posiciones A y B
atom | átomo
atomic | atómico
atomic absorption | absorción atómica
atomic absorption coefficient | coeficiente de absorción atómica
atomic action | acción atómica
atomic airburst | explosión atómica aérea (/en el aire)
atomic arrangement | configuración atómica
atomic battery | batería atómica
atomic beam | haz atómico (/de átomos)
atomic beam resonance method | método de resonancia atómica
atomic bomb | bomba atómica
atomic bond | puente atómico
atomic charge | carga atómica (/del átomo)
atomic clock | reloj atómico
atomic cloud | nube atómica
atomic collision | choque de átomos
atomic concentration | concentración atómica
atomic configuration | configuración atómica
atomic core | núcleo atómico [*con sus capas completas*]
atomic drive | motor atómico
atomic energy | energía atómica
atomic fission | escisión atómica
atomic formula | fórmula atómica
atomic frequency | frecuencia atómica
atomic fuel | combustible atómico
atomichron | atomicrón, reloj atómico
atomic hydrogen welding | soldadura por hidrógeno atómico
atomic hypothesis | hipótesis atómica
atomicity | atomicidad
atomic kernel | nódulo atómico
atomic mass | masa atómica
atomic mass unit | unidad de masa atómica
atomic migration | migración atómica
atomic nucleus | núcleo atómico
atomic number | número atómico, número Z
atomic operation | operación atómica
atomic photoelectric effect | efecto atómico fotoeléctrico
atomic pile | pila atómica
atomic ratio | relación atómica
atomic stopping power | poder de parada atómico
atomic structure | estructura atómica
atomic submarine | submarino atómico
atomic surface burst | explosión atómica superficial
atomic theory | teoría atómica
atomic time | tiempo atómico
atomic transaction | transacción atómica
atomic underground burst | explosión atómica subterránea
atomic underwater burst | explosión atómica submarina
atomic weapon | arma atómica, ingenio atómico
atomic weight | peso atómico
atomizer | pulverizador
atomizing | pulverización, atomización
atom line | línea atómica
atoms in molecules calculation | cálculo de átomos en moléculas
ATP = automatic train protection | PAT = protección automática del tren
ATPR = advanced test prototype reactor | ATPR [*prototipo de reactor de prueba avanzado*]
ATPS = ambient temperature, pressure, saturated | ATPS [*temperatura ambiente y presión saturada*]
ATR = antitransmit-receive | ATR [*recepción antitrasmisión*]
ATR = automatic transmitter | ATR [*emisora automática*]
A traffic | tráfico A, tráfico de mensajes de servicio
ATRD = automatic target recognition device | ATRD [*dispositivo para reconocimiento automático del objetivo*]
ATR switch | conmutador de recepción antitrasmisor
ATR valve | válvula de recepción antitrasmisión
ATS = advanced technological satellite | ATS [*satélite de tecnología avanzada*]
ATS = applications technology satellite | SAT = satélite para aplicaciones tecnológicas

ATS = automatic train supervision | SAT = supervisión automática de trenes
at sign | signo de arroba
attach, to - | adjuntar, añadir; asignar, asociar; conectar, enchufar
attached-contact diagram | diagrama de contactos asociados
attach/detach identifier | identificador activo/inactivo
attached document | documento adjunto
attached file | archivo adjunto
attached foreign material | material extraño adherido
attached processor | procesador adjunto
attached resource computer network | red informática de recursos vinculados
attachment | montaje; enchufe; conexión, empalme, unión; agregación, anexo; archivo adjunto [*en correo electrónico*]
attachment plug | enchufe tomacorriente
attachment unit interface | interfaz de unidad suplementaria [*conector de Ethernet*]
attack | ataque; tránsito
attack plotter | registrador de rumbo de ataque
attack time | tiempo de ataque (/tránsito)
attendant's console | pupitre (/posición, /cuadro, /puesto) de operadora
attendant loop transfer | trasferencia entre operadoras
attendant's set | cuadro (/pupitre, /posición, /puesto) de operadora
attendant's switchboard | panel de control del operador
attendant supervisory | pupitre de supervisora
attended operation | funcionamiento asistido
attention | atención
attention dial pulse | impulso de marcación de aviso
attention dial tone | tono de marcación de aviso
attention display | indicación de atención
attenuate, to - | atenuar, reducir
attenuating filter | filtro de atenuación
attenuation | atenuación, amortiguación, reducción
attenuation band | banda eliminada (/de atenuación, /de bloqueo)
attenuation coefficient | coeficiente de atenuación
attenuation compensator | igualador, equilibrador, compensador de bloqueo (/atenuación)
attenuation constant | coeficiente (/constante) de atenuación (/amortiguamiento)
attenuation curve | curva de atenuación

attenuation distortion | distorsión de atenuación
attenuation equalizer | igualador de atenuación
attenuation factor | coeficiente (/factor) de atenuación
attenuation-frequency distortion | distorsión atenuación-frecuencia
attenuation half-value thickness | capa de atenuación del 50%, espesor de atenuación al valor mitad
attenuation measurement | medición de atenuación (/equivalente entre extremos)
attenuation network | red atenuadora
attenuation panel | panel atenuador
attenuation ratio | relación de atenuación
attenuation resistance | resistencia de amortiguación
attenuation tenth-value thickness | capa de atenuación a un décimo, espesor de atenuación a la décima parte
attenuation-to-crosstalk ratio | índice de atenuación frente a diafonía
attenuator | atenuador
attenuator fin | atenuador de aleta
attenuator thermoelement voltmeter | voltímetro con termoelemento atenuador
attenuator valve | válvula atenuadora
attitude | situación, posición
attitude control | control de situación
attitude gyroscope | giróscopo de posición
attitude indicator | indicador de posición
attitude sensor | sensor de posición
atto- [pref] | atto- [*prefijo que significa 10^{-18}*]
attraction | atracción
attractive force | fuerza de atracción
attribute | atributo
attribute grammar | gramática de atributos
ATU-C | ATU-C [*unidad de trasmisión ADSL ubicada en la central local*]
ATU-R | ATU-R [*unidad de trasmisión ubicada en las dependencias del abonado*]
ATVM = attenuator thermoelement voltmeter | ATVM [*voltímetro con termoelemento atenuador*]
at zero potential | separación galvánica
Au = gold | Au = oro
AU = arithmetic unit | UA = unidad aritmética
a.u. = astronomical unit | u.a. = unidad astronómica [*1 u.a. = 1,495 × 108 km*]
AUC = authentication center | AUC [*centro de autenticación*]
audibility | audibilidad
audibility threshold | umbral sonoro
audible balance control | control (/regulador) de equilibrio acústico
audible cue | señal audible

audible defect | defecto audible
audible ringing | señal audible de llamada, timbre electrónico, tono de llamada, llamada por sonido
audible ringing tone | tono de llamada audible
audible signal | señal audible (/acústica, /de llamada); tono de maniobra
audible signalling | señalización acústica
audible signalling test | prueba (de ocupación) con señal acústica
audible tone | tono audible
audience reinforcement | refuerzo del sonido del auditorio
audio | audio, audiofrecuencia
audio amplification | amplificación de audio
audio amplifier | amplificador de audio
audio applications | aplicaciones de audio
audio-audio connection | conexión en audiofrecuencia
audio band | banda de audiofrecuencias
audio board | tarjeta de sonido
audiobox | buzón de voz
audio button | botón de audio
audio card | tarjeta de sonido
audiocast | transmisión de audio [*utilizando protocolos IP*]
audio-channel wire | hilo de canal de audio
audio component | componente de audio
audio compression | compresión de audio
audioconference | audioconferencia
audio connector | conector de audio
audio control | control (del cabezal) de audio
audio controller | controlador de audio
audio control panel | tablero de control de audiofrecuencia
audio distortion | distorsión de audio
audio dubbing | mezcla (/reajuste) de audio
audio erase | cabezal de borrado de audio
audio frequency [*audiofrequency*] | audiofrecuencia, baja frecuencia
audiofrequency amplification | amplificación de audiofrecuencia
audiofrequency amplifier | amplificador de audiofrecuencia
audiofrequency characteristic | característica de audiofrecuencia (/baja frecuencia)
audiofrequency choke | transformador reductor de audiofrecuencia
audiofrequency harmonic distortion | distorsión armónica de audiofrecuencia
audiofrequency modulating tone | tonalidad, modulación en audiofrecuencia
audiofrequency noise | ruido de audiofrecuencia

audiofrequency oscillator | oscilador de audiofrecuencia
audiofrequency peak limiter | limitador de picos de audiofrecuencia
audiofrequency shift coding | codificación desplazada en audiofrecuencia
audiofrequency shift keying | codificación desplazada en audiofrecuencia; manipulación de la audiofrecuencia
audiofrequency shift modulation | modulación por desplazamiento de audiofrecuencia
audiofrequency shift modulator | modulador de desplazamiento de audiofrecuencia
audiofrequency signal generator | generador de audio (/señales de audiofrecuencia)
audiofrequency spectrum | espectro de audiofrecuencia
audiofrequency stage | etapa de baja frecuencia
audiofrequency transformer | trasformador de audiofrecuencia
audio gain | amplificación de audiofrecuencia
audiogram | audiograma
audio impedance | impedancia de escucha
audio level meter [*audiolevel meter*] | medidor del nivel de audio
audio masking | enmascaramiento de audio
audiometer | audiómetro
audiometry | audiometría
audio mixer | mezclador de audio
audion | (triodo) audión
audio oscillator | oscilador de audiofrecuencia
audio output | salida de audio
audio output port | puerto de salida de audio
audio patch bay | panel de acoplamiento de audio
audio peak limiter | limitador de picos de audiofrecuencia
audiophile | audiófilo
audio rectification | rectificación de audio
audio response | respuesta vocal (/de audio)
audio signal | señal de audio
audio signal generator | generador de señal de audio (/audiofrecuencia)
audio signal muting | enmudecimiento de la señal de audio
audio spectrum | espectro de audio
audio subcarrier | subportadora de audio
audio subsystem | subsistema de audio
audio taper | compensador (/atenuador) de audio
audiotex, audiotext | audiotexto [*trasmisión de información por teléfono*]
audio transformer [*audiotransformer*] | trasformador de audiofrecuencia (/frecuencia acústica)
audio video interleaved | intercalación de audio y vídeo
audiovisual | audiovisual
audiovisual aid | ayuda audiovisual
audiovisual recording system | sistema de grabación audiovisual
audiovisual signalling | señalización audiovisual
audiovisual system | sistema audiovisual
audio warning system | sistema de alarma sonora
audit | auditoría
audit, to - | analizar, verificar, auditar
audit trail | pista de auditoría
auditing | audición
auditory perspective | perspectiva acústica
Auger coefficient | coeficiente Auger
Auger effect | efecto Auger
Auger electron | electrón (de efecto) Auger
Auger shower | surtidor (/chaparrón) Auger
Auger yield | rendimiento (/producto) de Auger
Aughey spark chamber | cámara de chispas de Aughey
augmented addressing | direccionamiento ampliado
augmented operation code | código de operación extendido
augmented toggling | conmutación aumentada
augmented transition network | red de transición ampliada
AUI = attachment unit interface | AUI [*interfaz de unidad suplementaria (conector de Ethernet)*]
AUI cable | cable AUI
AUP = acceptable use policy | AUP [*normativa (/política) sobre uso aceptable*]
aural | auditivo, aural
aural centre frequency | frecuencia central auditiva
aural harmonic | armónico auditivo
aural masking | enmascaramiento auditivo
aural monitoring | escucha, vigilancia por medios acústicos
aural null | mínimo aural (/sonoro), cero auditivo
aural null direction finder | radiogoniómetro acústico (/de cero auditivo)
aural radio range | banda de radio acústica, radiobanda de audio
aural signal | señal audible (/aural, /de audio, /de sonido)
aural transmitter | trasmisor aural (/de audio)
auroral absorption | absorción auroral
auroral absorption index | índice de absorción auroral
AUS [*acquisition of signal*] | AUS [*captación de señales de radio, comienzo de la trasmisión*]
Austin-Cohen formula | fórmula de Austin-Cohen
AUT = amplifier under test | amplificador en pruebas
AUTEL [*Spanish association of telecommunication users*] | AUTEL = Asociación española de usuarios de telecomunicación
autenthicate data | datos autentificados
authentication | autenticación, autentificación
authentication center | centro de autenticación
authentication code | código de autenticación
authentication dial | llamada de verificación
authentication header | cabecera de autenticación [*protocolo de internet*]
authentication server | servidor de verificación
authenticator | autentificador
authenticode | código de verificación
author | autor [*titular de derechos de autor*]
authoring | autoría
authoring language | lenguaje creador
authoring software | software de autor
authoring system | sistema autor [*para adaptar formatos a entornos informáticos específicos*]; sistema de autoría (/componer)
authoring tool | herramienta de autor
authorisation code | código de autorización
authorization server | servidor de autorización
authorise, to - [UK] | autorizar, consentir, permitir; admitir
authority | autoridad
authorization | autorización
authorize, to - [UK+USA] | autorizar, consentir, permitir; admitir
authorized access switch | conmutador de acceso autorizado
authorized carrier frequency | frecuencia portadora autorizada
authorized frequency | frecuencia autorizada
auto | automático
autoalarm | alarma automática, autoalarma
autoanswer, auto-answer | respuesta automática
auto answer back | retorno automático de respuesta
autoattendant | centralita automática [*en telefonía informatizada*]
auto-auto relay set | relé de enlace interautomático
autobalance | autobalance, autoequilibrado
autobaud = automatic baud rate detection | autobaud [*detección automática del flujo de información*]
auto call | llamada automática
autocatalytic | autocatalítico

auto close | cierre automático
autocode | código automático
autocollimating mirror | espejo autocolimador
autocollimating spectrogram | espectrógrafo de autocolimación
autocollimation | autocolimación
autocollimation camera | cámara autocolimadora
autocollimator | autocolimador
autocondensation | autocondensación
autoconduction | autoconducción
auto-configuration | configuración automática, autoconfiguración
auto-configure, to - | autoconfigurar
autocorrection | autocorrección [corrección automática de errores mientras se escribe]
autocorrelation | autocorrelación
autocorrelation function | función de autocorrelación
autocorrelator | autocorrelacionador
autocovariance function | función de autocovariancia
auto detect | autodetección
auto detected | autodetectado
autodial | marcador automático de llamadas; llamada automática
autodump | autovaciado
autodyne | autodino
autodyne circuit | circuito autodino
autodyne oscillator | oscilador autodino
autodyne reception | recepción autodina
autoelectric effect | efecto autoeléctrico
autoelectric emission | emisión autoeléctrica
autoencode | autocodificación
auto-excitation | autoexcitación
autoexcited station | estación autoalimentada
autoexecute | autoejecutable
auto feed [*autofeed*] | alimentación automática; avance automático
autogenous welding | soldadura autógena
autogenous welding by fusion | soldadura autógena por fusión
autogenous welding by pressure | soldadura autógena por presión
auto-head | cabeza de trasmisión automática
autoheterodyne | autoheterodino
autoheterodyne receiver | receptor autoheterodino
autoindexing | indexación automática, autoindexación
auto iris control | control de iris automático
auto-key | tecla automática
auto light range | gama de iluminación para funcionamiento automático
autoload, auto-load | autocarga, carga automática
autoload cartridge | cargador de autocarga

auto-loader | cargador automático
autoload success rate | proporción de éxito de autocarga
autoluminescence | autoluminiscencia
automagic [*fam*] | automágico [*denominación familiar de procesos informáticos de difícil explicación*]
auto-manual exchange | central semiautomática
auto-manual switching centre | central semiautomática
automata theory | teoría de la automatización
automated attendant feature | operadora automática
automated bank teller machine | cajero automático
automated communication | comunicación automatizada
automated control and landing system | sistema automático de supervisión y aterrizaje
automated direct analog computer | ordenador analógico automático
automated disk library | biblioteca automatizada de discos
automated office | oficina automatizada
automated radar terminal system | sistema terminal de radar automático
automated teller machine | cajero automático
automatic | automático
automatic alarm receiver | receptor automático de alarma
automatic alarm-signal keying device | dispositivo de manipulación automática de la señal de alarma
automatically | automáticamente
automatically-programmed tool | herramienta programada automáticamente
automatically-relayed | de escala (/retrasmisión) automática; retrasmitido automáticamente
automatically-switched call | llamada (/comunicación) establecida por conmutación automática
automatically-switched network | red de conmutación automática
automatic analysis equipment | aparato analizador automático
automatic answer | contestación (/respuesta) automática
automatic answering | respuesta automática
automatic area | red (telefónica) automática
automatic attack warning system | sistema automático de alarma de ataque
automatic back bias | polarización inversa automática
automatic background control | control automático de fondo
automatic bass compensation | compensación automática de bajos
automatic baud rate detection | detección automática del flujo de información
automatic beam steering | gobierno automático del haz
automatic bias | polarización automática
automatic brightness control | control automático de brillo (/luminosidad)
automatic call | llamada automática
automatic callback | rellamada automática [*llamada completada sobre abonado libre*]
automatic call distributor | distribuidor automático de llamadas
automatic calling unit | (unidad de) llamada automática, unidad automática de llamada
automatic call sender | emisor (/encaminador) automático de llamadas
automatic call transfer | servicio nocturno automático (/temporizado durante el día)
automatic carriage | carro automático
automatic chart-line follower | seguidor automático de ruta
automatic check | comprobación (/verificación) automática
automatic chrominance control | control automático de la crominancia, regulación automática de crominancia
automatic circuit | circuito automático
automatic circuit breaker | interruptor automático, dispositivo de desconexión automática
automatic clearing | señal automática de fin
automatic clinical analyser | analizador clínico automático
automatic code | código automático
automatic code translator | convertidor de códigos automático
automatic coding | codificación automática
automatic colour control | control automático del color
automatic computer | ordenador automático
automatic computing engine | máquina automática de computación
automatic connection | conexión automática
automatic constant | constante automática
automatic contrast control | control automático del contraste
automatic control | control automático, regulación automática
automatic control engineering | ingeniería de control automático
automatic controller | controlador automático
automatic control system | sistema automático de control
automatic crossbar selector system | sistema automático con selectores de coordenadas (/barras trasversales)
automatic crossover | frecuencia de transición automática

automatic current limiting | limitación automática de intensidad
automatic cutout | disyuntor, interruptor (/cortacircuito) automático
automatic data conversion | conversión automática de datos
automatic data exchange | intercambio automático de datos
automatic data processing | proceso automático de datos
automatic data-processing system | sistema de proceso de datos automático
automatic degausser | neutralizador magnético automático
automatic degaussing control system | sistema de control automático de desmagnetización
automatic dial | llamada automática
automatic dialler | marcador (/selector de llamada) automático
automatic dialling | marcador automático
automatic dialling unit | unidad de llamada automática
automatic digital network | red digital automática
automatic digital test unit | comprobador automático digital
automatic direction finder | radiogoniómetro automático
automatic distribution | distribución automática
automatic electric block | bloqueo eléctrico automático
automatic electronic data-switching centre | centro de conexión de datos automático
automatic equipment | equipo automático
automatic error-correcting system | sistema de corrección automática de errores
automatic error correction | corrección automática de errores
automatic exchange | central automática, autoconmutador
automatic fault detection | detección automática de fallos
automatic fee registration | registro automático de tasa
automatic fire | avisador automático de incendio
automatic flight planning and monitoring | planificación y supervisión automática de vuelo
automatic focusing | enfoque automático
automatic frequency control | control automático de la frecuencia
automatic frequency correction | corrección de frecuencia automática
automatic function key correction | corrección automática de una tecla de función
automatic gain control | control automático de volumen (/ganancia, /amplificación)

automatic gain stabilization | estabilización automática de la ganancia
automatic grid bias | polarización automática de rejilla
automatic help | ayuda automática
automatic high voltage regulator | estabilizador automático de alta tensión
automatic holding device | dispositivo de retención automática
automatic hunting | selección automática
automatic in flight data system | equipo automático para datos de vuelo
automatic indexing | indexación automática
automatic insertion of repeaters | inserción automática de repetidores
automatic installation | instalación automática
automatic intercept | interceptación automática
automatic keying | manipulación automática
automatic letters | cambio automático (de cifras) a letras
automatic level compensation | compensación automática de nivel
automatic level control | control automático de volumen (/nivel)
automatic level regulation | regulación automática de niveles
automatic light | regulación automática de la luz
automatic light control | control automático de luz
automatic line-feed | avance automático de línea
automatic link | vínculo automático
automatic loader | cargador automático
automatic loop radio compass | radiogoniómetro automático de cuadro
automatic machine equipment | equipo mecánico automático
automatic message accounting | tarifación (/tarificación) automática de llamadas, tarifación telefónica automática
automatic message-switching centre | centro de conexión de mensajes automático
automatic mobile telephony | telefonía móvil automática
automatic modulation control | control automático de la modulación
automatic noise-limiter | limitador automático de ruido
automatic number identification | identificación automática del número que llama
automatic numbering equipment | equipo automático de numeración
automatic-numbering transmitter | trasmisor de numeración automática; (trasmisor) numerador automático
automatic office | central automática
automatic operation | servicio automático, explotación automática

automatic overload control | control automático de sobrecarga [del radar]
automatic peak limiter | limitador
automatic pedestal control | control automático de pedestal
automatic phase control | control automático de fase [en vídeo]
automatic phase locked loop | bucle regulador automático de fase fija
automatic picture setting | ajuste automático de imagen
automatic picture transmission | trasmisión automática de imágenes
automatic pilot | piloto automático
automatic programming | programación automática
automatic quality control | control de calidad automático
automatic radio compass | radiogoniómetro, radiobrújula automática
automatic radio direction finder | radiolocalizador automático de dirección
automatic record changer | tocadiscos automático
automatic redialling | repetición de marcación
automatic regulation | regulación automática
automatic relay | relé automático
automatic relay installation | instalación de retrasmisión automática
automatic relay station | estación de retrasmisión automática
automatic repeat request | petición automática de repetición
automatic repeater | repetidor automático
automatic repeater station | estación repetidora automática
automatic repetition | repetición (/retrasmisión) automática
automatic reset | reajuste automático
automatic reset relay | relé de rearme automático
automatic retransmission | retrasmisión automática
automatic reverse | inversión automática
automatic ring back | rellamada automática
automatic ring-off signal | señal automática de fin (de conversación)
automatic routine | rutina automática
automatic routing | encaminamiento automático
automatic sample changer | cambiador automático de muestras
automatic scaler | escala automática, escalímetro automático
automatic scanning | exploración automática
automatic-scanning receiver | receptor de exploración automática
automatic scroller | desplazamiento automático
automatic search jammer | emisor perturbador automático de exploración

automatic secure voice communication | comunicación oral automática de seguridad
automatic selection | selección automática
automatic selective control relay | relé de control selectivo automático
automatic selective reply | respuesta selectiva automática
automatic selective transfer relay | relé de control selectivo automático
automatic selectivity control | control automático de selectividad
automatic send | envío automático
automatic sender | emisor automático
automatic send/receive | trasmisión y recepción automáticas
automatic sensitivity control | control automático de sensibilidad
automatic sequence-controlled calculator | calculador automático de frecuencias controladas, calculadora de secuencia controlada automáticamente
automatic sequencing | secuencia automática
automatic service | servicio automático
automatic short-circuit protection | protección automática de cortocircuito
automatic short circuiter | cortocircuitador automático
automatic shutdown | cierre automático, apagado automático
automatic shutoff | cierre automático, desconexión automática
automatic signalling | señalización automática, trasmisión automática de las señales
automatic speed control | control automático de la velocidad, aceleración automática
automatic speed recognition | autobaud [*reconocimiento automático de la velocidad de trasmisión*]
automatic stabilizer | estabilizador automático
automatic stacking order | orden de colocación automática
automatic starter | arranque automático
automatic station release | llamada en falta
automatic status reporting | teleseñalización automática del estado
automatic stereophonic recording amplifier | amplificador de registro estereofónico con ajuste automático
automatic stop | parada automática
automatic stop device | artificio de parada automática
automatic substation | subestación automática
automatic sweep-frequency impedance meter | medidor automático de impedancia y frecuencia de barrido
automatic switch | autoconmutador, interruptor automático
automatic switchboard | conmutador automático, panel de control automático
automatic switch centre | centro de conexión automática
automatic switching centre | centro de conmutación automática
automatic switching device | dispositivo de conmutación automática
automatic switching equipment | equipo de conmutación automática, conmutador automático
automatic synchronization | sincronización automática
automatic system | sistema automático
automatic system reconfiguration | reconfiguración automática del sistema
automatic tandem working | servicio automático de tránsito [*servicio por doble oficina automática escalonada*]
automatic tape feedout | avance automático de la cinta
automatic tape library | biblioteca automatizada de cintas
automatic tape relay | retrasmisión (/escala) automática por cinta
automatic target control | control de objetivo automático
automatic target recognition device | dispositivo para reconocimiento automático del objetivo
automatic telecommunication log | registro automático de telecomunicaciones
automatic telegraph transmission | trasmisión telegráfica automática
automatic telegraphy | telegrafía automática
automatic telephone call distribution | distribución automática de llamadas telefónicas
automatic telephone dialler | marcador telefónico automático
automatic temperature control | control automático de temperatura
automatic test | prueba automática
automatic test controller | controlador automático de pruebas
automatic test generation | generación automática de pruebas
automatic test supervision | supervisión automática de pruebas
automatic threshold variation | variación automática de umbral
automatic time switch | conmutador horario automático
automatic toll ticketing | contador automático de mensajes
automatic tracking | seguimiento automático
automatic traction controller | equipo automático de tracción
automatic traffic control | control de tráfico centralizado
automatic traffic flow control | control de tráfico centralizado
automatic train operation | conducción automática de trenes
automatic train protection | protección automática del tren
automatic train supervision | supervisión automática de trenes
automatic transfer equipment | equipo de trasferencia automática
automatic transfer of ringing | desvío de llamadas automático, reexpedición automática de llamadas, desvío diferido a extensión
automatic transit | tránsito automático, escala (/retrasmisión) automática
automatic transmission fluid | aceite hidráulico para cambios automáticos
automatic transmission measuring equipment | equipo automático de mediciones de trasmisión
automatic transmitter | emisora automática
automatic trunk working | servicio interurbano automático, explotación interurbana automática
automatic tuning | sintonización automática
automatic turntable | plato automático
automatic unshift | retorno automático (de cifras) a letras
automatic valve | válvula automática
automatic vehicle identification | identificación automática de vehículos
automatic vehicle monitoring | supervisión automática de vehículos
automatic video-noise levelling | control de nivel de ruido automático
automatic voice switching network | red telefónica automática controlada por ordenador
automatic voltage regulator | regulador automático de tensión
automatic volume compression | compresión automática del volumen
automatic volume compressor | compresor automático de volumen
automatic volume control | control (/regulador, /corrector) automático de volumen (/sensibilidad)
automatic volume expander | expansor automático de volumen
automatic volume expansion | expansión automática del volumen, aumento automático de volumen
automatic wake up | calendario de citas; servicio de despertador
automatic wake up timed reminder | calendario de citas; despertador automático
automatic working | explotación automatizada; servicio automático
automatic zero and full-scale calibration correction | corrección automática de calibración de cero y fondo de escala
automation | automatización
automatism | automatismo
automaton | autómata
automobile aerial | antena de automóvil

automonitor | monitor automático, automonitor
automorphism | automorfismo
automotive analyser | analizador automotor
automotive electronics | electrónica automotriz
automotive primary wire | conductor primario automotor
automounter point | punto de montaje automático
autonomous system number | número de sistema autónomo
autopatch | interconexión automática radiotelefónica
auto PC | ordenador para coche
autopilot | piloto automático, autopiloto
autopilot coupler | acoplador del piloto automático
autopilot engagement | acoplamiento de piloto automático
autopilot release | desacoplamiento de piloto automático
autoplay | reproducción automática
autopolarity | autopolaridad
autopolling | consulta selectiva automática [de dispositivos en equipos informáticos]
autoproducer | autoproductor
AUTOPROMT = automatic programming of machine tool | AUTOPROMT [lenguaje de programación para máquinas herramienta]
auto-protective valve | válvula autoprotectora
autoradar plot | unidad de comparación del mapa, carta (de navegación) autorradar
auto radio | autorradio
autoradiograph | autorradiógrafo
autoradiography | autorradiografía
autoradiolysis | autorradiólisis
autoregression | autorregresión
autoregressive moving average | promedio móvil autorregresivo
autoregulation induction heater | calentador de inducción con autorregulación, horno de inducción autorregulado
auto-reliable data connection | conexión autocontrolada de datos
auto-repeat | repetición automática
autorestart | reinicialización automática
auto run | autoejecución; arranque automático
autosave | registro automático, grabación automática
auto screen blanking | borrado automático de pantalla
autoscroll | desplazamiento automático
autosense feature | característica (/utilidad, /función) de detección automática
autosizing | adaptación automática de tamaño [de una imagen al espacio disponible en pantalla]
auto sleep | desconexión automática
autostabilization equipment | autoestabilizador
autostart | autoarranque
autostart routine | rutina de arranque automático
autostereogram | estereograma automático [generado por ordenador]
auto-stop facility | dispositivo de parada automática
autosync | sincronizador automático
auto tape | cinta de trasmisión automática
autothread | autoposicionamiento
autotrace | trazado automático [de imágenes]
autotracking | seguimiento automático
autotransductor | autotrasductor
autotransformer | autotrasformador
autotransformer starter | autotrasformador de arranque
AUTOVON = automatic voice switching network | AUTOVON [red telefónica automática militar controlada por ordenador]
autozero | puesta a cero automática
autunite | autunita
AUX = auxiliary | AUX = auxiliar [toma auxiliar en aparatos audiovisuales]
auxiliary | (toma) auxiliar [de señal]
auxiliary actuator | activador auxiliar
auxiliary anode | ánodo auxiliar
auxiliary bass radiator | radiador auxiliar de bajos
auxiliary block | bloque de dispositivos auxiliares
auxiliary bus-bar | barra ómnibus (/colectora) auxiliar
auxiliary circuit | circuito auxiliar (/de acceso, /de extensión)
auxiliary contact | contacto auxiliar
auxiliary device | dispositivo auxiliar, periférico
auxiliary electrode | electrodo auxiliar
auxiliary equipment | equipo auxiliar (/autónomo)
auxiliary finder | buscador de equipos auxiliares
auxiliary function | función auxiliar
auxiliary generating station | grupo electrógeno
auxiliary generator | generador eléctrico auxiliar
auxiliary jack | clavija auxiliar
auxiliary line | línea auxiliar (/de acceso, /de extensión)
auxiliary-link station | estación auxiliar de enlace
auxiliary operation | operación auxiliar
auxiliary plate | módulo auxiliar
auxiliary position | posición auxiliar
auxiliary power substation | subestación auxiliar (/de socorro, /de emergencia)
auxiliary power unit | grupo electrógeno auxiliar
auxiliary primary selectors frame | cuadro auxiliar de selectores primarios
auxiliary relay | relé auxiliar
auxiliary routine | rutina auxiliar
auxiliary selector | selector auxiliar (/especial)
auxiliary signal | timbre de fin, campanilla de fin de conversación
auxiliary station | estación auxiliar (/telealimentada)
auxiliary-station line filter | filtro de estación auxiliar
auxiliary storage | memoria (/almacenamiento) auxiliar
auxiliary switch | contacto auxiliar
auxiliary transmitter | trasmisor auxiliar
auxochrome | auxocromo [grupo de átomos que absorbe radiación y porta color]
AUZD = authorized | autorizado
AUZE = authorize | autorícese
AUZN = authorization | autorización
availability | disponibilidad, capacidad de utilización
availability cutoff relay | relé de corte del hilo de masa
available | disponible
available capability | potencia eléctrica disponible
available choice | opción disponible
available conversion gain | ganancia de conversión disponible
available energy | energía disponible
available gain | ganancia disponible
available line | línea libre (/desocupada, /disponible)
available list | lista disponible (/libre)
available machine time | tiempo de disponibilidad de máquina
available power | potencia disponible
available power efficiency | (rendimiento de la) potencia disponible, eficacia de trasmisión disponible
available power gain | ganancia de potencia disponible
available power response | respuesta de potencia disponible
available reactivity | reactividad disponible
available signal-noise ratio | relación (/coeficiente) señal-ruido disponible
available signal power | potencia disponible de señal
available time | tiempo disponible (/activo)
avalanche | (efecto de) avalancha
avalanche breakdown | rotura (/ruptura) por avalancha, descarga en avalancha
avalanche conduction | conducción por avalancha
avalanche current | intensidad de avalancha
avalanche diode | diodo Zener (/de avalancha)
avalanche effect | efecto de avalancha
avalanche impedance | impedancia de avalancha
avalanche ionization | ionización por avalancha

avalanche noise | ruido de avalancha
avalanche photodiode | fotodiodo de avalancha
avalanche transistor | transistor de avalancha
avalanche transit time oscillator | oscilador de tiempo de tránsito de avalancha
avalanche voltage | tensión de avalancha
avatar | avatar [*identidad representada gráficamente que adopta un usuario conectado a un chat con capacidades gráficas*]
AVBLE = available | disponible, libre
AVC = automatic volume control | CAV = control automático de volumen
AVD circuit = alternate voice/data circuit | circuito AVD [*circuito para telefonía y trasmisión de datos*]
AVE = automatic volume expansion | AAV = aumento automático de volumen
average | media (aritmética), término medio, promedio
average absolute pulse amplitude | amplitud media absoluta del impulso
average acceleration | aceleración promedio
average brightness | luminosidad media
average calculating operation | funcionamiento en cálculo de promedios, operación de cálculo de duración media
average-case analysis | análisis del caso medio
average charge | carga media
average current | intensidad media
average delay | demora media
average density of charge | densidad promedio de carga
average deviation | desviación promedio
average diffusion time | vida de los neutrones térmicos, tiempo medio de difusión
average dispersion | dispersión media
average electrode current | corriente (/intensidad) media de electrodo
average electromotive force | fuerza electromotriz promedio
average energy expended per ion pair | energía media consumida por par de iones
average eye | ojo normal medio (/de referencia fotométrica)
average heat rate | consumo medio de calor
average ionization potential | potencial medio de ionización
average life | promedio de vida
average logarithmic energy decrement | decremento logarítmico medio de la energía
average molecular weight | peso molecular medio
average noise factor | factor de ruido medio
average noise figure | índice (/factor) de ruido medio
average occupancy | ocupación media
average outgoing quality | calidad media de salida
average picture level | nivel medio de imagen
average potential model | modelo de potencial promediado
average power output | potencia media de salida
average pulse amplitude | amplitud media del impulso
average rate of transmission | tasa media de trasmisión
average speech power | potencia vocal media
average speed-of-service interval | tiempo medio de espera
average traffic per trunk | promedio de tráfico por enlace
average traffic per working day | tráfico medio de día laborable
average value | valor medio
average-value indicator | indicador de impulso medio
average voltage | tensión media
average voltmeter | voltímetro de promedio (/de valor medio)
averaging multiplier | multiplicador de muestreo
averaging time | tiempo promedio (/promediado)
AVI = audio video interleaved | AVI [*intercalación de audio y vídeo*]
AVI = automatic vehicle identification | AVI [*identificación automática de vehículos*]
aviation channel | canal (/banda) para aviación (/servicio aeronáutico)
avionics | aviónica
AVL tree [*height-balanced tree*] | árbol AVL [*árbol de altura equilibrada (/balanceada)*]
AVM = automatic vehicle monitoring | AVM [*supervisión automática de vehículos*]
Avogadro's law | ley de Avogadro
Avogadro's number | número de Avogadro
AVRS = audiovisual recording system | AVRS [*sistema de grabación audiovisual*]
away from keyboard | fuera del teclado [*indicación de un participante en chat de que no puede contestar*]
A-weighted sound level | nivel sonoro con ponderación A
A weighting | ponderación A
A-weighting characteristic | característica de ponderación A
AWG = American wire gauge [USA] | AWG [*sistema estadounidense para calibración de cables*]
A wind | arrollamiento A, bobinado A
A wire | hilo A
AWM = appliance wiring material | AWM [*material de instalación para aparatos eléctricos*]
AWT = abstract window toolkit | AWT [*juego de herramientas abstractas de ventana (para conexiones entre aplicaciones Java e interfaces gráficas de usuario)*]
axial | axial
axial-correcting plate | placa de corrección axial
axial crank pin | pasador de manivela axial
axial diffusion coefficient | coeficiente de difusión axial
axial inversion | inversión axial
axial lead | conductor axial
axially-symmetrical electron gun | cañón de electrones de simetría axial
axial-positioning mechanism | mecanismo de posicionamiento axial
axial primary shaft | eje primario axial
axial ratio | relación axial
axial secondary shaft | eje secundario axial
axial sector | sector axial
axial trolley | trole axial
axial vector | vector axial
axiom | axioma
axiomatic semantics | semántica de axiomas
axiomatic specification | especificación axiomática
axiotron | axiotrón [*magnetrón de control axial*]
axis | eje
axis of a beam of radiation | eje del haz de rayos
axis of rotational symmetry of a crystal | eje de rotación del cristal
axle bearing | soporte del eje
axle counter evaluator | evaluador de contadores de ejes
Ayrton-Perry winding | arrollamiento Ayrton-Perry
Ayrton shunt | derivación de Ayrton
Azbel Kaner resonance | resonancia de Azbel-Kaner [*resonancia ciclotrónica en metales*]
Azel display | indicador tipo Azel
Azel indicator | indicador Azel
Azel scope | pantalla Azel
azimuth | acimut, azimut
azimuth alignment | alineamiento acimutal
azimuthally-varying field | campo de variación acimutal
azimuthal projection | proyección acimutal
azimuthal quantum number | número cuántico acimutal
azimuth angle | ángulo de acimut
azimuth blanking | borrado acimutal
azimuth discrimination | resolución (/definición) angular, discriminación en acimut
azimuth-elevation mount | montaje de elevación acimutal
azimuth finder | alidada acimutal

azimuth gain reduction | reducción de ganancia acimutal
azimuth loss | pérdida acimutal
azimuth marker | indicador de acimut, marcador acimutal
azimuth rate | variación de acimut
azimuth-rate computer | calculador (/ordenador) de la variación de acimut
azimuth resolution | resolución acimutal
azimuth stabilization | estabilización acimutal
azimuth-stabilized PPI = azimuth-stabilized plan-position indicator | PPI de acimut estabilizado [*indicador de posición en plano de acimut estabilizado*]
azimuth versus amplitude | acimut en función de la amplitud
azon | azón [*bomba planeadora con radiocontrol en acimut*]
AZUSA [*electronical screening system by phase comparison*] | AZUSA [*sistema electrónico de seguimiento por comparación de fases*]

B

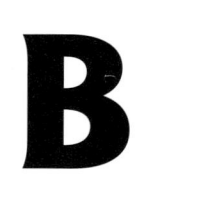

b = baud | b = baudio
b = binary | b = binario
b = bit | b = bit
B [*symbol for magnetic flux density*] | B [*símbolo de densidad del flujo magnético*]
B = base | B = base
B = blue | azul
B = boron | B = boro
B = byte | B = byte
B: [*identifier for a second floppy disk drive on various operating systems*] | B: [*identificador de una segunda disquetera en varios sistemas operativos*]
Ba = barium | Ba = bario
BA = basic access | AB = acceso básico
babble | diafonía múltiple, murmullo confuso, susurro
babble signal | señal de susurro
BABS = blind approach beam system | BABS [*sistema de radiofaro de aproximación sin visibilidad*]
back | atrás, detrás, dorso, (parte) trasera, (lado) posterior
back arc | retroarco
back beam | haz posterior
back bearing | marcación de salida
back bias | polarización por realimentación
back bonding | fijación posterior (/trasera)
backbone | línea base; red principal; esqueleto [*estructura de trasmisión de datos en internet*]; eje central; columna vertebral; backbone [*red de larga distancia y gran capacidad a la que se conectan redes subsidiarias de menor tamaño*]
backbone network | base (/red) principal
backbone system | red principal (/primaria), sistema principal
back conductance | conductancia inversa
back contact | contacto de cierre (/reposo)
back current | corriente inversa, contracorriente
back diode | diodo inverso, retrodiodo
back door | puerta trasera [*de un sistema informático para eludir dispositivos de seguridad*]
backdrop [*portion of the screen that is not covered by an image*] | fondo [*porción de pantalla no ocupada por una imagen*]
back echo | eco posterior (/reflejado)
backed stamper | troquel respaldado; matriz reforzada
back electromotive force | fuerza contraelectromotriz (/electromotriz opuesta)
back emission | emisión inversa, retroemisión
back end | servidor [*en redes informáticas*]
back end network | red de área local
back end processor | procesador especializado
backfill | relleno; extracción de gases por desecación
backfire | encendido prematuro; explosión prematura; retorno de llamas; retroceso del arco; radiación regresiva
backfire aerial | antena de radiación regresiva
backfire array | red de radiación regresiva
back focal length | distancia focal posterior
back focus | distancia focal
background | fondo (radiactivo); trasfondo; efectos de fondo; segundo plano; contexto
background blackening | ennegrecimiento del fondo
background brightness | brillo (/luminosidad) de fondo
background color | color de fondo
background control | control de brillo (de fondo)
background correction | corrección del fondo
background count | cuenta de fondo
background counting rate | cuenta de fondo por unidad de tiempo
background density | ennegrecimiento del fondo
background eradication | erradicación del velo de fondo
background exposure | irradiación natural
background loudspeaker | altavoz de fondo
background memory | memoria subordinada (/no prioritaria)
background mode | modo en segundo plano
background monitor | monitor de fondo
background noise | ruido de fondo; ruido de circuito
background of band | fondo de la banda
background printing | impresión en segundo plano
background process | proceso subordinado (/de fondo)
background processing | procesamiento (/proceso) subordinado
background programme | programa subordinado
background projection | proyección del fondo
background radiation | radiación de fondo
background response | respuesta de fondo
background returns | ecos parásitos
background task | tarea de fondo, tarea en segundo plano
backhaul | camino indirecto [*por longitud excesiva del circuito*]; enlace terrestre [*en comunicaciones vía satélite*]
back heating | calentamiento por bombardeo electrónico, calentamiento de retorno
backing | apoyo, soporte, refuerzo; revestimiento antihalo; material de fondo
backing-off | supresión; despuntado

backing spring | resorte de tensión
backing storage | almacenamiento complementario
backing store | memoria auxiliar
backlash | reacción, efecto reactivo; corriente inversa de rejilla; falta de rectificación; contratensión
back lighting | iluminación posterior
backlit, back-lit | retroiluminado
backlit display | pantalla retroiluminada
backloaded horn | altavoz de diafragma
back loading | carga posterior
back lobe | lóbulo posterior
backpanel | panel posterior
back pitch | paso parcial posterior [*paso del devanado en el extremo más alejado del colector*]
backplane | panel posterior; cableado dorsal (/posterior) [*de un bastidor*]
backplate | placa posterior
back plug | clavija posterior
back porch | umbral (/porche) posterior
back porch effect | efecto de umbral posterior
back porch tilt | inclinación de porche posterior
back position | posición posterior (/atrasada)
back-pressure turbine | turbina de contrapresión
back resistance | resistencia inversa
back scatter | retrodifusión
back-scattered radiation | radiación retrodispersada
back scatter factor | factor de retrodifusión
backscattering | reflexión; retrodispersión, retrodifusión
backscattering coefficient | coeficiente de retrodispersión
backscattering gauge | indicador (/galga) de retrodispersión
backscattering radar | radar de retrodispersión (/reflexión difusa)
backscattering thickness gauge | medidor de espesores por retrodispersión
back scatter ionospheric sounding | sondeo ionosférico por retrodispersión
back-shunt keying | enclavamiento por retroderivación
backside illumination | iluminación posterior
backslash | barra inversa
backspace | (tecla de) retroceso (de espacio); retorno (del carro)
backspace, to - | retroceder
backspace key | tecla de retroceso
backspace magnet | electroimán de retroceso
backstop | tope posterior
back supervisory lamp | lámpara de supervisión posterior
backswing | sobrepaso negativo
backtalk | comunicación de apoyo

back-to-back circuit | conexión en oposición, conexión en antiparalelo
back-to-back connection | retroconexión de control; interconexión en frecuencia vocal; conexión recíproca (/en oposición)
back-to-back repeater | repetidor adosado
back-to-back testing | prueba (/ensayo) por conexión local directa
backtrack, to - | retroceder
backtracking | búsqueda de retroceso
backup | copia de seguridad; (equipo de) reserva; elemento de repuesto
backup, to - | hacer copia de seguridad, hacer un backup (/archivo de reserva)
backup and recovery | copia de (seguridad y) recuperación [*en bases de datos*]
backup and restore, to - | copiar (/hacer copia de seguridad) y restaurar
burn, to - | cauterizar, quemar
backup battery | batería de seguridad (/reserva)
backup control | control de reserva
backup copy | copia de seguridad
backup disk | disquete de seguridad
backup facility | instalación de reserva
backup file | copia de seguridad, archivo de reserva
backup item | elemento de reserva
backup protection | protección de reserva (/emergencia)
Backus-Naur form | forma (normal) de Backus-Naur, forma (/notación) normal de Backus
Backus normal form | forma (/notación) normal de Backus, forma (normal) de Backus-Naur
back-wall photovoltaic cell | célula fotovoltaica de barrera (/incidencia) posterior
backward | retorno; hacia atrás
backward-acting regulator | regulador retroactivo
backward-acting selector | selector de progresión inversa
backward chaining | encadenamiento hacia atrás [*modo de solución de problemas en sistemas informáticos expertos*]
backward channel | canal auxiliar (/de retorno)
backward clear | señal de desconexión recibida
backward correction | corrección de errores en retroceso, corrección de errores hacia atrás
backward diode | diodo monotúnel (/de efecto túnel), diodo Esaki
backward error analysis | análisis de errores hacia atrás
backward error correction | corrección de errores en retroceso, corrección de errores hacia atrás
backward error recovery | recuperación regresiva de estado

backward frequency | frecuencia de retorno
backward holding | retención hacia atrás
backward magnetron | magnetrón de onda de retorno
backward oscillator | oscilador de onda regresiva (/de retorno)
backward path | vía de retorno
backward read | lectura regresiva
backward round-the-world echo | eco circunterrestre hacia atrás
backward shift | retroceso de las escobillas
backward signal | señal hacia atrás
backward transfer admittance | trasferencia de retrotrasmisión
backward valve | válvula de onda regresiva
backward wave | onda inversa (/de retorno)
backward-wave oscillator | oscilador de onda inversa (/reflejada, /de retorno)
backward-wave valve | válvula de onda inversa (/regresiva, /de retorno)
backwash diode | diodo de absorción
back washing | reextracción
back wave | onda residual (/separadora, /de reposo)
bacterium | bacteria [*virus informático replicante*]
BAD = broken as designed | BAD [*defectuoso desde el principio (aplicado a productos o dispositivos)*]
bad block | bloque malo [*sector de memoria defectuoso*]
bad contact | mal contacto, contacto defectuoso
bad-bearing sector | sector de marcaciones dudosas
badge | credencial
badge reader | lector (/lectora) de fichas (/placas, /tarjetas) de identificación
Badger rule | regla de Badger
bad sector | sector defectuoso [*en un disco de memoria*]
bad track | pista defectuosa
baffle | deflector; caja de altavoz, pantalla acústica (/de altavoces)
baffle, to - | apantallar
baffle bead | bola de reflexión
baffle board | deflector; pantalla acústica (/de altavoces) plana
baffle plate | deflector; pantalla acústica (/de altavoces) plana
bag | bolsa
bail | lazo fiador; asegurador
Bakelite | Bakelite [*marca comercial de una resina fenólica, conocida familiarmente en español por "bakelita"*]
BAL = balance | B = balance
balance | compensador; simetría; equilibrio, balance; balanza; equilibrador
balance, to - | igualar
balance amplifier | amplificador compensado

balance attenuation | atenuación de equilibrio
balance beam policy | política de punto medio
balance coil | bobina de equilibrio
balance control | control de equilibrio; control de balance
balance control slider | corredera de control de balance
balanced | equilibrado, compensado
balanced aerial | antena compensada (/equilibrada)
balanced amplifier | amplificador equilibrado
balanced armature | armadura equilibrada
balanced-armature unit | núcleo de hierro equilibrado
balanced-beam relay | relé balanza
balanced bridge | puente equilibrado
balanced circuit | circuito simétrico (/equilibrado)
balanced converter | convertidor equilibrado
balanced currents | corrientes (/intensidades) equilibradas (/simétricas)
balanced detector | detector equilibrado
balanced direction finder | radiogoniómetro equilibrado
balance detector | detector equilibrado [en radio]
balanced field length | longitud de campo compensada
balanced line | línea equilibrada (/simétrica)
balanced line logic element | elemento lógico de línea equilibrada
balanced line system | sistema de línea equilibrada
balanced load | carga equilibrada
balanced low-pass filter | filtro de paso bajo equilibrado
balanced magnetic amplifier | amplificador magnético equilibrado
balanced method | método (de) equilibrado
balanced mixer | mezclador equilibrado
balanced mode | modo equilibrado; funcionamiento equilibrado (/simétrico)
balanced modulator | modulador equilibrado (/simétrico)
balanced multiway search tree | árbol binario sin nodos de grado uno, árbol de búsqueda multidireccional de grado n
balanced network | red simétrica (/equilibrada)
balanced oscillator | oscilador equilibrado
balanced output | salida equilibrada, salida simétrica [respecto a masa]
balanced output transformer | trasformador de salida equilibrada
balanced polyphase system | sistema polifásico equilibrado
balanced probe | sonda equilibrada
balanced procedure | procedimiento equilibrado (/simétrico)
balanced termination | terminación simétrica (/equilibrada); terminales equilibrados
balanced three-wire system | sistema trifilar equilibrado
balanced three-wire three-phase system | sistema trifásico trifilar equilibrado
balanced transmission line | línea de trasmisión simétrica (/equilibrada)
balanced/unbalanced | equilibrado/desequilibrado
balanced-unbalanced transformer | trasformador simétrico-asimétrico
balanced voltage | tensión equilibrada, voltaje equilibrado
balanced-wire circuit | circuito teóricamente equilibrado
balance method | método del cero, método de ajuste a cero
balance network | equilibrador; red equilibradora
balance of a node [in a binary tree] | estimación de equilibrio de un nodo [en un árbol binario]
balance of potentials | equilibrio total (de potenciales)
balancer | máquina equilibradora (/compensadora); estabilizador, compensador; (circuito) equilibrador
balance return loss | atenuación de equilibrio (/equilibrio)
balance slider for output source | corredera de balance para fuentes de salida
balance stripe | pista de equilibrio
balance transformer | trasformador del nivelador (/equilibrador)
balancing | equilibrado; compensación
balancing attenuator | atenuador equilibrador
balancing diaphragm | resistencia de compensación
balancing line | línea equilibradora
balancing network | red equilibradora (/de equilibrio)
balancing network frame | panel de equilibradores, bastidor de redes equilibradoras
balancing of circuit | equilibrado de un circuito
balancing of operator loads | igualación del tráfico de operadoras
balancing repeating coil | trasformador del equilibrador
balancing unit | unidad equilibradora
Balescu-Lenard-Quernsey equation | ecuación de Balescu-Lenard-Quernsey
balise transmission module | módulo de trasmisión por balizas
ball | bola
ballast | resistencia, reactor; elemento regulador (/compensador); reactancia auxiliar; equilibrador
ballasting | lastrado
ballast lamp | lámpara compensadora (/estabilizadora)
ballast resistor | resistencia estabilizadora (/compensadora, /reguladora)
ballast valve | válvula estabilizadora (/reguladora de tensión)
ball bond | unión con punta de bola
ball bonding | conexión en bola, unión con punta de bola
ballistic circuit breaker | disyuntor balístico
ballistic galvanometer | galvanómetro balístico
ballistic missile early-warning system | sistema de alerta rápida contra misiles balísticos
ballistics | balística
ballistic trajectory | trayectoria balística
ballistocardiogram | cardiograma balístico
ballistocardiograph | cardiógrafo balístico
ballistocardiography | cardiografía balística
ball-joint manipulator | manipulador con junta de bola
ball-lightning | relámpago en (forma de) bola
ball mill | molino de bolas
ball of fire | bola de fuego
ball printer | impresora de bola [de caracteres]
ball-shaped plasmoid | plasmoide esférico
ball spark gap | espinterómetro
balop | balopticón; proyector de imágenes opacas [en combinación con cámara de televisión]
balun = balanced/unbalanced | equilibrado/desequilibrado [en adaptador de impedancias]
balun transformer = balanced-unbalanced transformer | trasformador simétrico-asimétrico
Baly cell | cubeta de Baly
BAM = basic access method | BAM [método de acceso básico]
ban, to - | prohibir
banana colour valve | válvula (tipo) banana de color
banana jack | conector tipo banana
banana plug | clavija (tipo) banana, conector de banana
banana valve | válvula (tipo) banana
band | banda, gama
bandage | vendaje [de cables]; cobertura
band articulation | nitidez de banda, inteligibilidad en la banda de frecuencias vocales
band background | fondo de la banda
band break | interrupción de banda
B and C digit selector | selector de los dígitos B y C
band centre | centro de banda
banded cable | cables embandados

band edge | extremo de la banda
band edge energy | energía del extremo (/límite, /borde) de banda
band elimination filter | filtro supresor (/eliminador, /de eliminación) de banda
band energy | banda de energía
band exclusion filter | filtro de exclusión (/eliminación) de banda
band expansion factor | factor de expansión de banda
bandgap | salto de banda
bandgap energy | salto de energía entre bandas
band head | cabeza de banda
band-ignited valve | válvula de encendido por rejilla exterior
band intensity | intensidad de la banda
band-limited channel | canal de banda limitada
band-limited function | función limitadora de banda
band marking | identificador de conductor
band matrix | matriz de banda
band message | mensaje en la banda
band of line-transmitted frequencies | banda de frecuencias trasmitida por línea
bandpass | paso de banda
bandpass amplifier | amplificador de pasabanda (/paso de banda)
bandpass amplifier circuit | circuito amplificador de paso de banda
bandpass coupling | acoplamiento pasabanda (/de paso de banda)
bandpass filter | filtro pasabanda (/de paso de banda); solenoide de freno
bandpass flatness | aplanamiento del paso de banda
bandpass response | respuesta del paso de banda
bandpass tuning | sintonía de paso de banda
band pressure level | nivel de presión de banda
band printer | impresora de banda (/correa)
band-reject filter | filtro supresor de banda , filtro de banda (eliminada)
band rejection filter | filtro de supresión de banda
band response | respuesta de (la) banda
band selector | selector de banda
B and S gauge = Brown and Sharpe wire gauge [USA] | calibre Brown and Sharpe para cables
bandsharing | banda compartida
band spectrum | espectro de bandas
band splitting | mezcla de bandas
bandspread tuning control | control de sintonía por ensanche de banda
band spreading | ensanche de banda
bandstop filter | filtro eliminador (/de eliminación) de banda, filtro de banda eliminada
band suppression filter | filtro de eliminación de banda
band switch | conmutador de bandas
band switching | selección de banda
band theory of solids | teoría de bandas de los sólidos
bandwidth | ancho (/anchura, /amplitud) de banda
bandwidth broker | agente de ancho de banda [*controlador de recursos centralizado*]
bandwidth compression | compresión del ancho de banda
bandwidth limited gain control | control de ganancia limitada por el ancho de banda
bandwidth of a device | ancho de banda de un dispositivo
bandwidth of a wave | ancho de banda de una onda
bandwidth of the aerial | ancho de banda de la antena
bandwidth on demand | ancho de banda adaptable [*a las necesidades*]
bang | estampido
bang-bang control | control de todo o nada
bang-bang controller | controlador de todo o nada
bank | batería; banco
bank-and-wiper switch | conmutador banco-escobilla
bank card | tarjeta de crédito
banked winding | arrollamiento yuxtapuesto
bank of capacitors | batería de condensadores
bank of contacts | regleta de contactos
bank of lamps | panel (/tablero) de lámparas
bank switching | conmutación de bancos
bank-winding | arrollamiento superpuesto
banner | anuncio, cartel; banner [*en informática, anuncio breve con animación*]
banner page | página separadora
bantam valve | válvula miniatura tipo bantam
bar | barra
bar chart | gráfico de barras
bar code | código de barras (/trazos)
bar code reader | lector de códigos de barras
bar code scanner | explorador (/lector) de código de barras
Barden and Brattain theory | teoría de Barden y Brattain
bare | desnudo
bare board | tarjeta de circuito impreso [*sin componentes*]
bare bones | aplicación elemental; ordenador básico
bare conductor | conductor desnudo
bare electrode | electrodo desnudo (/sin revestimiento)
bare homogeneous thermal reactor | reactor térmico homogéneo sin reflector
bare reactor | reactor desnudo
bare strapping | cableado con hilos desnudos
bare wire | hilo desnudo (/pelado)
bare wiring | cableado con hilos desnudos
bar generator | generador de barras
bar graph | gráfico de barras
bar-graph display | representación gráfica de barras
bar-graph monitoring oscilloscope | osciloscopio monitor de barras
barium | bario
barium fuel cell | pila de bario
barium lanthanum scanner | explorador de bario-lantano
barium titanate | titanato de bario
barium titanate microphone | micrófono de titanato de bario
Barker sequence | secuencia de Barker
Barkhausen criterion | criterio de Barkhausen
Barkhausen effect | efecto Barkhausen
Barkhausen eliminator | eliminador Barkhausen
Barkhausen interference | interferencia Barkhausen
Barkhausen-Kurz oscillator | oscilador de Barkhausen-Kurz
Barkhausen magnet | imán Barkhausen
Barkhausen oscillation | oscilación Barkhausen
Barkhausen oscillator | oscilador de Barkhausen
Barkhausen valve | válvula de Barkhausen, válvula osciladora de rejilla positiva
Barlow rule | regla de Barlow
bar magnet | imán recto (/de barra), barra imantada
barn | barnio [*unidad de medida para secciones de núcleos atómicos*]
Barnett effect | efecto Barnett
barograph | barógrafo
barometer | barómetro
barometric altimeter | altímetro barométrico
barometric pressure | presión barométrica
barometric pressure control | regulador barométrico; regulación barométrica de la presión
barometric switch | interruptor barométrico
baroscope | baroscopio
barostat | regulador barostático
barostatic relief valve | regulador barostático
barothermograph | barotermógrafo, termógrafo barométrico
bar pattern | carta de ajuste de barras
barrage | barrera
barrage jammer | perturbador de ba-

rrera
barrage jamming | perturbación de barrera
barrage reception | recepción de barrera
bar relay | relé de barra
barred trunk access | restricción de conferencias (/llamadas salientes)
barrel | tonel, barril, tambor
barrel distortion | distorsión de barril, distorsión en tonel
barrel effect | efecto barril
barrel gaging system | software para ordenador central
barreling [USA] | electrodepósito en tambor
barrelling [UK] | electrodepósito en tambor
barrel-plated | electrodepositado en tambor
barrel printer | impresora de barril
barrel-stave reflector | reflector en duela de tonel
barrel tone | efecto de tonel
barretter | bolómetro de hilo; resistencia autorreguladora (/de compensación)
barretter mount | montaje de bolómetro (/resistencia compensadora)
barricade shield | pantalla de barricada
barrier | barrera; unión
barrier capacitance | capacidad de barrera
barrier film rectifier | rectificador de unión, rectificador por película de óxido
barrier grid | rejilla de barrera
barrier height | altura de barrera
barrier layer | barrera de potencial; capa barrera
barrier-layer capacitance | capacidad de la capa barrera
barrier-layer cell | célula de barrera de potencial, célula con capa de barrera; fotocélula de capa frontera
barrier-layer rectification | rectificación por barrera de potencial
barrier plate | placa barrera
barrier potential [*gap between two points with different electric charges*] | barrera de potencial, potencial de barrera [*espacio que separa dos puntos con diferentes cargas eléctricas*]
barrier region | capa de detención, capa barrera; región de la barrera
barrier shield | barrera de protección
barrier strip | banda de protección
barrier voltage | barrera de potencial
barring facility | discriminador
barring of outgoing calls | discriminación de llamadas, restricción de llamadas salientes
bar-test pattern | patrón de barras de prueba
Bartlett bisection theorem | teorema de bisección de Bartlett
Bartlett force | fuerza de Bartlett

barye | baria [*unidad de presión en el sistema CGS*]
baryon | barión
baryon number | número bariónico
base | base; casquillo; material de base
base address | dirección (de) base
base addressing | direccionamiento de base
base angle | larguero inferior
baseband | banda (de) base
baseband frequency response | respuesta de frecuencia en la banda base
baseband modem | módem en banda base
baseband modulation | modulación en banda base
baseband network | red de banda base
baseband networking | red de banda de base
baseband transmission | trasmisión en banda base
base bias | polarización de base
baseboard BIOS | BIOS de la placa base
base-bound register | registro de base limitada
base class | clase básica
base-collector junction | unión base-colector
base-coupled logic | lógica acoplada por base
base electrode | electrodo de base
base field | campo base
base file name | nombre de archivo base
base film | película base
base forward drive | excitación directa de base
basegroup | grupo básico (/primario, /de base)
basegroup modem | módem de grupo básico
base impedance | impedancia de base
base insulator | aislador de base
base level monitor | monitor de nivel básico
base-limit register | registro de límite de base
baseline | línea (de) base
baseline break | interrupción de la línea de base
baseline check | comprobación en tierra
baseline extension | extensión de la línea de base
baseline ripple | ondulaciones de la línea base; fluctuaciones del nivel (/eje) de referencia
baseline stabilizer | estabilizador del nivel de base (/referencia), estabilizador del nivel de la tensión de referencia
base load | carga fundamental (/de base)
base-loaded aerial | antena con carga (/alimentación) por la base

base material | material de base
base-material thickness | espesor del material base
base memory | memoria base
base-memory size | tamaño de la memoria base
base metal | metal de base
base numeral | número base
base-one peak pulse voltage | pico de impulso de voltaje de base uno
base-one peak voltage | tensión de pico de base uno
base-one resistance | resistencia de base uno
base pin | patilla de base, clavija (/pin) de la base
baseplate [UK] | placa (de) base, platina
base plate [USA] | placa (de) base, platina
baseplate for selector bank | platina inferior de banco selector
base point | punto base
base RAM | RAM básica [*memoria convencional de 649 KB*]
base region | región de (la) base
base register | registro (de) base
base resistance | resistencia de (la) base
base resistance transistor | transistor de resistencia base
base ring | anillo de base
base spreading resistance | resistencia de esparcimiento de la base
base station | emisora (/estación) base
base station controller | controlador de estación base
base station subsystem | subsistema de estación base
base surge | nube de base
base terminal | terminal de la base
base-timing sequencing | secuencia de tiempos base
base transceiver station | estación base de trasmisión, estación trasceptora base
base transmission factor | factor de trasmisión de la base
base two resistance | resistencia de la base dos
base view | vista inferior
base voltage | tensión de base
basic | básico
BASIC = beginners allpurpose symbolic instruction code | BASIC [*código de instrucciones simbólicas generales para principiantes (lenguaje de programación informática)*]
basic access | acceso básico
basic access method | método de acceso básico
basic artwork master | dibujo patrón básico
basic band | banda de base
basic bandwidth | banda básica, ancho de banda base
basic circuit | circuito básico; esquema de principio

basic encoding rule | regla básica de codificación
basic frequency | frecuencia básica
basic function unit | unidad funcional básica, elemento funcional
basic grid | enrejado básico
basic-grid unit | unidad de enrejado básico
basic group | grupo básico (/de base)
basic group range | banda (de frecuencias) del grupo básico, margen (de frecuencias) del grupo básico
basic input/output system | sistema básico de entrada/salida
basic linkage | enlace básico
basic load | carga básica
basic mode procedure | procedimiento (/protocolo) en modo básico
basic network | línea artificial equilibrada (/de base); equilibrador (/compensador) fundamental
basic noise | ruido de fondo
basic numbering plan | plan básico de numeración
basic processing unit | unidad de procesamiento básica
basic protection | protección básica
basic radio pager | paginador de radio básico
basic rate interface | interfaz de acceso básico
basic rectifier | rectificador básico
basic repetition rate | velocidad (/frecuencia) de repetición básica
basic research | investigación básica
basic service | servicio regular
basic service set | conjunto de servicio básico [unidades de comunicación en una LAN inalámbrica]
basic skill | conocimiento básico
basic speed range | escala básica de velocidades
basic supergroup | supergrupo básico
basic tariff | tarifa básica (/fija)
basic transmission loss | atenuación de trasmisión de referencia
basis | base
basis service | servicio básico
basket winding | devanado en (fondo de) cesta; arrollamiento reticulado
bass | bajo, grave
bass bassy | predominio de bajos
bass boost | amplificador de graves (/bajos)
bass-boosting circuit | circuito reforzador de graves
bass compensation | compensación de graves (/bajos)
bass compensation theorem | teorema de la compensación de graves
bass control | control de bajos (/graves)
bass frequency | frecuencia baja [frecuencia del extremo inferior de la escala audible]
bass half-loudness point | frecuencia baja de media potencia
bass reflex | reflector de bajos (/graves)
bass reflex baffle | difusor de reflexión de bajos
bass reflex enclosure | reflector (/caja reflectora) de graves
bass resonance | resonancia de graves (/baja frecuencia)
bass response | respuesta de bajos (/graves)
bastard sound | sonido parásito
batch | hornada; tanda, lote; proceso por lotes
batch booking | lista de solicitudes de comunicación por turno, lista de peticiones de comunicación en serie
batch control | control de lotes
batch control sample | muestreo de control de un lote
batch environment | entorno de lotes
batch file | archivo por lotes
batch file transmission | trasmisión de archivos por lotes
batch job | trabajo en serie, trabajo por lotes
batch process | proceso discontinuo (/por lotes)
batch processing | tratamiento (/procesamiento) por (/de) lotes
batch programme | programa automático [que se ejecuta sin intervención del usuario]
batch system | sistema de proceso por lotes
batch total | total de verificación del lote
bath | baño
bat-handle switch | interruptor basculante
bath current regulator | regulador de corriente del baño
bathtub capacitor | condensador de bañera
bath voltage | voltaje (/tensión) del baño
bathyconductorgraph | baticonductógrafo
bathythermograph | batitermógrafo
Batten system | sistema Batten [para la coordinación informática de palabras]
battery | batería
battery acid | ácido de batería
battery alarm | alarma de batería
battery attendant | encargado (/conservador) de las baterías
battery-backed | que funciona con batería
battery backup | alimentación auxiliar de batería
battery bell | timbre de batería
battery booster | dinamo elevadora de voltaje
battery box | caja de baterías
battery busbar | barra ómnibus de batería
battery cable | cable de batería
battery capacity | capacidad de la batería
battery cell | elemento de batería
battery charger | cargador de baterías
battery clip | pinza (/grapa) de batería
battery cutoff | corte de batería
battery cutout | disyuntor de batería
battery feed | alimentación de batería para teléfonos analógicos
battery lead | cable de batería
battery life | vida de la batería
battery post adapter | adaptador de borne de batería; carga ficticia de batería
battery power receptacle | toma de batería
battery pulse | impulso de batería
battery receiver | receptor de batería (/pila)
battery regulating switch | reductor de batería (/acumulador)
battery replacement | sustitución de la batería
battery separator | separador de baterías
battery supply | suministro de batería
battery supply bridge | puente de alimentación; batería en puente
battery supply circuit noise | ruido de alimentación
battery supply coil | bobina de alimentación
battery supply relay | relé de alimentación
battery voltage | tensión de batería
battery wire | hilo de batería
battle short | interruptor de emergencia
batwing | ala de murciélago
batwing aerial | antena en ala de murciélago, antena múltiple en cruz, antena de mariposa
baud | baudio [unidad indicadora de la velocidad de trasmisión de una señal digital en cambios de estado de la señal por segundo]
Baudot code | código Baudot
Baudot keyboard | manipulador Baudot
Baudot system | sistema Baudot
baud rate | velocidad (de trasmisión de datos) en baudios
baud rate generator | generador de velocidad (de trasmisión) en baudios
bay | espacio, hueco; sección; (sección de) bastidor; segmento [de un grupo de antena]; grupo (/hilera, /armario, /serie) de bastidores
Bayard and Alpert gauge | calibre de Bayard y Alpert
bay cable form | forma del cable de bastidor
Bayesian statistic | estadística de Bayes
bayonet base | base (/casquillo) de bayoneta
bayonet coupling | acoplamiento de bayoneta
bayonet fitting | acoplamiento de bayoneta
bayonet socket | zócalo de bayoneta

bay power connector | conector de alimentación de bastidor
B2B = business to business | negocio directo
B battery | batería tipo B, batería de ánodo (/de alta tensión)
BBL = be back later | BBL [*indicación de un participante en chat de que tiene que ausentarse momentáneamente*]
B board | cuadro de entrada (/llegada)
BBS = bulletin board system | BBS [*tablero de anuncios electrónico*]
BC = back connected | conectado por detrás
BC = bearing computer | ordenador de marcación
BC = broadcasting (band) | (banda de) radiodifusión
bcc = blind carbon (/courtesy) copy | copia oculta
BCCD = bulk-channel charge-coupled device | BCCD [*(dispositivo de) canal principal acoplado en carga*]
BCCH = broadcast control channel | BCCH [*canal de control de trasmisiones (canal de difusión hacia el conjunto de estaciones móviles)*]
BCD = binary-coded decimal | DCB = decimal codificado en binario
BCD adder = binary-coded decimal adder | sumador BCD [*sumador decimal codificado en binario*]
BCD code = binary-coded decimal code | código BCD [*código binario; antiguo código alfanumérico de 4 bits para trasmisión de datos*]
BCD counter | contador binario
B channel = bearer channel | canal portador [*canal de datos en circuito ISDN*]; canal B
BCH code = Bose-Chandhuri-Hocquenghem code | código BCH = código de Bose-Chandhuri-Hocquenghem
BCI = broadcast interference | interferencia de radiodifusión
BCPL = basic combined programming language | BCPL [*lenguaje de programación informática*]
BCS = British Computer Society | BCS [*Sociedad británica de informática*]
Bd = baud | Bd = baudio
BD = bad | malo
B display | pantalla (/presentación) tipo B
BDOS = basic disc operating system | BDOS [*sistema básico de gestión de discos*]
beacon | radiofaro, baliza, radiobaliza
beacon airborne S band | radiobaliza aeronáutica para banda S
beacon course | derrota por balizas
beacon delay | retardo de radiobaliza
beacon receiver | receptor de radiobaliza
beacon skipping | salto de baliza
beacon station | estación de balizamiento
beacon stealing | robo de baliza
beacontime sharing | ajuste de tiempos de balizamiento
beacon transmitter | trasmisor de señales de baliza
bead | bola, cuenta; aislador tipo perla, perla (aisladora)
beaded | soportado por cuenta (/perla)
beaded coaxial | cable coaxial arrosariado
beaded coaxial cable | cable coaxial arrosariado
beaded support | soporte arrosariado
beaded transmission line | línea de trasmisión arrosariada
bead thermistor | termistor perla (/de cuenta)
beam | haz; rayo
beam-addressable technology | tecnología del haz dirigible
beam aerial | antena de haz
beam alignment | alineación del haz
beam angle | ángulo de haz
beam axis | eje del haz
beam balance | ajuste del haz al punto preciso
beam bender | desviador (/curvador) de haz; trampa de iones
beam bending | curvado (/curvatura) del haz
beam blanking | supresión (/borrado) del haz
beam breaker | interruptor del haz
beam candlepower | potencia en candelas del haz
beam capture | captura por haz
beam convergence | convergencia del haz
beam coupling | acoplamiento de (/por) haz
beam coupling coefficient | coeficiente de acoplamiento por haz
beam crossover | cruce del haz
beam current | corriente (/intensidad) del haz
beam current modulation | modulación de la corriente de haz
beam cutoff | corte del haz
beam deflection valve | válvula de desviación (/deflexión) de haz
beam deflector valve | válvula de desviación del haz
beam droop | inclinación del haz
beam effect | efecto de haz; efecto (/radiación) direccional
beam emission | emisión dirigida
beam-forming electrode | electrodo formador del haz
beam hole | canal experimental (/de irradiación)
beam index colour valve | válvula de color de índice de haz
beam-indexing valve | válvula de índice de haz
beam jitter | fluctuación (/temblor) de antena (/rastreo), temblor del haz; temblor (/fluctuación) de antena
beam lead | terminal de soporte
beam lead bonding | fijación del terminal
beam lead device | dispositivo de terminales
beam-leaded integrated circuit | circuito integrado con terminales de soporte
beam lead isolation | aislamiento por terminales de soporte
beam lead planar diode | diodo de conexiones radiales
beam lead technique | técnica de terminales de soporte
beam loading | carga de haz
beam magnet | imán de convergencia
beam modulation | modulación de haz
beam noisiness | ruidosidad del haz
beam of light | haz de luz (/rayos luminosos)
beam optics | óptica de los haces
beam parametric amplifier | amplificador paramétrico de haz
beam pattern | diagrama (/característica) direccional (/de radiación); modelo de haz
beam plasma amplifier | amplificador del haz de plasma
beam-positioning magnet | imán posicionador del haz
beam power valve | válvula de haz dirigido, válvula de control de potencia de haz
beam reactor | reactor de haz
beam reception | recepción dirigida
beam relaxor | relajador de haz
beam rider | seguidor de haz
beam-rider control system | sistema de control por seguimiento del haz
beam-rider guidance | seguimiento de haz (portador); guía por haz
beam separator | separador de haz
beam shape loss | pérdida por la forma del haz
beam signal | señal de haz
beam splitter | salpicador de haz
beam splitting | escisión del haz
beam-splitting mirror | espejo salpicador del haz
beam spreader | dispersador del haz
beam switching | orientación del haz; conmutación de lóbulos [*en radar*]
beam switching commutator | conmutador de haz
beam switching valve | válvula conmutadora de haz
beam tetrode | tetrodo de haces
beam transadmittance | trasadmitancia de haz
beam trap | trampa de haz
beam waveguide | guiaondas de haz
beam width | abertura (/anchura) del haz
beam width error | error de abertura del haz
bearer | portador
bearer channel | canal portador [*canal de datos en circuito ISDN*]

bearer network | base (/red) principal
bearer service | servicio portador (/de trasporte)
bearer service packet mode | servicio portador en modo paquete
bearing | demora; cojinete; marcación; soporte
bearing accuracy | precisión en demora
bearing cursor | cursor de rumbo
bearing deviation indicator | indicador de demora (/desviación de marcación)
bearing error curve | curva de error en demora
bearing reciprocal | demora inversa (/opuesta)
bearing resolution | resolución de marcación (/rumbo)
bearing surface | superficie de apoyo
bearing transmission unit | unidad de trasmisión de demoras, trasmisor de demoras
beat | batido, batimiento; pulsación
beat frequency | frecuencia de batido (/pulsación, /silbido)
beat frequency component | componente de frecuencia del haz
beat frequency oscillator | oscilador de (frecuencia) de batido (/pulsación)
beating | pulsación, batido (de frecuencias)
beating-in | eliminación del batido en emisión
beating-in of a cable | preparación del extremo de un cable
beating oscillator | oscilador de batido
beat marker | marcador de batido
beat note | nota (/tono) de batido, nota resultante, frecuencia audible [*en radio*]
beat note detector | detector de nota de batido
beat reception | recepción por batido
beat tone | tono de batido
beavertail | haz de radar en abanico
beavertail beam | haz horizontal en abanico, haz en cola de castor
Beckman spectrophotometer | espectrofotómetro de Beckman
Becquerel ray | rayo de Becquerel
bedplate | platina; placa de soporte
bedspring aerial | antena direccional de reflector plano
bedspring array | red de radiación plana direccional
beep | pitido, señal acústica
beep code | código de señales acústicas
beeper | busca [*avisador de llamada telefónica que puede incluir un breve mensaje escrito*]
beginning | comienzo
beginning-of-file | comienzo de archivo [*código previo al primer byte de un archivo*]
beginning of tape | comienzo de cinta
beginning of tape marker | marcador de comienzo de cinta
bel | belio [*unidad de sensación auditiva*]
bel counter valve | válvula contadora de campana
B eliminator | eliminador B
bell | avisador; timbre; campana
bell annunciator | anunciador de timbre
bell control | control del avisador
BELLCORE = Bell communications research | BELLCORE [*centro Bell de investigación sobre las comunicaciones*]
bellcrank | manivela
bellcrank adjusting link | eslabón de ajuste de la manivela
bellcrank spring | resorte de la manivela
bell end | extremo abocinado (/acampanado)
bell function | función de campanilla
bell function blade | cuchilla con función de campanilla
Bellini-Tosi aerial | antena Bellini-Tosi
Bellini-Tosi direction finder | radiogoniómetro Bellini-Tosi
bell insulator | aislador de campana
bell key | tecla de campanilla
bellows | fuelle
bellows contact | contacto de fuelle
bells and whistles | suplementos decorativos [*para el hardware o el software, que no inciden en las funciones básicas*]
bell set | timbre, campanilla
bell setter | instalador de timbres
bell-shaped curve | campana de Gauss [*curva estadística de distribución de datos*]
bell tender | controlador de timbres
bell transformer | trasformador de timbre
bell type | tipo de avisador
bell wire | hilo para (/del) timbre
belt drive | trasmisión por correa
belted cable | cable multipolar trenzado
belt printer | impresora de banda (/correa)
belt scanner | analizador de cinta
belt-type generator | generador de correa
bench | banco
bench frame | caja soporte para banco
benchmark | banco de pruebas; evaluación; prueba de características; punto de referencia
benchmarking | referencia
benchmark problem | problema tipo (/patrón)
benchmark programme | programa tipo (/patrón, /de evaluación, /de valoración de las prestaciones)
benchmark test | contraste, prueba comparativa (/de valoración de las prestaciones)
bench photometer | fotómetro de banca da
bench test | prueba en banco
BENCOM = Bentley's complete phrase code | BENCOM [*código de frases Bentley completo*]
bend | plegamiento; curvatura, curva; desviación
bender element | elemento flector
bender transducer | trasductor por flexión
bending | flexión, plegado
bending of light | doblamiento de los rayos luminosos
bending radius | radio de curvatura
bending tool | combador
bending wave | onda de flexión
bend loss | pérdidas de curvatura
bend radius | radio de ruptura
bend waveguide | curva de guía de ondas
beneath | inferior
Benham top | disco de Benham
benign virus | virus benigno [*que no destruye información*]
Benito | Benito [*sistema de navegación de onda continua por diferencia de fase entre señales*]
BENSEC = Bentley's second phrase code | BENSEC [*segundo código de frases de Bentley*]
bent-beam ion trap | trampa de iones por haz doblado
bent gun | cañón electrónico inclinado
bent-gun ion trap | trampa de iones de cañón curvado
bent-pipe | satélite trasparente [*en equipo traspondedor*]
BER = basic encoding rules | BER [*reglas básicas de codificación*]
Beowulf | Beowulf [*nombre de un superordenador de la NASA*]
BER = bit error rate | BER [*tasa de error binario*]
berkelium | berkelio
Bernoulli box | unidad Bernoulli [*tipo de disquete de alta capacidad*]
Bernoulli distribution | distribución Bernoulli (/binomial)
Bernoulli process | proceso (/muestreo) Bernoulli
Bernoulli sampling process | proceso Bernoulli de muestreo [*en estadística*]
beryl | berilo
beryllia | óxido de berilio, berilia; glucina
beryllium | berilio
beryllium content meter | medidor de contenido de berilio
beryllium oxide | óxido de berilio
beryllium prospecting meter | medidor de prospección de berilio
Bessel function | función de Bessel
best-effort | mejores intenciones [*máxima garantía en redes de trasmisión de datos*]
best fit | ajuste óptimo; asignación del mejor
best linear unbiased prediction | me-

jor evaluación lineal correcta posible
best of breed | puntero en su clase [*referido a productos*]
BET = between | entre
beta | beta, factor beta; ganancia por cortocircuito
beta absorption gauge | calibrador de absorción beta
beta activity | actividad beta
beta applicator | aplicador beta
beta circuit | circuito beta
beta copy | copia beta
beta cutoff frequency | frecuencia de corte beta
beta decay | desintegración (/decaimiento) beta
beta disintegration | desintegración beta
beta emitter | emisor beta
beta-gamma contamination indicator | indicador de contaminación beta-gamma
beta-gamma survey meter | indicador de radiaciones beta y gamma
beta gauge | calibrador beta
beta hand contamination monitor | monitor de contaminación beta para las manos
beta light | luz beta
beta particle | partícula beta
beta quench | temple beta
beta radiation | radiación beta
beta radioactivity | radiactividad beta
beta ray | rayo beta
beta ray spectrometer | espectrómetro de rayos beta
beta ray spectrum | espectro de rayos beta
beta reduction | reducción beta
beta site | sitio de prueba [*persona o entidad que prueba software nuevo antes de su lanzamiento al mercado*]
beta test | prueba de beta
beta transformation | desintegración beta
betatopic nuclide | núclido betatópico
betatron | betatrón
betatron oscillation | oscilación del betatrón
beta uranium | uranio beta
beta value | valor (/factor) beta
beta wave | onda beta
Bethe cycle | ciclo de Bethe, ciclo del carbono
Bethe-hole directional coupler | acoplador direccional de medidas Bethe
better-listening key | llave de escucha mejorada
BeV = billion electron-volt | BeV = giga-electronvoltio
Bevatron | bevatrón [*sincrotrón de protones en la universidad de California*]
bevel | bisel
Beveridge aerial | antena Beveridge
beyond-the-horizon propagation | propagación más allá del horizonte
bezel | anillo acanalado; bisel [*frontal del chasis*]

Bézier curve | curva de Bézier
BFC = beat frequency component | CFB = componente de frecuencia de batido
BFO = beat frequency oscillator | BFO [*oscilador de (frecuencia de) batido (/pulsación)*]
BFRE = before | antes
BFT = batch file transmission | BFT [*trasmisión de archivos por lotes*]
BFT = binary file transfer | BFT [*trasferencia de archivos binarios*]
BGP = border gateway protocol | BGP [*protocolo de puerta límite*]
BGS = barrel gaging system | BGS [*software para ordenador central*]
BH = busy hour | hora cargada
BHCA = busy hour call attempts | BHCA [*cantidad de intentos de llamada en hora punta*]
B-H curve | curva B-H, curva de magnetización
B-H meter | medidor B-H, medidor de histéresis
bialkali photocathode | fotocátodo bialcalino
biamplification | biamplificación, doble amplificación
bias | polarización; tensión media (/de polarización), voltaje medio (/característico)
bias cell | pila de polarización; célula eléctrica de circuito abierto
bias compensator | compensador de desviación
bias current | corriente de polarización (magnética)
bias distortion | deformación asimétrica (/disimétrica), distorsión asimétrica (/por asimetría, /de polarización); distorsión telegráfica polarizada
biased | polarizado; derivado
biased automatic gain control | control automático polarizado de ganancia
biased exponent | característica (/exponente) de polaridad
biased induction | inducción polarizada
biased relay | relé (/relevador) polarizado (/de retención)
biased ringer | timbre polarizado
bias-induced noise | ruido inducido de polarización
biasing | derivación, polarización
biasing magnetizing force | fuerza magnetizante de polarización
biasing spring | resorte polarizado
bias lighting | retroiluminación
bias meter | medidor de polarización
bias modulation | modulación por polarización
bias oscillator | oscilador de polarización
bias port | canal de polarización
bias resistor | resistencia de polarización
bias-set frequency | frecuencia de

ajuste de la polarización
bias stabilization | estabilización de la polarización
bias telegraph distortion | distorsión telegráfica de asimetría
bias voltage | tensión de polarización
bias winding | devanado (/arrollamiento) de polarización
biax = biaxial | biaxial, de dos ejes
bichromate cell | pila de bicromato (potásico)
bicomponent algorithm | algoritmo de dos componentes
biconditional | bicondicional
biconical | bicónico
biconical aerial | antena bicónica
biconical connector | conector bicónico
biconical ferrule connector | conector bicónico
biconical horn | bocina bicónica
biconical horn aerial | antena de bocina bicónica
biconjugate network | red biconjugada
bidirectional | bidireccional
bidirectional aerial | antena bidireccional
bidirectional bus | bus bidireccional
bidirectional bus driver | excitador para bus bidireccional
bidirectional coupler | acoplador bidireccional
bidirectional current | corriente bidireccional
bidirectional data bus | bus de datos bidireccional
bidirectional diode thyristor | tiristor diodo bidireccional
bidirectional line | línea bidireccional
bidirectional loudspeaker | altavoz bidireccional
bidirectional microphone | micrófono bidireccional
bidirectional network | red bidireccional (/bilateral)
bidirectional parallel port | puerto paralelo bidireccional
bidirectional printing | impresión bidireccional
bidirectional pulse | impulso bidireccional
bidirectional pulse train | tren de impulsos bidireccional
bidirectional thyristor | tiristor bidireccional
bidirectional transducer | trasductor bidireccional (/bilateral)
bidirectional transistor | transistor bidireccional
bidirectional triode thyristor | triac, tiristor triodo bidireccional
bifet = bipolar and field effect transistor circuit | circuito bifet [*circuito de transistores bipolares y efecto de campo*]
bifilar | bifilar
bifilar oscillograph | oscilógrafo bifilar
bifilar resistor | resistencia bifilar
bifilar suspension | suspensión bifilar

bifilar transformer | trasformador bifilar
bifilar winding | arrollamiento (/devanado) bifilar
bifurcate, to - | bifurcar
bifurcated | bifurcado
bifurcated connector | conector bifurcado
bifurcated contact | contacto bifurcado
bifurcated layer | capa bifurcada
bifurcation | bifurcación
Big Blue [*nickname for IBM Corporation*] | Big Blue [*apodo que recibe la corporación IBM*]
big endian | big endian [*método de almacenamiento numérico donde el byte más significativo se guarda primero*]
big iron [*fam*] | gran hierro [*apelativo familiar de un ordenador potente y caro*]
big red switch [*fam*] | interruptor de desconexión
bigrid | de dos rejillas
bijection | biyección
bilateral | bilateral
bilateral aerial | antena bilateral
bilateral amplifier | amplificador bilateral
bilateral-area track | pista de área bilateral
bilateral bearing | marcación bilateral
bilateral circuit | circuito bilateral
bilateral conductivity | conductividad bilateral
bilateral element | elemento bilateral
bilateral network | red bidireccional (/bilateral)
bilateral thyristor | tiristor bilateral [*semiconductor formado por dos tiristores que conduce en ambas direcciones*]
bilateral transducer | trasductor bidireccional (/bilateral)
bilevel operation | funcionamiento a dos niveles
billboard aerial | antena cartelera (/de radiación plana horizontal)
billboard array | red de radiación plana direccional
billicycle | kilomegaciclo, gigaciclo
billion [UK] | billón [*un millón de millones*]
billion [USA] | millardo [*mil millones*]
billion electron-volt | gigaelectronvoltio
billisecond | nanosegundo [*milmillonésima parte de un segundo*]
bimetal | aleación bimetálica
bimetal cold-junction compensation | compensación de la unión fría de un elemento bimetálico
bimetallic element | elemento bimetálico
bimetallic strip | tira (/lámina) bimetálica
bimetallic switch | contacto bimetálico
bimetallic thermometer | termómetro bimetálico
bimetallic wire | hilo bimetálico
bimetal mask | máscara bimetálica
bimorph cell | pila (/célula) bimorfa
BIN = bank identification number | CCC = código de cuenta del cliente
binary | binario
binary adder | sumador binario
binary arithmetic | aritmética binaria
binary card | tarjeta binaria
binary cell | celda binaria
binary chain | cadena binaria
binary channel | canal binario
binary character | carácter binario
binary chop | pieza binaria
binary code | código binario
binary coded | con codificación binaria
binary-coded character | carácter codificado en binario
binary-coded decimal | decimal codificado en (sistema) binario
binary-coded decimal adder | sumador decimal codificado en binario
binary-coded decimal system | sistema decimal codificado en binario
binary-coded digit | dígito codificado en binario
binary-coded octal | octal codificado en binario
binary-coded octal system | sistema octal codificado en binario
binary compatibility | compatibilidad binaria
binary conversion | conversión binaria
binary counter | contador binario
binary-decimal conversion | conversión de binario a decimal
binary device | dispositivo binario
binary digit | dígito binario, bit
binary encoding | codificación en binario
binary file | archivo (/fichero) binario
binary file transfer | trasferencia de archivos binarios
binary format | formato binario
binary incremental representation | representación incremental binaria
binary-level compatibility | compatibilidad de nivel binario
binary logic | lógica binaria
binary magnetic core | núcleo magnético binario
binary modulation | modulación binaria
binary notation | notación binaria
binary number | número binario
binary number system | sistema (de numeración) binario
binary operation | operación binaria
binary point | coma binaria, punto binario
binary pulse-code modulation | modulación de impulsos codificada en binario
binary raster data | datos de exploración binarios
binary relation | relación binaria
binary scaler | escala binaria; escalímetro binario
binary search | búsqueda binaria
binary search algorithm | algoritmo de bisección (/búsqueda binaria, /búsqueda dicotómica, /búsqueda logarítmica)
binary search tree | árbol de búsqueda binaria
binary sequence | secuencia binaria
binary signal | señal binaria
binary signalling | señalización binaria
binary simmetrical channel | canal simétrico binario
binary synchronous communications | comunicaciones sincrónicas binarias
binary synchronous protocol | protocolo binario sincrónico
binary system | sistema binario
binary transfer | trasferencia binaria
binary tree | árbol binario
binary tree representation | representación de árbol binario
binary word | palabra binaria
binaural | bifónico [*de dos canales de audio*]
binaural disc | disco binaural (/de efecto estereofónico)
binaural effect | efecto binaural (/estereofónico)
binaural recorder | grabador binaural
binaural sound | sonido binaural
bind | unión
binder | adhesivo, aglutinante
binder-type photoconductor | fotoconductor adhesivo
binding | adhesión, aglutinación, asignación; unión
binding energy | energía de enlace (/ligadura, /unión)
binding occurrence | ocurrencia vinculante
binding post | borna, borne de presión
binding time | tiempo de enlace
binding wire | hilo de atar (/amarre)
binhex = binary to hexadecimal | binhex = binario a decimal [*conversión de archivo binario a texto ASCII de 7 bit*]
binistor | binistor [*tetrodo de silicio*]
binomial aerial array | grupo de antenas binomial, red binómica de antenas (/radiación trasversal)
binomial array | red de antenas en binomio
binomial distribution | distribución binomial (/binómica, /de Bernoulli)
biochemical fuel cell | pila de combustible bioquímico
biochip | biochip [*pastilla de circuitos electrónicos y biológicos combinados*]
bioelectricity | bioelectricidad
bioelectric potential | potencial bioeléctrico
bioelectrogenesis | bioelectrogénesis
bioelectronics | bioelectrónica
bioengineering | bioingeniería
biogalvanic battery | batería biogalvá-

nica
biological | biológico
biological concentration factor | factor de concentración biológica
biological energy | energía biológica
biological half-life | periodo biológico
biological hole | canal biológico
biological protection | protección biológica
biological shield | blindaje biológico
bioluminiscence | bioluminiscencia
biomedical oscilloscope | osciloscopio biomédico
biomedical reactor | reactor de radiobiología
bionics | biónica
BIS = business information system | BIS [*sistema de información empresarial*]
BIOS = basic input/output system | BIOS [*sistema básico de entrada/salida*]
BIOS data | datos del BIOS
biosid program | aplicación biosid
bios reserved | bios reservado
biotelemetry | biotelemetría
biotelescanner | biotelescaner
Biot-Savart law | ley de Biot-Savart
BIP file = builder interface project file | archivo BIP
bipartite graph | gráfico bipartito
bipartition | bipartición
bipartition angle | ángulo de bipartición
bipartition code | cono de bipartición
bipolar | bipolar
bipolar amplifier | amplificador bipolar
bipolar circuit | circuito bipolar
bipolar device | dispositivo bipolar
bipolar electrode | electrodo bipolar
bipolar electrolytic capacitor | condensador electrolítico bipolar
bipolar ferreed | contacto bipolar
bipolar integrated circuit | circuito integrado bipolar
bipolar junction transistor | transistor bipolar
bipolar machine | máquina bipolar
bipolar magnetic driving unit | altavoz bipolar magnético
bipolar memory cell | celda de memoria bipolar
bipolar pulse | impulso bipolar
bipolar signal | señal bipolar
bipolar telephone receiver | receptor bipolar telefónico
bipolar transistor | transistor bipolar
bipotential cathode | cátodo bipotencial
biquadratic filter | filtro bicuadrático
biquinary code | código biquinario
biquinary notation | notación biquinaria
biradial | birradial
biradial stylus | aguja birradial
Birdie | Birdie [*denominación del proyecto alemán de telepunto*]
birefringence | birrefringencia

Birmingham wire gauge | calibre de conductores Birmingham
biscuit | galleta
BISDN = broadband ISDN | RDSI-BA = RDSI en banda ancha
bisection algorithm | algoritmo de bisección (/búsqueda dicotómica, /búsqueda binaria, /búsqueda logarítmica)
bisignal zone | zona biseñal, área de equiseñales
bislope triggering | disparo de ambos signos
bismuth | bismuto
bismuth spiral | sonda bismútica
bismuth telluride | telururo de bismuto
bistable | biestable
bistable circuit | circuito biestable
bistable contact | contacto biestable
bistable device | dispositivo biestable
bistable display | visualizador biestable
bistable latch | celda biestable
bistable multivibrator | multivibrador biestable
bistable relay | relé biestable
bistable switching circuit | circuito conmutador biestable
bistable unit | unidad biestable
bistatic | biestático
bistatic cw radar = bistatic continuous-wave radar | radar biestático de onda continua
bistatic radar | radar biestático
biswitch | conmutador de dos posiciones
BISYNC = binary synchronous communications | BISYNC [*comunicaciones sincrónicas binarias*]
BISYNC protocol = binary synchronous protocol | protocolo BISYNC [*protocolo binario sincrónico*]
bisynchronous | bisincrónico
bit = binary digit | bit [*dígito binario*], bitio [*obs*]
bit block | bloque de bits
bit block transfer | trasferencia de bloques de bits
bitblt = bit block transfer | trasferencia de bloques de bits
bit bucket | localización volátil de bits [*donde la información desaparece sin producir efecto*]
bit density | densidad de bits
bit depth | profundidad de bits [*en registro de archivos gráficos*]
bit diddling | bit diddling [*método de aprovechamiento de memoria en ordenador*]
bit error | error de bit
bit error rate | cuota (/tasa) de error binario, índice de bits erróneos
bit flipping | inversión binaria
bit handling | manipulación de bits
bit image | imagen binaria
bit integrity | integridad de los bits
bit interleaving | entrelazado de bits
bit interweave | entrelazado de bits

bit manipulation | manipulación de bits
bitmap, bit map | mapa de bits
bitmapped display | pantalla con mapa de bits
bitmapped font | fuente de mapa de bits
bitmapped graphic | gráfico con mapa binario
bit mapping | representación de bits
bit matrix | matriz de bits
BITNET = because it's time network | BITNET [*antigua red para correo electrónico y trasferencia de datos con centros de enseñanza e investigación*]
bit oriented | orientado al bit
bit-oriented protocol | protocolo orientado al bit
bitpad | relleno de bits
bit parallel | trasferencia de bits en paralelo
bit pattern | patrón binario
bit plane | plano de bits
bit rate | velocidad binaria (/de bits), velocidad de trasferencia (/trasmisión) de bits
bit-rate adaptation | adaptación de la velocidad binaria
bit-rate generator | generador de velocidad de trasmisión binaria
bit-rate-length product | producto longitud-velocidad de trasmisión
bit/s = bits per second | bit/s = bits por segundo [*velocidad de trasmisión en bits por segundo*]
bit sequence independence | trasparencia de código [*independencia de la secuencia de bits*]
bit serial | trasmisión de bits en serie
bit slice | partición de bits
bitslice architecture | arquitectura en elementos de bits
bitslice processor | procesador de partición de bits
bits per inch | bits por pulgada
bits per second | bits por segundo
bits per track | bits por pista
bit stealing | sustracción (/robo) de bits
bit stream | corriente de bits
bit string | cadena de bits
bit stuffing | bit de justificación (/relleno); inserción de bits
bit time | tiempo (/duración) del bit
bit transfer rate | velocidad de trasmisión binaria
bit transparency | transparencia de bits
bit twiddler [USA] | bit twiddler [*denominación coloquial de un apasionado por la informática*]
BIU = bus interface unit | BIU [*interfaz de bus*]
BJT = bipolar junction transistor | BJT [*transistor bipolar*]
BK = break | BK [*interrupción en la trasmisión*]
BKG = breaking | cortando [*la trasmisión*]
black | negro

black after white | negro detrás de blanco
black and white | blanco y negro
black-and-white transmission | trasmisión en blanco y negro
black area | área negra
black body | cuerpo opaco (/negro)
black body luminous efficiency | rendimiento luminoso de un cuerpo negro
black body radiation | radiación del cuerpo negro
black box | caja negra
black-box testing | prueba de la caja negra
black compression | compresión (/saturación) del negro
blackening | ennegrecimiento
blacker-than-black | región por encima del negro, ultranegro
blacker-than-black level | nivel de ultranegro
blacker-than-black region | región por encima del negro
black-face valve | válvula de pantalla oscura
black hole | agujero negro [*lugar de un sistema informático en el que inexplicablemente desaparece información sin dejar rastro*]
black level | nivel del negro
black-level control | control del nivel del negro
black light | luz negra
black-light emitter | emisor de luz negra
black matrix | matriz negra
black negative | negativo del negro
black noise | ruido negro
blackout | supresión, extinción, borrado, oscurecimiento; debilitamiento (/desaparición) de las señales
blackout effect | efecto de ceguera (/borrado)
blackout pulse | impulso de supresión (/borrado)
black peak | pico del negro, máximo negro
black peak clipping | recorte de pico del negro
black recording | grabación negra
black reference | referencia del negro
black saturation | saturación del negro
black scope | válvula (/tubo) de imagen en negro
black screen television set | televisor de pantalla oscura (/con filtro de luz)
black signal | negro de la imagen; señal negra
black spotter | diodo inversor antiparasitario
black transmission | trasmisión negra (/en negro)
black/white | blanco y negro
blade | cuchilla
blade aerial | antena de aleta
blade contact | contacto de cuchilla
blank | en blanco; virgen; espacio vacío (/en blanco); pelado [*un cable*]
blank character | carácter en blanco
blank coil | rollo virgen (/en blanco)
blank deleter | supresor de blancos
blanked picture signal | señal de imagen con borrado (/supresión, /bloqueo)
blanket | zona fértil
blanket conversion ratio | razón de conversión de la zona fértil
blanket power | potencia de la zona fértil
blanketing | oscurecimiento
blank groove | surco blanco
blanking | señal de interferencia invisible; supresión, borrado
blanking interval | intervalo de supresión
blanking level | nivel de señal compuesta; nivel de bloqueo
blanking pedestal | impulso de borrado (/supresión, /extinción)
blanking pulse | impulso de borrado (/supresión)
blanking signal | señal de supresión (/borrado)
blanking time | tiempo de borrado
blanking zone | zona de borrado
blank instruction | instrucción de borrado
blank record | disco virgen
blank tape | cinta virgen (/en blanco)
blank tape feedout | avance de salida de cinta en blanco
blast | explosión
blast filter | filtro de viento
blasting | (distorsión por) sobrecarga
blast loading | carga de explosión
blast scaling law | ley de escala de la explosión
blast wave | onda explosiva
blaze | blaze [*corriente eléctrica producida en un tejido vivo por un estímulo mecánico*]
bleed | impresión a sangre
bleeder | conductor de descarga; sangrador; resistencia de fuga (/drenaje, /sangría); divisor de voltaje
bleeder current | corriente de drenaje
bleeder resistance | resistencia de drenaje
bleeder resistor | resistencia de drenaje
bleeding | sangría
bleeding white | blanco sangrante (/a sangre)
bleedout | desparramamiento
blemish | defecto, deficiencia, imperfección, mácula
blended data | datos combinados
blending | mezclado
blind | sin visibilidad, ciego
blind approach | aproximación sin visibilidad
blind approach beam system | sistema de radiofaro de aproximación sin visibilidad
blind area | zona de silencio (/sombra)
blind attendant console | puesto de operadora para ciegos (/invidentes)
blind carbon copy | copia oculta
blind conductor | conductor ciego
blind courtesy copy | copia oculta
blind flying | vuelo sin visibilidad, vuelo a ciegas
blind landing | aterrizaje a ciegas
blind navigation | navegación sin visibilidad, navegación a ciegas
blind operator | puesto de operadora para ciegos, pupitre de operadora para invidentes
blind search | búsqueda a ciegas
blind sector | sector muerto
blind speed | velocidad ciega
blind supervision | vigilancia por escucha
blind transmission | trasmisión sin cortes, trasmisión a ciegas
blind zone | zona ciega
blink | parpadeo
blink, to - | parpadear
blinker | telégrafo óptico, lámpara para señales Morse
blinking | parpadeo; oscilante, centelleante, parpadeante
blinking cursor | parpadeo de cursor
blink rate | frecuencia de parpadeo
blink speed | velocidad de parpadeo
blip | indicación (/cresta) de eco
blip-frame ratio | relación detección/exploración, relación detección/ciclo
blip-scan ratio | relación detección/ciclo, relación detección/exploración
blister | ampolla; cúpula (de radar)
blistering | formación de abultamientos (/ampollas)
blivet | grano
BLK = black | N = negro
bloatware | software inflado [*que ocupa gran cantidad de memoria y recursos*]
BLOB = binary large object | BLOB [*objeto binario extendido*]
blob counting | recuento de racimos (de grupos) de granos
Bloch band | banda de Bloch, banda de energía
Bloch function | función de Bloch
Bloch theorem | teorema de Bloch
Bloch wall | barrera (/pared) de Bloch
block | bloqueo; bloque; seccionamiento
block, to - | bloquear
block address | dirección de bloque
block aerial | antena colectiva
block cancel character | carácter de cancelación del bloque
block capacitor | condensador de bloque
block cipher | cifrado en bloque
block code | código de bloqueo (/bloques)
block compaction | compresión de bloques (/memoria), concentración (/condensación) de bloques
block cursor | cursor de bloque
block device | dispositivo de trasferen-

cia en bloque [*de información*]
block diagram | diagrama de bloques
blocked | bloqueado
blocked-grid keying | manipulación por bloqueo de rejilla
blocked impedance | impedancia de bloqueo
blocked process | proceso bloqueado
blocked resistance | resistencia de bloqueo
blockette [*fam*] | subbloque, bloquete
block gap | hueco de bloque
block-grid keying | codificación por bloqueo de rejilla
block header | bloque de cabecera [*información inicial en bloque de datos*]
blocking | bloqueo; congestión; agrupamiento en bloques
blocking battery | batería de bloqueo
blocking capacitor | condensador de bloqueo
blocking characteristic | característica de bloqueo
blocking device | dispositivo (/elemento) de bloqueo
blocking direction | sentido de bloqueo
blocking factor | factor de bloqueo
blocking filter | filtro de bloqueo
blocking layer | capa de bloqueo
blocking magnet | imán de bloqueo
blocking oscillator | oscilador de bloqueo
blocking oscillator driver | excitador del oscilador de bloqueo
blocking pawl | lengüeta de bloqueo
blocking period | periodo de bloqueo
blocking relay | relé (/relevador) de bloqueo
blocking signal | señal de bloqueo (/seccionamiento)
blocking test | prueba de bloqueo
block length | longitud del bloque
block loading | carga en bloque
block mark | marca de bloque
block move | movimiento por bloques [*de información*]
block multiplexer channel | canal multiplexor de bloques
block post | puesto de bloqueo (/seccionamiento)
block protector | protector de bloques
block retrieval | recuperación de bloque
block size | longitud del bloque [*de datos*]
block sort | clasificación por bloques
block structure | estructura por bloques [*en programas informáticos*]
block-structures language | lenguaje estructurado en bloques
block system | sistema de bloqueo
block system relay | relé de bloqueo (/seccionamiento)
block terminal | caja de distribución (/derivación)
block transfer | trasferencia en bloques

blood-cell differential counter | contador diferencial de glóbulos
blooming | florescencia
blooper | receptor de radiación
blow | golpeteo
blow, to - | fundirse
blower | soplador; teléfono [*fam*]
blowhole | burbuja
blow lamp | lámpara de soldar
blown-fuse indicator | indicador de fusible
blowoff winding | devanado de reposición
blowout, blow out | extinción; fusión; extintor magnético; soplador magnético de chispas; estallido, rotura
blowout coil | bobina de extinción
blowout magnet | imán extintor (/de extinción), electroimán de soplado
blowtorch, blow torch | lámpara de soldar
blowtorch flame | llama del soplete
blow up | finalización anormal [*de un programa*]
BLU = blue | azul
blue | azul
blue-beam magnet | imán de haz azul
blue-distant | azul distante
blue glow | resplandor (/luminosidad) azul
blue gun | cañón del azul
blue noise | ruido azul
blue restorer | restaurador azul
blue screen | pantalla azul [*técnica para efectos especiales en gráficos*]
Bluetooth | Bluetooth [*marca registrada de una tecnología de comunicaciones inalámbricas para la creación de redes de área personal*]
blue video voltage | tensión de vídeo del azul
BLUP = best linear unbiased prediction | BLUP [*mejor evaluación lineal correcta posible*]
blur | ambigüedad
blurring | emborronamiento; imagen vaga (/borrosa)
BLV = believe | creer
BM algorithm = Boyer-Moore algorithm | algoritmo BM = algoritmo de Boyer-Moore
B minus | B negativo
BN = between | entre
BNC = bayonet-Neill-Concelman [*type of connector for coaxial cable*] | BNC [*tipo de conector de bayoneta para cable coaxial*]
BNC = British naval connector | BNC [*conector naval británico*]
BNC connector = bayonet-Neill-Concelman connector | conector BNC
B negative | B negativo
BNF = Backus normal form, Backus-Naur form | BNF [*forma normal de Backus, forma (/notación) de Backus-Naur*]
board | placa, tarjeta (de circuitos); panel, cuadro (conmutador); tablero (electrónico)
board blank | placa bruta (/sin componentes)
board computer | ordenador de tarjeta
board interrupt | interrupción de tarjeta
board level | nivel de tarjeta [*grado de reparación en equipos informáticos*]
board signal | señal de disco
board test simulation | simulación de pruebas en panel
board thickness | espesor de la placa
boat | fundidor
bobbin | bobinador
bobbin core | núcleo de bobina
BOC = Bell operating company | BOC [*denominación genérica de las compañías de ATT*]
Bode diagram | diagrama de Bode
body | cuerpo
body burden | carga corporal
body capacitance | capacidad (/capacitancia) del cuerpo
body effect | efecto de cuerpo
body electrode | electrodo corporal
body face | aspecto del plomo [*aspecto del cuerpo de texto en un documento impreso*]
body radiocartograph | antroporradiocartógrafo
BOF = beginning of file | CA = comienzo de archivo [*código previo al primer byte de un archivo*]
boffle | boffle [*caja de altavoces con pantallas absorbentes elásticas agrupadas*]
bogey | valor de catálogo
bogey electron device | dispositivo electrónico de catálogo
Bohr and Mottelson model | modelo de Bohr y Mottelson
Bohr atom | átomo de Bohr
Bohr atomic model | modelo atómico de Bohr
Bohr magneton | magnetón de Bohr
Bohr radius | radio de Bohr
boilerplate | modelo a escala real
boiling | ebullición
boiling crisis | crisis de ebullición
boiling point | punto de ebullición
boiling water reactor | reactor de agua hirviendo
bold | negrita
boldface | negrita, negrilla
bolometer | bolómetro
bolometer mount | engarce para bolómetro
bolt | cruceta; perno; rayo
boltedfault level | nivel de falta ajustado
Boltzmann constant | constante de Boltzmann
Boltzmann equation | ecuación de Boltzmann
bolus material | material de bolus
bomb [*weapon*] | bomba
bombardment | bombardeo
bond | unión, enlace, junta, ligadura, ligamento

bond, to - | enlazar, ligar
bondability | preparado superficial
bondable wire | hilo enlazable
bond-bond distance | distancia entre uniones eléctricas
bond-chip distance | distancia entre unión y chip (/pastilla)
bond deformation | deformación de adherencia
bon de commande (fra) | directriz [órdenes que da ETSI para la confección de normas]
bonded assembly | conjunto soldado
bonded-barrier transistor | transistor de barrera sólida (/de unión)
bonded cables | cables enlazados
bonded NR diode | diodo NR soldado
bonded pickup | captador ligado
bonded strain gauge | sensor de presión soldado
bonded transducer | trasductor ligado
bond energy | energía de enlace
bonding | empalme; ligamento; conexión a tierra, puesta a masa
bonding area | área de unión
bonding conductor | conductor de unión
bonding electron | unión por electrones; electrón de ligadura
bonding orbital | órbita de enlace
bonding pad | terminal (/zona) de unión
bonding sheet | hoja de encolado
bonding wire | hilo de soldadura
bond liftoff | levantamiento de soldadura
bond schedule | catálogo de soldadura
bond strength | fuerza de ligadura, solidez del enlace
bone | hueso
bone conduction | conducción ósea
bone headphone | osteófono
bone maximum permissible dose | dosis máxima permisible en los huesos
bone seeker | oseófilo
book | libro
book, to - | pedir, solicitar; registrar; trasmitir
bookable period | periodo tasable (/sujeto a tasación)
book capacitor | condensador de libro
booked connection | comunicación de solicitud previa
booking | llamada
booking time | hora de petición de la comunicación
bookmark | marcador; marca [de una dirección WWW o bien URL que se archiva para uso posterior]; atajo, señal
bookmark, to - | señalar un lugar, marcar un espacio web, atajar
bookmark file | archivo favorito [en el navegador Netscape]
Boolean | booleano, de Boole
Boolean algebra | álgebra booleana (/de Boole)

Boolean calculus | cálculo booleano
Boolean equation | ecuación booleana
Boolean expression | expresión booleana
Boolean function | función booleana (/lógica)
Boolean logic | lógica booleana
Boolean matrix | matriz booleana
Boolean operator | operador booleano (/lógico)
Boolean search | búsqueda booleana [para bases de datos]
Boolean type | tipo (de datos) booleano
Boolean value | valor booleano (/lógico)
boom | brazo (/soporte) extensible; grúa; jirafa; bajos espurios, notas graves falsas; sonido de tonel
booming | sonido retumbante (/de tonel)
boost | refuerzo; sobrealimentación
boost, to - | amplificar, reforzar, elevar
boost capacitor | condensador de refuerzo
boost charge | carga de refuerzo
boosted voltage | tensión reforzada
booster | sobretensor; elevador de tensión; sobrealimentador; rectificador excitador; amplificador; acelerador intermedio; reforzador; fundente
booster amplifier | amplificador reforzador (de refuerzo, /auxiliar)
booster battery metering | medida (/prueba) por sobretensión; cómputo por batería suplementaria
booster diode | diodo reforzador
booster element | elemento de sobrerreactividad
booster station | estación repetidora (/reforzadora); emisor auxiliar de televisión
booster transformer | trasformador elevador (/reductor)
booster voltage | tensión elevadora (/de refuerzo)
boosting | sobretensión, elevación del voltaje
boosting battery | batería resorte
boosting charge | carga parcial
boosting transformer | trasformador elevador (/reductor)
boot | cargador; autoarranque
boot, to - | arrancar [un equipo informático]; introducir las instrucciones iniciales; introducir una secuencia [de llamada o arrastre], autoarrancar, iniciar, inicializar
bootable | arrancable [en equipos informáticos]
bootable diskette | disquete de arranque
boot block | bloque de arranque
boot device | dispositivo de arranque
boot diskette | disquete de arranque
boot drive | unidad de arranque [que utiliza la BIOS para cargar el sistema operativo del ordenador]

boot failure | fallo de arranque [del ordenador]
Boothroyd-Creamer system | sistema de Boothroyd-Creamer
booting | mango de protección
boot loader | cargador inicial
boot option | opción de arranque
BOOTP = bootstrap protocol | BOOTP [protocolo de arranque y asignación]
boot partition | partición de arranque [en el disco duro]
boot protocol | protocolo de arranque [del ordenador]
boot record | registro de arranque [sector del disco donde está grabado el sistema operativo]
boot register | registro de arranque
boot sector | sector de arranque
boot sequence | secuencia de arranque
boot speed | velocidad de arranque
bootstrap | secuencia inicial de instrucciones; instrucción adaptadora; autoelevador; autoelevación; arranque [del ordenador]
bootstrap amplifier | amplificador autoelevador
bootstrap circuit | circuito autoelevador
bootstrap driver | controlador de modulación; excitador autoelevador
bootstrap loader | cargador inicial
bootstrap model | modelo autoelevador
bootstrapped sawtooth generator | generador de diente de sierra autoelevador
bootstrapping | autoelevación
bootstrap protocol | protocolo de arranque y asignación
boot up, to - | arrancar [un equipo informático]
boot-up message | mensaje de arranque
B operator | operadora B, operadora de llegada
boral | boral [mezcla de carburo de boro y aluminio absorbedora de neutrones]
borated graphite | grafito boratado
border | borde
border decoration | marco del borde
border gateway protocol | protocolo de puerta límite
borehole radio-log | conjunto de muestra radiactiva
boresight error | error de mira
boresighting | alineación óptica
bot | bot [en internet, programa para enviar correo masivo]
Born approximation | aproximación de Born
Born-Haber cycle | ciclo de Born-Haber
Born-Infeld theory | teoría de Born-Infeld
Born-Oppenheimer method | método de Born-Oppenheimer

borocarbon resistor | resistencia de borocarbón
boron | boro
boron carbide | carburo de boro
boron chamber | cámara (de ionización) de boro
boron counter valve | válvula contadora de boro
boron thermopile | pila termoeléctrica de boro
BORSCHT | BORSCHT [*conjunto de funciones para abonados analógicos*]
Bose-Chandhuri-Hocquenghem code | código de Bose-Chandhuri-Hocquenghem
Bose-Einstein statistic | estadística de Bose-Einstein
boson | bosón [*partícula con espín nulo o de número par*]
boss | resalte; zona terminal
bosun's chair | silleta (/carro) de suspensión para cables aéreos
bot = robot | robot
BOT = beginning of tape | comienzo de cinta
BOT | BOT [*en informática, automatismo que de otro modo habría que realizar manualmente*]
BOT/EOT markers = beginning of tape / end of tape markers | marcas de comienzo y final de cinta [*magnética*]
bothway | de dos (/ambas) direcciones, bilateral, bidireccional, en ambos sentidos
bothway junction | circuito mixto (/explotado en alternativa); empalme (/circuito de enlace) utilizado en dos sentidos; línea (auxiliar) utilizada en ambos sentidos
bothway junctor | enlace bidireccional
BOT marker = beginning of tape marker | marcador de comienzo de cinta
bottom | fondo; extremo inferior (del registro)
bottoming | asentamiento anódico, saturación (de la corriente de ánodo)
bottom metallization | metalización base
bottom shadow | sombra del botón
bottom stiffener | placa soporte inferior
bottom-up design | diseño ascendente [*método de programación*]
bottom-up development | desarrollo de abajo arriba
bottom-up parsing | análisis sintáctico de reducción por desplazamiento
bottom-up programming | programación ascendente [*desarrollo de tareas con dificultad progresiva*]
bottom view | vista desde abajo
bottom window border | borde inferior de la ventana
bounce | rebote, salto; claridad, brillantez
bounce, to - | rebotar
bounce buffer | separador de rebote
bounce chatter | rebote de señal; radiación reflejada
bounce key | clave de repetición
bouncing | inestabilidad (/penduleo) vertical; corriente extra de cierre
bound | limitado; valor límite
boundary | frontera, límite, delimitador [*en mensajes electrónicos*]
boundary circle | círculo de frontera
boundary defect | defecto limítrofe
boundary marker | radiobaliza de límite
boundary protection | protección de límites
boundary-value problem | problema de valores límite
bound charge | carga latente (/ligada)
bound circuit | circuito limitador
bound electron | electrón ligado
bounding box | recuadro de límites [*en gráficos*]
bound level | nivel límite
bound occurrence | ocurrencia fija
bounds register | registro de límites
boutique reseller | revendedor especializado [*de material informático*]
BOV = business operational view | BOV [*plano operacional de negocio electrónico*]
bow | arco, curvatura
bowl | azucarero
bow-tie aerial | antena replegada
bow-tie fibre [*polarization maintaining fibre*] | fibra pajarita [*tipo de fibra que mantiene la polaridad*]
box | caja; buzón; buzón de voz [*en correo electrónico*]
boxcar [USA] | vagón; tren de impulsos largos (/rectangulares)
boxcar circuit | circuito vagón, circuito de impulsos rectangulares
boxcar detector | detector de valores instantáneos
boxcar integrator | integrador de impulsos rectangulares
boxcar lengthener | prolongador de impulsos rectangulares
box effect | efecto de caja (/tonel), sonido encajonado
box pattern | patrón de conexión de caja
box plate | placa de casetones
Boyer-Moore algorithm | algoritmo de Boyer-Moore
bozo [*fam*] | bozo [*nombre que recibe una persona excéntrica en foros de internet*]
bozo filter | filtro bozo [*para correo electrónico no deseado*]
BPB = BIOS parameter block | BPB = bloque de parámetros BIOS
BPE = business process editor | BPE [*editor de procesos de negocio (en transacciones electrónicas)*]
BPF = bandpass filter | BPF [*filtro pasabanda*]
bpi = bits per inch | bpi [*bits por pulgada: densidad de almacenamiento de la información en un soporte magnético*]
bpi/cpi = bit per inch / character per inch | bpi/cpi [*bits por pulgada / caracteres por pulgada*]
B plus | B positivo
B plus booster | refuerzo de tensión B positiva
B-PON = broad band-PON | B-PON [*trasmisión en banda ancha sobre red óptica pasiva*]
B position | posición B, posición de llegada (/entrada)
B positive | B positivo
B power supply | fuente de alimentación B (/de ánodo)
bpp = bits per pixel | bpp = bits por píxel
bps = bits per second | bps, b/s = bits por segundo
BPSK = binary phase shift keying | BPSK [*modulación de fase binaria para navegación*]
bpt = bits per track | bpt [*bits por pista*]
BQP = Bluetooth qualification programme | BQP [*programa de cualificación Bluetooth*]
Br = bromine | Br = bromo
BR = boot register | BR [*registro de arranque*]
brace | llave [*signo ortográfico*]
Brace-Lemon spectrophotometer | espectrofotómetro de Brace-Lemon
bracket | paréntesis; escuadra, ángulo de fijación
bracket for relay mounting bars | escuadra de fijación para soportes de relés
brackish water | agua salobre
Bragg-Gray cavity | cavidad de Bragg-Gray
Bragg-Gray cavity ionization chamber | cámara de ionización de cavidad de Bragg-Gray
Bragg-Gray principle | principio de Bragg-Gray
Bragg's and Pierce's law | ley de Bragg y Pierce
Bragg's angle | ángulo de Bragg, ángulo de brillo
Bragg's curve | curva de Bragg
Bragg's equation | ecuación de Bragg
Bragg's grating | malla reticular de Bragg
Bragg's law | ley de Bragg
Bragg's rule | regla de Bragg
Bragg's scattering | dispersión de Bragg
Bragg's spectrometer | espectrómetro de Bragg
braid | (conductor de) malla
braided wire | hilo tejido
braiding | revestimiento
brain | cerebro
braindamaged | chusta [*(fam) dícese de un programa o aplicación que causa errores o daños*]
brain dump [*fam*] | información farragosa

brain voltage | voltaje cerebral
brain wave | onda cerebral
brake | freno
Brakefield oscillator | oscilador de Brakefield
brakerless ignition | ignición sin ruptor
brake solenoid | solenoide de freno [*filtro de paso bajo*]
brake wire | conductores de freno
braking | frenado
braking couple | par de freno
braking magnet | imán de frenado
branch | llave [*signo ortográfico*]; rama, ramal; salto (condicional); derivación, bifurcación; destino [*en bifurcación de llamadas*]
branch, to - | ramificarse, bifurcarse, separarse; empalmar
branch address | dirección de salto
branch and bound algorithm | algoritmo de ramificaciones y límites
branch circuit | (circuito de) rama, ramal, derivación, circuito derivado (/ramificado); conexión
branch current | corriente de rama
branch exchange | centralita telefónica, central telefónica secundaria
branch gain | ganancia de rama
branch impedance | impedancia de rama
branching | conexión, bifurcación, derivación, enganche, entronque, ramificación
branching fraction | fracción de entronque
branching instruction | instrucción de ramificación (/bifurcación)
branching jack | clavija sin contacto de ruptura, enchufe sin lengüeta de ruptura
branching ratio | relación de entronque
branch instruction | instrucción de salto (/bifurcación, /trasferencia)
branch line | línea auxiliar (/derivada, /de derivación)
branch link | derivación
branch order | orden de ramificación
branch point | punto de ramificación
branch prediction | predicción de enlace
branch testing | comprobación de bifurcación
branch voltage | tensión de rama
branch winding | arrollamiento ramificado
branding | señalado (/marcado) a fuego
brannerite | branerita [*titanato complejo de uranio y otros elementos*]
brass | latón
brass broom | perturbador automático [*en radar*]
Braun valve | válvula de Braun
Bravais lattice | red de Bravais
braze bonding | soldadura arriostrada
brazier | infiernillo; lamparilla para soldar

brazing | arriostramiento; soldadura dura (/fuerte)
BRB = (I'll) be right back | BRB [*vuelvo enseguida; expresión usada en el chat para indicar una breve ausencia*]
breadboard | montaje provisional
breadboard circuit | circuito de prueba
breadboard construction | construcción en base plana
breadboard model | modelo experimental
breadth | anchura, ancho
breadthfirst search | búsqueda primera de anchura
break | rotura, separación, ruptura (de circuito), interrupción; interruptor; distancia entre contactos abiertos; cortadura, abertura; corte [*en la trasmisión*]
break, to - | interrumpir
break alarm | alarma de ruptura
breakaway | zafado; separación
breakaway panel | panel de ruptura
break-before-make | interrupción previa a la conexión
break-before-make contacts | contactos de interrupción previa a la conexión; contactos escalonados en el orden de reposo-trabajo
break contact | contacto de reposo
break distance | distancia de interrupción
breakdown | ruptura; interrupción en el servicio; fallo de aislamiento; corte; avería: descarga; fuerza disruptiva
breakdown diode | diodo de ruptura
breakdown impedance | impedancia de ruptura
breakdown key | clave de interrupción; llave de ruptura
breakdown potential | potencial de descarga
breakdown region | región de ruptura
breakdown torque | par de ruptura
breakdown transfer characteristic | característica de trasferencia disruptiva (/de descarga)
breakdown voltage | tensión de ruptura (/interrupción, /perforación)
break elongation | alargamiento de ruptura
breaker | disyuntor, interruptor (automático)
breaker circuit | (circuito) disyuntor
breaker point | platino
break frequency | frecuencia de interrupción (/ruptura)
break impulse | impulso de corte (/apertura)
break in, to - | cortar
breaking | ruptura
breaking capacity | capacidad de desconexión (/corte); poder de ruptura [*de un interruptor*]
breaking capacity of a circuit breaker | poder de ruptura de un interruptor
breaking-out point | punto de ramificación [*de un cable*]

breaking step | desenganche
breaking stress | carga (/resistencia) de ruptura
breaking the circuit | abertura del circuito
break-in jack | clavija de corte
break-in keying | manipulación intercalada (/interpuesta); enclavamiento de interrupción
break-in operation | funcionamiento con interrupción
break-in relay | relé de interposición, relé para manipulación intercalada
break jack | clavija de apertura
break key | tecla de interrupción [*de tarea*]
break keylever | tecla de señal de interrupción
break-make contact | contacto de apertura-cierre
breakout | punto de desconexión
breakout box | caja de interconexión
breakout cable | cable de breakout [*cable de fibra óptica con una protección adicional para cada fibra*]
breakover | desviación; transición conductiva
breakover voltage | tensión directa de disparo
break period | periodo de apertura
breakpoint | punto de interrupción (/ruptura)
breakpoint instruction | instrucción (del punto) de interrupción
breakpoint switch | conmutador de (punto de) interrupción
break pulse | impulso de apertura
break relay | relé de desconexión (/ruptura)
break signal | señal de separación (/interrupción)
break switch | conmutador normalmente cerrado
breakup | corte
breast transmitter | micrófono de solapa (/pecho)
breastplate transmitter | micrófono de solapa (/pecho)
breathaliser [UK] | alcoholímetro
breathalizer | alcoholímetro
breathing | jadeo, respiración
breeder | reproductor
breeder reactor | reactor reproductor (/autorregenerable)
breeding | reproducción
breeding gain | ganancia de reproducción; reproductividad neta
breeding ratio | coeficiente (/razón, /relación) de reproducción
B register | registro B
Breit-Wigner formula | fórmula de Breit-Wigner
bremsstrahlung (*ale*) | radiación de frenado
brevity code | código de brevedad
brevium | brevio [*uranio X2*]
Brewster angle | ángulo de Brewster
Brewster law | ley de Brewster

BRI = basic rate interface | BRI [*interfaz de acceso básico*]
brick | ladrillo
brick enclosure | bafle (/caja acústica) de mampostería (/ladrillo)
bridge | puente, pasarela
bridge circuit | circuito (en) puente, conexión en puente
bridge circuit magnetic amplifier | amplificador magnético con circuito de puente
bridge contact | contacto en puente
bridge control supervision | supervisión por puente de trasmisión
bridged connection | construcción en puente
bridged-H network | red de puente en H
bridge diplexer | diplexor en puente
bridged-T network | red de puente en T
bridge duplex installation | instalación dúplex de puente
bridge duplex system | sistema de puente dúplex
bridge hybrid | puente híbrido
bridge magnetic amplifier | amplificador magnético de puente
bridge rectifier | rectificador de puente
bridge router | puente encaminador [*en redes informáticas*]
bridge tap | parche puenteado
bridge transformer | trasformador en puente
bridge transition | transición de puente
bridgeware | software puente, soporte de puente informático
bridging | derivación; puenteado
bridging amplifier | amplificador en puente, amplificador de puenteado
bridging connection | conexión de puenteado
bridging contact | contacto de puenteado
bridging gain | ganancia de puenteado
bridging loss | pérdidas de (/por) puenteado
bridging transformer | trasformador de puenteado
bright dip | baño brillante
brightening | abrillantamiento
brightening pulse | impulso de abrillantamiento (/intensificación, /brillo)
brightness | brillo, luminosidad; luminancia
brightness control | control de brillo
brightness of a surface | brillo de una superficie
brightness of image | brillo de imagen
brightness scale | escala de brillo
brightness signal | señal de brillo
BRI ISDN = basic rate interface integrated services digital network | BRI ISDN [*interfaz para red digital de servicios integrados con velocidad de trasmisión básica*]
brilliance | brillo, brillantez, luminosidad, claridad; claridad del sonido, riqueza de tonos altos
brilliance control | control de brillo
Brillouin effect | efecto de Brillouin
Brillouin function | función de Brillouin
Brillouin zone | zona de Brillouin
briquette | pastilla
britannia joint | empalme soldado sin manguito, conexión soldada
British standard wire gauge | calibre británico de conductores normalizado
British thermal unit | unidad térmica británica
brittleness | fragilidad
BRN = brown | marrón
broad | reflector difusor (/de espejo); batería de lámparas (/luces)
broadband | banda ancha
broadband aerial | antena de banda ancha
broadband amplifier | amplificador de banda ancha
broadband coaxial systems | sistemas coaxiales de banda ancha
broadband electrical noise | ruido eléctrico de banda ancha
broadband interference | interferencia de banda ancha
broadband ISDN | RDSI en banda ancha
broadband klystron | klistrón de banda ancha
broadband modem | módem de banda ancha
broadband network | red de banda ancha
broadband noise | ruido de banda ancha
broadband-PON = broad band over passive optical network | PON de banda ancha [*trasmisión en banda ancha sobre red óptica pasiva*]
broadband random vibration | vibración aleatoria de banda ancha
broadband valve | válvula de banda ancha
broad beam | haz ancho
broadcast | radiodifusión; servicio de distribución (/difusión)
broadcast, to - | emitir
broadcast band | banda de radiodifusión
broadcast control channel | canal de control de trasmisiones
broadcasting | difusión, radiodifusión
broadcasting band | banda de radiodifusión
broadcasting network | red de radiodifusión
broadcasting service | servicio de radiodifusión (/emisiones)
broadcasting station | emisora
broadcast quality | calidad de emisión
broadcast receiver | receptor de radiodifusión
broadcast storm | tormenta de emisiones [*con sobrecarga de la red*]
broadcast telegraphy | difusor de información [*telegráfica*]
broadcast teletext | teletexto
broadcast transmitter | trasmisor de emisión
broadening | ensanchamiento; dispersión
broadside | trasversal
broadside aerial array | grupo de antena ancha
broadside array | red de radiación trasversal
broad tuning | sintonización ancha
Broca valve | válvula de Broca, fonolocalizador
broken as designed | defectuoso desde el principio [*aplicado a productos o dispositivos*]
broken wire | rotura del hilo
bromine | bromo
bromine-free resin | resina sin bromo
Bronson resistance | resistencia de Bronson
bronze phosphor | bronce fosforoso
brother | hermano
brouter = bridge and router | puente encaminador
browing | barrido
brown | marrón
Brown converter | convertidor (/relé) de Brown
Brownian motion noise | ruido del movimiento browniano
Brownian movement | movimiento browniano
brownout | tensión de línea baja (/inadecuada)
Brown recorder | registrador de Brown
browse, to - | examinar, hojear, rastrear
browse menu list | lista del menú para examinar
browser | examinador, explorador; navegador, browser [*programa que permite acceder al servicio WWW*]; visualizador
browser box | caja de navegador [*para acceder a la red informática a través del televisor*]
browser volume | volumen del examinador
browse selection model | modelo de la selección a examinar
browse technique | técnica de examinar
browsing | lectura; fisgoneo
BRS = big red switch | interruptor de desconexión
Bruce aerial | antena de Bruce
brush | cepillo; escobilla
brush discharge | descarga radiante (/en abanico, /penacho, /corona)
brush fluxing | fusión por escobilla
brush-holder | collar portaescobillas; corona
brush plating | galvanoplastia mediante escobillas
brush rod | portaescobillas
brush shifting angle | ángulo de decalado de escobillas

brush station | punto de detección por escobillas
brute force | fuerza bruta
brute-force filter | filtro de fuerza bruta
brute supply | alimentación bruta
BS = backspace | BS [*tecla de retroceso*]
BSC = base station controller | BSC [*controlador de estación base*]
BSC = binary synchronic communications, binary symmetric channel | BSC [*comunicaciones sincrónicas binarias, canal simétrico binario*]
B scan | exploración B
B scope | presentación (/pantalla) tipo B
BSC protocol = binary sinchronous protocol | protocolo BSC [*protocolo sincrónico binario*]
B.SOL = brake solenoid | solenoide de freno
BSS = base station subsystem | BSS [*subsistema de estación base*]
BSS = basic service set | BSS [*conjunto de servicios básicos*]
B-stage resin | resina en estado B
B station | estación B
B supply | alimentación (tipo) B
B switchboard | mesa de entrada, cuadro de posiciones de llegada
BT = British Telecom | BT [*compañía británica de telecomunicaciones*]
BTAM = basic telecommunications access method | BTAM [*procedimiento básico de acceso a las telecomunicaciones*]
BT-cut crystal | cristal (piezoeléctrico) de corte BT
BTM = balise transmission module | BTM [*módulo de trasmisión por balizas*]
BTN = between | entre
B-tree [*balanced multiway search tree*] | árbol B [*árbol de búsqueda multidireccional de grado n, árbol binario sin nodos de grado uno*]
BTS = base transceiver station | BTS [*estación base de trasmisión, estación trasceptora base*]
BTU = Britisch thermal unit | BTU [*unidad térmica británica*]
btw, BTW = by the way | por cierto [*abreviatura usada en correo electrónico*]
bubble | burbuja
bubble chamber | cámara de burbujas
bubble chart | diagrama de burbujas
bubble gauge | medidor de burbujas
bubble jet | chorro de tinta térmico
bubble-jet printer | impresora de chorro de tinta
bubble logic | lógica de burbuja magnética
bubble memory | memoria de burbuja(s)
bubble sort [*exchange selection*] | clasificación por burbujas [*en selección por permutación*], clasificador de burbuja
bubble storage | almacenamiento en memoria de burbuja
buck, to - [USA] | oponer
buck boost transformer | trasformador elevador/reductor
bucket | cubeta
bucket brigade | desplazador de cubetas
bucket curve | curva de cubeta
bucket sort | clasificación en cubetas
bucking | compensador, equilibrador, neutralizador; oposición
bucking circuit | circuito compensador (/de compensación)
bucking coil | bobina compensadora (/de oposición)
bucking voltage | tensión en oposición
Buckley gauge | medidor Buckley
Buckley method | método de Buckley
buckling | alabeo
Bucky diaphragm | diafragma Bucky
Bucky screen | pantalla de Bucky
buddy system | sistema de implementación por potencias de dos
buffer | búfer, memoria tampón (/elástica, /intermedia, /de amortiguación); excitador; regulador, separador; registro (/almacenamiento) intermedio; protección primaria
buffer action | efecto de compensación
buffer amplifier | amplificador separador (/de separación)
buffer area | área de memoria intermedia
buffer battery | batería tampón (/intermedia)
buffer capacitor | condensador intermedio (/de amortiguamiento)
buffer circuitry | circuitería adaptadora
buffer computer | ordenador con memoria intermedia
buffer control | control de la memoria intermedia
buffer/driver | separador/excitador
buffered terminal | terminal con cola de espera
buffer element | elemento tampón
buffer gate | puerta tampón (/intermedia)
buffer pool | grupo de informaciones en memoria volátil
buffer register | registro intermedio (/separador)
buffer stage | paso separador; etapa de separación
buffer storage | (almacenamiento en) memoria intermedia
buffer storage unit | unidad de almacenamiento temporal
buffer stripper | extractor de pulido
buffering | almacenamiento temporal (/en la memoria intermedia), introducción en memoria intermedia
buffing | pulimento
bug | anomalía; gazapo; error [*del programa*], error (/fallo) lógico, error en ordenador, defecto [*del equipo*]; escucha secreta, microemisor espía; manipulador semiautomático
buggy | lleno de fallos
bug seeding | siembra de errores
build | construcción; formación; acumulación, crecimiento
build, to - | construir, estructurar
building | edificio
building block | bloque autónomo (/funcional); elemento unitario; circuito fundamental (/de base)
building-out | modificación, adaptación
building-out circuit | circuito adaptador
building-out network | red modificadora de la impedancia
building-out section | equilibrador (/compensador) complementario; sección adaptadora; complemento de una sección de pupinización (/carga)
building-up principle | principio de reconstrucción
building wire | cable de acometida
build mode | modo de creación
build-up | acumulación; espesura, espesor; cebado; establecimiento (de la corriente)
build-up factor | factor de crecimiento
build-up time | tiempo de subida
built-in | incorporado, integrado
built-in aerial | antena incorporada
built-in check | comprobación incorporada
built-in font | fuente incorporada, tipógrafo incorporado
built-in group | grupo incorporado
built-in icon | icono incorporado
built-in reactivity | reserva de reactividad
built-up connection | comunicación de tránsito
built-up mica | micanita
bulb | bombilla; ampolla
bulge | comba
bulk billing | tarifación (/tarificación) totalizada
bulk effect | efecto volumétrico
bulk-erased noise | ruido de borrado de cinta
bulk eraser | borrador volumétrico
bulk memory | memoria auxiliar
bulk metering | tarifación (/tarificación) totalizada
bulk noise | ruido global
bulk photoconductor | fotoconductor para alta potencia
bulk property resistor | resistencia maciza
bulk registration | tarifación (/tarificación) totalizada
bulk resistance | resistencia masiva
bulk resistivity | resistividad masiva
bulk resistor | resistencia global
bulk storage | memoria masiva
bullet | disco
bulletin board | tablón de anuncios
bulletin board system | tablero electrónico, sistema de tablero de boleti-

nes, tablón de anuncios electrónico; sistema de teleconferencia
bulletproof | blindado
bullhorn [USA] [*loud hailer (UK)*] | megáfono eléctrico
bullring | anillo de conexión
bump contact | contacto a presión
bumping | exceso; acción de rebasar
bunched circuit | circuito de dos hilos en paralelo
bunched pair | par agrupado
buncher | deflector; resonador agrupador (/de entrada)
buncher gap | espacio de modulación (/agrupamiento electrónico)
buncher resonator | resonador de entrada
bunching | agrupamiento
bunching angle | ángulo de agrupamiento
bunching parameter | parámetro de agrupamiento
bunching time | tiempo de agrupamiento
bunching voltage | tensión de agrupamiento
bunch of circuits | haz de circuitos
bunch stranding | cableado en mazo
bundle | grupo de enlace; formación de haces; haz (urbano)
bundle connector | conector de haz
bundled cable | cable en haz
bundled software | software incorporado
Bunsen burner flame | llama del mechero Bunsen
Bunsen screen | fotómetro Bunsen
bups aerial | antena desviada
burden | carga
bureau | oficina; sala
Burger vector | vector de Burger
buried aerial | antena enterrada
buried cable | cable enterrado
buried channel | canal enterrado
buried layer | capa enterrada
burn | retención de la imagen
burn, to - | quemar; grabar con láser
burnable poison | veneno consumible (/combustible)
burned | quemado
burned-in image | imagen remanente
burner | mechero
burn-in | ensayo térmico, prueba térmica (/de quemado, /de aceleración), preenvejecimiento
burning | combustión; ruido de micrófono
burning voltage | voltaje de funcionamiento
burn-in period | periodo de quemado
burnisher | bruñidor (/pulidor) de contactos
burnishing surface | superficie de bruñido
burn-off curve | curva de requemado (/chisporroteo)
burnout | abrasamiento, quemadura, destrucción (/deterioro) por calor (/calentamiento), quemado destructivo
burn-out fuel | combustible agotado (/quemado)
burnout heat flux | flujo térmico de abrasamiento
burnout point | punto de abrasamiento
burnout ratio | relación de abrasamiento
burnthrough | reforzamiento
burn-up | grado de quemado
burn-up fraction | fracción de quemado (/consumo específico)
burofax | burofax [*servicio que interconecta oficinas de correos entre sí mediante fax*]
burr side | cara de rebaba
burr splice | empalmador de botón
Burrus diode | diodo Burrus
Burrus-type surface-emitting diode | diodo Burrus
burst | grieta, hendidura; sobreamplificación brusca; incremento repentino (de tensión); choque de ionización; trasferencia continua de datos; saturación; ráfaga
burst can detector | detector (/monitor) de rotura de vaina
burst can monitor | monitor de rotura de vaina
burst cartridge | rotura de vaina
burster | separadora de hojas
burst error | error en ráfagas, ráfaga de errores
burst generator | generador de trenes de impulsos
burst mode | modalidad en ráfagas, modo a ráfagas
burst noise | ruido de ráfaga
burst pedestal | pedestal cromático
burst pressure | presión de estallido (/rotura)
burst rate | velocidad máxima de funcionamiento
burst signal | señal de sincronización
burst slug | rotura de vaina
burst slug detector | detector de rotura de vaina
burst speed | velocidad máxima de funcionamiento [*sin interrupción*]
burst transmission | trasmisión a ráfagas, trasmisión por series
bursty | a ráfagas [*en transmisión discontinua*]
bus | bus [*línea común de trasmisiones*]; vía de distribución; enlace común; arteria [*de comunicación*]; haz de conductores; cable de distribución (/interconexión); barra colectora (/de distribución)
bus analyser | analizador del bus
bus architecture | arquitectura de bus
busbar | barra común (/colectora, /conductora, /ómnibus, /de alimentación, /de distribución)
busbar derivation assembling plate | placa de apriete para derivación
busbar fishplate | empalme de barra de alimentación
busbar guide | guía de la barra de alimentación
busbar stirrup | estribo de barras
busbar support | soporte guía de barras
bus driver | (circuito) excitador común (/de bus)
bused interface | cadena (tipo) margarita; conexión en batería; interfaz de (/por) bus
bus enumerator | enumerador de bus
bus extender | dispositivo de expansión de bus
bush | cubierta de portalámpara
bush rocker | cojinete cuna
bushing | (aislador) pasamuros, (manguito) aislador; borna; boquilla
bushing insulator | aislador pasamuros
busiest hour | hora más cargada
business | negocio
business graphics | gráficos de negocios
business hours | horario de servicio, horas de trabajo (/servicio)
business information system | sistema informático empresarial
business process editor | editor de procesos de negocio [*en transacciones electrónicas*]
business software | software de oficina
business station | estación de empresa comercial
business to business | negocio directo
business to consumer | empresa a cliente, empresa a usuario
bus interface unit | interfaz de bus (/línea colectora)
bus master | control maestro del bus
bus mastering | gestión por bus [*por ejemplo del acceso directo a memoria*]
bus master register | registro de bus maestro
bus mouse | ratón de bus
bus network | red de bus [*para red de área local*]
bus speed | velocidad del bus
bus system | sistema de bus
bus terminator | terminador de bus
bus topology | topología de bus
busy | ocupado; con gran densidad (de tráfico)
busy back | señal de ocupado enviada de retorno
busy back jack | enchufe (/clavija) de ocupado
busy flash | indicación luminosa de ocupado; lámpara de señalización
busy flash signal | señal de ocupación (/ocupado a destellos)
busy hour | hora punta (/cargada)
busy hour call attempts | cantidad de intentos de llamada en hora punta
busy indication | indicación de ocupación

busy indicator | indicador de ocupación
busy jack | clavija de ocupación (/circuito ocupado)
busy key | llave de ocupación
busy lamp | lámpara de ocupación, lámpara indicadora de ocupado
busy lamp field | panel de extensiones ocupadas
busy lamp panel | panel de extensiones ocupadas, panel de lámparas de ocupación
busy light | indicador luminoso de espera
busy on toll connection | ocupado por una comunicación interurbana
busy override | intercalación, inclusión; intervención
busy pointer | puntero de espera
busy potential | potencial de ocupación
busy relay | relé de ocupación (/ocupado)
busy signal | señal de ocupado (/ocupación)
busy-signal system | sistema de llamadas abandonadas (/perdidas); sistema de pérdidas
busy test | prueba de ocupación (/ocupado)
busy tone | tono (/señal) de ocupado
butane | gas butano
Butler oscillator | oscilador Butler
butt | tope
butt connector | conector de tope
butt contact | contacto de tope, contacto de presión directa
butterfly capacitor | condensador de mariposa
butterfly circuit | circuito de mariposa
butterfly resonator | resonador de mariposa (/condensador variable)
butt joint | empalme (/empate) de tope, empalme plano, junta a tope

Butterworth filter | filtro Butterworth
Butterworth function | función de Butterworth
button | cápsula; tecla, botón, pulsador
buttonbar | barra de botones
button binding | asignación a un pulsador
button bomb | botón de bomba [*en páginas web*]
button capacitor | condensador de botón
button help | ayuda por botones (/iconos)
buttonhook contact | contacto de enganche (/botón y gancho)
button mica capacitor | condensador de mica de botón
button microphone | micrófono de botón (/cápsula)
button silver-mica capacitor | condensador de botón de plata-mica
butt welding | soldadura a tope por aproximación
buzz | zumbido; ruido de fritura
buzzer | chicharra, zumbador; vibrador
buzzer signal | zumbido, señal de zumbador
buzzer test | prueba de ocupación con zumbador (/señal de música)
buzzer tone | tono de control de llamada
buzzing-out test | prueba de timbrado
B/W = black and white | B/N = blanco y negro
B wind | enrollado B
B wire | hilo B, hilo negativo (/de anillo, /de batería)
BX cable | cable BX [*bajo tubo metálico flexible*]
BY = busy | ocupado
BYE | BYE [*paquete de control que establece el fin de la participación en la sesión de comunicación*]
by eight | byte [*entre ocho, 1 byte = 8 bit*]

bypass | bypass, derivación; puenteado; interruptor; comunicación lateral
bypass capacitor | condensador de puente (/desacoplamiento)
bypassed mixed highs | desacoplamiento de la señal mezclada de altas frecuencias
bypassed monochrome | monocromo derivado
bypass filter | filtro de paso
bypassing | filtrado
bypass monochrome signal | señal monocroma de puenteo
bypass operation | operación de derivación
bypass system | sistema de vías auxiliares (/con liberación de los órganos selectores)
bypass trunk | circuito de derivación; tronco de desvío
bypath | vía auxiliar
bypath relay | relé de vías auxiliares
bypath system | sistema con liberación (/eliminación) de los órganos selectores
B-Y signal | señal B-Y
byte = by eight | byte, octeto [*entre ocho, unidad informática equivalente a 8 bits*]
bytecode | código de bytes
byte interleaving | entramado de bytes, entrelazado de octetos
byte machine | máquina de bytes
byte merging | fusión de byte
byte multiplexer channel | canal multiplexor de bytes
byte octet | conjunto de ocho bits
byte oriented | orientado al byte
byte-oriented protocol | protocolo orientado al byte [*en comunicaciones asincrónicas*]
byte serial | serie de bytes
bytes per inch | bytes por pulgada

C

C = capacitance | C = capacidad, condensador
C = carbon | C = carbono
C4 = command control communications and computer | C4 [*mando de control para comunicaciones y ordenadores*]
Ca = calcium | Ca = calcio
CA = cancelled | cancelado
CA = certificate authority | autoridad homologadora
CA = computer aided | asistido por ordenador
C/A = coarse/acquisition | C/A [*código de adquisición grosera (secuencia seudoaleatoria asociada a cada satélite)*]
cabinet | chasis, carcasa; gabinete; mueble, armario (repartidor); caja
cabinet lock | cerradura de la carcasa
cabinet resonance | resonancia del mueble acústico
cabinet vibration | vibración de la caja acústica
cable | cable
cable armour | armadura del cable
cable assembly | montaje de cable
cable assignment record | esquema de cableado; registro de cables
cable attenuation | atenuación de cable
cable box | caja (de empalme) de cables
cable buoy | boya para cable submarino
cable butting tool | herramienta para pelar cables
cable car | carro de suspensión para cables aéreos
cable chamber | ventana de entrada de cables, caja para entrada de cables
cable channel | canal para cables, canal por cable; vía en cable
cable charge | tasa de cable
cable circuit | circuito en (/por) cable
cable clamp | grapa para cable, abrazadera de cable
cable cleat | grapa para fijar cables
cable comb | peine de cable
cable complement | complemento de cable
cable conductor | cable, conductor cableado
cable connector | conector de cable
cable core | alma del cable
cable coupler | acoplador de cable
cable distributing head | caja (/cable principal) de distribución; cabeza de cable; distribuidor de hilos [*de un cable*]
cable duct | conducción de (/para) cables; cable de alimentación
cable extension | extensión (/prolongación) por cable
cable fan | peine
cable fill | relleno de cable
cable filler | aislante de relleno (para cable)
cable form | forma del cable (/cableado)
cable grid | parrilla para cables
cable grid element | módulo de malla para soporte de cables
cable guide | guía para cables, guiacable
cable joint | empalme de cable
cable key | manipulador de cable
cable line | línea en cable
cable link | enlace por cable
cable make-up | especificación del montaje del cable
cable management | administración de la red de cables
cable marker | borna indicadora, borne (/terminal) indicador
cable matcher | adaptador de cable
cable messenger | cable sustentador de conductor aéreo
cable modem | módem de cable
cable Morse code | código telegráfico Morse
cable network | red de cables
cable oil | aceite para cables
cable peanut clamp | grapa para fijar cables
cable pin | clavija para cable
cable plant | red de cables
cable project | proyecto de cables
cable protection pipe | tubo de protección para cable
cable rack | armazón (/bastidor, /soporte) para cables (/cabezas de cable)
cable radio connection | enlace cable-radio
cable record | registro de cables
cable reel | bobina de cable
cable ring | anillo de repartidor, anillo (/argolla) para fijar cables
cable route | trazado (/tendido, /recorrido) del cable
cable run | ruta de cable
cable running | cableado, instalación de cables
cable runway | tendido de cable
cable runway fishplate | empalme de soportes de cables
cable shaft | chimenea de subida de cables
cable sheath | cubierta de cable
cable splice | empalme de cables
cable stripper | pelacables
cable subway | galería (de servicio), túnel para cables
cable support bar | barra guía para cables
cable support rack | bastidor (/armazón) terminal de cables
cable television | televisión por cable
CACC = cooperative adaptative cruise control | CACC [*sistema de control de crucero adaptativo cooperativo*]
cable tray | escalerilla portacables
cable trough | bandeja de cables
cable trough cover | cubierta de bandeja distribuidora
cable trough support stirrup | soporte de bandeja para cables
cable turning section | sección de entrada de cables, tablero (/cuadro) de entrada
cable TV = cable television | televisión por cable
cable vault | canaleta para cables, cajetín de distribución (de cables), caja

de empalme de cables, caja para entrada de cables
cable wall frame | repartidor mural de cables
cabled | cableado, cablegrafiado
cableless LAN | red de área local sin hilos (/cableado)
cabling | cableado; acción de cablegrafiar
cabling diagram | esquema de cableado
cab signalling | señalización en la cabina (de conducción)
cache | (memoria) caché, memoria intermedia
cache-coherent non-uniform memory access | acceso a memoria caché coherente no uniforme
cache controller | controlador de la memoria caché
cache disk | caché de disco
cache error | fallo de la caché
cache memory | memoria caché (/asociada, /de almacenamiento temporal); antememoria
cache poisoning | corrupción de caché [*en el sistema de nombres de dominio de internet*]
cache size | tamaño del caché
caching | ocultamiento [*método de réplica no normalizado*]; uso de memorias intermedias
cactus needle | aguja de cactus
CAD = computer aided design | CAD [*diseño asistido por ordenador*]
CADAM = computer-augmented design and manufacturing system | CADAM [*sistema de diseño y fabricación aumentado por ordenador*]
CAD/CAM = computer-aided design/computer-aided manufacturing | CAD/CAM [*diseño asistido por ordenador / fabricación asistida por ordenador*]
CADD | CADD [*sistema CAD ampliado*]
CADD = code address | dirección de código
CADDSS = coded address | dirección codificada
caddy | caddy [*soporte para introducir un CD-ROM en la unidad*]
cadence | cadencia
cadmium | cadmio
cadmium cell | pila de cadmio
cadmium ratio | relación cádmica (/del cadmio)
cadmium selenium photoconductive cell | célula fotoconductora de seleniuro de cadmio
cadmium silver oxide cell | pila de óxido de plata y cadmio
cadmium sulphide | sulfuro de cadmio
cadmium sulphide cell | célula de sulfuro de cadmio
cadmium sulphide photoconductive cell | célula fotoconductora de sulfuro de cadmio
cadmium telluride | teluro de cadmio
CAE = computer aided engineering |

CAE [*ingeniería asistida por ordenador, desarrollo asistido por ordenador*]
caesium [UK] | cesio
caesium clock | reloj de cesio
caesium hollow cathode | cátodo hueco de cesio
caesium ion engine | motor iónico de cesio
caesium oxide cell | célula de óxido de cesio
caesium photovalve | fotoválvula de cesio
caesium vapour lamp | lámpara de vapor de cesio
caesium vapour rectifier | rectificador de vapor de cesio
CAF = cancel and file | cancele y archive
CAFS = content-addressable file system | CAFS [*sistema de archivos de contenido direccionable*]
cage | jaula; red
cage aerial | antena de jaula
cage relay | relé de jaula (/disco móvil)
CAI = common air interface | CAI [*interfaz aérea común*]
CAI = computer-aided (/assisted) instruction | CAI [*instrucción asistida por ordenador*]
CAL = computer-assisted learning, computer-augmented learning | CAL [*enseñanza asistida por ordenador, aprendizaje asistido por ordenador*]
cake wax | torta de cera
calandria | calandria
calciothermy | calciotermia
calcite | calcita
calcium | calcio
calculating | cálculo
calculating machine | máquina calculadora
calculating punch | calculadora perforadora
calculation | cálculo
calculator | calculador, calculadora
calculator mode | modo de cálculo
calculograph | calculógrafo
calculus of communicating systems | cálculo de sistemas de comunicación
calendar | calendario, agenda
calendar life | vida de calendario
calendar programme | programa de calendario [*agenda electrónica*]
calendar view | vista de la agenda
caleometer | caleómetro
caliber [USA] [*calibre (UK)*] | calibre, galga; medidor
calibrate, to - | ajustar, calibrar, contrastar
calibrated cylinder | probeta graduada (/calibrada)
calibrated drum | tambor de medición
calibrated instrument | instrumento de medición precisa
calibrated triggered sweep | barrido de disparo calibrado
calibrating jet | tobera de medición
calibration | calibrado, calibración,

contraste
calibration accuracy | precisión de calibrado
calibration curve | curva de calibrado (/contraste)
calibration marker | marca de calibración
calibration method | procedimiento de calibrado
calibre [UK] | calibre, galga; medidor (de espesores)
calibre gauge | medidor para espesores
californium | californio
calking [USA] [*caulking (UK)*] | unión (/junta, /calafateo) para tubos
call | llamada
call, to - | llamar
call accounting | contabilización de llamadas
call announcer | indicador acústico de llamada (/números pedidos)
call announcer system | indicador de números pedidos
callback, call back | llamada (/petición) de respuesta
callback modem | módem de respuesta por llamada
call back on no answer | rellamada automática en caso de extensión libre, llamada completada sobre extensión libre
call back operation | explotación con llamada del solicitante
call back queue | rellamada automática sobre un enlace, rellamada automática sobre una línea ocupada, llamada completada sobre un haz de enlaces ocupado, cola de espera a una línea urbana libre
call back signal | señal de petición de respuesta
call back when busy | llamada completada sobre abonado ocupado
call back when free | llamada completada sobre extensión libre, rellamada automática en caso de extensión libre
call back when on busy | rellamada automática en caso de extensión ocupada
call blocking | restricción de llamadas salientes
call booked on previous day | petición de comunicación hecha la víspera
call booking | petición de comunicación
call buffer | memoria (tampón) de (datos de) llamada
call by address | llamada por dirección (/referencia)
call by name | llamada por nombre
call by reference | llamada por dirección (/referencia)
call by value | llamada por valor
call channel | canal (/vía) de llamada
call charge | tasa de conversación
call charge display | aviso de tarifas
call circuit | línea de servicio (/llamada,

/órdenes)
call circuit key | llave de conversación (/servicio)
call circuit method | método de líneas de órdenes
call circuit operation | servicio con líneas de órdenes
call completion busy | llamada completada sobre abonado ocupado, rellamada automática en caso de extensión ocupada
call confirmation signal | señal de confirmación de llamada
call connected signal | señal de conexión
call control agent function | función de agente de control de la llamada
call control function | función de control de la llamada
call count | medición por pruebas
call deflection | desvío de llamadas
call distribution | distribución automática de llamadas
call distributor | distribuidor de tráfico (/llamadas)
call diversion | desvío de llamadas, llamada de búsqueda
call diverter | desviador de llamada
called line | línea de llamada
called subscriber | abonado llamado
called subscriber release | desconexión provocada por el abonado llamado
Callender and Barnes method | método de Callender y Barnes
Callender and Griffiths bridge | puente de Callender y Griffith
Callender bridge | puente de Callender
caller | peticionario (/solicitante) de llamada, persona (/abonado) que llama
call fill | coeficiente de utilización (/aprovechamiento, /ocupación)
call finder | buscador de llamadas
call finder selection | selección del buscador de llamadas
call finished | conversación terminada
call forward | desvío de llamadas, llamada persecutiva
call forwarding | desvío (/redirección) de llamadas, llamada persecutiva; desvío de ocupación [*desvío de llamada cuando el abonado está ocupado*]
call forwarding busy | desvío de llamadas en caso de ocupado
call forwarding don't answer | desvío de llamadas en caso de que el abonado no conteste
call forwarding immediate | desvío inmediato de llamadas
call forwarding no answer | reexpedición automática de llamadas
call hold | retención de llamadas
calligraphic display | visualización caligráfica
call in | apelación
call in, to - | llamar; intercalar (/poner) en el circuito

call indicator | indicador de llamada
calling | llamada, repique [*del teléfono*]
calling amplifier | amplificador de llamada
calling and ringing machine | máquina de llamada y señales
calling back | acción de volver a llamar
calling circuit | línea que llama
calling cord | cordón de llamada
calling device | dispositivo de llamada
calling jack | clavija (/conector) local
calling lamp | lámpara de llamada
calling line | línea de llamada, línea que llama
calling line identification restriction | anulación de la identificación del que llama, restricción de la identidad del que llama
calling mode | modo de llamada
calling plug | clavija de llamada
calling position | posición de llamada
calling sequence | secuencia de llamada
calling station | puesto (/estación) que llama
calling subscriber | abonado que llama
calling subscriber release | desconexión provocada por el abonado que llama
calling wave | onda de llamada
call instruction | instrucción de llamada
call intensity | intensidad (/densidad) de llamadas
call letter | prefijo (/indicativo, /distintivo, /letra) de llamada, letra de identificación
call log | lista de llamadas entradas
call meter | reloj contador de llamadas
call minute | comunicación de minuto
call mix | mezcla (/espectro) de llamadas
call number | número de llamada
call number identification | identificación del número que llama
call offer | toque de atención
call offering | llamada en espera; toque de atención
call office attendant | encargado de central telefónica pública
callog file | archivo callog
call park | aparcamiento, estacionamiento [*retención de llamadas*]
call pending | llamada en espera; toque de atención
call pickup | telecaptura (/captura) de llamadas, repesca de llamadas [*en grupo*]
call pick up procedure | trasferencia por aceptación entre extensiones
call port | puerto de llamada
call priorities | prioridad
call processing | procesamiento de llamadas
call processing language | lenguaje de procesamiento de llamadas
call progress signals | llamada en progreso

call queuing | ordenación de llamadas
call recording | registro de llamadas
call redirection | redireccionamiento, reenvío de llamada, desvío inmediato de llamadas
call reference | referencia de llamadas
call release | liberación de la llamada
call routine tester | comprobador rutinario de llamadas
call routiner | robot de llamadas
call routing | llamada dirigida
call routing control panel | panel de control de llamadas dirigidas
call sign (/signal) | indicativo de llamada, (señal de) llamada
call state control function | función de control de estado de las llamadas
call ticket | ficha de conversación (/orden)
call tracing | captura de llamada maliciosa; seguimiento de llamada, seguimiento del circuito
call transfer | trasferencia de llamadas
call transfer with hold | trasferencia de llamadas con retención momentánea
call waiting | llamada en espera; toque de atención
call warning | llamada en espera; toque de atención
call wire button | botón de línea de servicio
call wire circuit | línea de servicio
call wire key | botón de línea de servicio
call word | contraseña; información (/palabra) de llamada
calomel electrode | electrodo de calomelano (/cloruro de mercurio)
calorimeter | calorímetro
calorimeter system | sistema calorimétrico
CALS = computer-aided acquisition and logistics support | CALS [*adquisición asistida por ordenador y soporte logístico (norma militar sobre intercambio de datos)*]
calutron | calutrón
cam | leva
CAM = cellular automatic machine | CAM [*máquina automática celular*]
CAM = common access method | CAM [*método de acceso común*]
CAM = computer aided manufacturing | CAM [*fabricación asistida por ordenador*]
CAM = content-addressable memory | CAM [*memoria de contenido direccionable*]
cam actuator | activador (/interruptor) de leva
Cambridge ring | anillo de Cambridge
CAMEL = customized applications for mobile networks enhanced logic | CAMEL [*capacidades de la red inteligente para las comunicaciones móviles*]

camera | cámara
camera cable | cable de cámara de televisión
camera chain | cadena (/equipo) de cámara de televisión
camera dolly | carro portacámara, pie rodante
camera of an autocollimator | cámara de autocolimador
camera pause | pausa de la cámara
camera port | puerto de cámara
camera-ready | listo para filmar [*y posteriormente imprimir*]
camera scanning amplitude | amplitud de exploración de la cámara
camera signal | señal de (la) cámara
camera valve | válvula de cámara, válvula analizadora de televisión
camera valve spectral characteristic | característica espectral de la válvula de cámara
Campbell bridge | puente (de) Campbell
Campbell-Colpitts bridge | puente de Campbell-Colpitts
Campbell method | método de Campbell
camp-on | retención
campuswide information system | sistema de información universitario
can | casco; vaina
CAN = controller area network | CAN [*red de control por áreas, red de control de campo*]
canal ray | rayo (de) canal
can assembly | conjunto de leva
cancel | cancelación
cancel, to - | cancelar
cancelbot = cancel robot | robot de cancelación [*para eliminar publicidad no deseada en el correo electrónico*]
cancel key | tecla de anulación
cancellation | anulación, cancelación
cancellation ratio | relación de cancelación
cancelled | cancelado
cancelled call | petición de comunicación anulada
cancelled video | vídeo cancelado
cancelling | cancelación, neutralización
cancelling of lead capacity | neutralización de la capacidad de las conexiones
cancelling signal | señal de cancelación
cancel message | mensaje de cancelación
candela | candela [*unidad de intensidad luminosa en el Sistema Internacional de unidades*]
CANDF = cost and freight | costo y flete
CANDI = cost and insurance | costo y seguro
candidate key | clave candidata [*a ser clave primaria*]
candle | candela; bujía
candlepower | potencia en candelas [*unidad fotométrica*]

Candohm | Candohm [*marca comercial de líneas de resistencias fijas*]
candoluminescence | candoluminiscencia
can flash | apertura calibrada
canned program | programa de serie
canned routine | rutina fija [*no modificable*]
canned software | software de serie
cannibalise, to - [UK] | canibalizar (*fam*) [*quitarle piezas a un equipo para reparar otro*]
cannibalization | aprovechamiento
cannibalize, to - [UK+USA] | canibalizar (*fam*) [*quitarle piezas a un equipo para reparar otro*]
canning | envainado
cannot pointer | puntero de acción no permitida
canonical form | norma canónica [*en matemáticas*]
canonical markup | marcación canónica
canonic name | nombre canónico [*nombre de dominio principal en internet*]
cantilever | soporte [*de aguja fonográfica*]
cantilevered contact | contacto voladizo
canyon | cañón
cap | casquillo aislante; tapa; pinza; capuchón, capucha; collar, collarín
CAP = capstan | CAP = capstan [*mecanismo de arrastre de cinta*]
CAP = carrierless amplitude and phase modulation | CAP [*modulación de amplitud y fase de portadora ortogonal*]
CAP = computer aided planning | CAP [*planificación asistida por ordenador*]
capability | capacidad
capability architecture | arquitectura de capacidades
capability list | lista de capacidades
capability set | conjunto de capacidades [*en red inteligente*]
capacitance | condensador, capacidad (eléctrica)
capacitance alarm system | sistema de alarma de capacidad
capacitance altimeter | altímetro capacitivo (/por capacidad)
capacitance beam switching | conmutación capacitiva de lóbulos
capacitance between two conductors | capacidad entre dos conductores
capacitance bridge | puente (medidor) de capacidad
capacitance deviation | diferencia de capacidad
capacitance divider | divisor de capacidad
capacitance level detector | detector de nivel por capacidad
capacitance level indicator | indicador de nivel por capacidad
capacitance loop directional coupler | acoplador direccional de bucle capacitivo
capacitance meter | capacímetro, medidor de capacidad
capacitance-operated intrusion detector | detector de intrusión activado por capacidad
capacitance ratio | relación de capacidad
capacitance relay | relé capacitivo (/de capacidad)
capacitance sensor | sensor (/detector) de capacidad
capacitance standard | patrón de capacidad
capacitance switch | interruptor (/conmutador) de capacidad
capacitance tolerance | tolerancia de capacidad
capacitive | capacitivo
capacitive coupling | acoplamiento capacitivo
capacitive diaphragm | diafragma capacitivo
capacitive discharge | descarga capacitiva (/del condensador)
capacitive discharge ignition | encendido por descarga capacitiva, ignición por descarga del condensador
capacitive divider | divisor capacitivo
capacitive feedback | realimentación capacitiva
capacitive load | carga capacitiva (/de avance)
capacitive post | poste capacitivo
capacitive reactance | reactancia capacitiva
capacitive sawtooth generator | generador capacitivo de diente de sierra
capacitive storage welding | soldadura por almacenamiento capacitivo
capacitive transduction | trasducción capacitiva
capacitive tuning | sintonización capacitiva (/por condensador)
capacitive voltage divider | divisor de tensión capacitivo
capacitive welding | soldadura capacitiva
capacitive window | ventana capacitiva, iris capacitivo
capacitor | condensador
capacitor aerial | condensador de antena, antena de capacidad
capacitor bank | batería de condensadores
capacitor braking | frenado por condensador
capacitor colour code | código de color de condensador
capacitor discharge ignition | encendido por descarga de condensador
capacitor discharge system | sistema de descarga de condensador
capacitor dosimeter | dosímetro de condensador
capacitor electrolyte | electrolito del condensador

capacitor filtering | filtrado de condensador
capacitor hydrophone | hidrófono capacitivo
capacitor input filter | filtro de entrada capacitiva (/de condensador)
capacitor integrator | integrador de (/por) condensador
capacitor ionization chamber | cámara de ionización capacitiva (/de condensador)
capacitor loss | pérdida del condensador
capacitor loudspeaker | altavoz capacitivo
capacitor meter | medidor capacitivo
capacitor microphone | micrófono de condensador
capacitor motor | motor de condensador
capacitor pickup | fonocaptor electrostático (/de condensador)
capacitor resistor unit | unidad de condensador-resistencia
capacitor-run motor | motor de condensador permanente
capacitor series resistance | resistencia en serie del condensador
capacitor speaker | altavoz de condensador
capacitor start motor | motor de arranque por condensador
capacitor voltage | tensión del condensador
capacitron | capacitrón
capacity [*obsolete synonym for capacitance*] | capacidad (eléctrica), condensador
capacity balancing | compensación (/equilibrado) de la capacidad
capacity bridge | puente (para mediciones) de capacidad
capacity comparison bridge | puente comparador de capacidades
capacity deviation | diferencia de capacidades
capacity factor | factor de capacidad
capacity of a cell | capacidad de una pila
capacity of a condenser | capacidad de un condensador
capacity of an accumulator | capacidad de un acumulador
capacity reactance | reactancia de capacidad
capacity unbalance | desequilibrio de capacidad
cap-and-chain connector | conector de tapa con cadena
capillarity | capilaridad
capillary | (tubo) capilar
capillary electrode | electrodo capilar
capillary electrometer | electrómetro capilar
capillary intake | tubo capilar de aspiración
capillary nebulizer | tubo pulverizador capilar

capillary suction | tubo capilar de aspiración
capitals lock | bloqueo de mayúsculas
CAP process | procedimiento de planificación asistida por ordenador
CAP reporting = computer-assisted planning reporting | informe de planificación asistida por ordenador
capristor | resistencia-condensador
CAPS = capitals | MAY = mayúsculas
cap sleeve | manguito de tapón
CAPS LOCK = capitals locking | BLOQ MAYUS = bloqueo de mayúsculas
caps lock key | tecla de bloqueo de mayúsculas
capstan | capstan [*mecanismo de arrastre de cinta*], arrastre capstan [*en magnetoscopios*]; cabezal móvil; eje (/rodillo) impulsor
capstan idler | polea guía
capstan servo | servomecanismo del capstan
capsule | cápsula
captive fastener | pasador prisionero
captive screw | tornillo imperdible (/con fiador)
capture | captura
capture, to - | capturar [*una imagen*]
capture area | plano de absorción
capture board | tarjeta de captura [*de vídeo*]
capture card | tarjeta de captura [*de vídeo*]
capture cross section | sección eficaz de captura
capture effect | efecto de captura
capture efficiency | rendimiento de captura
capture gamma radiation | radiación gamma de captura
capture gamma rays | rayos gamma de captura
capture range | margen de captura
capture ratio | relación de captura
capture spot | punto de captura
CAQ = computer aided quality | CAQ [*calidad asistida por ordenador*]
carbon | carbono; carbón
carbon arc | arco carbónico, arco voltaico con electrodos de carbón
carbon arc method | método con arco de carbón
carbonate | carbonato
carbon block protector | pararrayos de carbón
carbon brush | escobilla de carbón
carbon composition resistor | resistencia de (compuesto de) carbón
carbon-consuming cell | pila de carbón
carbon contact pickup | fonocaptor de contacto de carbón
carbon copy | copia [*por calco*], copia en papel
carbon cycle | ciclo del carbono
carbon electrode | electrodo de carbón
carbon file regulator | regulador de pila de carbón

carbon film resistor | resistencia de película de carbón
carbonise, to - [UK] | carbonizar
carbonize, to - [UK+USA] | carbonizar
carbonized anode | ánodo ennegrecido (/carbonizado)
carbonized filament | filamento carbonizado
carbonized plate | placa carbonizada
carbon laser dioxide | láser de dióxido de carbono
carbon microphone | micrófono de carbón
carbon pile regulator | regulador de pila (/placas) de carbón
carbon pressure recording | grabación (/registro) a presión sobre carbón
carbon protector | pararrayos de carbón
carbon resistor | resistencia de carbón
carbon rheostat | reóstato de carbón
carbon ribbon | copia al carbón
carbon steel | acero al carbono
carbon transmitter | micrófono de carbón
carbonyl iron | hierro de carbonilo
carborundum | carborundo [*vulgarización de la marca comercial de carbono de silicio Carborundum*]
carburan | carburano
carburization | carburación
carcase [UK] | armazón, carcasa
carcass [UK+USA] | armazón, carcasa
carcel lamp | lámpara cárcel
carcinotron | carcinotrón [*válvula osciladora de onda regresiva sintonizada en tensión*]
card | ficha, tarjeta; placa [*de circuitos*]
card bed | guía de fichas
card cage | caja de placa de circuito
card code | código de tarjeta
card column | columna de tarjeta
card-edge connector | conector de borde
carder | tarjetero [*persona que comete fraude con tarjetas de crédito por internet*]
Cardew voltmeter | voltímetro Cardew
card face | cara de la tarjeta
card feed | alimentación (/alimentador) de tarjetas
card field | campo de tarjeta
cardfile | fichero
card guide | guía de la tarjeta
card hopper | acumulador (/suministrador, /depósito receptor) de tarjetas (perforadas)
cardiac monitor | monitor cardíaco
cardiac pacemaker | marcapasos cardíaco, normalizador del pulso
card image | representación (/imagen) de la tarjeta
cardinality | cardinalidad
cardinal number | número cardinal
cardiograph | cardiógrafo
cardioid | cardioide
cardioid diagram | diagrama cardioide

cardioid microphone | micrófono cardioide
cardiostimulator | estimulador cardíaco
cardiotachometer | cardiotacómetro
cardiotron | cardiotrón
card parity | paridad de la tarjeta
card punch | perforadora de tarjetas (/fichas)
card reader | lectora de fichas; lector de tarjetas (perforadas)
card reproducer | reproductor de tarjetas
card row | fila de tarjeta
card sensing | detección de perforaciones de la tarjeta
card stacker | suministrador de fichas, depósito receptor de tarjetas perforadas, acumulador de fichas perforadas
card telephone | teléfono de tarjeta
card-to-tape converter | convertidor de tarjeta a cinta
care-of address | dirección de custodia
caret | tilde; acento circunflejo
careware | software de beneficencia [*de distribución gratuita con solicitud de donativo*]
Carey-Foster bridge | puente de Carey-Foster
carillon | carillón
Carlson method | método de Carlson
Carnot theorem | teorema de Carnot
carnotite | carnotita
carpet | alfombra, tapiz
CARR = carrier | (onda) portadora
CAR RET key = carriage-return key | tecla de retorno del carro
carriage | carro; dispositivo portador
carriage-control tape | cinta de control de carro
carriage feed mechanism | mecanismo de progresión del carro
carriage forward call | petición de comunicación hecha la víspera
carriage return | cambio de línea, retorno del carro (/cursor)
carriage return signal | señal de retorno del carro
carriage tape | cinta del carro
carrier | explotador de la red, operador [*de la red*]; carrete; (onda) portadora; portador, trasportador; operador de telefonía [*que proporciona conexión a internet a alto nivel*]
carrier additive | adición de una sustancia portadora
carrier amplifier | amplificador de portadora
carrier amplitude regulation | regulación de la amplitud de portadora
carrier band | banda portadora
carrier beat | batido de portadora
carrier channel | canal de corriente portadora
carrier chrominance signal | señal de (portadora de) crominancia
carrier colour signal | señal portadora de color
carrier concentration | concentración de portadores
carrier concern | empresa de explotación
carrier control | control de portadora
carrier-controlled approach system | sistema de aproximación controlado por portadora
carrier current | corriente (de) portadora
carrier current communication | comunicación por corriente de portadora
carrier current control | control por corriente de portadora
carrier current protection | protección por corriente portadora
carrier current transmitter | trasmisor de corriente de portadora
carrier density | densidad de portadora
carrier detect | detección de señal portadora
carrier electrode | electrodo portador
carrier-free | sin trasportador (/portador)
carrier frequency | (frecuencia de) portadora
carrier frequency interconnection | interconexión por frecuencia portadora
carrier frequency peak-pulse power | potencia de impulso de pico de frecuencia portadora
carrier frequency pulse | impulso de frecuencia portadora
carrier frequency range | gama de frecuencias portadoras, margen de frecuencia portadora
carrier frequency stability | estabilidad de la frecuencia portadora
carrier frequency stereo disc | disco estéreo de frecuencia portadora
carrier function | función relativa a los movimientos del carro y el rodillo
carrier injection | inyección de portadores
carrier-isolating choke coil | bobina de autoinducción aislante de portadora
carrier leak | escape (/residuo, /fuga) de la onda portadora
carrier level | nivel de (onda) portadora
carrier lifetime | tiempo de vida del portador
carrier line | línea (de) portadora
carrier loading | carga de portadora
carrier mobility | movilidad de los portadores
carrier modulation | modulación de portadora
carrier noise | ruido de portadora
carrier noise level | nivel de ruido de la (onda) portadora
carrier on microwave | portadora sobre microonda
carrier on wire | portadora por cable
carrier power | potencia de portadora
carrier power output rating | potencia nominal de salida de portadora
carrier power transformer | trasformador de potencia de portadora
carrier primary flow | flujo de portadores primario
carrier repeater | repetidor de portadora
carrier return signal | señal de retroceso (/retorno) del carro
carrier route | ruta (/arteria) de corrientes portadoras
carrier sense multiple access | acceso múltiple de detección de portadora
carrier sentence | frase de conexión
carrier shift | desplazamiento de portadora
carrier shift keying | manipulación por desplazamiento de la portadora
carrier signalling | señalización por (/en) portadora
carrier suppression | supresión de portadora
carrier swing | oscilación de portadora (de desviación máxima)
carrier synchronization | sincronización de la corriente portadora
carrier system | sistema de portadora
carrier telegraphy | telegrafía por (corriente) portadora
carrier telephony | telefonía por onda portadora
carrier terminal | terminal de portadora
carrier-to-noise ratio | relación portadora-ruido, índice de ruido frente a portadora
carrier transfer filter | filtro de trasferencia de portadora
carrier transmission | trasmisión por (onda) portadora
carrier-type DC amplifier | amplificador de corriente continua de portadora
carrier wave | onda portadora
carry | arrastre, avance, trasporte
carry, to - | trasmitir, transmitir; conducir, dar paso
carry bit | bit de arrastre
carry flag | bandera de arrastre [*secuencia inicial de bits*]
carrying capacity | capacidad de trasmisión
carry lookahead | arrastre anticipado, anticipación de trasporte
carry the traffic, to - | cursar el servicio
carry time | tiempo de trasporte (/arrastre)
Cartesian coordinates | coordenadas cartesianas (/absolutas)
Cartesian product | producto cartesiano
Cartesian structure | estructura cartesiana
cartridge | cargador; cartucho; cápsula; iniciador; impulsor de filamento incandescente
cartridge drive | unidad de cartucho
cartridge font | fuente de cartucho [*pa-*

ra ampliar la gama de tipos de la impresora]
cartridge fuse | fusible de cartucho
cartridge tape | cinta de cartucho
Carvallo paradox | paradoja de Carvallo
CAS = centralized attendant service | CAS [*servicio de operadoras centralizado*]
CAS = channel associated signalling | CAS [*señalización asociada al canal*]
CAS = China association for standardisation | CAS [*asociación china de normativa*]
cascadable counter | contador en cascada
cascade | cascada
cascade amplification | amplificación en cascada
cascade amplifier | amplificador en cascada, amplificador por etapas
cascade amplifier klystron | klistrón de amplificador en cascada
cascade branch | rama en cascada
cascade channel | canal de cascada
cascade connection | conexión en cascada
cascade control | control en cascada
cascaded carry | arrastre (de unidades) en cascada
cascaded control | control en cascada
cascade development | revelado en cascada
cascaded image valve | válvula de imagen en cascada
cascaded list | lista en cascada
cascaded menu | menú en cascada
cascaded star topology | topología de estrella en cascada [*en redes informáticas*]
cascaded thermoelectric device | dispositivo termoeléctrico en cascada
cascade image valve | válvula de imagen en cascada
cascade interrupt | interrupción de cascada
cascade limiter | limitador en cascada
cascade node | nudo de cascada
cascade particle | partícula de cascada
cascade set | grupo en cascada
cascade shower | afluencia (/chaparrón) en cascada
cascade sort | clasificación en cascada
cascade system | sistema en cascada
cascading | conexión en cascada
cascading buttons | botones de cascada
cascading choice | selección en cascada
cascading command | orden de cascada
cascading menu | menú en cascada
cascading style sheet mechanism | mecanismo de hojas de estilo en cascada
cascading style sheet | hojas de estilo en cascada

cascading windows | ventanas en cascada
cascode | de dos etapas
cascode amplifier | amplificador de dos etapas
case | cajón; contenedor; carcasa
CASE = computer aided software (/system) engineering | CASE [*ingeniería de software (/sistema) asistida por ordenador*]
case-sensitive search | búsqueda sensible de la caja [*mayúsculas y minúsculas*]
case sensitivity | sensibilidad a la caja [*discriminación entre mayúsculas y minúsculas*]
case shift | cambio, inversión
case **statement** | instrucción *en el caso de*
case study | caso de estudio
case temperature | temperatura de la caja
CASI = common APSE interface set | CASI [*conjunto de interfaces comunes de APSE*]
cask | recipiente de trasporte
CASS = cassette | CAS = casete
Cassegrain aerial | antena Cassegrain
Cassegrain feed | alimentación Cassegrain
cassette | cajita, estuche; (cinta de) casete
cassette drive | unidad de casete
cassette recorder | grabadora de casetes
cassette switch | interruptor (/mando) de la cinta [*de casete*]
cassette tape | cinta de casete
cast | cast [*conversión de datos de un tipo a otro*]
casting | fundición
casting electrode | fundición de electrodo
casting-out-nines check | prueba de los nueves
cast iron | hierro de fundición
castle-type manipulator | manipulador del tipo de castillo
CAT = computer-aided testing | CAT [*prueba asistida por ordenador*]
CAT = computer-assisted technology | CAT [*tecnología asistida por ordenador*]
catadioptric | catadióptrico [*que produce refracción total del rayo incidente, independientemente de su orientación*]
cataleptic failure | fallo catastrófico (/cataléptico)
catalog [USA] | catálogo
catalogue [UK] | catálogo
catalogue, to - | catalogar
catalogue search | búsqueda por catálogo
catalytic converter | convertidor catalítico
cataphoresis | cataforesis
catastrophic code | código catastrófico

catastrophic error propagation | propagación catastrófica de errores
catastrophic failure | rotura catastrófica; fallo catastrófico (/cataléptico)
catastrophic overloading | sobrecarga catastrófica
catch pan | colector de lodo; pozo de drenaje
catcher | electrodo captador; resonador de salida
catcher gap | espacio de atrapamiento
catcher resonator | resonador de salida
catcher space | espaciamiento del resonador
catching diode | diodo limitador (/fijador)
categorization | categorización
category | categoría
catelectrode | cátodo
catelectrotonus | catelectrotono
catena | concatenación
catenary | catenaria
catenary aerial cable | cable de catenaria
catenary construction | línea catenaria
catenary hanger | péndulo de catenaria
catenary linkage | unión en cadena
cathamplifier = cathode amplifier | amplificador de cátodo
cathode | cátodo
cathode activity | actividad catódica
cathode amplifier | amplificador de cátodo
cathode beam | haz catódico
cathode bias | polarización catódica (/de cátodo)
cathode bias arrangement | disposición de aumento de potencial en cátodo
cathode bypass | paso (/sobrepaso) de cátodo
cathode coating impedance | impedancia de recubrimiento de cátodo
cathode compensation | compensación catódica
cathode-coupled amplifier | amplificador catódico (/acoplado por cátodo, /de cátodo acoplado, /de etapas por acoplamiento a cátodo)
cathode coupling | acoplamiento catódico (/por el cátodo)
cathode current | corriente catódica (/de cátodo)
cathode current density | densidad de corriente de cátodo
cathode dark space | espacio negro (/oscuro) del cátodo, región oscura de Crookes
cathode disintegration | desintegración (/destrucción) del cátodo
cathode drive circuit | circuito excitado por el cátodo
cathode drop | caída de tensión de cátodo
cathode emission | emisión catódica

cathode evaporation | evaporación del cátodo
cathode fall | caída de tensión (/potencial) de cátodo
cathode fall of potential | caída catódica de potencial
cathode follower | seguidor de cátodo; amplificador catódico
cathode glow | brillo catódico (/de cátodo), luminosidad catódica
cathode glow layer | capa catódica luminosa negativa
cathode glow layer method | método con capa fluorescente del cátodo
cathode grid | rejilla catódica
cathode grid capacitance | capacidad cátodo-rejilla
cathode guide | cursor de cátodo
cathode heating time | tiempo de calentamiento del cátodo
cathode interface | interfaz (/superficie de separación) del cátodo
cathode interface capacitance | capacidad intersuperficial de cátodo
cathode interface impedance | impedancia intersuperficial de cátodo
cathode interface resistance | resistencia intersuperficial de cátodo
cathode keying | manipulación de (/por) cátodo
cathode layer capacitance | capacidad intersuperficial de cátodo
cathode layer impedance | impedancia intersuperficial de cátodo
cathode layer resistance | resistencia intersuperficial de cátodo
cathode luminous sensitivity | sensibilidad luminosa del cátodo
cathode modulation | modulación de (/por) cátodo
cathode pickling | decapado catódico
cathode poisoning | intoxicación del cátodo
cathode preheating time | tiempo de precalentamiento del cátodo
cathode pulse modulation | modulación por impulsos del cátodo
cathode radiant sensitivity | sensibilidad catódica a la radiación
cathode ray | rayo catódico
cathode ray charge storage valve | válvula de rayos catódicos para almacenamiento (de datos) en memoria
cathode ray direction finder | radiogoniómetro de rayos catódicos
cathode ray furnace | horno de rayos catódicos
cathode ray instrument | instrumento de rayos catódicos
cathode ray lamp | lámpara de rayos catódicos
cathode ray oscillograph | oscilógrafo de rayos catódicos
cathode ray oscilloscope | osciloscopio de rayos catódicos
cathode ray oscilloscope monitor | monitor osciloscopio de rayos catódicos
cathode ray output | salida de rayos catódicos
cathode ray screen | pantalla de válvula (/tubo) de rayos catódicos
cathode ray storage | memoria de rayos catódicos
cathode ray storage valve | válvula de rayos catódicos para almacenamiento
cathode ray tube | válvula (/tubo) de rayos catódicos; monitor
cathode ray tuning indicator | indicador de sintonía de rayos catódicos
cathode ray valve | válvula (/tubo) de rayos catódicos
cathode ray valve bezel | marco para válvula de rayos catódicos
cathode ray valve deflecting coil | bobina de deflexión de la válvula de rayos catódicos
cathode ray valve deflection sensitivity | sensibilidad de deflexión de la válvula de rayos catódicos
cathode ray valve display | presentación en válvula de rayos catódicos
cathode resistor | resistencia de cátodo
cathode saturation | saturación del cátodo
cathode sheath | envuelta del cátodo, vaina catódica
cathode spot | punto luminoso del cátodo, mancha catódica
cathode sputtering | pulverización (/sublimación) catódica; deposición del cátodo
cathode stop | foco catódico
cathodic | catódico
cathodic area | zona de entrada [*de las corrientes vagabundas*]
cathodic bombardment | bombardero catódico
cathodic evaporation | evaporación catódica
cathodic influx | aflujo catódico
cathodic protection | protección catódica
cathodic reaction | reacción catódica
cathodic voltage drop | caída de tensión catódica
cathodofluorescence | fluorescencia catódica
cathodoluminescence | catodoluminiscencia, luminiscencia catódica
cathodophosphorescence | fosforescencia catódica
cathodyne | catodino
catholyte | catolito
cation | catión
cationic current | corriente catiónica
cat's whisker | alambre de presión; bigote de gato [*código Q*]
CATV = cable television | CATV [*televisión por cable*]
CATV = community antenna television | CATV [*televisión por cable*]
catwhisker | buscador
caulking [UK] | junta (/unión, /calafateo) para tubos
caution | precaución
CAV = constant angular velocity | VAC = velocidad angular constante
cave | foso, cueva
cavitation | cavitación
cavitation noise | ruido de cavitación
cavity | cavidad
cavity-coupled filter | filtro con acoplamiento de cámaras
cavity filter | filtro de cavidad
cavity impedance | impedancia de cavidad
cavity magnetron | magnetrón de cavidades
cavity oscillator | oscilador de cavidad
cavity radiation | radiación de cavidad
cavity resonance | resonancia de cavidad
cavity resonator | resonador de cavidad
cavity resonator frequency meter | frecuencímetro de resonador de cavidad
cavity resonator wavemeter | ondámetro de resonador de cavidad
cavity-tuned absorption-type frequency meter | frecuencímetro de cavidad sintonizada de tipo absorción
cavity-tuned heterodyne-type frequency meter | frecuencímetro de cavidad sintonizada de tipo heterodino
cavity-tuned transmission-type frequency meter | frecuencímetro de cavidad sintonizada de tipo trasmisión
cavity-type diode amplifier | amplificador de diodo tipo cavidad
cavity wavemeter | ondámetro de cavidad
CAX = community automatic exchange | CAX [*central rural automática*]
Cayley table | tabla de Cayley (/composición, /operaciones)
CB = central (/common) battery | BC = batería central (/común)
CB = circuit breaker | interruptor de circuito
CB = citizen band | BC = banda ciudadana
C band | banda C
CBASIC | CBASIC [*versión de BASIC utilizada con el sistema operativo CP/M*]
C battery [USA] [*grid bias battery (UK)*] | batería de rejilla
CBEMA = Computer and business equipment manufacturers association | CBEMA [*Asociación de fabricantes de ordenadores y equipos de oficina*]
CB exchange = common battery exchange | central de BC = central de batería central
C bias | polarización C
CBL = computer-based learning | CBL [*enseñanza basada en el ordenador*]
CB line = central battery line | línea de

BC = línea de batería central
CBR = constant bit rate | CBR [tasa de bit constante]
CBS = common-battery signalling | CBS [llamada por batería central]
CBT = computer based trainning | CBT [formación por ordenador]
CBWNU = call back when next used | CBWNU [rellamada automática en caso de extensión libre]
cc = carbon copy | cc = copia por calco
cc = courtesy copy | copia oculta
CC = common carrier | CC [operador común de la red]
CC = control centre | CC = centro de control (/mando)
CCA = call control agent function | CCA [función de agente de control de la llamada]
CCBS = call completion busy subscriber | CCBS [rellamada automática en caso de extensión ocupada]
CCCH = common control channels | CCCH [canales de control comunes]
CCD = charge-coupled device | CCD [dispositivo de carga acoplada]
CCF = call control function | CCF [función de control de la llamada]
CCI = common client interface | CCI [interfaz común de cliente]
CCIR = Comité consultatif international des radiocommunications (fra) [International Radio Consultative Committee] | CCIR = Comité consultivo internacional de radiocomunicaciones
CCITT = Comité Consultatif International Télégraphique et Téléphonique (fra) [International consultative commitee on telegraphy and telephony] | CCITT [Comité asesor internacional de telegrafía y telefonía]
CCNR = call completion no reply | CCNR [rellamada automática en caso de extensión libre]
ccNUMA = cache-coherent non-uniform memory access | ccNUMA [acceso a memoria caché coherente no uniforme]
C core | núcleo en C
CCOY = connecting company | CCOY [compañía que realiza la conexión a la red]
CCP = certificate in computer programming | CPI = certificado en programación informática
CCP = compression control protocol | CCP [protocolo de control de la compresión]
CCP = console command programme | CCP [programa de mando de consola]
CCS = calculus of communicating systems | CCS [cálculo de sistemas de comunicación]
CCS = common channel signalling | SCC = señalización por canal común
CCS = components cooling system | CCS [sistema de refrigeración de componentes]
CCS = continuous commercial service | CCS [servicio comercial continuo]
CCSS = common channel signaling system | SSCC = sistema de señalización por canal común
CCT = circuit | circuito
CCT = correct | correcto
CCTG = connecting | conectando
CCTV = closed-circuit television | CCTV = televisión en circuito ce-rrado
CCTV camera | cámara de CCTV
CCTV monitor | monitor de CCTV
cd = candela | cd = candela [unidad de intensidad luminosa en el Sistema Internacional de unidades]
cd = change directory | cd = cambiar directorio [orden de programa]
Cd = cadmium | Cd = cadmio
CD = card detect; carrier detect | CD [detección de tarjetas; detección de señal portadora]
CD = compact disk | CD [disco compacto]
CD = count down | CA = cuenta atrás
CDA = communications decency act | CDA [acta estadounidense sobre decencia en las telecomunicaciones]
CD burner | grabador de CD
CD drive | unidad de CD
CDE = code | código, clave
CDE = common desktop environment | CDE [interfaz gráfica de usuario bajo UNIX]
CD-E = compact disc-erasable | CD-E [disco compacto regrabable]
cdev = control panel device [a Macintosh utility] | cdev [dispositivo de panel de control (utilidad de Macintosh)]
CDFS = CD-ROM file system | CDFS [sistema de archivos de CD-ROM]
CD-I = compact disk-interactive | CD-I [disco compacto interactivo]
C display | imagen C; presentación tipo C
CD loop = single-diode loop | bucle CD [bucle de acoplamiento por diodo único]
CDMA = code division multiple access | CDMA [acceso múltiple por división en código]
CDNS = conditions | condiciones
CDP = certificate in data processing | CDP [certificado estadounidense en informática]
CDPD = cellular digital packet data | CDPD [transmisión de paquetes de datos por teléfono móvil]
CD player = compact disc player | reproductor de CD
CD Plus | CD Plus [formato de disco compacto que permite la grabación mixta de audio y datos]
CD-R = compact disk recordable | CD-R [disco compacto grabable]
CD-R/E = compact disc-recordable and erasable | CD-R/E [disco compacto regrabable]
CD recorder | grabadora de CD
CD-R machine = compact-disc recorder machine | grabadora de CD
CD-ROM = compact disc read only memory | CD-ROM [disco óptico de sólo lectura, disco compacto con memoria de sólo lectura]
CD-ROM burner | grabadora de CD
CD-ROM drive | unidad de CD-ROM
CD-ROM extended architecture | arquitectura extendida de CD-ROM
CD-ROM file system | sistema de archivos de CD-ROM
CD-ROM jukebox | cargador automático de CD-ROM
CD-ROM reader | lector de CD-ROM
CD-ROM recorder | grabador de CD-ROM
CD-ROM/XA = CD-ROM extended architecture | CD-ROM/XA [arquitectura extendida de CD-ROM]
CD-RW = compact disc-rewritable | CD-RW [disco compacto regrabable]
CDS = circuit data service | CDS [servicio de circuito de datos]
CDV = circuit-switched voice | CDV [voz en circuito conmutado (opción de ISDN)]
CDV = compact disc video | CDV [videodisco compacto (videodisco de 5 pulgadas)]
CDV = compressed digital video | CDV [vídeo digital comprimido]
CD video = compact disc video | CDV [videodisco compacto (videodisco de 5 pulgadas)]
CD-WO = compact disk - write only | CD-WO [disco compacto para una sola grabación]
CD-XA | CD-XA [disco compacto con arquitectura ampliada]
Ce = cerium | Ce = cerio
CE = compact edition [by Windows] | CE [edición compacta]
CEA = Consumer electronics association | CEA [asociación de electrónica de consumo]
CeBIT = Centrum für Büroinformation und Telekommunikation (ale) | CeBIT [feria ofimática y de las tecnologías de la información y la telecomunicación]
CEF = common event flag | bandera de acontecimiento común (/normal)
CEI = comparably efficient interconnection [USA] | IEC = interconexión eficaz comparable [norma para la defensa de la competencia]
ceiling | techo
ceiling baffle | bafle (/pantalla acústica) para techo (/cielo raso)
Celeron [processor trade mark] | Celeron [marca de procesadores]
celestial guidance | guía celeste
CELF [socket for secondary cache] | CELF [zócalo de caché secundaria]
cell | célula, pila, batería, elemento; celda; cubeta

cell animation | animación por láminas de celuloide trasparente
cellar | pila
cell box | recipiente celular
cell cavity | cavidad de célula; cuba crisol
cell constant | constante de la pila
cell correction factor | factor de corrección de célula
cell counter | contador de células
cell cover | tapa de baterías
cell for liquid | cubeta para líquidos
cell holder | portacubetas
cell internal resistance | resistencia interna de la pila
cell phone = cellular phone | móvil, teléfono celular (/móvil)
cell radius | radio de la célula
cell relay | conmutación por paquetes [*de longitud fija*]
cell size | longitud de célula
cell socket | entalladura para la cubeta
cell-type valve | válvula de tipo célula
cellular automata | autómata celular [*modelo teórico de ordenadores paralelos*]
cellular automatic machine | máquina automática celular
cellular digital packet data | trasmisión de paquetes de datos por teléfono móvil
cellular horn | bocina celular
cellular phone | teléfono celular, móvil, teléfono móvil
cellular system | telefonía celular [*de telefonía*]
cellular telephone system | sistema telefónico celular
cellulose acetate | acetato de celulosa
cellulose nitrate disc | disco de nitrato de celulosa
cell voltage | tensión (/voltaje) de pila (/acumulador)
CELP = code-book excitation linear prediction | CELP [*predicción lineal por excitación del libro de códigos*]
Celsius temperature scale | escala Celsio de temperatura
CELTIC [*electronic concentrator using idle time on trunk circuits*] | CELTIC [*concentrador electrónico que utiliza los tiempos de desocupación de los circuitos interurbanos*]
cement duct | tubo (/conducto) de cemento
CEMF = counter electromotive force | fuerza contraelectromotriz
CEN = Comité européen de normalisation (*fra*) [*European standardization committee*] | CEN = Comité europeo de normalización
CENELEC = Comité européen de normalisation électrotechnique (*fra*) | CENELEC = Comité europeo para la normalización electrotécnica
censorship | censura
censorware | software censor [*que impone restricciones al uso de internet*]

center [USA] [*centre (UK)*] | centro
center, to - | centrar
centered | centrado
centering [USA] [*centring (UK)*] | centrado
centi- [*pref*] | centi- [*prefijo que significa una centésima parte*]
centigrade temperature scale | escala de temperatura en grados centígrados
centimeter [USA] | centímetro
centimetre [UK] | centímetro
centimetre-gram-second electromagnetic unit | unidad electromagnética centímetro-gramo-segundo
centimetre-gram-second electrostatic unit | unidad electrostática centímetro-gramo-segundo
centimetre wave | onda centimétrica
centimetric wave | onda centimétrica
central | central
central battery | batería central
central battery exchange | central telefónica de batería
central battery telephone | teléfono de batería central
central contact-rail | carril central de contacto
central exchange | oficina central
central eye | agujero central
central force | fuerza central
central hub | estación coordinadora [*estación terrena que realiza una función coordinadora de otras en VSAT*]
centralized attendant service | servicio de operadoras centralizado
centralized network | red centralizada
centralized operator | servicio de operadoras centralizado
centralized processing | proceso centralizado
centralized system | sistema centralizado
centralizing office | oficina centralizadora
central marker | marcador central
central office | central telefónica; (estación) central, oficina central
central office equipment | equipo de la oficina central
central office exchange | oficina central de cambio
central office line | línea de la central
central potential | potencial central
central processing unit | unidad central de proceso, procesador central
central processor | procesador central, unidad central de proceso
central processor unit | unidad central de proceso
central station | central eléctrica; estación (/fábrica) central
central station alarm system | sistema de alarma con estación central
central temperature | temperatura en el centro
centre [UK] | centro
centre-coupled loop | bucle (/lazo) con acoplamiento central

centre expansion | expansión de centro
centre feed | alimentación central
centre-feed aerial | antena de alimentación central
centre frequency | frecuencia central (/nominal)
centre frequency stability | estabilidad de la frecuencia central
centre hole | perforación de arrastre (/avance) de la cinta
centre line | línea de centros
centre of a band | centro de la banda
centre of gravity | centro de gravedad
centre of mass | centro de masas
centre of mass system | sistema de centro de masas
centre ring | toroide central
centre tap | toma central
centre tap circuit magnetic amplifier | amplificador magnético de ajuste central
centre tap keying | manipulación por toma central
centre-tapped inductor | bobina (/inductor) de toma central
centre wire | hilo central
CENTREX = central office exchange service | CENTREX [*servicio de utilización parcial de centralita telefónica pública*]
centre zero meter | medidor centrado en cero
centre zero relay | relé conmutador, relé de todo o nada de tres posiciones
centrifugal casting | fundición centrifugada
centrifugal force | fuerza centrífuga
centrifugal separation | separación centrífuga
centrifugal switch | interruptor centrífugo
centrifuge | centrifugador, (máquina) centrifugadora
centring [UK] | centrado
centring control | control de centrado
centring diode | diodo de centrado
centring magnet | imán de encuadre (/ajuste de la imagen)
centripetal force | fuerza centrípeta
centroid | centroide
Centronics [*trade mark of a parallel printer interface*] | Centronics [*marca de interfaz paralelo para impresoras*]
CEPT = Conférence européenne des administrations des postes et des télécommunications (*fra*) [*European conference of posts and telecommunications administrations*] | CEPT [*Conferencia Europea de Administraciones de Telecomunicación*]
ceramic | cerámica; cerámico
ceramic amplifier | amplificador cerámico
ceramic-based microcircuit | microcircuito de base cerámica

ceramic bead | perla (/cuenta) de cerámica
ceramic capacitor | condensador cerámico
ceramic cartridge | cartucho cerámico
ceramic dielectric | dieléctrico cerámico
ceramic filter | filtro cerámico (/de cerámica)
ceramic-fuelled reactor | reactor de combustible cerámico
ceramic insulator | aislador de porcelana
ceramic magnet | imán cerámico
ceramic microphone | micrófono cerámico
ceramic permanent magnet | imán permanente cerámico
ceramic pickup | fonocaptor cerámico
ceramic reactor | reactor cerámico
ceramic solution | solución cerámica
ceramic transducer | trasductor cerámico
ceramic tube | tubo cerámico
ceramoplastic | plástico cerámico
cerium | cerio
cermet | cerametal [*elemento resistivo de cerámica y metal*]
cermet potentiometer | potenciómetro de cerametal
cermetology | cerametología
CERN = Conseil Européen pour la Recherche Nucléaire (*fra*) [*European laboratory for particle physics*] | CERN [*Consejo europeo de investigación nuclear*]
CERN server | servidor CERN
CERT = character error-rate testing | CERT [*prueba de tasa de errores en caracteres*]
CERT = computer emergency response team | CERT [*equipo de respuesta a emergencias informáticas*]
certificate authority | autoridad homologadora
certificate chain | cadena de certificación
certificate in computer programming | certificado en programación informática
certificate in data processing | certificado en proceso de datos
certificate renewal | renovación de certificados
certification | certificación
certification authority | autoridad certificadora (/homologadora)
certified magnetic tape | cinta magnética certificada
cesium [USA] [*caesium* (UK)] | cesio
Cf = californium | Cf = californio
CF = ceramic filter | FC = filtro de cerámica
CF = continuous fluoroscopy | RC = radioscopia continua
CFM = confirm | confirme, confirmo
CFMD = confirmed | confirmado
CFMG = confirming | confirmando

CFMN = confirmation | confirmación
CG = computer graphics | CG [*gráficos de ordenador*]
CGA = color graphics adapter | CGA [*adaptador para gráficos en color (formato de vídeo para ordenador)*]
CGI = common gateway interface | CGI [*interfaz de puerta (/acceso, /pasarela) común*]
CGI = computer graphics interface | CGI [*interfaz de gráficos informáticos*]
CGI script = common gateway interface script | protocolo CGI [*protocolo de interfaz de puerta común*]
cgi-bin = common gateway interface-binaries | cgi-bin [*directorio ejecutable por HTTP mediante CGI*]
CGM = computer graphics metafile | CGM [*metaarchivo informático de gráficos*]
CGMP = cache group management protocol | CGMP [*protocolo de gestión de un grupo de memorias caché*]
CGP = controlled porous glass | CGP [*vidrio de poro controlado*]
CGS = centimetre-gram-second | CGS = centímetro-gramo-segundo
CGS electromagnetic system of units | sistema de unidades electromagnéticas CGS
CGS electrostatic system of units | sistema de unidades electrostáticas CGS
CGS system = centimetre-gram-second-system | sistema CGS = sistema centímetro-gramo-segundo [*sistema cegesimal*]
CGS unit | unidad cegesimal
CH = channel | c. = canal
chad | recortes (de cinta), confeti
chad chute | conducto de recortes (de cinta)
chad container | recipiente (/depósito) de recortes
chadless | perforación parcial; semiperforado
chadless tape | cinta semiperforada (/con perforación parcial)
chad perforation | perforación completa
chad tape | cinta perforada
chaff | tira perturbadora (/antirradar); cintas reflectoras; cinta metálica antirradar
chain | cadena; eslabonamiento
chain calculations | cadena de operaciones, cálculos en cadena
chain call | llamadas sucesivas (/en cadena)
chain code | código en cadena
chain decay | decaimiento en cadena
chain disintegration | desintegración en cadena
chained file | archivo encadenado
chained list | lista encadenada (/enlazada)
chain fission | escisión en cadena
chain fission yield | energía liberada por escisión en cadena
chaining | encadenamiento
chaining search | búsqueda encadenada (/de encadenamiento, /en cadena)
chain of circuits | cadena de circuitos
chain printer | impresora de cadena
chain radar beacon | radiofaro (/baliza) de radar en cadena; radar secundario de cadena
chain radar system | sistema de radar en cadena
chain reaction | reacción en cadena
chalk | tiza
chalk line | cuerda de trazar
chalkware | programa fantasma [*aún no lanzado al mercado*]
challenge | interrogación
challenge handshake authentication protocol | protocolo de autenticación mediante desafío
challenger | contestador; emisor de impulsos de interrogación
chamber | cámara
chamber for evaporation | recipiente evaporador (/vaporizador)
chance failure | fallo fortuito
change | cambio; permutación, mutación; alteración; trueque; variación, mudanza; recambio, sustitución, reemplazo
change, to - | cambiar
change a fuse, to - | reemplazar un fusible
change cipher spec protocol | protocolo de cambio de especificaciones de cifrado
change directory, to - | cambiar directorio [*orden de programa*]
changed number trunk | enlace para números cambiados
change dump | vuelco de modificaciones
change file | archivo de cambios [*para registro de cambios en una base de datos*]
change management | gestión de cambios
change note | hoja de cambio
change of concentration | variación de la concentración
change of polarity | variación de la polaridad; cambio de polos
change of service | cambio de servicio
changeover | cambio; conmutación, permutación; trasferencia
changeover contact | contacto inversor (/de conmutación, /de reposo-trabajo)
changeover filter | filtro divisor (de frecuencias)
changeover frequency | frecuencia limítrofe (/de transición)
changeover switch | conmutador (inversor), inversor (de corriente); interruptor de dos direcciones
change permissions, to - | cambiar autorizaciones

changer | cambiador; cambiadiscos
change to, to - | cambiar a
changing | cambio
changing of the measuring range | conmutación de la gama de medición
channel | canal; vía de trasmisión (/comunicación)
channel access | acceso al canal [*de datos*]
channel adapter | adaptador de canal
channel activity comparator | comparador de actividad de canal
channel aggregator | agregador de canal
channel associated signalling | señalización asociada al canal
channel balance | equilibrio entre canales
channel bank | banco de canales
channel capacity | capacidad del canal, capacidad de canales
channel check | control de canal
channel coding | codificación de canal
channel controller | controlador de canal
channel designator | indicador de canal
channel diffusion stopper | canal frenador de la difusión
channel effect | efecto (de) canal
channel error | error de canal
channel filter | filtro de canal (/vía)
channel frequency | frecuencia de canal
channel height | ancho del canal
channel hop | salto de canal
channel hours | horas por canal
channel interval | intervalo del canal
channelling | canalización; espaciamiento entre canales; trasmisión canalizada; reparto de canales
channelling effect factor | factor de efecto de homogeneidad
channellizing | canalización
channel miles | millas de canal
channel op = channel operator | operador de canal
channel operator | operador de canal
channel pulse | impulso del canal
channel pulse synchronization | sincronización de canal por impulsos
channel reliability | fiabilidad del canal
channel restorer | restaurador de canales
channel reversal | inversión de canales
channel-reversing swith | conmutación inversora de canales
channel sampling rate | nivel de muestreo del canal
channel selector | selector de canal
channel separation | separación (/espaciamiento) entre canales
channel sequence number | número de secuencia del canal
channel service unit | unidad de servicio de canales
channel sharing | compartimiento de canales
channel shift | desplazamiento del canal
channel shifter | desplazador de canal
channel stop | canal frenado
channel strip | designador de canal
channel switching | conmutación de canal(es)
channel synchronizing pulse separator | separador de impulsos de sincronización de canal
channel time response | respuesta de tiempo de canal
channel-to-channel connection | conexión de canal a canal
channel utilization index | índice de utilización del canal
channel wave | onda de canal
CHAP = challenge handshake authentication protocol | CHAP [*protocolo de autenticación mediante desafío*]
Chapman region | región de Chapman
chapter | capítulo
character | carácter
character boundary | límite de carácter
character cell | celda de carácter [*bloque de píxeles para representar un carácter en pantalla*]
character check | comprobación (/verificación) de caracteres
character code | código de carácter
character counter | contador de caracteres
character definition table | tabla de definición de caracteres
character density | densidad de caracteres
character device | dispositivo de caracteres [*periférico para trasmisión de caracteres*]
character display | pantalla (para presentación) de caracteres
character emitter | emisor de caracteres
character encoding | codificación de caracteres
character entity | entidad del carácter [*notación de un carácter en HTML y SGML*]
character generator | generador de caracteres
character generator cathode-ray valve | osciloscopio de rayos catódicos generador de caracteres
character formation | formación de caracteres
character image | imagen de carácter [*conjunto de bits que compone el carácter*]
characteristic | característica; característico
characteristic curve | curva característica
characteristic distortion | distorsión característica
characteristic frequency | frecuencia característica (/fundamental)
characteristic function | función característica
characteristic graph | característica gráfica
characteristic impedance | impedancia característica
characteristic impedance of free space | impedancia característica del aire (/espacio libre)
characteristic instant | instante característico
characteristic mean flow | caudal medio característico
characteristic of a discharge | característica de descarga
characteristic radiation | radiación característica
characteristics | (propiedades) características
characteristic series | serie característica
characteristic spread | extensión característica
characteristic telegraph distortion | distorsión telegráfica característica
characteristic vector | vector característico
characteristic wave impedance | impedancia característica de la onda
characteristic x-radiation | radiación X característica
character machine | máquina de caracteres
character map | mapa de caracteres
character mode | modo texto
character-oriented protocol | protocolo orientado al carácter
character parity | paridad de carácter
character printer | impresora de impacto, impresora carácter a carácter
character reader | lectora de caracteres
character read-out system | sistema de lectura (/edición) de caracteres
character recognition | reconocimiento de caracteres
character rectangle | rectángulo del carácter [*para su representación gráfica*]
character representation | representación de caracteres
character sensing | detección de caracteres
character set | conjunto (/colección, /grupo, /juego) de caracteres
characters per inch | caracteres por pulgada
characters per second | caracteres por segundo
character string | serie (/cadena, /tira) de caracteres
character style | estilo de caracteres
character subset | subconjunto de caracteres
character template | plantilla de caracteres
character type | tipo (de datos) de caracteres

character user interface | interfaz de usuario para caracteres [*de texto*]
Charactron | caractrón [*marca comercial de válvula de rayos catódicos para reproducción de caracteres*]
charcoal | carbón vegetal
charge | carga; tasa, importe
charge, to - | cargar
chargeable | cobrable; tasable, susceptible de ser tasado
chargeable call | conferencia (/llamada) cobrable (/pagada)
chargeable duration | tiempo tasable
chargeable minute | minuto cobrado (/tasado, /cargado)
chargeable time | tiempo tasado; duración tasable
chargeable time indicator | indicador de duración
chargeable time lamp | lámpara de duración
chargeable trunk call | conversación interurbana tasada
charge amplifier | amplificador de carga
charge analysis | análisis de carga
charge carrier | portador de carga
charge carrier diffusion constant | constante de difusión de portadores de carga
charge carrier diffusion length | alcance de difusión de portador de carga
charge collection | cobro (/percepción) de tasas
charge conjugation | conjugación de carga
charge-coupled device | dispositivo de carga acoplada
charged | cargado
charge density | densidad de carga
charged particle | partícula cargada
charged particle equilibrium | equilibrio de partículas cargadas
charged point detector | detector de punto cargado
charge exchange | intercambio de carga
charge exchange phenomenon | fenómeno de intercambio de carga
charge independence | independencia de carga
charge-indicating device | dispositivo para la indicación de tasa
charge invariance | invarianza de cargas
charge mass ratio | coeficiente (/relación) carga/masa
charge meter | medidor de carga; calculador de tasa
charge of a capacitor | carga de un condensador
charge of a conductor | carga de un conductor
charge on an electrical body | carga de un cuerpo electrizado
charge period | periodo tasable (/de tasación)

charge pulse amplifier | amplificador de impulsos de carga
charger | cargador, dispositivo de carga
charger reader | cargador lector
charge retention | retención de carga
charge storage transistor | transistor de almacenamiento de carga
charge storage valve | válvula de memoria (/almacenamiento) de carga
charge switch | reductor de carga
charge symmetry | simetría de carga
charge transfer | trasferencia de carga
charge transfer absorption band | banda de absorción de trasferencia de carga
charge transfer spectrum | espectro de trasferencia de carga
charging | proceso de carga; tarifación, tarificación, tasa; comprobación
charging area | zona de tasación
charging board | panel (/tablero) de carga
charging choke | bobina de autoinducción de carga
charging circuit | tarifador; circuito de carga
charging clerk | empleado tasador
charging coefficient | coeficiente de carga
charging current | intensidad (/corriente) de carga
charging information | tarifación, tarificación [*asignación de tarifas*]
charging of a condenser | carga de un condensador
charging of an accumulator | carga de un acumulador
charging panel | cuadro (/tablero) de carga
charging period | periodo de tasación
charging rate | índice (/régimen) de carga
charging recording | tarifación, tarificación [*asignación de tarifas*]
charging reduction | tarifa reducida
charging registration | tarifación, tarificación [*asignación de tarifas*]; cómputo de llamadas
charging resistance | resistencia de carga
charging rule | norma de tasación (/tarifación)
charging unit | cargador; unidad de carga (/tasa); tasa unitaria
charging zone | zona de carga; área de cálculo
charred part | pieza semicarbonizada
chart | gráfico, cuadro, diagrama, organigrama; tabla
chart comparison unit | unidad de comparación del cuadro
chart recorder | grabadora de gráficos
chase | seguimiento, persecución
chaser | circulador
chassis | chasis, carcasa
chassis earth | conexión a masa
chassis lock | cerradura de la carcasa

chassis punch | punzón de chasis
chat | chat [*charla por internet, sitio de internet para conversaciones en grupo*]
chat, to - | chatear [*fam: conversar en grupo por internet*]
chat room | espacio para charla, canal de conversación
chatter | vibración; tintineo
chattering | chirrido
chatter time | tiempo de tintineo
Chauvenet's criterion | criterio de Chauvenet
CHD = cable distribution head | CHD [*distribuidor de hilos en el extremo del cable*]
CHDL = computer hardware description language | CHDL [*lenguaje de descripción de hardware*]
cheater cord | prolongador; cordón eliminador de enclavamiento
check | cálculo, recuento; comprobación, verificación
check, to - | comprobar, confirmar, probar, verificar
check bit | bit de control (/comprobación)
checkbox, check box | recuadro (/cuadro) de control, casilla de control (/verificación)
check button | botón de verificación
check character | carácter de comprobación (/verificación)
check digit | dígito de comprobación (/control)
checked command | orden activada
checkerboard pattern | carta de ajuste, carta en tablero de ajedrez
check in / check out | servicio de reservas [*prestación hotelera en una PABX*]
checking | prueba de ocupación
checking list | lista de comprobación (/material)
checking programme | programa de verificación
checklist | lista de comprobación (/control)
check mark | marca de verificación (/selección)
checkout | comprobación (/depuración) de salida
checkpoint | punto de control (/comprobación)
checkpoint message | mensaje de punto de comprobación
checkpoint routine | rutina de punto de certificación
check problem | problema de control (/comprobación)
check register | registro de control (/verificación)
check routine | rutina de comprobación
check spelling, to - | verificar la ortografía
checksum | suma de control (/certificación, /comprobación, /verificación)

checksum error | error de la suma de comprobación (/control)
checksum validation | validación de la suma de comprobación
check word | palabra de referencia
cheek | mordaza
cheese aerial | antena (en forma) de queso, antena de placas, antena con parábola achatada
chemical | (producto) químico
chemical binding effect | efecto de ligadura química
chemical colouring | bruñido químico
chemical deposition | deposición química
chemical dosimeter | dosímetro químico
chemical equivalent | equivalente químico
chemical exchange | intercambio químico
chemical jacket removal | pelado (/desenvainado) químico
chemically-deposited printed circuit | circuito impreso por depósito químico
chemically-reduced printed circuit | circuito impreso por reducción química
chemical protector | protector químico, radioprotector
chemical purity | pureza química
chemical shift imaging | formación de imagen por desplazamiento químico
chemical shim | control por veneno soluble
chemiluminescence | quimioluminiscencia
chemisorption | quimisorción
chemistry | química
chemonuclear reactor | reactor de radioquímica
Cherenkov counter | contador Cherenkov
Cherenkov detector | detector Cherenkov
Cherenkov effect | efecto Cherenkov
Cherenkov effect failed element monitor | monitor de rotura de vaina de efecto Cherenkov
Cherenkov radiation | radiación (/luz) de Cherenkov
Cherenkov rebatron radiator | radiador rebatrón de Cherenkov
chest transmitter | micrófono de pecho
chevrons | comillas angulares
CHF = chief | jefe
CHG = charge | cargo (en cuenta); tasa
CHGS = charges | tasas
chiclet keyboard | teclado chicle [antiguo teclado de ordenador de IBM para niños]
chief | jefe
chief operator | jefe de turno; operador jefe
chief operator's desk | cuadro de vigilancia, mesa de supervisión (/encargado), posición de vigilancia
chief operator's turret | conmutador de servicio local, cuadro conmutador de servicio interior
chief programmer team | equipo de programador jefe
chief supervisor | inspector en jefe; vigilante principal
CHIL = current-hogging injection logic | CHIL [lógica de inyección con acaparamiento de corriente]
child | hijo
child directory | subdirectorio
child lock | bloqueo para niños
child menu | submenú
child process | proceso hijo (/derivado)
Child's law | ley de Child
CHILL = CCITT high level language | CHILL [lenguaje CCITT de alto nivel]
chilling | enfriado brusco
chimney attenuator | atenuador de chimenea
chinese remainder theorem | teorema chino del resto
chip [localized fracture or break at the end of a cleaved fibre] | fractura
chip | chip [oblea diminuta que contiene un circuito integrado]; pastilla; rebaba, recorte, viruta; placa de semiconductor
chip and wire | pastilla (/chip) y cable
chip architecture | arquitectura de pastillas (/chips)
chip capacitor | condensador de pastilla (/chip)
chip card | tarjeta chip, tarjeta inteligente (/de chip)
chip component | componente de pastilla (/chip)
chip-in-tape | pastilla (/chip) en cinta
chipping knife | cuchillo para plomo
chip resistor | resistencia de pastilla
chip select | selección de chip (/componentes)
chip select signal | señal de selección de chip
chipset, chip set | juego (/equipo) de pastillas (/chips), conjunto de chips
chip socket | zócalo, enchufe (hembra) de chips
Chireix aerial | antena Chireix
Chireix-Mesny aerial | antena de Chireix-Mesny
chirp modulation | modulación por chirrido
chirp radar | radar de chirrido (/compresión de impulso)
chi-squared distribution | distribución Ji-cuadrado
chlorination | tostación a cloro
chlorine | cloro
chlorine trifluoride | trifluoruro de cloro
CHNL = channel | c. = canal
choice | elección, opción, selección
choice of line | selección de línea
choke = choking coil [obsolete term for inductor] | bobina (/impedancia) de inducción (/autoinducción), (bobina de) reactancia; reactor; transformador reductor
choke capacity | capacidad de reactancia
choke coupling | acoplamiento inductivo
choke flange | brida de bobina de autoinducción
choke input filter | filtro de entrada inductiva (/por reactancia)
choke joint | junta de bobina; conexión de cierre
choke modulation | modulación por reactancia
choke piston | pistón de choque [en guiaondas]
choke transformer | trasformador reductor
choking coil | reactancia; reactor; reactancia de inducción (/autoinducción); impedancia de inducción; bobina de reactancia (/inducción); trasformador reductor
Cholesky decomposition | descomposición de Cholesky
Chomsky hierarchy | jerarquía de Chomsky
Chomsky normal form | forma normal de Chomsky
choose, to - | elegir, escoger, seleccionar
choose name for action, to - | elegir nombre para la acción
chooser | selector
chooser extension | extensión de selección
chop and leach | troceado y disolución
chopped mode | modo interrumpido (/fragmentado)
chopped-up conversation | conversación (/voz) entrecortada
chopper | troceador, descrestador (de ondas); discriminador rotatorio; conmutador periódico; vibrador
chopper amplifier | amplificador troceador (/con modulación por contacto)
chopper spectrometer | espectrómetro troceador (/mecánico de neutrones)
chopper stabilization | estabilización por troceado
chopper-stabilized amplifier | amplificador troceador estabilizado
chopping | interrupción pulsatoria; corte periódico; modulación; interrupción; descrestado
chopping frequency | frecuencia de troceado
chopping-leaching | troceado-disolución
chord | acorde
chord organ | órgano de acordes
chorus | coro
Christiansen aerial | antena Christiansen
Christiansen filter | filtro de Christiansen
Christmas-tree pattern | diagrama de árbol de navidad

chroma | cromatismo, nivel de color
chroma clear raster | trama de eliminación de color
chroma control | control de cromatismo (/saturación de color por ganancia)
chroma detector | detector de croma
chromatic aberration | aberración cromática
chromatic dispersion | dispersión cromática
chromaticity | cromaticidad
chromaticity coordinate | coordenada tricromática (/de cromaticidad, /de cromatismo), coeficiente tricromático
chromaticity diagram | diagrama de cromatismo
chromaticity flicker | parpadeo de cromatismo
chromatic phase axis | eje de fase cromática
chromatron | cromatrón
chrominance | crominancia
chrominance amplifier | amplificador de crominancia
chrominance band | banda de crominancia
chrominance bandwidth | ancho de banda de crominancia
chrominance cancellation | cancelación (/eliminación) de la crominancia
chrominance carrier | portadora de crominancia
chrominance carrier reference | referencia de portadora de crominancia
chrominance channel | canal de crominancia
chrominance channel bandwidth | ancho de banda de canal de crominancia
chrominance component | componente de crominancia
chrominance contrast | contraste de crominancia
chrominance demodulator | desmodulador de crominancia
chrominance gain control | control de ganancia de crominancia
chrominance modulator | modulador de crominancia
chrominance primary | primario de crominancia
chrominance signal | señal de crominancia
chrominance subcarrier | suportadora de crominancia
chrominance subcarrier demodulator | desmodulador de subportadora de crominancia
chrominance subcarrier modulator | modulador de subportadora de crominancia
chrominance subcarrier oscillator | oscilador de subportadora de crominancia
chrominance subcarrier reference | referencia de subportadora de crominancia

chrominance video signal | señal de vídeo de crominancia
chromium | cromo
chromium dioxide | dióxido de cromo
chromophore | cromóforo
chromophore group | grupo cromóforo
chromophoric electron | electrón cromóforo (/cromofórico)
chronic exposure | exposición (/irradiación) crónica
chronistor | cronistor
chronograph | cronógrafo
chronometer | cronómetro
chronoscope | cronoscopio
chronotron | cronotrón
CHRP common hardware reference platform | CHRP [*plataforma común de referencia de hardware*]
CHT = chief technician | TJ = técnico jefe
chuck | portaaguja; plato de sujeción
chucking | expulsiones periódicas
chunk | codificación fragmentada [*para trasferencia segura de datos*]
Churchill calibration method | método (de calibración) de Churchill
Church-Rosser theorem | teorema de Church-Rosser
Church's thesis | tesis de Church
chute | caída
CI = computer integration | integración por ordenador
ciclic redundancy check | prueba cíclica de redundancia
CIDR = classless interdomain routing | CIDR [*encaminamiento sin clase entre dominios (protocolo de comunicaciones)*]
CIE = Commission Internationale de l'Eclairage (fra) [*International Commission for Illumination*] | CII = Comisión Internacional de Iluminación
CIE source | fuente de iluminación CIE
CIF = common intermediate format | CIF [*formato medio común (formato de vídeo no entrelazado)*]
CIFS = common Internet file system | CIFS [*sistema común de archivos de internet*]
CIGRE = Conférence internationale des grands reséaux électriques á haute tension (fra) | CIGRE [*Conferencia Internacional de Redes Eléctricas de Alta Tensión*]
CIM = commands-indication module | MOI = módulo de operación e indicación [*en enclavamientos ferroviarios electrónicos*]
CIM = common information model | CIM [*modelo de información común*]
CIM = computer-input microfilm | CIM [*microfilm de entrada para ordenador*]
CIM = computer integrated manufacturing | CIM [*fabricación integrada por ordenador*]
cipher | cifra; cifrador
cipher machine | criptógrafo

cipher telephony | criptotelefonía
ciphertext | cifra
CIR = committed information rate | CIR [*caudal mínimo de información que garantiza el operador telefónico al cliente*]
CIR = computer-integrated railroading | CIR [*tráfico ferroviario integrado por ordenador, servicio ferroviario con informatización integral*]
CIR = current instruction register | CIR [*registro de instrucciones normales*]
circle | círculo
circle cutter | taladradora circular
circle diagram | diagrama de círculo
circle-dot mode | modo de círculo-punto
circle of confusion | círculo de confusión
circlip | pasador elástico
circlotron amplifier | amplificador de ciclo
circuit | circuito; canal, vía
circuit analyser | analizador de circuitos
circuit analysis | análisis de circuitos
circuitation | circuitado
circuit board | tarjeta (/placa) de circuitos
circuit bracket | disyuntor
circuit breaker | disyuntor, interruptor de máxima, ruptor de circuito
circuit breaker cascade system | disyuntores en cascada
circuit capacity | capacidad del circuito
circuit card | tarjeta (/placa) de circuitos
circuit component | componente del circuito
circuit data service | servicio de circuito de datos
circuit density | densidad del circuito
circuit diagram | diagrama de circuitos
circuit dropout | disparo del circuito
circuit efficiency | rendimiento (/eficiencia) del circuito
circuit element | elemento de circuito
circuit emulator | simulador (/emulador) de circuitos
circuit equivalent | equivalente de un circuito; atenuación neta
circuit gap admittance | admitancia de intervalo de un circuito
circuit in contact with another | circuito cruzado con otro
circuit layout record | descripción sumaria de un circuito
circuit length | longitud real de un circuito
circuit magnification meter | medidor de amplificación del circuito
circuit message number | número de mensaje (/telegrama) en el circuito
circuit model | circuito piloto (/para ensayos); modelo de circuito
circuit noise | ruido del circuito
circuit noise level | nivel de ruido del circuito

circuit noise meter | sofómetro [medidor de ruido del circuito]
circuit numbering unit | numerador de mensajes trasmitidos
circuit operating time | duración de las maniobras
circuit parameter | parámetro del circuito
circuit protection | protección del circuito
circuit Q | factor de calidad (del circuito)
circuit reliability | fiabilidad del circuito
circuitron | circuitrón
circuitry | circuitería, conjunto de circuitos
circuit serial number | número (de serie) del circuito
circuit-switched data | datos en circuito conmutado [opción de ISDN]
circuit switched mode bearer service | servicio portador en modo circuito de audio
circuit-switched voice | voz en circuito conmutado [opción de ISDN]
circuit switching | conmutación de circuitos
circuit synthesis | síntesis del circuito
circuit unavailability | falta de circuitos
circuit usage | coeficiente de ocupación
circuit usage record | libro registro de rendimiento del circuito
circuit worked on up-and-down basis | circuito banalizado
circular | circular
circular aerial | antena circular
circular arc | arco circular
circular beam multiplier | multiplicador de haz circular
circular birefringence | birrefringencia circular
circular chart recorder | registrador de ábaco circular
circular cross section | sección trasversal circular
circular electric wave | onda eléctrica circular
circular horn | bocina circular
circular list | lista circular [de procesado de datos]
circularly-polarized loop V | antena de polarización circular con cuadro en V
circularly-polarized wave | onda de (/con) polarización circular
circular magnetic wave | onda magnética circular
circular mil [USA] | milésima circular
circular mil area | área en milésimas circulares
circular motion | movimiento circular
circular polarization | polarización circular
circular polarization duplexer | duplicador de polarización circular
circular probable error | error probable circular

circular saw | sierra circular
circular scanning | exploración circular
circular shift | desplazamiento circular
circular system | sistema circular
circular trace | trazo (/trazado) circular
circular waveguide | guiaondas circular
circulating | circulante
circulating fuel reactor | reactor con combustible circulante
circulating memory | memoria circulante
circulating register | registro circulante
circulating signal | señal de circulación
circulating storage | almacenamiento circulante
circulating wave | onda en circulación
circulation | circulación
circulation of the electrolyte | circulación del electrolito
circulator | circulador; distribuidor
CISC = complex instruction set code | CISC [código complejo de juego de instrucciones]
CISC = complex instruction set computer | CISC [ordenador para conjunto de instrucciones complejas]
CIS-COBOL = compact interactive standard COBOL | CIS-COBOL [COBOL normalizado compacto e interactivo]
CIT = computer integrated telephony | CIT [telefonía asistida por ordenador]
citizen band | banda ciudadana
city line | línea urbana
city line circuit | circuito de línea urbana
city trunk | enlace urbano
CIX = commercial Internet exchange | CIX [intercambio comercial por internet]
CK = clock | R = reloj
Cl = chlorine | Cl = cloro
CL = call | llamada
CL = closing station | estación cerrada
clad | vaina; revestimiento metálico (/de la fibra óptica, /del circuito impreso)
clad, to - | envainar
cladding | revestimiento metálico (/de la fibra óptica, /del circuito impreso)
clad temperature computer | calculador de temperatura de vaina
claim-management | gerencia principal
clamp | pinza, abrazadera; lengüeta, estribo; fijador (de base)
clamp, to - | fijar
clamp-and-hold digital voltmeter | voltímetro digital de muestreo
clamper | fijador
clamping | fijador; bloqueo de nivel; conexión a potencial de referencia; fijación (sincronizada) de nivel
clamping circuit | circuito fijador (/bloqueador, /de bloqueo, /de fijación de base)
clamping device | cerrojo; dispositivo de enclavamiento

clamping diode | diodo fijador (de nivel), diodo de bloqueo
clamping plate | placa de fijación
clamp-on ammeter | amperímetro de abrazadera (/inserción, /tenaza)
clamp pulse | impulso de fijación de nivel
clamp terminal | terminal de fijación
clamp valve | válvula fijadora de nivel
clamp valve modulation | modulación por válvula de bloqueo
CLAN = cableless LAN | CLAN [red de área local sin cableado]
C language = compiled language | lenguaje C = lenguaje compilado [de programación informática]
Clapp oscillator | oscilador Clapp
clapper | golpeador; armadura móvil
Clark cell | pila de Clark [pila para mediciones precisas]
Clarke orbit | órbita de Clarke
class | categoría, clase
class A amplifier | amplificador de clase A
class AB amplifier | amplificador de clase AB
class A network | red de clase A [en internet]
classical electron radius | radio clásico del electrón
classical scattering cross section | sección eficaz clásica de dispersión
classical system | sistema clásico
classification | clasificación
classless interdomain routing | encaminamiento sin clase entre dominios [protocolo de comunicaciones]
class library | biblioteca de clase [ayuda a la programación]
class of a circuit | categoría de un circuito
class of service | clase de servicio
class of service changeover | conmutación de categorías (por la operadora), cambio de categoría por la propia extensión, cambio temporal de categorías, asignación temporal de derechos a las extensiones; conmutación de privilegios; candado electrónico; deshabilitación temporal
class of service changeover under program control | conmutación de categorías desde un ordenador
Clausius-Mosotti equation | ecuación de Clausius-Mosotti
CLCT = collect | cóbrese
CLCTD = collected | cobrado
CLD = called | llamado
clean | limpio
clean bomb | bomba limpia
clean boot | inicialización de limpieza [utilizando el mínimo posible de archivos del sistema operativo]
clean install | instalación íntegra [de programas, eliminando instalaciones anteriores]
clean interface | interfaz limpia [interfaz de usuario de fácil manejo]

clean room | sala blanca [*sala con ambiente sin polvo ni impurezas*]
cleanup | barrido; desgasificación; desaparición gradual del gas
clean up, to - | ordenar objetos
cleanup circuit | circuito de purificación
clear | franco, despejado; claro, limpio; listo para emitir
clear, to - | vaciar, borrar, eliminar, poner a cero; colgar, desalojar, despejar, desconectar; limpiar (la pantalla); llevar a la condición normal (/de reposo); normalizar, restablecer
clear all, to - | borrar todo
clearance | claridad; holgura; eliminación, depuración, limpieza
clearance gauge | gálibo de libre paso
clearance hole | zona despejada
clearance rate | velocidad de eliminación
clear back | desconexión hacia atrás
clear-back signal | señal de colgado (/desconexión, /fin de comunicación)
clear channel | canal (/vía) libre, canal despejado
cleardown | liberado
clear-down signal | señal de principio de comunicación
cleared by jumper | borrado por el cable de conexión
clear forward | desconexión hacia adelante
clear-forward signal | señal de desconexión (/fin de comunicación, /liberación de ida)
clear icon, to - | borrar icono
clearing | desconexión, interrupción, corte; señal de cierre; liberación, despeje
clearing field | campo clarificador
clearing out drop | indicador de fin de conversación
clearing out signal | señal de fin
clearing relay | relé de fin de conversación
clearing signal | señal de fin de liberación (/conversación)
clearing signal bell | timbre de fin
clear interrupt flag, to - | limpiar la bandera de interrupción [*orden del lenguaje Assembler*]
clear key | tecla de borrado
clear switch, to - | eliminar el interruptor
clear the traffic, to - | cursar todo el tráfico pendiente
clear to send | listo (/libre) para emitir; preparado para enviar
cleat | puente; aislador de garganta
cleaver | cortafibras, cortadora de fibras
cleaving tool | cortadora de fibras, cortafibras
CLEC = competitive local exchange carrier | CLEC [*compañía privada competidora de la telefonía pública*]
Cleeton and Williams magnetron | magnetrón de Cleeton y Williams
CLI = clear interrupt flag | limpiar la bandera de interrupción [*orden del lenguaje Assembler*]
CLI = command line interpreter | CLI [*interpretador de línea de órdenes*]
click | clic, chasquido
click, to - | hacer click, clicar [*neologismo en informática*]; pulsar [*una tecla*]
clickable image map | mapa interactivo (/sensible), datagrama
clickable map | imagen interactiva
click filter | filtro de chasquidos (/interrupciones, /manipulación)
click in window for focus, to - | pulsar en ventana para activarla
click rate | velocidad de activación [*del ratón*]
click speed | velocidad de activación del ratón [*intervalo máximo entre dos pulsaciones*]
clickstream | ruta histórica [*ruta seguida por un internauta en su navegación*]
click suppressor | supresor de chasquidos
click-through | visitantes por unidad de tiempo [*en un sitio Web*]
click-through rate | índice de visitantes [*porcentaje de visitantes de un sitio Web que consultan un anuncio concreto*]
click volume | volumen de pulsación
client | cliente
client area | área cliente
client error | error de cliente [*en HTTP*]
client hello | hola de cliente [*mensaje de salutación del cliente al servidor*]
client/server architecture | arquitectura cliente/servidor
client-server model | modelo cliente-servidor
client/server network | red cliente/servidor
client-side image map | imagen interactiva con el programa del cliente
climbing | trepado, acción de trepar
climbing of the spark | trepa de la chispa
clip | pinza (de contacto); collar, broche; abrazadera, grapa; brida
clip, to - | cercenar, limitar, recortar
clip art | dibujos artísticos, diseños genéricos
clipboard | portapapeles
clipboard computer | ordenador de bolsillo [*con pantalla activada por lápiz*]
clipboard transfer | portapapeles para trasferencia de datos
clipboard viewer | visor del portapapeles
clipper | recortador, cercenador; (circuito) limitador; separador de amplitud
clipper amplifier | amplificador limitador (/recortador)
clipper circuit | circuito recortador (/limitador de positivos)
clipper limiter | limitador-recortador
clipping | limitación, recorte
clipping circuit | circuito de limitación
clipping level | nivel de limitación (de picos)
clipping path | mancha de impresión [*que delimita en pantalla lo que se puede editar por impresora*]
clipping volume | reducción de volumen
clip plane | recorte
CLIR = call line identification restriction | CLIR [*anulación de la identificación del número que llama*]
CLIX = clicks | chasquidos, clics
CLK = clock | CLK [*(ciclo de) reloj*]
CLMS = claims | reclamaciones; aduce, reclama
CLN = collation | CLN = colación
CLNS = connectionless network service | CLNS [*servicio de red sin conexiones*]
clobber, to - | machacar [*fam; destruir datos sobrescribiéndolos*]
clock | (ciclo de) reloj; intervalo temporal; generador de impulsos
clock/calendar | reloj/calendario
clock circuit | circuito cronométrico (/de reloj patrón)
clock cycle | ritmo
clock doubling | desdoblamiento de reloj [*en microprocesadores*]
clocked | sincronizado, sincrónico; controlado por (impulso de) reloj
clocked flip-flop | basculador (/biestable) temporizado (/cronometrado), circuito basculante cronometrado
clock frequency | frecuencia (/cadencia) de reloj
clock generator | generador de reloj
clocking | sincronización
clock input | entrada de reloj
clock interrupt | interrupción por reloj
clock level | nivel de reloj
clock level monitor | monitor de nivel de reloj
clock meter | contador pendular (/de balancín)
clock phase | fase de reloj
clock pulse | impulso de reloj
clock rate | frecuencia de reloj (/base); cadencia (de reloj), velocidad del reloj
clock signal | señal de reloj (/acompasamiento)
clock skew | sesgo del reloj; desajuste horario
clock speed | velocidad de reloj
clock tick | ciclo de reloj
clockwise capacitor | condensador dextrorsum
clockwise polarized wave | onda polarizada en sentido dextrorso
clone | clon
close | fin, conclusión, terminación, clausura, cierre; unión
close, to - | cerrar

close a circuit, to - | cerrar un circuito
close all, to - | cerrar todo
close box | caja cerrada [*interfaz de usuario de Macintosh*]
close button | botón de cierre [*para cerrar una ventana en Windows*]
close callback | llamada a la función de cierre
close collision | colisión próxima
close coupling | acoplamiento fuerte
closed | cerrado
closed architecture | arquitectura cerrada [*en diseño de ordenadores*]
closed box | caja acústica cerrada
closed circuit | circuito cerrado
closed-circuit alarm system | sistema de alarma de circuito cerrado
closed-circuit arrangement | montaje en circuito cerrado
closed-circuit cooling | refrigeración circulatoria
closed-circuit signalling | señalización en circuito cerrado, señalización de corriente permanente
closed-circuit system | sistema de circuito cerrado
closed-circuit television | televisión en circuito cerrado
closed-circuit voltage | tensión en circuito cerrado
closed-circuit working | funcionamiento en circuito cerrado; explotación por corte de corriente; trasmisión por interrupción de corriente
closed cycle | ciclo cerrado
closed-cycle control system | sistema de control en ciclo cerrado
closed-cycle reactor | reactor de ciclo cerrado
closed-cycle water reactor | reactor de agua de ciclo cerrado
closed file | archivo cerrado [*sólo utilizable por programas concretos*]
closed loop | bucle cerrado
closed-loop bandwith | anchura de banda en lazo cerrado
closed-loop control system | sistema de control en bucle cerrado
closed-loop feedback | realimentación en lazo cerrado
closed-loop gain | ganancia en lazo cerrado
closed-loop system | sistema en lazo cerrado
closed magnetic circuit | circuito magnético cerrado
closed numbering | numeración cerrada
close down, to - | bloquear, cerrojar, enclavar
closed routine | rutina cerrada
closed semiring | semianillo cerrado
closed shop | acceso restringido
closed subroutine | subrutina cerrada
closed system | sistema cerrado
closed systems interconnection | sistemas cerrados de comunicación
closed user group | grupo de usuarios restringido
closed waveguide | guiaondas cerrado
close of work | terminación (/cierre, /fin) del servicio
closer | conjuntor; (servicio de) cierre
close-spaced aerial array | grupo estrecho de antena
close-spaced triode | triodo de espaciado reducido
close-talking microphone | micrófono de anteboca
closing | cierre
closing spark | chispa de cierre
closing time | hora de cierre
closure | cierre
closure angle | ángulo de colisión
closure properties | propiedades de cierre
clothing monitor | monitor de ropa
cloth ribbon | cinta entintadora
cloud | nube
cloud chamber | cámara de niebla
cloud clutter | ecos de nubes
cloud column | columna de nubes
cloud pulse | impulso de nube
cloverleaf aerial | antena de cuatro bucles, antena de dipolo magnético de trébol
cloverleaf cyclotron | ciclotrón en hoja de trébol
CLR = combined line and register | CLR [*servicio combinado de línea y registro*]
CLSD = closed | cerrado
CLSR = closer | cierre
CLTD = collated | intercalado
Clusius column | columna de Clusius
cluster | clúster, sector (de memoria); conjunto (de terminales no inteligentes); controlador [*de ordenadores*]; sistema multipuesto; grupo, racimo
cluster analysis | análisis de conglomerados
cluster controller | unidad central del clúster
cluster counting | recuento de grupos (/racimos) de granos
clustering | apiñamiento
cluster network | red de clústeres
clutch | acoplamiento, acoplador; trinquete; embrague
clutch disc | disco del embrague
clutch drum | tambor del embrague
clutch latch lever | palanca de retención del embrague
clutter | ecos parásitos; eco breve de radar
CLV = constant linear velocity | VLC = velocidad lineal constante
Cm = curium | Cm = curio
CM = city manager | CM [*jefe de comunicaciones urbanas*]
CM = city message | CM [*mensaje destinado a la ciudad de la estación corresponsal*]
CM = commercial manager | DC = director comercial
CM = communications manager | JC = jefe de comunicaciones
CM = configuration management | CM [*administración (/gestión) de configuraciones*]
CMCL = commercial | com. = comercial
CMD = command | instrucción, orden
CMI = computer-managed instruction | CMI [*instrucción de gestión por ordenador*]
C minus | C negativo
CML = chemical marcup language | CML [*lenguaje para especificación de documentos del sector químico*]
CML = current mode logic | CML [*circuito lógico de modo de corriente*]
CMN = communication | com. = comunicación
CMOS = complementary metal-oxide semiconductor | CMOS [*semiconductor complementario de óxido metálico*]
CMOS RAM = random access memory made using complementary metal-oxide semiconductor technology | CMOS RAM [*memoria de acceso aleatorio creada con tecnología de semiconductores complementarios de óxido metálico*]
CMOS setup | ajuste de CMOS
CMS = color management system | CMS [*sistema de gestión del color*]
CMS = cryptographic message syntax | CMS [*sintaxis de mensaje criptográfico*]
CMSS = cryptographic message syntax standard | CMSS [*estándar de sintaxis de mensaje criptográfico*]
CMY = cyan-magenta-yellow | CMA = cian, magenta y amarillo [*colores primarios sustractivos*]
CMYB = cyan, magenta, yellow, and black [*additive primary colours*] | CMAN = cian, magenta, amarillo y negro [*colores primarios aditivos*]
CMYK = cyan-magenta-yellow-black | CMAN = cian, magenta, amarillo y negro [*colores primarios sustractivos más el negro*]
CNAME = canonic name | CNAME [*nombre canónico (nombre de dominio principal en internet)*]
CNC = computerized numeric control | CNC = control numérico centralizado
C network | red en C
CNF = conjunctive normal form | CNF [*forma normal conjuntiva*]
CNF satisfiability = conjunctive normal form satisfiability | satisfactoriedad CNF [*satisfactoriedad de la forma normal conjuntiva*]
CNI = calling number identification | CNI [*identificación del abonado que llama*]
CNI = coalition for networked information | CNI [*coalición para la información a través de redes*]
Co = cobalt | Co = cobalto [*elemento químico número 27*]

CO = central office | oficina central de teléfonos
CO = company | Cia. = compañía [empresa]
coalition for networked information | coalición para la información a través de redes
coarse adjustment | ajuste basto
coarse chrominance primary | primario de crominancia tosco (/aproximado)
coarse crystalline | cristalino basto
coast | efecto de inercia
coastal refraction | refracción costera
coast station | estación costera
coat | revestimiento
coated | recubierto
coated cathode | cátodo revestido (/recubierto, /de Wehnelt, /con depósito de óxidos)
coated filament | filamento recubierto
coated lens | lente recubierta
coated particle | partícula revestida
coated tape | cinta recubierta
coating | revestimiento; capa magnética
coax = coaxial | (cable) coaxial
coaxial | (cable) coaxial
coaxial aerial | antena coaxial
coaxial attenuator | atenuador coaxial
coaxial bolometer | bolómetro coaxial
coaxial cable | cable coaxial
coaxial cavity | cavidad coaxial
coaxial conductor | conductor coaxial
coaxial control station | estación directriz coaxial
coaxial cylinder magnetron | magnetrón de cilindro coaxial
coaxial diode | diodo coaxial
coaxial dipole aerial | antena dipolo coaxial
coaxial dry load | carga seca coaxial
coaxial filter | filtro coaxial
coaxial isolator | aislador coaxial
coaxial line | línea coaxial
coaxial line attenuator | atenuador de línea coaxial
coaxial line frequency meter | frecuencímetro de línea coaxial
coaxial line oscillator | oscilador de línea coaxial
coaxial line resonator | resonador de línea coaxial
coaxial line slug tuner | sintonizador de cortocircuito por línea coaxial
coaxial line tube | tubo de Heil, tubo de línea coaxial
coaxial loudspeaker | altavoz coaxial
coaxial pair | par (de cable) coaxial
coaxial plasma accelerator | acelerador coaxial de plasma
coaxial plasma gun | cañón coaxial de plasma
coaxial reed relay | relé coaxial de lámina
coaxial relay | relé coaxial
coaxial sheet grating | retículo coaxial
coaxial stub | brazo de reactancia coaxial; sección coaxial
coaxial transistor | transistor coaxial
coaxial transmission line | línea de trasmisión coaxial
coaxial wavemeter | ondámetro coaxial
cobalt | cobalto
cobalt bomb | bomba de cobalto
COBOL = common business-oriented language | COBOL [lenguaje de programación informática estadounidense destinado al uso en el comercio]
cobweb site | sitio Web obsoleto (/no actualizado)
cochannel | canal compartido (/común)
cochannel interference | interferencia del canal común
Cockcroft-Walton acceleration | aceleración de Cockcroft-Walton
Cockcroft-Walton accelerator | acelerador de Cockcroft-Walton
Cockcroft-Walton experiment | experimento de Cockcroft-Walton
cocktail shaker sort | clasificación de coctelera
CoCom = Coordinating Committee on Multilateral Export Controls | CoCom [comité estadounidense coordinador de controles multilaterales de exportación]
CODAN = carrier-operated device antinoise | CODAN [dispositivo antiparásitos operado por onda portadora]
CODAN lamp | lámpara CODAN
CODASYL = Conference on data systems languages | CODASYL [conferencia sobre lenguajes de sistemas de datos]
code | código, clave; alfabeto; prefijo
code, to - | codificar
code address | dirección telegráfica (/registrada)
code bar | barra de código
code bar switch | conmutador de barras codificadoras
code book | libro de códigos
codec = coder/decoder | codec = codificador/descodificador
code character | carácter codificado (/del código)
code conversion | conversión de código
code converter | convertidor de código, trascodificador
coded | codificado, cifrado
coded decimal digit | dígito decimal codificado
code delay | retardo de código
code distinguishability | distinguibilidad de código
code division multiple access | acceso múltiple por división en código
coded passive reflector | baliza pasiva de código, reflector pasivo codificado
coded programme | programa cifrado
coded pulse | impulso codificado
coded ringing | señales de repique codificadas
coded stereo | estéreo codificado
code element | elemento de código
code finder | buscador de auxiliares
code finder marker | marcador de buscador de auxiliares
code generator | generador de códigos
code group | grupo codificado
code hole | perforación de código
code inspection | inspección de código
code keylever | tecla de código
code length | longitud de código
code letter | letra característica; indicativo literal
code lever | palanca de código
code name | denominación codificada
code page | página de códigos
codeposition | codeposición, depósito simultáneo
code practice oscillator | oscilador para practicar telegrafía
code profiler | perfilador de códigos
code PROM | PROM de codificación
coder | codificador, cifrador, traductor (de clave)
coder-decoder | codificador descodificador
code reading contact | contacto lector (/de lectura, /de traducción) de código
code recorder | registrador de código
code ringing | llamada semiselectiva (/por código), repique codificado
code segment | segmento de códigos
code selector | selector de código
code sign | señal de código
code snippet | código fuente resumido
code subkey | clave auxiliar de código
code word | palabra de código
coding | codificación, cifrado
coding and charging | codificación y carga
coding block | bloque de codificación
coding bounds | límites de codificación
coding delay | retardo cifrado (/de código)
coding form | formulario de codificación
coding line | línea de código
coding standard | norma de codificación
coding theorem | teorema de codificación
coding theory | teoría de la codificación
coding valve | válvula de codificación
codirectional | codireccional
codomain | condominio
coefficient | coeficiente
coefficient of capacitance | coeficiente de capacidad
coefficient of coupling | coeficiente de acoplamiento
coefficient of differential tone | coeficiente de sonido (/tono) diferencial
coefficient of diffusion | coeficiente de difusión

coefficient of discharge | coeficiente de descarga
coefficient of dissociation | coeficiente (/grado) de disociación
coefficient of equivalence | coeficiente de equivalencia
coefficient of linear absorption | coeficiente de absorción lineal
coefficient of mass absorption | coeficiente de absorción másica
coefficient of mutual inductance | coeficiente de inducción mutua
coefficient of occupation | coeficiente de utilización (/aprovechamiento; /ocupación)
coefficient of reflection | coeficiente de reflexión
coefficient of selective absorption | coeficiente de absorción selectiva
coefficient of self-inductance | coeficiente de autoinducción, inductancia propia
coefficient of thermal expansion | coeficiente de dilatación térmica
coefficient of utilisation | coeficiente de utilización
coercimeter | coercímetro
coercion | coerción
coercitivity | coercitividad
coercive force | fuerza coercitiva; campo coercitivo
coextruding | coextrusión
COFDM = coded orthogonal frequency division multiplexing | COFDM [*modulación por división en frecuencia ortogonal*]
coffee break hotkey | tecla directa para pausa en el trabajo
coffinite | cofinita
cognitive machine | máquina cognoscitiva
cohered video | vídeo cohesionado
coherence | coherencia
coherent | coherente
coherent bundle | haz coherente
coherent carrier system | sistema de portadora coherente
coherent decade frequency synthesizer | sintetizador coherente de décadas de frecuencias
coherent detection | detección coherente
coherent detector | detector coherente
coherent frequency synthesizer | sintetizador coherente de frecuencias
coherent gate | compuerta coherente
coherent integration | integración coherente (/anterior a la detección)
coherent light | luz coherente
coherent noise | ruido coherente
coherent oscillator | oscilador coherente
coherent pulse radar | radar de impulsos coherentes (/sincronizados)
coherent radiation | radiación coherente
coherent reference | referencia coherente

coherent scattering | dispersión coherente
coherent scattering cross section | sección eficaz de dispersión coherente
coherent system | sistema coherente
coherent transponder | contestador coherente
coherent video | señal coherente de vídeo
coherer | cohesor
coherer-type acoustic reducer | amortiguador de choques acústicos
coherer-type acoustic shock absorber | amortiguador de choques acústicos
cohesion | cohesión
cohesive force | fuerza de cohesión
coho = coherent oscillator | oscilador coherente
coil | bobina; alambre espiral
coil box | caja de bobinas
coil form | soporte de bobina
coil loading | pupinización, carga por bobinas en serie
coil neutralization | neutralización de bobina
coil resistance | resistencia de bobina (/devanado)
coil serving | revestimiento de bobina
coil spacing | paso de pupinización
coil winder | máquina de bobinar
coin | moneda; ficha
coin box | teléfono público (de monedas)
coin box adapter | adaptador para teléfono público de monedas
coin box relay | relé de monedas (/pago previo)
coin box telephone | teléfono público
coin-cell battery | batería de botón
coin-cell lithium battery | batería de botón de litio
coincidence | coincidencia
coincidence circuit | circuito de coincidencia
coincidence correction | corrección de coincidencia
coincidence counter | contador de coincidencia
coincidence counting | determinación (/recuento) de (/por) coincidencia
coincidence current magnetic core | núcleo magnético de corriente de coincidencia
coincidence current selection | selección de corriente de coincidencia
coincidence factor | factor de simultaneidad
coincidence gate | puerta de coincidencia
coincidence loss | pérdida de (/por) coincidencia
coincidence magnet | electroimán de coincidencia
coincidence multiplier | multiplicador de coincidencia
coincidence resolving time | tiempo de resolución de coincidencia
coincidence selection | selector de coincidencia
coincident | coincidente
coincident current memory | memoria de coincidencia de corrientes
coincident current selection | selección por corrientes coincidentes
coincident transmission | trasmisión de momentos simultáneos
coincident transponder | contestador de coincidencia
coin collecting box | caja colectora de moneda
coin collector | caja colectora
coin operated payphone | teléfono público de monedas
coin slot | ranura de alcancía
Col = column | Col = columna
COL = colour | COL = color
cold | frío; desconectado, sin tensión, muerto
COLD = computer output on laser disc | COLD [*salida de ordenador a disco láser*]
cold boot | arranque en frío
cold cathode | cátodo frío
cold cathode counter valve | válvula contadora de cátodo frío
cold cathode magnetron ionization gauge | manómetro de ionización de magnetrón de cátodo frío
cold cathode rectifier | rectificador de cátodo frío
cold cathode valve | válvula de cátodo frío
cold clean reactor | reactor limpio
cold cutting stylus | estilete de grabado en frío
cold fault | error en frío [*producido durante la puesta en marcha del ordenador*]
cold fusion | fusión fría
cold junction | soldadura (/unión) fría, conexión soldada en frío
cold light | luz fría
cold link | enlace frío [*que se elimina cada vez que se consultan los datos*]
cold neutron | neutrón frío
cold plasma | plasma frío
cold plate | placa fría
cold rolling | laminado en frío
cold standby | reserva fría
cold standby equipment | equipo de reserva en frío, unidad de reserva normalmente apagada
cold start | arranque en frío
cold test | prueba en frío (/estado inactivo)
cold testing | ensayo en frío (/estado inactivo)
cold trapping | entrampado en frío
cold weld | soldadura en frío, soldadura por presión
cold welding | soldadura en frío
colemanite | colemanita
colinear aerial | antena colineal (/de Franklin)

colinear array | red de antenas en línea
colinear coaxial aerial | antena colineal coaxial
colinear electrode plasma accelerator | acelerador de plasma de electrodos colineales
collaborative filtering | filtrado por colaboración
collapse, to - | contraer
collapsed backbone | red principal colapsada
collapsible mast | mástil desmontable
collapsing loss | pérdida colapsante
collate, to - | cotejar, interclasificar
collate copies, to - | pegar copias
collateral series | serie (/cadena) colateral
collating sequence | secuencia de intercalación (/interclasificación)
collating sort | clasificación de colación
collation | colación
collation sequence | secuencia de colación
collator | intercalador, interclasificador; cotejador
collect a charge, to - | percibir una tasa
collect call | conferencia de cobro revertido, llamada previo pago
collecting | colector
collecting electrode | electrodo colector
collecting potential | potencial colector
collection | colección; percepción (de tasas); cobro; captación
collective line | línea (/llamada) colectiva
collective notebook method | método del cuaderno colectivo
collect key | llave de cobro
collector | colector; toma de corriente; cilindro colector de partículas cargadas
collector capacitance | capacidad del colector
collector characteristic curve | curva característica del colector
collector current | corriente de colector
collector current runaway | aumento acumulativo de la corriente de colector
collector cutoff | corte de colector
collector cutoff current | corriente residual del colector
collector efficiency | eficacia (/rendimiento) del colector
collector family of curves | familia de curvas del colector
collector follower effect | efecto seguidor de colector
collector junction | unión de colector
collector multiplication | multiplicación de colector
collector plate | placa colectora
collector resistance | resistencia de colector
collector ring | anillo colector (/de rozamiento)
collector shoe | frotador; zapata de patín
collector shoe gear | frotador de patín
collector transition capacitance | capacidad de transición del colector
collector voltage | tensión de colector
colliding beam accelerator | acelerador de colisiones
collimated light | luz colimada
collimating lens | lente del colimador
collimation | colimación
collimator | colimador
collimator aperture | abertura del colimador
collimator axis | eje del colimador
collimator diaphragm | diafragma del colimador
collimator extension | telescopio del colimador
collision | colisión
collision broadening | dispersión del choque
collision course homing | guiado de la trayectoria de colisión
collision density | densidad de colisiones
collision detection | detección de colisión
collision excitation | excitación por colisión (/choque)
collision frequency | frecuencia de colisión
collision ionization | ionización por colisión (/choque)
collisionless | sin colisión
collisionless plasma | plasma sin colisión
collisionless shock wave | onda de choque sin colisión
collision of the first kind | colisión de primera especie
collision time | tiempo de colisión
collocated care-of address | dirección de custodia colocalizada
collocation method | método de colocación
colloidal electrolyte | electrolito coloidal
colon | dos puntos
color [USA] [*colour (UK)*] | color
coloration [USA] [*colouration (UK)*] | timbre falso
colored [USA] [*coloured (UK)*] | coloreado
colorimeter | colorímetro
colorimetric | colorimétrico
colorimetric analysis | análisis colorimétrico
colorimetry | colorimetría
coloring [USA] [*colouring (UK)*] | coloración; abrillantamiento
colour [UK] | color
colouration [UK] | timbre falso
colour balance | ajuste cromático; equilibrio de colores
colour bar generator | generador de barras de color
colour bar-dot generator | generador de patrones (/franjas) de puntos cromáticos
colour bits | bits del color [*necesarios para reproducir el color en pantalla*]
colour box | paleta de colores [*para seleccionar colores de fondo y de primer plano*]
colour breakup | descomposición de colores
colour burst | ráfaga de sincronización cromática, señal de sincronización del color, señal de sincronización de la subportadora de crominancia
colour button | botón para selección de color
colour carrier | portador del color
colour carrier reference | referencia de la portadora de colores
colour cell | célula de color
colour centre | centro de color
colour code | código de colores
colour coder | codificador cromático (/del color)
colour coding | codificación de colores
colour contamination | distorsión cromática, contaminación del color
colour contrast | contraste de colores
colour control | control de colores
colour coordinate transformation | trasformación de las coordenadas de color (/cromatismo)
colour cycling | ciclo de color
colour decoder | descodificador de (la señal de) color, descodificador cromático
colour depth | intensidad de color
colour difference signal | señal de diferencia del color
colour dilution | dilución del color
colour dot-sequential television | televisión en color por serie de puntos
coloured [UK] | coloreado
coloured body | cuerpo coloreado
coloured book | libro de color
coloured filter | filtro coloreado
colour edging | coloración espuria limítrofe
colour editor | editor de colores
coloured light | luz cromática
coloured thread | hilo coloreado
coloured tracer thread | hilo piloto coloreado
colour encoder | codificador (/cifrador) del color
colour fidelity | fidelidad cromática
colour field corrector | corrector de campo de color
colour field-sequential television | televisión en color por serie de campo
colour filter | filtro cromático
colour flicker | centelleo cromático, parpadeo del color
colour fringing | bordeamiento de color, cromaticidad espuria marginal
colour gate | puerta del color

colour graphics adapter | adaptador para gráficos en color [formato de vídeo para ordenador]
colouring [UK] | abrillantamiento, coloración
colour interpolation | interpolación cromática
colour killer | supresor de crominancia, dispositivo de supresión del color
colour light signal | señal luminosa con luz de colores
colour line-sequential television | televisión en color por serie de líneas
colour look-up table | tabla de colores disponibles [para su representación en pantalla]
colour management | gestión del color
colour management system | sistema de gestión del color
colour map | mapa de colores
colour match | igualación del color, equilibrio colorimétrico
colour mixture | mezcla de colores
colour mixture data | datos de la mezcla del color
colour model | modelo cromático
colour monitor | monitor en color
colour of a flame | coloración de la llama
colour oscillator | oscilador de croma
colour palette | paleta de colores
colour phase | fase cromática (/del color)
colour phase alternation | alternancia de fase cromática
colour phase diagram | diagrama de fase cromática
colour picture signal | señal de imagen cromática (/en color)
colour picture valve | cromoscopio, válvula de imagen en color
colour plane | plano del color
colour primaries | primarios de color
colour printer | impresora en color
colour purity | pureza del color
colour purity magnet | imán (/electroimán) de pureza del color
colour registration | superposición de colores
colour rendering index | índice de calidad de los colores
colour response | respuesta al color
colour-rich | variedad de colores
colour sampling rate | frecuencia de conmutación de colores
colour saturation | saturación de color
colour scanner | escáner en color
colour-selecting electrode system | sistema de electrodo selector de color
colour sensitivity | sensibilidad cromática
colour separation | separación de colores
colour server | servidor de colores
colour set | conjunto de colores
colour signal | señal cromática (/del color)

colour subcarrier | subportadora de color
colour subcarrier oscillator | oscilador de subportadora de color
colour switching | conmutación de los colores
colour sync signal | señal de sincronismo de color
colour table | tabla (/paleta) de colores
colour television | televisión en color
colour television mask | máscara de televisión en color
colour television receiver | receptor de televisión en color
colour television signal | señal de televisión en color
colour temperature | temperatura del color
colour transient improvement | descodificación de señales de color
colour transmission | trasmisión en color
colour triad | tríada cromática
colour triangle | triángulo de color
colour use | uso de colores
Colpitt's oscillator | oscilador de Colpitt
coltan = columbite-tantalite | coltan = columbita-tantalita [mineral estratégico empleado en telefonía móvil y sistemas de teledirección]
column | columna
columnar | en columna, columnario
columnar echo | eco columnario
columnar ionization | ionización en columna
columnar recombination | recombinación en columna
column binary code | código en columna binaria, código binario de progresión horizontal
column chart | gráfico de barras
column-major order | orden de columna mayor
column-ragged | columnas desiguales
column speaker | altavoz en columna
column switching | conmutación a columnas
column vector | vector de columna
COM = communication serial interface | COM [interfaz de comunicación en serie]
COM = computer output to microfilm | COM [salida de ordenador a microfilm]
COMAL = common algorithmic language | COMAL [lenguaje algorítmico común (lenguaje de programación informática)]
comatose | modo de reposo
comb | guía (de resortes); pararrayos de puntas
comb aerial | antena de peine
comb amplifier | amplificador (de respuesta) en peine
comb filter | filtro (de) peine
combination | combinación
combinational logic element | elemento lógico mixto
combination box | cuadro de combinación
combination key | llave de combinación
combination local and toll connector | selector final (/mixto) para el tráfico urbano e interurbano
combination microphone | micrófono combinado (/de combinación)
combination microphone shunt and series peaking | micrófono combinado de corrección mixta, micrófono de compensación por bobinas en derivación y en serie
combination text-list control | control de combinación de lista y texto
combination tone | tono compuesto
combinator | combinador
combinatorial circuit | circuito combinatorio
combinatorial explosion | explosión combinatoria
combinatorial logic | lógica combinatoria
combinatorics | combinatoria
combinatory logic | lógica combinatoria
combined | combinado
combined central and local battery circuit | circuito de batería central y local mixto
combined distributing frame | repartidor combinado (principal e intermedio)
combined fuse and cutout | fusible y pararrayos combinados, fusible e interruptor combinados
combined gate IC | puerta combinada de circuito integrado
combined jack and drop | clavija e indicador combinados
combined jack and signal | conector e indicador combinados, clavija y señal combinadas
combined jack and socket mounting | clavija y portalámpara combinados
combined line and recording central office | central interurbana de servicio combinado de línea y registro, central interurbana de servicio rápido
combined line and recording operation | servicio interurbano combinado de línea y registro, servicio interurbano inmediato
combined line and recording position | posición combinada de líneas y registros
combined line and recording service | servicio interurbano rápido (/de larga distancia, /combinado de línea y registro)
combined listening and speaking key | llave de escucha y conversación
combined local and toll operation | método de llamada sencilla (para tráfico urbano e interurbano)

combined local and toll selector | selector para servicio local y de larga distancia, selector para tráfico urbano e interurbano
combined local and trunk selector | selector para tráfico urbano e interurbano, selector para servicio local y de larga distancia
combined network | red mixta
combined peaking | corrección mixta, corrección de respuesta de frecuencia serie-paralelo
combined position | posición mixta
combined programming language | lenguaje combinado de programación
combined v and h aerial | antena combinada vertical y horizontal
combiner | combinador
combiner circuit | circuito combinador (/de combinación)
combo | combinación
combo box | cuadro combinado (/de lista, /texto)
comb support | soporte de peines
combustible | combustible
combustion heat | calor de combustión
come into step, to - | enganchar; ponerse en fase
come on line, to - | entrar en circuito
COMINT = communications intelligence | COMINT [*servicio de inteligencia en comunicaciones*]
comma | coma
comma lobe | lóbulo de coma
command | orden, instrucción; mandato; comando [*Hispan*]
command area | área de órdenes
command box | cuadro de órdenes
command buffer | búfer de órdenes
command button | botón de órdenes
command code | código de orden
command control | control de orden
command control language | lenguaje de control de mandatos
command control programme | programa de control de mandato
command destruct signal | señal de orden de destrucción
command-driven | guiado por órdenes
command-driven system | sistema guiado por órdenes
command-driven user interface | interfaz de usuarios que funciona por órdenes
command guidance | dirección (/guía) controlada (/por órdenes)
command guidance system | sistema de guía de orden
command interpreter | intérprete de órdenes, intérprete de comandos
command key | tecla de órdenes
command language | lenguaje de mandatos (/órdenes, /control de tareas, /control de trabajos)
command line | línea de órdenes
command line interface | interfaz de líneas de órdenes

command line login | inicio de sesión de línea de órdenes
command-line prompt | indicador de línea de órdenes
command mode | modo de comando
command port | puerto de órdenes
command processing | proceso de órdenes
command processor | procesador de órdenes
command reference | referencia de orden (/mando)
command resolution | resolución de mando
command separator | separador de órdenes
command set | equipo de mando
command shell | entorno de órdenes
commands-indication module | módulo de operación e indicación [*en enclavamientos ferroviarios electrónicos*]
command state | estado de aceptación de órdenes [*en módem*]
comment | comentario
comment field | campo de comentarios
comment out, to - | desactivar códigos para insertar comentarios
commerce server | servidor comercial
commercial access provider | proveedor de acceso comercial
commercial Internet exchange | intercambio comercial por internet
commercial operator | operador profesional
commissioning | puesta en servicio
commissioning of a station | inauguración (/puesta en servicio) de una estación
committed information rate | caudal mínimo de información garantizado
common access method | método de acceso común
common access support | asistencia de acceso general
common air interface | interfaz aérea común
common algorithmic language | lenguaje algorítmico común
common area | área común
common base | base común
common base amplifier | amplificador con base común
common base circuit | circuito en base común
common base connection | conexión de base común
common base transistor | transistor en base común
common battery | batería común (/central)
common battery exchange area | red de batería central
common battery multiple | múltiple de batería central
common battery office | central (telefónica) de batería central
common battery supply | alimentación de (/con) batería central
common battery switchboard | cuadro conmutador de batería central
common battery system | sistema de batería central
common bus system | sistema de bus común
common business-oriented language | lenguaje común para actividades comerciales
common carrier | explorador de red; empresa de telecomunicaciones (/servicios públicos)
common carrier company | empresa de explotación (/servicio público)
common carrier link | enlace de servicio público
common cathode | cátodo común
common channel interference | interferencia por canal común
common channel signalling | señalización por canal común
common channel signalling system | sistema de señalización por canal común
common client interface | interfaz común de cliente
common collector | colector común
common collector amplifier | amplificador con colector común
common collector circuit | circuito colector común
common collector connection | conexión de colector común
common collector transistor | transistor (de) colector común
common control channel | canal de control común
common drain amplifier | amplificador de drenador común
common drive | accionamiento común; dirección única
common emitter | emisor común
common emitter amplifier | amplificador con emisor común
common emitter circuit | circuito emisor común
common emitter connection | conexión de emisor común
common emitter transistor | transistor de emisor común
common event flag | bandera de acontecimiento común (/normal)
common gate amplifier | amplificador de puerta común
common gateway interface | interfaz de pasarela (/puerta) común
common hardware reference platform | plataforma común de referencia de hardware
common information model | modelo de información común
common instance | caso común
common interface set | conjunto de interfaces comunes
common intemediate format | formato medio común [*formato de vídeo no entrelazado*]

common Internet file system | sistema común de archivos de internet
common language | lenguaje común
common LISP = common list processing | LISP común [*proceso común de listas*]
common matrix | matriz común
common messaging call | llamada de mensaje general
common mode | modo común
common mode characteristic | característica en modo común
common mode gain | ganancia en modo común
common mode impedance input | impedancia de entrada en modo común
common mode input | entrada (en modo) común
common mode input capacitance | capacidad de entrada en modo común
common mode input voltage | tensión de entrada en modo común
common mode interference | interferencia en modo común
common mode output voltage | tensión de salida en modo común
common mode range | margen en modo común
common mode rejection | rechazo en modo común
common mode rejection ratio | factor de rechazo en modo común
common mode resistance | resistencia en modo común
common mode signal | señal (en modo) común
common mode voltage | tensión en modo común
common mode voltage gain | ganancia de tensión en modo común
common mode voltage range | margen de tensión en modo común
common programming interface | interfaz de programación general
common programming interface communication | comunicación por interfaz de programación general
common routing of traffic volumes | fusión en ruta común de volúmenes de tráfico
common signalling battery | batería central para llamada
common signalling path | vía común para la trasmisión de señales
common source amplifier | amplificador de fuente común
common system | sistema común
common thousand relay | relé común de millar
common trunk | enlace común
common trunk group | grupo de enlaces comunes
common trunk in a grading | enlace común en un múltiple parcial
common T.R. working | funcionamiento con antena común
common user access | acceso común de usuario
common user channel | canal de usuario común
common user circuit | circuito de uso común
comm port = communications port | puerto de comunicaciones
communal chained memory | memoria común encadenada
communicating sequential processes | procesos secuenciales de comunicación
communicating word processor | procesador de palabras de comunicación
communication | comunicación; trasmisión
communication band | banda de comunicación
communication card | tarjeta de comunicación
communication channel | canal de comunicación
communication contermeasure | contramedida de comunicación
communication control character | carácter de control de comunicación
communication engineer | ingeniero de comunicaciones
communication facilities | instalaciones de comunicación
communication interface | interfaz de comunicaciones
communication jack | conector de comunicaciones
communication line controller | controlador de línea de comunicación
communication link | enlace para la comunicación
communication network | red de comunicación
communication processor | procesador de comunicación
communication protocol | protocolo de comunicaciones
communication receiver | receptor de comunicaciones
communications carrier | operador (/explotador) de la red
communications controller | controlador de comunicaciones
communications division | departamento de comunicaciones
communication serial interface | interfaz de comunicación en serie
communication server | servidor de comunicación
communications decency act | acta sobre decencia en las telecomunicaciones [*ley estadounidense*]
communications intelligence | servicio de inteligencia en comunicaciones
communication sonar | sonar de comunicaciones
communications parameter | parámetro de comunicaciones
communications port | puerto de comunicaciones
communications programme | programa de comunicaciones
communications receiver | receptor de comunicaciones
communications satellite | satélite de comunicaciones
communications slot | zócalo de comunicaciones
communications software | software de comunicaciones
communications standard | norma sobre comunicaciones
communication subnet | subred de comunicación
communication subnetwork | subred de comunicación
communication switch | conmutador de comunicaciones
communication system | sistema de comunicación
communications terminal protocol | protocolo de terminal de comunicaciones
communication theory | teoría de la comunicación
communication zone indicator | indicador de zona de comunicación
communicator | comunicador
community aerial television | televisión por antena comunitaria
community antenna | antena colectiva
community antenna television | televisión por antena colectiva
community dial office | oficina automática rural
community dial service | comunicación (/red) automática rural
community television system | sistema de televisión comunitario
community TV cable | cable de televisión colectiva
commutating | conmutación, interconexión
commutating capacitor | condensador de conmutación
commutating filter | filtro de conmutación
commutating machine | máquina conmutadora
commutating pole | polo auxiliar (/de conmutación)
commutating reactance | reactancia de conmutación
commutating rectifier | rectificador conmutador
commutation | conmutación
commutation capacitor | condensador de conmutación
commutation factor | factor de conmutación
commutation switch | interruptor de conmutación
commutative group | grupo conmutativo (/abeliano)
commutative law | ley conmutativa
commutative operation | operación conmutativa
commutative ring | anillo conmutativo

commutative semiring | semianillo conmutativo
commutator | interruptor, conmutador
commutator pitch | paso (polarizado) del colector
commutator ripple frequency | frecuencia del armónico de conmutación
commutator switch | conmutador (de muestreo) cíclico, conmutador secuencial (/repetitivo)
commutator-type watthourmeter | contador de vatios-hora tipo conmutador
commutator with segments | colector de delgas
COMP = comparator | COMP = comparador [*etapa de control*]
compact | compacto
compact cassette | casete compacto
compact disc (/disk) | disco compacto
compact disc-erasable | disco compacto regrabable
compact disc-interactive | disco compacto interactivo
compact disc player | reproductor de disco compacto
compact disc-recordable | disco compacto grabable
compact disc-recordable and erasable | disco compacto grabable y borrable [*regrabable*]
compact disc-rewritable | disco compacto regrabable
compaction | compactación, compresión
compact model | modelo compacto
compactron | compactrón [*válvula electrónica con componentes normalizados de montaje compacto*]
compander | compresor-expansor; compansor [*fam*]
companding | compresión-expansión; compansión
compandor | compresor-expansor
companion keyboard | teclado complementario
company PBX | centralita (telefónica) de empresa privada
Compaq [*American computer company*] | Compaq [*empresa estadounidense de informática*]
comparably efficient interconnection | interconexión eficaz comparable
comparator | comparador; etapa de control
compare, to - | comparar
compare calendars, to - | comparar agendas
compare calendars grid | cuadrícula de comparar agendas
compare files, to - | comparar archivos
comparison | comparación
comparison bridge | puente comparador (/de comparación)
comparison cell | cubeta de comparación
comparison counting sort | clasificación de recuento de comparación

comparison electrode | electrodo de comparación
comparison lamp | lámpara de contraste
comparison line | línea de comparación
comparison spectroscope | espectroscopio de comparación
comparison spectrum method | método de comparación de espectros
comparison standard mixture | mezcla de referencia
comparison testing | prueba de comparación
compartmentalization | compartimentación
compartmentation | compartimentación
compass | brújula (giroscópica)
compass bearing | demora de aguja
compatibility | compatibilidad
compatibility box | ventana de compatibilidad
compatibility mode | modo de compatibilidad
compatible | compatible
compatible colour | televisión en color compatible
compatible IC = compatible integrated circuit | circuito integrado compatible
compatible modem | módem compatible
compatible monolithic integrated circuit | circuito integrado compatible monolítico
compatible television system | sistema de televisión compatible
compelled multifrequency code | código multifrecuencia de secuencia fija
compelled-sequence multifrequency code | código multifrecuencia de secuencia fija
compelled signalling | señalización por secuencia obligada
compensate, to - | compensar
compensated | compensado
compensated amplifier | amplificador compensado
compensated current transformer | trasformador de corriente con devanado auxiliar
compensated impurity resistor | resistencia compensada con impurezas
compensated ionization chamber | cámara de ionización compensada
compensated loop direction finder | radiogoniómetro de cuadro compensado
compensated motor | motor compensado
compensated reflector | reflector compensado
compensated semiconductor | semiconductor compensado
compensated volume control | control de volumen compensado
compensated wattmeter | vatímetro compensado

compensating | compensación
compensating charge | carga de compensación
compensating coil | arrollamiento compensador, bobina de compensación
compensating colorimeter | colorímetro de compensación
compensating control | imán compensador
compensating element | elemento compensador
compensating filter | filtro de compensación
compensating line | línea (/sección) compensadora
compensating method | método de compensación
compensating winding | devanado de compensación
compensation | compensación, igualación
compensation factor | factor de compensación
compensation ratio | relación de compensación
compensation signal | señal de compensación
compensation theorem | teorema de compensación
compensator | compensador; autotrasformador
compensator starter | arranque compensador
compilation time | tiempo de compilación
compile, to - | compilar, recopilar
compile-and-go, to - | compilar y ejecutar [*programas*]
compiled | compilado
compiled code | código compilado
compiled language | lenguaje compilado
compiler | compilador
compiler-compiler | compilador del compilador
compiler language | lenguaje compilador
compiler programme | programa compilador
compiler validation | validación de compilador
compile time | tiempo compilado
compile-time binding | asignación durante el tiempo de compilación
compiling routine | rutina de compilación
complaint | reclamación
complaint desk | mesa (/cuadro) de reclamaciones
complaint service | servicio de reclamaciones
complement | complemento
complement, to - | complementar
complementarity | complementariedad
complementary | complementario
complementary aerial | antena complementaria

complementary circuit | circuito complementario
complementary colour | color complementario
complementary constant current logic | lógica de intensidad constante complementaria
complementary flip-flop | basculador complementario
complementary logic | lógica complementaria
complementary metal-oxide semiconductor | semiconductor complementario de óxido metálico
complementary MOS = complementary metal-oxide semiconductor | MOS complementario [*semiconductor complementario de óxido metálico*]
complementary operation | operación complemantaria [*en lógica booleana*]
complementary operator | operador complementario
complementary principle | principio de complementariedad
complementary push-pull | amplificador en contrafase complementaria
complementary rectifier | rectificador complementario
complementary silicon-controlled rectifier | rectificador complementario controlado de silicona
complementary symmetry circuit | circuito con simetría complementaria
complementary tracking | seguimiento complementario
complementary transistor amplifier | amplificador de transistores complementarios
complementary transistor logic | lógica de transistores complementarios
complementary transistors | transistores complementarios
complementary unijunction transistor | transistor complementario de unión única
complementary wave | onda complementaria
complementary wavelength | longitud de onda complementaria
complementing circuit | circuito de complementación
complement number | número complementario
complement number system | sistema numérico de complementos
complete | completo
complete call | llamada eficaz
complete carry | arrastre (/trasporte) completo
complete circuit | circuito completo (/cerrado)
completed | completado; finalizado
complete emission | emisión completa
complete failure | avería (/fallo) total
complete graph | gráfico completo
complete impulse | impulso completo; impulsión completa
complete lattice | retículo completo

complete multiple | multiplicación total
completeness | integridad, plenitud; estado completo
completeness check | comprobación de integridad
completeness of a message | integridad de un mensaje
complete transposition section | sección de trasposición completa de un circuito
complete tree | árbol completo
complex | complejo
complex admittance | admitancia compleja
complex cathode | cátodo complejo
complex component | componente complejo
complex compound | unión de complejos
complex former | formador de complejos
complex impedance | impedancia compleja
complexing | formación de complejos
complex instruction set computer | ordenador de juego (/grupos) de instrucciones complejas
complex ion | ión complejo
complexity | complejidad
complexity classes | clases de complejidad
complexity function | función de complejidad
complexity measure | medida de complejidad
complex number | número complejo
complex parallel permeability | permeabilidad compleja en paralelo
complex permeability | permeabilidad compleja
complex reflector | reflector complejo
complex series permeability | permeabilidad compleja en serie
complex sound | sonido compuesto
complex steady-state vibration | vibración compleja estacionaria
complex target | objetivo (/blanco) complejo
complex tone | tono complejo
complex wave | onda compleja
complex wave generator | generador de onda compleja
compliance | flexibilidad, elasticidad; certificado de aptitud; capacidad expansiva
compliant component | componente compatible
comply, to - | corresponder, cumplir
component | elemento, componente
component charge | tasa constitutiva
component density | densidad de componentes
component hole | agujero para componentes
component layout | distribución de componentes
component object model | modelo de componente objeto

component of an alloy | elemento de la aleación
component of structure | componente de la estructura
component part | parte componente
component placement equipment | equipo de colocación de componentes
component side | cara de componentes
component software | software de componentes
componentware | software de componentes
COM port = communications port | puerto COM = puerto de comunicaciones
compose, to - | componer
compose window | ventana de composición
composite | compuesto; simultáneo
composite attenuation | atenuación compuesta
composite cable | cable compuesto
composite circuit | circuito compuesto
composite coil wattmeter | vatímetro de carrete compuesto
composite colour signal | señal de color compuesta
composite colour sync | sincronismo de color compuesto
composite conductor | conductor compuesto
composite controlling voltage | voltaje compuesto de control, tensión de control compuesta
composite display | pantalla de señal compuesta
composite filter | filtro compuesto
composite gain | ganancia compuesta
composite guidance system | sistema de guía compuesto
composite key | clave compuesta
composite modulation voltage | tensión compuesta de modulación
composite picture signal | señal de imagen (/vídeo) compuesta
composite pulse | impulso compuesto
composite ringer | llamada compuesta (/simultánea)
composite signal | señal compuesta
composite signalling system | sistema con vuelta por tierra
composite synchronization signal | señal compuesta de sincronización (/sincronismo)
composite TV signal | señal compuesta de televisión
composite video display | pantalla de señal compuesta de vídeo
composite video signal | señal de vídeo compuesta
composite wave filter | filtro de ondas compuesto
composition | composición, compuesto, mezcla; arreglo, avenencia; convención; transacción; estuco
composition of a message | redacción

(/composición) de un mensaje
composition resistor | resistencia compuesta (/aglomerada, /de carbón, /de aglomerado)
composition table | tabla de composición (/operaciones, /Cayley)
compound | compuesto
compound catenary construction | línea catenaria compuesta
compound coil | bobina compensadora
compound-connected transistor | transistor combinado
compound-connected transistors | transistores en conexión compuesta
compound document | documento compuesto
compound excitation | excitación compuesta (/compound)
compound generator | dinamo compuesta
compound horn | bocina compuesta; altavoz horizontal
compound microscope | microscopio compuesto
compound modulation | modulación compuesta
compound nucleus | núcleo compuesto
compound object | objeto compuesto
compound signal | señal compuesta
compound statement | instrucción compuesta
compound target | blanco compuesto
compound-wound motor | motor de arrollamiento compuesto
compress, to - | comprimir [*datos*]
compressed air | aire comprimido
compressed air hose | manguera para aire comprimido
compressed air line | tubería de aire comprimido
compressed air loudspeaker | altavoz de aire comprimido
compressed digital video | vídeo digital comprimido
compressed disc | disco comprimido
compressed drive | unidad comprimida [*de disco*]
compressed file | archivo comprimido
compressed image | imagen comprimida
compressed serial line protocol | protocolo de línea serie comprimido
compressed SLIP = compressed serial line Internet protocol | SLIP comprimido [*protocolo de internet de línea en serie comprimido*]
compressed speech | texto comprimido
compression | compresión, condensación
compressional wave | onda de compresión
compression coding | codificación de (/por) compresión; secuencia de lenguaje fuente
compression control protocol | protocolo de control de la compresión
compression driver | motor (electroacústico) de compresión
compression moulding | impresión por compresión
compression parameter | parámetro de compresión
compression phase | fase de compresión; fase positiva
compression ratio | índice (/relación) de compresión
compressor | compresor
compromise net | red de transición
compromise network | red de equilibrio medio
COMPT = commercial president | presidente comercial
Compton absorption | absorción de Compton
Compton diffusion | difusión Compton
Compton effect | efecto (de) Compton
Compton electron | electrón Compton
Compton meter | medidor Compton
Compton recoil electron | electrón Compton de retroceso
Compton recoil particle | partícula Compton de retroceso
Compton scatterer | dispersor Compton
Compton scattering | dispersión de Compton
Compton shift | desplazamiento Compton
Compton-Simon experiment | experimento de Compton-Simon
Compton wavelength | longitud de onda de Compton
computability | computabilidad
computable | computable
computable function | función computable
computational psychology | sicología computacional
computation-bound | dependiente de la capacidad de computación
compute, to - | calcular, utilizar el ordenador, informatizar, calcular por ordenador
compute-bound | limitado por cálculo
computer | ordenador; calculadora, calculador, computador, computadora
computer access device input | dispositivo de acceso de entrada al ordenador
computer aided | asistido por ordenador
computer-aided design | diseño asistido por ordenador
computer-aided design and drafting | diseño y dibujo asistidos por ordenador
computer-aided engineering | desarrollo asistido por ordenador
computer-aided instruction | enseñanza asistida por ordenador
computer-aided learning | aprendizaje asistido por ordenador
computer-aided manufacturing | fabricación asistida por ordenador
computer-aided planning | planificación asistida por ordenador
computer-aided testing | prueba asistida por ordenador
computer animation | animación por ordenador
computer architecture | arquitectura de ordenador
computer art | arte informático
computer-assisted diagnosis | diagnóstico asistido por ordenador
computer-assisted instruction | enseñanza asistida por ordenador
computer-assisted learning | enseñanza asistida por ordenador
computer-assisted software engineering | ingeniería de software (/sistema) asistida por ordenador
computer-assisted system engineering | ingeniería de sistema (/software) asistida por ordenador
computer-assisted teaching | enseñanza asistida por ordenador
computer-assisted tomography | tomografía asistida por ordenador
computer-augmented learning | aprendizaje asistido por ordenador
computer-based learning | enseñanza basada en el ordenador, aprendizaje por ordenador
computer-based training | enseñanza por ordenador
computer centre | centro informático (/de cálculo)
computer code | código de ordenador
computer conferencing | conferencia por ordenador
computer control | control de ordenador
computer control console | consola de control del ordenador
computer control counter | contador de control del ordenador
computer crime | delito informático
computer-dependent | en función del ordenador
computer diagnosis | diagnóstico por ordenador
computer emergency response team | equipo de respuesta a emergencias informáticas
computer engineering | ingeniería informática
computer entry punch | entrada de perforación en el ordenador
computer family | familia de ordenadores
computer game | juego de ordenador
computer-generated hologram | holograma generado por ordenador
computer generation | generación de ordenadores
computer graphic | gráfico de (/por) ordenador
computer graphics | infografía
computer graphics interface | interfaz de gráficos informáticos

computer graphics metafile | metaarchivo informático de gráficos
computer hardware description language | lenguaje de descripción de hardware
computer-independent language | lenguaje informático independiente
computer-input microfilm | microfilm de entrada para ordenador
computer inquiry | encuesta informatizada
computer instruction | instrucción de ordenador
computer-integrated manufacturing | fabricación integrada por ordenadores
computer-integrated railroading | tráfico ferroviario integrado por ordenador, servicio ferroviario con informatización integral
computer integration | integración por ordenador
computer interface | interfaz de un ordenador
computer interface unit | unidad de interfaz para ordenador
computer interfacing | interfaz en un ordenador
computerized axial tomography | tomografía axial informatizada
computerized mail | correo informatizado
computerized robot | robot informatizado
computerized traffic control | control de tráfico centralizado
computer language | lenguaje de ordenador
computer letter | tipo de letra para ordenador
computer-limited | limitado por ordenador
computer literacy | dominio de la informática
computer logic | lógica informática
computer mail | correo electrónico (/informático, /por ordenador)
computer-managed instruction | instrucción de gestión por ordenador
computer name | nombre del ordenador
computer network | red informática
computer numerical control | control numérico por ordenador
computer-output microfilm | microfilm de salida para ordenador
computer output on laser disc | salida de ordenador a disco láser
computer output on microfilm | salida de ordenador a microfilm
computer paper | papel continuo [*para impresora de ordenador*]
computerphile | aficionado a los ordenadores
computer port | puerto de ordenador
computer power | potencia de ordenador
computer programme | programa de ordenador
computer programmer | programador informático
computer programming language | lenguaje de programación
computer-readable | legible por ordenador
computer revolution | revolución informática
computer science | informática
computer security | seguridad informática
computer security centre | centro de seguridad informática
computer simulation | simulación por ordenador
computer-supported telecommunications | telecomunicaciones asistidas por ordenador
computer supported telephony | telefonía asistida por ordenador
computer system | sistema informático
computer tape | cinta de ordenador
computer telephone integration | integración de ordenador y teléfono
computer terminal | terminal de ordenador
computer typesetting | composición tipográfica por ordenador
computer users' group | grupo de usuarios de ordenador
computer user's tape system | sistema de cinta para usuario de ordenador
computer utility | utilidad informática
computer virus | virus informático
computer vision | visión informática (/de ordenador)
computer word | palabra de ordenador
computing | informática
computing device | dispositivo informático
computing machine | ordenador; calculadora
computing power | potencia de cálculo
computing specification | especificación informática
computing speed | velocidad de procesamiento
COM recorder = computer output microfilm recorder | grabadora COM [*para grabar datos informáticos en microfilm*]
COMSAT = communications satellite corporation | COMSAT [*empresa estadounidense para alquiler de canales vía satélite*]
comware = communicationsware | comware [*útiles para las comunicaciones*]
concatenate, to - | concatenar
concatenated code | código concatenado
concatenated coding systems | sistemas de codificación concatenada
concatenated data set | grupo de datos concatenados
concatenation | concatenación
concatenation closure | cierre de concatenación
concave | cóncavo
concave grating | red cóncava
concealed wiring | cableado oculto
concentrated arc lamp | lámpara de arco concentrado
concentrating cup | cúpula de concentración
concentration | concentración
concentration at the index point | concentración a punto fijo
concentration cell | pila de concentración
concentration dependent | dependiente de la concentración
concentration gradient | gradiente de concentración
concentration key | llave de concentración
concentration line | línea colectiva (/de concentración)
concentration of a solution | concentración de la solución
concentration position | posición de concentración; posición para servicio nocturno
concentrator | concentrador [*de señales*]
concentric | concéntrico
concentric cable | cable concéntrico (/coaxial)
concentric groove | surco concéntrico
concentric layer cable | cable de capas concéntricas
concentric layer conductor | conductor de capas concéntricas
concentric line | línea concéntrica
concentric transmission line | línea concéntrica de trasmisión; línea de trasmisión coaxial
concentric-wound coil | bobina de arrollamientos concéntricos
conceptual schema | esquema conceptual
concerning | en relación con, con respecto a
concordance | concordancia
concrete class | clase concreta [*para crear objetos*]
concurrency | concurrencia
concurrent | simultáneo; concurrente
concurrent centrifuge | centrífuga de corrientes paralelas
concurrent execution | ejecución simultánea [*de programas informáticos*]
concurrent operation | operación simultánea
concurrent processing | procesamiento concurrente, procesado simultáneo
concurrent program execution | ejecución simultánea de programas
concurrent programming | programación concurrente
condensance | reactancia capacitiva
condensate | condensado; producto de condensación

condensation | condensación
condensation cloud | nube de condensación
condensation soldering | soldadura por condensación
condense, to - | condensar
condensed discharge | chispa condensada
condensed-mercury temperature | temperatura del mercurio condensado
condenser [*obsolete synonym for capacitor*] | condensador
condenser adjustment | regulación del condensador
condenser aerial | antena de condensador
condenser anode | electrodo condensador
condenser aperture | abertura del condensador
condenser charger | carga del condensador
condenser distance | distancia del condensador
condenser electrometer | electrómetro a condensador
condenser electroscope | electroscopio de condensador
condenser ionization chamber | cámara de ionización de condensador
condenser modulator | modulador condensador
condenser tissue | papel de condensador
condenser transmitter | micrófono de condensador
condition | condición, estado
conditional | condicional
conditional branch | bifurcación (/salto) condicional
conditional breakpoint instruction | instrucción de punto de ruptura (/interrupción) condicional
conditional compilation | compilación condicionada
conditional expression | expresión condicional
conditional interlock | enclavamiento condicionado
conditional jump | salto (/bifurcación) condicional
conditional selection | selección conjugada
conditional stability | estabilidad condicional
conditional statement | sentencia condicional
conditional transfer | trasferencia condicional
conditional transfer of control | trasferencia de control condicional
condition code | código de condición
conditioned diphase code | código difase condicionado
conditioning | acondicionamiento
condition number | número de condición

condition of equilibrium | estado de equilibrio
condition queue | condición de cola
conductance | conductancia
conductance for rectification | conductancia de rectificación
conductance of electrolyte | conductancia del electrolito
conductance ratio | coeficiente de conductancia
conductance relay | relé de conductancia
conducted heat | calor conducido
conducted interference | interferencia propagada por conducción
conducted signal | señal conducida
conductimeter | conductímetro, medidor de conductividad
conducting | conducción
conducting period | tiempo de conducción; parte del periodo en conducción
conducting polymer | polímero conductor
conducting salt | sal conductora
conduction | conducción; trasmisión
conduction band | banda de conducción
conduction coupling | acoplamiento directo
conduction current | corriente de conducción
conduction current modulation | modulación por corriente de conducción
conduction electron | electrón de (la banda de) conducción
conduction error | error de conducción
conduction field | campo de conducción
conduction pump | bomba de conducción
conductive | conductivo
conductive adhesive | adhesivo conductor (/conductivo)
conductive coating | revestimiento conductor
conductive coupling | acoplamiento directo
conductive foam pad | cubierta de espuma conductora
conductive foil | lámina conductora
conductive gasket | cubrejunta conductora
conductive level detector | detector del nivel por conducción
conductive material | material conductor
conductive pattern | red (/impresión) conductora, modelo conductor
conductive plastic potentiometer | potenciómetro de plástico conductivo
conductivity | conductividad
conductivity apparatus | medidor de conductividad para líquidos
conductivity cell | celda de conductividad
conductivity meter | conductímetro, medidor de conductividad

conductivity modulation | modulación de conductividad
conductivity modulation semiconductor | modulación de conductividad de un semiconductor
conductivity modulation transistor | transistor de modulación de conductividad
conductometer | conductómetro
conductor | conductor
conductor pattern | modelo de conductor
conductor rail ramp | carril inclinado de contacto
conductor spacing | distancia entre conductores
conductor width | anchura del conductor
conduit | canaleta (/conducto, /conducción) para cables
conduit coupling | manguito de unión
cone | cono
cone aerial | antena de cono
cone loudspeaker | altavoz de cono
cone of light | cono de luz
cone of nulls | cono de extinción (/radiación nula)
cone of radiation | cono de rayos
cone of silence | cono de silencio
cone resonance | resonancia de cono
conference | conferencia (múltiple)
conference call | conferencia (/comunicación) telefónica colectiva (/múltiple)
conference calling equipment | dispositivo de conferencias, equipo para conferencias
conference circuit | circuito de conferencia
conference junctor | circuito de conferencia
conference repeater | repetidor (/retrasmisor) de conferencia
confetti | confeti
confidence | fiabilidad
confidence curve | curva de confianza
confidence factor | factor de confianza (/confidencialidad)
confidence interval | intervalo de confianza
confidence level | nivel de confianza
confidence limit | límite de confianza
config error | error de configuración
configuration | configuración
configuration assistance utility | utilidad de ayuda para la configuración
configuration control | control por configuración
configuration file | archivo de configuración
configuration index generation utility | utilidad de creación del índice de configuración
configuration management | administración (/gestión) de configuraciones
configuration manager | administrador de configuraciones
configuration mode | modo de configuración

configuration profile | perfil ded configuración
configuration programme | programa de configuración
configuration register | registro de configuración
configuration settings | parámetros de configuración
configuration space enable | activación del espacio de configuración
configuration switch | interruptor de configuración
configuration switch block | bloque de interruptores de configuración
configure, to - | configurar
configured-in | configurado en
configured-off | configurado en
configured-out | configurado en
confirm, to - | confirmar
confirm new password | confirme la nueva contraseña
confirmation dialog box | cuadro de diálogo de confirmación
conflict | conflicto
confluent | que confluye
confocal resonator | resonador homofocal
conformal coating | revestimiento conformado
conformance error | error de conformidad
conformance test | prueba de conformidad
conformance testing | prueba de conformidad
conformity | conformidad
confusion | confusión
confusion jamming | perturbación de confusión
confusion reflector | reflector de confusión
confusion region | zona de confusión
congestion | congestión, atasco
congestion meter | contador de sobrecarga
congruence relation | relación de congruencia
conical | cónico
conical aerial | antena cónica
conical helix aerial | antena cónico-helicoidal
conical horn | bocina cónica; cornete cónico
conical horn aerial | antena de bocina cónica
conical scan(ing) | exploración cónica
conjugate | conjugado
conjugated branches | ramas conjugadas
conjugated bridge | puente conjugado
conjugated impedance | impedancia conjugada
conjugated transfer constant | exponente conjugado de trasferencia
conjugation | conjugación
conjunction | conjunción
conjunctive normal form | forma normal conjuntiva

CONLAB = consensus language | CONLAB [*lenguaje consensuado*]
CONN = connector | CON = conector
connect, to - | acoplar, conectar, empalmar, enlazar, unir; poner en circuito (/comunicación)
connect a battery across the capacitor, to - | conectar una batería entre las placas del capacitor
connect charge | cuota de conexión
connected | conectado
connected graph | gráfico conexo
connected load | potencia conectada
connected network | red conectada
connectedness | medida de conexión
connecting | conexionado
connecting block | bloque (/regleta) de conexión (/terminales)
connecting cable | cable de conexión
connecting circuit | circuito de conexión
connecting company | corresponsal; compañía conectante
connecting cord | cordón de conexión (/enlace)
connecting device | órgano de conexión
connecting duct | manguito (/conducto) de unión
connecting lead | cable de conexión
connecting lug | contacto de unión; zapata (/lengüeta) de conexión
connecting relay | relé de conexión
connecting strap | barra (/puente) de unión
connecting strip | regleta de conexión; barra de terminales
connecting tag | contacto de unión, terminal de conexión
connecting terminal | borne, borna de conexión; contacto de unión, terminal
connection | conexión; (línea de) enlace; unión; montaje, instalación; llamada; contacto, comunicación
connection diagram | diagrama de conexión
connection in parallel | conexión en paralelo
connection in transit | comunicación en tránsito
connectionless | sin conexión
connectionless network | datagrama
connectionless network service | servicio de red sin conexiones
connection machine | máquina de conexiones
connection of circuit | acoplamiento de circuito
connection of electrometer | conexión de electrómetro
connection of polyphase circuit | conexión de circuito polifásico
connection-oriented | en función de la conexión
connection-oriented network service | servicio de red con conexiones
connection path | llamada en falta
connection pooling | agrupación de conexiones
connection request | pedido de comunicación
connection rose | roseta; banco de terminales
connection setup time | tiempo de establecimiento de la llamada
connections manager | gestor de conexiones
connection time | hora de estación (de una comunicación)
connective | operador lógico
connectivity | conectividad
connectivity matrix | matriz de conectividad (/adyacencia, /asequibilidad)
connectoid | conectoide [*tipo de icono de Windows*]
connector | conector, conectador, empalmador; hilo (/puente) de conexión
connector box | caja de empalme (/conector)
connector edge | borde del conector
connectorized | enchufable
connector module | módulo de conexión
connector panel module [*by optic fibre*] | módulo de terminación [*para fibra óptica*]
connect time | tiempo de conexión; tiempo medio de ocupación
conoscope | conoscopio
CONS = connection-oriented network service | CONS [*servicio de red con conexiones*]
consecutive numbers | números consecutivos
consensus | consenso
consensus language | lenguaje consensuado
consequent pole | polo consecuente
conservative force field | campo de fuerzas conservativo
consistency | consistencia, coherencia
consistency check | comprobación de consistencia
console | consola; terminal
constant expression | expresión constante
console man machine interface | interfaz de operador hombre/máquina
console operator | operador de consola
console receiver | receptor de pupitre
consonance | consonancia
consortium | consorcio
constancy | constancia, firmeza, perseverancia, regularidad, estabilidad
constancy of a relay | constancia de un relé (/relevador)
constant | constante
constant amplitude recording | grabación (/registro) de amplitud constante
constantan | constantano
constant angular velocity | velocidad angular constante
constant bit rate | tasa de bit constante

constant cell | constante de pila
constant conductance network | red de conductancia constante
constant current | corriente constante
constant current characteristic | característica de corriente constante
constant current charge | carga a corriente constante
constant current / constant voltage supply | fuente de alimentación de corriente constante y tensión constante
constant current generator | generador de corriente (/amperaje) constante
constant current modulation | modulación de corriente constante, modulación de Heising
constant current power supply | fuente de alimentación de corriente constante
constant current regulation | regulación a corriente constante
constant current system | sistema de intensidad de corriente constante
constant current transformer | trasformador de corriente constante
constant delay discriminator | discriminador de retardo constante
constant frequency | frecuencia constante
constant gradient synchrotron | sincrotrón de gradiente constante
constant groove speed | velocidad de surco constante
constant k filter | filtro de k constante
constant k lens | lente de k constante
constant k network | red de k constante
constant linear velocity | velocidad lineal constante
constant luminance transmission | trasmisión de luminancia constante
constant of a measuring instrument | constante de un aparato de medición
constant of a meter | constante de un contador
constant of radioactive transformation | constante de trasformación radiactiva
constant of wedge | constante de la cuña
constant path-length cell | cubeta con capa de espesor constante
constant potential accelerator | acelerador de potencial constante
constant resistance network | red de resistencia constante
constant resistance structure | configuración de resistencia constante
constant velocity recording | grabación de velocidad constante
constant velocity recording | registro de velocidad constante
constant voltage | tensión constante
constant voltage charge | carga a tensión constante
constant voltage charger | cargador a tensión constante
constant voltage power supply | fuente de alimentación de tensión constante
constant voltage transformer | trasformador de tensión constante
constellation | constelación [*conjunto de estados posibles de una onda portadora*]
constraint | restricción
constraint-based routing | encaminamiento basado en restricciones [*en trasmisión de datos*]
constraint network | red de restricciones
constriction | constricción, estrechamiento
constriction of cross section | estrechamiento de la sección trasversal
construct | estructura
construction assembly | instalación, montaje, ensamblaje
constructive cost model | modelo constructivo de costos
constructive function | función constructiva
constructive specification | especificación constructiva
constructive synthesis | síntesis constructiva
consultant | asesor
consultation | consulta
consultation hold | consulta
consultation hold during an external call | consulta durante una llamada urbana
consultation hold during an internal call | consulta durante una llamada interna
consult call | llamada de consulta
consumable resource | recurso de consumo
consumer | consumidor
consuming appliance | aparato receptor
consumption | consumo
contact | contacto (entre conductores); cruce, cruzamiento
contact, to - | contactar, establecer contacto
contact action | función del contacto
contact actuation time | tiempo de actuación de un contacto
contact angle | larguero de contacto
contact arc | arco de contacto
contact area | área (/superficie) de contacto
contact bank | regleta (/banco, /campo) de contactos
contact bounce | rebote (/salto) de contacto
contact bouncing | rebote de contacto
contact box | caja de contactos
contact breaker | ruptor de contacto
contact chatter | vibración del contacto
contact conductor | conductor de contacto
contact electromotive force | fuerza electromotriz de contacto
contact EMF = contact of electromotive force | contacto de fuerza electromotriz
contact follow | seguimiento (/acompañamiento) de contactos; prolongación de contacto
contact force | fuerza de contacto
contact gettering | absorción por contacto
contact guard | protección de los contactos
contact leaf | elástico de contacto
contactless vibrating bell | timbre (/campana) de vibración sin contactos
contact line | línea de contacto
contact load | carga sobre el contacto
contact-making meter | medidor de contacto
contact manager | gestor de contactos [*base de datos especial para comunicaciones*]
contact material | material de contacto
contact member | elemento de contacto
contact microphone | micrófono de contacto
contact modulated amplifier | amplificador de contacto modulado
contact modulator | modulador de contacto
contact mounting bracket | escuadra de montaje de los contactos
contact noise | ruido de crepitación (/contacto, /fritura)
contactor | conector; interruptor automático
contactor equipment | equipo de conectores
contact overtravel | contacto posdesplazamiento
contact piston | pistón de contacto
contact plating | depósito por contacto
contact plunger | émbolo de contacto
contact potential | potencial de contacto
contact potential barrier | barrera de potencial de contacto
contact potential difference | diferencia de potencial de contacto
contact pressure | presión de contacto
contact printing | impresión por contacto
contact radiation therapy | radioterapia de contacto
contact rail | carril de contacto
contact rectifier | rectificador de contacto
contact resistance | resistencia de contacto
contact separation | separación de contactos
contact spring | muelle (/resorte) de contacto
contact strip | barra de contacto
contact surface burst | explosión superficial de contacto

contact swinger | elástico (móvil) de contacto, lámina móvil de contacto
contact to earth | contacto a (/con) tierra
contact toggle | palanca acodillada de contacto
contact unit | (unidad de) contacto; conector, enchufe
contact wear allowance | tolerancia de desgaste de contactos
contact wetting | humedecimiento de un contacto
contact wire aerial | hilo de contacto
contained underground burst | explosión subterránea contenida (/encerrada)
container | contenedor
container application | aplicación contenedora
container document | documento contenedor
container load activity meter | medidor de actividad por unidad de extracción
containment | contención, confinamiento
containment time | tiempo de confinamiento
contaminant | contaminante
contaminated | contaminado
contamination | contaminación
contamination meter | medidor de contaminación, contaminómetro
contamination monitor | control de contaminación
content | contenido
content-addressable file system | sistema de archivos de contenido direccionable
content-addressable memory | memoria asociativa (/de contenido direccionable)
content-addressed storage | almacenamiento direccionado por contenido
content aggregator | agregador de contenidos
content description | descripción del contenido
content disposition | disposición del contenido [campo de cabecera para etiquetar mensajes electrónicos por internet]
content ID | identificador del contenido [en mensajes electrónicos]
content indicator | indicador de contenido
contention | disputa
contention mode | funcionamiento en competencia
content meter | medidor de capacidad (/ley)
content provider | proveedor de contenidos
content routing protocol | protocolo de encaminamiento de contenido
contents | índice, sumario, contenido
contents directory | directorio de contenidos

contents for power management help | índice de ayuda para la gestión de energía
content transfer encoding | codificación de trasferencia del contenido [en mensajes electrónicos, especialmente por internet]
content type | tipo de contenido
context | contexto
context-free grammar | gramática independiente del contexto
context-free language | lenguaje independiente del contexto
context-sensitive grammar | gramática sensible al contexto
context sensitive help | ayuda en contexto
context-sensitive language | lenguaje sensible al contexto
context switch | cambio de contexto
context switching | conmutación de contexto [en operaciones multitarea]
context-dependent | en función del contexto
context-sensitive menu | menú sensible al contexto
contextual search | búsqueda contextual
contiguity policy | política de contigüidad
contiguous | contiguo
contiguous data structure | estructura de datos contiguos
continental circuit | circuito continental
continental circuit traffic | tráfico continental
continental code | código continental
contingency table | tabla de contingencia
continuation | continuación
continue, to - | continuar, seguir
continue with programming, to - | continuar con la programación
continuity | continuidad
continuity check | prueba de continuidad
continuity equation | ecuación de continuidad
continuity test | prueba de continuidad
continuity writer | encargado de continuidad
continuous | continuo, permanente, progresivo, sostenido, seguido
continuous air monitor | monitor atmosférico en continuo
continuous amplifier | amplificador continuo
continuous arc | arco permanente
continuous attention method | método de escucha permanente (/de vigilancia continua)
continuous audible signal | señal audible continua
continuous beam | haz continuo
continuous carrier | portadora continua
continuous casting | fundición continua

continuous commercial service | servicio comercial continuo
continuous control | control continuo
continuous current | corriente continua
continuous data | datos continuos
continuous duty | servicio (/funcionamiento) continuo (/permanente)
continuous duty rating | clasificación de servicio continuo; carga (/régimen) nominal en servicio continuo
continuous fan-fold stock | papel continuo de plegado alternado
continuous film scanner | explorador continuo de película
continuous fluoroscopy | radioscopia continua
continuous form | formulario continuo
continuous-form paper | papel continuo [para impresora]
continuous function | función continua
continuous hunting | búsqueda (/selección) continua
continuous linear aerial array | grupo de antena continuo lineal; red continua de antenas elementales
continuous load | carga continua
continuous loading | carga continua, krarupización
continuously-adjustable transformer | trasformador ajustable
continuously-loaded cable | cable de carga continua
continuous mark | marca continua, señal de trabajo (/marca) continua; corriente de trabajo continua
continuous operation | servicio permanente
continuous output power | potencia de salida continua
continuous power | potencia continua
continuous power spectrum | espectro continuo de potencia
continuous processing | proceso continuo
continuous radiation | radiación independiente
continuous rating | régimen continuo
continuous recorder | registrador continuo
continuous ringing current | corriente de llamada continua
continuous ringing current return earth | tierra de retorno de corriente de llamada continua
continuous ringing tone | tono de llamada continua
continuous ringing tone return earth | tierra de retorno de tono de llamada continua
continuous scan thermograph | termógrafo de exploración continua
continuous service | servicio permanente (/continuo, /a régimen constante)
continuous service circuit | circuito permanente
continuous signal | señal continua

continuous signalling system | señalización permanente
continuous signal system | sistema de señales continuas
continuous slowing-down model | modelo de moderación continua, modelo de edad de Fermi
continuous space | corriente de reposo continua; señal de espacio (/reposo) continua
continuous spectrum | espectro continuo
continuous-tone image | imagen de tono continuo [en pantalla]
continuous-tone printer | impresora de tono continuo
continuous tuner | sintonizador continuo
continuous twisting | rotación sencilla
continuous variable | variable continua
continuous watch | escucha (/vigilancia) continua
continuous wave | onda continua (/sostenida)
continuous wave Doppler radar | radar Doppler de onda continua
continuous wave gas laser | láser de gas de onda continua
continuous wave laser | láser de onda continua
continuous wave radar | radar de onda continua, radar de efecto Doppler
continuous welding | soldadura continua
continuum | continuo
contour | contorno
contour accentuation | acentuación de contrastes; acentuación del contorno
contour control system | sistema de control multiaxial (/de perfiles)
contouring | contorneado
contract | (contrato de) abono
contract, to - | contratar
contradiction | contradicción
CONTRAN [compiler programming language] | CONTRAN [lenguaje de programación informática en compilador]
contrapositive [of a conditional] | contrapositiva [de una condición]
contrast | contraste
contrast control | control de contraste
contrast expansion | expansión del contraste
contrast factor | factor de contraste
contrast range | margen del contraste
contrast ratio | razón de contraste
contrast sensitivity | sensibilidad de contraste
contributing source | fuente contribuidora [en trasmisión de datos]
control | control, mando; gobierno; comprobación
control, to - | comprobar, controlar, verificar
control agent | agente de control
control amplifier | amplificador de control
control and instrument board | tablero de control e instrumentación
control and instrument desk | mesa de control e instrumentación
control and simulation language | lenguaje de control y simulación
control arm | brazo de control
control block | bloque de control
control break | control de interrupción [tecla o combinación de teclas para interrumpir una tarea en curso]; interrupción del control [paso del control de la UCP al usuario o a un programa]
control bus | bus de control
control cable | cable de control
control call | llamada de control (/comprobación)
control card | tarjeta de control
control centre | centro de control (/mando)
control channel | canal de control
control character | carácter de control
control characteristic | característica de control
control circuit | circuito de control (/mando)
control circuit impedance | impedancia del circuito de control
control circuit reactance | reactancia del circuito de control
control circuit resistance | resistencia del circuito de control
control circuit typewriter | circuito de control de teleimpresora
control circuitry | circuitos de control
control code | código de control
control console | pupitre (/consola) de control
control counter | contador de control
control cubicle | cubículo de regulación
control current | corriente de control
control data | datos de control
control data corporation | compañía de control de datos
control design | diseño de control
control desk | pupitre de control
control diagram | diagrama de control
control drive | mecanismo de control
control electrode | electrodo de control
control element | elemento de control
control equipment | equipo de regulación
control field | campo de control
control flow | flujo de control
control flow graph | gráfico de flujo de control
control frequency | frecuencia piloto
control gear | equipo de combinación
control grid | rejilla de control (/mando)
control grid-anode transconductance | trasconductancia entre rejilla de control y ánodo
control grid bias | polarización de rejilla de control
control hysteresis | histéresis de control
control instrument | aparato de control
control integration | integración de controles
control key | tecla de control
controllable | regulable
controlled | controlado
controlled area | área (/zona) controlada
controlled avalanche | avalancha controlada
controlled avalanche device | dispositivo de avalancha controlada
controlled carrier | portadora controlada
controlled carrier modulation | modulación de (/por) portadora controlada
controlled coupling transformer | trasformador de acoplamiento controlado
controlled current source | fuente de corriente controlada
controlled-devices countermeasure | contramedidas en dispositivos controlados
controlled discharge | descarga dirigida
controlled fusion | fusión controlada
controlled medium | medio controlado
controlled mercury-arc rectifier | rectificador de arco de mercurio controlado
controlled porous glass | vidrio de poro controlado
controlled rectifier | rectificador controlado
controlled sharing | participación controlada
controlled station to station restriction | separación de las extensiones en grupo; restricción del tráfico automático interno
controlled variable | variable controlada
controlled voltage source | fuente de tensión controlada
controller | (tarjeta) controladora; controlador; unidad (/órgano) de control; combinador
controller area network | red de control por áreas, red de control de campo
controller board | tarjeta controladora (/de control)
controller failure | fallo de controladora
controller handle | manivela de combinador
controller pre-delay | demora del controlador
controller resource | recurso de controladora
control line | línea de control
controlling | control, mando
controlling circuit | circuito de control (/órdenes)
controlling couple | par director (/antagonista)

controlling exchange | central (/estación, /oficina) directora, centro de control
controlling office | oficina (/estación) directora
controlling operator | operadora principal
control logic | lógica de control
control magnet | imán director
control member | elemento de control
control memory | memoria de control
control menu | menú de control
control menu box | cuadro del menú de control
control message protocol | protocolo de mensajes de control
control module | órgano de conexión
control navigation | desplazamiento entre controles
control office | estación (/oficina) directora (de control); estación directriz de grupo
control panel | panel (/cuadro) de control
control panel call routing | panel de control de llamadas dirigidas
control panel device | dispositivo de panel de control [*utilidad de Macintosh*]
control point | punto de control
control position | puesto de control
control program | programa de control
control protocol | protocolo de control
control ratio | relación de control; factor de mando
control read-only memory | memoria de sólo lectura de control
control record | registro de control
control register | registro (/memoria) de control
control relay | relé de control
control rod | barra (/varilla) de control
control rod calibration | calibración de una barra de control
control rod drive | mecanismo de arrastre de barra de control
control rod worth | eficacia (/valor) de la barra de control
control room | sala de control
control section | sección de control
control sender | emisor controlado
control sequence | secuencia de control
control signal | señal de control
control spark gap | recorrido de las chispas dirigidas
control spring | resorte de control
control stack | pila de control
control statement | instrucción de control
control station | estación central (/de control)
control status register | registro del estado de control
control/status register | registro de control y estado
control status signal | señal de estado de control

control store | memoria de control
control strip | secuencia de control
control structure | estructura de control
control switch | llave de mando; conmutador de control (/mando)
control symbol | símbolo de control
control synchro | sincronización de control
control system | sistema de control
control system reset rate | velocidad de reposición del sistema de control
control tape | cinta de control
control terminal | terminal de control
control total | total de control
control track | pista de control
control transformer | trasformador de control
control turns | vueltas de control
control unit | unidad de control
control variable | variable de control
control voltage | tensión de control
control winding | bobinado (/devanado, /arrollamiento) de control
control word | palabra de control
convection | convección
convection cooling | refrigeración por convección
convection current | corriente de convección
convection current modulation | modulación de corriente de convección
convective discharge | descarga convectiva
convenience adapter | adaptador de puerto [*en ordenadores*]
convenience receptacle | enchufe de corriente
convention | convención, acuerdo
conventional | convencional
conventional memory | memoria convencional
convergence | convergencia
convergence coil | bobina de convergencia
convergence control | control de convergencia
convergence electrode | electrodo de convergencia
convergence magnet | imán de convergencia
convergence of an algorithm | convergencia de un algoritmo
convergence phase control | control de fase de convergencia
convergence plane | plano de convergencia
convergence sublayer | capa de convergencia
convergence surface | superficie de convergencia
convergence zone | zona de convergencia
convergent | convergente
convergent beam | haz convergente de rayos
converging wave | onda convergente
conversation | conversación

conversational interaction | conversación interactiva
conversational language | lenguaje conversacional
conversational mode | modalidad conversacional, modo conversacional (/interactivo)
conversational operation | operación conversacional
conversational service | servicio interactivo (/de diálogo); sistema conversacional
converse | inverso; conversa
converse magnetostriction | magnetoestricción inversa
conversion | conversión, trasformación
conversion coefficient | coeficiente de conversión (interna)
conversion conductance | conductancia (/pendiente) de conversión
conversion efficiency | eficiencia (/rendimiento) de conversión; rendimiento de bombeo; eficiencia de placa
conversion electron | electrón de conversión
conversion factor | factor de conversión
conversion fraction | fracción de conversión
conversion gain | ganancia de conversión
conversion gain ratio | coeficiente (/relación) de ganancia de conversión
conversion loss | pérdida de conversión
conversion quantum efficiency | rendimiento cuántico de conversión
conversion rate | velocidad de conversión
conversion ratio | razón (/relación, /coeficiente) de conversión
conversion table | tabla de conversión
conversion time | tiempo de conversión
conversion to automation | automatización
conversion transconductance | trasconductancia (/pendiente) de conversión
conversion transducer | trasductor de conversión
conversion voltage gain | ganancia de tensión de conversión
convert, to - | convertir
converter | trasformador; conversor, convertidor
converter box | convertidor
converter reactor | reactor convertidor
converter set | grupo convertidor
converter unit | unidad de conversión; grupo convertidor
converter valve | válvula trasformadora (/de conversión)
convertor | convertidor, trasformador
convex | convexo
convex mirror | espejo cóncavo
convolution | convolución, espira

convolutional code | código convolucional
Conwell-Weisskopf formula | fórmula de Conwell-Weisskopf
cookbook | manual de instrucciones paso a paso
cooked mode | modo paso a paso [*para operaciones del sistema operativo*]
cookie | galleta, anzuelo; cookie [*secuencia de datos que entrega el programa servidor al navegador*]
cookie filtering tool | filtro de cookies [*en internet*]
coolant | refrigerante
coolant flow rate | velocidad de circulación del refrigerante
coolant pump | bomba del refrigerante
cooled infrared detector | detector de infrarrojos refrigerado
Coolidge valve | válvula de Coolidge
cooling | refrigeración, enfriamiento; desactivación
cooling by adiabatic demagnetization | enfriamiento por desmagnetización adiabática
cooling by air | refrigeración por aire
cooling by oil | refrigeración por aceite
cooling by water | refrigeración por agua
cooling fin | aleta de refrigeración
cooling period | periodo de enfriamiento
cooling pond | piscina de desactivación
cooling water circuit | circulación del agua de refrigeración
cooperative multitasking | multitarea en cooperación
cooperative processing | procesado en cooperación [*entre varios ordenadores*]
Cooper-Hewitt lamp | lámpara de Cooper-Hewitt
coordinate | coordenada
coordinate, to - | coordinar
coordinate axis | eje de coordenadas
coordinate data receiver | receptor de datos de coordenadas
coordinate data transmitter | trasmisor de datos de coordenadas
coordinate dimensioning | dimensionamiento por coordenadas
coordinated universal time format | formato horario universal coordinado
coordinate system | sistema de coordenadas
coordinate transpositions | trasposiciones coordenadas
coordination | coordinación
coordination number | número de coordinación
coordinatograph | coordinatógrafo
coplanar electrodes | electrodos coplanares
coplanar force | fuerzas coplanares
copper | cobre
copper alloy | aleación de cobre
copper block protector | pararrayos de cobre y mica
copper chip | chip de cobre [*tipo de microprocesador*]
copperclad | chapa de cobre
copper-covered steel wire | alambre de acero cobreado
copper foil | hojuela de cobre
copper jointing sleeve | manguito de cobre para empalmes
copper loss | pérdida en el cobre
copper losses with direct current | pérdidas Joule en corriente continua
copper oxide modulator | modulador de óxido de cobre
copper oxide photocell | fotocélula de óxido de cobre
copper oxide photovoltaic cell | célula fotovoltaica de cobre-óxido
copper oxide rectifier | rectificador de óxido de cobre, célula rectificadora de cobre-óxido
copper oxide rectifier cell | elemento rectificador de cobre-óxido
copper strap coil | bobina de cinta de cobre
copper sulphate treatment | inyección (/impregnación) de postes por el procedimiento Bouchery
copper sulphide rectifier | rectificador de sulfuro de cobre
copperweld | soldadura al cobre
coprecipitation | coprecipitación
coprocessor | coprocesador
copy | copia
copy, to - | copiar; recibir (mensajes)
copy and paste, to - | copiar y pegar
copy book | libro de copias
copy disk, to - | copiar disco
copyguard | protección contra copia
copyholder | portapapel; sujetador de despachos
copying telegraph | fototelegrafía
copyleft | sin derechos de autor
copy member | elemento de copia
copy programme | programa de copia
copy protection | protección de copia [*para no poder copiar un programa sin autorización*]
copyright | derecho de autor, propiedad intelectual
copyright information | mención de la inscripción registral
copy to, to - | copiar en
copy to main panel, to - | copiar en el panel principal
CORBA = common object request broker architecture | CORBA [*arquitectura informática con interfaz para consulta de objetos*]
cord | cordón; cable, conductor (aislado)
cordage | cordaje
cord circuit | cordón doble (/de conexión), circuito de conexión (/cordón), bicordio, didicordio
cord circuit repeater | repetidor de cordón
cord fastener | sujetador de cordón; fijador de cordones
cord front plug | clavija de delantera del cordón
cord grip | pinza de contacto, pinza para batería
cord hook | gancho para cordón
cordless | sin hilos
cordless LAN | red de área local sin hilos
cordless PABX | PABX sin hilos
cordless PBX = cordless private branch exchange | centralita radiotelefónica privada; (cuadro) conmutador de llaves [*para telefonía sin hilos*]
cordless phone | teléfono sin cordón
cordless position | posición sin hilos
cordless switchboard | cuadro conmutador sin hilos
cord pair | cordón doble (/de dos hilos), dicordio
cord plug | cordón de enchufe
cord tag | contera de cordón
cord terminal | terminal (/punta) de cordón
cord terminal strip | banco (/regleta) de terminales
cord weight | contrapeso (/pesa) de cordón
cordwood module | módulo de componentes en brazada
core | núcleo (magnético)
core bypass flow | flujo de escape (/fuga)
core chip set | grupo principal de chips, grupo de chips de núcleos magnéticos
core conversion ratio | razón de conversión del núcleo
cored carbon | carbón impregnado (/de mecha)
coreless-type induction furnace | horno de inducción sin núcleo
coreless-type induction heater | calentador de inducción sin núcleo
core loss | pérdida en el hierro (/núcleo)
core memory | memoria de núcleo (/ferritas)
core of a cable | alma de un cable
core of a magnet | núcleo magnético
core of the arc | núcleo del arco
core plane | plano de núcleos (magnéticos)
core programme | programa residente [*en la RAM*]
core rope storage | memoria (/almacenamiento) de cuerda de núcleos magnéticos
coresident | corresidente [*programas*]
core storage | almacenamiento de núcleo; memoria de ferritas
core store | memoria de núcleos (de ferrita), memoria de toros de ferrita
core type induction furnace | horno de inducción tipo núcleo
core type induction heater | calentador de inducción con núcleo (magnético)

core with slugs | núcleo con anillos
corkscrew | sacacorchos
corkscrew aerial | antena helicoidal (/en sacacorchos)
corkscrew rule | regla del sacacorchos
corner | ángulo, esquina; fase
corner aerial | antena angular
corner cutting | corte de las esquinas; oscurecimiento de los ángulos
corner effect | efecto angular
corner frequency | frecuencia de esquina
corner pole | poste de ángulo
corner reflector | reflector angular (/diédrico, /triédrico)
corner reflector aerial | antena de reflector angular (/diédrico, /triédrico)
corNet = corporate ISDN network protocol | corNet [*protocolo para redes privadas RDSI*]
corona | (efecto) corona; efluvio (eléctrico); descarga luminosa
corona discharge | descarga en corona
corona effect | efecto corona
corona extinction voltage | tensión de extinción del efecto corona
corona shield | pantalla anticorona
corona start voltage | tensión de comienzo del efecto corona
corona valve | válvula de descarga (/efecto corona)
corona voltmeter | voltímetro de efecto corona
corona wire | cable de corona [*en impresoras láser*]
coroutine | corrutina
corporate network | red corporativa (/empresarial)
corpuscular radiation | radiación corpuscular
corrected | corregido
corrected bearing | demora corregida
corrected compass course | rumbo de aguja corregido
corrected flow | caudal corregido
correcting | corrección
correcting clamp arm | brazo de enclavamiento de corrección
correcting coil | bobina correctora
correcting current | corriente (/señal) de corrección
correcting drive link | eslabón de mando de corrección
correcting network | red correctora
correcting signal | señal de corrección
correction | corrección
correction disabled | corrección desconectada
correction factor | factor de corrección
correction failure | fallo de corrección
correction filter | filtro de corrección
correction method | método de corrección
corrective maintenance | mantenimiento reparador (/correctivo, /de reparación), conservación correctiva
corrective network | red correctora

correctness proof | prueba de corrección
correlation | correlación
correlation bandwidth | ancho (/anchura) de banda de correlación
correlation coefficient | coeficiente de correlación
correlation detection | detección por correlación
correlation energy | energía de correlación
correlation test | prueba de correspondencia
correlation-type receiver | receptor de correlación
correlator | correlacionador
correspondence | correspondencia
correspondence principle | principio de correspondencia
correspondence quality | calidad de correspondencia
correspondent node | nodo corresponsal
corrosion | corrosión
corrosion-resistant | resistente a la corrosión
corrosive fluxes | fundentes corrosivos
corrugated | corrugado; ondulado
corrugated diaphragm | diafragma estriado
corrugated-surface aerial | antena de superficie ondulada
corrugated waveguide | guía de ondas ondulada (/acanalada)
corrupt [*adj*] | corrompido, corrupto
corrupt, to - | alterar, dañar
corruption | corrupción [*destrucción de datos*]
cortical stimulator | estimulador cortical
COS = class of service | derechos de acceso
CoS = class off service | CoS [*clase de servicio (en derechos de acceso a trasmisión)*]
cosecant aerial | antena de cosecante
cosecant-squared aerial | antena compensada (/de cosecante cuadrada)
cosecant-squared beam | haz de cosecante cuadrada
cosecant-squared pattern | característica de cosecante al cuadrado, diagrama de radiación de cosecante cuadrada
coset relation | relación de conjuntos
COSINE = cooperation for open systems interconnection network in Europe | COSINE [*proyecto de sistema abierto de comunicaciones para Europa*]
cosine law | ley del coseno
cosine potentiometer | potenciómetro coseno
cosine winding | devanado cosenoidal
cosmic | cósmico
cosmic abundance | abundancia cósmica

cosmic noise | ruido cósmico
cosmic radiation | radiación cósmica
cosmic ray shower | chaparrón cósmico
cosmic ray telescope | telescopio de rayos cósmicos
cosmic rays | rayos cósmicos
cosmotron | cosmotrón
cost estimation model | modelo de cálculo de costes
cost function | función de coste
cotter pin | pasador ranurado
cotton | algodón
cotton binder | hilo de identificación, hilo coloreado para identificación
cotton tape | cinta con tanino, cinta de algodón impregnado
Cottrell effect | efecto Cottrell
could not initialize | imposible inicializar
Coulmer aerial array | red directiva de antenas Coulmer
coulomb | culombio
Coulomb barrier | barrera culombiana (/de Coulomb)
Coulomb barrier radius | radio de barrera culombiana
Coulomb collision | colisión culombiana
Coulomb degeneracy | degeneración de Coulomb
Coulomb energy | energía de Coulomb
Coulomb excitation | excitación culombiana
Coulomb field | campo culombiano
Coulomb force | fuerza culombiana
Coulomb friction | fricción culombiana
coulombmeter | culombímetro
Coulomb potential | potencial culombiano (/de Coulomb)
Coulomb scattering | dispersión culombiana
Coulomb's law | ley de Coulomb
Coulter counter | contador Coulter
count | cuenta; recuento; unidad de cálculo
count, to - | contar
countdown, count down | cuenta atrás
countdown circuit | circuito de cuenta atrás
countdown number | número de cuenta atrás
counter | contador
counterbalance | contrapeso
counter characteristic curve | curva de características del contador
counter circuit | circuito contador
counterclockwise capacitor | condensador de giro a la izquierda
counterclockwise polarized wave | onda polarizada en sentido sinestrorso
counterclockwise row | fila contrahoraria
counter-controlled cloud chamber | cámara de niebla controlada por con-

tador
counter current centrifuge | centrífuga de contracorriente
counter dead time | tiempo muerto del contador
counter efficiency | eficacia del contador
counter electrode | contraelectrodo
counterelectromotive force | fuerza contraelectromotriz, contrafuerza electromotriz
counter goniometer | goniómetro de la válvula de recuento
counter lag time | tiempo de retardo del contador
countermeasure | contramedida
counter mechanism | contador
counter officer | empleado tasador
counter operating voltage | voltaje de funcionamiento del contador
counter overshooting | salto del contador
counter overvoltage | sobrevoltaje (/sobretensión) del contador
counter plateau | contador independiente de voltaje
counterpoise | contraantena; toma de tierra equilibrada
counter programme | programa de recuento
counter range | margen del contador
counter recovery time | tiempo de recuperación del contador
counter reignition | reencendido del contador
counter resolving time | tiempo de resolución del contador
counter search | buscador de memoria
counter starting potential | potencial de arranque del contador
counter/timer | contador/temporizador
counter valve | válvula de recuento
counter valve characteristic | característica de la válvula de recuento
counter valve fast neutron fluxmeter | medidor de flujo de neutrones rápidos con válvula de recuento
counter valve with internal gas source | válvula de recuento con fuente interna gaseosa
counting | cuenta, recuento, cálculo
counting accelerometer | acelerómetro registrador
counting circuit | circuito de recuento
counting efficiency | rendimiento de (la válvula de) recuento
counting frequency meter | frecuencímetro contador
counting ionization chamber | cámara contadora de ionización
counting loop | bucle de recuento
counting loss | pérdida de recuento (/cuenta)
counting of words | recuento de palabras
counting problem | problema de recuento
counting rate | cuenta por unidad de tiempo
counting rate curve | diagrama de velocidad de recuento; curva de coeficiente de recuento
counting rate meter | medidor de velocidad de recuento, medidor de recuento por unidad de tiempo
counting rate voltage characteristic | característica de tensión por velocidad de recuento
counting relay | relé contador
counting train | integrador; totalizador
counting valve | válvula de recuento
count policy | política de selección múltiple
count rate meter | contador de velocidad de impulsos
country | país, región, provincia, comarca; campo
country code | indicativo (/código) del país
country of destination | país de destino
country of origin | país de origen
country-specific | específico del país
COUNT SEA = counter search | COUNT SEA [*buscador de memoria*]
count words, to - | contar palabras
couple | par; acoplado; gemelo
coupled | acoplado
coupled circuit | circuito acoplado
coupled poles | postes gemelos
coupled positions | posiciones agrupadas
coupler | acoplador, adaptador; oído artificial
coupling | acoplamiento
coupling aperture | abertura de acoplamiento
coupling beam | acoplamiento de haz
coupling capacitor | condensador de acoplamiento
coupling choke | reactancia de acoplamiento
coupling coefficient | coeficiente de acoplamiento
coupling coil | bobina de acoplamiento
coupling constant | constante de acoplamiento
coupling hole | orificio (/hueco) de acoplamiento
coupling key | llave de concentración
coupling loop | bucle (/espira, /lazo) de acoplamiento
coupling loss | pérdidas de acoplamiento
coupling medium | medio de acoplamiento; junta óptica
coupling of two oscillating circuits | acoplamiento de dos circuitos oscilantes
coupling probe | sonda de acoplamiento
coupling slot | ranura de acoplamiento
coupling transformer | trasformador de acoplamiento
course | corriente, curso, ruta, derrota; método, proceso
course deviation indicator | indicador de desviación de la derrota (/ruta)
course error | error de ruta
course indicating beacon | radiofaro indicador de ruta
course line | línea de ruta (/derrota)
course line deviation | desviación de la línea de ruta
course line deviation indicator | indicador de desviación de la línea de ruta
course made good | corrección de ruta; ruta (/derrota) corregida
course of analysis | proceso analítico
course pull | derrota de solicitación
course push | derrota en vaivén
course sensitivity | sensibilidad de ruta
course softening | suavización de ruta
courseware | software didáctico [*para enseñanza o prácticas*]
course width | anchura de ruta
courtesy copy | copia oculta
covalence [USA] | covalencia
covalency [UK] | covalencia
covalent bond | unión (/enlace, /puente) covalente
covalent compound | compuesto covalente
covalent crystal | cristal covalente
covalent radius | radio covalente
covariance | covarianza
cover | cubierta, tapa
coverage | cobertura
coverage diagram | diagrama de cobertura
coverage pattern | diagrama de cobertura
covering | revestimiento (/forro) aislante, envoltura; cubierta
cover plate | cubierta protectora; panel de cubierta
cover slab | placa de cobertura; tapa; losa
covert channel | canal secreto
Covington and Brotten aerial | antena Covington y Brotten
CPA = chromatic phase axis | CPA [*eje de fase cromática*]
CPA = collaboration protocol agreement | CPA [*acuerdo de protocolo de colaboración*]
C.Pause = camera pause | pausa de la cámara
cpi = characters per inch | cpp = caracteres por pulgada
CPI = copy | copia
CPL = call processing language | CPL [*lenguaje de procesamiento de llamadas*]
C plus | C positivo
cpm = characters per minute | cpm = caracteres por minuto
CPM = critical path method | MCC = método del camino crítico
CP/M = control program/monitor [*control program for microcomputers*] | CP/M [*sistema operativo para microproce-*

sadores, programa de control para microordenadores]
CPL = combined programming language | CPL [*lenguaje combinado de programación*]
CPP = collaboration protocol profile | CPP [*perfil de protocolo de colaboración*]
cps = characters per second | cps = caracteres por segundo
CPS = central processing system | SPC = sistema de proceso central
cps/bps = characters per second / bit per second | cps/bps = caracteres por segundo / bit por segundo
CPU = central processing unit, central processor | UPC = unidad central de proceso, procesador central [*en español también se usa la abreviatura CPU*]
CPU-bound | limitado por CPU.
CPU cache | caché de CPU [*memoria de la unidad central de proceso*]
CPU cycle | ciclo de UCP
CPU fan | ventilador de UCP
CPU interface control | control del interfaz de la UPC
CPU speed | velocidad de la UCP
CPU time = central processing unit time | tiempo de UCP [*tiempo de procesador, tiempo de ocupación de la unidad central de proceso*]
CQN = correction | corrección
CQT = correct | correcto
Cr = chromium | Cr = cromo
CR = carriage return | RC = retorno del carro [*en dispositivos de escritura*]
C/R = command/response | orden y respuesta
crab | conector (/enchufe) múltiple; cangrejo
crab angle | ángulo de derrape
crack | grieta, fisura
cracker | intruso; cracker [*experto informático que desprotege o piratea programas, o produce daños en sistemas o redes*]
crack formation | formación de roturas
cracking | cracking [*rotura de código*]
crackle | ruido de fritura
crackle finish | (acabado) vermiculado
crackling | crepitación, ruido de fritura
crackling noise | crepitación, chasquidos
cradle | gancho
cradle guard | red de protección
cradle switch | gancho conmutador
crank drive motor | motor de accionamiento por biela
crash | accidente; fallo [*del sistema*], avería; quiebra
crash, to - | colgar, quebrar, chocar, romper, estrellar, congelar
crash-locator beacon | radiobaliza localizadora de avión estrellado
crash recovery | recuperación (de datos) tras fallo grave
crash restart | puesta en marcha tras fallo
crater | cráter
crater due to a laser | cráter por impacto de rayo láser
crater formation | craterización
crater graphite electrode | electrodo hueco de carbón
crater lamp | lámpara de cráter
crawler | rastreador, araña [*programa de rastreo*]
crawling | arrastre; enganchado [*de una máquina asincrónica*]
crazing | agrietamiento; examen de grietas
CRC = cyclic(al) redundancy check (/code) | CRC = control (/código, /prueba) de redundancia cíclica, prueba (/comprobación) cíclica de redundancia
create, to - | crear
create action, to - | crear acción
creator | programa creador [*de archivos*]
credit card call | comunicación con tarjeta de crédito
credit card number | número de tarjeta de crédito
creep | desviación (de una corriente); fluencia; alteración progresiva
creepie-peepie [*fam*] | emisor portátil de televisión
creeping | histéresis viscosa
creep recovery | recuperación de fluencia
creosoted pole | poste creosotado
crest | cresta
crest factor | factor de amplitud (/cresta)
crest value | valor de cresta, valor instantáneo máximo
crest voltmeter | voltímetro de cresta
crest working reverse voltage | tensión inversa de cresta de funcionamiento
crew factor | coeficiente de práctica experimental
CRI = rendering index | CRI [*índice de reproducción de color*]
crimp | grapa; pinza; engarce; rizo, onda
crimp, to - | engarzar, grapar, pinzar, grapinar
crimp connection | terminal de presión
crimp contact | contacto grapinado (/de pinza, /de compresión, /de presión)
crimping | pinzado, engarzado a presión
crimping tool | tenaza engarzadora
crippled leapfrog test | comprobación selectiva incompleta
crippled version | versión reducida, versión mutilada
crisis time | tiempo de crisis
crispening | acentuación del contorno
critical | crítico
critical absorption wavelength | longitud de onda crítica de absorción
critical angle | ángulo crítico (/límite)
critical anode voltage | tensión anódica crítica
critical assembly | conjunto crítico
critical characteristic | característica crítica
critical computing | tolerancia a los fallos
critical concentration | concentración crítica
critical controlling current | corriente crítica de control
critical coupling | acoplamiento crítico
critical current | corriente crítica
critical damping | amortiguamiento crítico
critical dimension | dimensión crítica
critical equation | ecuación crítica
critical error | error crítico (/fatal)
critical-error handler | gestor de errores críticos
critical experiment | experimento crítico
critical failure | fallo crítico
critical field | campo crítico
critical flicker frequency | frecuencia crítica de parpadeo
critical frequency | frecuencia crítica
critical grid current | corriente crítica de rejilla
critical grid voltage | tensión crítica de rejilla, voltaje crítico de rejilla
critical heat flux | flujo calorífico crítico
critical high-power level | nivel crítico de alta potencia
critical impact parameter | parámetro de impacto crítico
critical inductance | inductancia crítica
criticality | criticidad
criticality monitor | monitor de criticidad
critical magnetic field | campo magnético crítico
critical mass | masa crítica
critical message | mensaje crítico
critical organ | órgano crítico
critical path method | método del camino crítico
critical potential | potencial crítico
critical pressure | presión crítica
critical reactor | reactor crítico
critical region | región crítica
critical resistance | resistencia crítica
critical resistance value | valor de resistencia crítica
critical resource | recurso crítico
critical section | sección crítica
critical size | tamaño crítico
critical temperature | temperatura crítica
critical voltage | tensión crítica
critical wavelength | longitud de onda crítica
CR-LDP = constraint-based routing – label distribution protocol | CR-LDP [*protocolo de distribución de etiquetas con encaminamiento basado en restricciones*]

CRO = cathode-ray oscilloscope | ORC = oscilador de rayos catódicos
crook stick | horquilla
Crookes dark space | espacio oscuro (/negro) de cátodo, región oscura de Crookes
Crookes radiometer | radiómetro de Crookes
Crookes valve | válvula de Crookes
crop, to - | recortar [*partes innecesarias de una imagen*]
crop mark | marca de corte [*en papel impreso*]
cross | cruce; contacto entre conductores (/líneas)
crossarm | travesaño, traviesa; cruceta
crossarm brace | tirante de cruceta [*tirante para crucetas desequilibradas*]
cross assembler | ensamblador cruzado
crossband | banda cruzada
crossband transponder | emisor contestador de bandas cruzadas
crossbanding | cruce de bandas
crossbar | pórtico; barra cruzada
crossbar automatic system | sistema automático de barras cruzadas
crossbar dialling system | sistema de selección automática de barras cruzadas
crossbar equipment | equipo de barras cruzadas
crossbar exchange | central del tipo de barras cruzadas
crossbar selector | selector de barras cruzadas
crossbar switch | conmutador de barras cruzadas; selector de coordenadas
crossbar switching system | sistema de conmutación de barras cruzadas
crossbar system | sistema de coordenadas (/barras cruzadas)
cross bearing | marcación cruzada
cross bombardment | bombardeo múltiple
cross-check | comprobación cruzada
cross checking | comprobación cruzada (/comparativa)
cross colour | diacromía, diafonía cromática
cross compiler | compilador cruzado
cross conduction | conducción cruzada
crossconnect, cross-connect | distribuidor electrónico; conexión cruzada, trasconexión
cross-connecting rack | repartidor de interconexión (/puentes)
cross-connecting terminal | caja de pruebas (/protección)
cross connection | puente; conexión cruzada
cross-connection box | caja (/punto) de unión
cross-continent system | sistema trascontinental
cross-control circuit | circuito de control cruzado
crosscorrelation function | función de intercorrelación (/correlación cruzada)
crosscorrelator | correlacionador de transición
cross-country flight | vuelo de travesía
crosscoupling | acoplamiento cruzado (/por diafonía)
cross development | desarrollo cruzado [*realizado simultáneamente para varios sistemas*]
crossed | cruzado
crossed aerials | dipolos cruzados
crossed-coil aerial | antena de cuadros cruzados
crossed-field accelerator | acelerador de campo cruzado
crossed-field amplifier | amplificador de campo cruzado
crossed-field backward-wave oscillator | oscilador de onda regresiva y campos cruzados
crossed-field multiplier photovalve | fotoválvula multiplicadora de campos cruzados
crossed-loop aerial | antena de cuadros cruzados
crossed-pointer indicator | indicador de agujas cruzadas (/en cruz)
crossed strip-line cavity | cavidad de líneas de cintas cruzada
cross-field device | dispositivo de campos cruzados
crossfield recording | grabación en campo cruzado
crossfire | inducción telegráfica; interferencia (/inducción) cruzada; destellos cruzados
cross firing | fuegos cruzados
crossfoot | suma horizontal; comprobación por cruce
cross hair | cruz filar
cross-hair pointer | cursor en cruz
crosshatching | entramado; sombreado en cruz
crosshatch pattern | carta de ajuste de barras cruzadas
cross induction | diafonía
crossing | cruce (de líneas)
crossing over | cruzamiento
crossing wire | alambre de cruzadas
cross lattice | rejilla cruciforme
cross link | balancín
cross-linked files | archivos con enlaces cruzados
cross linking | reticulación
cross modulation | modulación cruzada
cross neutralization | neutralización cruzada
cross office circuit | circuito local
cross office receiver | impresor en circuito local
cross office transmitter distributor | distribuidor trasmisor en circuito local
crossover | encrucijada; punto (/frecuencia) de transición (/cruce); cruce de conductores; primera convergencia
crossover circuit | circuito divisor (de frecuencias)
crossover clamp | mordaza para cruce de cables
crossover distortion | distorsión de cruce
crossover frequency | frecuencia cruzada (/de cruce, /de transición)
crossover network | red divisora (/de cruce); filtro separador (de frecuencias); filtro (/circuito) divisor de frecuencias
crossover point | frecuencia de transición; punto de transición (/cruce)
crossover region | región de cruce
crossover spiral | espiral de transición
cross-platform | plataforma polivalente
crosspoint | punto de cruce (/conmutación)
crosspoint reed relay | relé de láminas del tipo de transición
cross polarization | polarización cruzada
crosspost | colocación cruzada, envío múltiple
cross reference | referencia cruzada
cross reference generation | generación de referencias cruzadas
cross reference list | lista de referencias cruzadas
cross section | sección trasversal (/eficaz)
cross-section per atom | sección eficaz por átomo
cross-sectional area [*of a conductor*] | área de la sección trasversal [*de un conductor*]
cross software | software de cruce
crosstalk | diafonía; cruce aparente; interferencia
crosstalk attenuation | atenuación diafónica (/de diafonía)
crosstalk isolation | separación diafónica
crosstalk rejection | separación antidiafónica
cross-volume hyperlink | hiperenlace entre volúmenes
crowbar | cortocircuito total
crowbar circuit | circuito en corto
CRP = content routing protocol | CRP [*protocolo de encaminamiento de contenido*]
CRT = cathode ray tube [USA] | TRC = tubo (/válvula) de rayos catódicos
CRTC = cathode ray tube controller [USA] | CRTC [*controlador de la válvula de rayos catódicos*]
CRTR = continuous ringing tone return earth | CRTR [*tierra de retorno de tono de llamada continua*]
crucible | crisol
cruciform core | núcleo cruciforme
crud [*fam*] [USA] | productos de corrosión
crude metal | metal bruto

cruise, to - | navegar [*por redes informáticas*]
cruise control | control de crucero
crunch, to - | procesar información
cryoelectrics | crioelectricidad
cryoelectronic | crioelectrónica
cryogenic | criogénico
cryogenic device | dispositivo criogénico
cryogenic memory | memoria criogénica
cryogenic motor | motor criogénico
cryogenics | criogenia
cryometer | criómetro
cryosistor | criosistor
cryostat | criostato
cryotron | criotrón
cryotronics | criotrónica
crypt, to - | cifrar, codificar
cryptoanalysis | análisis criptográfico
cryptography | criptografía
cryptography standard | estándar de criptografía, norma criptográfica
cryptology | criptología
cryptosystem | sistema criptográfico
cryptosystem operation | operación del sistema criptográfico
crystal | cristal
crystal activity | actividad del cristal
crystal analysis | análisis cristalino
crystal anisotropy | anisotropía cristalina
crystal audio receiver | receptor de audio a cristal
crystal axis | eje del cristal
crystal calibrator | calibrador de cristal
crystal changer | cambiador de cristales
crystal control | control por cristal
crystal-controlled oscillator | oscilador controlado por cristal
crystal-controlled transmitter | trasmisor controlado por cristal
crystal counter | contador de cristal
crystal cut | corte del cristal
crystal cutter | grabador de cristal
crystal detector | detector de cristal
crystal diode | diodo de cristal
crystal effect | efecto cristalino
crystal face | superficie del cristal
crystal field | campo del cristal
crystal filter | filtro de cristal
crystal frequency monitor | monitor de frecuencia de cristal
crystal headphones | auriculares de cristal
crystal holder | soporte de cristal
crystal impurity | impureza del cristal
crystal lattice | red cristalina (/del cristal)
crystalline | cristalino
crystal liquid display | pantalla de cristal líquido
crystal loudspeaker | altavoz de cristal
crystal microphone | micrófono de cristal
crystal mixer | mezclador de cristal
crystal oscillator | oscilador de cristal (de cuarzo)
crystal oven | horno para el cristal
crystal pickup | aguja (/cápsula) de cristal; fonocaptor piezoeléctrico
crystal pulling | cristalización progresiva; estirado (/retirado) del cristal
crystal rectifier | rectificador de cristal
crystal set | receptor de galena (/cristal)
crystal slab | placa de cristal
crystal speaker | altavoz de cristal
crystal spectrograph | espectrógrafo de cristal
crystal spectrometer | espectrómetro de cristal (/difracción)
crystal-stabilized oscillator | oscilador de cristal estabilizado
crystal-stabilized transmitter | trasmisor de cristal estabilizado
crystal telephone receiver | receptor telefónico de cristal
crystal transducer | trasductor de cristal
crystal video receiver | receptor de vídeo con cristal
Cs = caesium | Cs = cesio
CS = capability set | CS [*conjunto de capacidades (en red inteligente)*]
CS = chip select | selección de componentes
CS = convergence sublayer | CS [*capa de convergencia*]
CSA = Canadian Standards Association | CSA [*asociación canadiense de normativa*]
CS-ACELP = conjugate-structure algebraic code-excited linear prediction coder | CS-ACELP [*tipo de codificador de voz*]
C scan | exploración C
CSCF = call state control function | CSCF [*función de control de estado de las llamadas*]
CSCW = computer supported cooperative work | CSCW [*tecnología de la colaboración*]
CSD = circuit-switched data | CSD [*datos en circuito conmutado (opción de ISDN)*]
CSDN = circuit switched data network | CSDN [*red de datos para conmutación de circuitos*]
CSI = CAMEL subscription information | CSI [*información de suscripción CAMEL*]
CSIC [*Spanish central research centre*] | CSIC = Centro superior de investigaciones científicas
CSK = carrier shift keying | CSK [*manipulación por desplazamiento de la onda portadora*]
CSL = control and simulation language | CSL [*lenguaje de control y simulación*]
CSLIP = compressed serial line protocol | CSLIP [*protocolo de línea serie comprimido*]
CSMA = carrier sense multiple access [*with collision detection*] | CSMA [*acceso múltiple por detección de portadora*]
CSMA-CA = carrier sense multiple access/collision-avoidance | CSMA-CA [*sistema de acceso múltiple a la red para evitar la colisión de datos en una línea de trasmisión*]
CSMA/CD = carrier sense multiple access with collision detection | CSMA/CD [*acceso múltiple por detección de portadora con detección de colisiones*]
CSO = computing services office | CSO [*oficina de servicios informáticos*]
CSO name server | servidor de nombres CSO
CSP = communicating sequential processes | CSP [*procesos secuenciales de comunicación*]
CSPDN = circuit switched public data network | CSPDN [*red pública de datos por conmutación de circuitos*]
CSR = control/status register | CSR [*registro de control y estado*]
CSRC = contributing source | CSRC [*fuente contribuidora (en trasmisión de datos)*]
CSS = cascading style sheet | CSS [*hojas de estilo en cascada*]
CS signal = control status signal | señal CS [*señal de estado de control*]
CST = call setup time | CST [*tiempo de establecimiento de la llamada*]
CSTA = computer-supported telecommunications (/telephony) applications | CSTA [*aplicaciones de telecomunicaciones (/telefonía) asistidas por ordenador*]
CSTN display = color supertwist nematic display | pantalla CSTN [*tipo de pantalla supertwist*]
CSU = circuit switching unit | CSU [*unidad de conmutación de servicios*]
CSU = channel service unit | CSU [*unidad de control de canales*]
C supply | fuente C
CSV/CSD = alternate circuit-switched voice/circuit-switched data | CSV / CSD [*conmutación entre transmisión digital de voz y de datos*]
C SW = cassette switch | C SW [*interruptor (/mando) de la cinta (de casete)*]
CSX = community step-by-step exchange | CSX [*centralita rural paso a paso*]
CT = call transfer | CT [*trasferencia de llamadas*]
CT = card type | tipo de tarjeta
CT = cordless telephone | CT [*sistema de radiotelefonía*]
CTC = computerized traffic control | CTC = control de tráfico centralizado
CT-cut crystal | cristal de corte CT
CTERM = communications terminal protocol | CTERM [*protocolo de terminal de comunicaciones*]

CTI = colour transient improvement | CTI [*descodificación de señales de color*]
CTI = computer telephony integration | CTI [*integración de telefonía por ordenador*]
CTL = control | CTL = control
CTO = central telegraph office | OCT = oficina central de telégrafos
CTP = retain charge paid | retenga lo cobrado
CTR = cathodic rays valve | CTR [*válvula (/tubo) de rayos catódicos*]
CTR = common technical regulations | CTR [*regulaciones técnicas comunes*]
CTRL = control | CTRL = control [*en teclado*]
CTS = cents | cts. = céntimos, centavos
CTS = clear to send | CTS [*preparado para enviar; listo para trasmitir (en módem)*]
Cu = copper | Cu = cobre
CU = control unit | UC = unidad de control
CUA = common user access | CUA [*acceso común de usuario*]
cube | cubo; cúbico
cube root law | ley de la raíz cúbica
cubical aerial | antena cúbica
cubicle | celda, célula; casilla; nicho; cubículo; armario
Cuccia coupler | acoplador Cuccia
cue bus | canal piloto
cue circuit | circuito de indicación; circuito de control de programa
cuehead | cabezal indicador
cue light | luz indicadora
cue sheet | cuña musical
CUG = closed user group | CUG [*grupo cerrado de usuario*]
CUI = character user interface | CUI [*interfaz de usuario para caracteres (de texto)*]
cuing | localización de pasajes
CUJT = complementary unijunction transistor | CUJT [*transistor complementario de unión única*]
cumulative | acumulativo
cumulative detection probability | probabilidad de detección acumulativa
cumulative distribution function | función de distribución acumulativa
cumulative dose | dosis acumulada (/acumulativa)
cumulative excitation | excitación acumulativa
cumulative flow | flujo aportado
cumulative grid rectification | rectificación con resistencia de rejilla
cumulative ionization | ionización acumulativa
cup | elemento divisor de potencial
cupboard | armario
cup core | núcleo envolvente
cup electrode | electrodo de gota (/cubeta)

cup electrode of high porosity | electrodo de gota de alta porosidad
cuprous oxide | óxido cúprico
curie | curio
Curie point | punto de Curie, temperatura de transición magnética
Curie temperature | temperatura de Curie, temperatura de transición magnética
curietherapy | curioterapia
Curie-Weiss law | ley de Curie-Weiss
curium | curio
curium elements | cúridos
curl | enroscamiento
curl of a given vector | rotacional de un vector dado
curpistor | curpistor
current | corriente (eléctrica); flujo; actual, en curso
current address register | contador de instrucción; registro de direcciones actuales (/en curso)
current amplification | amplificación de corriente
current amplifier | amplificador de intensidad (/corriente)
current antinode | máximo (/antinodo) de corriente
current attenuation | atenuación de corriente
current balance | equilibrado de la corriente
current balance relay | relé de equilibrio de corriente
current carrying capacity | intensidad de corriente máxima admisible, capacidad de conducción de corriente
current carrying rating | régimen máximo de trasporte de corriente
current cell | célula activa
current circuit | circuito eléctrico
current collector | aparato de captación por corriente
current conduction | conducción de corriente
current-controlled oscillator | oscilador controlado por corriente
current density | densidad de corriente
current directory | directorio en uso
current drain | consumo (/pérdida) de corriente
current due to nervous action | corriente de acción nerviosa
current echo | eco de corriente
current feed | alimentación de corriente
current feedback | realimentación de corriente
current flicker | fluctuación de corriente
current foldback | extinción de corriente
current folder | carpeta actual
current folder header | cabecera de la carpeta actual
current gain | ganancia de corriente
current generator | generador de corriente (eléctrica)

current hogging | acaparamiento de corriente
current-hogging injection logic | lógica de inyección por acaparamiento de corriente
current instruction register | registro de instrucciones normales, registro de instrucción en curso
current intensity | intensidad de corriente
current ionization chamber | cámara de ionización de corriente
current item | elemento seleccionado
current limiter | limitador de corriente
current limiter relay | relé limitador de corriente
current-limiting | limitador de corriente
current-limiting coil | bobina limitadora
current-limiting device | limitador de corriente
current-limiting fuse | fusible limitador de intensidad (/corriente)
current-limiting reactor | inductancia de protección contra sobreintensidades, reactor eléctrico
current-limiting resistor | resistencia limitadora de corriente
current location counter | contador de localización activa
current loop | máximo de intensidad; vientre de intensidad de corriente
currently no previous message | no hay un mensaje anterior
current margin | margen (/reserva) de corriente
current meter | contador de exceso
current mode complementary transistor logic | modo lógico de corriente de transistor complementario
current mode logic | circuito lógico de modo de corriente
current node | nodo de intensidad (/corriente)
current noise | ruido de corriente
current of gas | corriente de gas
current password | contraseña actual
current penetration | penetración de la corriente
current probe | sonda de corriente
current pulse amplifier | amplificador de impulsos de corriente
current rating | intensidad máxima admisible; capacidad nominal de corriente
current ratio | relación de corriente
current regulator | regulador de corriente (/intensidad)
current relay | relé de corriente
current saturation | saturación de corriente
current selection | selección actual
current selection region | región de selección actual
current-sensing resistor | resistencia de detección de corriente
current sensitivity | sensibilidad de corriente

current session | sesión actual
current setting | valor actual
current sheet | lámina de corriente
current sink | sumidero de corriente
current-sinking logic | lógica de sumidero de corriente
current source | fuente de corriente
current-sourcing logic | lógica de fuente de corriente
current stability factor | factor de estabilidad de corriente
current test | prueba de corrientes de alimentación
current topic | tema actual
current transfer ratio | ganancia de corriente
current transformer | trasformador de corriente (/intensidad)
current-type telemeter | telémetro del tipo de corriente
current view | vista actual (/principal)
current workspace | espacio de trabajo actual
curried function | función adaptada
cursor | cursor; puntero
cursor blink speed | velocidad de parpadeo del cursor
cursor control | control del cursor
cursored element | elemento señalado por el cursor
cursor key | tecla del cursor
cursor key mode | modo de teclas de cursor
cursor style | estilo del cursor
curtain aerial | antena en cortina
curtain array | red directiva de antenas en cortina
curtain rhombic aerial | antena romboidal de cortina
Curtis winding resistor | resistencia con bobinado (/devanado) de Curtis
curvature | curvatura
curvature of blackening | curvatura de la característica de ennegrecimiento
curve | curva
curved crystal analyser | cristal analizador curvado
curve describing loss by volatilization | curva de evaporación
curve of intensity | curva de intensidad
curve of normal magnetisation | curva de imanación normal
curve tracer | trazador de curvas
curvilinear cone | cono curvilíneo
curvilinear coordinate | coordenada curvilínea
cusped geometry | geometría cuspidada
cusped magnetic field | campo magnético cuspidado
custom dialog box | cuadro de diálogo para personalizar
customer | abonado, usuario; cliente
customer letter | carta al cliente
customer premises equipment | equipo terminal propiedad del abonado
customer set | equipo del cliente

customer's specification | pliego de condiciones
customer support | asistencia al cliente
customization | personalización
customize, to - | adaptarse; personalizar, modificar a medida
customizing | personalización
custom software | software a medida
cut | corte; coeficiente de separación
cut, to - | cortar
cut and paste, to - | cortar y pegar
cut and peel | cortado y pelado
cut and strip | cortado y pelado
cut down | conexión por aprisionamiento (/desplazamiento del aislante)
cutie pie [fam] | dosímetro de radiación de pistola
cut in | conjuntor; puesta en servicio
cut in, to - | conectar; incidir, intercalar, introducir; poner en circuito
cut key | llave de corte
Cutler aerial | antena Cutler
Cutler feed | alimentación Cutler
cutoff | cortacircuito; corte; bloqueo; apagado
cutoff attenuator | atenuador de corte
cutoff bias | polarización de corte; voltaje de corte de rejilla
cutoff current | corriente (/intensidad) de corte
cutoff energy | energía de corte
cutoff field | campo de corte
cutoff frequency | frecuencia de corte
cutoff jack | clavija de corte
cutoff key | pulsador de corte; llave de ruptura
cutoff limiting | limitación de corte
cutoff relay | relé de corte
cutoff switch | interruptor, conmutador de corte
cutoff voltage | tensión (/voltaje) de corte
cutoff wavelength | longitud de onda de corte
cutout | interruptor, cortacircuito, disyuntor, ruptor, plomo, (tapón) fusible; conmutador
cut out, to - | cortar (el circuito), desconectar, interrumpir, quitar (del circuito)
cutout element | elemento de corte
cutout relay | relé de corte
cutover | puesta en servicio; cambio automático, trasferencia a otra estación base [en radiotelefonía]
cut over, to - | poner en servicio
cutover of an exchange | puesta en servicio de una central
cut parabolic reflector | reflector parabólico
cut paraboloidal reflector | reflector paraboloide asimétrico
cut-point | punto de corte
CUTS = computer users' tape system | CUTS [sistema de cinta para usuario de ordenador]
cut set | conjunto cortable (/de corte)

cut-set equation | ecuación de un conjunto de corte
cut-set network | red de corte
cut sheet feed | alimentación de papel cortado
cutter | cuchilla; grabador; fresa; fonoincisor; cabeza cortadora (/grabadora); trasductor electromecánico
cutthrough | solidez
cutthrough relay | relé de conexión
cut-through switch | conmutador de puerto [para encaminar paquetes de datos]
cutting | corte (de sección), recorte; talla; tira; trinchera, desmonte
cutting angle | ángulo de corte (/grabación)
cutting head | cabeza cortadora (/de corte, /grabadora)
cutting of a record | grabación (/registro) de un disco
cutting rate | densidad de líneas de grabación
cutting stylus | estilete grabador (/de grabación)
cut vertex | vértice cortado (/eliminado)
CV = computer vision | CV [visión por ordenador]
cw = continuous wave | cw [onda continua]
C-weighted response | respuesta con ponderación C
CW-interference radar | radar biestático de onda continua
C wire | hilo C; hilo de punta (/canutillo, /manguito), hilo de la clavija, hilo de tercer muelle, tercer hilo
CWIS = campus wide information system | CWIS [sistema de información universitario]
CW jamming | perturbación (intencionada) de onda continua
CW-radar = continuous wave radar | radar CW [radar de onda continua]
CW reference signal | señal de referencia de onda continua
CXN = correction | corrección
CXR = carrier | CXR [señal para indicar la intención de trasmitir datos]
CY = copy | copia
cyanogen band | banda del cianógeno
cyber- [pref] | ciber-
cyberart | arte cibernético
cybercafe, cyber café | cibercafé
cybercash | dinero electrónico
cyberchat | cibercharla [charla en el ciberespacio]
cybercop | detective cibernético
cyberculture | cibercultura, cultura cibernética
Cyberdog | Cyberdog [integrador de aplicaciones de Apple]
cyberlawyer | abogado especializado en cibernética
cyberlexicon | ciberléxico [terminología informática]
cyberlife | vida cibernética
cybernaut | cibernauta

cybernetic organism | organismo cibernético
cybernetics | cibernética
cyberpunk | ciberpunk [*género de ciencia ficción con entorno de realidad virtual*]
cybersex | cibersexo
cyberspace | ciberespacio
cyberspeak | ciberlenguaje [*conjunto de términos y expresiones empleados por los usuarios del ciberespacio*]
cybersquatter | cybersquatter [*individuo que registra razones sociales y marcas como dominios de internet para luego venderlas*]
cyberwidow [*fam*] | ciberviuda [*esposa de quien malgasta mucho tiempo en internet*]
cyborg = cybernetic organism | cyborg [*organismo cibernético*]
cybrarian | cibertecario [*archivador de archivos informáticos*]
cycle | ciclo, periodo
cycle counter | contador de ciclos
cycle counting | inventario cíclico
cycle criterion | criterio de ciclo
cycle index | índice de ciclos
cycle index polynomial | polinomio de índice de ciclo
cycle life | vida cíclica
cycle per second | ciclos (/hercios) por segundo
cycle power, to - | ejecutar un ciclo de apagado y encendido
cycle rate counter | contador de periodos
cycle reset | reposición de ciclo
cycle shift | desplazamiento cíclico
cycle stealing | robo de ciclos, ciclo robado; utilización en robo de ciclo
cycle time | duración (/tiempo) del ciclo
cycle timer | conmutador (/sincronizador, /temporizador) cíclico (/de ciclos)
cyclic access | acceso cíclico
cyclically-magnetized | magnetizado cíclicamente
cyclically-magnetized condition | (condición de) magnetización cíclica
cyclical redundancy check | comprobación de redundancia cíclica
cyclic binary code | código binario cíclico
cyclic code | código cíclico
cyclic decimal code | código decimal cíclico
cyclic redundance comprobation | comprobación (/prueba) cíclica de la redundancia
cyclic redundancy check | comprobación (/prueba) cíclica de la redundancia, control (/prueba) de redundancia cíclica
cyclic redundancy code | código de redundancia cíclica
cyclic shift | desplazamiento (/corrimiento) cíclico
cycling | acción cíclica
cycling variation | vaivén; vibración cíclica
cycloconverter | convertidor cíclico
cyclogram | ciclograma
cyclograph | ciclógrafo
cyclometer register | registro ciclométrico
cyclotron | ciclotrón
cyclotron frequency | frecuencia giromagnética (/del ciclotrón)
cyclotron frequency magnetron | magnetrón por frecuencia de ciclotrón
cyclotron radiation | radiación ciclotrónica (/del ciclotrón)
cyclotron resonance | resonancia ciclotrónica (/del ciclotrón)
cyclotron resonance heating | calentamiento ciclotrónico (/por resonancia ciclotrónica)
cyclotron wave | onda ciclotrónica
Cycolor | Cycolor [*proceso de impresión en color*]
cylinder | cilindro; probeta
cylinder armature | inducido de tambor
cylinder rack on shaft | cremallera cilíndrica en el eje
cylindrical | cilíndrico
cylindrical aerial | antena cilíndrica
cylindrical counter chamber | cámara de contador cilíndrica
cylindrical film storage | memoria de película cilíndrica
cylindrical reflector | reflector cilíndrico
cylindrical wave | onda cilíndrica
cymometer | cimómetro, ondámetro
Czochralski crystal | cristal de Czochralski
Czochralski technique | técnica de Czochralski, técnica de arrastre vertical

D

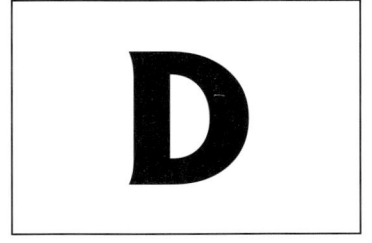

2-D system | sistema bidimensional
3-D modelling | modelado tridimensional
3-D system | sistema tridimensional
3-D tracking system | sistema de seguimiento tridimensional
DA = desk accessory | DA [*accesorio de escritorio (pequeño programa informático)*]
DAA = data access arrangement | DAA [*instalación para acceso de datos*]
DAB = digital audio broadcasting | DAB [*sistema de radiodifusión digital*]
DABS | DABS [*sistema de radiobaliza de direccionamiento discreto*]
DAC = digital-to-analog converter | CDA = convertidor (/trasformador) de digital a analógico
D/A converter = digital-to-analog converter | convertidor D/A = convertidor digital/analógico
DACS = digital access and crossconnect system | DACS [*acceso digital a sistemas de conexión cruzada*]
D/A decoder | descodificador D/A = descodificador digital/analógico
daemon | daemon [*programa de mantenimiento asociado a UNIX de activación automática*]
DAG = directed acyclic graph | DAG [*grafo acíclico dirigido (grafo de decisiones para procesamiento de llamadas)*]
daily last | hora diaria final
daily start time | hora diaria de comienzo
daily test | prueba diaria
daisychain | cadena (tipo) margarita; conexión en batería; interfaz por bus
daisy wheel | rueda de margarita
daisy-wheel printer | impresora de (rueda) margarita
DAM = data adressable memory | DAM [*memoria asociativa*]
DAM = direct access memory | DAM [*memoria de acceso directo*]
DAM = direct access method | MAD = método de acceso directo

damage | deterioro
damage criteria | criterios de daño (quebranto)
Damon effect | efecto Damon
damp, to - | amortiguar, insonorizar
damped | amortiguado
damped discharge | válvula de estrangulación
damped natural frequency | frecuencia natural (propia) amortiguada
damped oscillation | oscilación amortiguada
damped wave | onda amortiguada
dampen, to - | insonorizar, amortiguar ecos
damper | regulador (de tiro); (diodo) amortiguador
damper diode | diodo amortiguador
damper factor | factor de amortiguamiento (/atenuación)
damper of the selecting finger | amortiguador del embrague
damper tube | tubo amortiguador
damper winding | devanado (/arrollamiento) amortiguador
damping | amortiguamiento, amortiguación
damping coefficient | coeficiente de amortiguamiento
damping constant | constante de amortiguamiento
damping couple | par de amortiguamiento
damping diode | diodo amortiguador
damping factor | factor de amortiguamiento
damping magnet | imán amortiguador (/de amortiguamiento)
damping ratio | relación de amortiguamiento
damping tube | tubo amortiguador
D-AMPS = digital advanced mobile phone service | D-AMPS [*servicio de telefonía móvil digital avanzada*]
danger coefficient | coeficiente de peligro
Daniell cell | pila Daniell
DAP = directory access protocol | DAP [*protocolo (normalizado) de acceso a directorios*]
daraf [*unit of elastance equal to a reciprocal farad*] | daraf [*unidad de elastancia equivalente a un faradio recíproco*]
dark | oscuro
dark conduction | conducción oscura
dark current | corriente oscura (/de reposo, /de oscuridad)
dark current pulse | impulso de corriente oscura
dark discharge | descarga oscura
dark fibre | fibra oscura
dark field disc | disco de campo oscuro
dark heater cathode | cátodo de filamento oscuro
dark noise | ruido oscuro
dark resistance | resistencia oscura
dark satellite | satélite oscuro
dark space | espacio oscuro, región oscura
dark spot | punto oscuro, mancha negra
dark spot signal | señal de punto oscuro
dark trace tube | tubo de traza oscura, tubo de pantalla absorbente, tubo esquiatrón
dark trace tube display | presentación con tubo esquiatrón (/de traza oscura)
Darlington amplifier | amplificador Darlington
Darlington circuit | circuito darlington [*circuito amplificador de dos transistores*]
Darlington-connected phototransistor | fototransistor de conexión Darlington
Darlington connection | conexión Darlington
Darlington pair | par Darlington
DARPA = Defense advanced research projects agency | DARPA [*agencia de proyectos de investigación avanzada para la defensa*]

d'Arsonval current | corriente de d'Arsonval
d'Arsonval galvanometer | galvanómetro de d'Arsonval
d'Arsonval instrument | instrumento d'Arsonval
d'Arsonval movement | movimiento de d'Arsonval
DAS = dual attachment station | DAS [*estación con doble conexión*]
DASD = direct access storage device | DASD [*dispositivo de memoria de acceso directo*]
dash | raya
dashpot | cilindro tractor; amortiguador (hidráulico)
DASS = digital access signalling system | DASS [*sistema de señalización para el acceso digital*]
DAT = digital audio tape | DAT [*cinta magnética digital de registro sonoro*]
DAT = dynamic address translation | DAT [*conversión dinámica de direcciones*]
data | datos, resultados
data abstraction | abstracción de datos
data access arrangement | protocolo de acceso de datos
data acquisition | adquisición de datos
data acquisition and control system | sistema de recogida y control de datos
data acquisition and conversion system | sistema de recogida y conversión de datos
data acquisition system | sistema de recogida de datos
data adressable memory | memoria asociativa
data aggregate | agrupación de datos
data attribute | atributo de datos
databank, data bank | banco de datos
database, data base | base de datos
database administrator | administrador de bases de datos
database analyst | analista de bases de datos
database designer | programador de bases de datos
database engine | motor de base de datos
database format | formato de la base de datos
database host | huésped de base de datos
database integrity | integridad de base de datos
database language | lenguaje de base de datos
database machine | servidor de bases de datos
database management | organización de la base de datos
database management system | sistema de gestión de bases de datos
database manager | gestor de bases de datos

database publishing | edición de bases de datos
database recovery | recuperación de base de datos
database relations | relaciones de la base de datos
database server | servidor de base de datos
database structure | estructura de la base de datos
database sublanguage | sublenguaje de base de datos
database system | sistema de base de datos
data bit | bit de datos
data block | bloque de datos
data break | interrupción de datos; utilización en robo de ciclo
data buffer | búfer (/memoria temporal) de datos
data bus | bus de datos; recorrido de la información
data bus connector | conector para bus de datos
data cable | cable de datos, cable para trasmisión de datos
data capture | captación de datos
data carrier | portadora de datos
data carrier detector | detector portador de datos
data catalogue | catálogo de datos
data centre | centro de datos
data chaining | encadenamiento de datos
data channel | canal de datos
data channel equipment | equipo de canal de datos
data cleaning | depuración de datos
data code | código de datos
data collection | recolección (/recopilación) de datos
datacom = data communication | comunicación de datos
data communication | comunicación de datos
data communication equipment | equipo de comunicación (/trasmisión) de datos, equipo para trasmisión de datos
data communications processor | procesador de comunicaciones de datos
data compaction | concentración de datos
data compression | compresión de datos
data concentrator | concentrador de datos
data conferencing | conferencia de datos [*participación simultánea en intercambio de datos en lugares distintos*]
data contamination | contaminación de datos
data control | control de datos
data control block | bloque de control de datos
data control procedure | procedimiento de control de datos

data conversion | conversión de datos
data corruption | corrupción (/destrucción) de datos
data declaration | declaración de datos [*especificación de características de una variable*]
data definition language | lenguaje de definición de datos
data description language | lenguaje de descripción de datos
data dictionary | diccionario de datos
data directory | repertorio de datos
data display | visualización de datos
data distributor | distribuidor de datos
data-driven design | diseño articulado en torno a la base de datos
data-driven processing | proceso controlado por datos
data element | elemento de datos
data element dictionary | diccionario de elementos de datos
data elements directory | directorio de elementos de datos
data encryption | puesta en clave de datos
data encryption key | clave de codificación de datos
data encryption standard | norma de codificación de datos, sistema de gestión de claves, sistema criptográfico para datos
data entry | entrada de datos
data entry device | dispositivo de entrada de datos
data equipment | equipo terminal de datos
data exchange | central de intercambio de datos
data extraction | extracción de datos
datafax | datafax [*servicio facsímil dado a través de la red de datos*]
data/fax modem | módem de fax y datos [*módem que puede transmitir datos en serie e imágenes de fax*]
datafield | campo de datos
data field masking | enmascaramiento de campo de datos
data file | archivo de datos
dataflow, data flow | flujo de datos
dataflow analysis | análisis de flujo de datos
dataflow chart | diagrama (/esquema) de flujo de datos
dataflow diagram | gráfico (/diagrama) de flujo de datos
dataflow graph | gráfico (/diagrama) de flujo de datos
dataflow machine | máquina de flujo de datos
data fork | horquilla de datos [*en archivos de Macintosh*]
data format | formato de datos
data frame | secuencia de datos
data generator | generador de datos
data glove | guante sensor [*que convierte el movimiento de mano y dedos en órdenes, usado en realidad virtual*]

datagram | datagrama [*estructura interna de un paquete de datos*]
DAVIC = digital audio visual council | DAVIC [*organización para la creación de herramientas multimedia normalizadas*]
data handling | tratamiento de datos
data handling capacity | capacidad de manipulación de datos
data handling system | sistema para la manipulación de datos
data hierarchy | jerarquía de datos
data highway | infopista [*fam*], autopista de información, autopista (/vía) de datos
data identifier | identificador de datos
data independence | independencia de datos
data integrity | integridad (/seguridad) de los datos
data interchange format | formato de intercambio de datos
data invalid | datos no válidos
data item | elemento de datos
data library | biblioteca de datos
data link | enlace (de trasmisión) de datos; ensamblador de datos
data link connection identifier | identificador de conexión de enlace para datos [*circuito virtual*]
data link control | control de enlace de datos
data link control protocol | protocolo de control de enlace de datos
data link escape | carácter de control de enlace [*que cambia el significado de los caracteres que le siguen*]
data link layer | nivel de enlace de datos
data link relay | puente
data logger | registrador de datos
data logging | registro de datos
data management | gestión de datos
data management system | sistema de gestión de datos
data manipulation | manipulación de datos
data manipulation language | lenguaje de tratamiento (/manipulación) de datos
data mark | marca de datos
data matrix | matriz de datos
data medium | soporte de datos
data migration | traslado de datos
data mining | minería (/interpretación) de datos [*con herramientas estadísticas avanzadas*]
data model | modelo de datos
data multiplexer | multiplexor de datos
data network | red (de trasmisión) de datos
data networking | red de trasmisión de datos
data object | objeto de datos
data organization | organización de datos
data over cable service interface specification | especificación sobre interfaz para el servicio de trasmisión de datos por cable
data packet | paquete de datos
data partitioning | partición de datos
data path | recorrido de la información; camino (/ruta) de datos
dataphone | datáfono, teléfono de datos
dataphone digital service | servicio de teléfono de datos digital
data point | punto de datos
data pointer | puntero de datos
data preparation | preparación de datos
data preparation and veritication tool | herramienta para preparación y verificación de datos
data preparation tool | herramienta para preparación de datos
data processing | informática, proceso (/procesamiento, /tratamiento) de datos
data-processing centre | centro de proceso de datos
data-processing equipment | ordenador
data-processing machine | máquina de proceso de datos
data-processing manager | administrador de proceso de datos
data-processing system | sistema de proceso de datos
data processor | procesador de datos
data projector | proyector de datos (/ordenador)
data protection | protección de los datos
data protecion act | ley de protección de datos
data protection legislation | legislación de protección de datos
data rate | velocidad de trasferencia de datos
data receiver | receptor de datos
data record | grabación de datos
data reduction | reducción de datos
data reduction system | sistema de reducción de datos
data remote control unit | teleconector
data replication | réplica de datos
data retrieval | recuperación de datos
data schema | esquema de datos
data security | seguridad de los datos
data segment | segmento de datos
data selector | selector de datos
data service unit | unidad de servicio de datos
data set | juego (/conjunto) de datos; terminal de datos; convertidor (/conversor) de señal
data set ready | conjunto de datos dispuesto (/preparado); entrada de datos conectada
data sharing | datos compartidos
data sheet | hoja de datos; cuadro de características
data signal | señal de datos
data signalling rate | frecuencia de señalización de datos
data sink | pila (/sumidero) de datos
data source | fuente de datos
data stabilization | estabilización de datos
data stream | flujo (/corriente) de datos
data structure | estructura de datos
data subject | sujeto de datos
data sublanguage | sublenguaje de datos
data summarization | reducción de datos
data surfer [*fam*] | navegante de internet
data switch | conmutador de datos
data switcher | conmutador de datos
data synchronizer | sincronizador de datos
data systems language | lenguaje de sistemas de datos
data tablet | tablero (/tablilla) de datos
data terminal | terminal de datos
data terminal equipment | (equipo) terminal (de tratamiento) de datos
data terminal ready | terminal de datos dispuesto (/preparado)
data termination equipment | equipo de terminación de datos
data track | pista de datos
data traffic | tráfico de datos
data transfer | trasferencia de datos
data transfer rate | velocidad de trasferencia de datos
data transfer ready | preparado para transmitir datos
data translation | traducción de datos
data transmission | trasmisión de datos
data transmission equipment | equipo de trasmisión de datos
data transmission system | sistema de trasmisión de datos
data transmission utilization measure | medida de la utilización de la trasmisión de datos
data transparency | trasparencia de datos
data type | tipo de datos
data type family | familia de tipo de datos
data validation | validación de datos
data value | valor del dato
data verification tool | herramienta para verificación de datos
data-vet programme | programa de comprobación de datos
data warehouse | base de datos de empresa [*con múltiples funciones para facilitar la toma de decisiones*]
data warehouse, to - | centralizar información [*en una localización desde varias fuentes, gestionando los datos y controlando su acceso*]
data width | tamaño de los datos
data word | palabra de información, palabra del dato
date | fecha
date control | control de fecha

date format | formato de la fecha
DATEL = data telecommunications | DATEL [*telecomunicación de datos*]
date ordering | orden de la fecha
date separator | separador de fecha
date stamping | fechado [*inserción automática de la fecha en los documentos*]
date-time group | grupo fecha-hora
DATEX = data exchange | DATEX [*central de intercambio de datos*]
dative covalence | covalencia dativa
datum | dato
datum-limit register | registro de base limitada, registro de límite de datos
datum reference | referencia del dato
daughter | descendiente radiactivo
daughter board | placa hija (/dependiente)
daughter card | tarjeta hija (/dependiente)
daughter product | descendiente radiactivo
DAV connector = digital audio/video connector | conector DAV [*conector de audio/vídeo digital*]
Davisson chart | cuadro de Davisson
Davisson-Germer experiment | experimento de Davisson-Germer
day | día
day boundary | límite del día
daylight lamp | lámpara luz del día
day view | vista del día
dB = decibel | dB = decibelio
DB = database | BD = base de datos
dBa = decibel adjusted | dBa = decibelios ajustados
DBA = database administrator | DBA [*administrador de base de datos*]
dBc = decibel coupling | dBc [*decibelios sobre el acoplamiento de referencia*]
DB connector = data bus connector | conector DB [*conector para bus de datos*]
dBi = decibels referred to an isotropic radiator | dBi = decibelios referidos a un radiador isótropo
dBk = decibels referred to one kilowatt | dBk = decibelios referidos a un kilovatio
dBm = decibels referred to one milliwatt | dBm = decibelios referidos a un milivatio
dB meter | decibelímetro [*medidor de decibelios*]
dBmO = decibels referred to one milliwatt at a zero transmission-level point | dBm0 = decibelios referidos a un milivatio en un punto de nivel de trasmisión cero
DBMS = database management system | SGBD = sistema de gestión de bases de datos
dBr = decibels referred to the power at the point of origin of the circuit | dBr = decibelios referidos a la potencia en el punto de origen del circuito

dBRAP = decibels above reference acoustical power | dBRAP = decibelios sobre la potencia de referencia acústica
dBRN = decibels above reference noise | dBRN = decibelios sobre el ruido de referencia
DBS = direct broadcast satellite | DBS [*satélite de emisión directa*]
dBV = decibels referred to one volt | dBV = decibelios referidos a un voltio
dBW = decibels referred to one watt | dBW = decibelios referidos a un vatio
dBx = decibels above reference coupling | dBx [*decibelios sobre el acoplamiento de referencia*]
DC = direct current | c.c. = corriente continua
DCA = directory client agent | DCA [*agente de cliente de directorio*]
DCA = document content architecture | DCA [*arquitectura de contenidos de documentos*]
d.c./a.c. converter | trasformador cc/ca
DC amplifier | amplificador de corriente continua
DCB = data control block | DCB [*bloque de control de datos*]
DC balance | balance de corriente continua
DC beta | corriente continua beta
DC block | bloqueo de corriente continua
DC breakdown | ruptura de corriente continua
DC capacitance | capacidad de corriente continua
DC capacitor | condensador de corriente continua
DC circuit breaker | disyuntor de corriente continua
DC component | componente de corriente continua
DC continuity | continuidad de corriente continua
DC convergence | convergencia de corriente continua
DC-coupled | acoplado en corriente continua
DC coupling | acoplamiento de corriente continua
DCD = data carrier detector | DCD [*detector de portadora de datos*]
DCD = document content description | DCD = descripción del contenido de documentos
DC dump | descarga (/vaciado) de corriente continua
DCE = data communication (/circuit) equipment | DCE [*equipo de comunicación (/trasmisión) de datos*]
DCE = distributed computing environment | DCE [*entorno informático distribuido*]
DC electron stream resistance | resistencia al flujo electrónico de corriente continua, resistencia en corriente continua del haz de electrones

DC erase | borrado por corriente continua
DC erasing | borrado de corriente continua
DC erasing head | cabeza de borrado por corriente continua
DCG = delivery charges guaranteed | porte garantizado
DC generator | generador de corriente continua
DC generator relay | relé excitador (/generador) de corriente continua
D channel | canal D
D-channel protocol | protocolo del canal D
DC inserter | insertor de corriente continua
DC inserter stage | insertador de nivel de corriente continua
DCL = direct communication link | DCL [*comunicación o llamada directa*]
DC leakage current | corriente de pérdidas en continua
DC loop signalling | señalización en bucle de corriente continua
DCM = digital cine mode | DCM [*modo de cine digital*]
DCM = display cache memory | DCM [*memoria caché de presentación*]
DC magnetic biasing | polarización magnética de corriente continua
DC motor control | control de motor de corriente continua
DC noise | ruido de corriente continua
DC noise margin | margen de ruido en corriente continua
DCOM = distributed COM = distributed component object model | DCOM [*modelo de componentes distribuidos en red*]
DCON = display controller | DCON [*controlador de presentación*]
DC operating point | punto de trabajo en corriente continua
DC overcurrent relay | relé de sobrecorriente en corriente continua
DCP = dynamic compression plate | DCP [*placa recta de compresión dinámica*]
DC patch bay = direct current patch bay | bastidor de interconexiones de corriente continua
DC picture transmission | trasmisión de imágenes por corriente continua
DC plate resistance | resistencia de placa en corriente continua
DC power supply | fuente de alimentación de corriente continua
DC quadricorrelator | cuadricorrelador de corriente continua
DC receiver | receptor para corriente continua
DC reclosing relay | relé de reconexión en corriente continua
DC reinsertion | reinserción de corriente continua
DC resistance | resistencia en corriente continua

DC resistivity | resistividad en corriente continua
DC restoration | restauración de corriente continua
DC restorer | restaurador de la corriente continua, fijador de nivel continuo
DCS = desktop color separation | DCS [*separación del color en pantalla*]
DCS = digital cellular system | DCS [*sistema celular digital (en telefonía móvil)*]
DC self-synchronous system | sistema autosincrónico de corriente continua
DC shift | desviación de corriente continua
DC short | corto en corriente continua
DC signalling | señalización de corriente continua
DCT = discrete cosine transform | DCT [*trasformada discreta del coseno*]
DC tachometer | tacómetro de corriente continua
DC test | prueba en corriente continua
DCTL = direct-coupled transistor logic | DCTL [*lógica de transistores con acoplamiento directo*]
DC transducer | trasductor de corriente continua
DC transmission | trasmisión por corriente continua
DC voltage | tensión de corriente continua
DC working volts | tensión de trabajo en corriente continua
DD [*double word*] | DD [*doble código*]
DD = double density | DD = doble densidad [*en soportes de datos*]
DDBMS = distributed database management system | DDBMS [*sistema de gestión para bases de datos distribuidas*]
DDC = direct digital control | CDD = control digital directo
DDC = display data channel | DDC [*canal de presentación de datos*]
DDCMP = digital data comunication message protocol | DDCMP [*protocolo de mensajes de comunicación de datos digitales*]
DDD = detail design document | DDD [*documento de proyecto de detalle*]
DDE = direct data entry | entrada directa de datos
DDE = dynamic data exchange | DDE [*intercambio dinámico de datos*]
DDI = direct dialling in | DDI [*marcación directa entrante a extensiones*]
D display | presentación (tipo) D
DDL = data description (/definition) language, document description language | DDL [*lenguaje de descripción (/definición) de datos, lenguaje de descripción de documentos*]
DDS = digital data service | DDS [*servicio de transmisión digital de datos (a velocidad superior a 56 Kbps*]
DDP = distributed data processing |

DDP [*proceso de distribución de datos*]
DDR = digital data recorder | DDR [*registrador de datos digitales*]
deac = deactivator | desactivador
deaccentuator | desacentuador
deactuating pressure | presión de desactivación (/desaccionamiento)
dead | muerto; inactivo, fuera de servicio, sin corriente, sin actividad
dead band | banda muerta (/no útil)
dead beat | sin fluctuación; oscilación amortiguada
dead beat instrument | instrumento de medición aperiódico
deadbeat response | respuesta sobreamortiguada
dead break | ruptura muerta
dead centre position | punto muerto central; posición de centro exacto
dead code | código muerto [*que no se puede ejecutar*]
dead earth [UK] | contacto perfecto con tierra, conexión perfecta a tierra
dead end | extremo sin corriente, terminal muerto
dead end switch | conmutador de extremo muerto
dead end tie | conexión terminal; terminal de los hilos; ligadura del extremo; retención
dead end tower | torre de terminal muerto
deadener | sordina
dead front board | tablero de frente muerto [*panel frontal con los dispositivos en la parte posterior*]
dead ground [USA] [*dead earth (UK)*] | contacto perfecto con tierra
dead halt | parada mortal [*sin posibilidad de recuperar el software perdido*]
dead key | tecla de acentuación
dead-letter box | buzón de correspondencia devuelta
dead level | nivel muerto
dead level trunk | terminal de nivel muerto
dead line | línea muerta
dead line trunk | terminal de línea muerta
deadlock | interbloqueo; abrazo fatal
deadly embrace | abrazo fatal (/mortal)
dead man's handle | mecanismo (/artificio) de hombre muerto, mano del muerto
dead range | banda (/zona) muerta
dead reckoning | estimación vectorial de ruta
dead reckoning tracer | estimómetro
dead room | cámara anecoica
dead sector | sector muerto
dead short | cortocircuito total
dead space | espacio muerto
dead spot | punto muerto, zona muerta
dead tank oil circuit breaker | disyuntor de baño de aceite
dead time | tiempo muerto
dead time correction | corrección de tiempo muerto
dead volume | volumen muerto
dead zone | zona muerta
deallocate, to - | desalojar; liberar [*memoria*]
Debby and Sherrer diagram | diagrama Debby-Sherrer
debicon | debicón
debit/credit benchmark | programa de prueba del debe y haber
deblock, to - | desbloquear
debouncing | antirrebote, eliminación de rebote
De Broglie wavelength | longitud de onda de De Broglie
De Bruijn diagram | diagrama (/gráfico) de De Bruijn
De Bruijn graph | diagrama (/gráfico) de De Bruijn
debug, to - | depurar, poner a punto [*un programa*]; reparar [*una máquina*]; desparasitar; corregir errores
debugger | depurador, corrector de errores; instrumento de depuración (/puesta a punto)
debugging | puesta a punto; corrección de errores; depuración
debugging period | periodo de depuración
debugging routine | rutina de depuración
debug monitor | monitor de depuración
debug program | programa depurador
debug tool | instrumento de depuración (/puesta a punto)
debuncher | desagrupador
debunching | dispersión, desagrupamiento
Debye dipole theory | teoría dipolar de Debye
Debye effect | efecto Debye
Debye equation of state | ecuación de estado de Debye
Debye-Falkenhagen effect | efecto de Debye-Falkenhagen, dispersión de conductancia
Debye length | longitud (/distancia) de Debye
Debye-Scherrer method | método de polvo según Debye-Scherrer
Debye shielding distance | distancia de apantallamiento Debye
Debye sphere | esfera de Debye
Debye unit | unidad de Debye
deca- [*pref*] | deca- [*prefijo que significa 10 veces*]
decade | década
decade band | banda de década
decade box | caja de décadas
decade counter | contador decimal (/de décadas, /por decenas)
decade counter valve | válvula contadora de décadas
decade counting circuit | contador desmultiplicador de décadas
decade glow counting valve | válvula contadora de décadas por efluvios

decade resistance box | caja de resistencia de décadas
decade scaler | escalímetro decimal (/de décadas)
decahexdecimal | decahexadecimal
decalescent point | punto decalescente
decametric wave | onda decamétrica
decanning | desenvainado
decatron | decatrón
decay | amortiguamiento; arrastre; decaimiento (/declinación) del brillo; desintegración, extinción
decay chain | cadena de desintegración; familia radiactiva
decay characteristic | característica de caída (/desvanecimiento)
decay constant | constante de decaimiento
decay curve | curva de amortiguamiento (/desintegración)
decay distance | distancia de extinción
decay family | familia de desintegración
decay gamma | gamma de desintegración
decay heat | calor de desintegración
decay law | ley de desintegración
decay product | producto de desintegración
decay rate | velocidad de desintegración
decay series | serie de desintegración
decay time | tiempo de caída (del relé); periodo de descarga a cero; tiempo de amortiguamiento (/retorno a cero); tiempo de extinción [*de un impulso*]
Decca | Decca [*sistema de radionavegación hiperbólica*]
Decca navigator | sistema de navegación Decca
decelerated electron | electrón decelerado (/desacelerado)
decelerating | decelerador, desacelerador
decelerating electrode | electrodo desacelerador (/de desaceleración, /de retardo)
decelerating slide | corredera de desaceleración
deceleration | desaceleración
deceleration time | tiempo de desaceleración
decentralized processing | proceso descentralizado
deception | engaño
deception device | dispositivo de engaño
deci- [*pref*] | deci- [*prefijo que significa una décima parte*]
decibel | decibelio
decibel adjusted | decibelios ajustados
decibel coupling | decibelios sobre el acoplamiento de referencia
decibel meter | decibelímetro
decibels above reference coupling | decibelios sobre (/por encima del) acoplamiento de referencia

decibels above reference noise | decibelios por encima del ruido de referencia
decidable problem | problema decidible
decilog | decilogaritmo
decimal | decimal
decimal attenuator | atenuador decimal
decimal-binary switch | conmutador decimal-binario
decimal code | código decimal
decimal-coded digit | dígito codificado en decimal
decimal digit | dígito decimal
decimal encoder | codificador decimal
decimal notation | notación decimal
decimal numbering system | sistema de numeración decimal
decimal point | punto decimal
decimal scale | escala decimal
decimal scaler | escalímetro decimal
decimal sender | emisor decimal
decimal-to-binary conversion | conversión de decimal a binario
decimetre wave | onda decimétrica
decimetric wave | onda decimétrica
decineper | decineper, decineperio
decinormal calomel electrode | electrodo de calomelano decinormal
decipher, to - | descodificar, descifrar
decision | decisión
decision box | caja de decisión
decision element | elemento de decisión
decision feedback channel equalization | igualación de canal por decisión retroalimentada [*técnica de procesado de señales*]
decision gate | puerta de decisión
decision problem | problema de decisión
decision procedure | procedimiento de decisión
decision support system | sistema de soporte a la decisión, sistema de apoyo para la toma de decisiones
decision table | tabla de decisión
decision tree | árbol de decisiones
deck | paquete; pletina; unidad de cintas
deck switch | interruptores acoplados
decladding | desenvainado
declaration | declaración
declarative language | lenguaje no procedimental
declarative markup language | lenguaje para marcado no procedimental [*sistema de códigos para formateo de texto*]
declare, to - | declarar [*especificar una variable*]
declination | declinación
declinometer | brújula de declinación
decode, to - | descodificar, decodificar, descifrar
decoder | descodificador, decodificador, descifrador

decoder/demultiplexer | descodificador/desmultiplexor
decoder / driver | descodificador / excitador
decoder error | error de descodificador
decoding | descifrado, descodificación
decoding matrix | matriz descodificadora
decoding network | red descodificadora
decollate, to - | separar copias [*de papel continuo*]
decollator | separador
decollimated light | luz decolimada
decometer | decómetro
decommutation | desconmutación
decommutator | desconmutador
decompiler | descompilador
decomposition | descomposición, desintegración
decomposition potential | potencial de descomposición
decomposition voltage | tensión (/voltaje) de descomposición
decompress, to - | descomprimir
decontamination | descontaminación
decontamination factor | factor (/coeficiente) de descontaminación
decontamination index | índice de descontaminación
deconvolution | desconvolución
decouple, to - | desacoplar
decoupler | desacoplador
decoupling | desacoplamiento
decoupling circuit | circuito desacoplador
decoupling filter | filtro de desacoplamiento
decoupling network | red desacopladora (/de desacoplamiento)
decoy | reclamo, señuelo
decoy transponder | contestador señuelo
decrease speed, to - | reducir la velocidad
decrease volume, to - | bajar el volumen
decrement | amortiguación, decremento
decremeter | decrémetro
decrypt, to - | descifrar, descodificar
decryption | descriptografía, desencriptado
DECT = digital European cordless telecommunications | DECT [*telecomunicaciones inalámbricas digitales europeas*]
dedicated | dedicado
dedicated card slot | tarjeta (/puerto) con asignación fija
dedicated channel | canal reservado
dedicated circuit | circuito dedicado
dedicated connection | enlace permanente
dedicated extension | teléfono rojo
dedicated incoming trunk | línea urbana entrante dedicada
dedicated line | línea dedicada

dedicated memory | memoria dedicada
dedicated mode | modalidad especializada
dedicated port | puerto con asignación fija
dedicated register | registro dedicado
dedicated server | servidor reservado [*ordenador destinado sólo a servidor de red*], servidor con función específica
dee | letra D
dee line | línea de la letra "d"
deemphasis | desacentuación
deemphasis network | red desacentuadora (/de desacentuación)
de-encryption | descifrado, desencriptación
deenergise, to - [UK] | desactivar
deenergize, to - [UK+USA] | desactivar, desexcitar
deep | profundo
deep copy | copia íntegra [*de una estructura de datos*]
deep discharge | descarga profunda
deep hack | concentración profunda
deep hack mode | modo de concentración profunda
deep sea cable | cable submarino de fondo (/profundidad)
deep sea repeater | repetidor (submarino) de gran fondo
deep space net | red espacial profunda
deerhorn aerial | antena en asta de ciervo
de facto | de hecho
de facto standard | norma de hecho
default | (por) defecto, predeterminado
default action | acción predeterminada
default button | botón por defecto [*que se activa automáticamente al pulsar la tecla de entrada*]
default configuration | configuración por defecto
default drive | unidad de disco por defecto
default emphasis | resaltado predeterminado
default file | archivo predeterminado (/por defecto)
default home page | página de inicio por defecto [*en servidor de Web*]
default print | impresión predeterminada
default printer | impresora por defecto
default size | tamaño predeterminado
default value | valor por defecto
default view | vista predeterminada
defeat | derrota
defect | defecto
defect analysis | análisis de defecto
defect condition | condición de defecto
defect in grating | defecto de la red
defective | defectuoso
defective fuse | fusible defectuoso
defective restitution | restitución incorrecta
defective ringing | llamada defectuosa

defect skipping | salto de defecto
defer, to - | diferir
deferral time | tiempo de retardo [*para volver a transmitir tras una colisión*]
deferred | diferido
deferred-action alarm | señal (/señalización) diferida
deferred address | dirección retardada
deferred addressing | direccionamiento diferido
deferred apporach to the limit [*Richardson extrapolation*] | aproximación diferida al límite [*extrapolación de Richardson*]
deferred call | comunicación diferida
deferred entry | entrada diferida
deferred exit | salida diferida
deferred processing | proceso retardado
deferred relay | retrasmisión diferida
deferred service | servicio diferido
defibrillator | desfibrilador
define, to - | definir
definite purpose relay | relé de propósito definido
definite time limit | retardo independiente
definition | definición; precisión (del trazado)
definition of an image | nitidez de la imagen
deflagrator | deflagrador
deflation | deflación
deflecting | deflector
deflecting capacitor | condensador de desviación
deflecting coil | bobina deflectora
deflecting couple | par motor; par activo
deflecting electrode | electrodo deflector (/de desvío)
deflecting mirror | espejo de desviación
deflecting plate | placa deflectora
deflecting torque | par deflector
deflecting yoke | yugo deflector (/de exploración)
deflection | deflexión, desviación
deflection angle | ángulo de deflexión
deflection centre | centro (/punto) de deflexión
deflection circuit | circuito de deflexión
deflection coil | bobina deflectora (/de deflexión)
deflection defocusing | desenfoque del haz
deflection electrode | electrodo de deflexión
deflection factor | factor (/índice) de deflexión
deflection focusing | enfoque de deflexión
deflection plane | plano de deflexión
deflection plate | placa deflectora
deflection polarity | polaridad de deflexión
deflection sensitivity | sensibilidad de deflexión

deflection voltage | tensión de deflexión
deflection yoke | yugo de deflexión
deflection yoke pullback | efecto retrógrado del yugo de deflexión
deflector | deflector
defocus-dash mode | modo desenfoque-raya
defocus-focus mode | modo desenfoque-enfoque
defocusing | desenfoque
deformation | deformación
deformation potential | potencial de deformación
deformed condition | estado de deformación
defrag, to - | desfragmentar [*los archivos de un disco*]
defragger | desfragmentador [*programa informático*]
defragmentation | desfragmentación [*de la información contenida en un disco*]
defragmentation programme | programa de desfragmentación
defruiting | supresión de retornos asincrónicos
degas, to - | desgasificar
degassing | desgasificación
degauss, to - | desimantar, desmagnetizar
degausser | desmagnetizador
degaussing | desmagnetización, neutralización magnética
degaussing coil | bobina desmagnetizadora
degaussing control | control de desmagnetización
degeneracy | degeneración
degenerate | degenerado
degenerate conduction band | banda de conducción degenerada
degenerate electron gas | gas de electrones degenerado
degenerate gas | gas degenerado
degenerate matter | materia degenerada
degenerate mode | modo degenerado
degenerate parametric amplifier | amplificador paramétrico degenerado
degenerate semiconductor | semiconductor degenerado
degenerate system | sistema degenerado
degeneration | degeneración
degenerative | degenerador
degenerative feedback | realimentación degenerativa; degeneración; contrarreacción
degenerative voltage regulator | regulador de voltaje regenerativo
degradation | degradación
degradation failure | fallo gradual (/progresivo, /por degradación)
degrade, to - | desmejorar, sufrir desmejoramiento, degradar
degree | grado
degree day | grado día

degree of accuracy | grado de precisión (/exactitud)
degree of current rectification | grado de rectificación de corriente
degree of deformation | grado de deformación
degree of dissociation | grado de disociación
degree of enrichment | grado de enriquecimiento
degree of freedom | grado de libertad
degree of ionization | grado de ionización
degree of precision | grado de precisión
degree of turbidity | grado de turbidez
degree of voltage rectification | grado de rectificación de tensión
degree rise | grados de elevación
De Haas-Van Alphen effect | efecto de De Haas-Van Alphen
deinstall, to - | desinstalar
deion circuit breaker | interruptor de circuito desionizador
deionization | desionización
deionization potential | potencial de desionización
deionization rate | velocidad de desionización
deionization time | tiempo de desionización
deionized water | agua desionizada
deionizing grid | rejilla de desionización
dejagging | antisolapamiento [*de líneas en imágenes gráficas*]
de jure standard | norma legalmente admitida
DEK = data encryption key | DEK [*clave de codificación de datos*]
deka- = deca- [*pref*] | deca- [*prefijo que significa 10 veces*]
Dekker's algorithm | algoritmo de Dekker
DEL = delete | Sup. = suprimir
delamination | deslaminación
delay | retraso, retardo, demora; espera
delay automatic volume control | control automático retardado de volumen
delay circuit | circuito de retardo
delay coincidence circuit | circuito de coincidencia de retardo
delay counter | contador de retardo
delay differential equation | ecuación diferencial de retardo
delay distortion | distorsión de retardo
delayed | diferido, retardado, retrasado
delayed action | acción retardada
delayed alarm | señalización diferida
delayed alpha particle | partícula alfa retardada
delayed answer supervision | llamada regresiva a operadora
delayed automatic gain control | control automático diferido de ganancia
delayed automatic volume control | control automático de volumen de acción diferida (/retardada), control automático retardado de volumen
delayed branch | bifurcación diferida
delayed call | llamada diferida
delayed coincidence | coincidencia diferida (/retardada)
delayed coincidence selector | selector de coincidencias diferidas
delayed contact | contacto retardado
delayed critical | crítico diferido (/retardaro); crítico de neutrones retardados
delayed delivery | entrega demorada (/diferida); trasmisión demorada
delayed fallout | poso radiactivo retardado (/universal)
delayed neutron | neutrón retardado
delayed neutron failed element monitor | monitor de rotura de vaina por detección de neutrones retardados
delayed neutron fraction | fracción de neutrones retardados
delayed neutron precursor | precursor de neutrones retardados
delayed PPI = delayed plan position indicator | indicador visual retardado
delayed pulse interval | tiempo perdido
delayed pulse tripping cam | leva de retardo
delayed repeater satellite | satélite repetidor retardado
delayed storage | almacenamiento retardado
delayed sweep | barrido retardado
delayed traffic | tráfico diferido
delay equalizer | corrector de fase; ecualizador (/igualador) de retardo
delay field | campo de retardo
delay-frequency distortion | distorsión retardo-frecuencia
delay line | línea de retardo
delay line memory | memoria de línea de retardo
delay line register | registro de línea de retardo
delay line storage | almacenamiento de línea de retardo
delay multivibrator | multivibrador de retardo
delay on break | retardo sobre apertura
delay on energization | retardo en la carga de energía
delay on make | retardo de realización
delay-power product | producto de potencia-retardo
delay PPI = delay plan position indicator | indicador visual de retardo
delay relay | relé de retardo
delay system | sistema de espera
delay time | tiempo de retardo
delay timer | temporizador de retardo
delay traffic | tráfico de espera
delay type operation | sistema de espera
delay unit | unidad (/elemento) de retardo
delay weighting term | corrección del tiempo de propagación
delay working | servicio diferido (/con demora, /con espera)
Delbrück scattering | dispersión de Delbrück
DELD = delivered | entregado
delete, to - | borrar, cancelar, eliminar, suprimir
delete after current position, to - | eliminar después de la posición actual
delete before current position, to - | eliminar antes de la posición actual
delete character | carácter de cancelación
delete hot spot, to - | suprimir punto de actuación
delete key | tecla de borrado
delete message, to - | suprimir mensaje
delete subpanel, to - | suprimir subpanel
delete workspace, to - | suprimir espacio de trabajo
deletia | información omitida
deletion | borrado
deletion record | registro de supresión
delimit, to - | delimitar
delimiter | delimitador
deliver, to - | entregar; dar (corriente), suministrar (potencia)
delivery | reparto, distribución; entrega [*de mensajes*]
delivery charge | porte
delivery charges | gastos de entrega
delivery office | oficina destinataria (/de llegada)
delivery particular | pormenor de la entrega
delivery report | notificación de entrega
delivery status notification | notificación del estado de la entrega [*en correo electrónico*]
delivery zone | zona de entrega (/reparto)
del key = delete key | tecla de borrado
Dellinger effect | efecto Dellinger
deloading | despupinización
DELR = deliver | entregar
delta | delta
delta channel | canal delta
delta circuit | circuito delta
delta connection | conexión en delta (/triángulo)
delta-delta monitor | monitor delta-delta
delta grouping | agrupamiento en delta (/triángulo)
delta impulse function | función de impulso delta
delta match | adaptación en delta
delta-matched aerial | antena adaptada en delta
delta-matching transformer | trasformador de adaptación (/ajuste) en delta

delta modulation | modulación (en) delta
delta modulator | modulador delta
delta network | red en delta
delta PCM | PCM delta
delta pulse code modulation | modulación por impulsos codificados en delta
delta ray | rayo delta
delta ray counting | recuento de rayos delta
delta tune | sintonía delta
delta wave | onda delta
DELVD = delivered | entregado
DELY = delivery | entrega
demagnetise, to - [UK] | desimantar
demagnetize, to - [UK+USA] | desimanar, desimantar, desmagnetizar
demagnetization | desmagnetización, desimantación, desimanación
demagnetization coefficient | coeficiente desmagnetizante
demagnetization curve | curva de desmagnetización
demagnetization effect | efecto de desmagnetización
demagnetization factor | factor desmagnetizante
demagnetizer | desmagnetizador
demagnetizer force | fuerza desmagnetizante
demagnetizing coefficient | coeficiente de desmagnetización
demagnetizing field | campo desmagnetizante (/desmagnetizador)
demagnetizing force | fuerza desmagnetizadora
demand | demanda, petición
demand-driven processing | procesado inmediato [*en cuanto los datos están disponibles*]
demand factor | factor de demanda
demand load | carga de demanda
demand paging | petición de página [*de memoria*]
demand priority | prioridad de petición
demand reading/writing | petición de lectura/escritura
demand service | servicio rápido
demand working | servicio inmediato (/sin demora, /a la orden, /de tráfico directo, /interurbano inmediato, /rápido de larga distancia)
demarcation | demarcación
demarcation current | corriente de demarcación
demarcation potential | potencial de demarcación
demarcation strip | regleta de demarcación
Dember effect | efecto Dember
demineralization | desmineralización
demineralized water | agua desmineralizada
demo = demonstration | demo [*versión limitada de software para demostración*]
DEMOD = demodulator | DEMOD = desmodulador
demodulation | desmodulación
demodulator | desmodulador, demodulador
demodulator phase-lock | detector de enganche de fase
demodulator probe | sonda desmoduladora
demon = device monitor | monitor de dispositivo
demonstrating call | conferencia (/conversación) publicitaria
demonstration reactor | reactor de demostración
demo program = demonstration program | programa de demostración
De Morgan's law | ley de De Morgan
De Morgan's theorem | teorema de De Morgan
demountable valve | válvula desmontable
Dempster mass spectrograph | espectrógrafo de masas Dempster
Dempster positive ray analysis | análisis de rayos positivos de Dempster
demultiplexer | desmultiplexor, desmultiplexador
demultiplexing circuit | circuito desmultiplexor
denary band | banda decimétrica
dendrite | dendrita
dendritic growth | crecimiento dendrítico
dendrogram | dendrograma
denial of sevice | denegación (/prohibición) de servicio
denial of service attack | ataque para denegación del servicio [*para destruir el acceso a una Web*]
denizen | denizen [*participante en grupo de Usenet*]
denotational semantics | semántica denotativa
dense binary code | código binario denso
dense wave | onda densa
dense wavelength division multiplexing | multiplexión por división compacta de longitud de onda [*en transmisión por fibra óptica*]
densimeter | densímetro
densitometer | densímetro, densitómetro
density | densidad
density classification | clasificación de densidad
density effect | efecto de densidad
density indicator | indicador de densidad
density modulation | modulación de densidad
density of an electron beam | densidad de un haz electrónico
density of surface charge | densidad eléctrica (/de carga) superficial; carga por unidad de superficie (/volumen)
density packing | densidad de almacenamiento
density step tablet | tablero de nivel de densidad
density temperature coefficient | coeficiente de densidad por temperatura
dent | abolladura
dentonphonics | dentonfonía
denuder | descompositor; separador
denumerable set | conjunto de elementos capaces de numeración sucesiva
deny, to - | contradecir, denegar, desautorizar, desmentir, negar
deny an originating call, to - | bloquear una extensión (/línea)
deoxidization | desoxidación
departure | separación
departure from nucleate boiling | apartamiento de la ebullición nuclear
dependability | seguridad funcional (/de funcionamiento)
dependence | dependencia
dependent | dependiente
dependent current source | fuente de corriente controlada
dependent exchange | central subordinada
dependent linearity | linealidad dependiente
dependent mode | modo dependiente
dependent node | nudo dependiente
dependent station | estación tealimentada
dependent time-lag relay | relé de retardo dependiente
dependent variable | variable dependiente
dependent voltage source | fuente de tensión controlada
deperming | despermeabilización
depleted fuel | combustible nuclear empobrecido
depleted material | material agotado
depleted uranium | uranio agotado
depletion | empobrecimiento
depletion field-effect transistor | transistor de efecto de reducción de campo
depletion layer | capa de agotamiento; lecho empobrecido; zona desierta
depletion layer capacitance | capacidad de la capa de agotamiento
depletion layer rectification | rectificación por capa de deplexión
depletion layer transistor | transistor de capa agotada, transistor de zona desierta
depletion mode device | dispositivo en modo de agotamiento
depletion mode field-effect transistor | transistor de efecto de campo en modo de reducción
depletion mode operation | operación en modo de reducción, funcionamiento en modo de intensificación
depletion region | zona desierta (/agotada), capa agotada
depletion-type field-effect transistor | transistor de efecto de campo de tipo reducción

depletion-type transistor | transistor del tipo de empobrecimiento
depolarise, to - [UK] | despolarizar
depolarize, to - [UK+USA] | despolarizar
depolarization | despolarización
depolarization field | campo de despolarización
depolarization of metal deposition | despolarización de la deposición metálica
depolarizer | despolarizador
deposit | precipitado electrolítico; depósito de garantía
deposit, to - | depositar
deposit dose | dosis de precipitación
deposited carbon | carbón depositado
depositing | depósito
depositing bath | baño galvánico
depositing-out tank | cuba de liberación (/depósito total)
deposition | deposición, precipitación, sedimentación
depress, to - | oprimir, pulsar
depression | depresión; baja (de precios), paralización (de los negocios)
depression deviation indicator | indicador de desviación de depresión
depression of a key | pulsación (/opresión) de una tecla
DEPT = department | dpto. = departamento
depth | profundidad
depth-absorbed dose | dosis absorbida en profundidad
depth balanced | profundidad compensada
depth deviation indicator | indicador de desviación de profundidad
depth dose | dosis en profundidad
depth first search | búsqueda de primera profundidad
depth of cut | profundidad de corte
depth of field | profundidad de campo
depth of heating | profundidad de calentamiento
depth of immersion | profundidad de inmersión
depth of modulation | profundidad de modulación
depth of modulation in klystron | profundidad de modulación en klistrón
depth of penetration | profundidad de penetración
depth of roughness | profundidad de la rugosidad
depth of velocity modulation | profundidad de modulación de velocidad
depth queuing, to - | gestionar fondos [pasar objetos de fondo a primer plano en gráficos]
deque = double-ended queue | cola de espera de doble extremo [en estructura de datos]
dequeue, to - | sacar de lista de espera
DER = distinguished encoding rules | DER [reglas de codificación distinguidas]
derate, to - | minorar, rebajar, reducir
derating | desclasificación; reducción de régimen
derating factor | factor de desproporción
dereference | desvinculación
dereference, to - | desvincular [información]
deregulation | desreglamentación, desregularización, desregulación
derivation sequence | secuencia de derivación
derivation tree | árbol de derivación
derivative [of a formal language] | derivada
derivative action | acción derivada
derivative control | control derivativo
derive, to - | derivar
derived | derivado
derived centre channel | canal central deducido
derived class | clase derivada [de otra clase, en programación]
derived font | fuente derivada [de caracteres]
derived lines | líneas bifurcadas
derived relation | relación derivada
derived unit | unidad derivada
derrick pole | cabria
DES = data encryption standard | DES [norma de codificación de datos, sistema de gestión de claves; algoritmo de encriptación desarrollado por IBM]
desalination | desalación
desalinization | desalinización, desalación
desalting | desalación
descendant | descendiente
descender | trazo inferior de la letra
descending | descendente
descending sort | clasificación descendente
desconnected | desconectado
description | descripción
descriptions | nomenclatura
descriptor | descriptor
deselect, to - | cancelar (/deshacer) la selección
deselect all, to - | cancelar todas las selecciones
deselection | cancelación de selecciones
deselection policy | política de cancelar selecciones
desensitization | insensibilización
deserialize, to - | cambiar de serie a paralelo
deshrinkage | desencogimiento
desiccant | desecante
desiccating cylinder | cilindro desecador
desiccation | desecación, secado
desiccation of a cable | desecación de un cable
desiccator | aparato (/equipo) desecador
design | diseño
designation | denominación, designación, identificación; asignación
designation of circuits | asignación de circuitos
designation of radio waves | designación de las ondas radioeléctricas
designation strip | regleta indicadora (/de identificación, /de designación); tira portaetiqueta
design centre rating | régimen nominal
design cycle | ciclo de diseño
design compatibility | compatibilidad de diseño
design database | base de datos de diseño
design engineer | ingeniero de diseño
design for maintainability | diseño para mantenibilidad
design-maximum rating | parámetro de diseño máximo
design-maximum rating system | sistema de relación de diseño máximo
design objective | características de trasmisión
design review | revisión de diseño
design voltage | tensión de proyecto
design width | anchura contractual
design width of conductor | anchura contractual del conductor
desired track | línea de ruta; trayectoria deseada
De Sitter universe | universo de De Sitter
desk | mesa, pupitre
desk accessory | accesorio de escritorio [pequeño programa informático]
desk fax | fax de mesa
desk set | teléfono de escritorio, aparato de mesa
desk switchboard | cuadro de pupitre
desktop | escritorio; espacio de trabajo
desktop accessory | accesorio de escritorio [pequeño programa informático]
desktop bus | bus de escritorio
desktop color separation | separación del color en pantalla
desktop computer | ordenador de mesa (/sobremesa)
desktop conferencing | conferencia por ordenador [entre participantes que están en distintos lugares geográficos]
desktop enhancer | ampliador de sistema operativo [para sistemas operativos de ventanas]
desktop environment | entorno de escritorio
desktop file | archivo de ordenador [para guardar información sobre los archivos de programas y de datos]
desktop icon | objeto del espacio de trabajo
desktop introduction | introducción al escritorio
desktop introduction control | control de introducción al escritorio

desktop management interface | interfaz de gestión de escritorio
desktop object | objeto de espacio de trabajo
desktop publishing | edición (de oficina), autoedición, maquetación
desktop video | vídeo de sobremesa [*uso de cámaras digitales para videoconferencia*]
desktop session | sesión de escritorio
desktop system | equipo (/sistema) de sobremesa (/escritorio)
desktop tools | herramientas del escritorio
desoldering | desoldadura
despotic network | red jerárquica
destaticization | desestatificación
destination | destino, punto (/ciudad) de destino
destination address | dirección de destino
destination application | aplicación de destino
destination document | documento de destino
destination indicator | indicador de destino
destination office | oficina de destino
destination register | registro de destino
DESTN = destination | destino
Destriau effect | efecto Destriau
destroy deleted message, to - | destruir el mensaje suprimido
destructive read | lectura destructiva
destructive readout | lectura destructiva [*que va eliminando los datos a medida que los lee*]
destructive readout memory | memoria de lectura destructiva
destructive test | prueba destructiva
DET = detector | DET = detector
detachment | separación, desprendimiento; alejamiento
detachment of electrons | desprendimiento (/liberación) de electrones
detail | detalle
detail contrast | contraste del detalle
detail design document | documento de proyecto de detalle
detail drawing | dibujo de detalle
detail enhancement | aumento de detalle
detail file | archivo de detalle
details view | vista de detalles
detect, to - | detectar, apreciar
detectable | detectable
detected | encontrado
detect incipient failures, to - | descubrir fallos incipientes
detection | detección
detection efficiency | rendimiento de detección
detection probability | probabilidad de detección
detection range | rango de detección
detectivity | capacidad de detección
detectophone | detectófono

detector | detector; desmodulador; galvanómetro portátil
detector balance bias | polarización de balance de detector
detector circuit | circuito detector
detector diode | diodo detector
detector efficiency | rendimiento de un detector
detector power efficiency | rendimiento de potencia de detector
detector probe | sonda detectora
detector quantum efficiency | rendimiento cuántico de detector
detector voltage efficiency | rendimiento de tensión de detector
detent | escape; retén
detent assembly | conjunto de retención
detent of the spring | escape del resorte
detent torque | par de retención
determinant | determinante
determination | determinación
determination of a calibration curve | ajuste de una curva de verificación
determination of concentration | determinación de la concentración
determination of precision | determinación de la exactitud
determinism | determinismo
deterministic | determinista
deterministic channel | canal determinístico
deterministic language | lenguaje determinista
deterministic signal | señal determinista
deterministic Turing machine | máquina determinista de Turing
detonator | petardo
detritus | detrito
detune, to - | desintonizar
detuning stub | amortiguador de línea auxiliar; sección desintonizadora
deturbo | sin turbo
deturbo mode | modo sin turbo
deturbo mode enable | activación del modo sin turbo
deuterium | deuterio, hidrógeno pesado
deuterium lamp | lámpara de deuterio
deuteron | deuterón
deuton | deutón
develop, to - | revelar
developer | programador [*informático*]
development cycle | ciclo de desarrollo
development tool | herramienta de desarrollo
deviating mirror | espejo de desviación
deviation | desviación
deviation absorption | absorción de desviación
deviation distortion | distorsión de desviación
deviation from pulse flatness | desviación del impulso plano

deviation ratio | relación de desviación
deviation sensitivity | sensibilidad de desviación
device | dispositivo, aparato
device adaptor | adaptador de aparatos
device address | dirección del dispositivo
device channel | canal de dispositivo
device complexity | complejidad del circuito integrado
device control character | carácter de control de dispositivo
device controller | controladora de dispositivo
device cutoff | corte del dispositivo
device dependence | dependencia del dispositivo [*para que funcione un programa*]
device driver | controlador de dispositivo [*programa*]
device for adjustment | dispositivo de ajuste
device handler | (tarjeta) controladora del dispositivo
device independence | independencia del dispositivo
device independent | independiente de la aplicación
device-independent bitmap | mapa de bits independiente de la aplicación
device manager | gestor de dispositivo [*programa*]
device monitor | controlador de periférico; monitor de dispositivo
device name | nombre del dispositivo
device record | grabación de dispositivo
device register | registro de dispositivo
device resolution | resolución del dispositivo
device under test | dispositivo bajo prueba
Dewar flask | frasco de vacío de Dewar
dewetted surface | superficie deshumedecida
dewetting | corrimiento (del estaño)
DEW line = distant early warning line | línea de alarma precoz a distancia
dew point | punto de rocío
dew point indicator | indicador del punto de rocío
DF = direction finder | gonio, goniómetro, radiogoniómetro
DF aerial = direction finder aerial | antena goniométrica
DF aerial system | sistema de antenas goniométricas
DFB = distributed-feedback laser | DFB [*láser con realimentación distribuida*]
DFE = decision feedback channel equalization | DFE [*igualación de canal por decisión retroalimentada (técnica de procesado de señales)*]
DFM = digital fluoro mode | DFM [*radioscopia digital*]
DFP = digital flat panel port | DFP [*puerto digital para pantalla plana*]

DFR = defer | diferir, difiérase
DFRD = deferred | diferido
DFRS = defers | difiere
DFS = disregard former service | DFS [*haga caso omiso del mensaje de servicio anterior*]
DFS = distributed file system | DFS [*sistema de archivos distribuidos*]
DGIS = direct graphics interface specification | DGIS [*especificación de interfaz para gráficos directos*]
DGPS = differential global positioning system | DGPS [*GPS diferencial*]
DHCP = dynamic host configuration protocol | DHCP [*protocolo de configuración de servidor dinámico, protocolo de configuración dinámica de nodos*]
DH MEDICO = deadhead medical message [USA] | DH MEDICO [*mensaje médico exento de tasa*]
DHTML = dynamic HTML | DHTML = HTML dinámico
DI = destination indicator | indicador de destino
DI = disable interrupt | interrupción desactivada
DIA = document interchange architecture | DIA [*arquitectura para intercambio de documentos*]
diac [*diode that conducts in either direction*] | diac [*diodo que conduce en ambas direcciones*]
diacritical current | corriente diacrítica
diacritical mark | marca diacrítica
diactinism | diactinismo
diadochokinetic | diadococinético
diagnostic | diagnóstico
diagnostic, to - | diagnosticar
diagnostic check | verificación de diagnóstico
diagnostic code | código de diagnóstico
diagnostic function test | prueba de diagnóstico de función
diagnostic module | módulo de diagnóstico
diagnostic programme | programa de diagnóstico
diagnostic reporting console | consola de comunicación diagnóstica
diagnostic routine | rutina de diagnóstico
diagnostics | diagnóstico
diagnostic test | prueba de diagnóstico
diagnostic testing | test de diagnóstico
diagnotor | buscador editor
diagonal horn aerial | antena de bocina diagonal
diagonalization | diagonalización
diagonal matrix | matriz diagonal
diagonal pliers | tenazas diagonales
diagram | diagrama
diagrammatic technique | técnica diagramática
diagram of connections | esquema de conexiones
diagrid | rejilla soporte

dial | cuadrante, dial, selector, disco marcador (/de llamada)
dial, to - | marcar, seleccionar
dial break interval | intervalo de apertura del disco marcador
dial cable | cable de cuadrante
dial cam | excéntrica (/leva) del disco
dial central office | central (telefónica) automática
dial cord | cordón de dial
dial disk | disco marcador
dial drop panel | panel (/tablero) de líneas de disco selector
dialect | dialecto
dial exchange | central automática
dial exchange area | red automática
dial impulse | impulso de disco (/cuadrante)
dial impulsing | impulsión por disco
dial intercommunicating system | estación automática particular
dial jack | clavija de dial
dial key | tecla de dial; llave de disco (/cuadrante)
dial lamp | lámpara de dial
dialled traffic | tráfico automático
dial leg | pie de dial
dialler | marcador
dial light | luz de dial
dial line | línea de discado
dialling | marcación, marcado por disco, accionamiento (/manipulación) del disco
dialling A position | posición A (/de salida) con selección directa
dialling area | área (/zona) de numeración
dialling code | código de numeración
dialling key | tecla de marcar
dialling method | marcación, selección; discado, marcaje [*Hispan*]
dialling tone | tono de invitación a marcar, señal (/zumbido) para marcar
dialling unit | unidad de control
diallyl phthalate | ftalato de dialilo
dial modifier | modificador del marcador
dial mounting | soporte de disco
dial office | oficina de dial
dialog [USA] | diálogo
dialogue [UK] | diálogo
dialogue box | cuadro (/recuadro, /ventana) de diálogo
dialogue box title | título de cuadro de diálogo
dialogue cache | reserva de diálogos
dialogue choice | elección de diálogo
dialogue equalizer | igualador de diálogo
dial operation | accionamiento del disco; servicio automático; llamada (/selección) por disco
dial-out | llamada del servidor [*a la red telefónica o a la RDSI*]
dial pulse | impulso de marcado (/disco)
dial pulse receiver | receptor de disco
dial pulsing | trasmisión de impulsos de selección; teleselección con cuadrante, selección a distancia por disco; pulsación de dial
dial register | registro de dial
dial resistance box | caja de resistencias con dial
dial signalling network | red de señalización por disco selector (/dactilar)
dial speed tester | comprobador de velocidad de discos
dialswitch, dial switch | disco marcador, selector giratorio
dial switching equipment | aparato de conmutación por cuadrante
dial system | sistema automático (/de telefonía automática)
dial system equipment | equipo automático
dial system installation | instalación automática
dial system tandem operation | servicio automático de tránsito
dial telephone system | sistema telefónico de dial
dial test | comprobación del disco
dial test circuit | circuito de prueba del (disco) marcador
dial tester | probador de discos de llamada (/cuadros marcadores)
dial toll circuit | circuito interurbano con selección a distancia
dial tone | señal para marcar, señal de línea (/marcación), tono de (invitación a) marcar
dial tone multifrequency | tono de marcar multifrecuencia [*procedimiento para marcar las cifras en telefonía*]
dial tone return earth | tierra de retorno de tono de invitación a marcar
dialup, dial-up | línea automática, conexión por línea conmutada; llamada al servidor [*servicio de recepción de llamadas entrantes en el servidor*]
dial up, to - | marcar
dial-up access | acceso por llamada [*a red de datos*]
dial-up networking | conexión a red por módem
dial-up service | servicio de conexión telefónica
dial with keyboard, to - | seleccionar con el teclado
diamagnetic | diamagnético
diamagnetic effect | efecto diamagnético
diamagnetic material | material diamagnético
diamagnetic substance | sustancia diamagnética
diamagnetism | diamagnetismo
diameter | diámetro; calibre
diameter equalization | compensación de diámetro
diametral pitch [*of a drum winding*] | paso entero [*del devanado*]
diamond | diamante
diamond aerial | antena (de) diamante
diamond circuit | circuito diamante

diamond lattice | enrejado de diamante
diamond stylus | aguja de diamante
diapason | diapasón
diaphragm | diafragma, membrana
diary | parte diario
diathermal apparatus | aparato diatermal
diathermous | diatérmico
diathermy | diatermia
diathermy interference | interferencia diatérmica (/por diatermia)
diathermy knife | bisturí eléctrico
diathermy machine | máquina diatérmica (/de diatermia)
DIB = device-independent bitmap | DIB [*mapa de bits independiente de la aplicación*]
DIB = directory information base | DIB [*base de datos para informaciones de directorio*]
DIBengine | mecanismo DIB [*que genera archivos DIB*]
dibit | dibit [*grupo de dos bits*]
DIC = dielectrically-integrated isolated circuit | DIC [*circuito integrado aislado dieléctricamente*]
dichotomizing search | búsqueda dicotomizada (/binaria)
dichroic | dicroico
dichroic filter | filtro dicroico
dichroic mirror | espejo dicroico
dichroism | dicroísmo
dichromate cell | pila de bicromato (potásico)
dichromatism | dicromatismo
dicing | troquelado en cuadritos
Dicke's radiometer | radiómetro de Dicke
dicorde | dicordio
dictation software | software para dictado
dictionary | diccionario
DID = direct inward dialling | marcación directa virtual
diddle | diddle [*trasmisión automática de caracteres por defecto*]
didymium | didimio
die attach | engarce de cubos
die bond | encastre de cubos
die bonding | encastramiento de cubos
die casting | fundición a presión
dielectric | dieléctrico
dielectric absorption | absorción dieléctrica, polarización persistente del dieléctrico
dielectric aerial | antena dieléctrica
dielectric amplifier | amplificador dieléctrico
dielectric analysis | análisis dieléctrico
dielectric anisotropy | anisotropía dieléctrica
dielectric breakdown | ruptura (/disociación) dieléctrica
dielectric breakdown voltage | tensión de ruptura de un dieléctrico
dielectric capacity | capacidad dieléctrica

dielectric constant | constante dieléctrica
dielectric crystal | cristal dieléctrico
dielectric current | corriente dieléctrica
dielectric diode | diodo dieléctrico
dielectric dispersion | dispersión dieléctrica
dielectric dissipation | disipación dieléctrica
dielectric dissipation factor | factor de disipación dieléctrica (/del dieléctrico)
dielectric fatigue | fatiga dieléctrica
dielectric gas | gas dieléctrico
dielectric guide | guía dieléctrica
dielectric heating | calentamiento dieléctrico (/del dieléctrico)
dielectric hysteresis | histéresis dieléctrica (/del dieléctrico)
dielectric isolation | aislamiento dieléctrico
dielectric lens | lente dieléctrica (/de dieléctrico)
dielectric lens aerial | antena de lente dieléctrica
dielectric loss | pérdida dieléctrica (/del dieléctrico)
dielectric loss angle | ángulo de pérdida dieléctrica
dielectric loss factor | factor de pérdidas dieléctricas
dielectric loss index | índice de pérdidas dieléctricas
dielectric matching plate | placa de adaptación dieléctrica
dielectric mirror | espejo dieléctrico
dielectric phase angle | ángulo de fase del dieléctrico
dielectric phase difference | diferencia de fase dieléctrica
dielectric polarization | polarización dieléctrica
dielectric power factor | factor de potencia dieléctrica
dielectric process | proceso dieléctrico
dielectric rating | proporciones dieléctricas
dielectric relaxation | relajación del dieléctrico
dielectric relay | relajación del dieléctrico
dielectric rod aerial | antena de varilla dieléctrica
dielectric soak | penetración dieléctrica
dielectric strength | resistencia (/rigidez) dieléctrica
dielectric susceptibility | susceptibilidad dieléctrica
dielectric test | prueba dieléctrica
dielectric viscosity | viscosidad dieléctrica
dielectric waveguide | guiaondas dieléctrico, guía de ondas dieléctrica
dielectric wedge | cuña dieléctrica (/de dieléctrico)
dielectric wire | conductor dieléctrico
dielectric withstanding voltage | tensión no disruptiva del dieléctrico

diesel-electric drive | propulsión diesel eléctrica
die wheel | rueda matriz
DIF = data interchange format | DIF [*formato de intercambio de datos*]
difference | diferencia, diversidad
difference amplifier | amplificador diferencial (/de diferencias)
difference channel | canal diferencial
difference detector | detector de diferencia
difference engine | máquina diferencial
difference equations | ecuaciones de diferencias
difference frequency | frecuencia diferencia
difference in depth modulation | diferencia en profundidad de modulación
difference ionization chamber | cámara de ionización diferencial (/de diferencia)
difference limen | incremento perceptible
difference method | método diferencial
difference number | número diferencia
difference of potential | diferencia de potencial
difference scaler | escala (/escalímetro) diferencial
difference signal | señal diferencia
difference threshold | umbral de diferencia
difference transfer function | función de trasferencia complementaria
differential | diferencia, diferencial
differential absorption | absorción diferencial
differential absorption ratio | relación diferencial de absorción, factor de absorción diferencial
differential amplifier | amplificador diferencial
differential analyser | analizador diferencial
differential angle | ángulo diferencial
differential arrangement | montaje diferencial
differential booster | elevador-reductor diferencial
differential capacitance | capacidad diferencial
differential capacitance characteristic | característica de capacidad diferencial
differential capacitor | condensador diferencial
differential comparator | comparador diferencial
differential connection | montaje diferencial
differential control rod worth | eficacia (/valor) diferencial de una barra de control
differential cooling | enfriamiento diferencial
differential cross section | sección eficaz diferencial

differential delay | retardo diferencial
differential discriminator | discriminador diferencial
differential dump | vuelco diferencial (/de modificaciones)
differential duplex | dúplex diferencial
differential duplex system | sistema dúplex diferencial
differential echo suppressor | supresor de eco diferencial
differential equation | ecuación diferencial
differential excitation | excitación diferencial
differential flutter | lloro diferencial
differential gain | ganancia diferencial
differential gain control | control diferencial de ganancia
differential gain control circuit | circuito diferencial de control de ganancia
differential galvanometer | galvanómetro diferencial
differential gap | hueco diferencial
differential gear | engranaje diferencial
differential generator | generador diferencial
differential impedance | impedancia diferencial
differential input | entrada diferencial
differential input amplifier | amplificador de entrada diferencial
differential input capacitance | capacidad de entrada diferencial
differential input impedance | impedancia de entrada diferencial
differential input measurement | medida de entrada diferencial
differential input rating | régimen de entrada diferencial
differential input resistance | resistencia de entrada diferencial
differential input voltage | tensión de entrada diferencial
differential input voltage range | rango de tensión de entrada diferencial
differential input voltage rating | régimen de tensión de entrada diferencial
differential instrument | instrumento diferencial
differential ionization chamber | cámara de ionización diferencial
differential keying | tecleo diferencial
differential linearity | linealidad diferencial
differential microphone | micrófono diferencial
differential mode gain | ganancia de modo diferencial
differential mode input | entrada en modo diferencial
differential mode signal | señal diferencial de modo
differential modulation | modulación diferencial
differential nonlinearity | no linealidad diferencial
differential null detector | detector diferencial de corriente nula
differential output voltage | tensión de salida diferencial
differential pair | par diferencial
differential particle flux density | densidad diferencial del flujo de partículas
differential PCM | PCM diferencial
differential permeability | permeabilidad diferencial
differential phase | fase diferencial
differential phase shift keying | manipulación de desfase diferencial, manipulación por desplazamiento diferencial de fase
differential pressure pickup | trasductor de presión diferencial
differential pressure transducer | trasductor de presión diferencial
differential protective relay | relé protector diferencial
differential pulse code modulation | modulación diferencial de impulsos codificados
differential pulse-height discriminator | discriminador diferencial de altura de impulsos
differential relay | relé diferencial
differential resistance | resistencia diferencial
differential resolver | separador diferencial
differential scattering cross section | sección eficaz diferencial de dispersión
differential selsyn | sincronizador diferencial
differential stage | paso diferencial
differential susceptibility | susceptibilidad diferencial
differential synchro | sincronizador diferencial
differential transducer | trasductor diferencial
differential transformer | trasformador diferencial
differential transformer transducer | trasductor trasformador diferencial
differential voltage | tensión diferencial
differential voltage gain | ganancia de tensión diferencial
differential voltmeter | voltímetro diferencial
differential winding | arrollamiento diferencial
differential-wound field | campo de bobinado diferencial
differentiate, to - | diferenciar
differentiating | diferenciador
differentiating circuit | circuito diferenciador
differentiating network | red diferenciadora (/de diferenciación)
differentiator | diferenciador
difficult | difícil
difficult to excite | difícil de excitar
diffracted wave | onda difractada
diffraction | difracción
diffraction angle | ángulo de difracción
diffraction by a crystal | difracción sobre el cristal
diffraction grating | retículo (/red, /retícula) de difracción
diffraction instrument | instrumento de difracción
diffraction pattern | diagrama de difracción
diffraction propagation | propagación por difracción
diffraction scattering | dispersión por difracción
diffraction velocimeter | velocímetro de difracción
diffractometer | difractómetro
diffuse | difuso
diffuse, to - | difundir
diffuse band | banda difusa
diffused | difuso
diffused alloy transistor | transistor de aleación difusa
diffused base epitaxial transistor | transistor epitaxial de base difusa
diffused base transistor | transistor de base difusa
diffused device | dispositivo de difusión
diffused emitter and base transistor | transistor de emisor y base difusos
diffused emitter-collector transistor | transistor de emisor y colector difusos
diffused emitter epitaxial base transistor | transistor de base epitaxial y emisor difuso
diffused junction | unión difusa (/difundida), contacto difuso
diffused junction detector | detector de unión difusa
diffused junction rectifier | rectificador de unión difusa (/por difusión)
diffused junction transistor | transistor de uniones por difusión
diffused layer resistor | resistencia de capa difusa
diffused mesa transistor | transistor mesa de difusión
diffused metal-oxide semiconductor | semiconductor de óxido metálico difuso
diffused planar transistor | transistor de planos difundidos
diffused sound | sonido difuso
diffused transistor | transistor difundido
diffused transmission | trasmisión difundida
diffuse illumination | alumbrado difuso
diffuse light | luz difusa
diffuse reflection | reflexión difusa
diffuse reflection factor | factor de reflexión difusa
diffuse scan | medida difusa
diffuse scattering | dispersión difusa
diffuse sound | sonido difuso
diffuse spectral line | línea espectral difusa

diffuse transmission | trasmisión difusa
diffuse transmission density | densidad de trasmisión difusa
diffuser | difusor
diffusion | difusión
diffusion area | área de difusión
diffusion bonding | unión de difusión
diffusion by reflection | difusión por reflexión
diffusion by transmission | difusión por trasmisión
diffusion capacitance | capacidad de difusión
diffusion cloud chamber | cámara de difusión de niebla
diffusion coefficient | coeficiente de difusión
diffusion constant | constante de difusión
diffusion current | corriente de difusión
diffusion equation | ecuación de la difusión
diffusion flame | llama de difusión
diffusion furnace | horno de difusión
diffusion kernel | nódulo de (la integral de) difusión
diffusion layer | capa de difusión
diffusion length | longitud de difusión
diffusion of light | dispersión de la luz
diffusion potential | potencial de difusión
diffusion process | proceso de difusión
diffusion pump | bomba de difusión
diffusion system | sistema de difusión
diffusion theory | teoría de la difusión
diffusion time | tiempo de difusión
diffusion transistor | transistor de difusión
diffusion window | ventana de difusión
diffusor | difusor
digerati | digerati [en argot informático, expertos en el ciberespacio]
digest, to - | resumir
digested data | datos acompañados de resumen
digicash = digital cash | dinero digital [medio de pago electrónico]
dig-in angle | ángulo de corte anterior
digiralt | radioaltímetro digital
digit | cifra, dígito
digit absorbing selector | selector supresor (/de llamada del buscador, /de absorción de impulsos)
digital | digital
digital absorbing selector | selector absorbente digital
digital advanced mobile phone service | servicio de telefonía móvil digital avanzada
digital atenuation | atenuación digital
digital audio | audio digital
digital audio broadcasting | trasmisión digital de audio
digital audio disc | disco de audio digital [disco compacto]

digital audio tape | cinta magnética digital de registro sonoro, cinta de audio digital
digital audio/video connector | conector de audio/vídeo digital
digital broadcast satellite | satélite de emisión digital
digital camera | cámara digital
digital cash | dinero digital [medio de pago electrónico]
digital cassette | casete digital
digital cellular system | sistema celular digital [en telefonía móvil]
digital certificate | certificado digital
digital circuit | circuito digital
digital clock | reloj digital
digital communication | comunicación digital
digital communications interface equipment | equipo de interfaz en comunicaciones digitales
digital computer | ordenador digital
digital converter | convertidor digital
digital copier | copiador digital
digital darkroom | cuarto oscuro digital [programa de gráficos de Macintosh]
digital data | datos digitales
digital data handling system | sistema de gestión de datos digitales
digital data recorder | registrador de datos digitales
digital data service | servicio de trasmisión digital de datos
digital data transmission | trasmisión digital de datos, trasmisión de datos digitales (/numéricos)
digital data unit | unidad de trasmisión digital de datos
digital delay line | línea de retardo digital
digital delay module | módulo de retardo digital
digital delay unit | unidad de retardo digital
digital design | diseño digital (/lógico)
digital design language | lenguaje de diseño digital
digital device | dispositivo digital
digital differential analyser | analizador digital diferencial
digital disc recording | grabación de disco digital
digital display | pantalla (/presentación) digital
digital DNA | DNA digital [para crear personajes en juegos de ordenador]
digital error | error digital
digital filter | filtro digital
digital filtering | filtrado digital
digital fingerprint | firma digital
digital flat panel port | puerto digital para pantalla plana
digital fluoroscopy | radioscopia digital
digital frequency meter | frecuencímetro digital
digital frequency monitor | monitor de frecuencia digital

digital harmonic generation | generación armónica digital
digital hierarchy | jerarquía digital
digital IC | circuito integrado digital
digital image analysis | análisis de imagen digital
digital information display | visualización de información digital
digital input | entrada digital
digital integrated circuit | circuito integrado digital
digital integrator | integrador digital
digitalization | digitalización
digital light processing | procesado digital de la luz [para proyectores]
digital light processing projector | proyector con procesado digital de la luz
digital line | línea digital [de comunicaciones]
digital linear tape | cinta lineal digital [para hacer copias de seguridad de datos]
digital logic | lógica digital
digital logic module | módulo lógico digital
digitally-programmable oscillator | oscilador programable digitalmente
digital measuring device | aparato de medida digital
digital media system | sistema de medios de comunicación digitales
digital micromirror device | dispositivo de microespejos digital [para proyectores de imágenes]
digital mode | modo digital
digital network architecture | arquitectura de red digital
digital optical processing | proceso óptico digital
digital output | salida digital
digital panel meter | medidor de panel digital
digital phase shifter | desfasador digital
digital photography | fotografía digital
digital plotter | trazador digital
digital position transducer | trasductor de posición digital
digital programmable delay line | línea de retardo digital programable
digital proof | comprobación digital
digital radio | radio digital
digital range tracker | seguidor digital de recorrido
digital read-out indicator | indicador de lectura digital
digital recording | registro digital
digital rotary transducer | trasductor rotativo digital
digital satellite system | sistema de trasmisión digital por satélite
digital service | servicio de trasmisión digital
digital signal | señal digital (/numérica, /de numeración)
digital signal processing | proceso de señales digitales

digital signal processor | procesador de señales digitales
digital signature | firma (/signatura) digital
digital signature algorithm | algoritmo de firma digital
digital signature standard | norma de firma digital
digital simultaneous voice and data | voz y datos digitales simultáneos [*trasmitidos por línea telefónica tradicional*], trasmisión digital simultánea de voz y datos
digital sort | clasificación digital
digital sorting | clasificación digital (/de raíces, /de bases, /de bolsillo)
digital space division switching | conmutación espacial digital
digital speech | vocalización digital [*por ordenador*]
digital speech communication | comunicación verbal digital
digital status contact | contacto de estado digital
digital storage oscilloscope | osciloscopio de almacenamiento digital
digital subscriber line | línea digital de abonado, línea de abonado digital [*para trasmisión de datos a alta velocidad por cable telefónico de cobre*]
digital subscriber line access multiplexer | multiplexor de acceso a línea de abonado digital
digital subscriber line multiplexer | multiplexor de línea de abonado digital
digital subscriber signalling system | sistema de señalización digital de abonado
digital switch | conmutador digital
digital synthesizer | sintetizador digital
digital system | sistema digital
digital telephone dialler | marcador telefónico digital
digital television | televisión digital
digital thermometer | termómetro digital
digital-to-analog | digital-analógico
digital-to-analog conversion | conversión digital-analógica
digital-to-analog converter | trasformador (/conversor) digital-analógico
digital-to-disc recording | grabación digital en disco
digital transducer | trasductor digital
digital transmission | trasmisión digital
digital versatile disc | disco versátil digital
digital video | vídeo digital
digital video broadcast | vídeo digital para emisión
digital video broadcasting | trasmisión digital de vídeo
digital video disk | disco digital del vídeo, videodisco digital
digital video disc-erasable | videodisco digital regrabable
digital video disc-recordable | video-disco digital grabable
digital video interactive | vídeo digital interactivo
digital video interface | interfaz de vídeo digital
digital voltmeter | voltímetro digital
digital watermark | marca digital de agua
digit by digit dialling | marcación (/señalización) dígito a dígito, marcación cifra a cifra
digit compression | compresión de dígitos
digiterati [*digerati*] | digiterati [*en argot informático, expertos en el ciberespacio*]
digitise, to - [UK] | digitalizar
digitization | digitalización
digitize, to - [UK+USA] | digitalizar
digitized speech | discurso digitalizado
digitizer | digitalizador, codificador unmérico
digitizing | digitalización
digitizing tablet | tablero de digitalización [*tablero gráfico*]
digit key strip | teclado
digitron | digitrón; válvula Nixie
digitron display | visualizador de digitrón
digit selector | selector de dígito
digit signal | señal de numeración
digit storage | registro de cifras
digit switch | marcador
digit transfer bus | bus de trasferencia de dígito
digit translation | conversión del número de abonado
digit translator | traductor de números de abonado
digraph = directed graph | gráfico orientado
dihedral reflector | reflector diédrico
diheptal base | base (/casquillo) diheptal
diheptal socket | zócalo diheptal
DIIC = dielectrically-integrated isolated circuit | DIIC [*circuito integrado aislado dieléctricamente*]
Dijkstra's algorithm | algoritmo de Dijkstra
DIL = dual in-line | DIL [*caja de dos vías, encapsulado dual en línea*]
DIL package = dual in-line package | encapsulamiento de doble hilera
DIL switch | interruptor de DIL
diluent | diluyente
dilution | dilución
dilution formula | ley de dilución
dime [*fam*] = dimension | dimensión
dimension | dimensión; cota
dimensionality | dimensionalidad
dimensional stability | estabilidad dimensional
dimensioning | acotación; dimensionado
dimension ratio | relación de dimensión
diminished increment sort | clasificación de incremento decreciente
diminished radix complement | complemento restringido (/de raíz disminuida, /a base reducida, /de la base menos uno)
diminishing tariff | tarifa degresiva
diminution factor | factor de disminución (/trasmisión de la base)
DIMM = dual inline memory module | DIMM [*módulo de memoria con doble hilera de contactos*]
dimmed | atenuado
dimmed emphasis | resaltado atenuado
dimmer | reductor (/amortiguador) de luz (/alumbrado, /iluminación)
dimmer curve | curva de reducción
Dimond ring | anillo Dimond
DIN = Deutsche Industrie-Normen (*ale*) [*German tecnical standards*] | DIN [*normativa industrial alemana*]
DIN connector | conector DIN
D indicator | indicador D
dineutron | dineutrón
dingbat | dingbat [*pequeño elemento gráfico decorativo para documentos*]
DIN jack | clavija DIN
dinosaur [*fam*] | dinosaurio [*alusivo a la lentitud de procesos burocráticos*]
diode | diodo
diode amplifier | amplificador de diodo
diode assembly | ensamblaje de diodo
diode capacitor-transistor logic | lógica diodo-condensador-transistor
diode characteristic | característica del diodo
diode demodulator | desmodulador de (/por) diodo
diode detector | detector de diodo
diode function generator | generador de función con diodo
diode gate | puerta de diodo
diode isolation | aislamiento de diodo
diode laser | láser de diodo
diode limiter | limitador de diodo
diode logic | lógica de diodo
diode matrix | matriz de diodos
diode mixer | mezclador de diodo
diode modulator | modulador de diodos
diode pack | bloque (/paquete) de diodos
diode peak detector | detector diódico de picos
diode-pentode | diodo-pentodo
diode rectification | rectificación de diodo
diode switch | conmutador de diodo
diode transistor logic | lógica a diodos y transistores, lógica de transistor-diodo, lógica diodo-transistor, lógica de diodo transistor
diode transistor pack | bloque diodo-transistor
diode-triode | diodo-triodo
diode valve | válvula de diodo
dionic recorder | registrador diónico
diopter [USA] | dioptría

dioptre [UK] | dioptría
diotron | diotrón
dip | caída de corriente; flecha (de línea aérea); inclinación vertical [*de la aguja en la brújula*]; inmersión
DIP = dual in line package | DIP [*caja con doble hilera de contactos, encapsulamiento de doble hilera*]
diparaxylene | diparaxileno
dip brazing | soldadura fuerte por inmersión
dip coating | recubrimiento por inmersión
dip counter tube | tubo contador de inmersión
dip encapsulation | encapsulado por baño
dip gauge | mira para determinar la flecha de los hilos
diplex | díplex [*de doble trasmisión*]
diplexer | diplexor, mezclador de antena
diplex operation | operación díplex
diplex radio transmission | trasmisión de radio díplex
diplex reception | recepción díplex
diplex speed operation | manipulación con velocidad de díplex
diplex telegraphy | telegrafía díplex
dipole | dipolo
dipole aerial | antena dipolar (/dipolo)
dipole disc feed | dipolo de disco alimentado
dipole microphone | micrófono dipolar
dipole molecule | molécula dipolo
dipole moment | momento del dipolo
dipper interrupter | interruptor de baño de mercurio
dipping | baño por inmersión
diproton | diprotón
dip solder terminal | terminal soldado por baño
dip-soldered | soldado por arrastre
dip soldering | soldadura por inmersión (/baño)
DIP switch = dual in-line package switch | conmutador DIP
dir = directory | dir = directorio
Dirac electron theory | teoría del electrón de Dirac
Dirac equation | ecuación de Dirac
direct | directo
direct access | acceso directo
direct access device | dispositivo de acceso directo
direct access memory | memoria de acceso directo
direct access storage | almacenamiento de acceso directo
direct-access storage device | dispositivo de almacenamiento de acceso directo
direct-acting recorder | registrador de acción directa
direct-acting recording instrument | instrumento de registro de actuación directa
direct address | dirección directa

direct addressing | direccionamiento directo
direct analysis | análisis directo
direct broadcast satellite | satélite de emisión directa
direct cable connection | conexión directa por cable
direct call | comunicación (/llamada) directa; llamada de emergencia
direct capacitance | capacidad directa
direct channel | canal directo
direct circuit | circuito directo
direct command guidance | guiado por mando directo
direct computer control | control directo por calculadora
direct connection | conexión directa
direct-connect modem | módem de conexión directa
direct control | control directo
direct-coupled amplifier | amplificador de acoplamiento directo
direct-coupled attenuation | atenuación de acoplamiento directo, atenuación directamente acoplada
direct-coupled machine | máquina esclava (/acoplada directamente)
direct-coupled transistor logic | lógica de transistor directamente acoplado
direct coupling | acoplamiento directo
direct current | corriente (/tensión) continua
direct current amplifier | amplificador de corriente continua
direct current balancer | equilibrador para corriente continua
direct current circuit | circuito de corriente continua
direct current commutator | conmutador (/colector) de corriente continua
direct current erasing head | cabeza borradora de continua
direct current generator | generador de corriente continua
direct current motor | motor de corriente continua
direct current permanent arc | arco permanente de corriente continua
direct current reactive sputtering | sublimación catódica reactiva por corriente continua
direct current receiver | receptor de corriente continua
direct current resistance | resistencia de corriente continua
direct current restorer | restaurador de corriente continua
direct current signalling method | método de señalización por corriente continua
direct current sputtering | sublimación catódica por corriente continua
direct current transmission | trasmisión por (/de, /en) corriente continua
direct cycle reactor | reactor de ciclo directo
direct cycle water reactor | reactor de agua de ciclo directo
direct data entry | entrada directa de datos
direct dialling | llamada (/selección) directa
direct digital color proof | comprobación directa del color digital
direct digital control | control digital continuo (/directo)
direct distance dialling | servicio telefónico interurbano automático
direct drive | trasmisión directa
direct drive motor | motor de accionamiento directo
direct drive torque motor | motor de par de trasmisión directa
directed acyclic graph | grafo acíclico dirigido [*grafo de decisiones para procesamiento de llamadas*]
directed-coupled machines | máquinas acopladas directamente
directed graph | gráfico orientado
directed reference flight | vuelo de referencia dirigida
directed set | conjunto dirigido
directed tree | árbol orientado
direct electromotive force | fuerza electromotriz continua
direct evaluation | evaluación directa
direct excitation of an aerial | excitación directa de una antena
direct feedback | reacción (/realimentación) positiva
direct graphics interface specification | especificación de interfaz para gráficos directos
direct grid bias | polarización de rejilla de corriente continua
direct ground | conexión metálica a tierra, tierra directa
direct impulse | impulso directo, impulsión directa
direct indication | lectura directa
direct inductive coupling | acoplamiento inductivo directo
directing | encaminamiento, orientación
direct input | entrada directa [*de datos*]
direct insert subroutine | subrutina de inserción directa
direct interelectrode capacitance | capacidad interelectródica directa
direct international circuit | circuito internacional directo, circuito directo de tránsito
direct inward dialling | servicio telefónico interior directo; marcación directa virtual [*a extensiones*]
direction | dirección; sentido [*de trasmisión*]
directional | direccional
directional aerial | antena direccional
directional beam | haz direccional
directional characteristic | característica direccional
directional circuit breaker | interruptor direccional
directional control | control direccional

directional counter | contador direccional
directional coupler | acoplador direccional
directional detector | detector direccional
directional discontinuity ring radiator aerial | antena de anillo de discontinuidad direccional
directional filter | filtro direccional
directional focusing | enfoque direccional
directional gain | ganancia direccional
directional gyroscope | giróscopo direccional
directional homing | aproximación (/guiado, /radioguía) direccional
directional hydrophone | hidrófono direccional
directional lobe | lóbulo direccional
directional microphone | micrófono direccional
directional pattern | diagrama direccional (/de radiación)
directional phase shifter | desfasador direccional, desviador direccional de fase
directional power relay | relé de potencia direccional
directional relay | relé direccional
directional response pattern | diagrama direccional de respuesta
directional selectivity | selectividad direccional
directional separation filter | filtro de separación direccional
directional stabilizer | estabilizador direccional
direction angle | ángulo de dirección
direction cosine | coseno de dirección
direction finder | gonio, goniómetro, radiogoniómetro
direction finder bearing indicator | indicador de marcación en el goniómetro
direction finder deviation | desviación del goniómetro
direction finder station | estación radiogoniométrica
direction finding | goniometría
direction indicator | indicador del sentido de la corriente
direction key | tecla de dirección [*del cursor*]
direction of diffracted beam | dirección de difracción
direction of incidence | dirección de incidencia
direction of lay | dirección del cableado
direction of oscillation | dirección de la vibración
direction of polarization | dirección de polarización
direction of propagation | dirección de propagación
direction of the radiation | dirección de los rayos

direction rectifier | rectificador de dirección
directive | directiva
directive gain | ganancia direccional
directivity | directividad
directivity diagram of an aerial | diagrama de directividad de una antena
directivity factor | factor de directividad
directivity index | índice de directividad
directivity of a directional coupler | directividad de un acoplador direccional
directivity of an aerial | directividad de una antena
directivity pattern | diagrama (/patrón) de directividad
directivity signal | señal de directividad
direct keyboard transmission | trasmisión directa por teclado
direct light | luz directa
direct lighting | alumbrado directo, iluminación directa
directly | directamente
directly-fed aerial | antena con alimentación directa
directly-grounded | puesta a masa directamente
directly-heated cathode | cátodo de calentamiento directo
directly-ionizing particle | partícula directamente ionizante
directly-ionizing radiation | radiación directamente ionizante
direct magnetostrictive effect | efecto magnetostrictivo directo
direct manipulation | manipulación directa
direct mapped | asignado directamente
direct-mapped memory | memoria de asignación directa
direct mapping | asignación directa
direct material | material directo
direct memory access | acceso directo a (la) memoria
direct metal mask | máscara metálica directa
direct mode | modo directo
direct numerical control | control numérico directo
director | director; registrador; selector
director system | sistema director
directory | directorio, listín (telefónico)
directory access protocol | protocolo (normalizado) de acceso al directorio
directory client agent | agente de cliente de directorio
directory icon | icono de directorio
directory information base | base de datos para informaciones de directorio
directory information tree | árbol de información del directorio
directory number | número guía
directory path | ruta del directorio

directory replication | replicación de directorios [*duplicación desde un servidor*]
directory server agent | agente del servidor de directorio
directory service | servicio de directorio [*en una red*]
directory size | tamaño del directorio
directory system agent | agente del sistema de directorio
directory system protocol | protocolo del sistema de directorio
directory tree | árbol (/estructura) del directorio
directory user agent | agente de usuario de directorio
direct outward dialling | marcación saliente directa
direct pickup | captación directa, captación en directo
direct piezoelectricity | piezoelectricidad directa
direct point repeater | repetidor de punto directo
direct printing | impresión directa
direct processing | proceso directo [*de datos*]
direct radiative transition | transición radiante directa
direct radiator | altavoz de radiación directa
direct radiator loudspeaker | altavoz de radiador directo
direct radiator speaker | altavoz de radiador directo
direct ray | rayo directo
direct read after write | lectura directa tras escritura
direct read during write | lectura directa durante la escritura
direct reading | lectura directa
direct reading instrument | aparato (/instrumento) de lectura directa
direct reading recording | registro directo de lectura
direct reading transmission measuring set | hipsómetro de lectura directa
direct record working | servicio sin anotadoras
direct recording | grabación directa, registro directo
direct recording magnetic tape | cinta magnética de grabación directa
direct / reflected | directo-reflejado
direct reflection | reflexión directa
direct reflection factor | factor de reflexión regular
direct relation | relación (/comunicación) directa
direct resistance-coupled amplifier | amplificador de acoplamiento directo por resistencia
direct route | vía (/ruta de enlace) directa
direct routing system | sistema de mando directo
direct scanning | exploración directa

direct selection | selección directa
direct sequence | secuencia directa
direct sound wave | onda sonora directa
direct synthesizer | sintetizador directo
direct-to-disc recording | grabación directa en disco
direct traffic operation | explotación en tráfico directo
direct transit | tránsito directo
direct transmission | trasmisión directa
direct vacuum tube current [USA] | corriente continua de electrodos en vacío
direct view storage tube | tubo de retención directa de imágenes
direct vision spectroscope | espectroscopio de visión directa
direct voltage | tensión continua, voltaje continuo
direct wave | onda directa
direct Wiedemann effect | efecto Wiedemann directo
direct wire circuit | circuito de cableado directo
direct-writing galvanometer | galvanómetro de inscripción directa
direct-writing galvanometer recorder | registro galvanométrico de escritura directa
direct-writing recorder | registrador de inscripción directa
dirty | sucio
dirty bit | bit defectuoso
dirty bomb | bomba sucia
dirtying | ensuciamiento
dirty power | fuente de alimentación inadecuada
dirty ROM = dirty read-only memory | ROM sucia [*sistema de 32 bits simulado*]
dirty weapon | bomba sucia, ingenio nuclear sucio
DIS = draft international standard | DIS [*borrador de una norma internacional que realiza ISO*]
disable, to - | desactivar, deshabilitar, incapacitar, desconectar
disabled | desactivado
disabled CPU slot | ranura de la CPU desactivada
disabled folder | carpeta desactivada [*de programas*]
disabled interrupt | interrupción desactivada
disable interrupt, to - | impedir la interrupción [*en el ordenador*]
disabling | desactivación, neutralización
disabling device | dispositivo inhabilitador
disabling pulse | impulso de barrera
disadvantage factor | factor de flujo neutrónico, factor de depresión de flujo
disarm, to - | desarmar
disassembler | desensamblador

disassembly | desensamblaje
disassociate, to - | desasociar [*eliminar el vínculo entre un archivo y una aplicación*]
disaster dump | trasferencia desastrosa [*de contenidos de memoria a un dispositivo con pérdida de los datos*]
disc [UK] | disco
disc access time | tiempo de acceso al disco
disc aerial | antena de disco
discard changes, to - | ignorar cambios
disc armature | inducido de disco
disc buffer | búfer de memoria
disc cache | caché de disco [*memoria*]
disc capacitor | condensador de disco
disc cartridge | cartucho de disco
disc controller | controladora de disco
disc copy | copia de disco
disc crash | fallo de unidad de disco
disc directory | directorio del disco
disc drive | unidad de disquete (/disco), lector de disco
disc driver | disquetera
disc duplexing | duplicación del disco
disc electrode | electrodo discoidal
disc envelope | funda del disco
disc file | archivo de disco
disc free | disco libre
disc generator | generador de disco
discharge | descarga
discharge breakdown | descarga disruptiva; ruptura por descarga
discharge by collision | descarga por choque
discharge channel | canal de descarga
discharge circuit | circuito de chispa (/descarga)
discharge condition | condiciones de descarga
discharge curve | curva de descarga
discharge delay | retardo de la descarga
discharge duration | duración de la descarga
discharge energy | energía de la descarga
discharge exposure | quemado (/irradiación) de descarga
discharge gap | distancia (/espacio, /intervalo) de descarga
discharge key | tecla de descarga
discharge lamp | lámpara de descarga
discharger | descargador; excitador; pararrayos (de peine)
discharge rate | régimen de descarga
discharge switch | interruptor (/reductor) de descarga
discharge valve | válvula de descarga
discharge voltage | tensión de descarga
discharging | descarga
disc icon | icono de disco
disc interface | interfaz para unidad de disco
disc jacket | cubierta del disco [*funda plástica de un disco flexible*]
disc memory | memoria de disco
disc mirroring | réplica de disco [*como copia de seguridad con actualización automática*]
discone | disco-cono
discone aerial | antena discocónica (/de disco-cono)
disconnect, to - | cortar, desconectar, interrumpir
disconnected graph | gráfico desconectado
disconnecting means | medios de desconexión
disconnection | desconexión, interrupción, corte, ruptura; exclusión; rotura (del hilo); falta (/solución) de continuidad; liberación
disconnection fault | avería por rotura de hilo
disconnect make busy | desconexión con indicación de ocupado
disconnector | seccionador
disconnector release | desconector de reposición
disconnect signal | señal de desconexión (/fin)
disconnect switch | interruptor de desconexión
discontiguous selection | selección discontigua
discontinuity | discontinuidad
discontinuous amplifier | amplificador discontinuo
disc operating system | sistema operativo con carga desde discos, sistema operativo de disco
disc pack | paquete de discos
disc partition | partición del disco
disc recorder | grabador de discos
discrepancy | discrepancia
discrete | discreto
discrete and continuous system | sistema discreto y continuo
discrete channel | canal discreto
discrete circuit | circuito discreto
discrete component | componente discreto
discrete component microcircuit | microcircuito de componentes discretos
discrete cosine transform | trasformada discreta del coseno
discrete device | dispositivo discreto
discrete element | elemento discreto
discrete Fourier transform | trasformación discreta de Fourier
discrete multitone | multitono discreto [*código de línea para trasmisión de datos*]
discrete part | parte discreta
discrete sampling | muestreo discreto
discrete sentence intelligibility | inteligibilidad de oraciones discreta
discrete signal | señal discreta
discrete source | fuente discreta
discrete system | sistema discreto
discrete thin-film component | componente discreto de película delgada

discrete variable | variable discreta
discrete word intelligibility | inteligibilidad de palabras discreta
discretionary hyphen | guión discrecional [*para corte automático de palabras en cambio de línea*]
discretionary wiring | cableado discrecional
discretization | discretización
discretization error | error de discretización
discriminant analysis | análisis discriminante
discriminating | discriminador
discriminating register | registrador discriminador
discriminating repeater | repetidor discriminador
discriminating ringing | (corriente de) llamada distintiva; distinción acústica [*entre llamadas urbanas e internas*]
discriminating satellite exchange | estación parcialmente satélite
discriminating selector | selector discriminador, conmutador selector (/discriminador)
discrimination | discriminación
discrimination factor | factor de discriminación
discrimination index | coeficiente de discriminación
discrimination ratio | relación de discriminación
discriminator | discriminador
discriminator circuit | circuito discriminador
discriminator curve | curva de discriminación
discriminator threshold value | umbral de discriminación
discriminator transformer | trasformador discriminador
discriminator tuning unit | unidad sintonizadora del discriminador
disc seal tube | tubo de disco sellado
disc server | servidor de disco
disc shape | forma discoidal
disc signal | señal de disco
disc storage | almacenamiento de disco
disc striping | listado de disco [*combinación en un solo disco de particiones que están en discos separados*]
disc striping with parity | listado de disco con paridad
disc unit | unidad de disquete
discussion group | grupo de discusión
disengaged line | línea libre
dish | placa; plato; cápsula; antena parabólica, reflector parabólico
dish aerial | antena de plato
disintegration | desintegración
disintegration chain | cadena de desintegración
disintegration constant | constante radiactiva (/de desintegración)
disintegration energy | energía de desintegración
disintegration family | familia de desintegración
disintegration rate | velocidad de desintegración
disintegration series | serie de desintegración
disintegration voltage | tensión (/voltaje) de desintegración
disintermediation | desintermediación
disjoint | no consecutivo
disjunction | disyunción
disjunctive normal form | forma disyuntiva normal
disjunctive search | investigación disyuntiva
disk [USA] [*disc (UK)*] | disco
diskette | disquete, disco flexible
diskette boot failure | fallo en la inicialización del disquete
diskette drive | unidad de disquete (/disco flexible)
diskette drive connector | conector de unidad de disquete
disk file | archivo en disco
disk format | formato de disco
diskless workstation | puesto de red sin unidades de disco
disk operating system | sistema operativo de disco
disk pack | pila de discos
disk unit | unidad de disco
dismantling | desmantelamiento; desarmado, desmontaje; abatimiento
dismantling of the line | desmonte de la línea
disordered | desordenado
disordering | creación de efecto; desordenación
dispache [*fra*] | arbitraje [*en la estimación de daños*]
dispatcher | repartidor, expedidor
dispenser | dispensador
dispenser cathode | cátodo autorregenerado
dispersal gettering | adsorción por dispersión
disperse, to - | dispersar
dispersing medium | medio dispersivo
dispersion | dispersión
dispersion coefficient | coeficiente de dispersión
dispersion current | corriente de dispersión
dispersion curve | curva de dispersión
dispersion fuel | combustible de dispersión
dispersion of a grating | dispersión de la red
dispersion pattern | diagrama de distribución acústica espacial
dispersion shift | dispersión desplazada
dispersion-type fuel element | elemento combustible del tipo de dispersión
dispersive line | línea dispersiva
dispersive medium | medio dispersivo
displacement | desplazamiento (eléctrico); desbordamiento
displacement cell | pila de desplazamiento
displacement current | corriente de desplazamiento
displacement kernel | núcleo de desplazamiento
displacement law | ley de desplazamiento
displacement monitor | monitor de desplazamiento
displacement of a band | desplazamiento de bandas
displacement of a line | desplazamiento de las líneas
displacement of porches | desplazamiento de umbrales
displacement spike | zona de desplazamientos
displacement tracking | rastreo por desplazamiento
displacement transducer | trasductor de desplazamiento
displacing priority | prioridad con desplazamiento
display | pantalla, visor, visualizador, panel de visualización; indicador (visual); indicación; imagen, presentación, representación (visual); dial
display, to - | mostrar (en pantalla), visualizar, presentar [*en pantalla*]; generar pantalla
display adapter | adaptador de imagen
display attribute | atributo de pantalla
display background | fondo de imagen [*en gráficos de ordenador*]
display board | tarjeta de vídeo
display cache memory | memoria caché de presentación
display card | tarjeta de vídeo
display console | consola (/panel) de visualización
display controller | controlador de presentación
display copy | copia por pantalla
display cycle | ciclo de presentacion en pantalla
display data channel | canal de presentación de datos
display-dependent session | sesión dependiente de la configuración gráfica
display device | dispositivo de pantalla
display driver | controlador de pantalla
display element | elemento de pantalla
display entity | entidad de pantalla [*para gráficos*]
display face | capitular [*tipo de letra*]
display field | cuadro de indicadores visuales
display font, to - | mostrar la fuente de tipos
display frame | fotograma [*imagen aislada de una secuencia*]
display functions | visualizador telefónico
display generation time | tiempo de generación de visualización

display generator | generador de visualización
display highlighting | intensificación de presentación
display image | imagen de pantalla
display-independent session | sesión independiente de la configuración gráfica
display information processor | procesador de presentación de información
display loss | pérdida de presentación (/visualización)
display memory, to - | editar (/presentar) la memoria en pantalla [*del ordenador*]
display mode | modo de presentación (en pantalla); modo de vídeo
display menu | menú de visualización
display page | página de pantalla [*en memoria de vídeo*]
display panel | cuadro de anunciadores (/indicadores luminosos de llamada)
display port | puerto de pantalla [*para monitor o similar*]
display power management signaling | señalización para gestionar el ahorro de energía de la pantalla
display primaries | primarios de presentación (/recepción)
display processor | procesador de visualización (/representación visual)
display register, to - | editar (/presentar) el registro en pantalla
display screen | pantalla de vídeo
display settings, to - | mostrar valores
display storage tube | tubo de visualización-almacenamiento
display terminal | terminal de pantalla
display unit | unidad de pantalla; unidad de presentación [*visual*]
display window | ventana de presentación
disruption spark | chispa de disrupción
disruptive | disruptivo
disruptive discharge | descarga disruptiva
disruptive voltage | tensión disruptiva, voltaje disruptivo
dissector | disector, divisor; analizador de imagen
dissector valve | válvula disectora [*de imagen*]
dissipation | disipación
dissipation constant | constante de disipación
dissipation factor | factor de disipación
dissipation line | línea de disipación
dissipation power | potencia de disipación
dissipationless line | línea sin pérdidas
dissipator | (elemento) disipador
dissociation | disociación
dissociation constant | constante de disociación
dissociation energy | energía de disociación
dissociative capture | captura disociativa
dissociative recombination | recombinación disociativa
dissolve, to - | disolver
dissonance | disonancia
dissymmetrical network | red asimétrica (/disimétrica)
dissymmetrical transducer | transductor asimétrico (/disimétrico)
distance | distancia, separación
distance between lines | espacio entre líneas
distance between poles | distancia de polos
distance from a mirror | distancia del espejo
distance learning | aprendizaje (/enseñanza) a distancia
distance mark | marca de distancia
distance-measuring equipment | equipo de medición de distancias
distance protection | protección a distancia
distancer | separador, distanciador
distance relay | relé de distancia
distance resolution | definición (/discriminación, /resolución) de distancia
distancer piece | separador
distant | distante
distant collision | colisión lejana
distant end | punto (/terminal) distante
distant exchange | central distante (/de destino); estación corresponsal
distant office | estación corresponsal
distant operator | corresponsal
distant terminal | terminal distante
distill, to - | destilar
distillate | destilado
distillation | destilación
distinctive ring | sonido distintivo
distinctive ringing | distinción acústica [*entre llamadas urbanas e internas*], (corriente de) llamada distintiva
distinguished encoding rule | regla de codificación distinguida
distort, to - | deformar, distorsionar
distorted | distorsionado
distorted conversation | voz distorsionada, conversación deformada
distorted word | palabra deformada
distortion | distorsión
distortion and noise meter | medidor de distorsión y ruido
distortion factor | factor de distorsión
distortion-free dynamic range | contraste dinámico sin distorsión
distortionless line | línea sin distorsión
distortionless pad | línea artificial sin distorsión
distortion meter | medidor de distorsión
distortion tolerance | tolerancia de distorsión
distress | agotamiento; situación peligrosa, urgencia
distress call | llamada (/conferencia, /conversación) de socorro
distress communication | comunicación de socorro
distress frequency | frecuencia de auxilio (/peligro, /socorro)
distress signal | señal de socorro (/auxilio)
distribute, to - | distribuir
distributed | distribuido
distributed amplifier | amplificador distribuido
distributed array processor | procesador de órdenes distribuidas
distributed bulletin board | grupo de anuncios distribuido [*a todos los ordenadores de una red*]
distributed capacitance | capacidad distribuida
distributed COM = distributed component object model | COM distribuido [*modelo de componentes distribuidos en red*]
distributed component object model | modelo de componentes distribuidos en red
distributed computer network | red distribuida de ordenadores
distributed computing | proceso informático distribuido
distributed computing environment | entorno informático distribuido
distributed constant | constante distribuida
distributed database management system | sistema de gestión para bases de datos distribuidas
distributed data processing | proceso de datos distribuidos
distributed database | base de datos distribuida
distributed electromagnetic delay line | línea de retardo electromagnética de constantes distribuidas
distributed emission photodiode | fotodiodo de emisión distribuida
distributed-feedback laser | láser con realimentación distribuida
distributed file system | sistema de archivos distribuidos
distributed inductance | inductancia distribuida
distributed intelligence | inteligencia distribuida [*proceso distribuido entre varios ordenadores*]
distributed network | red distribuida
distributed pair | amplificador distribuido de dos válvulas, circuito de dos válvulas de amplificación distribuida
distributed parameter network | red de parámetros distribuidos
distributed paramp | paraamplificador distribuido
distributed pole | polo distribuido
distributed processing | proceso distribuido
distributed services | servicios distribuidos

distributed system | sistema distribuido
distributed transaction processing | procesamiento distribuido de transacciones
distributed workplace | puesto de trabajo distribuido
distributing | distribuidor
distributing amplifier | amplificador distribuidor
distributing cable | cable distribuidor
distributing finder | buscador distribuidor
distributing frame | distribuidor, repartidor
distributing net | red de distribución
distributing panel | cuadro (/panel) de distribución
distributing ring | anillo de repartidor
distributing substation | subestación de distribución
distributing system | sistema de distribución
distributing terminal assembly | conjunto terminal de distribución
distributing wire | hilo de puente
distribution | distribución
distribution amplifier | amplificador de distribución
distribution board | cuadro (/tablero) de distribución
distribution box | caja de derivación
distribution cable | cable (/línea) de distribución
distribution centre | centro de distribución
distribution coefficient | coeficiente de distribución
distribution control | control de distribución
distribution counting sort | clasificación de distribución de recuento
distribution factor | factor de distribución
distribution frame | repartidor
distribution law | ley de distribución
distribution list | lista de distribución
distribution network | red de distribución
distribution panel | cuadro (/panel) de distribución; panel repartidor [*Hispan*]
distribution pillar | caja de seccionamiento (aérea)
distribution rack | bastidor de distribución
distribution relay | relé de distribución
distribution service | servicio de distribución (/difusión)
distribution shelve | distribuidor de fibra óptica, repartidor óptico
distribution substation | subestación de distribución
distribution switchboard | cuadro (/panel) de distribución
distribution system | red (/sistema) de distribución
distribution terminal | caja de distribución

distribution transformer | trasformador distribuidor (/de distribución)
distributive lattice | retículo distributivo
distributive law | ley distributiva
distributive sort | ordenación distributiva
distributor | (cable) distribuidor
distributorless | sin distribuidor
distributor main | línea de distribución
disturbance | perturbación
disturbances due to echo | averías por efecto de eco
disturbed emission | emisión perturbada
disturbed-one output | salida uno perturbada
disturbed-zero output | salida cero perturbada
disturbing | perturbador
disturbing channel | canal perturbador; vía perturbadora
disturbing conductor | conductor perturbador
disturbing current | corriente perturbadora
disturbing path | vía perturbadora
DIT = directory information tree | DIT [*árbol de información del directorio*]
dither | temblor; ruido aleatorio; acción vibratoria; oscilación acondicionadora
dithering | vibrado contra la fricción estática
dither injector | oscilador compensador de rozamiento
divergence | divergencia
divergence coefficient | coeficiente de divergencia
divergence loss | pérdida de (/por) divergencia
divergent | divergente
diverging lens | lente divergente
diverging wave | onda divergente
diverse programming | programación diversa
diversion | desviación, desvío; redireccionamiento; reenvío de llamadas
diversion immediate | desvío inmediato de llamadas
diversion on no reply | desvío de llamada si el abonado no contesta, reexpedición automática de llamadas
diversity | diversidad
diversity factor | factor de diversidad
diversity gain | ganancia de diversidad
diversity receiver | receptor de diversidad
diversity reception | recepción múltiple (/de diversidad)
diverter | desviador; resistencia desviadora (/de debilitamiento, /del campo)
diverter pole generator | generador de polo desviador
diverter relay | relé con derivación
diverter switch | interruptor de desviación
divestiture | desmembramiento
divide | separación

divide and conquer sorting | clasificación de logro por la división
divide-by-N counter | contador divisor por n
divide check | comprobador de divisiones
divided battery float scheme | montaje de batería seccionada en tampón
divided bridge | puente divisor
divided carrier modulation | modulación de portadora dividida
divided difference | diferencia dividida
divided iron core | núcleo dividido
divide down a frequency, to - | reducir una frecuencia por división
divider | divisor
dividing | división
dividing box | caja de derivación
dividing network | red divisora de frecuencias (/tensiones)
division | división
division by zero | división por cero
division multiple access | acceso múltiple por división
DIX = Digital Intel Xerox | DIX [*empresa de informática*]
DKZ-N = digitale Kennzeichengabe für Nebenstellen (*ale*) [*digital signalling for PABX extensions*] | DKZ-N [*señalización digital para las extensiones de PABX*]
DL = data language | lenguaje (de gestión) de datos
DL = delay line | LR = línea de retardo
D layer | capa D
DLC = data link control | DLC [*control de enlace de datos*]
DLC = digital loop carrier | DLC [*bucle con multiplexado digital*]
DLCI = data link connection identifier | DLCI [*identificador de conexión de enlace para datos (circuito virtual)*]
DLD = delivered | entregado
DLE = delivery error | error de entrega
DLL = dynamic link library | DLL [*biblioteca de enlace directo*]
DLP = digital light processing | DLP [*procesado digital de la luz (para proyectores)*]
DLP prujector = digital light processing projector | proyector DLP [*proyector con procesado digital de la luz*]
DLR = deliver | entregar
DLT = digital linear tape | cinta lineal digital [*para hacer copias de seguridad de datos*]
DLVD = delivered | entregado
DLY = delivery | entrega
DM = diagnostic module | MD = módulo de diagnóstico
DMA = direct memory access | DMA [*acceso directo a (la) memoria*]
DMA = division multiple access | DMA [*acceso múltiple por división*]
DMA bus time-out | intervalo del bus del DMA
DMA controller error | error del controlador DMA

DMA error | error del DMA
DMD = digital micromirror device | DMD = dispositivo de microespejos digital [*para proyectores de imágenes*]
DMI = desktop management interface | DMI [*interfaz de gestión de escritorio*]
DMI = digital multiplexed interface | DMI [*interfaz de multiplexión digital*]
DMI = dual-mode injection | DMI [*encendido de modo dual*]
DML = data manipulation language | DML [*lenguaje de gestión de datos*]
DMOS = double diffusion metal-oxide semiconductor | DMOS [*semiconductor de óxido metálico de doble difusión*]
DMP = dot matrix printer | impresora matricial (/de agujas)
DMS = digital media system | DMS [*sistema de medios de comunicación digitales*]
DMT = discrete multitone | DMT [*multitono discreto (código de línea para trasmisión de datos)*]
DMTF = Desktop Management Task Force | DMTF [*consorcio estadounidense para el desarrollo de normativa informática*]
DN = distinguished name | DN [*nombre distinguido*]
DNA = dynamic network architecture | DNA [*red pre-RDSI de Northern Telecom*]
DND = drag and drop | DND [*arrastrar y soltar*]
D neutron | neutrón D
DNS = domain name service (/system) | DNS [*servicio (/sistema) de codificación de nombres de dominio en internet*]
DNS name server | servidor de nombres DNS
DNS server | servidor DNS
DOC = drop out compensator | DOC [*compensador de paso a reposo*]
dock, to - | conectar [*un ordenador portátil a una unidad de acoplamiento*]
docket | turno
docking mechanism | mecanismo acoplador
docking station | unidad de acoplamiento [*para ordenadores portátiles*]
DOCSIS = data over cable service interface specification | DOCSIS [*especificación sobre interfaz para el servicio de trasmisión de datos por cable*]
document | documento
documentation | documentación
document-centric | de centralización en el documento
document content architecture | arquitectura de contenidos de documentos
document content description | descripción del contenido de documentos
document description language | lenguaje de descripción de documentos
document file | archivo de documentos

document file icon | icono de archivo de documento
document icon | icono de documento
document image processing | procesado de documentos en imágenes
document interchange architecture | arquitectura para intercambio de documentos
document management | gestión de documentos
document management system | sistema de gestión de documentos
document object model | modelo de objetos del documento
document processing | proceso de documentos
document reader | lector de documentos
document retrieval | búsqueda de documentos
document scanner | explorador de documentos
document sorter | clasificador de documentos
document source | fuente del documento [*documento fuente*]
document type definition | definición del tipo de documento
document window | ventana de documento
dog-bone effect | efecto de hueso de perro
Doherty amplifier | amplificador de Doherty
doing exit process | proceso de salida en ejecución
DOK = delivered OK | entregado satisfactoriamente, bien entregado
dollar | dólar
dolly | palanca de interruptor (/llave); manecilla; plataforma móvil
do loop | bucle *hágase*
DOL system | sistema DOL
DOM = document object model | DOM [*modelo de objetos de documentos*]
domain | dominio [*sistema de denominación de ordenadores centrales en internet*]
domain category | categoría de dominio
domain controller | controlador de dominios [*servidor en Windows NT*]
domain modeling | modelización de dominio
domain name | nombre del dominio
domain name address | dirección del nombre de dominio [*en internet*]
domain name server | servidor de nombres de dominio
domain name service | servicio de nombres de dominio
domain name system | sistema de nombres de dominio [*en internet*]
domain structure | estructura en dominios
domain structure of superconductor | estructura en dominios del superconductor

domain theory | teoría de los dominios
dome | domo
domestic | nacional; doméstico
domestic count | cómputo nacional
domestic induction heater | calentador de inducción doméstico
domestic service | servicio nacional (/interior)
domestic traffic | tráfico interior
dominant | dominante
dominant mode | modo dominante
dominant mode of propagation | modo dominante de propagación
dominant wave | onda dominante
dominant wavelength | longitud de onda dominante
dominator | dominador
domotic | domótica
done | hecho, ejecutado, terminado
dongle | llave de protección inteligente
donor | cedente, donador
donor-acceptor pair | par donador-aceptador
donor centre | centro donador
donor energy level | nivel de energía del dador
donor impurity | impureza del donante (/donador)
donor ion | ión donador
donor level | nivel de donadores, nivel del donador
donor-type semiconductor | semiconductor tipo donador
do not disturb | no molestar
donothing instruction | instrucción inefectiva (/de paso, /de no operación); instrucción *no se haga nada*
donut [USA] [*doughnut (UK)*] | cuerpo toroidal, cámara (toroidal) de vacío
donutron | donutrón
door cord | cordón de puerta
doorknob capacitor | condensador tipo tirador de puerta
doorknob tube | válvula (/tubo) de pomo
doped junction | unión dopada
doped solder | soldadura dopada
dope vector | vector auxiliar
doping | dopado; adición de impurezas
doping agent | agente de dopado (/adición de impurezas)
doping compensation | compensación de dopado
doping compensation theorem | teorema de la compensación por dopado
Doppler averaged cross section | sección eficaz media Doppler
Doppler broadening | ensanchamiento Doppler
Doppler cabinet | cabina Doppler
Doppler effect | efecto (/desplazamiento, /desviación) Doppler
Doppler-Fizeau principle | principio Doppler-Fizeau
Doppler frequency | frecuencia Doppler
Doppler principle | principio de Doppler

Doppler radar | radar Doppler
Doppler radar guidance | mando por radar Doppler
Doppler ranging | medidor de alcance Doppler
Doppler shift | desviación (/desplazamiento, /efecto) Doppler
Doppler signal | señal Doppler
Doppler system | sistema Doppler
Doppler velocity and position | posición y velocidad Doppler
dopplometer | doplómetro
DORAN = Doppler ranging | DORAN [*medidor de alcance Doppler*]
Dorn effect | efecto Dorn
doroid | semitórico
DoS = denial of service | DoS [*denegación de servicio*]
DOS = disk operating system | DOS [*sistema operativo de disco, sistema operativo con carga desde discos*]
dosage | dosificación
dose | dosis
dose effect curve | curva dosis-efecto
dose effect relation | relación dosis-efecto
dose equivalent | equivalente de dosis
dose on the axis | dosis sobre el eje
dose protraction | extensión de la dosis
dose rate | velocidad de dosis
dosimeter | dosímetro
dosimetry | dosimetría
dot | punto
dot-addressable mode | modo de direccionamiento de puntos
dot AND | Y de punto
dot bar generator | generador de punto y raya
dot com | punto com [*desinencia de dirección comercial de internet*]
dot command | orden de punto [*orden formateada en un documento precedida por un punto*]
dot cycle | ciclo de punto
dot-dash-space code | código de puntos, código Morse
dot encapsulation | encapsulado de punto; encapsulado en bloque sólido [*en elementos de circuitería*]
dot file | archivo de periodo [*archivo de UNIX cuyo nombre comienza por un periodo*]
dot frequency | frecuencia de puntos
dot generator | generador de puntos
dot interlacing | entrelazado de puntos
dot matrix | matriz de puntos
dot matrix character | carácter de matriz de puntos
dot matrix display | visualizador de matriz de puntos
dot matrix printer | impresora por puntos, impresora de matriz de puntos
dot pattern | imagen de puntos
dot pitch | distancia entre puntos [*en impresora matricial*]
dot printer | impresora de puntos
dot sequential | secuencia de puntos

dot sequential colour television | televisión en color por sucesión de puntos
dot sequential system | sistema de sucesión de puntos
dot signal | señal de puntos
dots per inch | puntos por pulgada
dotted line | línea de puntos
dotter | generador de puntos (/impulsos); punteador
dotting | punteado
dotting frequency | frecuencia de los puntos
dotting speed | velocidad de trasmisión (/emisión) de los puntos
double | doble
double amplitude modulation multiplier | multiplicador de modulación de doble amplitud
double arc | arco doble
double armature | inducido doble
double base diode | diodo de base doble
double base junction diode | diodo de unión de doble base
double base junction transistor | transistor de unión de base doble
double beam cathode ray tube | tubo de rayos catódicos de doble haz
double beta decay | desintegración beta doble
double bit error | error de bit doble
double bounce calibration | calibración de doble rebote
double break contact | doble contacto de reposo, contacto de doble ruptura
double break jack | clavija doble de ruptura
double break switch | conmutador de doble ruptura
double bridge | puente doble
double buffering | introducción doble en memoria intermedia
double button carbon microphone | micrófono de carbón de doble botón
double catenary construction | línea catenaria doble
double channel duplex | dúplex de doble canal
double channel noise factor | factor de ruido bicanal
double channel simplex | símplex de doble canal
double-charged | de carga doble
double circuit line | línea doble
double click | doble pulsación, doble clic [*fam*]
double click speed | velocidad de doble pulsación
double clocking | temporización doble
double comparator | comparador doble
double complement | complemento doble
double Compton scattering | doble dispersión de Compton
double conductor | conductor dúplex
double connection | cruce; conexión

doble, sistema de conexiones dobles
double conversion receiver | receptor de doble conversión
double cord | dicordio
double cord circuit | circuito dicordio
double current cable code | código bivalente para cable, código para cable de doble corriente
double current generator | generador de doble corriente
double current transmission | trasmisión por doble corriente, trasmisión por corriente de dos polaridades, trasmisión a doble polaridad
double current working | explotación por doble corriente
double dabble | duplicación y suma [*método de conversión de números binarios en decimales por duplicación y suma de bits*]
double density | doble densidad
double-density disk | disco de doble densidad
double-density recording | registro de doble densidad
double dereference | desvinculación doble
double-diffused epitaxial mesa transistor | transistor meseta epitaxial de doble difusión
double-diffused mesa transistor | transistor mesa de doble difusión
double-diffused transistor | transistor de doble difusión
double diode | doble diodo
double diode limiter | limitador de diodo doble
double dog | doble perrillo
double-doped transistor | transistor de doble dopado
double doublet aerial | antena de doble doblete
double drop | doble disparo
double emitter follower | seguidor de emisor doble
double emulsion film | película con doble emulsión
double-ended cord | cordón con dos clavijas
double-ended cord circuit | dicordio
double-ended filter | filtro de cuatro conexiones
double-ended queue | cola de espera de doble extremo [*en estructura de datos*]
double eye cable grip | manga de malla para cables
double filament electrometer | electrómetro con doble filamento
double focusing | enfoque doble
double focusing magnetic spectrometer | espectrómetro magnético de doble enfoque
double frequency-shift keying | codificación de doble desfase
double ghost circuit | circuito superfantasma (/fantasma doble, /combinado doble)

double grip terminal | terminal de doble agarre
double groove insulator | aislador de corte
double head receiver | par de auriculares (/audífonos), casco telefónico doble
double hump response | respuesta de doble inflexión
double image | doble imagen, imagen fantasma
double insulation | doble aislamiento
double insulator spindle | ménsula (/soporte) doble
double J insulator spindle | soporte doble en J
double jack line | línea de doble clavija
double junction photosensitive semiconductor | semiconductor fotosensible de doble unión
double Kelvin bridge | puente doble de Kelvin
double keying | manipulación por inversión de corriente
double-length arithmetic | aritmética de doble longitud
double length number | número de doble longitud
double limiter | limitador doble
double limiting | limitación doble
double line | línea doble
double local oscillator | oscilador local doble
double-make contact | contacto de doble acción, doble contacto de trabajo
double moding | salto de modo
double modulation | modulación doble
double monochromator | monocromador doble
double motion switch | conmutador de dos movimientos
double multiplex apparatus | multiplexor doble, aparato de doble multiplexión
double negation | doble negación
double operand | operando doble
double pass grating monochromator | monocromador con red de doble paso
double petticoat insulator | aislador de doble campana
double phantom circuit | circuito superfantasma (/fantasma doble, /combinado doble)
double photoresistance | fotorresistencia doble
double play tape | cinta de doble duración
double plug and jack | clavija y base de contacto
double pole | bipolar, de dos polos, de doble polaridad; polo doble
double-pole double-throw | conmutador bipolar de dos posiciones
double-pole double-throw switch | conmutador de doble polo y doble tiro
double pole piece magnetic head | cabeza magnética de doble pieza polar
double-pole single-throw | interruptor bipolar
double-pole single-throw switch | conmutador de doble polo y simple tiro
double pole switch | conmutador de polo doble
double pole tappping key | manipulador bipolar
double precision | doble precisión, precisión doble
double precision arithmetic | aritmética de doble precisión
double precision number | número de doble precisión
double preselection | preselección doble
double press | doble pulsación
double pulsing station | estación de doble pulsación
double pumping | doble bombeo
double quantum | doble cuanto
doubler | duplicador
double rail | de doble vía
double rail logic | lógica de doble raíl
doubler circuit | circuito duplicador
doubler circuit magnetic amplifier | amplificador magnético de circuito duplicador
double refracting crystal | cristal birrefringente
double refraction | birrefringencia
double regulating switch | reductor doble
doubler stage | etapa duplicadora
double screen | pantalla doble
double screen transformer | trasformador de doble pantalla
double seizure | doble captura (/toma)
double sheath | doble vaina, manguito doble
double shed insulator | aislador de doble campana
double shield enclosure | recinto doblemente apantallado
double side | doble cara
double side board | placa de doble cara
double-sided disk | disco de doble cara
double side / double density | doble cara / doble densidad
double side / high density | doble cara / alta densidad
double side printed board | tarjeta (de circuitos) impresa de doble cara
double-sided rack | bastidor de dos caras
double sideband | banda lateral doble
double sideband noise factor | factor de ruido bicanal
double sideband transmission | trasmisión de banda lateral doble
double sideband transmitter | trasmisor de banda lateral doble
double S insulator spindle | soporte doble en S
double slash | doble barra oblicua [signo ortográfico]
double space | doble espacio
double spot tuning | sintonización de doble punto
double stream amplifier | amplificador de doble corriente
double-strike | doble impacto [para imprimir negrita en impresoras de agujas o de margarita]
double stub tuner | sintonizador de doble sección
double superheterodyne | superheterodino doble
double superheterodyne reception | recepción superheterodina doble
double surface transistor | transistor de doble superficie
double switch call | comunicación de doble tránsito
doublet | doblete; dipolo
doublet aerial | antena de doblete, antena de Hertz
double tape mark | marca doble de cinta
double tariff | tarifa doble
double test relay | relé de doble prueba
double throw | de doble tiro
double throw circuit breaker | interruptor de doble caída
double throw contact | contacto de dos direcciones
double throw switch | conmutador de doble caída, interruptor de dos direcciones
double track recorder | grabador de doble pista
double transposition coded inversion | inversión codificada de doble trasposición
double trigger | disparador doble
double triode | doble triodo
doublet trigger | circuito de doble disparo
double-tuned amplifier | amplificador de doble sintonía
double-tuned circuit | circuito de sintonía doble
double-tuned detector | detector de doble sintonía
double U insulator spindle | ménsula (/soporte) doble en U
double underline | subrayado doble
double V aerial | antena en W
double wedge filter | filtro de doble cuña
double winding | arrollamiento (/bobinado) bifilar, doble arrollamiento (/devanado)
double winding synchronous generator | generador sincrónico de doble arrollamiento
double word | palabra doble
double Y rectifier | rectificador en doble Y
double zigzag rectifier | doble rectificador en zigzag

doubling | desdoblamiento
doubling bar | barra de desdoblamiento
doubling dose | dosis duplicante
doubling effect | extracorriente de ruptura
doubling time | tiempo de duplicación
doubling time meter | medidor del tiempo de duplicación
doubly-balanced modulator | modulador doblemente equilibrado
doubly linked list | lista simétrica (/doblemente enlazada, /enlazada de dos maneras)
doughnut [UK] | cámara (toroidal) de vacío; cuerpo toroidal; amplificador de flujo
DOV = data over voice | DOV [*datos sobre voz (en tráfico de mensajes por par telefónico convencional, trasmisión de datos en una banda superpuesta a la banda telefónica)*]
do-while loop | bucle hágase-mientras
down | abajo, bajo; sin funcionamiento [*en informática*]
down arrow | flecha abajo [*para movimiento del cursor*]
down arrow key | tecla de flecha hacia abajo
down conversion | conversión descendente
down converter | conversor descendente
down Doppler | doppler descendente
downflow | flujo de bajada [*de información para archivarla*]
download | línea de bajada (de antena)
downline | línea de ida
downlink | conexión descendente; vía de enlace desde el satélite hacia la estación terrestre
download | carga descendente; teleenvío; trasferencia de datos
download, to - | bajar [*un programa o archivo*], descargar, capturar, copiar
downloadable font | fuente descargable
downloading | volcado; carga a distancia de un programa; bajada de datos [*copia de datos de la red al ordenador*]
down operation | operación de descenso
downrange | alcance horizontal
down scroll arrow | flecha de desplazamiento abajo
downsizing | reducción de dimensiones
downstream | aguas abajo; flujo de datos de un ordenador remoto al nuestro
downtime, down time | tiempo muerto (/de inactividad, /de indisponibilidad, /de avería), periodo de paralización por avería
downward compatibility | compatibilidad con versiones anteriores [*en programas*]

downward modulation | modulación descendente
Dow oscillator | oscilador Dow
dowser | sistema de cierre de ventanilla
DP = data processing | PD = proceso de datos
DP = draft proposal | DP [*propuesta de un borrador o proyecto*]
DPA = data protection act [USA] | LPD = ley de protección de datos [*España*]
DPCM = differential pulse code modulation | DPCM [*modulación diferencial de impulsos codificados*]
dpi = dots per inch | dpi; ppp = puntos por pulgada
DPM = data-processing manager | DPM [*administrador de proceso de datos*]
DPMA = Data Processing Management Association | DPMA [*asociación estadounidense de gestores de procesos de datos*]
DPMI = DOS protected mode interface | DPMI [*interfaz de modo protegido de DOS*]
DPMS = display power management signaling | DPMS [*norma para la conmutación de monitores a estado de ahorro de energía*]
DPNSS = digital private network signaling system | DPNSS [*sistema de señalización digital para redes privadas*]
DPRAM = dual ported RAM | DPRAM [*memoria RAM de puerto dual*]
DPSK = differential phase-shift keying | DPSK [*manipulación de desfase diferencial, manipulación por desplazamiento diferencial de fase*]
DPT = data preparation tool | DPT [*herramienta para preparación de datos*]
DPT = department | Dpto. = departamento
D.PU = drum pick-up | D.PU [*sensor del solenoide de tambor del cabezal*]
DPVT = data preparation and verification tool | DPVT [*herramienta para preparación y verificación de datos*]
DQDB = distributed queue dual bus | DQDB [*doble bus con cola distribuida*]
DQV = data over voice | datos sobre la voz
DR = delivery report | DR [*notificación de entrega*]
draft | borrador
drafting machine | máquina de dibujar
draft mode | modo rápido
draft quality | calidad de borrador [*baja calidad de impresión en impresoras matriciales*]
draft standard | estándar en borrador
drag | avance lento; retardo; resistencia (aerodinámica)
drag, to - | arrastrar
drag aerial [UK] | antena colgante
drag and drop, to - | arrastrar y soltar (/colocar) [*para mover informaciones*

en interfaz gráfica]
drag angle | ángulo de arrastre (/corte posterior)
drag antenna [USA] [*drag aerial (UK)*] | antena colgante
drag coefficient | coeficiente de frenado
drag cup | copa de arrastre
drag cup motor | motor de copa de arrastre
drag cup transducer | trasductor de copa
drag magnet | imán de arrastre
drag-over feedback | aspecto del icono al arrastrarlo
drag soldering | soldadura por arrastre
drag transfer | trasferencia del arrastre
drag-under feedback | aspecto de la zona de arrastre
drain | desagüe, drenaje; consumo de corriente
drainage | drenaje; absorción; consumo; derrame; descarga; conducción subterránea [*de corriente positiva*]; succión
drainage coil | bobina de derrame
drainage connection | conexión de drenaje
drainage equipment | equipo de drenaje
drainage pit | pozo (/hoyo) de fondo permeable
drain conductor | conductor de drenaje
drain cutoff current | corriente de corte de drenador
drain terminal | terminal drenador
drain wire | hilo de drenaje
DRAM = dynamic random access memory | DRAM [*memoria dinámica de acceso directo, memoria dinámica de sólo lectura*]
draughtboard [UK] | carta de ajuste [*en tablero de ajedrez*]
DRAW = direct read after write | DRAW [*lectura directa tras la grabación*]
draw area panel | panel del área de dibujo
drawbar pull | esfuerzo de tracción en el gancho
drawer | gaveta; chasis desenchufable
drawer unit | unidad de gaveta
drawing | dibujo; trefilado
drawing area | área de dibujo
drawing-in cable | cable tractor (/de tiro)
drawing interchange format | formato para intercambio de dibujo
drawing programme | programa de gráficos
draw-off motor | motor de arrastre (de la cinta)
draw-off period of a reservoir | duración de vaciado de un embalse
draw-off water capability | capacidad vaciable en agua
draw-out switchboard | cuadro de elementos amovibles

DRC = design rules check | DRC [*verificación de normas de diseño*]
DRC = diagnostic reporting console | DRC [*consola de comunicación diagnóstica*]
DRC = dynamically redefinable character | DRC [*carácter redefinible de forma dinámica*]
DRCS = dynamically redefinable character set | DRCS [*grupo de caracteres redefinibles de forma dinámica*]
DRDW = direct read during write | DRDW [*lectura directa durante la grabación*]
D region | región D
dress, to - | ordenar (las conexiones)
dressed contact | contacto dispuesto
dressing | ordenamiento del cableado; preparación del extremo de un cable, remate de la punta de un cable
dress the leads, to - | arreglar los conductores, ordenar los alambres de conexión
dribbleware | software de actualización [*de programas*]
drift | desplazamiento; deriva
drift and brumm measuring | medición de deriva y tensión de la ondulación residual
drift-counteracting network | red (/célula) contrarrestadora de deriva (/corrimiento)
drift current | corriente de deriva
drift mobility | movilidad de deriva (/desplazamiento)
drift rate | velocidad de desviación
drift space | espacio de deriva (/deslizamiento, /agrupamiento)
drift speed | velocidad de arrastre (/desplazamiento)
drift transistor | transistor de deriva (/campo interno)
drift tube | tubo de desviación
drift tube klystron | klistrón de deslizamiento
drift tunnel | túnel de desviación
drift velocity | velocidad de deslizamiento (/deriva, /desplazamiento)
drift velocity of charge | velocidad de deriva de la carga
drill, to - | taladrar
drill down, to - | arrancar directamente [*desde un menú de alto nivel*]
drilling plane | plan de taladrado
drip loop | lazo de goteo
drip proof | resguardado, cubierto
drip proof motor | motor a prueba de goteo
driptight enclosure | cubierta cerrada
drive | accionamiento, control, impulsión; mecanismo impulsor; ataque; excitación; unidad [*de disco*]
drive bail | fiador de mando
drive belt | correa
drive carrier | soporte de unidad
drive circuit | circuito conductor
drive control | control de excitación (/la señal de ataque)

drive icon | icono de unidad
drive letter | letra de unidad [*de disco*]
drive link latch | retén del eslabón de mando
drive link latch extension | prolongación del retén del eslabón de mando
drive lock | cerradura para disquetes
drive mapping | mapa de unidades de disco [*asignación de letras o nombres a las unidades de disco*]
driven | conducido, mandado; activo, excitado; arrastrado
driven aerial | antena con alimentación directa
driven array | sistema de antena con alimentación directa
driven element | elemento excitado (/conducido)
drive not ready | unidad no preparada
driven sprocket | rueda impulsada
driven sweep | barrido mandado
drive number | número de unidad de disco [*sistema de identificación de Macintosh*]
drive pattern | diagrama (/patrón) de conducción (/arrastre)
drive pin | pitón (/punta, /uña) de arrastre
drive pin hole | orificio para espiga de arrastre
drive power | potencia de excitación
drive power down | apagado de la unidad
drive pulse | impulso de arrastre (/excitación)
driver | controlador [*programa*], controladora [*tarjeta*]; programa (/rutina) de gestión; distribuidor; excitador; altavoz de graves; programa de control [*de una centralita telefónica*]
driver element | elemento excitador (/conductor)
driver gate | puerta conductora
driver model | modelo de controladora
driver's cabin | cabina de conducción
driver stage | etapa de excitación
drive select | selección de unidad
drive space | capacidad del disco
drive sprocket | rueda impulsora
driving | excitación; ataque
driving by accumulators | propulsión por acumuladores
driving mechanism | mecanismo impulsor
driving point | punto de alimentación (/entrada, /excitación)
driving point admittance | admitancia de entrada, admitancia del punto de excitación, punto de control de la admitancia
driving point function | función de punto de excitación
driving point impedance | impedancia local (/del punto de excitación)
driving power | potencia de control (/excitación)
driving range potential | potencial del rango de excitación

driving signal | señal de control (/mando, /arrastre, /excitación)
driving spring | muelle conductor
driving stage | paso (/etapa) de excitación
driving trailer | remolque de cabina
driving transformer | trasformador de excitación (/ataque)
driving transient | transitorio de ataque
driving voltage | tensión excitadora (/de ataque)
DRO = destructive readout | DRO [*lectura de datos que los destruye en el proceso*]
DRO memory = destructive read operation memory | memoria DRO [*memoria de lectura destructiva*]
drone cone | cono mudo
droop | caída
droop rate | velocidad de atenuación
drop | caída, bajada, descenso; atenuación (/desacentuación) de respuesta; gota
drop, to - | colocar, soltar
drop a channel, to - | bajar (/extraer, /soltar) un canal
drop bar | barra de descarga
drop bracket | soporte vertical
drop bracket transposition | trasposición de caída
drop cable | cable de bajada
drop cap | capitular [*letra de mayor tamaño al comienzo de un bloque de texto*]
drop card | tarjeta drop
drop channel | derivación de canal
drop channel operation | explotación con derivación de canales
drop diameter | diámetro de las gotas
drop-down combination box | cuadro de combinación desplegable
drop-down combo box | cuadro combinado desplegable
drop-down list | lista desplegable
drop-down list box | cuadro de lista desplegable
drop-down menu | menú desplegable
drop-in | información parásita
drop indicator | indicador de caída (/llamada)
drop indicator board | cuadro indicador
drop indicator shutter | ficha del indicador de llamada
drop indicator switchboard | cuadro anunciador (/con indicadores de llamada)
droplet | gotita
drop level | nivel de bajada (/descenso)
drop loss | pérdida de bajada
drop of liquid | gota de líquido
dropout | desexcitación; caída de señal; intrercalación; desprendimiento; pérdida de información
drop out | defecto, punto defectuoso, zona defectuosa

dropout compensator | compensador de pérdidas (/paso a reposo)
dropout count | cuenta de desexcitación
dropout current | corriente de desexcitación
dropout error | error de desexcitación
dropout value | valor de desactivación (/paso a reposo)
dropout voltage | tensión de desexcitación (/paso a reposo)
droppable data type | tipo de datos que se pueden insertar
dropping | derivador
dropping electrode | electrodo de gotas
dropping equipment | equipo de derivación (/segregación) de canales
dropping resistor | resistencia reductora (de tensión)
dropping site | punto (/estación) donde se efectúa la disgregación de canales
drop potential | caída de tensión
drop relay | relé de aviso
drop repeater | repetidor con acceso
drop side | lado de bajada
drop signal | indicador de fichas
drop site | lugar de inserción
dropsonde | sonda lanzada (/de caída)
drop target | destino de la inserción
drop test | prueba de caída de voltaje (/potencia)
drop wire | cable para acometidas, cable de derivación hacia el usuario [conexión a una red principal]; hilo de bajada; cordón de conexión
drop zone | zona de inserción
dross | sedimento
Drude theory [of electrons in metals] | teoría de Drude [de los electrones en metales]
drum | cilindro, tambor
drum barrow | tambor
drum controller | combinador cilíndrico (/de tambor)
DRUM FF = drum flip-flop | tambor FF = tambor de flip-flop
drum flip-flop | tambor de flip-flop
drum memory | memoria de tambor
drum parity | paridad de tambor
drum pick-up | tambor de flip-flop, sensor del solenoide de tambor del cabezal
drum plotter | trazador de tambor
drum printer | impresora de tambor
drum programmer | programador de tambor
drum recorder | registrador de tambor
drum scanner | analizador de tambor
drum sequencer | secuenciador de tambor
drum speed | velocidad del tambor
drum storage | almacenamiento de tambor
drum switch | conmutador de tambor
drum transmitter | trasmisor de tambor
drum-type controller | controlador de tipo tambor

drum winding | devanado en tambor
drum winding with diametral pitch | devanado de paso entero
drum winding with fractional pitch | devanado de paso fraccionario
drum winding with shortened pitch | devanado de paso reducido
drunkometer [USA] [breathalyser (UK)] | alcoholímetro
DRV = drive | unidad de disco
dry battery | batería (/pila) seca
dry cell | pila seca
dry-charged battery | batería de carga seca
dry circuit | circuito seco
dry circuit contact | contacto de circuito seco
dry contact | contacto seco
dry core cable | cable con circulación de aire
dry criticality | criticidad seca
dry disc rectifier | rectificador de disco seco
dry dross | sedimento seco
dry electrolytic capacitor | condensador electrolítico seco
dry flashover voltage | tensión de contorneo seco
dry ice | hielo seco
drying | desecado
drying cupboard | armario secador
drying of a cable | desecación de un cable
drying out | secado, desecado, desecación
dry joint | soldadura seca (/en seco, /en frío)
dry mixer | mezclador pasivo (/sin elementos activos)
dry reed contact | contacto en ampolla, contacto de lámina seca
dry reed relay | relé de lámina seca
dry reed switch | interruptor seco de láminas
dry run | ejecución seca
dry saturated steam | vapor saturado seco
dry shelf life | tiempo de almacenamiento de la pila seca, vida inactiva de la pila seca
dry tape fuel cell | pila de combustible en cinta seca
dry transformer | trasformador en seco
dry-type forced-air-cooled transformer | trasformador de tipo seco refrigerado por aire forzado
dry-type self-cooled transformer | trasformador de tipo seco autorrefrigerado
dry-type transformer | trasformador de tipo seco
DS = digital service | DS [servicio de trasmisión digital]
DS = digital signal | SD = señal digital [trama de señales digitales a 1.544 kbit/s]
DS = district | distrito
DSA = directory server (/system) agent

| DSA [agente del servidor (/sistema) de directorio]
DSC = data set controller | DSC [controladora de emisor-receptor de datos]
D scan | exploración D
D scope | pantalla D
DS/DD = double side/double density | DS/DD [doble cara/doble densidad (en soportes magnéticos de datos)]
DS/HD = double side/high density | DS/HD [doble cara/alta densidad (en soportes magnéticos de datos)]
DSI = digital speech interpolation | DSI [interporlación digital telefónica]
DSL = database sublanguage | DSL [sublenguaje de base de datos]
DSL = digital subscriber line | DSL [línea digital de abonado]
DSL = digital subscriber line | DSL [línea de abonado digital (para transmisión de datos a alta velocidad por cable telefónico de cobre)]
DSLAM = digital subscriber line access multiplexor | DSLAM [multiplexor de acceso a línea de abonado digital]
DSLAM = digital subscriber line access multiplexer | DSLAM [multiplexor de acceso a línea de abonado digital]
DSL Lite = digital subscriber line lite | DSL Lite [variedad de ADSL]
DSM = digital storage medium | DSM [elemento de almacenamiento digital]
DSM-CC = digital storage media – command and control | DSM-CC [conjunto de protocolos de MPEG para banda ancha]
DSN = data source name | DSN [nombre de la fuente de datos]
DSN = delivery status notification | DSN [notificación sobre el estado de la entrega (en correo electrónico)]
DSOM = distributed system object model | DSOM [modelo de objeto de sistema distribuido]
DSP = digital signal processing (/processor) | DSP [procesamiento (/procesador) de señales digitales]
DSP = directory system protocol | DSP [protocolo del sistema de directorio]
DSQ = digital signal level 0 | DSQ [señal digital a 64 kbit/s (USA)]
DSR = data set ready | DSR [conjunto de datos dispuesto (/preparado); entrada de datos conectada]
DSR = device status report | informe del estado del aparato
DSS = decision support system | DSS [sistema de apoyo para la toma de decisiones]
DSS = digital satellite system | DSS [sistema de trasmisión digital por satélite]
DSS = digital signature standard | DSS [norma de firma digital]
DSS = digital subscriber signalling | DSS [sistema de señalización de abonado]

DSSL = document style semantics and specification language | DSSL [*lenguaje de especificación y semántica del estilo de documentos*]
DSTN = destination | destino
DSTN display = double supertwist nematic display | pantalla DSTN
DSU = digital data unit | DSU [*unidad de trasmisión digital de datos*]
DSVD = digital simultaneous voice and data | DSVD [*voz y datos digitales simultáneos (trasmisión digital simultánea de voz y datos por línea telefónica tradicional)*]
DT = date | fecha
DT = drum transfer channel | canal de trasferencia de tambor
DTD = document type definition | DTD = definición del tipo de documento
DTE = data terminal equipment | DTE [*(equipo) terminal de datos*]
DTL = diode transistor logic | DTL [*lógica a diodos y transistores*]
DTMF = dual tone multifrequency | DTMF [*tono multifrecuencia de marcación, multifrecuencia de doble tono*]
DTP = desktop publishing | DTP [*autoedición, edición de oficina*]
DTP = distributed transaction processing | DTP [*procesamiento distribuido de transacciones*]
DTR = data terminal ready | DTR [*terminal de datos dispuesto (/preparado)*]
DTR = dial tone return earth | DTR [*tierra de retorno de tono de invitación a marcar*]
DTST = dial toll switch trunk | tronco automático
DTV = desktop video | DTV [*vídeo de sobremesa (uso de cámaras digitales para videoconferencia)*]
D-type flip-flop | biestable D, circuito biestable de tipo D
DUA = directory user agent | DUA [*agente de usuario de directorio*]
dual | dual; circuito (/red) en correspondencia dual; doble
dual attachment station | estación de doble enlace [*nodo FDDI*]
dual automatic radio compass | radiogoniómetro automático doble
dual beam oscilloscope | osciloscopio de doble haz
dual beam system | enlace (/radioenlace, /sistema) de doble haz
dual beta decay | desintegración beta dual (/compuesta)
dual boot | doble arranque [*opcional entre los sistemas operativos*]
dual breaker | doble disyuntor, bloque birruptor
dual capacitor | condensador dual
dual channel amplifier | amplificador de doble canal
dual channel controller | controlador de doble canal
dual channel sound | sonido en doble canal
dual coaxial cable | cable coaxial doble
dual cone | cono dual
dual control | control doble
dual conversion receiver | receptor de doble conversión
dual cycle boiling water reactor | reactor de agua hirviendo y doble ciclo
dual cycle reactor | reactor de doble ciclo
dual density | doble densidad
dual diode | doble diodo
dual disk drive | doble unidad de disco
dual diversity receiver | receptor de doble diversidad
dual emitter transistor | transistor de emisor doble
dual feed branch circuit | derivación con doble alimentación
dual frequency induction furnace | horno de inducción de doble frecuencia
dual frequency induction heater | calentador de inducción de doble frecuencia
dual homing | doble tolerancia a los fallos
dual in line | caja de dos vías
dual inline memory module | módulo de memoria con doble hilera de contactos
dual-in-line package | caja con doble hilera de contactos, encapsulado dual (/doble) en línea
dual-in-line pin | caja con doble hilera de conexiones
duality | dualidad
dual meter | medidor doble
dual mode transducer | trasductor de doble modo
dual modulation | modulación doble
dual network | red dual
dual operation | operación dual
dual pickup | fonocaptor de doble aguja
dual port memory | memoria de puerta dual
dual ported RAM | memoria RAM de puerto dual
dual processor | procesador dual
dual rail | carril dual
dual-ring topology | topología de doble anillo
dual scan | escáner dual
dual-scan display | pantalla de doble barrido
dual-sided disk drive | unidad de disco de doble cara
dual slope converter | conversor de pendiente dual
dual switchboard | cuadro de doble cara (/lado cerrado)
dual switching | doble toma
dual tone multifrequency | marcación por multifrecuencia, multifrecuencia de doble tono
dual tone multifrequency signalling | señal multifrecuencia de doble tono
dual tone multiple frequency | marcación por multifrecuencia, multifrecuencia de doble tono
dual trace | trazo doble
dual track recorder | magnetófono de dos pistas
dual track recording | registro de doble pista
dual track tape recorder | registrador de cinta de doble pista
dual triode | doble triodo
dual use line | línea de doble uso
dual voltage coil | bobina de dos voltajes
Duane-Hunt law | ley de Duane y Hunt
dub | duplicado
dub, to - | duplicar
dubbing | doblaje; regrabación; registro múltiple, combinación de registros sonoros, mezcla de sonidos; montaje
duct | canaleta para cables, conducto portacable; envolvente
duct cleaner | escobillón (para conductos)
ductile-brittle transition temperature | temperatura de transición de dúctil a quebradizo
ducting | canalización
duct plug | tapón
duct rod | aguja de tiro
duct route | conducto múltiple (/multitubular)
duddle arc | arco cantante
due date | fecha límite
DUF = diffusion under film | DUF [*difusión bajo la película epitaxial*]
dumbbell marker | marcador fungiforme
dumbbell rotor | rotor con polo saliente
dumbbell slot | ranura fungiforme
dumb quotes | signos de apertura y cierre [*comillas, apóstrofos, etc.*]
dumb terminal | terminal mudo (/no inteligente)
dummy | ficticio, falso; sin corriente, inactivo, muerto; artificio, simulación; instrucción falsa; simulador; doble, suplente
dummy aerial | antena artificial (/muda)
dummy argument | argumento vacío [*en programación*]
dummy cycle | ciclo ficticio
dummy element | falso elemento
dummy heat coil | bobina térmica falsa (/ficticia)
dummying | dummying [*eliminación de impurezas metálicas de una solución galvanizadora con cátodo falso de gran área*]
dummy instruction | instrucción falsa
dummy load | carga artificial (/ficticia)
dummy module | módulo vacío [*módulo sin función; conjunto de rutinas vacías*]
dummy panel | panel falso (/ficticio, /en blanco)
dummy plug | clavija falsa (/ficticia)

dummy routine | rutina vacía [*que no realiza ninguna función*]
dummy ticket | ficha estadística, rótulo (/letrero) estadístico
dummy tube | tubo ficticio
dummy variable | variable muda
dump | copia (/vaciado) de memoria, volcado [*de datos*]
dump, to - | vaciar [*la memoria*]
dump check | comprobación por descarga; verificación de volcado, prueba de volcado de memoria
dump circuit | circuito de volcado
dumper | programa de vaciado
dumping resistor | resistencia de descarga
dump point | punto de volcado de memoria
Dunmore cell | célula Dunmore
duodecal socket | zócalo duodecal
duodecimal | duodecimal
duodiode | doble diodo, duodiodo
duodiode pentode | doble diodo-pentodo, pentodo duodiodo
duodiode triode | doble diodo-triodo, duodiodo-triodo
duolateral coil | bobina duolateral
duopole | duopolo
duopoly | duopolio
duotriode | doble triodo, duotriodo
DUP = data user part | parte de usuario de datos
DUPES = duplicate | duplicado
duplet | doblete
duplex | dúplex [*capacidad de un dispositivo para operar de dos maneras*]; bidireccional
duplex artificial line | línea artificial equilibradora
duplex cable | cable dúplex
duplex cavity | cavidad dúplex
duplex channel | canal (/vía) dúplex
duplex circuit | línea dúplex; circuito bidireccional
duplex communication | comunicación dúplex [*en ambos sentidos*]
duplex correspondence | correspondencia por dúplex
duplexed line | línea duplexada
duplexer | duplexor
duplexing | duplexado
duplexing assembly | conjunto duplexor; montaje duplexor (de radar)
duplex line | línea dúplex
duplex operation | operación (/funcionamiento, /explotación) en dúplex
duplex printer | impresora dúplex [*capaz de imprimir el papel por ambas caras*]
duplex switchboard | cuadro de doble lado de pasillo
duplex system | sistema dúplex
duplex telegraphy | telegrafía dúplex
duplex transmission | trasmisión dúplex
duplex tube | tubo doble
duplex working | trabajo (/explotación, /funcionamiento) en dúplex

duplicate | duplicado
duplicate, to - | duplicar
duplicate key | clave de duplicación [*en bases de datos*]
duplicate message | mensaje duplicado, duplicado de un mensaje
duplication | duplicación, repetición; doblez, plegadura, pliegue
duplication check | comprobación (/verificación) por duplicación
duplication of circuits | duplicación (/doble empleo) de circuitos
duplication of frequencies | duplicación (/repetición geográfica) de frecuencias
durability | durabilidad, duración
Duraspark | Duraspark [*ignición electrónica convencional de la empresa Ford*]
duration | duración; plazo, término
duration control | control de duración
duration of a call | duración de una conversación
duration of a scintillation | duración de un centelleo
duress alarm device | dispositivo de alarma de emergencia
during cycle | durante el ciclo
Dushman and Found gauge | medidor de Dushman y Found
dust | polvo
dust analysis | análisis del polvo
dust core | núcleo de polvo cementado
dust cover | cubierta antipolvo
dust ignitionproof motor | motor a prueba de inflamación del polvo
dust machine | máquina protegida contra el polvo
duty | servicio
duty chart | cuadro de servicio
duty cycle | ciclo de trabajo
duty cyclometer | medidor de factor de marcha
duty factor | factor de trabajo
duty ratio | factor (/relación) de trabajo
DVB = digital video broadcast | DVB [*vídeo digital para emisión*]
DVB = digital video broadcasting | DVB [*trasmisión digital de vídeo (especificaciones europeas)*]
DVD | digital video disk | DVD [*disco digital de vídeo, videodisco digital*]
DVD-E = digital video disc-erasable | DVD-E [*videodisco digital regrabable*]
DVD-R = digital video disc-recordable | DVD-R [*videodisco digital grabable*]
DVD-ROM = digital video disc-ROM | DVD-ROM [*ROM de videodisco digital*]
dv/dt | dv/dt [*relación de la variación de tensión con respecto al tiempo*]
DVI = digital video interactive | DVI [*vídeo digital interactivo*]
DV-I = digital video interface | DVI [*interfaz de vídeo digital*]
DVMRP = distance vector multicast routing protocol | DVMRP [*algoritmo de encaminamiento de tipo RPM*]

DVST = direct view storage tube | DVST [*tubo de retención directa de imágenes*]
DVT = data verification tool | DVT [*herramienta para verificación de datos*]
DWDM = dense wavelength division multiplexing | DWDM [*multiplexión por división compacta de longitud de onda (en transmisión por fibra óptica)*]
Dx = duplex | dúplex
DX = long distance | LD = larga distancia [*en radiocomunicaciones*]
DXF = drawing interchange format | DXF [*formato para intercambio de dibujo*]
dxing | escucha distante
Dy = dysprosium | Dy = disprosio
dyadic | diádico
dyadic-Boolean operator | operador diádico booleano
dyadic operation | operación diádica (/bivalente, /binaria)
dye | colorante, tinta
dye-diffusion printer | impresora de color por difusión
dye laser | láser de tinte
dye-polymer | polímero con colorante
dye-polymer recording | grabación en polímero con colorante
dye-sublimation printer | impresora de color por sublimación
dynalink = dynamic link | enlace dinámico
dynamic | dinámico
dynamic acceleration | aceleración dinámica
dynamic address translation | conversión dinámica de direcciones
dynamical analogies | analogías dinámicas
dynamic allocation | asignación dinámica
dynamically-balanced arm | brazo equilibrado dinámicamente
dynamically redefinable character | carácter redefinible dinámicamente
dynamic analogies | analogías dinámicas
dynamic analysis | análisis dinámico
dynamic behaviour | comportamiento dinámico
dynamic binding | vinculación dinámica [*de direcciones*]
dynamic braking | frenado dinámico
dynamic burn-in | homologación dinámica
dynamic caching | registro en memoria caché dinámica
dynamic cell | célula dinámica
dynamic characteristic | característica dinámica
dynamic check | verificación dinámica
dynamic colour | color dinámico
dynamic compression plate | placa recta de compresión dinámica
dynamic contact resistance | resistencia dinámica de contacto

dynamic convergence | convergencia dinámica
dynamic crosstalk | intercomunicación dinámica
dynamic data exchange | intercambio dinámico de datos
dynamic data structure | estructura dinámica de datos
dynamic decay | decaimiento dinámico
dynamic demonstrator | demostrador dinámico
dynamic deviation | desviación dinámica
dynamic dump | descarga dinámica, volcado dinámico
dynamic electrode potential | potencial dinámico de electrodo, tensión dinámica de electrodo
dynamic equilibrium | equilibrio dinámico
dynamic error | error dinámico
dynamic focus | foco dinámico
dynamic focusing | enfoque dinámico
dynamic host configuration protocol | protocolo de configuración de servidor dinámico, protocolo de configuración dinámica de servidor
dynamic inductor microphone | micrófono inductor dinámico
dynamic key | clave dinámica
dynamic language | lenguaje dinámico
dynamic link | enlace dinámico
dynamic link library | biblioteca de enlace dinámico
dynamic load balancing | equilibrio dinámico de carga
dynamic logic | lógica dinámica
dynamic magnetic field | campo magnético dinámico
dynamic magnetizing force | fuerza dinámica de magnetización
dynamic memory | memoria dinámica
dynamic memory allocation | asignación de memoria dinámica
dynamic message patterns | patrones de mensajes dinámicos
dynamic microphone | micrófono dinámico
dynamic MOS array | matriz dinámica de semiconductor de óxido metálico

dynamic mutual-conductance tube | tubo de conductancia mutua dinámica
dynamic noise | ruido dinámico
dynamic noise limiter | limitador de ruidos dinámicos
dynamic noise suppressor | supresor de ruidos dinámico
dynamic output impedance | impedancia dinámica de salida
dynamic page | página dinámica [*documento de HTML*]
dynamic pickup | fonocaptor dinámico
dynamic plate impedance | impedancia dinámica de placa
dynamic plate resistance | resistencia dinámica de placa
dynamic power | potencia dinámica
dynamic pressure | presión dinámica
dynamic printout | impresión dinámica
dynamic problem check | investigación dinámica de problemas
dynamic programming | programación dinámica
dynamic RAM | RAM dinámica [*memoria dinámica de acceso aleatorio*]
dynamic random access memory | memoria dinámica de acceso aleatorio (/directo), memoria dinámica de sólo lectura
dynamic range | escala (/gama) dinámica, margen dinámico (/de amplitudes)
dynamic register | registro dinámico
dynamic regulator | regulador dinámico
dynamic relocation | reubicación dinámica
dynamic reproducer | reproductor dinámico
dynamic resistance | resistencia dinámica
dynamic run | proceso dinámico
dynamics | dinámica
dynamic sensitivity | sensibilidad dinámica
dynamic sequential control | control dinámico secuencial
dynamic scheduling | gestión dinámica [*de programas que funcionan a la vez*]
dynamic shift register | registro de desplazamiento dinámico
dynamic skew | sesgo dinámico
dynamic SLIP = dynamic serial line Internet protocol | SLIP dinámico [*protocolo de internet para línea en serie dinámica*]
dynamic speaker | altavoz dinámico
dynamic storage | almacenamiento dinámico
dynamic storage allocation | asignación de almacenamiento dinámico
dynamic subroutine | subrutina dinámica
dynamic telephone receiver | receptor telefónico dinámico
dynamic test | prueba dinámica
dynamic testing | prueba dinámica
dynamic traffic control | control de tráfico dinámico
dynamic transfer-characteristic curve | curva dinámica de la característica de trasferencia
dynamic Web page | página Web dinámica [*de forma fija y contenido variable*]
dynamo | dinamo
dynamoelectric | dinamoeléctrico
dynamoelectric amplifier | amplificador dinamoeléctrico
dynamometer | dinamómetro
dynamometer multiplier | multiplicador dinamométrico
dynamometer-type instrument | instrumento del tipo de dinamómetro
dynamotor | dinamotor
dynaquad | dinaquad
dynatron | dinatrón
dynatron oscillation | oscilación dinatrón
dynatron oscillator | oscilador dinatrón
dyne [*CGS unit of force*] | dina [*unidad de fuerza en el sistema CGS*]
dyne per square centimetre | dina por centímetro cuadrado
dynode | dínodo
dynode spot | mancha dínodo
dysprosium | disprosio [*elemento químico*]

E

e- = electronic [*pref*] | electrónico
E | E [*símbolo del logaritmo natural = 2,71828*]
E- = exa- [*pref*] | exa- = [*pref*]
Eagle grating mounting | colocación de la red según Eagle
Eagle mounting | montaje según Eagle
E and M lead signalling | señalización de conductores E y M
EANDOE = errors and omissions excepted | salvo error u omisión
EAP = extensible authentication protocol | EAP [*protocolo de autenticación extensible*]
ear | oreja
earcap | pabellón (de auricular)
earcap stage | etapa próxima a la de entrada
early | anticipado; inicial, precoz
early binding | vinculación precoz
early failure | fallo precoz
early failure period | periodo de fallo inicial
early fallout | poso radiactivo inmediato (/local)
early make contact | contacto precoz
early warning radar | radar de prealerta (/alarma precoz)
ear microphone | micrófono de oreja
Earnshaw theorem | teorema de Earnshaw
EAROM = electrically alterable read-only memory | EAROM [*memoria permanente (/de sólo lectura) alterable eléctricamente*]
earphone | auricular; audífono; receptor
earphone coupler | acoplador de auricular
earpiece | (pabellón de) auricular
earplug | microauricular; tapón para los oídos
earth [UK] | (toma de) tierra
earth, to - | conectar (/poner) a tierra
earth auger | barra (/barrena) para abrir hoyos
earth capacitance | capacidad a tierra
earth circuit | circuito de tierra

earth clearing | señal de fin por tierra
earth conductivity | conductividad de tierra
earth connection | derivación a tierra
earth current | corriente de tierra
earthed [UK] | con puesta a tierra (/masa), conectado a tierra
earthed aerial | antena de Marconi, antena con toma de masa
earthed circuit | circuito con puesta a tierra
earthed line | línea a tierra
earthed neutral system | sistema con neutro a tierra
earthed phantom circuit | circuito para telegrafía y telefonía simultáneas
earth electrode | electrodo de (puesta a) tierra
earthenware duct | tubo de gres (/barro)
earth fault | avería por puesta a tierra, fuga (/pérdida) a tierra, tierra accidental
earth inductor | inductor de tierra (/masa)
earthing | puesta a tierra, toma de tierra; acción de poner a tierra
earthing device [UK] | dispositivo de puesta a tierra
earth layer propagation | propagación en las capas de la tierra
earth lead | hilo (/conductor) de tierra
earth leakage | fuga (/derivación, /pérdida) a tierra
earth leakage current | corriente (/pérdida) a tierra
earth oblateness | achatamiento de la tierra
earth permittivity | permitividad de la tierra
earth pin | clavija de puesta a tierra
earth plate | electrodo de (puesta a) tierra
earth potential | potencial a tierra
earthquake | seísmo
earth resistance | resistencia de tierra
earth return circuit | circuito con retorno por tierra

earth return double-phantom circuit | circuito superfantasma con vuelta a tierra
earth return system | sistema con retorno por tierra
earth screen | contraantena
Earth Simulator | Simulador Terrestre [*ordenador japonés con capacidad de 40 teraflops por segundo*]
earth spring | resorte de puesta a tierra
earth-stabilized vehicle | vehículo estabilizado a tierra
earth strap | cinta metálica de masa
earth strip | brida de tierra
earth system | sistema de tierra
earth terminal | borne (/borna, /terminal) de (puesta a) tierra
earth wire | hilo (/conductor) de tierra
earthy | puesto a tierra, puesto al potencial de tierra
easily-fusible metal | metal de punto de fusión bajo
east-west effect | efecto este-oeste
EB = exabyte [*one quintillion bytes*] | EB = exabyte [*un trillón de bytes*]
EBCDIC = extended binary-coded decimal interchange code | EBCDIC [*código ampliado de caracteres decimales para intercambio con codificación binaria*]
E bend | codo E
Ebert mounting | montaje según Ebert
EBHC = equated busy-hour call | comunicación de duración reducida
ebicon | ebicón [*tipo de válvula de imagen de televisión*]
ebiconductivity = electron bombardment induced conductivity | ebiconductividad [*conductividad inducida por bombardeo de electrones*]
EBNF = extended BNF | BNF ampliada
e-bomb | bomba electrónica [*técnica para destrucción de información por correo electrónico*]
EBONE | EBONE [*red troncal europea*]
ebonite | ebonita
ebonite earpiece | pabellón de ebonita

e-book = electronic book | libro electrónico
EBP = external body part | EBP [*parte de cuerpo definida externamente (encapsulado de mensajes)*]
EBR = electron beam research | investigación de los haces electrónicos
EBR = experimental breeder reactor | EBR [*reactor reproductor experimental*]
E-business = electronic business | negocio electrónico [*operaciones comerciales realizadas por internet*]
ebXML = electronic business XML | ebXML [*XML para comercio electrónico*]
EC = electronic commutated motor | motor de conmutación electrónica
EC = element control module | MCE = módulo de control de elementos [*en enclavamientos ferroviarios electrónicos*]
ECA = exchange control account | cuenta de control de cambios
E-cash = electronic cash | cobro electrónico [*cobro por sistema informático*]
ECC = error checking and correction | CCE = control y corrección de errores
ECC = error-correcting code, error-correction coding | ECC [*código corrector (/detector, /de corrección) de errores*]
eccentric | excéntrico
eccentric assembly | conjunto de excéntricas
eccentric groove | surco excéntrico
eccentricity | excentricidad
Eccles-Jordan circuit | circuito de Eccles-Jordan
ECCM = electronic counter-countermeasures | ECCM [*contramedidas de protección electrónica*]
ECCSL = emitter-coupled current steered logic | ECCSL [*lógica de acoplamiento por emisor y gobierno por corriente*]
ECDT = electrochemical collector diffuse transistor | ECDT [*transistor de colector electroquímico difundido*]
ECH = eddy current heating | calentamiento por corrientes parásitas (/de Foucault)
E channel | canal E
echelette | rejilla
echelon | escalón
echelon aerial | antena en escalón, antena directiva de conductores escalonados
echo | eco
echo area | área de eco
echo attenuation | atenuación de ecos, atenuación de las corrientes de eco
echo box | caja de ecos
echo cancellation | compensación de ecos
echocardiography | ecocardiografía

echo chamber | cámara de ecos
echo channel | canal de eco
echo check | comprobación (/verificación) por eco
echo checking | comparación de ecos; verificación por eco
echo compensation method | compensación (/cancelación) de eco
echo current | corriente reflejada (/inversa, /de eco)
echo depth sounder | sonda por eco
echo distortion | distorsión de eco
echoencephaloscope | ecoencefaloscopio
echo flutter | fluctuación del eco
echoing area | área de ecos; sección eficaz de radar; superficie efectiva de dispersión
echo intensifier | intensificador de eco
echo matching | igualación (/comparación) de ecos
echo path | itinerario (de las corrientes) de eco
echoplex | echoplex [*técnica para la detección de errores en comunicaciones*]
echoplex communication | comunicación dúplex [*en ambos sentidos con detección de errores*]
echo-ranging sonar | sonar de ecos radáricos de distancia
echo sounder | sondeador
echo splitting | división de eco
echo-splitting radar | radar disociador de ecos
echo suppression | supresión de eco
echo suppressor | supresor de ecos
echo talker | interlocutor de eco
echo time | tiempo de eco
echo trouble | avería por efecto de eco
echo voltage | tensión de eco
echo wave | eco, onda reflejada
echo weighting term | corrección del tiempo de propagación
ECL = emitter-coupled logic | ECL [*unidad lógica acoplada por el emisor*]
ECL bipolar memories | memoria bipolar ECL
ECM = electronic countermeasures | ECM [*contramedidas electrónicas*]
ECMA = European Computer Manufacturers Association | AEFO = Asociación europea de fabricantes de ordenadores
ECMA Q-SIG | señalización Q conforme a ECMA
EC motor = electronic commutated motor | motor CE = motor de conmutación electrónica
e-commerce = electronic commerce | comercio electrónico
E-commerce hybrid DVD-ROM | DVD-ROM híbrida para comercio electrónico
E-commerce site development lifecycle | ciclo de desarrollo del sitio para comercio electrónico
E-commerce site domain name |

nombre del dominio de sitios para comercio electrónico
E-commerce site map | mapa de sitios de comercio electrónico
E-commerce site security | seguridad de sitios de comercio electrónico
E core | núcleo E
ECP = encryption control protocol | ECP [*protocolo de control de cifrado*]
ECP = enhanced capabilities port | ECP [*puerto de funciones avanzadas*]
e-credit = electronic credit | crédito electrónico
ECTEL = European conference of telecommunications and professional electronics industry | ECTEL [*Conferencia europea de las industrias electrónicas y de telecomunicación*]
ECTUA = European council of telecommunications users associations | ECTUA [*Consejo europeo de asociaciones de usuarios de las telecomunicaciones*]
ECU = electronic control unit | ECU [*unidad de control electrónico*]
e-currency = electronic currency | moneda electrónica [*medio de pago electrónico*]
EDA = exploratory data analysis | EDA [*análisis exploratorio de datos*]
eddy | remolino, turbulencia, vórtice
eddy current | corriente turbulenta (/parásita, /local); corriente en remolino, corriente de Foucault
eddy current clutch | embrague de corrientes de Foucault
eddy current heating | calentamiento por corrientes parásitas (/de Foucault)
eddy current loss | pérdida por corrientes parásitas (/de Foucault)
eddy effect | (efecto de) corrientes de Foucault
EDFA = erbium-doped fibre amplifier | EDFA [*amplificador de fibra dopada con erbio*]
edge | borde; arista; zona marginal
EDGE = enhanced data rates for GSM evolution | EDGE [*sistema de comunicaciones móviles de segunda generación*]
edge absorption | borde de la banda de absorción
edge board | placa con conexiones al margen
edge board connector | conector de borde de placa
edge board contact | contacto de borde de placa
edge card | tarjeta con perforaciones al margen
edge connector | enchufe (/conector) de borde
edge crack | fisura marginal
edge discharge | descarga en los bordes
edge dislocation | dislocación de borde (/esquina)

edge distance | distancia al borde
edge effect | efecto de borde
edge-emitting LED | LED de borde
edge fog | velo marginal
edge-lighted readout | lectura sobre borde iluminado
edge of the pole piece | arista de la pieza polar
edge-perforated stock | papel perforado por los bordes
edge server | servidor en el límite
edge spacing | separación al borde
edge-triggered flip-flop | biestable de disparo por flanco
edgewise bend | curvatura lateral
edging | borde
EDI = electronic(al) data interchange | EDI [*intercambio electrónico de datos, sistema normalizado para intercambio de datos entre empresas*]
edict | edicto
EDIFACT = electronic data interchange for administration, commerce and transportation | EDIFACT [*intercambio electrónico de datos para administración, comercio y trasporte*]
Edison accumulator | acumulador de Edison [*de hierro y níquel*]
Edison base | casquillo (/base) Edison
Edison battery | batería Edison
Edison distribution system | sistema de distribución Edison
Edison effect [*obs*] | efecto Edison, emisión termoiónica
Edison storage battery | batería de acumuladores Edison
Edison storage cell | célula de almacenamiento Edison
E display | presentación tipo E
edit | cambio [*realizado en un archivo o un documento*]
edit, to - | editar; modificar
editing | edición; modificación
edit key | tecla de modificación
edit list, to - | editar lista
edit mode | modo de edición
editor | editor
editor defaults | editor predeterminado
edit resources, to - | editar recursos
edit text, to - | editar texto
Edlin | Edlin [*editor de texto línea a línea de MS-DOS*]
Edmond's algorithm | algoritmo de Edmonds
EDMS = electronic document management system | EDMS [*sistema electrónico de gestión de documentos*]
EDO DRAM = extended data out dynamic random access memory | EDO DRAM [*memoria de acceso aleatorio dinámico ampliada para salida de datos*]
EDO RAM = extended data out random access memory | EDO RAM [*memoria de acceso aleatorio ampliada para salida de datos*]
EDP = electronic data processing | PED = proceso electrónico de datos

EDS = exchangeable disk store | EDS [*almacenamiento de discos intercambiables*]
EDSAC = electronic delay storage automatic computer | EDSAC [*ordenador automático electrónico de almacenamiento con retardo*]
EDSIC = economy, divisibility, scalability, interoperatibility, and conservation | EDSIC [*economía, divisibilidad, escalado, interoperación y conservación (propiedades de un sistema monetario)*]
EDSS = European digital subscriber signalling system | EDSS [*sistema europeo de señalización digital para abonados*]
edutainment [*fam*] | entretenimiento didáctico
EDVAC = electronic discrete variable automatic computer | EDVAC [*ordenador automático electrónico de variables discretas*]
Edwards gauge | medidor de Edwards
EE = erase enable | borrado disponible
EE = errors excepted | salvo error
EEC = electronic engine control | control electrónico de máquinas
EEG = electroencephalogram | EEG = electroencefalograma
EEMS = enhanced expanded memory specification | EEMS [*especificación ampliada de memoria expandida*]
EEPROM = electrically erasable programmable read only memory | EEPROM [*memoria de sólo lectura programable y borrable eléctricamente*]
EF = emitter follower | SE = seguidor del emisor
EFF = Electronic frontier foundation | EFF [*Fundacion frontera electrónica; organización para la defensa de los derechos en el ciberespacio*]
effect | efecto
effective | efectivo, eficaz, útil
effective acoustic centre | centro acústico efectivo
effective actuation time | tiempo de actuación efectiva
effective address | dirección efectiva (/real)
effective aerial height | altura efectiva de la antena, longitud efectiva (/eficaz) de antena
effective ampere | amperio eficaz
effective aperture | abertura real
effective aperture delay | retardo de apertura efectiva
effective area | área efectiva (/eficaz)
effective atomic charge | carga atómica eficaz
effective atomic number | número atómico efectivo
effective band | banda eficaz (/efectiva)
effective bandwidth | ancho de banda útil (/eficaz)

effective bunching angle | ángulo eficaz de agrupamiento
effective cadmium cutoff | corte (/umbral) del cadmio efectivo
effective call | llamada eficaz
effective capacitance | capacidad efectiva
effective collision cross section | sección eficaz de colisión
effective computability | resolubilidad efectiva
effective conductivity | conductividad efectiva
effective confusion area | área efectiva de confusión
effective cross section | sección eficaz efectiva
effective current | corriente eficaz
effective cutoff | corte efectivo
effective cutoff frequency | frecuencia efectiva de corte
effective delayed neutron fraction | fracción eficaz de neutrones retardados
effective demand | potencia en la punta de carga
effective demand factor | factor de participación en la punta
effective energy | energía eficaz
effective enumeration | enumeración efectiva
effective facsimile band | banda facsímil efectiva
effective field intensity | intensidad efectiva de campo
effective gap capacitance | capacitancia efectiva del espacio intermedio, capacitancia efectiva de la abertura
effective half-life | media vida efectiva, periodo efectivo
effective height | altura eficaz (/efectiva)
effective input noise temperature | temperatura efectiva de entrada de ruido
effective irradiance to trigger | irradiación efectiva para disparar
effectively grounded | puesto a tierra efectivamente
effective margin | margen efectivo
effective mass | masa efectiva
effective multiplication constant | factor de multiplicación efectivo
effectiveness | efectividad, eficacia
effective noise factor | factor de ruido efectivo
effective noise temperature | temperatura de ruido efectiva
effective parallel resistance | resistencia equivalente en paralelo
effective part of scale | campo de medida eficaz
effective particle velocity | velocidad eficaz de una partícula
effective percentage modulation | porcentaje efectivo de modulación
effective procedure | procedimiento efectivo

effective radiated power | potencia efectiva radiada
effective radius of the earth | radio efectivo de la tierra
effective range | alcance eficaz
effective reactance | reactancia efectiva
effective relaxation length | longitud de relajación efectiva
effective resistance | resistencia efectiva
effective resonance integral | integral efectiva de resonancia
effective series resistance | resistencia equivalente en serie
effective sound pressure | presión sonora eficaz, presión efectiva de sonido
effective speed | velocidad efectiva
effective speed of transmission | velocidad efectiva de trasmisión
effective thermal cross section | sección eficaz térmica efectiva
effective thermal resistance | resistencia térmica efectiva
effective transmission equivalent | equivalente de trasmisión efectivo
effective value | valor eficaz
effective wavelength | longitud de onda eficaz (/efectiva)
effect of finite radii | efecto de los radios finitos
effect of refrigerating | efecto de enfriamiento
efficiency | eficacia, rendimiento
efficiency factor | factor de eficacia
efficiency of a luminous source | coeficiente de eficacia luminosa
efficiency of a source of light | rendimiento de una fuente de luz
efficiency of rectification | rendimiento de rectificación
efficient circuit use | buen rendimiento en la explotación de los circuitos
effluent activity meter | medidor de actividad de los efluentes
effluvium | efluvio
effusion | efusión
E field sensor | sensor de campo E
E-folding time | periodo del reactor
e-form = electronic form | formulario electrónico
EFT = electronic fund transfer | trasferencia electrónica de fondos
EFTS = electronic funds transfer system | EFTS [*sistema electrónico de trasferencia de fondos*]
EGA = enhanced graphics adapter | EGA [*adaptador gráfico ampliado*]
EGNOS = European global navigation overlay system | EGNOS [*sistema europeo de navegación por satélite con precisión de medida de 5 m*]
egoless programming | programación sin protagonismo
ego-surfing | búsqueda en propio nombre [*en internet*]
EGP = external gateway protocol | EGP [*protocolo de puerta externa*]
EGSM = extended GSM band | EGSM [*banda GSM ampliada*]
E-H T-junction | unión E-H en forma de T
E-H tuner | sintonizador E-H
EHF = extremely high frequency | FEA = frecuencia extremadamente alta
EIA = Electronic Industries Association | EIA [*asociación estadounidense de industrias electrónicas*]
EIA interface | interfaz EIA
EIDE, E-IDE = enhanced integrated drive electronics | EIDE [*electrónica ampliada de dispositivos integrados*]
eigenfunction [*eigen function*] | función propia
eigenvalue problems | problemas de valores propios
eigenvectors | vectores propios
eight-hour sampler | aparato de muestreo de ocho horas
eight-hour sampling monitor | monitor de contaminación de muestreo cada ocho horas
eight-level code | código de ocho niveles
eight-track | de ocho pistas
eight-track tape recording format | formato de grabación de cinta de ocho pistas
E indicator | indicador E
Einstein-de Has effect | efecto Einstein-de Has
Einstein equation | ecuación de Einstein
einsteinium | einstenio
Einstein photoelectric equation | ecuación fotoeléctrica de Einstein
Einstein unified field theory | teoría de campo unificado de Einstein
Einthoven galvanometer | galvanómetro de Einthoven
Einthoven string galvanometer | galvanómetro (de cadena) de Einthoven
E-I pick-off | trasductor E-I
EIS = executive information system | EIS [*sistema de información ejecutivo*]
EISA = enhanced industry standard architecture | EISA [*arquitectura normalizada industrial avanzada*]
ejected beam | haz de salida
ejection | eyección
ejector pump | eyector
EKTS = electronic key telephone system | equipo multilínea electrónico
elapsed | trascurrido
elapsed time | tiempo trascurrido
elastance | elastancia
elastic | elástico
elastic collision | colisión elástica
elastic deformation | deformación elástica
elastic memory | memoria elástica
elastic range | margen elástico
elastic scattering | dispersión elástica
elastic scattering cross section | sección eficaz de dispersión elástica
elastic store | memoria tampón
elastic wave | onda elástica
elastivity | elastividad
elastomer | elastómero
elastomeric | elastómero
elastoresistance | elastorresistencia
E layer = Heaviside-Kennelly layer | capa E, capa de Heaviside
elbow | codo
E lead | conductor E, hilo E
Electra | Electra [*ayuda específica a la radionavegación que proporciona un número de zonas de igual señal*]
electralloy | electroaleación
electret | electreto [*sustancia permanentemente electrificada con cargas opuestas en sus extremos*]
electret recorder | registrador por electreto
electric | eléctrico
electric accounting machine | máquina calculadora eléctrica
electrical | eléctrico
electrical angle | ángulo eléctrico
electric alarm | timbre eléctrico
electrical attraction | atracción eléctrica
electrical axis | eje eléctrico
electrical bail | retención eléctrica
electrical balance | equilibrio eléctrico
electrical bias | polarización eléctrica
electrical boresight | visor eléctrico
electrical bridge | puente eléctrico
electrical bridging | puenteado eléctrico
electrical centre | centro eléctrico
electrical charge | carga eléctrica
electrical conductivity | conductividad eléctrica
electrical coupling | acoplamiento eléctrico
electrical degree | grado eléctrico
electrical deposition | deposición eléctrica
electrical discharge machining | mecanizado por descarga eléctrica
electrical distance | distancia eléctrica
electrical earth [UK] | puesta a tierra eléctrica
electrical element | elemento eléctrico
electrical engineer | ingeniero eléctrico
electrical engineering | ingeniería eléctrica
electrical erosion | erosión eléctrica
electrical forming | conformado (/moldeado) eléctrico
electrical gearing | engranaje eléctrico
electrical generator | generador eléctrico
electrical glass insulation | aislamiento eléctrico de vidrio
electrical ground [USA] [*electrical earth (UK)*] | puesta a tierra eléctrica
electrical impedance | impedancia eléctrica
electrical impedance cephalography | cefalografía de impedancia eléctrica

electrical inertia | inercia eléctrica
electrical initiation | iniciación eléctrica
electrical interlock | cerrojo eléctrico
electrical interlock board | mesa de enclavamiento eléctrico
electrical length | longitud eléctrica
electrical load | carga eléctrica
electrically alterable read-only memory | memoria de sólo lectura alterable eléctricamente
electrically connected | conectado eléctricamente
electrically controlled clock | reloj puesto en hora eléctricamente
electrically erasable programmable read-only memory | memoria de sólo lectura programable y borrable eléctricamente
electrically erasable read-only memory | memoria de sólo lectura borrable eléctricamente
electrically operated rheostat | reostato operado eléctricamente
electrically operated valve | válvula de mando eléctrico
electrically tuned oscillator | oscilador sintonizado eléctricamente
electrically variable inductor | inductor variable eléctricamente
electrical modulation | modulación eléctrica
electrical noise | ruido eléctrico
electrical radian | radián eléctrico
electrical ratings | valores nominales eléctricos
electrical reset | reposición eléctrica
electrical resistivity | resistividad eléctrica
electrical resolver | electrorresolutor
electrical scanning | exploración eléctrica
electrical service entrance | servicio de entrada eléctrica
electrical sheet | chapa eléctrica
electrical shielding | apantallamiento eléctrico
electrical switch | conmutador eléctrico
electrical system | sistema eléctrico
electrical transcription | trascripción eléctrica
electrical zero | cero eléctrico
electric anaesthesia | anestesia eléctrica
electric and magnetic double refraction | refracción doble eléctrica y magnética
electric arc | arco eléctrico
electric bell | campana eléctrica
electric bistoury | bisturí eléctrico
electric brazing | soldadura eléctrica
electric breakdown voltage | tensión eléctrica de ruptura
electric breeze | brisa eléctrica
electric bus | electrobús
electric capacitance of a conductor | capacidad eléctrica de un conductor
electric cell | pila eléctrica

electric charge | carga eléctrica
electric chronograph | cronógrafo eléctrico
electric circuit | circuito eléctrico
electric clock | reloj eléctrico
electric coil | bobina eléctrica
electric conduction | conducción eléctrica
electric conductivity | conductividad eléctrica
electric contact | contacto eléctrico
electric control | control eléctrico
electric controller | controlador eléctrico
electric coupler | acoplador eléctrico
electric coupling | acoplamiento eléctrico
electric current | corriente eléctrica
electric cushion | cojín eléctrico
electric delay line | línea de retardo eléctrica
electric dipole | dipolo eléctrico
electric dipole radiation | radiación eléctrica del dipolo
electric discharge lamp | lámpara de descarga eléctrica
electric discharge machining | mecanización por descargas eléctricas
electric dispersion | dispersión eléctrica
electric displacement | desplazamiento eléctrico
electric displacement density | densidad de desplazamiento eléctrico
electric doublet | dipolo eléctrico
electric dynamometer | dinamómetro eléctrico
electric electron lens | lente eléctrica de electrones
electric eye | iconoscopio; ojo eléctrico
electric feedback | retroalimentación eléctrica
electric field | campo eléctrico
electric field intensity | intensidad de campo eléctrico
electric field strength | fuerza (/resistencia) del campo eléctrico
electric field vector | vector del campo eléctrico
electric filament lamp | lámpara de incandescencia
electric flux | flujo (de desplazamiento) eléctrico
electric flux density | densidad de flujo eléctrico
electric force | intensidad de campo eléctrico
electric forming | conformado (/moldeado) eléctrico
electric furnace | horno eléctrico
electric generator | electrogenerador, grupo electrógeno (/generador)
electric governor-controlled series-wound motor | motor eléctrico de arrollamiento en serie con regulador
electric gun | pistola eléctrica
electric heat accumulator | acumulador eléctrico de calor

electric heat soldering | soldadura por calor eléctrico
electric heating | calefacción eléctrica, calentamiento eléctrico
electric hygrometer | higrómetro eléctrico
electric hysteresis | histéresis eléctrica
electric image | imagen eléctrica
electric induction | inducción eléctrica
electric installation | instalación eléctrica
electric insulation | aislamiento eléctrico
electric insulator | aislador eléctrico
electric intercircuit switching | conmutación eléctrica entre circuitos
electric interference | interferencia eléctrica
electric iron | plancha eléctrica
electric kettle | hervidor eléctrico
electric lamp | lámpara eléctrica
electric lamp signal | indicador luminoso
electric light | luz eléctrica
electric line | línea eléctrica
electric line-break mechanism | mecanismo de interrupción eléctrica de la línea
electric line of force | línea de fuerza eléctrica (/de campo eléctrico)
electric log | sondeo eléctrico
electric meter | medidor eléctrico
electric mirror | espejo eléctrico
electric moment | momento eléctrico
electric motor | motor eléctrico
electric network | red eléctrica
electric noise | ruido eléctrico
electric oscillation | oscilación eléctrica
electric potential | potencial eléctrico
electric precipitation | precipitación eléctrica
electric probe | sonda eléctrica
electric projector | proyector eléctrico
electric propulsion | propulsión eléctrica
electric radiator | radiador eléctrico
electric railway line | línea de tracción eléctrica
electric recorder of watchman's round | comprobador eléctrico de ronda
electric refrigerator | refrigerador eléctrico
electric reset | reposición eléctrica
electric resistance | resistencia eléctrica
electric robot | robot eléctrico
electric scanning | exploración eléctrica
electric screening | blindaje eléctrico
electric service assembly | conjunto de distribución eléctrica
electric service panel | panel de servicio eléctrico
electric service unit | unidad de servicio eléctrico

electric sheet | lámina eléctrica
electric shield | pantalla eléctrica
electric shock | choque eléctrico, descarga eléctrica
electric shock tube | tubo de electrochoque
electric signal | señal eléctrica
electric signal storage tube | tubo almacenador de señales eléctricas
electric siren | sirena eléctrica
electric sleep | sueño eléctrico
electric steam boiler | caldera de vapor eléctrica
electric storm | tormenta eléctrica
electric strain gauge | medidor de esfuerzos eléctricos
electric strength | rigidez dieléctrica
electric stroboscope | estroboscopio eléctrico
electric tachometer | tacómetro eléctrico
electric telemeter | telémetro eléctrico
electric telemetering | telemedida eléctrica
electric thermometer | termómetro eléctrico
electric thermostat | termostato eléctrico
electric traction equipment | equipo eléctrico de tracción
electric transcription | trascripción eléctrica
electric transducer | trasductor eléctrico
electric tuning | sintonización eléctrica
electric twinning | dualidad eléctrica
electric vector | vector eléctrico
electric voltage | tensión eléctrica
electric washing machine | máquina eléctrica de lavar
electric watch | reloj eléctrico
electric water heater | calentador de agua eléctrico
electric wave | onda eléctrica
electric wave filter | filtro de onda eléctrica
electric welding | soldadura eléctrica
electric welding machine | máquina eléctrica de soldar
electric wind | brisa eléctrica
electrician | electricista
electricity | electricidad
electrification | electrificación
electrification by induction | electrificación por inducción
electrification time | tiempo de electrificación
electroacoustic | electroacústico
electroacoustic device | dispositivo electroacústico
electroacoustic index | coeficiente electroacústico
electroacoustic transducer | trasductor electroacústico
electroanalysis | electroanálisis
electroballistics | electrobalística
electrobiology | electrobiología
electrobioscopy | electrobioscopía

electrocapillarity | electrocapilaridad
electrocapillary curve | curva electrocapilar
electrocapillary phenomenon | fenómeno electrocapilar
electrocardiogram | electrocardiograma
electrocardiograph | electrocardiógrafo
electrocardiography | electrocardiografía
electrocardiophonograph | electrocardiofonógrafo
electrocautery | electrocauterio
electrochemical | electroquímico
electrochemical cell | pila electroquímica
electrochemical deterioration | deterioro electroquímico
electrochemical device | dispositivo electroquímico
electrochemical diffused collector transistor | transistor electroquímico de colector difuso
electrochemical equivalent | equivalente electroquímico
electrochemical junction transistor | transistor de unión electroquímica
electrochemical pickling | desenmohecido electroquímico
electrochemical potential | potencial electroquímico
electrochemical recording | grabación electroquímica, registro electroquímico
electrochemical series | serie electroquímica
electrochemical telegraphy | telegrafía electroquímica
electrochemical tension | tensión electroquímica
electrochemical transducer | trasductor electroquímico
electrochemical valve | válvula electroquímica
electrochemistry | electroquímica
electrochromic display | visualizador electrocrómico
electrocoagulation | electrocoagulación
electroculture | electrocultivo
electrocution | electrocución
electrode | electrodo
electrode adjustment | ajuste de electrodos
electrode admittance | admitancia electródica (/del electrodo)
electrode capacitance | capacidad electródica (/del electrodo)
electrode chamber | caja portalámparas
electrode characteristic | característica electródica (/del electrodo)
electrode concentration cell | pila de concentración por electrodo
electrode conductance | conductancia del electrodo
electrode current | corriente electródica (/del electrodo)
electrode current averaging time | tiempo promediado (/promedio) de la corriente del electrodo
electrode dark current | corriente de reposo del electrodo, corriente electródica oscura
electrode diameter | diámetro del electrodo
electrode dissipation | disipación (electrónica) del electrodo, potencia disipada por el electrodo
electrode drop | caída de un electrodo
electrode equivalent dark current input | entrada equivalente de la corriente de reposo
electrode erosion | desgaste del electrodo
electrode filling device | aparato para rellenar electrodos huecos
electrode gap | espacio entre electrodos
electrode gap gauge | calibre para la distancia de los electrodos
electrode gap-length | distancia entre electrodos
electrode grip | portaelectrodos
electrode holder | portaelectrodos
electrode impedance | impedancia electródica (/del electrodo)
electrode inverse current | corriente inversa de electrodo
electrodeless discharge | descarga sin electrodos
electrodeless discharge tube | tubo de descarga sin electrodos
electrodeless ring discharge | descarga anular sin electrodos
electrode mould | molde para fundir electrodos
electrode packing device | aparato para llenar electrodos huecos
electrodeposition | electrodeposición
electrode potential | potencial electródico (/del electrodo)
electrode radiator | radiador electródico
electrode reactance | reactancia electródica (/de electrodo)
electrode reaction | reacción de electrodo
electrode resistance | resistencia electródica (/del electrodo)
electrodermal reaction | reacción electrodérmica
electrodermography | electrodermografía
electrodesiccation | fulguración
electrode sliding | corredera de electrodos
electrode spacing gauge | calibre para la distancia del explosor
electrode voltage | tensión electródica (/del electrodo)
electrodiagnosis | electrodiagnóstico
electrodialysis | electrodiálisis
electrodialytic process | proceso electrodialítico

electrodisintegration | electrodesintegración
electrodynamic | electrodinámico
electrodynamic braking | frenado electrodinámico
electrodynamic instrument | instrumento (/aparato) electrodinámico
electrodynamic machine | máquina electrodinámica
electrodynamic relay | relé electrodinámico
electrodynamic speaker | altavoz electrodinámico
electrodynamic wattmeter | vatímetro electrodinámico
electrodynamics | electrodinámica
electrodynamometer | electrodinamómetro
electroencephalogram | electroencefalograma
electroencephalograph | electroencefalógrafo
electroencephalography | electroencefalografía
electroencephaloscope | electroencefaloscopio
electroendosmosis | (electroforesis por) electroendosmosis
electroexplosive device | dispositivo electroexplosivo
electrofax | electrofax
electroflor | electroflor
electrofluid dynamics generator | generador de dinámica de electrofluidos
electrofluiddynamic converter | convertidor electrofluidodinámico
electrofluorescence | electrofluorescencia
electroforming | electromoldeo, electroconformado
electrogalvanizing | electrogalvanización
electrogastrogram | electrogastrograma
electrogen | electrógena
electrograph | electrógrafo
electrographic printer | impresora electrográfica
electrographic process | proceso electrográfico
electrographic recording | registro electrográfico
electrography | electrografía
electrojet | chorro eléctrico
electrokinetic effect | efecto electrocinético
electrokinetic potential | potencial electrocinético
electrokinetics | electrocinética
electroless deposition | deposición no eléctrica, depósito no electrolítico
electroless plating | galvanización no electrolítica
electroluminescence | electroluminiscencia
electroluminescent display | presentación (/visualizador, /representación visual) electroluminiscente

electroluminescent display screen | pantalla de visión electroluminiscente
electroluminescent lamp | lámpara electroluminiscente
electroluminescent panel | panel electroluminiscente
electroluminescent-photoconductive image intensifier | intensificador de imagen electroluminiscente fotoconductor
electrolysis | electrólisis
electrolyte | electrolito, electrólito
electrolyte conductivity | conductividad de un electrolito
electrolyte recording | registro electrolítico
electrolytic | electrolítico
electrolytic capacitor | condensador electrolítico
electrolytic capacitor paper | papel condensador electrolítico
electrolytic cathode | cátodo electrolítico
electrolytic cell | pila (/cuba) electrolítica
electrolytic cleaning | limpieza electrolítica
electrolytic condenser | condensador electrolítico
electrolytic conduction | conducción electrolítica
electrolytic conductor | conductor electrolítico
electrolytic copper | cobre electrolítico
electrolytic corrosion | corrosión electrolítica
electrolytic deposition | deposición electrolítica
electrolytic development | revelado electrolítico
electrolytic diaphragm | diafragma electrolítico
electrolytic dissociation | disociación electrolítica
electrolytic enrichment | enriquecimiento electrolítico
electrolytic excess voltage | sobretensión electrolítica
electrolytic interrupter | interruptor electrolítico
electrolytic iron | hierro electrolítico
electrolytic meter | contador electrolítico
electrolytic plating | galvanización electrolítica
electrolytic polarisation | polarización electrolítica
electrolytic polishing | electropulido, pulido electrolítico
electrolytic potential | potencial electrolítico
electrolytic recording | grabación electrolítica, registro electrolítico
electrolytic rectifier | rectificador electrolítico
electrolytic refining | refino electrolítico
electrolytic shutter | obturador electrolítico

electrolytic solution pressure | tensión de disolución electrolítica (/de ionización)
electrolytic switch | conmutador electrolítico
electrolytic tank | depósito (/tanque) electrolítico
electrolytic valve | válvula electrolítica
electrolyzer | sonda eléctrica, electrolizador
electromagnet | electroimán
electromagnetic | electromagnético
electromagnetic amplifying lens | lente de amplificación electromagnética
electromagnetic bonding | unión electromagnética
electromagnetic braking | frenado electromagnético
electromagnetic cathode ray tube | tubo electromagnético de rayos catódicos
electromagnetic C.G.S. system | sistema electromagnético C.G.S.
electromagnetic communication | comunicación electromagnética
electromagnetic compatibility | compatibilidad (/tolerancia) electromagnética
electromagnetic complex | complejo electromagnético
electromagnetic constant | constante electromagnética
electromagnetic coupling | acoplamiento (/embrague) electromagnético
electromagnetic crack detector | detector electromagnético de fisuras (/grietas)
electromagnetic deflection | deflexión (/desviación) electromagnética
electromagnetic deflection coil | bobina de deflexión (/desviación) electromagnética
electromagnetic delay line | línea de retardo electromagnética
electromagnetic energy | energía electromagnética
electromagnetic environment | ambiente electromagnético
electromagnetic field | campo electromagnético
electromagnetic flowmeter | medidor electromagnético de caudal
electromagnetic focusing | enfoque electromagnético (/magnético)
electromagnetic forming | moldeo electromagnético
electromagnetic horn | altavoz electromagnético, bocina electromagnética
electromagnetic induction | inducción electromagnética
electromagnetic inertia | inercia electromagnética
electromagnetic instrument | aparato electromagnético
electromagnetic interference | interferencia electromagnética

electromagnetic lens | lente electromagnética
electromagnetic loudspeaker | altavoz electromagnético
electromagnetic mirror | espejo electromagnético
electromagnetic mixing | mezclado electromagnético
electromagnetic oscillograph | oscilógrafo electromagnético
electromagnetic percussion welding | soldadura electromagnética por percusión
electromagnetic plane wave | onda plana electromagnética
electromagnetic pollution | polución electromagnética
electromagnetic prospecting | prospección electromagnética
electromagnetic pulse | impulso electromagnético
electromagnetic pump | bomba electromagnética
electromagnetic radiation | radiación electromagnética
electromagnetic reconnaissance | reconocimiento electromagnético
electromagnetic relay | relé electromagnético
electromagnetic repulsion | repulsión electromagnética
electromagnetic rocket engine | motor electromagnético para cohete
electromagnetics | electromagnetismo
electromagnetic safety mechanism | mecanismo electromagnético de seguridad
electromagnetic separation | separación electromagnética
electromagnetic slipper brake | freno electromagnético de patines
electromagnetic spectrum | espectro electromagnético
electromagnetic survey | reconocimiento electromagnético
electromagnetic susceptibility | susceptibilidad electromagnética
electromagnetic system | sistema electromagnético
electromagnetic tester | probador electromagnético
electromagnetic theory | teoría electromagnética
electromagnetic theory of light | teoría electromagnética de la luz
electromagnetic transduction | trasducción electromagnética
electromagnetic-type microphone | micrófono electromagnético
electromagnetic unit | unidad electromagnética
electromagnetic vibrator | vibrador electromagnético
electromagnetic wave | onda electromagnética
electromagnetism | electromagnetismo
electromanometer | electromanómetro

electromechanical | electromecánico
electromechanical bell | campana electromecánica
electromechanical breakdown | ruptura electromecánica
electromechanical brush | escoba electromecánica
electromechanical chopper | vibrador electromecánico
electromechanical commutator | conmutador electromecánico
electromechanical counter | contador electromecánico
electromechanical energy | energía electromecánica
electromechanical frequency meter | frecuencímetro electromecánico
electromechanical recorder | registrador electromecánico
electromechanical recording | registro electromecánico
electromechanical register | registro (/numerador) electromecánico
electromechanical timer | temporizador electromecánico
electromechanical transducer | trasductor electromecánico
electromechanics | electromecánica
electrometallurgy | electrometalurgia
electrometer | electrómetro
electrometer amplifier | amplificador electrómetro
electrometer dosemeter | dosímetro de electrómetro
electrometer tube | tubo electrómetro
electrometer valve | válvula electrómetro
electromigration | electromigración
electromotance | fuerza electromotriz
electromotive force | fuerza electromotriz
electromotive force series | serie de fuerza electromotriz
electromotive series | serie electromotriz (/electroquímica)
electromotor | electromotor
electromyogram | electromiograma
electromyograph | electromiógrafo
electromyography | electromiografía
electron | electrón
electron affinity | afinidad electrónica (/del electrón)
electronarcosis | electronarcosis
electron attachment | adhesión (/fijación) del electrón
electron attachment factor | factor de adhesión del electrón
electron avalanche | avalancha electrónica (/de electrones)
electron band | banda de electrones
electron beam | haz (/rayo) electrónico (/de electrones)
electron beam bonding | enlace por haz de electrones
electron beam drilling | taladrado por haz de electrones
electron beam evaporation | evaporación por haz de electrones

electron beam generator | generador de haz de electrones
electron beam gun | cañón electrónico
electron beam instrument | instrumento de haz de electrones
electron beam machining | mecanización por haz electrónico
electron beam magnetometer | magnetómetro de haz electrónico
electron beam melting | fusión por haz electrónico
electron beam mode discharge | descarga por haz electrónico
electron beam parametric amplifier | amplificador paramétrico de haz electrónico
electron beam readout | lectura por haz electrónico
electron beam recording | registro por haz de electrones
electron beam tube | tubo de haz electrónico (/de electrones)
electron beam welding | soldadura por haz electrónico
electron binding energy | energía de enlace electrónico (/del electrón)
electron-bombarded semiconductor | semiconductor bombardeado por electrones
electron bombardment | bombardeo electrónico
electron bombardment engine | motor de bombardeo electrónico
electron bombardment-induced conductivity | conductividad inducida por bombardeo electrónico (/de electrones)
electron capture | captura electrónica
electron charge | carga del electrón
electron cloud | nube electrónica (/de electrones)
electron collection | captación electrónica
electron collection chamber | cámara de ionización por electrones, cámara de captación electrónica
electron collection time | tiempo de captación electrónica
electron collector | colector electrónico
electron concentration | concentración de los electrones
electron configuration | configuración de electrones
electron-coupled oscillator | oscilador de acoplamiento electrónico
electron coupler | acoplador electrónico
electron coupling | acoplamiento electrónico (/de electrones)
electron current | corriente electrónica (/de electrones)
electron density | densidad de electrones
electron detachment | separación de electrones
electron device | dispositivo electrónico

electron diffraction | difracción de los electrones
electron diffraction camera | cámara de difracción electrónica
electron donor | dador de electrones
electron drift | desplazamiento de los electrones, arrastre electrónico
electronegative | electronegativo
electronegative developer | revelador electronegativo
electronegative element | elemento electronegativo
electronegativity | electronegatividad
electron emission | emisión electrónica (/de electrones)
electron emitter | emisor de electrones
electron energy | energía electrónica
electron exchange | intercambio de electrones
electron filter lens | lente para filtro de electrones
electron flow | flujo electrónico (/de electrones)
electron gas | gas electrónico (/de electrones)
electron gun | cañón electrónico (/de electrones)
electron gun density multiplication | multiplicación de densidad por cañón electrónico
electronic | electrónico
electronic admittance | admitancia electrónica
electronically tuned oscillator | oscilador sintonizado electrónicamente
electronic altimeter | altímetro electrónico
electronic amplifier | amplificador electrónico
electronic art | arte electrónico
electronic atomizer | atomizador electrónico
electronic autopilot | autopiloto electrónico
electronic balance | balanza electrónica
electronic band spectrum | espectro de bandas electrónicas
electronic Bohr magneton | magnetón electrónico de Bohr
electronic book | libro electrónico
electronic bug | manipulador electrónico (semiautomático)
electronic bulletin board | panel de boletín electrónico
electronic business | comercio (/negocio) electrónico
electronic calculating punch | calculadora-perforadora electrónica
electronic calculator | calculadora electrónica
electronic camouflage | camuflaje electrónico
electronic carburettor | carburador electrónico
electronic carillon | carillón electrónico
electronic cash | trasferencia electrónica de fondos

electronic charge | carga electrónica
electronic chimes | sonería electrónica
electronic circuit | circuito electrónico
electronic clock | reloj electrónico
electronic commerce | comercio electrónico
electronic commutated motor | motor de conmutación electrónica
electronic commutator | conmutador electrónico
electronic configuration | configuración electrónica
electronic confusion area | área de confusión electrónica
electronic control | mando (/control) electrónico
electronic controller | controlador electrónico
electronic counter | contador electrónico
electronic counter-countermeasure | anticontramedida electrónica, contramedida de protección electrónica
electronic countermeasures | contramedidas electrónicas
electronic countermeasures control | control de las contramedidas electrónicas
electronic countermeasures reconnaissance | reconocimiento de contramedidas electrónicas
electronic coupling | acoplamiento electrónico
electronic credit | crédito electrónico
electronic crossover | divisor eléctrico de frecuencias, filtro electrónico separador de frecuencias
electronic crowbar | palanca electrónica
electronic currency | moneda electrónica [*medio de pago electrónico*]
electronic current | corriente electrónica
electronic curve tracer | trazador de curvas electrónico
electronic data interchange | intercambio electrónico de datos [*sistema normalizado para intercambio de datos entre empresas*]
electronic data process | tratamiento electrónico de datos
electronic data processing | informática, proceso electrónico de datos
electronic data processing centre | centro electrónico de proceso de datos
electronic data processing machine | máquina electrónica de proceso de datos
electronic data processing system | sistema electrónico de proceso de datos
electronic deception | señuelo electrónico, falacia electrónica
electronic delay storage automatic computer | ordenador automático electrónico de almacenamiento con retardo

electronic device | dispositivo electrónico
electronic differential | diferencial electrónico
electronic differential analyser | analizador diferencial electrónico
electronic digital computer | ordenador (/computador) electrónico digital
electronic directory | guía telefónica electrónica, listín (/directorio) telefónico electrónico
electronic discrete variable automatic computer | ordenador automático electrónico de variables discretas
electronic document management system | sistema electrónico de gestión de documentos
electronic efficiency | rendimiento electrónico
electronic engineering | ingeniería electrónica
electronic engraving | grabado electrónico
electronic equilibrium | equilibrio electrónico
electronic exchange | central electrónica
electronic file | archivo electrónico
electronic filing | archivado electrónico
electronic flash | flash electrónico
electronic flash tube | tubo electrónico de destellos
electronic flash unit | unidad de destello electrónica
electronic form | formulario electrónico
electronic formula | fórmula electrónica
electronic frequency synthesizer | sintetizador electrónico de frecuencia
electronic fuel injection | inyección electrónica de combustible
electronic funds transfer system | sistema electrónico de trasferencia de fondos
electronic fuse | espoleta electrónica
electronic gap admittance | admitancia electrónica de intervalo (/la abertura), admitancia electrónica del espacio intermedio
electronic generator | generador electrónico
electronic heater | calentador electrónico
electronic heating | calentamiento electrónico
electronic homing head | cabeza electrónica de guiado
electronic hookup wire | cable de conexión electrónica
electronic ignition | encendido electrónico
electronic industries | industrias electrónicas
electronic instrument | instrumento electrónico
electronic intelligence | inteligencia (/información, /exploración) electrónica

electronic interference | interferencia electrónica
electronic jamming | interferencia electrónica intencionada
electronic journal | periódico electrónico
electronic key | manipulador electrónico
electronic keyboard | teclado electrónico
electronic keying | manipulación electrónica; enclavamiento electrónico
electronic light meter | fotoelectrómetro
electronic line scanning | exploración electrónica por líneas
electronic locator | localizador electrónico
electronic log | sondeo electrónico
electronic lung | pulmón electrónico
electronic magazine | revista electrónica, folletín electrónico
electronic mail | correo electrónico (/informático, /ordenador)
electronic mail address | casillero (/dirección de correo) electrónico
electronic mailbox | buzón electrónico [*para correo*]
electronic mail message | mensaje de correo electrónico; emilio [*fam*]
electronic mail service | servicio de correo electrónico
electronic mall | centro comercial electrónico
electronic megaphone | megáfono electrónico
electronic messaging association | asociación de mensajería electrónica
electronic micrometer | micrómetro electrónico
electronic microphone | micrófono electrónico
electronic mine detector | detector electrónico de minas
electronic money | dinero electrónico
electronic motor control | control electrónico de motor
electronic multimeter | polímetro electrónico
electronic music | música electrónica
electronic music synthesizer | sintetizador de música electrónica
electronic news-gathering | recogida electrónica de noticias
electronic numerical integrator and calculator | calculador e integrador numérico electrónico
electronic office | oficina electrónica
electronic organ | órgano electrónico
electronic pacemaker | marcapasos electrónico
electronic packaging | empaquetamiento electrónico
electronic part | componente electrónico
electronic photography | fotografía electrónica (/digital)
electronic photometer | fotómetro electrónico

electronic pickup | fonocaptor electrónico
electronic piloting | pilotaje electrónico
electronic point of sale | punto electrónico de venta
electronic potentiometer | potenciómetro electrónico
electronic power supply | fuente de alimentación electrónica
electronic product | producto electrónico
electronic profilometer | perfilómetro electrónico
electronic publishing | edición (/publicación) electrónica
electronic raster scanning | exploración electrónica de trama
electronic reconnaissance | reconocimiento electrónico
electronic rectifier | rectificador electrónico
electronic regulation | regulación electrónica
electronic relay | relé electrónico
electronic reverberation | reverberación artificial mediante dispositivo electrónico
electronics | electrónica
electronic scanning | exploración electrónica
electronic search reconnaissance | reconocimiento de búsqueda electrónico
electronic security | seguridad electrónica
electronic sextant | sextante electrónico
electronic shutter | obturador electrónico
electronic signature | firma electrónica
electronics industries association | asociación de industrias eléctricas
electronic sky screen equipment | equipo electrónico de pantalla celeste
electronic software distribution | distribución electrónica de software
electronic specific heat | calor específico electrónico
electronic spreadsheet | hoja de cálculo electrónica
electronic speed control | control electrónico de velocidad
electronic sphygmomanometer | esfigmomanómetro electrónico
electronic stethoscope | estetoscopio electrónico
electronic stimulator | estimulador electrónico
electronic storefront | escaparate electrónico
electronic surge arrestor | supresor de sobrecargas electrónico
electronic switch | conmutador (/mando) electrónico
electronic switching | conmutación electrónica
electronic switching system | sistema electrónico de conmutación
electronic telegraph switch | conmutador telegráfico electrónico
electronic text | texto electrónico
electronic theory of valence | teoría electrónica de la valencia
electronic thermal conductivity | conductividad térmica electrónica
electronic timer | temporizador (/cronómetro) electrónico
electronic tonometer | tonómetro electrónico
electronic transfer | trasferencia electrónica [*de fondos*]
electronic tuning | sintonización (/sintonía) electrónica
electronic tuning range | margen de sintonía electrónica
electronic tuning sensitivity | sensibilidad de sintonía electrónica
electronic valve | válvula electrónica
electronic valve relay | relé de válvula electrónica
electronic vertical format unit | unidad electrónica de formato vertical
electronic video recording | grabación electrónica de vídeo
electronic viewfinder | monitor (/visor) electrónico
electronic volt-ohmmeter | voltímetro-ohmímetro electrónico
electronic voltmeter | voltímetro electrónico
electronic warfare | dirección electrónica del combate, guerra electrónica
electronic warfare support measures | medidas electrónicas militares de soporte
electronic watch | reloj de pulsera electrónico
electronic wattmeter | vatímetro electrónico
electronic waveform synthesizer | sintetizador electrónico de ondas
electronic work function | función de trabajo electrónico
electron image | imagen electrónica
electron image tube | tubo electrónico de imagen
electron impact | choque de electrones
electron injector | inyector electrónico
electron in outer shell | electrón cortical
electron interchange | intercambio de electrones
electron lens | lente electrónica
electron linac = electron linear accelerator | acelerador lineal electrónico
electron linear accelerator | acelerador electrónico lineal
electron magnetic moment | momento magnético del electrón
electron magnetic resonance | resonancia magnética electrónica
electron mantle | nube de electrones
electron metallurgy | metalurgia electrónica

electron micrography | micrografía electrónica
electron microprobe analyser | microanalizador de rayos X con sonda electrónica
electron microradiography | microrradiografía electrónica
electron microscope | microscopio electrónico
electron microscopy | microscopía electrónica
electron mirror | espejo electrónico
electron multiplication | multiplicación electrónica
electron multiplier | multiplicador electrónico (/de electrones)
electron multiplier phototube | fototubo multiplicador electrónico
electron multiplier section | sección de multiplicador de electrones
electron multiplier tube | tubo multiplicador electrónico
electron octet | octeto de electrones
electron optical shutter | obturador óptico electrónico
electron optical system | sistema óptico electrónico
electron optics | óptica electrónica
electron orbit | órbita electrónica
electron pair | duplete de electrones
electron pair bond | enlace por par de electrones
electron paramagnetic resonance | resonancia paramagnética electrónica (/de los electrones)
electron polarization | polarización por capa electrónica
electron positron pair | par electrón-positrón
electron probe | sonda de electrones
electron probe microanalyser | microanalizador de sonda electrónica, microsonda de Castaing
electron pulse-height resolution | resolución de amplitud de impulso electrónico
electron radius | radio del electrón
electron ray tube | tubo de rayo electrónico
electron rest mass | masa del electrón en reposo
electron scanning | exploración electrónica (/con haz de electrones)
electron shell | órbita (/capa) electrónica
electron specific charge | carga específica del electrón
electron spectroscopy | espectroscopia nuclear (/electrónica)
electron spin | espín del electrón
electron spin resonance | resonancia por espín del electrón
electron stream potential | potencial del flujo (/haz) de electrones
electron stream transmission efficiency | rendimiento de trasmisión de flujo (/haz) electrónico (/de electrones)

electron synchrotron | sincrotrón de electrones
electron telescope | telescopio electrónico
electron trajectory | trayectoria electrónica (/del electrón)
electron transfer | trasferencia electrónica
electron transfer band | banda trasferidora de electrones
electron transit time | tiempo de tránsito de los electrones
electron tube | tubo electrónico
electron unit | unidad de electrón
electron valve | válvula electrónica
electron valve amplifier | amplificador de válvula electrónica
electron valve coupler | acoplador de válvula electrónica
electron valve generator | generador de válvula electrónica
electron valve static characteristic | característica estática de la válvula electrónica
electronvolt, electron-volt | electrónvoltio, electronvoltio
electron wave tube | válvula de onda electrónica
electron wavelength | longitud de onda electrónica
electronystagmography | electronistagmografía
electro-oculography | electrooculografía
electro-optical countermeasures | contramedidas electroópticas
electro-optical detector | detector electroóptico
electro-optical shutter | obturador electroóptico
electro-optical transistor | transistor electroóptico
electro-optic coefficient | coeficiente electroóptico
electro-optic effect | efecto electroóptico
electro-optic material | material electroóptico
electro-optic modulator | modulador electroóptico
electro-optic phase modulation | modulador de fase electroóptica
electro-optic radar | radar electroóptico
electro-optics | electroóptica
electropad | electropad [*parte del electrodo que hace contacto con la piel*]
electropathology | electropatología
electrophone call | comunicación para audición teatral
electrophonic effect | efecto electrofónico
electrophoresis | electroforesis
electrophoresis apparatus | aparato electroforético
electrophoresis scanner | lector electroforético
electrophoretic display | presentación electroforética, visualizador electroforético
electrophorus | electróforo
electrophotograph | electrofotograma
electrophotographic printer | impresora electrofotográfica
electrophotographic process | proceso electrofotográfico
electrophotography | electrofotografía
electrophotometer | electrofotómetro
electrophysiology | electrofisiología
electroplaques | electroplacas
electroplate, to - | electrogalvanizar
electroplating | electrochapado, plaqueado galvánico; electroforesis, galvanoplastia
electropneumatic | electroneumático
electropneumatic regulator | regulador electroneumático
electropolishing | pulido electrolítico, electropulido
electropositive | electropositivo
electropositive developer | revelador electropositivo
electrorefining | electroafino, electrorrefino
electroresistive effect | efecto electrorresistivo
electroretinogram | electrorretinograma
electroretinograph | electrorretinógrafo
electroretinography | electrorretinografía
electroscope | electroscopio
electrosection | electrosección
electrosensitive paper | papel electrosensible
electrosensitive printer | impresora electrosensible
electrosensitive processor | procesador electrosensitivo
electrosensitive recording | registro electrosensible
electroshock | electrochoque, descarga eléctrica
electroshock therapy | terapia de electrochoque
electroslag | soldadura eléctrica por deslizamiento (/retroceso)
electrosol | electrosolución
electrospinograph | electroespinógrafo
electrostatic | electrostático
electrostatic accelerator | acelerador electrostático
electrostatic actuator | excitador (/activador) electrostático
electrostatic apparatus | aparato electrostático
electrostatic atomizer | pulverizador electrostático
electrostatic bond | puente electrostático
electrostatic C.G.S. system | sistema electrostático C.G.S.
electrostatic capacitor | condensador electrostático

electrostatic cathode-ray tube | tubo de rayos catódicos electrostático
electrostatic charge | carga electrostática
electrostatic charge mobility | movilidad de carga electrostática
electrostatic coating | recubrimiento electrostático
electrostatic collector failed element monitor | monitor de rotura de vaina de captura electrostática
electrostatic component | componente electrostático
electrostatic convergence principle | principio de convergencia electrostática
electrostatic copier | copiador electrostático
electrostatic coupling | acoplamiento electrostático
electrostatic deflection | deflexión (/desviación) electrostática
electrostatic discharge | descarga electrostática
electrostatic electrography | electrografía electrostática
electrostatic electron multiplier | multiplicador electrostático de electrones
electrostatic electrophotography | electrofotografía electrostática
electrostatic energy | energía electrostática
electrostatic field | campo electrostático
electrostatic flux | flujo electrostático
electrostatic focusing | enfoque electrostático
electrostatic galvanometer | galvanómetro electrostático
electrostatic generator | generador (/acelerador) electrostático
electrostatic gyroscope | giróscopo electrostático
electrostatic headphones | auriculares electrostáticos
electrostatic induction | inducción electrostática
electrostatic instrument | instrumento electrostático
electrostatic latent image | imagen electrostática latente
electrostatic lens | lente electrostática
electrostatic loudspeaker | altavoz electrostático
electrostatic machine | máquina electrostática
electrostatic memory | memoria electrostática
electrostatic memory tube | tubo electrostático de memoria
electrostatic meter | medidor electrostático
electrostatic microphone | micrófono electrostático
electrostatic nebulizer with annular electrode | pulverizador (electrostático) de abertura anular
electrostatic painting | pintado electrostático
electrostatic photomultiplier | fotomultiplicador electrostático
electrostatic plotter | tablero gráfico electrostático
electrostatic potential | potencial electrostático
electrostatic precipitation | precipitación electrostática
electrostatic pressure | presión electrostática
electrostatic printer | impresora electrostática
electrostatic process | proceso electrostático
electrostatic propulsion | propulsión electrostática
electrostatic radius | radio electrostático
electrostatic receiver | receptor electrostático
electrostatic recording | registro electrostático
electrostatic relay | relé electrostático
electrostatics | electrostática
electrostatic scanning | exploración electrostática
electrostatic screen | pantalla electrostática
electrostatic separator | separador electrostático
electrostatic series | series electrostáticas
electrostatic shield | pantalla electrostática
electrostatic speaker | altavoz electrostático
electrostatic spraying | pulverización electrostática
electrostatic storage | almacenamiento electrostático
electrostatic storage device | dispositivo de memoria electrostática
electrostatic storage tube | tubo de almacenamiento electrostático
electrostatic system | sistema electrostático
electrostatic tape camera | cámara de cinta electrostática
electrostatic transducer | trasductor electrostático
electrostatic tweeter | altavoz de agudos electrostático
electrostatic unit | unidad electrostática
electrostatic valency | valencia iónica
electrostatic voltmeter | voltímetro electrostático
electrostatic wattmeter | vatímetro electrostático
electrostatic wave | onda electrostática
electrostatography | electrostatografía
electrostriction | electrostricción, electroestricción
electrostriction transducer | trasductor de electroestricción
electrostrictive effect | efecto electrostrictivo
electrostrictive relay | relé electrostrictor
electrosurgery | electrocirugía
electrosurgical unit | unidad electroquirúrgica
electrotape | electrotelémetro
electrotaxis | electrotaxia
electrotherapeutics | electroterapéutica
electrotherapy | electroterapia
electrotherapy apparatus | aparato de electroterapia
electrothermal | electrotérmico
electrothermal expansion element | elemento de expansión electrotérmica
electrothermal instrument | instrumento electrotérmico
electrothermal printer | impresora electrotérmica
electrothermal propulsion | propulsión electrotérmica
electrothermal recorder | registrador electrotérmico
electrothermal recording | registro electrotérmico
electrothermic instrument | instrumento electrotérmico
electrothermics | electrotérmica
electrotonic wave | onda electrotónica
electrotonus | electrotono
electrotropism | electrotropismo
electrotyping | galvanotipia, electroestañado
electroviscous effect | efecto de electroviscosidad
electrowinning | electroextracción
ELED = edge-emitting LED | ELED [*LED de borde*]
elegant | elegante
element | elemento
elemental area | área elemental
elemental charge | carga elemental
elemental semiconductor | semiconductor elemental
elementary | elemental
elementary call | aviso de socorro, llamada de emergencia
elementary call switch | interruptor (/reductor) de alarma
elementary channel | canal de emergencia
elementary charge | carga elemental
elementary circuit | circuito de emergencia (/socorro)
elementary exposure to external radiation | exposición de emergencia a radiaciones externas
elementary generator room | sala de grupo electrógeno de emergencia
elementary machine | máquina auxiliar (/de emergencia)
elementary particle | partícula elemental
elementary rate | tasa elemental
elementary route | encaminamiento (/vía) de socorro

elementary routing | encaminamiento de socorro
elementary set | grupo de emergencia (/socorro, /reserva)
elementary shutdown | parada de emergencia (/urgencia)
elementary shutdown member | elemento de seguridad
elementary shutdown rod | barra de parada de emergencia
elementary shutdown safety assembly | conjunto de seguridad de parada de emergencia
elementary trip | parada de emergencia (/urgencia)
element control module | módulo de control de elementos [*en enclavamientos ferroviarios electrónicos*]
element cursor | cursor de elemento
element error rate | proporción de errores en los elementos
element of a code | elemento de un código
element of a fix | elemento de situación
element of a winding | sección de inducido
element of signal | elemento de señal
elevated duct | canal elevado
elevation | elevación
elevation angle | ángulo de elevación
elevation deviation indicator | indicador de desviación de elevación
elevation head | presión de elevación
elevation indicator | indicador de elevación
elevation-position indicator | indicador de elevación y posición
elevator | elevador; desplazador de pantalla [*desplazador de imagen en la pantalla*]
elevator coil | bobina elevadora
elevator levelling control | control de nivel de un ascensor
elevator seeking | búsqueda estructurada [*para limitar los movimientos del cabezal de lectura/escritura en el disco duro*]
eleventh step contact | contacto undécimo (/de ocupación)
ELF = extra low frequency | FEB = frecuencia extremadamente baja
elimination | eliminación
eliminator | eliminador, supresor
E line | línea E
ELINT = electronic intelligence | ELINT [*exploración electrónica*]
elite | élite [*tipo de letra*]
Elliot model | modelo Elliot
ellipse | elipse
ellipsis | puntos suspensivos
ellipsoidal mirror | espejo elipsoidal
elliptical field | campo elíptico
elliptically polarized wave | onda de polarización elíptica
elliptical polarization | polarización elíptica
elliptical stylus | aguja elíptica

elliptical waveguide | guiaondas elíptico
elliptic function | función elíptica
ellipticity | elipticidad
elm = electronic mail | CE = correo electrónico
ELOD = erasable laser optical disk | ELOD [*disco óptico borrable grabado con láser*]
elongation | elongación
else rule | regla de otro modo
ELT = emergency locator transmitter | ELT [*trasmisor localizador de emergencia (para aviones)*]
EMA = electronic messaging association | EMA [*asociación de mensajería electrónica*]
e-mail, email = electronic mail | CE = correo electrónico
e-mail, to - | mandar (/enviar) por correo electrónico
e-mail address = electronic mail address | casillero (/dirección de correo) electrónico
e-mail box = electronic mail box | buzón de correo electrónico
e-mail filter | filtro de correo electrónico
e-mail message = electronic mail message | mensaje de correo electrónico; emilio [*fam*]
e-mail responder | contestador de correo electrónico
emanating power | potencia de emanación
emanation | emanación, efluvio
emanation prospecting | prospección emanométrica
EMB = enhanced memory block | EMB [*bloque de memoria ampliada*]
embed, to - | incorporar, incrustar
embedded (*adj*) | empotrado, encastrado, embutido
embedded command | orden insertada, comando insertado
embedded computer | ordenador especializado integrado en un equipo
embedded controller | controlador incorporado [*en forma de tarjeta de circuitos*]
embedded hyperlink | hiperenlace empotrado
embedded interface | interfaz incorporada
embedded layer | sustrato empotrado
embedded object | objeto incrustado
embedded servo | servo intercalado
embedded temperature detector | detector interno de temperatura
embedding | empotrado
embedment | encapsulado, encapsulamiento
embossed-foil printed circuit | circuito impreso sobre lámina en relieve
embossed-groove recording | grabación por surcos
embossing stylus | punzón de embutido, estilete de repujado
embrittlement | fragilización

EMC = electromagnetic compatibility | CEM = compatibilidad electromagnética
em dash | guión largo, raya larga [*signo ortográfico*]; raya cuadratín [*en tipografía*]
emergency | emergencia
emergency cable | cable auxiliar (/provisional, /de emergencia)
emergency call service | servicio de llamadas de emergencia
emergency communication | comunicaciones de emergencia
emergency locator transmitter | trasmisor localizador de emergencia [*para aviones*]
emergency power supply | fuente de alimentación de emergencia
emergency radio channel | canal radioeléctrico de emergencia
emergency receiver | receptor de emergencia
emergency service | servicio de emergencia
emery | esmeril
EMF = electromotive force | FEM = fuerza electromotriz
EMG = electromyography | EMG = electromiografía
EMI = electromagnetic interference | IEM = interferencia electromagnética
emission | emisión (contaminante); radiación, trasmisión
emission angle | ángulo de emisión
emission band | banda de emisión
emission bandwidth | anchura de banda de emisión
emission cell | célula fotoemisiva
emission characteristic | característica de emisión
emission current | corriente de emisión
emission efficiency | rendimiento de emisión
emission law | ley de Langmuir
emission limitation | limitación por emisión
emission line | línea de emisión
emission maximum | máximo de emisión
emission power | potencia de emisión
emission spectrography | espectrografía de emisión
emission spectrum | espectro de emisión
emission spectrum analysis | análisis espectral por emisión
emission type | tipo de emisión
emission-type tube tester | comprobador de tubos de tipo emisión
emission velocity | velocidad de emisión
emissive power | potencia emisiva
emissivity | emisividad, capacidad de emisión
emit, to - | emitir
Emitron | Emitron [*marca de válvula de rayos catódicos desarrollada en Inglaterra*]

Emitron camera | cámara Emitron
emittance | emisividad; luminosidad
emitter | trasmisor; emisor
emitter-base and collector-base junction | unión para bases de emisor y colector
emitter bias | polarización de emisor
emitter channelling | canalización del emisor
emitter-channelling test current | corriente de prueba de canalización del emisor
emitter-coupled logic | lógica de(l) emisor acoplado, unidad lógica acoplada por el emisor, lógica de acoplamiento por emisor
emitter-coupled transistor logic | lógica de transistor con emisor acoplado
emitter current | corriente de emisor
emitter cutoff frequency | frecuencia de corte del emisor
emitter depletion-layer capacitance | capacidad de la capa de agotamiento del emisor
emitter efficiency | rendimiento (/eficiencia) del emisor
emitter follower | seguidor del emisor
emitter injection efficiency | rendimiento (/eficiencia) de inyección del emisor
emitter junction | unión de emisor
emitter region | región de emisor
emitter resistance | resistencia de emisor
emitter reverse current | corriente inversa del emisor
emitter saturation voltage | voltaje de saturación del emisor
emitter semiconductor | semiconductor de emisor
emitter series resistance | resistencia en serie de emisor
emitter stabilization | estabilización de emisor
emitter terminal | terminal de emisor
emitter valley voltage | voltaje de valle del emisor
emitter voltage | tensión de emisor
EMM = expanded memory manager | EMM [*gestor de memoria expandida*]
emoney, e-money = electronic money | dinero electrónico
emotag | emotag [*expresión utilizada entre comillas en correo electrónico para expresar una emoción*]
emoticon | emoticón [*combinación de signos para expresar emociones en el chat*]
EMPHA = emphasis | amplificación, énfasis
emphasis | amplificación, acentuación, énfasis, resalte
emphasis unit | unidad de acentuación
emphasizer | circuito de acentuación, acentuador
empire cloth | tela barnizada

empirical | empírico
empirical mass formula | fórmula empírica de masa
empty band | banda vacía
empty list | lista nula
empty medium | soporte vacío
empty set | conjunto vacío
empty slot | slot vacío
em quad | cuadratín [*en tipografía*]
EMS = electronic mail system | EMS [*sistema de correo electrónico*]
EMS = expanded memory specification | EMS [*especificación de memoria expandida*]
em space | espacio cuadratín [*en tipografía, espacio equivalente al ancho de la letra M*]
emulate, to - | emular
emulation | emulación
emulator | emulador
emulsion | emulsión
emulsion laser storage | almacenamiento por emulsión con láser
EN = European norm | NE = norma europea
enable, to - | activar, habilitar, poner en servicio
enable gate | puerta de habilitación
enable interrupt, to - | permitir la interrupción [*del ordenador*]
enable pulse | impulso de activación
enabled/disabled | activado/desactivado
enabling gate | puerta habilitante
enabling pulse | impulso habilitador (/de habilitación)
enamel layer | capa de laca
enamelled cable | cable esmaltado
enamelled wire | alambre esmaltado
en bloc dialling | marcación en bloque
en bloc signalling | señalización en bloque
encapsulant | encapsulador
encapsulate, to - | encapsular
encapsulated file | archivo encapsulado
encapsulated postscript | descriptor de páginas encapsulado, postedición encapsulada
encapsulated project | proyecto encapsulado
encapsulated relay | relé encapsulado
encapsulated type | tipo encapsulado [*tipo de datos*]
encapsulating | encapsulamiento
encapsulating material | material encapsulante
encapsulating security payload | encapsulado de seguridad de la carga útil [*protocolo para trasmisión de datos*]
encapsulation | encapsulación, encapsulado
encased control | control cerrado (/encajonado)
encipher, to - | cifrar, codificar
enciphered facsimile communications | comunicación por facsímil cifrado
enclose, to - | blindar; cerrar
enclosed | encapsulado, blindado, cerrado
enclosed against dust | estanco al polvo
enclosed arc | arco encerrado (/cerrado)
enclosed distribution frame | repartidor cubierto (/con cubierta)
enclosed lamp | lámpara en vaso cerrado
enclosed motor | motor cerrado
enclosed relay | relé con cubierta protectora
enclosed switch | conmutador con cubierta, interruptor blindado
enclosure | cubierta, envoltura, caja protectora
enclosure, to - | contener
enclosure resonance | resonancia de la caja
encode, to - | codificar
encoder | codificador, cifrador
encoder accuracy | precisión del codificador
encoding | codificación
encoding format | formato de codificación
encoding rule | regla de codificación
encrypt, to - | cifrar, codificar [*criptográficamente*]
encrypted data | datos cifrados
encryption | cifrado, criptografía, encriptado, puesta en clave
encryption control protocol | protocolo de control de cifrado
encryption key | clave de codificación criptográfica
end | extremo; fin, final
end address | dirección final
end-around carry | acarreo (/trasporte) cíclico
end-around shift | desplazamiento cíclico (/circular, /en esquema circular)
en dash | guión [*signo ortográfico*], raya de medio cuadratín [*en artes gráficas*]
end bell | terminal de campana; elemento final (/de regulación)
end cell rectifier | rectificador de elemento reductor
end cell switch | reductor
end central office | central terminal
end correction | corrección de salida
end distortion | distorsión de extremo, desplazamiento de fin de impulso
end effect | efecto de punta (/terminación)
end effector | ejecutor terminal
end feed | alimentación por un extremo
end feed vertical aerial | antena vertical alimentada por un extremo
end finish | acabado final
endfire aerial array | grupo de antena progresiva
endfire array | red de radiación longitudinal

end instrument | receptor de datos, trasductor de recogida de datos; aparato terminal, instrumento final
END key | tecla de FIN
endless loop | bucle (/cinta) sin fin
endless loop recorder | grabadora de ciclo sin fin
end mark | marca final
endocardiac electrode | electrodo endocardíaco
endodyne reception | recepción endodina
endoergic | endoenergético
end of billing period | día de lectura de contadores
end of block | fin de bloque
end-of-block signal | señal de final de bloque
end of data | fin de datos
end of engagement | fin de ocupación
end off, to - | poner fin
end of file | final de archivo
end-of-file mark | marca (/señal) de fin de archivo
end of impulsing | fin de numeración
end of job | fin de trabajo
end of line | fin de línea
end-of-line wrapping | acomodación por fin de línea
end of message | fin de mensaje
end-of-message signal | señal de fin de mensaje
end-of-pulsing signal | señal de fin de numeración
end of record | fin de registro
end of selection | fin de selección
end of tape | fin de cinta
end of tape marker | marcador (/señal) de fin de cinta
end-of-tape stop mechanism | mecanismo de parada automática en fin de cinta
end-of-text | fin del texto
end of transmission | fin de trasmisión
end-of-transmission card | tarjeta de fin de trasmisión
end of work | fin de trabajo
endogeneous variable | variable endógena
endomorphism | endomorfismo
end-on armature | armadura longitudinal
end-on directional aerial | antena direccional longitudinal
endoradiograph | endorradiógrafo
endoradiosonde | endorradiosonda
endorder traversal | recorrido de (/en) orden final
endorsement | endoso; anotación
endothermic | endotérmico
endothermic reaction | reacción endotérmica
endotransmitter | endoemisor, endotrasmisor
end path | recorrido de extremo [recorrido de las corrientes de eco producidas en el extremo del circuito]
end plate | placa terminal (/extrema, /de fondo)
end play | holgura longitudinal
end point | punto final
end point control | control de punto final
end-point inclusion policy | política de inclusión de punto final
end point sensitivity | sensibilidad final
end point voltage | tensión final
end pole | poste cabeza de línea
end product | producto final
end product of a radioactive series | producto terminal de una familia radiactiva
end resistance | resistencia residual mínima
end resistance offset | resistencia residual de posición extrema
end scale value | calor de fondo de escala
end section | sección terminal
end sensor | sensor de fin de carrera
end setting | resistencia de posición extrema
end shield | pantalla final
end space | espacio final
end station | estación extrema
end terminal | terminal extremo
end-to-end check | comprobación de extremo a extremo
end-to-end delivery | entrega punto a punto [en comunicación por paquetes]
end-to-end encryption | puesta en clave de punto a punto
end-to-end measurement | medida directa (en trasmisión)
end-to-end signalling | señalización extremo a extremo
end up, to - | terminar, acabar; parar
end use | empleo final
end user | usuario final
end-user license agreement | acuerdo de licencia para usuario final
end window counter tube | tubo contador de ventana extrema
energise, to - [UK] | alimentar
energization | excitación
energize, to - | activar, excitar, alimentar, dar energía
energized | cargado
energized part | parte activa
energizer | excitador
energy | energía
energy absorption coefficient | coeficiente de absorción de energía
energy balance | balance energético
energy band | banda de energía
energy beam | rayo de energía
energy capability | energía producible; capacidad en energía eléctrica
energy capability factor | índice de producibilidad de energía
energy conservation law | ley de conservación de la energía
energy conversion | trasformación de energía
energy conversion device | dispositivo trasformador de energía
energy conversion efficiency | rendimiento energético de conversión
energy density | densidad de energía
energy density wave | onda de densidad de energía
energy dependence | dependencia de la energía
energy diagram | diagrama de energía
energy dispersal waveform | forma de la onda de dispersión de energía
energy distribution | distribución de energía
energy efficiency ratio | nivel de rendimiento energético
energy fluence | fluencia energética
energy flux density | densidad de flujo energético
energy gap | salto (/intervalo) de energía
energy imparted to the matter | energía comunicada a la materia
energy level | nivel de energía
energy level diagram | gráfico de nivel energético, diagrama de (nivel) energético
energy level difference | diferencia de nivel
energy-limiting aperture | diafragma de energía
energy loss | pérdida de energía
energy loss per ion pair | pérdida de energía por par de iones
energy loss time | tiempo de vida de la energía
energy-measuring equipment | equipo medidor de energía
energy meter | vatihorímetro, contador de energía
energy needed to detach an electron | energía de separación de un electrón
energy of a charge | energía de una carga
energy of dissociation | energía de disociación
energy of plasma | energía del plasma
energy produced | energía eléctrica producida
energy product | producto energético
energy product curve | curva del producto energético
energy quantum | cuanto de energía
energy redistribution | redistribución de la energía
energy replacement time | tiempo de vida de la energía
energy reserve | reserva en energía eléctrica
energy resolution | definición en energía
energy saver LED | LED indicador de ahorro de energía
energy saver mode | modo de ahorro de energía
energy saver timeout | intervalo de espera del ahorro de energía

energy saver utility | utilidad de ahorro de energía
energy separation | energía de separación
energy star | estrella de energía [*símbolo que aparece en sistermas y componentes informáticos para indicar que éstos tienen un consumo de energía bajo*]
energy state | estado energético
energy storage and release | embalsado y desembalsado en energía eléctrica
energy storage capacitor | condensador de almacenamiento de energía
energy transfer coefficient | coeficiente de trasferencia de energía
energy unit | unidad de energía
energy utilization factor | factor de utilización de potencia
energy-variant sequential detection | detección secuencial de la variación de energía
energy yield | energía liberada
ENG = electronystagmography | ENG = electronistagmografía
engaged | ocupado
engaged channel | vía ocupada
engaged line | línea ocupada
engaged signal | señal de ocupación
engaged test | prueba de ocupación
engine | motor; procesador [*en informática*]
engineered military circuit | circuito militar
engineering | ingeniería
engineering circuit | circuito de servicio
ENGR = engineer | ing. = ingeniero
ENGRG = engineering | ingeniería
enhance, to - | mejorar
enhanced | ampliado, mejorado
enhanced capabilities port | puerto de funciones avanzadas
enhanced carrier demodulation | desmodulación con inyección de portadora local, desmodulación por portadora acrecentada
enhanced expanded memory specification | especificación ampliada de memoria expandida
enhanced function | función avanzada
enhanced graphics adapter | adaptador gráfico ampliado (/avanzado)
enhanced graphics display | pantalla gráfica ampliada
enhanced IDE | IDE ampliado
enhanced integrated device electronics | electrónica ampliada de dispositivos integrados
enhanced keyboard | teclado ampliado
enhanced memory block | bloque de memoria ampliada
enhanced mode | modo mejorado (/aumentado)
enhanced parallel port | puerto paralelo ampliado

enhanced serial port | puerto serie ampliado
enhanced small devices interface | interfaz mejorada para dispositivos pequeños
enhanced standard architecture | arquitectura normalizada (/estándar) avanzada
enhanced viewer | visor mejorado
enhancement | realce
enhancement mode | modo de intensificación
enhancement-mode field-effect transistor | transistor de efecto de campo de intensificación
enhancement-mode operation | funcionamiento en modo de crecimiento
enhancement MOS transistor | transistor MOS de acumulación
enhancement-type transistor | transistor del tipo de enriquecimiento
ENIAC = electronic numerical integrator and computer | ENIAC [*integrador y ordenador numérico electrónico*]
enlarge-only policy | política de sólo agrandar
enlargement | ampliación
enlargement after recording | ampliación posterior del registro
E notation = floating-point notation | notación de coma flotante
ENQ = enquiry character | ENQ [*carácter de petición de respuesta*]
enquire, to - | consultar, preguntar, inquirir
enquiry | consulta, pregunta
enquiry call | solicitud de información
enquiry character | carácter de petición de respuesta
enquiry circuit | línea de información
enquiry docket | ficha de información
enrich, to - | enriquecer
enriched | enriquecido
enriched fraction | fracción enriquecida
enriched fuel | combustible nuclear enriquecido
enriched material | material enriquecido
enriched reactor | reactor (de uranio) enriquecido
enriched uranium | uranio enriquecido
enrichment | concentración; enriquecimiento
enrichment factor | factor de enriquecimiento
ensemble | conjunto
en space | espacio de medio punto (/cuadratín) [*en tipografía*]
enter, to - | entrar; introducir, escribir [*datos*]; marcar, registrar
entering low power | entrada a baja energía
entering message | entrada del mensaje
ENTER key | tecla INTRO [*tecla de introducción, entrada o registro de datos*]

enterprise computing | informática de empresa
enterprise network | red informática de empresa
enterprise modelling | planificación de empresa
enterprise networking | informática de empresa
enterprise number | número de empresa
enterprise resource planning | planificacion de recursos empresariales
enter search key, to - | introducir clave de búsqueda
enter your name | introduzca su nombre
enthalpy | entalpía
entity | entidad
entity declaration | declaración de identidad
entity reference | referencia de la identidad
entrance box | caja de entrada
entrance cable | cable de entrada
entrance channel | canal de entrada
entrance channel spin | espín de canal de entrada
entrance delay | retardo de entrada
entrance switch | interruptor de entrada (/servicio)
entrance telephone system | portero automático
entrapped material | material encerrado
entropy | entropía
entropy trapping | entrampado entrópico (/de entropía)
entry | entrada
entry point | punto de entrada
entry time | tiempo de entrada
enumerated constants | constantes enumeradas
enumerated data type | secuencia específica de datos
enumeration | enumeración
enumeration type | tipo de enumeración
enunciation | enunciación; pronunciación, articulación
ENV = Europäische Norm vorläufig (*ale*) [*European pre-standard*] | ENV [*prenorma europea, norma europea interina*]
envelope | envolvente; envuelta; sobre; estructura de cabecera [*en mensajes de correo electrónico*]
enveloped data | datos en sobre digital [*trasmisión de contenido cifrado*]
envelope delay | retardo (/retraso) de la envolvente
envelope delay distortion | distorsión por retardo de la envolvente
envelope demodulator | desmodulador de envolvente
envelope generator | generador de envolvente
envelope of arc | zona exterior del arco

envelope of flame | envolvente de la llama
environ map | mapa del entorno
environment | entorno; (medio) ambiente
environmental chamber | cámara ambiental
environmental condition | condición ambiental
environmentally sealed | cerrado herméticamente, con cierre hermético
environmental simulation | simulación de entorno
environmental standard | norma medioambiental
environmental testing | ensayos de resistencia al ambiente
environment mapping | representación de correspondencias ambientales
environmentproof switch | conmutador de cierre hermético
environment variable | variable de entorno
EOB = end of block | EOB [*fin de bloque*]
EOCM = electro-optical countermeasures | EOCM [*contramedidas electroópticas*]
EOD = end of data | EOD [*fin de datos*]
EOF = end of file | EOF [*fin de archivo*]
EOL = end of line | FDL = fin de línea [*código de control para impresora*]
eolian tone [USA] | tono eólico
EOM = end of message | fin del mensaje
EOR = end of record | EOR [*fin de registro*]
EOS = error of service | error de servicio
EOT = end of tape | final de la cinta
EOT = end of transmission | FDT = fin de trasmisión
EOT marker = end of tape marker | marcador de fin de cinta
EOU = enrollment optical unit | EOYU [*unidad óptica de registro*]
EOV = end of volume | fin del volumen; fin de la grabación
EPABX = electronic PABX | EPABX [*centralita PABX electrónica*]
ephapse | efapsis
epicadmium neutron | neutrón epicádmico
epidemiological call | llamada epidemiológica
epimorphism | epimorfismo
EPIRB = emergency position indicating radio beacon | EPIRB [*radiobaliza de emergencia indicadora de posición (para barcos)*]
episcotister | disco perforado
epitaxial | epitaxial
epitaxial-base transistor | transistor de base epitaxial
epitaxial deposition | deposición epitaxial
epitaxial device | dispositivo epitaxial

epitaxial diffused-junction transistor | transistor epitaxial de unión difusa
epitaxial diffused-mesa transistor | transistor epitaxial mesa difuso
epitaxial film | película epitaxial
epitaxial growth | crecimiento epitaxial
epitaxial growth mesa transistor | transistor mesa de crecimiento epitaxial
epitaxial growth process | proceso de crecimiento epitaxial
epitaxial layer | capa epitaxial
epitaxial planar transistor | transistor epitaxial planar
epitaxial process | proceso epitaxial
epitaxial transistor | transistor epitaxial
epitaxy | epitaxia, crecimiento epitaxial
epithermal | epitérmico
epithermal neutron | neutrón epitérmico
epithermal reactor | reactor epitérmico
epithermal thorium reactor | reactor epitérmico de torio
E-plane bend | inclinación (/torsión, /codo) del plano E
E-plane T-junction | unión en T del plano E
epoch | época
EPOS = electronic point of sale | PEV = punto electrónico de venta
epoxy | epoxy [*tipo de resina*]
epoxy resin | resina epóxica (/epoxídica)
EPP = enhanced parallel port | EPP [*puerto paralelo ampliado*]
EPPT = European printer performance test | EPPT [*prueba europea de prestaciones de impresora*]
EPR = electron paramagnetic resonance | EPR [*resonancia paramagnética de los electrones*]
EPROM = erasable programmable read only memory | EPROM [*memoria programable sólo de lectura que se puede borrar*]
EPS = electronic point of sale | PVE = punto de venta electrónico [*punto de venta con cajas registradoras electrónicas*]
EPS = encapsulated postscript | EPS [*descriptor de páginas encapsulado, postedición encapsulada*]
EPSF = encapsulated PostScript file | EPSF [*archivo encapsulado de PostScript*]
epsilon | épsilon [*letra griega*]
Eput meter | contador Eput
EQ = equalizer | EQ [*ecualizador*]
EQPT = equipment | equipo
equal access | acceso igualitario
equal energy source | fuente de energía constante
equal energy white | blanco puro
equalise, to - [UK] | ecualizar
equality | igualdad
equalization | ecualización, compensación, igualación

equalization curve | curva de igualación
equalization of traffic | nivelación (/distribución uniforme) del tráfico
equalize, to - [UK+USA] | ecualizar
equalize voltage | tensión de ecualización
equalizer | ecualizador, equilibrador, compensador, corrector, igualador
equalizer circuit breaker | interruptor de circuito ecualizador
equalizer panel | panel igualador
equalizing | ecualización, compensación
equalizing charge | carga de conservación
equalizing coil | bobina equilibradora
equalizing current | corriente igualadora
equalizing network | red ecualizadora
equalizing of levels | igualación de niveles
equalizing pulse | impulso igualador (/de igualación)
equal length code | código de elementos de igual duración
equal loudness contour | curva de igual sensación sonora
equally tempered scale | escala igualmente temperada
equated busy-hour call | comunicación de duración reducida
equation | ecuación
equation function | función de igualación
equation solver | resolutor (/solucionador) de ecuaciones
equiangular spiral aerial | antena espiral equiangular
equilibration | homogenización isotópica
equilibrium | equilibrio
equilibrium brightness | brillo de equilibrio
equilibrium carriers | portadores en equilibrio
equilibrium conductivity | conductividad de equilibrio
equilibrium electrode potential | potencial de electrodo de equilibrio
equilibrium orbit | órbita de equilibrio
equilibrium throughput | gasto (/rendimiento total) de equilibrio
equilibrium time | tiempo de equilibrio
equiphase surface | superficie equifásica (/de equifase)
equiphase zone | zona equifásica (/de equifase)
equipment | equipo, equipamiento
equipment augmentation | ampliación de un equipo
equipment bonding jumper | puente de conexión de equipos
equipment chain | equipo en cadena
equipment characteristic distortion | distorsión característica de aparato
equipment earth | puesta a tierra de un equipo

equipment engaged tone | tono de sobrecarga
equipment life | vida de un equipo
equipment log | lista de dispositivos
equipment number | número de equipo
equipment repair bureau | centro de reparaciones
equipotent | equipotente
equipotential | equipotencial
equipotential cathode | cátodo equipotencial
equipotential connection | conexión equipotencial
equipotential line | línea equipotencial
equipotential surface | superficie equipotencial
equipped capacity | capacidad de una instalación
equisignal localizer | localizador de equiseñales
equisignal radio-range beacon | baliza localizadora de equiseñales
equisignal surface | superficie de equiseñales
equisignal zone | zona de equiseñal
equivalence | equivalencia
equivalence class | clase de equivalencia
equivalence gate | puerta de equivalencia
equivalence relation | relación de equivalencia
equivalent | equivalente
equivalent absorption | absorción equivalente
equivalent absorption area | área de absorción equivalente
equivalent binary digits | dígitos binarios equivalentes
equivalent bit rate | velocidad de trasmisión de equivalente
equivalent circuit | circuito equivalente
equivalent circuit diagram | esquema de repuesto
equivalent component density | densidad equivalente de componentes
equivalent concentration | concentración equivalente
equivalent conductance | conductancia equivalente
equivalent conductivity | conductividad equivalente
equivalent constant potential | potencial constante equivalente
equivalent dark current input | entrada de corriente residual (/oscura) equivalente
equivalent differential input capacitance | capacidad de entrada diferencial equivalente
equivalent differential input impedance | impedancia de entrada diferencial equivalente
equivalent differential input resistance | resistencia de entrada diferencial equivalente
equivalent dilution | dilución equivalente
equivalent diode | diodo equivalente
equivalent disturbing current | corriente parásita equivalente
equivalent disturbing voltage | tensión parásita equivalente
equivalent earth plane [UK] | plano equivalente a tierra
equivalent electron | electrón equivalente
equivalent faults | fallos equivalentes
equivalent four-wire system | sistema equivalente de cuatro hilos
equivalent grid voltage | tensión equivalente de rejilla
equivalent ground plane [USA] [*equivalent earth plane (UK)*] | plano equivalente a tierra
equivalent height | altura equivalente
equivalent input noise current | corriente equivalente de ruido de entrada
equivalent input noise voltage | tensión equivalente de ruido de entrada
equivalent input offset current | corriente equivalente de desequilibrio de entrada
equivalent input offset voltage | tensión equivalente de desequilibrio de entrada
equivalent input wideband noise voltage | tensión equivalente de ruido de entrada en banda ancha
equivalent loudness | intensidad acústica equivalente
equivalent measurement | medida de los equivalentes
equivalent network | red equivalente
equivalent noise conductance | conductancia equivalente de ruido
equivalent noise input | entrada equivalente de ruido
equivalent noise pressure | presión de ruido equivalente
equivalent noise resistance | resistencia de ruido equivalente
equivalent noise temperature | temperatura equivalente de ruido
equivalent open-circuit noise current | corriente equivalente efectiva de ruido en circuito abierto
equivalent periodic line | línea periódica equivalente
equivalent permeability | permeabilidad equivalente
equivalent piston | pistón equivalente
equivalent plate voltage | tensión de placa equivalente
equivalent resistance | resistencia equivalente
equivalent roentgen | roentgen equivalente
equivalent separation | separación equivalente
equivalent series resistance | resistencia serie equivalente
equivalent spark | chispa equivalente
equivalent stopping power | potencia equivalente de frenado
equivalent time | tiempo equivalente
equivalent time sampling | muestreo en tiempo equivalente
equivalent trees | árboles equivalentes
equivalent utilisation period | duración de utilización
equivocation | equívoco
Er = erbium | Er = erbio
ER = error | error
ER = here | aquí
ERA = evocated response audiometry | ERA [*audiometría por respuesta evocada*]
erasable | reescribible
erasable optical media | soporte óptico borrable
erasable programmable logic device | dispositivo lógico programable borrable
erasable programmable read-only memory | memoria de sólo lectura programable y borrable
erasable PROM | PROM borrable
erasable storage | almacenamiento borrable
erase, to - | borrar, eliminar, suprimir
erase character | carácter de borrado
erase generator | generador de borrado
erase head | cabeza borradora (/de borrado)
erase oscillator | oscilador de borrado
eraser | borrador
erasing head | cabeza borradora
erasing speed | velocidad de borrado
erasure | borrado
erasure channel | canal de borrado
erasure signal | signo de error
e-ray = extraordinary ray | rayo e = rayo extraordinario
erbium | erbio
erbium-doped fibre amplifier | amplificador de fibra dopada con erbio
ERE = here | aquí
E region | región E
E register | registro E
erg | ergio [*unidad de trabajo en el sistema CGS*]
ergodic | ergódico
ergodic source | fuente ergódica
ergonomic keyboard | teclado ergonómico
ergonomics | ergonomía
Ericsson selector | selector Ericsson
eriometer | eriómetro
erlang | erlang, erlangio
ERLL = enhanced run-lenght limited | ERLL [*proceso de gestión de datos para aumentar la capacidad del disco duro un 50 por 100*]
ERMES = European radiomessaging system | ERMES [*sistema europeo de radiomensajería*]
erosion | erosión, desgaste
erosion of the electrode | desgaste del electrodo
ERP = effective radiated power | poten-

cia radiada efectiva
ERP = enterprise resource planning | PRE = planificacion de recursos empresariales
ERP = event-related potential | ERP [*potencial en función de las incidencias*]
erratic noise | ruido errático
error | fallo, falla, error, equivocación
error analysis | análisis de errores
error bound | límite de error
error burst | error en ráfagas, ráfaga de errores
error calculation | cálculo de errores
error checking | verificación (/control) de errores
error control | gestión (/tratamiento, /control) de errores
error-correcting code | código corrector (/detector, /de corrección) de errores
error-correcting telegraph system | sistema telegráfico corrector de errores
error correction | corrección del error, corrección de errores
error correction failure | fallo de la corrección del error
error correction routine | rutina correctora de errores
error curve | curva de errores
error detecting and feedback system | sistema detector de errores con respuesta
error detecting code | código detector (/de detección) de errores
error detection | detección de errores
error detector | detector de errores
error diagnostics | diagnóstico de errores
error distribution curve | curva de distribución de errores
error estimate | cálculo de errores
error evaluation | cálculo de errores
error file | archivo de errores [*donde se graban estadísticas de errores de trasmisión*]
error function | función de error
error handling | control (/gestión, /tratamiento) de errores
error hooper | registro de errores
error in observation | error de observación
error log message | mensaje de error en el registro
error malfunction | incidencia de servicio
error management | control (/gestión, /tratamiento) de errores
error message | mensaje de error
error of centring | error de centrado
error of measurement | error de medición
error propagation | programación de error
error rate | tasa de errores; nivel de error
error rate damping | reducción del nivel de error
error rate of keying | proporción de errores de una manipulación
error rate of translation | proporción de errores de una traducción
error recovery | recuperación (/depuración) de errores
error routine | rutina de errores
error seeding | siembra de errores
error signal | señal de error
error tape | cinta de error
error trapping | detección de errores [*durante el proceso*]
error voltage | tensión de error
ERS = emergency response service | servicio de llamadas de emergencia
erythema dose | dosis eritémica
ES = European standard | NE = norma europea
Esaki diode | diodo Esaki
ESBO = electronic selection and bar operation | ESBO [*selección electrónica y mando de barras*]
ESC = escape | ESC = escape
E scan | exploración E
escape character | carácter de escape
escape code | código de escape
escape factor | factor de fuga (/escape)
escape key | tecla de escape
escape sequence | secuencia de escape
escape velocity | velocidad de escape
escapement lever | palanca de escape
ESCD = extended system configuration data | ESCD [*datos extendidos de la configuración del sistema*]
Esc key = escape key | tecla ESC = tecla de escape
E scope | pantalla E, proyector E
escutcheon | placa protectora de interruptor
ESD = electronic software distribution | ESD [*distribución electrónica de software*]
ESD = electrostatic discharge | ESD [*descarga electrostática*]
ESD = extended system data | ESD [*datos extendidos del sistema*]
ESD workstation | estación de trabajo ESD
ESDI = enhanced small devices interface | ESDI [*interfaz mejorada para dispositivos pequeños*]
ESDI = enhanced small disk interface | ESDI [*interfaz para discos duros que permite una velocidad de trasmisión de 10 MBit/s*]
E.SENS = end sensor | sensor de fin de carrera
ESMTP = extended simple mail transfer protocol | ESMTP [*programa de correo electrónico para extensiones de protocolo SMTP*]
ESO = European standardisation organisation | ESO [*organización europea de normativa*]
ESP = encapsulating security payload |
ESP [*protocolo de encapsulado de seguridad de la carga útil*]
ESPRIT = European strategic programme of research in information technologies | ESPRIT [*programa estratégico europeo de investigación en tecnologías de información*]
ESR = effective signal radiated | SRE = señal radiada eficaz
ESR = electron spin resonance | REE = resonancia del espín del electrón
ESS = electronic switching system | ESS [*sistema electrónico de conmutación*]
essential load | carga esencial (/elemental)
essential requirement | requisito esencial
establish, to - | acreditar, afirmar, confirmar, constituir, crear, demostrar, establecer, fundar, hacer valer, instituir, probar, ratificar
establish a connection, to - | establecer una comunicación
established reliability | fiabilidad establecida
establishment | creación, constitución, institución; casa, establecimiento
establishment charges | gastos de establecimiento
establishment of a connection | establecimiento de una comunicación
estiatron | estiatrón
estimated error | error estimado
estuary cable | cable subfluvial
E.SW = electronic switch | ME = mando (/conmutador) electrónico
E-T = electronic transfer | trasferencia electrónica [*de fondos*]
ETC = electric toll collection | ETC [*telepago, cobro automático en autopistas de peaje*]
etch | relieve
etchant | ácido para grabar
etchback | grabado de retracción
etched board | tablero de conexiones grabadas (/por circuitos grabados)
etched metal mask | máscara metálica grabada
etched printed circuit | circuito grabado
etch factor | factor de grabado (/ataque químico)
etching | grabado; ataque químico, mordentado; preparación
etching resist | capa resistente a los ácidos
etching to frequency | ajuste de la frecuencia de un cristal
e-text = electronic text | texto electrónico
ether | éter
ether hypothesis | hipótesis del éter
Ethernet | Ethernet [*cable de fibra óptica*]
E-time = execution time | tiempo de ejecución
etiquette | etiqueta

ETNO = European public telecommunications network operators | ETNO [*asociación de operadores públicos europeos de redes de telecomunicación*]
E transformer | trasformador E
ETS = electronic telegraph switch | conmutador telegráfico electrónico
ETS = European telecommunication standards | ETS [*normas europeas de telecomunicación*]
ETSA = European telecommunication services association | ETSA [*Asociación europea de servicios de telecomunicación*]
ETSI = European Telecommunications Standardization Institute | ETSI [*Instituto europeo de normalización en telecomunicaciones*]
ETSI standards | normas ETSI
Ettingshausen effect | efecto de Ettingshausen
ETX = end of transmission, end of text | ETX [*fin de trasmisión, fin del texto*]
Eu = europium | Eu = europio
EUCATEL = European conference of associations of telecommunication Industries | EUCATEL [*conferencia europea de las asociaciones de industrias de telecomunicación*]
Euclid's algorithm | algoritmo de Euclides
Euclidean norm | norma de Euclides, norma dos
Euclidean space | espacio euclídeo
eucolloid | eucoloide
eudiometer | eudiómetro [*probeta graduada para combinación de gases por chispa*]
EULA = end-user license agreement [*USA*] | EULA [*acuerdo de licencia para usuario final*]
Euler cycle | ciclo (/camino) de Euler
Euler path | camino (/ciclo) de Euler
Euler's method | método de Euler
E unit | unidad E
Eureka [*European research programme*] | Eureka [*programa europeo de investigación*]
eurocard | tarjeta con formato europeo
EuroDOCSIS | EuroDOCSIS [*especificación DOCSIS europea para redes de trasmisión por cable*]
Euro-ISDN | europrotocolo RDSI [*acuerdo europeo para la realización de la RDSI*]
EuroNorm | norma europea
European Computer Manufacturers Association | Asociación europea de fabricantes de ordenadores
European digital subscriber signalling system | sistema europeo de señalización digital para abonados
European prestandard | prenorma europea
European printer performance test | prueba europea de prestaciones de impresora

europium | europio
eutectic | eutéctica
eutectic alloy | aleación eutéctica
eutectic bonding | unión eutéctica
eutectic solder | soldadura eutéctica
EUTELSAT = European telecommunications satellite organization | EUTELSAT [*organización europea de telecomunicaciones por satélite*]
eV = electron volt | eV = electrón voltio
EV = exposure value | valor de exposición
evacuate, to - | evacuar, hacer el vacío
evaluation | evaluación
evaluation instrument | aparato para valoraciones
evaporate, to - | evaporar
evaporated thin-film triode | triodo túnel
evaporating | evaporador
evaporation | evaporación
evaporation material | material de evaporación
evaporation nucleon | nucleón de evaporación
evaporation of electrons | evaporación de electrones
evaporation source | fuente de evaporación
evaporative deposition | deposición por evaporación
E vector | vector E
even | par; uniforme
even armonic | armónico par
even-even nucleus | núcleo par-par
even function | función par
even-odd nucleus | núcleo par-impar
even parity | paridad par
event | acontecimiento, evento, incidencia, suceso
event counter | contador de fenómenos
event-driven | controlado por acciones
event-driven processing | procesamiento controlado por acciones
event-driven programming | programación controlada por acciones [*por ejemplo la pulsación de una tecla o el movimiento del cursor*]
event flag | bandera de acontecimiento
eversafe | nuclearmente seguro
EVFU = electronic vertical format unit | EVFU [*unidad electrónica de formato vertical*]
Evjen method | método de Evjen
evocated response audiometry | audiometría por respuesta evocada
EW = electronic warfare | EW [*dirección electrónica del combate*]
E wave | onda E
Ewing theory of ferromagnetism | teoría de Ewing del ferromagnetismo
E-W transmission = East-West transmission | trasmisión de este a oeste
EX = exchange | centralita (telefónica)
exa- [*prefix meaning one quintillion (10^{18})*] | exa- [*prefijo que significa un trillón (10^{18})*]

exabyte [*roughly 1 quintillion bytes, or a billion billion bytes; exactly 1,152,921,504,606,846,976 bytes*] | exabyte [*aproximadamente un trillón de bytes; exactamente 1.152.921.504.606.846.976 bytes*]
exalted carrier receiver | receptor de portadora acentuada (/amplificada, /incrementada)
exalted carrier reception | recepción de portadora acentuada (/amplificada, /incrementada)
examination | examen, inspección, revisión, reconocimiento, verificación
examination of the line | revisión de la línea
example listing | listado de ejemplo
exceed, to - | exceder, rebasar, superar
exceeded safe limit | límite de seguridad (/tolerancia) rebasado
except gate | puerta de excepción
exception | excepción
exception handling | tratamiento de excepciones
excess | exceso, excedente
excess carrier | portadora excedente
excess code | código de exceso
excess conduction | conducción por exceso (/electrones excedentes)
excess current | sobrecorriente, sobreintensidad, sobrecarga (de corriente)
excess electron | electrón excedente
excess energy | exceso de energía
excess energy meter | contador (/totalizador) de sobrecarga
excess excitation | sobreexcitación
excess factor | factor de exceso
excess fifty | exceso a cincuenta
excess meter | contador de exceso (de la duración)
excess minority carriers | portador minoritario excedente
excess multiplication constant | constante de multiplicación excedentaria
excess multiplication factor | factor de multiplicación excedentario
excess noise | ruido en exceso
excess noise factor | factor de ruido en exceso
excess notation | notación de exceso
excess power meter | contador de exceso de energía
excess reactivity | reactividad disponible
excess resonance integral | exceso de la integral de resonancia
excess sound pressure | presión acústica excedente
excess tariff | tarifa de exceso
exchange | estación (/oficina) central; central (telefónica); [*en una red*] intercambio
exchange, to - | intercambiar
exchangeable disk | disco extraíble
exchangeable disk store | unidad de disco removible; almacenamiento de discos intercambiables

exchange area | zona telefónica
exchange area layout | plano de la red
exchange busy-hour | hora punta de la centralita
exchange cable | cable local (/regional, /urbano)
exchange centre | central [*telefónica*]
exchange connection | enlace (/conexión) a la central
exchange energy | energía de intercambio
exchange equipment | equipos (/instalaciones) de central
exchange fault | avería de la central
exchange force | fuerza de intercambio
exchange line | línea urbana (/de intercambio, /troncal)
exchange of charges | intercambio de cargas
exchange plant | red urbana
exchange register | registro de intercambio
exchange selection | selección de intercambio, selección por permutación
exchange sort | clasificación de intercambio
exchange testing position | cuadro de observación, mesa (/puesto) de pruebas
exchange trouble | avería en la central (/estación)
exciplex | excipex [*estado complejo excitado*]
excitability | excitabilidad (eléctrica)
excitability curve | curva de excitabilidad
excitation | excitación
excitation anode | ánodo de excitación
excitation band | banda de excitación
excitation by electrons | excitación por electrones
excitation condition | condiciones de excitación
excitation cross section | superficie de excitación
excitation current | corriente de excitación
excitation curve | curva de excitación
excitation drive | impulso de excitación
excitation energy | energía (/potencial) de excitación
excitation function | función de excitación (nuclear)
excitation mechanism | mecanismo de excitación
excitation number | número de excitaciones
excitation of a spectrum | excitación del espectro
excitation of fluorescence | excitación de fluorescencia
excitation of spectrum lines | excitación de líneas espectrales
excitation potential | potencial de excitación
excitation probability | probabilidad de excitación

excitation purity | pureza de excitación
excitation set | grupo de excitación
excitation state | estado de excitación
excitation state level | grado de excitación
excitation voltage | tensión de excitación
excitation winding | devanado de excitación
excitator | excitador
excited | excitado
excited atom | átomo excitado
excited condition | estado excitado
excited field speaker | altavoz de campo excitado
excited level | nivel excitado
excited state | estado excitado
exciter | excitador, dispositivo de excitación; inductor
exciter dynamo | excitatriz
exciter field | campo inductor
exciter lamp | lámpara excitadora
exciter relay | relé excitador
exciter set | grupo de excitación
exciting | excitación
exciting anode | ánodo excitador
exciting coil | bobina excitadora (/de excitación, /inductora, /del campo inductor)
exciting current | corriente excitadora (/de excitación, /del campo inductor)
exciting dynamo | dinamo, excitatriz
exciting field | campo excitador (/inductor)
exciting interval | intervalo de excitación
exciting voltage | tensión de excitación
exciton [*a combination of an electron with a hole in a crystaline solid*] | excitón [*combinación de un electrón con un agujero en un sólido cristalino*]
excitor | excitador
excitron | excitrón
exclusion | exclusión
exclusion area | área (/zona) de exclusión
exclusion principle | principio de exclusión
exclusive circuit | circuito exclusivo
exclusive NOR | NI exclusivo [*circuito electrónico digital de doble estado*]
exclusive-NOR gate | puerta NI exclusiva
exclusive OR | OR exclusivo, O exclusivo
exclusive-OR gate | puerta O lógica exclusiva
exclusive-OR operation | operación de O exclusivo
excursion | excursión
excutive camp on | toque de atención
ex-directory | fuera de lista; ausente en listín telefónico
executable | ejecutable
executable programme | programa ejecutable
execute, to - | ejecutar [*una orden o instrucción*]

execute a programme, to - | ejecutar un programa
execute command, to - | ejecutar la orden
execute phase | fase de ejecución
execute step | paso de ejecución
execution | ejecución
execution host | huésped ejecutor
execution state | estado de ejecución
execution time | tiempo de ejecución
executive | ejecutivo; monitor, supervisor
executive camp on | llamada en espera
executive information system | sistema de información ejecutivo
executive instruction | instrucción de ejecución
executive intrusion | inclusión, intervención
executive programme | programa ejecutivo (/de ejecución)
executive routine | rutina de ejecución
executive state | estado ejecutivo (/supervisor)
exemption | exención
exerciser | ejercitador, probador
EXFCB = extended file control block | bloque de control de archivos extendidos
exhaust | escape
exhaustion | evacuación
exhaust pipe | tubo de vaciado
exhaust rate of a gas | velocidad de escape del gas
existential quantifier | cuantificador existencial
exit | salida
exit, to - | salir
exitance | exitancia
exit angle | ángulo de salida
exit button | botón de salida
exit channel | canal de salida
exit channel spin | clavija del canal de salida
exit delay | retardo de salida
exit discarding changes, to - | salir sin grabar cambios
exit dose | dosis de salida
exit jet | tobera de salida
exit loss | pérdidas de salida
exit point | punto de salida
exit quality | calidad de salida del vapor
exit saving changes, to - | grabar cambios y salir
exit Windows, to - | salir de Windows
exoergic | exoenergético
exogeneous variable | variable exógena
exosphere | exosfera
exothermic | exotérmico
exothermic reaction | reacción exotérmica
expand, to - | ampliar, expandir
expand button | botón de expansión
expandable gate | puerta ampliable
expandable window | ventana expandible

expanded | expandido
expanded-centre ppi display | presentación panorámica con centro dilatado
expanded contact | contacto extendido (/expandido)
expanded memory | memoria expandida (/ampliada)
expanded memory manager | gestor de memoria expandida
expanded memory specification | especificación de memoria expandida (/ampliada)
expanded partial plan position indicator | indicador panorámico de expansión parcial
expanded plan position indicator | indicador panorámico de expansión
expanded position indicator display | presentación ampliada de indicador de posición
expanded scale meter | instrumento de medida con ampliación de escala
expanded scope | presentación ampliada
expanded sweep | barrido ensanchado
expander | expansor
expander input | entrada de expansión
expansion | expansión, ampliación
expansion bellows | fuelle (/junta ondulada) de expansión
expansion board | tarjeta de expansión (/ampliación)
expansion board disabled in slot | tarjeta de expansión desactivada en ranura
expansion bus | bus de expansión
expansion capability | ampliabilidad
expansion card | tarjeta de expansión
expansion chamber | cámara de expansión
expansion cloud chamber | cámara de expansión
expansion connector | conector de expansión
expansion instrument | aparato de dilatación
expansion orbit | órbita dilatada (/de expansión)
expansion ratio | relación de expansión
expansion slot | ranura de expansión
expansion slot cover | cubierta de la ranura de expansión
expansion slot frame | soporte de la ranura de expansión
expansion socket | zócalo de expansión
expectation | expectación
expected | previsto
expected level | desnivel
expedited service | servicio rápido
experiment | experimento
experimental | experimental
experimental arrangement | disposición experimental
experimental breeder reactor | reactor experimental regenerable

experimental cell | célula experimental
experimental design | diseño experimental
experimental device | disposición experimental
experimental loop | lazo (/circuito) experimental
experimental model | modelo experimental
experimental reactor | reactor experimental
experimental scattering curve | curva de dispersión experimental
experimental station | estación experimental
experiment thimble | tubo de experimentación
expert action | acción avanzada
expert system | sistema experto
expiration date | fecha de caducidad
expire, to - | caducar
explicit address | dirección explícita
explicit focus | foco explícito
explicit function | función explícita
exploded view | vista de despiece
exploitation | explotación, aprovechamiento
exploration | exploración, barrido
exploratory data analysis | análisis exploratorio de datos
explorer | explorador
exploring coil | bobina exploradora (/de exploración)
explosion chamber | cámara de explosión
explosionproof | antideflagrante, a prueba de explosiones
explosionproof driver unit | motor electroacústico a prueba de explosiones
explosionproof machine | máquina antideflagrante
explosionproof motor | motor a prueba de explosión
explosionproof switch | conmutador a prueba de explosiones
explosive atmosphere | atmósfera explosiva
explosive river gun | pistola de empotrar
exponent | exponente
exponential | exponencial
exponential absorption | absorción exponencial
exponential amplifier | amplificador exponencial
exponential assembly | conjunto exponencial
exponential curve | curva exponencial
exponential damping | amortiguación exponencial
exponential decay | decaimiento (/decadencia) exponencial
exponential experiment | experiencia exponencial
exponential flareout | ensanchamiento exponencial
exponential horn | bocina exponencial

exponentially bounded algorithm | algoritmo limitado de forma exponencial
exponential notation | notación exponencial
exponential quantity | cantidad exponencial
exponential reactor | reactor exponencial
exponential space | espacio exponencial
exponential sweep | barrido exponencial
exponential transmission line | línea de trasmisión exponencial
exponential waveform | forma de onda exponencial
exponential waveform | onda de variación exponencial
exponential well | pozo exponencial
exponentiation | exponenciación
export list | lista de exportación
exposed installation | instalación expuesta a sobretensiones de origen atmosférico
exposure | exposición, radioexposición; irradiación, quemadura
exposure dose | dosis de exposición
exposure dose rate | velocidad de dosis de exposición
exposure for analysis | fotografía de análisis
exposure indicator | indicador de radioexposición
exposure meter | fotómetro, exposímetro, medidor de exposición
exposure method | método con fotografía
exposure of a spectrum | toma del espectro
exposure order wire | circuito de órdenes [*entre estaciones terminales*]
exposure rate | factor de exposición
exposure section | sección de aproximación (/acercamiento)
express | rápido
expression | expresión
expression control | pedal de volumen global
expression of requirements | expresión de requisitos
expulsion fuse | cortacircuito de expulsión
extend, to - | ampliar, extender
extended | extendido, ampliado
extended access | acceso ampliado
extended addressing | direccionamiento ampliado (/extendido)
extended area service | servicio interurbano a tarifa reducida
extended base memory | base extendida
extended binary coded decimal interchange code | código ampliado de caracteres decimales codificados en binario
extended character | carácter extendi-

do [*uno de los 128 caracteres del conjunto ASCII ampliado*]
extended conventional memory | memoria convencional extendida
extended data out dynamic random access memory | memoria de acceso aleatorio dinámico ampliada para salida de datos
extended data out random access memory | memoria de acceso aleatorio ampliada para salida de datos
extended edition | edición extendida
extended foil capacitor | condensador de lámina extendida
extended foil construction | fabricación de lámina extendida
extended graphics array | adaptador de gráficos extendido
extended GSM band | banda GSM ampliada
extended guard | ocupación prolongada
extended industry standard architecture | arquitectura normalizada industrial avanzada
extended interaction tube | tubo de interacción extendida
extended memory | memoria extendida
extended octave | octava de extensión
extended passive bus | bus pasivo extendido [*bus de usuario RDSI*]
extended play | disco de duración ampliada
extended play tape | cinta de duración ampliada
extended precision | precisión ampliada
extended range transducer | trasductor de gama extensa
extended selection | selección ampliada
extended selection model | modelo de selección ampliada
extended service office | oficina de servicio prolongado
extended speed range | margen de velocidad ampliado
extended subscription call | conversación suplementaria
extended system data | datos extendidos del sistema
extended telegraph circuit | comunicación (/instalación) escalonada
extended VGA | VGA extendida
extender | programa de extensión [*de la memoria convencional*]
extender board | tarjeta de expansión
extending outgoing trunk call | asignación diferida de línea [*urbana*]
extensibility | extensibilidad
extensible addressing | direccionamiento ampliable
extensible authentication protocol | protocolo de autenticación extensible
extensible forms description language | lenguaje ampliable de descripción de formularios

extensible language | lenguaje ampliable
extensible markup language | lenguaje de marcación ampliable
extensible multiple switchboard | múltiple ampliable
extensible style language | lenguaje de estilo ampliable
extensible stylesheet language | lenguaje de hojas de estilo extensible
extension | extensión, (cable) prolongador
extension bell | timbre supletorio
extension busy display | panel de extensiones ocupadas
extension call pickup | telecaptura individual de llamadas
extension cord | prolongador, cordón de extensión
extension field | campo de extensión
extension line | línea suplementaria (/de extensión)
extension manager | gestor de extensiones [*gestor de archivos de Macintosh*]
extension model | modelo de ampliación
extension number | número de extensión
extension number translation | conversor (/traductor) de números de abonado
extension set | aparato (telefónico) de extensión, equipo suplementario
extension station | estación
extension telephone | supletorio
extensive shower | chaparrón extensivo
extensometer | extensímetro
extensor | extensor
extent | extendido
external | externo, exterior
external armature | armadura externa
external body part | parte de cuerpo definida externamente [*encapsulado de mensajes*]
external breeding ratio | razón de reproducción externa
external cable | cable exterior
external cache memory | banco de datos externo
external cathode counter | contador de cátodo externo
external circuit | circuito externo
external clock | reloj externo
external command | orden externa
external control devices | dispositivos externos de control
external conversion ratio | razón de conversión externa
external CPU clock | reloj externo de la UCP
external critical damping resistance | resistencia externa de amortiguamiento crítico
external database | memoria caché externa
external device | dispositivo externo

external extension | aparato supletorio exterior
external feedback | realimentación externa (/por circuito externo)
external fragmentation | fragmentación externa
external function | función externa
external gateway protocol | protocolo de puerta externa
external hard disk | disco duro externo
external hard drive | unidad de disco externa
external interrupt | interrupción externa
external irradiation | irradiación externa
externally adjustable timer | temporizador ajustable exteriormente
externally-caused contact chatter | vibración de contacto por causas externas
externally-caused failure | fallo por causa exterior
externally-quenched counter | contador de apagado exterior
external memory | memoria externa (/periférica)
external modem | módem externo
external node | nodo externo
external noise | ruido externo
external path length | longitud de camino externo
external photoeffect | fotoefecto externo
external photoeffect detector | detector de fotoefecto externo
external photoelectric effect | efecto fotoeléctrico externo
external plant | red
external pole armature | inducido de polos exteriores
external processor loop | bucle de procesador externo
external Q | factor Q externo
external quantum efficiency | eficiencia cuántica externa
external quenched counter valve | válvula de recuento con circuito exterior eliminador de chispas
external reference | referencia externa
external resistance | resistencia externa
external schema | esquema externo
external sorting | clasificación externa
external storage | memoria externa; almacenamiento externo
external viewer | visualizador externo
external wiring | cableado exterior
extinction | extinción
extinction coefficient | coeficiente de extinción
extinction current | corriente de extinción
extinction curve | curva (/diagrama) de extinción
extinction potential | potencial de extinción
extinction ratio | razón de extinción

extinction voltage | tensión de extinción
extinguishing voltage | tensión de apagado
extra-class licence | permiso de clase extra
extract | extracto
extract instruction | orden de extracción
extracted beam | haz de salida
extracting medium | medio de extracción
extraction | extracción
extraction cycle | ciclo de extracción
extraction instruction | instrucción de extracción
extraction liquor | líquido de extracción
extraction potential | potencial de extracción
extractor | (filtro) extractor
extra-European call | comunicación (telefónica) extraeuropea
extra-European system | régimen extraeuropeo
extra-high-density floppy disk | disco flexible de densidad extraalta [*disquete de 3,5 pulgadas con capacidad de 4 MB*]
extra-high performance macros | macroordenador de altas prestaciones
extra-high tension | tensión extraalta
extra-high voltage | tensión extraalta
extra-light loading | carga ligera (/extraligera)
extramural absorption | absorción de superficie externa
extraneous emission | emisión extraña
extranet | extranet [*extensión de intranet que utiliza tecnología de World Wide Web*]
extranuclear electron | electrón extranuclear
extraordinary ray | rayo extraordinario
extraordinary wave | onda extraordinaria
extraordinary-wave component | componente extraordinaria de onda
extra-play | cinta de larga duración; duración suplementaria
extrapolate, to - | extrapolar
extrapolated boundary | límite extrapolado
extrapolated range | alcance extrapolado
extrapolation | extrapolación
extrapolation ionization chamber | cámara de ionización de extrapolación
extrapolation method | método de extrapolación
extraterrestrial noise | ruido extraterrestre
extremely high frequency | frecuencia extremadamente alta
extremely low frequency | frecuencia extremadamente baja
extrinsic base resistance | resistencia de base extrínseca
extrinsic conductance | conductancia extrínseca
extrinsic detector | detector extrínseco
extrinsic factor | factor extrínseco
extrinsic photoconductivity | fotoconductividad extrínseca
extrinsic property | propiedad extrínseca
extrinsic semiconductor | semiconductor extrínseco
extrinsic semiconductor material | material semiconductor extrínseco
extrinsic sensor | sensor pasivo; optrodo extrínseco
extrinsic transconductance | transconductancia extrínseca
extruded cable | cable moldeado a presión
extrusion | extrusión
eye | agujero; ojo
eyelet | ojal, ojete
eye tube | ojo mágico
e-zine = electronic magazine | revista electrónica, folletín electrónico
E zone | zona E

F

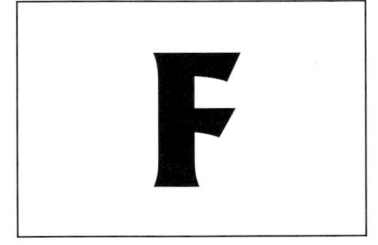

F = farad | **F** = faradio [*unidad de capacidad eléctrica del SI*]
F = fluorine | **F** = fluor
F = fuse | **F** = fusible
F2F = face-to-face | cara a cara [*usado en internet*]
FA = femtoampere | FA = femtoamperio
FA = foreing agent | AE = agente extranjero [*en protocolos de internet*]
FAB = face and body | FAB [*cabeza y cuerpo (herramienta de animación)*]
FAB = fast atoms bombardment | FAB [*bombardeo de átomos rápidos*]
fabrication tolerance | tolerancia de fabricación
Fabry-Perot interferometer | interferómetro de Fabry-Perot
FACCH = fast-associated control channel | FACCH [*canal de control rápido asociado a los canales de tráfico*]
face | cara; fachada, frente; lado; superficie; ventana
face bonding | cohesión frontal
face-centred | centrado superficial
faced crystal | cristal crecido
face of an anode | cara de un ánodo
face-parallel cut | corte paralelo a una cara
face-perpendicular cut | corte perpendicular a una cara
faceplate | carátula [*de disco dactilar o selector*]
faceplate controller | combinador de disco
face time | tiempo de comunicación cara a cara
face-to-face | cara a cara
facilities | instalaciones de explotación; elementos de la red
facility | prestación; facilidad; servicio suplementario
Facom | Facom [*sistema de radionavegación basado en la comparación de fases*]
facsimile | facsímil
facsimile bandwidth | ancho de banda de facsímil
facsimile broadcast station | estación emisora de facsímil
facsimile density | densidad de facsímil
facsimile posting | trasferencia en facsímil
facsimile receiver | receptor de facsímil
facsimile recorder | grabador (/registrador) de facsímil
facsimile signal | señal de facsímil
facsimile signal level | nivel de la señal de facsímil
facsimile system | sistema de facsímil
facsimile transmission | trasmisión por facsímil
facsimile transmission converter | convertidor de trasmisión de facsímil
facsimile transmitter | trasmisor de facsímil
factor | factor
factorable code | código factorable
factor analysis | análisis de factores
factorial design | diseño factorial
factor of merit | factor de mérito
factor separation | factor de separación
factory calibration | calibración de fábrica
factory setup | ajuste de fábrica
fade | fundido
fade, to - | desvanecer(se), fundirse (la imagen)
fade chart | gráfico de desvanecimiento
fade-in | fundido en imagen
fade-out | desvanecimiento
fader | atenuador, desvanecedor
fading | desvanecimiento, fundido
fading area | zona de desvanecimiento
fading margin | margen de atenuación (/desvanecimiento)
F.ADV = frame advance | F.ADV [*avance imagen a imagen*]
Fagan inspection | inspección de Fagan
Fahnestock clip | conector de Fahnestock
Fahrenheit temperature scale | escala Fahrenheit de temperatura
fail | error
fail, to - | fallar, sufrir avería, provocar (/simular) un fallo
fail a request | anomalía de petición
failback | vuelta al equipo principal [*tras el paso a la unidad sustitutoria en equipos redundantes*]
failed | defectuoso, con fallo; fallido
failed element detection and location | detección de rotura de vaina
failed element indicator | indicador de rotura de vaina
failed element monitor | monitor de fallo de elementos
fail hardover | fallo con salida máxima permanente
failover | paso a unidad sustitutoria [*en equipos redundantes*]
fail safe | seguro contra fallo, a prueba de fallos (/averías), protección en caso de fallos
fail-safe brace | refuerzo de seguridad contra averías
fail-safe characteristic | característica del control de fallos
fail-safe circuit | circuito protector de fallos
fail-safe control | control libre de fallos, control de seguridad contra fallos
fail-safe operation | funcionamiento protegido de fallos
fail-safe session | sesión de seguridad contra anomalía
fail-safe system | sistema de seguridad
fail-safe timer | temporizador de seguridad
fail-soft | fallo blando, tolerante al fallo
fail softly | fallo gradual (/por degradación)
fail-soft system | sistema de fallo compensable (/gradual)
failure | avería, fallo, falla [*Hispan.*]
failure-activating cause | causa de activación de fallo
failure analysis | análisis de fallos (/averías)

failure detector | detector de averías (/fallos)
failure indicator | indicador de fallos
failure mechanism | mecanismo de fallo
failure mode | modo de fallo
failure panel | tablero de alarma
failure rate | frecuencia (/índice, /tasa) de fallos (/averías)
failure recovery | recuperación de avería
failure unit | unidad de fallo (/error)
faint band | banda débil
fairing | carenado, fuselado
fairlead | guía de la antena colgante
fair use | uso legítimo
fall | caída
fall away, to - | perder la excitación
fallback | recurso de emergencia [*en caso de avería*]
fallback character | carácter de emergencia
fallback circuit | circuito de reserva (/socorro)
fall backward | reducción de la velocidad de trasmisión [*al detectar un fallo en la línea*]
fall forward | reanudación de la velocidad de trasmisión [*cuando trascurre un tiempo sin detectarse fallos en la línea*]
fall-in | enganche de sincronismo; instante de enganche
fall into synchronism, to - | enganchar; entrar en sincronismo
fall of potential | caída de potencial
fallout | caída [*fallo total de un equipo informático*]
fall time | tiempo de caída
false | falso, erróneo
false addition | suma falsa
false alarm | falsa alarma
false alarm number | número de falsa alarma
false alarm time | tiempo de falsa alarma
false course | falsa ruta (/derrota), falso rumbo
false curvature | falsa curvatura
false echo device | generador de falso eco
false position method | método de posición falsa
false ring | llamada equivocada (/falsa)
false signal | señal falsa
false statement | planteamiento falso
family | familia
family of curves | grupo de curvas
family of frequencies | familia de frecuencias
FAMOS-transistor = floating-gate avalanche injection MOS transistor | transistor FAMOS
FAMS = frequency allocation multiplex system | FAMS [*sistema múltiple de distribución de frecuencias*]
fan | ventilador; abanico
fan, to - | ventilar

fan aerial | antena en abanico
fan beam | haz en abanico
fan beam aerial | antena de haz en abanico
fan efficiency | rendimiento del ventilador
fanfold paper | papel doblado en abanico (/continuo)
fan-in | abanico (/convergencia, /cargabilidad) de entrada, factor de carga de (/a la) entrada
fan-in circuit | circuito de entradas en abanico
fan marker | marcador de abanico; radiobaliza de haz en abanico
fan marker beacon | radiobaliza de (haz en) abanico
fanned-beam aerial | antena de (haz en) abanico
fanning beam | haz de antena en abanico
fanning strip | regleta distribuidora (/de distribución)
Fano coding [*Shannon-Fano coding*] | codificación de Fano [*codificación de Shannon-Fano*]
fanout, fan-out | abanico (/divergencia, /ramificación, /cargabilidad) de salida; factor de carga de (/a la) salida; cable en abanico, repartidor óptico
fan-out circuit | circuito de salidas en abanico
fan-out-unit | unidad fan-out [*conector para terminales de bus*]
fan power connector | conector de alimentación del ventilador
fan-top radiator | radiador en abanico
fanzine | fanzine [*revista publicada por y para un grupo de aficionados a un tema concreto*]
FAQ = frequently asked question | FAQ [*pregunta más frecuente*]
far | lejos, lejano
FAR = force actuated relay | FAR [*relé de activación manual*]
farad | faradio
Faraday's cage | jaula (/pantalla) de Faraday
Faraday's constant | constante de Faraday
Faraday's dark space | espacio oscuro de Faraday
Faraday's disc machine | máquina de disco de Faraday
Faraday's effect | efecto Faraday
Faraday's ice-bucket experiment | experimento de Faraday
Faraday's law | ley de Faraday
Faraday's law of electromagnetic induction | ley de Faraday sobre la inducción electromagnética
Faraday's rotation | rotación de Faraday
Faraday's rotation isolator | aislador de rotación de Faraday
Faraday's shield | escudo (/pantalla electrostática) de Faraday
faradic | farádico

faradic current | corriente farádica
faradism | faradismo
faradization | faradización
faradmeter | faradímetro
far-end crosstalk | telediafonía, diafonía lejana
far-end-operated terminal echo suppressor | supresor de eco terminal por telemando
far field | campo lejano (/distante)
far field region | región de campo lejano
far infrared | infrarrojo lejano (/profundo, /extremo)
far-infrared maser | máser de infrarrojo lejano
far-infrared radiation | radiación del infrarrojo extremo
far ir = far infrared | infrarrojo lejano (/profundo, /extremo)
farm | colaboración informática
Farnsworth image-dissector tube | tubo analizador de imagen Farnsworth
Farnsworth multiplier | multiplicador de Farnsworth
far ultraviolet radiation | radiación de ultravioletas profundos
far zone | zona lejana
fast | rápido
fast-access memory | memoria de acceso rápido
fast-access storage | almacenamiento de acceso rápido
fast answerback | respuesta rápida
fast-associated control channel | canal de control rápido asociado a los canales de tráfico
fast atoms bombardment | bombardeo de átomos rápidos
fast automatic gain control | puerta automática de control rápida
fast change | cambio rápido
fast controller | controladora rápida
fast driver | distribuidor rápido
fast driver scanner | explorador distribuidor rápido
fastener | fijador, terminal de conexión
fast Ethernet | Ethernet rápido
fast fission | escisión rápida
fast fission effect | efecto de escisión rápida
fast fission factor | factor de escisión rápida
fast forward | avance rápido
fast-forward control | control de bobinado rápido
fast Fourier transform | trasformación rápida de Fourier
fast groove | surco rápido
fast information channel | canal de información rápida
fast infrared port | puerto infrarrojo rápido
fast inteface | interfaz rápida
fast lock | cierre rápido
fast medium | medio rápido
fast multiplication factor | factor de

multiplicación rápida
fast neutron reactor | reactor de neutrones rápidos
fastomeric [*guiding insert structure which provides the alignment of two fibres*] | fastomeric [*conector óptico especial desmontable no reutilizable*]
faston terminal | terminal fastón
fast-operate relay | relé de accionamiento rápido
fast-operate-fast-release relay | relé de accionamiento rápido y desconexión rápida
fast-operate-slow-release relay | relé de accionamiento rápido y desconexión lenta
fast packet | paquete rápido [*en trasmisión de datos*]
fast packet switching | conmutación rápida de paquetes
fast-paged mode | modo rápido de paginación
fast page-mode RAM | RAM rápida en modo de página
fast programmed mode | modo de programación rápida
fast reactor | reactor rápido
fast-release relay | relé de desconexión rápida
fast spiral | espiral rápida
fast time constant | dispositivo con constante de tiempo pequeña
fast time constant circuit | circuito de constante de tiempo breve
fast turnaround | conmutación instantánea
FAT = file assignation (/allocation) table | FAT [*tabla de asignación (/situación, /localización) de archivos*]
fatal error | error fatal (/grave)
fatal exception error | error fatal excepcional [*implica pérdida de datos y reinicialización del ordenador*]
fat application | aplicación fat [*que soporta PowerPC y Macintosh*]
fat binary | formato binario fat
fatbit | fatbit [*para modificación de la imagen píxel a píxel*]
fat client | cliente fat [*que proporciona al servidor gran cantidad de automatismos*]
FAT file system | sistema de archivos FAT [*de MS-DOS*]
father [*of a node*] | padre [*de un nodo*]
father file | archivo padre (/primario)
fatigue | fatiga
fat server | servidor fat [*que proporciona al cliente gran cantidad de automatismos*]
fatware | fatware [*software que ocupa innecesariamente gran cantidad de memoria*]
fault | avería, anomalía, fallo, falla, defecto, falta, desperfecto
fault alarm tone | tono de alarma de avería
fault card | boletín de avería
fault clearance | reparación

fault coder | codificador de fallos
fault complaint service | servicio de averías
fault correction | reparación
fault current | corriente de fallo (/avería, /defecto); falta de corriente
fault decoder | descodificador de fallos
fault defect | defecto de fallo
fault detection | detección de fallos
fault diagnosis | diagnóstico de averías (/fallos)
fault dictionary | diccionario de fallos
fault electrode current | fallo en la corriente de electrodos; corriente electródica de fuga (/avería)
fault encoder | codificador de señales de fallo (/avería)
fault finder | localizador de fallos (/averías)
fault finding | localización de averías
fault ground | tierra accidental (/por avería)
fault indicator | indicador de fallo
fault isolation | aislamiento de fallos
fault isolation resolution | resolución de aislamiento de fallo
fault manegement | gestión de averías
fault model | modelo de fallo
fault observation circuit | circuito de observación de incidentes
fault on the line | fallo (/defecto, /avería) en la línea
fault recognition | detección de averías
fault register | registro de averías (/incidencias)
fault reporting | aviso (/informe) de avería
fault resistance | resistencia del fallo
fault selection circuit | circuito de selección de incidentes
fault sensing and reporting system | televigilancia; sistema de detección y aviso (/señalización) de fallos
fault signature | signatura de fallos
fault simulation | simulación de fallos
fault tolerance | tolerante a fallos
fault-tolerant | tolerancia a los fallos
fault-tolerant circuit | circuito con tolerancia al fallo
fault-tolerant system | sistema tolerante al fallo
fault tone | tono de avería (/fallo)
faulty | averiado, defectuoso, erróneo, incorrecto, en mal estado
faulty calling lamp | lámpara de llamada defectuosa
faulty circuit | circuito averiado (/en mal estado)
faulty connection | mala conexión, mal contacto
faulty line | línea averiada (/en mal estado)
faulty part | órgano averiado
faulty selection | selección deformada (/falsa)
faulty soldered joint | empalme mal soldado, mala soldadura [*en la junta*]

Faure plate | placa tipo Faure, placa de óxido aportado
favorite | favorito
favorite folder | archivo favorito [*en el navegador Internet Explorer*]
favourable geometry | geometría favorable
fax = facsimile | fax = facsímil [*trasmisión digitalizada de texto y gráficos por línea telefónica*]
fax, to - | mandar un fax, faxear [*fam*]
fax card | tarjeta de fax
fax machine | fax
fax modem | fax módem [*módem que trasmite datos en formato fax*]
fax on demand | consulta por fax
fax programme | programa de fax
fax server | servidor de fax
faying surface | superficie de contacto (/empalme)
fay surface | superficie de contacto (/empalme)
f band | banda f
FBP = filtered back projection | FBP [*retroproyección filtrada*]
FCB = file control block | FCB [*bloque de control de archivos (bloque de memoria)*]
FCC = Federal communication commission | FCC [*comisión estadounidense de comunicaciones*]
FCCH = frequency control channel | FCCH [*canal de control de frecuencia (para la sincronización de frecuencia de las portadoras)*]
F connector | conector F [*tipo de conector coaxial para vídeo*]
FCS = frame check (/checking) sequence | FCS [*secuencia de comprobación de imágenes, secuencia de verificación de trama*]
FD = file descriptor | FD [*descriptor de archivo*]
FD = floppy disk | FD [*disco flexible*]
FDC = floppy disk controller | FDC [*controladora de la unidad de disco flexible*]
FDD = floppy disk driver | FDD [*controladora de unidad de disquete*]
FDDI = fibre distributed data interface, fibre digital device interface | FDDI [*interfaz para distribución de datos por fibra óptica*]
FDHM = full duration at half maximum | FDHM [*anchura espectral, ancho espectral*]
FDHP = full duplex handshaking protocol | FDHP [*protocolo dúplex completo para establecimiento de comunicación*]
F display | presentación (tipo) F
F distribution | distribución F
FDM = frequency division multiplexing | FDM [*multiplexado por división de frecuencias*]
FDMA = frequency division multiple access | FDMA [*acceso múltiple por división de frecuencia*]

FE = full erase | FE [*borrado total*]
feasibility study | estudio de viabilidad
feather | pluma
Feather analysis | análisis de Feather
Feather rule | regla de Feather
feathery effect | efecto de desfase [*en altavoces*]
feature | característica, función; aspecto, cualidad
feature button | tecla programable (/de programa, /redefinible)
feature connector | conector auxiliar (/de función)
feature extraction | extracción de características [*de una imagen*]
feature key | teclas de programas
feature package | paquete opcional (/de facilidades)
feature phone | teléfono confort
features | prestaciones
feature transparency | trasparencia de las prestaciones
featuritis [*fam*] | featuritis [*afán por añadir aplicaciones complementarias a un programa original*]
FEB [*European Foundation of Bioelectromagnetism and Health Sciences*] | FEB = Fundación europea de bioelectromagnetismo y ciencias de la salud
FEC = forward error correction | FEC [*corrección de errores sin canal de retorno*]
FEC = forwarding equivalence class | FEC [*clase de equivalencias de envío*]
federated database | base de datos federada [*para difusión de conocimientos científicos*]
feed | (corriente de) alimentación; dispositivo de alimentación
feed, to - | alimentar
feedback | reacción, respuesta; retroacción; reintroducción; retroalimentación, retroacoplamiento, realimentación, retroaplicación; información de retorno
feedback admittance | admitancia de realimentación
feedback amplifier | amplificador realimentado (/de realimentación, /de retroalimentación)
feedback attenuation | atenuación de realimentación
feedback circuit | circuito de realimentación
feedback compensation | compensación de realimentación
feedback control | control con realimentación
feedback controller | controlador por realimentación
feedback control loop | bucle de control de realimentación
feedback control signal | señal de control de realimentación
feedback control system | sistema de control con realimentación

feedback control winding | arrollamiento de control de realimentación
feedback coupling | acoplamiento retroactivo (/por reacción)
feedback cutter | estilete grabador de realimentación
feedback diode | diodo de realimentación
feedback factor | factor de realimentación
feedback linear control system | sistema de control lineal con realimentación
feedback loop | lazo de realimentación
feedback oscillator | oscilador realimentado (/de realimentación, /de reacción)
feedback path | vía de realimentación
feedback quasi-linear control system | sistema de control casi lineal con realimentación
feedback queue | cola de realimentación
feedback register | registro de realimentación
feedback regulator | regulador realimentado (/de realimentación)
feedback sense voltage | tensión de realimentación
feedback shift register | registro de desplazamiento y realimentación
feedback signal | señal de realimentación
feedback transfer function | función de trasferencia de realimentación
feedback winding | devanado de realimentación
feeder | arteria; alimentador, línea (/circuito) de alimentación
feeder booster | elevador de tensión de arteria; voltaje al final del cable alimentador
feeder brush | escobilla colectora
feeder cable | cable alimentador
feeder delay noise | ruido por retardo en los alimentadores
feeder distortion | distorsión en el alimentador
feeder loss | atenuación del alimentador, pérdida en el alimentador
feeder system | ramal (/sistema) tributario
fee determination | determinación de tarifa
feed forward | avance de papel
feed-forward control | control de alimentación directa
feed-forward register | registro de alimentación hacia adelante
feed-forward shift register | registro de desplazamiento de alimentación hacia adelante
feed function | función de alimentación
feed hole | perforación de arrastre, agujero de avance
feeding | alimentación
feeding bridge | puente de alimentación

feed junctor | alimentador
feed material | material de alimentación
feed out | avance, arrastre
feed-out bail assembly | conjunto del fiador de avance
feed-out drive cam | leva de mando del avance
feed-out magnet | solenoide de avance
feed-out mechanism | mecanismo expulsor de cinta
feed pawl spring | resorte del trinquete
feed pitch | paso de alimentación (/avance)
feed reel | carrete de alimentación
feed scanner | escáner de desplazamiento
feedthrough | traspaso; conector interfacial
feedthrough capacitor | condensador de paso
feedthrough insulator | aislador de paso (de alimentación)
feedthrough terminal | terminal pasante de alimentación
feed-thru connection [USA] | conexión de paso de alimentación
feedwater heater | calentador del agua de alimentación
feed wheel | rueda de avance
feed wire | alimentador, conductor de alimentación; hilo de ida
Felici balance | balanza de Felici
FEM = field elements module | MEE = módulo de elementos exteriores [*en enclavamientos ferroviarios electrónicos*]
female | hembra
female connector | conector hembra
female contact | conector (/contacto) hembra
female end of the cord | extremo hembra del cable
femto | femto [*prefijo que designa un submúltiplo igual a 10^{-15}*]
femtoampere | femtoamperio [*unidad de corriente igual a 10^{-15} amperios*]
femtometer | femtómetro
femtosecond [*one quadrillionth (10^{-15}) of a second*] | femtosegundo [*milbillonésima de segundo (10^{-15})*]
femtovolt | femtovoltio [*unidad de tensión igual a 10^{-15} voltios*]
fence | valla, vallado
fence alarm | alarma de valla
fender | tapa de protección
FENITEL | FENITEL = Federación nacional de asociaciones de instaladores de telecomunicación [*España*]
FEP = front end processor | FEP [*ordenador de comunicaciones*]
Ferguson classification of bridges | clasificación de Ferguson de los puentes
Fermi age | edad de Fermi
Fermi age equation | ecuación de la edad de Fermi

Fermi age model | modelo de edad de Fermi, modelo de moderación continua
Fermi age theory | teoría de la edad de Fermi
Fermi constant | constante de Fermi
Fermi-Dirac distribution | distribución de Fermi-Dirac
Fermi-Dirac distribution function | función de distribución de Fermi-Dirac
Fermi distribution | distribución de Fermi
Fermi energy | energía (/nivel) de Fermi
Fermi level | nivel de Fermi
Fermi plot | recta de Fermi
Fermi potential | potencial de Fermi
Fermi surface | superficie de Fermi
Fermi temperature | temperatura de Fermi
fermium | fermio
FERPIC = ferroelectric picture | FERPIC [*dispositivo cerámico para almacenamiento de imágenes*]
ferramic = ferroelectric ceramic | cerámica ferroeléctrica
ferreed | de láminas magnéticas
ferreed switch | interruptor de láminas magnéticas
Ferrel law | ley de Ferrel
ferret | avión espía, avión de reconocimiento electromagnético
ferret, to - | reconocer radiaciones electromagnéticas
ferret reconnaissance | reconocimiento electromagnético
ferric oxide | óxido férrico
ferric RAM = ferromagnetic random access memory | FRAM [*memoria ferromagnética de acceso aleatorio*]
ferrimagnetic amplifier | amplificador ferrimagnético
ferrimagnetic domain | campo ferrimagnético
ferrimagnetic limiter | limitador ferrimagnético
ferrimagnetic material | material ferrimagnético
ferrimagnetism | ferrimagnetismo
ferristor | ferristor
ferrite | ferrita
ferrite bead | perla de ferrita
ferrite bead memory | memoria de núcleos de ferrita
ferrite circulator | circulador de ferrita
ferrite core | núcleo magnético (/de ferrita)
ferrite core memory | memoria de núcleos de ferrita
ferrite isolator | aislador de ferrita
ferrite limiter | limitador de ferrita
ferrite phase-differential calculator | circulador de ferrita de fase diferencial
ferrite rod aerial | antena de barra (/núcleo) de ferrita
ferrite rotator | rotador de ferrita

ferrite switch | interruptor de ferrita
ferrite tuned oscillator | oscilador de ferrita sintonizado
ferroacoustic storage | memoria ferroacústica, almacenamiento ferroacústico
ferroalloy | aleación férrica
ferrocart core | núcleo de ferrocar
ferrochrome | ferrocromo
ferrodynamic instrument | instrumento ferrodinámico
ferrodynamic relay | relé ferrodinámico
ferroelectric | ferroeléctrico
ferroelectric converter | convertidor ferroeléctrico
ferroelectric crystal | cristal ferroeléctrico
ferroelectric domain | dominio ferroeléctrico
ferroelectric effect | efecto ferroeléctrico
ferroelectric film | película ferroeléctrica
ferroelectricity | ferroelectricidad
ferroelectric material | material ferroeléctrico
ferroelectric shutter | obturador ferroeléctrico
ferroelectric switching time | tiempo de conmutación ferroeléctrica
ferromagnetic | ferromagnético
ferromagnetic amplifier | amplificador ferromagnético
ferromagnetic anisotropy | anisotropía ferromagnética
ferromagnetic material | material ferromagnético
ferromagnetic oxide part | parte de óxido ferromagnético
ferromagnetic resonance | resonancia ferromagnética
ferromagnetic resonance absorption | absorción ferromagnética de resonancia
ferromagnetics | ferromagnética
ferromagnetic switching time | tiempo de conmutación ferromagnética
ferromagnetic tape | cinta ferromagnética
ferromagnetism | ferromagnetismo
ferromagnetography | ferromagnetografía
ferromanganese | ferromanganeso
ferrometer | ferromagnetómetro, ferrómetro
ferromolybdenum | ferromolibdeno
ferroresonance | ferrorresonancia, resonancia ferromagnética
ferroresonant circuit | circuito ferrorresonante (/de ferrorresonancia)
ferroresonant transformer | trasformador ferrorresonante
ferrosilicon | ferrosilicio
ferrospinel | ferroespinela
ferrotitanium | ferrotitanio
ferrous | férreo
ferrule | tapa de contacto; manguito de empalme; férula
ferrule connection | conector de corrientes especiales
ferrule connector | conector de corrientes especiales
ferrule resistor | resistor (con terminales) de casquillo
ferrule terminal | casquillo terminal, terminal de casquillo; borne de férula
Ferry-Porter law | ley de Ferry-Porter
fertile | fértil
Fessenden oscillator | oscilador de Fessenden
FET = field-effect transistor [*unipolar transistor*] | FET [*transistor de efecto de campo*]
FET = front end processor | FET [*ordenador de comunicaciones asociado a un huésped*]
fetal [USA] [*foetal (UK)*] | fetal
fetch, to - | extraer [*instrucciones o datos de la memoria para guardarlos en un registro*]
fetch cycle | ciclo de búsqueda de una instrucción
fetch-execute cycle | ciclo de búsqueda y ejecución
fetch protect | protección contra la búsqueda
fetch time | tiempo de extracción [*de instrucciones o datos de la memoria para guardarlos en un registro*]
FFT = final form text | texto en formato final
FET resistor | resistor FET [*resistencia con transistor de efecto de campo*]
Feynman diagram | diagrama de Feynman
FF = fast forward | FF [*avance rápido*]
FF = fixed filter | FF = filtro fijo [*estilo de reserva para paquetes de datos*]
FF = flip-flop | FF = flip flop [*circuito biestable, multivibrador*]
FF = form (/formular) feed | Alim.papel = alimentación de papel; AvPag = avance de página [*en impresoras*]
F factor | factor F
FFT = fast Fourier transform | FFT [*trasformación rápida de Fourier*]
FG = frame ground | TT = toma de tierra
FG = frequency generator | GF = generador de frecuencias
fiat rate | tarifa global
fiber [USA] [*fibre (UK)*] | fibra
fiber distributed data interface | interfaz de fibra de datos distribuidos
fiberglass [USA] [*fibreglass (UK)*] | fibra de vidrio
fiber optic | fibra óptica, guiaonda óptico
fiberoptic cable, fiber-optic cable | cable de fibra óptica
fiber optic system | sistema de fibra óptica
fiberscope [USA] [*fibrescope (UK)*] | fibroscopio
Fibonacci numbers | números de Fibonacci [*serie infinita donde cada nú-*

mero es la suma de los dos que le preceden]
Fibonacci search | búsqueda de Fibonacci
Fibonacci series | series de Fibonacci
fibre [UK] | fibra
fibre bundle | haz de fibras
fibre cable | cable de fibra
fibre dispersion | dispersión de fibra
fibre distributed data interface | interfaz de datos distribuidos por fibra óptica
fibre electrometer | electrómetro unifilar
fibreglass [UK] | fibra de vidrio
fibre metallurgy | metalurgia de fibras
fibre needle | aguja de fibra
fibre-optic bundles | haces de fibras ópticas
fibre-optic computer interconnection | interconexión de ordenadores por fibra óptica
fibre-optic field flattener | aplanador de campo en fibra óptica
fibre-optic multiport coupler | acoplador de fibras ópticas multiacceso
fibre-optic probe | sonda de fibra óptica
fibre-optic rod multiplexer-filter | estabilizador de fibra óptica para multiplexión (/filtrado), varilla de fibra óptica multiplexor-filtro
fibre optics | fibra óptica
fibre-optic scanner | escáner de fibra óptica
fibre-optic scrambler | codificador de fibra óptica
fibre-optic splice | conector de fibras ópticas
fibre optics transmission system | sistema de trasmisión con fibras ópticas
fibre-optic system | sistema de fibra óptica
fibre-optic terminus | terminal de fibra óptica
fibre-optic transmission system | sistema de trasmisión por fibra óptica
fibre-optic waveguide | guía de ondas de fibra óptica
fibre recoater | reponedora de cubierta [*para fibra óptica*]
fibre scattering | dispersión de fibra
fibrescope [UK] | fibroscopio
fibre to the curb | fibra hasta el bordillo [*en tendido de fibra óptica*]
fibre to the home | fibra hasta el hogar [*en tendido de fibra óptica*]
fibre to the loop | fibra hasta el bucle [*en tendido de fibra óptica*]
fibre tray | bandeja (/organizador, /módulo de empalme) de fibra óptica
fibrillation | fibrilación
FIC = fast information channel | FIC [*canal de información rápida*]
fiche | ficha
Fick's law | ley de Fick
fidelity | fidelidad, exactitud de reproducción
Fidonet | Fidonet [*protocolo para trasmisión de datos por teléfono*]
field | campo (inductor); espacio (en blanco)
field application relay | relé de aplicación de campo
field breaker | disyuntor (/interruptor) de excitación
field circuit | circuito inductor
field circuit breaker | disyuntor de excitación
field coil | bobina inductora (/de campo)
field control | control de campo
field control of speed | control de velocidad por campo
field data | datos de campo [*datos obtenidos mediante estudios en el terreno*]
field density | densidad de campo
field discharge protection | protección contra descargas de campo
field displacement isolator | aislador de desplazamiento de campo
field distortion | distorsión del campo
field distribution | distribución del campo, repartición del campo inductor
field effect | efecto de campo
field-effect diode | diodo de efecto de campo
field-effect tetrode | tetrodo de efecto de campo
field-effect transistor | transistor de (/con) efecto de campo
field-effect tube | tubo de efecto campo
field-effect varistor | varistor de efecto de campo
field elements module | módulo de elementos exteriores [*en enclavamientos ferroviarios electrónicos*]
field emission | emisión de campo (eléctrico)
field emission in counter | emisión de campo en el contador
field emitter cathode | cátodo emisor de campo
field-enhanced photoelectric emission | emisión fotoeléctrica de campo reforzado, emisión fotoeléctrica con refuerzo de campo
field-enhanced secondary emission | emisión secundaria de campo reforzado, emisión secundaria con refuerzo de campo
field focusing | focalización de campo
field forcing | campo forzado
field-free emission current | corriente de emisión de campo libre (/nulo), corriente de emisión sin campo
field frequency | frecuencia de campo
field intensity | intensidad de campo
field inversion | inversión de campo
field ion emission microscope | microscopio sobre campo de emisión iónica
fieldistor | transistor de campo
field length | longitud del campo
field lens | lente de campo, lente portaimagen
field-limiting aperture | diafragma del campo visual
field magnet | inductor; imán (/electroimán) de campo
field meter | medidor de la intensidad del campo inductor
field-neutralizing coil | bobina neutralizadora de campo, imán neutralizador de campo
field-neutralizing magnet | imán neutralizador de campo
field of view | campo visual
field oxide | óxido de campo
field pattern | diagrama de campo
field period | periodo de campo
field pickup | trasmisión de exteriores
field pole | polo inductor (/de campo)
field-programmable device | dispositivo de campo programable
field-programmable logic array | orden lógico de campo programable
field quantum | cuanto de campo
field regulator | regulador de excitación
field relay | relé de campo
field relief electrode | electrodo de protección de campo
field repetition rate | frecuencia de repetición de campo
field resistance | resistencia de campo
field resistor | resistencia de campo
field rheostat | reostato de campo (/excitación)
field ring | anillo de soporte del inductor
field scan | exploración de campo
field selection | selección de campo
field separator | separador de campo
field sequence | secuencia de campo
field-sequential colour television | televisión en color de secuencia de campos
field shield | protector de campo
field-simultaneous system | sistema de campos simultáneos
field spool | armazón de bobina
field strength | intensidad de campo (magnético)
field strength meter | medidor de la fuerza (/intensidad) del campo
field telephone | teléfono de campaña
field theory | teoría de campo
field trial | proyecto piloto
field tube | tubo de campo
field value | evaluación de campos
field weakening | derivación de los inductores
field winding | bobinado inductor, devanado de campo
field wire | línea (telefónica) de campaña
FIFO = first in first out | FIFO [*principio de registro secuencial (/en serie): primero en entrar, primero en salir*]

FIFO buffer = first-in/first-out buffer | memoria tampón de registro en serie
FIFO list | lista FIFO [*lista primero en entrar primero en salir*]
fifth generation | quinta generación
fifth-generation language | lenguaje de quinta generación
FIGS = figures shift | cambio a cifras
figure | ilustración, figura; cifra; carácter secundario (/no alfabético)
figure case | posición (/serie) de cifras
figure code | código numérico, clave de cifras
figure-eight microphone | micrófono en forma de ocho
figure of merit | coeficiente (/factor) de calidad
figures extension arm | brazo de prolongación de cifras
figures function blade | cuchilla de función de cifras
figures-letters contact | contacto de cambio (/inversión) de cifras a letras
figures push-bar | barra de empuje de cifras
figures section | sección de cifras
figures shift | cambio a cifras
filament | filamento
filamentary cathode | cátodo de filamento
filamentary display | visualizador por filamentos
filamentary transistor | transistor de filamento
filament battery | batería de filamento
filament circuit | circuito de filamento
filament current | corriente de filamento
filament electrometer | electrómetro de hilo
filament emission | emisión de filamento
filament lamp | filamento de lámpara
filament power supply | potencia de caldeo de filamento
filament reactivation | reactivación del filamento
filament resistance | resistencia de filamento
filament rheostat | reostato de filamento
filament sag | pandeo de filamento
filament saturation | saturación de filamento
filament transformer | trasformador de filamento
filament-type cathode | cátodo tipo filamento
filament-type tube | tubo tipo filamento
filament voltage | tensión (/voltaje) de filamento
filament winding | arrollamiento (/devanado) de filamento
filar micrometer | micrómetro de hilo
file | archivo, fichero (de datos); registro; fila, hilera; lista, catálogo
file, to - | archivar, guardar
file access | acceso a archivos

file activity | actividad de archivo
file allocation table | tabla de situación (/localización) de archivos
file assignation table | tabla de asignación (/situación) de archivos
file attribute | atributo de archivo
file backup | copia de seguridad de archivos
file changing disk | filtro revólver
file chooser | selector de archivo
file compression | compresión de archivos
file contents | contenido del archivo
file control block | bloque de control de archivos [*bloque de memoria*]
file conversion | conversión de archivos
file corrupted | archivo defectuoso
file creation error | error al crear archivos
file descriptor | descriptor de archivo
file directory | directorio de archivos
file editing | edición de archivos
file extension | extensión del archivo
file extent | extensión de archivo
file filter | filtro de archivos
file format | formato del archivo
file found | archivo encontrado
file fragmentation | fragmentación de archivos
file gap | espacio de fin de archivo
file handle | identificador de archivo
file-handling routine | rutina para gestión de archivos
file header | cabecera del archivo
file incomplete record | registro incompleto en el archivo
file integrity | integridad de archivo
file layout | disposición de un archivo
file librarian | archivero [*responsable de la gestión de archivos de datos*]
file maintenance | mantenimiento (/actualización) de archivos
file management | gestión (/manejo) de archivos
file management system | sistema de gestión de archivos
file manager | administrador (/gestor) de archivos
file manager view | vista del gestor de archivos
file manager view window | ventana de vista del gestor de archivos
file mark | marca de archivo
file menu | menú de archivo (/ficheros)
file name, filename | nombre del archivo
filename extension | extensión del nombre del archivo
file organization | organización de ficheros
file path | ruta del archivo
file protection | protección de archivos
file protection device | dispositivo de protección de archivos
file read error | error al leer archivos
file recovery | recuperación de archivo
file reel | carrete de archivo

file retrieval | recuperación de archivos
file section | sección de archivo
file selection dialog | diálogo de selección de archivo
file server | servidor de archivos (/ficheros)
file set | juego de archivos
file sharing | compartimiento de archivos
file size | tamaño del archivo
filespec = file specification | especificación del archivo
file specification | especificación del archivo
file structure | estructura del archivo
file system | sistema de archivos
file transfer | trasferencia de archivos
file transfer body part | parte de cuerpo genérico de trasferencia de ficheros
file transfer protocol | protocolo de trasferencia de archivos
file type | tipo de archivo
file updating | actualización de archivos
file version mismatch | versión indebida del archivo
file write error | error al escribir archivos
fill | nivel de actividad de un cable
fill, to - | rellenar
fill character | carácter de relleno
filled band | banda saturada
filler | cargador
filler panel | panel de relleno
filling | llenado
filling cabinet | anaquel, casillero
filling period [*of a reservoir*] | duración de llenado [*de un embalse*]
filling time | hora de depósito (/solicitud, /petición, /inscripción, /registro)
fill memory, to - | cargar memoria [*del ordenador*]
fill solid, to - | rellenar la figura
film | película
film badge | dosímetro fotográfico personal
film base | material base de película
film capacitor | condensador de película
film cassette | chasis para películas
film chain | cadena de telecine
film conductance | conductancia pelicular
film conductor | conductor pelicular
film cooling | refrigeración por película
film front | emulsión del film
film integrated circuit | circuito integrado de película
film microcircuit | microcircuito de película
film pickup | proyector de telecine
film reader | lector de película
film recorder | filmador
film resistor | resistencia pelicular
film ribbon | copia al carbón
film scanning | exploración de películas

filter | filtro
filter, to - | filtrar
filter attenuation | atenuación de filtro
filter attenuation band | banda atenuada por un filtro
filter capacitor | condensador de filtro
filter cell | cubeta filtrante
filter centre | centro de filtrado
filter choke | reactancia de filtro
filter crystal or plate | cristal de filtro
filter discrimination | discriminación (/selectividad) del filtro
filtered back projection | retroproyección filtrada
filtered radar data | datos de radar filtrados
filter factor | factor de trasparencia
filter-impedance compensator | compensador de impedancia de filtro
filtering | filtrado
filtering bridge | puente de filtración
filtering programme | programa de filtrado
filter key | tecla de filtro
filter list | lista de filtro
filter panel | panel de filtros
filter section | sección de filtro
filter slot | ranura de filtro
filter specification | especificación de filtro
filter string | cadena de filtro
filter transmission band | banda pasante de filtro
filter wave | filtro de ondas
filtrate | producto filtrado
filtration | filtración, filtrado
filtron | filtrón
fin | aleta
final | final
final acceptance | aceptación final
final actuation time | tiempo de actuación final
final amplifier | amplificador final
final amplifying stage | etapa final de amplificación
final control element | elemento de control final
final controller | controlador final [*en radar*]
final form text | texto en formato final
final route | ruta final
final seal | sellado final
final selector | conmutador; selector final
final wrap | envoltura final
find, to - | encontrar
find and replace, to - | encontrar y reemplazar
find backward, to - | buscar hacia atrás
finder | buscador
finder junctor | buscador de enlaces
finder shelf | montura de buscadores
finder switch | (conmutador) buscador
find forward, to - | buscar hacia adelante
find icon set, to - | buscar conjunto de icono
finding | búsqueda

find set, to - | buscar conjunto
fine | fino
fine adjustment | regulación de precisión
fine chrominance primary | primario de crominancia fina
fine control | control fino, regulación
fine control member | elemento de regulación (/control fino)
fine control rod | barra de regulación (/control fino)
fine grain radar | radar de alta definición, radar de gran resolución
fine pitch | ajuste preciso
fine structure | estructura fina
fine tuning control | control fino de sintonización
finger | dedo; pitón; finger [*pasillo retráctil para la circulación de pasajeros entre el avión y la terminal*]
finger, to - | apuntar con el dedo
finger plethysmograph | electroarteriógrafo de dedos
fingerprint reader | lector de huella dactilar
fingerprint recognition | reconocimiento de huella dactilar
finger splice | conector 'finger splice' [*conector óptico especial desmontable y reutilizable*]
finger stop | tope digital (del disco marcador)
finger stop of dial | tope de disco (/marcador)
finger wheel | disco marcador (/dactilar)
finish | acabado
finish lead | cable de salida; hilo terminal
finished blank | cristal tallado
finishing | acabado
finishing rate | nivel de terminación
finite | finito
finite automaton | autómata finito
finite clipping | recorte finito (/alto); limitación a alto nivel
finite-difference method | método de diferencias finitas
finite-element method | método de elementos finitos
finite field | campo finito (/de Galois)
finite sequence | secuencia finita
finite sequence list | lista de secuencia finita
finite set | conjunto finito
finite-state automaton | autómata de estado finito
fin waveguide | guiaondas de aleta
FIPS = federal information processing standard | FIPS [*norma federal estadounidense sobre procesamiento de la información*]
fire | fuego, calentamiento; luz, baliza luminosa; disparo, tiro
fire, to - | activar, encender, dar corriente
fire alarm | avisador de incendio
fireball | bola de fuego

fire code | código de incendio
fire control equipment | equipo de control de disparo
fire control radar | radar de control de tiro
fire dampproof machine | máquina para atmósfera de grisú
fired tube | tubo activado (/de disparo)
fireproof | ignífugo, refractario
firestorm | tormenta de fuego
firewall | cortafuegos [*límite de acceso en red local a través de internet*]
firing | encendido, disparo
firing angle | ángulo de disparo (/saturación)
firing circuit | circuito de activación (/disparo)
firing point | punto de disparo (/inflamación)
firing potential | potencial de encendido
firing profile | perfil de disparo
firing rule | regla de activación
firmware | programación fija (de fábrica); soporte lógico inalterable, programa almacenado en chip, microprograma, microprogramación
FIR port = fast infrared port | puerto infrarrojo rápido
first | primero
first article | primer artículo
first audio stage | primera etapa de audio
first choice route | vía preferente
first collision dose | dosis de primera colisión
first collision kerma | kerma de primera colisión
first detector | primer detector
first digit | primera cifra
first fibre window | primera ventana del infrarrojo
first fit | primer ajuste; asignación de la primera área adecuada
first Fresnel zone | primera zona de Fresnel
first generation | primera generación
first generation computer | ordenador de primera generación
first group selector | selector de grupo primario
first harmonic | primer armónico
first-in/first-out | principio de registro secuencial (/en serie)
first-letter cursor navigation | desplazamiento por cursor de primera letra
first line-finder | localizador (/buscador) primario (/de líneas)
first loading-coil section | sección terminal de pupinización
first normal form | primera forma normal
first-order logic | cálculo (/lógica) de predicados, lógica de primer orden
first-order servo | servo de primer orden
first-order term | término de primer orden

first-party release | reposición unilateral
first quantum number | primer número cuántico
first route | vía normal
first selector | primer selector
first shot effect | efecto first shot
first Townsend coefficient | primer coeficiente de Townsend
first Townsend discharge | primera descarga de Townsend
fishbone aerial | antena de espina (de pescado)
fishpaper | papel hidrolizado (/pez)
fishpole aerial | antena de caña de pescar
fissile | escindible, fisionable
fissile nucleus | núcleo escindible (/fisionable)
fission | escisión, fisión
fission, to - | escindir, fisionar
fissionable | escindible, fisionable
fission chain | cadena de escisión
fission channel | canal de escisión
fission counter tube | tubo contador de escisión (/fisión)
fission cross section | sección eficaz de escisión (/fisión)
fission energy | energía de escisión (/fisión)
fission fraction | fracción de escisión
fission fragments | fragmentos (/productos) de escisión
fission gas | gas de escisión
fission ionization chamber | cámara de ionización de fisión
fission neutrons | neutrones de escisión
fission poison | veneno de escisión
fission product | producto de escisión (/fisión)
fission product separator | separador de los productos de escisión (/fisión)
fission product trap | colector (/trampa) para los productos de escisión (/fisión)
fission spectrum | espectro de escisión
fission yield | rendimiento de escisión
fissuring | fisuración
FIT = failure in time | cantidad de fallos por unidad de tiempo
FITL = fiber into the loop | FITL [*fibra en el bucle de abonado* (*fibra óptica en redes de acceso*)]
fitting | dispositivo; accesorio; elemento de conexión; ajuste; instalación
five | cinco
five-electrode tube | pentodo, válvula (/tubo) de cinco electrodos
five-layer device | dispositivo de cinco capas
five-level code | código de cinco niveles (/elementos, /impulsos de información)
five-level start-stop operation | funcionamiento inicio/parada en cinco niveles

five-level tape | cinta de cinco niveles
five-unit alphabet | alfabeto de cinco elementos (/unidades)
five-unit code | código de cinco elementos (/unidades)
five-way baseband hybrid | unidad diferencial de banda base de cinco ramas
fix | situación (relativa), posición definida
FIX = Federal interagency exchange | FIX [*agencia interfederal estadounidense de intercambio*]
fixed | fijo, estacionario
fixed attenuator | atenuador fijo
fixed-base system | sistema de base (/raíz) fija
fixed beam | haz fijo
fixed bias | polarización fija
fixed-break corrector | corrector de apertura fija
fixed capacitor | condensador fijo
fixed circuit | circuito fijo
fixed comb | guía fija
fixed-composition resistor | resistencia fija de composición
fixed contact | contacto fijo
fixed crystal | galena fija
fixed-cycle operation | operación de ciclo fijo
fixed decimal | decimal fijo
fixed decimal point | coma decimal fija
fixed-destination call | teclas programadas a destinos fijos
fixed disk | disco duro (/fijo)
fixed disk drive | unidad de disco duro (/fijo)
fixed disk unit | unidad de disco duro
fixed distance light | luz a distancia fija
fixed echo | eco fijo
fixed field and alternating gradient synchrotron | sincrotrón de campo fijo y gradiente alternado
fixed filter | filtro fijo [*estilo de reserva para paquetes de datos*]
fixed frequency | frecuencia fija
fixed-frequency transmitter | trasmisor de frecuencia fija
fixed-gate reader | lector de compuerta fija
fixed head [*of a disk drive*] | cabeza fija [*de una unidad de disco*]
fixed holding device | dispositivo retenedor fijo, dispositivo de retención sin liberación
fixed-instruction computer | ordenador de instrucciones fijas
fixed-length arithmetic | aritmética de longitud fija
fixed-length code | código de longitud fija
fixed-length field | campo de longitud fija
fixed-length record | registro de longitud fija
fixed light | luz fija
fixed logic | lógica fija (/determinada)

fixed logic level | nivel lógico fijo
fixed-loop aerial | antena de cuadro fijo
fixed-loop radio compass | radiogoniómetro de cuadro fijo
fixed memory | memoria fija
fixed network | red fija
fixed operation | operación fija
fixed parabolic equalizer | ecualizador (/igualador) parabólico fijo
fixed-pitch spacing | espaciado de paso fijo
fixed point | punto fijo, coma fija
fixed-point arithmetic | aritmética de punto fijo, aritmética de coma fija
fixed-point notation | notación de coma fija
fixed-point system | sistema de coma fija
fixed-point theorem | teorema de los puntos fijos
fixed program | programa determinado
fixed-programme computer | ordenador de programación fija
fixed-property editor | editor de propiedades fijas
fixed-radix system | sistema de base (/raíz) fija
fixed-ratio corrector | corrector de relación fija
fixed resistor | resistencia fija
fixed screen | pantalla fija
fixed service | servicio fijo
fixed slope equalizer | ecualizador de pendiente fijo
fixed space | espacio fijo [*entre caracteres*]
fixed spacing | espaciado fijo [*de caracteres*]
fixed spring | resorte fijo
fixed station | estación fija
fixed storage | almacenamiento fijo
fixed system | sistema fijo
fixed tariff | tarifa de tanto alzado
fixed transmitter | trasmisor fijo
fixed-tuned circuit | circuito de sintonización fija
fixed voltage winding | arrollamiento de tensión constante
fixed-width font | fuente de ancho uniforme [*de los caracteres*]
fixed-width spacing | espaciado de ancho fijo [*entre caracteres*]
fixed word length | longitud de palabra fija
fixed word length computer | ordenador de longitud fija de palabra
fixing | fijado, fijación
fixing clip | barra (/barrita) de fijación
fixture | aplique, brazo de lámpara, portalámpara; artefacto
fixture hanger | colgador de artefacto, portaartefacto
fixture stud | portaartefacto
fixture wire | alambre para artefactos (/instalaciones caseras)
Fizeau toothed wheel | rueda dentada de Fizeau

F key = function key | tecla de función
FL = full load | carga máxima, plena carga
flag | bandera [*en serie de bits*], banderín; visera de cámara; indicador, señalizador; vástago [*de rarefactor*]; blindaje óptico
flag alarm | alarma de bandera
flag bit | bit indicador
flag line | línea de indicación
flag terminal | terminal de bandera
flagpole aerial | antena de varilla
flame | llama
flame, to - | pelear [*en chat*]
flame arc | arco de llama
flame attenuation | atenuación por gases de escape
flame bait | llamarada [*expresión usada familiarmente en comunicaciones por la red que indica rechazo absoluto*]
flame carbon | carbón mineralizado
flame cone | cono de la llama
flame excitation | excitación por llama
flame failure control | control de fallo de la llama
flamefest | pirotecnia [*fam; serie de mensajes vehementes en un foro de la red*]
flame height | altura de la llama
flame lamp | lámpara de llama
flame line | línea de llama
flame microphone | micrófono de llama
flameoff | fusión por llama
flameproof | ignífugo, incombustible, antideflagrante
flameproof apparatus | aparato antideflagrante
flameproof machine | máquina antideflagrante
flameproof wire | conducto (/hilo) ignífugo (/incombustible, /refractario)
flamer [*fam*] | incendiario [*fam; persona que envía abusivamente mensajes por internet*]
flame rate | proporción de trama
flame resistance | resistencia a la inflamación
flame resistant | ignífugo, resistente al fuego
flame retardant | retardante a las llamas
flame spectral analysis | análisis espectral con llama
flame spectrum background | fondo del espectro de la llama
flame-sprayed conductor | conductor rociado al fuego
flame war | guerra de desahogo
flammability | inflamabilidad
flammable | inflamable
flange | ala, brida, pestaña, reborde, saliente
flange connector | conector de brida
flange coupling | acoplamiento por brida
flange focus | foco de brida

flange of drum | cara lateral del tambor
flanking effect | efecto de flanqueo
flap attenuator | atenuador de aleta
flare | abocinamiento
flare angle | apertura de la bocina
flare factor | factor de abocinado
flareout | ensanchamiento
flash | destello, centelleo, flash, fogonazo; parpadeo
flash arc | arco de centelleo (/destello)
flashback ignition | inflamación por reacción
flashback voltage | tensión inversa de ionización, voltaje inverso de ionización
flash barrier | pantalla antiarco (/cortaarcos)
flash boot block | bloque de arranque flash
flash burn | quemadura por fogonazo
flash call | conversación relámpago
flasher | centelleador, destellador, dispositivo de destellos luminosos
flashing | destello, fluctuación, llamada de supervisión, prueba de vacío por alta frecuencia
flashing light | luz de destellos
flashing of the dynamo | destello de la dinamo
flashing recall | rellamada por destellos
flashing relay | relé de accionamiento intermitente
flashing test | prueba de ocupación con señal centelleante
flash key | botón (/pulsador) de flash (/apertura calibrada del bucle)
flash lamp | lámpara de destello
flashlight | luz con destellos (/eclipses)
flash magnetization | imanación de destello, magnetización por impulsos
flash memory | memoria flash
flash memory update | actualización de la memoria flash
flash message | mensaje (/despacho) urgentísimo
flashometer | medidor de destellos
flashover | contorneado, contorneo
flashover voltage | tensión de contorneo
flash photolysis | fotolisis por destellos
flash plating | revestimiento galvánico rápido
flashpoint of impregnate | punto de inflamación del impregnante
flash pulsing | emisión de impulsos de radiación
flash radiography | radiografía instantánea
flash recovery jumper | cable de conexión para recuperación de la memoria flash
flash ROM | memoria flash [*ROM*]
flash spectroscopy | espectroscopia
flash test | prueba de descarga, prueba disruptiva instantánea, prueba instantánea de aislamiento
flash tube | tubo de destellos

flash welding | soldadura por centelleo
flask | recipiente (de trasporte), vaso
flat | de respuesta plana; llano, liso; uniforme
flat addressing | direccionamiento plano
flat address space | espacio de dirección plana
flat attenuator | atenuador de aleta
flatback paper | papel plano
flat baffle | bafle plano, pantalla acústica plana
flatbed plotter | trazador de campo plano, trazador de superficie plana
flatbed scanner | escáner de superficie plana
flat bladed screwdriver | destornillador de cabeza plana
flat braid | trenzado plano
flat cable | cable plano
flat coaxial transmission line | línea plana de trasmisión coaxial
flat compounded generator | generador de plano compuesto
flat conductor | conductor plano
flat counter tube | tubo contador plano
flat fading | desvanecimiento plano (/uniforme)
flat fare | tarifa plana
flat file | archivo plano [*con registros de tipo único*]
flat-file database | base de datos de archivos planos
flat file directory | directorio de archivos plano [*que sólo contiene los nombres de los archivos*]
flat file system | sistema de archivos plano [*sin orden jerárquico*]
flat frequency response | respuesta de frecuencia plana
flat leakage power | energía de dispersión uniforme, potencia trasmitida en régimen permanente
flat line | línea plana
flat lug | superficie plana de apoyo
flat memory | memoria plana
flatness | planeidad
flat noise | ruido no ponderado, ruido sin compensación (/ponderación), tensión (de ruido) no ponderada, valor de ruido no ponderado
flatpack | conjunto (/encapsulado) plano
flat panel display | pantalla plana
flat panel monitor | monitor de pantalla plana
flat panel touch screen | pantalla táctil
flat response | respuesta plana
flat screen | pantalla plana [*en televisores*]
flat switchboard cable | cable achatado (/aplanado, /plano)
flattened radius | radio de la zona aplanada
flattened shift | dispersión plana
flattening | aplanamiento; superficie plana de apoyo; igualación de isodosis

flattening material | material de aplanamiento
flat top | parte plana
flat-top aerial | antena en hoja (/techo plano)
flat-top response | respuesta (de parte) plana
flat-type armature | armadura plana
flat-type relay | relé plano (/de armadura plana)
flat wire | cable plano
flavor [USA] [*flavour (UK)*] | sabor; variedad de sistema
flavour [UK] | sabor; variedad de sistema
flaw | grieta
flaw detection | detección de grietas
F layer | capa F
flection | flexión
Fleming rule | regla de Fleming
Fleming valve | válvula de Fleming
Fletcher-Munson curve | curva de Fletcher-Munson
flewelling circuit | circuito flewelling
flex | conductor flexible
flexibility | flexibilidad
flexible | flexible
flexible array | orden flexible
flexible bond | conductor flexible
flexible connector | prolongador
flexible cord | cordón
flexible coupling | acoplamiento elástico, conexión flexible
flexible disk | disquete, disco flexible
flexible disk cartridge | cartucho de discos flexibles
flexible lead | cable (/conductor) flexible
flexible manufacturing system | sistema flexible de fabricación
flexible numbering | numeración flexible
flexible printed board | tarjeta de circuitos flexible
flexible printed circuit | circuito impreso flexible
flexible printed wiring | cableado impreso flexible
flexible resistor | resistencia flexible
flexible shaft | eje flexible
flexible substrate | sustrato flexible
flexible waveguide | guiaondas flexible
flexion | flexión
flexion-point emission current | corriente de emisión por el punto de flexión
flex life | duración respecto a la flexión
flexode | flexodo
flexural wave | onda de flexión
flexure failure | fallo por flexión
flick, to - | parpadear
flicker | parpadeo
flicker control | mando sensible
flicker effect | efecto de centelleo (/oscilación, /parpadeo)
flickering lamp | lámpara de luz oscilante
flicker noise | ruido de centelleo (/parpadeo)
flicker photometer | fotómetro por destellos
flight control | control de vuelo
flight instrument | instrumento de vuelo
flight log | trazador de derrota
flight path | trayectoria de vuelo
flight path computer | ordenador de ruta (/trayectoria de vuelo)
flight path deviation | deriva
flight path deviation indicator | indicador de desviación en la trayectoria de vuelo
flight radio operator | operador de radio de a bordo
flight simulator | simulador de vuelo
flight track | derrota
Flinders bar | barra de Flinder
flip, to - | reflejar y eliminar
flip chip | micropastilla (de circuitos integrados)
flip-chip bonding | soldadura por micropastilla
flip-chip mounting | montaje de micropastillas
flip coil | bobina basculante (/exploradora)
flip-flop | flip flop, (circuito) biestable, multivibrador
flip-flop circuit | circuito basculador (/biestable, /flip-flop)
flip-flop equipment | equipo flip-flop
flip-flop key | llave de flip-flop
flip-flop multivibrator | multivibrador flip-flop
flip-flop operation | conmutación alternante; trasmisión en alternativa
flipover cartridge | cápsula fonocaptora basculante, fonocaptor de doble aguja
flippy | disquete de doble cara
flippy-floppy | flippy-floppy [*disco flexible de doble cara leído en una unidad de simple cara*]
float | flotante
float switch | interruptor de flotador
floated | aislado de tierra
floated battery | batería equilibrada
float, to - | flotar
flood, to - | llenar
floating | aislado, flotante: sin conexiones; carga con voltaje constante, carga en flotación
floating action | acción flotante
floating address | dirección flotante
floating-average-position action | acción flotante sobre posición media
floating battery | batería flotante (/de carga equilibrada)
floating carrier modulation | modulación por portadora flotante
floating carrier system | sistema de portadora flotante
floating charge | carga flotante (/en flotación)
floating decimal | decimal flotante
floating decimal arithmetic | aritmética decimal flotante
floating decimal point | coma decimal flotante
floating gate | puerta flotante
floating grid | rejilla flotante
floating ground | masa flotante
floating in | entrada de datos en punto flotante
floating input | entrada flotante
floating junction | unión flotante
floating neutral | neutro flotante
floating out | salida flotante
floating point | coma flotante
floating-point accelerator | acelerador de coma flotante
floating point arithmetic | aritmética de coma (/punto) flotante
floating point calculation | cálculo en coma flotante
floating-point constant | constante de coma flotante
floating point notation | notación en coma flotante
floating-point number | número de coma flotante
floating point operation | operación en coma flotante
floating-point processor | procesador de coma flotante
floating-point register | registro de coma flotante
floating point routine | rutina de coma flotante
floating point system | sistema de coma flotante
floating-point unit | circuito de punto flotante
floating potential | potencial flotante
floating zero | cero flotante
float-zone crystal | cristal de zona de flotador
flocculation | floculación
flock | afieltrado
flooding cathode | cátodo de rociado
flooding gun | cañón de rociado
floodlight | proyector orientable
floodlighting | cobertura de radar
flood projection | exploración de iluminación por proyección
floor | pavimento, suelo; planta
floor plan | plano de planta
floor plane | plano de planta
floor supervisor | jefe de servicio (/turno)
floor trap | trampa de piso
FLOP = floating point operation | FLOP [*operación de coma flotante (en matemáticas)*]
floppy | disquete, disco flexible
floppy access | acceso a disquete
floppy channel | canal de disquete
floppy detect | disquete detectado
floppy disc (/disk) | disquete, disco flexible
floppy disk change | cambio de disquete
floppy disk controller | controladora de disquete (/unidad de disco flexible)

floppy disk drive | unidad de disquete (/disco flexible)
floppy disk driver | controladora de unidad de disquete
floppy disk unit | unidad de disquete
floppy drive connector | conector de unidad de disquete
floppy write | escritura en disquete
FLOPS = floating-point operation per second | FLOPS [*operación en coma flotante por segundo*]
floptical | flóptico [*disco especial de 3,5 pulgadas que utliza una combinación de tecnología magnética y óptica*]
flow | corriente, circulación; caudal [*ocupación de un ancho de banda*], flujo; movimiento
flow, to - | fluir, circular
flow amplification | amplificación de flujo
flow amplifier | amplificador de flujo
flow analysis | análisis de flujo [*de información*]
flow area | área de flujo
flowback | reflujo
flowchart, flow chart | organigrama, gráfico del proceso; diagrama de circulación (/flujo)
flow charting | esquematización de operaciones
flow circuit | circulación
flow control | control de flujo
flow diagram | diagrama de flujos
flow direction | dirección de flujo
flowed wax | disco de cera
flower | flor
flow leakage | flujo de fuga
flowline | línea de flujo
flowmeter | medidor de caudal (/flujo)
flow of traffic | afluencia (/curso) del tráfico
flow proportional counter tube | tubo contador proporcional de flujo
flow soldering | soldadura por (remanso de) flujo
flow specification | especificación de flujo [*de datos*]
flow-through cell | cubeta de flotación
flow transmitter | trasmisor de flujo
FLT = filter | FLT = filtro
fluctuating current | corriente fluctuante
fluctuation | fluctuación, variación
fluctuation noise | ruido aleatorio (/de fluctuación)
fluctuation voltage | tensión de fluctuación
fluence | fluencia
fluence rate | velocidad de fluencia
fluid | fluido
fluid amplifier | amplificador fluido
fluid computer | ordenador fluido
fluid damping | amortiguación por líquido
fluid flowmeter | medidor de caudal
fluidic | fluídico
fluidized bed coating | recubrimiento en lecho fluidizado

fluidized bed reactor | reactor con lecho fluidificado
fluid logic | lógica de fluidos
fluid mechanics | hidráulica, mecánica de fluidos
fluid poison control | control por veneno líquido
fluid-type instability | inestabilidad de tipo fluido
fluorescence | fluorescencia
fluorescence screen | pantalla de fluorescencia
fluorescence spectroscopy | espectroscopia de la fluorescencia
fluorescence yield | producción (/rendimiento) de fluorescencia
fluorescent | fluorescente
fluorescent display | pantalla fluorescente
fluorescent excitability | poder de fluorescencia
fluorescent lamp | lámpara fluorescente
fluorescent light source | fuente de luz fluorescente
fluorescent material | material fluorescente
fluorescent pigment | pigmento fluorescente
fluorescent radiation | rayos característicos (/de fluorescencia)
fluorescent screen | pantalla fluorescente
fluorine | flúor
fluorocarbon resin | resina de fluorocarbono
fluorometer | fluorímetro
fluorometry | fluorimetría
fluoroprint | fluorímetro
fluoroscope | fluoroscopio
fluoroscopic screen | pantalla radioscópica
fluoroscopy | fluoroscopía
flush | alineado
flush, to - | limpiar [*sectores de memoria*]
flushing | enjuagado, lavado
flushing with argon | enjuagado con argón
flushlight | luz empotrada
flush-printed circuit | circuito impreso enrasado
flush receptacle | receptáculo embutido (/empotrado)
flush-type instrument | instrumento encajado
flute-type instability | inestabilidad del tipo de flauta
flutter | fluctuación, titilación; oscilación, vibración; centelleo
flutter bridge | puente de medida de fluctuación
flutter echo | eco titilante
flutter index | índice de oscilación
flutter rate | coeficiente de oscilación, frecuencia de fluctuación
flux | flujo; fundente
flux concentration | concentración de flujo

flux concentrator | concentrador de flujo
flux-cored solder | soldadura con varilla de núcleo fundente
flux density | densidad de flujo; inducción magnética
flux-flattened radius | radio de aplanamiento del flujo
flux-flattened region | región de aplanamiento del flujo
flux flattening | aplanamiento del flujo
flux gate | puerta de flujo; detector de inducción magnética
flux gate compass | brújula de inducción terrestre, brújula de válvula de flujo
flux gate compass bearing | brújula de flujo-impulso
flux gate magnetometer | magnetómetro de núcleo saturable, magnetómetro de puerta de flujo
fluxgraph | fluxógrafo
flux guide | guía del flujo (electromagnético)
flux intensity | intensidad de flujo
flux leakage | dispersión de flujo
flux linkage | acoplamiento inductivo; conexión (/concatenación) del flujo
flux linking a coil | flujo a través de una bobina
flux linking a turn | flujo a través de una espira
fluxmeter | fluxómetro, medidor de flujo
flux of vector | flujo de vector
flux pump | bomba de flujo
flux refraction | refracción del flujo magnético
flux reversal | reversión del flujo [*de partículas magnéticas*]
flux trap | trampa de flujo
flyback | retrazado; (tiempo de) retorno; retroceso del haz electrónico
flyback checker | comprobador de retorno
flyback diode | diodo de retorno
flyback power supply | fuente de alimentación de retorno
flyback tester | comprobador de retorno
flyback time | tiempo de retorno
flyback transformer | trasformador de retorno (/retroceso)
flycutter | cortador de círculos
flying spot | punto móvil
flying spot scanner | explorador de punto flotante (/móvil)
Flynn's classification | clasificación de Flynn
fly-off [USA] [*take-off* (UK)] | despegue
fly's-eye lens | lente ojo de mosca
flywheel damper | diodo amortiguador
flywheel effect | efecto de volante (/circuito compensador)
flywheel synchronization | sincronización de circuito compensador, sincronización con efecto de volante
flywheel tuning | sintonizador de vo-

lante
flywire | flywire [*cable extrafino de oro o aluminio para circuitos integrados*]
fm = femtometer | fm = femtómetro [*unidad de longitud igual a 10^{-15} metros usada para medir distancias uncleares*]
Fm = fermium | Fm = fermio
FM = frequency modulation | FM = frecuencia modulada [*modulación de frecuencia*]
FM/AM = frequency modulation/amplitude modulation | FM/AM = frecuencia modulada/amplitud modulada
FM/AM multiplier | multiplicador de AM/FM
FM broadcast band | banda de radiodifusión por frecuencia modulada
FM broadcast channel | canal de radiodifusión por frecuencia modulada
FM broadcast station | estación de radiodifusión por frecuencia modulada
FM discriminator | discriminador de de frecuencia modulada
FM Doppler effect | efecto Doppler de frecuencia modulada
FM encoding = frequency modulation encoding | codificación en FM = codificación en frecuencia modulada
FM laser | láser de frecuencia modulada
FM noise level | nivel de ruido en frecuencia modulada
FM/PM = frequency modulation / phase modulation | FM/PM [*frecuencia modulada / fase modulada*]
FM radar | radar de frecuencia modulada
FM receiver | receptor de FM (/frecuencia modulada)
FMS = flexible manufacturing system | SFF = sistema flexible de fabricación
FMS = forms management system | FMS [*sistema de gestión de formatos*]
FM stereo | frecuencia modulada estereofónica
FM stereophonic broadcast | radiodifusión estereofónica por frecuencia modulada
FM tape recorder | magnetófono de frecuencia modulada
F number | número F
foam fluxing | soldadura por flujo poroso
focal collimator | colimador focal
focalizer | enfocador
focal length | distancia focal
focal plane | plano focal
focal point | punto focal
focal quality | nitidez de la imagen
focometer | focómetro
focus | foco
focus, to - | enfocar
focus coil | bobina de enfoque
focus control | control de enfoque; control de equilibrio estereofónico
focused laser beam | mancha de radiación láser
focus emphasis | resalte del foco
focusing | concentración, enfoque; localización
focusing adjustment | corrección del enfoque
focusing ampere-turns | amperiosvuelta de enfoque
focusing and switching grille | rejilla de enfoque y conmutación
focusing anode | ánodo de enfoque
focusing coil | bobina concentrada (/de enfoque)
focusing control | control de enfoque
focusing current | corriente de enfoque
focusing due to electron deflection | enfoque por desviación de los electrones
focusing electrode | electrodo de enfoque
focusing grid | rejilla de enfoque
focusing in the collimator lens | imagen en la lente colimadora
focusing magnet | bobina (/imán) de enfoque
focusing voltage | voltaje de enfoque
focus of X-rays | foco de rayos X
focus-only navigation | desplazamiento de sólo foco
focus policy | política de foco
focus projection and scanning | proyección y exploración focal
FOD = fax on demand | FOD [*consulta de información por fax*]
foetal cardiotachometer | cardiotaquímetro fetal
foetal electrocardiograph | electrocardiógrafo fetal
foetal monitor | monitor fetal
foetal phonocardiograph | fonocardiógrafo fetal
fog | velo, niebla
fog chamber | cámara de niebla
Fogel gauge | medidor de Fogel
fog lamp | faro antiniebla
foil | hoja, lámina
foil connector | conector de hoja
foil detector | detector de hoja
foil electret | electreto de hoja
FoIP = facsimile over IP | FoIP [*fax sobre IP*]
Fokker-Planck equation | ecuación de Fokker-Planck
foldback | reinyección
foldback current limiting | limitación de corriente de retorno
foldback operation | funcionamiento en limitación
folded | doblado
folded cavity | cavidad doblada (/plegada)
folded dipole aerial | antena de dipolo doblado (/plegado)
folded heater | calefactor doblado
folded horn | bocina doblada (/plegada)
folder | carpeta
folding | desdoblamiento
folding frequency | frecuencia plegable
foldover | arrollamiento de la imagen
foldover distortion | (distorsión por) solapamiento
folio | número de página
follow, to - | seguir
follow current | corriente residual (/seguidora, /subsiguiente)
follower | circuito seguidor (/de retroacoplamiento)
follower drive | etapa (/excitación) f
follower lever | palanca seguidora
follower linkage | acoplamiento seguidor
follower with gain | circuito seguidor con ganancia
following black | negro de seguimiento
following level meter | medidor de nivel con seguimiento automático
following white | blanco de seguimiento
follow me | sígueme
follow me diversion | sígueme
follow-on call | llamada sucesiva
follow-on current | corriente subsiguiente (/de continuidad)
follow-up | seguimiento
follow-up system | servomecanismo
FOMA = freedom of multimedia access | FOMA [*sistema japonés de trasmisión multimedia por teléfono móvil*]
font | tipo de carácter (/letra); fuente [*de tipos*]
font card | tarjeta de fuentes [*de caracteres*]
font cartridge | cartucho de fuentes [*de caracteres*]
font editor | editor de fuentes [*de caracteres*]
font family | familia de fuentes [*de caracteres*]
font generator | generador de fuentes [*de caracteres*]
font number | número de fuente [*de caracteres*]
font page | página de fuentes [*de caracteres*]
font size | tamaño de la fuente [*de tipos*]
font style | estilo de fuente
font suitcase | caja de fuentes [*de caracteres o aplicaciones, en ordenadores Macintosh*]
foo | foo [*secuencia usada por programadores en sustitución de información específica*]
food contamination monitor | monitor de contaminación para alimentos
foot | pie
footboard | estribo; pasarela
footboard support | soporte de pasarela
foot candle [*photometric unit equal to one lumen per square foot*] | bujía de pie [*unidad fotométrica igual a un lumen por pie cuadrado*]

foot control | control de pedal
footer | pie de página
foot lambert [*energy unit equal to the work done when a force of one pound moves through a distance of one foot*] | pie lambert [*unidad de energía igual al trabajo de una libra de fuerza desplazada a una distancia de un pie*]
footnote | (nota a) pie de página
foot pound [*mechanical work unit equal to the work done in raising a pound's weight one foot*] | libra de pie [*unidad mecánica equivalente al trabajo realizado al desplazar una libra de peso a lo largo de un pie*]
footprint | huella
foot rail | carril (/raíl) de pie
forbidden | prohibido
forbidden band | banda prohibida (/reservada)
forbidden combination | combinación prohibida
forbidden combination check | comprobación (/verificación) de combinación prohibida
forbidden energy gap | intervalo de energía prohibido
forbidden transition | transición prohibida
force | fuerza
force actuated relay | relé de activación manual
force balance transducer | trasductor de equilibrio de fuerzas
forced | forzado
forced-air-cooled transformer | trasformador refrigerado por aire forzado
forced air cooling | enfriamiento forzado por aire, refrigeración forzada por aire
forced coding | codificación forzada
forced disconnect | corte forzado, liberación forzada
forced drainage apparatus | aparato de drenaje forzado
force differential | diferencia de fuerzas
forced oil cooling | enfriamiento forzado por aceite, refrigeración forzada por (circulación de) aceite
forced oscillation | oscilación forzada
forced release | liberación (/forzada)
forced vibration | vibración forzada
force factor | factor de fuerza [*de un trasductor electromecánico o electroacústico*]
force feedback | realimentación forzada
force field | campo de fuerzas
force-free field | campo sin fuerza, campo libre de fuerzas
force function | función de fuerza
force-limiting device | limitador de esfuerzo
force-summing device | dispositivo de fuerza resultante
forcible release circuit | circuito de reposición forzosa

forcing | forzamiento
forcing function | función de forzamiento
forcing resistance | resistencia de forzamiento
forecasting technique | técnica de previsión
foreground | primer plano
foreground memory | memoria prioritaria
foreground processing | proceso preferente (/en primer plano), procesamiento de atención inmediata
foreign agent | agente extranjero [*en protocolos de internet*]
foreign agent care-of address | dirección de custodia del agente extranjero
foreign body locator | localizador de cuerpos extraños
foreign service position | posición internacional
fore pump | bomba previa (/de primera etapa)
foreshortened addressing | dirección previamente abreviada
fork | horquilla
fork amplifier | amplificador del diapasón
forked | bifurcado
forked circuit | circuito bifurcado
forked working | comunicación bifurcada
forked working system | sistema bifurcado
fork oscillator | oscilador de diapasón
fork rectifier | rectificador de horquilla de media onda
fork tine | punta de diapasón
FOR loop | bucle FOR [*para ejecutar una función un número determinado de veces*]
form | formulario, modelo; forma, molde
form, to - | formar, moldear
form a beam, to - | formar un haz
formal language | lenguaje formal
formal language theory | teoría de los lenguajes formales
formal logic | lógica formal
formal parameter | parámetro formal
formal specification | especificación formal
formal synergistic design review | examen formal sinérgico del diseño
formal system | sistema formal
formant filter | filtro formante
formant synthesis | síntesis de formantes
format | formato
format, to - | formatear
format bar | barra de formato
formation | formación
formation light | faro (/luz) de formación (/ruta)
format table | tabla de formato
formatted display | presentación formateada
formatter | realizador de formatos

formatting | formateado
former | formador; horma; plantilla de devanado
former of coil | armazón de bobina
form factor | factor de forma
form feed | alimentación de papel; salto (/avance) de página
form feed-out | avance rápido del formulario
forming | conformado; formación
forming board | escantillón
form letter | formulario de carta
form overlay | modelación impresa
forms management system | sistema de gestión de formatos
form stop | parada por agotamiento de formularios
formula | fórmula
formular feed | avance de página
formula translation | traducción de fórmulas
form-wound coil | bobina conformada (/de devanado conformado)
Forster-Seely discriminator | discriminador de Forster-Seely
Forth | Forth [*lenguaje de programación informática*]
FORTRAN = formula translation | FORTRAN [*lenguaje de programación para aplicaciones científicas*]
fortuitous conductor | conductor fortuito
fortuitous distortion | distorsión fortuita (/de línea)
fortuitous telegraph distortion | distorsión telegráfica fortuita
fortune cookie | galleta de la suerte [*frase divertida que un programa presenta aleatoriamente en pantalla*]
forty-five record | disco de 45 revoluciones por minuto
forty-four-type repeater | repetidor tipo "44"
forum | foro
forward | avance; hacia adelante; directo
forward, to - | avanzar; cursar, despachar, expedir
forward-acting regulator | regulador activo
forward-acting selector | selector de progresión directa
forward-backward counter | contador ascendente-descendente
forward bias | polarización directa
forward-biased second breakdown | disrupción secundaria con polarización directa
forward breakover | transición conductiva directa (/en sentido directo)
forward chaining | encadenamiento hacia adelante [*modo de solución de problemas en sistemas informáticos expertos*]
forward channel | vía de (trasmisión de) ida
forward coupler | acoplador directo (/direccional de muestreo)

forward current | corriente directa
forward direction | sentido directo
forward drop | caída (de tensión) en sentido directo
forward-emitting extended LED | LED de borde
forward end-of-selection signal | señal de fin de selección
forward error correction | corrección anticipada de errores
forward path | dirección de destino
forward error recovery | recuperación anticipada de errores
forward function cam | leva de función delantera
forward gate current | corriente directa de puerta
forward gate-to-source breakdown voltage | tensión directa de ruptura puerta-fuente
forward gate voltage | tensión directa de puerta
forward hold | mantenimiento por delante
forward holding | retención hacia adelante
forwarding | trasmisión
forwarding centre | centro trasmisor
forwarding equivalence class | clase de equivalencias de envío [*en trasmisión de datos*]
forwarding office | oficina trasmisora, centro retrasmisor
forward message, to - | reenviar mensaje
forward path | vía de progresión; camino directo
forward pointer | marcador de avance
forward propagation by ionospheric scatter | propagación por dispersión frontal en la ionosfera
forward propagation by tropospheric scatter | propagación por dispersión frontal en la troposfera
forward recall signal | señal de llamada hacia adelante
forward recovery time | tiempo de recuperación directa (/en sentido directo)
forward release | desconexión hacia adelante
forward resistance | resistencia directa (/en sentido directo)
forward round-the-world echo | eco circunterrestre hacia adelante
forward scatter | dispersión frontal
forward scattering | dispersión frontal (/hacia adelante)
forward scatter propagation | propagación hacia delante por dispersión
forward signal | señal progresiva (/hacia adelante)
forward signalling | señalización hacia adelante
forward transadmittance | trasadmitancia directa
forward transfer admittance | admitancia directa

forward transfer function | función de trasferencia directa
forward transfer signal | señal de intervención (/trasferencia en entrada)
forward voltage | tensión directa
forward voltage drop | caída de tensión directa
forward wave | onda directa
for your information | para su información
FOSDIC = film optical sensing device for input to computers | FOSDIC [*lector de microfilm para introducción de datos en ordenador*]
Foster Seeley discriminator | discriminador de Foster-Seeley
Foster's reactance theorem | teorema de las reactancias de Foster
FOTS = fiber optic transmission system | FOTS [*sistema de trasmisión por fibra óptica*]
Foucault currents | corrientes turbulentas (/en torbellino, /de Foucault)
foundry pig iron | fundición bruta de hierro
four-active-arm bridge | puente de cuatro lados activos, puente de cuatro ramas activas
four-address code | código de cuatro direcciones
four-core cable | cable cuadripolar
four-course beacon | radiofaro de cuatro ejes
four-element bridge | puente de cuatro elementos
four-factor formula | fórmula de los cuatro factores
four-factor product | producto de los cuatro factores
four-frequency dialling | selección a distancia por cuatro frecuencias, selección con impulsos de corriente de cuatro frecuencias
four-frequency duplex telegraphy | telegrafía dúplex de cuatro frecuencias
four-horn feed | cuarteto de antenas de bocina
Fourier analysis | análisis de Fourier
Fourier series | serie de Fourier
Fourier transform | trasformación de Fourier
four-layer diode | diodo PNPN, diodo de cuatro capas
four-layer transistor | transistor de cuatro capas
four-level laser | láser de cuatro niveles
four-level system | sistema de cuatro niveles
four-phase system with five wire | sistema tetrafásico de cinco hilos
four-pole network | cuadripolo
four-position sample holder | portamuestras cuádruple
four-quadrant multiplier | multiplicador de cuatro cuadrantes
four Russians algorithm | algoritmo de los cuatro rusos
fourteen group | catorcena, grupo de catorce
four-terminal network | red de cuatro terminales
four-terminal resistance | resistencia de cuatro terminales
fourth generation language [= *4GL*] | lenguaje de cuarta generación
four-track | cuatro pistas
four-track recorder | grabadora de cuatro pistas
four-track recording | grabación (/registro) en cuatro pistas
four-track tape | cinta de cuatro pistas
four-track tape recording format | formato de grabación de cinta de cuatro pistas
four-way four-wire hybrid | trasformador diferencial de cuatro hilos y cuatro vías
four-way jack | conector de cuatro vías
four-wire | tetrafilar
four-wire circuit | circuito tetrafilar (/de cuatro hilos)
four-wire line | línea a cuatro hilos
four-wire modem | módem de cuatro hilos
four-wire repeater | repetidor de cuatro hilos (/conductores)
four-wire resistance | medida de resistencia a cuatro hilos
four-wire side circuit | circuito real de cuatro hilos
four-wire terminating set | terminación de cuatro hilos
four-wire termination | terminal de cuatro hilos
four-wire termination rack | bastidor de terminales de cuatro hilos
four-wire/two-wire transformer | trasformador de 4/2 hilos
four-wire-type circuit | circuito de tipo a cuatro hilos
four-wire working | explotación a cuatro hilos
Fox message | texto de prueba Fox
Fox test | prueba de Fox
FPA = floating-point accelerator | FPA [*acelerador de coma flotante*]
FPD = full-page display | FDP [*pantalla de página completa*]
FPGA = field programmable gate array | FPGA [*antenaje de puerta de campo programable*]
FPLA = field programmable logic array | FPLA [*antenaje lógico de campo programable*]
FPLMTS = future public land mobile telecommunication system | FPLMTS [*futuro sistema público terrestre de telecomunicaciones móviles, conocido en Europa como UMTS*]
FPM RAM = fast page-mode RAM | FPM RAM [*RAM rápida en modo de página*]
fps = frames per second | ips = imágenes por segundo

FPS = fast packet switching | FPS [*conmutación rápida de paquetes*]
FPU = floating-point unit | FPU [*unidad (/circuito) de punto flotante*]
FQDN = fully qualified domain name | FQDN [*nombre de dominio completo*]
Fr = francium | Fr = francio
FR = frame relay | FR [*retrasmisión de tramas*]
FR = full recording | FR [*nueva grabación total*]
fractal | fractal
fraction | fracción
fractional arithmetic unit | unidad aritmética de fracciones
fractional distillation | destilación fraccionada
fractional horsepower motor | motor de potencia fraccionaria
fractional ionization | grado de ionización
fractional part | parte fraccionaria
fractional pitch [*of drum winding*] | paso fraccionario [*del devanado*]
fractionation | fraccionamiento [*de la dosis*]
fraction exchange | fracción de cambio
FRAD = frame relay assembler/disassembler | FRAD [*ensamblador/desensamblador por relé de bloques (de información)*]
fragmentation | fragmentación
fragmentation reaction | reacción de fragmentación
Frahm frequency meter | frecuencímetro de Frahm
FRAM = ferric RAM = ferromagnetic random access memory | FRAM [*memoria ferromagnética de acceso aleatorio*]
frame | bastidor, marco, cuadro; repartidor, distribuidor; ciclo (de impulsos); imagen. encuadre, secuencia; estructura; trama [*de datos*]; bloque, unidad [*de información*]; fotograma [*en cine, vídeo, etc.*]; página, columna; configuración; elemento
frame, to - | encuadrar, enmarcar
frame advance | avance imagen a imagen
frame aerial | antena de cuadro
frame alignment word | código de alineación de trama
frame amplitude control | control de la altura de cuadro (/imagen)
frame assembly | conjunto de armazón (/bastidor)
frame buffer | búfer de cuadro; memoria tampón de imagen
frame check sequence | secuencia de comprobación de imágenes
frame frequency | frecuencia de imagen (/cuadro)
frame grabber | capturador de fotogramas, congelador de imagen, fotofijador
frame grid | rejilla de cuadro

frame grid tube | tubo (/válvula) de rejilla de cuadro
frame ground | toma de tierra, tierra al bastidor
frame grounding circuit | circuito de conexión a masa
frame leakage protection | protección de masa
frame of an apparatus | armadura de un aparato
frame of plate | cuadro de placa
frame of reference | marco (/sistema) de referencia
frame period | periodo de cuadro (/imagen)
frame pulse synchronization | sincronización por impulsos de trama
framer | generador de cuadro; encuadrador
frame rate | velocidad de trasmisión de imágenes
frame relay | repetidor para paquetes de datos; retrasmisor de tramas
frame relay access device | dispositivo de acceso por relé de bloques
frame relay assembler/disassembler | ensamblador/desensamblador por relé de bloques [*de información*]
frame roll | rotación de la imagen
frames | presentaciones de información
frame source | fuente de imágenes
frames per second | imágenes por segundo
frame synchronization signal | señal de sincronización de trama
frame-synchronizing pulse | impulso de sincronismo de cuadro
frame-synchronizing pulse separator | separador de sincronismo de trama
frame upright | montante de cuadro
framework | armazón, estructura, entramado
framing | encuadre
framing bit | bit de encuadre
framing control | control (/mando) de encuadre
framing magnet | imán de centrado
framing mask | recuadro; marco de la pantalla
framing pulse | impulso de referencia
framing rectangle | rectángulo de encuadre
framing signal | señal de encuadre (/encuadramiento)
francium | francio
Franck-Condon principle | principio de Franck-Condon
franked message | mensaje franco
Franklin aerial | antena colinear (/de Franklin)
Franklin oscillator | oscilador Franklin
Fraunhofer diffraction | difracción de Fraunhofer
Fraunhofer lines | líneas de Fraunhofer
Fraunhofer region | región de Fraunhofer
fraying | deshilachado

FRC = functional redundancy checking | FRC [*prueba redundante de funcionamiento*]
fred | fred [*utilidad de interfaz para series X del CCITT*]
Fredholm integral equation | ecuación integral de Fredholm
free | libre; desocupado
free air ionization chamber | cámara de ionización de aire libre
free air overpressure | sobrepresión en campo abierto
free block | bloque libre [*de memoria*]
free carrier absorption | absorción de portadora libre
free carrier photoconductivity | fotoconductividad de portadora libre
free charge | carga libre
free circuit condition | circuito libre (/disponible)
free colour | color disponible
free connector | conector libre
freedom | libertad
freedom of information | libertad de información
free electron | electrón libre
free electron laser | láser de electrones libres, ubitrón
free electron theory of metals | teoría de los electrones libres de los metales
free energy | energía libre
free energy change | cambio en la energía libre
free energy function | función de energía libre
free field | campo libre
free field current response | respuesta de corriente de campo libre
free field emission | emisión de campo libre
free field overpressure | sobrepresión en campo abierto
free field voltage response | respuesta de tensión de campo libre
free-form language | lenguaje de sintaxis libre
free from leaks | impermeable, sin fugas
free grid | rejilla libre (/flotante)
free gyro = free gyroscope | giroscopio libre
free impedance | impedancia libre
free line | línea libre
free line signal | lámpara de línea libre
free list | lista disponible (/libre)
freely programmable button | tecla redefinible (/programable)
free magnetic pole | polo magnético libre
free molecular flow | corriente molecular libre
free monoid | monoide libre
free motional impedance | impedancia cinética (/de movimiento) libre
freenet, free net | red libre [*red de libre utilización o acceso*]
free network | red libre

free occurrence | ocurrencia libre
free oscillation | oscilación libre
free outgoing line | línea saliente libre
free point tester | adaptador de tubos
free point valve tester | válvula examinadora de puntos libres
free position | posición libre
free progressive wave | onda progresiva libre
free radical | radical libre
free reel | carrete libre
free rotor gyro | girorrotor libre
free routing | ruta libre
free-running circuit | (circuito) astable
free-running frequency | frecuencia propia, frecuencia (de funcionamiento) libre
free-running local synchronizer oscillator | oscilador local sincronizado de funcionamiento libre
free-running multivibrator | multivibrador estable (/de funcionamiento libre)
free-running sweep | barrido asincrónico
free semigroup | semigrupo libre
free software | software libre (/de libre distribución, /de libre uso)
free sound field | campo acústico libre
free space | espacio libre
free space attenuation | atenuación del espacio libre
free space characteristic impedance | impedancia característica del espacio libre
free space field intensity | intensidad de campo en el espacio libre
free space impedance | impedancia característica del espacio libre
free-space list | lista de espacios libres
free space loss | pérdida en el espacio libre
free space permeability | permeabilidad del espacio libre
free space propagation | propagación en el espacio libre
free space radar equation | ecuación de radar en el espacio libre
free space radiation pattern | diagrama de radiación en el espacio libre
free space transmission | trasmisión en el espacio libre
free space wave | onda en el espacio libre
free speed | velocidad libre
free text retrieval | recuperación de texto completo (/libre)
free variable | variable independiente
free vibration | vibración libre
freeware | mercancía de libre uso; programas gratuitos (/de libre distribución, /de dominio público)
free wave | onda libre
freewheeling circuit | circuito de circulación libre
freewheeling diode | diodo de circulación libre
free wheel rectifier | rectificador de compensación

freeze, to - | inmovilizar
freeze frame | imagen fija (/congelada)
freeze-frame video | vídeo de imagen congelada [*vídeo en el que la imagen cambia cada varios segundos*]
freezeout | bloqueo momentáneo
freezing out | separación por congelación
F region | región F
Frenkel defect | defecto de Frenkel
frequency | frecuencia
frequency agility | agilidad de frecuencia
frequency allocation | asignación de frecuencia
frequency allocation multiplex | multiplexado por asignación de frecuencias
frequency authorization | autorización de frecuencias
frequency azimuth intensity | frecuencia acimut-intensidad
frequency band | banda de frecuencias
frequency band number | número de la banda de frecuencias
frequency band of emission | banda de frecuencias de trasmisión
frequency bands | espectro de frecuencias
frequency bias | polarización frecuencial (/de frecuencia)
frequency bridge | puente de frecuencias
frequency calibrator | calibrador (/generador patrón) de frecuencias
frequency changer | convertidor (/cambiador) de frecuencia; válvula mezcladora
frequency change signalling | señalización por diversidad de frecuencias
frequency-changing circuit | circuito cambiador de frecuencia
frequency channel | canal de frecuencia
frequency channelling | reparto de canales
frequency characteristic | característica de frecuencia
frequency comparison pilot | piloto de comparación de frecuencias
frequency compensation | compensación de frecuencia
frequency condition | condición de frecuencia
frequency constant | constante de frecuencia
frequency control | control (automático) de frecuencia
frequency control channel | canal de control de frecuencia [*para la sincronización de frecuencia de las portadoras*]
frequency conversion | conversión de frecuencia
frequency converter | convertidor de frecuencia
frequency correction | corrección de frecuencia

frequency counter | contador de frecuencia
frequency cutoff | frecuencia de corte
frequency demodulation | desmodulación de frecuencia
frequency demodulator | desmodulador de frecuencia
frequency departure | separación de frecuencia
frequency deviation | desviación (relativa) de frecuencia
frequency deviation meter | medidor de la desviación de frecuencia
frequency discrimination | discriminación de frecuencia
frequency discriminator | discriminador de frecuencia
frequency distortion | distorsión de fase (/frecuencia)
frequency distribution | distribución de frecuencia
frequency diversity | diversidad de frecuencia
frequency diversity reception | recepción en diversidad de frecuencias
frequency divider | divisor de frecuencia
frequency division | división de frecuencias
frequency division channelling | canalización (/multiplexión) por división de frecuencia
frequency division data line | enlace de datos por división de frecuencia
frequency division multiple access | acceso múltiple por división de frecuencia
frequency-hoping spread spectrum | espectro ensanchado con salto de frecuencia
frequency division multiplex | múltiplex (/multiplexado, /multiplexión) por división de frecuencia
frequency division multiplexing | multiplexión de (/por) división de frecuencia
frequency domain | dominio frecuencial
frequency doubler | duplicador de frecuencia
frequency doubling transponder | contestador con duplicación de frecuencia
frequency drift | desviación (/deriva, /variación) de frecuencia
frequency exchange signalling | señalización por cambio de frecuencia
frequency field | campo de frecuencia
frequency filter | filtro de frecuencias
frequency frame | cuadro de frecuencia
frequency frogging | bifurcación (/cruce, /cruzamiento) de frecuencias
frequency function | función de frecuencia
frequency generator | generador (/patrón) de frecuencia

frequency harmonics | armónicos de frecuencia
frequency hopping | trasmisión por salto de frecuencia
frequency hour | frecuencia asignada por horas
frequency hysteresis | histéresis de frecuencia
frequency independent aerial | antena independiente de la frecuencia
frequency indicator | indicador de frecuencia
frequency influence | influencia de la frecuencia
frequency input | entrada de frecuencia
frequency interlace | entrelazado de frecuencia
frequency interval | intervalo de frecuencia
frequency jitter | fluctuación (/temblor) de frecuencia
frequency keying | manipulación de frecuencia
frequency limit | límite de frecuencia
frequency limit of equalization | límite de antidistorsión (/compensación)
frequency-measuring equipment | equipo frecuencimétrico
frequency memory | memoria de frecuencia
frequency meter | frecuencímetro, medidor de frecuencia
frequency-modulated broadcast band | banda de radiodifusión de frecuencia
frequency-modulated carrier-current telephony | telefonía por ondas portadoras de frecuencia modulada
frequency-modulated cyclotron | ciclotrón con modulación de frecuencia
frequency-modulated jamming | interferencia de frecuencia modulada
frequency-modulated output | salida de frecuencia modulada
frequency-modulated radar | radar con modulación de frecuencia
frequency-modulated receiver | receptor de frecuencia modulada
frequency-modulated transmitter | trasmisor de frecuencia modulada
frequency-modulated wave | onda de frecuencia modulada
frequency modulation | modulación de frecuencia, frecuencia modulada
frequency modulation broadcast band | banda de emisión por modulación de frecuencia
frequency modulation broadcast channel | canal de emisión por modulación de frecuencia
frequency modulation broadcast station | emisora de frecuencia modulada
frequency modulation deviation | desviación de frecuencia en modulación
frequency modulation encoding | codificación por modulación de frecuencia
frequency modulation frequency modulation | modulación de frecuencia en frecuencia modulada
frequency modulation phase modulation | modulación de fase en frecuencia modulada
frequency modulation station monitor | monitor para estación de modulación de frecuencia
frequency modulator | modulador de frecuencia
frequency monitor | monitor de frecuencia
frequency monitoring | servicio de observación y comprobación de emisiones
frequency multiplex | múltiplex (/multiplicador, /multiplexor) de frecuencia
frequency multiplier klystron | klistrón por multiplicador de frecuencia
frequency of amplitude resonance | frecuencia de la resonancia de amplitud
frequency of energy resonance | frecuencia de la resonancia de energía
frequency of maximum amplitude of oscillator | frecuencia de la amplitud máxima del oscilador
frequency of occurrence | frecuencia de la incidencia
frequency offset | desplazamiento de frecuencia
frequency offset transponder | trasponedor con desplazamiento de frecuencia
frequency output transducer | trasductor de salida en frecuencia
frequency overlap | solapamiento (/superposición) de frecuencias; banda común
frequency pairing | pareo de frecuencias
frequency parameter | parámetro de frecuencia
frequency plan | plan de frecuencias
frequency prediction chart | tabla de predicción de frecuencias
frequency protection | dispositivo de protección frecuencimétrico
frequency pulling | arrastre de frecuencia
frequency pulsing | pulsación de frecuencia
frequency pushing | empuje de frecuencia
frequency range | gama (/intervalo, /margen) de frecuencia
frequency record | registro de frecuencia
frequency regulator | regulador de frecuencia
frequency relay | relé de frecuencia
frequency response | respuesta de frecuencia
frequency response analyser | analizador de respuesta en frecuencia
frequency response analysis | análisis de la respuesta en frecuencia
frequency response characteristic | característica de respuesta en frecuencia
frequency response curve | curva de respuesta en frecuencia
frequency response equalization | ecualizado por respuesta de frecuencia, igualación de respuesta de frecuencia
frequency run | recorrido de frecuencias
frequency scan aerial | antena de exploración de frecuencia
frequency scanning | exploración de frecuencia
frequency selective relay | relé selectivo en frecuencia
frequency selective switching circuit | circuito selectivo de conmutación de frecuencia
frequency selectivity | selectividad de frecuencia
frequency selector switch | selector de frecuencia
frequency sensitive relay | relé selectivo en frecuencia
frequency separation | espaciado de (las) frecuencias
frequency separation multiplier | multiplicador con separación de frecuencias
frequency separator | separador de frecuencias
frequency sharing | compartimiento de frecuencia
frequency shift | desplazamiento de frecuencia
frequency shift converter | convertidor de desplazamiento de frecuencia
frequency-shifted keyed filter | filtro manipulador por desplazamiento de frecuencia
frequency shift indicator | indicador de desplazamiento de frecuencia
frequency shift keying | manipulación por desplazamiento (/variación) de frecuencia, procedimiento de alternancia de frecuencias, control de desplazamiento de frecuencia, modulación por desplazamiento de frecuencia
frequency shift modulation | modulación por desplazamiento de frecuencia
frequency shift telegraphy | telegrafía por desplazamiento de frecuencia
frequency shift transmission | trasmisión por desplazamiento en frecuencia
frequency slope modulation | modulación por variación lineal de frecuencia
frequency space | intervalo de frecuencia
frequency spacing | espaciado de frecuencias

frequency spectrum | espectro de frecuencia
frequency splitting | alternación de frecuencia
frequency stability | estabilidad de frecuencia
frequency stabilization | estabilización de frecuencia
frequency standard | patrón (/norma) de frecuencia
frequency-swept oscillator | vobulador, oscilador con barrido en frecuencia
frequency swing | oscilación (/desplazamiento, /desviación) de frecuencia
frequency synthesizer | sintetizador de frecuencias
frequency-time-intensity | frecuencia-tiempo-intensidad
frequency tolerance | tolerancia de frecuencia
frequency transfer unit | dispositivo de trasferencia de frecuencia
frequency transformer | trasformador de frecuencia
frequency translation | traducción (/trasposición, /traslación) de frecuencia
frequency translator | traductor de frecuencia
frequency trippler | triplicador de frecuencia
frequency-type telemeter | telémetro frecuencial
frequency wavelength relation | relación frecuencia-longitud de onda modulada
frequently asked question | pregunta más frecuente
Fresnel [*a unit of frequency equal to 1,012 hertz*] | Fresnel [*unidad de frecuencia igual a 1.012 hercios*]
Fresnel lens | lente Fresnel
Fresnel loss | pérdida de Fresnel
Fresnel number | número de Fresnel
Fresnel reflection | reflexión de Fresnel
Fresnel region | región de Fresnel
Fresnel zone | zona de Fresnel
fretting | frote
friction | fricción
frictional electricity | electricidad estática por rozamiento
frictional error | error de rozamiento
frictional loss | pérdida por rozamiento
frictional machine | máquina electrostática de rozamiento
friction effect | efecto de rozamiento
friction error | error de rozamiento, error por fricción
friction feed | avance por fricción [*del papel en impresoras*]
friction-feed platen | rodillo portapapel de avance por fricción
friction-free calibration | calibración sin rozamiento
friction paper feed | avance del papel por fricción

friction tape [USA] [*insulating tape (UK)*] | cinta aislante (/adhesiva, /de empalme, /de fricción)
friendly environment | medio cooperante
friendly terminal | terminal amigable (/amistoso)
fringe | fringe [*unidad de medida lineal igual a media longitud de onda de la luz verde del talio*]
fringe area | zona marginal
fringe effect | efecto marginal (/de bordes)
fringe howl | aullido de borde
fringeware | software gratuito de dudosa validez
fringing | dispersión; deformación del campo; efecto marginal
Frisch ionization chamber | cámara de ionización de Frisch
frit | fritada
frit, to - | fritar
fritting | fritado
FR loss | pérdida de la nueva grabación total
frogging | cruce (/cruzamiento, /permutación) de frecuencias
frogging repeater | repetidor de filtro, repetidor para cruzamiento de frecuencias
Fröhlich-Bardeen theory | teoría de Fröhlich-Bardeen
Fröhlich high-temperature breakdown theory | teoría de ruptura por alta temperatura de Fröhlich
Fröhlich low-temperature breakdown theory | teoría de ruptura por baja temperatura de Fröhlich
from | de, desde
front | frente, frontal
front beam | haz frontal
front bezel | bisel frontal
front check pawl | trinquete de retención frontal
front contact | contacto frontal (/de trabajo)
front cord | cordón de delantera
front cover | cubierta anterior
front elevation | vista frontal (/en alzado)
front end | sección de entrada
front end area | zona frontal
front end overload | sobrecarga de entrada
front end processor | procesador frontal
front end rejection | rechazo de entrada
front fan | ventilador frontal
front feed | alimentación frontal
frontier charge | arancel, tasa fronteriza
frontier traffic | tráfico fronterizo
front loading | carga frontal
front metering ratchet | rueda de escape de medición
front page | página frontal
front panel | panel frontal

front panel control | control de panel frontal
front panel help | ayuda de panel frontal
front panel lock | bloqueo del panel frontal
front pinion | piñón frontal
front porch | umbral (/porche) anterior
front projection | proyección frontal
front ratchet | rueda de escape frontal
front surface mirror | espejo de azogado anterior
front-to-back ratio | relación anterior-posterior; eficacia direccional
front-to-rear ratio | coeficiente de eficacia (directiva)
front upright | elemento anterior del montante del bastidor
front view | vista frontal (/de cara, /desde el frente)
frosted lamp | lámpara deslustrada
frozen magnetic field | campo magnético congelado
FRS = functional requirements specification | FRS [*especificación de requisitos funcionales*]
fruit | resultado; impulso de réplica; señales (/respuestas) no deseadas
fruit pulse | falsa respuesta, señales falsas
fry, to - | freír [*destruir un componente o circuito por aplicación de voltaje excesivo*]
Fryberg and Simons gauge | medidor de Fryberg y Simons
frying | ruido de fritura
fs = femtosecond | fs = femtosegundo
FSA = finite-state automaton | FSA [*autómata de estado finito*]
F scan | exploración F
F scope | proyector F
FSK = frequency shift keying | FSK [*procedimiento de alternancia de frecuencias, control de desplazamiento de frecuencia*]
FSK modulator | modulador FSK [*modulador de control de desplazamiento de frecuencia*]
FSM = finit state machine | FSM [*modelo de estados definidos*]
FSV = functional service view | FSV [*plano de servicio funcional (en negocios electrónicos)*]
FT = France Télécom | FT [*compañía telefónica francesa*]
FTAM = file transfer, access, and management | FTAM [*trasferencia, acceso y gestión de archivos (protocolo de trasferencia de ficheros de propósito general)*]
FTBP = file transfer body part | FTBP [*parte de cuerpo genérico de trasferencia de ficheros*]
FTF = face-to-face | cara a cara
FTP = file transfer protocol | FTP [*protocolo de trasferencia de archivos*]
FTTB = fiber to the building | FTTB [*fibra hasta el edificio*]

FTP client | cliente FTP [*programa que usa el protocolo de trasferencia de archivos*]
FTP command = file transfer protocol command | orden FTP [*orden del protocolo de trasferencia de archivos*]
FTP programme | programa FTP
FTP server | servidor FTP [*con protocolo de trasferencia de archivos*]
FTP site | sitio FTP [*conjunto de archivos y programas que reside en un servidor FTP*]
FTTC = fibre to the curb | FTTC [*fibra (óptica) hasta el bordillo*]
FTTCab = fiber to the cabinet | FFTCab [*fibra hasta el armario repartidor*]
FTTH = fibre to the home | FTTH [*fibra (óptica) hasta el hogar*]
FTTL = fibre to the loop | FTTL [*fibra (óptica) hasta el bucle*]
FTTO = fibre to the office | fibra hasta la oficina
FUD = fear, uncertainty, and doubt | FUD [*peligroso, incierto y dudoso (técnica de ventas que consiste en desprestigiar el producto de la competencia)*]
fuel | combustible
fuel arrangement | disposición del combustible
fuel assembly | conjunto combustible
fuel bundle | haz de combustible
fuel capacity gauge | indicador de (nivel de) combustible
fuel cell | pila de combustible
fuel channel | canal de combustible
fuel charging machine | máquina de carga del combustible
fuel cluster | grapa (/paquete, /racimo) de combustible
fuel control | control por el combustible
fuel cooling installation | instalación de enfriamiento (/desactivación) del combustible
fuel cycle | ciclo de combustible
fuel discharging device | aparato de descarga del combustible
fuel economy | economía del combustible
fuel element | elemento combustible
fuel inventory | dotación de combustible
fuel irradiation level | combustión másica
fuel management | gestión del combustible
fuel plate | placa combustible
fuel rating | potencia específica
fuel reprocessing | reelaboración del combustible
fuel rod coating | barrera antidifusión; revestimiento de barra combustible
fulguration | fulguración
full | completo, lleno, total
full accessibility | accesibilidad total (/completa)
full active homing | guiado autónomo
full adder | sumador completo, totalizador

full automatic operation | explotación totalmente automática
full automatic working | explotación completamente automática; comunicación automática
full availability | aprovechamiento pleno; disponibilidad total
full availability group | grupo de utilización (/disponibilidad) total
full colour | gama de colores
full custom | diseño completo [*bajo especificaciones especiales*]
full dial service | comunicación automática
full differential input | entrada diferencial completa
full duplex | dúplex completo (/integral); dúplex total [*capacidad de un dispositivo para transmitir y recibir simultáneamente*]
full duplex operation | funcionamiento en dúplex completo
full-duplex transmission | trasmisión dúplex completa
full duration at half maximum | ancho (/anchura) espectral
full echo suppressor | supresor de eco completo
full erase | borrado total
full excursion | excursión completa
full-full duplex | dúplex full-full [*dúplex total*]
full-height device | dispositivo de altura total
Fullhouse | Fullhouse [*sistema multicanal de control por radio*]
full impulse wave | onda de choque completa
full justification | justificación completa [*de márgenes*]
full justify, to - | justificar
full length | longitud total
full-length card | tarjeta de longitud total
full load | plena carga, carga completa (/plena)
full menu | menú completo
full-motion video | vídeo de movimiento completo [*vídeo digital que reproduce 30 imágenes por segundo*]
full-motion video adapter | adaptador de vídeo de movimiento completo [*para conversión de vídeo a formato digital*]
full multiple | multiplicación (/seccionamiento) general
full name | nombre completo
full network features | prestaciones integrales de la red
full-page display | pantalla de página completa
full-page display | presentación de página completa [*en pantalla*]
full path | ruta completa (/absoluta)
full pathname | nombre completo de la ruta
full period allocated circuit | circuito

signado por periodo completo
full pitch winding | devanado de paso entero
full power on message | mensaje de energía completa activada
full-range frequency response | respuesta en toda la gama musical
full rate | tarifa completa (/entera)
full rated speed | velocidad media total
full recording | nueva grabación total
full retard | retraso máximo
full rotation | rotación completa
full satellite exchange | estación completa satélite
full scale | fondo de escala
full scale cycle | ciclo a fondo de escala
full scale deflection | desviación completa
full scale error | error a tope de escala, error de fondo de escala
full scale output | salida de plena escala, salida de fondo de escala
full scale range | alcance máximo de la escala
full scale sensitivity | sensibilidad de fondo de escala
full scale value | calor de fondo de escala
full scale value of an instrument | calor de fondo de escala de un instrumento
full screen | pantalla (/imagen) completa (/total)
full shot noise | ruido de agitación térmica
full-size card | tarjeta de tamaño total
full speed | velocidad de plena marcha
full subtractor | sustractor completo
full terminal echo suppressor | supresor de eco terminal doble
full text retrieval | recuperación de texto completo
full-text search | búsqueda por texto completo
full toggle | conmutación completa
full track recording | registro de una sola pista
full track tape recording | registro en cinta de una sola p sta
full tree | árbol completo
full universal cord | cordón universal
full voltage starting | arranque a plena tensión
full-wave bridge circuit | circuito de puente de onda completa
full-wave bridge rectifier | rectificador de puente de onda completa
full-wave delta rectifier | rectificador en delta de onda completa
full-wave gas rectifier | rectificador de gas de onda completa
full-wave rectification | rectificación de onda completa
full-wave rectifier | rectificador de onda completa (/doble)
full-wave rectifier tube | tubo rectificador de onda completa

full-wave vibrator | vibrador de onda completa
full-wave wye rectifier | rectificador trifásico de onda completa
full width at half maximum | ancho (/anchura) espectral, anchura de banda a media altura
fully | completamente
fully automatic circuit | circuito (/enlace) totalmente automático
fully automatic operation | explotación completamente automática
fully automatic relay installation | instalación de retrasmisión completamente automática
fully automatic switching | conmutación totalmente automática
fully formed character | carácter de moldeado completo [*para impresoras de impacto*]
fully perforated tape | cinta con perforación total
fully populated board | tarjeta completamente equipada [*con componentes*]
fully qualified domain name | nombre de dominio totalmente cualificado
fully qualified file name | nombre completo del archivo
fully qualified path | ruta completa
fully restricted extension | extensión restringida
function | función
functional | funcional
functional block | bloque funcional
functional board tester | verificador de funcionamiento
functional cohesion | cohesión funcional
functional design | diseño funcional
functional device | dispositivo funcional
functional diagram | diagrama funcional
functional electronic block | bloque electrónico funcional
functional group | agrupación funcional
functional insulation | aislamiento funcional
functional interface | interfaz funcional
functional language | lenguaje funcional (/de aplicación)
functional packing density | densidad de almacenamiento (/información, /registro); densidad de montaje de componentes
functional part | parte funcional
functional partitioning | descomposición funcional
functional programming | programación funcional
functional protocol | protocolo funcional
functional redundancy checking | prueba redundante de funcionamiento
functional requirements specification | especificacion de requisitos funcionales
functional server | servidor funcional
functional service view | plano de servicio funcional [*en negocios electrónicos*]
functional specification | especificación funcional
functional standard | norma funcional
functional test | prueba funcional
functional testing | prueba funcional (/de funcionamiento)
functional trimming | ajuste funcional
functional unit | unidad funcional
function blade insulator | aislador de la cuchilla de función
function box mechanism | mecanismo de la caja de funciones
function call | activación de función
function cam | leva de función
function characteristic | característica de funcionamiento
function clutch | embrague de función
function code | código de función (/funcionamiento)
function digit | dígito de función
function generator | generador de función (/funciones)
functioning time | tiempo de funcionamiento
functioning value | valor de funcionamiento
function key | tecla de función
function keyboard | teclado de funcionamiento
function lever | palanca de función
function library | biblioteca de funciones
function mechanism | mecanismo de función
function multiplier | multiplicador de función
function overloading | sobrecarga funcional [*capacidad para varias rutinas con distinto nombre en un mismo programa*]
function point analysis | análisis de puntos de función
function sharing | operación compartida
function switch | selector (/conmutador) de funciones
function table | tabla de función
function test | examen de funciones
function trip cam | leva de disparo de función
function unit | unidad funcional
fundamental | fundamental
fundamental band | banda (de oscilación) fundamental
fundamental circuit | circuito fundamental
fundamental component | componente fundamental
fundamental field particle | partícula de campo fundamental
fundamental frequency | frecuencia fundamental (/característica)
fundamental frequency magnetic modulator | modulador magnético de frecuencia fundamental
fundamental group | grupo fundamental
fundamental harmonic | armónico fundamental
fundamental mode | modo fundamental
fundamental particle | partícula elemental (/fundamental)
fundamental piezoelectric crystal unit | cristal piezoeléctrico para funcionamiento en el fundamental
fundamental scanning frequency | frecuencia fundamental de exploración
fundamental tone | tono fundamental
fundamental unit | unidad fundamental
fundamental vibration direction | dirección de la oscilación principal
fundamental wavelength | longitud de onda fundamental
FUNDESCO [*Spanish foundation of telecommunications*] | FUNDESCO = Fundación para el desarrollo de la función social de las comunicaciones
funnel | embudo, chimenea
furcation coupling | acople por bifurcación
furnace | crisol; horno; brasero (/infiernillo, /lamparilla) para soldar
furnace soldering | soldadura de horno
Furry theorem | teorema de Furry
further | siguiente; adicional
fuse | fusible, cortacircuito; espoleta
fuse alarm | alarma (/indicador) de fusible
fuse alarm circuit | circuito de alarma de fusibles
fuse-and-protector block | fusible y pararrayos combinados
fuse block | (bloque) portafusible
fuseboard | cuadro de fusibles
fuse box | caja de fusibles; panel de lámparas en fila
fuse carrier | portafusible
fuse characteristic | característica del fusible
fuse chronograph | cronógrafo de espoleta
fuse clip | pinza de fusible, presilla para fusible
fuse current rating | corriente nominal del fusible
fuse cutout | cortacircuito de fusible
fused | (protegido) con fusible, provisto de fusibles
fused arrays of fibers [USA] | red de fibras fundidas
fused box | caja con fusibles
fused coating | cobertura fusible
fused conductors | conductores fundidos
fused disconnect | desconectador con fusible
fused junction | unión fundida (/de aleación)

fused junction transistor | transistor de unión de aleación
fused quartz | cuarzo fundido
fused semiconductor | semiconductor fundido
fused silica delay line | línea de retardo de sílice fundida
fusee | cápsula de encendido
fuse filler | relleno de fusible
fuse frequency rating | frecuencia nominal del fusible
fuse holder | portafusible
fuse link | enlace (/lámina) fusible
fuseplug | tapón fusible
fuse post | portafusible roscado
fuse setting element | elemento graduador de espoleta
Fusestat | Fusestat [*marca comercial de un fusible de acción lenta*]
fuse terminal block | bloque terminal de fusibles
fuse tongs | tenaza para fusible

Fusetron | Fusetron [*marca de fusible lento que permite un 50% de sobrecarga durante periodos cortos sin fusión*]
fuse tube | tubo de fusible
fuse wire | alambre (/hilo) fusible
fusibility | fusibilidad
fusible | fusible
fusible cutout | cortacircuito fusible
fusible line | línea fusible
fusible link | conexión (/enlace) fusible
fusible-link diode-matrix | matriz de diodos de conexión fusible
fusible-link readout memory | memoria de lectura de conexión fusible
fusible plug | tapón fusible
fusible resistor | resistencia fusible
fusing | fusión
fusion | fusión; masa fundida
fusion energy | energía de fusión
fusion splice | empalme por fusión
fusion welding | soldadura por fusión

fuze [*fuse*] | fusible, cortacircuito; espoleta
fuzz | tono de distorsión
fuzz box | caja de distorsiones
fuzzy logic | lógica difusa
fuzzy theory | teoría de la lógica de conjuntos difusos
FV = femtovolt | FV = femtovoltio
FWD = forward | AV = avance, hacia adelante
FWHM = full width at half maximum | FWHM [*anchura espectral, ancho espectral*]
FWIW = for what it's worth | FWIW [*expresión usada en correo electrónico que significa ¿de qué sirve?*]
FXRD = fully automatic reperforator transmitter distributor | FXRD [*retrasmisión de cinta perforada de lectura automática total*]
FYI = for your information | para su información

G

G = giga | G = giga
G = ground | (puesta a) tierra
Ga = gallium | Ga = galio
GaAs = gallium arsenide | GaAs [*arseniuro de galio*]
gabled distribution | distribución abocinada (/ahusada)
gadolinium | gadolinio
Gaertner spectrophotometer | espectrofotómetro de Gaertner
gag | limitador; obturador
gage [USA] [*gauge (UK)*] | calibre, galga; calibrador; gálibo
gain | (relación de) amplificación; ganancia (de señal)
gain-adjusting amplifier | amplificador de ajuste de ganancia
gain band merit | coeficiente de banda de ganancia
gain bandwidth factor | ancho de banda; factor ganancia
gain bandwidth product | producto de ganancia en ancho de banda
gain control | control de ganancia
gain function | función de ganancia
gain margin | margen de ganancia
gain measurement | medida de ganancia
gain-measuring set | ganancímetro, medidor de ganancia
gain nonlinearity | no linealidad de ganancia
gain of aerial | ganancia de antena
gain sensitivity control | control de sensibilidad de ganancia
gain set | ganancímetro, ganancióметро
gain stability | estabilidad de ganancia
gain switch | conmutador de ganancia
gain turn down | reductor de ganancia
galactic noise | ruido galáctico
galactic radio noise | ruido galáctico
galaxy noise | ruido de la galaxia
galena | galena
galena detector | detector de galena
galena receiver | receptor de galena
Galileo control centre | centro de control Galileo [*centro europeo para control y gestión de satélites*]

Galileo sensor station | estación sensora Galileo [*para recopilación de informaciones procedentes de satélites*]
gallery | galería, túnel
gallium | galio
gallium antimonide | antimoniuro de galio
gallium arsenide | arseniuro de galio
gallium arsenide device | dispositivo de arseniuro de galio
gallium arsenide injection laser | láser de inyección de arseniuro de galio
gallium phosphide | fosfuro de galio
gallium suboxide | subóxido de galio
galloping ghost | fantasma galopante
Galois field | campo finito (/de Galois)
Galton whistle | silbato de Galton
galvanic | galvánico
galvanic anode | ánodo galvánico
galvanic bath | baño galvánico
galvanic battery | pila galvánica
galvanic cell [*obs*] | pila galvánica
galvanic corrosion | corrosión electrolítica
galvanic current [*obs*] | corriente galvánica
galvanic metallisation | metalización galvánica
galvanic series | serie galvánica
galvanisation | galvanización
galvanizing | galvanización, cincado
galvanizing bath | baño de galvanización (/cincado)
galvanizing brittleness | fragilidad por galvanización
galvannealed plate | chapa recocida y galvanizada
galvannealed wire | alambre recocido después de galvanizado
galvannealing | recocido posterior al galvanizado
galvanochemistry | electroquímica
galvanochromy | galvanocromía
galvanography | galvanografía, galvanotipia, electrotipia
galvanoluminiscence | galvanoluminiscencia

galvanolysis | electrólisis
galvanomagnetic effect | efecto galvanomagnético
galvanomagnetism | galvanomagnetismo
galvanometallurgy | electrometalurgia
galvanometer | galvanómetro
galvanometer coil | bobina de galvanómetro
galvanometer constant | constante del galvanómetro
galvanometer equation | ecuación galvanométrica
galvanometer lamp | lámpara de galvanómetro
galvanometer light-beam recorder | registrador galvanométrico
galvanometer recorder | registrador galvanométrico (de sonido)
galvanometer relay | relé galvanométrico
galvanometer shunt | derivación del galvanómetro
galvanometer with moving magnet | galvanómetro de imán móvil
galvanometric constant | constante galvanométrica
galvanometric controller | controlador galvanométrico
galvanometric relay | relé galvanométrico
galvanometry | galvanometría
galvanoplastics | galvanoplastia
galvanoscope | galvanoscopio
galvanotropism | galvanotropismo
game | juego
game card | tarjeta de juegos
game cartridge | cartucho de juegos
game control adapter | adaptador para control de juegos [*circuito de IBM*]
game controller | (tarjeta) controladora de juego
game pad | mando para juegos [*para consola*]
game port | puerto para juegos
game theory | teoría del juego
gamma absorption | absorción gamma
gamma absorption gauge | calibrador de absorción gamma

gamma cascade | cascada de rayos gamma, emisión gamma en cascada
gamma-compensated ion chamber | cámara de ionización con compensación de la radiación gamma
gamma correction | corrección gamma
gamma emitter | emisor gamma
gamma ferric oxide | óxido férrico gamma
gamma function | función gamma
gamma gauge | calibrador gamma
gammagraphy | gammagrafía
gamma heating | calentamiento (por rayos) gamma
gammameter | dosímetro para radiaciones gamma
gammaquant | cuanto de radiación gamma
gamma quench | temple gamma
gamma radiation | radiación gamma
gamma radiography | radiografía gamma
gamma ray | rayo gamma
gamma ray altimeter | altímetro de rayos gamma
gamma ray camera | cámara de rayos gamma
gamma ray counter | contador de rayos gamma
gamma ray level indicator | indicador de nivel de rayos gamma
gamma ray logging | sondeo por rayos gamma
gamma ray probe | sonda de rayos gamma
gamma ray source | fuente de rayos gamma
gamma ray spectrometer | espectrómetro de rayos gamma
gamma ray spectrum | espectro de rayos gamma
gamma ray thickness gauge | calibrador de espesor de rayos gamma
gamma ray tracking | seguimiento por rayos gamma
gamma scanning | exploración gamma
gamma uranium | uranio gamma
Gamow barrier | barrera de Gamow
Gamow barrier radius | radio de barrera de Gamow
Gamow-Teller selection rules | reglas de selección de Gamow-Teller
GAN = global area network | red global de zona
gang | (conjunto en) tándem
gang, to - | montar en tándem
gang capacitor | condensador en tándem, condensador múltiple con mando único
gang control | control múltiple
ganged | acoplado (en tándem), montado en conjunto; múltiple
ganged control | control único (/de mandos múltiples)
ganged tuning | sintonización con mando único; sintonización en tándem
ganging | acoplamiento mecánico

gang punch | perforación múltiple
gang switch | conmutador múltiple; interruptores acoplados
gang-tuning capacitor | condensador múltiple de sintonía con mando único
Gantt chart | gráfico de Gantt [*para planificación de proyectos*]
gap | distancia disruptiva (/explosiva); entrehierro; espacio (entre electrodos); intervalo, hueco, separación; espinterómetro
GAP = generic access profile | GAP [*perfil de acceso genérico (para comunicaciones)*]
GAP = Groupe d'analysis et prévision (*fra*) | GAP = Grupo de análisis y previsión
gap admittance | admitancia de intervalo (/circuito de la abertura, /circuito del espacio intermedio)
gap arrester | pararrayos de peine
gap coding | codificación por intervalos (/interrupción de señal)
gap conductance | conductancia de separación
gap depth | profundidad del entrehierro
gap factor | factor de intervalo (/espaciado), coeficiente del espacio de interacción
gapfiller, gap filler | antena complementaria (/cubridora de intervalos, /para completar la cobertura)
gap filling | cobertura de intervalos
gap insulation | aislamiento intersticial
gap length | distancia (/separación) del entrehierro; longitud del intervalo (/espaciado)
gap loading | carga de intervalo
gap loss | pérdidas en el entrehierro
gap on magnetic tape | espacio intermedio en cinta magnética
gap scatter | desalineamiento de entrehierros
gap theorem | teorema de los espacios intermedios
gap width | ancho del entrehierro
garbage [USA] | información parásita; residuos
garbage collection [USA] | recolección de residuos
garbage in, garbage out | basura que entra, basura que sale [*axioma informático*]
garble | enmascaramiento; error; mutilación [*de un mensaje*]
garnet | granate
garnet maser | máser de granate
garter spring | resorte circular
gas | gas
gas activity meter | medidor de actividad del gas
gas amplification | amplificación de (/por) gas
gas amplification factor | factor de amplificación gaseosa (/de gas)
gas atmosphere | atmósfera gaseosa
gas bag wiring | cableado del depósito de gas

gas capacitor condensador de gas
gas cell | pila (/célula) gaseosa (/de gas), cubeta para gas
gas cell frequency standard | patrón de frecuencia de célula de gas
gas circulator | circulador del gas, soplante
gas cleanup | absorción interna de gas
gas-cooled reactor | reactor con gas, reactor refrigerado por gas
gas core reactor | reactor de núcleo gaseoso
gas current | corriente iónica (/de ionización, /de gas)
gas density | densidad del gas
gas detector | detector de gas
gas diode | diodo gaseoso (/de gas)
gas discharge | descarga gaseosa (/de gas)
gas discharge device | dispositivo de descarga gaseosa
gas discharge display | visualizador de descarga gaseosa
gas discharge lamp | lámpara de descarga gaseosa
gas discharge laser | láser de descarga gaseosa
gas discharge valve | válvula de descarga gaseosa
gas electric drive | tracción eléctrica por gasolina
gas electrode | electrodo de gas
gas entrainment | arrastre de gas
gaseous | gaseoso
gaseous diffusion process | proceso de difusión gaseosa
gaseous discharge | descarga gaseosa
gaseous electronics | electrónica del estado gaseoso
gaseous fuel | combustible gaseoso
gaseous ionization | ionización gaseosa
gaseous mixture | mezcla de gas
gaseous phase radiochromatography | radiocromatografía en fase gaseosa
gaseous tube | tubo gaseoso
gaseous tube generator | generador de tubo gaseoso
gas-filled cable | cable con aislamiento de gas a presión
gas-filled lamp | lámpara de atmósfera gaseosa
gas-filled radiation-counter tube | tubo contador de radiaciones en atmósfera gaseosa
gas-filled tube rectifier | rectificador gaseoso
gas flame | llama de gas para alumbrado
gas flow counter tube | tubo contador de corriente gaseosa, tubo contador de flujo gaseoso
gas flow ionization chamber | cámara de ionización de corriente gaseosa
gas focusing | enfoque (/concentración) por gas

gas groove | ondulación debida a los gases
gas ionization readout | lectura por ionización gaseosa
gasket | junta
gasket-sealed relay | relé de junta sellada
gas laser | láser de gas
gas magnification | ampliación por gas
gas maser | máser gaseoso
gas mixing device | equipo mezclador para gases
gas multiplication | multiplicación debida al gas
gas noise | ruido gaseoso (/del gas)
gasoline torch [USA] | lámpara de soldar
gas phase laser | láser de fase de gas
gas photocell | fotocélula de gas
gas phototube | fototubo de gas, tubo fotoeléctrico gaseoso
gas-plasma display | pantalla de plasma de gas
gas-pressure cable | cable con gas a presión
gasproof | estanco al gas
gasproof machine | máquina estanca a los gases
gas protected relay | relé protegido por gas
gas ratio | coeficiente (/relación, /índice) de gas; factor (/relación, /índice) de vacío
gas relay | relé gaseoso; triodo de gas
gas scattering | dispersión de gas
gassiness | mala gasificación
gassing | burbujeo; gasificación; desprendimiento de gases (de los electrodos)
gas-stabilized arc | arco estabilizado con gas
gassy | gaseoso
gas tetrode | tetrodo de gas
gas thermostatic switch | interruptor termostático de gas
gas-tight connection | conexión estanca al gas
gas triode | triodo de gas
gas tube | tubo gaseoso (/de gas)
gas tube generator | generador de tubo de gas
gas tube relaxation oscillator | oscilador de relajación por tubo de gas
gas X-ray tube | tubo de rayos X gaseoso (/de gas)
gate | (circuito) puerta, puerta electrónica; compuerta; impulso de conmutación (/mando)
gate angle | ángulo de impulso
gate array | matriz de puertas; circuitos predifundidos [de puerta]
gate circuit | circuito de puerta (/amplificación por impulso)
gate-controlled switch | interruptor controlado por puerta
gate-controlled turn-off time | tiempo de corte (/encendido) controlado por puerta

gate current | corriente de entrada (/impulso, /puerta)
gate current for firing | corriente de puerta para el disparo
gated beam detector | detector de haz controlado
gated beam tube | tubo de impulso por haz, tubo de haz conmutado (/controlado)
gated buffer | separador de puerta
gate detector | detector puerta
gated flip-flop | flip-flop conmutado
gated sweep | barrido controlado por puerta
gated transistor | transistor de puerta de control
gate earth amplifier | amplificador con puerta a tierra
gate electrode | electrodo de puerta
gate equivalent circuit | circuito equivalente de puerta
gate error | error de la puerta
gate generator | generador de (impulsos de) puerta
gate impedance | impedancia de puerta (/impulso)
gatekeeper | portero [mecanismo de control del tráfico de red por admisión]
gate multivibrator | multivibrador de puerta
gate nontrigger current | corriente (/tensión) de no disparo, umbral de la corriente de disparo
gate nontrigger voltage | umbral de la tensión de disparo
gate of entry | puerta de entrada
gate power dissipation | potencia disipada en la puerta
gate-producing multivibrator | multivibrador generador de tensiones de puerta
gate pulse | impulso de puerta
gate region | región de puerta
gate resistance | resistencia de puerta
gate signal | señal de puerta
gate terminal | terminal de puerta
gate-to-source leakage current | corriente de fuga de puerta a fuente
gate trigger current | corriente de corte de puerta
gate trigger voltage | tensión de disparo de puerta
gate turn-off | conmutador puerta
gate turn-off current | corriente de disparo de puerta
gate turn-off silicon-controlled rectifier | rectificador controlado de silicio con exclusión por circuito puerta
gate turn-off switch | conmutador de puerta, interruptor de corte de puerta
gate turn-off voltage | tensión de corte de puerta
gate valve | válvula de compuerta
gate voltage | tensión de puerta, voltaje de impulso
gateway | puerta de acceso (/re redes), puerta de interconexión de redes, puerta de acceso de red a red, unidad de interfuncionamiento; pasarela; procesador de acoplamiento
gateway control function | función de control de la pasarela
gateway control protocol | protocolo de control de la pasarela
gateway controller | controlador de la pasarela
gateway controller unit | unidad de controlador de pasarela
gateway server | servidor gateway
gateway support node | nodo de soporte pasarela
gateway unit | unidad de pasarela
gate winding | devanado de puerta
gather write | escritura agrupada
gating | activación periódica; conmutación electrónica; generación de impulsos de mando; bloqueo y desbloqueo intermitente (/periódico); apertura de puerta electrónica; selección de señal, selección por impulsos; sincronización
gating circuit | circuito de conmutación (/impulso, /puerta)
gating half-cycle | ciclo medio de impulsión
gating pulse | impulso de modificación (/selección)
gating unit | elemento (/unidad) puerta
gating waveform | forma de onda de impulsión
GATT = general agreement on tariffs and trade | GATT [acuerdo común sobre aranceles y comercio]
gauge [UK] | calibre, galga; calibrador, medidor; gálibo
gauge invariance | invarianza de medidor
gauge pressure | presión manométrica
gauge pressure transducer | trasductor de presión manométrica
gauss | gausio [unidad cegesimal de inducción magnética]
Gaussian curve | curva de Gauss
Gaussian distribution | curva de Gauss, distribución gaussiana (/normal, /de Gauss)
Gaussian elimination | eliminación gaussiana
Gaussian error distribution | distribución de errores según Gauss
Gaussian error function | función de errores según Gauss
Gaussian function | función gaussiana
Gaussian noise | ruido gaussiano
Gaussian noise generator | generador de ruido gausiano
Gaussian quadrature | cuadratura gaussiana
Gaussian random vibration | vibración aleatoria gaussiana
Gaussian waveform | forma de onda gaussiana
Gaussian well | pozo gausiano
gaussitron | gausitrón
gaussmeter | gausímetro

Gauss's theorem | teorema de Gauss
gauze | rejilla, enrejillado
Gb = gigabit | Gb = gigabit
Gb = gilbert | Gb = gilbertio [*unidad de fuerza magnetomotriz en el sistema CGS*]
GB = gigabyte | GB = gigabyte
Gbps = gigabits per second | Gbps = gigabits por segundo
GBS method = Gragg's extrapolation method | método GBS = método de extrapolación de Gragg
GByte = gigabyte | Gbyte = gigabyte
GCA = ground-controlled approach | aproximación por control de tierra
GCC = Galileo control centre | GCC [*centro de control Galileo (centro europeo para control y gestión de satélites)*]
GCD = greatest common divisor | MCD = máximo común divisor
GCI = ground-controlled interception | interceptación por control de tierra
GCR = group code recording | GVR [*registro de código de grupos*]
Gd = gadolinium | Gd = gadolinio
GDF = group distribution frame | repartidor de grupos (primarios), bastidor de distribución del grupo
GDI = graphical device interface | GDI [*interfaz de dispositivo gráfico*]
G display | pantalla tipo G, presentación tipo G
Ge = germanium | Ge = germanio
gear | engranaje
geared synchro system | sistema sincronizado con multiplicación de velocidad
gearmotor | motor (/grupo) reductor
geek | geek [*ordenador especializado*]
Gee system | sistema Gee [*sistema inglés de radiohaz*]
Geiger counter | contador Geiger
Geiger counter valve | válvula de recuento de contador Geiger
Geiger-Müller counter | contador de Geiger-Müller
Geiger-Müller counter tube | tubo contador de Geiger-Müller
Geiger-Müller region | región de Geiger-Müller
Geiger-Müller threshold | umbral de Geiger-Müller
Geiger-Müller tube | tubo (contador) de Geiger-Müller
Geiger-Nuttall law | ley de Geiger-Nuttall
Geiger-Nuttall relation | relación de Geiger-Nuttall
Geiger plateau | región de Geiger
Geiger region | región de Geiger
Geiger threshold | umbral de Geiger
Geissler tube | tubo de Geissler
gel | gel
GEM = graphics environmental manager | gestor de entorno gráfico
GEN = generator | GEN = generador
gender bender | adaptador de conectores [*para dos conectores macho o dos hembra*]
gender changer | adaptador de conectores [*para dos conectores macho o dos hembra*]
general address | dirección general
general background lighting | luz de fondo general
general class licence | permiso de clase general
general error | error general
general ground | (puesta a) tierra general
general help dialog box | cuadro de diálogo de ayuda general
generalised [UK] | generalizado
generalized [UK+USA] | generalizado
generalized linear model | modelo lineal generalizado
generalized network | red generalizada
generalized sequential machine | máquina secuencial generalizada
general light | luz general
general packet radio service | servicio general de radiotrasmisión por paquetes
general protection fault | error de protección general
general public license | licencia pública general
general purpose | aplicación (/uso) general (/universal)
general-purpose computer | ordenador universal (/de uso general)
general-purpose controller | controladora universal (/multiuso)
general-purpose digital computer | ordenador digital para uso general
general-purpose interface universal bus | bus de interfaz universal
general-purpose language | lenguaje universal
general-purpose motor | motor para usos generales
general-purpose register | registro universal
general-purpose relay | relé de uso general
general-purpose system | sistema de utilización general
general rate | tasa general
general recursive function | función recursiva general
general register | registro general
general routine | rutina general
general supervision | supervisión general
general switching plan | plan general de interconexión
generate, to - | generar
generated noise | ruido generado
generating | generador
generating electric field meter | medidor de campo eléctrico generador
generating function | función de generación
generating magnetometer | magnetómetro generador
generating set | grupo electrógeno (/generador)
generating station | estación generadora, central eléctrica
generating unit | unidad generadora
generating voltmeter | voltímetro generador
generation | generación, producción
generation data group | grupo de datos generacionales
generation of computers | generación de ordenadores
generation rate | velocidad de generación
generation time | tiempo de generación
generator | generador, alternador, dinamo
generator efficiency | rendimiento de generador
generator field control | control de campo de un generador
generator matrix | matriz generadora
generator ringing set | generador de llamada
generator signalling | llamada por llave
generator voltage regulator | regulador de tensión de un generador
generic | genérico
generic access profile | perfil de acceso genérico [*para comunicaciones*]
generic icon | icono genérico
generic package | paquete genérico
genetic effect of radiation | efecto genético de las radiaciones
Genie = General Electric network for information exchange | Genie [*servicio de información en línea desarrollado por General electric*]
gen-lock | intersincronizador
GEO = geosynchronous earth orbit | GEO [*satélite geoestacionario*]
geodesic | geodésica
geodesic-lens scanning aerial | antena de exploración de lente geodésica
geodimeter | geodímetro
geographic information system | sistema de información geográfica
geographic pole | polo geográfico
geomagnetic effect | efecto geomagnético
geomagnetism | geomagnetismo
geometric | geométrico
geometric amplification factor | factor de amplificación geométrico
geometric attenuation | atenuación geométrica
geometric buckling | laplaciano geométrico
geometric capability | capacidad geométrica
geometric capacitance | capacitancia geométrica
geometric distortion | distorsión geométrica
geometric error | error geométrico

geometric factor | factor geométrico
geometric mean | media geométrica
geometric symmetry | simetría geométrica
geometrical configuration | configuración geométrica
geometry | geometría
geometry factor | factor geométrico (/de geometría)
geon | geon [*procedimiento de navegación*]
geophone | geófono
geophysical cable | cable geofísico
George box | caja de George
GEOSAR | GEOSAR [*constelacion de satélites de telecomunicación*]
geostationary | geoestacionaria
geostationary orbit satellite | satélite orbital geoestacionario
geosynchronous | geosincrónico [*de revolución sincronizada con la rotación de la Tierra*]
geosynchronous earth orbit | órbita geoestacionaria
germanium | germanio
germanium detector | detector de germanio
germanium diode | diodo de germanio
germanium transistor | transistor de germanio
germanium wafer | oblea de germanio
German silver | plata alemana
getter | absorbente metálico; desgasificador; rarefactor
getter ion pump | bomba iónica de adsorción
gettering | adsorción; desgasificación
GFLOP = gigaflop | GFLOP = gigaflop
G-G = ground-to-ground | (puesta) tierra a tierra
GGSN = gateway GPRS support node | GGSN [*nodo de soporte pasarela de GPRS*]
GHA = Greenwich hour angle | ángulo horario de Greenwich
ghost | fantasma; doble imagen
ghost image | imagen fantasma
ghosting | formación de imágenes fantasma [*imágenes residuales en la pantalla*]
ghost mode | modo fantasma
ghost pulse | impulso fantasma
ghost signal | señal fantasma
giant grid | red gigante
giant magnetoresistive head | cabezal magnetorresistivo gigante [*de IBM*]
giant pulse laser | láser (de rubí) de impulsos gigantes
giant ties | interconexiones de gran capacidad
GIF = graphic interchange format | GIF [*formato de intercambio gráfico (formato para codificación de imágenes en color)*]
giga- | giga- [*prefijo que expresa 1.000.000.000 unidades*]
gigabit | gigabit

gigabits per second | gigabits por segundo
gigabyte | gigabyte
gigacycle | gigaciclo
gigaelectron-volt | gigaelectrón-voltio
gigaflop | gigaflop [*medida informática equivalente a mil millones de operaciones de coma flotante por segundo*]
gigahertz | gigahercio
gigaohm | gigaohmio
gigawatt | gigavatio
GIGO = garbage in garbage out | GIGO [*residuos dentro, residuos fuera*]
GII = global information infrastructure | GII [*infraestructura global de información*]
gilbert | gilbertio [*unidad de fuerza magnetomotriz en el sistema electromagnético CGS*]
Gilbert model | modelo de Gilbert
gilbert per centimetre | gilbertios por centímetro
Gilbert-Varshamov bound | límite de Gilbert-Varshamov
Gill-Morrell oscillator | oscilador Gill-Morrell
gill selection | señalización selectiva
gill selector | señalizador selectivo
gimbal lock | bloqueo de suspensión cardán
gimbals | suspensión cardán; balancín
gimmick | capacidad por cableado; espira de capacidad; truco [*en publicidad*]
gimp | gimp [*tipo de cable muy flexible para telefonía*]
GINO = graphical input output | GINO [*entrada y salida gráfica*]
Giorgi system | sistema Giorgi, sistema MKSA
GIS = geographic information system | GIS [*sistema de información geográfica*]
GIX = global Internet exchange | GIX [*intercambio global por internet*]
GKS = graphics kernel system | GKS [*sistema de núcleo gráfico*]
Glan spectrophotometer | espectrofotómetro de Glan
glare | toma simultánea de enlace [*toma simultánea de un enlace a dos hilos desde ambos extremos*]
glare filter | filtro antirreflejos
glare shield | pantalla antideslumbrante
glass | cristal, vidrio
glass ambient diode | diodo pasivado con vidrio
glass ambient seal | obturación hermética pasivada con vidrio
glass ambient technology | tecnología de ambiente de vidrio
glass amplifier | amplificador de vidrio
glass attenuating filter | filtro atenuador de vidrio
glass binder | unión de vidrio
glass-bonded mica | mezcla mica-vidrio

glass-box testing | prueba de la caja blanca (/de vidrio)
glass break vibration detector | detector de rotura de vidrio por vibración
glass cell | cubeta de vidrio
glass dosimeter | dosímetro de vidrio
glass electrode | electrodo de cristal (/vidrio)
glass fibre | fibra de vidrio
glassing | vidriado
glassivated hermetic seal | obturación hermética pasivada con vidrio
glassivation | pasivación con vidrio, obturación hermética pasivada con vidrio
glass jet | tobera de vidrio
glass lens | lente de vidrio
glass-passivated seal | obturación hermética pasivada con vidrio
glass plate capacitor | condensador de lámina de vidrio
glass-to-metal seal | unión (/soldadura) vidrio-metal
glass tube | tubo de vidrio (/cristal)
glass type tube | tubo tipo vidrio
glazed substrate | sustrato vidrioso
glide | barrido de frecuencia
glide path | trayectoria de deslizamiento
glide path beacon | radiofaro de trayectoria de planeo
glide path localizer | localizador de trayectoria de planeo
glide path receiver | receptor de trayectoria de planeo
glide path transmitter | trasmisor de trayectoria de planeo
glide slope | trayectoria de descenso
glide slope facility | instalación de trayectoria de descenso
glidetone | glidetón [*variador continuo de la frecuencia de una señal acústica*]
G line | línea G
glint | parpadeo
glissando | glissando [*tono que varía gradualmente de altura*]
glitch [*fam*] | glitch [*forma de interferencia de baja frecuencia en televisión; impulso de estallido en ordenadores*]; ruido
glitter | parpadeo
GLM = generalized linear model | MLG = modelo lineal generalizado
global | global
global beam | haz global
global discretization error | error de discretización global
global information infrastructure | infraestructura global de información
global Internet exchange | intercambio global por internet
globalization | globalización, mundialización
global-local (*adj*) | global y local
globally unique identifier | identificador único universal [*para interfaces*]

global navigation satellite system | sistema de navegación global por satélite
global operation | operación integral
global optimization | optimación global
global positioning system | sistema de posicionamiento global
global search and replace | búsqueda y sustitución integral
global system for mobile communications | sistema global para comunicaciones móviles
Globalstar | Globalstar [*sistema de comunicaciones móviles vía satélite*]
global system for mobile communication | sistema global de comunicaciones móviles
global time | hora global [*sistema horario de referencia en internet*]
global truncation error | error de truncamiento global
global universal identification | identificación universal general
global variable | variable universal
global village | aldea global
globar lamp | lámpara globar
globule arc method | método con esferitas
globule test | examen globular
glomb | glomb [*bomba planeadora dirigida por radio*]
glossary | glosario
glossmeter | medidor de brillo
glove | guante
glove box | caja de guantes
glove port | portillo de guantes
glow | luminiscencia
glow cold-cathode tube | tubo de efluvio (/descarga luminosa) de cátodo frío
glow discharge | efluvio, descarga luminosa (/de halo)
glow discharge cold-cathode tube | tubo de descarga luminosa de cátodo frío
glow discharge microphone | micrófono de descarga luminoso
glow discharge rectifier | rectificador de descarga luminosa
glow discharge valve | válvula de efluvios (/descarga luminosa)
glow discharge voltage regulator | regulador de tensión de descarga luminosa
glow lamp | lámpara de efluvios
glow potential | tensión de luminiscencia; potencial de encendido (/brillo)
glow switch | interruptor luminoso (/de descarga luminosa)
glow tube | tubo fluorescente (/luminiscente, /de efluvio, /de descarga luminosa)
glow-tube rectifier | tubo rectificador de descarga luminiscente
glow voltage | tensión de luminiscencia
glow voltage regulator | tubo estabilizador (/regulador) de gas

glucinium | glucinio
glue line heating | calentamiento de la capa adhesiva, calentamiento localizado en el pegamento
gm = gram | g = gramo
Gm [*symbol for mutual conductance*] | Gm [*símbolo de la conductancia recíproca*]
G-M counter = Geiger-Müller counter | contador Geiger-Müller
GMR = giant magnetoresistive head | GMR [*cabezal magnetorresistivo gigante (de IBM)*]
GMSC = gateway mobile switching centre | GMSC [*centro de conmutación de servicios móviles*]
GMSK = Gaussian minimum shift keying | GMSK [*formato para modulación digital de portadora*]
GMT = Greenwich mean time | GMT [*hora media de Greenwich*]
GND = ground | T = (puesta a) tierra, masa
gnomon | representación tridimensional [*en gráficos de ordenador*]
GNR = green | verde
GNSS = global navigation satellite system | GNSS [*sistema de navegación global por satélite*]
go | ida
go-and-return channel | canal de ida y vuelta, vía de trasmisión en ambos sentidos
go-and-return measurement | medición redundante (/en anillo)
gobo | visera de cámara
go channel | canal de ida
Gödel numbering [*of a formal system*] | numeración de Gödel [*de un sistema formal*]
Gödel's incompleteness theorem | teorema de incompletitud de Gödel
Godwin's Law | ley de Godwin [*en internet se alude a ella cuando la discusión dura demasiado o se ha apartado del tema*]
go home, to - | ir a inicio
Golay cell | célula de Golay
Golay code | código de Golay
gold | oro
gold bonded diode | diodo con punta de oro, diodo de soldadura de oro
gold code | código de oro
gold connector | conector áureo
gold doping | impurificación con oro
golden section search | búsqueda de la sección áurea
gold leaf electroscope | electroscopio de hojas (/panes) de oro
Goldschmidt alternator | alternador de Goldschmidt
golfball printer | impresora de bola
gong | campana, timbre eléctrico
goniometer | goniómetro
go/no-go test | prueba de funciona/no funciona
good articulation | nitidez; buena articulación

Good-de Bruijn diagram | diagrama (/gráfico) de Good-de Bruijn
Good-de Bruijn graph | gráfico (/diagrama) de Good-de Bruijn
good geometry | buena geometría
goodness of test | prueba de bondad del ajuste
gopher | gófer [*utilidad de internet para presentar información en forma de menús jerárquicos*]
gopher server | servidor gófer
gopher site | sitio gófer
gopherspace | espacio gófer [*conjunto de información accesible en internet mediante gófer*]
Goppa code | código de Goppa
go-return crosstalk | diafonía entre las dos direcciones de ida y vuelta
GOS = grade of service | calidad de tráfico; grado de servicio
GOSIP = government open system interconnection profile [USA] | GOSIP [*norma sobre aplicación de protocolos OSI*]
go to, to - | ir a
goto circuit | circuito de detección de dirección
go to date, to - | buscar por fecha
Goto pair | par de Goto
GOTO statement | instrucción GOTO [*instrucción 'ir a'*]
Goudsmit and Uhlenbeck assumption | supuesto de Goudsmit y Uhlenbeck
go up, to - | ir arriba
governed series motor | motor en serie regulado
governor | regulador
GP computer = general-purpose computer | ordenador universal
GPF = general protection fault | GPF [*error de protección general*]
GPIB = general-purpose interface bus | GPIB [*bus de interfaz de aplicación universal*]
GPL = general public license | LPG = licencia pública general
GPRS = general packet radio service | GPRS [*servicio general de radiotrasmisión por paquetes*]
GPS = global positioning system | GPS [*sistema de posicionamiento global*]
grab, to - | capturar
grabber | captador gráfico [*de imágenes para guardarlas en memoria*]
grab color, to - | elegir color
grab handler | selector
grab screen image, to - | capturar imagen en pantalla
graceful degradation | degradación ligera
graceful exit | salida correcta [*finalización metódica de un proceso informático*]
gradation | gradación
grade | grado
grade channel | ancho de banda del canal

graded | graduado, escalonado
graded-base transistor | transistor de base gradual
graded-core-glass optic fibre | fibra óptica de núcleo de vidrio gradual
graded filter | filtro graduado (/gradual)
graded index fibre | fibra de índice gradual
graded index profile | perfil en índice graduado (/gradual)
graded insulation | aislamiento graduado (/gradual)
graded junction | unión gradual
graded junction transistor | transistor de unión gradual
graded multiple | multiplicación parcial (/escalonada)
graded shunt resistance | resistencia graduada en derivación
graded thermoelectric arm | brazo termoeléctrico gradual
grade of purity | grado de pureza
grade of service | calidad (/grado) de servicio
gradient | gradiente
gradient hydrophone | hidrófono de gradiente
gradient index fibre | fibra de índice de gradiente
gradient meter | medidor de gradiente
gradient microphone | micrófono de gradiente
grading | múltiplo parcial; sobrecorriente
grading group | subgrupo; grupo de líneas
gradiometer | gradiómetro
gradual degradation | degradación gradual
gradual failure | fallo gradual (/progresivo, /por degradación)
graduated flask | matraz graduado
graduated howler | aullador graduado
graduation | graduación
graduation mark | raya de graduación
graftal | graftal [fractal de procesamiento sencillo]
grain | grano
grain counting | granulometría; recuento del grano
grain density | densidad de los granos
grain growth | crecimiento de grano de cristal
grain noise | ruido de granos
grain-orientated iron-silicon alloy | aleación hierro-silicio de grano orientado
gram | gramo
gram atom, gramatom | átomo-gramo
gram-atomic weight | peso átomo-gramo
gram determinant | determinante gramo
gram equivalent | equivalente gramo
gram ion | ión gramo
grammar | gramática
grammar checker | corrector gramatical

Gramme armature | inducido Gramme
Gramme ring | anillo Gramme
Gramme winding | arrollamiento (/devanado) toroidal (/en anillo)
gram-molecular volume | volumen molecular-gramo
gram molecule | molécula gramo
gramophone | gramófono
gram-rad | radián gramo
gram-roentgen | gramo-roentgen
grandfather cycle | ciclo abuelo
grandfather file | archivo de primera generación
grandparent file | archivo de primera generación
grant of licence | otorgamiento de licencia
granular carbon | carbón granular
granularity | granularidad
graph [graphics] | grafo [fam] = gráfico, grafismo, (símbolo) gráfico
graphecon [a photoconductive tube that uses a high-velocity electron beam] | grafecón [válvula fotoconductora con haz de electrones de alta velocidad]
graphic [adj] | gráfico
graphic accelerator | acelerador gráfico
graphic adapter | adaptador gráfico
graphical analysis | análisis gráfico
graphical data operations | operaciones de datos gráficos
graphical device interface | interfaz de dispositivo gráfico
graphical input-output | entrada y salida gráficas
graphical interface | interfaz gráfica
graphical kernel system | sistema de núcleo gráfico
graphical user interface | interfaz gráfica de usuario
graphic character | carácter gráfico
graphic data processing | informática gráfica
graphic display | representación gráfica
graphic equalizer | ecualizador gráfico
graphic instrument | instrumento gráfico
graphic interchange format | formato de intercambio gráfico [formato para codificación de imágenes en color]
graphic limit | límite del gráfico [en un programa]
graphics | (diseño) gráfico, grafismo
graphics accelerator | acelerador gráfico (/de gráficos) [adaptador de vídeo con un coprocesador gráfico]
graphics adapter | adaptador gráfico (/de gráficos)
graphics array | adaptador de gráficos
graphics card | tarjeta gráfica
graphics character | carácter gráfico [carácter combinable con otros]
graphics controller | controladora gráfica [tarjeta de circuitos]
graphics coprocessor | coprocesador

gráfico
graphics cursor | cursor de gráficos
graphics data structure | estructura de datos gráficos
graphics engine | motor de gráficos, acelerador de vídeo (/gráficos)
graphics format | formato de gráficos
graphics interchange format | formato para intercambio de gráficos
graphics interface | interfaz gráfica (/para gráficos)
graphics kernel set | conjunto de rutinas gráficas
graphics kernel system | sistema de núcleo gráfico
graphics linear frame buffer | memoria intermedia lineal para gráficos
graphics mode | modo gráfico
graphics normal mode | modo normal gráfico
graphics port | puerto para gráficos
graphics primitive | elemento gráfico [carácter o figura geométrica elemental]
graphics subsystem | subsistema de gráficos
graphic symbol | símbolo gráfico
graphic tablet | tablero gráfico
graphic terminal | terminal gráfico
graphic user interface | interfaz gráfica de usuario
graphite | grafito
graphite electrode | electrodo de grafito
graphite-moderated reactor | reactor moderado por grafito
graphite micro-crucible | microcrisol de grafito
graphite sleeve | camisa de grafito
graph plotter | trazador de grafos
grass [fam] | falsos ecos, señales parásitas en pantalla
grasshopper fuse | fusible con alarma
graticule | retícula, cuadrícula de proyección
grating | retícula, retículo, red, malla reticular
grating constant | constante de la red
grating converter | convertidor de retículo
grating curvature | curvatura de la red
grating defect | defecto de la red
grating drive | modulación de la red
grating ghosts | perturbaciones parasitarias
grating monochromator | monocromador a retícula
grating mounting | montaje de la red
grating reflector | reflector de rejilla
grating ruling machine | maquina para formar el paso de la rejilla
grating spectroscope | espectroscopio de rejilla
Gratz rectifier | rectificador de Gratz
gravimeter | gravímetro
gravimetric analysis | análisis gravimétrico
gravitation | gravitación

gravitational field | campo gravitacional
gravitational mass | masa gravitacional
gravity | gravedad
gravity cell | pila de gravedad
gravity switch | gancho conmutador
gray [USA] [*grey (UK)*] | gris
Gray code | código (de) Gray
Gray code test pattern | configuración de prueba del código Gray
grayed | inactivado
gray-level array | orden de nivel gris
gray scale | escala gris (/de grises)
grayscale display | pantalla de escala de grises
grazing incidence | incidencia en bandas
greater than | mayor que
greater than or equal to | mayor o igual que
greatest common divisor | máximo común divisor
great manual | manual principal
greedy method | método exhaustivo
green | verde
green-distant | verde distante
green gain control | control de ganancia del verde
green gun | cañón del verde
green paper | libro verde para la normativa europea
green PC | ordenador ecológico
greeking | hacer grecas [*en gráficos o para representar líneas de texto*]
greek text | texto en grecas [*texto representado por elementos gráficos*]
green restorer | restaurador de verde
green video voltage | tensión de vídeo del verde
Greenwich civil time | tiempo civil de Greenwich
Greenwich hour angle | ángulo horario de Greenwich
Greenwich mean time | hora media de Greenwich
Gregorian calendar | calendario gregoriano
Greibach normal form | forma normal de Greibach
Greinacher accelerator | acelerador de Greinacher
grenz rays | rayos límite (/de Bucky)
grep = global regular expression print | grep [*orden de UNIX para buscar archivos por palabra clave*]
grep, to - | buscar texto [*con la utilidad grep de UNIX*]
grey [UK] | gris
grey absorber | absorbente gris
grey body | cuerpo gris
grey cast iron | fundición gris
grey hammer finish | acabado gris martelé
grey lacquer | lacado gris
grey lacquer finish | acabado de lacado gris, acabado gris lacado
grey scale | escala de grises

grey scale capability | capacidad de escala de grises
grey scale image | imagen de escala de grises
grid | red de distribución (eléctrica); cuadrícula, retículo; parrilla, rejilla
grid-anode capacitance | capacidad (/capacitancia) de rejilla-placa
grid base | base de rejilla
grid battery | batería de rejilla
grid bearing | deriva (/rumbo) sobre retículo
grid bias | (voltaje de) polarización de rejilla
grid bias battery [UK] | batería de rejilla (polarizada)
grid bias cell | pila (de polarización) de rejilla
grid blocking | bloqueo de rejilla
grid blocking capacitor | condensador de bloqueo de rejilla
grid cap | casquete (/terminal superior) de rejilla
grid capacitor | condensador de rejilla
grid cathode capacitance | capacidad rejilla-cátodo
grid characteristic | característica de rejilla
grid circuit | circuito de rejilla
grid circuit tester | probador de circuitos de rejilla
grid clip | pinza de rejilla
grid conductance | conductancia de rejilla
grid control | control de rejilla; modulación de la red
grid-controlled mercury-arc rectifier | rectificador de arco de mercurio controlado por rejilla
grid-controlled rectifier | rectificador controlado por rejilla
grid control tube | tubo con control de rejilla
grid current | corriente de rejilla
grid detection | detección por rejilla
grid dip meter | ondámetro de absorción; frecuencímetro dinámico, medidor por descenso de la corriente de rejilla
grid dip oscillator | oscilador controlado por corriente de rejilla
grid dissipation | disipación de rejilla
grid drive characteristic | característica de control (/excitación) de rejilla
grid driving power | potencia de excitación de la rejilla
grid emission | emisión de rejilla
grid glow tube | tubo de rejilla luminiscente
grid ionization chamber | cámara de ionización de rejilla
gridistor | gridistor [*tipo de transistor de efecto de campo*]
grid leak | escape de rejilla
grid leak capacitor | condensador de escape (/fuga) de rejilla
grid leak detection | detección por escape de rejilla

grid leak detector | detector de escape (/pérdida) por rejilla
grid limiting | limitación de rejilla
grid locking | rejilla positiva por emisión excesiva
grid modulation | modulación de (/por) rejilla
grid neutralization | neutralización de rejilla
grid north | norte del reticulado, norte de la cuadrícula
grid origin | origen de la cuadrícula
grid-plate capacitance | capacidad rejilla-placa
grid-plate characteristic | característica de rejilla placa
grid-plate transconductance | trasconductancia rejilla-placa
grid polarisation voltage | tensión de polarización de rejilla
grid pool tank | rectificador de mercurio por rejilla; depósito de cubeta con rejilla
grid pool tube | tubo de cátodo de mercurio con rejilla (de mando)
grid pulse modulation | modulación por impulsos de rejilla
grid pulsing | pulsación de rejilla
grid resistance | resistencia de rejilla
grid resistor | resistencia de rejilla
grid return | retorno de rejilla
grid separation circuit | circuito de separación por rejilla
grid stopper | resistencia limitadora de rejilla
grid suppressor | supresor de rejilla
grid swing | oscilación (/excursión) de rejilla
grid system | red de distribución (eléctrica)
grid transformer | trasformador de rejilla
grid voltage | tensión de rejilla
grid voltage supply | tensión de alimentación de la rejilla
grille | rejilla
grille cloth | tela de malla
grinder | máquina de fricción
grinding | trituración
grinding disk | muela para afilar
GRIN lens = graded index lens | lente GRIN
grip | mordaza
grip pulsing | pulsación por rejilla
grok, to - | conocer el asunto [*en jerga de cibernautas*]
groove | surco
groove angle | ángulo de surco
groove shape | perfil (/forma) del surco
groove speed | velocidad (lineal) del surco
groove velocity | velocidad del surco
Grosch's law | ley de Grosch
gross | global
gross consumption | consumo interior bruto
gross gamma scanner | explorador de rayos gamma

gross information content | contenido bruto de información
gross return loss | pérdida de retorno global
gross start-stop distortion | distorsión arrítmica global
ground [USA] [*earth (UK)*] | masa, puesta a tierra, toma de tierra
ground absorption | absorción (/pérdida) de tierra
ground aerial | antena enterrada
ground beacon | baliza terrestre
ground bus | bus de tierra
ground cable | cable de puesta a tierra
ground capacitance | capacidad a tierra
ground check | comprobación en tierra
ground clamp | abrazadera de tierra, brida de toma a tierra
ground clutter | ecos de tierra
ground comb | peine de masa
ground conductor | conductor de tierra
ground conduit | tubería de tierra
ground contact | contacto a tierra
ground control | control desde tierra
ground-controlled approach | aproximación por control de tierra
ground-controlled interception | interceptación por control de tierra
ground controller | controlador de tierra
ground current | corriente de tierra
ground detector | detector de masa
ground-diffused silicon-controlled switch | conmutador controlador de silicio de base difusa
ground distance | distancia terrestre
grounded [USA] [*earthed (UK)*] | con puesta a tierra (/masa), conectado a tierra
grounded anode amplifier | amplificador con ánodo a masa (/tierra)
grounded base amplifier | amplificador con base a masa (/tierra)
grounded base connection | conexión con base a masa
grounded cable bond | conexión de puesta a tierra
grounded capacitance | capacidad puesta a tierra
grounded cathode amplifier | amplificador con cátodo a masa (/tierra)
grounded circuit | circuito con puesta a tierra
grounded collector amplifier | amplificador con colector a masa
grounded collector connection | conexión con colector a masa
grounded conductor | conductor puesto a tierra
grounded dielectric constant | constante dieléctrica de tierra
grounded emitter amplifier | amplificador con emisor puesto a tierra
grounded gate amplifier | amplificador con puerta a masa
grounded grid amplifier | amplificador con rejilla a masa (/tierra)
grounded grid triode | triodo de rejilla a tierra
grounded grid triode circuit | circuito triodo de rejilla puesta a tierra
grounded grid triode mixer | mezclador con triodo de rejilla a tierra
grounded grid valve | válvula de rejilla a masa
grounded neutral | neutro puesto a tierra
grounded outlet | conectador con toma de tierra
grounded part | parte puesta a tierra
grounded plate amplifier | amplificador de placa a masa (/tierra)
grounded source amplifier | amplificador con surtidor a masa
grounded system | sistema puesto a tierra
ground-effect machine | vehículo terrestre levitante
ground environment | ambiente de tierra
ground equalizer coil | bobina igualadora de derivación a tierra
ground equalizer inductor | inductancia igualadora de tierra, inductor de igualación de tierra, inductor de ecualizador de masa
ground fault | avería por puesta a tierra
ground fault interruptor | interruptor por pérdida a tierra
ground fault-current | corriente de tierra accidental
ground gating | puerta de tierra
ground grid | rejilla de tierra
ground indication | indicación de tierra
grounding | puesta (/conexión) a tierra (/masa); toma de tierra
grounding conductor | conductor de puesta a tierra
grounding connection | conexión de puesta a tierra
grounding contact | contacto de puesta a tierra
grounding device [USA] | dispositivo de puesta a tierra
grounding electrode | electrodo de puesta a tierra
grounding key | botón (/pulsador) de tierra, llave de puesta a tierra
grounding outlet | toma de corriente con puesta a tierra
grounding plate | placa de descarga a tierra
grounding switch | conmutador de puesta a tierra, placa de toma de tierra
grounding terminal | borne (/terminal) de puesta a tierra
grounding transformer | transformador de puesta a tierra
grounding-type male plug | conector macho con toma de tierra
ground insulation | aislamiento de tierra
ground interphone | teléfono de pista
ground junction | unión a tierra
ground lead | hilo de puesta a masa, hilo de tierra
ground leak | derivación (/pérdida) a tierra
ground loop | camino cerrado a tierra
ground loop current | bucle de corriente de tierra
ground loop disturbance | perturbación en el camino cerrado de tierra
ground lug | terminal de tierra
ground mat | estera (/malla) de puesta a tierra
ground noise | ruido residual (/de fondo)
ground noise margin | margen de ruido de masa
ground outlet | toma eléctrica con conexión de tierra
ground plane | tierra artificial
ground plane aerial | antena con plano a masa, antena con tierra artificial
ground plate | placa de tierra
ground position indicator | indicador de posición sobre el suelo
ground potential | potencial de tierra
ground power cable | cable alimentador a tierra
ground protection | protección de puesta a tierra
ground protective relay | relé de protección contra fallos de aislamiento
ground radio operator | radiooperador de tierra
ground range | distancia en tierra
ground-reflected wave | onda reflejada desde (/por la) tierra
ground reflection | reflexión terrestre
ground resistance | resistencia de (puesta a) tierra
ground resonance | resonancia del suelo
ground return | retorno por tierra
ground-return circuit | circuito de retorno por tierra
ground-return signalling system | sistema con retorno por tierra
ground rod | varilla de tierra
groundscatter propagation | propagación por dispersión terrestre
ground screen | contraantena
ground/sea returns | ecos de tierra y de mar
ground shift | variación de tierra
ground speed | velocidad respecto a tierra
ground state | estado fundamental (/normal)
ground state beta disintegration | desintegración beta en estado fundamental
ground state disintegration | desintegración en estado fundamental
ground support cable | cable de apoyo terrestre
ground support equipment | equipo de apoyo terrestre

ground surveillance radar | radar terrestre de vigilancia
ground system of aerial | sistema de masa de la antena
ground taxiing headlight | faro de rodaje
ground terminal | borne (/terminal) de puesta a tierra
ground-to-air | tierra-aire
ground-to-air communication | comunicación tierra-aire
ground-to-ground | tierra-tierra
ground-traffic signal light | señal luminosa de circulación en tierra
ground vector | vector sobre tierra
ground wave | onda terrestre (/de tierra)
ground wave communication | comunicación por ondas terrestres
ground wave suppression | supresión de la onda de tierra
ground wire | conductor (/hilo) de tierra, hilo pararrayos
ground zero | punto (/tierra) cero
group | grupo
group, to - | agrupar
group 4 facsimile | fax (/facsímil) grupo 4
group allocation | distribución de grupos
group amplifier | amplificador de grupo
group appointment | cita de grupo
group appointment editor | editor de citas de grupo
group box | cuadro de grupo
group busy tone | tono de ocupación de grupo
group call | llamada (/línea) colectiva
group call pickup | repesca de llamadas [*en grupo*]; telecaptura de llamadas de grupo
group carrier | portadora de grupo
group centre | centro de distribución (/grupo)
group channel | canal de grupo
group code | código de grupo
group code recording | registro de código de grupos
group control station | estación de control de grupo
group delay | retardo (/tiempo de propagación) de grupo
group demodulator | desmodulador de grupo
group distribution frame | repartidor de grupos (primarios); bastidor de distribución de grupo
grouped frequency operation | funcionamiento con frecuencias agrupadas
grouped positions | posiciones agrupadas
group engaged tone | señal de grupo ocupado
group exchange | centro de agrupamiento
group folder | carpeta de grupo
group frequency | frecuencia de grupo
group graph | gráfico de grupo

group heading | cabecera de grupo
group icon | icono de grupo
grouping | agrupamiento; acoplamiento; concentración
grouping amplifier | amplificador agrupador
grouping centre | centro de agrupamiento
grouping circuits | circuitos de agrupamiento
grouping exchange | central de agrupamiento
grouping key | llave de concentración
grouping modulator | modulador agrupador
grouping network | red de agrupamiento
grouping of trunks | formación de haces urbanos, formación de grupos de enlaces
grouping plan | plan de agrupación
grouping space | espacio de agrupamiento
group link | conexión en grupo; enlace en grupo primario
group loop | lazo de grupo
group mark | marca de grupo
group marker | marcador de grupo
group marking relay | relé de marcado del ESG
group modem | módem de grupo
group modulating equipment | equipo de modulación de grupo
group modulation | modulación de grupo
group modulator | modulador de grupo
group name | nombre de grupo
group occupancy meter | contador de ocupación de grupo
group of circuits | haz de circuitos
group of conductors | haz de conductores
group of contacts | corona (/grupo) de contactos
group of lines | grupo (/combinación) de líneas
group of twelve channels | grupo primario
group pilot | piloto de grupo; onda piloto de grupo primario
group propagation time | tiempo de propagación de grupo
group removal cross section | sección eficaz (/activa) de separación (/extracción) de grupo
group section | sección de grupo
group selection technique | técnica de selección de grupo
group selection unit | unidad (/elemento) de selección de grupo
group selector | selector de grupo
group subcontrol station | subestación de grupo
group switching area | agrupamiento de conmutadores
group switching centre | centro de agrupamiento

group technology | tecnología de grupo
group transfer point | punto de transferencia de grupo
group transfer scattering cross section | sección eficaz de trasferencia de grupo por dispersión
group translating equipment | equipo de traslación de grupo
group translation | traslación de grupo
group velocity | velocidad de grupo
groupware | groupware [*grupos y paquetes de software*]
group window | ventana de grupo
Grove cell | pila de Grove
grovel, to - | buscar infructuosamente
growler | magnetizador, probador de aislamientos (/inducidos), verificador de cortocircuitos
grown-diffused transistor | transistor de capas de difusión, transistor de unión por difusión
grown junction | unión de (/por) crecimiento
grown junction photocell | fotocélula de unión por crecimiento
grown junction transistor | transistor de uniones por crecimiento
grown junction wafer | oblea de uniones por crecimiento
grown semiconductor junction | unión de semiconductor crecido
growth | crecimiento
growth curve | curva de crecimiento
grrl | chica [*fam. en chat*]
grummet | anillo (/ojal, /aislante) protector; arandela aislante (/protectora, pasacables; arandela de caucho; estrobo
grunge | código muerto [*que no se puede ejecutar*]
GRY = grey | gris
Grzegorczyk hierarchy | jerarquía de Grzegorczyk
G scan | exploración G
GSM = global system for mobile communications | GSM [*sistema global para comunicaciones móviles*]
GSM = groupe spécial mobile (fra) | GSM [*sistema francés de radiotelefonía móvil*]
GSM 900 | GSM 900 [*radiotelefonía celular digital móvil paneuropea basada en GSM*]
GSS = Galileo sensor station | GSS [*estación sensora Galileo (para recopilación de informaciones procedentes de satélites)*]
GT = global time | GT [*hora global; sistema horario de referencia en internet*]
GTP = GPRS tunneling protocol | GTP [*protocolo de túnel GPRS (entre nodos GSN)*]
guaranteed access time | tiempo de acceso garantizado
guaranteed flow | caudal de servidumbre

guard | escucha; hilo de control; guarda, protección; vigilancia
guard a frequency, to - | vigilar (/estar a la escucha) en una frecuencia
guard arm | brazo de seguridad
guard band | banda de guarda (/protección, /seguridad)
guard bit | bit de protección
guard channel | canal de protección
guard circle | círculo de protección (/seguridad)
guard circuit | circuito de seguridad (/guarda)
guarded input | entrada con guarda
guarded motor | motor con guarda
guard frequency | frecuencia de escucha
guarding | seguridad
guard interval | intervalo de seguridad
guard ratio | coeficiente de seguridad
guard relay | relé de seguridad (/guarda)
guard ring | anillo de protección (/guarda)
guard ring capacitor | condensador con anillo de protección
guard shield | blindaje de protección (/guarda)
guard time | tiempo de seguridad
guard well capacitor | condensador de manantial
guard wire | cable protector, conductor de protección
Gudden-Pohl effect | efecto Gudden-Pohl
guest | huésped
GUI = graphical user interface | GUI [*interfaz gráfica de usuario*]
GUID = globally unique identifier, global universal identification | GUID [*identificador único universal, identificación universal general*]
guidance beam | haz de guiado
guidance system | sistema de control (/guía); telemando
guidance system on the ground | dispositivo de guía en tierra
guidance tape | cinta de control (/dirección)
guide | guía; manual
guide electrode | electrodo guía (/de guiado)
guided | controlado, dirigido, guiado

guided ballistic missile | cohete balístico guiado
guided missile | misil (/proyectil) dirigido
guided probe | ensayo dirigido
guided wave | onda guiada
guide field | campo guía (/director)
guide gap | intervalo guía (/piloto)
guide pin | patilla (/espiga, /horquilla, /terminal) guía
guide propagation | propagación guiada
guide wavelength | longitud de onda guiada
guiding | guiado
guiding centre | centro guía
guiding field | campo de guiado
Guillemin effect | efecto Guillemin
Guillemin line | línea de Guillemin
guillotine capacitor | condensador de guillotina
gulp | grupo de bytes
gummite | gummita
gun | cañón; pistola
gun-directing radar | radar director de tiro
gun efficiency | rendimiento (/eficiencia) del cañón [*electrónico*]
gunfire control radar | radar de dirección de tiro
Gunn diode | diodo Gunn, diodo de trasferencia de iones
Gunn effect | efecto Gunn, efecto de resistencia diferencial negativa
Gunn oscillator | oscilador Gunn
gun-type weapon | arma tipo bomba
gunzip | gunzip [*utilidad GNU para descompresión de archivos*]
guru | gurú [*experto técnico que soluciona problemas de forma incomprensible*]
GUS = guide for use of standards | guía (/instrucciones) para la utilización de normas
gust alleviating factor | factor de atenuación de ráfagas
gust decay time | periodo de extinción de la ráfaga
gust duration | duración de ráfaga
gust frequency | frecuencia de ráfagas
gutta-percha | gutapercha
gutter | acanaladura auxiliar; canal, canalón; medianil [*en artes gráficas*]

guy | riostra, viento
guyed aerial mast | mástil de antena arriostrado
guy wire | riostra, alambre tensor (/para riostras), viento de alambre; hilo de unión
G value | valor G, coeficiente G
gypsum crystal | cristal de yeso
gyrator | girador, rotador
gyro = gyroscope | giroscopio, indicador giroscópico
gyro centre | central giroscópica
gyro centre indicator | indicador giroscópico (/esférico)
gyrocompass | brújula giroscópica
gyrodyne | girodino
gyro flux gate compass | brújula giromagnética (/giroscópica de puerta de flujo)
gyrofrequency | girofrecuencia
gyro horizon | horizonte giroscópico
gyromagnetic | giromagnético
gyromagnetic compass | brújula giromagnética
gyromagnetic effect | efecto giromagnético
gyromagnetic ratio | relación giromagnética
gyromagnetic resonance | resonancia giromagnética
gyro north | norte de la brújula giroscópica
gyropilot | piloto automático
gyroscope | giroscopio, giróscopo
gyroscopic action | efecto giroscópico
gyroscopic compass | brújula giroscópica
gyroscopic sextant | sextante giroscópico
gyroscopic torque | par giroscópico
gyrostabilized platform | plataforma giroestabilizada
gyrostabilizer | estabilizador giroscópico
gyrostatic | girostático
gyrostatic compass | brújula, compás girostático
gyrostatic stabiliser | estabilizador girostático
gyrotron | giróscopo vibrador
G-Y signal | señal G-Y
gzip | gzip [*utilidad GNU para compresión de archivos*]

H

H = henry | H = henrio [*unidad de inductancia*]
H = hydrogen | H = hidrógeno
hack | apaño
hack, to - | amañar, sabotear, piratear, jaquear [*fam. en informática*]
hacker | amañador, mañoso; intruso (/pirata) informático; hacker [*informático especializado en la ruptura de códigos de seguridad*], jáquer [*neol.*]
hackle [*severe irregularity across a fibre end face*] | rugosidad [*defecto en la superficie seccionada de la fibra óptica*]
Hadamard code | código de Hadamard
Hadamard matrices | matrices de Hadamard
hadron | hadrón
hafnium | hafnio
HAGO = have a good one | HAGO [*fórmula de despedida en internet*]
hair | pelo
hairline | filete extrafino [*en artes gráficas*]
hairpin | horquilla
hairpin pickup coil | horquilla de acoplamiento
hairpin tuning bar | horquilla de sintonización
hair tuning bar | barra de sintonización capilar
HAL = hardware abstraction layer | HAL [*capa de abstracción de hardware*]
halation | efecto de halo
half | medio, mitad
half-add | semisuma
half-adder | semisumador
half-bridge | semipuente
half-card | tarjeta corta [*de circuitos*]
half-cell | célula de electrodo, semielemento (de pila)
half-channel | semivía
half-connection | semiconexión
half-cycle | semiciclo, semiperiodo
half-cycle transmission | trasmisión por semiciclos
half-cylinder | semicilindro
half-digit | semidígito
half-duplex | semidúplex [*capacidad de un dispositivo para recibir y trasmitir alternativamente*]
half-duplex circuit | circuito semidúplex
half-duplex modem | módem semidúplex
half-duplex operation | operación semidúplex, funcionamiento en semidúplex
half-duplex repeater | repetidor semidúplex
half-duplex transmission | trasmisión semidúplex
half-echo suppressor | semisupresor de eco
half-height | media altura, semialtura
half-height device | dispositivo de media altura
half-height drive | unidad de media altura [*unidad de disco con la mitad de altura que las unidades de la generación precedente*]
half-hertz transmission | trasmisión en semiciclo
half-hourly broadcast | radiodifusión semihoraria
half-lenght | media longitud, semilongitud
half-life | periodo de semidesintegración
half-light | luz crepuscular, penumbra
half-nut | media tuerca
half-period | semiperiodo
half-power | media potencia, semipotencia
half-power frequency | frecuencia de potencia mitad
half-power point | punto de media potencia
half-power width | anchura de potencia mitad
half-reflecting dielectric sheet | lámina dieléctrica semirreflectora
half-residence time | tiempo de residencia mitad
half-rhombic aerial | antena semirrómbica
half router | encaminador individual [*para distintas terminales de una LAN*]
half-shade diaphragm | diafragma de penumbra
half-shell | cuerpo de regleta
half-shift register | registro de medio desplazamiento
half-size card | tarjeta de tamaño medio
half-speed subchannel | subcanal a media velocidad
half-step | medio grado (/paso), media etapa
half subtractor | semirrestador
half-tap | semiderivación
half-terminal echo suppressor | supresor de eco terminal simple
half-time emitter | emisor de semiperiodo
half-tone | semitono, medio tono
half-tone characteristic | característica de semitono
half-track recorder | grabador de cinta de doble pista
half-track tape | cinta de media pista
half-track tape-recording format | formato de grabación de cinta de media pista
half-upright | semimontante
half-value layer | capa de valor mitad
half-value period | periodo radiactivo; periodo de valor mitad
half-value thickness | espesor del valor mitad
half-wave | media onda, semionda
half-wave aerial | antena de media onda
half-wave bridge circuit magnetic amplifier | amplificador magnético con circuito puente de media onda
half-wave dipole | dipolo de media onda
half-wavelength | semilongitud de onda
half-wave magnetic amplifier | amplificador magnético de media onda

half-wave rectification | rectificación de semiciclos (/media onda)
half-wave rectifier | rectificador de media onda
half-wave rectifier circuit | circuito rectificador monofásico
half-wave transmission line | línea de trasmisión de media onda
half-wave vibrator | vibrador de media onda
half-wave voltage doubler | doblador de voltaje de media onda
half-width | semiancho
half-width of a filter | valor semiancho del filtro
half-width of a line | onda semiancha de la línea
half word, half-word | media palabra, semipalabra
Hall angle | ángulo de Hall
Hall coefficient | coeficiente de Hall
Hall constant | constante de Hall
Hall effect | efecto Hall
Hall-effect generator | generador de efecto Hall
Hall-effect isolator | aislador por efecto Hall
Hall-effect modulation | modulación por efecto Hall
Hall-effect modulator | modulador por efecto Hall
Hall-effect multiplier | multiplicador por efecto Hall
Hall-effect switch | conmutador de efecto Hall
Hall generator | generador Hall
Hall mobility | movilidad de Hall
Hall probe | sonda de Hall
Hall sensor | sensor de Hall
Hallwacks effect | efecto Hallwacks
halo | halo
halogen | halógeno
halogen counter | contador de halógeno
halogen-quenched counter tube | tubo contador de halógeno
halogen quenching | extinción halógena
haloing | aureola
halt | alto, parada, detención, interrupción
halting problem | problema de parada
halt instruction | instrucción de detención
halving | bisección del campo visual
halving prism | prisma divisor de haz
Hamilton cycle | ciclo de Hamilton
Hamiltonian cycle | ciclo de Hamilton
hammer | martillo
hammer shaft | mango (/eje) del martillo
Hamming bound | límite de Hamming
Hamming code | código (de) Hamming
Hamming distance | distancia (de) Hamming
Hamming metric | métrica de Hamming
Hamming radius | radio de Hamming

Hamming space | espacio de Hamming
Hamming sphere | esfera de Hamming
Hamming weight | peso de Hamming
hand | mano
hand-and-foot monitor | monitor para manos y pies
hand capacitance | capacidad de la mano
hand-carried tape | cinta trasportada a mano
hand counter | contador manual
handedness | manejo del ratón
hand generator | generador de mano, magneto
handheld computer | ordenador de mano [*que se puede sostener con una mano mientras se maneja con la otra*]
handheld PC | PC de bolsillo
handheld scanner | escáner de mano
hand-held terminal | terminal portátil
Handie-Talkie | Handle-Talkie [*marca comercial de un pequeño radiotrasmisor de mano*]
handing-in | depósito; imposición
handing-over office | oficina de cambio
hand key | manipulador
hand lamp | lámpara portátil, linterna de mano
handle | grupo de signos de desplazamiento; mango; apodo
handle a message, to - | tratar un mensaje
handler | manipulador, selector; descriptor [*de archivos*]
handling | gestión, tratamiento
handling instructions | instrucciones de gestión
handling of calls | gestión de llamadas
handling of traffic | gestión del tráfico
handoff | conmutación (/trasferencia) de la comunicación
hand-operated exchange | central manual
hand operation | mando manual; operación a mano
handover | conmutación de la llamada en uso; traspaso [*facultad de mantener una conexión mientras el usuario se desplaza de una célula a otra*]
hand receiver | auricular de mano
hand reset | reposición manual (/a mano)
hand sending | manipulación; trasmisión manual
handset | microteléfono
handset amplifier | amplificador de microteléfono
handset telephone | aparato microtelefónico
handsfree | teléfono de manos libres
hands-free telephone | teléfono de manos libres, teléfono con altavoz
handshake | establecimiento de comunicación; intercambio de señales; acuse de recibo

handshake cycle | ciclo de intercambio de señales
handshake protocol | protocolo de negociación inicial
handshaking | establecimiento del enlace; (iniciación del) diálogo
hands off | teléfono de manos libres; manos fuera
handson | comando manual
hand telephone set | aparato microtelefónico
handworked block | bloqueo a mano
handwriting recognition | reconocimiento de caligrafía (/escritura caligráfica)
handy [*fam*] | radioteléfono móvil
handy-talkie | radioteléfono portátil
hang, to - | colgar [*cortar la comunicación*]
hanger | ménsula
hanging indent | sangría saliente (/colgante) [*en artes gráficas*]
hangover | arrastre; resonancia parásita; vibraciones entre
hang up | [*fam*] atasco; parada inesperada (/imprevista de máquina), plante
hang up, to - | colgar
hang-up switch | gancho interruptor
Harcourt lamp | lámpara de Harcourt
hard | duro
hard aluminium | duraluminio
hard card | tarjeta de disco duro [*que contiene un disco duro y su controladora*]
hard clipping | recorte duro
hard-coded | con codificación personal
hard contact | contacto duro
hard contact switch | conmutador de contactos duros
hardcopy, hard copy [*hardcopy*] | copia impresa (/indeleble, /permanente, /en papel), impresión en papel, salida impresa
hard copy printer | impresora de copias
hard core pinch device | dispositivo de autocontracción (/estricción) tubular
hard cosmic ray | rayos cósmicos duros
hard disk | disco duro (/fijo)
hard disk drive | unidad de disco duro
hard disk drive card | tarjeta controladora de disco duro
hard disk driver controladora de disco duro
hard disk performance | rendimiento del disco duro
hard disk type | tipo de disco duro
hard disk unit | unidad de disco duro
hard-drawn copper wire | alambre de cobre estirado en frío
hard drive | unidad de disco duro
hardened | templado
hardened and tempered | templado y revenido
hardened link | enlace (/eslabón) reforzado

hardened site | asentamiento protegido
hardener | endurecedor
hardening | endurecimiento
hard error | error insalvable, fallo de hardware
hard failure | fallo de hardware
hard firing | fuego violento
hard glass | vidrio Pirex
hard hyphen | guión duro [*que permanece como parte integrante del texto, a diferencia del 'blando' utilizado para la división de una palabra al final de la línea*]
hard limiting | límite fuerte
hardline | circuito alámbrico, enlace físico, línea física
hard magnetic material | material de gran remanencia (/intensidad magnética)
hard metal | metal duro
hardness | dureza, solidez; grado de enrarecimiento (/rarificación, /vacío)
hardness of radiation | dureza de la radiación
hardness of X-rays | dureza de los rayos X
hardness tester | durómetro
hard-point demonstration radar | radar de demostración de punto agudo
hard rays | rayos duros
hard reset | reinicio por hardware
hard return | punto y aparte [*código de pantalla*]
hard rubber | goma dura, caucho endurecido
hard-sectored | sectorizado físicamente
hard-sectored disk | disco de sectores fijos
hard solder | soldador duro
hard soldering | cuprosoldadura
hard space | espacio duro [*que permanece como parte integrante del texto*]
hard state | estado fijo [*sistema en que la red es responsable de mantener el estado de sus elementos*]
hard superconductor | superconductor duro (/no ideal)
hard tube | tubo duro (/de alto vacío), válvula dura (/de alto vacío)
hardware | hardware [*equipo físico*], soporte físico, conjunto de componentes físicos, aparatos, maquinaria
hardware, to - | cablear [*circuitos o componentes*]
hardware abstraction layer | nivel de abstracción del hardware [*donde está aislado el código ensamblador de lenguaje*]
hardware address | dirección física
hardware buffer | memoria intermedia
hardware character generation | generación de caracteres por el hardware
hardware check | comprobación (automática) del hardware
hardware circuitry | (conjunto de) circuitos del hardware
hardware conversion | conversión de hardware
hardware-dependent | dependiente del hardware
hardware description | descripción del hardware
hardwared logic | lógica cableada
hardware failure | fallo de hardware
hardware handshake | conexión entre hardware [*para establecimiento de comunicación*]
hardware independence | independencia de hardware
hardware interrupt | interrupción del hardware
hardware key | llave de seguridad [*para hardware*], mochila [*fam*]
hardware maintenance | mantenimiento de hardware
hardware monitor | monitor de hardware
hardware profile | perfil del hardware
hardware reliability | fiabilidad del hardware
hardware security | medidas de seguridad del hardware
hardware tree | árbol de hardware
hardwire, to - | cablear [*circuitos o componentes*]
hardwired | cableado [*conectado físicamente por cable*]
hardwired logic | lógica cableada, programa cableado
hardwiring | cableado físico
hard X-ray | rayos X duros
harmful interference | interferencia perjudicial
harmonic | armónico
harmonic aerial | antena armónica
harmonic analyser | analizador armónico (/de armónicos)
harmonic analysis | análisis de armónicos
harmonic attenuation | atenuación armónica
harmonic component | componente armónico
harmonic content | contenido armónico (/en armónicos); conjunto de armónicos
harmonic conversion transducer | trasductor de conversión armónica
harmonic detector | detector de armónicos
harmonic distortion | distorsión armónica (/por armónicos)
harmonic filter | filtro de armónicos
harmonic frequency | frecuencia armónica
harmonic function | función armónica
harmonic generator | generador de armónicos
harmonic interference | interferencia armónica
harmonic leakage power | potencia de fuga de armónicos
harmonic mean | media armónica
harmonic mode crystal unit | unidad de cristal de modo armónico
harmonic motion | movimiento armónico
harmonic oscillator | oscilador armónico
harmonic producer | oscilador generador de armónicos
harmonic ringing | llamada armónica
harmonics | armónicos
harmonic selective ringing | llamada selectiva armónica
harmonic series of sounds | serie armónica de sonidos
harmonic telephone ringer | timbre selectivo
harmonic test check | tanteo de armónico
harmonic wave | onda armónica
harmonic wave analyser | analizador de onda armónica
harmonizing | armonización
harness | cableado preformado
Hartley oscillator | oscilador Hartley
Hartley's law | ley de Hartley
Hartmann diaphragm | diafragma escalonado de Hartmann
Harvard architecture | arquitectura Harvard [*que en el procesador usa buses de direcciones distintos para códigos y datos*]
hash | chasquidos, parásitos; función de mezcla de un solo sentido [*función para calcular el mensaje*]
hash coding | código de direccionamiento
hash function | función de comprobación aleatoria
hashing | cálculo de clave
hashing algorithm | algoritmo de cálculo de clave
hash-mark strip | banda de marca
hash search | búsqueda por dirección calculada
hash table | tabla de direcciones calculadas
hash total | total parcializado (/de comprobación)
hash value | valor de cálculo de direccionamiento
Hatted code | código Hatted
haul | alcance, distancia
Hay bridge | puente de Hay
Hayes compatibility | compatibilidad Hayes [*Hayes es un fabricante de módems*]
Haystack aerial | antena Haystack
hazard | peligro, riesgo
hazard beacon | faro de peligro
hazard rate | tasa de riesgo
hazards summary report | informe sobre riesgos
haze | velo
H beacon | faro H
H bend | codo en H
HBJT = heterojunction bipolar junction transistor | HBJT [*transistor bipolar de efecto de campo*]

H bomb | bomba H
H channel | canal H
HCI = human-computer interface (/interaction) | HCI [*interfaz (/interacción) hombre-ordenador*]
HD = hard disk | disco duro
HD = high density | alta densidad
HDB3 code = third orde high density bipolar code | código HDB3 = código de alta densidad bipolar de tercer orden
HDBMS = hierarchical database management system | HDBMS [*sistema jerarquizado de gestión para bases de datos*]
HDD = hard disk driver | HDD [*controladora de disco duro*]
HDF = hierarchical data format | HDF [*formato jerarquizado de datos*]
H display | pantalla tipo H, presentación tipo H
HDLC = high level data link control | HDLC [*control de enlace de datos de alto nivel (procedimiento de trasmisión de datos en redes por paquetes con reconocimiento y corrección de fallos de trasmisión)*]
HDSL = high-bit rate digital subscriber line | HDSL [*línea digital de abonado para trasmisión a alta velocidad*]
HDR = header label | etiqueta (de cabecera) [*en soportes magnéticos*]
HDSL = high bit rate DSL = high-bit-rate digital subscriber line, high-data-rate digital subscriber line | HDSL [*DSL de alta velocidad de trasmisión, línea digital de abonado para alta velocidad de trasmisión de bits (/datos)*]
HDT = headend digital terminal | HDT [*terminal digital de cabecera*]
HDTV = high definition television | TVAD = televisión de alta definición
HDTV technique = high definition television technique | técnica HDTV [*técnica de televisión de alta definición*]
HDU = hard disk unit | HDU [*unidad de disco duro*]
He = helium | He = helio
head | cabeza; cabezal, cabeza grabadora (/magnética)
head alignment | alineación de la cabeza
head amplifier | preamplificador, amplificador previo (/de cabeza)
head arm | brazo de cabezal (/acceso)
head-cleaning device | dispositivo de limpieza de cabezales
head crash | choque y rotura de cabeza [*de lectura/escritura*]
head degausser | desmagnetizador de cabezas magnéticas
head demagnetizer | desmagnetizador de cabeza de registro
headed core | núcleo expandido
headend, head end | extremo (/final) de cabeza, tratamiento (/reelaboración) final

headend digital terminal | terminal digital de cabecera
header | (línea de) cabecera, encabezamiento; cabezal estanco; placa pasahilos; base, sustrato; canal trasversal
header card | tarjeta de encabezamiento
header field | campo de cabecera
header file | archivo de inicio
header label | etiqueta de cabecera
header record | registro de encabezamiento
head gap | entrehierro de cabeza
headgear receiver | receptor de casco, casco telefónico
head guy | retención terminal
heading | encabezamiento; preámbulo; rumbo
heading marker | indicador (/línea) de la proa
headlight | faro de cabeza, proyector
headlight aerial | antena de faro
head-mounted device | dispositivo de cabeza [*para colocar sobre la cabeza para aplicación de progrmas de realidad virtual*]
head-mounted display | casco visor (/de realidad virtual)
head out | salida de auriculares
head-per-track disk drive | unidad de disco de cabeza por pista [*que dispone de una cabeza de lectura/escritura para cada pista*]
headphone | auricular
head positioning | posicionamiento de la cabeza [*de lectura/escritura*]
headroom | headroom [*margen de seguridad entre el nivel de la señal y el de distorsión*]
headset | auricular (telefónico)
headset cord | cable de auriculares
headshell | cabeza lectora
head slot | ranura de acceso [*de un disco flexible para que pueda actuar la cabeza de lectura/grabación*]
head switching | conmutación de cabezales [*de lectura/escritura*]
head-to-tail | enfrentados
head-to-tape contact | contacto cabeza-cinta
health | salud, sanidad
health monitor | monitor de radioprotección
health physics | radioprotección
heap | heap [*área de almacenamiento para variables dinámicas*]; pila
heap leaching | lixiviación en pila
heapsort | clasificación de montones
hearing | audición
hearing aid | aparato de corrección auditiva
hearing loss | pérdida auditiva, sordera
hearing loss for speech | pérdida auditiva para el lenguaje hablado
hearing station | estación de calentamiento
heart rate meter | medidor de la frecuencia de los latidos cardiacos
heat | calor
heat ageing | envejecimiento por el calor
heat coil | bobina térmica
heat cycle | ciclo térmico
heat engine generating station | central térmica (/termoeléctrica)
heat engine set | grupo térmico
heater | calefactor, calentador; filamento; resistencia de calentamiento, trasmisor calorífico
heater battery [UK] | batería de encendido (/filamentos)
heater biasing | polarización de caldeo
heater cord | cordón térmico
heater current | corriente del calefactor (/calentador, /filamento)
heater-type cathode | cátodo tipo calentador
heater voltage | tensión (/voltaje) del calefactor (/calentador, /filamento)
heater voltage coefficient | coeficiente de tensión de calentamiento, efecto calorífico de la corriente
heat exchanger | intercambiador de calor
heat-eye tube | tubo de ojo caliente
heat flux | flujo térmico (/calorífico)
heat gradient | gradiente térmico
heating | calentamiento, calefacción
heating apparatus | aparato de calefacción
heating coil | bobina de calefacción
heating conductor | conductor de calentamiento
heating current corriente de calefacción
heating depth | profundidad de calentamiento
heating effect | efecto térmico
heating element | elemento calefactor (/térmico)
heating fabric | tejido de calentamiento
heating filament | filamento incandescente
heating grill | rejilla de calentamiento (/calefacción)
heating pattern | diagrama de caldeo
heating surface | superficie de calentamiento
heat loss | pérdida de calor, pérdida por calentamiento (/disipación térmica, /efecto Joule)
heat of emission | calor de emisión
heat of evaporation | calor de vaporización
heat of ionization | calor de ionización
heat of radioactivity | calor de radiactividad
heat performance | comportamiento (/rendimiento) térmico
heat pipe | pipeta de refrigeración
heat rate | consumo específico de calor
heat reactor | reactor de producción de calor
heat-resistant | refractario, resistente al calor

heat-resistant alloy | aleación resistente al calor
heat run | ensayo térmico
heat seal | sellado mediante calor
heat sealing | sellado por calor
heatseeker | buscador de calor; misil térmico
heat sensor | sensor de calor
heat shield | blindaje térmico, pantalla térmica
heat shock | impacto de calor
heat-shrinkable tubing | tubería contráctil por calentamiento
heat sink | aleta de refrigeración, disipador de calor; escape térmico
heat sink compound | compuesto disipador
heat soak | líquido disipador térmico
heat speeker | buscador de calor
heat transfer area | área de trasferencia de calor
heatwave | onda calórica (/térmica)
heat-writing recorder | grabadora de impresión térmica
Heaviside bridge | puente de Heaviside
Heaviside-Campbell bridge | puente de Heaviside-Campbell
Heaviside-Campbell mutual-inductance bridge | puente de inducciones (/inductancias) mutuas de Heaviside-Campbell
Heaviside layer | capa de Heaviside, capa E
Heaviside-Lorentz system | sistema de Heaviside-Lorentz
Heaviside mutual-inductance bridge | puente de inducciones (/inductancias) mutuas de Heaviside
heavy | pesado
heavy armature relay | relé de armadura pesada
heavy concretes | hormigones pesados
heavy-duty relay | relé reforzado
heavy hours | periodo de mucho tráfico
heavy hydrogen | deuterio, hidrógeno pesado
heavy ion linac = heavy ion linear accelerator | acelerador lineal de iones pesados
heavy ion linear accelerator | acelerador lineal de iones pesados
heavy keying | manipulación pesada
heavy particle synchrotron | sincrotrón para partículas pesadas
heavy traffic circuit | circuito de tráfico fuerte
heavy water | agua pesada
heavy water reactor | reactor de agua pesada
hecto- [*pref. meaning 10^2 = one hundred*] | hecto- [*pref. que significa 10^2 = 100*]
hectometric wave | onda hectométrica
heel effect | efecto de talón
heelpiece | culata
Hefner candle | bujía de Hefner
Hefner lamp | lámpara de Hefner
HEI = high-energy-ignition | ignición electrónica convencional (/de alta energía)
height | altura
height-balanced | altura compensada
height-balanced tree | árbol de altura equilibrada (/balanceada)
height control | control vertical
height effect | efecto de altura; efecto de antena
height finder | altímetro de radar, radar altimétrico
height input | entrada de altura
height of burst | altura de detonación (/explosión)
height of spectrum | altura del espectro
height overlap coverage | solapamiento en el cubrimiento de altura
height position indicator | indicador de altitud y posición
height range indicator | indicador del rango de altura
Heil tube | tubo de Heil
Heisenberg force | fuerza de Heisenberg
Heisenberg principle | principio de Heisenberg
Heisenberg uncertainty principle | principio de incertidumbre de Heisenberg
Heising modulation | modulación de Heising
held by and extension, to - | colgar durante una consulta
helical | helicoidal
helical aerial | antena helicoidal
helical electrode | electrodo roscado
helical potentiometer | potenciómetro espiral (/helicoidal)
helical scan | exploración helicoidal
helical scanner | explorador helicoidal
helical scanning | exploración helicoidal
helical stripe | banda espiral
helicon | helicón
helin recorder | grabador de hélice
helionics | heliónica
helitron oscillator | oscilador helitrón
helium | helio
helium counter tube | tubo contador de helio
helium cryostat | criostato de helio
helium neon laser | láser de helio-neón
helium nucleus | helión, núcleo de helio
helium permeation test | ensayo de penetración con helio
helium spectrometer | espectrómetro de helio
heliumtight | estanco al helio
helix | hélice; alambre espiral
helix aerial | antena en hélice
helix recorder | registrador helicoidal
helix-type travelling-wave valve | válvula de onda progresiva helicoidal (/de tipo hélice)
helix waveguide | guiaondas helicoidal
hello done | hello done [*mensaje del servidor que da fin al protocolo inicial de trasmisión*]
Hell printer system | sistema impresor Hell
Helmholtz coil | bobina de Helmholtz
Helmholtz resonator | resonador de Helmholtz
help | ayuda
help callback | llamada a función de ayuda
help desk | mesa de ayuda [*equipo de soporte técnico*]
helper | aplicación de ayuda
helper application | aplicación de ayuda
helper program | programa de ayuda
help family | familia de ayudas
help index | índice de ayuda
help key | tecla de ayuda
help menu | menú de ayuda
help on help | ayuda para la ayuda
help screen | pantalla de ayuda
help system | sistema de ayuda (/socorro)
help viewer | visor de ayuda
help volume | volumen de ayudas
help window | ventana de ayuda
hemimorphic | hemimórfico
hemispherical radiator | radiador hemisférico
henry | henrio
heptode | heptodo
here | aquí
hermaphrodite coaxial connector | conector coaxial hermafrodita
hermaphrodite connector | conector hermafrodita
hermaphroditic contact | contacto hermafrodita
hermetic | hermético
hermetically sealed | sellado herméticamente
hermetically-sealed crystal unit | unidad de cristal herméticamente sellada
hermetically-sealed relay | relé herméticamente sellado
hermetic seal | cierre (/sellado) hermético
Hermite interpolation | interpolación de Hermite
herringbone pattern | diagrama en espina
hertz | hercio, ciclo por segundo
Hertz aerial | antena de Hertz
Hertz effect | efecto Hertz
Hertzian | herciano
Hertzian oscillator | oscilador herciano
Hertzian wave [*obs*] | onda herciana (/de radiofrecuencia)
hertz time | ciclo de reloj
Hertz vector | vector de Hertz
heterochromatic light | luz heterocromática
heterocrystal | heterocristal

heterodyne | heterodino
heterodyne, to - | heterodinar
heterodyne conversion transducer | trasductor de conversión heterodino
heterodyne detection | detección heterodina
heterodyne detector | detector heterodino
heterodyne drop/insert repeater | repetidor heterodino de disgregación e inserción de canales
heterodyne frequency | frecuencia heterodina
heterodyne frequency meter | frecuencímetro heterodino
heterodyne harmonic analyser | analizador de armónicos heterodino
heterodyne interference | interferencia heterodina
heterodyne oscillator | oscilador heterodino
heterodyne principle | principio heterodino
heterodyne reception | recepción heterodina
heterodyne repeater | repetidor heterodino
heterodyne-type frequency meter | frecuencímetro heterodino
heterodyne warbler oscillator | oscilador heterodino
heterodyne wavemeter | ondámetro heterodino, medidor heterodino de ondas
heterodyne whistle | silbido heterodino
heterogeneity | heterogeneidad
heterogeneous | heterogéneo
heterogeneous beam of radiation | haz heterogéneo de rayos
heterogeneous environment | entorno heterogéneo
heterogeneous network | red heterogénea
heterogeneous radiation | radiación heterogénea
heterogeneous reactor | reactor heterogéneo
heterogeneous system | sistema heterogéneo
heterojunction | heterounión, heteroestructura
heterojunction bipolar junction transistor | transistor bipolar de efecto de campo
heteropolar alternator | alternador heteropolar
heteropolar bond | enlace heteropolar
heterosphere | heterosfera
heterostatic | heterostático
heterostatic connection | conexión heterostática
heterostatic method | método heterostático
heterostatic mounting | montaje heterostático
heuristic | heurístico
heuristic programme | programa heurístico

heuristic routine | rutina heurística
heuristics | heurística
hex = hexadecimal | hex = hexadecimal
hexadecimal | hexadecimal
hexadecimal arithmetic | cálculo hexadecimal
hexadecimal code | código hexadecimal
hexadecimal conversion | conversión hexadecimal
hexadecimal display | pantalla hexadecimal
hexadecimal dump | vaciado hexadecimal
hexadecimal notation | notación hexadecimal
hexadecimal number system | sistema de numeración hexadecimal
hex code | código hexadecimal
hex head screw | tornillo de cabeza hexagonal
hex inverter | inversor hexadecimal
hexode [*six-electrode valve*] | hexodo [*válvula de seis electrodos*]
hex pad | teclado hexadecimal
Heydweiller bridge | puente de Heydweiller
Hf = hafnium | Hf = hafnio
HF = high frequency | AF = alta frecuencia, RF = radiofrecuencia
HF aerial = high frequency aerial | antena de alta frecuencia
HFET = heterojunction field-effect transistor | HFET [*dispositivo amplificador de señal*]
HF field | campo de RF
HF ID system = high frequency identification system | sistema HF ID [*sistema de identificación por alta frecuencia*]
H-field sensor | sensor de campo H
H-fixture line | línea doble
HFS = hierarchical file system | SJA = sistema jerárquico que archivos
HF side | lado de alta frecuencia
HF tone control | corrector de agudos
Hg = mercury | Hg = mercurio
HG = Hall generator | HG [*generador Hall*]
HGC = monochrome graphics adapter | HGC [*adaptador para gráficos monocromáticos*]
HHOK = ha, ha, only kidding | HHOK [*expresión que indica humor, usada en internet*]
HIC = hybrid integrated circuit | circuito integrado híbrido
hickey [USA (*fam*)] | adaptador
hidden | oculto
hidden file | archivo oculto
hidden line | línea oculta [*en diseño tridimensional por ordenador*]
hiddenline algorithm | algoritmo de líneas ocultas
hidden surface | superficie oculta [*en diseño tridimensional por ordenador*]
hide, to - | ocultar; guardar en situación de espera [*por ejemplo un programa abierto mientras se está utilizando otro*]
hi-end = high-end | gama alta
hierarchical | jerárquico
hierarchical addressing | direccionamiento jerárquico
hierarchical cluster analysis | análisis jerárquico de grupos
hierarchical communication system | sistema jerárquico de comunicación
hierarchical computer network | red jerárquica de ordenadores
hierarchical database | base de datos jerárquica
hierarchical database management system | sistema jerarquizado de gestión para bases de datos
hierarchical database system | sistema jerárquico de bases de datos
hierarchical data format | formato de datos jerarquizado
hierarchical file system | sistema jerárquico de archivos
hierarchical memory structure | estructura jerárquica de memoria
hierarchical menu | menú jerarquizado
hierarchical model | modelo jerárquico
hierarchical network | red jerárquica
hierarchical object-oriented design | diseño jerárquico orientado a objetos
hierarchy | jerarquía
hierarchy of functions | jerarquía de funciones
hi-fi, HI FI = high fidelity | HI FI [*alta fidelidad*]
high | alto, elevado; (nivel de) agudos
high altitude burst | explosión a gran altura
high altitude generator | generador para gran altura
high altitude radio altimeter | radioaltímetro de gran altura
high band | banda alta
high-bit-rate digital subscriber line | línea de abonado digital para alta velocidad de trasmisión de bits
high blocking | alto factor de bloqueo
high byte | byte alto [*que contiene los bits más significativos*]
high-capacity CD-ROM | CD-ROM de alta capacidad
high channel setting | definición del canal alto
high colour | alto colorido
high compensation | compensación de alta frecuencia
high confidence countermeasure | contramedida de máxima seguridad
high contrast image | imagen de alto contraste
high current-density arc discharge | descarga de arco a potencia fuerte
high-data-rate digital subscriber line | línea de abonado digital para alta velocidad de trasmisión de datos
high definition | alta definición
high-definition television | televisión de alta definición

high definition television technique | técnica de televisión de alta definición
high density assembly | bloque (/conjunto) de alta densidad; microestructura de elementos discretos
high density circuit packaging | realización con elevada densidad de circuitos
high-density disk | disco de alta densidad
high discharge excitation | excitación con tensión alta
high DOS memory | memoria alta de DOS
high end | salida de alta potencia; gama alta
high energy material | materiales de alta energía
high epithermal neutron range | zona de neutrones altamente epitérmicos
higher order gradient microphone | micrófono de gradiente de orden superior
higher-order term | término de orden superior
highest priority first | primero la prioridad más alta
highest probable frequency | frecuencia más alta probable
high fidelity | alta fidelidad
high fidelity amplifier | amplificador de alta fidelidad
high fidelity receiver | receptor de alta fidelidad
high filter | filtro de alta (frecuencia)
high flux reactor | reactor de alto flujo
high frequency | alta frecuencia, radiofrecuencia
high frequency alternator | alternador de alta frecuencia
high frequency band | banda de alta frecuencia
high frequency bias | polarización de alta frecuencia
high frequency carrier telegraphy | telegrafía portadora de altas frecuencias
high frequency compensation | compensación de alta frecuencia
high frequency discharge | descarga de frecuencia alta
high frequency driver | excitador (/trasductor) de alta frecuencia; altavoz excitador de agudos
high frequency furnace | horno de alta frecuencia
high frequency heating | calentamiento por alta frecuencia
high frequency identification system | sistema de identificación por alta frecuencia
high frequency induction furnace | horno de inducción de alta frecuencia
high frequency induction heater | calentador de inducción de alta frecuencia
high frequency resistance | resistencia de alta frecuencia
high frequency treatment | tratamiento de alta frecuencia
high frequency trimmer | compensador de altas frecuencias
high frequency unit | reproductor de agudos
high frequency welding | soldadura por alta frecuencia
high gain tube | tubo de alto mu, válvula de alto factor de amplificación
high gamma tube | tubo de alta gamma
high intensity discharge lamp | lámpara de descarga de alta intensidad
high K ceramic | cerámica de alta K
high level | alto nivel; nivel alto (/de agudos)
high level crossover network | red de cruce de alto nivel
high level data link control | control de enlace de datos de alto nivel, trasmisión de datos con reconocimiento y corrección de fallos
high level design | diseño arquitectónico (/de alto nivel)
high level detector | detector de alto nivel
high level firing time | tiempo de descarga (/activación, /encendido) de alto nivel
high level language | lenguaje avanzado (/evolucionado, /de alto nivel)
high-level data link control | control de enlace de datos de alto nivel
high level modulation | modulación de alto nivel
high level multiplexer | multiplexor de alto nivel
high level radio-frequency signal | señal de radiofrecuencia de alto nivel
high-level scheduler | planificador de alto nivel
high level voltage standing wave ratio | coeficiente de ondas estacionarias de alto nivel
high level vswr = high level voltage standing wave ratio | coeficiente de ondas estacionarias de alto nivel
high light | zona de máximo brillo
highlight, to - | resaltar, evidenciar
highlighting | presentación resaltada
highly-integrated | altamente integrado
highly purified element | elemento con pureza óptima
highly purified material | sustancia de alta pureza
high memory | memoria alta
high memory area | área de memoria alta
high modulation rate | gran rapidez de modulación
high mu tube | válvula de gran pendiente, válvula de alto factor de amplificación
high noise-immunity logic | lógica inmune al ruido de alta frecuencia
high note reproduction | reproducción de los agudos
high note response | respuesta de agudos
high-order | de orden superior
high order language | lenguaje de alto nivel
high pass filter | filtro de agudos (/paso alto, /banda alta)
high performance equipment | equipo de altas prestaciones
high performance file system | sistema de archivos de alto rendimiento
high performance liquid chromatography | cromatografía líquida de altas características
high-performance parallel interface | interfaz paralela de altas prestaciones
high performance serial bus | bus serie de alto rendimiento
high-persistence phosphor | fósforo de alta persistencia
high pitch reproduction | reproducción de agudos
high potential test | prueba de alto potencial
high potting [fam] | ensayo de alta tensión
high power laser | láser con potencia alta de salida
high power rectification | rectificación de gran potencia
high power silicon rectifier | rectificador de silicio de alta potencia
high pressure cloud chamber | cámara de niebla de alta presión
high pressure discharge | descarga de presión alta
high pressure laminate | laminado a alta presión
high pressure mercury vapour lamp | lámpara de vapor de mercurio de alta presión
high Q circuit | circuito de alta calidad
high Q factor | alto factor de calidad; alto factor de sobretensión
high rate | alta velocidad
high rate discharge | descarga a régimen elevado
high recombination-rate contact | contacto con alto coeficiente de recombinación, contacto de alta velocidad de recombinación
high reliability tube | tubo de alto factor de seguridad, válvula reforzada
high resistance | de resistencia elevada
high resistance joint | unión de alta resistencia
high resistance voltmeter | voltímetro de alta resistencia
high resolution | alta resolución
high resolution graphic | gráfico de alta resolución
high side | lado de alto potencial; polo vivo
high speed bus | bus de alta velocidad
high speed carry | acarreo de alta velocidad

high speed data rate | trasmisión de datos a alta velocidad
high speed dc circuit breaker | interruptor de circuitos de corriente continua de alta velocidad
high speed excitation system | sistema de excitación de alta velocidad
high speed memory | memoria de alta velocidad (de acceso)
high speed pattern board | tarjeta maestra de alta velocidad
high speed printer | impresora de alta velocidad
high speed reader | lectora de alta velocidad
high speed relay | relé rápido (/de alta velocidad)
high speed sequential retrieval | recuperación secuencial de alta velocidad
high speed storage | almacenamiento de alta velocidad
high speed switch | conmutador (/selector) rápido
high speed switching transistor | transistor de conmutación rápida
high speed telegraph transmission | trasmisión telegráfica de alta velocidad
high state | estado de alto nivel
high-tech = high technology | tecnología punta (/avanzada), alta tecnología
high technology | tecnología punta (/avanzada), alta tecnología
high temperature reactor | reactor de alta temperatura
high temperature reverse bias | polaridad inversa de alta temperatura
high tension | alta tensión
high tension battery | batería de alta tensión
high tension magneto | magneto de alta tensión
high threshold logic | lógica de alto umbral
high traffic | tráfico alto
high usage trunk | grupo interurbano de mucha utilización, troncal de explotación intensa
high vacuum | alto vacío
high vacuum discharge | descarga en vacío elevado
high vacuum phototube | fototubo de alto vacío
high vacuum rectifier | rectificador de alto vacío
high vacuum tube | tubo de alto vacío
high vacuum valve | válvula de alto vacío
high velocity scanning | exploración de alta velocidad
high voltage | alto voltaje
high voltage amplifier | amplificador de tensión alta
high voltage arc | arco de tensión alta
high voltage circuit | circuito de tensión alta

high voltage discharge | descarga de tensión alta
high voltage generator | generador de alta tensión
high voltage probe | sonda de alta tensión
high voltage spark discharge | descarga de chispas de alta tensión
high voltage spark excitation | excitación con chispa de alta tensión
high voltage spark generator | generador de chispas de alta tensión
highway, high way | arteria; [*línea común de trasmisiones*] bus
Hildebrand electrode | electrodo de Hildebrand
hill-and-dale recording | registro vertical, grabación en profundidad, grabación de picos y valles
hinge | articulación
hinged | provisto de bisagras
hinged cover | compuerta de cierre
hinged-iron ammeter | amperímetro de hierro articulado
hipernas | hipernas [*sistema de guía con autocompensación inercial*]
hipot = high potential | alto potencial
hipot tester | probador de alta tensión
HIPPI = high performance parallel interface | HIPPI [*interfaz paralela de alto rendimiento*]
hi res = high resolution | alta resolución
HISPASAT [*Spanish satellite system*] | HISPASAT [*sistema español de satélites*]
hiss | silbido, soplido
hissing | crepitación, ruido de fritura
histogram | histograma
history | historia, historial
history dialog box | cuadro de diálogo del histórico
hit | eco; pulsación, chasquido; corte momentáneo de la trasmisión, perturbación momentánea; pulsación de un enlace [*en una página WEB*]; petición; impacto, golpe
hi-tech = high-tech = high technology | tecnología punta (/avanzada), alta tecnología
hit-on-the-fly printer | impresora al vuelo
hit rate | tasa de acierto
hits on the line | perturbaciones momentáneas en la línea
hits per scan | ecos por exploración
Hittorf and Crookes' space | espacio de Hittorf y Crookes
Hittorf dark space | espacio oscuro de Hittorf
Hittorf method | método de Hittorf
Hittorf principle | principio de Hittorf
Hittorf valve | válvula de Hittorf
hive | hive [*juego de claves de alto nivel de Windows*]
HK = housekeeping | señales internas de servicio
HKEY = handle key | clave de manipulación [*en Windows*]

HL = home line | línea conectada a un aparato, conductor conectado a una estación
HLC = high layer capability | HLC [*compatibilidad de las capas altas*]
H line | línea doble
HLL = high level language | HLL [*lenguaje de alto nivel*]
HLR = home location register | HLR [*registro de localización en origen*]
HLS = hue-lightness-saturation | HLS [*modelo de color matiz-luminosidad-saturación*]
HMA = high memory area | HMA [*área de memoria alta*]
HMD = head-mounted device | HMD [*dispositivo montado en cabezal*]
HMI = human-machine interface | IHM = interfaz hombre-máquina
HN = hybrid network | red híbrida
H network | red en H
Ho = holmium | Ho = holmio
Hoare logic | lógica de Hoare
hoax | bulo, camelo; falsa alarma [*en informática, por ejemplo sobre virus en el correo electrónico*]
hobby computer | ordenador para juegos
hodoscope | hodoscopio
Hoffman electrometer | electrómetro de Hoffman
hoghorn, hog horn | bocina curvada
hoghorn aerial | antena de bocina
hold | asa, empuñadura, mango; apoyo, sostén; freno, retención
hold, to - | retener
hold a circuit, to - | b oquear una línea
hold acknowledge | retención de aviso
hold-back agent | inhibidor de arrastre
hold-back carrier | portador (/trasportador) de retención
hold control | control de sincronismo (/sincronización), control manual de exploración
hold current | corriente de mantenimiento (/retención)
hold electrode | electrodo de retención
holder | montura, soporte
hold for enquiry | consulta
holding | retención
holding anode | ánodo de mantenimiento (/ionización)
holding beam | haz de mantenimiento (/retención, /soporte)
holding circuit | circuito de mantenimiento (/retención)
holding coil | bobina de retención
holding current | corriente de mantenimiento (/retención)
holding gun | cañón de sostenimiento
holding key | llave de retención
holding load | carga constante
holding pattern | circuito (/procedimiento) de espera
holding procedure | circuito (/procedimiento) de espera
holding relay | relé de retención (/ocupación)

holding time | tiempo de mantenimiento (/ocupación)
holding torque | par de mantenimiento
holding winding | arrollamiento de retención
hold lamp | lámpara de mantenimiento
hold mode | modo de mantenimiento
hold-mode drop | caída del modo de sostenimiento
hold-mode settling time | tiempo de regulación del modo de mantenimiento
hold-off voltage | tensión de retención
holdover | bloqueo de cadena; conducción continua
holdover time | tiempo de persistencia
hold time | periodo de retención, tiempo de mantenimiento (/retención)
holdup | persistencia; retención
holdup button | botón de retención
hole | agujero, hueco; laguna (de electrón)
hole access | agujero de acceso
hole-and-slot anode | ánodo de hueco y ranura
hole conduction | conducción hueca (/por huecos)
hole current | corriente de hueco
hole density | concentración (/densidad) de huecos
hole-electron pair | par hueco-electrón
hole graphite electrode | electrodo hueco de carbón
hole injection | inyección de huecos
hole injector | inyector de huecos
hole-in-the-centre effect | efecto del hueco en el centro
hole mobility | movilidad de los huecos
hole pattern | configuración de taladrado
hole site | situación de hueco
hole storage factor | factor de almacenamiento de huecos
hole trap | trampa de huecos
Hollerith code | código (de) Hollerith
Hollerith tabulating/recording machine | calculadora de Hollerith
hollow anode | ánodo hueco
hollow cathode | cátodo hueco
hollow cathode lamp | lámpara de cátodo hueco
hollow cathode valve | válvula catódica hueca
hollow conical aerial | antena cónica hueca
hollow core | núcleo hueco
hollow cylindrical aerial | antena cilíndrica hueca
hollowness near singing distortion | efecto barril, efecto resonancia
holmium | holmio
hologram | holograma
holographic cinematography | cinematografía holográfica
holographic lens | lente holográfica
holographic memory | memoria holográfica
holographic nondestructive testing | prueba holográfica no destructiva
holographic scanner | explorador holográfico
holography | holografía
holy war | tema de discusión [*que suscita controversias (expresión usada en foros de internet)*]
home | inicio
home address | dirección propia
home agent | agente propio
homebrew | creación particular [*de software o hardware para uso propio*]
home computer | ordenador personal
home control | control de inicio
home directory | directorio de inicio del usuario
home folder | carpeta de inicio
homegrown software | software casero [*desarrollado por un particular*]
HOME key | tecla de INICIO
home line | línea conectada a un aparato, conductor conectado a una estación
home location register | registro de localización en origen
home loop | operación local
home office | oficina central (/doméstica)
home-on-jam | home-on-jam [*dispositivo de radar que permite el seguimiento angular de fuentes de interferencias intencionadas*]
homepage, home page | portada, página inicial (/raiz, /principal, /de bienvenida, /de entrada, /de presentacion, /de origen); página frontal [*Hispan.*]
homer | guiador por querencia
home record | registro de encabezamiento
home service | servicio nacional
home session | sesión de inicio
home subscriber server | servidor local de abonado
HomePNA = home phone line networking alliance | HomePNA [*consorcio de empresas de informática y electrónica que crea normativa para redes*]
home topic | tema de inicio
homing | aproximación; encaminamiento, autoguía; reposición, vuelta al reposo
homing action | vuelta al reposo
homing adapter | adaptador direccional (/de aproximación)
homing aerial | antena buscadora
homing aid | ayuda de aproximación
homing arc | arco de reposición
homing beacon | radiofaro de recalada (/orientación automática)
homing device | dispositivo direccional; radiobrújula
homing guidance | guiado de aproximación, guiado por reposición
homing guidance system | sistema de guía al objetivo
homing position | posición de reposo
homing range | alcance de guiado
homing receiver | receptor de recalada
homing relay | relé con retorno
homing station | estación direccional
homochromatic light | luz homocromática
homochronicity | homocronicidad
homodyne detector | detector homodino
homodyne receiver | receptor homodino
homodyne reception | recepción homodina
homogeneity | homogeneidad
homogeneous | homogéneo
homogeneous crystal | cristal homogéneo
homogeneous environment | entorno homogéneo
homogeneous function | función homogénea
homogeneous multiprocessor | multiprocesador homogéneo
homogeneous network | red homogénea
homogeneous radiation | radiación homogénea
homogeneous reactor | reactor homogéneo
homogenise, to - [UK] | homogenizar
homogenize, to - [UK+USA] | homogeneizar
homogenizing by annealing | tratamiento de homogeneización por recocido
homojunction | homounión
homologous | homólogo
homologous field | campo homólogo
homologous pair of lines | par de líneas homólogas
homomorphic image [*of a formal language*] | imagen homomórfica [*de un lenguaje normal*]
homomorphism | homomorfismo
homopolar | monopolar, unipolar
homopolar alternator | alternador homopolar
homopolar bond | enlace homopolar
homopolar field impedance | impedancia de campo homopolar
homopolar generator | generador monopolar (/unipolar)
homopolar machine | máquina unipolar (/acíclica)
homopolar magnet | magneto homopolar
homosphere | homosfera
homotaxial | homotaxial
homotaxial-base transistor | transistor de base homotaxial
honeycomb coil | bobina alveolar (/en panal, /en nido de abeja)
honeycomb winding | devanado en nido de abejas
hood | caperuza, visera
HOOD = hierarchical object-oriented design | HOOD [*diseño jerárquico orientado a objetos*]
hood contact | contacto de caperuza

hook | gancho; gancho conmutador; efecto de gancho
hook bolt | gancho roscado
hook bracket | ménsula de ángulo
hooked up | instalado, montado; situado
hook flash | rellamada a registrador
hook flash, to - | descolgar momentáneamente el teléfono
hook guard | soporte de seguridad
hook-on instrument | electropinza, instrumento de medida de pinza (/gancho abrazador)
hook stick | pértiga aislante
hookswitch | gancho conmutador; interruptor de portarreceptor
hook terminal | terminal en gancho
hook tongue | lengüeta de gancho
hook transistor | transistor de gancho
hook-up | acoplamiento de circuitos; conexión, enganche; diagrama, esquema (de montaje); instalación; red de interconexión; sistema
hook-up wire | cable de enganche, conductor de interconexión
hooper | cola; depósito
hop | salto; trayectoria de onda reflejada
Hopkinson coefficient | coeficiente de Hopkinson
hopoff | salto
horizon | horizonte
horizon distance | distancia al horizonte
horizon light | luz de horizonte
horizon sensor | sensor de horizonte
horizontal | horizontal
horizontal angle of deviation | ángulo de desviación horizontal, error de acimut
horizontal axis | eje horizontal
horizontal bar | barra horizontal
horizontal blanking | borrado horizontal
horizontal-blanking interval | intervalo de supresión horizontal
horizontal-blanking pulse | impulso de vacío horizontal
horizontal cabling | cableado horizontal
horizontal-centring control | control de centrado horizontal
horizontal check | prueba horizontal
horizontal convergence control | control de convergencia horizontal
horizontal definition | definición horizontal
horizontal deflection electrode | electrodo de deflexión (/deflexión) horizontal
horizontal deflection oscillator | oscilador de deflexión horizontal
horizontal discharge tube | tubo de descarga horizontal
horizontal distributing frame | repartidor horizontal
horizontal drive control | control de excitación horizontal

horizontal dynamic convergence | convergencia dinámica horizontal
horizontal field-strength diagram | diagrama de intensidad de campo horizontal
horizontal flyback | retorno horizontal
horizontal frequency | frecuencia horizontal
horizontal hold control | control de seguimiento (/sincronismo) horizontal
horizontal hum bars | franjas de zumbido horizontales
horizontal line frequency | frecuencia de línea horizontal
horizontal linearity control | control de linearidad horizontal
horizontal lock | cierre horizontal
horizontally-polarized wave | onda de polarización horizontal
horizontal market | mercado horizontal
horizontal market software | software de mercado horizontal
horizontal microinstruction | microinstrucción horizontal
horizontal oscillator | oscilador horizontal
horizontal output stage | etapa de salida horizontal
horizontal output transformer | trasformador de salida horizontal
horizontal parabola control | control de parábola horizontal
horizontal polarization | polarización horizontal
horizontal pulling technique | técnica de arrastre horizontal
horizontal recording | registro horizontal
horizontal repetition rate | velocidad de repetición horizontal
horizontal resolution | definición (/resolución) horizontal
horizontal retrace | retorno horizontal
horizontal-ring induction furnace | horno por inducción horizontal de anillo
horizontal scroll bar | barra de desplazamiento horizontal
horizontal scrolling | desplazamiento horizontal [de la imagen en pantalla]
horizontal split bar | barra de división horizontal
horizontal sweep | barrido horizontal
horizontal sync discriminator | discriminador de sincronismo horizontal
horizontal synchronization | sincronización horizontal
horizontal synchronizing pulse | impulso de sincronismo horizontal
horizontal sync pulse | impulso de sincronización horizontal
horizontal transformer | trasformador de barrido horizontal
horizon tracker | seguidor de horizonte
horn [USA] [*loud hailer (UK)*] | altavoz, bocina; megáfono; cuerno; pabellón, trompa acústica
horn aerial | antena de bocina

horn aperture | abertura de la bocina
horn arrester | pararrayos de cuernos
horn break fuse | fusible de antena
Horn clause | cláusula de Horn
horn cutoff frequency | frecuencia de corte de bocina
horn feed | alimentador de bocina, alimentación por bocina
horn gap | chispero de cuernos
horn lens assembly | conjunto de bocina y lente acústica
horn-loaded pressure unit | excitador de compresión cargado por bocina
horn loudspeaker | altavoz de bocina
horn mouth | boca de bocina
horn radiator | radiador de bocina
horn speaker | altavoz de bobina
horn throat | embocadura (/garganta) de la bocina
horn-type aerial | antena de bocina
horsepower | caballo de vapor
horseshoe magnet | imán de herradura
hose | manguera, manguito
hoseproof machine | máquina protegida contra los chorros de agua
host | (ordenado-) anfitrión, servidor; sistema central, unidad maestra
host adapter | adaptador de periférico [*por ejemplo una tarjeta de expansión*]
host address | dirección del servidor [*en internet*]
host computer | ordenador central (/principal, /base)
host data | datos del ordenador principal
host language | lenguaje base
hostname, host name | nombre de la unidad maestra, nombre del anfitrión (/sistema central)
host number | número de anfitrión (/sistema central)
host processor | ordenador principal
host system | sistema principal [*de un proceso de datos*], sistema anfitrión (/central)
host unreachable | el ordenador no responde [*al que se pretende acceder*]
hot | caliente; activo [*no conectado a masa o tierra*], excitado, vivo; conectado, con corriente, con energía aplicada
hot air soldering | soldadura por aire caliente
hot atom | átomo caliente
hot carrier | portador activo (/caliente, /de alta energía)
hot carrier diode | diodo de Schottky (/portadores activos, /portadores de alta energía)
hot cathode | cátodo caliente (/candente, /termiónico, /termoiónico)
hot cathode gas-filled tube | tubo de gas de cátodo caliente
hot cathode gas triode | triodo de gas de cátodo caliente

hot cathode ionization gauge | medidor de ionización de cátodo caliente
hot cathode valve | válvula termoeléctrica (/termoiónica, /de cátodo caliente)
hot cathode X-ray valve | válvula de rayos X de cátodo caliente
hot cave | cueva activa (/caliente, /casamata), celda activa (/caliente)
hot channel | canal caliente
hot channel factor | factor de canal caliente
hot docking | conexión en caliente [de un portátil a una unidad de ampliación]
hot electron | electrón caliente
hot electron triode | triodo de electrones térmicos
hot head | cabeza caliente
hot hole | hueco activo
hot insertion | inserción en caliente [de un componente en un dispositivo mientras éste está funcionando]
hot key | tecla directa (/de urgencia)
hot key combination | combinación de teclas directas
hot key sequence | secuencia de tecla directa
hot laboratory | laboratorio caliente
hot line | encaminamiento directo; línea caliente (/de acceso directo); llamada de emergencia; llamada directa [sin marcación]; teléfono rojo
hot link | enlace caliente [vinculación entre dos programas donde el primero obliga al segundo a realizar cambios en los datos]
hotlist | lista de interés (/recomendaciones), páginas recomendadas
hot plate | placa térmica (/de calefacción)
hot plugging | conexión directa en caliente
hot side | lado (/polo) vivo [de un circuito o línea de fuerza]
hotspot, hot spot | zona caliente, punto activo (/caliente, /de actuación, /de intervención), lugar activo
hot spot factor | coeficiente térmico de seguridad
hot spot temperature | temperatura del punto caliente
hot stamping | impresión caliente
hot standby | reserva caliente
hot swapping | conexión directa en caliente
hot tin dip | estañado en caliente
hot trap | trampa caliente
hot trapping | entrampado en caliente
hot wire | cable activo (/con tensión, /vivo)
hot wire ammeter | amperímetro de hilo caliente
hot wire anemometer | anemómetro de hilo caliente
hot wire gauge | calibre (/manómetro) de Pirani
hot wire instrument | instrumento de hilo caliente
hot wire microphone | micrófono de hilo caliente (/conductor)
hot wire relay | relé de hilo caliente
hot wire transducer | trasductor de hilo caliente
hour | hora
hour display | presentación de la hora [en pantalla]
hourglass pointer | reloj de arena
hourly broadcast | radiodifusión horaria
hourly paid-time ratio | rendimiento horario (/por hora) del circuito
hours of duty | horas de servicio
house | casa
house cable | cable interior
house current | corriente de la red
house equipment | aparatos terminales
housekeeper seal | precintado (/sellado) preparatorio
housekeeping | operación preparatoria (/de gestión interna); servicio de hostelería
house pole | apoyo sobre tejado
housing | carcasa; portaelemento
Howe factor | factor de Howe
howl | aullido, silbido
howl repeater | repetidor de aullidos
howler | sirena; generador de aullidos
howler circuit | circuito de aullador
howler cord circuit | cordón de aullador
howling | aullido
how to play | cómo jugar
how to run | cómo ejecutar
how to use | cómo usar
how to use help | cómo usar la ayuda, uso de la ayuda
HP = head out | AUR = salida de auriculares
HP = horse power | HP [caballo de fuerza]
H pad | atenuador (fijo) en H
H parameter | parámetro H
H particle | partícula H
HPC = handheld PC | HPC [ordenador de mano]
HPF = highest priority first | HPF [primero la prioridad más alta]
HPF = high-pass filter | HPF [filtro de agudos (/banda alta)]
HPFS = high performance file system | HPFS [sistema de archivos de alto rendimiento]
HPGL = Hewlett Packard graphics language | HPGL [lenguaje gráfico de la empresa estadounidense Hewlett Packard]
HPIB = Hewlett-Packard interface bus | HPIB [bus de interfaz Hewlett-Packard]
H plane | plano H
H-plane bend | codo de plano H
H-plane T-junction | unión en T en el plano H
HPLC = high performance liquid chromatography | HPLC [cromatografía líquida de altas características]
H pole | poste en H; postes acoplados
HPPCL = Hewlett-Packard printer control language | HPPCL [lenguaje para control de impresoras de Hewlett-Packard]
HRC = horizontal redundant check | comprobación horizontal redundante
HRC = hypothetical reference circuit | circuito ficticio de referencia
HREF = hypertext reference | HREF [referencia de hipertexto]
HRG = high resolution graphic | HRG [gráfico de alta resolución]
HS = handshaking | HS [intercambio de señalización inicial mediante confirmación]
HSB = hue-saturation-brightness | HSB [modelo de color matiz-saturación-brillo]
H scan | exploración H
H scope | pantalla H
HSCSD = high speed circuit-switched data | HSCSD [tecnología de conmutación de circuitos para trasmisión de datos]
HSI = human-system interface | HSI [interfaz hombre-sistema]
HSLAN = high speed local area network | HSLAN [red de área local con elevada velocidad de trasmisión por fibra óptica]
HSS = home subscriber server | HSS [servidor local de abonado]
HSSR = high speed sequential retrieval | HSSR [recuperación secuencial de alta velocidad]
HSV = hue-saturation-value | HSV [valor de saturación del color]
H-sync = horizontal synchronization | sinc. H = sincronización horizontal
H system | sistema H
HT = high tension | AT = alta tensión
HT = horizontal tabulator | tabulador horizontal
HT battery = high tension battery | batería de alta tensión
HTCP = hypertext caching protocol | HTCP [protocolo de almacenamiento intermedio de hipertexto]
HTML = hypertext markup language | HTML [lenguaje para marcado de hipertexto]
HTML document | documento HTML
HTML editor | editor de documentos HTML
HTML page | página HTML
HTML source | fuente HTML
HTML source file | archivo fuente HTML
HTTP = hypertext transfer protocol | HTTP [protocolo de trasferencia (/trasmisión) de hipertexto]
HTTP server | servidor HTTP [que utiliza el protocolo HTTP]
HTTPS = hypertext transfer protocol secure | HTTPS [protocolo seguro para

trasferencia de hipertexto]
hub | cubo; boca; enchufe (inteligente); color, colores elementales; matiz, tonalidad cromática; concentrador [*en Ethernet*]
hub polling | invitación a emitir [*gradualmente*]
hue | tono, tonalidad [*del color*]
hue control | control de color
Huffman encoding | codificación de Huffman
Hüfner spectrophotometer | espectrofotómetro de Hüfner
Hughes instrument | aparato Hughes
Hughes system | sistema Hughes
hula-hoop aerial | antena "hula-hoop"
Hull diagram | diagrama de Hull
Hull magnetron | magnetrón de Hull
Hull potential | potencial de inmersión
hum | zumbido; ruido de alimentación
human-computer interaction | interacción (/interfaz) hombre-ordenador
human-computer interface | interacción (/interfaz) hombre-ordenador
human engineering | ingeniería humana
human factor | factor humano
human-machine interface | interfaz hombre-máquina
human-system interface | interfaz hombre-sistema
hum balancer | compensador de zumbido
hum-balancing pot | potenciómetro de equilibrado del zumbido
hum bar | barra (/franja) de zumbido
hum-bucking | neutralización del zumbido
hum-bucking coil | bobina compensadora de zumbido
humidity | humedad
humidity detector | detector de humedad
humidity of the atmosphere | grado de humedad del aire ambiente
humidity transducer | trasductor de humedad
hum loop | lazo de zumbido
hummer | zumbador
humming | zumbido
hum modulation | modulación de zumbido
hump | cresta, saliente; cordillera; etapa crítica, periodo difícil
hump in the bass | punto prominente en la respuesta de graves
hump resistance | resistencia en la cresta
hump speed | velocidad de cresta
hum slug | anillo de zumbido
Hund rules | reglas de Hund
hung | colgado
hunt | captura
hunting | barrido, búsqueda automática [*de línea libre*], exploración; selección; oscilaciones angulares (/pendulares), variaciones periódicas, vaivén
hunting action | búsqueda, selección automática
hunting group | llamada colectiva (/de grupo); línea colectiva
Huntoon and Ellet gauge | medidor de Huntoon y Ellet
Hurter and Driffield curve | curva de Hurter y Drifield
H vector | vector H
HW = hardware | HW = hardware [*equipo físico*]
H wave = hectometric wave | onda H = onda hectométrica
HW ergonomics = hardware ergonomics | ergonomía del HW = ergonomía del hardware
hybrid | híbrido; diferencial
hybrid arrangement | disposición híbrida
hybrid balance | equilibrio híbrido; factor diferencial
hybrid cable | cable híbrido
hybrid circuit | circuito híbrido
hybrid coil | bobina híbrida
hybrid computation | cálculo híbrido
hybrid computer | ordenador híbrido
hybrid electromagnetic wave | onda electromagnética híbrida
hybrid electromechanical relay | relé electromecánico híbrido
hybrid integrated circuit | circuito integrado híbrido (/mixto)
hybridization of eigenfunctions | hibridación de las funciones propias
hybrid junction | unión híbrida
hybrid loss | pérdida híbrida
hybrid microcircuit | microcircuito híbrido
hybrid microelectronics | microelectrónica híbrida
hybrid microstructure | microestructura mixta
hybrid network | circuito diferencial; red híbrida
hybrid parameter | parámetro híbrido
hybrid reflectometer | reflectómetro híbrido
hybrid repeater | repetidor híbrido
hybrid ring | anillo híbrido, unión híbrida en anillo
hybrid ring junction | unión híbrida en anillo
hybrid sensor | sensor semiactivo, optrodo activo extrínseco
hybrid set | conjunto híbrido, unión híbrida con trasformadores
hybrid solid-state relay | relé híbrido de estado sólido
hybrid station | teléfono híbrido
hybrid telephone system | centralita telefónica híbrida, sistema telefónico híbrido; sistema híbrido multilínea
hybrid terminating unit | unidad terminadora diferencial
hybrid thick-film integrated circuit | circuito integrado híbrido de película gruesa
hybrid thin-film circuit | circuito híbrido de película delgada
hybrid thin-film integrated circuit | circuito integrado híbrido de película delgada
hybrid T-junction | unión en T híbrida
hybrid transformer | trasformador híbrido (/diferencial)
hybrid-type circuit | circuito tipo híbrido
hydrated ion | ión hidratado
hydraulic | hidráulico
hydraulically available capability | potencia eléctrica disponible
hydraulic amplifier | amplificador hidráulico
hydraulic power | potencia hidráulica
hydraulic radius | radio hidráulico
hydraulic robot | robot hidráulico
hydraulic set | grupo hidráulico
hydrodynamic oscillator | oscilador hidrodinámico
hydroelectric generating station | central hidráulica
hydroelectrics | hidroelectricidad
hydroelectric set | grupo hidroeléctrico
hydrogen | hidrógeno
hydrogen bomb | bomba de hidrógeno
hydrogen bond | puente de hidrógeno
hydrogen cycle | ciclo del hidrógeno
hydrogen electrode | electrodo de hidrógeno
hydrogen ion concentration | concentración de iones hidrógeno
hydrogen lamp | lámpara de hidrógeno
hydrogen-like atom | hidrogenoide
hydrogen overvoltage | sobretensión por liberación de hidrógeno
hydrogen scale | escala de hidrógeno
hydrogen thyratron | tiratrón de hidrógeno
hydro-installation | instalación hidroeléctrica
hydrolysis | hidrólisis
hydromagnetics | hidromagnetismo
hydromagnetic wave | onda hidromagnética
hydrometer | hidrómetro
hydrophone | hidrófono
hydropower station | central hidroeléctrica
hydrostatic microphone | micrófono hidrostático
hydrostatic pressure | presión hidrostática
hygrometer | higrómetro
hygroscopic | higroscópico
hygrostat | higrostato
hyperacoustic zone | zona hiperacústica
hyperbola | hipérbola
hyperbolic error | error hiperbólico
hyperbolic field multiplier | multiplicador de campo hiperbólico
hyperbolic flareout | ensanchamiento hiperbólico
hyperbolic grind | terminación hiperbólica
hyperbolic guidance | guiado hiperbólico

hyperbolic guidance system | sistema de guía hiperbólico
hyperbolic head | cabeza hiperbólica
hyperbolic horn | bocina hiperbólica
hyperbolic navigation system | sistema de navegación hiperbólico
hypercard | hypercard [*paquete de software orientado a objetos de Macintosh*]
hypercharge | hipercarga
hypercube | hipercubo
hyperdirective aerial | antena hiperdireccional
hyperdisk | hiperdisco [*duro*]
hyperfine interaction | interacción superfina
hyperfine structure | estructura hiperfina (/superfina)
hyperfocal distance | distancia hiperfocal
hyperfragment | hiperfragmento
hyperfrequency tube | tubo para hiperfrecuencias
hyperfrequency wave | onda de hiperfrecuencia
hyperlink | hiperenlace
hyperlink callback | llamada a función de hiperenlace
hypermedia | hipermedios
hypernucleus | hipernúcleo
hyperon | hiperón
hypersensor | hipersensor
hypersonic | hipersónico
hyperspace | hiperespacio
hypertext | hipertexto
hypertext caching protocol | protocolo de almacenamiento intermedio de hipertexto
hypertext link | enlace de hipertexto
hypertext markup language | lenguaje para marcado de hipertexto
hypertext reference | referencia de hipertexto
hypertext transfer protocol | protocolo de trasferencia (/trasmisión) de hipertexto
hypertext transfer protocol secure | protocolo seguro para trasferencia de hipertexto
hyphen | guión [*para corte silábico de palabras*]
hyphenation programme | programa de separación con guiones [*para cortar palabras al final de la línea*]
hypocentre | hipocentro
hypothesis | hipótesis
hypothetical | hipotético
hypothetical exchange | estación ficticia
hypothetical reference circuit | circuito hipotético de referencia
hypoxia alarm | alarma hipoxia
hypsogram | hipsograma
hypsometer | hipsómetro
hyspersyn motor | motor hipersincronizado
hysteresigraph | histeresígrafo
hysteresis | histéresis
hysteresis brake | freno de histéresis
hysteresis clutch | embrague de histéresis
hysteresiscope | histeresiscopio
hysteresis curve | curva de histéresis
hysteresis distortion | distorsión por histéresis
hysteresis energy | energía de histéresis
hysteresis error | error de histéresis
hysteresis heater | calentador por histéresis
hysteresis heating | calentamiento por histéresis
hysteresis loop | bucle (/ciclo) de histéresis
hysteresis loss | pérdida de histéresis
hysteresis meter | histeresímetro
hysteresis motor | motor (sincrónico) de histéresis
hysteroscope | histeroscopio
Hz = hertz | Hz = hercio

I

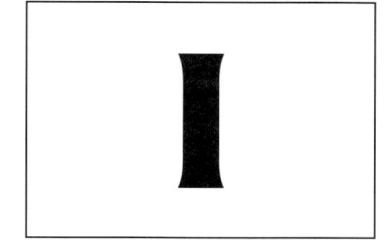

I = iodine | I = yodo
I2O = Intelligent input/output | E/S inteligente = entrada/salida inteligente
IAB = Internet architecture board | IAB [*organismo delegado de ISOC para la supervisión de la arquitectura de internet y sus protocolos*]
IAC = information analysis center | CAI = centro de análisis de información
IACS = International Annealed Copper Standard | IACS [*norma internacional sobre conductividad del cobre*]
IAL = international algorithmic language | IAL [*lenguaje algorítmico internacional*]
IAM = initial address message | IAM [*mensaje de dirección inicial*]
IANA = Internet assigned number authority | IANA [*autoridad para la asignación de direcciones IP en internet*]
IAP = Internet access provider | IAP [*proveedor de acceso a internet*]
IAS = immediate access store | IAS [*memoria de acceso inmediato*]
IATA = International air transport association | IATA [*asociación internacional de trasporte aéreo*]
IATN = Inter-American Telecommunications Network | RIT = Red Interamericana de Telecomunicaciones
I-beam pointer | cursor en I
Ibermic [*Spanish data transmission network*] | Ibermic [*red digital telefónica española*]
Ibernet [*Spanish Internet-subnet*] | Ibernet [*red española gestionada por Telefónica con protocolo IP*]
Iberpac [*Spanish data transmission network*] | Iberpac [*red española de trasmisión de datos por paquetes*]
Ibertex [*Spanish videotex*] | Ibertex [*sistema español de videotex*]
IBG = inteblock gap | IBG [*separación entre bloques*]
IBM card = International Business Machines card | tarjeta IBM [*tarjeta de circuitos de la empresa IBM*]
IBM compatible | compatible con IBM
IBM network management | sistema de gestión de red de IBM
IC = integrated circuit | CI = circuito integrado
ICANN = Internet corporation for assigned names and numbers | ICANN [*corporación para asignación de números y nombres de internet*]
I-CASE = integrated computer-aided software engineering | I-CASE [*ingeniería integrada de software asistida por ordenador*]
ICCS = integrated communications cabling system | ICCS [*cableado integrado de comunicaciones de Siemens para edificios inteligentes*]
ICE = in-circuit emulation (/emulator) | emulación (/emulador) en circuito
ICE = information and context exchange | ICE [*sistema de intercambio de información*]
ICE = Institution of Civil Engineers | ICE [*instituto inglés de ingenieros civiles*]
ICE = intelligent concept extraction | ICE [*extracción inteligente de conceptos (para bases de datos)*]
ice loading | carga de hielo
I channel | canal I
ICI = Intercontinental Commission on Illumination | ICI [*Comisión intercontinental de iluminación*]
icicle | carámbano
ICM = image color matching | ICM [*armonización cromática de la imagen*]
ICMP = Internet control message protocol | ICMP [*protocolo de internet para control de mensajes*]
icon | icono, símbolo gráfico, imagen, ilustración
icon association | asociación de icono
icon box | cuadro de iconos
icon browser | examinador de icono
icon control | control de icono
icon editor | editor de iconos
icon editor control | control del editor de iconos
iconic interface | interfaz por iconos
iconic path | ruta con iconos
iconic path header | cabecera de la ruta con iconos
iconify, to - | minimar
iconoscope | iconoscopio
iconotron | iconotrón
icon parade | desfile de iconos [*durante el arranque de ordenadores Macintosh*]
icon set | conjunto de iconos
ICP = Internet cache protocol | ICP [*protocolo de caché en internet (para comunicación unidistribución)*]
ICQ | ICQ [*programa para comunicaciòn colectiva por internet en tiempo real*]
ICR = intelligent character recognition | ICR [*reconocimiento inteligente de caracteres*]
IC socket | zócalo de circuito integrado
ICU = identification control unit | ICU [*unidad de control de identificación*]
ICU = Intel configuration utility | ICU [*utilidad de configuracion Intel*]
ICWT = interrupted continuous wave telegraphy | ICWT [*trasmisión telegráfica por onda modulada*]
ID = identification | ID = identificación
IDA = integrated digital access | IDA [*acceso digital integrado (experiencia pre-RSDI de British Telecom)*]
IDC = insulation displacement connection | IDC [*conexión por desplazamiento del aislante*]
IDE = integrated device electronics | IDE [*electrónica de dispositivos integrada*]
ideal | ideal
ideal articulation | nitidez ideal
ideal bunching | agrupamiento ideal
ideal capacitor | condensador ideal
ideal cascade | cascada ideal
ideal crystal | cristal ideal
ideal dielectric | dieléctrico ideal
ideal filter | filtro ideal
ideal gas | gas ideal
ideal junction | unión ideal
ideal magnetization | magnetización ideal

ideal magnetohydrodynamics | magnetohidrodinámica ideal
ideal noise diode | diodo de ruido ideal
ideal permeability | permeabilidad ideal
ideal rectifier | rectificador ideal
ideal saturable core | núcleo saturable ideal
ideal transducer | trasductor ideal
ideal transformer | trasformador ideal
IDE connector | conector IDE
I demodulator | desmodulador I
idempotent law | ley idempotente
identification | identificación
identification beacon | faro de identificación
identification capacitor | condensador de identificación
identification feature | dispositivo de identificación
identification group | grupo de identificación
identification light | luz de identificación
identification module | módulo de identificación
identification of friend or foe | identificación de amigo o enemigo
identification service | servicio de identificación
identification sign | señal (/signo) de identificación
identification strip | tira identificadora
identification tape | cinta identificadora
identifier | identificador
identify, to - | identificar
identity | identidad
identity burst | ráfaga de identidad
identity function | función de identidad
identity matrix | matriz de identidad
ident-pulse = identification pulse | impulso de identificación
ideogram | ideograma
IDF = intermediate distributing frame | (cuadro) distribuidor (/repartidor) intermedio
IDF auxiliary finder | distribuidor de búsqueda de auxiliares
IDF call routing | distribuidor de llamadas dirigidas
IDF line marker | repartidor del marcador de línea
IDF two stage finder | distribuidor de búsqueda de enlaces a dos etapas
idiochromatic | idiocromático
idiochromatic crystal | cristal idiocromático
idiostatic | idiostático
idiostatic method | método idiostático
idiostatic mounting | montaje idiostático
I display | presentación tipo I
IDL = interface definition language | IDL [*lenguaje para definición de interfaces*]
idle | vacío
idle channel | canal vacante (/en vacío)

idle channel noise | ruido de canal en vacío
idle character | carácter de control de sincronismo
idle circuit condition | circuito en reposo
idle current | corriente anérgica (/desvatada)
idle cycle | ciclo inactivo
idle indicating signal | lámpara de línea libre
idle interrupt | interrupción por inactividad
idle line | línea libre
idle noise | ruido residual (/de fondo, /en reposo)
idle period | tiempo de reposo
idle power | potencia reactiva
idler | polea loca, rueda guía
idler circuit | circuito complementario
idler drive | conducción complementaria
idler frequency | frecuencia complementaria
idler pulley | polea complementaria
idle state | estado inactivo
idle time | tiempo de reposo (de la línea), tiempo disponible
idle trunk lamp | lámpara de línea libre
idling | complementario
idling circuit | circuito complementario
idling current | corriente complementaria
idling frequency | frecuencia complementaria
IDN = integrated digital network | RDI = red digital integrada
IDOC = intermediate document | IDOC [*documento intermedio (/provisional)*]
IDP = integrated data processing | IDP [*proceso integrado de datos*]
IDSL = ISDN digital subscriber line | IDSL [*tecnología de acceso para trasmisión de datos*]
IE = information engineering | II = ingeniería informática
IEC = International Electrotechnical Commission | CEI = Comisión Electrónica Internacional [*con sede en Ginebra*]
IECQ = International electrotechnical commision for quality | IECQ [*Comisión electrotécnica internacional para calidad*]
IEE = Institution of Electrical Engineers | IEE [*instituto inglés de ingenieros eléctricos*]
IEEE = Institute of Electrical and Electronic Engineers | IEEE [*instituto estadounidense de ingenieros eléctricos y electrónicos*]
IEM = illuminated entry module | módulo de entrada iluminada
IEPG = Internet engineering and planning group | IEPG [*grupo de ingeniería y planificación de internet de USA*]
IES = Illumination Engineering Society | IES [*sociedad estadounidense de luminotecnia*]
IESG = Internet engineering steering group | IESG [*sección de ISOC para la estandarización de especificaciones técnicas de internet*]
IETF = Internet engineering task force | IETF [*grupo especial sobre ingeniería de internet (comunidad internacional abierta)*]
IETS = Intern European telecommunication standard | IETS [*norma interina europea de telecomunicación*]
IF = intermediate frequency | FI = frecuencia intermedia
IFA = immunofluorescent antibody test | IFA [*prueba indirecta de anticuerpo fluorescente*]
IF amplifier | amplificador de frecuencia intermedia
if and only if **statement** | sentencia *si y únicamente si*
IF bandwidth | ancho de banda de frecuencia intermedia
IF canceller | cancelador de frecuencia intermedia
IFE | IFE [*enfoque isoeléctrico*]
IFE = intelligent front end | IFE [*ordenador frontal inteligente*]
iff = if and only if | iff [*si y sólo si (orden en programación informática)*]
IFF = identification of friend or foe | IFF [*identificación de amigo o enemigo*]
IFF = interchange file format | IFF [*formato de intercambio de archivos*]
IFIP = International Federation of Information Processing | IFIP [*Federación internacional de informática*]
IFPS = International Fixed Public Radiocommunication Service | IFPS [*servicio público internacional fijo de radiocomunicación*]
IFRB = International Frequency Registration Board | IFRB [*Comité Internacional para el Registro de Frecuencias*]
IF rejection | supresor de frecuencia intermedia
IFS = Internet file system | IFS [*sistema de archivos de internet*]
IF selectivity | selectividad de frecuencia intermedia
IF statement | sentencia "IF" [*en programación informática*]
IF strip | chasis de frecuencia intermedia
if then else **statement** | sentencia *si, en otro caso*
IGES = initial graphics exchange specification | IGES [*especificación inicial para intercambio de gráficos*]
IGFET = insulated-gate field-effect transistor | IFGET [*transistor de efecto de campo de puerta aislada*]
IGMP = Internet group mangement protocol | IGMP [*protocolo de gestión de grupos en internet*]
igniter [UK] | dispositivo (/distribuidor) de encendido

igniter current temperature drift | deriva de la corriente de encendido por la temperatura
igniter discharge | descarga del inflamador (/ignitor)
igniter electrode | electrodo inflamador (/ignitor)
igniter firing time | tiempo de encendido del inflamador (/ignitor)
igniter interaction | interacción del ignitor
igniter leakage resistance | resistencia de fuga del ignitor
igniter oscillation | oscilación del ignitor
igniter rod | varilla de encendedor
igniter voltage drop | caída de tensión del inflamador (/ignitor)
ignition | encendido, ignición
ignition advance | avance del encendido
ignition by incandescence | encendido por incandescencia
ignition cable | cable del encendido
ignition coil | bobina de encendido (/ignición)
ignition control | control de ignición
ignition delay | retardo del encendido
ignition harness [UK] | rampa de encendido
ignition interference | interferencia por encendido (/ignición)
ignition magneto | magneto de encendido
ignition noise | ruido de encendido (/ignición)
ignition plug | bujía de encendido
ignition potential | potencial de encendido (/ruptura)
ignition reserve | margen de ignición
ignition shield [USA] [*ignition harness (UK)*] | rampa de encendido
ignition system | sistema de ignición
ignition temperature | temperatura de ignición
ignition terminal | terminal de ignición
ignition voltage | tensión de ignición
ignitor [USA] [*igniter (UK)*] | distribuidor (/dispositivo) de encendido
ignitron | ignitrón
ignitron rectifier | rectificador de ignitrones
ignore, to - | ignorar
ignore character | carácter de relleno
IGP = interior gateway protocol | IGP [*protocolo interno de puerta de acceso*]
IGRP = interior gateway routing protocol | IGRP [*protocolo interno de encaminamiento a puerta de acceso*]
IH = interrupt handler | IH [*programa de gestión de interrupciones*]
IHF = Institute of High-Fidelity Manufacturers | IHF [*instituto estadounidense de fabricantes de equipos de alta fidelidad*]
IHN = inhouse network | IHN [*red interna*]

IHS = integrated home system | IHS [*sistema integrado doméstico*]
IIL = integrated injection logic | IIL [*lógica de inyección integrada*]
IIS = Internet information server | IIS [*servidor de información por internet*]
IKBS = intelligent knowledge-based system | IKBS [*sistema inteligente basado en conocimientos*]
IKE = Internet key exchange | IKE [*intercambio de claves en internet (protocolo de gestión automática)*]
ikon | icono
IKP = Internet key protocol | IKO [*protocolo de claves de internet*]
I²L = integrated injection logic | lógica de inyección integrada
ill-conditioned | incorrecto
illegal | ilegal, no permitido, no válido
illegal character | carácter no autorizado (/válido)
illegal instruction | instrucción no válida
illegal operation | operación ilegal
illegible message | mensaje ilegible
illinium | ilinio
ill-timed release | desconexión intempestiva
illuminance, illuminancy | iluminación
illuminant | iluminante
illuminate, to - | iluminar
illuminated | iluminado
illuminating lamp | lámpara de alumbrado (/proyección)
illumination | iluminación; alumbrado
illumination control | control de iluminación
illumination of a slit | iluminación de la rendija
illumination photometer | fotómetro de iluminación
illumination sensitivity | sensibilidad de iluminación
illuminometer | fotómetro de iluminación, iluminómetro
illustrator [*program*] | ilustrador [*programa*]
ILM = interlocking logic module | MLE = módulo lógico del enclavamiento [*en enclavamientos electrónicos*]
ILS = instrument landing system | ILS [*sistema de aterrizaje por instrumentos*]
ILS marker | indicador ILS
ILS reference point | punto de referencia ILS
IM = interlocking module | ME = módulo de enclavamiento [*en enclavamientos ferroviarios electrónicos*]
iMac | iMac [*familia de ordenadores de Macintosh*]
image | imagen
image admittance | admitancia de imagen
image aerial | antena imagen, antena virtual
image attenuation | atenuación imagen

image attenuation constant | constante de atenuación de imagen
image attenuation factor | factor de atenuación imagen
image burn | imagen retenida
image capture | captura de imagen
image carrier | portadora de imagen
image color matching | armonización cromática de la imagen
image compression | compresión de imagen
image converter | convertidor de imagen
image converter valve | válvula convertidora (/trasformadora) de imagen
image depth | fondo de imagen
image detail | detalle de imagen
image dissection | disección de imagen
image dissector | divisor (/disector) de imagen
image dissector tube | tubo disector de imagen
image distortion | distorsión de imagen
image editing | edición de imagen
image editor | editor de imagen
image effect | efecto imagen
image enhancement | mejora de imagen
image-enhancing equipment | equipo de mejora de imagen
image file | archivo de imagen
image force | energía imagen
image frequency | frecuencia de imagen
image frequency rejection ratio | relación de rechazo de frecuencia de imagen
image iconoscope | iconoscopio de imagen
image impedance | impedancia de imagen
image intensifier | intensificador de imagen
image interference | interferencia de imagen
image interference ratio | relación de la interferencia imagen
image inverter | inversor de imagen
image map | mapa de imagen [*imagen que incluye varios hipervínculos con una página Web*]
image orthicon | orticón de imagen
image pattern | diagrama de imagen; imagen de potencial [*en TV*]
image phase constant | constante de fase de imagen
image phase factor | factor de fase de imagen
image plane holography | imagen de plano holográfico
image processing | proceso de imágenes
image ratio | relación de imagen
image reactor | reactor imagen
image redundancy | redundancia de imagen

image reject mixer | mezclador supresor de señal de imagen
image rejection | supresión de la frecuencia de imagen
image rejection ratio | relación del rechazo de imagen
image response | respuesta de imagen
image-retaining panel | panel retenedor de imagen
image retention | retención de la imagen
image sensor | sensor de imagen
imagesetting | composición de imagen [*con textos superpuestos*]
image signal | señal imagen
image storage panel | panel de almacenamiento de imagen
image storage tube | tubo de almacenamiento de imagen
image transducer | trasductor de imagen
image valve | válvula de imagen
image-valve camera | válvula de imagen de cámara
image-viewing tube | tubo convertidor (/trasformador) de imagen
imaginary number | número imaginario
imaging | formación de imagen
imaging defect | defecto de la imagen
IMAP = Internet message access protocol | IMAP [*protocolo de acceso a mensajes de internet*]
imbedded layer | sustrato empotrado
IMC = instrument meteorological conditions | IMC [*condiciones meteorológicas de vuelo por instrumentos*]
IMC = Internet Mail Consortium | IMC [*consorcio internacional de servicios de correo por internet*]
IMHO = in my humble opinion | IMHO [*en mi humilde opinión*]
imitation game | juego de imitación
imitative deception | estratagema imitativa
immediate | inmediato
immediate access | acceso inmediato
immediate-access store | memoria (/almacenamiento) de acceso inmediato
immediate-action alarm | señalización inmediata
immediate addressing | direccionamiento inmediato
immediate data | datos inmediatos
immediate operand | operando inmediato
immediate printing | impresión inmediata
immediate ringing | llamada inmediata
immediate ringing current | corriente de llamada inmediata
immediate ringing tone | tono de llamada inmediato
immediate signal | señal inmediata
immersed liquid-quenched fuse | fusible sumergido

immersion | inmersión
immersion dose | dosis por inmersión
immersion heater | termoinmersor
immersion lens | lente de inmersión
immersion plating | niquelado de inmersión
immersion pyrometer | pirómetro de inmersión
immiscible | inmiscible
immittance | inmitancia
immittance bridge | puente medidor de inmitancias
immunity | inmunidad
immuno-radiometric analysis | análisis inmunorradiométrico
IMMY = immediately | inmediatamente
IMO = in my opinion | IMO [*en mi opinión*]
IMP = interface message processor | IMP [*procesador de mensajes con interfaz*]
IMP = intern message protocol | PMI = protocolo de mensaje interno
impact | choque, impacto
impact accelerometer | acelerómetro de impacto
impact excitation | impacto de excitación
impact fluorescence | fluorescencia de impacto
impact ionization | ionización por choque
impact modulator amplifier | amplificador modulador de impactos
impact parameter | parámetro de impacto
impact point impedance | impedancia del punto de impacto
impact predictor | anunciador de impacto
impact printer | impresora de contacto (/impacto)
impact printing | impresión por impacto
impact resistance | resistencia al impacto
impact switch | interruptor de choque
IMPATT = impact avalanche and transit time | IMPATT [*avalancha de contacto y tiempo de tránsito*]
IMPATT diode | diodo IMPATT
IMPATT oscillator | oscilador IMPATT
impedance | impedancia
impedance angle | ángulo de impedancia
impedance at the intermediate frequency | impedancia a frecuencia intermedia
impedance bridge | puente de impedancia
impedance characteristic | característica de impedancia
impedance coil | bobina de impedancia
impedance compensator | compensador de impedancia
impedance-coupled stage | etapa acoplada por impedancia

impedance coupling | acoplamiento de impedancia
impedance drop | pendiente de impedancia
impedance ground | impedancia de tierra
impedance irregularity | irregularidad en la impedancia
impedance level | nivel de impedancia
impedance match | adaptación de impedancia
impedance matching | adaptación (/ajuste, /equilibrado) de impedancias
impedance matching network | red de adaptación de impedancias
impedance matching transformer | trasformador de adaptación de impedancia
impedance of a network branch | impedancia de una rama de la red
impedance plethysmograph | pletismógrafo de impedancias
impedance relay | relé de impedancia
impedance transformer | trasformador de impedancias
impedance triangle | triángulo de impedancias
impedance unbalance measuring set | equilibrómetro, medidor de equilibrio
impedor | impedancia
imperative language | lenguaje imperativo
imperfect | imperfecto
imperfect conductor | conductor imperfecto
imperfect dielectric | dieléctrico imperfecto
imperfection | defecto, imperfección
imperfect polarisation | polarización imperfecta
imperfect understanding | nitidez imperfecta
impermeability | impermeabilidad
impervious machine | máquina estanca
implant | injerto
implantable pacemaker | marcapasos implantable
implementation | aplicación, realización, implementación
implicant | implicante
implicit focus | foco implícito
implicit function | función implícita
implied | implícito
implied AND | Y implícita [*operación lógica en la que una salida verdadera sólo se da si hay dos o más entradas verdaderas*]
implied OR | O implícita
implier addressing | direccionamiento implicado
implode, to - | implosionar
implosion | implosión
implosion weapon | arma (/bomba) de implosión, ingenio implosivo
import, to - | importar
importance factor | factor de importancia

importance function | función de importancia
import list | lista importada
impregnant | impregnante
impregnate, to - | impregnar
impregnated | embebido, impregnado, saturado
impregnated carbon | carbón impregnado (/mineralizado)
impregnated cathode | cátodo impregnado
impregnated coil | bobina impregnada
impregnated gas-pressure cable | cable con gas a presión interior
impregnated tape | cinta impregnada
impregnating | impregnado
impregnation | impregnación
impress, to - | aplicar, crear, establecer
impressed current | corriente de entrada
impressed electromotive force | fuerza electromotriz de carga
impressed field | campo aplicado
impressed force | fuerza aplicada
improvement threshold | umbral de mejora
impulse | impulso
impulse accelerator | acelerador de impulsión (/impulsos)
impulse-accepting relay | relé receptor de impulsos
impulse bandwidth | impulso de banda ancha
impulse breakdown test | ensayo de ruptura dieléctrica en régimen de impulsos
impulse cam | leva de impulsión (/impulsores)
impulse circuit | circuito de impulsión
impulse contact | contacto de impulsión (/impulsos)
impulse current | corriente de choque
impulse-driven clock | reloj eléctrico de impulsos
impulse drive selection | selección por manipulación
impulse excitation | excitación por impulsos
impulse-forming network | red conformadora de impulsos
impulse frequency | frecuencia de impulsos
impulse generator | generador de impulsos
impulse inertia | inercia impulsiva
impulse machine | generador de impulsos
impulse noise | ruido (/parásitos) de impulsos, chasquido, ruido impulsivo
impulse noise generator | generador de ruido impulsivo
impulse of current | emisión de corriente
impulse period | periodo del impulso
impulse protection level | nivel de protección contra el choque
impulse ratio | relación de impulsión (/impulso)

impulse recorder | registrador de impulsos
impulse recording | registro de impulsos
impulse relay | relé de impulsos
impulse repeater | repetidor de impulsión (/impulsos)
impulse response function | función de respuesta impulsiva (/a un impulso unidad)
impulse response of a room | respuesta a impulsos de una cámara
impulse sealing | sellado por impulsos
impulse separator | separador de impulsos
impulse sparkover voltage | tensión de ruptura por impulsos
impulse speed | rapidez de impulsos
impulse spring | resorte de impulsión
impulse strength | resistencia a los impulsos
impulse test | ensayo por impulsos, prueba de impulsos
impulse timer | cronometrador de impulsos
impulse transmission | trasmisión de impulsos
impulse-transmitting relay | relé de trasmisión de impulsos
impulse-type telemeter | telémetro tipo impulsos
impulse wave | onda de choque (/impulso)
impulse withstand voltage | tensión de resistencia al choque
impulsing | impulsión; emisión arrítmica (/de impulsos)
impulsing relay | relé de impulsos
impulsing signal | señal de marcación (/numeración, /impulsos numéricos, /llamada por impulsos)
impulsive discharge | descarga aperiódica
impurity | impureza
impurity activation energy | energía de activación de las impurezas
impurity density | densidad de impurezas
impurity ions | iones impuros
impurity level | nivel de impurezas
impurity scattering | dispersión de impurezas
impurity semiconductor | semiconductor de impurezas
impurity spot | punto de impurezas
IMSI attach/detach = international mobile subscriber identifier attach/detach | IMSI activo/inactivo [*proceso para informar a la red móvil sobre la cobertura*]
IMT = international mobile communications | IMT [*comunicaciones móviles internacionales*]
In = indium | In = indio
IN = intelligent network | red inteligente
inaccuracy | inexactitud
inactive | inactivo
inactive area | zona (/área) inactiva

(/con condiciones de trabajo no reglamentadas)
inactive leg | rama inactiva
inactive window | ventana inactiva
inactivity time-out | tiempo de espera de inactividad
inactivity timer | temporizador de inactividad
in and out service | servicio de conexión y desconexión
INAP = intelligent network application protocol | INAP [*protocolo de aplicación de red inteligente*]
in-band signalling | señalización en (/dentro de) banda; señalización por frecuencia vocal
inbound circuit | circuito de llegada
inbox | buzón de entrada; buzón principal [*en correo electrónico*]
in bridge | en puente, en paralelo
incandescence | incandescencia
incandescent lamp | lámpara incandescente (/de incandescencia)
inch | pulgada
inches per second | pulgadas por segundo
inching | avance lento; mando por impulsos (/cierres sucesivos rápidos)
incidence | incidencia
incidence angle | ángulo de incidencia
incidence matrix | matriz de incidencia
incidence of traffic | distribución (/marcha) del tráfico
incident field intensity | intensidad de campo incidente
incident light | luz incidente
incident light meter | medidor de luz incidente
incident power | potencia incidente
incident ray | rayo incidente
incident recorder | registrador de incidencias
incident wave | onda incidente
incidental FM | modulación de frecuencia incidental
incidental radiation device | dispositivo de radiación incidental
incipient failure | fallo incipiente
in-circuit emulation | emulación en circuitos
in-circuit emulator | emulador de circuito
in-circuit tester | probador de circuitos
inclination | inclinación
inclined synchronous orbit | órbita sincrónica inclinada
inclinometer | inclinómetro, brújula de inclinación
include, to - | incluir
inclusion | inclusión
inclusive AND | puerta Y inclusiva
inclusive-OR gate | puerta O inclusiva
inclusive-OR operation | operación O inclusiva
incoherent detection | detección incoherente
incoherent emitter | emisor incoherente

incoherent scattering | dispersión incoherente
incoherent scattering cross section | sección eficaz de dispersión incoherente
incoherent source | fuente incoherente
incoherent waves | ondas incoherentes
incombustible matter | materia incombustible
incoming | entrada, llegada; de llegada, entrante
incoming call | comunicación de llegada, llamada entrante
incoming circuit | circuito de entrada
incoming country | país de llegada
incoming end | extremo de llegada
incoming exchange | central de llegada
incoming feed junctor | alimentador de llegada
incoming from distant exchange | llegada desde otra central
incoming international terminal exchange | centro internacional de llegadas
incoming junction | enlace de llegada
incoming junctor | enlace de llegada
incoming junctor verification | enlace de llegada de verificación
incoming junctor wire chief | enlace de llegada de mesa de pruebas
incoming line | línea de llegada
incoming one-way circuit | circuito para tráfico de llegada únicamente
incoming position | posición de entrada (/llegada)
incoming register | registrador de llegada
incoming selector | selector de entrada
incoming service | servicio de llegada
incoming traffic | tráfico entrante (/de llegada)
incoming trunk | enlace de llegada
incomplet accessibility | accesibilidad incompleta
incomplete | incompleto
incomplete dialling | numeración incompleta
incomplete discharge | descarga incompleta (/parcial)
incompletely dialled call | llamada incompleta
incompleteness theorem | teorema de incompletitud
incomplete sequencer relay | relé de secuencia incompleta
incomplete transposition section | sección no compensada
incomptable modules | módulos incompatibles
in contact | en contacto
in-core instrumentation | instrumentación del (/incorporada al) núcleo
incorporated | incorporado, integrado
incorrect version | versión incorrecta

increase speed, to - | aumentar la velocidad
increase volume, to - | subir el volumen
increment | incremento
incremental compiler | compilador incremental
incremental computer | ordenador incremental
incremental digital recorder | grabador (/registrador) digital incremental
incremental duplex | dúplex por adición
incremental frequency shift | desplazamiento incremental de frecuencia
incremental hysteresis loss | pérdidas de histéresis incremental
incremental inductance | inductancia por incremento
incremental induction | inducción incremental
incremental integrator | integrador incremental
incremental permeability | permeabilidad incremental
incremental plotter | trazador incremental
incremental sensitivity | sensibilidad incremental
incremental tape | cinta incremental
incremental tuner | sintonizador incremental
IND = indicator | IND = indicador
indegree | grado de entrada
indent | desprendimiento
indent, to - | sangrar
indentation | hendidura; sangrado, sangría
independence | independencia
independent content provider | proveedor de contenidos independiente
independent excitation | excitación independiente
independent failure | fallo independiente
independent firing | excitación independiente
independent fission yield | rendimiento de fisión primaria
independent load contact | contacto de carga independiente
independent manual operation | maniobra independiente
independent particle model | modelo de partículas independientes
independent sideband | banda lateral independiente
independent software vendor | creador independiente de software
independent switch | interruptor de cierre (/ruptura) independiente
independent time-lag relay | relé de retardo constante
independent variable | variable independiente
indeterminacy | indeterminación
indeterminate state | estado indeterminado

indeterminate system | sistema indeterminado
index | índice
index counter | contador indexado
index dot | marca de ajuste
indexed address | dirección indexada
indexed addressing | direccionamiento indexado
indexed file | archivo indexado
indexed search | búsqueda indexada (/por índices)
indexed sequential access method | método de acceso secuencial indexado
indexed sequential file | archivo de índice secuencial
index error | error de indicación
index file | archivo de índice
index hole | hueco indexado
indexing | indexación, uso del registro índice
indexing hole | perforación de indización
indexing lock stub | retén de posición
indexing mechanism | mecanismo de indexado
indexing notch | muesca de indización
index list | lista del índice
index mark | marca magnética [en discos durante el formateo]
index-matching gel | gel adaptador de índice
index-matching fluid | fluido adaptador de índice, fluido de unión indexada
index-matching material | material de unión indexada
index of cooperation | índice de cooperación
index of modulation | índice de modulación
index of pH | índice de acidez
index of refraction | índice de refracción
indexometer | indexómetro
index register | registro (del) índice
index search dialog box | cuadro de diálogo para buscar índice
index wheel | rueda indicadora
indicated bearing offset | desviación de demora indicada
indicating accelerometer | acelerómetro indicador
indicating apparatus | aparato indicador
indicating demand meter | medidor de demanda máxima
indicating fuse | fusible indicador
indicating instrument | instrumento indicador
indicating lamp | lámpara indicadora
indicating meter | instrumento indicador
indication | indicación
indicator | indicador, señalizador; trazador; dial
indicator diagram | diagrama del indicador

indicator for gyrostatic compass | repetidor de brújula girostática
indicator gate | puerta indicadora (de sensibilidad)
indicator grid | rejilla indicadora
indicator lamp | lámpara indicadora (/de control)
indicator light | testigo, chivato luminoso, luz indicadora, señal luminosa
indicator tube | tubo (del) indicador
indirect | indirecto
indirect-acting recording instrument | instrumento de grabación de acción indirecta
indirect address | dirección indirecta
indirect addressing | direccionamiento indirecto
indirect call | comunicación de tránsito
indirect cycle reactor | reactor de ciclo indirecto
indirect excitation | excitación indirecta
indirect light | luz indirecta
indirect lighting | iluminación indirecta, alumbrado indirecto; relámpago
indirectly | indirectamente, indirecto
indirectly connected finder | buscador indirecto (/ordinario)
indirectly controlled variable | variable controlada indirectamente
indirectly heated cathode | cátodo equipotencial (/unipotencial, /de calentamiento indirecto)
indirectly heated cathode tube | tubo con cátodo de calentamiento indirecto
indirectly heated thermistor | termistor calentado indirectamente
indirectly-ionizing particle | partícula indirectamente ionizante
indirectly-ionizing radiation | radiación indirectamente ionizante
indirect material | material indirecto
indirect piezoelectricity | piezoelectricidad indirecta
indirect radiative transition | transición radiante indirecta
indirect ray | rayo indirecto
indirect routing | utilización de vías indirectas
indirect routing system | sistema de mando indirecto
indirect scanning | exploración indirecta
indirect stroke | descarga atmosférica indirecta
indirect synthesizer | sintetizador indirecto
indirect wave | onda indirecta
indium | indio
indium antimonide | antimoniuro de indio
indium antimonide detector | detector de antimoniuro de indio
indium arsenide | arseniuro de indio
indium phosphide | fósforo de indio
individual | individual; individuo
individual control | mando individual

individual distortion | distorsión individual
individual gap azimuth | acimut de entrehierro individual
individual line | línea individual
individual particle model | modelo de partícula individual
individual selection technique | técnica de selección individual
individual trunk | enlace individual
individual trunk group | grupo de enlaces individuales
indoor | de interior
indoor aerial | antena interior
indoor transformer | trasformador interior
Indox | Indox [*marca comercial de una aleación magnética permanente de bario ferrita*]
induced | inducido
induced channel | canal inducido
induced charge | carga inducida
induced current | corriente inducida (/de inducción)
induced drag | resistencia inducida (/reducida al avance)
induced eddy current | corriente parásita inducida
induced electromotive force | fuerza electromotriz inducida
induced environment | ambiente inducido
induced failure | fallo inducido
induced hum | zumbido inducido
induced noise | ruido inducido
induced polarization | polarización inducida
induced radioactivity | radiactividad inducida
induced voltage | tensión inducida
inducer | inductor
inducing current | corriente inductora
inductance | inductancia, bobina de inducción
inductance armature | armadura de la bobina de inducción
inductance bridge | puente de inductancia
inductance capacitance | inductancia-capacidad
inductance coil | bobina de inductancia
inductance per unit length | inductancia unitaria (/por unidad de longitud)
inductance standard | patrón de inductancia
inductance switch | conmutador de inductancia
inductance-tube modulation | modulación de tubo de inductancia
inductance unbalance | desequilibrio de inductancia
induction | inducción
induction accelerator | acelerador de inducción
induction brazing | soldadura por inducción con bronce
induction circuit | circuito inductivo

induction coefficient | corriente de inducción
induction coil | bobina de inducción
induction compass | brújula de inducción
induction-conduction heater | calentador por inducción-conducción
induction coupling | acoplamiento inductivo (/por inducción)
induction density | densidad de inducción
induction diaphragm | diafragma inductivo
induction effect | efecto de inducción
induction factor | factor de inducción
induction feedback | realimentación inductiva
induction field | campo de inducción
induction frequency converter | conversor de frecuencia-inducción
induction furnace | horno de inducción
induction generator | alternador (/generador) asincrónico (/asíncrono, /de inducción)
induction hardening | temple (/endurecimiento) por inducción
induction heater | calentador de inducción
induction heating | calentamiento por inducción
induction heating apparatus | aparato de calentamiento por inducción
induction instrument | aparato (/instrumento) de inducción
induction kick | reacción inductiva
induction load | carga inductiva
induction loudspeaker | altavoz de inducción
induction machine | máquina de inducción
induction meter | contador (/motor) de inducción
induction motor meter | contador con motor de inducción
induction neutralization | neutralización inductiva
induction noise | ruido de inducción
induction output tube | tubo de inducción de salida
induction post | pilar (/poste) inductivo
induction potentiometer | potenciómetro de inducción
induction radio | radio por inducción
induction reactance | reactancia inductiva
induction regulator | regulador de inducción
induction relay | relé de inducción
induction-resistance welding | soldadura por inducción-resistencia
induction ring-heater | calentador de anillo por inducción
induction soldering | soldadura por inducción
induction speaker | altavoz (/micrófono) de inducción
induction theorem | teorema de inducción

induction tuning | sintonización inductiva
induction voltage regulator | regulador de tensión por inducción
induction watt-hourmeter | contador de vatios-hora de inducción
induction window | ventana inductiva
inductive | inductivo, inductor
inductive atomizer | pulverizador de inducción
inductive circuit | circuito inductivo
inductive coordination | coordinación inductiva
inductive-coupled circuit | circuitos con acoplamiento inductivo
inductive coupling | acoplamiento inductivo
inductive feedback | realimentación inductiva
inductive interference | interferencia inductiva
inductive kick | sobretensión inductiva
inductive level detector | detector de nivel por inducción
inductive load | carga inductiva (/de retardo)
inductive microphone | micrófono inductivo
inductive neutralization | neutralización inductiva
inductive pickup | captación inductiva
inductive post | poste inductivo
inductive rail connection | conexión inductiva de los carriles
inductive ratio bridge | puente de coeficiente de inducción
inductive reactance | reactancia inductiva (/de inducción)
inductive system | sistema inductivo
inductive transducer | trasductor inductivo
inductive transduction | trasducción inductiva
inductive tuning | sintonización inductiva
inductive winding | arrollamiento inductivo
inductive window | ventana inductiva
inductometer | inductímetro, inductómetro
inductometric effect | efecto inductométrico
inductor | inductor; reactancia; bobina de inducción (/inductancia, /reactancia, /autoinducción), inductancia, impedancia de inducción (/autoinducción)
inductor alternator with moving iron | alternador de hierro giratorio
inductor generator | generador inductor (/por inducción)
inductor microphone | micrófono inductor
inductor telephone receiver | receptor telefónico de inductor
inductor-type synchronous motor | motor sincrónico tipo inductor
Inductosyn | Inductosyn [*tipo de trasductor de alta precisión*]
inductuner | sintonizador por inducción
industrial baffle | pantalla acústica de tipo industrial
industrial-grade IC | circuito integrado industrial
industrial heating equipment | equipo de calentamiento industrial
industrial radio service | servicio de radio industrial
industrial television | televisión industrial
industrial timer | temporizador industrial
industrial tube | tubo (para uso) industrial
ineffective call | comunicación no efectuada, llamada perdida (/ineficaz)
inelastic | inelástico
inelastic collision | choque inelástico, colisión inelástica
inelastic gammas | gammas inelásticos
inelastic scattering | dispersión inelástica
inelastic scattering cross section | sección eficaz de dispersión inelástica
inequality | desigualdad
inert coil | bobina inerte
inert gas | gas inerte (/noble)
inertance | inertancia
inertia | inercia
inertial control | control inercial (/de inercia)
inertial-gravitational guidance system | sistema de dirección inercial gravitatoria
inertial guidance | dirección (/guiado) inercial
inertial guidance navigation | navegación por guiado inercial
inertial navigation | navegación inercial
inertia relay | relé de inercia
inertia switch | conmutador inercial (/de inercia)
inertia welding | soldadura de inercia
INET = Internet | internet
I neutron | neutrón I
infant mortality | fallos precoces (/prematuros)
infant mortality period | periodo de fallo prematuro
infection | infección
infer, to - | deducir, inferir
inference | inferencia
inference engine | máquina (/motor) de inferencias
inference programming | programación deductiva (/por inferencia)
inference rule | regla de inferencia
inferential | inferencial
infiltration | infiltración
infinite | infinito
infinite attenuation | atenuación infinita
infinite baffle | bafle (/difusor) infinito, pantalla acústica infinita
infinite baffle speaker system | sistema de altavoz en bafle infinito
infinite clipping | limitación a bajo nivel; recorte bajo (/infinito)
infinite effective range | radio de acción eficaz infinito
infinite impedance detector | detector de impedancia infinita
infinite line | línea infinita
infinite loop | bucle infinito
infinite multiplication constant | factor de multiplicación infinito
infinite multiplication factor | factor de multiplicación infinito
infinite resolution | resolución infinita
infinitesimal | infinitesimal
infinite uniform line | línea homogénea prolongada indefinidamente
infinite wall baffle | pantalla acústica plana infinita
infinity | infinito, infinidad
infinity device | aparato de infinidad
infinity ohms | circuito abierto, resistencia infinita
infix notation | notación por infijos
inflection point | punto de inflexión
inflection point emission current | corriente de emisión en punto de inflexión
inflector | inflector
influence | influencia
influenced conductor | conductor influenciado
influence fuse | espoleta de influencia
influence machine | máquina de influencia
influence of structure | influencia de la estructura
influencing conductor | conducto influyente
infoaddict | infoadicto, adicto a la informática
infobahn (ale) | autopista de información
infobond | infobond [*cableado automatizado punto a punto en el reverso de una tarjeta de circuitos de doble cara*]
information | información
informational message | mensaje de información
information and content exchange | sistema de intercambio de información
information area | área de información
information bit | bit de información
information call | petición de información
information centre | centro de información
information channel | canal de información
information content | contenido informático; información contenida
information desk | cuadro (/mesa) de información
information destination | destino de la información

information element | elemento de información
information engineering | ingeniería de la información
information engineering directorate | dirección de ingeniería de la información
information explosion | explosión de la información
information extraction | extracción de información
information feedback system | sistema de realimentación de información
information gate | puerta de información
information handling | manejo de información
information hiding | encapsulado de información
information highway | autopista de la información
information kiosk | cabina de información
information line | línea de información
information management | gestión de la información
information management system | sistema de gestión de la información
information message | mensaje informativo
information network system | sistema de información en red
information packet | paquete de información
information path | información de ruta; ruta de la información
information path discriminator | discriminador de vías de información
information processing | procesamiento de información, proceso de la información
information protocol | protocolo de información
information rate | velocidad de información
information rate changer | cambiador de velocidad de información
information resource management | gestión de recursos de información
information retrieval | recuperación de (la) información
information retrieval system | sistema de recuperación de información
information revolution | revolución de la información
information science | informática
information separator | separador de información
information service | servicio de información (/inteligencia)
information society | sociedad de la información
information source | fuente de información
information storage and retrieval | almacenamiento y recuperación de información
information structure | estructura de datos (/la información)
information superhighway | autopista de información
information system | sistema de información
information technology | tecnología de la información
information theory | teoría de la información
information trunk | línea de información
information warehouse | recursos informáticos totales [*de una organización*]
information warfare | guerra informática
Infovía [*Spanish communication network*] | Infovía [*red española de comunicaciones*]
infrablack region | región de infranegro
infradyne receiver | receptor infradino
infralow frequency | frecuencia infrabaja
infrared | infrarrojo
infrared absorption | absorción de infrarrojo
infrared absorption spectrum | espectro de absorción infrarrojo
infrared alarm system | sistema de alarma por rayos infrarrojos
infrared binocular | binocular de (rayos) infrarrojos
infrared camera | cámara infrarroja
infrared communication set | equipo de comunicación por infrarrojos
Infrared connector | conector de infrarrojo
infrared counter-countermeasure | contra-contramedida por infrarrojos
infrared countermeasure | contramedida infrarroja (/electroóptica, /por infrarrojos)
infrared detector | detector de infrarrojos
infrared emitter | emisor infrarrojo
infrared-emitting diode | diodo emisor de infrarrojos
infrared fibre optics | óptica infrarroja de fibras
infrared filter | filtro infrarrojo
infrared guidance | guía de infrarrojos
infrared guidance system | sistema de guiado por infrarrojos
infrared homer | buscador de infrarrojos, buscador de calor
infrared homing | guiado por infrarrojos
infrared image converter | convertidor de imagen por infrarrojos
infrared instrument | instrumento de rayos infrarrojos
infrared jamming | interferencia intencionada de infrarrojos
infrared light | luz infrarroja
infrared light-emitting diode | diodo emisor de luz infrarroja
infrared maser | máser de infrarrojos
infrared microscope | microscopio de rayos infrarrojos
infrared motion detector | detector de movimiento por infrarrojos
infrared optic | óptica de radiación infrarroja
infrared oven | horno infrarrojo
infrared polarizer | polarizador por infrarrojos
infrared port | puerto infrarrojo
infrared problem | problema del infrarrojo
infrared radiation | radiación infrarroja (/de infrarrojo)
infrared radiation source | fuente de radiación infrarroja
infrared rays | rayos infrarrojos
infrared receiver | receptor de infrarrojos
infrared sensor | captador (/sensor) de rayos infrarrojos
infrared source | fuente de rayos infrarrojos
infrared spectral analysis | análisis espectral infrarrojo
infrared spectroscope | espectroscopio infrarrojo
infrared spectrum | espectro infrarrojo
infrared switch | conector (/dispositivo) de infrarrojo
infrared thermometer | termómetro infrarrojo
infrared transmitter | trasmisor de infrarrojo
infrared-transparent material | material trasparente a los infrarrojos
infrared wave | onda de infrarrojos
infrared window | ventana infrarroja (/del infrarrojo)
infrasonic | infrasónico
infrasonic frequency | frecuencia infrasónica (/subsónica)
infrasound | infrasonido
ingot | lingote
inharmonic frequency | frecuencia inharmónica
inherent addressing | direccionamiento implicado (/inherente)
inherent delay | retardo de trasmisión
inherent error | error intrínseco
inherent filtration | filtración inherente
inherent interference | interferencia inherente
inherently ambiguous language | lenguaje inherente ambiguo
inherent regulation | regulación inherente; caída relativa de tensión
inherent reliability | precisión inherente
inherit, to - | heredar
inheritance | herencia
inheritance code | código derivado [*en programación orientada al objeto*]
inherited error | error arrastrado (/trasferido)
inhibit, to - | inhibir; eludir, evitar
inhibit gate | puerta inhibidora
inhibiting | inhibidor

inhibiting input | entrada inhibidora (/de inhibición)
inhibiting signal | señal inhibidora
inhibition gate | puerta de inhibición
inhibitor | inhibidor; elemento retardador
inhibit pulse | impulso inhibidor (/de inhibición)
inhibit signal | señal inhibidora
inhour equation | ecuación de la reactividad
ini file = initialization file | archivo de inicialización (/arranque)
initial | inicial
initial actuation time | tiempo de actuación inicial
initial address message | mensaje de dirección inicial
initial algebra | álgebra inicial
initial calendar view | vista de agenda inicial
initial contact chatter | vibración de contacto inicial
initial differential capacitance | capacidad diferencial inicial
initial drain | corriente inicial
initial element | elemento inicial
initial erection | elevación inicial
initial failure | fallo inicial
initial inverse voltage | tensión inicial inversa, voltaje inicial inverso
initial ionizing event | suceso ionizante (/de ionización) inicial
initialise, to - [UK] | inicializar, iniciar, arrancar
initialization | inicialización
initialization error | error de inicialización
initialization file | archivo de inicialización (/arranque)
initialization string | secuencia de arranque (/inicialización)
initialization timeout | fin del intervalo de espera de inicialización
initialize, to - [UK+USA] | inicializar, iniciar, arrancar
initializer | inicializador [*primer valor de una variable*]
initializing | inicializando
initial nuclear radiation | radiación nuclear inicial
initial period | periodo inicial, unidad de conversación
initial permeability | permeabilidad inicial
initial program load | carga del programa inicial, carga inicial del programa
initial program loader | cargador inicial de programas
initial protocol identifier | identificador inicial de protocolo
initial radiation | radiación inicial
initial reversible capacitance | capacidad reversible inicial
initial session | sesión inicial
initial susceptibility | susceptibilidad inicial
initial-value problem | problema de valor inicial
initial velocity current | corriente de velocidad inicial
initial voltage | tensión inicial
initiator | disparador, iniciador; impulsor de filamento incandescente
injected beam | haz inyectado
injected laser | láser inyectado
injection | inyección
injection atomizer | pulverización de inyección
injection efficiency | rendimiento de inyección
injection grid | rejilla de inyección
injection laser | láser de inyección (/diodo)
injection laser diode | diodo láser de inyección
injection-locked oscillator | oscilador de inyección fija
injection of channels | inserción de canales
injector | inyector
in-junction selector | selector de enlace de llegada
injury potential | potencial de demarcación (/lesión)
ink | tinta
ink cartridge | cartucho de tinta
inker | receptor (/mecanismo registrador) a tinta
inking wheel | rueda impresora
ink-jet printer | impresora de inyección (/chorro de tinta)
ink-jet printing | impresión por chorros de tinta
ink-mist recording | grabación por niebla de tinta
ink recorder | grabador de tinta
ink recording | registro gráfico (a tinta)
ink vapour recording | grabación (/registro) por vapor de tinta
inland | interior, nacional
inland call | comunicación interior
inland traffic | tráfico interior
inland trunk call | conversación interurbana
inland trunk traffic | tráfico interurbano interior
in leak | en derivación
inlet plug and socket | conector
inline, in line, in-line | en serie, en línea
inline array | red de antenas en fila
inline assembly machine | máquina de montaje en línea
inline code | código en línea
inline feed hole | agujero de avance alineado
inline graphic | gráfico en línea
inline heads | cabezas en línea
inline image | imagen en línea
inline procedure | procedimiento en línea
inline processing | procesamiento en línea
inline programme | programa en línea
inline subminiature tube | tubo (/válvula) subminiatura con conexiones en línea
inline subroutine | subrutina en línea
inline tuning | sintonización en línea
inner | interior
inner bremsstrahlung | radiación de frenado interior
inner code | código interno
inner conductor | conductor interno
inner join | operador interno de unión [*para gestión de bases de datos*]
inner marker | radiobaliza interna
inner marker beacon | radiobaliza interior (/de a bordo)
inner pole frame | envuelta de polos interiores
inner shell electron | electrón interno
inner work function | trabajo interno
inoculate, to - | inocular [*proteger un programa contra un virus grabando en aquél información específica*]
in official course | de oficio, de servicio
in opposition | en oposición
inorder traversal | recorrido de (/en) orden simétrico
inorganic electrode | electrodo inorgánico
inorganic electrolyte | electrolito inorgánico
in parallel | en derivación, en paralelo
inphase, in phase | en fase, fase conectada
in-phase portion of the signal | porción en fase de la señal
in-phase rejection | rechazo en fase, rechazo de modo común
in-phase signal | señal en fase
in-pile test | prueba en reactor
in-port | puerta de entrada
in-progress message | mensaje en curso
input | (datos de) entrada; introducción
input, to - | introducir
input admittance | admitancia de entrada
input area | área de entrada
input bias current | corriente de polarización de entrada
input block | bloque de entrada
input buffer | memoria tampón de entrada
input capacitance | capacidad (/capacitancia) de entrada
input capacity | capacidad de entrada
input channel | canal de entrada
input common-mode range | gama de entrada en modo común
input common-mode voltage range | gama de tensión de entrada en modo común
input conductance | conductancia de entrada
input device | dispositivo de entrada
input driver | controladora de entrada [*para dispositivos*]
input end | entrada
input equipment | equipo de entrada

(/introducción de datos)
input error voltage | error de tensión de entrada
input extender | extensor (/prolongador) de entrada
input focus | foco de entrada de datos
input formatting | formateado de entrada
input gap | abertura (/espacio intermedio, /espacio de interacción, /intervalo) de entrada
input impedance | impedancia de entrada
input level | nivel de entrada
input-limited process | proceso limitado por (la velocidad en) la entrada
input offset current | corriente de compensación de entrada
input offset voltage | tensión de desequilibrio de entrada
input/output | entrada/salida
input/output area | área de entrada/salida
input/output bound | limitado por la entrada/salida
input/output buffer | memoria tampón de entrada/salida
input/output bus | bus de entrada/salida
input/output channel | canal de entrada/salida [*en bus*]
input/output connector | conector de entrada/salida
input/output control | control de entrada/salida
input/output controller | controladora de entrada y salida
input/output device | dispositivo de entrada y salida [*de datos*]
input/output interface | interfaz de entrada/salida
input/output limited | entrada y salida limitadas, a la velocidad de los periféricos de entrada/salida, al servicio de los periféricos de entrada/salida, subordinado (/tributario) de los periféricos de entrada/salida
input/output map | mapa de entrada/salida
input/output mapping | acoplamiento de entrada/salida
input/output port | puerto de entrada/salida
input/output processor | procesador de entrada/salida
input/output register | registro de entrada/salida
input/output statement | instrucción de entrada/salida
input/output supervisor | supervisor de entrada/salida
input/output switching | conmutación de entrada/salida
input pin | conector (/pin) de entrada
input port | puerta de entrada
input power rating | potencia nominal de entrada
input process | proceso de entrada

input-process-output | entrada-proceso-salida
input recorder | grabador de entrada
input-reflected current | corriente de entrada reflejada
input-reflected ripple | rizado reflejado de entrada
input register | registro de entrada
input resistance | resistencia de entrada
input resonator | resonador de entrada
input sensitivity | sensibilidad de entrada
input signal | señal de entrada
input stage | etapa de entrada
input stream | flujo de entrada [*de información*]
input transformer | trasformador de entrada
input uncertainty | incertidumbre de entrada
input unit | unidad de entrada (/recepción)
input voltage drift | deriva de la tensión de entrada
input voltage offset | tensión de desnivel de entrada
input winding | arrollamiento de entrada
in quadrature | en cuadratura
inquire, to - | consultar, preguntar, inquirir
inquiries service | servicio de información
inquiry station | estación de consulta (/información)
inquiry unit | dispositivo de consulta
inrush | irrupción
inrush current | corriente de irrupción
inrush current limiting | limitador de corriente irruptora
INS = information network system | INS [*sistema de información en red*]
INS = insert | INS = insertar
inscribe, to - | marcar
inscriber | inscriptor
insensitive | inactivo
insensitive time | tiempo (/periodo) de insensibilización (/insensibilidad)
in series | en serie
in-series adapter | adaptador de unión en serie
insert | inserción
insert, to - | insertar
insert core | núcleo de inserción
insert earphones | auriculares de inserción
insert facilities | medios de inserción
insert file, to - | insertar archivo
insertion | inserción, intercalación
insertion delay | retraso de inserción
insertion force | fuerza de inserción
insertion gain | ganancia de inserción
insertion head | cabezal de inserción
insertion in series | intercalación (/puesta) en serie
insertion loss | pérdida de inserción
insertion of channels | inserción de canales

insertion phase shift | desfasamiento de inserción
insertion point | punto de inserción
insertion power gain | ganancia de potencia por inserción
insertion power loss | pérdida de inserción en potencia
insertion sort | clasificación de inserción [*algoritmo para listados*]
insertion switch | conmutación de inserción
insertion tool | instrumento de inserción
insertion voltage | voltaje (/tensión) de inserción
insertion voltage gain | ganancia de tensión de inserción
insert key | tecla de inserción [*en teclados de ordenador*]
insert mode | modo de inserción
insert object, to - | insertar objeto
inset light | luz empotrada
inside | interior
inside cable | cable interior
inside plant | equipo interior (telefónico); instalación (/planta) interior; central
inside spider | araña interior
in-situ tester | probador local (/in situ)
Ins key = insert key | tecla INS = tecla de inserción
in slot signalling | señalización dentro del intervalo
insoluble | insoluble
inspect, to - | examinar, inspeccionar, revisar; reconocer
inspect a line, to - | inspeccionar (/recorrer) una línea
inspection chamber | cámara de análisis
inspection lamp | lámpara portátil, linterna de mano
inspection light | lámpara portátil (/de inspección)
inspection of the line | inspección (/recorrido) de la línea
inspectoscope | inspectoscopio
instability | inestabilidad
install, to - | instalar
installable device driver | controladora de dispositivo instalable
installable file system manager | gestor instalable del sistema de archivos
installation | instalación, equipo
installation charge | cuota de instalación
installation destination | disco de destino
installation error | error de instalación
installation procedure | procedimiento de instalación
installation programme | programa de instalación
installation time | momento de instalación
installed | instalado
installed speed | velocidad instalada

installer | instalador, programa de instalación
instance | caso, ejemplo
instantaneous | instantáneo
instantaneous acceleration | aceleración instantánea
instantaneous automatic gain control | control automático de ganancia instantáneo (/de acción rápida)
instantaneous availability factor | factor (/porcentaje) de disponibilidad instantánea de energía
instantaneous companding | compansión instantánea, compresión-expansión instantáneas
instantaneous contact | contacto instantáneo
instantaneous current | corriente instantánea
instantaneous disc | disco instantáneo
instantaneous frequency | frecuencia instantánea
instantaneous multiplier | multiplicador instantáneo
instantaneous overcurrent relay | relé de sobrecorriente instantáneo
instantaneous particle velocity | velocidad instantánea de una partícula
instantaneous power | potencia instantánea
instantaneous power output | salida instantánea de potencia
instantaneous radiation | radiación instantánea
instantaneous readout | lectura instantánea
instantaneous recording | grabación instantánea, registro instantáneo
instantaneous relay | relé instantáneo (/de acción instantánea)
instantaneous release | escape de acción instantánea
instantaneous sampling | muestreo instantáneo
instantaneous sound pressure | presión sonora instantánea
instantaneous speech power | potencia vocal instantánea
instantaneous start/stop operation | velocidad de arranque/parada instantánea
instantaneous start/stop rate | velocidad de arranque/parada instantánea
instantaneous unavailability factor | factor de indisponibilidad instantánea de energía
instantaneous value | valor instantáneo
instantaneous velocity computer | calculador de velocidad instantáneo
instantaneous volume velocity | velocidad instantánea volumétrica
instantaneously | instantáneo
instantaneously decodable | descodificable de forma instantánea
instantaneously operating apparatus | aparato de acción instantánea
instantiated object | objeto representado
instantiation | instanciación
instant replay | repetición instantánea
in-station signalling | señalización interna de la estación
instepping relay | relé de impulsos directos (/de llegada)
instruction | instrucción, orden; reglamento
instructional constant | constante instruccional
instruction code | código de la instrucción; código (/clave) de instrucciones
instruction counter | contador de instrucción (/instrucciones)
instruction cycle | ciclo de instrucción (/búsqueda y ejecución)
instruction deck | paquete de instrucciones
instruction format | formato de instrucción
instruction length | longitud de instrucción
instruction mix | conjunto de instrucciones
instruction modification | modificación de instrucción
instruction pointer | puntero de instrucciones
instruction register | registro de instrucciones
instruction repertoire | conjunto (/juego, /repertorio) de instrucciones
instruction sequencing | secuencia de instrucciones
instruction set | conjunto (/grupo, /juego, /repertorio) de instrucciones
instruction set processor | procesador de grupos de instrucciones
instruction storage | almacenamiento de instrucciones
instruction stream | corriente de instrucciones
instruction time | tiempo de instrucción
instruction word | palabra instrucción
instrument | instrumento, aparato (de medida)
instrument, to - | instrumentar
instrument accuracy | precisión del instrumento
instrumental error | error del instrumento
instrumental shunt | derivación del instrumento
instrument approach | aproximación instrumental (/por instrumentos, /a ciegas)
instrument approach system | sistema de aproximación instrumental (/por instrumentos)
instrumentation | instrumentación
instrumentation amplifier | amplificador de instrumentación
instrument board | tablero de instrumentos
instrument chopper | instrumento chóper (/para derivación)
instrument conditions | condiciones instrumentales
instrument driver | conductor de un instrumento
instrument error | error instrumental (/del instrumento)
instrument flight | vuelo instrumental (/por instrumentos)
instrument lamp | lámpara de instrumento
instrument landing station | estación de aterrizaje con instrumentos
instrument landing system | sistema de aterrizaje instrumental (/por instrumentos, /a ciegas)
instrument landing system localizer | localizador de aterrizaje instrumental
instrument multiplier | multiplicador de un instrumento
instrument panel | tablero de instrumentos
instrument range | alcance instrumental
instrument relay | relé instrumental (/tipo instrumento)
instrument room | sala de aparatos
instrument runway | pista de vuelo por instrumentos
instrument shunt | shunt de instrumento
instrument straggling | variación casual instrumental
instrument switch | conmutador instrumental
instrument transformer | trasformador instrumental (/de instrumento)
instrument zero | cero de un instrumento
insufficient disk space | espacio insuficiente en el disco
insufficient memory block | bloque de memoria insuficiente
insulance | (resistencia del) aislamiento
insulant | aislante
insulate, to - | aislar
insulate a line, to - | aislar una línea
insulated | aislado
insulated cable | cable aislado
insulated carbon resistor | resistencia de carbón aislada
insulated clip | abrazadera aislada
insulated conductor | conductor aislado
insulated enclosure | caja aislada
insulated-gate FET | transistor MOS [*transistor de efecto de campo de metal-óxido semiconductor*]
insulated grid | rejilla aislada
insulated knob | perilla aislada
insulated neutral network | red de neutro aislado
insulated sleeving | manguito aislador
insulated substrate monolithic circuit | circuito monolítico de sustrato aislado
insulated system | sistema aislado
insulated terminal | terminal aislado

insulated tongs | tenaza aislante
insulated wire | cable (/conductor) aislado
insulating | aislante
insulating course | capa de aislamiento
insulating effectiveness | poder aislante
insulating joint | junta aislante
insulating layer | capa aislante
insulating mat | alfombra aislante (/aisladora)
insulating material | material aislante
insulating moving belt electrostatic accelerator | acelerador electrostático de trasportador aislante
insulating oil | aceite aislante
insulating rod | pértiga aislante (/aisladora)
insulating sleeve | manguito aislante
insulating stool | taburete aislador
insulating strength | fuerza de aislamiento
insulating tape [UK] | cinta aislante
insulating varnish | barniz aislante
insulation | aislamiento, material aislante
insulation defect | defecto de aislamiento
insulation displacement connection | conexión por desplazamiento del aislante
insulation displacement termination | terminal con desplazamiento del aislante
insulation fault | defecto de aislamiento
insulation piercing | horadación aislante
insulation plate | placa aisladora
insulation polarity | indicador de aislamiento
insulation rating | especificación de aislamiento
insulation resistance | resistencia de aislamiento
insulation resistivity | resistividad de aislamiento
insulation stress | esfuerzo aislante
insulation stripper | herramienta pelacables
insulation stripping pliers | alicates pelacables
insulation system | sistema de aislamiento
insulation test | prueba de aislamiento
insulator | aislador, aislante
insulator arcing ring | anillo antiarco
insulator arcover | arco sobre un aislador
insulator chain | cadena de aisladores
insulator pin | portaaislador
insulator spindle | soporte portaaislador
insulator string | cadena de aisladores
INTA [*Spanish institute for aerospatial techniques*] | INTA = Instituto Nacional de Técnica Aeroespacial [*de España*]
intake | aportación
intake into an organ | aportación a un órgano
inteblock gap | separación entre bloques
integer | íntegro; (número) entero
integer programming | programación con números enteros
integer type | tipo (de datos) de números enteros
integer value | valor entero
integral | integral
integral absorbed dose | dosis absorbida integral
integral action | acción integral
integral-cavity reflex-klystron oscillator | oscilador de klistrón reflexivo y cavidad integral
integral circuit | circuito integral
integral circuit package | conjunto integral de circuitos
integral contact | contacto integral
integral domain | dominio integral
integral dose | dosis integral
integral equation | ecuación integral
integral external-cavity reflex oscillator | oscilador reflexivo de cavidad externa integral
integral function | función integral
integral horsepower motor | motor de un caballo de potencia integral
integral modem | módem integral
integral number | integral
integral reactor | reactor integral
integral resistor | resistencia integral
integrated | integrado
integrated amplifier | amplificador integrado
integrated automatic exchange | central automática integrada
integrated circuit | circuito integrado
integrated circuit array | matriz de circuitos integrados
integrated circuit package | encapsulado de circuito integrado
integrated circuit semiconductor | circuito integrado semiconductor
integrated communication system | sistema de comunicación integrado
integrated component | componente integrado
integrated console | consola integrada
integrated controller | controladora integrada
integrated data processing | procesamiento integrado de datos
integrated development environment | entorno de desarrollo integrado [*para software*]
integrated device electronics | electrónica de dispositivos integrados
integrated digital access | acceso digital integrado
integrated electronic component | componente electrónico integrado
integrated electronic system | sistema electrónico integrado
integrated electronics | electrónica integrada
integrated equipment component | componente de equipo integrado
integrated flux | flujo integrado
integrated hybrid circuit | circuito híbrido integrado
integrated injection logic | lógica de inyección integrada [*circuito que sólo usa transistores NPN y PNP*]
integrated logic network | red lógica integrada
integrated microcircuit | microcircuito integrado
integrated morphology | morfología integrada
integrated network system | sistema de red integrada
integrated neutron flux | flujo neutrónico integrado
integrated office system | sistema integrado de oficina
integrated optical circuit | circuito óptico integrado
integrated optics | óptica integrada
integrated project support environment | medio de soporte integrado de proyectos, cuadro de utilización integrado de soporte de proyectos
integrated receiver/decoder | receptor /descodificador integrado
integrated services digital network | red digital integrada de servicios, red digital (/digitalizada) de servicios integrados
integrated software | software integrado
integrated systems factory | fábrica de sistemas integrados
integrated transducer | trasductor integrado
integrated voltage regulator | regulador de tensión integrado
integrating | integrado
integrating accelerometer | acelerómetro integrador
integrating amplifier | amplificador integrador
integrating circuit | circuito integrador
integrating dosimeter | dosímetro integrante
integrating filter | filtro integrador
integrating gyroscope | giróscopo integrador
integrating ionization chamber | cámara de ionización integradora
integrating meter | medidor integrador
integrating motor | motor integrador
integrating network | red integradora
integrating photometer | fotómetro integrador (/lumenómetro)
integrating relay | relé integrador
integrating-sphere densitometer | densitómetro de esfera integradora
integrating timer | cronómetro integrador
integrating unit | unidad integradora, elemento integrador

integration | integración
integration improvement factor | factor de mejora por integración
integration ionization chamber | cámara de ionización de integración
integration level | escala (/grado, /nivel) de integración
integration of services | integración de servicios
integration of technologies | integración de tecnologías
integration testing | prueba de integración
integration time | tiempo de integración
integrator | integrador
integrity | integridad
integrity lifetime | periodo de integridad
integro-differential equation | ecuación integrodiferencial
intellectual property | propiedad intelectual
intelligence | información
intelligence bandwidth | ancho de banda de información
intelligence sample | muestreo inteligente
intelligence signal | señal inteligente (/de información)
intelligent agent | agente inteligente
intelligent building | edificio inteligente
intelligent cable | cable inteligente
intelligent character recognition | reconocimiento inteligente de caracteres
intelligent concept extraction | extracción inteligente de conceptos [*para bases de datos*]
intelligent controller | controlador inteligente
intelligent copier | copiador (/copiadora) inteligente
intelligent database | base de datos inteligente
intelligent front end | ordenador (/programa) frontal inteligente
intelligent hub | conector inteligente
intelligent input/output | entrada/salida inteligente
intelligent instrument | instrumento inteligente
intelligent knowledge-based system | sistema inteligente basado en conocimientos
intelligent multiplexer | multiplexor inteligente
intelligent network application protocol | protocolo de aplicación de red inteligente
intelligent peripheral interface | interfaz inteligente de periféricos
intelligent robot | robot inteligente
intelligent terminal | terminal inteligente
intelligent time-division multiplexer | multiplexor de división de tiempo inteligente

intelligent transportation infrastructure | infraestructura de trasporte inteligente
intelligent voice terminal | terminal de voz
intelligibility | inteligibilidad
intelligibility of phrases | inteligibilidad de las frases
intelligibility of words | inteligibilidad de las palabras
intelligible crosstalk | cruce telefónico (/de conversaciones); escucha telefónica (/de conversaciones); diafonía inteligible (/lineal)
INTELSAT = International Telecommunications Satellite Consortium | INTELSAT [*consorcio internacional para las telecomunicaciones por satélite*]
intense neutron generator | generador de neutrones rápidos
intensification modulation | modulación de intensificación
intensifier electrode | electrodo intensificador
intensifier ring | anillo intensificador
intensify, to - | intensificar
intensifying screen | pantalla intensificadora (/de intensificación, /de refuerzo)
intensiometer | intensitómetro, medidor de intensidad
intensity | intensidad
intensity control | control de intensidad
intensity distribution | distribución de intensidad
intensity gradation | gradación de intensidad
intensity level | nivel de intensidad
intensity modulation | modulación de intensidad
intensity of current | intensidad de corriente
intensity of field | intensidad de campo
intensity of fluorescence | intensidad de la fluorescencia
intensity of light | intensidad lumínica
intensity of magnetisation | intensidad de imanación
intensity of perturbation | intensidad de la perturbación
intensity of radiation | intensidad de radiación
intensity of spectrum | intensidad espectral
intensity of traffic | intensidad del tráfico
interact, to - | interactuar
interacted emphasis | resaltado interactivo
interaction | interacción, acción recíproca
interaction circuit phase velocity | velocidad de fase del circuito de interacción
interaction crosstalk | diafonía por interacción

interaction gap | abertura (/intervalo) de interacción
interaction impedance | impedancia de interacción
interaction loss | pérdida de interacción
interaction space | espacio de interacción
interactive | interactivo; conversacional
interactive compact disk | disco compacto interactivo
interactive debugger | depurador interactivo
interactive environment | entorno interactivo
interactive fiction | ficción interactiva
interactive graphics | gráficos interactivos
interactive mode | interactivo
interactive operation | operación interactiva
interactive processing | proceso interactivo
interactive programme | programa interactivo
interactive services | servicios interactivos
interactive session | sesión interactiva
interactive system | sistema interactivo
interactive television | televisión interactiva
interactive video | vídeo interactivo
interactive vocal response | respuesta vocal interactiva
interactive voice response | respuesta de voz interactiva [*con el ordenador*]
Interactive voice system | sistema de voz interactivo
interapplication communication | comunicación entre aplicaciones
interaxis error | error entre ejes
interbase | entre bases
interbase current | corriente entre bases
interbase modulated current | corriente modulada entre bases
interbase resistance | resistencia entre bases
interbase voltage | voltaje entre bases
interbay trunk | enlace entre bastidores
interblock space | espacio entre bloques
interbuilding cabling | interconexión entre edificios
intercarrier beat | batido de interportadora
intercarrier noise suppression | supresión de ruido entre estaciones
intercarrier noise suppressor | supresor de ruido entre portadoras
intercarrier receiver | receptor de televisión entre portadoras
intercarrier sound | sonido entre portadoras
intercarrier sound system | sistema

de sonido por interportadora (/portadora intermedia)
intercellular massage | masaje intercelular
intercept | interceptación
intercept, to - | captar, interceptar
intercepting trunk | línea interceptada; circuito de censura
interception of calls | interceptación de llamadas; servicio de información
intercept operator | operador de interceptación
interceptor missile | misil interceptor
intercept position | puesto de interceptación
intercept punch | perforadora del puesto de interceptación
intercept receiver | receptor interceptor
intercept service | servicio de interceptaciones
intercept station | estación de intercepción
intercept tape | cinta de interceptación
interchange | intercambio
interchangeable | recambiable
interchange file format | formato de intercambio de archivos
interchange format | formato de intercambio
interchange instability | inestabilidad de intercambio
interchannel | entre canales, intercanálico
intercharacter space | espacio entre caracteres
intercircuit operation | trasmisión con escala; trasferencia de tráfico entre circuitos
intercity | interurbano
intercity link | enlace interurbano
intercity message unit | unidad de conversación interurbana
intercom = intercommunication system | sistema de intercomunicación; interfono
intercommunication | intercomunicación
intercommunication apparatus | aparato de intercomunicación
intercommunication system | sistema de intercomunicación, interfono
intercom system | intercomunicador, interfono
intercom wire | cable de intercomunicación
interconnect, to - | interconectar
interconnecting feeder | alimentador (/arteria) de interconexión
interconnecting wire | cable de interconexión
interconnection | interconexión
interconnection centre | centro de interconexión
interconnection diagram | diagrama de interconexiones
interconnection system | sistema de interconexión

intercontinental | intercontinental
intercontinental booking | petición de comunicación intercontinental
intercontinental circuit | circuito intercontinental
intercontinental traffic | tráfico intercontinental
intercrystalline corrosion | corrosión intercristalina
InterDic = Internet Dictionary | InterDic [*diccionario de internet en español en la Web*]
interdigit | espacio entre dígitos
interdigital | interdigital
interdigital magnetron | magnetrón interdigital
interdigital pause | pausa interdigital
interdigital resonator | resonador interdigital
interdigital transducer | trasductor interdigital
interdigit hunting time | tiempo de selección libre
interdigit pause | pausa entre cifras
interelectrode | entre electrodos
interelectrode capacitance | capacidad (/capacitancia) interelectródica (/entre electrodos)
interelectrode capacity | capacidad interelectródica (/entre dos electrodos)
interelectrode coupling | acoplamiento interelectródico
interelectrode gap | espacio entre electrodos
interelectrode leakage | fugas entre electrodos
interelectrode transadmittance | trasadmitancia entre electrodos
interelectrode transconductance | trasconductancia entre electrodos
interelectrode transit time | tiempo de tránsito entre electrodos
interelement capacitance | capacidad entre elementos
interexchange channel | canal entre centrales
interface | interfaz, interfase, interconexión; acoplamiento recíproco; circuito intermedio; superficie de contacto
interface adapter | adaptador de interconexión
interface analysis | análisis de interconexiones
interface board | tarjeta de la interfaz
interface bus | bus de interfaz
interface card | tarjeta de interconexión
interface circuit | circuito de interconexión
interface connection | conexión de interfaz (/intercomunicación)
interface control | control de la interfaz
interface designer | diseñador de interfaz
interface effect | efecto de capa límite
interface equipment | equipo de interconexión
interface error | error de teclado

interface expander | multiplicador de interfaz
interface message processor | procesador de mensajes con interfaz
interface multiplier | multiplicador de interfaz
interface panel | panel adaptador
interface region | región de la barrera
interface system | sistema de interfaz
interface unit | unidad de interconexión
interfacial bond | unión interfacial
interfacial connection | conexión interfacial
interfacial junction | unión entre caras
interfacial seal | sellado entre caras
interfacing | interconexión
interference | interferencia, perturbación
interference analyser | analizador de interferencias
interference band | banda de interferencia
interference blanker | eliminador (/supresor) de interferencias
interference control | control de interferencias
interference current | corriente parásita
interference drag | resistencia de interferencia
interference elimination | eliminación de interferencias (/parásitos, /perturbaciones)
interference eliminator | eliminador de interferencias
interference factor | factor de perturbación
interference fading | desvanecimiento de (/por) interferencia
interference field | campo de perturbación
interference filter | filtro de interferencias
interference generator | generador de interferencias
interference guard band | banda antiparasitaria (/de protección contra interferencias)
interference inverter | inversor de interferencia
interference monochromatic filter | filtro monocromático interferente
interference pattern | diagrama de interferencia
interference prediction | predicción de interferencias
interference rejection unit | unidad de rechazo de interferencia
interference source suppression | supresión de fuentes de interferencias
interference spectrum | espectro de interferencias
interference suppressor | supresor de interferencias, antena antiparásitos
interference threshold | umbral de interferencia
interference unit | unidad de interferencias

interfering element | elemento perturbador
interfering line | línea de perturbación
interfering signal | señal perturbadora
interferometer | interferómetro
interferometer homing | aproximación (/guiado) por interferómetro
interferometer radar | radar interferómetro
interferometer system | sistema interferómetro
interferometric sensor | sensor interferométrico
intergranular corrosion | corrosión intergranular
interionic attraction theory | teoría de atracción interiónica
interior gateway protocol | protocolo de acceso interno
interior gateway routing protocol | protocolo de encaminamiento de acceso interno
interior label | etiqueta interior
interior node | nodo interior
interior path length | longitud de camino interior
interior-wiring-system ground | sistema de cableado interior a tierra
interlace, to - | entrelazar
interlaced scanning | exploración entrelazada
interlaced stacked rhombic array | red de antenas rómbicas superpuestas
interlacing | entrelazado, entrelazamiento
interlacing factor | factor de entrelazado
interlacing operation | operación entrelazada
interlayer connection | conexión entre placas (/capas, /sustratos)
interleave | interleave [*revoluciones del disco duro para leer o grabar una pista de datos*]
interleave, to - | intercalar, interpolar; entrelazar
interleaved memory | memoria intercalada
interleaved system | sistema de multiplexión por división de tiempo
interleaving | intercalación, interpolación; entrelazamiento (de programas)
interlinked multiphase system | sistema polifásico de fases unidas
interlinked two-phase system | sistema bifásico de fases unidas
interlock | enclavamiento; sincronización
interlock, to - | interbloquear
interlock circuit | circuito de enclavamiento
interlocking | enclavamiento; enganche
interlocking circuit | circuito dependiente
interlocking gear | (mecanismo de) enclavamiento

interlocking installation | instalación de enclavamiento
interlocking logic module | módulo lógico del enclavamiento [*en enclavamientos ferroviarios electrónicos*]
interlocking module | módulo de enclavamiento [*en enclavamientos ferroviarios electrónicos*]
interlock relay | relé de enclavamiento
interlock signal | señal enclavada
interlock switch | conmutador (/interruptor) de enclavamiento
intermediate | intermedio
intermediate cable | cable intermedio
intermediate code | código intermedio
intermediate current | corriente intermedia
intermediate diaphragm | diafragma intermedio
intermediate distributing frame | (cuadro) distribuidor (/repartidor) intermedio
intermediate document | documento intermedio (/provisional)
intermediate echo suppressor | supresor de eco intermedio
intermediate exchange | estación intermedia
intermediate finder | buscador intermedio
intermediate finder junctor | enlace de buscador intermedio
intermediate finder marker | marcador del buscador intermedio
intermediate flux | flujo intermedio
intermediate frequency | frecuencia intermedia
intermediate-frequency amplifier | amplificador de frecuencia intermedia
intermediate-frequency harmonic interference | interferencia de armónicos de frecuencia intermedia
intermediate-frequency interconnection | interconexión en frecuencias intermedias
intermediate-frequency interference ratio | factor (/relación) de interferencia de frecuencia intermedia
intermediate-frequency jamming | perturbación de frecuencias intermedias
intermediate-frequency rejection | rechazo de frecuencia intermedia
intermediate-frequency response ratio | coeficiente (/relación) de respuesta en frecuencia intermedia
intermediate-frequency signal | señal de frecuencia intermedia
intermediate-frequency stage | etapa de frecuencia intermedia
intermediate-frequency strip | bloque (/platina) de frecuencias intermedias
intermediate-frequency transformer | trasformador de frecuencia intermedia
intermediate gap | espacio intermedio
intermediate gear assembly | eje intermedio del conjunto

intermediate handling | enlace manual; reexpedición; retrasmisión
intermediate horizon | horizonte intermedio
intermediate imaging | sistema de imagen intermedia
intermediate junctor | enlace de buscador intermedio
intermediate language | lenguaje intermedio [*para programación*]
intermediate layer | capa intermedia
intermediate means | medios intermedios
intermediate neutron | neutrón intermedio
intermediate neutron reactor | reactor de neutrones intermedios
intermediate node | nodo intermedio
intermediate office | estación intermedia
intermediate reactor | reactor intermedio (/de neutrones intermedios)
intermediate repeater | repetidor intermedio
intermediate ringer | juego de llamada intermediario
intermediate selecting unit | unidad de selección (/conmutación) intermedia
intermediate spectrum reactor | reactor de espectro intermedio
intermediate state | estado intermedio
intermediate station | estación intermedia
intermediate storage | almacenamiento intermedio
intermediate subcarrier | subportadora intermedia
intermediate switching region | margen de conmutación de potencias intermedias
intermediate switching unit | unidad de selección intermedia
intermediate system | (sistema) encaminador
intermediate toll centre | estación intermedia
intermediate trunk distributing frame | repartidor de líneas intermedio
intermediate-type submarine cable | cable submarino intermedio
intermediate unit marker | marcador de unidad intermedia
intermetallic bond | enlace intermetálico
intermetallic compound | compuesto intermetálico
intermittency effect | efecto de intermitencia
intermittent | intermitente
intermittent arc | arco de ruptura
intermittent arc with oscillating electrode | arco de ruptura con encendido mecánico
intermittent conversation | conversación entrecortada
intermittent current | corriente intermitente

intermittent defect | defecto intermitente
intermittent duty | servicio intermitente
intermittent duty rating | servicio intermitente nominal, carga nominal en servicio intermitente
intermittent duty relay | relé de servicio intermitente
intermittent error | error intermitente
intermittent light | luz intermitente (/con destellos)
intermittent periodic load | servicio de intermitencia periódica
intermittent pulsing | pulsación intermitente
intermittent rating | intermitencia nominal
intermittent reception | recepción intermitente
intermittent scanning | exploración intermitente
intermittent service | servicio intermitente
intermittent service area | área (/zona) de servicio intermitente
intermode dispersion | dispersión modal
intermodulation | intermodulación
intermodulation distortion | distorsión de (/por) intermodulación
intermodulation frequency | frecuencia de intermodulación
intermodulation interference | interferencia de intermodulación
intermodulation noise | ruido de intermodulación
internal | interno, interior
internal arithmetic | aritmética interna
internal blocking | bloqueo interno
internal breeding ratio | razón de regeneración interna
internal cable | cable interior
internal calibration | calibración interna
internal call blocking | restricción del tráfico automático interno, separación de las extensiones en grupo
internal clock | reloj interno
internal command | orden interna
internal congestion | bloqueo interno
internal connection | conexión interna
internal contamination | contaminación interna
internal contamination exposure | exposición a contaminación interna
internal conversion | conversión interna
internal conversion coefficient | coeficiente de conversión interna
internal conversion ratio | razón de conversión interna
internal correction voltage | tensión (/voltaje) de corrección interno
internal detector of temperature | detector interno de temperatura
internal energy | energía interna
Internal error | error interno
internal font | fuente interna

internal fragmentation | fragmentación interna
internal friction | fricción interna
internal graticule | cuadrícula interna
internal hard drive | disco duro interno
internal input impedance | impedancia interna de entrada
internal interrupt | interrupción interna
internal irradiation | irradiación interna
internally-caused contact chatter | tintineo de contacto interno
internally-stored programme | programa almacenado internamente
internal magnetic recording | grabación magnética interna
internal memory | memoria interna
internal modem | módem interno
internal navigation | desplazamiento interno
internal node | nudo interno
internal noise | ruido interno (/de fondo, /propio)
internal noise equivalent input voltage | tensión de entrada equivalente de ruido interno
internal output circuit | circuito interno de salida
internal output impedance | impedancia interna de salida
internal photoelectric effect | efecto fotoeléctrico interno
internal plant | equipo telefónico
internal pole armature | inducido de polos interiores
internal pressure | tensión interna, voltaje interno
internal quantum efficiency | eficiencia cuántica interna
internal radiation | radiación interna
internal relationship | relación interna
internal resistance | resistencia interna
internal schema | esquema interno
internal shield | pantalla interior
internal signalling | señalización interna
internal sort | clasificación interna
internal sorting | clasificación interna
internal standard | normalización interna
internal standard line | línea interna normalizada (/de referencia)
internal steam separation | separación interna del vapor
internal storage | almacenamiento interno
internal terminal emulator | emulador interno de terminales
internal timer | temporizador interno
internal traffic | tráfico interno
international | internacional
international algorithmic language | lenguaje algorítmico internacional
international alphabet | alfabeto internacional
international automatic exchange | central automática internacional
international broadcast station | estación emisora internacional
international call signal | señal de llamada internacional
international candle | bujía internacional
international circuit | circuito internacional
international code signal | señal de código internacional
international communication service | servicio de comunicación internacional
international connection | enlace internacional
international control station | estación de control internacional
international coulomb | culombio internacional
international electrical system | sistema eléctrico internacional
international electrical unit | unidad eléctrica internacional
international farad | faradio internacional
international frequency monitoring | servicio internacional de observación y comprobación de emisiones
international henry | henrio internacional
international joule | julio internacional
international mobile communications | comunicaciones móviles internacionales
international Morse code | código Mose internacional
international ohm | ohmio internacional
international position | posición internacional
International Radio Consultative Committee | Comité asesor internacional de comunicaciones por radio
international radio signalling | silencio internacional de radio
international radio silence | (periodo de) silencio de radio internacional
international rapid service | servicio rápido internacional
international roaming | seguimiento internacional
international standard | norma internacional
international system of electrical and magnetic units | sistema internacional de unidades eléctricas y magnéticas
international telecommunication service | servicio internacional de telecomunicaciones
International Telecommunications Union | Unión Internacional de Telecomunicaciones
international telegraph | alfabeto telegráfico internacional
International Telegraph and Telephone Consultative Committee | Comité asesor internacional de telegrafía y telefonía

international telephone address | dirección telefónica internacional
International Telephone Consultative Committee | Comité asesor internacional de telefonía
international temperature scale | escala internacional de temperatura
international toll exchange | central de tránsito internacional
international traffic | tráfico internacional
international transit exchange | central de tránsito internacional
international trunk exchange | centro cabecera de línea internacional
international volt | voltio internacional
international watt | vatio internacional
internaut | internauta [*usuario de internet*]
Internet | internet [*red de intercomunicación mundial por vía telefónica*]
Internet access | acceso a internet
Internet access device | servicio de acceso a internet
Internet access provider | proveedor de acceso a internet
Internet account | cuenta de internet
Internet address | dirección internet
Internet appliance | aplicación de internet
Internet architecture board | comité de arquitectura de internet
Internet assigned number authority | autoridad para la asignación de direcciones IP en internet
Internet backbone | red principal de internet
Internet broadcasting | emisión por internet [*de audio y vídeo*]
Internet cache protocol | protocolo de caché en internet [*para comunicación unidistribución*]
Internet control message protocol | protocolo internet para control de mensajes
Internet dictionary | diccionario en internet
Internet explorer | explorador de internet
Internet gateway | puerta de acceso a internet
Internet information server | servidor de información de internet
Internet key protocol | protocolo de claves de internet
Internet naming service | servicio de nomenclatura de internet
Internet news | noticias por internet
Internet number | número de internet
Internet open trading protocol | protocolo de comercio abierto en internet
internet packet exchange | intercambio de paquetes entre redes
Internet phone | teléfono por internet
Internet printing protocol | protocolo de impresión por internet [*para envío de información directamente a impresoras*]

internet protocol | protocolo entre redes
Internet protocol | protocolo de internet
Internet protocol address | dirección de protocolo de internet
Internet protocol number | número de protocolo de internet
Internet reference model | modelo de referencia de internet
Internet relay chat | charla interactiva por internet
Internet robot | robot de internet [*programa de búsqueda*]
Internet security | seguridad en internet
Internet security scanner | rastreador de seguridad de internet
Internet server application programming interface | interfaz de programación de aplicaciones para servidores de internet
Internet service provider | proveedor de servicios de internet
Internet society | sociedad de internet
Internet standard | estándar de internet
Internet systems administrator | administrador de Web
Internet telephone | teléfono por internet [*comunicación de voz punto a punto por internet*]
Internet telephone service provider | proveedor de servicios telefónicos por internet
Internet telephony | telefonía por internet
Internet television | televisión por internet
internet traffic | tráfico entre redes
Internet user's association | asociación de usuarios de internet
internetworking | operación de interconexión de redes
Internet worm | gusano de internet [*código de autorreplicación*]
INTERNIC | INTERNIC [*entidad encargada de gestionar los nombres de dominio de internet en EEUU*]
internode | internudo
interoffice | entre centralitas
interoffice trunk | línea auxiliar (/de enlace) entre centralitas (/oficinas)
interoffice trunk cable plant | red urbana de cables auxiliares
interoperability | interoperatividad
interpersonal message | mensaje interpersonal
interpersonal messaging | mensajes interpersonales
interphase connecting rod | pieza de enlace entre cuchillas
interphase transformer | trasformador entre fases
interphone | interfono, teléfono interior (/de intercomunicación)
interpolar generator | generador de polos auxiliares

interpolate, to - | interpolar
interpolation | interpolación
interpolation method | método de las tres líneas
interpole | interpolo, polo auxiliar (/de conmutación)
interposition calling | llamada (/trasferencia) entre operadoras
interposition traffic | trasferencia entre operadoras
interposition transfer | trasferencia entre operadoras
interposition trunk | enlace (/conexión principal) entre posiciones; circuito de trasferencia
interposition trunk at toll board | circuito auxiliar de trasferencia
interposition trunk key | llave de enlace entre posiciones
interpret, to - | interpretar
interpretation | interpretación
interpreter | intérprete, interpretador; tarjeta interpretadora; traductor
interpreter code | código intérprete
interpretive language | lenguaje interpretativo
interpretive programming | programación interpretativa
interpretive routine | rutina de interpretación
interprocess communication | comunicación entre procesos
interprocessor link | canal entre procesadores
interquartile range | alcance intercuartil (/intercuartílico), amplitud intercuartílica, rango intercuartílico
interrecord gap | intervalo entre registros
interrogate, to - | preguntar, interrogar
interrogation | interrogación
interrogation signal | señal de interrogación
interrogation suppressed time delay | retraso de interrogación
interrogator | interrogador; impulsos de emisor piloto
interrogator responser | interrogador-contestador
interrupt | interrupción
interrupt, to - | cortar, desconectar, interrumpir
interrupt channel | canal de interrupción
interrupt controller | controladora de interrupciones [*tarjeta*], controlador de interrupción [*circuito*]
interrupt controller and steering | controlador de interrupción y almacenamiento
interrupt controller error | error del control de interrupción
interrupt-driven processing | proceso activado por interrupción
interrupt-driven system | sistema de gestión de interrupción
interrupted | interrumpido
interrupted arc | arco de ruptura

interrupted continuous wave | onda continua modulada (/interrumpida)
interrupted continuous wave telegraphy | trasmisión telegráfica por onda modulada
interrupted ringing | llamada interrumpida (/intermitente)
interrupted ringing current | corriente de llamada interrumpida
interrupted ringing tone | tono de llamada interrumpido
interrupted signalling current | corriente de llamada interrumpida
interrupter | interruptor, ruptor
interrupter contact | contacto de interruptor
interrupter shaft | árbol conmutador
interrupt handler | controlador (/programa de gestión) de interrupciones
interrupting capacity | capacidad interruptora (/de desconexión, /de maniobra, /de ruptura)
interrupting rating | valor de interrupción
interrupting time | tiempo de interrupción
interrupt input-output | entrada/salida de interrupción
interruption | interrupción
interruption cable | cable provisional
interruption key | llave de corte (/ruptura)
interrupt latency | latencia de interrupción
interrupt line | línea de interrupción
interrupt mark | señal de interrupción
interrupt mask | máscara de interrupciones
interruptor | interruptor, ruptor
interruptor cam | generador de cadencias
interrupt priority | prioridad de interrupciones
interrupt register | registro de interrupciones
interrupt request | petición de interrupción
interrupt request line | línea de petición de interrupción
interrupt service routine | rutina de servicio de la interrupción [*en prueba de la CPU*]
interrupt setting | definición de interrupción
interrupt vector | vector de interrupción
interrupt vector table | tabla de vectores de interrupción
intersatellite link | enlace entre satélites
intersect, to - | intersecarse [*líneas*]
intersection | intersección
intersegment linking | enlace entre segmentos
interstage | entre etapas
interstage coupling | acoplamiento entre etapas (/válvulas)
interstage shielding | blindaje entre etapas
interstage transformer | trasformador interetapa (/de acoplamiento entre etapas)
interstation noise suppression | supresión de ruido entre estaciones
interstation noise suppressor | supresor de ruido entre estaciones
inter-stimulus interval | intervalo entre estímulos
interstitial | intersticial
interstitial site | lugar intersticial
intersuite tie bar | barra de enlace entre filas
interswitchboard line | línea privada
intersymbol interference | interferencia entre símbolos
intersync circuit | circuito intersincrónico (/separador de impulsos de sincronismo)
intertie | interconexión
intertoll | interurbano
intertoll trunk | línea interurbana
intertrain pause | intervalo entre secuencias de impulsos
intertripping | disparo interdependiente; interdependencia entre disyuntores
intertube transformer | trasformador de acoplamiento de tubos
interval | intervalo
interval calibration | calibración por intervalos
interval circuit | circuito de intervalo
interval clock | cronómetro
interval contact | contacto de intervalo
interval selector circuit | circuito selector de intervalos
interval timer | contador de intervalos; temporizador (de intervalo)
intervalve | entre válvulas
intervalve circuit | circuito intervalvular
intervalve coupling | acoplamiento intervalvular (/parásito entre válvulas)
intervalve transformer | trasformador intervalvular
interword space | espacio entre palabras
interwork | interconexión
interworking | interconexión, interfuncionamiento
interworking unit | unidad de interfuncionamiento
intonation | entonación
INTR = interrupt request | petición de interrupción
intra-area communication | comunicación dentro del área
intra-building cabling | cableado interior
intracardiac | intracardiaco
intraconnection | interconexión
intranet | intrarred [*red de ámbito doméstico*]
Intranet | Intranet [*red informática de acceso restringido*]
intraoffice trunk | tronco entre oficinas
intraware | software privado de empresa
intrinsic | intrínseco
intrinsically safe | intrínsecamente seguro
intrinsic angular momentum | momento angular intrínseco
intrinsic barrier diode | diodo de barrera intrínseca
intrinsic barrier transistor | transistor de barrera intrínseca
intrinsic brightness | brillo intrínseco
intrinsic characteristic | característica intrínseca
intrinsic coercive force | fuerza coercitiva intrínseca
intrinsic coercivity | coercitividad intrínseca
intrinsic concentration | concentración intrínseca
intrinsic conduction | conducción intrínseca
intrinsic contact potential difference | diferencia intrínseca de potencial de contacto
intrinsic detector | detector intrínseco
intrinsic electric strength | fuerza eléctrica intrínseca
intrinsic factor | factor intrínseco
intrinsic flux | flujo intrínseco
intrinsic flux density | densidad de flujo intrínseco
intrinsic font | fuente intrínseca
intrinsic hysteresis loop | bucle de histéresis intrínseca
intrinsic induction | inducción intrínseca
intrinsic insulation | aislamiento intrínseco
intrinsic junction transistor | transistor de unión intrínseca
intrinsic layering | estratificación intrínseca
intrinsic loss | pérdida intrínseca
intrinsic material | material intrínseco
intrinsic mobility | movilidad intrínseca
intrinsic noise | ruido intrínseco (/residual)
intrinsic permeability | permeabilidad intrínseca
intrinsic photoconductivity | fotoconductividad intrínseca
intrinsic photoemission | fotoemisión intrínseca
intrinsic property | propiedad intrínseca
intrinsic reactance | reactancia intrínseca
intrinsic region | región intrínseca
intrinsic region transistor | transistor de zona intrínseca
intrinsic reliability | seguridad intrínseca
intrinsic resistance | resistencia intrínseca
intrinsic semiconductor | semiconductor intrínseco (/de tipo i)
intrinsic sensor | sensor activo, optrodo intrínseco

intrinsic separation factor | factor intrínseco de separación
intrinsic stand-off ratio | relación intrínseca de cresta, relación de neutralización intrínseca
intrinsic temperature range | gama intrínseca de temperatura
introduce, to - | introducir; establecer
introduction | introducción, presentación
introduction of automatic operation | automatización, introducción del servicio automático
introscope | introscopio
in trouble | averiado, descompuesto; con dificultades, en mal estado
intruder | intruso
intrusion | intrusión, intervención; intercalación, inclusión
intrusion alarm | alarma de intrusión
intrusion alarm system | sistema de alarma de intrusión
INTUG = International telecommunications user group | INTUG [*grupo internacional de usuarios de las telecomunicaciones*]
in-use emphasis | resaltado en uso
INV = inverter | INV = inversor
invalid | no válido
invalid boot diskette | disquete de arranque incorrecto
invalid password | contraseña incorrecta
invalid return | retorno no válido
invalid statement type | tipo de instrucción no válida
Invar | Invar [*marca de acero al níquel con coeficiente de dilatación muy bajo*]
invariance | invarianza
invariant | invariante
inventory | inventario
inverse | inverso, invertido
inverse amplification factor | trasparencia de rejilla
inverse beta | beta inversa
inverse common base | base común inversa
inverse common collector | colector común inverso
inverse common emitter | emisor común invertido
inverse current | corriente inversa
inverse direction | sentido inverso
inverse direction of operation | sentido inverso de funcionamiento
inverse electrical characteristic | característica eléctrica inversa
inverse electrode current | corriente inversa de electrodo
inverse feedback | realimentación inversa
inverse feedback filter | filtro de realimentación inversa
inverse Fourier transform | trasformación inversa de Fourier
inverse function | función inversa
inverse homomorphic image | imagen homomórfica inversa
inverse Landau effect | efecto de Landau inverso
inverse leakage current | corriente inversa de fuga
inverse limiter | limitador inverso
inverse magnetostrictive effect | efecto magnetostrictivo inverso
inverse matrix | matriz inversa (/recíproca)
inverse networks | redes inversas
inverse neutral telegraph transmission | trasmisión telegráfica neutra inversa
inverse parallel connection | conexión paralelo inversa
inverse peak voltage | voltaje inverso de cresta (/pico), voltaje máximo inverso
inverse photoelectric effect | efecto fotoeléctrico inverso
inverse piezoelectric effect | efecto piezoeléctrico inverso
inverse power method | método de las potencias inversas
inverse ratio | razón inversa
inverse square law | ley del cuadrado inverso
inverse time | tiempo inverso
inverse time-lag relay | relé de retardo inverso
inverse time-lag relay with definitive minimum | relé de retardo limitado
inverse time limit | límite inverso de tiempo
inverse video | vídeo invertido
inverse voltage | tensión inversa, voltaje (anódico) inverso
inverse Wiedemann effect | efecto Wiedemann inverso
inversion | inversión; cambio
inversion layer | capa de inversión
inversion signal | señal de cambios
invert, to - | invertir
inverted amplifier | amplificador invertido
inverted exponential horn | bocina exponencial invertida
inverted file | archivo invertido
inverted-L aerial | antena en L invertida
inverted list | lista invertida
inverted-list database | base de datos de lista invertida
inverted structure | estructura invertida
inverted tube | tubo invertido
inverter | inversor; circuito alternador (/inversor, /negador, /de negación, /lógico NO)
inverter circuit | circuito inversor
inverter fed | convertidor de alimentación
inverter transformer | trasformador inversor
invertible matrix | matriz invertible
inverting amplifier | amplificador de inversión
inverting connection | conexión inversora
inverting input | entrada de inversión
inverting parametric device | dispositivo paramétrico inversor
invister | invister [*estructura monopolar de alta frecuencia y alta trasconductancia por difusión lateral*]
invoke, to - | ejecutar, activar [*órdenes o programas*]
involution operation | operación de involución
inward | entrada; llegada
inward board | cuadro de entrada
inward-outward dialling system | sistema de marcado interior-exterior, sistema de selección telefónica dentro-fuera
inward traffic | tráfico de entrada (/llegada)
inward trunk | ramal de entrada (/llegada)
IO, I/O = input/output | E/S = entrada/salida
I/O buffering = input/output buffering | almacenamiento temporal de E/S = almacenamiento temporal de entrada/salida
I/O bus = input/output bus | bus E/S = bus de entrada/salida
IOC = input/output-controller | IOC [*tarjeta controladora de entrada y salida*]
I/O channel = input/output channel | canal de E/S = canal de entrada/salida
I/O control = input/output control | control E/S = control de entrada/salida
I/O device = input/output device | dispositivo E/S = dispositivo de entrada/salida
ion-deposition printer | impresora de trasferencia de iones
iodine | yodo
I/O electrical isolation | aislamiento eléctrico de entrada y salida
I/O file = input/output file | archivo de entrada/salida
I/O limited = input/output limited | subordinado (/tributario, /al servicio, /a la velocidad) de los periféricos de entrada/salida
I/O map = input/output map | mapa de E/S = mapa de entrada/salida
I/O mapping = input/output mapping | acoplamiento E/S = acoplamiento de entrada/salida
I/O module | módulo de entrada y salida
ion | ión
ion accelerator | acelerador de iones
ion acoustic waves | ondas seudosonoras (/acústicas iónicas)
ion beam | haz iónico (/de iones)
ion beam scanning | exploración por haz iónico (/de iones)
ion beam synthesis | síntesis por haz iónico
ion bombardment | bombardeo iónico

ion burn | mancha (/quemadura) iónica, quemado iónico
ion chamber | cámara iónica
ion charging | carga iónica (/de iones)
ion cloud | nube de iones
ion cluster | racimo de iones
ion counter | contador de iones
ion deflection | desviación iónica
ion density | densidad de iones
ion energy selector | selector de la energía iónica
ion engine | motor iónico
ion exchange | intercambio iónico (/de iones)
ion-exchange electrolyte cell | celda electrolítica de intercambio iónico
ion focus | mancha por iones
ion grid | rejilla para iones
ion gun | cañón iónico
ionic | iónico
ionic atmosphere | atmósfera iónica
ionic bond | puente iónico
ionic charge | carga iónica
ionic compound | compuesto iónico
ionic conductance | conductancia iónica
ionic conduction | conducción iónica
ionic crystal | cristal iónico
ionic current | corriente iónica
ionic discharge | descarga de iones
ionic equilibrium | equilibrio iónico
ionic focusing | enfoque iónico
ionic formula | fórmula iónica
ionic-heated cathode | cátodo calentado iónicamente (/por bombardeo iónico)
ionic-heated cathode valve | válvula de cátodo de calentamiento iónico
ionicity | ionicidad
ionic medication | medicación iónica
ionic microphone | micrófono iónico
ionic migration | migración iónica
ionic mobility | movilidad iónica
ionic potential | potencial iónico
ionic propulsion | propulsión iónica
ionic radius | radio iónico
ionic semiconductor | semiconductor iónico
ionic strength | fuerza iónica
ionic tweeter | altavoz iónico de agudos
ionic valve | válvula iónica
ionic yield | rendimiento iónico (/en pares de iones)
ion impact ionization | ionización por choque iónico
ion implantation | implantación de iones
ion-implanted MOS | semiconductor de óxido metálico de iones implantados
ionium [obs] | ionio
ionise, to - [UK] | ionizar
ionization | ionización
ionization arcover | arco de ionización
ionization by collision | ionización por colisión
ionization chamber | cámara de ionización
ionization chamber counter | recuento por cámara de ionización
ionization continuum | continuidad de la ionización
ionization counter | contador de ionización
ionization cross section | sección eficaz de ionización
ionization current | corriente de ionización
ionization density | densidad de ionización
ionization electrometer | electrómetro de ionización
ionization energy | energía de ionización
ionization equilibrium | equilibrio de ionización
ionization factor | factor de ionización
ionization gauge | medidor (/manómetro) de ionización
ionization-gauge tube | tubo del manómetro de ionización
ionization impact | choque de ionización
ionization instrument | instrumento de ionización
ionization path | rastro de ionización
ionization potential | potencial de ionización
ionization pressure | presión de ionización
ionization rate | factor (/relación) de ionización
ionization smoke detector | detector de humos por ionización
ionization spectrometer | espectrómetro de ionización
ionization time | tiempo de ionización
ionization track | traza de ionización
ionization transducer | trasductor de ionización
ionization vacuum gauge | manómetro de ionización de vacío
ionization voltage | tensión de ionización
ionize, to - [UK+USA] | ionizar
ionized atom | átomo ionizado
ionized gas | gas ionizado
ionized gas anemometer | anemómetro de ionización (/gas ionizado)
ionized layer | capa ionizada, estrato ionizado
ionizing | ionizante
ionizing energy | energía ionizante (/de ionización)
ionizing event | suceso ionizante (/de ionización)
ionizing particle | partícula ionizante
ionizing potential | potencial de ionización
ionizing radiation | radiación ionizante
ion line | línea del ión
ion magnetron | magnetrón iónico
ion-meter | ionómetro
ion micelle | micela iónica
ion migration | migración de iones
ion mobility | movilidad de los iones
ionogenic | ionogénico
ionogram | ionograma
ionographic printer | impresora ionográfica
ionophone | altavoz iónico (de agudos), ionófono
ionosonde | ionosonda, sonda de iones
ionosphere | ionosfera
ionosphere E-region | región E de la ionosfera
ionosphere error | error ionosférico
ionosphere F-region | región F de la ionosfera
ionospheric | ionosférico
ionospheric absorption | absorción ionosférica
ionospheric disturbance | perturbación ionosférica
ionospheric error | error ionosférico
ionospheric height error | error de altura ionosférica
ionospheric path error | desviación de trayectoria ionosférica, error de trayectoria en la ionosfera, error ionosférico de la trayectoria
ionospheric prediction | predicción ionosférica
ionospheric scatter | dispersión ionosférica
ionospheric scatter meteor burst | dispersión por estela meteórica en la región ionosférica
ionospheric storm | tormenta ionosférica
ionospheric wave | onda ionosférica (/espacial)
ion pair | par de iones
ion pair yield | producción de pares de iones
ion plating | sedimentación iónica
ion propulsion | propulsión iónica
ion pump | bomba iónica
ion repeller | reflector iónico
ion sheath | cubierta de iones, recubrimiento iónico
ion source | fuente de iones
ion spot | mancha iónica (/de iones)
ion transfer | trasferencia de iones
ion trap | trampa de iones
ion trap magnet | trampa magnética de iones
ion yield | producción de iones, rendimiento iónico
IOP = input/output processor | IOP [procesador de entrada/salida]
I/O port = input/output port | puerto de E/S = puerto de entrada/salida
I/O processor = input/output processor | procesador de E/S = procesador de entrada/salida
I/O rack | bastidor de entrada y salida
I/O read | lectura de E/S
IOS = in and out service | IOS [servicio de conexión y desconexión]
IOS = integrated office system | IOS [sistema integrado de oficina]

I/O scan | exploración de entrada y salida
I/O supervisor = input/output supervisor | supervisor E/S = supervisor de entrada/salida
I/O switching = input/output switching | conmutación E/S = conmutación de entrada/salida
IOTP = Internet open trading protocol | IOTP [*protocolo de comercio abierto en internet*]
I/O write | escritura de E/S
IP = Internet protocol | IP [*protocolo entre redes, protocolo de internet*]
IP address | dirección IP
IPC = interprocess communication | IPC [*comunicación entre procesos*]
IPCP = Internet protocol control protocol | IPCP [*protocolo de control del protocolo internet*]
IPI = initial protocol identifier [*in ATM*] | IPI [*identificador inicial de protocolo (en ATM)*]
IPI = intelligent peripheral interface | IPI [*interfaz Inteligente de periféricos*]
IPL = initial program load | IPL [*carga del programa inicial*]
IPM = interpersonal message | IPM [*mensaje interpersonal*]
IP-MM = IP multimedia | IP-MM [*subsistema de una red IP para comunicaciones IP multimedia*]
IPNS = ISDN PABX networking specification | IPNS [*especificación de protocolo con mensaje en red*]
IPNS Forum = ISDN PABX networking specification forum | foro IPNS [*foro de normativa de la Comisión Europea*]
IP number | número IP
IPO = input-process-output | IPO [*entrada-proceso-salida*]
IPP = Internet printing protocol | IPP [*protocolo de impresión de internet*]
ips = inch per second | ips [*pulgadas por segundo*]
IPSE = integrated project support environment | IPSE [*cuadro de utilización integrado de soporte de proyectos*]
IPSSF = IP service switching function | IPSSF [*funcionalidad de servidores de señalización para emular el comportamiento de una SSF*]
IP switching | conmutación IP
IPUP = ISDN pabx user part | IPUP [*parte de usuario en la señalización telefónica*]
IPX = Internet packet exchange | IPX [*intercambio de paquetes entre redes*]
Ir = iridium | Ir = iridio
IR | IR [*potencia en vatios expresada como producto de la intensidad de corriente y la resistencia*]
IR = infrared (radiation) | IR = infrarrojo [*radiación infrarroja*]
IR = instantaneous relay | relé instantáneo (/de acción instantánea)

IR = insulation resistance | resistencia del aislamiento
IR = internal resistance | resistencia interna
IR = interrogator-responsor | interrogador-contestador [*en radar*]
IRC = Internet relay chat | IRC [*protocolo para mantener conferencias basadas en texto sobre internet*]
IRCM = infrared countermeasure | IRCM [*contramedida infrarroja (/electroóptica)*]
IR compensation | compensador de infrarrojos
IRCR = interrupted ringing current return earth | IRCR [*tierra de retorno de la corriente de llamada interrumpida*]
IRD = integrated receiver/decoder | IRD [*receptor/descodificador integrado*]
IrDA = Infrared Data Association | IrDA [*asociación estadounidense de industriales de la informática*]
IR drop | caída de tensión IR (/óhmica), caída de voltaje IR
IRED = infrared diode | diodo emisor de infrarrojos
I region = intrinsic region | región intrínseca
IRG = interrecord gap | IRG [*espacio en blanco entre grabaciones*]
IRGB = Intensity Red Green Blue | IRGB [*sistema de codificación del color de IBM*]
iridescence | iridiscencia
iridium | iridio
Iridium | Iridium [*sistema de comunicaciones móviles vía satélite*]
iris | iris
iris diaphragm | diafragma iris
IRL = in real life | en la vida real [*abreviatura usada en internet*]
IR LED = infrared light emitting diode | IR LED [*diodo emisor de luz infrarroja*]
IRMA = immuno-radiometric analysis | AIRM = análisis inmunorradiométrico
iron | hierro
iron arc | arco de hierro
ironclad plate | placa blindada (/acorazada)
iron cobalt alloy | aleación hierro-cobalto
iron core | núcleo de hierro
iron core choke | choque con núcleo de hierro
iron core transformer | trasformador con núcleo de hierro
iron crucible | crisol de hierro
iron dust core | núcleo de polvo de hierro
ironing machine | plancha eléctrica; máquina eléctrica de planchar
ironless rotor motor | motor de rotor no magnético
iron loss | pérdida en el hierro
iron-nickel alloy | aleación hierro-níquel
iron-nickel cell | pila de hierro-níquel

iron vane instrument | instrumento de hierro móvil
ironwork | estructura metálica
IrP = infrared port | puerto IR = puerto de infrarrojo
IRQ = interrupt request | IRQ [*petición de interrupción*]
IRQ conflict | conflicto de IRQ
irradiance | irradiación
irradiate, to - | irradiar
irradiation | irradiación
irradiation channel | canal de irradiación
irradiation reactor | reactor de irradiación
irradiation rig | irradiador
irrational number | número irracional
irrecoverable error | error irrecuperable (/irreparable)
irreducible polynomial | polinomio no reducible
irreflexive relation | relación irreflexiva
irregular distortion | deformación irregular
irregularity | irregularidad
irregularity form | libro registro de irregularidades
irreversible encryption | código cifrado irreversible
irreversible process | proceso irreversible
irritability | irritabilidad; excitabilidad eléctrica
irrotational field | campo no rotacional
irrotational wave | onda no rotacional
IRTR = interrupted ringing tone return earth | IRTR [*tierra de retorno de tono de llamada interrumpida*]
IRU = International road transport union | IRU [*Unión internacional de trasportes por carretera*]
IRV = interactive vocal reponse | RVI = respuesta vocal interactiva
IS = information service | SI = servicio de información (/inteligencia)
ISA = industry standard architecture | ISA [*arquitectura industrial normalizada*]
ISA architecture | arquitectura ISA
ISAM = indexed sequential access method | ISAM [*método de acceso secuencial indexado*]
ISAPI = Internet server application programming interface | ISAPI [*interfaz de programación de aplicaciones para servidores de internet*]
ISA slot | zócalo ISA
ISC = Internet software consortium | ISC [*consorcio de creadores de software para internet*]
I scan | exploración I, explorador I
ISDN = integrated services digital network | RDSI = red digital de servicios integrados [*en banda estrecha*]
ISDN basepart | unidad básica RDSI
ISDN data transmission | trasmisión de datos RDSI
ISDN service attribute | atributos de

servicio RDSI
ISDN-subaddress | subdireccionamiento RDSI
ISDN subscriber number | número de llamada del abonado RDSI
ISDN teletext | teletexto RDSI
ISDN terminal adapter | adaptador de terminal ISDN
ISDN textfax | textfax RDSI
ISDRN = integrated services distributed radio network | ISDRN [*desarrollo combinando RDSI con la radio móvil*]
I seek you [*fam. for ICQ*] | ICQ
ISF = integrated systems factory | ISF [*fábrica de sistemas integrados*]
ISI = inter-stimulus interval | ISI [*intervalo entre estímulos*]
I signal | señal I
ISIS = Intelligent Scheduling and Information System | ISIS [*sistema inteligente de clasificación e información*]
ISL = intersatellite link | ISL [*enlace entre satélites*]
ISLAN = isochronous LAN | ISLAN [*red de área local isocrónica*]
island effect | efecto de isla (/islote)
ISO = International standardization organization | ISO [*organización internacional de normativa*]
ISO-5 | carácter 5 de ISO
isobar | isobara, isóbaro
isobaric spin | clavija isobárica
ISOC = Internet society | ISOC [*organización internacional sin ánimo de lucro para el crecimiento y la evolución de internet global*]
isochromatic | isocromático
isochrone | isócrono
isochrone determination | radiolocalización isócrona
isochronous | isócrono
isochronous accelerator | acelerador isócrono
isochronous circuit | circuito isócrono
isochronous cyclotron | ciclotrón isócrono
isochronous distortion | distorsión isócrona
isochronous modulation | modulación isocrónica
isochronous multiplexer | multiplexor isócrono
isochronous network | red isocrónica
isoclinic line | línea isoclínica
isodose | isodosis
isodose chart | gráfico de isodosis
isodose curve | curva isodosis
isodose surface | superficie isodósica (/de isodosis)
isodynamic line | línea isodinámica
isoelectric | isoeléctrico
isoelectric point | punto isoeléctrico
isoelectronic | isoelectrónico
isoelectronic sequence | serie isoelectrónica
isograph | isógrafo
isogriv | línea de igual variación magnética

isolate, to - | aislar, apartar, independizar, separar
isolated amplifier | amplificador aislado
isolated camera | cámara aislada
isolated I/O module | módulo aislado de entrada/salida
isolated module | módulo aislado
isolated neutral sytem | red con neutro aislado
isolating diode | diodo separador
isolating spark gap | distancia disruptiva
isolating switch | conmutador de aislamiento
isolating transformation | trasformación de aislamiento
isolation | aislamiento, material aislante
isolation amplifier | amplificador separador (/de aislamiento)
isolation barrier | barrera de aislamiento
isolation diffusion | difusión separadora
isolation diode | diodo de aislamiento (/separación)
isolation fault | defecto de aislamiento
isolation jack | clavija de aislamiento
isolation network | red aislante (/de aislamiento, /de separación)
isolation pad | atenuador fijo de aislamiento (/separación)
isolation transformer | trasformador de aislamiento (/separación, /seccionamiento)
isolator | aislador unilateral (/no recíproco), desconectador, disyuntor, seccionador
isolator ferrite | ferrita de aislamiento
isolith | isolito [*tipo de circuito integrado con componentes en una misma capa de silicio*]
isolith circuit | circuito isolito
isomagnetic line | línea isomagnética
isomer | isómero
isomeric | isomérico
isomeric separation | separación isomérica
isomeric state | estado isomérico
isomeric transition | transición isomérica
isometric view | vista isométrica
isomorphism | isomorfismo
isoperm | isopermo
isophotic line | línea isofoto
isophotometer | isofotómetro
Isoplanar process | proceso Isoplanar [*marca comercial*]
isopotential path | línea isopotencial
isopulse system | sistema de isoimpulsos
isorad map | mapa de isorradianes
isospin | isoespín
isostatic | isostático
isothermal | isotermo
isothermal region | zona isotérmica
isotone | isótono

isotope | isótopo, isotópico
isotope abundance | frecuencia de isótopos
isotope balance | balance isotópico
isotope effect | efecto isotópico
isotope enrichment | enriquecimiento isotópico
isotope separation | separación isotópica
isotope shift | desviación isotópica, desplazamiento isotópico
isotope structure | estructura isotópica
isotope transport | trasporte de isótopo
isotopic | isotópico
isotopic abundance | abundancia isotópica, contenido isotópico
isotopic analysis | análisis isotópico
isotopic carrier | portador isotópico
isotopic composition | composición isotópica
isotopic dilution | dilución isotópica
isotopic dilution analysis | análisis por dilución isotópica
isotopic effect | efecto isotópico
isotopic enrichment | enriquecimiento isotópico
isotopic exchange | intercambio isotópico
isotopic indicator | indicador isotópico
isotopic mass | masa isotópica
isotopic number | número isotópico
isotopic power generator | generador isotópico
isotopic rate of exchange | velocidad de intercambio isotópico
isotopic rocket | cohete isotópico
isotopic tracer | trazador isotópico
isotopic variable | variable isotópica
isotron | isotrón
isotropic | isotrópico
isotropic aerial | antena isotrópica
isotropic detector | detector isotrópico
isotropic dielectric | dieléctrico isotrópico
isotropic gain of an aerial | ganancia isotrópica de una antena
isotropic magnet | imán isotrópico
isotropic material | material isotrópico
isotropic medium | medio isotrópico
isotropic radiator | radiador isotrópico (/isótropo)
ISP = instruction set processor | ISP [*procesador de grupos de instrucciones*]
ISP = Internet service provider | ISP [*proveedor de servicios de internet*]
ISPBX = integrated services private branch exchange | ISPBX [*centralita PABX con servicios RDSI*]
ISPN = integrated service private network | ISPN [*red privada de servicios integrados*]
ISPTE = ISDN private terminal | ISPTE [*terminal conectable a la RDSI*]
ISR = information storage and retrieval | ISR [*almacenamiento y recuperación de información*]

ISR = interrupt service routine | ISR [*rutina de servicio de la interrupción (en prueba de la CPU)*]
ISS = Internet security scanner | ISS [*rastreador de seguridad de internet*]
issue | edición
ISUP = ISDN subscriber user part | ISUP [*tipo de parte usuaria de MTP (en trasferencia de mensajes)*]
ISV = independent software vendor | ISV [*proveedor independiente de software*]
ISV = instantaneous speed variations | variaciones instantáneas de velocidad
IT = information technology | TI = tecnología de la información
ITAEGT = information technology advisory expert group for private telecommunications network | ITAEGT [*grupo asesor de expertos en telecomunicaciones*]
italic | cursiva
ITC = intermediate toll centre | estación intermedia
ITE = Internal Terminal Emulator | ITE [*emulador interno de terminales*]
item | elemento, artículo
item help | ayuda sobre el tema
item help control | control de la ayuda sobre el tema
iterate, to - | repetir
iterated | repetido, iterado
iterated fission expectation | previsión de escisiones (/fisiones) reiteradas
iterated fission probability | probabilidad de escisiones (/fisiones) reiteradas
iterated net | red iterativa
iteration | iteración
iterations per second | iteraciones por segundo
iterative | iterativo
iterative array | estructura iterativa, sistema iterativo
iterative attenuation | atenuación iterativa
iterative divison | división iterativa
iterative filter | filtro iterativo
iterative impedance | impedancia iterativa
iterative improvement | progreso iterativo
iterative method | método iterativo
iterative phase-change coefficient | componente de desfase iterativa
iterative phase constant | desfase iterativo
iterative phase factor | factor de fase iterativo
iterative process | proceso iterativo
iterative propagation constant | exponente iterativo de propagación
iterative routine | rutina iterativa
iterative statement | instrucción repetitiva
iterative transfer coefficient | coeficiente de trasferencia iterativa
ITI = intelligent transportation infrastructure | ITI = infraestructura de trasporte inteligente
I-time = instruction time | tiempo de aprendizaje
IT product | producto IT [*producto de corriente perturbadora equivalente*]
ITS = interim European telecommunication standard | ITS [*prenorma europea de telecomunicación*]
ITSP = Internet telephony service provider | ITSP [*proveedor de servicios telefónicos por internet*]
ITSTC = information technology steering committee | ITSTC [*comité de dirección de la tecnología de la información*]
IT&T = information technology and telecommunications | ITT [*tecnologías de la información y de las telecomunicaciones*]
ITU = International Telecommunication Union | UIT = Unión Internacional de Telecomunicaciones
I-type cathode | cátodo tipo I
i-type semiconductor | semiconductor intrínseco (/de tipo i)
I-type semiconductor material | material semiconductor de tipo I
IUA = Internet user's association | AUI = Asociación de usuarios de internet
IUM = intermediate unit marker | marcador de unidad intermedia
IUP = ISDN user part | PUSI = parte de usuario RDSI
IVD = integrated voice data | IVD [*integración de telefonía y datos*]
IVDLAN = integrated voice and data local area network | IVDLAN [*red de área local integrada para telefonía y datos*]
IVDT = integrated voice and data terminal | IVDT [*terminal integrada para telefonía y datos*]
IVR = interactive voice response | IVR [*respuesta vocal (/de voz) interactiva*]
IWAC = ISDN wide area CENTREX | IWAC [*CENTREX extendido a la RDSI*]
i-way = information superhighway | autopista de información
ixion | ixión [*dispositivo de espejos magnéticos para estudio de la fusión nuclear regulada*]

J

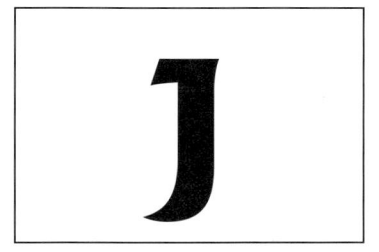

jabber | jabber [*flujo de datos continuo en la red producido por una avería*]
jack | clavija (macho), patilla
jack bay | tablero de clavijas
jack box | caja de clavijas
jack-ended junction | enlace terminado en clavija
jacket | camisa, vaina; revestimiento
jack finder | buscador de clavijas
jack in, to - | enchufar
jack-in connection | conexión enchufable
jack mounting | montura (/regleta) para clavijas
jack out, to - | desenchufar
jack panel | panel de clavijas (/conexiones)
Jackson structured programming | programación estructurada de Jackson
jack space | espacio para clavijas
jack spacer | espaciador (para el montaje) de clavijas
jack strip | regleta de clavijas
J aerial | antena en J
jaff | perturbaciones provocadas
jag | púa, diente
jaggies | escalonamiento [*que aparece en las líneas curvas y diagonales en gráficos de baja resolución*]
jam | atasco, bloqueo, obstrucción; jam [*secuencia de bits codificados para casos de colisión*]
jam input | entrada de obstrucción
jammer | (emisor) perturbador
jammer band | banda de perturbación
jammer finder | buscador de perturbadores
jammers tracked by azimuth crossing | rastreo de perturbadores por cruce acimutal
jammer transmitter | emisor perturbador
jamming | interferencia (intencionada), emisión perturbadora
jamming effectiveness | efectividad de interferenciación
Janet = joint academic network | Janet [*red británica de área amplia para internet*]
Jansky noise | ruido galáctico
Janus aerial array | red directiva de antenas Janus
Janus technique | técnica Janus
jar | jarra, botella
JAVA [*object-oriented programming language*] | JAVA [*lenguaje de programacion orientado a objetos*]
Java applet | aplicación Java reducida
Java chip | chip Java [*tipo de circuito integrado simple*]
Java server page | página de servidor Java
jaw | mandíbula
JBIG = joint bilevel image group | JBIG [*mecanismo para codificación de imágenes*]
J carrier system | sistema portador J
JCL = job-control language | JCL [*lenguaje de control de trabajos (/tareas)*]
JD = Julian date | fecha juliana [*del calendario juliano*]
J display | pantalla (/presentación) tipo J
JDK = Java developer's kit | JDK [*juego de herramientas Java para programación*]
JEEP = joint ECMA ETSI program | JEEP [*programa de coordinación entre ECMA y ETSI*]
jerk | sobreaceleración
jet | tobera
jet lag | inadaptación horaria
jewel bearing | cojinete de zafiro
jewel box | caja de disco compacto [*caja de plástico rígido*]
jewel case | caja de disco compacto [*caja de plástico rígido*]
jewel light | luz (de faceta) indicadora
Jezebel | Jezebel [*sistema electrónico para detección y clasificación de submarinos*]
JFET = junction field-effect transistor | JFET [*transistor de unión de efecto de campo*]
JFIF = JPEG file interchange format | JFIF [*formato JPEG para intercambio de archivos*]
Jini | Jini [*especificación para gestión de dispositivos con código Java*]
JIT = just in time | justo a tiempo
jitter | fluctuación (de fase), inestabilidad, temblor
jittered pulse recurrence frequency | frecuencia de recurrencia de los impulsos de inestabilidad
J-J coupling | acoplamiento J-J
J-K flip-flop | (circuito) biestable J-K
JMAPI = Java management application programming interface | JMAPI [*interfaz JAVA para programación de aplicaciones de gestión*]
job | actividad, tarea, trabajo
job control language | lenguaje de control de tareas (/trabajos)
job engineering | ingeniería de aplicaciones
job file | archivo de trabajos
job library | biblioteca de trabajo
job mix | combinación de trabajos
job monitoring | control de trabajos
job processing | procesado de tareas
job queue | cola de tareas [*cola de programas a la espera de ejecución*]
job scheduling | planificación de trabajos
job statement | sentencia de trabajo [*en programación informática*]
job step | paso de trabajo
job stream | corriente de trabajos
jogging | empuje; mando por impulsos (/cierres sucesivos rápidos); reiteración de interrupciones
Johnson counter | contador Johnson
Johnson noise | ruido térmico (/de agitación térmica, /de circuito, /de Johnson)
join | junta, unión, empalme
joined actuator | accionador unido
joining cable | cable de conexión
join operator | operador de unión
joint | conexión, empalme, junta, unión; nudo; soldadura
joint, to - | poner en circuito

joint box | caja (/punto) de empalme (/unión)
joint circuit | circuito de unión
joint communication | comunicación compartida
jointer | empalmador; soldador
jointing | empalmador
jointing clamp | alicate de empalmador
jointing sleeve | manguito de empalme (/unión)
joint lease [*of a circuit*] | arriendo en común [*de un circuito*]
joint pole | polo de enlace
joint up, to - | poner en circuito
joint use | uso conjunto
joint welding | soldadura por recubrimiento
Jones plug | clavija de Jones
Josephson effect | efecto de Josephson
Josephson junction | unión de Josephson [*dispositivo crioelectrónico*]
Josephson technology | tecnología (de la unión) de Josephson
Joshi effect | efecto (de) Joshi
joule | julio
Joule effect | efecto Joule
Joule heat | calor de Joule
Joule heat effect | efecto Joule
Joule heat gradient | gradiente de calor de Joule
Joule loss with direct current | pérdida Joule en corriente continua
Joule magnetostriction | magnetoestricción positiva (/de Joule)
Joule's law | ley de Joule
Joule's law of electric heating | ley termoeléctrica de Joule
Joule-Thomson effect | efecto de Joule-Thomson
journal | diario
journal tape | cinta de auditoría
joystick | palanca de mando (/gobierno, /juego); mando multifuncional [*de palanca*], joystick [*palanca multimando*]
joystick operator | conmutador de palanca multiposición
JPEG = join photograph expert group | JPEG [*formato gráfico con pérdidas que consigue elevados índices de compresión*]
J scope | osciloscopio J, pantalla J
JSD = Jackson system development | JSD [*desarrollo de sistemas de Jackson*]
JSP = Jackson structured programming | JSP [*programación estructurada de Jackson*]
JSP = Java server page | JSP [*página de servidor Java*]
JTC = joint technical committee | CTA = comité técnico asociado
JTM = job transfer and manipulation | JTM [*manejo y trasferencia de tareas en sistemas*]
judgement test | ensayo de apreciación
juice | fluido
jukebox [*fam*] | biblioteca de discos ópticos; cargador automático; jukebox [*software para archivos de audio*]
Julian calendar | calendario juliano [*introducido por Julio César en 46 a.C.*]
Julian date | fecha juliana [*del calendario juliano*]
jump | bifurcación; conexión provisional (de puente); salto
jump, to - | hacer un puente
jumper | cable de conexión, (conductor de) empalme; conexión volante; puente (conector); cordón de interconexión; puente [*para cable de fibra óptica*]
jumper block | bloque de puentes
jumper cable | cable de conexión (/cierre, /empalme, /puente)
jumper guide | guía de puente
jumpering diagram | diagrama de puentes
jumper wire | hilo de puente [*latiguillo de hilos trenzados para puentear entre las regletas de un repartidor*]
jump instruction | instrucción de bifurcación (/salto, /trasferencia)
jump-new-view, to - | saltar a nueva vista
jump scroll, to - | desplazar grupo de líneas
jump table | tabla de saltos [*entre identificadores y rutinas*]
junction | empalme, enlace, unión; circuito (/línea) de enlace; conexión; línea auxiliar, ramal
junction barrier | barrera de unión
junction battery | batería de unión
junction box | cajetín de conexiones (/derivación, /empalmes)
junction cable | cable de enlace (/unión, /líneas auxiliares)
junction capacitance | capacidad de unión
junction capacitor | condensador de unión
junction centre | estación nodal
junction circuit | circuito de enlace
junction connector | empalme de conexión
junction diagram | diagrama de enlaces
junction diode | diodo de unión
junction FET = junction field-effect transistor | transistor de unión de efecto de campo
junction field-effect transistor | transistor de unión de efecto de campo
junction fieldistor = junction field-effect transistor | transistor de unión de efecto de campo
junction filter | filtro de unión
junction finder | buscador de enlaces
junction group | grupo de enlace
junction hunter | buscador de enlaces
junction laser | láser de unión
junction light source | unión emisora de luz
junction line | (línea de) enlace
junction loss | pérdida de unión
junction manhole | cámara de empalme; cámara de distribución [*de cables telefónicos*]
junction network | red troncal (/de enlaces)
junction photodiode | fotodiodo de unión
junction point | nodo; punto de unión
junction pole | polo de unión; poste de bifurcación
junction rectifier | rectificador de unión
junction service | servicio entre redes próximas
junction station | estación de empalme (/entronque)
junction switching position | posición intermedia
junction traffic | tráfico fronterizo (/limítrofe, /regional, /suburbano)
junction transistor | transistor de unión
junction transposition | trasposición de unión
junction trunk circuit | circuito de enlace
junction unit | caja de conexiones (/empalmes)
junction working | explotación urbana por líneas de enlace
junctor [*USA*] | conector, enlace, elemento de unión
junctor coupler | acoplador, adaptador; conector de enlace
junctor finder | buscador de enlaces
junk mail | propaganda indeseada, correo basura (/no deseado)
justification | justificación
justified | justificado
justify, to - | justificar
just-in-time | en el momento adecuado
just-operate value | valor exacto de funcionamiento (/disparo)
just scale | escala correcta (/justa, /perfecta)
jute | yute
jute-protected cable | cable bajo yute
JVM = Java virtual machine | JVM [*ordenador virtual de Java*]

K

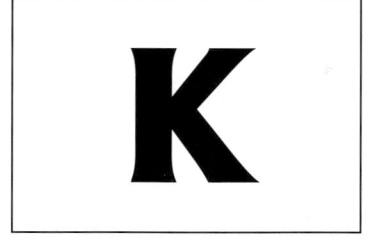

K = kilo- | K = kilo- [*pref. que significa 1.000 unidades*]
K = potassium | K = potasio
kA = kiloampere | kA = kiloamperio
Kallitron oscillator | oscilador Kallitrón
kaon = K-meson | kaón = mesón K
KAPSE = kernel Ada programming support | KAPSE [*equipo fundamental de soporte a la programación Ada*]
Karnaugh map [*Veitch diagram*] | mapa de Karnaugh
Kb = kilobit | Kb = kilobit
KB = kilobyte | KB = kilobyte
K band | banda K
kbaud = kilobaud [*thousand baud per second*] | kbaud = kilobaudio [*mil baudios por segundo*]
Kbd controller = keyboard controller | controladora de teclado
Kbd error = keyboard error | error de teclado
Kbit = kilobit | Kb= kilobit
Kbps = kilobits per second | Kbps = kilobits por segundo
KBps = kilobytes per second | KBps = kilobytes por segundo
KBS = knowledge-based system | KBS [*sistema basado en el conocimiento*]
KByte = kilobyte | KByte = kilobyte
Kc = kilocycle | Kc = kilociclo [*obs*]
K capture | captura K
K-carrier system | sistema de portadora K
K-connectivity | conectividad k
K display | presentación tipo K
KDP = potassium dihydrogen phosphate | KDP [*fosfato de potasio y dihidrógeno*]
KDP crystal = potassium dihydrogen phosphate crystal | cristal KDP [*cristal de fosfato de potasio y dihidrógeno*]
keep-alive anode | ánodo de cebado
keep-alive arc | arco (de corriente) de mantenimiento; corriente de reserva del arco [*en tubo de mercurio*]
keep-alive circuit | circuito de retención (/entretenimiento)
keep-alive electrode | electrodo de entretenimiento
keep-alive oscillator | oscilador de entretenimiento
keep-alive voltage | tensión residual
keeper | abrazadera; armadura (de electroimán); pasador, pieza de retención, trinquete; contratuerca; contacto
Keesom relationship | relación de Keesom
Keith line switch | preselector vertical (/de Keith)
Keith master switch | conmutador principal de Keith
K electron | electrón K, electrón de la capa K
K-electron capture | captura de electrones K
kel-f | polimonoclorotrifluoroetileno
Kelvin astatic galvanometer | galvanómetro de Kelvin astático
Kelvin balance | balanza de Kelvin
Kelvin bridge | puente de Kelvin
Kelvin double bridge | puente doble de Kelvin
Kelvin effect | efecto Kelvin (/pelicular)
Kelvin electrometer | electrómetro de Kelvin
Kelvin law | ley de Kelvin
Kelvin scale | escala Kelvin
Kelvin-Varley scale | escala de Kelvin-Varley
Kendall effect | efecto Kendall
Kennelly layer | capa de Kennelly
Kennelly-Heaviside layer | capa E, capa de Kennelly-Heaviside
kenopliotron | kenopliotrón [*válvula diodo-triodo al vacío*]
kenotron | kenotrón [*diodo term(o)iónico de alto vacío*]
keraunophone | keraunófono [*aparato con circuitos de radio para detección audible de relámpagos distantes*]
kerberos [*a network authentication protocol*] | kerberos [*un protocolo de seguridad para redes*]
kerdometer | ganancímetro
kerma = kinetic energy released in material | kerma [*energía cinética disipada en material, julio por kilogramo*]
kerma rate | velocidad kerma
kermit | kermit [*protocolo de trasferencia de archivos para comunicación asincrónica entre ordenadores*]
kern | talud [*perfil saliente de las letras*]
kernel | núcleo; línea de intensidad magnética nula
kernel field | campo base (/núcleo)
Kerr cell | célula de Kerr
Kerr effect | efecto de Kerr
Kerr magneto-optical effect | efecto magnetoóptico de Kerr
kery | entalladura
Kettering ignition system | sistema de ignición de Kettering
keV = kiloelectron-volt | keV = kiloelectrón-voltio
key | clave, llave; conmutador, interruptor; manipulador; pulsador, tecla
key, to - | escribir con el teclado
keyboard | teclado; botonera; tablero de llaves
keyboard buffer | memoria tampón de teclado
keyboard computer | ordenador de teclado
keyboard control | control de teclado
keyboard controller | controladora de teclado
keyboard controller error | error de la controladora de teclado
keyboard encoder | codificador de teclado
keyboard enhancer | ampliador de teclado [*programa*]
keyboard error | error de teclado
keyboard focus | foco de teclado
keyboard inactivity timer | temporizador de inactividad del teclado
keyboarding | introducción de datos por tecleado
keyboard instrument | aparato de teclado
keyboard layout | configuración de teclado
keyboard lock | bloqueo de teclado

keyboard lock mechanism | mecanismo de enclavamiento de teclado
keyboard mechanism | mecanismo del teclado
keyboard perforator | perforador de teclado
keyboard port | puerto de teclado
keyboard processor | procesador de teclado
keyboard selection | selección por teclado
keyboard selection mode | modo de selección de teclado
keyboard send/receive | teclado de emisión/recepción
keyboard sender | teclado (/manipulador) dactilográfico
keyboard shortcut | instrucción abreviada por teclado
keyboard stuck key | tecla suelta en el teclado
keyboard template | plantilla de teclado [*donde se identifica la función de las teclas que cubre*]
keyboard unlock mechanism | mecanismo de desenclavamiento del teclado
key button | tecla
key cabinet | panel de teclas
keycap | pulsador de tecla [*pulsador de plástico en cada tecla de un teclado de ordenador*]
key click | chasquido de tecla (/manipulación); pulsación de tecla
key click filter | filtro de manipulación, filtro de chasquido del manipulador
key code | código de tecla
key down | interruptor pulsado (/oprimido, /cerrado)
key down standby | pausa con interruptor cerrado
keyed adapter | adaptador de trasmisión
keyed automatic gain control | control automático de ganancia manipulado (/con amplificación)
keyed clamp | fijador de trasmisión
keyed interval | intervalo de trasmisión
keyed rainbow generator | generador de trasmisión de arco iris, generador espectral controlado
keyed rainbow signal | señal de trasmisión de arcoiris
keyer | manipulador; enclavador
keyer adapter | adaptador de manipulador
key exchange | intercambio de claves
key field | campo clave
key filter | filtro de llave (/manipulador)
key-frame | secuencia clave [*secuencia entre la posición inicial y la final de una animación*]
key in, to - | introducir por teclado [*datos*]
keying | introducción (de datos) por teclado; manipulación; modulación
keying chirp | chirrido de teclado; señales inestables de manipulación

keying circuit | circuito de manipulación
keying cycle | ciclo de manipulación
keying frequency | frecuencia de manipulación
keying plug contact | clavija de manipulación
keying test | prueba de trasmisión
keying wave | onda de manipulación
keyless | sin llave
keyless lampholder | portalámpara sin llave
keyless ringing | llamada automática (/sin llave)
keyless socket | portalámpara sin llave
keylever | palanca del manipulador, mango (/palanquita) de llave
keylock, key lock | bloqueo de tecla (/teclado)
key management system | sistema de gestión de claves
key mounting | pletina de llaves
keypad | botonera; teclado numérico (/marcador)
keypad mode | modo de teclado numérico
key per trunk operation | contestación concentrada de llamadas
key pulsing | marcación por teclas, selección por teclado
key pulsing position | posición con teclado (/selección directa)
keypunch, key punch | perforadora (por teclado)
key recovery | recuperación de claves [*al descifrar códigos*]
key relay | relé del manipulador
keysend, to - | manipular; pulsar una tecla; trasmitir, transmitir
keysender, key sender | emisor de impulsos; manipulador de teclas
keysending | marcación por teclado (/teclas), envío de señales por teclado
keysending position | posición con teclado
keyset | botonera; teclado; juego de llaves
keyset key | llave del teclado
keyset selection | selección por botones
key sheet | clave
keyshelf | soporte (/tablero) de llaves
key signal | señal de cifrado
key sort | clasificación por clave
key sorting | clasificación de claves
key space | espacio de llaves
key station | estación central (/clave)
keystone distortion | distorsión trapezoidal
keystone-shaped | forma trapezoidal
keystoning | barrido trapezoidal
keystroke | pulsación [*de una tecla*]
keyswitch | interruptor de tono
key system | sistema multilínea
key system features | emulación multilínea
keytape | cinta clave

key telephone | teléfono con teclado
key telephone set | aparato telefónico con teclado
key telephone system | sistema telefónico con teclado
key to disk | registro directo sobre disco
keytop | tecla
key to tape | registro directo sobre cinta
key up | interruptor abierto (/desactivado, /en posición de reposo)
key up standby | pausa con el interruptor abierto
keyway | muesca posicionadora, ranura de posicionamiento
keyword | código, contraseña, palabra clave
keyword-in-context | clave en contexto [*método de incorporación de índices para búsqueda automática de datos*]
keyword index | índice de palabras clave
keyword parameter | parámetro de palabra clave
kHz = kilohertz | kHz = kilohercio, kilociclo
kick | salto (de la aguja); patada [*acto de echar a un usuario de un canal de chat*]
kickback | tensión de retroceso; contratensión de ruptura; dispositivo de llamada automática; contragolpe
kickback power supply | fuente de alimentación de retorno
kickpipe | conducto protector
kick sorter | clasificador de impulsos; analizador de impulso-altura
kidney joint | unión de riñón
Kikuchi lines | líneas de Kikuchi
kill, to - | abortar [*un programa*]
killer app = killer application | aplicación superior [*que sustituye a su competidora (en sistemas informáticos)*]
killer circuit | circuito antirradar
killer pulse | impulso de borrado
kill file | archivo de eliminación [*para eliminar el correo electrónico no deseado*]
kilo- | kilo- [*prefijo que indica 1.000 unidades*]
kiloampere | kiloamperio
kilobaud | kilobaudio
kilobit | kilobit
kilobits per second | kilobits por segundo
kilobyte | kilobyte [*unidad de datos equivalente a 1.024 bytes*]
kilocalorie | kilocaloría
kilocurie | kilocurie
kilocycle | kilociclo
kiloelectron-volt | kiloelectrón-voltio
kilogauss | kilogauss
kilogram | kilogramo
kilogramme [*kilogram*] | kilogramo
kilogram meter | kilogramo metro

kilohertz | kilohercio [*unidad de frecuencia equivalente a 1.000 hercios (/ciclos) por segundo*], kilociclo
kilojoule | kilojulio
kilomega | kilomega
kilomegacycle | kilomegaciclo
kilometre | kilómetro
kilometric wave | onda kilométrica
kiloohm | kiloohmio
kiloohmmeter | kiloohmio-metro
kilosecond | kilosegundo
kiloton | kilotonelada
kiloton energy | energía en kilotoneladas
kilovar = kilovoltampere reactive | kilovar = kilovoltio-amperio reactivo
kilovar hour | kilovar hora
kilovolt | kilovoltio
kilovoltage | kilovoltaje
kilovolt-ampere | kilovoltio-amperio
kilovoltampere reactive | kilovoltio-amperio reactivo
kilovoltmeter | kilovoltímetro
kilovolts peak | pico de kilovoltios
kilowatt | kilovatio
kilowatt-hour | kilovatio-hora
kiloword | kilopalabra [*1.024 palabras de lenguaje máquina*]
Kimball tag | identificador de Kimball
kine-klydonograph | clidonógrafo cinético
kinescope | cinescopio, tubo de imagen
kinescope gun | cañón de cinescopio
kinescope recorder | registrador cinescópico
kinetic | cinética
kinetic energy | energía cinética
kinetic energy released in material | energía cinética disipada en material
kinetic instability | inestabilidad cinética
kinetic pressure | presión cinética
kinetic temperature | temperatura cinética
kink | inestabilidad en bucle
kink instability | inestabilidad en cáscara
kiosk | cabina; servicio de quiosco; subestación en cabina metálica
Kipp relay | relé de armadura basculante
Kipp's apparatus | relé de armadura basculante
KIPS = kilo instructions per second | KIPS [*miles de instrucciones por segundo*]
Kirchhoff's law | ley de Kirchhoff
kit | conjunto de montaje, equipo (para ensamblar), kit
Kleene closure | cierre de estrella, cierre (/estrella) de Kleene
Kleene star | cierre de estrella, cierre (/estrella) de Kleene
Kleene's theorem [*on regular expressions*] | teorema de Kleene [*sobre expresiones regulares*]
Kleene's theorem on fixed points | teorema de Kleene sobre puntos fijos
Klein-Nishina formula | fórmula de Klein-Nishina
Klein paradox | paradoja de Klein
k line | línea k
kludge | borrador de programa [*programa hecho con prisas o de forma provisional*]
klydonograph | clidonógrafo
klystron | klistrón [*generador de microondas*]
klystron cascade amplifier | amplificador en cascada del klistrón
klystron control grid | rejilla de control de un klistrón
klystron frequency multiplier | multiplicador de frecuencia de klistrón
klystron generator | generador klistrón
klystron oscillator | oscilador de klistrón
klystron reflex | klistrón de reflector
klystron repeater | repetidor de klistrón
klystron repeller | repeledor de klistrón
kM = kilomega | kM = kilomega [*reemplazado por giga = G*]
kMc = kilomegacycle | kMc = kilomegaciclo [*reemplazado por gigahercio = GHz*]
K meson | mesón K
KMP = Knuth-Morris-Pratt algorithm | KMP [*algoritmo de Knuth-Morris-Pratt*]
KMS = key management system | KMS [*sistema de gestión de claves*]
knapsack problem | problema de bolsa
knife | cuchilla, cuchillo
knife blade fuse | fusible de cuchilla
knife contact switch | conmutador (/interruptor) de contacto de cuchilla
knife edge | arista
knife edge diffraction | difracción en bordes
knife edge pointer | indicador fino (/de precisión)
knife fuse | fusible de cuchilla
knife switch | interruptor de cuchilla
knob | botón, tecla, pulsador; aislador de pared; polea aislante
knocked-on atom | átomo percutado
knocker | bloque de sincronización y gatillado
knockout | agujero ciego; pieza desmontable; tapa
knot | nudo
knot of wiring | nudo de alambrada
knowbot | robot virtual (/de conocimiento)
know how | tecnología
knowledge acquisition | adquisición de conocimientos
knowledge base | base de conocimiento
knowledge based | basado en conocimientos (/referencias, /consultas)
knowledge-based system | sistema basado en conocimientos [*sistema experto*]
knowledge domain | ámbito (/área) de conocimiento
knowledge engineer | ingeniero de sistemas [*informáticos*]
knowledge engineering | ingeniería del conocimiento
knowledge representation | representación experta [*metodología para la toma de decisiones en un sistema experto*]
knowledge worker | aplicador de conocimientos
Knudsen flow | circulación de Knudsen
Knudson leaf gauge | medidor de hojas de Knudson
Knuth-Bendix algorithm | algoritmo de Knuth-Bendix
Knuth-Morris-Pratt algorithm | algoritmo de Knuth-Morris-Pratt
Koch resistance | resistencia de Koch
kohm = kiloohm | kohm = kiloohmio
König-Martens spectrophotometer | espectrofótometro de König-Martens
Königsberg bridges problem | problema de los puentes de Königsberg
Kooman aerial | antena de Kooman
kovar | kovar [*aleación de níquel, cobalto y hierro*]
Kr = krypton | Kr = criptón, kriptón
K radiation | radiación K
kraft paper | papel aislante
Kraft's inequality | desigualdad de Kraft
krarup | krarupización
krarup cable | cable krarupizado
kraruped | krarupizado
krarup-loaded cable | cable krarupizado
krarup loading | carga continua, krarupización
Kromayer lamp | lámpara de Kromayer
Kronrod's algorithm [*four Russians algorithm*] | algoritmo de Kronrod
Kruskal algorithm | algoritmo de Kruskal
Kruskal limit | límite de Kruskal
krypton | criptón
K scan | exploración K
K scope | pantalla K
K series | serie K
K shell | capa K
K space | espacio K (/de vector-onda)
KSR = keyboard send/receive teletypewriter set | KSR [*teleimpresora de trasmisión y recepción por teclado*]
KSR terminal = keyboard send/receive terminal | terminal KSR [*terminal de teclado para emisión y recepción*]
KTS = key telephone system | KTS [*equipo multilínea, sistema de terminales con acceso directo*]
Kurie plot | gráfico de Kurie
kurtosis | curtosis
kV = kilovolt | kV = kilovoltio
kVA = kilovoltampere | kVA = kilovoltio-amperio
kVAr = kilovoltampere reactive | kVAr = kilovar, kilovoltio-amperio reactivo

kVT product | tensión perturbadora equivalente
kW = kilowatt | kW = kilovatio
kWh = kilowatt/hour | kWh = kilovatio hora
KWIC = keyword-in-context | KWIC [*clave en contexto*]
KWIC index = keyword-in-context index | índice KWIC [*índice de clave en contexto*]
KYBD LOCK = keyboard lock | bloqueo del teclado
KYBD UNLK = keyboard unlock | desbloqueo del teclado
kymatogram | kimatograma
kymograph | quimógrafo, electroquimógrafo
kytoon | kytoon [*tipo de globo cautivo*]

L

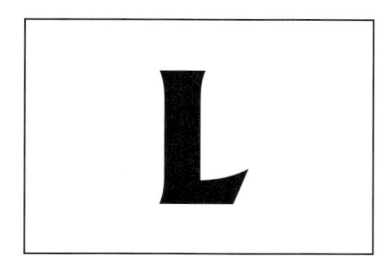

L = lambert | L = lambertio [*unidad de brillo igual a un lumen por centímetro cuadrado*]
L = low | grave, nivel de graves
L2CAP = logical link control and adaptation protocol | L2CAP [*protocolo de control y adaptación de enlaces lógicos*]
L2TP = layer 2 tunneling protocol | L2TP [*protocolo de 2 capas para conmutación de paquetes de datos por túnel*]
L8R = see you later | hasta luego [*expresión habitual en chat y correo electrónico*]
La = lanthanum | La = lantano
label | etiqueta, rótulo; referencia; identificador
label distribution protocol | *protocolo de distribución de etiquetas*
labeled [USA] [*labelled* (UK)] | etiquetado
labeling [USA] [*labelling* (UK)] | marcado
labelled [UK] | etiquetado, marcado
labelled atom | átomo marcado
labelled molecule | molécula marcada
labelling [UK] | etiquetado, marcado
label prefix | prefijo de etiqueta [*en informática*]
label support | soporte de etiqueta
label-switched router | *dispositivo de encaminamiento de conmutación mediante etiquetas*
label switching path | *camino conmutado mediante etiquetas*
labile oscillator | oscilador variable; oscilador con telemando
laboratory | laboratorio
laboratory equipment | equipo de laboratorio
laboratory power supply | alimentación de potencia para laboratorios
laboratory system | sistema del laboratorio
labyrinth | laberinto [*acústico*]
labyrinth baffle | altavoz (/pantalla acústica) de laberinto

labyrinth loudspeaker | altavoz de laberinto
LAC = L2TP access concentrator | LAC [*concentrador de acceso L2TP*]
lacing and harnessing | enlazado y fijación (de cables)
lacing board | escantillón para peines
lacing cord | cordón para cableado
lacing tape | cinta de lazada
lacing twine | cordón para cableado
lacquer | lacado
lacquered disc [UK] | disco lacado (/barnizado)
lacquered disk [USA] | disco lacado (/barnizado)
lacquer master | matriz en laca
lacquer original | original lacado
lacquer recording | grabación lacada, registro lacado
ladder | escala, escalera
ladder attenuator | atenuador escalonado
ladder diagram | diagrama escalonado
ladder filter | filtro en escalera (/escalones)
ladder network | red celular (/en escalera, /de cuadripolos, /de secciones en tándem)
ladder track | carril de escalera
ladder track fishplate | empalme de carril de escalera
laddertron | ladertrón
ladder-type filter | filtro en escalera (/escalones)
laddic | estructura magnética escalonada
L aerial [UK] | antena en L
laevorotatory | levógiro
lag | demora, desfase, retardo, retraso; persistencia de la imagen
lagged-demand meter | medidor (/registrador) de demanda retardada
lagging | (desfase de) retardo
lagging current | corriente de retardo
lagging load | carga inductiva (/de retardo)
lagging power factor | factor de potencia en retardo

lag lead | hilo de retardo
lamb wave | onda lampante
lambda | lambda
lambda calculus | cálculo lambda
lambda diode | diodo lambda
lambda expression | expresión lambda
lambda particle | partícula lambda
lambda wave | onda lambda
lambert [*CGS unit of illumination equal to 1 lumen per cm^2*] | lambertio [*unidad de iluminación CGS equivalente a 1 lumen por cm^2*]
lambertian | lambertiano
Lambert's law of illumination | ley de iluminación de Lambert
laminar flame | llama laminar
laminar flow | corriente (/flujo) laminar
laminate | laminado
laminated | laminado, laminar
laminated aerial | antena laminar
laminated brush | contacto laminar, contacto (/escobilla) de láminas
laminated brush switch | interruptor de contactos laminares
laminated conductor | conductor formado por tiras
laminated contact | contacto laminado
laminated core | núcleo laminado
laminated plastic | plástico laminado
laminated record | disco (/registro) laminado, grabación laminada
laminated shield | blindaje laminado
lamination | laminación
lamp | lámpara
lamp bank | banco (/grupo) de lámparas
lamp box rack | panel de portalámparas en fila
lamp box suite | panel de fila de lámparas
lamp cable | cable terrestre
lamp cap | pantalla (/capuchón) de lámpara
lamp circuit | enlace terrestre
lamp coaxial | cable coaxial terrestre
lamp cord | cordón de lámpara
lamp fee | tasa terrestre

lamp holder | portalámparas
lamp housing | alojamiento de lámpara
lamp jack | base (/casquillo) portalámparas
lamp jack strip | regleta de clavijas portalámparas
Lampkin's oscillator | oscilador de Lampkin
lamp panel | panel de lámparas
lamp receptacle | pie de lámpara
lamp signal | señal (/llamada) luminosa
lamp socket | portalámparas
lamp socket mounting | regleta de lámparas
lamp with solid carbons | lámpara de electrodos de carbón
LAN = local area network | LAN [red (de área) local]
land | tierra; masa
Landau damping | amortiguamiento de Landau
Landau's equation | ecuación de Landau
Lander's gauge | medidor de Lander
landing beacon | radiobaliza de aterrizaje
landing beam | haz (guía) de aterrizaje
landing beam beacon | radiofaro de aterrizaje
landing compass | brújula de aterrizaje
landing direction indicator | indicador de dirección de aterrizaje
landing flood light | proyector de aterrizaje
landing headlight | faro de aterrizaje
landing light | baliza (/luz) de aterrizaje
landing zone | zona de aterrizaje
landless hole | agujero sin nudo
land line | línea de tierra
landline circuit | circuito por cable (/línea alámbrica)
landline facilities | (red de) líneas terrestres
landmark beacon | faro de identificación
land mobile service | servicio móvil terrestre
land mobile station | estación móvil de tierra
land return | eco terrestre
landscape | horizontal
landscape mode | modo de impresión horizontal
landscape monitor | monitor de pantalla horizontal
landscape paper orientation | orientación horizontal del papel
land station | estación de tierra
lane | calle; ruta
Langevin ion | ión de Langevin
Langmuir's dark space | espacio negro (/oscuro) de Langmuir
Langmuir's frequency | frecuencia de Langmuir
Langmuir's probe | sonda de Langmuir
Langmuir's wave | onda de Langmuir

language | lenguaje, idioma
language construct | estructura lingüística
language converter | conversor de lenguaje
language processor | procesador de lenguaje
language translation | traducción de lenguaje
language translation programme | programa de traducción lingüística
language translator | traductor de lenguaje
LAN Manager | gestor de LAN [antiguo dispositivo conocido también como servidor IBM de LAN]
LAN media | soporte de la LAN
L antenna [USA] [L aerial (UK)] | antena en L
lanthanide | lantánido, lantanuro
lanthanide contraction | contracción lantánida
lanthanum | lantano
lap | solapamiento; amolado; muela de alisar
LAP = link access protocol | LAP [protocolo de acceso de enlace]
LAPB = link access procedure balanced sytem | LAPB [sistema compensado de trasmisión de datos]
LAPD = link access protocol – D channel | LAPD [protocolo de acceso a enlace por el canal D]
lap dissolve | fundido
lapel microphone | micrófono de solapa
lap joint | unión solapada
Laplace's law | ley de Laplace
Laplace's transform | trasformación de Laplace
LAPM = link access procedure for modems | LAPM [protocolo de acceso a enlaces para módems]
lapping | capa aislante (/de aislamiento); rectificación; recubrimiento; solape; lapping [método para reducir el espesor de una capa]
laptop | ordenador portátil; pantalla plana
laptop computer | ordenador (personal) portátil, ordenador portátil pequeño
lap winding | arrollamiento (/devanado) imbricado
lap wrap | recubrimiento solapado
large capacity cable | cable de gran capacidad
large model | modelo ampliado [procesador Intel de memoria ampliada]
large-scale integrated circuit | circuito de gran escala de integración
large-scale integration | alto grado de integración; integración a gran escala
large signal | señal fuerte (/de gran amplitud)
large-signal characteristic | característica de gran señal
large-signal power gain | ganancia de

potencia de señal amplia
large-signal voltage gain | ganancia de tensión de señal amplia
Larmor frequency | frecuencia de Larmor
Larmor orbit | órbita de Larmor
Larmor precession | precesión de Larmor
Larmor precession frequency | frecuencia de precesión de Larmor
Larmor radius | radio de Larmor
laryngophone | laringófono
LASCR = light-activated silicon controlled rectifier | LASCR [rectificador controlado de silicio activado por luz]
LASCS = light-activated silicon controlled switch | LASCS [conmutador controlado de silicio activado por luz]
laser = light amplification by stimulated emmission of radiation | láser [amplificación de la luz con emisión estimulada de radiación]
laser altimeter | altímetro de láser
laser anemometer | anemómetro de láser
laser basic mode | modo básico láser
laser bonding | unión por láser
laser camera | cámara de láser
laser cavity | cavidad láser
laser ceilometer | indicador por láser de altura de techo
laser diode | diodo láser
laser diode coupler | acoplador de diodo láser
laser doppler velocimeter | velocímetro por efecto doppler
laser drill | taladro láser
laser dyes | tinte láser
laser earthquake alarm | láser de alarma de terremotos
laser engine | impresora láser
laser fibre-optic transmission system | sistema de trasmisión por fibra óptica y láser
laser flash tube | tubo de destellos láser
laser head | cabeza láser
laser holographic camera | cámara holográfica de láser
lasering | acción láser
lasering condition | estado de láser
lasering state | estado de láser
laser linewidth | anchura de línea láser
laser microanalyser | microanalizador por láser
laser multiformat camera | cámara láser multiformatos
laser photocoagulator | fotocoagulador de láser
laser printer | impresora láser
laser protective housing | cubierta protectora de láser
laser pulse length | longitud de impulso láser
laser radar | radar de láser
laser rangefinder | telémetro de láser
laser ranger | radar de láser
laser soldering | soldadura con láser

laser storage | registro por láser
laser trim | ajuste por láser
laser trimming | ajuste fino con láser
laser velocimeter | velocímetro de láser
laser welder | soldador por láser
laser welding | soldadura por láser
last-choice route | ruta final (/de última opción)
last in first out | LIFO [*la última entrada es la primera en salir*]
last log time | hora del último registro
last mile [fam, USA] | última milla [*conexión por cable entre el abonado y la red telefónica*]
last number redial | repetición del último número marcado
last time | hora final
LAT = local apparent time | hora local aparente
latch | circuito (/memoria) de retención; elemento de enganche, retén; cierre, cerrojo, pestillo; pasador; brida
latch bracket | escuadra de retén
latching | enganche, retención
latching current | corriente de retención
latching reed relay | relé de láminas de enclavamiento
latching relay | relé de bloqueo (/enclavamiento, /retención, /retención mecánica)
latching sensor | sensor de retención
latching-type relay | relé con enclavamiento
latch-in relay | relé de enganche, relé con enclavamiento
latch lever | retén, palanca de retención
latch mode | funcionamiento de cierre enclavado
latch spring | resorte del retén
latch-up | bloqueo
latch voltage | tensión de desbloqueo
late binding | último enlace
late contact | contacto retrasado
late distortion | distorsión de retardo
latence | latencia
latency | (tiempo de) latencia, (tiempo de) espera
latency period | periodo latente
latency time | tiempo de latencia
latency timer [*by clock*] | temporizador de latencia [*en relojes*]
lateness | retardo, retraso
latent | latente
latent fault | avería latente
latent image | imagen latente
latent image fading | desvanecimiento de la imagen latente
latent period | periodo de latencia
lateral chromatic aberration | aberración cromática lateral
lateral compliance | elasticidad lateral
lateral correction magnet | imán de corrección lateral
lateral line-shift | deslizamiento lateral de líneas

lateral loss | pérdida lateral
laterally incident light | iluminación indirecta (/de incidencia) lateral
lateral oscillation | oscilación lateral
lateral parity | paridad lateral
lateral recording | (disco de) grabación lateral (/horizontal); grabación de modulación lateral
latest news | últimas noticias
latex | látex
Latimer Clark cell | pila de Latimer Clark
latitude effect | efecto de latitud
lattice | celosía, enrejado; malla, red; rejilla; retícula, retículo
lattice anisotropy | anisotropía del retículo
lattice filter | filtro reticular (/de celosía, /en celosía, /tipo puente)
lattice imperfection | imperfección de retículo
lattice network | red en celosía (/puente)
lattice reactor | reactor de celosía
lattice scattering | dispersión reticular
lattice spectrograph | espectrógrafo de red
lattice structure | estructura reticular
lattice tower | torre de celosía
lattice wound coil | bobina de devanado reticular
Laue diagram | diagrama de Laue
Laue pattern | espectro de Laue
launch, to - | ejecutar; activar [*un programa de aplicación*]
launch angle | ángulo de lanzamiento
launch complex | complejo de lanzamiento
launcher | programa de activación
launching | emisión
launch program | lanzadera
Lauritzen's electroscope | electroscopio de Lauritzen
Lavalier's microphone | micrófono Lavalier
lawn mower [*a type of preamplifier used with radar receiver's*] | cortacésped [*tipo de preamplificador para receptores de radar que reduce el efecto de césped en la pantalla*]
law of alternation | ley de alternancia
law of electric charges | ley de las cargas eléctricas
law of electric networks | leyes sobre redes eléctricas
law of electromagnetic induction | ley de inducción electromagnética
law of electromagnetic systems | ley de los sistemas electromagnéticos
law of electrostatic attraction | ley de atracción electrostática
law of induced current | ley de la corriente inducida
law of magnetism | ley del magnetismo
law of normal distribution | ley de distribución normal
law of reflection | ley de reflexión

Lawrence tube | tubo de Lawrence
lawrencium | laurencio
laws of electrostatics | leyes de la electrostática
lay | paso; torsión
layer | capa, estrato
layered architecture | arquitectura por capas
layered interface | interfaz estratificada
layered panel | panel estratificado
layering | agrupación [*de elementos gráficos*]
layer of a distributed winding | capa de un devanado repartido
layer-to-layer adhesion | adherencia de estrato a estrato
layer-to-layer signal transfer | trasferencia de señal de estrato a estrato
layer-to-layer spacing | espacio de estrato a estrato
layer winding | devanado en (/por) capas
laying of cables | instalación (/tendido) de cables
layout | diseño, formato, plantilla; composición de página; plano (de planta); croquis de montaje; disposición; distribución esquemática
layout line | línea de referencia
layout wall | muro de referencia
layout wiring drawing | diagrama de cableado
lay-up | lay-up [*técnica de registro y apilamiento en placa multiestratificada*]
lazy evaluation | evaluación concisa
lazy H aerial | antena colineal de dipolos
lb = pound | lb = libra
LB = local battery | batería local
L/B = listbook | nomenclator
LBA = linear-bounded automaton | LBA [*autómata de límite lineal*]
L band | banda L
LC = liquid crystal | CL = cristal líquido
LCA = logic cell array | LCA [*orden lógico de celdas*]
L capture | captura L
L carrier system | sistema portador L
L cathode | cátodo L
LCC = leadless chip carrier | LCC [*soporte intermedio sin hilos*]
LCD = liquid crystal display | LCD [*pantalla de cristal líquido*]
LCD printer = liquid crystal display printer | impresora LCD [*impresora con pantalla de cristal líquido*]
LCD projector = liquid crystal display projector | proyector LCD [*proyector con pantalla de cristal líquido*]
LCM = least common multiple | MCM = mínimo común múltiplo
LCMS = laser countermeasure system | LCMS [*sistema de armamento por rayo láser desarrollado por USA en 1995 para cegar a los enemigos*]
LCP = link control protocol | LCP [*protocolo de control de enlace*]

LCP = local control panel | PLC = panel local de control
LCR = least cost routing | LCR [*encaminamiento por el enlace de coste mínimo*]
LCR = longitudinal check redundancy | LCR [*control por redundancia longitudinal orientado a la trama*]
L/C ratio | relación L/C [*cociente de inductancia en henrios y capacitancia en faradios*]
LCSAJ = linear code sequence and jump | LCSAJ [*bifurcación y secuencia de código lineal*]
L cut | corte en L
LD = laser diode | LD [*diodo láser*]
LD = lethal dose | DL = dosis letal
LD = local diagnostics | DL = diagnóstico local [*en enclavamientos ferroviarios electrónicos*]
L/D = long distance | larga distancia
LDAP = lightweight directory access protocol | LDAP [*protocolo ligero de acceso al directorio jerarquizado*]
LD-CELP = low-delay code-excited linear prediction coder | LD-CELP [*codificador de predicción activado por código de bajo retardo*]
LD interface | interfaz LD
L display | pantalla L, presentación tipo L
LDP = label distribution protocol | LDP [*protocolo de distribución de etiquetas*]
leaching | lixiviación
lead | avance de fase, desfase; cable, conductor, línea; plomo; registro; intervalo de predicción; conector metálico de componente [*por ejemplo de resistores o capacidades*]; interlineado [*en tipografía*]
lead accumulator | acumulador de plomo
lead acid battery | acumulador de plomo
lead acid cell | batería (/elemento acumulador) de plomo-ácido
lead acid storage cell | acumulador de plomo-ácido
lead brick | ladrillo de plomo
lead castle | castillo de plomo
lead conductor | conductor de ida
lead conduit box | caja de conexiones
lead connector | puente de conexión de plomo
lead-covered cable | cable con blindaje de plomo
lead dioxide primary cell | pila primaria de dióxido de plomo
lead dress | ordenamiento del cableado
leaded chip carrier | zócalo (/soporte) de chip con patillas
lead equivalent | (espesor) equivalente de plomo
leader | cabecera (de) guía; cinta guía (/de arrastre); tira neutra; longitud en blanco; principio

leader cable | cable guía (/director)
leader tape | cinta guía
leadframe | marco guía
lead-in | conductor de entrada; bajada de antena
leading | adelanto, avance (de fase); delantero, principal
leading black | negro de fondo
leading current | corriente avanzada (/de avance)
leading edge | borde (/flanco) anterior, flanco inicial
leading-edge pulse time | tiempo de establecimiento del impulso, instante de fin de la subida del impulso, instante del flanco anterior de un impulso
leading ghost | eco adelantado
leading-in cable | cable de entrada (de estación)
leading-in insulator | aislador de entrada
leading-in point | entrada de estación
leading-in porcelain tube | tubo de entrada de porcelana
leading-in tube | tubo (/manguito) de entrada
leading load | carga capacitiva (/de avance)
leading pole tip | extremidad de entrada
lead-in groove | surco inicial (/de guiado)
leading-through insulator | aislador pasamuros
leading white | blanco de fondo
leading wiper | frotador anterior
leading zero | cero de cabecera [*que precede al dígito más significativo de un número*]
lead-in insulator | aislador pasamuros
lead-in lighting system | sistema de iluminación de acceso
lead-in spiral | espiral de entrada
lead-in wire | cable de acometida, conductor de conexión, conexión de electrodo, hilo de paso
lead ion battery | batería de iones de plomo
lead lag | hilo de retardo
lead lag network | red (correctora) de avance-retardo
leadless chip carrier | soporte intermedio sin hilos
leadless inverted device | dispositivo invertido sin terminales
lead methaniobate | metaniobiato de plomo
lead mould | molde de plomo
lead network | red amortiguadora
lead-out groove | surco de salida (/parada)
lead-over groove | surco intermedio (/de conexión)
lead peroxide | peróxido de plomo
lead polarity | polaridad del conductor
lead press | prensa de plomo
lead screw | tornillo de avance

lead selenide cell | célula de seleniuro de plomo
lead sheet | edición gráfica
lead sleeve | manguito de plomo
lead storage battery | batería de acumuladores de plomo
lead sulphide | sulfuro de plomo
lead sulphide cell | célula de sulfuro de plomo
lead telluride | teleruro de plomo
lead time | tiempo de avance (/producción)
lead wire | hilo de guiado
leaf | hoja
leaf insulator | aislador de hoja
leaf node | nodo de hoja
leak | fuga
leakage | escape, fuga; fuga magnética (/de neutrones); dispersión; coeficiente de Hopkinson
leakage coefficient | coeficiente de fugas
leakage current | corriente de fuga
leakage flow | flujo de escape (/fuga)
leakage flux | flujo de dispersión (/fuga)
leakage inductance | inductancia de fuga, inducción dispersa (/de dispersión)
leakage path | línea (/camino) de fuga
leakage peak | pico de fuga
leakage power | potencia de fuga (/dispersión)
leakage protection | protección contra los defectos de aislamiento
leakage radiation | radiación de fuga (/dispersión), radiación por escapes (/fuga), fugas de radiación
leakage rate | proporción de pérdida
leakage reactance | reactancia de fuga (/dispersión), resistencia de fuga
leakage spectrum | espectro de dispersión
leakance | perditancia, conductancia de dispersión
leak detection | detección de fuga
leak detector | detector de fugas (/grietas); indicador de pérdidas (a tierra)
leaker | elemento con fuga (/defecto de hermeticidad)
leak resistance | resistencia de fuga
leak resistor | resistor de fuga
leaktight | estanco
leaky | con escapes (/fugas), mal aislado
leaky bucket | cubo con escape [*esquema de moldeado del tráfico de datos*]
leaky grid rectification | rectificación con resistencia de rejilla
leaky line | línea derivada (/con derivación)
leaky pipe aerial | antena con conductos dispersores
leaky wave aerial | antena concentradora de ondas
leaky waveguide | guiaondas dispersor (/con fugas)

leaky waveguide aerial | antena de fuga de onda
leapfrog | salto; saltos alternos
leapfrog cascade | cascada en salto
leapfrogging | rastreo a saltos; desplazamiento de la marca
leapfrog test | comprobación selectiva; verificación por saltos (/salto de rana) [*rutina de disgnóstico informático*]
learning curve | curva de aprendizaje
learning machine | máquina autodidacta
learning process | proceso de aprendizaje
leased | arrendado
leased channel | canal arrendado
leased circuit | circuito arrendado
leased line | línea arrendada (/de alquiler), circuito alquilado; enlace permanente
least common multiple | mínimo común múltiplo
least energy principle | principio de energía mínima
least fixed point | punto fijo mínimo
least maximum deviation | desviación máxima mínima
least mechanical equivalent of light | mínimo equivalente mecánico de luz
least significant bit | bit de menor valor, último bit útil, bit menos significativo
least significant character | carácter menos significativo, carácter significativo mínimo
least significant digit | dígito menos significativo
least square | cuadrado mínimo
least squares approximation | aproximación de cuadrados mínimos
least voltage coincidence detection | detección por coincidencia de tensión mínima
Leblanc connection | conexión de Leblanc
Leblanc process | proceso de Leblanc
Leblanc system | sistema Leblanc
Lecher line | línea de Lecher
Lecher line oscillator | oscilador de línea Lecher
Lecher oscillator | oscilador de Lecher
Lecher wire | cable (/hilo) de Lecher
Leclanché cell | pila (de) Leclanché
LED = light emitting diode | LED [*diodo luminoso (/luminiscente, /de emisión luminosa, /electroluminiscente, /emisor de luz)*]
LED display | representación visual por diodos emisores de luz
ledger balance | balance de trasmisiones
LED panel | panel de LED
LED printer = light-emitting diode printer | impresora LED [*impresora fotoeléctrica*]
Leduc effect | efecto Leduc, efecto Righi
Leduc's current | corriente de Leduc

Lee distance | distancia de Lee
Lee metric | métrica de Lee
left align | alineación izquierda
left aligned | alineado a la izquierda
left arrow | flecha izquierda [*para movimiento del cursor*]
left eccentric assembly | conjunto de excéntricas izquierdas
left-hand contacts | contactos de la izquierda
left-handed polarised wave | onda polarizada a la izquierda
left-hand polarised wave | onda polarizada hacia la izquierda
left-hand rule | regla de la mano izquierda
left-hand taped | ahusado a la izquierda
left-hand taper | concentración de resistencia a la izquierda
left justification | justificación a la izquierda
left justify | alineado a la izquierda
left justify, to - | justificar a la izquierda
left-linear grammar | gramática lineal izquierda
left margin | margen izquierdo
left output connecting rod | biela de salida izquierda
left roller | rodillo izquierdo
left scroll arrow | flecha de desplazamiento a la izquierda
left shift | desplazamiento hacia la izquierda
left signal | señal izquierda (/lado izquierdo)
left stereo channel | canal estéreo de la izquierda
left stereophonic channel | canal estereofónico izquierdo
left subtree | subárbol izquierdo
left-to-right precedence | precedencia de izquierda a derecha
left window border | borde izquierdo de la ventana
leg | ramal, circuito lateral (/secundario)
legacy | documentos heredados [*anteriores a una fecha determinada*]
legacy data | datos heredados [*de una organización distinta a la que los usa*]
legacy system | sistema heredado [*hardware o software de segundo uso*]
leg circuit | circuito lateral (/secundario, /de extensión)
legend | etiqueta; leyenda, rotulación
L electron | electrón L
L electron capture | captura de un electrón de la capa L
lemma | lema
Lenard rays | rayos de Lenard
Lenard spiral | espiral de Lenard
Lenard valve | válvula de Lenard
lending position | posición intermedia
length | longitud
length-increasing grammar | gramática de longitud creciente
length of break | longitud de ruptura

length-of-call tariff | tarifa de duración de llamada
length of parallelism | longitud de paralelismo
length of travel | longitud de la carrera
lens | lente
lens aerial | antena de lente
lens disc | disco de lentes
lens screen | visera de cámara
lens speed | luminosidad de la lente
lens turret | portaobjetivos giratorio
Lenz's law | ley de Lenz
LEO = low Earth orbit | LEO [*satélite de baja órbita terrestre*]
Lepel discharger | descargador de Lepel
lepton | leptón [*partícula subnuclear*]
lepton number | número leptónico
less than | menor que
less than or equal to | menor o igual que
lethargy | letargia
letter | letra; carta
letterbomb | correo bomba [*mensaje de correo electrónico que daña el ordenador de destino*]
letter box [UK] | buzón
letter distribution | distribución de letras
letter-equivalent language | lenguaje de letras equivalentes
letter quality | letra de calidad
letter-quality printer | impresora de calidad de letra
letters shift | cambio a letras
let-through current | corriente de cortocircuito
level | nivel; grado; intensidad; magnitud
level above threshold | nivel sobre el umbral, nivel por encima del umbral
level-action switch | conmutador (/llave) de palanca
level compensator | compensador de nivel
level compound excitation | excitación compuesta (/de nivel compuesto)
level coordination | coordinación de niveles
level crossing | paso a nivel
level crossing signal | señal de paso a nivel
level diagram | diagrama de niveles, hipsograma
level hunting | selección rotatoria sobre varios niveles
level indicator | indicador de nivel
leveling [USA] | nivelación; descrestado, recorte de picos
levelling [UK] | nivelación; descrestado, recorte de picos
level measurement | medición de nivel
level measuring set | nivelímetro
level multiple | nivel (de selección) múltiple
level numbering diagram | diagrama de numeración de niveles

level of energy | nivel de energía
level of selector | nivel de selector
level output | salida nivelada
level recorder | hipsógrafo
level regulation | regulación de niveles
level relay | encaminador, enrutador; repetidor; puente; [*as gateway*] puerta de acceso de red a red, unidad de interfuncionamiento
level shifting | variación de nivel
level three relay [*router, intermediate system, network relay*] | encaminador
level tracer | indicador osciloscópico de nivel
level translator | traductor de nivel
level-triggered flip-flop | flip-flop disparado por nivel alto
level width | anchura de nivel
lever | palanca
leverage | influencia
lever key | llave de palanca (/conmutación de báscula)
lever pileup switch | conmutador de palanca de contactos superpuestos
lever spring | lámina de contacto
lever switch | conmutador (/llave) de palanca
Lewis aerial | antena de Lewis
Lewis-Langmuir formula | fórmula de Lewis-Langmuir
lexical analyser | analizador de léxico
lexicographic order | orden lexicográfico
lexicographic sort | clasificación lexicográfica
lexicon | vocabulario
Leyden jar | botella de Leyden
LF = line feed | AL = avance de línea (/interlínea)
LF = low frequency | AF = audiofrecuencia, BF = baja frecuencia
LF loran = low frequency loran | loran BF = loran de baja frecuencia
LHA = local hour angle | ángulo horario local
LHARC | LHARC [*programa de compresión de archivos*]
Li = lithium | Li = litio
LI = line in | Ent.Lin. = entrada de línea
liaison | enlace, comunicación
liberator tank | cuba de liberación (/depósito total)
librarian | programa de biblioteca
library | biblioteca
library routine | rutina de librería [*en programación informática*]
libration | oscilación
license agreement | acuerdo de licencia
licensed wirer | instalador autorizado
licensing key | clave de licencia [*en programas informáticos*]
Lichtenberg figure camera | cámara de figura de Lichtenberg
LID = leadless inverted device | LID [*dispositivo invertido sin terminales*]
lidar = light detecting and ranging | lidar [*sistema de radar basado en haces láser*]
lie detector | detector de mentiras
LIF-connector = low insertion force connector | conector de baja fuerza de inserción
life | duración, vida, vida útil
life aging | envejecimiento
life-cycle | ciclo vital (/de vida)
life test | ensayo (/prueba) de duración
lifetime | vida, vida útil, longevidad
LIFO = last in first out | LIFO [*último en entrar, primero en salir (principio de acceso a datos según el cual los últimos grabados son los primeros leídos)*]
lifter | elevador
lifting | elevación
lifting magnet | electroimán de elevación (/suspensión); elevador magnético
lifting power | capacidad portante, fuerza de sostén
light | luz; claridad, resplandor; lámpara; señal luminosa
light absorption | absorción de luz
light-activated switch | conmutador activado por la luz
light amplification | amplificación de la luz
light amplification by stimulated emission radiation | amplificación de la luz por radiación estimulada
light amplifier | amplificador de luz
light attenuation | debilitamiento de la luz
light barrier | barrera luminosa
light beam galvanometer | galvanómetro de haz de luz
light beam instrument | instrumento de haz de luz
light beam oscillograph | oscilógrafo de haz
light beam pickup | reproductor (/fotocaptor) de haz luminoso
light carrier injection | inyección de portadora luminosa
light chopper | troceador de luz
light conductance | conductancia lumínica
light controlled oscillator | oscilador controlado por luz
light control wedge mechanism | mecanismo de disco regulador de luz
light current | corriente luminosa
light-dimming control | control de oscurecimiento de luz
light distribution | distribución de la luz
light drop | ramal de poca densidad de tráfico
light duty | débil capacidad
light efficiency | rendimiento luminoso
light emission | emisión de luz
light emitting diode | diodo luminoso (/luminiscente, /electroluminiscente, /fotoemisor, /emisor de luz, /de emisión luminosa)
light-emitting diode coupler | acoplador del diodo emisor de luz
light-emitting diode printer | impresora fotoeléctrica
light excitation | excitación luminosa
light filter | filtro luminoso (/óptico)
light flux | flujo de luz
light frequency | frecuencia de la luz
light guide | conducto luminoso, guía de luz, frecuencia de la luz
light gun | cañón de luz, pistola óptica, fotocaptor tipo pistola
lighthouse tube | tubo faro
lighting | alumbrado, iluminación
lighting charge | derecho de iluminación
lighting outlet | surtidor de luz
lighting system | sistema de iluminación
lighting unit | rampa de alumbrado
lighting-up | encendido
light intensity cutoff | corte de intensidad luminosa
light level | nivel de luz
light load | carga ligera
light loss | pérdida de luz
light metal | metal ligero
light meter | fotómetro
light microsecond | microsegundo-luz
light modulation | modulación de (la) luz
light modulator | modulador de luz
light negative | fotorresistente
lightning | alumbrado; rayo, relámpago
lightning arrester | pararrayos; autoválvula
lightning bias | retroiluminación
lightning conductor | pararrayos atmosférico
lightning equipment | equipo de alumbrado
lightning-flash | relámpago
lightning generator | generador de rayos (/descargas eléctricas)
lightning guard | pararrayos, protector contra descargas
lightning protector | pararrayos
lightning rod | pararrayos
lightning supporting angle | arco soporte de alumbrado
lightning surge | perturbación por descarga atmosférica
lightning switch | conmutador de tormenta
light-operated switch | interruptor activado por la luz
light pen | lápiz óptico (/fotosensible)
light pencil | lápiz óptico; haz de luz (/rayos luminosos)
light pipe | canal de luz; varilla trasparente
light positive | fotoconductor
light-powered telephone | telefonía accionada por la luz
light ray | rayo de luz
light ray pencil | haz de luz (/rayos luminosos); lápiz óptico
light relay | relé fotoeléctrico
light sail | vela solar

light sensitive | fotosensible, sensible a la luz
light-sensitive cell | célula fotosensible
light-sensitive detector | detector fotosensible
light-sensitive valve | válvula fotosensible
light source | fuente luminosa
light source power | potencia de fuente luminosa
light spot scanner | explorador de punto luminoso
light switch | interruptor de alumbrado
light transmission factor | conductancia de radiación
light valve | relé óptico; válvula de haz de luz
lightwave system | sistema de trasmisión fotoeléctrica
light water | agua ligera
light water reactor | reactor de agua ligera
light water-moderated reactor | reactor moderado por agua ligera
light wave | onda luminosa
light wave communication | comunicación por onda luminosa
lightweight | ligero
lightweight directory access protocol | protocolo ligero de acceso a directorio (jerarquizado)
light year | año-luz
like charges | cargas iguales (/del mismo signo)
likelihood | posibilidad
limb | núcleo magnético
limb of a magnet | núcleo magnético
LIM EMS = Lotus/Intel/Microsoft expanded memory specification | LIM EMS [*especificación sobre memoria expandida de Lotus/Intel/Microsoft*]
limen | dintel
limit | límite
limitation | limitación, recorte
limitation of mobility | limitación de la movilidad
limit bridge | puente límite (/de medidas rápidas, /indicador de tolerancias)
limit check | prueba de límites [*para comprobar que la información está dentro de los límites establecidos (en programación)*]
limit cycle | ciclo límite
limited | limitado
limited accessibility | accesibilidad limitada (/incompleta)
limited availability | aprovechamiento limitado
limited continuous speech | discurso continuo limitado
limited license | patente limitada
limited proportionality region | región de proporcionalidad limitada
limited signal | señal limitada
limited space charge accumulation | acumulación de carga en espacio limitado

limited stability | estabilidad limitada
limiter | fusible; limitador
limiter circuit | circuito limitador
limiting | limitación, acción limitadora
limiting angle | ángulo límite
limiting coil | bobina limitadora
limiting concentration | concentración límite
limiting device | dispositivo limitador, limitador de tensión
limiting frequency | frecuencia límite
limiting loss | pérdida por limitación
limiting no-damage current | corriente límite de no fusión, corriente máxima de no fusión
limiting operation | operación limitadora
limiting resolution | resolución límite
limiting thermoresistor | termorresistencia limitadora
limit of detection | límite de comprobación
limit of error | límite de error
limit of measurement | límite de determinación
limit of proportionality | límite de proporcionalidad
limit of sensitivity | sensibilidad límite
limit ratio | relación límite
limit switch | interruptor limitador, disyuntor de seguridad
LIM standard = Lotus/Intel/Microsoft standard | norma LIM = norma Lotus/Intel/Microsoft
linac = linear accelerator | acelerador lineal
Lindemann electrometer | electrómetro de Lindemann
Lindemann glass | vidrio Lindemann
Lindenmeyer system | sistema de Lindenmeyer
line | línea, fila; circuito; familia (de reactores)
line adapter | adaptador de línea [*para comunicaciones*]
line advance | avance por línea
line amplifier | amplificador de línea
line analyzer | analizador de líneas
line and cutoff relay | relé de línea y corte
line and trunk group | grupo de canales y líneas
linear | lineal
linear absorption coefficient | coeficiente de absorción lineal
linear acceleration | aceleración lineal
linear accelerator | acelerador lineal
linear accelerator for electrons | acelerador lineal de electrones
linear accelerometer | acelerómetro lineal
linear actuator | activador lineal
linear address | dirección lineal
linear addressing architecture | arquitectura de direccionamiento lineal
linear aerial array | grupo lineal de antena
linear algebraic equations | ecuaciones simultáneas (/algebraicas lineales)
linear amplification | amplificación lineal
linear amplifier | amplificador lineal
linear analytical curve | linealidad de curvas de verificación
linear array | orden lineal; red de antenas lineal (/equiespaciadas, /equidistantes)
linear backward-wave oscillator | oscilador lineal de onda regresiva
linear birefringence | birrefringencia lineal
linear-bounded automaton | autómata de límite lineal
linear bus | bus lineal
linear calibration graph | linealidad de curvas de verificación
linear channel | canal lineal
linear circuit | circuito lineal
linear clipping | limitación lineal
linear code | código lineal
linear code sequence and jump | bifurcación y secuencia de código lineal
linear control | control lineal
linear control electromechanism | electromecanismo de control lineal
linear crosstalk | diafonía inteligible (/lineal)
linear delay unit | unidad (/elemento) de retardo lineal
linear dependence | dependencia lineal
linear detection | detección lineal
linear detector | detector lineal
linear differential transformer | trasformador diferencial lineal
linear direct currrent amplifier | amplificador lineal de corriente continua
linear dispersion | dispersión lineal
linear distortion | distorsión lineal
linear doubling time | tiempo de doblado lineal
linear electron accelerator | acelerador lineal de electrones
linear energy transfer | trasferencia lineal de energía
linear extrapolation distance | distancia de extrapolación lineal
linear feedback control system | sistema lineal de control con realimentación
linear function | función lineal
linear gate | compuerta lineal
linear grammar | gramática lineal
linear independence | independencia lineal
linear integrated circuit | circuito integrado lineal
linear inferences per second | inferencias lineales por segundo
linear interpolation | interpolación lineal
linearity | linealidad
linearity control | control de linealidad
linearity error | error de linealidad

linearity region | región de linealidad
linearizable quadrupole | cuadripolo linealizable
linear list | lista lineal
linear logic | lógica lineal
linearly dependent | linealmente dependiente
linearly polarised field | campo de polarización lineal
linearly polarised wave | onda polarizada linealmente
linear magnetostriction | magnetostricción lineal
linear magnetron | magnetrón lineal
linear memory | memoria lineal
linear mobility | movilidad lineal
linear modulation | modulación lineal
linear modulator | modulador lineal
linear motion transducer | trasductor lineal de movimiento
linear multistep method | método lineal de pasos múltiples
linear network | red lineal
linear passive electric network | red eléctrica lineal pasiva
linear polarisation | polarización lineal
linear polarised wave | onda polarizada linealmente
linear power amplifier | amplificador lineal de potencia
linear predictive coding | codificación predictiva lineal
linear predictor | predictor lineal
linear programming | programación lineal
linear pulse amplifier | amplificador lineal de impulsos (/potencia)
linear ratemeter | medidor lineal de cuentas por unidad de tiempo
linear rectification | rectificación lineal
linear rectifier | rectificador lineal
linear recurrence | recurrencia lineal
linear regression | regresión lineal
linear regression model | modelo de regresión lineal
linear rising signal | señal en rampa
linear sawtooth | diente de sierra lineal
linear scan | exploración lineal
linear scanning | exploración lineal
linear search | búsqueda por líneas
linear slope equalization | igualación de pendiente lineal
linear staircase generator | generador de onda en escalera lineal
linear stopping power | poder de frenado lineal
linear structure | estructura lineal (/totalmente ordenada)
linear sweep | barrido lineal
line art | arte de línea [*representación vectorial de entidades gráficas*]
linear taper | reductor (/mando) lineal
linear timebase | base lineal de tiempo
linear transducer | trasductor lineal
linear variable-differential transducer | trasductor lineal diferencial variable
linear varying parameter network | red lineal de parámetros variables

linear velocity transducer | trasductor lineal de velocidad
linear waveform shaping | conformación lineal de ondas
line-a-time printer | impresora por líneas
line-a-time printing | impresión por líneas
line balance | equilibrio de línea
line balance converter | convertidor de equilibrio de línea, convertidor para línea coaxial
line balancing network | línea artificial
line bank | regleta de contactos de líneas
line-based browser | explorador basado en líneas [*browser de Web*]
line bias | polarización de línea
line breadth | anchura de la línea
line breadth method | método de análisis por ancho de líneas
line break | caída de la línea
line break switch | interruptor de línea
line breaker | seccionador, conjuntor-disyuntor, ruptor de línea
line broadening | ensanche de las líneas
line brush | escobilla de línea
line buffer | búfer (/memoria tampón) de línea
line building-out network | complemento de línea
line busy | línea ocupada, señal de ocupación
line cap | terminación de línea [*una vez impresa*]
line carried on brackets | línea en soportes
line carrier leak | derivación de portadora en línea
line carrier vestige | vestigio de portadora en línea
line characteristic distortion | distorsión característica de línea
line charge | tasa de línea
line chart | gráfico de líneas
line choking coil | bobina de choque, inductancia de protección contra sobretensiones
line circuit | circuito de línea
line circuit repeating coil | bobina repetidora de circuito de línea
line code | código de líneas
line coincidence | coincidencia de líneas
line composite | línea compuesta
line concentration | concentración de líneas
line concentrator | concentrador de líneas
line conditioner | estabilizador de línea [*eléctrica*]
line conditioning | estabilización de la línea [*eléctrica*]
line connector | conectador de línea
line constant | constante lineal
line coordinate | coordenada de fila
line cord | cordón de línea (/conexión a la red)
line cord resistor | resistencia de cordón de línea
line costs | gastos del circuito
line coupling | acoplamiento de línea
line density | intensidad de las líneas
line density contour | contornos de las líneas
line density of current | densidad lineal de corriente
line diffuser | difusor de línea
line drawing | dibujo lineal
line driver | circuito, controlador (/excitador) de línea
line drop | caída (de tensión) en la línea
line drop signal | señal de línea de abonado
line drop voltmeter compensator | compensador voltimétrico
line entrance | caja para protectores de línea
line equalizer | ecualizador (/compensador) de línea
line equipment | equipo de línea
line equipotential | línea equipotencial
line fault | avería de línea
line fault protection | protección frente a fallos de línea
line feed | avance (/alimentación) de línea (/interlínea)
line feed impulse | señal de cambio de línea
line feed magnet | electroimán de cambio de línea
line filter | filtro de línea
line filter balance | equilibrador de filtro de línea
linefinder, line finder | buscador de línea (/llamada); localizador de renglón
linefinder switch | conmutador buscador de línea
line finding function | operación de búsqueda de líneas
line flyback | retorno de línea
line focus tube | tubo de foco lineal
line free | circuito de desbloqueo
line frequency | frecuencia de (la) línea
line-frequency blanking pulse | impulso de borrado de la frecuencia de línea
line-frequency regulation | regulación de la frecuencia de línea
line fuse | fusible de línea
line group | grupo de línea
line grouping | línea (/llamada) colectiva
line hit | chasquido de la línea
line hydrophone | hidrófono de línea
line impedance | impedancia de línea
line in | entrada de línea
line in/line out connector | conector de reposo/espera (/entrada/salida de línea)
line input | entrada a la línea
line integral of a vector | integral de línea de un vector

line interface | interfaz de línea, entrelazado de líneas
line interval | intervalo entre líneas
line in trouble | línea averiada
line isolation facility | equipo de aislamiento de línea
line jack | clavija de línea
line join | unión de líneas
line junctor | línea de abonado
line lamp | lámpara de línea (/llamada)
line leakage | fuga de línea
line length | longitud de la línea
line lengthener | prolongador de línea
line level | nivel de línea
line link | enlace terrestre (en línea)
line load | carga de línea
line loading | pupinización
line lockout | llamada errónea, retardo en marcar
line loop | bucle de línea
line loop resistance | resistencia de línea local
line loss | pérdida de línea
line maintenance | mantenimiento de la línea
lineman | instalador (/reparador) de líneas
line marker | marcador de línea
line marker scanner | explorador marcador de líneas
line marking relay | relé de marcado de línea
line microphone | micrófono de línea
line noise | ruido de línea
line number | número de la línea
line observation circuit | circuito de observación de abonado
line of a field | línea de campo
line of a vector field | línea de fuerza eléctrica
line of ducts | conducto múltiple
line of flux | línea de flujo
line of force | línea de campo (/fuerza)
line of induction | línea de inducción
line of position | línea de posición (/situación)
line of propagation | línea de propagación
line of repeater bays | fila de repetidores
line of sight | línea visual
line-of-sight coverage | cobertura de la línea visual
line-of-sight distance | distancia al horizonte óptico
line-of-sight path | trayectoria de línea visual
line-of-sight range | alcance óptico
line-of-sight stabilisation | estabilización de la línea visual
line-of-sight transmission | trasmisión de alcance óptico
line of travel | línea de viaje
line oscillator | oscilador de línea
line output | salida de línea
line output source label | rótulo de fuente de salida de línea
line pad | atenuador de línea

line pilot | (onda) piloto de línea
line pilot frequency | frecuencia (/onda) piloto de línea
line plant | red de líneas
line printer | impresora de (/por) líneas
line protection equipment | elementos de protección de línea
line protocol | protocolo de línea
line pulsing | envío de impulsos por línea
line radiator | radiador lineal
line radio | telegrafía alámbrica por portadora de radiofrecuencia
line receiver | receptor de línea
line record | registro de líneas
line reflection | reflexión de línea
line regulated section | sección de regulación de línea
line regulating pilot | piloto regulador de línea, onda piloto reguladora de línea
line regulation | regulación de línea
line regulator | regulador de línea [*eléctrica*]
line relay | relé de línea (/llamada)
line repeater | repetidor de línea
line repeating coil | trasformador de línea
line scanning frequency | frecuencia de la exploración de línea
line scratches | ruido de fritura
line segment | segmento de línea
line selection unit | unidad (/elemento) de selección de líneas
line selector | selector (/buscador) de línea
line sensor | sensor de línea
line sequential colour television | televisión en color de líneas secuenciales
line shift | desplazamiento de la línea
line shunt relay | relé en derivación de línea
line side | lado (/final) de línea
line signal | señal de línea (/llamada)
line signalling | señalización de línea
line signals | señalización de líneas
line simulator | complemento de línea
lines of code | líneas de codificación [*medida para la longitud de los programas*]
line spacing | interlineado
line spectrum | espectro de líneas (/rayas)
line speed | velocidad de línea
lines per minute | líneas por minuto
line-stabilised oscillator | oscilador de línea estabilizada
line staff | personal de línea
line stretcher | extensor de línea (/guiaondas de longitud variable)
line structure | línea no uniforme
line style | estilo de líneas
line supervision | supervisión de línea
line surge | descarga de línea [*sobretensión repentina en la línea de alimentación*]
line switcher | conmutador de línea

line switching | conmutación de línea
line synchronising pulse | impulso sincronizador (/de sincronización) de línea
line terminal | terminal (/borna) de fase
line terminal panel | panel terminal de líneas
line termination panel | panel (/tablero) de terminación de líneas
line test key | llave de prueba de línea
line time clock | reloj de línea
line-to-grid transformer | trasformador de adaptación línea-rejilla
line-to-line voltage | tensión (/voltaje) entre fases
line transformer | trasformador de línea
line transformer rack | bastidor de trasformadores de línea
line trap | trampa de línea
line triggering | disparo por la línea
line truck | camión para servicio de línea
line-type modulator | modulador de línea de descarga
line unit | unidad de línea
line-up measurement | medida de alineación
line voltage | tensión de línea
line voltage regulator | regulador de tensión de línea
line voltage transient protection | protección de transitorios de tensión en la línea
line width | ancho de línea
line wiper | escobilla de línea
line wire | hilo de línea
lingering period | periodo de retardo
linguistic | lingüístico
linguistics | lingüística
lining ionization chamber | cámara de ionización de revestimiento
link | arteria; conector de bornes; conexión; correlación; elemento fusible; enlace (de radiocomunicación); eslabón, vínculo; malla, sistema de mallas; puente de conexión; unión
link, to - | enlazar, vincular
link access procedure [*for modems*] | protocolo de enlace de acceso [*para módem*]
link access procedure balanced system | sistema compensado de trasmisión de datos
link access procedure for modems | procedimiento de acceso à enlaces para módems
link access protocol | protocolo de acceso de enlace
linkage | concatenación, concatenamiento; enlace (químico); flujo magnético por espira; unión
linkage coefficient | coeficiente de Hopkinson
linkage editor | montador de enlaces, enlazador
link box | caja de seccionamiento
link by link | tramo a tramo

link circuit | circuito de conexión (/enlace, /unión)
link control protocol | protocolo de control de enlace
link coupling | acoplamiento de enlace, acoplamiento en cadena
linked | enlazado, conectado por enlace directo
linked circuit breaker | interruptor automático de desconexión simultánea de los polos
linked flux | flujo concatenado
link-edit, to - | enlazar
link editor | montador de enlaces
linked list | lista encadenada (/enlazada, /concatenada)
linked object | objeto vinculado
linked switches | interruptores enlazados (/solidarios)
link encryption | puesta en clave de enlaces
linker | cargador de enlace, montador (/editor) de enlaces, enlazador
link fuse | fusible de enlace
linking loader | montador de enlaces
linking panel | unidades de entrada
link layer | nivel de enlace
link loader | cargador de enlaces
link neutralisation | neutralización por acoplamiento (/enlace)
link speed | velocidad agregada (/total de entrada)
link testing | prueba de enlaces
link time | tiempo de enlace
link-trainer | simulador (/entrenador) de vuelo
link transmitter | repetidor de televisión; trasmisor de enlace
lin-log = linear-logarithmic | lineal-logarítmico
lin-log receiver | receptor lineal-logarítmico
linotron | linotrón
Linotronic | Linotronic [*impresora gráfica con resolución de hasta 1.270 x 2.540 dpi*]
Linux | Linux [*sistema operativo Unix*]
lip | labio; pico [*defecto en el corte de una fibra óptica*]
lip height | altura del labio
lip microphone | micrófono de labio (/bigote)
LIPS = linear (/logical) interferences per second | LIPS [*interferencias lineales (/lógicas) por segundo*]
lip-sync | sincronización labial
liquid | líquido
liquid air | aire líquido
liquidation of accounts | liquidación de cuentas
liquid-borne noise | ruido de líquido
liquid cell | cubeta para líquidos
liquid consumption | consumo de líquido
liquid controller | combinador de resistencia líquida
liquid-cooled dissipator | disipador por líquido refrigerado

liquid cooling | refrigeración por (circulación de) líquido
liquid core fibre | fibra de núcleo líquido
liquid core optical fibre | fibra óptica de núcleo líquido
liquid counter tube | tubo contador para líquidos
liquid crystal | cristal líquido
liquid crystal display | pantalla de cristal líquido
liquid crystal display printer | impresora con pantalla de cristal líquido
liquid crystal shutter printer | impresora con obturador de cristal líquido
liquid drop model | modelo de la gota líquida
liquid emulsion | emulsión líquida
liquid-filled capacitor | condensador relleno de líquido
liquid filter | filtro para líquidos
liquid-fluidised bed reactor | reactor de lecho líquido fluidizado
liquid fuel | combustible líquido
liquid fuse | fusible de líquido
liquid fuse unit | unidad de fusible en líquido
liquid-impregnated capacitor | condensador impregnado en líquido
liquid junction | unión líquida
liquid junction potential | potencial de la unión líquida
liquid laser | láser (de) líquido
liquid level gauge | indicador de nivel de líquido
liquid-metal fast reactor | reactor rápido de metal líquido, reactor con combustible metálico líquido
liquid-metal fuel cell | pila de combustible líquido-metal
liquid-metal fuel reactor | reactor de combustible líquido-metal
liquid-metal thermal reactor | reactor térmico de metal líquido
liquid mixture | mezcla de líquidos
liquid rheostat | reostato líquido
liquid switch | interruptor de líquido
liquid wall ionisation chamber | cámara de ionización de pared líquida
liser | liser [*oscilador de microondas de pureza espectral muy alta*]
LISP = list processor | LISP [*lenguaje informático de procesador de listados*]
Lissajous figure | figura de Lissajous
list | lista
list, to - | listar
list book | nomenclator
list box | cuadro de lista
list button | botón de lista
list cascade button | botón de lista en cascada
listed card | tarjeta reconocida
list editor | editor de lista
listener | receptor, persona a la escucha
listener echo | efecto barril (/resonancia)

listen in, to - | captar, escuchar, pasar a la escucha
listening | escucha
listening angle | ángulo de audición
listening circuit | circuito de escucha
listening cord | cordón de escucha
listening facilities | medios de escucha
listening frequency | frecuencia de escucha
listening in | escucha
listening jack | clavija de escucha
listening key | llave de escucha
listening position | posición de escucha
listening post | puesto de escucha
listening sonar | sonar de escucha
list fonts, to - | listar fuentes
list head | cabeza de lista
listing | listado
list insertion sort | clasificación de inserción de lista
list item | elemento de la lista
list of names | nomenclatura
list processing | proceso de listas
listserv = list server | servidor de listas
list server | servidor de listas
list sorting | clasificación por lista
list structure | estructura de lista
list symbols, to - | listar símbolos
liter [USA] [*litre (UK)*] | litro
literal | letra; literal
literate programming | programación descriptiva
lithium | litio
lithium chloride sensor | sensor de cloruro de litio
lithium-drifted detector | detector compensado con litio, detector de difusión de (iones ce) litio
lithium-drifted technique | técnica de difusión de iones de litio
lithium fluoride crystal | cristal de litio-fluorita
lithium ion battery | batería de iones de litio
lithography | litografía
litre [UK] | litro
little endian | little endian [*método de almacenamiento numérico donde el byte menos significativo se coloca en primer lugar*]
Littrow arrangement | disposición de Littrow
Littrow mounting | montaje de Littrow
Littrow spectrogram | espectrógrafo de Littrow
litzendraht wire | cable de hilos trenzados
live | vivo, activado, activo, en funcionamiento; bajo tensión, con corriente; radiodifusión directa, emisión en directo; en directo, en vivo
live broadcast | radiodifusión directa
live cable test cap | aislador de punta de prueba activa
live circuit | circuito activo (/electrizado, /bajo tensión)

live end | pared ecoica (/acústica, /reflectora, /reverberante); extremo vivo (/con corriente)
liveness | vitalidad
live part | parte viva (/electrizada, /con tensión)
live room | sala reverberante (/no absorbente)
live traffic | tráfico real
liveware [*fam*] | personal [*personas, a diferencia de software y hardware*]
live wire | alambre con corriente (/tensión)
LLC = logical link control | LLC [*control de enlace lógico*]
LLC protocoll = logical link control protocol | protocolo LLC [*protocolo para el control lógico de enlaces*]
L line | línea L
LLL = low level language | LLL [*lenguaje de bajo nivel*]
LMDS = local multipoint distribution service | LMDS [*servicio de distribución multipunto local*]
LMFC = laser multiformat camera | LMFC [*cámara láser multiformatos*]
LMT = local mean time | hora media local
Ln = line | línea
L network | red en L
LNS = L2TP network server | LNS [*servidor de red L2TP*]
LO = line out | Sal.Lin. = salida de línea
load | carga
load, to - | cargar
load analysis | análisis de carga
load and go | carga y ejecución
load and store | carga y almacenamiento
load balancing | distribución compensada de carga
load break connector | conector de ruptura
load break switch | seccionador de potencia, seccionador para ruptura de carga
load bus | línea colectiva de carga
load carrying capacity | carga admisible, capacidad de admisión de carga
load cell | célula de carga
load centre | centro de carga
load centre substation | subestación de centro de carga
load centre system | sistema de centralización de la carga
load characteristic | característica de carga
load circuit | circuito de carga
load circuit efficiency | eficacia (/rendimiento) del circuito de carga
load circuit power input | entrada de potencia al circuito de carga
load coil | bobina de carga
load coil spacing | paso de pupinización
load current | corriente de carga
load curve | curva (/diagrama) de carga

load disconnect relay | relé de desconexión de carga
load dispatcher | distribuidor (/repartidor, /despachador) de carga
load distribution switchboard | tablero de distribución de cargas
load divider | distribuidor de carga
load division | reparto de carga
loaded | cargado
loaded aerial | antena cargada
loaded applicator impedance | impedancia de aplicador cargado
loaded cable | cable cargado (/pupinizado)
loaded circuit | circuito cargado
loaded concrete | hormigón pesado (/de protección)
loaded impedance | impedancia cargada (/con carga normal)
loaded line | línea cargada
loaded motional impedance | impedancia cinética cargada
loaded pair | par cargado
loader | cargador; programa de carga
loader routine | rutina de carga
load factor | factor de carga (/potencia, /utilización)
load impedance | impedancia de carga
load impedance diagram | diagrama de impedancia de carga
loading | carga; impregnación
loading coil | bobina pupinizadora (/de carga), carrete pupinizador
loading coil case | caja de bobinas de carga
loading coil section | sección de pupinización
loading coil spacing | distancia entre bobinas de carga
loading coil unit | unidad de carga
loading disc | disco de carga
loading error | error de carga
loading factor | coeficiente de ocupación; factor de carga
loading gauge | gálibo de carga
loading machine | máquina alimentadora
loading noise | ruido de carga
loading point | punto de carga (/pupinización)
loading pot | caja de bobinas de carga
loading resistor | reostato (/resistencia, /resistor) de carga
loading routine | rutina de carga
loading scheme | plano de pupinización
loading unit | unidad de carga
load isolator | aislador de carga
load lead | cable de carga
load life | vida de carga
load line | línea (/recta) de carga
load line method | método de línea de carga
load matching | adaptación (/ajuste) de carga
load-matching network | red de adaptación (/ajuste) de la carga
load-matching switch | conmutador de adaptación (/ajuste) de carga
load message | mensaje relativo a la carga
load mode | modo de carga
load module | módulo de carga
load point | punto de carga
load reflection | reflexión de la carga
load regulation | regulación de carga
load regulator | regulador de carga
load resistor | resistencia de carga
load setup defaults, to - | cargar valores de configuración por defecto
load sharing | compartimiento de la carga
load shedding | corte de alimentación [*para algunas unidades de consumo con objeto de preservar la alimentación para las demás en un sistema eléctrico*]
load side | terminal de la carga
load switch | conmutador de carga, seccionador de potencia
load transfer switch | conmutador de trasferencia de carga
load winding | devanado de carga
lobe | lóbulo
lobe frequency | recuento de los lóbulos
lobe front | lóbulo frontal
lobe half-power width | anchura de potencia mitad del lóbulo de radiación
lobe penetration | penetración del lóbulo
lobe switch | conmutador de lóbulo
lobe switching | orientación del haz; [*en radar*] conmutación de lóbulos
lobing | conmutación de lóbulos; lobulado
LOC = lines of code | líneas de codificación
local | local
local action | acción local
local alarm | alarma local
local alarm system | sistema de alarma local
local analysis | análisis local
local apparent time | hora local aparente
local area call | llamada de zona (/área local)
local area network | red (de área) local
local battery | batería local
local battery area | red de batería local
local battery exchange | central de batería local
local battery inductor coil | bobina inductora de batería local
local battery phone | teléfono de batería local
local battery switchboard | cuadro conmutador de batería local
local battery telephone set | aparato telefónico de batería local
local beam | haz localizador
local bus | bus local
local bus controller | controladora de bus local
local busy | ocupación local

local bypass | salto local [para enlaces telefónicos]
local cable | cable local
local central office | central local
local centre | estación local
local channel | canal local
local class | clase local
local control | control local, mando directo
local control panel | panel local de control
local diagnostics | diagnóstico local
local discretization error | error local de discretización
local echo communication | comunicación símplex (/semidúplex, /de eco local) [en un solo sentido]
local echo mode | modalidad de eco local
local end | conjunto terminal
local enrichment | enriquecimiento local
local environment | entorno nacional
local error | error local
local exchange | central urbana, estación local
local exchange network | red urbana
local fallout | poso radiactivo local
local-fault display panel | panel de indicación visual de fallos locales
local-fault display unit | indicador visual de fallos locales
local feed junctor | alimentador local
local feed junctor for tests | alimentador local de pruebas
local host | unidad maestra local
local hour angle | ángulo horario local
localisation | localización
localiser | localizador
localiser beacon | radiofaro de pista
localiser course | localizador; rumbo del haz
localiser on-course line | línea de ruta del radiolocalizador
localiser receiver | receptor del localizador
localiser sector | sector de localizador
localiser station | estación balizadora
local jack | clavija local
local junction | enlace interior (/local)
local loop | lazo local
local mean time | hora media local
local memory | memoria local
local multipoint distribution service | servicio de distribución multipunto local
local network | red urbana
local newsgroups | grupo de noticias local [en internet]
local node | nodo local
local nucleate boiling | ebullición nuclear local
local off-line function | función local independiente de la línea
local optimization | optimación local
local order wire | circuito local de órdenes
local oscillator | oscilador local

local oscillator injection | inyección del oscilador local
local oscillator radiation | radiación del oscilador local
local oscillator valve | válvula del oscilador local
local out-junction | enlace de salida
local phone | teléfono local
local plant | red urbana
local position | posición urbana
local printer | impresora local
local programme | programa local
local reboot | reinicialización local [de un ordenador]
local record | registro (/control, /vigilancia) local
local satellite | satélite urbano
local seizure lamp | lámpara (indicadora) de toma de línea local
local sensitivity | sensibilidad local
local side | terminal local
local sideral time | hora sideral local
local supervision | vigilancia local
local talk | conversación (/llamada) local
local time | hora local
local traffic | tráfico urbano
local truncation error | error local de truncamiento (/truncadura)
local trunk | enlace local (/interior); conferencia local
local user terminal | terminal de usuario local [estación receptora terrestre]
local variable | variable local
locate, to - | localizar
locating device | dispositivo de localización (/posición)
location | localización, emplazamiento, ubicación; posición, situación; dirección
location counter | contador de posición
location cursor | cursor de ubicación
location hole | agujero de posicionado
location indicator | indicador de lugar
location of a fault | localización de una avería
location operator | operador de posición
locator | localizador; radiofaro de localización
locator beacon | radiofaro de localización (/posición)
lock | bloqueo; cerrojo, cierre; enganche; seguimiento automático; cerrado, bloqueado
lock, to - | bloquear
lock ball | bola de traba
lock ball channel | canal de bolas de traba
lock button | botón de bloqueo
lock byte | byte de bloqueo
locked | bloqueado, enclavado, enganchado
locked file | archivo bloqueado
locked groove | surco cerrado (/de cierre, /de tope)
locked oscillator | oscilador enganchado

locked oscillator detector | detector de oscilador bloqueado
locked pair | par enganchado
locked rotor current | corriente de rotor bloqueado
locked rotor torque | par de rotor bloqueado
locked volume | volumen bloqueado
Lockenvitz leaf gauge | medidor de hojas de Lockenvitz
locker space | cuarto (/espacio) de taquillas
lock-in | enganche; sincronización
lock-in amplifier | amplificador sincrónico (/de enganche), detector sincrónico
lock-in base | base loctal
locking | bloqueo, enclavamiento; enganche
locking device | dispositivo de bloqueo
locking enabled | bloqueo activado
locking-in | enclavamiento
locking key | llave fija (/con retención), pulsador con retención
locking-on | seguimiento automático
locking-out relay | relé de bloqueo
locking pushbutton | pulsador con retención
locking relay | relé de bloqueo (/enclavamiento)
lock-in loop | lazo de enganche
lock-in range | intervalo de bloqueo
lock-in signal processing technique | técnica de elaboración de señales por enganche de fase
lock lever | palanca de enclavamiento
lock lever release arm | brazo de liberación de la palanca de enclavamiento
locknut | contratuerca, tuerca de seguridad
lock-on | enganche; localización; iniciación del seguimiento [en radar]
lock-on range | distancia de enganche
lockout, lock-out | anulador; bloqueo, cierre; exclusión; traba
lock out, to - | bloquear, cerrar, enclavar, obstruir
lock-out amplifier | amplificador de bloqueo
lock-out circuit | circuito biestable
lock-out condition | condición de bloqueo
lock-out gate | compuerta de bloqueo
lock-out voltage | tensión de bloqueo
lock-over circuit | circuito biestable
lock primitive | bloqueo
lock range | margen de enganche
lock resource | recurso de bloqueo
locks and keys | sistema de bloqueo y claves
lock shaft | eje de bloqueo
lockup | enclavamiento, retención en trabajo
lock-up relay | relé de enclavamiento, relé enclavador
locomotive | locomotora

locomotive with cable drum | locomotora de tambor devanador
locomotive with hauling drum | locomotora de cabria
loctal base | base loctal (/con dispositivo de fijación)
loctal valve | válvula loctal
lodar | lodar [*radiogoniómetro de acción nocturna*]
lodestone | magnetita
Lodge aerial | antena de Lodge
Lofar = low-frequency acquisition and randing | Lofar [*sistema detector de submarinos por sonidos de muy baja frecuencia captados mediante hidrófonos*]
Loftin-White circuit | circuito de Loftin-White
log = logarithm | log = logaritmo
log | diario (del servicio); registro
log, to - | registrar
logarithm | logaritmo
logarithmic | logarítmico
logarithmic amplifier | amplificador logarítmico
logarithmic converter | conversor logarítmico
logarithmic curve | curva logarítmica
logarithmic decrement | decremento logarítmico
logarithmic direct current amplifier | amplificador logarítmico de corriente continua
logarithmic extinction curve | curva logarítmica de extinción
logarithmic fast time constant | constante de tiempo logarítmica rápida
logarithmic horn | bocina logarítmica
logarithmic motor | motor logarítmico
logarithmic pulse amplifier | amplificador de impulsos logarítmico
logarithmic ratemeter | medidor logarítmico de cuentas por unidad de tiempo
logarithmic scale | escala logarítmica
logarithmic scale meter | medidor de escala logarítmica
logarithmic search algorithm | algoritmo de bisección (/búsqueda binaria, /búsqueda dicotómica, /búsqueda logarítmica)
logatom | fonema; logátomo
logbook | diario de a bordo; registro de guardia
log file | archivo de registros
logger | indicador múltiple
logging | parte; anotación cronológica
logging of incoming calls | lista de llamadas entradas
log holder clip | clip para hoja de control
logic | lógica
logical | lógico
logical block | bloque lógico
logical block addressing | direccionamiento de bloque lógico
logical choice | elección lógica
logical cohesion | cohesión lógica

logical comparison | comparación lógica
logical connective | operador lógico
logical decision | decisión lógica
logical design | diseño lógico
logical device | dispositivo lógico
logical diagram | diagrama lógico
logical drive | unidad lógica
logical element | elemento lógico
logical encoding | codificación lógica
logical error | error lógico
logical expression | expresión lógica
logical file | archivo informático
logical flowchart | organigrama lógico
logical formulae | fórmulas lógicas
logical link control | control de enlace lógico
logically equivalent circuits | circuitos lógicamente equivalentes
logical manipulation | manipulación lógica
logical network | red informática
logical one | uno lógico
logical operation | operación lógica
logical operator | operador lógico (/booleano)
logical record | registro lógico [*unidad de información*]
logical schema | esquema lógico (/conceptual)
logical shift | desplazamiento lógico
logical state | estado lógico
logical symbol | símbolo lógico
logical threshold voltage | umbral lógico de tensión
logical type | tipo lógico
logical value | valor lógico (/booleano)
logical zero | cero lógico
logic analyser | analizador lógico
logic analysis | análisis lógico
logic array | matriz lógica
logic board | placa maestra
logic bomb | bomba lógica [*error de programación que se manifiesta sólo bajo ciertas condiciones*]
logic card | placa lógica
logic cell array | orden de celdas lógicas, orden lógico de celdas
logic chip | chip lógico [*que procesa información además de almacenarla*]
logic circuit | circuito lógico
logic comparison | comparación lógica
logic design | diseño lógico (/digital)
logic device | dispositivo lógico
logic diagram | diagrama lógico
logic element | elemento lógico
logic error | error lógico
logic family | familia lógica
logic function | función lógica (/booleana)
logic gate | puerta lógica
logic ground | masa lógica
logic instruction | instrucción lógica
logic language | lenguaje lógico
logic level | nivel lógico
logic module | módulo lógico
logic operation | operación lógica
logic operator | operador lógico

logic probe | verificador lógico
logic programming | programación lógica [*en informática*]
logic reed relay | relé lógico de láminas
logic-seeking printer | impresora de posicionamiento lógico [*impresora inteligente cuya cabeza de impresión se salta las zonas en blanco*]
logic signal | señal lógica
logic state | estado lógico
logic state analyser | analizador de estados lógicos
logic sum | suma lógica
logic swing | oscilación lógica
logic switch | conmutador lógico
logic symbol | símbolo lógico
logic system | sistema lógico
logic timing analyser | analizador de temporización lógica
logic tree | árbol lógico
log-in | entrada al (/en el) sistema; inicio de sesión
log in, to - | iniciar sesión
loging-off | transición de salida [*paso de estado nulo al de acceso en elementos lógicos*]
loging-on | transición de acceso [*en dispositivos lógicos*]
login prompt | indicador de inicio de sesión
logistic function | función logística
log/linear preamplifier | preamplificador logarítmico lineal
log magnitude | magnitud logarítmica
logo | logotipo
log off | log off [*fin de comunicación con desconexión del ordenador*]; salida del sistema
log off, to - | terminar el modo de diálogo, terminar la conexión
logon | logonio
log on, log-on | identificación; entrada en el sistema [*comienzo de la comunicación mediante identificación*]
log on, to - | comenzar la sesión; identificar
logout, log out, log-out | (estado de) salida del sistema [*informático*]; fin de sesión, finalización de la sesión
log out, to - | salir del sistema; finalizar la sesión
logout button | botón fin de sesión
logout process | proceso de fin de sesión
log-periodic aerial | antena de periodo logarítmico
log-periodic dipole array | red de dipolos de periodo logarítmico
log receiver | receptor logarítmico
log scan | exploración logarítmica
log sheet clip | clip para hoja de control
log tab | lengüeta de la tarjeta de registro
loktal | loctal
loktal base | base con dispositivo de fijación

loktal valve | válvula loctal
LOL = laughing out loud | LOL [*fórmula usada en internet para expresar aprobación, normalmente de un chiste*]
LoLo = lift-on lift-off | carga y descarga por grúa
London dipole theory | teoría dipolar de London
London equation | ecuación de London
London force | fuerza de London
lone electron | electrón aislado (/solitario)
long | largo
long baseline system | sistema de gran línea base
long break | separación larga
long distance | larga distancia
long distance barring facility | discriminación de llamadas; restricción de conferencias (/llamadas salientes)
long distance circuit | circuito interurbano (/de larga distancia)
long distance line | línea de larga distancia
long distance loop | bucle de larga distancia
long-distance navigation aid | ayuda a la navegación de larga distancia
long distance room | sala de larga distancia
long distance selection | selección a distancia
long distance traffic | tráfico a gran distancia
long distance xerography | xerografía de larga distancia
long echo | eco retardado (/de larga duración)
longevity | longevidad
long filename | nombre largo de archivo
long focus | de larga distancia focal
long gap spark | chispa de gran longitud
long-haul | de largo alcance
long-haul toll circuit | circuito de larga distancia
long haul traffic | tráfico interurbano de larga distancia
longitudinal | longitudinal
longitudinal carrier-cable | cable sustentador longitudinal
longitudinal chromatic aberration | aberración cromática longitudinal
longitudinal circuit | circuito longitudinal
longitudinal coil | bobina longitudinal
longitudinal current | corriente longitudinal
longitudinal differential protection | protección diferencial longitudinal
longitudinal fuse | espoleta longitudinal
longitudinal heating | calentamiento longitudinal
longitudinal magnetisation | magnetización longitudinal
longitudinal overvoltage | sobretensión longitudinal
longitudinal parity | paridad longitudinal
longitudinal redundancy | redundancia longitudinal
longitudinal redundancy check | verificación de redundancia longitudinal
longitudinal stay | riostra en el sentido de la línea
longitudinal wave | onda longitudinal
long line effect | efecto de línea larga, efecto de cable largo
long line facility | línea de larga distancia
long-nose pliers | pinzas de punta larga
long path cell | cubeta con recorrido largo
long persistence screen | pantalla de gran persistencia
long pitch winding | devanado de paso largo
long play record | disco de larga duración
long-range alpha particle | partícula alfa de largo alcance
long range navigation | navegación de largo alcance
long range radar | radar de largo alcance
long-range tracking laser | láser de seguimiento a larga distancia
long reach mike | micrófono de largo alcance
long shunt | derivación longitudinal
long-tailed pair | par de cola larga
long-term instability | inestabilidad a largo plazo
long-term stability | estabilidad a largo plazo
long throw | long throw [*método de diseño de altavoces*]
longtime lag fuse | fusible de acción lenta
long-time synchronization | sincronización a largo plazo
long trunk call | llamada interurbana
longwave, long wave | onda larga
long wire aerial | antena larga (/de hilo largo)
lookahead, look-ahead | adelantamiento; preanálisis; look-ahead [*capacidad del procesador central del ordenador para retener una orden*]
lookahead unit | unidad de adelantamiento
look and feel | forma y materia
look-through | vigilancia de trasmisión; pausa de comprobación [*en trasmisiones*]
lookup | consulta
look-up table, look up table | tabla de consulta; dispositivo selector de la memoria
loom | cableado previo; conducto (/tubo) flexible
loop | anillo, bucle, lazo; antinodo [*en oscilaciones*]; circuito (cerrado); malla
loop-actuating signal | señal de actuación del bucle (/lazo)
loop aerial | antena de cuadro (/marco)
loop and trunk layout | plano de la red
loop attenuation | atenuación en retorno
loopback | bucle de retorno (/salida, /prueba)
loopback test | comprobación en bucle del retorno; prueba de compatibilidad
loop check | prueba en bucle
loop circuit | circuito en bucle
loop configuration | configuración en lazo
loop control | control de bucle (/línea local)
loop counter | contador de bucle
loop delay unit | unidad de retardo de bucle
loop dialling | marcado en bucle; sistema de comunicación por doble hilo
loop difference signal | señal diferencial del bucle (/anillo, /lazo)
loop disconnect dialler | marcador de desconexión del bucle
loop disconnect pulsing | numeración en bucle
looped line | línea en cortocircuito
loop error | error del bucle (/lazo)
loop error signal | señal de error del bucle (/lazo)
loop extending | prolongador de bucle; aumento del alcance de las extensiones
loop feedback signal | señal de realimentación del bucle (/lazo)
loop feeder | alimentador en bucle
loop gain | ganancia de bucle (/lazo)
loop galvanometer | galvanómetro de bucle
loop height | flecha
loophole | laguna [*fallo en programación*]
loop in, to - | conectar (/intercalar) en bucle
looping | retardo por bucle
looping-in | conexión en circuito
loop input signal | señal de entrada del bucle (/lazo)
loop invariant | invariante de bucle
loop margin | margen de bucle
loop measurement | medida en anillo
loop mile | longitud de hilo en una milla de línea bifilar
loop noise bandwidth | ancho de banda del ruido de bucle
loop option | opción de línea de abonado
loop output signal | señal de salida del bucle (/lazo)
loop pulsing | generación de impulsos en bucle
loop resistance | resistencia del bucle
loop resistance measurement | medición de la resistencia del bucle
loop return signal | señal de retorno

del bucle (/lazo)
loop reversal | señalización por inversión de polaridad
loop signalling | señalización por bucle
loop start signalling | señalización por cierre de bucle
loopstick aerial | antena de barra (/núcleo, /cuadro, /devanado de ferrita
loop structure | estructura de lazo
loop supervision | señalización por bucle
loop supply voltage | tensión alimentadora de línea local
loop switching frequency | frecuencia de conmutación del cuadro
loop test | prueba en anillo (/bucle, /circuito cerrado)
loop through | conexión derivada
loop transfer function | función de trasferencia del bucle (/lazo)
loop transfer ratio | relación de trasferencia del bucle (/lazo)
loop-type directional coupler | acoplador direccional tipo bucle
loop-type radio range | radioalcance de antena de cuadro
loop wave input | entrada de ondas en bucle
loose coupler | acoplador ajustable
loose coupling | acoplamiento débil (/flojo)
loose-buffer cable | cable de estructura holgada
LORAC = long-range accuracy radar system | LORAC [*sistema de radar de gran alcance y precisión*]
LORAN = long range navigation | LORAN [*navegación de largo alcance; señal de referencia para la sincronización*]
loran chain | cadena de loran (/largo alcance)
loran chart | mapa de loran (/largo alcance)
loran fix | situación por loran
loran guidance | guiado por loran
loran indicator | indicador loran (/largo alcance)
loran line | línea loran
loran receiver | receptor de largo alcance
loran set | equipo de loran
loran station | estación loran
loran table | tabla loran
loran triplet | trío de loran
Lorentz dissociation | disociación de Lorentz
Lorentz field | campo de Lorentz
Lorentz force | fuerza de Lorentz
Lorentz force equation | ecuación de fuerza de Lorentz
Lorentz gas | gas de Lorentz
Lorentz ionization | ionización de Lorentz
Lorentz number | número de Lorentz
Lorentz theory of electron | teoría del electrón de Lorentz

lo-res = low resolution | baja resolución
loss | pérdida; atenuación, debilitamiento
loss angle | ángulo de pérdida
loss balancing | compensación de pérdida [*de señal*]
loss by oxidation and volatilization | requemado
loss cone | cono de pérdida
loss current to earth | pérdida a tierra
losser | atenuador; disipador
losser circuit | circuito disipador
Lossev effect | efecto de Lossev
loss factor | factor de pérdida
loss frequency testing | prueba de pérdida en función de la frecuencia
loss index | índice de pérdida
loss in efficiency | pérdida de potencia
lossless | sin pérdidas
lossless compression | compresión sin pérdida de datos
lossless line | línea sin pérdidas
lossless network | red sin pérdidas, red no disipativa
lossless reciprocal network | red recíproca no disipativa
loss modulation | modulación por pérdida
loss of contact | pérdida del contacto, interrupción de la comunicación
loss of counts | coeficiente de pérdida
loss of field protection | protección contra la pérdida del campo excitador
loss rate | velocidad de pérdida
loss resistance | resistencia de pérdidas
loss summation method | método por pérdidas separadas
loss system | sistema de pérdidas (/llamadas abandonadas)
loss tangent | tangente de pérdida
loss type operation | gestión de llamadas perdidas, operación de llamadas abandonadas
lossy | con pérdidas, con disipación
lossy attenuator | atenuador disipador
lossy cable | cable disipador
lossy compression | compresión con pérdida de datos
lossy line | línea con pérdidas
lost | perdido
lost call | llamada perdida (/ineficaz)
lost cluster | clúster perdido [*marcado por defectuoso*]
lost line | línea muerta
lost-motion period | periodo (/tiempo) perdido
lost-motion time | tiempo perdido
lost-time meter | contador de tiempo perdido
lost traffic | tráfico perdido
lot | lote
LOT [*Spanish law for ordering telecommunications*] | LOT = Ley de ordenación de las telecomunicaciones españolas
loud hailer [UK] | megáfono (eléctrico)
loudness | sonoridad, nivel sonoro

loudness compensation | compensación de sonoridad
loudness contour | contorno de sonoridad
loudness contour selector | selector de contorno de sonoridad
loudness control | control de sonoridad
loudness level | nivel de sonoridad (/intensidad sonora)
loudness volume equivalent | equivalente de referencia
loudspeaker | altavoz
loudspeaker baffle | difusor de altavoz, pantalla acústica
loudspeaker diaphragm | diafragma de altavoz
loudspeaker dividing network | red divisora de altavoz
loudspeaker impedance | impedancia de altavoz
loudspeaker microphone | micrófono de altavoz
loudspeaker system | sistema (/grupo) de altavoces
loudspeaker voice coil | bobina móvil de altavoz
louvre | persiana (de altavoz)
love wave | onda de amor (sismográfica)
low | bajo; grave, nivel de graves
LOW = local order wire | circuito local de órdenes
low-altitude radio altimeter | radioaltímetro de baja altura
low angle radiation | radiación de ángulo estrecho
low band | banda baja
low capacitance contact | contacto de baja capacidad
low capacitance probe | sonda de baja capacidad
low compensation | compensación de baja frecuencia
low corner frequency | frecuencia de esquina inferior
low current-density discharge | descarga difusa
low definition television | televisión de baja definición
low drag aerial | antena colgante con baja resistencia de avance
low Earth orbit | órbita terrestre baja
low-Earth-orbit satellite | satélite de baja órbita terrestre
low energy circuit | circuito de baja energía
low-energy electron diffraction | difracción electrónica de baja energía
low energy material | material de baja energía
lower | inferior, más bajo
lower, to - | bajar [*el valor de una magnitud*]
lower-carbon steel | acero dulce
lower case | caja baja, caracteres en minúsculas
lower contact | contacto inferior

lower pinion | piñón inferior
lower pitch limit | límite del tono inferior
lower roller | rodillo inferior
lower sideband | banda lateral inferior
lower sideband converter | conversor de banda lateral inferior
lowest effective power | potencia efectiva mínima
lowest useful frequency | mínima frecuencia útil
lowest useful high frequency | mínima alta frecuencia útil
low filter | filtro de bajas frecuencias
low flux reactor | reactor de bajo flujo
low frequency | baja frecuencia, audiofrecuencia
low frequency compensation | compensación de bajas frecuencias
low frequency dialling | marcación con impulsos de corriente de baja frecuencia
low frequency distortion | distorsión en baja frecuencia
low frequency driver | (altavoz) excitador de graves (/baja frecuencia); trasductor de baja frecuencia
low-frequency impedance corrector | corrector de impedancia a baja frecuencia
low-frequency induction furnace | horno de inducción de baja frecuencia
low-frequency induction heater | calentador de inducción de baja frecuencia
low frequency loran | loran de baja frecuencia
low frequency padder | compensador en serie de baja frecuencia
low frequency radiation | radiación de baja frecuencia
low frequency range | gama de graves; registro bajo
low frequency ringer | timbre de baja frecuencia
low-frequency ringing set | señal acústica de baja frecuencia
low frequency signalling | señalización de baja frecuencia
low-frequency signalling current | corriente de llamada de baja frecuencia
low-frequency signalling set | señalador de baja frecuencia
low level | nivel bajo
low level contact | contacto de nivel bajo
low-level crossover network | red de cruce de bajo nivel
low-level dispatcher | distribuidor de bajo nivel
low level language | lenguaje de bajo nivel
low level modulation | modulación de bajo nivel
low-level radio frequency signal | señal de radiofrecuencia de bajo nivel
low-level scheduler | planificador de bajo nivel
low level signal | señal de bajo nivel
low loss dielectric | dieléctrico de bajas pérdidas
low loss insulator | aislador de baja pérdida
low loss line | línea de baja pérdida
low-melting-point metal | metal de punto de fusión bajo
low memory | memoria baja [los primeros 640 kilobytes de la RAM]
low noise cable | cable de bajo ruido
low noise tape | cinta de bajo ruido
low note response | respuesta a los graves
low order | orden bajo
low-order | de orden inferior
low order position | posición de orden bajo
low pass filter, low-pass filter | filtro de paso bajo; filtro de graves
low power | baja energía
low power circuit | circuito de baja potencia
low power laser | láser de baja potencia
low power state | estado de baja energía
low pressure | baja presión, depresión
low-pressure chamber | cámara de depresión
low-pressure cloud chamber | cámara de niebla de baja presión
low-pressure laminate | laminado a baja presión
low-pressure lamp | lámpara de presión baja
low-pressure mercury vapour lamp | lámpara de vapor de mercurio de presión baja
low rate | baja velocidad
low-rate discharge | descarga lenta
low-resistance trap | trampa de baja resistencia
low resolution | baja resolución
lows | bajos, graves, bajas frecuencias
low side | polo (/lado) a tierra
low-speed data rate | trasmisión de datos a baja velocidad
low state | estado bajo
low striking voltage | voltaje de desconexión bajo
low-tape alarm | alarma de fin de cinta
low-tape contact | contacto del indicador de falta de cinta
low-tape indicator light | lámpara indicadora de fin de cinta
low tape lamp | lámpara indicadora de falta de cinta
low tape mechanism | mecanismo de falta de cinta
low temperature reactor | reactor de baja temperatura
low tension | baja tensión
low-tension regulating transformer | trasformador de regulación de baja tensión
low traffic | tráfico débil (/bajo)
low vacuum | bajo vacío
low-velocity scanning | exploración a baja velocidad
low-voltage arc | arco de baja tensión
low-voltage protection | protección de tensión baja
LP = line printer | LP [impresora de líneas]
L pad | atenuador en L
LPF = low-pass filter | LPF [filtro de graves]
LPI = lines per inch | LPI [líneas por pulgada (en impresora)]
lpm = lines per minute | lpm = líneas por minuto
LP record = long play record | disco LP = disco de larga duración
LPS = lines per second | líneas por segundo [en impresora]
LPT = line printer | LPT [impresora de líneas]
LQ = letter quality | LQ [letra de calidad, calidad de escritura (en impresora)]
L radiation | radiación L
LRC = longitudinal redundancy check | LRC [verificación de redundancia longitudinal]
LSA = limited space-charge accumulation | LSA [acumulación de carga en espacio limitado]
LSA-mode | modo LSA [modo de acumulación de carga en espacio limitado]
LSB = least significant bit | LSB [bit menos significativo, bit de menor valor, último bit útil]
LSB = lower sideband | banda lateral inferior
LSC = least significant character | LSC [último carácter significativo]
L scan | exploración L
L scope | pantalla (/presentación) tipo L
L-S coupling | acoplamiento L-S
LSD = least significant digit | LSD [dígito menos significativo]
L section | sección en L
L shell | capa L
LSI = large scale integration | LSI [alto grado de integración, integración a gran escala]
LSI circuit = large-scale integrated circuit | circuito LSI [circuito de alto grado de integración]
LSP = label switching path | LSP [camino conmutado mediante etiquetas]
LSR = label-switched router | LSR [dispositivo de encaminamiento de conmutación mediante etiquetas]
L-system = Lindenmeyer system | sistema L = sistema Lindenmeyer
LT = line termination | terminación del lado de la línea
LT = low tension | BT = baja tensión
LTC = line time clock | LTC [reloj de línea]
LTR = letters shift | cambio (/inversión) a letras

Lu = lutetium | Lu = lutecio
LU = logical unit | UL = unidad lógica
lubber line | línea de fe
luddite | ludita [*persona que se opone al progreso tecnológico*]
lug | borne, terminal; lengüeta, talón; asiento
luggable computer | ordenador portátil [*de primera generación*]
lug of insulator | patilla del soporte de ménsula
lug splice | empalme de aletas
lug-to-lug measurement | medida de terminal a terminal
lumen | lumen
lumen/hour | lumen-hora, lumen por hora
lumen-second | lumen por segundo
luminaire | luminaria
luminaire efficiancy | rendimiento de la luminaria
luminance | luminancia, densidad lumínica; señal de brillo
luminance carrier | portadora de luminancia
luminance channel | canal de luminancia
luminance channel bandwidth | ancho de banda del canal de luminancia
luminance contrast | contraste de luminosidad
luminance decay | luminancia residual, persistencia de la luminancia
luminance factor | factor de luminancia
luminance flicker | parpadeo de luminancia
luminance meter | medidor de luminancia
luminance plate | módulo de luminancia
luminance primary | primario de luminancia
luminance range | gama de luminancia
luminance ratio | relación de luminancia
luminance signal | señal de luminancia
luminiscence | luminiscencia
luminiscence threshold | umbral de luminiscencia
luminiscent | luminiscente
luminiscent screen | pantalla luminiscente
luminophor | luminóforo
luminosity | luminosidad
luminosity coefficient | coeficiente (/factor) de luminosidad
luminosity curve | curva de luminosidad
luminosity factor | coeficiente (/factor) de luminosidad
luminous | luminoso
luminous beam | haz luminoso
luminous cone [*of a flame*] | cono luminoso [*de la llama*]
luminous discharge lamp | tubo de descarga luminosa
luminous edge | recuadro filtrante de luz
luminous efficiency | eficiencia luminosa, rendimiento lumínico
luminous emittance | emisividad luminosa
luminous energy | energía luminosa
luminous flux | flujo luminoso
luminous flux density | densidad del flujo luminoso
luminous flux intensity | intensidad del flujo luminoso
luminous intensity | intensidad luminosa
luminous sensitivity | sensibilidad luminosa
luminous signal | señal luminosa, luz indicadora; faro
luminous spectrum | espectro luminoso
luminous transmittance | trasmitancia luminosa
Lummer-Brodhun cube | fotómetro de Lummer-Brodhun
Lummer-Brodhun spectrophotometer | espectrofotómetro de Lummer-Brodhun
lumped | aglomerado, concentrado; localizado
lumped component | componente aglomerado, elemento concentrado
lumped constant | constante concentrada (/no distribuida)
lumped-constant element | elemento con constantes no distribuidas
lumped-constant oscillator | oscilador de constantes concentradas
lumped element | elemento aglomerado (/localizado)
lumped impedance | impedancia concentrada
lumped inductance | inductancia concentrada
lumped loading | carga concentrada (/no distribuida)
lumped model | modelo de elementos concentrados
lumped parameter | parámetro concentrado (/no distribuido)
Luneberg lens | lente de Luneberg
lurk, to - | curiosear [*en foros de internet*]
lurker | mirón
lurking | fisgoneo; mironeo [*Hispan.*]
LUT = local user terminal | LUT [*terminal de usuario local (estación receptora terrestre)*]
LUT = look up table | LUT [*dispositivo selector de la memoria*]
lutetium | lutecio
lux | lux [*unidad de iluminación en el sistema CGS, equivalente a un lumen por metro cuadrado*]
Luxemburg effect | efecto Luxemburgo
luxmeter | luxímetro, luxómetro
Lw = lawrencium | Lw = laurencio
LWL = Lichtwellenleiter (*ale*) [*optical fibre*] | LWL [*fibra óptica, guiaonda óptico*]
lx = lux | lx = lux
Lycos | Lycos [*motor de búsqueda en la Web*]

M

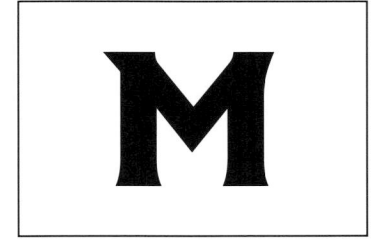

m = milli- [*pref.*] | m = mili- [*pref. que significa una milésima*]
M = marker | M = marcador [*tipo de bit en octeto*]
M = mega | M = mega (*pref*)
mA = milliampere | mA = miliamperio
MAC = media access control | MAC [*control de acceso al medio*]
MAC = message authentication code | MAC [*código de validación del mensaje*]
MAC = medium access control | MAC [*control de acceso al medio*]
mach = machine | máquina
Mach front | frente (/tallo) de Mach
machine | máquina
machine address | dirección absoluta (/directa, /real, /de máquina)
machine code | código (de) máquina
machine cycle | ciclo de máquina [*operación más rápida que puede realizar un microprocesador*]
machine-dependent | dependiente (/en función) del equipo [*informático*]
machine drive | mando mecánico
machine-driven selector | selector motorizado (/con propulsión a motor)
machine equation | ecuación de la máquina
machine equivalence | equivalencia de máquinas
machine error | error de máquina (/hardware)
machine hardware | circuitería (/hardware) de máquina
machine identification | identificación de hardware
machine-independent | independiente de la máquina, independiente del equipo [*informático*]
machine instruction | instrucción de máquina; instrucción en código máquina
machine intelligence | inteligencia de máquina
machine key ringing | llamada semiautomática
machine language | código (/lenguaje) máquina, lenguaje de máquina
machine learning | aprendizaje de la máquina
machine-oriented high-level language | lenguaje de alto nivel orientado a la máquina
machine-oriented language | lenguaje orientado hacia la máquina
machine-readable | de lectura mecánica [*por ejemplo códigos de barras*]
machine ringing | llamada semiautomática; corriente de llamada intermitente
machine run | pasada de máquina
machine sensitive | sensible a la máquina
machine simulation | simulación de máquina
machine switching | conmutación automática (/mecánica)
machine thermal relay | relé térmico de la máquina
machine units | cantidad de máquinas
machine variable | variable de la máquina
machine vision | visión artificial (/mecánica)
machine with self-excitation | máquina de excitación interna
machine word | palabra de máquina
Mach region | región de Mach
Mach stem | tallo de Mach
Mach-Zender interferometer | interferómetro Mach-Zender
Macintosh | Macintosh [*serie de ordenadores personales lanzados por Apple en 1984*]
macro = macroinstruction | macro = macroinstrucción [*cadena de órdenes vinculadas*]
macro assembler | macroensamblador, ensamblador de macros
macrocode | macrocódigo
macrocommand | macrocomando
macrocrystalline | macrocristalino
macroelement | macroelemento
macroexpansion | expansión de macro
macrogenerator | macrogenerador, generador de macros (/macroinstrucciones)
macroinstruction | macroinstrucción
macrolanguage | lenguaje macro
macrolevel | nivel de macros
macroprocessor | procesador de macros
macroprogramme | macroprograma; programa de macros
macroprogramming | macroprogramación
macrorecorder | gestor de macros [*programa informático*]
macroscopic | macroscópico
macroscopic cross section | sección eficaz macroscópica
macroscopic flux variation | carta (/variación macroscópica) del flujo
macrosonic | macrosónico
macrostructure | macroestructura
macrosubstitution | sustitución de macros
macrovirus | virus macro [*escrito en lenguaje macro*]
madistor | madistor [*semiconductor que utiliza los efectos del campo magnético en una corriente de plasma*]
MAE = Macintosh application environment | MAE [*entorno de aplicaciones de Macintosch*]
MAE = metropolitan area exchange | MAE [*enlace de área metropolitana para internet*]
magamp = magnetic amplifier | amplificador magnético
Magellan | Magallanes [*marino español de origen portugués que ha dado nombre a cuerpos celestes, directorios Web, etc.*]
magenta distant | magenta distante
magic | mágico
magic eye | ojo mágico
magic eye tube | tubo indicador de nivel
magic tee [*fam*] = magic T-junction | unión en T híbrida

magnaflux = magnetic flux | flujo magnético
magnal base | base magnal [*base de tubo catódico con once pines*]
magnalium | magnalio [*aleación de aluminio y magnesio*]
magnal socket | portaválvula (/zócalo) magnal
magnesiothermy | magnesiotermia
magnesium | magnesio
magnesium anode | ánodo de magnesio
magnesium cell | pila de magnesio
magnesium-copper-sulphide rectifier [USA] | rectificador de magnesio y sulfuro de cobre
magnesium-silver chloride cell | pila de magnesio y cloruro de plata
Magnesy compass | brújula Magnesy
Magnesyn | Magnesyn [*marca de un repetidor con rotor permanentemente imantado y dos polos dentro de un estator bipolar*]
magnet | imán (permanente), electroimán
magnet assembly | conjunto del electroimán
magnet brake | freno magnético
magnet core aerial | antena con núcleo magnético
magnet gap | entrehierro del imán
magnetic | magnético
magnetic aftereffect | efecto magnético secundario
magnetic aging | envejecimiento magnético
magnetic airborne detector | detector magnético aerotrasportado
magnetic air breaker | disyuntor en aire con soplador magnético
magnetic air gap | entrehierro magnético
magnetic alarm system | sistema de alarma magnético
magnetically confined electron beam | haz de electrones de confinamiento magnético
magnetically damped | amortiguado magnéticamente
magnetically hard | magnéticamente duro
magnetically isotropic | magnéticamente isotrópico
magnetically polarized | polarizado magnéticamente
magnetically soft | magnéticamente blando
magnetic amplification | amplificación magnética
magnetic amplifier | amplificador magnético
magnetic analysis | análisis magnético
magnetic anisotropy | anisotropía magnética
magnetic armature | armadura magnética
magnetic armature loudspeaker | altavoz de armadura magnética

magnetic armature microphone | micrófono de armadura magnética
magnetic armature speaker | altavoz de armadura magnética
magnetic attraction | atracción magnética
magnetic axis | eje magnético
magnetic azimuth | acimut magnético
magnetic balance | balanza magnética
magnetic balanced amplifier | amplificador magnético balanceado
magnetic barrier | barrera magnética
magnetic bearing | demora (/marcación magnética)
magnetic bias | polarización magnética
magnetic biasing | polarización magnética
magnetic bipolar sensor | sensor magnético bipolar
magnetic blowout | soplado magnético
magnetic blowout switch | interruptor con soplado magnético
magnetic bottle | botella magnética
magnetic braking | frenado magnético
magnetic brush | cepillo magnético
magnetic brush development | revelado por cepillo magnético
magnetic bubble | burbuja magnética
magnetic bubble film | película de burbujas magnéticas
magnetic bubble memory | memoria de burbuja(s) magnética(s)
magnetic card | ficha (/tarjeta) magnética
magnetic cell | celda magnética
magnetic character | carácter magnético
magnetic circuit | circuito magnético
magnetic circuit breaker | disyuntor magnético
magnetic coated disc | disco con recubrimiento magnético
magnetic coil | bobina magnética (/de electroimán)
magnetic compass | brújula magnética
magnetic conduction current | corriente de conducción magnética
magnetic constant | constante magnética
magnetic contactor | contacto magnético
magnetic controller | controlador magnético
magnetic convergence principle | principio de convergencia magnética
magnetic core | núcleo magnético
magnetic core storage | memoria de núcleos magnéticos
magnetic counter | contador magnético
magnetic course | rumbo magnético
magnetic creep | arrastre magnético; viscosidad magnética
magnetic crossed-field modulator | modulador magnético de campos cruzados
magnetic cutter | grabador magnético
magnetic cycle | ciclo magnético

magnetic damping | amortiguamiento magnético
magnetic declination | declinación magnética
magnetic deflection | deflexión (/desviación) magnética
magnetic delay line | línea de retardo magnética
magnetic density | densidad magnética
magnetic detecting device | detector magnético
magnetic detector | detector magnético
magnetic deviation | desvío magnético
magnetic device | dispositivo magnético
magnetic diode | diodo magnético
magnetic dip | inclinación magnética
magnetic dipole | dipolo magnético
magnetic dipole aerial | antena de dipolo magnético
magnetic dipole moment | momento magnético
magnetic dipole radiation | radiación dipolar magnética
magnetic direction indicator | indicador de dirección magnético
magnetic disc [UK] | disco magnético
magnetic disc storage | almacenamiento en disco magnético
magnetic disc unit | unidad de discos magnéticos
magnetic disk [USA] | disco magnético
magnetic displacement | desplazamiento magnético, inducción magnética
magnetic domain | dominio magnético
magnetic drag tachometer | tacómetro magnético
magnetic drum | tambor magnético
magnetic drum receiving equipment | equipo receptor con tambor magnético
magnetic drum storage | almacenamiento de tambor magnético
magnetic drum unit | unidad de tambor magnético
magnetic electron multiplier | multiplicador de electrones magnético
magnetic encoding | codificación magnética
magnetic energy | energía magnética
magnetic energy product | producto de energía magnética
magnetic energy product curve | curva de la energía magnética (/generada por un imán)
magnetic equator | ecuador magnético
magnetic field | campo magnético
magnetic field intensity | intensidad del campo magnético
magnetic field line | línea del campo magnético
magnetic field strength | intensidad (/valor) del campo magnético
magnetic flip-flop | biestable (/flip-flop) magnético

magnetic fluid | fluido magnético
magnetic flux | flujo magnético (/de inducción magnética)
magnetic flux density | inducción magnética, densidad del flujo magnético
magnetic focusing | enfoque magnético (/electromagnético)
magnetic force | intensidad de campo magnético
magnetic freezing | congelación magnética
magnetic head | cabeza magnética, cabezal magnético
magnetic heading | rumbo (/encaminamiento) magnético
magnetic hum | zumbido magnético
magnetic hysteresis | histéresis magnética
magnetic hysteresis loop | ciclo de histéresis magnética
magnetic hysteresis loss | pérdidas por histéresis magnética
magnetic inclination | inclinación magnética
magnetic induction | inducción magnética
magnetic ink | tinta magnética
magnetic ink character recognition | reconocimiento de caracteres de tinta magnética
magnetic instability | inestabilidad magnética
magnetic integrated circuit | circuito magnético integrado
magnetic interference | interferencia magnética
magnetic interrupter | chicharra
magnetic lag | retardo magnético
magnetic latching relay | relé de memoria magnética
magnetic latch relay | relé de enganche magnético
magnetic leader cable | cable magnético de orientación
magnetic leakage | fuga magnética
magnetic lens | lente magnética
magnetic line of force | línea de fuerza magnética
magnetic link | indicador magnético de corrientes de rayos
magnetic lock | cierre magnético
magnetic lock stirrup | estribo soporte de cierre magnético
magnetic loudspeaker | altavoz magnético
magnetic material | material magnético
magnetic media | soportes magnéticos
magnetic memory | memoria magnética
magnetic memory disk | disco de memoria magnética
magnetic memory plate | placa de memoria magnética
magnetic meridian | meridiano magnético
magnetic microphone | micrófono magnético
magnetic microscope | microscopio magnético
magnetic mine | mina magnética
magnetic mirror | espejo magnético
magnetic modulator | modulador magnético
magnetic moment | momento magnético
magnetic needle | aguja magnética
magnetic north | norte magnético
magnetic oxide | óxido magnético (/férrico)
magnetic pendulum | péndulo magnético
magnetic peripheral | periférico magnético
magnetic phase modulator | modulador de fase magnético
magnetic pickup | fonocaptor magnético
magnetic plasmoid | plasmoide magnético
magnetic plated wire | hilo con metalizado magnético
magnetic polarization | polarización magnética
magnetic pole | polo magnético
magnetic pole strength | intensidad del polo magnético
magnetic potential | potencial magnético
magnetic potential difference | tensión magnética, diferencia de potencial magnético
magnetic potentiometer | potenciómetro magnético
magnetic powder-coated tape | cinta recubierta de material magnético
magnetic pressure | presión magnética
magnetic printing | impresión (/copia, /trasferencia) magnética
magnetic probe | sonda magnética
magnetic pumping | bombeado magnético
magnetic recorder | grabadora magnética, registrador magnético
magnetic recording | grabación magnética, registro magnético
magnetic recording head | cabeza de grabación magnética, cabeza de registro magnético, cabezal magnético de grabación
magnetic recording medium | medio de registro magnético, medio de grabación magnética
magnetic recording reproducer | reproductor de grabación magnética
magnetic reproducer | reproductor magnético
magnetic reproducing head | cabeza magnética de reproducción
magnetic resonance | resonancia magnética
magnetic resonance accelerator | acelerador de resonancia magnética
magnetic resonance image | imagen por resonancia magnética funcional
magnetic resonance line width | ancho de línea en resonancia magnética
magnetic rigidity | rigidez magnética
magnetic rod | varilla magnética
magnetic saturation | saturación magnética
magnetic separator | separador magnético
magnetic shell | capa (/lámina) magnética
magnetic shield | pantalla magnética
magnetic shielding | blindaje (/apantallamiento) magnético
magnetic shift register | registro de desplazamiento magnético
magnetic shunt | derivación magnética
magnetic sound | sonido magnético
magnetic spark chamber | cámara de chispas magnética
magnetic speaker | altavoz magnético
magnetic spectrograph | espectrógrafo magnético
magnetic spectrum | espectro magnético
magnetic starter | arrancador magnético
magnetic steel | acero magnético
magnetic sticking | pegado magnético
magnetic storage | almacenamiento magnético
magnetic storm | tormenta magnética
magnetic strain gauge | calibrador magnético de deformaciones
magnetic strip | hoja magnética
magnetic stripe | pista magnética
magnetic susceptibility | susceptibilidad magnética
magnetic switch | conmutador magnético
magnetic tape | banda magnética; cinta magnética (/magnetofónica)
magnetic tape cartridge | cartucho de cinta magnética [*para almacenamiento de datos*]
magnetic tape core | núcleo de cinta magnética
magnetic tape deck | bobinador de cinta magnética
magnetic tape handler | bobinador de cinta magnética
magnetic tape reader | lector de cinta magnética
magnetic tape storage | almacenamiento en cinta magnética
magnetic tape subsystem | subsistema de cinta magnética
magnetic tape unit | unidad de cinta (magnética)
magnetic test coil | sonda magnética
magnetic thermometer | termómetro magnético
magnetic thin film | película magnética delgada
magnetic track | derrota magnética
magnetic transducer | trasductor magnético

magnetic transfer | impresión (/trasferencia, /copia) magnética
magnetic transition temperature | temperatura de transición magnética, punto de Curie
magnetic tube of flux | tubo de flujo magnético
magnetic unit | unidad magnética
magnetic vane meter | medidor de repulsión
magnetic variation | variación magnética
magnetic variometer | magnetómetro
magnetic vector | vector magnético
magnetic viscosity | arrastre magnético, viscosidad magnética
magnetic visual signal | indicador visual
magnetic wave | onda magnética
magnetic wire | hilo magnético
magnetisation [UK] [*magnetization (UK+USA)*] | imanación, imantación
magnetise, to - [UK] | imanar, imantar, magnetizar
magnetism | magnetismo
magnetism by induction | magnetismo por inducción
magnetite | magnetita
magnetization | imanación, imantación
magnetization curve | curva de magnetización
magnetization intensity | intensidad de magnetización
magnetize, to - [UK+USA] | imanar, imantar, magnetizar
magnetizing | magnetizante
magnetizing current | corriente magnetizante (/de magnetización)
magnetizing field | campo magnetizante (/de magnetización)
magnetizing field strength | intensidad del campo de magnetización
magnetizing force | intensidad del campo magnético
magnet keeper | derivación magnética
magneto | magneto, imán permanente
magneto bell | timbre polarizado
magneto brush | escobilla de magneto
magneto call | llamada por magneto
magnetocaloric effect | efecto termomagnético
magneto central office | central de llamada magnética
magnetodiode | magnetodiodo
magnetoelastic coupling | acoplamiento magnetoelástico
magnetoelastic energy | energía magnetoelástica
magnetoelastic wave | onda magnetoelástica
magnetoelectric generator | generador electromagnético
magnetoelectric relay | relé magnetoeléctrico
magnetoelectric surface wave | onda electromagnética de superficie
magnetoelectric transducer | trasductor electromagnético

magnetoexchange | central de batería local
magnetoexchange area | red de batería local
magnetogenerator | magneto de llamada
magnetograph | magnetógrafo
magnetographic printer | impresora magnetográfica
magnetohydrodynamic | magnetohidrodinámico
magnetohydrodynamic conversion | conversión magnetohidrodinámica
magnetohydrodynamic instability | inestabilidad magnetohidrodinámica
magnetohydrodynamics | magnetohidrodinámica, magnetodinámica de los fluidos
magnetohydrodynamic wave | onda magnetohidrodinámica
magneto ignition | encendido por magneto
magnetoionic | magnetoiónico
magnetoionic duct | conducto magnetoiónico
magnetoionic wave component | componente magnetoiónico de la onda
magnetomechanical factor | factor magnetomecánico
magnetometer | magnetómetro, medidor magnético
magnetometrics | magnetometría
magnetomotive force [*obs*] | potencial magnético
magneto-optical effect | efecto magnetoóptico
magneto-optical recording | grabación magnetoóptica
magneto-optical switch | interruptor óptico magnético
magneto-optic disc | disco magnetoóptico
magneto-optic storage | almacenamiento magnetoóptico
magnetopause | magnetopausa
magnetophone | magnetófono
magnetoplasmadynamic generator | generador de plasma magnético
magnetoresistance | magnetorresistencia
magnetoresistor | magnetorresistor
magneto ringing | llamada por magneto
magneto spanner | llave para magneto
magnetosphere | magnetosfera
magnetostatic field | campo magnetostático
magnetostatics | magnetostática
magnetostriction | magnetoestricción, piezomagnetismo
magnetostriction loudspeaker | altavoz de magnetoestricción
magnetostriction microphone | micrófono piezomagnético (/de magnetoestricción)
magnetostriction oscillator | oscilador piezomagnético (/de magnetoestric-

ción)
magnetostriction speaker | altavoz de magnetoestricción
magnetostriction subaqueous microphone | micrófono subacuático de magnetoestricción
magnetostriction transducer | trasductor de magnetoestricción
magnetostrictive delay line | línea de retardo magnetoestrictiva
magnetostrictive filter | filtro piezomagnético (/magnetoestrictivo)
magnetostrictive oscillator | oscilador de magnetoestricción
magnetostrictive relay | relé magnetoestrictivo
magnetostrictive resonator | resonador magnetoestrictivo
magneto switchboard | cuadro de magneto
magneto switchboard exchange | panel de conmutación magnético
magneto system | sistema por magneto
magneto telephone | teléfono de imán (/batería local)
magneto wiping-down | desimantación (por barrido)
magnetron | magnetrón
magnetron amplifier | amplificador de magnetrón
magnetron arcing | formación de arco en el magnetrón
magnetron critical field | campo crítico del magnetrón
magnetron critical voltage | voltaje crítico del magnetrón
magnetron cutoff | apagado del magnetrón
magnetron effect | efecto magnetrón
magnetron oscillator | oscilador de tipo magnetrón
magnetron performance chart | cuadro de rendimiento del magnetrón
magnetron pulling | arrastre del magnetrón
magnetron pushing | empuje del magnetrón
magnetron rectifier | rectificador de magnetrón
magnetron strapping | conexión en puente del magnetrón
magnet system | sistema inductor
magnet tester | probador magnético
magnettor = magnetic modulator | modulador magnético
magnet wire | hilo para bobina magnética, hilo de imán
magnification | ampliación
magnification ratio | relación de aumento
magnified sweep | barrido magnificado
magnifier | amplificador
magnifying lens | lente de aumento
magnistor | magnistor [*reactancia saturable para controlar impulsos eléctricos con frecuencias de 100 kHz a 30 MHz*]

magnitude | magnitud
magnitude-controlled rectifier | rectificador controlado por magnitud
magnitude of scintillation | intensidad de centelleo
magnitude of the current | amplitud de la corriente
magnox [*any of various magnesium-based alloys used to enclos uranium fuel elements in a nuclear reactor*] | magnox [*aleación con base de magnesio usada para encerrar combustible de uranio en un reactor nuclear*]
magslip | sincronizador electromecánico, servosincronizador automático, trasmisor electromagnético de posición angular
mag tape = magnetic tape | cinta magnética
mail | correo
mail, to - | enviar correspondencia
mailbomb | bomba de correo electrónico [*mensajes de longitud excesiva*]
mailbomb, to - | enviar una bomba de correo electrónico
mailbot | contestador de correo electrónico
mailbox, mail box [USA] [*letter box (UK)*] | buzón; buzón de correo electrónico
mailbox aerial | antena de buzón
mail digest | boletín (/resumen) de correo
mailer | paquete de envío; aplicación de correo
mailer container | contenedor del correo
mailer control | control del correo
mailer-daemon | daemon de correo [*programa para la trasmisión de correo electrónico entre ordenadores centrales de una red*]
mail filter | filtro de correo electrónico
mail gateway | pasarela de correo
mail header | cabecera de mensaje [*en correo electrónico*]
mailing list | lista de correo
mailing list manager | gestor de lista de direcciones de correo [*electrónico*]
mail merge | fusión de correo [*para envíos del mismo texto a múltiples direcciones*]
mail-merging | fusión postal
mail reflector | reflector de correo
mail server | servidor de correo
mailto | correo para [*fórmula usada en correo electrónico*]
mail transfer protocol | protocolo de trasferencia de correo
main | (conductor) principal
main anode | ánodo principal
main application | aplicación principal
main bail assembly | conjunto del fiador principal
main bang | impulso piloto, onda de tierra
main battery | batería principal
main beam | rayo principal

mainboard | placa madre
main body | cuerpo principal [*de un programa*]
main bonding jumper | puente de enlace principal
main break switch | interruptor principal
main cable | cable (/línea) principal
main carrier | portadora principal
main carrier cable | (cable) portador principal
main channel | canal principal
main circuit | circuito principal
main control unit | unidad de control principal
main disconnect | desconexión principal
main distributing frame | cuadro de distribución principal, repartidor principal (/de entrada)
main document | documento principal
main earth [UK] | (puesta a) tierra principal
main entrance panel | panel principal de entrada
main equipment | equipo normal
main exchange | central principal
main exciter | excitador principal
mainframe | ordenador central (/principal, /universal), gran ordenador; unidad central (de proceso); procesador central (/principal)
mainframe computer | ordenador central
main function | función principal
main fuseboard | cuadro principal de fusibles
main fuse panel | panel principal de fusibles
main gap | espacio (interelectródico) principal
main gear assembly | eje principal del conjunto
main generator | generador eléctrico principal
main ground [USA] [*main earth (UK)*] | (puesta a) tierra principal
main junction box | caja central de conexiones
main junction cable | cable de unión principal
main lead | conductor principal
main line | línea (/ruta) principal
main line microwave network | red principal de microondas
main line network | red principal
main line station | estación de red principal
main loop | bucle principal
main memory | memoria central (/principal)
main office | estación principal
main palette | paleta principal
main phase | fase principal
main phase winding | devanado de la fase principal
main plate | placa principal
main power | alimentación principal

main power supply | fuente (/equipo) de alimentación [*eléctrica*]
main primary selectors frame | cuadro principal de selectores primarios
main programme | programa principal
main protection | protección principal
main quantum number | número cuántico principal
main radio terminal | terminal de radio normal
main receiver | receptor normal
main repeater | repetidor principal
main repeater section | sección principal de amplificación
main route | línea (/ruta) principal
mains | cableado (/tendido) de la red
mains aerial | antena de red, antena enchufable a la red
main segment | segmento principal [*de códigos en Macintosh*]
main service channel | canal de servicio principal
main service panel | panel principal de servicio
mains frequency | frecuencia de la red (pública)
main shaft | árbol motor (/de arrastre, /de manivelas), árbol (/eje) principal
main shield | blindaje principal (/biológico)
main sleeve for multiple joint | manguito de distribución
main station | estación (telefónica) principal; aparato (/línea) principal
main storage | memoria principal, almacenamiento principal
main store | memoria principal
main supply box | caja de alimentación central
main sweep | barrido principal
main switch | interruptor principal (/general, /de alimentación, /de red)
main switchboard | cuadro de distribución principal
main system | canalización; sistema principal
maintainability | conservabilidad, facilidad de mantenimiento, mantenibilidad
maintained contact | contacto mantenido
maintained contact switch | conmutador de contactos mantenidos
maintained switch | conmutador con enclavamiento
maintaining voltage | tensión remanente
maintenance | mantenimiento, conservación
maintenance bureau | centro de mantenimiento
maintenance center | centro de mantenimiento
maintenance charge | gastos de conservación
maintenance circuit | circuito de conservación
maintenance department | servicio de conservación

maintenance man | mecánico de servicio
maintenance of service | ejecución del servicio
maintenance service | servicio de mantenimiento (/mediciones)
maintenance test | bucle de prueba
maintenance testing schedule | programa de medidas periódicas
maintenance time | tiempo de mantenimiento
main transmitter | trasmisor normal
main trip lever | palanca de disparo principal
main viewing area | área de visualización principal
main window | ventana principal
major | principal
major apex face | cara de ápice mayor
major cycle | ciclo principal
major defect | defecto principal (/mayor)
major face | cara mayor
major failure | fallo principal
major geographic domain | código de país [*en dirección de dominio de internet*]
major item | elemento principal
majority | mayoría
majority carrier | portadora mayoritaria (/de mayoría)
majority carrier contact | contacto de portadora de mayoría
majority element | elemento mayoritario
majority emitter | emisor mayoritario (/de mayoría)
majority gate | puerta mayoritaria
majority logic | lógica mayoritaria
major key | clave principal
major lobe | lóbulo principal
major loop | bucle principal
major relay station | estación principal de relé
major switch | interruptor general
make, to - | hacer
make-and-break contact | contacto de reposo y trabajo
make-before-break, to - | cerrar antes de abrir
make-before-break contact | contacto de cierre antes de apertura
make-before-break switch | conmutador de cierre antes de apertura
make-break contacts | contactos de continuidad
make-break electrode | electrodo de cierre antes de apertura
make contact | contacto de cierre (/trabajo)
make contact, to - | hacer contacto
make impulse | impulso de cierre
make pulse | impulso de cierre
make-up of a circuit | constitución de un circuito
make-up time | tiempo de preparación
making capacity | capacidad de cierre (/conexión), potencia de cierre

making tone | tono de trabajo
male connector | conector macho
male contact | contacto macho
male end of the cord | extremo macho del cable
male plug | clavija, conector macho
malfunction | disfunción; avería [*funcionamiento defectuoso*], fallo de funcionamiento
malicious | malicioso
malicious call | llamada maliciosa
malicious call adapter | adaptador de llamada maliciosa
malicious call identification | identificación de llamadas maliciosas
malicious call trace | rastreo (/seguimiento) de llamada
malleable cast iron | fundición maleable
malware | programa (/software) maligno
mammuth aerial | antena mamut
MAN = mean area network | MAN [*red de área sectorial*]
MAN = metropolitan area network | MAN [*red de área urbana*]
manage | gestión
manage, to - | gestionar
managed service provider | proveedor de gestión de servicios [*en internet*]
management | gestión
management information services | servicios de gestión de la información
management information system | sistema de información para la gestión (/dirección)
manager | programa gestor
manager service provider | proveedor de servicios de gestión
Manchester coding | codificación Manchester [*para datos de usuario*]
Manchester plate | placa de roseta
mandrel | mandril
mandrel test | prueba del mandril
mandrill | mandril
manganese | manganeso
manganin | manganina [*aleación de cobre, manganeso y níquel*]
manhole | galería, registro; tapa de cámara (/caja de registro); cámara (subterránea)
manhole step | escalones para chimeneas (/cámaras de aire)
manhole wall | muro de galería (/alcantarilla)
man-in-the-middle | hombre en medio [*ataque de una tercera parte a una comunicación bilateral para capturar las claves*]
manipulated variable | variable manipulada
manipulation button | botón de manipulación
manipulator | manipulador, mando a distancia
man-machine interface | interfaz hombre-máquina

man-machine language | lenguaje hombre-máquina
man-made interference | interferencia artificial
man-made noise | ruido industrial, ruido de origen humano
man-made static | estática artificial
man month | meses / hombre
Mann Whitney U-test | prueba U de Mann Whitney
manned station | estación con personal (de guardia)
manning of a station | dotación de una estación
manometer | manómetro
manpack | portátil
man page link | enlace de página manual
mantissa [*fractional part*] | mantisa [*parte fraccionaria*]
mantle | envoltura
manual | manual
manual analysis | análisis manual
manual area | red (telefónica) manual
manual assistance position | posición manual de operador
manual block | mesa de operadora
manual board | mesa de operador
manual central office | centralita manual
manual close | cierre manual
manual configured | configuración manual
manual control | control manual
manual controller | controlador manual, combinador de mano
manual cutout | interruptor manual, cortacircuito de mano
manual delay service | servicio manual con demora
manual demand service | servicio manual sin demora
manual dimmer | reductor de luz manual
manual direction finder | goniómetro manual
manual equipment | equipo manual
manual exchange | centralita (de operación) manual
manual fault interrogation | interrogación manual de vigilancia de fallos
manual help | ayuda manual
manual holding | retención por la operadora
manual input | entrada manual
manual link | vínculo manual
manually operated call meter | contador estadístico
manually operated exchange | centralita manual
manual office | central manual
manual on/off keying | manipulación manual por interrupción de la portadora
manual operating | operación (/servicio) manual
manual operation | operación (/servicio) manual

manual operator | operadora, telefonista; conmutador manual
manual patch | conmutación (manual) por cordones
manual program | programa manual
manual rapid service | servicio manual rápido
manual rate-aided tracking | seguimiento con ayuda manual
manual relay | escala manual
manual reset | reposición manual
manual reset timer | temporizador de inicio manual
manual retransmission | retrasmisión manual
manual ringing | llamada manual
manual simplex | símplex manual
manual single play | tocadiscos manual de un solo disco
manual stacking order | orden de colocación manual
manual start timer | temporizador de arranque manual
manual switch | conmutador (/interruptor) manual
manual switchboard | panel de conexiones manual
manual switching | conmutación (/servicio) manual
manual system | sistema manual
manual tape relay | escala (/tránsito) manual por cinta perforada
manual telegraphy | telegrafía manual
manual telephone | teléfono manual
manual telephone set | aparato telefónico manual
manual telephone system | sistema telefónico manual
manual test programming | programación de prueba manual
manual toll operation | explotación interurbana manual
manual transmission | trasmisión manual
manual trunk exchange | central interurbana manual
manual tuning | sintonización manual
manual working | explotación manual
manufacture, to - | fabricar, manufacturar
manufacturer | fabricante
manufacturing automation protocol | protocolo de automatización fabril
manufacturing unit | unidad de fabricación
manuscript | manuscrito
map | plano, mapa; asignación [*de la memoria*]
map, to - | proyectar; asociar, asignar, traducir, disponer
MAP = manufacturing automation protocol | MAP [*protocolo para la automatización de procesos de fabricación*]
map feature | característica de establecer correspondencia
MAPI = messaging application programming interface | MAPI [*interfaz para programación de aplicaciones de mensajes*]
map light | bombilla (/lámpara) móvil
map memory | memoria de mapa
map method | método de utilización de mapas
mapped disk | disco mapeado [*fam*]
mapped drive | unidad de disco asignada [*unidad con acceso local a la que se ha asignado una letra*]
mapping | agrupamiento funcional; correlación, establecimiento de correspondencia; planificación; conversión [*para trasformar cuerpos de mensajes electrónicos*]
MAPSE = minimal Ada programming support environment | MAPSE [*equipo mínimo de soporte de programación de Ada*]
Marconi aerial | antena de Marconi, antena con toma de masa
Marconi-Franklin aerial | antena de Marconi-Franklin
margin | margen
marginal | marginal, en el límite (/borde)
marginal checking | control (/verificación) marginal
marginal fog | velo marginal
marginal relay | relé marginal
marginal stability | estabilidad marginal
marginal testing | verificación marginal
margin distance | distancia al margen
margin indicator lamp | lamparilla indicadora de margen
margin of flame | zona marginal de la llama
margin of stability | margen de estabilidad
margin-punched card | tarjeta perforada en los márgenes
margin switch | interruptor de la lamparilla indicadora de margen
margin technique | técnica de márgenes
margin warning | aviso de margen
marine broadcast station | estación marina de radiodifusión
marine radiobeacon station | estación radiofaro marina
maritime mobile service | servicio móvil marítimo
maritime radionavigation service | servicio de radionavegación marítimo
mark | marca, referencia; condición (/posición) activa; impulso (/señal) de trabajo; elemento de señal
mark and space impulses | impulsos de marca y espacio
marked topic | tema marcado
marker | marcador [*tipo de bit en octeto*]; (impulso) marcador
marker aerial | antena señalizadora (/de radiofaro)
marker beacon | radiobaliza, faro marcador
marker board | tablero de señales
marker generator | generador de señalización (/calibración)
marker pip | tono de señalización
marker pulse | impulso (de) marcador
marker radio beacon | radiobaliza
marker switch | conmutador marcador
marker thread | hilo de señalización
mark for print | marca para impresión
marking | marcado
marking bias | polarización de marca
marking condition | condición de trabajo
marking condition signal element | elemento de señal de trabajo
marking contact | contacto de marca
marking current | corriente de señalización (/trabajo); corriente marcadora [*en telegrafía Morse*]
marking device | dispositivo de marcado
marking distributing frame | repartidor de relés de marcado de grupo
marking element | elemento de trabajo
marking frequency | frecuencia de trabajo
marking impulse | impulso marcador
marking interval | intervalo de trabajo
marking lock lever | palanca de enclavamiento de marca
marking lock lever cam | leva de la palanca de enclavamiento de marca
marking post | borna indicadora, borne (/terminal) indicador
marking pulse | impulso de señalización
marking signal | señal marcadora (/de trabajo)
marking wave | onda marcadora (/de marcación)
marking wire | hilo de marcaje
Markov chain | cadena de Markov
Markov source | fuente de Markov
mark reading | lectura (óptica) de marcas, detección (/rastreo) de marcas
mark scaning | lectura (óptica) de marcas, detección (/rastreo) de marcas
mark sense | lectura gráfica
mark-sense card | tarjeta de lectura gráfica
mark sensing | detección de marcas; lectura gráfica
mark-space ratio | relación marca/espacio
mark-to-space transition | transición de marca a espacio
markup | maquetación
markup language | lenguaje para marcado, lenguaje de marcación
marquee | rectángulo de encuadre
marriage problem | problema de matrimonio
Marx effect | efecto de Marx
Marx generator | generador de Marx
maskable interrupt | interrupción enmascarable
MASCOT = modular approach to software construction operation and test | MASCOT [*método modular de prue-*

ba y operación de la construcción de software]
maser = microwave amplification by stimulated emission of radiation | *máser [amplificación de microondas por emisión estimulada de radiación]*
maser relaxation | relajación del máser
mask | formato de pantalla, máscara
mask bit | bit de enmascaramiento
masked | enmascarado
masked diffusion | difusión enmascarada
masked line | línea del blanco
masked ROM | ROM por máscara
masking | enmascaramiento
masking-and-spacing intervals | intervalos de marca y espacio
masking audiogram | audiograma de enmascaramiento
mask microphone | micrófono de mascarilla
mask off, to - | desenmascarar [*usar una máscara para quitar bits de datos*]
mask-programmable device | dispositivo programable durante el enmascaramiento
mask set | grupo de máscaras
masonite | masonita
mass | masa
mass absorption coefficient | coeficiente de absorción másica (/de masa)
mass abundance | concentración de masa
mass analyser | analizador de masas
mass attenuation coefficient | coeficiente de debilitación de la masa
mass calling | tratamiento de llamadas masivas
mass concentration | concentración de masa
mass data | masa de datos
mass decrement | decremento de masa
mass defect | defecto másico (/de masa)
mass energy absorption coefficient | coeficiente de absorción de energía másica
mass-energy equivalence | equivalencia masa-energía
mass-energy relation | relación masa-energía
mass error | error de (determinación de) masa
Massey formula | fórmula de Massey
massive coil | bobina maciza
massively parallel processing | proceso masivo en paralelo [*en arquitectura con múltiples procesadores*]
massively parallel processor | procesador masivo paralelo
mass media communication | medios de comunicación de masas
mass memory unit | unidad de memoria de masa
mass number | número másico (/de masa)
mass properties | propiedades de la masa
mass radiator | radiador de masa
mass soldering | soldadura simultánea
mass spectrograph | espectrógrafo de masas
mass spectrometer | espectrómetro de masas
mass spectrum | espectro de masas
mass stopping power | poder de parada másico
mass storage | memoria masiva (/de masa), almacenamiento masivo
mass storage card | tarjeta de almacenamiento masivo
mass storage device | dispositivo de almacenamiento masivo
mass synchrometer | sincrómetro de masa
mass termination | terminación en masa
mass-type plate | placa de masa
mast | mástil, poste
master | cinta (/grabación) maestra, registro maestro; maestro, original, principal; matriz (negativa)
master alloy | aleación primaria
master boot record | registro maestro de arranque
master boot register | registro maestro de arranque, registro de arranque maestro
master brightness control | control maestro de brillo
master clock | reloj central (/maestro, /patrón, /principal)
master contactor | contacto maestro
master control | control maestro
master controller | combinador maestro; conmutador principal; tarjeta controladora maestra
master controller error | error de la controladora maestra
master drawing | dibujo patrón
master drive | excitación maestra
master driver | excitador maestro
master element | elemento maestro
master file | archivo maestro (/patrón)
master form | formulario (/molde) patrón
master gain control | ganancia principal de control
master group | grupo maestro (de canales); grupo terciario
mastering of a disk | obtención de matriz de un disco [*mediante electroformación*]
master instruction tape | cinta de instrucciones maestra
master interrupt controller | controladora de interrupciones maestra
master interrupt mask | máscara de interrupción maestra
master key | clave maestra
master layout | esquema de distribución maestro
master legend | marcado de rótulo
master mask | máscara maestra
master monitor | monitor principal (/maestro)
master office | estación principal
master oscillator | oscilador maestro
master oscillator-power amplifier | oscilador amplificador maestro
master out | salida maestra
master output label | rótulo de salida maestra
master pattern | dibujo patrón (/modelo)
master pilot lamp | lámpara piloto general
master plate | placa maestra
master processor | procesador maestro
master record | grabación maestra
master reticle | retículo patrón
master routine | rutina maestra
master scheduler | planificador maestro
master-slave | maestro-esclavo
master/slave arrangement | sistema maestro/esclavo
master-slave flip-flop | biestable maestro-esclavo, circuito biestable maestro/satélite
master-slave manipulator | manipulador maestro-esclavo
master-slave synchronization | sincronización de maestro-esclavo
master-slave system | sistema combinado maestro/satélite
master slice | oblea maestra
master stamper | disco maestro
master station | estación principal (/maestra)
master switch | conmutador (/interruptor) principal
master synchronization pulse | impulso maestro de sincronización
master tape | cinta maestra
master TV system | sistema patrón de televisión
master wafer | oblea patrón
mat | recuadro; tablero de montaje
match | concordancia, correspondencia
match, to - | adaptar; emparejar, igualar (las impedancias)
match case | mayúsculas y minúsculas
matched | adaptado
matched filter | filtro adaptado
matched impedance | impedancia adaptada
matched load | carga adaptada
matched power gain | ganancia de potencia adaptada (/ajustada)
matched pulse intercepting | interceptación adaptada de impulsos
matched repeating coils | repetidor doble
matched symmetrical transistor | transistor adaptado simétricamente
matched termination | terminación adaptada
matched transformers | trasformador doble

matched transmission line | línea de trasmisión adaptada
matched waveguide | guía de ondas adaptada
matching | adaptación, ajuste; comparación; igualación (de impedancias), equilibrado
matching diaphragm | diafragma adaptador
matching impedance | impedancia de adaptación
matching of a graph | establecimiento de correspondencias de un grafo
matching pillar | varilla de adaptación
matching plate | diafragma (/placa) de adaptación
matching stub | fragmento de adaptación
matching transformer | trasformador de adaptación
match whole word only | palabra completa solamente
mate | empalme; emparejamiento; ayudante de empalmador
material | material
material balance | balance material
material buckling | laplaciano material
material constant | constante del material
material dispersion | dispersión del material
material gauge | gálibo de material
materialization | materialización
material mass | masa (de) material
material of mould | material de moldeo (para electrodos)
material requirements planning | planificación de las necesidades de material
materials processing reactor | reactor de tratamiento de materiales
materials testing reactor | reactor de ensayo de materiales
material system | sistema material
mathematical check | comprobación (/prueba) matemática
mathematical expression | expresión matemática
mathematical function | función matemática
mathematical logic | lógica matemática
mathematical model | modelo matemático
mathematical programming | programación matemática
mathematic coprocessor | coprocesador matemático
MathML = mathematical markup language | MathML [*lenguaje para especificación de documentos con datos matemáticos*]
matrix | matriz (de conmutación); molde, horma; convertidor
matrix, to - | matrizar
matrixer | unidad matricial
matrixing electronics | electrónica matricial

matrix inversion | inversión de matriz
matrix life test | prueba matricial
matrix line printer | impresora matricial de líneas
matrix multiplication | multiplicación de matrices
matrix norm | norma matricial
matrix printer | impresora matricial (/de agujas, /por puntos)
matrix storage | memoria matricial
matrix switcher | conmutador matricial
matrix unit | unidad matriz
matrix-updating method | método de actualización de matrices
mat switch | interruptor de suelo
matter | materia
Matteucci effect | efecto Matteucci
matt finish | acabado mate
Matthiessen's rule | regla de Matthiessen
mature, to - | preparar; tramitar
MAU = media access unit | MAU [*unidad de acceso al medio de comunicación*]
MAU = multistation access unit | MAU [*unidad de acceso a múltiples estaciones*]
mavar | mavar [*amplificador paramétrico*]
max. = maximum | max. = máximo
maximal wavelength | longitud de onda máxima
maximize, to - | maximar, maximizar
maximize button | botón maximador (/de maximar)
maximize decoration | marco para maximar
maximum | máximo
maximum average power output | salida de potencia media máxima
maximum baseband frequency | frecuencia máxima de la banda base
maximum capability | potencia eléctrica máxima
maximum capacity | capacidad (/potencia, /carga, /demanda) máxima, potencia máxima instalada (/absorbida), consumo máximo; punta de carga
maximum demand indicator | contador con indicación de máxima
maximum demand recorder | contador con registrador de máxima
maximum demand required | potencia máxima solicitada
maximum deviation sensitivity | sensibilidad de máxima desviación
maximum dissipation | disipación máxima
maximum distortion | deformación máxima
maximum fan-out | esparcimiento máximo
maximum frequency of oscillation | máxima frecuencia de oscilación
maximum impulse indicator | indicador de impulsos máximos
maximum integration | máxima integración
maximum intensity projection | máxima intensidad de proyección
maximum keying frequency | máxima frecuencia permitida
maximum-length sequence | secuencia de longitud máxima
maximum likelihood | verosimilitud máxima
maximum-likelihood decoding | descodificación de posibilidad máxima
maximum load | carga máxima
maximum luminous efficiency | rendimiento luminoso máximo
maximum luminous reflectance | reflectancia luminosa máxima
maximum luminous transmittance | trasmitancia luminosa máxima
maximum/minimum | máximo/mínimo
maximum modulating frequency | frecuencia máxima de modulación
maximum output | salida máxima
maximum overshoot | sobreimpulso (/sobreposicionamiento) máximo
maximum peak plate current | pico máximo de la intensidad de placa
maximum percentage modulation | porcentaje de modulación máximo
maximum permeability | permeabilidad máxima
maximum permissible body burden | carga corporal máxima admisible
maximum permissible concentration | concentración máxima admisible
maximum permissible dose | dosis máxima admisible
maximum permissible dose equivalent | equivalente de dosis máximo admisible
maximum permissible fluence rate | velocidad de fluencia máxima admisible
maximum possible readout error | máximo error posible de lectura
maximum power produced | potencia eléctrica máxima producida
maximum power transfer theorem | teorema de la trasferencia máxima de potencia
maximum probable readout error | máximo error probable de lectura
maximum range | alcance máximo
maximum receive unit | unidad máxima de recepcion
maximum record level | nivel máximo de grabación
maximum recording attachment | registrador de máxima
maximum response speed | velocidad máxima de respuesta
maximum retention time | tiempo de retención máximo
maximum saturation | saturación máxima
maximum sensitivity | sensibilidad máxima
maximum signal level | nivel de señal máximo

maximum sound pressure | presión sonora máxima
maximum storage time | tiempo máximo de almacenamiento
maximum system deviation | desviación máxima del sistema
maximum thermometer | termómetro de máxima
maximum torque | par máximo
maximum transfer unit | máxima unidad de trasferencia [*en enlace de datos*]
maximum transmission unit | unidad máxima de transmisión
maximum unambiguous range | máxima distancia sin ambigüedad, máximo alcance no ambiguo
maximum undistorted output | salida máxima sin distorsión
maximum usable flow | caudal máximo turbinable
maximum usable frequency | frecuencia máxima utilizable
maximum usable viewing time | tiempo de visibilidad útil máximo
maximum useful output | salida máxima útil
maximum value | valor máximo
maximum working voltage | tensión máxima de trabajo
maximum writing rate | velocidad máxima de escritura
max sort | clasificación máxima
maxterm | término máximo (/normalizado de suma)
maxwell | maxwell [*unidad de flujo magnético en el sistema CGS*]
Maxwell-Boltzmann classical statistics | estadística clásica de Maxwell-Boltzmann
Maxwell-Boltzmann distribution | distribución de Maxwell-Boltzmann
Maxwell-Boltzmann quantum statistics | estadística cuántica de Maxwell-Boltzmann
Maxwell-Boltzmann velocity distribution law | ley de distribución de las velocidades de Maxwell-Boltzmann
Maxwell bridge | puente de Maxwell
Maxwell equation | ecuación de Maxwell
Maxwellian cross section | sección eficaz maxwelliana
Maxwellian distribution | distribución maxwelliana
Maxwell inductance bridge | puente de inductancias de Maxwell
Maxwell mutual-inductance bridge | puente de inductancias mutuas de Maxwell
Maxwell spectrum | espectro maxwelliano (/de Maxwell)
Maxwell triangle | triángulo de Maxwell
Maxwell turn | vuelta de Maxwell
Maxwell-Wagner mechanism | mecanismo de Maxwell-Wagner
Maxwell-Wien bridge | puente de Maxwell-Wien

mayday | petición de socorro
Maze counter valve | válvula contador Maze
maze icon | icono de laberintos
Mb = megabit | Mb = megabit
MB = megabyte | MB = megabyte
MBONE = multicast backbone | MBONE [*red troncal multimedia, red virtual que utiliza los mismos dispositivos físicos que internet*]
MBone | MBone [*parte de internet que soporta el mecanismo de multidistribución para la comunicación multipunto*]
mbps = megabits per second | mbps = megabits por segundo
MBR = master boot register (/record) | MBR [*registro de arranque maestro*]
Mbyte = megabyte | Mbyte = megabyte
Mc = megacycle [*obs*] | Mc = megaciclo [*megahercio*]
MC = multiplex control | MC [*control sobre el múltiplex*]
MC = multipoint controller | CM = controlador multipunto
MCA = micro channel architecture | MCA [*arquitectura de microcanal*]
MCAV = modified constant angular velocity | VACM = velocidad angular constante modificada
MCC = mission control centre | MCC [*centro de control de misiones (estación receptora de localización por satélite)*]
MCF = meta-content format | MCF [*formato de metacontenido (formato abierto)*]
MCGA = multicolor graphics array | MCGA [*matriz multicolor de gráficos*]
MCGAM = MIXER conformant global address mapping | MCGAM [*conversión global de direcciones conforme a MIXER*]
MCI = media control interface | MCI [*interfaz para control multimedia*]
MCLV = modified constant linear velocity | VLCM = velocidad lineal constante modificada
McNally valve | válvula de McNally
MCU = multipoint conference unit | UCM = unidad de conferencia multipunto
Md = mendelevium | Md = mendelevio
MDA = monocrome display adapter | MDA [*adaptador de imagen monocromática*]
MDA = motor drive amplifier | MDA [*amplificador de motor*]
M-derived filter | filtro derivado de M
M-derived L-section filter | filtro de sección L derivado de M
MDF = main distribution frame | MDF [*repartidor de entrada, distribuidor general (/principal)*]
MDF = mode field diameter | MDF [*diámetro de campo modal*]
MDI = multiple-document interface | interfaz para múltiples documentos [*para trabajar simultáneamente con varios documentos abiertos*]
MD interface | interfaz MD
MDIS = metadata interchange specification | MDIS [*especificación para intercambio de metadatos*]
M display | presentación tipo M
MDN = message disposition notification | MDN [*notificación de disposición de mensaje*]
MDR = memory data register | MDR [*registro de datos de la memoria*]
MDT = mean down time | MDT [*duración media del fallo*]
ME = mobile equipment | EM = equipo móvil
Meachan bridge | puente de Meachan
Meachan bridge oscillator | oscilador de puente de Meachan
meacon | generador de señales falsas
meaconing | generación de señales falsas [*interceptación y reemisión de las señales de baliza*]
Mealy machine | máquina de Mealy
mean | media, promedio; (valor) medio
mean absolute deviation | desviación media absoluta
mean area network | red de área sectorial
mean carrier frequency | frecuencia portadora media
mean charge | carga media
mean charge characteristic | característica de carga media
meander line | línea de meandro
mean deviation | desviación media
mean down time | duración media del fallo
mean energy capability | capacidad media de producción de energía, energía producible media
mean error | error del valor medio
mean free path | camino (/recorrido) libre medio
mean free path ionization | recorrido libre promedio de ionización
mean holding time | tiempo medio de ocupación
mean horizontal candlepower | intensidad media horizontal
mean impulse indicator | indicador de impulsos medios
mean ionization energy | energía media de ionización
mean life | vida media (útil)
mean lower hemispherical candlepower | intensidad media hemisférica inferior
mean mass range | alcance medio en masa
mean opinion score | puntuación de la opinión media [*en valoración de codificadores*]
mean potential generation | producción media posible de bombeo
mean power | potencia media
mean productivity | productividad media

mean pulse time | tiempo medio de un impulso
mean range | alcance medio
means/ends analysis | análisis de medios/fines
means of communication | medios de comunicación
mean spherical candlepower | intensidad media esférica
mean time between failures | tiempo medio entre fallos
mean time between incidents | tiempo medio entre incidentes
mean time between maintenance | intervalo medio de mantenimiento
mean time to failure | tiempo medio para el fallo
mean time to first failure | tiempo medio para el primer fallo
mean time to repair | tiempo medio de reparación, tiempo medio entre reparaciones
mean upper hemispherical candlepower | intensidad media hemisférica superior
mean value | valor medio
measurand | measurand [*magnitud física medida en un trasductor*]
measure | medida
measured pickup | final de posición
measured rate service | tarifa normal
measured service | servicio medido, servicio de contador
measurement | medición
measurement amplifier | amplificador de medida
measurement channel | canal de medición
measurement component | componente de medida
measurement device | dispositivo de medición
measurement energy | energía de medición
measurement equipment | equipo de medición
measurement inverter | inversor de medida
measurement range | banda (/gama) de medición
measurement voltage divider | divisor de tensión de medición
measures of location | medidas de posición
measures of variation | medidas de variación
measuring | medida
measuring amplifier | amplificador de medida
measuring assembly | conjunto de medida
measuring bay | bastidor de medición
measuring bridge | puente de medida
measuring capacitor | condensador de medición
measuring cell | cubeta de medida
measuring cylinder | probeta graduada (/de medición)

measuring device | dispositivo de medición
measuring equipment | equipo medidor (/de medición)
measuring flask | alambique de medición
measuring loop | bucle de medición
measuring method | método de medición
measuring microscope | microscopio de medida
measuring modulator | modulador de medida
measuring office | estación de medición
measuring relay | relé de medida
measuring transformer | trasformador de medición
mechacon = mechanism control | control (/accionamiento) mecánico
mechanic | mecánico de servicio
mechanical | mecánico
mechanical admittance | admitancia mecánica
mechanical bail | retención mecánica
mechanical bandspread | ensanchador de banda mecánico
mechanical bias | polarización mecánica
mechanical centering | centrado mecánico
mechanical compliance | adaptabilidad mecánica
mechanical coupling | acoplamiento mecánico
mechanical damping | amortiguación mecánica
mechanical damping ring | anillo de amortiguación mecánica
mechanical differential analyser | analizador diferencial mecánico
mechanical drum programmer | programador de tambor mecánico
mechanical electromagnetic pump | bomba electromagnética mecánica
mechanical filter | filtro mecánico
mechanical force | fuerza mecánica
mechanical impedance | impedancia mecánica
mechanical joint | unión mecánica
mechanical life | vida (/robustez) mecánica
mechanical lifetime | vida mecánica
mechanically controlled | de mando mecánico
mechanically timed relay | relé temporizado mecánicamente
mechanically tuned oscillator | oscilador sintonizado mecánicamente
mechanical mouse | ratón mecánico [*de bola*]
mechanical ohm | ohmio mecánico
mechanical overtravel | sobrecarrera mecánica
mechanical phonograph | fonógrafo mecánico
mechanical phonograph recorder | grabador (/registrador) fonográfico mecánico

mechanical reactance | reactancia mecánica
mechanical reader | lector mecánico
mechanical recorder | grabador mecánico
mechanical recording head | cabeza de grabación mecánica
mechanical rectifier | rectificador mecánico
mechanical register | registro mecánico
mechanical resistance | resistencia mecánica
mechanical scanning | exploración mecánica
mechanical shock | sacudida mecánica
mechanical splice | empalme mecánico
mechanical switch | conmutador mecánico
mechanical television system | sistema mecánico de televisión
mechanical tilt | inclinación mecánica
mechanical timer | temporizador mecánico
mechanical transducer | trasductor mecánico
mechanical transmission system | sistema de trasmisión mecánica
mechanical tuning range | gama de sintonía mecánica
mechanical tuning rate | rapidez de sintonía mecánica
mechanical verifier | verificador mecánico
mechanical wave filter | filtro de onda mecánica
mechanical waveform synthesizer | sintetizador de forma de onda mecánica
mechanics | mecánica
mechanism | mecanismo
mechanism control | control (/accionamiento) mecánico
mechanization of system | automatización de la red
mechanized assembly | ensamblado mecanizado
mechatronics | mecatrónica [*neologismo poco extendido que asocia la mecánica y la electrónica*]
media | medios de comunicación
media access control | control de acceso a los medios [*de comunicación*]
media art | arte electrónico (/de los media)
media control interface | | interfaz para control multimedia
media conversion | conversión entre soportes [*trasferencia de datos entre soportes magnéticos distintos*]
media discontinuity | discontinuidad (/interrupción) del medio
media eraser | borrador de datos superfluos [*por ejemplo secuencias de ceros*]

media filter | filtro para medios de trasmisión
media gateway | pasarela de medios
median | media, mitad; mediana
median lethal dose | dosis letal del 50%
median lethal time | tiempo letal del 50%
media player | trasmisor de medios
media stream | flujo de comunicación [*secuencia continua de datos audiovisuales a través de una red*]
medical activity meter | medidor de actividad médico
medical amplifier | amplificador médico
medical diathermy | medicina térmica
medical electronics | electromedicina
medical radiology | radiología médica
medical sonic applicator | aplicador sónico en medicina
MEDIS = message diversion system | MEDIS [*sistema de desvío de mensajes*]
medium | medio, soporte
medium access control | control de acceso al medio
medium capacity carrier circuit | circuito de corrientes portadoras de capacidad media
medium Earth orbit | órbita terrestre media
medium error | error del medio
medium frequency | frecuencia media
medium haul circuit | circuito de medio alcance, circuito para media distancia
medium heavy loading | carga semifuerte
medium impedance triode | triodo de impedancia media
medium model | modelo mediano [*de memoria Intel*]
medium power silicon rectifier | rectificador de silicio de potencia media
medium power valve | válvula de potencia media
medium rate | media velocidad
medium-scale integration | integración a media escala [*circuito integrado*]
medium speed data rate | velocidad de datos media
medium vacuum | vacío medio
medium velocity | velocidad media
medium voltage spark excitation | excitación de chispa con tensión media
medium wave | onda media
meet me | conferencia múltiple
meet-me conference | conferencia de encuentro
meet operator | operador de conjunción
meg = megabyte | megabyte
mega- [*pref*] | mega- [*pref. que significa 1 millón; en el sistema binario equivale a 1.048.576 unidades*]

megabar | megabar
megabit | megabit; megabitio [*obs*]
megabits per second | megabits por segundo
megabyte | megabyte; megaocteto [*obs*]
megacycle | megaciclo
megaflops = million floating-point operations per second | megaflops [*millón de operaciones de coma flotante por segundo (para medir la velocidad de procesado)*]
megahertz | megahercio [*medida de frecuencia equivalente a un millón de ciclos por segundo*]
megamp = megampere, mega-ampére | megamperio
megapel display = megapixel display | pantalla de megapíxel
megapixel display | pantalla de megapíxel [*pantalla de vídeo capaz de reproducir 1 millón de píxeles*]
megatron | megatrón
megavolt | megavoltio
megavoltampere | megavoltamperio
megawatt | megavatio
megawatt-hour | megavatios-hora
Megger | Megger [*marca comercial de un medidor de resistencia del aislamiento eléctrico*]
megohm | megaohmio
megohm-microfarad | megaohmiomicrofaradio
megohm sensitivity | sensibilidad en megaohmios
Meissner effect | efecto Meissner
Meissner oscillator | oscilador de Meissner
Meker-burner | mechero de criba metálica
mel | melio [*unidad de medida de la altura del sonido*]
M electron | electrón M
melinex foil | lámina de mylar
melodeon | melodeon [*receptor panorámico de banda ancha para señales de contramedidas electromagnéticas*]
melt | fusión
melt, to - desvanecer, fundir
meltback diffused transistor | transistor de fusión difuso
meltback process | proceso de solidificación
meltback transistor | transistor de fusión (/solidificación)
meltdown | fusión accidental [*del núcleo de un reactor*]; colapso total [*de una red informática*]
melting | fusión
melting channel | canal de fusión
melting crucible | crisol de fusión
melting current | corriente de fusión
melt-quench transistor | transistor de fusión
member | miembro, socio
membership | membrecía
membrane | membrana
membrane keyboard | teclado de membrana

membrane potential | potencial de membrana
membrane switch | interruptor de membrana
memistor | memistor [*unidad de memoria no magnética formada por un sustrato resistivo dentro de un electrolito*]
memo | concepto, recordatorio
memo field | campo para notas
memory | memoria; almacenamiento
memory address register | registro de dirección de memoria
memory addressing mode | modo de direccionamiento de memoria
memory allocation | asignación de memoria
memory allocation failed | fallo en la asignación de la memoria
memory array | matriz de memoria
memory bank | banco de memoria
memory base address | dirección base de la memoria
memory board | tarjeta (/placa) de memoria
memory buffer register | registro adaptador de memoria
memory cache | memoria caché
memory capacitor | condensador acumulador
memory capacity | capacidad de almacenamiento (/memoria)
memory card | tarjeta de memoria
memory cartridge | cartucho de memoria
memory cell | celda de memoria
memory chip | chip (/plaqueta) de almacenamiento de memoria
memory circuit | circuito de memoria
memory compaction | compresión de memoria (/bloques), concentración (/condensación) de bloques
memory conflict | conflicto de memoria
memory counter | contador de memoria
memory cycle | ciclo de memoria
memory data register | registro de datos de (la) memoria
memory dump | volcado de memoria
memory element | elemento de la memoria
memory expansion | expansión de memoria
memory expansion board | tarjeta de ampliación (/expansión) de memoria
memory expansion card | tarjeta de ampliación (/expansión) de memoria
memory fill | relleno de memoria
memory guard | custodia de la memoria
memory hierarchy | jerarquía de memorias (/la memoria)
memory intensive software | software de alto uso de la memoria
memory key | tecla de memoria
memory light | indicador de memoria

memory location | situación en la memoria
memory management | gestión de memoria
memory management programme | programa de gesión de memoria
memory management unit | unidad de gestión de memoria
memory map | mapa de (la) memoria
memory mapped input/output | entrada/salida con mapa de memoria
memory mapper | gestor de memoria
memory mapping | planificación de la memoria
memory model | modelo de memoria
memory module | módulo de memoria
memory option | opción de memoria
memory overflow | desbordamiento de la memoria
memory page deallocation | reasignación de página de memoria
memory paging | paginación de la memoria
memory parity error | error de paridad de memoria
memory protection | protección de (la) memoria
memory read/write | memoria de lectura/escritura
memory reference instruction | instrucción de referencias de memoria
memory refresh | regeneración (/renovación) de la memoria
memory register | registro de memoria
memory relay | relé de memoria
memory-resident | residente en memoria
memory scrubbing | exploración de la memoria [*en busca de errores*]
memory size | tamaño de la memoria
memory size decreased | disminuición del tamaño de la memoria
memory test prompt | prueba de almacenamiento
memory timer | temporizador de memoria
memory-to-memory instruction | instrucción de memoria a memoria
memory typewriter | máquina de escribir con memoria
memory unit | unidad de memoria
mendelevium | mendelevio
meniscus lens | lentes del tipo menisco
menu | menú
menu accelerator | menú de aceleración
menu bar | barra de menú
menu-bar item | opción de la barra de menú
menu button | botón de menú
menu bypass | elusión de menús
menu cascade button | botón de menú en cascada
menu command | orden de menú
menu decoration | marco del menú
menu-driven | controlado por menú
menu-driven programme | programa regido por menús
menu editor | editor de menús
menu item | opción de menú
menu name | nombre de menú
menu panel | panel de opciones de menú
menu-toggle, to - | conmutar menú
menu topic | tema de menú
MEO = medium earth orbit | MEO [*satélite de órbita media*]
mercury | mercurio
mercury arc | arco de mercurio
mercury arc converter | conversor de arco de mercurio
mercury arc rectifier | rectificador de arco (/vapor) de mercurio
mercury-arc rectifier equipment | rectificador (de arco) a vapor de mercurio
mercury barometer | barómetro de mercurio
mercury battery | batería de mercurio
mercury break switch | interruptor de mercurio
mercury cell | pila de mercurio
mercury column | columna de mercurio
mercury contact | contacto (/conmutador) de mercurio
mercury contact relay | relé con interruptor de mercurio
mercury delay line | línea de retardo de mercurio
mercury displacement relay | relé de desplazamiento de mercurio
mercury fence alarm | alarma de muros de mercurio
mercury-hydrogen spark-gap converter | conversor de centelleo de mercurio-hidrógeno
mercury interrupter | interruptor de mercurio
mercury-jet break | interruptor por chorro de mercurio
mercury-jet scanning switch | interruptor de barrido de mercurio
mercury lamp | lámpara de mercurio
mercury memory | memoria de mercurio
mercury-motor meter | medidor de motor de mercurio
mercury-oxide-cadmium cell | célula de mercurio-óxido-cadmio
mercury-pool cathode | cátodo de depósito de mercurio
mercury rectifier | rectificador de mercurio
mercury relay | relé de mercurio
mercury storage | almacenamiento de mercurio
mercury switch | interruptor de mercurio
mercury tank | tanque de mercurio
mercury vapour lamp | lámpara de vapor de mercurio
mercury vapour rectifier | rectificación de vapor de mercurio
mercury vapour valve | válvula (termoiónica) de vapor de mercurio
mercury watt-hourmeter | contador de vatios-hora de mercurio
mercury-wetted | humedecido por mercurio
mercury-wetted contact | contacto humedecido con mercurio
mercury-wetted-contact relay | relé de contactos humedecidos en mercurio
merge | fusión
merge, to - | fusionar; intercalar
mergeable heap | montón fusionable
merged technology switch | conmutación de tecnología combinada
merged transistor logic | lógica de transistor integrada
merge exchange sort | clasificación de intercambio por combinación
merge sort | clasificación combinada
merging | fusión, intercalación
meridian rays | rayos meridianos
merit | coeficiente, cifra
mesa [*formed by etching away the electrically active material surrounding*] | mesa [*en transistores, es el área que se eleva cuando se corroe el material semiconductor, permitiendo el acceso a la base y el colector*]
mesa diffusion | difusión mesa
mesa isolation | aislamiento mesa
mesa structure | estructura mesa
mesa transistor | transistor mesa
mesh | lazo; malla, red
mesh beat | batido de malla
mesh current | corriente de malla
meshed network | red mallada (/poligonal, /de malla)
mesh equations | ecuaciones de malla
mesh of a network | malla de red
mesh-operated network | red de explotación en mallas
mesh resistance | resistencia de la malla
mesic atom | átomo mesónico (/mésico)
meson | mesón
meson theory of nuclear forces | teoría mesónica de las fuerzas nucleares
mesosphere | mesosfera
mesothorium [*obs*] | mesotorio
message | aviso, despacho, mensaje (informativo), parte; conferencia, llamada
message access protocol | protocolo de acceso a mensajes
message alignment function | función de encuadre de mensaje
message amplifier | amplificador de tráfico
message area | área de mensajes
message authentication | autentificación del mensaje
message authentication code | código de validación del mensaje
message box | cuadro de mensajes
message call | llamada eficaz

message callback | llamada a la función de mensajes
message capacity | capacidad de tráfico
message carrying capacity | capacidad de (encaminamiento del) tráfico
message category | categoría de mensaje
message centre | centro de mensajes
message circuit | circuito de mensajes
message dialog | diálogo de mensajes
message directory | directorio de mensajes
message diversity | diversidad de mensajes
message element | elemento de mensaje
message exchange | intercambio de mensajes
message handling | manipulación (/curso, /trasmisión) del tráfico (de mensajes)
message handling system | sistema de tratamiento (/manipulación) de mensajes
message handling time | rapidez de trasmisión (de los mensajes)
message header | cabecera de mensaje
message heading | encabezamiento del mensaje
message identification | identificación de mensaje
message interpolation | interpolación del mensaje
message layout | disposición del mensaje
message line | línea de mensajes
message list | lista de mensajes
message minute | comunicación al minuto
message monitoring | vigilancia del tráfico
message of the day | boletín diario [*en redes informáticas*]
message pair | par de mensajes
message pattern | patrón de mensajes
message pilot | piloto de tráfico
message precedence | prioridad del mensaje
message precedence designation | designación de prioridad del mensaje
message protocol | protocolo de mensajes
message queue | cola de mensajes
message queueing | formación de colas de mensajes
message rate subscriber | abonado al régimen de conversación tasada
message rate subscription | abono al régimen de conversaciones tasadas
message recorder | contador de llamadas (/comunicaciones)
message reflection | reflejo del mensaje [*para controlar el mensaje propio*]
message register | contador de llamadas (/servicio)

message relay point | punto de retrasmisión de mensajes (/despachos), punto de escala (/retrasmisión) de tráfico
message security protocol | protocolo de seguridad para mensajes
message separation signal | señal de separación de mensaje
message source | fuente de mensaje
message store | almacén de mensajes
message switch | conmutador de mensajes
message switcher | conmutador de tráfico
message switching | conmutación de mensajes
message switching unit | unidad de conmutación de mensajes
message system | sistema de mensajes
message transfer agent | agente de trasferencia de mensajes
message transfer part | parte de trasferencia de mensajes [*especificación de comunicación intrarred*]
message type | tipo de mensaje
message unit | unidad de mensaje
message viewer | visor de mensajes
message waiting indication | señal de mensaje en espera
message waiting lamp | lámpara de espera de mensajes
messaging | trasmisión de mensajes
messaging application | aplicación para trasmisión de mensajes
messaging application programming interface | interfaz para programación de aplicaciones de mensajes
messaging client | cliente de mensajería
messaging-oriented middleware | programa para conversión de datos entre aplicaciones
messaging service | servicio de mensajería, servicio interactivo
messenger | mensajero, repartidor (de telegramas)
messenger cable | cable con tensor mensajero
messenger call | conversación con aviso de llamada, llamada de ordenanza
meta- [*prefix*] | meta- [*pref. que significa "junto a", "después de", "entre" o "con"*]
meta-assembler | metaensamblador
metacharacter | metacarácter [*carácter que establece vínculos con otros caracteres*]
metacompiler | metacompilador [*compilador que produce a su vez compiladores*]
meta-content format | formato de metacontenido [*formato abierto*]
metadata | metadatos [*datos sobre datos*]
metadata interchange specification | especificación para intercambio de metadatos

metadyne | metadinamo, metadina
metafile | metaarchivo [*archivo que contiene otros archivos*]
metaflow | flujo de metadatos
metal | metal
metalanguage | metalenguaje
metal backing | recubrimiento metálico interior
metal base transistor | transistor de base metálica
metal-clad base material | material base metalizado
metal-clad break switch | interruptor blindado
metal detector | detector de metales
metal-enclosed | blindado
metal-enclosed apparatus | aparato blindado
metal-etched mask | máscara de metal dibujada
metal film resistor | resistencia de película metálica
metal fog | niebla (/neblina) metálica; metal en suspensión (en un electrolito)
metal foil capacitor | condensador de hoja de metal
metal frame | armadura metálica
metal-free matrix | sustancia base no metálica
metal gate | puerta de metal
metal halide lamp | lámpara de haluro metálico
metal interface amplifier | triodo túnel
metallic | metálico
metallic bond | enlace metálico
metallic circuit | circuito metálico
metallic conduction | conducción metálica
metallic disk | disco duro (/metálico)
metallic distancer | separador metálico
metallic foil | hojuela metálica
metallic insulator | aislador metálico
metallic lens | lente metálica
metallic-line carrier system | sistema de corrientes portadoras por líneas metálicas
metallic noise | ruido metálico
metallic oxide semiconductor | semiconductor de óxido metálico
metallic rectifier | rectificador metálico
metallic rectifier cell | célula metálica rectificadora
metallic-rectifier stack | pila de rectificadores metálicos
metallic signalling system | sistema de comunicación a doble hilo
metallic-wire carrier system | sistema de corrientes portadoras por líneas metálicas
metallisation [UK] | metalización
metallisation of a valve | metalización de la ampolla de válvula
metallised capacitor | condensador metalizado
metallised-paper capacitor | condensador de papel metalizado

metallised resistor | resistencia metalizada
metallising [UK] | metalizado
metallization [USA] [*metallisation (UK)*] | metalización
metallizing [USA] [*metallising (UK)*] | metalizado
metal locator | detector de metales
metallography | metalografía
metalloid | metaloide
metallurgy | metalurgia
metal mask | máscara de metal
metal master | matriz de metal
metal negative | negativo de metal
metal-nitride-oxide semiconductor | semiconductor metálico de óxido nítrico
metal-on-glass mask | máscara de metal sobre cristal
metal-oxide resistor | resistencia de óxido metálico
metal-oxide semiconductor | semiconductor de oxido metálico
metal-oxide semiconductor field-effect transistor | transistor MOS [*transistor de efecto de campo semiconductor de óxido metálico*]
metal-oxide-silicon technology | tecnología metal-óxido-silicio
metal rectifier | célula rectificadora; rectificador metálico (/seco, /de disco seco; /de placas secas); válvula de semiconductor
metal rectifier echo suppressor | supresor de eco de acción continua, supresor de eco de rectificadores secos
metal sheathing | armadura
metal-tank mercury-arc rectifier | rectificador de vapor de mercurio de cuba metálica
metal-thick-nitride semiconductor | semiconductor de capa gruesa de nitruro metálico
metal-thick-oxide semiconductor | semiconductor de capa gruesa de óxido metálico
metal-thick-oxide-silicon technology | tecnología metal-óxido espeso-silicio
metal tube | tubo metálico (/de metal)
metal valve | válvula metálica
metal vapour lamp | lámpara de vapor metálico
metalwork | estructura metálica
metamer | metámero, cuerpo metálico
metamict state | estado metamíctico
metaoperating system | sistema metaoperativo [*sistema operativo bajo el que trabajan otros sistemas operativos*]
metaphor | metáfora
metastable atom | átomo metaestable
metastable condition | estado metaestable
metastable state | estado metastable
metastasic electron | electrón metastásico
metatag, meta tag | metaindicador [*en documentos HTML o XML*]
meteoric scatter | dispersión meteórica, ecos meteóricos
meteorograph | meteorógrafo, aerógrafo
meteorological aids service | servicio de ayudas meteorológicas
meteorological broadcast | radiodifusión meteorológica
meteorological broadcasting station | estación de radiodifusión meteorológica
meteorological radar station | estación de radar meteorológica
meter | contador, medidor
meter [USA] [*metre (UK)*] | metro, cinta métrica
meter adjusting devices | dispositivos de regulación del contador
meterampere | metroamperio
meter armature | inducido del contador
meter base | zócalo del contador
meter braking element | sistema de frenado del contador
metercandle | metrobujía
meter case | caja del medidor (/contador, /instrumento de medición)
meter changeover clock | reloj de conmutación para contador
meter correction factor | factor de corrección de medida
meter display | pantalla (/indicador) del medidor
metered line | línea con contador (de conversaciones)
metered pulsing | impulso de recuento
metered service exchange | central de servicio medido
meter frame | bastidor (/soporte) del contador
metering | cuenta, medición; registro; tarifación, tarificación [*asignación de tarifas*]
metering feed pawl | trinquete de avance de medición
metering jack | jack de medición
metering point | punto de medición (/conexión de medida)
metering position | posición de medida
metering pulse | impulso de medición (/cómputo)
metering rack | bastidor de medición (/contadores de tráfico)
metering relay | relé contador
metering selector switch | conmutador selector de medición
meter key | llave de contador
meter lamp | lámpara de contador
meter panel | cuadro de contador, panel de mediciones (/medidores), tablero de instrumentos
meter pulse | impulso de cómputo (/recuento)
meter pulsing | impulso de recuento
meter rating | alcance de un medidor
meter reading | lectura de contadores
meter resistance | resistencia del medidor
meter support | bastidor (/soporte) del contador
meter terminal cover | tapa de bornas
meter-type relay | medidor tipo relé
meter wire | hilo de contador (/contabilizador)
meter with demand indicator | contador con indicador de máxima
meter with maximum demand recorder | contador con registrador de máxima
methanol = methyl alcohol | metanol [*alcohol metílico*]
method | método
method of determination | método determinativo
method of least squares | método de cuadrados mínimos
method of maximum likelihood | método de verosimilitud máxima
method of multiplexing | método de multiplexado
method of operation | método de explotación (/trabajo)
method of printing | método de impresión
method of transmission | método de trasmisión
methodology | metodología
methyl alcohol | alcohol metílico, metanol
metre [UK] | metro, cinta métrica
metrechon | metrechon [*válvula de almacenamiento utilizada en convertidores de exploración*]
metric | métrico
metric prefix | prefijo métrico
metrics | métrica
metric system | sistema métrico
metric wave | onda métrica
metron | metronio
metropolitan area exchange | enlace de área metropolitana [*para internet*]
metropolitan area network | red de área metropolitana (/urbana)
MeV = megaelectron-volt | MeV = megaelectrón-voltio
MExE = mobile execution environment | MexE [*servidor de entorno de ejecución móvil*]
MF = medium frequency | MF [*frecuencia media*]
MFLOPS = million floating-point operations per second | MFLOPS [*millón de operaciones de coma flotante por segundo (para medir la velocidad de procesado)*]
MFC = multifrequency code | MFC [*señalización por multifrecuencia*]
MFM = modified frequency modulation | MFM = modulación de frecuencia modificada
M2FM = modified modified frequency modulation | M2FM [*modulación de frecuencia modificada dos veces*]
MFM encoding = modified frequency modulation encoding | codificación

MFM [*codificación modificada por modulación de frecuencia (antiguo método para registro de datos)*]
MFP = multifunction peripheral | MFP [*periférico multifuncional (/de funciones múltiples)*]
MFS = Macintosh file system | MFS [*sistema de archivos de Macintosh*]
Mg = magnesium | Mg = magnesio
MG = media gateway | MG [*pasarela de medios*]
MGC = media gateway controller | MGC [*controlador de la pasarela de medios*]
MGCF = media gateway control function | MGCF [*función de control de la pasarela de medios*]
MGCP = media gateway control protocol | MGCP [*protocolo de control de la pasarela de medios*]
MGCU = media gateway controller unit | MGCU [*unidad de controlador de pasarela de medios*]
mget = multiple get | mget [*orden para trasferir varios archivos a la vez*]
MGU = media gateway unit | MGU [*unidad de pasarela de medios*]
MGW = media gateway | MGWE [*pasarela de medios*]
mH = millihenry | mH = milihenrio
MH = modified Huffman | MH [*código de Huffman modificado*]
MHD = magnetohydrodynamics | MHD = magnetohidrodinámica
MHD conversion = magnetohydrodynamics conversion | conversión MHD = conversión magnetohidrodinámica
MHEG = multimedia hypermedia experts group | MHEG [*familia de estándares desarrollada por ISO*]
mho | mho, siemens [*unidad de conductancia*]
MHS = message handling system | MHS [*sistema de tratamiento de mensajes*]
MHz = megahertz | MHz = megahercio
MI = multiple inheritance | MI [*derivación múltiple (en lenguajes de programación)*]
MIC = media interface connector | MIC [*conector de interfaz con la red*]
MIC = microphone | MIC = micrófono
MIC = microwave integrated circuit | MIC [*circuito integrado de microondas*]
mica | mica
mica capacitor | condensador de mica
mica slip fuse | fusible de lámina de mica
mica window counter | contador con ventana de mica
micelle | micela [*agregación de moléculas en solución coloidal*]
mickey [*unit of measure for mouse movement equal to 1/200th of an inch*] | mickey [*unidad de movimiento del ratón, equivalente a 1/200 de pulgada*]
MICR = magnetic ink character recognition | MICR [*reconocimiento de caracteres en tinta magnética*]
micro | microscópico
micro- [*metric prefix meaning 10^{-6} = one millionth*] | micro- [*pref. que significa una millonésima parte*]
microalloy | microaleación
microalloy-diffused transistor | transistor de difusión microaleado
microalloy transistor | transistor microaleado (/de microaleación)
microammeter | microamperímetro
microampere | microamperio
microanalyser | microanalizador
microanalysis | microanálisis
microatomiser | micropulverizador
microbar | microbara [*unidad de presión utilizada en acústica*]
microbarograph | microbarógrafo
microbeam | microhaz
microbending | microcurvatura
microbending loss | pérdida por microcurvatura
microbond | microatadura
microcassette | microcasete
microcell | microcubeta
micro channel architecture | arquitectura de microcanal
microchip | microchip, microplaqueta
microcircuit | microcircuito
microcircuit module | módulo de un microcircuito
microcircuit wafer | oblea de microcircuito
microcode | microcódigo
microcoding | microcodificación
Microcom network protocol | protocolo de red Microcom
microcomponent | microcomponente
microcomputer | microordenador
microcomputer development system | sistema de desarrollo por microordenador
microcontroller | microcontrolador
microcrack | microfallo
microdensitometer | microdensitómetro
microdisplay, micro display | micropantalla
microdrive | unidad de microdisco [*para microdisco de una pulgada*]
microelectrode | microelectrodo
microelectronic circuit | circuito microelectrónico
microelectronic device | dispositivo microelectrónico
microelectronics | microelectrónica
microelement | microelemento
microelement wafer | oblea de microelementos
microfarad | microfaradio
microfaradmeter | medidor de microfaradios
microfiche | microficha
microfilm | microfilm
microflash | microdestello
microflash lamp | lámpara de microdestello
microfloppy disk | microdisco flexible
microform | microsoporte [*para microimágenes*]
microgram | microgramo
micrograph | micrografía
micrographics | micrografía
microgroove | microsurco
microgroove record | disco microsurco
microhenry | microhenrio
microhm | microhmio
microimage | microimagen [*imagen fotográfica reducida*]
micro instability | microinestabilidad
microinstruction | microinstrucción
microinstructions sequence | secuencia de microinstrucciones
micro irradiation | microirradiación
microjustification | microjustificación [*justificación con microespaciado*]
microkernel | micronúcleo [*en programación, núcleo modular de prestaciones básicas*]
microlock | microlock [*sistema de bucle enganchado en fase para trasmisión y recepción de información*]
micrologic | micrológica
micrologic element | elemento micrológico
micromanipulator | micromanipulador
micromassage | micromasaje
micrometer | micrómetro
micromethod | micrométodo
micromho | micromho
micromicro [*obs*] | micromicro [*obs*], pico- [*pref*]
micromicrofarad [*obs*] | picofaradio
micromicrowatt [*obs*] | picovatio
microminiature | microminiatura
microminiature component | componente microminiaturizado
microminiature lamp | lámpara microminiatura
microminiature module | módulo microminiaturizado
microminiaturization | microminiaturización
micromodule | micromódulo
micron | micra [*unidad de longitud igual a la millonésima parte del metro*]
micropayment | micropago
microphone | micrófono
microphone amplifier | amplificador de micrófono
microphone battery | pila microfónica
microphone boom | jirafa de micrófono
microphone button | botón de micrófono
microphone cable | cable microfónico
microphone channel | canal de micrófono
microphone current | alimentación microfónica
microphone gain button | botón de ganancia de micrófono
microphone impedance | impedancia de micrófono

microphone mixer | mezclador microfónico
microphone preamplifier | preamplificador micrófonico
microphone push-to-talk button | pulsador de (conexión de) micrófono
microphone sensitivity | sensibilidad de micrófono
microphone stand | pie de micrófono
microphone transformer | trasformador de micrófono
microphone transmitter | emisor (/trasmisor) micrófonico
microphonic noise | ruido micrófonico
microphonics | microfonía
microphonism | microfonismo, cebado acústico, efecto Larsen (/micrófónico)
microphonograph | microfonógrafo
microphonoscope | microfonoscopio
microphony | microfonía
microphotogram | microfotograma
microphotograph | microfotografía
microphotometer | microfotómetro
microphotometer for spectroscopy | fotómetro espectral
micropipette | micropipeta
microprobe | microsonda
microprocessor | microprocesador
microprocessor development system | sistema de desarrollo basado en microprocesador
microprocessor emulator | simulador de microprocesador
microprocessor unit | unidad de microprocesador
microprogram, microprogramme | microprograma
microprogram sequencer | secuenciador de microprogramas
microprogram store | memoria de microprogramas
microprogrammable computer | ordenador microprogramable
microprogramming | microprogramación
microradiograph | microrradiografía
microradiography | microrradiografía
microradiometer | microrradiómetro, microrradiomedidor
microrelief | microrrelieve
microscope | microscopio
microscopic | microscópico
microscopic cross section | sección eficaz microscópica
microscopic mobility | movilidad microscópica
microsecond | microsegundo
microsequence | microsecuencia
Microsoft [*a computer company*] | Microsoft [*empresa informática*]
microspace justification | justificación con microespaciado
microspacing | microespaciado [*en artes gráficas*]
microstrip | línea de cinta; microbanda (de trasmisión)
microstructure | microestructura
microswitch | microinterruptor

microsyn | microsin [*trasductor para trasformar pequeños desplazamientos angulares en señales eléctricas*]
microsynchronization | microsincronización
microsystems electronics | electrónica de microsistemas
microtelephone | microteléfono
microtransaction | microtransacción
microtron | microtrón
microvolt | microvoltio
microvolter | fuente de microtensiones calibradas
microvoltmeter | microvoltímetro
microvolts/metre/mile | microvoltios por metro a una milla
microvolts per metre | microvoltios por metro
microwafer | microoblea
microwatt | microvatio
microwave | microonda
microwave absoption spectrum | espectro de absorción de microondas
microwave alarm system | sistema de alarma de microondas
microwave beam system | sistema de enlace por microondas, red de enlaces hertzianos
microwave connection | enlace por microondas
microwave diode | diodo de microondas
microwave discriminator | discriminador de microondas
microwave drop repeater station | estación repetidora de microondas con acceso
microwave early warning | radar de alarma por microondas
microwave equivalent Wheatstone bridge | puente de Wheatstone equivalente para microondas
microwave filter | filtro de microondas
microwave frequency | frecuencia de microondas
microwave holography | holografía de microondas
microwave integrated circuit | circuito integrado de microondas
microwave intruder detector | detector de intrusos por microondas
microwave level detector | detector de nivel por microondas
microwave oscillator | oscilador de microondas
microwave phototube | fotoválvula de microondas
microwave power transmission | trasmisión de potencia por microondas
microwave radio relay | radioenlace de microondas
microwave refractometer | refractómetro de microondas
microwave region | región de microondas
microwave relay | relé de microondas
microwave relay system | sistema de

relés de microondas
microwave repeater | repetidor de microondas
microwave route | ruta de microondas
microwave spectrum | espectro de microondas
microwave tube | válvula de microondas
micro-Winchester drive | mecanismo impulsor micro-Winchester
midbranch points filter | filtro de puntos en rama
midbranch section filter | filtro de sección en rama
middle marker | radiobaliza intermedia
middle marker beacon | radiobaliza intermedia
middle side system | sistema lateral medio
middleware | soporte intermedio
midfrequency range | registro medio, gama central del espectro
midget tube | microtubo
MIDI = musical instrument digital interface | MIDI [*interfaz digital para instrumentos musicales*]
midpoint earthing | puesta a tierra del punto medio, punto medio a masa
midpoint rule | regla del punto medio
midpoint technique | técnica de punto medio
midposition contact | contacto de posición neutra
midrange | gama central, registro medio
midrange computer | ordenador de tipo medio, miniordenador
midrange radiator | radiador (acústico) para el registro medio
MIDS = multiple information distribution system | MIDS [*sistema de distribución de información múltiple*]
midseries points filter | filtro de puntos en serie
midseries section filter | filtro de sección en serie
midtapping transformer | trasformador con toma central
migrate, to - | migrar
migration | migración
migration area | área de migración
migration length | longitud de migración
migration tube | tubo de migración
mike [*fam*] = microphone | micrófono
mil | milésimo; milipulgada
mile | milla
miliammeter | miliamperímetro
military grade IC | circuito integrado para uso militar
military network | red informática militar
military standard | norma militar
military temperature range | margen de temperaturas militar
mill | fresa; molino
mill, to - | fresar
millennium bug | error del milenio

Miller bridge | puente de Miller
Miller capacitance | capacidad de Miller
Miller circuit | circuito Miller
Miller effect | efecto Miller
Miller integrator | (condensador) integrador de Miller
Miller oscillator | oscilador Miller
Miller timebase | base de tiempos Miller
milli- [*metric prefix meaning* 10^{-3} = *one thousandth*] | mili- [*pref. que significa una milésima parte*]
milliammeter | miliamperímetro
milliampere | miliamperio
millibar | milibar
millicent technology | tecnología de milicéntimos [*para transacciones comerciales con valores inferiores al céntimo*]
millicurie | milicurio
milligram | miligramo
millihenry | milihenrio
Millikan cosmic ray meter | medidor de rayos cósmicos de Millikan
Millikan meter | medidor de Millikan
millilambert | mililambert
millilitre | mililitro
millimaxwell | milimaxwell
millimetre | milímetro
millimetre wave | onda milimétrica
millimicrometre | milimicrómetro
milling | avellanado
millinile | milinilo
milliohm | miliohmio
million instructions per second | millón de instrucciones por segundo
million operations per second | millón de operaciones por segundo
milliroentgen | miliroentgen
millisecond | milisegundo
millitorr | militorr
millivolt | milivoltio
millivoltmeter | milivoltímetro
millivolts per metre | milivoltios por metro
milliwatt | milivatio
Mills aerial | antena de Mills
Milne method | método de Milne
Milne problem | problema de Milne
MILNET = military network | MILNET [*red informática militar*]
MIMD processor = multiple instruction, multiple data processor | procesador MIMD [*procesador de instrucciones múltiples y datos múltiples*]
MIME = multipurpose Internet mail extensions | MIME [*extensión multifuncional (/multipropósito) de correo en internet*]
mimic diagram | diagrama mímico
min = minimum | min. = mínimo
mindshare | producto (/servicio) conocido, empresa conocida [*por el público*]
mine detector | detector de minas
mineral | mineral
miniatron tube | (tubo) miniatrón

miniatron valve [UK] | (válvula) miniatrón
miniature | miniatura
miniature lamp | lámpara miniatura
miniature sealed relay | relé sellado miniatura
miniature tube | tubo (/válvula) miniatura
miniature wire | hilo miniatura
miniaturization | miniaturización
minicassette | minicasete
minicomputer | miniordenador
minidisk | minidisco
mini-driver architecture | arquitectura de minicontroladores
minifloppy | minidisco flexible [*de 5,25 pulgadas*]
minifloppy handshake | protocolo de comunicación para minidisco flexible
minigroove | minisurco
minilaser | miniláser
minimal machine | máquina mínima
minimax procedure | procedimiento de aproximación al mínimo máximo
minimization | minimación, minimización
minimization operator | operador mu (/my, /de minimación)
minimize, to - | minimar, minimizar
minimize button | botón de minimar
minimize decoration, to - | minimar la decoración
minimized window box | cuadro de ventana minimada
minimum | mínimo
minimum-access code | código de acceso mínimo
minimum access programming | programación de acceso mínimo
minimum access routine | rutina de acceso mínimo
minimum bending radius | radio de curvatura mínimo
minimum burnout ratio | relación mínima de abrasamiento
minimum configuration | configuración mínima (/de campo mínimo)
minimum-cost spanning tree | árbol de extensión de coste mínimo
minimum cutout | disyuntor de mínima
minimum detectable power | potencia mínima detectable
minimum detectable signal | mínima señal detectable
minimum deviation | desviación mínima
minimum discernible signal | señal mínima discernible
minimum equivalent | equivalente mínimo admisible
minimum-error decoding | descodificación con un mínimo de errores
minimum firing power | potencia mínima de encendido
minimum flashover voltage | tensión mínima de descarga
minimum fusing current | corriente mínima de fusión

minimum integration | mínima integración
minimum ionization | ionización mínima
minimum latency programming | programación de mínima latencia
minimum pause | intervalo mínimo
minimum phase network | red de fase mínima
minimum prepayment meter | contador de pago previo con mínimo (de consumo)
minimum pressure | voltaje mínimo
minimum reject number | número de rechazos mínimo
minimum reliable current | corriente mínima fiable
minimum resistance | resistencia mínima
minimum sampling frequency | mínima frecuencia de muestreo
minimum shift frequency | frecuencia mínima de desplazamiento
minimum signal level | nivel de señal mínimo
minimum starting voltage | tensión mínima de arranque
minimum toggle frequency | frecuencia mínima de basculación
minimum wavelength | longitud de onda mínima
minimum working current | corriente (de mando) necesaria
minimum working excitation | excitación necesaria (de un relé)
minimum working net loss | pérdida neta mínima de funcionamiento
mini-notebook | miniagenda electrónica [*ordenador portátil de reducidas dimensiones*]
miniport driver | controlador de minipuerto
minitower | minitorre [*caja de CPU*]
minitrack | miniseguimiento
minor apex face | cara de ápice menor
minor bend | curvatura menor
minor circle | círculo menor
minor cycle | ciclo menor
minor defect | defecto menor
minor exchange | centro de tránsito; estación secundaria
minor face | cara menor
minor failure | fallo menor
minority | minoritario
minority carrier | portadora minoritaria (/de minoría)
minority emitter | emisor minoritario (/de minoría)
minor key | tecla alternativa
minor lobe | lóbulo menor
minor loop | bucle menor
minor relay station | estación relé secundaria
Minter stereo system | sistema estéreo Minter
minterm | minitérmino, término mínimo (/de producto estándar, /de producto normalizado)

minus | negativo [*polo*]
minute | minuto
MIP = maximum intensity projection | MIP = máxima intensidad de proyección
MIP = mobile IP | MIP [*IP móvil (protocolo IP para comunicaciones móviles*]
MIP mapping = multum-in-parvo mapping | mapeado MIP = mapeado multum in parvo (*lat*) [*creación de mapas de bits en perspectiva*]
MIPS = millions of instructions per second | MIPS = millones de instrucciones por segundo
mirror | espejo; reflector parabólico; réplica
mirror changeover | cambio de proyector mediante espejo
mirror galvanometer | galvanómetro de espejo
mirror galvanometer oscillograph | oscilógrafo galvanométrico de espejo
mirror image | imagen reflejada
mirroring | representación de imágenes reflejadas [*en la pantalla*]
mirror instrument | galvanómetro de espejo (/reflexión), oscilógrafo de espejo
mirror machine | máquina de espejos
mirror method of gain measurement | método de espejo para determinar ganancias
mirror monochromator | monocromador de espejo
mirror mount | portaespejo
mirror nuclides | núclidos espejos
mirror reflection echo | eco reflejado de espejo
mirror scale | escala de espejo
mirror site | sitio espejo [*servidor con un duplicado de los archivos de otro servidor*]
MIS = management information system | MIS [*sistema de información para la dirección (/gestión)*]
MIS = metal-insulator-silicon | MIS [*capa de metal-aislante-silicio*]
miscellaneous circuits | circuitos varios
misch metal | metal compuesto (/mixto)
miscibility | mezclabilidad
MISDN = mobile ISDN | MISDN [*número de identificación de estación móvil*]
MISD processor = multiple instruction, single data processor | procesador MISD [*procesador de instrucciones múltiples y corriente de un solo dato*]
misfire | fallo de encendido
mismatch | desajuste, desadaptación; discordancia, incoherencia
mismatch factor | factor de desadaptación
mismatch loss | pérdida por desadaptación
misnumber | error de numeración

misposting | error de escritura
misprint | error de impresión
misrouting | encaminamiento equivocado, error de dirección (/encaminamiento)
missent message | mensaje enviado (/trasmitido) equivocadamente
missile site radar | radar de situación de misiles
missing observations | observaciones ausentes
mission control centre | centro de control de misiones [*estación receptora de localización por satélite*]
mission critical | información crítica
mission time | tiempo de la misión
mist | opacidad
mistake | error
mistake in charging | error de cobro (/tasa)
mistor | mistor [*dispositivo cuya resistencia aumenta con la intensidad del campo magnético en el que se encuentra*]
mitron | mitrón
MIX = mixer, mixing | MIX [*mezclador, mezcla*]
mix, to - | batir; combinar; mezclar (señales), heterodinar
mixed | mezclado
mixed base notation | notación en base mixta
mixed-base system | sistema de base (/raíz) mixta
mixed calculation | cálculo mixto
mixed cell reference | referencia de celda mixta [*en matrices matemáticas*]
mixed crystal | cristal mixto
mixed dielectric capacitor | condensador de dieléctrico mixto
mixed highs | frecuencias altas mezcladas
mixed logic | lógica mixta
mixed mode | modo mixto
mixed network | red híbrida
mixed polyelectrode potential | tensión mixta de un polielectrodo
mixed route | ruta mixta, trayecto mixto
mixed semiconductor | semiconductor mixto
mixed service | servicio mixto
mixed spectrum reactor | reactor de espectro mixto
mixer | mezclador
MIXER = MIME Internet X.400 enhanced relay | MIXER [*pasarela para conversión de correo electrónico*]
mixer diode | diodo mezclador
mixer utility | programa de utilidad de mezcla
mixer valve | válvula mezcladora
mixing | mezcla, mezclado
mixing amplifier | amplificador mezclador
mixing module | módulo de mezcla
mixing point | punto de mezcla (/mezclado)

mixing unit | unidad de mezcla
mixture | mezcla
mixture of isotopes | mezcla isotópica
M.K.S.A. system = metre-kilogram-second-ampere system | sistema MKSA = sistema metro-kilogramo-segundo-amperio [*sistema de unidades electromagnéticas, también llamado sistema Giorgi*]
M line | línea M
mm = millimetre | mm = milímetro
MM = memo | obs. = observación; nota
MM = multimedia | MM = multimedia [*múltiples medios de comunicación*]
MMDS = multipoint multichannel distribution system | MMDS [*sistema de distribución multicanal multipunto*]
mmf = magnetomotive force [*obs*] | mmf = potencial magnético
mm Hg | mm Hg = milímetros de mercurio
MMI = man-machine interface | MMI; IHM = interfaz hombre-máquina
MML = man machine language | MML [*lenguaje hombre máquina*]
MMR = modified modified read | MMR [*código de lectura modificada modificada*]
MMU = memory management unit | MMU = unidad de gestión de memoria
MMV = monostable mutivibrator | MMV [*multivibrador monoestable*]
MMX = multimedia extensions | MMX [*extensiones multimedia*]
Mn = manganese | Mn = manganeso
MNC = makes no correction | no contiene ninguna corrección
mnemonic | nemónico [*perteneciente a la memoria*]; nemotécnico
mnemonic code | clave nemónica, código nemónico (/mnemotécnico)
mnemonic language | lenguaje nemónico
mnemonic operation code | código nemónico de operación
mnemonic symbol | símbolo nemónico
MNOS = metal-nitride-oxyde semiconductor | MNOS [*semiconductor metálico de óxido nítrico*]
MNP = Microcom network protocol | MNP [*protocolo de red Microcom para corrección de errores en trasmisiones telefónicas de datos*]
Mo = molybdenum | Mo = molibdeno
MOB = movable object block | MOB [*bloque de objetos movibles*]
mobile | móvil
mobile business | negocio móvil
mobile computing | informática móvil [*utilización de la informática mientras se viaja*]
mobile equipment | equipo móvil
mobile execution environment | servidor de entorno de ejecución móvil
mobile laboratory | laboratorio móvil
mobile network | red de telefonía móvil
mobile operation | operación móvil

mobile originated call | llamada desde equipo móvil
mobile phone | teléfono móvil
mobile radio service | servicio móvil de radio
mobile radiotelephone | radioteléfono móvil
mobile receiver | receptor móvil
mobile relay station | estación de comunicación móvil
mobile service | servicio móvil
mobile station | estación móvil
mobile station ISDN number | número ISDN de estación móvil
mobile station roaming | itinerancia de la estación móvil
mobile substation | subestación móvil
mobile switching centre | central de conmutación móvil, centro de conmutación de servicios móviles
mobile telemetering | telemetría móvil
mobile telephone service | servicio telefónico móvil
mobile terminated call | llamada desde equipo fijo de la red
mobile termination | terminación móvil
mobile transmitter | trasmisor móvil
mobility | movilidad
mobility agent | agente de movilidad
Möbius counter | contador de Moebio
MOC = mobile originated call | MOC [*llamada desde equipo móvil*]
MO-CD = multioptical compact disk | MO-CD [*disco compacto multióptico*]
mock sun | parhelio
MOD = modulator | MOD = modulador
modal | modal [*relativo al modo de operación*]
modal dispersion | dispersión modal
modal field | campo modal
modal logic | lógica modal
mod/demod = modulator/demodulator | módem = modulador/desmodulador
mode | modo, modalidad
modec = modem and codec | modec [*dispositivo que genera digitalmente señales de módem analógico*]
mode competition noise | ruido de partición de modos
mode coupling | acoplamiento de modos
mode field | campo modal
mode field diameter | diámetro de campo modal
mode filter | filtro de modos
mode hopping | salto de modo
mode jump | salto de modo
mode jumping | salto de modo
model | modelo; maqueta
model keyboard | teclado modelo
modeless | no modal
modeling [USA] [*modelling (UK)*] | modelado
modelling [UK] | modelado
modelling methodology | metodología de modelado [*en comercio electrónico*]
mode-locked laser | láser con bloqueo de modo
modem = modulator/demodulator | módem = modulador/desmodulador
modem bank | banco de módems
modem card | tarjeta de módem
modem eliminator | eliminador de módem [*para comunicación entre dos ordenadores*]
modemless switching | servicio sin módem
modem pool | concentración de módems
modem pooling | batería (/concentración) de módems
modem port | puerto de módem [*puerto serie para módem externo*]
modem ready | módem listo [*para funcionar*]
mode number | número de modo
mode of propagation | modo de propagación
mode of resonance | modo de resonancia
mode of transmission propagation | modo de propagación de la trasmisión
mode of vibration | modo de vibración
mode partition noise | ruido de partición de modos
mode purity | pureza de modo
moderated discussion | debate moderado [*debate por internet bajo la direccion de un moderador*]
moderated mailing-list | lista de correo (/distribución) moderada
moderating ratio | razón de moderación
moderation | moderación
moderator | moderador
moderator control | control por el moderador
mode scrambler | mezclador de modos
mode separation | separación de modos
mode shift | desplazamiento del modo
mode skip | falta de cebado; deslizamiento de frecuencia
mode transducer | trasductor de modos
mode transformer | trasformador de modos
modification | modificación
modified constant angular velocity | velocidad angular constante modificada
modified constant linear velocity | velocidad lineal constante modificada
modified constant voltage charge | carga de tensión constante modificada
modified frequency modulation | modulación de frecuencia modificada
modified frequency modulation encoding | codificación modificada por modulación de frecuencia [*antiguo método para registro de datos*]
modified index of refraction | índice de refracción modificado
modified refractive index | índice refractario modificado
modifier | modificador
modifier bits | bits modificadores
modifier key | tecla modificadora
modify, to - | modificar
modify structure | estructura modificable [*en bases de datos*]
moding | transición de modo
MO disk = magneto-optic disc | disco MO = disco magnetoóptico
MO disk drive = magneto-optic disc drive | unidad de cisco MO = unidad de disco magnetoóptico
mod-n counter | contador módulo n
modular | modular
modular approach to software construction operation and test | método modular de prueba y operación de la construcción de software
modular arithmetic | aritmética modular (/residual, /de residuos)
modular connector | conector de módulos
modular counter | contador modular
modular design | diseño modular
modular jack | clavija modular [*telefónica*]
modular programming | programación modular
modular software | software modular
modulate, to - | modular
modulated | modulado
modulated amplifier | amplificador modulado
modulated back-scatter | reflexión de retorno modulada
modulated beam photoelectric system | sistema fotoeléctrico de haz modulado
modulated carrier | portadora modulada
modulated continuous wave | onda continua modulada
modulated light | luz modulada
modulated oscillator | oscilador modulado
modulated photoelectric alarm system | sistema de alarma fotoeléctrico modulado
modulated signal generator | generador de señal modulada
modulated stage | etapa modulada, paso modulado
modulated voice-frequency signal | señal de frecuencia vocal modulada
modulated wave | onda modulada
modulating anode | ánodo de modulación
modulating electrode | electrodo modulador (/de modulación)
modulating signal | señal moduladora (/de modulación)
modulating tone | tonalidad
modulating wave | onda moduladora (/de modulación)
modulation | modulación

modulation band | banda de modulación
modulation capability | capacidad de modulación
modulation characteristic | característica de control (/modulación)
modulation code | código de modulación
modulation coefficient | coeficiente de modulación
modulation distortion | distorsión de modulación
modulation element | elemento de modulación
modulation envelope | envolvente de modulación
modulation factor | factor de modulación
modulation frequency | frecuencia de modulación
modulation index | índice de modulación
modulation indicator | indicador de modulación
modulation measurement | medición de la modulación
modulation meter | medidor de modulación
modulation noise | ruido de modulación
modulation percentage | porcentaje de modulación
modulation plan | plan de modulación
modulation rate | rapidez (/velocidad) de modulación [*de impulsos*]
modulation ratio | cociente de modulación
modulation reactor | reactor de modulación
modulation rise | subida de la modulación
modulation section | sección de modulación
modulation transfer function | función de trasferencia de la modulación
modulation transformer | trasformador de modulación
modulator | modulador
modulator crystal | cristal modulador
modulator/demodulator | modulador/desmodulador, módem
modulator driver | controlador de la modulación
modulator glow tube | tubo de efluvio modulador
modulator grid | rejilla moduladora
modulator reactor | reactor del modulador
modulator stage | etapa de modulación
module | módulo, elemento (/dispositivo, /unidad) modular
module coding review | revisión de codificación (/diseño) de módulo
module file | archivo del módulo
module invariant | invariante de módulo
module specification | especificación de módulo
module testing | prueba de módulos (/unidades)
modul-n check | control módulo n
modul-n counter | contador módulo n
modulo | módulo [*operación matemática*]
modul operation | operación módulo
modulus | módulo
Moebius counter [*Möbius counter*] | contador de Moebio
MOHLL = machine-oriented high-level language | MOHLL [*lenguaje de alto nivel orientado a la máquina*]
moiré | moiré [*distorsión de la imagen por resolución inadecuada*]
moisture absorption | absorción de humedad
moistureproof cord | cordón impermeable
moistureproof socket | receptáculo (/zócalo) estanco
moisture repellent | impermeable
moisture resistance | resistencia a la humedad
moisture resistant | resistente a la humedad
moisture separator | separador de humedad
mol | mol [*unidad de cantidad de sustancia del Sistema Internacional de unidades*]
molal | molal
molar | molar, molecular
molar conductance | conductancia molecular
molarity | molaridad [*número de moléculas del soluto disuelto en un kilo de disolvente*]
mold [USA] [*mould (UK)*] | molde
molded [USA] [*moulded (UK)*] | moldeado
molding [USA] [*moulding (UK)*] | moldeado; moldura
mole | mol
molecular | molecular
molecular abundance | abundancia molecular (/molar)
molecular abundance ratio | relación de abundancia molecular, riqueza molar
molecular band | banda molecular
molecular beam | haz (/rayo) molecular
molecular bond | enlace molecular
molecular circuit | circuito molecular
molecular circuitry | circuitería molecular
molecular clock | reloj molecular
molecular collision | colisión molecular
molecular concentration | concentración molecular
molecular conductivity | conductividad molecular
molecular constant | constante molecular
molecular device | dispositivo molecular
molecular dilution | dilución molecular
molecular effusion | efusión molecular
molecular electronics | electrónica molecular
molecular flow | flujo (/circulación) molecular
molecular formula | fórmula molecular
molecular functional block | bloque funcional molecular
molecular integrated circuit | circuito integrado molecular
molecular ion | ión molecular
molecular mass | masa molecular
molecular orbital | orbital molecular
molecular technique | técnica molecular
molecular weight | peso molecular
molecule | molécula
mole electronics | electrónica molecular
mole fraction | fracción molar
molten salt reactor | reactor de sales fundidas
molybdenum | molibdeno
MOM = messaging-oriented middleware | MOM [*programa para conversión de datos entre aplicaciones*]
moment | momento
momentary contact | contacto momentáneo
momentary contact switch | interruptor de contactos momentáneos
momentary current surge | sobrecorriente momentánea
momentary load | carga momentánea
momentary loss of power | pérdida momentánea de la alimentación
momentary overload | sobrecarga momentánea
momentary start | arranque momentáneo
momentary switch | interruptor momentáneo
momentary-type pushbutton station | conmutador de mando de acción momentánea
moment of inertia | momento de inercia
momentum | momento; cantidad de movimiento
monadic | monádico
monadic operation | operación monádica (/unaria)
monaural | monoaural
monaural channel unbalance | desequilibrio del canal monoaural
monaural recorder | grabador monoaural
monazite | monazita
Monel metal | metal de Monel
monic polynomial | polinomio monómico
monitor | monitor, aparato (/pantalla) de control; ejecutivo, supervisor
monitor, to - | supervisar, vigilar, controlar, dirigir
monitor auto resume | reanudación

automática del monitor
monitored fast forward | avance rápido monitorizado
monitor head | cabeza monitora
monitoring | monitorización, observación, vigilancia, supervisión (por monitores); escucha; control; detección; verificación
monitoring amplifier | amplificador monitor (/de control)
monitoring circuit | circuito de vigilancia (/escucha)
monitoring desk | mesa de vigilancia
monitoring device | dispositivo de escucha
monitoring key | llave de observación (/verificación, /vigilancia), tecla de monitorización (/escucha)
monitoring light | luz de control
monitoring loudspeaker | altavoz de vigilancia
monitoring radio receiver | receptor de radio monitorizado
monitoring receiver | receptor monitor (/de control, /de comprobación, /de vigilancia, /de escucha), monitor de imagen
monitoring robot | robot de supervisión
monitoring software | software de seguimiento
monitor output source | fuente de salida de monitor
monitor port | puerto de monitor
monitor program | programa monitor
monitor receiver | receptor de control
monitor's desk | mesa de reclamaciones
monitor system | sistema de monitor
monitron | monitrón
monkey chatter | modulación cruzada, trasmodulación
monkey talk | modulación cruzada, trasmodulación
monochromatic | monocromático
monochromatic emissivity | emisividad monocromática
monochromaticity | monocromatismo
monochromatic light | luz monocromática
monochromatic radiation | radiación monocromática
monochromatic sensitivity | sensibilidad monocromática
monochromator | monocromador, monocromatizador
monochrome | monocromo
monochrome adapter | adaptador monocromo [*para vídeo*]
monochrome bandwidth | ancho de banda de la señal monocroma
monochrome channel | canal monocromo (/de señal monocroma)
monochrome display | pantalla monocroma
monochrome display adapter | adaptador para pantalla monocroma
monochrome graphics adapter | adaptador para gráficos monocromáticos
monochrome monitor | monitor monocromo (/en blanco y negro), pantalla monocroma
monochrome signal | señal monocroma
monochrome television | televisión monocroma (/en blanco y negro)
monochrome transmission | trasmisión monocroma
monoclinic | monoclínico
monocord | unifilar, monocordio
monocord switchboard | panel de conmutación monocable
monocrome display adapter | adaptador de imagen monocromática
monocrystal | monocristal
monocrystalline | monocristalino
monoenergetic radiation | radiación monoenergética
monoergic | monoenergético
monofier | monoficador [*sistema de oscilador maestro y amplificador de potencia bajo una misma ampolla al vacío*]
monofilament | monofilamento
monographics adapter | adaptador gráfico monocromo [*para texto y gráficos en un solo color*]
monogroove stereo | estéreo monosurco
monoid | monoide
monolithic | monolítico
monolithic capacitor | capacitor monolítico
monolithic ceramic capacitor | condensador cerámico monolítico
monolithic circuit | circuito monolítico
monolithic conduit | conducto monolítico
monolithic filter | filtro monolítico
monolithic hybrid | híbrido monolítico
monolithic integrated circuit | circuito integrado monolítico
monolithic logic | lógica monolítica
monolithic microcircuit | microcircuito monolítico
monomer | monómero
monomode fiber | fibra (óptica) monomodo
monomolecular layer | capa monomolecular
monomorphism | monomorfismo
mono output source | fuente de salida monoaural
monophonic | monofónico
monophonic recorder | grabador monofónico
monophony | monofonía
monopolar electrode system | sistema unipolar de electrodos
monopole | monopolo
monopole aerial | antena monopolo
monopulse | monoimpulso
monopulse radar | radar de monoimpulsos
monopulse tracking | lectura monoimpulso
monorange speaker | altavoz de gama completa
monoscope | monoscopio
monoscope cathode-ray valve | válvula monoscópica de rayos catódicos
monospace font | fuente de espacio unitario
monospacing | monoespaciado
monostable | monoestable, de estado único
monostable circuit | circuito monoestable
monostable multivibrator | multivibrador monoestable
monostatic radar | radar monostático
monostatic reflectivity | reflectividad monoestática
monotone | monotono, de un solo tono
monotonic converter | conversor monotónico
monotonic DC converter | conversor CC monotónico
monotonicity | monotonicidad
Monte Carlo method | método de Monte Carlo
Monte Carlo simulation | simulación de Monte Carlo
month view | vista del mes
MOO = MUD object-oriented | MOO [*MUD con objetos, dimensión de multiusuarios con objetos*]
Moore machine | máquina de Moore
morning call | llamada del despertador telefónico
morphing = metamorphosing | metamorfosis
morphism | morfismo
morphological circuitry | circuitería morfológica
Morse alphabet | alfabeto Morse
Morse and Bowie gauge | medidor de Morse y Bowie
Morse circuit | circuito Morse
Morse code | código Morse
Morse duplex | Morse dúplex
Morse flutter | vibración Morse [*variación de la voz en trasmisión de señales telegráficas por el mismo hilo telefónico*]
Morse paper | papel para cintas Morse
Morse receiver | receptor Morse
Morse simplex | Morse símplex
Morse sounder | generador de sonido Morse
Morse tape | cinta Morse
Morse telegraphy | telegrafía Morse
mortar | mortero
Morton wave current | corriente de onda de Morton
MOS = mean opinion score | MOS [*puntuación de la opinión media (en valoración de codificadores)*]
MOS = metallic oxide semiconductor | MOS [*semiconductor de óxido metálico*]
MOS = metal-oxide-silicon | MOS = metal-óxido-silicio

mosaic detector | detector de mosaico
mosaic lamp display | visualizador de mosaico de lámparas
mosaic structure | estructura en mosaico
MOS device | dispositivo semiconductor de óxido metálico
Moseley number | número atómico
Moseley's law | ley de Moseley
MOSFET = metal-oxide semiconductor field-effect transistor [*insulated-gate FET*] | MOSFET [*transistor MOS, transistor de efecto de campo por semiconductor de óxido metálico*]
MOS integrated circuit | circuito integrado MOS
MOS monolithic IC | circuito integrado monolítico semiconductor de óxido metálico
Mössbauer effect | efecto Mössbauer
MOS technology | tecnología MOS
most general common instance | caso común más general
most sensitive line | línea principal de comprobación
most significant bit | bit de mayor valor, bit más significativo
most significant character | carácter más significativo
most significant digit | dígito más significativo
MOTD = message of the day | MOTD [*boletín diario de mensajes*]
moth eye | ojo de polilla
mother blank | placa soporte de hoja de arranque
motherboard, mother board | panel maestro; placa base (/madre); tarjeta del sistema
mother crystal | cristal madre (/maestro)
mother disk | disco maestro
motion | movimiento
motional electric impedance | impedancia eléctrica de movimiento
motional electromotive force | fuerza electromotriz por movimiento
motional feedback | realimentación cinética
motional impedance | impedancia cinética (/de movilidad)
motion detector | detector de movimiento
motion effect | efecto del motor
motion frequency | frecuencia de movimiento
motion picture pickup | toma de telecine
motion-sensing | sensible al movimiento
motion sensor | sensor de movimiento
motor | motor
motorboard | placa motora
motorboating | ruido de motor (/canoa)
motorbrush | escobilla del motor
motorbus | ómnibus
motor circuit switch | interruptor del circuito del motor

motorcoach | automotora
motor controller | controlador de motor
motor converter | convertidor de motor, convertidor en cascada
motor cradle | cama del motor
motor drive amplifier | amplificador de motor
motor drive gear | piñón de mando del motor
motor-driven relay | relé accionado por motor
motor-driven unit | unidad motora
motor effect | efecto de motor
motor element | elemento motor
motor enable | activación del motor
motor field | campo inductor del motor
motor field control | motor de control por campo
motor-field failure relay | relé de fallo de campo
motor-field induction heater | calentador (/excitador) de motor de inducción
motor generator | motogenerador, grupo generador (/convertidor)
motor generator set | grupo motogenerador (/convertidor)
motorised lens | lente con motor
motor junction box | caja terminal para conexiones
motor lead wire | cable guía del motor
motor meter | contador de motor
motor mounting posts | tetones para el montaje del motor
motor-operated sequence switch | conmutador de secuencias a motor
motor-run capacitor | capacitor (/condensador eléctrico) de motor
motorstart | arranque
motorstart capacitor | condensador de arranque del motor
motor starter | arranque del motor
motortorque regulator | regulador del par
motor-type relay | relé con armadura devanada
motor uniselector | selector de un solo movimiento propulsado por motor
motor with combined ventilation | motor con ventilación mixta
motor with compound characteristic | motor con característica compound, motor de excitación compuesta
motor with reciprocating movement | motor de movimiento alterno
motor with series characteristic | motor con característica de serie
motor with shunt characteristic | motor con característica de derivación
Mott scattering formula | fórmula de dispersión de Mott
MoU = memorandum of understanding | protocolo de acuerdo
mould [UK] | molde; prensa
moulded [UK] | moldeado
moulded capacitor | condensador moldeado

moulded carbon poteniometer | potenciómetro de carbón moldeado
moulded-in terminal | terminal moldeado en la pieza de soporte
moulding [UK] | moldeado; canal superficial
mount | montura, soporte
mount, to - | montar
mounting | montaje, colocación
mounting bail | fiador de montaje
mounting bar | barra de fijación
mounting bracket | soporte de montaje
mounting distance | distancia de montaje
mounting hole | agujero de montaje
mounting plate | placa de montaje
mounting screw | tornillo de fijación (/montaje)
mounting space index | índice de bloque de resorte
mount structure | estructura de soporte
mouse | ratón
mouse button | botón del ratón
mouse key | tecla del ratón [*para mover el puntero del ratón por la pantalla*]
mouseless activation | elección sin ratón
mouseless traversal | movimiento sin ratón
mouse pad | alfombrilla de ratón
mouse pointer | puntero del ratón
mouse port | puerto de ratón
mouse scaling | graduación de la sensibilidad del ratón
mouse sensitivity | sensibilidad del ratón
mouse tracking | desplazamiento del ratón
mouse trails | estela del ratón [*estela que deja el puntero en la pantalla al mover el ratón*]
mouth of a horn | boca de una bocina
mouthpiece | boca (de conducto), boquilla; bocina
mouth shield | boca del conducto
M-out-of-N code | código M de N
movable aerial | antena móvil (/trasportable)
movable anode valve | válvula de ánodo móvil
movable arm | brazo móvil
movable contact | contacto móvil (/extraíble)
movable disc relay | relé de disco móvil
movable element | elemento (/equipo) móvil
movable object block | bloque de objetos movibles
movable stop | tope móvil
movable tower | torre movible
move, to - | desplazar, trasladar, cambiar de lugar; mover [*desplazar información de un lugar a otro*]
move handler | selector de movimiento

move memory | desplazar la memoria
movement | movimiento, maniobra; acción, impulso; desplazamiento, circulación, marcha
movement area | área de movimiento
movement differential | ángulo (/distancia) de accionamiento
movement file | archivo de movimiento (/movimientos, /transacciones)
movement resistance | resistencia del elemento (/equipo) móvil
movement volt drop | caída de tensión entre bornes del elemento (/equipo) móvil
move mode | modo de movimiento
movie | película; cine
moving | movimiento, maniobra, traslado, impulso; motor, móvil
moving armature loudspeaker | altavoz magnético, altavoz de armadura (/inducido) móvil
moving average | media móvil
moving-average method | método de media móvil
moving beam | haz móvil
moving beam radiation therapy | radioterapia cinética (/de haz móvil)
moving beam therapy | terapia por haz móvil
moving blade | paleta móvil
moving charged particle | partícula cargada en movimiento
moving coil | bobina (/cuadro) móvil
moving coil ammeter | amperímetro de cuadro móvil
moving coil galvanometer | galvanómetro de bobina (/cuadro) móvil
moving coil hydrophone | hidrófono de bobina móvil
moving coil instrument | aparato de cuadro móvil
moving coil light-spot galvanometer | galvanómetro de cuadro móvil y punto luminoso
moving coil loudspeaker | altavoz de bobina móvil
moving coil mechanism | mecanismo de bobina móvil
moving coil meter | medidor (/instrumento de medición) de bobina móvil
moving coil microphone | micrófono de bobina móvil
moving-coil mirror galvanometer | galvanómetro de reflexión de cuadro móvil
moving coil movement | mecanismo (/equipo) de bobina móvil
moving coil pickup | fonocaptor de bobina móvil
moving coil regulator | regulador de bobina móvil
moving coil relay | relé galvanométrico (/con bobina móvil, /de cuadro móvil)
moving coil speaker | altavoz de bobina móvil
moving coil system | conjunto de la bobina móvil
moving coil velocity pickup | captador de velocidad de bobina móvil
moving coil voltmeter | voltímetro de bobina (/cuadro) móvil
moving comb | guía móvil
moving conductor | conductor móvil (/en movimiento)
moving conductor hydrophone | hidrófono de conductor móvil
moving conductor microphone | micrófono de conductor móvil
moving conductor receiver | receptor de bobina (/conductor) móvil
moving conductor speaker | altavoz de conductor móvil
moving contact | contacto móvil
moving coordinate system | sistema móvil de coordenadas
moving echo | eco diferencial
moving element | elemento móvil
moving head disc | disco de cabeza móvil
moving iron | hierro móvil
moving iron ammeter | amperímetro de hierro móvil, amperímetro de núcleo giratorio
moving iron instrument | instrumento de hierro móvil
moving iron loudspeaker | altavoz de hierro móvil
moving iron meter | medidor electromagnético (/de hierro móvil)
moving iron microphone | micrófono electromagnético (/de hierro móvil, /de reluctancia variable)
moving iron receiver | receptor de hierro móvil
moving-iron shielded system | sistema (/equipo) de hierro móvil con blindaje
moving iron voltmeter | voltímetro de imán móvil
moving load | carga móvil
moving magnet | imán móvil
moving magnet galvanometer | galvanómetro de imán móvil
moving magnet instrument | instrumento de imán móvil
moving magnet magnetometer | magnetómetro de imán móvil
moving mirror | espejo móvil
moving mirror oscillograph | oscilógrafo de espejo móvil
moving needle | aguja móvil
moving needle galvanometer | galvanómetro de imán móvil
moving object | objeto en movimiento
moving part | órgano (/pieza) móvil
moving period | periodo de movimiento
moving power | fuerza motriz
moving spot | punto explorador
moving spring | resorte móvil
moving-target indication radar | radar MTI (/indicador de blancos móviles, /Doppler de impulsos)
moving target indicator | indicador de blanco móvil [en radar], indicador de objetivos móviles
moving vane meter | instrumento de cuadro (/hierro) móvil
moving vane movement | movimiento del vano móvil
moving wave | onda móvil (/migratoria)
Mozilla | Mozilla [apodo entre internautas para el navegador de Netscape]
MP = multipoint processor | PM = procesador multipunto
MPC = multimedia personal computer | MPC [ordenador multimedia]
MPEG = motion picture experts group | MPEG [formato gráfico de almacenamiento de vídeo]
MPLS = multiprotocol label switching | MPLS [conmutación multiprotocolo basada en etiquetas]
MP/M = multitasking program for microcomputers | MP/M [programa multitarea para microordenadores]
MP-MLP = multipulse excitation with a maximum likehood quantizer | MP-MLP [tipo de codificador de voz]
MPP = massively parallel processor (/processing) | MPP [procesador (/proceso) masivo en paralelo]
MPP = MicroPower/Pascal | MPP [lenguaje de programación informática]
MPPP = multilink point-to-point protocol | MPPP [protocolo de multienlace punto a punto (protocolo de internet)]
MPTI = multi-party | multiconferencia
MPU = microprocessor unit | MPU [unidad de microprocesador]
MPX filter | filtro MPX
MQW laser = multiquantum-well laser, multiple-quantum-well laser | láser MQW [láser de pozo cuántico múltiple]
mr = milliroentgen | mr = miliroentgen
MR = modem ready | MR [módem listo para funcionar]
MR = modified read | MR [código de lectura modificada]
M radiation | radiación M
MRF = multimedia resource function | MRF [función de recursos multimedia]
MRI = magnetic resonance image | MRI [imagen por resonancia magnética funcional]
mr/m = milliroentgens per minute | mr/m = miliroentgen por minuto
mrouter = multicast router | mrouter [dispositivo de encaminamiento multidistribución, enrutador que soporta protocolos multimedia]
MRP = material requirements planning | MRP [planificación de las necesidades de material]
MRU = maximum receive unit | MRU [unidad máxima de recepcion]
mr unit | unidad miliroentgen
ms = millisecond | ms = milisegundo
MS = mobile station | EM = estación móvil
MSB = most significant bit | MSB [bit más significativo, bit de mayor valor]

MSC = main service channel | MSC [*canal de servicio principal*]
MSC = mile of standard cable | MSC [*milla de cable patrón*]
MSC = mobile switching centre | MSC [*central de conmutación móvil, centro de conmutación de servicios móviles*]
MSC = most significant character | MSC [*carácter más significativo*]
MSD = most significant digit | MSD [*dígito más significativo*]
MSD = multistandard colour decoder | DCM = descodificador de color multisistemas
MSDN = Microsoft developer network | MSDN [*red de desarrollo de Microsoft*]
MS-DOS = Microsoft disk operating system | MS-DOS [*sistema operativo de Microsoft para DOS*]
msec = millisecond | ms = milisegundo
m-sequence | secuencia m (periódica)
M shell | capa M
MSI = medium scale integration | MSI [*grado medio de integración, integración en mediana escala*]
MSI circuit | circuito de integración en mediana escala
M signalling lead | conductor (/hilo) M de señalización
MSISDN = mobile station ISDN number | MSISDN [*número ISDN de estación móvil*]
MSN = Microsoft network | MSN [*red de Microsoft*]
MSN = multiple subscriber number | MSN [*número múltiple de abonado*]
MS-OS/2 = Microsoft operating system 2 | MS-OS/2 [*sistema operativo de IBM para DOS*]
MSP = managed service provider | MSP [*proveedor de servicios de gestión*]
MSP = message security protocol | MSP [*protocolo de seguridad para mensajes*]
MSRN = mobile station roaming number | MSRN [*número de itinerancia de la estación móvil*]
MSU = message switching unit | MSU [*unidad de conmutación de mensajes*]
Mt = megaton | Mt = megatonelada
MT = mobile termination | TM = terminación móvil
MTA = magnetic-tape transfer channel | MTA [*canal de trasferencia de cinta magnética*]
MTA = message transfer agent | ATM = agente de trasferencia de mensajes
MTBF = mean time between failures | TMEF = tiempo (/intervalo) medio entre fallos
MTBI = mean time between incidents | MTBI [*tiempo medio entre incidentes*]
MTBT = mean time between maintenance | MTBT [*intervalo medio de mantenimiento*]

MTC = mobile terminated call | MTC [*llamada desde equipo fijo de la red*]
MTCE = magnetic-tape control electronics | MTCE [*circuitos electrónicos de control de la cinta magnética*]
MTF = modulation transfer function | MTF [*función de trasferencia de la modulación*]
MTI = moving target indicator | MTI [*indicador de blancos (/objetivos) móviles*]
MTI radar | radar MTI [*radar Doppler de impulsos, radar indicador de blancos móviles*]
MTOS technology | tecnología MTOS [*tecnología metal-óxido espeso-silicio*]
MTP = message transfer part | PTM = parte de trasferencia del mensaje [*especificación de comunicaciones intrarred*]
MTS = Microsoft transaction server | MTS [*servidor de transacciones de Microsoft*]
MTTR = mean time to repair (/restore) | TMR = tiempo medio de reparación, intervalo (/tiempo) medio entre reparaciones; MTTR [*tiempo medio hasta la restauración*]
MTU = magnetic tape unit | UCM = unidad de cinta magnética
MTU = maximum transfer unit | MTU [*máxima unidad de trasferencia (en enlace de datos)*]
MTU = maximum transmission unit | MTU [*unidad máxima de transmision*]
M-type backward wave oscillator | oscilador tipo M de onda de retroceso
M-type carcinotron | carcinotrón tipo M
mu = muon | mu = muón
MU-circuit | circuito MU
MUD = multi-user dimension, multi-user dungeon | MUD [*dimensión de multiusuarios, sistema de juegos de internet*]
MUD object-oriented | MUD con objetos [*dimensión de multiusuarios con objetos*]
Mueller bridge | puente de Mueller
MUF = maximum usable frequency | MUF [*máxima frecuencia utilizable*]
MU-factor | factor MU
MUF factor | factor de máxima frecuencia utilizable
muff coupling | acoplamiento (/embrague) de manguito; manguito de acoplamiento
muldex = multiplexer / demultiplexer | muldex = multiplexor / desmultiplexor
Müller valve | válvula de Müller
multed | en múltiple
multed inputs | entradas en múltiple
multiaccess | multiacceso
multiaccess line | acceso multipunto, línea multiacceso
multiaccess system | sistema de multiacceso (/acceso múltiple)

multiaddress | dirección múltiple, multidirección
multiaddress call | llamada circular
multiaddress calling | llamada circular
multianode | multiánodo, polianódico, de múltiples ánodos
multianode tank | tanque multiánodo
multianode valve | válvula multiánodo (/polianódica)
multiaperture | de varias aberturas, con aberturas múltiples
multiaperture device | dispositivo de abertura múltiple
multiaperture reluctance switch | interruptor de reluctancia de múltiple apertura
multiband aerial | antena multibanda (/toda onda)
multiband receiver | receptor multibanda (/de varias bandas, /toda onda)
multiband rig | equipo multibanda (/toda onda)
multibeam | multihaz, de múltiples haces
multibeam cathode-ray oscilloscope | osciloscopio catódico multihaz [*osciloscopio de rayos catódicos de múltiples haces*]
multibeam valve | válvula multihaz [*válvula electrónica de múltiples rayos catódicos*]
multiboot | multiarranque [*en sistemas operativos*]
multibranch waveguide coupler | acoplador de guía de ondas de múltiples ramas
multibreak circuit breaker | disyuntor de múltiples desconexiones
multibulb mercury-arc rectifier | rectificador de arco de mercurio de múltiples cubas
multiburst signal | señal de frecuencia (/ráfaga) múltiple
multibus | multibus [*bus de altas prestaciones*]
multicarrier repeater | repetidor de múltiples portadoras
multicarrier scheme | sistema de múltiples (ondas) portadoras
multicast, multicasting | multidifusión [*envío del mismo mensaje a varios destinatarios*], radiodifusión múltiple; trasmisión de paquetes de datos [*de un punto a varios a través de internet*]; multidistribución
multicast backbone | red troncal multimedia [*red virtual que utiliza los mismos dispositivos físicos que internet*]
multicathode | multicátodo, de cátodo múltiple, policatódico
multicathode counter tube | tubo contador multicátodo, válvula contadora policatódica
multicathode gas-tube counter | contador de tubo de gas policatódico
multicathode tube | tubo multicátodo (/de varios cátodos)

multicavity magnetron | magnetrón de cavidades (múltiples)
multicellular loudspeaker | altavoz (/bocina) multicelular
multichannel | multicanal, canal (/vía) múltiple
multichannel aerial | antena multicanal
multichannel amplifier | amplificador multicanal
multichannel analyser | analizador multicanal
multichannel carrier | portadora multicanal
multichannel carrier-frequency system | sistema de (frecuencia) portadora multicanal
multichannel carrier system | sistema multivía de corrientes portadoras
multichannel circuit | circuito multicanal
multichannel coaxial cable | cable coaxial multicanal (/multivía)
multichannel counter | contador multicanal (/de varias vías de recuento)
multichannel crystal oscillator | oscilador de cristal multicanal
multichannel equipment | equipo multicanal (/de radiación múltiple)
multichannel field-effect transistor | transistor de efecto de campo multicanal
multichannel link | enlace múltiple (/multicanal); haz de canales
multichannel loudspeaker | altavoz multicanal (/de múltiples vías)
multichannel microwave relay system | sistema de enlace multicanal por microondas
multichannel operation | operación multicanal
multichannel oscillograph | oscilógrafo multicanal
multichannel potentiometer | potenciómetro multicanal
multichannel pulse analyser | analizador multicanal de impulsos
multichannel pulse height analyser | analizador multicanal de alturas de impulsos, analizador de amplitud de impulsos con varios canales
multichannel radio frequency tuner | sintonizador de radiofrecuencia multicanal
multichannel radio link | radioenlace multicanal
multichannel radio relay system | radioenlace múltiple, sistema radioeléctrico multicanal, enlace múltiple por vía radioeléctrica, sistema radioeléctrico multivía
multichannel radio telemetering | telemedida de canal múltiple por radio
multichannel radiotelephony | radiotelefonía multicanal (/multivía)
multichannel radio transmitter | radiotrasmisor multicanal, trasmisor de radio multicanal
multichannel r/c = multichannel radio control | radiocontrol multicanal
multichannel receiver | receptor multicanal
multichannel remote control | telemando (/control remoto) multicanal
multichannel repeater | repetidor multicanal
multichannel repeater unit | unidad repetidora multicanal
multichannel signal | señal múltiplex
multichannel spectrograph | espectrógrafo multicanal
multichannel system | sistema multicanal (/multivía)
multichannel television | televisión multicanal
multichannel terminal | terminal multicanal
multichannel terminal unit | unidad terminal multicanal
multichannel transmitter | trasmisor multicanal
multichannel tropospheric-scatter circuit | circuito multicanal por dispersión troposférica
multichannel tropospheric-scatter link | enlace multicanal por dispersión troposférica
multichip circuit | circuito multipastilla (/de pastilla múltiple)
multichip integrated circuit | circuito integrado multipastilla
multichip microcircuit | microcircuito multipastilla
multichrome | polícromo, multícromo
multicircuit | multicircuito, multicanal, multivía
multicircuit connection | conexión (/conexionado) múltiple
multiclick | multipulsación
multicoil relay | relé de múltiples bobinas, relé con arrollamientos múltiples
multicollinear | multicolineal
multicollinearity | multicolinealidad
multicolor graphics array | matriz multicolor de gráficos
multicommutator generator | generador de múltiples colectores
multicomponent | de múltiples componentes, de varios elementos
multicomponent alloy | aleación múltiple
multiconductor | de múltiples conductores, policonductor
multiconductor cable | cable de múltiples conductores
multicontact | multicontacto, de múltiples contactos, de contacto múltiple
multicontact connector | conector múltiple
multicontact transmitter distributor | distribuidor trasmisor de múltiples contactos
multicore cable | cable multipolar (/multifilar, /multiconductor, /de varios hilos, /de varios conductores)
multicore solder | soldadura con alma de resina múltiple
multicoupler | multiacoplador, acoplador múltiple
multicurrent | multicorriente, polimórfico
multicurrent range diode | diodo de coeficiente constante, diodo para múltiples gamas de corriente
multideck connector | conector de varias filas (/hileras) de contactos
multidial decade resistor | resistor decádico de múltiples cuadrantes
multidimensional | multidimensional
multidimensional array | orden multidimensional
multidimensional coding system | sistema codificador multidimensional
multidimensional modulation | modulación multidimensional
multidirectional | multidireccional, polidireccional, pluridireccional
multidrop | multiterminal, multipunto
multidrop line | línea multipunto (/multiterminal)
multiearthed [UK] | de conexión múltiple a tierra, con varias conexiones a tierra
multiearthed line | línea con varias conexiones (puestas) a tierra
multielectrode | multielectrodo, de múltiples electrodos
multielectrode valve | válvula multielectrodo, poliodo
multielement | multielemento, de múltiples elementos
multielement aerial | antena de múltiples elementos
multielement detector | detector de múltiples elementos
multielement parasitic array | red direccional de multielementos parásitos
multielement valve | válvula múltiple (/de múltiples elementos)
multiemitter | emisor múltiple
multiemitter transistor | transistor multiemisor (/de múltiples emisores)
multiengine | multimotor, polimotor
multifibre | multifibra, fibra múltiple
multi-field key | clave multicampo
multifilament wire | alambre multifilamento
multifilar | multifilar
multifile sorting | clasificación en múltiples archivos
multiflow | de paso múltiple, múltiples corrientes
multiform | multiforme
multiframe | multitrama
multifrequency | multifrecuencia, toda onda
multifrequency aerial | antena multifrecuencia
multifrequency audio test film | película de prueba con múltiples audiofrecuencias
multifrequency code | código multifrecuencia
multifrequency dipole | dipolo multifrecuencia

multifrequency generator | generador multifrecuencia
multifrequency heterodyne generator | generador heterodino (de varias frecuencias)
multifrequency pulse | impulso multifrecuencia
multifrequency pulsing current | corriente pulsante multifrecuencia
multifrequency radio set | equipo de radio multifrecuencia (/multionda)
multifrequency receiver | receptor multifrecuencia
multifrequency sender | emisor multifrecuencia
multifrequency signalling | señalización de multifrecuencia
multifrequency system | sistema multifrecuencia (/policíclico)
multifrequency tone | tono de multifrecuencia
multifrequency transmitter | trasmisor multifrecuencia
multifunction | multifunción, multifuncional, plurifuncional, universal, de función múltiple, de múltiples funciones
multifunction array radar | radar con red directiva de antenas multifunción
multifunction board | tarjeta multifuncional (/de funciones múltiples)
multifunction card | tarjeta multifunción
multifunction meter | multímetro
multifunction peripheral | periférico multifuncional (/de funciones múltiples)
multifunction printer | impresora multifuncional (/de funciones múltiples)
multifunction terminal | terminal multiservicio
multigang faceplate | chapa múltiple (/de varias salidas)
multigeneration | multigeneracional
multigenerational tape | cinta multigeneracional
multigrid | multirred
multigrid method | método de multirred
multigrid tube | tubo multirrejilla, válvula de múltiples rejillas
multigrounded [USA] [*multiearthed (UK)*] | de conexión múltiple a tierra, con varias conexiones a tierra
multigroup | grupo múltiple
multigroup model | modelo de varios grupos
multigroup one-dimensional code | código monodimensional de múltiples grupos
multigun tube | válvula de cañón múltiple
multi-homed equipment | equipo con varias interfaces
multihop | reflexión múltiple
multihop propagation | propagación con saltos sucesivos, propagación por reflexiones sucesivas

multihop system | sistema de propagación por saltos sucesivos
multihop transmission | trasmisión por saltos sucesivos, trasmisión por múltiples reflexiones
multijunction | multiunión, de unión múltiple
multijunction device | dispositivo de unión múltiple
multilateral | multilateral
multilayer | multicapa, de múltiples (/varias) capas
multilayer board | tablero multicapa
multilayer ceramic capacitor | condensador cerámico multicapa
multilayer circuit | circuito multicapa (/de múltiples capas)
multilayer coil | bobina de varias capas
multilayer device | dispositivo de capas múltiples
multilayer dielectric | dieléctrico multicapa
multilayer dielectric reflector | reflector dieléctrico multicapa
multilayered | estratificado; de capa múltiple, en capas superpuestas (/paralelas)
multilayer etched laminate | laminado estampado multicapa (/de varias capas)
multilayer filter | filtro con varias capas
multilayer interconnection pattern | red de conexionado (/interconexiones) multicapa, red de interconexiones en varios planos
multilayer metallization | metalización multicapa
multilayer printed board | placa impresa multicapa, tarjeta de circuitos (impresos) multicapa
multilayer substrate | sustrato multicapa
multilayer thin-film network | red de varias capas de película delgada, red de varios estratos de película delgada
multilayer winding | devanado multicapa (/en capas superpuestas)
multileaf | de hoja múltiple, de varias hojas
multileaving | intercalado
multilevel circuit | circuito de varios niveles
multilevel information channel | canal de información a múltiples niveles
multilevel memory | memoria multinivel
multilevel precedence | niveles de prioridad
multilevel security | seguridad multinivel
multilevel technique | técnica de multinivel
multiline | multilínea
multilinear | multilineal
multiline integrated digital access | acceso digital integrado multilínea

multilinked | multienlazado
multilink point-to-point protocol | protocolo de multienlace punto a punto [*protocolo de internet*]
multilobed | multilobular, de múltiples lóbulos
multilobed radiation pattern | diagrama de radiación con varios lóbulos
multimatch transformer | trasformador de múltiple adaptación
multimedia | multimedia [*medios de comunicación múltiples*]
multimedia development team | equipo de desarrollo multimedia
multimedia extension | extensión multimedia
multimedia mail | correo por medios múltiples
multimedia message system | correo electrónico
multimedia PC | ordenador multimedia
multimedia personal computer | ordenador personal multimedia
multimedia presentation | presentación multimedia
multimedia producer | productor multimedia
multimedia production | producción multimedia
multimedia resource function | función de recursos multimedia
multimedia videotex | videotexto multimedia
multimesh filter | filtro multimalla (/con varias telas metálicas)
multimesh ladder network | red en escala de múltiples mallas
multimesh network | red de varias mallas, red de múltiples anillos
multimeter | polímetro, multímetro, multimedidor
multimetering | medición múltiple
multimetering control | control de medición múltiple
multimode | multimodal, de múltiple(s) modo(s)
multimode counter | contador multimodo
multimode dispersion | dispersión modal
multimode distortion | dispersión modal
multimode fibre | fibra (óptica) multimodo
multimode operation | trabajo en multimodo
multimode waveguide | guía de ondas multimodo (/con múltiples modos)
multimoding | multimodal
multinode computer | ordenador multinodo [*con múltiples procesadores*]
multioffice exchange | centralita múltiple de conmutación
multioperational | multioperacional, de múltiples operaciones
multioptical compact disk | disco compacto multióptico
multioutlet | de salida (/toma) múltiple, de varias salidas

multioutlet assembly | conjunto de varias salidas
multioutput | de salida múltiple
multipacting discharge | descarga bajo la acción de varios campos
multipacting electrons | electrones sometidos a múltiples choques
multipactor | multipactor [*conmutador de microondas rápido*]
multipactor gap loading | carga del espacio de interacción por descarga de emisión secundaria
multipactor rectifier | rectificador multipactor
multipage control | control de paginación múltiple
multipair cable | cable de múltiples pares (telefónicos)
multipair control cable | cable de control de múltiples pares
multipart document | documento de varias partes
multipart form | papel con copias [*para impresora*]
multipart stationery | papel multiparte
multi-party | multiconferencia
multipass sort | clasificación multipaso (/por pasos)
multipath | trayectoria (de propagación) múltiple
multipath cancellation | cancelación por trayectoria múltiple
multipath delay | retardo (/retraso, /distorsión de fase) por trayectoria múltiple
multipath distortion | distorsión debida a la propagación por trayectoria múltiple
multipath distortion/reception | recepción/distorsión por trayectoria múltiple
multipath effect | doble imagen, imagen eco (/fantasma), efecto de trayectoria múltiple
multipath propagation | propagación por trayectoria múltiple
multipath reception | recepción por trayectoria múltiple
multipath transmission | trasmisión de recorrido múltiple, trasmisión por trayectoria múltiple
multipattern microphone | micrófono de modelo múltiple
multiphase | polifásico, multifásico
multiphase alternator | alternador polifásico
multiphase commutatorless motor | motor polifásico sin colector
multiphase current | corriente polifásica
multiphase generation | producción de corrientes polifásicas
multiphase generator | generador polifásico
multiphase rectifier circuit | circuito rectificador polifásico
multiphonic organ | órgano multifónico

multipin connector | conector multiclavija (/de múltiples contactos)
multipin plug | enchufe multiclavija, conector de múltiples contactos
multiplate clutch | embrague polidisco (/de múltiples discos)
multiple | múltiple; paralelo
multiple access | acceso múltiple
multiple access satellite system | sistema de satélite de múltiple acceso
multiple accumulating register | registro de acumulación múltiple
multiple address code | clave de dirección múltiple, código de múltiples direcciones
multiple address instruction | instrucción de múltiple direccionamiento
multiple-address machine | máquina de dirección múltiple
multiple address message | mensaje con direcciones múltiples
multiple address report | mensaje colectivo
multiple aerial | sistema de antenas, antena múltiple
multiple aperture core | núcleo de apertura múltiple
multiple assignment | asignación múltiple (de frecuencias)
multiple bay aerial | antena de múltiples secciones
multiple bay superturnstile aerial | antena de mariposa de varios pisos
multiple beam klystron | klistrón multihaz
multiple beam laser | láser de haz múltiple
multiple beam method | procedimiento de radiación múltiple
multiple break | ruptura múltiple
multiple break contact | contacto de ruptura múltiple
multiple cable joint | manguito de ramificación
multiple call | llamada múltiple
multiple cavity magnetron | magnetrón de múltiples cavidades
multiple chain | multicadena
multiple chamber | cámara múltiple
multiple channel | canal (/vía) múltiple
multiple channel amplifier | amplificador multicanal
multiple channel carrier system | sistema multicanal (/multivía) de corrientes portadoras
multiple channel oscilloscope | osciloscopio multicanal
multiple channels | canales (/vías) en múltiplex
multiple chip circuit | circuito de varios chips
multiple circuit | circuito múltiple (/compuesto)
multiple circuit layout | capa de circuito múltiple
multiple coil relay | relé de bobinas múltiples
multiple communication | multicomu-

nicación
multiple conductor | conductor múltiple
multiple conductor cable | cable de conductores múltiples
multiple-conductor concentric cable | cable multiconductor concéntrico
multiple connection | conexión múltiple, acoplamiento en derivación
multiple contact | contacto múltiple
multiple contact relay | relé (/relevador) de múltiples contactos
multiple contact switch | conmutador selector (/de múltiples contactos, /de múltiples posiciones)
multiple container | recipiente con compartimentos
multiple control | control (/mando) múltiple
multiple core cable | cable pluriconductor (/de almas múltiples)
multiple course | rumbo múltiple
multiple coverage | cobertura múltiple
multiple current generator | generador multicorriente (/polimórfico)
multiple customer group operation | centralita compartida (/multiusuario)
multiple data | datos múltiples
multiple data stream | corriente de datos múltiples
multiple decade assembly | conjunto multidecádico
multiple decade resistance box | caja de décadas de resistencia
multiple decay | bifurcación, ramificación
multiple disintegration | desintegración múltiple
multiple disk brake | freno de discos múltiples
multiple disk clutch | embrague de discos múltiples
multiple-document interface | interfaz para múltiples documentos [*para trabajar simultáneamente con varios documentos abiertos*]
multiple duct conduit | conducto múltiple (/multitubular), canalización de múltiples ramas
multiple effect distiller | destilador de efectos múltiples
multiple electrode | electrodo múltiple, polielectrodo
multiple electrode welding | soldadura con electrodos múltiples
multiple electrometer | electrómetro multicelular
multiple error | error múltiple
multiple excitation | excitación múltiple
multiple field | campo múltiple (/de multiplicación)
multiple folded dipole | dipolo plegado múltiple
multiple frame | cuadro, panel
multiple frequency conversion process | proceso (/procedimiento) de conversión de múltiples frecuencias

multiple frequency-shift keying | manipulación múltiple por (desplazamiento de) frecuencia
multiple hop transmission | trasmisión por múltiples saltos
multiple image film | película con múltiples imágenes
multiple image production master | cliché de producción de imagen múltiple
multiple informatión distribution system | sistema de distribución de información múltiple
multiple inheritance | derivación múltiple [*en lenguajes de programación*]
multiple instruction processor | procesador de instrucciones múltiples
multiple instruction stream | corriente de instrucciones múltiples
multiple ionization | ionización múltiple
multiple jack | clavija múltiple
multiple-key entry | entrada de la tecla múltiple
multiple leaf relay | relé (/relevador) de múltiples ballestas
multiple length number | número de longitud múltiple
multiple line contact | contacto múltiple
multiple loudspeaker | altavoz múltiple
multiple loudspeaker assembly | conjunto de varios altavoces
multiple loudspeaker installation | instalación de varios altavoces
multiple loudspeaker system | sistema de varios altavoces
multiple marker generator | generador de múltiples marcas, generador de frecuencias marcadoras
multiple marking | designación de conectores para líneas especiales
multiple metering | medición múltiple
multiple modulation | modulación múltiple
multiple-output direct-reading | indicación directa simultánea
multiple parallel winding | devanado en paralelo múltiple
multiple-pass printing | impresión de paso múltiple
multiple path | paso (/trayectoria) múltiple
multiple path coupler | acoplador de paso múltiple
multiple pattern | impresión múltiple
multiple peg | clavija tapón
multiple pileup | apilamiento múltiple
multiple point thermostat | termostato de acción múltiple
multiple precision | multiprecisión, precisión múltiple
multiple precision arithmetic | aritmética de precisión múltiple
multiple precision notation | notación de precisión múltiple
multiple printed panel | panel impreso múltiple

multiple processing | procesamiento múltiple
multiple programming | programación múltiple
multiple program transmission | trasmisión radiofónica múltiple
multiple punching | perforación múltiple
multiple purpose tester | polímetro, analizador (/probador) universal
multiple quad | cuadrete D.M. = cuadrete Dieselhorst Martin
multiple-quantum-well laser | láser de pozo cuántico múltiple
multiple radiofrequency channel transmitter | radiotrasmisor multicanal, trasmisor con varios canales de radiofrecuencia
multiple-range test | prueba de amplitud múltiple
multiple ratio transformer | trasformador de múltiples relaciones
multiple reception | recepción múltiple
multiple rectifier circuit | circuito rectificador múltiple
multiple reed frequency meter | frecuencímetro de múltiples lengüetas
multiple reflection echo | eco de reflexión múltiple
multiple registration | medida múltiple
multiple regression | regresión múltiple
multiple regression model | modelo de regresión múltiple
multiple relay | relé múltiple
multiple resonant line | línea resonante múltiple; guía de ondas de múltiples cilindros coaxiales
multiple rhombic aerial | antena rómbica múltiple
multipler-mode | modo múltiple
multiple scattering | dispersión múltiple
multiple sector setting | definición de sectores múltiples
multiple selection | selección múltiple
multiple selection technique | técnica de selección múltiple
multiple series connection | conexión en serie-paralelo
multiple sound track | pista de sonido múltiple
multiple spark gap | explosor múltiple
multiple speed motor | motor de múltiples velocidades
multiple spot scanning | exploración con múltiples puntos
multiple spot welder | soldadura de puntos múltiples
multiple spot welding | soldadura por puntos múltiples
multiple stack | pila múltiple
multiple stacked array | antena de múltiples pisos, sistema (de antena) de elementos múltiples
multiple stylus recorder | registrador multiestilete
multiple switch | conmutador (/interruptor) múltiple

multiple switchboard | panel de conexiones múltiples
multiple switch controller | combinador de interruptor múltiple
multiple switching | conmutación múltiple
multiple system | sistema múltiple (/multifilar)
multiplet | multiplete
multiple tariff meter | contador de tarifas múltiples
multiple-time-around echo | eco de distancia superior al límite
multiple time metering | cómputo múltiple de duración
multiple track radar | radar de múltiples canales
multiple track recording | registro multipista (/de pista múltiple, /sobre varias pistas)
multiple transformer | trasformador múltiple (/en paralelo, /con varios primarios, /con varios secundarios)
multiple transmission | trasmisión múltiple
multiple transmitter | emisor (/trasmisor) múltiple
multiple trunk group | grupo de enlaces múltiples
multiple trunk groups | formación de haces urbanos
multiple tuned aerial | antena de sintonización (/sintonía) múltiple
multiple tuner | sintonizador (/circuito de sintonización) múltiple
multiple tuning | sintonización múltiple
multiple twin | cuadrete múltiple (/Dieselhorst Martin)
multiple twin cable | cable de pares combinables (/combinados)
multiple twin quad | cuadrete múltiple (/Dieselhorst Martin)
multiple typing reperforator set | equipo perforador impresor múltiple
multiple unit aerial | antena múltiple (/de elementos múltiples)
multiple unit capacitor | capacitor múltiple (/de tomas múltiples)
multiple unit condenser | condensador múltiple (/con contactos derivados)
multiple unit control | mando de unidades múltiples
multiple unit running | marcha con unidades múltiples
multiple unit semiconductor device | dispositivo semiconductor múltiple
multiple unit steerable aerial | antena múltiple orientable (/de ángulo vertical ajustable)
multiple unit train | tren de unidades múltiples
multiple unit valve | válvula múltiple
multiple use | multiuso, de uso múltiple, de múltiples usos
multiple-user system | sistema multiusuario

multiple valuation | valoración múltiple
multiple valued | multivalente, polivalente
multiple valued function | función polivalente
multiple-valued logic | lógica multivalorada
multiple way conduit | canalización múltiple
multiple way duct | canalización múltiple; manguito multitubular
multiple way switch | conmutador multidireccional, interruptor de contacto múltiple
multiple winding | arrollamiento (/devanado) múltiple, devanado de varias capas
multiple wire aerial | antena multifilar
multiple working | comunicación múltiple, emisión multicanal (/de múltiples canales)
multiplex | múltiplex, multiplexor
multiplex, to - | multiplexar
multiplex adapter | adaptador multiplexor (/de recepción múltiplex)
multiplex baseband switch | conmutador de banda base múltiplex
multiplex carrier equipment | equipo múltiplex de corrientes portadoras
multiplex channel | canal multiplexor
multiplex code transmission | trasmisión de códigos multiplexados
multiplex communication | comunicación (/enlace) múltiple
multiplex control | control sobre el múltiplex
multiplex device | dispositivo múltiplex
multiplex digital hierarchy | jerarquía digital de multiplexado
multiplex drop | bajada múltiplex
multiplexed access | acceso primario
multiplexed bus | bus multiplexado
multiplexed line | línea multiplexada
multiplexed system | sistema múltiple (/de trasmisión múltiplex)
multiplex equipment | equipo múltiplex (/multiplexor, /de multiplexión)
multiplexer | multiplexor, multicanal, múltiplex
multiplexer channel | canal múltiplex (/multiplexor)
multiplexing | multiplexado, multiplexión, correlación múltiple
multiplexing coaxial-cavity filter | filtro de cavidad coaxial para multiplexión (/trasmisión simultánea)
multiplex lap | devanado en paralelo múltiple
multiplex microwave system | sistema de enlace múltiplex por microondas
multiplex modulation | modulación múltiplex
multiplex operation | comunicación múltiple, trasmisión (/operación) múltiplex, explotación en múltiplex
multiplex output jack | conector de salida para recepción múltiplex

multiplex printing telegraphy | escritura telegráfica multiplexada
multiplex rack | bastidor de equipo múltiplex
multiplex radio transmission | radiotrasmisión múltiple, trasmisión de radio por múltiplex
multiplex section | sección de múltiplex
multiplex stereo | estéreo por multiplexor
multiplex system | sistema múltiplex
multiplex telegraphy | telegrafía múltiple (/por multiplexor)
multiplex terminal panel | panel terminal de multiplexión
multiplex transmission | multidifusión, trasmisión múltiplex, radiodifusión en múltiplex
multiplex transmission system | sistema de trasmisión múltiplex
multiplex transmitter | trasmisor (/emisor) múltiplex
multiplex winding | devanado múltiple (/en derivación, /en serie paralelo, /de varios circuitos)
multiple X-Y recorder | registrador X-Y múltiple [*registrador gráfico múltiple de coordenadas cartesianas*]
multiplicand | multiplicando
multiplication | multiplicación
multiplication constant | factor de multiplicación
multiplication factor | factor de multiplicación
multiplication point | punto de multiplicación
multiplicative mixing | mezcla multiplicadora
multiplier | multiplicador
multiplier circuit electrostatic accelerator | acelerador electrostático con montaje multiplicador
multiplier photocell | fotocélula (/célula fotoeléctrica) multiplicadora
multiplier photovalve | válvula fotomultiplicadora (/fotoeléctrica multiplicadora, /fotoeléctrica con multiplicador electrónico)
multiplier quotient register | registro de cociente y multiplicador
multiplier resistor | resistencia multiplicadora
multiplier stage | etapa multiplicadora
multiplier travelling-wave photodiode | fotodiodo multiplicador de onda progresiva
multiplier valve | válvula multiplicadora
multiply, to - | multiplicar; conectar en paralelo
multiply connected | multiconectado
multiplying | multiplicación
multiplying factor | factor de multiplicación
multiplying power | poder multiplicador
multipoint | multipunto, de varios puntos

multipoint access | acceso multipunto
multipoint circuit | circuito multipunto (/para varios puntos)
multipoint conference | conferencia multipunto
multipoint conference unit | unidad de conferencia multipunto
multipoint configuration | configuración multipunto
multipoint connection | conexión multipunto
multipoint controller | controlador multipunto
multipoint line | línea multipunto
multipoint recorder | registrador multifunción
multipoint multichannel distribution system | sistema de distribución multicanal multipunto
multipoint processor | procesador multipunto
multipoint welding machine | soldador de múltiples puntos
multipolar | multipolo, multipolar
multipolar cutout | cortacircuito multipolar
multipolar fuse | cortacircuito de fusible multipolar
multipolar generator | generador multipolar
multipolar isolator | seccionador multipolar
multipolar machine | máquina multipolar
multipolar switch | interruptor (/conector) multipolar
multipole | multipolo, (red) multipolar
multipole breaker | disyuntor multipolar
multipole linked switch | conmutador multipolar de acción simultánea
multipole moment | momento multipolar
multipole radiation | radición multipolar
multipole rotary switch | conmutador rotatorio multipolar
multipole switch | conmutador (/interruptor) multipolar
multipole throwover switch | conmutador multipolar
multiport | multipuerto
multiport component | dispositivo multipuerta (/de puertas múltiples)
multiport fibre coupler | distribuidor de fibra óptica; acoplador de puertas de entrada múltiples
multiport memory | memoria de acceso múltiple
multiport mount | montura multipuerta
multiport network | red multipolo (/multipuerta, /multipolar)
multiport repeater | repetidor multipuerto
multiport transceiver | trasceptor múltiple
multiport valve | válvula de paso múltiple, válvula de múltiples pasos

multiposition action | acción multiescalonada (/de múltiples posiciones)
multiposition relay | relé de múltiples posiciones
multiposition selector switch | conmutador (/selector) de múltiples posiciones
multiposition switch | conmutador de múltiples posiciones, interruptor multivía
multiprecision | multiprecisión, precisión múltiple
multipress | pulsación múltiple
multiprobe radiation meter | polirradiámetro, medidor de radiación de sonda múltiple
multiprocessing | multiproceso, procesamiento múltiple
multiprocessing system | sistema de multiproceso (/multitratamiento)
multiprocessor | multiprocesador, procesador múltiple (/de unidades múltiples)
multiprogramming | multiprogramación, programación múltiple
multiprogramming system | sistema de multiprogramación
multiprotocol | protocolo múltiple
multiprotocol label switching | conmutación multiprotocolo basada en etiquetas
multipurpose | polivalente, universal, de aplicación general, de múltiples aplicaciones (/usos)
multipurpose extension | extensión multiuso (/multipropósito)
multipurpose mail extension | extensión multipropósito de correo [*en internet*]
multipurpose pilot | (onda) piloto de múltiples funciones
multipurpose probe | sonda universal
multipurpose set | equipo de múltiples funciones
multipurpose valve | válvula (de función) múltiple
multiquantum-well laser | láser de pozo cuántico múltiple
multirange ammeter | amperímetro de múltiples alcances
multirange amplifier | amplificador multigama (/múltiple)
multirange instrument | instrumento (de medición) de varias escalas
multirange meter | medidor de varias escalas (/sensibilidades)
multirange preamplifier | preamplificador multigama
multirange receiver | receptor multibanda (/multionda)
multirange voltmeter | voltímetro de varias sensibilidades
multirate meter | medidor multigama, contador de tarifas múltiples
multirelay transmission | trasmisión por radioenlace de varios saltos
multirepeater link | radioenlace de varios saltos; sistema de enlace con varias estaciones repetidoras (/relevadoras, /retrasmisoras)
multirotation scan | exploración en multirrotación
multiscan monitor | monitor polivalente (/de barrido múltiple, /multifrecuencia)
multisection | multisección, multiseccional, de varias secciones
multisection bandswitch | conmutador (/selector) de bandas de varias secciones, llave de secciones múltiples para cambio de bandas
multisection capacitor | capacitor multisección, condensador de capacidad fija multisección
multisection filter | filtro multisección
multisegment magnetron | magnetrón multisectorial (/con segmentos múltiples, /de ánodo cilíndrico ranurado, /de ánodo con segmentos múltiples)
multiservice | multiservicio
multiservice device | terminal multiservicio
multiservice terminal | terminal multiservicio
multiset | bolsa; multiconjunto
multislot magnetron | magnetrón de múltiples ranuras
multisource | excitador múltiple
multispeed motor | motor de múltiples velocidades
multistable circuit | circuito multiestable
multistable switching circuit | circuito de conmutación multiestable
multistage | polifásico, multietapa, de etapas múltiples, de varias etapas; escalonado, secuencial
multistage amplifier | amplificador de etapas (múltiples)
multistage diffusion unit | unidad de difusión de etapas múltiples
multistage multiplier | multiplicador en cascada
multistage process | proceso de etapas múltiples
multistage transmitter | trasmisor de etapas múltiples
multistage valve | válvula multietapa (/de varias etapas)
multistandard colour decoder | descodificador de color multisistemas
multistate circuit | circuito multiestado
multistate noise | ruido transicional (/por transiciones de corriente, /de conmutaciones erráticas)
multistatic radar | radar multiestático
multistation access unit | unidad de acceso a múltiples estaciones
multistrand cable | cable de trenza múltiple
multistrand wire | alambre multitrenza
multiswitch | multiselector
multiswitching | conmutación múltiple
multiswitching electric control | control eléctrico de conmutación múltiple
multisystem network | red multisistema
multitap | derivación múltiple
multitap autotransformer | autotrasformador con varias derivaciones
multitape Turing machine | máquina de Turing de cintas múltiples
multitap potentiometer | potenciómetro de múltiples tomas
multitap transformer | trasformador de múltiples tomas
multitap winding | arrollamiento con múltiples tomas
multitask | multiproceso, multitarea
multitasking | (servicio) multitarea, tarea múltiple
multitenant sharing | centralita compartida (/multiusuario)
multithreaded application | aplicación multivinculada [*para el funcionamiento simultáneo de varios programas*]
multithreading | multiposicionamiento
multitone | multitono, tono (/sonido) múltiple
multitone circuit | circuito multicanal, multivía (de trasmisión)
multitrack | multivía, multicanal, multipista, de pista múltiple
multitrack head | cabeza multipista
multitrack recording system | sistema de grabación (/registro, /registro magnético) en pistas múltiples
multitrack tape transport mechanism | mecanismo de arrastre multipista
multitube | tubo (/válvula) múltiple
multitube oil burner | quemador de surtidor múltiple
multiturn | multivuelta, multiespira, de múltiples espiras (/vueltas)
multiturn drive | dispositivo de accionamiento de múltiples vueltas
multiturn potentiometer | potenciómetro multivuelta
multiunit | multiunidad; de múltiples unidades (/elementos); sistema de multiproceso (/multitratamiento)
multiunit processor | multiprocesador, procesador múltiple (/de unidades múltiples)
multiunit steerable aerial | antena múltiple orientable (/de ángulo vertical ajustable)
multiunit system | sistema de múltiples elementos
multiunit valve | válvula de unidad múltiple
multiuser | multiusuario
multiuser dimension | dimensión de multiusuarios [*sistema de juegos de internet*]
multiuser dungeon | dimensión de multiusuarios [*sistema de juegos de internet*]
multiuser simulation environment | entorno de simulación para multiusuarios
multiuser system | sistema multiusuario
multivalency | polivalencia

multivalent anion | anión polivalente
multivalued logic | lógica multivaluada
multivalve | multiválvula
multivalve amplifier | amplificador multivalvular
multivalve receiver | receptor multivalvular
multivane centrifugal fan | ventilador centrífugo multipala
multivane grounding electrode | electrodo de tierra tipo rehilete
multivariable | de varias (/múltiples) variables
multivariant | multivariante
multivariant system | sistema multivariante
multivariate | de varias variables, multivariado
multivariate analysis | análisis de múltiples variables
multivariate distribution | distribución multivariante
multivator | multivator [analizador automático por tubo fotomultiplicador]
multivelocity | multivelocidad; policinético, de múltiples velocidades
multivelocity electron beam | haz electrónico de múltiples velocidades
multivibrator | multivibrador
multivibrator circuit | circuito multivibrador
multivoltage | multivoltaje, de múltiples tensiones (/voltajes)
multivoltage control | control por multitensión, regulación por aplicación de tensiones fijas
multiwafer contactor | contactor de galletas apiladas
multiway | multivía, múltiple, multidireccional
multiway plug | clavija multicontacto, conector macho de múltiples clavijas (/contactos)
multiway search tree of degree n | árbol de búsqueda multidireccional (/por múltiples vías) de grado n
multiwinding | de arrollamiento (/devanado) múltiple
multiwinding generator | generador de múltiples arrollamientos en derivación
multiwire | multifilar, de múltiples conductores (/hilos)
multiwire cable | cable múltiple
multiwire connector | conector múltiple (/de múltiples contactos)
multiwire doublet | dipolo multifilar
mu-mesonic atom | átomo muónico
mumetal [trade mark of a nickel-iron alloy with 78% nickel] | mumetal [marca de una aleación de níquel y hierro con 78% de níquel]
mumetal shield | pantalla de mumetal
Munsell book of colour | libro de colores de Munsell
Munsell chroma | cromatismo de Munsell
Munsell colour system | sistema de color de Munsell
Munsell notation | notación Munsell
Munsell system | sistema Munsell
Munsell value | valor de Munsell
Muntz metal | metal Muntz
muon | muón, mesón mu
muon catalyzed fusion | fusión catalizada por muones
muon number | número muónico
muonium | muonio
mu-operator [minimization operator] | operador mu (/my, /de minimación)
muriate [obs] | cloruro, muriato [obs]
muriate of lime | cloruro de calcio
muriatic [obs] | clorhídrico, muriático [obs]
muriatic acid [obs] | ácido clorhídrico, ácido muriático [obs]
Murray loop | bucle (/lazo) de Murray
Murray loop test | prueba del anillo de Murray
MUSA = multiple unit steerable aerial | MUSA [antena múltiple (de ángulo vertical) ajustable, antena múltiple orientable, antena rómbica múltiple]
muscle chip | chip de potencia
muscovite crystal | cristal de moscovita
MUSE = multiuser simulation environment | MUSE [entorno de simulación para multiusuarios]
mush | ruido de fondo
mushroom bolt | perno de bordón
mushroom insulator | aislador de campana
mushroom rivet | remache de cabeza de hongo
mushroom valve | válvula de hongo (/asiento cónico), válvula tipo hongo
musical cushion | relleno musical de cola
musical echo | eco musical
musical frequency | audiofrecuencia, frecuencia musical
musical frequency magnet | imán de audiofrecuencia
musical instrument digital interface | interfaz digital para instrumentos musicales
musical level | nivel musical
musical quality | calidad musical
musical scale | escala musical
musical spark gap | explosor musical
music channel | canal musical
music circuit | circuito para trasmisiones radiofónicas
music link | enlace musical
music power | potencia musical (/de música)
music power test | prueba de amplificación de potencia musical
must-operate value | valor de activación obligada, valor de trabajo obligado
must-operate voltage | tensión de trabajo necesaria
must-release value | valor de desactivación forzosa, valor de reposo obligado
must-release voltage | tensión máxima de desconexión
mutation substation | subestación trasformadora (/de conmutación)
mutator | conmutador estático, mutador
mute | enmudecimiento
mute, to - | enmudecer, silenciar
MUTE [mute circuit; muting] | MUTE [circuito mudo; enmudecimiento]
mute button | botón enmudecedor
mute circuit | circuito mudo (/de enmudecimiento)
mute voltage | tensión de enmudecimiento (/circuito mudo)
mutilated group | grupo truncado (/mutilado)
mutilated message | mensaje mutilado
mutilated selection | selección incompleta
mutilation | mutilación
mutilation rate | tasa de mutilación (/error en las mutaciones)
muting | enmudecimiento, silenciamiento; circuito mudo; reducción del volumen sonoro, amortiguador de ruidos de fondo; regulación silenciosa
muting circuit | circuito silenciador (/de silenciamiento)
muting device | dispositivo silenciador
muting relay | relé silenciador
muting switch | conmutador (/interruptor) silenciador
muting system | sistema silenciador
mutoscope | mutoscopio
mutual | mutuo, recíproco
mutual aid | ayuda mutua
mutual aid selector | selector de ayuda mutua
mutual capacitance | capacitancia mutua
mutual characteristic | característica mutua [de dos electrodos]
mutual coil | bobina de inductancia mutua (/de compensación)
mutual conductance | trasconductancia, conductancia mutua (/recíproca), gradiente de la curva dinámica
mutual conductance checker | probador de conductancia mutua
mutual conductance measurement | medida de la pendiente (/conductancia mutua)
mutual conductance meter | comprobador (/medidor, /probador) de conductancia mutua
mutual coupling | acoplamiento mutuo
mutual exclusion | exclusión mutua
mutual impedance | impedancia mutua
mutual inductance | inductancia mutua, coeficiente de inducción mutua
mutual inductance bridge | puente de inductancia mutua
mutual inductance coupling | acoplamiento por inductancia (/inducción) mutua

mutual inductance transducer | trasductor de inductancia mutua
mutual induction | inducción mutua
mutual induction between coils | inducción mutua entre bobinas
mutual inductor | inductor mutuo, bobina de acoplamiento
mutual information | información mutua
mutual interaction | interacción mutua, acción recíproca
mutual interference | interferencia (/perturbación) mutua (/recíproca)
mutually | mutuamente, recíprocamente
mutually coupled circuits | circuitos mutuamente acoplados
mutually coupled coils | bobinas mutuamente acopladas
mutually imprisoning system | sistema de captación mutua
mutually repelling | que se repelen mutuamente
mutual radiation resistance | resistencia de radiación mutua
mutual reactance | reactancia mutua
mutual repulsion | repulsión mutua

mutual resistance | resistencia mutua
mutual surge impedance | impedancia mutua de onda
mux = multiplexer, multiplexing | mux = multiplexor, multiplexión
MUX system | sistema múltiplex
mV = millivolt | mV = milivoltio
MV = medium velocity | VM = velocidad media
MV = megavolt | MV = megavoltio
MVS [*multiprogramming with a variable number of processes*] | MVS [*multiprogramación con un número variable de procesos*]
mW = milliwatt | mW = milivatio
MW = megawatt | MW = megavatio
MWh = megawatt/hour | MWh = megavatio/hora
MX = mail eXcharger | MX [*registro de recursos para el encaminamiento de mensajes electrónicos*]
Mycalex | Mycalex [*marca comercial de un material de mica y vidrio*]
Mycalex insulation | aislamiento de Mycalex
Myhill equivalence | equivalencia de Myhill

Mylar capacitor | capacitor (/condensador eléctrico) de Mylar
Mylar film | película Mylar
myocardial electrode | electrodo miocardial
myoelectric potential | potencial mioeléctrico
myoelectric signal | señal mioeléctrica
myograph | miógrafo
myokinesimeter | miocinesímetro
my operator [*minimization operator*] | operador mu (/my, /de minimación)
myophone | miófono
myria- | miria- [*pref. que indica diez mil unidades*]
myria-megger | miriamegaóhmetro
myriameter | miriámetro
myriametric | miriamétrico
myriametric wave | onda miriamétrica
myriawatt | miriavatio
mystery control | radiotelemando, telemando inalámbrico
my two cents [*fam. expression used informally in newsgroups*] | mi contribución
MZI = Mach-Zender interferometer | MZI [*interferómetro Mach-Zender*]

N

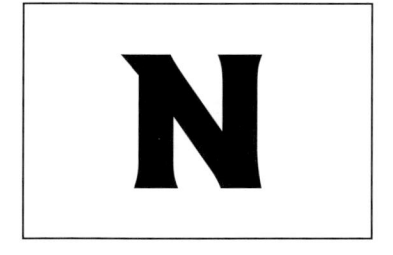

n [*prefix*] = nano- | n [*símbolo del prefijo nano-, que significa una milmillonésima parte*]
N = nitrogen | N = nitrógeno
nA = nanoampere | nA = nanoamperio
Na = natrium [*sodium*] | Na = sodio
NA = numerical aperture | AN = apertura numérica
NAA = neutron activation analysis | NAA [*análisis de activación neutrónica, análisis de reacción nuclear*]
NAB = National Association of Broadcasters | NAB [*asociación nacional estadounidense de emisoras de radiodifusión*]
NAB curve | curva NAB
NAB metal reel | carrete metálico tipo NAB
NAB plastic reel | carrete de plástico tipo NAB
NAB reel | carrete tipo NAB
NaCl-crystal | cristal de NaCl
NACR = network announcement request | NACR [*petición de participación en la red*]
nagware | nagware [*programa que en el arranque o antes del cierre recuerda la necesidad de pagar por su uso*]
NAI = network access identifier | NAI [*identificador de acceso a la red*]
nailed connection | enlace punto a punto
nailed-up connection | enlace punto a punto intercalado
nail hammer | martillo sacaclavos (/de uña, /de carpintero)
nail-head bond | unión (/sujeción) de cabeza de clavo
nail heading | cabecera de clavo
nail knob | aislador de clavar
NAK = negative acknowledgement | NAK [*reconocimiento negativo*]
name | nombre
name binding protocol | protocolo de vinculación de nombres [*de Apple*]
name conflict | conflicto de nombre
named anchor | vínculo denominado [*tipo de hipervínculo en documentos HTML*]
named entity | entidad denominada

named pipe | enlace nominal [*en programación, conexión simple o doble para trasferir datos entre procesos*]
named target | destino denominado [*tipo de hipervínculo en documentos HTML*]
name look-up | búsqueda de nombre
name pattern | patrón de búsqueda de nombre
nameplate | placa de características
nameplate amperes | amperaje nominal [*indicado en la placa de características*]
nameplate pressure | tensión (/voltaje) de servicio
name resolutor | resolutor de nombres [*en internet*]
name server | servidor de nombres [*en internet*]
name-value pair | par de nombre y valor [*conjunto de datos asociado a un nombre*]
NAMPS = narrow-band analog mobile phone service | NAMPS [*servicio de telefonía móvil analógica de banda estrecha*]
Nancy receiver | receptor Nancy
NAND = NOT AND [*operación lógica que combina los valores de dos bits o dos valores booleanos distintos*]
NAND circuit | circuito lógico NAND, circuito lógico NO-Y
NAND gate | puerta lógica NAND, puerta NOY, puerta lógica NO-Y, puerta NO con inversión
NAND operation | operación NOY
nano- | nano- [*pref. que significa la milmillonésima parte de la unidad*]
nanoampere | nanoamperio
nanocircuit | nanocircuito
nanocurie | nanocurio
nanofarad | nanofaradio
nanohenry | nanohenrio
nanometer | nanómetro
nanosecond | nanosegundo [*milmillonésima parte de un segundo*]
nanostore | nanomemoria
nanovolt | nanovoltio
nanovoltmeter | nanovoltímetro
nanowatt | nanovatio

nanowatt circuit | circuito nanovatio
NAP = network access point | NAP [*punto de acceso a la red*]
Napierian logarithm | logaritmo natural (/neperiano)
NAPT = network address port translator | NAPT [*traductor del puerto de direcciones de la red)*]
narrow | estrecho
narrowband, narrow band, narrow-band | banda estrecha
narrow-band amplifier | amplificador de banda estrecha
narrow-band axis | eje (del primario) de la banda estrecha
narrow-band crystal filter | filtro de cristal de banda estrecha
narrow-band detector | detector de banda estrecha
narrow-band filter | filtro de banda estrecha
narrow-band FM = narrow-band frequency modulation | FM de banda estrecha = frecuencia modulada de banda estrecha
narrow-band interference | interferencia de banda estrecha
narrowband ISDN | ISDN de banda estrecha
narrow-band limiter | limitador de banda estrecha
narrow-bandpass filter | filtro (de paso) de banda estrecha
narrow-band receiver | receptor de banda estrecha
narrow-band tuned amplifier circuit | circuito amplificador sintonizado de banda estrecha
narrow-bandwidth emission | emisión de banda estrecha
narrow-beam | haz estrecho
narrow-blade aerial | antena de pala estrecha
narrowcast | emisión limitada [*a un área o una audiencia limitadas*]
narrow frame | cuadro estrecho
narrow-gap spark chamber | cámara de chispas de abertura estrecha
narrow gauge lighting system | sistema de iluminación de vía estrecha

narrow pulse | impulso breve (/corto)
narrow-pulsed signal | señal de impulso corto
narrow resonance | resonancia aguda
narrow resonance model | modelo de resonancia aguda
narrow sector recorder | registrador de sector estrecho
n-ary code | código n-ario
n-ary pulse-code modulation | modulación de impulsos en código n-ario
NAS = network access server | NAS [*servidor de acceso a la red*]
NASA = National Aeronautics and Space Administration | NASA [*administración nacional estadounidense de aeronáutica y del espacio*]
nascent hydrogen | hidrógeno naciente
Nassi-Schneidermann chart | diagrama de Nassi-Schneidermann
NAT = network address translation (/translator) | NAT [*traducción (/traductor) de direcciones de red (entre redes privadas e internet)*]
national attachment point | punto de enlace nacional
national control centre | centro de control nacional, puesto de mando nacional
national electrical code | código eléctrico nacional
national frequency assignment | asignación nacional de frecuencias, asignación de frecuencias a escala nacional
national hookup | red (/cadena) nacional
national telecommunications network | red nacional de telecomunicaciones
nationwide microwave relay network | red nacional de radioenlaces de microondas
native application | aplicación nativa [*programa compatible con un tipo específico de microprocesador*]
native audio mixer | mezclador de audio nativo
native code | código nativo [*específico de un equipo informático*]
native compiler | compilador nativo [*que genera código máquina para el equipo donde está instalado*]
native file format | formato de archivos nativo [*para procesamiento interno*]
native language | lenguaje nativo [*de una unidad informática central*]
natrium [*sodium*] | sodio
natural abundance | contenido isotópico natural; abundancia natural
natural activity | radiactividad natural
natural aerial frequency | frecuencia natural de antena
natural background radiation | radiación ionizante natural
natural binary | binario natural
natural binary-coded decimal | decimal natural codificado en binario
natural capacitance | capacidad (/capacitancia) propia
natural circulation | circulación natural
natural circulation reactor | reactor de circulación natural
natural convection | convección natural
natural convection heat sink | disipador térmico de convección natural
natural cooling | enfriamiento (/refrigeración) natural
natural divergence | divergencia propia
natural excitation | excitación natural
natural flow | caudal natural
natural frequency | frecuencia natural (/propia, /resonante, /de resonancia)
natural frequency of the aerial | frecuencia natural de la antena
natural frequency of the circuit | frecuencia natural del circuito
natural inductance | inductancia propia
natural interference | interferencia natural
natural language | idioma, lenguaje natural
natural language processing | proceso de lenguaje natural [*estudio del reconocimiento del lenguaje humano por equipos informáticos*]
natural language query | pregunta en lenguaje natural [*pregunta formulada en un idioma concreto*]
natural language recognition | reconocimiento del idioma [*hablado*]
natural language support | soporte de lenguaje natural [*sistema de reconocimiento de voz*]
natural language understanding | comprensión del lenguaje natural
natural line breadth | ancho natural de línea
natural line width | anchura natural de raya
natural logarithm | logaritmo neperiano (/natural)
naturally radioactive atom | átomo naturalmente radiactivo
naturally radioactive nucleus | núcleo naturalmente radiactivo
naturally speaking | dicción (/habla) natural
natural magnet | imán natural, magnetita, piedra de imán
natural neutron | neutrón natural
natural number | número natural
natural period | periodo natural (/propio)
natural piezoelectric crystal | cristal piezoeléctrico natural
natural radiation | radiación ambiente (/natural)
natural radiation background | radiactividad natural ambiente
natural radio noise | ruido radioeléctrico natural
natural radioactivity | radiactividad natural
natural radionuclides | radioelementos (/radionúclidos) naturales
natural resonance | resonancia natural (/propia)
natural stability limit | límite de estabilidad natural [*en sistemas de trasmisiones*]
natural time constant | constante de tiempo propia
natural transient stability limit | límite de estabilidad dinámica natural
natural uranium | uranio natural
natural uranium reactor | reactor de uranio natural
natural vibration | vibración natural (/propia, /libre)
natural wavelength | longitud de onda natural
NAU = network adaptation unit | UAR [*unidad de adaptación de red*]
nautical mile | milla náutica
navaglide | navaglide [*sistema de aproximación a baja altura con frecuencia compartida*]
Navaglobe beacon | radiofaro Navaglobe
Navaglobe indicator | indicador Navaglobe
Navaglobe receiver | receptor Navaglobe
Navaglobe transmitter | emisor (/trasmisor) Navaglobe
navaids = navigational aids | ayudas a la navegación
NAVAR = navigational and traffic control radar | NAVAR [*sistema de radionavegación aérea*]
Navarho | Navarho [*sistema de radionavegación de larga distancia por ondas continuas de baja frecuencia*]
Navascreen | Navascreen [*sistema para elaboración y presentación visual de datos de tráfico aéreo*]
navigate, to - | navegar; desplazarse
navigation | navegación; desplazamiento
navigational parameter | parámetro de navegación
navigational radar | radar de navegación
navigation aid | ayuda a la navegación
navigation bar | barra de navegación [*en páginas Web*]
navigation beacon | faro de navegación
navigation computer | computador de navegación
navigation coordinate | coordenada de navegación
navigation instrument | instrumento de navegación
navigation key | tecla de desplazamiento
navigation light | luz de posición
navigation parameter | parámetro de navegación

navigation satellite | satélite de navegación
navigator | navegador [*programa de búsqueda para redes informáticas*]
Nb = niobium | Nb = niobio
NBCD = natural binary-coded decimal | NBCD [*decimal natural codificado en binario*]
NBFM = narrow-band frequency modulation | NBFM [*modulación de frecuencia de banda estrecha*]
NBP = name binding protocol | NBP [*protocolo de vinculación de nombres usado en AppleTalk*]
NC = network computer | NC [*ordenador de red*]
NC = non connected, non connection | NC = no conectado, DES = desconectado, sin conexión
NC = normally closed | NC = normalmente cerrado
NC = numerical control | CN = control numérico
NCC = national control centre | CCN = centro de control nacional, puesto de mando nacional
NCC = network-centric computing | NCC [*proceso informático en red centralizada*]
NC contacts = normally closed contacts | contactos normalmente cerrados
N channel | canal N
N-channel FET = n-channel field-effect transistor | FET del canal N = transistor de efecto de campo del canal N
N-channel field-effect transistor | transistor de efecto de campo del canal N
N-channel MOS = n-channel metal-oxide semiconductor | MOS del canal N = semiconductor de óxido metálico del canal N
n-conductor cord | cable de n conductores
n-conductors concentric cable | cable concéntrico de n conductores
NCP = network control protocol | NCP [*protocolo de control de red*]
NCR paper = no carbon required paper | papel químico [*papel con copias sin papel carbón*]
NCSA = National center for supercomputing applications | NCSA [*centro nacional estadounidense para aplicaciones de supercomputación*]
NCSC = National Computer Security Center | NCSC [*centro nacional estadounidense de seguridad informática*]
N cube | cubo N
Nd = neodymium | Nd = neodimio
NDB = nondirectional beacon | NDB [*radiofaro no direccional*]
N-diffused layer | capa difusa N
n-dimensional | de n dimensiones
n-dimensional cube | cubo de n dimensiones
NDIS = network driver interface specification | NDIS [*especificación del interfaz para controladora de red*]
N display | presentación (visual) tipo N
NDM = normal disconnect mode | NDM [*modo normal de espera*]
NDMP = network data management protocol | NDMP [*protocolo de red para gestión de datos*]
NDR = no delivery report | NDR [*notificación de no entrega*]
NDR = nondestructive readout | NDR [*lectura de salida no destructiva*]
NDRO = nondestructive readout | NDRO [*lectura de salida no destructiva*]
NDS = Novell directory service | NDS [*servicio de directorios Novell*]
Ne = neon | Ne = neón
NE = norme européenne (*fra*) [*European norm*] | NE = norma europea
near | cerca
near echo | eco cercano (/de proximidad)
near-end crosstalk | paradiafonía (cercana), diafonía vecina
near-end crosstalk attenuation | atenuación paradiafónica
near-end crosstalk deviation | desviación paradiafónica
near-end crosstalk isolation | separación paradiafónica
near-end operation | mando local
near-end signal-to-crosstalk ratio | relación paradiafónica
near-end subscriber | abonado local
near field | campo próximo
near infrared | infrarrojo próximo (/cercano), primera zona del infrarrojo
near infrared region | región del infrarrojo próximo
near letter quality | letra de calidad casi buena
near lineal | casi lineal, cuasilineal
near region | región próxima
near space | espacio próximo
near-to-end crosstalk | directividad
near ultraviolet | ultravioleta próximo, región casi ultravioleta, región ultravioleta próxima
near zone | zona (/región) próxima, zona de inducción
NEC = national electrical code | código eléctrico nacional
necessary bandwidth | ancho de banda necesario
necessary condition | condición necesaria
neck cracking tool | cortacuellos
needle | aguja, reflector acicular
needle chatter | vibración (/resonancia) de aguja
needle counter tube | tubo contador de aguja
needle drag | presión normal de la aguja
needle electrode | electrodo de aguja
needle force | fuerza de la aguja
needle galvanometer | galvanómetro de aguja
needle gap | detonador (/espacio) de aguja
needle holder | portaaguja
needle nose plier | alicates planos
needle pressure | presión de aguja
needle scratch | chasquido (/ruido) de aguja
needle talk | vibración (/sonido) de aguja
needle test point | punta de prueba tipo aguja
needle valve | válvula de aguja
neg = negative | neg = negativo
negated-input OR gate | puerta lógica O de entrada negada
negation | negación
negation circuit | circuito de negación
negative | negativo
negative acceleration | aceleración negativa, desaceleración
negative acknowledgement | reconocimiento negativo
negative acknowledgement character | carácter de reconocimiento negativo
negative afterpotential | cola de potencial negativo
negative amplitude modulation | modulación negativa de amplitud
negative area | zona de entrada [*de las corrientes vagabundas*]
negative balance selector | selector de saldo negativo
negative bar | barra negativa
negative battery | polo negativo
negative bias | polarización negativa
negative booster | trasformador reductor de tensión (/voltaje)
negative boosting transformer | trasformador rebajador (/de drenaje, /de voltaje, /de absorción, /de succión)
negative capacitance | capacitancia negativa
negative charge | carga negativa
negative coefficient resistance | resistencia de coeficiente negativo
negative compliance | docilidad negativa
negative conductance | conductancia negativa
negative conductor | conductor negativo
negative coupling | acoplamiento negativo
negative differential conductance region | región de conductancia diferencial negativa
negative differential resistance effect | efecto Gunn, efecto de resistencia diferencial negativa
negative dispersion | dispersión negativa
negative distortion | distorsión negativa
negative edge capacitance | capacitancia marginal negativa (/por efecto de borde)

negative effective mass amplifier | amplificador de masa efectiva negativa
negative electricity | electricidad (/carga) negativa
negative electrode | electrodo negativo
negative electron | electrón negativo
negative entry | entrada negativa [número introducido con signo negativo]
negative feedback | realimentación (/retroalimentación) negativa; contrarreacción, reacción negativa
negative feedback amplifier | amplificador de realimentación negativa
negative feedback arrangement | circuito (/configuración) de contrarreacción, circuito con reacción negativa
negative feedback factor | factor de contrarreacción
negative fringing | efecto marginal negativo
negative gain amplifier | amplificador de ganancia negativa
negative ghost | imagen fantasma negativa
negative ghost image | imagen fantasma negativa
negative glow | luminosidad negativa, luz negativa (/catódica), brillo negativo
negative going pulse | impulso negativo
negative going ramp | rampa de pendiente (/variación) negativa, diente de sierra de variación negativa
negative going slope | pendiente negativa
negative grid | rejilla negativa
negative grid bias | polarización negativa de rejilla
negative grid current | corriente inversa de rejilla
negative grid generator | generador de rejilla negativa
negative grid oscillator | oscilador de rejilla negativa
negative grid region | región (/zona) de potencial de rejilla negativo, región de rejilla negativa
negative grid voltage | tensión negativa de rejilla
negative ground | tierra negativa
negative halfwave | semionda negativa
negative image | imagen negativa
negative impedance | impedancia negativa
negative impedance amplifier | amplificador de impedancia negativa
negative impedance converter | convertidor de impedancia negativa
negative impedance oscillator | oscilador de impedancia negativa
negative impedance repeater | repetidor de impedancia negativa
negative inductance | inductancia negativa
negative input-positive output | entrada negativa - salida positiva
negative input-positive output circuit | circuito de entrada negativa y salida positiva
negative ion | ión negativo
negative ion generator | generador de iones negativos
negative light modulation | modulación luminosa negativa
negative logic | lógica negativa
negatively biased | polarizado negativamente, con polarización negativa
negatively ionized atom | átomo ionizado negativamente
negative magnetostriction | magnetostricción negativa
negative mass amplifier | amplificador de masa negativa
negative mass hole | agujero de masa negativa
negative matrix | matriz negativa
negative modulation | modulación negativa
negative modulation factor | factor de modulación negativa
negative modulation peak | pico negativo de modulación
negative peak | pico negativo, cresta negativa
negative peak rectifier | rectificador de cresta negativa
negative phase | fase negativa (/de succión)
negative phase-sequence relay | relé de inversión de fases
negative picture modulation | modulación por imagen negativa
negative picture phase | fase de imagen negativa, fase de la señal de imagen
negative picture polarity | polaridad de imagen negativa, polaridad negativa de la señal de imagen
negative plate | placa negativa
negative polarity | polaridad negativa
negative polarity signal | señal de polaridad negativa
negative pole | polo negativo
negative/positive zero temperature characteristic capacitor | condensador (/capacidad) de capacitancia constante en función de la temperatura
negative potential | potencial negativo, tensión negativa
negative pressure | presión negativa
negative proton | antiprotón, protón negativo
negative pulse | impulso negativo
negative reactance | reactancia negativa
negative reaction | contrarreacción, reacción negativa
negative reactivity | antirreactividad, reactividad negativa
negative resistance | resistencia negativa
negative resistance amplifier | amplificador de resistencia negativa
negative resistance coefficient | coeficiente negativo de resistencia
negative resistance device | dispositivo de resistencia negativa
negative resistance diode | diodo de resistencia negativa
negative resistance element | elemento de resistencia negativa
negative resistance magnetron | magnetrón de resistencia negativa
negative resistance oscillator | oscilador de resistencia negativa
negative resistance region | región de resistencia negativa
negative resistance repeater | repetidor de resistencia negativa
negative screen | estarcido negativo
negative sequence component | componente inversa (/de secuencia negativa, /de inversión de fase)
negative sequence symmetrical component | componente simétrica inversa
negative signal element | elemento de señal negativo
negative stability | estabilidad negativa
negative supply | lado negativo de la alimentación
negative temperature coefficient | coeficiente negativo de temperatura
negative terminal | borne (/polo, /terminal) negativo
negative thermion | termoelectrón, electrón térmico, termión negativo
negative-to-positive reversal | inversión de negativo a positivo
negative torque | par negativo
negative transconductance | trasconductancia negativa
negative transconductance oscillator | oscilador de trasconductancia negativa
negative transmission | trasmisión negativa
negative true logic | lógica de validez negativa
negative voltage feedback | realimentación negativa de tensión
negative wire | hilo (/conductor) negativo
negative zero | cero negativo
negativity | negatividad
negator | negador, inversor; circuito de negación
negatoscope | negatoscopio
negatron [obs] | negatrón, electrón negativo
negentropy | negaentropía
negotiation | negociación
Neher tetrode amplifier | amplificador con tetrodo Neher
NEI = noise equivalent input | NEI [ruido equivalente de entrada]
neighbouring frequency | frecuencia vecina

N electron | electrón N
NEMA = National Electric Manufacturers Association | NEMA [*asociación estadounidense de fabricantes de artículos eléctricos*]
nematic liquid | líquido nemático
nematic liquid crystal | cristal líquido nemático
nematic phase | fase nemática
nemo | toma exterior
NEMP = nuclear electromagnetic pulse | impulso nuclear electromagnético
neodymium | neodimio
neodymium amplifier | amplificador de neodimio
neodymium-calcium tungstate laser | láser de tungstato de neodimio-calcio
neodymium glass laser | láser de cristal de neodimio
neon | neón
neon bulb | bombilla de neón
neon bulb oscillator | oscilador de bombilla de neón
neon circuit tester | comprobador de circuitos con lámpara de neón
neon generator | generador de tubo neón
neon glow lamp | lámpara de neón
neon-helium laser | láser de helio-neón
neon indicator | indicador de lámpara de neón, tubo indicador de neón
neon indicator tube | tubo indicador de neón
neon lamp | lámpara luminiscente (/de efluvios, /de neón), tubo de neón
neon oscillator | oscilador (con lámpara) de neón
neon stabilizer | estabilizador de neón
neon tube | tubo de neón
neon tube relaxation oscillator | oscilador de relajación de tubo de neón
neon tubing | tubo de neón
neoprene | neoprene
neotron | neotrón
NEP = noise equivalent power | NEP [*potencia equivalente de ruido*]
neper | neperio, neper
nepermeter | neperímetro
nephelometer | nefelómetro
neptunium | neptunio
neptunium series | familia del neptunio
Nernst bridge | puente de Nernst
Nernst effect | efecto Nernst
Nernst-Ettinghausen effect | efecto Nernst-Ettinghausen
Nernst filament | lámpara de Nerst
Nernst lamp | lámpara de Nernst
Nernst-Thompson rule | disolvente de Nernst-Thompson
Nerode equivalence | equivalencia de Nerode
nerve current | corriente neural
nervous traffic | tráfico nervioso
Nesa glass | vidrio Nesa
nesistor | nesistor [*semiconductor de resistencia negativa*]
nest, to - | jerarquizar; anidar [*insertar una estructura en otra, por ejemplo una tabla dentro de otra tabla*]
nested block | bloque anidado
nested electrode welding | soldadura con electrodos en haz
nested scope | bloque anidado
nested subroutine | subrutina anidada
nested transaction | transacción anidada [*en programación, operación insertada en otra de mayor entidad*]
nesting | anidamiento; jerarquización [*en redes informáticas*]
nesting level | nivel de jerarquización
nesting store | pila
net | red; batería; sistema múltiple
NET = Norme européenne de télécommunication (*fra*) | NET = norma europea de telecomunicación
net address | dirección de red
net authentication | identificación (/autentificación) de red
NETBIOS = network basic input/output system | NETBIOS [*sistema básico de entrada/salida de red*]
net consumption | consumo del mercado interior, consumo interior neto
net control station | estación de control de la red
net current | corriente neta
net electric capacity | potencia eléctrica neta
net energy gain | aumento neto de energía
nethead | cabezón de red [*expresión familiar que designa un adicto a la red informática*]
net information content | contenido de información de la red
netiquette = network etiquette | etiqueta de (la) red [*normas de comportamiento para intervenir en una red informática*]
netizen | ciudadano de la red [*usuario de internet*]; ciberdano [*Hispan.*], ciuredano [*Hispan.*]
net list | lista de la red
net loss | pérdida neta; equivalente de circuito (/trasmisión)
net loss factor | factor de equivalencia
net loss measurement | medida del equivalente
net loss variations with amplitude | variación del equivalente (/amortiguamiento) en función de la amplitud, variación de la atenuación en función de la amplitud
net nanny [*fam*] | niñera de la red [*tutoría o servicio de supervisión a través de internet*]
net reactance | reactancia resultante
Netscape [*Internet navigator*] | Netscape [*navegador de internet*]
netspeak | jerga de red [*conjunto de abreviaturas, acrónimos y neologismos usados por los internautas*]
net surfing | navegación por la red, exploración por la red
netting | sintonización en red
netting call | señal de sintonización en red
net TV | televisión por red [*por internet*]
Net View | Net View [*sistema de gestión de red de IBM*]
NetWare | NetWare [*conjunto de programas de sistema operativo para PC y Macintosh desarrollado por Novell*]
network | red; malla
network access | acceso a la red
network access device | dispositivo de acceso a la red
network access identifier | identificador de acceso a la red
network access point | punto de acceso a la red
network access server | servidor de acceso a la red
network adapter | adaptador de red
network address port translator | traductor del puerto de direcciones de la red
network address translation | traducción de direcciones de red [*entre redes privadas e internet*]
network address translator | traductor de direcciones de red
network administrator | administrador de red
network analogy | analogía de red
network analyser | analizador de redes (eléctricas)
network analyser study | estudio por circuito de red equivalente
network analysis | análisis de redes
network announcement request | petición de participación en la red
network architecture | arquitectura de (la) red
network arm | extensión (/brazo) de red
network auditing | auditoría de red
network basic input/output system | sistema básico de entrada/salida de red
network calculator | analizador (/calculador) de red
network capabilities | capacidades de la red
network card | tarjeta de red
network-centric computing | proceso informático en red centralizada
network computer | ordenador de red
network computing | informática de red
network constant | constante (/parámetro) de (la) red
network control programme | programa de control de red
network control protocol | protocolo de control de red
network database system | sistema de base de datos en red
network data management protocol | protocolo de red para gestión de datos
network database | base de datos en red

network delay | retardo de red
network device driver | controlador de dispositivos de red [*programa para coordinar comunicaciones*]
network device interface specification | especificación de interfaz para dispositivos de red
network directory | directorio de la red [*en red de área local*]
network distribution | distribución por parrilla
network drive | unidad de red
network driver interface | interfaz para controladora de red
network driver loaded | programa de red cargado
networked directory | directorio en red
networked session | sesión en red
network element | elemento de red
network etiquette | etiqueta de red [*normas de comportamiento para intervenir en una red informática*]
network feeder | alimentador de (la) red
network file service | servicio de red de archivos
network file system | sistema de archivos en red
network filter | filtro separador (de ondas), filtro de red
network front end | procesador frontal de red
network function | función característica de las redes
network geometry | geometría de las redes (eléctricas)
network graph | gráfico de una red
network group exchange | central principal de grupo de redes
network information center | centro de información de la red
network information service | servicio de información de la red
networking | operación en red; conexión de redes
networking protocol | protocolo de trabajo en red
network interconnection | interconexión de redes
network interface card | tarjeta de interfaz de red
network interface protocol | protocolo de interfaz de red
network latency | tiempo de espera por la red [*tiempo que necesita la red para trasferir información entre ordenadores*]
network layer | nivel de red
network management | gestión de red
network management system | sistema de gestión de red
network master relay | relé maestro (de protección) de red
network meltdown | colapso de la red
network mesh | red poligonal
network model | modelo de red
network modem | módem de red
network news | noticias de la red [*referidas a internet*]
network news transfer protocol | protocolo para trasmisión de noticias por la red
network of circuits | red de circuitos
network of lines | red de líneas
network operating system | sistema operativo de red
network operation | operación en red
network operation center | centro de operaciones de la red [*en una empresa*]
network OS = network operating system | SO de red = sistema operativo de red
network phasing relay | relé de acoplamiento (de fase) a red
network protector | protector (/disyuntor) de (la) red
network protocol | protocolo de red
network protocol function | función de protocolo de red
network relay | relé (protector) de red, encaminador, enrutador [*Hispan*]
network remote control system | (sistema de) telemando de redes
network section | célula de red
network server | servidor de red
network service | servicio de red
network service access point identifier | identificador del punto de acceso al servicio de red
network software | software de red
network station | estación de la red
network structure | estructura de la red
network subsystem | subsistema de red
network synthesis | síntesis de red
network system | sistema reticular; red
network terminal circuit | circuito terminal de red
network termination point | punto de terminación de red
network theory | teoría de las redes (eléctricas)
network time protocol | protocolo NTP [*protocolo para sincronizar la hora de un sistema con la de una red*]
network topology | topología de red (/las redes eléctricas)
network transfer function | función de trasferencia de red
network transformer | trasformador de red
network unbalance | desequilibrio de la red
network virtual terminal | terminal virtual de red
networkwide subscribers features | prestaciones de redes para usuarios [*posibilidad de acceso a centralitas telefónicas*]
network with earth-connected neutral | red con neutro unido a tierra
Neumann's law | ley de Neumann
neural net | red neural (/nerviosa)
neural network | red neural (/neuronal)
neuristor | neuristor [*dispositivo que se comporta como una fibra nerviosa en la propagación sin atenuación de señales*]
neuristor line | neuristor
neuroelectricity | neuroelectricidad
neuron | neurona
neutral | neutral; neutro; punto (/conductor, /hilo) neutro
neutral anode magnetron | magnetrón de ánodo neutro
neutral anode-type magnetron | magnetrón de ánodo neutro
neutral atom | átomo neutro
neutral axis | eje neutro
neutral circuit | circuito neutro
neutral conductor | conductor neutro (/de masa)
neutral density faceplate | placa frontal de densidad neutra
neutral density filter | filtro neutro (/gris, /de gris neutro)
neutral direct current system | sistema de manipulación de una sola corriente, sistema de trasmisión por corriente sencilla
neutral fault | defecto de puesta a tierra del neutro
neutral filter | absorbente neutro (/no selectivo), filtro neutro (/gris, /no selectivo)
neutral full-duplex keying | manipulación dúplex de una sola corriente
neutral ground | tierra del neutro
neutralisation [UK] | neutralización
neutralise, to - [UK] | neutralizar
neutralization [UK+USA] | neutralización
neutralization circuit | circuito de neutralización
neutralization indicator | indicador de neutralización
neutralize, to - [UK+USA] | neutralizar
neutralized radiofrequency stage | etapa de radiofrecuencia neutralizada
neutralized stable gain | ganancia estable neutralizada (/con circuito neutralizado)
neutralizing | neutralización
neutralizing capacitor | capacitor neutralizante (/neutralizador), condensador neutrodino (/de neutralización)
neutralizing circuit | circuito neutrodino (/neutralizador, /de neutralización)
neutralizing coil | bobina neutralizadora (/de neutrodinación)
neutralizing indicator | indicador de neutralización
neutralizing tool | herramienta neutralizadora, utensilio para ajuste de neutralización
neutralizing trimmer | trimer de neutralización
neutralizing voltage | voltaje (/tensión) de neutralización
neutral line | línea neutra
neutral negative keying voltage | tensión de manipulación de corriente

sencilla negativa
neutral operation | operación de neutralización, trasmisión por corriente sencilla, manipulación de una sola corriente
neutral phase conductor | conductor de fase neutra, cable (/conductor) neutro
neutral plane | líneas neutras
neutral point | punto neutro
neutral potential | potencial neutro
neutral relay | relé neutral (/neutro, /no polarizado), relevador neutral
neutral section | sección neutra
neutral signal | señal neutra
neutral state | estado neutro
neutral step wedge | filtro neutro de trasmisión escalonada
neutral terminal | terminal (/borne) neutro
neutral transmission | trasmisión neutra
neutral zone | zona neutra
neutrino | neutrino
neutrodyne | neutrodino [*circuito amplificador presintonizado usado en receptores de radio*]
neutrodyne receiver | receptor neutrodino
neutron | neutrón
neutron absorber | absorbente de neutrones
neutron absorption | absorción de neutrones
neutron activation analysis | análisis de activación neutrónica
neutron age | edad de un neutrón
neutron albedo | albedo neutrónico
neutron balance | equilibrio neutrónico, balance de neutrones
neutron binding energy | energía de enlace neutrónico
neutron bombardment | bombardeo por neutrones
neutron booster | multiplicador de neutrones
neutron capture | captura de neutrones
neutron capture gamma | gamma de captura neutrónica
neutron capture theory | teoría de la captura de neutrones
neutron chopper | modulador del haz de neutrones
neutron collision radius | radio de colisión entre neutrones
neutron converter | convertidor de neutrones
neutron cross section | sección eficaz de un neutrón
neutron crystallography | cristalografía neutrónica
neutron current density | densidad de corriente neutrónica
neutron curtain | cortina de neutrones
neutron cycle | ciclo neutrónico (/de los neutrones)
neutron density | densidad de neutrones
neutron detector | detector de neutrones
neutron diffraction | difracción de los neutrones
neutron diffraction meter | difractómetro neutrónico (/de neutrones)
neutron diffractometer | difractómetro neutrónico (/de neutrones)
neutron diffusion | difusión neutrónica (/de los neutrones)
neutron economy | economía neutrónica (/de neutrones)
neutron energy | energía neutrónica
neutron energy distribution | distribución energética de los neutrones
neutron energy group | grupo de energía neutrónica
neutron energy range | gama de energía neutrónica
neutron excess | exceso de neutrones
neutron flux | flujo neutrónico (/de neutrones)
neutron generator | generador de neutrones
neutron hardening | endurecimiento neutrónico (/del espectro de los neutrones)
neutron-induced activity | actividad neutrónica inducida
neutron inventory | inventario neutrónico
neutron leakage | escape de neutrones
neutron lifetime | vida media de un neutrón
neutron magnetic moment | momento magnético neutrónico
neutron multiplication | multiplicación neutrónica
neutron number | número neutrónico
neutron producer | productor de neutrones
neutron radioactive capture | captura neutrónica radiactiva
neutron radiography | radiografía neutrónica
neutron reflector | reflector de neutrones
neutron rest mass | masa del neutrón en reposo
neutron source | fuente de neutrones
neutron spectrometer | espectrómetro neutrónico
neutron spectrum | espectro de neutrones
neutrons per absorption | neutrones por absorción
neutrons per fission | neutrones por fisión
neutron therapy | terapia neutrónica
neutron velocity selector | selector de velocidades de neutrones
neutron wavelength | longitud de onda de un neutrón
new | nuevo
newbie | novato
new file | archivo nuevo
new folder | carpeta nueva
newline character | carácter de interlínea (/salto de línea)
newline sequence | secuencia de salto de línea
new password | nueva contraseña
news | noticias
newsfeed, news feed | alimentación de noticias [*término usado en internet*]
newsgroup | grupo (/foro) de discusión, grupo de interés (/noticias)
newsmaster | encargado del servidor de noticias [*en internet*]
newsreader | lector de noticias [*programa para gestión de grupos de noticias en internet*]
news server | servidor de noticias [*ordenador o programa para intercambio de noticias en internet*]
newton | newton
Newton's method | método de Newton
next | siguiente, próximo
next generation Internet | internet de segunda generación
next item | elemento siguiente
next view | siguiente vista
nF = nanofarad | nF = nanofaradio
NF = noise factor | NF [*coeficiente (/factor) de ruido*]
NFS = network file system | NFS [*sistema de archivos en red de Sun Microsystems*]
NG = next generation | generación siguiente
N gate thyristor | tiristor de puerta tipo N
NGI = next generation Internet | NGI [*internet de segunda generación*]
nH = nanohenry | nH = nanohenrio
Ni = nickel | Ni = níquel
nibble, nybble | nibble [*medio byte = 4 bits*], grupo de cuatro bits
nibble mode | modo nibble
NIC = network interface card | NIC [*tarjeta de interfaz de red*]
NiCad = nickel-cadmium | NiCad = níquel-cadmio
NiCad battery = nickel cadmium battery | batería NiCad = batería de níquel-cadmio
Nichols radiometer | radiómetro de Nichols
nichrome | nicromio
Nichrome | Nichrome [*marca comercial de una aleación de níquel y cromo*]
nick | picadura; corte, mella, melladura; alias, seudónimo, apodo
nickel | níquel
nickel bath | baño de niquelado
nickel-cadmium accumulator | acumulador de níquel-cadmio
nickel-cadmium battery | batería (de acumuladores) de níquel-cadmio
nickel-cadmium cell | pila de níquel cadmio
nickel-clad copper wire | cable de cobre niquelado

nickel crucible | crisol de níquel
nickel hydroxide | hidróxido de níquel
nickel-iron | ferroníquel [*aleación de hierro y níquel*]
nickel-iron battery | batería (/acumulador) de ferroníquel
nickel layer | capa de níquel
nickel metal hydride battery | batería de hidruro metálico de níquel
nickel metal hydrure | hidruro metálico de níquel
nickel-oxide film diode | diodo pelicular de óxido de níquel
nickel-plated | niquelado
nickel-plated steel | acero niquelado
nickel plating | niquelado
nickel silver | alpaca, plata alemana (/niquelada, /níquel)
nickname | alias, seudónimo, apodo
Nicol prism | prisma de Nicol
NiFe accumulator | acumulador de ferroníquel
NIFTP = network independent file transfer protocol | NIFTP [*protocolo de redes de trasferencia de archivos independientes*]
night alarm switch | conmutador de noche
night answer services | circuito nocturno
night effect | efecto nocturno; error de polarización
night rate | tarifa nocturna
night service | circuito nocturno; puesto de operadora simplificado
night vision device | dispositivo de visión nocturna
night watchman service | servicio de vigilante nocturno
NII = national information infrastructure | IIN = infraestructura de información nacional
nil ductility temperature | temperatura de ductilidad nula
nil pointer [*null pointer*] | marcador cero [*en memoria*]
nimbus | nimbo
NiMH = nickel metal-hydrure | NiMH = hidruro metálico de níquel
NiMH battery = nickel metal hydride battery | batería NiMH = batería de hidruro metálico de níquel
nine-electrode valve | eneodo, válvula de nueve electrodos
nines-carry circuit | circuito de pase de nueves
nine's complement | complemento a nueve
niobium | niobio
NIP = network interface protocol | NIP [*protocolo de interfaz de red*]
Nipkow disk | disco de Nipkow
NIPO = negative input-positive output | entrada negativa y salida positiva
NIPO circuit = negative input-positive output circuit | circuito NIPO [*circuito de entrada negativa y salida positiva*]
NIS = network information service | NIS [*servicio de información de la red*]
N-ISDN = narrowband ISDN | RDSI-BE = RDSI en banda estrecha
nit | nit [*unidad de luminosidad (/brillo fotométrico) por metro cuadrado*]
nitrogen | nitrógeno
nitrogen atmosphere | atmósfera de nitrógeno
NITS = nuclear image transmission system | NITS [*sistema de trasmisión de imágenes nucleares*]
NIU-F = national ISDN users forum | NIU-F [*agrupación de los usuarios, fabricantes y explotadores de redes*]
Nixie valve [USA] | válvula Nixie, digitrón
Nixie valve display | visor con válvula Nixie
NKRO = n-key roll over | exclusión de teclas
NL = newline character | carácter de interlínea
NL = no load | carga cero, sin carga
N lead | hilo N
n-level logic | lógica de n niveles
N-line | línea N
NLQ = near letter quality | NLQ [*letra de calidad casi buena*]
NLS = natural language support | NLS [*soporte de lenguaje natural (sistema de reconocimiento de voz)*]
NMC = network management center | NMC [*centro de gestión y administración de la red*]
NMI = non maskable interrupt | NMI [*interrupción no enmascarable*]
NMOS = n-channel metal-oxide semiconductor | NMOS [*transistor semiconductor de óxido metálico con canal N*]
NMR = nuclear magnetic resonance | RMN = resonancia magnética nuclear
NMT = Nordic Mobil Telecommunications | NMT [*sistema analógico de comunicaciones móviles*]
NNI = network node interface | NNI [*interfase (/interfaz) del nodo de la red en un sistema de trasmisión*]
NN junction | unión NN
NNTP = network news transfer protocol | NNTP [*protocolo para trasmisión de noticias por la red*]
No = nobelium | No = nobelio
NO = normally open | normalmente abierto
no-address instruction | instrucción sin dirección, instrucción no referencial
nobelium | nobelio
no-bias relay | relé (/relevador) no polarizado
noble gas | gas noble
noble metal | metal noble
noble metal paste | aleación de metal noble
noble system | sistema noble
no-break electric-power unit | unidad de energía eléctrica a prueba de interrupción
no-break power plant | grupo electrógeno a prueba de interrupción, grupo electrógeno de servicio continuo
no-break power source | fuente de energía a prueba de interrupción
no-break power system | sistema de alimentación de energía de continuidad absoluta
no-break power unit | unidad de energía a prueba de interrupción
no-break system | sistema de continuidad absoluta
NOC = network operation center | NOC [*centro de operaciones de la red (en una empresa)*]
no connect | sin conexión, sin conectar
no connection | sin conexión
no contact | sin contacto; contacto normalmente abierto
no-crosstalk amplifier | amplificador sin diafonía
noctovision | visión nocturna
nodal analysis | análisis nodal [*de circuitos poligonales*]
nodal diagram | diagrama nodal
nodal line | línea nodal
nodal point | punto nodal
nodal point keying | manipulación en punto nodal
nodal point of admission | punto nodal de incidencia
nodal point of emergence | punto nodal de salida (/emergencia)
nodal point of incidence | punto nodal de incidencia
nodal rotation | rotación de la línea de nodos
nodding scan | exploración de cabeceo
node | nudo, nodo, vértice; punto de confluencia en una red [*tipo internet*]
no delivery report | notificación de no entrega
node network | red de nodos
node shift method | método de desviación de nodo
Nodon rectifier | rectificador de Nodon
Nodon valve | válvula de Nodon
nodule | nódulo
no interrupts free | no hay interrupciones libres
noise | ruido, interferencia
noise amplifier | amplificador de ruido
noise amplifier-rectifier | amplificador-rectificador de ruido
noise analyser [UK] [*noise analyzer (UK+USA)*] | analizador de ruido
noise analysis | análisis del ruido
noise analyzer [UK+USA] | analizador de ruido
noise attenuating duct | conducto atenuador de ruido
noise audiogram | audiograma de ruido
noise audiometer | audiómetro de ruido
noise background | fondo del ruido

noise balancing circuit | circuito equilibrador de ruido
noise bandwidth | ancho de banda del ruido
noise behind the signal | ruido (de modulación) en la señal
noise blanker | silenciador de ruido
noise-cancelling microphone | micrófono supresor de ruido
noise capability | ruidosidad
noise clipper | eliminador de ruido
noise contributing factor | factor de ruido
noise control | protección contra el ruido
noise control study | estudio de atenuación (/reducción) de ruido
noise criteria value | valor de referencia de ruido
noise current | corriente de ruido
noise current generator | generador de corriente parásita (/de ruido, /perturbadora)
noise detector | detector de ruido
noise diode | diodo (/generador) de ruido
noise eliminator | eliminador de parásitos (/ruido)
noise equivalent bandwidth | ancho de banda equivalente de ruido
noise equivalent input | potencia mínima detectable; ruido equivalente de entrada
noise equivalent power | potencia equivalente de ruido
noise-excluding helmet | casco antirruido
noise factor | coeficiente (/factor) de ruido
noise factor meter | medidor de ruido
noise failure | fallo por ruido
noise field | campo perturbador (/de perturbaciones, /de ruido, /de interferencias)
noise field intensity | intensidad del campo perturbador (/de ruido)
noise figure | coeficiente (/factor) de ruido
noise filter | filtro de ruido
noise-free | sin ruido
noise-free environment | ambiente sin ruido
noise generator | generador (/fuente) de ruido
noise grade | grado (/nivel) sonoro (/de ruido), intensidad sonora
noise immunity | inmunidad al ruido
noise impairment | pérdida de calidad por efecto del ruido
noise improvement factor | factor de mejora de ruido
noise index | índice de ruido
noise killer | dispositivo antiparásitos, supresor de ruidos
noiseless | sin ruido
noiseless coding | codificación sin ruido
noise level | nivel sonoro (/de ruido)

noise level meter | medidor de nivel de ruido
noise limiter | limitador de ruido (/parásitos), filtro antiparasitario
noise-limiting circuit | circuito limitador de ruido (/parásitos)
noise load | carga de ruido
noise loading | carga de ruido
noise-making circuit | circuito generador de ruido, circuito emisor de parásitos
noise margin | margen de ruido
noise-measuring set | equipo de medición de ruido
noise meter | audiómetro, sonómetro, medidor de ruido
noise-modulated jamming | enmascaramiento por ruido modulado
noise-operated squelch circuit | circuito silenciador accionado por el ruido
noise output | ruido a la salida, potencia de salida de ruido
noise performance | comportamiento ante el ruido
noise pickup | captación de ruido (/parásitos)
noise power | potencia de ruido
noise power ratio | relación de potencias de ruido
noise proof | insonorizado, insonoro
noise pulse | impulso de ruido
noise quieting | reducción (/amortiguación) de ruido (/parásitos), circuito silenciador
noise ratio | relación de ruido
noise rectifier | rectificador de ruido
noise reducer | reductor de ruidos
noise-reducing aerial | antena antirruido (/antiparásitos)
noise-reducing aerial system | sistema de antena antirruido (/antiparásitos, /reductor de ruido)
noise reduction | reducción (/atenuación) del ruido
noise sequence | secuencia de ruido
noise signal generator | generador de señal de ruido
noise silencer | silenciador (/limitador) de ruido
noise source | fuente de ruido
noise spectrogram | espectrograma de ruidos
noise spike | cresta (/punta) de ruido
noise squelch sensitivity | sensibilidad de silenciamiento de ruido
noise suppression | supresión (/limitación) de parásitos
noise suppression circuit | circuito supresor (/eliminador, /limitador) de ruido (/parásitos)
noise suppression relay | relé de supresión de ruido
noise suppressor | supresor (/limitador, /eliminador, /atenuador) de ruido (/parásitos), circuito silenciador
noise suppressor filter | filtro antiparásito (/supresor de interferencias)

noise temperature | temperatura de ruido
noise transmission impairment | reducción de la calidad de trasmisión por causa de los ruidos
noise trap | eliminador de ruidos (/parásitos, /perturbaciones)
noise voltage | tensión parásita (/perturbadora), tensión (/voltaje) de ruido
noise voltage generator | generador de tensión (/voltaje) de ruido
noise weighting | ponderación (/compensación) de ruido
noisy | ruidoso, con ruido
noisy circuit | circuito con ruidos crepitantes (/de fritura)
noisy control | control ruidoso
noisy device | dispositivo ruidoso
noisy four-pole network | cuadripolo con fuente interna de ruido
noisy line | circuito con ruidos
noisy mode | modo ruidoso
no-load | marcha en vacío
no-load characteristic | curva (/característica) en vacío
no-load conditions | en ausencia de carga, condiciones en vacío, condiciones de carga nula
no-load current | corriente en vacío, corriente sin carga
no-load loss | pérdida sin carga, pérdida en vacío
no-load tolerance | tolerancia en vacío
no-load voltage | tensión sin carga, tensión (/voltaje) en circuito abierto, tensión en vacío
nomenclature of frequency and wavelength bands | nomenclatura de las bandas de frecuencias y de longitudes de onda
nomenclature of frequency bands | nomenclatura de las bandas de frecuencias
nomenclature of wavelength bands | nomenclatura de las bandas de longitudes de onda
nominal | nominal
nominal ampere-turn control | control nominal por amperios-vuelta
nominal apparent power | potencia aparente nominal
nominal atomic bomb | bomba atómica nominal
nominal band | banda nominal
nominal bandwidth | ancho de banda nominal
nominal capability | potencia nominal
nominal circuit voltage | tensión nominal de circuito
nominal cutoff frequency | frecuencia nominal de corte de un circuito pupinizado (/neutralizado)
nominal feedback ratio | coeficiente nominal de retroalimentación
nominal frequency | frecuencia nominal (/asignada)
nominal horsepower | potencia de régimen

nominal impedance | impedancia nominal
nominal level | nivel nominal
nominal line pitch | distancia nominal entre líneas
nominal line width | anchura nominal de línea
nominal load | carga (/potencia) nominal
nominal margin | margen nominal
nominal output | salida nominal, potencia de régimen
nominal power | potencia nominal (/de trabajo)
nominal power rating | potencia nominal, capacidad nominal de disipación
nominal rated output | potencia nominal homologada
nominal rating | valor nominal
nominal service | servicio nominal
nominal service conditions | régimen nominal
nominal size limit | tolerancia dimensional nominal
nominal tolerance | tolerancia nominal
nominal value | valor nominal
nominal voltage | tensión nominal
nominal wavelength | longitud de onda nominal
nominal working voltage | tensión normal de servicio
nomogram | nomograma
nomograph | nomógrafo
nomography | nomografía
nonadjustable | inajustable, no ajustable, no regulable
nonaluminized tube | tubo no aluminizado
nonamplifying detector | detector no amplificador
nonarcing | antiarcos, que no forma arcos
nonarmoured cable | cable no armado, cable sin armadura exterior
nonautocatalytic reactor | reactor no autocanalítico
nonaxial | no axial, desalineado
nonaxial trolley | trole no axial
nonbinary logic | lógica no binaria
nonblinking | sin parpadeo
nonblocking | sin bloqueo
nonbreaking space | espacio no divisible [*para mantener dos palabras juntas*]
nonbridging | ausencia de contacto simultáneo; que no hace puente
nonbridging contacts | contactos que no hacen puente
nonbridging switching | conmutación no puenteante
noncentral force | fuerza excéntrica (/no central)
noncoherent bundle | mazo no coherente
noncoherent integration | integración no coherente, integración posterior a la detección
noncoherent MTI = noncoherent moving target indicator | MTI no coherente [*indicador de blancos móviles no coherente*]
noncoherent radiation | radiación no coherente
noncoherent signal | señal no coherente
noncompensated amplifier | amplificador no compensado
noncompensated length | tramo no compensado
noncomposite video | vídeo no compuesto
nonconducting | aislante, dieléctrico, no conductor, en estado de no conducción
nonconducting diode | diodo no conductor
nonconducting half-cycle | semiciclo de no conducción
nonconducting material | material aislante
nonconductive pattern | diseño no conductor; red no conductora, impresión no conductora
nonconductor | aislador, no conductor, mal conductor, material aislante
non connected | desconectado, no conectado
non connection | sin conexión
noncontact | sin contacto (directo)
noncontact control | regulación sin contacto
noncontact gauge | calibrador sin contacto
noncontact hardness tester | medidor de dureza sin contacto con la muestra
noncontacting piston | pistón sin contacto
noncontacting plunger | émbolo sin contacto
noncontacting tuning plunger | pistón sintonizador de choque (sin contacto metálico)
noncontiguous allocation | asignación no contigua
noncontiguous data structure | estructura de datos no contiguos
noncontinuous | discontinuo, no continuo
noncontinuous electrode | electrodo corto (/no continuo)
noncooperative system | sistema no cooperativo
noncorrosive alloy | aleación inoxidable (/incorrosible)
noncorrosive flux | flujo no corrosivo
nondedicated server | servidor sin función específica
nondegenerate amplifier | amplificador no degenerativo
nondegenerate gas | gas no degenerado
nondegenerate parametric amplifier | amplificador paramétrico no degenerado
nondegenerate system | sistema no degenerado
nondelay | instantáneo, sin demora, sin retardo
nondelay fuse | espoleta instantánea
nondemodulating | no desmodulador, no desmodulante
nondemodulating repeater | repetidora (de clase) no desmodulante
nondestructive read | lectura no destructiva
nondestructive readout | lectura (de salida) no destructiva [*que conserva la información leída*]
nondestructive tester | aparato de prueba no destructivo, aparato para ensayos no destructivos
nondestructive testing | ensayo no destructivo
nondetectable | indemostrable
nondeterminism | indeterminismo
nondeviated absorption | absorción no desviada, absorción sin desviación
nondirectional | adireccional, omnidireccional, no direccional
nondirectional aerial | antena omnidireccional (/no direccional, /no directiva, /no dirigida)
nondirectional beacon | radiofaro no direccional
nondirectional current protection | dispositivo de protección amperimétrico no direccional
nondirectional microphone | micrófono no direccional
nondirectional radio beacon | radiofaro no directivo
nondissipative stub | brazo de reactancia; segmento no disipativo
nonearthed [UK] | sin tierra, sin puesta (/conexión) a tierra
nonelastic | inelástico, no elástico, plástico
nonelastic cross section | sección eficaz no elástica
nonelectric | aneléctrico, no eléctrico
nonelectrical | aneléctrico, no eléctrico
nonelectrical quantity | magnitud no eléctrica
nonelectrified | no electrificado
nonelectronic | no electrónico
nonentertainment electronic equipment | equipo electrónico no destinado al mantenimiento
nonequilibrium | desequilibrio
nonequilibrium carrier | portador en desequilibrio
nonequilibrium conductivity | conductividad de desequilibrio
nonequilibrium state | estado de desequilibrio
nonequivalence element | elemento no equivalente
nonequivalence gate | puerta de no equivalencia
nonequivalence operation | operación de no equivalencia
nonequivalent electrons | electrones

no equivalentes
nonerasable programmable device | dispositivo programable no borrable
nonerasable storage | memoria indeleble (/no borrable)
nonessential circuit | circuito no esencial
nonessential emission | emisión no esencial
nonessential load | carga no esencial
nonexcited | no excitado
nonexcited atom | átomo no excitado
nonexecutable statement | instrucción no ejecutable
nonexposed installation | instalación en situación no expuesta
nonfading circuit | circuito sin desvanecimiento
nonfatal error | error leve (/no fatal)
nonferrous | no férrico, no ferroso, no férreo
nonferrous metal | metal no férrico (/ferroso)
nonferrous shield | blindaje no ferroso
nonferrous waveguide | guíaondas de metal no ferroso
nonfission capture | captura estéril
nonflammable | ignífugo, ininflamable
nonfusing | refractario, infusible
nonfusing arc-welding electrode | electrodo refractario para soldadura por arco
nongreat-circle propagation | propagación no ortodrómica
nongrounded [USA] [*nonearthed (UK)*] | sin tierra, sin conexión a tierra, sin puesta a tierra
nongrowing end | origen de crecimientos
nonhierarchical cluster analysis | análisis no jerárquico de grupos
nonholding current | corriente de no retención
nonhoming | sin retorno a reposo
nonhoming selector | selector sin posición de reposo
nonhoming stepping relay | relé de progresión sin retorno a la posición de reposo
nonhoming tuning system | sistema de sintonización sin retorno a posición de reposo
nonimpact printer | impresora sin impacto [*láser, de chorro de tinta, etc.*]
nonimpact printing | impresión sin impacto
noninduced | no inducido, que no se debe a inducción
noninduced current | corriente no inducida
noninduced drag | resistencia parásita (/no inducida)
noninduced voltage | tensión no inducida
noninductive | antiinductivo, no inductivo, no reactivo
noninductive capacitor | capacitor (/condensador) no inductivo

noninductive circuit | circuito no inductivo
noninductive coil | bobina no inductiva
noninductive load | carga no inductiva
noninductively wound coil | bobina de devanado no inductivo
noninductive resistance | resistencia óhmica (/pura)
noninductive resistor | resistencia no inductiva, resistor no inductivo
noninductive shunt | derivación no inductiva, shunt no inductivo
noninductive winding | arrollamiento (/bobinado, /devanado) no inductivo
noninsulated | no aislado, sin aislamiento, sin aislar
noninsulated resistor | resistor sin aislar
noninterchangeable fuse | fusible (/cortacircuito) calibrado
noninterlaced | no entrelazado [*en barrido de un haz de electrones*]
noninterlocked switch | conmutador sin enclavamiento
noninterpole motor | motor sin polos auxiliares
noninverting connection | conexión no inversora
noninverting input | entrada no inversora
noninverting parametric device | dispositivo paramétrico no inversor
nonionizing radiation | radiación no ionizante
nonleakage probability | probabilidad antifuga (/de no dispersión)
NON-LIN = non-linear | **NO-LIN** = no lineal
non-linear [*nonlinear*] | no lineal, alineal, no proporcional
nonlinear amplifier | amplificador alineal (/no lineal)
nonlinear capacitor | condensador (de característica) no lineal
nonlinear circuit | circuito no lineal
nonlinear coil | bobina (de impedancia) no lineal
nonlinear crosstalk | diafonía ininteligible no lineal
nonlinear dependence | dependencia no lineal
nonlinear detection | detección no lineal
nonlinear detector | detector no lineal
nonlinear distortion | distorsión no lineal, distorsión de alinealidad
nonlinear distortion coefficient | coeficiente de distorsión no lineal
nonlinear element | elemento no lineal
nonlinear element circuit | circuito de elementos no lineales
nonlinear equation | ecuación no lineal
nonlinear feedback control system | sistema no lineal de control con realimentación
nonlinearity | no linealidad
nonlinear network | red no lineal

nonlinear optical effect | efecto óptico no lineal
nonlinear potentiometer | potenciómetro alineal (/de ley no lineal)
nonlinear programming | propagación no lineal
nonlinear regression model | modelo de regresión no lineal
nonlinear resistance | resistencia alineal
nonlinear resistance arrester | pararrayos (/autoválvula) de resistencia variable
nonlinear resistor | resistor no lineal, resistencia no óhmica
nonlinear sawtooth | diente de sierra no lineal
nonlinear taper | reducción no lineal
nonlinear volt-ampere characteristic | característica no lineal de dependencia voltios-amperios, característica no lineal de tensión en función de la corriente
nonlinear waveform shaping | conformación no lineal de ondas
nonloaded | no cargado, sin carga, sin pupinizar
nonloaded cable | cable no cargado
nonloaded coaxial cable | cable coaxial no cargado
nonloaded deep-water cable | cable de gran fondo no cargado
nonloaded pair | par no cargado
nonlocal entity | entidad no local
nonlocking | sin enclavamiento
nonlocking key | llave con retorno
nonluminous discharge | descarga oscura
nonmagnetic | no magnético, amagnético
nonmagnetic alloy | aleación amagnética (/antimagnética)
nonmagnetic armature shim | tope amagnético de armadura
nonmagnetic shim | cuña no magnética
nonmagnetic steel | acero diamagnético (/no magnético)
nonmaskable interrupt | interrupción no enmascarable
nonmemory reference instruction | instrucción de referencia sin memoria
nonmetallic-sheathed cable | cable con revestimiento (/forro exterior) no metálico
nonmicrophonic | no microfónico
nonmonotonic reasoning | razonamiento no monótono
nonmultiple switchboard | panel de interruptores simples
nonnetwork communication | comunicación fuera de red
nonnoble system | sistema innoble
nonohmic | no óhmico
no-noise amplifier | amplificador sin ruido
nonoperate current | corriente de no actuación (/funcionamiento)

nonoperating frequency | frecuencia de reposo
nonoperating temperature | temperatura de no funcionamiento
nonoverlapping | no solapante, sin recubrimiento
nonparametric techniques | técnicas no paramétricas
non-parsed header | cabecera no analizada sintácticamente [*en mensajes electrónicos*]
nonphantom circuit | circuito no combinable
nonphysical primary | primario no físico
nonplanar network | red no plana (/planar)
nonpolar crystal | cristal no polar
nonpolar electrolytic capacitor | condensador electrolítico despolarizado
nonpolarised [UK] [*nonpolarized* (UK+USA)] | no polarizado
nonpolarizable | impolarizable, no polarizable
nonpolarizable electrode | electrodo impolarizable
nonpolarizable reference electrode | electrodo impolarizable de referencia
nonpolarized | impolarizado, no polarizado
nonpolarized electrolytic capacitor | capacitor (/condensador) electrolítico no polarizado
nonpolarized relay | relé neutro (/no polarizado)
nonpreemptive allocation | asignación no apropiada
nonprocedural language | lenguaje declarativo (/no procedimental)
nonquadded cable | cable de conductores pareados, cable de pares sin cuadretes
nonquantised [UK] [*nonquantized* (UK+USA)] | no cuantificado
nonquantized system | sistema no cuantizado
nonquantized transition | transición no radiativa
nonradar separation | separación no de radar
nonradar source | fuente extraña al radar
nonradioactive tracers | trazadores no radiactivos
nonreactive load | carga no reactiva
nonreactive resistance | resistencia pura (/no reactiva)
nonreciprocal loss travelling-wave tube | tubo de ondas progresivas de pérdida no recíproca
nonreciprocal microwave component | componente de microondas no recíproco
non recoverable | irreparable, no reparable, no recuperable
non recoverable error | error irreparable
nonrecursive filter | filtro no recursivo

nonreflecting | no reflector, no reflejante, sin reflexión
nonreflecting attenuator | atenuador sin reflexión
nonreflection | sin reflexión; ausencia de reflexión
nonreflection attenuation | atenuación sin reflexión, atenuación de adaptación
nonrelativistic particle | partícula no relativista
nonrenewable fuse unit | unidad de fusible no renovable
nonrepeatered | sin repetidor
nonrepeatered circuit | circuito sin repetidores
nonrepeat latch | retén de no repetición
nonreset timer | contador (/temporizador) sin puesta a cero
nonresonant aerial | antena aperiódica (/no resonante, /no sintonizada)
nonresonant line | línea (de trasmisión) no resonante
nonresonant transmission line | línea de trasmisión no resonante
nonreturn, non-return | sin retorno
nonreturn to zero | sin retorno a cero
nonreturn-to-zero code | código NRZ [*código de no retorno a cero*]
nonreturn to zero one | sin retorno a cero uno
nonreversible connector | conectador irreversible
nonreversible extension | cordón prolongador irreversible
nonreversible plug | clavija irreversible
nonsaturable amplifier | amplificador no saturable
nonsaturated colour | color no saturado
nonsaturated logic | lógica no saturada
nonselective diffuser | difusor gris (/neutro, /no selectivo)
nonselective radiator | radiador no selectivo
nonself-maintaining gas discharge | descarga de gas sin automantenimiento
nonshorting | no cortocircuitante, que no hace cortocircuito
nonshorting switch | conmutador (/selector) no cortocircuitante, conmutador sin cortocircuito
nonsimultaneous frequencies | frecuencias sucesivas (/asimultáneas)
nonsimultaneous transmission | trasmisión no simultánea
nonsingular matrix | matriz no singular
nonsinusoidal | no sinusoidal, no senoidal
nonsinusoidal supply | alimentación no sinusoidal
nonsinusoidal wave | onda no sinusoidal
nonskid tread | banda (/superficie) de rodadura antideslizante

nonsparking alloy | aleación que no da chispas
nonsparking tool | herramienta que no desprende chispas
nonspecular reflection | reflexión no especular
nonspill pipe coupling | acople para tubos sin derramamiento
nonstop processing | proceso permanente
nonstorage camera valve | válvula de cámara sin almacenamiento
nonstorage display | presentación visual no almacenada
nonswitched line | línea sin interruptores
nonsynchronous | asincrónico, asíncrono
nonsynchronous starting torque | par de arranque asincrónico
nonsynchronous vibrator | vibrador asincrónico
nonterminal node | nodo no terminal
nonthermal radiation | radiación atérmica (/no térmica)
nontransmitting | no trasmisor, que no trasmite
nontrip-free circuit breaker | disyuntor de apertura cancelable
nontrivial | no trivial
nontyping mechanical function | función mecánica no impresora
nonuniform field | campo no uniforme
nonuniform memory architecture | arquitectura de memoria no uniforme
nonuniform quantizing | cuantificación no uniforme
nonventilated motor | motor no ventilado, motor sin ventilación
non voice service | servicio no telefónico
non volatile | estable, no volátil
nonvolatile memory | memoria permanente
nonvolatile storage | memoria no volátil
non volatility | no volatibilidad, estabilidad
non von Neumann architecture | arquitectura ajena a von Neumann
nonwetting | no humectante
nonwirewound trimming potentiometer | potenciómetro de ajuste no bobinado
no-operating instruction | instrucción residual (/inefectiva, /de paso, /de no operación)
no-operation instruction | instrucción residual (/de no operación)
no-op instruction = no-operating instruction | instrucción residual (/inefectiva, /de paso, /de no operación)
no output | sin salida
NOP = no-operation instruction | NOP [*instrucción no operativa*]
NOR circuit | circuito lógico NOR, circuito lógico NO-O
NOR device | dispositivo lógico NOR

NOR element | elemento lógico NOR, elemento lógico NI
no return to zero | sin retorno a cero
NOR gate | puerta lógica NOR, puerta lógica NI, puerta NO-O
NOR operation | operación NO-O
norm | norma
normal | normal; norma, modelo, pauta, tipo
normal band | banda normal
normal calomel electrode | electrodo normal de calomelanos, electrodo de Ostwald
normal cathode fall | caída catódica normal
normal channel | canal (/vía) normal
normal circuit | circuito normal
normal concentration | concentración normal
normal condition | condición (/estado) normal
normal connection | conexión normal
normal contact | contacto (en posición) normal (/de reposo)
normal cut | corte normal
normal dilution | dilución normal
normal disconnect mode | modo normal de espera
normal dispersion | dispersión normal
normal distribution | distribución gaussiana (/normal, /de Gauss)
normal electrode | electrodo normal
normal electrode potential | potencial electroquímico normal
normal energy level | estado (/nivel) de energía normal, nivel energético normal
normal failure period | periodo de fallo normal
normal feeding | alimentación normal
normal form | forma normal
normal generator | generador normalizado
normal glow region | región de brillo normal
normal hydrogen electrode | electrodo normal de hidrógeno
normal hyphen | guión normal
normal impedance | impedancia normal (/real)
normal induction | inducción normal
normal induction curve | curva de inducción normal
normalise, to - [UK] | normalizar
normalization | normalización
normalize, to - [UK+USA] | normalizar
normalized | normalizado
normalized admittance | admitancia normalizada
normalized impedance | impedancia normalizada
normalized jack | clavija normalizada
normalized plateau slope | pendiente de meseta normalizada
normalizing jack | clavija normalizadora
normal jack | jack normalizador
normal lamp | lámpara normal

normal linearity | linealidad normal
normal load | carga normal
normally closed | normalmente cerrado
normally closed contact | contacto normalmente cerrado
normally closed contactor | ruptor
normally closed interlock | contacto auxiliar cerrado-abierto
normally closed switch | interruptor normalmente cerrado
normally high | normalmente alto
normally low | normalmente bajo
normally open | normalmente abierto
normally open auxiliary contact | contacto auxiliar normalmente abierto
normally open contact | contacto normalmente abierto
normally open contactor | contactor normalmente abierto
normally open interlock | contacto auxiliar normalmente abierto
normally open switch | interruptor normalmente abierto
normal magnetization curve | curva de imantación normal
normal mode | modo normal
normal mode interference | interferencia de modo normal
normal mode of vibration | modo normal de vibración
normal mode voltage | tensión de modo normal
normal operating period | periodo normal de funcionamiento
normal overload | sobrecarga normal
normal permeability | permeabilidad normal
normal position | posición normal
normal post contact | contacto de eje
normal power | energía normal
normal power output | potencia normal de salida
normal propagation | propagación normal
normal radiation | radiación normal
normal record level | nivel normal de grabación
normal response mode | modo normal de respuesta
normal route | vía normal
normal shut-down safety assembly | conjunto de seguridad de parada normal
normal standard cell | pila patrón normal
normal state | estado normal
normal subgroup | subgrupo normal
normal threshold | umbral normal
normal threshold of audibility | umbral normal de audibilidad
normal through jack | clavija de paso normalizado
normal through jack-field | campo de clavijas de paso normalizado (/en posición normal)
normal through terminating jack | clavija terminal de paso normal

normal twisting | rotación normal
normal Zeeman effect | efecto Zeeman normal
north magnetic pole | polo norte magnético
north pole | polo norte
north stabilized PPI = north stabilized plan position indicator | indicador PPI estabilizado en acimut [*indicador panorámico estabilizado respecto al norte*]
Norton's theorem | teorema de Norton
NOS = network operating system | NOS [*sistema operativo de red*]
nose cone | cono de ojiva
nose radar | radar de frente
nose suspension motor | motor de suspensión por la nariz
nose whistler | silbido girofrecuencial (/de ojiva)
no-signal current | corriente sin señal
NOT | NO [*operando de negación lógica*]
NOTAM = notice to airmen | NOTAM [*aviso (/mensaje) a los aviadores*]
NOTAM code | código NOTAM [*código de mensajes a los aviadores*]
NOT-AND circuit | circuito lógico NOT-AND, circuito lógico NO-Y, circuito lógico Y con inversión
notation | notación
notational conventions | convenciones de notación
not carrying potential | separación galvánica
notch | corte, entalladura, hendidura, ranura, incisión, tajo, mella, muesca, rebaje; punto; escote
notch aerial | antena de ranura (/muesca, /hendidura)
notch diplexer | diplexor (con filtro) de muesca
notched | con muesca
notched bar | barra con entalladura
notched magnet | imán recto con muesca
notch filter | filtro de muesca (/respuesta en hendidura)
notch gate | puerta de ranura
notching | entalladura, muesca; escalonamiento; conmutación escalonada, integración de impulsos
notching controller | combinador de puntos
notching relay | relé integrador de impulsos
notch network | red de muesca
NOT circuit | circuito inversor, circuito lógico NOT, circuito lógico NO
NOT device | dispositivo lógico NOT, dispositivo lógico NO
note | nota
not earthed [UK] | sin (conexión a) tierra
notebook | cuaderno; pequeño ordenador portátil
notebook computer | agenda ordenador, pequeño ordenador portátil

notebook tab | pestaña del ordenador portátil
notepad | bloc de notas
NOT gate | puerta inversora, puerta lógica NOT, puerta lógica NO
not grounded [USA] [*not earthed (UK)*] | sin puesta a tierra
notice | aviso, noticia
notification message | mensaje de notificación
notification service | servicio de notificaciones
no time | sin fecha
not installed | no instalado
NOT logic | unidad lógica NOT, unidad lógica NO
NOT majority | circuito NO mayoritario (/de mayoría)
NOT operation | operación NO
not possible cursor | puntero de acción no permitida
not set | no ajustado
noval base | base (de válvula) noval
noval socket | zócalo (para tubo) noval; zócalo portatubo (/portaválvula)
noval tube | tubo (/válvula) noval
novar | novar [*válvula de potencia de haz electrónico con nueve patillas en su base*]
novice licence | licencia clase novato
noys | noys [*medida del ruido percibido en escala lineal*]
nozzle | boquilla, tobera
nozzle cross section | sección universal de tobera
Np = neper [*unit for comparing magnitude of two powers*] | Np = neperio
Np = neptunium | Np = neptunio
NP = numbering plan | plan de numeración
NPH = non-parsed header | NPH [*cabecera (de mensaje) no analizada sintácticamente*]
NPIN junction transistor | transistor de uniones NPIN
NPIN junction transistor triode | transistor triodo de uniones NPIN
NPIN transistor | transistor NPIN
NPIP transistor | transistor NPIP
NPN junction transistor | transistor de uniones n-p-n
NPNP hook multiplier transistor | transistor n-p-n-p con multiplicación (/efecto de gancho) en el colector
NPNP transistor | transistor n-p-n-p
NPN rate-grown junction transistor | transistor de uniones n-p-n por variación de la velocidad de crecimiento
NPN semiconductor | semiconductor n-p-n
NPN transistor | transistor NPN, transistor n-p-n
NPO = negative-positive-zero | negativo-positivo-neutro
NPO body | grupo negativo-positivo-neutro
n-point switch | conmutador de n direcciones

NPR = noise power ratio | relación de potencias de ruido
NP semiconductor | semiconductor n-p
N quadrant | cuadrante N, sector N
NRA = nuclear reaction analysis | NRA [*análisis de reacción nuclear, análisis de activación neutrónica*]
N radiation | radiación N
NRE = negative resistance element | elemento de resistencia negativa
N region | región N
NRM = normal response mode | NRM [*modo normal de respuesta*]
NRZ = nonreturn to zero | NRZ [*sin retorno a cero*]
NRZI = nonreturn-to-zero interchange | NRZI [*intercambio sin retorno a cero*]
ns = nanosecond | ns = nanosegundo
NS = notification service | SN = servicio de notificaciones
NSA = National security agency | NSA [*agencia nacional estadounidense de seguridad*]
NSAPI = network service access point identifier | NSAPI [*identificador del punto de acceso al servicio de red*]
N scan | exploración tipo N
N scanner | explorador tipo N
N scope | pantalla (/presentación visual) tipo N
nsec. = nanosecond [USA] | ns = nanosegundo
NSF = National science fundation | NSF [*Fundación nacional de la ciencia; fundación estadounidense que gestiona gran parte de los recursos de internet*]
N shell | capa N, nivel N
N signal | señal de tipo N
NSS = network subsystem | NSS [*subsistema de red*]
nt = nit | nt = nit [*unidad de luminosidad (/brillo fotométrico) por metro cuadrado*]
NT = network termination | TR = terminación de red
NT = new technology | NT = nueva tecnología
NTC = negative temperature coefficient | CNT = coeficiente negativo de temperatura
NTC = network terminal circuit | NTC [*circuito terminal de red*]
NTC thermistor | termistor NTC = termistor con coeficiente de temperatura negativo
n-terminal network | red de n terminales
n-terminal pair network | red de n pares de terminales
NTFS = NT file system | NTFS [*sistema de archivos NT de Windows*]
nth harmonic | armónico de orden enésimo
NTI = noise transmission impairment | NTI [*disminución de la calidad de trasmisión por causa de los ruidos*]

NTL circuit = nonthreshold logic circuit | circuito lógico sin umbral
NTP = network time protocol | NTP [*protocolo para sincronizar la hora de un sistema con la de una red*]
NTSC = National Television System Committee | NTSC [*comité nacional estadounidense de sistemas de televisión*]
N type | tipo N
N-type area | región tipo N
N-type base | base tipo N
N-type collector | colector tipo N
N-type conductivity | conductividad tipo N
N-type crystal rectifier | rectificador de cristal tipo N
N-type emitter | emisor tipo N
N-type germanium | germanio tipo N
N-type material | material (semiconductor) de tipo N
N-type negative resistance | resistencia negativa tipo N
N-type region | región tipo N
n-type semiconductor | semiconductor de tipo n, semiconductor n [*semiconductor negativo, semiconductor electrónico por exceso de electrones*]
N-type silicon | silicio tipo N
N-type transistor | transistor tipo N
nuclear | nuclear
nuclear absorption | absorción nuclear
nuclear activity | actividad nuclear
nuclear ash | ceniza nuclear
nuclear battery | batería nuclear
nuclear binding energy | energía de enlace nuclear, energía de unión de los núcleos
nuclear Bohr magneton | magnetón nuclear de Bohr
nuclear bomb | bomba nuclear
nuclear bombardment | bombardeo del núcleo
nuclear breeder | autorregenerador nuclear
nuclear cell | pila nuclear
nuclear chain reaction | reacción nuclear en cadena
nuclear charge | carga nuclear (/del núcleo)
nuclear chemistry | química nuclear
nuclear clock | reloj nuclear
nuclear collision | choque nuclear
nuclear cooling | refrigeración nuclear
nuclear criticality safety | seguridad de criticidad nuclear
nuclear cross section | sección eficaz nuclear
nuclear denaturant | desnaturalizador nuclear
nuclear disintegration | desintegración nuclear
nuclear electrical power | potencia eléctrica nuclear
nuclear emulsion | emulsión nuclear
nuclear energy | energía nuclear
nuclear energy level | nivel de energía nuclear

nuclear engineering | técnica nuclear
nuclear equation | ecuación nuclear
nuclear explosion | explosión nuclear
nuclear field | campo nuclear
nuclear fission | fisión nuclear
nuclear force | fuerza nuclear
nuclear fuel | combustible nuclear
nuclear fuel management | gestión del combustible nuclear
nuclear fusion | fusión nuclear
nuclear gyromagnetic ratio | relación giromagnética nuclear
nuclear gyroscope | giróscopo nuclear
nuclear hazard | riesgo nuclear
nuclear heat | calor nuclear
nuclear image transmission system | sistema de trasmisión de imágenes nucleares
nuclear impact | choque nuclear
nuclear induction | inducción nuclear
nuclear instability | inestabilidad nuclear
nuclear isobar | isóbaro nuclear
nuclear isomer | isómero nuclear
nuclear isomerism | isomerismo nuclear
nuclear level | nivel nuclear
nuclear level control | control de nivel nuclear
nuclear magnetic moment | momento magnético nuclear
nuclear magnetic resonance | resonancia magnética nuclear (/del núcleo)
nuclear magnetic resonance method | método de resonancia magnética del núcleo
nuclear magneton | magnetón nuclear
nuclear mass | masa del núcleo
nuclear matter | materia nuclear
nuclear medicine | medicina (/medicamento) nuclear
nuclear model | modelo nuclear (/del núcleo)
nuclear number | número nuclear
nuclear packing | concentración nuclear
nuclear paramagnetic resonance | resonancia paramagnética nuclear
nuclear paramagnetism | paramagnetismo nuclear
nuclear parent | padre nuclear
nuclear particle | partícula nuclear
nuclear photodisintegration | fotodesintegración nuclear
nuclear physics | física nuclear
nuclear pile | pila nuclear
nuclear poison | veneno nuclear
nuclear polarization | polarización nuclear
nuclear potential | potencial nuclear
nuclear potential energy | energía nuclear potencial
nuclear power | potencia nuclear
nuclear power plant | planta de energía nuclear
nuclear power station | central nuclear
nuclear propulsion | propulsión nuclear
nuclear quadrupole resonance spectrometer | espectrómetro de resonancia tetrapolar nuclear
nuclear radiation | radiación nuclear
nuclear radius | radio nuclear (/del núcleo)
nuclear reaction | reacción nuclear
nuclear reaction energy | energía de reacción nuclear
nuclear reactor | reactor nuclear
nuclear resonance | resonancia nuclear
nuclear rocket | cohete nuclear
nuclear safety | seguridad nuclear
nuclear science | ciencia nuclear
nuclear species | especie nuclear
nuclear spin | espín nuclear
nuclear spontaneous reaction | reacción nuclear espontánea
nuclear stability | estabilidad nuclear
nuclear star | estrella nuclear
nuclear structure | estructura nuclear
nuclear superheat | sobrecalentamiento nuclear
nuclear superheating | sobrecalentamiento nuclear
nuclear surface tension | tensión superficial nuclear
nuclear target | blanco nuclear
nuclear temperature coefficient | coeficiente nuclear de temperatura
nuclear transmutation | trasmutación nuclear
nuclear warhead | ojiva nuclear
nuclear weapon | arma (/bomba, /ingenio) nuclear
nucleation | nucleación
nucleogenesis | nucleogénesis
nucleon | nucleón
nucleonics | nucleónica
nucleon number | número nucleónico
nucleor | nucleor [*núcleo de un nucleón*]
nucleus | núcleo
nuclide | núclido
nuclidic mass | masa nuclídica
nude contact | contacto desnudo
nudome | nudomo [*trasparencia a la radiación nuclear*]
nuke, to - | interrumpir [*un proceso*]; borrar [*un archivo, un directorio o un disco*]
null | cero; mínimo, punto de mínima; (punto de) valor nulo
nullary operation | operación nularia
null astatic magnetometer | magnetómetro equilibrador (/astático nulo, /astático de punto cero)
null balance | equilibrio a cero, equilibrio de anulación
null balance circuitry | circuito de equilibrio a cero
null balance indication | indicación de equilibrio a cero
null balance potentiometer | potenciómetro de equilibrio a cero
null balancing recorder | registrador equilibrador (/potenciométrico)
null bridge | puente indicador de cero
null character | carácter nulo
null cycle | ciclo cero
null detection | detección de cero
null detector | detector de cero
null detector circuit | circuito detector de cero
null electrode | electrodo a cero
null frequency indicator | frecuencímetro heterodino, indicador de frecuencia cero
null indicator | indicador de cero (/punto de corriente nula)
nullity | nulidad
null link | enlace cero
null list | lista nula
null matrix | matriz cero (/nula)
null method | método del cero, método de ajuste a cero
null modem | sin módem [*tipo de conexión entre ordenadores*]
null modem cable | cable sin módem [*para conectar directamente dos ordenadores entre puerto serie de entrada de uno y de salida de otro*]
null pointer | marcador cero [*en memoria*]
null-seeking servosystem | servosistema buscador de cero (/corriente nula, /tensión nula)
null set | conjunto vacío
null spacing error | error de alejamiento de cero
null string | cadena nula (/vacía)
null-terminated string | secuencia terminada en cero
NUMA = non-uniform memory architecture | NUMA [*arquitectura de memoria no uniforme*]
number | número
number cruncher | mascador de números
number crunching | trituración de números
number-distance curve | curva número-distancia
numbering | numeración
numbering code | código de numeración
numbering plan | plan de numeración
numbering scheme | plan de numeración
number keyset | teclado numeral
number nail | clavo marcador (de postes)
number of checkpoints | número de puntos de comprobación
number of log records | número de entradas del registro
number of loops | número de lazos (/mallas)
number of overshoots | número de sobreoscilaciones
number of register records | número de registros
number of scanning line | número de línea de exploración

number of scheduled events | número de acciones programadas
number of sectors | número de sectores
number plate | placa de numeración
number received signal | señal de número recibido
number system | sistema numérico
numerical anaysis | análisis numérico (/matemático)
numerical aperture | abertura (/apertura) numérica
numerical code | código numérico
numerical control | control numérico
numerical control system | sistema de control numérico
numerical data | datos numéricos
numerical differentiation | diferenciación numérica
numerical integration | integración numérica
numerical linear algebra | álgebra lineal numérica
numerical method | método numérico
numerical positioning control | control numérico de posición
numerical readout valve | válvula de lectura numérica
numerical selection | selección numérica
numerical signal | señal de numeración
numerical stability | estabilidad numérica
numeric coding | codificación numérica
numeric coprocessor | coprocesador numérico (/matemático)
numeric keypad | teclado numérico
NUM LOCK = number lock | Bloq.num. = bloqueo (del teclado) numérico
N unit | unidad N
nut | tuerca
nutating feed | alimentación oscilante; alimentador nutador
nutation | nutación [*pequeño movimiento periódico del polo astronómico de la tierra con respecto al polo de la elíptica*]
nutation field | campo de nutación
nutator | nutador [*dispositivo de radar para mover cíclicamente el haz explorador*]
NUV = near ultraviolet | NUV [*región casi ultravioleta, región ultravioleta próxima*]
nuvistor | nuvistor [*válvula electrónica con electrodos cilíndricos en ampolla cerámica*]
nV = nanovolt | nV = nanovoltio
n-version programming | programación diversa (/de versiones)
NVS = non-volatile storage | NVS [*memoria no volátil*]
NVS overflow | desbordamiento de la memoria estable
NVT = network virtual terminal | NVT [*terminal virtual de red*]
nW = nanowatt | nW = nanovatio
nybble [*nibble*] | nibble [*medio byte = 4 bits*], grupo de cuatro bits
nylon | nailon, nilón
Nyquist criterion | criterio de Nyquist
Nyquist diagram | diagrama de Nyquist (/respuesta vectorial)
Nyquist formula | fórmula de Nyquist
Nyquist frequency | frecuencia de Nyquist
Nyquist interval | intervalo de Nyquist
Nyquist rate | frecuencia (/velocidad) de Nyquist
Nyquist sampling | muestreo de Nyquist
Nyquist theorem | teorema de Nyquist
N zone | zona N

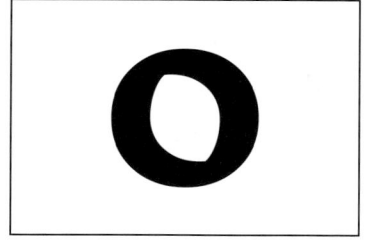

O = our | nuestro [*en telegramas*]
O = oxygen | O = oxígeno
OA = office automation | automatización de la oficina
OAC = observation and alarm circuit | OAC [*circuito de observación y alarma*]
OAM = operation and maintenance | OAM [*funciones de operación y mantenimiento*]
OAO = orbiting astronomical observatory [USA] | OAO = observatorio astronómico orbital
OARC = Ordinary Administrative Radio Conference | OARC [*conferencia administrativa ordinaria de radiocomunicaciones*]
OASIS = Organization for the advancement of structured information systems | OASIS [*organización para el desarrollo de sistemas de información estructurados*]
OB = outside broadcast | toma exterior
OBE = on board equipment | OBE [*equipo de a bordo*]
object | objeto
object-based | basado en objetos
object code | código (del) objeto
object computer | ordenador de destino
object content | contenido del objeto
object database | base de datos orientada al objeto
object file | archivo de objetos
object interface | interfaz de objetos
objectionable fading | desvanecimiento perjudicial
objectionable interference | perturbación (/interferencia) perjudicial
objective lens | lente del objetivo
objective noise-meter | audiómetro objetivo
objective sound-meter | audiómetro objetivo
object language | lenguaje objeto
object linking and embedding | incrustación y vinculación de objetos, montaje y conexión de objetos

object management architecture | arquitectura de gestión de objetos
object management system | sistema de gestión de objetos
object model | modelo de objeto
object module | módulo objeto
object name | nombre del objeto
object-oriented | en función del objeto, con (/mediante) objetos
object-oriented analysis | análisis orientado al objeto
object-oriented architecture | arquitectura orientada a objetos
object-oriented database | base de datos orientada al objeto
object-oriented design | diseño orientado a objetos
object-oriented graphics | diseño gráfico orientado al objeto
object-oriented interface | interfaz orientada al objeto
object-oriented language | lenguaje en función de objetos, lenguaje orientado a objetos
object-oriented message | mensaje orientado al objeto
object-oriented operating system | sistema operativo orientado al objeto
object-oriented programming | programación orientada a objetos
object-oriented programming language | lenguaje de programación en función de objetos, lenguaje de programacion orientado a objetos
object-oriented programming system | sistema de programación orientado a objetos
object packager | empaquetador de objetos
object programme | programa objeto
object-relational server | servidor relacional de objetos [*para la gestión de bases de datos complejas*]
object request broker | interfaz para consulta de objetos
object specification | especificación de objeto
object type | tipo de objeto

object type identifier | identificador de tipo de objeto
object wrapper | encapsulador de objetos [*para aplicaciones no orientadas a objetos*]
oblique | oblicuo
oblique approach | acercamiento oblicuo
oblique exposure | exposición oblicua
oblique incidence ionospheric recorder | registrador ionosférico de incidencia oblicua, sonda ionosférica oblicua
oblique incidence ionospheric sounding | sondeo ionosférico de incidencia oblicua
oblique incidence probing | sondeo de incidencia oblicua
oblique incidence transmission | trasmisión con incidencia oblicua
oblique incidence wave | onda de incidencia oblicua
obliquely incident light | iluminación lateral
oblique projection | proyección (/vista) oblicua
oblique rotating mirror | espejo tambaleante
oblique view | proyección (/vista) oblicua
oblique winding | devanado oblicuo
Oboe system | sistema Oboe [*de radionavegación*]
OBP = on board proccessing | OBP [*procesado a bordo (en satélites)*]
OBS = omnibearing selector | OBS [*selector omnidireccional; prefijo internacional de los telegramas meteorológicos*]
observation | observación
observation and alarm circuit | circuito de observación y de alarma
observation circuit | circuito de escucha
observation desk | mesa de observación (/control)
observation device | dispositivo de escucha

observe a message, to - | mirar un mensaje
observed bearing | demora observada, acimut observado
observe promise, to - | garantizar un compromiso
obsolescence free | siempre actual, continuamente actualizado
obstacle | impedimento, obstáculo, dificultad
obstacle gain | ganancia por obstáculos
obstacle gain theory | teoría de la ganancia debida a los obstáculos
obstructed path | trayectoria obstaculizada
obstruction gauge limit | gálibo de obstáculos
obstruction light | luz de obstáculo
obstruction marker | baliza de obstáculos
OB van = outside broadcast van | camión de tomas exteriores
OC = open collector | colector abierto
OC = optical carrier | OC [*portadora óptica*]
OC = our copy | nuestra copia
OCC = occupied | señal de ocupación de línea telefónica
occasional fixed-time call | conferencia fortuita a hora fija
occlude, to - | ocluir
occluded contaminant | contaminante ocluido
occluded gas | gas ocluido
occulting light | faro fijo de destellos
occupancy | ocupación
occupation | ocupación, utilización
occupational exposure | exposición por causas profesionales
occupationally exposed | profesionalmente expuesto
occupation efficiency | coeficiente de ocupación (/utilización)
occupied | ocupado
occupied band | banda ocupada
occupied bandwidth | ancho de banda ocupado
occupied position | posición ocupada
occupied space | zona ocupada, espacio ocupado
occupied spectrum | espectro ocupado
occupy, to - | ocupar
occupy workspace, to - | ocupar espacio de trabajo
ocean cable | cable oceánico
ocean duct | conducto atmosférico oceánico
O circuit | circuito O
OCM = open circuit monitor | OCM [*monitor de circuito abierto*]
OCR = optical character reader (/recognition) | OCR [*lector(/reconocimiento) óptico de caracteres*]
octal | octal
octal base | base octal
octal base capacitor | condensador (/capacitor) de base octal
octal base connection | conexión de casquillo octal
octal base relay | relé de base octal
octal base tube | tubo (/válvula) de base octal
octal code | codificación octal (/binaria), código binario (/octal)
octal debugging technique | técnica de depuración octal
octal digit | dígito octal
octal fraction | fracción octal
octal fractional | octal fraccional
octal loading programme | programa de carga octal
octal notation | notación octal
octal notion | noción octal
octal number system | sistema (de numeración) octal, numeración de base ocho
octal numbering system | sistema de numeración octal
octal plug | conector (/enchufe) octal
octal plug mounting | montura de enchufe octal
octal socket | zócalo (/portaválvula) octal
octal valve | válvula (de recuento por sistema) octal
octantal | octantal
octantal component of error | componente octantal de error
octantal error | error octantal
octave | octava
octave band | banda de (una) octava
octave-band amplifier | amplificador de (una) octava
octave-band analyser | analizador de octava
octave-band analysis | análisis de octava
octave-band filter set | dispositivo de filtro de (una) octava
octave-band noise analyser | analizador de sonidos de banda de octava, analizador de ruido de octava
octave-band oscillator | oscilador (de banda) de octava
octave-band pressure level | nivel de presión sonora de una octava, nivel de presión de banda de octava
octave-bandwidth amplifier | amplificador con pasabanda de una octava
octave filter | filtro de octava
octave pressure level | nivel de presión de octava
octave range | margen de una octava
OCTC = operator's control transfer channel | OCTC [*canal de trasferencia de consola de operador*]
octet | octeto
octet string | cadena de octetos
octette | octeto
octode | octodo
octode tube | octodo
octonary signalling | señalización octonaria (/por octetos)
OCX = OLE custom control | OCX [*módulo de software para control de clientela OLE*]
OD = optical disk | OD [*disco óptico*]
OD = out of order | OD [*fuera de servicio*]
O/D = office of destination | O/D = oficina de destino
ODA = office document architecture, open document architecture | ODA [*arquitectura ofimática (/abierta) de documentos*]
ODBC = open database connectivity | ODBC [*conectividad abierta de bases de datos*]
ODBMG = Object Database Management Group | ODBMG [*grupo para gestión de bases de datos objeto*]
odd | impar; probabilidad
odd channel | canal impar
odd-even check | verificación (/prueba, /comprobación, /control de paridad) par-impar
odd/even logic failure | fallo de lógica par/impar
odd-even nucleus | núcleo impar-par
odd-even rule of nuclear stability | ley de paridad de la estabilidad nuclear
odd-even transposition sort | clasificación de trasposición par-impar
odd harmonic | armónico impar
odd-line interlace | entrelazado de líneas impares
odd-numbered line | línea (de orden) impar
odd-odd nucleus | núcleo impar-impar
odd parity | paridad impar
odd repeater | repetidor anormal
odd scanning field | campo de líneas impares
ODETTE = Organization for data exchange through teletransmission in Europe | ODETTE [*organización europea para intercambio de datos por teletrasmisión*]
ODI = open data-link interface | ODI [*interfaz abierta para enlace de datos*]
ODIF = office document interexchange format | ODIF [*norma internacional sobre intercambio de documentos en oficina*]
ODMA = open document management API | ODMA [*gestión abierta de documentos de API*]
ODMG = Object Database Management Group | ODMG [*organización estadounidense para la creación de normativa sobre bases de datos*]
ODN = optical distribution network | ODN [*red de distribución óptica*]
odograph | odógrafo [*trazador gráfico de ruta instalado en un vehículo*]
odometer | odómetro
odometry | odometría
odoriferous homing | aproximación odorífera
ODP = open distributed processing | ODP [*proceso distribuido abierto*]

ODT = octal debugging technique | ODT [*técnica de depuración octal*]
Oe = oersted [*obs*] | Oe = oerstedio [*unidad de intensidad de campo magnético en el sistema CGS electromagnético*]
O/E converter = optoelectronic converter | conversor O/E = conversor optoelectrónico
OEIC = optoelectronic IC | OEIC [*circuito integrado optoelectrónico*]
OEJ = end of job | OEJ [*fin de trabajo*]
O electron | electrón O
OEM = original equipment manufacturer [*systems manufacturer*] | OEM [*fabricante original del equipo (/sistema)*]
oersted | oerstedio [*unidad de intensidad de campo magnético en el sistema CGS electromagnético*]
OFC = open financial connectivity | OFT [*conectividad abierta para operaciones financieras (especificación de Microsoft)*]
off | apagado, desconectado, cerrado, desactivado
OFF = office of the future | OFF = oficina del futuro
off-air monitor | monitor de señal en el aire
off-air monitoring | comprobación directa de las señales radiadas
off and on signal testing | comprobación de la señal a la apertura y al cierre
offboard | no integrado, no incorporado
off board parity error | error externo de paridad
off camera | cámara que no está en el aire; fuera de cámara, fuera del campo de la cámara
off-centre dipole | dipolo excéntrico
off-centre display | indicador descentrado
off-centre-fed aerial | antena excitada (/alimentada) fuera de centro
off-centre play display | presentación panorámica descentrada, indicador panorámico descentrado
off-centre PPI | PPI excéntrico
off-centre ppi display | presentación visual ppi excéntrica
off-delay | circuito con retardo de desconexión
off-delay timer | temporizador con retardo de desconexión
offering signal | señal de aviso (/llamada)
off-frequency | fuera de frecuencia
off-frequency detector | detector de desplazamientos de frecuencia
off-frequency distress signal | señal de peligro emitida en frecuencia próxima a la asignada
off-ground voltage | tensión respecto a masa
offhook, off-hook | (teléfono) descolgado

office alarm | alarma de central
office automation | ofimática, automatización administrativa (/de oficina)
office battery | batería local
office battery supply | batería local (/central de manipulación)
office busy hour | hora de mayor tráfico de una estación
office cable | cable interior
office code | indicativo de oficina
office copier | polígrafo
office copying machine | polígrafo
office of delivery | oficina de llegada
office of destination | oficina de destino
office of origin | oficina de origen
office-of-origin time | hora de la oficina de origen
office permanently open | oficina de servicio permanente
office selector | selector de estación
office set | escenario de oficina
offices in correspondence | oficinas correspondientes
office technician | técnico de aparatos terminales
office trunk | línea de comunicación interior
office with extended service | oficina de servicio prolongado
official call sign | indicativo de llamada oficial
official message | conversación de servicio
official observer | observador oficial
official PBX | centralita oficial
official telegram | telegrama oficial
official telephone | aparato de servicio, teléfono oficial
official traffic | tráfico oficial
official wavelength station | estación de respuesta en longitud de onda oficial
off-limit contact | contacto fuera de límite
offline, off line, off-line | comunicando, desconectado, fuera de línea, autónomo, no conectado; acceso remoto a correo [*los mensajes se borran del servidor al bajarlos*]
off-line cipher | cifra fuera de línea
off-line device | dispositivo fuera de línea
off-line equipment | equipo fuera de línea
off-line function | función fuera de línea
offline navigator | navegador fuera de línea [*gratuito*]
off-line operation | funcionamiento fuera de línea
off-line preparation of perforated tape | perforación de cinta sin conexión con la línea de trasmisión
offline reader | lector fuera de línea [*navegador gratuito para internet*]
off-line storage | almacenamiento fuera de línea

off-line system | sistema de entrada indirecta
off-line unit | unidad fuera de línea
offload, to - | descargar [*aliviar a un dispositivo de parte de su trabajo*]
off-load voltage | tensión de circuito abierto
off-net station | estación fuera de la red
off-net to on-net transfer | paso de una estación fuera de la red a otra de la red
off-normal springs | resortes de cortocircuitos del disco
off-peak period | periodo fuera de puntas
off period | periodo de corte (/bloqueo)
off-position | posición de corte (/desconexión, /reposo)
off-premises extension | extensión remota de una PABX
offramp gateway | pasarela de salida [*hacia la red telefónica desde internet*]
off-scale | fuera de escala
offset | desviación, desplazamiento, desequilibrio, balance, desnivel, línea secundaria, desfase
offset angle | ángulo de descentramiento (/excentricidad)
offset binary | binario descentrado
offset carrier | portadora desplazada (/decalada)
offset-centre PPI | presentación panorámica descentrada
offset channel | canal desplazado
offset colocation VOR/DME | emplazamiento común descentrado VOR/DME
offset-course computer | indicador automático de rumbo, ordenador de desviación del rumbo
offset current | corriente equivalente (/compensadora, /de error, /de desnivel)
offset diode | diodo de compensación
offset direction-finding station | estación radiogoniométrica de flanco
offset electron gun | cañón electrónico excéntrico
offset error | error de descentrado
offset feed | alimentación excéntrica, alimentador primario desplazado
offset frequency | frecuencia desplazada
offset frequency simplex | símplex por frecuencias desplazadas, símplex de frecuencia aproximada
offset heads | cabezas desplazadas
offset nulling | anulación de compensación
offset ppi | ppi excéntrico
offset stacker | apilador de tarjetas selectivo
offset stereophonic tape | cinta estereofónica escalonada
off setting | posición de desconexión (/corte)

offset voltage | voltaje equivalente (/compensador), tensión de desequilibrio
off-state | estado de no conducción
off-state current | corriente inactiva (/en estado de no conducción)
off-state voltage | tensión (en estado) de no conducción
off-target jamming | perturbación (/interferencia) alejada del blanco
off the air | fuera del aire, fuera de emisión
off the hook | descolgado, ocupado
off-the-hook service | servicio de teléfono descolgado
off-the-hook signal | señal de contestación
off-the-line supply | fuente autónoma
off the shelf | fuera del estante; listo para utilizar
off-the-shelf software | software de serie [*listo para utilizar*]
off time | intervalo de ruptura; tiempo de descanso
off tune | fuera de sintonía, desintonizado
off-tune receiver | receptor desintonizado
OFS = office | oficina
OFTEL = office of telecomunication | OFTEL [*organismo de administración de redes en el Reino Unido*]
OFTP = Odette file transport protocol | OFTP [*protocolo de trasferencia de ficheros de Odette*]
OG = one group | un grupo
OGNL = original | original
OGP = one group | un grupo
OGT = outgoing trunk | OGT [*enlace de salida*]
O guide | guía O
ohm | ohmio
ohmage | ohmiaje, resistencia
ohm-centimetre | ohmio-centímetro
ohmic | óhmico
ohmic conservator | conservador de aceite
ohmic contact | contacto óhmico
ohmic drop | caída óhmica
ohmic heating | calentamiento óhmico
ohmic insulation resistance | resistencia óhmica de aislamiento
ohmic load | carga óhmica
ohmic loss | pérdida óhmica
ohmic overvoltage | sobretensión óhmica
ohmic region | región óhmica
ohmic resistance | resistencia real (/óhmica)
ohmic value | resistencia en ohmios, valor óhmico
ohmic voltage component | componente óhmica de la tensión
ohmic voltage loss | pérdida óhmica de la tensión
ohmmeter | ohmímetro
ohmmeter range | escala del ohmímetro, escala de resistencia

ohmmeter zero adjustment | ajuste de cero del ohmímetro
Ohm's law | ley de Ohm
ohms per square metre | ohmios por metro cuadrado
ohms per square per mil | ohmios por cuadrado por milésima
ohms per volt | ohmios por voltio
ohms/square | ohmios al cuadrado
OIC = optical integrated circuit | OIC [*circuito integrado óptico*]
oil | aceite
oil capacitor | condensador (/capacitor) de aceite
oil circuit breaker | disyuntor (/interruptor) en aceite
oil-cooled tube | tubo refrigerado por aceite
oil cooling | refrigeración con aceite
oil-damped arm | brazo con amortiguamiento de aceite
oil diffusion pump | bomba de difusión de aceite
oiled paper | papel barnizado (/aceitado)
oil-filled cable | cable de aceite
oil-filled hermetically sealed transformer | trasformador en aceite herméticamente cerrado
oil-filled self-cooled transformer | trasformador autoenfriado relleno de aceite
oil-filled transformer | trasformador en aceite
oil fuse cutout | interruptor de fusible de aceite
oil-immersed apparatus | aparato en baño de aceite
oil-immersed transformer | trasformador sumergido en (baño de) aceite
oil-insulation | aislamiento de aceite
oil-quenched fuse | apagado por aceite; templado (/enfriado) en aceite
oil switch | interruptor (automático) de aceite
OLA = open-line alarm | alarma de línea abierta
OLAP = online analytical processing | OLAP [*procesado analítico en línea*]
old-timer | veterano
OLE = object linking and embedding | OLE [*montaje y conexión de objetos, incrustación y vinculación de objetos*]
OLR = open line receive | OLR [*línea de recepción abierta*]
OLS = open line send | OLS [*línea de emisión abierta*]
OLT = open line transmit | OLT [*línea de trasmisión abierta*]
OLT = optical line termination | OLT [*terminal de línea óptica*]
OLTP = online transaction processing | OLTP [*procesado de transacciones en línea*]
OM = old man | viejo [*en radioafición*]
OM = operating module | MO = módulo operativo [*en enclavamientos ferroviarios electrónicos*]

OMA = object management architecture | OMA [*arquitectura de gestión de objetos*]
OMC = operation and maintenance center | COM = centro de operación y mantenimiento
OMC-R = operating and maintenance centre for radio subsystem | OMC-R [*central de operaciones y mantenimiento para subsistemas de radio*]
OMC-S = operating and maintenance centre for switching subsystem | OMC-S [*central de operaciones y mantenimiento para subsistemas de conmutación*]
omegatron | omegatrón, ciclotrón miniatura, espectrógrafo de masas miniatura
OMG = Object Management Group | OMG [*organización internacional que aprueba normativa para aplicaciones orientadas a objetos*]
OMGE = our message | nuestro mensaje
omnibearing | rumbo (/orientación) omnidireccional
omnibearing converter | convertidor omnidireccional
omnibearing-distance facility | radiofaro omnidireccional telemétrico
omnibearing-distance navigation | navegación con distancias omnidireccionales, radionavegación con coordenadas polares y telémetro
omnibearing indicator | indicador de distancias omnidireccional, indicador acimutal automático
omnibearing line | recta radial de rumbo, línea de radiofaro omnidireccional
omnibearing selector | selector omnidireccional (/de rumbo)
omnibus channel | canal ómnibus
omnibus telegraph circuit | circuito telegráfico ómnibus
omnibus telegraph system | sistema telegráfico ómnibus
omniconstant | constante universal
omnidirectional | omnidireccional
omnidirectional aerial | antena omnidireccional (/no directiva)
omnidirectional aerial array | alineación (/red) de antenas omnidireccionales
omnidirectional beacon | radiofaro omnidireccional
omnidirectional gain | ganancia omnidireccional
omnidirectional hydrophone | hidrófono omnidireccional
omnidirectional microphone | micrófono omnidireccional (/no directivo)
omnidirectional radio beacon | radiofaro omnidireccional (/no directivo)
omnidirectional radio range | radiofaro omnidireccional
omnidirectional range | radiofaro (/alcance) omnidireccional
omnidirectional range station | esta-

ción de alcance (/radiofaro) omnidireccional
omnidirectional transmitter | emisor omnidireccional
omnidirective | omnidirectivo
omnidirective aerial | antena omnidireccional
omnidistance | omnidistancia
omnigraph | omnígrafo
omnirange | alcance (/radiofaro) omnidireccional
OMR = optical mark reading | OMR [*lectura óptica de marcas*]
OMS = object management system | OMS [*sistema de gestión de objetos*]
OMS = operation and maintenance system | SOM = sistema de operación y mantenimiento
OMTD = omitted | omitido
on | encendido, conectado, activado, en funcionamiento
ON = old number | número viejo
ONA = open network architecture | ONA [*arquitectura de redes abiertas*]
on air | en el aire, trasmitiendo
on-air monitor | monitor de señal en el aire
on-air playback | reproducción y trasmisión simultánea
On-Air-sign | letrero de 'En el aire'
on and off intervals | intervalos activo e inactivo
on-bd = on board | interno [*equipo*]
on board | interno [*equipo*], incorporado; en tarjeta
on-board audio | audio interno
on-board computer | ordenador incorporado
on board equipment | equipo interno (/de a bordo)
on-board mouse port | puerto de ratón interno
on board parity error | error interno de paridad
on board proccessing | procesado a bordo [*en satélites*]
on-board serial port | puerto serie incorporado
on-call channel | canal asignado sin exclusividad
once-through system | sistema de paso simple
on-chip cache | caché en chip [*memoria caché de 8 KB en un chip*]
on-circuit operation | funcionamiento por circuito individual
onclick | carga por pulsación [*evento que se produce cuando se pulsa un botón en el elemento de un documento HTML*]
oncochip | oncochip [*biochip para estudios oncológicos*]
on conductor force | fuerza sobre el conductor
on connect | al conectar
on-course curvature | curvatura efectiva en ruta
on-course signal | señal de situación en ruta; haz de zumbido
on crash | en caso de fallo
on-delay | (circuito con) retardo de conexión
on-demand sender | emisor rápido
on-demand service | servicio rápido
on-demand system | sistema sobre pedido
on disconnect | al desconectar
ondograph | ondógrafo, osciIógrafo
ondometer | ondómetro
ondoscope | osciloscopio, ondoscopio
one-address instruction | instrucción de una dirección, instrucción de dirección única
one-at-time mode | modo de uno a la vez
one-carrier current | corriente de portadores de un solo tipo
one-channel television set | televisor monocanal
one-cycle multivibrator | multivibrador monociclo (/de ciclo único)
one-fluid cell | pila de un líquido
one-frequency | monofrecuencia, unifrecuencial
one-frequency radiocompass | radiobrújula monofrecuencia
one-group model | modelo de un grupo
one-group theory | teoría de un grupo
one-hour duty | servicio unihorario
one-input terminal | terminal de entrada uno
one-layer reference model | modelo de referencia de un nivel, modelo de referencia de una categoría
one-level store | memoria de un solo nivel
one-many function switch | conmutador de función monoentrada-multisalida
one-off | uno a la vez [*aplicado a productos que sólo se pueden crear uno a uno, como el CD-ROM*]
one-operator traffic | tráfico de una sola operadora
one-output terminal | terminal de una salida
one-particle model | modelo de partícula única
one-pass compiler | compilador de un paso
one pass model | modelo de un único paso
one-pass programme | programa de una sola pasada
one-phase | monofásico, de una sola fase
one-phase alternator | alternador monofásico
one-phase current | corriente monofásica
one-plus-one address instruction | instrucción de dirección uno más uno
one-point emergency cell switch | reductor auxiliar sencillo (/de una polaridad)
one-point end cell switch | reductor terminal sencillo (/de una polaridad)
one-point ground system | sistema de puesta a tierra en un punto
one-pole | monopolar, de un solo polo
one-pole plug | enchufe monopolar
one-port | par de bornes; (elemento de) una puerta
one-position winding | devanado con colector
one's complement | complemento a uno
one's-complement arithmetic | aritmética de complemento a uno
one-shot | (circuito) monoestable, (de) estado único
one-shot circuit | circuito monoestable
one-shot control | control para operaciones no cíclicas
one-shot multivibrator | multivibrador monoestable
one-stage | monoetapa, de una sola etapa
one-stage amplifier | amplificador de una sola etapa, amplificador de un solo paso
one-stage register finder | buscador de registros de una etapa
ONE-state | estado 'uno'
one-switch connection | comunicación de simple tránsito
one-third-octave | tercio de octava
one-third-octave analysis | análisis de un tercio de octava
one-third-octave band | banda de un tercio de octava
one-third-octave bandwidth | pasabanda (/anchura de banda) de un tercio de octava
one-time fuse | fusible no recolocable
one-to-one function | función uno a uno
one-to-one onto function | biyección
one-to-one transformer | trasformador de relación 1:1
one-to-partial-select ratio | relación de la salida "uno" a la salida de selección parcial
one-to-zero ratio | razón de uno a cero
one-tube | monoválvula, monovalvular, univalvular, de una sola válvula
O network | red en O
one-velocity neutron diffusion | difusión neutrónica de una velocidad
one-way, one way | unidireccional, de un solo sentido
one-way amplifier | amplificador unidireccional
one-way attenuation | atenuación unidireccional
one-way channel | canal de una vía
one-way circuit | circuito para un solo sentido
one-way communication | comunicación unidireccional (/unilateral)
one-way connection | comunicación unilateral (/de sentido único)
one-way cycle | ciclo de efecto simple

one-way distance | distancia de ida
one-way filter | filtro unidireccional
one-way linked list | lista enlazada unidireccional
one-way mobile system | sistema de servicio móvil unidireccional
one-way radiocommunication service | servicio de radiocomunicaciones unilaterales
one-way repeater | repetidor unidireccional
one-way switch | conmutador unidireccional
on hand | de turno; pendiente
on hook | en reposo, desocupado, (teléfono) colgado
on hook condition | condición de colgado (/reposo)
on hook dialling | marcación con el teléfono colgado
on hook signal | señal de desconexión recibida
on item | sobre el tema
online, on-line | en directo, en línea, conectado; acceso directo a correo [*los mensajes se copian del servidor, donde permanecen*]
online analytical processing | proceso analítico en línea
online banking service | servicio bancario en línea
online community | comunidad de usuarios [*de internet*]
online computer | ordenador en línea
online data reduction | reducción de datos en línea
online help | ayuda directa (/en línea), asistencia incorporada
online information service | servicio de información en línea
online mode | modo en línea
online operation | funcionamiento en línea
online processing | procesamiento en línea
online product guide | guía del producto en línea
online production | trabajo en cadena
online service | servicio en línea
online state | estado en línea [*comunicación abierta entre dos módem*]
online system | sistema en línea
online transaction processing | procesado de transacciones en línea
online unit | unidad en línea
online voltage | tensión (/voltaje) de servicio
onload | evento de carga [*para activación de script en procesado de da-tos*]
only memory | sólo memoria
on-net station | estación de la red
on normal exit | en caso de salida normal
on-off | conectado-desconectado
on-off action | acción todo o nada
on-off circuit | circuito de conexión y desconexión
on-off control | control de todo o nada, control de cierre o apertura, control de conexión y desconexión
on-off control circuit | circuito de mando por todo o nada
on-off control system | sistema de control intermitente
on-off cycle | ciclo de conexión y desconexión
on-off device | dispositivo de conexión y desconexión
on-off digital circuit | circuito digital de presencia-ausencia (/todo-nada)
on/off keying | clave abierto/cerrado; manipulación de todo o nada
on-off level indicator | indicador de rebase de nivel, indicador de nivel de todo o nada
on-off Morse | Morse por todo o nada
on-off Morse code | código Morse por interrupción de la portadora
on-off operation | manipulación todo o nada
on-off pilot light | luz piloto de encendido
on-off pulse sequence | serie de impulsos todo o nada
on-off ratio | relación de cierre y apertura
on-off servo | servomecanismo de funcionamiento intermitente
on-off switch | conmutador de conexión y desconexión, conmutador de encendido y apagado, interruptor de red (/alimentación)
on-off switching | conmutación abierto-cerrado
on-off telegraphy | telegrafía por todo o nada
on-off test | prueba de cierre y apertura
on-off tone signals | señales de tono de manipulación todo o nada
on-or-off condition | estado de conducción (/corte)
ONP = open network provision | ONP [*oferta de red abierta*]
on period | periodo de conducción
ONP leased lines = open network provision leased lines | oferta de red abierta para líneas de alquiler
on-position | posición de trabajo
onramp gateway | pasarela de entrada [*hacia internet desde la red telefónica*]
onselect | carga por selección [*de textos o campos de texto*]
on-state | estado encendido (/abierto, /activo, /de conducción)
on-state current | corriente de estado de conducción
on-state voltage | tensión de estado activo
onsubmit | devolución de formulario [*mediante un elemento de entrada de tipo "submit" en procesado de da-tos*]
on/suspend/resume button | botón de encendido/suspensión/reanudación
ONT = optical network termination | ONT [*unidad de terminación de red óptica*]
on the air | en el aire, radiando
on-the-air monitor | monitor de emisión
on the beam | en el haz; seguimiento del haz radioeléctrico
on-the-fly | ultrarrápido, al vuelo
on-the-fly error recovery | depuración (/recuperación) de errores al vuelo
on-the-fly printer | impresora ultrarrápida
on the head | al segundo, puntual
on the nose | al segundo
on the spot | en el sitio
on the spot coverage | información desde el lugar de los acontecimientos
on-time | intervalo de cierre; tiempo de trabajo
onto function | suprayección
ONU = optical network unit | ONU [*unidad de red óptica*]
ONU = optical network unit | ONU [*unidad de red óptica*]
on voltage | tensión activa
OO = object oriented | OO = orientado al objeto [*en función del objeto*]
O/O = office of origin | O/O = oficina de origen
OOD = object-oriented design | OOD [*diseño orientado a objetos*]
OODBMS = object-oriented database management system | OODBMS [*sistema de gestión de bases de datos en función de objetos*]
OODL = object-orientated dynamic language | OODL [*lenguaje dinámico en función de objetos*]
OOK = on-off keying | OOK [*manipulación por todo-nada*]
O/O keying = on/off keying | clave abierto/cerrado
OOKM = on-off keying manual | OOKM [*manipulación por todo o nada manual*]
OOL = object oriented language | OOL [*lenguaje orientado a objetos*]
OOP = object-oriented programming | OOP [*programación en función de objetos*]
OOT = office-of-origin time | OOT [*hora de la oficina de origen*]
OOUI = object-oriented user interface | OOUI [*interfaz de usuario en función de objetos*]
OP = operation | funcionamiento
OP = operational research | OP [*investigación de operaciones*]
opacimeter | opacímetro, turbidímetro
opacity | opacidad
opal lamp | lámpara opalina (/de ópalo)
op-amp = operational amplifier | amp-op = amplificador operacional
opaque | opaco
opaque meal | ingestión opaca
opaque move, to - | mover todo
opaque photocathode | fotocátodo opaco

opaque pickup unit | episcopio, tomavistas episcópico
opaque plasma | plasma opaco
opaque pointer | puntero opaco
opaque projector | proyector episcópico (/de opacos)
opaque projector system | sistema proyector episcópico
opaque rubber | caucho opaco
op code = operating (/operation) code | código de operación
open | desconexión (de un circuito), abierto; raso, claro; corte
open, to - | abrir
open a circuit, to - | abrir un circuito
open aerial | antena abierta (/exterior, /de ondas estacionarias)
open-air ionization chamber | cámara de ionización al descubierto (/aire libre)
open architecture | arquitectura abierta
open arc lamp | lámpara de arco al descubierto
open as, to - | abrir como
open-back cabinet | caja abierta por detrás
open-centre display | pantalla de centro abierto
open centre PPI | PPI con ensanche en el centro, presentación panorámica de centro abierto
open circuit | circuito abierto (/cortado)
open-circuit admittance | admitancia en circuito abierto
open-circuit alarm device | dispositivo de alarma con circuito abierto
open-circuit alarm system | sistema de alarma de circuito abierto
open-circuit breakdown voltage | tensión disruptiva en circuito abierto
open-circuit collector cutoff current | corriente residual del colector en circuito abierto
open-circuit collector emitter current | corriente residual del emisor en circuito abierto
open-circuited | en circuito abierto
open-circuited terminals | terminales (/bornes) en circuito abierto
open-circuit impedance | impedancia de circuito abierto
open-circuit jack | clavija de circuito abierto
open-circuit line | línea en circuito abierto
open-circuit monitor | monitor de circuito abierto
open-circuit Morse key | manipulador Morse de circuito abierto
open-circuit parameter | parámetro de circuito abierto
open-circuit reactance | reactancia en circuito abierto
open-circuit resistance | resistencia en circuito abierto
open-circuit signalling | señalización por cierre de circuito

open-circuit stub | sección equilibradora de impedancia en circuito abierto
open-circuit system | sistema de circuito abierto
open-circuit television broadcast | videodifusión por circuito abierto
open-circuit terminal voltage | tensión en (/de) circuito abierto
open-circuit termination | terminación de circuito abierto
open-circuit voltage | tensión en vacío, tensión de circuito abierto
open-circuit voltage gain | ganancia de tensión en circuito abierto
open-circuit working | funcionamiento en circuito abierto
open collector | colector abierto
open-collector device | dispositivo de colector abierto
open collector output | salida abierta de colector
open connection | desconexión
open core | núcleo abierto
open cycle | ciclo abierto
open-cycle doubling time | tiempo de doblado a ciclo abierto
open-cycle reactor | reactor de ciclo abierto
open data-link interface | interfaz abierta para enlace de datos
open-delta connection | conexión en delta abierta, conexión de trasformador monofásico sobre línea trifásica
open dialog box, to - | cuadro de diálogo abrir
open directory, to - | abrir directorio
open distributed processing | proceso distribuido abierto
open document architecture | arquitectura abierta de documentos
open document management | gestión abierta de documentos
open electric heater | elemento electrotérmico al descubierto
open-ended | bucle (/final) infinito
open-ended line | línea con el extremo en circuito abierto
open-end stub | línea auxiliar corta con los terminales abiertos
open-entry contact | contacto de entrada abierta
open feeder | alimentador abierto; arteria abierta
open file | archivo abierto
open financial connectivity | conectividad abierta para operaciones financieras [*especificación de Microsoft*]
open frame-rack | bastidor descubierto
open fuse | fusible de tipo descubierto
open-fuse cutout | cortacircuito de fusible descubierto
open grid | rejilla abierta (/flotante)
open-grid connection | conexión de rejilla abierta
open inbox, to - | abrir buzón de entrada
open indicating lamp | lámpara indica-

dora de línea abierta
opening | abertura, apertura
opening of telephone communication | apertura de la comunicación telefónica
opening of telephone service | apertura de la comunicación telefónica, inauguración del servicio telefónico
opening splash | barra de título
opening the log file failed | fallo en la apertura del archivo de registros
opening time | tiempo de apertura
open in place, to - | abrir en ventana actual
open line | línea abierta
open-line alarm | alarma de línea abierta
open-line grounded-wire circuit | circuito de línea aérea con retorno por tierra
open-line transmit | línea de trasmisión abierta
open location | localización de falta de circuito
open loop | bucle (/circuito, /lazo) abierto
open-loop bandwidth | ancho de banda en circuito abierto
open-loop control | control de circuito abierto
open-loop control system | sistema de control en circuito abierto
open-loop differential voltage gain | ganancia de tensión diferencial en circuito abierto
open-loop gain | ganancia en circuito abierto (/sin reacción)
open-loop input impedance | impedancia de entrada en bucle abierto (/sin reacción)
open-loop operational amplifier | amplificador operacional sin reacción
open-loop output impedance | impedancia de salida en circuito abierto (/sin reacción)
open-loop output resistance | resistencia de salida en bucle abierto
open-loop system | sistema de bucle abierto, sistema de circuito abierto
open-loop test | ensayo en bucle abierto, ensayo con lazo abierto
open-loop voltage gain | ganancia de tensión en circuito abierto (/sin reacción)
open loudspeaker circuit | circuito de altavoz en permanencia
open magnetic circuit | circuito magnético abierto
open new view, to - | abrir en ventana nueva
open numbering | numeración abierta
open path | camino abierto
open phase | fase abierta
open-phase protection | dispositivo de protección contra los cortes de fase
open-phase relay | relé de fase abierta
open plug | clavija abierta (/de apertura)

open prepress interface | interfaz abierta de preimpresión
open profiling standard | norma de definición abierta
open receive | línea de recepción abierta
open reel | carrete abierto
open relay | relé abierto (/sin cubierta)
open resistor | resistencia cortada, resistor cortado
open routine | rutina abierta
open services architecture | arquitectura de servicios abierta [*en red informática*]
open shop | libre acceso; servicio parcial
open software | software abierto
open source | fuente abierta
open-spaced grid | rejilla de vueltas abiertas
open spark gap | recorrido de chispas explosivas
open standard | norma abierta [*de libre acceso*]
open subroutine | subrutina abierta
open system | sistema abierto
open system architecture | arquitectura de sistema abierto
open systems interconnection | interconexión de sistemas abiertos, sistemas abiertos de comunicación
open temperature pickup | trasductor de temperatura abierto
open terminal, to - | abrir terminal
open-type | abierto
open-type apparatus | aparato abierto
open-type machine | máquina abierta
open-type motor | motor abierto
open-type relay | relé abierto (/sin cubierta)
open winding | devanado abierto
open wire | hilo desnudo; cable aéreo
open-wire carrier | portadora sobre línea aérea
open-wire circuit | circuito de hilo desnudo
open-wire communication system | sistema de comunicación por hilos desnudos aéreos
open-wire conductor | hilo desnudo
open-wire feeder | alimentador de hilos desnudos, cable de alimentación aéreo
open-wire fuse | cortacircuito de fusión libre
open-wire line | conductor aéreo, línea aérea
open-wire loop | ramal de línea aérea
open-wire pair | par de hilos desnudos aéreos
open-wire pole line | línea aérea sobre postes, línea de hilos desnudos aéreos
open-wire route | tendido de hilos desnudos, tendido de línea aérea
open-wire stub | impedancia de equilibrio con los terminales libres
open-wire telecommunication line | línea de telecomunicación en hilos desnudos aéreos
open-wire transmission line | línea de trasmisión aérea (/de hilos desnudos aéreos)
open-work reflector | reflector de rejilla
operand | operando
operate, to - | actuar, funcionar, maniobrar, operar
operate current | corriente de excitación (/operación, /funcionamiento, /activación)
operate lag | tiempo de funcionamiento
operate level | nivel de funcionamiento
operate on direct current, to - | funcionar con corriente continua
operate on party-line basis, to - | funcionar en forma compartida
operate position | posición de funcionamiento
operate power | potencia de trabajo
operate time | tiempo de operación (/funcionamiento, /maniobra)
operate-time characteristic | característica de tiempo de funcionamiento
operate voltage | tensión de trabajo
operate winding | devanado de atracción
operating | operador, operativo
operating administration | administración explotadora
operating agency | administración explotadora, empresa de explotación
operating and maintenance centre | central de operaciones y mantenimiento
operating angle | ángulo de circulación (/funcionamiento, /flujo)
operating band | banda de trabajo
operating bias | polarización de servicio
operating channel | canal de trabajo (/comunicación)
operating code | código de operación
operating coil | bobina actuadora (/excitadora)
operating conditions | condiciones de operación (/funcionamiento)
operating contact | contacto de trabajo
operating control | mando, control para el manejo
operating convenience | comodidad de manejo
operating current | corriente de funcionamiento
operating cycle | ciclo operativo (/de operación)
operating features | características de funcionamiento
operating force | personal de explotación
operating frequency | frecuencia operativa (/de régimen, /de funcionamiento, /de operación, /de trabajo, /de utilización)
operating instructions | manual de servicio (/instrucciones), instrucciones de manejo
operating key | tecla funcional
operating lever | palanca de maniobra
operating life | vida útil (/en servicio, /de funcionamiento)
operating life test | prueba de duración en funcionamiento
operating mechanism | enlace, mecanismo operador
operating-mode factor | factor de condiciones funcionales
operating module | módulo operativo
operating noise factor | factor de ruido en operación
operating noise temperature | temperatura de ruido en operación
operating overload | sobrecarga en funcionamiento normal
operating personnel | personal operador (/de explotación)
operating point | punto de trabajo (/funcionamiento)
operating pole | pértiga aislante
operating position | puesto de maniobra (/operador)
operating potential | voltaje de régimen
operating power | potencia de servicio, energía de funcionamiento, potencia suministrada (a la antena)
operating practices | normas de explotación
operating pressure | voltaje de trabajo (/servicio), presión de trabajo (/funcionamiento)
operating principles | teoría de los circuitos
operating rack | bastidor de pruebas en condiciones de funcionamiento
operating range | alcance, radio de acción, margen de funcionamiento
operating ratio | relación de operación (/funcionamiento)
operating room | sala de operadores (/servicio)
operating rules | normas de explotación
operating school | escuela de operadoras (/telegrafistas)
operating staff | personal de explotación
operating stem | vástago de accionamiento
operating supervisory table | mesa de supervisión de tráfico
operating system | sistema operativo (/funcional)
operating table | mesa de trabajo (/operadores)
operating technician | técnico de explotación
operating temperature | temperatura operativa (/de trabajo)
operating temperature range | intervalo de temperaturas de funcionamiento
operating time | tiempo de maniobra (/funcionamiento), duración del servi-

cio
operating time ratio | factor de servicio
operating torque | par motor
operating trouble | irregularidad del servicio, perturbación de la explotación
operating value | valor de regulación
operating voltage | voltaje de funcionamiento, tensión de trabajo (/servicio)
operating winding | bobina excitadora
operating window | ventana de trabajo
operation | atracción (de un relé), operación, maniobra, funcionamiento
operational | operativo, operacional
operational amplifier | amplificador operacional (/de operación)
operational block diagram | esquema funcional sinóptico (/en bloques)
operational control | control de operaciones
operational differential amplifier | amplificador operacional diferencial
operational life | número de operaciones con carga
operational procedure | método de explotación
operational programme | programa operacional
operational readiness | disponibilidad funcional (/para el servicio)
operational reliability | fiabilidad operacional
operational research | investigación de operaciones
operational semantics | semántica operacional
operational technique | técnica de explotación
operational test | prueba de funcionamiento
operational theory | teoría de funcionamiento
operational training | entrenamiento operativo
operational transconductance amplifier | amplificador operacional de trasconductancia
operational trigger | disparador operacional
operational tube | válvula (/tubo) de régimen
operational wavelength | longitud de onda de servicio
operation center | centro de operaciones
operation characteristic | característica de trabajo
operation code | código de operación (/funcionamiento)
operation decoder | descodificador de operación
operation indicator | indicador de operación
operation name | nombre de la operación
operation number | número de operación

operation on sets | operación con conjuntos
operation part | parte de operación
operation procedure | procedimiento de explotación (/trabajo)
operation register | registro de operación
operations floor | sala de operadores (/aparatos)
operations research | investigación operativa (/de operaciones)
operation table | tabla de composición (/operaciones, /Cayley)
operation test | ensayo de funcionamiento
operation time | tiempo de operación (/funcionamiento, /establecimiento)
operation voltage | tensión de funcionamiento
operative | operativo
operative system | sistema operativo
operator | operador
operator associativity | asociatividad de operadores
operator dialling working | servicio con selección automática por operadora
operator error | error del operador
operator guidance | tutoría, guía del usuario
operator licence | licencia de operador
operator long-distance dialling facilities | medios para marcar a larga distancia por operadora
operator overloading | sobrecarga del operador
operator precedence | prioridad de operador
operator recall | intervención del operador, petición de intercalación a la operadora
operator's certificate | certificado de operador
operator's chair | silla (/silleta) de operadora
operator's chief | jefe de operadores
operator's console transfer channel | canal de trasferencia de consola de operador
operator services | servicios de operadora
operator's headset | aparato de operadora
operator's load | carga de una operadora
operator's position | puesto de operador
operator's restroom | sala de descanso de operadoras
operator's set | equipo de operadora
operator's team | cuadrilla, brigada
operator's telephone jack | clavija del teléfono de operadora
operator's telephone set | equipo de operadora
operator's telephone set induction coil | bobina de inducción del equipo de operadora

operator's telephone set jack | clavija de operadora
operator's time to answer | demora de las operadoras en contestar
operator's tour | brigada
operator's working position | posición de trabajo de operador
operator-to-subscriber dialling | discado de operadora a abonado
operator trunk semiautomatic dialling | selección semiautomática
OPI = open prepress interface | OPI [*interfaz abierta de preimpresión*]
op name = operation name | nombre de la operación
opposing flux | flujo opuesto
opposition | oposición
opposition-class trip | viaje en situación de oposición
OPS = official phone station | estación telefónica oficial
OPS = open profiling standard | OPS [*norma de definición abierta*]
OPS = operators | OPS = operadores
OPSN = opposition | oposición
optical | óptico
optical ammeter | amperímetro óptico
optical attenuator | atenuador óptico
optical axis | eje óptico
optical bar code reader | lector óptico de código de barras
optical bench | banco óptico
optical card | tarjeta óptica
optical character | carácter óptico
optical character reader | lector óptico de caracteres
optical character recognition | reconocimiento óptico de caracteres
optical communication | comunicación óptica
optical communication cable | cable de comunicación óptico
optical communication fibre | fibra de comunicación óptica
optical computer | ordenador óptico
optical conductor | conductor óptico
optical contact bond | unión óptica de contacto
optical coupler | acoplador óptico
optical coupling | acoplamiento óptico
optical cropper | cizalla óptica
optical damping | amortiguamiento óptico
optical data link | enlace para trasmisión de datos óptico
optical density | densidad óptica
optical detector | detector óptico
optical diffraction velocimeter | velocímetro de difracción óptica
optical disk | disco óptico
optical disk library | biblioteca (/discoteca) de discos ópticos
optical distortion | distorsión óptica
optical distribution network | red de distribución óptica
optical driver | (controladora de) unidad óptica
optical encoder | codificador óptico

optical end-finish | frontera óptica
optical fibre | fibra óptica
optical fibre bundle | haz de fibras ópticas
optical filter | filtro óptico
optical font | composición impresa óptica de caracteres
optical heterodyning | heterodinación óptica
optical horizon | horizonte óptico
optical isolator | aislador óptico
optical line termination | terminal (/terminación) de línea óptica
optical magnetic polarization | polarización óptica magnética
optical mark reading | lectura óptica de marcas
optical mark recognition | identificación óptica de marca
optical maser | máser óptico
optical media | soportes ópticos
optical medium | medio óptico [de trasmisión]
optical memory | memoria óptica
optical microphone | micrófono óptico
optical mode | modo óptico
optical mosaic | mosaico óptico
optical mouse | ratón óptico
optical network | red óptica
optical network termination | unidad de terminación de red óptica
optical network unit | unidad de red óptica
optical oscillograph | oscilógrafo óptico (/de espejo)
optical path | trayectoria óptica
optical pattern | diagrama óptico de distribución, imagen óptica, dibujo óptico
optical photon | fotón óptico
optical port | puerto óptico
optical pumping | bombeo óptico
optical pyrometer | pirómetro óptico
optical range | alcance óptico
optical reader | lector óptico
optical read-only memory | memoria óptica de sólo lectura
optical receiver | receptor óptico
optical receptor | receptor óptico
optical recognition | reconocimiento óptico [de caracteres]
optical relay | relé óptico
optical repeater | repetidor óptico
optical resonance | resonancia óptica
optical scanner | escáner (/explorador) óptico
optical scanning | exploración óptica
optical sound | sonido óptico
optical sound recorder | registrador óptico del sonido
optical sound reproducer | reproductor sonoro óptico
optical sound track | pista óptica de sonido
optical spectrometer | espectrómetro óptico
optical storage | almacenamiento óptico

optical subscriber access network | red óptica de acceso para abonados
optical switch | inversor óptico
optical tape | cinta óptica
optical time domain reflectometer | reflectómetro con base de dominio en el tiempo
optical track command guidance | guiado controlado por seguimiento óptico
optical transmitter | trasmisor óptico
optical twinning | duplicación (/hemitropía) óptica
optical video disc | disco de vídeo óptico
optical waveguide | guía de ondas óptica, guiaondas óptico
optic-electronic device | dispositivo óptico electrónico
optic fibre | fibra óptica
optics | óptica
optimal binary search tree | árbol de búsqueda binaria óptima
optimisation [UK] | optimación, optimización
optimise, to - [UK] | optimar
optimization [UK+USA] | optimación, optimización
optimize, to - [UK+USA] | optimar
optimizer | programa optimizador
optimizing compiler | compilador de optimación
optimum | grado (/punto) óptimo
optimum anode load [UK] | carga óptima de ánodo
optimum bunching | agrupamiento óptimo
optimum coupling | acoplamiento (/acople) óptimo
optimum damping | amortiguamiento óptimo
optimum frequency | frecuencia óptima
optimum height of burst | altura óptima de detonación (/explosión)
optimum load | carga óptima
optimum load impedance | impedancia óptima de carga
optimum plate load [USA] [optimum anode load (UK)] | carga óptima de ánodo
optimum programming | programación óptima
optimum reliability | fiabilidad óptima
optimum traffic frequency | frecuencia óptima de tráfico
optimum working frequency | frecuencia óptima de trabajo
option | opción, variante
optional | opcional, facultativo, optativo
optional hyphen | guión opcional
optional product | producto opcional
optional voltage | voltaje optativo
option board | placa de opciones
option button | botón de opción
option card | tarjeta de opciones
option key | tecla de opción
option menu | menú de opciones

option menu cascade button | botón de menú para opciones en cascada
options button | botón de opciones
optocoupler | optoacoplador
optoelectronic | optoelectrónico
optoelectronic converter | conversor optoelectrónico
optoelectronic device | dispositivo optoelectrónico
optoelectronic integrated circuit | circuito optoelectrónico integrado
optoelectronics | optoelectrónica
optoelectronic transistor | transistor optoelectrónico
optographics | optografía
optoisolator | optoaislador; optoaislante
optomechanical mouse | ratón optomecánico
optophone | optófono
optotype | optotipo
optrode | optrodo
OPWA = one pass with advertising | OPWA [modelo de un único paso con anuncio (para recopilar informa-ción en trasmisión de datos)]
OPX = off-premises extension | OPX [extensión remota de centralita telefónica]
ORAddress | ORAddress | [elemento de direccionamiento para encaminar mensajes de correo electrónico]
orange | naranja
orange peel | (superficie de) piel de naranja
o-ray = ordinary ray | rayo o = rayo ordinario
ORB = object request broker | ORB [interfaz para consulta de objetos]
ORB = omni-directional radio beacon | ORB [radiofaro omnidireccional]
orbit | órbita
orbital | orbital
orbital beam valve | válvula de haz orbital
orbital capture | captura de electrón orbital
orbital electron | electrón orbital (/cortical, /planetario, /exterior)
orbital electron capture | captura de electrones orbitales
orbital multiplier | multiplicador electrónico de trayectorias semicirculares
orbital period | periodo orbital
orbital quantum number | número cuántico orbital
orbital scatter communication | comunicación por dispersión orbital, radiocomunicación por dispersión en cinturones orbitales
orbital velocity | velocidad orbital
orbiting astronomical observatory | observatorio astronómico orbital
orbiting geophysical observatory | observatorio geofísico orbital
orbiting solar observatory | observatorio solar orbital
orbit motion | movimiento orbital

orbit shift coil | bobina desviadora (/deflectora) de órbita, bobina de desplazamiento orbital
orbit velocity | velocidad orbital
OR circuit | circuito lógico O (/OR)
order | orden, arreglo, disposición, instrucción
order code | código de operación
ordered pair | par ordenado
ordered tree | árbol ordenado
order for morning call | solicitud de llamada despertadora
ordering | ordenación
ordering relation | relación de clasificación
order-isolating diaphragm | separador previo de órdenes espectrales
order link | enlace de órdenes
order number | número de orden
order of calls | orden de las peticiones de comunicaciones
order of magnitude | orden de magnitud
order of precedence | orden de precedencia
order of reflection | orden de reflexión
order register | registro de órdenes
order signal | señal de mando
order statistics | estadística de orden
order tone | tono de orden
order wire | línea (/circuito) de órdenes (/trasferencia)
order-wire button | botón de línea de servicio
order-wire channel | canal de circuito de órdenes
order-wire circuit | línea de servicio; circuito de enlace entre operadoras
order-wire distributor | distribuidor de líneas de servicio
order-wire key | botón de línea de servicio
order-wire speaking key | llave de servicio (/conversación)
order-wire switch | conmutador del circuito de órdenes
order-wire working | servicio con líneas de órdenes
OR device | dispositivo lógico O (/OR)
ordinal number | número ordinal
ordinary call | conversación privada ordinaria
ordinary charging | tarifa normal
ordinary component | componente ordinaria
ordinary differential equation | ecuación diferencial ordinaria
ordinary private call | conferencia privada ordinaria
ordinary ray | rayo ordinario
ordinary wave | onda ordinaria (/fundamental)
ordinary wave component | componente de onda ordinaria
ordinate | ordenada
ordinate axis | eje de ordenadas, eje Y
ORDIR | ORDIR [sistema de radar para la detección de cohetes balísticos]

organ | órgano
organic-cooled reactor | reactor (refrigerado por agente) orgánico
organic dye laser | láser con teñido orgánico
organic-moderated reactor | reactor con moderador orgánico
organic-quenched counter tube | tubo contador de vapor orgánico
organic semiconductor | semiconductor orgánico
organizational information system | sistema de información organizativo
organizer | cuadro de correspondencias
OR gate | puerta lógica O (/OR)
orgware | orgware [procesamiento de análisis de organización empresarial]
orient, to - [USA] | orientar
orientate, to - [UK] | orientar
orientated | orientado
orientation | orientación
orientation box | cuadro de orientación
orientation direction | dirección de orientación
orientation indicator | indicador de orientación
orientation mark | señal de orientación
orientation range | intervalo de orientación
orientation ratio | relación de orientación (/rectangularidad)
orifice | boca, orificio, abertura
origin | origen, punto de partida
original | original
original equipment manufacturer | fabricante de equipo original
original lacquer | original en laca
original master | matriz original
original master pattern | dibujo modelo original
original production master | cliché de de producción original
originate a message, to - | expedir un mensaje
originate mode | modo de origen
originating | procedente; originador, causante
originating at X | procedente de X
originating circuit | circuito de origen
originating exchange | estación de origen, central (telefónica) de origen
originating message | mensaje con origen en la misma localidad de la estación trasmisora
originating office | estación de origen
originating operator | operador de origen
originating point | punto de origen
originating register | registrador de salida
originating station | estación de origen
originating telegram | telegrama de partida
originating toll centre | central interurbana extrema, estación de origen
originating traffic | tráfico originado (/de salida)

originating unit | unidad de comienzo
originator | expedidor, originador, iniciador
originator indicator | indicador de remitente
origin distortion | distorsión de origen
O ring | abrazadera; anillo en O, anillo de empaquetadura
orioscope | orioscopio
OR logic | lógica O [circuito lógico en el que una entrada cualquiera produce una salida]
ORN = orange | naranja
ornamental cloth | tela (/tejido) ornamental
OROM = optical read-only memory | OROM [memoria óptica de sólo lectura]
OR operation | operación O (/OR)
orphan | línea huérfana [primera línea de un párrafo que se imprime como última línea de la página]
orphan file | archivo huérfano [que se queda en el ordenador cuando ha perdido su utilidad]
ORS = official relay station | ORS [estación oficial repetidora (/de escala, /de relevo)]
orthicon = ortho-iconoscope | orticón, orticonoscopio
orthicon camera | cámara ortinoscópica (/de orticón)
orthicon tube | orticón, ortinoscopio
orthinoscope | orticón, ortinoscopio
orthocode | ortocódigo [código de barras para lector fotoeléctrico]
orthocore | ortonúcleo [núcleo de memoria de flujo en circuito cerrado que duplica la memoria de núcleos de ferrita]
orthodiascope | ortodiascopio
orthodiascopy | ortodiascopia
orthogonal analysis | análisis ortogonal
orthogonal basis | base ortogonal
orthogonal frequency | frecuencia ortogonal
orthogonal functions | función ortogonal
orthogonal list | lista ortogonal
orthogonal memory | memoria ortogonal
orthogonal mode | modo ortogonal
orthographic character recognition | reconocimiento ortográfico de caracteres
orthohelium | ortohelio
orthohydrogen | ortohidrógeno
orthonormal basis | base ortonormal
orthonormal functions | función ortonormal
orthopositronium | ortopositronio
orthoradioscopy | ortorradioscopia
orthoscope | ortoscopio
orthoscopic | ortoscópico
Os = osmium | Os = osmio
OS = operating system | SO = sistema operativo

OS = our service | **NS** = nuestro servicio
OS2 = operating system 2 | OS2 [*sistema operativo multiárea de 32 bits creado por IBM para PC*]
OSA = open service architecture | OSA [*interfaz de arquitectura de servicios abierta*]
OSAN = optical subscriber access network | OSAN [*red óptica de acceso para abonados*]
OSC = oscillator | OSC = oscilador
OSCA = open system cabling | OSCA [*sistema abierto de cableado de British Telecom*]
osciducer | osciductor [*trasductor donde la excitación se indica como desviación de la frecuencia central de un oscilador*]
oscillate, to - | oscilar
oscillating | oscilante; oscilación, vibración
oscillating arc | arco oscilante (/fluctuante)
oscillating circuit | circuito oscilante (/de oscilación)
oscillating circuit inductance | inductancia de circuito oscilante
oscillating coil | bobina oscilante
oscillating crystal | cristal oscilante
oscillating crystal method | método del cristal oscilante
oscillating current | corriente oscilante
oscillating detector | detector oscilante
oscillating discharge | descarga oscilatoria (/oscilante)
oscillating doublet aerial | antena de doblete oscilante
oscillating energy | energía de vibración
oscillating meter | contador oscilante
oscillating mirror | espejo oscilante
oscillating quantity | magnitud oscilante
oscillating transducer | trasductor oscilante
oscillating transformer | trasformador de oscilación
oscillating tube | tubo oscilador
oscillating voltage | tensión oscilante
oscillation | vibración, oscilación
oscillation absorber | amortiguador de oscilaciones
oscillation amplitude | amplitud de la oscilación
oscillation damping | amortiguación de oscilaciones
oscillation detector | detector de oscilaciones
oscillation frequency | frecuencia de oscilación
oscillation generator | generador de oscilaciones
oscillation loop | vientre (/antinodo) de oscilaciones
oscillation mode | modo de oscilación
oscillation sort | clasificación por oscilación
oscillation time | periodo de oscilación
oscillation train | serie (/tren) de oscilaciones
oscillation transformer | trasformador de oscilación
oscillator | oscilador
oscillator beat note | nota de batido del oscilador local vecino
oscillator circuit | circuito oscilador
oscillator coil | bobina del oscilador
oscillator-converter | oscilador-convertidor
oscillator-detector | oscilador-detector
oscillator drift | deriva (/deslizamiento) del oscilador
oscillator feedthrough | fuga de oscilaciones locales
oscillator frequency | frecuencia del oscilador
oscillator grid | rejilla osciladora
oscillator harmonic interference | interferencia armónica (/por armónicos) del oscilador
oscillator injection signal | oscilación local
oscillator klystron | clistrón oscilador
oscillator-mixer-first detector | oscilador-mezclador-primer detector
oscillator padder | compensador de oscilación (/oscilador)
oscillator radiation | radiación del oscilador
oscillator radiation interference | interferencia por radiación del oscilador local
oscillator section | sección del oscilador
oscillator section coil | bobina de la sección oscilador
oscillator slug adjustment | ajuste del núcleo móvil del oscilador
oscillator stage | etapa oscilador
oscillator tank circuit | circuito tanque del oscilador
oscillator transistor | transistor oscilador
oscillator trimmer | corrector del oscilador
oscillator triode | triodo del oscilador
oscillator tube | tubo (/válvula) de oscilador
oscillator unit | unidad oscilador
oscillatory | oscilatorio, oscilante
oscillatory circuit | circuito oscilante
oscillatory current | corriente oscilante
oscillatory discharge | descarga oscilante
oscillatory electromotive force | fuerza electromotriz oscilante
oscillatory spin | rotación oscilatoria, giro oscilatorio
oscillatory surge | pulsación oscilatoria, impulso oscilante
oscillistor | oscilistor [*barra semiconductora que oscila al pasar una c.c. paralela a un campo magnético exterior*]
oscillogram | oscilograma
oscillograph | oscilógrafo
oscillograph camera | cámara de oscilógrafo, registrador de oscilogramas
oscillograph curve | oscilograma
oscillograph galvanometer | galvanómetro oscilográfico (/de oscilógrafo)
oscillographic | oscilográfico
oscillographic display | oscilograma, presentación oscilográfica
oscillographic pattern | oscilograma
oscillographic record | oscilograma, registro oscilográfico
oscillographic recorder | registrador oscilográfico
oscillograph record camera | registrador de oscilogramas
oscillograph recorder | registrador oscilográfico
oscillograph recording apparatus | registrador (/equipo) oscilográfico
oscillograph tube | oscilógrafo catódico
oscillograph with bifilar suspension | oscilógrafo con suspensión bifilar (/de bucle)
oscillography | oscilografía
oscillometer | oscilómetro
oscilloscope | osciloscopio
oscilloscope camera | cámara osciloscópica
oscilloscope differential amplifier | amplificador diferencial de osciloscopio
oscilloscope display | oscilograma, presentación osciloscópica
oscilloscope recording | oscilograma, registro osciloscópico
oscilloscope screen | pantalla osciloscópica (/de osciloscopio)
oscilloscope trace | trazo osciloscópico
oscilloscope tracing | oscilograma, trazo osciloscópico
oscilloscope valve | osciloscopio catódico, válvula osciloscópica
oscilloscope waveform | oscilograma de forma de onda
oscilloscopic | osciloscópico
oscilloscopic display | oscilograma, presentación osciloscópica
oscillosynchroscope | oscilosincroscopio
oscillotron | oscilotrón
OSF = open software foundation | OSF [*fundación de fabricantes para la creación de software abierto*]
OSGi = open services gateway initiative | OSGi [*pasarela de servicios abierta (para gestión y mantenimiento de la red)*]
O shell | capa O
OSI = open systems interconnection | OSI [*interconexión de sistemas abiertos*]
OSI reference model with its layers 1 to 7 | modelo de referencia OSI de siete capas

OSITOP = open systems interconnection for technical and office protocol | OSITOP [*organización de usuarios para el fomento de protocolos*]
osmium | osmio
osmo-regulator | osmorregulador
osmosis | ósmosis
osmotic pressure | presión osmótica
OSPF = open shortest path first | OSPF [*protocolo para redes IP que calcula la ruta más corta para cada nodo*]
OSS = our sending slip | nuestra cinta de trasmisión
Ostwald electrode | electrodo de Ostwald
OT = office technician | técnico de aparatos terminales
OT = old timer | veterano
OT = oscillation transformer | TO = trasformador de oscilación
OTC = originating toll centre | estación interurbana extrema
OTDR = optical time domain reflectometer | OTDR [*reflectómetro con base de dominio en el tiempo (en fibra óptica)*]
OTLP = zero-transmission-level-point | punto de nivel de trasmisión cero
OTM = object transaction monitor | OTM [*monitor para transacción de objetos*]
OTOH = on the other hand | OTOH [*acrónimo usado en internet para indicar "por otro lado", "por otra parte"*]
OTR = other | otro
OTS = our transmission slip | nuestra cinta de trasmisión
O-type backward-wave oscillator | oscilador de ondas retrógradas tipo O
O-type carcinotron | carcinotrón tipo O
O-type tube | tubo tipo O
Oudin's current | corriente de Oudin
Oudin's resonator | resonador de Oudin
Oudin-type tuning system | sistema de sintonía tipo Oudin
out | fuera, desconectado, fin de trasmisión
outage | interrupción, corte, parada
outage time | tiempo de interrupción
outage-time recording equipment | aparato registrador de los periodos de interrupción
outband dialling | selección por frecuencia fuera de banda
outband signalling | señalización fuera de banda
outboard | exterior, externo
outboard flap amplificator | amplificador de aletas exteriores
outbox | buzón de salida [*de mensajes listos para enviar*]
outdegree | grado de salida
outdent | sangría saliente [*en artes gráficas*]
outdoor | externo, exterior
outdoor aerial | antena exterior
outdoor apparatus | aparato de exterior
outdoor disconnecting switch | seccionador de exterior
outdoor electrical equipment | instalación eléctrica a la intemperie
outdoor substation | subestación de exterior (/intemperie)
outdoor switching station | subestación al aire libre
outdoor transformer | trasformador de exterior (/intemperie)
outer | externo; conductor exterior
outer channel | vía exterior
outer coating | revestimiento exterior
outer code | código exterior
outer conductor | conductor exterior
outer cone of a flame | cono exterior de la llama
outer contact | contacto exterior
outer electrode | electrodo exterior
outer grid | rejilla exterior
outer grid injection | inyección por la rejilla exterior
outer join | operador externo de unión [*para gestión de bases de datos*]
outer lead | línea exterior de entrada
outer main | conductor exterior
outer marker | marcador exterior, señal de radiobaliza exterior
outer marker beacon | radiobaliza exterior
outer modulation | modulación exterior
outer radio marker | radiobaliza exterior
outer shell electron | electrón periférico (/óptico)
outer space | espacio exterior
outer work function | trabajo externo
outflow | salida, derrame, flujo
outgass, to - | desgasear
outgassing | desgasificación
outgoing | de salida, saliente
outgoing call | comunicación de salida, llamada saliente
outgoing channel | canal de salida, vía saliente
outgoing circuit | circuito de salida
outgoing circuit breaker | disyuntor de salida
outgoing country | país de origen
outgoing current | corriente emitida (/de salida)
outgoing delay position | posición de salida para tráfico diferido
outgoing end | extremidad de salida
outgoing exchange | central de salida
outgoing feed junctor | alimentador de salida
outgoing international telegram | telegrama internacional de salida
outgoing international terminal exchange | central internacional de salida
outgoing junction | enlace (/línea auxiliar) de salida
outgoing junction test desk | mesa de pruebas de enlaces de salida
outgoing junctor | enlace de salida
outgoing junctor verification | enlace de salida de verificación
outgoing line | línea de salida
outgoing message | mensaje de salida
outgoing one-way circuit | circuito para tráfico de salida
outgoing operator | operadora de salida
outgoing register | registrador de salida
outgoing selector | selector de salida
outgoing semanteme | semantema de salida
outgoing service | servicio de salida
outgoing signal | señal saliente (/de emisión)
outgoing to distant exchange | salida a central distante
outgoing track | vía de salida
outgoing traffic | tráfico saliente (/de salida)
outgoing trunk | enlace de salida
outgoing trunk circuit | (línea de) enlace de salida
outgoing trunk multiple | grupo de enlace general
outgoing trunk test desk | mesa de pruebas de enlaces de salida
outgoing wave | onda emitida
outgrowth | excrecencia
outlet | enchufe, toma de corriente; (nivel de) salida
outlet aperture | abertura de salida
outlet box | caja de salida
outlet jet | tobera de salida
outlet level | nivel de salida
outlier | valor atípico
outline | estructura, contorno, perfil, trazado, esbozo
outline circuit | esquema de principio (/circuito)
outlined | perfilado
outline drawing | esquema, croquis
outline font | fuente externa [*de caracteres*]
outline view | vista de contorno
outlying | distante, remoto
outlying station | estación distante
out of band | fuera de la banda
out-of-band assignment | asignación fuera de la banda
out-of-band broadcasting station | estación de radiodifusión fuera de banda
out-of-band radiation | radiación fuera de banda
out-of-band signalling | señalización fuera de banda
out of memory | sin memoria
out-of-order circuit | circuito averiado
out-of-order tone | señal de avería
out-of-parallel | no paralelos
out-of-phase | desfasado, fuera de fase
out-of-phase amplifier | amplificador desfasado
out-of-phase component | componente desfasado

out-of-phase condition | desfasaje, desfasamiento
out-of-phase current | corriente desfasada
out-of-phase drive | excitación desfasada
out-of-phase recording | grabación desfasada, registro desfasado
out-of-phase signal | señal desfasada
out-of-print | edición agotada
out of range | fuera de enlace (/alcance)
out of resources | sin recursos
out of service | fuera de servicio
out-of-service jack | clavija de inutilización
out-of-service record | estadística de inutilización
out-of-service time | tiempo de inutilización
out-of-sight control instrumentation | instrumentación de telemando
out-of-step protection | protección contra pérdida de sincronismo
out of transmission | fin de trasmisión
out-of-voice-band signalling | señalización fuera de la banda vocal
outpayment | pago a terceros
outphaser | (circuito) desfasador
outphasing | desfasaje, desfasamiento
out-port | (puerto de) salida
output | extracción; salida (de datos); potencia (/energía) de salida
output, to - | salir, sacar
output admittance | admitancia de salida
output aerial | antena de salida
output amplifier | amplificador de salida
output area | área de salida
output attenuator | atenuador de salida
output axis | eje de salida
output block | bloque de salida
output blocking capacitor | condensador de bloqueo de salida
output-bound | limitado por la salida
output buffer | memoria tampón de salida [*de información*]
output capability | capacidad de salida
output capacitance | capacidad (/condensador) de salida
output capacitive loading | carga capacitiva de salida
output capacity | capacidad de salida
output channel | canal de salida
output choke | reactor de salida
output circuit | circuito de salida
output coefficient | coeficiente de potencia
output contact | contacto de salida
output coupling loop | bucle de acoplamiento de salida
output coupling tube | tubo de acoplamiento de salida
output data | resultado, datos de salida
output device | dispositivo de salida
output electrode | electrodo de salida

output energy | energía de salida
output equipment | equipo de salida
output error voltage | tensión de error de salida
output format | formato de salida
output frequency | frecuencia de salida (/trasmisión)
output gap | intervalo exterior, espacio de interacción de salida, abertura de salida
output governor | regulador de potencia
output impedance | impedancia de salida
output indicator | indicador de salida
output interaction gap | espacio de interacción de salida
output jack | clavija de salida
output level | nivel de salida (/potencia)
output limit | límite de salida
output-limited process | proceso limitado por la salida
output limiter | limitador de salida
output load | carga de salida
output load current | corriente de carga de salida
output loss | pérdidas de salida
output matching network | red adaptadora de salida
output meter | medidor de salida
output meter adapter | adaptador de medidor de salida
output monitor | monitor de salida
output offset voltage | tensión de salida de desequilibrio
output port | puerta de salida
output power | potencia de salida
output power/frequency characteristic | característica de frecuencia/potencia de salida
output power meter | medidor de potencia de salida
output power rating | potencia nominal de salida, potencia útil nominal
output pulse | impulso de salida
output pulse amplitude | amplitud del impulso de salida
output pulse rating | potencia del impulso de salida
output recording jack | clavija de salida para registro
output resistance | resistencia de salida
output resonator | resonador de salida
output saturation voltage | tensión de saturación de salida
output signal | señal de salida
output source label | rótulo de fuente de salida
output stage | etapa de salida
output stream | flujo de salida [*información que sale del ordenador*]
output transformer | trasformador de salida (/modulación de altavoz)
output-transformerless amplifier | amplificador sin trasformador de salida

output triode | triodo de salida
output unit | unidad de salida
output valve | válvula (de la etapa) de salida
output voltage | tensión de salida
output voltage swing | margen de tensión de salida
output voltmeter | voltímetro de salida
output wave | onda saliente (/de salida)
output waveform | forma de onda de salida
output winding | devanado (/arrollamiento) de salida
output window | ventana de salida
outrigger | oreja de anclaje, cuerno de amarre
outscriber | excriptor
outside | exterior, externo, superficial
outside aerial | antena exterior
outside air temperature gauge | termómetro del aire ambiente
outside broadcast | trasmisión de exteriores
outside cable | cable exterior
outside conductor | conductor exterior
outside foil | hoja (/armadura) exterior
outside-in loading | carga de fuera adentro
outside lead | espiral de salida
outside plant | instalación (/planta) exterior
outside telephone wire | alambre para instalaciones telefónicas exteriores
outside upright | elemento exterior del montante del bastidor
out-slot signalling | señalización fuera de banda
outsourcing | subcontratación de servicios
out-station signalling | señalización externa de la estación
outstepping | impulsos inversos (/de salida)
outstepping relay | relé de impulsos inversos
outward board | cuadro de salida
outward exchange | central de salida
outward-facing side | cara exterior
outward office | oficina de salida
outward operator | operadora de salida
outward pulse | impulso saliente (/de salida)
outward telegram | telegrama de salida
outward trunk | enlace (/troncal) de salida
outward watts | vatios de salida
oval | oval, ovalado
oval cathode | cátodo ovalado
oval coil | bobina oval
oval core | núcleo oval
oval grid | rejilla ovalada
oven | hornillo, horno
oven heater | calefactor de la cámara termostática
over | fin de mensaje; cambio [*en inter-*

comunicación]
overall | general, global, total
overall amplification | ganancia (/amplificación) total
overall attenuation | atenuación total
overall attenuation curve | curva de atenuación total
overall bandwidth | ancho de banda total
overall block diagram | esquema sinóptico general
overall call length | duración total de la conversación
overall circuit routine tests | ensayos sistemáticos de circuitos
overall duration of a call | duración total de la conversación
overall efficiency | rendimiento global
overall electric efficiency | rendimiento eléctrico total (/global)
overall gain | ganancia total
overall group plan | plan general de los grupos
overall length of a call | duración total de la conversación
overall loss | pérdida total
overall plan | plan general
overall sheath | revestimiento exterior
overall speed-of-service interval | tiempo total de espera
overall system layout | disposición general del sistema; esquema general de la red
overall thermoelectric generator efficiency | rendimiento global del generador termoeléctrico
overall time of propagation | tiempo efectivo de propagación
overall transadmittance | trasadmitancia general
overall transmission line | tiempo efectivo de propagación
overall ultrasonic system efficiency | rendimiento global del sistema ultrasónico
overall volume | volumen total
over-and-undercurrent relay | relé de máxima y mínima corriente
over-and-underpower relay | relé de máxima y mínima potencia
over-and-undervoltage relay | relé de máxima y mínima corriente
overbias | sobrepolarización
overbiasing | sobrepolarización
overboosting | sobrealimentación
overbunching | agrupamiento excesivo, sobreagrupamiento
over-car aerial | antena de techo para vehículos
overcast bombing | bombardeo por encima de las nubes
overcharging | sobrecarga
overcoat | sobrerrecubrimiento
overcompounded generator | generatriz con excitación hipercompuesta
overcompound excitation | excitación hipercompuesta
overcompounding | excitación hipercompuesta

compuesta
overcoupled | sobreacoplado
overcoupled circuit | circuito sobreacoplado
overcoupled IF system | sistema de frecuencia intermedia con sobreacoplamiento
overcoupled IF transformer | trasformador de frecuencia intermedia sobreacoplado
overcoupling | sobreacoplamiento
overcurrent | sobrecorriente, sobreintensidad de corriente
overcurrent circuit breaker | disyuntor de sobrecorriente
overcurrent class | clase de sobreintensidad
overcurrent device | dispositivo de sobrecorriente
overcurrent factor | índice de sobrecarga
overcurrent protection | protección contra sobrecorriente
overcurrent protective device | dispositivo protector contra sobrecorriente (/descargas)
overcurrent relay | relé de máxima (/sobrecarga, /sobrecorriente)
overcurrent release | desconexión por sobrecarga; aparato de (corriente) máxima
overcutting | sobremodulación
overdamping | sobreamortiguamiento
overdrive | saturación, sobreexcitación
overdriven amplifier | amplificador sobreexcitado
overenergization | sobreexcitación
overexcitation | sobreexcitación
overexcite, to - | sobreexcitar
overflow | sobrecarga, desbordamiento, rebose, sobrante, exceso; tráfico residual
overflow channel | vía de desbordamiento (/desvío)
overflow error | error de desbordamiento
overflow indicator | indicador de sobrecapacidad
overflow junctor | enlace de desbordamiento
overflow meter | contador de sobrecarga
overflow position | posición de desbordamiento
overflow register | registrador de sobrecarga
overflow route | ruta de desbordamiento
overflow storage | almacenamiento de sobrecapacidad
overflow store | almacenamiento de rebose
overflow traffic | tráfico de desbordamiento
overflow valve | válvula de rebose
overfrequency | sobrefrecuencia, hiperfrecuencia
overfrequency protection | dispositivo

de protección de máximo de frecuencia
overfrequency relay | relé de sobrefrecuencia
overglazed | vidriado
overhang | proyección
Overhauser effect | efecto Overhauser
overhead | overhead [*programa de soporte a un proceso*]
overhead bit | bit de cabecera [*bit de control que no trasporta información útil*]
overhead cable | cable aéreo
overhead carrier system | sistema de corrientes portadoras sobre líneas aéreas
overhead conductor rail | carril aéreo de contacto
overhead conduit | conducto elevado
overhead contact system | sistema de línea aérea de contacto
overhead contact system drooper | péndola de línea catenaria
overhead crossing | cruce aéreo
overhead ground wire | cable pararrayos
overhead junction crossing | aguja cruzada
overhead junction knuckle | aguja tangencial
overhead line | línea aérea
overhead open-wire circuit | circuito en hilos desnudos aéreos
overhead route | ruta de líneas aéreas
overhead switching | aguja aérea
overhead telephone line | línea telefónica aérea
overhead-underground system | red mixta (/aérea y subterránea)
overhead wire | hilo aéreo
overhead-wire carrier circuit | circuito de corrientes portadoras sobre hilos aéreos
overhead-wire line | línea aérea, arteria de líneas aéreas
overhung | suspensión; voladizo
overhunged | colgado, suspendido
overhung exciter | excitadora en voladizo
overhung pilot exciter | excitadora auxiliar en voladizo
overinsulation | sobreaislamiento
overlaid windows | ventanas superpuestas, ventanas en cascada
overland | terrestre
overland cable | cable terrestre
overland circuit | circuito terrestre
overland route | vía (/ruta) terrestre
overlap | solapamiento, superposición
overlap, to - | solapar
overlap angle | ángulo de superposición
overlapping | solape, recubrimiento
overlapping channel interference | perturbación por superposición de canales
overlapping contacts | contactos de solapamiento

overlapping multiple | multiplicación parcial
overlapping reception area | zona de servicio recubierta
overlap radar | radar con solape (/superposición)
overlap signalling | señalización dígito a dígito
overlap splicing | empalme solapado
overlay | recubrimiento, superposición (en memoria), solapamiento
overlay load module | módulo de carga superpuesta
overlay method | principio de superposición
overlay supervisor | supervisor de superposiciones
overlay transistor | transistor de sobrecarga
overlay zone | zona de trabajo
overload | sobrecarga
overload, to - | sobrecargar
overload capacity | capacidad de sobrecarga
overload circuit | circuito de protección contra sobrecargas
overload circuit breaker | disyuntor de máxima
overload current | corriente de sobrecarga
overload cutout | interruptor de máxima
overload distortion | distorsión de sobrecarga
overloaded circuit | circuito sobrecargado (/saturado)
overloaded recording | registro saturado
overloaded tape | cinta saturada
overload indicator | indicador de sobrecarga
overload indicator lamp | lámpara indicadora de sobrecarga
overloading | saturación, sobreexcitación, sobrecarga
overload level | carga límite admisible, nivel de sobrecarga
overload margin | margen de sobrecarga
overload operating time | tiempo límite de funcionamiento bajo sobrecarga
overload power level | potencia límite admisible
overload protection | protección contra sobrecargas
overload protective device | dispositivo protector contra sobrecargas
overload protector | dispositivo protector contra sobrecargas
overload recovery | restablecimiento postsobrecarga
overload recovery time | tiempo de recuperación (/restablecimiento) tras la sobrecarga
overload relay | relé de sobrecarga
overload release | desconexión por sobrecarga
overload release coil | bobina de máxima
overload trip circuit | circuito desconectador de sobrecarga
overlong message | mensaje sobrelargo
overmodulation | sobremodulación
over-ocean link | enlace trasoceánico
overplate | sobredeposición
overplugging | conexión en línea ocupada
overpotential | sobretensión, sobrepotencial
overpower | sobrecarga, sobrepotencia
overpower protection | protección contra las sobrecargas
overpower relay | relé de máxima (/máximo de potencia)
overpressure | sobrepresión; sobrevoltaje, sobrepotencial, sobretensión
overprint, to - | sobreimprimir
overpunch | sobreperforación, perforación de zona
over-radiation alarm | alarma de sobrerradiación
overrange | sobrealcance
overranging | sobrealcance
overreach interference | interferencia de sobrealcance
override | intercalación, inclusión; sobrecontrol, superposición de control; dispositivo de trasferencia de mando; intervención
override, to - | ignorar; invalidar
override circuit | circuito de trasferencia de mando
override security | protección contra la intercalación
override tone | tono de aviso
over-road stay | riostra anclada al lado opuesto del camino
overrun | desbordamiento [*de memoria*]
overrun lamp | lámpara a sobrevoltaje
overrunning third rail | riel de contacto superior
oversampling | sobremuestreo
overscan | sobredesviación, sobrebarrido
overscanning | sobreexploración, sobredesviación, sobrebarrido
overscan recovery | restablecimiento de sobredesviación
overseas call | conversación trasoceánica
overseas telegram | telegrama trasoceánico
overshoot | rebose; sobreimpulso, sobremodulación, sobretensión
overshoot distortion | distorsión por sobreimpulso (/sobremodulación)
overshoot interference | interferencia por sobrealcance
overshoot path | trayectoria de sobrealcance
overshoot profile | perfil de la trayectoria de sobrealcance
overshoot ratio | relación de sobremodulación
overshot | monoestable
overspeed | velocidad punta, exceso de velocidad
overspeed shutdown relay | relé de desconexión por sobrevelocidad
overspeed switch | interruptor contra exceso de velocidad
overstrike, to - | superponer [*un carácter sobre otro*]
overswing | sobreimpulso
overswing diode | diodo de absorción
overtemperature protection | protección contra sobretemperaturas
over-the-horizon communication | comunicaciones trashorizonte (/sobre el horizonte)
over-the-horizon communication system | sistema de comunicaciones trashorizonte
over-the-horizon equipment | equipos de trayectoria sobre el horizonte
over-the-horizon jumping-off point | punto de emisión de enlace trashorizonte
over-the-horizon link | enlace trashorizonte
over-the-horizon microwave link | enlace trashorizonte por microondas
over-the-horizon microwave telephone system | sistema radiotelefónico trashorizonte por microondas
over-the-horizon radar | radar (de enlace) trashorizonte
over-the-horizon radio equipment | equipos de radio para enlaces trashorizonte
over-the-horizon radio relay route | ruta de enlaces hercianos trashorizonte
over-the-horizon radio scatter link | enlace radioeléctrico trashorizonte
over-the-horizon signal | señal de propagación trashorizonte
over-the-horizon transmission | trasmisión trashorizonte (/por encima del horizonte)
overthrow distortion | distorsión por sobreimpulso (/sobremodulación)
overtone | hipertono, sobretono
overtone crystal | cristal de sobretono
overtone crystal unit | (unidad de) cristal de sobretono (/tono armónico)
overtone quartz-crystal unit | cristal de cuarzo para producir armónicas
overtravel | sobrerrecorrido
overtravel limit switch | interruptor de sobrecarga
overtravel switch | interruptor de sobrecarga
overtype mode | modo de sobreimpresión
overview | información general
overvoltage | sobretensión, sobrevoltaje
overvoltage circuit | circuito de sobretensión
overvoltage connection | conexión de sobretensión

overvoltage crowbar | cortacircuito total automático de protección contra sobretensiones
overvoltage cutout | disyuntor (/cortacircuito) de sobretensión
overvoltage due to resonance | sobretensión de resonancia
overvoltage operation | funcionamiento a sobretensión
overvoltage output | salida de sobretensión
overvoltage protection | protección contra sobretensiones
overvoltage protection level | nivel de protección contra sobretensiones
overvoltage protection realy | relé de protección contra sobretensiones
overvoltage protector | protección contra sobretensiones
overvoltage relay | relé de sobretensión
overvoltage release | aparato máximo de tensión
overvoltage spike | punta de sobretensión
overvoltage test | prueba de sobretensión
overwrite, to - | sobrescribir, sobregrabar
overwrite mode | modo de sobrescritura
overwriting | sobreimpresión
OVIA = our via | nuestra vía
Ovshinsky effect | efecto Ovshinsky
OW = old woman | vieja [*en radioafición*]
O wave = ordinary wave | onda fundamental (/ordinaria)
O-wave component | componente de onda fundamental (/ordinaria)
Owen bridge | puente de Owen
OWF = optimum working frequency | FOT = frecuencia óptima de trabajo
owner | propietario
owner name | nombre del propietario
owner's guide | guía del usuario
OWS = official wavelength station | OWS [*estación oficial de contraste de longitud de onda*]
oxidation | oxidación
oxidation-reduction electrode | electrodo inerte de oxidación-reducción
oxidation system | sistema de oxidación
oxide | óxido
oxide breakdown voltage | tensión de ruptura de óxido
oxide-cathode | cátodo (con dépositos) de óxido
oxide-cathode valve | tubo (/válvula) con cátodo de óxido
oxide-coated | revestido (/bañado) en óxido
oxide-coated cathode | cátodo recubierto (/con recubrimiento) de óxido
oxide-coated filament | filamento cubierto de óxido
oxide-coated tape | cinta con depósito de óxido
oxide coating | capa (/revestimiento) de óxido
oxide dispersion | dispersión de óxido
oxide emitter | emisor de óxido
oxide isolation | aislamiento de óxido
oxide-of-mercury cell | pila de óxido de mercurio-cinc
oxide ratio | carga (/proporción) de óxido
oxidise, to - [UK] | oxidar
oxidize, to - [UK+USA] | oxidar
oxigen-free high conductivity copper | cobre de alta conductividad libre de oxígeno
oximeter | oxímetro
oxy-arc cutting electrode | electrodo para oxicorte
oxygen effect | efecto oxígeno
oxygen ion | ión de oxígeno
oxy-hydrogen flame | llama de gas detonante
ozone | ozono
ozone-producing radiation | radiación productora de ozono

P

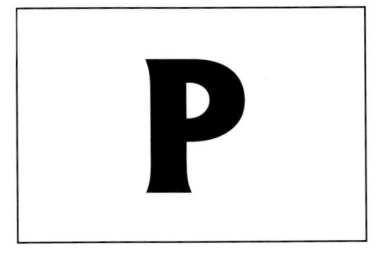

p = pico- [*pref*] | p = pico- [*pref. que significa una billonésima parte (10⁻²)*]
P = padding | P [*relleno (en octetos de bits)*]
P = peta- [*pref. for 1 quadrillion (10¹⁵)*] | P = peta- [*prefijo que significa mil billones (10¹⁵); en código binario significa (2⁵⁰) o sea 1.125.899.906.842.624*]
P = phosphorus | P = fósforo
P = please | por favor
pA = picoampere | pA = picoamperio
Pa = protactinium | Pa = protoactinio
PA = power amplifier | amplificador de potencia
PA = public adress | dirección pública
PABX = private automatic branch exchange | CPA = centralita privada automática [*con conexión a la red pública*], PABX [*centralita telefónica privada*]
PABX's generation | generación de PABX
PABX's networking | formación de redes entre centralitas
PAC = preassembled circuit | circuito preensamblado (/prearmado, /premontado)
pacemaker | marcapasos
pace voltage | tensión en el paso
PACK = please acknowledge | sírvase acusar recibo
pack, to - | agrupar, comprimir, empaquetar [*guardar información compactada*]
package | paquete (de programas); realización mecánica; estilo constructivo
package circuit | circuito encapsulado
package goods amplifier | amplificador empacable
package magnetron | magnetrón compacto
package power reactor | reactor prefabricado de potencia
package reactor | reactor prefabricado
packaged software | software por paquetes [*como forma de distribución*]
package unit | conjunto completo

packaged circuit | circuito monobloque
packaged goods amplifier | amplificador portátil
packaged magnetron | magnetrón integrado (/empaquetado, /preajustado)
packaged reactor | reactor prefabricado
packaged system | sistema integrado
packaging | compresión; formación de paquetes [*de datos*]; empaquetado, empaquetamiento, encapsulado
packaging density | densidad de empaquetado (/integración, /montaje de componentes)
packed data | datos empaquetados
packed decimal | decimal empaquetado (/condensado)
packet | paquete (de datos); grupo (de bits)
packet assembler/disassembler | ensamblador/desensamblador de paquetes
packet assembly/disassembly facility | conmutación de paquetes, ensamblador / desensamblador de comunicación por paquetes de datos
packet data channel | canal de paquetes de datos
packet data protocol | protocolo de paquetes de datos
packet disassembly | desensamblado de paquetes
packet driver | packet driver [*pequeño programa que simula una unidad controladora*]
packet filtering | filtrado por paquetes [*de datos*]
packet header | cabecera del paquete [*de datos*]
packet Internet groper | rastreador de paquetes en internet
packetized elementary stream | flujo elemental empaquetado [*en trasmisión de* datos]
packet mode | conmutación de paquetes
packet-mode terminal | terminal de modo-paquete

packet radio | radiopaquete, radiotrasmisión de paquetes
packet sniffer | comprobador de paquetes [*dispositivo para comprobar los paquetes de datos enviados por una red*]
packet switch | conmutador de paquetes
packet-switched data service | servicio de comunicación de datos por conmutación de paquetes
packet-switched network | red conmutada por paquetes [*de datos*]
packet switching | conmutación de paquetes
packet switching exchange | puesto de conmutación por paquetes [*estación intermedia en la red*]
packet switch stream | corriente de conmutación de paquetes
packet trailer | remolque del paquete [*conjunto que acompaña a los datos de un paquete*]
pack icons, to - | organizar iconos
packing | embalaje, compresión (de la imagen), material de bloqueo
packing density | densidad de almacenamiento (/registro, /montaje de componentes, /información)
packing disk | anillo de empaquetadura
packing effect | efecto de empaquetamiento
packing factor | factor de empaquetamiento; densidad de montaje de componentes
packing fraction | fracción del empaquetamiento
pack unit | emisor/receptor portátil, unidad empaquetada, equipo de mochila
pad | atenuador (fijo); línea artificial, complemento de línea; electrodo de punta ancha; red resistiva fija; área (/zona terminal)
PAD = packet assembly/disassemby facility | PAD [*ensamblador/desensamblador de comunicación por paquetes de datos*]

PAD = programme associated data | PAD [*datos asociados a un programa*]
PADAR | PADAR [*sistema de detección pasiva y seguimiento de móviles que utilizan radar*]
pad area | línea artificial, complemento de línea
pad capacitor | compensador, capacitor de compensación
pad character | carácter de relleno
padder | compensador (en serie)
padder capacitor | capacitor de compensación
padder condenser | condensador de compensación
padding | compensación; relleno [*en octetos de bits*]
padding capacitor | capacitor de compensación
padding condenser | condensador de compensación
padding device | dispositivo de compensación
padding inductance | inductancia de compensación
paddle | raqueta [*para movimientos lineales en juegos de ordenador*]
paddle card | tarjeta enchufable
paddle switch | interruptor de paleta
pad electrode | placa electrodo, electrodo de placa (/punta ancha)
padlock | bloqueo de seguridad
padlock slot | ranura de bloqueo de seguridad
PADV = please advise | sírvase avisar (/informar, /notificar)
page | página
PAGE = poliacrylamide gel electrophoresis | PAGE [*electroforesis del gel de poliacrilamida*]
page break | corte de página
page control register | registro de control de página
page copy | copia de página
paged address | dirección paginada [*en conversión de direcciones*]
page description language | lenguaje de descripción de paginas [*lenguaje de programación para salida a dispositivos*], lenguaje de paginación
paged memory management unit | unidad de gestión de memoria por páginas [*unidad para gestión de la memoria virtual*]
page down | avance de página
page down key | tecla de avance de página
page facsimile | facsímil en página
page facsimile receiver | receptor de facsímil en página
page facsimile transmitter | trasmisor de facsímil en página
page fault | error de paginación [*en la memoria virtual*]
page feed | alimentación (/avance) de página
page feed sequence | orden de alimentación de páginas
page frame | encuadre (/celda) de página; mancha [*en tipografía*]
page-image buffer | memoria tampón de página [*en impresoras por páginas*]
page-image file | archivo de página
page layout | paginación
page makeup | composición de página [*para su impresión*]
page mode | modo de página
page mode RAM | RAM de modo página
page orientation | orientación de la página [*vetical u horizontal*]
pageprinter, page printer | impresora de página(s)
pageprinter monitor | monitor de impresión de página
pageprinter set | equipo impresor de página
pageprinter teletype | teletipo impresor de página
page-printing apparatus | aparato impresor de página entera
page-printing teleprinter | teleimpresor de impresión en página
page reader | lector de página
page register | registro de página
page scrolling | avance de página
page setup, to - | preparar página
pages per minute | páginas por minuto
page table | tabla de páginas
page teletypewriter | teleimpresor de páginas
page tuning | ojeo [*de mensajes en el correo electrónico*]
page up | retroceso de página
page up key | tecla de retroceso de página
pagination | paginación
paging | paginación, organización en páginas
paging channel | canal de notificación [*para notificar a una estación móvil que hay una llamada destinada a ella*]
paging drum | tambor de paginación
paging receiver | receptor de llamadas
paging system | sistema de llamadas; buscapersonas
paid call | conversación (/llamada) tasada
paid card | tarjeta de prepago
paid minute | minuto tasado
paid service | servicio pagado (/tasado)
paid service advice | aviso de servicio tasado
paid service indication | indicación de servicio tasado
paid service telegram | telegrama de servicio tasado
paid time | tiempo pagado (/tasado)
paid-time ratio | rendimiento horario
paid traffic | tráfico tasado
paid word | palabra tasada
paint | color [*de relleno*], fondo
paintbrush | brocha [*herramienta para dar un color a una superficie*]
painted printed circuit | circuito impreso pintado
paint programme | programa de dibujo
pair | par, pareja; línea bifilar
pair attenuation coefficient | coeficiente de atenuación
pair cable | cable de pares
pair conversion | conversión de un par
paired | pareado
paired cable | cable pareado (/de pares)
paired cableform | cable de pares
paired electron | electrón pareado
paired engines | motores gemelos
paired frequencies | frecuencias asociadas por pares
paired lattices | celosías emparejadas
paired running | acoplamiento
pair emission | emisión de un par
pair gain | ganancia en pares
pairing | formación de pares, cableado por pares; emparejado, pareado
pairing energy | energía de paridad
pair of aerials | par de antenas, antenas gemelas
pair of impulses | par de impulsos
pair production | producción (/formación) de pares
pair production absorption | absorción en la producción de pares
pairs cabled in quad-pair formation | pares cableados en estrella
PAL = phase alternating line [*German colour television system*] | PAL [*línea de alternancia de fases, sistema alemán de televisión en color*]
PAL = programmable array logic | PAL [*sistema lógico programable*]
palette | paleta; gama [*de colores*]
palette area | área de paleta
palette snoop | rastreo de paleta
palladium | paladio
pallet die for forming electrodes | estampa para prensar electrodos
Palmer scan | exploración Palmer
palmtop | palmtop [*pequeño ordenador portátil que se puede sujetar son una mano y operar con la otra*]
palmtop computer | ordenador personal con formato de calculadora
PAL system | sistema PAL [*de televisión en color*]
PAM = pulse amplitude modulation | PAM [*modulación de la amplitud de impulsos*]
PAM/FM system | sistema PAM/FM
PAMR = public access mobile radio | acceso a la radiotelefonía móvil pública
PAM signal = pulse-amplitude-modulation signal | señal PAM [*señal con amplitud modulada del impulso*]
pan | cabeceo; panorámica [*fam*]
PAN = payment (/primary) account number | NCP = número de cuenta primaria [*para pagos*]

PAN = personal area network | PAN [*red de área personal*]
pan and tilt | panoramizador
pancake coil | bobina plana (/en espiral)
pancake loudspeaker | altavoz (/altoparlante) extraplano
pancake motor | motor (/servomotor) plano
panchromatic | pancromático
PANDA fibre = polarization maintaining and absoption reducing fibre | fibra PANDA [*tipo de fibra óptica que mantiene la polarización y reduce la absorción*]
pan down | cabeceo
pane | panel; sección
paned box | cuadro apanelado
paned window | ventana apanelada
panel | cuadro, tablero, panel
panel call indicator operation | servicio con indicadores de llamadas [*accionados indirectamente por combinaciones de corrientes*]
panel code | código de panel
panel control | mando
panel extension | extensión de panel
panel feedthrough connector | conector pasante para panel
panel lamp | foquito piloto
panel layout | distribución de los elementos del panel
panel light | luz indicadora (/piloto) del tablero de instrumentos
panel lighting | iluminación del tablero de instrumentos
panel meter | medidor de panel
panel of radiating elements | bastidor de elementos radiantes
panel of solar converters | panel de dispositivos trasformadores de energía
panel plating | metalización total
panel selector | panel de selectores
panel switch | conmutador montado en el panel
panel system | sistema panel
PA neutralization | neutralización del amplificador de potencia
panning | toma panorámica
panorama radar | radar panorámico
panoramic adapter | adaptador panorámico
panoramic analyser | analizador panorámico
panoramic attenuator | desdoblador panorámico
panoramic control | dispositivo de control panorámico
panoramic display | presentación (visual) panorámica
panoramic display device | dispositivo de presentación panorámica
panoramic display unit | indicador panorámico, unidad de presentación panorámica
panoramic indicator | indicador panorámico

panoramic monitor | espectrógrafo, monitor panorámico
panoramic potentiometer | potenciómetro de control panorámico
panoramic presentation | presentación panorámica
panoramic radar | radar panorámico
panoramic receiver | receptor panorámico
panoramic reception | recepción panorámica; espectrografía radioeléctrica
panoramic sonic analyser | analizador panorámico de sonidos
pan-pot = panoramic potentiometer | potenciómetro de control panorámico
PANS = please advise name of sender | sírvase comunicar el nombre del expedidor
pantograph | pantógrafo
pantograph collector | colector pantógrafo
pantograph hanger | pantógrafo portalámpara
pantograph pan | patín del colector pantógrafo
pantograph trolley | colector pantógrafo
pantography | pantografía
pantophonic system | sistema pantofónico
PAP = password authentication protocol | PAP [*protocolo de verificación (/autenticación) por clave*]
paper | papel
paper capacitor | capacitor (/condensador) de papel
paper carriage | carro portapapel (/para avance del papel)
paper condenser | condensador de papel
paper core cable | cable con aislamiento de papel
paper-covered electrolytic capacitor | capacitor electrolítico con cubierta de papel
paper-covered wire | alambre con forro de papel, hilo aislado con papel
paper electrophoresis | electroforesis de papel
paper end | fin del papel
paper feed | avance del papel
paper-insulated cable | cable con aislamiento de papel
paper-insulated enamelled wire | hilo esmaltado bajo papel, alambre esmaltado con forro de papel
paper-insulated lead-sheathed cable | cable con aislamiento de papel bajo plomo
paper-insulated wire | alambre con forro de papel, hilo aislado con papel
paperless office | oficina sin papeles [*totalmente informatizada*]
paper-lined construction | construcción con separador de papel
paper radiochromatography | radiocromatografía sobre papel

paper size | tamaño del papel
paper sleeve | manguito de papel
paper slew | salto de papel
paper tape | cinta de papel
paper tape punch | perforador de cinta de papel
paper tape reader | lector de cinta de papel
paper throw | salto de papel
paper tray | bandeja del papel
paper tubular capacitor | condensador tubular de papel
paper-white monitor | monitor blanco [*monitor monocromo que presenta la imagen en negro sobre fondo blanco*]
paper wrapping | envoltura (/revestimiento) de papel
PA projection | proyección PA
PAR = positive acknowledgment and retransmission | PAR [*retrasmisión y reconocimiento positivo*]
PAR = precision approach radar | PAR [*radar de precisión para aproximación*]
paraboidal reflector | reflector paraboidal
paraboidal reflector aerial | antena con reflector paraboidal
parabola | reflector parabólico; parábola, paraboloide
parabola control | control de parábola
parabolic | parabólico
parabolic aerial | antena parabólica
parabolic detection | detección parabólica
parabolic microphone | micrófono (con reflector) parabólico
parabolic mirror | espejo parabólico
parabolic radiotelescope | radiotelescopio parabólico
parabolic reflector | reflector parabólico
parabolic reflector microphone | micrófono con reflector parabólico
parabolic/shotgun microphone | micrófono con reflector director parabólico
paraboloid | paraboloide
paraboloidal aerial | antena parabólica (/paraboidal)
paraboloidal reflector | reflector paraboloide
paraboloid of revolution | paraboloide de revolución
paraboloid reflector | reflector paraboloide
paracurve cone | cono parabólico (/curvilíneo)
paradigm | paradigma
paradox | paradoja
paradoxical combinator | combinador paradójico
paraffin | parafina
paragraph | párrafo
paragraphic equalizer | ecualizador paragráfico (/paramétrico-gráfico)
paragutta | paraguta [*material aislante para cables similar a la gutapercha*]

paragutta-insulated cable | cable aislado con paraguta
paragutta insulation | aislamiento de paraguta
parahelium | parahelio
parahydrogen | parahidrógeno
parallactic angle | ángulo paraláctico
parallax | paralaje
parallel | (en) paralelo
parallel access | acceso paralelo
parallel adder | sumador paralelo
parallel addition | suma paralela
parallel algorithm | algoritmo paralelo
parallel arithmetic | aritmética paralela
parallel arithmetic unit | unidad aritmética paralela
parallel arrangement | montaje (/acoplamiento) en paralelo
parallel bands | bandas paralelas
parallel bandspread | ensanche de banda paralelo
parallel battery | batería de elementos en derivación
parallel battery float scheme | carga y descarga de batería en tampón (/flotación)
parallel beam | haz paralelo
parallel beam of rays | haz paralelo de rayos
parallel blade plug | clavija de cuchillas paralelas
parallel buffer | separador paralelo
parallel capacitance | capacidad (/capacitancia) en paralelo
parallel capacitor | condensador (/capacitor) en paralelo
parallel circuit | circuito en derivación (/paralelo)
parallel components | componentes en paralelo
parallel computer | ordenador (en) paralelo
parallel computing | procesado en paralelo
parallel conductor cable | cable de conductores paralelos
parallel-connected | conectado en paralelo, acoplado en derivación
parallel-connected armature circuits | circuitos del inducido conectados en derivación
parallel-connected capacitors | condensadores en derivación, capacitores en paralelo
parallel connection | conexión en paralelo (/derivación)
parallel connector | conector (en) paralelo
parallel cord | cordón de dos conductores
parallel cut | corte (en) paralelo
parallel data structure | estructura de datos en paralelo
parallel database | base de datos en paralelo
parallel-delta-connected stator windings | devanados estatóricos en derivación delta (/de triángulo)

parallel digital computer | ordenador digital (en) paralelo
parallel displacement | desplazamiento paralelo
parallel distribution | distribución en paralelo (/derivación, /cantidad)
parallel drum winding | devanado de tambor en derivación
paralleled-resonator filter | filtro de resonador en paralelo
parallel elements | elementos en paralelo
parallel equalizer | igualador en derivación
parallel equivalent circuit | circuito equivalente paralelo
parallel execution | ejecución en paralelo
parallel exposure | paralelismo
parallel feed | alimentación en paralelo
parallel feeders | alimentadores en paralelo, bajada doble
parallel feeding | alimentación en paralelo
parallel feed system | sistema de alimentación en paralelo
parallel flow | flujo en paralelo, corriente paralela
parallel flow electron gun | cañón electrónico de flujo paralelo
parallel gap welding | soldadura de entrehierro paralelo
parallel generators | generadores conectados en paralelo
parallel impedance calculation | cálculo de impedancias en paralelo
parallel impedance components | componentes de impedancias en paralelo
parallel in | entrada (en) paralelo
paralleling | acoplamiento (/puesta) en paralelo
paralleling device | dispositivo de conexión en derivación
paralleling equipment | equipo para conexión en paralelo
paralleling of alternators | conexión de alternadores en paralelo
paralleling reactor | arrollamiento de equilibrio; reactor en paralelo
paralleling switch | conmutador para poner en paralelo
paralleling voltmeter | voltímetro de equilibrio
parallel in / parallel out | carga en paralelo / lectura en paralelo
parallel input-output | entrada/salida paralela
parallel interface | interfaz paralela, interconexión en paralelo
parallelism | paralelismo
parallel lead component | componentes de hilos de conexión en paralelo, componentes de conductores en paralelo
parallel light | luz paralela
parallel line oscillator | oscilador de hilos paralelos

parallel load | carga en paralelo
parallel magnetic pulse amplifier | amplificador magnético de impulsos con carga en paralelo
parallel memory | memoria en paralelo
parallel method | método en paralelo
parallel network oscillator | oscilador de red en derivación
parallelogram distortion | distorsión de paralelogramo
parallelogram of forces | paralelogramo de fuerzas
parallel operation | marcha (/funcionamiento, /operación) en paralelo
parallel out | salida paralela
parallel output | salida en paralelo
parallel plane waveguide | guía de ondas de planos paralelos
parallel plate capacitor | capacitor de placas paralelas
parallel plate counter | contador de placas paralelas
parallel plate counter chamber | cámara de contador de placas paralelas
parallel plate lens | lente de placas (/láminas) paralelas
parallel plate oscillator | oscilador de placas paralelas
parallel plate transmission system | sistema de trasmisión de placas paralelas
parallel plate waveguide | guiaondas (/guía de ondas) de placas paralelas
parallel port | puerto paralelo
parallel port address | dirección de puerto paralelo
parallel port connector | conector de puerto paralelo
parallel port mode | modo de puerto paralelo
parallel port resource conflict | conflicto de recursos de puerto paralelo
parallel printer | impresora de puerto paralelo
parallel processing | procesamiento (/proceso) en paralelo
parallel processor | procesador en paralelo, multiprocesador
parallel programming | programación paralela
parallel recording | grabación en paralelo
parallel rectifier circuit | circuito rectificador de elementos en paralelo
parallel resistance bridge | puente de resistencia en derivación
parallel resistance formula | fórmula de resistencia en paralelo
parallel resonance | resonancia paralela (/en paralelo)
parallel resonance circuit | circuito antirresonante (/resonante paralelo)
parallel resonant circuit | circuito antirresonante (/resonante paralelo)
parallel rewriting system | sistema paralelo de reescritura
parallel ring winding | devanado de anillo en derivación

parallel rod oscillator | oscilador de hilos paralelos
parallel rod tank circuit | circuito tanque de hilos paralelos
parallel rod tuning | sintonización por circuito de hilos paralelos
parallel running | marcha (/funcionamiento) en paralelo, ciclo de funcionamiento en paralelo
parallel search storage | memoria de búsqueda en paralelo
parallel series circuit | circuito en paralelo-serie
parallel series connection | acoplamiento de series paralelas
parallel series memory | circuito en paralelo-serie
parallel server | servidor paralelo [*de procesado en paralelo*]
parallel shift | desplazamiento paralelo
parallel shooting method | método de reparación de errores en paralelo
parallel slot rotor | rotor de ranuras paralelas
parallel slots | ranuras paralelas
parallel splice | empalme paralelo
parallel-star-connected stator windings | devanados estatóricos en derivación estrella
parallel storage | almacenamiento paralelo; memoria en paralelo
parallel sweep search | búsqueda de barrido paralelo
parallel system of distribution | sistema de distribución en derivación
parallel-T network | red de circuitos en T en paralelo
parallel-T oscillator | oscilador de circuitos en T en paralelo
parallel to serial converter | convertidor de paralelo a serie
parallel-tracking arm | brazo de exploración paralela
parallel transducer | trasductor de acoplamiento en paralelo
parallel transfer | trasferencia en paralelo
parallel transfer disc | disco de traspaso paralelo
parallel transmission | trasmisión en paralelo
parallel transmitter | trasmisor en paralelo
parallel-T resistance capacitance network | red en T con capacitancia y resistencia en paralelo
parallel-triggered blocking oscillator | oscilador de bloqueo disparado en paralelo
parallel-T-tuned circuit | circuito sintonizado de redes en paralelo
parallel tube amplifier | amplificador de tubos en paralelo
parallel-tuned | sintonizado en paralelo
parallel two-terminal-pair networks | redes de dos pares de terminales conectadas en paralelo
parallel winding | devanado en derivación (/paralelo)
parallel winding slotted armature | inducido ranurado con devanado en derivación
parallel wire aerial | antena de hilos paralelos
parallel wire line | línea de conductores (/hilos) paralelos
parallel wire resonator | resonador de hilos paralelos
parallel wiring | armado en paralelogramo
paraloc | paraloc [*tipo de amplificador de desplazamiento de fase*]
paralysis | paralización, parálisis, bloqueo
paralysis circuit | circuito de bloqueo
paralysis time | tiempo muerto (/de paralización)
paramagnetic | paramagnético
paramagnetic absorption | absorción paramagnética
paramagnetic amplifier | amplificador paramagnético
paramagnetic crystal | cristal paramagnético
paramagnetic material | material paramagnético
paramagnetic resonance | resonancia paramagnética
paramagnetic resonance absorption | absorción de resonancia paramagnética
paramagnetic scattering | difusión paramagnética
paramagnetic substance | sustancia paramagnética
paramagnetism | paramagnetismo
parameter | parámetro
parameter-driven | controlado por parámetros
parameter extraction | extracción de parámetros
parameter format | formato de parámetro
parameter passing | paso de parámetros
parameter RAM | RAM de parámetros [*en ordenadores Macintosh*]
parameter spread | margen de variación de parámetros
parameter tag | etiqueta de parámetro
parametric | paramétrico
parametric amplification | amplificación paramétrica
parametric amplifier | amplificador paramétrico
parametric amplifier pump | bomba de amplificador paramétrico
parametric conversion | conversión paramétrica
parametric converter | comvertidor (/conversor) paramétrico
parametric device | dispositivo paramétrico
parametric down-converter | convertidor paramétrico descendente
parametric excitation | excitación paramétrica
parametric frequency converter | convertidor de frecuencia paramétrico
parametric modulator | modulador paramétrico
parametric multiplier modulator | modulador multiplicador paramétrico
parametric oscillator | oscilador paramétrico
parametric phase-locked oscillator | oscilador paramétrico de fase sincronizada
parametric receiver | receptor paramétrico
parametric subharmonic oscillator | oscilador paramétrico de subarmónica
parametric techniques | técnicas paramétricas
parametric testing | prueba paramétrica
parametric up-converter | convertidor paramétrico ascendente
parametric value | valor paramétrico
parametron | parametrón [*circuito resonante con una reactancia que varía a la mitad de la frecuencia de excitación*]
paramistor | paramistor [*módulo de circuitos lógicos digitales con varios parámetros*]
paramp = parametric amplifier | amplificador paramétrico
paraphase amplifier | amplificador parafase (/parafásico)
parasite | parásito, corriente (/resistencia) parásita
parasite capacitance | capacitancia parásita
parasitic | parásito, señal (/corriente) parásita
parasitic aerial | antena parásita (/excitada)
parasitically excited | excitado indirectamente (/por parásitos)
parasitically excited aerial | antena alimentada (/excitada) indirectamente
parasitically excited section | sección excitada (/alimentada) indirectamente
parasitic array | red directiva de antena con elementos pasivos
parasitic capacitance | capacitancia (/capacidad) parásita
parasitic capture | captura parásita
parasitic component | componente parásito
parasitic coupling | acoplamiento parásito
parasitic cross section | sección eficaz parásita
parasitic current | corriente parásita
parasitic disturbance | parásitos, perturbaciones parásitas
parasitic drag | resistencia parásita
parasitic echo | eco interno
parasitic effect | efecto parásito
parasitic element | elemento parásito (/pasivo)

parasitic emission | emisión parásita
parasitic frequency | frecuencia parásita
parasitic induction | inducción parásita
parasitic neutron capture | captura parásita de neutrones
parasitic noise | parásito, interferencia, perturbación
parasitic oscillation | oscilación parásita
parasitic radiation | radiación parásita
parasitic radiator | elemento secundario
parasitic signal | señal parásita
parasitic stopper | supresor antiparasitario (/de oscilaciones parásitas)
parasitic suppressor | supresor (/eliminador) de parásitos (/oscilaciones parásitas)
paraxial ray | rayo paraxial
PARC = Palo Alto research centre | PARC [*centro de investigación de Xerox en Palo Alto (USA)*]
PARD = periodic and random deviation | PARD [*desviación periódica y aleatoria*]
PAR element = precision approach radar element | elemento PAR [*elemento de radar de precisión para aproximación*]
parent | padre
parent atom | átomo padre
parent/child [*relationship between nodes in a tree data structure*] | relación padre/hijo [*relación de jerarquía en una estructura de datos en árbol*]
parent directory | directorio padre
parent element | elemento ascendente
parent exchange | central principal
parent file | archivo primario
parent folder | carpeta padre
parenthesis-free notation | notación sin paréntesis
parent nucleus | núcleo madre
parent nuclide | núclido padre
parent peak | cresta padre
parent population | población original
parhelion | parhelio
Parikh's theorem | teorema de Parikh
Paris Telegraph and Telephone Regulations | Reglamento telegráfico y telefónico de París
parity | paridad
parity bit | bit (/dígito binario) de paridad
parity check | prueba (/comprobación, /verificación, /control) de paridad
parity check code | código de control de paridad
parity checking | control de paridad
parity check matrix | matriz de control de paridad
parity effect | efecto de la paridad
parity error | error de paridad
parity tree | árbol de paridad
park and ride | aparque y monte [*aparcamiento de disuasión en terminales de trasporte público*]
park circuit | circuito de espera
parking | estacionamiento; aparcamiento [*retención de llamadas*]
parking orbit | órbita de aparcamiento
parse, to - | analizar
parsec | parsec
parsed header | *cabecera (de mensaje) analizada sintácticamente*
parser | analizador (sintáctico)
parser generator | generador de programa de análisis sintáctico
parse tree | árbol sintáctico
parsing | análisis sintáctico
PAR system = precision approach radar system | sistema PAR [*sistema de radar de precisión para aproximación*]
part | pieza, parte
part failure | fallo de pieza
part failure rate | frecuencia de fallos de pieza
partial | parcial
partial carry | arrastre (/acarreo) parcial
partial common trunk | línea parcialmente común
partial correctness | corrección parcial
partial cross section | sección parcial
partial dial tone | señal de línea parcial
partial differential equation | ecuación en derivadas parciales
partial disintegration constant | constante de desintegración parcial
partial evaluation | evaluación parcial
partial exposure | irradiación parcial
partial function | función parcial
partial hangover time | tiempo de cierre parcial
partially enclosed apparatus | aparato protegido contra los contactos accidentales
partially energized relay | relé parcialmente excitado
partially expand, to - | expandir parcialmente
partially occupied band | banda parcialmente ocupada
partially ordered set | conjunto parcialmente ordenado
partially restricted extension | extensión semirrestringida; supletorio con toma controlada de la red
partially suppressed sideband | banda lateral parcialmente suprimida
partial motor | motor parcial
partial multiple | multiplicación parcial (/escalonada)
partial node | nodo imperfecto (/parcial)
partial order | orden parcial
partial ordering | orden parcial
partial pitch | paso parcial
partial plating | depósito limitado
partial read pulse | impulso de lectura parcial
partial recursive function | función recursiva parcial
partial restoring time | tiempo de bloqueo (por restablecimiento de estado)
partial secondary selection | segunda preselección parcial
partial secondary working | selección secundaria parcial
partial select output | salida de selección parcial
partial select pulse | impulso de selección parcial
partial wave | onda parcial
partial write pulse | impulso de escritura parcial
particle | partícula, corpúsculo
particle acceleration | aceleración de partículas
particle accelerator | acelerador de partículas
particle emission | emisión de partículas (/corpúsculos)
particle energy | energía de una partícula
particle fluence | fluencia de partículas
particle flux | flujo de partículas
particle flux density | densidad de flujo de partículas
particle fluxmeter | medidor de flujo de partículas
particle orientation | orientación de partículas
particle path | recorrido de las partículas
particle velocity | velocidad de la partícula
particulars of a call | datos relativos a una petición de llamada
particulate | particulado
particulate activity | actividad de partículas
partition | partición, división en particiones
partition boot sector | sector de arranque de la partición
partition coefficient | coeficiente de partición
partition-exchange sort | clasificación rápida (/por partición-intercambio)
partition factor | factor de partición (/ruptura)
partitioning | partición
partition noise | ruido de partición
partition table | tabla de partición
partly double preselection | preselección parcial doble
part programmer | programador de piezas
parts density | densidad de piezas
parts list | lista de despiece
part-time leased circuit | circuito telefónico alquilado temporalmente
part-time private-wire circuit | circuito telefónico alquilado temporalmente
part-time private-wire telephone circuit | circuito telefónico alquilado temporalmente
party calling | usuario (/abonado) que llama

party line | línea compartida
party line carrier system | sistema de portadora colectiva
party line circuit | circuito compartido
party line operation | funcionamiento compartido
party line ringing | repique simultáneo
party line service channel | canal de servicio compartido
party line station selector | selector de estaciones en circuito compartido
party line telephones | teléfonos de línea colectiva (/compartida)
party line voice circuit | circuito telefónico compartido, vía telefónica compartida
party line voice communication | comunicación telefónica por circuito compartido
party unknown | interesado desconocido
parylene | parileno
parylene capacitor | condensador (/capacitor) de parileno
Pascal | Pascal [*lenguaje de programación informática*]
Paschen's law | ley de Paschen
pass | paso, pasada
pass a booking, to - | trasmitir una petición de comunicación
pass a call, to - | trasmitir una petición de comunicación
pass a call again, to - | trasmitir una petición de comunicación
passband, pass band | pasabanda, paso de banda; banda de paso
passband filter | filtro pasabanda
passband ripple | ondulación pasabanda
pass by address | paso por dirección [*de memoria*], paso por referencia
pass by reference | paso por referencia, paso por dirección [*de memoria*]
pass by value | paso por valor [*forma de pasar a una subrutina*]
pass element | elemento de paso
passenger ship band | bandas de estaciones para buques de pasajeros
passing forward of numbers | enunciación de números
passing frequency | frecuencia pasante
pass instruction | instrucción inefectiva (/de paso, /de no operación, /paso sin operación)
passivate, to - | pasivar
passivated alloy silicon diode | diodo de silicona de aleación pasivada
passivated region | región pasivada
passivated transistor | transistor pasivado
passivation | pasivación
passive | pasivo, que no aporta señal
passive acoustic monitoring | monitorización acústica pasiva
passive aerial | antena secundaria (/pasiva)
passive balance return loss | atenuación pasiva de equilibrio
passive base | base pasiva
passive chromium oxide | óxido de cromo pasivo
passive communication satellite | satélite de comunicaciones pasivo
passive component | elemento (/componente) pasivo
passive comsat = passive communications satellite | satélite de telecomunicación pasivo
passive corner reflector | reflector angular pasivo
passive decoder | descodificador pasivo
passive detection | detección pasiva
passive device | dispositivo pasivo
passive dipole | dipolo pasivo
passive electric network | circuito pasivo, red eléctrica pasiva
passive electrode | electrodo pasivo
passive electronic countermeasures | contramedidas electrónicas pasivas
passive element | elemento (/componente) pasivo
passive film circuit | circuito pasivo de elementos peliculares
passive four-terminal network | cuadripolo pasivo
passive homing | guiado pasivo, aproximación pasiva
passive homing guidance | guía pasiva a la base de origen
passive homing system | sistema de guía pasivo
passive hub | concentrador pasivo [*sin capacidad adicional al paso de señales*]
passive infrared detection | detección infrarroja pasiva
passive infrared tracking | seguimiento infrarrojo pasivo
passive intrusion sensor | sensor pasivo de intrusión
passive iron | hierro inerte
passive jamming | interferencia pasiva
passive linear quadrupole | cuadripolo linear pasivo
passive-matrix display | pantalla de matriz pasiva [*de cristal líquido*]
passive mixer | mezclador pasivo
passive navigation countermeasures | contramedidas de navegación pasivas
passive network | red pasiva
passive node | nodo pasivo
passive nonlinear element | elemento alineal pasivo
passive optical network | red óptica pasiva
passive probe | sonda pasiva
passive pullup | polarizador pasivo
passive radar | radar pasivo
passive radiator | radiador pasivo
passive radio beacon | radiobaliza pasiva
passive reflector | reflector pasivo
passive relay | relé pasivo
passive repeater | repetidor pasivo
passive resistance | resistencia pasiva
passive return loss | atenuación pasiva de equilibrio
passive satellite | satélite pasivo
passive screen | pantalla pasiva
passive sensor | sensor pasivo
passive singing point | punto pasivo de canto
passive solar energy | energía solar pasiva
passive sonar | sonar pasivo
passive star | estrella pasiva
passive substrate | sustrato pasivo
passive system | sistema pasivo
passive T-network | red pasiva en T
passive tracking system | sistema de seguimiento pasivo
passive transducer | trasductor pasivo
passive ultrasonic alarm system | sistema de alarma ultrasónica pasivo
passivity | neutralización, pasividad
pass-out turbine | turbina con extracción
pass-through, to - | pasar [*por un elemento intermedio*]
pass-through connector | conector de paso a través
password | código (de acceso), (palabra) clave, contraseña
password authentication protocol | protocolo de verificación por contra- (/clave)
password dialog box | recuadro para la clave de diálogo
password disabled | contraseña desactivada
password installed | contraseña instalada
password option | elección de la contraseña
password protection | protección por código (/clave)
paste | pasta, electrolito pastoso; materia activa [*en pilas*]
paste, to - | pegar
paste blending | mezcla de pasta
paste cathode | cátodo empastado
pasted plate | placa empastada (/tipo Faure, /de óxido aportado)
pasted square | pastilla
paste link, to - | pegar vínculo
paste reactor | reactor de pasta combustible
paste solder | pasta de soldar
paste view options, to - | pegar opciones de vista
pastille | pastilla
PAT = please advise that | sírvase avisar que
patch | parche; corrección; conexión provisional
patchable | conmutable por cordón
patch bay | bastidor de interconexión por cordones; panel de acoplamiento
patchboard | tablero (/panel) de conexiones; conmutador de clavijas
patch cable | cable de empalmes (/co-

nexiones) temporales
patch circuit | circuito de interconexión
patchcord, patch cord | cordón de acoplamiento (/interconexión), cable de conexión (rápida); puente [*para cable de fibra óptica*]
patch facility | equipo de conmutación por cordones
patch-in | conexión
patching | conexión provisional
patching cord | cable de conexiones (/conmutación)
patching facilities | equipo de interconexión por cordones
patching jack | clavija de conector (/interconexión)
patching link | puente de conmutación
patching panel | panel de conmutaciones
patching resistor | resistencia (/resistor) de conexión temporal
patch-out | desconexión
patch panel | panel de conmutaciones (/conexiones); panel frontal [*en repartidores ópticos*]
patch plug | clavija de cordón de conmutación
patch rack | bastidor de interconexión por cordones
patent | patente
patentee | titular de la licencia
path | vía (de acceso), ruta, camino, trayectoria, recorrido
path aerial gain | ganancia de la antena
path attenuation | atenuación de propagación (/la trayectoria)
path board | tablero de conexiones
path clearance | altura libre, margen de altura, franqueo vertical
path distortion noise | ruido de propagación
pathfinding | búsqueda de línea
path length | longitud de la trayectoria
path loss | pérdida de propagación
path menu | menú de ruta (/encaminamiento)
pathname | nombre de la ruta
path of a charged particle | trayectoria de un portador electrizado
path of a circuit | trazado de un circuito
path of an armature winding | circuito de devanado
path of integration | trayecto de integración
path of tape | recorrido de cinta
path of winding | circuito de derivación (/devanado)
pathometer | patómetro
path phase stability | estabilidad de fase a lo largo de la trayectoria
path profile | perfil de trayecto (/enlace)
path search exclusion | exclusión de la selección de caminos
path shielding factor | factor de blindaje de trayectoria

path testing | comprobación de caminos (/ramas) [*de organigrama*]
path tracking | localización de trayectoria
patient monitor | monitor de paciente
pattern | patrón; configuración (en simulación), impresión, modelo
pattern callback | llamada a función de patrones
pattern definition | definición de red
pattern generator | generador de mira (/imagen de prueba)
pattern inventory | inventario de configuraciones
pattern matching | comparación de formas (/configuraciones, /estructuras, /modelos)
pattern plating | metalización selectiva
pattern recognition | reconocimiento (/identificación) de configuraciones
pattern-sensitive fault | fallo con incidencia en la configuración
PATX = private automatic telex exchange | PATX [*centralita privada automática de telex*]
Pauli exclusion principle | principio de exclusión de Pauli
Pauli-Fermi exclusion principle | principio de exclusión de Pauli-Fermi
Pauli-Fermi principle | principio de Pauli-Fermi
Pauli principle | principio de Pauli
Pauli term | término de Pauli
Pauli-Weisskopf equation | ecuación de Pauli-Weisskopf
pause | pausa
pause, to - | hacer una pausa, detener (/suspender) temporalmente un proceso
pause control | control de pausa
pause key | tecla de pausa
pause/still | pausa/imagen fija
PA view | vista PA
Pawsey stub | trasformador simétrico-asimétrico de Pawsey
PAX = private automatic exchange | CAI = centralita automática interna [*centralita telefónica privada*]
pay-as-you-see television | televisión por abono, televisión de pago previo
paying-out drum | tambor desenrollador
paying-out machine | devanadera
paying-out reel | devanadera
payload | carga útil (/contra pago)
payload type | tipo de carga útil
payment protocol | protocolo de pago
pay out, to - | desarrollar; desenrollar
pay-per-view | pago por visión [*pago por pase, televisión a la carta, servicio de pago en función de lo que el usuario ve (en televisión)*]
pay phone | teléfono público (de monedas)
pay station [USA] | teléfono público
pay station telephone | teléfono público (/de pago previo)
pay television | televisión de abono

(/pago)
Pb = lead | Pb = plomo
PB = petabyte | PB = petabyte [*1.125.899.906.842.624 bytes*]
PB = playback | REP = reproducción
PB = printed board | TC = tarjeta de circuitos impresos
PB = pushbutton | pulsador
PBA = printed board assembly | PIE = placa inglesa equipada
P band | banda P
P block | bloque de terminales
PBN = private branch network | red privada de PABX
PbS = lead sulphide | PbS = sulfuro de plomo
PbSe cell = lead selenide cell | célula PbSe = célula de seleniuro de plomo
PbS transistor = lead sulphide transistor | transistor de PbS = transistor de sulfuro de plomo
PbTe = lead telluride | PbTe = telururo de plomo
PBX = private branch exchange | PBX [*centralita (telefónica) privada (/de empresas)*]
PBX and computer teaming | cooperación entre ordenador y otros equipos
PBX final selector | selector final de centralitas privadas
PBX line | línea (telefónica) privada (/local)
PBX power lead | conductor de alimentación para centralita privada
PBX ringing lead | conductor de llamada para centralita privada
PBX switchboard | cuadro conmutador de centralita privada
Pc = picocoulomb | Pc = picoculombio
PC = personal computer | PC [*ordenador personal*]
PC = printed circuit | CI = circuito impreso
PCB = printed circuit board | PCB [*platina, placa de circuitos impresos*]
PC board = printed circuit board | placa de circuitos impresos
PCBX = private computerized branch exchange [USA] | PCBX [*PABS controlada por programa almacenado*]
PC card | tarjeta (de) PC [*de PCMCIA*]
PC clone | clon de ordenador personal
PC-compatible | compatible con PC
PCD = photo compact disk | PCD [*disco compacto para fotogramas*]
PC-DOS = personal computer disk operating system | PC-DOS [*sistema operativo para ordenadores personales*]
PC download | descarga del ordenador personal
PC grid spacing | espaciamiento según patrón de circuitos impresos
PCH = paging channel | PCH [*canal de notificación (para notificar a una estación móvil que hay una llamada destinada a ella)*]

P channel | canal P
P-channel device | dispositivo de canal P
P-channel FET | transistor de efecto de campo del canal P
P-channel MOS | semiconductor de óxido metálico del canal P
pCi = picocurie | pCi = picocurie
PCI = peripherical components interconnection | PCI [*interconexión de componentes periféricos*]
PCI = peripheral component interface | PCI [*interfaz de componente periférico (para módem)*]
PCI = programmable communication interface | PCI [*interfaz programable de comunicaciones*]
PCI bus | bus PCI
PCI local bus = peripheral component interconnect local bus | bus local PCI [*bus local para interconexión de componentes periféricos*]
PCI system | sistema PCI [*sistema de interfaz programable de comunicaciones*]
PCL = printer control language | PCL [*lenguaje para control de impresoras*]
PCM = pulse code (/count) modulation | PCM; MIC = modulación por impulsos codificados (/cuantificados)
PCMCIA = Personal computer memory card international association | PCMCIA [*asociación internacional de fabricantes de tarjetas de memoria para ordenadores personales*]
PCMCIA card | tarjeta PCMCIA
PCMCIA connector | conector PCMCIA [*conector hembra de 68 pines*]
PCMCIA slot | zócalo PCMCIA [*para tarjetas de ordenador de 68 contactos*]
PC memory card | tarjeta de memoria para PC
PCM encoding | codificación PCM
PCM/FM | PCM/FM [*modulación de frecuencia por una señal de modulación por codificación de impulsos*]
PCM process | procedimiento de modulación de impulsos codificados
PCM system = pulse-code-modulation system | sistema PCM [*procedimiento de modulación del impulso codificado*]
PCN = personal communications network | PCN [*red de comunicaciones personales*]
p-code = pseudocode | código p = seudocódigo, pseudocódigo
P-counter = programme counter | contador P = contador de programa
PCR = page control register | RCP = registro de control de página
PCS = personal communications service | PCS [*servicio de comunicaciones personales*]
PCT = programme comprehension tool | PCT [*herramienta para comprensión de programas*]
PCTA = personal computer terminal adapter | PCTA [*adaptador para ordenador personal*]
PCTE = portable common tool environment | PCTE [*cuadro de utilización de herramientas comunes portátiles*]
PC upload | carga al ordenador personal
Pd = palladium | Pd = paladio
PD = potential difference | diferencia de potencial
PDA = personal digital assistant | ADP = asistente digital personal [*programa de ayuda*]
PDA = pushdown automaton | PDA [*autómata de desplazamiento descendente*]
PDC = personal digital cellular | PDC [*móvil digital personal (en comunicaciones móviles de segunda generación)*]
PDC = primary domain controller | PDC [*controlador de dominio principal*]
PD-CD drive = phase change rewritable disc-compact disc drive | unidad PD-CD [*unidad de disco compacto regrabable por cambio de fase y CD-ROM*]
PDCH = packet data channel | PDCH [*canal de paquete de datos*]
PDD = portable digital document | PDD [*documento digital trasladable (archivo de Mac OS)*]
PDF = please deliver by telephone | sírvase expedir por teléfono
PDF = portable document format | PDF [*formato de documento accesible por varios programas*]
PDF = post-deflection focus | PDF [*concentración (/enfoque) posterior a la desviación*]
PDH = plesiochron digital hierarchy | PDH [*jerarquía digital plesiócrona*]
P display | presentación panorámica (/tipo P); indicador panorámico
PDL = page description language | PDL [*lenguaje de descripción de páginas*]
PDL = programme design language | PDL [*lenguaje de diseño de programa*]
PDM = pulse duration modulation | PDM [*modulación de duración de impulsos*]
PDN = please do needful | sírvase hacer lo necesario
PDO = portable distributed objects | PDO [*objetos distribuidos trasladables (software de MeXT para UNIX)*]
PDP = packet data protocol | PDP [*protocolo de paquetes de datos*]
PDP series | serie PDP
PDS = premises distribution systems [USA] | PDS [*sistema de cableado en edificios*]
PDS = processor direct slot | PDS [*zócalo para conexión directa del procesador (en Macintosh)*]
PDU = protocol data unit | PDU [*unidad de datos del protocolo*]
PE = paper end | fin del papel
PE = phase-encoded | PE [*de fase codificada*]
peak | máximo, cresta, pico
peak AF grid-to-grid voltage | tensión de cresta de audiofrecuencia entre rejilla y rejilla
peak alternating gap voltage | voltaje alterno de pico de la abertura, tensión alterna de cresta del espacio entre electrodos
peak amplifier | amplificador de cresta
peak amplitude | amplitud de cresta (/pico)
peak anode current | corriente máxima de ánodo, pico (/cresta) de la corriente anódica (/de ánodo)
peak anode inverse voltage | tensión de ánodo inversa de pico
peak black | cresta del negro
peak blocked voltage | cresta de tensión bloqueada
peak carrier amplitude | amplitud de cresta de la portadora
peak cathode current | pico (/cresta) de corriente catódica
peak cathode fault current | corriente de cresta catódica anormal
peak cathode steady state current | corriente de cresta catódica en régimen periódico
peak cathode surge current | cresta de amplitud de corriente catódica
peak charge characteristic | característica de carga de pico (/cresta)
peak chopper | descrestador
peak-clipped | descrestado
peak clipper | descrestador, limitador (/recortador) de crestas
peak coil current | corriente de pico de bobina
peak current | corriente de cresta (/pico)
peak current surge | pico de sobrecorriente inicial
peak deflection | desviación de cresta
peak demand | punta de carga
peak detection circuit | circuito detector de cresta
peak direction | dirección de máxima radiación
peak discharge energy | pico de energía
peak distortion | distorsión máxima
peak drive power | potencia de excitación de cresta
peaked waveform | onda apuntada (/con cresta)
peak effort | esfuerzo máximo (/de entrada)
peak electrode current | corriente electródica de cresta (/pico)
peak emission capability | capacidad de emisión de pico
peak energy density | densidad de energía de cresta

peak envelope power | potencia de cresta (/pico) de la envolvente, potencia máxima instantánea
peaker | corrector de cresta, crestador
peaker strip | banda de cresta
peak field strength | intensidad de campo máxima, fuerza magnetizante máxima
peak firing temperature | temperatura pico de encendido
peak flux density | densidad de flujo máxima
peak forward anode voltage | tensión anódica directa de cresta, pico de tensión directa de ánodo, voltaje anódico de avance
peak forward-blocking voltage | pico de tensión directa de bloqueo
peak forward drop | pico de caída directa
peak frequency deviation | desviación de frecuencia de cresta
peak half-sine-wave forward current | corriente de pico de media onda sinusoidal
peak-holding amplifier | amplificador retentor de picos
peak hour | hora punta (/de tráfico máximo)
peak indicator | indicador de cresta (/pico)
peaking | apunte, máxima demanda, agudización, máximo consumo
peaking circuit | circuito corrector (/diferenciador) de crestas
peaking coil | bobina correctora (/agudizadora)
peaking control | control de cresta (/corrección)
peaking network | red correctora (/agudizadora)
peaking resistance | resistencia agudizadora, resistor de corrección
peaking resistor | resistencia agudizadora, resistor de corrección
peaking transformer | trasformador apuntador (/de núcleo saturable)
peak intensity | intensidad de cresta (/máxima)
peak inverse anode voltage | pico de tensión inversa de ánodo
peak inverse voltage | tensión inversa máxima (/de pico, /de cresta)
peak kilovoltmeter | kilovoltímetro de cresta
peak level | nivel de cresta (/pico)
peak limiter | limitador de cresta (/pico)
peak-limiting device | dispositivo limitador de cresta
peak load | punta de carga, carga punta (/máxima)
peak load period | periodo más cargado
peak load plant | central con carga máxima
peak magnetizing force | fuerza magnetizante máxima (/de pico, /de cresta)

peak-making current | corriente establecida
peak-modulating voltage | tensión de modulación de cresta
peak of traffic | cresta (/punta) de tráfico
peak-or-valley readout memory | memoria de lectura de pico o de valle
peak output | potencia de cresta, pico de potencia
peak particle velocity | velocidad máxima de la partícula
peak period | periodo de tráfico máximo (/intenso)
peak picker | registrador de picos
peak-picking recorder | registrador de picos
peak plate current | corriente anódica de pico (/cresta)
peak point | punto de pico
peak point current | corriente de la cresta
peak point emitter current | punto de pico de corriente de emisor
peak point emitter voltage | voltaje de emisor de la cresta
peak power | potencia de cresta (/pico)
peak power drain | consumo máximo de potencia
peak-power-handling capacity | capacidad de potencia de cresta
peak power output | potencia de salida de cresta (/pico)
peak pressure | presión punta
peak programme meter | voltímetro de cresta
peak pulse | impulso de pico
peak pulse amplitude | amplitud máxima (/de cresta, /de pico) del impulso
peak pulse power | potencia máxima (/de cresta, /de pico) del impulso
peak-radiated power | potencia de cresta radiada
peak radiation rate | potencia máxima de radiación
peak-reading meter | indicador de valores de cresta (/pico)
peak-reading voltmeter | voltímetro de cresta
peak recurrent forward current | corriente directa de pico recurrente, corriente de pico recurrente en sentido directo
peak resistance | resistencia agudizadora (/de corrección), resistor de corrección
peak resistor | resistencia agudizadora (/de corrección), resistor de corrección
peak-responding detector | detector de cresta
peak-responding voltmeter | voltímetro de cresta
peak response | respuesta máxima (/de pico, /de cresta)
peak responsibility factor | factor de responsabilidad en la punta
peak reverse voltage | voltaje inverso máximo, tensión inversa de cresta, tensión máxima inversa
peak reverse volts | voltaje inverso máximo, tensión inversa de cresta, tensión máxima inversa
peak RF grid voltage | tensión de cresta de radiofrecuencia en la rejilla, valor de cresta de la tensión de radiofrecuencia de rejilla
peak/RMS ratio | cociente del valor de cresta por el valor eficaz
peak separation | separación entre picos
peak signal level | potencia máxima instantánea, nivel máximo (/de cresta) de la señal
peak sound pressure | pico de presión acústica, presión acústica máxima
peak spectral emission | emisión espectral de pico
peak speech power | cresta (/pico) de potencia vocal
peak station | central con carga máxima
peak surge | cresta de sobrecorriente
peak-to-peak | de pico a pico, de cresta a cresta
peak-to-peak amplitude | amplitud de pico a pico, amplitud cresta a cresta
peak-to-peak excursion | excursión entre pico y pico, amplitud total de oscilación
peak-to-peak frequency excursion | excursión de frecuencia entre pico y pico
peak-to-peak meter | instrumento de pico a pico, instrumento de cresta a cresta
peak-to-peak output ripple | rizado de salida de pico a pico
peak-to-peak rectifier | rectificador de cresta a cresta
peak-to-peak residual ripple | fluctuación (/rizado) remanente de cresta a cresta
peak-to-peak swing | variación total de cresta a cresta
peak-to-peak value | valor de cresta a cresta, valor entre crestas
peak-to-peak voltage | tensión de cresta a cresta, tensión (/voltaje) entre crestas, tensión de doble amplitud
peak-to-peak voltmeter | voltímetro de máximos (/pico a pico, /cresta a cresta)
peak-to-valley current ratio | relación (/razón) de corriente de pico a corriente de valle
peak-to-valley height | profundidad de la rugosidad
peak-to-valley ratio | relación cresta a valle, relación de máximo a mínimo
peak transformer | trasformador de núcleo saturable
peak value | valor máximo (/de pico)
peak voltage | tensión máxima (/de pico, /de cresta), voltaje máximo (/de pico, /de cresta)

peak voltmeter | voltímetro de cresta (/pico)
peak volts | tensión máxima (/de cresta), voltaje máximo (/de cresta)
peak volume velocity | cresta de velocidad de volumen
peak wavelength | longitud de onda de pico
peak white | blanco perfecto; cresta del blanco
pea lamp | lámpara con tamaño de guisante
pebble bed | cama granular
pebble bed reactor | reactor con lecho de bolas
pebble nuclear reactor | reactor nuclear con lecho de bolas
PEC = printed electronic circuit | circuito electrónico impreso
pedal circuit | circuito de pedal
pedal keyboard | teclado de pedal
pedestal | pedestal, estructura portaantena
pedestal frame | armazón de pedestal
pedestal lamp | lámpara de pie
pedestal level | nivel base (/de pedestal)
pedestal pulse | impulso de pedestal
peek, to - | atisbar; leer un sector de memoria absoluto
peel adhesion test | prueba de adherencia
peel strength | fuerza de adherencia
peel test | prueba de adherencia
peephole optimization | optimación local
peer | extremo [*en una conexión punto a punto*]
peer-to-peer | entre colegas (/iguales, /pares)
peer-to-peer architecture | arquitectura unidad a unidad [*red de ordenadores que utilizan el mismo programa*]
peer-to-peer communication | comunicación entre unidades [*que trabajan con el mismo programa en una red*]
peer-to-peer network | red unidad a unidad [*red de ordenadores que utilizan el mismo programa*]
peg count | medida por pruebas
peg count meter | contador estadístico (/de estadística)
peg count register | contador de tráfico
peg count summary | cuenta de tráfico
pel = picture element | pel [*elemento gráfico, píxel*]
PEL = phrase element | PEL [*elemento de imagen*]
P electron | electrón P
pellet | pastilla, píldora, plaquita
pellet film resistor | resistencia de película de píldora
pellet holder | portapastillas
pelletizing medium | aglutinante
pellet resistor | resistencia de pastilla
pellicle | película
Peltier cell | célula Peltier

Peltier coefficient | coeficiente de Peltier
Peltier effect | efecto Peltier
Peltier electromotive force | fuerza electromotriz de Peltier
Peltier heat | calor de Peltier
Peltier junction | unión Peltier
PEM = private enhanced mail | PEM [*correo privado mejorado*]
pen | lápiz, pincel
pen-based computer | ordenador de puntero [*ordenador que utiliza un puntero presionado sobre una pantalla sensible para la introducción de datos*]
pen centering | centrado de la pluma (del osciógrafo)
pencil | lápiz, lapicero, barra combustible filiforme
pencil beam | haz filiforme (/en pincel)
pencil beam aerial | antena de haz filiforme (/estrecho, /cónico)
pencil beam of light | pincel luminoso
pencil electrode | electrodo de barra
pencil of electrons | pincel electrónico (/de electrones)
pencil valve | válvula filiforme (/tipo lápiz)
pen computer | ordenador de puntero [*ordenador que utiliza un lápiz o puntero en lugar de un teclado*]
pendant | colgante, dispositivo suspendido
pendant lampholder | portalámpara colgante
pendant station | puesto suspendido (/colgante)
pendant switch | llave (/interruptor) colgante
pendant telephone | teléfono colgante
pending delete | supresión pendiente
pen drive circuit | circuito de impulsión del estilete
pen drive system | sistema de impulsión del estilete, sistema accionador de la pluma
pendulous accelerometer | acelerómetro pendular
pendulum | péndulo
pendulum meter | contador pendular
penetrability | penetrabilidad
penetrameter | penetrómetro
penetrance | penetración
penetrating component | componente penetrante
penetrating frequency | frecuencia de penetración
penetrating power of radiation | poder de penetración
penetrating radiation | radiación penetrante
penetrating shower | chaparrón penetrante
penetration | penetración
penetration depth | profundidad de penetración
penetration factor | factor (/probabilidad) de penetración

penetration frequency | frecuencia crítica (/de penetración)
penetration potential | potencial de penetración
penetration probability | probabilidad de penetración
penetration rate | velocidad de penetración
penetration resistance | resistencia a la penetración
penetration-type thickness gauge | medidor de espesores por penetración
penetration voltage | tensión de penetración
penetrometer | penetrómetro
penetron | penetrón [*partícula con carga negativa unitaria con masa de valor intermedio*]
penlight | pluma linterna
penlight cell | pila de linterna miniatura
Penning ionization gauge | medidor de ionización Penning
Penning's discharge | descarga de Penning
Penning vacuum gauge | vacuómetro de Penning
pen plotter | trazador gráfico
pen position | posición de la pluma (del osciógrafo)
pen recorder | registrador gráfico
pent. = pentode | pentodo
Pentaconta crossbar system | sistema de barras cruzadas de Pentaconta
Pentaconta exchange | centralita de coordenadas, sistema de barras cruzadas Pentaconta
Pentaconta switching system | sistema de conmutación Pentaconta
pentagrid | pentarrejilla
pentagrid converter | heptodo conversor, convertidor pentarrejilla
pentagrid converter valve | válvula de convertidor pentarrejilla
pentagrid detector | detector pentarrejilla
pentagrid mixer | mezclador de heptodo (/pentarrejilla)
pentagrid valve | heptodo, válvula pentarrejilla
pentane lamp | lámpara de pentano
pentareflector | reflector pentagonal
pentatron | pentatrón
Pentium | Pentium [*marca de microprocesadores*]
Pentium family | familia Pentium [*marca de microprocesadores*]
pentode | pentodo
pentode amplifier | amplificador pentódico (/de válvula pentodo)
pentode field-effect transistor | transistor de pentodo de efecto de campo
pentode gun | cañón pentodo
pentode modulator | pentodo modulador
pentode modulator valve | válvula de pentodo modulador

pentode section | sección pentodo
pentode transistor | transistor de pentodo
pentode valve | válvula (de) pentodo
pentriode amplifier | amplificador pentriodo
penultimate selector | selector de cincuentena
perceived noise level | nivel de ruido percibido
per cent [UK], **percent** [USA] | porcentaje, tanto por ciento
percentage | porcentaje
percentage bias differential protection | protección diferencial de tanto por ciento
percentage bridge | puente comparador del tipo de hilo
percentage circuit occupation | coeficiente de ocupación de un circuito
percentage depth dose | rendimiento en profundidad, porcentaje de dosis profunda
percentage differential protection | protección diferencial en tanto por ciento
percentage differential relay | relé diferencial de tanto por ciento
percentage modulation | modulación por porcentaje
percentage modulation meter | modulómetro, medidor de porcentaje de modulación
percentage occupied line | coeficiente de ocupación
percentage of delayed calls | probabilidad de retraso
percentage of effective calls | porcentaje de comunicaciones servidas, porcentaje de llamadas eficaces
percentage of effective to booked calls | porcentaje de llamadas eficaces, porcentaje de comunicaciones servidas
percentage of lost calls | probabilidad de pérdidas
percentage of meter accuracy | porcentaje de precisión de medida
percentage supervision | supervisión porcentual
percentage synchronization | porcentaje (/relación útil) de sincronización
percentage timer | temporizador porcentual
per cent beam modulation | porcentaje de modulación del haz
per cent break | porcentaje de apertura
per cent break range | margen de porcentajes de apertura, límites de apertura en tanto por ciento
per cent completion | porcentaje de comunicaciones servidas
per cent conductivity | porcentaje de conductividad
per cent deafness | porcentaje de sordera
per cent depth dose | porcentaje de dosis profunda

per cent drift | deriva porcentual
per cent excess charge | coeficiente de carga
per cent harmonic distortion | porcentaje de distorsión armónica (/por armónicas)
per cent hearing | tanto por ciento de audición
per cent hearing loss | tanto por ciento de pérdida auditiva
per cent make | porcentaje de contacto
per cent modulation | porcentaje de modulación
per cent modulation meter | medidor de porcentaje de modulación
per cent of deafness | porcentaje de sordera
per cent of harmonic distortion | porcentaje de distorsión por armónicos
per cent of hearing | porcentaje de audición
per cent of hearing loss | porcentaje de pérdida de audición
per cent of modulation | porcentaje de modulación
per cent of ripple voltage | porcentaje de ondulación eficaz
per cent ripple | porcentaje de rizado (/ondulación)
per cent signal drift | deriva por ciento de la señal
per cent total flutter | oscilación porcentual total
perceptron | perceptrón [sistema inteligente de aprendizaje de funciones]
percussion riveter | martillo remachador percusivo
percussion riveting machine | remachadora de percusión
percussion welding | soldadura por percusión
percussion wrench | llave neumática, aprietatuercas neumático
percussive arc welding | soldadura por percusión
percussive attack | ataque de los sonidos de percusión
percussive drill | perforadora de percusión, martillo perforador
percussive pneumatic tool | herramienta neumática percusiva
percussive welding | soldadura por percusión
perfboard = perforated fiber board | tarjeta de fibra perforada
perfect | perfecto
perfect code | código perfecto
perfect conductor | conductor perfecto (/ideal)
perfect dielectric | dieléctrico perfecto (/ideal)
perfective maintenance | mantenimiento perfectivo
perfectly readable | perfectamente inteligible (/legible)
perfect matching | emparejamiento perfecto
perfect modulation | modulación perfecta
perfect polarization | polarización perfecta
perfect restitution | restitución perfecta
perfect transformer | trasformador perfecto
perforated tape | cinta perforada
perforated tape reader | lector de cinta perforada
perforated tape reception | recepción en cinta perforada
perforated tape relay system | sistema relevador por cinta perforada
perforated tape retransmitter | retrasmisor de cinta perforada
perforated tape teletypewriter | teleimpresor de cinta perforada
perforated tape transmission | trasmisión con cinta perforada
perforated tape transmitting device | dispositivo de trasmisión con cinta perforada
perforating mechanism | mecanismo perforador
perforation | perforación
perforation device | dispositivo de perforación
perforation number | número de perforación
perforator | perforador, máquina perforadora
perforator drive link | eslabón de mando del perforador
perforator feed pawl | trinquete de avance del perforador
perforator operator | operador de perforación
perforator reset bail | fiador de reposición del perforador
perforator transmitter | trasmisor perforador
perform only, to - | hacer solamente
performance | comportamiento; calidad de servicio; rendimiento
performance characteristic | característica funcional
performance chart | carta (/gráfico) de funcionamiento
performance curve | curva funcional (/característica)
performance evaluation and review technique | técnica de revisión y evaluación de funcionamiento
performance impairment | reducción de calidad de trasmisión
performance management | gestión de prestaciones
performance monitor | monitor de funcionamiento, aparato de control
performance monitoring | control de funcionamiento
performance objetive | objetivo de prestaciones, norma de rendimiento
performance of transmission | calidad de trasmisión
performance test | prueba de rendimiento (/prestaciones)

performance testing | comprobación de rendimiento
performance upgrade | progresión del rendimiento
performer reinforcement | refuerzo del sonido del ejecutante
perhapsatron | perhapsatrón [aparato para investigar la fusión controlada de átomos de hidrógeno]
per hop behavior | comportamiento por salto
perigee | perigeo
perihelion | perihelio
perimetre | perímetro
perimetre acquisition radar | radar de adquisición perimétrico
perimetre alarm system | sistema de alarma perimétrico
perimetre protection | protección de demarcación
period | periodo
period allowed | tiempo concedido
period channel | canal del periodo
period counter | cuentaperiodos, contador de periodos
period during which a call is active | tiempo de validez de una petición de comunicación
periodic | periódico [adj]
periodic aerial | antena periódica
periodically loaded circuit | circuito de carga periódica
periodic axial field focusing system | sistema de enfoque de campo axial periódico
periodic beam | haz periódico
periodic circuit | circuito periódico
periodic current | corriente periódica
periodic damping | sobreamortiguamiento; amortiguamiento periódico
periodic duty | servicio (/funcionamiento, /trabajo) periódico
periodic electromagnetic wave | onda electromagnética periódica
periodic electromotive force | fuerza electromotriz periódica
periodic error | error periódico
periodic focusing | enfoque periódico, localización periódica
periodic function | función periódica
periodic interrupter | interruptor periódico
periodicity | periodicidad
periodic law | ley periódica
periodic line | línea periódica (/resonante)
periodic magnetic structure | estructura magnética periódica
periodic oscillation | oscilación periódica
periodic permanent magnet | imán (permanente) periódico
periodic permanent magnet focusing | enfoque por imán periódico
periodic potential | potencial periódico
periodic pulse metering | cómputo por impulso periódico
periodic pulse train | tren de impulsos periódicos
periodic quantity | magnitud periódica
periodic rating | (capacidad de) carga periódica
periodic resonance | resonancia periódica
periodic service | servicio periódico
periodic starting electrode | cebador periódico
periodic table | tabla periódica
periodic vibration | vibración periódica
periodic wave | onda periódica
periodic waveguide | guiaondas de estructura periódica
period meter | medidor de periodo
period of an underdamped instrument | periodo de un instrumento subamortiguado
period of collective oscillation | periodo de oscilación colectiva
period of decay | periodo de desintegración
period of duty | horas de trabajo
period of excitation | periodo (/intervalo) de excitación
period of oscillation | periodo de oscilación
period of retention | periodo de retención
period of validity of a call | tiempo de validez de una petición de comunicación
period of validity of a préavis call | tiempo de validez de una llamada con aviso previo
periodogram | periodograma
period range | régimen de medida con medidores de periodo
periods per seconds | periodos por segundo
peripheral | periférico
peripheral component interconnect | interconexión de componentes perifericos
peripheral configuration | configuración de periféricos
peripheral control unit | unidad de control de periféricos
peripheral device | dispositivo periférico
peripheral electron | electrón periférico
peripheral equipment | equipo periférico
peripheral interface adapter | adaptador de interfaz para dispositivos periféricos
peripheral power supply | fuente de alimentación de emergencia
peripheral processor | procesador periférico (/de periféricos)
peripheral region | zona periférica
peripheral storage | almacenamiento periférico, memoria periférica
peripheral transfer | trasferencia periférica
peripheral unit | unidad periférica
peripherical components interconnection | interconexión de componentes periféricos
periphonic system | sistema perifónico
periscope | periscopio
periscopic aerial | antena pariscópica
peristaltic | peristáltico
peristaltic induction | inducción peristáltica
Perl = practical extraction and report language | Perl [lenguaje práctico de extracción de datos e informes]
permalloy | permaleación [aleación especial de Ni-Fe]
permalloy core | núcleo de permaleación
permanent | permanente
permanent circuit | circuito permanente
permanent disposal | eliminación permanente
permanent echo | eco fijo (/permanente)
permanent echo cancellation circuit | circuito de supresión de ecos permanentes
permanent elongation | alargamiento permanente
permanent error of peripheral storage | error permanente de almacenamiento periférico
permanent fault | fallo de carácter permanente
permanent field synchronous motor | motor sincrónico de campo permanente
permanent filtration | prefiltración, filtración permanente
permanent fixed circuit | circuito fijo permanente
permanent glow | encedido permanente; descolgado
permanent lamp | lámpara permanente
permanently connected | conectado permanentemente
permanently earthed | permanentemente puesto a tierra
permanently open office | oficina de servicio permanente
permanently programmable buttons | teclas de programación fija
permanent loop | llamada equivocada (/falsa)
permanent loop adapter | adaptador de llamadas falsas
permanent loop junctor | enlace de llamadas falsas
permanent loop observation | observación de llamadas falsas
permanent magnet | imán permanente
permanent magnet baffle | altavoz autodinámico (/dinámico de imán permanente)
permanent magnet centering | centrado por imán permanente
permanent magnet dynamic loudspeaker | altavoz dinámico de imán permanente

permanent magnet erase head | cabeza de borrado de imán permanente
permanent magnet erasing head | cabeza de borrado de imán permanente
permanent magnet focusing | enfoque (/concentración) por imanes permanentes
permanent magnet galvanometer | galvanómetro de imán permanente
permanent magnet generator | magnetogenerador, generador de imanes permanentes
permanent magnet loudspeaker | altavoz de imán permanente
permanent magnet machine | máquina magnetoeléctrica
permanent magnet material | material para imanes permanentes
permanent magnet motor | motor de imanes permanentes
permanent magnet moving-coil instrument | instrumento de imán fijo y bobina móvil
permanent magnet moving-iron instrument | instrumento de imán fijo y hierro móvil
permanent magnet pulley | polea magnética
permanent magnet second-harmonic self-synchronous system | sistema autosincrónico de corrientes de segunda armónica y rotores de imán permanente
permanent magnet speaker | altavoz de imán permanente
permanent magnet steel | acero para imanes permanentes
permanent magnet stepper motor | motor paso a paso de imán permanente, magnetomotor paso a paso
permanent magnet stepping motor | motor paso a paso de imán permanente
permanent magnet travelling-wave valve | válvula de ondas progresivas de imán permanente
permanent magnistor | magnistor permanente
permanent memory | memoria permanente
permanent memory computer | ordenador con memoria permanente
permanent protection | protección permanente
permanent set | deformación permanente
permanent signal | llamada permanente
permanent storage | almacenamiento permanente
permanent supervision | vigilancia permanente
permanent swap file | archivo de intercambio permanente [*usado para operaciones de memoria virtual*]
permanent through-strapping | conexión en puente de tránsito de tipo permanente

permanent virtual circuit | circuito virtual permanente
permanent wiring | instalación definitiva
permatron | permatrón [*diodo de gas term(o)iónico con descarga controlada por campo magnético externo*]
permeability | permeabilidad
permeability slug-tune coil | bobina de sincronización por núcleo deslizante
permeability tuner | sintonizador de permeabilidad (variable)
permeability tuning | sintonización (/sintonía) por permeabilidad
permeameter | permeámetro [*medidor de fuerza magnetizante y densidad de flujo en un material*]
permeance | permeabilidad
permeance coefficient | coeficiente de permeabilidad
Permendur | Permendur [*marca comercial de una aleación magnética de cobalto y hierro*]
Perminvar | Perminvar [*marca comercial de una aleación magnética de hierro, níquel y cobalto*]
permissible concentration | concentración permisible
permissible deviation | desviación admisible
permissible dose | dosis permisible
permissible error | error admisible
permissible exposure | exposición permisible
permissible interference | perturbación admisible, interferencia permisible
permissible interfering signal | señal interferente (/perturbadora) permisible
permissible loading | carga admisible
permissible peak inverse voltage | tensión inversa de cresta máxima admisible
permissible signal distortion | distorsión (/deformación) de señal admisible
permissible wattage | consumo admisible (en vatios)
permissible weekly dose | dosis semanal admisible
permission | autorización, permiso
permission pattern | patrón de autorizaciones
permissions log | archivo de autorizaciones [*en entorno multiusuarios*]
permissive block | bloqueo condicional
permissive control device | dispositivo de control permisivo
permissive relay | relé permisivo
permissive signal | señal permisiva (/de precaución, /de paso)
permittance | permitancia
permittivity | permisividad; permitividad, constante dieléctrica, poder inductor específico

permittivity measurement | medida dieléctrica
permittivity of free space | permitividad del espacio libre
permutation | permutación
permutation code | código de permutaciones
permutation-code printing telegraphy | telegrafía impresora con código de permutaciones
permutation-code switching system | selección de señales de código; numeración por teclado
permutation group | grupo de permutación
permutation matrix | matriz de permutación
permutation modulation | modulación por permutación
permutation table | tabla de permutación
peroxydation | peroxidación
perpendicular magnetization | magnetización perpendicular
perpendicular recording | registro perpendicular
persistence | persistencia
persistence characteristic | característica de persistencia
persistence of vision | persistencia de la visión
persistent | persistente, permanente
persistent current | corriente persistente
persistent data | datos residentes
persistent line | línea constante
persistent link | enlace residente
persistent magnetic field | campo magnético persistente
persistent radiation | radiación persistente
persistent selection | selección permanente
persistent storage | memoria residente
persistor | persistor [*circuito bimetálico para almacenamiento y lectura de datos en un ordenador*]
persistron | persistrón [*tablero electroluminiscente*]
personal area network | red de área personal [*sistema de red conectado directamente a la piel donde la trasmisión de datos se realiza por contacto físico*]
personal call | llamada (/comunicación) personal (/de persona a persona)
personal call booking | petición de comunicación de persona a persona
personal call service | servicio de comunicación de persona a persona
personal communications service | servicio de comunicaciones personales
personal computer | ordenador personal
personal delivery | en propia mano

personal digital assistant | asistente digital personal [*programa de ayuda*]
personal digital cellular | móvil digital personal [*en comunicaciones móviles de segunda generación*]
personal dose | dosis individual
personal dosimeter | dosímetro individual (/personal)
personal error | error del observador
personal finance manager | gestor de contabilidad personal
personal icon | icono personal
personal identification number | número de identificación personal, número personal de identificación
personal information manager | gestor de información personal
personal locator beacon | baliza de localización personal [*para vehículos terrestres*]
personal number | número (/servicio de telefonía) personal
personal page | página personal
personal variable | variable personal
personal Web server | servidor Web personal
personnel decontamination | descontaminación personal (/individual)
personnel monitoring | reconocimiento del personal, control de seguridad individual
person-to-person call | llamada de persona a persona, comunicación personal (/de persona a persona)
perspective representation | representación en perspectiva
perspective view | vista en perspectiva
Perspex | Perspex [*marca comercial de un acrilato de metilo*]
PERT = performance (/programme, /project) evaluation and review technique | PERT [*técnica de revisión y evaluación de funcionamiento (/programas, /proyectos), evaluación del programa y técnica de revisión*]
PERT chart | diagrama PERT
perturbation | perturbación
perturbation theory | teoría de las perturbaciones
perturbing current | corriente perturbadora
perturbing element | elemento perturbador
perturbing influence | influencia de la perturbación
perturbing intensity | intensidad de la perturbación
per unit energy cost | costo unitario de la energía, costo de la unidad de energía
PES = packetized elementary stream | PES [*flujo elemental empaquetado (en trasmisión de datos)*]
PES = programmable electronic system | SEP = sistema electrónico programable
peta- [*pref. for 1 quadrillion (10^{15})*] | peta- [*prefijo que significa mil billones (10^{15}); en código binario significa (2^{50}), o sea 1.125.899.906.842.624*]
petabyte [= *1,125,899,906,842,624 bytes*] | petabyte
PETCO = Peterson code | clave Peterson
Peterson Code | clave Peterson
petoscope | petoscopio [*aparato fotoeléctrico que detecta movimientos de personas y objetos*]
Petri dish | cápsula de Petri
Petri net | red de Petri
petticoat | campana (de aislador)
petticoat insulator | aislador de campana
pewter | peltre
pF = picofarad | pF = picofaradio
PF = power factor | FP = factor de potencia
PF = pulse frequency | FI = frecuencia de (repetición de) impulsos
PFB = Provisional Frequency Board | PFB [*comité provisional de frecuencias*]
PFM = pulse frequency modulation | PFM [*modulación de frecuencia de impulsos*]
PFWD = please forward | sírvase reexpedir
PFX = prefix | prefijo
PFXNBR = prefix number | número de prefijo
Pg = page | pág. = página
PGA = pin grid array | PGA [*dispositivo de patillas en rejilla*]
PGA = professional graphics adapter | APG = adaptador profesional para gráficos
PGA = programmable gate array | PGA [*circuitos predifundidos programables*]
P-gate thyristor | tiristor de puerta P
PG DN = page down | AV PAG = avance de página
PgDn key = page down key | tecla RePág = tecla de retroceso de página
PGE = page | página
PGH = paragraph | párrafo
PGP = pretty good privacy | PGP [*privacidad realmente buena; paquete de encriptación basado en clave pública*]
PGRR = please get rush reply | PGRR [*sírvase obtener respuesta urgente*]
PGSM = primary GSM band | PGSM [*banda GSM primaria*]
PG UP = page up | RE PAG = retroceso de página
PgUp key = page up key | tecla AvPág = tecla de avance de página
pH | pH [*grado de acidez; logaritmo decimal del inverso de la actividad del ión hidrógeno*]
pH = picohenry | pH = picohenrio
Ph = phon | Ph = fonio [*unidad de medida acústica*]
PH = parsed header | PH [*cabecera (de mensaje) analizada sintácticamente*]
p.h. = per hour | por hora

phanastron | fanastrón [*circuito electrónico multivibrador*]
phanotron | fanotrón [*diodo gaseoso de cátodo caliente*]
phanotron rectifier | rectificador de fanotrones, fanotrón rectificador
phanotron valve | válvula fanotrón
phantastron | fantastrón [*circuito que produce un breve impulso tras un intervalo concreto*]
phantastron sweep circuit | circuito de barrido fantastrón
phantom | simulador; fantasma
phantom aerial | antena artificial (/ficticia)
phantom channel | canal fantasma
phantom circuit | circuito combinado (/fantasma)
phantom circuit loading coil | bobina de carga para circuitos fantasma
phantom circuit repeating coil | bobina repetidora de circuito fantasma
phantom coil | bobina fantasma
phantom group | grupo combinable
phantoming | fantomización, combinación de circuitos
phantoming of circuits | fantomización (/combinación) de circuitos
phantom line | línea fantasma
phantom loading | carga de circuito fantasma
phantom OR | circuito O fantasma
phantom output | salida fantasma
phantom repeating coil | bobina repetidora fantasma
phantom signal | señal fantasma
phantom target | blanco fantasma [*en radar*]
phantom telegraph circuit | circuito telegráfico fantasma
phantom transposition | trasposición para fantomización (/circuitos combinados)
phantophone | fantófono
phantoscope | fantoscopio [*analizador de radiación por observación del espectro*]
phase | fase
phaseable | enfasable, ajustable en fase
phaseable gate | compuerta enfasable (/ajustable en fase)
phase advance circuit | circuito en avance de fase
phase advancer | modificador (/adelantador) de fase
phase alternation | alternación de fase
phase alternation line system | sistema de alternancia de fase por línea, sistema PAL
phase ammeter | amperímetro de fase
phase amplifier | amplificador de fase
phase amplitude distortion | distorsión fase-amplitud
phase amplitude modulation multiplier | multiplicador de modulación de fase y amplitud
phase angle | ángulo de fase, ángulo de desfase

phase angle correction factor | factor de corrección del ángulo de fase
phase angle error | error de desfase
phase angle measurement | medición de desfase
phase angle measuring relay | relé medidor de desfase
phase angle meter | fasímetro, medidor del ángulo de desfase
phase angle voltmeter | voltímetro fasímetro (/indicador de desfases)
phase anomaly | anomalía de fase
phase balance | equilibrio de fases
phase balance current relay | relé de equilibrio de fases
phase balance relay | relé de equilibrio de fases
phase-balancing coil | bobina equilibradora (/de acoplamiento) de fases
phase bandwidth | ancho de banda (/fase)
phase black | puesta en fase para negro
phase boundary | límite de fase
phase break | sección de separación
phase bridge | puente desfasador
phase bunching | agrupamiento en fase
phase carrier | portadora de fase
phase centre | centro de radiación (/fase)
phase centre of an array | centro de fase de un sistema
phase change | desfase, desfasaje, desfasamiento, cambio (/variación) de fase
phase change coefficient | coeficiente de variación de fase, desfase lineal
phase changer | desfasador
phase-change recording | reproducción por cambio de fase [*en técnica láser*]
phase changing | desplazamiento de fases
phase characteristic | característica de fase
phase comparator | comparador de fases
phase comparison | comparación de fases
phase comparison localizer | localizador de comparación de fase
phase comparison monopulse | monoimpulso de comparación de fase, radar interferómetro
phase comparison protection | protección por comparación de fase
phase comparison radar | radar de comparación de fases
phase comparison tracking system | sistema de seguimiento por comparación de fase
phase-compensating component | elemento compensador de fase
phase-compensating network | red compensadora de fase, circuito de compensación de fase

phase-compensating transformer | trasformador de medida (/fase) compensada
phase compensation | corrección (/compensación) de fase
phase compensation network | red compensadora de fase, circuito compensador (/de compensación) de fase
phase compensator | compensador (/corrector) de fase
phase condition | condición de la fase
phase conductor | hilo (/conductor) de la fase
phase conjugacy | conjugación de fase
phase constant | constante de fase
phase contrast | contraste de fase
phase contrast apparatus | aparato de contraste de fase
phase contrast refractometer | refractómetro de contraste de fase
phase control | control de fase
phase control factor | factor de regulación
phase-controlled rectifier | rectificador controlado por fase
phase converter | convertidor de fase
phase convertor | convertidor de fase
phase-corrected horn | bocina con corrección de fase
phase-corrected reflector | reflector con corrección de fase
phase-correcting network | red correctora de fase, circuito de corrección de fase
phase correction | corrección de fase, compensación de fases
phase correction equalizer | compensador de corrección de fase
phase correction network | circuito de corrección de fase, red correctora de fase
phase corrector | corrector de fase
phase current | corriente de fase
phased | sincronizado, en fase
phased array | red de elementos en fase; conjunto fásico de antenas
phased array aerial | antena de elementos en fase
phased array radar | radar con antena de elementos en fase, radar de alineamiento en fase
phase delay | retraso (/retardo) de fase
phase delay distortion | distorsión de retardo de fase
phase delay error | error de tiempo de retardo
phase delay time | tiempo de retardo de fase
phase delay time characteristic | característica de retardo de fase
phase detector | detector de fase
phase detector gain factor | factor de ganancia del detector de fase
phase deviation | desviación de fase
phase diagram | diagrama de fases
phase difference | desfase, diferencia (/desplazamiento) de fases

phase difference indicator | indicador de desfase, comparador de fases
phase-discriminating rectifier | rectificador discriminador de fase
phase discriminator | discriminador de fase
phase displacement | desfase, desfasamiento, desplazamiento de fase
phase displacement error | error de desfase
phase distortion | distorsión (/deformación) de fase
phase distortion coefficient | coeficiente de distorsión de fase
phase distortion measurement | medida de distorsión de fase
phase distortion microphone | micrófono por distorsión de fase
phase distribution | distribución de fase
phase division multiplex | múltiplex por división de fase
phase effect | efecto de fase
phase-encoded | codificado por fase, de fase codificada
phase encoding | codificación de fase
phase equalizer | ecualizador binario (/de fase), compensador (/igualador) de fase
phase-equalizing network | red igualadora (/compensadora) de fase
phase error | error de fase
phase factor | factor de fase (/desfasaje característico)
phase failure protection | protección contra interrupción de fase
phase focusing | enfoque de fase, concentración por desfase
phase/frequency characteristic | característica desfase-frecuencia
phase/frequency distortion | distorsión de fase-frecuencia
phase/frequency linearity | linealidad de la característica fase-frecuencia
phase hit | golpe de fase
phase indicator | indicador de fases
phase inversion | inversión de fase
phase inversion cabinet | caja inversora de fase, mueble de inversión de fase
phase inversion circuit | circuito inversor de fase
phase inversion modulation | modulación por inversión de fase
phase inverter | inversor de fase
phase inverter valve | válvula desfasadora (/de inversión de fase)
phase-isolated transformer | trasformador de fase aislada
phase jitter | fluctuaciones (/vibraciones, /variaciones parásitas) de fase
phase lag | retraso (/retardo) de fase
phase lag angle | ángulo de retardo de fase
phase lag corrector | corrector de retardo de fase
phase lead | avance (/adelanto) de fase

phase length | longitud de fase
phase-length constant per section | desfasaje iterativo elemental
phase line | línea de ajuste de fase
phase linearity | linealidad de fase
phase localizer | localizador por desfase
phase lock | enganche (/sincronización) de fase
phase lock demodulator | detector del enganche de fase
phase lock detector | detector de enganche de fase
phase-locked circuit | circuito de fase sincronizada
phase-locked demodulator | desmodulador de fase sincronizada
phase-locked loop | enlace de control de fase, bucle de enganche de fase, circuito de sincronización de fase
phase-locked oscillator | oscilador de fase sincronizada, oscilador enclavado en fase
phase-locked receiver | receptor de fase sincronzada, receptor enclavado en fase
phase-locked servosystem | servosistema enclavado en fase
phase-locked subharmonic oscillator | oscilador de subarmónica sincronizado en fase
phase-locking oscillator | oscilador de fase sincronizada, oscilador enclavado en fase
phase lock receiver | receptor con enganche de fase
phase magnet | electroimán sincronizador (/de puesta en fase)
phase margin | margen de fase
phase measurement | medida de fase
phase measurer | fasómetro, fasímetro
phasemeter | medidor de fase, fasímetro
phase modifier | modificador (/compensador) de fase
phase-modulated | modulado en fase
phase-modulated carrier | portadora modulada en fase
phase-modulated oscillation | oscilación modulada en fase
phase-modulated transmitter | trasmisor con modulación de fase
phase-modulated wave | onda modulada en fase
phase modulation | modulación de fase
phase modulation transmitter | trasmisor de modulación de fase, trasmisor modulado en fase
phase modulation wave | onda modulada en fase, onda de modulación de fase
phase modulator | modulador de fase
phase monitor | monitor de fase
phase monitoring | control (/monitorización) de fase
phase multiplexing | multiplexado de fase

phase multiplier | multiplicador (para comparación) de fase
phase-multiplying transformer | trasformador multiplicador de fases
phase noise | ruido de fase
phase of a periodic quantity | fase de una magnitud periódica
phase of a wave | fase (/ángulo) de una onda
phase offset | desviación de fase
phase opposition | contrafase, oposición de fase
phaseout | desfase
phase pattern | diagrama de fase
phase plane analysis | análisis de plano de fase
phase plotter | registrador de fase, fasímetro registrador
phase propagation ratio | factor de propagación de fase
phase protective device | dispositivo protector contra la falta de fase
phase quadrature | cuadratura de fase
phase quality | coincidencia de fases
phaser | enfasador, sincronizador, ajustador de fase
phase recorder | registrador de fase, fasímetro registrador
phase recovery time | tiempo de recuperación de fase
phase regulator | regulador de fase
phase relation | relación de fase
phase relationship | relación de fase
phase resonance | resonancia de fase
phase response | respuesta de fase
phase response characteristic | característica de respuesta de fase
phase retardation | retardo de fase
phase reversal | inversión de fase
phase reversal modulation | modulación por inversión de fase
phase reversal protection | protección contra la inversión de fases
phase reversal relay | relé de inversión de fases
phase reversal switch | inversor (/conmutador de inversión) de fase
phase-reversing unit | inversor de fase
phase rotation | rotación (/giro) de fase
phase rotation relay | relé de rotación de fases
phase-sensing monopulse radar | radar de monoimpulso sensible a la fase, radar monoimpulso comparador de fases
phase-sensitive amplifier | amplificador sensible a la fase
phase-sensitive demodulator | desmodulador sensible a la fase
phase-sensitive detector | detector sensible a la fase, detector de fase
phase-separated | de fases separadas
phase sequence | secuencia (/orden) de las fases
phase sequence indicator | indicador de secuencia de fases
phase sequence relay | relé de secuencia de fases
phase sequence voltage relay | relé de tensión de secuencia de fases
phase-shaped aerial | antena de haz perfilado
phase shift | desfase, corrimiento (/variación, /cambio, /desplazamiento) de fase
phase shift bridge | puente de desplazamiento (/variación) de fase
phase shift circuit | circuito desfasador (/variador de fase)
phase shift circulator | circulador desfasador
phase shift control | control de variación de fase, regulación por desfase, control por desplazamiento de fase
phase shift discriminator | discriminador de desfase (/desplazamiento de fase, /variación de fase)
phase-shift discriminator circuit | circuito discriminador de desplazamientos de fase
phase-shifted pulse generator | generador de impulsos desfasados
phase shifter | desfasador, variador de fase
phase shifter transformer | trasformador desfasador (/variador de fase)
phase shift feedback circuit | circuito de reacción de desfasamiento
phase-shifting autotransformer | autotrasformador desfasador
phase-shifting bridge | puente de desplazamiento de fase
phase-shifting circuit | circuito desfasador (/de desplazamiento) de fase
phase-shifting device | dispositivo desfasador, compensador de fases
phase-shifting network | red desfasadora, red desplazadora (/cambiadora, /variadora) de fase
phase-shifting rectifier | rectificador de desplazamiento de fase
phase-shifting transformer | trasformador desfasador (/de desplazamiento de fase)
phase-shifting unit | unidad desfasadora
phase shift keyed | manipulado por desplazamiento de fase, de fase manipulada
phase shift keying | manipulación por desviación (/desplazamiento) de fase
phase shift microphone | micrófono desfasador (/de variación de fase, /de desviación de fase)
phase shift modulation | modulación por desfase (/desplazamiento de fase)
phase shift network | red desfasadora (/desplazadora de fase, /cambiadora de fase)
phase shift omnidirectional radio range | radiofaro omnidireccional con variación de fase
phase shift oscillator | oscilador de desfase (/variación de fase, /despla-

zamiento de fase, /circuito desfasador)
phase shift standard | patrón de desfasaje
phase shift telegraph system | sistema telegráfico por desplazamiento de fase
phase shift tone control | control de tono por desfasaje
phase simulator | simulador de fase
phase space | espacio de fase
phase space distribution | distribución espacial de fase
phase spectrum | espectro de fase
phase splitter | desfasador múltiple, separador (/divisor) de fase
phase splitting | división (/separación) de fases
phase-splitting circuit | circuito desfasador múltiple, circuito divisor de fase
phase-splitting device | dispositivo desfasador múltiple, dispositivo divisor de fase
phase-splitting reactance | reactancia de división de fase
phase spread | anchura de fase
phase stability | estabilidad de fase
phase-stabilized electrons | electrones estabilizados en fase
phase swinging | oscilación de fase, oscilaciones pendulares
phase-synchronized | sincronizado en fase
phase-synchronized transmitter | emisor sincronizado en fase
phase terminal | borne (/terminal) de fase
phase-to-amplitude modulated transmitter | trasmisor de modulación de fase a modulación de amplitud, trasmisor de modulación de amplitud por modulación previa de fase
phase-to-amplitude modulation | modulación de fase a modulación de amplitud, modulación de amplitud por modulación previa de fase
phase tracker | seguidor de fase
phase tracking | seguimiento de fase
phase transformation | trasformación de fase
phase transformer | trasformador de fase
phase-tuned valve | válvula de sintonía fija con control de fase, válvula de fase sintonizada
phase undervoltage relay | relé de tensión mínima
phase velocity | velocidad de fase
phase velocity of a wave | velocidad de una onda periódica
phase-versus-frequency characteristic | característica fase-frecuencia, característica de fase en función de la frecuencia
phase-versus-frequency response | relación fase-frecuencia, respuesta de fase en función de la frecuencia
phase-versus-frequency response

characteristic | característica de respuesta de fase en función de la frecuencia
phase voltage | tensión de (/por) fase
phase voltmeter | voltímetro de fase
phase white | puesta en fase para blanco
phase winding | devanado de fase
phase-wound | devanado en fase
phase-wound rotor | rotor con devanado en fase
phasing | ajuste de fase, puesta en fase
phasing agreement | concordancia de fases
phasing and branching equipment | equipo de enfasamiento y distribución
phasing capacitor | condensador de ajuste de fase
phasing channel | canal de puesta en fase
phasing control | control (/regulador) de fase
phasing equipment | equipo de enfasamiento (/regulación de fase)
phasing line | línea de ajuste de fase, línea de puesta en fase
phasing link | bucle de corrección de fase
phasing method | método de fase
phasing network | red de enfasamiento
phasing notphasing | muesca de fase
phasing pulse | impulso de enfasaje (/puesta en fase)
phasing signal | señal de ajuste de fase, emisión de fase
phasing transformer | trasformador enfasador
phasitron | fasitrón
phasitron valve | válvula (de) fasitrón
phasmajector | monoscopio, generador de imagen fija
phasor | vector giratorio (/de corriente)
pH control apparatus | aparato de control del pH
pH electrode | electrodo de pH
phenolic | fenólico
phenolic laminate | fibra fenólica
phenolic material | material fenólico
phenolic panel | panel impregnado con resina fenólica
PHI = phisical layer protocol | PHI [*protocolo de capa física*]
PHI = position and homing indicator | PHI [*indicador de posición y dirección*]
PHIGS = programmers hierarchical interactive graphics standard | OHIGS [*norma de gráficos jerárquicos interactivos para programadores*]
Phillips screw | tornillo Phillips (/de estrella)
Phillips screwdriver | destornillador de estrella
pH indicator | indicador de pH
phi phenomenon | fenómeno phi, ilusión visual

phi polarization | polarización phi (/ilusoria)
pH measuring equipment | equipo de medida del pH
pH meter | medidor de pH
phon | fon, fonio
phone | teléfono, audífono, auricular
phone combiner | combinador telefónico (/para telefonía)
phone connector | conector de teléfono, conector para micrófono
phone jack | clavija telefónica (/para audífono)
phoneme | fonema
phone net | red telefónica
phone operation | comunicación telefónica (/radiotelefónica)
phone patch | enlace (/acoplador) telefónico
phone plug | clavija telefónica (/para audífonos, /para auriculares)
phone reception | recepción radiotelefónica (/en fonía)
phonetic alphabet | alfabeto fonético
phonetic transcription | trascripción fonética
phonetic typewriter | máquina de escribir fonética
phone tip | punta (/clavija) de tipo audífono
phone tip plug | clavija tipo audífono
phone transmitter | trasmisor de fonía, emisor radiotelefónico
phonic motor | motor fónico, rueda fónica
phonic motor clock | péndulo de motor fónico
phonic wheel | rueda fónica
phonic wheel synchronization | sincronización por rueda fónica
phono adapter | adaptador para fono
phonocardiogram | fonocardiograma
phonocardiograph | fonocardiógrafo
phonocardiography | fonocardiografía
phono cartridge | cápsula fonográfica (/fonocaptora, /de tocadiscos)
phonocatheter | fonosonda
phono changer | cambiador (/tocadiscos) automático
phonoelectrocardiograph | fonoelectrocardiógrafo
phonoelectrocardioscope | fonoelectrocardioscopio
phono equalizer | compensador fonográfico
phonogram | telegrama por teléfono
phonogram position | posición de telegramas por teléfono
phonogram service | servicio de telegramas por teléfono
phonograph | tocadiscos, fonógrafo, gramófono
phonograph adapter | adaptador fonográfico
phonograph amplifier | amplificador fonográfico (/gramofónico)
phonograph cartridge | cabeza de lectura fonográfica, cápsula fonocaptora

phonograph connection | conexión fonográfica
phonograph disc | disco fonográfico
phonograph equalizer | ecualizador (/compensador) fonográfico
phonograph input | entrada para fonógrafo
phonograph oscillator | oscilador fonográfico
phonograph pickup | fonocaptor, reproductor fonográfico, cápsula fonocaptora (/fonográfica)
phonograph pickup amplifier | amplificador de fonocaptor
phonograph record | disco fonográfico (/gramofónico)
phonograph recorder | grabador fonográfico
phonograph recording | registro (/disco) fonográfico, grabación fonográfica
phonograph reproducer | reproductor fonográfico
phonograph reproduction | reproducción fonográfica
phono jack | clavija de entrada fonográfica (/de audio)
phono lead | conexión fonográfica
phonometer | fonómetro
phonon | fonón [radiación de ondas de sonido con sintonización precisa de frecuencias superaltas]
phonon amplifier | amplificador fonónico
phonon laser | láser fonón
phonon maser | máser fonón
phono panel | panel fonográfico
phono pickup | fonocaptor, reproductor fonográfico, cápsula fonocaptora (/fonográfica)
phono plug | clavija de audio
phonoscope | fonoscopio
phonoselectroscope | fonoselectoscopio
Phop = previous hop | Phop [salto anterior (campo con la dirección de red del dispositivo de encaminamiento)]
phoresis | electroforesis
phosphate glass dosimeter | dosímetro de cristal (/vidrio) de fosfato activado
phosphate glass dosimetry | dosimetría por cristal (/vidrio) de fosfato activado
phosphene | fosfenos
phosphor | fósforo
phosphor bronze | bronce fosforoso
phosphor dot | punto fosforescente (/de fósforo)
phosphor dot faceplate | pantalla de cinescopio de tres cañones, placa (/pantalla) de puntos fosforescentes
phosphorescence | fosforescencia
phosphorescence spectroscopy | espectroscopia de la fosforescencia
phosphorescent | fosforescente
phosphorogen | fosforógeno
phosphorus | fósforo
phosphorus-diffused silicon junction detector | detector de unión de silicio por fósforo difundido
phosphuranylite | fosfouranilita
phot | phot [unidad de medida lumínica equivalente a 1 lumen por cm²]
photistor | fototransistor
photo | fotografía, foto
photoacoustic effect | efecto fotoacústico
photobiology | fotobiología
photocathode, photo cathode | fotocátodo
photocathode luminous sensitivity | sensibilidad luminosa del fotocátodo
photocathode radiant sensitivity | sensibilidad del fotocátodo al flujo radiante
photocathode sensivity | sensibilidad del fotocátodo
photocathode valve response | respuesta de válvula de fotocátodo
photocell | fotocélula, célula fotoeléctrica
photocell amplifier | amplificador para célula fotoeléctrica, amplificador de fotocélula
photocell box | caja fotoeléctrica
photocell pickup | captor fotoeléctrico
photocell voltage | tensión polarizada de célula fotoeléctrica
photochemical activity | actividad fotoquímica
photochemical radiation | radiación fotoquímica
photochemical storage of energy | almacenamiento fotoquímico de la energía
photochromic | fotocrómico
photochromic compound | compuesto fotocrómico
photochromic glass | cristal fotocrómico
photocoagulator | fotocoagulador
photo compact disk | disco compacto para fotogramas
photocomposition | fotocomposición
photoconduction | fotoconducción
photoconductive | fotoconductivo
photoconductive camera valve | válvula de cámara fotoconductora
photoconductive cell | célula fotoconductora
photoconductive detector | detector fotoconductor
photoconductive device | dispositivo fotoconductor
photoconductive diode | diodo fotoconductivo
photoconductive effect | fotoconducción, efecto fotoconductor
photoconductive film | película fotoconductora
photoconductive gain factor | factor de ganancia fotoconductora
photoconductive material | material fotoconductor
photoconductive meter | medidor fotoconductor
photoconductive photodetector | fotodetector fotoconductor
photoconductive target | blanco fotoconductor
photoconductive transduction | trasducción fotoconductiva
photoconductivity | fotoconductividad
photoconductor | fotoconductor
photocontrol | fotocontrol
photocoupled solid-state relay | relé de estado sólido fotoacoplado
photocurrent | intensidad (/corriente) fotoeléctrica
photo-Darlington | photo-Darlington [par de transistores fotosensibles en conexión Darlington]
photodensitometer | fotodensitómetro
photodetector | fotodetector
photodetector responsivity | capacidad de respuesta del fotodetector
photodevice | dispositivo fotoeléctrico
photodielectric effect | efecto fotodieléctrico
photodiffusion effect | efecto de fotodifusión
photodiode | fotodiodo
photodiode parametric amplifier | amplificador paramétrico fotodiódico
photodiode sensor array scanner | escáner (/explorador) de red con sensores de fotodiodos
photodischarge spectroscopy | espectroscopia de fotodescarga
photodisintegration | fotodesintegración
photodissociation | fotodisociación
photodosimetry | fotodosimetría
photo editor | editor de fotos
photoeffect | efecto fotoeléctrico
photoelastic effect | efecto fotoelástico
photoelasticity | fotoelasticidad
photoelectric | fotoeléctrico
photoelectric abridged spectrophotometry | espectrometría fotoeléctrica abreviada (/simplificada)
photoelectric absorption | absorción fotoeléctrica
photoelectrical | fotoeléctrico
photoelectric alarm | alarma fotoeléctrica
photoelectric alarm system | sistema de alarma fotoeléctrico
photoelectrically | fotoeléctricamente
photoelectric attenuation coefficient | coeficiente de atenuación fotoeléctrico
photoelectric autocollimator | autocolimador fotoeléctrico
photoelectric barrier cell | fotocélula (/célula fotoeléctrica) de capa interceptora
photoelectric beam-type smoke detector | detector fotoeléctrico de humo de tipo haz
photoelectric cathode | cátodo fotoeléctrico, fotocátodo
photoelectric cell | fotocélula, célula fotoeléctrica

photoelectric cell pyrometer | pirómetro de fotocélula (/célula fotoeléctrica)
photoelectric character reader | lector fotoeléctrico de caracteres
photoelectric colour comparator | comparador fotoeléctrico de colores
photoelectric colour register control | control fotoeléctrico de registro de colores
photoelectric colorimeter | colorímetro fotoeléctrico
photoelectric colorimetry | colorimetría fotoeléctrica
photoelectric conductivity | conductividad fotoeléctrica
photoelectric constant | constante fotoeléctrica
photoelectric control | control fotoeléctrico
photoelectric counter | contador fotoeléctrico
photoelectric cryptometer | criptómetro fotoeléctrico
photoelectric current | corriente fotoeléctrica
photoelectric cutoff control | control fotoeléctrico de corte
photoelectric cutoff register controller | control fotoeléctrico de registro de corte [*para mantener la posición del punto de corte*]
photoelectric densitometer | densitómetro (/densímetro) fotoeléctrico
photoelectric detector | detector fotoeléctrico
photoelectric device | fotocélula, célula fotoeléctrica, dispositivo (/tubo) fotoeléctrico
photoelectric directional counter | contador fotoeléctrico direccional
photoelectric door opener | abrepuertas (/abridor de puertas) fotoeléctrico
photoelectric effect | efecto fotoeléctrico
photoelectric efficiency | rendimiento fotoeléctrico
photoelectric electron-multiplier valve | válvula fotoeléctrica multiplicadora de electrones
photoelectric emission | emisión fotoeléctrica, fotoemisión
photoelectric equation | ecuación fotoeléctrica
photoelectric exposure meter | medidor fotoeléctrico de exposición
photoelectric eye | ojo fotoeléctrico
photoelectric fatigue | fatiga fotoeléctrica
photoelectric flame-failure detector | detector fotoeléctrico de extinción de llama
photoelectric galvanometer | galvanómetro fotoeléctrico
photoelectric glossmeter | medidor fotoeléctrico de brillo
photoelectric guider | guía fotoeléctrica
photoelectric illumination control system | control de iluminación mediante dispositivos fotoeléctricos, sistema fotoeléctrico de iluminación
photoelectric inspection | inspección fotoeléctrica
photoelectric intrusion detector | detector fotoeléctrico antirrobo (/de alarma contra intrusión)
photoelectricity | fotoelectricidad
photoelectric lighting control | regulación fotoeléctrica del alumbrado
photoelectric lighting controller | control fotoeléctrico de iluminación (/alumbrado)
photoelectric liquid-level indicator | indicador fotoeléctrico del nivel de líquido
photoelectric loop control | control fotoeléctrico de lazo (/bucle)
photoelectric material | material fotoeléctrico
photoelectric membrane manometer | manómetro fotoeléctrico de membrana
photoelectric mosaic | mosaico fotoeléctrico
photoelectric multiplier | fototubo multiplicador, multiplicador fotoeléctrico
photoelectric number sieve | factorizador fotoeléctrico
photoelectric opacimeter | opacímetro fotoeléctrico
photoelectric peak | pico fotoeléctrico
photoelectric phonograph pickup | fonocaptor fotoeléctrico
photoelectric photometer | fotómetro fotoeléctrico
photoelectric photometry | fotometría fotoeléctrica
photoelectric pickoff | trasductor fotoeléctrico
photoelectric pickup | sensor (/captador) fotoeléctrico
photoelectric pickup device | captador fotoeléctrico
photoelectric pinhole detector | detector fotoeléctrico de microagujeros (/pequeños agujeros)
photoelectric plethysmograph | pletismógrafo fotoeléctrico
photoelectric potentiometer | potenciómetro fotoeléctrico
photoelectric probe | sonda fotoeléctrica
photoelectric pulse generator | generador fotoeléctrico de impulsos
photoelectric pyrometer | pirómetro fotoeléctrico
photoelectric reader | lector fotoeléctrico
photoelectric receiver | receptor fotoeléctrico
photoelectric receptor | receptor fotoeléctrico, fotocélula
photoelectric recorder | registrador fotoeléctrico
photoelectric reflection meter | reflectómetro fotoeléctrico
photoelectric reflectometer | reflectómetro fotoeléctrico
photoelectric register control | control de registro fotoeléctrico, explorador fotoeléctrico
photoelectric relay | relé fotoeléctrico
photoelectric scanner | buscador (/escáner, /explorador) fotoeléctrico
photoelectric scleroscope | escleroscopio fotoeléctrico
photoelectric sensitivity | sensibilidad fotoeléctrica
photoelectric sensor | sensor fotoeléctrico
photoelectric side-register control | control fotoeléctrico de registro lateral
photoelectric signal | señal fotoeléctrica
photoelectric slack control | control fotoeléctrico de bucle (/lazo)
photoelectric smoke-density control | control fotoeléctrico de densidad de humo
photoelectric smoke detector | detector fotoeléctrico de densidad de humos
photoelectric smoke meter | medidor fotoeléctrico de humos
photoelectric smoke recorder | registrador fotoeléctrico de la densidad de humos
photoelectric sorter | clasificador fotoeléctrico
photoelectric spectrophotometer | espectrofotómetro fotoeléctrico
photoelectric spot-type smoke detector | detector fotoeléctrico de humo de tipo reflector
photoelectric tape reader | lector de cinta fotoeléctrico
photoelectric threshold | umbral fotoeléctrico
photoelectric timer | temporizador fotoeléctrico
photoelectric transducer | trasductor fotoeléctrico
photoelectric tristimulus colorimeter | colorímetro fotoeléctrico tricromático (/de triple estímulo)
photoelectric turbidimeter | turbidímetro fotoeléctrico
photoelectric valve | válvula fotoeléctrica
photoelectric voltage | tensión fotoeléctrica
photoelectric work function | función de trabajo fotoeléctrico
photoelectric yield | rendimiento fotoeléctrico, sensibilidad fotoeléctrica
photoelectroluminiscence | fotoelectroluminiscencia
photoelectromagnetic effect | efecto fotoelectromagnético
photoelectromagnetic photodetector | fotodetector fotoelectromagnético
photoelectromotive force | fuerza fotoelectromotriz
photoelectron | fotoelectrón

photoelectronic | fotoelectrónico
photoelectronic device | dispositivo fotoelectrónico
photoelectronic relay | relé (/relevador) fotoelectrónico
photoemission | fotoemisión
photoemissive | fotoemisor
photoemissive camera valve | válvula de cámara fotoemisora
photoemissive cell | célula fotoemisora, fototubo
photoemissive detector | detector fotoemisor
photoemissive effect | efecto fotoemisor
photoemissive photodetector | fotodetector fotoemisor
photoemissive valve photometer | fotómetro de válvula fotoemisora
photoemissivity | fotoemisividad
photoemitter | fotoemisor
photoemitter cathode | cátodo fotoemisor
photofabrication | fotofabricación
photofission | fotofisión
photoflash | destello
photoflash bomb | bomba luminosa (/de iluminación)
photoflash bulb | lámpara de destellos
photoflash lamp | lámpara de destellos
photoflash unit | unidad fotoflash
photoflash valve | válvula de fotoluminiscencia
photoflood lamp | lámpara sobrevoltada (/para fotografía)
photofluorograph | aparato de radiofotografía
photofluorography | fotofluorografía
photoformer | fotoformador, fotoconformador
photogalvanic cell | célula fotogalvánica
photogalvanometer | fotogalvanómetro
photogenerator | fotogenerador
photo generator case | caja del fotogenerador
photoglow valve | fotoválvula de descarga luminiscente
photogoniometer | fotogoniómetro
photogrammetric survey | levantamiento fotogramétrico
photogrammetry | fotogrametría
photograph | foto, fotografía; fotógrafo
photographic | fotográfico
photographical | fotográfico
photographic dosimeter | dosímetro fotográfico
photographic emulsion | emulsión fotográfica
photographic exposure meter | exposímetro fotográfico
photographic montage | montaje fotográfico
photographic projection plan position indicator | indicador de posición en el plano con proyección fotográfica
photographic reception | recepción fotográfica
photographic recording | grabación fotográfica, registro fotográfico
photographic reduction dimension | tamaño de la reducción fotográfica
photographic sound recorder | registrador fotográfico de sonido
photographic sound reproducer | reproductor optoeléctrico (/de registro fotográfico) de sonido
photographic survey | levantamiento fotogramétrico
photographic timer | temporizador (/cronometrador) fotográfico
photographic trace | traza (/imagen) fotográfica
photographic transmission density | densidad de trasmisión fotográfica
photographic writing speed | velocidad de escritura fotográfica
photography | fotografía
photo interrupter | fotointerruptor, célula fotoeléctrica
photoionization | fotoionización
photo-island grid | rejilla fotosensible (/fotoisla)
photojunction battery | batería de fotounión
photoklystron | fotoklistrón
photolithography | fotolitografía
photoluminescence | fotoluminiscencia
photomagnetic effect | efecto fotomagnético, fotodesintegración magnética
photomagnetoelectric effect | efecto fotomagnetoeléctrico
photomask, photo mask | fotomáscara, máscara (fotográfica)
photomatrix | fotomatriz [conector óptico especial desmontable y reutilizable]
photomeson | fotomesón
photometer | fotómetro
photometer lamp | lámpara del fotómetro
photometric | fotométrico
photometric equipment | equipo fotométrico
photometric evaluation | medición fotométrica
photometry | fotometría
photomixer | fotomezclador
photomultiplier | tubo fotoeléctrico multiplicador, fotomultiplicador
photomultiplier cell | célula fotomultiplicadora, fotomultiplicador
photomultiplier counter | contador (con) fotomultiplicador
photomultiplier pulse-height resolution | resolución de amplitud de impulsos del fotomultiplicador
photomultiplier valve | válvula fotomultiplicadora
photon | fotón
photon absoption | absorción fotónica (/de fotones)
photon-coupled amplifier | amplificador de acoplamiento fotónico
photon-coupled isolator | aislador de acoplamiento fotónico
photon coupling | acoplamiento fotónico
photon detector | detector fotónico
photon difference method | método diferencial de fotones
photonegative | fotonegativo
photon emission | emisión fotónica (/de fotones)
photon emission curve | curva de emisión de fotones
photon emission spectrum | espectro de emisión de fotones
photon energy | energía fotónica
photon engine | motor fotónico
photonephelometer | fotonefelómetro [aparato para medir la claridad de los líquidos]
photoneutron | fotoneutrón
photon flux | flujo fotónico
photonics | fotónica
photon radiation | radiación fotónica (/de fotones)
photon rocket | cohete fotónico
photon spin | espín del fotón
photonuclear effect | efecto fotonuclear
photonuclear reaction | fotodesintegración, reacción fotonuclear
photo-optic memory | memoria fotoóptica
photo-optics | fotoóptica
photoparametric amplifier | amplificador fotoparamétrico
photoparametric diode | diodo fotoparamétrico
photophone | fotófono, teléfono óptico
photoplotter | fototrazador
photopolymer hologram | holograma de fotopolímero
photopolymer material | material fotopolimérico
photopositive | fotopositivo
photoproton | fotoprotón
photoradiometer | fotorradiómetro
photorealism | realismo fotográfico
photoreceiver | fotorreceptor
photorelay | fotorrelé, relé fotoeléctrico
photorelay circuit | circuito de relé fotoeléctrico
photoresist | fotorresistente, endurecible a la luz
photoresistance | fotoprotección
photoresistive cell | célula fotorresistente
photoresistive transduction | trasducción fotorresistiva
photoresistor | fotorresistencia
photoresistor multiplier | multiplicador de fotorresistor
photoroetgen unit | aparato de radiofotografía
photoscope reconnaissance | reconocimiento fotoscópico

photosensitive | fotosensible
photosensitive electronic device | dispositivo electrónico fotosensible
photosensitive field-effect transistor | transistor fotosensible de efecto de campo
photosensitive pen | lápiz fotosensible
photosensitive recording | grabación (/registro) fotosensible
photosensitive semiconductor | semiconductor fotosensible
photosensitivity | fotosensibilidad
photosensor | fotosensor
photosphere | fotosfera
photosteoreograph | fotoestereógrafo
photosurface | superficie fotosensible (/fotoeléctrica)
photoswitch | fotoconmutador, conmutador fotoeléctrico
phototelegram | fototelegrama
phototelegram service | servicio fototelegráfico (/de fototelegramas)
phototelegraph | fototelégrafo
phototelegraph circuit | circuito fototelegráfico
phototelegraph communication | comunicación fototelegráfica
phototelegraph current | corriente fototelegráfica
phototelegraphic | fototelegráfico
phototelegraphic apparatus | aparato fototelegráfico
phototelegraph network | red fototelegráfica (/de fototelegrafía)
phototelegraph service | servicio fototelegráfico
phototelegraph transmission | trasmisión fototelegráfica
phototelegraph transmitter | trasmisor fototelegráfico
phototelegraphy | fototelegrafía
phototelegraphy transmission | trasmisión fototelegráfica
phototelephony | fototelefonía, telefonía óptica
phototheodolite | fototeodolito
photothermielectric effect | efecto fototermoeléctrico
photothyristor | fototiristor
phototimer | fotocronómetro
phototransducer | fototrasductor
phototransistor | fototransistor, transistor fotosensible
phototronic cell | célula fototrónica
phototronic photocell | fotocélula (/pila) fototrónica
phototube [USA] [*photovalve (UK)*] | fotoválvula, válvula fotoelectrónica
phototypesetter | fotocompositora [*máquina de composición fotomecánica*]
phototypesetting | ajuste de tipo fotográfico
photovalve [UK] | fotoválvula, válvula fotoelectrónica
photovalve bridge circuit | circuito puente de fotoválvula
photovalve relay | relé de fotoválvula

(/válvula fotoelectrónica)
photovaristor | fotovaristor, varistor fotosensible
photovoltage | fotovoltaje, tensión fotoeléctrica
photovoltaic | fotovoltaico
photovoltaic cell | célula (/pila) fotovoltaica, fotocélula con capa de bloqueo
photovoltaic converter | conversor fotovoltaico
photovoltaic detector | detector fotovoltaico (/de célula fotovoltaica)
photovoltaic effect | efecto fotovoltaico
photovoltaic meter | medidor fotovoltaico
photovoltaic photodetector | fotodetector fotovoltaico
photovoltaic pile | pila fotovoltaica
photovoltaic response | reacción fotovoltaica
photovoltaic transduction | trasducción fotovoltaica
Photox cell | célula Photox [*tipo de célula fotovoltaica*]
photran | fotran [*triodo interruptor de tipo pnpn*]
phracker | fonopirata [*pirata informático que se vale de las redes telefónicas para acceder a otros sistemas o para no pagar teléfono*]
phrase articulation | nitidez de frases
phrase intelligibility | inteligibilidad de frases
phreak | pirata telefónico
phreak, to - | piratear la línea telefónica
pH recorder | registrador de pH
phthalocyanine Q switching | conmutación de Q por ftalocianina
phugoid oscillation | oscilación fugoide
pH value | valor de pH
physical | físico [*adj*]
physical address | dirección física
physical atomic weight | peso atómico físico
physical circuit | circuito físico (/real, /metálico, /combinante)
physical colorimeter | colorímetro físico
physical configuration | configuración física
physical delivery | entrega física
physical device | dispositivo físico
physical dosimetry | dosimetría física
physical electronics | electrónica física
physical electrotonus | electrotono físico
physical extension circuit | circuito físico de extensión
physical-image file | archivo de imagen física
physical layer | nivel físico
physical level relay | repetidor
physical line | línea física (/alámbrica, /metálica, /de conductores)
physical link | enlace físico (/real, /me-

tálico)
physical mass unit | unidad física de masa
physical memory | memoria física
physical network | red física
physical optics | óptica física
physical photometer | fotómetro objetivo (/físico)
physical storage | memoria física, almacenamiento físico
physical tracer | trazador físico
physical unit | unidad física
physics | física
physiological electrotonus | electrotono fisiológico
physiological monitor | monitor fisiológico
physiological patient monitor | monitor fisiológico
phystron | fistrón [*tipo de válvula de microondas de alta potencia*]
PI = photo interrupter | FI = fotointerruptor, interruptor fotoeléctrico, célula fotoeléctrica
PI = pixel interface | PI [*interfaz de píxel*]
PIA = peripheral interface adapter | PIA [*adaptador de interfaz para dispositivos periféricos*]
piano strapping | cableado con hilos desnudos
piano wiring | cableado con hilos desnudos
PIC = programmable interrupt controller | PIC [*controlador de interrupción programable*]
PIC = proportional-integral control | PIC [*control proporcional integral*]
pica | pica [*unidad de medida tipográfica equivalente a un tipo de 12 puntos*]
pick axe aerial | antena zapapico
picking up | recuperación, captación, toma
pickle | baño para limpiar metales
pickling | decapado, desoxidación
pickling bath | baño de decapado
pickling inhibitor | inhibidor de decapado
pickling solution | solución desoxidante (/de decapado)
pickoff | conversor, trasductor mecánico-eléctrico
pick off, to - | arrancar, captar, derivar
pickup | fonocaptor, trasductor, reproductor de registros sonoros; toma; acoplamiento; valor de aplicación; exploración
pick up, to - | captar, explorar
pickup amplifier | amplificador fonográfico, fonoamplificador
pickup arm | brazo (del) fonocaptor
pickup camera | cámara tomavistas
pickup cartridge | cabeza fonocaptora, cápsula fonocaptora (/de tocadiscos)
pickup characteristic | característica del fonocaptor
pickup circuit | circuito captador

pickup coil | bobina acopladora (/captadora, /de captación, /exploradora)
pickup current | corriente de funcionamiento (/activación, /puesta en marcha, /excitación magnética)
pickup device | dispositivo captador
pickup electrode | electrodo captador
pickup equalizer preamplifier | preamplificador compensador para fonocaptor
pickup factor | altura de entrada; factor de captación
pickup head | cabeza lectora, fonocaptor
pickup microphone | micrófono de toma
pickup plug | clavija de fonocaptor
pickup preamplifier | preamplificador fonográfico
pickup ratio | relación de captación
pickup spectral characteristic | característica espectral de captación
pickup stylus | aguja reproductora
pickup system | sistema fonocaptor
pick up the receiver, to - | descolgar el receptor (del teléfono)
pick-up traffic | tráfico de recogida
pickup value | valor de aplicación (efectiva), valor de funcionamiento (/accionamiento, /activación)
pickup valve | válvula captadora (/analizadora)
pickup velocity | velocidad de exploración
pickup voltage | tensión de activación, tensión de (puesta en) funcionamiento
PICMG = PCI Industrial Computer Manufacturers Group | PICMG [*grupo industrial PCI de fabricantes de ordenadores*]
pico- | pico- [*prefijo que significa la billonésima parte de la unidad*]
picoammeter | picoamperímetro
picoamp = picoampere | picoamperio
picoampere | picoamperio
picocoulomb | picoculombio
picocurie | picocurie
picofarad | picofaradio
piconet | picorred [*colección de dispositivos Bluetooth capaces de comunicarse entre sí*]
picosecond | picosegundo
picowatt | picovatio
PICS = platform for Internet content selection | PICS [*plataforma para la selección de contenidos en internet*]
pictorial display | pantalla iconográfica, presentación pictórica, representación en forma de imágenes
pictorial wiring diagram | diagrama de cableado (/conexiones)
picture | imagen; modelo [*de estructura de datos*]
picture analysis | análisis (/descomposición) de la imagen
picture area | área (/superficie) de la imagen

picture black | nivel del negro, negro de imagen
picture bounce | temblor de la imagen
picture brightness | brillo de imagen
picture call | trasmisión fototelegráfica
picture carrier | (frecuencia) portadora de vídeo (/imagen)
picture carrier amplifier | amplificador de portadora de imagen
picture carrier monitor | monitor de portadora de imagen
picture centering | encuadre (/centrado, /centraje) de imagen
picture centering control | control (/mando) de centrado de la imagen
picture channel | canal de imagen
picture chrominance | crominancia de la imagen
picture circuit | circuito fototelegráfico
picture compression | compresión de imagen
picture contrast | contraste de la imagen
picture control and monitor unit | equipo de supervisión (/comprobación) y ajuste (/corrección) de imagen, equipo monitor y de control de imagen
picture control coil | bobina de encuadre de imagen
picture control potentiometer | potenciómetro de encuadre de imagen
picture definition | definición de la imagen
picture detail | detalle de imagen
picture detector | detector de imagen (/vídeo)
picture detector diode | diodo detector de imagen
picture dot | elemento de imagen
picture element | píxel, elemento de imagen
picture fading | desvanecimiento de imagen
picture fine adjustment | ajuste fino (/preciso) de imagen
picture foldover | doblado de imagen
picture form telegram | telegrama en forma de imagen
picture frame television | televisión de pantalla mural
picture frequency | frecuencia de imagen
picture frequency band | banda de frecuencias de imagen
picture generator | generador de imagen
picture IF = picture intermediate frequency | frecuencia intermedia de imagen
picture IF amplifier | amplificador de frecuencia intermedia de imagen
picture IF stage | etapa de frecuencia intermedia de imagen
picture intermediate frequency | frecuencia intermedia de imagen
picture inversion | inversión de (la) imagen

picture jitter | vibración (/fluctuación) de la imagen
picture line amplifier | amplificador de línea e imagen
picture line-amplifier output | salida de un amplificador de línea de imagen
picture line frequency | frecuencia de líneas de exploración (/imagen)
picture line standard | norma de líneas de imagen (/exploración)
picture linearity | linealidad de la imagen
picture modulation | modulación de la imagen
picture modulation component | componente de modulación de imagen
picture monitor | monitor de imagen
picture-on-the-wall television | televisión mural
picture-on-the-wall television screen | pantalla de televisión mural
picture output | salida de imagen
picturephone | teléfono televisivo, visófono
picture potentiometer | potenciómetro de ajuste de imagen
picture processing | proceso de imágenes
picture receiver | televisión sin sonido; receptor de imagen
picture receiving valve | válvula de recepción de imagen
picture relay | enlace (/radioenlace) de televisión
picture signal | señal de vídeo (/imagen)
picture signal amplifier | amplificador de la señal de imagen
picture signal amplitude | amplitud de la señal de imagen
picture signal input | entrada de la señal de imagen
picture signal modulation | modulación de la señal de imagen (/vídeo)
picture signal polarity | polaridad de la señal de imagen
picture size | tamaño de la imagen, área útil
picture slip | deslizamiento (vertical) de la imagen
picture storage valve | válvula acumuladora de imágenes
picture sweep amplifier | amplificador de barrido de cuadro (/imagen)
picture sychronization | sincronización de cuadro (/imagen)
picture synchronizing | sincronización de imagen (/cuadro)
picture synchronizing impulse | impulso de sincronización (/barrido) vertical (/de imagen)
picture synchronizing pulse | impulso de sincronización (/barrido) vertical (/de imagen)
picture synchronizing ratio | relación de sincronización
picture telegraph | fototelegrafía

picture telegraph apparatus | aparato fototelegráfico
picture telegraph service | servicio fototelegráfico (/de fototelegrafía)
picture telegraphy | trasmisión de imágenes, fototelegrafía
picture tone | frecuencia de imagen
picture-to-synchronizing ratio | relación de sincronización
picture transformer | trasformador de imagen (/salida de cuadro)
picture transmission | fototelegrafía, trasmisión de imágenes
picture transmission method | procedimiento de trasmisión de imágenes
picture transmitter | emisor fototelegráfico; trasmisor de imágenes
picture valve | válvula de imagen (/pantalla), cinescopio
picture-valve brightener | abrillantador del tubo de imagen, trasformador para sobretensión de filamento del cinescopio
picture valve characteristic | característica del cinescopio, característica de la válvula de pantalla
picture valve harness | arnés (/aparejo) del cinescopio
picture valve safety glass | vidrio protector del cinescopio, vidrio protector de la válvula de pantalla
picture white | nivel de blanco, blanco de imagen
PID = programme identifier | PID [*identificador de programa*]
PIDD = positive identification and detection device | dispositivo de identificación positiva [*dispositivo guía de terminal pasivo para identificación de barcos mediante señales de radar*]
piece | pieza
pie chart | gráfico de torta
Pierce arrow | flecha de Pierce
Pierce crystal oscillator | oscilador de Pierce
Pierce oscillator | oscilador de Pierce
piezocrystal | cristal piezoeléctrico
piezodielectric | piezodieléctrico
piezoelectric | piezoeléctrico
piezoelectric accelerometer | acelerómetro piezoeléctrico
piezoelectric activity | actividad piezoeléctrica
piezoelectric axis | eje piezoeléctrico
piezoelectric ceramic | cerámica piezoeléctrica
piezoelectric constant | constante piezoeléctrica
piezoelectric crystal | cristal piezoeléctrico (/de armónico)
piezoelectric crystal cut | corte piezoeléctrico de cristal
piezoelectric crystal element | elemento de cristal piezoeléctrico
piezoelectric crystal plate | placa de cristal piezoeléctrico
piezoelectric crystal unit | unidad de cristal piezoeléctrico

piezoelectric detector | detector piezoeléctrico
piezoelectric device | dispositivo piezoeléctrico
piezoelectric driving system | sistema impulsor piezoeléctrico
piezoelectric effect | efecto piezoeléctrico
piezoelectric gauge | manómetro piezoeléctrico, galga piezoeléctrica
piezoelectric indicator | indicador piezoeléctrico
piezoelectricity | piezoelectricidad
piezoelectric loudspeaker | altavoz piezoeléctrico
piezoelectric material | material piezoeléctrico
piezoelectric microphone | micrófono piezoeléctrico
piezoelectric oscillator | oscilador piezoeléctrico
piezoelectric pickup | fonocaptor piezoeléctrico
piezoelectric pressure gauge | manómetro piezoeléctrico, indicador piezoeléctrico de presión
piezoelectric probe | sonda piezoeléctrica
piezoelectric quartz | cuarzo piezoeléctrico
piezoelectric quartz crystal | cristal piezoeléctrico de cuarzo
piezoelectric receiver | receptor piezoeléctrico
piezoelectric resonator | resonador piezoeléctrico
piezoelectric seismograph | sismógrafo piezoeléctrico
piezoelectric sensor | sensor piezoeléctrico
piezoelectric shaker | sacudidor piezoeléctrico
piezoelectric speaker | altavoz piezoeléctrico
piezoelectric strain gauge | deformímetro (/extensímetro) piezoeléctrico
piezoelectric transducer | trasductor piezoeléctrico
piezoelectric transduction | trasducción piezoeléctrica
piezoelectric vibration pickup | vibrocaptor (/captador de vibraciones) piezoeléctrico
piezoelectric vibrator | vibrador piezoeléctrico
piezoelectric well hydrophone | hidrófono piezoeléctrico para mediciones en pozos
piezoid | piezoide, cuarzo tallado
piezometer | piezómetro
piezometer ring | anillo piezométrico
piezo-optical transducer | trasductor piezoóptico
piezoresistance | piezorresistencia
piezoresistive | piezorresistivo
piezoresistive pressure gauge | medidor de presión piezorresistivo
piezoresistive strain-gauge transducer | trasformador deformimétrico piezorresistivo
piezoresistive transduction | trasducción piezorresistiva
piezoresistivity | piezorresistividad
piezo speaker | altavoz piezoeléctrico
PIF editor | editor PIF
pig | contenedor
PIG = Penning ionization gauge | PIG [*medidor de ionización de Penning*]
PIG discharge | descarga del PIG
piggyback | en cascada
piggyback acknowledgment | reconocimiento de carga, trasporte y descarga
piggyback board | tarjeta enchufada sobre otra
piggyback control | control en cascada
piggy-backing | piggy-backing [*proceso de asignación de anchos de banda*]
piggyback twistor | tuistor doble (/en cascada)
pig iron | hierro bruto
pigment | pigmento
pigtail | hilos de conexión; cable flexible de conexión, cable de llegada; latiguillo [*conector para inyectar a la fibra óptica la potencia procedente del optoacoplador*]
pigtail cable | cable flexible
pigtail diode | diodo con rabillos de conexión
pigtail fuse | fusible con alambres (/hilos) de conexión
pigtail lead | conductor flexible
pigtail resistor | resistor arrollado en espiral
pigtail splice | conexión elástica, empalme de hilos trenzados
pigtail wire | cable flexible
pile | pila; reactor (nuclear)
pile factor | factor de pila
pile gun | sonda de reactor
pile operation | funcionamiento de un reactor
pile oscillator | oscilador de reactor (/pila)
pile period | periodo del reactor
pile poisoning | envenenamiento del reactor
pile-up | apilamiento; bloque de resortes; juego de contactos, contactos apilados
pile-up detector | detector de apilamiento
pile-up insulator | aislador de juego de contactos
pile-up support | soporte del bloque de resortes
pile-wound | bobinado en pilas
pile-wound coil | bobina (/bobinado) en pilas
piling rail | carril de zócalo
pill | píldora
pillar | columna
pillbox | línea de placas paralelas

pillbox aerial | antena cilíndrica (/con parábola achatada, /tipo nido de ametralladora)
pillbox line | línea de placas paralelas
pillbox package | construcción de "cajita de píldoras"
pill diode | diodo tipo píldora
pillow loudspeaker | altavoz de cabecera
pillow speaker | altavoz de cabecera
pill varactor | varactor tipo píldora
pilot | lámpara testigo, piloto (luminoso); onda piloto; conductor auxiliar
PILOT = programmed inquiry, learning or teaching | PILOT [*consulta, aprendizaje o enseñanza programados (antiguo lenguaje de programación)*]
pilotage | pilotaje
pilotage radar | radar de control (/pilotaje)
pilot alarm | timbre piloto
pilot amplifier | amplificador piloto (/auxiliar)
pilot automatic exchange | central automática piloto
pilot autooscillator | autooscilador piloto
pilot bell | timbre piloto
pilot carrier | portadora piloto
pilot cell | elemento piloto (/testigo)
pilot channel | canal piloto
pilot circuit | circuito piloto (/de mando)
pilot contact | contacto piloto
pilot controller | combinador piloto
pilot controller system | sistema piloto-controlador
pilot detector | detector piloto
pilot frequency | frecuencia piloto
pilot frequency carrier | (frecuencia) portadora piloto
pilot frequency generator | generador de frecuencia piloto
pilot fuse | fusible indicador
pilot generator | generador de piloto
pilot hole | agujero piloto
pilot indicator | receptor auxiliar (/del piloto); lamparilla piloto
pilot lamp | lámpara testigo (/piloto, /indicadora, /de vigilancia)
pilot lamp socket | portapiloto, zócalo para lámpara piloto
pilot lamp switching key | llave de apagado
pilotless aircraft | avión sin piloto
pilot level | nivel de piloto
pilot light | luz piloto (/de aviso), lámpara testigo, chivato luminoso
pilot light lamp | lamparita de luz piloto
pilot light socket | portapiloto, zócalo para lamparita piloto
pilot loudspeaker | altavoz monitor
pilot-operated | accionado por piloto (/válvula auxiliar)
pilot-operated control | regulador accionado por válvula auxiliar
pilot-operated controller | regulador de relé
pilot-operated valve | válvula accionada por piloto
pilot oscillator | oscilador maestro (/piloto)
pilot pickoff | selección (/extracción) de piloto
pilot pickoff filter | filtro selector de piloto
pilot plant | instalación experimental, planta piloto
pilot protection | protección por piloto
pilot protection with direct comparison | protección por piloto de comparación directa, protección por piloto según (/mediante) trasmisión de señal
pilot pulse | impulso piloto; onda de tierra
pilot regulator | regulador piloto
pilot relay | relé piloto (/de control)
pilot relaying | telemando
pilot selector automatic dropout | desenergizador automático de selector plano
pilot signal | señal de mando (/identificación)
pilot solenoid valve | válvula piloto de solenoide
pilot spark | chispa piloto (/auxiliar)
pilot subcarrier | subportadora piloto
pilot tape | cinta piloto
pilot test | ensayo piloto
pilot tone | tono (/onda) piloto
pilot tone detector | detector de tono piloto
pilot tone generator | generador de tono piloto
pilot tone injection circuit | circuito de inyección del tono piloto
pilot tube | tubo piloto
pilot-type device | dispositivo de tipo piloto
pilot valve | válvula piloto (/auxiliar, /de mando)
pilot wire | hilo auxiliar (/piloto, /testigo), conductor piloto
pilot wire circuit | circuito piloto (/de mando)
pilot wire protection | protección por hilos piloto
pilot wire regulator | regulador por hilo piloto
PIM = personal information manager | PIM [*gestor de información personal*]
pi meson | mesón pi, pión
pi mode [*of operation of the magnetron*] | modo pi [*de funcionamiento del magnetrón*]
pimpling | vesiculación
pin | conector, terminal, aguja, pasador, pin, patilla, clavija, perno
PIN = personal identification number | PIN [*número de identificación personal, número personal de identificación*]
PIN = positive-intrinsic-negative | PIN = positivo-intrínseco-negativo [*capas de diodo*]
pin base | base de pines
pinboard | placa de conectores
pin cap | casquillo de pines (/patillas)
pin carrier | portapines
pinch | apriete; pinza; soporte interelectródico; salto de aguja; base interna de los electrodos; pie de los electrodos; estrechamiento, constricción
pinch current | corriente de reostricción (/apriete)
pinch discharge | descarga de reostricción (/defecto de pinza)
pinched base | base con pie (/soporte interno)
pinched lightning | relámpago con estricción
pinch effect | reostricción, efecto constrictor (/de constricción, /de contracción, /de compresión, /de pinza, /de apriete)
pinch instability | inestabilidad del efecto de apriete
pinch magnetic field | campo magnético de apriete
pinch-off | constricción, estricción, estrangulamiento; corte de drenador
pinch-off diode | diodo de estrangulamiento (/estricción)
pinch-off voltage | tensión de estrangulamiento (/estricción, /de corte), voltaje de corte
pinch resistor | resistencia de estricción
pinch roller | rodillo prensor (de goma)
pin circle | círculo de pines (/conectores)
pin-compatible | de pines (/clavijas) compatibles
pin configuration | configuración de los pines de conexión
pin connection | conexión de patilla
pincushion corrector | corrector del efecto cojín, corrector de distorsión en acerico, corrector de distorsión de imágenes en televisión
pincushion distortion | distorsión en cojín
pincushion effect | efecto de cojín
pin detector | detector de pin
PIN diode | diodo PIN
PIN diode attenuator | atenuador de diodo PIN
pine tree aerial | antena en pino
pine tree array | alineación en (forma de) pino, cortina de dipolos horizontales con reflectores, red de dipolos horizontales en cortina
pine tree chain radar warning net | red de radares de alerta en cadena en forma de pino
pine tree line | línea de radares de alerta en forma de pino
pi network | red pi, red en pi, red de tres impedancias
pi network output coupling | acoplamiento de salida de red en pi
pin feed | arrastre por perforaciones [*del papel en impresoras*]
pinfeed plate | platina de avance

ping | silbido (de sonar)
ping, to - | verificar la conexión [comprobar que un ordenador está conectado a internet mediante el envío de un paquete ping]
PING = packet Internet groper | PING [rastreador de paquetes en internet]
ping analyser | analizador de silbido (/impulsos de retorno)
ping of death | ping mortal [envío de un paquete ping de longitud excesiva que provoca la caída o el reinicio del ordenador de destino]
ping packet | paquete ping [mensaje que envía un nodo a una dirección IP indicando que está listo para transmitir]
ping-pong | elemento de corrimiento en bucle; radiogonómetro localizador de radares costeros; basculador dinámico; técnica ping-pong [para cambiar alternativamente el sentido de trasmisión]
ping-pong ball effect | efecto de pelota de ping-pong
ping-pong buffer | memoria intermedia ping-pong [para transmisión de sentido alternante]
pin grid array | dispositivo de patillas en rejilla
pin header | cubierta de contacto con patillas
pinhole | porosidad, poro, picadura
pinhole detector | detector de poros (/picaduras, /efectos puntiformes)
pin insulator | aislador rígido
pin jack | enchufe monopolar; clavija miniatura (/de patilla, /de espiga fina)
pink-distant | rosa distante
pink noise | ruido rosado [tipo de interferencia radioeléctrica]
PINO = positive input-negative output | circuito lógico de entrada positiva y salida negativa
pinout | esquema de pines [de un chip o un conector]
pinouts | pinouts [conductores externos de una tarjeta de circuitos impresos]
PIN photodiode | fotodiodo PIN
pin plug | clavija macho (/monopolar)
pin sensing | detección de clavijas
pin setting | estado de la patilla; parámetros (/definición) de las patillas
pin straightener | enderezador de terminales
pin switch | conmutador de clavija
PINT = public switched telephony network / Internet Internetworking | PINT [conjunto de protocolos para servicios telefónicos desde una red IP]
pintle | aguja (de válvula)
pintle valve | válvula de aguja
pintle valve injector | inyector de válvula de aguja
pin-type bond | conexión acuñada
pin-type insulator | aislador de espiga (/varilla)

pin valve | válvula de aguja
PIO = parallel input-output | PIO [entrada/salida paralela (/en paralelo)]
PIO = programmed input/output, processor input/output | PIO [entrada/salida programada, entrada/salida de procesador]
pion = pi meson | pión [mesón pi]
pion nucleon scattering | difusión de mesones (/piones) por nucleones
pip | impulso, cresta, eco, punto de señal horaria
pipe | guiaondas, guía de ondas; cable coaxial, línea, envolvente
piped programme | programa trasmitido por cable (telefónico)
piped television | televisión por cable
pipeline | pipeline; cable coaxial
pipeline burst secondary cache | pipeline a ráfagas en caché secundaria
pipeline computer | ordenador pipeline (/de procesado en un canal)
pipeline processing | proceso de encauzamiento
pipelined burst | pipeline a ráfagas
pipelining | segmentación, procesamiento en cadena, ejecución solapada de instrucciones; proceso de encauzamiento [método de procesado por etapas secuenciales simultáneas]; pipelining [aplicación de trasmisión de datos para enviar múltiples solicitudes al servidor sin esperar respuesta a las anteriores]
pipe-type cable | cable entubado
pip matching | pareamiento de impulsos
pip-matching display | presentación comparativa de ecos, indicador de impulsos pareados
PIPO = parallel in / parallel out | PIPO [carga en paralelo / lectura en paralelo]
pi point | punto pi [frecuencia con desfase de inserción de 180°]
pipology | análisis de ecos
piracy | piratería
Pirani gauge | manómetro (/calibre) de Pirani
PISO = parallel in, serial out | PISO [entrada(en) paralelo, salida (en) serie]
piston | émbolo, pistón
piston action | efecto de pistón (/émbolo)
piston attenuator | atenuador de émbolo (/pistón), pistón atenuador
pistonphone | fonopistón, fonoémbolo, cámara de compresión (/comprobación)
piston-type attenuator | atenuador tipo pistón
piston-type high-frequency transducer | trasductor de alta frecuencia de acción de pistón
pit | picadura
PIT = programmable interval timer | PIT [cronómetro programable de intervalos]

pitch | paso, avance; altura tonal (/de tono); diapasón; cabeceo; grado de inclinación; estructura fina [en filtro de síntesis de predicción lineal]; frecuencia fundamental [periodo de las cuerdas vocales]
pitch amplifier | amplificador de profundidad
pitch attitude | ángulo de posición
pitchblend | pechblenda, pecblenda
pitch factor | factor de paso
pitch of a winding | paso parcial en un devanado en tambor
pitchover | sobreángulo de posición
pitch servo amplifier | servoamplificador de profundidad
pith control | control de rapidez (/potencia, /energía)
Pitot pressure | presión dinámica [presión ejercida en un tubo de Pitot]
pitted | picado; quemado
pitted contact | contacto picado
PIV = peak inverse voltage | PIV [tensión máxima inversa, tensión inversa de cresta, voltaje inverso máximo]
pivot | pivote
pivoted electrode holder | portaelectrodos orientable
pivoting screw | tornillo pivote
pivot valve | válvula pivotada (/de mariposa)
pi winding | devanado pi (no inductivo), devanado de bobinas planas
pixel = picture element | píxel [elemento de imagen más pequeño representable en pantalla]
pixel image | imagen en píxeles [representación de una imagen en color en la memoria del ordenador]
pixel interface | interfaz de píxel
pixelization [space quantization] | pixelización [cuantificación de espacio]
pixel map | mapa de píxeles
pixels block transfer | trasferencia de bloques de píxeles
pixel shift | desplazamiento (/corrimiento) de píxel
pixmap | mapa de píxeles
PKCS = public key cryptography standard | PKCS [estándar de criptografía de clave pública]
PKI = public key infrastructure | PKI [infraestructura de clave pública]
PKUNZIP | PKUNZIP [software para descomprimir archivos comprimidos con PKZIP]
PKZIP | PKZIP [programa de PKWare para compresión de archivos]
PL = please | por favor
PL = private line | LP = línea particular (/privada)
PL = programming language | LP = lenguaje de programación
PLA = programmed (/programmable) logic array | PLA [orden (/sistema) lógico programado (/programable)]
place | lugar
placement | colocación

place name abbreviation | clave (/abreviatura) toponímica; grupo toponímico
plain connector | conector sencillo (/plano)
plain coupling | brida plana
plain language | lenguaje claro
plain language telegram | telegrama en lenguaje claro
plain language telegraph correspondence | correspondencia telegráfica en lenguaje claro
plain language text | texto en lenguaje claro
plain language word | palabra en lenguaje claro
plain old telephone service | servicio telefónico plano antiguo, servicio de conexión telefónica plana (/elemental)
plain surface machine | máquina de armazón liso
plain text | texto legible (/en claro, /en lenguaje claro)
plain vanilla [*fam*] | producto escueto [*sin suplementos decorativos (aplicado a sistemas informáticos)*]
plan | plan, plano, vista en planta
planar | plano
planar aerial | antena plana
planar array | red plana de trasductores; sistema plano
planar ceramic valve | válvula cerámica plana
planar device | dispositivo plano
planar diffusion | difusión plana
planar diode | diodo plano (/con electrodos planos paralelos)
planar display | pantalla plana
planar electrode valve | válvula plana (/de electrodo plano, /electrónica con electrodos planos paralelos)
planar epitaxial passivated diode | diodo epitaxial de estructura plana pasivada
planar epitaxial PNPN switch | conmutador epitaxial de estructura plana PNPN
planar epitaxial transistor | transistor plano epitaxial
planar graph | gráfico planar
planar half-loop | semibucle plano
planar implant | injerto laminar (/bidimensional)
planar junction | unión plana
planar junction diode | diodo de unión plana
planar junction transistor | transistor plano de unión, transistor de uniones de estructura plana
planar mask | placa (/máscara) perforada, máscara plana (/de sombra)
planar module | módulo plano
planar network | red plana (/en plano)
planar photodiode | fotodiodo plano (/al vacío de estructura plana)
planar process | proceso (/procedimiento) en plano

planar processing technique | técnica de fabricación plana
planar silicon photoswitch | fotoconmutador plano de silicio
planar silicon transistor | transistor plano de silicio
planar soldering | soldadura plana
planar technique | técnica de planos
planar technology | tecnología planar
planar transistor | transistor planar (/plano)
planar transmission line | línea de trasmisión plana (/con elementos planos)
planar triode | triodo plano (/de electrodos planos paralelos)
planar valve | válvula plana (/de electrodos planos)
planchet | plancheta [*pequeño contenedor de metal para medir radiaciones de materiales radiactivos*]
Planckian locus | lugar geométrico de Planck
Planck's constant | constante de Planck
Planck's distribution | distribución de Planck
Planck's law | ley de Planck
Planck's radiation law | ley de radiación de Planck
plane | plano
plane aerial | antena en hoja
plane condenser | condensador plano
plane earth | tierra plana
plane earth attenuation | atenuación sobre tierra plana
plane earth factor | factor de tierra plana
plane electromagnetic wave | onda electromagnética plana
plane grating | red plana
plane mirror | espejo plano
plane of a loop | plano de un bucle
plane of polarization | plano de polarización
plane of space lattice | plano de la red
plane-polarized light | luz polarizada en un plano
plane-polarized wave | onda polarizada en un plano
plane position indicator | indicador de posición de plano
plane progressive wave | onda progresiva plana
plane reflector | reflector plano
plane reflector aerial | antena con reflector plano
plane sinusoidal wave | onda senoidal (/sinusoidal) plana
plane source | fuente plana
planetary electron | electrón satélite (/planetario)
plane wave | onda plana
plane wave front | frente de onda plana
planigraph | tomógrafo, planígrafo, estratógrafo
planigraphy | planigrafía

plan of cable layout | plano de tendido de cable
plan position approach | aproximación panorámica
plan position indicator | indicador panorámico (/de posición en el plano, /de posición panorámica); radar panorámico
plant | planta, fábrica, central, estación
plant capacity | capacidad de la central
plant capacity factor | coeficiente de utilización de la central
plant capacity flow | caudal de equipo
Planté cell | acumulador (/elemento) Planté
plant engineering | ingeniería de planta
Planté plate | placa Planté
Planté-type plate | placa tipo Planté, placa de gran superficie
plant factor | factor de capacidad; coeficiente (/tasa) de utilización
plant holdup time | tiempo de permanencia en la planta
plant load factor | coeficiente de utilización de la central
plant order wire | línea de servicio entre estaciones de repetidores
plaque | placa, plaqueta
plasma | plasma
plasma accelerator | acelerador plasmático (/de plasma)
plasma anodization | anodización por plasma
plasma arc | arco de plasma
plasma arc coating | recubrimiento por arco de plasma
plasma balance | equilibrio de plasma
plasma ball | lámpara de plasma
plasma beam | haz de plasma
plasma burst | ráfaga de plasma
plasma cathode | cátodo de plasma
plasma cathode electron gun | cañón electrónico de cátodo de plasma
plasma column | columna de plasma
plasma confinement | confinamiento de plasma
plasma current | corriente de plasma
plasma cylinder | cilindro de plasma
plasma density | densidad (de las partículas) del plasma
plasma deposition | precipitación de plasma
plasma diode | diodo plasmático (/de plasma)
plasma discharge | descarga en plasma
plasma display | pantalla de plasma; representación visual por plasma
plasma drift | deriva del plasma
plasma dynamics | dinámica del plasma
plasma electron | electrón del plasma
plasma electronic frequency | frecuencia electrónica del plasma
plasma engine | motor de plasma
plasma etching | ataque con plasma

plasma filament | filamento de plasma
plasma flame | llama de plasma
plasma frequency | frecuencia del plasma
plasma gun | cañón de plasma
plasma heating | calentamiento del plasma
plasma ionic frequency | frecuencia iónica del plasma
plasma jet | cohete de plasma; chorro plasmático (/plasmático)
plasma laser | láser plasmático
plasma layer | capa del plasma
plasma length | longitud del plasma
plasma needle arc | arco fino (/de aguja) en atmósfera de plasma
plasma neutron radiation | radiación neutrónica del plasma
plasma oscillation | oscilación plasmática (/del plasma)
plasma oscillator | oscilador de plasma
plasma physics | física del plasma
plasma pinch | estricción (/reostricción) del plasma
plasma pressure | presión del plasma
plasma propulsion | propulsión por plasma
plasma radiation | radiación del plasma
plasma rocket engine | motor de plasma (para cohete)
plasma sheath | vaina de plasma
plasma state | estado del plasma
plasma thermocouple | termopar de plasma
plasma torch | soplete de plasma
plasmatron | plasmatrón [*diodo de gas de cátodo caliente relleno de helio para fines de control*]
plasma wave | onda de plasma
plasmoid | plasmoide
plasmon [UK] | plasmón [*partícula ficticia que se asocia a las ondas de un plasma*]
plastic | plástico
plastic-base sound tape | cinta magnetofónica con base (/soporte) de plástico
plastic capacitor | capacitor (/condensador) de plástico
plastic clad silica fibre | fibra de sílice con revestimiento de plástico
plastic deformation | deformación plástica
plastic effect | efecto plástico
plastic-encapsulated component | componente encapsulado en plástico
plastic insulation | aislante de materia plástica
plasticiser | plastificante
plastic leadless chip carrier | método de soldadura sin plomo para chips
plastic range | zona plástica, margen plástico
plastic strap | abrazadera de plástico
plastic zone | zona plástica
Plastisol | Plastisol [*marca de una mezcla de resina y plastificantes*]
PLAT = pilot landing-aid television | PLAT [*sistema de televisión por circuito cerrado para ayuda de aterrizaje en portaaviones*]
plate [USA] [*anode (UK)*] | placa, pletina; electrodo, ánodo; cristal piezoeléctrico
plate, to - | anodizar [USA], galvanoplastificar; depositar
plateau (fra) | meseta; plataforma
plateau characteristic | característica de (la) meseta
plateau length | longitud (/extensión) de (la) meseta
plateau relative slope | pendiente relativa de la meseta (/plataforma)
plateau slope | pendiente de la meseta
plate battery | batería anódica (/de placa, /de ánodo)
plate bypass capacitor | condensador de paso (/desacoplamiento) de ánodo (/placa)
plate bypass condenser | trasformador (/capacitor) de paso de placa (/ánodo)
plate capacitance | capacitancia de placa
plate capacitor | condensador de placas
plate-cathode capacitance | capacitancia ánodo-cátodo, capacidad de ánodo a cátodo
plate-cathode capacitor | capacitor (/capacidad) ánodo-cátodo
plate characteristic | característica de placa
plate circuit | circuito anódico (/de placa)
plate circuit detector | detector por circuito de placa
plate circuit efficiency | rendimiento del circuito de placa
plate circuit relay | relé de circuito de placa (/ánodo)
plate coil | bobina de placa
plate column | columna de placas (/platillos)
plate condenser | condensador de placas
plate conductance | conductancia de placa
plate-coupled multivibrator | multivibrador de acoplamiento por placa
plate current | corriente anódica (/de placa)
plate current cutoff | corte de la corriente de placa
plate current detection | detección de la corriente de placa
plate current meter | medidor de la corriente de ánodo, miliamperímetro de corriente anódica
plate current modulation | modulación de corriente anódica (/de placa)
plate current-plate voltage characteristic | característica de corriente anódica-tensión anódica
plate current saturation | saturación de la corriente de placa
plated | metalizado
plated circuit | circuito metalizado (/impreso por depósito electrolítico)
plated crystal unit | cristal metalizado (/de electrodos depositados)
plate detection | detección por (/de) placa
plate detector | detector por (/de) placa
plate dissipation | disipación anódica (/de la placa)
plated magnetic wire | hilo magnético revestido
plated printed circuit | circuito impreso metalizado (/chapado)
plated printed wiring board | tablero de conexionado enchapado, placa de conexionado impreso por depósito galvanoplástico
plated-resist | capa protectora metalizada
plated-through hole | agujero metalizado de paso
plated-through interface connection | conexión interfacial chapada (/por agujero metalizado)
plated wire memory | memoria de conductores metalizados
plate efficiency | rendimiento anódico (/de la placa)
plate efficiency factor | coeficiente de rendimiento anódico
plate electrode | electrodo de placa
plate family of curves | familia de curvas de placa
plate feed resistance | resistencia de alimentación de placa
plate-filament capacitance | capacidad (/capacitancia) ánodo-filamento, capacidad de placa a filamento
plate-filament voltage | tensión ánodo-filamento (/placa-filamento)
plate finish | acabado de superficie; superficie en bruto
plate-grid capacitance | capacidad (/capacitancia) ánodo-rejilla (/placa-rejilla, /de placa a rejilla)
plate impedance | impedancia anódica (/de placa)
plate input | potencia anódica de entrada
plate input power | potencia de entrada de placa, potencia anódica de entrada
plate keying | manipulación por (interrupción de la alimentación de) placa
plate load | carga de placa
plate load impedance | impedancia de carga de placa
plate load resistance | resistencia de carga anódica
plate lug | patilla de cola
plate magnet | imán de placa
plate-modulated | modulado por (/en) placa
plate-modulated amplifier | amplificador modulado en placa

plate modulation | modulación por placa (/ánodo)
platen | plancha, placa de compresión
plate neutralization | neutralización anódica (/de placa, /de circuito anódico)
plate penetrameter | penetrámetro de placa
plate-plate impedance | impedancia entre placas
plate potential | tensión anódica, potencial de placa
plate power input | potencia de entrada de placa
plate power source | fuente de alimentación anódica
plate power supply | fuente de alimentación anódica
plate protector | pararrayos de placas
plate pulse modulation | modulación por impulsos anódicos (/de placa)
plate resistance | resistencia de placa
plate saturation | saturación de placa
plate spacing | distancia entre placas
plate supply | alimentación anódica, fuente de alimentación de placa, batería de ánodo
plate supply voltage | tensión de alimentación de placa, voltaje de alimentación anódica, tensión polarizadora de ánodo
plate tank | circuito resonante anódico (/de placa), circuito oscilante de ánodo; tanque de placa
plate tank coil | bobina del tanque de placa
plate tap switch | llave de derivaciones de placa
plate thickness | espesor de placa
plate tower | columna de placas (/platillos)
plate transformer | trasformador de (alimentación de) ánodo (/placa)
plate tuning condenser | condensador de sintonización anódica (/de placa)
plate voltage | tensión anódica (/de ánodo, /de placa)
plate voltage apparatus | aparato de tensión anódica (/de placa)
plate voltage regulator | regulador de tensión de placa (/voltaje anódico)
plate winding | arrollamiento de ánodo (/placa)
plate with a large area | placa Planté (/de gran superficie)
platform | plataforma
platform for Internet content selection | plataforma para la selección de contenidos en internet
platform stabilization | estabilización de plataforma
platform support | soporte de plataforma
platine | platina (para relés)
plating | metalización, electrodeposición
plating anode | ánodo de metalización
plating bar | barra de metalización

plating bath | baño galvanoplástico (/galvánico)
plating operation | operación galvanoplástica
plating rack | gancho de aislamiento; percha para baño galvánico; soporte de cátodos
plating shop | taller de galvanoplastia
plating solution | solución para galvanoplastia (/electroplastia, /electrochapado)
plating tank | cuba (/tanque) de galvanoplastia
plating thickness | espesor galvanoplástico (/de la capa depositada)
plating-up | sobremetalización, electrodeposición
plating void | hueco de metalización
plating wastes | aguas residuales de galvanoplastia (/electrólisis)
platinisation [UK] | platinado, revestido de platino
platinise, to - [UK] | platinar, chapar en platino
platinization [UK+USA] | platinado, revestido de platino
platinize, to - [UK+USA] | platinar, chapar en platino
platinized | platinado
platinized asbestos | amianto platinado
platinized platinum electrode | electrodo de platino platinado
platinized quartz | cuarzo platinado
platinized titanium anode | ánodo de titanio platinado
platinizing | platinado
platinode | platinodo
platinoid | platinoide
platinotron | platinotrón [tipo de magnetrón sin circuito resonante]
platinum | platino
platinum-clad | platinado, chapado en (/de) platino
platinum-clad copper | cobre platinado
platinum-clad electrode | electrodo platinado
platinum-cobalt magnet | imán de platino-cobalto
platinum contact | contacto de platino
platinum crucible | crisol de platino
platinum metal | metal platinífero
platinum-plate, to - | platinar, chapar en platino
platinum-plated | platinado, chapado en platino
platinum-pointed plug | bujía con puntas platinadas
platinum resistance | resistencia de platino
platinum resistance bulb | elemento termosensible de resistencia de platino
platinum resistance thermometer | termómetro de resistencia de platino
platinum-ruthenium emitter | emisor de aleación platino-rutenio

platinum-tipped | platinado, con puntas platinadas
platinum wire | hilo de platino
platter | disco; plato
platyphonic | platifónico
plausibility | plausibilidad
play | holgura
play a file, to - | lanzar un archivo
playback | reproducción, lectura
playback amplifier | amplificador de reproducción (/lectura)
playback channel | canal de reproducción
playback characteristic | característica de lectura
playback gap | entrehierro de reproducción
playback head | fonocaptor, cabeza lectora (/de reproducción)
playback loss | pérdida de reproducción (/lectura)
playback loudspeaker | altavoz de fondo (/acompañamiento)
playback-only deck | mecanismo básico de sólo reproducción
playback preamplifier | preamplificador de reproducción
playback reproducer | reproductor, lector
playback system | sistema lector (/de reproducción)
playback tape deck | reproductor de cintas magnetofónicas; mecanismo básico de reproducción, plataforma lectora
playback unit | dispositivo (/aparato) de reproducción
player | jugador; reproductor
playing deck | plataforma lectora, mecanismo de reproducción
playing weight | peso de la reproducción
PLB = personal locator beacon | PLB [baliza de localización personal (para vehículos terrestres)]
PLB = preamble | preámbulo
PLC = programmable logic computer | PLC [ordenador lógico programable]
PLCC = plastic leadless chip carrier | PLCC [método de soldadura sin plomo para chips]
PLD = programmable logic device | PLD [dispositivo lógico programable]
pleisiochron digital hierarchie | jerarquía digital plesiócrona
plenum | cámara de sobrepresión
pleochroic halo | umbral (/halo) pleocroico
plesiochronous | plesiócromo
plesiochronous synchronization | sincronización plesiócrona
plethysmogram | pletismograma
plethysmograph | pletismógrafo
plex | estructuras entrelazadas
Plexiglas | plexiglás [marca comercial de un material plástico]
pliers | alicates
pliodynatron | pliodinatrón [antigua

válvula electrónica con cuatro elementos y rejilla adicional]
pliotron | pliotrón [*válvula al vacío de cátodo caliente con una o más rejillas*]
PLL = phase-locked loop | PLL [*enlace de control de fase*]
PL/M = programming language for microcomputers | PL/M [*lenguaje de programación para microordenadores*]
PLM = pulse length modulation | PLM [*modulación de duración de impulsos*]
PLMN = public land mobile network | PLMN [*red pública de radiotelefonía móvil*]
PLO = phase-locked oscillator | PLO [*oscilador de fase sincronizada, oscilador enclavado en fase*]
plot, to - | delinear, marcar, trazar, fijar la posición; plotear [*fam*], crear en tablero gráfico [*imágenes o diagramas*]
plotter | trazador (de gráficos); registrador (/marcador) de curvas; plóter, tablero gráfico
plotting | trazado; representación gráfica
plotting board | tablero gráfico
plotting plate | plano de trazado
plough [UK] | toma de arado; escobilla (de contacto); frotador de toma de corriente, zapata de toma
ploughshare [UK] | cuchilla de arado
plow [USA] [*plough (UK)*] | toma de arado; escobilla (de contacto); frotador de toma de corriente, zapata de toma
plowshare [USA] [*ploughshare (UK)*] | cuchilla de arado
Ploy effect | efecto Ploy
PLS = please | por favor
PLT = power line transistor | PLT [*transistor en línea de potencia*]
plug | borne, enchufe (macho); terminal (para soldar); clavija (de conexión); bujía; tapón
plug adapter | adaptador de enchufe, clavija de adaptación
plug-and-block connector | conector de clavijas
plug and jack | clavija y base de contacto
plug-and-jack connector | conector de clavija y base
plug and play | conexión y uso inmediato
plug and play, to - | enchufar y usar
plug-and-play capability | capacidad de colocar y realizar
plug-and-play card | tarjeta de conexión y uso inmediato
plug-and-play configuration | configuración de conexión y uso inmediato
plug-and-play configuration area | área de configuración para conectar y trabajar
plug and socket | tapón y enchufe
plugboard, plug board | panel de clavijas (/conexiones, /control de clavijas), cuadro de conexiones (/contactos enchufables), tablero (/panel) de conexiones, conmutador de clavijas
plugboard computer | ordenador con panel de conexiones
plug body | tomacorriente, conector hembra
plug braking | frenado por conexión
plug button | botón taponador
plug cap | clavija tomacorriente (/de conexión, /de enchufe)
plug compatible | conectable directamente; conexión compatible
plug connection | enchufe, toma de corriente, conexión de clavija
plug connector | conector macho (/de enchufe)
plug contact | contacto de clavija, enchufe
plug cutout | cortacircuito de tapón
plug-ended cord | cordón enchufable (/con clavija en los extremos)
plug-ended junction | enlace terminado en clavija
plug for operator's handset | clavija de operadora
plug fuse | fusible de tapón (/rosca), tapón eléctrico
pluggable | enchufable, de enchufe, conectable mediante enchufe
pluggable unit | unidad conectable
plug gauge | (tapón) calibrador, calibre macho (/cilíndrico, /de tapón), calibrador macho (/de tapón), galga de clavija
plugging | frenado por contracorriente (/contramarcha, /inversión de la rotación)
plugging device | dispositivo de bloqueo
plugging-in | enchufamiento, inserción de clavijas en las tomas
plugging loop | bucle detector de obstrucciones
plugging-up | toma de línea
plugging-up and observation line circuit | circuito de toma y observación de líneas
plugging-up device | dispositivo de bloqueo
plugging-up lines | toma de líneas averiadas
plug-in | (unidad) enchufable, enchufe
plug in, to - | enchufar
plug-in amplifier | amplificador (/preamplificador) enchufable
plug-in card | tarjeta adicional
plug-in chassis | bastidor enchufable
plug-in chassis design | construcción de bastidores enchufables
plug-in circuit | circuito enchufable
plug-in coil | bobina intercambiable
plug-in component | componente enchufable
plug-in condenser | condensador intercambiable
plug-in connection | conexión enchufable
plug-in connector | conector enchufable
plug-in contact | contacto enchufable (/de clavija)
plug-in cord | cordón tomacorriente (/con enchufe)
plug-in device | dispositivo enchufable
plug-in drawer unit | unidad enchufable tipo gaveta
plug-in head assembly | conjunto de cabeza enchufable
plug-in inductance | inductancia intercambiable
plug-in modular construction | construcción de módulos enchufables, estructura para el empleo de unidades modulares cambiables
plug-in module | módulo (/bloque modular) enchufable (/recambiable)
plug-in nest | receptáculo colectivo
plug-in outlet | toma de enchufe, caja de contacto, tomacorriente (/receptáculo) de clavija
plug-in patch wire | alambre de interconexión enchufable
plug-in piezoelectric crystal | cristal piezoeléctrico enchufable
plug-in prong | pata enchufable
plug-in relay | relé enchufable (/recambiable, /de clavijas), relevador de enchufe
plug-in resistor | resistor intercambiable (/de clavijas)
plug-in strip | moldura para tomacorrientes
plug-in subassembly | subconjunto enchufable
plug-in transformer | trasfomador enchufable (/de enchufe)
plug-in unit | unidad recambiable (/enchufable), tarjeta (/módulo) enchufable
plug prong | espiga de enchufe
plug puller | sacatapones
plug receptacle | tomacorriente (/receptáculo) de clavija, toma de enchufe, cajetín de contacto
plug resistance box | caja de resistencia con enchufes
plug seat | repisa para clavija, asiento de clavija
plug selector | selector de clavija
plug shelf | clavijero
plug shell | camisa para clavija
plug sleeve | base de clavija
plug suppressor | casquillo antiparásitos
plug switch | interruptor de clavija, conmutador de clavijas
plug switchboard | cuadro de enchufes (/clavijas)
plug termination | clavija de terminación
plug-to-plug compatible | conectable directamente
plumber's tool bag | equipo de soldador

Plumbicon | Plumbicon [*marca comercial de un vidicón que utiliza un fotoconductor de óxido de plomo*]
plumbing | línea de cable coaxial; tendido de guiaondas, instalación de guías de ondas; robinetería, tuberías; sondeo
plume | columna; pluma
plunger | núcleo buzo (/móvil, /de ajuste); contacto de ajuste; émbolo
plunger-core reactor | reactor de núcleo buzo (/móvil)
plunger magnet | electroimán de núcleo buzo (/móvil)
plunger relay | relé de solenoide (/núcleo)
plunger-type instrument | aparato (/instrumento) de medida de hierro móvil buzo
plural scattering | dispersión plural
plus | positivo
plutonium | plutonio
plutonium aerosol monitor | monitor para aerosoles de plutonio
plutonium bomb | bomba de plutonio
plutonium-in-air monitor | monitor de plutonio en la atmósfera
plutonium monitor | monitor de plutonio
plutonium-producing reactor | reactor productor de plutonio
plutonium reactor | reactor de plutonio
pluviograph | pluvígrafo, pluviógrafo, pluviómetro registrador
plywood | contrachapado
Pm = promethium | Pm = prometio
PM = permanent magnet | IP = imán permanente
PM = phase modulator, phase modulation | MF = modulador de fases, modulación de fases
PM = post meridiem | PM = postmeridiano
p-machine = pseudomachine | seudomáquina
PMAKE = please make | sírvase hacer (/ejecutar, /leer)
PMBX = private manual branch exchange | PMBX [*centralita privada manual, centralita manual con conexión a la red pública*]
PM erasing head | cabeza borradora de imán permanente
PM loudspeaker = permanent magnet loudspeaker (/speaker) | altavoz de imán permanente
PMMU = paged memory management unit | PMMU [*unidad de gestión de la memoria por páginas*]
PMOS | PMOS [*transistor MOS monopolar donde la corriente principal está formada por cargas eléctricas positivas*]
PMS = processor-memory-switch | PMS [*procesador-memoria-conmutador*]
PMW = pulse-modulated wave | PMW [*onda modulada por impulsos*]

PMX = private manual exchange | PMX [*central manual privada*]
PN = positive-negative | PN = positivo-negativo
PN = private network | red privada
PN barrier | barrera PN [*en semiconductores*]
PN boundary | límite PN [*en semiconductores*]
PN diode | diodo PN
pneumatic | neumático
pneumatic bellow | fuelle neumático
pneumatic circuit | circuito neumático
pneumatic detector | detector neumático
pneumatic gun | pistola neumática
pneumatic hammer | martillo neumático
pneumatic logic | lógica neumática
pneumatic loudspeaker | altavoz neumático
pneumatic post | tubo neumático
pneumatic receptor | receptor neumático
pneumatic relay | relé neumático
pneumatic robot | robot neumático
pneumatic speaker | altavoz neumático
pneumatic time-delay relay | relé neumático temporizado (/de retardo)
pneumatic timer | temporizador (/cronorregulador) neumático
pneumatic tube ticket distributor | tubo neumático distribuidor de fichas
pneumogram | neumograma
pneumograph | neumógrafo
PNG = portable network graphics | PNG [*gráficos portátiles de red*]
PN hook | gancho PN, asa PN, colector multiplicador de corriente
PN hook transistor | transistor con efecto de gancho PN
PNIN transistor = positive-negative-intrinsic transistor | transistor PNIN [*transistor con región intrínseca entre dos regiones negativas*]
PNIP transistor | transistor PNIP [*transistor de unión intrínseca entre una base tipo N (negativo)*]
PN junction, p-n junction | zona PN, unión PN, unión p-n
PN-junction diode | diodo de unión PN
PN-junction laser | láser de unión PN
PN-junction luminescence | luminiscencia de unión PN
PN-junction photocell | fotocélula (/célula fotoeléctrica) de unión PN
PN-junction rectifier | rectificador de unión PN
PN-junction transistor | transistor de unión PN
PNM = pulse number modulation | PNM [*modulación de números de impulsos*]
PnP = plug and play | conexión y uso inmediato
PNP = positive-negative-positive | PNP = positivo-negativo-positivo

PNP-junction transistor | transistor de unión PNP
PNPN device | dispositivo PNPN [*dispositivo con cuatro capas de materiales semiconductores positivas y negativas alternadas*]
PNPN diode | diodo PNPN, diodo de cuatro capas
PNP-NPN amplifier | amplificador PNP-NPN
PNPN transistor | transistor PNPN
PNPN-type switch | conmutador de tipo PNPN
PNP phototransistor | fototransistor PNP
PNP tetrode | tetrodo PNP
PNP transistor | transistor PNP
PN rectifier | rectificador PN
PN sequence = pseudonoise sequence | secuencia PN [*secuencia de (p)seudorruido*]
PO, P.O. = post office | oficina postal (/de correos)
POB = post-office box | casilla (/apartado) de correos
Pockel's effect | efecto de Pockel
Pockel's effect modulation | modulación por efecto de Pockel
pocket | celdilla, alveolo; bolsillo
pocket aerial | antena embutida (/de ranura)
pocket ammeter | amperímetro de bolsillo
pocket chamber | cámara de ionización de bolsillo
pocket dosimeter | dosímetro de bolsillo
pocket lamp | linterna
pocket meter | dosímetro (/medidor) de bolsillo
pocket plate | placa de alveolos
pocket radio | radio de bolsillo
pocket sorting | clasificación digital (/de bases, /de bolsillo, /de raíces)
pocket tape recorder | magnetófono de bolsillo
pocket torch | linterna (de bolsillo)
pocket-type plate | placa de alveolos
POH = patch overhead | POH [*información complementaria para trasporte*]
poid | poide [*curva trazada por el centro de una esfera al rodar ésta por una superficie con perfil sinusoidal*]
point | punto; coma [*en numeración*]
point, to - | señalar, marcar con cursor
point-and-click, to - | apuntar y marcar [*con el ratón*]
point availability | disponibilidad puntual
point-based linearity | linealidad basada en puntos
pointcasting | difusión entre puntos, difusión punto a punto
point cathode | cátodo puntiforme
point chart | gráfico de dispersión
point contact | contacto de punta
point contact crystal diode | diodo de cristal con puntas de contacto

point contact diode | diodo con puntas de contacto
point contact photodiode | fotodiodo de contacto de punta
point contact phototransistor | fototransistor de contacto de punta
point contact rectifier | rectificador de puntas de contacto
point contact transistor | transistor con punto (/puntas) de contacto
point contact transistor tetrode | transistor tetrodo de puntas de contacto
point controller | regulador de puntos
point counter | contador de punto
point counter valve | válvula contadora de punta
point cover | cobertura puntual
point cover radar | radar de cobertura puntual
point defect | defecto puntual
point detector | detector puntual
point diagram | diagrama de dispersión
point discharge | descarga por puntas
pointed electrode | electrodo en punta
pointed lightning protector | pararrayos de puntas
point effect | efecto puntual [mayor escape de carga eléctrica por las puntas]
point electrode | electrodo de punta
pointer | señalador, indicador, puntero; aguja indicadora
pointer acceleration | aceleración del puntero
pointer address | dirección de puntero
pointer centrering error | error de excentricidad del indicador
pointer instrument | aparato (/instrumento) de aguja
pointer movement threshold | umbral de movimiento del puntero
pointer register | registro de puntero
point focus | enfoque puntiforme
point impedance | impedancia puntual
pointing | apuntamiento
pointing device | dispositivo de indicación (/puntero)
pointing element | elemento apuntador
point junction transistor | transistor de puntas y uniones de contacto
point kernel | nódulo puntual
point light | luz puntiforme
point listing | listado temático
point of certification | punto de certificación
point of communication | punto de comunicación (/corresponsalía)
point of connection | punta (/punto) de conexión
point of input | punto de alimentación (/ataque, /excitación)
point of origin | punto de origen
point of phase | punto de fase
point of presence | punto de presencia [al que se puede conectar con una llamada local]
point of sale | terminal de punto de venta
point-of-sale system | sistema de terminales en el punto de venta
point-of-sale terminal | terminal en el punto de venta
point-plane rectifier | rectificador de punta y plano
point slug | pieza puntual
point source | fuente (de radiación) puntual
point source lamp | lámpara puntual
point technique | técnica de señalar
point-to-mobile communication | comunicación entre estación fija y estación móvil
point-to-multipoint connection | enlace (/conexión) punto a multipunto
point-to-point | de punto a punto, entre puntos fijos
point-to-point circuit | circuito entre puntos fijos, circuito (/línea) punto a punto
point-to-point communication | comunicación punto a punto, comunicación entre puntos fijos
point-to-point configuration | configuración punto a punto
point-to-point connection | conexión punto a punto
point-to-point land communication | comunicación del servicio terrestre entre puntos fijos
point-to-point line | línea punto a punto
point-to-point position | posición de salida para tráfico diferido
point-to-point protocol | protocolo punto a punto
point-to-point radio communication | radiocomunicación punto a punto
point-to-point telegraph station | estación telegráfica de comunicación entre puntos fijos
point-to-point telephone station | estación telefónica de comunicación entre puntos fijos
point-to-point transmission | trasmisión punto a punto
point-to-point tunneling | filtrado punto a punto [para comunicaciones seguras]
point-to-point tunneling protocol | protocolo de filtrado punto a punto [para comunicaciones por internet]
point-to-point wiring | cableado de punto a punto
point transistor | transistor de puntas (/contactos de punta)
point transposition | trasposición de tipo corto
poison | veneno
poisoning | envenenamiento
poisoning agent | agente de contaminación
poisoning computer | calculador de envenenamiento
poisoning cycle | ciclo de envenenamiento
poisoning of reactor | envenenamiento del reactor
poisoning predictor | predictor de envenenamiento
poison materials | venenos nucleares
Poisson's distribution | distribución de Poisson
Poisson's equation | ecuación de Poisson
Poisson's ratio | relación de Poisson
poke, to - | examinar una posición para modificarla; guardar en sector absoluto [registrar un byte en un sector absoluto de la memoria]
POL = problem-oriented language | POL [lenguaje orientado a la resolución de problemas]
polar | polarizado; polar
polar absorption | absorción polarizada
polar aurora | aurora polar
polar capacitor | condensador con polarización
polar circuit | circuito polarizado (/de doble corriente)
polar comparator | comparador polar
polar compound | compuesto polarizado
polar coordinates | coordenadas polares
polar crystal | cristal polarizado
polar current | trasmisión a doble polaridad
polar curve | curva en coordenadas polares
polar curve of light distribution | curva fotométrica
polar detector | detector polar
polar diagram | diagrama polar
polar direct-current system | trasmisión por doble corriente
polar distance | distancia polar
polar front | frente polar
polar grid | rejilla polarizada, reticulado polarizado
polarimeter | polarímetro
polarimetry | polarimetría
polariscope | polariscopio
polarise, to - [UK] | polarizar
polarity | polaridad
polarity checking | comprobación de la polaridad
polarity directional relay | relé direccional polarizado
polarity finder | detector de polaridad, buscapolos
polarity formula | fórmula de polaridad
polarity indicator | indicador de polaridad (/sentido de la corriente)
polarity of picture signal | polaridad de la señal de imagen
polarity protection diode | diodo de protección contra la inversión de polaridad
plarity reversal detector | detector de inversión de la polaridad
polarity reversal switch | (conmutador) inversor de polaridad

polarity reverser | inversor de polos (/polaridad)
polarity reversing | inversión de polos (/polaridad)
polarity-reversing probe | sonda (/punta exploradora) con inversor de polaridad
polarity-reversing switch | conmutador inversor de polaridad
polarity switch | conmutador para inversión de polaridad
polarity tester | buscapolos
polarity wiring | instalación con identificación de polaridad
polarizability | polarizabilidad
polarizability catastrophe | catástrofe de polarizabilidad
polarizable | polarizable
polarizated radiation | radiación polarizada
polarization | polarización
polarization apparatus | aparato de polarización
polarization capacitance | capacitancia (/capacidad) de polarización
polarization changer | inversor (/cambiador, /alternador) de polarización
polarization coefficient | coeficiente de polarización
polarization current | corriente de polarización
polarization cycle | ciclo de polarización
polarization discrimination | discriminación de polarización
polarization diversity | diversidad de polarización
polarization diversity aerial | antena con diversidad de polarización
polarization diversity reception | recepción de diversidad de polarización
polarization drift | deriva de polarización
polarization effect | efecto de polarización
polarization ellipse | elipse de polarización
polarization energy | energía de polarización
polarization error | error de polarización
polarization fading | desvanecimiento de la polarización
polarization holography | holografía en luz polarizada
polarization in a dielectric | polarización en un dieléctrico
polarization index | índice de polarización
polarization isolation | aislamiento de la polarización
polarization interferometer | interferómetro de polarización
polarization maintaining coupler | acoplador que mantiene la polarización
polarization maintaining fibre | fibra que mantiene la polarización
polarization modulation | modulación de polarización
polarization of a medium | polarización de un medio
polarization phenomenon | fenómeno de polarización
polarization photometer | fotómetro de polarización
polarization plane | plano de polarización
polarization potential | potencial de polarización
polarization reactance | reactancia de polarización
polarization receiving factor | factor (/coeficiente) de recepción de polarización
polarization resistance | resistencia de polarización
polarization scattering matrix | matriz de dispersión de polarización
polarization unit vector | vector unitario (/unidad) de polarización
polarization voltage | tensión de polarización
polarize, to - [UK+USA] | polarizar
polarized | polarizado
polarized ammeter | amperímetro polarizado
polarized beam | haz polarizado
polarized bell | timbre polarizado
polarized capacitor | condensador polarizado
polarized channel | canal de luz polarizada
polarized component | componente polarizado
polarized differential relay | relé diferencial polarizado
polarized double-biased relay | relé polarizado de doble enganche magnético
polarized electric drainage | drenaje eléctrico polarizado
polarized electrolytic capacitor | condensador electrolítico polarizado
polarized electromagnet | electroimán polarizado
polarized electromagnetic radiation | radiación electromagnética polarizada
polarized-field frequency relay | relé de frecuencia de campo polarizado
polarized glass | vidrio polarizado
polarized grid | rejilla polarizada
polarized headlight | faro polarizado [tipo de faro delantero para automóviles]
polarized helical magnetization | imanación de polarización helicoidal
polarized infrared radiation | radiación infrarroja polarizada
polarized light | luz polarizada
polarized meter | instrumento de medida polarizado
polarized no-bias relay | relé polarizado neutro
polarized nucleus | núcleo polarizado
polarized outlet | conector polarizado
polarized plug | enchufe (/conector) polarizado, clavija polarizada
polarized proton beam | haz de protones polarizado
polarized radiation | radiación polarizada
polarized receptacle | tomacorriente (/receptáculo) polarizado
polarized relay | relé polarizado
polarized ringer | timbre polarizado
polarized sounder | zumbador acústico polarizado
polarized step-by-step relay | relé polarizado graduado
polarized telegraph relay | relé telegráfico polarizado
polarized vane ammeter | amperímetro de cuadro fijo
polarized wave | onda polarizada
polarizer | polarizante; polarizador
polarizer screen | filtro polarizado [de pantalla]
polarizing angle | ángulo de polarización (máxima)
polarizing battery | batería de polarización
polarizing current | corriente polarizadora
polarizing filter | filtro de polarización
polarizing flux | flujo polarizador
polarizing microscope | microscopio de luz polarizada
polarizing pin | patilla polarizadora
polarizing prism | prisma polarizador
polarizing slot | ranura de alineamiento (/posicionamiento)
polarizing solar prism | helioscopio de polarización
polarizing voltage | tensión polarizadora (/de polarización)
polar keying | manipulación polar (/de doble corriente)
polar liquid | líquido polarizado
polar low | depresión polar
polar modulation | modulación polarizada
polar mount | montaje polar
polarogram | polarograma
polarograph | polarógrafo
polarographic analizer | analizador polarográfico
polarography | polarografía
polaroid | polaroide; polarizador
Polaroid camera | cámara (fotográfica) Polaroid
polaroid filter | filtro polaroide
polar operation | operación polarizada, funcionamiento polarizado
polar orbit | órbita polar
polar planimeter | planímetro polar
polar projection | proyección polar
polar radiation pattern | diagrama polar de radiación
polar relay | relé (/relevador) polarizado
polar response | respuesta polar
polar second moment | momento de

inercia
polar signal | señal polarizada
polar solvent | disolvente polarizado
polar surface of light distribution | superficie fotométrica
polar weather station | estación meteorológica polar
pole | polo; apoyo; mástil
pole-and-wire system | líneas metálicas sobre postes, red de líneas aéreas
pole arc | arco polar
pole arm | cruceta, travesaño
pole auger | barrena
pole band | zuncho para poste
pole brace | travesaño
pole butt | base del poste
pole changer | camabiapolos, cambiador (/inversor) de polos
pole-changing control | regulación por cambio del número de polos
pole-changing starter | arrancador por cambio del número de polos
pole-changing switch | cambiapolos, inversor (/cambiador) de polos
pole climber | trepador (para postes)
pole-climbing iron | trepador (para postes)
pole cribbing | asiento (/anclaje) del poste
pole dead-end | amarre a un poste
pole dead-end kit | juego de elementos para el amarre a un poste
pole diagram | diagrama de polos, esquema de trasposiciones, ley de rotaciones (/cambios)
pole diagram book | registro de líneas, cuaderno de distribución de líneas; libro de replanteo
pole earth wire | cable de (puesta a) tierra, hilo pararrayos
pole face | cara polar
pole fender | cubierta de protección, parachoques
pole finder | buscapolos
pole-finding paper | papel buscapolos
pole fittings | accesorios para postes
pole gain | portacruceta, soporte (/abrazadera para sujeción) de cruceta
pole gap | entrehierro
pole hook | gancho de sujeción de la pértiga en reposo
pole horn | cuerno polar
pole indicator | indicador de polos (/polaridad)
pole inspection | inspección (/ensayo) de postes
pole line | línea de postes
pole-mounted repeater | repetidor montado en poste
pole-mounting transformer | trasformador para montaje en poste
pole mount station | estación de montaje en postes
pole of rotation | polo de rotación
pole paper | papel buscapolos
pole piece | armella; borne; pieza polar

(/de soporte del polo)
pole piece face | cara polar
pole piece meter | aparato de piezas polares
pole pitch | paso polar, distancia entre polos
pole retriever | recuperador de la pértiga
pole reverser | inversor de polaridad (/corriente, /polos)
pole route | ruta de (líneas sobre) postes
pole saddle | caperuza para poste
pole shoe | pieza (/expansión) polar
pole socket | raigal
pole step | clavija para (/de) trepar
pole strength | intensidad polar (/de polo)
pole switch | interruptor de poste
pole tester | sonda para madera (/probar los postes)
pole tip | cuerno (/extremidad) polar
pole toll line | línea interurbana de postes
pole trailer | remolque para postes
pole transformer | trasformador para (montaje en) poste
pole trolley | trole (/colector) de pértiga
pole-type transformer | trasformador de poste
pole winding | devanado polar
police call | llamada (/emisión del servicio) de la policía
police connection | conexión con la policía
police radio | equipo de radio policial, sistema de radiocomunicación de la policía
police radio station | estación de radio de la policía
police radio system | sistema de radiocomunicación de la policía
police station | estación de la policía
poling | inversión de conductores
polisher | pulidora
polishing | pulido
polishing tool | pulidora
Polish notation | notación polaca (/por prefijos)
poll | línea compartida por consulta de las estaciones
polled system | sistema de línea compartida por consulta de las estaciones
polling | encuesta, sondeo, interrogación; llamada selectiva
polling, to - | elegir
polling cycle | ciclo de sondeo [*de un programa para comprobar los dispositivos*]
polling mode | modo polling [*modo de control por barrido de elementos*]
polonium | polonio
polyadic operation | operación poliádica
polyamide film | película de poliamida
polyanode | polianódico
polyanode rectifier | rectificador polianódico

polyatomic | poliatómico
polyatomic molecule | molécula poliatómica
polybutadiene | polibutadieno
polycarbonate | policarbonato
polychloroprene | policloropreno
polychlorotrifluoroethylene resin | resina de policlorotrifluoroetileno
polychromatic radiation | radiación policromática
polychrome picture | imagen polícroma
polycrystalline ceramic | cerámica policristalina
polycrystalline material | material policristalino
polycrystalline structure | estructura policristalina
polydirectional microphone | micrófono polidireccional
polyelectrode | polielectrodo, electrodo múltiple
polyelectrons | polielectrones
polyenergetic | polienergético
polyenergetic neutron radiation | radiación neutrónica polienergética
polyergic | poliérgico
polyester | poliéster
polyester backing | refuerzo de poliéster
polyester base | base de poliéster
polyester-base sound tape | cinta magnetofónica con base de poliéster
polyester film | película de poliéster
polyethylene | polietileno
polyethylene-insulated cable | cable aislado con polietileno
polygon | polígono
polygonal overhead contact system | línea catenaria poligonal (/vertical)
polygon of forces | polígono de fuerzas
polygon-type delay line | línea de retardo poligonal
polygraph | polígrafo
polygraphy | poligrafía
polyiron | polihierro
polyline | línea multiple
polymer | polímero
polymorphic | polimorfo
polymorphism | polimorfismo
polynomial | polinomio; polinómico
polynomial bounded algorithm | algoritmo limitado de forma polinómica
polynomial code | código polinómico
polynomial equation | ecuación polinómica
polynomial interpolation | interpolación polinómica
polynomial number | número polinómico
polynomial space | espacio polinómico
polynomial time | tiempo polinómico
polyode | poliodo
polyode valve | válvula polioodo
polyolefine | poliolefina
polyoptic sealing | cierre hermético polióptico, sellado polióptico

polyphase | polifásico
polyphase alternator | alternador polifásico
polyphase circuit | circuito polifásico
polyphase commutator motor | motor polifásico de colector
polyphase compensating winding | motor polifásico compound de colector
polyphase converter | convertidor polifásico
polyphase current | corriente polifásica
polyphase induction machine | máquina de inducción polifásica
polyphase induction motor | motor de inducción polifásico
polyphase machine | máquina polifásica
polyphase mercury-arc converter | convertidor polifásico de arco en vapor de mercurio
polyphase merge sort | clasificación de fusión en fases múltiples
polyphase meter | contador polifásico
polyphase motor | motor polifásico
polyphase oscillator | oscilador polifásico
polyphase rectifier | rectificador polifásico
polyphase rectifier circuit | circuito rectificador polifásico
polyphase selectivity | selectividad polifásica
polyphase series commutator motor | motor polifásico en serie con colector
polyphase shunt commutator motor | motor polifásico en derivación con colector
polyphase shunt motor | motor polifásico excitado en derivación
polyphase slip-ring induction motor | motor de inducción polifásico de anillo colector (/rozante)
polyphase synchronous generator | generador sincrónico polifásico
polyphase system | sistema polifásico
polyphase torque converter | convertidor de par polifásico
polyphase transformer | trasformador polifásico
polyphase variable-speed commutator motor | motor polifásico de colector de velocidad variable
polyphase voltage | tensión polifásica
polyphase watthourmeter | contador de vatios-hora polifásico
polyphase wattmeter | vatímetro polifásico
polyphase-wound rotor | rotor con devanado y polifásico
polyphenyl | polifenilo
polyphotal | polífoto [relativo a lámparas de arco en un mismo circuito]
polyphote | polífoto
polyplexer | poliplexor (de radar)
polypropylene | polipropileno

polypole coupler | acoplador pluripolar
polyrod | antena dieléctrica de varilla
polyrod aerial | antena dieléctrica de varillas
polysilicon = polycrystalline silicon | polisilicio, silicio policristalino
polyspeed motor | motor de velocidad variable
polystyrene | poliestireno
polystyrene capacitor | capacitor (/condensador) de poliestireno
polystyrol capacitor | capacitor (/condensador) de poliestirol
polystyrol condenser | capacitor (/condensador) de poliestirol
polysulfone | polisulfón [plástico trasparente con gran estabilidad dimensional y alta temperatura de desviación]
polytetrafluoroethylene | politetrafluoretileno
polytetrafluoroethylene resin | resina de politetrafluoroetileno
polythene | politeno
polythene dielectric | dieléctrico de politeno
polythene-insulated | aislado con politeno
polythene-insulated coaxial cable | cable coaxial aislado con politeno
polyvinyl chloride | cloruro de polivinilo
PON = passive optical network | ROP = red óptica pasiva
pondage installation | aprovechamiento de represada
Pong | Pong [primer videojuego comercial, creado por Atari en 1972]
pool | fondo; billar; charco de metal fundido
pool cathode | cátodo líquido
pool cathode valve | válvula de cátodo líquido (/de cubeta)
pooling block | bloque de concentración
pooling of traffic | gestión común del tráfico
pool play | juego de billar
pool reactor | reactor de piscina
pool rectifier | rectificador de cátodo líquido
pool tank | cuba rectificadora de vapor de mercurio
pool valve | válvula de cátodo líquido (/de mercurio)
poor audibility | mala audición, dificultad de audición
poor conductor | mal conductor, conductor defectuoso
poor geometry | geometría defectuosa, mala geometría
poor insulation | aislamiento defectuoso, mal aislamiento
poor transmission | trasmisión defectuosa
pop, to - | rebajar; buscar y remover el primer elemento [de una pila de datos]

PoP = point of presence | PoP [punto de presencia (en internet)]
POP = Post Office protocol | POP [protocolo de la compañía de telecomunicaciones (para recuperación de mensajes electrónicos)]
pop-action valve | válvula de acción rápida
popcorn noise | ruido de chasquidos
pope cell | célula pope [intercambiador de iones cuya resistencia varía exponencialmente con la humedad y la temperatura]
P operation [down operation] | operación P [operación de descenso]
pop filter | filtro pop [tipo de filtro de paso alto]
POPI = Post Office position indicator | sistema POPI [indicador de posiciones de la compañía telefónica]
pop-off valve | válvula de disparo
poppet valve | válvula accionada por leva, válvula de elevación (/resortes, /vástago, /seta, /asiento cónico, /disco con movimiento vertical)
popping | sonido explosivo
popproof, pop proof | a prueba de ruidos explosivos
popproof microphone | micrófono a prueba de ruidos explosivos
populate, to - | equipar [una tarjeta de circuitos con componentes]
population | población
population inversion | inversión de población
pop-up, to - | emerger
pop-up aerial | antena de eyección
pop-up control | control emergente
pop-up help | ayuda popup
pop-up list | lista de recuperación
pop-up menu | menú emergente (/desplegable)
pop-up message | mensaje emergente
pop-up programme | programa de aparición súbita
pop-up seismometer | sismómetro rápido de emergencia, sismómetro submarino de retorno automático a la superficie
pop-up window | ventana emergente
pop valve | válvula de disparo (/escape rápido)
porcelain | porcelana
porcelain capacitor | condensador de porcelana
porcelain insulator | aislador de porcelana
porcelainise, to - [UK] | porcelanizar
porcelainize, to - [UK+USA] | porcelanizar
porcelain leading-in tube | tubo de entrada de porcelana
porcelain opening pipe | tubo de entrada de porcelana
porcelain sleeve | manguito de porcelana
porcelain sparkplug | bujía con aislador de porcelana

porcelain standoff insulator | columna aislante de porcelana, aislador distanciador (/de apoyo) de porcelana
pore | poro
porous barrier | barrera porosa
porous cup electrode | electrodo poroso
porous pot | vaso poroso
porous reactor | reactor poroso
port | portillo, puerta (de salida), puerto, acceso, ventanilla; entrada/salida
portability | intercambiabilidad; capacidad de trasporte
portable | portátil
portable aerial | antena desplazable (/móvil, /trasportable)
portable apparatus | aparato portátil
portable appliance | aparato portátil
portable battery | batería (/elemento) portátil (/trasportable)
portable broadcaster | radioemisora portátil en miniatura
portable camera | cámara portátil (/de mano)
portable cell | batería (/elemento) portátil (/trasportable)
portable common tool environment | cuadro de utilización de herramientas comunes portátiles
portable computer | ordenador portátil
portable data medium | medio portátil de datos
portable digital document | documento digital trasladable
portable distributed objects | objetos distribuidos trasladables
portable document format | formato de documento accesible por varios programas
portable electric tool | herramienta eléctrica portátil
portable field energizer | excitador portátil
portable generator | generador portátil
portable gramophone | gramófono (/fonógrafo) portátil, tocadiscos portátil (/de maleta)
portable heating carpet | alfombrilla caliente portátil
portable intrusion sensor | sensor de intrusión portátil
portable lamp | lámpara portátil
portable lamp guard | protector de lámpara portátil
portable language | lenguaje trasladable [*entre diferentes sistemas*]
portable network graphic | gráfico portátil de red
portable object adapter | adaptador de objetos portátil
portable operation | funcionamiento portátil
portable phonograph | fonógrafo (/gramófono, /tocadiscos) portátil, tocadiscos de maleta
portable radiophone | radioteléfono portátil
portable receiver | receptor (/magnetófono, /grabadora) portátil
portable routine tester | aparato de pruebas portátil
portable sensor | detector (/sensor) portátil
portable standard meter | medidor estándar (/normalizado) portátil
portable storage | memoria portátil
portable telephone set | teléfono móvil, aparato telefónico portátil
portable television set | televisor (/aparato de televisión) portátil
portable television transmitter | emisor de televisión portátil
portable test set | multímetro portátil
portable test unit | equipo de prueba móvil
portable tester | multímetro (/probador) portátil
portable tester set | utillaje de pruebas portátil
portable transmitter | trasmisor portátil
portable voltmeter | voltímetro portátil
port address | dirección de puerto
portal | portal
port conflict | conflicto de puerto
port enumerator | enumerador de puertos
port expander | ampliador de puerto [*para conectar varios dispositivos a un solo puerto*]
porthole | portillo
port number | número del puerto
port radar installation | instalación de radar de puerto
portrait | vertical
portrait mode | modo vertical [*orientación vertical de la página*]
portrait monitor | monitor de pantalla vertical [*más alta que ancha*]
portrait paper orientation | orientación vertical del papel
port replicator | replicador de puerto [*para conexión de ordenadores portátiles*]
port selector | selector de puerto
pos = position | pos. = posición
POS = personal operating space | POS [*espacio de operación personal*]
POS = point of sale | TPV = terminal de punto de venta; PV = punto de venta
POS = product of sums | POS [*producto de sumas*]
poset = partially ordered set | poset [*conjunto parcialmente ordenado*]
POS expression = product of sums expression | expresión POS [*expresión del producto de sumas*]
posistor | posistor [*termistor con alta característica positiva de resistencia en función de la temperatura*]
POSIT = profiles for open systems internetworking technology | POSIT [*tecnología de perfiles para trabajo en red de sistemas abiertos*]
position | posición, situación, puesto; partida (contable)
positional control | mando (/control) de posición
positional crosstalk | diafonía posicional, error de trayectoria por efecto de cruce
positional error | error posicional (/de posición, /por mala posición)
positional notation | notación posicional
positional system | sistema posicional
position and homing indicator | indicador de posición y dirección
position-changing mechanism | mecanismo de cambio de posición
position control system | sistema de control de posición
position control transducer | trasductor para control de posición
position coupling | agrupación de posiciones de operadora
position coupling key | llave de conexión entre posiciones de operadora
position distributor | distribuidor de posiciones
position error | error de posición
position feedback | realimentación de posición
position finder | indicador de posición, goniómetro, posicionador
position finding | determinación de posiciones, goniometría, orientación, localización
position-finding element | elemento de localización
position fix | situación
position grouping | agrupación de posiciones de operadoras vecinas
position-grouping key | llave de conexión entre posiciones de operadora
position-independent code | código independiente de posición
positioning action | acción de posicionado
positioning of contacts along the travel | escalonamiento de contactos fijos durante el trayecto
position light | luz de situación (/posición, /navegación)
position light signal | señal luminosa de luces de posición
position line | línea de situación (/posición)
position load distributing circuit | circuito distribuidor de carga
position meter | totalizador, contador de llamadas
position of effective short | posición de cortocircuito efectivo
position peg-count register | totalizador de posiciones
position pilot lamp | lámpara piloto de grupo
position report | mensaje (/informe) de posición
position sensor | sensor de posición
position storage | memoria de posición
position switch | conmutador (/interruptor) de posición

position telemeter | telemedidor de posición
position tracker | plano (/pantalla) de trazado, aparato de indicación continua de posición
position transducer | trasductor de posición, trasductor para indicación posicional
position tree | árbol de posiciones
position-type telemeter | aparato de telemedida por posición relativa de fase, telemedidor del tipo de posición
positive | positivo; terminal (/borne, /polo) positivo
positive acknowledgment | reconocimiento positivo
positive acknowledgment and retransmission | retrasmisión y reconocimiento positivo
positive after-potential | cola de potencial positivo
positive amplitude modulation | modulación por amplitud positiva
positive and negative booster | elevador reductor
positive and negative electricity | electricidad positiva y negativa
positive area | zona de salida
positive battery metering | cómputo por batería positiva
positive bias | polarización positiva
positive booster | sobretensor, dinamo (/elevador, /reforzador) de voltaje
positive brush | escobilla positiva
positive busbar | barra colectora positiva
positive charge | carga positiva
positive column | columna positiva; luz anódica
positive conductance | conductancia positiva
positive contact | contacto seguro (/positivo)
positive control | mando directo
positive coupling | acoplamiento positivo
positive distortion | distorsión positiva
positive earth [UK] | (puesta) a tierra positiva, positivo a masa
positive electricity | electricidad positiva
positive electrode | electrodo positivo
positive electron | positrón, electrón positivo
positive feedback | reacción (/realimentación) positiva
positive feedback amplifier | amplificador con realimentación (/reacción) positiva
positive feedback circuit | circuito de realimentación positiva
positive frequency modulation | modulación de frecuencia positiva
positive gate | impulso positivo de desbloqueo
positive ghost | imagen fantasma (/secundaria) positiva
positive glow | columna positiva; luz anódica
positive-going | desplazamiento positivo, pendiente positiva
positive grid | rejilla positiva
positive grid multivibrator | multivibrador de rejilla positiva
positive grid oscillator | oscilador de rejilla positiva (/de campo retardador)
positive grid oscillator valve | válvula osciladora de rejilla positiva
positive ground [USA] [*positive earth (UK)*] | positivo a masa, (puesta a) tierra positiva
positive ground converter | inversor de polaridad a masa
positive grounding | positivo a masa
positive halfwave | semionda positiva
positive hole | laguna positiva, agujero positivo
positive image | imagen positiva
positive input | entrada positiva
positive input-negative output | (circuito lógico de) entrada positiva y salida negativa
positive-intrinsic-negative photodiode coupler | acoplador de fotodiodo positivo-intrínseco-negativo
positive ion | ión positivo
positive ion accelerator | acelerador de iones positivos
positive ion beam | haz de iones positivos
positive ion emission | emisión de iones positivos
positive ion oscillation | oscilación de iones positivos
positive ion sheath | vaina de iones positivos
positive leg | rama positiva, lado positivo
positive light modulation | modulación positiva de la luz
positive logic | lógica positiva
positively charged | con carga (eléctrica) positiva
positively charged atom | átomo con carga positiva
positively charged nucleus | núcleo con carga positiva
positively ionized | ionizado positivo
positively ionized atom | átomo ionizado positivamente
positive magnetostriction | magnetoestricción positiva (/de Joule)
positive matrix | matriz positiva
positive modulation | modulación positiva
positive modulation factor | factor (/coeficiente) de modulación positiva
positive-negative booster | elevador-reductor
positive phase | fase positiva (/de compresión)
positive phase sequence relay | relé de secuencia positiva
positive picture modulation | modulación de imagen positiva
positive picture phase | fase de imagen positiva
positive plate | placa positiva
positive polarity | polaridad positiva
positive polarity signal | señal de polaridad positiva
positive pole | polo positivo
positive ray | rayo positivo (/canal)
positive ray analysis | análisis por rayos positivos
positive ray current | corriente de rayos positivos
positive sawtooth | diente de sierra positivo
positive side | lado positivo
positive signal element | elemento de señal positiva
positive temperature coefficient | coeficiente positivo de temperatura
positive terminal | borne (/terminal) positivo
positive transition | transición positiva
positive transmission | trasmisión positiva
positive true logic | lógica de validez positiva
positive value | valor positivo
positive valve | válvula positiva, tiratrón con rejilla de control
positive voltage | voltaje positivo, tensión positiva
positive voltage feedback | realimentación (/reacción) positiva de tensión
positive wave | onda positiva
positive wire | hilo positivo
positive zero | cero positivo
positron | positrón, electrón positivo
positron camera | cámara de positrones
positron decay | desintegración positrónica
positron disintegration | desintegración positrónica (/con emisión de positrones)
positron emission | emisión positrónica (/de positrones)
positron emitter | emisor de positrones
positronium | positronio
POSIX = portable operating system interface for UNIX | POSIX [*interfaz portátil de sistema operativo para UNIX*]
POSS = possible | posible
POS system = point-of-sale system | sistema POS [*sistema de terminales en el punto de venta*]
post | borne, borna; poste; perno de polo; terminal de tornillo; posterior
post, to - | poner una nota, anunciar
POST = power on selftest | POST [*prueba de autocomprobación electrónica, prueba automática de encendido*]
post-accelerating anode | ánodo de aceleración posterior
post-accelerating electrode | electrodo de aceleración posterior
post-accelerating valve | válvula de aceleración posterior

post-acceleration | aceleración posterior
post-acceleration cathode ray valve | válvula de rayos catódicos de aceleración posterior
post-acceleration voltage | tensión de aceleración posterior
postage stamp board | plaqueta trepada
postage stamp capacitor | capacitor (/condensador) de mica
postal cheque telegram | trasferencia telegráfica, giro telegráfico
post-alloy-diffused transistor | transistor aleado-difuso (/de aleación-difusión)
postal notification of delivery | acuse de recibo postal
post-amble | postámbulo [*grupo de señales al final del bloque de datos codificados en fase para sincronización*] *electrónica*]
postcondition | postcondición, condición posterior
postconversion bandwidth | ancho de banda de conversión posterior
postcuring | curación posterior
post-deflection accelerating electrode | electrodo acelerador de desviación posterior
post-deflection acceleration | aceleración de desviación posterior
post-deflection focus | enfoque (/concentración) posterior a la desviación
post-detection integration | integración no coherente, integración posterior a la detección
posted | fijo
post-edit | postcorrección
postedit, to - | editar posteriormente, posteditar
posted write | escritura fijada
post-emphasis | desacentuación, ecualización (/énfasis) posterior
post-equalization | compensación (/ecualización, /igualación) posterior
posterior-anterior view | vista posterior-anterior, proyección anterior (/frontal)
posterior projection | proyección posterior
posterization | contorneo
postfiring | encendido posterior
postfix | sufijo
postfix notation | notación por sufijos, notación polaca inversa
postforming | postconformado
post-irradiation examination | examen posterior a la irradiación
postmaster | jefe de correos; gestor de correo [*electrónico*]
postmortem | postmortem, posterior a la muerte, póstumo
postmortem analysis | análisis póstumo
postmortem dump | descarga postmortem
postmortem routine | rutina (fotográfica) postmortem
post office | estafeta (/oficina, /administración) de correos
post office box | caja de puentes Wheatstone [*de la compañía telefónica*]
post office bridge | puente de clavijas (de la compañía telefónica)
post office position indicator | indicador de posiciones de la compañía telefónica
post office protocol | protocolo de correos [*para recuperación de mensajes eletrónicos*]
postorder traversal | recorrido en orden final
postpaid, post paid | franco de porte, porte pagado
postprocessor | postprocesador, procesador posterior
post-record | sonorización (/sincronización) posterior
postregulator | regulador posterior
post-scoring | sonorización (/sincronización) posterior
Post's correspondence problem | problema de correspondencia de Post
PostScript | PostScript [*lenguaje de descripción de páginas de Adobe Systems*]
PostScript font | fuente PostScript
post-selection | selección posterior
Post's problem | problema de Post
post-sync field-blanking interval | intervalo de supresión de campo con sincronización posterior
post-synchronization | sincronización posterior
post-syncing | sincronización posterior
post-type insulator | aislador de columna
pot | célula (/cuba) electrolítica, caja de bobinas de carga
pot, to - | embutir en resina
POT = potentiometer | POT = potenciómetro
potassium | potasio
potassium-argon dating | fechado por potasio y argón
potassium dihydrogen phosphate | fosfato de potasio y dihidrógeno
potassium dihydrogen phosphate crystal | cristal de dihidrofosfato potásico
potassium hydrogen phthalate crystal | cristal de hidroftalato potásico
potential | potencial
potential attenuator | atenuador de potencial (/voltaje)
potential barrier [*gap between two points with different electric charges*] | barrera de potencial [*espacio que separa dos puntos con diferentes cargas eléctricas*]
potential box | pozo de potencial
potential coil | bobina en derivación
potential curve | curva de potencial
potential diagram | diagrama de potencial
potential difference | diferencia de potencial
potential distribution | reparto de potencial
potential divider | divisor (/reductor) de potencial (/tensión, /voltaje)
potential drop | caída de tensión (/voltaje, /potencial)
potential energy | energía potencial
potential energy curve | curva de energía potencial
potential fall | caída de potencial
potential flow | flujo potencial, potencial electrolítico
potential flow tank | cuba electrolítica
potential function | función (de) potencial
potential fuse | fusible de potencial
potential galvanometer | galvanómetro de potencial
potential gradient | gradiente de potencial
potential hill | colina (/barrera) de potencial
potential hole | laguna de potencial
potential interference | perturbación potencial, riesgo de interferencia
potential loop | vientre de tensión (/voltaje)
potential peak period | periodo de punta (/carga fuerte)
potential plateau | meseta de potencial
potential probe | sonda de potencial
potential regulator | regulador de tensión (/voltaje)
potential scattering | dispersión de potencial
potential segregation | separación galvánica
potential switch | interruptor de potencial
potential transformer | trasformador de tensión (/potencial)
potential trough | valle (/pozo) de potencial
potential value | valor de potencial
potential well | pozo de potencial
potential winding | devanado en derivación
potentiometer | potenciómetro
potentiometer arm | cursor de potenciómetro
potentiometer chain | cadena potenciométrica
potentiometer circuit | circuito de potenciómetro
potentiometer control | regulador (/control) potenciométrico
potentiometer divider | divisor potenciométrico
potentiometer indicator | indicador potenciométrico
potentiometer method | método potenciométrico (/del potenciómetro)
potentiometer network | red potenciométrica, circuito potenciométrico

potentiometer recorder | registrador potenciométrico
potentiometer rheostat | reostato potenciométrico (/en puente)
potentiometer setting | ajuste (/calibración) del potenciómetro
potentiometer slider | corredera (/cursor) del potenciómetro
potentiometer step | paso de ajuste del potenciómetro
potentiometer stud | contacto de potenciómetro
potentiometer-type resistor | resistencia potenciométrica
potentiometer-type rheostat | reostato potenciométrico
potentiometer-type transducer | trasductor potenciométrico
potentiometer unit | conjunto potenciométrico
potentiometer wiper | contacto deslizante de potenciómetro
potentiometer wiper arm | cursor de potenciómetro
potentiometric | potenciométrico
potentiometrically balanced | equilibrado potenciométricamente
potentiometric analysis | análisis potenciométrico
potentiometric braking | frenado potenciométrico
potentiometric proportioning control | control proporcional potenciométrico
potentiometric strip-chart recorder | registrador potenciométrico de papel en rollo
potentiometric titrimeter | valorador (/titulador) potenciométrico
potentiometric transducer | trasductor potenciométrico
potentiometric transduction | trasducción potenciométrica
potentiometric transductor | trasductor potenciométrico
potentiometric voltmeter | voltímetro potenciométrico
pot head | cabeza (/terminal) de cable
pot head jointing sleeve | manguito para cabeza de cable
Potier's coefficient of equivalence | coeficiente de equivalencia de Potier
Potier's diagram | diagrama de Potier
Potier's electromotive force | fuerza electromotriz de Potier
Potier's method | método de Potier
Potier's reactance | reactancia de Potier
pot life | vida de la impregnación
POTS = plain old-fashioned telephone services [USA] | POTS [*servicio de teléfonos analógicos antiguos*]
potted and sealed transformer | trasformador encapsulado herméticamente
potted assembly | conjunto embebido
potted circuit | circuito encapsulado
potted group | grupo encapsulado
potted line | línea encapsulada

Potter-Bucky grid | rejilla móvil (/oscilante, /de Potter-Bucky)
Potter multivibrator | multivibrador de Potter
Potter oscillator | oscilador de Potter
potting | encapsulado, encapsulación; impregnación, embebido
potting compound | compuesto de impregnación
Poulsen arc | arco de Poulsen
Poulsen arc converter | convertidor de arco de Poulsen
pound key | almohadilla
pounds per square inch gauge | libras manométricas por pulgada cuadrada
pour, to - | verter información [*de un programa a otro*]
powder condition | estado pulverulento
powder diffraction analysis | método de polvo a difracción
powder diffraction camera | cámara de difracción de polvo
powdered iron core | núcleo de hierro pulverizado, núcleo de polvo de hierro
powdered magnetic alloy | aleación magnética pulverizada
powder metallurgy | metalurgia de polvos
powder pattern | diagrama de polvo
powder pattern method | modelo de polvos, método de los polvos electrostáticos
powder-shifting method | método de sacudidas
power | potencia, alimentación, corriente, energía
power, to - | propulsar
power-actuated | motorizado, con motor, accionado mecánicamente
power adapter | adaptador de corriente
power advantage | ganancia de potencia
power ageing | estabilización con aplicación de tensiones eléctricas
power amplification | amplificación de potencia
power amplifier | amplificador de potencia
power amplifier drive | excitador (/etapa) del amplificador de potencia
power amplifier input sensitivity | sensibilidad de entrada del amplificador de potencia
power amplifier plate tank | depósito de placa (/circuito resonante de ánodo) del amplificador de potencia
power amplifier stage | etapa de amplificación de potencia
power amplifier unit | unidad amplificadora de potencia
power amplifier valve | válvula amplificadora de potencia
power attenuation | atenuación (/pérdida) de potencia
power bandwidth | ancho de banda de potencia

power block | bloque de terminales de alimentación
power-boosting linear amplifier | amplificador lineal para elevación de potencia
power box | caja de alimentación
power breeder | regenerador (/reproductor) de potencia
power breeder reactor | reactor reproductor (de potencia)
power bridge | puente para mediciones de potencia
power busbar | barra colectora para fuerza
power cable | cable alimentador (/de alimentación, /de energía eléctrica, /de trasmisión)
power cableway | conducto para cables de energía eléctrica, conducto para tendido interior de cables de trasmisión
power capability | capacidad de potencia
power capacitor | condensador de potencia, capacitor de energía
power chain reactor | reacción en cadena energética (/para producción de energía)
power change | cambio de energía
power circuit | circuito de potencia (/alimentación)
power coefficient | coeficiente de rendimiento (/potencia)
power coefficient of negative reactivity | coeficiente de potencia de reactividad negativa
power company | compañía de electricidad
power component | componente activa (/en fase)
power conductor | conductor de energía
power connection | conexión de potencia
power connector | conector de alimentación
power conserver | economizador de energía
power consumption | consumo eléctrico (/de potencia, /de energía)
power consumption efficiency | rendimiento de la potencia consumida
power contact | contacto de potencia
power control | servomando, servomecanismo, control de potencia
power control button | interruptor de alimentación
power control cable | cable de mando de la alimentación
power-controlled | de potencia controlada, con servomando
power control member | elemento de regulación (/control) de la potencia
power control panel | tablero de mando de la alimentación
power control relay | relé (/relevador) de control de potencia

power control rod | barra (/varilla) de control de (la) potencia
power control unit | unidad de control de potencia
power conversion unit | unidad de control de potencia
power converter | convertidor de potencia (/alimentación)
power cord | cable de alimentación
power cord retaining bracket | soporte para recoger el cable de alimentación
power coupler | acoplador de potencia, enchufe de toma de fuerza
power current | corriente fuerte (/de gran amperaje)
power curve | curva de potencia
power cut | corte (/restricción, /interrupción en el suministro) de energía, interrupción de la alimentación
power cutout | disyuntor
power cycle | ciclo de trabajo
power density | densidad de potencia
power derating | limitación de potencia
power detection | detección (/desmodulación) de potencia
power detector | detector de potencia
power development | aprovechamiento de las fuentes de energía, desarrollo de los recursos de producción de energía
power deviation | desviación de potencia
power direction relay | relé para sentido de fuerza, relé direccional de potencia
power directional relay | relé direccional de potencia
power directivity pattern | distribución espacial de la potencia
power-dissipating | disipador de potencia
power-dissipating resistor | resistor disipador de potencia
power dissipation | disipación de energía (/potencia, /corriente), potencia absorbida (/de disipación), consumo de energía
power dissipation rating | potencia disipable
power-distributing bar | barra distribuidora de potencia
power-distributing transformer | trasformador repartidor de potencia, trasformador de distribución de energía
power distribution | distribución de potencia (/energía, /fuerza)
power distribution box | caja de distribución de energía
power distribution component | elemento de distribución de potencia (/energía)
power distribution panel | cuadro de distribución de fuerza
power distribution unit | unidad de distribución de energía
power distributor | distribuidor de corriente (/fuerza)

power divider | divisor de potencia
power down | apagado [*del equipo*]
power down mode | desactivación; modo de ahorro de energía
power down the system, to - | apagar el sistema
power drain | potencia consumida (/absorbida), consumo (/drenaje, /carga) de energía, gasto de energía de entrada
power drift | desviación (/derivación) de potencia
power drive | sistema de mando
power-driven | motorizado, a motor
power-driven system | sistema de trasmisión mecánica, sistema de accionamiento por motor, sistema automático de arrastre mecánico
power driver | divisor de potencia
power drop | pérdida de potencia
power dump | descarga de potencia, corte de energía eléctrica
power duration curve | curva de duración de las potencias
powered | motorizado, con motor, accionado por motor
power electronics | electrónica de potencia (/corrientes fuertes)
power engineer | ingeniero eléctrico (/especializado en energía)
power engineering | ingeniería eléctrica
power equalizer | igualador de potencia
power equipment | instalación eléctrica, equipo de energía
power exciter | excitador de potencia
power excursion | salto (/cambio brusco) de potencia, variación brusca del nivel energético
power facilities | instalaciones de energía eléctrica
power factor | coeficiente (/factor) de potencia
power factor adjustment | dispositivo de regulación en corriente desfasada
power factor capacitor | capacitor para mejorar el factor de potencia
power factor correction | corrección del factor de potencia
power factor correction capacitor | capacitor para corrección del factor de potencia
power factor indicator | fasímetro, indicador de factor de potencia
power factor meter | medidor del factor de potencia
power factor of the fundamental | factor de desfase
power factor percentage | factor de potencia en tanto por ciento
power factor regulator | regulador del factor de potencia
power factor relay | relé (desconectador) de factor de potencia
power factor tariff | tarifa basada en el factor de potencia
power fail | bajada de enegía

power-fail recovery | recuperación de corte de corriente eléctrica
power failure | interrupción (del suministro) de la corriente eléctrica, falta de alimentación, fallo (de la red) de alimentación
power failure alarm | alarma por falta de corriente (/alimentación)
power failure bypass | servicio reducido, trasferencia de enlaces a extensiones durante emergencias
power failure circuit | circuito de fallo de alimentación
power failure indicator | indicador de avería en la línea, indicador de falta de corriente
power failure transfer | servicio reducido por emergencia, trasferencia de enlaces a extensiones durante emergencias
power failure warning signal | señal avisadora de falta de alimentación
power feed | alimentación (/suministro) de energía
power feeding | alimentación de energía; telealimentación
power feeding of the interface | telealimentación de la interfaz
power-feeding station | estación alimentadora
power filter | filtro de potencia
power final amplifier | amplificador final (de potencia)
power flow | trasmisión de potencia, flujo energético
power flux | flujo de potencia
power flux density | densidad de flujo de potencia; intensidad de campo
power foldback | limitador de potencia
power follow current | corriente de descarga
power frame | cuadro de fuerza (/alta tensión)
power frequency | frecuencia industrial (/de la red)
power frequency uniformity | uniformidad de la característica potencia/frecuencia
power frequency withstand voltage | tensión de resistencia al choque a la frecuencia industrial
powerful | potente; motor, motriz, mecánico; de propulsión, de alimentación
power fuse | fusible de toma de fuerza
power gain | amplificación (/ganancia) de potencia
power gain cutoff frequency | frecuencia del corte de ganacia de potencia
power gain of an aerial | ganancia en potencia de una antena
power gain referred to a half-wave dipole | ganancia en potencia referida a un dipolo de media onda
power gain referred to an isotropic radiator | ganacia en potencia referida a un radiador isotrópico

power-generating house | central energética
power-generating plant | central eléctrica; grupo electrógeno
power generator | grupo electrógeno
power germanium rectifier | rectificador de potencia de germanio
power given out | potencia suministrada (/de salida)
power good | alimentación estable
power grid detection | detección de potencia en rejilla
power grid valve | válvula de potencia de rejillas
power ground | masa de alimentación
power handled by the amplifier | potencia gestionada por el amplificador
power-handling ability | potencia admisible; capacidad de potencia
power-handling capability | potencia admisible, capacidad de potencia
power-handling capacity | potencia admisible, capacidad de potencia
power house | caseta de trasformadores (/grupo electrógeno)
power impulse | impulso motor (/de potencia)
power in | potencia de entrada
power indicator | indicador de potencia (/alimentación)
power induction | potencia inducida
power induction noise | ruido inducido (/de inducción)
power industry | industria energética (/eléctrica)
powering converter | convertidor de alimentación
power input | entrada de potencia; potencia absorbida (/admisible, /consumida, /de entrada, /máxima aplicable, /nominal), consumo admisible
power input rating | consumo nominal
power input to a machine | potencia absorbida por una máquina
power installation | instalación de energía (/fuerza motriz)
power intake | toma de potencia; potencia absorbida (/consumida)
power interference | perturbación causada por la línea de trasporte de energía
power inverter | inversor de potencia
power lead | línea (/conductor) de alimentación
power LED | LED (indicador) de encendido
power level | nivel de potencia, potencia trasmitida
power level calibration | calibración de la potencia trasmitida
power level channel | canal de control del nivel de potencia
power level difference | diferencia de nivel de potencia (aparente)
power level indicator | indicador del nivel de potencia
power leveller | nivelador de potencia
power light | luz indicadora de corriente

power limit | límite de potencia
power-limited | de energía (/potencia) limitada
power-limited channel | canal de energía limitada
power-limiting | limitación de potencia
power-limiting reactance | reactancia limitadora de potencia
power limiter | limitador de potencia
power line | línea de alimentación (/energía eléctrica)
power line adjustor | regulador de la tensión de red
power line carrier | (onda) portadora sobre línea (de trasporte) de energía
power line carrier communication | comunicación por portadora sobre línea de energía
power line carrier-current telephony | telefonía por corriente portadora sobre líneas industriales (de trasporte de energía)
power line carrier system | sistema (/equipo) de corriente portadora sobre líneas de distribución de energía
power line equivalent disturbing current | corriente pertubadora equivalente de la línea de energía (/fuerza)
power line filter | filtro para la línea de alimentación
power line frequency | frecuencia de la línea de alimentación, frecuencia de la red eléctrica (/industrial, /de energía primaria)
power line hum | zumbido de red (/sector, /corriente alterna, /línea de alimentación)
power line lead | conexión de alimentación eléctrica
power line radio interference | radiointerferencia (/parásitos radioeléctricos) debida a las líneas de energía
power line transient | fluctuación transitoria de la línea (eléctrica); fenómeno transitorio en las líneas de energía
power load | carga; consumo industrial (/de fuerza motriz)
power loss | pérdida (/atenuación) de potencia; potencia absorbida
power loudspeaker | altavoz de gran potencia
power magnification | amplificación de potencia
power mains | canalización eléctrica (/industrial, /de fuerza), red de energía eléctrica, conductores de fuerza, líneas de alimentación
power management | gestión de energía, gestión de la alimentación [de energía]
power management configuration | configuración de la gestión de energía
power management features | funciones de la gestión de energía
power management hot key | tecla directa de gestión de energía

power maximum demand | consumo máximo de fuerza
power measurement | medida de potencia
power-measuring device | dispositivo para medidas de potencia
power megaphone | megáfono eléctrico, electromegáfono
power meter | vatímetro, medidor de potencia
power method | método de las potencias
power mode | modalidad de energía
power modulation | modulación de potencia
power modulation factor | factor de modulación de potencia
power monitor | monitor de potencia
power network | red industrial (/de energía)
power of a radio transmitter | potencia de un emisor radioeléctrico
power off | alimentación (/energía) desconectada
power off, to - | apagar
power-off indicator | indicador de alimentación desconectada, indicador de falta de corriente
power of resolution | poder resolutivo (/separador, /de resolución)
power on | alimentación (/energía) conectada
power on, to - | encender
power-on indicator | indicador de alimentación conectada, indicador de conexión de corriente
power-on key | tecla de encendido
power-on light | luz indicadora de corriente, lámpara indicadora de alimentación conectada
power on/off button | botón de encendido/apagado
power on/off light | indicador luminoso de alimentación
power on/off switch | interruptor de encendido (/alimentación)
power on/off switch bracket | panel de energía de encendido/apagado
power on self test | prueba automática de encendido
power-operated backspacer | retroceso de accionamiento eléctrico
power operation | mando por servomotor
power oscillator | oscilador de potencia
power outlet | enchufe (con energía de alimentación), tomacorriente, toma de corriente, receptáculo de alimentación (/suministro eléctrico)
power outlet support | soporte de enchufe
power output | potencia útil (/suministrada, /disponible, /cedida, /desarrollada, /de salida), rendimiento de energía; salida de potencia
power output supplied by a machine | potencia útil de una máquina

power output valve | válvula de potencia (de salida)
powerpack, power pack | bloque de alimentación (eléctrica); fuente de alimentación (de energía); equipo motor
power panel | caja (/panel) de alimentación, tablero de distribución
power parasitics | parásitos industriales
power pattern | diagrama de potencia
PowerPC | PowerPC [*arquitectura de microprocesador desarrollada por IBM y Motorola*]
power peak | pico (/cresta) de corriente (/potencia)
power peak limitation | limitación de los picos de potencia
power pentode | pentodo de potencia
power plant | central (/planta) eléctrica (/energética, /hidroeléctrica, /termoeléctrica); sistema propulsor; grupo electrógeno (/electrogenerador)
power plant operation | funcionamiento del grupo motor (/motopropulsor); operación de la central eléctrica
power plug | toma de corriente (/fuerza), enchufe de alimentación
power pole | poste para línea de energía eléctrica
power pool | red de energía eléctrica
power producer | fuente (/productor) de energía
power production | producción de energía
power programmer | programador de potencia
power protection | dispositivo de protección de potencia
power pulse | impulso de potencia (/gran intensidad)
power range | gama (/margen) de potencia
power rate | tarifa (/precio) de la energía
power rating | potencia nominal (/especificada, /de salida), especificación de potencia
power ratio | relación (/factor) de potencia
power reactor | reactor (/generador) de potencia
power receptacle | receptáculo tomacorriente (/de alimentación, /de suministro eléctrico)
power recovery | recuperación de la energía
power rectification | rectificación de potencia
power rectifier | rectificador (/válvula rectificadora) de alimentación, rectificador de potencia
power rectifier misfire relay | relé de fallo de encendido
power-rectifying valve | válvula rectificadora de potencia
power-regulating unit | unidad reguladora de potencia, dispositivo regulador de potencia

power regulator | regulador de potencia
power relay | relé de potencia
power requirements | potencia (/energía) necesaria; requisitos de energía, alimentación requerida (/primaria); consumo (/demanda) de energía
power reserve | reserva de potencia
power resistor | resistencia (/resistor) de gran disipación
power response | respuesta de potencia
power ringing | llamada por corriente alterna
power room | sala de alimentación (/trasformadores, /generadores)
power routing | encaminamiento de la energía
power save mode | modalidad de gestión de energía
power saving cycle | ciclo de gestión de energía
power saving state | estado de gestión de energía
power screwdriver | destornillador (/atornillador) motorizado
power selection switch | selector de entrada de corriente
power selector | selector de potencia
power semiconductor device | dispositivo semiconductor de potencia
power sensivity | sensibilidad de potencia
power servo | servomotor
power set | conjunto exponencial
power setback | reducción gradual de potencia
power shutdown | corte de energía
power signalling | señalización mecánica (/de potencia)
power source | fuente de alimentación (/energía)
power-spectral density function | función de densidad espectral de energía
power spectrum | espectro energético (/de potencia, /de energía)
power spectrum analysis | análisis armónico generalizado, análisis por distribución espectral de la energía
power spectrum level | nivel del espectro de potencia
power-speed product | producto velocidad-consumo
power stage | etapa de potencia
power-starved | subalimentado, escaso de potencia
power station | central (de energía) eléctrica, estación generadora
power station with reservoir | central hidroeléctrica con embalse
power supply | fuente de alimentación (/excitación, /suministro eléctrico, /energía), bloque de alimentación
power supply circuit | circuito de alimentación
power supply connector | conector de la fuente de alimentación

power supply equipment | equipo de alimentación
power supply fan | ventilador de la fuente de alimentación
power supply hum | zumbido (/componente de alterna residual) de la alimentación
power supply line | línea de alimentación
power supply plug | clavija de alimentación (/toma de corriente)
power supply rack | bastidor de alimentación
power supply rejection ratio | relación de desnivel por fluctuación en la fuente de alimentación
power supply remote on/off connector | conector de la fuente de alimentación remota de encendido/apagado
power supply system | equipo (/sistema) de alimentación; red de energía (/distribución)
power supply transformer | trasformador de alimentación (/fuerza)
power supply unit | fuente (/bloque, /unidad) de alimentación
power supply variation | variación de la alimentación
power supply voltage | tensión de alimentación
power surge | fuente de alimentación
power switch | interruptor de red (/alimentación)
power switchboard | cuadro de distribución eléctrica (/de fuerza)
power switch button | botón de interruptor de alimentación
power switchgroup | combinador de potencia (/alimentación)
power system | sistema de alimentación (eléctrica); red (de distribución) de energía
power system analog | analogizador de redes de energía eléctrica
power takeoff | (enchufe de) toma de fuerza (/potencia), toma (/suministro) de energía para aparatos auxiliares
power terminal | terminal de fuerza (/alimentación)
power tetrode | tetrodo de potencia
power tool | herramienta eléctrica (/mecánica, /motorizada, /movida por motor)
power transfer | trasferencia de fuerza, traspaso de energía
power transfer relay | relé de trasferencia (de potencia)
power transformation | trasformación de potencia
power transformer | trasformador de alimentación (/potencia, /fuerza)
power transistor | transistor de potencia
power transmission | trasmisión de energía (/fuerza)
power transmission line | línea de trasmisión (/trasporte) de energía (eléctrica), línea de alta tensión

power-transmitting mechanism | mecanismo de trasmisión (de fuerza)
power triode | triodo de potencia
power unit | motor; grupo (/bloque, /órgano) motor; unidad de energía (/alimentación, /fuerza, /potencia), mecanismo de mando; grupo electrógeno; equipo propulsor
power up, to - | encender; arrancar [*un ordenador*]
power up mode | activación
power-up reset | reinicialización de conexión
power user | consumidor de energía
power utility | empresa de producción de energía eléctrica
power valve | válvula de potencia, tubo (amplificador) de potencia
power-weight ratio | potencia másica
power winding | arrollamiento (/devanado) de potencia
power wiring | cableado de energía eléctrica; líneas de energía
Poynting's law | ley de Poynting
Poynting's theorem | teorema de Poynting
Poynting's vector | vector de Poynting
pozit fuse | espoleta de proximidad
PP = pages | págs. = páginas
PP = push-pull | dispositivo simétrico; configuración simétrica; montaje en contrafase
P2P = peer-to-peer | entre colegas (/iguales, /pares)
PPCP = PowerPC platform | PPCP = plataforma de PowerPC
PPG = push proxy gateway | PPG [*pasarela de trasferencia de datos*]
PPI = plan position indicator | PPI [*indicador de posición panorámica (/en el plano), radar panorámico*]
PPI approach | aproximación panorámica (/de posición en el plano)
PPI departure | salida de posición panorámica
PPI display | presentación panorámica (/visual tipo PPI)
PPI prediction | imagen PPI teórica; posición prevista en el plano
PPI radar | radar panorámico (/de indicación en el plano)
PPI repeater | repetidor indicador de posición en el plano
PPI scope | osciloscopio (/oscilógrafo, /indicador) panorámico
PPI screen | pantalla de presentación panorámica
PP junction | unión PP; zona PP [*zona de transición entre dos regiones tipo P de propiedades diferentes*]
ppm = pages per minute | ppm = páginas por minuto [*capacidad de una impresora*]
PPM = periodic permanent magnet | IPP = imán periódico permanente
PPM = periodical pulse metering | PPM [*cómputo (/medición) por impulsos periódicos*]

PPM = pulse position modulation | PPM [*modulación de posición de impulsos*]
PPM = pulse-phase modulation | PPM [*modulación por fase de impulsos*]
PPM structure | estructura de imán periódico permanente
PPP = point-to-point protocol | PPP = protocolo punto a punto
PPP = point-to-point protocol | PPP = protocolo punto a punto [*para trasmisión de datos*]
PPPI = precision plan position indicator | PPPI [*indicador panorámico de precisión, pantalla panorámica de precisión*]
PPPoE = PPP over Ethernet | PPPoE [*PPP sobre Ethernet*]
pps = periods per second | pps = periodos por segundo
pps = pulses per second | ips = impulsos por segundo
PPS = peripheral power supply | PPS [*fuente de alimentacion auxiliar*]
PPS = precision positioning service | PPS [*servicio de posicionamiento de precisión (por satélite, sólo para usos militares)*]
PPSE = purpose | propósito, objetivo, finalidad
PPTP = point-to-point tunneling protocol | PPTP [*protocolo de filtrado para comunicaciones punto a punto por internet*]
PPV = pay-per-view | PPV = pago por visión [*pago por pase, televisión a la carta*]
Pr = praseodymium | Pr = praseodimio
PR = pinch roller | rodillo prensor de goma
PR = plate resistance | resistencia de placa
PRA = primary rate access | PRA [*acceso primario*]
practical | práctico
practical electrical unit | unidad eléctrica práctica
practical electricity | electricidad práctica (/industrial)
practical electromagnetic system | sistema práctico electromagnético
practical ohm | ohmio práctico
practical system | sistema práctico
practical system of electrical units | sistema práctico de unidades eléctricas
practice | reglamento; instrucción
practice factor | coeficiente de práctica experimental
praetersonics | hiperfrecuencia acústica, acústica hiperfrecuencial
PRAM = parameter RAM | PRAM [*RAM de configuración en Macintosh*]
praseodymium | praseodimio
P-rating = performance rating | clasificación de prestaciones [*para microprocesadores*]
PRC = primary reference clock | reloj patrón primario [*de alta precisión*]

pre-aged crystal | cristal envejecido prematuramente
preamble | preámbulo
preamp = preamplifier | preamplificador
preamplification | preamplificación
preamplification transformer | trasformador de preamplificación
preamplifier | preamplificador, amplificador previo
preamplifier stage | etapa preamplificadora
preamplifier unit | unidad preamplificadora, dispositivo preamplificador
preamplifier valve | válvula preamplificadora
preamplifying | preamplificador
prearcing | prearco
prearcing time | duración de prearco
prearranged telephone traffic | tráfico telefónico según convenio
preassigned multiple access satellite circuit | circuito vía satélite de acceso múltiple con asignación preestablecida
préavis call | conversación con preaviso (/aviso previo)
préavis charge | sobretasa de preaviso (/aviso previo)
préavis fee | sobretasa de aviso previo
preburning | precalentamiento
precedence | preferencia, prioridad; antelación, anterioridad, precedencia
precedence level | nivel de prioridad
precedence parsing | análisis de precedencias
precession | precesión
precious metal | metal precioso
precipitation | separación; precipitación
precipitation attenuation | atenuación por precipitación
precipitation clutter | trazos parásitos debidos a la precipitación atmosférica
precipitation noise | ruido de precipitación
precipitation static | estática de precipitación
precipitation static interference | interferencia estática de precipitación
precipitation unit | unidad de precipitación; captador de depósito radiactivo
precipitator | separador; precipitador
preciseness | precisión
precision | precisión
precision approach radar | radar de precisión para aproximación
precision approach radar element | elemento de radar de precisión para aproximación
precision approach radar system | sistema de radar de precisión para aproximación
precision-balanced hybrid circuit | circuito equilibrador de precisión híbrido
precision comparator | comparador de precisión

precision device | dispositivo de precisión
precision gate | puerta de precisión
precision lamp | lámpara de precisión
precision limit switch | conmutador de precisión límite
precision measurement | medición de precisión
precision measuring instrument | instrumento de medición precisa
precision net | terminador (/equilibrador) de precisión
precision network | terminador (/equilibrador) de precisión; red de precisión
precision off-air receiver | receptor de precisión para captación directa de programas radiados
precision plan position indicator | indicador de posición precisa en plano, indicador panorámico de precisión
precision positioning service | servicio de posicionamiento de precisión [*por satélite, sólo para usos militares*]
precision potentiometer | potenciómetro de precisión
precision radar | radar de precisión
precision snap-acting switch | microcontacto (/conmutador de acción rápida) de precisión
precision sweep | barrido de precisión
precision switch | conmutador de precisión
precision wire-wound resistor | resistencia de precisión de alambre arrollado, resistencia de alambre de precisión
precompiler | precompilador [*programa*]
preconcentration method | método con enriquecimiento
precondition | precondición
preconduction | preconducción
preconduction current | corriente de preconducción
precorrection | precorrección
precursor | (efecto) precursor
precursor arc | arco precursor
precut wire | alambre precortado (/cortado a medida)
predefined process | proceso predefinido
pre-delay | demora, retardo
predetection combining | detección previa combinada
predetection integration | integración coherente (/anterior a la detección)
predetection recording | registro con detección previa
predetermined counter | contador programable (/predeterminado)
predetonation | detonación prematura
predicate | predicado
predicate calculus | cálculo de predicados, lógica de predicados (/primer orden)
predicate logic | cálculo de predicados, lógica de predicados (/primer orden)
predicate transformer | trasformador de predicados
predicted wave | onda pronosticada
predicted-wave signalling | señalización de onda predeterminada
predicted-wave system | sistema de ondas pronosticadas
predicting element | elemento predictor
predictive control | control predictivo
predictive PCM | PCM de predicción
predictor-corrector method | método predictor-corrector
predissociation | disociación previa
predistorting | precorrector, de corrección (/distorsión) previa
predistorting network | red de corrección (/distorsión) previa
predistortion | corrección (/distorsión) previa
pre-Dolbyed tape | cinta con filtro Dolby previo
predosed component | componente preirradiado (con isótopos)
Preece's formula | fórmula de Preece
pre-edit | paginación (/edición) previa
preemphasis, pre-emphasis | preénfasis, preamplificación
pre-emphasis network | red de preacentuación (/preamplificación)
pre-emphasis time | tiempo de precalentamiento
preemption | corte forzado, liberación forzada
preemptive allocation | asignación apropiativa prioritaria
preemptive multitasking | multitarea preferencial
preemptive priority | prioridad con interrupción (/corte)
preemptive process | proceso de vaciado previo
preemptor | vaciador previo
preenergization | excitación previa
preequalization | equalización previa
prefabricated circuit | circuito prefabricado
prefabricated interconnecting cable | cable de interconexión prefabricado
prefabricated unit | elemento prefabricado
prefabricated wiring | conexionado prefabricado
prefade listening | escucha previa
preference | preferencia
preference facility | servicio preferente
preference tripping system | sistema de desconexión (/disyunción) preferente
preferential flow | corriente prefente, flujo preferencial
preferential nucleation | nucleación preferente
preferential recombination | recombinación preferencial
preferential trip coil | bobina de desconexión preferente
preferred circuit | circuito normalizado
preferred number | número normalizado (/preferente)
preferred value | valor preferido
preferred valve type | tipo preferido de válvula
prefix | prefijo; señal de desenganche; elemento de señal preparatorio
prefix code | código de prefijos
prefixes of the metric system | prefijos del sistema métrico
prefix notation | notación polaca (/por prefijos)
prefix number | número de prefijo
prefix of the metric system | prefijo del sistema métrico
prefix property | propiedad del prefijo
prefocus base | casquillo de enfoque
prefocus cap | casquillo de enfoque
prefocused exciter lamp | lámpara excitadora preenfocada
prefocus lamp | lámpara de proyector
prefocus lamp base | casquillo de lámpara de proyector
preform | preforma
preform, to - | preformar
preformed cable | cable preformado
preformed strand | torón preformado
preformed winding | devanado sobre horma
preforming | preformado
P region | región P
pregroup | grupo previo
preheater | calentador inicial, precalentador
preheating of electrode | precalentamiento del electrodo
preheating of gas mixture | calentamiento previo de la mezcla gaseosa
preheating time | tiempo de calentamiento
preheat lamp | lámpara de cebado en caliente
preimpregnated insulation | aislamiento de impregnación previa
preionization | preionización
preionizing | preionizante
prelash method | método con amarre previo
prelasing condition | condición preláser
prelasing state | estado preláser
preliminary amplifier | preamplificador, amplificador previo
preliminary contact | contacto preliminar
preliminary warning | aviso (/llamada) preliminar
premature discharge | descarga prematura
premature disconnection | desconexión (/interrupción) prematura
premature release | desconexión (/interrupción) prematura
premium valve | válvula (/tubo) de calidad especial
premodulation | premodulación, modulación previa

premodulation amplifier | amplificador de premodulación
preohmic alignment | alineación preóhmica
preohmic window | ventana preóhmica
preorder traversal | recorrido en orden previo
preoscillation current | corriente de preoscilación (/arranque)
prepaid reply | respuesta pagada
prepaid reply voucher | cupón de respuesta pagada
preparation of a telegram | redacción de un telegrama
preparation of a trunk call | preparación de una comunicación interurbana, concertación de una llamada interurbana
preparatory period | periodo preparatorio
preparatory traffic signal | señal preparatoria de tráfico
prepared linen tape | cinta con tanino, cinta de algodón impregnado
prepayment coin box | aparato (telefónico) de previo pago
prepayment meter | contador de pago previo
prepayment telephone | teléfono de pago previo
prepayment telephone station | aparato telefónico de pago previo
preprocessor | preprocesador
prepulse | impulso preliminar
prerecorded tape | cinta pregrabada
presbycusis | presbiacusia
prescaler | válvula de recuento preliminar
preseal visual | inspección de precintado
preselecting rotary line switch | preselector rotatorio
preselection | preselección, presintonización
preselection coupler | acoplador (/conector) de preselección
preselection stage | etapa preselectora (/presintonizadora); paso de preselección
preselector | preselector
preselector stage | etapa preselectora
presence | presencia
presence control | control de presencia
presentation | presentación
presentation graphic | gráfico de presentación
presentation layer | nivel de presentación
presentation manager | gestor de presentaciones
present worth | valor actualizado
preservative | solución protectora
preset | preajuste
preset, to - | predefinir
preset button | botón de parada automática

preset call forwarding | desvío fijo
preset controller | regulador preajustable
preset counter | contador preajustable
preset guidance | guiado preajustado (/prestablecido)
preset guidance system | sistema de guía preajustada
preset parameter | parámetro prefijado (/predeterminado)
preset potentiometer | potenciómetro de ajuste previo
presetting | preajuste, ajuste (/reglaje) previo
preset valve | válvula preajustable
preshoot | disparo previo
P resistor | resistor P [*resistor de difusión*]
press | prensa; presilla
press, to - | imprimir; prensar; pulsar
press and hold down, to - | mantener presionado
press any key when ready | pulse cualquier tecla para continuar
press button | (botón) pulsador, botón de presión, tecla
press button board | cuadro de pulsadores
press button lock | bloqueo de pulsador
press button locking with automatic release | bloqueo de pulsador con liberación automática
press button momentary-contact switch | conmutador pulsador de contacto momentáneo
press button operated | accionado por pulsador
press button with automatic release | pulsador con liberación automática
pressed alumina | alúmina prensada
pressed cathode | cátodo comprimido
pressed glass base | base de cristal (/vidrio) comprimido
pressed powder printed circuit | circuito impreso sinterizado (/de polvo comprimido)
pressed stem | soporte prensado
pressed-type bond | conexión estampada (/acuñada, /impresa)
press-fit contact | contacto de ajuste forzado
press-fit package | caja de montaje a presión
press-fit pin | espiga de ajuste forzado
pressing | impresión discográfica
press operator | operador de prensa
press radiotelegram | radiotelegrama de prensa
press telephone call | conversación telefónica de prensa
press-to-reset button | botón de reposición
press-to-talk button | pulsador para hablar
press-to-talk handset | microteléfono de pulsador
press-to-talk intercom | intercomunicador con pulsador para hablar
press-to-talk microphone | micrófono de pulsador para hablar
press-to-talk operation | telefonía a base de pulsador para hablar, comunicación símplex con mando manual
press-to-talk switch | interruptor (/pulsador) de micrófono, pulsador para hablar
press-to-talk system | sistema símplex de mando manual, sistema símplex con pulsador para hablar
press-to-test button | pulsador de prueba
press-type switch | conmutador de presión
pressure | presión (eléctrica), voltaje, tensión
pressure accumulator | acumulador de presión
pressure-actuated switch | conmutador accionado por presión
pressure-adjusting device | dispositivo regulador de la presión
pressure adjustment | ajuste (/regulación) de la presión
pressure adjustment indicator | indicador de ajuste (/regulación) de la presión
pressure air-gap crystal unit | cristal con espacio interelectródico a presión
pressure alarm system | sistema de alarma por presión
pressure altimeter | altímetro de presión
pressure amplifier | amplificador de presión
pressure amplitude | amplitud de presión
pressure blower | ventilador impelente (/centrífugo)
pressure bulb | cápsula piezosensible
pressure cable | cable a presión
pressure coefficient | coeficiente de presión
pressure connector^ | conector de presión
pressure connector lug | terminal (/orejeta) de conector a presión
pressure contact switch | interruptor (/conmutador) de contacto a presión
pressure-creosoted pole | poste creosotado a presión
pressure-creosoted timber | madera creosotada a presión
pressure detector | detector de presión (/tensión, /voltaje)
pressure die casting | fundición a presión
pressure difference | diferencia de tensión (/voltaje)
pressure difference transducer | trasductor de diferencias de presión
pressure differential switch | interruptor de presión diferencial
pressure differential valve | válvula controlada (/regulada) por presión diferencial

pressure distribution | distribución de la presión
pressure drop | caída de presión (/voltaje, /tensión)
pressure-equalising chamber | caldera para compensar la presión
pressure front | frente de presión (/choque)
pressure gauge | manómetro
pressure gradient | gradiente de presión
pressure gradient hydrophone | hidrófono de gradiente de presión
pressure gradient microphone | micrófono sensible al gradiente de presión
pressure head | altura de presión
pressure hydrophone | hidrófono de presión
pressure limit thermostatic expansion valve | válvula termostática de expansión para limitación de presión
pressure loss | pérdida de presión; caída de voltaje (/tensión)
pressure-measuring apparatus | manómetro, medidor de presión
pressure microphone | micrófono de presión
pressure of traffic | congestión (/concentración, /afluencia) del tráfico
pressure-operated microphone | micrófono de presión
pressure pad | taco de presión, almohadilla prensora
pressure pickup | captador (/trasductor) de presión
pressure potentiometer | potenciómetro de presión
pressure-reducing valve | válvula reductora (/de reducción) de presión
pressure regulation | regulación de tensión (/voltaje)
pressure regulator | regulador de tensión (/voltaje)
pressure relay | relé (/relevador) de presión
pressure resonance | resonancia de tensión
pressure response | respuesta (/rendimiento intrínseco) en presión
pressure roller | rodillo prensor
pressure-sensing element | sensor de presión
pressure sensivity | rendimiento en función de la presión
pressure sequence switch | conmutador de secuencia de la presión
pressure spectrum level | nivel de presión (acústica) espectral, nivel del espectro de presión
pressurestat | presostato, manostato
pressure suppression | supresión de la presión
pressure switch | pulsador; conmutador de presión, interruptor automático por caída de tensión (/voltaje, /presión)
pressure test | prueba de tensión (/voltaje)
pressure transducer | trasductor piezométrico (/de presión, /para medir presiones)
pressure tube reactor | reactor de tubos de presión (/fuerza)
pressure-type capacitor | condensador de (nitrógeno a) presión
pressure-type connector | conector de presión
pressure unit | unidad de presión; excitador de compresión
pressure vessel | cuba de presión
pressure welding | soldadura a presión
pressure wire | hilo de potencial, conductor de derivación
pressurisation [UK] | presurización
pressurization [UK+USA] | presurización
pressurized | presurizador, generador de presión
pressurized casing | envoltura a presión
pressurized reactor | reactor de fluido bajo presión
pressurized water reactor | reactor de agua a presión
prestore | prealmacenamiento
prestore, to - | prealmacenar
pretaping | registro previo
pretinned | estañado previo
pretravel | carrera (/recorrido) hasta la posición de trabajo
pre-TR cell | célula de pretrasmisión-recepción
pretrigger | disparo previo, impulso preliminar de disparo
pre-TR valve | válvula de pretrasmisión-recepción
pretty good privacy | privacidad realmente buena [*paquete de encriptación basado en clave pública*]
pretty print | impresión simplificada
pretty printer | impresora de presentación estética
pretunable | presintonizable
pretunable frequency | frecuencia presintonizada
pretuned receiver | receptor presintonizado
preventive maintenance | mantenimiento preventivo, entretenimiento, conservación preventiva
preview | vista (/visión) previa, previsualización, presentación preliminar
preview, to - | previsualizar, visualizar previamente
previewer | visualizador previo
preview light | luz indicadora de vista previa
preview monitor | monitor de precontrol (/primera visión, /vista previa, /visionado previo)
preview projector | proyector de vista previa
previous element coding | código de elemento previo
previous hop | salto anterior [*campo con la dirección de red del dispositivo de encaminamiento*]
previous item | elemento anterior
previous message | mensaje anterior
previous values | valores anteriores
previous view | vista anterior
prewired | precableado
prewound core | núcleo predevanador
PRF = pulse recurrence (/repetition) frequency | PRF [*frecuencia (/velocidad) de repetición de impulsos, cadencia (/ritmo) de impulsos*]
PRF oscillator | oscilador PRF [*oscilador determinador de la frecuencia de repetición de impulsos*]
pri = primary | primario
PRI = primary rate interface | PRI [*interfaz principal para velocidad de trasmisión*]
priced item | estimación del precio (/valor)
price schedule | tarifa, escala de precios
pricing schedule | tarifa, escala de precios
primaries | (colores) primarios
primary | primario
primary access | acceso primario
primary account number | número de cuenta primaria
primary area | área primaria
primary assignment | asignación primaria
primary battery | batería principal (/primaria, /de pilas)
primary boot | cargador primario
primary boot device | dispositivo de arranque primario
primary breakdown | disrupción primaria
primary calibration | calibración primaria
primary capacitor | condensador (/capacitor) primario
primary carrier flow | flujo primario de portadoras
primary cell | pila primaria; elemento de pila
primary centre | centro primario
primary channel | canal primario
primary character | carácter primario
primary circuit | circuito primario
primary coil | bobina primaria, arrollamiento (/devanado) primario
primary coil system | sistema de bobinas primarias
primary color | color primario
primary colour | color primario
primary colour filter | filtro de color primario
primary colour image | imagen primaria
primary colour unit | unidad (/área elemental) de color primario
primary coolant | refrigerante primario
primary coolant circuit | circuito primario de refrigeración

primary copy | copia de la selección principal
primary cosmic radiation | radiación cósmica primaria
primary cosmic rays | rayos cósmicos primarios
primary current | corriente primaria (/inductora)
primary current distribution ratio | relación de distribución de corriente primaria
primary current ratio | relación de corriente primaria
primary dark space | espacio oscuro primario
primary detector | detector primario
primary disconnecting switch | interruptor (/disyuntor) primario
primary disconnect switch | interruptor (/disyuntor) primario
primary distribution voltage | tensión primaria de distribución
primary domain controller | controlador de dominio principal
primary eccentric shaft | eje primario excéntrico
primary electricity | energía eléctrica primaria
primary electron | electrón primario
primary element | elemento primario
primary emission | emisión primaria
primary emission current | corriente de emisión primaria
primary failure | fallo primario
primary fault | fallo primario
primary feed | alimentador primario; alimentación primaria
primary feedback | realimentación primaria; señal de realimentación
primary feeder | cable alimentador primario
primary filter | filtro primario
primary fission yield | rendimiento de escisión primario
primary flow | flujo primario; corriente principal
primary flow of carriers | flujo primario de portadoras
primary focus | foco primario
primary frequency | frecuencia principal (/primaria)
primary frequency standard | patrón primario de frecuencia
primary fuel cell | pila primaria de combustible
primary grid emission | emisión primaria (/termiónica, /termoiónica) de rejilla
primary group | grupo primario
primary group connection | enlace en grupo primario
primary group modulation | modulación de grupo primario
primary GSM band | banda GSM primaria
primary guard | vigilancia primaria
primary heat | calor primario
primary hue | color primario

primary impedance | impedancia primaria
primary index | índice primario
primary inductance | inductancia primaria
primary input device | dispositivo de entrada primario
primary instrument concept | concepto de instrumento primario
primary insulation | aislamiento primario
primary ion | ión primario
primary ion pair | par primario de iones
primary ionization | ionización primaria
primary ionization event | suceso de ionización primaria
primary ionizing event | suceso de ionización primaria
primary key | clave primaria
primary key mapping | asignación de tecla principal
primary keying | manipulación primaria (/en el primario de alimentación)
primary leakage inductance | inductancia de dispersión del primario
primary light source | fuente primaria de luz
primary line switch | buscador primario (/de líneas); conmutador de línea primaria
primary link | enlace principal
primary luminous standard | patrón primario de intensidad luminosa
primary master | maestro primario
primary memory | memoria primaria (/principal)
primary move | movimiento de la selección principal
primary neutron | neutrón primario (/virgen)
primary output device | dispositivo de salida primario
primary panel | panel principal
primary pile | reactor primario
primary port | puerto primario
primary power | energía primaria
primary power cable | cables de energía primaria
primary power connector | conector de alimentación principal
primary protective barrier | barrera primaria de radioprotección
primary proton | protón primario
primary radar | radar primario; detección electromagnética primaria
primary radar exciter unit | elemento de excitación de radar primario
primary radiation | radiación primaria
primary radiator | radiador primario
primary radionuclide | radionúclido primario
primary rate interface | interfaz principal para velocidad de trasmisión
primary reactor | reactor primario
primary relay | relé primario
primary route | vía primaria (/normal, /de enlace directa)
primary section | sección primaria
primary selection | selección principal
primary selector | selector primario
primary selectors frame | cuadro de selectores primarios
primary service area | área de servicio primario
primary shaft | eje primario
primary shoe | zapata primaria
primary skip zone | zona de salto (/silencio) primaria
primary slave | esclavo primario
primary source | fuente primaria
primary specific ionization | ionización específica primaria
primary spectrum | espectro primario (/de primer orden)
primary standard | patrón primario
primary station | estación principal
primary storage | memoria primaria; almacenamiento primario
primary surveillance radar | radar primario de vigilancia
primary thermal radiation | radiación térmica primaria
primary transfer | trasferencia de la selección principal
primary transit-angle gap loading | carga del espacio de interacción del ángulo de tránsito primario
primary voltage | voltaje primario, tensión primaria
primary water | agua del circuito primario de refrigeración
primary winding | devanado (/arrollamiento) primario (/inductor)
primary window | ventana principal
primary wire | hilo primario (/inductor)
primary X-rays | rayos X primarios
primary zone | área de servicio primario
prime | almacenamiento previo
prime, to - | cebar
prime contractor | contratista principal
prime implicant | implicante primo
prime mover | motor primario, fuente (energética) primaria
primer | cebador, electrodo de cebado
primer valve | válvula de purga (/cebado)
priming | imprimación; cebado; sensibilización
priming grid voltage | tensión de cebado de rejilla
priming illumination | iluminación de cebado
priming speed | velocidad de impresión
primitive | primitivo
primitive element | elemento primitivo
primitive period | periodo primitivo
primitive polynomial | polinomio primitivo
primitive recursion | recursión primitiva
primitive recursive function | función recursiva primitiva

primitive type | tipo primitivo
Prim's algorithm | algoritmo de Prim
principal | principal
principal angle of incidence | ángulo de incidencia principal
principal axis | eje principal
principal channel | canal (/banda) principal
principal channel filter | filtro de canal principal
principal clock | reloj principal (/maestro, /patrón, /central)
principal component analysis | análisis de componentes principales
principal current | corriente principal
principal focus | foco principal
principal mode | modo principal
principal path | ruta (/trayecto, /vía) principal
principal plane | plano principal
principal system features | funciones principales del sistema
principal test section | sección principal de prueba
principal transmission mode | modo de trasmisión principal
principal voltage | tensión principal
principle | principio
principle of additivity | principio de la suma
principle of duality | principio de dualidad
principle of least action | principio de la acción mínima
principle of superposition | principio de superposición
principle schematic | esquema (/diagrama) de principio
print | impresión
print, to - | imprimir
printable string | caracteres imprimibles textualmente [*por ejemplo los del código ASCII*]
print amplifier | amplificador de impresión
print and fire | impresión y quemado
print buffer | memoria tampón para impresión
print capability | capacidad de impresión
print dialog box | cuadro de diálogo de impresión
printed assembly | conjunto impreso
printed backplane | panel posterior impreso
printed board | tarjeta de circuitos impresos
printed board assembly | tarjeta impresa equipada
printed cable | cable impreso
printed capacitor | capacitor (/condensador eléctrico) impreso
printed circuit | circuito impreso
printed circuit assembly | conjunto de circuito impreso
printed circuit board | platina, tarjeta (/placa) de circuito impreso
printed circuit card | tarjeta de circuitos impresos
printed circuit chemical | componente químico para circuitos impresos
printed circuit configuration | configuración de circuitos impresos
printed circuit connector | conector para circuitos impresos
printed circuit motor | motor de circuito impreso
printed circuit panel | placa de circuitos impresos
printed circuit receiver | receptor de circuitos impresos
printed circuit switch | conmutador de circuito impreso
printed circuit technique | técnica de circuitos impresos
printed circuitry | circuitos impresos; cableado plano
printed communication | comunicación impresa (/teleimpresa, /teletipográfica)
printed component | componente (/elemento) impreso
printed component assembly | montaje de componentes impresos
printed component board | tarjeta (/placa) de componentes impresos
printed component part | componente (/elemento) impreso
printed conductor | conductor impreso
printed contact | contacto impreso
printed electronic circuit | circuito electrónico impreso
printed element | elemento impreso
printed inductor | inductor impreso
printed page reception | recepción en página impresa
printed resistor | resistencia impresa
printed switch | conmutador impreso
printed tape | cinta impresa
printed transmission line | línea de trasmisión impresa
printed wiring | cableado impreso (/plano), conexionado impreso
printed wiring armature | inducido de circuito impreso
printed wiring assembly | conjunto de interconexiones impresas, conjunto de conexionado impreso
printed wiring board | tarjeta (/placa) de cableado (/conexionado) impreso
printed wiring card | tarjeta de conexionado impreso
printed wiring perforator | perforador impresor de circuitos
printed wiring substrate | sustrato con cableado impreso
printed wiring terminal | terminal para conexionado impreso
printed writing board | tarjeta de circuitos (impresos); módulo de circuitos; placa de cableado
printer | impresora
printer access protocol | protocolo de acceso a impresora
printer control | control de impresora
printer control language | lenguaje de control de impresoras [*de Hewlett-Packard*]
printer controller | controladora de impresora [*tarjeta de circuitos*]
printer driver | controlador de impresora [*programa*]
printer engine | motor de impresión [*en impresoras láser*]
printer file | archivo de impresora
printer font | fuente de impresora
printer format | formato de impresión
printergram | telegrama por teleimpresión
printergram service | servicio de telegramas por teleimpresión
printer operation | funcionamiento (/operación) de la impresora; preparación telegráfica, explotación teletipográfica
printer port | puerto de impresora
printer server | servidor de impresoras
printer settings | configuración de impresora
printer setup | parámetros de impresora
printer telegraph code | código teletipográfico (/de teleimpresora)
print hammer | martillo impresor
printhead, print head | cabeza (/cabezal) de impresión
printing | impresión
printing apparatus | aparato impresor
printing arm | brazo impresor
printing calculating machine | calculadora impresora
printing calculator | calculadora impresora
printing carriage | carro impresor (/de impresión)
printing carriage track | guía del carro de impresión
printing demand meter | medidor de la demanda de impresión
printing effect | efecto de calco
printing hammer | martillo impresor
printing helix | hélice de impresión
printing instrument | aparato impresor
printing keyboard perforator | perforador impresor de teclado
printing latch | retén de impresión
printing machine | impresora; máquina de imprimir
printing magnet | electroimán de impresión
printing mechanism | mecanismo impresor (/de impresión)
printing perforator | perforador impresor
printing range | margen de impresión
printing receiver apparatus | receptor impresor
printing receiving apparatus | receptor impresor
printing recorder | grabadora de impresión
printing reperforator | reperforador (/receptor perforador) impresor
printing telegraph | telégrafo impresor

printing telegraph apparatus | impresor telegráfico
printing telegraph machine | aparato telegráfico impresor
printing telegraphy | teletipografía, telegrafía impresora
printing track | guía de impresión
printing trip link | eslabón de disparo de impresión
print job | tarea de impresión
print manager | administrador de impresión
print mechanism | mecanismo de impresión
print mode | modo de impresión
printout | impresión de salida, salida de impresión; copia impresa
print plot | trazado impreso
print preview | presentación preliminar
print quality | calidad de impresión
print queue | cola de impresión
print range | campo de impresión
print screen, to - | imprimir la pantalla
print screen key | tecla para impresión de la pantalla
print server | servidor de impresión (/impresora, /impresoras)
print setup | especificación de impresora
print setup, to - | especificar impresora
print spooler | programa de retención de impresión [*que retiene en memoria las órdenes de impresión hasta que la impresora pueda ejecutarlas*]
print technology | tecnología de impresión
print-through | efecto de eco; distorsión por capa adyacente; falso registro, registro espontáneo (/por contacto); trasferencia de impresión; calco magnético, impresión magnética
print to do list, to - | imprimir lista de tareas
print to file, to - | imprimir en archivo [*formatear un documento para ser impreso y guardarlo en archivo*]
print topic, to - | imprimir el tema
print wheel | rueda de impresión
prior call | petición anterior
prioritize, to - | dar prioridad
priority | prioridad
priority controller | controlador de prioridad
priority distribution | distribución de prioridad
priority encoder | codificador de prioridad
priority frame | estructura prioritaria
priority indicator | indicador de prioridad
priority interrupt | interrupción por prioridad
priority interrupt system | sistema con prioridad de interrupción
priority prefix | prefijo de prioridad
priority queue | cola de prioridad
priority wavelength | longitud de onda de prioridad

prism aerial | antena en prisma
prism spectroscope | espectroscopio de prisma
privacy | secreto, reserva, intimidad, privacidad, carácter privado
privacy code | código de reserva
privacy equipment | equipo (/dispositivo) secreto
privacy of radiotelephone conversations | secreto de las conversaciones (/comunicaciones) radiotelefónicas
privacy system | sistema de trasmisión privado (/secreto)
privacy telephone system | sistema de telefonía secreta
private | privado
private address system | interfono, sistema de intercomunicación
private aircraft station | estación aeronáutica privada
private automatic branch exchange | centralita (telefónica) privada automática
private automatic exchange | centralita automática privada
private automatic telephone system | autoconmutador telefónico privado
private bank | regleta de contactos de línea privada
private branch exchange | centralita de conmutación privada, centralita (telefónica) privada (/de empresa); intercambio de rama privada
private branch exchange switchboard | centralita particular (/privada)
private broadcasting station | emisora particular, estación privada de radiodifusión
private call | conversación privada
private channel | canal privado
private circuit | circuito privado
private commercial broadcasting station | estación comercial privada (de radiodifusión)
private communications technology | tecnología de comunicaciones privadas
private correspondence | correspondencia privada (/particular)
private enhanced mail | correo privado mejorado
private exchange | centralita (telefónica) privada
private experimental station | estación experimental particular (/privada)
private folder | carpeta privada [*en redes compartidas*]
private key | clave privada
private line | línea privada (/particular)
private line channel | canal directo (/exclusivo)
private line connection | conexión por línea directa
private line teleprinter service | servicio de teleimpresión por líneas privadas
private line teletypewriter service | servicio de teleimpresión por líneas privadas
privately owned line | línea propia
private management domain | dominio de gestión privada
private manual branch exchange | centralita privada manual
private manual exchange | central manual privada
private network | red (de comunicación) privada
private operating agency | entidad de explotación privada
private radio carrier | portadora privada de radio
private receiving station | estación receptora privada
private service | servicio privado
private station | estación privada; aparato de abonado
private telegram | telegrama privado
private telegraph network | red telegráfica privada
private telephone exchange | central telefónica privada
private telephone network | red telefónica privada
private telephone operating agency | entidad de explotación telefónica privada
private telephone station | estación telefónica privada, aparato telefónico del abonado
private telex call | comunicación privada de télex
private tieline | línea local (/urbana) particular
private wiper | escobilla de prueba
private wire | circuito privado, línea particular; hilo C de la clavija; tercer hilo, hilo (/conductor) de prueba
private wire agreement | contrato de alquiler (/arrendamiento) de un circuito
private wire circuit | circuito privado (/arrendado)
private wire communication network | red de comunicaciones por circuitos (/hilos) privados
private wire connection | conexión por hilo (/circuito) privado
private wire customer | usuario de línea privada
private wire service | servicio por circuitos privados, explotación sobre circuitos de servicio privado
private wire telephone circuit | circuito telefónico alquilado permanentemente
private wire teletype service | servicio de teleimpresoras por circuitos (/hilos) privados
privatization | privatización
privileged direction | dirección privilegiada
privileged instruction | instrucción privilegiada
privileged mode | modo preferente [*para ejecución de programas*]

prIETS = proposed Interin European telecommunications standard | NET propuesta = norma europea de telecomunicaciones propuesta
PRMD = private management domain | PRMD [*dominio de gestión privada*]
PRN = printer | IMP = impresora
probability | probabilidad
probability calculus | cálculo de probabilidades
probability distribution | distribución de probabilidad
probability generator | generador de funciones de probabilidad
probability multiplier | multiplicador de probabilidad
probability of busy | probabilidad de ocupación
probability of collision | probabilidad de colisión (/choque)
probability of delay | probabilidad de retraso
probability of disintegration | probabilidad de desintegración
probability of engagement | probabilidad de ocupación
probability of ionization | probabilidad de ionización
probability of ionization by electrons | probabilidad de ionización por electrones
probability of loss | probabilidad de pérdidas
probability of random interference | probabilidad de interferencia aleatoria
probability of reaction | probabilidad de reacción
probability of success | probabilidad de éxito
probability theory | teoría de la probabilidad
probable error | error probable
probe | probeta; sensor, sonda; diodo rectificador
probe assembly | conjunto de la sonda
probe coil | bobina exploradora (/sondeadora)
probe contact | contacto de exploración
probe coupling | acoplamiento por sonda
probe microphone | micrófono sonda, sonda microfónica
probe transformer | trasformador sonda
probe tuner | sintonizador de sonda
probe valve microphone | micrófono de válvula
probing | sondeo; muestreo
probit [*a unit of probability based on deviation from the mean of a standard distribution*] | probit [*unidad de probabilidad basada en la desviación media de una distribución normal*]
problem definition | definición del problema
problem description | descripción del problema
problem-orientated language | lenguaje para un problema específico, lenguaje orientado a la resolución de problemas
problem solving | solución de problemas
problem-solving language | lenguaje para la resolución de problemas
problem statement analyser | analizador de sentencias de problemas
problem statement language | lenguaje de sentencias de problemas
procedural abstraction | abstracción procesal
procedural cohesion | cohesión de procedimiento
procedural language | lenguaje de procedimiento
procedural rendering | interpretación de procedimiento [*en gráficos*]
procedure | procedimiento, proceso
procedure call | instrucción de activación [*en programación*]
procedure language | lenguaje orientado hacia el procedimiento
procedure-orientated language | lenguaje para procedimiento específico
proceed-to-select signal | señal de invitación a marcar
proceed-to-send signal | señal de invitación a trasmitir (/marcar)
proceed-to-signal | señal de invitación a marcar; señal de línea libre
proceed-to-transmit signal | señal de invitación a trasmitir
process | proceso
process, to - | procesar
process amplifier | amplificador de procesamiento
process-bound | en función del proceso
process color | color de procesado
process computer | ordenador de procesos
process control | control de procesos
process control block | bloque de control de procesos
process descriptor | descriptor del proceso
processed circuit | circuito impreso
processed circuitry | circuitos impresos
process flow | flujo de procesos
process gas | gas de trabajo
process heat reactor | reactor (productor de calor) industrial
process identifier | identificador del proceso
processing | procesamiento, proceso, procesado
processing amplifier | amplificador de procesamiento
processing section | unidad de procesamiento
processing speed | velocidad de procesamiento
processing unit | unidad de proceso (/procesamiento)
process of logic | proceso lógico
process of modulation | proceso de modulación
processor | procesador; (dispositivo) ordenador
processor allocation | asignación de procesador
processor direct slot | zócalo para conexión directa del procesador
processor error | error del procesador
process-oriented messages | mensajes orientados al proceso
processor input/output | entrada/salida del procesador
processor socket | zócalo de procesador
processor speed | velocidad del procesador
processor status word | código (/palabra) de estado del procesador
processor time | tiempo de procesador, tiempo de UCP
processor type | tipo del procesador
process type | tipo de proceso
process type identifier | identificador del tipo de proceso
PROCID = process identifier | PROCID [*identificador de proceso*]
prod | punta de prueba (/contacto)
producer | productor
producer's reliability risk | fiabilidad garantizada por el fabricante
producibility | productividad
product | producto
product demodulator | desmodulador de producto
product detection | detección multiplicativa (/de producto)
product detector | detector de producto
product family | familia de productos
product group | grupo de producto
product guide | guía del producto
product material | producto
product modulator | modulador del producto
product nucleus | núcleo producido
product of sums expression | expresión del producto de sumas
product particle | partícula producida
product relay | relé de producto
product term | término de producto
production | producción
production board | placa de producción
production control | control (/verificación) de la producción
production lot | lote de producción
production master | cliché de producción
production model | modelo de producción
production of neutrons | producción de neutrones
production plant | planta de producción
production quantity | cantidad de la producción

production reactor | reactor generador (/de producción)
production-rule system | sistema de reglas de producción
production run | fase de ejecución
production sampling test | prueba por muestreo de la producción
production system | sistema de producción
production test | prueba de producción
productive time | tiempo de explotación
professional electronic | electrónica profesional
professional engineer | ingeniero titulado (/profesional)
professional graphics adapter | adaptador gráfico profesional, adaptador profesional para gráficos
professional graphics display | presentación gráfica profesional
profile | perfil
profile chart | perfil topográfico (/longitudinal)
profile diagram | perfil altimétrico, diagrama de perfil (longitudinal), diagrama longitudinal de niveles
profile of radio path | perfil altimétrico de la trayectoria radioeléctrica
profile spotlight | proyector de siluetas
profile view | vista lateral (/de perfil), proyección lateral
profiling | trazado de perfil
profilometer | perfilómetro
program [USA] [*programme (UK+ USA)*] | programa
program, to - | programar
programmable | programable
programmable array logic | lógica de matrices programables
programmable calculator | calculadora programable
programmable chip | seleccionado un chip programable
programmable communications processor | procesador programable de comunicaciones
programmable controller | controladora programable
programmable counter | contador programable
programmable devices | dispositivos programables
programmable electronic system | sistema electrónico programable
programmable function key | tecla de función programable
programmable gate array | circuitos predifundidos programables
programmable interrupt controller | controlador de interrupción programable
programmable logic array | matriz lógica programable, orden lógico programable
programmable logic computer | ordenador lógico programable
programmable logic device | dispositivo lógico programable
programmable logic level | nivel lógico de programación
programmable operational amplifier | amplificador operacional programable
programmable read-only memory | memoria programable de sólo lectura
programmable robot | robot programable
programmable ROM | ROM programable
programmable unijunction transistor | transistor de unión única programable
programmatic interface | interfaz de programación
programmatics | informática
programme [UK+USA] | programa
programme amplifier | amplificador de programa
programme assembly | ensamblaje de programas
programme associated data | datos asociados a un programa
programme break | ruptura de programa
programme card | tarjeta de programa
programme cartridge | cartucho de programa
programme channel | canal de programa; circuito radiofónico
programme circuit | circuito radiofónico (/de programa, /para trasmisiones radiofónicas)
programme circuit loading | carga para radiodifusión musical
programme control | control de programa; mando programado
programme controller | programador
programme correctness proof | prueba de corrección del programa
programme counter | contador de programa (/instrucciones)
programme creation | creación de programas
programmed | programado
programmed action safety assembly | conjunto de seguridad programado
programmed check | verificación (/comprobación) programada
programme decomposition | descomposición de programa
programmed electron beam welding | soldadura por haz electrónico programada
programme department | departamento de programas
programme design | diseño de programa
programme design language | lenguaje de diseño de programa
programme development system | sistema de desarrollo del programa
programmed input/output | entrada/salida programadas
programmed inquiry | consulta programada
programme distribution | teledifusión; distribución de programas
programme distribution amplifier | amplificador de distribución de programas
programmed logic | lógica programada
programmed logic array | matriz lógica programada, orden lógico programado
programmed marginal check | verificación marginal programada
programmed operator | operador programable
programmed teaching | enseñanza programada
programmed turn | giro programado
programmed wiring | cableado programado
programme edit | edición de programas
programme element | elemento de programa
programme evaluation | evaluación del programa
programme execute, to - | ejecutar el programa [*en el ordenador*]
programme failure | fallo de la señal de programa
programme failure alarm | alarma de fallo de la señal de programa
programme file | archivo de programa
programme flowchart | esquema del programa
programme generator | generador de programas
programme group | grupo de programas
programme icon | icono de programa
programme identifier | identificador de programa
programme instruction | instrucción de programa
programme interrupt | interrupción de programa
programme item | elemento de programa
programme-item icon | icono de programa
programme language | lenguaje de programación
programme level | nivel de programa
programme library | biblioteca de programas
programme line | línea de programa
programme line compressor | compresor en línea de programa
programme link | enlace radiofónico
programme linkage | encadenamiento de programas
programme listing | listado de programa
programme logic | lógica de programación
programme loop | bucle de programa
programme maintenance | mantenimiento del programa
programme manager | administrador

de programas
programme material | programa; material de audición normal
programme monitor | monitor de programa, monitor para controlar la calidad de trasmisión
programme of routine maintenance | programa de mantenimiento periódico
programme of routine tests | programa de pruebas periódicas
programme panel | panel (/pantalla) del programa
programme parameter | parámetro de programa
programme proving | puesta a punto del programa
programmer | programador
programme register | registro del programa
programme repeater | repetidor de programas; amplificador de radiodistribución (/distribución de programas)
programmer's switch | conmutador de programador [*en ordenadores Macintosh*]
programmer unit | unidad programadora
programme scan | recorrido del programa
programme segmentation | segmentación del programa
programme selector | selector de programas
programme selector switch | conmutador (/selector) de programas
programme sensitive error | error de sensibilidad del programa
programme signal | señal (moduladora) del programa
programme source | fuente de señales
programme specification | especificación del programa
programme state | estado del programa [*en un momento dado*]
programme statement | descripción del programa
programme status word | palabra de estado del programa
programme step | paso del programa
programme storage | almacenamiento del programa
programme structure | estructura del programa
programme stub | adaptador
programme switching | conmutación radiofónica (/de programas, /de circuitos radiofónicos)
programme switching centre | centro de conmutación radiofónica (/de programas)
programme switching facility | dispositivo (/medio) de conmutación de programas
programme tape | cinta de programa
programme testing | prueba del programa

programme time | tiempo del programa
programme timer | temporizador de programa
programme transformation | trasformación del programa
programme transmission | trasmisión radiofónica (/de programas)
programme transmission circuit | circuito de trasmisión radiofónica (/de programas)
programme transmission relay | relé de trasmisión radiofónica (/de programas)
programme transmission service | servicio de trasmisión radiofónica (/de programas)
programme transmitter | trasmisor de programas
programme unit | unidad de programa
programme verification | verificación del programa
programming | programación, realización (/producción) de programas
programming device | dispositivo de programación
programming facilities | medios de programación (/difusión de programas), recursos para la producción (de programas)
programming interface | interfaz de programación
programming language | lenguaje de programación
programming module | módulo de programación
programming of machine tool | programación de máquinas herramienta
programming standard | norma de programación
programming station | estación de programación
programming support environment | equipo de soporte de programación
programming system | sistema de programación
programming theory | teoría de la programación
programming tool | herramienta de programación
progress indicator | indicador de progreso
progression of equipment | avance del equipo
progressive | progresivo
progressive interconnection | interconexión progresiva
progressive interlace | entrelazamiento progresivo
progressive phase shift | desfase progresivo
progressive scanning | exploración continua (/progresiva, /por líneas contiguas), escaneado progresivo
progressive wave | onda móvil (/progresiva)
progressive wave aerial | antena de onda progresiva

prohibited area | zona (/área) prohibida
project | proyecto
projected focal area | área focal proyectada
projected peak point | punto máximo (/de pico) proyectado
projected peak point voltage | tensión del punto de pico proyectado
project engineer | ingeniero de proyectos
project file | archivo del proyecto
projection cathode ray valve | válvula de rayos catódicos para proyección
projection chamber | cámara de proyección
projection function | función de proyección
projection lantern | aparato (/linterna) de proyección
projection optics | óptica de proyección
projection PPI | proyección (del indicador) de posición en el plano
projection receiver | receptor de proyección
projection television | televisión de proyección (/imagen proyectada)
projection television receiver | receptor de televisión para proyección
projection valve | válvula de proyección
projection welding | soldadura por proyección
projective field theories | teorías de campo en proyección
project life cycle | ciclo de ejecución del proyecto
project management | gestión de proyectos
projector | proyector
projector efficiency | rendimiento del proyector
projector lamp | lámpara para proyectores
projector power response | respuesta de potencia trasmisora
project planning | planificación de proyectos
project support environment | equipo de soporte de proyecto
prolate distortion | distorsión de alargamiento
prolog = programming in logic | prolog [*lenguaje de programación lógica*]
prolongation of delay | prolongación de la espera
PROM = programmable read only memory | PROM [*memoria programable de sólo lectura*]
PROM blaster | programador de PROM
PROM blower | programador de PROM
promethium | prometio
promethium cell | pila de prometio
promiscuous-mode transfer | trasferencia indiscriminada [*de datos independientemente de sus destinos*]

promoted mixing | mezclado favorecido
PROM programmer | programador de PROM
prompt | inmediato, repentino, instantáneo; mensaje; indicativo, indicación; tutoría; invitación [*indicación visual de un programa de que está listo para recibir una nueva orden*]
prompt, to - | apremiar
prompt critical | crítico instantáneo (/para los neutrones inmediatos)
prompt fission neutron | neutrón de escisión (/fisión) inmediata
prompt fission neutron multiplication rate | velocidad de multiplicación de los neutrones inmediatos (/de escisión inmediata)
prompt gamma | radiación gamma inmediata (/instantánea)
prompt gamma radiation | radiación gamma inmediata (/instantánea)
prompt gamma rays | rayos gamma inmediatos
prompt generation time | tiempo de generación inmediata
prompting | tutoría
prompt neutron | neutrón inmediato
prompt neutron fraction | fracción de neutrones inmediatos (/instantáneos)
prompt poisoning | veneno rápido
prompt radiation | radiación inmediata (/instantánea)
prompt reactivity | reactividad inmediata
prompt text | texto del indicador de solicitud
prong | clavija (/terminal) de contacto
proof | prueba; protegido contra agentes exteriores
proofing | impermeabilización
proof of partial correctness | prueba de corrección parcial
proof of performance | verificación de las características de funcionamiento, comprobación de la calidad funcional (/de trasmisión)
proof-of-performance test | prueba (de calidad funcional) de trasmisión
proof of termination | prueba de terminación
proof of total correctness | prueba de corrección total
proof plane | plano de prueba
proof pressure | tensión (/presión) de prueba
proof test | ensayo de sobrecarga
propagated error | error propagado
propagated potential | potencial propagado
propagation | propagación
propagation anomaly | anomalía de propagación
propagation blackout | cese temporal de la propagación
propagation characteristic | característica de propagación
propagation clearance | franqueo vertical de la trayectoria
propagation coefficient | coeficiente (/exponente lineal) de propagación
propagation constant | constante de propagación
propagation constant per section | exponente elemental de propagación
propagation constant per unit length | constante de propagación lineal
propagation curve | curva de propagación
propagation delay | retardo de la propagación, tiempo de propagación
propagation delay time | tiempo de retardo de la propagación
propagation error | error de propagación
propagation factor | factor (/relación) de propagación (/trasferencia)
propagation loss | pérdida (/atenuación) de propagación
propagation of error | propagación del error
propagation path | trayectoria (/vía) de propagación; recorrido de la onda
propagation path characteristic | característica de la trayectoria de propagación
propagation ratio | relación (/factor) de propagación
propagation reliability | seguridad (/fiabilidad) de propagación
propagation study | estudio de propagación
propagation survey | supervisión de la propagación
propagation test | prueba de propagación (radioeléctrica)
propagation testing | pruebas de propagación
propagation time | retardo; tiempo de propagación
propagation time delay | tiempo de retardo de la propagación
propagation velocity | velocidad de propagación
propeller head [*fam*] | fanático de la tecnología
proper ancestor | antepasado propio
proper subset | subconjunto propio
property | propiedad
property dialog | diálogo de propiedades
property editor | editor de propiedades
property sheet | hoja de propiedades
property sort | tipo de propiedad
proportional | proporcional
proportional amplifier | amplificador proporcional (/lineal de impulsos)
proportional band | banda proporcional
proportional control | control proporcional
proportional counter | contador proporcional
proportional counter valve | válvula de recuento proporcional
proportional counting chamber | cámara de recuento proporcional
proportional current | corriente proporcional
proportional direct current | corriente continua proporcional
proportional flow counter valve | válvula contadora de flujo
proportional font | fuente (de espacio) proporcional
proportional ionization | ionización proporcional
proportional ionization chamber | cámara de ionización proporcional
proportional linearity | linealidad proporcional
proportional neutron counter | contador proporcional de neutrones
proportional plus derivative control | control proporcional y derivado
proportional position action | acción de posición proporcional
proportional region | región proporcional (/de proporcionalidad)
proportional response | respuesta proporcional
proportional spacing | espaciado proporcional
proportional speed floating action | acción flotante de velocidad proporcional
proportional temperature control | control de temperatura proporcional
proportional valve | válvula de control proporcional
proportioning reactor | reactor (/bobina de inducción) de corriente proporcional
proportion of lost calls | proporción de llamadas perdidas
proposed frequency plan | plan (/proyecto) de frecuencias propuesto
propositional calculus | cálculo proposicional
proprietary | propietario
proprietary alarm system | sistema de alarma privado
proprietary software | software de propiedad reservada
proprietary system | sistema propietario
prospect, to - | explorar, sondear, prospectar
prospecting | prospección, exploración, sondeo
prospecting audio indicator | audioindicador de prospección
prospecting radiation meter | radiámetro (/medidor de radiación) de prospección
prospection | prospección
prospective current | corriente de prospección
prospector | prospector
protactinium | protactinio
protected | protegido
protected against atmospheric humidity | protegido contra la humedad atmosférica

protected against burnout | protegido contra sobrecargas destructivas
protected area | área protegida
protected location | posición protegida
protected memory | memoria protegida
protected mode | modo protegido [*de funcionamiento*]
protected mode interface | interfaz de modo protegido
protected port | puerto protegido
protected wireline distribution system | sistema de distribución de líneas protegidas
protected zone | zona protegida, circuito protegido
protecting element | elemento de protección
protecting lamp | lámpara de protección
protection | (dispositivo de) protección
protection channel | canal de protección
protection current | corriente de protección
protection device | dispositivo de protección
protection distance | distancia de protección; separación geográfica
protection domain | dominio de protección
protection element | elemento de protección
protection for interturn short circuits | dispositivo de protección contra cortocircuitos entre espiras
protection from harmful interference | protección contra interferencias perjudiciales
protection ground relay | relé de protección de puesta a tierra
protection survey | supervisión (/control) de protección (/radiación)
protective | protector
protective atmosphere | atmósfera protectora de gas
protective atmosphere cell | cubeta de gas protector
protective barrier | barrera protectora
protective cable | cable protector
protective capacitor | condensador de protección
protective channel | canal de protección
protective circuit | circuito de protección
protective circuit breaker | disyuntor protector
protective coating | capa (/cubierta) protectora
protective covering | cubierta protectora; revestimiento de protección
protective device | dispositivo protector (/de protección)
protective earth | puesta a tierra de protección
protective earthing | puesta a tierra de protección

protective fuse | fusible protector
protective gap | intervalo (/separación) de protección
protective gear | dispositivo de protección
protective glove | guante protector
protective horn | antena de protección
protective material | material protector
protective reactance coil | bobina de inductancia protectora
protective relay | relé protector (/de protección)
protective resistance | resistencia protectora (/de protección)
protective resistor | resistencia de protección
protective screen | pantalla protectora; apantallado, blindaje
protective signalling | señalización de protección
protective sleeve | manguito de protección
protective system | sistema de protección
protect mode | modo protegido
protector | (dispositivo) protector
protector block | bloque protector
protector box | caja de protecciones
protector drainage | drenaje de protector
protector frame | bastidor de protecciones
protector ground | puesta a tierra de protección
protector rack | bastidor de protecciones
protector valve | válvula protectora (/de protección)
protium | protio
protocol | protocolo
protocol converter | conversor de protocolo
protocol data unit | unidad de datos del protocolo
protocol discriminator | discriminador de protocolo
protocol function | función de protocolo
protocol hierarchy | jerarquía de protocolos
protocol layer | estrato de protocolo
protocol profile | perfil de protocolo
protocol stack | pila de protocolos
protocol suite | complemento de protocolo
protocol translation | conversión de protocolo
proton | protón
proton accelarator | acelerador de protones
proton alpha reaction | reacción de protón alfa
proton binding energy | energía de enlace del protón
proton bombardment | bombardeo con protones
proton cycle | ciclo protónico
proton diffractograph | difractógrafo protónico
proton donor | donante protónico
proton gun | inyector de protones, cañón protónico
proton-induced | provocado (/inducido) por protones
proton injector | inyector de protones
proton-irradiated | irradiado con protones
proton magnetic moment | momento magnético del protón
proton magnetic resonance | resonancia magnética protónica
proton magnetometer | magnetómetro protónico (/de protones)
proton mass | masa protónica (/del protón)
proton microscope | microscopio protónico
proton moment | momento protónico
proton-neutrino field | campo protón-neutrino
proton-neutron force | fuerza protón-neutrón
proton-proton chain | cadena (de reacciones) protón-protón
proton-proton force | fuerza protón-protón
proton-proton reaction | reacción protón-protón
proton radiation | radiación protónica
proton ray | haz de protones
proton recoil | retroceso del protón
proton recoil counter | contador de retroceso de protones
proton resonance | resonancia protónica
proton rest mass | masa del protón en reposo
proton scintillation | escintilación por protones
proton-sensitive fluorescent material | material fluorescente sensible a los protones
proton synchrotron | sincrotrón de protones
prototype | prototipo
prototype, to - | hacer un prototipo
prototype L-section filter | prototipo de sección L
prototype model | modelo prototipo
prototype reactor | reactor prototipo
prototype test | prueba del prototipo
prototyping | creación de prototipos
prototyping kit | kit (/conjunto de montaje) prototipo
provide, to - | suministrar
provider | proveedor
proximity | proximidad
proximity alarm system | sistema de alarma por proximidad
proximity detector | detector de proximidad
proximity effect | efecto de proximidad
proximity fuse | espoleta de proximidad
proximity fuse assembly | conjunto de espoleta de proximidad

proximity switch | interruptor (/conmutador) de proximidad
proximity transducer | trasductor de proximidad
proxy | dispositivo proxy [*hardware o software que actúa de filtro o barrera entre una red e internet*]; representante [*programa intermediario entre cliente y servidor*]
proxy server | servidor proxy [*servidor que filtra el tráfico de internet con una red de área local*], servidor caché
PRR = pulse recurrence (/repetition) rate | PRR [*cadencia (/ritmo) de la pulsación, frecuencia de repetición de impulsos*]
PrtSc = print screen | ImprPant = impresión de pantalla [*tecla de instrucción directa en el teclado de ordenador*]
PrtSc key = print screen key | tecla ImprPant = tecla de imprimir pantalla
pry-out | tapa (/tapadera) de palanquita
p/s = pulses per second | p/s = impulsos por segundo
P/S = pause/still | P/S [*pausa/imagen fija*]
PSA = problem statement analyser | PSA [*analizador de sentencias de problemas*]
PSBL = possible | posible
PSC = please send copy | sírvase enviar copia
P scan | explorador tipo P
P scanner | explorador tipo P
PSE = packet switching exchange | PSE [*intercambio por conmutación de paquetes*]
PSE = please | por favor
psec = picosecond | psec = picosegundo
psec = pulses per second | ips = impulsos por segundo
p-semiconductor | semiconductor p = semiconductor positivo
pseudo- [*pref*] | seudo-, pseudo-
pseudo-Brewster-angle | seudoángulo de Brewster
pseudocarrier | seudoportadora [*onda portadora ficticia*]
pseudocode | seudocódigo, seudoclave, seudolenguaje
pseudo compiler | seudocompilador [*compilador que genera un seudolenguaje*]
pseudocomputer | seudoordenador
pseudo-conversational communication | comunicación seudoconversacional
pseudocubic dielectric | dieléctrico seudocúbico
pseudodielectric | seudodieléctrico
pseudodifferential input | entrada seudodiferencial
pseudo-floppy | seudodisquete
pseudoinstruction | seudoinstrucción
pseudo keypad | seudoteclado (marcador)

pseudolamped-constant circuit | circuito de constantes seudoaglomeradas
pseudolanguage | seudolenguaje
pseudomachine | seudomáquina
pseudonoise sequence | secuencia de seudorruido
pseudo-op = pseudo-operation | seudooperación
pseudooperation | seudooperación
pseudoperiodic quantity | magnitud seudoperiódica
pseudoprogramme | seudoprograma
pseudo pushbotom | seudoteclado (marcador)
pseudorandom | seudoaleatorio
pseudorandom binary sequence | secuencia binaria seudoaleatoria
pseudorandom number sequence | secuencia numérica seudoaleatoria
pseudorandom numbers | números seudoaleatorios
pseudorandom pattern | modelo seudoaleatorio
pseudostereo | seudoestéreo
pseudostereophonic effect | efecto seudoestereofónico
pseudo-streaming | seudorreproducción continua [*de audio o de vídeo*]
pseudoternary code | código seudoternario
P shell | capa P
psi = pounds per square inch | psi = libras por pulgada cuadrada
psia = pounds per square inch absolute | psia [*libras por pulgada cuadrada de presión absoluta*]
psig = pounds per square inch gauge | psig [*libras por pulgada cuadrada sobre la presión atmosférica*]
psion | psión
PSK = phase shift keying | PSK [*modulación por desplazamiento de fase*]
PSL = problem statement language | PSL [*lenguaje de sentencias de problemas*]
PSM = pulse slope modulation | PSM [*modulación de la pendiente de impulso*]
PSN = packet-switching network | PSN [*red de conmutación por paquetes*]
PSN = public switched network | red pública de conmutación
pso. = psophometer; psophometric | sofómetro; sofométrico
psophometer | sofómetro [*medidor de ruido del circuito*]
psophometrically | sofométricamente
psophometrically weighted | compensado sofométricamente, con peso sofométrico
psophometrically weighted signal/noise ratio | relación señal/ruido compensada sofométricamente
psophometric electromotive force | fuerza electromotriz sofométrica
psophometric level | nivel sofométrico
psophometric noise | ruido sofométrico

psophometric noise power | potencia de ruido sofométrico
psophometric noise value | valor de ruido sofométrico
psophometric potential difference | tensión sofométrica (/de ruido)
psophometric power | potencia sofométrica
psophometric voltage | voltaje sofométrico, tensión sofométrica
psophometric weight | peso sofométrico
psophometric weighting | peso sofométrico
psophometric weighting factor | coeficiente de peso sofométrico
psos | psos [*dispositivo de puerta de silicio del canal p*]
PSPDN = packet switched public data network | PSPDN [*red pública de datos por conmutación de paquetes*]
PSS = packet switch stream | PSS [*corriente de conmutación de paquetes*]
PSTN = public switched telecommunications network | PSTN [*red pública conmutada de telecomunicaciones*]
PSTN = public switched telephone network | PSTN [*red pública de conmutación telefónica*]
PSW = processor (/program) status word | PSW [*palabra de estado del procesador (/programa)*]
psychoacoustics | psicoacústica
psychogalvanometer | sicogalvanómetro
psychointegroammeter | sicointegroamperímetro, detector de mentiras
psychosomatograph | psicosomatógrafo
psychrometer | psicrómetro, amplificador de sonorización
p-system | sistema p [*sistema operativo basado en ordenador virtual*]
Pt = platinum | Pt = platino
PT = payload type | PT [*tipo de carga útil*]
PT = point | pto. = punto
PT = project team | grupo de trabajo
PTC = originating toll centre | estación de origen
PTC = positive temperature coefficient | CTP = coeficiente de temperatura positivo
PTC thermistor | termistor PTC [*termistor con coeficiente de temperatura positivo*]
PTD = parallel transfer disc | PTD [*disco de traspaso paralelo*]
PTFE = polytetrafluorethylene | PTFE = politetrafluoretileno
PTI = public tool interface | PTI [*interfaz pública de herramientas de software*]
PTID = process type identifier | PTID [*identificador del tipo de proceso*]
PTL = private tieline | PTL [*línea local (/urbana) particular*]
PTM = pulse time modulation | PTM

[*modulación por tiempo de impulsos*]
PTN = private telecommunications network | PTN [*red de telecomunicación privada*]
PTNX = private telecommunications network exchange | PTNX [*centralita privada de telecomunicaciones*]
PTO = public telecommunications operator | PTO [*operador de telecomunicaciones públicas*]
PTR = printer | impresora
P.TR = power transistor | TR-P = transistor de potencia
PTS = programme transmission service | STR = servicio de trasmisiones radiofónicas, STP = servicio de trasmisión de programas
PTT = Postal telegraph and telephone administration | PTT [*administración estadounidense de correos y telecomunicaciones*]
PTTA = Posts, Telephone and Telegraph Administration | PTTA [*administración estadounidense de correos, telégrafos y teléfonos*]
P-type = process type | tipo de proceso
P-type area | región tipo P
P-type base point-contact transistor | transistor de punta de contacto con base tipo P
P-type collector | colector tipo P
P-type conductivity | conductividad tipo P
P-type conductor | conductor tipo P
P-type crystal rectifier | rectificador de cristal tipo P
P-type emitter | emisor tipo P
P-type germanium junction | unión de germanio tipo P
P-type material | material de tipo P
P-type region | región tipo P
p-type semiconductor | semiconductor (de tipo) p = semiconductor positivo
Pu = plutonium | Pu = plutonio
PU = physical unit | UF = unidad física
PU = pick-up | exploración; explorar
public address | megafonía; sonorización para audiciones
public address amplifier | amplificador megafónico (/de altavoces)
public address equipment | equipo de megafonía (/sonorización)
public address loudspeaker | altavoz de megafonía
public address system | sistema de altavoces (/megafonía)
publication language | lenguaje de publicación
public aviation service | servicio público de comunicación con aeronaves
public call box | teléfono público, cabina telefónica pública
public call office | cabina telefónica pública
public coinphone | teléfono público (de monedas)
public communications service | servicio público de comunicaciones
public correspondence | correspondencia pública
public correspondence radiotelephone service | servicio radiotelefónico de correspondencia pública
public data network | red pública de datos
public directory | directorio público [*de libre acceso*]
public domain | dominio público
public-domain software | software de dominio público
public file | archivo público [*sin restricciones de acceso*]
public folder | carpeta pública [*carpeta de libre acceso en en redes compartidas*]
public inquiry | información pública
public interface | interfaz pública
public key | clave pública
public key cryptography | criptografía de clave pública
public key encryption | codificación de clave pública
public key encryption algorithm | algoritmo de encriptación de clave pública
public key infrastructure | infraestructura de clave pública
public key system | sistema de clave pública
public land mobile network | red pública de radiotelefonía móvil, red pública de comunicaciones móviles terrestres
public network | red pública (/de servicio público)
public office | oficina pública
public packet network | red pública de paquetes
public phototelegraph station | estación fototelegráfica pública
public power supply | suministro público de corriente (eléctrica)
public radiocommunication services | servicio público de radio
public radiotelephone service | servicio radiotelefónico público
public safety radio service | servicio de radio para seguridad pública
public station | centralita pública, teléfono público
public switched network | red de distribución pública
public switched telecommunications network | red pública conmutada de telecomunicaciones
public switched telephone network | red pública de conmutación telefónica
public telecommunication network | red pública de telecomunicaciones
public telecommunications operator | operador de telecomunicaciones públicas
public telecommunications service | servicio público de telecomunicaciones
public telegraph correspondence | correspondencia telegráfica pública
public telegraph network | red telegráfica pública
public telegraph office | oficina telegráfica pública
public telegraph service | servicio telegráfico público
public telephone | teléfono público (de monedas)
public telephone booth | locutorio telefónico, cabina telefónica pública
public telephone exchange | central telefónica pública
public telephone kiosk | cabina telefónica pública
public telephone network | red telefónica pública
public telephone office | oficina telefónica pública
public telephone station | centralita (/cabina) telefónica pública
public telephone station attendant | encargado de central telefónica pública
public tool interface | interfaz pública de herramientas
public utility | empresa de servicio público
publishing system | sistema de edición
puck | puck [*dispositivo de control manual para entrada de datos coordinados*]
pucker pocket | pucker pocket [*columna de vacío para aislar la cinta magnética de aceleraciones en el cabezal*]
puff [*fam*] | picofaradio
pull | tiro, tracción; tensión; fuerza portante (/de atracción)
pull, to - | sacar
pull box | caja de acceso (/paso, /derivación)
pull chain | cadena de tiro
pull cord | cordón de tiro
pull cord switch | interruptor de cordón
pull curve | curva de atracción
pull-down list box | cuadro de lista desplegable
pull-down menu | menú desplegable (/de llamada en memoria)
pull-down menu, to - | activar el menú
pulldown resistor | resistencia de empuje hacia abajo
pulled oscillator | oscilador forzado
pull effectiveness | efectividad de tiro (/tracción)
pulley weight | contrapeso de cordón
pulling | arrastre de frecuencia (de un oscilador); inestabilidad (/pérdida parcial) de sincronismo
pulling current | corriente de enganche (/conexión, /activación magnética)
pulling dropout gap | intervalo entre la atracción y el desprendimiento [*del relé*]

pulling figure | índice (/valor, /factor) de arrastre
pulling force | fuerza portante (/de atracción, /de tracción)
pulling-in iron | estribo de tiro (/anclaje)
pulling method | método de tiro (/tracción)
pulling picture | imagen ondulante
pulling rate | pendiente de arranque
pulling time | tiempo de activación, tiempo de cierre (del relé)
pulling torque | par máximo constante bajo carga
pulling value | valor de activación (/puesta en funcionamiento)
pulling voltage | tensión de enganche
pulloff | desviador; llamada
pullout, pull out | desincronización, desenganche
pullout, to - | sobrecargar; desenganchar
pullout force | fuerza de extracción
pullout of step, to - | desenganchar; desincronizar, sacar de sincronismo
pullout rate | pendiente crítica
pullout strength | fuerza de extracción
pullout torque | par crítico
pull strength | tracción
pull switch | interruptor de cordón
pull test | prueba de tracción
pull-through winding | devanado de hilos sacados
pullup | carga de arranque (/puesta en marcha)
pullup current | corriente de funcionamiento (/activación)
pullup resistor | resistencia de polarización, resistor de actuación
pullup torque | par mínimo de aceleración
pulsating | pulsante, pulsátil, pulsatorio; palpitante; intermitente; periódico
pulsating combustion | combustión pulsante
pulsating current | corriente pulsatoria (/ondulatoria)
pulsating direct current | corriente continua pulsatoria (/ondulatoria, /modulada, /periódicamente interrumpida)
pulsating electromotive force | fuerza electromotriz pulsante
pulsating field machine | máquina de campo variable (/pulsatorio, /ondulatorio)
pulsating flow | flujo pulsatorio (/pulsátil); caudal variable
pulsating force | fuerza intermitente
pulsating jet engine | pulsorreactor
pulsating load | carga cíclica (/pulsatoria, /pulsátil)
pulsating magnetic field | campo magnético pulsante
pulsating quantity | magnitud pulsatoria (/ondulatoria, /oscilante)
pulsating star | púlsar, estrella pulsante (/pulsátil)

pulsating timer | temporizador pulsátil
pulsating track circuit | circuito de vía pulsatorio
pulsating voltage | voltaje pulsatorio
pulsation | pulsación
pulsation frequency | frecuencia de las pulsaciones
pulsation welding | soldadura por impulsos
pulsator | pulsador; generador de impulsos
pulsatory | pulsante, pulsatorio; ondulatorio
pulse | pulso, impulso; pulsación; cadencia, ritmo
pulse, to - | pulsar
pulse altimeter | altímetro de impulsos
pulse amplification | amplificación de impulsos
pulse amplifier | amplificador de impulsos
pulse amplitude | amplitud del impulso
pulse amplitude analyser | analizador de amplitud de impulsos
pulse amplitude discriminator | discriminador de amplitud de impulsos
pulse amplitude modulation | modulación de amplitud de impulsos
pulse amplitude modulation / frequency modulation | modulación de amplitud de impulsos / modulación de frecuencia
pulse-amplitude-modulation signal | señal con amplitud modulada del impulso
pulse amplitude selector | selector de amplitud de impulsos
pulse analyser | analizador de impulsos
pulse-and-bar test signal | señal de prueba de impulso y barra
pulse arc welding | soldadura por arco pulsatorio
pulse average time | tiempo de impulso medio
pulse-averaging discriminator | discriminador de amplitud media de impulsos
pulse bandwidth | ancho (/anchura) de banda del impulso
pulse-blocking counter | contador por bloqueo de impulsos
pulse cam | leva de pulsaciones [*en radiotrasmisión*]
pulse capacitor | condensador de impulsos
pulse carrier | portadora de impulsos
pulse characteristic | característica de impulsos
pulse chargeover unit | conmutador de impulsos
pulse chopper | interruptor de impulsos
pulse circuit | circuito de impulsos
pulse clipper | limitador de impulsos
pulse clipping | limitación de impulsos
pulse-clipping stage | etapa limitadora (/descrestadora) de impulsos

pulse code | código de impulsos
pulse code modulation | modulación de (/por) impulsos codificados
pulse code modulation / frequency modulation | modulación de impulsos codificados / modulación de frecuencia
pulse-code-modulation system | procedimiento de modulación del impulso codificado
pulse coder | generador de impulsos codificados, codificador de impulsos
pulse code telemetry | telemetría por impulsos codificados
pulse coding | codificación de impulsos
pulse coding and correlation | codificación y correlación de impulsos
pulse coincidence | coincidencia de impulsos
pulse communication system | sistema de comunicación por impulsos
pulse compression | compresión de impulsos
pulse compression radar | radar de compresión de impulsos, radar de señal con barrido de frecuencia
pulse correction | restauración de la forma del impulso
pulse corrector | corrector de impulsos
pulse count discriminator | discriminador por recuento de impulsos
pulse counter | contador de impulsos
pulse counter detector | detector contador de impulsos
pulse counter frequency meter | frecuencímetro contador de impulsos
pulse counter valve | válvula contadora de impulsos
pulse-counting | recuento de impulsos
pulse-counting channel | canal contador de impulsos
pulse counting ratemeter assembly | conjunto de recuentos por unidad de tiempo
pulse-counting spectrophotometer | espectrofotómetro de recuento de impulsos
pulse-counting system | sistema contador de impulsos
pulse count modulation | modulación de impulsos cuantificada
pulse crest factor | factor de cresta del impulso
pulsed | pulsado, impulsado, de impulsos, por impulso
pulsed accelerator | acelerador de impulsos
pulsed altimeter | altímetro (radioeléctrico) de impulsos
pulse damping | amortiguación de impulsos
pulse-damping diode | diodo amortiguador de impulsos
pulse data | información en impulsos codificados, información codificada en impulsos
pulsed beacon | radiofaro de impulsos

pulsed beam | haz pulsado
pulsed carrier | portadora pulsada
pulsed cavitation | cavitación pulsada
pulsed command | mando por impulsos, impulso de mando
pulsed conditions | régimen pulsante
pulsed data | datos trasmitidos por impulsos
pulsed discharge | descarga pulsante (/pulsátil)
pulsed discharge system | sistema de descargas pulsantes
pulsed distributed amplifier | amplificador distribuido de impulsos
pulsed Doppler system | sistema Doppler de impulsos
pulsed Doppler technique | técnica Doppler de impulsos
pulse decay | amortiguación (/bajada, /caída, /debilitamiento, /extinción) del impulso
pulse decay time | tiempo de bajada (/caída, /extinción) del impulso
pulse decoding | descodificación (/descifrado) de impulsos
pulse decoding system | sistema descodificador por impulsos
pulse delay | desfase (/retardo) del impulso
pulse delay circuit | circuito retardador de impulsos
pulse delay network | red retardadora (/de retardo) de impulsos
pulse delay time | tiempo de retardo del impulso
pulse deletion | borrado de impulsos
pulse delta modulator | modulador delta de impulsos
pulsed emission | emisión pulsada (/por impulsos)
pulse demoder | desmodulador de impulsos; discriminador de retardo constante
pulse-detecting channel | canal de detección de impulsos
pulse detector | detector de impulsos
pulsed glide path | sistema de trayectoria de planeo por impulsos
pulsed gradient | gradiente de impulsos
pulse dialing | marcador de impulsos
pulse digit | dígito de impulso
pulse digit spacing | separación entre dígitos de impulso
pulse-discriminating voltage | tensión de discriminación de impulsos
pulse discrimination | discriminación de impulsos
pulse discriminator | discriminador de impulsos
pulse dispersion | dispersión de impulsos
pulse distortion | distorsión de impulsos
pulse distributing box | caja de distribución de impulsos
pulse distribution | distribución de impulsos

pulse distribution amplifier | amplificador de distribución de impulsos
pulse distributor | distribuidor de impulsos
pulse divider circuit | circuito divisor (/desmultiplicador) de impulsos
pulsed klystron | klistrón pulsado (/para funcionamiento pulsado)
pulsed laser | láser pulsatorio (/pulsante)
pulsed light | luz pulsante
pulsed light source | fuente luminosa pulsada
pulsed magnetic field | campo magnético pulsado
pulsed magnetron | magnetrón pulsado (/de impulsos)
pulsed maser | máser pulsado (/de impulsos, /de dos niveles)
pulsed neutron | neutrón pulsado
pulsed neutron experiment | experiencia pulsada de neutrones
pulsed neutron source | fuente de neutrones pulsada
pulsed neutrons | neutrones pulsados
pulsed operation | régimen por impulsos
pulse Doppler radar | radar Doppler de impulsos; radar indicador de blancos móviles
pulsed oscillation | oscilación pulsatoria
pulsed oscillator | oscilador de impulsos
pulsed oscillator starting time | tiempo de puesta en marcha para osciladores pulsatorios
pulsed output | salida pulsada (/pulsatoria)
pulsed output laser | láser de salida pulsatoria
pulsed particle accelerator | acelerador de partículas pulsante
pulsed plasma accelerator | acelerador de plasma pulsante
pulsed plasma propulsion | propulsión por acelerador de plasma pulsante
pulsed power | energía pulsante, potencia pulsada
pulsed radar | radar de impulsos
pulsed radar altimeter | altímetro radar de impulsos
pulsed radar quaternary code | código cuaternario de radar pulsatorio
pulsed radiance | radiación pulsatoria
pulsed radio signal | señal radioeléctrica de impulsos
pulsed reactor | reactor pulsado
pulse droop | caída (/inclinación) del techo del impulso
pulsed ruby laser | láser de rubí pulsante
pulsed ruby maser | máser de rubí pulsado
pulsed signal | señal pulsante (/de impulsos)
pulsed source | fuente pulsada (/de impulsos)

pulsed transmitter | trasmisor de impulsos
pulse duplication | duplicación de impulsos
pulse duration | duración del impulso
pulse duration code | código de duración de impulsos
pulse duration coder | codificador de duración de impulsos
pulse duration discriminator | discriminador por duración de impulsos
pulse duration error | error de duración del impulso
pulse duration modulation | modulación por duración de impulsos
pulse duration modulation / frequency modulation | modulación por duración de impulsos / modulación de frecuencia
pulse duty factor | factor de trabajo del impulso
pulsed zero-energy system | sistema de energía cero de impulsos
pulse echometer | ecómetro de impulsos
pulse echo tester | comprobador por eco de impulsos
pulse edge | flanco del impulso
pulse electronic multiplier | multiplicador electrónico de impulsos
pulse electroplating | electrodeposición por impulsos
pulse emission | emisión de impulsos
pulse emitter load | carga del emisor de impulsos
pulse envelope | envolvente de impulsos
pulse envelope viewer | visor de envolvente de impulsos
pulse equalizer | ecualizador (/igualador) de impulsos
pulse equipment | equipo de tratamiento de impulsos
pulse excitation | excitación por choque (/impulsos)
pulse excursion | excursión de la pulsación
pulse fall time | tiempo de extinción (/caída) del impulso
pulse firing circuit | circuito de impulsos de disparo
pulse flat | meseta (/techo) del impulso
pulse flatness deviation | desviación del techo del impulso
pulse force | fuerza impulsora (/impulsiva, /de choque)
pulse forming | conformación de impulsos
pulse-forming circuit | circuito modelador (/conformador) de impulsos
pulse-forming line | línea conformadora (/generadora) de impulsos
pulse-forming network | red modeladora (/conformadora) de impulsos
pulse frame | trama de impulsos
pulse frequency | frecuencia de pulsación (/sucesión de impulsos)

pulse frequency divider | divisor de frecuencia de impulsos
pulse frequency modulation | modulación de frecuencia de impulsos
pulse frequency spectrum | espectro de frecuencia de impulsos
pulse front steepness | inclinación del frente del impulso
pulse-generating circuit | circuito generador de impulsos
pulse generation | generación (/producción) de impulsos
pulse generator | generador de impulsos
pulse group | grupo (/tren) de impulsos
pulse-halving circuit | circuito de impulsos alternos
pulse height | amplitud del impulso; altura de impulsos
pulse height analyser | analizador de amplitud de impulsos
pulse height analysis | análisis de amplitud de impulsos
pulse height detector | detector de amplitud de impulsos
pulse height discriminator | discriminador de amplitud de impulsos
pulse height fluctuation | fluctuación de la altura del impulso
pulse height selector | selector de amplitud de impulsos
pulse height spectrum | espectro de amplitud de impulsos
pulse height to time converter | convertidor amplitud-tiempo
pulse height voltmeter | voltímetro para (amplitud de) impulsos
pulse improvement threshold | umbral de mejora del impulso
pulse impulsion | radioimpulsión
pulse integration | integración de impulsos
pulse integrator | integrador de impulsos
pulse interference eliminator | supresor de impulsos de interferencia
pulse-interference separator and blanker | separador y eliminador de interferencias pulsatorias
pulse interlacing | entrelazamiento de impulsos
pulse interleaving | intercalación (/entrelazamiento) de impulsos
pulse interrogation | consulta (/interrogación) por impulsos
pulse interval | intervalo entre impulsos
pulse interval jitter | fluctuación del intervalo entre impulsos
pulse interval modulation | modulación por intervalo entre impulsos
pulse ionization chamber | cámara de ionización de impulsos
pulse jet | pulsorreactor
pulsejet engine | motor pulsorreactor
pulse jitter | fluctuación de impulsos, fluctuación del espaciamiento entre impulsos

pulse-latched ferrite switch | conmutador de ferrita de enganche por impulso
pulse leading-edge | flanco anterior del impulso
pulse length | duración (/longitud) del impulso
pulse length discriminator | discriminador de duración de impulsos
pulse length modulation | modulación de duración de impulsos
pulse lengthener | prolongador de impulsos
pulse limiting | limitación (/descrestamiento) de impulsos
pulse line | línea de impulsos, línea artificial de trasmisión
pulse link | enlace de impulsos
pulse link repeater | repetidor de impulsos de señalización
pulse load | carga del impulso
pulse machine | generador de impulsiones
pulse magnetization | imanación por impulsos
pulse metering | recuento de impulsos
pulse-metering system | sistema de recuento de impulsos
pulse mixing | mezcla de impulsos
pulse-mixing circuit | circuito mezclador de impulsos
pulse mode | modo de impulsos
pulse mode multiplex | multiplexión por modo de impulsos
pulse moder | generador de modos (/secuencias prefijadas) de impulsos
pulse-modulated | modulado por impulsos, de impulsos modulados
pulse-modulated jamming | perturbación modulada por impulsos
pulse-modulated oscillator | oscilador modulado por impulsos
pulse-modulated radar | radar de modulación de impulsos, radar de trenes de impulsos discretos
pulse-modulated radio link | radioenlace de modulación de impulsos
pulse-modulated transmission | trasmisión con impulsos modulados
pulse-modulated wave | onda de impulsos modulados
pulse modulation | modulación de impulsos
pulse modulation multiplex | múltiplex de impulsos modulados
pulse modulation radio link | radioenlace de modulación de impulsos
pulse modulation recording | registro por modulación de impulsos
pulse modulator | modulador de impulsos
pulse modulator radar | radar con modulador de impulsos
pulse multiplex | multiplexión de impulsos
pulse multiplex telemetering system | sistema de telemetría por multiplexión de impulsos

pulse navigational system | sistema de navegación por impulsos
pulse noise | ruido de impulsos
pulse number | número de impulsos; índice (/coeficiente) de pulsación
pulse number modulation | modulación por número de impulsos
pulse of current | impulso de corriente
pulse of ionization | impulso de ionización
pulse offset | desplazamiento del impulso
pulse offset control | control de desplazamiento de impulsos
pulse-operated | accionado por impulsos
pulse operation | operación (/funcionamiento) por impulsos
pulse oscillator | oscilador pulsatorio (/de impulsos)
pulse overlapping | solape de los impulsos
pulse packet | paquete de impulsos (/ondas)
pulse packing | concentración de impulsos
pulse-packing density | densidad de impulsos
pulse pair | par de impulsos
pulse period | periodo del impulso
pulse phase | fase de impulso
pulse phase jitter | fluctuación de fase de los impulsos
pulse phase-modulated | con modulación de impulsos en fase
pulse phase modulation | modulación de impulsos en fase
pulse pickup | trasductor del impulso
pulse pile-up | solape de los impulsos
pulse polarizer | polarizador de impulsos
pulse position | posición del impulso
pulse position modulation | modulación por posición de impulsos, modulación por impulsos de posición variable
pulse position modulator | modulador por posición de impulsos
pulse power | potencia pulsatoria (/de los impulsos, /de cresta del impulso)
pulse power level | nivel de potencia de los impulsos
pulse power output | potencia de salida de los impulsos
pulse priming | cebado de impulsos
pulse pumping | bombeo por impulsos
pulser | pulsador, generador de impulsos
pulse radar | radar de impulsos
pulse radiolysis | radiólisis por impulsos
pulse rate | cadencia (/ritmo, /frecuencia de repetición) de impulsos
pulse ratio | coeficiente de pulsación [*relación entre la duración del impulso y su periodo*]
pulse recorder | registrador de impulsos

pulse recovery | restablecimiento del impulso
pulse recurrence counting-type frequency meter | frecuencímetro contador de la cadencia de impulsos
pulse recurrence frequency | frecuencia (/velocidad) de repetición de los impulsos
pulse recurrence interval | intervalo de recurrencia de impulsos
pulse recurrence rate | ritmo (/cadencia) de la pulsación
pulse recurrence time | tiempo de cadencia del impulso
pulse reed relay | relé de impulsos
pulse reflection | reflexión de impulsos
pulse reflection ultrasonics | ultrasónica por reflexión de impulsos
pulse regeneration | regeneración de impulsos
pulse regenerator | regenerador de impulsos
pulse relaxation amplifier | amplificador del relajamiento de impulsos
pulse repeater | repetidor de impulsos
pulse repeating | repetición de impulsos
pulse repetition | repetición de impulsos
pulse repetition frequency | frecuencia de repetición de los impulsos
pulse repetition period | periodo de repetición de los impulsos
pulse repetition rate | cadencia (/frecuencia de repetición) de los impulsos
pulse repetition rate modulation | modulación de la frecuencia de repetición de los impulsos
pulse reply | respuesta de impulsos
pulse reshaping | conformación de impulsos
pulse-reshaping circuit | circuito conformador de impulso
pulse reshaper | conformador de impulsos
pulse resolution | resolución de impulsos
pulse response | respuesta a los impulsos
pulse retardation | retardo de impulsos
pulse retardation circuit | circuito retardador de impulsos
pulse-retiming circuit | circuito resincronizador de impulsos
pulse rise time | tiempo de establecimiento (/subida, /formación) del impulso
pulse sample-and-hold circuit | circuito de muestreo y retención de impulsos
pulse scaler | escalímetro (/desmultiplicador, /contador escalonado) de impulsos
pulse selecting | selección de impulsos
pulse selecting circuit | circuito selector de impulsos

pulse selection | selección de impulsos
pulse selection circuit | circuito de selección de impulsos
pulse selector | selector de impulsos
pulse sensor | detector de impulsos
pulse separation | separación entre impulsos
pulse sequence | sucesión (/serie, /tren) de impulsos
pulse shape | forma del impulso
pulse shaper | formador (/conformador, /normalizador) de impulsos
pulse shaping | formación (/conformación, /normalización) de impulsos
pulse-shaping circuit | circuito modelador (/conformador, /configurador, /formador) de impulsos
pulse shortening | acortamiento (/disminución de la duración) de los impulsos
pulse signal | señal de impulso
pulse signalling | señalización por impulsos
pulse-signalling test set | comprobador de señalización por impulsos
pulse simulator | simulador de impulsos
pulse slope | pendiente (/inclinación) del impulso
pulse slope modulation | modulación de la pendiente de impulso
pulse snap diode circuit | circuito de diodos ultrarrápidos
pulse soldering | soldadura por impulsos
pulse sorter | selector de impulsos
pulse spacing | intervalo (/espaciamiento) entre impulsos
pulse-spacing modulation | modulación del espaciamiento entre impulsos
pulse spectrum | espectro del impulso
pulse spectrum bandwidth | ancho de banda del impulso
pulses per second | impulsos por segundo
pulse spike | sobreimpulso; impulso parásito
pulse spike amplitude | amplitud de sobreimpulso (/impulso parásito)
pulse spreading | dispersión del impulso
pulse spring | resorte de impulsión
pulse start | inicio del impulso
pulse steepening | incremento en la pendiente del impulso
pulse stepper | escalonador por impulsos
pulse stop | cese del impulso
pulse storage time | tiempo de almacenamiento de impulsos
pulse stream | tren (/sucesión) de impulsos
pulse stretcher | extensor (/corrector de los bordes) del impulso, dilatador de impulsos
pulse stretching | prolongación (/aumento de la duración) del impulso

pulse subcarrier | subportadora de impulsos
pulse superposition | superposición de impulsos
pulse switch | conmutador de impulsos
pulse switching | conmutación de impulsos
pulse-switching circuit | circuito de conmutación de impulsos
pulse synthesizer | sintetizador de impulsos
pulse test | prueba por impulsos; prueba de pulsación
pulse tilt | inclinación de la meseta del impulso
pulse time | duración del impulso
pulse time analysis | análisis de duración del impulso
pulse-time-modulated radiosonde | radiosonda modulada por tiempo de impulsos
pulse time modulation | modulación por tiempo de impulso
pulse time modulation link | radioenlace de modulación por tiempo de impulsos
pulse time multiplex | múltiplex de impulsos en tiempo compartido
pulse timer | temporizador de impulsos
pulse time ratio | relación de duración de impulsos
pulse timing | temporización de impulsos
pulse-timing circuit | circuito temporizador de impulsos
pulse-timing unit | unidad temporizadora de impulsos
pulse tip | punta del impulso
pulse top | tope (/parte superior) del impulso
pulse torque | par de impulsión
pulse trace | trazo del impulso
pulse trailing edge | flanco posterior del impulso
pulse train | tren de impulsos
pulse train frequency spectrum | espectro de frecuencias del tren de impulsos
pulse train generator | generador de trenes de impulsos
pulse train spectrum | espectro del tren de impulsos
pulse transformer | trasformador de impulsos
pulse translator | traductor de impulsos
pulse transmission | trasmisión por (/de) impulsos
pulse transmission system | sistema de trasmisión por (emisión de) impulsos
pulse transmitter | trasmisor de impulsos
pulse trigger circuit | circuito disparador de impulsos
pulse-triggered binary | biestable disparado por impulsos

pulse-triggered flip-flop | circuito biestable de desactivación por impulsos
pulse triple | trío de impulsos, grupo de tres impulsos
pulse-type altimeter | altímetro radioeléctrico de impulsos
pulse-type ionization chamber | cámara de ionización de impulsos
pulse-type scanning sonar | sonar de exploración por impulsos
pulse-type telemeter | telémetro de impulsos
pulse ultrasonic flaw detection | detección de defectos por impulsos ultrasónicos
pulse valley | valle del impulso
pulse variable delay unit | retardador variable de impulsos
pulse wave | onda (/señal) del impulso
pulse waveform | señal (/forma de la onda) del impulso
pulse welding | soldadura por impulsos
pulse width | duración (/anchura) del impulso
pulse width compressor | acortador de impulsos
pulse width discriminator | discriminador de anchura de impulsos
pulse width distortion | distorsión de duración del impulso
pulse width expander | prolongador (/alargador) de impulsos
pulse width modulation | modulación por impulsos, modulación por duración (/anchura) de impulsos [*determinación de la modulación de la amplitud de una señal de frecuencia constante*]
pulse width modulation / frequency modulation | modulación por impulsos / modulación de frecuencia
pulse width modulator amplifier | amplificador modulador por anchura de impulsos
pulsing | pulsante; emisión de impulsos
pulsing cam | leva de impulsión
pulsing circuit | circuito pulsatorio (/pulsante, /de impulsos)
pulsing key | llave pulsatoria
pulsing modulator | modulador de impulsos
pulsing pressure | presión rítmica
pulsing reactor | reactor pulsado [*reactor nuclear para haces intermitentes de neutrones*]
pulsing relay | relé de impulsos
pulsing signal | señal pulsatoria (/de numeración)
pulsing strain | deformación rítmica
pulsing system | sistema de impulsos
pulsing timer | temporizador pulsátil
pulsing transformer | trasformador pulsatorio (/de impulsos)
pulsing wave | onda pulsatoria
pulsometer | pulsómetro
pulverization | pulverización

pulverization of nucleus | pulverización nuclear
pump | bomba
pump, to - | bombear
pump diffusion | bomba de difusión
pumped | bombeado
pumped laser | láser de haz emisor reforzado
pumped maser | máser con emisión reforzada
pumped rectifier | válvula de vacío contenido
pumped storage | embalse (/acumulación) de agua bombeada (/por bombeo)
pumped tube | tubo (electrónico) con bombeo continuo
pumped tunnel diode | diodo Esaki (/de efecto túnel) bombeado
pumped tunnel diode-transistor logic | lógica diodo túnel-transistor bombeado
pumped valve | válvula (electrónica) con bombeo continuo (/mantenido)
pump ejector | eyector
pump energy | energía de bombeo
pump-generating station | central hidroeléctrica de turbina de bombeo reversible
pumping | bombeo; pulsación periódica
pumping balance | saldo de bombeo
pumping band | banda de bombeo
pumping circuit | circuito de bombeo
pumping cycle | ciclo de bombeo
pumping frequency | frecuencia de bombeo
pumping head | presión de bombeo
pumping lemmas | lemas de impulsión
pumping plant | estación de bombeo
pumping power station | central hidroeléctrica de embalse por bombeo
pumping radiation | radiación de bombeo
pumping voltage | tensión de bombeo
pump oscillator | oscilador de bomba
pump pulsation | pulsación de la bomba
pump turbine | turbina de bombeo reversible
punch | punzón
punch, to - | perforar
punch block | bloque de punzonamiento
punch-bus multicontact-relay setup circuit | circuito preparador del relé multicontacto conector de perforaciones
punch-bus multirelay | relé múltiple conector de perforaciones
punch-bus pickup relay | relé de registro del conector de perforaciones
punch-bus relay | relé del conector de perforaciones
punch card | tarjeta perforada
punchcard check | cheque perforado
punchcard file | archivo de tarjetas perforadas

punchcard machine | (máquina) perforadora de tarjetas
punched | perforado
punched card | tarjeta perforada
punched card electronic computer | ordenador (/calculadora electrónica) de tarjetas perforadas
punched card machine | perforadora de tarjetas
punched card reader | lector de tarjetas perforadas
punched paper tape | cinta de papel perforada
punched tag | etiqueta perforada
punched tape | cinta perforada
punched tape recorder | registrador de cinta perforada
puncher | perforador
punch-feed motor circuit | circuito del motor de alimentación de la (máquina) perforadora
punching | perforación
punching position | posición de perforación
punching relay | relé de perforación
punch magnet | electroimán de perforación
punch magnet armature | armadura del electroimán de perforación
punch magnet circuit | circuito del electroimán de perforación
punch magnet contact | contacto del electroimán de perforación
punch mechanism | mecanismo de perforación (/punzonamiento)
punch out | perforación
punch pin | punzón
punch tape | cinta perforada
punchthrough | perforación
punchthrough voltage | tensión de perforación (/penetración)
punctuation mark | signo de puntuación
puncture | perforación; perforación (/fallo) del aislamiento
puncture potential | voltaje (/potencial) de descarga disruptiva
puncture resistance | resistencia dieléctrica (/a la perforación)
puncture strength | rigidez (/resistencia) dieléctrica (/a la perforación)
puncture voltage | tensión disruptiva (/de perforación), voltaje disruptivo
punk | operador malo
pupilloscope | pupiloscopio
Pupin coil | bobina Pupin (/pupinizada)
Pupin loading | pupinización; carga inductiva
Pupin system | sistema Pupin
pup jack | clavija sencilla
pure | puro
pure BCD = pure binary-coded decimal | DCB puro = decimal de código binario puro
pure binary-coded decimal | decimal de código binario puro
pure chance traffic | tráfico ideal (/puramente aleatorio)

pure code | código puro
pure color | color puro (/monocromático)
pure element | elemento puro
pure emitter | emisor puro
purely resistive load | carga puramente resistiva
pure procedure | procedimiento puro [*que sólo modifica datos registrados dinámicamente*]
pure resistance | resistencia (/impedancia) óhmica pura
pure rubber tape | cinta de goma pura
pure sine wave | sinusoide pura, onda sinusoidal pura
pure sine-wave generator | generador de sinusoides (/ondas sinusoidales) puras
pure sound | sonido puro
pure tone | tono puro
pure tone audiometer | audiómetro para tonos puros
pure transaction | transacción pura
purge | purga
purge switch | conmutador de purga
purification of electrolyte | purificación del electrolito
purity | pureza; saturación
purity coil | bobina purificadora (/de purificación)
purity control | control de pureza
purity magnet | imán purificador (/de purificación)
Purkinje effect | efecto Purkinje
purple boundary | límite del púrpura
purple light | luz púrpura
purple plague | plaga púrpura
pursuit | persecución; seguimiento
pursuit course guidance | guiado de prosecución de trayectoria
pursuit course missile | misil de persecución
pursuit planimeter | planímetro de persecución
push | *push* [*procedimiento de trasmisión de datos desde un terminal sin solicitud del usuario*]; impulsión, empuje, energía; pulsador
push, to - | apretar, oprimir, pulsar; apilar; añadir [*datos nuevos a una pila*]
push access protocol | protocolo de acceso *push*
push action | accionamiento por pulsación
push and pull | ida y vuelta
push-and-pull button | pulsador de vaivén
pushback hookup wire | cable con aislamiento (/forro) deslizante
pushback wire | cable con aislamiento deslizante
push bar | barra de empuje
push brace | tornapunta; puntal
push bracing | acoplamiento (/apuntalamiento, /atirantado) de postes
push button [*pushbutton*] | pulsador, botón de activación
pushbutton | pulsador, tecla

push button, to - | pulsar el botón
pushbutton-actuated | accionado por pulsador
pushbutton bank | botonera; banco de llaves
pushbutton box | caja de pulsadores
pushbutton circuit breaker | cortacircuito de reposición por pulsador
pushbutton control | mando (/control) por pulsador
pushbutton-controlled | accionado por pulsador
pushbutton dial | disco de pulsadores
pushbutton dialling | llamada telefónica por pulsadores
pushbutton dialling pad | dispositivo de marcación por pulsadores
pushbutton key | pulsador con retención
pushbutton microphone | micrófono con pulsador
pushbutton-operated | accionado por pulsador
pushbutton plate | placa de pulsador
pushbutton receiver | receptor de teclado
push buttons | botonera; teclado marcador
pushbutton selection | selección por pulsadores
pushbutton set | (aparato de) teclado
pushbutton-started | de arranque por pulsador
pushbutton starter | arrancador por pulsador
pushbutton start-stop control | control de arranque y parada por pulsador
pushbutton start-stop station | puesto de arranque y parada por pulsadores
pushbutton station | tablero de pulsadores
pushbutton strip | botonera, panel (/regleta) de pulsadores
pushbutton switch | interruptor (/conmutador) de pulsador
pushbutton switching | conmutación por pulsadores
pushbutton telephone | teléfono de pulsadores
pushbutton tuner | sintonizador de pulsador
pushbutton tuning | sintonización por pulsadores
pushbutton tuning system | sistema de sintonización por pulsadores
pushdown automaton | autómata de desplazamiento descendente
pushdown dialling | marcación por teclas
pushdown list | lista de elementos de pila lifo, pila de desplazamiento descendente
pushdown stack | pila tipo lifo, pila de desplazamiento descendente
pushdown stack architecture | arquitectura de pila tipo lifo

pusher operation | marcha en múltiple tracción
pushing | empuje de la sintonización; corrimiento por variación de las tensiones aplicadas
pushing figure | índice (/factor) de corrimiento
push lever | palanca de empuje
push media | medios no interactivos, medios por caudales
push-on starter | arrancador de pulsador
push operation | operación de pulsado
push over the air | protocolo de *push* aéreo [*ejecutado entre pasarela y cliente*]
push-pole brace | tornapunta
pushpull, push-pull | (montaje en) contrafase; configuración (/disposición) simétrica
pushpull amplification | amplificación en contrafase (/disposición simétrica, /circuito simétrico)
pushpull amplifier | amplificador simétrico (/equilibrado, /en contrafase, /de circuito simétrico, /de doble efecto)
pushpull amplifier circuit | circuito amplificador en contrafase
pushpull arrangement | disposición (/configuración) simétrica, montaje (/circuito) en contrafase
pushpull carbon microphone | micrófono de doble botón, micrófono de carbón en contrafase
pushpull carbon transmitter | (micrófono) trasmisor de carbón en contrafase, trasmisor de doble botón
pushpull cascode | circuito de dos etapas en contrafase
pushpull circuit | circuito simétrico (/en contrafase, /de doble efecto)
pushpull class B amplifier | amplificador en contrafase de clase B
pushpull coaxial-line oscillator | oscilador simétrico (/en contrafase) de líneas coaxiales
pushpull configuration | configuración en contrafase
pushpull connection | conexión (/disposición, /configuración) simétrica (/en contrafase)
pushpull currents | corrientes simétricas (/en contrafase)
pushpull detection circuit | circuito detector en contrafase
pushpull detector | detector en contrafase
pushpull doubler | duplicador en contrafase
pushpull effect | doble efecto
pushpull gating pulses | impulsos de compuerta simétricos
pushpull grounded-grid circuit | circuito simétrico (/en contrafase) con rejillas a masa
pushpull input | entrada en contrafase
pushpull magnetic amplifier | amplificador magnético en contrafase

pushpull microphone | micrófono equilibrado (/simétrico, /en contrafase, /de circuito simétrico)
pushpull mixer | conversor (de frecuencia) en contrafase
pushpull mixing stage | etapa mezcladora (/de conversión de frecuencia) en contrafase
pushpull modulator | modulador en contrafase
pushpull operation | funcionamiento en contrafase
pushpull oscillator | oscilador simétrico (/equilibrado, /en contrafase, /de montaje simétrico)
pushpull parallel amplifier | amplificador equilibrado (/en contrafase) de elementos en paralelo
pushpull parallel circuit | circuito en contrafase de elementos en paralelo, circuito con múltiples elementos en contrafase
pushpull parallel output stage | etapa de salida simétrica (/en contrafase) con elementos en paralelo
pushpull-push amplifier | amplificador contrafase-paralelo
pushpull repeater | repetidor en contrafase
pushpull running | marcha reversible
pushpull saturable-core transformer | trasformador simétrico de núcleo saturable
pushpull sawtooth voltage | tensión en diente de sierra simétrica
pushpull stage | etapa simétrica (/equilibrada, /en contrafase)
pushpull tandem arrangement | configuración en contrafase en tándem
pushpull track | pista en contrafase
pushpull transformer | trasformador simétrico
pushpull transistor amplifier | amplificador de transistores en contrafase
pushpull valve operation | funcionamiento de válvulas en contrafase
pushpull voltage | tensión simétrica (/en contrafase)
push-push amplifier | amplificador simétrico (/en contrafase) paralelo
push-push circuit | circuito simétrico (/en contrafase paralelo)
push-push configuration | configuración en contrafase paralelo
push-push current | corriente (/intensidad) en contrafase paralelo
push-push voltage | tensión simétrica (/en contrafase paralelo)
pushrod, push rod | varilla de empuje (/mando, /pulsador, /impulsión)
push switch | conmutador del pulsador
push technology | tecnología de pulsación
push-through socket | portalámparas con interruptor de pulsador
push-to-cage button | pulsador de bloqueo
push-to-listen switch | conmutador de pulsador para escuchar
push-to-talk | pulsador para hablar
push-to-talk button | pulsador de intercomunicación (/micrófono)
push-to-talk handset | microteléfono con pulsador para hablar
push-to-talk operation | operación con pulsador
push-to-talk release-to-listen switching | conmutación de pulsación para hablar y liberación para escuchar
push-to-talk switch | conmutador de micrófono
push-to-test button | pulsador de prueba (de circuitos)
push-to-test circuit | circuito de prueba accionado por pulsador
push-to-test light | luz indicadora en circuito de pulsador
push-to-tune switch | pulsador de sintonización
push-type switch | interruptor de pulsador
pushup list | lista (/pila) de desplazamiento ascendente
push up queue | push up queue [*principio para el almacenamiento de datos*]
pushup stack | pila (/lista) de desplazamiento ascendente
put, to - | colocar, poner, situar, insertar; expresar, interpretar; introducir [*datos en un archivo*]
PUT = programmable unijunction transistor | PUT [*transistor de unión única programable*]
put a call through, to - | pasar una llamada (/comunicación)
put a circuit regular, to - | restablecer la normalidad de un circuito
put back, to - | reponer
put in circuit, to - | poner en circuito
put in service, to - | poner en servicio
put in trash, to - | echar en la papelera
put in use, to - | poner en servicio (/funcionamiento)
put in workspace, to - | poner en el espacio de trabajo
put on desktop, to - | poner en el espacio de trabajo
put on earth, to - [UK] | conectar (/poner) a masa (/tierra)
put out of service, to - | bloquear, retirar (/quitar) del servicio
put through, to - | conectar, comunicar, establecer la comunicación, poner en comunicación
put through a call to a set, to - | pasar una llamada a un aparato
put through a call, to - | establecer una comunicación
put through manually, to - | establecer la comunicación manualmente
putting in service | puesta en servicio
put to earth, to - [UK] | poner (/conectar) a tierra (/masa)
put to ground, to - [USA] | poner (/conectar) a tierra (/masa)

PVC = permanent virtual circuit | CVP = circuito virtual permanente
PVC = polyvinyl chloride | PVC = cloruro de polivinilo
PVC-insulated cable | cable con aislamiento de PVC
PVTE = private | privado, particular
pW = picowatt | pW = picovatio
PW = Press Wireless | PW [*servicio estadounidense de prensa radiada*]
PW = private wire | (hilo de) circuito privado, conductor (/hilo) de prueba; línea particular; circuito arrendado; tercer hilo
P wave | onda P
PWB = printed writing board | TCI = tarjeta de circuitos impresos
pwd = print working directory | pwd [*directorio para trabajos de impresión*]
P wiper = proof wiper | escobilla de prueba
P wire = private wire | circuito privado
PWM = pulse width modulation | PWM [*modulación de la duración de impulsos, determinación de la modulación de la amplitud de una señal de frecuencia constante*]
PWM-FM system | sistema PWM-FM [*sistema de modulación de la duración de impulsos en frecuencia modulada*]
pWp = picowatts psophometrically weighted | pWp [*picovatios con ponderación sofométrica*]
PWR = power | potencia, energía, fuerza
PWR = pressurized water reactor | reactor de agua a presión
PWS = personal Web server | PWS [*servidor de Web personal*]
PX = press | prensa
PX = private exchange | PX [*centralita privada*]
PXBLT = pixels block transfer | PXBLT [*trasferencia de bloques de píxeles*]
pylon | mástil, torre metálica (/en celosía); soporte con sistema de señales
pylon aerial | antena de mástil radiante, antena de cilindro ranurado
pyramid aerial | antena en pirámide
pyramidal horn | bocina piramidal
pyramidal horn aerial | antena de bocina piramidal
pyramid horn | bocina piramidal
pyramid switchboard | tablero en pirámide
pyramid wave | onda piramidal
pyranometer | piranómetro
pyrochemistry | piroquímica
pyroconductivity | piroconductividad
pyroelectric | piroeléctrico
pyroelectric effect | efecto piroeléctrico
pyroelectric infrared detector | detector de infrarrojo piroeléctrico
pyroelectricity | piroelectricidad
pyroelectric material | material piroeléctrico

pyroelectric pulse detector | detector de impulsos piroeléctrico
pyroelectric transducer | trasductor piroeléctrico
pyroheliomoter | piroheliómetro
pyrolysis | pirólisis
pyromagnetic | piromagnético
pyrometallurgy | pirometalurgia
pyrometer | pirómetro
pyrometer probe | sonda pirométrica
pyrometer tube | bastón pirométrico
pyrometric circuit | circuito pirométrico
pyrotechnic | pirotécnico
pyrotron | pirotrón [*espejo magnético*]
Pythagorean scale | escala de Pitágoras
Python | Python [*lenguaje de programación para aplicaciones TCP/IP*]
P zone | zona P
PTZ = lead zirconate-titanate | PZT [*circonato-titanato de plomo*]

Q = quality | calidad
Q aerial | antena dipolo Q (/con tocón de cuarto de onda)
QAM = quadrature amplitude modulation | MAC = modulación de amplitud en cuadratura
QAM = queued access method | QAM [*método de acceso a la cola de espera*]
QAM standard = quadrature and amplitude modulation standard | norma QAM [*norma de modulación de cuadratura y amplitud*]
q-ary logic | lógica q-aria
QAVC = quiet automatic volume control | QAVC [*regulación automática silenciosa del volumen*]
Q band | banda Q
Q-band radar | radar en banda Q
Q bar | barra Q, adaptador Q
QBE = query by example | QBE [*consulta mediante ejemplo*]
QC = quality control | CC = control de calidad, comprobación de la calidad
Q channel | canal Q
Q chrominance component | componente de crominancia Q
Q chrominance signal | señal de crominancia Q
QCIF = quarter common intermediate format | QCIF [*cuarto de formato medio común (para imagen de vídeo)*]
Q code | código Q [*código de radioaficionados*]
QCW = quadrature carrier wave | QCW [*onda portadora en cuadratura de fase*]
QCW signal = quadrature-phase subcarrier signal | señal QCW [*señal de subportadora en cuadratura de fase*]
Q demodulator | desmodulador Q
Qdu = quantizing distortion unit | Qdu [*unidad de distorsión de cuantización*]
Q electron | electrón Q
Q factor | factor Q, factor de calidad (/sobretensión)
QIC = quarter-inch cartridge | QIC [*cartucho de un cuarto de pulgada para copias de seguridad, que puede almacenar más de 1 GB de información*]
QK = quick | rápido
QKLY = quickly | rápidamente
QL = query language | QL [*lenguaje de consulta*]
Q-matched dipole | dipolo de adaptación con tocón de cuarto de onda
Q-matched system | sistema de adaptación con tocón de cuarto de onda
Q meter | medidor del factor Q
Q multiplier | multiplicador del valor Q
QM system | sistema QM [*sistema de radionavegación por ondas medias*]
QNZ = zero beat your signal with net control station | QNZ [*obtenga el punto de batido cero heterodinando su señal con la de la estación de control de la red*]
Q of a resonant circuit | Q de un circuito resonante
Q of a tuned circuit | Q de un circuito sintonizado
QOS = quality of service | CS = calidad del servicio
Q output | salida Q
QO valve = quick opening valve | válvula de apertura rápida
Q phase | fase Q
Q phase splitter | desfasador Q
Q point = quiescent point | punto de reposo (/trabajo estático)
QPS = Quark publishing system | QPS [*sistema de edición de Quark*]
QPSK = quadrature phase shift keying | QPSK [*método para modular la portadora del sistema DAB*]
Q reference point | punto de referencia Q
QR factorization | factorización QR
QRM | interferencia [*código Q*]
QRS complex | conjunto QRS [*parte de la onda de un electrocardiograma que va del punto Q al punto S*]
QRY = query | interrogación, duda, pregunta
QS = Q system | QS [*sistema matricial de industria privada*]
Q scan | explorador (/exploración) tipo Q
Q shell | capa Q
Q sideband | banda lateral Q
Q-SIG | señalización Q
Q signal | señal (del código) Q
QSL | acuso recibo [*código Q*]
QSL card | tarjeta QSL; tarjeta de acuse de comunicación
QSO | puedo comunicar directamente [*código Q*]
Q-spoiled laser | láser de impulsos de reacción dirigida
Q spoiling | frenado por reducción de Q
Q switch | conmutador Q
Q-switched laser | láser de impulsos de reacción dirigida
Q-switched pulse | impulso conmutado Q
Q switching | conmutación de Q
Q system | sistema de adaptación con tocón de cuarto de onda
Q transformer | trasformador de cuarto de onda
quad | cuadrete, cable de cuatro hilos
quad, to - | cablear hilos en cuadretes
quad aerial | antena cuadrangular
quadbit | cuarteto de bits [*con 16 combinaciones posibles*]
quad cable | cable de cuadretes en estrella
quad coil = quadrature coil | bobina de cuadratura
quadded cable | cable de cuadretes
quadding | cuadruplete, conexión de cuatro elementos
quadding machine | torcedora, máquina de torcer
quad latch | grupo de cuatro flip-flops (/biestables)
quad-pair cable | cable en cuadretes de estrella
quadradar | radar cuádruple
quadradisc | disco cuádruple
quadraflop | basculador cuádruple
quadrajector | proyector cuádruple

quadrant | cuadrante
quadrant aerial | antena de cuadrante
quadrantal aerial | antena cuadrantal (/de cuadrante)
quadrantal component of error | componente de error de cuadrante
quadrantal error | error de cuadrante
quadrantal error corrector | corrector del error de cuadrante
quadrantal frequency | frecuencia de cuadrante
quadrantal heading | rumbo de cuadrante
quadrant electrometer | electrómetro de cuadrantes
quadraphonics | cuatrifonía
quadraphonic transmission | trasmisión cuadrafónica
quadraphony | cuatrifonía, estereofonía en cuatro canales
quadrasonic | cuadrasónico
quadratic programming | programación cuadrática
quadra-tuned IF transformer | trasformador de frecuencia intermedia con cuádruple ajuste de sintonización
quadrature | cuadratura
quadrature adjustment | ajuste (/reglaje) de cuadratura
quadrature amplifier | amplificador de (salida en) cuadratura
quadrature amplitude modulation | modulación de amplitud en cuadratura
quadrature and amplitude modulation standard | norma de modulación de cuadratura y amplitud
quadrature axis | eje de cuadratura
quadrature axis component | componente trasversal
quadrature axis subtransient electromotive force | fuerza electromotriz subtransitoria trasversal
quadrature axis subtransient impedance | impedancia subtransitoria trasversal
quadrature axis synchronous impedance | impedancia sincrónica trasversal
quadrature axis transient electromotive force | fuerza electromotriz transitoria trasversal
quadrature axis transient impedance | impedancia transitoria trasversal
quadrature band | espira compensadora
quadrature booster | elevador de voltaje desfasador
quadrature carrier | portadora cuadrada
quadrature channel | canal en cuadratura
quadrature coil | bobina de cuadratura
quadrature component | componente de cuadratura
quadrature crosstalk | intermodulación (/modulación cruzada) de cuadratura

quadrature current | corriente reactiva (/desvatada, /en cuadratura)
quadrature distortion | distorsión cuadrática
quadrature encoding | codificación cuadrática [para los movimientos del ratón]
quadrature grid | rejilla en cuadratura
quadrature grid FM detector | detector de frecuencia modulada de rejilla en cuadratura
quadrature grid operation | funcionamiento como detector de rejilla en cuadratura
quadrature in phase | cuadratura de fase
quadrature magnetizing current | corriente magnetizante en cuadratura
quadrature modulation | modulación en cuadratura
quadrature network | red desfasadora en cuadratura
quadrature phase detector | detector de fase en cuadratura
quadrature-phase subcarrier signal | señal de subportadora en cuadratura de fase
quadrature portion | porción de cuadratura
quadrature reactance | reactancia en cuadratura
quadrature sensitivity | sensibilidad de cuadratura
quadrature signal | señal en cuadratura
quadrature stage | etapa de salida en cuadratura
quadrature transformer | trasformador en cuadratura, trasformador desfasador de intensidad
quadrature valve | válvula de etapa de salida en cuadratura
quadrature voltage | voltaje (/tensión) de cuadratura
quadricorrelator | correlacionador cuádruple
quadriphonic | cuadrafónico
quadripolar field | campo tetrapolar (/cuadripolar)
quadruple diversity | diversidad cuádruple
quadruple diversity receiver | receptor de diversidad cuádruple
quadruple diversity reception | recepción en diversidad cuádruple
quadruple diversity system | sistema de diversidad cuádruple
quadruple down-lead flat-top aerial | antena en hoja de cuatro bajantes
quadruple multiplex apparatus | aparato de multiplexión cuádruple
quadruple phantom circuit | circuito fantasma cuádruple
quadruple play | reproducción cuádruple
quadrupler | cuadruplicador
quadruplex | cuádruplex
quadruplex circuit | circuito cuádruplex

quadruplexer | cuadruplexor
quadruplex speed operation | manipulación con velocidad de cuádruplex
quadruplex system | sistema cuádruplex
quadruplex telegraph circuit | circuito telegráfico cuádruplex
quadruplex telegraphy | telegrafía cuádruplex
quadrupole | tetrapolo, cuadripolo
quadrupole amplifier | amplificador tetrapolo (/cuadripolo)
quadrupole attenuation factor | factor de atenuación de imagen
quadrupole coupling constant | constante de acoplamiento de cuadripolo
quadrupole moment | momento tetrapolar (/cuadripolar)
quadrupole network | red de cuadripolos
quadrupole propagation factor | factor de propagación del cuadripolo
quadrupole radiation | radiación de un cuadripolo
quadrupole structure | estructura de cuadripolo
quad wire | hilo de cuadrete
qualification | cualificación
qualified operator | operador calificado (/competente)
qualified products list | lista de productos cualificados
qualifier register | registro calificador
qualifying period | periodo de instrucción
qualifyng activity | actividad de cualificación
qualitative analysis | análisis cualitativo
qualitative evaluation | evaluación cualitativa
quality | calidad; fidelidad (de reproducción)
quality assurance | seguro (/garantía) de calidad
quality control | control de calidad, comprobación de la calidad
quality engineering | ingeniería de calidad
quality factor | factor (/coeficiente) de calidad
quality factor meter | medidor del factor de calidad
quality index | índice de calidad
quality management system | sistema de gestión de calidad
quality meter | medidor del factor de calidad
quality of articulation | calidad de comprensión del mensaje hablado
quality of picture reproduction | calidad de la imagen reproducida
quality of radiation | cualidad de la radiación
quality of sender | calidad de servicio
quality of service | calidad de(l) servicio

quality of speech | calidad de la conversación
quality of transmission | calidad de trasmisión
QUAM = quadrature amplitude modulation | QUAM [*modulación de amplitud en cuadratura*]
quanta | cuantos
quantic | cuántico
quantifier | cuantificador
quantimeter | dosímetro, cuantificador
quantisation [UK] [*quantization (UK+USA)*] | cuantificación
quantise, to - [UK] | cuantificar
quantitative analysis | análisis cuantitativo
quantitative evaluation | evaluación cuantitativa
quantity | cantidad, magnitud
quantity efficiency | rendimiento en cantidad
quantity meter | contador de cantidad; amperhorímetro
quantity of electricity | cantidad de electricidad
quantity of heat | cantidad de calor
quantity of light | cantidad de luz
quantity of radiant energy | cantidad de energía radiante
quantity of radiation | cantidad de radiación
quantity of X-rays | cantidad de rayos X
quantization [UK+USA] | cuantificación
quantization distortion | distorsión (/ruido) de cuantificación
quantization error | error de cuantificación
quantization level | nivel de cuantificación
quantization noise | ruido de cuantificación
quantization of an electromagnetic field | cuantificación de un campo electromagnético
quantize, to - [UK+USA] | cuantificar; desglosar
quantized | cuantificado
quantized field theory | teoría de los campos cuantificados
quantized pulse modulation | modulación de impulsos cuantificados
quantized system | sistema cuantificado
quantizer | cuantificador
quantizing | cuantificación
quantizing encoder | codificador cuantificador
quantizing error | error de cuantificación
quantizing noise | ruido de cuantificación
quantometer | cuantómetro [*galvanómetro balístico para medir cantidades de electricidad*]
quantum | cuanto
quantum condition | condición cuántica

quantum correction | corrección cuántica
quantum defect | defecto cuántico
quantum effect | efecto cuántico
quantum efficiency | eficiencia cuántica, rendimiento cuántico
quantum electrodynamics | electrodinámica cuántica
quantum electronics | electrónica cuántica
quantum emission | emisión cuántica
quantum equivalent principle | principio de la equivalencia cuántica
quantum jump | salto cuántico
quantum leakage | filtración cuántica
quantum level | nivel cuántico
quantum limit | límite cuántico; longitud de onda crítica (/mínima)
quantum-limited operation | operación con límite cuántico
quantum-mechanical | cuántico, de mecánica cuántica
quantum-mechanical resonance | resonancia cuántica
quantum-mechanical wavelength | longitud de onda cuántica
quantum mechanics | mecánica cuántica (/de Heisenberg)
quantum momentum | momento cuántico
quantum noise | ruido cuántico
quantum number | número cuántico
quantum of light | cuanto de luz
quantum of radiant energy | cuanto de energía radiante
quantum of radiation | cuanto de radiación
quantum of X-rays | cuanto de rayos X
quantum postulate | postulado cuántico (/de los cuanta)
quantum statistics | estadística cuántica
quantum theory | teoría cuántica
quantum transition | transición cuántica
quantum voltage | tensión cuántica
quantum yield | rendimiento cuántico
quark | quark [*partícula elemental hipotética*]
quark model | modelo de quark
quarter channel | cuarto de canal
quarter-phase | cuarto de fase
quarter-phase current | corriente difasada (/a un cuarto de fase)
quarter-phase network | red difasada (/a un cuarto de fase)
quarter-phase system | sistema bifásico (/de dos fases)
quarter-square multiplier | multiplicador de cuadrantes
quarter-wave | cuarto de onda
quarter-wave aerial | antena de cuarto de onda
quarter-wave attenuator | atenuador de cuarto de onda
quarter-wave dipole | dipolo cuarto de onda
quarter-wave filter | filtro de cuarto de onda
quarter-wavelength | cuarto (de longitud) de onda
quarter-wavelength line | línea de cuarto de onda
quarter-wavelength line transformer | trasformador de línea de cuarto de onda
quarter-wavelength transformer | trasformador de cuarto de onda
quarter-wave line | línea de cuarto de onda
quarter-wave matching section | sección de adaptación de cuarto de onda
quarter-wave plate | placa de cuarto de onda
quarter-wave radiation | radiación de cuarto de onda
quarter-wave radiator | radiador de cuarto de onda
quarter-wave receiving aerial | antena receptora de cuarto de onda
quarter-wave resonance | resonancia de cuarto de onda
quarter-wave resonant frequency | frecuencia de resonancia de cuarto de onda
quarter-wave skirt dipole | antena coaxial
quarter-wave sleeve | trasformador simétrico-asimétrico de cuarto de onda
quarter-wave step-up transformer | trasformador elevador de cuarto de onda
quarter-wave stub | sección (/adaptador, /soporte) de cuarto de onda
quarter-wave support | soporte de cuarto de onda
quarter-wave termination | terminación de cuarto de onda
quarter-wave transformer | trasformador de cuarto de onda
quarter-wave transmission line | línea de trasmisión de cuarto de onda
quarter-wave tuner | sintonizador de cuarto de onda
quartz | cuarzo
quartz condenser | condensador de cuarzo
quartz-controlled carrier generator | generador de portadora regulado por cuarzo
quartz-controlled generator | generador regulado por cuarzo
quartz crystal | cristal de cuarzo
quartz crystal calibrator | calibrador de cristal de cuarzo
quartz crystal grounding | rectificación de cristal de cuarzo
quartz crystal growing | producción de cristal de cuarzo artificial
quartz crystal lapping | rectificación por cristal de cuarzo
quartz crystal oscillator | oscilador de cristal de cuarzo
quartz crystal reference AFC | control automático de frecuencia contrastado por cristal de cuarzo

quartz delay line | línea de retardo de cuarzo
quartz electrode | electrodo de cuarzo
quartz fibre | hilo de cuarzo
quartz fibre electrometer | electrómetro de fibra de cuarzo
quartz fibre electroscope | electroscopio de fibra de cuarzo
quartz-insulated capacitor | condensador (eléctrico) con aisladores de cuarzo
quartz iodine lamp | lámpara de vapor de yodo con ampolla de cuarzo
quartz lamp | lámpara de cuarzo [*lámpara de vapor de mercurio con ampolla de cuarzo*]
quartz light source | fuente de luz de cuarzo
quartz master oscillator | oscilador maestro de cristal de cuarzo
quartz mercury arc | lámpara de vapor de mercurio con ampolla de cuarzo
quartz mercury vapour lamp | lámpara de mercurio de cuarzo
quartz monitor | monitor con cuarzo
quartz monochromator | monocromador con óptica de cuarzo
quartz-mounted platinum filter | filtro de cuarzo platinado
quartz oscillator | oscilador (estabilizado por cristal) de cuarzo
quartz oscillator plate | placa para oscilador de cristal de cuarzo
quartz plate | placa de (cristal de) cuarzo
quartz plate resonator | resonador de placa de cuarzo
quartz reference frequency meter | frecuencímetro con cuarzo de referencia
quartz resonator | resonador de cuarzo
quartz spectrograph | espectrógrafo de cuarzo
quartz wire electrometer | electrómetro de hilo de cuarzo
quasar | cuasar
quasi- | cuasi- [*pref*]
quasi-active homing guidance | guiado casi autónomo
quasi-bistable circuit | circuito casi biestable
quasi-complementary symmetry circuit | circuito simétrico casi complementario
quasi-conductor | casi conductor
quasi-degenerate parametric amplifier | amplificador paramétrico cuasi degenerado
quasi-dielectric | casi dieléctrico
quasi-electronic apparatus | aparato casi electrónico
quasi-Fermi level | nivel casi de Fermi
quasi-impulsive interference | interferencia casi de impulso
quasi-language | casi lenguaje [*calificación peyorativa de un lenguaje de programación ineficaz*]

quasi-linear feedback control system | sistema casi lineal de control con realimentación
quasi-monochromatic light | luz casi monocromática
quasi-monostable circuit | circuito casi monoestable
quasi-optical | casi óptico
quasi-optical propagation | propagación casi óptica
quasi-optical range | alcance casi óptico
quasi-passive satellite | satélite casi pasivo
quasi-peak detector | detector de casi cresta
quasi-peak level | nivel de casi cresta
quasi-peak receiver | receptor de casi cresta
quasi-peak value | valor de casi cresta
quasi-random code generator | generador de códigos casi aleatorios
quasi-rectangular wave | onda casi rectangular
quasi-single sideband | banda lateral casi única
quasi-single-sideband transmission | trasmisión casi de banda lateral única
quasi-stable state | estado semiestable (/casi estable)
quasi-stationary level | nivel casi estacionario
quasi-steady-state vibration | vibración casi permanente
quaternary fission | fisión cuaternaria
quaternary logic | lógica cuaternaria
quaternary signalling | señalización cuaternaria
quench | chispa
quench, to - | templar; suprimir chispas; extinguir oscilaciones; desionizar [*un gas ionizado*]
quench capacitor | condensador (/capacitor) de extinción
quench circuit | circuito extintor (/de extinción, /supresor de chispas)
quench condenser | condensador (/capacitor) de extinción
quenched gap | explosor de chispas apagadas (/entrecortadas, /interrumpidas)
quenched resonator | resonador de extinción
quenched spark | chispa apagada (/interrumpida, /entrecortada)
quenched spark gap | explosor de chispas interrumpidas (/entrecortadas, /amortiguadas), espinterómetro con autoextinción
quenched spark gap converter | convertidor con explosor de chispas interrumpidas
quenched spark system | sistema apagachispas por descarga
quencher | extintor, extinguidor
quench frequency | frecuencia de corte (/interrupción, /amortiguación, /extinción)

quenching | extinción, apagado; templado, enfriado brusco; interrupción; amortiguamiento
quenching agent | agente de extinción
quenching capacitor | condensador (/capacitor) de extinción
quenching choke | bobina de reactancia extintora (/amortiguadora)
quenching circuit | circuito supresor (/amortiguador, /extintor, /de extinción) de chispas
quenching condenser | condensador (/capacitor) de extinción
quenching frequency | frecuencia de corte (/extinción, /interrupción, /amortiguación)
quenching gas | gas de extinción
quenching of a discharge | extinción de una descarga
quenching of fluorescence | extinción de la fluorescencia
quenching oscillator | oscilador de interrupción
quenching power | poder atenuador (/extintor, /de extinción, /amortiguador)
quenching probe unit | sonda amplificadora de autointerrupción
quenching rate | velocidad de enfriamiento (/extinción, /amortiguamiento)
quenching resistance | resistencia de extinción (/soplado de chispas)
quenching resistor | resistencia de extinción (/soplado de chispas)
quenching vapour | vapor de extinción
quenching voltage | tensión interruptora
quench oscillator | oscilador de interrupción
quench voltage | tensión interruptora
query | indagación
query, to - | indagar, preguntar
query by example | consulta mediante ejemplo
query language | lenguaje de consulta
query processing | proceso de consultas
question | pregunta, cuestión
question mark | signo de interrogación
question message | mensaje con pregunta
queue | cola (de espera), fila de espera
queue, to - | poner en cola de espera, enviar a la cola de espera
queue control block | bloque de control de cola
queued access method | método de acceso a la cola
queue equipment | equipo de tráfico de espera
queueing, queuing | (en) cola
queuing, to - | ponerse en la cola
queue list | lista de espera
queue management | gestión de cola
queue place | posición en la cola
queuing circuit | circuito de espera
queuing system | sistema de espera
queuing theory | teoría de las colas

quibinary code | código quibinario
quick-acting balance | balanza rápida
quick-acting relay | relé rápido
quick-acting switch | interruptor de acción rápida
quick action | acción inmediata
quick boot | arranque rápido
quick break | apertura rápida
quick-break contactor | contacto de acción rápida
quick-break fuse | fusible ultrarrápido (/de acción rápida)
quick-break switch | interruptor de corte rápido, interruptor de actuación rápida, interruptor de ruptura brusca
quick-change bracket | soporte de conmutación rápida
quick-change spare lamp | lámpara de repuesto de cambio rápido
quick charge | carga rápida
quick connect | de conexión rápida
quick-connect clip | pinza de conexión rápida
quick-connecting | conexión rápida
quick-connecting coupling | acoplamiento de acción rápida
quick-connecting device | dispositivo de unión (/conexión) rápida
quick connector | conector rápido
quick-connect terminal | terminal de conexión rápida
quick contents | vistazo rápido
quick-coupling | acoplamiento rápido
quick disconnection | desconexión rápida
quick-disconnect plug and receptacle | clavija y enchufe de desconexión rápida
quick-disconnect terminal | terminal de desconexión rápida
quickening | quickening [*característica de una pantalla con escala de tiempos reducida*]
quickersort | clasificación más rápida
quick flashing | destellos rápidos
quick-flashing light | foco de destellos rápidos
quick heating | calentamiento rápido
quick-heating filament | filamento de calentamiento rápido
quick help dialog box | cuadro de diálogo para ayuda rápida
quick make | de cierre (/contacto) rápido
quick-make-and-break switch | interruptor de cierre y corte rápidos
quick-make switch | interruptor de cierre rápido, interruptor de acción rápida
quick method | procedimiento rápido
quick view | vista rápida [*vista previa de archivos en Windows*]
quick-opening switch | interruptor de apertura rápida
quick-operating relay | relé rápido
quick operation | acción (/operación) inmediata (/rápida)
quick recovery | restablecimiento rápido, reacción rápida
quick release | interrupción (/desconexión) inmediata
quick-release adaptor | adaptador de desconexión rápida
quicksort | clasificación rápida
quick-start fluorescent lamp | lámpara fluorescente sin cebador
quick-stop control | control de parada rápida
quick switch | interruptor de acción rápida
QuickTime | QuickTime [*familia de componentes de software de Apple para Mac OS*]
quick transfer | trasferencia rápida
quiesce, to - | inmovilizar
quiescence | reposo
quiescent | inactivo, sin excitación, sin señal de entrada, en reposo
quiescent aerial | antena ficticia
quiescent carrier | portadora suprimida
quiescent carrier modulation | modulación con supresión de portadora, modulación de portadora en reposo
quiescent carrier system | sistema de modulación con interrupción de portadora
quiescent carrier telephony | telefonía de portadora en reposo, telefonía con supresión de portadora en los silencios
quiescent circuit | circuito inactivo (/sin corriente, /en reposo)
quiescent current | corriente de reposo
quiescent current compensation | compensación de la corriente en reposo
quiescent dissipation | disipación en reposo
quiescent input voltage | tensión de entrada en reposo
quiescent operation point | punto de reposo (/operación en reposo, /trabajo estático)
quiescent output voltage | tensión de salida en reposo
quiescent period | periodo de reposo
quiescent plasma | plasma estable
quiescent point | punto de reposo
quiescent power consumption | consumo en reposo
quiescent power dissipation | disipación en (estado de) reposo
quiescent push-pull | amplificador equilibrado simétrico (/en contrafase)
quiescent push-pull amplifier | amplificador en contrafase equilibrado
quiescent push-pull valve operation | amplificación de válvula equilibrada en contrafase
quiescent state | estado de reposo
quiescent value | valor de reposo
quiescing | en reposo
quiet automatic volume control | control automático de volumen silencioso, regulación automática silenciosa del volumen
quiet battery | batería silenciosa
quiet channel | canal silencioso; activador selectivo de canales
quiet circuit | circuito silencioso
quieting | silenciamiento, acallamiento
quieting sensitivity | sensibilidad (/umbral) de silenciamiento
quiet system | sistema silenciador
quiet tuning | sintonización (/sintonía) silenciosa
quill | soporte
quill drive motor | motor de árbol hueco
quinhydrone electrode | electrodo de quinhidrona
quinhydrone half-cell | semicelda de quinhidrona
quintillion [*USA:* 10^{18}] | trillón [10^{18}]
quintuple relay | relé quíntuple
quit | salida [*de un programa*]
quit, to - | salir; confirmar
quote, to - | citar
quoted printable | imprimible textualmente
quotient | cociente
quotient meter | logómetro, cocientímetro, cociente aritmético
quotient relay | relé de cociente
Q value | factor Q, valor Q
Q vector | vector Q
Q wave | onda Q
QWERTY keyboard | teclado QWERTY [*llamado así por la disposición de las seis primeras letras*]
QY = query | pregunta, interrogación, duda

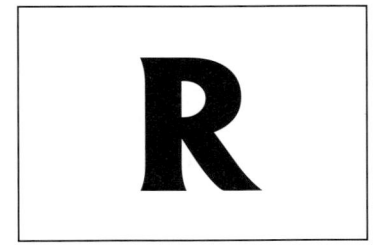

R

R = rectifier | R = rectificador
R = resistance, resistor | R = resistencia
R = right | correcto
rabal = radio balloon | globo radiosonda
rabbit | lanzadera; tubo (de muestra) neumático; dispositivo de irradiación rápida
rabbit-ear aerial | antena en V, antena de "bigote de gato", antena en forma de cuerno
rabbit-ear indoor aerial | antena interior en orejas de conejo
RAC = rectified alternating current | CAR = corriente alterna rectificada
RAC = reset authorisation code | RAC [código de autorización de inicialización]
race | carrera
RACE = research and development in advanced communication technologies for Europe | RACE [investigación y desarrollo en las tecnologías avanzadas de la comunicación para Europa]
race condition | condición de carrera
RACEP = random access and correlation for extended performance | RACEP [acceso aleatorio y correlación para prestaciones ampliadas (red estadounidense de satélites para comunicaciones militares)]
RACES = radio amateur civil emergency service | RACES [servicio de radioaficionados para casos de emergencia civil]
racetrack | pista rápida (/de carreras)
race track magnet | imán en pista de carreras [en betatrón]
raceway | conducto eléctrico; canaleta de conducción (/cables)
raceway terminal fitting | guarnición terminal de conducto de cables
RACH = random access channel | RACH [canal de acceso aleatorio]
rack | bastidor, chasis; armario metálico; gancho portacable; rack [conjunto de armazón electrónico]; batería [de módems]
rack adapter | adaptador para montaje en bastidor
rack adapter panel | panel adptador (/de adaptación) para montaje en bastidor
rack-and-panel construction | construcción en paneles adosados; construcción para montaje en bastidor normalizado
rack assembly | conjunto de bastidor (/bastidores)
rack bench housing | cubierta de montaje en bastidor
rack cabinet | armario bastidor; bastidor cubierto
rack cabinet layout | esquema (/croquis) de disposición de los armarios bastidores
rack channel | base de bastidor
rack frame | caja soporte para bastidor
rack gear | sector dentado
rack hanger | soporte de montaje en bastidor
racking | encuadre; colocación en bastidor
racking space | espacio para montar en bastidores
rack interface | interfaz de bastidor
rack layout | disposición de los bastidores; esquema de distribución del bastidor, disposición de equipos en el bastidor
rack-mounted | montado en bastidor [metálico]
rack-mounting frame | chasis de montaje en bastidor
rack of bays | chasis de bastidores
rack panel | panel de bastidor
rack section | bastidor único
rack wiring | cableado del bastidor
racon = radio beacon | radiofaro, radiobaliza, baliza (/faro) de radar, radiofaro contestador (/receptor-emisor), racón
rad = radian | rad = radián [unidad de dosis de radiación ionizante absorbida]
RAD = radar | radar
RAD = radio | radio
RAD = rapid application development | RAD [desarrollo de aplicación rápida]
RADAC = rapid digital automatic computation | RADAC [cálculo automático digital rápido; sistema estadounidense de dirección de tiro contra cohetes atacantes]
RADAN = radar doppler automatic navigation | RADAN [sistema de navegación automática mediante radar Doppler independiente del equipo de tierra]
RADAN aerial array | red de antenas RADAN
RADAN navigation system | sistema de navegación RADAN
RADAN navigator | equipo de navegación RADAN
radar | radar; radiodetección, radiolocalización; detección electromagnética
radar aerial | antena de radar
radar aerial drive | accionamiento de antena de radar
radar aid | ayuda por radar (a la navegación)
radar-aimed gun | cañón apuntado por radar
radar aircraft | avión (con) radar
radar aircraft detection | detección de aviones por radar
radar aircraft detection station | estación detectora de aviones por radar
radar alarm system | sistema de alarma por radar
radar altimeter | radioaltímetro, altímetro de radar
radar altitude | altitud (determinada) por radar
radar approach | aproximación por radar
radar area | zona de cobertura del radar
radar astronomy | astronomía por radar
radar attenuation | atenuación de radar

radar balloon | globo sonda con radar
radar band | banda de radar
radar beacon | faro (/baliza) de radar; radiofaro contestador (/de radar, /de respuesta); radar secundario
radar beam | haz de radar
radar blanket | zona de barrido del radar
radar blind spot | zona ciega del radar
radar blip | trazado del radar
radar bomb scoring | marcación de bombardeo por radar
radar bombardier | bombardero asistido por radar
radar bombing | bombardeo asistido por radar
radar bombsight | radar de bombardeo, alza de radar para lanzar bombas; dispositivo de mira por radar
radar boresight | blanco de orientación de radar
radar boresight target | blanco de alineación de radar
radar calibration | calibración de radar
radar camera | cámara (para fotografiar imágenes) de radar
radar camouflage | camuflaje (/enmascaramiento, /protección) antirradar
radar cell | célula de radar
radar chart | carta de (navegación con) radar
radar checkpoint | punto de referencia por radar
radar chronograph | cronógrafo de radar
radar chronometer | cronómetro de radar
radar chronometry | cronometría por radar
radar clutter | enturbiamiento (/señales parásitas, /ecos parásitos) de radar
radar coastal picture | imagen de radar del litoral
radar command guidance | dirección por radar
radar confusion reflector | reflector para confusión del radar
radar console | consola (/soporte) de radar
radar contact | contacto de (/por) radar
radar control | control por radar
radar control area | región (/área) de control por radar
radar-controlled | dirigido (/gobernado) por radar
radar controller | controlador de radar
radar countermeasure | medida antirradar, contramedida de radar
radar coverage | cobertura del radar, región explorada por el radar
radar coverage indicator | indicador de cobertura del radar
radar cross section | sección (trasversal) de radar; área de eco
radar data | datos de radar
radar data display | presentación de datos de radar
radar data display board | panel de información de datos del radar
radar data filtering | filtrado de datos de radar
radar data handling | manipulación de datos de radar
radar deception | engaño (/contramedida de confusión) del radar
radar decoy | trampa de radar
radar defence system | sistema de radar defensivo
radar detection | detección por radar
radar detection belt | franja de detección por radar
radar direction finder | goniómetro de radar
radar dish | reflector parabólico
radar display | pantalla (/visualización, /presentación, /imagen) de radar
radar display room | sala de información del radar
radar display unit | pantalla (/indicación visual) del radar
radar distance measuring | telemetría por radar
radar distance-measuring equipment | telémetro de radar
radar distribution switchboard | panel de distribución de conexiones del radar
radar disturbance | perturbación del radar
radar dome | cúpula protectora de radar
radar drift | deriva (determinada con ayuda) de radar
radar drop | bombardeo asistido por radar
radar echo | eco de radar
radar element | elemento de radar
radar engineering | ingeniería de radar
radar equation | ecuación del radar
radar equipment | equipo de radar
radar-equipped | dotado de radar, equipado con radar
radar fading | desvanecimiento de las señales de radar
radar fence | red de radares (de alerta); barrera de radar
radar field gradient | gradiente de campo del radar
radar fire control | control de tiro por radar
radar-fitted | dotado de radar, equipado con radar
radar fix | situación (/posición determinada) por radar
radar flying aid | radar de ayuda a la navegación aérea
radar frequency band | banda de frecuencias de radar
radar fuse | espoleta de radar
radargrammetry | análisis fotográfico de radar
radar guidance | guía por radar
radar-guided | dirigido por radar
radar gun layer | apuntador (automático) por radar
radar gun-laying | dirección de tiro por radar
radar gun-ranging | alcance del cañón determinado por radar
radar gunsight | alza de cañón con radar
radar handover | cambio de operador de radar
radar head | cabezal (/emisor-receptor) de radar
radar heading | rumbo por radar
radar height finder | altímetro con radar
radar homing | guía (/aproximación, /control automático) por radar
radar-homing bomb | bomba buscadora del blanco por radar propio
radar-homing missile | proyectil buscador del blanco por radar propio
radar-homing set | equipo de dirección por radar
radar horizon | horizonte del radar
radar identification | identificación por radar
radar illumination | iluminación (por medio) de radar
radar image | imagen de radar
radar indicator | pantalla (/indicador) de radar
radar industry | industria del radar
radar information | información del radar
radar information centre | centro de información de radar
radar installation | instalación de radar
radar intelligence | información de radar
radar interception | interceptación por radar
radarised [UK] | con radar
radarized [UK+USA] | con radar
radarized motor car | automóvil (/vehículo motor) con radar
radar jammer | perturbador de radar
radar jamming | perturbación de radar
radar-jamming aircraft | avión (/aeronave) de perturbación radárica
radar-jamming transmitter | trasmisor de perturbación radárica
radar joystick | mando múltiple de radar
radar klystron | klistrón para (equipo de) radar
radar laboratory | laboratorio de radar
radar land station | estación terrestre de radar
radar lock-on | seguimiento automático mediante haz de radar
radar maintenance | mantenimiento del equipo de radar
radar maintenance room | taller de mantenimiento del radar
radarman | radarista
radar map | mapa por radar
radar mapping centre | central cartográfica de radar
radar mark | marca de radar
radar marker | marcador (/señalizador) de radar

radar marker float | boya radárica, baliza radárica flotante
radar meteorological station | estación meteorológica con radar
radar mirage | espejismo de radar
radar missile tracking | seguimiento de proyectiles por radar
radar missile-tracking centre | central de radar seguidora de proyectiles
radar mission | misión de radar
radar modulator | modulador de radar
radar monitor | monitor de radar
radar monitoring | seguimiento (/monitorización, /asistencia) por radar
radar mosaic | mosaico de (fotografías de la pantalla de) radar
radar nacelle | barquilla del radar
radar nautical mile | milla náutica (de impulso) de radar
radar navigation | navegación por radar
radar navigation aid | ayuda de radar a la navegación
radar navigational system | sistema de navegación por radar
radar navigator | navegante radarista
radar net | red de radares
radar network | red de estaciones de radar
radar observation | observación por radar
radar observatory | observatorio de radar
radar observer | radarista
radar obstacle | obstáculo para el radar
radar-operated | dirigido (/gobernado) por radar
radar operator | radarista
radar paint | pintura (/material) antirradar
radar patrol | patrulla de radar
radar patrol aircraft | avión de patrulla por radar
radar performance figure | índice de eficacia (/prestación) del radar
radar photograph | fotografía (de la imagen) de radar
radar picket | avanzadilla (/avión centinela) de radar
radar picket aircraft | aeronave centinela de radar
radar picket ship | buque centinela de radar
radar picture | imagen de radar
radar pilotage | navegación asistida por radar
radar pilotage equipment | equipo de navegación con radar
radar pip | impulso de radar
radar plot | derrota (/diagrama de marcas) de radar
radar plotting | marcación de radar
radar prediction device | dispositivo de predicción por radar
radar prism | prisma radar
radar pulse | impulso de radar
radar pulse modulation | modulación de impulsos de radar
radar pulse modulator | modulador de impulsos de radar
radar pulse repeater | repetidor de impulsos de radar
radar radiation | radiación del radar
radar range | alcance del radar
radar range equation | ecuación (del alcance) del radar
radar range finder | telémetro con radar
radar range finding | telemetría por radar
radar range marker | baliza de alcance del radar
radar ranging | telemetría de radar
radar ray | haz de ondas de radar
radar receiver | receptor de radar
radar reflection | reflexión del radar
radar reflection interval | intervalo de reflexión de radar
radar reflectivity | reflectividad de radar
radar reflector | reflector (de ondas) de radar
radar reflectoscope | reflectoscopio de radar
radar relay | relé (/enlace) de radar
radar repeat-back guidance | sistema de dirección por repetidor de radar
radar repeater | repetidor de radar
radar resolution | resolución del radar
radar responder | contestador de radar
radar responder beacon | baliza de respuesta de radar
radar response | respuesta de radar
radar return | eco de radar
radar safe distance | distancia de seguridad de radar
radar safety beacon | radar secundario de seguridad
radar scan | exploración por radar
radar scanner | explorador (/dispositivo de exploración) por radar
radar scanner aerial | antena del explorador de radar
radarscope | pantalla de radar
radarscope afterglow | luminiscencia residual del radar
radarscope camera | cámara sobre la pantalla de radar
radarscope display | pantalla (/presentación visual) de radar
radar screen | pantalla de radar
radar screen picture | imagen osciloscópica (/en pantalla) del radar
radar sea clutter | ecos parásitos del mar
radar search beam | haz buscador (/detector) de radar
radar selector switch | mando selector de radar
radar self-guided missile | proyectil autodirigido por radar (propio)
radar separation | separación según radar
radar service | servicio de radar
radar set | equipo de radar
radar shadow | sombra de radar
radar ship | buque con radar
radar sighting | puntería por radar
radar signal | señal de radar
radar signal recorder | registrador de señal de radar
radar signal recording | registro de señal de radar
radar signal simulator | simulador de señales de radar, generador de ecos radáricos ficticios
radar silence | silencio del radar
radar simulator | simulador de radar
radar site | emplazamiento (/estación) de radar
radarsonde | sonda de radar
radarsonde system | sistema de sonda de radar
radar speed detector | detector de velocidad por radar
radar speed measurement | medición de velocidad por medio del radar
radar station | estación de radar
radar storm detection | detección de tormentas por radar
radar storm detection set | radar de detección de tormentas
radar surveillance | vigilancia por radar
radar surveillance network | red de radares de vigilancia
radar surveying | topografía por radar, levantamiento de planos con ayuda del radar
radar synchronizer | sincronizador de radar
radar synchronous bombing | bombardeo sincronizado por radar
radar target | objetivo (/blanco) de radar
radar target simulator | simulador de objetivos de radar
radar technician | técnico de radar
radar telescope | telescopio de radar
radar terrain profiling | topografía asistida por radar
radar timebase | base de tiempo del radar
radar tower | torre de radar
radar trace | trazado de radar
radar track command guidance | teledirección por radar de seguimiento
radar-tracked | seguido por radar
radar-tracked flight | vuelo seguido por radar
radar tracker | radar rastreador
radar tracking | seguimiento (/rastreamiento) por radar
radar tracking system | sistema de seguimiento por radar
radar track position | posición de seguimiento por radar
radar trainer | equipo de adiestramiento de radar
radar training equipment | equipo de prácticas de radar
radar transmitter | trasmisor (/emisor) de radar

radar transmitter-receiver | emisor-receptor de radar
radar transponder | emisor/receptor de radar
radar unit | equipo (/unidad) de radar
radar vectoring | guía vectorial asistida por radar
radar video data processor | procesador de información de vídeo por radar
radar warning | alerta de radar
radar warning aircraft | avión radar de alerta
radar warning chain | cadena de radares de alerta
radar warning net | red de alarma por radar
radar warning station | estación de radar de alerta
radar wave | onda de radar
radar wind | globo sonda con radar
radar wind-finding equipment | anemómetro de radar
radar wind observation | observación del viento por radar
radechon | radecón [*válvula de almacenamiento*]
radiac | radiac [*unidad de intensidad de la radiación nuclear*]
radiac computer | ordenador de radiactividad
radiac data transmitting set | equipo trasmisor de datos en radiac
radiac detector | detector de radiactividad
radiac detector charger | cargador del detector de radiactividad
radiac instrument | instrumento medidor de radiactividad
radiacmeter | medidor de radiactividad
radiac set | equipo medidor de radiactividad
radiac survey meter | medidor de concentración radiactiva
radiac test equipment | equipo de comprobación de radiac
radial | radial
radial beam power tetrode | tetrodo de potencia de haz radial
radial beam valve | válvula de haz radial
radial circuit | circuito radial
radial coil armature | inducido de polos interiores
radial component | componente radial
radial conductor | conductor radial
radial conductor earth system | sistema radial de conductores de tierra
radial convergence | convergencia radial
radial diffusion | difusión radial
radial diffusion coefficient | coeficiente de difusión radial
radial dimension | dimensión radial
radial distribution | distribución radial
radial distribution function | función de distribución radial
radial distribution method | método de distribución radial

radial earth system | sistema radial de puesta a tierra
radial feeder | alimentador radial
radial field | campo radial
radial field cathode-ray valve | válvula de rayos catódicos de campo radial
radial grating | filtro (/rejilla) radial
radial lead | conductor (/guía, /conexión) radial
radial lead resistor | resistencia de conexiones radiales
radially bare | descubierto radialmente
radially operated network | red de exploración radial
radial network | red radial
radial node | nudo radial
radial oscillation | oscilación radial
radial pattern | configuración radial (/ramificada)
radial ridge cyclotron | ciclotrón de aristas radiales
radial slot rotor | rotor de ranuras radiales
radial sweep | barrido (/exploración) radial
radial timebase display | indicador panorámico
radial tonearm | brazo fonocaptor radial
radial transmission line | línea de trasmisión radial
radial velocity | velocidad radial
radiameter | radiámetro [*detector de radiación portátil*]
radian | radián
radiance | radiancia [*radiación luminosa específica*]
radian frequency | frecuencia pulsatoria
radian length | longitud en radianes
radian per second | radián por segundo
radiansphere | esfera radián
radiant | radiante
radiant continuum | radiación continua
radiant density | densidad de radiación
radiant efficiency | eficacia radiante
radiant emittance | emitancia radiante (/energética)
radiant energy | energía radiante (/de radiación)
radiant energy detecting device | dispositivo detector de energía radiante
radiant excitance | (capacidad de) excitación radiante
radiant exposure | exposición a la radiación
radiant flux | flujo radiante (/energético, /de radiación)
radiant flux density | densidad del flujo radiante
radiant heat | calor radiante
radiant heater | calentador radiante
radiant intensity | intensidad radiante
radiant power | potencia radiante
radiant reflectance | reflectancia radiante
radiant sensitivity | sensibilidad radiante (/de radiación)

radiant transmittance | trasmitancia radiante
radiatector = radiation detector | detector de radiaciones
radiate, to - | emitir, radiar
radiated | radiado
radiated carrier power | potencia radiada de la portadora
radiated field intensity | intensidad de campo radiante
radiated field pattern | diagrama de radiación
radiated interference | interferencia radiada
radiated output noise | ruido de salida radiado
radiated power | potencia (/energía) radiada
radiated signal | señal radiada
radiated spectrum | espectro radiado
radiated spurious transmitter output | salida falsa de trasmisor radiada
radiatics | radiática [*ciencia que trata de las radiaciones*]
radiating | radiante; emisor
radiating aerial | antena emisora
radiating area | área radiante
radiating atom | átomo radiante
radiating circuit | circuito radiante
radiating curtain | cortina radiante
radiating dish | paraboloide radiante
radiating doublet | doblete radiante; dipolo infinitesimal
radiating element | elemento radiante
radiating guide | guía (/guiaondas, /guía de ondas) radiante
radiating microsphere | microesfera radiante
radiating power | potencia radiante (/de emisión)
radiating simulator | simulador de radiación
radiating slot | ranura radiante
radiating surface | superficie de radiación
radiating tower | torre (/mástil) radiante
radiation | radiación, irradiación
radiation absorber | absorbedor (/material absorbente) de radiaciones
radiation absorption | absorción de radiaciones
radiational | radiactivo
radiation alarm assembly | avisador de radiación, dispositivo de alarma pa-ra las radiaciones
radiational load | carga radiactiva
radiation angle | ángulo de radiación
radiation background | ruido de fondo de la radiación; radiación natural ambiente
radiation beam | haz de radiación
radiation beam attenuation | atenuación del haz de radiación
radiation belt | cinturón de radiación
radiation biology | biología de las irradiaciones

radiation burn | quemadura por radiación (/irradiación)
radiation channel | canal de radiación; cadena de control de una radiación
radiation characteristic | característica de radiación
radiation chemical yield | rendimiento radioquímico
radiation chemistry | química de las radiaciones
radiation cone | cono de radiación
radiation constant | constante de radiación
radiation cooling | refrigeración (/enfriamiento) por radiación
radiation counter | contador de radiación
radiation counter valve | válvula contadora de radiación
radiation damage | lesión (/daño) por radiaciones, daños por irradiación
radiation danger | peligro de irradiación
radiation danger zone | zona de peligro de radiación
radiation death | muerte por irradiación
radiation density | densidad de radiación
radiation density constant | constante de densidad de radiación
radiation detection | detección de la radiación
radiation detector | detector de radiación
radiation detector valve | válvula detectora de radiación
radiation diagram | diagrama de radiación
radiation dissipation | disipación de la irradiación
radiation dosage | índice (/nivel, /dosificación) de radiación
radiation dose | dosis de radiación
radiation dosimeter | dosímetro de radiaciones
radiation dosimetry | dosimetría (/medición del nivel) de radiación
radiation effect | efecto de (la) radiación
radiation efficiency | eficacia (/rendimiento) de radiación
radiation efficiency of an aerial | rendimiento de radiación de una antena
radiation energy | energía radiante (/de radiación)
radiation equilibrium | equilibrio radiactivo (/de radiación)
radiation excitation | excitación por radiación
radiation exposure | exposición a la radiación
radiation facility | instalación de radiación
radiation field | campo de radiación
radiation filter | filtro de radiación
radiation flux | flujo de radiaciones
radiation flux density | densidad de flujo de radiaciones

radiation fog | niebla de radiación
radiation food preservation | conservación de alimentos por radiaciones
radiation frost | helada de radiación
radiation gap | espacio sin radiación
radiation gauge | galga para espesores por radiaciones
radiation genetics | radiogenética; efectos genéticos de la radiación
radiation geometry | geometría de radiación
radiation guard | protección contra los rayos
radiation-hard | resistencia (/inmunidad) a la radiación
radiation-hardened | resistente a las radiaciones
radiation hardening | inmunización frente a la radiación
radiation hardness | dureza (/poder de penetración) de la radiación
radiation hazard | peligro (/riesgo) de radiación
radiation height | altura de la radiación
radiation history | historial (/antecedentes) de radiación
radiation hygiene | higiene radiactiva
radiation indicator | indicador de radiación (/radiaciones)
radiation-induced decomposition | descomposición por radiación (/irradiación)
radiation-induced genetic defect | defecto genético producido por la radiación
radiation-induced mutilation | mutilación inducida por la radiación
radiation-induced photoluminescence | fotoluminiscencia provocada por la radiación
radiation injury | lesión (producida) por radiaciones
radiation-insensitive | insensible a las radiaciones
radiation instrumentation | instrumental para (medir) radiaciones
radiation intensity | intensidad de radiación
radiation ionization | ionización por radiación
radiation laboratory | laboratorio de radiación
radiation length | longitud (/alcance) de la radiación
radiationless | no radiactivo
radiationless transition | transición no radiactiva
radiation level | intensidad de radiación
radiation lobe | lóbulo de radiación
radiation loss | pérdida de radiación
radiation maze | laberinto antirradiación
radiation measurement | medición de la radiación
radiation meter | radiámetro, medidor de radiación
radiation monitor | monitor de radiación; detector de irradiaciones
radiation outside the occupied band | radiación fuera de la banda ocupada
radiation pasteurization | pasteurización por irradiación
radiation pattern | patrón (/modelo, /diagrama) de radiación
radiation-permeable | permeable a las radiaciones
radiation physicist | radiologista
radiation physics | física de las radiaciones
radiation potential | potencial de radiación
radiation power | potencia de radiación
radiation power density | densidad de la energía radiante
radiation preservation of food | preservación de alimentos por irradiación
radiation pressure | presión radiactiva (/de radiación)
radiation-processed | irradiado, tratado por radiación
radiation protection | protección contra radiaciones
radiation protection guide | guía de protección contra las radiaciones
radiation proximity indicator | indicador de proximidad mediante radiación
radiation pyrometer | pirómetro (/termómetro) de radiación
radiation quality | cualidad de la radiación
radiation rate | intensidad de radiación
radiation report | informe de radiación
radiation research | investigación sobre las radiaciones
radiation resistance | resistencia a la radiación
radiation-resistant | resistente a las radiaciones
radiation-responsive | sensible a la irradiación
radiation-safe corridor | corredor libre de irradiaciones
radiation-sensitive | sensible a las radiaciones
radiation sensitivity | sensibilidad a la radiación
radiation sensor | sensor de radiaciones
radiation shield | blindaje antirradiactivo (/contra la radiación)
radiation sickness | lesión (/enfermedad) por radiación
radiation source | fuente de radiación
radiation sterilization | radioesterilización, esterilización por irradiaciones
radiation survey | control de radiación (/protección contra radiaciones)
radiation survey instrument | instrumento de prospección de radiación
radiation survey meter | medidor (/contador para control) de radiación
radiation syndrome | síndrome de radiación

radiation system | sistema de irradiación
radiation temperature | temperatura de radiación
radiation therapy | radioterapia, terapia por radiación
radiation thermocouple | termopar de radiación
radiation thermometer | termómetro de radiación
radiation thermometry | termometría de radiación
radiation thermometry system | sistema termométrico de radiación
radiation thermopile | termopila de radiación
radiation thermostat | termostato de radiación
radiation transfer index | índice de trasferencia de radiación
radiation trapping | captura de radiación
radiation warning symbol | símbolo de peligro por radiaciones
radiation width | anchura de la radiación
radiation window | ventana de radiación
radiation worker | trabajador sometido a radiación
radiation zone | zona de radiación
radiative | radiactivo
radiative capture | captura radiactiva (/radiante, /de radiación)
radiative capture cross section | sección eficaz de captura radiactiva
radiative capture of neutrons | captura radiactiva de neutrones
radiative capture reaction | reacción de captura radiactiva
radiative collision | colisión radictiva
radiative decay | desintegración radiactiva
radiative equilibrium | equilibrio radiactivo (/de radiación)
radiative heat transfer | trasporte calorífico radiactivo
radiative inelastic scattering cross section | sección eficaz de dispersión inelástica radiactiva
radiative neutron capture reaction | reacción de captura neutrónica radiactiva
radiative neutronic capture | captura neutrónica radiactiva
radiative pion capture | captura radiactiva de piones
radiative recombination | recombinación radiactiva
radiative transfer | intensidad de radiación
radiative transition | transición radiactiva
radiator | radiador, irradiador
radiator valve | válvula con aletas de refrigeración
radical | radical
radician | técnico radarista

radicidation | radicidación [*eliminación de microorganismos mediante pequeñas dosis de radiación en alimentos*]
radio | radio; radiactivo; radiodifusión
radioacoustic | radiofónico, radioacústico
radioacoustic position-finding | telemetría (/localización) radioacústica
radioacoustics | radiofonía, radioacústica
radioactinium | radioactinio
radioactivate, to - | radiactivar, hacer radiactivo
radioactivation | radiactivación
radioactivation analysis | análisis por radiactivación
radioactive | radiactivo
radioactive age | edad radiactiva
radioactive air | aire radiactivo
radioactive airborne particle | partícula radiactiva trasportada por el aire
radioactive atom | átomo radiactivo
radioactive background | fondo radiactivo
radioactive barium | bario radiactivo
radioactive burial ground | cementerio radiactivo
radioactive by-product | subproducto radiactivo
radioactive capture reaction | reacción de captura radiactiva
radioactive carbon | carbono radiactivo
radioactive cemetery | cementerio radiactivo
radioactive chain | cadena radiactiva (/de elementos radiactivos)
radioactive cloud | nube radiactiva
radioactive constant | constante de radiactividad
radioactive contamination | contaminación radiactiva
radioactive dating | datación radiactiva, determinación de la edad por método radiactivo, fechado por elementos radiactivos
radioactive decay | descomposición (/desintegración) radiactiva
radioactive decay constant | constante de desintegración radiactiva
radioactive decay product | producto de desintegración radiactiva
radioactive decay series | serie (/familia) de desintegración radiactiva
radioactive deposit | depósito radiactivo
radioactive disintegration | desintegración radiactiva
radioactive displacement | desplazamiento radiactivo
radioactive displacement law | ley de los desplazamientos radiactivos
radioactive dry deposit | depósito radiactivo seco
radioactive dust | polvo radiactivo
radioactive dust vacuum cleaner | aspirador de polvo radiactivo
radioactive effect | efecto radiactivo

radioactive effluent | efluente radiactivo
radioactive element | elemento radiactivo
radioactive emanation | emanación radiactiva
radioactive emission | emisión (/contaminación) radiactiva
radioactive equilibrium | equilibrio radiactivo
radioactive fallout | cenizas radiactivas, poso radiactivo, precipitación radiactiva
radioactive family | familia radiactiva
radioactive fission | escisión (/fisión) radiactiva
radioactive fission product | producto radiactivo de escisión
radioactive gas | gas radiactivo
radioactive gas storage | almacenamiento de gases radiactivos
radioactive gauge | sonda radiactiva, indicador radiactivo (/de radiaciones iónicas)
radioactive ground contamination | contaminación radiactiva del terreno
radioactive half-life | periodo de semidesintegración radiactiva
radioactive heat | calor radiactivo (/radiogénico, /de radiactividad)
radioactive hormone | hormona radiactiva
radioactive impurity | impureza radiactiva
radioactive indicator | indicador radiactivo
radioactive indium | indio radiactivo
radioactive iodine | yodo radiactivo
radioactive isotope | radioisótopo, isótopo radiactivo
radioactive liquid wastes | residuos líquidos radiactivos
radioactive logging | sondeo radiactivo
radioactively | radiactivamente
radioactively labelled | marcado como radiactivo
radioactively marked | marcado radiactivamente
radioactive material | material radiactivo, sustancia radiactiva
radioactive mineral | mineral radiactivo
radioactive nucleus | núcleo radiactivo
radioactive nuclide | radionúclido, núclido radiactivo
radioactive ore | mineral radiactivo
radioactive ore detector | detector de yacimientos radiactivos
radioactive particle | partícula radiactiva
radioactive period | periodo radiactivo (/de vida radiactiva)
radioactive poison | veneno radiactivo
radioactive poisoning | envenenamiento radiactivo
radioactive pollution | polución radiactiva

radioactive precursor | precursor radiactivo
radioactive primary water | agua primaria radiactiva
radioactive product | producto radiactivo
radioactive purity | pureza radiactiva
radioactive radiation | radiación radiactiva
radioactive rainout | depósito radiactivo precipitado
radioactive recoil | retroceso radiactivo
radioactive relationship | filiación radiactiva
radioactive scanner | explorador de radiactividad
radioactive screening | protección contra radiactividad
radioactive-sensitive | sensible a la radiactividad
radioactive series | serie (/familia) radiactiva (/de desintegración)
radioactive solution | solución radiactiva
radioactive source | fuente radiactiva
radioactive standard | patrón radiactivo (/de radiactividad)
radioactive steam | vapor radiactivo
radioactive strontium | estroncio radiactivo
radioactive survey meter | detector de radiactividad
radioactive survivor | superviviente contaminado por radiactividad
radioactive thickness gauge | medidor radiactivo de espesores, galga radiactiva de espesores
radioactive tracer | trazador (/rastreador, /indicador) radiactivo
radioactive transformation | trasformación radiactiva
radioactive valve | válvula electrónica radiactiva
radioactive waste | residuos (/desechos) radiactivos
radioactive waste disposal | retirada (/tratamiento) de residuos radiactivos
radioactive waste storage tank | depósito para residuos radiactivos
radioactive water | agua radiactiva
radioactivity | radiactividad
radioactivity absorber | absorbedor de radiactividad
radioactivity air monitoring | detección de radiactividad en el aire
radioactivity concentration guide | guía de concentración radiactiva
radioactivity detection | detección de radiactividad
radioactivity detector | detector de radiactividad
radioactivity meter | medidor de actividad
radioactivity standard | patrón radiactivo (/de radiactividad)
radio advertising | publicidad radiada (/por radio)

radio aerial | antena de radio
radio aid | (sistema de) radioayuda, ayuda radioeléctrica (/por radio)
radio alert | radioalerta, alerta por radio
radio all clear | fin de radioalerta (/emergencia en radio)
radio altimeter | radioaltímetro, altímetro radioeléctrico
radio altitude | altitud determinada por radio
radio amateur | radioaficionado
radio amateur civil emergency service | servicio de emergencia civil de radioaficionados
radio amplification | radioamplificación
radio-and-phonograph combination | radiofonógrafo, combinación de radio y fonógrafo
radio-and-television repairman | técnico (/reparador) de radio y televisión
radio-and-television show | exposición de radio y televisión
radio announcer | locutor de radio
radio approach aids | ayuda por radio para la aproximación
radio art | radioelectricidad, técnica radioeléctrica (/de radio)
radioastronomer | radioastrónomo
radioastronomical | radioastronómico
radioastronomical measurement | medición radioastronómica
radioastronomical observation | observación radioastronómica
radioastronomical observatory | observatorio radioastronómico
radioastronomy, radio astronomy | radioastronomía
radioastronomy centre | centro radioastronómico
radio atmosphere | atmósfera radioeléctrica
radio attenuation | atenuación radioeléctrica
radioautograph | autorradiógrafo
radio autopilot coupler | acoplador de radio para piloto automático
radio backpack unit | radioteléfono de mochila
radio balloon | globo radiosonda
radiobarium | bario radiactivo
radio baseband | banda base de radio
radio baseband spectrum | espectro radioeléctrico de la banda base
radio based train control | control de trenes por radio
radiobeacon, radio beacon | radiofaro, radiobaliza, baliza de radar, radiofaro contestador (/receptor-emisor), faro de radar; racón (*fam*)
radiobeacon aerial | antena de radiofaro
Radiobeacon Conference | Radiobeacon Conference [*conferencia (de París) para la reorganización de los radiofaros*]
radiobeacon identification | identificación del radiofaro
radio-beaconing | instalación de radiofaros
radio-bearing installation | instalación radiogoniométrica
radiobeacon receiver | radiofaro receptor, receptor de radiofaro
radiobeacon station | puesto radiogoniométrico, estación de radiofaro
radiobeacon system | sistema (/red) de radiofaros
radiobeacon with double modulation | radiofaro con doble modulación
radio beam | haz radioeléctrico (/de ondas de radio)
radio beam system | sistema de radioenlaces por haz dirigido
radio bearing | radiomarcación, orientación (/dirección del trasmisor) de radio, marcación radiogoniométrica
radiobiological | radiobiológico
radiobiological action | acción radiobiológica
radiobiological effect | efecto radiobiológico
radiobiological sensitive volume | volumen sensible radiobiológico
radiobiologist | radiobiólogo
radiobiology | radiobiología
radio blackout | desvanecimiento radioeléctrico; interrupción (/desaparición, /atenuación general) de las señales de radio
radio block centre | centro de bloqueo por radio
radio bomb | bomba con espoleta activada por radio
radio bomb fuse | espoleta de bomba activada por radio
radio box | cuadro de botones de selección
radio breakthrough | penetración de la radio
radiobroadcast, radio broadcast | radiodifusión, emisión (/trasmisión) radiofónica
radiobroadcast, to - | radiar, trasmitir por radio, radiodifundir
radiobroadcaster | locutor de radio; aparato de radiodifusión
radiobroadcasting | radiodifusión, emisión radiofónica
radiobroadcasting station | emisora de radio (/radiodifusión)
radiobroadcasting terminal | terminal de radiodifusión
radiobroadcast relaying | relé de emisiones radiofónicas
radiobroadcast station | emisora (/estación) de radio (/radiodifusión)
radio buoy | radioboya
radio button | botón de radio (/selección)
radio button group | grupo de botones de selección
radiocaesium | radiocesio, cesio radiactivo
radio call | llamada por radio
radio callbox | cabina de llamada radiotelefónica

radio call sign | indicativo de llamada por radio
radio call-sign plate | placa del indicativo de llamada por radio
radiocarbon | radiocarbono, carbono radiactivo
radiocarbon age | edad determinada por medio del radiocarbono
radiocarbon dating | datación por carbono radiactivo
radiocardiography | radiocardiografía
radio carrier | portadora radioeléctrica (/de radio)
radiocast | radiodifusión, emisión (/trasmisión) radiofónica
radiocaster | locutor de radio; aparato de radiodifusión
radio centre | central de radio
radio channel | canal radioeléctrico (/de radio), banda de frecuencias de radio
radio channelling | canalización de radio
radio channelling equipment | equipo de canalización de radio
radiochemical | radioquímico; producto radioquímico (/químico radiactivo)
radiochemical analysis | análisis radioquímico, proceso químico inducido por la radiación
radiochemical purity | pureza radioquímica
radiochemistry | radioquímica, química de las radiaciones
radio choke coil | reactor (/bobina de inducción) de radiofrecuencia
radio chronometer | radiocronómetro
radiocinematography | radiocinematografía, cinematografía de rayos X
radio circuit | circuito de radio
radio circuit synchronizing | sincronización de circuito de radio
radioclimatology | radioclimatología
radio clock | radiorreloj
radio club | club de radioaficionados
radio coast station | estación costera de radiocomunicación
radiocolloid | radiocoloide
radiocolloidal | radiocoloidal, radiocoloide
radio command | señal de control por radio
radio command guided missile | proyectil dirigido por radio
radiocommunication, radio communication | comunicación por radio, radiocomunicación; radiotelefonía
radiocommunication circuit | circuito de radiocomunicación (/comunicación por radio)
radiocommunication engineer | ingeniero en radiocomunicaciones
radiocommunication guard | puesto de vigilancia de radiocomunicaciones
radiocommunication receiver | receptor para radiocomunicaciones
radiocommunication station | estación de radiocomunicación

radiocommunication technology | técnica de las radiocomunicaciones
radiocommunication with ocean-going vessels | radiocomunicación con buques en alta mar
radiocommunication with small craft | radiocomunicación con embarcaciones menores
radio compass | radiobrújula, brújula radiogoniométrica, radiogoniómetro
radio compass bearing | brújula radiogoniométrica
radio compass indicator | indicador del radiogoniómetro
radio component | componente de radio
radio concert | concierto radiofónico
radioconductor | radioconductor
radio connection | enlace radioeléctrico
radio consultation | radioconsulta, consulta por radio
radio control | radiocontrol, control (/mando) por radio
radio control box | caja de mandos de la radio
radio control circuit | circuito de control radioeléctrico
radio-controlled | radiodirigido, radioguiado, controlado (/dirigido, /guiado) por radio
radio-controlled aircraft | avión dirigido por radio
radio-controlled antiaircraft missile | proyectil antiaéreo radioguiado (/dirigido por radio)
radio-controlled pilotless aircraft | avión sin piloto radiodirigido
radio converter | convertidor de banda
radio countermeasure | contramedida radioeléctrica (/de radio)
radio course | curso de radio (/radioelectricidad)
radiocristallography | radiocristalografía
radio data system | sistema de radiotrasmisión de datos
radio deception | engaño por radio
radiodermatitis | radiodermatitis
radio detection | radiodetección, detección por radio
radio detection and ranging | detección y telemetría por radio
radio detector | radiodetector
radio determination | radiolocalización, localización por radio
radiodiagnosis, radio diagnosis | radiodiagnóstico
radiodiffusion | radiodifusión
radio-directional aerial | antena direccional
radio-directional beacon | radiofaro de navegación
radio direction finder | radiogoniómetro, radiolocalizador de dirección
radio direction finding | radiogoniometría, radiolocalización direccional, búsqueda de dirección por radio

radio direction-finding apparatus | radiogoniómetro
radio direction-finding station | estación radiogoniométrica
radio directorate | dirección de radio (/la radiodifusión)
radio discipline | ordenamiento de la explotación (/utilización) de la radiocomunicación
radio dispatching | despacho por radio
radio-dispatching system | sistema de despacho por radio
radio dispensary | radiodispensario
radio distribution system | radiodifusión por cable
radio disturbance | perturbación radioeléctrica
radio disturbance forecast | previsión de perturbaciones radioeléctricas
radio Doppler | radiolocalización por efecto Doppler
radio drop repeater | radiorrepetidor con acceso (/derivación)
radio echo | eco radioeléctrico (/de radio)
radio echo method | método de eco radioeléctrico
radio echo observation | observación por ecos radioeléctricos
radioecology | radioecología
radioed | radiado, por radio
radioelectricity | radioelectricidad
radioelectric pattern | espectro radioeléctrico
radioelectric storm detection | detección radioeléctrica de tempestades
radioelectric wave | onda radioeléctrica
radioelectrocardiogram | radioelectrocardiograma
radioelectroencephalograph | radioelectroencefalógrafo
radioelectronic circuit | circuito radioelectrónico
radioelectronic installation | instalación radioelectrónica
radioelectronics | radioelectrónica
radioelement | radioelemento, elemento radiactivo
radio emanation | radioemanación
radio emergency transmitter | radiotrasmisor de emergencia
radio emission | emisión radioeléctrica (/de ondas radioeléctricas)
radio energy | energía radioeléctrica
radio engineer | ingeniero radioelectricista (/de radio)
radio engineering | radioelectricidad, ingeniería radioeléctrica
radio equipment | equipo de radio
radio equipment bay | pañol (/bodega) de radio
radio exhibition | exposición de radio
radio expert | técnico de radiocomunicaciones
radio facilities | aparatos de radiocomunicación, instalaciones radioeléctricas (/de radio)

radio facility chart | carta de instalaciones radioeléctricas (/de radio)
radiofacsimile | radiofacsímil, radiotelefotografía
radiofacsimile transmission | trasmisión de radiofacsímil
radio fadeout | desaparición (/desvanecimiento) de las señales de radio
radio fan marker | radiobaliza (de haz) en abanico
radio fan marker beacon | radiobaliza (de haz) en abanico
radio field intensity | intensidad del campo radioeléctrico (/electromagnético)
radio field strength | intensidad del campo radioeléctrico (/electromagnético)
radio field strength meter | medidor de intensidad de campo radioeléctrico
radio field-to-noise ratio | coeficiente campo-ruido de la radio, relación de intensidades de campo de onda útil y ruido
radio filter | filtro de radio
radio fix | localización (/posición determinada) por radio; determinación de la posición del emisor; radiogoniometría, marcación radioeléctrica
radio-fixing aid | ayuda por radio para determinación de la situación
radio-flashing strobe | radiobaliza de emisión intermitente
radio flutter | fluctuación radioeléctrica
radio flying | vuelo radiodirigido
radiofrequency, radio frequency | radiofrecuencia, frecuencia radioeléctrica; alta frecuencia
radiofrequency alternator | alternador de radiofrecuencia
radiofrequency amplification | amplificación de radiofrecuencia
radiofrequency amplifier | amplificador de radiofrecuencia
radiofrequency amplifier stage | etapa amplificadora de radiofrecuencia
radiofrequency beam | haz radioeléctrico (/de ondas radioeléctricas)
radiofrequency booster | reforzador de radiofrecuencia
radiofrequency bridge | puente de radiofrecuencia
radiofrequency carrier | onda portadora de radiofrecuencia
radiofrequency choke | reactor (/bobina de inducción) para radiofrecuencia
radiofrequency circuit | circuito de alta frecuencia
radiofrequency coil | bobina de radiofrecuencia
radiofrequency component | componente de radiofrecuencia
radiofrequency contactor | conector de radiofrecuencia
radiofrequency converter | convertidor de radiofrecuencia
radiofrequency current | corriente de radiofrecuencia
radiofrequency directional filter | filtro direccional de radiofrecuencia
radiofrequency earth | tierra de radiofrecuencia
radiofrequency energy | energía radioeléctrica (/de alta frecuencia)
radiofrequency furnace | horno de calentamiento por alta frecuencia
radiofrequency generator | generador de radiofrecuencia
radiofrequency glow discharge | descarga luminosa de radiofrecuencia
radiofrequency harmonic | armónica de frecuencia radioeléctrica
radiofrequency heating | calentamiento por (corrientes inducidas de) radiofrecuencia
radiofrequency ignition | encendido de alta frecuencia
radiofrequency induction brazing | calentamiento por inducción de (corrientes de) radiofrecuencia (/alta frecuencia)
radiofrequency induction heating | calentamiento por inducción de (corrientes de) radiofrecuencia (/alta frecuencia)
radiofrequency input | entrada de radiofrecuencia
radiofrequency insulator | aislador para radiofrecuencia
radiofrequency interference | interferencia (/perturbación) radioeléctrica (/de radiofrecuencia, /producida por radiofrecuencia)
radiofrequency leak | escape (/fuga) de radiofrecuencia (/alta frecuencia)
radiofrequency link | enlace de radiofrecuencia
radiofrequency melting equipment | equipo de fusión por corriente de radiofrecuencia (/alta frecuencia)
radiofrequency motion detector | detector de movimiento por radiofrecuencia
radiofrequency oscillator | oscilador de radiofrecuencia (/alta frecuencia)
radiofrequency pacemaker | marcapasos de radiofrecuencia
radiofrequency plasma torch | soplete de plasma de radiofrecuencia
radiofrequency power amplifier | amplificador de potencia de radiofrecuencia
radiofrequency power output | potencia de salida de radiofrecuencia
radiofrequency preheating | precalentamiento por radiofrecuencia
radiofrequency probe detector | sonda detectora de radiofrecuencia
radiofrequency pulse | impulso de radiofrecuencia
radiofrequency radiation | radiación de radiofrecuencia
radiofrequency record | registro de radiofrecuencias (/frecuencias radioeléctricas)
radiofrequency resistance | resistencia en radiofrecuencia, resistencia a las altas frecuencias
radiofrequency self-oscillating circuit | circuito autooscilador de radiofrecuencia
radiofrequency signal generator | generador de señales de radiofrecuencia
radiofrequency spectroscopy | espectroscopia de alta frecuencia
radiofrequency spectrum | espectro de radiofrecuencias (/frecuencias radioeléctricas)
radiofrequency sputtering | sublimación catódica por radiofrecuencia
radiofrequency stage | etapa (/paso) de radiofrecuencia
radiofrequency suppressor | supresor de radiofrecuencia
radiofrequency transformer | trasformador de radiofrecuencia (/alta frecuencia)
radiofrequency-transparent | radiotrasparente, trasparente a la (radiación en) radiofrecuencia
radiofrequency valve | válvula para radiofrecuencia
radiofrequency voltage | tensión de radiofrecuencia
radiofrequency welding | soldadura por radiofrecuencia
radio galaxy | radiogalaxia
radio gear | equipo (/material técnico) de radio
radiogenic | radiogénico
radiogenic heat | calor radiogénico
radiogenic terrestrial heat | calor radiogénico terrestre
radiogoniometer, radio goniometer | radiogoniómetro, indicador de dirección
radiogoniometry | radiogoniometría
radiogoniscope | radiogoniscopio
radiogram | radiograma
radiogramophone, radio gramophone | radiogramófono, radiofonógrafo
radiograph | radiógrafo
radiographic | radiográfico
radiographically detectable | radiográficamente detectable
radiographic diagnosis | diagnóstico radiográfico
radiographic examination | inspección radiográfica
radiographic film | película radiográfica
radiographic inspection | inspección radiográfica
radiographic interpretation | interpretación radiográfica
radiographic putty | blindaje radiográfico; masilla radiográfica
radiographic standard | norma radiográfica
radiographic stereometry | estereometría radiográfica

radiographic test | prueba radiográfica
radiographic thickness gauge | calibrador radiográfico, galga radiográfica de espesores
radiography | radiografía
radio group | grupo de botones de selección
radio guard | vigilante de radio
radioguidance, radio guidance | radiocontrol, control por radio, radioguía, radiodirección, dirección por radio
radioguidance system | sistema de guía por radio
radioguided, radio-guided | radioguiado, controlado (/dirigido, /guiado) por radio
radioguided bomb | bomba dirigida por radio
radioguiding, radio guiding | radioguía, control (/dirección) por radio
radio ham | radioaficionado
radio heat welding | soldadura por calor de corriente en alta frecuencia
radio homing | conducción por radio desde el punto de destino
radio-homing aid | ayuda por radio para la recalada
radio-homing beacon | radiobaliza (/radiofaro) de recalada (/orientación automática)
radio horizon | radiohorizonte, horizonte radioeléctrico (/de radio)
radioimmunoessay | radioinmunoensayo
radio-induced mutation | mutación radioinducida
radio industry | industria radioeléctrica
radio-inertial guidance | dirección (/guía) inercial por radio
radio-inertial guidance system | sistema de guía inercial por radio
radio influence | interferencia (/influencia) radioeléctrica
radio intelligence | servicio de inteligencia de radio
radio intercept | interceptación radioeléctrica (/de radiomensajes)
radiointerference, radio interference | parásitos, ruido radioeléctrico, radiointerferencia, perturbación radioeléctrica
radio interference field intensity | intensidad de campo de interferencia radioeléctrica
radio interference field-intensity meter | medidor de intensidad de campo de las interferencias de radiofrecuencia
radio interference suppression | supresión de perturbaciones radioeléctricas
radio interference suppression capacitor | condensador (/capacitor) para supresión de perturbaciones radioeléctricas
radiointerferometer, radio interferometer | interferómetro radioeléctrico

radio in the local loop | radio en el bucle local
radioisotope | radioisótopo
radioisotope measuring system | sistema de medición por radioisótopos
radioisotope packaging | envase de radioisótopo
radioisotope therapy | terapia por isótopos radiactivos
radioisotope thermoelectric generator | generador termoeléctrico de radioisótopos
radioisotope tracer | trazador (/indicador) radioisotópico
radioisotopic | radioisotópico
radioisotopic power | energía radioisotópica
radioisotopy | radioisotopía
radio jamming | radiointerferencia, emisión de ondas perturbadoras
radio key | manipulador de radio
radio knife | radiobisturí, bisturí electrónico (/de radio, /de arco de alta frecuencia)
radiokrypton | radiocriptón
radio laboratory | laboratorio radioeléctrico (/de radio)
radio-landing aid | ayuda por radio para el aterrizaje
radio-landing beam | haz de radio para aterrizaje
radio law | ley de radiocomunicaciones
radiolead | radioplomo, radioisótopo del plomo
radio letter | carta radiada (/por radio)
radio licence | licencia de radiodifusión
radio line of position | línea de posición por radiogoniómetro
radio link | radioenlace, enlace radioeléctrico (/de radio)
radio link chain | cadena de radioenlaces, arteria herciana
radio link circuit | circuito de radioenlace (/enlace radioeléctrico)
radio link equipment rack | bastidor de radioenlace
radio link protection | protección por radioenlace
radio link system | sistema de radioenlace (/enlaces radioeléctricos)
radio link transmitter | trasmisor de radioenlace, emisor de enlace radioeléctrico
radio listener | radioescucha, radioyente
radio listening | radioescucha, escucha (/audición) de programas radiofónicos
radio-listening density | densidad de audiencia radiofónica
radiolocation, radio location | radiolocalización, localización por radio, radiobalización
radiolocation service | servicio de localización por radio
radiolocation station | estación de localización por radio
radiolocator | radiolocalizador; radar

radio log | parte radiado (/de radiocomunicaciones)
radiological | radiológico
radiological attack | ataque radiológico
radiological decontamination | descontaminación radiológica
radiological defence | defensa radiológica
radiological defence instrument | instrumento de defensa radiológica
radiological dose | dosis radiológica
radiological filter | filtro radiológico
radiological hazard | peligro radiológico
radiological health | sanidad radiológica
radiological indicator | indicador radiológico
radiological instrument | instrumento radiológico
radiologically | radiológicamente
radiological monitor | monitor (/comprobador) radiológico
radiological monitoring | monitorización (/inspección) radiológica
radiological physicist | física radiológica
radiological protection | protección contra la radiactividad
radiological safety | protección radiológica
radiological safety officer | encargado de la protección radiológica
radiological shielding | defensa radiológica
radiological survey | control radiológico
radiological warfare | guerra radiológica
radiologist | radiólogo
radiology | radiología
radio loop | antena de cuadro
radio loop nacelle | carenado de la antena de cuadro
radiolucent | trasparente a las ondas radioeléctricas, trasparente a los rayos X
radioluminiscence | radioluminiscencia
radiolysis | radiólisis
radiolytic | radiolítico
radiomagnetic indicator | indicador radiomagnético (/combinado)
radioman | radiotelegrafista, operador de radio
radio manufacturer | fabricante de radios (/material radioeléctrico)
radiomaritime | radiomarítimo
radiomaritime letter | carta radiomarítima
radiomaritime service | servicio radiomarítimo
radio marker | radiobaliza (de posición)
radio marker beacon | radiobaliza (de posición), radiofaro marcador
radio marker station | estación de radiobaliza

radio mast | mástil (/torre) de antena
radio mast rigging insulator | aislador de viento para mástil de antena
radiomateriology | radioscopia de materiales
radio measurement | medición radioeléctrica
radio-medical assistance | asistencia médica por radio
radio mesh | radiomalla
radio message | radiograma, mensaje por radio
radio metal locator | radiolocalizador de metales
radiometallographist | radiometalografista
radiometallography | radiometalografía
radiometallurgy | radiometalurgia
radio meteor | radiometeoro
radiometeorograph, radio meteorograph | radiosonda, radiometeorógrafo
radiometeorography | radiometeorografía
radiometeorology | radiometeorología
radiometer | radiómetro
radiometer gauge | medidor radiométrico
radiometer-type receiver | radiómetro, receptor radiométrico
radiometric | radiométrico
radiometrically | radiométricamente
radiometric analysis | análisis radiométrico
radiometric examination | examen radiométrico
radiometric gauge | galga radiométrica, manómetro radiométrico
radiometric prospecting | radioprospección, exploración radiométrica
radiometric sorting | selección radiométrica
radiometry | radiometría
radiomicrography | microrradiografía
radio microphone | micrófono inalámbrico, radiomicrófono
radiomicrometer | radiomicrómetro, microrradiómetro
radio monitor | monitor de radio (/emisión)
radio monitoring station | estación radiomonitora, puesto de observación de radio
radio multichannel station | (estación de) radioenlace multicanal
radio multiplex system | sistema radioeléctrico múltiplex
radio multiplexing | multiplexión (/canalización) de radio
radion | radión [*partícula radiante emitida por una sustancia radiactiva*]
radio navaid = radio navigation aid | asistencia por radio a la navegación
radionavigation, radio navigation | radionavegación, navegación radioeléctrica (/por radio)
radionavigation aid | radioayuda para la navegación, asistencia por radio a la navegación
radionavigation aid facilities | instalaciones de radionavegación
radionavigational | de radionavegación
radionavigational aid | ayuda a la radionavegación, radioayuda para la navegación
radionavigation chart | carta de radionavegación
radionavigation guidance | control de navegación por radio, guía de radionavegación
radionavigation land service | servicio terrestre de radionavegación
radionavigation land station | estación terrestre de radionavegación
radionavigation mobile station | estación móvil de radionavegación
radionavigation service | servicio de radionavegación
radionavigation station | estación de radionavegación
radionavigation system | sistema de radionavegación
radionecrosis | radionecrosis
radio net | red radioeléctrica (/de radio, /de trasmisiones por radio)
radio network controller | controlador de la red de radio
radio network system | sistema de red de radio
radionics | radioelectrónica
radio noise | ruido radioeléctrico (/de radiofrecuencia)
radio noise field | intensidad de campo del ruido radioeléctrico (/de radio)
radio noise filter | filtro antiparásitos (/de radiointerferencias)
radio noise level | nivel de ruido radioeléctrico
radio noise storm | tormenta de ruido radioeléctrico
radionuclide | radionúclido
radio observation | observación radioeléctrica
radio office | cuarto de radio
radio officer | radiotelegrafista
radio-opaque [*radiopaque*] | radioopaco
radio-operated | accionado (/activado, /gobernado) por radio
radio operator | operador de radio, radiotelegrafista
radio-optical distance | distancia radioóptica [*distancia entre las antenas emisora y receptora*]
radio-optical range | alcance radioóptico [*distancia máxima entre las antenas emisora y receptora*]
radio outlet | tomacorriente con conexiones de antena y tierra
radiopacity | radioopacidad
radio paging service | servicio mensafónico
radio paging system | sistema de llamadas por radio
radiopaque | radioopaco
radiopaque obstacle | obstáculo radioopaco
radioparent | radiotrasparente
radio part | pieza (/repuesto) de radio
radio parts supplier | comercio de material de radio
radiopasteurization | radiopasteurización
radio path | trayectoria radioeléctrica
radiophare | radiofaro
radiophare of circular diagram | radiofaro de diagrama circular
radiopharmaceuticals | radiofármacos
radiophone | radioteléfono
radiophono = radiophonograph | radiogramola, radiofonógrafo
radiophonograph | radiogramola, radiofonógrafo
radiophonograph console | consola radiofonográfica, radiofonógrafo de consola
radiophoto | radiofoto
radiophotogram | radiofotograma, fototelegrama
radiophotograph | radiofotografía
radiophotography | fototelegrafía, radiofotografía
radiophotoluminescence | radiofotoluminiscencia
radio physics | física aplicada a la radioelectricidad
radio pill | radioendosonda, pastilla radioemisora
radio point source | fuente radioeléctrica puntual
radio position finding | radiogoniometría, radiolocalización, localización de emisoras de radio
radiopositioning land station | estación terrestre de posicionamiento por radio
radiopositioning mobile station | estación móvil de posicionamiento por radio
radio position-line determination | radiolocalización de la línea de posición
radio practice | radiotecnia, radioelectricidad
radio principles | principios de radio (/radiotecnia)
radioprinter | radioteletipo, radioteleimpresora
radioprobe | radiosonda
radio project | proyecto radioeléctrico
radiopropagation, radio propagation | radiodifusión, propagación radioeléctrica (/de las ondas de radio)
radiopropagation engineering | ingeniería (/técnica) de la propagación radioeléctrica
radiopropagation measurement | medición de la propagación radioeléctrica
radiopropagation physics | física de la propagación radioeléctrica
radiopropagation prediction | previsión (/pronóstico) de la propagación

radioeléctrica
radio prospecting | radioprospección, prospección por radio
radioprospecting assembly | conjunto de radioprospección
radio prospection | radioprospección
radio proximity fuse | radioespoleta, espoleta radioeléctrica, detonador de radio (/proximidad)
radio pulse | impulso de radio
radio rack | soporte de aparatos de radio
radio radiation | radiación radioeléctrica
radiorange, radio range | radiofaro direccional (/de alineación), radioemisor indicador de rumbo, radiobaliza emisora de señales guía
radio range aerial | antena de radiofaro direccional
radio range beacon | radiofaro (/radiobaliza) direccional (/de alineación, /de navegación guiada)
radio range beacon course | alineación (/eje de rumbo) por radio
radio range beam | haz de alineación (/radiofaro direccional)
radio range course | rumbo del haz del radiofaro
radio range finding | radiotelemetría, telemetría radioeléctrica
radio range fix | posición determinada por radio
radio range leg | sector de rumbo, haz de alineación (/radiofaro direccional)
radio range monitor | controlador telemétrico, monitor de radiofaro direccional
radio range orientation | orientación por señales de navegación guiada
radio range station | estación de radiofaro direccional
radio range transmitter | emisor de radioalineación, trasmisor de radiofaro direccional
radio ranging | radiotelemetría, telemetría radioeléctrica (/electromagnética)
radio rate | tasa radioeléctrica
radio ray | haz de radioondas (/ondas radioeléctricas); rayo radioeléctrico
radioreceiver, radio receiver | radiorreceptor, receptor de radio
radio receiver analysis | análisis de radiorreceptor
radio receiver circuit | circuito receptor de radio
radio receiving | radiorrecepción, recepción de (/por) radio
radio-receiving position | puesto receptor (para circuito) de radio
radio-receiving set | (aparato) receptor de radio
radio reception | radiorrecepción, recepción de (/por) radio
radio recognition | reconocimiento por radio
radio recorder | registrador de radio

radio reflector | reflector radioeléctrico (/de ondas radioeléctricas)
radio refractive index | índice de refracción radioeléctrica
radio regulations | reglamento de comunicaciones por radio
radio relay | radiorrelé, relé radioeléctrico, radioenlace
radio relay channel | canal de comunicación por relé radioeléctrico
radio relay circuit | circuito de radioenlace
radio relay communications equipment | equipo de comunicación por radiorrelés (/radioenlaces, /enlaces radioeléctricos)
radio relay equipment | equipo de radioenlace (/haces dirigidos)
radio relay facilities | prestaciones por relés radioeléctricos
radio relaying | retrasmisión radioeléctrica (/por radiorrelés)
radio relay link | radioenlace, radiopuente, enlace radioeléctrico (/por relés radioeléctricos); puente de radio; cable herciano
radio relay link network | red de radioenlaces
radio relay link telephony | telefonía por radioenlaces
radio relay network | red de radioenlaces
radio relay route | ruta de radioenlaces, arteria radioeléctrica
radio relay station | estación de radioenlace (/relé radioeléctrico), instalación de radiotrasmisión direccional
radio relay system | sistema de radioenlaces (/radiorrelés, /repetidores de radio, /estaciones repetidoras de radio)
radio relay television link | radioenlace direccional de televisión
radio remote control | radiocontrol, telemando por radio
radio repairman | reparador (/técnico de reparaciones) de radio
radio repeater | repetidor radioeléctrico (/de radio)
radio repeater station | estación repetidora de radio
radio report | informe radiado (/para radiodifusión)
radio reporter | periodista radiofónico
radio reporting | reportaje radiofónico; investigación en (el campo de la) radioelectricidad
radioresistance | radiorresistencia
radioresonance | radiorresonancia
radioresonance method | método de la radiorresonancia
radio scattering | difusión de ondas electromagnéticas, dispersión de ondas radioeléctricas
radio school | escuela de radio
radioscope | radioscopio
radioscopy | radioscopia
radio screen | radioblindaje; radiopantalla

radio search | radioexploración
radio section | sección de radio
radiosender, radio sender | radioemisor(a), emisora (/transmisor) de radio; radiotrasmisor, emisor radioeléctrico
radiosensitive | radiosensible
radiosensitivity | radiosensibilidad
radio service | servicio de radiocomunicación
radio serviceman | técnico en reparaciones de radio
radio servicing | servicio de reparaciones de aparatos de radio
radio set | equipo (/receptor) de radio, radiotrasmisor
radio set tester | comprobador de receptores de radio
radio sextant | radiosextante
radio shield | radioblindaje; pantalla contra radiaciones
radio shielding | protección contra radiaciones
radio show | exhibición (/exposición) de radio
radio signal | señal radioeléctrica (/de radio)
radio signal scattering | dispersión de ondas radioeléctricas, difusión de ondas electromagnéticas
radio silence | silencio radiofónico (/de radio), suspensión de emisiones por radio
radiosity | radiosidad [*método para dar realismo a las imágenes en gráficos de ordenador*]
radio sky | cielo radioeléctrico
radiosonde | radiosonda, radiometeorógrafo
radiosonde balloon | globo radiosonda
radiosonde data | datos de radiosonda
radiosonde-drawing station | estación de radiosonda-radioviento
radiosonde observation | observación radiometeorográfica (/por radiosonda)
radiosonde parachute | paracaídas con radiosonda
radiosonde receiver | receptor de radiosonda
radiosonde recorder | registrador (/grabador) de radiosonda
radiosonde sensor | sensor de radiosonda
radiosonde station | estación de radiosondeo (/radiosonda)
radiosonde transmitter | trasmisor de radiosonda; emisor radiometeorográfico
radiosonic | radiosónico
radio sonobuoy | sonoboya, radioboya hidrofónica, boya radiohidrofónica
radiosounding, radio sounding | radiosondeo
radio-sounding balloon | globo radiosonda
radio source | fuente de radio
radio spectral line | línea del espectro radioeléctrico

radio spectroscope | radioespectroscopio
radio spectrum | espectro radioeléctrico (/de radiofrecuencias, /de las ondas de radiofrecuencia)
radio spectrum analyser | analizador del espectro radioeléctrico
radio spectrum conservation | conservación del espectro radioeléctrico
radio spectrum economy | economía del espectro radioeléctrico
radio standard | norma radioeléctrica, patrón radioeléctrico
radio standards broadcast | emisión radioeléctrica de señales patrón
radio star | radioestrella, estrella radioeléctrica, fuente radioeléctrica estelar
radio star scintillation | escintilación de radioestrellas
radio station | emisora (/estación) de radio
radio station interference | interferencia de estación de radio
radio storm | tormenta radioeléctrica
radio strontium | radioestroncio, estroncio radiactivo
radio studio | estudio radiofónico (/de radio)
radio subscription | abono a la radio
radio subsystem | subsistema de radio
radio sun | radiosol, sol radioeléctrico
radio-supervised master clock | reloj patrón supervisado por radio
radio-supervised time control | control de tiempo supervisado por radio
radio suppression condenser | condensador de antiparasitaje, condensador supresor de perturbaciones de radio
radio suppressor | dispositivo de antiparasitaje, eliminador (/supresor) de perturbaciones de radio
radio surveillance | vigilancia por radio
radio survey | reconocimiento radioeléctrico (/por radio)
radio system | sistema radioeléctrico (/de radiodifusión)
radio system link | radioenlace, enlace radioeléctrico
radio technician | radiotécnico, técnico de radio
radiotechnology, radio technology | radiotecnología
radiotelecommunication, radio telecommunication | radiotelecomunicación, radiocomunicación, telecomunicación radioeléctrica (/por radio)
radiotelegram, radio telegram | radiotelegrama
radiotelegram with prepaid repaly | radiotelegrama con respuesta pagada
radiotelegraph, radio telegraph | radiotelégrafo
radiotelegraph alarm signal | señal de alarma radiotelegráfica
radiotelegraph channel | canal radiotelegráfico

radiotelegraph circuit | circuito radiotelegráfico
radiotelegraph communication | comunicación radiotelegráfica (/por radiotelegrafía)
radiotelegraph connection | enlace radiotelegráfico
radiotelegraph console | consola radiotelegráfica
radiotelegraph facilities | servicios radiotelegráficos, instalaciones radiotelegráficas
radiotelegraphic | radiotelegráfico
radiotelegraphist | radiotelegrafista
radiotelegraph limited-correspondence service | servicio radiotelegráfico de correspondencia restringida
radiotelegraph link | enlace radiotelegráfico
radiotelegraph log | parte radiotelegráfico diario
radiotelegraph maritime service | servicio radiotelegráfico marítimo
radiotelegraph operator | radiotelegrafista
radiotelegraph public correspondence service | servicio radiotelegráfico de correspondencia pública
radiotelegraph receiver | receptor radiotelegráfico, radiotelégrafo receptor
radiotelegraph receiving system | sistema receptor radiotelegráfico
radiotelegraph reception | recepción radiotelegráfica
radiotelegraph reception by ear | recepción radiotelegráfica auditiva
radiotelegraph route | vía radiotelegráfica
radiotelegraph transmitter | trasmisor radiotelegráfico
radiotelegraph transmitting station | estación trasmisora radiotelegráfica
radiotelegraphy, radio telegraphy | radiotelegrafía
radiotelemetering | radiotelemetría, telemedición por radio
radiotelephone, radio telephone | radioteléfono
radiotelephone alarm signal | señal de alarma radiotelefónica
radiotelephone call | llamada (/conversación) radiotelefónica
radiotelephone channel | canal radiotelefónico
radiotelephone charge | tasa radiotelefónica
radiotelephone circuit | circuito radiotelefónico
radiotelephone connection | enlace radiotelefónico
radiotelephone distress call | llamada de socorro radiotelefónica
radiotelephone distress frequency | frecuencia de socorro radiotelefónica
radiotelephone distress signal | señal de socorro radiotelefónica
radiotelephone emission | emisión radiotelefónica

radiotelephone facilities | instalaciones radiotelefónicas, servicio radiotelefónico
radiotelephone land mobile service | servicio móvil terrestre radiotelefónico
radiotelephone limited-correspondence service | servicio radiotelefónico de correspondencia restringida
radiotelephone link | enlace radiotelefónico
radiotelephone log | parte radiotelefónico diario
radiotelephone maritime service | servicio marítimo radiotelefónico
radiotelephone operation | servicio radiotelefónico
radiotelephone operator | radiotelefonista
radiotelephone procedure | procedimiento de radiotelefonía
radiotelephone public-correspondence service | servicio radiotelefónico de correspondencia pública
radiotelephone security system | sistema de seguridad radiotelefónica
radiotelephone selective-calling system | sistema radiotelefónico de llamada selectiva
radiotelephone ship station | estación radiotelefónica de barco
radiotelephone traffic | tráfico radiotelefónico
radiotelephone transmitter | trasmisor radiotelefónico
radiotelephone trunk | arteria radiotelefónica, tronco radiotelefónico
radiotelephony, radio telephony | radiotelefonía
radiotelephony calling frequency | frecuencia de llamada en radiotelefonía (/radiofonía)
radiotelephony connection | enlace radiotelefónico
radiotelephony network | red radiotelefónica (/de comunicaciones radiotelefónicas)
radioteleprinter | radioteleimpresora, radioteletipo
radiotelescope, radio telescope | radiotelescopio
radioteletype, radio teletype | radioteletipo
radio tester | comprobador de receptores de radio
radio theatre | teatro radiofónico
radiotheodolite, radio theodolite | radioteodolito
radio through repeater | radiorrepetidor de paso, repetidor radioeléctrico sin acceso (/derivación)
radio time signal | señal horaria radioeléctrica (/por radio)
radio time signal transmission | emisión radiada de señal horaria
radio tower | torre de antena emisora
radio tracking | seguimiento (/rastreo) radioeléctrico (/por radio)
radio traffic | tráfico de comunicacio-

nes por radio
radio train control | control de trenes por radio
radio transceiver | emisor/receptor radiotelefónico
radio transmission | radiotrasmisión, trasmisión radioeléctrica (/por radio)
radio transmission of images | radiotrasmisión de imágenes
radio transmission of pictures | radiotrasmisión de imágenes
radio transmitter | radiotrasmisor, trasmisor (/emisora) de radio
radio trunk | ramal (/tronco) radioeléctrico
radio tuner | sintonizador de radio
radio tuner unit | bloque de sintonía, sintonizador de radio
radioteletype | radioteleimpresora, radioteletipo
radioteletypewriter | radioteleimpresora, radioteletipo
radioteletypewriter broadcast | difusión por radioteleimpresora
radioteletypewriter circuit | circuito de radioteleimpresora, enlace por radioteleimpresora
radioteletypewriter communication | comunicación por radioteleimpresora
radioteletypewriter connection | enlace por radioteleimpresora
radioteletypewriter converter | convertidor de radioteletipo (/radioteleimpresora)
radioteletypewriter link | enlace por radioteleimpresora
radioteletypewriter system | red radioteletipográfica (/de radioteleimpresoras), sistema de radiotelegrafía impresora
radio-television servicing | servicio (de reparación de aparatos) de radio y televisión
radiotelex | radiotélex
radiotelex circuit | circuito de radiotélex (/télex por radio)
radiothallium | radiotalio
radiotheodolite | radioteodolito
radiotherapist | radioterapeuta
radiotherapy | radioterapia, terapia por rayos X, roentgenoterapia
radiothermics | radiotermia, radiotérmica
radiothermoluminiscence | radiotermoluminiscencia
radiothermy | radiotermia
radiothorium | radiotorio [antigua denominación del torio 228]
radio-to-telephone hybrid | trasformador diferencial para acoplamiento entre circuito radiotelefónico y línea telefónica
radiotoxicity | radiotoxicidad
radiotracer | radiotrazador, trazador (/rastreador, /indicador, /testigo, visualizador) radiactivo
radiotrain | tren con servicio radiotelefónico

radiotransistor | radiotransistor
radiotransmission [radio transmission] | radiotrasmisión, trasmisión por radio
radio-transmitting equipment | equipo radioemisor (/radiotrasmisor)
radio-transmitting position | puesto de radiotrasmisión
radiotransparent, radio-transparent | radiotrasparente, trasparente a las radiaciones
radiotrician | radiotécnico, radioelectricista
radiotropism | radiotropismo
radio-type resistor | resistencia del tipo usado en aparatos de radio
radio unit | aparato de radio
radio valve | válvula (/lámpara) electrónica (/de radio)
radio valve noise | ruido de la válvula de radio
radiovisible | observable mediante aparatos radioastronómicos; a distancia radioóptica
radiovision | radiovisión
radiovisor | radiovisor
radio warning | detección (/vigilancia) por radio
radio watch | radioescucha, vigilancia (/observación) por radio
radio wave | radioonda, onda herciana (/de radio, /de radioeléctrica)
radio wavefront distortion | distorsión del frente de onda
radio wavelength | longitud de onda radioeléctrica
radio wave propagation | propagación radioeléctrica (/de ondas radioeléctricas, /ondas de radio)
radio waves | ondas de radio
radio wave scattering | difusión de ondas electromagnéticas, dispersión de ondas radioeléctricas
radio welding | soldadura por calor de corriente de alta frecuencia
radio whistler | silbido radioeléctrico (/ionosférico)
radiowind | radioviento
radiowind observation | observación de radioviento
radio window | ventana radioeléctrica (/de radio)
radiowind station | estación de radioviento
radio working | servicio de radiocomunicación
radio workshop | taller de radio
RADIST | RADIST [sistema de radionavegación por comparación entre impulsos de varias estaciones terrestres]
radium | radio
radium age | vida activa del radio, edad calculada por radio
radium-beryllium source | fuente radio-berilio
radium cell | cápsula de radio
radium chloride | cloruro de radio
radium dosage | dosis de radio

radium mould | molde de radio
radium needle | aguja de radio
radium pack | compresa de radio
radium parameter | parámetro de radio
radium plaque | placa de radio
radium technician | técnico de radio
radiumtherapy, radium therapy | radioterapia, terapia con radio
radium toxicity | toxicidad del radio
radius | radio
RADIUS = remote authentication dial in user service | RADIUS [llamada de verificación en servicio de usuario]
radius of service area | alcance (/radio de acción) del servicio
radix | raíz, base
radix complement | complemento verdadero (/de raíz, /de la base)
radix exchange | intercambio de raíces
radix-minus-one complement | complemento restringido (/a base reducida, /de la base menos uno)
radix notation | notación radical (/básica, /de la base)
radix point | punto base, coma de la base
radix sort | clasificación radical
radix sorting | clasificación digital (/de raíces, /de bases, /de bolsillo)
radix sorting algorithm | algoritmo de clasificación radical
radnos | desvanecimiento de la radio (en regiones árticas)
radome | cubierta protectora; cúpula protectora (/de antena, /de antena giratoria, /de radar)
radome-enclosed aerial | antena con cúpula
radom interlace | entrelazamiento (/entrelazado) aleatorio (/errático)
radom winding | arrollamiento (/devanado) aleatorio (/desordenado)
radon | radón
radon seed | cápsula de radón
rad per unit time | rad por unidad de tiempo
RADSL = rate-adaptive asymmetric digital subscriber line | RADSL [línea asimétrica de suscriptores digitales con adaptación proporcional]
RAD tool = rapid application development tool | herramienta RAD [herramienta de desarrollo de aplicación rápida]
radurization | radurización [procedimiento para hacer un producto más duradero sometiéndolo a baja radiación]
RADUX | RADUX [sistema de radionavegación de larga distancia y baja frecuencia]
radwind | radioviento; globo sonda con radar
rag | falta de justificación [del margen en las líneas de un texto]
ragged array | orden desigual
ragged left | margen izquierdo sin justificar

ragged picture | imagen inestable (/desgarrada)
ragged right | margen derecho sin justificar
RAID = redundant array of independent (/inexpensive) disks | RAID [*agrupación de discos duros independientes con cabezas de lectura sincronizadas*]
rail and road service | servicio de tren y automóvil
rail bond | conexión eléctrica de carriles
railing | barrera
rail return | retorno (de la corriente de tracción) por carril
railroad [USA] | ferrocarril
raylway [UK] | ferrocarril
railway communications system | sistema de telecomunicaciones ferroviarias
railway line | línea de tracción
railway radio service | servicio de telecomunicaciones ferroviarias
railway telegram | telegrama del servicio ferroviario
railway telegraphy | telegrafía de vía férrea
railway telephone system | sistema telefónico de vías férreas
railway telephony | telefonía de vía férrea
rain | lluvia
rain alarm | alarma antilluvia
rain attenuation | atenuación por lluvia
rain barrel efect | efecto barril (/resonancia), efecto "lluvia sobre barril"
rainbow | arco iris
rainbow generator | generador espectral (/de arco iris)
rain clutter | ecos de lluvia, parásitos debidos a la lluvia
rain effect | efecto de lluvia
rain gauge | pluvímetro, pluviómetro, udómetro
rainproof | a prueba de lluvia, impermeable a la lluvia
rainproof fitting | luminaria a prueba de lluvia
rainproof lighting fitting | luminaria a prueba de lluvia
rain return | ecos de lluvia
raintight | a prueba de lluvia, estanco a la lluvia
raised cosine pulse | impulso en coseno elevado
raise window with focus, to - | activar la ventana con foco
rake angle | ángulo de inclinación
RAM = random access memory | RAM [*memoria de acceso aleatorio*]
RAMAC = Random Access Method of Accounting Control | RAMAC [*método de acceso aleatorio para control de contabilización; fue el primer controlador de disco (1956)*]
Raman bands | bandas de Raman
Raman cell | cubeta de Raman

Raman effect | efecto de Raman
Raman lamp | lámpara de Raman
Raman line | línea de Raman
Raman scattering | dispersión de Raman
Raman spectrometer | espectrómetro de Raman
ramark = radar marker | radiobaliza, radiofaro para radar, marcador de radar
RAM cache = random access memory cache | caché RAM [*memoria caché de acceso aleatorio*]
RAM card = random access memory card | tarjeta RAM [*tarjeta de memoria de acceso aleatorio*]
RAM cartridge | cartucho de RAM
RAM chip | chip de RAM
RAM compression = random access memory compression | compresión de la RAM [*compresión de la memoria de acceso aleatorio*]
RAMDAC = random access memory digital-to-analog converter | RAMDAC [*convertidor digital/analógico para la RAM*]
RAM disk = random access memory disk | disco de RAM [*disco de la memoria de acceso aleatorio*]
ram drag | resistencia dinámica
ramie-covered wire | hilo con aislamiento de ramio
ramp | rampa
ramp generator | generador de rampa
ramping | control por rampa
ramp input | entrada de rampa
rampoff effect | efecto de rampa (/declive)
ramp waveform | onda en rampa
RAM refresh | regeneración de la RAM
RAM resident | residente en la RAM
RAM-resident programme | programa residente en la RAM
RAMS = reliability, availability, maintenance, and safety | RAMS [*fiabilidad, disponibilidad, posibilidad de mantenimiento y seguridad*]
Ramsauer effect | efecto de Ramsauer
random | aleatorio, probabilístico; coincidencia
random access | acceso aleatorio (/al azar)
random access channel | canal de acceso aleatorio
random access device | dispositivo de acceso directo
random access discreete address system | sistema de direcciones discretas de acceso aleatorio
random-access file | archivo de acceso al azar
random-access machine | máquina de acceso aleatorio (/directo, /al azar)
random access memory | memoria de acceso aleatorio (/directo)
random access programming | programación de acceso aleatorio
random access storage | almacenamiento de acceso aleatorio

random-access stored program machine | máquina de acceso aleatorio con programa almacenado
random aerial | antena irregular
random algorithm | algoritmo aleatorio
random bundle | haz aleatorio
random channel | canal aleatorio (/probabilístico)
random coincidence | coincidencia fortuita (/accidental, /aleatoria)
random disturbance | perturbación errática
random electrical noise | ruido eléctrico aleatorio
random electrostatic field | campo eléctrico aleatorio
random emission | emisión aleatoria
random encounter | choque aleatorio (/al azar)
random error | error aleatorio (/casual)
random experiment | experimento aleatorio
random failure | fallo aleatorio
random firing | oscilaciones parásitas; activación fortuita (/sin consulta)
random function generator | generador de función aleatoria
random impulse generator | generador de impulsos aleatorios
random incidence response | respuesta de incidencia aleatoria
random inputs | señales de entrada aleatorias (/gaussianas)
random interference | interferencia fortuita (/estadística)
randomize, to - | aleatorizar
randomized jitter | fluctuación aleatoria
random logic | lógica aleatoria
random logic circuit | circuito lógico multifunción
random multiple-access assigned circuit | circuito de telecomunicación vía satélite de múltiple acceso
randomness | aleatoriedad
random noise | ruido aleatorio (/errático)
random noise generator | generador de ruido aleatorio
random noise testing | prueba de ruido aleatorio
random number | número aleatorio
random number generator | generador de números aleatorios
random output | (señal de) salida aleatoria
random process | proceso aleatorio (/probabilístico)
random processing | proceso aleatorio
random pulsing | pulsación aleatoria
random response | respuesta de incidencia aleatoria
random sample | muestra aleatoria
random sampling | muestreo aleatorio, toma de muestras al azar
random sampling oscilloscope | osciloscopio de muestreo aleatorio

random sensitivity | sensibilidad media
random sequential memory | memoria aleatoria secuencial
random signal | señal aleatoria
random signal generator | generador de señales aleatorias
random test | prueba estadística
random variable | variable aleatoria
random variation | variación aleatoria
random velocity | velocidad aleatoria
random vibration | vibración aleatoria
random walk | trayectoria aleatoria
random wound | bobinado aleatorio
range | rango, ámbito, margen; alcance, recorrido; radiofaro direccional
range accuracy | exactitud en distancia
range ambiguity | ambigüedad de distancia
range amplitude display | indicador de amplitud y distancia
range-bearing display | indicador de distancia y acimut
range calibration | calibración de alcance
range calibrator | calibrador de distancias
range changing | conmutación de la gama de medición
range check | comprobación de límites [*en programación*]
range circle | círculo indicador de distancia
range click technique | técnica de pulsar rango
range coding | codificación de distancia
range control | control de distancia
range direction | dirección del objeto
range discrimination | discriminación de distancia, resolución radial (/de distancia)
range energy relation | relación alcance-energía
range finder | telémetro, buscador de margen
range finder knob | palanca (/perilla) del buscador de margen
range finder sector | sector del buscador de margen
range gate | compuerta de intervalo, puerta de selección (de radar)
range height indicator | indicador de altura y distancia
range height indicator display | (presentación del) indicador de altura y distancia
range limit | límite del margen
range mark | marca de distancia (/margen)
range marker | baliza fija; marcador de margen (de distancia)
range marker generator | generador de marcas de distancia
range measurement | medición de la distancia
range multiplier | multiplicador de alcance (/sensibilidad)
range of bearing | gama acimutal
range of gain | margen de ganancia
range of station | alcance (/radio de acción) de la estación
range of voltage | gama de voltajes (/tensiones)
range of volts | gama de voltajes (/tensiones)
range of wavelengths | gama de longitudes de onda
ranger | larguero; orden [*USA*]
range rate | velocidad de variación de la distancia
range resolution | definición (/resolución, /discriminación) de la distancia, definición (/resolución, /discriminación) del alcance
range ring | anillo de distancia
range scale | escala de margen (/distancia)
range search | exploración en distancia
range selection | selección de rango
range selection model | modelo de selección de rango
range selector | selector de alcance (/banda, /escala de distancia)
range selector switch | conmutador de banda (/escala de distancia)
range signal | señal de distancia
range splitter probe | sonda divisoria de escala
range station | radiofaro direccional
range step | escalón de alcance, desplazamiento vertical indicador de distancia
range straggling | fluctuación de alcance (/recorrido)
range-straggling parameter | parámetro de fluctuación de alcance (/recorrido)
range surveillance | vigilancia de alcance
range swipe technique | técnica de selección por ratón
range switch | conmutador de banda (/gamas, /márgenes, /escala de distancia)
range switching | conmutación de márgenes (/gamas)
range target | blanco de distancia
range technique | técnica de selección por rango
range transmission unit | unidad trasmisora de distancia
range transmitter | emisor telemétrico, trasmisor de distancia
range unit | unidad de distancia (/alcance)
range zero | margen cero; calibrador de distancia cero
ranging | referencia; conexión de cableado; exploración a gran distancia
ranging crystal | cristal (cronometrador) de distancias
ranging echo | eco de distancia
ranging oscillator | oscilador indicador de distancias
rank | banda, gama; rango, categoría, jerarquía
rank, to - | ordenar por categorías, establecer un listado jerárquico
rank correlation | correlación de rangos
rank correlation coefficient | coeficiente de correlación de rangos
Rankine cycle system | sistema de ciclo de Rankine
rank of addressee | jerarquía del destinatario
rank of selectors | juego (/línea) de selectores
rapcon | rapcon [*sistema de radar para el control directo de las aeronaves cercanas*]
Raphael bridge | puente de Raphael
rapid action switch | interruptor (/conmutador) de acción rápida
rapid analysis | análisis rápido
rapid application | aplicación rápida
rapid charging | carga rápida
rapidity of modulation | rapidez de modulación
rapid memory | memoria rápida
rapid method | procedimiento rápido
rapid pulse | impulso rápido
rapid rise-time pulse | impulso de subida rápida
rapid scanning | exploración rápida
rapid-scanning motor | motor para exploración rápida
rapid service | servicio rápido
rapid spectrochemical analysis | análisis espectroquímico rápido
rapid-start fluorescent lamp | lámpara fluorescente sin cebador, lámpara fluorescente de encendido rápido
rapid-start lamp | lámpara sin cebador, lámpara de encendido instantáneo
rapid storage | almacenamiento rápido
raplot = radar plot | raplot [*método trazador de radar*]
RAPPI = random access plan position indicator | RAPPI [*indicador PPI de acceso aleatorio*]
RARAD | RARAD [*parte meteorológico basado en observaciones de radar*]
RARE = réseaux associés pour la recherche européene (*fra*) [*associated networks for European research*] | RARE [*redes asociadas para la investigación europea*]
rare earth | tierra rara
rare gas | gas raro
rare gas tube | tubo de gas raro
RAREP | RAREP [*boletín meteorológico basado en observaciones de radar*]
RARP = reverse address resolution protocol | RARP [*protocolo de resolución de dirección de retorno*]
RAS = registration, admission, and status | RAS [*registro, admisión y estado (protocolo de señalización entre terminal y portero)*]

RAS = remote access server | RAS [*servidor de acceso remoto*]
raser | ráser [*máser de radiofrecuencia; resonador para aumentar el alcance y la sensibilidad*]
raster | trama (de exploración), cuadrícula, retículo; entramado
raster burn | quemadura de trama
raster display | pantalla reticulada
raster distortion | distorsión de formato
raster graphics | representación gráfica en forma de trama
raster image | imagen reticulada
raster image processor | procesador de imagen reticulada
rasterization | reticulación
raster-mode graphic display | representación gráfica en forma de trama
raster scan | exploración de trama
raster-scan display | pantalla de barrido con trama
raster scan technology | tecnología de barrido de retículo
ratchet | corona, tambor dentado, rueda de escape
ratchet and tongs with tensor indicator | dinamómetro
ratchet relay | relé (/relevador) de trinquete
ratchet timebase | base de tiempos de trinquete
ratchetting | trinqueteo
ratchet wheel | rueda de trinquete (/estrella, /gatillo, /escape)
rate | tasa, índice, coeficiente, tarifa; velocidad (de trasmisión)
rate action | acción derivada (/de proporción)
rate-adaptative ADSL | ADSL de tasa adaptativa
rate-adaptive asymmetric digital subscriber line | línea asimétrica de suscriptores digitales con adaptación proporcional
rate centre | centro de tarifación
rate control | control derivado (/de velocidad)
rated | nominal
rated accuracy | exactitud nominal
rated burden | potencia de precisión
rated capacitance | capacidad nominal
rated capacity | capacidad nominal
rated coil current | corriente nominal de bobina (/excitación)
rated coil voltage | tensión nominal de bobina (/excitación)
rated contact current | corriente nominal de contacto, capacidad nominal de corriente de los contactos
rated coverage | cobertura nominal
rated current | corriente (/intensidad) nominal (/de régimen)
rated duty | servicio nominal
rated frequency deviation | desviación nominal de frecuencia
rated impedance | impedancia nominal (/de precisión)
rated life | vida útil (/nominal, /normal), duración normal
rated making capacity | capacidad normal de conexión (/cierre)
rated operational voltage | tensión nominal de operación
rated output | salida nominal
rated output power | potencia de salida nominal
rated power | potencia nominal (/normal, /de régimen)
rated power output | potencia nominal de salida
rated power supply | alimentación (/potencia) nominal
rated pressure | presión (/tensión) nominal, voltaje de régimen
rated primary current | corriente (/intensidad) nominal primaria
rated primary voltage | tensión nominal primaria
rated quantity | magnitud nominal
rated range | margen nominal
rated ripple current | onda de tensión nominal
rated ripple voltage | onda de intensidad nominal
rated secondary current | intensidad nominal secundaria
rated secondary voltage | tensión nominal secundaria
rated-safe anode dissipation | disipación nominal de seguridad de ánodo
rated short-circuit capacity | capacidad normal en cortocircuito
rated short-circuit current | corriente de cortocircuito; intensidad térmica límite
rated short-time current | corriente máxima momentánea
rated system deviation | desviación nominal de frecuencia
rated temperature | temperatura nominal
rated temperature-rise current | corriente de calentamiento
rated thermal current | intensidad térmica nominal, corriente de calentamiento admisible
rated voltage | tensión nominal (/especificada, /de régimen)
rated voltage of a cable | tensión nominal de un cable
rated wind speed | velocidad característica (/óptima)
rated working voltage | tensión nominal de funcionamiento, voltaje de régimen (/operación especificado)
rate effect | efecto de transición (/velocidad)
rate generator | generador proporcional
rate-grown junction | unión graduada (de aumento regulado)
rate-grown transistor | transistor de unión graduada (/progresiva)
rate gyro | giróscopo proporcional (/de velocidad angular)
rate gyroscope | giróscopo de velocidad de giro
rate limiting | limitación de márgenes
ratemeter, rate meter | contador; integrador; medidor proporcional (/por unidad de tiempo)
rate-of-change relay | relé de variación de velocidad
rate of charge | régimen (/velocidad) de carga
rate of climb | velocidad ascensional
rate-of-climb indicator | indicador de velocidad de ascensión
rate of closure | velocidad de aproximación
rate of decay | velocidad de decaimiento (/extinción del sonido)
rate of discharge | capacidad (/velocidad, /régimen) de descarga
rate of disintegration | velocidad de desintegración
rate of energy gain | velocidad (/ritmo) de ganancia de energía
rate of formation | velocidad de formación
rate of interrogation | cadencia (/ritmo) de interrogación (/consulta)
rate of reaction | velocidad de reacción
rate-of-rise relay | relé de sobrecorriente de acción instantánea
rate-of-rise timer | temporizador de control del nivel de aumento
rate of transmission | velocidad de trasmisión
rate-of-turn control | control de velocidad de giro
rate of withdrawal | velocidad de extracción
rate per unit call | tasa por unidad de conversación
rate per word | tasa por palabra
rate receiver | receptor de velocidad
rate setting | establecimiento (/determinación) de tarifas
rate signal | señal proporcional a la velocidad
rate test | prueba de integradores
rate tracking | rastreo derivado (/de velocidad)
rate transmitter | trasmisor de velocidad
rate zone | zona tarifaria
rate zone principle | principio de tasación por zonas
rating | régimen (/valor, /capacidad, /potencia) nominal (/normal, /de servicio)
rating chart | diagrama de carga; gráfico de regímenes
rating plate | placa indicadora
rating system | sistema de evaluación
ratio | razón, relación, índice, coeficiente, proporción, factor
ratio arm | rama de relación
ratio arm box | caja de relación
ratio arms | brazos de proporción
ratio calibration | calibración de relación

ratio control | control de relación
ratio detector | detector de relación (/coeficiente)
ratio discriminator | discriminador de relación
ratio error | error de relación
ratio meter | medidor de cociente (/proporcionalidad)
rational activity coefficient | coeficiente de actividad racional
rationalized unit | unidad racionalizada
rational language | lenguaje racional, conjunto regular
ratio of attenuation | relación de atenuación
ratio of currents | relación de intensidades de corriente
ratio of the windings | relación de devanados
ratio of transformation | relación de trasformación
ratio-squared combiner | combinador de relación cuadrática
ratio-type telemeter | telémetro de posición (/relación de magnitudes)
rat race | derivador; anillo híbrido, unión híbrida en anillo, acoplador diferencial en anillo; mezclador equilibrado; divisor de potencia
rat-tailed | en forma de cola de rata; con empalme de cola de rata
rat-tail joint | empalme de cola de rata
rattle | ruido producido por defecto del altavoz
rattle echo | retumbo
rattling | golpeteo, crepitación, traqueteo
rattling noise | ruido de golpeteo (/carraca)
raw AC = raw alternating current | corriente alterna sin rectificar
raw data | datos vírgenes (/en bruto, /sin elaborar, /sin procesar)
raw error rate [*of peripheral storage*] | tasa de errores en bruto [*de almacenamiento periférico*]
rawin [*fam*] = radiowind | radiosonda, radioviento
rawin balloon | globo radiosonda
rawin sonde | globo radiosonda
raw mode | modo sin procesar
raw tape | cinta virgen
raw water | agua natural
RAX = rural automatic exchange | RAX [*central automática rural*]
ray | rayo; haz; recorrido, trayectoria
ray, to - | radiar, emitir rayos
ray angle | ángulo del rayo
ray beam | haz de rayos
ray control | control del rayo
ray control electrode | electrodo de control del haz (/rayo)
Raydist | Raydist [*sistema que establece hipérbolas de navegación por comparación de fases de radiofrecuencia*]
rayl | raylio [*magnitud de reactancia o resistencia acústica*]

rayleigh | rayleigh [*unidad de flujo utilizada en la medida de la intensidad luminosa de auroras y en cielo nocturno*]
Rayleigh cycle | ciclo de Rayleigh
Rayleigh disc | disco de Rayleigh
Rayleigh distribution | distribución de Rayleigh
Rayleigh line | línea de Rayleigh
Rayleigh reciprocity theorem | teorema de reciprocidad de Rayleigh
Rayleigh scattering | dispersión de Rayleigh
Rayleigh-Schrödinger perturbation formula | fórmula de perturbación de Rayleigh Schrödinger
Rayleigh surface wave | onda de superficie de Rayleigh
Rayleigh wave | onda de Rayleigh
ray locking | bloqueo del haz
raymark | radiobaliza (/marcador) de radar
ray path | trayectoria del rayo
ray-proof | antirradiactivo, con protección contra radiaciones
Raysistor | Raysistor [*marca comercial de dispositivo para controlar la conductividad de semiconductores*]
ray tracing | trazado por haz [*método para crear gráficos por ordenador de alta calidad*]
ray valve | válvula de rayos catódicos
Rb = rubidium | Rb = rubidio
RB = ringing battery | batería de llamada (/timbre)
RBC = radio block centre | RBC [*centro de bloqueo por radio*]
RBE = relative biological effectivity | EBR = efectividad biológica relativa
RBE dose | dosis de efectividad biológica relativa
RBN = radio beacon | radiofaro
RBOC = regional Bell operating company | RBOC [*compañía regional Bell*]
RBS = radio beacon station | RBS [*estación de radiofaro*]
RBTC = radio based train control | RBTC [*control de trenes por radio*]
RC = remote control | control remoto, telecontrol, telemando
RC = resistance-capacitance | RC = resistencia-capacidad
RC = rubber-covered | forrado (/recubierto, /aislado) con caucho
RCA connector | conector RCA
RC amplifier = resistance-capacitance amplifier | amplificador de (/acoplado por) resistencia y capacidad
RC audio generator | generador de audiofrecuencias de resistencia-capacidad
RC cathode follower feedback circuit | circuito de reacción a base de resistencias y capacidades para seguidor catódico
RCC = regional control centre | RCC [*puesto de mando regional*]
RCC = rescue co-ordination centre |

RCC [*centro de coordinación de rescates (con localización por satélite)*]
RC circuit | circuito de resistencia y capacidad
RC constant | constante de resistencia y capacidad
RC coupling | acoplamiento de resistencia y capacidad
RCD = received | recibido
RCD = reference counting direction | RVD [*dirección de contador de referencia*]
RC differentiator | diferenciador de resistencia y capacidad
RC filter | filtro de resistencia y capacidad
RCG circuit = reverberation-controlled gain circuit | circuito RCG [*circuito de ganancia regulada por reverberación*]
RCM = radio countermeasure | RCM [*contramedida radioeléctrica (/de radar, /de radio), medida antirradar*]
RC network | red (/célula) de resistencia y capacidad; célula de constante de tiempo
RC oscillator | oscilador de resistencia y capacidad
RCP = reference counting polarity | RCP [*polaridad de recuento de referencia*]
RC probe | sonda de resistencia y capacidad
RC product | producto de resistencia y capacidad
RCR = receiver | receptor
RC tester | probador de resistencias y condensadores
RCTL = resistor-capacitor-transistor logic | RCTL [*lógica de resistencias, lógica de resistor-capacidad-transistor*]
RCT-logic = resistor-capacitor-transistor logic | lógica RCT [*lógica de resistencias, lógica de resistor-capacidad-transistor*]
RCVR = receiver | receptor
rd = rutherford | rd = rutherford [*cantidad de material radiactivo que produce un millón de desintegraciones por segundo*]
RD = read | lea; leer
RD = remote diagnostics | TD = telediagnóstico
R/D = research and development | I+D = investigación y desarrollo
R&D = research and development | I+D = investigación y desarrollo
RdAc = radioactinium | RdAc = radioactinio
RDAT = rotating-head digital audio tape | RDAT [*cinta de audio digital de cabeza giratoria*]
RDBMS = relational database management system | RDBMS [*sistema de gestión relacional para bases de datos*]
RDF = radio direction finder, radio direction finding | RDF [*radiogoniómetro, radiolocalizador de dirección; ra-

diogoniometría, búsqueda de dirección por radio]
RDF = repeater distribution frame | RDF [*distribuidor de repetidores (/baja frecuencia)*]
RDF = resource description framework | RDF [*estructura de descripción de recursos (para metadatos)*]
R display | pantalla R
RDN = relative distinguished name | RDN = nombre distinguido relativo [*en internet*]
RDO = radio | radio
RDO = remote data object | RDO [*objeto de datos remoto*]
RDS = radio data system | RDS [*sistema de radiotrasmisión de datos*]
RDS-TMC = radio data system - traffic message channel | RDS-TMC [*sistema de radiotrasmisión de datos – canal para mensajes de tráfico rodado*]
RdTh = radiothorium | RdTh = radiotorio
Re = rhenium | Re = renio
RE = regarding | con referencia a, en relación con
reach | alcance
reachability | asequibilidad
reachability matrix | matriz de asequibilidad (/conectividad, /adyacencia)
reach factor | factor de alcance
reach-through | penetración, perforación
reach-through voltage | tensión de penetración (/perforación)
reacquisition time | tiempo de readquisición
reactance | reactancia
reactance amplifier | amplificador paramétrico (/de reactancia)
reactance bond | ligadura de impedancia (/bobina de reactancia)
reactance chart | gráfico de reactancias
reactance coil | bobina de reactancia
reactance diode | diodo de reactancia
reactance drop | caída de tensión de la reactancia
reactance drop compensation | compensación de la caída de tensión de la reactancia
reactance-earthed | puesta a tierra reactiva (/por reactancia, /por bobina de autoinducción)
reactance factor | factor de reactancia
reactance frequency multiplier | multiplicador de frecuencia de reactancia
reactance load | carga reactiva
reactance meter | reactancímetro, medidor de reactancia
reactance modulation | reactancia de modulación
reactance modulator | modulador de reactancia
reactance network | red (/célula) reactiva
reactance protection | (dispositivo de) protección de reactancia

reactance relay | relé de reactancia
reactance-resistance ratio | relación reactancia/resistencia
reactance valve | válvula de reactancia, reactancia electrónica
reactance valve modulator | modulador de válvula de reactancia, modulador de reactancia electrónica
reactance voltage | tensión de reactancia
reactatron | reactatrón [*amplificador de microondas de bajo nivel de ruido con diodo semiconductor*]
reacting | reactivo
reacting fuel | combustible reactivo
reacting plasma | plasma reactivo
reacting region | zona (/región) de reacción
reacting volume | volumen reactivo
reaction | reacción
reaction alternator | alternador de reacción
reaction amplifier | amplificador por reacción
reaction cavity | cavidad de reacción
reaction channel | canal de reacción
reaction circuit | circuito de reacción
reaction coil | bobina de reactancia (/reacción)
reaction coupling | acoplamiento de reacción
reaction cross section | sección eficaz de reacción
reaction energy | energía de reacción
reaction engine | motor de reacción
reaction mean free path | recorrido libre medio de la reacción
reaction mean free time | tiempo libre medio de la reacción
reaction motor | motor de reacción
reaction power | energía de reacción
reaction power density | densidad de energía de reacción
reaction power supply | fuente de alimentación de muy alta tensión
reaction product | producto de reacción
reaction rate | ritmo (/velocidad) de reacción
reaction rate parameter | parámetro de la velocidad de reacción
reaction region | región (/zona) de reacción
reaction scanning | exploración por reacción
reaction stress | esfuerzo (/tensión) de reacción
reaction suppressor | supresor (/eliminador) de la reacción
reaction threshold | umbral de reacción
reaction time | tiempo (/periodo) de reacción
reactivation | reactivación
reactive anode | ánodo reactivo
reactive atom | átomo reactivo
reactive attenuator | atenuador reactivo

reactive balance | equilibrio reactivo
reactive circuit | circuito reactivo
reactive coil | bobina de reactancia
reactive component | componente reactivo
reactive current | corriente reactiva (/desvatada)
reactive current protection relay | relé de protección de corriente reactiva
reactive energy | energía reactiva
reactive energy meter | contador de energía reactiva, varhorímetro
reactive factor | factor reactivo (/de potencia reactiva)
reactive factor meter | medidor de coeficiente de reactancia, medidor del factor reactivo (/de potencia reactiva)
reactive kilovolt-ampere | kilovoltio-amperio reactivo
reactive kilovolt-ampere-hours | kilovoltioamperios-hora reactivos
reactive kVA = reactive kilovolt-ampere | kVA reactivo = kilovoltioamperio reactivo [*potencia reactiva en kilovoltioamperios*]
reactive kVA meter | contador de energía desvatada
reactive load | carga reactiva
reactive mixture | mezcla reactiva
reactive near-field region | región reactiva de campo próximo
reactive power | potencia reactiva (/desvatada)
reactive power meter | contador de potencia reactiva
reactive power relay | relé de potencia reactiva
reactive sputtering | sublimación reactiva
reactive voltage | tensión reactiva (/capacitiva, /inductiva)
reactive volt-ampere | voltiamperios reactivos
reactive volt-ampere-hour | voltiamperios-hora reactivos
reactive volt-ampere-hour meter | varhorímetro, contador de energía reactiva
reactive volt-ampere meter | voltiamperímetro reactivo
reactivity | reactividad
reactivity balance | balance de reactividad
reactivity calibration | calibración de la reactividad
reactivity coefficient | coeficiente de reactividad
reactivity drift | variación de la reactividad
reactivity excess | excedente de reactividad
reactivity lifetime | (tiempo de) vida de la reactividad
reactivity meter | medidor de reactividad
reactivity oscillator | oscilador de reactividad

reactivity temperature coefficient | coeficiente de temperatura de reactividad
reactor | reactor
reactor block | bloque del reactor
reactor charge | carga del reactor
reactor chemistry | química del reactor
reactor containment | contención del reactor
reactor control | control del reactor
reactor core | núcleo del reactor
reactor cross section | sección eficaz de reactor
reactor design | diseño del reactor
reactor engineering | ingeniería (/tecnología) del reactor
reactor equation | ecuación del reactor
reactor evolution | evolución de un reactor
reactor fuel | combustible del reactor
reactor kinetics | cinética de los reactores
reactor lattice | retículo (/emparrillado) del reactor
reactor line | familia de reactores
reactor metallurgy | metalurgia del reactor
reactor neutron flux | flujo neutrónico del reactor
reactor noise | ruido (/fluctuación estadística) del reactor
reactor period | periodo (/constante de tiempo) del reactor
reactor pit | cámara del reactor
reactor poison | veneno del reactor
reactor poisoning | envenenamiento del reactor
reactor readable signal | señal inteligible (/legible) del reactor
reactor rectifier amplifier | amplificador del rectificador del reactor
reactor runaway | pérdida de control del reactor
reactor safety | seguridad del reactor
reactor safety fuse | fusible de seguridad del reactor
reactor shell | envuelta del reactor
reactor shut-down | parada del reactor
reactor simulator | simulador de reactor
reactor siting | emplazamiento de reactores
reactor spectrum | espectro del reactor
reactor start motor | motor de arranque con reactancia (/reactor)
reactor synchronization | sincronización del reactor
reactor technology | tecnología del reactor
reactor time constant | periodo (/constante de tiempo) del reactor
reactor transfer function | función de trasferencia del reactor
reactor valve | válvula de reactancia, reactancia electrónica
reactor vessel | vasija (/recipiente, /recinto) del reactor

read | lectura
read, to - | leer
readability | legibilidad
readability of signal | legibilidad (/inteligibilidad) de la señal
readability scale | escala de legibilidad (/inteligibilidad)
readable | legible, inteligible
read after write | lectura tras la grabación
read-around number | número de lecturas adyacentes
read-around ratio | índice de lecturas adyacentes
readback | lectura inversa (/de verificación)
readback pin | contacto de lectura inversa (/de verificación)
read data | lectura de datos
read during write | lectura durante la grabación
reader | (unidad) lectora, (dispositivo) lector
read error | error de lectura
read head | cabeza lectora (/de lectura)
read in, to - | leer, registrar
reading | lectura; leyendo
reading access time | tiempo de acceso de lectura
reading accuracy | exactitud de la lectura
reading circuit | circuito de lectura
reading error | error de lectura
reading head | cabeza de lectura
reading lamp | lámpara para lectura
reading light | luz para lectura
reading machine | máquina lectora
reading rate | velocidad (/índice) de lectura
reading speed | velocidad de lectura
read-in programme | programa de lectura
read instruction | instrucción de lectura
read many times | legible muchas veces
readme file | archivo de instrucciones
read-mostly media | soporte principalmente de lectura
read-mostly memory | memoria mayoritariamente de lectura
read notification | notificación de documento leído [en correo electrónico, confirmación de que el receptor de un mensaje lo ha leído]
read number | número de lectura
read only | sólo lectura
read-only attribute | atributo de sólo lectura
read-only memory | memoria de sólo lectura
read-only optical media | soportes ópticos de información sólo de lectura
read-only store | memoria sólo para lectura
read-only terminal | terminal de sólo lectura
read-only text | texto de sólo lectura

read-only text field | campo de texto de sólo lectura
readout, read out, read-out | lectura, lectura de salida [lectura con borrado de la información]
read-out device | dispositivo de lectura, dispositivo indicador de lectura
read-out equipment | equipo de lectura
read-out station | estación de lectura
read-out valve | válvula de lectura de salida
read projection | proyección no frontal
read protect | protegido contra lectura
read protection | protección contra lectura
read pulse | impulso de lectura
read-through | lectura
read time | tiempo de lectura
read-to-receive signal | señal de listo para recibir
read-while-write check | control de lectura y escritura simultánea
read/write | lectura/escritura
read/write, to - [by video] | regenerar [en vídeo]
read/write channel | canal de lectura/escritura
read/write check indicator | indicador de control de entrada/salida
read-write cycle | ciclo de lectura-escritura
read/write head | cabeza de lectura/escritura
read/write memory | memoria de lectura/escritura
ready | preparado
ready emphasis | elemento resaltado activo
ready signal | seña de disponibilidad (/preparado, /invitación a trasmitir)
ready-to-receive signal | señal de listo para recibir
ready to send | dispuesto para emitir, (estado) listo para emitir
real address | dirección absoluta
real circuit | circuito real (/constituyente)
real component | componente activa
real estate | bienes raíces
realising factor | factor liberador
real line | línea real
reallocate, to - | reubicar, recolocar, reordenar
reallocation | reasignación
real mode | modo de ejecución absoluta [en el que sólo se puede ejecutar un programa a la vez]
real-mode mapper | dispositivo de correspondencia en tiempo real [mejora de Windows para el acceso al sistema de archivos de 32 bit]
real number | número real
real player | jugador real
real power | potencia activa (/real)
real solubility | solubilidad real
real storage | memoria física [no virtual]

real time | tiempo real
real-time animation | animación en tiempo real
real-time chat | charla en tiempo real
real-time clock | reloj de tiempo real
real-time compression | compresión en tiempo real
real-time conferencing | teleconferencia, conferencia en tiempo real
real-time control protocol | protocolo de control de tiempo real [*protocolo de trasmisión escalable*]
real-time data | datos de tiempo real
real-time data processing | proceso de datos en tiempo real
real-time delay | retardo de tiempo real
real-time executive | ejecutivo en tiempo real
real-time input | entrada en tiempo real
real-time language | lenguaje de tiempo real
real-time monitor | monitor en tiempo real
real-time monitoring | monitorización en tiempo real
real-time multitasking operating system | sistema operativo multitarea en tiempo real
real-time processing | (proceso de) tiempo real
real-time operating system | sistema operativo en tiempo real
real-time operation | funcionamiento (/operación) en tiempo real
real-time output | salida en tiempo real
real-time protocol | protocolo de tiempo real
real-time reaction | reacción en tiempo real
real-time spectrum analyser | analizador de espectro en tiempo real
real-time streaming protocol | protocolo de canalización (/flujo) en tiempo real
real-time switching | conmutación en tiempo real
real-time system | sistema de tiempo real
real-time transport protocol | protocolo de trasporte para aplicaciones en tiempo real
real-time video capture | captura de vídeo en tiempo real
real-time working | funcionamiento en tiempo real
real type | tipo real
rear | posterior
rear aerial bearing | orientación de antena hacia atrás
rear feed | alimentación posterior (/central)
rear light | luz piloto
rear number plate light | luz de matrícula posterior
rear panel | panel posterior
rear plate | placa posterior
rear plate assembly | placa posterior de conjunto

rear projection | proyección por trasparencia
rear projection read-out | indicador de proyección por trasparencia
rearrangement | reordenamiento, reordenación; reagrupación
rear scanning | exploración posterior
rear screen projection | proyección por trasparencia
rear screen projector | proyector por trasparencia
rear suspension | suspensión trasera (en altavoces)
rear view | vista posterior
rearward communications | comunicaciones terrestres (/de retaguardia)
rearward microwave communications link | enlace terrestre de comunicaciones por microondas
rearward microwave link | enlace de microondas terrestre (/de retaguardia)
reassembly | reensamblado
reassembly layer | capa de reensamblado
rebate a charge, to - | reembolsar una tasa
rebatron | rebatrón [*acelerador de partículas electrónicas*]
Rebecca equipment | equipo Rebecca
Rebecca-Eureka beacon | radiofaro Rebecca-Eureka
Rebecca-Eureka system | sistema Rebecca-Eureka
Rebecca-H system | sistema Rebecca-H
Rebecca interrogator | interrogador Rebecca
reboiler coil | serpentín del intercambiador de calor
rebond | reenlace
rebonding over bond | reenlace sobre enlace
reboot | reinicialización
reboot, to - | reiniciar, reanudar, inicializar
rebroadcast | retrasmisión, reemisión, redifusión
rebroadcast, to - | retrasmitir (en diferido), emitir de nuevo, redifundir
rebroadcasting | reemisión, retrasmisión (diferida)
rebroadcasting transmitter | retrasmisor, reemisor
rebroadcasting van | camión para retrasmisiones
REC = record | GRA = grabación, registro
RECAB = relative cable | relativo al cable
recalescent point | punto recalescente (/de recalescencia)
recalibrate, to - | recalibrar, volver a ajustar
recall | repetición de llamada
recall, to - | volver a llamar
recall button | tecla de repetición de llamada

recalling key | llave de llamada
recall signal | señal de llamada
recapture constant | constante de recaptura
receipt notification | notificación de recepción
receive, to - | recibir, captar
receive adjust | ajuste de nivel de recepción
receive baseband amplifier | amplificador de banda base recibida
receive branch | ramal de recepción
receive chain | cadena de recepción
receive current | corriente de recepción
receive data | datos recibidos
received power | potencia de recepción
received signal level | nivel de señal recibida
receive electromagnet | electroimán de recepción
receive frequency | frecuencia de recepción
receive gain | ganancia de recepción
receive leg | ramal de recepción
receive loop | bucle de recepción
receive only | sólo recepción
receive-only base | base para recepción sólo
receive-only printer | impresora de recepción sólo
receive-only teleprinter | teleimpresora de recepción sólo
receive-only typing reperforator | teletipo perforador de cinta sólo receptor
receive operating frequency | frecuencia de (trabajo en) recepción
receiver | receptor; auricular; trasceptor
receiver bandwidth | pasabanda (/ancho de banda) del receptor
receiver cabinet | mueble (/caja) del receptor
receiver cap | auricular, orejera
receiver capsule | cápsula receptora
receiver case | caja del receptor
receiver changeover | conmutación (/permutación) de receptores
receiver circuit | circuito receptor
receiver end | punto (/extremo) de recepción
receiver exciter | receptor-excitador
receiver gating | conmutación (/activación, /desbloqueo) del receptor
receiver hook | gancho conmutador (/para colgar el receptor)
receiver image | imagen del receptor
receiver incremental tuning | sintonización incremental del receptor
receiver lockout system | sistema de cierre (/bloqueo) del receptor
receiver maximum sensitivity | sensibilidad máxima del receptor
receiver-modulator | receptor-modulador
receiver monitor | monitor de recepción

receiver muting | enmudecimiento (/silenciamiento) del receptor
receiver muting circuit | circuito silenciador (/enmudecedor) del receptor
receiver noise | ruido del receptor, ruido interno (/de fondo) del receptor
receiver noise figure | factor (/índice) de ruido del receptor
receiver noise threshold | umbral de ruido de receptor
receiver output | salida del receptor
receiver output circuit | circuito de salida del receptor
receiver output test set | comprobador de salida para receptores
receiver preamplifier | preamplificador del receptor
receiver primaries | colores primarios de recepción, (ondas) primarias de recepción
receiver primary | color primario de receptor
receiver pulse delay | retardo de impulso del receptor
receiver quieting sensitivity | sensibilidad de acallamiento del receptor
receiver radiation | radiación del receptor
receiver report | informe de receptor
receiver response | respuesta del receptor
receiver response time | tiempo de respuesta (/reposición)
receiver rest | soporte conmutador
receiver selectivity | selectividad del receptor
receiver sensitivity | sensibilidad del receptor
receiver shell | caja del receptor
receiver site | puesto (/emplazamiento del) receptor
receiver synchro | sincronizador del receptor
receiver technology | tecnología de recepción
receiver testing | prueba (/comprobación) de receptores
receiver-transmitter amplifier | amplificador de recepción y trasmisión
receiver tuning | sintonización del receptor
receiver unit | unidad de recepción, bloque receptor
receive terminal unit | terminal de recepción
receive wave | onda de recepción
receive window | ventana de recepción
receiving | recepción
receiving aerial | antena receptora (/de recepción)
receiving amplifier | amplificador de recepción
receiving bandpass filter | filtro pasabanda (/de banda) de recepción
receiving bandwidth | ancho de banda de recepción
receiving baseband | banda base de recepción
receiving baseband amplifier | amplificador de banda base de recepción
receiving branch | ramal de recepción
receiving centre | centro receptor
receiving circuit | circuito receptor
receiving console | consola receptora
receiving current sensibility | respuesta de corriente en campo libre
receiving distributor | distribuidor receptor (/de recepción)
receiving echo suppressor | supresor de ecos del receptor
receiving electrode | electrodo receptor
receiving end | punto (/extremo) de recepción
receiving-end impedance | impedancia en el extremo de recepción
receiving-end voltage | tensión en el punto de recepción
receiving equipment | equipo receptor (/de recepción)
receiving filter | filtro de recepción
receiving gating | conmutación de recepción
receiving intensity | intensidad de recepción
receiving leg | rama receptora
receiving level | nivel de recepción
receiving location | punto de recepción; emplazamiento del receptor
receiving loop loss | pérdida del circuito de recepción
receiving margin | margen de recepción
receiving net | red receptora
receiving office | oficina receptora, centro receptor
receiving-only teleprinter | teleimpresora de recepción sólo
receiving pair | par de recepción
receiving perforator | receptor perforador
receiving position | posición de recepción, puesto receptor
receiving position table | mesa para puesto receptor
receiving relay | relé receptor (/de recepción)
receiving reperforator | reperforador de recepción
receiving set | equipo receptor; radiorreceptor
receiving site | puesto receptor (/de recepción); emplazamiento del receptor
receiving slip | cinta de recepción; cinta del ondulador
receiving station | estación receptora
receiving system | sistema receptor
receiving telegraphist | telegrafista receptor
receiving teletype | teletipo receptor
receiving terminal | terminal receptor
receiving terminal equipment | equipo terminal receptor
receiving terminal station | estación terminal receptora
receiving track | banda (/pista) receptora
receiving-transmitting station | estación receptora y trasmisora
receiving-type valve | válvula tipo recepción
receiving unit | unidad receptora (/de recepción)
receiving valve | válvula de recepción
receiving voltage sensitivity | respuesta de tensión (/corriente) en campo libre
receiving winding | arrollamiento (/devanado) de recepción
receptacle | receptáculo, contenedor; tomacorriente, toma (de corriente)
receptacle connector | conector de toma
receptacle outlet | enchufe de toma, tomacorriente múltiple
reception | recepción
reception area | zona de recepción
reception area contemplated | zona enfocada (/de recepción considerada)
reception by buzzer | recepción auditiva (/a oído)
reception by ear | recepción auditiva (/a oído)
reception by sounder | recepción auditiva (/a oído)
reception by tape | recepción en cinta
reception level | nivel de recepción
reception mode | modalidad de recepción
reception of a telegram | recepción de un telegrama
receptive | receptivo, receptor
receptor | receptor
recessed light | luminaria empotrada
recessed lighting fixture | punto de luz empotrado
recharge | recarga, carga complementaria
recharge, to - | recargar, volver a cargar
rechargeable | recargable
rechargeable battery | acumulador, batería recargable
rechargeable nickel-cadmium battery | batería recargable de níquel-cadmio
rechargeable primary cell | pila primaria recargable
recharging current | corriente de recarga
RECIBA [*Spanish experimental broadband ISDN*] | RECIBA = red experimental de comunicaciones integradas en banda ancha [*España*]
reciprocal action | acción recíproca
reciprocal amplification factor | trasparencia de rejilla, coeficiente de penetración de rejilla
reciprocal energy theorem | teorema de la energía recíproca
reciprocal ferrite phase shifter | desfasador recíproco de ferrita
reciprocal ferrite switch | commutador recíproco de ferrita

reciprocal impedance | impedancia recíproca
reciprocal linear dispersion | dispersión lineal inversa
reciprocal networks | redes recíprocas, circuitos recíprocos
reciprocal ohm | ohmio recíproco
reciprocal transducer | trasductor recíproco
reciprocal velocity region | zona de velocidad recíproca
reciprocating grid | rejilla oscilante (/móvil, /de Potter-Bucky)
reciprocation | (determinación de la) reciprocidad
reciprocity calibrator | calibrador de reciprocidad
reciprocity coefficient | coeficiente de reciprocidad
reciprocity constant | constante de reciprocidad
reciprocity method | método de reciprocidad
reciprocity principle | principio de reciprocidad
reciprocity theorem | teorema de la reciprocidad
recirculation rate | velocidad de recirculación
REC LEG = receive leg | ramal de recepción
REC LOOP = receive loop | bucle de recepción
reclosing | reconexión; reposición de cierre
reclosing circuit breaker | disyuntor de reconexión automática
reclosing contact | contacto de reposición de cierre
reclosing fuse cutout | cortacircuito de fusible restablecedor
reclosing relay | relé de reconexión
reclosure | reconexión; recierre
reclosure switch | interruptor de reconexión (/recierre)
recognition device | dispositivo de reconocimiento
recognition differential | diferencial de reconocimiento
recognition light | luz de identificación (/señalización)
recognition time | duración de la identificación
recognize, to - | reconocer
recognized private operating agency | explotación privada reconocida
recoil | retroceso
recoil electron | electrón de retroceso (/rebote, /rechazo)
recoil nucleus | núcleo de retroceso
recoil particle | partícula de retroceso
recoil proton counter valve | válvula contadora de protones de retroceso
recoil proton ionization chamber | cámara de ionización de protones de retroceso
recoil radiation | radiación de retroceso

recombination | recombinación
recombination centre | centro de recombinación
recombination coefficient | coeficiente de recombinación
recombination radiation | radiación de recombinación
recombination rate | coeficiente de recombinación
recombination velocity | velocidad de recombinación
recommendations | recomendaciones
recommutation | reconmutación
recompile, to - | compilar de nuevo
reconditioned-carrier demodulation | desmodulación con aumento (/regeneración) de la portadora
reconditioned-carrier receiver | receptor de portadora reacondicionada
reconditioned-carrier reception | recepción de portadora reacondicionada, recepción con (/regeneración) de la portadora
reconfiguration | reconfiguración
reconnaissance satellite | satélite de reconocimiento
reconstitute, to - | reconstruir
reconstituted conductive material | material conductor reconstituido
reconstituted mica | mica reconstituida
reconstruction of a line | reconstrucción de una línea
recontrol time | intervalo entre controles
record | registro, grabación
record, to - | registrar, grabar [información]
record changer | tocadiscos automático, cambiadiscos, cambiador de discos
record circuit | línea de registro; circuito de grabación
record code | código de registro
record communication | comunicación de registro permanente
record compensator | compensador de grabación; corrector de discos
record condition | condición de grabación; disposición para registro
record current optimizer | optimador de corrientes de grabación
record cutter | grabadora; cabeza cortadora (/grabadora) de discos
record density | densidad de registro
recorded ambience | efecto tonal característico
recorded broadcast | trasmisión diferida
recorded curve | curva registrada
recorded description | reportaje de trasmisión diferida
recorded magnetic tape | cinta magnética grabada
recorded program | programa grabado
recorded spot | punto registrado
recorded surface noise | ruido de superficie grabado

recorded tape | cinta grabada
recorded value | calor registrado
recorded wavelength | longitud de onda grabada
record equalizer | ecualizador de grabación, corrector de discos
recorder | grabadora; registrador
recorder lamp | lámpara excitadora para registro fonográfico
recorder room | estudio de grabación
recorder signal | señal de la grabadora, señal de registrador
recorder tape | cinta de grabación
recorder transmitting contact | contacto de trasmisión del registrador (/aparato de grabación)
record format | formato de grabación
record gap | intervalo de grabación; espacio de registro
record head | cabeza grabadora
recording | grabación; registro
recording accelerometer | acelerómetro registrador
recording ammeter = recording amperimeter | amperímetro registrador
recording amperimeter | amperímetro registrador
recording amplifier | amplificador de registro
recording anemometer | anemógrafo, anemómetro registrador
recording apparatus | aparato registrador
recording blank | disco virgen
recording board | servicio de registro
recording bridge | registrador (/conformador) en puente
recording camera | camára grabadora
recording channel | canal de grabación (/registro)
recording characteristic | característica de grabación
recording circuit | circuito de grabación (/registro)
recording-completing trunk | línea de complemento de registro
recording curve | curva de grabación (/registro)
recording demand meter | contador registrador de petición
recording density | densidad de grabación
recording digital voltmeter | voltímetro numérico registrador
recording disc | disco virgen (/para grabación)
recording engineer | técnico de grabación
recording equalizer | compensador para grabación (/registro sonoro)
recording filter | filtro para grabación (/registro sonoro)
recording frequency | frecuencia de registro
recording frequency meter | frecuencímetro registrador
recording galvanometer | galvanómetro registrador

recording gap | entrehierro de registro
recording head | cabeza grabadora (/de grabación, /de registro)
recording instrument | instrumento registrador (/de grabación)
recording lamp | lámpara de grabación (/registro)
recording level | nivel de grabación (/registro)
recording level indicator | indicador de nivel de grabación
recording level meter | medidor de nivel de grabación
recording live | grabación en directo
recording loss | pérdida de grabación (/registro)
recording maximum-demand indicator | indicador registrador de demanda máxima
recording mechanism | mecanismo de grabación (/registro)
recording medium | medio de grabación; soporte (/medio) de registro
recording meter | contador (/medidor) registrador
recording microphotometer | fotómetro registrador
recording music live | grabación de música en directo
recording needle | aguja indicadora (/para grabar)
recording noise | ruido de grabación
recording of call data | (captura de) llamada maliciosa; seguimiento de llamada [*servicio suplementario RDSI*]
recording of calls | inscripción de peticiones de comunicación
recording operator | operador de registro
recording/playback head | cabeza de grabación y reproducción
recording process | procedimiento de grabación; proceso de registro
recording pyrometer | pirómetro registrador
recording ratemeter | integrador registrador
recording regulator | regulador de grabación (/registro)
recording-reproducing head | cabeza de grabación y reproducción
recording/reproducing switch | selector de registro y lectura
recording/reproducing unit | equipo de grabación y reproducción
recording room | sala de grabación (/magnetoscopios)
recording session | sesión de grabación
recording speed | velocidad de registro
recording spot | elemento de imagen; punto de grabación (/registro)
recording storage valve | válvula de almacenamiento de registro
recording studio | estudio de grabación

recording stylus | aguja grabadora (/de grabación)
recording support | soporte de registro
recording tachometer | tacógrafo, cuentarrevoluciones registrador
recording tape | cinta de grabación (/registro)
recording telegraph | telégrafo impresor (/registrador)
recording time | tiempo de grabación
recording trace | trazo de registro
recording transmission measuring set | hipsógrafo
recording trunk | línea de registro (de llamadas)
recording turntable | plato giratorio de grabación
recording unit | unidad grabadora (/registradora); conformador telegráfico
recording van | camión para grabaciones
recording voltmeter | voltímetro registrador
recording watt-and-variometer | vatímetro-variómetro registrador
recording wattmeter | vatígrafo, vatímetro registrador
record layout | formato de registro
record length | longitud de registro; duracion de la grabación
record line | línea de grabación (/anotación, /solicitud)
record locking | bloqueo de grabación [*de datos*]
record mark | marca de registro
record medium | medio de grabación (/registro)
record number | número de registro
record/playback | grabación/reproducción
record/playback amplifier | amplificador de registro y reproducción
record player | tocadiscos
record/play head | cabeza de grabación y reproducción
record protocol | protocolo de registro
record separator | separador de registro
record sheet | hoja de grabación
record structure | estructura de grabación
record tape | cinta de registro
record warp | alabeo del disco
recover, to - | recuperar
recoverable | recuperable
recoverable error | error recuperable; [*of peripheral storage*] error reparable [*de memoria periférica*]
recoverable satellite | satélite recuperable
recovered audio | audio recuperado
recovered charge | carga recuperada
recovered voice quality | calidad de voz recuperada
recovery | recuperación; restauración
recovery curve | curva de recuperación (/restablecimiento)

recovery cycle | ciclo de restablecimiento
recovery data | datos de recuperación
recovery jumper | puente de recuperación
recovery log | diario de operaciones de recuperación
recovery mode | modo de recuperación
recovery of batteries | recuperación de baterías
recovery of the line | desmontaje de la línea
recovery of uranium | recuperación del uranio
recovery of waste uranium | recuperación del uranio de desecho
recovery package | equipo recuperable
recovery point | punto de relanzamiento
recovery process | reelaboración
recovery rate | velocidad de recuperación (/restauración)
recovery time | tiempo de recuperación (/desionización, /reacción, /restitución, /restablecimiento)
recovery time constant | constante de tiempo de recuperación (/reacción)
recovery voltage | tensión de circuito interrumpido
RECR = receiver | receptor
recreational broadcast | programa recreativo
rectangle | rectángulo
rectangular | rectangular
rectangular array | conjunto (/disposición, /ordenación) rectangular
rectangular cathode | cátodo rectangular
rectangular cavity | cavidad rectangular
rectangular coordinate | coordenada rectangular
rectangular-faced valve | válvula de cara rectangular
rectangular horn aerial | antena de bocina rectangular
rectangular horn radiator | radiador de bocina rectangular
rectangular hysteresis loop | lazo de histéresis rectangular
rectangular impulse | impulso rectangular
rectangular loop | ciclo rectangular
rectangular loop ferrite | ferrita de ciclo de histéresis rectangular
rectangular loop magnetic material | material magnético de ciclo de histéresis rectangular
rectangular loop material | material de ciclo rectangular
rectangular picture valve | válvula (/tubo) de imagen rectangular
rectangular pulse | impulso rectangular
rectangular pulse generator | generador de impulsos rectangulares

rectangular pulse modulation | modulación de impulsos rectangulares
rectangular scanning | exploración rectangular
rectangular signal | señal rectangular
rectangular synchronization pulse | impulso de sincronización rectangular
rectangular valve | válvula rectangular
rectangular voltage | tensión rectangular
rectangular voltage pulse | impulso de tensión rectangular
rectangular wave | onda rectangular
rectangular wave generator | generador de onda rectangular
rectangular wave multivibrator | multivibrador de ondas rectangulares
rectangular waveform | onda rectangular
rectangular waveguide | guiaondas (/guía de ondas) rectangular
rectangular wiring | armado en rectángulo
rectenna | rectena [*dispositivo convertidor de potencia de microondas en potencia de corriente continua*]
rectification | rectificación
rectification efficiency | rendimiento de rectificación
rectification factor | factor (/coeficiente) de rectificación
rectification ratio | relación de rectificación
rectified AC = rectified alternating current | CA rectificada = corriente alterna rectificada
rectified current | corriente rectificada
rectified output | salida (/corriente) rectificada
rectified signal | señal rectificada
rectified tension | tensión rectificada (/continua)
rectified value | valor rectificado
rectified voltage | tensión rectificada, voltaje rectificado
rectifier | rectificador, sección de rectificación; enderezador
rectifier-amplifier voltmeter | voltímetro rectificador-amplificador (/con amplificador y rectificador)
rectifier assembly | bloque rectificador (/de rectificadores)
rectifier bridge | puente rectificador
rectifier cell | célula rectificadora
rectifier cubicle | cuarto de rectificadores
rectifier delay bias | polarización de retardo del rectificador
rectifier demodulator | desmodulador rectificador
rectifier diode | diodo rectificador
rectifier disc | disco de rectificador
rectifier element | elemento rectificador
rectifier equipment | equipo rectificador
rectifier-fed | alimentado por rectificador (/convertidor estático)

rectifier filter | filtro del rectificador
rectifier forward current | corriente directa del rectificador
rectifier gas valve | válvula rectificadora de gas
rectifier instrument | instrumento (/aparato) rectificador
rectifier meter | aparato (de medición) rectificador
rectifier modulator | modulador por rectificador
rectifier noise | ruido del rectificador
rectifier panel | panel rectificador
rectifier pool | cátodo líquido de rectificador
rectifier power-supply system | sistema rectificador para alimentación
rectifier probe | sonda rectificadora
rectifier relay | relé de rectificador (/rectificadores secos)
rectifier reverse current | corriente inversa de rectificación
rectifier ripple factor | factor de ondulación del rectificador
rectifier stack | grupo rectificador; pila de rectificación (/rectificadores)
rectifier substation | subestación de rectificadores
rectifier transformer | trasformador rectificador
rectifier-type ammeter | amperímetro rectificador
rectifier-type echo suppressor | supresor de eco de acción continua
rectifier unit | rectificador, unidad rectificadora, conjunto rectificador
rectifier valve | válvula (/lámpara) rectificadora, kenotrón
rectifier voltmeter | voltímetro rectificador
rectify, to - | rectificar, enderezar
rectifying barrier | barrera rectificadora
rectifying camera | cámara rectificadora
rectifying circuit | circuito rectificador (/de rectificación)
rectifying commutator | permutador, conmutador de rectificación
rectifying detector | detector rectificador
rectifying element | elemento rectificador
rectifying-filtering | circuito de rectificación y filtrado
rectifying junction | unión rectificadora
rectifying valve | válvula (/lámpara) rectificadora, kenotrón
rectigon | rectigón [*diodo de gas de cátodo caliente a alta presión*]
rectigon valve | válvula rectigón
rectilineal compliance | elasticidad lineal
rectilinear | rectilíneo
rectilinear flow electron gun | cañón de electrones de simetría rectilínea
rectilinear scanning | exploración rectilínea
rectilinear writing recorder | registrador en coordenadas rectilíneas

recto | página derecha, página impar
recuperability | recuperabilidad
recuperation of current | recuperación de corriente
recurrence | recurrencia
recurrence rate | frecuencia de recurrencia (/repetición de los impulsos)
recurrent network | red recurrente
recurrent structure | estructura recurrente
recurrent surge | onda pulsante; impulso cíclico
recurrent-type sweep generator | generador de barrido recurrente
recurrent waveform | onda recurrente
recurring quantity | cantidad recurrente
recursion | repetición (continua), recursión, recurrencia
recursion theorem | teorema de la recursión
recursive | recursivo
recursive descent parsing | análisis descendente recursivo
recursive doubling | duplicación recursiva, desdoblamiento recursivo
recursive filter | filtro recursivo
recursive function | función recursiva
recursive list | lista recursiva (/autorreferencial)
recursively | recursivamente
recursively enumerable set | conjunto recursivamente enumerable
recursively solvable problem | problema soluble recursivamente
recursive relation | relación recursiva
recursive subroutine | subrutina recursiva
RECVR = receiver | receptor
recyclability | reciclabilidad
recycle bin | papelera de reciclaje [*memoria temporal de Windows para guardar archivos borrados antes de eliminarlos definitivamente*]
recycled fuel | combustible reciclado (/recirculado)
recycling | reciclado; recirculación
recycling counter | contador cíclico
recycling detector | detector de reciclado
red | rojo
red amplifier | amplificador del rojo
red brass | latón rojo
red camera | cámara para el rojo
red component | componente del rojo
redefinible character set | grupo de caracteres redefinibles
redeposit | aglomeración de partículas
red filter | filtro (del) rojo
red-green-blue signal | señal del rojo-verde-azul
red gun | cañón del rojo
redial | repetición de marcación
rediffusion | redifusión; difusión (/distribución) por cable
rediffusion channel | canal de difusión (/radiodistribución) por cable

rediffusion service | servicio de difusión por cable
rediffusion set | aparato de difusión por cable
rediffusion transmitter | emisor de difusión por cable
rediffusion wave | onda de redistribución (/difusión por cable)
redirected telegram | telegrama reexpedido
redirection | reexpedición, redireccionamiento
redirection charge | gasto (/tasa) de reexpedición
redirector | redireccionador
redistribution | redistribución
redlining | marcado en rojo [*en textos para destacar los cambios*]
red-local | rojo local
redo, to - | rehacer, repetir
redox = reduction by oxidation | reducción por oxidación
redox cell | pila redox
redox system | sistema redox (/de reducción-oxidación)
red phosphor | fósforo rojo
red picture signal | señal de imagen del rojo
redraw, to - | redibujar, dibujar de nuevo
red restorer | restaurador del (color) rojo
red-sensitive photoelectric detector | detector fotoeléctrico sensible al rojo
red shift | desplazamiento al rojo
red signal | señal del (color) rojo
red tape operation | operación de trámite
reduce, to - | reducir
reduced band | banda reducida
reduced carrier | portadora reducida
reduced carrier transmission | emisión con portadora reducida
reduced coefficient of performance | coeficiente reducido de prestaciones
reduced conference | conferencia reducida
reduced frequency | frecuencia reducida
reduced generator efficiency | rendimiento reducido del generador
reduced instruction set chip | ordenador de grupos reducidos de instrucciones
reduced instruction set computer | ordenador con juego (/grupo) reducido de instrucciones
reduced mass | masa reducida
reduced power operation | funcionamiento a potencia reducida
reduced rate | velocidad (/potencia) reducida
reduced rate radiotelegram | radiotelegrama a tarifa reducida
reduced telemetry | telemetría reducida
reduced voltage | tensión reducida, voltaje reducido

reduced voltage starter | arranque de estator
reduced voltage switch | conmutador de voltaje reducido
reducer | atenuador, reductor
reduce selection, to - | comprimir selección
reduce the charge for a call, to - | acordar una reducción de tasas
reduce the gain, to - | reducir la ganancia
reducible polynomial | polinomio reducible
reducing baffle | tablero reductor
reducing cone | cono reductor de la llama
reducing couple | conectador reductor
reducing joint | empalme de reducción
reducing valve | válvula reductora (/de escape)
reduction | reducción
reduction division | división reductora
reduction machine | máquina de reducción
reduction of a charge | reducción de tasa
reduction of traffic | reducción del tráfico
reduction stage | etapa de reducción
reduction technique | técnica de reducción (/simplificación)
reduction to thermal velocities | reducción a velocidades térmicas
redundancy | redundancia
redundancy check | comprobación (/prueba) de redundancia, verificación por redundancia
redundant | redundante
redundant check | verificación (/prueba) redundante
redundant circuit | circuito redundante
redundant code | código redundante
redundant data | datos redundantes
redundant digit | dígito redundante
redundant neural net | red nerviosa redundante
red video voltage | tensión (de señal) de vídeo del rojo
reed | lengüeta
reed frequency meter | frecuencímetro de láminas
Reed-Muller code | código de Reed-Muller
reed relay | relé de láminas (magnéticas), relé hermético (/de bobina)
Reed-Solomon code | código de Reed-Solomon
reed switch | conmutador (/interruptor) de lámina
reed-type frequency meter | frecuencímetro de lengüetas
reed-type relay | relé de láminas (magnéticas), relé de tipo bobina
reel | bobina, carrete; tambor
reel aerial | antena de carrete (/tambor)
reel capacity | capacidad del carrete
reel end | fin del carrete
reel holder | portacarrete, portabobinas

reel length | longitud arrollada
reel mechanism | tambor de enrollamiento
reel off the tape, to - | desenrollar la cinta
reel-to-reel tape deck | grabadora (/chasis) magnetofónica de carretes
reel-to-reel tape recorder | magnetófono de carretes
reel-to-reel transport | mecanismo de trasporte de carrete a carrete
reengineer, to - | reestructurar [*procesos*]
reengineering | reestructuración técnica
reentrancy | recirculación; reentrada
reentrant | reentrante
reentrant cavity | cavidad de reentrada
reentrant code | código de reentrada
reentrant oscillator | oscilador reentrante
reentrant programme | programa reentrante (/de reentrada)
reentrant subroutines | subrutinas de reentrada
reentrant winding | devanado cerrado (/de reentrada)
reentry | reentrada
reentry blackout | interrupción de las comunicaciones por reentrada en la atmósfera
reentry window | ventana de reentrada
REF [*Spanish frequency registry*] | REF = Registro Español de Frecuencias
refactoring | perfeccionamiento [*de un programa para mejorar su funcionamiento*]
reference | referencia
reference acoustic pressure | presión acústica de referencia
reference address | dirección de referencia
reference angle | ángulo de referencia
reference apparatus | aparato de referencia
reference axis | eje de referencia
reference baseline | línea base de referencia
reference black level | nivel (de referencia) del negro
reference block | bloque de referencia
reference boresight | línea óptica de referencia
reference burst | ráfaga de referencia, impulso de referencia de fase
reference centre | centro de referencia
reference channel | canal de referencia
reference chromaticity | cromaticidad de referencia
reference circuit | circuito de referencia
reference clock | reloj de referencia
reference colour | color de referencia
reference configuration | configuración de referencia
reference core | núcleo típico (/de referencia)

reference counting direction | dirección de contador de referencia
reference counting polarity | polaridad de recuento de referencia
reference coupling | acoplamiento de referencia
reference datum | nivel de referencia
reference dipole | dipolo de referencia
reference direction | dirección de referencia
reference electrode | electrodo de referencia
reference element | elemento de referencia
reference equivalent | equivalente de referencia
reference equivalent of sidetone | equivalente de referencia del efecto local
reference file | archivo de referencia
reference frame pulse | impulso de referencia del cuadro [del oscilador]
reference frequency | frecuencia de referencia
reference frequency meter | frecuencímetro de referencia
reference generator | generador de referencia
reference grid | cuadrícula de referencia
reference humidity | humedad de referencia
reference ideal instant | instante ideal de referencia
reference information | información de referencia
reference input | entrada de referencia
reference input element | elemento de entrada de referencia
reference language | lenguaje de referencia
reference lead | hilo de referencia
reference level | nivel de referencia
reference line | línea de referencia
reference line method | método de línea de base
reference model | modelo de referencia
reference modulation index | índice de modulación de referencia
reference monitor | monitor patrón (/de referencia)
reference noise | ruido de referencia
reference oscillator | oscilador de referencia
reference parameter | parámetro de referencia
reference phase | fase de referencia
reference point | punto (/terminal) de referencia
reference pressure | presión de referencia
reference printer | impresora de referencia
reference pulse group | grupo de impulsos de referencia
reference pulse pair | par de impulsos de referencia

reference radiograph | radiografía tipo
reference record | registro de referencia
reference recording | grabación (/registro) de referencia (/archivo)
reference signal | señal de referencia
reference sound level | nivel de referencia de sonido
reference source | fuente de referencia; patrón de radiactividad
reference speech power | potencia vocal de referencia
reference standard capacitor | capacidad patrón de referencia
reference stimulus | estímulo de referencia
reference surface | superficie de referencia
reference system | sistema de referencia
reference tape | cinta tipo
reference telephonic power | volumen telefónico de referencia
reference temperature | temperatura de referencia
reference time | tiempo (/instante) de referencia
reference tone | tono de referencia
reference transmission-level point | punto de nivel de trasmisión de referencia
reference valve | válvula de referencia
reference voltage | tensión de referencia
reference voltage circuit | circuito de tensión de referencia
reference voltage source | fuente de tensión de referencia
reference volume | volumen de referencia; potencia vocal normal
reference white | blanco de referencia
reference white level | nivel de referencia del blanco
referencing | referenciación; confirmación
referential integrity | integridad referencial
referential opacity | opacidad referencial
referential transparency | trasparencia referencial
refile, to - | trasmitir, transmitir, retrasmitir, retransmitir, volver a trasmitir
refinement | refinación
refining | depuración, refinación
refiring | recocido
reflectance | reflectancia, coeficiente (/factor) de reflexión
reflectance factor | factor de reflectancia
reflectance spectrophotometer | espectrofotómetro de reflectancia
reflectance standard | patrón de reflectancia
reflected | reflejo, reflejado
reflected assembly | montaje con reflector
reflected beam kinescope | cinesco-

pio (/válvula de imagen) de haz reflejado
reflected control circuit resistance | resistencia reflejada del circuito de control
reflected current | corriente reflejada
reflected electron | electrón reflejado (/secundario)
reflected energy | energía reflejada
reflected field | campo reflejado
reflected flow | flujo reflejado
reflected glare | resplandor reflejado, deslumbramiento (/resplandor) por reflexión
reflected impedance | impedancia reflejada
reflected light | luz reflejada
reflected light scanning | exploración de la luz reflejada
reflected power | potencia reflejada
reflected power meter | medidor de potencia reflejada
reflected pressure | presión reflejada
reflected reactor | reactor con reflector
reflected resistance | resistencia reflejada
reflected signal | señal reflejada
reflected signal strength | intensidad de la señal reflejada
reflected wave | onda reflejada (/de eco)
reflecting curtain | panel reflectante, cortina reflectora
reflecting electrode | electrodo reflectante (/de reflexión, /de emisión secundaria)
reflecting galvanometer | galvanómetro reflectante (/de espejo)
reflecting goniometer | goniómetro de reflexión
reflecting grating | rejilla reflectora
reflecting layer | estrato reflector, capa reflectora
reflecting medium | medio reflectante
reflecting monochromator | monocromador de espejo
reflecting screen | pantalla reflectora
reflecting target | blanco reflector
reflection [UK+USA] | eco, reflexión, reflejo
reflection altimeter | altímetro de reflexión
reflection angle | ángulo de reflexión
reflection by ionosphere | reflexión ionosférica
reflection coefficient | coeficiente de reflexión
reflection coefficient angle | ángulo del coeficiente de reflexión
reflection coefficient meter | medidor del coeficiente de reflexión
reflection coefficient of load impedance | coeficiente de reflexión de la impedancia de carga
reflection colour valve | cinescopio cromático; válvula de reflexión de imagen en color
reflection diffraction | difracción por

reflexión
reflection Doppler | sistema Doppler de reflexión
reflection Doppler system | sistema Doppler por reflexión
reflection effect | efecto (/fenómeno) de reflexión
reflection error | error de reflexión
reflection factor | factor de reflexión, coeficiente de pérdidas por reflexión
reflection from earth surface | reflexión sobre el suelo
reflection from water surface | reflexión sobre el agua
reflection gain | ganancia por reflexión (/reflexiones)
reflection glare | reflejo (/resplandor) molesto
reflection goniometer | goniómetro de reflexión
reflection grating | red (/rejilla) reflectora (/de reflexión)
reflection hologram | holograma de reflexión
reflection interval | intervalo de reflexión
reflection law | ley de la reflexión
reflection loss | pérdida por reflexión, pérdida debida a reflexión
reflection measuring set | reflectómetro
reflection meter | reflectómetro
reflection mode filter | filtro de modo por reflexión
reflection of a neutron beam | reflexión de un haz de neutrones
reflection plotter | reflectoscopio, trazador de reflexión
reflection reflective stereophonism | pérdida de efecto estereofónico por exceso de reflexiones
reflection seismograph | sismógrafo de reflexión
reflection sounding | ecosondeo, sondeo por reflexión
reflection target | blanco reflector
reflection wave | onda reflejada
reflective code | código reflejado
reflective jamming | perturbación reflejada; confusión del radar enemigo mediante elementos reflectores
reflective liquid-crystal display | pantalla reflectante de cristal líquido
reflective optics | óptica de proyección
reflective routing | encaminamiento por reflexión [*para reducir la carga de un servidor*]
reflectivity | reflectividad; factor de reflexión
reflectometer | reflectómetro
reflectometer measurement | medición reflectométrica
reflectometer value | valor reflectométrico
reflector | reflector
reflector aerial | antena con reflector
reflector control | control por (/del) reflector

reflector curtain | cortina reflectora
reflector electrode | electrodo reflector
reflector element | elemento reflector
reflector holder | portarreflector
reflector lamp | lámpara con reflector
reflector lattice | retículo del reflector
reflector module | módulo reflector
reflector-radiator distance | distancia entre reflector y radiador
reflector satellite | satélite reflector
reflector saving | ahorro (/economía en el empleo) del reflector
reflector space | espacio reflector (/de reflexión)
reflector spotlight | proyector con reflector
reflector tracker | pantalla (/plano) de trazado; aparato de indicación continua de posición
reflector-type aerial | antena con reflector
reflector voltage | tensión (/voltaje) del reflector
reflex | réflex, reflejo, reflector
reflex amplification | amplificación réflex (/refleja)
reflex amplification factor | factor de amplificación reflejo
reflex amplifier | amplificador réflex
reflex baffle | altavoz de reflexión; pantalla reflectora (/acústica inversora de fase)
reflex bunching | agrupamiento por reflexión
reflex cabinet | pantalla reflectora (/acústica inversora de fase); caja de reflexión de bajos; caja acústica inversora de fase
reflex circuit | circuito réflex (/de reflexión)
reflex circuit arrangement | disposición de circuito réflex (/reflejo)
reflex coefficient | coeficiente reflejo
reflex enclosure | caja acústica de reflexión de bajos
reflexion [UK] [*reflection (UK+USA)*] | reflexión
reflexive closure | cierre reflexivo
reflexive relation | relación reflexiva
reflex klystron | klistrón de reflexión
reflex loudspeaker | altavoz réflex (/reentrante)
reflex oscillator | oscilador de klistrón reflejo
reflex reflection | retrorreflexión, reflexión catadióptrica
reflex reflector | retrorreflector
reflex transconductance | trasconductancia refleja
reflowing | reflujo
reflow soldering | soldadura por reflujo
reformat, to - | formatear de nuevo
reforwarding | reexpedición
refracted light | luz refractada (/trasmitida)
refracted neutron | neutrón refractado
refracted wave | onda refractada (/reflejada)

refracting edge | arista de refracción
refraction | refracción
refraction error | error de refracción
refraction index | índice de refracción
refraction loss | pérdida por refracción
refraction of neutron beam | refracción del haz de neutrones
refractive | refractario
refractive index | índice de refracción
refractive modulus | módulo de refracción
refractivity | refractividad, índice de refracción
refractometer | refractómetro
refractor | refractor
refractor metal | metal refractor
refractory metal-oxide semiconductor | semiconductor refractario de óxido metálico
reframing | resincronización de trama
refrangible | refrangible [*susceptible de ser refractado*]
refresh, to - | refrescar; actualizar, regenerar [*una imagen de vídeo*]; recargar [*la DRAM*];
refreshable | actualizable [*en programación*]
refresh cycle | ciclo de actualización
refresh display | pantalla de refresco
refresh display, to - | refrescar la pantalla
refresh failure | fallo de regeneración
refreshing | refrescamiento
refresh rate | velocidad (/tasa) de regeneración; frecuencia de barrido (/escaneado, /refresco)
refresh time interval | intervalo de tiempo de refresco
refrigerated trap | trampa refrigerada
refrigerating cupboard | armario frigorífico eléctrico
REFS = references | refs. = referencias
refuelling | recarga de combustible
refuse, to - | renovar (/reponer) el fusible
refuse a call, to - | rechazar una comunicación
refused call | comunicación rechazada
REG = regulator | REG = regulador
reg circuit [*fam*] | circuito regulador
REGEDIT = registry editor | REGEDIT [*editor de registro*]
regenerable cell | pila regenerable
regenerate, to - | regenerar
regenerated leach liquid | líquido de solución regenerada
regenerate plutonium, to - | regenerar el plutonio
regeneration | regeneración, reacción (/realimentación) positiva
regeneration buffer | búfer de regeneración [*de vídeo*]
regeneration control | control de regeneración
regeneration of current | recuperación de corriente
regeneration of electrolyte | regeneración de electrolito

regeneration of neutrons | regeneración de neutrones
regeneration of nuclear fuel | regeneración de combustible nuclear
regeneration period | periodo de regeneración
regenerative | regenerativo, regenerador
regenerative amplification | amplificación con regeneración (/reacción positiva)
regenerative amplifier | amplificador con regeneración (/reacción positiva)
regenerative braking | frenado regenerativo (/eléctrico por recuperación)
regenerative circuit | circuito regenerativo
regenerative coupling | acoplamiento regenerativo (/de reacción positiva)
regenerative detector | detector regenerativo
regenerative divider | divisor (/modulador) regenerativo
regenerative feedback | regeneración; reacción positiva, realimentación regenerativa
regenerative fuel cell | pila de combustible regenerativa
regenerative loop | bucle de regeneración (/reacción positiva)
regenerative memory | memoria regenerativa
regenerative modulator | modulador (/divisor) regenerativo
regenerative preselector | preselector regenerativo
regenerative process | proceso de regeneración
regenerative pulse repeater | repetidor regenerador de impulsos
regenerative reactor | reactor regenerativo
regenerative reactor breeder | pila superregeneradora
regenerative receiver | receptor regenerativo
regenerative reception | recepción regenerativa
regenerative repeater | repetidor regenerativo (/regenerador, /de regeneración)
regenerative repeatering | repetición regenerativa
regenerative repeating | traslación regeneradora (/rectificadora)
regenerator | regenerador
regenerator access | acceso a través de regenerador [en RDSI]
regenerator signal | señal de regeneración
region | región, zona
regional broadcast | emisión (/radiodifusión) regional
regional channel | canal regional
regional control centre | puesto de mando regional
regional interconnection | interconexión regional

regional magnetic anomaly | anomalía magnética regional
regional processor | procesador regional
region fill | relleno de superficie [en gráficos en color]
region of anode | región anódica
region of cathode | región catódica
region of electron emitters | región de emisores de electrones
region of limited proportionality | región de proporcionalidad limitada
region of nonoperation | región (/límites) de no funcionamiento
region of operation | región (/límites) de funcionamiento
region of positron emitters | región de emisores de positrones
register | registro; selector primario; registrador, contador de conferencias
register chooser | selector de registros
register circuit | circuito emisor
register constant | constante de registro (/contador)
register control | control de registro
register-controlled system | sistema de control por registradores
registered trademark | marca registrada
register file | archivo de registros
register finder | buscador de registros
registering pin | pasador de registro (/coincidencia), clavija de fijación
registering relay | relé contador
register junctor | enlace de registrador
register key | llave de contador; botón (/pulsador) de registrador
register length | longitud del registro
register mark | marca de registro
register modify, to - | modificar el registro [del ordenador]
register of a meter | totalizador de un contador (/aparato de medición)
register optimization | optimación de registros
register pilot lamp | lámpara de contador
register pin | contragrifa
register reading | lectura de contadores
register recall | rellamada a registrador
register relay | relé contador
register selector | selector de registros
register signals | señales (/señalización) de registrador
register transfer language | lenguaje de trasferencia de registros
register translator | aparato traductor registrador
registration | inscripción, registro; activación [de una facilidad]
registration error | error de registro
registration hole | agujero de coincidencia
registration mark | marca de registro
registration of a meter | indicación de consumo de un aparato de medición
registration of colours | registro (/superposición) de colores
registration of frequencies | registro de frecuencias
registration of meter | indicación de consumo totalizado del contador
registration test film | película para pruebas de registro
registry | registro
regressed light | luminaria empotrada
regression analysis | análisis de regresión
regression testing | prueba de regresión
regula falsi (*lat*) | regla de falsa posición
regular | regular
regular channel | canal normal
regular desktop | escritorio regular
regular event | suceso regular
regular expression | expresión regular
regular grammar | gramática regular
regularity attenuation | atenuación de regularidad
regularity return-current coefficient | coeficiente de regularidad
regularity return loss | atenuación de regularidad
regular language | lenguaje (/conjunto) regular, lenguaje racional
regularly | de forma regular
regular operation | operación regular
regular pulse train | tren de impulsos a intervalos regulares, tren de impulsos de periodo uniforme
regular reflection | reflexión regular
regular refraction | refracción regular
regular representation | representación regular
regular set | conjunto regular, lenguaje racional (/regular)
regular station | estación regular
regular transmission | trasmisión regular
regular transmittance | trasmitancia regular
regulated | regulado
regulated high-voltage DC power supply | fuente regulada de alta tensión de corriente continua
regulated line section | sección de regulación de línea
regulated power supply | fuente de alimentación regulada (/estabilizada)
regulated station | estación regulada
regulated stay area | área (/zona) de permanencia reglamentada
regulated stream | corriente regulada
regulated supply | fuente regulada
regulated voltage | tensión regulada, voltaje regulado (/estabilizado)
regulated voltage rating | tensión nominal de regulación
regulated work area | área (/zona) de trabajo reglamentado
regulating | regulador
regulating apparatus | aparato regulador
regulating cell | elemento de regula-

ción (/reducción)
regulating choke coil | bobina de impedancia reguladora
regulating coil | bobina reguladora (/de regulación)
regulating contact | contacto de regulación
regulating device | dispositivo regulador
regulating element | elemento de control fino
regulating equipment | equipo de regulación
regulating grid | rejilla reguladora
regulating inductor | inductor (/inductancia) de regulación
regulating member | elemento de regulación
regulating pilot | piloto de regulación
regulating relay | relé de regulación
regulating resistor | resistencia de regulación
regulating rod | varilla (/barra) de regulación
regulating-rod position | posición de barra de regulación
regulating-rod position indicator | indicador de posición de la barra de regulación
regulating switch | conmutador de regulación (/carga)
regulating system | sistema de regulación
regulating table | cuadro de tensiones de los hilos
regulating transformer | trasformador regulador (/de regulación)
regulating valve | válvula reguladora
regulating winding | devanado (/arrollamiento) regulador (/de regulación)
regulation | regulación; instrucción, regla de servicio
regulation call sign | indicativo de llamada reglamentario
regulation for no-load to full-load | regulación de variaciones de carga de cero al máximo
regulation lights | luces reglamentarias
regulation of a carrier system | regulación de un sistema de corrientes portadoras
regulation of a constant potential transformer | regulación de un trasformador de tensión constante
regulation of a metallic circuit | regulación de una línea metálica
regulation of discharge | regulación de la descarga
regulation of frequency | regulación de la frecuencia
regulation of wires | regulación de conductores
regulation table | cuadro de tensiones de los hilos
regulator | regulador
regulator circuit | circuito regulador
regulator diode | diodo regulador

regulator triode | triodo regulador
regulator valve | válvula reguladora (/de regulación)
regulin | regulin [*dispositivo electrolítico compacto y coherente*]
Regulus | Regulus [*misil teledirigido tierra-tierra*]
reignition | reignición, recebado, reencendido
reignition voltage | voltaje (/tensión) de reencendido (/recebado)
Reike diagram | diagrama de Reike
Reinartz crystal oscillator | oscilador de cristal de Reinartz
reinforced coverage | refuerzo de la intensidad de las señales
reinforced insulation | aislamiento reforzado
reinforcement | refuerzo, zunchado
reinforcement of butt | refuerzo de la base
reinserter | reinsertador; restituidor de la componente continua
reinsertion | reinserción (/restitución) de la componente continua
reinsertion of carrier | reinserción de la portadora
reinsertion of direct current | restitución de la corriente continua
reject a request, to - | rechazar una petición
rejected signal | señal rechazada
rejection band | banda de rechazo (/supresión)
rejection circuit | circuito de supresión
rejection of image frequency | supresión de la frecuencia de imagen
rejection of second channel | protección contra segundo canal
rejection of the accompanying sound | supresión de la señal de sonido
rejector | eliminador (de frecuencias); circuito antirresonante; repulsor; supresor
rejector circuit | circuito tampón (/supresor, /de supresión, /de rechazo; /antirresonante, /resonante paralelo)
rejector impedance | impedancia de antirresonancia
rejectostatic circuit | circuito preselector
rejects | desechos
rejuvenator | reactivador
rel = relative | rel. = relativo
REL = release message | REL [*mensaje de liberación*]
related terminals | terminales homólogos
relation | relación
relational algebra | álgebra relacional
relational calculus | cálculo relacional
relational database | base de datos relacional
relational database system | sistema de base de datos relacional
relational expression | expresión relacional

relational model | modelo relacional
relational operator | operador relacional
relational structure | estructura relacional
relationship | filiación (radiactiva)
relative | relativo
relative abundance | abundancia relativa
relative abundance of an isotope | abundancia relativa de un isótopo
relative accuracy | precisión relativa
relative address | dirección relativa
relative addressing | direccionamiento relativo
relative aperture | abertura relativa
relative articulation | inteligibilidad relativa
relative atomic mass | masa atómica relativa
relative attenuation | atenuación relativa
relative bearing | rumbo relativo, orientación (/demora) relativa
relative binary | binario relativo
relative biological effectiveness | eficacia (/efectividad) biológica relativa
relative coding | codificación relativa, cifrado relativo
relative complement | complemento relativo
relative concentration | concentración relativa
relative coordinates | coordenadas relativas
relative current level | nivel relativo de intensidad de corriente
relative damping | amortiguamiento relativo
relative delay | retardo (/retraso) relativo
relative detector response | respuesta relativa de un detector
relative dielectric constant | constante dieléctrica relativa
relative drift | deriva relativa
relative effectiveness | eficacia (/efectividad, /eficiencia) relativa
relative efficiency | eficacia (/efectividad) relativa, rendimiento relativo
relative energy | energía relativa
relative equivalent | equivalente relativo
relative error | error relativo
relative frequency | frecuencia relativa
relative gain | ganancia relativa
relative heading | rumbo relativo
relative humidity | humedad relativa
relative importance | importancia relativa
relative intelligibility | inteligibilidad relativa
relative intensity | intensidad relativa
relative interference effect | efecto de interferencia relativa
relative isotopic abundance | abundancia isotópica relativa
relative level | nivel relativo

relative luminosity | luminosidad relativa
relative luminosity curve | curva de luminosidad relativa
relative luminosity factor | coeficiente (/factor) de luminosidad relativa
relative luminous efficiency | eficacia luminosa relativa, rendimiento luminoso relativo
relatively prime | primo relativo
relatively refractory state | estado relativamente refractario
relative movement | movimiento relativo
relative particle energy | energía relativa de las partículas
relative path | ruta relativa
relative pattern | diagrama de intensidades relativas
relative Peltier coefficient | coeficiente relativo de Peltier
relative permeability | permeabilidad relativa
relative permittivity | constante dieléctrica relativa, factor de permisividad, permisividad relativa, poder inductor específico
relative plateau slope | pendiente relativa de la meseta
relative plot | diagrama de posiciones relativas, trazado por puntos sucesivos
relative pointing device | dispositivo de apunte relativo [*para el cursor*]
relative power | potencia relativa
relative power gain | ganancia relativa de potencia
relative power level | nivel relativo de potencia
relative power output | potencia de salida relativa
relative product | producto relativo
relative redundancy | redundancia relativa
relative refractive index | índice de refracción relativo
relative response | respuesta relativa, rendimiento relativo
relative Seebeck coefficient | coeficiente relativo de Seebeck
relative sensitivity | sensibilidad relativa
relative specific ionization | ionización específica relativa
relative spectral curve | curva espectral relativa
relative spectral response | respuesta espectral relativa
relative speed drop | caída relativa de velocidad
relative speed rise | elevación relativa de velocidad
relative speed variation | variación relativa de velocidad
relative stopping power | potencia relativa de frenado (/parada)
relative target bearing | demora relativa del blanco, marcación del objetivo (/blanco)
relative-time clock | reloj de tiempo relativo
relative time delay | retardo relativo
relative URL = relative uniform resource locator | ULR relativo [*localizador relativo uniforme de recursos*]
relative velocity | velocidad relativa
relative voltage drop | caída relativa de tensión
relative voltage level | nivel relativo de tensión
relative voltage response of an exciter | rapidez de respuesta relativa de un excitador
relative voltage rise | elevación relativa de tensión
relativistic | relativista
relativistic correction for electron | corrección relativista del electrón
relativistic electron | electrón ultrarrápido (/ultraveloz, /relativista)
relativistic mass | masa relativista
relativistic mass equation | ecuación de masa relativista
relativistic particle | partícula relativista
relativistic velocity | velocidad relativista
relativity | relatividad
relaxation | relajación
relaxation behaviour | comportamiento transitorio
relaxation circuit | circuito de relajación
relaxation frequency | frecuencia de relajación
relaxation generator | generador de relajación
relaxation inverter | inversor de relajación, inversor (/ondulador) con oscilador de relajación
relaxation length | longitud (/distancia, /recorrido) de relajación
relaxation method | método de relajación
relaxation oscillation | oscilación de relajación (/relajamiento)
relaxation oscillator | oscilador de relajación
relaxation phenomenon | fenómeno de relajación
relaxation time | tiempo de relajación
relaxor | oscilador de relajación
relay | relé, relevador; retrasmisor
relay adjustment panel | panel para ajuste de relés
relay aerial | antena repetidora
relay amplifier | amplificador de relé
relay armature | armadura del relé
relay automatic system | sistema automático de relés
relay bay | sección de relés
relay bias | polarización del relé
relay bias coil | bobina de polarización del relé
relay booster | estación repetidora (/retrasmisora)
relay box | caja de relés
relay broadcast station | estación repetidora de radiodifusión
relay cabinet | cuarto (/sala) de relés
relay calculator | calculadora de relés
relay centre | centro retrasmisor
relay chain | cadena de relés (/estaciones repetidoras)
relay chain circuit | circuito de cadena de relés
relay channel | canal de enlace (/radioenlace)
relay coil | bobina de relé
relay computer | ordenador (/calculadora) de relés
relay contact | contacto de relé (/relevador)
relay-controlled | controlado (/regulado) por relé
relay controlling local bell | relé de timbre local
relay core | núcleo de relé (/relevador)
relay counter | contador de relés
relay counting circuit | circuito contador de relés
relay driver | excitador (/activador) de relé
relay drop | indicador de relé
relayed message | mensaje retrasmitido
relayed ringing | llamada por repetidor
relay flutter | fluctuación (/comportamiento errático) del relé
relay function | función de relé
relay group | grupo de relés
relay impedance | impedancia del relé
relaying | protección (/instalación) con relés; retrasmisión; escala
relaying function | función de relé (/repetición)
relaying station | estación repetidora (/retrasmisora, /amplificadora)
relay interrupter | relé interruptor
relay link | radioenlace, enlace por haz herciano
relay magnet | imán (/núcleo, /electroimán) de relé
relay message | mensaje (/despacho) de escala
relay mounting | soporte de relé, portarrelé
relay mounting bracket | escuadra portarrelés (/soporte de relés)
relay mounting plate | banda (soporte) de relés
relay mounting strip | regleta portarrelés (/de montaje de relés)
relay network | red de retrasmisión (por relés)
relay neutrally adjusted | relé con regulación neutral (/indiferente)
relay-operated | accionado por relé
relay operating coil | bobina de accionamiento del relé
relay operation | activación (/accionamiento, /excitación, /atracción) del relé
relay panel | panel de relés

relay point | punto de retrasmisión; emplazamiento de repetidor
relay post | puesto de repetidor (/relevo)
relay power supply | fuente de alimentación de relés
relay rack | bastidor normalizado (/de ancho normal, /de montaje)
relay rack cabinet | armario bastidor normalizado
relay rack mounting | montaje en bastidor normalizado
relay radar | radar repetidor; relé de radar
relay receiver | receptor de repetidor
relay satellite | satélite repetidor (/relé)
relay selector | selector de relé
relay sensitivity | sensibilidad del relé
relay servo | servomecanismo de relé
relay set | conjunto de relés
relay setting | regulación del relé
relay site | emplazamiento de repetidor (/retrasmisor)
relay station | estación repetidora (/retrasmisora, /amplificadora, /de enlace)
relay station satellite | satélite repetidor
relay stop pin | tope del relé
relay switch | interruptor electromagnético; conmutador de relé
relay system | sistema de relés (/retrasmisión)
relay television | televisión retrasmitida
relay time | tiempo de retrasmisión
relay timing | temporización de relé
relay tongue | armadura (/lengüeta) del relé
relay tower | torre de repetición (/retrasmisión)
relay transmitter | repetidor, retrasmisor, trasmisor repetidor
relay-type echo suppressor | supresor de eco de acción discontinua
relay-type servomechanism | servomecanismo de relé
relay unaffected by alternating current | relé insensible a la corriente alterna
relay unit | selector de relés (/relevadores)
relay valve | válvula relé, relevador electrónico
relay winding | bobina (/bobinado) del relé
relay with flexible armature | relé con armadura flexible (/encastrada, /empotrada)
relay with holding winding | relé con retención
relay with instantaneous tripping | relé de desconexión instantánea
relay with magnetic shunt | relé con reductor (/shunt) magnético
relay with pivoted armature | relé de armadura giratoria
relay with sequence action | relé de tiempo (/acción escalonada)

relay with switching contacts | relé conmutador (/de contactos conmutadores)
relay yoke | culata de relé
release | reposición; versión; corte, ruptura; desenchufe, desenganche, desconexión, desexcitación; disparo, liberación, apertura, escape; cesión
release, to - | abrirse, cortar, desactivarse, desconectar, desenchufar, desexcitarse, desocuparse, disparar, interrumpir, liberar, reponer; descargar; trasferir el control
release back | desconexión hacia atrás
release button | botón de liberación
release circuit | circuito de liberación
release coil | bobina de desconexión (/desenganche)
release complete message | mensaje completo de liberación
release current | corriente de disparo (/desprendimiento, /liberación, /reposición)
released | liberado
release device | trinquete; disparador, mecanismo de disparo
release factor | factor de desenganche (/desprendimiento)
release force | fuerza de disparo
release guard | mantenimiento de liberación
release guard signal | señal de comprobación de reposición; señal de liberación de bloqueo
release lag | tiempo de reposición
release lock action | accionamiento de retención y liberación
release magnet | electroimán de liberación
release message | mensaje de liberación
release of oscillations | cebado (/enganche) de oscilaciones
release of station to station | llamada en falta
release signal | señal de desconexión (/liberación)
release time | tiempo de desprendimiento (/desenganche, /reposición, /rearmado)
release winding | devanado de reposición
release wire | hilo de liberación
release with howler | llamada en falta
releasing current | corriente de desconexión (/reposición, /liberación)
releasing gear | trinquete; disparador, mecanismo de disparo
releasing interval | plazo de liberación
releasing magnet | electroimán de desconexión (/disparo)
releasing mechanism | mecanismo liberador (/de disparo, /de desconexión)
releasing position | posición de disparo
RELET = regarding letter | con referencia a la carta

reliability | fiabilidad
reliability assurance | garantía de fiabilidad
reliability, availability, maintenance, and safety | fiabilidad, disponibilidad, posibilidad de mantenimiento y seguridad
reliability control | control de fiabilidad
reliability data | datos de fiabilidad
reliability engineering | ingeniería (/técnica) de fiabilidad
reliability field | campo de fiabilidad
reliability index | índice de fiabilidad
reliability of operation | seguridad de funcionamiento
reliability test | prueba (/ensayo) de fiabilidad
reliable | fiable
reliable connection | conexión autocontrolada
reliable control | control fiable
relief period | intervalo de reposo (/descanso)
relief valve | válvula de seguridad (/compensación, /escape)
relieve, to - | descargar un circuito
relieving anode | ánodo (auxiliar) de descarga
relieving arc | arco de descarga (/aligeramiento)
relieving discharge path | trayecto de descarga de derivación
relieving rectifier | válvula de derivación
reline, to - | reajustar
reload, to - | recargar
relocatability | reubicabilidad, posibilidad de nuevo emplazamiento
relocatable | ubicable, localizable, relocalizable
relocatable address | dirección reubicable [*en programación*]
relocatable assembler | ensamblador reubicable
relocatable binary | binario reubicable
relocatable code | código reubicable
relocatable macro assembler | macroensamblador reasignable
relocatable programme | programa reubicable
relocate, to - | relocalizar, reubicar [*programas*]
relocation | relocalización
relocation dictionary | diccionario de ubicación
reluctance | reluctancia, resistencia magnética
reluctance element microphone | micrófono con elemento de reluctancia variable
reluctance generator | alternador de reacción
reluctance microphone | micrófono de reluctancia (variable)
reluctance motor | motor de reluctancia
reluctance pickup | trasductor (/fonocaptor) de reluctancia (variable)

reluctance torquemeter | dinamómetro (/torsiómetro) de reluctancia
reluctance tuning | sintonía por reluctancia
reluctance-type synchronous motor | motor sincrónico de reluctancia
reluctive | reluctivo
reluctive transduction | trasducción relativa (/por reluctancia)
reluctivity | resistencia (magnética) específica
reluctometer | reluctómetro
RELURL = relative URL. | URL relativo
rem = residual magnetism | magnetismo residual
rem = roentgen equivalent man | rem [*dosis biológica (humana) de radiación equivalente, unidad-dosis para los rayos ionizantes referidos a la actividad biológica*]
remanence | remanencia; magnetismo (/imanación) residual (/remanente)
remanence curve | curva de imanación residual (/remanente)
remanent induction | inducción remanente
remanent magnetism | magnetismo remanente
remanent magnetization | magnetización (/imantación) remanente (/residual)
remanent relay | relé de remanencia (/retención magnética)
remanent state | estado de remanencia
remark | comentario
remedial maintenance | mantenimiento correctivo (/reparador, /de reparación)
remelted alloy | aleación refundida
Remendur | Remendur [*material magnético de aleación de cobalto-hierro-vanadio*]
reminder | recordatorio
remitron | remitrón [*tubo gaseoso utilizado como contador en las calculadoras*]
remodulation | remodulación
remodulation-type repeater | repetidor del tipo remodulador
remodulator | remodulador
remote | remoto
remote access | acceso remoto (/a distancia, /por telemando)
remote access server | servidor de acceso remoto
remote access service | servicio de acceso remoto
remote actuation | telemando, mando a distancia
remote administration | administración remota
remote aerial ammeter | teleamperímetro de antena
remote alarm | alarma remota
remote amplifier | amplificador de mando a distancia
remote batch | lote remoto

remote communication | comunicación remota [*entre un ordenador y una red telefónica*]
remote community aerial | antena colectiva alejada
remote computer | ordenador remoto
remote computer system | sistema de ordenador remoto
remote control | telemando, control remoto, mando a distancia
remote-control break switch | disyuntor de telemando
remote-control broadcast station | radiodifusora telemandada
remote-control circuit | circuito de telemando (/mando a distancia)
remote-control code | señal codificada de telecontrol
remote-control equipment | equipo de telemando (/control remoto)
remote-control interlocking | enclavamiento por mando a distancia
remote-controlled | teledirigido, por control remoto
remote-controlled relay | relé de telemando
remote-controlled station | estación con telemando
remote controller | telemando, mando a distancia
remote-control manipulator | telemanipulador
remote-control operation | telemando, accionamiento a distancia
remote-control pushbutton | botón de telemando
remote-control receiver | receptor de telecontrol
remote-control receiver unit | unidad receptora de telecontrol
remote-control signal | señal de telemando
remote-control switch | teleinterruptor, teleconmutador, interruptor a distancia
remote-control transmitter | trasmisor de telecontrol
remote-control transmitter unit | unidad trasmisora de telecontrol
remote cutoff | corte (/seccionamiento) remoto (/a distancia)
remote cutoff grid | rejilla de corte alejado
remote cutoff valve | válvula de corte remoto, válvula de pendiente variable, válvula de desconexión remota (/a distancia)
remote data object | objeto de datos remoto
remote data processing | teleproceso
remote deskset | teléfono supletorio
remote deskset switch unit | conmutador (/unidad selectora) de emisiones telefónicas
remote detection | teledetección
remote diagnostics | telediagnóstico
remote display | telepantalla
remote display unit | (unidad de) telepantalla

remote electric control | telemando eléctrico
remote error sensing | teledetección de errores
remote extension telephone set | teléfono supletorio (de extensión)
remote gain control | telemando (/control remoto) de ganancia
remote guidance | control remoto
remote handling | telemando, manipulación a distancia
remote-handling device | dispositivo de manipulación a distancia
remote-handling equipment | aparato de manipulación a distancia
remote-indicating | teleindicador
remote-indicating device | dispositivo de teleindicación
remote-indicating meter | aparato de medición teleindicador
remote indication | teleindicación, teleseñalización
remote indicator | teleindicador, indicador remoto (/a distancia)
remote job entry | entrada de trabajos a distancia, entrada remota de trabajos
remote keying | telecontrol, manipulación a distancia
remote light intensity control | control a distancia de la intensidad de iluminación
remote line | línea remota (/de toma exterior, /de trasmisión remota)
remote line seizure lamp | lámpara de toma de línea remota
remote line selection unit | elemento de selección de líneas disperso
remote/local | remoto/local
remote/local switch | selector de telemando/mando local
remote login | conexión remota
remotely adjustable timer | temporizador de ajuste remoto
remotely controlled | teledirigido, controlado a distancia
remotely controlled station | estación telemandada (/controlada a distancia)
remotely orientated aerial | antena orientada por telemando
remotely supplied station | estación telealimentada
remote maintenance | telemantenimiento, manipulación a distancia, mantenimiento remoto, conservación remota, teleconservación, telemanipulación
remote manipulator | telemanipulador, manipulador a distancia
remote manual board | conmutador manual remoto
remote measurement | telemedición
remote meter | telecontador, instrumento teleindicador
remote-metered quantity | magnitud medida a distancia
remote meter indicator | teleindicador

remote metering | telemedición, medición a distancia
remote-metering detector | detector de telemedición
remote monitor | monitor remoto (/a distancia)
remote monitoring | televigilancia, vigilancia a distancia
remote observation | teleobservación, observación a distancia
remote-operated | telecontrolado, por mando a distancia
remote operation service | servicio de teleoperaciones (/operaciones a distancia)
remote operator | operador de telemando
remote PC | ordenador remoto
remote pickup | captación remota (/exterior)
remote pickup camera | cámara de toma exterior
remote pickup equipment | equipo de toma distante (/exterior)
remote pickup unit | unidad de toma distante (/exterior)
remote polling technique | técnica de compartimiento de línea por consulta centralizada
remote position control | telecontrol de posición
remote position indicator | teleindicador (/trasmisor) de posición
remote positioning | teleposicionamiento, posicionamiento a distancia; telemando de la posición
remote power supply | fuente de alimentación remota
remote PPI | repetidor indicador de posición en el plano
remote preamplifier | preamplificador remoto (/distante)
remote printer | impresora remota
remote procedure call | llamada de procedimiento remoto
remote program | programa exterior
remote programming | teleprogramación, programación remota
remote reading | teleindicación
remote-reading device | dispositivo de teleindicación
remote-reading indicator | teleindicador de lectura
remote readout | teleindicación
remote receiver | receptor remoto
remote receiver control system | sistema de telecontrol (/telemando) de receptores
remote receiver station | estación receptora remota (/distante)
remote receiving station | estación receptora remota (/distante)
remote recording | telerregistro, registro a distancia
remote selection | selección por control remoto, selección a distancia
remote sensing | detección (/lectura) a distancia

remote set | teléfono (/aparato telefónico) supletorio (/de extensión)
remote signalling | teleseñalización, señalización a distancia
remote station | estación remota (/secundaria, /distante)
remote station alarm system | sistema de alarma con estación remota
remote subscriber | abonado remoto
remote supervision | supervisión a distancia
remote-supplied station | estación telealimentada
remote switching | teleconmutación
remote switchover | teleconmutación
remote system | sistema remoto
remote terminal | terminal remoto
remote transmitter station | estación trasmisora distante
remote tuning | telesintonización, sintonización a distancia
remote tuning control | mando de telesintonización
remote tuning mechanism | mecanismo de sintonización a distancia
remote video window | ventana de vídeo remoto
removable | enchufable
removable contact | contacto intercambiable
removable disk | disco extraíble
removable hard drive | disco duro extraíble
removable media | soportes de datos extraíbles
removable picture valve window | vidrio de pantalla desmontable
removal of a circuit from service | retirada de un circuito del servicio
removal of a subscriber's telephone | traslado de un teléfono de abonado
removal procedure | anulación, cancelación de la prestación
remove, to - | eliminar, quitar; remover
remove all, to - | eliminar todo
remove burr, to - | desbastar
remove card, to - | quitar la tarjeta
remove name, to - | eliminar nombre
remove split, to - | anular división
remove the receiver, to - | descolgar el receptor
removing of kinks | rectificación
REM statement = remark statement | instruccion REM [*instrucción de observaciones*]
rename, to - | renombrar, cambiar el nombre [*de un archivo*]
render, to - | ejecutar, aplicar; componer [*un gráfico a partir de un archivo de datos*]
rendering | reproducción [*de una imagen con realismo*]
rendezvous radar | radar de encuentro en órbita
renewable arcing tips | contactos renovables
renewable fuse | fusible renovable (/recambiable)

renormalization of mass | renormalización de masa
reoperate time | tiempo de liberación (/preparación para volver a operar)
REOURLET = referring our letter | con referencia a nuestra carta
REOURRAD = referring our radiogram | con referencia a nuestro radiograma
REOURTEL = referring our telegram | con referencia a nuestro telegrama
rep = repetition | rep. = repetición
rep = roentgen equivalent physical | rep [*dosis física de radiación equivalente*]
repaginate, to - | repaginar
repaint, to - | repintar
repair | reparación
repair clerk's desk | mesa de reclamaciones
repairing | reparación
repair mark | marca de reparación
repair service | servicio de reparaciones (/averías)
repair time | tiempo de reparación
repeat, to - | repetir
repeatability | reproducibilidad, repetibilidad
repeatability error | error de repetición
repeat counter | contador de repeticiones
repeat cycle timer | contador de ciclo repetitivo
repeat display memory, to - | editar y repetir memoria en pantalla [*del ordenador*]
repeated call | nueva llamada, llamada repetida
repeated solidification | solidificación repetida
repeated times | varias veces
repeated unit-acknowledged signal | señal repetida hasta acuse de recibo
repeater | repetidor, regenerador
repeater alarm | alarma de repetidor
repeater alarm circuit | circuito de alarma de repetidor
repeater bay | panel (/fila, /bastidor) de repetidores
repeater building | caseta para repetidores
repeater circuit | circuito (de) repetidor
repeater cord circuit | cordón de repetidor
repeater distribution frame | distribuidor de repetidores (/baja frecuencia)
repeatered cable | cable con amplificadores (/amplificación intermedia)
repeatered circuit | circuito con repetidores
repeatered line | línea con repetidores
repeater facility | instalación de repetidor
repeater gain | ganancia (/amplificación) del repetidor
repeater gain measurement | medición de la ganancia de los repetidores
repeater hut | caseta de repetidores
repeatering | repetición

repeater insertion | inserción de repetidores
repeater jammer | falso repetidor, repetidor perturbador, perturbación de repetidor
repeater lamp | luz piloto; lámpara de repetidor
repeater line | línea de repetidor
repeater monitoring frequency | frecuencia de supervisión de repetidores
repeater network | línea artificial de repetidor
repeater point | punto repetidor (/de repetición)
repeater rack | bastidor (/fila) de repetidores
repeater section | sección repetidora (/de amplificación)
repeater service unit | localización de fallos de estación repetidora
repeater station | estación repetidora (/amplificadora, /retrasmisora, /de repetidores)
repeater test rack | bastidor de prueba de repetidores
repeater transmitter | estación satélite (/esclava)
repeater valve | válvula repetidora
repeat function | función de repetición
repeating | repetición, reiteración; reproducción
repeating amplifier | amplificador de repetición
repeating coil | bobina repetidora (/de repetición); trasformador toroidal
repeating-coil bridge cord | cordón puente del arrollamiento repetidor
repeating-coil rack | bastidor de bobinas de repetición
repeating Ethernet | Ethernet de repetición
repeating flash valve | válvula repetidora de destellos, flash repetidor
repeating installation | instalación de traslación
repeating register | registrador repetidor
repeating relay | relé amplificador (/repetidor)
repeating station | estación repetidora (/amplificadora, /retrasmisora)
repeating timer | temporizador repetidor
repeat key | tecla de repetición
repeat last call | repetición de marcación, repetición del último número marcado
repeat mechanism | mecanismo de repetición
repeat number, to - | repetir número
repeat point | punto de repetición (/frecuencia de imagen, /sintonía repetida)
repeat point tune | sintonía repetida
repeat point tuning | sintonía repetida
repeat signal | señal de repetición (/invitación a repetir)

repeat-until **loop** | bucle *repítase hasta*
repeller | repeledor, reflector; repelente
repeller electrode | electrodo reflector (/de reflexión)
repel protons, to - | repeler protones
reperforating monitor | monitor reperforado
reperforator | reperforador
reperforator base | base del reperforador
reperforator switching | conmutación con retrasmisión por cinta perforada
reperforator/transmitter | reperforador / trasmisor
repertoire | repertorio
repertory buttons | teclas de destinos
repertory dialler | marcador con listín (codificado)
repertory dialling | llamada (telefónica) por listín codificado (/grabado)
repertory dialling unit | listín de marcación automática
repetition | repetición; retrasmisión; traslación; colación
repetition code | código de repetición
repetition equivalent | equivalente de repetición
repetition frequency | frecuencia de repetición (de impulsos)
repetition instruction | instrucción de repetición
repetition of frequencies | repetición de frecuencias
repetition of telegraph signals | traslación de señales telegráficas
repetition-paid telegram | telegrama con repetición pagada
repetition rate | coeficiente (/frecuencia, /índice) de repetición
repetition time | tiempo de repetición
repetitive error | error repetitivo
repetitive logic | lógica repetitiva
repetitive peak inverse voltage | cresta de tensión inversa recurrente
repetitive peak off-state voltage | tensión de pico repetitiva con el elemento desactivado
repetitive peak on-state current | corriente de pico repetitiva en estado activo
repetitive unit | unidad repetitiva
repetitively pulsed laser | láser de impulsos cíclicos
replace, to - | reemplazar, sustituir
replace all, to - | reemplazar todo
replacement cartridge | cápsula de reemplazo; elemento interno
replacement length | longitud de reemplazamiento
replacement of receiver | acción de colgar el receptor
replacement pickup | fonocaptor de repuesto
replacement theory | teoría de renovación
replacement valve | válvula equivalente (/de recambio)
replace the receiver, to - | colgar el receptor (/auricular)
replace with, to - | reemplazar con (/por)
replay | lectura; respuesta; reproducción
replay, to - | responder
replay amplifier | amplificador de reproducción (/lectura)
replay channel | canal de reproducción
replica grating | copia de la red
replication | réplica, duplicación
reply | respuesta; responder
reply paid | respuesta pagada
reply-paid charge | tasa de respuesta pagada
reply-paid telegram | telegrama de respuesta pagada
reply paid voucher | cupón de respuesta pagada
reply pulse | impulso de respuesta
reply telegram | telegrama de respuesta
repolarization | repolarización
report | informe
report call | llamada de aviso
report generation | generación de informes
report generator | generador de informes
reporting line | línea directa
reporting station | estación supervisada
report program generator | generador de programas de generación de informes
report type | tipo de informe
report writer | generador (/impresora) de informes
repository | diccionario de datos
rep rate = repetition rate | tasa de repetición
representative | representante
representative calculating time | tiempo de cálculo representativo
reprocessing | reelaboración, reacondicionamiento, nuevo procesado
reprocessing loss | pérdida por reprocesamiento
reproduce, to - | reproducir
reproduce condition | condición de reproducción
reproduce head | cabeza reproductora (/lectora, /de reproducción)
reproduced ambience | efecto ambiental reproducido
reproducer | reproductor
reproducer group | grupo reproductor
reproducibility | reproducibilidad
reproducible light source | fuente luminosa reproducible
reproducing characteristic | característica de lectura
reproducing head | cabeza de reproducción
reproducing stylus | aguja reproductora
reproducing system | sistema de reproducción

reproduction | reproducción
reproduction channel | canal de reproducción
reproduction factor | factor de multiplicación
reproduction ratio | relación de reproducción
reproduction set | aparato reproductor
reproduction speed | velocidad de reproducción
reprogrammable PROM | PROM reprogramable
reprogrammable ROM | memoria ROM reprogramable
REPROM = reprogrammable read only memory | REPROM [*memoria reprogramable de sólo lectura*]
repulsion | repulsión
repulsion-induction motor | motor de repulsión e inducción
repulsion motor | motor de repulsión
repulsion-start induction motor | motor de inducción de arranque por repulsión
repulsion-start induction-run motor | motor de arranque con repulsión y funcionamiento por inducción
repulsion-start motor | motor de arranque por repulsión
repulsive potential | potencial de repulsión
REQ = request | solicitud, petición
request | solicitud, petición
request, to - | pedir, solicitar
request for comment | petición de comentarios
request for discussion | petición de debate [*en foros de discusión por internet*]
request for information | petición de información
requesting subscriber | abonado solicitante
request repeat system | sistema (detector de errores) con solicitud de repetición
request/reply transmission | trasmisión a petición, trasmisión de pregunta/respuesta
request-response time | tiempo de respuesta a la solicitud
request to call | solicitud de llamada
request to send | petición de trasmisión
request to speak/send/play content | solicitud para enviar contenido hablado
required | solicitado; necesario
required hyphen | guión requerido
required voltage | tensión requerida
requirements analysis | análisis de requisitos
requirements description | descripción de requisitos
requirements specification | especificación de requisitos
reradiated energy | energía retrasmitida

reradiation | nueva radiación (/irradiación); radiación indeseable
reradiation error | error de reflexión local
rerecord, to - | regrabar, trasferir un registro
rerecording | regrabación; nuevo registro, trasferencia de registro
rerecording amplifier | amplificador de regrabación
rerecording compensator | compensador de regrabación
rerecording console | consola de mezcla (/regrabación)
rerecording room | sala de regrabación (/mezcla)
rerecording system | sistema de mezcla (/reproducción de grabaciones)
rereel, to - | rebobinar, arrollar de nuevo
rering | reaviso, nueva llamada de aviso
reringing signal | señal de emisión de corriente de llamada
reroute the traffic, to - | desviar (/reencaminar) el tráfico, encaminar el tráfico por rutas alternativas
rerouting | reencaminamiento, encaminamiento por ruta alternativa
rerun | repetición, nueva ejecución; repaso; retrasmisión
rerun, to - | reejecutar [*un programa*]
rerun point | punto de repaso (/nueva ejecución)
rerun routine | rutina de repetición (/repaso)
rerun the slip, to - | volver a pasar la cinta
RES = resonance | resonancia
resale carrier | suboperador
rescue co-ordination centre | centro de coordinación de rescates [*con localización por satélite*]
rescue dump | vuelco de rescate
rescue frequency | frecuencia de salvamento
research | investigación, estudio; indagación, averiguación
research and development | investigación y desarrollo
research libraries information network | red de información para búsqueda en bibliotecas
research reactor | reactor experimental (/de investigación)
reselect policy | política de reselección
resent, to - | reenviar
reservation protocol | protocolo de reserva [*de recursos*]
reservation specification | especificación de reserva [*del ancho de banda*]
reserve | reserva
reserve accumulator | acumulador de reserva [*para cálculos matemáticos*]
reserve bar | barra de reserva
reserve battery | batería de reserva, batería almacenable en estado inactivo

reserve cell | pila de reserva, pila almacenable en estado inactivo
reserve circuit | circuito de reserva
reserved | reservado
reserved character | carácter reservado [*en el teclado*]
reserved memory | memoria reservada
reserved word | palabra reservada
reserve equipment | equipo de reserva
reserve group | grupo de reserva
reserve link | sección de reserva
reserve par | par de reserva
reserve power | reserva de potencia, potencia en reserva
reserve protection | protección de reserva (/emergencia)
reserve section | sección de reserva
reserve set | grupo (/juego) de reserva
reservoir | depósito; embalse
reservoir capacitor | condensador de filtro; capacidad almacenadora
reservoir fullness factor | índice (/coeficiente) de llenado en energía eléctrica
reservoir installation | aprovechamiento de embalse
reset | reposición, restablecimiento; inicialización, reinicialización, puesta a cero
reset, to - | borrar, poner (/volver) a cero, reconectar, reinicializar, reponer, reposicionar, restablecer, restaurar
reset action | acción de restablecimiento
reset authorisation code | código de autorización de inicialización
reset bail | fiador de reposición
reset button | pulsador (/botón) de reposición, botón de reinicialización
reset circuit | circuito de reposición (/puesta a cero)
reset command | señal de reposición
reset connector | conector de redefinición
reset contactor | contacto de reposición, disyuntor de reconexión
reset control circuit | circuito de control de reposición
reset flux level | nivel de flujo de restablecimiento
reset key | llave de reposición
reset lever | palanca de reposición
reset login screen, to - | restablecer la pantalla de inicio de sesión
reset numeric error, to - | restablecer el error numérico
reset pulse | impulso de reposición (/reconexión, /restablecimiento)
reset rate | velocidad de restablecimiento; tiempo de reconexión
reset switch | conmutador de reposición, disyuntor de reconexión
resettability | reajustabilidad, capacidad de reajuste
resettability of tuning | reposicionabilidad de sintonía (/ajuste de frecuencia)

resettable tuning | sintonía reproducible
reset terminal | terminal de reposición (/inicialización)
reset time | tiempo de redefinición; temporizador de inicialización (/reposición)
resetting | reconexión; reposición, vuelta a la posición inicial; desenganche
resetting after tripping | reconexión después del desenganche
resetting device | dispositivo de reposición (/rearme, /reconexión, /reenganche)
resetting half-cycle | semiciclo de restablecimiento (/reposición)
resetting interval | intervalo de restablecimiento (/reposición)
resetting pulse | impulso de reposición (/reconexión, /recomposición)
resetting ratio | coeficiente (/índice) de reposición
resetting time | tiempo de reposición (/retroceso)
resetting value | valor de reposición (/desenganche)
reset to factory, to - | restablecer valores predeterminados
reset tripped position | posición de preparación para la reposición
reset voltage | tensión de reposicionamiento
reshaping circuit | circuito reformado (/conformador de onda)
residence telephone | teléfono (/aparato telefónico) de uso privado
resident | (programa) residente
resident assembler | ensamblador residente
resident font | fuente residente [de tipos]
residential telephone | teléfono privado
resident program | programa residente
residual | (magnitud) residual, valor residual
residual activity | actividad residual
residual anode [UK] | ánodo (/placa) remanente
residual charge | carga residual (/remanente)
residual current | corriente residual
residual-current state | régimen de corriente residual
residual deflection | desviación (/deflexión) residual
residual deviation | desviación residual
residual discharge | descarga (de la carga) residual
residual dose | intensidad remanente
residual energy | energía remanente
residual error | error residual
residual field | campo residual (/remanente)
residual flux | flujo residual (/remanente)

residual flux density | densidad de flujo residual (/remanente)
residual FM | modulación de frecuencia residual
residual FM noise | ruido de frecuencia modulada residual
residual frequency instability | inestabilidad de frecuencia residual
residual frequency modulation | modulación de frecuencia residual
residual gap | entrehierro; espacio residual
residual gas | gas residual
residual hum | zumbido residual
residual impedance | impedancia residual
residual inductance | inductancia residual
residual induction | remanencia, inducción residual (/remanente)
residual intensity | intensidad remanente
residual ion | ión residual
residual ionization | ionización residual
residual line | línea residual
residual loss | pérdida residual
residual magnetic induction | inducción magnética residual
residual magnetism | imantación (/magnetismo) residual (/remanente)
residual magnetization | imanación residual (/remanente)
residual mean square | cuadrado medio residual
residual mistune | error residual de sintonía
residual modulation | modulación residual
residual noise | ruido residual
residual nuclear radiation | radiación nuclear residual
residual nucleus | núcleo residual (/restante, /remanente)
residual pin | clavija sobrante (/residual)
residual plate [USA] [*residual anode (UK)*] | ánodo remanente
residual post | tope antirremanente
residual pulse | impulsión residual
residual radiation | radiación residual
residual radioactivity | radiactividad residual
residual range | alcance residual
residual reactivity | reactividad remanente
residual resistance | resistencia residual
residual resistivity | resistencia residual
residual ripple | ondulación residual
residual screw | tornillo residual (/de ajuste)
residual shim | entrehierro residual
residual spacing error | error de separación residual
residual state | estado de remanencia
residual stop | tope antirremanente

(/de entrehierro)
residual stud | placa antirremanente
residual time constant | constante de tiempo interna de salida
residual torque | par residual
residual traffic | tráfico residual (/de desbordamiento)
residual voltage | tensión residual
residual voltage standing-wave ratio | relación residual de ondas estacionarias
residual VSWR | relación residual de ondas estacionarias
residue arithmetic | aritmética modular (/residual, /de residuos)
residue check | verificación por residuo
resilience | resiliencia, elasticidad
resin | resina
resin-encapsulated circuit | circuito encapsulado (/embebido) en resina
resin smear | corrimiento de resina
resist | material protector; capa protectora
resistance | resistencia
resistance adapter | adaptador de resistencia
resistance amplifier | amplificador acoplado (/de acoplamiento) de resistencia
resistance apparatus | puente de resistencias
resistance at DC | resistencia a la corriente continua
resistance at high frequency | resistencia en alta frecuencia
resistance attenuator | atenuador resistivo (/de resistencia)
resistance balance | resistencia de equilibrio
resistance box | caja de resistencias
resistance box with plugs | caja de resistencias de clavijas
resistance braking | frenado reostático
resistance brazing | soldadura con cobre (/latón) por resistencia
resistance bridge | puente de resistencia
resistance bridge pressure pickup | fonocaptor (/trasductor de presión) de puente de resistencias
resistance bridge smoke detector | detector de humos por puente de resistencias
resistance butt welding | soldadura a tope por resistencia
resistance-capacitance | resistencia y capacidad
resistance-capacitance arrangement | configuración (/circuito) de resistencia y capacidad
resistance-capacitance circuit | circuito de resistencia y capacidad
resistance-capacitance constant | constante de resistencia y capacidad
resistance-capacitance-coupled amplifier | amplificador de acoplamiento por resistencias y condensadores

resistance-capacitance coupling | acoplamiento por resistencias y condensadores
resistance-capacitance differentiator | diferenciador de resistencia y capacidad
resistance-capacitance divider | divisor de resistencia y capacidad
resistance-capacitance filter | filtro de resistencia y condensador (/capacidad)
resistance-capacitance generator | generador de resistencia y capacidad
resistance-capacitance network | red resistiva-capacitiva
resistance-capacitance oscillator | oscilador sintonizado por resistencia y capacidad
resistance-capacitance phase-shift oscillator | oscilador de desplazamiento de fase por resistencia y capacidad
resistance-capacitance time constant | constante de tiempo de resistencia y capacidad
resistance-capacitance-tuned oscillator | oscilador sincronizado por resistencia y capacidad
resistance-capacitance tuning | sintonización por resistencia y capacidad
resistance-capacity | resistencia y capacidad
resistance coefficient | coeficiente de resistencia
resistance coil | bobina (/carrete) de resistencia
resistance component | componente de resistencia
resistance-condenser combination | combinación de resistencia y condensador
resistance contact | contacto de resistencia
resistance control | control por resistencia, regulación por reóstato
resistance-coupled amplifier | amplificador acoplado por resistencia
resistance coupling | acoplamiento resistivo (/por resistencia, /directo)
resistance drop | caída de tensión (/voltaje) por resistencia
resistance-earthed | puesto a tierra con resistencia (intercalada)
resistance element | elemento resistivo (/de resistencia)
resistance frame | reóstato de cuadro, cuadro de resistencia
resistance furnace | horno (eléctrico) de resistencia
resistance heat | calor de (/generado en) la resistencia
resistance-heat, to - | calentar por resistencia (/efecto Joule)
resistance heater | calentador de resistencia
resistance heating | calentamiento por resistencia
resistance heating apparatus | calentador por resistencia
resistance hybrid | red diferencial de resistencias, unión híbrida de resistencia
resistance index | índice de resistencia
resistance instrument | aparato (térmico) de resistencia
resistance junction | unión (/red diferencial) de resistencias
resistance lamp | lámpara resistiva (/de resistencia)
resistance lap welding | soldadura eléctrica por resistencia de recubrimiento
resistance loading damper | tensor resistivo de arrollamiento
resistance loss | pérdida por resistencia
resistance magnetometer | magnetómetro de resistencia
resistance matching pad | atenuador resistivo de adaptación
resistance material | material resistivo (/con resistencia)
resistance measurement | medición de aislamiento (/resistencia)
resistance noise | ruido térmico (/de resistencia)
resistance pad | atenuador resistivo (/de resistencia)
resistance per unit length | resistencia unitaria (/lineal)
resistance protection | dispositivo de protección de resistencia
resistance pyrometer | pirómetro de resistencia
resistance range | gama de resistencias
resistance ratio | relación de resistencias
resistance reduction | disminución de la resistencia
resistance regulation | regulación reostática (/por resistencia)
resistance relay | relé de resistencia
resistance seam welding | soldadura por costura
resistance shunt | derivación de resistencia
resistance soldering | soldadura por resistencia
resistance spot welding | soldadura eléctrica por puntos
resistance-stabilized | estabilizado por resistencia
resistance-stabilized oscillator | oscilador estabilizado por resistencia
resistance standard | patrón de resistencia
resistance start motor | motor de arranque con resistencia (/reóstato)
resistance strain gauge | deformímetro (/extensómetro) de resistencia, trasductor de deformación de resistencia
resistance strip | regleta de resistencia, resistencia tipo regleta
resistance substitution box | caja de sustitución de resistencias
resistance switchgroup | grupo de resistencias de conmutación
resistance temperature coefficient | coeficiente térmico de resistencia
resistance temperature detector | detector termométrico de resistencia
resistance temperature meter | termómetro de resistencia
resistance termination | terminación de resistencia
resistance test | prueba de resistencia
resistance testing set | probador de resistencias
resistance thermometer | termómetro de resistencia
resistance thermometer bridge | puente de termómetro de resistencia
resistance thermometer detector | detector termométrico de resistencia
resistance thermometer resistor | elemento termométrico (/sensible de termómetro) de resistencia
resistance thermometry | termometría de resistencia
resistance to alternating current | resistencia en corriente alterna
resistance to bending | rigidez, resistencia a la flexión
resistance to buckling | resistencia a la flexión
resistance to demagnetization | poder de retención de la imanación, resistencia a la desimantación
resistance to demagnetizing fields | resistencia a los campos desmagnetizantes (/desimanadores)
resistance to earth | resistencia a tierra
resistance tolerance | tolerancia de la resistencia
resistance-to-reactance ratio | relación resistencia/reactancia
resistance-tuned oscillator | oscilador sintonizado por resistencia
resistance-type amplifier | amplificador acoplado (/de acoplamiento) por resistencia
resistance unit | unidad (/elemento) de resistencia
resistance value | valor de resistencia
resistance valve | válvula de resistencia
resistance variance | variación (/fluctuación) de resistencia
resistance variation | variación de resistencia
resistance weld | soldadura por resistencia
resistance welder | soldador por resistencia eléctrica
resistance welding | soldadura por resistencia
resistance welding electrode | electrodo de soldadura por resistencia
resistance welding equipment | equipo de soldadura por resistencia

resistance wire | hilo (/alambre) de resistencia
resistant | resistente
resist etchant | material reactivorresistente (/resistente al ataque)
resistive | óhmico, resistivo
resistive adapter | adaptador resistivo
resistive attenuator | atenuador resistivo
resistive bidirectional coupler | acoplador bidireccional resistivo
resistive circuit | circuito resistivo
resistive component | componente resistivo
resistive conductor | conductor resistivo
resistive coupling | acoplamiento por resistencia
resistive coupling | acoplamiento resistivo
resistive current-limiting device | dispositivo resistivo limitador de corriente, limitador de corriente de tipo resistivo
resistive cutoff frequency | frecuencia de corte resistiva
resistive DC voltage drop = resistive direct-current voltage drop | caída óhmica de tensión continua
resistive divider | divisor resistivo
resistive element | elemento resistivo
resistive impedance | impedancia resistiva
resistive impedance-matching pad | adaptador resistivo de impedancias, red resistiva de adaptación de impedancias
resistive instability | inestabilidad resistiva
resistive load | carga resistiva
resistive loop coupler | acoplador de espira resistiva
resistive loss | pérdida resistiva
resistive network | red resistiva
resistive transduction | trasducción resistiva
resistive unbalance | desequilibrio resistivo
resistive vane | lámina (/aleta) resistiva
resistive vane attenuator | atenuador de lámina resistiva
resistive voltage | caída de tensión resistiva
resistive voltage divider | divisor de tensión resistivo
resistive wall amplifier | amplificador de pared resistiva
resistivity | resistividad
resistivity measurement | medición de resistividad
resistivity probe | sonda de resistividad
resistor | termistor, resistencia
resistor adapter | adaptador resistivo
resistor bias | resistencia de polarización
resistor-biased circuit | circuito de polarización por resistencia

resistor box | caja de resistencias
resistor-capacitor-transistor logic | lógica de resistencias, capacidades y transistores
resistor-capacitor unit | unidad de resistencia y condensador
resistor colour code | código de colores para resistencias
resistor core | núcleo (aislante) de la resistencia
resistor-coupled circuit | circuito acoplado por resistencia
resistor-earthed | puesto a tierra con resistencia (intercalada)
resistor element | elemento resistivo (/de resistencia)
resistor furnace | horno de resistencias eléctricas, horno eléctrico de resistencias (/calentadores), horno de calentadores eléctricos
resistor fuse | resistencia fusible
resistor geometry | geometría de la resistencia
resistor-heated furnace | electrohorno de resistencia, horno de calentadores eléctricos
resistor housing | cubierta de la resistencia
resistor mixer | mezclador de resistencia
resistor network | red de resistencias
resistor placed across a voltage source | resistencia conectada entre los polos de una fuente de tensión
resistor potentiometer | cadena potenciométrica de resistencias
resistor sparkplug | bujía con resistencia (supresora)
resistor spiral | espiral de resistencia, resistencia en espiral
resistor starting | arranque por resistencia
resistor strip | regleta de resistencias
resistor tape | cinta para resistencias
resistor termination | terminación de resistencia
resistor tester | probador de resistencias
resistor-transistor logic | lógica de resistencia y transistor, lógica (de) resistor-transistor
resistor unit | elemento de resistencia
resist plating | galvanorresistente
resize, to - | ajustar tamaño; redimensionar [*un objeto gráfico*]
resize corner | esquina de redimensionado
resize decoration | marco de redimensionado
resize handle | control de redimensionado
resize icon | icono de redimensionado
resize pointer | puntero de redimensionado
resnatron | resnatrón [*tetrodo de microondas del tipo de haz*]
resolderable fuse | fusible del tipo resoldable

resolution | resolución, definición, poder analizador
resolution chart | gráfico de definición (/resolución, /ajuste)
resolution in a horizontal direction | definición en sentido horizontal
resolution in a vertical direction | definición en sentido vertical
resolution in azimuth | resolución en acimut
resolution in range | resolución en distancia (/alcance)
resolution noise | ruido de variación por pasos
resolution of target | resolución del blanco
resolution pattern | imagen patrón para pruebas de definición
resolution protocol | protocolo de resolución
resolution sensitivity | sensibilidad de resolución
resolution test chart | carta de ajuste, mira (/imagen patrón) para pruebas de definición
resolution time | tiempo de resolución
resolution wedge | haz (/cuña) de definición, cuña de resolución
resolve, to - | convertir [*una dirección lógica en física o viceversa, o el nombre de un dominio de internet en su correspondiente dirección IP*]
resolver | reductor, resolucionador, elemento de resolución
resolving | resolución
resolving cell | célula de resolución
resolving power | poder resolutivo (/de definición, /de resolución)
resolving time | tiempo de resolución
resolving time correction | corrección de tiempo muerto (/de resolución)
resonance | resonancia
resonance absorption | absorción de resonancia
resonance amplifier | amplificador de resonancia
resonance breeder | reactor reproductor de resonancia
resonance bridge | puente de resonancia
resonance capacitor-transformer | trasformador-condensador de resonancia
resonance capture | captura de resonancia
resonance characteristic | característica de resonancia
resonance circuit | circuito resonante (/de resonancia)
resonance contour | curva de resonancia
resonance cross section | sección eficaz de resonancia
resonance current step-up | amplificación (/elevación) de la corriente de resonancia
resonance curve | curva (/característica) de resonancia

resonance effect | efecto de resonancia
resonance energy | energía de resonancia
resonance energy band | banda de energía de resonancia
resonance escape probability | probabilidad de escape a la captura por resonancia
resonance excitation | excitación de resonancia
resonance fluorescence | fluorescencia de resonancia
resonance flux | flujo de resonancia
resonance frequency | frecuencia de resonancia
resonance frequency meter | frecuencímetro de resonancia
resonance gap | espacio resonante
resonance heating | calentamiento por resonancia
resonance in free air | resonancia al aire libre
resonance indicator | indicador de resonancia
resonance integral | integral de resonancia
resonance isolator | desacoplador de resonancia
resonance lamp | lámpara de resonancia
resonance level | nivel de resonancia
resonance line | línea de resonancia
resonance line oscillator | oscilador de línea resonante
resonance meter | medidor de resonancia
resonance method | método de resonancia
resonance mode | modo resonante
resonance neutron | neutrón de resonancia
resonance neutron flux | flujo de resonancia
resonance oscillatory circuit | circuito oscilante de resonancia
resonance overlap | superposición de resonancias
resonance peak | pico (/cresta, /punta, /máximo) de resonancia
resonance penetration | penetración de resonancia
resonance poisoning | envenenamiento de resonancia
resonance radiation | radiación de resonancia
resonance radiometer | radiómetro de resonancia
resonance reactor | reactor de resonancia
resonance region | zona (/región) de (energías de) resonancia
resonance resistance | resistencia de resonancia
resonance rise of voltage | sobretensión de resonancia
resonance scattering | dispersión resonante (/de resonancia)
resonance section | sección eficaz de resonancia
resonance sharpness | agudeza de resonancia
resonance spectral line | línea espectral de resonancia
resonance spectrum | espectro de resonancia
resonance state | nivel de resonancia
resonance transformer | trasformador resonante (/sintonizado, /de resonancia)
resonance-type isolator | aislador (/desacoplador) del tipo de resonancia
resonance utilization | utilización de resonancia
resonance valve | válvula de resonancia
resonance vibration | vibración de resonancia
resonance window | ventana resonante
resonant | resonante
resonant aerial | antena resonante (/sintonizada)
resonant amplitude | amplitud de resonancia
resonant bump | pico de resonancia
resonant capacitor | condensador resonante (/de resonancia en serie)
resonant cavity | cavidad resonante
resonant cavity dielectrometer | dielectrómetro de cavidad resonante
resonant cavity magnetron | magnetrón de cavidades resonantes
resonant cavity maser | máser de cavidad resonante
resonant cavity wavemeter | ondámetro de cavidad resonante
resonant chamber | cámara resonante
resonant chamber switch | conmutador de cámara (/cavidad) resonante
resonant charging choke | inductor (/bobina de autoinducción) resonante (/de carga resonante)
resonant circuit | circuito resonante (/de resonancia)
resonant circuit coupling | acoplamiento por circuito resonante
resonant circuit drive | oscilador de circuito resonante
resonant-circuit frequency indicator | indicador de frecuencia con circuito resonante
resonant-circuit-type frequency indicator | indicador de frecuencia del tipo de circuito resonante
resonant current step-up | elevación de corriente de resonancia
resonant curve | curva (/característica) de resonancia
resonant depolarization | despolarización resonante
resonant diaphragm | diafragma (/membrana) resonante
resonant dipole | dipolo resonante
resonant earthed system | red compensada
resonant element | elemento resonante
resonant extraction | extracción resonante
resonant frequency | frecuencia resonante (/natural, /propia, /de resonancia)
resonant gap | espacio (/intervalo) resonante
resonant gate transistor | transistor de puerta (/compuerta) resonante
resonating cavity | cavidad resonante
resonating piezoid | cuarzo (tallado) resonante
resonating window | ventana resonante
resonant iris | iris resonante
resonant line | línea resonante (/sintonizada)
resonant line amplifier | amplificador de línea resonante
resonant line oscillator | oscilador de línea resonante
resonant line tuner | sintonizador de línea resonante
resonant mode | modo resonante
resonant mode filter | filtro de modo resonante
resonant oscillation | oscilación resonante
resonant quarter-wave line | línea resonante (/sintonizada) de cuarto de onda
resonant reed | lengüeta resonante
resonant reed relay | relé (/relevador) de armaduras (/láminas) resonantes, relé con armaduras de lengüeta
resonant rejector circuit | circuito antirresonante
resonant relay | relé (/relevador) resonante
resonant resistance | resistencia resonante (/de resonancia)
resonant shunt | derivación resonante
resonant spark generator | generador de chispas de resonancia
resonant structure | estructura resonante
resonant tap | derivación resonante
resonant torsional vibration | vibración resonante torsional
resonant transmission line | línea de trasmisión resonante (/sintonizada)
resonant trap circuit | circuito trampa resonante
resonant vibration | vibración resonante
resonant voltage step-up | sobretensión de resonancia, amplificación de tensión resonante
resonant wavelength | longitud de onda de resonancia
resonant window | ventana resonante
resonant window switch | conmutador de ventana resonante
resonate, to - | resonar, sintonizar, entrar (/poner) en resonancia

resonator | resonador, caja de resonancia
resonator cavity | cavidad resonante (/del resonador)
resonator current | corriente de resonador
resonator grid | rejilla del resonador
resonator mode | modo de resonador
resonator wavemeter | ondámetro de resonador (/resonancia)
resonistor | resonistor [*tipo de dispositivo resonante*]
resource | recurso(s)
resource allocation | asignación de recursos
resource conflict | conflicto de recursos
resource data | datos de recursos
resource description framework | estructura de descripción de recursos [*para metadatos*]
resource descriptor | descriptor de recursos
resource file | archivo de recursos
resource fork | horquilla de recursos [*en archivos Macintosh*]
resource function | función de recursos
resource ID | ID de recurso [*número de identificación de un recurso*]
resource record | registro de recursos
resource reservation setup protocol | protocolo de configuración para reserva de recursos
resource-sharing | compartimiento (/explotación conjunta) de recursos
resource string | cadena de recursos
resource type | tipo de recurso
responder | contestador; retrasmisor
responder beacon | radiofaro contestador (/de respuesta)
response | respuesta, réplica; rendimiento
response characteristic | característica de respuesta
response curve | curva de respuesta
response frequency | frecuencia de respuesta
response/frequency characteristic | característica de respuesta amplitud-frecuencia
response function | función de respuesta
responser | contestador; receptor (de identificación)
response range | margen de respuesta
response rate | tasa de respuesta
response service | servicio de respuesta
response speed | velocidad de respuesta
response time | tiempo de respuesta
response to current | respuesta a la corriente
response to power | respuesta de potencia
response to voltage | respuesta de tensión

responsivity | capacidad de respuesta
responsor [*responser*] | contestador
rest | resto, residuo; apoyo; muesca
restart | reanudación, rearranque
restart, to - | reanudar, reiniciar, volver a arrancar (/poner en marcha)
rest contact | contacto de reposo
rest current | corriente residual (/permanente, /de reposo)
rest energy | energía de reposo
resting contact | contacto de reposo
resting frequency | frecuencia portadora (/de reposo)
resting potential | potencial de reposo
restituted signal | señal restituida
restitution | restitución
restitution delay | retardo (/retraso) de la restitución
restitution distortion | distorsión de restitución
restitution element | elemento de restitución
rest mass | medida residual (/en reposo, /propia)
restoration circuit | circuito restaurador
restoration of DC component | restablecimiento de la componente de corriente continua
restore | restauración
restore, to - | recuperar, reintegrar, reponer, restablecer, restaurar
restore a circuit to service, to - | reponer un circuito en servicio
restore a circuit, to - | restablecer normalmente un circuito
restore a pulse, to - | restituir un impulso, restituir una pulsación
restore button | botón de restablecimiento
restored energy | energía recuperada (/restituida)
restored wave | onda restaurada (/reconstituida)
restorer | restaurador, restablecedor
restore the connection, to - | restablecer la comunicación
restore the receiver, to - | colgar el auricular (/receptor)
restore to normal, to - | volver al reposo
restore-to-normal switch | conmutador de posición de reposo
restoring | restauración
restoring circuit | circuito restablecedor (/de reposición)
restoring force | presión de reposición
restoring pulse | impulso restaurador
restoring spring | resorte (/muelle) antagonista (/de reposición)
restoring time | tiempo de recuperación
restoring torque | par antagonista (/de reposición, /de llamada, /de restablecimiento), torsión de reposición
rest potential | potencial residual
restricted function | función restringida

restricted mode | modo restringido
restricted radiation device | dispositivo de radiación limitada (/restringida)
restricted radiotelegraph operator permit | permiso limitado de radiotelegrafista
restricted radiotelephone operator permit | permiso limitado de radiotelefonista
restricted tariff | tarifa a tanto alzado
restricted trunk access extension | extensión semirrestringida
restricted view | vista restringida
restricter [*restrictor*] | válvula reductora
restricter valve | válvula limitadora (/reductora, /de estrangulación, /reguladora de la velocidad)
restriction | restricción
restrictor | válvula reductora
restrike, to - | reencender, restablecer
restriking | reencendido; corriente de retorno
restriking voltage | tensión de reencendido, tensión transitoria de restablecimiento
restructured extended executor | ejecutor extendido reestructurado [*lenguaje de programación de IBM*]
result | resultado
resultant | resultante
resultant alpha particle | partícula alfa resultante
resultant colour shift | desplazamiento total del color
resultant nucleus | núcleo resultante
resultant pitch of a winding | paso resultante de un devanado
resultant voltage | tensión resultante
result code | código de resultado
resume | reanudación
resume, to - | reanudar
resume service, to - | reanudar el servicio
resume transmission, to - | reanudar la trasmisión
resuming from low power | reanudación de baja energía
retained image | imagen retenida
retainer | elemento de retención, fiador, sujeción
retaining | retención
retaining bracket | soporte de sujeción de la tarjeta
retaining clip | clip (/pinza) de retención
retaining coil | bobina de retención
retaining screw | tornillo de sujeción
retaining zone | margen de sincronización
retard, to - | retardar, retrasar
retardated field | campo retardado
retardation coil | bobina de retardo (/inducción, /inductancia)
retardation method | método de deceleración
retard coil | bobina de retardo (/inducción, /inductancia)
retarded field | campo retardado

retarded potential | potencial de retardo
retarded relay | relé temporizado (/diferido)
retarded release | escape retardado
retarder | retardador
retarding | retardador
retarding electrode | electrodo decelerador (/de retardo)
retarding field | campo retardador (/de retardo, /de frenado)
retarding-field detector | detector de campo retardador
retarding-field energy-analyser | analizador de energía del campo retardador
retarding-field oscillator | oscilador de campo retardador
retarding-field valve | válvula de campo retardador
retarding force | esfuerzo retardador, fuerza retardadora
retarding magnet | imán retardador
retard position | posición retrasada (/de retardo)
retard transmitter | trasmisor retardado (/con retardo)
RETEL = reference telegram | con referencia al telegrama
retention | retención
retention coefficient | coeficiente de retención
retention of a scene | retención de una imagen
retention range | margen de sincronización
retention time | tiempo de retención
retentivity | retentividad, capacidad de retención
retentivity of vision | retención de la visión
reticle [*reticule*] | retícula
reticulated | reticulado
reticule | retícula, retículo
retiming circuit | circuito de resincronización
retina | retina
retina character reader | lector de caracteres del tipo de retina
RETMA = Radio Television Electronics Manufacturers Association | RETMA [*asociación estadounidense de fabricantes de material de radio, televisión y electrónica*]
RETMA colour code | código de colores RETMA
retrace | retroceso, (trazo de) retorno
retrace blanking | borrado de retorno, extinción durante el retorno; supresión del haz de retroceso
retrace ghost | imagen fantasma de retorno, imagen parásita durante el intervalo de retorno
retrace interval | intervalo de retorno (/retroceso)
retrace line | línea de retorno (/retroceso)
retrace line extinguisher | extinguidor de líneas (/trazos) de retorno
retrace period | periodo de retorno
retrace suppression circuit | circuito de supresión del trazado de retorno
retrace time | tiempo de retorno (/retroceso)
retractable cable | cable (/cordón) retráctil
retractile cord | cable retráctil
retractile spring | resorte retráctil
retractor bail | fiador retráctil
retrain | reajuste; restablecimiento del sincronismo [*entre un módem y otro*]
retransmission | retrasmisión, retransmisión
retransmission installation | instalación de retrasmisión
retransmission unit | unidad de retrasmisión
retransmit a booking, to - | retrasmitir una petición (/solicitud) de comunicación
retransmitting installation | instalación de retrasmisión
retransmitting station | estación retrasmisora
retrieval | recuperación
retrieval service | servicio interactivo (/de recuperación de la información)
retrieval software | software de recuperación
retrieve, to - | extraer, recuperar, recobrar
retriever of magnetic articles | recogedor de artículos magnéticos
retroaction | reacción; realimentación positiva
retroactive | reactivo, regenerativo, de reacción
retroactive amplification | amplificación con reacción
retroactive amplifier | amplificador con reacción
retroactive circuit | circuito reactivo (/de reacción)
retroactive detector | detector de reacción
retroactive valve | válvula reactiva
retroactor | válvula reactiva
retrodirective aerial | antena retrodirectiva
retrodirective reflector | reflector retrodirectivo
retrodirective steering | orientación retrodirectiva
retrofire time | duración del encendido de los retrocohetes
retrofit | reajuste retroactivo
retrograde rays | rayos retrógrados
retrogression | retroceso
retrogressive wave winding | devanado ondulado retrógrado
retrogressive winding | devanado retrógrado
retroreflective scan | exploración retrorreflectora
retrorocket | retrocohete
retro zoom | retro zoom

retry | reintento, nuevo intento; reprocesado
retry, to - | reintentar
retune, to - | resintonizar, volver a sintonizar
retuning | resintonización, reajuste de la sintonía
retuning positional error | error posicional de resintonía
return | (señal de) retorno; eco
return, to - | contestar, responder; devolver, reexpedir, retornar; volver
return address | dirección de retorno
return albedo | albedo reentrante
return beam | haz de retorno
return cable | cable (/alimentador, /conductor) de retorno
return channel | canal de retorno
return circuit | circuito de retorno
return code | código de retorno
return code register | registro de código de retorno
return coefficient | coeficiente de retorno (/adaptación)
return conductor | conductor de retorno
return current | corriente inversa (/reflejada, /de retorno)
return current coefficient | coeficiente de la corriente de retorno
return current loss | atenuación de la corriente reflejada
return echo | eco, señal de retorno
return electron | electrón de rechazo
return feeder | alimentador (/arteria) de retorno
return flat | segmento de protección
return from the dead, to - [*fam*] | resucitar [*fam. aplicado a recuperar la conexión con internet*]
returning to normal operation | recuperación del funcionamiento normal
return instruction | instrucción de retorno
return interval | intervalo de retorno
return key | tecla de retorno, llave de devolución
return lead | conductor (/hilo) de retorno
return light | señal de respuesta
return line | línea de retorno (/retroceso)
return loss | pérdida de retorno, atenuación de reflexión
return-loss measuring set | equilibrómetro, medidor de equilibrio
return measuring set | reflectómetro
return path | ruta de retorno [*en mensajes electrónicos*]
return period | periodo de retorno
return propulsion current conductor | conductor de retorno para la corriente de tracción
return propulsion current rail | carril de retorno de la corriente de tracción
return signal | señal de respuesta
return spring | muelle (/resorte) antagonista (/de retorno)

return tape | cinta de retorno
return time | tiempo (/intervalo) de retorno
return to bias | retorno a la (condición de) polarización
return to zero | retorno a cero
return to zero code | código RZ
return-to-zero recording | registro con vuelta a cero
return trace | trazado de retorno
return-trace blanking circuit | circuito de borrado del trazo de retorno
return transfer function | función de trasferencia de retorno
return transmission | trasmisión de retorno (/respuesta)
return voltage | tensión reflejada
return wave | onda de retorno
return wire | hilo de retorno
REURLET = referred your letter | con referencia a su carta
REURRAD = referred your radiogram | con referencia a su radiograma
REURTEL = referred your telegram | con referencia a su telegrama
reusability | reutilizabilidad
reusable resource | recurso reutilizable
reusable routine | rutina reutilizable
REV = reverse | INV = inverso, invertido; opuesto
revenue-producing-traffic channel | canal de tráfico de pago
reverberation | reverberación
reverberation absorption coefficient | coeficiente de absorción de la reverberación
reverberation chamber | cámara de reverberación
reverberation-controlled gain circuit | circuito de ganancia regulada por reverberación
reverberation period | periodo de reverberación
reverberation reflection coefficient | coeficiente de reflexión con reverberación
reverberation room | sala de reverberación
reverberation strength | fuerza de reverberación
reverberation time | tiempo de reverberación
reverberation time meter | medidor del tiempo de reverberación
reverberation transmission coefficient | coeficiente de trasmisión con reverberación
reverberation unit | unidad de reverberación
reverberator | reverberador
reversal | inversión
reversal function | función de inversión
reversal of current | inversión de corriente
reversal of polarity | inversión de polaridad

reversal speed | velocidad de inversión
reversals | alternancias
reversal stage | etapa inversora, paso de inversión
reversals transmission panel | panel emisor de alternancias
reversal valve | válvula inversora
reversal zone | zona de inversión
reverse | inversión; inverso, opuesto
reverse-acting back-pressure regulating valve | válvula reguladora de contrapresión de acción inversa
reverse address recognition (/resolution) protocol | protocolo de resolución de dirección de retorno
reverse arm | cruceta para invertir los hilos
reverse ARP = reverse address recognition protocol | ARP de retorno [*protocolo de resolución de dirección de retorno*]
reverse authentication | identificación inversa
reverse battery metering | medición por inversión de batería (/corriente)
reverse battery signalling | señalización por inversión de polaridad
reverse bias | polarización inversa
reverse-biased junction | unión con polarización inversa
reverse-blocking diode thyristor | tiristor diodo de bloqueo inverso
reverse-blocking state | estado de bloqueo inverso
reverse-blocking switch | interruptor de bloqueo inverso
reverse-blocking thyristor | tiristor de bloqueo inverso
reverse-blocking triode thyristor | tiristor triodo de bloqueo inverso
reverse breakdown | disrupción (/acción disruptiva) en sentido inverso
reverse-breakdown voltage | tensión de disrupción en sentido inverso
reverse byte ordering | ordenamiento inverso de los bytes [*donde el menos significativo se coloca en primer lugar*]
reverse channel | canal inverso (/auxiliar, /de retorno)
reverse charge call | llamada a cobro revertido, llamada pagadera en destino
reverse charged call [UK] | llamada a cobro revertido, llamada pagadera en destino
reverse charging | cobro revertido (automático avanzado); línea gratuita (/de pago compartido), previo pago
reverse-conducting diode thyristor | tiristor diodo de conducción inversa
reverse-conducting triode thyristor | tiristor triodo de conducción inversa
reverse contact | contacto de inversión
reverse coupler | acoplador inverso [*acoplador direccional para muestras de energía reflejada*]
reverse current | contracorriente, corriente (/intensidad) inversa

reverse current automatic switch | interruptor automático de contracorriente (/corriente inversa)
reverse current breaker | disyuntor direccional (/de contracorriente)
reverse current cleaning | desengrase anódico (/electrolítico)
reverse current coil | bobina de contracorriente
reverse current protection | protección contra la corriente inversa, protección contra la inversión de corriente
reverse current ratio | razón inversa de corrientes
reverse current relay | relé de corriente inversa
reverse current release | aparato de retorno (/inversión) de corriente
reversed contrast | contraste invertido, imagen negativa
reversed feedback amplifier | amplificador de contrarreacción (/reacción negativa, /realimentación inversa)
reversed flow | corriente invertida
reversed frequency operation | explotación con permutación de frecuencias
reversed image | imagen invertida (/negativa)
reverse direction | sentido inverso
reverse direction flow | flujo de dirección inversa
reversed keying | manipulación inversa
reversed line | línea de inversión
reversed picture | imagen invertida (/negativa)
reversed polarity | polaridad invertida
reverse emission | emisión inversa
reverse end-of-line wrapping | acomodación por fin de línea en la línea anterior
reverse engineering | ingeniería de regresión [*método para analizar los componentes y la fabricación de un producto partiendo del producto acabado*]
reverse feedback amplifier | amplificador con contrarreacción (/reacción negativa)
reverse feeding | alimentación invertida
reverse field detector | detector de campo retardador
reverse-forward resistance ratio | razón de resistencia inversa a resistencia directa
reverse gate-to-source breakdown voltage | tensión de corte inversa puerta-fuente
reverse gate voltage | tensión inversa de puerta
reverse grid current | corriente inversa de rejilla
reverse grid potential | potencial inverso de rejilla

reverse grid voltage | tensión inversa de rejilla
reverse impulse | impulso inverso (/de salida)
reverse key | inversor (/conmutador) de corriente (/polaridad)
reverse lay | giro inverso
reverse leakage current | corriente inversa de fuga
reverse line-feed mechanism | mecanismo de avance de renglón invertido
reverse open-circuit voltage amplification factor | factor de amplificación de tensión inversa en circuito abierto
reverse-path | camino inverso [*dirección del buzón de origen, en mensajes electrónicos*]
reverse path forwarding | avance por ruta inversa [*técnica para trasmisiones múltiples*]
reverse path multicasting | multidifusión por ruta inversa
reverse phase current relay | relé de corriente de fase inversa
reverse pitch | paso inverso (/negativo)
reverse-polarity arc | arco de polaridad invertida
reverse polarity protection | protección contra inversión de polaridad
reverse polarity silicon diode | diodo de silicio de polaridad inversa
reverse Polish notation | notación polaca inversa, notación por sufijos
reverse power protection | protección contra el retorno de energía
reverse power relay | relé de inversión de potencia
reverse power tripping | desconexión por inversión de potencia
reverser | conmutador inversor; inversor (del sentido de marcha)
reverse reaction | contrarreacción, reacción negativa (/degenerativa)
reverse recovery time | tiempo de recuperación inverso
reverse resistance | resistencia inversa
reverse saturation current | corriente de saturación inversa
reverse thrust | empuje negativo, tracción negativa
reverse transfer voltage ratio | relación de tensión de trasferencia inversa
reverse transimpedance | trasimpedancia inversa
reverse video | vídeo inverso
reverse voltage | tensión inversa
reverse voltage characteristic | característica de tensión inversa
reverse voltage limit | tensión límite inversa
reverse voltage ratio | razón inversa de tensiones
reverse voltage transfer ratio | índice (/razón) de trasferencia inversa de tensión
reversible | reversible

reversible booster | elevador reductor (/reversible)
reversible capacitance | capacidad (/condensador) reversible
reversible capacitance characteristic | característica de capacidad reversible
reversible cartridge diode | diodo de cartucho reversible
reversible cell | pila reversible
reversible circuit | circuito reversible
reversible counter | contador reversible
reversible electrolytic process | reacción electrolítica reversible
reversible execution | ejecución reversible
reversible magnetostriction | magnetoestricción reversible
reversible motor | motor reversible (/con inversión de marcha)
reversible path | vía de trasmisión reversible
reversible permeability | permeabilidad reversible
reversible scaler | escala (/escalímetro) reversible
reversible susceptibility | susceptibilidad reversible
reversible television channel | canal reversible de televisión
reversible transducer | trasductor reversible
reversing | inversión
reversing charging switch | conmutador de carga reversible
reversing contact | contacto inversor
reversing contactor | contacto inversor (/de cambio de marcha)
reversing handle | manubrio de cambio de marcha
reversing key | inversor (/conmutador) de corriente (/polaridad)
reversing lever | palanca de inversión
reversing motor | motor con inversión de marcha
reversing pole | polo de conmutación
reversing rate | proporción de inversión
reversing switch | conmutador de polos (/polaridad); inversor (de corriente)
reversing valve | válvula de cambio de marcha
reversion of lines | inversión de líneas
revert, to - | volver; volver a la versión anterior [*de un documento*]
reverting call | llamada a cobro revertido
reverting impulse | impulso inverso
reverting impulse system | sistema de impulsos inversos
revertive blocking | bloqueo inverso
revertive control | control (/mando) por impulsos inversos
revertive control system | sistema de control por impulsos reenviados (/de respuesta)

revertive impulse | impulso inverso (/de respuesta)
revertive impulse circuit | circuito de impulsos inversos
revertive impulse relay | relé de impulsos inversos
revertive pulse | impulso inverso
revertive pulse system | sistema de impulsos inversos
revertive-pulsing circuit | circuito de impulsos inversos
revertive-pulsing system | sistema de impulsos inversos
review | revisión
review technique | técnica de revisión
revolution counter | cuentarrevoluciones
revolving aerial | antena giratoria
revolving armature | inducido giratorio (/móvil)
revolving armature alternator | alternador de inducido rotativo
revolving field | campo (/inductor) giratorio, campo rotativo
revolving field alternator | alternador (/generador) de campo (inductor) giratorio (/rotativo)
revolving-iron synchronous motor | motor sincrónico de núcleo giratorio
revolving-lens fibre-optic scanner | escáner de lente giratoria de fibra óptica
revolving property editor | editor rotativo de propiedades
revolving vane anemometer | anemómetro de molinete (/rotación)
REW = rewind | REB = rebobinado
rewind | (mecanismo de) rebobinado
rewind, to - | rebobinar [*una cinta*]
rewind button | pulsador de rebobinado rápido
rewind control | control de rebobinado
rewinder | rebobinador, rebobinadora
rewind handle | manivela de rebobinado
rewinding | rebobinado
rewinding key | tecla de rebobinado
rewinding knob | pulsador de rebobinado
rewinding speed | velocidad de rebobinado
rewind reel | carrete de rebobinado
rewind time | tiempo de rebobinado
rewirable | recableable
rewire, to - | cablear de nuevo, recablear, renovar el cableado
rework | reelaboración
rewritable | reescribible, regrabable
rewritable digital video disc | videodisco digital regrabable
rewrite, to - | reescribir, escribir de nuevo; sobrescribir; regrabar
rewriting system | sistema de reescritura
REXX = restructured extended executor | REXX [*ejecutor extendido reestructurado (lenguaje de programación de IBM)*]

REYRLET = referred your letter | con referencia a su carta
REYRRAD = referred your radiogram | con referencia a su radiograma
REYRTEL = referred your telegram | con referencia a su telegrama
RF = radio frequency | AF = alta frecuencia; RF = radiofrecuencia, frecuencia radioeléctrica
RF = realising factor | FL = factor liberador
RF aerial lighting choke | trasformador reductor de radiofrecuencia para iluminación de antena
RF/AF signal generator = radio frequency/audio frequency generator | generador de señales de radiofrecuencia y audiofrecuencia
RF alternator | alternador de radiofrecuencia
RF amplification | amplificación de radiofrecuencia (/alta frecuencia)
RF amplifier | amplificador de radiofrecuencia
RF amplifier noise | ruido del amplificador de radiofrecuencia
RF bandwidth | ancho de banda de radiofrecuencia
RFC = radio frequency choke | bobina de inducción para radiofrecuencia
RFC = request for comment | RFC [*petición de comentarios (colección de documentos formales en la comunidad de internet)*]
RF cable | cable de radiofrecuencia
RF cavity preselector | preselector (/presintonizador) con cavidad resonante de radiofrecuencia
RF choke | bobina de inducción para radiofrecuencia
RF coil | bobina de radiofrecuencia
RF component | componente de radiofrecuencia
RF-confined plasma | plasma confinado por radiofrecuencia
RF connector | conector de radiofrecuencia
RF converter | convertidor de radiofrecuencia
RF current | corriente de radiofrecuencia
RFD = request for discussion | RFD [*petición de debate (en foros de discusión por internet)*]
RFE = Radio Free Europe | RFE = emisora Radio Europa Libre
RF energy | energía radioeléctrica (/de radiofrecuencia, /de alta frecuencia)
RF envelope indicator | indicador de envolvente de radiofrecuencia
RFG = RF gain | ganancia en radiofrecuencia
RF gain | ganancia en radiofrecuencia
RF gain control | control de ganancia de radiofrecuencia
RF generator | generador de radiofrecuencia
RF grid current | corriente de radiofrecuencia en rejilla
RF harmonic | armónica de radiofrecuencia (/alta frecuencia, /frecuencia portadora, /frecuencia radioeléctrica)
RF head | cabeza de radiofrecuencia
RF heating | calentamiento por (corriente inducida de) radiofrecuencia
RF high voltage power supply | fuente de alta tensión alimentada por radiofrecuencia
RFI = radio frequency interference | RFI [*interferencia de radiofrecuencia*]
RFI meter | medidor RFI [*medidor de interferencias radioeléctricas (/de radiofrecuencia)*]
RF indicator | indicador de radiofrecuencia
RF interference = radiofrequency interference | interferencia (/perturbación) radioeléctrica (/producida por radiofrecuencia)
RF interference shield earth | tierra de blindaje contra interferencias radioeléctricas (/de radiofrecuencia)
RF intermodulation distortion | distorsión por intermodulación de radiofrecuencia
RFI suppression | supresión RFI [*supresión de interferencias de radiofrecuencia*]
RF leak = radiofrequency leak | fuga (/escape) de radiofrecuencia (/alta frecuencia)
RF leak detector | detector de escapes de radiofrecuencia
RF line | línea de radiofrecuencia
RF link | radioenlace, eslabón de radiofrecuencia
RF load | antena ficticia; carga de radiofrecuencia
RF monitor | monitor de radiofrecuencia
RF-monitor meter relay | relé supersensible del monitor de radiofrecuencia
RF noise | perturbación radioeléctrica, ruido de radiofrecuencia
RF null meter | indicador de señal nula de radiofrecuencia
RF oscillator | oscilador de radiofrecuencia (/alta frecuencia)
RF output | salida de radiofrecuencia
RF output limiter | limitador de salida (/potencia) de radiofrecuencia
RFP = reference frame pulse | RFP [*impulso de referencia del cuadro, del oscilador*]
RF-PA = radio frequency power amplifier | amplificador (final) de potencia de radiofrecuencia
RF path | trayectoria radioeléctrica
RF pattern | modelo de radiofrecuencia, perturbación de radiofrecuencia en espina de pescado
RF pentode | pentodo para radiofrecuencia (/altas frecuencias)
RF pickup | recepción por radio, captación de radiofrecuencia
RF pickup loop | bucle colector de radiofrecuencia
RF plumbing | instalación de radiofrecuencia
RF power amplifier | amplificador (final) de potencia de radiofrecuencia
RF power probe | sonda de energía de radiofrecuencia
RF power supply | fuente de alimentación de radiofrecuencia
RF preselector | preselector de radiofrecuencia
RF probe | sonda de radiofrecuencia
RF pulse | impulso de radiofrecuencia
RF-quiet area | campo (/zona) libre de perturbaciones radioeléctricas
RFR = radio frequency record | RFR = registro de frecuencias radioeléctricas
RFR = refer | informe, refiérase
RF resistance | resistencia de radiofrecuencia, resistencia a las altas frecuencias
RF response | respuesta de radiofrecuencia
RF shielding = radio frequency shielding | pantalla de RF = pantalla de radiofrecuencia [*contra la radiación electromagnética*]
RF shift | desplazamiento (/desviación, /corrimiento, /deriva) de radiofrecuencia
RF signal | señal de radiofrecuencia
RF signal generator | generador de señales de radiofrecuencia
RF spectrometer | espectrómetro de radiofrecuencia
RF spectrum | espectro de radiofrecuencia (/las frecuencias radioeléctricas)
RF sputtering | sublimación catódica por radiofrecuencia
RF stage | amplificador (/etapa, /paso) de radiofrecuencia
RF-to-IF response = radio frequency-to-intermediate frequency response | respuesta de radiofrecuencia a frecuencia intermedia
RF tolerance | tolerancia de (/a la) radiofrecuencia
RF transformer | trasformador de radiofrecuencia (/alta frecuencia)
RF transistor | transistor de radiofrecuencia
RF transmission line | línea de trasmisión de radiofrecuencia
RF transmission study | estudio de trasmisión radioeléctrica
RF wave | onda radioeléctrica (/de radiofrecuencia)
RF wireless remote control | telemando por radio, telemando inalámbrico por ondas de radiofrecuencia
RFYC = repeat from your copy | repita según su copia
RGB = red-green-blue | RGB [*componentes rojo, verde y azul de la señal de color*]

RGB display | pantalla RGB
RGB monitor | monitor RGB [*monitor de color que recibe las señales del rojo, el verde y el azul por líneas separadas*]
RGB-PC | PC en color
RGB signal = red-green-blue signal | señal RGB [*señal del rojo-verde-azul*]
RGDS = regards | recuerdos, saludos
rH | rH [*símbolo del potencial de reducción por oxidación*]
Rh = rhodium | Rh = rodio
R/h = roentgen/hour | R/h = roentgen por hora
rhenium | renio
rheo = rheostat | reostato, reóstato, resistencia variable
rheobase | reobase [*intensidad de corriente permanente de cátodo*]
rheoelectric | reoeléctrico
rheoelectricity | reoelectricidad
rheoelectroencephalograph | reoelectroencefalógrafo
rheoelectroencephalography | reoelectroencefalografía
rheoencephalography | reoencefalografía
rheograph | reógrafo
rheographic | reográfico
rheographic cell | cuba reográfica
rheographic curve | curva reográfica
rheography | reografía
rheometer | reómetro
rheophore | reóforo
rheostat | reostato, reóstato
rheostat box | caja de reóstatos
rheostat control | regulación por reóstato
rheostat electrode holder | portaelectrodo con reóstato
rheostatic | reostático
rheostatically controlled | controlado (/regulado) reostáticamente
rheostatic braking | frenado reostático
rheostatic control | regulación por reóstato
rheostatic regulator | regulador reostático
rheostatic starter | arranque reostático
rheostatic starting | arranque reostático (/con reóstato)
rheostat starting | arranque con reóstato
rheostriction | reostricción
rheotaxial film | película reotaxial
rheotaxial growth | crecimiento reotaxial
rheotome | reotomo [*dispositivo de corte periódico de la corriente*]
rheotron | reotrón [*sinónimo obsoleto de betatrón*]
rheotrope | reotropo, conmutador de inversión
RHI = range height indicator | RHI [*indicador de altura y distancia*]
RHI display | indicador (/presentación) de altura y distancia
rH isotope holder | portaisótopo rH

rhm = roentgen per hour at one meter | rhm = roentgen por hora a un metro
rhodium | rodio
rhodium-plated tungsten filament | filamento de tungsteno (/volframio, /wolframio) rodiado
rhombic | romboidal
rhombic aerial | antena romboidal
rhombic lattice | celosía romboidal
rho meson | mesón rho
rhometal | rhometal [*aleación magnética de alta resistividad*]
rho-theta aid | ayuda rho-theta
rho-theta navigation | navegación rho-theta [*en radionavegación*]
rho-theta system | sistema rho-theta [*radionavegación por coordenadas polares y telémetro*]
rhumbatron | rumbatrón [*resonador en forma de toro utilizado en los klistrones*]
rhumbatron cavity | cavidad de rumbatrón
rhythm bar | barra de ritmo
RI = resistance index | IR = índice de resistencia
RI = ring indicator | indicador de llamada
ribbed-surface machine | máquina de nervaduras no ventiladas
ribbon | cinta (de interconexión)
ribbon cable | cable plano (/de cinta)
ribbon cable connector | conector de cable plano
ribbon cartridge | cartucho de cinta [*entintada*]
ribbon connector | cable plano; cinta conectora (/de conductores)
ribbon contact connector | conector de contacto plano
ribbon element | elemento de cinta; filamento plano (/de cinta)
ribbon filament lamp | lámpara de filamento de cinta
ribbon interconnect | interconexión plana
ribbon lamp | lámpara de (filamento de) cinta
ribbon loudspeaker | altavoz de cinta
ribbon microphone | micrófono de cinta
ribbon tweeter | altavoz de agudos de cinta
Rice neutralizing circuit | circuito neutralizador de Rice
Richardson-Dushmann equation | ecuación de Richardson-Dushmann
Richardson effect | efecto Richardson
Richardson equation | ecuación de Richardson
Richardson extrapolation [*deferred apporach to the limit*] | extrapolación de Richardson [*aproximación diferida al límite*]
Richardson plot | gráfico de Richardson
rich text format | formato de texto enriquecido [*para trasferencia de textos entre aplicaciones*]

ride gain | ajuste de control de ganancia; control visual de volumen
ride gain, to - | regular la ganancia [*por el indicador de volumen*], ajustar el control de ganancia [*según las fluctuaciones de la señal*]
ride gain control | ajuste del control de ganancia [*según las fluctuaciones de la señal*], regulación de la ganancia por el indicador de volumen
rider | caballete; cursor; conexión en U
ridge | resalte; proyección longitudinal interior
ridge iron | cumbrera de poste
ridge waveguide | guiaondas con estriados (/resaltes) internos
ridge waveguide termination | terminación de guiaondas estriado
RIF = rack interface | RIF [*interfaz de bastidor*]
RIFF = resource interchange file format | RIFF [*formato de archivo para intercambio de recursos*]
RIFI = radio interference field intensity | RIFI [*intensidad de campo de interferencia radioeléctrica*]
RIFI meter | medidor de campo de interferencia radioeléctrica
rig | equipo; instrumento; instalación [*de estructuras, de motores, de pruebas*]; mecanismo de maniobra
rigging | montaje
Righi effect | efecto de Righi, efecto de Leduc
Righi-Leduc effect | efecto de Righi-Leduc
right align | alineación derecha
right aligned | alineado a la derecha
right-angle coaxial connector | conector coaxial de ángulo recto
right-angle connection | conductor con clavija acodada
right-angle drive | accionamiento acodado
right-angle plug | clavija acodada
right arrow | flecha derecha [*para desplazamiento del cursor*]
right click | pulsación del botón derecho
right-hand contact | contacto a la derecha
right-handed elliptically polarized wave | onda dextrógira polarizada elípticamente
right-handed lay | giro dextrorsum, torsión (/trama) hacia la derecha
right-handed polarized wave | onda polarizada a derechas
right-hand helix | hélice dextrógira (/de giro a la derecha)
right-hand lay | giro dextrorsum, torsión (/trama) hacia la derecha
right-hand logarithmic taper | ley logarítmica derecha
right-hand polarized wave | onda de polarización elíptica dextrorsa
right-hand rule | regla de la mano derecha, regla de los tres dedos

right-hand semilogarithmic taper | ley semilogarítmica derecha
right-hand taper | distribución de resistencia a la derecha
right justification | justificación a la derecha [*al margen derecho*]
right-justify | alineado a la derecha
right justify, to - | justificar a la derecha
right lay | torsión (/giro) dextrorsum (/hacia la derecha)
right-linear grammar | gramática lineal derecha
right margin | margen derecho
right-plane circuit | circuito de planos dextrorsum
right-polarized electron | electrón dextrógiro
right rotation | rotación a la derecha
right rotation stop | tope de rotación a la derecha
right scroll arrow | flecha de desplazamiento a la derecha
right shift | desplazamiento hacia la derecha
right signal | señal derecha
right stereo channel | canal estereofónico de la derecha
right subtree | subárbol derecho
right window border | borde derecho de la ventana
rigid disc | disco rígido
rigid fastening | fijación rígida
rigidity | rigidez
rigid metal conduit | conducto metálico rígido
rigid repeater | repetidor rígido
rigid steel conduit | conducto rígido de acero
rigid support | soporte rígido; palomilla
rigid suspension | suspensión rígida
rim drive | arrastre tangencial
rim driver | arrastre por rodillo
rim lighting | iluminación interna de corrección
Rimlock series | serie de Rimlock
Rimlock valve | válvula de Rimlock
rim magnet | imán de corona, imán neutralizador de campo
RIMS = ranging and integrity monitoring station | RIMS [*estación de monitorización de integridad y rango*]
ring | anillo; batería; corona; repique
ring, to - | llamar; sonar
ring aerial | antena en anillo
ring anode | ánodo anular (/en anillo)
ring armature | inducido de anillo
ring-around | disparo falso omnidireccional (del contestador)
ring-back | retorno (/señal) de llamada
ring-back apparatus | aparato telefónico mixto
ring-back key | llave de llamada del abonado
ring-back queue | cola de espera a una línea urbana libre; llamada completada sobre un haz de enlaces ocupado, rellamada automática sobre un enlace, rellamada automática sobre una línea ocupada
ring-back signal | señal de llamada de la central al peticionario
ring-back telephone apparatus | aparato telefónico mixto
ring back when next used | rellamada automática en caso de extensión libre
ring-bar circuit | circuito de anillo y barra
ring bus | barra colectora en anillo
ring cable system | cable anular (/en anillo)
ring circuit | circuito anular (/en anillo)
ring coil | bobina toroidal
ring connection | anillo colector; conexión en anillo
ring core | núcleo anular
ring counter | contador anular (/en anillo)
ring counting circuit | circuito contador en anillo
ring counting unit | unidad contadora en anillo
ring-down | llamada (/señalización) manual, señalización por llave
ring-down circuit | circuito de señalización manual
ring-down network | red de anillos
ring-down operation | servicio con llamada (previa) por llave
ring-down operation on a no-delay basis | servicio sin espera con llamada por llave
ring-down trunk | enlace por magneto
ringer | timbre, llamador, campanilla, dispositivo de llamada
ringer button | pulsador de llamada (/llamador, /repique)
ringer coil | bobina para campanilla
ringer striker | martillo de timbre
ringer test | prueba de señaladores
ring filter | filtro (de modo) en anillo
ring-forward signal | señal de llamada de la central al abonado
ring head | cabeza (magnética) anular (/en anillo)
ring indicator | indicador de llamada
ringing | llamada (acústica); oscilación transitoria; sonería
ringing amplifier | amplificador oscilante
ringing and tone generator | máquina de llamadas
ringing battery | batería de llamada
ringing changeover switch | conmutador de timbre
ringing choke circuit | vibrador electrónico; circuito de llamada por bobina de autoinducción
ringing code | código de llamada
ringing converter | repetidor (/señalizador) de llamada
ringing current | corriente de llamada (/repique)
ringing current circuit | circuito de corriente de llamada
ringing current impulse | impulso de corriente de llamada (/repique)
ringing cycle | periodicidad de la llamada
ringing difficulty | dificultad de la llamada
ringing dynamometer | dinamómetro de repique
ringing frequency | frecuencia de la llamada
ringing guard signal | señal de conexión establecida
ringing impulse | impulso de llamada (/repique)
ringing key | llave de llamada (/repique)
ringing noise | ruido de campanilleo (/repiqueteo)
ringing-off signal | señal de fin de comunicación
ringing oscillator | oscilador excitado por choque (/impacto)
ringing-out | localización de llamada
ringing periodicity | periodicidad de la llamada
ringing pilot | piloto de llamada
ringing pilot lamp | lámpara piloto de llamada
ringing position | posición de llamada
ringing pulse | impulso oscilante
ringing relay | relé de llamada (/timbre)
ringing repeater | repetidor de llamada; señalador de baja frecuencia
ringing set | indicador acústico; señalador de audiofrecuencia
ringing signal | corriente de llamada, señal de llamada (/repique)
ringing supply | fuente de corriente de llamada (/repique)
ringing test | prueba por excitación de oscilaciones transitorias
ringing time | tiempo de resonancia (/oscilación transitoria)
ringing tone | señal (/tono, /zumbido) de llamada (/repique)
ringing tone signal | señal (/tono) de llamada
ringing trip | corte (/interrupción) de la llamada
ringing trip circuit | circuito de corte de llamadas
ringing trip relay | relé de corte (/interrupción) de llamada
ringing-type ultrasonic delay line | línea de retardo ultrasónica de tipo resonante
ring magnet | imán anular
ring main | conductor anular (/en anillo)
ring-main distribution | distribución en anillo
ring manually, to - | llamar manualmente
ring microphone | micrófono en cuadrilátero
ring mike | micrófono en cuadrilátero
ring mode filter | filtro de modo en anillo
ring modulator | modulador anular (/circular, /en anillo)
ring network | red en anillo

ring-off drop | indicador de fin de conversación
ring of plug | cuello de clavija
ring-of-ten circuit | circuito en anillo de decena
ring-of-ten counting system | sistema contador en anillo de decena
ring-operated network | red de explotación en anillos
ring oscillator | oscilador en anillo
ring-plane circuit | circuito de anillo y plano
ring recording head | cabeza de grabación (/registro) en anillo
ring retard | anillo de retardo
ring rheostat | reóstato de anillo
ring scaler | escalímetro en anillo
ring scaling circuit | circuito de escala en anillo
ring soldenoid | solenoide de anillo
ring switch | conmutador de anillo
ring system | cable anular (/en anillo)
ring the bell, to - | accionar el timbre
ring time | tiempo de llamada (/oscilación parásita)
ring topology | topología en anillo
ring transformer | trasformador toroidal
ring winding | devanado (/arrollamiento) toroidal (/en anillo)
riometer | riómetro [*medidor de la opacidad ionosférica relativa*]
RIP = raster image processor | RIP [*procesador de imagen reticulada*]
RIP = routing information protocol | RIP [*protocolo de información sobre enrutamiento*]
RIPE = reseaux IP européens (fra) | RIPE [*redes europeas de IP*]
ripple | ondulación, rizado
ripple adder | sumador de propagación (/trasmisión de arrastre)
ripple carry adder | sumador de trasmisión de arrastre
ripple-carry counter | contador de trasporte ondulante
ripple component | componente alterna (/ondulatoria)
ripple content | componente alterna (/ondulatoria)
ripple counter | contador de ondulaciones (/trasporte ondulante)
ripple current | corriente (/componente) ondulatoria (/alterna)
ripple current rating | proporción de corriente de ondulación, valor efectivo de la componente alterna
rippled wall amplifier | amplificador de diámetro variable
ripple factor | factor de ondulación (/zumbido)
ripple filter | filtro de ondulación (/pulsaciones, /zumbido)
ripple frequency | frecuencia de ondulación (/zumbido, /componente alterna residual)
ripple noise | oscilación residual; ruido de alimentación

ripple quantity | magnitud de ondulación; componente alterna de la magnitud pulsante
ripple ratio | relación de ondulación residual
ripple regulation | regulación de ondulación
ripple-through counter | contador trasmitido
ripple voltage | tensión de ondulación, voltaje pulsátil (/de ondulación)
RISC = reduced instruction set computer | RISC [*ordenador con juego reducido de instrucciones*]
rise-and-fall pendant | luminaria suspendida de altura regulable
rise cable | cable ascendente
riser | elevador; verticales; canalizado vertical
riser card | tarjeta riser
rise time | tiempo de subida [*de un impulso*]; tiempo de elevación (/crecimiento)
rising characteristic | característica ascendente
rising edge | flanco ascendente (/de subida)
rising main | línea de subida
rising sun anode block | ánodo macizo con sistema de cavidades de sol naciente
rising sun magnetron | magnetrón con separación de modo, magnetrón de doble frecuencia, magnetrón de sol naciente
rising sun resonator | resonador de sol naciente
risk | riesgo
risk area | zona de sombra
risk assessment | valoración de riesgo
riveting | remache
RJE = remote job entry | entrada de trabajos a distancia
RJE mode = remote job entry mode | modo RJE [*teleproceso por lotes*]
RLC = release complete message | RLC [*mensaje completo de liberación*]
RLIN = research libraries information network | RLIN [*red de información para búsqueda en bibliotecas*]
RLL = radio in the local loop | RLL [*radio en el bucle local*]
RLS = release | desconexión; liberación, disparo; reposición
RLSD = received line signal detect | RLSD [*detección de la señal de línea recibida*]
RLSD = released | liberado, desconectado
RLL encoding = run-length limited encoding | codificación RLL [*codificación de coordenada diferencial limitada*]
RLSG = releasing | desconexión; liberación, disparo; reposición
RLT = radio letter | carta radiada
RM = route manager | jefe de encaminamiento
RMA = Radio Manufacturers Association | RMA [*asociación estadounidense de fabricantes de equipos de radio*]
RMA colour code | código de colores RMA
RMCA = Radiomarine Corporation of America | RMCA [*corporación estadounidense de radiodifusión marítima*]
RM code = Reed-Muller code | código RM [*código de Reed-Muller*]
R meter = radiation meter | medidor de radiación
RMI = radio magnetic indicator | RMI [*indicador radiomagnético (combinado)*]
R/min = roentgen per minute | R/min = roentgen por minuto
RMKS = remarks | observaciones
Rmm = roentgen per minute at one meter | Rmm [*roentgen por minuto a un metro*]
RMM = real-mode mapper | RMM [*dispositivo de correspondencia en tiempo real (mejora de Windows para el acceso al sistema de archivos de 32 bit)*]
RMOS = real-time multitasking operating system | RMOS [*sistema operativo multitarea en tiempo real*]
RMS = remote switch | conmutación a distancia [*en redes telefónicas*]
RMS = root mean square (value) | media cuadrática [*raíz cuadrada de la media de los cuadrados; valor eficaz; raíz cuadrada del valor medio de una tensión o corriente alternas*]
RMS amperes | amperios eficaces (/efectivos)
RMS amplitude | amplitud eficaz
RMS current | corriente eficaz (/efectiva)
RMS inverse voltage rating | valor eficaz de tensión anódica inversa
RMS pulse amplitude | valor eficaz de la amplitud del impulso
RMS value | valor eficaz
RMS voltage | tensión efectiva (/eficaz)
RMS volts | voltios efectivos (/eficaces)
Rn = radon | Rn = radón
RN = reference noise | ruido de referencia
RNC = radio network controller | RNC [*controlador de la red de radio*]
RNG = radio range | RNG [*radiobaliza emisora de señales guía, radiofaro direccional (/de alineación), indicador de rumbo, radioemisor*]
RNG = running | trasmitiendo
RNIS = réseau numérique à intégration de services (fra) | RNIS [*denominación de la red digital de servicios integrados francesa*]
RNS = radio network system | RNS [*sistema de red radio*]
RO = read only | RO [*sólo lectura*]
RO = receive only | sólo recepción

roadmap | mapa de pistas
roamer | abonado itinerante
roaming | seguimiento; itinerancia [*capacidad de la red para permitir que un usuario transite entre varios operadores*]
Roberts rumble | rumor de Roberts
Robinson aerial | antena de Robinson
Robinson direction finder | radiogoniómetro Robinson
robopost, to - | enviar correo automáticamente [*por internet*]
robot | autómata, robot [*máquina automática*]
robot device | mecanismo robot
robotics | robótica
robot pilot | piloto (electrónico) automático
robot subscriber | abonado autómata
robot traffic light | semáforo automático
robot vision | visión robot
robust | robusto
robustness | robustez, fortaleza
ROC = receiver-operator characteristics | ROC [*método para valorar la interacción observador-sistema formador de imagen en la distinción de detalles*]
Rochelle salt crystal | cristal de sal de Rochelle
rock, to - | bascular
rock analysis | análisis de rocas
rocker arm | balancín
rocker switch | conmutador basculante, interruptor oscilante
rocket | cohete
rocket-assisted torpedo | torpedo propulsado por cohete
rocket missile | proyectil cohete
rocking | balanceo; tanteo de sintonía
rocking arc furnace | horno basculante de arco
Rocky Point effect | efecto Rocky Point
rod | barra (de uranio); biela; varilla; guiaondas cilíndrico; pararrayos de barra
rod aerial | antena de varilla
rod anode | ánodo tubular
rod electrode | electrodo de varilla
rod gap | distancia (/espacio, /separación) entre varillas; espinterómetro de barra; explosor de varillas
rod insulator | aislador de barra
rod lattice | celosía de barras
rod mirror | reflector de varillas
rod reflector | reflector de varillas
rod storage | memoria de varillas
rod support | biela de suspensión; péndola de catenaria
rod wavemeter | ondámetro de varilla
roentgen | roentgen [*unidad de dosis de radiación electromagnética*]
Roentgen apparatus | aparato de rayos X
Roentgen cinematography | radiocinematografía, cinematografía de rayos X
roentgen densitometer | densímetro de rayos X
roentgen equivalent | equivalente del roentgen
roentgen equivalent man | dosis biológica (humana) de radiación equivalente, roentgen equivalentes para el hombre
roentgen equivalent physical | dosis física de radiación equivalente, equivalente físico en roentgen
roentgen/hour | roentgen por hora
roentgenization | roentgenización
Roentgen machine | equipo de rayos X
Roentgen meter | roentgenómetro, medidor Roentgen (/de rayos X)
roentgenogram | radiografía, roentgenograma, registro radiológico
roentgenograph | aparato de rayos X
roentgenography | radiografía, roentgenografía
roentgenology | radiología, roentgenología
roentgenometer | roentgenómetro
roentgenoscope | aparato de radioscopía
roentgenoscopy | fluoroscopía, roentgenoscopía
roentgenotherapy | radioterapia, roentgenoterapia
roentgen per hour at one metre | roentgen por hora a un metro
roentgen per minute at one metre | roentgen por minuto a un metro
roentgen rate meter | medidor de roentgen (/rayos X) por unidad de tiempo
roentgen ray technician | técnico en rayos X
roentgen rays | rayos roentgen, rayos X
roentgen technician | técnico en rayos X
roentgen therapy | roentgenoterapia, terapia por rayos X
roentgen unit | (unidad) roentgen
ROFL = rolling on the floor [*laughing*] | risa [*expresión usada familiarmente en internet*]
ROGER | ROGER [*clave de "recibido y comprendido"*]
Roger spiral | hélice (/espiral) de Roger
Rogovski coils | bobinas (/cintura) de Rogovski
rogue value | valor de finalización
ROK = received OK | recibido bien
role-playing game | juego de rol
roll | cabeceo, desplazamiento vertical, corrimiento (de la imagen)
roll-and-pitch control | control de balanceo y cabeceo
roll-back, rollback | reanudación; repaso; remontada en el tiempo [*técnica de atomicidad en transacciones electrónicas*]
roll back, to - | repetir
roll-back routine | rutina de repaso
roll bonding | colaminación
roll-call polling | sondeo de pasada de lista
roller | rodillo, tambor
roller chart | gráfico desplegable
roller electrode | electrodo de roldana
roller fading | desvanecimiento por balanceo
roll in, to - | trasvasar, transvasar [*información*], reincorporar [*a la memoria*]
rolling contact | contacto rodante
rolling friction coefficient | coeficiente de (fricción por) rodadura
rolling transposition | trasposición rodante
roll-in roll-out | reincorporación a la memoria
roll mode | modo de despliegue (de pantallas)
rolloff | desviación
roll-off | atenuación progresiva, disminución progresiva de respuesta
roll-on/roll-off | trasrodaje
roll out, to - | desplegar (menús); leer (el contenido de la memoria) en pantalla, descargar [*a la memoria externa*]
rollover | teclado rollover [*teclado que permite la activación superpuesta al pulsar simultáneamente más de una tecla*]
roll-over | desplazamiento sucesivo de la imagen
roll-over indexing | teclado de desplazamiento sucesivo de la imagen
roll stationery | rollo de papel de impresión
ROM = read only memory | ROM [*memoria sólo de lectura*]
roman | redonda [*tipo de letra*]
Romberg method | método Romberg
ROM BIOS = read-only memory basic input/output system | ROM BIOS [*sistema básico de entrada/salida con memoria de sólo lectura*]
ROM card = read-only memory card | tarjeta ROM [*tarjeta de memoria de sólo lectura*]
ROM cartridge | cartucho de ROM
ROM emulator = read-only memory emulator | emulador ROM [*emulador de memoria de sólo lectura*]
Romex cable | cable Romex
Romotar = range-only measurement of trajectory and recording | Romotar [*sistema hiperbólico no ambiguo de medición de distancias con base larga*]
romotor = rotary motor | motor rotativo
ROM pack | cartucho de ROM
ROM simulator | simulador de ROM
romware | software de ROM
RON = radio officers net | RON [*red de oficiales de radio*]
rood filter | filtro de techo
roof aerial | antena de techo

roof bracket | caballete
roof filter | filtro pasabanda de bajos
roof filtering | filtrado pasabanda de bajos
roofing bandwidth | banda de trasmisión con filtrado pasabanda de bajos
roofing filter | filtro pasabanda de bajos
roof platform | plataforma de techo
roof-shaped electrode | electrodo en forma de tejado
rooftop aerial | antena exterior (/de techo)
room | sala
room acoustics | acústica de la sala
room conferencing | conferencia en grupo
room lamp box | panel de lámparas de sala
room noise | ruido ambiental (/del local, /de la sala)
room noise sidetone | efecto local por los ruidos de sala
room status | información hotelera
room tone | tono de sala
room-tone sound track | pista de sonido para ruidos del local
root | raíz
root account | recuento raíz [*en sistemas UNIX*]
root directory | directorio raíz (/principal)
rooted tree | arborescencia
rooter | extractor de raíces; radicador term(o)iónico
rooter amplifier | amplificador radicador [*amplificador de salida proporcional a la raíz de la amplitud de entrada*]
root mean | valor eficaz
root mean square | media cuadrática
root-mean-square current | intensidad (/valor) eficaz de corriente
root mean square deviation | desviación cuadrática media
root-mean-square particle velocity | valor eficaz de la velocidad de una partícula
root-mean-square sound pressure | valor eficaz de la presión sonora
root mean square value | valor eficaz cuadrático medio
root name | nombre raíz [*primera parte del nombre de un archivo*]
root name server | servidor raíz de nombres
root segment | segmento raíz
root server | servidor raíz [*que localiza servidores DNS con información de alto nivel sobre internet*]
root-sum square | valor cuadrático resultante
root-sum-square value | raíz cuadrada de la suma de los cuadrados
root user | usuario raíz
rope | cintas metalizadas antirradar
rope clamp | grapa para cable
rope core | núcleo de cuerda

rope drive | accionamiento (/trasmisión) por cable
rope-driven machine | máquina accionada por cable
rope drum | tambor de cable
rope grab | grapa de cable
rope grease | grasa para cables
rope gripper | presilla para cable
rope-lay cable | cable de conductores trenzados, conductor trenzado (/de alma central)
rope-lay conductor | conductor trenzado (/de alma central)
rope-lay strand | conductor trenzado
rope lubricant | lubricante para cables
rope side | ramal de cable
rope socket | casquillo sujetacable (/terminal de cable)
rope-stranded conductor | conductor cableado
RoRo = roll-on/roll-off | transrodaje, trasrodaje
ROS = remote operation service | ROS [*servicio de operaciones a distancia*]
rosebud | rosebud [*baliza de radar aerotrasportada para sistemas de control e identificación*]
Rosenblum detector | detector Rosenblum
RO set | equipo de recepción solamente
rosette | roseta, rosetón
rosette box [UK] | cajetín de terminales, caja terminal
rosette gauge | galga de roseta
rosette plate | placa de roseta
rosin | resina
rosin connection | conexión (/unión) de resina
rosin core radio solder | soldadura tipo radio con alma de resina
rosin core radio-type solder | soldadura tipo radio con alma de resina
rosin core solder | soldadura con núcleo de resina
rosin flux | flujo de resina
rosin joint | junta de resina, unión con resina
rotameter | rotámetro
rotary | giratorio, rotativo, rotatorio
rotary action | acción rotativa, accionamiento rotativo
rotary action relay | relé (/relevador) de acción rotativa
rotary action switch | conmutador de accionamiento rotativo
rotary actuator | accionador (/activador) giratorio
rotary aerial | antena orientable (/rotativa)
rotary amplifier | amplificador rotativo
rotary attenuator | atenuador rotativo
rotary beam aerial | antena de haz rotativa
rotary beam-splitter mirror | semiespejo giratorio
rotary capacitor | capacitor (/condensador) rotativo

rotary condenser | condensador rotatorio (/sincrónico)
rotary converter | convertidor rotatorio (/giratorio, /sincrónico)
rotary coupler | junta (/conexión, /unión) giratoria, acoplador (/acoplamiento) giratorio (/rotativo)
rotary current | corriente trifásica
rotary-cutting disc | disco separador
rotary dial | disco selector
rotary dial instrument | aparato de selección por disco; teléfono de disco selector
rotary dialling | marcación por disco [*en telefonía*]
rotary discharger | descargador giratorio
rotary electrostatic generator | generador electrostático giratorio
rotary field | campo giratorio
rotary gap | descargador (/explosor) giratorio
rotary generator | generador rotativo (/giratorio)
rotary hunting | selección rotatoria en un solo nivel
rotary-hunting connector | selector rotatorio para abonados a varias líneas agrupadas
rotary interrupter | interruptor giratorio (/rotativo)
rotary interrupter contact | contacto de interruptor giratorio (/rotativo)
rotary joint | junta giratoria (/rotativa)
rotary line switch | preselector rotatorio
rotary magnet | electroimán de rotación
rotary on/off contacts | contactos alternados de rotación
rotary phase changer | desfasador (/convertidor de fase) rotativo
rotary phase converter | convertidor de fase rotativo
rotary phase shifter | desfasador rotativo
rotary plunger relay | relé de solenoide de acción rotativa
rotary pole changer | cambiapolos rotativo
rotary relay | relé rotativo (/rotatorio)
rotary repeater | repetidor giratorio
rotary search | selección rotatoria
rotary search on one level | selección rotatoria en un solo nivel
rotary selector bank | campo de selección radial (/rotatoria)
rotary self-drive hunting | oscilación rotatoria automática
rotary solenoid | solenoide (/electroimán) de acción rotativa
rotary solenoid relay | relé de solenoide de rotativo
rotary spark gap | descargador giratorio, espinterómetro rotativo
rotary standing-wave detector | indicador rotativo de ondas estacionarias
rotary step | paso de rotación

rotary stepping relay | relé de progresión (rotatoria); conjunto rotatorio paso a paso
rotary stepping switch | conmutador escalonado rotativo, conmutador (rotativo) de progresión
rotary substation | subcentral (/subestación) de grupos rotativos
rotary switch | conmutador giratorio (/rotativo, /rotatorio)
rotary synchroscope | sincronoscopio de índice rotativo
rotary system | sistema conmutador rotatorio, sistema automático de conmutadores rotativos
rotary transformer | trasformador rotativo (/giratorio)
rotary-tuned magnetron | magnetrón de sintonía rotativa, magnetrón de barrido por disco giratorio
rotary vane attenuator | atenuador de aleta (/paleta) rotativa
rotary-variable capacitor | condensador rotatorio variable
rotary voltmeter | voltímetro giratorio (/rotativo)
rotary wave attenuator | atenuador de aspa giratoria
rotatable aerial | antena orientable (/giratoria)
rotatable loop | cuadro giratorio (/orientable)
rotatable loop aerial | antena de cuadro giratorio (/orientable)
rotatable loop compass | radiobrújula de antena orientable
rotatable loop radio compass | radiobrújula de cuadro orientable
rotatable phase-adjusting transformer | trasformador rotativo con ajuste de fase
rotatable transformer | trasformador giratorio
rotate, to - | girar, rotar [la imagen]
rotating | rotatorio, giratorio
rotating aerial | antena orientable (/giratoria)
rotating-aerial direction finder | radiogoniómetro de antena orientable
rotating amplifier | amplificador rotativo
rotating anode | ánodo giratorio (/rotatorio)
rotating-anode valve | válvula de ánodo giratorio (/rotativo)
rotating-anode X-ray valve | válvula de rayos X de ánodo giratorio
rotating axis of the X-ray goniometer | eje de rotación del goniómetro de rayos X
rotating beacon | radiofaro giratorio
rotating-beacon transmitter | trasmisor de radiofaro giratorio
rotating beam | haz (/radiofaro) giratorio
rotating carbon disc method | método de contraelectrodo rotativo
rotating coil | bobina giratoria
rotating colour disc | disco cromático giratorio
rotating coupler | acoplador rotativo
rotating crystal | cristal giratorio
rotating crystal method | método del cristal giratorio (/rotativo)
rotating cylinder scanner | escáner de cilindro rotativo
rotating dial | disco selector (/de llamada)
rotating direction finder | radiogoniómetro (de antena) orientable
rotating disc | disco giratorio (/rotatorio)
rotating disc generator | generador de disco rotativo
rotating disc shutter | obturador de disco giratorio (/rotativo)
rotating electrode | electrodo giratorio
rotating feeder | alimentador rotativo
rotating field | campo giratorio
rotating field aerial | antena de campo giratoria
rotating field instrument | aparato de campo giratorio
rotating field transformer | trasformador de campo giratorio
rotating half-cylinder | semicilindro giratorio
rotating-head digital audio tape | cinta de audio digital de cabeza giratoria
rotating helical aperture scanner | escáner de apertura rotativa helicoidal
rotating interrupter | interruptor giratorio (/rotativo)
rotating joint | junta rotatoria, unión rotativa
rotating loop | cuadro giratorio (/orientable)
rotating loop aerial | antena de cuadro giratoria
rotating-loop direction finder | radiogoniómetro de cuadro
rotating magnet | imán giratorio
rotating magnetic amplifier | amplificador magnético rotativo
rotating-magnet magnet | magneto de imán giratorio
rotating plasma | plasma rotatorio
rotating plasma device | dispositivo de plasma rotatorio
rotating pole | polo giratorio
rotating-pole synchronous motor-generator | generador de motor sincrónico de polos giratorios
rotating prism camera | cámara de prisma giratorio
rotating radio beacon | radiobaliza giratoria, radiofaro rotativo
rotating rectifier | rectificador giratorio
rotating rectifier system | sistema de rectificador giratorio (/rotativo)
rotating scanning disc | disco explorador rotativo
rotating scanning sonar | sonar explorador (de barrido) rotativo
rotating soldering machine | máquina de soldar giratoria
rotating spaced-loop direction finder | radiogoniómetro de doble cuadro
rotating spark-gap | explosor giratorio
rotating spark-plug | apagachispas giratorio
rotating stator field | campo de estator giratorio
rotating transformer | trasformador giratorio (/rotativo)
rotating-type scanning sonar | sonar de exploración rotativo
rotating wiper contact | contacto deslizante rotativo
rotation | rotación
rotational control electromechanism | electromecanismo de control rotativo
rotational delay | retardo de rotación [del disco para encontrar la información]
rotational electromotive force | fuerza electromotriz dinámica
rotational energy | energía de rotación
rotational energy level | nivel energético rotacional
rotational field | campo rotacional
rotational hysteresis | histéresis rotacional
rotational inertial coefficient | coeficiente de inercia rotacional
rotational isolator | desacoplador de rotación
rotational isotopic effect | efecto isotópico de rotación
rotational latency | retardo de rotación
rotational life | vida rotacional
rotational spectrum | espectro rotacional
rotational transform | trasformación rotacional
rotational vibration band | banda de oscilación por rotación
rotation band | banda de rotación
rotation diagram | gráfico de rotación
rotation isolator | aislador de rotación
rotation line | línea de rotación
rotation of a given vector | rotación de un vector dado
rotation photograph | fotografía de rotación
rotation position sensor | sensor de posición en rotación
rotation spectrum | espectro de rotación
rotation therapy | cicloterapia, terapia de rotación
rotation wave | onda de rotación
rotator | rotor, dispositivo giratorio (/de giro)
rotatory condenser | condensador rotatorio
RO terminal = read only terminal | terminal de sólo lectura
rotoflector | reflector giratorio
rotor | rotor
rotor coil | bobina giratoria
rotor contact resistance | resistencia de contacto de un rotor

rotor current | corriente de rotación (del inducido)
rotor diameter | diámetro del inducido (/rotor)
rotor-excited | excitado por el inducido (/rotor)
rotor field winding | devanado de campo de rotación
rotor of a meter | rotor de un medidor
rotor plate | placa giratoria (/móvil)
rotor reactance | reactancia giratoria (/del rotor)
rotor resistance | resistencia giratoria (/del rotor)
rotor resistance starter | arranque rotativo de resistencias
rotor rheostat | reóstato rotativo
rotor speed | velocidad del inducido (/rotor)
rotor take-off | toma del rotor
rotor winding | devanado del inducido (/rotor)
ROTR = receive-only typing reperforator set | ROTR [*equipo reperforador impresor sólo para recepción*]
rotrode method | método de contraelectrodo rotatorio
ROU = remote optical unit | ROU [*unidad óptica remota*]
roughing pump | bomba de evacuación previa
roughness | desigualdades de rumbo
rough service lamp | lámpara reforzada (de servicio)
round | redondo
round, to - | redondear
round cable | cable redondo
round chart recorder | registrador de gráfica circular
round coil | bobina redonda
round conductor | conductor redondo
round core | núcleo redondo
rounded-top pulse | impulso de cresta redondeada
rounding | redondeo
rounding error | error de redondeo
round off | redondeo
round off, to - | redondear; truncar
round-off error | error de redondeo
round robin | planificador de circuito cíclico; circuito de trasmisión con retorno al punto de origen; round robin [*orden fijo para la lectura de flujos de datos*]
round switchboard cable | cable redondo
round-the-world echo | eco de circunvalación terrestre
round-top pulse | impulso de cresta redondeada
round-trip delay | retardo total de propagación
round-trip echo | eco secundario (/de segunda vuelta)
round-trip time | tiempo total de propagación de la señal [*desde el emisor al extremo receptor y su vuelta al trasmisor*]

round-up | redondeo por exceso
routable protocol | protocolo encaminable [*para trasmisión de datos*]
route | itinerario, línea, ruta, trayectoria, trazado, vía
route, to - | enrutar [*neol. en informática*]
route connection | conexión de vía
route diversity | diversidad de ruta
routed wiring | cableado conducido
route indication | indicación de vía
route length | longitud geográfica
route map | gráfico de itinerarios
route of a call | vía de encaminamiento de una llamada (/comunicación)
route of a line | trazado de una línea
router | encaminador, enrutador, marcador de itinerario, dispositivo de encaminamiento
route restriction | restricción de ruta
route selection | selección de ruta
routine | rutina, programa; de oficio, de servicio
routine broadcast | emisión (/radiodifusión) regular
routine library | librería de rutinas
routine maintenance | mantenimiento periódico
routine measuring point | punto para mediciones de rutina
routiner | comprobador rutinario, equipo de pruebas sistemáticas
routine repetition | repetición de oficio
routine retransmission | retransmisión de oficio
routine test | ensayo periódico, prueba de rutina
routine tester | aparato de pruebas
routing | encaminamiento, enrutamiento; itinerario, línea, vía; orientación; asignación de ruta
routing-and-switching unit | consola (/pupitre) de encaminamiento y conmutación
routing bulletin | boletín de encaminamiento
routing channel | vía de encaminamiento
routing chart | cuadro de encaminamiento
routing code | indicativo (de ruta)
routing digit | cifra de encaminamiento
routing directory | guía de encaminamiento (/indicadores de ruta)
routing form | hoja (/plantilla) de ruta (/encaminamiento)
routing guide | guía de encaminamiento (/indicadores de ruta)
routing indicator | indicador de encaminamiento (/itinerario, /ruta, /vía)
routing information | información de ruta
routing information protocol | protocolo de información sobre enrutamiento [*en informática*]
routing line | línea de encaminamiento (/vía)
routing list | lista de encaminamiento

(/indicadores de vía)
routing of traffic | encaminamiento del tráfico
routing relay | relé de ruta
routing table | lista de itinerario
roving plug | clavija móvil
row | fila, línea, serie
row binary | binario por fila
Rowland circle | circuito de Rowland
Rowland ghosts | líneas de Rowland
Rowland grating | red de Rowland
Rowland method | método de Rowland, método de anillo
Rowland ring | anillo de Rowland
row-major order | orden de fila mayor
row pitch | distancia entre filas
row-ragged | alineamiento desigual
row scanning | exploración de filas
row vector | vector de fila
RP = reply paid | RP = respuesta pagada
R/P = record/playback | Grab/Rep = grabación/reproducción
R parameter | parámetro R
RPC = remote procedure call | RPC [*llamada de procedimiento remoto*]
RPE-LTP = regular pulse excited-long term prediction | RPE-LTP [*tipo de codificador de señales vocales*]
RPF = reverse path forwarding | RPF [*avance por ruta inversa (técnica para trasmisiones múltiples)*]
RPG = radiation protection guide | RPG [*guía de protección contra las radiaciones*]
RPG = report program generator | RPG [*generador de programas de generación de informes*]
rpm = revolutions per minute | rpm = revoluciones por minuto
RPM = reverse path multicasting | RPM [*multidifusión por ruta inversa*]
RPN = reverse Polish notation [*postfix notation, suffix notation*] | RPN [*notación polaca inversa, notación por sufijos*]
RPROM = reprogrammable PROM | RPROM [*PROM reprogramable*]
rps = revolutions per second | rps = revoluciones por segundo
RPT = repeat | repita, repito
RPTG = repeating | repitiendo
RPTN = repetition | repetición
RP voucher = reply paid voucher | cupón de RP = cupón de respuesta pagada
RQ = request for repetition | RQ [*petición de repetición*]
RQ message = request message | mensaje RQ [*mensaje de petición*]
RR = radio regulations | RR [*reglamento de comunicaciones por radio*]
RR = receiver report | RR [*informe de receptor*]
RR = resource record | RR = registro de recursos
RRA = radio receiver analysis | RRA [*análisis de radiorreceptor*]

R reference point | punto de referencia R
RS = related standard | NR = norma de referencia
RSA = Rivest, Shamir, Adelman [*public key encryption algorithm*] | RSA [*algoritmo de encriptación de clave pública desarrollado por Rivest, Shamir y Adelman*]
RSA encryption = Rivest-Shamir-Adelman encryption | codificación RSA = codificación Rivest-Shamir-Adelman
RSA standard | norma RSA [*norma Rivest-Shamir-Adlerman (sistema de criptografía de clave pública)*]
RSAN [*Spanish secondary high level network*] | RSAN = red secundaria de alto nivel [*de la red española de trasmisión de datos*]
RS code = Reed-Solomon code | código RS = código de Reed-Solomon
R scope | pantalla R
RS flip-flop | basculador RS, circuito biestable RS
RSP = responder beacon | RSP [*radiofaro contestador (/de respuesta)*]
Rspec = reservation specification | Rspec [*especificación de reserva (del ancho de banda)*]
RST = reply to a paid service notice | respuesta pagada a un aviso
R-S-T flip-flop | basculador R-S-T
RSVP = répondez s'il vous plaît (*fra*) [*please answer*] | PFR = por favor responda
RSVP = reservation protocol | RSVP [*protocolo de reserva (de recursos)*]
RSVP = resource reservation setup protocol | RSVP [*protocolo de configuración para reserva de recursos*]
RT = radio telephony, radio telephone | RT = radiotelefonía, radioteléfono
RT = repetition time | TR = tiempo de repetición
RT = rotary transformer | TR = trasformador rotativo
R/T = receive-transmit | recepción-trasmisión
RTBC | RTBC [*red telefónica básica conmutada*]
R/T box = receive-transmit box | cajetín radiotelefónico (/de trasmisión-recepción)
RTC = real time clock | RTR = reloj de tiempo real
RTC = switched telephone network | RTC = red telefónica conmutada
RTC battery | batería del RTR
R/T channel | canal radiotelefónico
R/T conversation | conversación radiotelefónica
RTCP = real-time transport control protocol | RTCP [*protocolo de control del trasporte (de datos) en tiempo real*]
RTD = report time of delivery | comunique la hora de entrega
RTE = route | trayecto, itinerario, línea, ruta, vía (de encaminamiento)

RTF = radio telephony | RTF = radiotelefonía
RTF = rich text format | RTF [*formato de texto enriquecido*]
RTFM = read the flaming (/friendly) manual | RTFM [*lea las instrucciones del manual*]
RTG = radio telegraph, radio telegraphy | RTG = radiotelégrafo, radiotelegrafía
RTG = routing | curso, vía; despacho; orientación, línea, trazado
RTG-CLK = routing clerk | encargado de asignación de rutas, encargado de encaminamiento del tráfico
RTL = radio letter, letter-telegram via radio | carta radiada (/por radio), carta-telegrama radiado
RTL = register transfer language | RTL [*lenguaje de trasferencia de registros*]
RTL = resistor-transistor logic | RTL [*lógica de resistencias y transistor*]
RT-logic = resistor-transistor logic | lógica RT [*lógica de resistencia y transistor*]
RTLP = reference transmission-level point | RTLP [*punto de nivel de trasmisión de referencia*]
RTM = read the manual | lea el manual
RTMA = Radio Television Manufacturers Association | RTMA [*asociación estadounidense de fabricantes de radio y televisión*]
RTN = return | respuesta, retorno
RTP = real-time transport protocol | RTP [*protocolo de trasporte para aplicaciones en tiempo real*]
RTP = reference telephonic power | RTP [*volumen telefónico de referencia*]
RTPB = Radio Technical Planning Board | RTPB [*junta estadounidense de planificación técnica de radio*]
RTPC | RTPC [*red telefónica pública conmutada*]
RTR = repeater test rack | RTR [*bastidor de prueba de repetidores*]
RTS = ready to send | RTS [*dispuesto para emitir*]
RTS = request to send | RTS [*petición de envío*]
RTSP = real-time streaming protocol | RTSP [*protocolo de flujo (/canalización) en tiempo real*]
R/T switch = receive-transmit switch | conmutador (radiotelefónico) de recepción-trasmisión
RTT = radioteletype | radioteletipo
R/T talk-down instructions | instrucciones de aterrizaje por radiotelefonía
RTTY = radioteletype | radioteletipo
Ru = ruthenium | Ru = rutenio
rubber | goma
rubber banding | cinta elástica
rubber-covered cable | cable forrado (/recubierto, /revestido) de caucho
rubber-covered lead-in | línea de entrada aislada con caucho

rubber-covered wire | hilo aislado con caucho (/goma)
rubber grommet | ojal (/pasahilos) de caucho (/goma)
rubber-insulated cable | cable con aislamiento de caucho
rubber-jacketed cable | cable forrado (/con manguera) de caucho
rubber nipple | protector de caucho
rubber plug | clavija de caucho
rubber tape | cinta de caucho
rubber tube connection | unión para mangueras (de cables)
rubbing contact | cursor, contacto deslizante
rubbing cursor | cursor deslizante
Rubic cube | cubo de Rubic
rubidium | rubidio
rubidium magnetometer | magnetómetro de rubidio
rubidium-vapour frequency standard | patrón de frecuencia de vapor de rubidio
ruby | rubí
ruby crystal | cristal de rubí
ruby laser | láser de rubí
ruby maser | máser de rubí
rudder control | control de timón [*en simuladores de vuelo*]
rudder trim light | luz cero para centrado de dirección
rudder winking light | luz de destellos
ruggedization | endurecimiento, robustecimiento
ruggedized valve | válvula reforzada
Ruhmkorff coil | bobina de Ruhmkorff, bobina de inducción
rule-based system | sistema normalizado
rule of inference | regla de inferencia
rule of thumb | regla empírica (/de carácter aproximado)
ruler | regla
ruling density | densidad de las líneas
rumble | ruido mecánico (/de motor, /de ronquido, /de fondo)
rumble filter | filtro contra el ruido de fondo
rumble filter switch | conmutador de filtro contra el ruido de fondo
run | carrera, recorrido; pasada; tendido; sección, tramo, travesía
run, to - | ejecutar [*un programa*]
runaround crosstalk | diafonía (/interferencia) entre repetidores
run at startup | en marcha al arrancar
runaway | embalamiento (térmico)
runaway electron | electrón desacoplado
runaway speed | velocidad de embalamiento
run-back of equipment | retroceso del equipo
run book | manual de ejecución
run down, to - | agotarse, descargarse
rung | peldaño
Runge-Paschen mounting of a grating | montaje según Runge-Paschen

run-in | rodaje; surco de introducción
RUN IND = running indicator | indicador de marcha [*de la cinta*]
run in pipe, to - | tender (cables) en tubos (/conducciones)
run-in tape | cabeza de cinta
R unit = Roentgen unit | unidad R = unidad roentgen
run-length limited encoding | codificación de coordenada diferencial limitada
run motor | motor de arrastre
runner resistance | resistencia del cursor
running | (en) ejecución, recorrido, tendido; trasmitiendo
running amperes | amperios en marcha normal
running board aerial | antena bajo el estribo
running cable | cable portante
running charge | gastos de explotación
running circuit breaker | disyuntor de marcha
running current | corriente en marcha normal
running foot | pie de página
running head | cabecera de página
running indicator | indicador de marcha [*de la cinta*]
running off | desacoplamiento, fuga
running on | acoplamiento
running open | funcionamiento abierto
running rabbits | parásitos de interferencias locales
running spares | piecería, repuestos menores
running time | tiempo de funcionamiento (/marcha, /utilización)
running torque | par de régimen, par motor en funcionamiento normal
running voltage | voltaje (/tensión) de marcha normal
run-of-river installation | aprovechamiento de agua fluyente
run-of-river power plant | central eléctrica (/hidroeléctrica) de agua fluvial, central eléctrica sin almacenamiento
run-of-river power station | central eléctrica (/hidroeléctrica) de agua fluvial, central eléctrica sin almacenamiento
run of wiring | tendido de cables
run open, to - | tender (cables) al aire libre

runtime, run-time | tiempo de ejecución
run-time binding | vinculación a la ejecución, asignación durante la ejecución
runtime environment | entorno de utilización del intervalo de ejecución
run-time error | error de tiempo de ejecución
runtime function | función del tiempo de ejecución
runtime help file | archivo de ayuda en tiempo de ejecución
run-time library | biblioteca de tiempo de ejecución [*archivo con rutinas para las funciones más comunes*]
runtime system | sistema de tiempo de ejecución
run-time version | versión ejecutable
runway | pista, camino
runway bracket | soporte de carril
runway flood light | proyector de pista
runway light | luz de pista
runway localizer transmitter | trasmisor de localizador de pista
runway localizing beacon | baliza localizadora de pista, radiofaro localizador de pista de aterrizaje
runway threshold light | luz de umbral de pista
runway threshold marking | señal de umbral de pista
rupture | corte, interrupción, ruptura, seccionamiento
rupture capacity | capacidad interruptora (/de desconexión)
rupture zone | zona de ruptura
rural automatic exchange | central (telefónica) automática rural
rural carrier amplifier | amplificador para sistema rural de corrientes portadoras
rural centre exchange | centralita telefónica rural
rural cord circuit | circuito rural por cable
rural exchange | central rural
rural line | línea rural
rural main exchange | centralita rural principal
rural network | red rural
rural party line | línea rural colectiva (/compartida)
rural radio service | servicio de radiocomunicación rural
rural subcentre | subestación rural

rural subscriber's line | línea rural de abonado
rural telephone line | línea telefónica rural
rural telephone network | red telefónica rural
rush box | receptor superregenerativo
Russell-Saunders coupling | acoplamiento de Russell-Saunders
Russell's paradox | paradoja de Russell
rustling effect | ruido causado por el viento
ruthenium | rutenio
rutherford | rutherford [*unidad de medida para el material radiactivo que produce un millón de desintegraciones por segundo*]
Rutherford cross section | sección eficaz de Rutherford
Rutherford scattering | dispersión de Rutherford
RW = read and write | lectura y escritura
R wave | onda R
RWIN = receive window | RWIN [*ventana de recepción*]
RX = receive, receiving | RX [*recepción, recibiendo*]
RXD = receive data | RXD [*datos recibidos*]
RX-meter | medidor RX
RY = relay | R = relé
R-Y amplifier | amplificador de señal R-Y
RYCAB = reference your cable | en relación con su cable
R-Y component | componente R-Y
Rydberg constant | constante de Rydberg
Rydberg correction | corrección de Rydberg
R-Y demodulator | desmodulador de señal R-Y
R-Y detector | detector de señal R-Y
R-Y information | información R-Y
RYLET = reference your letter | en relación con su carta
ryotron | riotrón
R-Y signal | señal R-Y [*señal de diferencia de color rojo menos luminancia utilizada en televisión en color*]
RYTEL = reference your telegram | en relación con su telegrama
R-Y vector | vector R-Y
RZ = return to zero | puesta a cero

S

s = second | s = segundo
S = sulphur | S = azufre
Sa = samarium [*obs.; see: Sm*] | SA = samario [*obs; véase: Sm*]
SA = say | diga [*en código de radioafición*]
SA = selective availability | SA [*disponibilidad selectiva*]
SAA = systems application architecture | SAA [*arquitectura de aplicación de sistemas*]
sabin | sabinio [*unidad de absorción en pies cuadrados*]
Sabine's absorption | absorción de Sabine
Sabine's coefficient | coeficiente de Sabine
Sabine's law | ley de Sabine
sable brush | brocha de pelo de marta cebelina
SACCH = slow-associated control channel | SACCH [*canal de control lento asociado a los canales de tráfico*]
saccharimeter | sacarímetro
Saclay spectrometer | espectrómetro de Saclay
sacrificial anode | ánodo enterrado
sacrificial anode cathodic protection | protección catódica por ánodo sacrificatorio
sacrificial protection | protección sacrificatoria
SAD = security association database | SAD [*base de datos de asociaciones de seguridad*]
saddle | abrazadera; capacete para poste; caída en hondonada para curva de respuesta
saddle coil | bobina de desviación
saddle-mounting socket | zócalo con soporte de montaje
saddle point | punto de ensilladura
saddle point deformation | deformación del punto de ensilladura
saddle point method | método del punto de ensilladura
saddle point of energy | punto de ensilladura de la energía
saddle warpage | alabeo en forma de silla de montar
SADT = structured analysis and design technique | SADT [*técnica de análisis y diseño estructurados*]
SAE = stamped addressed envelope | sobre con dirección impresa
SAFE = safety | SEG = seguridad
safe concentration | concentración segura
safe geometry | geometría segura
safe life | vida segura
safelight | luz inactínica
safelight lamp | lámpara de luz inactínica
safe load | carga admisible
safe mass | masa segura
safe mode | modo seguro [*para arrancar un equipo*]
safe operating area | área (/zona) de funcionamiento seguro
safe overload | sobrecarga admisible
safety | protección, seguridad
safety analysis report | informe sobre la seguridad nuclear
safety angle | ángulo de seguridad
safety assembly | conjunto de seguridad
safety base | base de seguridad
safety channel | canal de seguridad
safety communication | comunicación de (/relativa a la) seguridad
safety communication equipment | equipo de comunicaciones para servicios de seguridad
safety control | control de seguridad
safety cover | tapa de seguridad
safety cutout | cortacircuito de fusible
safety cutout switch | disyuntor de seguridad
safety device | dispositivo de protección (/seguridad)
safety factor | factor de seguridad
safety factor for dropout | factor de seguridad para la puesta en reposo
safety factor for holding | factor de seguridad para el mantenimiento
safety factor for pickup | factor de seguridad para la puesta en funcionamiento
safety fuse | fusible de seguridad
safety glass | vidrio inastillable
safety integrity level | nivel de requisitos de seguridad
safety latch | cierre de seguridad
safety lock | cerradura de seguridad
safety margin | margen de seguridad
safety mechanism | mecanismo de seguridad
safety member | elemento de seguridad
safety message | mensaje de (/relativo a la) seguridad
safety nut | tuerca de seguridad
safety outlet | toma de corriente con puesta a tierra
safety rod | barra (/varilla) de seguridad
safety service | servicio de seguridad
safety shotoff valve | válvula de cierre de seguridad
safety signal | señal de seguridad
safety spring | muelle de seguridad
safety switch | interruptor de seguridad
safety tape | cinta de seguridad
safety thermostat | termostato de seguridad
safety valve | válvula de seguridad
safety window | vidrio de seguridad
safety wire | alambre freno
safe value | valor límite
safe working pressure | presión límite de trabajo
sag | flecha (de cable); pandeo; seno
sagitta | flecha
sagitta method | método de la flecha
sagittal | sagital
sagittal plane | plano sagital
SAG MOS = self-aligned gate MOS | SAG MOS [*MOS de puerta autoalineada*]
Saha equation | ecuación de Saha
Saint Elmo's fire | fuego de San Telmo
salient pole | polo saliente
salient pole generator | generador de polos salientes
saline water | agua salina
Salisbury darkbox | cámara oscura de Salisbury
Sallen-Key filter | filtro de Sallen-Key
salt ammoniac | sal de amoníaco

salt-ammoniac cell | pila de sal amónica (/de amoníaco)
salt-and-pepper pattern | efecto de sal y pimienta [*fam*]
salt bridge | puente de sal
salt-cooled valve | válvula refrigerada por sal
salt cover | sal antioxidante
salted bomb | bomba sucia
salted weapon | arma nuclear con aditivos
salting out | desplazamiento salino
salting-out agent | agente reactivo (/desplazante) salino
salvage, to - | recuperar
salvage material | material de recuperación
salvage value | valor de recuperación
SAM = scanning Auger microprobe | SAM [*microprueba de barrido según Auger*]
samarium | samario
samarium poisoning | envenenamiento por samario
SAML = send and mail | SAML [*entrega del mensaje a un terminal y a un buzón*]
SAMOS | SAMOS [*satélite artificial de reconocimiento militar*]
sample | muestra
sample, to - | muestrear, tomar (/sacar) muestras, hacer pruebas de sondeo
sample and hold, to - | tomar muestras y retener
sample-and-hold amplifier | amplificador de muestreo y retención
sample-and-hold circuit | circuito de muestreo y retención
sample-and-hold digital voltmeter | voltímetro digital de muestreo
sample-and-hold voltmeter | voltímetro de retención
sample changing | recambio de la muestra
sample-changing device | cambiador de muestras
sampled data | datos de muestra, datos tomados por muestreo
sampled data control | control con datos intermitentes
sampled data control system | sistema de control de datos intermitentes
sampled-data system | sistema de datos de muestreo
sample electrode | electrodo de ensayo
sample holder | portamuestras
sample pulse | impulso de muestreo
sampler | dispositivo de toma de muestras, muestreador; conmutador electrónico (de colores)
sample size | tamaño de la muestra
sample space | espacio muestral
sample test | prueba de sondeo
sample-to-hold offset error | error de muestreo y retención
sampling | muestreo, toma de muestras; conmutación electrónica (de colores)
sampling action | acción de muestreo
sampling chamber | cámara de muestreo
sampling circuit | circuito de muestreo
sampling coil | bobina de muestra
sampling distribution | distribución de muestreo
sampling frequency | frecuencia de muestreo
sampling gate | puerta (/compuerta) de muestreo
sampling loop | espira de muestra
sampling method of checking | método de control por muestreo aleatorio
sampling multiplier | multiplicador de muestreo
sampling observation | prueba por muestras escogidas al azar
sampling oscilloscope | osciloscopio de muestreo
sampling phase detector | detector de fase del tipo de muestreo
sampling plan | plan de muestreo
sampling pulse | impulso de muestra
sampling pulse generator | generador de impulsos de conmutación de colores
sampling quantization | cuantificación de muestreo
sampling rate | frecuencia (/tasa, /velocidad, /índice) de muestreo
sampling recorder | registrador de muestreo
sampling sequence | secuencia de conmutación
sampling servo | servomecanismo de datos intermitentes
sampling servo system | servosistema de datos intermitentes
sampling spark chamber | cámara de chispas de muestreo
sampling speed | velocidad de muestreo
sampling switch | conmutador secuencial (/de muestro)
sampling synthesizer | sintetizador de muestras [*musicales*]
sampling system | sistema de muestreo
sampling technique | técnica de muestreo
sampling test | prueba de muestreo
sampling theorem | teorema del muestreo
sampling theory | teoría del muestreo
sampling time interval | intervalo de muestreo
SAN = system area network | SAN [*red de área del sistema*]
sanaphant | sanafán [*circuito de retardo lineal*]
sanatron | sanatrón [*circuito de retardo variable*]
sandbox | caja de arena; sandbox [*área de seguridad de Java*]
sanded surface | superficie pulida por chorro de arena
sandwich | construcción emparedada
sandwich coil winding | devanado de bobinas superpuestas
sandwiching | emparedado
sandwich plate | placa multicapa
sandwich windings of a transformer | devanados alternados de un trasformador
sanitization | saneamiento
sans serif | sans serif [*familia de caracteres*]
SAOL = structured audio orchestra language | SAOL [*lenguaje estructurado de audio para orquesta (lenguaje de síntesis para representación de sonidos)*]
SAP = service access point | PAS = punto de acceso al servicio
SAP = service advertising protocol | SAP [*protocolo de aviso de accesibilidad [en servidores de internet)*]
SAP = session announcement protocol | SAP [*protocolo de anuncio de sesión (en multidistribución de paquetes de datos)*]
SAPI = service access point identifier | IPAS = identidad (/identificador) del punto de acceso al servicio
SAPI = speech application programming interface | SAPI [*interfaz para programación de aplicaciones de voz*]
sapphire | zafiro
sapphire needle | aguja de zafiro
sapphire stylus | estilete de zafiro
sapphire substrate | sustrato de zafiro
SAR = search and rescue | SAR [*búsqueda y rescate (de datos)*]
SAR = segmentation and reassembly layer | SAR [*capa de segmentación y ensamblado*]
SAR = specific absorption rate | CAE = coeficiente de absorción de energía
SAR = synthetic aperture radar | SAR [*radar de apertura forzada*]
SARAH = search and rescue and homing | SARAH [*rescate y direccionamiento, sistema de radio para salvamento*]
SARAN | SARAN [*marca de material termoplástico para aislamiento eléctrico*]
Sargent curve | curva de Sargent [*de constante de desintegración*]
sarong cathode | cátodo de cinta envolvente
SARP = search and rescue processor | SARP [*procesador de búsqueda y rescate (para satélites de localización)*]
SARSAT = search and rescue satellite-aided tracking | SARSAT [*seguimiento por satélite para búsqueda y rescate*]
SAS = single attachment station | SAS [*estación individual de enlace*]
sash | barra de división
sash line | cordón, cuerda
sat = satellite | satélite

sat = saturated mode | modo (de funcionamiento) saturado
SAT = SIM application toolkit | SAT [*juego de herramientas para aplicaciones SIM*]
SATAN = security analysis tool for auditing networks | SATAN [*herramienta de análisis de seguridad para la auditoría de redes*]
satellite | satélite, estación repetidora
satellite aerial | antena de satélite artificial
satellite airport | aeropuerto satélite
satellite base | base auxiliar
satellite-borne instrument | instrumento instalado en satélite
satellite-carrying rocket | cohete portasatélite
satellite channel | circuito por satélite
satellite communication | comunicación (/telecomunicación) por (/vía) satélite
satellite communications link | enlace de telecomunicaciones por satélite
satellite computer | ordenador satélite
satellite dish | antena parabólica [*para trasmisiones entre tierra y satélites*]
satellite earth station | estación terrestre de comunicación por satélite
satellite exchange | central satélite
satellite ground sector | segmento terreno
satellite link | enlace por satélite
satellite observatory | observatorio satélite
satellite orbit | órbita de satélite
satellite reconnaissance | reconocimiento por satélite
satellite relay | relé satélite
satellite-satellite communications service | servicio de comunicaciones entre satélites
satellite space sector | segmento espacial
satellite station | estación satélite
satellite system | sistema de satélites; sistema por satélite
satellite tracking | seguimiento de satélites
satellite tracking aerial | antena de seguimiento de satélites
satellite transmitter | emisor satélite
satellite vehicle | vehículo satélite
satellite workshop | taller auxiliar
satelloid | sateloide
satin-etched bulb | ampolla mateada interiormente
satisfiability | satisfactoriedad
satisfiability problem | problema de satisfactoriedad
saturable | saturable
saturable choke | bobina de reactancia saturable
saturable core | núcleo saturable
saturable-core constant-voltage transformer | trasformador de tensión constante de núcleo saturable
saturable core magnetometer | magnetómetro de núcleo saturable
saturable core oscillator | oscilador de núcleo saturable
saturable core reactor | reactor (/reactancia) de núcleo saturable
saturable ferrite-core switch | conmutador de núcleo de ferrita saturable
saturable magnetic core | núcleo magnético saturable
saturable modulador | modulador de reactor saturable
saturable reactance | reactancia saturable
saturable reactor | reactor (/reactancia) saturable
saturable-reactor-controlled oscillator | oscilador controlado por reactancia saturable
saturable reactor modulator | modulador de reactor saturable
saturable reactor switch | conmutador de reactor saturable
saturable transformer | trasformador saturable
saturant | saturante
saturated | saturado
saturated activity | actividad saturada (/de saturación)
saturated adiabatic | adiabático saturado
saturated adiabatic lapse rate | gradiente adiabático saturado
saturated air | aire saturado
saturated colour | color saturado
saturated compound | compuesto saturado
saturated core | núcleo saturado
saturated diode | diodo saturado
saturated diode operation | funcionamiento como diodo saturado
saturated logic | lógica saturada (/de transistores saturados)
saturated mode | modo saturado [*paso de máxima corriente por un dispositivo*]
saturated recovery time | tiempo de restablecimiento saturado
saturated reoperate time | tiempo de liberación de la saturación; tiempo de nueva operación saturado
saturated steam | vapor saturado
saturated transistor switch | conmutador de transistor saturado
saturating reactor | reactor de saturación
saturating signal | señal saturante (/de saturación)
saturating winding | devanado de saturación
saturation | saturación; pureza
saturation absorption | absorción de saturación
saturation activity | actividad de saturación
saturation backscattering | retrodispersión de saturación
saturation characteristic | característica de saturación
saturation control | control de saturación
saturation current | corriente de saturación
saturation current density | densidad de corriente de saturación
saturation curve | curva de saturación
saturation effect | efecto de saturación
saturation emission | emisión de saturación
saturation factor | factor de saturación
saturation field | campo de saturación
saturation flux density | densidad del flujo de saturación
saturation inductance | inductancia de saturación
saturation induction | inducción de saturación
saturation intensity | intensidad de saturación
saturation interval | intervalo de saturación
saturation level | nivel de saturación
saturation limit | límite de saturación
saturation limiting | limitación de la saturación
saturation magnetization | magnetización saturante (/de saturación)
saturation magnetostriction | magnetoestricción de saturación
saturation moment | momento de saturación
saturation noise | ruido de saturación (/cinta saturada)
saturation of a transistor | saturación de un transistor
saturation of a valve | saturación de una válvula
saturation point | punto de saturación
saturation reactance | reactancia de saturación
saturation recording | grabación por saturación
saturation region | zona de saturación
saturation resistance | resistencia de saturación
saturation signal | señal de saturación
saturation stage | fase de saturación
saturation state | estado de saturación
saturation temperature | temperatura de saturación
saturation value | valor de saturación
saturation vapour pressure | tensión de vapor saturante
saturation voltage | tensión (/voltaje) de saturación
saturator | saturador
Saurel's theorem | teorema de Saurel
sausage aerial | antena de jaula
save, to - | grabar, guardar [*datos o un archivo informático*]; registrar
save all, to - | guardar todo
save all properties, to - | guardar todas las propiedades
save and exit, to - | grabar y salir
save as, to - | grabar (/guardar) como
saved number dialled | repetición de marcación

saved number redial | repetición de marcación
save file as type, to - | guardar como archivo tipo
saver | protector
save settings, to - | guardar configuración
save setup data, to - | grabar los datos de configuración
savib | cebo eléctrico
saw | sierra
SAW = surface acoustic wave | SAW [*onda acústica de superficie*]
sawtooth | diente de sierra
sawtooth amplifier | amplificador de onda en dientes de sierra
sawtooth arrester | descargador de puntas
sawtooth current | corriente en dientes de sierra
sawtoothed | en forma de dientes de sierra
sawtooth frequency | frecuencia de onda en dientes de sierra
sawtooth generation | generación de (onda en) dientes de sierra
sawtooth generator | generador de (onda en) dientes de sierra
sawtooth keyboard | teclado de acción directa
sawtooth-modulated jamming | interferencia modulada en diente de sierra
sawtooth oscillation | oscilación en dientes de sierra
sawtooth oscillator | oscilador de onda en dientes de sierra
sawtooth pulse | impulso en dientes de sierra
sawtooth pulser | generador de impulsos en dientes de sierra
sawtooth scanning | exploración con onda en dientes de sierra
sawtooth-shaped | en forma de dientes de sierra
sawtooth sweep | barrido con onda en dientes de sierra
sawtooth sweep generator | generador de barrido de onda en dientes de sierra
sawtooth sweep oscillator | oscilador de barrido de onda en dientes de sierra
sawtooth sweep voltage | tensión de barrido en dientes de sierra
sawtooth voltage | tensión en dientes de sierra
sawtooth wave | onda en dientes de sierra
sawtooth wave current | corriente en dientes de sierra
sawtooth waveform | (forma de) onda en dientes de sierra
sawtooth waveform voltage | tensión en dientes de sierra
sawtooth wave generator | generador de dientes de sierra
Sb = stilb [*antimony*] | Sb = estilbio [*antimonio*]

SB = simultaneous broadcast | trasmisión simultánea
S/B = southbound | hacia el sur, con rumbo al sur
SBA | SBA [*sistema normalizado de haz de aproximación*]
S band | banda S
S band airborne beacon | radiobaliza de avión en banda S
S band resonant-cavity filter | filtro de cavidad resonante para la banda S
S band telemetry | telemetría en banda S
SBC = single board computer | SBC [*ordenador monotarjeta (/de una sola tarjeta)*]
SBD = surface-barrier diffused transistor | SBD [*transistor de superficie de difusión*]
S bit = status bit | bit de estado
SBR | SBR [*copolímero de estireno*]
SBS | SBS [*conmutador de silicona de dos posiciones*]
SBT = surface-barrier transistor | SBT [*transistor de barrera superficial (/de superficie)*]
S/B traffic | tráfico hacia el sur
Sc = scandium | Sc = escandio
SCA = subsidiary communication authorization | SCA [*autorización de comunicaciones subsidiarias*]
SCA channel | canal para comunicaciones subsidiarias
SCA demodulator | desmodulador de comunicaciones subsidiarias
SCAI = switch computer applications interface [USA] | SCAI [*interfaz de aplicaciones telefónicas asistido por ordenador*]
scala | escala
scalable (*adj*) | escalable, ampliable; vectorial
scalable font | fuente escalable
scalable parallel processing | procesado paralelo escalable
scalable processor architecture | arquitectura de procesador escalable
scalable typeface | tipo de letra escalable
scalar | escalar, de escala
scalar curvature | curvatura escalar
scalar data type | tipo de datos escalable
scalar density | densidad escalar
scalar field | campo escalar
scalar function | función escalar
scalar invariant | invariante escalar
scalar meson | mesón escalar
scalar potential | potencial escalar
scalar potential field | campo escalar de potencial
scalar processor | procesador escalable [*de valores escalables*]
scalar product | producto escalar
scalar quantity | cantidad (/magnitud) escalar
scalar ratio | razón escalar
scalar value | valor escalar

scalar variable | variable escalar
scale | escala
scale, to - | acotar; graduar
scale correction | corrección de escala
scaled design | diseño a escala
scaled dimension | dimensión a escala
scaled-down | en escala reducida
scale dial | cuadrante graduado
scale distortion | distorsión de escala
scale dividing | graduación de la escala
scale division | división de escala
scale down, to - | reducir a escala
scaled radiation detector | detector de radiaciones con desmultiplicación
scale drawing | dibujo a escala
scale drum | cilindro de las escalas
scale error | error de escala
scale factor | factor de escala (/entrelazado)
scale fraction | relación de escala
scale length | longitud de la escala
scale mark | trazo de la escala
scale marking | trazo de la escala
scale model | modelo a escala reducida
scale numbering | numeración
scale-of-eight | escala de ocho
scale-of-eight circuit | circuito en escala de ocho
scale of hardness | escala de dureza
scale of integration | escala (/densidad, /grados, /niveles) de integración
scale-of-one-thousand | escala de mil
scale-of-one-thousand circuit | circuito de escala de mil
scale-of-sixteen | escala de dieciséis
scale-of-ten circuit | circuito de escala decimal
scale of turbulence | escala de turbulencia
scale-of-two circuit | circuito en escala binaria
scale-of-two counter | contador binario
scale-of-wind force | escala anemométrica
scale protractor | trasportador de escala
scaler | escalímetro; contador de impulsos; escala (de recuento)
scaler chain | cadena de escala
scale remover | desincrustador
scaler frequency meter | frecuencímetro desmultiplicador
scale selector | selector de escala
scale span | banda (/margen, /gama, /extensión) de la escala
scale track | vía de la báscula
scale up, to - | aumentar a escala
scaling | ajuste (/graduación) de la escala; proporción; ajuste a escala
scaling circuit | circuito desmultiplicador (/de escala)
scaling couple | circuito de escala de dos
scaling coupler | circuito biestable

scaling factor | factor de escala (/desmultiplicación)
scaling ratio | factor de escala
scaling unit | unidad de escala; elemento desmultiplicador
scalloping | ondulación; festoneado, efecto de festón
scalloping distortion | distorsión en festón
SCA modulator | modulador de comunicaciones subsidiarias
scan | exploración (por barrido); ecografía
scan, to - | digitalizar, explorar (por barrido), rastrear, escanear
scan aerial | antena de exploración
scan axis | eje de exploración
scan code | código de escaneado
scan-coded tracking system | sistema de seguimiento de exploración codificada
scan conversion | transformación de exploración
scan conversion equipment | equipo trasformador de exploración
scan conversion valve | válvula trasformadora de exploración
scan converter | convertidor (/trasformador) de exploración
scan converter valve | válvula del trasformador de exploración
scan counter | contador de rastreo
scandium | escandio
scan head | cabezal de escáner
scanistor | escanistor [*analizador de imágenes de estado sólido*]
scan line | línea del barrido
scanned area | cobertura
scanned material | material (original) explorado
scanner | escáner, explorador (por barrido), buscador por rastreo (/barrido)
scanner amplifier | amplificador del escáner (/explorador)
scanner control | control de exploración
scanner radio | radio exploradora
scanner switch | conmutador de exploración
scanner tower | torre exploradora
scanner unit | unidad exploradora
scanning | escaneado, exploración (por barrido); digitalización
scanning aerial | antena exploradora (/de barrido)
scanning aerial mount | soporte de antena exploradora
scanning amplifier | amplificador de barrido
scanning angle | ángulo de exploración
scanning aperture | abertura de exploración
scanning area | campo de lectura
scanning arrangement | disposición de exploración
scanning beam | haz explorador
scanning-beam illumination test film
| película de prueba para ajuste de iluminación del haz explorador
scanning circuit | circuito explorador (/de barrido)
scanning coil | bobina de exploración
scanning current | corriente de exploración
scanning cycle | ciclo de exploración
scanning cylinder | cilindro de exploración
scanning density | densidad de exploración
scanning device | dispositivo explorador
scanning disc | disco explorador (/de exploración)
scanning distortion | distorsión de exploración
scanning drum | tambor de exploración
scanning electron microscope | microscopio electrónico de exploración
scanning electron microscopy | microscopía electrónica con barrido
scanning equipment | equipo explorador
scanning field | campo de exploración
scanning frequency | frecuencia de exploración
scanning gate | ventanilla de exploración
scanning generator | generador de exploración
scanning head | cabeza exploradora; proyector de exploración
scanning helix | hélice de exploración
scanning hole | abertura de exploración (/observación)
scanning lamp | lámpara de exploración
scanning light spot | punto de luz explorador
scanning line | línea de exploración
scanning line frequency | frecuencia de líneas de exploración
scanning line length | longitud de la línea de exploración
scanning loss | pérdida de exploración
scanning method | método de exploración
scanning microscopy | microscopía con barrido
scanning motion | movimiento de exploración
scanning pattern | esquema (/patrón) de exploración
scanning pitch | paso de exploración
scanning point | punto explorador
scanning position | posición de observación
scanning radar | radar explorador
scanning range | alcance de exploración
scanning raster | trama de exploración
scanning rate | velocidad de barrido (/exploración)
scanning receiver | receptor de exploración
scanning sensitivity | sensibilidad de exploración
scanning separation | paso de exploración
scanning sequence | ciclo de exploración
scanning slit | rendija de exploración
scanning slot | rendija de exploración
scanning sonar | sonar de barrido (/exploración)
scanning speed | velocidad de barrido (/exploración)
scanning spot | punto (luminoso) de exploración
scanning stage | etapa de exploración
scanning switch | conmutador explorador (/secuencial)
scanning system | sistema explorador
scanning transducer | trasductor explorador
scanning traverse | dirección de exploración
scanning unit | dispositivo explorador
scanning valve | válvula analizadora (/de barrido)
scanning voltage | tensión de exploración
scanning yoke | yugo de exploración
scannogram | registro de escáner
scan period | periodo de exploración
scan rate | velocidad de exploración
scansion | barrido, exploración
scan size | amplitud de exploración
scan time | tiempo de barrido
SCA operation | servicio de comunicaciones subsidiarias
scatter | difusión, dispersión
scatter, to - | dispersar
scatterband | banda de dispersión
scatter chart | gráfico de dispersión
scatter circuit | enlace por dispersión
scatter coefficient | coeficiente de dispersión
scatter diagram | diagrama de dispersión
scattered beam | haz difuso
scattered electrons | electrones dispersos
scattered field | campo difuso
scattered light | luz difusa (/dispersa)
scattered neutrons | neutrones dispersos
scattered noise | ruido difuso
scattered particles | partículas dispersas
scattered radiation | radiación difusa (/dispersa)
scattered radiation intensity | intensidad de la radiación dispersa
scattered ray baffle | diafragma con rendija contra rayos dispersos
scattered rays | rayos difusos
scattered reflection | reflexión dispersa
scattered Roentgen rays | rayos X difusos
scattered wave | onda dispersa
scatter effect | efecto de dispersión

scatterer | difusor, (centro) dispersor
scatter link | enlace por dispersión
scattering | difusión, dispersión; propagación trashorizonte
scattering amplitude | amplitud de dispersión
scattering angle | ángulo de dispersión
scattering aperture | abertura de rerradiación
scattering area | área de difusión
scattering attenuation coefficient | coeficiente de atenuación de difusión
scattering circle | círculo de dispersión
scattering coefficient | coeficiente de dispersión
scattering coefficient meter | instrumento de medida del coeficiente de dispersión
scattering cone | cono de dispersión
scattering cross section | sección trasversal (/eficaz) de dispersión
scattering curve | curva de dispersión
scattering factor | factor de dispersión
scattering frequency | frecuencia de dispersión
scattering kernel | núcleo de dispersión
scattering layer | capa dispersora
scattering loss | pérdida por dispersión
scattering matrix | matriz de dispersión
scattering mean free path | recorrido libre medio de dispersión
scattering medium | medio dispersor
scattering of electrons | dispersión de electrones
scattering of light | dispersión de la luz
scattering of neutrons | dispersión de neutrones
scattering of radiation | difusión de radiación
scattering phase-shift | cambio de fase por dispersión
scattering phenomenon | fenómeno de dispersión
scattering principle | principio de la dispersión
scattering surface | superficie de dispersión
scatter loading | carga dispersa
scatternet | conjunto de picorredes [*conjunto de redes de dispositivos Bluetooth capaces de comunicarse entre sí*]
scatterometer | dispersiómetro, medidor (/radar) de dispersión
scatter propagation | propagación por dispersión
scatter radio communication | radiocomunicación por dispersión
scatter radio link | radioenlace trashorizonte por difusión
scatter read | lectura (de información) dispersa
scatter technique | técnica de enlaces por dispersión

scatter transmission | trasmisión por dispersión
scatterwrite | escritura de información dispersa
scavenging | arrastre; barrido
SCC = silicon-controlled commutator | SCC [*conmutador (/interruptor) controlado de silicio*]
SCCP = signalling connection control part | SCCP [*parte de control de la conexión de señalización*]
SCDC signalling = single-commutation direct-current signalling | señalización SCDC [*señalización por inversión de corriente continua*]
SCE | SCE [*esmalte con una capa de algodón*]
SCEF = service creation environment function | SCEF [*función de entorno de creación de servicios*]
scene | escena
SCE wire | hilo SCE [*hilo esmaltado con una capa de algodón*]
SCF = service capability features | SCF [*propiedades de las capacidades de servicio*]
SCF = service control function | SCF [*función de control del servicio (en red inteligente)*]
SCFH = standard cubic feet per hour | SCFH [*pies cúbicos normalizados por hora*]
SCFM = subcarrier frequency modulation | SCFM [*modulación en frecuencia de subportadora*]
SCH = synchronization channel | SCH [*canal de sincronización (para enviar información de sincronismo de trama)*]
schedule | plan, programa
schedule, to - | planificar; programar [*un ordenador*]
scheduled | planeado, programado
scheduled action | acción programada
scheduled broadcast | radiodifusión regular
scheduled date | fecha impuesta
scheduled frequency | frecuencia prevista en el horario
scheduled maintenance | mantenimiento planificado (/previsto)
scheduled operation | servicio a horas fijas
scheduled performance | rendimiento calculado
scheduled service | servicio regular
scheduled test operation | servicio de prueba a horas fijas
scheduled time | hora indicada
scheduled watch | escucha a horas fijas
schedule of hours | horario
schedule of periodic tests | programa de medidas periódicas
schedule of rates | tarifas
schedule plan | calendario de trabajo
scheduler | planificador
schedule speed | velocidad indicada

por el horario
scheduling | planificación, programación; activación de tareas [*en control de procesos*]
scheduling algorithm | algoritmo de planificación
scheduling method | método sistemático
scheduling parameter | parámetro de planificación
schema | esquema
schematic | esquemático
schematic circuit diagram | diagrama (/esquema) de circuitos
schematic diagram | diagrama esquemático
schematic drawing | plano esquemático
scheme | arreglo, disposición
Scherbius system | sistema Scherbius
Schering and Callender bridge | puente de Schering y Callender
Schering bridge | puente de Schering
schielded | protegido
schlieren | estría
schlieren analysis | análisis de trazos
schlieren-apparatus | aparato para verificar trazos
schlieren method | estrioscopia
schlieren photograph | estriograma
schlieren photography | estriografía
schlieren setup | montaje estrioscópico
Schmidt aerial | antena de Schmidt
Schmidt camera | cámara de Schmidt
Schmidt curve | curva de Schmidt
Schmidt-Hilbert method | método de Schmidt-Hilbert
Schmidt limiter | limitador Schmidt
Schmidt line | línea de Schmidt
Schmidt model of nuclei | modelo de los núcleos de Schmidt
Schmidt optical system | sistema óptico de Schmidt
Schmidt system | sistema de Schmidt
Schmidt-type projector | proyector tipo Schmidt
Schmitt circuit | circuito Schmitt
Schmitt trigger | disparador Schmitt, interruptor de valor umbral
Schmitt trigger circuit | circuito Schmitt de disparo, circuito de disparo de Schmitt (/valor umbral)
Schonhage algorithm | algoritmo de Schonhage
school broadcast | emisión radiofónica escolar
school broadcasting | radiodifusión escolar
school-broadcast listening | recepción de radio escolar
Schottky barrier | barrera de Schottky
Schottky barrier diode | diodo de barrera de Schottky
Schottky defect | defecto de Schottky
Schottky diode | diodo de Schottky, diodo de portadores activos (/de alta energía)

Schottky effect | efecto de Schottky
Schottky emission | emisión de Schottky
Schottky noise | ruido de Schottky, ruido de granalla
Schottky rectifier | rectificador de Schottky
Schottky theory | teoría de Schottky
Schottky transistor logic | lógica de transistor de Schottky
Schrage motor [*shunt-characteristic polyphase commutator motor with double set of brushes*] | motor Schrage [*motor de conmutador polifásico con característica de derivación y doble juego de escobillas*]
Schrödinger equation | ecuación de Schrödinger
Schrödinger wave equation | ecuación de onda de Schrödinger
Schrödinger wave function | función de onda de Schrödinger
Schuler valve | válvula de Schuler
Schumann region | región de Schumann
Schwarz-Christoffel transformation | trasformación de Schwarz-Christoffel
Schwarz inequality | desigualdad de Schwarz
Schwarzschild effect | efecto de Schwarzschild
Schwarzschild-Kohlschütter formula | fórmula de Schwarzschild-Kohlschütter
Schwarz vacuum thermopile | pila termoeléctrica al vacío de Schwarz
Schwinger coupler | acoplador de Schwinger
science | ciencia, conocimiento, sabiduría
scientific approach | enfoque científico
scientific discipline | disciplina científica
scientific electric measuring instrument | aparato científico de medición
scientific notation | notación científica
scientific payload | carga útil científica
scientific radio | radioelectricidad científica
scientific station | estación de estudios científicos
scientist | científico, hombre de ciencia
scintigram | escintigrama
scintillate, to - | centellear
scintillating | centelleo, titilación
scintillating material | material centelleante
scintillation | centelleo, titilación
scintillation camera | cámara de centelleo
scintillation conversion efficiency | rendimiento (de la conversión) del centelleo
scintillation counter | contador de centelleos
scintillation counter cesium resolution | resolución para cesio del contador de centelleos
scintillation counter energy resolution | resolución energética del contador de centelleos
scintillation counter energy resolution constant | constante de resolución energética del contador de centelleos
scintillation counter head | cabeza del contador de centelleos
scintillation counter time discrimination | tiempo de discriminación del contador de centelleos
scintillation counting | recuento de centelleos (/destellos)
scintillation counting system | sistema contador de centelleos
scintillation crystal | cristal de centelleo
scintillation decay time | tiempo de decaimiento del centelleo
scintillation detector | detector de centelleo
scintillation duration | duración del centelleo
scintillation layer | capa de centelleo
scintillation meter | centellómetro, escintilómetro
scintillation probe | sonda de centelleos
scintillation rise time | tiempo de crecimiento (/subida) del centelleo
scintillation spectrometer | espectrómetro de centelleo
scintillator | centelleador, escintilador
scintillator conversion efficiency | rendimiento de conversión del dispositivo de centelleo
scintillator crystal | cristal centelleador
scintillator fast neutron fluxmeter | medidor de flujo de neutrones rápidos con escintilador
scintillator material | material destellante (/escintilador, /centelleante, /de centelleo)
scintillator-material total-conversion efficiency | rendimiento de conversión total de un material centelleante
scintillator-photomultiplier assembly | conjunto de centelleador y fotomultiplicador
scintillator photon distribution | distribución de fotones del escintilador
scintillator prospecting radiation meter | escintilómetro
scintillator total conversion efficiency | rendimiento total de conversión del dispositivo de centelleo
scintillometer | escintilómetro
scintiphoto | escintifotografía, fotografía de centelleo
scintiscan | escintigrama
scintiscanning | escintigrafía
scission | escisión
scissoring | recorte; encuadre
sclerograph | esclerógrafo
sclerographic | esclerográfico
sclerometer | esclerómetro
sclerometric | esclerométrico
scleroscope | escleroscopio, escleróscopo
scleroscope hardness | dureza escleroscópica
scleroscope number | dureza escleroscópica
scleroscopic | escleroscópico
scleroscopic test | prueba escleroscópica
SCM = section communications manager | SCM [*director de comunicaciones de sección*]
SCM = subcarrier multiplexing | SCM [*multiplexión con subportadoras*]
SCMA = subcarrier multiple access | SCMA [*acceso múltiple por subportadora*]
scoop | reflector cóncavo
scope | alcance, ámbito, amplitud; presentación, serie; [*fam*] osciloscopio; pantalla; instrumento
scope of selection | ámbito de selección
scophony system | sistema de escofonía
score | puntuación, tanteo; desprendimiento
score, to - | sonorizar
score a film, to - | sonorizar una película
scoreboard | panel de puntuación
scorecard | anotador
scored substrate | sustrato trazado
score mark | raya de gramil
scoring | incisión, muesca; registro sonoro
scoring system | sistema de sonorización
scotch tape | cinta adhesiva
scotophor | escotóforo
scotopic | escotópico
scotopic relative luminous efficiency | eficacia luminosa relativa escotópica
scotopic vision | visión escotópica
scotoscope | escotoscopio
Scott connection | conexión de Scott
Scott system | sistema de Scott
scout | exploración
scouting | exploración, reconocimiento
SCP = service control point | PCS = punto de control del servicio
SCP = spherical candle power | SCP [*intensidad luminosa esférica*]
SCR = silicon-controlled rectifier [*obs.; see: thyristor*] | tiristor [*rectificador controlado de silicio*]
scram | parada de emergencia
scramble, to - | codificar; mezclar; trasponer, transponer
scrambled speech | comunicación codificada, lenguaje cifrado
scrambled speech system | sistema de comunicación codificada
scrambler | codificador, mezclador, aleatorizador; perturbador de conversación
scrambler circuit | circuito codificador

(/mezclador, /de mezcla)
scrambling circuit | circuito de mezcla
scrambling net | red de salvamento
scram button | pulsador de parada de emergencia
scram rod | barra (/varilla) de seguridad
scram signal | señal de peligro
scram switch | conmutador de parada de emergencia
scram time | tiempo de parada de emergencia
scrap | fragmento; desechos
scrap analysis | análisis de residuos
scrap anode | ánodo de chatarra
scrap bin | cajón para la chatarra
scrapbook | scrapbook [archivo destinado a guardar textos y gráficos para su uso posterior]
scrap border | borde desechable
scrape | raspado, raspadura
scrape flutter | tremolación de raspado
scraper | raedor, raspador
scraper ring | aro rascador
scrap-handling magnet | electroimán para la maniobra de chatarra
scrap iron | chatarra
scrap-lifting magnet | electroimán para la maniobra de chatarra
scrap metal | chatarra
scrap wire | recortes de alambre
scratch | arañazo, rasguño
scratch, to - | eliminar [datos]
scratch disk | disco vacío (/de partida)
scratched file | archivo eliminado
scratch filter | filtro del ruido de aguja
scratching noise | crepitación
scratchpad, scratch pad | memoria auxiliar (/provisional, /de apuntes, /a corto plazo, / transitoria)
scratchpad memory | memoria de anotación temporal; memoria provisional (/de periodo corto) [memoria rápida de corta capacidad para almacenamiento provisional de datos]; memoria intermedia de registro telefónico
scratchpad RAM | memoria RAM transitoria
scratch stick | lápiz para cubrir rayaduras
scream, to - [fam] | transmitir a velocidad muy alta
screamer [fam] | elemento de gran velocidad
screen | pantalla, monitor; persiana
screen, to - | apantallar, blindar
screen aerial | antena con pantalla
screen analysis | análisis granulométrico
screen angle | ángulo de pantalla; ángulo de la trama [en fotomecánica]
screen area | superficie activa
screen battery | batería de pantalla
screen blanker | borrador de pantalla
screen blanking | pantalla en blanco; puesta a cero de la pantalla
screen brightness | brillo de pantalla

screen buffer | memoria tampón de pantalla
screen burning | quemadura de la pantalla
screen clasifier | clasificador de criba
screen compensator | superretícula [en fotomecánica]
screen control | control de pantalla
screen deposition | registro de pantalla
screen dissipation | disipación de pantalla
screen dropping resistor | resistencia reductora de rejilla de pantalla
screen dump | volcado de pantalla sobre impresora
screened aerial | antena blindada
screened apparatus | aparato protegido contra los contactos accidentales
screened cable | cable blindado
screened-cable circuit | circuito en cable blindado
screened call transfer | trasferencia por aceptación entre extensiones
screened circuit | circuito blindado
screened downlead | bajada apantallada
screened ignition | encendido blindado
screened ignition system | sistema de encendido apantallado
screen editor | editor de pantalla
screened loop aerial | antena en cuadro apantallado
screened magneto | imán blindado
screened pair | par apantallado
screened sparkplug | bujía blindada
screened-type electromagnet | electroimán blindado
screened valve | válvula blindada
screened wire | conductor apantallado
screen effect | efecto de pantalla
screen efficiency | rendimiento de pantalla
screen enclosure | jaula de pantalla
screen factor | factor de pantalla
screen factor of a grid | factor de pantalla de una rejilla
screen film | película radiográfica con pantalla
screen flicker | destello de la pantalla
screen font | fuente de pantalla [caracteres para el monitor]
screen frequency | frecuencia de pantalla
screen grabber | captador de imagen en pantalla
screen grid | rejilla de pantalla
screen grid bypass capacitor | condensador de desacoplamiento de la rejilla de pantalla
screen grid current | corriente de rejilla de pantalla
screen grid modulation | modulación por rejilla de pantalla
screen grid potential | potencial de rejilla de pantalla
screen grid regeneration | reacción

positiva de rejilla de pantalla
screen grid vacuum valve | válvula al vacío con rejilla de pantalla
screen grid valve | válvula con rejilla de pantalla
screen grid voltage | tensión de rejilla de pantalla
screenholder, screen holder | portapantalla; portatrama [en fotomecánica]
screen image | imagen observable en la pantalla
screening | apantallado, apantallamiento, blindaje; proyección, presentación por pantalla; radioscopia
screening box | pantalla de blindaje
screening cage | jaula de Faraday; pantalla
screening can | caja de blindaje
screening constant | constante de apantallado (/apantallamiento)
screening effect | efecto de pantalla
screening elevation | (ángulo de) elevación de apantallado
screening factor | factor de apantallamiento
screening length | radio de acción del efecto de apantallado
screening number | constante de apantallamiento
screening of wires | blindaje de cables
screening shield | pantalla
screening sphere | esfera de apantallado
screening test | prueba de apantallado
screen lineature | lineatura de la retícula [en fotomecánica]
screen lock, to - | bloquear pantalla
screen lock extension | extensión del bloqueo de pantalla
screen name | nombre de pantalla [para usuario de red]
screen negative | negativo tramado [en fotomecánica]
screen phone | pantalla telefónica [combinacion de teléfono con pantalla LCD u otro dispositivo]
screen picture | imagen proyectada (/observable en la pantalla)
screen pitch | densidad de pantalla [separación entre los elementos de fósforo]
screen potential | potencial de rejilla de pantalla
screen printing | impresión (del contenido) de pantalla
screen projection | proyección sobre pantalla
screen-protected | protejido con rejilla
screen raising mechanism | mecanismo alzarretícula [en fotomecánica]
screen reflector | reflector de cortina
screen resistor | resistencia de rejilla de pantalla
screen retrace | retrazado de pantalla
screen room | cuarto apantallado
screen room filter | filtro para cuarto apantallado

screen saver | protector de pantalla, salvapantallas
screen saver interface | interfaz protectora de pantalla
screen shot | muestra de pantalla [*imagen de una pantalla de ordenador total o parcial*]
screen strainer | colador de tela metálica
screen sweep | barrido de pantalla
screen voltage | tensión de rejilla de pantalla
screen-wall counter | contador de pared-pantalla
screen width | ancho de la pantalla
screw | tornillo
screw, to - | atornillar
screw base | casquillo de rosca
screw cap | tapa roscada
screw coupling | manguito roscado
screwdriver | destornillador
screwdriver-operated switch | conmutador maniobrado con destornillador
screwed contact | contacto de rosca
screwed fitting | accesorio roscado
screwed flange | brida roscada
screwed lamp socket | portalámparas de rosca
screwed-on flange | brida atornillada
screw gear | rueda dentada
screwhead | cabeza de tornillo
screw-in mount | montura a tornillo
screw-on | atornillado
screw-on connector | conector de rosca
screw pitch | paso de tornillo
screw plate | terraja
screw plug | tapón roscado
screw terminal | borne roscado; terminal de tornillo
screw terminal board | tarjeta de conexiones de tornillo
screw thread | rosca
screw wheel | rueda helicoidal
screw wrench | llave inglesa
scriber | trazador, punta de trazar; gramil
scribing | marcado, trazado
scrim | gasa difusora; pantalla traslúcida difusora [*difusor reductor de luz de material traslúcido*]
script | manuscrito; documento original; programa de ejecución [*en documentos HTML*]
scripting language | lenguaje de programación
scriptlet | scriptlet [*página Web reutilizable basada en DHTML*]
Scripton | Scripton [*marca de una válvula de rayos catódicos que produce una imagen en forma de letras o números*]
SCRL = scroll | DESPL = desplazamiento
scroll | caracol, espiral; despliegue [*del documento o menú en pantalla*]
scroll, to - | desplazar; desplazar la imagen [*línea a línea o carácter a carácter*]
scroll arrow | flecha de desplazamiento
scroll bar | barra de desplazamiento
scroll bar toggle, to - | conmutar la barra de desplazamiento
scroll behavior | comportamiento del desplazamiento
scroll box | cuadro de desplazamiento
scrolling | desplazamiento; despliegue [*del documento o menú en pantalla*]
scroll lock key | tecla de bloqueo de números [*para bloqueo del teclado numérico o conversión de esas teclas en funciones de movimiento del cursor*]
scroll track | pista de desplazamiento
scroll wheel | rueda de desplazamiento [*en el ratón*]
scrub column | columna depuradora
scrubber | depurador, lavador
scrubbing | depuración, lavado
scrubbing action | acción de lavado
scrubbing tower | torre depuradora
SCS = service capability server | SCS = servidor de capacidades de servicio
SCS = silicon controlled switch | SCS [*conmutador de silicio controlado*]
SCSI = small computer systems interface | SCSI [*interfaz para sistemas informáticos pequeños*]
SCSI bus | bus SCSI
SCSI chain | cadena SCSI, cadena margarita (/de cable) de SCSI
SCSI connector | conector SCSI
SCSI control board | tarjeta controladora SCSI
SCSI device | dispositivo SCSI
SCSI network | red SCSI
SCSI port | puerto SCSI
SCTL = stabistor-coupled transistor logic | SCTL [*lógica de transistor acoplado por estabistor*]
SCTL circuit | circuito SCTL
SCTP = stream control transmission protocol | SCTP [*protocolo de trasmisión de control de flujo*]
SCTT = Sociéte Canadienne des Télecommunications Transmarines (*fra*) [Canadian Overseas Telecommunication Corporation] | SCTT [*sociedad canadiense de telecomunicaciones trasmarinas*]
scuff, to - | frotar, rozar
scuffing | desgaste superficial
scuff mark | rasguño
scuffproof | a prueba de rasguños
scupper | imbornal
S curve | curva inversa (/en S), curvatura doble
scuzzy [*fam.* = SCSI] | escasi [*fam.* = SCSI]
SD = single density | SD [*densidad de escritura sencilla*]
SD = standard deviation | DN = desviación normal (/estándar)
S/D = shutdown | S/D [*anuncio de apagar el trasmisor*]

SDB-CC = switched digital broadcast – channel change | SDB-CC [*protocolo de cambio de canal en difusión digital conmutada*]
SDCCH = stand-alone dedicated control channel | SDCCH [*canal dedicado exclusivamente a una estación*]
SDE = source description | SDE [*descripción de fuente*]
S+D equipment = speech-plus-duplex equipment | equipo bivocal
SDF = service data function | SDF [*función de datos del servicio*]
SDF = supergroup distribution frame | SDF [*repartidor de supergrupo (/grupo secundario)*]
SDH = synchronous digital hierarchy | SDH [*jerarquía digital sincronizada (/sincrónica)*]
SDI = switched digital hierarchy | SDI [*denominación de AT&T a sus enlaces digitales internacionales automáticos*]
S distortion = spiral distortion | distorsión en espiral, distorsión en S, efecto bandera
SDK = software development kit | SDK [*equipo para desarrollo de software*]
SDL = specification and description language | LED = lenguaje de especificación y descripción
SDLC = synchronous data link control | SDLC [*control sincrónico del enlace de datos*]
SDM = space-division multiplexing | SDM [multiplexado por división de espacio]
SDMT = synchronized DMT = synchronized discrete multitone | SDMT [*DMT sincronizada (frecuencia multitono discreta sincronizada)*]
SDMU = speed and distance measurement unit | SDMU [*unidad de medición de velocidad y distancia*]
SDN = software defined network | SDN [*red definida por software*]
SDP = service discovery protocol | SDP [*protocolo de descubrimiento de servicios*]
SDP = session description protocol | SDP [*protocolo de descripción de sesiones*]
SDR = sender | emisor, trasmisor
SDR = spectrum dynamic range | SDR [*margen dinámico del espectro*]
SDRAM = synchronous dynamic RAM | SDRAM [*RAM sincrónica dinámica*]
SDS = system design specifications | SDS [*especificaciones sobre el diseño del sistema*]
SDSL = symmetric(al) digital subscriber line | SDSL [*línea digital simétrica de abonado (técnica de trasmisión digital en el bucle de abonado)*]
SDV = switched digital video | SDV [*vídeo digital conmutado*]
Se = selenium | Se = selenio
SE = shared-explicit | SE [*reserva com-*

partida explícita (entre un grupo de emisores)]
sea-based station | central marina
seaborne radar | radar de barco
sea clutter | ecos (/reflejos) del mar
seadrome buoy | boya de balizaje
seadrome light | boya luminosa
seal | cierre, obturación, precinto, precintado, sellado
sealable | cerrable, obturable
sea lane | ruta marítima
sealant | sellador
seal coat | película de sellado
seal course | capa de sellado
sealed | cerrado, encapsulado, obturado, sellado
sealed beam | haz fijo concentrado
sealed beam headlight | faro sellado
sealed beam light | faro integral
sealed chamber terminal | cabeza de cable
sealed circuit | circuito sellado
sealed contact | contacto estanco (/precintado, /sellado)
sealed-contact relay | relé de contactos bajo cubierta hermética
sealed crystal unit | cristal (piezoeléctrico) sellado
sealed face philosophy | criterio de muro cerrado
sealed-gauge pressure transducer | trasductor de manómetro sellado
sealed-in atmosphere | atmósfera controlada
sealed meter | medidor estanco (/hermético, /precintado)
sealed rectifier | rectificador de cierre hermético; válvula sellada
sealed relay | relé estanco (/hermético, /precintado)
sealed source | fuente blindada (/hermética, /sellada)
sealed steel-tank mercury-arc rectifier | rectificador de arco de mercurio en cuba hermética de acero
sealed tube | tubo sellado
sealed valve | válvula precintada
sealer | cerrador, sellador
sea level | nivel del mar
sea-level atmospheric conditions | condiciones atmosféricas al nivel del mar
sea-level barometric pressure | presión barométrica al nivel del mar
seal in, to - | cerrarse
sealing | cierre, obturación
sealing compound | compuesto de precinto, pasta de sellado
sealing current | corriente de cierre
sealing end | caja terminal (/de terminales)
sealing gasket | junta obturadora
sealing-in | cierre, obturación
sealing material | material de sellado
sealing-off | sellado, precintado al vacío
sealing ring | anillo obturador
sealing voltage | tensión de asentamiento
seal plate | placa de unión hermética
seal ring | anillo de junta
seal weld | soldadora de estanqueidad (/cierre)
seam | junta, unión
sea marker | baliza marítima
seamless integration | integración sin fisuras
sea mobile service | servicio móvil marítimo
seam welding | soldadura por costura
seaport radar | radar de control de tráfico en puertos marítimos
seaquake | maremoto, seísmo marino
sear | fiador
SEAR = search | búsqueda
search | búsqueda, exploración, investigación
search, to - | buscar, explorar, indagar
search aerial | antena exploradora (/de exploración)
search algorithm | algoritmo de búsqueda
search and insertion algorithm | algoritmo de búsqueda e inserción
search and replace | búsqueda y sustitución
search and rescue | búsqueda y rescate [*de datos*]
search and rescue processor | procesador de búsqueda y rescate [*para satélites de localización*]
search coil | bobina exploradora (/de detección), sonda magnética
search coil direction finder | radiogoniómetro con bobina exploradora
search condition | condición de exploración
search criterium | criterio de búsqueda
search data | datos a buscar
search engine | motor de búsqueda, buscador, indexador de información
searcher | buscador, explorador
search folder, to - | buscar carpeta
search frequency | frecuencia de exploración
search gate | impulso de puerta explorador
searching | búsqueda, exploración
searching gate | puerta exploradora; impulso explorador de compuerta
search key | clave de búsqueda
searchlight | faro (/proyector, /reflector) de exploración
searchlight beam | haz de proyector
searchlight control radar | radar de control de proyectores
searchlighting | seguimiento automático por iluminación (/proyección)
searchlight sonar | sonar de proyector
searchlight-type sonar | sonar tipo proyector
search path | ruta de búsqueda
search radar | radar explorador (/de exploración)
search range | alcance de exploración
search receiver | receptor de búsqueda (/exploración)
search string | cadena de búsqueda
search time | tiempo de búsqueda
search-tracking aerial | antena de exploración y seguimiento
search-tracking radar | radar de exploración y seguimiento
search tree | árbol de búsqueda
sea return | retorno (/ecos) del mar
seasonal conditions | condiciones estacionales
seasonal effect | efecto estacional
seasonal factor | factor (de variación) estacional
seasonal tariff | tarifa de temporada
seasoning | aclimatación
seat | equipo [*unidad de ordenador o puesto de trabajo*]
seat, to - | emplazar; enfocar; sentar; encajar [*una pieza en un equipo*]
seating time | tiempo de asentamiento
sea wave clutter | reflejos del mar
seaway | ruta marítima
sec = secondary | secundario
Sec = section | sec. = sección
SEC = secondary electron conduction | SEC [*conducción por electrones secundarios*]
sec. = second [USA] | s = segundo
SECAM = Système électronique couleur avec mémoire (*fra*) [*French colour television broadcasting system*] | SECAM [*sistema francés de televisión en color*]
secant | secante
secant law | ley de la secante
secant method | método de la secante
SECARTYS [*electronic and computer technology exporters association of Spain*] | SECARTYS [*asociación española de exportadores de electrónica e informática*]
SECDED = single error correction/double error detection | SECDED [*corrección de un solo error/detección de dos errores*]
SECO = sequential control | control secuencial
SECO primary station | estación primaria de control secuencial
SECO secondary station | estación secundaria de control secuencial
secohm | secohm [*antiguo nombre del henrio, unidad práctica de inductancia*]
second | segundo
second adjacent channel | canal lateral secundario
second anode | segundo ánodo
second anode potential | potencial de segundo ánodo
secondary | (devanado) secundario
secondary area | área (de servicio) secundaria
secondary assignment | asignación secundaria
secondary axis | eje secundario
secondary battery | batería secundaria

secondary breakdown | disrupción (/ruptura) secundaria
secondary brush | escobilla secundaria
secondary cache | caché secundario
secondary cache memory | memoria caché secundaria
secondary calibration | calibración secundaria
secondary capacitor | condensador secundario
secondary card | tarjeta secundaria
secondary cell | acumulador; pila secundaria (/recargable)
secondary channel | canal secundario
secondary character | carácter secundario
secondary circuit | circuito secundario
secondary clock | reloj secundario
secondary colour | color secundario
secondary coolant | refrigerante secundario
secondary coolant circuit | circuito secundario de refrigeración
secondary cosmic radiation | radiación cósmica secundaria
secondary cosmic rays | rayos cósmicos secundarios
secondary current | corriente secundaria
secondary discharge | descarga posterior
secondary effect | efecto secundario
secondary electron | electrón secundario
secondary electron conduction | conducción por electrones secundarios
secondary electron conduction valve | válvula de conducción de electrones secundarios
secondary electron counter | contador de electrones secundarios
secondary electron emission | emisión electrónica secundaria
secondary electron gap loading | carga de intervalo de electrones secundarios
secondary electron multiplier | multiplicador de electrones secundarios
secondary emission | emisión secundaria
secondary emission characteristic | característica de emisión secundaria
secondary emission coefficient | coeficiente de emisión secundaria
secondary emission multiplier | multiplicador de emisión secundaria
secondary emission noise | ruido de emisión secundaria
secondary emission photocell | célula fotoeléctrica de emisión secundaria
secondary emission rate | índice de emisión secundaria
secondary emission ratio | coeficiente (/factor) de emisión secundaria
secondary emission valve | válvula de emisión secundaria
secondary emitter | emisor secundario

secondary energy | energía secundaria
secondary exchange | central secundaria
secondary failure | fallo secundario
secondary fault | fallo secundario
secondary feed | alimentación secundaria
secondary feed hopper | almacén de alimentación secundaria
secondary feed roll | rodillo de alimentación secundaria
secondary filter | filtro secundario
secondary finder | buscador secundario
secondary flow | flujo secundario
secondary frequency | frecuencia secundaria
secondary frequency standard | patrón secundario de frecuencia
secondary front | frente secundario
secondary fusion reaction | reacción de fusión secundaria
secondary grid emission | emisión secundaria de rejilla
secondary group | grupo secundario
secondary group modulation | modulación de grupo secundario
secondary guide | guía secundaria
secondary heat exchanger | intercambiador de calor secundario
secondary index | índice secundario
secondary insulation | aislamiento secundario
secondary ion | ión secundario
secondary ionization | ionización secundaria
secondary key | clave secundaria
secondary key mapping | asignación de tecla secundaria
secondary light source | fuente secundaria de luz
secondary line | línea secundaria (/de distribución)
secondary line switch | conmutador secundario de líneas
secondary lobe | lóbulo secundario
secondary luminous standard | patrón secundario de intensidad luminosa
secondary master | maestro secundario
secondary memory | memoria auxiliar (/secundaria)
secondary mineral | mineral secundario
secondary module of elasticity | módulo secundario de elasticidad
secondary network | red secundaria
secondary neutron | neutrón secundario
secondary panel | panel secundario
secondary parameter | parámetro secundario
secondary pattern | diagrama secundario
secondary photometric standard | patrón fotométrico secundario

secondary pile | pila secundaria
secondary power | energía secundaria
secondary power supply | fuente secundaria de energía
secondary protective barrier | barrera secundaria de radioprotección
secondary quantum number | número cuántico secundario
secondary radar | radar secundario
secondary radiation | radiación secundaria
secondary radiator | elemento secundario
secondary radionuclide | radionúclido secundario
secondary reaction | reacción secundaria
secondary reactor | reactor secundario
secondary reading brush | escobilla de lectura secundaria
secondary reflection | reflejo secundario
secondary relay | relé secundario
secondary Roentgen rays | rayos roentgen secundarios, rayos X secundarios
secondary route | vía secundaria
secondary section | sección secundaria
secondary selector | selector secundario
secondary selector magnet | electroimán de selección secundaria
secondary selectors frame | cuadro de selectores secundarios
secondary service area | área de servicio secundaria
secondary service provider | proveedor de servicios secundario
secondary service zone | área (de servicio) secundaria
secondary signal | señal secundaria
secondary slave | esclavo secundario
secondary source | fuente secundaria
secondary stall | entrada en pérdida secundaria
secondary standard | patrón secundario
secondary standard of light | patrón secundario luminoso
secondary station | estación secundaria
secondary storage | almacenamiento secundario; memoria secundaria
secondary surveillance radar | radar secundario de vigilancia
secondary tone | tono secundario
secondary triad | acorde secundario
secondary transmitter | emisor secundario
secondary vacuum | vacío secundario
secondary voltage | tensión secundaria
secondary winding | arrollamiento (/bobinado) secundario
secondary window | ventana secundaria

secondary X-rays | rayos X (/roentgen) secundarios
secondary zone | área (de servicio) secundaria
second attempt | renovación
second beat contact | contacto de pulsación de segundos
second breakdown | descarga secundaria; segunda ruptura
second channel attenuation | atenuación (/selectividad) del segundo canal
second channel interference | interferencia del segundo canal
second choice route | vía de segunda preferencia
second counter | segundero, contador de segundos
second counter chronograph | cronógrafo segundero
second detector | segundo detector
second digit | segunda cifra
second-from-last stage | antepenúltima etapa
second generation | segunda generación
second generation computer | ordenador de segunda generación
second-generation language | lenguaje de segunda generación
second generation of computers | segunda generación de ordenadores
second generation tape | cinta de segunda generación
second group | segundo grupo
second group toll switch | segundo selector interurbano
second-hand clock | reloj con segundero
second harmonic | segundo armónico
second harmonic distortion | distorsión de segundo armónico
second harmonic magnetic modulator | modulador magnético de segúndo armónico
second-level cache | caché de segundo nivel
second-level domain | dominio de segundo nivel [*en la jerarquía DNS de internet*]
second line-finder | buscador (/rastreador) secundario
second-order | de segundo orden
second-order effect | efecto de segundo orden
second-order electrode | electrodo de segundo orden
second-order equation | ecuación de segundo grado
second-order logic | lógica de segundo orden
second-order transition temperature | temperatura de transición de segundo orden
second quantization | segunda cuantificación
second sound | segundo sonido, sonido secundario
second source | segunda fuente

second speed | segunda velocidad
second-time-around echo | eco secundario (/de segunda vuelta)
second Townsend discharge | segunda descarga de Townsend
second trace echo | eco secundario
second video detector | segundo detector de vídeo
SECOR = sequential collocation of range | SECOR [*sistema de navegación y vigilancia con satélite orbital*]
secrecy relay | relé de secreto
secrecy system | sistema (radiotelefónico) de comunicación secreta
SECREQ = second request | segunda petición
secretarial function transfer | suplencia
secret channel | canal secreto
secret language | lenguaje secreto
secret telephone installation | dispositivo de secreto de conversación
secret transmission | trasmisión secreta
section | sección, segmento, tramo, división
sectional | sectorial; seccionado, perfilado
sectional centre | central de sección
sectionalise, to - [UK] | seccionar
sectionalize, to - [UK+USA] | seccionar
sectionalized vertical aerial | antena de aislamiento vertical, antena vertical seccionada (/subdividida)
sectionalizer | seccionador
sectionalizing | seccionalización
sectionalizing breaker | disyuntor seccionador
sectionalizing fuse | fusible de seccionamiento
sectionalizing switch | interruptor seccionador
sectional view | corte, vista en sección
section blocking | enclavamiento de sección
section circuit breaker | interruptor de sección, disyuntor auxiliar
section display | presentación de (información limitada a un) sector
section filter | filtro de sección
sectioning | seccionamiento
section insulator | aislador de sección
section locking | enclavamiento de sección
section module | módulo de sección
section scanning | exploración de sector
section switch | interruptor seccionador
section wire | alambre perfilado
sector | sector
sectoral [*sectorial*] | sectorial
sectoral horn [*sectorial horn*] | bocina repartida
sector cable | cable de sector
sector characteristic curve | curva característica de sector
sector conductor | conductor de sector

sector display | presentación sectorial (/de sector)
sector field | campo sectorial
sector-focused cyclotron | ciclotrón de enfoque por sectores
sectorial | sectorial; seccionado
sectorial aerial | antena de bocina
sectorial horn | bocina repartida, cornete repartido
sectoring | sectorización, formación de sectores
sector interleave | entrelazamiento de sectores
sectorized coverage | cobertura sectorial
sector map | mapa de sectores [*de un disco*]
sector point | punto de bifurcación
sector scan | exploración de sector
sector scanning | exploración sectorial (/de sectores)
sector-scanning beacon | radiofaro de barrido sectorial
sector switch | interruptor de sector
sector transfer | trasferencia de sector
secular equilibrium | equilibrio secular
secular variation | variación secular
secure channel | canal seguro
secure communication | comunicación protegida
secure electronic payment protocol | protocolo de pago electrónico seguro
secure electronic transaction | transacción electrónica segura [*protocolo de comercio electrónico*]
secure electronic transactions protocol | protocolo de transacciones electrónicas seguras
secure hash algorithm | algoritmo de cálculo de clave seguro
secure HTTP | HTTP seguro [*protocolo mejorado con funciones de seguridad con clave simetrica*]
secure hypertext transfer protocol | protocolo para transferencia segura de hipertexto
secure mail | correo seguro
secure mode | modo de seguridad
secure site | sitio seguro [*de Web*]
secure socket layer | capa de zócalo segura
secure system | sistema seguro
secure transaction | transacción segura
secure transaction technology | tecnología de transacción segura
secure transponder | traspondedor de seguridad (/coincidencia)
secure voice | mensaje telefónico protegido
secure wide area network | red segura de área extendida
security | seguridad, protección
security accreditation | reconocimiento (oficial) de seguridad
security analysis tool | herramienta de análisis de seguridad

security association database | base de datos de asociaciones de seguridad
security certification | certificación de medidas de seguridad
security classification | clasificación de seguridad
security clearance | acreditación (/autorización) de seguridad
security evaluation | evaluación de medidas de protección
security hot key | tecla directa de seguridad
security kernel | núcleo de seguridad
security label | etiqueta de garantía
security log | registro de seguridad
security management | gestión de seguridad
security measure | medida de protección
security model | modelo de medidas de seguridad
security parameter index | índice de parámetros de seguridad
security policy | norma de actuación sobre seguridad
security policy database | base de datos sobre política de seguridad
security processing mode | modalidad del proceso de protección
security protocol | protocolo de seguridad
security standard | norma de seguridad
SED = specific energy dosage | SED [*dosis de energía específica*]
sediment | depósito
SEDISI [*Spanish association of software companies*] | SEDISI [*agrupación española de empresas de informática*]
Seebeck coefficient | coeficiente de Seebeck
Seebeck coefficient of a couple | coeficiente Seebeck de un acoplamiento
Seebeck effect | efecto Seebeck (/termoeléctrico)
Seebeck electromotive force | fuerza electromotriz de Seebeck
Seebeck EMF = Seebeck electromotive force | fuerza electromotriz de Seebeck [*fuerza electromotriz térmica*]
seed | germen, semilla
seed and blanket core | zona con medio activo y envoltura fértil
seed blanket | capa fértil
seed core | núcleo con enriquecimiento por zonas
seed crystal | cristal semilla
seeing | visibilidad, visión
seek | posicionamiento [*de la cabeza de lectura/escritura en un disco*]
seek, to - | buscar
seek access time | tiempo de acceso para búsqueda
seeker | buscador, selector
seek time | tiempo de búsqueda
seepage | escape, fuga; filtración, goteo
seesaw circuit | circuito de cátodo a masa
seesaw motion | movimiento de vaivén
segment | segmento
segment, to - | segmentar
segmental | segmentario, de segmentos
segmental conductor | conductor segmentado (/de segmentos)
segmentally | segmentariamente
segmental voltmeter | voltímetro segmentario
segmentary | segmentario
segmentation | segmentación, división en segmentos
segmentation layer | capa de segmentación
segment directory | directorio de segmentos
segmented address space | espacio de direccionamiento segmentado
segmented addressing architecture | arquitectura de direccionamiento segmentada
segmented feed loop | bucle de alimentación segmentada
segmented instruction addressing | direccionamiento de instrucciones segmentado
segmented memory architecture | arquitectura de memoria segmentada
segmented thermoelectric arm | ramal termoeléctrico segmentado
segmenting | segmentación, división en segmentos
segment of cable | tramo de cable
segment pitch | paso de delgas
segment table | tabla de segmentos
segregation | segregación, separación
segregator | separador
seism | seísmo
seismic activity | actividad sísmica
seismic detector | detector sísmico
seismic effect | efecto sísmico
seismic exploration | exploración sísmica
seismicity | seismicidad
seismic mass | masa sísmica
seismic mass accelerometer | acelerómetro de masa sísmica
seismic noise | ruido sísmico
seismic prospecting | prospección sísmica
seismic recording | registro sísmico
seismicrophone | sismomicrófono
seismic run | recorrido de prospección sísmica
seismic sensor | sensor sísmico
seismic survey | prospección sísmica
seismograph | sismógrafo
seismographic | sismográfico
seismometer | sismómetro
seismometric | sismométrico
seismoscope | sismoscopio
seismotectonic | sismotectónico
Seith breakdown theory | teoría de la ruptura de Seith
seize, to - | asir, coger, tomar
seizing | apresamiento, captura, toma
seizing signal | señal de toma (de línea)
seizure | captura; ocupación, toma (de un circuito)
seizure signal | señal de toma (de línea)
SEL = select, selection | SEL = selector, selección
SELCAL = selective call | llamada selectiva
SELCAL device | dispositivo de llamada selectiva
SELCAL system | sistema de llamada selectiva
select | selección
select, to - | seleccionar, resaltar
selectable | elegible, seleccionable
selectable-single-sideband communications equipment | equipo de comunicación por banda lateral
selectable-single sideband receiver | receptor de banda lateral seleccionable
select action type, to - | seleccionar el tipo de acción
select all, to - | seleccionar todo
selectance | selectividad
select a number, to - | componer un número
select button | botón de selección
selected cell | pila seleccionada
selected command | orden activa
selected emphasis, to - | resaltar lo seleccionado
selected frequency | frecuencia seleccionada
selected mode | modo seleccionado
selected primaries | primarias seleccionadas
selected reproduction | reproducción seleccionada
selected ship station | buque-estación determinado
selecting | selección, selector, opción
selecting bar | barra selectora
selecting circuit | circuito selector
selecting commutator | conmutador de selección
selecting finger | dedo (/pitón) selector
selecting lever | palanca selectora
selecting magnet | electroimán selector
selecting mode | modo selectivo
selecting shunt commutator | conmutador en paralelo del selector
selecting stage | etapa de selección
selection | opción, selección
selection adapter | adaptador de selección
selection box | cuadro de selección
selection button | botón de selección
selection check | prueba (/comprobación) de selección
selection circuit | circuito de selección
selection circuit breaker | interruptor de circuito de selección

selection circuit control cam | excéntrica de control del circuito de selección
selection counter | contador de selección
selection coupler | acoplador (/conector) de selección
selection cursor | cursor de selección
selection dial | selector de clasificación
selection dialog box | cuadro de diálogo para selección
selection key | tecla de selección
selection level | nivel de selección
selection mode | modo de selección
selection model | modelo de selección
selection policy | política de selección
selection radio | coeficiente de selección
selection ratio | índice (/relación) de selección
selection rules | reglas de selección
selection sort | orden de selección
selection stage | etapa de selección
selection switch | interruptor de selección
selection technique | técnica de selección
selective | selectivo
selective absorption | absorción selectiva; afinidad diferencial
selective amplifier | amplificador selectivo
selective availability | disponibilidad selectiva
selective call | llamada selectiva
selective call coder | codificador de llamada selectiva
selective call device | dispositivo de llamada selectiva
selective calling | llamada (/marcación) selectiva
selective-calling code | código de llamada selectiva
selective-calling code allocation | asignación de códigos de llamada selectiva
selective-calling decoder | descodificador de llamadas selectivas
selective-calling device | dispositivo de llamada selectiva
selective-calling system | sistema de llamada selectiva
selective call paging system | sistema de búsqueda de personas por llamadas selectivas
selective call system | sistema de llamada selectiva
selective detector | detector selectivo
selective diffuser | difusor selectivo
selective diffusion | difusión selectiva
selective dump | volcado selectivo
selective electrodeposition | electrodeposición selectiva
selective emitter | emisor selectivo
selective erase | borrado selectivo
selective erase head | cabeza de borrado selectivo
selective fading | desvanecimiento selectivo
selective filter | filtro selectivo
selective fusion | fusión selectiva
selective heating | calentamiento selectivo
selective identification feature | dispositivo selectivo de identificación
selective information | información selectiva
selective inspection | inspección selectiva
selective interference | interferencia selectiva
selective jamming | interferencia (intencional) selectiva
selective line printing | impresión de líneas seleccionadas
selective localization | localización selectiva
selectively reflecting surface | superficie de reflexión selectiva
selective network | red selectiva
selective paging system | sistema selectivo de búsqueda (de personas)
selective photoelectric cell | celda fotoeléctrica selectiva
selective protection | protección selectiva
selective radiation | radiación selectiva
selective radiator | radiador selectivo
selective receiver | receptor selectivo
selective reflection | reflexión selectiva
selective response curve | curva de respuesta selectiva
selective ringer | llamador selectivo
selective ringing | llamada selectiva; timbre (de teléfono) selectivo
selective-ringing decoder | descodificador de llamada selectiva
selective routing | itinerario selectivo
selective sequence | secuencia selectiva
selective squelch | silenciador selectivo
selective stacking | descarga selectiva
selective system | sistema selectivo
selective thermostatic charge | carga termostática seleccionada
selective transmission | trasmisión selectiva
selective tuning | sintonización selectiva
selective voice control | mando selectivo por la voz
selectivity | selectividad
selectivity characteristic | característica de selectividad
selectivity control | control de selectividad
selectivity curve | curva de selectividad
selectivity discrimination | discriminación selectiva (de frecuencias)
selectivity of a reciever | selectividad de un receptor
select line | línea selectora (/de selección)
select mode | modalidad selectiva
selector | selector, conmutador
selector arc | arco de selectores
selector bank | banco de selectores
selector bank arrangement | campo radial de selección
selector baseplate | platina del selector
selector bay | bastidor de selectores
selector cam | leva selectora
selector channel | canal selector
selector circuit | circuito selector
selector clutch magnet | electroimán selector
selector control hub | boca de control de selector
selector-controlled feed | avance regulado por selector
selector control unit | unidad de control de selección
selector hunting time | tiempo de selección libre
selector keyboard | teclado selector
selector line | línea de selectores
selector magnet | electroimán selector
selector magnet driver | impulsor del electroimán selector
selector mechanism | mecanismo selector
selector pen | lápiz selector
selector pickup hub | boca de contacto del selector
selector plug | clavija del selector
selector pulse | impulso (de) selector
selector push-buttons | teclado selector
selector rack | armazón de selectores
selector relay | relé selector
selector-repeater | conmutador discriminador
selector reset | reposición del selector
selector shaft | árbol conmutador
selector stage | etapa de selección
selector switch | conmutador selector
selector unit | elemento selector
selector valve | válvula selectora
selector with repeater | selector con repetidor
selector yoke | culata de selector
selectron | selectrón [aleación magnética de silicio y hierro]
selenide | seleniuro
selenite | selenita
selenium | selenio
selenium amplifier | amplificador de células de selenio
selenium cell | célula (/pila) de selenio
selenium dioxide | dióxido de selenio
selenium dioxide fume | vapor de dióxido de selenio
selenium dry-anode rectifier | rectificador seco de selenio
selenium dry rectifier | rectificador seco de selenio
selenium layer | capa de selenio
selenium photocell | célula fotoeléctrica de selenio

selenium photovoltaic cell | célula fotovoltaica de selenio
selenium rectifier | rectificador de selenio
selenium rectifier bridge | puente rectificador de elementos de selenio
selenium rectifier cell | célula rectificadora de selenio, elemento rectificador de selenio
selenium relay | relé fotoeléctrico de selenio
selenodesy | selenodesia
selenography | selenografía
selenoid | selenoide
selenoid satellite | satélite selenoide
selenology | selenología
self | propio; automático, autónomo
self-absorption | autoabsorción
self-absorption curve | curva de autoabsorción
self-acting | autoactivador, activador automático
self-adapting | autoadaptación
self-adapting process | proceso autoadaptable
self-adaptive | autoadaptable
self-adaptive system | sistema autoadaptable (/de adaptación automática)
self-addressing message equipment | equipo de direccionamiento automático de mensajes
self-adjustable | autorregulable
self-adjusting | autorregulador
self-adjusting communication | comunicación de autoajuste
self-alarm reciever | receptor con alarma automática
self-aligned thick oxide | óxido denso autoalineado
self-aligning | alineación automática
self-aligning contacts | conectores multicontacto, contactos con alineación automática
self-aligning gate MOS | autoalineado MOS de puerta
self-baking electrode | electrodo de autococción
self-balanced | autoequilibrado, equilibrado automático
self-balanced bridge | puente autoequilibrado
self-balanced potentiometer | potenciómetro autoequilibrado
self-balancing bridge | puente autoequilibrado
self-balancing recorder | grabadora autoequilibrada, registrador con equilibrio automático
self-balancing recording meter | registrador de compensación
self-bias | autopolarización, polarización automática
self-bias gun | cañón electrónico autopolarizado
self-bias resistor | resistencia de autopolarización
self-biased | autopolarizado
self-biased grid | rejilla autopolarizada

self-biasing | autopolarizante
self-biasing network | red autopolarizante
self-biasing resistor | resistencia de autopolarización
self-brasquing | autobrascado
self-calibrating | autocalibración
self-calibrating feature | característica de autocalibración
self-calibrating instrument | instrumento autocalibrado
self-calibration | autocalibración, calibración automática
self-capacitance | autocapacidad; condensador automático
self-capacity | capacidad automática
self-centred | centrado automático
self-charge | autocarga
self-check | autocomprobación, comprobación automática
self-checking | autocomprobación, autoverificación
self-checking code | código autoverificador (/autoverificación, /de comprobación automática)
self-checking digit | dígito de autocomprobación
self-checking instrument | instrumento con verificación automática
self-checking number device | dispositivo de números autoverificadores
self-check operation | funcionamiento autocomprobado
self-cleaning | autolimpiador, con limpieza automática
self-cleaning contact | contacto de autolimpieza (/limpieza automática)
self-clocking | autosincronización
self-closing | de cierre automático
self-closing circuit breaker | disyuntor de cierre automático
self-collision | autocolisión
self-collision time | tiempo de autocolisión
self-compensated | autocompensado
self-compensated motor | motor autocompensado
self-compiling compiler | compilador autocompilador
self-complementing code | código complementado automáticamente
self-computing chart | nomograma
self-congruent | autocongruente
self-conjugate | autoconjugado
self-consistent | autoconsistente
self-consistent field | campo autoconsistente
self-constricted plasma | plasma autoestrictivo
self-constricting | autoconstrictor
self-constricting current | corriente autoconstrictora
self-constriction | autoconstricción
self-contained | autónomo, independiente
self-contained battery operation | alimentación autónoma por pilas
self-contained instrument | instrumento autónomo
self-contained mobile unit | unidad móvil autónoma
self-contained power supply | fuente de alimentación propia
self-contained read brush | escobilla integral de lectura
self-contained station | estación autónoma
self-contained unit | unidad autónoma
self-control | autocontrol, control automático
self-controlled | autocontrolado
self-cooled | autoenfriado, con refrigeración propia (/independiente)
self-cooled transformer | trasformador autorrefrigerado (/enfriamiento automático)
self-cooling | autoenfriamiento, enfriamiento (/refrigeración) natural
self-corrected | autocorregido, con corrección automática
self-corrected system | sistema con corrección automática de errores
self-correcting | autocorrección, corrección automática
self-defining | autodefinidor
self-demagnetization | desmagnetización automática (/espontánea)
self-developed bias | autopolarización
self-diagnostic | autodiagnóstico
self-diffusion | autodifusión
self-discharge | descarga espontánea
self-discharger | descargador automático
self-discharging | descarga espontánea
self-documenting code | código de autodocumentación
self-documenting programme | programa autodocumentado
self-drive circuit | circuito de avance automático
self-driven | automático, de accionamiento propio
self-driven selector | selector automático
self-dual | autodual
self-electrification | electrificación espontánea
self electrode | electrodo igual
self-electrostatic filter | filtro autoelectrostático
self-energized | con energía propia
self-energizing brake | freno automultiplicador de la fuerza aplicada
self-energizing microphone | micrófono autoexcitado
self-energy | energía propia
self-equalizing | autoigualación, ecualización automática
self-erasure | borrado automático
self-evident message | mensaje autoexplicativo
self-excitacion winding | devanado de autoexcitación
self-excitation | autoexcitación
self-excite, to - | autoexcitar

self-excited | autoexcitado, autoalimentado
self-excited alternating-current generator | alternador autoexcitado de CA
self-excited alternator | alternador autoexcitado
self-excited compensated alternator | alternador autoexcitado compensado
self-excited generator | generador autoexcitado
self-excited oscillator | oscilador autoexcitado
self-excited transmitter | emisor autoexcitado
self-exciter | autoexcitador
self-exciting | autoexcitación
self-exciting sender | emisor autoexcitado
self-exciting system | sistema autoexcitado
self-extending | autoampliable
self-extinguishing | autoextinguible
self-extinguishing thyratron | tiratón autoextintor
self-extracting archive | archivo autoextraíble
self-extracting file | archivo autoextraíble
self-feeding | autoalimentador
self-field | campo autogenerado
self-focus gun | cañón con enfoque automático
self-focus teletron | teletrón con enfoque automático
self-focused picture valve | cinescopio (/tubo de imagen, /válvula de imagen) con enfoque automático
self-generated distortion | distorsión propia
self-generating barrier-layer cell | célula fotovoltaica de capa barrera
self-generating cell | célula fotovoltaica
self-generating transducer | trasductor autoexcitado (/autogenerador)
self-generative | autogenerador, autogenerativo
self-governing | autónomo, autorregulado
self-guidance | dirección (/guía) automática
self-guided | autodirigido, con guía automática
self-guided missile | proyectil autodirigido
self-healing | autorregeneración
self-healing capacitor | capacitor (/condensador) autorregenerativo
self-healing dielectric | dieléctrico con separación automática
self-heated | autocalentado
self-heated thermistor | termistor autocalentado
self-heating | autocalentamiento
self-heating coefficient of resistivity | coeficiente de resistividad por calentamiento propio
self-heterodyne | autodino

self-heterodyne reciever | receptor autodino
self-holding contact | contacto de autoalimentación
self-igniting interrupted arc | arco de ruptura con autoencendido
self-ignition | autoencendido, encendido automático
self-impedance | autoimpedancia, impedancia propia
self-incrementing | con incremento automático (/propio)
self-incrementing automatic address modifier | modificador automático autoincremental de dirección
self-indicating | autoindicador, indicador automático
self-inductance | autoinductancia, inductancia propia, coeficiente de inducción propia
self-inductance coefficient | coeficiente de autoinductancia
self-inductance coil | bobina autoinductora
self-induction | autoinducción, inducción propia
self-inductive | autoinductivo
self-inductive coupling | acoplamiento autoinductivo
self-inductor | autoinductor
self-instructed carry | avance (/trasporte) con mando automático
self-interference | autointerferencia
self-interrupted | autointerrumpido
self-interrupted circuit | circuito autointerrumpido
self-interrupter | autointerruptor
self-latching | autoenganche, enganche automático
self-latching relay | relé de enganche automático
self-latching switch | conmutador con retén automático
self-learning process | proceso autoadaptable
self-limiting | autolimitador
self-limiting chain reaction | reacción en cadena automoderada
self-limiting detector | detector autolimitador
self-locking | autoenclavamiento, cierre automático
self-locking coupling | acoplamiento de cierre automático
self-locking nut | tuerca de fijación
self-locking relay | relé con autoenclavamiento
self loop | lazo autónomo
self-lubricated | autolubricado
self-lubricating | autolubricación
self-luminous | autoluminoso
self-maintained | automantenimiento, mantenimiento autónomo
self-maintained discharge | descarga autónoma
self-maintained nuclear chain reaction | reacción nuclear en cadena automantenida

self-maintaining | automantenimiento
self-maintaining gas discharge | descarga de gas automantenida
self-modifying code | código de modificación automática
self-modulated | automodulado
self-modulated amplifier | amplificador automodulado
self-multiplying | automultiplicador
self-multiplying chain reaction | reacción en cadena automultiplicada
self-noise | ruido propio
self-nucleation | autonucleación
self-operated | automático
self-operated control | control automático
self-operated measuring unit | medidor automático (/autónomo, /directo)
self-operated regulator | regulador automático
self-operating | automático
self-optimizing communication | comunicación con optimización automática
self-organizing machine | máquina con organización automática
self-organizing map | mapa de organización automática
self-organizing sytem | sistema autoestructurador
self-orienting | orientación automática
self-orienting mechanism | mecanismo de orientación automática
self-oscillating | autooscilación
self-oscillating sender | emisor autooscilante
self-oscillating valve | válvula automática de oscilador
self-oscillation | autooscilación, oscilación automática
self-oscillator | oscilador automático
self-passivating glaze | barniz autopasivante
self-phased array | antena autoadaptable; red de elementos autoenfasados
self-powered | autógeno, autoalimentado, con alimentación propia
self-powered control | control autoalimentado
self-powered equipment | equipo con alimentación propia
self-powered station | estación autoalimentada
self-powered tape recorder | magnetófono de batería
self-priming | autocebadura
self-propagating | autopropagante
self-propagating chain raction | reacción en cadena automantenida
self-propagating reaction | reacción automantenida
self-propagating release of energy | liberación de energía autopropagada
self-propagation | autopropagación
self-propelled | automotor, autopropulsado
self-propelling | autopropulsado

self-proportioning | autodosificación
self-propulsion | autopropulsión
self-protected | autoprotegido
self-protected transformer | trasformador autoprotegido
self-protected valve | válvula autoprotegida
self-protected winding | devanado autoprotegido
self-protection | autoprotección
self-pulse modulation | modulación por impulso propio (/interno)
self-pulsing | autopulsante, con pulsación propia
self-pulsing blocking oscillator | oscilador de bloqueo autopulsante
self-quenched | autoextintor
self-quenched counter | contador autoextintor (/autoamortiguado)
self-quenched counter valve | válvula de recuento con autoextinción
self-quenched detector | detector de interrupción automática
self-quenched oscillator | oscilador autointerruptor
self-quenching | autoextinción; autointerrupción, interrupción automática
self-quenching counter | contador autoextintor
self-quenching detector | detector de autoextinción
self-quenching oscillator | oscilador con autoextinción (/interrupción automática)
self-radiating | con radiación propia
self-radiation | autorradiación
self-radiator | autorradiador
self-reactance | reactancia propia
self-reacting | autorreacción
self-reacting plasma | plasma con autorreacción
self-reciprocity | autorreciprocidad
self-reciprocity calibration | calibración de autorreciprocidad
self-recording | autorregistro, registro automático
self-recording barometer | barómetro con registro automático
self-recording device | dispositivo de registro automático
self-recording hygrometer | higrómetro registrador
self-recording instrument | aparato de registro automático
self-recording thermometer | termómetro registrador
self-rectification | rectificación automática
self-rectifier | rectificador automático
self-rectifying | rectificador automático
self-rectifying device | dispositivo autorrectificador
self-rectifying valve | válvula autorrectificadora
self-rectifying X-ray valve | válvula de rayos X autorrectificadora
self-referent list | lista autorreferencial (/recursiva)

self-regulating | autorregulación, regulación automática
self-regulating arc-welding transformer | trasformador autorregulador para soldadura por arco
self-regulating DC welding generator | generador de corriente continua para soldadura con regulación automática
self-regulating recorder | registrador autorregulador
self-regulation | autorregulación, regulación automática
self-relative addressing | direccionamiento autorrelativo
self-repeating timer | temporizador de repetición automática
self-reset | autorreposición
self-resetting | reposición automática
self-resetting circuit breaker | disyuntor de reposición automática
self-resetting relay | relé de reposición automática
self-resistance | resistencia propia
self-resonance | resonancia propia
self-resonant | autorresonante, con resonancia propia
self-resonant circuit | circuito autorresonante
self-resonant frequency | frecuencia de autorresonancia
self-restoring | reposición automática
self-restoring indicator | placa de reposición automática
self-restoring relay | relé de reposición automática
self-reversal | inversión automática
self-reversed line | línea de inversión
self-reversing motion | movimiento con inversión automática de sentido
self-reversing synchronous motor | motor sincrónico de inversión automática
self-routing | encaminamiento automático
self-routing indicator | indicador de encaminamiento automático
self-saturating | autosaturación
self-saturating circuit | circuito autosaturador
self-saturating magnetic amplifier | amplificador magnético autosaturador
self-saturating rectifier | rectificador de autosaturación
self-saturation | autosaturación
self-saturation rectifier | rectificador de autosaturación
self-scattering | autodifusión, autodispersión
self-screening | apantallamiento propio, autoblindaje
self-screening range | grado de autoblindaje; alcance respecto a un blanco protegido por señales perturbadoras antirradar
self-sealing | autosellador
self-sealing coupling | acoplamiento de obturación automática

self-sealing fuel tank | depósito de combustible de obturación automática
self-selecting | autoselección
self-selecting scan | exploración autoseleccionada
self-setting | autofraguado; reposición automática
self-setting shutter | obturador de reposición automática
self-shielding | autoblindaje, autoprotección
self-shielding factor | factor de autoblindaje
self-soldering | autosoldadura
self-soldering heat coil | bobina térmica autosoldable
self-stabilization | autoestabilización
self-stabilizing | autoestabilizante
self-stabilizing dropping characteristic | característica autoestabilizadora de caída de tensión
self-stabilizing reactor | reactor autoestabilizado
self-starter | arranque automático
self-starting | arranque automático
self-starting motor | motor de arranque automático
self-starting oscillator | oscilador de arranque automático
self-starting synchronous motor | motor sincrónico de arranque automático
self-stopping | parada automática
self-stopping counter | contador con parada automática
self-stressed | autotensado
self-supporting | autoportante, autosustentador
self-supporting aerial cable | cable autosustentador
self-supporting aerial tower | torre de antena autoportante
self-supporting mast | mástil autoestable
self-supporting stand | soporte autoestable
self-supporting tower | torre autoestable
self-surge impedance | impedancia de onda
self-sustained oscillation | oscilación automantenida
self-sustaining | automantenimiento, autosustentación
self-sustaining chain reaction | reacción en cadena automantenida
self-sustaining fission reaction | reacción de escisión automantenida
self-sustaining fusion reaction | reacción de fusión automantenida
self-sustaining nuclear chain reaction | reacción nuclear en cadena automantenida
self-synchronizing | sincronización automática
self-synchronous | autosincrónico, de sincronización automática

self-synchronous device | dispositivo autosincrónico
self-synchronous instrument | instrumento autosincrónico
selftest, self test | autodiagnóstico, autocomprobación, autoverificación, verificación automática
self-test circuit | circuito de autoverificación
self-testing | autocomprobación, autoverificación
self-testing safety system | sistema de seguridad con autoverificación
self-threading reel | bobina (/carrete) autoenrollable
self-timer | temporizador automático
self-tracking | autoseguimiento
self-triggering | con disparo automático
self-tuned | autosintonizado, de sintonización automática
self-tuned system | sistema autosintonizado
self-tuning | autosintonización, sintonización automática
self-tuning circuit | circuito de autosintonización
self-tuning feature | característica de autosintonización
self-validating code | código de autovalidación
self-verifying | autoverificación
self-wiping | autolimpiante, de limpieza automática
self-wiping contact | contacto autolimpiante
selloff | aceptación
selsyn = self synchronous | autosincrónico, de sincronismo automático
selsyn generator | sincrotrasmisor; generador de sincronismo automático
selsyn motor | motor autosincrónico (/de sincronismo automático)
selsyn receiver | receptor autosincrónico
selsyn system | sistema de trasmisión autosincrónico
selsyn transmitter | sincrotrasmisor, trasmisor de sincronismo automático
SEM = scanning electron microscope | SEM [*microscopio de exploración electrónica*]
semanteme | semantema; tren de señales
semantic analysis | análisis semántico
semantic error | error semántico
semantic net | red semántica
semantic network | red semántica
semantics | semántica
semaphore | semáforo
semaphore blade | brazo de semáforo
semaphore message | mensaje semafórico
semaphore signal | señal de semáforo
semaphore station | estación semafórica
semaphore telegram | telegrama semafórico

semation | semación, formación de un semantema
semator | semator [*órgano del emisor para modulación telegráfica*]
sememe [*fam*] | semantema
semi | medio
semiabsolute volt | voltio semiabsoluto
semiabsorption layer | capa de semiabsorción
semiactive homing | dirección (/guía) semiactiva
semiactive homing guidance | guía direccional semiactiva
semiactive repeater | repetidor semiactivo
semiactive tracking system | sistema de seguimiento semiactivo
semiadditive process | proceso semiaditivo
semiadjustable | semiajustable
semiadjustable control | control semiajustable
semiadjustable potentiometer | potenciómetro semifijo
semiair spaced cable | cable semiaéreo
semiattended station | estación semiatendida
semiautomatic | semiautomático
semiautomatic code-sending key | manipulador semiautomático de emisión
semiautomatic electroplating | galvanoplastia semiautomática
semiautomatic exchange | central (telefónica) semiautomática
semiautomatic height finder | radar altimétrico semiautomático
semiautomatic help | ayuda semiautomática
semiautomatic installation | instalación semiautomática
semiautomatic keying circuit | circuito de manipulación semiautomática
semiautomatic message switching centre | centro semiautomático de conmutación de mensajes
semiautomatic operation | funcionamiento semiautomático
semiautomatic plating | galvanoplastia semiautomática
semiautomatic relay installation | instalación repetidora (/de retrasmisión) semiautomática
semiautomatic reperforator switching | conmutación semiautomática con retrasmisión por cinta perforada
semiautomatic ringing | llamada semiautomática
semiautomatic signal | señal semiautomática
semiautomatic starter | arranque semiautomático
semiautomatic substation | subestación semiautomática
semiautomatic switching | conmutación semiautomática

semiautomatic switching system | sistema de conmutación semiautomática
semiautomatic system | sistema semiautomático
semiautomatic tape relay | retrasmisión semiautomática por cinta
semiautomatic telephone system | sistema telefónico semiautomático
semiautomatic traffic | tráfico semiautomático
semiautomatic working | servicio semiautomático
semiaxial | semiaxial
semiaxis | semieje
semiaxle | semieje
semibutterfly circuit | circuito mariposa asimétrico
semicircular path | trayectoria semicircular
semicoated electrode | electrodo semirrevestido
semicolumnar magnet | imán de estructura semicolumnar
semicon = semiconductor | semiconductor
semiconductible | semiconductor
semiconducting | semiconductor
semiconducting bead | perla semiconductora
semiconducting ceramic | cerámica semiconductora
semiconducting diamond | diamante semiconductor
semiconducting element | elemento semiconductor
semiconducting material | material semiconductor
semiconducting region | región semiconductora
semiconductor | semiconductor
semiconductor amplifier | amplificador de semiconductores
semiconductor carrier | portador semiconductor
semiconductor chip | pastilla semiconductora
semiconductor degeneracy | degeneración del semiconductor
semiconductor detector | detector semiconductor
semiconductor device | dispositivo semiconductor
semiconductor diffusion furnace | horno de difusión de semiconductores
semiconductor diode | diodo semiconductor
semiconductor diode parametric amplifier | amplificador paramétrico de diodo semiconductor
semiconductor furnace | horno para el tratamiento de semiconductores
semiconductor generation rate | velocidad de generación del semiconductor
semiconductor ignition system | sistema de ignición semiconductor

semiconductor integrated circuit | circuito integrado semiconductor
semiconductor intrinsic property | propiedad intrínseca del semiconductor
semiconductorization | semiconducción
semiconductorized | semiconductorizado
semiconductor junction | unión de semiconductores
semiconductor laser | láser de semiconductor
semiconductor lead wire | hilo de conexión para semiconductor
semiconductor maser | máser de semiconductor
semiconductor material | material semiconductor
semiconductor memory | memoria semiconductora (/de semiconductor)
semiconductor microphone | micrófono de semiconductor
semiconductor mount | montura de semiconductor
semiconductor nuclear diode | diodo semiconductor detector de partículas nucleares
semiconductor optical maser | máser óptico de semiconductor
semiconductor photodiode | fotodiodo semiconductor
semiconductor physics | física de los semiconductores
semiconductor power rectifier | rectificador de potencia de semiconductor
semiconductor power supply | fuente de alimentación de elementos semiconductores
semiconductor rectification | rectificación por medio de elementos semiconductores
semiconductor rectifier | rectificador de semiconductor
semiconductor rectifier diode | diodo semiconductor rectificador
semiconductor relay | relé semiconductor
semiconductor strain gauge | galga deformimétrica de semiconductor
semiconductor strain-gauge transducer | trasductor deformimétrico de semiconductor
semiconductor switch | conmutador de semiconductor
semiconductor technology | tecnología de semiconductores
semiconductor thermogenerator | termogenerador de semiconductor
semiconductor trap | trampa de semiconductor
semicontinuous | semicontinuo
semicrystalline | semicristalino
semicubical | semicúbico
semicustom | predifundido
semicustom IC | circuito integrado fabricado bajo pedido
semicustom logic | lógica fabricada bajo pedido
semicustom LSI circuit | circuito LSI fabricado bajo pedido
semicycle | semiciclo, semiperiodo
semidarkness | semioscuridad
semidecidable | semidecidible
semidecision | semidecisión
semidecision procedure | procedimiento de semidecisión
semidetailed | semidetallado
semidetailed block diagram | diagrama de bloques en detalle parcial
semidiameter | semidiámetro, radio
semidirect lighting | alumbrado semidirecto
semidirectional | semidireccional
semidirectional microphone | micrófono semidireccional
semiduplex | semidúplex
semiduplex circuit | circuito semidúplex
semiduplex communication | comunicación semidúplex (/símplex, /de eco local) [*en un solo sentido*]
semiduplex method of operation | modo de explotación semidúplex
semiduplex operation | explotación (/funcionamiento) semidúplex
semielliptic | semielíptico
semielliptical | semielíptico
semiempirical mass formula | fórmula semiempírica de masa
semienclosed | semicerrado, semiencerrado
semienclosed fuse | cortacircuito de fusión semicerrado
semienclosed machine | máquina semicerrada
semifinished | semiacabado, semielaborado
semifireproof | semiincombustible
semifixed | semifijo
semifixed control panel | panel de control de conexiones semifijas
semifloating | semiflotante
semifluid | semifluido
semiflush | semiembutido
semiflush light | luz semirrasante
semigroup | subgrupo, semigrupo
semihard | semiduro
semihard rubber | caucho semiduro
semi-immersed liquid-quenched fuse | fusible semisumergido con líquido extintor
semi-indirect lighting | alumbrado mixto (/semidirecto)
semilethal | semiletal
semilog = semilogarithmic | semilogarítmico
semilogarithmic | semilogarítmico
semimagnetic controller | controlador semimagnético
semimat | semimate
semimatte | semimate
semimechanical | semimecánico
semimechanical central office | central (telefónica) semiautomática
semimechanical installation | instalación semiautomática
semimechanical position | puesto con teclado
semimechanical system | sistema de telefonía semiautomática
semimechanical telephone system | sistema de telefonía semiautomática
semimechanization | semimecanización
semimetal | metaloide
semimetallic | semimetálico
semimetallic packing | empaquetadura semimetálica
semiotics | semiología
semiperimeter | semiperímetro
semi-permanent circuit | circuito semipermanente
semi-permanent connection | conexión (/enlace) semipermanente
semipermeable | semipermeable
semipermeable membrane | membrana semipermeable
semipermeable partition | diafragma (/tabique) semipermeable
semiportable | semiportátil
semiproportional | semiproporcional
semiproportional counter | contador semiproporcional
semiprotected | semiprotegido
semiquantitative microspectrum analysis | microanálisis espectral cuantitativo
semiremote control | control semirremoto
semiremote cutoff pentode | pentodo de corte semialejado
semiresonant | semirresonante
semiresonant propagating circuit | circuito de propagación semirresonante
semiresonant transmission line | línea de trasmisión semirresonante
semirigid | semirrígido
semirigid cable | cable semirrígido
semiring | semianillo
semiselective | semiselectivo
semiselective ringing | llamada semiselectiva, timbre de teléfono semiselectivo
semiself-maintained discharge | descarga semiautomática
semisilvered | semiplateado
semisilvered prism | prisma semiplateado
semispherical | semiesférico
semistable | semiestable
semistall | entrada en pérdida parcial
semistatic | semiestático
semistor | resistencia de material semiconductor
semi-Thue system | sistema parcial de Thue
semitone | semitono
semitransparent | semitrasparente
semitransparent cathode | cátodo semitrasparente
semitransparent photocathode | fotocátodo semitrasparente

semiuniversal | semiuniversal
semiuniversal cord circuit | cordón semiuniversal
semivitrified | semivitrificado
semivitrified resistor | resistencia semivitrificada
semiwide-angle lens | lente semigranangular
SEMPER = secure electronic marketplace for Europe | SEMPER [*proyecto europeo para el comercio electrónico seguro*]
senary | senario [*compuesto de seis elementos, unidades o guarismos*]; de seis
send, to - | emitir, enviar, mandar, remitir, trasmitir, transmitir
send adjustment | ajuste de trasmisión
send by radio, to - | trasmitir por radio
send by wire, to - | trasmitir por cable (/hilo)
sender | emisor (de impulsos), trasmisor
sender circuit | circuito emisor
sender/receiver | emisor/receptor
sender-receiver terminal | terminal emisor-receptor
sender-receiver test equipment | equipo de pruebas de emisores y receptores
sender report | informe del emisor
sender selection | preselección
sender selector | buscador de registrador
sending | envío, emisión, trasmisión
sending aerial | antena trasmisora
sending amplifier | amplificador de emisión
sending code | código telegráfico
sending console | consola emisora (/de emisión)
sending end | extremo de trasmisión
sending end impedance | impedancia del extremo trasmisor
sending end termination | terminación para línea de trasmisión
sending end termination output | salida con terminación para línea de trasmisión
sending end voltage | tensión de entrada
sending filter | filtro de trasmisión
sending-finished signal | señal de fin de envío
sending installation | instalación trasmisora
sending instrument | aparato emisor
sending key | llave (/pulsador) de emisión; manipulador telegráfico
sending leg | ramal de trasmisión
sending office | centro trasmisor
sending oscillator | oscilador de emisión
sending phototelegraph station | estación fototelegráfica trasmisora
sending-receiving typing reperforator | reperforador impresor de trasmisión y recepción

sending register | registrador de partida
sending slip | cinta de trasmisión
sending stage | fase de emisión
sending station | estación emisora
sending telegraph operator | telegrafista trasmisor
sending telegraphist | telegrafista trasmisor
sending unit | dispositivo emisor
sending wave | onda de trabajo
send leg | ramal de trasmisión
send loop | bucle de trasmisión
send message, to - | enviar el mensaje
send out, to - | difundir, emitir, trasmitir, transmitir
send-receive key | conmutador de emisión-recepción
send-receive keyboard | teclado emisor-receptor
send-receive relay | relé de emisión-recepción
send-receive switch | conmutador de emisión-recepción
send statement | instrucción de envío (/emisión)
SENS = sensor, sensibility | SEN = sensor, sensibilidad
sensation level | nivel de sensación
sense | sentido, significado
sense, to - | detectar, determinar; leer; resolver
sense aerial | antena de sentido
sense amplifier | amplificador sensor (/de salida)
sense determination | determinación de sentido
sense finder | supresor de ambigüedad, visor sensible
sense finding | supresión de ambigüedad
sense indicator | indicador de sentido
sense indicator register | registro indicador
sense of a vector | sentido de un vector
sense of an inequality | sentido de una desigualdad
sense-reversing reflectivity | reflectividad inversora de sentido
sense step | paso sensible; calibración secundaria
sense switch | interruptor sensible
sense winding | devanado de salida
sense wire | hilo sensible (/de salida)
sensibility [*sensitivity*] | sensibilidad
sensible [*sensitive*] | sensible
sensing | detección; determinación del sentido; lectura
sensing aerial | antena de sentido
sensing bar | barra lectora
sensing circuit | circuito sensible
sensing device | dispositivo sensible, detector
sensing element | elemento sensible
sensing field | campo de detección
sensing finger | dedo sensor
sensing head | cabezal sensible

sensing pin | punta palpadora
sensing probe | sonda detectora
sensing relay | relé detector
sensing time | tiempo de detección
sensing tip | punta palpadora
sensing transistor | transistor detector
sensing unit | unidad sensora
sensing wire | hilo sensor
Sensistor | Sensistor [*marca comercial de una resistencia de silicio*]
sensitive | sensible
sensitive AC relay | relé sensible de corriente alterna
sensitive altimeter | altímetro sensible (/de precisión)
sensitive atmosphere | atmósfera sensible
sensitive DC relay | relé sensible de corriente continua
sensitive film | película sensible
sensitive gate | compuerta sensible, electrodo de control
sensitive heat | calor sensible
sensitive horizon | horizonte sensible
sensitive layer | capa sensible
sensitive lining | depósito (/revestimiento) sensible
sensitive magnetic relay | relé magnético sensible
sensitiveness | sensibilidad, susceptibilidad
sensitive note | nota sensible
sensitive plate | placa sensible
sensitive receiver | receptor sensible
sensitive relay | relé sensible
sensitive response | respuesta sensible
sensitive spot | punto sensible
sensitive spring | cascada desplegable
sensitive switch | conmutador (/interruptor) sensible
sensitive time | tiempo de sensibilidad (/funcionamiento)
sensitive time control | control del tiempo de sensibilidad
sensitive to power | sensible a la potencia
sensitive to temperature | sensible a la temperatura
sensitive to voltage | sensible a la tensión
sensitive volume | volumen sensible (/útil)
sensitivity | sensibilidad
sensitivity adjustment | ajuste (/regulación) de la sensibilidad
sensitivity characteristic | característica de sensibilidad
sensitivity coefficient | coeficiente de sensibilidad
sensitivity control | control (/regulación) de la sensibilidad
sensitivity decrease | decremento de sensibilidad
sensitivity limit | límite de sensibilidad
sensitivity loss | pérdida de sensibilidad

sensitivity of compass | sensibilidad de la brújula
sensitivity of fuse | sensibilidad del fusible
sensitivity range | gama de sensibilidades
sensitivity referred to zero relative level | sensibilidad referida al nivel relativo cero
sensitivity regulator | regulador de sensibilidad
sensitivity test | prueba de sensibilidad
sensitivity time control | control del tiempo de sensibilidad
sensitivity analysis | análisis de sensibilidad
sensitization | activación, sensibilización
sensitization susceptibility | susceptibilidad a la sensibilización
sensitization treatment | tratamiento de sensibilización
sensitizer | activador, sensibilizador
sensitizing | sensibilización
sensitizing pulse | impulso sensibilizador
sensitometer | sensitómetro, medidor de fotosensibilidad
sensitometric | sensitométrico
sensitometric strip | tira sensitométrica
sensitometric wedge | cuña sensitométrica
sensitometry | sensitometría
sensor | sensor, detector, captador
sensorial | sensorial
sensory | sensorial
sensory robot | robot con sensores
sentence | frase, oración; sentencia
sentence articulation | articulación de frases, nitidez de las frases
sentence pattern | estructura de la oración
sentence symbol | símbolo de iniciación (/sentencia)
sentential | relativo a la frase
sentential form | forma sentencial
sentinel | centinela; bandera; unidad de alarma (/vigilancia); señalizador
SEP = separator | separador
SEP = signalling end point | SEP [*punto final de señalización*]
separability | separabilidad
separable component part | parte componente separable
separable graph | grafismo separable
separable space | espacio separable
separate | separado
separate, to - | apartar, dividir, separar
separated orbit cyclotron | ciclotrón de órbitas separadas
separate excitation | excitación independiente
separate luminance camera | cámara de luminancia separada
separately | aparte, separadamente, por separado

separately available synchronizing pulse | impulso de sincronización independiente disponible
separately cooled machine | máquina de enfriamiento separado
separately excited | excitado separadamente
separately excited device | dispositivo de excitación separada
separately excited machine | máquina de excitación separada
separately excited motor | motor en derivación
separately instructed carrier | portadora de instrucción separada
separately leaded cable | cable de conductores emplomados
separately wired equipment | equipo con circuito independiente
separate orbit cyclotron | ciclotón de órbitas separadas
separate part | parte inconexa (/separada, /independiente)
separate parts of a network | partes separadas de una red
separate secondaries not selected | secundarias separadas no seleccionadas
separate self-excitation | autoexcitación indirecta
separate signalling system | sistema con señalizacón independiente
separating | separación; separador [*adj*]
separating amplifier | amplificador separador
separating calorimeter | calorímetro de separación
separating capacitor | capacidad separadora
separating transformation | trasformación de aislamiento
separating unit | unidad de separación
separating valve | válvula separadora
separation | separación, segregación
separation between frequencies | espaciamiento entre frecuencias
separation circuit | circuito separador (/de separación)
separation column | columna de separación
separation distance | distancia de separación
separation efficiency | rendimiento de separación
separation energy | energía de separación (/enlace)
separation factor | factor de separación
separation filter | filtro de separación
separation loss | pérdida por separación [*entre la cabeza y la cinta*]
separation method | proceso de separación
separation of boundary layer | separación de la capa límite
separation of frequencies | separación de frecuencias

separation of isotopes | separación isotópica (/de isótopos)
separation of synchronizing pulses | separación de los impulsos de sincronismo
separation of variables | separación de variables
separation panel | panel de separación
separation plant | instalación para separación isotópica
separation process | reelaboración
separative | separador
separative element | elemento separador
separative power | potencia de separación
separative signal | señal de separación
separative work content | potencial de separación
separator | separador
separator circuit | circuito separador
separator diaphragm | diafragma separador
separator tube | tubo separador
separator valve | válvula de separación
sepia switch | conmutador para imagen en sepia
SEPP = secure electronic payment protocol | SEPP [*protocolo de pago electrónico seguro*]
SEPP = software engineering for parallel processing | SEPP [*ingeniería de software para procesado en paralelo*]
septate coaxial cavity | cavidad coaxial tabicada
septate waveguide | guiaondas segmentado (/tabicado)
septenary number | número septenario
septet | septeto, septena
septum | tabique
seq. = sequential | secuencial
seq. sw. = sequence switch | conmutador secuencial
sequence | secuencia, serie, sucesión
sequence action | acción secuencial (/escalonada)
sequence and memory circuit | circuito de secuencia y memorización
sequence brush | escobilla de secuencia
sequence calling | llamada circular, petición de comunicación en serie
sequence calls | petición de comunicaciones sucesivas
sequence chart | cuadro de secuencia
sequence checking | verificación de secuencia
sequence-checking routine | rutina verificadora de secuencia
sequence contacts | contactos escalonados
sequence control | control secuencial (/de secuencia)
sequence-controlled calculator | cal-

culadora de secuencia controlada
sequence-controlled contacts | contactos de secuencia controlada
sequence controller | control secuencial (/de secuencia)
sequence control register | registro de control de secuencias
sequence control unit | unidad de control de secuencia
sequenced | temporizado, en secuencia
sequenced operation | operación secuencial (/correlativa)
sequenced packet exchange | intercambio secuencial de paquetes [*de datos*]
sequence generator | generador de secuencias
sequence interlock | enclavamiento secuencial
sequence-interlocked | de secuencia forzada
sequence list | lista de secuencia, lista secuencial [*de peticiones de comunicación*]
sequence number | número de orden
sequence of operation | secuencia de maniobra (/operación)
sequence of program instructions | secuencia de instrucciones del programa
sequence-operated | de accionamiento secuencial (/escalonado)
sequencer | secuenciador, dispositivo secuencial
sequence register | registrador de secuencias
sequence relay | relé secuencial (/de secuencia)
sequencer register | registro secuenciador
sequence signal | señal cíclica (/secuencial)
sequence switch | combinador, conmutador secuencial
sequence switch cam | llave de combinador
sequence-switch controlling relay | relé de control de combinador
sequence switch interlocking | enclavamiento secuencial de agujas
sequence table | cuadro de secuencia
sequence tape | cinta de secuencia
sequence timer | temporizador secuencial
sequence timing | cronometraje (/temporización) secuencial
sequence unit | unidad de secuencia
sequence weld | soldadura secuencial
sequence weld timer | temporizador secuencial de soldadura
sequence welding | soldadura secuencial
sequencing | escalonamiento, control secuencial, ordenación en secuencia
sequencing equipment | equipo de control secuencial
sequency | secuencia, sucesión

sequential | secuencial, sucesivo, en serie, serial
sequential access | acceso secuencial
sequential access file | archivo de acceso secuencial
sequential access memory | memoria de acceso secuencial
sequential access storage | memoria de acceso secuencial
sequential algorithm | algoritmo secuencial
sequential analyser | analizador secuencial
sequential analysis | análisis secuencial
sequential asynchronous logic | lógica secuencial asincrónica
sequential circuit | circuito secuencial
sequential coding | codificación secuencial
sequential coding network | red de codificación secuencial
sequential cohesion | cohesión secuencial
sequential colour system | sistema de sucesión de colores
sequential colour television | televisión en color secuencial
sequential colour transmission | trasmisión en color secuencial
sequential colour transmission television system | sistema de trasmisión de televisión en color secuencial
sequential computer | ordenador secuencial
sequential control | control secuencial
sequential control line | línea de control secuencial
sequential counting | recuento secuencial
sequential decoding | descodificación secuencial, descifrado sucesivo
sequential discharge valve | válvula de descarga secuencial
sequential element | elemento secuencial
sequential execution | ejecución secuencial
sequential file | archivo secuencial
sequential function | función secuencial
sequential interlace | entrelazamiento secuencial
sequential interlocking | enclavamiento de orden
sequential lobing | conmutación secuencial de lóbulos
sequential logic | lógica secuencial
sequential logic element | elemento de lógica secuencial
sequentially | secuencialmente, sucesivamente
sequentially operated | accionado secuencialmente
sequential machine | máquina secuencial (/de funcionamiento continuo)
sequential monitoring | control se-

cuencial
sequential operating connector | conector de funcionamiento secuencial
sequential operation | funcionamiento secuencial
sequential output | salida secuencial
sequential probability | probabilidad sucesional
sequential processing | procesamiento secuencial (/por grupos)
sequential pulse distributor | distribuidor secuencial de impulsos
sequential relay | relé (de contacto) secuencial
sequential relay circuit | circuito de relé secuencial
sequential sampling | muestreo secuencial
sequential scan | exploración (por barrido) secuencial
sequential scanning | exploración secuencial
sequential search | búsqueda secuencial
sequential signal | señal secuencial
sequential starter | arrancador secuencial
sequential switcher | conmutador secuencial
sequential switching | conmutación secuencial
sequential switching function | función de conmutación secuencial
sequential system | sistema secuencial
sequential timer | temporizador secuencial
sequential transmission | trasmisión secuencial
sequestering agent | agente complejante
Serber-Wilson method | método de Serber-Wilson [*teoría del trasporte de neutrones*]
serial | sucesivo, secuencial, en serie, consecutivo, serial
serial access | acceso en serie
serial access storage | almacenador de acceso en serie
serial adder | sumador serial (/en serie)
serial arithmetic | aritmética serial
serial arithmetic unit | unidad aritmética de serie
serial bit | bit en serie
serial by bit | en serie bit a bit
serial-by-bit storage | almacenamiento en serie bit a bit
serial by character | en serie por carácter
serial-by-character storage | almacenamiento en serie por caracteres
serial by word | en serie por palabra
serial-by-word storage | almacenamiento en serie por palabras
serial calls | llamadas sucesivas (/en cadena)
serial code | código secuencial

serial communication | comunicación en serie
serial computer | ordenador en serie
serial connector | conector serie
serial corelation | correlación serial
serial counter | contador en serie
serial data | datos en serie
serial decoding | descodificación secuencial
serial device | dispositivo secuencial (/en serie)
serial digital adder | sumador digital en serie
serial digital computer | ordenador digital en serie
serial in | conexión serie; entrada serial (/en serie)
serial infrared | transmisión en serie por infrarrojos
serial input/output | entrada/salida en serie
serial interface | interfaz serial (/en serie)
serial I/O = serial input/output | E/S en serie = 'entrada/salida en serie
serialise, to - [UK] | ordenar en serie
serialize, to - [UK+USA] | serializar [*cambiar el modo de transmisión en serie a paralelo*], pasar a serie, ordenar en serie
serial key | tecla para puerto serie
serial line IP = serial line Internet protocol | línea serie IP
serially | en serie, consecutivamente
serially reusable routine | rutina reutilizable en serie
serial matrix storage | almacenador matricial en serie
serial memory | memoria serie
serial mode | modo en serie
serial mouse | ratón serie
serial number | número de orden (/serie)
serial number generator | generador de números de serie
serial numbering | numeración en serie
serial operation | operación (/funcionamiento) en serie
serial out | desconexión serie, salida serie (/serial, /en serie)
serial-parallel | serie-paralelo
serial-parallel converter | convertidor serie a paralelo
serial port | puerto serie (/en serie, /secuencial)
serial port adapter | adaptador de puerto serie
serial port address | dirección de puerto serie
serial port connector | conector de puerto serie
serial printer | impresora en serie [*impresora carácter por carácter*]
serial process | proceso en serie
serial processing | procesamiento en serie
serial programming | programación en serie

serial radiography | radiografía en serie
serial storage | almacenamiento en serie
serial storage architecture | arquitectura de almacenamiento en serie
serial-to-parallel converter | convertidor serie a paralelo
serial-to-simultaneous converter | convertidor de elementos sucesivos en elementos simultáneos
serial transfer | trasferencia en serie
serial transmission | trasmisión en serie
series | serie, sucesión, cadena, ciclo
series arc regulator | regulador en serie
series arc welding | soldadura por arco en serie
series arrangement | disposición en serie
series call | llamadas sucesivas (/en cadena)
series capacitor | capacidad en serie
series cascade connection | conexión de dos etapas en serie
series characteristic | característica de serie
series circuit | circuito en serie
series coil | bobina en serie
series compensating winding | devanado compensador en serie
series component | componente en serie
series condenser | condensador en serie
series-connected | acoplado (/conectado) en serie
series-connected station | aparato telefónico en serie
series connection | conexión (/acoplamiento, /montaje) en serie
series copy | copia en serie
series decay | serie de desintegración
series detector | detector en serie
series disintegration | desintegración en serie
series-dropping resistor | resistor de caída en serie
series dynamo | dinamo excitada en serie
series edge | límite de serie
series efficiency diode | diodo reforzador en serie
series element | elemento en serie
series equalizer | igualador en serie
series excitation | excitación en serie
series exciter | excitador en serie
series expansion | desarrollo en serie
series-fed | alimentado en serie
series-fed vertical aerial | antena vertical alimentada en serie
series feed | alimentación en serie
series feed aerial | antena de alimentación en serie
series feed system | sistema de alimentación en serie

series feed vertical aerial | antena vertical de alimentación en serie
series field | campo (del bobinado) en serie
series-gate noise limiter | limitador de ruidos de compuerta en serie
series-governed motor | motor regulado en serie
series impedance | impedancia en serie
series impedance component | componente de impedancia en serie
series integration | integración de series
series lamp | lámpara en serie
series loaded aerial | antena con carga en serie
series loading | carga en serie
series loss | pérdida de los elementos en serie
series magnetic pulse amplifier | amplificador magnético de impulsos en serie
series modulation | modulación en serie
series motor | motor en serie
series-multiple circuit | circuito múltiple-serie
series of elements | serie de elementos
series of measurements | serie de mediciones
series operation | funcionamiento en serie
series opposing | en serie opositiva
series-parallel | serie-paralelo, en serie-paralelo, en serie-derivación, secuencial-simultáneo
series-parallel arrangement | disposición en serie-paralelo
series-parallel change | transición serie-paralelo
series-parallel change by opening the circuits in the network | transición serie-paralelo por corte de derivaciones en la red
series-parallel circuit | circuito mixto (/serie-paralelo)
series-parallel connection | conexión en serie-paralelo
series-parallel control | control (/regulación) serie-paralelo
series-parallel network | red (/circuito) en serie-paralelo
series-parallel shunt | cortocircuito (/derivación en) serie-paralelo
series-parallel shunt transition | transición serie-paralelo por resistencia
series-parallel switch | combinador (/conmutador) serie-paralelo
series-parallel transition | transición serie-paralelo
series-parallel winding | devanado en serie-paralelo
series-passing valve | válvula de conducción en serie
series peaking | agudización por bobina y resistencia en serie

series-peaking arrangement | red agudizadora de bobina y resistencia en serie
series-peaking coil | bobina agudizadora en serie
series polyphase motor | motor polifásico en serie
series reactor | reactor en serie; reactancia adicional; bobina de absorción
series rectifier circuit | circuito de rectificadores en serie
series regulator | regulador en serie
series resistance | resistencia en serie
series resistance bridge | puente de resistencia en serie
series resistor | resistencia en serie
series resonance | resonancia en serie
series resonance bridge | puente de resonancia en serie
series resonant circuit | circuito resonante (/de resonancia) en serie
series resonant crystal | cristal de resonancia en serie
series resonant trap | trampa de resonancia en serie
series screen resistor | resistencia de pantalla en serie
series-shunt | serie-derivación, serie-paralelo
series-shunt circuit | circuito mixto (/serie-derivación)
series-shunt network | red en serie-derivación
series-shunt peaking | agudización serie-derivación
series spot welding | soldadura por puntos en serie
series stabilization | estabilización en serie
series-star-connected | conectado en estrella en serie
series-string reciever | receptor de filamentos en serie
series system | sistema en serie
series system of distribution | sistema de distribución en serie
series T | T en serie
series T-junction | unión en T en serie
series transductor | trasductor de acoplamiento en serie
series transformer | trasformador en serie
series-triggered blocking oscillator | oscilador de bloqueo disparado en serie
series tripping | disparo por bobina en serie
series-tuned circuit | circuito sintonizador en serie
series two terminal pair network | cuadripolos en serie, red en serie de dos pares de terminales
series-type attenuation equalizer | ecualizador /igualador) en serie
series valve regulator | regulador de válvula en serie
series voltage-dropping resistor | resistor de caída de tensión en serie

series welding | soldadura en serie
series winding | arrollamiento (/devanado) en serie
series wound | arrollado (/bobinado, /devanado) en serie
series-wound dynamo | dinamo en serie
series-wound generator | generador en serie
series-wound induction coil | bobina de inducción devanada en serie
series-wound machine | máquina excitada en serie
series-wound motor | motor bobinado (/devanado) en serie
serif | remate, bigotillo [*remate de ciertos estilos de letra*], trazo de pie [*en letras de algunos estilos de tipos romanos*]
serpent | cable corto de arrastre
serpentine cut | corte de serpentín
serpentine recording | grabación en serpentina
serrasoid modulator | modulador serrasoide (/con impulsos en diente de sierra)
serrated | dentado, dentellado, estriado, acanalado
serrated adjusting wheel | rueda de ajuste estriada
serrated pulse | impulso en diente de sierra
serrated ridge waveguide | guiaondas con resalte interior dentado
serrated rotor plate | placa de rotor con muescas
serrated vertical pulse | impulso fraccionado de sincronismo vertical
serrated vertical synchronizing pulse | impulso fraccionado de sincronismo vertical
serration | estrías (/líneas parásitas) de la imagen
serrodyne | serrodino [*modulador de fase de un klistrón o una válvula de ondas progresivas*]
ser-sim converter = serial-to-simultaneous converter | convertidor serie-simultáneo
serve | capa separadora [*en contacto con los conductores*]
serve, to - | servir
server | servidor
server application | aplicación de servidor
server architecture | arquitectura del servidor
server-based application | aplicación basada en el servidor [*programa residente en el servidor de libre utilización por los usuarios*]
server cluster | clúster de servidor
server error | error del servidor
server info | información sobre el servidor
serverlet [*servlet*] | servlet [*pequeño programa Java que funciona en un servidor*]

server port | puerto de servidor
server protocol | protocolo del servidor
server push-pull | doble efecto del servidor [*en la descarga de datos para el cliente*]
server-side include | inclusión por parte del servidor [*para documentos de world wide web*]
server software | software de servidor
service | servicio, ayuda; uso, utilidad
service abbreviation | abreviatura de servicio
serviceability | calidad de servicio, facilidad de mantenimiento
service ability | utilidad, posibilidad de utilización
service access point | punto de acceso al servicio
service access point identifier | identificador del punto de acceso al servicio
service adjustment | ajuste semipermanente
service advertising protocol | protocolo de aviso de accesibilidad [*en servidores de internet*]
service advice | aviso de servicio
service agent | agente de servicio
service application | solicitud de servicio; firma de contrato
service area | área (/zona) de servicio
service attribute | servicio básico
service band | banda de servicio
service bit | bit de servicio
service box | tomacorriente, toma de servicio
service cable | cable de acometida
service call | llamada de servicio
service capability features | propiedades de las capacidades de servicio
service capability server | servidor de capacidades de servicio
service capacity | capacidad del servicio
service center | centro de servicio
service channel | canal de servicio
service channel bridging unit | puente para el canal de servicio
service channel demodulator | desmodulador del canal de servicio
service channel facility | circuito del canal de servicio
service channel modulator | modulador del canal de servicio
service circuit | circuito (/línea) de servicio
service code | indicativo de acceso clave de servicio
service code book | libro de claves de servicio
service condition | condición de funcionamiento
service conductor | conductor de servicio
service conduit | conducto de acometida
service connection | acometida de servicio

service connector | conector de servicio
service control function | función de control del servicio [*en red inteligente*]
service creation environment function | función de entorno de creación de servicios
service data | datos de mantenimiento
service data function | función de datos del servicio
service dependability | seguridad del servicio
service digit | bit de servicio
service discovery protocol | protocolo de descubrimiento de servicios
service distortion | distorsión de servicio
service drop | ramal de acometida
service duct | galería de servicios
service earth [UK] | puesta a tierra de servicio
service engineer | ingeniero de mantenimiento (y reparaciones)
service engineering | técnica de mantenimiento
service entrance | entrada (/acometida, /toma) de servicio
service entrance cable | cable de acometida
service equipment | equipo de mantenimiento
service error | error de servicio
service facilities | posibilidades de servicio
service factor | factor de servicio; porcentaje de sobrecarga
service failure | avería (/fallo) del servicio
service fuse | fusible de acometida
service ground [USA] [*service earth (UK)*] | puesta a tierra de servicio
service handbook | manual de servicio
service head | acometida, terminal de servicio (/derivación)
service incident | incidente de servicio
service information | información sobre los servicios
service inspection | inspección de servicio
service installation | instalación de servicio (/explotación)
service instruction | instrucciones de servicio
service instrument | aparato de prueba, instrumento de medida
service interception | reenvío de servicio
service irregularity | irregularidad del servicio
service layer | nivel de servicio
service lead | conductor de acometida
service life | vida útil; duración del servicio
service line | acometida, derivación; línea (/toma) de servicio
service load | carga de servicio
service location protocol | protocolo de localización de servicios
serviceman | técnico de mantenimiento (/reparaciones)
service management access function | función de acceso a la gestión del servicio [*en la red inteligente*]
service management function | función de gestión del servicio [*en la red inteligente*]
service manual | manual técnico (/de servicio, /de reparaciones)
service message | mensaje de servicio
service meter | contador de servicio
service mistake | error del servicio
service observation line | línea de observación
service on demand | servicio bajo demanda
service oscillator | oscilador de servicio (/prueba)
service output | capacidad útil
service part | repuesto, (pieza de) recambio
service performance | comportamiento en servicio
service period | periodo de servicio
service pit | foso de servicio
service platform | plataforma de trabajo
service position | posición de servicio (/funcionamiento)
service power | potencia en servicio
service power margin | margen de potencia en servicio
service primitives | primitivas
service provider | proveedor del servicio
service range | alcance efectivo (/de servicio)
service rating | margen de servicio
service regulations | reglamento de servicio
service representativ | representante del servicio técnico
service request | petición de servicio
service riser | columna ascendente
service routine | rutina auxiliar (/de servicio)
service set | aparato de servicio
service spare | recambio, (pieza de) repuesto
service switch | interruptor general (/de servicio)
service telegram | telegrama de servicio
service telephone | teléfono de servicio
service telephone call | llamada de servicio
service telex call | comunicación de servicio por télex
service terminal | terminal de servicio
service test | prueba bajo carga, prueba de servicio
service tool | herramienta de servicio
service unit | unidad de servicio (/conversación)
service user | usuario del servicio
service valve | válvula de servicio
service voltage | tensión de servicio
service wire | conductor de acometida
service workshop | taller de reparaciones
servicing | mantenimiento, reparación
servicing circuit | circuito de servicio
serving | envuelta, revestimiento, forro; cinta aislante
serving support node | nodo de soporte servidor
servlet | servlet [*pequeño programa Java que funciona en un servidor*]
servo | servomecanismo
servoactuated | accionado por servomecanismo
servoactuator | servomando
servoaltimeter | servoaltímetro
servoamplifier | servoamplificador
servoanalyser | servoanalizador
servoassistance | servoasistencia
servoassisted | servoasistido, con servomotor
servobrake | servofreno
servocircuit | servocircuito
servocontrol | servocontrol, servomando
servocontrolled | controlado por servomecanismo
servocontroller | servocontrolador, servorregulador
servocontrol mechanism | servomecanismo
servocontrol system | servosistema
servocontrol valve | válvula de servomando
servocylinder | servocilindro
servodriven | con servomando (/servomecanismo)
servodriven phase-locked oscillator | oscilador con servomando de fase sincronizada
servodriven potentiometer | servopotenciómetro, potenciómetro con servomecanismo
servoequipment | servomecanismo
servogovernor | servorregulador
servolink | enlace servo
servoloop | servobucle, bucle de servomecanismo
servomanipulator | servomanipulador
servomechanics | servomecánica
servomechanism | servomecanismo
servomechanism transfer function | función de trasferencia del servomecanismo
servometer | servoindicador de medida
servomodulator | servomodulador
servomotor | servomotor
servomotor amplifier | amplificador de servomotor
servomotorized | servomotorizado
servomotor-operated | accionado por servomotor
servomotor-operated controller | controladora accionada por servomotor
servomultiplier | servomultiplicador
servonoise | ruido de servomecanismo

servo-operated | servoaccionado
servo-operated electric recorder | registrador eléctrico accionado por servomecanismo
servo-operated potentiometer | servopotenciómetro
servo-oscillation | oscilación del servomecanismo
servopotentiometer | servopotenciómetro
servopowered | servoaccionado
servopractice | técnica de los servomecanismos
servoprobe | servosonda
servoregulator | servorregulador
servosurface | servosuperficie
servosystem | servosistema
servosystem techniques | técnica de servomecanismos
servotechnique | técnica de servomando
servounit | servomotor
servovalve | servoválvula
SES = satellite earth station | ET = estación de tierra
sesquisideband transmission | trasmisión por tres mitades de banda lateral, trasmisión por una banda lateral y la mitad de la otra
session | sesión
session announcement protocol | protocolo de anuncio de sesión [en multidistribución de paquetes de datos]
session description protocol | protocolo de descripción de sesiones
session initiation protocol | protocolo de inicio de sesión [en trasmisión de datos]
session language | idioma de la sesión
session layer | nivel de sesión
session manager | gestor de sesiones
session server | servidor de sesiones
set | juego; lote, conjunto, partida; equipo, grupo, aparato
set, to - | ajustar, colocar, definir, disponer, enfocar, establecer [una condición], graduar, posicionar, configurar, fijar
SET = secure electronic transaction | SET [transacción electrónica segura (protocolo de comercio electrónico)]
set administrative password, to - | definir la contraseña administrativa
set against, to - | contrastar
set algebra | álgebra de conjuntos
set analyser | analizador de aparatos (/equipos)
set and reset input connection | conexión de entrada de disposición y reposición
SET application = secure electronic transaction application | aplicación SET [aplicación de transacción electrónica segura]
setback | retroceso, vuelta a cero; contrariedad

set breakpoint power | punto de interrupción
set difference | diferencia de conjuntos
set filter properties, to - | establecer propiedades de filtro
set for read, to - | ajustar para lectura
set for write, to - | ajustar para escritura
set home session, to - | establecer sesión de inicio
set input | entrada del juego de datos
set lighting | alumbrado del estudio
set lights | alumbrado del estudio
set limit | límite establecido
set noise | ruido propio
set point | punto de ajuste; valor deseado (/de referencia)
SET protocol = secure electronics transactions protocol | protocolo SET [protocolo seguro para transacciones electrónicas]
set pulse | impulso de posición (/posicionamiento, /excitación)
set/reset | configuración / reconfiguración; posicionamiento / reposicionamiento
set/reset bistable circuit | circuito biestable de disposición/reposición
set/reset flip-flop | basculador (/flip-flop) de disposición/reposición
setscrew | tornillo de fijación
settability | ajustabilidad
setted | ajustado, establecido
set terminal | terminal de disposición
setting | ajuste, calibración, reglaje, regulación; definición; parámetro, valor
setting accuracy | precisión fijada
setting error | error de regulación inicial
setting gauge | calibre comprobador
setting index | índice de regulación
setting mark | marca de ajuste, referencia de regulación
setting mechanism | mecanismo regulador
setting out | jalonamiento, replanteo, trazado
setting point | punto de regulación
setting range | intervalo de reglaje, límite de regulación
setting regulator | regulador de ajuste
settings | configuración
setting stop | tope ajustable
setting time | tiempo de estabilización (/establecimiento)
setting to time | puesta en hora
setting up of a call | establecimiento de una comunicación
setting up of a connection | establecimiento de un enlace
setting-up time | duración de la preparación
settling | ajuste, arreglo, corrección; estabilización
settling time | tiempo de corrección (/respuesta); ajuste de la hora
settling velocity | velocidad de sedimentación

set-top box | convertidor de señal de TV [por cable]; descodificador [en terminal de usuario]
set-top-unit | descodificador [en terminal de usuario]
setup, set up | configuración; ajuste general (/inicial); conjunto, equipo; montaje; instalador, programa de instalación
set up, to - | armar, arreglar, exponer, instalar, montar, preparar; configurar
set up a call, to - | establecer una comunicación
set up a circuit, to - | establecer un circuito
setup adjustment | ajuste inicial
set up a number, to - | marcar (/formar) un número
set up a number on a keyset, to - | formar un número en el teclado
setup armature | armadura de preparación
setup bail | varilla de preparación
setup card | tarjeta de registro
setup change switch | conmutador de cambio de función
setup circuit | circuito de preparación
setup control | control preparador (/de ajuste preliminar)
setup defaults | valores por defecto de configuración
setup diagram | diagrama de estructura
setup failure | fallo de setup
setup impulse | impulso de preparación
setup overview | vista de la configuración
setup pawl | trinquete de preparación
setup procedure | procedimiento de preparación
setup programme | programa de configuración (/instalación)
setup prompt | indicador de setup
setup string | cadena de arranque
setup switch | conmutador de preparación
setup time | tiempo de conmutación (/establecimiento, /preparación)
setup wizard | ayuda de instalación [en Windows]
set user password, to - | definir la contraseña del usuario
set value | valor predeterminado
set view properties, to - | establecer propiedades de vista
set voltage | tensión de disposición
set zero control | mando de puesta a cero
seven-segment display | visualizador (/representación visual) de siete segmentos
seven-unit code | código de siete unidades (/elementos)
seven-unit printer | impresor de señales de siete elementos
seven-unit telegraph code | código telegráfico de siete elementos

seven-unit teleprinter code | código de teleimpresora de siete unidades (/elementos)
sexadecimal | hexadecimal
sexadecimal notation | notación hexadecimal
sexadecimal number system | sistema de numeración hexadecimal
sexagesimal | sexagesimal
sexless connector | conector neutro
sextant | sextante (giroscópico)
sextant telescope | anteojo del sextante
sextic | séxtica [*ecuación cuántica de sexto grado*]
sextic curve | séxtica, curva de sexto orden
sextic equation | ecuación séxtica
sextic quantic | cuántica de sexto grado
sextuplet | grupo de seis
SF = source follower | SF [*buscafuentes, buscador de fuentes*]
sferics [USA] [*spherics (UK)*] | agentes atmosféricos; estática, perturbaciones
SFERT = European master telephone-transmission reference system | SFERT [*sistema patrón europeo de referencia para la trasmisión telefónica*]
SFERT laboratory | laboratorio del SFERT
SFERT speech level meter | volúmetro (/indicador de volumen) del SFERT
SFW = store and forward | almacenamiento y envío
SG = screen grid | SG [*símbolo de rejilla pantalla*]
SG = signalling gateway | SG [*pasarela de señalización*]
SG = study group | grupo de estudio
S-gate [*ternary threshold gate*] | puerta S [*puerta ternaria de umbral*]
SGD = signed | fdo. = firmado
SGML = standard generalized markup language | SGML [*lenguaje informático normalizado, norma internacional para el intercambio de informaciones, lenguaje de marcación generalizado normalizado*]
SGRAM = synchronous graphics RAM | SGRAM [*RAM para gráficos sincrónica*]
SGSN = serving GPRS support node | SGSN [*nodo de soporte servidor de GPRS*]
SGU = signalling gateway unit | SGU [*unidad de pasarela de señalización*]
SGW = standard wire gauge | SGW [*calibrador normalizado para cables*]
SHA = secure hash algorithm | SHA [*algoritmo de cálculo de clave seguro*]
shade | sombra, umbría; matiz; pantalla; reflector
shade, to - | sombrear, dar sombra
shade carrier | portapantalla; portarreflector

shaded | sombreado
shaded area | área rayada
shaded memory | memoria para datos de entrada y salida
shaded pole | polo sombreado
shaded pole induction motor | motor de polo sombreado
shaded pole instrument | instrumento de polo sombreado
shaded pole motor | motor de polo sombreado, motor con espira de sombra
shaded pole relay | relé de polo sombreado
shade holder | portapantalla; portarreflector
shades of gray | matices de gris
shade temperature | temperatura a la sombra
shading | sombreado, oscurecimiento; matiz; corrección de sombra; degradación
shading circuit | circuito de sombreado
shading coil | bobina de sombra, bobina auxiliar de arranque
shading compensation | compensación de sombra (/sombreado)
shading compensation signal | señal de compensación de sombra
shading correction | corrección de sombra
shading generator | generador de sombra
shading insertion | inserción de la señal correctora de sombra
shading ring | anillo (/espira) de sombra
shading signal | señal correctora de sombra
shading voltage | tensión correctora de sombra
shading waveform | onda correctora de sombra
shadow | sombra, sombreado, oscuridad; perfil; imagen
shadow angle | ángulo del sector de sombra
shadow area | zona de sombra
shadow attenuation | atenuación de sombra
shadow caster | proyector de sombra
shadow chart | mapa de sombras
shadow column instrument | aparato de columna de sombra
shadow comparator | comparador óptico de perfiles
shadow effect | efecto de sombra
shadow factor | factor de sombra
shadow failed | copia falllida
shadowgraph | registrador de sombras
shadowgraphing | comparación óptica de perfiles
shadowgraphy | radiografía; fotografía por sombras; imagen de sombra
shadowing | efecto de pantalla; característica de copia; réplica de imágenes [*mecanismo normalizado de réplica*]

shadowless lamp | lámpara escialítica [*cuya luz no da sombra*], lámpara sin sombras
shadow loss | pérdida de sombra
shadow mask | máscara perforada (/reguladora, /de sombra)
shadow-mask colour picture valve | tubo de imagen de televisión en color de máscara reguladora, válvula de televisión en color de máscara reguladora
shadow mask picture valve | cinescopio de máscara de sombra
shadow mask valve | cinescopio de placa perforada, válvula de máscara de sombra
shadow memory | memoria de copia
shadow photometer | fotómetro de sombra
shadow print | impresión sombreada
shadow RAM | RAM de copia [*copia de la ROM en la RAM*]
shadow random access memory | copia de la memoria de acceso aleatorio
shadow region | región de sombra
shadow ROM | copia de la ROM
shadow scratch | rayadura óptica
shadow tuning indicator | indicador de sintonización por sombra
shadow video ROM | copia de la ROM del vídeo
shadow zone | zona de sombra
shaft | barra, cilindro, vástago; mango; eje; rayo
shaft alignment | alineación del eje
shaft angle | ángulo de rotación del eje
shaft angle encoder | codificador de eje, codificador digital de posición angular
shaft contact | contacto del eje
shaft coupling | acoplamiento del eje
shaft current | corriente inducida en el eje
shaft disk | plato del eje
shaft distortion | deformación del eje
shaft-driven | accionado por eje
shaft end | extremidad del eje
shaft extension | prolongación del eje
shaft flat | parte plana del eje
shaft governor | regulador axial
shaft misalignment | desalineación del eje
shaft output | potencia al eje
shaft position | posición del eje
shaft-position analog-to-digital converter | convertidor analógico-digital de posición del eje
shaft position encoder | codificador de posición angular (/en el eje)
shaft position indicator | indicador de posición del eje
shaft position transducer | trasductor de posición del eje
shaft seal | precinto del eje
shaft speed | velocidad (/revoluciones) del eje

shaft torque | momento torsional del eje
shake | huelgo; sacudida, temblor, vibración
shake, to - | agitar, sacudir, temblar, trepidar, vibrar
shakedown inspection | inspección minuciosa
shakedown test | prueba de ajuste
shakeproof | a prueba de sacudidas, antivibratorio; inaflojable
shaker | agitador, batidor, sacudidor, vibrador; criba oscilante
shake table | mesa vibratoria
shake table test | ensayo de vibración (/trepidación)
shake test | ensayo (/prueba) de trepidación
shake up, to - | agitar, sacudir
shaking | agitación, sacudida, temblor, trepidación, vibración
shaking table | mesa vibratoria (/de sacudidas)
shallow | bajo; delgado, de poco espesor; poco profundo, de poco fondo
shallow fog | niebla baja
shallow impurities | impurezas poco profundas
shallow layer | capa delgada
shallow nut | tuerca delgada
shallow penetration | poca penetración
shallow water repeater | repetidor para poco fondo
shallow water submarine cable | cable submarino para poco fondo
shank | base; varilla, vástago, espárrago, espiga (de sujeción)
Shannon-Fano coding | codificación de Shannon-Fano
Shannon-Hartley law | ley de Shannon-Hartley
Shannon's diagram [of a communication system] | diagrama de Shannon [de un sistema de comunicación]
Shannon's formula | fórmula de Shannon
Shannon's limit | límite de Shannon
Shannon's sampling theorem | teorema de muestreo de Shannon
Shannon's theorem | teorema de Shannon
Shannon text | texto de Shannon
shape | cuerpo, figura, forma, horma, modelo, molde, perfil
shape, to - | dirigir; forjar; formar; limar; modelar; poner rumbo
shape coding | codificación por forma
shape cutting | corte con plantilla
shaped beam | haz configurado (/perfilado)
shaped beam aerial | antena de haz perfilado (/unidireccional)
shaped beam cathode-ray valve | válvula de rayos catódicos de haz perfilado
shaped beam display valve | válvula de rayos catódicos de haz perfilado
shaped beam valve | válvula de haz conformado (/perfilado)
shaped conductor | conductor perfilado
shaped conductor cable | cable de conductores perfilados
shaped plate | chapa configurada (/no rectangular)
shaped wire | alambre perfilado
shape elastic cross section | sección elástica de forma
shape elastic scattering | difusión elástica de forma
shape factor | factor de configuración (/forma)
shapeless | amorfo, informe, sin forma
shaper | circuito formador de onda de impulsos
shaping | conformación, formación, modelado, perfilado
shaping circuit | circuito formador
shaping network | red conformadora (/correctora)
shaping of pulses | formación de impulsos
shaping system | sistema de conformación
shaping unit | unidad de recorte; elemento de conformado
sharable | compatible
share, to - | compartir
shared band | banda compartida
shared channel | canal compartido
shared channel broadcasting | radiodifusión en canal compartido
shared channel interference | interferencia en canal compartido
shared data | información compartida
shared directory | directorio compartido
shared-explicit reserve | reserva compartida explícita [entre un grupo de emisores]
shared file | archivo compartido
shared folder | carpeta compartida [de datos en red]
shared line | línea compartida
shared logic | lógica compartida [circuitos comunes]
shared logic system | sistema de lógica compartida
shared medium | medio de comunicacion compartido
shared memory | memoria compartida
shared memory base address | dirección base de la memoria compartida
shared memory size | tamaño de la memoria compartida
shared network directory | directorio de red compartido
shared-pair electron bond | enlace electrónico homopolar
shared printer | impresora compartida [por varios ordenadores]
shared resource | recurso compartido
shared service | servicio compartido
shared service connection | conexión de servicio compartido
shared service line | línea compartida (en dos sentidos)
shared use | uso compartido (/en común)
shared voice/record communications | comunicaciones telefónicas/telegráficas alternadas
shared wave | onda compartida
shareware | programas compartidos, soporte lógico de dominio público
sharing | compartimiento; asignación múltiple
sharing conditions | condiciones de compartimiento
sharing of frequencies | compartimiento de frecuencias
sharing rules | reglas de compartimiento
sharp | brusco, repentino; definido, delineado; sostenido
sharp angle | ángulo agudo
sharp bandpass filter | filtro pasabanda de corte rápido
sharp bend | codo agudo, dobladura aguda
sharp blow | golpe seco
sharp cant | arista viva, canto vivo
sharp corner | canto vivo, esquina viva
sharp curve | curva cerrada
sharp cutoff | corte agudo
sharp cutoff filter | filtro de corte rápido
sharp cutoff pentode | pentodo de corte rápido
sharp cutoff valve | válvula de corte rápido (/brusco, /agudo)
sharp dropoff | caída brusca
sharp edge | arista viva (/afilada), borde afilado, canto vivo
sharp edge gust | ráfaga instantánea
sharp effect | efecto crítico (/pronunciado)
sharp elbow | codo agudo
sharp fire | llama oxidante
sharp image | imagen nítida (/de alta definición)
sharp knee | codo agudo (/de inflexión rápida)
sharply focused | enfocado con precisión
sharply peaked waveform | onda muy apuntada
sharply rising wave | onda de subida rápida
sharply selective | de selectividad aguda
sharply selective amplifier | amplificador de selectividad aguda
sharply selective reciever | receptor de selectividad aguda
sharp motion | movimiento brusco
sharpness | agudeza, claridad, definición, nitidez; brusquedad
sharpness limit | límite de nitidez
sharpness of course | agudeza de rumbo
sharpness of resonance | precisión (/agudeza) de resonancia

sharpness of tuning | agudeza de sintonía
sharp noise | ruido seco (/brusco y corto)
sharp picture | imagen nítida
sharp-pointed | acicular, puntiagudo, de punta aguda
sharp resonance | resonancia aguda
sharp series | serie nítida
sharp tuning | sintonización precisa (/aguda)
sharp turn | viraje rápido
sharp wavefront pulse | impulso de frente abrupto
shatterproof | irrompible, inastillable, a prueba de fractura
shatterproof glass | cristal inastillable, vidrio de seguridad
shaving | afeitado
SHD = should | debe
SHDSL = single-pair HDSL | SHDSL [técnica de trasmisión punto a punto por un único par de cobre]
sheaf | gavilla, haz
sheaf of planes | haz de planos
shear | corte, cizallamiento; esfuerzo cortante, fuerza tangencial
shear, to - | cizallar, cortar, recortar
shear centre | centro de deslizamiento
shear flow | flujo de deslizamiento
shear force | fuerza tangencial (/de corte)
shearing | corte, cizallamiento, cortadura, fractura
shear modulus | coeficiente de rigidez
shear off, to - | arrancar (los contactos)
shear of the magnetic field | cizallado del campo magnético
shears | cizalla, máquina de cizallar; tijeras
shear stress | esfuerzo cortante
shear valve | válvula de rayos X con ampolla metálica y aislamiento de porcelana
shear wave | onda trasversal (/rotacional, /de corte)
sheath | blindaje, envoltura, forro, revestimiento; manguito, vaina
sheath, to - | envainar, envolver, forrar, revestir
sheathed cable | cable con manguera
sheathing | envuelta, forro, revestimiento; camisa, manguera
sheath-reshaping converter | convertidor de conformado, trasformador (de onda) por modificación estructural [del guiaondas]
shed insulator | aislador de campana
sheet | capa, chapa, hoja, lámina, plancha; vaina
sheet, to - | envolver; extenderse
sheet beam | haz laminar
sheet cavitation | cavitación laminar
sheet copper | cobre en hojas
sheet Duralumin | duraluminio en planchas
sheet electron beam | haz electrónico laminar

sheet-fed scanner | escáner con alimentación de hojas
sheet feeder | alimentador de hojas [de papel]
sheet floater | separador magnético de chapas apiladas
sheet glass | vidrio laminado (/plano)
sheet grating | filtro de banda (/láminas metálicas)
sheet iron | chapa de hierro
sheet layout | disposición de las hojas
sheet lead | plancha de plomo
sheet length | longitud de la hoja (/lámina)
sheet lightning | relámpago difuso
sheet line | límite de la hoja (/lámina)
sheet metal | chapa, hoja metálica
sheet metal and wire gauge | calibrador para chapas metálicas y alambres
sheet metal contact | contacto de láminas de metal
sheet metalwork | estructura laminada
sheet resistance | resistencia laminar
sheet resistivity | resistencia (/resistividad) laminar
sheet steel | acero laminado, palastro
Sheffer stroke | barra de Sheffer
Sheffer-stroke function | función símbolo de Sheffer
shelf | cuadro; estante, repisa
shelf aging | envejecimiento por desuso
shelf corrosion | corrosión por desuso
shelf cover | cubierta de cuadro
shelf life | vida de almacenamiento, vida útil en depósito
shelf temperature | temperatura de almacenamiento
shelf test | ensayo de conservación, prueba de desuso
shelfware | software no utilizado [que queda almacenado durante mucho tiempo sin usar]
shell | capa, cubierta, envuelta, envoltura, revestimiento; casco; entorno operativo; (cuerpo de) regleta; concha
shell, to - | bombardear, cañonear; desvainar, pelar (cables); crear el núcleo [de un sistema operaivo]
shellac | (goma) laca
shellac record | disco de laca
shell circuit | resonador bivalvo
shell condenser | condensador blindado (/acorazado)
shell model | modelo en capas
shell out, to - | acceder al núcleo [de un sistema operativo]
Shell's method [diminishing increment sort] | clasificación de Shell [clasificación de incremento decreciente]
Shell sort | clasificación de Shell
shell star | estrella con atmósfera extendida
shell structure | estructura laminar (/de capas); estructura nuclear estratiforme

shell transformer | trasformador blindado (/acorazado)
shell-type transformer | trasformador de tipo blindado (/acorazado)
shelter | abrigo, protector; refugio, caseta
shelve, to - | poner en anaquel (/estante, /repisa)
shelving equalizer | ecualizador shelving
Shepherd tube | tubo Shepherd
Sheppard's correction | corrección de Sheppard
SHF = supra high frequency | FSA = frecuencia superalta
Shibata stylus | aguja de Shibata
shield | escudo, blindaje, pantalla, apantallado, protección; placa
shield, to - | amparar, apantallar, blindar, defender, resguardar
shield base | portablindaje, portapantalla
shield cap | capuchón de blindaje
shield coverage | superficie blindada, cobertura de blindaje
shielded | apantallado, blindado, cubierto; protegido, amparado; antiparasitado
shielded aerial | antena antiparásitos
shielded and balanced line | línea apantallada y equilibrada
shielded arc | arco cubierto
shielded arc welding | soldadura por arco apantallado
shielded box | caja (/envuelta) blindada
shielded building | edificio blindado
shielded cable | cable apantallado (/blindado)
shielded conductor cable | cable de conductores blindados
shielded electromagnet | electroimán blindado
shielded electroscope | electroscopio blindado
shielded enclosure | recinto blindado
shielded galvanometer | galvanómetro blindado (/acorazado)
shielded ignition | encendido blindado
shielded inert gas welding | soldadura en gas inerte
shielded joint | empalme blindado
shielded junction | unión blindada
shielded line | línea apantallada (/blindada)
shielded loop | cuadro blindado
shielded loop aerial | antena en cuadro apantallado
shielded nuclide | núclido blindado
shielded pair | par (/cable bifilar) apantallado (/blindado)
shielded probe | sonda blindada
shielded quad | cuadrete blindado
shielded room | cabina apantallada (/blindada), cuarto blindado
shielded solid conductor | conductor macizo blindado
shielded terminal | borne blindado

shielded transmission line | línea de trasmisión apantallada (/blindada)
shielded tube mount | montura de tubo blindada
shielded twisted-pair wiring | cableado apantallado de pares trenzados
shielded wire | cable blindado, conductor (/hilo) apantallado
shielded X-ray valve | válvula de rayos X blindada
shield effectiveness | eficacia (/efectividad) del blindaje
shield factor | factor de blindaje (/reducción)
shield grid | rejilla de blindaje (/protección)
shield grid thyratron | tiratrón con rejilla de blindaje (/protección)
shielding | blindaje
shielding against lightning | protección contra los rayos
shielding against radiation | blindaje contra la radiación
shielding braid | malla de blindaje
shielding effect | efecto de blindaje
shielding effectiveness | efectividad del blindaje
shielding factor | factor de blindaje, coeficiente de protección eléctrica
shielding for hum rejection | apantallado (/blindaje) antizumbido
shielding from external heat | protección contra el calor externo
shielding gas | gas protector
shielding harness | conjunto de blindaje
shielding metal | metal para blindaje
shielding of obstruction | blindaje antizumbido
shielding of wires | blindado de cables
shielding ratio | coeficiente de protección
shielding theory | teoría de protección
shieldless | sin blindaje, desprovisto de blindaje
shield materials | materiales de blindaje
shield percentage | porcentaje de blindaje
shield window | portillo, ventana blindada
shield wire | hilo de apantallado (/blindaje)
shift | cambio, inversión, desviación, desvío; desplazamiento; turno; mayúsculas
shift, to - | alterar, cambiar, desplazar, desviar, variar
shiftable | alterable, cambiable, desplazable, desviable, variable
shift angle | ángulo de desplazamiento
shift character | carácter de cambio
shift counter | contador de desplazamiento
shifter | cambiador, desplazador, desviador, variador
shifter handle | manivela de cambio
shift frequency modulation | modulación de frecuencia desplazada
shift-in character | carácter de cambio a letras
shift-in frequency | desplazamiento en frecuencia
shifting | alteración, cambio, desplazamiento, desviación, desvío, variación
shifting element | elemento de desplazamiento temporal
shifting of a line | desvío del trazado
shifting of camera | cambio rápido de plano
shifting of image | desplazamiento de la imagen
shifting plate | placa de centrado
shifting ring | anillo desviador (/regulador)
shift instruction | instrucción de desplazamiento
shift-in-time | desplazamiento en el tiempo
shift key | tecla de mayúsculas
shift keying | manipulación de desplazamiento
shift lever | palanca de inversión
shift-lock | fijación de mayúsculas
shift-lock keyboard | teclado con seguro de cambio
shift mechanism | mecanismo de cambio
shift of course | variación de un rumbo
shift operators | operadores (/telefonistas) de turno
shift out, to - | desplazar hacia fuera
shift-out character | carácter de cambio a números
shift pulse | impulso de corrimiento (/desplazamiento)
shift-reduce parsing | análisis sintáctico de reducción por desplazamiento
shift register | registro de desplazamiento
shift unit | unidad de desplazamiento
shift working | trabajo por turno
shim | cala; entrehierro
shim, to - | acuñar; calzar; compensar
shim element | elemento de compensación
shim member | dispositivo (/elemento) de compensación
shimming | compensación; ajuste del campo magnético
shimmy, to - | bambolearse, oscilar, vibrar, zigzaguear
shimmy damper | amortiguador de vibraciones
shim rod | barra (/varilla) de compensación
shim safety rod | barra de compensación y seguridad
shim washer | arandela de separación
shiny brass | latón brillante
shiny gold | oro brillante
ship, to - | despachar, embarcar, expedir, mandar
shipboard aerial | antena de barco
shipboard radar | radar de barco (/a bordo), radar para buques
shipborne radar | radar de a bordo
ship day working | comunicación diurna con barcos
ship emergency transmitter | trasmisor de emergencia de barco
ship error | error (de reflexión local por masa metálica) de barco
ship frequency | frecuencia de estación de barco
shipheading marker | indicador (/marcador) de rumbo del barco
ship mains | canalización eléctrica del buque
ship night working | comunicación nocturna de navegación marítima
ship radar | radar de a bordo
ship radiotelegraph band | banda radiotelegráfica para barcos
ship radiotelegraph station | estación radiotelegráfica de barco
ship radiotelephone station | estación radiotelefónica de barco
ship recieve frequency | frecuencia de recepción de estación de barco
ship service | servicio (de radiocomunicación) con estaciones de barco
ship station | estación de barco (/a bordo)
ship telegraph station | estación radiotelegráfica de barco
ship telephone station | estación radiotelefónica de barco
ship-to-ship communication | comunicación entre barcos
ship-to-shore communication | comunicación de barco a costa
ship-to-shore direction of transmission | sentido de trasmisión barco-tierra
ship-to-shore radiotelephone system | sistema radiotelefónico barco-tierra
ship-to-shore radiotelephony | radiotelefonía barco-tierra
ship-to-shore service telephone | teléfono de servicio barco-muelle
ship-to-shore VHF set | equipo de comunicaciones barco-tierra por VHF
ship-to-shore way of transmission | servicio de trasmisión barco-tierra (/barco-costa)
ship-to-shore wireless | servicio de comunicación inalámbrico barco-tierra
ship-to-shore wireless telegraph | (servicio de) radiotelegrafía barco-tierra
ship-to-shore wireless telephone | (servicio de) radiotelefonía barco-tierra
ship-to-shore working frequency | frecuencia de trabajo barco-costa (/barco-tierra)
ship wiring | cableado (/instalación eléctrica) del barco (/buque)
ship wiring cable | cable eléctrico para buques
SHM = simple harmonic motion | movimiento armónico simple

shock | choque, golpe, impacto, sacudida; descarga (eléctrica)
shock absorber | amortiguador de descargas (/impactos)
shock annoyance | paso de corriente
shock excitation | excitación por choque (/descarga, /impulso)
shock-excite, to - | excitar por choque (/descarga, /impulso)
shock-excited oscillation | oscilación excitada por choque
shock-excited oscillator | oscilador excitado por choque (/descarga, /impulso)
shock-excited peaking oscillator | oscilador excitado por choque para la generación de impulsos agudos
shock-excited ringing oscillator | oscilador de onda sinusoidal amortiguada excitado por choque (/descarga)
shock front | frente de choque (/presión)
shock hazard | peligro de electrocución (/sacudidas eléctricas)
shock heating | calentamiento por choque (/impacto)
shock isolator | aislador de choque
Shockley diode | diodo de Shockley
shock motion | movimiento por choque
shock mount | montaje antichoque
shockover capacitor | condensador para sobredescargas; capacitor (/condensador) contra encendido prematuro
shockproof | a prueba de descargas (/sacudidas) eléctricas
shockproof valve | válvula (de rayos X) con envuelta contra descargas eléctricas
shockproof valve housing | envuelta de la válvula contra descargas eléctricas
shock pulse | descarga excitadora, impulso excitador
shock reception | recepción por choque [*debida a la excitación por choque de los circuitos resonantes*]
shock-resistant relay | relé (/relevador) resistente a las sacudidas
shock resistence | resistencia a los impactos
shock therapy | electronarcosis, terapia por choque (/electrochoque)
shock wave | onda de choque
shodop = short-range Doppler | Doppler de corto alcance
shoe | frotador, zapata (de contacto)
shoegear | frotador, zapata de contacto
shooting method | método iterativo de reparación de errores
shop alignment | alineamiento en el taller
shopping cart | tarjeta de compra
SHORAN = short range navigation | SHORAN [*radioayuda de navegación a corta distancia*]
shore-based radar | radar costero (/portuario)

shore effect | efecto de costa, refracción costera
shore end | (punto de) amarre [*de cable submarino*]
shore radar station | estación costera de radar
shore receiving station | estación receptora costera
shore station | estación costera
shore-to-ship circuit | circuito tierra-barco
shore-to-ship communication | comunicación de costa a barco
shore transmitting station | estación trasmisora costera
short | corto, cortocircuito
short, to - | cortocircuitar(se), establecer (/hacer) un cortocircuito
shortable | cortocircuitable
shortable amplifier | amplificador cortocircuitable
short-and-long-break impulse dial | disco de impulsos de periodo largo y corto
short baseline system | sistema de línea base corta
short card | tarjeta corta [*tarjeta de circuitos impresos la mitad de larga que una normal*]
short check | prueba de cortocircuito
short circuit | cortocircuito
short-circuit, to - | cortocircuitar(se), poner(se) en cortocircuito
short-circuitable | cortocircuitable
short-circuit admittance | admitancia en cortocircuito
short-circuit break | freno de cortocircuito
short-circuit breakdown voltage | tensión disruptiva en cortocircuito
short-circuit characteristic | característica en cortocircuito
short-circuit conductance | conductancia en cortocircuito
short-circuit current | corriente de cortocircuito
short-circuit current to earth | corriente de cortocircuito a tierra
short-circuit detector | detector de cortocircuitos
short-circuit driving-point admittance | admitancia del punto de excitación en cortocircuito
short-circuited | cortocircuitado, en cortocircuito
short-circuited line | línea cortocircuitada (/en cortocircuito)
short-circuited sliprings | anillos (colectores) cortocircuitados
short-circuited stub | sección equilibradora de impedancia en cortocircuito
short-circuited transformer | trasformador cortocircuitado
short-circuited winding | arrollamiento (/devanado) en cortocircuito
short-circuiter | cortocircuitador, dispositivo (/conmutador) de cortocircuito

short-circuit evaluation | evaluación de cortocircuito [*en expresiones booleanas*]
short-circuit feedback admittance | admitancia de realimentación en cortocircuito
short-circuit finder | detector de cortocircuitos
short-circuit forward admittance | admitancia directa en cortocircuito
short-circuit impedance | impedancia de cortocircuito
short-circuiting | cortocircuitado, cortocircuitador
short-circuiting bar | barra cortocircuitadora
short-circuiting contactor | contacto de cortocircuito
short-circuiting device | dispositivo de cortocircuito
short-circuiting link | eslabón cortocircuitante
short-circuiting section | sección cortocircuitante
short-circuiting spring | resorte de cortocircuito
short-circuiting switch | conmutador de cortocircuito
short-circuiting test | prueba de cortocircuito
short-circuit input admittance | admitancia de entrada en cortocircuito
short-circuit input capacitance | capacidad (/condensador) de entrada en cortocircuito
short-circuit interrupting capacity | capacidad de interrupción de cortocircuito
short-circuit key | llave de cortocircuito
short-circuit micrometer head | cabeza micrométrica de cortocircuito
short-circuit output admittance | admitancia de salida en cortocircuito
short-circuit output capacitance | capacidad (/condensador) de salida en cortocircuito
short-circuit parameter | parámetro de cortocircuito
short-circuitproof | a prueba de cortocircuitos, protegido contra cortocircuitos
short-circuit protection | protección contra cortocircuitos
short-circuit protective fuse | fusible protector contra cortocircuitos
short-circuit ratio | índice de cortocircuito
short-circuit reactance | reactancia en cortocircuito
short-circuit resistance | resistencia en cortocircuito
short-circuit response | respuesta en cortocircuito
short-circuit response curve | curva de respuesta en cortocircuito
short-circuit stability | estabilidad en cortocircuito
short-circuit stub | sección equilibra-

dora de impedancia en cortocircuito
short-circuit termination | terminación en cortocircuito
short-circuit test | prueba en cortocircuito
short-circuit to earth | cortocircuito a tierra
short-circuit transadmittance | trasadmitancia en cortocircuito
short-circuit transfer admittance | admitancia de trasferencia en cortocircuito
short-circuit transfer capacitance | capacidad (/condensador) de trasferencia en cortocircuito
short-circuit transition | transición por cortocircuito (/derivación)
short-circuit welding | soldadura por cortocircuito
short-circuit winding | anillo de retardo
short code | código corto
short code address | marcación abreviada repertorio general
short code address individual | marcación abreviada (de repertorio) individual
short-contact switch | conmutador de contacto cortocircuitante
shortcut | combinación de teclas, método abreviado
shortcut key | (tecla de) método abreviado (con teclado)
short dipole | dipolo corto
short distance backscatter | radiodifusión directa
short distance circuit | circuito de corta distancia
short distance navigation aid | ayuda a la navegación de corto alcance
short distance radio aid | radioayuda de corto alcance
short duration current pulse | impulso breve de corriente
short duration pulse | impulso breve (/de corta duración)
short duration voltage pulse | impulso breve de tensión
shorted | cortocircuitado, en cortocircuito
shorted-end transmission line | línea de trasmisión cortocircuitada
shorted out | cortocircuitado, puesto en cortocircuito
shorted phone plug | clavija de auricular cortocircuitada
shorted valve | válvula con cortocircuito interno
shortened pitch [*of drum winding*] | paso reducido [*del devanado*]
shortening capacitor | capacidad (/condensador) de acortamiento
shortening condenser | capacidad (/condensador) de acortamiento
shortest connection network | red de interconexión de longitud mínima
shortest-path algorithm | algoritmo del camino más corto

short flash light source | fuente luminosa de destello corto
short-focal-distance therapy | plesioterapia, radioterapia (/roentgenoterapia) de contacto
short focus | de enfoque corto
short form markup | marcación abreviada
short-fused | con espoleta de poco retardo
short gap head | cabeza de entrehierro corto
short gate gain | ganancia de puerta corta
shorthand markup | marcación acotada
short-haul | corto alcance
short-haul carrier telephone system | sistema de telefonía superpuesta (/por corrientes portadoras) para cortas distancias
short-haul circuit | circuito de corto alcance, circuito de corta distancia
short-haul communications system | red de telecomunicaciones regionales, sistema de telecomunicaciones de corta distancia
short-haul system | enlace de corta distancia, sistema para cortas distancias
short-haul toll circuit | circuito telefónico regional (/suburbano)
short haul traffic | tráfico urbano (/interurbano de corta distancia)
short increment sensitivity index | índice de sensibilidad a incrementos cortos
shorting | cortocircuitado; de cortocircuito
shorting bar | barra cortocircuitadora (/de cortocircuito)
shorting contact | contacto de cortocircuito
shorting contact switch | conmutador de contacto cortocircuitante
shorting link | eslabón cortocircuitador (/cortocircuitante)
shorting noise | ruido (de corriente) de cortocircuito
shorting plug | clavija cortocircuitadora
shorting plunger | pistón de cortocircuito
shorting relay | relé cortocircuitador
shorting ring | segmento de cortocircuito
shorting segment | segmento de cortocircuito
shorting strip | tira cortocircuitadora
shorting switch | conmutador de contacto cortocircuitante
shorting terminal | borne (/terminal) de cortocircuito
shorting to earth | cortocircuito (por conexión) a tierra
short-lay protective tape | cinta protectora en hélice de paso corto
short-lived | efímero, de vida corta, de periodo corto

short-lived fission product | producto de escisión de vida corta
short-lived gamma rays | rayos gamma de periodo corto
short-lived isotope | isótopo efímero
short-lived meson | mesón de periodo corto
short-lived radiation | radiación de vida corta
short-lived radioactive substance | sustancia radiactiva de vida corta
short menu | menú corto
short message service | servicio de mensajes cortos [*entre teléfonos GSM*]
short out, to - | eliminar por cortocircuito
short passive bus | bus pasivo corto
short-path bearing | acimut de arco pequeño
short-period fading | desvanecimiento de periodo corto
short-period frequency instability | inestabilidad de frecuencia de periodo corto
short period of rise | periodo corto
short-pitch winding | devanado de paso corto
short plug | clavija (/enchufe) de cortocircuito
short plunger | pistón de cortocircuito
short pulse | impulso corto (/de corta duración), pulsación breve
short-range attractive force | fuerza de atracción de corto alcance
short-range collisional interaction | interacción de choque a corta distancia
short-range communication | comunicación a corta distancia
short-range force | fuerza de corto alcance
short-range interaction | interacción de corto alcance
short-range navigation | navegación de corto alcance
short-range navigation aid | ayuda a la navegación de corto alcance
short-range navigation system | sistema de navegación (/radionavegación) de corto alcance
short-range radar | radar de corto alcance
short-range radiobeacon | radiofaro de poco alcance
short response time | tiempo corto de respuesta
short-response time meter | medidor de respuesta rápida
short-rise-time pulse | impulso de subida rápida
short scale integration | integración a pequeña escala
short shunt | derivación corta
short-slot coupler | acoplador de ranura corta
short takeoff and landing | (sistema de) despegue y aterrizaje cortos

short telephone relay | relé (/relevador) telefónico corto
short-term fading | desvanecimiento de periodo corto
short-term stability | estabilidad de periodo corto
short-time current | corriente de corta duración
short-time duty | servicio temporal (/de corta duración)
short-time interval meter | contador de intervalos (de tiempo) cortos
short time limit | duración límite del cortocircuito
short-time memory device | dispositivo de memoria para periodos cortos
short-time overload | sobrecarga breve
short-time overload capacity | capacidad de sobrecarga breve
short-time rating | valor (/carga nominal) de corta duración
short-time spectrum | espectro de corto plazo
short-time stability | estabilidad a corto plazo
short to earth | cortocircuito a tierra
short to frame | cortocircuito a masa
short to ground | cortocircuito a tierra
short-trunk call | llamada interurbana
shortwave, short wave | onda corta
short-wave adapter | adaptador de ondas cortas
short-wave aerial | antena de onda corta
short-wave broadcasting | radiodifusión por ondas cortas
short-wave broadcasting station | emisora de onda corta
short-wave converter | adaptador (/convertidor) de ondas cortas
short-wave diathermy | diatermia de onda corta
short-wave directional aerial | antena direccional de onda corta
short-wave listener | radioescucha (/radioaficionado) de onda corta
short-wave oscillator | oscilador de onda corta
short-wave radiotelephone circuit | circuito radiotelefónico de onda corta
short-wave radiotelephony | radiotelefonía de onda corta
short-wave range | alcance (/gama) de las ondas cortas
short-wave receiver | receptor de onda corta
short-wave scattering | difusión (/dispersión) de las ondas cortas
short-wave spectrum | espectro de las ondas cortas
short-wave telegraphy | telegrafía por ondas cortas
short-wave telephony | telefonía por ondas cortas
short-wave transmitter | trasmisor de onda corta
shot effect | efecto granular (/de granalla, /de disparo, /de emisión catódica irregular)
shotgun mike | micrófono de escopeta
shot noise | ruido granular (/de granalla, /de descarga, /espontáneo de la corriente del ánodo)
shout, to - | gritar [escribir un mensaje o comunicación en un chat utilizando sólo mayúsculas]
shovelware | muestrario de software [CD-ROM con miscelánea de ofertas, datos, imágenes, demos, etc.]
show, to - | mostrar
show appointment, to - | mostrar cita
shower | chaparrón; surtidor
shower particle | partícula de chaparrón
shower unit | unidad (/recorrido medio) de chaparrón
show file type, to - | mostrar tipo de archivo
show hidden objects, to - | mostrar objetos ocultos
show nothing, to - | no mostrar nada
show other calendar, to - | mostrar otras agendas
show time and text, to - | mostrar hora y texto
show time only, to - | mostrar sólo hora
shred, to - | eliminar definitivamente
shred file, to - | eliminar archivo definitivamente
shrinkable tubing | entubado encogible
shrinkage cavity | cavidad de fundición
shrinkage factor | factor de contracción
shrink-wrapped | embalado para su distribución [producto final provisto de envoltura plástica]
shrouded aerial | antena con visera circular
SHTTP = secure hypertext transfer protocol | SHTTP [protocolo para trasferencia segura de hipertexto (protocolo mejorado con funciones de seguridad con clave simétrica)]
shuffle down, to - | mostrar siguiente
shuffle up, to - | mostrar anterior
shunt | derivación
shunt, to - | derivar; conectar (/poner) en derivación (/paralelo)
shunt apparatus | aparato (puesto en) derivación
shunt arc regulator | regulador de derivación
shunt attachment | dispositivo derivador
shunt box | caja de resistencias en derivación
shunt calibration | calibración por (resistencias en) derivación
shunt capacitance | condensador (/capacitor) en derivación (/paralelo)
shunt capacitor | condensador (/capacitor) en derivación (/paralelo)
shunt-characteristic motor | motor con característica de derivación
shunt circuit | circuito en derivación (/paralelo)
shunt coil | bobina en derivación
shunt commutator motor | motor de colector excitado en derivación
shunt condenser | capacitor (/condensador) en derivación
shunt-connected | derivado, conectado en derivación
shunt-connecting | derivado, conexión en derivación
shunt-connecting cord | cable de unión en derivación
shunt connection | conexión en derivación
shunt current | corriente derivada
shunt detector | detector en derivación (/paralelo)
shunt dynamo | dinamo excitada en derivación
shunted | derivado, en derivación, en paralelo
shunted condenser | condensador derivado (por resistencia)
shunted galvanometer | galvanómetro (con resistencia) en derivación
shunted instrument | aparato con derivación
shunted monochrome | monocromo con derivación
shunted monochrome signal | señal derivada monocroma
shunt efficiency diode | diodo reforzador (/economizador en derivación, /de ganancia en derivación)
shunter | derivador
shunt excitation | excitación en (/por) derivación
shunt-excited | excitado en derivación
shunt feed | alimentación en derivación (/paralelo)
shunt-feed amplifier | amplificador con alimentación en paralelo
shunt-feed oscillator | oscilador alimentado en derivación
shunt-feed vertical aerial | antena vertical alimentada en paralelo
shunt field | campo de derivación
shunt field coil | bobina de campo (inductor) en derivación
shunt field relay | relé de campo derivado, relé con derivación magnética
shunt filter | filtro en derivación
shunt impedance | impedancia de derivación (/paralelo)
shunting | derivación
shunting capacitance | capacidad en derivación (/paralelo)
shunting capacitor | capacitor (/condensador) en derivación (/paralelo)
shunting condenser | capacitor (/condensador) en derivación (/paralelo)
shunting effect | efecto derivador (/de derivación)
shunting resistance | resistencia derivadora

shunting resistor | resistencia de derivación
shunting spring | resorte de cortocircuito
shunting switch | interruptor de derivación
shunt lead | conductor en derivación
shunt line | linea en derivación
shunt loading | carga (por bobinas) en paralelo (/derivación)
shunt modulator | modulador en derivación (/paralelo)
shuntmotor, shunt motor | motor en derivación
shunt neutralization | neutralización de la derivación
shunt out, to - | derivar, poner en derivación
shunt-peaked amplifier | amplificador con compensación en paralelo
shunt peaking | corrección de derivación (/frecuencia en paralelo)
shunt-peaking coil | bobina de corrección en derivación (/paralelo)
shunt reactor | reactor en derivación
shunt rectifier circuit | circuito rectificador en paralelo
shunt-regulated | regulado por derivación
shunt-regulated impedance | impedancia regulada por derivación
shunt-regulated output stage | etapa de salida regulada en derivación
shunt regulator | regulador (de tensión) en derivación
shunt resistance | resistencia en derivación
shunt resistor | resistencia en derivación
shunt-series compensation | compensación paralelo-serie
shunt-series peaked stage | etapa compensada en paralelo-serie
shunt stabilization | estabilización en paralelo
shunt-stabilized voltage | tensión estabilizada por resistencia en derivación
shunt switch | conmutador en derivación
shunt system of distribution | sistema de distribución en derivación
shunt T | derivación en T
shunt T-junction | unión en T en derivación (/paralelo)
shunt transformer | trasformador en derivación
shunt transistor | transistor en paralelo
shunt transition | transición por cortocircuito (/derivación)
shunt trip coil | bobina de desconexión (/disparo) en derivación
shunt tripping | disparo por bobina en derivación
shunt-tuned choke | reactancia sintonizada en derivación
shunt-type attenuation equalizer | compensador (/igualador) de atenuación en derivación
shunt wire | hilo de derivación
shunt-wound | bobinado (/devanado) en derivación
shunt-wound constant voltage generator | generador de tensión (/voltaje) constante excitado en derivación
shunt-wound DC generator | generador de corriente continua excitado en derivación
shunt-wound generator | generador devanado en derivación
shunt-wound induction coil | bobina de inducción en derivación
shunt-wound machine | máquina excitada en derivación
shunt-wound motor | motor devanado (/excitado) en derivación
shutdown, shut down | apagado; interrupción, parada; cierre
shutdown, to - | lanzar; apagar, cerrar
shutdown amplifier | amplificador de parada (/seguridad)
shutdown channel | canal de parada
shutdown loop | circuito de parada [de un reactor]
shutdown margin | margen de apagado
shutdown mechanism | mecanismo de parada (/paralización)
shutdown period | periodo de reposo
shutdown unit | unidad de cierre
shutoff | cierre, interrupción
shut off, to - | apagar, interrumpir
shutoff rod | barra de control (/interrupción, /seguridad)
shutoff voltage | tensión de anulación
shutter | obturador
shuttle | consulta alternativa (/repetida); llamadas alternativas; lanzadera
shuttle armature | inducido en doble T
shuttle hole | orificio neumático de vaivén
Si = silicon | Si = silicio
SI = service information | SI [información sobre los servicios]
sibilance | tono siseante
sibling | hermana, hermano; nodo hermano [uno de los nodos hijos del mismo padre en un árbol de datos]
SIC = semiconductor integrated circuit | SIC [circuito semiconductor integrado]
SiC = silica carbon | SiC = carburo de silicio
SICE = standard interface control electronics | SICE [controlador electrónico de interconexión normal]
SID = source-intensifier distance | DFP = distancia foco-intensificador
side | cara, lado
side armature | inducido lateral
side armature relay | relé de armadura (/inducido) lateral
sideband | banda lateral (/de modulación)
sideband asymmetry | asimetría de bandas laterales
sideband attenuation | atenuación de banda lateral
sideband component | componente (espectral) de banda lateral
sideband cutoff | supresión de banda lateral
sideband cutting | atenuación de banda lateral
sideband filter | filtro de banda lateral
sideband frequency | frecuencia (de banda) lateral
sideband interference | interferencia de (/por) banda lateral
sideband power | potencia de banda lateral
sideband response analyser | analizador de respuesta a las bandas laterales
sideband selector | selector de banda lateral
sideband splash | interferencia de banda lateral
sideband splashing | interferencia de canal adyacente
sideband splatter | ensanchamiento de la banda lateral, interferencia del canal adyacente
sideband superheterodyne receiver | receptor superheterodino de banda lateral
sideband suppression | supresión de banda lateral
sidebar | barra lateral [columna al lado del texto en un documento]
sidebreak switch | disyuntor de cuchilla horizontal
side-by-side arrangement | disposición colateral
side cap | casquilo lateral
side circuit | circuito físico (/real, /combinante, /lateral)
side circuit loading coil | bobina de carga en circuito físico (/real, /lateral)
side circuit repeating coil | bobina repetidora de circuito lateral
side clearance | gálibo; espacio libre lateral
side component | componente lateral
side contact | contacto lateral, terminal externo
side contact rail | carril lateral de contacto
side cover | cubierta lateral
side echo | eco lateral
side effect | efecto secundario
side emission | emisión (electrónica) vagabunda (/errática)
side fire | radiación trasversal
side fire helical aerial | antena helicoidal de radiación trasversa (/trasversal)
side fire helix aerial | antena helicoidal de radiación trasversa (/trasversal)
side frequency | frecuencia lateral
side front | vista de perfil
side head | cabecera lateral [a un lado de un documento impreso]

side lobe | lóbulo lateral
side lobe blanking | anulación de lóbulos secundarios
side lobe cancellation | cancelación de lóbulo lateral
side lobe echo | eco de lóbulo lateral
side lobe suppression | supresión de los lóbulos laterales
side-looking airborne radar | radar aéreo con antena lateral
side-looking radar | radar de exploración lateral, radar con antenas dirigidas hacia los lados
side panel | panel lateral
sideromagnetic | sideromagnético
side select | selección de cara
side-stable relay | relé de dos posiciones estables
side stream | corriente de extracción lateral
sideswiper | manipulador de movimiento lateral
side thrust | empuje lateral
sidetone | tono (/sonido) local, (señal de) efecto local
sidetone oscillator | oscilador de tono local
sidetone reference equivalent | equivalente de referencia de efecto local
sidetone telephone set | aparato telefónico con efecto local
side-to-phantom crosstalk | diafonía entre (circuito) real y fantasma
side-to-phantom far-end crosstalk | telediafonía entre circuito real y fantasma
side-to-side crosstalk | diafonía entre (circuito) real y real
side-to-side far-end crosstalk | telediafonía entre circuito real y real
side view | vista de perfil
siemens | siemens [*unidad de conductancia eléctrica*]
Siemens electrodynamometer | electrodinamómetro Siemens
siemens unit | unidad siemens
sieve benchmark | evaluación por criba
sieve of Eratosthenes | criba de Eratóstenes [*algoritmo para hallar los números primos*]
sieve plate | placa de criba
Sievert chamber | cámara de Sievert
Sievert unit | unidad Sievert
SIF = sound intermediate frequency | FIS = frecuencia intermedia de sonido
sifter electrode | electrodo de criba
sifting technique | técnica de criba
SIG = signal | señal
SIG = special interest group | SIG [*grupo de interés especial*]
sight check | verificación visual
sight effect | efecto visual, truco óptico
SIGINT = signal intelligence | SIGINT [*detección de señales*]
sigma algebra | álgebra sigma
sigma circuit | circuito sigma

sigma language | lenguaje sigma
sigma meson | mesón sigma
sigma particle | partícula sigma
sigma pi wave function | función de onda sigma pi
sigma pile | pila sigma
sigma star | estrella sigma
sigma term | árbol (/término) sigma
sigma tree | árbol (/término) sigma
sigmatron | sigmatrón [*ciclotrón y betatrón trabajando en tándem para producir rayos X de mil millones de voltios*]
sigma word | palabra sigma
sigmoid | sigmoide, en forma de sigma
sigmoidal | sigmoide, en forma de sigma
sigmoid curve | curva sigmoide
sign | signo
SIGN = signature | SIGN [*indicativo (/señal) musical de identificación*]
signal | señal, indicador
signal aggregate | agregación de señales; señal compuesta
signal amplitude | amplitud de la señal
signal analyser | analizador de señales
signal and control line | línea de control y señalización
signal anode | ánodo de señales
signal attenuation | atenuación de la señal
signal averaging | promedio de señal
signal-averaging computer | calculadora de señal promedio
signal bearing | acimut de la señal
signal bias | polarización de la señal
signal board | cuadro de señales
signal buzzer | zumbador de señalización
signal cable | cable de señal (/señalización, /telecomunicaciones)
signal calibrator | calibrador de señales
signal cancellation | cancelación de (la) señal
signal carrier frequency-modulation recording | registro de la onda portadora de la señal de frecuencia modulada
signal check | verificación de la señal
signal circuit | circuito de señal
signal clamp | fijador de nivel de señal
signal code | código de señales
signal communications equipment | equipo de trasmisiones
signal comparator | comparador de señales
signal comparison | comparación de señales
signal comparison tracking | seguimiento por comparación de señales
signal complex | señal compleja (/compuesta)
signal component | componente (/elemento) de señal
signal conditioner | acondicionador de la señal

signal conditioning | preparación (/acondicionamiento) de la señal
signal conductor | conductor de señal
signal contrast | contraste de señal
signal conversion | conversión de señales
signal conversion equipment | equipo de conversión de señales
signal converter | convertidor de señales
signal cord | cuerda de señales
signal current | corriente de señal
signal data converter | convertidor de la señal de datos
signal delay | retardo (/tiempo de propagación) de la señal
signal device | dispositivo de señalización
signal diode | diodo de señal
signal distance | distancia de señal
signal distortion | distorsión (/deformación) de la señal
signal distortion generator | generador de distorsión de la señal
signal distortion rate | grado de distorsión de la señal
signal distortion test set | equipo para pruebas de distorsión de señal
signal edge | transición (de amplitud) de la señal
signal electrode | electrodo de señal
signal element | elemento de señal
signal encoding device | dispositivo codificador de señal
signal enhancement | realce de señal
signal enhancer | circuito para mejora de las señales
signal envelope | envolvente (de onda) de la señal
signal fading | desvanecimiento de la señal
signal field | campo útil de señal
signal filtering | filtrado de señal
signal flow | dirección (/circulación) de la señal
signal flow chart | esquema de flujo de las señales
signal flow diagram | diagrama de flujo de las señales
signal flow graph | diagrama de flujos
signal flow line | línea indicadora del flujo de señales
signal flux | flujo de la señal
signal form | forma (de onda) de la señal
signal forward junction working | método de llamada directa por líneas auxiliares
signal frequency | frecuencia de (la) señal
signal frequency amplifier | preamplificador, amplificador previo; previo [*fam*]
signal frequency anode current | corriente anódica de la frecuencia de señal
signal frequency range | gama de frecuencias de la señal

signal frequency shift | desplazamiento de frecuencia de la señal
signal gate | compuerta de señal
signal generator | generador (/fuente) de señales
signal ground | toma de tierra de señalización
signal-handling capability | amplitud máxima admisible de señal
signal highlighting | resalte de señal
signal imitation | señal aparente (/falsa)
signal imitation by speech current | falsa señalización por corriente vocal
signal indicating the position of the points | señal indicadora de la posición de la aguja
signal indicator | comprobador de señal
signaling [USA] | señalización, emisión (/trasmisión) de señales
signal injection | inyección de señal
signal injection test | prueba de inyección de señal
signal injector | inyector de señales
signal injector probe | sonda inyectora de señales
signal injector switch | conmutador inyector de señales
signal input | entrada de señales
signal integration | integración de señales
signal intelligence | detección de señales, información de las trasmisiones
signal intercarrier | señal entre portadoras
signal/interference ratio | relación señal/interferencia
signal interlocking | enclavamiento de (la) señal
signal interpolation | interpolación de señal
signal interval | intervalo unitario
signal inverter | inversor de señal
signal key | botón (/pulsador) de registrador
signal lamp | lámpara indicadora (/de señalización)
signal lead | conductor de señal
signal leakage | fuga de señal
signal level | nivel de señal
signal level indicator | indicador del nivel de señal
signal light | chivato luminoso, lámpara indicadora (/testigo, /de control)
signal line | línea de señal
signal line current | corriente de la línea de señal (/señalización)
signal line limiting resistance | resistencia limitadora de la línea de señal
signalling [UK] | señalización, emisión (/trasmisión) de señales
signalling battery | batería de señales (/señalización)
signalling button | pulsador de señalización
signalling buzzer | zumbador de señalización
signalling channel | canal (/tono) de señalización
signalling code | código de señalización
signalling communication | señalización; comunicación unilateral
signalling connection | conexión de señalización
signalling control desk | pupitre de mando de la señalización
signalling device | dispositivo de señales (/señalización)
signalling end point | punto final de señalización
signalling equipment | equipo de llamada (/señalización)
signalling fault | avería (en los dispositivos) de llamada
signalling frequency | frecuencia de señalización
signalling gateway | pasarela de señalización
signalling gateway unit | unidad de pasarela de señalización
signalling impulse | impulso de conmutación (/llamada)
signalling key | clave de señalización; manipulador telegráfico (/de señales)
signalling lamp | proyector de señales (/señalización)
signalling lead | conductor (/hilo) de señalización
signalling marker | marcador de señalización
signalling method | método de señalización
signalling mirror | espejo de señales
signalling network | red de señalización
signalling on speech channel | señalización en la banda de frecuencias vocales
signalling option | método de señalización
signalling oscillator | oscilador de señalización
signalling position | posición libre (/desocupada)
signalling relay | relé de señalización
signalling relay set | equipo de llamada en frecuencia vocal
signalling set | señalador de frecuencia vocal
signalling telegraph speed | velocidad de trasmisión telegráfica
signalling test | prueba de señalización
signalling tone | tono de señalización
signalling tone impulse | impulso del tono de señalización
signalling transfer point | punto de trasferencia de señal
signalling transport point | punto de trasporte de señalización
signalling trouble | avería en el dispositivo de llamada
signalling unit | señalador, unidad de señalización
signal machine | máquina de señalización
signal matching | adaptación de señal
signal meter | medidor de señal, instrumento indicador de señal
signal mixer | mezclador de señales
signal mutilation | mutilación de la señal
signal-muting switch | interruptor reductor de volumen; conmutador de disminución de intensidad de señal
signal name | nombre de la señal
signal-noise ratio | relación señal/ruido
signal-noise relation | relación señal/ruido
signal of distress | señal de auxilio (/socorro)
signal-operated | accionado por señal
signal operation | señalización, operación de señales
signal output | salida de la señal
signal output current | corriente de salida de señal
signal output electrode | electrodo de salida de señal
signal overlapping | superposición de señales
signal parameter | parámetro de señal
signal path | recorrido (/camino) de la señal
signal peak | pico (/cresta) de la señal
signal plane | plano de señalización
signal plate | placa de señal, placa (colectora) de señales
signal plug | clavija de señalización
signal plus noise and distortion | señal más ruido y distorsión
signal plus noise input | entrada de señal y ruido
signal-point stereo microphone | micrófono estereofónico con un punto de señal
signal power | potencia de la señal
signal processing | proceso de señales
signal processing equipment | equipo de procesado de señales
signal processor | procesador de señales
signal pulse | impulso de señal
signal pulse repeater | repetidor de impulsos de señal
signal receiver | receptor de señales
signal reconditioning | renovación de señal
signal recording | grabación (/registro) de la señal
signal-recording telegraphy | telegrafía por registro de señales
signal recovery | recuperación de la señal
signal rectifier | rectificador de señales
signal regenerator | regenerador de señal
signal relay | relé de señalización
signal reliability | fiabilidad de la señal

signal resistance | resistencia de la señal
signal restitution | restitución de señales
signal return | eco, señal de retorno
signal return intensity | intensidad del eco
signal selector | selector de señales
signal separation | separación de señales
signal separation filter | filtro de separación de la señal
signal separator | separador de señales
signal shaping | formación de la señal
signal-shaping network | red de formación de señales
signal shield earth | puesta a tierra del apantallado de los circuitos de señalización
signal shield round | puesta a tierra de blindaje de señal
signal shifter | oscilador (maestro) de frecuencia variable
signal source | fuente de señales
signal splitter | divisor de señal
signal steering | encaminamiento de señales
signal storage | acumulación (/almacenamiento) de señales
signal storage valve | válvula acumuladora (/almacenadora) de señales
signal strength | intensidad (/potencia) de la señal
signal strength meter | medidor de la intensidad (/potencia) de señal
signal-to-crosstalk ratio | relación diafónica (/señal-diafonía)
signal-to-distortion ratio | relación señal-distorsión
signal-to-interference ratio | relación señal/interferencia
signal tone | tono de señalización
signal-to-noise merit | coeficiente señal-ruido
signal-to-noise ratio | relación (/coeficiente) señal-ruido
signal trace | trazo de la señal
signal-trace, to - | rastrear la señal
signal tracer | analizador dinámico (de circuitos); comprobador (/rastreador, /seguidor) de señales
signal-tracer probe | sonda detectora (/rastreadora) de señales
signal tracing | seguimiento (/análisis dinámico) de señales
signal-tracing equipment | equipo rastreador de señales, analizador dinámico de circuitos
signal-tracing instrument | (instrumento) comprobador (/rastreador) de señales, analizador dinámico (de circuitos)
signal unit | elemento de señal
signal/valve-residual-noise ratio | relación de señal a ruido residual de válvula
signal voltage | tensión de señal

signal wave | onda de señal (/trabajo)
signal wave envelope | envolvente de la onda de señal
signal winding | devanado de señalización
signal wire | hilo de señales (/señalización)
signal wiring | circuito (/alambrado) de señalización
signal without dialling | señal sin marcación
signal working | servicio con llamada previa
signature | firma, signatura; certificación, identificación; indicativo musical, señal musical (/de identificación)
signature analyser | analizador de señales de identificación
signature analysis | análisis de signaturas (/la señal de identificación)
signature block | bloque de firma [en correo electrónico]
signature byte | byte de firma
signature file | archivo de firma
signature group | grupo de indicativos
signature testing | comprobación de configuración
signature tune | indicativo (/señal) musical (de identificación)
sign bit | bit de signo
sign control flip-flop | flip-flop de control de signo
sign digit [*signed field*] | dígito (indicador) de signo
signed data | datos firmados
signed field | campo con signo
signed-magnitude representation | representación de magnitud con signo
sign extension | extensión de firma
significance | significado, significación; valencia
significance test | prueba de significación
significant condition of a channel | estado significativo de un canal
significant digit | cifra significativa, dígito significativo
significant instant | instante significativo
significant interval | intervalo significativo
significant modulation element | elementos significativos de la modulación
sign off | salida de sistema
sign off, to - | anunciar el fin de la emisión
sign on | entrada en el sistema
sign on, to - | anunciar el comienzo de la emisión
sign-on screen | pantalla de entrada
sign position | posición de signo
sign propagation | propagación de firma
SII = say if incorrect | informe si es incorrecto
SIL = safety integrity level | SIL [*nivel de requisitos de seguridad*]
SIL = single inline | SIL [*circuito en una sola línea*]
SIL device | dispositivo SIL
silence | silencio
silence cone | cono de silencio
silence period | periodo de silencio
silent alarm | alarma silenciosa
silent alarm system | sistema de alarma silenciosa
silent arc | sector de silencio
silent area | área (/zona) de silencio
silent discharge | descarga silenciosa (/de efluvios, /en corona)
silent interval | intervalo de silencio
silent period | periodo silencioso (/de silencio)
silent reversal | señalización por inversión de polaridad
silent tuning system | sistema de sintonización silenciosa
silent zone | zona de silencio
silica gel | gel de sílice
silicon | silicio
silicon alloy transistor | transistor de aleación de silicio
silicon bilateral switch | conmutador bilateral de silicio
silicon-boron photocell | fotocélula (/célula fotoeléctrica) de silicio y boro
silicon bridge rectifier | rectificador de puente de diodos de silicio
silicon capacitor | capacitor (/condensador) de silicio
silicon carbide | carburo de silicio
silicon carbide rectifier | rectificador de carburo de silicio
silicon carbide transistor | transistor de carburo de silicio
silicon cell | celda de silicio
silicon chip | chip de silicio
silicon-coated solar cell | pila solar de silicio
silicon compiler | compilador de silicio
silicon-controlled rectifier | rectificador controlado de silicio
silicon-controlled switch | interruptor controlado de silicio
silicon detector | detector de silicio
silicon-diffused epitaxial mesa transistor | transistor de silicio epitaxial de difusión tipo meseta
silicon-diffused power transistor | transistor de silicio de potencia difusa
silicon diode | diodo de silicio
silicon diode array valve | válvula de matriz de diodos de silicio
silicon diode rectifier | diodo rectificador de silicio
silicon dioxide | dióxido de silicio
silicon double-base diode | diodo de silicio de doble base
silicone | silicona
silicon electric steel | acero (eléctrico) al silicio
silicon epitaxial planar transistor | transistor epitaxial planar de silicio
silicon epitaxial transistor | transistor

epitaxial de silicio
silicon foundry | fundición de silicio
silicon gate | puerta de silicio
silicon gate-controlled AC switch | conmutador de corriente alterna de silicio controlado por puerta
silicon gate MOS | MOS de puerta de silicio
silicon iron | hierro al silicio
silicon junction diode | diodo de unión de silicio
silicon junction transistor | transistor de uniones de silicio
silicon monoxide | monóxido de silicio
silicon nitride | nitruro de silicio
silicon on insulator | silicona en aislante
silicon-on-sapphire | silicio sobre zafiro
silicon-on-sapphire field-effect transistor | transistor de efecto de campo de silicio sobre zafiro
silicon oxide | óxido de silicio
silicon photodiode | fotodiodo de silicio
silicon planar transistor | transistor plano de silicio
silicon PN junction alloy diode | diodo de unión PN a base de aleación de silicio
silicon power-controlled rectifier | rectificador de silicio controlado
silicon precision alloy transistor | transistor de precisión de aleación de silicio
silicon rectifier | rectificador de silicio
silicon rectifying cell | célula rectificadora de silicio
silicon resistor | resistencia (/resistor) de silicio
silicon solar battery | batería solar de silicio
silicon solar cell | célula (/pila) solar de silicio
silicon steel | acero al silicio
silicon symmetrical switch | conmutador simétrico de silicio
silicon target | blanco de silicio
silicon transistor | transistor de silicio
silicon unijunction transistor | transistor monounión de silicio
silicon unilateral switch | conmutador unilateral de silicio
silicon voltage regulator | regulador de voltaje (/tensión) de silicio
silicon Zener voltage regulator | regulador de voltaje (/tensión) Zener de silicio
silk-and cotton-covered cable | cable con aislamiento de seda y algodón
silk-and cotton-covered wire | hilo aislado con seda y algodón
silk-covered | aislado (/cubierto) con seda, con aislamiento de seda
silk-covered copper wire | hilo de cobre recubierto de seda
silk-covered wire | hilo aislado (/forrado) con seda

silk covering | capa (/cubierta, /forro, /revestimiento) de seda
silk-insulated | aislado con seda, con aislamiento de seda
silk-insulated cable | cable aislado con seda
silk-insulated wire | hilo aislado con seda
silk screen | pantalla de seda
silo | silo
Silsbee effect | efecto Silsbee
Silsbee rule | regla de Silsbee
silver | plata
silver alloy | aleación de plata
silver alloy brazing | soldadura de aleación de plata
silver bullet | conector (/contacto) cónico plateado
silver-cadmium storage battery | batería de acumuladores de plata y cadmio
silver-ceramic capacitor | capacitor (/condensador) de cerámica plateada
silver chloride cell | pila de cloruro de plata
silvered | plateado
silvered-ceramic capacitor | capacitor (/condensador) de cerámica plateada
silvered-mica capacitor | capacitor (/condensador) de mica plateada
silvered-mica dielectric | dieléctrico de mica plateada
silver electrode | electrodo de plata
silver foil | hoja (/lámina) de plata
silvering | plateado, metalizado, baño (/capa, /revestimiento) de plata
silver leaf | hoja (/pan) de plata
silver-line, to - | platear
silver-lined | plateado
silver-mica capacitor | capacitor (/condensador) de mica plateada
silver-overlaid | plateado
silver-overlaid contact | contacto plateado
silver-overlaid contact stud | saliente de contacto plateado
silver overlay | plateado, recubrimiento de plata
silver oxide cell | pila de óxido de plata
silver-plated aluminium busbar | barra bus (/colectora) de aluminio plateado
silver-plated aluminium conductor | conductor de aluminio plateado
silver-plated contact | contacto plateado
silver-plated copper | cobre plateado
silver-plated copper strap | cinta de cobre plateado
silver sensitization | sensibilización por plata
silver-silver chloride electrode | electrodo de plata y cloruro de plata
silver solder | soldador para plata
silver-solder, to - | soldar con plata
silver-soldered | soldado con plata
silver soldering | soldadura de plata
silver spraying | plateado por rociadura

silverstat | silverstat [*disposición de contactos de plata de una lámina*]
silverstat regulator | regulador silverstat [*resistencia de tomas múltiples conectadas a contactos de plata de una sola lámina*]
silver storage battery | batería de acumuladores de plata
silver-to-silver contact | contacto de plata contra plata
silver-zinc primary cell | pila primaria de plata y cinc
silver-zinc storage battery | batería de acumuladores de plata y cinc
SIM = signalling marker | SIM [*marcador de señalización*]
SIM = single identification module | SIM [*módulo simple de identificación*]
SIM = subscriber identity module | SIM [*módulo de identidad del abonado*]
SIM card = subscriber identity module card | tarjeta SIM [*tarjeta del módulo de identidad del abonado (en GSM)*]
SIMD = single-instruction, multiple-data stream processing | SIMD [*procesador de corriente de datos múltiples con una sola corriente de instrucciones*]
similar trees | árboles similares
SIMM = single in-line memory module | SIMM [*módulo de memoria de una línea de conexiones*]
SIMM bank | banco SIMM [*banco de memoria de una línea de conexiones*]
simple buffering | tratamiento simple de memoria intermedia
simple cascade | cascada simple
simple doublet aerial | antena de dipolo
simple electrode | electrodo sencillo
simple gate IC | circuito integrado de puerta simple
simple harmonic current | corriente sinusoidal (/armónica simple)
simple harmonic electromotive force | fuerza electromotriz sinusoidal (/armónica simple)
simple harmonic motion | movimiento armónico simple
simple harmonic wave | onda sinusoidal (/armónica simple)
simple magnetic amplifier | amplificador magnético simple
simple mail transfer protocol | protocolo de trasferencia simple de correo
simple network management protocol | protocolo simple para gestión de redes
simple parallel magnetic amplifier | amplificador magnético simple paralelo
simple parallel winding | devanado (en) paralelo simple
simple parity check | prueba de paridad simple
simple parity code | código de paridad simple

simple periodic sign | señal periódica simple
simple process factor | factor de proceso simple
simple quad | cuadrete simple
simple ratio channel | canal múltiple con tiempo en divisiones simples
simple rectifier | rectificador simple
simple scanning | exploración simple
simple series magnetic amplifier | amplificador magnético simple en serie
simple signal | señal sencilla
simple sound | sonido puro
simple sound source | fuente de sonido elemental (/isótropa, /omnidireccional, /puntual, /pura, /simple), generador sonoro puntual
simple steady-state vibration | vibración estacionaria simple
simple target | blanco (/objetivo) sencillo
simple tone | tono sencillo (/simple, /puro)
simple transposition | trasposición sencilla
simple transposition pin | soporte de trasposición sencilla
simple-tuned | de sintonización sencilla
simple ventilation | ventilación sencilla (/serie)
simplex | (sistema) símplex; unidireccional
simplex apparatus | aparato símplex
simplex channel | canal símplex (/de trasmisión unidireccional)
simplex circuit | circuito (de funcionamiento en) símplex
simplex code | código símplex
simplex coil | bobina símplex
simplex communication | comunicación símplex (/semidúplex, /de eco local) [*en un solo sentido*]
simplex communication link | enlace de comunicaciones símplex
simplexed circuit | circuito simplificado (/mixto, /adaptado para telefonía y telegrafía simultáneas)
simplex lap | devanado (en) paralelo simple
simplex line | línea símplex
simplex method | método símplex
simplex method of operation | modo de explotación símplex
simplex mode | modo símplex
simplex modem | módem simple
simplex modem with backward channel | módem símplex con canal de retorno
simplex multiple apparatus | aparato múltiple símplex
simplex operation | funcionamiento (en modo) símplex
simplex press-to-talk operation | explotación (telefónica) simple con pulsador para hablar
simplex radiotelephony | radiotelefonía símplex
simplex software | software de sistema símplex
simplex system | sistema símplex
simplex telegraphy | telegrafía simple (/símplex, /unidireccional)
simplex telephony | telefonía símplex
simplex transmission | trasmisión símplex
simplex winding | devanado simple (/de circuito único)
simplified circuit | circuito simplificado
simplified diagram | diagrama (/esquema) simplificado
Simpson pile | pila de Simpson
Simpson's rule | regla de Simpson
SIMUL = simultaneous | simultáneo
simulate, to - | simular
simulation | simulación
simulation language | lenguaje de simulación
simulation on a computer | simulación por ordenador
simulator | simulador
simulator programme | programa simulador
simulator relay | relé simulador, relevador de reproducción
simulcast | trasmisión (/radiodifusión) simultánea
simulcast, to - | trasmitir simultáneamente
simulcasting | trasmisión simultánea
simultaneity | simultaneidad
simultaneity factor | factor de simultaneidad
simultaneous | simultáneo
simultaneous access | acceso simultáneo
simultaneous broadcast | trasmisión simultánea
simultaneous calls | llamadas simultáneas
simultaneous colour television | televisión en color (de presentación) simultánea
simultaneous computer | ordenador simultáneo
simultaneous equations | ecuaciones simultáneas (/algebraicas lineales)
simultaneous frequency sharing | asignación múltiple de frecuencias; compartimento simultáneo de frecuencia
simultaneous lobing | conmutación de lóbulos simultánea; radar de lóbulo simultáneo; radiación de lóbulos parcialmente superpuestos
simultaneous messages | despachos simultáneos
simultaneous overland telegraphy | telegrafía simultánea por tierra
simultaneous phase comparison radar | radar de interferencia (/comparación simultánea)
simultaneous playback | reproducción simultánea
simultaneous playback head | cabeza de reproducción simultánea
simultaneous playback on recording | reproducción simultánea durante la grabación
simultaneous processing | procesado simultáneo
simultaneous reception | recepción simultánea
simultaneous scanning | exploración simultánea
simultaneous system | sistema simultáneo
simultaneous system of colour television | sistema simultáneo de televisión en color
simultaneous telegraphy and telephony | telegrafía y telefonía simultáneas
simultaneous transmission | trasmisión simultánea
SINAD = signal plus noise and distortion | SINAD [*señal más ruido y distorsión*]
sinchronous torque | par sincrónico
sincronous optical network | red óptica sincrónica
sine | seno
sine-cosine encoder | codificador seno-coseno
sine-cosine generator | generador de onda
sine current | corriente sinusoidal
sine curve | curva sinusoidal
sine galvanometer | galvanómetro (/brújula) de senos
sine line | línea sinusoidal (/sinusoide)
sine of phase difference | seno del (ángulo de) desfase
sine pot = sinusoidal potentiometer | potenciómetro sinusoidal
sine potentiometer | potenciómetro sinusoidal
sine-squared impulse | impulso de (/en) seno cuadrado
sine-squared pulse | impulso de (/en) seno cuadrado
sine-squared window test pattern | imagen (/patrón) de prueba de ventana en seno cuadrado
sine/square wave audio signal generator | generador de audioseñales de onda sinusoidal y cuadrada
sine wave | onda sinusoidal
sine wave alternator | alternador de onda sinusoidal
sine wave clipper | recortador de ondas sinusoidales
sine wave coil | bobina sinusoidal (/del circuito resonante auxiliar)
sine wave component | componente sinusoidal
sine wave current | corriente sinusoidal
sine wave excitation voltage | tensión de excitación sinusoidal
sine wave function | función sinusoidal
sine wave generator | generador de ondas (/oscilaciones) sinusoidales

sine wave modulated jamming | perturbación modulada de onda sinusoidal
sine wave modulation | modulación (por onda) sinusoidal
sine wave oscillator | oscilador de onda sinusoidal; generador de oscilaciones sinusoidales
sine wave output | salida sinusoidal
sine wave response | respuesta a la onda (/excitación) sinusoidal
sine wave response function | función de respuesta sinusoidal
sine wave scanning | barrido (/exploración) sinusoidal
sine wave signal | señal (de onda) sinusoidal
sine wave signal voltage | señal de (onda de) tensión sinusoidal
sine wave supply | alimentación sinusoidal
sine wave voltage | tensión (/voltaje) sinusoidal
singing | canto, silbido, zumbido; oscilación parásita, autooscilación indeseada; cebado de oscilaciones
singing arc | arco cantante (/voltaico sonoro)
singing margin | margen de canto (/silbido, /estabilidad de cebado)
singing path | camino (/paso) de las corrientes de reacción
singing point | punto de canto [de oscilaciones], punto de silbido (/cebado, /enganche); punto crítico de regeneración; punto de máxima amplificación
singing point equivalent | equivalente del punto de canto (/silbido)
singing spark | chispa cantante
singing-stovepipe effect [USA] | efecto sonoro de cañería cantante
singing suppressor | supresor de canto (/silbidos, /reacción)
single | sencillo, simple, único
single action | de simple efecto
single-action condenser | condensador de simple efecto
single-address code | clave (/código) de dirección simple
single-address instruction | instrucción de dirección única
single amplitude | amplitud de cresta
single analysis | análisis individual
single-anode magnetron | magnetrón monoanódico
single-anode rectifier | rectificador monoanódico, válvula monoanódica
single-anode tank | depósito de ánodo único
single-anode valve | válvula de ánodo único
single-assignment language | lenguaje de una sola asignación
single attachment station | estación individual de enlace
single-axis | monoaxial, de un (solo) eje

single-axis gyro | giróscopo de eje simple
single battery switch | reductor de carga (/descarga)
single-beam oscilloscope | osciloscopio de haz único
single bit | bit simple
single bit correction | corrección de bit simple
single-board | tarjeta única [en un ordenador que no admite más tarjetas]
single board computer | ordenador monotarjeta (/de una sola tarjeta)
single-board microcomputer | microordenador de placa única
single braid | forro sencillo, trenzado sencillo (/simple)
single-braid wire | cable con funda sencilla
single break | corte único, ruptura única, seccionamiento simple
single-break circuit breaker | disyuntor de ruptura única
single-break switch | interruptor de corte único
single-button carbon handset | microteléfono con micrófono de carbón de una sola pastilla
single-button carbon microphone | micrófono de carbón de cápsula única
single-button microphone | micrófono de pastilla única
single cable | cable sencillo (/monofilar)
single-cable control | mando por cable único
single call | llamada simple
single-capacity lag | retardo de capacidad única
single-carrier FM recording | grabación en frecuencia modulada de portadora simple, registro de portadora única con frecuencia modulada
single catenary suspension | suspensión (de) catenaria sencilla
single channel | canal único
single-channel amplifier | amplificador monocanal (/de un solo canal)
single-channel amplitude-modulated carrier wave | onda portadora monocanal de amplitud modulada
single-channel analyser | analizador de canal único
single-channel carrier | enlace monocanal por corriente portadora
single-channel modulation | modulación sencilla (/de un solo canal)
single-channel monopulse tracking system | sistema de seguimiento por impulso único en un solo canal
single-channel noise factor | factor de ruido monocanal
single-channel operation | funcionamiento por canal único
single-channel pulse amplitude selector unit | elemento selector de amplitud de canal movible, unidad selectora de amplitud de canal movible
single-channel pulse height analyser | analizador de amplitud de impulsos de un solo canal
single-channel radio communications equipment | equipo monocanal de radiocomunicaciones
single-channel receiver | receptor monocanal
single-channel simplex | sistema símplex de canal único
single-channel stereophonic broadcasting | emisión (/radiodifusión) estereofónica por canal único
single-channel telegraph system | sistema telegráfico monocanal
single-channel telephone network | red telefónica de una vía
single-chip microcomputer | microordenador monochip
single circuit | circuito sencillo (/simple)
single-circuit line | línea simple (/de circuito único)
single-circuit system | sistema de circuito simple
single-circuit transformer | trasformador de un solo circuito
single-coil filament | filamento en espiral
single-coil lamp | lámpara de filamento en espiral
single-coil regulation | regulación de una sola inductancia
single-coil relay | relé (/relevador) de una sola bobina
single-commutation direct-current signalling | señalización por inversión de corriente continua
single-compensating polariscope | polariscopio de simple compensación
single-component signal | señal de componente única
single-conductor cable | cable monofilar (/de un solo conductor)
single contact | contacto simple
single-contact base | casquillo de un solo contacto, casquillo de contacto central
single-contact system | línea de contacto sencilla
single control | control (/mando) único
single-control bistable trigger circuit | circuito de disparo biestable con una sola entrada
single-control tuning | sintonía de mando único
single-conversion receiver | receptor de conversión única
single cord | monocordio
single-cord circuit | circuito monocordio
single-cord switchboard | conmutador manual monocordio
single-core magnetic amplifier | amplificador magnético de un solo núcleo

single-core table | cable monofilar (/unipolar, /monoconductor)
single-cotton covered wire | hilo forrado con una capa de algodón
single crystal | cristal simple, monocristal
single-crystal camera | cámara de monocristal
single-crystal film | película monocristalina
single-crystal semiconductor | semiconductor monocristalino
single current | corriente simple
single-current system | sistema de corriente simple (/unidireccional)
single-current transmission | trasmisión por corriente simple
single-current working | explotación por corriente simple
single-curve scanning | exploración de curva única
single cycle | ciclo individual (/único)
single-cycle multivibrator | multivibrador monoestable
single-cycle reactor system | reactor de ciclo único
single data | datos únicos
single-data processor | procesador de un solo dato
single-data stream | corriente de un solo dato
single-degree-of-freedom gyroscopic system | sistema giroscópico de un solo grado de libertad
single-degree-of-freedom system | sistema de un grado de libertad
single density | densidad de escritura sencilla
single-dial control | control con dial único
single-diffused transistor | transistor de difusión única
single diffusion stage | etapa única de difusión
single diode | diodo sencillo
single-diode loop | bucle de acoplamiento por diodo único
single direction | una sola dirección
single-directional | unidireccional, de una sola dirección
single-domain particle | partícula de un solo dominio
single-duct conduit | conducto simple (/de vía única), conducción de un solo conducto
single earphone | auricular monocasco
single-enclosure | de cuba única
single-enclosure multipolar switch | interruptor multipolar de caja única
single-ended | asimétrico, de un solo terminal, de terminación sencilla
single-ended amplifier | amplificador asimétrico (/de salida a masa)
single-ended cable grip | amarre de cable
single-ended cord circuit | monocordio
single-ended filter | filtro de tres conexiones
single-ended input | entrada de terminación sencilla
single-ended input impedance | impedancia de entrada de terminación sencilla
single-ended input voltage | tensión de entrada de terminación sencilla
single-ended mixer | mezclador asimétrico
single-ended output voltage | tensión de salida de terminación sencilla
single-ended pentode | pentodo con todas las conexiones en la base
single-ended push-pull amplifier | amplificador asimétrico equilibrado, amplificador simétrico-asimétrico, amplificador en contrafase de un solo terminal, amplificador con entrada simétrica y salida asimétrica
single-ended push-pull configuration | configuración simétrica-asimétrica [*configuración con entrada simétrica y salida asimétrica*]
single-ended signal | señal de terminación sencilla
single-ended stage | etapa asimétrica (/monoválvula)
single-ended transistor | transistor de salida sencilla
single-ended ultrasonic delay line | línea de retardo ultrasónica de una sola cabeza
single-ended valve | válvula con terminales simples (/en la base)
single-ended voltage gain | ganancia de tensión de terminación sencilla
single-fee metering | medición sencilla
single frequency | frecuencia única
single-frequency channel | canal de una sola frecuencia
single-frequency device | dispositivo de frecuencia única
single-frequency duplex | sistema dúplex de frecuencia única
single-frequency noise figure | índice de ruido de una sola frecuencia
single-frequency operation | funcionamiento en frecuencia única
single-frequency oscillator | oscilador de frecuencia única
single-frequency phase-shifting network | red desfasadora monofrecuencia (/de frecuencia única)
single-frequency radio compass | radiobrújula monofrecuencia
single-frequency signalling | señalización con frecuencia única
single-frequency simplex | símplex de frecuencia simple (/única)
single-frequency sound | sonido de frecuencia única
single-frequency spectrum component | componente espectral de frecuencia única
single-gang faceplate | placa frontal de salida simple
single-gang selector switch | selector monopolar, conmutador de una sola sección
single-gap output cavity | cavidad de salida de una sola abertura
single-grid valve | válvula (/lámpara) monorrejilla
single-grid wiring | canalización de red simple
single grip terminal | terminal de grapa simple
single groove | monosurco
single-groove record | disco monosurco (/de un solo surco)
single-groove stereo | disco estereofónico monosurco
single-groove stereophonic disk record | disco estereofónico monosurco
single-groove stereophonic recording | disco estereofónico monosurco
single-gun chromatron | cromatrón de un sólo cañón
single-gun colour television valve | cinescopio en color de cañón único, válvula de televisión en color de un solo cañón
single-gun colour valve | válvula de imagen en color de un solo cañón
single-gun tricolour valve | cinescopio tricolor monocañón, válvula tricolor de un solo cañón
single-gun valve | válvula monocañón (/de cañón único)
single-harmonic distortion | distorsión por armónica única
single hit | impacto simple (/único)
single-hit event | fenómeno de impacto único
single hop | salto único
single-hop microwave link | radioenlace de microondas de un solo salto
single-hop path | trayectoria de un solo salto
single-hop propagation | propagación por un salto, trasmisión por una sola reflexión (en la ionosfera)
single-hop radio relay | radioenlace de un solo salto
single-hop range | alcance con una sola reflexión [*en la ionosfera*]
single identification module | módulo simple de identificación
single image stereogram | estereograma de imagen única
single inductive shunt | derivación inductiva simple
single inline | circuito en una sola línea
single in-line device | dispositivo de una línea de conexiones
single in-line memory module | módulo de memoria de una linea de conexiones
single in-line package | encapsulado de línea de conexiones simple, empaquetamiento en línea simple
single in-line pin | patilla de (una) línea de conexiones
single junction | unión única
single-junction photosensitive semi-

conductor | semiconductor fotosensible de una sola unión
single-junction transistor | transistor de una sola unión
single-knob tuning | sintonía monocontrol (/con un solo mando)
single line | línea simple (/única)
single-line contact | contacto sencillo
single-line diagram | diagrama (/esquema) de línea sencilla
single-line drawing | esquema de línea sencilla
single line of ducts | conducto unitario
single-line schematic diagram | esquema monolineal (/unifilar)
single-line subscriber | abonado a (/con) una sola línea
single-line telephone | teléfono de línea simple
single-loop feedback | realimentación por bucle único
single measurement | medición individual
single-mode fibre | fibra (óptica) monomodo (/de modo simple)
single-motion switch | conmutador de un (solo) movimiento
single-needle system | telégrafo de aguja
single node | uninodal, de un solo nodo
single-node vibration | vibración uninodal
single operand instruction | instrucción de operando simple
single operation | operación única
single operator | con un solo operador
single-operator ship | buque con un solo operador (/radiotelegrafista)
single pair | par único [en conductores de cobre]
single-parity check | verificación de paridad simple
single-particle model | modelo de partículas independientes
single-petticoat insulator | aislador de simple (/una sola) campana, aislador de campana sencilla
single phase | monofásico
single-phase alternator | alternador monofásico
single-phase armature | inducido monofásico
single-phase bridge rectifier | rectificador monofásico en puente
single-phase circuit | circuito monofásico
single-phase commutator motor | motor monofásico de colector
single-phase current | corriente monofásica
single-phase-current system | sistema de corriente monofásica
single-phase full-wave bridge rectifier | rectificador monofásico de onda completa en puente
single-phase full-wave rectifier | rectificador monofásico de onda completa

single-phase half-wave rectifier | rectificador monofásico de media onda
single-phase machine | máquina monofásica
single-phase mains | red monofásica, sector monofásico
single-phase motor | motor monofásico
single-phase overhead line | línea aérea monofásica
single-phaser | dispositivo monofásico
single-phase rectifier | rectificador monofásico
single-phase sampling | muestreo monofásico
single-phase series commutator motor | motor monofásico en serie con colector
single-phase series motor | motor monofásico en serie
single-phase shunt motor | motor monofásico en derivación
single-phase synchronous generator | generador sincrónico monofásico
single-phase synchronous motor | motor sincrónico monofásico
single-phase system | sistema monofásico
single-phase transformer | trasformador monofásico
single phasing | puesta a una fase, reglaje de fase simple
single photon absortiometry | absorciometría fotónica singular
single-plane winding | devanado en una capa
single-plug patch cord | cable de interconexión con clavija sencilla
single-point grounding | puesta a tierra de un solo punto
single-point thermostat | termostato de acción simple
single polarity | unipolaridad, monopolaridad
single-polarity pulse | impulso unidireccional (/de polaridad única)
single-polarity pulse train | tren de impulsos unidireccionales (/de polaridad única)
single-polarized | polarización única
single-polarized aerial | antena de polarización única
single-pole | monopolar, unipolar, de un solo polo
single-pole battery-regulating switch | reductor sencillo (/de una polaridad) de batería
single-pole changeover switch | conmutador (/inversor) unipolar
single-pole double-throw | conmutador unipolar de doble acción
single-pole double-throw knife switch | conmutador unipolar de cuchilla de dos direcciones
single-pole double-throw mercury switch | conmutador unipolar de mercurio de dos direcciones (/vías)
single-pole double-throw relay | relé unipolar de dos vías, relé de un circuito y dos direcciones
single-pole double-throw switch | conmutador monopolar (/unipolar) de dos vías
single-pole fuse | fusible unipolar
single-pole head | cabeza unipolar
single-pole knife switch | conmutador unipolar de cuchilla
single-pole line | línea sobre apoyos sencillos
single-pole overload circuit breaker | disyuntor de máxima unipolar, disyuntor unipolar de sobrecarga, interruptor automático unipolar de sobrecarga
single-pole-piece magnetic head | cabeza magnética unipolar
single-pole relay | relé unipolar (/de un solo circuito)
single-pole single-throw | interruptor unipolar de simple acción
single-pole single-throw switch | conmutador unipolar de una sola vía
single-pole switch | conmutador monopolar (/unipolar, /de un polo)
single-pole three-position switch | conmutador unipolar de tres posiciones
single precision | precisión única
single pulse | impulso único
single-pulse trigger | disparador de impulso único
single range | de alcance único, de escala única
single-range shunt | derivación de alcance único
single-rod lattice | celosía de barra simple
single-runaround wiring | canalización de simple circunvalación
single sampling | muestreo único
single-sampling plan | plan de muestreo simple
single scattering | difusión (/dispersión) simple (/única)
single-section filter | filtro de célula (/sección) única
single-section low-pass filter | filtro pasabajos de célula única
single selection model | modo de selección única
single service | línea simple
single-shed insulator | aislador de simple campana
single-shield solid enclosure | envoltura sólida de pantalla simple
single shot | de disparo simple (/único)
single-shot blocking oscillator | oscilador de bloqueo de ciclo único
single-shot dropout | caída de un solo tiro
single-shot multivibrator | multivibrador monoestable (/de ciclo simple, /de periodo simple)
single-shot trigger circuit | circuito de disparo simple
single side | simple cara

single sideband | banda lateral única
single-sideband carrier system | sistema de corrientes portadoras de banda lateral única
single-sideband communication | comunicación por banda lateral única
single-sideband converter | convertidor de banda lateral única
single-sideband distortion | distorsión de banda lateral única
single-sideband equipment | equipo de banda lateral única
single-sideband filter | filtro de banda lateral simple (/única)
single-sideband frequency-division multiplexing | multiplexión por división de frecuencia de banda lateral única
single-sideband keyed tone | tono de banda lateral única manipulado
single-sideband modulation | modulación de banda lateral única
single-sideband modulator | modulador de banda lateral única
single-sideband noise factor | factor de ruido de banda lateral única
single-sideband radiotelephony | radiotelefonía de banda lateral única
single-sideband receiver | receptor de banda lateral simple (/única)
single-sideband suppressed carrier | portadora suprimida de banda lateral simple
single-sideband suppressed-carrier modulation | modulación de banda lateral única con supresión de la portadora
single-sideband system | sistema de banda lateral simple (/única)
single-sideband transmission | emisión (/trasmisión) de banda lateral única, trasmisión por una sola banda lateral
single-sideband transmitter | trasmisor de banda lateral única
single-sideband working | trasmisión de banda lateral única
single-sided | de simple cara [*aplicado a discos flexibles*]
single-side printed board | tarjeta de circuitos de simple cara
single-side rack | bastidor de una sola cara
single signal | señal única
single-signal receiver | receptor de señal única
single-signal reception | recepción (selectiva) de una sola señal
single-signal selectivity | selectividad de señal única
single-signal superhet | receptor superheterodino de señal única
single-signal superheterodyne receiver | receptor superheterodino de señal única
single-silk-covered wire | hilo con forro sencillo de seda
single soundtrack | pista sonora sencilla
single-speed floating action | acción flotante de una sola velocidad
single-stage | monoetapa, de etapa única, de una sola etapa
single-stage amplifier | amplificador de una etapa
single-stage diffusion unit | unidad difusora de etapa única
single-stage process | procedimiento de una sola etapa
single-stage recycle | recirculación de etapa única
single-stage repeater | repetidor de una sola etapa
single-stage separator | separador de una etapa
single-station assembly machine | máquina de montaje de estación única
single steel wire armouring | armadura simple de alambres de acero
single step | paso simple
single-step operation | operación de paso único
single-stroke bell | timbre de golpe sencillo
single-stub transformer | trasformador de adaptador único
single-stub tuner | sintonizador de sección única
single sweep | barrido único
single-sweep operating mode | modalidad (funcional) de barrido único
single-sweep operation | funcionamiento de barrido único
single-swing blocking oscillator | oscilador de bloqueo monocíclico, oscilador de una sola oscilación
single-switch call | comunicación (de tránsito) con una sola conexión
single-switching electric control | control eléctrico de conmutación sencilla
singlet | singlete
single-tank circuit breaker | interruptor de cuba única
single-tank oil breaker | disyuntor (/interruptor) en aceite de cuba única
single-tank oil circuit breaker | disyuntor (/interruptor) en circuito de aceite de cuba única
single-tank switch | interruptor de cuba única
single-tapped | con una derivación, con una toma
single-tapped resistor | resistor con una toma
single-target radar | radar de blanco (/objetivo) único
single threading | posicionamiento único
single throw | de una dirección (/posición, /vía)
single-throw circuit breaker | disyuntor de una vía
single-throw double-pole switch | interruptor bipolar, conmutador bipolar de una vía (/dirección)
single-throw switch | conmutador (/interruptor) de una vía
singlet linkage | unión de un solo electrón
single-tone keying | enclavamiento de un solo tono, manipulación de tono único
single-trace | de trazo sencillo, de una sola curva
single track | pista (/vía) sencilla (/única)
single-track magnetic system | sistema de grabación magnética de una sola pista
single-track magnetic tape recording | grabación de una sola pista en cinta magnética
single-track recorder | registrador magnético de una sola pista
single-trip multivibrator | multivibrador monociclo (/de ciclo simple)
single-trip trigger circuit | circuito de disparo de ciclo simple
single-tuned amplifier | amplificador resonante simple, amplificador con resonancia de frecuencia única
single-tuned circuit | circuito sintonizado (/resonante) simple
single-turn potentiometer | potenciómetro de una (sola) vuelta
single U insulator spindle | soporte aislante simple en U
single-unit semiconductor device | dispositivo semiconductor simple
single-unit spacing signal | señal de espacio unitario
single-user computer | ordenador personal
single-valve | monoválvula, de una sola válvula
single-valve arrangement | configuración (/montaje) monoválvula
single-valve boiler | caldera monotubular
single-valve injector | inyector monotubular
single-vertical-wire aerial | antena de conductor único vertical
single-wave | monofásico, de una onda (/alternancia)
single-way | de una dirección (/vía)
single-way connection | acoplamiento de una sola dirección
single-way radio link | radioenlace unidireccional
single-wedge polariscope | polariscopio de cuña simple
single winding | devanado sencillo (/de circuito único)
single wire | circuito (/línea) unifilar
single-wire | unifilar, monofilar, de un solo hilo
single-wire aerial | antena monofilar (/unifilar, de un solo hilo)
single-wire circuit | circuito monifilar (/unifilar)
single-wire connection | conexión uni-

filar
single-wire dialling | marcación por un solo hilo
single-wire end-fed aerial | antena monofilar alimentada por un extremo
single-wire line | línea monofilar (/unifilar, /de un solo conductor)
single-wire rhombic aerial | antena romboidal unifilar
single-wire route | línea unifilar
single-wire transmission line | guiaondas cilíndrico; línea de trasmisión monofilar (/unifilar, /de un solo conductor)
single-wired | monofilar, unifilar, de un solo hilo (/conductor)
single-wound | devanado en capa única, devanado en una sola capa
single-wound resistor | resistencia de devanado simple
single-wrap splice | empalme de enrollado simple
singly charged | cargado de una vez
singly charged ion | ión de carga única
singly linked list | lista enlazada unidireccional
singular matrix | matriz singular
sinimax | sinimax [*aleación de hierro y silicio*]
sink | colector, sumidero; disipador; unidad de consumo (de energía)
sinker | región de penetración
sinking technique | técnica de criba
sink load | carga sumidero [*carga con corriente en su entrada hacia fuera*]
sink node | nodo sumidero
sinoidal | sinusoidal
SINS | SINS [*sistema de navegación marítima por inercia utilizado por los submarinos de propulsión nuclear*]
sintactic monoid | monoide sintáctico
sinter, to - | sinterizar
sintered | sinterizado, aglomerado, aglutinado
sintered cathode | cátodo sinterizado
sintered conductor | conductor sinterizado
sintered core | núcleo sinterizado
sintered magnetic material | material magnético sinterizado
sintered metal | metal sinterizado
sintered plate | placa sinterizada
sintered-plate storage battery | acumulador de placas sinterizadas
sintered powdered-metal magnetic alloy | aleación magnética (/para imanes) de pulvimetal sinterizado
sintering | sinterización
sintering body | material (/elemento) sinterizado
sinterise, to - [UK] | sinterizar
sinterize, to - [UK+USA] | sinterizar
sinterizing | sinterización
sinusoid | sinusoide, gráfica del seno
sinusoidal | sinusoidal, senoidal
sinusoidal amplitude modulation | modulación de amplitud sinusoidal

sinusoidal carrier wave | onda portadora sinusoidal
sinusoidal component | componente sinusoidal
sinusoidal current | corriente sinusoidal
sinusoidal curve | curva sinusoidal (/sinusoide)
sinusoidal electromagnetic wave | onda electromagnética sinusoidal
sinusoidal electromotive force | fuerza electromotriz sinusoidal
sinusoidal field | campo sinusoidal
sinusoidal generator | generador de ondas (/oscilaciones) sinusoidales
sinusoidal input | entrada sinusoidal
sinusoidal input signal | señal de entrada sinusoidal
sinusoidal input voltage | tensión de entrada sinusoidal
sinusoidal modulation | modulación sinusoidal
sinusoidal oscillation | oscilación sinusoidal
sinusoidal oscillator | oscilador sinusoidal
sinusoidal plane wave | onda plana sinusoidal
sinusoidal potentiometer | potenciómetro simusoidal
sinusoidal quantity | magnitud sinusoidal
sinusoidal signal | señal sinusoidal
sinusoidal signal generator | generador de señales sinusoidales
sinusoidal tone | señal (/tono) sinusoidal
sinusoidal vibration | vibración sinusoidal
sinusoidal voltage | tensión (/voltaje) sinusoidal
sinusoidal wave | onda sinusoidal
sinusoidal wave generator | generador de ondas sinusoidales
sinusoidal wave oscillator | oscilador de onda sinusoidal
sinusoidal waveform | sinusoide, onda (/señal) sinusoidal, forma sinusoidal de la onda
SIOI = serial input/output | SIOI [*entrada/salida serial*]
SIP = session initiation protocol | SIP [*protocolo de inicio de sesión (en trasmisión de datos)*]
SIP = single in-line pin, single inline package | SIP [*patilla de una línea de conexiones, encapsulado de línea de conexiones simple*]
SIP-CGI = session initiation protocol - common gateway interface | SIP-CGI [*interfaz de pasarela común para el protocolo de inicio de sesión*]
siphon recorder | sifón registrador, registrador (/ondulador) de sifón
SIPO = serial in, parallel out | SIPO [*entrada (en) serie, salida (en) paralelo*]
SIPP = single inline pinned package | SIPP [*encapsulado de una línea de

conexiones por patillas*]
SIR = serial Infrared | SIR [*transmisión en serie por infrarrojos*]
siren | sirena
siren tone generator | generador de tono de sirena
SIS = single image stereogram | SIS [*estereograma de una imagen*]
SISI = short increment sensitivity index | SISI [*índice de sensibilidad a incrementos cortos*]
SISNet = signal in space through Internet | SISNet [*tecnología de acceso a la información de navegación por satélite desde internet en tiemo real*]
sister | hermana
SI system | sistema SI [*sistema internacional de unidades*]
SITA = Societé Internationale de Télécommunications Aeronautiques (*fra*) [*International Society of Aeronautical Telecommunications*] | SITA = Sociedad internacional de telecomunicaciones aeronáuticas
site | asiento, emplazamiento, lugar, posición, sitio
site, to - | colocar, emplazar, situar, ubicar
site error | error de emplazamiento (/entorno)
site error susceptibility | sensibilidad al error local
site interference | interferencia (/perturbación) debida al emplazamiento
site license | licencia de reproducción [*para copiar un software*]
site monitoring | vigilancia (/prospección) local
site noise | ruido (radioeléctrico) local
site noise figure | factor de ruido (radioeléctrico) local
site noise level | nivel de ruido (radioeléctrico) local
site of installation | lugar de instalación
site reflection | reflexión local (/del emplazamiento)
site selection | selección (/elección) de emplazamiento
siting | emplazamiento, localización, situación, ubicación
SITN = situation | situación
situation display valve | válvula de presentación de la situación
situation of proximity | situación de proximidad [*distancia entre una línea de telecomunicación y una línea de energía*]
Sivicon | Sivicon [*marca comercial de válvula de televisión del tipo red de diodos de silicio*]
six-digit dialling | marcación (/selección) con seis cifras (/dígitos)
six-electrode valve | hexodo, válvula de seis electrodos
six-phase | hexafásico, de seis fases
six-phase circuit | circuito hexafásico (/de seis fases)

six-phase converter | convertidor hexafásico
six-phase double-star rectifier configuration | circuito rectificador hexafásico en doble estrella
six-phase grid-controlled mercury arc rectifier | rectificador hexafásico de arco de mercurio controlado por rejilla
six-phase half-wave rectifier | rectificador hexafásico de media onda
six-phase parallel rectifier | rectificador hexafásico en paralelo
six-phase ring connection | conexión hexafásica en anillo
six-phase star connection | conexión hexafásica en estrella
six-phase system | sistema hexafásico
six-pole | hexapolar, de seis polos
six-pole bandpass system | filtro pasabanda hexapolar
six-pole device | hexapolo, dispositivo hexapolar (/de seis polos)
six-pole direct-current motor | motor hexapolar de corriente continua
six-pole three-phase alternator | alternador trifásico hexapolar
six-pole tunable filter | filtro sintonizable hexapolar
six-prong valve | válvula (electrónica) de seis patillas
six-step filter | filtro de seis escalones
six-valve receiver | receptor de seis válvulas
size | calibre, sección, diámetro; capacidad; dimensión, medida, tamaño
size, to - | agrupar, ajustar el tamaño, calibrar, clasificar, disponer, distribuir; evaluar
size border | borde de dimensionamiento
size box | caja de tamaño [*control de tamaño de las ventanas en la pantalla de Macintosh*]
size control | control de tamaño [*de la imagen*]
size of a route | capacidad de una ruta
size of picture | tamaño de la imagen
sizing | agrupación; calibración, clasificación, disposición; dimensionamiento
sizing handle | cuadro de tamaño
skate | colector de corriente
skating | empuje lateral
skating force | fuerza de empuje lateral
SKD = schedule | horario, plan, programa
SKED = schedule | horario, plan, programa
skein winding | arrollamiento (/devanado) en madeja
skeletal coding | codificación en esqueleto
skew | inclinación, sesgo, oblicuidad; error de rectangularidad (de la imagen)
skew arrangement | disposición oblicua
skew distortion | distorsión oblicua
skew factor | factor de inclinación
skew ray | rayo alabeado
skew tape | cinta patrón sin sesgo
skewed distribution | distribución asimétrica
skewed slot | ranura inclinada (/oblicua)
skewed tree | árbol descompensado
skewed turn | espira oblicua
skewed winding | devanado oblicuo
skewing | oblicuidad; efecto de persiana
skewness | asimetría
skew-symmetric matrix | matriz antisimétrica
skiagram | radiografía, radiograma
skiagraph | radiografía, radiograma
skiatron | esquiatrón, válvula (/tubo catódico) de pantalla absorbente, tubo catódico de trazo oscuro
skiatron display | indicador de trazo oscuro
skin aerial | antena superficial (/de montaje al ras)
skin contamination | contaminación cutánea
skin depth | profundidad pelicular (/de superficie)
skin dose | dosis (de radiación) cutánea (/en la piel)
skin effect | efecto peculiar (/superficial), efecto Kelvin
skinner | cable (/cabo) de empalme
skinning | pelado (de cable)
skin resistance | resistencia de superficie
skin tracking | rastreo superficial
skin unit | unidad (de radiación) cutánea
skiograph | esquiógrafo
skip | (efecto de) salto; instrucción en blanco; reflexión (en la ionosfera)
skip, to - | saltar
skip area | zona saltada
skip distance | anchura (/distancia) de salto (/silencio)
skip effect | efecto de salto; reflexión (en la ionosfera)
skip fading | desvanecimiento por (variación de la distancia de) salto
skip-if-set instruction | instrucción de salto condicionada a una secuencia
skip keying | manipulación de salto; división (/desmultiplicación) de la frecuencia de repetición de impulsos
skipped distance | distancia de salto
skipping | salto
skip zone | zona de salto (/silencio)
skip-zone chart | carta de zonas de silencio
skirt | borde, orilla, margen; falda, parte lateral inferior; bisel
skirted insulator | aislador de campana
skirt selectivity | selectividad de falda
Skrivanoff cell | pila de Skrivanoff
skull melting | procedimiento del autocrisol
sky background noise | ruido de fondo de origen celeste
Skybridge | Skybridge [*sistema de acceso vía satélite de nueva generación*]
sky correction | corrección de onda espacial
sky error | error atmosférico (/ionosférico)
sky noise | ruido (radioeléctrico) de origen celeste (/estelar)
sky radiation | radiación celeste (/difusa)
sky screen | pantalla de cielo
skyshine | brillo celeste (/espacial)
sky station error | error de estación de onda espacial
sky wave | onda celeste (/espacial, /indirecta, /ionosférica, /reflejada)
sky wave communication | comunicación por ondas espaciales
sky wave correction | corrección del error ionosférico
sky wave curve | curva de la onda reflejada
sky wave error | error de onda espacial
sky wave field | campo de la onda reflejada
sky wave field intensity | intensidad de campo de la onda reflejada
sky wave interference | interferencia por la onda reflejada
sky wave range | alcance de la onda reflejada
sky wave signal | señal de onda reflejada
sky wave station error | error de sincronización (de la estación) por onda ionosférica (/espacial)
sky wave synchronization | sincronización por onda ionosférica
sky wave synchronization loran | loran de sincronización por onda espacial (/ionosférica)
sky wave-synchronized loran | loran de sincronización por onda ionosférica
sky wave transmission | trasmisión por ondas reflejadas
sky wave transmission delay | retardo de trasmisión por ondas reflejadas
slab | placa; primera talla
slab coil | bobina plana
slab lattice | celosía espacial de placas
slab line | línea slab [*línea coaxial de acanalado doble con conductor cilíndrico entre dos conductores paralelos*]
slab reactor | reactor plano (/de bloque)
slab wafer | oblea gruesa
slack | holgura; flojedad, falta de tirantez
slack cable switch | disyuntor (/interruptor automático) para cable flojo

slack hour | hora (/periodo) de valle (/poco tráfico)
slack traffic hour | hora de poco tráfico
slant | declive
slant course | alineación oblicua
slant distance | distancia real (/oblicua, /inclinada, /en declive)
slant range | gradiente, distancia en declive, margen de inclinación
slant range distortion | distorsión de oblicuidad
slap-back | slap-back [*eco de nivel decreciente que se produce donde reaparece la señal original*]
slash | barra
slave | esclavo, dependiente
slave aerial | antena esclava (/servomandada)
slave circuit | circuito esclavo
slaved gyromagnetic compass | brújula giromagnética esclava
slave drive | excitación secundaria
slaved tracking | tracción esclava
slave driver | excitador secundario
slave machine | máquina acoplada directamente
slave of commutator | manguito de colector
slave of plug | cuerpo de clavija
slave operation | funcionamiento esclavo
slave oscillator | oscilador cautivo (/esclavo)
slave relay | relé auxiliar (/esclavo)
slave signal | señal de estación esclava (/controlada)
slave station | subestación, estación esclava (/subordinada)
slave sweep | barrido esclavo
slave telegraphy station | estación telegráfica corregida
slave transmitter | trasmisor (/emisor) esclavo
slaving | slaving [*aplicación de un par para mantener la orientación del eje de rotación de un giróscopo*]
SLC = searchlight control radar | SLC [*radar director de proyectores*]
SLC = straight line capacitance | SLC [*capacidad de variación lineal*]
SL cable = separately leaded cable | cable de conductores emplomados
sleep | reposo
sleep, to - | abortar [*suspender una operación sin terminarla*]
sleeping sickness | enfermedad del sueño
sleep mode | modo de reposo
sleep/resume | reposo/espera
sleep/resume connector | conector de reposo/espera
sleep-switch | interruptor de desconexión programada
sleeve | base; camisa (para núcleo), revestimiento, cubierta; casquillo, manguito; hembra de conector
sleeve aerial | antena con manguito (/unipolo semicubierto)

sleeve control | control por tercer hilo
sleeve control cord circuit | cordón de conexión con tercer hilo
sleeve control supervision | supervisión por tercer hilo
sleeve control switchboard | conmutador manual de supervisión por tercer hilo
sleeve coupling | junta (/unión, /acoplamiento) de manguito
sleeve dipole | dipolo semicubierto (/con cable coaxial)
sleeve dipole aerial | antena con dipolo semicubierto, antena dipolar con manguito (/tubo) coaxial
sleeve for core | camisa para núcleo
sleeve of commutator | manguito de colector
sleeve of plug | cuerpo de clavija
sleeve stub | antena de manguito especial
sleeve stub aerial | antena de semidipolo, semidipolo con tetón adaptador coaxial, antena con brazo de reactancia semicubierto
sleeve twisters | alicate empalmador
sleeve wire | hilo de prueba (/manguito), tercer hilo
sleeving | revestimiento, (con) manguito, camisa (/cubierta) aislante
slew | giro horizontal
slew, to - | girar rápidamente
slewing | giro rápido, variación (/exploración) rápida
slewing motor | motor para exploración
slew range | margen de rotación rápida
slew rate | rapidez de respuesta, índice de cambio en el voltaje de la señal
SLF = straight line frequency | FVL = frecuencia de variación lineal
SLIC = subscriber line interface circuit | SLIC [*interfaz del circuito de abonado, circuito de extensión en PABX*]
slice | chip, lámina, oblea, pastilla [*lámina simple de un lingote de silicio*]; disco; rebanada, parte
slice architecture | arquitectura de elementos
slicer | limitador; seccionador (de señal)
slicked switch | conmutador impermeable (/de mercurio)
slide | deslizamiento
slide-action switch | conmutador de accionamiento corredizo
slideback | regresión de rejilla
slideback milliammeter | miliamperímetro de rejilla
slideback voltmeter | voltímetro de oposición (/retrodeslizamiento)
slide bar | deslizadera
slide coil | bobina con (/de) cursor
slide contact | cursor, contacto deslizante
slide gauge | calibrador de corredera (/cursor)
slide lever switch | conmutador de botón (/palanquita) deslizante
slide potentiometer | potenciómetro longitudinal
slider | corredera, cursor, botón (/control, /dispositivo, /palanquita) deslizante
slider arm | indicador del control deslizante
slider autotransformer | autotrasformador de cursor
slider contact | contacto deslizante (/móvil, /corredizo), cursor
slider indicator | indicador de deslizamiento
slider switch | conmutador corredizo (/deslizante)
slider track | pista del control deslizante
slider-type adjustable wire-wound resistor | resistor de alambre ajustable de corredera
slider-type switch | conmutador (de palanca) deslizante
slide rule dial | cuadrante rectilíneo (/de escalas rectas)
slide scanner | explorador (/analizador) de diapositivas
slide screw tuner | sintonizador de tornillo deslizante
slide switch | interruptor deslizante
slide switch attenuator | atenuador de conmutadores deslizantes
slide-up | subpanel
slide wire | hilo de contacto deslizante, resistencia de hilo y cursor
slide wire bridge | puente de hilo y cursor
slide wire potentiometer | potenciómetro de corredera (/hilo)
slide wire rheostat | reostato de contacto deslizante
sliding arm | brazo móvil
sliding collector | pantógrafo
sliding contact | contacto deslizante, cursor
sliding-contact arm | brazo de contacto deslizante
sliding-contact commutator | conmutador de contactos deslizantes
sliding-contact switch | interruptor de contacto deslizante
sliding-contact tuner | sintonizador de contacto deslizante
sliding-current relay | relé (/relevador) de excitación gradual
sliding diaphragm | diafragma de corredera
sliding door | puerta corrediza (/de corredera)
sliding electrode | electrodo deslizante
sliding load | carga deslizante
sliding potential detector | detector de potencial deslizante
sliding resistance | reostato de contacto deslizante, resistencia de cursor
sliding short | cortocircuito deslizante
sliding short circuit | cortocircuito deslizante

sliding spark discharge | descarga de fuga
sliding stub | brazo de reactancia deslizante; sección equilibradora deslizante (de impedancias)
sliding switch | conmutador deslizante
sliding tap | cursor; derivación deslizante (/móvil)
sliding tuner | sintonizador de contacto deslizante
sliding voltage | tensión variable (/deslizante)
sliding waveline termination | guiaondas de terminación deslizante
slient reversal | inversión de polaridad
slinging wire | hilo de suspensión
slip | deslizamiento, resbalamiento; cinta deslizante (/perforada)
SLIP = serial line IP | SLIP [línea de serie IP]
slip clutch | embrague deslizante
slip multiple | multiplicación deslizante
slip-over current transformer | trasformador de cable
slippage | deslizamiento, resbalamiento
slipped bank | banco de contactos salteados
slipping | deslizamiento
slipping cam | leva de retardo
slip process | proceso deslizante
slip ratio | deslizamiento
slip record | cinta de ondulador (/recepción)
slip regulator | reostato de deslizamiento
slip ring | anillo colector (/de contacto, /de deslizamiento)
slip ring armature | inducido (/rotor) de anillo
slip ring induction motor | motor de inducción de anillos colectores
slip ring motor | motor de anillos colectores (/de rozamiento)
slip speed | velocidad de deslizamiento
slipstream | corriente de extracción lateral
slit | muesca
slit cover | tapa de la rendija
slit diaphragm | diafragma de ranuras
slit ends | delimitación de la rendija
slit fitting | dispositivo de rendija adicional
slit height | altura de rendija
slit illumination | alumbrado de la rendija
slit image | imagen de la rendija
slit jaw | mandíbulas de la rendija
slit length | longitud de rendija
slit source | fuente hendida
slitwidth adjustment | ajuste de la anchura de rendijas
slope | declive, inclinación, pendiente
slope angle | ángulo de pendiente
slope attenuation | atenuación de pendiente
slope-based linearity | linealidad basada en la pendiente

slope compensator | compensador de pendiente
slope detection | detección por flanco (/pendiente)
slope detector | detector de flanco (/pendiente)
slope deviation | desviación de la pendiente
slope-edged pulse | impulso de flanco inclinado (/oblicuo)
slope equalization | compensación (/igualación) de pendiente
slope equalizer | ecualizador (/igualador) de pendiente
slope filter | filtro de pendiente
slope meter | indicador de pendiente
slope of a curve | inclinación (/pendiente) de una curva; peralte [en vías de circulación]
slope of descent | pendiente de declive (/descenso)
slope ratio | relación de pendientes
slope resistance | componente resistiva de la impedancia
sloping aerial | antena inclinada
slot | conector, zócalo [para conexión de tarjetas de circuitos], zócalo de conexión, regleta de contactos; ranura [de conexión en placa], muesca; slot [para tarjetas de circuito impreso]
slot aerial | antena ranurada (/de ranura)
slot aerial array | antena de ranuras, grupo de antenas de ranura
slot armour | aislador (/armadura) de ranura
slot array | grupo de antenas de ranura
slot bandpass filter | filtro pasabanda de muesca, filtro de paso de banda angosta
slot bandstop filter | filtro de muesca supresor de banda, filtro de eliminación de banda angosta
slot cell | célula (/hoja aislante) de ranura
slot coupling | acoplamiento por ranura
slot diffuser loudspeaker | altavoz con difusor de ranura
slot effect | efecto de ranura
slot-fed dipole | dipolo ranurado
slot frequency | frecuencia de ranura
slot insulation | aislamiento de ranura
slot mask | máscara perforada [en tubos de rayos catódicos]
slot meter | contador de previo pago
slot opening | apertura de la ranura
slot pitch | paso en la ranura
slot radiator | radiador de ranura
slot reader | lector de tarjetas magnéticas; lector de espacios pequeños
slot system | sistema de contacto subterráneo
slotted | ranurado, con ranuras
slotted armature | inducido dentado
slotted cylinder aerial | antena de cilindro ranurado
slotted guide aerial | antena de guía ranurada
slotted line | sección (/línea, /guía de ondas) ranurada
slotted-line recorder (/recording) system | sistema registrador de línea ranurada
slotted measuring section | sección (/línea, /guía de ondas) ranurada de medición
slotted radiator | radiador ranurado
slotted ring | anillo ranurado
slotted-ring network | red de anillo con espacios [para mensajes]
slotted rotor plate | placa de rotor ranurada (/con muescas)
slotted section | sección (/línea, /guía de ondas) ranurada
slotted shield transformer | trasformador con blindaje ranurado
slotted SWR measuring device | dispositivo ranurado para medición de la relación de amplitud de ondas estacionarias
slotted waveguide | guiaondas ranurado, guía de ondas ranurada
slotted waveguide aerial | antena de guiaondas ranurado
slow | despacio, lento
slow-acting relay | relé de acción diferida (/retardada, /lenta)
slow-associated control channel | canal de control lento asociado a los canales de tráfico
slow-blow fuse | fusible lento (/con retardo, /de fusión lenta)
slow chopper | selector lento
slow crosstalk | interferencia lenta
slow death | muerte lenta [código Q]; variación gradual de las características
slow-decay AGC = slow-decay automatic gain control | control automático de ganancia de desactivación lenta
slow down, to - | moderar, retardar, terrmalizar (neutrones rápidos)
slowdown video | vídeo de deceleración (/conversión de barrido rápido en lento)
slow driver | distribuidor lento
slowed-down video | vídeo retardado
slow electron | electrón lento
slow flux | flujo lento
slow frequency shift | deriva (/corrimiento gradual) de frecuencia
slowing | retardo
slowing-down | desaceleración, frenado, moderación; retardo
slowing-down area | área (/superficie) de moderación
slowing-down density | densidad de retardo (/moderación)
slowing-down kernel | núcleo de retardo (/moderación)
slowing-down length | longitud de moderación
slowing-down power | poder de moderación
slowing-down signal | señal de pre-

caución
slowing-down time | tiempo de desaceleración
slow interrupter | interruptor lento
slow key | tecla retardada [*que se debe mantener pulsada para que ejerza su función*]
slow memory | memoria lenta
slow Morse code transmission | trasmisión lenta en código Morse
slow motion dial | cuadrante desmultiplicado (/con desmultiplicación)
slow neutron | neutrón lento
slow neutron capture | captura de neutrones lentos
slow neutron chain reaction | reacción en cadena con neutrones lentos (/retardados)
slow neutron detector | detector de neutrones lentos
slow neutron fission | escisión por neutrones térmicos
slow neutron flight time | tiempo de vuelo de neutrones lentos
slow neutron flight-time selector | selector de tiempos de vuelo de neutrones lentos
slow neutron fluxmeter | medidor de flujo de neutrones lentos
slow-neutron induced fission | escisión provocada por neutrones térmicos
slow-neutron-induced fission chain reaction | reacción en cadena de escisión por neutrones lentos (/térmicos)
slow neutrons | neutrones lentos (/térmicos)
slow-operate fast-release relay | relé de acción lenta y apertura rápida
slow-operate relay | relé de acción retardada (/diferida, /lenta)
slow-operate slow-release relay | relé de acción lenta y apertura retardada
slow-operating relay | relé de acción retardada (/diferida, /lenta)
slow reactor | reactor lento (/térmico, /de escisión por neutrones lentos)
slow release | apertura (/interrupción) retardada, desenganche lento
slow-release AGC = slow-release automatic gain control | control automático de ganancia de desactivación lenta
slow-release relay, slow-releasing relay | relé de apertura retardada, relé de reposición lenta, relé de desprendimiento diferido
slow scan | exploración lenta
slow-scan industrial television | televisión industrial de exploración lenta
slow-scan television | televisión de exploración lenta
slow speed | marcha lenta; velocidad baja
slow-speed generator | generador de baja velocidad
slow-speed interrupter | interruptor

lento
slow-speed interrupter cam | leva de interruptor lento
slow-speed relay | relé de velocidad lenta
slow-speed scan | exploración lenta
slow storage | almacenamiento lento
slow-sweep television | televisión de barrido lento, televisión de exploración lenta
slow-to-operate relay | relé lento
slow-to-release relay | relé lento a la reposición
slow wave | onda lenta
slow-wave circuit | circuito de onda lenta
slow-wave propagating circuit | circuito de propagación de onda lenta
slow-wave structure | estructura de onda lenta
SLP = service location protocol | SLP [*protocolo de localización de servicios*]
SISI = super large scale integration | SISI [*integración a escala supergrande: cien mil transistores por chip*]
sludge | sedimento
slug | anillo (de relé); barra, lingote; núcleo (móvil), blindaje de núcleo; devanado de retardo; espira cortocircuitada
slug burst | rotura de cartuchos (/lingotes combustibles)
sluggish | débil, inerte, lento
sluggish relay | relé lento
slug magnet | imán de barra gruesa
slug-tuned coil | bobina de núcleo móvil
slug tuner | sintonizador de barra (/núcleo móvil)
slug tuning | sintonización por núcleo móvil (/variable)
sluice throughput | caudal de alimentación
slumber switch | conmutador de sueño
slurry | (material escindible) en suspensión
slurry reactor | reactor de combustible en suspensión
SLW = straight line wavelength | SLW [*longitud de onda de variación lineal*]
sm = session manager | gestor de sesión
Sm = samarium | Sm = samario
SM = security management | gestión de seguridad
SM = service message | mensaje de servicio
SM = standard mile | SM [*milla patrón*]
SMA connector = subminiature assembly connector | conector SMA [*conector óptico subminiatura tipo A*]
SMAF = service management access function | SMAF [*función de acceso a la gestión del servicio (en la red inteligente)*]
small | pequeño

smallband videoconferencing | videoconferencia en banda estrecha
small-beam chopper | interruptor periódico de haz pequeño
small-business computer | ordenador de pequeña empresa
small-capacity cable | cable de poca capacidad, cable de pocos hilos
small capitals | versales, versalitas
small caps = small capitals | versales, versalitas
small computer systems interface | interfaz de (/para) sistemas informáticos pequeños
small current | corriente débil (/pequeña, /de poca intensidad)
small-current electronics | electrónica de corrientes débiles
small-current technique | técnica de las corrientes débiles
small model | modelo pequeño [*de memoria*]
small-oil-volume circuit breaker | disyuntor en escaso volumen de aceite
small-scale integration | integración a (/en) pequeña escala
small-scale reactor | reactor en pequeña escala
small screen | pantalla pequeña
small signal | señal débil
small-signal analysis | análisis de (/circuitos de) señal débil
small-signal characteristic | característica de señal débil
small-signal coupling coefficient | coeficiente de acoplamiento para señal débil
small-signal current gain | ganancia de corriente para señal débil
small-signal current-transfer ratio | relación de trasferencia de corriente para señal débil
small-signal depth of modulation | profundidad de modulación para señal débil
small-signal depth of velocity modulation | profundidad de la modulación de velocidad para señales pequeñas
small-signal drain-to-source on-state resistance | resistencia drenador-fuente de señal débil en estado activo
small-signal equivalent circuit | circuito equivalente para señal débil
small-signal forward transadmittance | trasadmitancia (/admitancia de trasferencia) directa para señal débil
small-signal input | señal débil a la entrada, entrada de señal débil
small-signal open-circuit reverse-voltage transfer ratio | relación de trasferencia de tensión inversa en circuito abierto para señal débil
small-signal operation | funcionamiento en régimen de señal débil
small-signal parameter measurement | medición de parámetros en régimen de señal débil

small-signal power gain | ganancia de potencia para señal débil
small-signal theory | teoría de las señales débiles
small-signal transconductance | trasconductancia de señal débil
small-size cable | cable de pocos hilos, cable de pequeña capacidad
small station | estación pequeña (/de poca potencia)
small wire | cable fino (/de pequeño calibre)
small wiring | cableado fino, conexionado auxiliar
smart | listo
smart building | edificio inteligente
smart button | botón de la barra de herramientas
smart cable | cable inteligente
smart card | tarjeta chip (/inteligente)
smart jack | conector inteligente
smart linkage | establecimiento de vínculos inteligente
smart power | potencia (/alimentación) inteligente
smart quotes | convertidor de comillas [*función de los procesadores de textos que convierte las comillas en comas invertidas*]
SMART system = self-monitoring analysis and reporting technology system | sistema SMART [*sistema tecnológico de análisis e informes autocontrolados*]
smart terminal | terminal avanzado (/inteligente)
smash, to - | desintegrar, destrozar, escindir, romper
S matrix | matriz S
smelt, to - | derretir(se), fundir(se)
SMD = surface mounted device | SMD [*dispositivo montado en superficie, componentes de montaje superficial*]
SMDS = switched multimegabit data services | SMDS [*servicios de datos conmutados a multimegabits*]
smear | borrosidad
smear density | densidad de compactación (/moldeo)
smearer | aplanador
smearer circuit | circuito amplificador de carga corta
smear ghost | fantasma borroso
smear test | ensayo de frote
smectic phase | fase esméctica [*estado mesomórfico en el que las moléculas están orientadas por capas*]
Smee cell | pila de Smee
smelting | fundición, fusión
smelting furnace | horno de fundición (/fusión, /reducción)
S meter = signal-strength meter | medidor de intensidad de señal
SMF = service management function | SMF [*función de gestión del servicio (en la red inteligente)*]
SMI interrupt logic | lógica del interruptor SMI

SMIL = sinchronized multimedia integration language | SMIL [*lenguaje de integración multimedia sincronizado*]
smiley [*emoticon*] | emoticón
Smith chart | diagrama de Smith
Smith diagram | diagrama de Smith
smoke deposition | precipitación electrostática de humos
smoke detector | detector de humos
smoke puff decoy | señuelo de humo
smoke test | prueba del fuego [*primera comprobación del funcionamiento de un hardware reparado*]
smooth, to - | aplanar (fluctuaciones), filtrar, suavizar; eliminar irregularidades [*o datos irrelevantes*]
smoothed current | corriente filtrada
smoothed curve | curva compensada (/suavizada)
smoothed output | salida filtrada
smoothered-arc furnace | horno eléctrico de arco cubierto
smoothing | filtrado, suavizado, aplanamiento (de fluctuaciones); aproximación
smoothing capacitor | capacitor de aplanamiento (/filtro)
smoothing choke | bobina de absorción (/filtro, /aplanamiento), reactancia de suavización; trasformador reductor de alisamiento
smoothing circuit | circuito estabilizador (/nivelador, /de filtrado)
smoothing condenser | capacitor (/condensador) de filtro (/aplanamiento)
smoothing factor | factor de alisamiento (/aplanamiento, /filtrado)
smoothing filter | filtro de alisamiento (/aplanamiento, /suavización, /corriente rectificada)
smoothing resistor | resistencia (/resistor) de filtro (/aplanamiento)
smooth line | línea uniforme
smooth operation | funcionamiento regular (/suave)
smooth potential well | pozo de potencial de contorno suavizado
smooth response | respuesta (esencialmente) uniforme
smooth scrolling | desplazamiento uniforme
smooth sound blending | buen equilibrio sonoro
smooth sphere diffraction | difracción de esfera lisa
smooth traffic | tráfico regularizado
SMP = symmetric multiprocessing | SMP [*multiproceso simétrico*]
SMP server = symmetric multiprocessing server | servidor SMP [*servidor de multiproceso simétrico*]
SMPT = simple mail transfer protocol | SMPT [*protocolo de trasferencia simple de correo*]
SMPTE = Society of motion picture and television engineers | SMPTE [*sociedad de ingenieros de cine y televi-

sión*]
SMS = service management system | SGS = sistema de gestión de servicios
SMS = short message service | SMS [*servicio de mensajes cortos (entre teléfonos GSM)*]
SMS = systems management server | SMS [*servidor para gestión de sistemas*]
SMS-SC = short message service-service center | SMS-SC [*centro de servicio de mensajes cortos*]
SMT = surface mounting technology | SMT [*tecnología para el montaje de los componentes en la superficie de tarjetas*]
SMTP = simple mail transfer protocol | SMTP [*protocolo simple de trasferencia de correo*]
smurf attack | ataque de eco [*ataque a un servidor de internet provocando el eco de una masa de respuestas que lo bloquean*]
Sn = tin | Sn = estaño
SN = soon | pronto
SNA = systems network architecture | SNA [*arquitectura de redes de sistemas; arquitectura de red de IBM para teleproceso entre sus ordenadores y terminales*]
snail mail | correo normal; correo por caracol [*fam*]
snake | serpiente; cinta pescadora [*para pasar cables por tuberías*]
snap | desconexión brusca (/rápida); engatillado, salto de resorte
SNAP = subscriber number analysis process | SNAP [*proceso de análisis del número de abonado*]
snap-acting | de corte brusco, de desconexión rápida
snap-acting switch | conmutador de acción rápida
snap-action | acción rápida, funcionamiento rápido
snap-action contact | contacto extrarrápido (/de transición brusca)
snap-action mechanism | mecanismo de acción (/desconexión) rápida
snap-action relay | relé (/relevador) de acción rápida
snap-action switch | interruptor de resorte (/acción rápida)
snap-around ammeter | pinza amperimétrica, amperímetro de pinza
snap back | retroceso
snap check | prueba por muestreo aleatorio
snap connector | conector de engranaje
snap-fastener contact | contacto elástico
snap-in | engatillado; conexión encajada
snap-in, to - | engranar
snap-in slide rail | guía de engranaje
snap-load cartridge | cartucho de co-

locación rápida
snap-load cartridge tape | cinta (magnética) en cartucho de colocación rápida
snap magnet | electroimán de ruptura rápida, imán de accionamiento rápido
snap-off diode | diodo de bloqueo rápido, diodo de ruptura brusca
snap-on ammeter | amperímetro de pinza
snapshot | instantánea
snapshot dump | volcado (/vuelco) instantáneo
snapshot programme | programa instantáneo [*de ejecución instantánea*]
snapshot routine | rutina de instantánea
snap switch | interruptor de resorte (/seccionamiento rápido)
Snark | Snark [*proyectil dirigido de superficie a superficie*]
SNDR = sender | emisor, trasmisor
sneak circuit | circuito de fuga (/corriente parásita)
sneak current | corriente parásita de pequeña intensidad
sneakernet [*fam*] | trasferencia por discos [*trasferencia de datos entre ordenadores que no están en red, pasando físicamente discos de un ordenador a otro*]
sneak path | encaminamiento parásito
sniffer | radar de bombardeo aéreo automático; husmeador [*pequeño programa que busca una cadena númerica o de caracteres concreta*]; analizador de protocolo [*en informática*]
sniffer gear | equipo de seguimiento (de submarinos) por detección del aire ionizado
sniperscope | mira (telescópica) de infrarrojos
snipper | radar de bombardeo aéreo automático desde poca altura
Snird | amplificador de la luz a frecuencias ópticas
snivet | perturbación de la imagen en raya vertical negra
snivet oscillation | perturbación de la imagen en forma de línea ondulada vertical intermitente
snivitz | snivitz [*impulso pequeño de ruido*]
SNMP = simple network management protocol | SNMP [*protocolo simple para gestión de redes*]
SNOBOL = string-oriented symbolic language | SNOBOL [*lenguaje simbólico orientado a cadenas*]
Snook rectifier | rectificador Snook
snooperscope | linterna de infrarrojos
snow | nieve
snow clutter | ecos de nieve, parásitos debidos a la nieve
snow effect | efecto de lluvia (/nieve)
snowflake | copo de nieve; cohete de lanzamiento de cintas antirradar

snowflake transistor | transistor 'copo de nieve' [*con emisor en estrella de seis puntas*]
snow static | nieve estática, parásitos por nieve
snowy picture | imagen nevada
SNR = signal-noise relation | RSR = relación señal-ruido
SN ratio = signal/noise ratio | relación S/R = relación señal/ruido
snubber capacitor | condensador amortiguador
snubber circuit | circuito amortiguador
S-N unit = Sabouraud-Noiré unit | unidad S-N = unidad Sabouraud-Noiré
SO = see our | vea (el) nuestro
soak | saturación del núcleo
soak, to - | cargar lentamente, saturar el núcleo
soaking | saturación del núcleo
soaking charge | carga débil (/poco fuerte) de larga duración
soaking temperature | temperatura (del electrolito) de carga débil de larga duración
soaking time | tiempo de absorción (del electrolito)
soaking value | valor de saturación (del núcleo)
soak time | tiempo de absorción (/impregnación térmica, /remojo)
soak timer | temporizador de impregnación térmica
soak value | valor de saturación del núcleo
SOAP = simple object access protocol | SOAP [*protocolo de acceso a objeto simple (en mensajería electrónica)*]
soapstone | esteatita
SOBQ = see our BQ | vea nuestro BQ
SOBS = scanning ocean bottom sonar | SOBS [*sonar de descenso a profundidades marinas*]
socket | base, caja de enchufe, toma (de corriente); zócalo, portalámparas, portaválvula; alveolo
socket adapter | adaptador de zócalo (/portaválvula)
socket aerial | antena de red
socket bushing | manguito aislante
socket contact | contacto de zócalo
socket for AC power input | zócalo de entrada de corriente alterna
socket for secondary cache | zócalo de caché secundaria
socket joint | enchufe; junta esférica; articulación de encastre
socket outlet | base, enchufe, zócalo
socket outlet adapter | clavija de derivación
socket outlet and plug | toma de corriente con enchufe hembra y macho
socket plug | clavija, conector (/enchufe) macho
sodar | sodar [*radar acústico para observaciones meteorológicas*]
sodium | sodio
sodium amalgam-oxygen cell | pila de

amalgama de oxígeno y sodio
sodium-cooled reactor | reactor refrigerado por sodio
sodium discharge lamp | lámpara de vapor (/descarga) de sodio
sodium-graphite reactor | reactor de sodio-grafito
sodium iodide crystal | cristal de sodioyodito
sodium iodide scintillation counter | contador de centelleo de ioduro de sodio
sodium reactor | reactor refrigerado por sodio
sodium vapour lamp | lámpara de vapor de sodio
sodium void coefficient | coeficiente de vacío del sodio
sodlerless plug | clavija sin soldadura
SOFAR = sound fixing and ranging | SOFAR [*sistema de localización y telemetría submarina por ondas acústicas*]
soft | blando, poco penetrante
soft base | base sin protección
soft boot | arranque (/reinicialización) en caliente
soft copy | copia temporal; presentación sonora (/visual)
softening | ablandamiento
softening temperature | temperatura de reblandecimiento
soft error | error débil
soft failure | fallo esporádico
soft font | fuente descargable [*de caracteres*]
soft hyphen | guión blando
soft iron | hierro dulce
soft iron circuit | circuito (magnético) de hierro dulce
soft iron core | núcleo de hierro dulce
soft iron oscillograph | oscilógrafo de hierro dulce
soft key | tecla programable (/redefinible)
soft keyboard | teclado blando (/personalizable, /de función programable)
softlight | proyector difuso
soft link | enlace blando [*simbólico*]
soft magnetic material | material magnético blando (/débil)
softmodem | módem blando [*módem basado en software*]
soft patch | parche blando [*modificación de un código para una aplicación concreta sin sobrescribir la modificación*]
soft photovalve | válvula fotoeléctrica blanda
soft power off | apagado automático
soft radiation | radiación blanda (/de poca penetración)
soft ray | rayo blando
soft reset | reinicio por software
soft return | retorno blando [*cambio de línea que realiza el procesador de textos cuando una palabra no cabe ya en la línea que está escribiendo*]

soft-sectored disk | disco de sectores blandos
soft solder | soldadura de estaño
soft soldering | soldadura blanda
SoftSSF | SoftSSF [*funcionalidad de servidores de señalización para emular el comportamiento de una SSF*]
soft start | arranque blando
soft state | estado actualizable [*mecanismo de refresco periódico de la información*]
soft steel | acero dulce (/blando)
soft superconductor | superconductor blando
soft valve | válvula blanda; tubo gasificado (con vacío imperfecto)
software | software; programa, programación (general), colección (/conjunto) de programas; documentación; soporte lógico
software application | aplicación de software
software-based modem | módem basado en software
software bloat | inflado del software [*con una cantidad excesiva de funciones innecesarias*]
software buffer | memoria tampón (/volátil) de software
software-compatible | compatible con el software
software configuration item | elemento de configuración de software
software conversion | conversión de software
software-dependent | dependiente del software
software developer | desarrollador de software (/programas)
software development kit | equipo para desarrollo de software
software distribution | distribución de software
software documentation | documentación de software
software engineer | ingeniero de software
software engineering | ingeniería del software
software handshake | intercambio de comunicación entre software [*por ejemplo entre módems a través de la línea telefónica*]
software house | empresa productora (/de programación) de software
software IC = software integrated circuit | IC de software [*circuito integrado de software*]
software integrated circuit | circuito integrado de software
software interrupt | interrupción por software
software key | clave de software
software library | biblioteca de programas
software life-cycle | vida completa del software

software list | lista de software
software maintenance | mantenimiento de software
software monitor | monitor de software
software package | paquete de software (/aplicación)
software piracy | piratería de software
software port | puerto de software
software portability | trasladabilidad del software
software programme | programa de software
software-programmable | programable por software
software protection | protección de software
software protyping | creación de prototipo de software
software publisher | empresa editora de software
software publishing | edición de software
software quality assurance | garantía de calidad del software
software reliability | fiabilidad del software
software robustness | robustez del software
software rot | corrupción de software [*destrucción de programas*]
software specification | especificación del software
software stack | pila de software
software suite | serie de software
software techniques | técnicas de software
software tool | herramienta (para el desarrollo) de software, herramienta de ayuda al software
software vendor | proveedor de software
software wave inputs | entrada de ondas de software
software wave outputs | salida de ondas de software
softwire | control numérico por ordenador
soft X-rays | rayos X blandos (/poco penetrantes)
SOGITS = senior officials group for information technology standardization | SOGITS [*grupo de altos funcionarios para la normalización de las tecnologías de la información*]
SOH = still on hand | pendiente de entrega (/trasmisión)
SOHO = small office/home office | SOHO [*pequeña oficina/oficina en casa*]
SOI = silicon on insulator | SOI [*silicona en el aislante (método de fabricación de microprocesadores)*]
soil dielectric constant | constante dieléctrica del suelo
soil moisture meter | medidor de la humedad del suelo
So interface | interfaz So
SOL = solenoid | SOL = solenoide

solar | solar
solar absorber | absorbente solar
solar absorption index | índice de absorción solar
solar battery | batería solar
solar burst | estallido de energía radioeléctrica solar
solar cell | célula (/pila) solar
solar-cell plant | central (/instalación) de células solares
solar collector | colector (de radiación) solar
solar concentrator | concentrador (de energía) solar
solar constant | constante solar
solar constant of radiation | constante de radiación solar
solar conversion device | (dispositivo) trasformador de energía solar
solar converter | trasformador de energía solar
solar cooker | horno (/cocina) solar
solar corpuscle | corpúsculo solar, partícula emitida por el sol
solar corpuscle radiation | radiación corpuscular del sol
solar cosmic rays | rayos cósmicos solares
solar cycle | ciclo solar
solar-derived heat | calor de origen (/procedencia) solar
solar direct conversion power system | sistema de trasformación directa de la energía solar
solar distillation | destilación por energía solar
solar energy | energía solar
solar energy collector | colector de energía solar
solar energy conversion | conversión de energía solar
solar energy converter | convertidor (/trasformador) de energía solar
solar energy engine | heliomotor, máquina de energía solar
solar energy photovoltaic conversion | conversión (/trasformación) fotovoltaica de la energía solar
solar engine | heliomotor, motor solar
solar-excited laser | láser excitado (/bombeado) por luz solar
solar flare | erupción solar (cromosférica), llamarada solar
solar flare cosmic rays | radiación cósmica de erupción solar
solar flare disturbance | perturbación debida a erupción solar
solar flare proton | protón de erupción solar
solar flare radiation | radiación de erupción solar
solar furnace | horno solar
solar generator | generador solar
solar heat accumulator | acumulador de calor solar
solar heat collector | colector de calor solar
solar-heated | calentado por el sol

solar heating | calentamiento solar
solar hot water heater | calentador de agua por energía solar
solarigraph | solarígrafo
solarimeter | solarímetro
solar magnetograph | magnetógrafo solar
solar microwave radiation | radiación solar de microondas
solar noise | ruido (radioeléctrico de origen) solar
solar-operated | accionado (/alimentado) por energía solar
solar-powered | accionado (/alimentado) por energía solar
solar-powered transmitter | trasmisor alimentado por energía solar
solar power plant | central solar, instalación de energía solar
solar power station | central helioeléctrica (/heliotérmica)
solar probe | sonda solar
solar radiation | radiación solar
solar radiation collector | colector de radiación solar
solar radiation pressure | presión de la radiación solar
solar radio burst | estallido radioeléctrico (/de energía radioeléctrica) solar
solar radio noise | parásitos de origen solar, ruido radioeléctrico (de origen) solar
solar radio observation | observación radioeléctrica solar
solar radio outburst | erupción solar, estallido radioeléctrico (/de energía radioeléctrica) solar
solar satellite | satélite solar natural
solar simulation | simulación solar
solar talagraph | heliógrafo
solar thermoelectric generator | generador termoeléctrico solar
solar tower | torre solar
solar transformer | trasformador solar
solar water heater | calentador solar de agua
solar wind | viento solar
solder | soldador; soldadura; soldante, aleación para soldar
solder, to - | soldar
solderability | soldabilidad
solderable | soldable
solderable lead | conductor (/hilo) de conexión soldada
solder contact | contacto de soldadura
solder cup | copa de soldadura
solder earth [UK] | puesta a tierra de soldadura
soldered connection | soldadura, conexión soldada
soldered joint | soldadura, unión (/conexión) soldada, empalme soldado
soldered splice | empalme soldado
solder earth [UK] | puesta a tierra de soldadura
solder eye | ojal de soldadura
solder eyelet | abertura de soldadura
solder flux | fundente para soldar

solder ground [USA] [*solder earth (UK)*] | puesta a tierra de soldadura
soldering | soldadura
soldering dross | escoria de soldadura
soldering fluid | fluido de soldadura
soldering flux | fundente (para soldadura)
soldering gun | pistola de soldar, soldador de pistola
soldering iron | soldador
soldering iron tip | punta de soldador
soldering lug | terminal para soldar
soldering oil | aceite de soldadura
soldering pad | placa de soldadura
soldering paste | pasta para soldar
soldering pliers | alicates para soldar
soldering time | tiempo de soldadura
soldering tool | herramienta para soldar
solder joint | unión soldada
solderless connection | conexión a presión, conexión sin soldadura
solderless connector | conector a presión, conector sin soldadura
solderless contact | contacto de presión, contacto sin soldadura
solderless flange | brida de conexión sin soldadura
solderless lug | lengüeta sin soldadura
solderless spring-type connector | conector de resorte para conexión sin soldadura
solderless terminal | terminal (de fijación) sin soldadura
solderless wire connector | conector para cable sin soldadura
solderless wrap | grapinado sin soldadura
solderless wrapped connection | conexión grapinada sin soldadura
solder lug | lengüeta de soldadura
solder mask | máscara de soldar
solder pin | terminal para soldar
solder resist | reserva de soldadura
solder resist mark | mascarilla de reserva de soldadura
solder short | cortocircuito de soldadura
solder side | cara de soldadura
solder tag | punta (/terminal) de estañar
solder transport direction | dirección de trasporte en la soldadura
sole | electrodo para campo magnético en determinada dirección
solenoid | solenoide
solenoid-actuated | accionado (/activado) por solenoide
solenoidal | solenoidal
solenoidal coil | solenoide
solenoidal field | campo solenoidal (/tubular)
solenoidal wave | onda solenoidal
solenoidal brake | freno electromagnético (/de solenoide)
solenoid braking | frenado (electromagnético) por solenoide
solenoid coil | bobina (electromagné-

tica) de solenoide
solenoid current | corriente de solenoide, corriente de d'Arsonval
solenoid focusing | enfoque por solenoide
solenoid-operated | accionado (/activado) por solenoide
solenoid pilot control | control piloto por electroimán
solenoid relay | relé de solenoide (/núcleo buzo)
solenoid valve | válvula de solenoide (/electroimán)
sol-gel process | procedimiento sol-gel
solid | sólido; figura
solid anode | ánodo macizo
solid-borne noise | sonido trasmitido por los sólidos
solid-borne vibration | vibración trasmitida por los sólidos
solid cable | cable compacto
solid carbon | carbón homogéneo
solid circuit | circuito sólido
solid coil | muelle comprimido [*muelle helicoidal comprimido por la carga*]
solid conductor | conductor sólido (/macizo, /sencillo, /único)
solid conductor cable | cable de conductor macizo (/sencillo)
solid copper wire | cable de cobre macizo, hilo sencillo de cobre
solid dielectric cable | cable con dieléctrico sólido
solid dielectric coaxial cable | cable coaxial con dieléctrico sólido
solid earth [UK] | conexión directa a tierra
solid effect | efecto sólido
solid electrolyte | electrolito sólido
solid electrolyte capacitor | capacitor de electrolito sólido
solid electrolyte fuel cell | pila de combustible con electrolito sólido
solid electrolyte tantalum capacitor | condensador de tántalo con electrolito sólido
solid-font printer | impresora de composición sólida [*de caracteres*]
solid ground [USA] [*solid earth (UK)*] | conexión directa a tierra
solid homogeneous reactor | reactor de núcleo sólido homogéneo
solid injection | inyección sólida (/mecánica, /por bomba, /sin aire)
solid ink | tinta sólida
solid-ink printer | impresora de tinta sólida
solid inner conductor | alma conductora sólida
solid logic technology | tecnología de la lógica de sólidos (/estado sólido)
solidly earthed [UK] | directamente a tierra, con conexión directa a tierra, puesta a masa sólida
solidly earthed neutral | neutro puesto directamente a tierra
solidly earthed system | sistema de conexión directa a tierra

solidly grounded [USA] [*solidly earthed (UK)*] | directamente a tierra, con conexión directa a tierra, puesta a masa sólida
solid metal mask | máscara de metal sólido
solid mineral fuel | combustible mineral sólido
solid model | modelo sólido [*tridimensional*]
solid-neutral switch | interruptor de neutro sólido
solidography | estereografía
solid-phase welding | soldadura por presión
solid pole | polo sólido
solid pole machine | máquina de polos sólidos
solid-pulsed laser | láser de impulsos de cuerpos sólidos
solid rotor | rotor macizo
solid shaft | eje macizo
solid silicon circuit | circuito de silicio sólido
solid state | estado sólido
solid-state atomic battery | batería atómica de estado sólido
solid-state bonding | enlace de estado sólido
solid-state circuit | circuito de estado sólido
solid-state circuit breaker | interruptor automático de estado sólido
solid-state commutation | conmutación por elementos de estado sólido
solid-state component | componente (/elemento) de estado sólido
solid-state computer | ordenador de estado sólido
solid-state device | dispositivo de estado sólido
solid-state diode | diodo de estado sólido
solid-state disk drive | unidad de disco de estado sólido
solid-state dosimeter | dosímetro de estado sólido
solid-state dosimetry | dosimetría por dispositivos de estado sólido
solid-state electronics | electrónica de estado sólido
solid-state imaging system | sistema de formación de imágenes en estado sólido
solid-state integrated circuit | circuito integrado de estado sólido
solid-state lamp | lámpara de estado sólido
solid-state laser | láser de estado sólido
solid-state maser | máser de estado sólido
solid-state memory | memoria de estado sólido
solid-state optical maser | máser óptico de estado sólido
solid-state physical electronics | electrónica basada en la física del estado sólido
solid-state physics | física del estado sólido
solid-state power supply | fuente de alimentación de estado sólido
solid-state rectifier circuit | circuito rectificador de estado sólido
solid-state relay | relé electrónico (/de estado sólido)
solid-state semiconductor | semiconductor de estado sólido
solid-state static alternator | alternador estático de estado sólido
solid-state switch | conmutador (/interruptor) de estado sólido
solid-state switching device | dispositivo conmutador de estado sólido
solid-state thyratron | tiratrón de estado sólido
solid-state travelling-wave amplifier | amplificador de ondas progresivas de estado sólido
solid-state triode | triodo de estado sólido
solid-state tuner | sintonizador de estado sólido
solid-state voltmeter | voltímetro (electrónico) de estado sólido
solid-state watch | reloj de estado sólido
solid tantalum capacitor | condensador con ánodo de tántalo y electrolito sólido
solidus | solidus [*temperatura más alta a la cual un metal o aleación está completamente sólido*]
solid wire | alambre macizo, cable sólido, hilo sencillo
solion | solión [*válvula electroquímica de detección y control*]
solion integrator | solión integrador
solistron | solistrón [*klistrón de estado sólido*]
Solomon's unit | unidad de Solomon
solubility | solubilidad
solubility coefficient | coeficiente de solubilidad
solubility product | producto de solubilidad
soluble | soluble
solution | solución
solution analysis | análisis por disolución
solution feed | alimentación de la disolución
solvable problem | problema soluble
solve, to - | resolver
solvent | disolvente
solvent cleaning | desengrase por disolvente
solvent effect | influencia del disolvente
solvent extraction | extracción por disolvente
solvent extraction process | proceso de extracción por disolvente
solving problem | solución del problema
solvolysis | solvólisis [*reacción química que se produce entre una sustancia disuelta y su solvente*]
SOM = self-organizing map | SOM [*mapa de organización automática*]
SOM = start of message | comienzo (/inicio) de mensaje
SOM = system object model SOM [*modelo de objeto del sistema*]
somatic effects | efectos somáticos
SOMGE = see our message | vea nuestro mensaje
SOML = send or mail | SOML [*entrega del mensaje a un terminal o a un buzón*]
Sommerfeld equation | ecuación de Sommerfeld
Sommerfeld formula | fórmula de Sommerfeld
Sommerfeld ground wave | onda de tierra de Sommerfeld
sonalert = sound navigation ranging | sonalert [*emisor de tono de estado sólido para navegación*]
sonar | sonar, ecogoniómetro, radar (/localizador) ultrasónico
sonaramic indicator | indicador panorámico de sonar
sonar attack plotter | representación de ataque por sonar
sonar background noise | ruido de fondo del sonar
sonar beacon | baliza de sonar
sonar communication | comunicación sonar (/submarina por ultrasonidos)
sonar data computer | ordenador para datos de sonar
sonar depth ranger | batímetro de sonar, ecómetro de profundidad
sonar-detected obstacle | obstáculo detectado con el sonar
sonar dome | cúpula del sonar
sonar listening post | puesto de escucha de sonar
sonar modulator | modulador de sonar
sonar projector array | red de proyectores de sonar
sonar proyector | proyector de sonar
sonar pulse | impulso de sonar
sonar receiver | receptor de sonar
sonar receiver-transmitter | receptor-trasmisor de sonar
sonarresolver, sonar resolver | resolutor de sonar, resolucionador para sonar
sonarset, sonar set | equipo de sonar
sonar signal simulator | simulador de señales de sonar, generador de ecos de sonar ficticios
sonar sounding set | equipo de sondeo por sonar
sonar target | blanco (/objetivo) de sonar
sonar trainer | equipo de adiestramiento (/enseñanza) de sonar
sonar train mechanism | mecanismo de movimiento del sonar
sonar transducer | trasductor de sonar

sonar transducer scanner | explorador de trasductores de sonar
sonar transmitter | emisor (/trasmisor) de sonar
sonar window | ventana de sonar
sonde | sonda
sone | sonio [*unidad de volumen sonoro subjetivo equivalente a 40 fonios*]
SONET = synchronous optical network | SONET [*red de trasmisión sincrónica por fibra óptica (norma estadounidense)*]
sonic | sónico; por ultrasonidos
sonically induced | inducido acústicamente, provocado por ondas sónicas
sonic altimeter | altímetro sónico
sonic applicator | aplicador sónico
sonic bang | estampido ultrasónico
sonic barrier | barrera sónica (/del sonido)
sonic boom | explosión sónica, estampido ultrasónico
sonic cleaning | limpieza sónica
sonic delay line | línea de retardo sónico
sonic delay-line store | almacenador de la línea de retardo sónica, almacenador de información (/memoria) de la línea de retardo sónica
sonic depth finder | detector sónico de profundidad
sonic detector | fonolocalizador, detector acústico
sonic drilling | taladrado sónico, perforación sónica, corte y conformación por oscilación sónica
sonic echo sounder | sondeador (sónico) por eco
sonic flaw detection | defectos internos por ultrasonidos (/exploración sónica), detección de grietas por ultrasonidos (/exploración sónica)
sonic frequency | frecuencia sonora (/sónica, /audible, /musical)
sonic location | fonolocalización, localización por sonido
sonic locator | fonolocalizador, localizador sonoro
sonic mine | mina sónica
sonic motion detector | detector sónico de movimiento
sonics | sónica
sonic soldering | soldadura sónica (/con decapado sónico)
sonic speed | velocidad sónica
sonic surgery | cirugía sónica
sonic thermocouple | termopar sónico
sonic vibration | vibración sonora (/de frecuencia sónica)
sonic viscometry | viscosimetría sónica
Sonne | Sonne [*sistema de radionavegación que establece zonas rotativas de señales características*]
Sonne system | sistema Sonne
sonobuoy | boya acústica (/sonora), radioboya hidrofónica
sonobuoy trainer | equipo de instrucción en boyas acústicas
sonograph | sonógrafo, sonómetro registrador
sonoluminiscence | sonoluminiscencia
sonometer | sonómetro
sonoptography | sonoptografía
sonoradiography | sonorradiografía
sooty pitchblende | neopecblenda
SOP = sum of products | SOP [*suma de productos*]
SOP expression = sum of products expression | expresión SOP [*expresión de suma de productos*]
sophisticated vocabulary | vocabulario sofisticado
Soret effect | efecto Soret
sorption | absorción, adsorción
SORQ = see our RQ | vea nuestro RQ
sort | clasificación
sort, to - | clasificar, ordenar
sort algorithm | algoritmo de clasificación
sort compare | comparación de clasificación
sorted grid | ordenación en cuadrícula
sorter | (dispositivo) clasificador
sorter contact | contacto de clasificación
sorter contact roll | rodillo de contacto de clasificación
sorter pocket | casilla de clasificación
sort field | campo de clasificación
sort generator | generador de clasificación
sorting | clasificación, ordenación, ordenamiento
sorting brush | escobilla de clasificación
sorting key | clave de clasificación
sorting magnet | electroimán de clasificación
sorting suppression | supresión de clasificación
sorting suppression device | dispositivo supresor de clasificación
sorting tray | portatarjetas, bandeja de tarjetas
sortkey | clave de clasificación
sort merge | clasificación por fusión
sort selection switch | interruptor para clasificación seleccionada
sort selector switch | selector de clasificación
SOS = save our souls | SOS [*salvad nuestras almas, señal internacional de petición de socorro*]
SOS = see our service | vea nuestro servicio
SOS = silicon-on-sapphire | silicio sobre zafiro
soudobrasage (fra) | soldadura fuerte
sound | sonido
sound-absorbent | insonorizante, absorbente acústico (/del sonido)
sound absorber | insonorizador, absorbedor acústico, amortiguador del sonido
sound-absorbing | insonorizante, insonoro, antiacústico
sound-absorbing insulation | (material de) aislamiento acústico
sound-absorbing material | material insonorizante (/antisonoro, /absorbente del sonido)
sound-absorbing screen | pantalla insonora (/insonorizante)
sound-absorbing spark chamber | caja absorbente para el ruido de las chispas
sound absorption | absorción acústica (/sonora, /del sonido)
sound absorption coefficient | coeficiente de absorción acústica
sound absorption factor | coeficiente (/factor) de absorción acústica
sound aerial | antena del (emisor de) sonido
sound amplification | amplificación del sonido
sound amplifier | amplificador de sonido
sound analyser | analizador de sonido
sound-and-vibration analyser | analizador de sonido y vibración
sound-and-vision radio link | enlace radioeléctrico de imagen y sonido
sound articulation | articulación sonora (/fónica, /del sonido)
sound attenuation | atenuación acústica (/sonora)
sound attenuation factor | factor de atenuación acústica (/sonora)
sound band | banda sonora
sound band pressure level | nivel de presión de la banda sonora
sound bandwidth | anchura de la banda de sonido
sound bar | franja de (perturbación por el) sonido
sound barrier | barrera del sonido
sound beam | haz acústico (/sonoro, /de sonido)
Sound Blaster | Sound Blaster [*familia de tarjetas de sonido fabricadas por Creative Technology*]
sound board | tarjeta de sonido
sound box | caja acústica (/sonora, /de resonancia)
sound broadcasting | radiodifusión (sonora), emisión radiofónica, servicio de radiodifusión
sound buffer | memoria tampón de audio
sound card | tarjeta de sonido
sound carrier | portadora de sonido
sound carrier amplifier | amplificador de portadora de sonido
sound carrier frequency | frecuencia portadora de sonido
sound carrier monitor | monitor de la portadora de sonido
sound carrier wave | onda portadora de sonido
sound cell | célula sonora
sound cell microphone | micrófono de célula sonora

sound central frequency | frecuencia central de la portadora de sonido
sound channel | canal sonoro (/de sonido)
sound circuit | circuito de sonido
sound clarifier | clarificador del sonido
sound clip | clip de audio
sound column | columna sonora (/difusora de sonido)
sound concentrator | concentrador acústico (/sonoro)
sound control desk | mesa (/pupitre) de control de sonido
sound damper | amortiguador acústico (/de ruidos)
sound damping | insonorización, amortiguación acústica (/de ruidos); insonoro, antiacústico, insonorizante
sound deadener | insonorizador, amortiguador acústico (/de ruidos)
sound deadening | insonorización, amortiguación acústica (/del sonido); antiacústico, insonorizante, insonoro
sound decay time | periodo de amortiguamiento (/extinción) del sonido
sound detection | fonolocalización, localización (/detección) acústica
sound detector | fonolocalizador, localizador (/detector) acústico
sound diffuser | difusor acústico (/de sonido)
sound diffusion | fonodifusión, difusión del sonido
sound diplexer | combinador (/diplexor) de (la potencia de) sonido
sound discriminator | discriminador de sonido
sound dispersion | dispersión acústica (/del sonido)
sound dispersion pattern | diagrama de distribución acústica espacial
sound distortion | distorsión del sonido
sound editor | editor de sonido (/audio) [*programa*]
sound effect | efecto sonoro (/fónico)
sound effect filter | filtro de efectos sonoros
sound energy | energía acústica (/sonora)
sound energy density | densidad de energía acústica (/sonora)
sound energy flux | flujo de energía acústica (/sonora)
sound energy flux density | intensidad sonora, densidad de flujo de la energía acústica
sound energy flux-density level | nivel de intensidad sonora, nivel de densidad del flujo de energía acústica
sound equalizer | compensador (/igualador) de sonido
sound equipment | equipo de sonido
sounder | resonador, receptor acústico
soundex code | código soundex
sound fading | desvanecimiento (/atenuación gradual) del sonido
sound field | campo acústico (/sonoro)

sound film | película sonora
sound film recorder | registrador de banda sonora
sound filmstrip | banda de película sonora
sound fixing and ranging | goniometría y telemetría acústicas; radar acústico submarino
sound frequency | audiofrecuencia, frecuencia acústica (/audible)
sound gate | entrada de sonido
sound generator | generador de sonido
sound head | cabeza sonora
sound hole | abertura acústica (/de paso del sonido)
sound hood | campana insonorizante [*para impresoras*]
sound IF amplifier | amplificador de sonido de frecuencia intermedia
sound image | imagen sonora
sounding | sondeo
sounding balloon | globo sonda
sounding electrode | electrodo de medición (/sondeo)
sound-insulated | insonorizado, aislado acústicamente
sound-insulating material | material insonorizante (/de aislamiento acústico)
sound insulation | insonorización, aislamiento acústico
sound insulator | insonorizador, aislador acústico
sound intensity | intensidad acústica (/sonora, /del sonido)
sound intensity level | nivel de intensidad acústica (/sonora)
sound interference level | nivel de interferencia acústica
sound intermediate frequency | frecuencia intermedia del sonido
sound lead | cabeza sonora
sound level | nivel acústico (/sonoro)
sound level calibrator | calibrador de nivel acústico
sound level indicator | indicador de nivel acústico (/sonoro); medidor de volumen
sound level meter | sonómetro, medidor de nivel acústico (/sonoro)
sound level response | respuesta del nivel acústico (/de intensidad sonora)
sound location | fonolocalización, localización acústica
sound locator | fonolocalizador, localizador acústico (/de fuente sonora)
soundman | técnico (/productor) de efectos de sonido
sound mean frequency | frecuencia central de la portadora de sonido
sound meter | audiómetro
sound-modulated wave | onda modulada por sonido (/señal de frecuencia acústica)
sound modulation | modulación por sonido (/señal de frecuencia acústica)
sound-on-sound | sonido sobre sonido

sound-on-sound recording | grabación de sonido sobre sonido
sound-on-vision | sonido sobre imagen, perturbación de la imagen por el sonido
sound-on-wire recording | registro sonoro en hilo magnético (/magnetofónico)
sound-operated | activado por sonido (/energía acústica)
sound output | emisión (/salida) acústica
sound outside broadcast vehicle | camión de tomas sonoras exteriores
sound-plus-sound | registro sobre registro, superposición de sonidos
sound power | potencia sonora
sound-powered set | teléfono autoalimentado (/de autoalimentación, /de energía acústica)
sound-powered telephone | teléfono electrodinámico (/autoalimentado, /accionado por energía acústica)
sound-powered telephone set | teléfono autoalimentado (/de autoalimentación, /de energía acústica)
sound power level | nivel de potencia sonora
sound power of a source | potencia sonora de una fuente
sound power telephone | teléfono autoalimentado (/de autoalimentación, /de energía acústica)
sound pressure | presión acústica (/sonora)
sound pressure level | nivel de presión acústica (/sonora)
sound probe | sonda sonora (/de sonido)
soundproof | insonorizado
soundproofing | insonorización
sound radar | radar acústico
sound ranging | fonolocalización, localización acústica (/por el sonido); recepción auditiva (/a oído)
sound-reading instrument | aparato de recepción auditiva
sound receiver | fonorreceptor, receptor acústico (/de sonido)
sound reception | recepción acústica (/auditiva, /de sonido)
sound recorder | grabadora de sonidos, reproductor (/registrador) de sonido
sound recording | grabación sonora (/de sonido), registro sonoro (/de sonido)
sound-recording equipment | equipo de sonido (/registro sonoro)
sound-recording magnetic tape | cinta magnetofónica (/fonomagnética)
sound-recording magnetic tape cartridge | cartucho fonomagnético (/de cinta magnetofónica)
sound recording on magnetic tape | grabación magnetofónica en cinta, registro sonoro en cinta magnética
sound recording on tape | grabación

magnetofónica en cinta, registro sonoro en cinta
sound-recording system | sistema de registro sonoro, sistema de grabación del sonido
sound-recording unit | equipo de registro (/grabación) de sonido
sound reduction | reducción acústica
sound reflection | reflexión acústica (/sonora, /del sonido)
sound reflection coefficient | coeficiente de reflexión acústica (/sonora, /del sonido)
sound reflection factor | factor (/coeficiente específico) de reflexión acústica
sound-reinforcing system | sistema de refuerzo de sonido
sound rejection | supresión de (la portadora de) sonido
sound rejector | supresor de (la portadora de) sonido
sound-reproducing system | sistema de reproducción sonora (/del sonido)
sound reproduction | reproducción sonora (/del sonido)
sound screen | pantalla sonora
sound section | sección de sonido
sound select | selector de sonido
sound sensation | sensación sonora (/del sonido)
sound-sensing detection system | sistema de detección por percepción de sonidos
sound sensor | sensor acústico (/de sonido)
sound-sight broadcasting | televisión, radiodifusión de imagen y sonido
sound signal | señal acústica (/sonora, /de sonido)
sound spectrum | espectro acústico (/sonoro)
sound speed | velocidad de película sonora
sound stage | etapa sonora
sound stripe | banda sonora
sound suppressor | atenuador (/supresor) de ruido
sound system | sistema sonoro
sound takeoff | (punto de) toma de sonido
sound-takeoff coil | bobina de grabación de sonido
sound takeoff point | punto de toma del sonido
sound tape | cinta magnetofónica (/sonora)
sound-to-picture power ratio | relación de potencias entre las señales de imagen y sonido
soundtrack | pista sonora (/de sonido, /de registro sonoro)
sound transmission coefficient | coeficiente de trasmisión del sonido
sound trap | trampa para la señal de sonido
sound tuning | sintonización del sonido

sound wave | onda acústica (/sonora)
sound-with-sound | sonido con sonido
sound-with-sound feature | registro de sonido con sonido
source | fuente [*de un programa o archivo*]; generador; surtidor; origen
source address | dirección fuente
source alphabet | alfabeto fuente
source application | aplicación de origen
source assignment switcher | conmutador de fuentes
source code | código fuente
source coding | codificación (/secuencia de lenguaje) fuente
source coding theorem | teorema de la codificación fuente
source compression coding | codificación fuente por compresión; secuencia de lenguaje compresión
source compression factor | factor de compresión de la fuente
source computer | ordenador fuente [*que contiene los datos de origen*]
source-condenser assembly | conjunto de fuente (de corriente) y condensador
source connector | conector fuente
source cutoff current | corriente de corte de fuente
source data | datos fuente (/originales)
source data acquisition | obtención de datos originales
source data automation | automatización de la información fuente
source data capture | obtención de datos originales
source description | descripción de fuente
source directory | directorio fuente
source disk | disco fuente
source distribution | distribución de la emisión
source document | documento fuente (/de origen)
source drive | unidad de disco fuente
source electrode | electrodo fuente
source element | elemento de origen
source emphasis | origen resaltado
source error | error en origen, error del emisor
source file | archivo fuente
source film distance | distancia de la fuente a la película
source fission | escisión de la fuente
source follower | buscafuentes, buscador de fuentes; seguidor de cátodo
source follower amplifier | amplificador seguidor de cátodo (/fuente)
source housing | caja portalámparas
source impedance | impedancia (de la) fuente
source indicator | indicador de origen
source-intensifier distance | distancia foco-intensificador
source interlock | enclavamiento con la fuente
source language | lenguaje fuente

source level | nivel de la fuente
source-level compatibility | compatibilidad al nivel de fuente
source listing | listado fuente (/de programa)
source load | carga fuente
source machine | máquina fuente
source material | materia prima
source module | módulo fuente
source node | nodo fuente
source of calling current | fuente de corriente de llamada
source of current | fuente de corriente (/energía eléctrica)
source of disturbance | fuente perturbadora (/de interferencias)
source of error | causa de error
source of supply | fuente de alimentación (eléctrica)
source of test signal | fuente de señal de prueba
source programme | programa fuente (/original, /de partida)
source range | intervalo (/margen) de la fuente
source reactor | reactor fuente
source recording | grabación fuente
source set | conjunto fuente
source-skin distance | distancia de la fuente a la piel
source statement | sentencia fuente
source strength | intensidad de la fuente
source-tape switch | conmutador fuente-cinta
source terminal | terminal fuente
source voltage | tensión (/voltaje de alimentación) primaria
source wire | hilo alimentador
sourcing | sourcing [*modificación (de un equipo) para suprimir las fuentes de perturbación electromagnética*]
south magnetic pole | polo sur magnético
south pole | polo sur (/negativo)
SP = spatial peak | SP [*valor pico espacial*]
SP = spectrum power | SP [*ganancia espectral*]
SP = stackpointer | SP [*indicador de la memoria en pila*]
SPA = single photon absortiometry | SPA [*absorciometría fotónica singular*]
SPA = Software Publishers Association | SPA [*asociación estadounidense de editores de software*]
space | espacio; impulso de reposo
space-adjusting knob | perilla de ajuste (/graduación) de espacios
space-adjusting lever | palanca de ajuste de espacios, palanca de espacios lineales
space attenuation | atenuación espacial (/en el espacio)
spacebar | barra espaciadora
space channel | canal de reposo
space character | espacio (en blanco)

space charge | carga espacial (/de espacio)
space charge debunching | desagrupamiento por carga espacial, dispersión por carga de espacio
space charge density | densidad de la carga espacial
space charge distortion | distorsión de carga espacial
space charge distribution | distribución de la carga espacial
space charge effect | efecto de carga espacial (/de espacio)
space charge field | campo de la carga espacial
space charge grid | rejilla de campo (/carga espacial)
space charge grid valve | válvula con rejilla de campo (/carga espacial)
space charge law | ley de la carga espacial
space charge layer | capa de carga espacial
space charge limitation | limitación por carga espacial (/de espacio)
space charge limitation of currents | limitación de corrientes en carga espacial
space charge-limited cathode current | corriente catódica limitada por carga espacial (/de espacio)
space charge-limited current | corriente limitada por carga espacial, régimen de carga espacial
space charge-limited diode | diodo en régimen de carga espacial
space charge-limited operation | funcionamiento limitado por la carga espacial
space charge neutralization | neutralización de la carga espacial
space charge region | región de carga espacial (/del espacio)
space charge repulsion | repulsión de carga espacial
space charge valve | válvula de carga espacial
space charge wave | onda de carga espacial
space-charge wave propagation | propagación de onda de carga espacial
spacecloth | tejido absorbente
space communication | comunicación espacial (/con vehículos espaciales)
space complexity | complejidad de espacio
space component | elemento de espacio (de la señal)
space contact | contacto de reposo
space control | control de espacios (/espaciado)
space control arm | brazo de control de espacios
space coordinate | coordenada espacial
spacecraft | vehículo espacial
space current | corriente espacial (/de espacio)
spaced aerial | antena espaciada
spaced-aerial direction finder | radiogoniómetro de antenas separadas
spaced aerials | antenas espaciadas
spaced-aerial system | red (/sistema) de antenas espaciadas
spaced-carrier operation | explotación por portadoras distintas
spaced cross winding | bobinado cruzado abierto
space-dependent field | campo dependiente del espacio
space detection and tracking system | sistema de detección y localización espacial
space distribution | distribución espacial
space diversity | diversidad espacial (/de espacio)
space diversity combiner | combinador de diversidad espacial
space diversity gain | ganancia de diversidad espacial
space diversity reception | recepción con antenas espaciadas, recepción con diversidad de espacio
space diversity system | sistema de diversidad espacial (/de espacio, /de trayectorias, /por antenas espaciadas)
space division multiplex | múltiplex por división de espacio
space-division switch | conmutador espacial
space division switching | conmutación espacial
spaced-loop direction finder | radiogoniómetro de cuadros separados
space domain | dominio de espacio
space electronics | electrónica (aplicada a la tecnología) espacial
space environment | ambiente espacial
space equipotential | espacio equipotencial
space factor | factor espacial (/de espacio, /de relleno)
space guidance computer | ordenador para guía de vehículos espaciales
space harmonic | armónico espacial
space-hold | space-hold [*estado normal de una línea sin tráfico por la que se trasmite un espacio en blanco permanente*]
space lattice | red espacial
space locus | lugar geométrico
space parallax | paralaje espacial
space pattern | modelo espacial (/geométrico), diagrama (/característica direccional) de espacio
space permeability | permeabilidad espacial (/en el vacío)
space phase | fase espacial
space probe | sonda espacial
space quadrature | cuadratura (de fase) espacial
space quantization | cuantificación de espacio
spacer | espaciador, distanciador, separador
space radio | radiocomunicación (espacial)
spacer cable | cable espaciador
spacer current | corriente de espaciado [*en morse*]
space relay station | estación repetidora (/de radio) espacial
space research | investigación espacial
space service | servicio espacial
space signal | señal del espacio
space simulator | simulador espacial
space station | estación espacial
spacesuit | traje espacial
space-to-mark transition | transición de espacio a marca
spacetrack | curso espacial
space vehicle | vehículo espacial
space warfare | guerra espacial
space wave | onda espacial
spacing | espaciado, espaciamiento, separación
spacing between aerials | distancia (/separación) entre antenas
spacing between frequencies | espaciamiento (/separación) entre frecuencias
spacing bias | polarización (/exceso de corriente) de reposo; señal de espacio excesiva
spacing chart | esquema de espaciado
spacing condition | condición (/estado) de reposo
spacing condition signal element | elemento de señal de reposo
spacing condition unit element | elemento unitario de reposo
spacing contact | contacto espaciador
spacing current | corriente de reposo (/espacio)
spacing element | elemento de reposo (/espacio)
spacing end distortion | distorsión final de espaciamiento
spacing error | error de separación
spacing frequency | frecuencia de reposo (/espacio, /pausa)
spacing impulse | impulso (/intervalo) de reposo, impulso de espaciado
spacing key | tecla espaciadora (/de espaciado)
spacing mechanism | mecanismo espaciador (/de espaciado)
spacing of frequencies | espaciado (/espaciamiento) de frecuencias
spacing pulse | corriente de reposo; impulso separador (/de reposo)
spacing signal | señal de espacio (/reposo)
spacing wave | onda residual (/de reposo, /de compensación, /de espaciamiento, /parásita de intervalo)
spacistor | espacistor [*dispositivo semiconductor con unión PN y cuatro electrodos*]

SPADATS = space detection and tracking system | SPADATS [*sistema de detección y seguimiento espacial*]
spade bolt | perno de pala, tornillo con cabeza de paleta
spade connector | conector de horquilla
spade contact | contacto de pala
spade contact connector | conector con contactos de horquilla
spade handle switch | conmutador de asa (/asidero)
spade lug | terminal de horquilla
spade terminal | terminal de horquilla
spade tip | terminal de horquilla
spade tongue terminal | terminal de horquilla plana
spade tuning | sintonización por desplazamiento de pieza plana sobre bobina plana
SPAG = standards promotion and application group | SPAG [*grupo mixto para la promoción y aplicación de normas*]
spaghetti | macarrón, manguito (/canutillo) aislante
spaghetti code [*fam*] | código espagueti [*código que complica innecesariamente un programa*]
spallation | estallido, desconchado, resquebrajamiento, espalación
spallation fragment | fragmento de espalación
spallation product | producto de espalación
spallation reaction | reacción de espalación
spam | bombardeo [*de grandes cantidades de correo con el propósito de bloquear el servidor*]; spam [*correo no solicitado en masa*]
spam, to - | bombardear [*enviar grandes cantidades de correo electrónico para bloquear un servidor*]
spambot | inundador [*programa o dispositivo que envía automáticamente grandes cantidades de correo electrónico repetitivo para bloquear foros o servidores en internet*]
spammer | bombardero [*persona que envía grandes cantidades de correo electrónico con objeto de bloquear el servidor*]
span | abertura, luz, espacio, margen; tramo; vano, claro; duración; extensión; distancia; intervalo; longitud; tirante
span adjustment | ajuste de intervalo
span line | línea (/serie) de repetidores (regenerativos)
spanning subgraph | subgrafo de extensión
spanning tree | árbol de extensión
span pad | atenuador complementario (/de sección)
SPARC = scalable processor architecture | SPARC [*arquitectura de procesador escalable de Sun Microsystems*]
spare cable | cable de reserva
spare circuit | circuito de reserva
spare conductor | conductor de reserva
spare contact | contacto libre (/desocupado)
spare group selector level | nivel vacante en el selector de grupo
spare level | nivel inutilizado (/muerto)
spare line | línea libre (/de reserva)
spare pair | par de reserva
spare part | repuesto
spare repeater | repetidor de reserva
spare terminating set | terminal de reserva
spare termination set | terminal de reserva
spare valve | válvula de repuesto
spare wire | conductor libre (/vacante, /de reserva)
spark | chispa
spark absorber | amortiguador de chispas
spark advance | avance del encendido, avance de la chispa
spark advance angle | ángulo de avance de la chispa
spark arrester | apagachispas, amortiguador de chispas
spark blowing | soplado de (las) chispas
spark-blowing coil | bobina del soplador de chispas
spark blowout | apagachispas, soplado (/soplador) de chispas
spark breakdown | descarga disruptiva
spark burn arc | superficie de chispa explosiva
spark capacitor | condensador antiparásitos (/supresor de chispas)
spark chamber | cámara de chispas (/destellos)
spark chamber spectrometer | espectrómetro con cámara de destellos
spark circuit | circuito de chispas
spark coil | bobina (/inductor) de chispa (/encendido)
spark counter | contador de chispas
spark detector | detector de chispa
spark discharge | descarga disruptiva
spark distributor plug | contacto (central) del distribuidor de encendido
spark duration | duración de la chispa
spark electrode | electrodo de chispa
spark energy | energía de chispa
sparker | apagachispas
spark erosion | erosión por chispas
spark excitation | excitación con chispa
spark extinguisher | apagachispas, soplador de chispas
spark-fired | encendido por chispa
spark frequency | frecuencia de chispa (/chispazo)
spark gap | descargador (de chispas); distancia disruptiva (/interelectródica, /entre electrodos, /de salto de chispa); espinterómetro; explosor
spark gap discharger | pararrayos, descargador de chispa (/distancia explosiva)
spark gap generator | generador de chispas
spark gap modulation | modulación por chispa (/descarga disruptiva)
spark gap modulator | modulador de chispa (/descarga disruptiva)
spark gap oscillator | oscilador de chispa
spark gap voltmeter | voltímetro de chispa
spark generator | generador de chispas
spark ignition | encendido por chispa
sparking | chisporroteo, descarga disruptiva; encendido
sparking ball | bola de chispa
sparking distance | distancia disruptiva (/de salto de la chispa, /interelectródica, /explosiva máxima)
sparking limit | potencia límite determinada por el chisporroteo
sparking-off curve | curva de chispeo
sparking-plug gap | distancia entre electrodos
sparking-plug opening | abertura (/distancia) entre electrodos
sparking-plug spanner | llave para bujías
sparking-plug suppressor | supresor de interferencias (/parásitos) de bujías
sparking potential | potencial disruptivo
sparking voltage | tensión disruptiva (/de chispa)
spark killer | apagachispas, supresor de chispas
spark knock | golpeteo por encendido
spark lag | retardo (/retraso) de chispa (/encendido)
sparkle | centelleo, destello
sparkle dust | polvo iridiscente
sparkless | sin chispas
sparkless commutation | conmutación sin chispas
sparkless running | marcha sin chispas
spark lever | palanca del encendido
sparklies | sparklies [*interferencia de puntos o líneas en la imagen de televisión por satélite*]
spark line | línea de chispa
spark machining | mecanizado por chispas
spark metal-working process | proceso metalúrgico por chispa (/electroerosión)
spark micrometer | micrómetro de chispas
sparkover | arco de descarga, descarga disruptiva, salto de chispa, formación de arco
sparkover test | prueba de descarga disruptiva

spark plate | placa de chispa, placa capacitiva antiparasitaria
spark plug | bujía (de encendido)
spark plug boss | saliente para la introducción de la bujía
spark plug cable | cable de bujía
spark plug fouling | suciedad (/sarro) de la bujía
spark plug gap | separación de los electrodos de la bujía
spark plug insert | asiento de bujía
spark plug terminal | borne de la bujía
spark plug test | prueba de bujía
spark plug wrench | llave para bujías
sparkproof | a prueba de chispas
spark pulse oscillator | oscilador de impulsos tipo chispa
spark quench(er) | extintor, apagachispas, amortiguador de chispas
spark quenching | extinción (/apagado, /amortiguación) de chispas
spark-quenching device | dispositivo extintor de chispas
spark radiation | radiación de chispa
spark rate | frecuencia de chispa
spark recorder | registrador de chispa
spark sender | emisor (/trasmisor) de chispa(s)
spark source | fuente de chispas
spark spectrum | espectro de chispas
spark-suppressing capacitor | capacidad supresora de chispas
spark-suppressing filter | filtro supresor de chispas
spark suppression | supresión de chispas
spark suppressor | supresor de chispas
spark test | prueba de chispa
spark transmitter | emisor (/trasmisor, /generador) de chispa
spark-type generator | generador de chispas
SPARROW | SPARROW [*proyectil aire-aire dirigido al blanco por un haz de radar trasmitido por el avión de lanzamiento*]
sparse array | serie pobre [*serie con muchos datos idénticos que sobran*]
sparse matrix | matriz pobre
spatial coherence | coherencia espacial
spatial data management | gestión espacial de datos [*en forma de iconos*]
spatial digitizer | digitalizador espacial [*escáner tridimensional*]
spatial distribution | distribución espacial
spatial peak | valor pico espacial
spatial self-shielding | autoblindaje espacial
spatial view | vista espacial
spattering arc | arco de efluvio
SPC = stored programme control | SPC [*control por programa almacenado*]
SPD = security policy database | SPD [*base de datos de política de seguridad*]

SPDL = standard page description language | SPDL [*lenguaje normalizado de descripción de páginas*]
SPDT = single-pole double-throw | SPDT [*conmutador unipolar de dos posiciones*]
speak, to - | hablar, comunicar
speaker | altavoz
speaker circuit | circuito (/línea) de servicio
speaker connector | conector de altavoz
speaker control | control (/controlador) de altavoz
speaker efficiency | rendimiento del altavoz
speaker impedance | impedancia del altavoz
speaker phone | teléfono (/aparato telefónico) con micrófono incorporado
speaker reversal switch | conmutador de inversión del altavoz
speaker system | sistema de altavoces
speaker unit | altavoz
speaker voice coil | bobina móvil de altavoz
speaking | (trasmisión de) conversación
speaking-and-ringing key | llave de llamada y conversación
speaking arc | arco parlante (/cantante)
speaking circuit | circuito de conversación
speaking clock | reloj telefónico
speaking key | llave de conversación
speaking pair | par de conversación
speaking position | posición de conversación
speaking test | prueba telefonométrica
speaking tube | tubo acústico
spec = specification | espec. = especificación
special adjustment | ajuste especial
special bulletin board | teleescritura
special card | tarjeta especial
special character | carácter especial
special character device | dispositivo de caracteres especiales
special code selector | selector auxiliar, conmutador discriminador
special control | control especial
special control position | puesto especial de mando (/vigilancia)
special copy | copia especial
special device | dispositivo especial
special effects generator | generador de efectos especiales
special element | elemento especial
special emergency station | estación especial para servicio de emergencia
special event station | estación para un acontecimiento especial
special function key | tecla de función especial
special index analyser | analizador especial de índices
special information tone | tono especial de información

special interest group | grupo de interés especial
specialization energy | energía de especialización
specially pure element | elemento de pureza óptima, sustancia pura
special night answer | circuito nocturno colectivo (/de grupo), servicio nocturno común
special nuclear material | material nuclear especial
special observation post | puesto de escucha y corte
special paste | pegado especial
special position identification pulse | impulso especial de identificación de posición
special purpose | de uso (/propósito) especial, para fines especiales
special purpose computer | ordenador para aplicaciones especiales
special purpose language | lenguaje de aplicacion especial
special purpose motor | motor para uso especial
special purpose relay | relé para uso (/aplicación) especial
special service | servicio especial
special service junctor | enlace de servicios especiales
special tolerance | tolerancia especial (/más rígida que la normal)
species of atom | especie atómica (/de átomo)
specific absorption rate | coeficiente de absorción de energía
specific absorptive index | índice de absorción específica
specific acoustic capacitance | capacitancia acústica específica
specific acoustic impedance | impedancia acústica específica (/intrínseca)
specific acoustic reactance | reactancia acústica específica (/intrínseca)
specific acoustic resistance | resistencia acústica específica (/intrínseca)
specific activity | actividad específica (/nuclear másica)
specific address | dirección específica
specification | especificación, datos técnicos
specification language | lenguaje de especificación
specifications protocol | protocolo de especificaciones
specific burn-up | quemado específico; nivel de irradiación del combustible
specific capacity | capacidad específica
specific charge | carga específica
specific coding | codificación específica
specific conductance | conductancia específica

specific conductivity | conductividad específica
specific consumption | consumo específico
specific curvature | curvatura específica (/escalar)
specific cymomotive force | fuerza cimomotriz específica
specific damping | amortiguamiento específico (/relativo)
specific damping capacity | capacidad de amortiguamiento específica
specific dielectric strength | rigidez dieléctrica específica
specific electronic charge | carga electrónica específica
specific emission | emisión específica, poder emisivo específico
specific energy | energía específica
specific energy consumption | consumo específico de energía
specific energy dosage | dosis de energía específica
specific gamma ray constant | constante específica de radiación gamma
specific gamma ray emission | emisión específica de rayos gamma
specific gravity | gravedad específica, peso específico
specific gravity volumeter | volúmetro para pesos específicos
specific gross cymomotive force | fuerza cimomotriz específica bruta
specific heat | calor específico
specific heat generation | generación específica de calor
specific heat ratio | relación de los calores específicos
specific impulse | impulso específico
specific inductive capacity | capacidad inductiva específica, constante dieléctrica
specific insulation resistance | resistividad volumétrica
specific ionization | ionización específica
specific ionization coefficient | coeficiente específico de ionización
specific ionization curve | curva de ionización específica
specific irradiation | irradiación específica (/unitaria)
specific luminous intensity | intensidad luminosa específica (/unitaria)
specific magnetic moment | momento magnético específico
specific magnetic resistance | reluctividad, resistencia magnética específica
specific permeability | permeabilidad específica
specific permeance | permeabilidad específica
specific photosensitivity | fotosensibilidad específica
specific power | potencia específica
specific pressure | presión específica (/unitaria)

specific programme | programa específico
specific radiant intensity | radiancia, intensidad específica de radiación
specific radioactivity | radiactividad específica
specific reluctance | reluctividad, reluctancia específica
specific repetition rate | frecuencia de repetición específica
specific resistance | resistividad, resistencia específica
specific routine | rutina específica
specific sound energy flux | intensidad sonora, flujo específico de energía acústica
specific sound energy flux level | nivel de flujo específico de energía sonora
specific speed | velocidad específica (/característica)
specific strength | resistencia específica
spec protocol = specifications protocol | protocolo de especificaciones
specs = specifications | especificaciones
spectra | espectros
spectral | espectral
spectral absorptance | coeficiente de absorción espectral
spectral absorption factor | factor de absorción espectral
spectral analysis | análisis espectral
spectral background | fondo de las líneas
spectral band | banda espectral
spectral bandwidth | anchura de banda espectral
spectral centroid | centroide espectral
spectral characteristic | característica espectral
spectral coherence | coherencia espectral
spectral colour | color espectral
spectral composition | composición espectral
spectral concentration | concentración espectral
spectral contour plotter | espectroanalizador gráfico de contornos tridimensionales
spectral density | densidad espectral
spectral dispersion | descomposición espectral
spectral emissivity of a thermal radiator | poder emisivo espectral de un radiador térmico
spectral energy | energía espectral
spectral energy distribution | distribución espectral de energía
spectral hardening | endurecimiento del espectro de neutrones
spectral index | índice espectral (/de espectro)
spectral intensity | intensidad espectral
spectral irradiation | irradiación espectral

spectral line | línea espectral
spectral luminance factor | factor espectral de luminancia (/brillo)
spectral output | salida espectral
spectral pass band | alcance de trasparencia espectral
spectral purity | pureza espectral
spectral quantum yield | rendimiento cuántico espectral
spectral radiant flux | flujo radiante espectral
spectral radiant intensity | intensidad radiante espectral
spectral radiant reflectance | factor de reflexión radiante espectral
spectral reflectance | reflexión espectral
spectral reflection factor | factor de reflexión espectral
spectral response | respuesta (/característica) espectral
spectral response characteristic | característica de respuesta espectral
spectral response curve | curva de respuesta espectral
spectral selectivity | selectividad (/sensibilidad) espectral
spectral sensitivity characteristic | característica de la sensibilidad espectral
spectral shift | corrimiento espectral, desplazamiento del espectro
spectral shift control | control por desplazamiento del espectro
spectral shift control reactor | reactor de control por corrimiento espectral
spectral shift reactor | reactor de deriva (/corrimiento) espectral
spectral term | término espectral
spectral transmission factor | factor de trasmisión espectral
spectral transmittance | trasmitancia espectral, factor de trasmisión espectral
spectral voltage density | densidad espectral de la tensión
spectral wavelength | longitud de onda espectral
spectrochemical analysis | análisis espectroquímico
spectrogram | espectrograma
spectrograph | espectrógrafo
spectrographic equipment | dispositivo espectrográfico
spectrography | espectrografía
spectroheliograph | espectroheliógrafo
spectrohelioscope | espectrohelioscopio
spectrometer | espectrómetro
spectrometric instrument | aparato espectrométrico
spectrometry | espectrometría
spectrophotoelectric | espectrofotoeléctrico
spectrophotometer | espectrofotómetro

spectrophotometric analysis | análisis espectrofotométrico
spectrophotometry | espectrofotometría
spectropolarimeter | espectropolarímetro
spectroradiometer | espectrorradiómetro
spectroscope | espectroscopio
spectroscopic carbon | carbón espectral
spectroscopic instrument | aparato espectrográfico
spectroscopy | espectroscopia
spectrum | espectro
spectrum analyser | analizador espectral (/espectroscópico)
spectrum analysis | análisis espectral (/espectroscópico)
spectrum background | fondo espectral
spectrum comparator | comparador de espectros
spectrum congestion | congestión del espectro
spectrum conservation | economía (en la utilización) del espectro, economía en el empleo de las frecuencias de radiocomunicación
spectrum diagram | diagrama espectral
spectrum display | oscilograma de espectro
spectrum dynamic range | margen dinámico del espectro
spectrum envelope | envolvente del espectro
spectrum interval | intervalo espectral (/del espectro)
spectrum lamp | lámpara de espectro
spectrum level | nivel del espectro, nivel espectral elemental
spectrum light | radiación espectral
spectrum line | línea espectral
spectrum line broadening | ensanchamiento de líneas espectrales
spectrum locus | lugar geométrico espectral, región del espectro
spectrum map | atlas espectral
spectrum measurement | medición espectral (/del espectro)
spectrum occupancy | (grado de) ocupación del espectro
spectrum of a high frequency discharge | espectro de alta frecuencia
spectrum of frecuencies | espectro de frecuencias
spectrum of pulse-modulated signal | espectro de señal modulada por impulsos
spectrum power | ganancia espectral
spectrum pressure level | nivel espectral elemental
spectrum projection comparator | espectrocomparador de proyección
spectrum recorder | registrador de espectro
spectrum-reducing technique | técnica de compresión del espectro
spectrum selectivity characteristic | característica de selectividad espectral (/del espectro)
spectrum signature | característica de radiación parásita
spectrum signature analysis | análisis de las características de radiación parásita
spectrum source lamp | lámpara espectral [*lámpara emisora del espectro*]
spectrum space | intervalo (/porción) del espectro
spectrum stabilizer | estabilizador de espectro
spectrum stripping | desdoblamiento espectral
spectrum utilization | utilización (/aprovechamiento) del espectro
spectrum utilization characteristic | característica de utilización del espectro
spectrum width | anchura del espectro
specular reflection | reflexión especular
specular transmission | trasmisión especular
specular transmission density | densidad de la trasmisión especular
SPEDAC = solid-state, parallel, expandable, differential-analyser computer | SPEDAC [*ordenador analizador diferencial, ampliable, paralelo y de estado sólido*]
speech | conversación, palabra, voz, señal (de frecuencia) vocal
speech amplifier | amplificador vocal (/microfónico)
speech application programming interface | interfaz para programación de aplicaciones de voz
speech audiometer | audiómetro para sonidos vocales
speech audiometry | audiometría de la voz
speech channel | canal (/enlace) telefónico (/radiotelefónico), vía de comunicación telefónica (/radiotelefónica)
speech circuit | circuito telefónico (/de conversación)
speech clipper | recortador (/limitador de señal) vocal
speech coil | bobina móvil
speech compression | compresión del habla
speech compressor | compresor de voz (/la palabra)
speech current | corriente microfónica (/de bobina móvil)
speech filling | almacenamiento de la voz [*digitalizada*]
speech filter | filtro para la reproducción de la palabra
speech frequency | frecuencia vocal (/telefónica, /de conversación)
speech frequency channel | canal de frecuencia telefónica (/vocal)
speech frequency range | gama de (las) frecuencias vocales
speech generation device | dispositivo de generación de voz
speech input amplifier | amplificador microfónico (/de voz, /de modulación)
speech input equipment | trasmisor microfónico; equipo de entrada de audio
speech interference level | nivel de interferencia del habla
speech interpolation | interpolación vocal (/del habla)
speech inversion | inversión de la voz
speech inverter | inversor telefónico (/de conversación, /de lenguaje, /de frecuencias vocales)
speech level | intensidad de la voz, nivel de conversación (/las corrientes vocales)
speech level meter | volúmetro
speech limiter | limitador de voz (/señales vocales)
speech link | enlace telefónico
speech marker | marcador de la red telefónica
speech-modulated | modulado por la voz
speech modulation | modulación vocal (/por la palabra)
speech multiplex | telefonía múltiplex, múltiplex de canales de voz
speech network | red telefónica
speech network unit | unidad de red telefónica
speech/noise ratio | relación de señal vocal a ruido
speech oscillation | vibración vocal, oscilación de frecuencia vocal
speech output | voz artificial
speech path | vía de conversación
speech plus duplex | bivocal
speech-plus-duplex equipment | equipo bivocal
speech plus signalling | telefonía (combinada) con señalización
speech plus simplex | telefonía univocal
speech-plus-simplex equipment | equipo univocal
speech plus telegraph | telefonía (combinada) con telegrafía
speech-plus-telegraph unit | dispositivo de telefonía con telegrafía
speech plus telegraphy | telefonía (combinada) con telegrafía
speech-plus-telegraphy panel | panel de telefonía con telegrafía
speech power | potencia vocal
speech pressure | potencia (/presión acústica) vocal
speech privacy system | sistema codificador de la voz, sistema de telefonía secreta
speech processing | procesamiento de la voz
speech quality telephony | telefonía con calidad para la trasmisión de voz

(/frecuencias vocales)
speech recognition | reconocimiento de (la) voz
speech recognition API = speech recognition application programming interface | SRAPI [*interfaz de programación para aplilcaciones de reconocimiento de voz*]
speech recognizer | fonetógrafo, analizador de voz
speech recording | registro de la voz, grabación de la palabra
speech scrambler | inversor de conversación, mezclador de lenguaje; codificador (de la voz) para comunicación secreta
speech sidetone | efecto local por la palabra
speech spectrum | espectro vocal (/fónico, /de la palabra)
speech synthesis | síntesis de voz
speech synthesizer | sintetizador de voz
speech test | prueba de audición (/conversación)
speech understanding | comprensión oral
speech voltmeter | voltímetro para frecuencias vocales
speech volume | volumen vocal (/de los sonidos vocales)
speech wave | onda (de frecuencia) vocal
speech waveform | forma de onda vocal
speed | velocidad
speed adjusting | ajuste (/cambio, /variación) de velocidad
speed-adjusting knob | mando para cambio de velocidad
speed-adjusting rheostat | reostato de variación de velocidad
speed adjustment | ajuste (/cambio, /variación) de velocidad
speed and distance measurement unit | unidad de medición de velocidad y distancia
speed at continuous rating | velocidad en régimen continuo
speed at end of rheostatic starting period | velocidad al final del arranque reostático
speed at one-hour rating | velocidad en régimen unihorario
speed box | caja de cambio (/velocidades)
speed calling | marcación abreviada; llamada telefónica rápida
speed calling directory | marcación abreviada de grupo
speed calling individual | marcación abreviada individual
speed change | cambio de velocidades; variación de velocidad
speed changer | cambiador de velocidad; correa (de trasmisión) de velocidad regulable
speed changing | cambio (/variación) de velocidad
speed-changing motor | motor de velocidad variable
speed checker | limitador (/moderador) de velocidad
speed constancy | constancia de (la) velocidad
speed control | control de velocidad (de barrido)
speed controller | regulador (/controlador) de velocidad
speed control rheostat | reostato de regulación de velocidad
speed counter | tacómetro, contador de revoluciones
speed deviation | error de velocidad
speed dialling | marcación abreviada
speed dialling directory | marcación abreviada de grupo
speed frequency | velocidad eléctrica
speed gauge | tacómetro, indicador de velocidad
speed gear | (engranaje de) cambio de velocidades
speed governor | regulador de velocidad
speed indicator | tacómetro, velocímetro, indicador de velocidad
speed key | manipulador rápido
speed limit | límite de velocidad
speed-limiting device | limitador de velocidad
speed of answer | demora en la respuesta
speed of completion of call | rapidez de establecimiento de la comunicación
speed of light | velocidad de la luz
speed of operation | velocidad de operación (/funcionamiento, /cinta)
speed-of-service interval | tiempo de espera
speed of sound | velocidad del sonido
speed of tape | velocidad de (arrastre de) la cinta
speed of transmission | tiempo (/velocidad) de trasmisión
speedometer | tacómetro, taquímetro
speed-power coefficient | coeficiente velocidad-potencia
speed ratio | amplitud de velocidad
speed ratio control | control de la relación de velocidad
speed recorder | tacógrafo, registrador de velocidad
speed-regulating rheostat | reostato de regulación de velocidad
speed regulation | regulación de la velocidad
speed regulator | regulador tacométrico (/de velocidad)
speed regulator resistance | resistencia reguladora de velocidad
speed-sensing servo | servomecanismo sensible a la velocidad
speed setting | ajuste de velocidad, regulación de la velocidad
speed-stabilized exciter | excitador de velocidad estabilizada
speed switching | selección (/conmutación) de velocidad
speed-switching circuit | circuito selector de velocidad
speedup capacitor | condensador acelerador
speedup device | dispositivo acelerador
speedup theorem | teorema de aceleración
speed variation | variación de velocidad
spell | ortografía
spell, to - | deletrear
spelling checker | programa de verificación de ortografía
spent fuel | combustible agotado (/consumido, /gastado)
spent fuel element | elemento combustible agotado
spent fuel pit | pozo para combustibles agotados
spent fuel reprocessing | regeneración de combustible agotado
spent particle | partícula consumida
sphere | esfera
sphere cap voltmeter | voltímetro de descargador de esferas
Spheredop | Spheredop [*sistema especial de seguimiento de proyectiles autopropulsados*]
sphere gap | explosor de esferas, distancia entre esferas
sphere gap voltmeter | voltímetro de explosor de esferas
sphere of influence | esfera de protección
sphere-packing bound | límite de (la esfera de) Hamming
spherical | esférico
spherical aberration | aberración esférica
spherical aerial | antena esférica
spherical attitude heading indicator | indicador esférico (/giroscópico) de posición [*en vuelo*]
spherical candlepower | bujía esférica; intensidad luminosa media
spherical coordinate | coordenada esférica
spherical-earth attenuation | atenuación por esfericidad de la tierra
spherical-earth factor | coeficiente de esfericidad de la tierra
spherical faceplate | panel frontal esférico
spherical field | campo esférico
spherical gyrocenter | indicador esférico (/giroscópico)
spherical harmonics method | método de los armónicos esféricos
spherical hyperbola | hipérbola esférica
spherical indicator | indicador esférico (/giroscópico)
spherical joint | junta de rótula
spherical mirror | espejo esférico

spherical mouthpiece | embocadura (de micrófono) esférica
spherical progressive wave | onda progresiva esférica
spherical stylus | aguja esférica
spherical wave | onda esférica
spherical wavefront | frente de onda esférica
spherics [UK] | estática, perturbaciones, agentes atmosféricos, interferencias atmosféricas
spherics receiver | analizador de perturbaciones atmosféricas
spherics set | analizador de interferencias (/perturbaciones) atmosféricas
sphygmocardiograph | esfigmocardiógrafo
sphygmogram | esfigmograma
sphygmograph | esfigmógrafo
sphygmomanometer | esfigmomanómetro
sphygmophone | esfigmófono
SPI = security parameter index | SPI [*índice de parámetros de seguridad*]
spider | centrador, araña (/pieza) de centrado; cepo de manguito; membrana flotante del cono; araña, rastreador [*de páginas Web*], buscador de Web
spider bonding | conexión de araña
spider end slip | anillo de maniobra (/suspensión)
spiderweb aerial | antena en telaraña, antena direccional en abanico
spiderweb coil | bobina en espiral (/fondo de cesta)
spike | clavija; escarpia; impulso parásito; punta de tensión (/descarga, /conmutación)
spiked core | núcleo de siembra; zona activa con espiga
spike discriminator | discriminador de impulsos parásitos
spike distribution | distribución en punta
spike leakage | fuga de punta
spike leakage energy | energía de fuga con (impulso de) punta
spikeless switching | conmutación sin puntas de tensión
spike noise | ruido de impulsos parásitos
spike potential | potencial de punta (/acción)
spikes | puntas de tensión; señales de impulsos
spike train | corriente iterativa, tren de impulsos (/puntas)
spiking | impulsos afilados, puntas de tensión (/conmutación), picos transitorios parásitos
spill | fuga, derrame, escape accidental
spillover | desbordamiento, parte desbordante (de una señal)
spillover echo | eco errático (/esporádico, /por superrefracción)
spillover position | posición de rebosamiento

spin | espín; (movimiento de) rotación
spin angular moment | momento angular del espín
spin block | bucle de espera
spin box | cuadro de desplazamiento (/giro)
spin buttons | teclas de flecha arriba y abajo [*para el movimiento del cursor*]
spin-dependent force | fuerza dependiente del espín
spindle | eje; soporte (de aislador)
spindle lightning protector | protector de bobina
spindle speed | velocidad de eje
spindle wave | onda en huso (/punta)
spinner | huso; antena giratoria (/rotativa exploradora)
spinner control knob | mando de giro rápido
spinner knob | mando de giro rápido
spinner magnetometer | magnetómetro de rotación
spinning electron | electrón giratorio (/rotatorio)
spinning reserve | capacidad de reserva conectada y lista
spinor | espinor
spin-orbit coupling | acoplamiento espín-órbita
spin oscillator | oscilador de espín
spin precession magnetometer | magnetómetro de precesión de espín
spin quantum number | número cuántico del espín
spin resonance spectrometer | espectrómetro de resonancia de espín
spin-spin coupling | acoplamiento espín-espín
spinthariscope | espintariscopio [*aparato que sirve para observar las partículas alfa emitidas por los cuerpos radiactivos*]
spinusoidal pulse | impulso afilado (/espiniforme)
spin wave | onda de espín
spin wave amplitude | amplitud de la onda de espín
spin wave resonance | resonancia de la onda de espín
spiral aerial | antena espiral
spiral cleavage | escisión espiralada
spiral coil | bobina en espiral
spiral-coiled | arrollado (/devanado) en espiral
spiral condenser | condensador de serpentín
spiral conveyor | cinta trasportadora, tornillo trasportador (/sin fin)
spiral delay line | línea de retardo en espiral
spiral distortion | distorsión en espiral
spiral-eight cable | cable de pares en estrella
spiral fission counter | contador de escisión (/fisión) en espiral
spiral flow | corriente en espiral
spiral four | cuatro en espiral
spiral-four cable | cable de cuadretes trenzados

spiral-four quad | cuadrete en estrella
spiral gear | engranaje helicoidal (/de dentadura espiral)
spiral grid | rejilla en espiral
spirally wound | arrollado (/devanado) helicoidal (/en espiral)
spirally wrapped | grapinado, arrollado en espiral
spiral model | modelización en espiral
spiral path | trayectoria espiral
spiral quad [*group of four wires with twist system*] | cuadrete trenzado
spiral ratchet screwdriver | destornillador helicoidal de trinquete
spiral reamer | escariador helicoidal (/de acanaladuras en espiral)
spiral sand pump | tornillo sin fin para arena
spiral scanning | barrido (/exploración) en espiral
spiral screwdriver | destornillador automático (/helicoidal)
spiral spring | muelle (/resorte) helicoidal (/en espiral)
spiral sweep | barrido (/exploración) en espiral
spiral timebase | base de tiempo en espiral
spiral tuner | sintonizador (de bobina) en espiral
spiral wave winding | devanado ondulado espiral
spiral winding | arrollamiento (/devanado) espiral (/helicoidal)
spire | espira
spirit level | nivel de burbuja
spkr = loudspeaker | altavoz
splash baffle | difusor contra salpicaduras; pantalla de desviación (de arco)
splashdown point | punto de caída (/salpicadura)
splashing | salpicadura, rociado, chapoteo
splashproof | a prueba de salpicaduras
splashproof machine | máquina protegida contra salpicaduras
splash ring | anillo antidesbordamiento (/antirrebose, /contra salpicaduras); pantalla anular
splat cooling | refrigeración laminar
splatter | salpicadura (de banda lateral), interferencia de canal adyacente; radiaciones espurias
splatter filter | filtro contra radiaciones espurias
splatter suppressor circuit | circuito eliminador (/supresor) de radiaciones espurias
splice | conexión, empalme, junta, unión
splice box | caja de empalme(s)
splice case | caja de empalmes
splice enclosure | caja de empalme(s)
splice insulation | aislamiento de empalme

splicer | empalmador, ajustador; soldador
splicer table | mesa para empalmes
splicer's tool bag | juego de herramientas de soldador
splice tray | bandeja de empalme
splicing | conexión, empalme; junta, unión; empate
splicing block | prensa de empalmar
splicing chamber | caja (/cámara) de empalmes
splicing clamp | tenaza empalmadora; mordaza de amarre
splicing compound | cinta (para aislamiento) de empalme
splicing ear | orejeta (/oreja) de empalme (/unión)
splicing fitting | grifa de unión
splicing gum | goma aislante (para empalmes)
splicing inner conductor | conductor interno para empalme
splicing kit | equipo (/juego de herramientas) para empalmar
splicing loss | pérdida de empalme
splicing of iron | empalme de estructura (metálica)
splicing of ironwork | empalme de estructura (metálica)
splicing sleeve | manguito de empalme (/unión)
splicing tape | cinta empalmadora (/de empalmar, /para empalmes)
splicing tongs | alicates de empalme
splicing tool | herramienta de empalmar
splicing wrench | llave para amarrar alambre
spline | chaveta; estría; lengüeta postiza
splined shaft | árbol (/eje) acanalado (/estriado, /ranurado)
splineway | acanaladura, estría, ranura
split | división, fraccionamiento; espacio (/espaciamiento) falso; conmutación del haz; laguna
split, to - | dividir
split anode | ánodo dividido (/hendido, /partido)
split-anode magnetron | magnetrón de ánodo dividido (/hendido)
split bar | barra de división (/separación)
split beam | haz dividido (/hendido)
split-beam microphotometer | microfotómetro de haz dividido
split box | cuadro de división
split-cable grip | manga de malla para cables
split-cable tap | derivación de cable dividido
split-can aerial | antena cilíndrica hendida
split cases | despachos fraccionados
split channel | canal compartido (/dividido)
split-channel system | sistema de canal compartido (/dividido)

split coil | bobina con derivaciones (/tomas)
split column | columna dividida
split-column relay | relé de división de columnas
split-conductor cable | cable de conductores separados
split-core current transformer | trasformador de núcleo dividido
split-core-type transformer | trasformador de pinza
split course | haz múltiple
split duct | caja de empalmes; conducto de enlace
split electric shield | blindaje eléctrico hendido
split-field motor | motor (monofásico) de campo dividido
split-field telemeter | telémetro de coincidencia
split filter | filtro dividido (/de dos colores)
split fitting | accesorio partido, guarnición dividida
split-flow reactor | reactor de flujo dividido
split headphones | par de audífonos eléctricamente independientes
split hydrophone | hidrófono dividido (/partido, /multicelular)
split image | imagen partida
split integrator | integrador dividido
split knob | botón (/pulsador) partido
split-knob insulator | aislador de pulsador partido
split-load circuit | circuito de carga dividida
split-load phase inverter | inversor de fase de carga dividida
split order wire | línea de órdenes dividida
split phase | fase abierta (/dividida, /partida)
split-phase circuit | circuito de fase dividida (/partida)
split-phase current | corriente de fase dividida
split-phase motor | motor de fase auxiliar (/dividida, /partida), motor de arranque por fase auxiliar
split-phase starting | arranque por fase auxiliar (/dividida)
split-phase starting system | sistema de arranque por fase auxiliar (/dividida)
split pin | pasador hendido (/de aletas, /de horquilla)
split projector | proyector dividido (/partido, /multicelular)
split pulse | impulso partido
split resistor | resistencia fraccionada
split-ring connector | conector de anillo partido
split rotor plate | lámina de condensador dividida; placa de rotor hendida (/con muescas)
split screen | pantalla dividida (/partida); ventanas de una pantalla

split selector | selector dividido
split-series motor | motor con devanado en serie [*motor de c.c. con devanado en serie para cada sentido de giro*]
split shaft | eje dividido (/hendido, /partido)
split shield | blindaje hendido
split-sound receiver | receptor de dos canales de amplificación [*para frecuencia intermedia*]
split-sound system | sistema de sonido dividido (/partido)
split-stator capacitor | condensador de estator fraccionado
split-stator variable capacitor | capacitor (/condensador) variable de estator fraccionado
splitter | filtro (separador); desfasador, divisor de fases; cuchilla hendedora; desaisladora
splitting | corte, disociación, división, fraccionamiento, fragmentación, partición, seccionamiento, separación
splitting arrangement | dispositivo de corte (/seccionamiento)
splitting bar | barra (/deslizadera) de desdoblamiento
splitting device | desaisladora
splitting key | llave de seccionamiento (/separación)
splitting of atomic nucleus | escisión (/fisión) del núcleo atómico
splitting position | posición de separación
splitting time | tiempo de corte
split transducer | trasductor partido (/multicelular)
split winding | arrollamiento (/devanado) dividido
split-winding loop | bucle de devanado dividido
split window | ventana partida (/dividida)
split window, to - | dividir ventana
split wire | cable múltiple
split wiring | conexión por cable múltiple
split-wound motor | motor con devanado dividido
SPM = speech marker | SPM [*marcador de la red de conversación*]
SPOC = search and rescue point of contact | SPOC [*punto de contacto de búsqueda y rescate (en localiza-ción por satélite*]
spoiler | modificador
spoiler resistor | resistencia elevadora de impedancia
spoiling | interferencia, perturbación; invalidación
spoken broadcast | emisión hablada
spoken commentary | comentario hablado
spoken transmission | emisión hablada
spoking | efecto radial; autointerferencia de la imagen de radar

S pole | poste S
sponsored television | televisión comercial
spontaneous combustion | combustión espontánea
spontaneous decay | desintegración espontánea
spontaneous disintegration | desintegración espontánea
spontaneous emission | emisión espontánea
spontaneous fission | escisión (/fisión) espontánea
spontaneous fission half-life | periodo de semidesintegración espontánea
spontaneous ignition | inflamación (/combustión) espontánea, encendido espontáneo
spontaneous magnetization | magnetización espontánea
spontaneous nuclear transformation | desintegración radiactiva espontánea
spoofing | simulación, engaño de un sistema de alarma
spool | arrollamiento, bobina, carrete
spool = simultaneous peripheral operations on line | spool [*operaciones periféricas simultáneas en línea*]
spool, to - | poner en cola [*almacenar un archivo en la cola de impresión*]
spool body | carcasa
spooler | mecanismo de bobinado; spooler [*programa que permite las trasferencias de E/S puestas en cola para un dispositivo*]
spool in, to - | bobinar
spooling | bobinado, devanado, arrollamiento en bobina (/carrete)
spooling process | bobinado, (proceso de) devanado
spool insulator | aislador de carrete
spool of hookup wire | carrete de alambre para conexiones
spool of lacing cord | carrete de cordel para cableado
spool out | avance rápido [*del bobinado*]
spool-wound resistor | resistencia devanada en carrete
sporadic | esporádico
sporadic ionization | ionización esporádica
sporadic layer | capa esporádica
sporadic layer ionization | ionización esporádica de la capa
sporadic layer propagation | propagación por ionización esporádica de la capa
sporadic propagation | propagación esporádica
sporadic reflection | reflexión anormal (/esporádica)
spot | punto; punto luminoso (/de exploración, /de exploración de imagen); proyector de haz; reflector de lente escalonada; lámpara de alumbrado intenso para detección de defectos
spot bonding | unión de puntos
spot color | color de pasada [*impresión de un solo color en cada pasada del papel*]
spot distortion | distorsión del punto explorador
spot erase | borrado selectivo
spot frequency | frecuencia discreta (/puntual, /única)
spot function | función spot [*para creación de un tipo de pantalla en PostScript*]
spot galvanometer | galvanómetro con indicador luminoso
spot gluing | encolado por puntos
spot jamming | interferencia sobre punto; perturbación de canal (/frecuencia)
spot noise | ruido discontinuo (/puntual)
spot noise factor | factor de ruido puntual (/propio, /monocromático)
spot noise figure | índice de ruido monocromático
spot optimizer magnet | imán optimador de imagen (/punto luminoso)
spot protection | protección puntual (/por puntos, /del punto explorador)
spot shifting | corrimiento (/desplazamiento) del punto explorador
spot size | diámetro (/tamaño) del punto explorador (/luminoso)
spot size error | error de dimensión del punto luminoso
spot speed | velocidad de exploración, velocidad del punto (luminoso)
spottiness | moteado
spotting switch | conmutador (/llave) para el control de frecuencia
spot weld | punto de soldadura eléctrica
spot-weld, to - | soldar por puntos
spot welder | soldadora (/máquina de soldar) por puntos
spot welding | soldadura (eléctrica) por puntos
spot wobble | vobulación (/fluctuación) del punto, oscilación del punto explorador; baileteo del haz
spout | boca, boquilla; canal, conducto; abertura (de radiación)
SPP = scalable parallel processing | SPP [*proceso paralelo escalable*]
spray | atomizador, difusor, pulverizador
spray arc | arco de rociado
spray chamber | cámara de efluvios
spray dome | domo de pulverización
sprayed cathode | cátodo formado por pulverización
sprayed coating | recubrimiento por aspersión (/rociado)
sprayed metal | metal rociado (/pulverizado con pistola)
sprayed printed circuit | circuito impreso por rociado
sprayed resistor | resistencia pelicular obtenida por pulverización
sprayer | aspersor, rociador, pulverizador; pistola rociadora (/pulverizadora); difusor (del carburador); inyector (de combustible)
spray fluxing | aplicación de fundente pulverizado
spray gun | pulverizador, pistola pulverizadora (/rociadora)
spray gun metallization | metalización con pistola
spray gun soldering | soldadura por pistola pulverizadora
spray head | rociador, boquilla rociadora
spray jet | tobera de pulverización
spray nozzle | pulverizador (de agua); tobera de pulverización
spray painting | pintura con pistola (/pulverizador)
spray point | punto de inducción
spray points | peines [*conjunto de puntas que trasmiten las cargas eléctricas a la correa de un acelerador Van de Graaff*]
spray radiation treatment | tratamiento de irradiación (total)
spread | dispersión; (zona de) desbordamiento; margen de variación
spreader | dispersor; divisor, separador
spread factor | factor de distribución
spread groove | surco disperso
spreading | agrandamiento (/extensión) de una parte de la imagen
spreading anomaly | anomalía por dispersión
spreading loss | pérdida por dispersión
spreading of wavefront | ensanchamiento del frente de onda
spreading resistance | resistencia de dispersión (/esparcimiento)
spread of bearings | gama acimutal
spread of flux | dispersión del flujo
spread of signal flux | dispersión del flujo de la señal
spreadsheet | hoja de cálculo, hoja electrónica (de cálculo)
spreadsheet calculator | calculadora tubular, tablero electrónico
spreadsheet programme | programa de hoja electrónica (de cálculo)
spread spectrum | espectro de propagación
spread-spectrum modulation | modulación del espectro de propagación
spread spectrum transmission | trasmisión del espectro disperso
Sprengel pump | bomba (de vacío) Sprengel
spring | muelle, resorte
spring-actuated stepping relay | relé de progresión por resorte
spring assembly | bloque (/grupo, /equipo) de resortes
spring balance | balanza de resorte (/muelle, /tensión)
spring calibre | calibre de resorte

spring clamp | fijador, sujetador; pinzas de resorte; cartucho del resorte
spring connector | conector elástico (/de resorte)
spring contact | contacto elástico (/de resorte)
spring contact probe | sonda con contacto de resorte
spring contact terminal | terminal de contacto elástico
spring cotter | clavija hendida, pasador hendido
spring counterbalance | contrapeso de resorte
spring curve | curva de tensión del resorte
spring drive belt | correa de mando de resorte
spring-driven | accionado por muelle
spring-drive recorder | (aparato) registrador de cuerda
spring finger | resorte; pitón elástico
spring finger action | acción de lengüeta resorte
spring hanger | soporte de suspensión tipo de resorte
spring hook | mosquetón, gancho de resorte (/seguridad)
springiness | elasticidad
spring load | apriete (/presión, /carga) por resorte
spring-loaded | abierto mientras se pulsa; accionado (/cargado) por resorte; con muelle antagonista, con resorte de compensación
spring-loaded arm | brazo con muelle antagonista
spring-loaded button | botón con presión por muelle
spring-loaded control | control abierto mientras se pulsa
spring-loaded drum | tambor de resorte
spring-loaded foot switch | pedal conmutador de resorte
spring-loaded hinge | bisagra con resorte (de compensación)
spring-loaded menu | menú abierto mientras se pulsa
springnut | tuerca elástica
spring pileup | grupo de contactos de resorte accionados en conjunto
spring plunger | émbolo de resorte
spring pressure | tensión de resorte
spring-return rotary switch | conmutador giratorio (/rotativo) de retroceso por muelle
spring-return switch | interruptor de retorno por resorte
spring seat | alojamiento (/cartucho) del resorte
spring set | bloque (/juego) de resortes
spring sleeve | manguito de resorte
spring snap clip | presilla de resorte (/pinza elástica)
spring stop | tope de resorte
spring strip | fleje
spring stud | espiga de empuje (del contacto); trasmisor por resorte
spring switch | interruptor de resorte (/contactos elásticos)
spring tension | tensión elástica (/del muelle, /del resorte)
spring transmission | trasmisión por resorte
spring-type connector | conector de (/tipo) resorte
spring-type shock absorber | amortiguador de resortes
spring valve | válvula de resorte
spring washer | arandela elástica (/de presión, /de resorte)
sprite | objeto
sprocket | piñón, rueda (/corona) dentada
sprocket feed | papel perforado [*para su arrastre durante la impresión*]
sprocket pulse | impulso de avance (/carácter)
sprocket wheel | piñón (/rueda dentada) de cadena
SPS = standard positioning service | SPS [*servicio de posicionamiento normalizado (de uso civil no restringido en localización por satélite)*]
SPST = single-pole single-throw | SPST [*interruptor simple unipolar*]
spur | ramal, línea auxiliar (/de derivación)
spurious | adulterado, artificial, espurio, falso, parásito
spurious contact | contacto parásito
spurious count | recuento accidental (/espurio, /parásito)
spurious emanation | emanación espuria
spurious emission | emisión (/radiación) espuria (/no esencial)
spurious harmonic | armónica espuria (/parásita)
spurious harmonic generation | generación de armónicas espurias
spurious harmonic radiation | radiación de armónicas parásitas
spurious modulation | modulación espuria (/parásita)
spurious noise | ruido parásito
spurious printing | efecto de eco; falso registro, registro espurio
spurious print-through signal | señal espuria registrada por contacto, señal falsa por efecto de impresión magnética
spurious pulse | impulso espurio (/falso, /parásito)
spurious pulse mode | modo pulsatorio (/de impulsos) espurio (/falso)
spurious radiation | radiación espuria (/parásita, /no esencial)
spurious response | respuesta espuria (/parásita)
spurious response attenuation | atenuación de la respuesta espuria
spurious response ratio | relación de respuesta espuria
spurious response rejection | rechazo de respuesta espuria
spurious signal | señal espuria (/parásita)
spurious transmitter output | salida espuria de un trasmisor
spurious tube counts | cuentas espurias
spurious valve count | recuento espurio de válvula
spur line | derivación, línea auxiliar (/de derivación), enlace lateral (/secundario); subenlace (radioeléctrico)
spur route | ramal, ruta secundaria (/tributaria)
spurt tone | tono de arranque
sputnik | sputnik
sputter | metalizado frío por descarga
sputtering | chisporroteo, deposición (/desintegración, /pulverización, /sublimación) catódica
sputtering apparatus | aparato para la pulverización catódica de metales
SPX = sequenced packet exchange | SPX [*intercambio secuencial de paquetes (de datos)*]
SPX = simplex | simple [*modo de trasmisión*]
sq = square | cuadrado
SQ | SQ [*sistema matricial desarrollado por CBS*]
SQA = software quality assurance | SQA [*garantía de calidad del software*]
SQL = standard (/structured) query language | SQL [*lenguaje normalizado (/estructurado) de consulta*]
S quad = simple quad | cuadrete simple
square | cuadrado, cuadro; cuadrete, grupo de cuatro hilos
square bracket | corchete
square cascade | cascada cuadrada (/constante)
square configuration | configuración multilínea
square core oscillator | oscilador de onda cuadrada con núcleo
square corner reflector | reflector dieléctrico rectangular
square corner screen | pantalla de ángulos vivos
square expansion | expansión modular
square file | lima (de sección) cuadrada
square foot unit of absorption | unidad de absorción por pie cuadrado
square head screw | tornillo de cabeza cuadrada
square hysteresis loop | bucle (/ciclo) de histéresis rectangular
square-hysteresis-loop ferromagnetic material | material ferromagnético de ciclo de histéresis rectangular
square law circuit | circuito de característica (/ley) cuadrática
square law condenser | condensador de variación cuadrática

square law control characteristic | característica de control (/regulación) de ley cuadrática
square law demodulator | desmodulador cuadrático
square law detection | detección cuadrática (/lineal, /parabólica)
square law detector | detector cuadrático (/parabólico, /de respuesta cuadrática)
square law measuring instrument | instrumento de ley (/medida) cuadrática
square law modulator | modulador de cuadrados
square law operation | funcionamiento de ley cuadrática
square law rectifier | rectificador cuadrático
square law response | respuesta (de ley) cuadrática
square law scale meter | medidor de escala cuadrática
square law voltmeter | voltímetro cuadrático
square loop | bucle rectangular, ciclo de histéresis rectangular
square loop aerial | antena de cuadro rectangular
square loop core | núcleo de ciclo de histéresis rectangular
square-loop core material | material para núcleos de ciclo de histéresis rectangular
square-loop core oscillator | oscilador de realimentación por trasformador de histéresis rectangular
square loop device | dispositivo con ciclo de histéresis rectangular
square loop ferrite | ferrita de bucle (/ciclo de histéresis) rectangular
square loop-ferrite core | núcleo de ferrita con ciclo de histéresis rectangular
square loop material | material con (/curva) ciclo de histéresis rectangular [*para núcleo magnético*]
square-loop memory core | núcleo para memoria (magnética) con ciclo de histéresis rectangular
square matrix | matriz cuadrada
squareness | cuadratura
squareness ratio | relación de cuadratura (/rectangularidad)
square nose pliers | alicates de boca cuadrada
square nut | tuerca cuadrada
square panel | panel cuadrado
square pulse | impulso cuadrado (/rectangular)
square-pulse generator | generador de impulsos cuadrados (/rectangulares)
square-pulse marker signal | señal marcadora de impulso rectangular
square section | sección cuadrada (/trasversal)
square-shaped pulse | impulso cuadrado (/rectangular)
square signal | señal (de onda) cuadrada (/rectangular)
square signal generator | generador de señales de onda cuadrada (/rectangular)
square spherical well | pozo esférico rectangular, pozo cuadrado de potencial central
square top waveform | onda de techo cuadrado (/rectangular)
square value | valor eficaz
square wave | onda cuadrada (/rectangular)
square wave amplifier | amplificador de onda cuadrada
square wave analysis | análisis (de respuesta) por ondas cuadradas
square wave component | componente de onda cuadrada
square waveform | onda (de forma) cuadrada
square wave generator | generador de onda cuadrada
square wave modulation | modulación con onda cuadrada
square wave modulator | modulador de onda cuadrada
square wave oscillator | oscilador de ondas cuadradas
square wave output | salida de onda cuadrada
square waver | modulador de onda cuadrada
square wave response | respuesta de onda cuadrada
square wave response characteristic | característica de respuesta de onda cuadrada
square wave signal | señal (de onda) cuadrada
square wave test signal | señal de prueba de onda cuadrada
square wave testing | comprobación (/verificación) por ondas cuadradas
square wave voltage | tensión (de onda) cuadrada (/rectangular)
square well | fuente de potencial negativo; pozo cuadrado (de potencial)
squaring | trasformación en señal cuadrada
squaring amplifier | amplificador cuadrador (/recuadrador)
squaring circuit | circuito cuadrador (de onda)
squashing | aplastamiento
squawker | squawker [*altavoz de frecuencias medias en un sistema de tres vías*]
squeal | chillido
squealing | chillido
squeegee | barredora de goma
squeezable waveguide | guiaondas (/guía de ondas) comprimible
squeeze box | guiaondas comprimible
squeeze section | sección comprimible (/variable)
squeeze time | intervalo de presión del electrodo
squeeze track | pista comprimible
squegger | autobloqueador
squegging | autobloqueo; fenómeno de relajación; intermitencia; automodulación periódica; sobreoscilación, oscilación de relajación
squegging oscillator | oscilador de autobloqueo (/extinción, /relajación)
squelch | amortiguador de ruido (/ruidos de fondo), reducción del volumen sonoro; reductor de ruido; regulación silenciosa; silenciador (automático)
squelch, to - | silenciar
squelch circuit | circuito silenciador (/reductor de ruido, /de regulación silenciosa)
squelch DC amplifier | amplificador de corriente continua del silenciador
squelch diode | diodo silenciador
squelched | acallado, silenciado, en condición de silenciamiento
squelch level | nivel silenciador (/de silenciamiento)
squelch noise amplifier | amplificador de ruido del silenciador
squelch noise rectifier | rectificador de ruido del silenciador
squelch system | sistema de sintonía silenciosa
squelch triode | triodo silenciador
squelch voltage | tensión silenciadora, voltaje silenciador
squib | mecha, iniciador, carga iniciadora, detonador, cebo eléctrico; impulsor de filamento incandescente
squint | ángulo de barrido (/exploración) horizontal; ángulo de conmutación de lóbulo; estrabismo
squint angle | ángulo de estrabismo (/conmutación de lóbulo)
SQUIRE = Signal quiet universal intruder recognition equipment | SQUIRE [*equipo fijo universal para reconocimiento de intrusos (de la empresa) Signal*]
squirrel | ardilla
squirrel cage | jaula de ardilla
squirrel cage aerial | antena en jaula de ardilla
squirrel cage grid tube | tubo de rejilla en jaula de ardilla
squirrel cage induction motor | motor de inducido de barras, motor de inducción en jaula de ardilla
squirrel cage magnetron | magnetrón de jaula de ardilla
squirrel cage motor | motor en jaula de ardilla, motor de inducido de barras
squirrel cage rotor | rotor de barras (/jaula de ardilla)
squirrel cage winding | bobinado (/devanado) en jaula de ardilla
squitter | disparo (/funcionamiento) accidental (/sin consulta)
Sr = strontium | Sr = estroncio
SR = sender report | SR [*informe de*

emisor]
S/R = sender/receiver | E/R = emisor/receptor
S.R. = supply reel | S.R. [*plato de avance*]
SRAEN = système de référence pour la détermination des affaiblissements équivalents pour la netteté (*fra*) [*reference system for determining the attenuation of brightness equivalents*] | SRAEN = sistema de referencia para la determinación de las atenuaciones equivalentes de nitidez
SRAM = shadow random access memory | SRAM [*copia de memoria de acceso aleatorio*]
SRAM = static random access memory | SRAM [*memoria estática de acceso aleatorio*]
SRAPI = speech recognition API = speech recognition application programming interface | SRAPI [*interfaz de programación para aplilcaciones de reconocimiento de voz*]
SRE = surveillance radar element | SRE [*radar de vigilancia*]
S reference point | punto de referencia S
SRF = specialized resource function | SRF [*función de recursos especializados*]
SR flip-flop | circuito biestable SR
SRI = sorry | perdón, lo siento, lo lamento
SRLN = serial number | número de serie
SRLNR = serial number | número de serie
SRS = see your service | vea su servicio
SRS = system requirements specification | SRS [*especificación sobre requisitos del sistema*]
SRTE = sender receiver test equipment | SRTE [*equipo de pruebas de emisores y receptores*]
SRV = service | SRV = servicio
SRY = sorry | perdón, lo siento, lo lamento
SS = signalling system | SS = sistema de señalización
SSA = serial storage architecture | SSA [*arquitectura de IBM para almacenamiento en serie*]
SSADM = structured systems analysis and design method | SSADM [*método de diseño y análisis de sistemas estructurados*]
SS-APDU = supplementary service application protocol data unit | SS-APDU [*unidad de datos del protocolo de aplicación para los servicios suplementarios*]
SSB = single sideband | BLU = banda lateral única
SSB modulation = single sideband modulation | modulación BLU = modulación de banda lateral única
SSD = solid-state disk | SSD [*disco duro*]
S.SENS = start sensor | S.ARR. = sensor de arranque
S.SEP = sync separator | S.SEP [*separador de sincronismos*]
S+S equipment = speech-plus-simplex equipment | equipo univocal
SSF = service switching function | SSF [*función de conmutación del servicio*]
SSFP = steady state free precession | SSFP [*precesión libre de estado estable*]
SSI = small scale integration | SSI [*integración de bajo grado, integración a pequeña escala*]
SSL = secure socket layer | SSL [*capa de zócalo segura*]
SS loran = skywave-synchronized loran | loran SS [*lorán de sincronización por onda ionosférica*]
SSPM = single-sideband phase modulation | SSPM [*modulación de fase en banda lateral única*]
SSR = secondary surveillance radar | SSR [*radar secundario de vigilancia*]
SSRC = synchronization source | SSRC [*fuente de sincronización (para flujo de paquetes de datos)*]
SSRS = subsystem requirements specification | SSRS [*especificación de requisitos para los subsistemas*]
SSS = switching subsystem | SSS [*subsistema de conmutación*]
SST = supersonic transport | trasporte supersónico
S state | estado S
stabilidyne | estabilidino [*radiorreceptor para compensar las fluctuaciones de frecuencia del oscilador local*]
Stabilite | Stabilite [*marca registrada de un sistema estabilizador de satélites artificiales de la Tierra*]
stabilitron | estabilitrón [*amplitrón dispuesto para funcionar como oscilador de gran estabilidad*]
stability | constancia, regularidad; estabilidad, firmeza, solidez
stability area | zona de estabilidad
stability condition | condición de estabilidad
stability criterion | criterio de estabilidad
stability factor | factor de estabilidad
stability of phases | estabilidad de fases
stabilivolt | estabilizador de tensión (/voltaje)
stabilivolt valve | válvula estabilizadora de tensión
stabilization | estabilización
stabilization network | red estabilizadora (/de estabilización)
stabilization process | proceso de estabilización
stabilization voltage | tensión estabilizadora
stabilized amplifier | amplificador estabilizado (/de ganancia constante)
stabilized direct current | tensión continua estabilizada
stabilized feedback | realimentación estabilizada
stabilized flight | vuelo estabilizado
stabilized frequency | frecuencia constante
stabilized gain amplifier | amplificador de ganancia constante (/estabilizada)
stabilized local oscillator | oscilador local estabilizado
stabilized master oscillator | oscilador principal estabilizado
stabilized pinch | estrechamiento estabilizado
stabilized platform | plataforma estabilizada
stabilized power supply | fuente de alimentación estabilizada
stabilized shunt-wound motor | motor estabilizado devanado en derivación
stabilized winding | arrollamiento estabilizado
stabilizer | estabilizador
stabilizer unit | (elemento) estabilizador, unidad estabilizadora
stabilizer valve | válvula estabilizadora (de tensión)
stabilizing | estabilización
stabilizing amplifier | amplificador estabilizador
stabilizing choke | bobina de reactancia estabilizadora
stabilizing circuit | circuito estabilizador (/de estabilización)
stabilizing feedback | realimentación estabilizadora
stabilizing moment | momento estabilizador
stabilizing network | red estabilizadora
stabilizing potential | potencial de estabilización
stabilizing resistor | resistencia estabilizadora (/de estabilización)
stabilizing signal | señal estabilizadora
stabilizing transistor | transistor de estabilización
stabilizing valve | válvula estabilizadora (de tensión)
stabilizing voltage | tensión estabilizadora, voltaje estabilizador
stabilizing winding | devanado estabilizador (/terciario)
stabistor = stabilizing resistor | estabistor [*resistencia estabilizadora*]
stabistor-coupled circuit | circuito acoplado por estabistor
stable | estable, constante
stable arrangement | agrupación (/disposición) estable
stable device | dispositivo estable
stable direct-coupled amplifier | amplificador estable de acoplamiento directo
stable element | elemento estable
stable emitter | emisor estable
stable isotope | isótopo estable

stable nuclide | núclido estable (/no radiactivo)
stable orbit | órbita estable
stable oscillation | oscilación estable (/constante)
stable oscillator | oscilación estable
stable platform | plataforma estable (/estabilizada)
stable reactor period | periodo estable del reactor
stable running | marcha estable
stable sorting algorithm | algoritmo de clasificación estable
stable speed | velocidad constante
stable state | estado estable
stable strobe | interferencia estable
stack | pila; apilamiento [*de contactos*]; cadena [*de aisladores*]; armario [*de sonar*]; memoria apilada (/temporal); registro temporal; torre de protocolos
stack, to - | apilar, escalonar
stackable | amontonable, ampliable, apilable, superponible
stackable expansion | ampliación por apilamiento
stack algorithm | algoritmo de pila
stack architecture | arquitectura de pilas
stacked | apilado
stacked aerial | antena de elementos superpuestos, antena de múltiples pisos; red de antenas apiladas
stacked arrangement | disposición apilada
stacked array | antena de elementos apilados; red de antenas apiladas (/superpuestas)
stacked beam radar | radar de haces superpuestos
stacked ceramic valve | tubo de discos cerámicos superpuestos
stacked diode laser | láser de diodos superpuestos
stacked dipole aerial | antena de dipolos apilados
stacked dipole array | antena de dipolos apilados
stacked dipoles | dipolos apilados (/superpuestos)
stacked half-wave elements | elementos de media onda apilados
stacked heads | cabezas superpuestas
stacked stereophonic tape | cinta estereofónica de pistas coincidentes
stacked-V aerial | antena de elementos en V apilados (/superpuestos)
stacked Yagi aerial | antena Yagi de elementos apilados
stacked Yagi array | sistema (de antena) Yagi de elementos apilados
stacker | depósito receptor (/de descarga)
stacker bedplate | placa base del depósito de descarga
stacker fingers | pitones de arrastre para descarga
stacker key | tecla de descarga
stacker magnet | electroimán del mecanismo de descarga
stacker overflow stop switch | interruptor de rebosamiento del depósito
stacker stop | parada por depósito colmado
stack frame | cuadro (/almacenamiento) de pila
stacking order | orden de colocación
stack manipulation | manipulación (/proceso) de pilas
stackpointer, stack pointer | puntero de pila; indicador de la (memoria en) pila [*de datos*]
stack processing | proceso de pilas
stackware | stackware [*aplicación de hypercard*]
staff costs | gastos de personal
staff position | posición ocupada
stage | escalón, etapa, paso, salto; elemento
stage-by-stage elimination | eliminación por etapas
stage-by-stage troubleshooting | investigación de averías por etapas
stage control | control de etapa
stage efficiency | rendimiento de la etapa, rendimiento del paso
stage gain | ganancia por etapa (/paso)
stage of amplification | etapa (/paso) de amplificación
stage of preselection | etapa (/paso) de preselección
stage of reduction | etapa de reducción
stage of selection | etapa (/paso) de selección
stagger | escalonamiento; oscilación, vacilación
staggered array | red de antenas escalonadas
staggered circuits | circuitos escalonados
staggered heads | cabezas escalonadas
staggered tuning | sintonización escalonada (/por etapas)
staggering | escalonamiento; alternancia, oscilación, vacilación
staggering advantage | mejora de escalonamiento (de frecuencias)
staggering of hours | escalonamiento de horarios
stagger time | tiempo de escalonamiento
stagger-tuned amplifier | amplificador con sintonización escalonada
staging | trasferencia de cinta a disco magnético
stagnation point | punto neutro (/de estancamiento)
stagnation pressure | presión de estancamiento
stagnation temperature | temperatura de estancamiento
stagnation thermocouple | termopar de estancamiento (/flujo estancado)
stain | mácula, mancha; tinte
stainless steel | acero inoxidable
stainless steel cladding | revestimiento de acero inoxidable
stainless-steel-sheathed cable | cable bajo revestimiento de acero inoxidable
stain spot | (mancha de) moho
staircase | (señal en) escalera
staircase generator | generador de escalera
staircase signal | señal (de onda) en escalera
staircase waveform | onda escalonada (/en forma de escalera)
stairstep generator | generador de escalones (/onda escalonada)
stairstep linearity | linealidad medida con onda escalonada
stairstep nonlinearity | desviación de linealidad con onda escalonada
stairstepping | escalonamiento [*en las líneas reproducidas en pantalla*]
stairstep waveform | onda escalonada (/en escalera)
stalagmometer | estalagmómetro [*aparato de ensayo para medir la tensión superficial por el método del peso en caída libre*]
stale link | enlace anulado
stall, to - | ahogar(se), atascar(se), calar(se), parar(se)
stalled torque | par máximo (/a velocidad crítica)
stalled torque control | control de par a velocidad crítica (/nula), control de par de parada
stalling | atascamiento, parada
stalling angle of attack | ángulo de incidencia crítica
stalling relay | relé protector contra pérdida de velocidad por sobrecarga
stalling speed | velocidad mínima
stalling torque | par límite (/máximo); momento torsor de parada
stall torque | par de parada, momento de torsión a velocidad crítica
STALO = stabilized local oscillator | STALO [*oscilador local estabilizado*]
STALO cavity | cavidad STALO [*cavidad resonante estabilizadora de frecuencia*]
stamped circuit | circuito impreso
stamped lamination | chapa (/lámina) estampada
stamped lamp | lámpara calibrada
stamped metal | chapa estampada, metal estampado
stamped printed circuit | circuito impreso estampado
stamped printed wiring | cableado impreso estampado
stamper | estampador
stamping | estampado, estampación; chapa magnética
stamping machine | estampadora, prensa de estampar; trocueladora
stand | emplazamiento, puesto, sitio, lugar
stand-alone | aislado; autónomo, inde-

pendiente
stand-alone dedicated control channel | canal dedicado exclusivamente a una estación
stand-alone help | ayuda autónoma
stand-alone station | estación autónoma; ordenador autónomo
stand-alone system | sistema autónomo
stand-alone terminal | terminal de funcionamiento autónomo
standard | norma, patrón, tipo; normal
standard absorber | absorbente calibrado (/normalizado)
standard absorption curve | curva de atenuación de referencia
standard aerial | antena normalizada
standard allele | alelo tipo (/normal)
standard altimeter | altímetro normalizado
standard ampere | amperio patrón
standard application font name | nombre de fuente normalizada de aplicación
standard architecture | arquitectura normalizada (/estándar)
standard atmosphere | atmósfera patrón
standard band | banda normal
standard beam approach | aproximación por haz patrón (/normalizado)
standard broadcast band | banda radiofónica normalizada
standard broadcast channel | canal de radiodifusión normalizado
standard broadcast receiver | receptor de radio de ondas medias
standard broadcast station | emisora de banda radiofónica normalizada, estación de emisión normalizada, estación radiodifusora de ondas medias
standard cable | cable normalizado (/patrón)
standard cadmium cell | pila normalizada de cadmio
standard calibration curve | curva principal de contraste
standard candle | bujía normalizada (/patrón)
standard capacitor | condensador normalizado
standard cell | pila normalizada (/patrón, /estándar)
standard chamber | cámara (de ionización) normalizada
standard chromaticity diagram | diagrama de cromaticidad estándar
standard chronometer | cronómetro normalizado
standard component | componente (/elemento) normalizado
standard condenser | condensador normalizado
standard conductance | conductancia normalizada
standard copper sulphate reference electrode | electrodo normalizado de referencia de sulfato de cobre

standard current generator | generador de corriente normalizado
standard deflection | deflexión (/desviación) normal (/típica)
standard deviation | desviación normal (/normalizada, /estándar, /tipo)
standard disclaimer | opinión particular [*en mensajes y noticias por internet, indicación de que la opinión del autor no es necesariamente la del remitente*]
standard earphone coupler | audífono normalizado
standard electrical interface | interfaz eléctrica normalizada
standard electrode | electrodo normalizado (/patrón)
standard electrode potential | potencial normal del electrodo
standard equipment | equipo (/dotación) normal
standard error | error tipo (/típico, /normal, /estándar, /cuadrático medio)
standard error of the mean | error mediano del valor promedio
standard font name | nombre de fuente normalizada
standard frequency | frecuencia normal (/normalizada, /patrón)
standard frequency assembly | conjunto de frecuencia normalizada
standard frequency broadcast | emisión de frecuencia contrastada
standard frequency meter | frecuencímetro normalizado
standard frequency multiplier | multiplicador de frecuencias contrastadas
standard frequency oscillator | oscilador de frecuencia normalizado
standard frequency radio transmission | trasmisión radioeléctrica de frecuencias normalizadas (/contrastadas)
standard frequency service | servicio de frecuencias normalizadas
standard frequency signal | señal de frecuencia patrón (/contrastada)
standard frequency station | estación de frecuencias normalizadas (/contrastadas)
standard frequency transmission | emisión de frecuencias contrastadas, trasmisión de patrones de frecuencia
standard function | función normalizada (/estándar)
standard gain horn | bocina de ganancia normalizada
standard generalized markup language | lenguaje informático normalizado; lenguaje normalizado generalizado para etiquetar
standard groove pickup | fonocaptor para surco normal
standard hole pattern | configuración normalizada de agujeros
standard inductor | inductor normalizado, inductancia normalizada
standard instrument | aparato (/instrumento) calibrado (/normalizado)
standard insulator | aislador normal
standard interface | interfaz normalizada
standard interface font name | nombre de fuente de interfaz normalizada
standard ionization chamber | cámara de ionización normalizada (/de aire libre)
standardise, to - [UK] | normalizar
standardization | normalización, reglamentación, tipificación; calibración
standardization circuit | circuito de contrastación
standardization graph | curva principal de contraste
standardization of transducers | normalización de trasductores
standardize, to - [UK+USA] | normalizar
standardized circuit | circuito normalizado
standardized component | componente normalizado
standardized dimension | dimensión normalizada
standardized pulse | impulso normalizado
standardized television signal | señal de televisión normalizada
standardized test distortion | distorsión de prueba normalizada
standardizing resistor | resistencia de normalización
standard loran = standard long-range navigation | loran normalizado
standard luminosity curve | curva de luminosidad normal
standard measurement procedure | procedimiento normalizado de medición
standard memory | memoria estándar (/normalizada)
standard message | mensaje normalizado
standard meter | aparato de medición precisa
standard M-gradient | gradiente normal del módulo de refracción
standard microphone | micrófono normalizado (/estándar)
standard mismatch | desadaptador (/elemento de desadaptación) normalizado
standard mixture | mezcla patrón
standard module | módulo normalizado
standard module frame | caja de montaje para módulos normalizados
standard noise factor | factor de ruido normalizado
standard noise temperature | temperatura de ruido normal
standard normal mode | modo normal estándar
standard observer | observador tipo (/de referencia)
standard ohm | ohmio patrón

standard output level | nivel de salida normal
standard output load | carga de salida normal
standard page description language | lenguaje normalizado de descripción de páginas
standard pile | pila normalizada; apilamiento patrón
standard pitch | tono normal, altura tonal normalizada, diapasón normalizado
standard play | reproducción normal
standard positioning service | servicio de posicionamiento normalizado [de uso civil no restringido en localización por satélite]
standard pressure limit setting | ajuste de presión límite estándar
standard product of sums | producto normalizado de sumas
standard product term | minitérmino, término mínimo (/de producto normalizado, /de producto estándar)
standard propagation | propagación normal
standard pulse | impulso normalizado (/patrón)
standard pulse generator | generador de impulsos normalizado
standard query language | lenguaje normalizado de consulta
standard radio horizon | horizonte radioeléctrico normal
standard radio range | radiofaro normalizado (/tetradireccional)
standard radioactive source | fuente radiactiva normalizada
standard range | radiofaro normalizado
standard receiver | receptor normalizado
standard reference temperature | temperatura de referencia normal
standard refraction | refracción normal (/normalizada)
standard refractive module gradient | gradiente normal del módulo de refracción
standard register | registro normal, totalizador normalizado
standard resistance | resistencia normalizada
standard resistor | resistencia normalizada
standard rod gap | explosor normalizado (/patrón) de varillas
standards | normativa, normas, especificaciones
standards conversion centre | centro de conversión de normas
standards converter | convertidor de normas
standard seawater conditions | condiciones normales del agua del mar
standard signal | señal normalizada (/patrón)
standard signal generator | generador de señal normalizada

standard signal oscillator | oscilador de señal normalizado
standards of transmission | normas de trasmisión
standard source | fuente normalizada
standard sphere gap | explosor normalizado (/patrón) de esferas
standard square deviation | desviación cuadrática media
standards room | sala de patrones de medida; cuarto para el control de aparatos de medición
standards station | emisora (radioeléctrica) de señales normalizadas
standards transmission | emisión (radiada) de señales normalizadas
standard subroutine | subrutina normalizada (/estándar)
standard sum of products | suma normalizada de productos
standard sum term | término máximo (/normalizado de suma)
standard susceptance | susceptancia normalizada
standard sweep frequency generator | generador normalizado de frecuencias de barrido
standard sweeping frequency signal generator | generador de señales normalizado con barrido de frecuencia
standard telephone relay | relé (/relevador) del tipo telefónico normal
standard television signal | señal normalizada de televisión
standard temperature and pressure | temperatura y presión normales
standard termination | terminación normalizada
standard test conditions | condiciones de prueba normalizadas
standard test frequency | frecuencia normalizada de prueba (/comprobación, /verificación)
standard test tape | cinta normalizada de prueba
standard test-tone power | potencia normalizada del tono de prueba
standard time | hora patrón, huso horario
standard tinsel conductor | conductor normalizado de oropel
standard track | pista normal (/única)
standard transmitter | trasmisor (/micrófono) normalizado
standard valve base-pin numbering | numeración normalizada de las patillas de contacto de las válvulas
standard voltage | tensión (/voltaje) normal (/patrón)
standard voltage generator | generador de tensión normalizado
standard volume indicator | indicador de volumen normalizado
standard wave error | error de onda estándar; error tipo de polarización
standard wire gauge | calibre (/calibrador) normalizado para alambres, gal-

ga normalizada para alambres
standard working system | sistema normalizado de trabajo
standby | disponibilidad; (en) espera, (en) reserva; régimen (/situación) de espera (/reserva)
stand by, to - | estar a la escucha (/espera), estar preparado para acción inmediata
standby baseband unit | unidad de banda básica de reserva
standby battery | batería de reserva
standby battery control equipment | equipo de control auxiliar de batería
standby circuit | circuito de reserva
standby emergency lighting | iluminación auxiliar preparada
standby equipment | equipo de reserva
standby loss | pérdida en vacío (/régimen de reserva)
standby monitoring | escucha en pausa de trasmisión
standby operation | funcionamiento de reserva
standby position | posición de espera; estado de alerta
standby power | consumo en espera (/pausa); energía de reserva
standby power generator | generador de energía en reserva
standby power supply | suministro de energía en reserva
standby radio terminal | terminal de radio de reserva
standby receive switch | conmutador de pausa (/recepción)
standby redundancy | redundancia pasiva (/de reserva)
standby register | registro de reserva (/seguridad)
standby repeater | repetidor de reserva
standby set | grupo (electrógeno) de emergencia (/reserva)
standby station | estación auxiliar
standby switch | conmutador de espera (/pausa)
standby switching panel | panel conmutador de equipos de reserva
standby switching unit | unidad de conmutación a elemento de reserva
standby time | periodo de estado de espera
standby transmitter | trasmisor de reserva
standby unit | unidad de reserva (/recambio)
stand guard, to - | vigilar, estar en escucha (/guardia)
standing | estacionario
standing current | corriente estacionaria
standing-on-nines carry | traslado de decenas sin alteración de nueves
standing striation | estría estacionaria
standing wave | onda estacionaria
standing wave aerial | antena de onda

estacionaria
standing wave amplifier | amplificador de onda estacionaria
standing wave detector | detector de ondas estacionarias
standing wave indicator | indicador de ondas estacionarias
standing wave loss | pérdidas por ondas estacionarias
standing wave loss factor | factor de pérdida de ondas estacionarias
standing wave meter | medidor de ondas estacionarias
standing wave pattern | configuración (/esquema) de las ondas estacionarias
standing wave producer | productor de ondas estacionarias
standing wave ratio | relación (de amplitud) de ondas estacionarias
standing wave ratio bridge | puente indicador (/de relación) de ondas estacionarias
standing wave ratio indication meter | indicador (de relación) de ondas estacionarias
standing wave ratio indicator | indicador (de relación) de ondas estacionarias
standing wave ratio meter | medidor de relación de ondas estacionarias
standing wave system | sistema de ondas estacionarias
standing wave voltage ratio | relación de tensión de ondas estacionarias
standoff insulator | aislador separador (/distanciador, /de apoyo)
standpipe | toma (/tubo) vertical
standstill | paralización de normas
staple | alcayata, argolla, armella, aro, escarpia, grapa, presilla
star | estrella; asterisco [*signo tipográfico*]
STAR = special telecommunications actions for regional development aims | STAR [*medidas especiales para mejorar las telecomunicaciones en zonas deprimidas*]
star aerial | antena en estrella
star bus | bus en estrella [*topología de red*]
star chain | cadena (/red) en estrella
star circuit | circuito en estrella
star closure | cierre de estrella, cierre (/estrella) de Kleene
star-connected | conectado (/con conexión) en estrella
star-connected circuit | circuito conectado en estrella
star connection | conexión (/montaje, /red) en estrella
star current | corriente de una fase de la estrella
star-delta connection | conexión (/montaje) en estrella-triángulo, conexión en Y-delta
star-delta starter | arrancador de estrella-triángulo

star-delta switch | conmutador de estrella-triángulo
star grouping | montaje en estrella
star-height | altura de estrella
Stark broadening | ensanchamiento de Stark
Stark effect | efecto de Stark
starlight | luz estelar
star network | red en estrella
star point | punto neutro
star quad | cuadrete en estrella
star quad cable | cable de cuadretes en estrella
star-producing radiation | radiación productora de estrellas
star reaction | reacción productora de estrellas
star rectifier | rectificador de estrella
star-star connection | conexión estrella-estrella, conexión Y-Y
star-star transformer | trasformador estrella-estrella
start | arranque, comienzo, inicio, puesta en marcha
start, to - | arrancar, iniciar, poner en marcha
startability | arrancabilidad, facilidad de arranque (/puesta en marcha)
start address | dirección de arranque
startbit, start bit | bit de arranque (/puesta en marcha)
start blanker, to - | iniciar el borrador
start button | tecla de arranque
start byte | byte de inicio
start circuit | circuito de arranque
start command pulse | impulso de orden de arranque
start dialling signal | señal para comenzar a marcar
start element | elemento de arranque (/comienzo)
starter | (aparato de) arranque, arrancador; electrodo de encendido (/ignición); relé (/reostato) de arranque
starter battery | batería de arranque
starter breakdown voltage | tensión de cebado (/encendido, /ignición, /ruptura del arranque)
starter circuit | circuito del arrancador
starter coupling | acoplamiento del arrancador
starter drive | trasmisión del arrancador
starter gap | espacio (/intervalo) de arranque (/encendido, /ignición), intervalo de cebado (/encendido)
starter resistance | reostato de (/resistencia) de arranque
starter rheostat | reostato de arranque
starter switch | interruptor del arrancador
starter voltage | tensión de cebado, voltaje de encendido (/ignición)
starter voltage drop | caída de tensión del electrodo de encendido, caída de tensión en el arranque
starter with automatic cutout | arrancador con parada automática

starter with automatic trip device | arrancador con puesta de parada automática
start impulse | impulso de arranque (/puesta en marcha)
starting | arranque, comienzo, inicio, principio
starting and stopping | arranque y parada
starting anode | ánodo de arranque (/cebado, /encendido, /ignición)
starting-anode glow valve | válvula de efluvios (/cátodo frío) con ánodo cebado (/de encendido)
starting box | arrancador, reostato de arranque
starting capacitor | capacitor (/condensador) de arranque
starting circuit | circuito de arranque
starting circuit breaker | interruptor (automático) de arranque
starting compensator | compensador de arranque
starting condenser | condensador de arranque (/puesta en marcha)
starting current | corriente de arranque (/encendido)
starting current of an oscillator | corriente de arranque de un oscilador
starting dial | cuadrante (/dial) de arranque
starting dial detent | tope del cuadrante de arranque
starting electrode | electrodo de arranque (/cebado, /encendido)
starting element | elemento de arranque, relé de puesta en marcha
starting instant | instante de arranque (/puesta en marcha)
starting key | llave de llamada; tecla (/pulsador) de arranque
starting kick | sobrecorriente de arranque
starting light | luz de arranque
starting load | carga de arranque
starting motor | motor de arranque (/puesta en marcha)
starting of oscillations | canto, silbido; cebado (/enganche) de oscilaciones
starting point | punto de arranque
starting power | potencia de arranque
starting reactor | reactor de arranque
starting relay | relé de arranque (/puesta en marcha)
starting resistance | reostato (/resistencia) de arranque (/puesta en marcha)
starting rheostat | reostato de arranque
starting sheet | hoja de partida
starting sheet blank | placa soporte de hoja de arranque (/partida)
starting signal | señal de arranque (/comienzo, /salida)
starting switch | interruptor de arranque
starting system | sistema de arranque (/puesta en marcha)

starting threshold | umbral de arranque
starting time | hora de comienzo
starting torque | momento de torsión de arranque, par de (tensión de) arranque
starting-to-running transition contactor | contactor de transición de arranque a funcionamiento
starting-up | arranque, puesta en marcha
starting velocity | velocidad de arranque
starting vibrator | vibrador de arranque (/puesta en marcha)
starting voltage | voltaje inicial, tensión de arranque (/encendido)
starting winding | arrollamiento (/devanado) de arranque
start key | tecla de arranque
start lead | conductor de comienzo
start lever | palanca de arranque
start magnet | electroimán de arranque
start-of-message signal | señal de comienzo del mensaje
start-of-pulsing signal | señal de comienzo de numeración
star topology | topología en estrella
startover | arranque
start over, to - | volver a iniciar
start page | página de inicio
start pulse | impulso de arranque (/puesta en marcha)
start-pulsing signal | señal para (/de invitación a) trasmitir
star tracker | seguidor de estrellas
start record signal | señal de comienzo de grabación (/registro)
start relay | relé de arranque (/puesta en marcha)
start saver, to - | iniciar protector
start sensor | sensor de arranque
start signal | señal de arranque (/comienzo, /puesta en marcha)
start solenoid | solenoide de arranque
start-stop, start/stop | arrítmico; arranque-parada
start-stop apparatus | aparato arrítmico
start-stop automatic transmission | trasmisión automática arrítmica
start/stop bits | bits de inicio y fin
start-stop code | código arrítmico (/de arranque y parada)
start-stop control | control de encendido y apagado, control de arranque y parada
start-stop data | datos (digitales) arrítmicos
start-stop distortion | distorsión arrítmica
start-stop distributor | distribuidor de arranque y parada
start-stop machine | aparato arrítmico, máquina arrítmica
start-stop modulation | modulación arrítmica
start-stop multivibrator | multivibrador monocíclico (/de arranque y parada, /de periodo simple)
start-stop printer | impresora arrítmica
start-stop printing telegraphy | telegrafía de impresión arrítmica (/por comienzo y parada)
start-stop procedure | funcionamiento arranque-parada
start-stop pushbutton | pulsador de arranque y parada
start-stop restitution | restitución arrítmica
start-stop signal | señal arrítmica
start-stop station | conmutador (/puesto) de arranque y parada
start-stop switch | conmutador de arranque y parada, interruptor de contacto momentáneo
start-stop synchronization | sincronización de arranque-parada
start-stop system | sistema arrítmico (/de comienzo y parada, /de telegrafía arrítmico)
start-stop transmission | trasmisión asincrónica (/de comienzo y parada)
start symbol | símbolo de iniciación (/sentencia)
start time | hora de comienzo; tiempo de arranque (/aceleración)
startup, start up | arranque, encendido, puesta en marcha; inicio, principio, comienzo; inicializador
startup, to - | arrancar, encender, iniciar, inicializar
startup application | aplicación de arranque
startup cost | coste de puesta en marcha
startup disk | disco de arranque
startup loop | circuito de arranque
startup period | periodo de arranque (/puesta en marcha)
startup procedure | maniobra de arranque (/puesta en marcha)
startup ROM | ROM de arranque
startup script | script de arranque [*secuencia de arranque*]
startup screen | pantalla de arranque
startup time | periodo de arranque (/puesta en marcha)
start-without-error rate | velocidad de arranque sin error
start-without-error torque | par de arranque sin error
star type network | red radial
starvation | inanición
starved amplifier | amplificador subalimentado
starved circuit | circuito subalimentado
starved pentode | pentodo subalimentado
starved stage | etapa subalimentada, paso subalimentado
starved valve | válvula subalimentada
star voltage | tensión entre fases (/fase y neutro)
star washer | arandela dentada
star wheel | rueda de estrella
star-wired ring | anillo en estrella [*topología de red*]
statampere | estatamperio
statcoulomb | estatoculombio
state | estado
state assignment | asignación de estado
state code | código de estado
state diagram | diagrama de estado
stateful | con indicación completa de su estado
state indicator | indicador de estado
stateless | sin indicación de estado
statement | expresión válida; frase de órdenes; instrucción (general); sentencia
statement label | símbolo de iniciación (/sentencia)
statement of calls handled at a position | libro registro de comunicaciones
statement testing | prueba de sentencias
state of charge | estado de (la) carga
state-of-charge tester | comprobador del estado de carga
state of energy | nivel energético (/de energía)
state of equilibrium | estado de equilibrio
state of ionization | estado de ionización
state of the art | estado del arte
state table | tabla de estado
state transition diagram | diagrama de transición de estado
state transition function | función de transición de estado
state transition table | tabla de transición de estados
state variable | variable de estado
statfarad | estatofaradio
stathenry | estatohenrio
static | (electricidad) estática, parásitos; estático
static acceleration | aceleración estática (/invariable)
static adhesive weight | peso adherente
static allocation | asignación estática
statically admissible state of stress | estado de tensión estáticamente admisible
statically balanced | equilibrado estáticamente
statically balanced arm | brazo equilibrado estáticamente
statically determinate | estáticamente determinado
statically stable | estáticamente estable
static amplifier | amplificador estático
static analysis | análisis estático
static balance | equilibrio estático
static balancer | bobina equilibradora, equilibrador estático
static beam | haz estático
static behaviour | comportamiento es-

tático
static binding | vinculación estática [de direcciones]
static breakdown voltage | tensión de ruptura estática
static breeze | excitación estática
static burn-in | homologación estática
static calibration | calibración estática
static cell | celda estática
static changer | convertidor estático
static characteristic | característica estática (/de régimen, /en cortocircuito)
static charge | carga estática
static check | comprobación estática, prueba en condiciones estáticas
static color | color estático
static condenser | condensador estático
static conductive linoleum | linóleo conductor de electricidad estática
static control | control estático
static convergence | convergencia estática
static converter | convertidor estático
static current changer | convertidor estático, rectificador (/detector) de corriente estática
static data structure | estructura de datos fijos
static DC-to-AC power inverter | ondulador, convertidor estático de corriente continua en corriente alterna
static decay | debilitamiento (/decaimiento) estático
static detector | detector estático
static device | dispositivo estático
static direction finder | radiogoniómetro para estáticos
static discharger | descargador estático (/de electricidad estática)
static drain | derivación a tierra de las cargas electrostáticas
static dump | descarga estática, vaciado (/volcado) estático
static dynamic balance | equilibrio estatodinámico
static electrical machine | máquina electrostática
static electrical spark | chispa de electricidad estática
static electricity | electricidad estática
static electrification | electrificación estática
static electrode potential | tensión estática del electrodo, potencial de electrodo estático
static eliminator | atenuador de estática, eliminador de electricidad estática, dispositivo de descarga de electricidad estática; supresor de perturbaciones atmosféricas
static equilibrium | equilibrio estático
static error | error estático
static exciter | excitatriz estática
static field | campo estático (/de electricidad estática)
static focus | enfoque (/foco) estático

static forward-current transfer ratio | coeficiente de trasferencia directa estática de corriente, relación entre corriente continua de salida y de entrada
static-free | antiestático, sin estática, sin parásitos atmosféricos
static-free plastic | plástico antiestático
static frequency changer | cambiador estático de frecuencia
static frequency converter | convertidor estático de frecuencia
static frequency doubler | duplicador estático de frecuencia
static gray | gris estático
static ground | toma a tierra estática
static head | toma estática
static-induced current | corriente inducida estática
static induction | inducción electrostática
static input resistance | resistencia estática de entrada
static interference | interferencia por estática, parásitos atmosféricos (/naturales)
staticize, to - | estatizar, volver estático; tener en cuenta una instrucción
staticizer | estatificador, estatizador
staticizing | estatificación, estatización
static level | nivel estático
static level meter | medidor de nivel estático
static line regulation | regulación de línea estática
static load | carga estática
static load line | recta de carga estática
static loading | carga estática
static luminous sensitivity | sensibilidad luminosa estática
static machine | máquina estática (/electrostática)
static magnetic delay line | línea de retardo magnética estática
static magnetic field | campo magnetostático (/magnético estacionario)
static measurement | medida estática
static memory | memoria estática
static message pattern | patrón de mensaje estático
static modulator | modulador (/relé) estático
static moment | momento estático
static noise | ruido de fenómenos atmosféricos
static overcurrent tripping device | dispositivo estático de desconexión por sobrecorriente
static overvoltage | sobretensión estática
static parameter | parámetro estático
static phase changer | convertidor estático de fase
static power conversion equipment | equipo estático de conversión de energía eléctrica

static power converter | convertidor estático de potencia
static pressure | presión estática
static pressure indicator | manómetro de presión estática
static printout | impresión estática (de datos)
staticproof | antiestático, antiparásitos
static quantity | magnitud estática
static RAM = static random access memory | RAM estática [memoria estática de acceso aleatorio (/directo)]
static rectifier | rectificador estático
static register | registro estático
static regulator | regulador estático
static relay | relé estático
static resistance | resistencia estática
statics | estática, parásitos (atmosféricos)
static sensitivity | sensibilidad estática
static shield | pantalla antiparásitos, blindaje contra estática
static shift register | registro de desplazamiento estático
static skew | sesgo estático
static split | detección estática
static split tracking | radar de monoimpulsos; seguimiento por detección estática
static storage | memoria estática; almacenamiento estático, acumulación de cargas estáticas
static strain | deformación estática
static stylus force | fuerza estática del estilete
static subroutine | subrutina estática
static suppressor | dispositivo antiparásitos, supresor de perturbaciones atmosféricas
static switch | conmutador estático
static switching | conmutación estática
static test | prueba (/verificación) estática
static thrust coefficient | coeficiente de empuje estático, coeficiente de tracción estática
static torque | momento de torsión de arranque, par estático (/inicial de arranque)
static transconductance | trasconductancia estática
static transconductance test | prueba de trasconductancia estática, verificación estática de trasconductancia
static transductor | trasductor estático
static transductor amplifier | amplificador de trasductor estático
static transformer | trasformador estático
static transverse field | campo trasversal estático
static value | valor estático
static valve characteristic | característica estática de la válvula
static voltage differential relay | relé diferencial de tensión estática
static voltage regulator | regulador estático de tensión (/voltaje)

static voltage stabilizer | estabilizador estático de tensión (/voltaje)
static wave current | corriente de onda estática
station | estación, emisora; central (eléctrica); extensión, puesto (telefónico)
stationary | estacionario
stationary aerial | antena fija
stationary anode valve | válvula de ánodo fijo, válvula de rayos X de ánodo estacionario
stationary antinode | antinodo estacionario
stationary appliance | aparato estacionario
stationary battery | batería estacionaria (/fija)
stationary cell | batería estacionaria, elemento estacionario
stationary coil | bobina fija
stationary coil ammeter | amperímetro de cuadro fijo
stationary contact | contacto estacionario (/fijo)
stationary contact memory | memoria de contacto fija
stationary CPA = stationary chromatic phase axis | eje estacionario de fase cromática
stationary echo | eco fijo
stationary engine | máquina fija, motor fijo
stationary field | campo estacionario
stationary grid | rejilla fija (/de Lysholm)
stationary magnetic field | campo magnetostático (/magnético estacionario)
stationary moderator | moderador estacionario
stationary orbit | órbita estacionaria
stationary phase relationship | relación constante de fase
stationary reactor | reactor estacionario
stationary rectifier | rectificador estático
stationary reduction gear | engranaje desmultiplicador fijo, tren reductor fijo
stationary sound wave | onda sonora estacionaria
stationary state | estado estacionario
stationary tape-sensing head | cabezal fijo explorador de cinta
stationary thermonuclear reaction | reacción termonuclear estacionaria
stationary transformer | transformador estático
stationary wave | onda estacionaria
stationary wave system | sistema de ondas estacionarias
station authentication | autentificación de estación
station battery | batería de estación
station break | interrupción de estación; pausa de identificación local (/de la emisora)
station called | estación llamada
station calling | estación que llama
station camp on | llamada en espera; toque de atención
station code | código identificador
stationery | papel [*de impresión*]
station hunting | línea colectiva, llamada colectiva (/de grupo)
station identification | identificación de estación
station licence | licencia (/permiso) de estación
station line | línea de conexión
station of destination | estación de destino
station of origin | estación de origen
station on board | estación de a bordo
station on the air | estación emitiendo (/en el aire)
station ringer | timbre (de aparato telefónico)
station selector | selector de estaciones (/canales)
station selector equipment | dispositivo selector de estaciones
station site | emplazamiento de la estación
station siting | localización de estaciones
station test | prueba de la estación
station-to-station call | comunicación (/llamada) de teléfono a teléfono, llamada de estación a estación
station-to-station test | prueba de estación a estación
station-to-station traffic | tráfico de teléfono a teléfono
station with its own power supply | estación autoalimentada
statistical analysis | análisis estadístico
statistical error | error estadístico
statistical method | método estadístico
statistical multiplexer | multiplexor estadístico
statistical multiplexing | multiplexión estadística
statistical prediction | predicción estadística
statistical straggling | variación estadística
statistical test | verificación estadística
statistical variable | variable aleatoria (/estadística)
statistics | estadística
statitron | estatitrón, generador de van de Graaf
statmho | estatomho [*obs*]; estatosiemens [*unidad cegesimal electrostática de conductancia eléctrica*]
STAT MUX = statistical multiplexer | multiplexor estadístico
statohm | estatoohmio [*unidad cegesimal electrostática de resistencia eléctrica*]
stator | estator
stator current | corriente estatórica
stator-fed | de alimentación (/excitación) por el estator
stator-fed converter | convertidor de alimentación estatórica
stator inductance starter | arrancador estatórico de inductancias
stator lamination | chapa del estator
stator of an induction watthour meter | estator de un contador de inducción
stator plate | placa de estator
stator resistance starter | arrancador estatórico de resistencias
status | estado, situación, nivel
status area | área de estado
status bar | barra de estado
status-bar indicator | indicador de la barra de estado
status bit | bit de estado
status buffer | memoria de estado, memoria tampón (de datos) de estado
status change | cambio de estado
status change circuit | circuito de cambio de estado
status change pulse | impulso de cambio de estado
status change signal | señal de cambio de estado
status code | código de estado
status level | nivel de estado
status line | línea de estado
status log message | mensaje de estado en el registro
status of a process | estado de un proceso
status port | puerto de estado
status register | registro de estado
status signal | señal de estado
status unit | unidad de estado
status word register | registro de la palabra de estado
statute mile | milla terrestre
statvolt | estatovoltio [*unidad cegesimal electrostática de tensión eléctrica*]
stave | elemento longitudinal de trasductor
stay | cable tensor, tirante, viento
staybolt | espárrago; perno tensor (/de anclaje), tirante
stay cord | cable (/cordón) de anclaje
stay crutch | ménsula de anclaje
stayed pole | poste arriostrado
stayed terminal pole | poste cabeza de línea; apoyo terminal
stay-set volume control | control de volumen independiente del encendido
stay tightener | tensor de riostra
STC = sensitivity time control | STC [*control en tiempo de la sensibilidad*]
STC = subject to correction | sujeto a corrección
STC = subtechnical committee | subcomité técnico
ST connector = straigh tip connector | conector ST
STDM = synchronous time-division multiplexing [*stafistical multiplexer*] |

STDM [*multiplexión por división de tiempo sincrónica (multiplexor estadístico)*]
STE = supergroup translating equipment | STE [*equipo de trasposición de grupo secundario*]
steady arm | brazo de llamada
steady background | fondo constante
steady brace | brazo de retención
steady carrier | portadora constante
steady current | corriente estacionaria (/permanente)
steady flow | corriente estacionaria
steady noise | ruido permanente
steady plate current | corriente estacionaria (/de reposo) de ánodo
steady production of power | producción continua de energía
steady span | tirante
steady state | estado estacionario (/permanente, /de régimen), régimen permanente; situación estable (/estacionaria)
steady-state chain reaction | reacción en cadena de estado estacionario
steady-state current | corriente en régimen permanente
steady-state deviation | desviación en estado estacionario, desviación en régimen permanente
steady-state error | error en estado estacionario (/de régimen)
steady state free precession | precesión libre de estado estable
steady-state neutron distribution | distribución de neutrones en estado estacionario
steady-state operation | (funcionamiento en) régimen estacionario
steady-state oscillation | oscilación estacionaria (/en régimen permanente)
steady-state peak cathode current | corriente de cresta catódica en régimen periódico
steady-state rating | capacidad nominal en régimen permanente
steady-state regulation | regulación en estado estacionario, regulación en régimen permanente
steady-state response | respuesta en régimen permanente
steady-state sinusoidal signal | señal sinusoidal en régimen permanente
steady-state solution | solución estacionaria (/para el estado estacionario)
steady-state value | valor en régimen permanente
steady-state vibration | vibración estacionaria (/en régimen permanente)
steady voltage | tensión continua (/estacionaria, /de servicio)
steam | vapor
steam conditions | condiciones del vapor
steam electric generating unit | generador termoeléctrico
steam electric locomotive | locomotora termoeléctrica
steam electric power plant | central termoeléctrica
steam generator | generador accionado por vapor (de agua)
steam plant | planta eléctrica a vapor
steam trap | trampa de vapor
steatite | esteatita
steatite valve | válvula con base de esteatita
steatite valve socket | portaválvula de esteatita
steel | acero
steel-armoured conductor | conductor blindado con acero
steel bath | baño de aceración; bañera de acero
steel-clad lead | alambre (/hilo) de conexión revestido de acero
steel container | recipiente de acero
steel-copper wire | conductor de acero revestido de cobre
steel-core aluminum cable | cable de aluminio con alma de acero
steel-core aluminum conductor | conductor de aluminio con alma de acero
steel lamination | chapa (/lámina) de hierro [*para núcleo magnético*]
steel-lined | revestido de acero, con revestimiento de acero
steel liner | piel de estanqueidad
steel panel | panel de acero
steel radiography | radiografía del acero
steel rivet | remache de acero
steel rope | cable de acero
steel sheet | chapa delgada (/fina) de acero, lámina de hierro
steel slab | placa (/chapa gruesa) de acero
steel strand | alambre de acero
steel tank continuously evacuated rectifier | rectificador de bomba con cuba de acero
steel tank mercury-arc rectifier | rectificador de vapor de mercurio con cuba de acero
steel tank pumpless rectifier | rectificador hermético con cuba de acero
steel tank rectifier | rectificador (/válvula) con cuba de acero
steel tower transmission line | línea de trasmisión de torres metálicas
steel wire | alambre de acero
steel wire armour | armadura (en espiral) de alambre de acero
steel wire rope | cable de (alambres de) acero
steep | contacto escarpado
steep cutoff | corte rápido
steep cutoff characteristic | característica de corte rápido
steep front | frente escarpado, borde anterior empinado
steep-fronted pulse | impulso de frente empinado (/escarpado)
steep-fronted signal | señal de frente escarpado
steep front impulse | impulso de frente empinado (/escarpado)
steep front impulse wave | onda de impulsos de frente empinado
steepness | inclinación
steepness of valve characteristic | pendiente de la característica de la válvula (electrónica)
steep-sided pulse | impulso de bordes empinados, impulso de flancos escarpados
steep skirt | flanco empinado (/escarpado)
steep skirt selectivity | (curva de) selectividad de flancos empinados (/escarpados); selectividad aguda
steep wavefront | frente de onda abrupto (/escarpado)
steer, to - | controlar, mandar, orientar, regular
steerable | orientable
steerable aerial | antena direccional (/orientable)
steerable-array radar | radar de red de antena orientable
steerable-beam aerial | antena de haz orientable
steerable fast channel | canal de almacenamiento rápido
steerable interrupt | interrupción controlable
steerable radiotelescope | radiotelescopio orientable
steering circuit | circuito de mando
steering wheel aerial | antena de volante
Stefan-Boltzmann constant | constante de Stefan-Boltzmann
Stefan-Boltzmann law | ley de Stefan-Boltzmann
Steffenson iteration | iteración de Steffenson
steganography | esteganografía [*ciencia que estudia la ocultación de información en otra información*]
Steinmetz coefficient | coeficiente de Steinmetz
Steinmetz formula | fórmula de Steinmetz
stellarator = stellar generator | generador estelar
stellar guidance | guiado estelar
stellar map watching | observación por mapa estelar
stellar noise | ruido estelar
stellar radio spectrum | espectro radioeléctrico estelar
stellar temperature | temperatura estelar
Stellite | estelita [*marca comercial*]
stellite, to - | recubrir con estelita
St. Elmo's fire | fuego de San Telmo; descarga radiante (/en corona)
stem | base, pie; varilla, vástago, espiga (roscada)
stem radiation | radiación extrafocal
stenode | estenodo
stenode circuit | circuito estenodo

step | elemento; etapa, escalón, fase, paso; cojinete; marca estroboscópica; unidad
step, to - | escalonar
step amplitude | amplitud del escalón
step amplitude control switch | conmutador de mando de la amplitud de escalón
step and repeat | avance y repetición
step-and-repeat camera | cámara de escalonar y repetir
step-and-repeat fix technique | técnica de fijación por escalonamiento y repetición
step-and-repeat printer | impresora de escalonamiento y repetición
step angle | ángulo de paso
step attenuator | atenuador variable (/por pasos, /por saltos)
step-back relay | relé limitador de intensidad
step by step | paso a paso
step-by-step action | acción escalonada (/paso a paso)
step-by-step automatic system | sistema automático paso a paso
step-by-step automatic telephone system | sistema telefónico automático gradual (/escalonado)
step-by-step call-indicator operation | servicio con indicador de llamadas accionado directamente
step-by-step equipment | equipo paso a paso
step-by-step excitation | excitación gradual (/paso a paso)
step by step instructions | instrucciones paso a paso
step-by-step intertoll service | servicio interurbano con selectores de paso a paso
step-by-step operation | operación paso a paso
step-by-step relay | relé paso a paso, relé de acción gradual
step-by-step selection | selección paso a paso
step-by-step selector | selector (/conmutador) paso a paso
step-by-step switch | conmutador paso a paso
step-by-step system | sistema paso a paso
step calibration | calibración por pasos
step call | marcación por cifra adicional
step counter | circuito divisor tipo bomba, contador de pasos, desmultiplicador de impulsos, divisor de frecuencia de impulsos
step-counter-triggered blocking oscillator | oscilador de bloqueo activado por contador de pasos
step-counting circuit | circuito contador de pasos, circuito desmultiplicador de impulsos, circuito divisor de frecuencia de impulsos; circuito (divisor tipo) bomba; circuito de carga por escalones

step diaphragm | diafragma de escalones
stepdown | reductor
stepdown amplifier | amplificador invertido
stepdown operation | funcionamiento reductor (de tensión)
stepdown ratio | relación (de trasformación) reductora
stepdown transformer | trasformador reductor (de tensión)
stepdown turns ratio | relación de trasformación reductora
step fibre | fibra de paso
step filter | filtro escalonado
step-frame | captura de imágenes una a una [*en vídeo*]
step function | función escalonada (/de paso, /de impulso único)
step function generator | generador de función escalón
step function response | respuesta de función escalonada
step function voltage | tensión en escalón
step generator | generador de escalones (/onda escalonada)
step-graded fibre | fibra de índice escalón
step grating | red escalonada
step index fibre | fibra con índice de paso
step index profile | perfil en salto de índice
step input | entrada en escalón
step length | longitud del paso
step load change | variación repentina de la carga, cambio instantáneo en la intensidad de corriente de carga
step multiplier | multiplicador graduable (/de ganancia escalonada)
step on the subscriber's meter | unidad registrada por el contador del abonado
stepped curve | curva en escalera; característica continua
stepped-curve distance-time protection | dispositivo de protección a distancia de característica discontinua
stepped delay pulses | impulsos de retardo escalonado
stepped divider | divisor (de tensión) de variación discontinua
stepped filter | filtro óptico con varios escalones de atenuación
stepped impedance filter | filtro de impedancia escalonada
stepped incremental tuning | sintonización con incremento a saltos
stepped index fibre | fibra de índice escalonado
stepped motor | motor paso a paso
stepped network | red (/circuito) de variación discontinua
stepped oxide | óxido escalonado
stepped shaft | eje escalonado
stepped start-stop system | sistema arrítmico con arranque sincrónico

stepped transformer | trasformador de secciones escalonadas
stepped winding | devanado escalonado
stepper equipment | equipo paso a paso
stepper motor | motor de pasos
stepping | escalonamiento, desplazamiento por etapas
stepping motor | motor paso a paso
stepping rate | velocidad de paso a paso
stepping register | registro escalonado (/de progresión)
stepping relay | relé (/relevador) de progresión (/avance paso a paso)
stepping switch | conmutador escalonado (/escalonamiento, /en cascada, /de progresión, /de avance paso a paso, /de contactos escalonados, /de múltiples posiciones); interruptor temporizado
stepping transformer | trasformador variable por pasos
stepping valve | válvula de conmutación paso a paso
step potentiometer | potenciómetro de contactos (/ajuste por pasos)
step-rate time | tiempo de cambio de pista [*en la unidad de disco*]
step recovery diode | diodo de recuperación abrupta (/escalonada)
step reducer | reductor escalonado
step-regulated rectifier | rectificador de regulación paso a paso
step response | respuesta de paso
step servomotor | servomotor de pasos, servomotor paso a paso
step signal | señal en escalón
steps per revolution | pasos por revolución (/vuelta)
steps per second | pasos por segundo
stepsize | paso de progresión
step stress test | prueba de esfuerzos escalonados
stepstrobe marker, step strobe marker | marcador estroboscópico de (/en) escalón
step switch | conmutador (de avance) por pasos, conmutador de contactos escalonados
step-tuned oscillator | oscilador sintonizado por pasos
step twist | hélice binomial
step up | aumento
step up, to - | elevar
step-up autotransformer | autotrasformador elevador
step-up connection | conexión elevadora (/para elevación de tensión)
step-up gear | engranaje multiplicador
step-up gearing | tren multiplicador
step-up ratio | relación (de trasformación) elevadora
step-up transformer | trasformador elevador
step-up turns ratio | relación de trasformación elevadora

step-up winding | arrollamiento elevador
step voltage | tensión de paso, tensión en escalón
step-voltage regulator | estabilizador de tensión por pasos, regulador de tensión escalonado
step wedge | bloque (/prisma) escalonado, cuña escalonada; escala de grises
step wedge penetrameter | penetrámetro de cuña escalonada
stepwise refinement | depuración mediante aproximaciones sucesivas
steradian | estereorradián
sterance | esterancia [*intensidad por unidad de área de una fuente*]
Sterba array | red (de antenas) Sterba
Sterba curtain | cortina de Sterba
Sterba-curtain array | red de cortina Sterba
stereo | estéreo, estereofónico
stereo adapter | adaptador estereofónico
stereo amplifier | amplificador estereofónico
stereo broadcasting | radiodifusión estereofónica
stereo cartridge | cápsula estereofónica
stereocasting | radiodifusión (/trasmisión) en estereofonía
stereocephaloid microphone | micrófono estereocefaloide
stereo control unit | unidad de control estereofónica
stereo effect | efecto estereofónico
stereofluoroscopy | estereofluoroscopia
stereogram | estereograma
stereographic | estereográfico
stereographic projection | proyección estereográfica
stereo microphones | micrófonos estereofónicos
stereo microphone system | sistema microfónico estereofónico
stereo pickup | fonocaptor estereofónico
stereo preamplifier | preamplificador estereofónico
stereo record | disco estereofónico
stereo recorded tape | cinta grabada en estereofonía
stereo recording | grabación estereofónica
stereo separation | separación estéreo
stereo sound system | sistema estereofónico
stereo subcarrier | subportadora estéreo
stereo subchannel | subcanal estereofónico
stereo tape recorder | registrador estereofónico de cinta
stereo tuner | sintonizador estereofónico
stereophonic | estereofónico

stereophonic adapter | adaptador estereofónico
stereophonic amplifier | amplificador estereofónico
stereophonic broadcast | emisión estereofónica, programa estereofónico
stereophonic broadcast decoder | descodificador de radiodifusión estereofónica
stereophonic broadcasting | radiodifusión estereofónica
stereophonic cartridge | cápsula estereofónica
stereophonic channel | canal estereofónico
stereophonic channel separation | separación estereofónica (entre canales)
stereophonic control box | dispositivo de control estereofónico
stereophonic control unit | dispositivo de control estereofónico
stereophonic disc | disco estereofónico
stereophonic discriminator | discriminador estereofónico
stereophonic head | cabeza estereofónica
stereophonic headphones | auriculares estereofónicos
stereophonic high-fidelity system | sistema estereofónico de alta fidelidad
stereophonic image | imagen (/representación) estereofónica
stereophonic loudspeaker system | sistema estereofónico de altavoces
stereophonic magnetic-tape recording | registro estereofónico en cinta magnética
stereophonic microphone | micrófono estereofónico
stereophonic microphone system | sistema estereofónico de micrófonos
stereophonic multiplex broadcasting | emisión (/trasmisión) estereofónica en multiplexión
stereophonic multiplex FM tuner | sintonizador de frecuencia modulada con múltiplex para recepción estereofónica
stereophonic multiplexing system | sistema de multiplexión estereofónica
stereophonic pan-potentiometer | potenciómetro de control panorámico (del sonido)
stereophonic preamplifier | preamplificador estereofónico
stereophonic radio broadcast | radioemisión estereofónica, emisión radiofónica en estereofonía
stereophonic radio system | sistema de radiodifusión estereofónica
stereophonic receiver | receptor estereofónico
stereophonic reception | recepción estereofónica
stereophonic recorded tape | cinta (magnética) grabada en estereofonía
stereophonic recording | grabación estereofónica
stereophonic reproduction | reproducción estereofónica
stereophonic reverberation | reverberación estereofónica
stereophonics | estereofonía
stereophonic separation | separación estereofónica (/de canales)
stereophonic separation control | control de separación entre canales
stereophonic sound reproduction system | sistema de reproducción estereofónica
stereophonic sound system | sistema de sonido estereofónico
stereophonic spread | difusión estereofónica, dispersión del efecto estereofónico
stereophonic subcarrier | subportadora estereofónica
stereophonic subchannel | subcanal estereofónico, canal de subportadora estereofónica
stereophonic system | sistema estereofónico
stereophonic tape | cinta (magnética) estereofónica
stereophonic tape player | magnetófono reproductor estereofónico
stereophonic tape recorder | magnetófono grabador estereofónico
stereophonic tape recording | grabación estereofónica en cinta (magnética), registro magnetofónico en estereofonía
stereophonic tuner | sintonizador estereofónico
stereophony | estereofonía
stereophony equipment | equipo estereofónico (/de estereofonía)
stereophotogrammetry | estereofotogrametría
stereoradar | radar estereoscópico
stereoradiographic | estereorradiográfico
stereoradiography | radiografía estereoscópica
stereoradioscopy | estereorradioscopia, radioscopia estereoscópica
stereoscillography | oscilografía estereoscópica
stereoscope | estereoscopio
stereoscopic | estereoscópico
stereoscopic broadcasting | videodifusión estereoscópica
stereoscopic camera | cámara estereoscópica
stereoscopic head | cabezal estereoscópico
stereoscopic radar image | imagen de radar estereoscópica
stereoscopic system | sistema estereoscópico
stereoscopic television | televisión estereoscópica (/en relieve)
stereoscopy | estereoscopía

stereosonic system | sistema estereosónico
stereospectrogram | estereospectrograma
stereotelemeter | estereotelémetro, telémetro estereoscópico
stereotelevision | televisión en relieve
sterilamp | lámpara esterilizadora
sterilamp valve | válvula de lámpara esterilizadora
sterilization by irradiation | esterilización por irradiación
Stern-Gerlach experiment | experimento de Stern-Gerlach
stethophonograph | estetofonógrafo
stethoscope | estetoscopio
stick bonding | enlace por puntos
stick circuit | circuito de autorretención (/enclavamiento)
stickiness | pegajosidad
sticking | retención de (la) imagen
sticking image | imagen retenida
sticking potential | potencial de bloqueo (/retención)
sticking probability | probabilidad de adherencia
sticking relay | relé que se pega
sticking voltage | tensión de bloqueo (/retención)
stick magnet | imán recto
stick relay | relé de retención (/autorretención)
stiction | adherencia estática
stiff | estática
stiffener | enderezador (de placa impresa); placa de soporte
stiff equation | ecuación rígida
stiffness factor | factor de estatismo
stigmatic image | imagen astigmatizada
stilb | estilbio [*unidad igual a una candela por centímetro cuadrado*]
stile-casing | regleta cubridora
stile-strip | regleta divisoria (/de marcar)
still | imagen fija
stillage | caballete; tablado
stimularity | estimularidad, capacidad de estimulación
stimulated emission | emisión estimulada
stimulated scattering | difusión (/dispersión) estimulada
stimulator | estimulador
stimulus | estímulo
stimulus protocol | protocolo de estímulos
stirring effect | efecto de agitación
stirrup | brida, estribo
stitch | punto de atadura
stitch bond | enlace por puntos
stitch wire | sistema de hilo punteado
STL = studio-to-transmitter link | STL [*enlace entre estudios y puesto emisor*]
ST link = studio transistor link | enlace estudio-trasmisor
STM = synchronous transfer (/transport) mode | STM [*modo de trasferencia sincrónica, modo de trasporte sincronizado*]
STN = situation | situación, emplazamiento
STN = station | estación, emisora
stochastic | estocástico
stochastic matrix | matriz estocástica
stochastic process | proceso estocástico
stochastic variable | variable estocástica
stock cable | cable almacenado (/en almacén, /en existencia)
stock editor | editor de almacén
stock exchange call | conferencia de bolsa (de valores)
stock exchange call office | aparato telefónico público de bolsa
stock exchange switchboard | central telefónica de bolsa (de valores)
stocklist | lista de material
stock reel | bobina de registro
stoichiometric impurity | impureza estequiométrica
Stokes' law | ley de fluorescencia de Stokes
STOL = short takeoff and landing | STOL [*sistema de despegue y aterrizaje cortos*]
STOL aicraft | avión con STOL
stoneware duct | conducto monolítico
stop | alto, detención, interrupción, parada, pausa; tope, limitador de carrera
stop, to - | detener
stop-and-go | parada y avance [*algoritmo basado en estrategia de entramado para mantener la uniformidad del tráfico de datos al atravesar la red*]
stop-apart apparatus | aparato arrítmico
stopband | banda de bloqueo (/rechazo, /supresión)
stopband limit frequency | frecuencia límite de la banda atenuada (/suprimida)
stop bit | bit de parada
stopblock | bloque de parada
stop card | tarjeta de parada
stop code | código de parada
stop control | control de parada
stop control circuit | circuito de control de parada
stop cycle timer | temporizador monocíclico
stop element | elemento de parada
stop filter | filtro supresor (/de bloqueo, /de eliminación de banda)
stop-go scanning | barrido arrítmico, exploración intermitente
stop instruction | instrucción de parada
stop joint | empalme de retención
stop key | tecla de parada, llave de seguridad
stop lever | palanca de parada (/desembrague)
stop lug | lengüeta de parada
stop magnet | electroimán de parada
stop noise factor | factor de ruido puntual (/monocromático)
stop nut | tuerca limitadora (/de tope)
stop opening | apertura fija
stop pawl | trinquete de parada
stopped particle | partícula frenada
stopped section | sección tope
stopped section circuit | circuito de sección tope
stopper | obturador, tapón; resistor de freno; circuito tampón antirresonante
stopper circuit | circuito tapón (/antiparásitos, /antirresonante, /de eliminación de banda)
stopper resistor | resistencia de freno
stop pin | tope limitador (/de entrehierro)
stopping | cese, interrupción, detención, parada, frenado
stopping brake | frenado de detención
stopping capacitor | condensador de bloqueo (/parada, /reducción)
stopping cross section | sección eficaz de frenado
stopping equivalent | equivalente de frenado (/parada)
stopping off | aislamiento, lacado protector
stopping potential | potencial de detención (/frenado)
stopping power | potencia de frenado (/parada)
stopping switch | interruptor de parada
stopping voltage | tensión de frenado
stop pulse | impulso de parada
stop-record signal | señal de parada de grabación (/registro)
stop screw | tornillo limitador (/de tope, /de retención)
stop-send signal | señal de fin de emisión
stop signal | emisión (/señal) de parada (/detención)
stop-signal passage stop | acusador del paso de la señal de parada
stop-start apparatus | aparato arrítmico (/de arranque y parada)
stop-start contactors | contactos de arranque y parada
stop-start unit | dispositivo (/elemento) arrítmico (/de arranque y parada), unidad arrítmica (/de arranque y parada)
stop time | tiempo de parada
stop transmitting | cese la trasmisión
stop valve | válvula de cierre (/parada, /retención)
storage | acopio, acumulación, almacenamiento, depósito; registro; retención; memoria
storage access time | tiempo de acceso a memoria
storage allocation | asignación de memoria

storage allocation algorithm | algoritmo de asignación de memoria
storage area network | red de área de almacenamiento
storage assignment | asignación de memoria
storage battery | acumulador, batería de acumuladores
storage box | caja de almacenamiento
storage camera valve | iconoscopio, analizador de acumulación, válvula de acumulación (/cámara almacenadora)
storage capacitor | condensador acumulador
storage capacity | capacidad de almacenamiento (/memoria)
storage cathode ray tube | válvula catódica de memoria
storage cell | (elemento) acumulador, célula de almacenamiento
storage container | contenedor de almacenamiento
storage counter | contador acumulador (/acumulativo)
storage CRT = storage cathode ray tube | válvula catódica de memoria
storage cycle | ciclo de almacenamiento
storage cycle time | tiempo del ciclo de almacenamiento
storage device | dispositivo de almacenamiento (/memoria)
storage drum | tambor de memoria
storage dump | vaciado de la memoria
storage effect | efecto de almacenamiento (/registro)
storage element | elemento acumulador (/de almacenamiento, /de memoria)
storage energy braking | frenado por acumulación
storage entry | entrada (a la unidad) de almacenamiento (/memoria)
storage exit | salida (de la unidad) de almacenamiento (/memoria)
storage expanded-capacity feature | dispositivo de ampliación de la capacidad de memoria (/almacenamiento)
storage factor | factor de almacenamiento (de energía)
storage hierarchy | jerarquía de almacenamiento
storage hotplate | placa calentadora de acumulación
storage integrator | integrador de almacenamiento
storage key | clave de almacenamiento
storage keyboard | teclado de almacenamiento (/memoria, /trasferencia)
storage laser | láser acumulador (de energía)
storage life | duración de conservación, vida de almacenamiento
storage location | posición de almacenamiento, sector de memoria
storage matrix | matriz de almacenamiento

storage medium | medio de almacenamiento (de información)
storage oscilloscope | osciloscopio acumulador (/con memoria)
storage pool | fondos de memoria
storage position | posición de almacenamiento
storage print | impresión de almacenamiento
storage protection | protección del almacenamiento (/registro), protección de la memoria
storage punch entry | entrada de perforación en la unidad de registro
storage punch exit | salida de perforación en la unidad de registro
storage register | registro de almacenamiento (/memoria)
storage relay | relé de almacenamiento
storage ring | anillo de almacenamiento
storage ring synchrotron | sincrotrón con anillo de almacenamiento
storage space heater | estufa de acumulación
storage structure | estructura de memoria
storage surface | superficie de almacenamiento
storage temperature | temperatura de almacenamiento
storage test | ensayo de conservación
storage time | tiempo de almacenamiento (/registro)
storage transfer exit | salida de trasferencia de la unidad de almacenamiento
storage tube | tubo de memoria
storage-type camera valve | iconoscopio, válvula de cámara tipo almacenador
storage unit | unidad de almacenamiento (/memoria)
storage unit assembly | conjunto de la unidad de almacenamiento
storage unit cover | tapa de la unidad de almacenamiento
storage valve | válvula de almacenamiento (/memoria)
storage vidicon | vidicón de registro
store | almacén; memoria
store, to - | acumular, almacenar, retener; registrar (en memoria)
store address register feature | dispositivo de almacenamiento del registro de direcciones
store and forward | almacenamiento y envío [*de mensajes o datos*]
store and forward, to - | almacenar y enviar (/reenviar)
store-and-forward message switch | conmutador (electrónico) de almacenamiento y retrasmisión
store-and-forward message switching centre | centro de gestión por almacenamiento y reexpedición de mensajes
store-and-forward message switch-

ing system | sistema de gestión (de tráfico) por almacenamiento y reexpedición
store-and-forward switching | conmutación con escala
store-and-forward technique | técnica de almacenamiento y envío [*de mensajes o datos*]
store-and-forward traffic | tráfico de escala por almacenamiento y reexpedición
stored addition | suma almacenada
stored base charge | carga acumulada (/almacenada) en la base
stored energy | energía acumulada (/almacenada)
stored energy braking | frenado por acumulación
stored energy spot welding | soldadura por puntos por energía acumulada
stored energy welding | soldadura por acumulación de energía
stored logic | lógica almacenada (/registrada en memoria)
stored programme | programa almacenado (/registrado), programación almacenada
stored-program coding | codificación de programa almacenado
stored-program computer | ordenador con programa almacenado
stored-program electronic switching system | sistema de conmutación electrónica de programa almacenado
stored program logic | lógica de programa almacenado
stored-program processor | procesador de programa almacenado
stored reference signal | señal de referencia almacenada
stored response testing | comprobación de la respuesta acumulada
stored routine | rutina almacenada
stored setting | mando predeterminado (/prestablecido)
stored writing rate | velocidad de escritura almacenada
storefront | escaparate [*en tienda virtual*]
store transmission bridge | puente de trasmisión por almacenamiento
storm | tormenta [*tráfico excesivo en una red*]
storm avoidance radar | radar avisador de tormentas
storm-guyed pole | apoyo consolidado; poste de retención
storm loading | carga de tormenta
storm warning radar | radar avisador de tormentas
stovepipe aerial | antena en tubo de estufa
STP = shielded twisted pair | STP [*par de hilos trenzado apantallado*]
STP = signalling transport point | STP [*punto de trasporte de señalización*]
STRAD = signal transmission, reception and distribution | STRAD [*siste-*

ma de retrasmisión telegráfica de la industria privada]
STRAD system | sistema STRAD
straggling | dispersión, fluctuación; variación aleatoria (/casual)
straight amplifier | amplificador directo
straightaway measurement | medida directa (en trasmisión)
straightaway test | prueba directa (en trasmisión)
straight bank | banco de contactos alineados
straight calibration line | línea de contraste
straight connector | conector recto
straight dipole | dipolo recto
straightening of wires | rectificación de conductores (/hilos)
straight field permanent magnet | imán permanente de campo rectilíneo
straight filament | filamento recto
straight filament valve | válvula de filamento recto
straightforward amplifier | amplificador directo
straightforward circuit | circuito directo
straightforward junction | enlace rápido directo
straightforward junction working | operación por línea auxiliar directa, método de llamada directa por líneas auxiliares
straightforward operation | servicio con indicación inmediata de la operadora de llegada
straightforward trunking | línea (/comunicación) telefónica directa
straightforward trunking method | método de llamada directa por líneas auxiliares
straight frequency | frecuencia directa
straight insertion sort [*sifting (/sinking) technique*] | clasificación de inserción directa [*técnica de criba*]
straight insulator pin | soporte vertical (de aislador)
straight line | recta
straight line accelerator | acelerador lineal
straight line capacitance | capacidad (variable) lineal
straight line-capacitance capacitor | condensador con capacidad de variación lineal
straight line code | código lineal
straight line coding | codificación directa
straight line control | control rectilíneo, regulación rectilínea
straight line frequency | frecuencia directa (/de variación lineal)
straight line-frequency condenser | condensador de variación lineal de frecuencia
straight line-frequency shape | forma de variación lineal de frecuencia
straight line path | camino en línea recta

straight line radiator | radiador lineal
straight line rate | tarifa constante
straight line sound source | fuente sonora lineal
straight line splice | empalme recto
straight line tracking arm | brazo de lectura lineal
straight line wavelength | longitud de onda de variación lineal
straight line wavelength capacitor | condensador de variación lineal de la longitud de onda
straight parametric amplifier | amplificador paramétrico de resistencia negativa, amplificador paramétrico con frecuencia de salida igual a la de entrada
straight part of the characteristic curve | parte (/porción) rectilínea de la curva de ennegrecimiento
straight polarity | polaridad directa
straight receiver | receptor de amplificación directa, receptor de radiofrecuencia sintonizada, receptor sin frecuencia intermedia
straight reception | recepción de amplificación directa, recepción de radiofrecuencia sintonizada
straight scanning | barrido (/exploración) por líneas contiguas
straight selection sort | clasificación de selección directa
straight solenoid | solenoide recto
straight spindle | soporte vertical
straight-through connection | conductor en línea recta con clavija
straight-through joint | empalme
straight wiring | armado en plano
strain | deformación; tirantez, tirón
strain anisotropy | anisotropía de deformación
strain clamp | abrazadera de anclaje, grapa de tensión
strain ear | gancho de suspensión, oreja de anclaje
strained orbit | órbita deformada
strainer | purgador; tensor
strain gauge | deformímetro, extensímetro, medidor de deformación
strain gauge alarm system | sistema de alarma por detector de deformación
strain gauge bridge | puente extensométrico (/deformimétrico)
strain gauge instrumentation | instrumentación para deformaciones
strain gauge mechanism | mecanismo del extensímetro (/deformímetro)
strain gauge multiplier | extensímetro multiplicador
strain gauge pressure pickup | piezocaptor (/captador de presión) deformimétrico
strain gauge pressure transducer | trasductor deformimétrico de presión
strain gauge sensing element | elemento sensible del extensómetro

strain gauge sensor | sensor detector de deformación
strain gauge transducer | trasductor extensométrico (/de extensímetro)
strain gauge transduction | trasducción deformimétrica (/de deformaciones)
strain insulator | aislador de anclaje (/deformación, /tensión)
strain meter | deformímetro, medidor de deformación
strain pickup | fonocaptor de deformación
strain pin | clavija (/pasador) de tensión
strain relief | protección contra tirones
strain relief clasp | abrazadera de anclaje
strain-sensitive cable | cable sensible a deformaciones
strain tensor | tensor de deformación
strain wire | hilo de deformación, hilo para extensímetro
strand | cabo, cordón, fibra, filamento, hilo; tensor; trenza; viento
stranded | trenzado
stranded aerial wire | hilo de antena de conductores trenzados
stranded conductor | cable (/conductor) trenzado
stranded conductor cable | cable de conductores (/hilos) trenzados
stranded copper | cable (/conductor) trenzado de cobre
stranded wire | cable trenzado (/de hilos trenzados)
stranding | cableado; trefilado; trenzado
stranding effect | efecto de trenzado
stranding machine | (máquina) cableadora
strand lay | configuración de trenzado
strange particle | partícula extraña
strap | banda; cinta de acoplamiento (/toma de tierra); lámina (de contacto); puente; pareado
strap, to - | aparear
strapboard | tablero de conexiones (/interconexiones)
strap connection | puente de conexión
strap insulator | cordón aislante
strap key | lámina (de contacto); llave de lengüeta
strap pad | atenuador ajustable por conmutación de conexiones
strapped magnetron | magnetrón pareado (/de segmentos acoplados)
strapped vane magnetron | magnetrón de aletas acopladas
strapping | conexión de (/en) puente, conexionado de puentes
strapping arrangement | conexionado de puentes, combinación de conexiones de puente
strapping freak | anomalía (/discontinuidad) de emparejamiento
Strassen algorithm | algoritmo de Strassen

stratification | estratificación
stratified discharge | descarga estratificada (/en láminas)
stratoscope | estratoscopio
stratosphere | estratosfera
stratospheric television | televisión estratosférica
stratostat | estratóstato
stratovision | televisión estratosférica
stray | fuga, efecto parásito, interferencia de origen atmosférico
stray capacitance | capacidad dispersa (/distribuida, /parásita)
stray capacity of wiring | capacidad distribuida del cableado
stray coupling | acoplamiento parásito
stray current | corriente desviada (/errática, /vagabunda, /de fuga)
stray current corrosion | corrosión (electrolítica) por corrientes vagabundas
stray current electrolysis | electrólisis por corrientes vagabundas
stray effect | efecto parásito
stray electron | electrón errante
stray emission | emisión (electrónica) vagabunda
stray external noise field | campo de dispersión externa de ruido
stray field | campo parásito (/de dispersión magnética)
stray flux | flujo de dispersión
stray impedance | impedancia (parásita)
stray lead reactance | reactancia parásita de las conexiones
stray light | luz parásita
stray loss | pérdida suplementaria (/por dispersión)
stray magnetic field | campo magnético parásito, campo de dispersión magnética
stray neutron | neutrón disperso (/vagabundo)
stray pickup | captación residual (/de componentes parásitas)
stray power | potencia perdida en el generador
stray radiation | radiación parásita (/no utilizada)
stray reactance | reactancia parásita (/de dispersión)
strays | capacidad parásita; estática, parásitos atmosféricos
streaking | imagen espuria (/falsa)
streak of light | rayo luminoso (/de luz)
stream | caudal, corriente, flujo
stream, to - | trasmitir un flujo de datos [*de modo continuo*]
stream control transmission protocol | protocolo de trasmisión de control de flujo
stream deflection amplifier | amplificador de desviación de flujo
streamer | luminosidad ondulante; bobinador en continuo; streamer [*mecanismo de arrastre de cinta en movimiento continuo*]

streamer breakdown | ruptura del generador de haces
streaming | (corriente de) flujo; efecto de canalización; flujo unidireccional; propagación ondulatoria; grabación y lectura en continuo
streaming media | medios por caudales
streaming potential | potencial eléctrico entre dos puntos de una membrana
streaming tape | mecanismo de arrastre de cinta en movimiento continuo
streaming tape transport | mecanismo de arrastre de cinta en movimiento continuo
streaming tape unit | unidad de arrastre de cinta en movimiento continuo
streamline loop aerial | antena de cuadro carenada
streamline wire | cable fuselado
stream of electrons | flujo electrónico (/de electrones)
stream-oriented file | archivo orientado al flujo [*de datos*]
street current | corriente de sector (/red pública)
street price | precio normal de venta, precio en la calle
strength | fuerza, intensidad, resistencia
strength function | función de intensidad
strength of a sound source | intensidad de una fuente sonora
strength of a source | intensidad de una fuente
strength of carrier | intensidad de la portadora
strength of control rods | potencia de las barras de control
strength test | prueba de resistencia
strength tester | dinamómetro, aparato para pruebas de resistencia
stress | carga, esfuerzo, fatiga, solicitación, tensión
stress test | prueba de fatiga [*para equipos informáticos*]
stress wave | onda de solicitación (/tensión)
stretch | elongación, estiramiento, extensión
stretched display | presentación (osciloscópica) alargada, visualización prolongada
stretch limit | límite de elasticidad
stria | estría
striated discharge | descarga estriada
striation technique | técnica de estriación (/visualización por estriado)
strictness | calidad de estricto
stride | paso
strike | golpe, impacto, percusión
strike, to - | cebar, encender (un arco); establecer, formar; hacer saltar (una chispa)
strike bath | baño primario
strike deposit | depósito primario

strike plate | armadura (/plancha) de contacto
strikethrough | tachado [*de un texto seleccionado mediante una línea superpuesta*]
striking | cebado, encendido, iniciación
striking an arc | formación de un arco
striking distance | distancia de choque
striking electrode | electrodo de encendido
striking of a spark | cebado (/cebadura, /encendido) de una chispa
striking of an arc | cebado (/cebadura, /encendido) de un arco
striking potential | potencial de arranque (/cebado, /encendido)
striking voltage | tensión de arranque (/cebado, /encendido)
string | cadena [*de aisladores, de caracteres*]; secuencia [*de caracteres, de señales*]; serie [*de mensajes*]; hilera
string attribute | atributo de (/tipo) cadena
string electrometer | electrómetro de cuerda (/fibra)
stringer | rosario; tapón de blindaje
string galvanometer | galvanómetro de cuerda (/vibración)
string insulator | aislador de cadena
string manipulation | manipulación de cadenas
string matching | comparación de cadenas
string oscillograph | oscilógrafo de cuerda
string oscilloscope | osciloscopio de cuerda
string search, to - | buscar cadena
string segment | segmento de cadena
string-shadow instrument | instrumento de sombra de cuerda
string space | espacio de cadena
string telephone | teléfono de cable
string variable | variable alfanumérica
strip | banda, cinta, tira; brida, fleje; lámina, listón, regleta
strip, to - | pelar [*un cable*], quitar (/raspar, /retirar) el aislamiento
strip attenuator | atenuador de lámina
strip chart recorder | registrador de banda de papel
strip contact | contacto de tira
stripe, to - | listar en disco [*múltiples particiones*]
stripe pitch | paso de bandas [*separación entre bandas horizontales de fósforo del mismo color en un tubo de rayos catódicos*]
strip fuse | fusible de cinta, tira fusible
stripline | línea plana (/de bandas paralelas)
stripline circuit | circuito de línea plana
strip-loaded diffused optical waveguide | guía de ondas de óptica difusa cargada por franjas
strip-mounted set | montaje sobre platina

strip of fuses | barra (/regleta) de fusibles
strip of keys | grupo (/regleta) de teclas
stripped atom | átomo despojado (/desprovisto) de electrones
stripped ion | ión despojado (/desprovisto) de electrones
strip penetrameter | penetrámetro de placa
stripper | extractor; pelacables, pelahilos, peladora de cable; sección de agotamiento
stripper blade | cuchilla separadora
stripper plate | placa separadora
stripper tank | cuba de baño de eliminación, cuba (electrolítica) para desprender revestimientos galvánicos
stripping | eliminación del aislamiento; pelado (de cables)
stripping cascade | cascada de separación
stripping column | columna de agotamiento
stripping compound | compuesto de despojamiento
stripping film | emulsión laminable
stripping pliers | alicates pelacables (/pelahilos)
stripping section | sección de extracción (/separación)
stripping tongs | tenazas pelacables (/pelahilos)
strip printer | impresora de cinta
strip resistor | resistencia (en forma) de cinta
strip transmission line | línea de trasmisión por cinta
strobe | habilitación; destello electrónico; impulso de activación de un proceso; marca estroboscópica (/de referencia); señal de validación
strobe, to - | hacer una selección estroboscópica
strobe circuit | circuito marcador (/de selección estroboscópica)
strobe hold time | tiempo de retención estroboscópico
strobe light | lámpara estroboscópica
strobe marker | marcador (/trazo) estroboscópico (/de referencia)
strobe pulse | impulso estroboscópico (/de selección de señal)
strobe release time | tiempo de interrupción estroboscópico
strobe unit | dispositivo de selección estroboscópica
strobing | selección estroboscópica (/de la señal), ajuste estroboscópico
strobing potentiometer | potenciómetro de marcador estroboscópico
strobing pulse generator | generador de impulsos estroboscópicos (/de muestreo, /de referencia, /de selección)
strobodynamic balancing | equilibrado estrobodinámico
stroboflash | lámpara estroboscópica

stroboradiography | estroborradiografía
stroboscope | estroboscopio
stroboscopic calibration | calibración estroboscópica, contraste estroboscópico
stroboscopic checking | comprobación (/verificación) estroboscópica
stroboscopic direction finder | radiogoniómetro de indicación estroboscópica
stroboscopic disc | disco estroboscópico
stroboscopic light source | fuente de luz estroboscópica
stroboscopic meter disc | disco estroboscópico del contador
stroboscopic tachometer | tacómetro estroboscópico
stroboscopic valve | válvula estroboscópica
strobotac = stroboscopic tachometer | tacómetro estroboscópico
strobotron = stroboscope thyratron | estrobotrón, tiratrón (/tubo) estroboscópico, válvula estroboscópica
stroke | trazo
stroke centreline | línea central de trazo
stroke edge | margen del trazo
stroke font | fuente de trazos
stroke pattern | modelo de trazo
stroke pulse | impulso de sincronización
stroke speed | velocidad de trazado; frecuencia de líneas de exploración
stroke weight | grosor del trazo [en caracteres]
stroke width | anchura del trazo
strong beta ray | actividad beta intensa
strong electrolyte | electrolito fuerte
strong focusing | enfoque intenso (/fuerte)
strong focusing synchrotron | sincrotrón de enfoque intenso
strong gamma rays | rayos gamma duros
strongly connected | fuertemente conectado
strong shock wave | onda de choque de gran potencia
strong-signal area | zona de señales intensas
strong typing | especificación precisa de tipos de datos
strontium | estroncio
strontium carbonate | carbonato de estroncio
strontium fallout | precipitación del estroncio
strontium unit | unidad de estroncio, picocurio por gramo de calcio
strophotron | estrofotrón [tubo amplificador de microondas utilizado principalmente como oscilador]
Stroud and Oates bridge | puente de Stroud y Oates
Strowger automatic telephone sys-

tem | sistema Strowger de conmutación telefónica automática
Strowger selector | selector Strowger (/de dos movimientos)
Strowger switch | conmutador (/selector) Strowger
Strowger system | sistema Strowger, sistema paso a paso
struck atom | átomo bombardeado
struck nucleus | núcleo bombardeado
struck particle | partícula bombardeada
structural formula | fórmula estructural
structural induction | inducción estructural
structurally | estructuralmente
structurally dual network | red de estructura doble
structurally symmetrical network | red de estructura simétrica
structural particle | partícula estructural
structural resolution | resolución estructural
structural return loss | atenuación de regularidad
structural sound | sonido estructural
structurbone noise | ruido de la estructura
structure | estructura
structure analysis | análisis de la estructura
structured analysis | análisis estructurado
structured analysis and design technique | técnica de análisis y diseño estructurados
structured coding | codificación estructurada
structured English | inglés estructurado
structured graphic | gráfico estructurado
structured logic design | diseño lógico estructurado
structured programming | programación estructurada
structured query language | lenguaje estructurado de consulta
structured systems analysis | análisis estructurado de sistemas
structured systems analysis and design method | método de diseño y análisis de sistemas estructurados
structured variable | variable estructurada
structured walkthrough | revisión estructurada, repaso estructurado
structure factor | factor de amplitud
structure of nucleus | estructura del núcleo
structure-soil potential | potencial entre estructura y tierra
strut | apoyo, puntal; mástil, poste; tornapunta
strutted pole | poste de retención
strutted terminal pole | poste cabeza de línea

STS = synchronous transport signal | STS = señal de trasporte sincrónica
STT = secure transaction technology | STT [*tecnología de transacción segura*]
stub | (fragmento) adaptador; amortiguador; brazo (de reactancia); cable terminal; resto (de electrodo)
stub aerial | antena corta
stub angle | codo adaptador, codo rectangular (de cable coaxial)
stubbed-out pair | par de cable terminal
stub cable | cable terminal (/de conexión)
stub card | tarjeta con talón
stub end | resto (de electrodo)
stub feeder | alimentador de subestación
stub line | línea auxiliar corta, línea de adaptación de impedancias
stub-matched aerial | dipolo con tocón de cuarto de onda
stub matching | ajuste de línea auxiliar; adaptación por brazo de reactancia, adaptación (de impedancias) por línea auxiliar corta
stub network | red aislada
stub-reinforced pole | poste con soporte
stub support | (línea de) soporte
stub-supported coaxial | cable coaxial soportado por tocones
stub-supported line | línea soportada por adaptador
stub-supported transmission line | línea de trasmisión con soportes de cuarto de onda
stub tuner | rama adaptadora, amortiguador de adaptador, sección de línea adaptadora, sintonizador de adaptador (/brazo de reactancia)
stub waveguide | guiaondas de adaptador
stuck-at-one | fijo a uno
stud | borna, borne, clavija de conexión, contacto, terminal; diente de retenida, espárrago, husillo, gancho, pasador, perno, tornillo de montaje; polea; resalte, paso, saliente, tope
stud bolt | espiga
Student's t distribution | distribución t de Student
studio | estudio
studio lightboard | batería de luces
studio-to-transmitter link | enlace entre estudios y puesto emisor
stud terminal board | regleta con prisioneros de conexión
stud welding | soldadura de espárragos
stumble | discontinuidad (/fallo momentáneo) del contacto
stunt | función auxiliar
stunt box | cajetín de conmutación (/conexiones auxiliares)
stutter | tartamudeo
style | estilo [*de caracteres*], tipo

style control | control de estilos
style manager | gestor de estilos
style sheet | hoja de estilos [*para el formato del texto*]
stylograph | estilógrafo
stylus | aguja
stylus alignment | alineamiento de aguja
stylus drag | arrastre (/presión normal) de la aguja
stylus force | fuerza de la aguja
stylus oscillograph | oscilógrafo de aguja
stylus pressure | presión de la aguja
stylus radius | radio de aguja
S-type negative resistance | resistencia negativa tipo S
subaddressing | subdireccionamiento
subaqueous cable | cable submarino (/subacuático)
subaqueous condenser microphone | micrófono subacuático de condensador
subaqueous loudspeaker | altavoz subacuático
subarea broadcast | radiodifusión de subzona
subarea communication | centro de comunicaciones de subzona
subassembly | subconjunto, subgrupo, submontaje
subatomic | subatómico
subatomic particle | partícula subatómica
subaudio | infraacústico, infrasónico, subacústico, subsónico
subaudio band | banda de frecuencias infraacústicas
subaudio frequency | frecuencia infrasónica (/infraacústica)
subaudio frequency range | gama de frecuencias infrasónicas (/subacústicas)
subaudio oscillator | oscilador de frecuencia infrasónica (/subacústica)
subaudio sound spectrum | espectro subacústico (/subsónico)
subaudio spectrum | espectro subacústico
subaudio telegraph set | instalación de telegrafía subacústica
subaudio telegraphy | telegrafía subacústica
subbaseband | subbanda base (/básica)
subcadmium neutron | neutrón subcádmico
subcarrier | subportadora, (onda) portadora intermedia (/secundaria)
subcarrier amplifier | amplificador de subportadora
subcarrier band | banda de subportadora
subcarrier burst | ráfaga de subportadora
subcarrier channel | canal de subportadora, subcanal
subcarrier detector | detector de subportadora

subcarrier discriminator | discriminador de subportadora
subcarrier discriminator running unit | unidad de sintonización del discriminador de subportadora
subcarrier filter | filtro de subportadora
subcarrier frequency | frecuencia (de) subportadora
subcarrier frequency modulation | modulación en frecuencia de subportadora
subcarrier frequency shift | desplazamiento de frecuencia de subportadora
subcarrier generator | generador de subportadora
subcarrier multiple access | acceso múltiple por subportadora
subcarrier multiplexing | multiplexión con subportadoras
subcarrier oscillator | oscilador de subportadora
subcarrier reference frequency | frecuencia de referencia de (la onda) subportadora
subcarrier reference signal | señal de referencia de (la) subportadora
subcarrier regenerator | regenerador de subportadora
subcarrier signal | señal de subportadora
subcarrier substrate | sustrato subportador
subcarrier transmission | trasmisión por subportadora
subcarrier wave | onda subportadora
subchannel | subcanal
subchannel detector | detector de subcanal
subchassis | subchasis
subcircuit | circuito secundario
subclass | subclase
subclutter visibility | visibilidad bajo los ecos parásitos
subcommand | orden secundaria
subcommutation | subconmutación
subcommutation frame | cuadro (/estructura) de subconmutación
subcomponent | elemento, pieza, subcomponente
subcompressed engine | motor de baja compresión
subcontinental broadcast | emisión (/radiodifusión) subcontinental
subcontractor | subcontratista
subcontrol office | estación subcontroladora (/subdirectora)
subcontrol station | estación subcontroladora (/subdirectora)
subcooling | subenfriamiento
subcritical | subcrítico
subcritical assembly | conjunto (/montaje) subcrítico
subcritical mass | masa subcrítica
subcritical multiplication | multiplicación subcrítica
subcritical reactor | reactor subcrítico

subcurrent | subcorriente
subcycle generator | generador de subciclo (/ciclo secundario, / corriente de llamada a frecuencia reducida)
subcycle ringer | generador de corriente de repique a frecuencia reducida
subdirectory | subdirectorio
subdistribution centre | subcentro de distribución
subdivided capacitor | condensador múltiple (/subdividido)
subdivided channel | subcanal, canal subdividido
subdivider | subdivisor (de canal)
subdomain | subdominio
subelement | subelemento
subequipped channel bank | banco de canales subequipado
subfeeder | subalimentador, alimentador de secundario
subfolder | subcarpeta
subfractional horsepower motor | micromotor
subgraph | subconjunto, subgrafo
subgroup | subgrupo, subconjunto
subharmonic | subarmónico, armónica inferior
subharmonic oscillation | oscilación subarmónica
subharmonic oscillator | oscilador subarmónico
subjamming visibility | visibilidad bajo perturbación
subject | tema
subject drift | derivación del tema [en una discusión o debate]
subjective colour rendering | restitución subjetiva de los colores
subject tree | árbol temático
sublayer | subcapa
sublist | sublista
submarine cable | cable submarino
submarine cable connection | enlace por cable submarino
submarine cable repeater | repetidor de cable submarino
submarine cable telegraph service | servicio telegráfico por cable submarino
submarine cable telephone service | servicio telefónico por cable submarino
submarine detecting set | equipo de detección submarina
submarine intermediate cable | cable submarino intermedio
submarine line | línea submarina
submarine repeater | repetidor submarino
submarine telegraph cable | cable telegráfico submarino
submarine telegraph circuit | circuito telegráfico (por cable) submarino
submarine telephone cable | cable telefónico submarino
submarine telephone circuit | circuito telefónico (por cable) submarino

submarining | submarinismo [desaparición momentánea de un objeto en pantalla por moverse a una velocidad mayor de la que la pantalla puede reproducir]
submaster [area control centre] | central de control de área
submatrix | submatriz
submenu | submenú
submerged aerial | antena sumergida
submerged arc welding | soldadura bajo flujo electroconductor, soldadura por arco sumergido (en atmósfera inerte)
submerged discharge | descarga sumergida
submerged-melt electric welding | soldadura eléctrica de fusión sumergida en fundente
submerged-resistor induction furnace | horno de inducción con resistencia sumergida
submersible electric pump | electrobomba sumergible
submersible machine | máquina sumergible
submersible transformer | trasformador sumergible
submeter | contador auxiliar (/subsidiario)
submillimetre maser | máser submilimétrico
submillimetre region | región de ondas submilimétricas
submillimetre wave | onda submilimétrica
submillimetre wavelength | longitud de onda submilimétrica
subminiature | subminiatura
subminiature assembly connector | conector óptico subminiatura tipo A
subminiature relay | relé subminiatura
subminiature series | serie subminiatura
subminiature valve | válvula subminiatura
subminiaturization | subminiaturización
submultiple resonance | resonancia a frecuencia submúltiplo (de la de excitación)
subnanosecond | subnanosegundo
subnanosecond radar | radar de subnanosegundos (/impulsos inferiores a un nanosegundo)
subnet | subred
subnet mask | máscara de subred [de comunicación]
subnetwork | subred
subnotebook | agenda electrónica de bolsillo
subnotebook computer | agenda electrónica
sub-Nyquist sampling | muestreo subniquista
subpanel | subcuadro, subpanel
subpanel posting arrow | botón de visualización y supresión del subpanel

subportable | agenda electrónica
subprogram | subprograma
sub-rack | portamódulos
subrate data | datos subordinados; subvelocidades
subrecursive hierarchy | jerarquía subrecursiva
subrefraction | subrefracción
Subroc = submarine rocket | Subroc [tipo de cohete submarino]
subroutine | subrutina
subroutine linkage | enlace de subrutina
subroutine reentry | reentrada a subrutina
subroutine return | retorno de subrutina
subsatellite | subsatélite
subschema | subesquema
subscribe, to - | suscribir, registrar
subscribed demand | potencia contratada
subscriber | abonado (al servicio), suscriptor, titular de un abono
subscriber account | cuenta del abonado
subscriber agreement | contrato (/convenio) de abono
subscriber annual rental | cuota anual de abono
subscriber apparatus | aparato de abonado
subscriber automatic telephone | teléfono (/aparato telefónico) automático, teléfono automático de abonado
subscriber busy condition | abonado ocupado
subscriber cable | cable de abonado
subscriber call | llamada (/comunicación) de abonado
subscriber central battery telephone | aparato telefónico de batería central, teléfono de abonado de batería central
subscriber charge | tasa de abono
subscriber check meter | contador de abonado en su domicilio
subscriber connection | conexión de abonado
subscriber contract | contrato de abono
subscriber cord circuit | circuito por cable de abonados
subscriber drop | línea de acometida
subscriber equipment | equipo de abonado
subscriber extension set | extensión (telefónica), aparato supletorio
subscriber extension station | (aparato) supletorio; estación supletoria; extensión telefónica
subscriber extension with direct exchange facilities | supletorio con conexión directa a la red
subscriber handset | teléfono de abonado
subscriber identity module | módulo de identidad del abonado

subscriber indentity module card | tarjeta de módulo de identidad de abonado
subscriber idie condition | abonado libre
subscriber in arrears | abonado (/suscriptor) moroso
subscriber installation | instalación de abonado
subscriber installation with extensions | instalación de abonado con supletorios
subscriber installation with extension stations | instalación de abonado con supletorios (/extensiones)
subscriber line | línea de acceso, línea (principal) de abonado
subscriber line and final selector unit | unidad de línea de abonado y selector final
subscriber line equipment | equipo de abonado
subscriber line reserved for incoming calls | línea de abonado reservada para llamadas entrantes
subscriber line reserved for outgoing calls | línea de abonado reservada para llamadas salientes
subscriber line switch | preselector de abonado
subscriber long-distance dialling | marcación de larga distancia por el abonado
subscriber loop | bucle de abonado
subscriber main station | aparato (/puesto) principal de abonado
subscriber meter | contador de (pasos de) abonado
subscriber meter rack | bastidor de contadores de abonado
subscriber multiple | múltiple de abonados
subscriber multiple jack | clavija general (de conmutador múltiple)
subscriber number | número del abonado
subscriber observation | observación de abonado
subscriber premises meter | indicador de tasa (cobrable al abonado)
subscriber private metering | tarificación, tarificación [*asignación de tarifas*]
subscriber receiver | receptor de abonado
subscriber register | contador (de pasos) de abonado
subscriber rental | cuota de abono
subscriber set | aparato de abonado
subscriber's extension | extensión
subscriber's extension station | teléfono interno
subscriber's loop resistance | resistencia del bucle
subscriber station | estación (/puesto, /teléfono) de abonado
subscriber station apparatus | aparato (/teléfono) de abonado
subscriber subset | aparato de abonado
subscriber telephone | teléfono de abonado
subscriber telephone instrument | aparato telefónico de abonado
subscriber telephone set | aparato (/teléfono) de abonado
subscriber-to-subscriber telegraph service | servicio telegráfico entre abonados
subscriber-to-telegraph service | abonado al servicio telegráfico
subscriber-to-telegraphy | abonado al telégrafo
subscriber-to-telephone service | abonado al servicio telefónico
subscriber-to-wire broadcast | abonado a la teledifusión por cable
subscriber traffic | tráfico entre abonados
subscriber trunk dialling | selección automática del abonado llamado
subscriber uniselector | preselector de abonado
subscriber with extension stations | abonado con extensiones (/aparatos suplementarios)
subscript | subíndice
subscripted variable | variable con subíndices
subscription call | comunicación (/conversación) por abono
subscription information | información de suscripción
subscription television | televisión por abono (/suscripción)
subscription television broadcast programme | programa trasmitido por televisión de suscripción
subsemigroup | subsemigrupo
subsequence | subsecuencia
subset | subconjunto; teléfono, aparato de abonado, adaptador de línea telefónica; módem
subsidiary communications authorization | autorización de comunicaciones subsidiarias
subsidiary conduit | conducto subsidiario
subsonic | subsónico
subsonic flow | corriente subsónica, flujo subsónico
subsonic frequency | frecuencia subsónica
subsonic speed | velocidad subsónica
substance additive | adición de una sustancia portadora
substation | subestación, subcentral
substation message register | aparato de subestación registrador de mensajes
substep | paso (/operación) parcial, subpaso
substitute, to - | sustituir
substitute character | carácter sustitutorio
substitute memory, to - | sustituir (el contenido de) la memoria
substitution | sustitución
substitutional emulation | emulación de sustitución
substitution interference measurement | medición de interferencia por sustitución
substitution method | método de sustitución
substrate | sustrato, subcapa; base plana; material de base
substrate base material | material base del sustrato
substring | subsecuencia
substring identifier | identificador de subcadenas
subsurface burst | explosión subsuperficial
subsurface wave | onda subterránea
subsynchronous | subsincrónico
subsynchronous reluctance motor | motor subsincrónico de reluctancia
subsynchronous satellite system | sistema (de telecomunicación) por satélite subsincrónico
subsystem | subsistema
subsystem requirements specification | especificación de requisitos para los subsistemas
subtelephone frequency | frecuencia subtelefónica
subtracting circuit | circuito sustractivo (/de sustracción)
subtraction-type radiometer | radiómetro de sustracción
subtractive filter | filtro sustractivo
subtractive process | proceso sustractivo
subtractor | restador, sustractor
subtransaction | transacción anidada
subtransient electromotive force | fuerza electromotriz subtransitoria
subtransient reactance | reactancia subtransitoria
subtransient single-phase short-circuit current | corriente subtransitoria (/inicial simétrica) de cortocircuito monofásico
subtransient time constant on a given impedance | constante de tiempo subtransitoria con impedancia dada
subtransient time constant on open circuit | constante de tiempo subtransitoria a circuito abierto
subtransient time constant on single-phase short circuit | constante de tiempo subtransitoria en cortocircuito monofásico
subtransmission system | red de subtrasmisión
subtree | subárbol
subtype | subtipo
suburban exchange | central suburbana
subvoice grade channel | canal de calidad subvocal
subway transformer | trasformador (para montaje) subterráneo

subwoofer | altavoz para frecuencias muy bajas
sub-working parties | subgrupos de trabajo
subzone centre | central de subzona (/tránsito)
successful call attempt | llamada completada
successive over-relaxation | sobrerrelajación sucesiva
successive reset | ciclos sucesivos de borrado (/restauración)
successor function | función de sucesor
success ratio | tasa de aciertos
suckout [*fam*] | absorción, succión
suckout pip | señal marcadora de absorción
suction phase | fase negativa (/de succión)
suction stop valve | válvula aspirante de cierre
suction valve | válvula aspirante (/de aspiración)
suction wave | onda de succión (/rarefacción)
sudden | repentino
sudden-change relay | relé de variación brusca
sudden commencement | comienzo repentino
sudden death | muerte (/paralización, /avería total) repentina
sudden ionospheric disturbance | perturbación ionosférica repentina
suffix | sufijo
suffix notation | notación por sufijos, notación polaca inversa
Suhl effect | efecto de Suhl
suicide connection | conexión suicida
suicide contactor | contactor suicida
suicide control | control suicida
suitcase | maletín [*directorio de fuentes y accesorios en Macintosh*]
suite | continuación, secuencia, sucesión, serie
suite of bays | fila de bastidores
suite of racks | fila (/sucesión) de bastidores
sulf- [*sulph-*] | sulf- [*pref*]
sulphated battery | batería sulfatada, acumulador sulfatado
sulphating | sulfatación; sulfatado
sulphation | sulfatación
sulphonated polystyrene sensor | sensor de poliestireno sulfonado
sulphur | azufre
sulphur hexafluoride | hexafluoruro de azufre
sulphur hexameter | medidor de hexafluoruro de azufre
sulphuric acid | ácido sulfúrico
sum | suma
sum-and-difference monopulse radar | radar de monoimpulso suma y diferencia
sum channel | canal suma
sumcheck | control por totalización

sum frequency | frecuencia suma (/aditiva, /de suma)
summarise, to - [UK] | totalizar por suma
summarize, to - [UK+USA] | totalizar por suma, sumar resultados
summary | cuadro sinóptico
summary card | tarjeta sumaria
summary card punch | perforadora sumaria
summary counter | contador sumario
summary products | productos sumarios
summary punch | perforación sumaria
summary punching | perforación sumaria
summary recorder | grabador de resumen, registrador de sumario
summation bridge | puente sumador
summation check | prueba (/comprobación, /verificación) por suma
summation frequency | frecuencia suma
summation meter | contador totalizador
summation network | red sumadora
summation tone | tono suma
summation transformer | trasformador integrador (de intensidad)
summation watt rating | capacidad de potencia suma
summation watts | vatios de (capacidad de potencia) suma
summer lightning | relámpago de verano
summing | suma, adición
summing amplifier | amplificador sumador
summing circuit | circuito sumador (/adicionador)
summing junction | conexión sumadora
summing network | red aditiva (/sumadora)
summing point | punto sumador (/de suma, /de recuento)
sum of products | suma de productos
sum of products expression | expresión de suma de productos
sum operand | operando de suma
sum term | término de suma
sun compass | brújula solar
sun-dog | parhelio
sun follower | seguidor del sol
sun-gear | engranaje planetario
S unit | unidad S [*unidad arbitraria de intensidad de señal*]
S-unit meter | medidor de unidades de intensidad de señal
sunlight recorder | registrador de luz solar
sun-pump laser | láser con bomba solar
sun-pumped laser | láser bombeado con luz solar, láser de bombeo solar
sun radiation | radiación solar
sun-rising magnetron | magnetrón de "sol naciente"

sun satellite | satélite solar
sunseeker | buscador del sol
sunspot | mancha solar
sunspot cycle | ciclo de manchas solares
sunspot noise | ruido de origen solar, ruido por manchas solares
sunspot number | número de manchas solares
sun strobe | señal de referencia solar, marca estroboscópica del sol
SUP = suppressor grid | rejilla supresora [*en diagramas de circuitos*]
superacoustic telegraphy | telegrafía superacústica
superaudio | superacústico, ultrasonoro, ultraacústico
superaudio current | corriente de frecuencia superacústica (/ultrasonora)
superaudio frequency | frecuencia superacústica (/ultrasonora)
superaudio telegraphy | telegrafía superacústica (/ultrasonora)
supercardioid | supercardioide
supercardioid microphone | micrófono supercardioide
supercharge | sobrealimentación
supercharge, to - | sobrecargar, sobrealimentar
supercharged | sobrealimentado
supercharged engine | motor sobrealimentado
supercharged motor | motor sobrealimentado
supercharger | sobrealimentador, supercargador
supercharger control | mando del sobrealimentador
supercharger ratio | razón (/relación) de sobrealimentación
supercharging | sobrealimentación
superclass | superclase
supercommutation | superconmutación
supercompression | supercompresión, alta compresión
supercompression engine | motor de alta compresión
supercomputer | superordenador
supercomputing applications | aplicaciones de supercomputación [*Hispan*]
superconducting | superconducción; superconductor
superconducting electromagnet | electroimán de arrollamiento superconductor
superconducting foil | hoja superconductora
superconducting generator | generador superconductor
superconducting memory | memoria superconductora
superconducting power transformer | trasformador de potencia superconductor (/de devanados superconductores)
superconducting solenoid | solenoide superconductor

superconducting state | estado superconductor (/de superconducción)
superconducting technology | tecnología superconductora
superconducting thin film | película delgada superconductora
superconducting transition | transición al estado de superconducción
superconductive | superconductor
superconductive state | estado superconductor
superconductivity | superconductividad, hiperconductividad
superconductivity energy equation | ecuación de energía de superconductividad
superconductor | hiperconductor
superconductor material | material del superconductor
super controller | controlador avanzado
supercontrol valve | válvula de supercontrol (/mu variable, /trasconductancia variable), válvula (electrónica) exponencial
supercritical | supercrítico
supercritical mass | masa supercrítica
supercritical reactor | reactor supercrítico
supercritical steam pressures | presiones supercríticas del vapor
supercurrent | supercorriente
superemitron | superemitrón [*iconoscopio de imagen*]
superemitron camera | cámara superemitrón
superexchange | superintercambio
supergain aerial | antena superdireccional (/superdirectiva, /de superganancia)
supergain array | alineación (/red) superdirectiva (/con superganancia)
supergrid | superred, red de trasmisión a elevadísima tensión
supergroup | supergrupo, grupo secundario
supergroup allocation | distribución de supergrupos
supergroup band filter | filtro de banda de supergrupos (/grupos secundarios)
supergroup carrier frequency generator equipment | equipo de generación de frecuencias portadoras de supergrupo
supergroup carrier generator | generador de portadora de supergrupo
supergroup control station | estación de control de supergrupo
supergroup coupler shelf | estante acoplador de supergrupo
supergroup demodulator | desmodulador de supergrupo
supergroup derivation equipment | equipo de derivación de supergrupo
supergroup distribution frame | repartidor de supergrupo (/grupo secundario)

supergroup link | conexión en supergrupo (/grupo secundario)
supergroup modem | módem de supergrupo
supergroup modulating equipment | equipo de modulación de supergrupo
supergroup modulator | modulador de supergrupo
supergroup pilot | piloto de supergrupo
supergroup receive combiner shelf | estante combinador de recepción de supergrupo
supergroup reference pilot | onda piloto de supergrupo (/grupo secundario), piloto de referencia de supergrupo
supergroup section | sección de supergrupo
supergroup subcontrol station | estación de subcontrol de supergrupo
supergroup translating equipment | equipo de traslación (/trasposición) de supergrupo (/grupo secundario)
supergroup translation | modulación (/traslación, /trasposición) de supergrupo
superheat reactor | reactor de vapor sobrecalentado
superheavy nucleus | núcleo superpesado
superhet = superheterodyne | superheterodino
superheterodyne | superheterodino
superheterodyne amplifier | amplificador superheterodino
superheterodyne circuit | circuito superheterodino
superheterodyne converter | conversor superheterodino
superheterodyne oscillator | oscilador superheterodino
superheterodyne receiver | receptor superheterodino (/heterodino infrasónico)
superheterodyne reception | recepción superheterodina
superhigh frequency | frecuencia superalta
superhigh frequency radar | radar centimétrico (/de frecuencia superalta)
superimpose, to - | superponer
superimposed current | corriente portadora (/superpuesta)
superimposed ringing | llamada superpuesta; señalización múltiple
superimposition of carrier frequencies | superposición de frecuencias portadoras
super-large-scale integration | integración a escala superamplia
superlattice | red superpuesta
Supermalloy | supermalloy [*aleación magnética de níquel y hierro*]
supermini | superminiordenador
superminicomputer | superminiordenador

supermode laser | láser de supermodo
supernumerary line | línea fuera de numeración
super-Nyquist sampling | muestreo superniquista
superphantom circuit | circuito superfantasma (/fantasma doble)
superpipelining | superproceso de encauzamiento [*en procesado por etapas simultáneas*]
superposed circuit | circuito superpuesto
superposed ringing | llamador telefónico superpuesto
superposition theorem | teorema de la superposición
superpower | superpotencia
superpower reactor | reactor de máxima energía
superpower station | estación superpotente
super-radiance | superradiación, sobreintensidad de emisión
super-refraction | superrefracción
super-refraction phenomenon | fenómeno de superrefracción
super-refractory | superrefractario
super-regeneration | superreacción, superregeneración
super-regenerative | superregenerativo
super-regenerative detector | detector superregenerativo
super-regenerative paramagnetic amplifier | amplificador paramagnético superregenerativo
super-regenerative receiver | receptor superregenerador
super-regenerative reception | recepción superregenerativa (/con superreacción)
super-regenerator | superregenerador
super-retroaction | superreacción, superregeneración
supersaturate, to - | sobresaturar, supersaturar
supersaturation | supersaturación
superscalar | superescalar
superscript | sobrescritura
supersearch | superbúsqueda
supersensitive | hipersensible, supersensible, ultrasensible
supersensitive relay | relé supersensible
supersensitization | hipersensibilización, supersensibilización
superserver | superservidor
supersonic | supersónico
supersonic beam | haz supersónico
supersonic communication | comunicación supersónica
supersonic detection | detección supersónica
supersonic frequency | frecuencia supersónica
supersonic heterodyne receiver | receptor superheterodino (/heterodino infrasónico)

supersonic heterodyne reception | recepción heterodina supersónica
supersonic light valve | válvula ultrasónica luminosa
supersonic reception | recepción supersónica
supersonic recording | grabación supersónica
supersonic reflectoscope | reflectoscopio supersónico
supersonic region | región supersónica
supersonics | supersónica
supersonic signal | señal supersónica
supersonic sounding | sondeo supersónico
supersonic therapy | terapia supersónica
supersonic transport | trasporte supersónico
supersonic wave | onda supersónica
superstructure line | línea de superestructura
supersync | supersincronismo, sincronismo horizontal y vertical
supersync signal | señal de sincronismo horizontal y vertical
supertelephone frequency | frecuencia ultratelefónica
superturnstile aerial | antena de supermolinete, antena múltiple en cruz, superantena de dipolo doble
superturnstile radiating element | elemento radiante de antena supermolinete
supertweeter | altavoz para muy altas frecuencias
supertwist display | pantalla supertwist [tipo de pantalla de cristal líquido por matriz pasiva]
superuser | superusuario
super VGA = super video graphics array | super VGA [supermatriz de videográficos]
supervised line | línea supervisada
supervision | supervisión
supervision and signalling | supervisión y señalización
supervision panel | panel de supervisión
supervision signal | señal de supervisión (/fin de conversación)
supervisor | supervisor, jefe de servicio, vigilante, monitor
supervisor call | llamada al supervisor
supervisor position | cuadro de vigilancia
supervisor section | sección de vigilancia
supervisor state | estado ejecutivo (/supervisor)
supervisor trunk | enlace (/línea directa) con el supervisor
supervisory | supervisor
supervisory alarm system | sistema supervisor de alarma
supervisory centre | centro de supervisión

supervisory channel | canal de supervisión
supervisory circuit | circuito supervisor
supervisory console | consola (/pupitre) de supervisión
supervisory control | control de supervisión (/vigilancia)
supervisory control signalling | señalización de control supervisor
supervisory control system | sistema supervisor de control
supervisory indicator | indicador de fin de conversación
supervisory lamp | lámpara de supervisión (/vigilancia), luz piloto
supervisory programme | programa supervisor
supervisory relay | relé de supervisión (/vigilancia)
supervisory signal | señal de supervisión (/fin de conversación)
supervisory station | estación supervisora
supervisory system | sistema supervisor (/de supervisión)
supervisory terminal | terminal de supervisión
supervisory wiring | línea de supervisión (a distancia)
supervisory work | servicio de vigilancia
supervoltage | hipervoltaje, supertensión, muy alta tensión
supervoltage therapy | radioterapia a muy alta tensión
supplementary apparatus | aparato supletorio (/de extensión)
supplementary charge | cuenta accesoria, suplemento de tasa
supplementary group | grupo suplementario
supplementary insulation | aislamiento suplementario
supplementary loss | pérdida suplementaria
supplementary relay | relé intermedio (/suplementario)
supplementary service | servicio opcional (/suplementario)
supplementary valence | valencia suplementaria
supplier | suministrador, alimentador (de energía eléctrica)
supply | aprovisionamiento, abastecimiento, suministro; (fuente de) alimentación, generador eléctrico (/de alimentación)
supply, to - | alimentar energía
supply agreement | abono
supply amplifier | amplificador de alimentación
supply battery | batería (/acumulador) de alimentación
supply circuit | circuito de alimentación (/toma)
supply current | corriente de alimentación

supply equipment | equipo de alimentación
supply lead | conductor (/línea) de alimentación
supply line | línea de alimentación
supply main | cable de alimentación (/distribución)
supply mains | red de alimentación (/distribución)
supply meter | contador de consumo (/energía suministrada)
supply network | red de distribución
supply port | puerto de alimentación
supply potential | tensión (/voltaje) de entrada (/alimentación)
supply power | potencia de alimentación
supply rack | bastidor de alimentación
supply rectifier | rectificador de alimentación
supply reel | plato de avance; carrete de alimentación
supply section | sector de alimentación
supply terminal | borne (/terminal) de alimentación [eléctrica]
supply transformer | trasformador de alimentación
supply unit | unidad (/bloque) de alimentación
supply voltage | tensión (/voltaje) de red (/entrada, /alimentación); tensión de polarización [de un electrodo]
supply voltage fluctuation | variación de la tensión en la red
support | soporte, apoyo, pie, sustentación; poste, mástil
support, to - | soportar [admitir compatibilidad]
support chip | chip de soporte
supporting axle | eje portador
supporting electrode | electrodo de soporte
supporting trestle | armadura (/bastidor) de soporte
support node | nodo de soporte
support programme | programa de soporte
support software | software de soporte
support strand | cable portador, cable (auxiliar) de suspensión
suppress, to - | suprimir
suppressed | suprimido
suppressed aerial | antena empotrada (/incorporada, /rasante)
suppressed carrier | (onda) portadora suprimida
suppressed-carrier modulation | modulación con supresión de portadora
suppressed-carrier operation | explotación con supresión de portadora, funcionamiento con portadora suprimida
suppressed-carrier system | sistema con supresión de la portadora
suppressed-carrier transmission | emisión (/trasmisión) sin (/con supresión de) onda portadora

suppressed-carrier transmission system | sistema de trasmisión sin (/con supresión de) onda portadora
suppressed device | dispositivo con (filtro) supresor de parásitos
suppressed frequency band | banda atenuada (/eliminada, /suprimida)
suppressed sideband | banda lateral suprimida
suppressed-sideband transmission | emisión (/trasmisión) con supresión de banda lateral
suppressed-sidelobe aerial | antena sin lóbulos laterales
suppressed-time delay | retardo suprimido, supresión de retardo
suppressed-zero instrument | instrumento con cero suprimido
suppression | supresión
suppression capacitor | condensador supresor de parásitos (/perturbaciones)
suppression circuit | circuito de filtro (/supresión)
suppression control | control de supresión
suppression factor | factor (/coeficiente) de supresión
suppression loss | atenuación de bloqueo
suppression of carrier | supresión de (la onda) portadora
suppression of interference | supresión de interfencias
suppression pulse | impulso de supresión
suppress on minus balance | supresión por saldo negativo
suppressor | amortiguador, limitador, eliminador, supresor; filtro antiparásito, resistencia antiparasitaria; apagador
suppressor diode | diodo supresor de transitorios
suppressor effect | efecto supresor
suppressor grid | rejilla supresora (/secundaria, /de detención)
suppressor grid modulation | modulación por rejilla supresora
suppressor grid pentode | pentodo con rejilla supresora
suppressor injection | inyección (de señal) por la rejilla supresora
suppressor-modulated amplifier | amplificador modulado por la rejilla supresora (/de detención)
suppressor-modulated stage | etapa modulada por la rejilla supresora
suppressor modulation | modulación por rejilla supresora (/de detención)
suppressor pulse | impulso supresor (/de supresión)
supra high frequency | frecuencia superalta
supraconductor | superconductor
surcharge | sobrecarga, sobrepeso; sobretasa, tasa suplementaria
surf, to - | explorar, navegar [*por la red*], surfear [*fam. desplazarse por internet saltando de un enlace a otro*]
surface | cara, superficie
surface/air data link | radioenlace aire /tierra para trasmisión de datos
surface alloy transistor | transistor de aleación superficial
surface analyser | analizador de superficies
surface arc | arco sobre la superficie
surface barrier | barrera superficial (/de superficie)
surface barrier detector | detector de barrera superficial
surface barrier diffused transistor | transistor de superficie de difusión
surface barrier diode | diodo de barrera superficial
surface barrier transistor | transistor de barrera de superficie
surface burst | explosión superficial
surface charge | carga superficial
surface charge effect | efecto de las cargas superficiales
surface communications | telecomunicaciones de superficie
surface condition | estado de la superficie
surface conductance | conductancia superficial
surface conductivity | conductividad superficial
surface contact | contacto de superficie
surface contact rectifier | rectificador de superficie de contacto
surface contamination meter | medidor de contaminación superficial
surface-controlled avalanche transistor | transistor de avalancha de superficie controlada
surface density | densidad superficial; espesor másico
surface diffusion | difusión superficial
surface duct | canal (/conducto) superficial
surface effect | efecto de superficie
surface electromagnetic wave | onda electromagnética superficial
surface-emitting LED | LED de superficie
surface energy | energía superficial (/de superficie)
surface equipotential | superficie equipotencial
surface hardening | endurecimiento (/temple) superficial
surface-induced tape noise | ruido producido por asperezas de la cinta
surface insulation | aislamiento superficial
surface ionization | ionización de la superfice
surface layer | capa superficial
surface leakage | fuga (/pérdida) superficial; descarga (/corriente de dispersión) superficial; escape superficial de corriente
surface leakage current | corriente de fuga (/dispersión) superficial
surface-leakage current noise | ruido de corriente de fuga
surface line | línea terrestre
surface load | carga superficial
surface migration | migración superficial (de electrones)
surface modeling | modelado superficial [*en gráficos de ordenador*]
surface mounted device | dispositivo montado en superficie
surface mounting | montaje en superficie
surface mount technology | tecnología de montaje superficial
surface movement radar | radar de vigilancia de movimientos en tierra
surface noise | ruido superficial (/de superficie, /de aguja)
surface of position | superficie de posición
surface-passivated diode | diodo de superficie pasivada
surface-passivated transistor | transistor de superficie pasivada
surface passivation | pasivación superficial
surface photoelectric effect | efecto fotoeléctrico superficial
surface recombination rate | coeficiente de recombinación superficial
surface recombination velocity | velocidad de recombinación superficial
surface recording | grabación superficial
surface reflection | reflexión superficial
surface resistance | resistencia superficial (/de superficie)
surface resistivity | resistividad superficial (/de superficie)
surface search | búsqueda (/exploración, /vigilancia) de superficie
surface search radar | radar de búsqueda (/vigilancia) de superficie
surface state | estado superficial
surface states | irregularidades superficiales
surface switch | conmutador de superficie
surface temperature resistor | termómetro de temperatura superficial
surface-to-air-guided missile | proyectil dirigido tierra-aire
surface-to-surface guided missile | proyectil dirigido tierra-tierra
surface transfer impedance | impedancia de trasferencia superficial
surface treatment | tratamiento superficial
surface type | tipo sobresaliente (/no embutido)
surface wave | onda superficial (/de superficie)
surface wave aerial | antena de ondas de superficie
surface wave filter | filtro de ondas superficiales

surface wave transmission line | línea de trasmisión de ondas de superficie
surface waveguide | guiaondas superficial
surface zero | superficie cero
surfer | usuario [*de programa de búsqueda*], navegante [*de internet*]
surge | transitorio; corriente transitoria anormal; onda irruptiva (/móvil rápida, /de impulso, /de frente escarpado); sacudida (eléctrica), sobrecarga brusca (/repentina), sobrecorriente, sobretensión
surge absorber | absorbedor de ondas
surge admittance | admitancia característica (/de sobretensión)
surge arrester | pararrayos, disipador de sobretensiones
surge crest ammeter | amperímetro para crestas de sobreintensidad
surge current | corriente inicial (/de irrupción, /de sobrecarga momentánea), sobrecorriente (/sobreintensidad) momentánea
surge current generator | generador de impulsos de corriente
surge current protection | protección contra picos de corriente
surge current rating | sobreintensidad nominal
surge damping valve | válvula amortiguadora de oscilaciones
surge diode | diodo supresor de transitorios
surge diverter | pararrayos, descargador de sobretensiones
surge electrode current | corriente anormal de electrodo
surge gap | intervalo para ondas
surge generator | generador de impulsos (/ondas de choque, /picos de alta tensión)
surge guard | dispositivo de bloqueo (de protección)
surge impedance | impedancia propia (/característica, /de sobretensión)
surge limiting | limitación de sobretensiones transitorias
surge-limiting capacitor | condensador limitador de sobretensión
surge measurement | medición en régimen de impulsos
surge peak cathode current | corriente catódica de cresta (/pico)
surgeproof | a prueba de sobretensiones transitorias
surge protector | estabilizador [*de corriente*]
surge relay | relé de máxima (/sobreintensidad, /sobretensión)
surge resistor | resistencia limitadora de sobretensión transitoria
surge strength | resistencia a la sobretensión transitoria
surge suppressor | sobrecarga de supresión; supresor de sobretensión (/sobrecargas momentáneas transitorias)
surge voltage | tensión de impulso, sobretensión transitoria
surge voltage absorption | absorción de sobretensiones transitorias
surge voltage recorder | registrador de sobretensiones transitorias
surgistor | limitador
surjection | suprayección
surround | suspensión periférica (/del cono)
surrounding material | material de relleno
surround loudspeaker | altavoz parimétrico (/para sonido difuso)
surveillance | vigilancia
surveillance aerial | antena de vigilancia
surveillance controller | controlador de vigilancia
surveillance radar | radar de exploración (/vigilancia)
surveillance radar element | elemento de (radar de) vigilancia
surveillance radar station | estación de radar de vigilancia
survey | reconocimiento; estudio en el terreno; medición de radiación
survey engineering | ingeniería de reconocimiento (/estudios en el terreno)
survey instrument | instrumento de inspección (/reconocimiento)
survey meter | medidor de reconocimiento
survey of cable route | estudio del trazado de un cable
surveyor | dispositivo de vigilancia
survivability | (capacidad de) supervivencia
survival | supervivencia
survival average | supervivencia media
survival curve | curva de supervivencia
survival time | tiempo letal (/de supervivencia)
susceptance | susceptibilidad
susceptance standard | norma de susceptibilidad
susceptance valve | válvula de susceptancia
susceptibility | susceptibilidad, sensibilidad; propensión
susceptibility meter | medidor de susceptibilidad
susceptiveness | susceptibilidad (a las perturbaciones)
suspend, to - | parar, suspender [*temporalmente un proceso*]
suspend command | orden de suspensión
suspend desktop, to - | suspender el escritorio
suspended call | llamada suspendida, comunicación no establecida
suspended call due to engaged condition | comunicación no establecida por ocupación de la línea
suspended call position | posición de llamadas diferidas
suspended coil | bobina móvil
suspended coil galvanometer | galvanómetro de bobina móvil
suspended motor | motor (completamente) suspendido
suspender | presilla de suspensión (para cable aéreo)
suspending cable | cable portador (/portante, /de suspensión)
suspending wire | cable de suspensión
suspend mode | modo de suspensión
suspend/resume button | botón para suspender/reanudar
suspension | suspensión
suspension chain insulator | aislador de rosario
suspension clamp | grapa de suspensión
suspension galvanometer | galvanómetro de suspensión (/bobina móvil)
suspension insulator | aislador colgante (/de cadena, /de suspensión)
suspension light valve | relé óptico de partículas, válvula de luz de partículas en suspensión
suspension line | línea en suspensión
suspension reactor | reactor de suspensión
suspension wire | cable de suspensión
sustain, to - | sostener
sustained oscillation | oscilación sostenida (/mantenida)
sustained overvoltage | sobretensión sostenida (/mantenida)
sustained reaction | reacción sostenida (/persistente)
sustained short-circuit current | corriente permanente de cortocircuito
sustained start | comienzo sostenido (/mantenido)
sustained transfer rate | velocidad de trasferencia constante [*en grabación de datos*]
sustained wave | onda continua (/mantenida, /no amortiguada)
sustaining current | corriente de mantenimiento
sustaining programme | programa mantenido
SVC = service | servicio
SVC = supervisor call | SVC [*llamada al supervisor*]
SVC = switched virtual call | SVC [*enlace de comunicación virtual*]
SVC = switched virtual circuit | SVC [*circuito virtual conmutado*]
SVCE = service | servicio
SVGA = super video graphics array (/adapter) | SVGA [*supermatriz de videográficos, adaptador avanzado para gráficos de vídeo*]
S-video connector | conector de vídeo S [*que separa la crominancia de la luminancia*]

SVL = several | cada uno, todos
SVR = simultaneous voice/record | SVR [*telefonía y telegrafía simultáneas*]
SVR circuit | circuito SVR [*circuito de telefonía y telegrafía simultáneas*]
SW, s-w = short wave | OC = onda corta
SW = software | SW = software
SW = switch | CONM = conmutador; interruptor
swamp | saturación
swamper | resistencia amortiguada (/de carga)
swamping load | carga amortiguadora (/disipadora)
swamping resistor | resistencia amortiguada (/de carga, /de estabilización)
swamp resistance | resistencia amortiguadora
S/WAN = secure wide area network | S/WAN [*red segura de área amplia*]
swan neck insulator | aislador con soporte en la rosca
swan neck spindle | soporte en U de tornillo
swap | cambio, intercambio, trueque
swap, to - | sustituir, intercambiar
swap file | archivo de intercambio
swap in, to - | almacenar, depositar
swap out, to - | salvar e intercambiar
swapping | cambio, intercambio (de memoria), trueque de memoria
swarm | enjambre (de partículas); barrido, exploración; traza (radial)
S wave | onda S, onda trasversal
SWCI = software configuration item | SWCI [*elemento de configuración de software*]
sweepable equaliser | ecualizador barrible
sweep, to - | barrer, explorar
sweep accuracy | exactitud (/precisión) del barrido
sweep amplifier | amplificador de barrido
sweep balance recorder | registrador por equilibrio de barrido, registrador de coincidencias con la amplitud de la tensión barrida
sweep circuit | circuito de barrido, circuito generador de dientes de sierra
sweep delay | retardo del barrido
sweep delay accuracy | exactitud (/precisión) del retardo de barrido
sweep drive | activador (/dispositivo, /mecanismo) de barrido
sweep drive pulse | impulso de (sincronización del) barrido
sweep elbow | codo redondeado
sweeper | generador (de señales) con barrido de frecuencia
sweep excursion | amplitud de barrido
sweep expander | ampliador (/dilatador) de barrido
sweep frequency | frecuencia de barrido (/exploración, /desviación)
sweep frequency generator | generador de frecuencia de barrido

sweep frequency measurement | medición con barrido de frecuencia
sweep frequency oscillator | oscilador de frecuencia de barrido
sweep frequency radio sounding | radiosondeo (/sondeo radioeléctrico) con barrido de frecuencia
sweep frequency record | disco (fonográfico) con barrido de frecuencia
sweep generator | generador panorámico (/de barrido, /de dientes de sierra, /de ondas de deflexión, /de ondas de desviación)
sweeping analyser | analizador por barrido
sweeping coil | bobina de barrido (/deflexión, /desviación)
sweeping from low to high frequencies | barrido (en sentido) de frecuencia ascendente
sweeping generator | generador de barrido (/dientes de sierra, /ondas de deflexión, /ondas de desviación)
sweeping receiver | receptor de barrido
sweeping speed | velocidad de barrido (/exploración)
sweeping system | sistema de barrido (/desviación)
sweep jammer | perturbación con barrido (de zona)
sweep jamming | interferencia por barrido con haz de radar; perturbación con barrido de zona
sweep line | línea de barrido
sweep linearity | linealidad del barrido
sweep lockout | bloqueo de barrido
sweep magnification | ampliación (/dilatación) de barrido
sweep magnifier | ampliador (/dilatador) de barrido
sweep oscillator | oscilador explorador (/de barrido, /de base de tiempo, /de eje de tiempos, /en dientes de sierra)
sweep protection | protección contra la detención del barrido
sweep rate | velocidad de barrido (/exploración)
sweep signal | señal con barrido (de frecuencia)
sweep signal generator | generador de señales con barrido
sweep speed | velocidad de barrido (/exploración)
sweep starting delay | retardo (del comienzo) del barrido
sweep switching | conmutación de barrido
sweep test | prueba de barrido
sweep-through | barrido de lado a lado
sweep-through jammer | perturbador con barrido de banda
sweep-through jamming | interferencia por barrido de banda
sweep time | tiempo de barrido (/exploración)
sweep trigger | disparador (/señal activadora) del barrido

sweep unit | unidad de barrido (/base de tiempo)
sweep velocity | velocidad de barrido (/exploración)
sweep voltage | tensión (/voltaje) de barrido (/desviación, /salto)
sweep voltage proportional to shaft position | tensión de barrido proporcional a la posición (angular) del eje
sweep width | amplitud (/anchura) de barrido
sweep width control | control de amplitud (/anchura) de barrido
swelling | hinchamiento; aumento de volumen (del combustible nuclear)
swell manual | teclado regulador de sonoridad
swept frequency | frecuencia con barrido
swept-frequency excursion | amplitud del barrido de frecuencia
swept-frequency measurement | medición con barrido de frecuencia
swept-frequency oscillator | oscilador con barrido de frecuencia
swept-frequency response measurement | medición de respuesta con barrido de frecuencia
swept gain control | control de ganancia de barrido
swept resistance | resistencia recorrida
SWI = special world intervals | SWI [*intervalos mundiales especiales*]
SWIFT = Society for worldwide interbank financial telecommunications | SWIFT [*sociedad para las comunicaciones interbancarias a escala mundial*]
swim | flotación [*mientras una imagen se desplaza en la pantalla hasta su posición final*]
swimming pool reactor | reactor tipo piscina, reactor nuclear de piscina
swing | amplitud, balanceo, giro, oscilación, trayectoria, vaivén, vibración
swing circuit | circuito oscilante
swing coil | bobina móvil
swing error | error de balanceo
swinging | corrección [*en la brújula*]; fluctuación (de frecuencia); oscilación, variación momentánea
swinging arm | brazo oscilante
swinging choke | inductancia oscilante (/variable); inductor (de filtro) saturable; reactancia de acoplamiento, reactor de inductancia variable, bobina de reactancia de inductancia variable
swinging earth | contacto intermitente con tierra
swing short | cortocircuito oscilante
swipe reader [USA] | lector de tarjetas magnéticas
Swiss cheese packaging | empaquetado de 'queso suizo'
Swiss commutator | conmutador suizo (/bávaro, /de tiras)

switch | conmutador, interruptor; conmutación
switch, to - | cambiar, conmutar, intercambiar; seleccionar por conmutador
switchable polarity | polaridad conmutable
switch action | conmutación, accionamiento del conmutador
switch area | área de conmutación
switch assembly | unidad de interruptor
switch bay | celda, recinto de aparatos
switchboard | cuadro de conmutadores (/distribución, /interruptores), tablero de conmutación (/instrumentos)
switchboard cable | cable plano
switchboard cord | cable de mesa
switchboard drop | línea local de cuadro conmutador (a extensión)
switchboard key | llave de tipo telefónico
switchboard position | cuadro (/pupitre, /puesto, /posición) de operadora, puesto (/posición) de telefonista
switchboard station | estación conmutadora (/con cuadro conmutador)
switchboard with cord pairs | mesa conmutadora con cables de pares
switchbox | caja de conmutación (/distribución, /interruptor, /llave)
switch brush | frotador del conmutador
switch cam | leva del interruptor
switch capacitance box | caja de capacidades de conmutador
switch click | chasquido de conmutación
switch cord | cable de conmutador
switch cupboard | armario de distribución
switch cutout | interruptor
switch desk | pupitre de conmutadores (/distribución)
switch detector | detector conmutador
switch detent | retén de conmutador
switched AC accessory outlet | toma auxiliar de corriente alterna con interruptor [*para aparatos accesorios*]
switched beam | haz conmutado
switched beam direction finder | radiogoniómetro de haz conmutado
switched circuit | circuito conmutado
switched configuration | configuración conmutada [*para encaminamiento de la señal*]
switched connection | conexión (/comunicación) por conmutación
switched digital international | enlace internacional automático
switched digital video | vídeo digital conmutado
switched European telegraph service | red europea con conmutación para el servicio telegráfico
switched line | línea conmutada [*en telefonía*]
switched link | enlace con conmutación
switched loop operation | contestación concentrada de llamadas; concentración de llamadas urbanas e internas
switched mode of operation | explotación con conmutación
switched network | red conmutada (/de líneas conmutadas)
switched network connection | conexión por red de líneas conmutadas
switched-on equipment | equipo conectado (/encendido, /con tensión)
switched-out equipment | equipo apagado (/desconectado, /sin alimentación)
switched outlet | toma de corriente con interruptor
switched telegraph service | servicio telegráfico por conmutación
switched telephone lines | líneas telefónicas conmutadas
switched telephone network | red telefónica de líneas conmutadas
switched telephone service | servicio telefónico por conmutación de líneas
switched teleprinter network | red de teleimpresoras explotada por conmutación
switched virtual call | circuito (/enlace) virtual
switched virtual circuit | circuito virtual conmutado
switcher | interruptor; mezclador, conmutador mezclador (de distribución)
switch fader | interruptor atenuador
switchgear, switch gear | conmutador, interruptor, aparato de conexión; dispositivo (/equipo) de distribución; mecanismo de control
switchgear cubicle | armario (/cubículo) de conmutación
switchgroup | combinador
switchhook, switch hook | apertura del bucle; gancho (/soporte) conmutador; horquilla; rellamada a registrador
switchhook signalling | señalización con el gancho conmutador
switch house | caseta de distribución
switch housing assembly | conjunto de cubierta de llaves conmutadoras
switch hut | caseta de control (/distribución)
switch in, to - | conectar, encender, intercalar (en un circuito)
switch inductance box | caja de inductancia del conmutador
switching | cambio, derivación, inversión; conexión, interconexión; inversión, (maniobra de) conmutación; cambiando
switching algebra | álgebra de la conmutación
switching amplifier | amplificador de conmutación
switching box | caja de conmutación
switching centre | centro de conmutación
switching characteristic | característica de conmutación
switching circuit | circuito basculador (/conmutador, /de conmutación)
switching coefficient | coeficiente de conmutación
switching constant | constante de conmutación
switching control | control de conmutación
switching control console | pupitre de conmutación (/maniobra)
switching control panel | panel de conmutación (/maniobra)
switching control pilot | (onda) piloto de conmutación
switching control tone | tono de conmutación
switching current | corriente de conmutación
switching dependability | seguridad de (la) conmutación
switching design | diseño de conmutación
switching desk | mesa de conmutación
switching device | aparato conmutador, dispositivo de conmutación
switching diagram | esquema de conmutación
switching differential | diferencial de conmutación
switching diode | diodo conmutador (/interruptor, /de conmutación)
switching director | director de conmutación
switching effect | efecto de conmutación
switching equipment | equipo de conmutación
switching facilities | medios de conexión (/conmutación)
switching field | red de conmutación
switching flux | flujo de conmutación
switching frequency | frecuencia de conmutación
switching function | función de conmutación
switching generating station | subestación de distribución
switching hub | concentrador de conmutación [*para encaminamiento de mensajes y paquetes de datos*]
switching hysteresis | histéresis de la conmutación
switching installation | instalación conmutadora
switching jack | clavija de conmutación
switching key | llave conmutadora (/de conmutación)
switching magnetomotive force | fuerza magnetomotriz de conmutación
switching matrix | matriz de conmutación
switching mode | modo de conmutación
switching network | red de conmuta-

ción (/interconexión)
switching noise | ruido de conmutación
switching-off | corte, desconexión, interrupción; apertura de circuito
switching office | oficina de conmutación
switching of power networks | conmutación de redes de distribución
switching-on | conexión, cierre de circuito
switching operation | maniobra (/operación) de conmutación
switching overvoltage | sobretensión transitoria de conmutación
switching pad | atenuador de conmutación; línea artificial de complemento
switching-pad office | estación con líneas artificiales de complemento
switching panel | panel de conmutación
switching pilot | (onda) piloto de conmutación
switching point | puesto (/punto, /nudo) de conmutación
switching power supply | alimentación de potencia conmutada
switching principles | normas de conmutación
switching pulse | impulso de conmutación
switching rack | bastidor de conmutación, armazón de conmutadores
switching rate | ritmo de conmutación; frecuencia de basculación
switching rating | capacidad (nominal) de conmutación
switching reactor | reactor conmutador, reactancia de conmutación
switching regulator | regulador de conmutación
switching relay | relé de conmutación
switching section | sección de conmutación
switching selector-repeater | conmutador discriminador, selector repetidor de conmutación
switching signal | señal de conmutación
switching signal generator | generador de señales de conmutación
switching signal input | entrada de señal de conmutación
switching speed | velocidad de conmutación
switching stage | paso de conmutación
switching station | estación de distribución (de energía)
switching subsystem | subsistema de conmutación
switching surge | sobretensión transitoria de conmutación
switching system | sistema de conmutación
switching technology | tecnología de conmutación
switching theory | teoría de la conmutación

tación
switching time | tiempo de conmutación (/basculación)
switching tone | tono de conmutación
switching traffic | tráfico por conmutación
switching train | cadena de conmutación
switching transient | efecto (/factor) transitorio de la conmutación; tensión transitoria de conmutación
switching transistor | transistor conmutador (/de conmutación)
switching trunk | línea principal de conmutación
switching-type phase detector | detector de fase tipo de conmutación
switching unit | conmutador, unidad conmutadora, dispositivo de conmutación
switching valve | válvula conmutadora (/de conmutación)
switching voltage | tensión de conmutación
switching waveform | forma de la onda de conmutación
switch jack | clavija de conmutador (/contactos de ruptura)
switch key | llave del conmutador
switch lever | palanca del interruptor
switch matrix | matriz de conmutación
switch off, to - | apagar; abrir el circuito, cortar el contacto, cortar la corriente, desconectar, interrumpir
switch on, to - | cerrar el circuito, conectar, encender, establecer contacto
switch-on peak | punta de corriente transitoria, sobrecorriente transitoria de cierre
switch out, to - | apagar, cortar la corriente, desconectar, poner fuera del circuito
switch outlet | salida de conmutador
switch out of operation, to - | poner fuera de circuito (/servicio)
switchover | conmutación; inversor
switch panel | panel de distribución (/conexiones, /conmutadores)
switchplate | placa (/chapa) de interruptor
switch point | punto de interruptor
switch position | posición de conmutación (/conmutador)
switch position indicator | comprobador de posición de palanca
switchrack | armazón de conmutadores
switch register | registro de conmutadores
switch resistance box | caja de resistencias de conmutador
switch rheostat | reostato de conmutador (/manivela)
switchroom, switch room | sala de distribución (/conmutadores)
switch settings and jumpers | interruptores de definición y de cables de conexión

switch starter | interruptor de arranque
switch stick | palanca de maniobra
switchtail ring counter | contador de anillo con inversión
switch tank | cuba de interruptor
switch to, to - | cambiar a, pasar a
switch train | tren de conmutadores
switch transfer time | tiempo de trasferencia del conmutador
switch user, to - | conmutar usuario
switch wiper | frotador del conmutador
switchyard | plataforma de distribución
swivel tail wheel | rueda de cola giratoria
SWL = short-wave listener | SWL [*radioaficionado (/radioescucha) de onda corta*]
SWR = standing wave ratio | ROE = relación de amplitud de onda estacionaria
SWTL = standing wave transmission line | SWTL [*línea de trasmisión de onda estacionaria*]
SWVR = standing wave voltage ratio | RTOE = relación de tensión de ondas estacionarias
SX = simplex | símplex, simple
SXN = sender's correction | SXN [*corrección del emisor*]
SXS = step by step | paso a paso
SY = see your | vea su
SYLK file = symbolic link file | archivo SYLK [*archivo de enlace simbólico*]
syllabic articulation | articulación silábica
syllabic companding | compresión-expansión silábica
syllabic compandor | compresor expansor silábico
syllabic peak | cresta de articulación
syllabic speech power | potencia (vocal) silábica
Sylvester matrices | matrices de Sylvester
symbol | símbolo
symbol control plugging | conexiones para control de símbolos
symbol font | fuente de símbolos
symbolic | simbólico
symbolic address | dirección simbólica (/flotante)
symbolic addressing | direccionamiento simbólico
symbolic code | código simbólico; clave nemónica
symbolic coding | codificación simbólica
symbolic constant | constante simbólica
symbolic debugger | depurador simbólico
symbolic deck | paquete simbólico
symbolic diagram | esquema simbólico, representación esquemática
symbolic execution | ejecución simbólica
symbolic language | lenguaje simbólico

symbolic language programming | programación en lenguaje simbólico
symbolic link | enlace simbólico
symbolic logic | lógica simbólica
symbolic programming | programación simbólica
symbolic representation | representación simbólica (/esquemática)
symbol manipulation | manipulación de símbolos
symbol map | tabla de caracteres
symbol printing | impresión de símbolos
symbol-printing control | control de impresión de símbolos
symbol set | juego de símbolos
symbol string | serie de símbolos
symbol table | tabla de símbolos
symbol wheel | rueda de símbolos
symlink = symbolic link | enlace simbólico
symmetric | simétrico
symmetrical | simétrico
symmetrical alternating current | corriente alterna simétrica
symmetrical alternating quantity | magnitud alterna simétrica
symmetrical amplifier | amplificador simétrico
symmetrical arrangement | montaje simétrico
symmetrical avalanche rectifier | rectificador simétrico de avalancha
symmetrical cable | cable simétrico
symmetrical cable pair | par (de hilos) simétrico
symmetrical-cable-pair carrier system | sistema de corrientes portadoras por pares simétricos (de cable)
symmetrical cyclically magnetized condition | condición simétrica cíclicamente magnetizada
symmetrical digital subscriber line | línea de abonado digital simétrica [técnica de trasmisión digital en el bucle de abonado]
symmetrical directional coupler | acoplador direccional simétrico
symmetrical grading | interconexión progresiva simétrica
symmetrical heterostatic circuit | montaje heterostático simétrico
symmetrically cyclically magnetized condition | estado de magnetización cíclica simétrica
symmetrical modulation voltage | tensión de modulación simétrica
symmetrical network | red (de configuración) simétrica
symmetrical pair | par simétrico
symmetrical pair cable | cable de pares (de hilos) simétricos
symmetrical pair carrier cable | cable para corrientes portadoras de pares simétricos
symmetrical relay | relé simétrico (/de bobinas simétricas)
symmetrical signal | señal simétrica

symmetrical swing bridge | puente giratorio de eje central
symmetrical taper potentiometer | potenciómetro de ley simétrica
symmetrical transducer | trasductor simétrico
symmetrical transistor | transistor simétrico
symmetrical two-terminal-pair network | cuadripolo simétrico
symmetrical varistor | varistor simétrico
symmetric cryptography | criptografía simétrica
symmetric cryptosystem operation | operación con sistema criptográfico simétrico
symmetric difference | diferencia simétrica
symmetric digital subscriber line | línea digital simétrica de abonado
symmetric function | función simétrica
symmetric group | grupo simétrico
symmetric key cryptography | criptografía de clave simétrica
symmetric list | lista simétrica (/doblemente enlazada, /enlazada de dos maneras)
symmetric matrix | matriz simétrica
symmetric multiprocessing | multiproceso simétrico
symmetric order traversal | recorrido en orden simétrico
symmetric relation | relación simétrica
symmetry group | grupo simétrico
symmetry test | medida de simetría
sympathetic vibration | vibración por simpatía
SYN = synchronous idle character | SYN [carácter de sincronización libre]
sync = synchronization | sincronización
syncable | sincronizable
sync character | carácter de sincronización
sync compression | compresión de (la señal de) sincronización
sync generator | generador de (señal de) sincronización
synchro = synchronisation, synchronisator, synchronism | sincronización, sincronizador, sincronismo
synchro angle | ángulo de sincronización; desplazamiento angular del rotor [respecto al cero eléctrico]
synchro control differential generator | generador diferencial de control de sincronismo
synchro control generator | generador de control de sincronismo
synchro control transformer | trasformador de control de sincronismo
synchro control transmitter | trasmisor de control sincronizado
synchrocyclotron | ciclotrón sincrónico
synchro differential generator | generador (/trasmisor) sincrónico diferencial
synchro differential motor | motor

(/receptor) sincrónico diferencial
synchro differential receiver | receptor diferencial sincronizado
synchro differential transmitter | trasmisor diferencial sincronizado
synchro generator | generador (/trasmisor) de sincronismo
synchroguide | guía de sincronización
synchro motor | motor sincrónico (/de sincronismo)
synchron digital hierarchy | jerarquía digital sincrónica
synchronisation | sincronización
synchronisator | sincronizador
synchronise, to - [UK] | sincronizar
synchronism | sincronía, sincronismo, marcha sincrónica
synchronization | sincronismo, sincronización
synchronization apparatus | aparato de sincronización
synchronization bay | bastidor de sincronización
synchronization channel | canal de sincronización
synchronization compression | compresión de sincronización, compresión de la señal de sincronismo
synchronization error | error de sincronización
synchronization indicator | indicador de sincronización
synchronization level | nivel de sincronización
synchronization of the carrier frequency | sincronización de la onda (/corriente) portadora
synchronization pilot | piloto de sincronización
synchronization pulses | impulsos de sincronización
synchronization separator | separador de impulsos de sincronización
synchronization signal | señal de sincronización
synchronization source | fuente de sincronización [para flujo de paquetes de datos]
synchronization takeoff point | punto de toma de los impulsos de sincronización
synchronization triggering | disparo de sincronización
synchronize, to - [UK+USA] | sincronizar
synchronize and close | acoplamiento sincronizado
synchronized asynchronous motor | motor asincrónico sincronizado
synchronized frequency | frecuencia (de oscilación) sincronizada
synchronized multimedia integration language | lenguaje de integración multimedia sincronizado
synchronized multivibrator | multivibrador sincronizado (/controlado)
synchronized rotating sweep | barrido giratorio sincronizado

synchronized slave oscillator | oscilador satélite sincronizado
synchronized sweep | barrido sincronizado
synchronized waveform | forma de onda sincronizada
synchronizer | sincronizador
synchronizing | sincronizado
synchronizing level | nivel de sincronización
synchronizing pulse | impulso de sincronización
synchronizing pulse selector | selector de impulsos de sincronización
synchronizing reactor | reactancia de sincronización
synchronizing relay | relé de sincronismo
synchronizing separator | separador de sincronismo
synchronizing signal | señal sincronizadora (/de sincronización)
synchronizing signal amplitude | amplitud de la señal de sincronización
synchronizing-signal mixer unit | mezclador de la señal de sincronización
synchronizing switch | interruptor sincronizador
synchronodyne | sincronodino
synchronograph | sincronógrafo
synchronometer | sincronómetro
synchronoscope | sincronoscopio, indicador de sincronismo
synchronous | sincrónico, sincronizado; síncrono [*expresión incorrecta*]
synchronous admittance | admitancia sincrónica
synchronous alternator | alternador sincrónico
synchronous-asynchronous motor | motor sincrónico asincrónico
synchronous booster | elevador de voltaje sincrónico
synchronous booster converter | convertidor amplificador sincrónico, convertidor sincrónico de autorregulación
synchronous burst static RAM | RAM estática sincronizada con el reloj [*del sistema*]
synchronous bus interface | interfaz sincrónica de bus
synchronous capacitor | compensador (/condensador) sincrónico
synchronous chopper | interruptor sincrónico
synchronous circuit | circuito sincrónico
synchronous clock | reloj sincrónico
synchronous communication | comunicación sincrónica
synchronous communications satellite | satélite de comunicaciones sincrónico
synchronous computer | ordenador sincrónico
synchronous condenser | condensador sincrónico (/rotatorio)
synchronous converter | convertidor (/trasformador) sincrónico
synchronous correction | corrección de sincronismo
synchronous counter | contador sincrónico
synchronous coupling | acoplamiento sincronizado
synchronous data communication | comunicación sincrónica de datos
synchronous data link control | control sincrónico de enlace de datos
synchronous demodulation | desmodulación sincrónica
synchronous demodulator | desmodulador sincrónico
synchronous detector | detector sincrónico
synchronous device | dispositivo sincrónico
synchronous digital hierarchy | jerarquía digital sincronizada (/sincrónica)
synchronous DRAM | DRAM sincrónica
synchronous dynamic RAM | RAM sincrónica dinámica
synchronous electric clock | reloj eléctrico sincrónico
synchronous gate | puerta (/compuerta) sincrónica
synchronous generator | generador (/alternador) sincrónico
synchronous graphics RAM | RAM sincrónica para gráficos
synchronous idle character | carácter de sincronización sin significado
synchronous impedance | impedancia sincrónica
synchronous induction motor | motor sincrónico de inducción
synchronous input | entrada sincrónica
synchronous interrupter | interruptor sincrónico
synchronous inverter | inversor (/convertidor) sincrónico
synchronous logic | lógica sincrónica
synchronous machine | máquina sincrónica
synchronous margin | margen interno (/de sincronismo)
synchronous mixing | mezcla sincrónica
synchronous modem | módem sincrónico
synchronous motor | motor sincrónico
synchronous motor recorder | registrador de motor sincrónico
synchronous motor unit | unidad motriz sincrónica
synchronous multiplexer | multiplexor sincrónico
synchronous operation | emisión (/marcha) sincronizada; funcionamiento sincronizado
synchronous optical network | red de fibra óptica sincronizada, red de trasmisión sincrónica por fibra óptica
synchronous orbit | órbita sincrónica
synchronous power systems | sistemas de energía (eléctrica) sincronizados
synchronous protocol | protocolo sincronizado
synchronous pulsed magnet mechanism | mecanismo de electroimán (/solenoide) de trasmisión pulsante sincronizada
synchronous pulsed transmission | trasmisión pulsante sincronizada
synchronous radar bombing | bombardeo sincrónico por radar
synchronous reactance | reactancia sincrónica
synchronous rectifier | rectificador sincrónico
synchronous rotary converter | convertidor rotativo sincrónico
synchronous rotary interrupter | interruptor rotativo sincrónico
synchronous satellite | satélite sincrónico
synchronous scanning | barrido sincrónico, exploración sincrónica
synchronous shift register | registro de desplazamiento sincrónico
synchronous slip-ring motor | motor sincrónico de anillos (rozantes)
synchronous spark-gap | explosor sincrónico
synchronous speed | velocidad sincrónica (/de sincronismo)
synchronous start-stop distortion | distorsión arrítmica en sincronismo
synchronous switch | conmutador sincrónico
synchronous system | sistema sincrónico, telegrafía sincrónica
synchronous timer | cronómetro sincrónico
synchronous timing motor | motor de periodificación sincrónico
synchronous torque | par sincrónico (/a velocidad sincrónica)
synchronous transfer | trasferencia sincrónica
synchronous transfer mode | modo de trasferencia sincrónico [*en trasmisión de datos*]
synchronous transmission | trasmisión sincrónica
synchronous transport mode | modo de trasporte sincronizado
synchronous-tuned circuits | circuitos alineados (/de sintonización sincronizada)
synchronous tuning | sintonización sincronizada
synchronous vibrator | vibrador sincrónico
synchronous voltage | tensión sincrónica (/de sincronismo)
synchronous wired system | sistema sincrónico por conductores
synchronum | sincronismo

synchrophasotron | sincrofasotrón
synchro receiver | receptor sincrónico
synchro resolver | resolucionador sincrónico
synchroscope | sincroscopio
synchro system | sistema sincrónico (/sincronizado)
synchro-torque receiver | receptor de par sincrónico
synchro-torque transmitter | emisor de par sincrónico
synchro transmitter | trasmisor sincrónico
synchrotron | sincrotrón
synchrotron magnet | electroimán de sincrotrón
synchrotron radiation | radiación sincrotrónica (/tipo sincrotrón)
synchro zeroing | ajuste a cero sincronizado
sync level | nivel de sincronización
sync limiter | limitador de sincronismo
Syncom | Syncom [*satélite de comunicaciones para televisión y radio*]
sync pulse | impulso de sincronización
sync section | sección de sincronización
sync separator | separador de sincronismos, separador de (impulsos de) sincronización
sync signal | señal de sincronización
sync signal generator | generador de señal de sincronización
syndrome | síndrome
synergic curve | curva sinérgica
synergy | sinergia
synonym | sinónimo
synopsis | sinopsis
syntactic error | error sintáctico
syntax | sintaxis
syntax analyser | analizador sintáctico
syntax analysis | análisis sintáctico
syntax checker | corrector de sintaxis [*programa*]
syntax diagram | diagrama sintáctico
syntax-directed compiler | compilador dirigido por la sintaxis
syntax error | error sintáctico
syntax tree | árbol sintáctico
synthesis | síntesis
synthesis of periodic waves | síntesis de ondas periódicas
synthesiser [UK] | sintetizador
synthesizer | sintetizador
synthesizer frequency meter | frecuencímetro de sintetizador
synthetic display generation | generación sintética para visualización
synthetic mica | mica sintética
synthetic speech | habla sintética
syntonise, to - [UK] | sintonizar
syntonize, to - [UK+USA] | sintonizar
syntonizer | sintonizador
syntony [USA] | sintonía
syphon recorder | sifón registrador, registrador (/ondulador) de sifón
SYRQ = see your RQ | SYRQ [*vea su RQ*]

SYS = see your service | vea su servicio
SYS = system | sistema
sysadmin = system administrator | administrador del sistema
sysgen = system generation | generación del sistema
sysop = system operator | operador del sistema
SYS RQ = system request | PET SIS = petición del sistema
system | sistema, método, modo, procedimiento; red
system accounting | contabilidad del sistema
system administrator | administrador del sistema
system analysis | análisis de sistemas
system area network | red de área del sistema [*red privada de servidores*]
systematic code | código sistemático
systematic distortion | distorsión sistemática
systematic error | error sistemático
systematic inaccuracy | imprecisión sistemática
system beep | pitido del sistema
system BIOS | BIOS del sistema
system board | tarjeta del sistema
system bus | bus del sistema
system cache | caché del sistema
system clock | reloj del sistema
system console | consola del sistema
system control | control del sistema
system control station | estación de control (de red)
system conversion | conversión de sistemas
system cover | cubierta del sistema
system crash | fallo del sistema
system date | fecha del sistema
system default session | sesión predeterminada del sistema
system definition | definición del sistema
system design | diseño de sistema
system design specifications | especificaciones sobre el diseño del sistema
system development | desarrollo de sistemas
system deviation | desviación del sistema
system dictionary | diccionario de sistema
system directory | guía telefónica, anuario telefónico
system disk | disco del sistema [*operativo*]
system earth | masa (/puesta a tierra) de servicio
system earthing | puesta a tierra de servicio, tierra de la red
system effectiveness | efectividad del sistema
system efficiency | rendimiento de la red
system element | elemento del sistema

system-engaged apparatus | aparato en circuito
system engineering | ingeniería de sistemas; ingeniería del sistema
system error | error del sistema
system failure | fallo del sistema
system failure rate | índice de averías del sistema
system feature | función del sistema
system file | archivo del sistema
system flow chart | esquema del sistema
system folder | carpeta del sistema [*en Macintosh*]
system font | fuente del sistema
system for elimination of inductive interference | sistema antiinductivo
system for twin-band telephony | sistema de telefonía de dos bandas
system generation | generación del sistema
system halted | sistema detenido
system heap | pila del sistema [*área de almacenamiento aleatorio*]
system high | nivel máximo del sistema
system indicator | indicador del sistema
system input unit | unidad de entrada del sistema
system integrity | integridad del sistema
system interface | (punto de) interconexión del sistema
system layout | esquema del sistema; esquema general de la red
system library | biblioteca del sistema
system life cycle | ciclo vital (/de vida útil) del sistema
system load | carga del sistema, carga de la red
system load factor | factor de carga de la red
system loss | atenuación del sistema
system macroinstruction | macroinstrucción del sistema
system master tape | cinta maestra del sistema
system memory | memoria del sistema
system memory size mismatch | divergencia en el tamaño de la memoria del sistema
system modal | restringido por el sistema
system modulation plan | esquema de modulación del sistema
system module | unidad del sistema
system module lock | bloqueo de la unidad del sistema
system module power switch | botón de encendido de la unidad del sistema
system network architecture | arquitectura de redes de sistemas
system network diagram | diagrama de la red del sistema
system noise | ruido propio (/del siste-

ma)
system object model | modelo de objeto del sistema
system of beams | sistema de haces
system of units | sistema de unidades (absoluto)
system of waveguides | sistema de guiaondas (/guías de ondas)
system-on-a-chip | sistema de un chip
system operator | operador del sistema
system output unit | unidad de salida del sistema
system overshoot | sobrealcance del sistema
system power cord | cable de alimentación del sistema
system programme | programa del sistema
system programming | programación de sistemas
system prompt | indicación (/mensaje) del sistema
system recovery | recuperación del sistema
system registry | registro del sistema
system reliability | fiabilidad del sistema
system repeater | repetidor (/amplificador) de sistema
system request | petición del sistema
system requirements specification | especificación sobre requisitos del sistema
system reserve | reserva (disponible) de energía, reserva de la red
system reset | redefinición (/reinicialización) del sistema
system residence volume | volumen de residencia del sistema
system resonance | resonancia del sistema
system resource | recurso del sistema
system resource usage | uso del recurso del sistema
system resource | recurso del sistema
system retard | retardo del sistema
systems analysis | análisis de sistemas
systems analyst | analista de sistemas
systems application architecture | arquitectura de aplicación de sistemas
system security | protección del sistema
system-sensitive device | dispositivo sensible al sistema
systems implementation language | lenguaje de ejecución de sistemas
systems integration | integración de sistemas
systems management server | servidor para gestión de sistemas
systems network architecture | arquitectura de redes de sistemas
system software | software del sistema
system speaker | altavoz del sistema
system specification | especificación del sistema
systems programmer | programador de sistemas
system start-up | puesta en marcha inicial del sistema
systems theory | teoría de sistemas
system supervision and maintenance module | sistema de supervisión y mantenimiento
system support | soporte del sistema
system table | tabla de sistema
system testing | prueba de sistema
system time | hora del sistema
system timer | reloj del sistema
system unit | unidad del sistema
systemwide icon | icono accesible en el sistema
system with catenary suspension | línea con suspensión de catenaria
system with solidly earthed neutral | red con neutro directamente a tierra
SYXQ = see your XQ | SYXQ [*vea su XQ*]
Szilard-Chalmers process | proceso de Szilard y Chalmers

T

t = time | t = tiempo
T = tera- [*pref*] | T = tera- [*pref*]
T = timer | temporizador
T = tritium | T = tritio
Ta = tantalum | Ta = tántalo
TA = target | blanco, objetivo
TA = terminal adapter | AT = adaptador de terminal
tab | lengüeta, pestaña; paleta; hoja de contacto, contacto impreso; índice de orientación; zona terminal
tab = tabulator | tabulador
tab, to - | tabular
TAB = tabulator | TAB = tabulador
tab character | código de tabulación
tab group | grupo de tabulación
tab group navigation | desplazamiento por grupos de tabulación
tab key | tecla de tabulación
table | tabla
tabledriven algorithm | algoritmo de consulta de tablas
table lockup | bloqueo de tabla
table look | búsqueda en tabla
table lookup | consulta de tablas, obtención de datos de la tabla
table-model receiver | receptor de mesa (/sobremesa)
table of contents | índice, sumario; tabla de contenidos
table of frequency tolerances | cuadro de tolerancias de frecuencias
table of relative luminosity factors | tabla de coeficientes de visibilidad relativa
table rack | bastidor de mesa
tablet | panel, tablero, tableta
table telephone | teléfono de mesa
table television set | televisor de mesa
tablet PC | libreta inteligente [*ordenador portátil de pantalla sensible sin teclado ni ratón*]
tablet protector | pararrayos de placas (/cobre y mica)
table version | versión de la tabla
tab sequential format | formato secuencial por tabuladores
tab terminal | terminal de orejeta

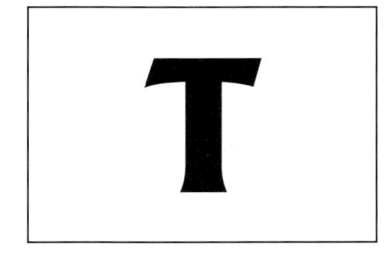

tabular data stream | flujo (/corriente) de datos en forma tabular
tabulate, to - | tabular
tabulated cylinder | cilindro tabulado
tabulating equipment | equipo tabulador
tabulator | tabulador
TACACS = terminal access controller access control system | TACACS [*sistema de control de acceso a controladora de acceso a terminal (en servidor centralizado)*]
TACAN = tactical air navigation | TACAN [*sistema táctico de navegación aérea*]
TACAN transmitter-receiver unit | conjunto emisor-receptor TACAN
tacheometer | taqueómetro [*contador de cotas y direcciones*]
tachograph | tacógrafo, tacómetro registrador
tachometer | tacómetro
tachometer drive | trasmisión del tacómetro (/taquímetro, /cuentarrevoluciones)
tachometer dynamo | dinamo tacométrica
tachometer generator | generador tacométrico
tachometer measurement | medida tacométrica
tachometer pickup | captador tacométrico
tachometer standard | patrón tacométrico
tachometric | tacométrico, taquimétrico
tachometric relay | relé (/autómata) taquimétrico
tachymeter | taqueómetro [*contador de cotas y direcciones*]
tacitron | tacitrón [*tiratrón en el que la acción de la rejilla puede detener la corriente anódica*]
tacky state | estado adherente
TACS = total access communications system | TACS [*sistema de comunicaciones de acceso total*]
tactical | táctico

tactical air navigation | sistema táctico de navegación aérea
tactical call sign | señal de llamada táctica
tactical communications system | sistema táctico de comunicaciones
tactical control radar | radar de vigilancia táctica
tactical frequency | frecuencia táctica
tactical missile | proyectil táctico
tactical radar | radar táctico
tactical terminal | central táctica
T aerial | antena en T
tag | borne, contacto; derivación; distintivo, identificador, indicador, etiqueta; punta; terminal; base de bayoneta
tag, to - | identificar, marcar
tag block | regleta de terminales
tagged | marcado
tagged architecture | arquitectura de identificadores
tagged atom | átomo marcado (/de un trazador isotópico)
tagged image file format | formato de archivo gráfico marcado [*formato normalizado para archivo de gráficos*]
tagged molecule | molécula marcada
tagging | marcado
tag sort | clasificación de campos [*de identificación*]
tag switching | conmutacion entre campos de identificación
tail | cola; derivación; conductor corto, circuito de extensión; sección local; fin de impulso; [*of a list*] extremo final [*de una lista*]
tailband | banda de cola
tail circuit | circuito tributario
tail clipping | recorte de cola
tail current | corriente de cola
tail end | tratamiento (/elaboración) final; circuito de enlace terrestre
tail-end radar detector | detector de radar de cola
tailing | arrastre; residuo; prolongación anormal del descenso
tail light | faro (/luz) de cola

tail of pulse | cola (/fin) de impulso
tailor-made | hecho a medida
tail pull | corte del extremo
tail pulse | impulso de cola
tails | uranio agotado
tail warning radar | radar de cola (para combate)
tail warning radar set | radar de cola
takeoff [UK] | despegue; derivación, (punto de) toma
take off, to - | copiar; descolgar (el receptor); desenrollar; levantar; rebajar, retirar, separar
takeoff circuit | circuito de derivación
takeoff insulator | aislador de derivación
takeoff point | punto de toma (/derivación)
takeoff spring | resorte de toma
take out of service, to - | bloquear, dejar fuera de servicio
takeover | toma de control
takeup | arrollamiento, bobinado, rebobinado
take-up, to - | rebobinar
takeup cassette | casete de bobinado
takeup reel | plato de rebobinado, carrete receptor (/de bobinado, /de carga, /de recogida)
taking characteristic | característica espectral
talbot | talbot [*unidad de energía luminosa en el sistema MKSA*]
talk | conversación, conferencia, habla
talk, to - | hablar; charlar [*en un chat*]
talk-and-listen device | aparato intercomunicador
talkback | interfono; intercomunicación telefónica
talkback circuit | interfono; circuito de intercomunicación
talkback communication | comunicación en ambos sentidos
talkback facility | equipo (/servicio) de intercomunicación
talkback loud hailer system | sistema de intercomunicación por altavoces
talkback microphone | micrófono de intervención (/órdenes)
talkdown system | sistema de aterrizaje desde tierra, radar de aproximación de gran precisión
talker | talker [*mecanismo de comunicación síncrónico para funciones de chat multiusuario*]
talker echo | eco en el emisor
talking battery | batería telefónica; alimentación microfónica (/telefónica)
talking beacon | radiofaro direccional de indicación acústica
talking book | libro hablado (/leído)
talking book collection | colección de libros leídos; fonoteca
talking circuit | circuito de conversación
talking key | llave de conversación
talking machine | máquina parlante
talking path | ruta telefónica

talking position | posición de conversación
talking radio beacon | faro acústico radioeléctrico
talking Rebecca-Eureka system | sistema Rebecca-Eureka [*de comunicación radiotelefónica aire-tierra*]
talking supply | tensión telefónica (/de micrófono)
talking system | sistema de comunicación
talking telephone | teléfono con altavoz
talking test | prueba de audición (/conversación)
talk-listen switch | conmutador de intercomunicación (/emisión-recepción)
talk-off | talk-off [*tendencia de un sistema DTMF a responder falsamente a cualquier señal no válida*]
talk-ringing key | llave de llamada y conversación
talks studio | estudio para emisiones habladas
talk-through facility | dispositivo de intercomunicación
tally lamp | luz piloto, lámpara indicadora (/de señalización)
tally light | luz indicadora
tamper | reflector (de bomba)
tamper device | aparato detector
tamper material | material reflector (de retardo)
tamper switch | interruptor detector
Tanberg effect | efecto Tanberg
tandem | tándem; cascada
tandem area | red suburbana
tandem arrangement | disposición (/montaje) en tándem
tandem-blade plug | clavija tándem
tandem central office | central tándem (/de tránsito)
tandem circuit | circuito en serie (/tándem)
tandem-connected four-terminal network | red de cuadripolos conectados en serie (/cascada)
tandem connection | conexión en serie (/cascada, /tándem)
tandem exchange | central intermedia (/tándem, /de tránsito)
tandem generator | acelerador tándem
tandem link | enlace en tándem
tandem motor | motor tándem
tandem network | red (/circuito) en cascada
tandem office | centralita de tránsito, oficina de interconexión
tandem operation | explotación en serie; servicio con centrales (/oficinas) de tránsito
tandem position | posición tándem (/intermedia)
tandem processors | procesadores en tándem
tandem selector | selector de tándem (/tránsito)
tandem sender | registrador de tránsito

tandem stage | paso en tránsito (/tándem)
tandem toll circuit dialling | servicio interurbano automático (en oficinas intermedias)
tandem transistor | transistor en serie (/cascada, /tándem)
tandem valve | válvula doble (/tándem)
tangent | tangente
tangent beam hole | canal (/orificio) de pruebas tangencial
tangent galvanometer | galvanómetro de tangente
tangential component | componente tangencial
tangential pickup arm | brazo fonocaptor tangencial
tangential projection | proyección (/vista) tangencial
tangential sensitivity | sensibilidad tangencial
tangential sensitivity on look-through | sensibilidad tangencial de traspaso
tangential view | vista (/proyección) tangencial
tangential wave path | recorrido tangencial de la onda
tangent of loss angle | tangente del ángulo de pérdida
tangent ray | rayo tangente
tangent sensitivity | sensibilidad de la tangente
tank | depósito, tanque
tank capacity | capacidad del depósito (/circuito oscilante)
tank circuit | circuito almacenador (/oscilante)
tank coil | bobina tanque
tank line | línea tanque (/de cuarto de onda)
tank oil circuit breaker | disyuntor de aceite de cuba
tank reactor | reactor de depósito (/tanque)
tank voltage | tensión de cuba
tantalum | tantalio
tantalum capacitor | condensador de (ánodo) de tantalio
tantalum detector | detector de tantalio
tantalum electrolytic capacitor | condensador electrolítico de (ánodo de) tantalio
tantalum-foil electrolytic capacitor | condensador electrolítico con electrodos de lámina de tantalio
tantalum lamp | lámpara incandescente con filamento de tantalio
tantalum nitride resistor | resistencia de nitruro de tantalio
tantalum oxide | óxido de tantalio
tantalum rectifier | rectificador de tantalio
tantalum-slug electrolytic capacitor | condensador electrolítico con ánodo sólido de tantalio sinterizado
tantalum thin-film circuit | circuito de película delgada de tantalio

tap | bifurcación, derivación; enchufe, toma (de corriente)
TAP = terminal access point | TAP [*punto de conexión a una red*]
tap box | caja de derivación
tap changer | cambiador (/conmutador) de tomas
tap circuit | circuito de derivación
tap conductor | conductor de toma
tap connector | conector de derivación
TAP coupler | acoplador TAP [*acoplador óptico pasivo unidireccional*]
tap crystal | cristal de vibración
tape | banda, cinta
tape-armoured cable | cable con armadura de cinta (/fleje)
tape armouring | armadura de cinta (/fleje)
tape awaiting transmission | cinta por trasmitir
tape-bounded Turing machine | máquina de Turing de cinta limitada
tape cable | cable plano
tape cartridge | casete, estuche de cinta, cargador de banda magnética, cartucho de cinta magnética
tape character | carácter en cinta
tape comparator | comparador de cintas
tape-controlled machine | máquina controlada por cinta
tape-controlled transmitter | trasmisor activado por cinta
tape copy | copia de (/en) cinta
tape copy light | lamparilla para iluminar la cinta
tape data selector power unit | fuente de alimentación del selector de datos en cinta magnética
taped components | componentes embandados
tape deck | platina (/chasis) de magnetófono; plataforma de cinta; unidad de cinta (magnética)
tape deck mechanism | mecanismo de arrastre (/trasporte) de la cinta
tape demagnetizer | desimanador para borrado de cinta magnética
tape distributor | distribuidor de cintas
taped programme | programa en cinta (magnética)
tape drive | unidad de cinta (magnética), arrastre (/mecanismo impulsor) de cinta
tape dump | volcado de cinta [*copia de los datos de una cinta sin formateo*]
taped wire | hilo encintado (/bajo cinta)
tape end alarm | alarma de fin de cinta
tape feed | alimentador de cinta
tape feedout magnet | electroimán de avance de la cinta
tape feedout switch | interruptor de alimentación de la cinta
tape feed switch | interruptor de alimentación de cinta
tape file | archivo en cinta
tape format | formato de cinta
tape guide | guía de cinta

tape head | cabeza de cinta
tape header | cabecera de cinta
tape hiss | siseo de cinta
tape label | etiqueta de cinta
tape library | biblioteca de cintas
tape lifter | elevador de cinta
tape-limited | limitado por (la) cinta
tape loop | cinta continua, bucle de cinta
tape magazine | cartucho de cinta
tape mark | marca de cinta
tape marker | marcador de cinta
tape monitor | monitor de cinta
tape parity | paridad de cinta
tape perforator | perforador de cinta
tape phonograph | fonógrafo de cinta
tape player | reproductor de cinta (magnetofónica)
tape printer | impresora de cinta
tape printer set | equipo impresor de cinta
tape-printing apparatus | impresora de cinta
tape-printing teleprinter | teleimpresora de cinta
tape punch | perforadora de cinta
tape punch pin | pasador de perforador de cinta
taper | adaptador, contactor, distribuidor; llave de cortacircuito; régimen de variación, transición gradual
taper charge | carga a tensión constante
taper curve | curva de distribución (de la resistencia)
tape reader | lector de cinta
tape recorder | magnetófono, grabadora (/registrador) de cinta
tape recording of television | grabación de televisión en cinta
tape record/playback preamplifier | preamplificador de registro y reproducción
tapered | abocinado
tapered capacitance element | elemento de capacidad decreciente
tapered capacitance strip | tira de capacidad decreciente
tapered distribution | distribución progresiva (/abocinada, /ahusada)
tapered illumination | iluminación progresiva
tapered plug | clavija cónica (/ahusada)
tapered potentiometer | potenciómetro no lineal
tapered reducer | reductor cónico (/ahusado)
tapered transition | transición gradual (/progresiva)
tapered transmission line | línea de trasmisión ahusada (/de sección variable)
tapered waveguide | guiaondas abocinado (/ahusado, /de sección variable)
tape relay | retrasmisión (/escala) por cinta perforada

tape relay circuit | circuito de trasmisión por cinta
tape relay station | estación de cintas de retrasmisión
tape reperforator | reperforadora de cinta
tape reproducer | reproductor de cinta
tape reservoir | depósito de cintas
tape retransmission | retrasmisión por cinta
tape retransmission automatic routing | encaminamiento automático para retrasmisión por cinta
tapering of conductors | agrupación de hilos para pruebas
taper-loaded cable | cable con carga uniforme en el centro y decreciente hacia los extremos
taper pin | perno (/vástago) cónico, clavija de contacto cónica
taper slot | ranura de caras divergentes
taper tab | contacto de lengüeta cónica
taper transition | transición gradual (/progresiva)
taper transmission line | línea de trasmisión abocinada
taper winding | devanado cónico
tape scanner | explorador de cinta
tape skew | sesgo de la cinta
tape speed | velocidad de la cinta
tape speed error | error de velocidad de la cinta
tape splicer | empalmador de cinta
tape station | estación de cintas
tape threader | enhebrador de cintas
tape-to-card converter | convertidor cinta-tarjeta
tape-to-head speed | velocidad cabezal-cinta
tape-to-tape converter | convertidor de cinta a cinta
tape transmitter | trasmisor (/emisor) de cinta
tape transport | trasporte (/trasportador) de cinta, mecanismo de arrastre (/trasporte) de cinta
tape tree | árbol de grabaciones [*en grupos de música de Usenet*]
tape unit | unidad de cinta (magnética), unidad de cintas
tape usage counter | indicador de recorrido de la cinta
tape verifier | verificador de cinta
tape winder | bobinador de cinta
tape winder full alarm | alarma de desbordamiento del bobinador de cinta
tape-wound core | núcleo (/carrete) de devanado de cinta
tapewriter | impresora de cinta
tap field control | regulación de campo por tomas en el devanado
tap gain control | control de ganancia por pasos
TAPI = telephony application programming interface | TAPI [*interfase para programación en telefonía*]

tap into, to - | conectarse, introducirse
tap lead | conductor de toma
tapoff | toma, derivación, bifurcación
tap off, to - | bifurcar, derivar, tomar
tapoff point | punto de toma (/derivación)
tapped battery | batería con tomas
tapped choke | bobina con tomas
tapped coil | bobina con derivación (/toma)
tapped coil oscillator | oscilador Hartley (/de bobina con derivación)
tapped condenser | condensador múltiple
tapped control | control gradual (/con derivaciones)
tapped delay line | línea de retardo con tomas (/derivaciones)
tapped line | línea de retardo con tomas (/derivaciones)
tapped potentiometer | potenciómetro con tomas (/derivaciones)
tapped resistance | resistencia con tomas (/derivaciones)
tapped resistor | resistencia con tomas (/derivaciones)
tapped rheostat | reostato con tomas (/derivaciones)
tapped transformer | trasformador con tomas
tapped variable inductance | inductancia de tomas variables
tapped variable inductor | inductor de tomas variables
tapped winding | bobinado con tomas (/derivaciones)
tapper | descohesionador
tappet | empujador de válvula
tappet rod | varilla empujaválvula (/levantaválvula)
tappet roller | rodillo del empujador de válvula
tappet spring | resorte del empujador de válvula
tapping | bifurcación, derivación, ramificación, toma
tapping box | caja de derivación
tapping contactor | contacto de toma
tapping key | llave de lengüeta
tapping loss | pérdida (de potencia aparente) en la derivación
tapping point | punto de toma (/bifurcación); toma de regulación
tapping switch | selector; conmutador de derivaciones (/tomas), llave de derivación
tap splice | empalme de derivación
tap switch | selector, conmutador de tomas (/derivaciones)
tar = tape archive | compresión de archivo [*utilidad de UNIX*]
tar, to - | empaquetar; comprimir un archivo [*utilidad de UNIX*]
tared filter | filtro tarado
target | diana, blanco, objetivo; meta, destino
target acquisition | adquisición del blanco (/objetivo)

target acquisition radar | radar de adquisición
target alphabet | alfabeto objeto
target angle | ángulo de foco
target area | superficie (/zona) del blanco (/objetivo)
target assembly | dispositivo de blanco
target capacitance | capacidad del blanco (/objetivo)
target chamber | cámara de bombardeo
target clarity | claridad del blanco
target computer | ordenador para ejecución o explotación
target course | recorrido (/rumbo) del blanco
target cross section | sección trasversal del blanco (/objetivo)
target current | corriente del blanco
target current amplifier | amplificador de corriente del blanco
target cutoff voltage | tensión (/voltaje) de corte del blanco
target deuteron | deuterón del blanco
target disc | disco anticátodo
target discrimination | discriminación del objetivo
target electrode | electrodo de destino
target element | elemento de destino
target emphasis | destino resaltado
target fade | desvanecimiento del blanco
target finding | búsqueda del blanco
target-finding device | dispositivo de búsqueda (/localización) del blanco
target glint | destello (/luminosidad) del blanco (/objetivo)
target identification | identificación del blanco (/objetivo)
target illumination | iluminación del blanco
target integration | integración del objetivo
target language | lenguaje objeto
target mesh screen | retículo de la pantalla de anticátodo (/blanco)
target noise | ruido del blanco
target nucleus | núcleo diana
target particle | partícula bombardeada (/del blanco)
target pickup | detección del blanco
target programme | programa objeto
target reflectivity | capacidad de reflexión del blanco
target scintillation | centelleo del blanco (/objetivo)
target seeker | buscador de blanco (/objetivo)
target signature | característica distintiva del objetivo
target system | sistema objetivo
target theory | teoría del blanco (/choque, /impacto)
target timing | cronometración por blanco (/objetivo)
target tracking | seguimiento del blanco
target transmitter | trasmisor blanco,

emisor simulador de blanco
target voltage | tensión (/voltaje) del blanco
target volume | volumen del blanco
target well | ámbito de destino
tariff | tarifa
tariffication | tarifación, tarificación
tariff schedule | tabla de tarifas
tariff structure | composición de las tarifas
tariff system | sistema de tarifación (/tarificación), régimen de tarifas
tarred tape | cinta alquitranada
TAS = telecommunications administration | administración de telecomunicaciones
TASI = time assignment speech interpolation | TASI [*asignación temporal de la voz mediante interpolación*]
task | tarea
task bar | barra de tareas
task button | botón de tarea
task control block | bloque de control de tareas
task dispatcher | expedidor de tareas
task list | lista de tareas
task management | gestión de tareas
task queue | cola de tareas
task state | estado de tarea
task swapping | cambio a otra tarea [*salvando los datos*]
task switching | cambio de tarea
TASR = terminal surveillance radar | TASR [*radar de vigilancia de terminal*]
tau meson | mesón tau
taut band galvanometer | galvanómetro de banda tirante
taut band suspension | suspensión de banda tirante
tautology | tautología
taut tape stop mechanism | mecanismo de parada automática por cinta tirante
taut wire | hilo tenso
TAV = time averaged velocity | TAV [*velocidad promediada en un tiempo dado*]
taxi channel light | luz de canal de deslizamiento
taxi channel marker | baliza de canal de deslizamiento
taxi light | faro de rodadura
taxi radar | radar (de) taxi
taxi track light | luz de calle de rodaje
taxiway light | luz de calle de rodaje
Taylor connection | conexión de Taylor
Tb = terbium | Tb = terbio
TB = talking battery | TB [*batería telefónica*]
TB = terabyte | TB = terabyte
TB = timebase | base de tiempo
TB = transmitter blocker | TB [*dispositivo de bloqueo de trasmisión*]
TBL, TBLE = trouble | avería, dificultad
TBR = technical basis for regulation | TBR [*bases técnicas para regulación*]

Tc = technetium | Tc = tecnecio
Tc = teracycle | Tc = teraciclo
TCAM = telecommunications access method | TCAM [*método de acceso a las telecomunicaciones*]
T-carrier = twisted pair carrier | sistema de trasmisión por pares de cobre
TCH = traffic channel | TCH [*canal para tráfico*]
Tchebychev design filter | filtro tipo Tchebychev
Tchebychev filter | filtro de Tchebychev
Tchebychev function | función de Tchebychev
TCH/F = traffic channel fullrate | TCH/F [*velocidad máxima de trasmisión por canal*]
T circulator | circulador en T
Tcl/Tk = tool command language / tool kit | Tcl/Tk [*lenguaje de órdenes para herramientas / juego de herramientas (sistema de programación)*]
TCM = time compression multiplexing | TCM [*división en el tiempo de las dos direcciones de trasmisión*]
TCM = Trellis-coded modulation | TCM [*modulación codificada de Trellis*]
TCO = total cost of ownership | coste de adquisición y mantenimiento
T code | código T
T connection | conexión en T
T connector | conector en T
T-coupler | acoplador en T
TCP = transmission control protocol | TCP [*protocolo de control de trasmisión*]
TCP/IP = transmission control protocol / Internet protocol | TCP/IP [*protocolo de control de trasmisión / protocolo internet*]
TCR = temperature coefficient of resistance | CTR = coeficiente de temperatura de la resistencia
Tc/s = tetracycles per second | Tc/s = tetraciclos por segundo
TCS = telephony control signalling | TCS [*señalización de control de telefonía*]
TCT = transmission computer tomographie | TVT [*tomografía computarizada por trasmisión*]
TCXO = temperature-controlled crystal oscillator | TCXO [*oscilador controlado por cristal termorregulado*]
TD = technical director | DT = director técnico
TD = transmitter-distributor | TD = trasmisor distribuidor
TDAY = today | hoy
TDC = time-density curve | CTD = curva de tiempo-densidad
TDD = time division duplex | TDD [*esquema dúplex por división en el tiempo*]
TDL = transistor-diode logic | TDL [*lógica transistor-diodo*]
TDM = time-division multiplexing | TDM [*multiplexión (/multiplexado) por distribución (/división) de tiempo*]
TDMA = time division multiple access | TDMA [*acceso múltiple por división en el tiempo (tecnología de multiplexión para obtener múltiples subcanales de un canal telefónico)*]
TDS = tabular data stream | TDS [*corriente o flujo de datos en forma tabular*]
TDS = temporarily disconnected | TDS = temporalmente desconectado
TE = echo time | TE = tiempo de eco
TE = terminal equipment | ET = equipo terminal [*en RDSI*]
TE = transverse electric | trasversal eléctrico
teach box | caja de prácticas
teaching reactor | reactor de enseñanza
teachware | software didáctico [*conjunto de ejercicios de software utilizado para el aprendizaje y la formación*]
T.E.ALM = tape end alarm | AFC = alarma de fin de cinta
tearing | desgarro; desplazamiento de líneas, seccionamiento de la imagen
tearing out of picture | desgarramiento de la imagen
tearing strength | resistencia al desgarramiento
tear-off | trasladable
tear-off choice | opción de separar
tear-off menu | menú separable (/de desplazamiento)
tear-out | desgarramiento
tear strength | resistencia al desgarramiento
teaser transformer | trasformador en T
teasing | movimiento lento del rotor [*para apertura y cierre repetidos de los contactos*]
techie [*fam*] | experto en técnica
technetium | tecnecio
tecnetron | tecnetrón [*semiconductor parecido a un triodo con conexiones anódicas y catódicas en extremos opuestos*]
tecnetron bottleneck | gollete de tecnetrón
tecnetron effect | efecto tecnetrón
technical author | autor técnico
technical control board | panel de revisión técnica
technical coordination circuit | circuito de coordinación técnica
technical director | director técnico
technical load | carga técnica
technical obsolescence | obsolescencia tecnológica
technical office protocol | protocolo administrativo técnico
technical operator | operador técnico (/de sonido)
technician | técnico
technician licence | licencia de técnico
technique initiation policy | política de iniciación automática
technobabble [*fam*] | chino técnico [*fam; jerga técnica incomprensible para un profano*]
techno-elite | tecnoélite, élite tecnológica
technology | tecnología
technophile | tecnófilo [*amante de la tecnología*]
technophobe | tecnófobo [*que tiene o muestra aversión por la tecnología*]
tech writer | autor técnico [*sobre todo de software*]
TED = teleprinter error detector | TED [*detector de errores de teleimpresora*]
TED = transferred electron device | TED [*dispositivo de electrones trasferidos*]
tee | letra T
tee adapter | adaptador en T
tee connector | conector en T
teed | bifurcado, derivado
teed circuit | circuito derivado
teed feeder | alimentador derivado (/múltiple)
teeing off | bifurcación, derivación
tee joint | derivación en T
tee junction | unión en T
tee off, to - [USA] | bifurcar, derivar
tee section | sección en T
teflon | teflón [*politetrafluoruro de etileno*]
teflon insulated | aislado (/forrado) con teflón
teflon-insulated wire | alambre aislado con teflón
teflon insulation | aislamiento (/aislante) de teflón
teflon jacket | forro exterior de teflón
teflon packing | empaquetadura de teflón
TEI = terminal end point identifier | IET = identificador del equipo terminal
tel. = telecommunication | telecomunicación, comunicación a distancia
tel. = telegram | telegrama
tel. = telephone | tel. = teléfono
telautograph | teleautógrafo
telautography | teleautografía
telco = telephone company [USA] | compañía telefónica
telcothene dielectric | dieléctrico de telcoteno
telcothene-insulated | aislado (/forrado) con telcoteno
telcothene-insulated conductor | conductor aislado con telcoteno
telcothene insulation | aislamiento (/aislante) de telcoteno
tele = television | tele [*fam*] = televisión
teleaction | teleacción [*acción a distancia en servicios de telecomunicación*]
teleammeter = teleamperimeter | teleamperímetro
telebriefing installation | teléfono de pista
telecamera | telecámara, cámara de televisión
telecardiogram | telecardiograma

telecardiograph | telecardiógrafo
telecardiography | telecardiografía
telecardiophone | telecardiófono
telecast | emisión de televisión, trasmisión televisada
telecasting | emisión televisiva (/de vídeo), difusión de programas de televisión
telechrome | telecromo [*válvula primitiva de televisión en color*]
telecine | telecine, telecinematografía
telecine camera | cámara de telecine
telecine chain | cadena de telecine
telecine equipment | equipo de telecine
telecine facility | instalación de telecine
telecine island | cadena de telecine
telecinema | telecine, telecinematografía
telecine projector | proyector de telecine
telecine room | sala de telecine
telecobalt unit | unidad de telecobalto
telecode = teletypewriter code | código de trasmisión por teleimpresora
telecom = telecommunication | telecomunicación
telecommunication | telecomunicación, comunicación a distancia
telecommunication branch | sector de telecomunicaciones
telecommunication cable | cable de telecomunicación
telecommunication channel | canal (/vía) de telecomunicación
telecommunication circuit | circuito de telecomunicación
telecommunication engineer | ingeniero de telecomunicaciones
telecommunication engineering | ingeniería (/técnica) de telecomunicaciones
telecommunication expert | perito en telecomunicaciones
telecommunication journal | revista de telecomunicaciones
telecommunication line | línea de telecomunicación
telecommunication log | registro (/parte diario) de telecomunicaciones
telecommunication network | red de telecomunicaciónes
telecommunication project | proyecto de telecomunicaciones
telecommunication relay | relé de telecomunicación
telecommunications | telecomunicaciones
telecommunication satellite | satélite para telecomunicaciones
telecommunication service | servicio de telecomunicaciones
telecommunications management network | red de gestión de telecomunicaciones
telecommunications organization | organización de telecomunicaciones

telecommunication specialist | especialista en telecomunicaciones
telecommunication system | sistema (/red) de telecomunicaciones
telecommunication tower | torre de telecomunicaciones
telecommunication traffic | tráfico de telecomunicaciones
telecommute, to - | telecomunicar [*a través de ordenador*]
telecommuter | telecomunicador [*que realiza su trabajo comunicándose por ordenador*]
telecommuting | teleconmutación
telecom net = telecommunication network | red de telecomunicaciones
teleconference | teleconferencia
teleconferencing | teleconferencia
teleconnection | teleconexión
telecontrol | telecontrol, telemando, control (/mando) a distancia
telecontrolled substation | subestación de telemando
telecontrol of guns | telepuntería, teledirección de tiro
telecontrol of steering gear | telemando de servomotor
telecopy | fax, facsímil
telecord | registrador telefonográfico
telecounter | telecontador
telectrocardiograph | telecardiógrafo, electrotelecardiógrafo
telectrograph | telectógrafo
telectroscope | telectroscopio
telecurie therapy | teleterapia, telecurieterapia
Teledesic | Teledesic [*sistema de acceso vía satélite de nueva generación*]
telediffusion | teledifusión
teleducation | televisión educativa
telefacsimile | fax, telefax, telefacsímil, telegrafía facsímil
telefax = telefacsimile | fax, telefax, facsímil
telefluoroscopy | telefluoroscopía
telegauge | teleindicador; telemanómetro
telegenic | telegénico
telegram | telegrama
telegram by telephone | telegrama por teléfono
telegram in acceptance | telegrama aceptado en origen
telegram traffic | correspondencia telegráfica, tráfico de telegramas
telegraph | telegrafía; telégrafo
telegraph alphabet | alfabeto telegráfico
telegraph battery | batería telegráfica
telegraph bias | polarización telegráfica
telegraph buoy | boya de final de cable
telegraph carrier | empresa de explotación telegráfica
telegraph central office | central telegráfica
telegraph centre | centro telegráfico

telegraph channel | canal telegráfico
telegraph channel equipment | equipo de canalización telegráfica
telegraph channel extensor | convertidor (/reductor) de código telegráfico
telegraph circuit | circuito telegráfico
telegraph circuit advice | ficha de circuito telegráfico
telegraph code | código telegráfico
telegraph combining equipment | equipo combinador telegráfico
telegraph concentrator | concentrador telegráfico
telegraph connection | enlace telegráfico, comunicación telegráfica
telegraph conversation | conferencia (/conversación) telegráfica
telegraph dash | raya Morse, raya telegráfica
telegraph demodulator | desmodulador telegráfico
telegraph distortion | distorsión telegráfica
telegraph distortion bias | distorsión telegráfica polarizada
telegraph distortion meter | medidor de distorsión telegráfica
telegraph distributor | distribuidor telegráfico
telegraph dot | punto Morse, punto telegráfico
telegraph electromagnet | electroimán telegráfico
telegraph electronic relay | relé electrónico telegráfico
telegraph emission | emisión telegráfica
telegraph engineer | ingeniero especializado en telegrafía
telegraph engineering | ingeniería telegráfica
telegraph equipment | equipo telegráfico (/de telegrafía)
telegraph equipment rack | bastidor telegráfico
telegrapher | telegrafista
telegraph error | error telegráfico (/del telegrafista)
telegraph exchange | central telegráfica
telegraph facilities | servicio telegráfico, comunicaciones (/instalaciones) telegráficas
telegraph franking privilege | franquicia telegráfica
telegraph grade circuit | circuito de calidad telegráfica
telegraphic | telegráfico
telegraphic alphabet | alfabeto telegráfico
telegraphic checkable code | código telegráfico verificable
telegraphic concentrator | concentrador telegráfico
telegraphic key | manipulador telegráfico
telegraphic keying | manipulación telegráfica

telegraphic repeater | repetidor telegráfico
telegraphic restitution | restitución telegráfica
telegraphic signal | señal telegráfica
telegraphic speed | velocidad (de modulación) telegráfica
telegraphic typesetting | telecomposición, composición teletipográfica
telegraph instrument | aparato telegráfico
telegraph instrument room | sala de aparatos telegráficos
telegraphist | telegrafista
telegraph key | manipulador telegráfico
telegraph level | nivel telegráfico
telegraph line | línea telegráfica
telegraph link | enlace telegráfico
telegraph loop | línea telegráfica local (/de abonado)
telegraph magnifier | amplificador telegráfico
telegraph margin | margen telegráfico
telegraph message | telegrama, mensaje (/despacho) telegráfico
telegraph modem | módem telegráfico
telegraph-modulated wave | onda modulada por señal telegráfica
telegraph modulator | modulador telegráfico
telegraph network | red telegráfica
telegraph noise | ruido telegráfico
telegraph office | oficina (/central, /despacho) de telégrafos
telegraphone | telegráfono
telegraph operating agency | dependencia de explotación telegráfica
telegraph operating system | sistema de explotación telegráfica
telegraph operation | explotación telegráfica
telegraph operator | telegrafista
telegraph pole | poste telegráfico (/de telégrafo)
telegraph position | puesto telegráfico, posición telegráfica
telegraph printer | impresora de telégrafo
telegraph procedure | procedimiento telegráfico
telegraph pulse | impulso telegráfico
telegraph receiver | receptor telegráfico
telegraph recorder | registrador telegráfico
telegraph rectifier relay | relé telegráfico de rectificadores secos
telegraph regenerative repeater | repetidor telegráfico regenerativo
telegraph regulations | reglamento telegráfico
telegraph relation | comunicación telegráfica
telegraph relay | relé (/relevador) telegráfico
telegraph repeater | repetidor telegráfico (/de telégrafo)
telegraph reperforator | receptor perforador telegráfico, reperforadora de cinta telegráfica
telegraph restant | lista de telégrafos
telegraph restitution | restitución telegráfica
telegraph route | línea (/vía) telegráfica
telegraph selector | selector telegráfico
telegraph service | servicio telegráfico
telegraph set | equipo (/puesto) telegráfico, instalación telegráfica
telegraph ship | buque cablero
telegraph sideband | banda lateral telegráfica
telegraph signal | señal telegráfica
telegraph signal distortion | distorsión de la señal telegráfica
telegraph signal element | elemento de señal telegráfica
telegraph signalling speed | velocidad de trasmisión telegráfica
telegraph signal recording | registro de señales telegráficas
telegraph signal unit | unidad de señal telegráfica
telegraph sounder | resonador telegráfico, telégrafo acústico
telegraph speed | velocidad telegráfica, rapidez de modulación
telegraph station | estación telegráfica, puesto telegráfico
telegraph subscriber | abonado al telégrafo
telegraph switchboard | conmutador telegráfico manual
telegraph switching | conmutación telegráfica
telegraph system | red telegráfica, sistema telegráfico
telegraph/telephone transmitter | trasmisor telegráfico y telefónico
telegraph terminal | terminal telegráfico
telegraph terminating equipment | equipo terminal telegráfico
telegraph test generator | generador de prueba para telegrafía
telegraph thump | ruido telegráfico (/de telégrafo)
telegraph tone | tono de telegrafía
telegraph traffic | tráfico telegráfico, correspondencia telegráfica
telegraph traffic movement | movimiento (/encaminamiento) del tráfico telegráfico
telegraph transmission | trasmisión telegráfica
telegraph transmission coefficient | coeficiente de trasmisión telegráfica
telegraph transmission impairment | pérdida de calidad en la trasmisión telegráfica
telegraph transmission performance | calidad de la trasmisión telegráfica
telegraph transmission speed | velocidad de trasmisión telegráfica
telegraph transmitter | emisor (/trasmisor) telegráfico
telegraph typewriter | teleimpresora de telégrafos
telegraph user | usuario del telégrafo (/servicio telegráfico)
telegraph vibrating relay | relé vibrador telegráfico
telegraph wave | onda telegráfica
telegraph wire | hilo telegráfico (/de línea telegráfica)
telegraph wire circuit | circuito telegráfico alámbrico (/por hilo)
telegraph wireless circuit | circuito radiotelegráfico (/telegráfico inalámbrico)
telegraphy | telegrafía
telegraphy modulated at audiofrequency | telegrafía modulada en audiofrecuencia
telegraphy on pure continous waves | telegrafía por ondas continuas puras
telegraphy receiver | receptor telegráfico
telegraphy transmitter | emisor (/trasmisor) telegráfico
teleguidance | teleguía, teledirección, control a distancia
telehor | telehor [*aparato de televisión primitivo*]
teleimage | imagen de televisión
teleindicator | teleindicador
teleindicator of level | teleindicador de nivel
telelectric | teleléctrico
teleman | teleman [*suboficial de telecomunicaciones*]
telemanipulator | telemando, telemanipulador, manipulador a distancia
telemanometer | telemanómetro
telemarketing | telemarketing
telematics | telemática
telematic services | telemática, teleinformática
telemechanics | telemecánica; teleaccionamiento
telemechanism | telemecanismo
telemeter | telémetro, medidor a distancia
telemeter band | banda telemétrica (/de telemedición)
telemeter channel | canal telemétrico, circuito de telemedición
telemetered | telemedido
telemetering | telemedida, telemedición, teleindicación
telemetering aerial | antena telemétrica (/de telemedición)
telemetering band | banda de telemedida
telemetering channel | canal (/circuito) de telemedida
telemetering circuit | circuito de telemedida
telemetering coder | codificador (/aparato de codificación) de telemedición
telemetering commutator | conmutador de telemedida
telemetering decoder | descodificador de telemedida

telemetering demodulator | desmodulador de telemedida
telemetering detector | detector de telemedida
telemetering device | dispositivo de telemedida
telemetering facilities | dispositivos (/medios) de telemedida
telemetering modulator | modulador de telemedición
telemetering pickup | trasductor de telemedición
telemetering radiosonde | radiosonda de telemedición
telemetering receiver | receptor de telemedida
telemetering receiving equipment | equipo receptor de telemedida
telemetering record | registro telemétrico (/de telemedida)
telemetering recorder | registrador de telemedida (/señales telemétricas)
telemetering sampling | muestreo de telemedida
telemetering sensor | sensor de telemedida
telemetering system | sistema telemedidor
telemetering transducer | trasductor de telemedida
telemetering transmitter | trasmisor (/emisor) de telemedida
telemetering transmitter/receiver | emisor-receptor de telemedida
telemetering transmitting equipment | equipo trasmisor de telemedida
telemeter pickup | trasductor de telemedida
telemeter service | servicio de telemetría
telemetric | telemétrico
telemetric data analyser | analizador de datos telemétricos
telemetric data monitor | monitor de datos telemétricos
telemetric data receiving set | equipo receptor de datos telemétricos
telemetry | telemetría, telemedición, medición a distancia; telemedida
telemetry beacon | radiobaliza telemétrica (/de telemedida)
telemetry cable | cable telemétrico
telemetry demodulator | desmodulador de telemedida
telemetry exchange | telemetría
telemetry frame | imagen (/cuadro de explotación) telemétrica
telemetry frame rate | velocidad de la estructura telemétrica
telemetry receiver | receptor de telemedida
telemetry signal | señal telemétrica (/de telemedida)
telenetwork | telerred [conexión a un ordenador central con emulación de terminal virtual]
tele-nuclear transmission system | sistema de trasmisión telenuclear

teleoperator | operador a distancia, teleoperador
telephone | teléfono
telephone, to - | telefonear, llamar por teléfono
telephone address | dirección telefónica
telephone amplifier | repetidor telefónico
telephone amplifying valve | válvula amplificadora telefónica
telephone and coin box | aparato telefónico de pago previo
telephone answering machine | contestador automático
telephone answering set | contestador automático de llamadas
telephone block | bloqueo telefónico
telephone book | guía telefónica, directorio telefónico
telephone broadcasting | radiodifusión telefónica (/por cable)
telephone broadcasting station | estación de radiodifusión telefónica
telephone cable | cable telefónico
telephone cable link | enlace telefónico por cable
telephone call | llamada (/conversación, /comunicación) telefónica
telephone call unit | unidad de llamada telefónica
telephone capacitor | condensador telefónico
telephone carrier | portadora telefónica
telephone carrier current | corriente portadora telefónica
telephone carrier system | sistema de telefonía por corrientes portadoras
telephone central office | (oficina) central telefónica
telephone channel | canal telefónico, vía telefónica
telephone circuit | circuito telefónico
telephone circuit appropriated | circuito telefónico específico
telephone circuit appropriated for telegraphy | circuito telefónico apto para el telégrafo
telephone circuit by carrier current | circuito telefónico por corriente (/onda) portadora
telephone circuit by radio | circuito telefónico por radio
telephone circuit by wire | circuito telefónico por hilo (/línea)
telephone communication | comunicación telefónica
telephone company | compañía telefónica
telephone conduit | conductor para cables telefónicos
telephone connection | comunicación telefónica, enlace telefónico
telephone control panel | panel de control telefónico
telephone current | corriente telefónica
telephone current form factor | factor de forma de corriente telefónica
telephone customer | abonado al teléfono (/servicio telefónico)
telephone delivery of a telegram | dictado de un telegrama por teléfono
telephone density | densidad telefónica
telephone dial | disco (/selector) telefónico
telephone directory | guía telefónica, directorio telefónico
telephone distress band | banda de socorro telefónica
telephone diversity combiner | combinador de telefonía en diversidad
telephone drop | ramal de abonado
telephone drop wire | alambre telefónico bifilar trenzado (/flexible de dos conductores)
telephone earphone | auricular, receptor telefónico
telephone earpiece | auricular, audífono, receptor telefónico
telephone engineer | ingeniero especializado en telefonía
telephone engineering | ingeniería (/técnica) telefónica
telephone equipment | equipo telefónico, instalación telefónica
telephone error | error telefónico (/del telefonista)
telephone exchange | centralita (/central) telefónica
telephone exchange specialist | especialista en centrales telefónicas
telephone facility | circuito (/servicio) telefónico, instalación telefónica
telephone franking privilege | franquicia telefónica
telephone frequency | frecuencia telefónica (/vocal)
telephone handset | microteléfono, combinado telefónico
telephone harmonic form factor | factor telefónico de forma armónica
telephone headgear receiver | receptor telefónico de casco
telephone headset | audífonos, auriculares telefónicos
telephone induction coil | bobina telefónica de inducción
telephone influence factor | factor de perturbación telefónica
telephone installation | instalación telefónica
telephone instrument | aparato telefónico
telephone jack | clavija telefónica (/de auriculares telefónicos)
telephone laboratory | laboratorio telefónico
telephone line | línea telefónica
telephone link | enlace telefónico
telephone loading coil | bobina telefónica de carga
telephone modem | módem telefónico
telephone modulation | modulación telefónica

telephone network | red telefónica
telephone number | número de teléfono
telephone operating | explotación telefónica
telephone operation | explotación telefónica, servicio telefónico
telephone operator | telefonista
telephone pickup | bobina telefónica, adaptador (/captador) telefónico
telephone pickup coil | bobina telefónica
telephone plant | planta telefónica
telephone plant central | central telefónica
telephone plug | clavija telefónica (/de tipo telefónico)
telephone pole | poste telefónico (/de tipo telefónico)
telephone practices | técnicas telefónicas; normas de la industria telefónica
telephone queuing system | sistema de espera (/turnos) de llamadas telefónicas
telephone receiver | auricular, receptor telefónico, audífono
telephone relation | comunicación telefónica, servicio telefónico
telephone relay | relé (/relevador) telefónico
telephone rental | tarifa de abono telefónico
telephone repeater | repetidor telefónico
telephone repeater coil | bobina telefónica repetidora
telephone retardation coil | bobina telefónica retardadora (/de retardo)
telephone ringer | timbre telefónico
telephone service | servicio telefónico, comunicación telefónica
telephone set | teléfono, aparato telefónico
telephone signalling unit | señalización telefónica
telephone signal unit | unidad de señal telefónica
telephone station | puesto telefónico
telephone subset | aparato (/teléfono) de abonado
telephone switchboard | cuadro de conmutadores telefónicos; cuadro (/mesa) de operador
telephone switching | conmutación telefónica
telephone system | sistema telefónico, red telefónica
telephone-telegram service | servicio de trasmisión de telegramas por teléfono
telephone-telegraph circuit | circuito telefónico-telegráfico
telephone-telex system | servicio (/red) de télex por línea telefónica
telephone terminal | terminal telefónico
telephone terminating equipment | equipo terminal telefónico

telephone termination | terminación telefónica
telephone tip | clavija telefónica
telephone traffic | tráfico telefónico, correspondencia telefónica
telephone transformer | bobina de inducción telefónica, trasformador de entrada del altavoz (/auricular)
telephone transit circuit | circuito telefónico de tránsito
telephone transmission performance | calidad de trasmisión telefónica
telephone transmission reference system | sistema de referencia para la trasmisión telefónica
telephone transmission technique | técnica de trasmisión telefónica
telephone transmitter | trasmisor (/micrófono) telefónico, cápsula telefónica
telephone trunk cable | cable telefónico troncal (/para vías troncales)
telephone-type dial | cuadrante tipo telefónico
telephone-type relay | relé de tipo telefónico
telephone user part | parte de usuario telefónico
telephone voice recorder | registrador de conversaciones telefónicas
telephone voltage form factor | factor telefónico de forma de tensión
telephone wire | cordón (/hilo) telefónico
telephone with dial | teléfono con selector (/disco marcador)
telephone working | explotación telefónica, servicio telefónico
telephonic | telefónico
telephonically silent generator | generador telefónico
telephonic art | técnica telefónica
telephonic code | código telefónico
telephonic current | corriente telefónica
telephonic echo | eco telefónico
telephonist | telefonista
telephonogram | telefonograma
telephonograph | telefonógrafo
telephonometer | telefonómetro
telephonometric | telefonométrico
telephonometry | telefonometría
telephony | telefonía
telephony API = telephony application programming interface | TAPI [*interfase para programación de aplicaciones telefónicas*]
telephony control signalling | señalización de control de telefonía
telephony device | dispositivo telefónico
telephony emergency | teléfono de emergencia
telephony routing information base | base de datos sobre pasarelas telefónicas
telephoto | telefoto, facsímil, fototelegrafía
telephotograph | telefotografía

telephotography | telefotografía, fotografía a distancia
telephoto lens | lente de telefoto
telephotometer | telefotómetro
telephoto transmission | trasmisión fototelegráfica
telepicture | imagen de televisión
telepix = telepicture [*fam*] | imagen de televisión
telepoint | telepunto
teleport | telepuerto
teleprinter | teleimpresora, teleimpresor
teleprinter control circuit | circuito de control de teleimpresora
teleprocess, to - | teleprocesar
teleprocessing | teleproceso
teleradiography | telerradiografía
teleradium therapy | telerradioterapia
teleran = television radar air navigation | telerán [*localizador por radar televisado*]
teleran picture | imagen de radar televisado
teleran system | sistema de radar televisado
telereceiver | televisor
telereception | recepción televisiva
telerecorder | telerregistrador, registrador a distancia
telerecording | grabación (/registro) a distancia, telerregistro
telerecording equipment | equipo de telerregistro (/grabación a distancia, /registro a distancia)
telerecording equipment for film | telerregistrador de película
teleregulation | telerregulación, regulación a distancia
telering | telezumbador
teleroentgenography | telerroentgenografía
TELESAT = telecommunications satellite | TELESAT [*satélite de telecomunicaciones*]
telescopic aerial | antena telescópica
telescopic aerial mast | mástil telescópico de antena
telescopic monopole aerial | antena monopolar telescópica
telescopic tower | torre telescópica, mástil telescópico
telescopic whip aerial | antena (de varilla) telescópica flexible
telescribing phone | teléfono teleinscriptor
telescript | telescript [*lenguaje de programación orientado a las comunicaciones*]
teleservices | teleservicios
telesis | telesis
telesoftware | telesoftware
telestereograph | telestereógrafo
teleswitch | teleconmutador, conmutador (/interruptor) a distancia
telesynd | telesynd [*telémetro (/telemando) sincrónico en posición y velocidad*]

teleteaching | teleenseñanza
teletext | teletexto
teletherapy | teleterapia
teletherapy shield | blindaje para teleterapia
teletorque | teletorque
teletraffic | teletráfico
Teletype | teletipo [*marca registrada*]
teletype mode | modo fax
teletypesetter | aparato de telecomposición
teletypewriter, teletype writer | teletipo, teleimpresora, terminal teleescritor
teletypewriter automatic switching centre | centro de conmutación automática para teleimpresoras
teletypewriter channel | canal (/vía) de teleimpresora
teletypewriter circuit | circuito (/enlace) para teleimpresoras
teletypewriter code | código de teletipo (/teleimpresora)
teletypewriter connection | enlace para teleimpresoras
teletypewriter dial exchange service | servicio de enlaces directos de teleimpresora con llamada por disco
teletypewriter drive | impulsor (/relé electrónico) para teleimpresora
teletypewriter exchange | central de teleimpresoras
teletypewriter exchange service | servicio de conmutación para teletipos (/teleimpresoras)
teletypewriter for duplex operation | teleimpresora para servicio (/explotación) dúplex
teletypewriter key | tecla de teleimpresora
teletypewriter keyboard | teclado de teleimpresora
teletypewriter keyboard selection | selección de teleimpresora por teclado
teletypewriter line | línea de teleimpresoras
teletypewriter machine | teleimpresora, impresora de teletipo
teletypewriter message | mensaje por teleimpresora
teletypewriter network | red de teleimpresoras
teletypewriter on radio | teletipo (/teleimpresora) vía radio
teletypewriter operator | operador de teletipo
teletypewriter patch panel | panel de conmutación de teletipos (/teleimpresoras)
teletypewriter perforator | perforador de teletipo
teletypewriter service | servicio teletipográfico (/de teleimpresoras)
teletypewriter signal | señal de teleimpresora
teletypewriter signal distortion | distorsión de señal de teletipo

teletypewriter switching system | sistema de conmutación de teletipos
teletypewriter system | sistema teletipográfico (/de teleimpresoras)
teletypewriter test tape | cinta de prueba de teletipo
teletypewriter tie line | línea privada de teleimpresoras
teletypewriter traffic | tráfico teletipográfico (/por teleimpresora)
teletypewriter transmission | trasmisión teletipográfica (/por teleimpresora)
teletypewriter transmitter | emisor (/trasmisor) de teleimpresora
teletypewriter weather report | parte meteorológico enviado por teletipo (/teleimpresora)
teleview, to - | ver (/observar) por televisión
televiewer | telespectador
televiewing public | telespectadores, audiencia de televisión
televise, to - | televisar, emitir por televisión
televised | televisado
televised image | imagen televisada
televised interoffice communication | comunicación interior telefónica y visual
televised microscopy | telemicroscopía
televised picture | imagen televisada
televised programme | programa televisado
televised surgery | cirugía televisada
televiser | televisor
televising | (emisión de) televisión
televising receiver | televisor, receptor de televisión
television | televisión
television advertising | publicidad por televisión
television aerial | antena de televisión
television air time | duración de la emisión de televisión
television and radar navigation | navegación por radar y televisión
television aperture | abertura de televisión
television band | banda de televisión
television bandwidth | ancho de banda de televisión
television broadcast | emisión (/difusión) de televisión
television broadcast band | banda de televisión
television broadcasting | emisión (/difusión) de televisión
television broadcast station | estación emisora de televisión
television cable | cable de televisión
television camera | cámara de televisión
television camera cradle head | cabezal del balancín para montaje de cámara
television camera valve | válvula de cámara de televisión

television centre | centro de televisión
television chain | cadena de televisión
television channel | canal de televisión
television chart | carta de ajuste de televisión
television cinema | telecine, cine por televisión
television circuit | circuito de televisión
television component | componente para televisión
television connection | enlace de televisión
television control | control por televisión
television crispning circuit | circuito de definición de televisión
television direct pickup link | enlace de toma directa de televisión
television direct transmission | trasmisión directa de televisión
television distribution by cable | televisión por cable
television distribution system | sistema de distribución de televisión
television disturbance | perturbación de la recepción de televisión
television engineering | ingeniería de televisión
television-equipped satellite | satélite equipado con televisión
television field broadcast | reportaje para televisión
television film camera | cámara de telecine
television film programming | programación de telecine
television film projection | proyección de cine por televisión
television film projector | proyector de telecine
television film recording | grabación de televisión en película
television film scanner | explorador de película para televisión
television film transmitting equipment | equipo de telecine
television framing | encuadre de televisión
television frequency band | banda de frecuencia de televisión
television image | imagen de televisión
television image simulator | simulador de imágenes de televisión
television information | información (/señales) de televisión
television information storage valve | válvula de almacenamiento electrostático de señales de televisión
television in relief | televisión tridimensional (/en relieve)
television interference | interferencia de televisión
television lamp | lámpara para estudio de televisión
television lighting | alumbrado de estudio de televisión
television line | línea de televisión

television link | enlace de televisión
television magnetic tape | cinta magnética para registro de señal de televisión
television magnetic tape recorder | magnetoscopio de televisión
television mast | mástil de televisión
television microscope | microscopio con cámara de televisión
television microwave relay | radioenlace para televisión
television monitor | monitor de televisión
television network | cadena (/red) de televisión
television network switching centre | centro de conmutación de televisión
television pentode | pentodo para televisión
television-phonograph combination | combinación (/aparato combinado) de televisión y fonógrafo
television pickup | toma de televisión
television pickup station | unidad móvil de televisión
television picture | imagen de televisión
television picture monitor | monitor de imagen de televisión
television picture photograpby | fotografía de imágenes de televisión
television picture valve | tubo (/válvula) de imagen de televisión
television program switching centre | centro de modulación (/conmutación de programas) de televisión
television projector | proyector de televisión
television rack | bastidor de televisión
television radar air navigation | navegación aérea por radar y televisión
television-radar navigation | navegación por radar y televisión
television radio link | radioenlace de televisión
television-radio-phonograph combination | combinación (/aparato combinado) de televisión, radio y fonógrafo
television raster | retículo de televisión
television rebroadcasting | retrasmisión televisiva
television receiver | televisor, receptor de televisión
television receiving aerial | antena receptora de televisión
television receiving dipole aerial | antena dipolo receptora de televisión
television reception | recepción de televisión
television reconnaissance | reconocimiento por televisión
television recording | grabación (/registro) de televisión
television relay | relé de televisión; retrasmisión (de señales) de televisión
television relaying | retrasmisión de programas de televisión

television relaying via satellite | retrasmisión de programas de televisión por satélite
television relay network | red interurbana de televisión
television relay service | servicio de retrasmisión de televisión
television relay station | estación repetidora de televisión
television relay system | sistema de retrasmisión (/radioenlace) de televisión
television repeat-back guidance | guiado por retrotelevisionado
television repeater | repetidor de televisión
television scanning | exploración de televisión
television screen | pantalla de televisión
television set | televisor, receptor (/aparato) de televisión
television signal | señal de televisión
television signal demodulator | desmodulador de señales de televisión
television silencer | silenciador de televisor
television sound transmitter | emisor de sonido para televisión
television standard | norma de televisión
television standards converter | convertidor de normas de televisión
television station | emisora (/estación) de televisión
television station link | enlace de emisora de televisión
television studio | estudio de televisión
television studio centre | centro (/estudio central) de televisión
television studio-transmitter link | enlace estudio-trasmisor de televisión
television sweep generator | generador de sincronismo para televisión
television system converter | convertidor de sistemas de televisión
television tape machine | magnetoscopio de televisión
television tape recorder | magnetoscopio de televisión
television tape recording | registro magnético de programas de televisión
television test card | carta de ajuste (para televisión)
television test pattern generator | generador de carta de ajuste para televisión; mira electrónica de televisión
television test transmission | emisión experimental (/de prueba) de televisión
television transcription | trascripción cinescópica (/de televisión)
television transmission | trasmisión (/emisión) de televisión
television transmission standard | norma de trasmisión de televisión

television transmitter | emisor (/trasmisor) de televisión
television transmitting aerial | antena trasmisora de televisión
television transmitting station | estación emisora (/trasmisora) de televisión
television tuner | sintonizador de televisión, bloque de sintonía del televisor
television valve | cinescopio, válvula de imagen (/televisión)
television-video combination | aparato combinado de televisión y vídeo
television videofrequency | videofrecuencia de televisión
television viewer | telespectador
television waveform | forma de onda de televisión
television yoke | yugo de desviación
televisual | televisual, televisivo, de televisión
televoltmeter | televoltímetro
televoting | (servicio de) televoto
telewattmeter | televatímetro
telework | teletrabajo
teleworker | teletrabajador
telewriter | teletrascriptor, teletranscriptor, teleinscriptor
telewriter apparatus | teleautógrafo
telewriting | teleescritura
telex | télex
telex call | comunicación por télex
telex call booking | petición de comunicación por télex
telex call office | oficina de télex
telex channel | canal (/vía) de télex
telex circuit | circuito de télex
telex communication | comunicación por télex
telex correspondence | correspondencia por télex
telex exchange | central (/centro) de télex
telex facilities | servicio (/instalaciones) de télex
telex link | enlace de télex
telex network | red de télex
telex position | posición de télex
telex radio link | radioenlace de télex
telex relation | comunicación por télex
telex restant | lista de télex
telex route | enlace de télex
telex service | servicio de télex
telex service signal | señal del servicio de télex
telex station | puesto de télex
telex switchboard | conmutador de télex
telex system | sistema de télex
telex terminal | terminal de télex
telex terminal station | puesto terminal de télex
telex traffic | tráfico (/correspondencia) por télex
telex transit share | tasa de tránsito de télex
telex transmission | trasmisión por té-

lex
telex trunk call | comunicación interurbana por télex
telex unit | aparato (/unidad) de télex
telltale lamp | chivato luminoso, lámpara testigo (/de aviso, /de control)
telltale position | posición indicadora
telluric current | corriente telúrica
tellurium | telurio
telnet | telnet [*protocolo de comunicación para activar un ordenador a distancia*]
TELNET = tele network | telerred [*conexión a un ordenador central con emulación de terminal virtual*]
telnet, to - | comunicarse via Telnet, acceder a un ordenador remoto [*utilizando el protocolo telnet*]
Telpak | Telpak [*marca comercial para una variedad de canales de comunicación de banda ancha*]
TELS = telegrams | telegramas
Telstar | Telstar [*satélite experimental activo de comunicaciones*]
TEM = transversal emission mode | TEM [*modo de emisión trasversal*]
TEM = transverse electromagnetic | TEM = trasversal electromagnético (/eléctrico y magnético)
TEM mode | modo TEM = modo trasversal eléctrico y magnético
temperature | temperatura
temperature characteristic | característica de temperatura
temperature coefficient | coeficiente de temperatura
temperature coefficient of capacitance | coeficiente de temperatura de la capacidad
temperature coefficient of capacity | coeficiente de temperatura de la capacidad
temperature coefficient of delay | coeficiente de temperatura de retardo
temperature coefficient of frequency | coeficiente de temperatura de la frecuencia
temperature coefficient of resistance | coeficiente de temperatura de la resistencia
temperature coefficient of voltage drop | coeficiente de temperatura de la caída de tensión
temperature coefficient value | valor del coeficiente de temperatura
temperature-compensated crystal oscillator | oscilador de cristal con compensación de temperatura
temperature-compensated reference element | elemento de referencia con compensación térmica
temperature-compensated Zener diode | diodo Zener con temperatura compensada
temperature-compensating alloy | aleación compensadora de temperatura
temperature-compensating capacitor | condensador compensador de temperatura
temperature-compensating network | red compensadora de temperatura
temperature compensation | compensación de temperatura
temperature compensation equalizer | corrector del efecto de la temperatura
temperature control | control de temperatura
temperature-controlled cell holder | portacubetas calentable
temperature-controlled crystal | cristal de temperatura regulada
temperature-controlled crystal oscillator | oscilador controlado por cristal termorregulado
temperature-controlled crystal unit | unidad de cristal a temperatura controlada
temperature-controlled oven | cámara termostática (/de temperatura regulada, /para regulación de temperatura)
temperature correction | corrección de la temperatura
temperature cycle | ciclo de temperatura
temperature cycling | ciclo de temperatura
temperature dependence of reactivity | reactividad en función de la temperatura
temperature derated voltage | tensión máxima a una temperatura
temperature derating | degradación térmica
temperature detector | detector (/indicador) de temperatura
temperature distribution | distribución térmica
temperature drop | caída de la temperatura
temperature effect | influencia de la temperatura
temperature element | elemento de temperatura
temperature equilibrium | equilibrio de temperatura
temperature gradient | gradiente de temperatura
temperature inversion | inversión de temperatura
temperature-limited | limitado por temperatura
temperature-limited diode | diodo limitado (/saturado) por temperatura
temperature-limited emission | emisión limitada por temperatura
temperature limiting | limitación por temperatura
temperature radiator | radiador en función de la temperatura
temperature range | margen de temperatura
temperature reference conductor | conductor indicador (/de referencia) de la temperatura
temperature relay | relé térmico (/de temperatura)
temperature rise | calentamiento, aumento de temperatura
temperature rise voltage | tensión de calentamiento
temperature saturation | saturación de temperatura
temperature-sensitive resistor | resistencia termosensible (/sensible a la temperatura)
temperature sensitivity of gain | sensibilidad térmica de la ganancia
temperature sensor | sensor de temperatura
temperature shock | choque térmico
temperature-stabilized crystal oscillator | oscilador de cristal estabilizado respecto a la temperatura
temperature-wattage characteristic | característica de temperatura y tensión
tempered | revenido
template | plantilla; modelo
temporal cohesion | cohesión temporal
temporal gain control | control temporal de ganancia
temporal logic | lógica temporal
temporarily disconnected | temporalmente desconectado
temporarily out of service | temporalmente fuera de servicio
temporary arrangement | arreglo (/disposición, /instalación) provisional
temporary bridge | puente provisional
temporary duty | servicio temporal
temporary earth [UK] | puesta a tierra provisional (/temporal)
temporary file | archivo temporal
temporary grounding [USA] | puesta a tierra provisional (/temporal)
temporary magnet | imán temporal
temporary magnetism | magnetismo pasajero (/temporal)
temporary memory | memoria temporal
temporary mobile subscriber identifier | identificador temporal de abonado móvil
temporary service | servicio temporal
temporary service contract | abono (/contrato de servicio) temporal
temporary storage | almacenamiento temporal
temporary threshold shift | desplazamiento temporal del umbral
TEM transmission line | línea de trasmisión en modo trasversal eléctrico y magnético
TEM-type wave | onda electromagnética trasversal
TEM wave = transverse electromagnetic wave | onda electromagnética trasversal
tenant service | centralita multiusuario
tendency to sing | tendencia al canto [*en interferencias*]

tender | oferta
tenebrescence | tenebrescencia [*oscurecimiento e iluminación bajo irradiación adecuada*]
ten-pole | decapolar
ten's complement | complemento a (/de) diez
tensile dynamometer | dinamómetro de tracción
tensilized tape | cinta tensada
tensiometer | tensiómetro [*aparato para determinar la tensión de un cable portador*]
tension | tensión
tension arm | brazo tensor (/amortiguador, /de tensión)
tension drop | caída de tensión
tensioning device | dispositivo tensor
tensioning device for light wires | tensor de palanca acodada para hilos ligeros
tensioning equipment | equipo tensor
tension insulator | aislador de tensión
tension limiter | limitador de tensión
tens knob | botón (/perilla) de las decenas
tensor force | fuerza tensora (/tensorial)
tensor interaction | interacción tensional
tenth | décimo, décima parte
tenth-power width | anchura de décima parte de potencia, anchura entre puntos de intensidad de un décimo
tenth-value thickness | espesor de valor de un décimo, espesor de reducción a la décima parte
ten-to-one range | gama con límites en relación diez a uno
tepee | tepee [*sistema de comunicaciones de retrodispersión de alta frecuencia*]
T equivalent circuit | circuito equivalente en T
tera- [*pref. meaning 10^{12}, equal to 1 trillion (USA) or to 1 million million (UK)*] | tera- [*pref. que significa un billón de unidades*]
terabyte [*one terabyte equals 2^{40}, or 1,099,511,627,776, bytes*] | terabyte [*equivale a 2^{40} ó 1.099.511.627.776 bytes*]
teracycle | teraciclo
teraelectronvolt | teraelectronvoltio
teraflop | teraflop [*un millón de operaciones por segundo*]
terahertz | terahercio
teraohm | teraohmio
teraohmmeter | teraohmímetro
terawatt | teravatio
terbium | terbio
term | término
terminal | borne, borna, terminal
terminal adapter | adaptador de terminal
terminal AFC unit | unidad de control automático de frecuencia para estación terminal

terminal amplifier | amplificador terminal
terminal area | área (/superficie, /zona) terminal
terminal area communication | comunicación de área terminal
terminal assembly | conjunto terminal
terminal-based linearity | linealidad basada en los valores extremos
terminal block | bloque (/regleta) de terminales
terminal block panel | panel (/tablero) de terminales
terminal board | tablero de bornes (/conexiones, /terminales)
terminal box | caja de bornes (/conexiones, /terminales)
terminal bracket | soporte final
terminal brush | cepillo de terminales
terminal bushing | boquilla de borne
terminal call | llamada (/conversación) terminal
terminal capacity aerial | antena de capacidad terminal
terminal centre | central cabeza de línea
terminal chamber | caja de bornes (/terminales)
terminal city | ciudad terminal
terminal connector | conector terminal
terminal control | control de terminal
terminal country | país terminal
terminal cutout pair | par de corte de terminal
terminal desk | mesa de aparatos
terminal echo path | recorrido de las corrientes de eco producidas en el extremo del circuito
terminal emulation | simulación por terminal
terminal emulator | emulador de terminales
terminal end point identifier | identidad del terminal, identificador del terminal del extremo final
terminal equipment | equipo terminal
terminal equipment room | sala de aparatos (/equipos)
terminal exchange | central terminal (/cabeza de línea)
terminal filter | filtro terminal
terminal grid | regleta de conexiones (/terminales)
terminal guidance | guiado terminal
terminal hole | agujero terminal
terminal housing | caja de bornes
terminal impedance | impedancia terminal (/en los bornes)
terminal installation | instalación terminal
terminal interface processor | procesador de mensajes con interfaz de terminales
terminal interfering voltage | tensión de interferencia en bornes
terminal leg | brazo terminal
terminal loading-coil section | sección terminal de pupinización

terminal lug | lengüeta de conexión, orejeta (/talón) terminal
terminal marking | identificación de terminales
terminal network | red terminal
terminal node | nodo terminal
terminal office | oficina terminal (/cabeza de línea)
terminal operating elements | superficie de operación
terminal operating system | sistema operativo de terminales
terminal pad | zona terminal
terminal pair | par de bornes (/terminales)
terminal panel | cuadro (/panel) de terminales, tablero de conexiones
terminal phase | fase terminal
terminal pillar | perno de polo
terminal plate | placa (/regleta) de bornes
terminal point | punto terminal
terminal pole | borne, borna
terminal post | poste terminal (/cabeza de línea)
terminal prong | espiga terminal (/de contacto)
terminal punching | contacto terminal [*por impacto*]
terminal repeater | repetidor terminal
terminal repeater station | estación repetidora terminal
terminal resistance | resistencia terminal
terminal resistor | resistencia terminal
terminal return loss | atenuación de adaptación terminal
terminal room | sala de aparatos (/terminales)
terminal screw | borne (/terminal) de tornillo, tornillo de sujeción
terminal section | sección terminal
terminal seizing (/seizure) signal | señal de toma terminal
terminal selection | selección del terminal
terminal selector | selector terminal
terminal selectors frame | cuadro de selectores terminales
terminal server | servidor de terminal [*en red de área local*]
terminal service | servicio terminal
terminal session | sesión de terminal
terminal spindle | soporte final
terminal station | estación terminal (/de datos)
terminal strain insulator | aislador de amarre (/anclaje)
terminal strip | banda terminal, regleta (de terminales)
terminal strip panel | panel de regletas (de) terminales
terminal stub | cabo (/pata) terminal
terminal support | apoyo de extremidad
terminal symbol | símbolo terminal
terminal system | sistema de terminales

terminal telephone repeater | repetidor telefónico terminal
terminal traffic | tráfico terminal
terminal transformer | trasformador terminal
terminal trunk exchange | central interurbana de cabecera
terminal unit | unidad (/dispositivo, /equipo) terminal
terminal VF drop circuit | circuito terminal de frecuencias vocales
terminal VHF omnirange | radiofaro omnidireccional de VHF (/ondas métricas), terminal de VHF de amplio espectro
terminal voltage | tensión entre bornes (/terminales)
terminal voltage drop | caída de tensión entre bornes (/terminales)
terminal VOR = terminal voice-operated recorder | grabadora terminal operada por la voz
terminate, to - | acabar, concluir, finalizar [*un programa o un proceso*], terminar
terminate and stay resident program | programa residente que termina y permanece
terminated | terminado; con impedancia terminal
terminated circuit | circuito terminado (/cerrado por su extremo)
terminated impedance line | línea con impedancia terminal
terminated level | nivel de prueba adaptado
terminated line | línea terminada
terminate request | solicitud de terminación
terminating | cierre, conclusión, fin, terminación
terminating capacitor | condensador de terminación
terminating device | dispositivo de terminación
terminating equipment | equipo terminal
terminating exchange | central de llegada
terminating impedance | impedancia terminal
terminating office | oficina (/estación) de destino
terminating resistor | resistencia terminal
terminating resistor loss | pérdida en la resistencia terminal
terminating set | (equipo) terminador
terminating station | estación terminal (/de destino)
terminating toll centre | estación (/oficina) de destino
terminating traffic | tráfico terminado
terminating unit | terminador
termination | terminación, terminal (de cable)
termination band | caperuza, banda terminal

termination block | bloque de terminación
termination circuit | circuito de terminación
termination for coaxial line | terminación de línea coaxial
termination for waveguide | terminación de guiaondas (/guía de ondas)
termination plug | clavija (/enchufe) terminal
termination unit | (elemento) terminal, terminador
terminator [*rogue value*] | terminador [*valor de finalización*]; carácter de finalización
terminator cap | terminal de bus [*para Ethernet*]
term language | lenguaje de términos
term panel | panel de terminal
term value | término espectroscópico
ternary | ternario
ternary alloy | aleación ternaria
ternary code | código ternario
ternary fission | escisión (/fisión) ternaria
ternary gate | puerta ternaria
ternary incremental representation | representación incremental ternaria
ternary logic | lógica ternaria
ternary notation | notación ternaria
ternary pulse-code modulation | modulación por código ternario de impulsos
ternary selector gate | puerta ternaria selectora
ternary threshold gate | puerta ternaria de umbral
terphenyl | terfenilo [*polifenilo con tres grupos benzénicos*]
terrain | terreno
terrain avoidance radar | radar de evitación del terreno, radar para contornear obstáculos en vuelo a baja altura
terrain clearance indicator | altímetro absoluto, indicador de terreno libre
terrain-clearance warning indicator | indicador de aviso local de diafanidad
terrain clutter | ecos de tierra, ecos producidos por el terreno
terrain echo | eco del (/producido por el) terreno
terrain error | error (/fallo) debido al terreno
terrain-following radar | radar de seguimiento del terreno
terrestrial | terrestre
terrestrial guidance | guiado terrestre
terrestrial magnetic field | campo magnético terrestre
terrestrial magnetic guidance | guiado terrestre magnético
terrestrial magnetic pole | polo magnético terrestre
terrestrial magnetism | magnetismo terrestre
terrestrial microwave link | enlace terrestre de microondas

terrestrial noise | ruido terrestre
terrestrial radio noise | ruido radioeléctrico terrestre
terrestrial reference flight | vuelo por referencia terrestre
terrestrial reference guidance | guiado con referencia terrestre
territorial broadcast | emisión territorial
territorial transmission | trasmisión territorial
tertiary coil | tercer hilo; bobina terciaria, bobinado (/devanado) terciario
tertiary path | paso terciario, trayectoria terciaria
tertiary radiation | radiación terciaria
tertiary winding | arrollamiento (/bobinado, /devanado) terciario
tesla | tesla
Tesla arrangement | montaje Tesla
Tesla coil | bobina (/trasformador) de Tesla
Tesla current | corriente de Tesla, corriente de coagulación
Tesla transformer | trasformador (/bobina) de Tesla, trasformador de corriente oscilante
test | comprobación, ensayo, prueba, verificación
test, to - | comprobar, verificar, probar, ensayar
test access point | punto de acceso para pruebas y medidas
test adapter | adaptador de prueba
test and set | prueba y ajuste
test automation software | software de comprobación automática
test bar | barras (/franjas) de ajuste, conductor de prueba
test battery | batería de prueba
test bed | banco de pruebas; soporte de prueba
test bench | banco de pruebas
test block | bloque de prueba
test board | panel (/placa, /tablero, /tarjeta) de pruebas
test box | caja de pruebas
test bulb | testigo luminoso, lámpara de prueba
test-busy signal | señal de bloqueo
test call | llamada (/comunicación) de prueba
test cap | aislador de extremo
test cell | espinterómetro
test chart | carta de ajuste
test circuit | circuito de prueba (/control)
test clip | pinza de prueba
test coil | bobina exploradora
test connector | conector (/selector) de prueba
test cord | cordón de prueba
test coverage | alcance de prueba
test current | corriente de prueba
test data | datos para prueba
test-data generator | generador de datos de prueba
test desk | banco (/mesa) de pruebas

test driver | guía de prueba
test equipment | dispositivo de control
test equipment setup | banco de pruebas
tester | comprobador, medidor, polímetro, probador
test final selector | selector final de prueba
test frequency | frecuencia de prueba
test gas | gas de ensayo
test hut | caseta de corte (/pruebas)
testing | prueba, pruebas de funcionamiento; verificación
testing crew | equipo de prueba
testing electrode | electrodo auxiliar
testing level | nivel de prueba
testing meter | contador de prueba (/verificación)
testing of pole | ensayo de poste
testing office | estación de mediciones
testing officer | técnico de pruebas
testing point | punto de prueba (/corte)
testing position | posición de pruebas
testing relay | relé verificador (/de prueba)
testing spike | buscador, comprobador de búsqueda
testing transformer | trasformador de ensayo
test insulator | aislador de corte
test jack | clavija (/conector, /enchufe) de prueba (/medición)
test jack panel | panel de pruebas (/conectores de prueba), tablero de clavijas
test junctor | enlace de pruebas
test knot | nudo de pruebas
test lamp | lámpara de prueba
test land | nudo de pruebas
test language | lenguaje de prueba
test lead | cable (/conductor, /cordón) de prueba
test line | línea de pruebas
test line to main distribution frame | línea de pruebas al repartidor principal
test load | antena ficticia; carga ficticia para pruebas
test loop | bucle (/circuito) de medición (/prueba)
test material | material a ensayar
test mode | modo de prueba
test modulation | modulación de prueba
test oscillator | oscilador de prueba
test particle | partícula testigo
test pattern | carta de ajuste; imagen piloto (/de prueba, /de control); patrón de ajuste (/pruebas)
test pattern generator | mira electrónica; generador de mira (/imagen piloto)
test-pattern grey scale | escala de grises de la mira (/carta de ajuste)
test plug | clavija de prueba
test point | punto de comprobación (/prueba)
test point adapter | adaptador para

punta de pruebas
test pole | poste de corte (/pruebas)
test pole connection | conexión para pruebas en poste
test post | correo de prueba
test prod | punta de prueba
test programme | programa de prueba (/verificación)
test pushbutton | pulsador de prueba
test rack | bastidor de pruebas; mesa de corte
test reactor | reactor experimental (/de prueba)
test record | disco de prueba
test register | registrador de prueba
test relay | relé verificador (/de prueba)
test reliability | ensayo
test result | medida, resultado de la medición
test rig | instalación experimental (/de prueba)
test routine | rutina de comprobación (/verificación)
test run | operación de prueba
test section | sección de prueba
test selector | selector de prueba
test sequence | secuencia de prueba
test set | equipo de comprobación (/verificación)
test shot | toma de prueba
test signal | señal de prueba
test signal generator | generador de señales de prueba
test site | sitio (/emplazamiento) de prueba
test station | estación de prueba
test switch | conmutador (/interruptor) de prueba
test terminal | borne (/terminal) de prueba (/comprobación)
test terminal box | caja de bornas de prueba
test to failure | prueba por fallo
test tone | tono de prueba
test traffic | tráfico de prueba
test transmission | emisión (/trasmisión) de prueba
test-tube reactor | reactor de tubo de ensayo
test voltage | tensión de prueba
test waveform | onda de prueba
test wire | hilo de prueba (/comprobación)
tetanizing current | corriente de tetanización
tetrad | tétrada [grupo de cuatro impulsos]
tetrafluoroethylene resin | resina de tetrafluoroetileno
tetrode | tetrodo
tetrode field-effect transistor | transistor tetrodo con efecto de campo
tetrode inert-gas-filled thyratron | tiratrón tetrodo en atmósfera de gas inerte
tetrode junction transistor | transistor tetrodo de uniones (de doble fase)
tetrode oscillator | tetrodo oscilador,

oscilador con tetrodo
tetrode point-contact transistor | transistor tetrodo de puntas
tetrode strapped as triode | tetrodo conectado como triodo
tetrode transistor | transistor tetrodo
TeV = teraelectronvolt | TeV = teraelectronvoltio
TE value | valor trasversal eléctrico
TE wave | onda trasversal eléctrica
text | texto
text box | cuadro de texto
text correction | corrección de textos
text cursor | cursor de texto
text-display field | campo para presentación de texto
text editing | edición de textos
text editor | editor de textos
text editor control | control del editor de textos
text entry | entrada (/introducción) de texto
text-entry field | campo de entrada de texto
text field | campo de texto
text file | archivo de texto
text font | fuente de tipos, estilo de texto
text formatter | realizador de formatos de textos
text frame | cuadro de texto
text mode | modo texto [modo de presentación en pantalla]
text normal mode | modo normal de texto
text-only file | archivo de sólo texto
text panel | panel de texto
text processing | tratamiento de textos, proceso de palabras
text-to-speech | conversión de texto en voz [sintetizada por el ordenador]
texture | textura
textured | texturado
texture mapping | aplicación (/proyección) de texturas; mapeo de texturas [Hispan.]
TFC = traffic | tráfico; correspondencia
TFC MGR = traffic manager | jefe (/director) de tráfico
TFE = telephone error | error telefónico (/de la telefonista)
TFI = telephone influence factor | TFI [factor de perturbación telefónica]
T flip-flop | flip-flop T, circuito biestable T
TFLOPS = teraflops | teraflops
TFT = thin film transistor | TFT [transistor de película fina]
TFTP = trivial file transfer protocol | TFTP [protocolo de trasferencia de ficheros trivial]
T-gate [ternary selector gate] | puerta T [puerta ternaria selectora]
TGE = telegraph error | error telegráfico (/del telegrafista)
TGF = through group filter | TGF [filtro de paso de grupo, filtro de trasferencia de grupo primario]

TGR = telegram | telegrama
Th = thorium | Th = torio
TH = threshold | umbral
thallium | talio
thallium-activated sodium iodide detector | detector de yoduro sódico activado con talio
thallium oxysulphide | oxisulfuro de tatio
thallium oxysulphide cell | pila de oxisulfuro de talio
thallophide cell | célula de oxisulfuro de talio
THDBH = ten high day busy hour | THDBH [*determinación de la hora cargada tomando el promedio del tráfico de diez días*]
theatre television | teatro televisado
theorem | teorema
theorem proving | demostración de teorema
theoretical acceleration at stall | aceleración teórica en pérdida
theoretical central office | centralita ficticia
theoretical cutoff | corte teórico
theoretical cutoff frequency | frecuencia de corte teórica
theoretical displacement | desplazamiento teórico
theoretical electrical travel | recorrido eléctrico teórico
theoretical margin | margen teórico
theoretical stage | etapa teórica
theory | teoría
theory of charge transport | teoría del trasporte de cargas
theory of constrains | teoría de las limitaciones
theory of types | teoría de los tipos
therapeutic-type protective tube housing | cubierta protectora de válvula de tipo terapéutico
therapy valve | válvula terapéutica (/para radioterapia, /para terapia por rayos X)
theremin | teremín [*instrumento musical electrónico*]
thereshold signal | señal mínima discernible
thermal | térmico
thermal activation | activación térmica
thermal agitation | agitación térmica
thermal agitation noise | ruido térmico (/de agitación térmica)
thermal agitation voltage | tensión de agitación térmica
thermal alloying | aleación térmica
thermal ammeter = thermal amperimeter | amperímetro térmico
thermal analysis | análisis por calentamiento
thermal base | base térmica; temperatura de funcionamiento
thermal battery | batería térmica (/termoeléctrica)
thermal bond | unión térmica
thermal breakdown | fallo por calentamiento
thermal breeder | reproductor térmico (/con neutrones térmicos)
thermal breeder reactor | reactor térmico regenerable (/reproductor, /con neutrones térmicos)
thermal capacity | capacidad térmica
thermal capture | captura térmica (/de neutrones térmicos)
thermal cell | pila térmica, batería termoeléctrica
thermal circuit breaker | disyuntor térmico
thermal coefficient of resistance | coeficiente térmico de resistencia
thermal collision | colisión térmica, choque térmico
thermal column | columna térmica
thermal compensation | compensación térmica
thermal compression bonding | unión por compresión y calentamiento
thermal conduction | conducción térmica
thermal conductivity | conductividad térmica
thermal conductor | conductor térmico
thermal contraction | contracción térmica
thermal converter | termopar, convertidor térmico (/termoeléctrico)
thermal cross section | sección térmica eficaz
thermal cutout | cortacircuito (/disyuntor, /fusible, /interruptor) térmico, termointerruptor
thermal cycling | ciclado térmico
thermal defects | defectos térmicos
thermal derating factor | factor térmico de disminución
thermal detector | detector térmico
thermal diffusion | difusión térmica
thermal diffusion column | columna de difusión térmica
thermal diffusion method | método de (separación por) difusión térmica
thermal diffusion plant | instalación para difusión térmica
thermal drift | deriva térmica
thermal effect | efecto térmico
thermal efficiency | rendimiento térmico
thermal electricity | termoelectricidad
thermal EMF = thermal electromotive force | fuerza térmica electromotriz
thermal endurance | resistencia térmica
thermal energy | energía térmica
thermal energy neutron | neutrón de energía térmica
thermal energy region | región (/zona) de energía térmica
thermal energy yield | energía térmica producida
thermal equilibrium | equilibrio térmico
thermal excitation | excitación térmica
thermal expansion | dilatación térmica
thermal field-overload relay | relé térmico de sobrecarga del campo inductor
thermal fission | escisión térmica (/por neutrones térmicos)
thermal fission factor | factor de fisión térmica
thermal flasher | intermitente térmico, contacto (/ruptor) térmico periódico
thermal focal area | área focal térmica
thermal generating set | grupo termoeléctrico
thermal generation | generación térmica
thermal imager | termocartógrafo de infrarrojos
thermal inelastic scattering cross section | sección eficaz de dispersión inelástica térmica
thermal inertia | inercia térmica
thermal ink jet | chorro de tinta térmico
thermal instability | inestabilidad térmica
thermal instrument | instrumento (/aparato) térmico
thermal insulation | aislamiento térmico
thermal ionization | ionización térmica (/por calor)
thermal ionization equilibrium | equilibrio de ionización térmica
thermalise, to - [UK] | atemperar, termalizar
thermalization | atemperamiento, termalización
thermalization of neutrons | termalización de neutrones
thermalize, to - [UK+USA] | atemperar, termalizar
thermalized neutrons | neutrones termalizados
thermal junction | unión térmica
thermal lag | inercia térmica
thermal leakage | escape (/fuga) de neutrones térmicos
thermal leakage factor | factor de fuga térmico
thermal lensing | lenticularización térmica, deformación térmica lenticular
thermal life | vida (útil) térmica
thermally generated minority carrier | portador minoritario generado por agitación térmica
thermally injected carrier | portador inyectado por acción térmica
thermally liberated electron | electrón liberado por agitación térmica
thermally operated device | dispositivo de funcionamiento térmico
thermally sensitive resistor | resistencia termosensible (/variable con la temperatura)
thermal-magnetic circuit breaker | disyuntor termomagnético
thermal microphone | micrófono térmico
thermal neutron | neutrón térmico
thermal neutron capture | captura de neutrones térmicos

thermal neutron capture cross section | sección eficaz de captura de neutrones térmicos
thermal neutron chain reaction | reacción en cadena por neutrones térmicos
thermal neutron cross-section | sección eficaz térmica
thermal neutron energy spectrum | espectro energético de los neutrones térmicos
thermal neutron fission | escisión térmica (/por neutrones térmicos)
thermal neutron fission cross section | sección eficaz de escisión térmica
thermal neutron flux | flujo de neutrones térmicos
thermal neutron image | imagen de neutrones térmicos
thermal neutron leakage | escape (/fuga) de neutrones térmicos
thermal neutron reactor | reactor de neutrones térmicos
thermal noise | ruido térmico (/de agitación térmica)
thermal noise generator | generador de ruido térmico
thermal noise level | nivel de ruido térmico
thermal overload relay | relé térmico de sobrecarga
thermal oxidation | oxidación térmica
thermal photography | termofotografía, fotografía térmica
thermal pit | pozo térmico
thermal pollution | polución térmica
thermal power | potencia térmica
thermal power rating | potencia térmica específica (/nominal)
thermal power station | estación térmica (/termoeléctrica)
thermal power station unit | bloque de central termoeléctrica
thermal printer | impresora térmica
thermal protection | blindaje térmico, protección térmica
thermal protector | protector térmico
thermal radar | radar térmico
thermal radiation | radiación térmica
thermal radiator | radiador térmico
thermal rating | límites térmicos
thermal reactor | reactor térmico
thermal receiver | termorreceptor
thermal regenerative cell | célula térmica regenerativa
thermal region | región térmica
thermal relay | relé térmico
thermal release | escape térmico
thermal resistance | resistencia térmica
thermal resistivity | resistividad térmica
thermal resistor | termistor, resistencia térmica (/variable con la temperatura)
thermal response | respuesta térmica
thermal response time | tiempo de respuesta térmica

thermal runaway | condición de inestabilidad térmica, desbordamiento térmico
thermal sensitivity set | pérdida de sensibilidad térmica
thermal shield | blindaje térmico
thermal shock | choque térmico
thermal short-time current rating | corriente de cortocircuito, intensidad límite térmica
thermal spike | punta térmica
thermal switch | conmutador térmico
thermal telephone receiver | receptor telefónico térmico
thermal time constant | constante de tiempo térmica
thermal time delay relay | relé térmico de retardo
thermal time delay switch | interruptor térmico de retardo
thermal transfer printer | impresora de trasferencia térmica
thermal tuner | sintonizador térmico
thermal tuning | sintonía (/sintonización) térmica
thermal tuning rate | velocidad de sintonización térmica
thermal tuning sensitivity | sensibilidad de sintonización térmica
thermal tuning system | sistema de sintonización térmica
thermal-tuning time | tiempo de sintonización térmica
thermal-tuning time constant | constante de tiempo de sintonización térmica
thermal utilization | utilización térmica
thermal utilization factor | factor de utilización térmica
thermal wax printer | impresora térmica de cera
thermal wax-transfer printer | impresora térmica por trasferencia de cera
thermal X-rays | rayos X térmicos
thermel = thermic element | termoelemento
thermic | térmico
thermic expansion | expansión térmica
thermic work | carga térmica
thermion | termión, termoión [ión positivo o negativo que ha sido emitido por un cuerpo caliente]
thermionic | termiónico, termoiónico, termoelectrónico
thermionic amplifier | amplificador term(o)iónico (/de válvulas termiónicas)
thermionic apparatus | aparato term(o)iónico
thermionic arc | arco term(o)iónico
thermionic cathode | cátodo caliente (/termiónico, /termoelectrónico)
thermionic conversion | conversión termiónica
thermionic conversion device | dispositivo de conversión (/trasformación) termiónica
thermionic conversion reactor | reactor de conversión (/trasformación) termiónica
thermionic converter | convertidor (/trasformador) term(o)iónico
thermionic current | corriente termiónica (/termoelectrónica)
thermionic detector | detector termiónico (/de válvula termiónica)
thermionic diode | diodo term(o)iónico
thermionic emission | efecto termoelectrónico, emisión termiónica (/termoelectrónica)
thermionic emission microscopy | microscopía por emisión termiónica
thermionic energy conversion | conversión termiónica de energía
thermionic generator | generador term(o)iónico
thermionic grid emission | emisión termiónica de rejilla
thermionic hollow cathode | cátodo term(o)iónico hueco
thermionic instrument | instrumento term(o)iónico (/de válvulas termiónicas)
thermionic inverter | ondulador term(o)iónico
thermionic magnifier | amplificador term(o)iónico
thermionic oscillator | oscilador term(o)iónico (/con válvula termiónica)
thermionic oxide-coated cathode | cátodo term(o)iónico revestido de óxido
thermionic rectifier | rectificador term(o)iónico
thermionic relay | relé (/relevador) term(o)iónico
thermionics | termiónica, termoiónica
thermionic tube | tubo term(o)iónico
thermionic vacuum tube | tubo termiónico de alto vacío
thermionic vacuum valve | válvula termiónica al vacío
thermionic valve | válvula termiónica (/termoelectrónica, /de cátodo caliente)
thermionic valve amplifier | detector de tubo term(o)iónico
thermionic valve receiver | receptor term(o)iónico (/de válvulas termiónicas)
thermionic valve transmitter | emisor de válvula termiónica
thermionic voltmeter | voltímetro term(o)iónico
thermionic work function | función de trabajo term(o)iónico
thermistor | termistor, resistencia térmica (/termosensible, /sensible a la temperatura)
thermistor bolometer | bolómetro de termistor
thermistor bridge | puente de termistores
thermistored | termistorizado, con termistores
thermistorise, to - [UK] | termistorizar,

montar termistores
thermistorize, to - [UK+USA] | termistorizar, montar termistores
thermistor mount | montaje (/montura) de termistores
thermistor power monitor | monitor de potencia con termistor
thermistor probe | sonda con termistor
thermistor-stabilized | estabilizado con termistor
thermistor-stabilized bridge oscillator | oscilador en circuito de puente estabilizado por termistor
thermistor thermostat | termostato de termistor
thermoammeter | termoamperímetro
thermocline | termoclina
thermocompensator | termocompensador
thermocompression bond | empalme (/unión) por termocompresión
thermocompression bonding | conexión (/unión) por termocompresión
thermocouple | termopar, par termoeléctrico; pila termoeléctrica
thermocouple ammeter | termoamperímetro, amperímetro térmico (/termoeléctrico, /de termopar)
thermocouple contact | contacto de termopar, contacto para conector de par termoeléctrico
thermocouple converter | convertidor de termopar (/par termoeléctrico)
thermocouple element | termoelemento
thermocouple galvanometer | galvanómetro de termopar, termogalvanómetro
thermocouple instrument | instrumento de termopar
thermocouple junction | unión por termopar
thermocouple lead wire | hilo conductor de termopar
thermocouple meter | medidor de termopar
thermocouple thermometer | termómetro de termopar
thermocouple vacuum gauge | indicador de vacío por termopar
thermocouple voltmeter | voltímetro de termopar
thermocouple wattmeter | vatímetro de termopar
thermocouple wire | hilo de termopar, cable para termopares (/pares termoeléctricos)
thermocutout | termointerruptor, interruptor (/cortacircuito) térmico
thermodielectric | termodieléctrico
thermodielectric effect | efecto termodieléctrico
thermodynamics | termodinámica
thermoelectric | termoeléctrico
thermoelectric arm | brazo termoeléctrico
thermoelectric cell | batería termoeléctrica

thermoelectric conversion | conversión (/trasformación) termoeléctrica
thermoelectric conversion valve | válvula de conversión termoeléctrica
thermoelectric converter | convertidor (/trasformador) termoeléctrico
thermoelectric cooler | refrigerador (/enfriador) termoeléctrico
thermoelectric cooling | refrigeración termoeléctrica, enfriamiento termoeléctrico
thermoelectric couple | termopar, par termoeléctrico
thermoelectric detector | detector termoeléctrico
thermoelectric device | dispositivo termoeléctrico
thermoelectric effect | efecto Seebeck, efecto termoeléctrico
thermoelectric element | elemento termoeléctrico
thermoelectric engine | máquina termoeléctrica
thermoelectric generating set | grupo termoeléctrico
thermoelectric generator | generador termoeléctrico
thermoelectric heater | calefactor termoeléctrico
thermoelectric heating device | calentador termoeléctrico
thermoelectric heat pump | termobomba, bomba térmica (/termoeléctrica)
thermoelectric inversion | inversión termoeléctrica
thermoelectricity | termoelectricidad
thermoelectric junction | unión termoeléctrica
thermoelectric leg | brazo termoeléctrico
thermoelectric manometer | manómetro termoeléctrico
thermoelectric material | material termoeléctrico
thermoelectric microrefrigerator | microrefrigerador termoeléctrico
thermoelectric module | módulo (de enfriamiento) termoeléctrico
thermoelectric plant | central térmica (/termoeléctrica)
thermoelectric power | potencia termoeléctrica
thermoelectric pyrometer | pirómetro termoeléctrico
thermoelectric refrigeration | refrigeración termoeléctrica
thermoelectric series | serie termoeléctrica
thermoelectric solar cell | célula solar termoeléctrica
thermoelectric thermometer | termómetro termoeléctrico
thermoelectric traction | tracción termoeléctrica
thermoelectric voltage | tensión termoeléctrica
thermoelectromotive force | fuerza

termoelectromotriz (/térmica electromotriz)
thermoelectron | termoelectrón
thermoelectron engine | motor termoeléctrico, máquina termoelectrónica
thermoelectronic | termoelectrónico
thermoelectronic emission | emisión termoelectrónica
thermoelectronic inverter | ondulador termoelectrónico
thermoelectronic rectifier | rectificador termoelectrónico
thermoelectronics | termoelectrónica
thermoelement | termoelemento, elemento termoeléctrico
thermofission | termoescisión, termofisión
thermofusion | termofusión
thermogalvanic | termogalvánico
thermogalvanic cell | pila (/célula) termogalvánica
thermogalvanic corrosion | corrosión termogalvánica
thermogalvanism | termogalvanismo
thermogalvanometer | termogalvanómetro
thermogram | termograma
thermograph | termógrafo
thermography | termografía
thermojunction | termounión, unión termoeléctrica
thermojunction battery | batería termoeléctrica, pila de unión térmica
thermoluminiscence | termoluminiscencia
thermoluminiscent dosimeter | dosímetro termoluminiscente
thermomagnetic | termomagnético
thermomagnetic cooling | enfriamiento termomagnético
thermomagnetic effect | efecto termomagnético
thermometer | termómetro
thermometer screen | pantalla del termómetro
thermometry | termometría
thermomilliammeter | termomiliamperímetro
thermomolecular | termomolecular
thermomolecular pressure | presión termomolecular
thermomolecular pressure difference | diferencia de presión termomolecular
thermomotive | termomotor
thermomultiplier | pila térmica, termomultiplicador
thermonuclear | termonuclear
thermonuclear apparatus | aparato termonuclear
thermonuclear condition | condición termonuclear
thermonuclear cycle | ciclo termonuclear
thermonuclear energy | energía termonuclear
thermonuclear fuel | combustible termonuclear

thermonuclear fusion | fusión termonuclear
thermonuclear neutron | neutrón termonuclear
thermonuclear reaction | reacción termonuclear
thermonuclear reactor | reactor termonuclear
thermonuclear temperature | temperatura termonuclear
thermonuclear thermopair | termopar (/par térmico) termonuclear
thermonuclear transformation | trasformación termonuclear
thermophone | termófono, trasductor electroacústico
thermophotovoltaic | termofotovoltaico
thermopile | pila térmica (/termoeléctrica), termopila
thermoplastic | termoplástico
thermoplastic flow test | prueba de flujo termoplástico
thermoplastic material | material termoplástico
thermoplastic polyester | poliéster termoplástico
thermoplastic recording | grabación termoplástica, registro termoplástico
thermoregulator | termorregulador
thermorelay | termorrelé, relé térmico (/termoeléctrico)
thermoresistance | resistencia térmica, termorresistencia
thermosetting | termoestable
thermosetting material | material termoestable (/termoendurecido)
thermosetting plastic | plástico termoestable (/termorreactivo)
thermosphere | termosfera
thermostat | termostato
thermostatically controlled oven | cámara (/horno) con regulación termostática
thermostatic cutout | interrupción termostática
thermostatic cutout switch | interruptor termostático
thermostatic delay relay | relé termostático de retardo
thermostatic expansion valve | válvula de expansión termostática (/con mando termostático)
thermostatic overload tripping device | dispositivo desconectador (/de disparo) termostático contra sobrecargas
thermostatic relay | termostato, relé termostático
thermostatic switch | interruptor térmico (/termostático)
thermostat material | material termostático
thermostat relay | termostato, relé termostático
thermostat wire | cable (/hilo) termostático
thermotelluric current | corriente termotelúrica
thermovariable resistor | resistencia termovariable (/variable con la temperatura)
thesaurus | tesauro
theta pinch | autocontracción (/estricción) acimutal (/ortogonal)
theta polarization | polarización theta
thetatron | tetatrón [dispositivo utilizado en experimentos de fusión nuclear]
Thévenin's electrical theorem | teorema eléctrico de Thévenin
Thevenin's theorem | teorema de Thevenin
thick | grueso
thick dipole | dipolo grueso (/de gran diámetro)
thickening | decantación, separación sedimentaria
thick film | capa (/película) gruesa
thick-film assembly | montaje de película gruesa
thick-film circuit | circuito de película gruesa
thick-film hybrid circuit | circuito híbrido de película gruesa
thick-film hybrid integrated circuits | circuitos integrados híbridos de película gruesa
thick film integrated circuit | circuito integrado de película gruesa
thick-film network | red de película gruesa
thick-film passive circuit | circuito pasivo de película gruesa
thick-film process | procedimiento (/proceso) de película gruesa
thick-film resistor | resistencia de película gruesa
thick-film resistor network | red de resistencias de película gruesa
thick-film substrate | sustrato de película gruesa
thick-film technique | técnica de película gruesa, técnica de las películas gruesas
thick-film technology | tecnología de las películas gruesas
thickness | espesor
thickness for half absorption | espesor de semiabsorción
thickness gauge | calibre de espesores
thickness mode resonator | resonador en modo de espesor
thickness vibration | vibración trasversal (/según espesor)
thick source | fuente densa
thick target | blanco espeso
thick-wall chamber | cámara de ionización de pared gruesa
thimble | caperuza, guardacabo, manguito, terminal
thimble ionization chamber | cámara reducida de ionización
thimble printer | impresora a dedal
thin | delgado
thin aerial | antena delgada (/de diámetro infinitesimal)
thin client | cliente fino [dispositivo de red independiente, pero vinculado a servidores]
thindown | degradación
thin Ethernet | Ethernet fino
thin film | capa fina, película fina (/delgada)
thin-film assembly | montaje de película fina
thin-film capacitor | condensador (/capacitor) de película delgada (/fina)
thin-film circuit | circuito de película delgada
thin-film component | componente de película delgada
thin-film cryotron | criotrón de película delgada
thin-film deposition | deposición (/depósito) de película delgada
thin-film deposition material | material de depósito de película fina
thin-film ferrite coil | bobina de ferrita de película delgada
thin-film formation | formación de película fina
thin-film hybrid | híbrido de película fina
thin-film hybrid integrated circuit | circuito integrado híbrido de película fina
thin-film integrated circuit | circuito integrado de película delgada
thin-film magnetoresistor | magnetorresistencia de película delgada
thin-film material | material de película delgada
thin-film memory | memoria de película delgada
thin-film microcircuit | microcircuito de película delgada
thin-film microelectronics | microelectrónica de película fina
thin-film nichrome resistor | resistor de película delgada de nicromio
thin-film optical modulator | modulador óptico de película fina
thin-film optical multiplexer | multiplexor óptico de película fina
thin-film optical switch | conmutador óptico de película fina
thin-film optical waveguide | guiaondas óptico de película fina
thin-film resistor | resistencia (/resistor) de película delgada
thin-film resistor network | red resistiva de película delgada
thin-film semiconductor | semiconductor de película delgada (/fina)
thin-film solar cell | célula solar de película delgada (/fina)
thin-film technique | técnica de las películas delgadas
thin-film transistor | transistor de película delgada
think time | tiempo de cálculo (del ordenador)
thin lead | interlínea delgada

thin line | renglón escaso [*en tipografía*]
thin liner aerial | antena lineal delgada
thin magnetic-film memory | memoria de película delgada magnética
thin picture valve | válvula de imagen extraplana
thin-plate orifice meter | contador con orificio de placa delgada
thin server | servidor fino [*servidor en que la mayoría de las aplicaciones funcionan en el ordenador del cliente*]
thin source | fuente delgada
thin space | espacio fino [*en artes gráficas*]
thin stroke | rasgo delgado, perfil
thin system | sistema fino [*red donde la mayoría de las aplicaciones funcinonan en el ordenador central*]
thin target | blanco delgado
thin-wall counter tube | tubo contador de pared delgada
thin-wall counter valve | válvula contadora de pared delgada
thin-walled cable | cable con aislamiento delgado (/de poco espesor)
thin-walled conduit | conducto de paredes finas
thin-wall ring magnet | imán anular de pared delgada
thin-window alpha counter valve | válvula contadora de partículas alfa de ventana delgada
thin-window counter valve | válvula contadora de ventana delgada
thin wire | hilo fino, alambre fino (/de poco diámetro)
third brush | tercera escobilla, escobilla auxiliar
third-channel output | salida de tercer canal
third element | tercer elemento
third generation language | lenguaje de tercera generación
third generation of computers | tercera generación de ordenadores
third-group switch | tercer selector
third harmonic | tercer armónico
third-harmonic crystal | cristal de tercera armónica
third-harmonic distortion | distorsión de tercer armónico
third-harmonic tank | circuito tanque de tercera armónica
third-height | tercio de la altura
third order high density bipolar code | código de alta densidad bipolar de tercer orden
third-overtone crystal | cristal de tercera armónica
third party | tercera empresa [*que suministra complementos*]
third-party maintenance | mantenimiento realizado por terceros
third-party message | mensaje de (/para) tercero
third-party traffic | tráfico para tercero
third-rail gauge | gálibo del tercer carril

third window | tercera ventana
third wire | conductor (/hilo) neutro
thirteen group | trecena, grupo de trece
thixotropic | tixotrópico
thixotropy | tixotropía
Thomas resistor | resistencia (/resistor) Thomas
Thomas-type resistor | resistencia tipo Thomas
Thomson bridge | puente de Thomson
Thomson coefficient | coeficiente de Thomson
Thomson cross section | sección eficaz de Thomson (/dispersión)
Thomson effect | efecto Thomson
Thomson electromotive force | fuerza electromotriz de Thomson
Thomson heat | calor de Thomson
Thomson meter | contador Thomson (/electrodinámico de colector)
Thomson relations | relaciones de Thomson
Thomson scattering | dispersión de Thomson
Thomson voltage | tensión de Thomson
Thomson-Whiddington-Bohr law | ley de Thomson-Whiddington-Bohr
Thoraeus filter | filtro de Thoraeus
thoria | toria [*dióxido de torio*]
thorianite | torianita
thoriated emitter | emisor toriado (/contaminado con torio)
thoriated filament | filamento toriado
thoriated tungsten | tungsteno toriado
thoriated tungsten cathode | cátodo de tungsteno (/volframio) toriado
thoriated tungsten filament | filamento de tungsteno (/volframio) toriado
thoride | tórido
thorite | torita
thorium | torio
thorium dioxide | dióxido de torio
thorium reactor | reactor de torio
thorium series | familia del torio
thoron | torón
thrashing | hiperpaginación
thread | hilo conductor; viruta
threaded coupling | acoplamiento roscado (/enhebrado)
threaded list | lista ensartada
threaded plate | placa roscada
threaded terminal | borne roscado
threaded tree | árbol ensartado [*con enlaces a nodos de información*]
threading | ensartamiento
threading slot | ranura de carga
threadless connector | conector sin rosca
threat | amenaza
three | tres
three-address code | código de tres direcciones
three-address instruction | instrucción de tres direcciones
three-cavity klystron | klistrón de tres cavidades

three-cell electrocolorimeter | electrocolorímetro de tres células
three-channel loudspeaker system | sistema de altavoces de tres canales (/vías)
three-channel stereo | estéreo de tres canales
three-coil regulation | regulación de tres inductancias
three-colour cathode-ray valve | válvula catódica (/de rayos catódicos) tricromática
three-colour picture | tricromía, imagen tricromática
three-colour process | proceso de tricromía
three-colour valve | válvula tricromática
three-condition cable code | código trivalente para cable
three-condition code | código trivalente
three-condition telegraph code | código telegráfico trivalente
three-conductor angle pothead | terminador de tres ramas en ángulo
three-conductor cable | cable de tres conductores
three-conductor jack | enchufe de tres conductores
three-conductor plug | clavija (/conector macho) de tres conductores
three-core cable | cable tripolar
three-dB coupler | acoplador híbrido (/de tres dB)
three-dimensional array | orden tridimensional
three-dimensional memory | memoria tridimensional
three-dimensional model | modelo tridimensional
three-dimensional radar | radar tridimensional
three-dimensional scanning | exploración tridimensional
three-dimensional television | televisión tridimensional (/estereoscópica)
three-dimensional valve | triodo, válvula de tres electrodos
three-element aerial | antena de tres elementos
three-finger rule | regla de los tres dedos
three-finger salute [*fam*] | arranque de tres dedos [*fam; arranque del ordenador pulsando a la vez las teclas Ctrl, Alt y Supr*]
three-gang outlet box | caja de tres salidas
three-gang transformer | triple tándem de trasformadores
three-grid valve | válvula de tres rejillas
three-gun chromatic (/colour) picture valve | válvula de imagen en color de tres cañones
three-gun shadow-mask colour kinescope | cinescopio de tres caño-

nes con máscara de sombra para televisión en color
three-gun tricolour picture valve | válvula de imagen en color de tres cañones
three-gun valve | válvula de imagen de tres cañones
three-heat switch | conmutador de tres potencias, selector de tres pasos de amperaje
three-hole magnetic memory core | núcleo de memoria magnética de tres cavidades
three-junction transistor | transistor de tres uniones
three-layer diode | diodo de tres capas
three-level laser | láser de tres niveles
three-level maser | máser de tres niveles
three-level solid-state maser | máser de estado sólido de tres niveles
three-link international call | comunicación internacional de tránsito doble (/de dos conexiones)
three party | conferencia tripartita
three party takeover | trasferencia por entrega, trasferencia de llamada por aceptación
three-phase | trifásico, de tres fases
three-phase alternator | alternador trifásico
three-phase bridge-connected rectifier | rectificador trifásico en puente
three-phase cable | cable de corriente trifásica
three-phase circuit | circuito trifásico
three-phase connection | conector tripolar
three-phase current | corriente trifásica
three-phase-current system | sistema de corriente trifásica
three-phase four-wire system | sistema trifásico tetrafilar (/de cuatro hilos)
three-phase four-wire wye system | sistema trifásico tetrafilar en estrella
three-phase full-wave bridge circuit magnetic amplifier | amplificador magnético trifásico en circuito puente de onda completa
three-phase full-wave rectifier | rectificador trifásico de onda completa
three-phase half-wave circuit magnetic amplifier | amplificador magnético trifásico de media onda
three-phase line-voltage regulator | regulador trifásico de voltaje de línea
three-phase machine | máquina trifásica
three-phase motor | motor trifásico
three-phase open-delta connection | conexión trifásica en delta abierta, conexión trifásica en ángulo abierto
three-phase overhead line | línea aérea trifásica
three-phase rectifier | rectificador trifásico
three-phase short circuit | cortocircuito trifásico
three-phase six-wire system | sistema trifásico hexafilar (/de seis hilos)
three-phase star-connected system | sistema trifásico en estrella
three-phase static converter | convertidor estático trifásico
three-phase static inverter | inversor estático trifásico
three-phase system | sistema trifásico
three-phase three-core cable | cable trifilar (/tripolar) para corriente trifásica
three-phase three-wire system | sistema trifásico trifilar (/de tres hilos)
three-phase to direct-current motor generator | grupo convertidor de corriente trifásica en continua
three-phase transformer | trasformador trifásico
three-phase wye configuration | configuración trifásica en estrella
three-phase wye connection | conexión trifásica en estrella
three-pin central base | casquillo central de tres patillas
three-pin connection | conexión tripolar
three-pin plug | clavija de tres pines
three-plus-one instruction | instrucción tres-más-uno
three-point switch | conmutador (/llave) de tres posiciones
three-point tracking | ajuste de arrastre en tres puntos; alineamiento en tres frecuencias de la banda de sintonía
three-pole | tripolar, de tres polos
three-pole delta aerial | antena en delta de tres mástiles
three-pole oil-immersed isolating switch | interruptor (/seccionador) tripolar en baño de aceite
three-pole socket | zócalo (/caja de enchufe) tripolar
three-pole switch | conmutador (/interruptor) tripolar
three-port circulator | circulador de tres puertas
three-port device | hexapolo, dispositivo de seis bornes, dispositivo de tres puertas
three-port phase-shift circulator | circulador desfasador de tres puertas
three-position | de tres posiciones
three-position double-throw switch | conmutador de tres posiciones y dos vías
three-position relay | relé (/relevador) de tres posiciones
three-position switch | conmutador de tres posiciones
three-prong adapter | adaptador para tres clavijas de contacto
three-pronged power outlet | toma de corriente de tres contactos
three-pulse cascade canceler | cancelador en cascada de tres impulsos
three-quarter bridge | puente de tres cuartos
three-stage amplifier | amplificador de tres etapas (/pasos)
three-state logic | lógica de tres estados
three-state output | salida de tres estados, salida de triple estado
three-step filter | filtro de tres escalones
three-terminal | tripolar, de tres polos (/bornes, /terminales)
three-terminal capacitor | condensador de tres bornes (/terminales)
three-terminal contact | contacto triple
three-terminal device | dispositivo de tres bornes (/terminales)
three-terminal network | red tripolar (/de tres polos, /de tres terminales)
three-throw switch | conmutador de tres posiciones (/direcciones, /vías)
three-tier client/server | arquitectura cliente/servidor de tres capas
three-vidicon camera | cámara de tres vidicones
three-vidicon camera chain | cadena de cámaras de tres vidicones
three-way baseband hybrid | unidad diferencial de banda base de tres ramas
three way conference | conferencia tripartita
three-way loudspeaker system | sistema de altavoces de tres canales (/vías)
three-way mobile system | red de enlaces móviles en triángulo, sistema de servicio móvil de tres vías
three-way portable | aparato portátil de alimentación universal
three-way portable receiver | receptor portátil de alimentación triple (/mixta, /universal, /de tres corrientes)
three-way radio | radio de alimentación triple (/universal)
three-way speaker system | sistema de altavoces de tres vías
three-way switch | conmutador (/interruptor) de tres posiciones (/vías)
three-way system | sistema de tres canales (/vías)
three-way terminal | terminal de tres vías
three-way transformer | trasformador de tres devanados
three-way valve | válvula de tres pasos (/vías)
three-winding transformer | trasformador de tres devanados
three-wing shutter | obturador de tres aspas (/palas)
three-wire | trifilar, de tres hilos
three-wire junction | línea auxiliar (/de enlace) de tres hilos
three-wire mains | red trifilar (/de distribución de tres conductores)
three-wire outlet | enchufe de tres contactos

three-wire rhombic aerial | antena romboidal trifilar
three-wire system | sistema trifilar (/de tres hilos)
three-wire system with alternating current | sistema de corriente alterna de tres hilos
three-wire system with direct current | sistema de corriente continua de tres hilos
three-wire trunk | línea auxiliar (/de enlace) de tres hilos
threshold | umbral, nivel de limitación
threshold amplifier | amplificador de umbral
threshold circuit | circuito de umbral
threshold current | corriente (/intensidad) umbral
threshold decoding | descodificación de umbral
threshold detection | umbral de detección
threshold detector | detector de umbral
threshold dose | dosis umbral
threshold effect | efecto de umbral
threshold element | elemento (de) umbral
threshold energy | energía umbral
threshold field | campo umbral
threshold frequency | frecuencia crítica (/umbral)
threshold gate | puerta (/compuerta) de umbral, puerta umbral
threshold level | nivel (de) umbral
threshold linear amplifier | amplificador lineal de umbral
threshold logic | lógica de umbral
threshold of audibility | umbral sonoro (/de audición)
threshold of compression | umbral de compresión
threshold of detectability | umbral de detectabilidad
threshold of discomfort | umbral de incomodidad
threshold of feeling | umbral de sensibilidad (/dolor)
threshold of hearing | umbral de audición
threshold of luminiscence | umbral de luminiscencia
threshold of sensitivity | umbral de sensibilidad
threshold potentiometer | potenciómetro de umbral
threshold sensitivity | límite de excitación; umbral de respuesta (/sensibilidad)
threshold signal | señal umbral, umbral de recepción
threshold switch | interruptor de umbral
threshold switching | conmutación de umbral
threshold-triggered flip-flop | flip-flop disparado por umbral
threshold value | valor (de) umbral

threshold valve | válvula de umbral
threshold voltage | tensión crítica, tensión (de) umbral
threshold wavelength | longitud de onda crítica (/umbral)
throat acoustic impedance | impedancia acústica de garganta
throat microphone | laríngofono, micrófono de garganta
throttle control | control de potencia [*en simuladores de vuelo*]
throttle valve | regulador acelerador; válvula de admisión (/estrangulación, /mariposa, /regulación)
throttling | estrangulación escalonada
throttling control | control de estrangulamiento [*en válvulas*]
through call | comunicación en tránsito
through channel | canal directo (/de tránsito)
through circuit | circuito directo (/de tránsito)
through connection | comunicación directa; conexión trasversal (/de paso, /en paso), interconexión
through connection via X | comunicación en paso por X
through-cord switch | interruptor (/llave) de cordón en tránsito
through filter | filtro de paso
through group filter | filtro de paso de grupo, filtro de trasferencia de grupo primario
through-hole connection | conexión interfacial (/de agujero pasante)
through joint | empalmador
through level | nivel de paso (/prueba no adaptado)
through line repeater | repetidor intercalado permanentemente
through loss | pérdida de paso
through path | vía de paso, vía directa total, camino directo total
through position | repetidor de paso (/tránsito directo)
throughput | caudal, rendimiento (total), campo de rendimiento
throughput rate | tasa de rendimiento
through repeater | repetidor de paso
through strapping | conexión de puente de tránsito
through supergroup filter | filtro de paso de supergrupo, filtro de trasferencia de grupo secundario
through switching | conmutación de paso
through switching cord circuit | dicordio de tránsito
through telegram | telegrama en tránsito, telegrama de escala
through toll line | línea interurbana de paso
through transfer function | función de trasferencia directa total
through trunk | tronco de paso (/tránsito)
throw | paso, posición activa (/de contacto)

throw, to - | accionar; volcar
throwaway dry cell | pila seca desechable
throwing power | capacidad de sedimentación; poder de penetración (/cobertura), potencia de deposición (/inyección)
throwout spiral | espiral interior
throwover relay | relé de dos direcciones
throwover switch | conmutador (/interruptor) de dos posiciones (/vías)
thru [USA] [*through (UK+USA)*] | a través de
thruphput | caudal
Thue system | sistema Thue
thulium | tulio
thumb | mando de botón
thumb nail | página en miniatura
thumbnail | icono, miniatura
thumb-switch | interruptor accionado por el pulgar
thumbwheel, thumb wheel | mando rotatorio
thumbwheel switch | interruptor de ruleta
thump | golpe sordo, ruido (/interferencia) de telégrafo
thunder | rayo, trueno
thunderstorm avoidance radar | radar avisador de tormentas
thunk | conversión de código [*de 32 bit a 16 y viceversa*]
thunk, to - | convertir [*el código de 32 bit en código de 16 y viceversa*]
Thury regulator | regulador de Tury
Thury system | sistema de Tury
thyratron | tiratrón, tubo term(o)iónico de vapor de mercurio
thyratron amplifier | amplificador tiratrónico
thyratron control | control del (/por) tiratrón
thyratron control characteristic | característica de control del tiratrón
thyratron firing | encendido del tiratrón
thyratron firing angle | ángulo de encendido del tiratrón
thyratron gate | puerta de tiratrón, compuerta tiratrónica
thyratron generator | generador tiratrónico
thyratron inverter | inversor tiratrónico (/de tiratrones)
thyratron oscillator | oscilador tiratrónico
thyratron sawtooth-wave generator | tiratrón generador de dientes de sierra, generador tiratrónico de dientes de sierra
thyratron stroboscope | estroboscopio tiratrónico
thyratron tester | probador de tiratrones
thyratron timer | sincronizador de tiratrón, temporizador tiratrónico
thyratron valve | tiratrón, válvula de tiratrón

thyrector | tirector [*diodo de silicio que actúa como aislador y como conductor en función de su tensión*]
thyrector diode | diodo tirector
thyristor | tiristor, rectificador controlado por silicio
thyristor power system | sistema de fuerza tiristorizado
thyrite | tirita [*materia cerámica de carburo de silicio con características no lineales de resistencia eléctrica*], tirolita
thyrite protector | protector de tirita
thyrite resistor | resistencia de tirita
thyrite varistor | varistor de tirita
THz = terahertz | THz = terahercio
TI = transaction identifier | TI [*identificador de transacción*]
TIA = Telecommunications industries association | TIA [*asociación estadounidense de industrias de telecomunicación*]
TIA = thanks in advance | TIA [*gracias por adelantado; abreviatura usada en internet*]
tick | tic [*señal repetitiva regular de un circuito de reloj*]
ticker | vibrador
tickler | bobina de reacción (/realimentación)
tickler coil | bobina de reacción (/realimentación, /regeneración, /excitación de oscilaciones)
tickler coil oscillator | oscilador con bobina de reacción (/excitación de oscilaciones)
TID = time interval difference | TID [*diferencia de intervalos de tiempo*]
tidal plant | central maremotriz
tidal powerhouse | central maremotriz
tidal power plant | central maremotriz
tie | empalme, ligadura, unión; collar, abrazadera (corrediza)
T.I.E. = relative time interval error | ERR = error relativo de retardo
tie bar | perfil trasversal de unión
tie bar clamp plate | estribo de fijación
tiebreaker | interruptor de cierre no automático
tie cable | cable de enlace
tie-down point | punto de alineación
tie feeder | alimentador de enlace (entre centrales)
tie line | enlace (directo), enlace entre PABX; interconexión, línea privada (/de empalme, /de enlace directo)
tie piece | conector (/conexión) múltiple
tie point | punto de conexión (/empalme)
tier | capa; plano
tier array | antena de capas
tie terminal | terminal de anclaje (/soporte)
tie trunk | línea privada, línea de enlace directo (/punto a punto), tronco de empalme
tie wire | alambre de unión, conductor de empalme

TIF = transmission interface | IT = interfaz de trasmisión
TIFF = tagged image file format [*a standard graphics file format*] | TIFF [*formato de archivo gráfico basado en etiquetas (formato normalizado para archivo de gráficos)*]
TIG = tungsten inert gas | TIG [*tungsteno en atmósfera de gas inerte*]
TIGA = Texas Instruments Graphics Architecture | TIGA [*arquitectura de gráficos de Texas Instruments*]
tight | tieso, atiesado
tight aerial coupling | acoplamiento de antena estrecho
tight alignment | alineación coincidente; sintonía a frecuencia única
tight-buffer cable | cable de estructura ajustada
tight-closing valve | válvula de cierre hermético
tight core cable | cable compacto
tight coupling | acoplamiento rígido (/fuerte, /estrecho)
tightly coupled | vinculadamente acoplado
tightly packed | de construcción densa, con los componentes muy juntos
tight shutoff | cierre hermético
tight tape switch | interruptor de cinta tirante
TIG welding | soldadura TIG [*sodadura con tungsteno en gas inerte*]
TIH = time interval histogram | HIT = histograma de intervalo de tiempo
tikker | vibrador
TIL = till | hasta
tile | mosaico
tile, to - | enlosar [*colocar o rellenar áreas en la programación de gráficos*]
tiled windows | ventanas en mosaico
tiling command | orden de mosaico
tilt | inclinación
tiltable aerial | antena inclinable
tilt angle | ángulo de inclinación
tilt control | control de inclinación
tilt correction | corrección de inclinación
tilt corrector | corrector de inclinación
tilt down | inclinación hacia abajo
tilted aerial | antena inclinada
tilt error | error de inclinación
tilt head | cabezal basculante (/inclinable)
tilt indicator | indicador de inclinación
tilting | inclinación (frontal), ladeo
tilting disc | disco inclinable (/pendular, /basculante)
tilting electrode holder | portaelectrodos orientable
tilting tool | herramienta para curvar cables
tilt stabilization | estabilización de inclinación
tilt up | inclinación hacia arriba
timbre [*by sound*] | timbre
time | tiempo; hora; duración
time analysis | análisis de tiempos

time and date | hora y fecha [*en el mundo hispano se usa la expresión "fecha y hora"*]
time-and-distance metering | cómputo de distancia y tiempo
time-and-frequency meter | intervalómetro y frecuencímetro
time-and-zone metering | cómputo de zona y tiempo
time assignment speech interpolation | interpolación de la palabra por asignación de tiempos
time averaged velocity | velocidad promediada en un tiempo dado
timebase | hora patrón; tiempo base, base de tiempos
timebase accuracy | exactitud de la base de tiempos
timebase amplifier | amplificador para bases de tiempos
timebase circuit | circuito de base de tiempos
timebase divider | divisor de la base de tiempos
timebase drive | control de la base de tiempos
timebase frequency | frecuencia de la base de tiempos
timebase generator | generador de base de tiempos
timebase linearity | linealidad de la base de tiempos
timebase oscillator | oscilador de la base de tiempos
timebase scanning | barrido de la base de tiempos
timebase section | sección de la base de tiempos
timebase signal | señal de la base de tiempos
timebase slope | pendiente de la base de tiempos
timebase voltage | tensión de base de tiempos
time-bounded Turing machine | máquina de Turing de tiempo limitado
time broadcasting | radiodifusión de señales horarias
time check | control de reloj, fechador horario automático
time clipping | mutilación (de la trasmisión) en función del tiempo
time clock | reloj horario
time code generator | generador del código horario
time complexity | complejidad de tiempo
time compressor | compresor de tiempo
time constant | constante de tiempo
time constant circuitry | circuitos de constantes de tiempo
time constant of a capacitor | constante de tiempo de un condensador
time constant of a circuit | constante de tiempo de un circuito
time constant of fall | constante de tiempo de caída

time constant range | margen de periodo (/divergencia, /constante de tiempo)
time control gear | reloj de mando
time-controlled relay | relé (/relevador) temporizado
time control pulse | impulso sincronizador (/temporizador, /de control de tiempo)
time converter | convertidor de tiempo
time current characteristic | característica de tiempo y corriente (/intensidad)
timed acceleration | aceleración controlada en el tiempo
time-date generator | generador de hora y fecha
timed contact | contacto temporizado
timed deceleration | desaceleración temporizada
time delay | retardo, retraso temporal
time-delay circuit | circuito retardador (/de retardo)
time-delay closing relay | relé de cierre diferido
time-delay fuse | fusible de retardo (/acción retardada)
time-delay generator | generador temporizado (/de retardos)
time-delay module | módulo de retardo
time delay multiplex | múltiplex por división de tiempo
time-delay opening relay | relé de apertura diferida
time-delay relay | relé retardado (/de retardo, /de acción diferida)
time-delay response versus frequency curve | curva de retardo en función de la frecuencia
time-delay spectrometry | espectrometría de retardo
time-delay starting relay | relé de arranque diferido
time-delay stopping relay | relé de parada diferida
time-delay switch | conmutador de retardo, interruptor de acción retardada
time demodulation | desmodulación temporal
time-density curve | curva de tiempo-densidad
time-derived channel | canal (/vía) con derivación de tiempo
time discriminator | discriminador de tiempo
time distribution analyser | analizador de intervalos (/distribución de tiempos)
time diversity | diversidad temporal (/en el tiempo)
time division | división de tiempos
time division data link | enlace de datos por división de tiempo
time division duplex | esquema dúplex por división en el tiempo
time division multiplex | múltiplex por distribución (/división) de tiempo
time division multiple access | acceso múltiple por división en el tiempo
time division multiplex channel | canal multiplexado por división de tiempo
time division multiplexer | multiplexor por división de tiempo
time division multiplexing | multiplexión por distribución (/división) de tiempo
time division multiplier | multiplicador por división de tiempo
time division switch | conmutador de división de tiempo
time division switching | conmutación temporal (/en el tiempo)
time division tone pulse | impulso de audiofrecuencia codificado por división en el tiempo
time domain | ámbito (/dominio) temporal
timed preassignment circuit | circuito de asignación previa temporizado
timed recall | calendario de citas; despertador automático, servicio de despertador
timed release circuit | circuito de disparo temporizado
timed reminder | calendario de citas, servicio de despertador
time-edit, to - | editar la hora
time electrical distribution system | distribución eléctrica de la hora (patrón)
time factor | factor de tiempo
time flutter | inestabilidad (/ondulación) del tiempo
time frame | cuadro temporal
time/frequency calibrator | calibrador de tiempos y frecuencias
time fuse | fusible de tiempo (/acción retardada)
time gain | ganancia de tiempo
time gain control | control de ganancia (/sensibilidad) en el tiempo
time gate | compuerta (/puerta) temporal (/de tiempo)
time harmonic | armónica de tiempo
time interval | intervalo, diferencia de tiempo
time interval counter | contador de intervalos (de tiempo)
time interval difference | diferencia de intervalos de tiempo
time interval histogram | histograma de intervalo de tiempo
time interval meter | medidor de intervalos de tiempo
time interval selector | selector de intervalos (de tiempo)
time jitter | fluctuación (/inestabilidad) temporal
time lag | periodo de retraso, retardo (de la conexión)
time lag apparatus | aparato de acción diferida
time lag fuse | fusible temporizado (/de acción retardada)
time lag relay | relé retardado

time lapse VTR = time lapse video tape recorder | grabadora de vídeo de tiempo continuo
time limit | de acción diferida
time limit protection | protección de acción diferida
time limit relay | relé temporizado (/de acción diferida, /de acción retardada)
time limit release | escape de acción diferida
time-locking relay | relé de acción diferida (/temporizada)
time mark generator | generador de marcas de tiempo
time meter | contador horario
time metering | cronometría
time modulation | modulación de tiempo
time-motion | tiempo-movimiento
time-motion process | procedimiento de tiempo-movimiento
time multiplex | múltiplex en el tiempo
time multiplexing | multiplexión en el tiempo
time-of-day clock | reloj horario
time of equipartition | tiempo de equipartición
time off | hora de finalización (/terminación) [*de la conversación*]
time of flight | tiempo de vuelo
time-of-flight analyser | analizador de tiempo de vuelo
time-of-flight filter for ions | filtro para la velocidad de los iones
time-of-flight focusing for ions | enfoque según la velocidad de los iones
time-of-flight mass spectrometer | espectrómetro de masas por tiempo de vuelo
time of flight neutron spectrometer | espectrómetro de neutrones por tiempo de vuelo
time of growth | tiempo de aumento (/incremento)
time of persistence | tiempo de persistencia
time of response | tiempo de respuesta
time on | hora de comienzo (/principio) [*de la conversación*]
timeout, time out | interrupción; temporización; fin del tiempo asignado, tiempo completado (/copado, /acabado), tiempo (/intervalo, /compás) de espera
time-out cam | temporización
time pattern | modelo (/carta de ajuste) de tiempo
time per background | duración por fondo
time per saver | duración por protector
time phase | fase de tiempo
time pulse distributor | distribuidor de impulsos de tiempo
time pulse relay | relé de impulsos temporizado
time quadrature | cuadratura temporal (/de tiempo)

time quantization | cuantificación de tiempo
timer | temporizador; programador; conmutador (/dispositivo) horario; controlador de tiempos
time rate | régimen [*en acumuladores*]
time ratio | proporción de tiempo
timer channel | canal del temporizador
timer clock | cronómetro
time release | desconexión temporizada (/con retardo), desenganche con retardo, escape de acción diferida
timer error | error del temporizador
time resolution | resolución de tiempo
time response | respuesta en el (/función del) tiempo; [*of a linear channel*] respuesta de tiempo [*de un canal lineal*]
time reversal | inversión de tiempos
timer motor | motor del temporizador
timer not operational | temporizador no operativo
timer record | grabación por programador
timer switch | conmutador (/dispositivo) horario; contacto temporizador (/de programación); interruptor automático; mando del (reloj) programador
time selection transducer | trasductor por selección de tiempos
time sequence keying | manipulación de secuencia temporal
time sequencing | secuencia de tiempo
time series | serie cronológica
time series analysis | análisis por series de tiempo
time service | servicio horario
time share, to - | compartir el tiempo
time-shared amplifier | amplificador con subdivisión de tiempo, amplificador de tiempo compartido
time-sharing | compartimiento del tiempo, (régimen de) tiempo compartido
time-sharing application | tiempo compartido
time-sharing multiplex telegraphy | telegrafía múltiplex por división (/reparto) de tiempo
time-sharing system | sistema de tiempo compartido
time signal | señal horaria
time signal emission | emisión de señales horarias
time signal radio emission | emisión radioeléctrica de señales horarias
time signal reception | recepción de señales horarias
time signal service | servicio de señales horarias
time signal transmission | emisión de señales horarias
time slice | periodo
time-slice multitasking | multitarea por tiempo fraccionado
time slicing | división del tiempo; fracción de tiempo
time slot | canal temporal; intervalo de tiempo
time sorter | distribuidor de tiempo
time stability | estabilidad temporal
time switch | conmutador (/interruptor) temporizado (/horario, /de reloj, /de tiempos); conmutación temporal
timetable | horario
time tick | señal cronométrica
time to live | contador interno de tiempo de vida
time-to-peak card | mapa de tiempo máximo
time-to-pulse height converter | convertidor tiempo-amplitud del impulso
time-varied control | control variable en el tiempo
time-varied gain | ganancia variada en el tiempo
time-varied gain control | control de ganancia variable en el tiempo
time-varying impulse | impulso de variación temporal
time-varying voltage | tensión variable en función del tiempo
time utilization factor | factor de utilización de tiempo, porcentaje de tiempo utilizado
time window | ventana horaria
time zone | huso horario, zona horaria
time zone metering | medición (/tasación) por zona y duración de la llamada
timing | cronograma; medición (/registro) de tiempo; temporización
timing analyser | analizador de tiempo
timing axis oscillator | oscilador de base (/eje) de tiempo
timing capacitor | capacitor (/condensador) temporizador
timing chain | cadena de sincronismo
timing contact | contacto temporizado (/de sincronización)
timing device | indicador de duración (de la conversación)
timing diagram | cronograma; diagrama de funcionamiento (/tiempos)
timing element | elemento temporizador (/de temporización)
timing generator | generador de sincronismo
timing interrupter | interruptor de acción retardada
timing lag | retraso de sincronización
timing light | piloto de sincronización
timing loop | retificador de tiempo
timing pulse | impulso temporizador (/de sincronización)
timing pulse distributor | distribuidor de impulsos de sincronización
timing pulse generator | generador de impulsos sincronizadores, generador de sincronismo primario
timing reference | referencia de sincronización
timing relay | relé temporizado (/de acción retardada)
timing resistor | resistencia temporizada
timings | disposición temporal
timing signal | señal de tiempo (/temporización)
timing tape | cinta de tiempo [*en magnetófonos*]
timing waveform | onda (/señal) sincronizadora
tin | estaño
tin, to - | estañar
TINA = telefonintegrierte Netzwerkarchitektur (*ale*) [*telephone-integrated network architecture*] | TINA [*tarjeta de circuitos que posibilita el acceso del entorno MS-DOS a la RSDI*]
TINGUIN = trustworthy interactive graphical user interface | TINGUIN [*interfaz de usuario gráfica interactiva fiable*]
tinkertoy | tinkertoy [*modulación a base de placas de componentes con apilado vertical*]
tin-lead socket | zócalo de estaño-plomo
tinned | estañado
tinned copper wire | cable (/hilo) de cobre estañado
tinned rope | cable metálico estañado
tinned wire | cable (/hilo) estañado
tinning | estañado
tin oxide resistor | resistencia de óxido de estaño
tinsel | lentejuela
tinsel conductor | conductor flexible
tinsel cord | cordón flexible
tinsel strand | hilo de oropel
tinsel wire | conductor (/hilo) flexible
tint | tono; color con adición de blanco
tiny model | modelo minúsculo [*de memoria en procesadores Intel*]
tip | casquillo; hilo a tierra; punta
TIP = terminal interface processor | TIP [*procesador de mensajes con interfaz de terminales*]
tip and ring [USA] | terminales de batería y de tierra
tip-and-ring wire | hilo de punta y nuca
tip cable | cable de punta
tip jack | enchufe para clavija (terminal)
tipless bulb | ampolla sin punta
tip mass | masa en el extremo
tip node | nodo terminal
tipoff | punta; extremo [*de polo positivo*], contacto [*al extremo de un enchufe*]
tip of plug | cabeza (/punta) de clavija
tip pin jack | clavija tipo alfiler
tip-ring-sleeve phone plug | toma de conexión telefónica extremo-anillo-pantalla
tip side | lado de punta
tip-sleeve phone plug | toma de conexión telefónica extremo-pantalla
tip spring | resorte corto
tip wire | hilo de punta
TIROS = television infrared observation satellite | TIROS [*satélite de observa-*

ción equipado con infrarrojos y televisión]
Tirrill regulator | regulador Tirrill
TIS = it is | es
TISANS = it is an asnwer | es una respuesta (/contestación)
Tiselius method | método de Tiselius
tissue | tejido
tissue dose | dosis tisular (/histológica)
tissue equivalent ionization chamber | cámara de ionización equivalente al tejido
tissue equivalent material | material equivalente al tejido
titan | titanio
titanium | titanio
title | título
title bar | barra de títulos
titration | titulación; dosificación; valoración
titration apparatus | valorador, aparato de valoración; titrador, titulador; dosificador, analizador volumétrico
titration control | control de valoración
titration voltammeter | voltámetro de valoración
T joint | derivación en T
T junction | unión en T
TKS = thanks | gracias
Tl = thallium | Tl = talio
TL = tally light | lámpara piloto (/testigo)
TL = telephone line | línea telefónica
TL = tie line | interconexión, línea de unión
TL = trunk line | circuito (/enlace) principal, línea principal (/troncal, /interurbana)
TLA = three-letter acronym | ATL = acrónimo de tres letras [*usado irónicamente en internet para aludir al cúmulo de abreviaturas que se usan en informática*]
TLC = telegraph line controller | TLC [*controlador de línea telegráfica*]
TLD = top level design | TLD [*diseño de máximo nivel*]
TLF = telephone | Tlf. = teléfono
TLG = telegraph | Tlg. = telégrafo
TLO = total loss only | TLO [*pérdida completa solamente*]
TLS = transport layer security | TLS [*protocolo de seguridad en la capa de trasporte de datos*]
TLU = table look-up | TLU [*consulta de tablas*]
Tm = thulium | Tm = tulio
TM = transverse magnetic | trasversal magnético
TM = Turing machine | TM [*máquina de Turing*]
TMA [*automatic mobile telephony*] | TMA = telefonía móvil automática
TMA = Telecommunications managers association | TMA [*asociación de empresarios de telecomunicación*]
T match | acoplador (/adaptador) en T
T-matched aerial | antena de dipolo en T equilibrada

TM mode = transverse magnetic mode | modo magnético trasversal
TMN = telecommunications management network | TMN [*red de gestión de telecomunicaciones*]
TMR = topical magnetic resonance | TMR [*resonancia magnética tópica*]
TMSI = temporary mobile subscriber identifier | TMSI [*identificador temporal de abonado móvil*]
TM wave = transverse magnetic wave | onda magnética trasversal
Tn = toron | Tn = torón
TN display = twisted nematic display | pantalla TN [*pantalla nemática de material trenzado (tipo de pantalla de cristal líquido con matriz pasiva)*]
T network | circuito (/red) en T
T network equivalent circuit | circuito equivalente en T
TNT = tuned not-tuned | TNT [*de placa sintonizada, en osciladores*]
TNT equivalent | equivalente TNT
TNT oscillator | oscilador TNT [*oscilador de placa sintonizada*]
TNTS = tele-nuclear transmission system | TNTS [*sistema de trasmisión telenuclear*]
TNX = thanks | gracias
to | a, hacia; hasta
TO = telecommunications operator | OT = operador de telecomunicaciones
TO = transistor outline | salida de transistor
T/O = turn on | conectar, encender
to abort | cancelar, terminar anormalmente, cortar la comunicación; [*to interrupt a process*] abortar [*interrumpir un proceso*]
to accelerate | acelerar
to accept | aceptar; reconocer
to accept a call | aceptar una llamada
to access | acceder
to acknowledge | conocer, reconocer
to activate | activar, excitar
to active | activar
to add | agregar, añadir, sumar
to add echo | agregar eco
to add file | añadir archivo
to add hot spot | añadir punto de actuación
to add-in | añadir
to add name | añadir nombre
to address | direccionar
to add subpanel | añadir subpanel
to add workspace | añadir espacio de trabajo
to adjust | ajustar
to align | alinear
to allocate | asignar; reservar [*memoria*]
to allot | asignar, atribuir
to amplify | amplificar
to anchor toggle | conmutar punto de fin de rango
to anneal | recocer, templar
to annotate | anotar
to anodise [UK] | anodizar

to anodize [UK+USA] | anodizar
to answer | contestar; anunciarse en la línea
to append | añadir, adjuntar; añadir un apéndice [*de datos o caracteres*]
to apply | aplicar
to archive | archivar; guardar [*en memoria*]
to arrange | organizar
to arrange all | organizar todo
to assemble | ensamblar [*un programa*]; integrar, reunir
to assign | asignar
to assign a junction | asignar una conexión
to assign a trunk | asignar un circuito de enlace
to assign to key | asignar a una tecla
to assign to menu | asignar a un menú
to attach | adjuntar, añadir; asignar, asociar; conectar, enchufar
to attenuate | atenuar, reducir
to audit | analizar, verificar, auditar
to authorise [UK] | autorizar, consentir, permitir; admitir
to authorize [UK+USA] | autorizar, consentir, permitir; admitir
to auto-configure | autoconfigurar
to backspace | retroceder [*un espacio*]
to backtrack | retroceder
to back up | hacer copia de seguridad, hacer un backup (/archivo de reserva)
to backup and restore | copiar (/hacer copia de seguridad) y restaurar
to baffle | apantallar
to balance | igualar
to ban | prohibir
to bifurcate | bifurcar
to blink | parpadear
to block | bloquear
to blow | fundirse
to bond | enlazar, ligar
to book | pedir, solicitar; registrar; trasmitir
to bookmark | señalar un lugar, marcar un espacio web, atajar
to boost | amplificar, reforzar, elevar
to boot | arrancar [*un equipo informático*]; introducir las instrucciones iniciales; introducir una secuencia [*de llamada o arrastre*], autoarrancar, iniciar, inicializar
to boot up | arrancar [*un equipo informático*]
to bounce | rebotar
to branch | ramificarse, bifurcarse, separarse; empalmar
to break | interrumpir
to break in | cortar
to broadcast | emitir
to browse | examinar, hojear, rastrear
to buck [USA] | oponer
to build | construir, estructurar
to burn | cauterizar, quemar; grabar con láser
to calibrate | ajustar, calibrar, contrastar

to call | llamar
to call in | llamar; intercalar (/poner) en el circuito
to cancel | cancelar
to cannibalise [UK] | canibalizar (*fam*) [*quitarle piezas a un equipo para reparar otro*]
to cannibalize [UK+USA] | canibalizar (*fam*) [*quitarle piezas a un equipo para reparar otro*]
to capture | capturar [*una imagen*]
to carbonise [UK] | carbonizar
to carbonize [UK+USA] | carbonizar
to carry | trasmitir, transmitir; conducir, dar paso
to carry the traffic | cursar el servicio
to catalogue | catalogar
to center | centrar
to change | cambiar
to change a fuse | reemplazar el fusible
to change directory | cambiar directorio [*orden de programa*]
to change permissions | cambiar autorizaciones
to change to | cambiar a
to charge | cargar
to chat | chatear [*fam: conversar en grupo por internet*]
to check | comprobar, confirmar, probar, verificar
to check spelling | verificar la ortografía
to choose | elegir, escoger, seleccionar
to choose name for action | elegir nombre para la acción
to clad | envainar
to clamp | fijar
to clean up | ordenar objetos
to clear | vaciar, borrar, eliminar, poner a cero; colgar, desalojar, despejar, desconectar; limpiar (la pantalla); llevar a la condición normal (/de reposo); normalizar, restablecer
to clear all | borrar todo
to clear icon | borrar icono
to clear interrupt flag | limpiar bandera de interrupción [*orden del lenguaje Assembler*]
to clear switch | eliminar el interruptor
to clear the traffic | cursar todo el tráfico pendiente
to click | clicar [*neologismo en informática*], hacer clic; pulsar [*una tecla*]
to click in window for focus | pulsar en ventana para activarla
to clip | cercenar, limitar, recortar
to clobber | machacar [*fam; destruir datos sobrescribiéndolos*]
to close | cerrar
to close a circuit | cerrar un circuito
to close all | cerrar todo
to close down | bloquear, cerrojar, enclavar
to code | codificar
to collapse | contraer
to collate | cotejar, interclasificar
to collate copies | pegar copias

to collect a charge | percibir una tasa
to come into step | enganchar; ponerse en fase
to come on line | entrar en circuito
to comment out | desactivar códigos para insertar comentarios
to compare | comparar
to compare calendars | comparar agendas
to compare files | comparar archivos
to compensate | compensar
to compile | compilar, recopilar
to compile-and-go | compilar y ejecutar [*programas*]
to complement | complementar
to comply | corresponder, cumplir
to compose | componer
to compress | comprimir [*datos*]
to compute | calcular, utilizar el ordenador, informatizar, calcular por ordenador
to concatenate | concatenar
to condense | condensar
to configure | configurar
to confirm | confirmar
to connect | acoplar, conectar, empalmar, enlazar, unir; poner en circuito (/comunicación)
to connect a battery across the capacitor | conectar una batería entre las placas del capacitor
to contact | contactar, establecer contacto
to continue | continuar, seguir
to continue with programming | continuar con la programación
to contract | contratar
to control | comprobar, controlar, verificar
to convert | convertir
to coordinate | coordinar
to copy | copiar; recibir (mensajes)
to copy and paste | copiar y pegar
to copy disk | copiar disco
to copy to | copiar en
to copy to main panel | copiar en el panel principal
to corrupt | alterar, dañar
to count | contar
to count words | contar palabras
to crash | colgar, quebrar, chocar, romper, estrellar, congelar
to create | crear
to create action | crear acción
to crimp | engarzar, grapar, pinzar, grapinar
to crop | recortar [*partes innecesarias de una imagen*]
to cruise | navegar [*por redes informáticas*]
to crunch | procesar información
to crypt | cifrar, codificar
to customize | adaptarse; personalizar, modificar a medida
to cut | cortar
to cut and paste | cortar y pegar
to cut in | conectar; incidir, intercalar, introducir; poner en circuito

to cut out | cortar (el circuito), desconectar, interrumpir, quitar (del circuito)
to cut over | poner en servicio
to cycle power | ejecutar un ciclo de apagado y encendido
to damp | amortiguar, insonorizar
to dampen | insonorizar, amortiguar ecos
to data warehouse | centralizar información [*en una localización desde varias fuentes, gestionando los datos y controlando su acceso*]
today | hoy
to deallocate | desalojar; liberar [*memoria*]
to deblock | desbloquear
to debug | depurar, poner a punto [*un programa*]; reparar [*una máquina*]; desparasitar; corregir errores
to decipher | descodificar, descifrar
to declare | declarar [*especificar una variable*]
to decode | descodificar, decodificar, descifrar
to decollate | separar copias [*de papel continuo*]
to decompress | descomprimir
to decouple | desacoplar
to decrease speed | reducir la velocidad
to decrease volume | bajar el volumen
to decrypt | descifrar, descodificar
to deenergise [UK] | desactivar
to deenergize [UK+USA] | desactivar, desexcitar
to defer | diferir
to define | definir
to defrag | desfragmentar [*los archivos de un disco*]
to degas | desgasificar
to degauss | desimantar, desmagnetizar
to degrade | desmejorar, sufrir desmejoramiento, degradar
to deinstall | desinstalar
to delete | borrar, cancelar, eliminar, suprimir
to delete after current position | eliminar después de la posición actual
to delete before current position | eliminar antes de la posición actual
to delete hot spot | suprimir punto de actuación
to delete message | suprimir mensaje
to delete subpanel | suprimir subpanel
to delete workspace | suprimir espacio de trabajo
to delimit | delimitar
to deliver | dar (corriente), suministrar (potencia); entregar
to demagnetise [UK] | desimantar
to demagnetize [UK+USA] | desimanar, desimantar, desmagnetizar
to deny | contradecir, denegar, desautorizar, desmentir, negar
to deny an originating call | bloquear una extensión (/línea)

to depolarise [UK] | despolarizar
to depolarize [UK+USA] | despolarizar
to deposit | depositar
to depress | oprimir, pulsar
to depth queuing | gestionar fondos [*pasar objetos de fondo a primer plano en gráficos*]
to dequeue | sacar de lista de espera
to derate | minorar, rebajar, reducir
to dereference | desvincular [*información*]
to derive | derivar
to deselect | cancelar (/deshacer) la selección
to deselect all | cancelar todas las selecciones
to deserialize | cambiar de serie a paralelo
to destroy deleted message | destruir el mensaje suprimido
to detect | detectar, apreciar
to detect incipient failures | descubrir fallos incipientes
to detune | desintonizar
to develop | revelar
to diagnostic | diagnosticar
to dial | marcar, seleccionar
to dialup, to dial up | marcar
to dial with keyboard | seleccionar con el teclado
to differentiate | diferenciar
to diffuse | difundir
to digest | resumir
to digitise [UK] | digitalizar
to digitize [UK+USA] | digitalizar
to disable | desactivar, deshabilitar, incapacitar, desconectar
to disable interrupt | impedir la interrupción [*en el ordenador*]
to disarm | desarmar
to disassociate | desasociar [*eliminar el vínculo entre un archivo y una aplicación*]
to discard changes | ignorar cambios
to disconnect | cortar, desconectar, interrumpir
to disperse | dispersar
to display | mostrar (en pantalla), visualizar, presentar [*en pantalla*]; generar pantalla
to display font | mostrar la fuente de tipos
to display memory | editar (/presentar) la memoria en pantalla [*del ordenador*]
to display register | editar (/presentar) el registro en pantalla
to display settings | mostrar valores
to dissolve | disolver
to distill | destilar
to distort | deformar, distorsionar
to distribute | distribuir
to divide down a frequency | reducir una frecuencia por división
to dock | conectar [*un ordenador portátil a una unidad de acoplamiento*]
to do editor | editor de tareas
to do list | lista de tareas

to dope | contaminar, dopar, impurificar
to download | descargar, bajar archivos, capturar, copiar; bajar [*un programa*]
to drag | arrastrar
to drag and drop | arrastrar y soltar (/colocar) arrastrar y soltar [*para mover informaciones en interfaz gráfica*]
to dress | ordenar (las conexiones)
to dress the leads | arreglar los conductores, ordenar los alambres de conexión
to drill | taladrar
to drill down | arrancar directamente [*desde un menú de alto nivel*]
to drop | colocar, soltar
to drop a channel | bajar (/extraer, /soltar) un canal
to dub | duplicar
to dump | vaciar [*la memoria*]
to duplicate | duplicar
toe and shoulder | talón y saliente
to earth | conectar (/poner) a tierra
to edit | editar; modificar
to edit list | editar lista
to edit resources | editar recursos
to edit text | editar texto
to electroplate | electrogalvanizar
to e-mail | mandar (/enviar) por correo electrónico
to embed | incorporar, incrustar
to emit | emitir
to emulate | emular
to enable | activar, habilitar, poner en servicio
to enable interrupt | permitir la interrupción [*del ordenador*]
to encapsulate | encapsular
to encipher | cifrar, codificar
to enclose | blindar; cerrar
to enclosure | contener
to encode | codificar
to encrypt | cifrar, codificar [*criptográficamente*]
to end off | poner fin
to end up | terminar, acabar; parar
to energise [UK] | alimentar
to energize | activar, excitar, alimentar, dar energía
to enhance | mejorar
to enquire | consultar, preguntar, inquirir
to enrich | enriquecer
to enter | introducir, escribir [*datos*]; marcar, registrar
to enter search key | introducir clave de búsqueda
to equalise [UK] | ecualizar
to equalize [UK+USA] | ecualizar
to erase | borrar, eliminar, suprimir
to establish | acreditar, afirmar, confirmar, constituir, crear, demostrar, establecer, fundar, hacer valer, instituir, probar, ratificar
to establish a connection | establecer una comunicación
to evacuate | evacuar, hacer el vacío
to evaporate | evaporar

to exceed | exceder, rebasar, superar
to exchange | intercambiar
to execute | ejecutar [*una orden o instrucción*]
to execute a programme | ejecutar un programa
to execute command | ejecutar la orden
to exit | salir
to exit discarding changes | salir sin grabar cambios
to exit saving changes | grabar cambios y salir
to exit Windows | salir de Windows
to expand | ampliar, expandir
to expire | caducar
to extend | ampliar, extender
to extrapolate | extrapolar
TOF = top-of-file | TOF [*cabecera de archivo*]
to fade | desvanecer(se), fundirse (la imagen)
to fail | fallar, sufrir avería, provocar (/simular) un fallo
to fall away | perder la excitación
to fall into synchronism | enganchar; entrar en sincronismo
to fan | ventilar
to fax | mandar un fax, faxear [*fam*]
to feed | alimentar
to ferret | reconocer radiaciones electromagnéticas
to fetch | extraer [*instrucciones o datos de la memoria para guardarlos en un registro*]
to file | archivar, guardar
to fill | rellenar
to fill memory | cargar memoria [*del ordenador*]
to fill solid | rellenar la figura
to filter | filtrar
to find | buscar, encontrar
to find and replace | encontrar y reemplazar
to find backward | buscar hacia atrás
to find forward | buscar hacia adelante
to find icon set | buscar conjunto de icono
to find set | buscar conjunto
to finger | apuntar con el dedo
to fire | activar, encender, dar corriente
to fission | escindir, fisionar
to flame | pelear
to flick | parpadear
to flip | reflejar y eliminar
to float | flotar
to flood | llenar
to flow | fluir, circular
to flush | limpiar [*sectores de memoria*]
to focus | enfocar
to follow | seguir
to form | formar, moldear
to form a beam | formar un haz
to format | formatear
to forward | avanzar; cursar, despachar, expedir
to forward message | reenviar mensaje

to frame | encuadrar, enmarcar
to freeze | inmovilizar
to frit | fritar
to-from indicator | indicador de sentido (/destino y procedencia, /entrada-salida)
to fry | freír [*destruir un componente o circuito por aplicación de voltaje excesivo*]
to full justify | justificar
to gang | montar en tándem
to generate | generar
toggle | basculador, conmutador [*entre dos estados*], conexión oscilante; palanca acodada
toggle, to - | conmutar [*entre dos estados*], maniobrar [*un conmutador*]
toggle frequency | frecuencia de conmutación (/basculación)
toggle key | tecla de conmutación de estado
toggle menu bar, to - | conmutar la barra de menús
toggle rate | velocidad de basculación
toggle removal policy | política de eliminación en la conmutación
toggle switch | conmutador basculante, interruptor de palanca
toggling policy | política de conmutación
toggling speed | velocidad de conmutación
to go home | ir a inicio
to go to | ir a
to go to date | buscar por fecha
to go up | ir arriba
to grab | capturar
to grab color | elegir color
to grab screen image | capturar imagen en pantalla
to grep | buscar texto [*con la utilidad grep de UNIX*]
to grok | conocer el asunto [*en jerga de cibernautas*]
to group | agrupar
to grovel | buscar infructuosamente
to guard a frequency | vigilar (/estar a la escucha) en una frecuencia
to hack | amañar, sabotear, piratear, jaquear [*fam. en informática*]
to handle a message | tratar un mensaje
to hang | colgar [*cortar la comunicación*]
to hang up | colgar
to hardware, to hardwire | cablear [*circuitos o componentes*]
to held by an extension | colgar durante una consulta
to heterodyne | heterodinar
to hide | ocultar; guardar en situación de espera [*por ejemplo un programa abierto mientras se está utilizando otro*]
to highlight | resaltar, evidenciar
to hold | retener
to hold a circuit | bloquear una línea
to homogenise [UK] | homogenizar

to homogenize [UK+USA] | homogeneizar
to hook flash | descolgar momentáneamente el teléfono
to iconify | minimar
to identify | identificar
to ignore | ignorar
to illuminate | iluminar
to implode | implosionar
to import | importar
to impregnate | impregnar
to impress | aplicar, crear, establecer
to include | incluir
to increase speed | aumentar la velocidad
to increase volume | subir el volumen
to indent | sangrar
to infer | deducir, inferir
to inherit | heredar
to inhibit | inhibir; eludir, evitar
to initialise [UK] | inicializar, iniciar, arrancar
to initialize [UK+USA] | inicializar, iniciar, arrancar
to inoculate | inocular [*proteger un programa contra un virus grabando en aquél información específica*]
to input | introducir
to inquire | consultar, preguntar, inquirir
to inscribe | marcar
to insert | insertar
to insert file | insertar archivo
to insert object | insertar objeto
to inspect | examinar, inspeccionar, revisar; reconocer
to inspect a line | inspeccionar (/recorrer) una línea
to install | instalar
to instrument | instrumentar
to insulate | aislar
to insulate a line | aislar una línea
to intensify | intensificar
to interact | interactuar
to intercept | captar, interceptar
to interconnect | interconectar
to interlace | entrelazar
to interleave | intercalar, interpolar; entrelazar
to interlock | interbloquear
to interpolate | interpolar
to interpret | interpretar
to interrogate | preguntar, interrogar
to interrupt | cortar, desconectar, interrumpir
to intersect | intersecarse [*líneas*]
to introduce | introducir; establecer
to invert | invertir
to invoke | ejecutar, activar [*órdenes o programas*]
to ionise [UK] | ionizar
to ionize [UK+USA] | ionizar
to irradiate | irradiar
to isolate | aislar, apartar, independizar, separar
to iterate | repetir
to jack in | enchufar
to jack out | desenchufar

to joint | poner en circuito
to joint up | poner en circuito
to jump | hacer un puente
to jump-new-view | saltar a nueva vista
to jump scroll | desplazar grupo de líneas
to justify | justificar
tokamak | tokamak [*confinador de plasma para investigación de fusión nuclear*]
token | símbolo; testigo
token bucket | cubo de testigos [*algoritmo de moldeado del tráfico de datos*]
token bus | bus de paso (/contraseña); token bus [*procedimiento de acceso a LAN en anillo*]
token bus network | red de bus de paso (/contraseña)
token passing | paso por contraseña
token ring | red en anillo; anillo de símbolo de paso [*procedimiento de trasmisión en LAN con topología de anillo*], anillo de contraseña [*arquitectura de red en anillo*]
token ring network | red en anillo con contraseñas de paso
to key | escribir con el teclado
to key in | introducir por teclado [*datos*]
to keysend | manipular; pulsar una tecla; trasmitir, transmitir
to kill | abortar [*un programa*]
to launch | ejecutar; activar [*un programa de aplicación*]
to left justify | justificar a la izquierda
tolerable signal-to-interference ratio | relación tolerable señal/interferencia
tolerance | tolerancia
tolerance dose | dosis tolerada (/de tolerancia)
tolerance limit | límite de tolerancia
to link | enlazar, vincular
to link-edit | enlazar
to list | listar
to listen in | captar, escuchar, pasar a la escucha
to list fonts | listar fuentes
to list symbols | listar símbolos
toll [USA] | tarifa interurbana (/de llamada de larga distancia), tarifa [*telefónica*]
toll area | red (/zona) regional (/suburbana)
toll board | cuadro interurbano
toll cable | cable interurbano (/de larga distancia)
toll call | comunicación (/llamada) interurbana
toll central office | centralita interurbana
toll centre | centro interurbano (/de sector, /de facturación)
toll circuit | circuito interurbano
toll/code on central office trunk calls | discriminación de llamadas
toll connection | comunicación interurbana

toll connector | selector final interurbano
toll enrichment | enriquecimiento mediante canon
tollevision = toll television | televisión de abono (/pago)
toll exchange | central interurbana
toll final selector | selector final interurbano
toll line | línea interurbana
toll line dialling | servicio interurbano automático, selección interurbana automática
toll network | red interurbana (/de larga distancia)
toll office | central interurbana, oficina de facturación
toll operator | operadora interurbana (/de larga distancia)
toll plant | planta de larga distancia
toll point | centro interurbano (/de sector)
toll position | posición interurbana, cuadro (/grupo) interurbano
toll quality | calidad para larga distancia [*en telefonía*]; calidad de conferencia [*en codificador de voz*]
toll recording | inscripción interurbana
toll register | registrador interurbano
toll restriction | restricción interurbana
toll service | servicio interurbano (/entre redes adyacentes)
toll subscriber line | línea de abonado interurbano
toll switchboard | cuadro (de conmutadores) interurbano
toll switching centre | centro de conmutación de larga distancia
toll switching plan | plan (/esquema) de interconexiones
toll switching position | posición intermedia
toll switching trunk | línea intermedia (/de enlace interurbano)
toll switch trunk | tronco de conmutación automática
toll television | televisión de abono (/pago)
toll terminal | centralita terminal (interurbana)
toll terminal loop | línea de abonado interurbana
toll terminal loss | pérdida local del enlace interurbano
toll test board | cuadro de pruebas interurbano
toll test desk | mesa de pruebas interurbana
toll test panel | panel de pruebas interurbano
toll third group switch | tercer selector interurbano
toll ticketing | tarifación (/tarificación) detallada
toll universal cord circuit | cordón universal
to load | cargar
to load setup defaults | cargar valores de configuración por defecto
to locate | localizar
to lock | bloquear
to lock out | bloquear, cerrar, enclavar, obstruir
to log | registrar
to log in | iniciar sesión
to log off | terminar el modo de diálogo, terminar la conexión
to log on | comenzar la sesión; identificar
to log out | salir del sistema; finalizar la sesión
to loop in | conectar (/intercalar) en bucle
to lower | bajar [*el valor de una magnitud*]
to lurk | curiosear [*en foros de internet*]
TOM = telegraph on multiplex | TOM [*múltiplex de cuatro canales*]
to magnetise [UK] | imanar, imantar, magnetizar
to magnetize [UK+USA] | imanar, imantar, magnetizar
to mail | enviar correspondencia
to mailbomb | enviar una bomba de correo electrónico
to make contact | hacer contacto
to manage | gestionar
to manufacture | fabricar, manufacturar
to map | proyectar; asociar, asignar, traducir, disponer
to mask off | desenmascarar [*usar una máscara para quitar bits de datos*]
to match | adaptar; emparejar, igualar (las impedancias)
to matrix | matrizar
to mature | preparar; tramitar
to maximize | maximar, maximizar
tombac | tombaga [*aleación usada en bisutería*]; plisado (nuclear)
TOM channel | canal TOM
to melt | desvanecer, fundir
to menu-toggle | conmutar menú
TOM equipment | equipo múltiplex de cuatro canales
to merge | fusionar; intercalar
to migrate | migrar
to mill | fresar
to minimize | minimar, minimizar
to minimize decoration | minimar la decoración
to mix | batir; combinar; mezclar (señales), heterodinar
to modify | modificar
to modulate | modular
tomograph | radiotomograma
tomography | tomografía
to monitor | supervisar, vigilar, controlar, dirigir
tomoscopy | radiotomografía
to mount | montar
to move | desplazar, trasladar, cambiar de lugar; mover [*desplazar información de un lugar a otro*]
to multiplex | multiplexar
to multiply | multiplicar; conectar en paralelo
to mute | enmudecer, silenciar
tonal rendition | reproducción de matices
tonal response | respuesta acústica
to navigate | navegar; desplazarse
tone | sonido, tono, tonalidad
tone-and-announcement circuit | circuito de avisos y tonos
tone arm | brazo de fonocaptor
tone burst | ráfaga de tono
tone burst generator | generador de trenes de impulsos de tono
tone call | llamada por tonos, tono de llamada
tone channel | canal de tono
tone channelling | canalización por tonos
tone channel receiver | receptor de tonos de canalización
tone channel transmitter | trasmisor de tonos de canalización
tone control | control (/corrector, /regulador) de tono (/tonalidad)
tone control circuit | circuito de control de tono
tone control switch | conmutador de tono
tone converter | convertidor de tono
tone correction | corrección de tono (/tonalidad)
tone dialing | marcador de tono, selección por tonos
tone-dialing instrument | aparato de selección por tonos
tone equipment | equipo de manipulación por tonos (/audiofrecuencias)
tone frequency | frecuencia acústica, (tono de) audiofrecuencia
tone frequency telegraph unit | unidad audiotelegráfica (/de telegrafía por frecuencias acústicas)
tone generator | generador de tono (/sonido)
tone generator-keyer | manipulador del generador de tono
tone identification signal | tono de identificación
tone keyer | manipulador de tono
tone localizer | localizador de tono (/sonidos)
tone-modulated wave | onda modulada por tono (/sonido)
tone modulation | modulación de sonido
tone multiplex | múltiplex de tonos
tone multiplex equipment | equipo multiplexor de tonos
tone multiplex signal | señal múltiplex de tonos
tone multiplex terminal | terminal múltiplex de tonos
tone-off idle | reposo con tono puesto
tone-operated net-loss adjuster | regulador equivalente regulado por onda sinusoidal
tone oscillator | oscilador de tono (/audiofrecuencia)

toner | tóner, tinta en polvo; virador
toner cartridge | cartucho de tóner
tone reversal | inversión de tono
tone ringer | generador de tono (de llamada)
tone ringing | llamada por tonos, tono de llamada; timbre electrónico
tone signalling | señalización por tonos
tone signal test | prueba con zumbador (/señal de frecuencia musical)
to nest | jerarquizar; anidar [*insertar una estructura en otra, por ejemplo una tabla dentro de otra tabla*]
tone switch | conmutador de tono (/tonalidad)
tone telegraph | audiotelegrafía, telegrafía por tonos
tone telegraph apparatus | aparato audiotelegráfico (/de telegrafía por tonos)
tone telegraph channel | canal audiotelegráfico (/de tono telegráfico)
tone telegraph equipment | equipo audiotelegráfico (/de telegrafía por tonos)
tone telegraph system | sistema audiotelegráfico (/de telegrafía por tonos)
tone telegraph unit | unidad audiotelegráfica (de tonos)
tone telegraphy | audiotelegrafía, telegrafía por tonos
tone test | prueba con zumbador (/señal de frecuencia musical)
tone transmit channel | canal de trasmisión de tono (/frecuencia musical)
tone-tuning receiver | receptor de tono sintonizable
to neutralise [UK] | neutralizar
to neutralize [UK+USA] | neutralizar
tone wedge | escala de matices
tonewheel | rueda fónica
tonewheel amplifier | amplificador de impulsos de rueda fónica
tonewheel lock | enclavamiento de la rueda fónica
tonewheel processor | procesador de impulsos de rueda fónica
tonewheel pulse | impulso rueda fónica
tonewheel servo | servomecanismo de la rueda fónica
tonewheel signal | señal de la rueda fónica
tongue | lengüeta
tongue-and-clevis insulator | aislador de lengüeta y horquilla
tonlar = tone-operated net-loss adjuster | regulador sinusoidal, regulador de equivalente accionado por onda sinusoidal
tonometer | tonómetro
to normalise [UK] | normalizar
to normalize [UK+USA] | normalizar
Tonotron | Tonotron [*marca comercial de válvula acumuladora de visión directa*]

to nuke | interrumpir [*un proceso*]; borrar [*un archivo, un directorio o un disco*]
to observe a message | mirar un mensaje
to observe promise | garantizar compromiso
to occlude | ocluir
to occupy | ocupar
to occupy workspace | ocupar espacio de trabajo
to offload | descargar [*aliviar a un dispositivo de parte de su trabajo*]
tool | herramienta
toolbar, tool bar | barra de herramientas; herramienta de varilla
toolbox, tool box | caja de herramientas; grupo aplicaciones
tool function | función de herramienta
tooling | utillaje
toolkit | juego de herramientas
tool manager | gestor de herramientas
tools | herramientas para el desarrollo de SW
to opaque move | mover todo
to open | abrir
to open a circuit | abrir un circuito
to open as | abrir como
to open dialog box | abrir cuadro de diálogo
to open directory | abrir directorio
to open inbox | abrir buzón de entrada
to open in place | abrir en ventana actual
to open new view | abrir en ventana nueva
to open terminal | abrir terminal
to operate | actuar, funcionar, maniobrar, operar
to operate on direct current | funcionar con corriente continua
to operate on party-line basis | funcionar en forma compartida
to optimise [UK] | optimar, optimizar
to optimize [UK+USA] | optimar
to orient [USA] | orientar
to orientate [UK] | orientar
to originate a message | expedir un mensaje
to oscillate | oscilar
tooth | diente
tooth pitch | paso dental
to outgass | desgasear
to output | salir, sacar
to overexcite | sobreexcitar
to overlap | solapar
to overload | sobrecargar
to overprint | sobreimprimir
to override | ignorar; invalidar
to overstrike | superponer [*un carácter sobre otro*]
to overwrite | sobrescribir, sobregrabar
to oxidise [UK] | oxidar
to oxidize [UK+USA] | oxidar
top | extremo, parte superior
TOP = technical and office protocol | TOP [*protocolo técnico y administrativo*]

to pack | agrupar, comprimir, empaquetar [*guardar información compactada*]
to pack icons | organizar iconos
top aerial | antena de techo
to page setup | preparar página
to paint | dibujar, pintar
top angle | escuadra de fijación, larguero superior
top angle fish plate | empalme de largueros superiores
to parse | analizar
to partially expand | expandir parcialmente
to pass a booking | trasmitir una petición de comunicación
to pass a call | trasmitir una petición de comunicación
to pass a call again | trasmitir una petición de comunicación
to passivate | pasivar
to pass-through | pasar [*por un elemento intermedio*]
to paste | pegar
to paste link | pegar vínculo
to paste view options | pegar opciones de vista
to pause | hacer una pausa, detener (/suspender) temporalmente un proceso
to pay out | desarrollar; desenrollar
topaz crystal | cristal de topacio
top cap | casquillo (/terminal) superior
top capacitive loading | capacidad (/carga capacitiva) terminal
top capacitor | capacidad terminal
top capacitor aerial | antena de capacidad terminal
top channel | canal superior (/de frecuencia más alta)
top cowl auto aerial | antena de automóvil para montaje en el capó
top down | forma de programar desde arriba hacia abajo
top-down development | desarrollo de lo más básico a lo menos básico
top-down design | diseño descendente [*programación de las funciones más generales hacia las más particulares*]
top-down parsing | análisis sintáctico de arriba abajo
top-down programming | programación descendente
to peek | atisbar; leer un sector de memoria absoluto
to perform only | hacer solamente
top fin aerial | antena alta de deriva
top hat resistor | resistencia de protuberancia
to phreak | piratear la línea telefónica
topic | tema
topical magnetic resonance | resonancia magnética tópica
topic drift | derivación del tema [*en una discusión o debate*]
topic group | grupo de debate específico

topic hierarchy | jerarquía de temas
to pick off | arrancar, captar, derivar
to pick up | captar, explorar
to pick up the receiver | descolgar el receptor (del teléfono)
topics indexed | índice de temas
topic tree | árbol de temas
to ping | verificar la conexión [*comprobar que un ordenador está conectado a internet mediante el envío de un paquete ping*]
to plate | anodizar [USA], galvanoplastificar; depositar
to platinise [UK] | platinar, chapar en platino
to platinize [UK+USA] | platinar, chapar en platino
to platinum-plate | platinar, chapar en platino
to play a file | lanzar un archivo
top level button | botón de nivel superior
top level design | diseño de máximo nivel
top-level domain | dominio de nivel superior [*en el sistema de direcciones de internet*]
top level help | nivel superior de ayuda
top level help control | control del nivel superior de ayuda
toplight | luz alta
top-loaded | con capacidad terminal, con (/de) carga terminal
top-loaded aerial | antena de capacidad terminal
top-loaded vertical aerial | antena vertical de carga terminal
top loading | carga terminal
to plot | delinear, marcar, trazar, fijar la posición; plotear [*fam*], crear en tablero gráfico [*imágenes o diagramas*]
top loudspeaker | altavoz de agudos
to plug and play | enchufar y usar
to plug in | enchufar
topmost tap | toma superior
top-of-file | comienzo (/cabecera) del archivo
to point | señalar, marcar con el cursor
to point-and-click | apuntar y marcar [*con el ratón*]
to poke | examinar una posición para modificarla; guardar en sector absoluto [*registrar un byte en un sector absoluto de la memoria*]
to polarise [UK] | polarizar
to polarize [UK+USA] | polarizar
to polling | elegir
topological duals | circuitos (/redes) en correspondencia topológica dual
topological sort | clasificación topológica
topology | topología, configuración topológica
to pop | rebajar; buscar y remover el primer elemento [*de una pila de datos*]
to populate | equipar [*una tarjeta de circuitos con componentes*]

to pop-up | emerger
to porcelainise [UK] | porcelanizar
to porcelainize [UK+USA] | porcelanizar
to post | poner una nota, anunciar
to postedit | editar posteriormente, posteditar
to pot | embutir en resina
to pour | verter información [*de un programa a otro*]
to power | propulsar
to power down the system | apagar el sistema
to power off | apagar
to power on | encender
to power up | encender; arrancar [*un ordenador*]
topping | superposición, ciclo de contrapresión
topping-up | rellenado
top power | potencia máxima
top provider | proveedor principal
to preform | preformar
to preset | predefinir
to press | imprimir; prensar; pulsar
to press and hold down | mantener presionado
to prestore | prealmacenar
to preview | previsualizar, visualizar previamente
to prime | cebar
to print | imprimir
to print screen | imprimir la pantalla
to print setup | especificar impresora
to print to do list | imprimir lista de tareas
to print to file | imprimir en archivo [*formatear un documento para ser impreso y guardarlo en archivo*]
to print topic | imprimir el tema
to prioritize | dar prioridad
to process | procesar
to program | programar
to programme execute | ejecutar el programa [*en el ordenador*]
to prompt | apremiar
to prospect | explorar, sondear, prospectar
to prototype | hacer un prototipo
to provide | suministrar
TOPS = terminal operating system | TOPS [*sistema operativo de terminales*]
top score | puntuación máxima, tanteo máximo
top shadow | sombreado superior
topside sounder | sonda ionosférica
to pull | sacar
to pull-down menu | activar el menú
to pullout | sobrecargar; desenganchar
to pullout of step | desenganchar; desincronizar, sacar de sincronismo
to pulse | pulsar
to pump | bombear
to punch | perforar
to push | apretar, oprimir, pulsar; apilar; añadir [*datos nuevos a una pila*]
to push button | pulsar el botón

to put | colocar, poner, situar, insertar; expresar, interpretar; introducir [*datos en un archivo*]
to put a call through | pasar una llamada (/comunicación)
to put a circuit regular | restablecer la normalidad de un circuito
to put back | reponer
to put in circuit | poner en circuito
to put in service | poner en servicio
to put in trash | echar en la papelera
to put in use | poner en servicio (/funcionamiento)
to put in workspace | poner en el espacio de trabajo
to put on desktop | poner en el espacio de trabajo
to put on earth [UK] | conectar (/poner) a masa (/tierra)
to put out of service | bloquear, retirar (/quitar) del servicio
to put through | conectar, comunicar, establecer la comunicación, poner en comunicación
to put through a call | establecer una comunicación
to put through a call to a set | pasar una llamada a un aparato
to put through manually | establecer la comunicación manualmente
to put to earth [UK] | poner (/conectar) a tierra (/masa)
to put to ground [USA] | poner (/conectar) a tierra (/masa)
top view | vista principal
top window border | borde superior de la ventana
to quad | cablear hilos en cuadretes
to quantise [UK] | cuantificar
to quantize [UK+USA] | cuantificar; desglosar [*dividir un elemento en unidades separadas*]
to quench | templar; suprimir chispas; extinguir oscilaciones; desionizar [*un gas ionizado*]
to query | indagar, preguntar
to queue | poner en cola de espera, enviar a la cola de espera
to queuing | ponerse en la cola
to quiesce | inmovilizar
to quit | salir; confirmar
to quote | citar
TOR = telegraph on radio | TOR [*múltiplex de dos canales*]
TOR = teletypewriter on radio | TOR [*teleimpresora vía radio*]
to radiate | emitir, radiar
to radioactivate | radiactivar, hacer radiactivo
to radiobroadcast | radiar, trasmitir por radio, radiodifundir
to raise window with focus | activar la ventana con foco
to randomize | aleatorizar
to rank | ordenar por categorías, establecer un listado jerárquico
to ray | radiar, emitir rayos
torbernite | torbernita, chalcolita

torch [UK] | antorcha, linterna, lámpara eléctrica de bolsillo
TOR channel | canal TOR
torchère [fra] | antorcha
torchlight | antorcha
to read | leer
to read in | leer, registrar
to read/write [by video] | regenerar [en vídeo]
to reallocate | reubicar, recolocar
to rebate a charge | reembolsar una tasa
to reboot | reiniciar, reanudar, inicializar
to rebroadcast | retransmitir (en diferido), emitir de nuevo, redifundir
to recalibrate | recalibrar, volver a ajustar
to recall | volver a llamar
to receive | recibir, captar
to recharge | recargar, volver a cargar
to recognize | reconocer
to recompile | compilar de nuevo
to reconstitute | reconstruir
to record | registrar, grabar [información]
to recover | recuperar
to rectify | rectificar, enderezar
to redo | rehacer, repetir
to redraw | redibujar, dibujar de nuevo
to reduce | reducir
to reduce selection | comprimir selección
to reduce the charge for a call | acordar una reducción de tasas
to reduce the gain | reducir la ganancia
to reel off the tape | desenrollar la cinta
to reengineer | reestructurar [procesos]
to refile | trasmitir, transmitir, retrasmitir, retrasmitir, volver a trasmitir
to reformat | formatear de nuevo
to refresh | refrescar; actualizar, regenerar [una imagen de vídeo]; recargar [la DRAM]
to refresh display | refrescar la pantalla
to refuse | renovar (/reponer) el fusible
to refuse a call | rechazar una comunicación
to regenerate | regenerar
to regenerate plutonium | regenerar el plutonio
to register modify | modificar el registro [del ordenador]
to reject a request | rechazar una petición
to release | abrirse, cortar, desactivarse, descargar, desconectar, desenchufar, desexcitarse, desocuparse, disparar, interrumpir, liberar, reponer; trasferir el control
to relieve | descargar un circuito
to reline | reajustar
to reload | recargar
to relocate | relocalizar, reubicar [programas]

to remove | eliminar, quitar; remover
to remove all | eliminar todo
to remove burr | desbastar
to remove card | quitar la tarjeta
to remove name | eliminar nombre
to remove split | anular división
to remove the receiver | descolgar el receptor
to rename | renombrar, cambiar el nombre [de un archivo]
to render | ejecutar, aplicar; componer [un gráfico a partir de un archivo de datos]
to repaginate | repaginar
to repaint | repintar
to repeat | repetir
to repeat display memory | editar y repetir memoria en pantalla [del ordenador]
to repeat number | repetir número
to repel protons | repeler protones
to replace | reemplazar, sustituir
to replace all | reemplazar todo
to replace the receiver | colgar el auricular (/receptor)
to replay | responder
to reproduce | reproducir
to request | pedir, solicitar
TOR equipment | equipo múltiplex de dos canales
to rerecord | regrabar, trasferir un registro
to rereel | rebobinar, arrollar de nuevo
to reroute the traffic | desviar (/reencaminar) el tráfico, encaminar el tráfico por rutas alternativas
to rerun | reejecutar [un programa]
to rerun the slip | volver a pasar la cinta
to resent | reenviar
to reset | borrar, poner (/volver) a cero, reconectar, reinicializar, reponer, reposicionar, restablecer, restaurar
to reset login screen | restablecer la pantalla de inicio de sesión
to reset numeric error | restablecer el error numérico
to reset to factory | restablecer valores predeterminados
to resistance-heat | calentar por resistencia (/efecto Joule)
to resize | ajustar tamaño; redimensionar [un objeto gráfico]
to resolve | convertir [una dirección lógica en física o viceversa, o el nombre de un dominio de internet en su correspondiente dirección IP]
to resonate | resonar, sintonizar, entrar (/poner) en resonancia
to restart | reanudar, reiniciar, volver a arrancar (/poner en marcha)
to restore | recuperar, reintegrar, reponer, restablecer, restaurar
to restore a circuit | restablecer normalmente un circuito
to restore a circuit to service | reponer un circuito en servicio
to restore a pulse | restituir un impul-

so, restituir una pulsación
to restore the connection | restablecer la comunicación
to restore the receiver | colgar el auricular (/receptor)
to restore to normal | volver al reposo
to restrike | reencender, restablecer
to resume | reanudar
to resume service | reanudar el servicio
to resume transmission | reanudar la trasmisión
to retard | retardar, retrasar
to retransmit a booking | retrasmitir una petición (/solicitud) de comunicación
to retry | reintentar
to retrieve | extraer, recuperar, recobrar
to retune | resintonizar, volver a sintonizar
to return | contestar, responder; devolver, reexpedir, retornar; volver
to return from the dead [fam] | resucitar [fam. aplicado a recuperar la conexión con internet]
to revert | volver a la versión anterior [de un documento]
to rewind | rebobinar [una cinta]
to rewire | cablear de nuevo, recablear, renovar el cableado
to rewrite | reescribir, sobrescribir, escribir de nuevo; regrabar
to ride gain | regular la ganancia [por el indicador de volumen], ajustar el control de ganancia [según las fluctuaciones de la señal]
to right justify | justificar a la derecha
to ring | llamar, sonar
to ring manually | llamar manualmente
to ring the bell | accionar el timbre
tornadotron | tornadotrón [generador de ondas electromagnéticas milimétricas]
torn picture | imagen desgarrada
torn tape relay | retrasmisión por arranque de cinta
torn tape switching centre | centro de conmutación por ruptura de cintas
to robopost | enviar correo automáticamente [por internet]
to rock | bascular
toroid | toroide
toroidal | toroidal
toroidal coil | bobina toroidal (/anular)
toroidal core | núcleo toroidal (/anular)
toroidal induced discharge | descarga inducida toroidal
toroidal klystron | klistrón toroidal
toroidal permeability | permeabilidad toroidal
toroidal plasmoid | plasmoide toroidal
toroidal potentiometer | potenciómetro toroidal
toroidal repeating coil | trasformador toroidal
toroidal-shaped vacuum envelope | cámara (/recinto) toroidal de vacío

toroid cavity resonator | resonador de cavidad toroidal
to roll back | repetir
to roll in | trasvasar, transvasar [*información*], reincorporar [*a la memoria*]
to roll out | desplegar (menús); leer (el contenido de la memoria) en pantalla; descargar [*a la memoria externa*]
to rotate | girar, rotar [*la imagen*]
to round | redondear
to round off | redondear; truncar
to route | enrutar [*neol. en informática*]
torque | torque, llave dinamométrica; momento de apriete; par giroscópico
torque amplifier | amplificador de par (de torsión)
torque at rated load | par normal [*par motor con carga nominal*]
torque coil magnetometer | magnetómetro de bobina giratoria (/de par de torsión)
torque gradient | gradiente de par de torsión
torque motor | motor de par, motor productor de par de torsión
torque of an instrument | par de un instrumento
torque-operated wattmeter | vatímetro activado por torsión
torquer | motor de par (de torsión)
torr [*unit of pressure for partial vacuums equal to 133,32 pascals*] | torr, torricelli [*unidad de presión para el vacío parcial igual a 133,32 pascales, equivalente a la presión de un milímetro de mercurio*]
torsiometer | dinamómetro de torsión
torsion couple | par de torsión
torsion electrometer | electrómetro de torsión
torsion galvanometer | galvanómetro de torsión
torsion head wattmeter | vatímetro de cuerda
torsion string galvanometer | galvanómetro de fibra de torsión
to run | ejecutar [*un programa*]
to run down | agotarse, descargarse
to run in pipe | tender (cables) en tubos (/conducciones)
to run open | tender (cables) al aire libre
to salvage | recuperar
to sample | muestrear, tomar (/sacar) muestras, hacer pruebas de sondeo
to sample and hold | tomar muestras y retener
to save | grabar, guardar [*datos o un archivo informático*]; registrar
to save all | guardar todo
to save all properties | guardar todas las propiedades
to save and exit | grabar y salir
to save as | grabar (/guardar) como
to save file as type | guardar como archivo tipo
to save settings | guardar configuración

to save setup data | grabar los datos de configuración
to scale | acotar; graduar
to scale down | reducir a escala
to scale up | aumentar a escala
to scan | digitalizar, explorar (por barrido), rastrear, escanear
to scatter | dispersar
to schedule | planificar; programar [*un ordenador*]
to scintillate | centellear
to score | sonorizar
to score a film | sonorizar una película
to scramble | codificar; mezclar; trasponer, transponer
to scratch | eliminar [*datos*]
to scream [*fam*] | transmitir a velocidad muy alta
to screen | apantallar, blindar
to screen lock | bloquear pantalla
to screw | atornillar
to scroll | desplazar; desplazar la imagen [*línea a línea o carácter a carácter*]
to scroll bar toggle | conmutar la barra de desplazamiento
to scuff | frotar, rozar
to seal in | cerrarse
to search | buscar, explorar, indagar
to search folder | buscar carpeta
to seat | emplazar; enfocar; sentar; encajar [*una pieza en un equipo*]
to sectionalise [UK] | seccionar
to sectionalize [UK+USA] | seccionar
to seek | buscar
to segment | segmentar
to seize | asir, coger, tomar
to select | seleccionar, resaltar
to send | emitir, trasmitir
to select action type | seleccionar el tipo de acción
to select all | seleccionar todo
to select a number | componer un número
to selected emphasis | resaltar lo seleccionado
to self-excite | autoexcitar
to send | emitir, enviar, mandar, remitir, trasmitir, transmitir
to send by radio | trasmitir por radio
to send by wire | trasmitir por cable (/hilo)
to send message | enviar el mensaje
to send out | difundir, emitir, trasmitir, transmitir
to sense | detectar, determinar; leer; resolver
to separate | apartar, dividir, separar
to serialise [UK] | ordenar en serie
to serialize [UK+USA] | serializar [*cambiar el modo de transmisión en serie a paralelo*], pasar a serie, ordenar en serie
to set | ajustar, colocar, definir, disponer, enfocar, establecer [*una condición*], graduar, posicionar, configurar, fijar
to set administrative password | definir la contraseña administrativa
to set against | contrastar
to set filter properties | establecer propiedades de filtro
to set for read | ajustar para lectura
to set for write | ajustar para escritura
to set home session | establecer sesión de inicio
to setup, to set up | armar, arreglar, exponer, instalar, montar, preparar; configurar
to set up a call | establecer una comunicación
to set up a circuit | establecer un circuito
to set up a number | marcar (/formar) un número
to set up a number on a keyset | formar un número en el teclado
to set user password | definir la contraseña del usuario
to set view properties | establecer propiedades de vista
to shade | sombrear, dar sombra
to shake | agitar, sacudir, temblar, trepidar, vibrar
to shake up | agitar, sacudir
to shape | dirigir; forjar; formar; limar; modelar; poner rumbo
to share | compartir
to shear | cizallar, cortar, recortar
to shear off | arrancar (los contactos)
to sheath | envainar, envolver, forrar, revestir
to sheet | envolver; extenderse
to shell | bombardear, cañonear; desvainar, pelar (cables); crear el núcleo [*de un sistema operativo*]
to shell out | acceder al núcleo [*de un sistema operativo*]
to shelve | poner en anaquel (/estante, /repisa)
to shield | amparar, apantallar, blindar, defender, resguardar
to shift | alterar, cambiar, desplazar, desviar, variar
to shift out | desplazar hacia fuera
to shim | acuñar; calzar; compensar
to shimmy | bambolearse, oscilar, vibrar, zigzaguear
to ship | despachar, embarcar, expedir, mandar
to shock-excite | excitar por choque (/descarga, /impulso)
to short | cortocircuitar(se), establecer (/hacer) un cortocircuito
to short-circuit | cortocircuitar(se), poner(se) en cortocircuito
to short out | eliminar por cortocircuito
to shout | gritar [*escribir un mensaje o comunicación en un chat utilizando sólo mayúsculas*]
to show | mostrar
to show appointment | mostrar cita
to show file type | mostrar tipo de archivo
to show hidden objects | mostrar objetos ocultos

to show nothing | no mostrar nada
to show other calendar | mostrar otras agendas
to show time and text | mostrar hora y texto
to show time only | mostrar sólo hora
to shred | eliminar definitivamente
to shred file | eliminar archivo definitivamente
to shuffle down | mostrar siguiente
to shuffle up | mostrar anterior
to shunt | derivar; conectar (/poner) en derivación (/paralelo)
to shunt out | derivar, poner en derivación
to shutdown, to shut down | lanzar; apagar, cerrar
to shut off | apagar, interrumpir
to signal-trace | rastrear la señal
to sign off | anunciar el fin de la emisión
to sign on | anunciar el comienzo de la emisión
to silver-line | platear
to silver-solder | soldar con plata
to simulate | simular
to simulcast | trasmitir simultáneamente
to sinter | sinterizar
to sinterise [UK] | sinterizar
to sinterize [UK+USA] | sinterizar
to site | colocar, emplazar, situar, ubicar
to size | agrupar, ajustar el tamaño, calibrar, clasificar, disponer, distribuir; evaluar
to skip | saltar
to sleep | abortar [*suspender una operación sin terminarla*]
to slew | girar rápidamente
to slow down | moderar, retardar; termalizar (neutrones rápidos)
to smash | desintegrar, destrozar, escindir, romper
to smelt | derretir(se), fundir(se)
to smooth | aplanar (fluctuaciones), filtrar, suavizar; eliminar irregularidades [*o datos irrelevantes*]
to snap-in | engranar
to soak | cargar lentamente, saturar el núcleo
to solder | soldar
to solve | resolver
to sort | clasificar, ordenar
to spam | bombardear [*enviar grandes cantidades de correo electrónico para bloquear un servidor*]
to speak | comunicar
to spell | deletrear
to split | dividir
to split window | dividir ventana
to spool | poner en cola [*almacenar un archivo en la cola de impresión*]
to spool in | bobinar
to spot-weld | soldar por puntos
to squelch | silenciar
to stack | apilar, escalonar
to stall | ahogar(se), atascar(se), calar, calarse, parar(se)
to standardise [UK] | normalizar
to standardize [UK+USA] | normalizar
to stand by | estar a la escucha (/espera), estar preparado para acción inmediata
to stand guard | vigilar, estar en escucha (/guardia)
to start | arrancar, iniciar, poner en marcha
to start blanker | iniciar el borrador
to start over | volver a iniciar
to start saver | iniciar protector
to startup, to start-up | arrancar, encender, iniciar, inicializar
to staticize | estatizar, volver estático; tener en cuenta una instrucción
to steer | controlar, mandar, orientar, regular
to stellite | recubrir con estelita
to step | escalonar
to step up | elevar
to stop | detener
to store | acumular, almacenar, retener; registrar (en memoria)
to store and forward | almacenar y enviar (/reenviar)
to strap | aparear
to stream | trasmitir un flujo de datos [*de modo continuo*]
to strike | cebar, encender (un arco); establecer, formar; hacer saltar (una chispa)
to string search | buscar cadena
to strip | pelar [*un cable*], quitar (/raspar, /retirar) el aislamiento
to stripe | listar en disco [*múltiples particiones*]
to strobe | hacer una selección estroboscópica
to subscribe | suscribir, registrar
to substitute | sustituir
to substitute memory | sustituir (el contenido de) la memoria
to summarise [UK] | totalizar por suma
to summarize [UK+USA] | totalizar por suma, sumar resultados
to supercharge | sobrecargar, sobrealimentar
to superimpose | superponer
to supersaturate | sobresaturar, supersaturar
to supply | alimentar energía
to support | soportar [*admitir compatibilidad*]
to suppress | suprimir
to surf | explorar, navegar [*por la red*], surfear [*fam. desplazarse por internet saltando de un enlace a otro*]
to suspend | parar, suspender [*temporalmente un proceso*]
to suspend desktop | suspender el escritorio
to sustain | sostener
to swap | sustituir, intercambiar
to swap in | almacenar, depositar
to swap out | salvar e intercambiar
to sweep | barrer, explorar
to switch | cambiar, conmutar, intercambiar; seleccionar por conmutador
to switch in | conectar, encender, intercalar (en un circuito)
to switch off | apagar; abrir el circuito, cortar el contacto, cortar la corriente, desconectar, interrumpir
to switch on | cerrar el circuito, conectar, encender, establecer contacto
to switch out | apagar, cortar la corriente, desconectar, poner fuera del circuito
to switch out of operation | poner fuera de circuito (/servicio)
to switch to | cambiar a, pasar a
to switch user | conmutar usuario
to synchronise [UK] | sincronizar
to synchronize [UK+USA] | sincronizar
to syntonise [UK] | sintonizar
to syntonize [UK+USA] | sintonizar
to tab | tabular
to tabulate | tabular
to tag | identificar, marcar
to take off | copiar; descolgar (el receptor); desenrollar; levantar; rebajar, retirar, separar
to take out of service | bloquear, dejar fuera de servicio
to takeup, to take-up | rebobinar
total | total
total absorption | absorción total
total access communications system | sistema de comunicaciones de acceso total
total amplitude of an oscillating quantity | amplitud total de una magnitud oscilante
total anode power input | potencia total anódica de entrada
total attenuation coefficient | coeficiente de atenuación total
total binding energy | energía total de enlace (/unión)
total board thickness | espesor total de la placa
total body radiation | irradiación corporal total
total break time | duración total de ruptura
total bypass | paso total [*red de comunicaciones vía satélite para enlaces telefónicos locales y de larga distancia*]
total capacitance | capacidad total
total charge number | número de carga total
total combined regulation | regulación total combinada
total connected load | carga total conectada
total correctness | corrección total
total cost of ownership | coste de adquisición y mantenimiento
total cross section | sección eficaz total
total degraded-electron spectrum | espectro total de los electrones degenerados

total distortion | distorsión total
total earth | conexión completa a tierra
total effective collision cross section | sección específica de colisión
total electrode capacitance | capacidad electródica total, capacidad total del electrodo
total electron binding energy | energía total de enlace electrónico (/de los electrones)
total emission | emisión total, corriente de saturación
total emissivity | emisividad total, corriente (/potencia) de emisión total
total energy | energía total
total error | error total
total excursion | excursión total
total exposure | exposición (/irradiación) total
total field | campo total
total filter | filtro total
total flux | flujo total
total function | función total
total functional resistance | resistencia total funcional
total harmonic content | contenido total de armónicas (en la señal)
total harmonic distortion | distorsión armónica total
total harmonic ratio | atenuación de la distorsión armónica total
total hash | total de comprobación
total heat | entalpía; calor total
total heat consumption | consumo total de calor
total internal reflection | reflexión total interna
total ionization | ionización total
totalizing | totalización
to talk | hablar; charlar [*en un chat*]
total kinetic energy | energía cinética total
total loss of a ferromagnetic part | pérdida total de un elemento ferromagnético
total luminous flux | flujo luminoso total
totally enclosed machine | máquina totalmente cerrada
totally enclosed motor | motor completamente cerrado
totally ordered structure | estructura lineal (/totalmente ordenada)
totally unbalanced current | corriente totalmente desequilibrada
total multiplex signal | señal múltiplex global
total neutron flux | flujo total de neutrones
total nuclear binding energy | energía total de enlace nuclear
total ordering | orden total
total particle energy | energía total de las partículas
total peripheral resistance | resistencia periférica total
total range of an instrument | alcance total de un instrumento

total reaction power | densidad de la energía de reacción total
total reaction rate | velocidad de reacción total
total reactivity | reactividad total
total reactivity absorbed | reactividad total absorbida
total regulation | regulación total
total resistance | resistencia total
total resisting effort | esfuerzo resistente total
total specific ionization | ionización específica total
total spectral emissivity | capacidad de emisión espectral total
total telegraph distortion | distorsión telegráfica total
total thermal power | potencia térmica total
total time constant | constante de tiempo global
total transition probability | probabilidad de transición total
total transition time | tiempo total de transición
total video signal | señal de vídeo global
total watts | consumo (/potencia, /rendimiento) total en vatios
to tap into | conectarse, introducirse
to tap off | bifurcar, derivar, tomar
to tar | empaquetar; comprimir un archivo [*utilidad de UNIX*]
to tee off [USA] | bifurcar, derivar
to telecommute | telecomunicar [*a través de ordenador*]
to telephone | telefonear, llamar por teléfono
to teleprocess | teleprocesar
to teleview | ver (/observar) por televisión
to televise | televisar, emitir por televisión
to telnet | comunicarse via Telnet, acceder a un ordenador remoto [*utilizando el protocolo telnet*]
totem pole amplifier | amplificador "en pilar totémico"
to terminate | acabar, concluir, finalizar [*un programa o un proceso*], terminar
to test | comprobar, verificar, probar, ensayar
to thermalise [UK] | atemperar, termalizar
to thermalize [UK+USA] | atemperar, termalizar
to thermistorise [UK] | termistorizar, montar termistores
to thermistorize [UK+USA] | termistorizar, montar termistores
to throw | accionar; volcar
to thunk | convertir [*el código de 32 bit en código de 16 y viceversa*]
to tile | enlosar [*colocar o rellenar áreas en la programación de gráficos*]
to time-edit | editar la hora
to time share | compartir el tiempo
to tin | estañar

to toggle | conmutar [*entre dos estados*], maniobrar [*un conmutador*]
to toggle menu bar | conmutar la barra de menús
to trace | trazar, rastrear
to track | rastrear, seguir [*una ruta*], trazar
to track down trouble | localizar averías
to train | apuntar; entrenar, adiestrar
to transcribe | grabar; trascribir, transcribir
to transfer | trasferir, transferir
to transform | trasformar, transformar
to transistorise [UK] | transistorizar
to transistorize [UK+USA] | transistorizar
to translate | convertir [*un programa de un lenguaje a otro*]; traducir; reexpedir, retrasmitir, retransmitir; trasladar [*una imagen a la pantalla*]
to transliterate | trascribir, transcribir
to transmit | trasmitir, transmitir
to transpond | trasponer, transponer
to transport | trasportar, transportar
to transpose | trasponer, transponer
to trap | interceptar [*una acción*]
to traverse | atravesar
to triage | identificar [*elementos*]
to trigger | activar, disparar [*el circuito*]
to trigger a reply | iniciar (/provocar) una respuesta
to troll | provocar [*en comunicaciones por internet para conseguir respuestas apasionadas*]
to tropicalise [UK] | tropicalizar
to tropicalize [UK+USA] | tropicalizar
to troubleshoot | arreglar una avería, reparar averías, subsanar (/arreglar, /resolver, solucionar) problemas
to truncate | truncar [*caracteres o números*]
to tune | ajustar, sintonizar
to tune in | sintonizar
to tune out | desintonizar, eliminar (/excluir) una señal por sintonización
to tunnel | encapsular [*un paquete de datos dentro de otro paquete en un solo protocolo*]
to turn off | apagar, cortar, desactivar
to turn on | activar, cerrarse, desbloquear
to turn-on a repeater | encender un amplificador (/repetidor)
to tweak | ajustar con precisión
to tween | promediar
to type | mecanografiar, escribir [*en teclado*]
to typeset | componer
touch | toque
touchcalling keyset | teclado de llamada por tonos
touchcalling receiver | receptor de llamada por tonos
touch control | control de contacto (/pulsador)
touch pad | tablero gráfico táctil [*dotado de sensores de presión*]

touch screen | pantalla táctil
touch sensitive CRT | pantalla táctil
touch-sensitive device | dispositivo activado (/dirigido) por pulsación (/toque)
touch-sensitive display | pantalla sensible al tacto
touch-sensitive tablet | tablero gráfico sensible al tacto
touch sensitivity | sensibilidad al toque
touch swipe technique | técnica de selección por señalamiento
touch technique | técnica de señalamiento
touchtone, touch-tone | tono de marcación [*procedimiento para marcar las cifras en telefonía patentado por ATT*]; marcación (/selección) multifrecuencia; tono de tecla de llamada
touch-tone calling | llamada por teclado de tonos
touch-tone dialling | marcación por teclado de tonos
touch-tone receiver | receptor de llamada por tonos
touch-tone system | sistema de llamada por teclado
touch-tone telephone | teléfono de teclado de tonos
touch-tone telephone set | equipo telefónico de llamada por tonos
touch-up | retoque
touch voltage | tensión al toque
to unblock | desbloquear
to unbundle | separar del paquete [*de programas*]
to uncage | liberar
to uncompress | descomprimir [*archivos*]
to undelete | rehacer, restaurar [*datos borrados*]
to undelete message | rehacer el mensaje suprimido
to undercut | socavar
to underline | subrayar
to undo | deshacer
to undock | desacoplar [*el ordenador*]
to unerase | recuperar lo borrado
to unfreeze | movilizar
to unfreeze panes | movilizar secciones
to unhide | mostrar; descargar, suprimir
to uninstall | desinstalar [*un programa*]
to uninstall component | desinstalar componente
to unload | descargar [*eliminar un programa de la memoria*]
to unlock | desbloquear
to unmount | desactivar [*una unidad de disco o de cinta*]
to unpack | desempaquetar [*datos*]; desagrupar, descomponer, disgregar
to unplug | desconectar, desenchufar
to unroll | desenrollar
to unscrew | desatornillar, desenganchar, desenroscar; separar

to unseal | abrirse, separarse (los contactos)
to unset | poner a cero [*el valor de un bit*]
to unsubscribe | anular la suscripción [*a un grupo de noticias en internet*]
to untar | separar ficheros de un archivo conjunto [*con el programa 'tar' de UNIX*]
to unwind | desenrollar; codificar progresivamente
to unzip | descomprimir [*archivos*]
to update | actualizar, poner al día
to upgrade | ampliar [*un equipo*]; bonificar, mejorar, perfeccionar, actualizar [*la versión*]; subir de grado, ascender un grado
to uplink | trasmitir hacia satélite
to upload | subir, cargar, copiar; cargar [*un programa*], trasferir [*un archivo*]
to uptake | aportar
tourmaline | turmalina
tournament | torneo
tournament method | método de torneo
Touschek effect | efecto Touschek
to use | usar
to validate | aprobar, homologar, validar
to vary cyclically | variar cíclicamente
to verify | comprobar, verificar
to vi [*to edit a file using the visual editor*] | editar [*en la unidad de visualización*]
to view | ver, visualizar, presentar en pantalla
to watch | escuchar, estar a la escucha; vigilar
to watch errors | observar errores
to weld | soldar (al arco)
tower | castillete, torre
tower beacon light | luz de balizamiento de torre
tower computer | ordenador de torre
tower light | luz (/baliza luminosa) de torre
tower-lighting isolation coil | bobina separadora para balizamiento de torre
tower-lighting transformer | trasformador para iluminación de torre
tower line | línea sobre torres
tower loading | carga de la torre
tower radiator | mástil radiante, radiador de torre
tower shadow effect | efecto de pantalla (/sombra de torre)
to wet down a contact | humedecer un contacto
to wind | arrollar, bobinar, devanar, enrollar
to wire | cablear, conectar; tender cables; telegrafiar
to withdraw a plug | quitar (/retirar, /sacar, /desconectar) una clavija
town gas | gas ciudad (/industrial, /de alumbrado)
town mains | canalización urbana; líneas urbanas
Townsend avalanche | avalancha de Townsend
Townsend characteristic | característica de Townsend
Townsend coefficient | coeficiente de Townsend
Townsend criterion | criterio de Townsend
Townsend discharge | conducción (/descarga) de Townsend
Townsend ionization | avalancha (/ionización) de Townsend
Townsend ionization coefficient | coeficiente de ionización de Townsend
town supply | suministro urbano
to word underline | subrayar palabra
to word wrap toggle | conmutar la acomodación automática de texto
to work | trabajar, utilizar (un circuito); comunicar, suministrar (datos)
to wrap | grapinar
to wrap a joint | revestir una junta, revestir un empalme
to wrap and fill | arrollar y llenar
to wrap around | continuar el ciclo [*de búsqueda*]
to write | escribir, inscribir, grabar [*información*]
to write after read | escribir después de leer
to write through | calcar, hacer una copia
to zap | cambiar de canal [*con frecuencia*], zapear [*fam*]; borrar definitivamente [*un archivo*]
to zero | rellenar (/reemplazar) con ceros, poner a cero
to zero out | poner a cero [*convertir en ceros una variable o una serie de bits*]
to zip | comprimir
to zone | dividir en zonas
to zoom | hacer un zoom, variar el tamaño del enfoque, agrandar la imagen
to zoom in | agrandar, enfocar en primer plano
to zoom out | disminuir
TP = teleprinter | TP = teleimpresora
TP = test point | PP = punto de prueba (/comprobación)
TP = transaction processing | proceso de transacciones en línea
T pad | atenuador en T
tpi = tracks per inch | tpi [*pistas por pulgada*]
TPM = third-party maintenance | TPM [*mantenimiento realizado por empresa de terceros*]
TP monitor = teleprocessing (/transaction processing) monitor | monitor TP = monitor de teleproceso
TPR = total peripheral resistance | RPT = resistencia periférica total
T pulse | impulso (de duración) T
TR = transistor | TR = transistor

TR = transmission / reception | E/R = emisión / recepción
TR = transmitter | trasmisor, transmisor
TRAC = technical recommendations application committee | TRAC [*Comité para la aplicación de recomendaciones técnicas*]
TRACALS = air traffic control, navigation, approach, and landing system | TRACALS [*sistema de control de tráfico aéreo, navegación, aproximación y aterrizaje*]
trace | barrido, exploración; trayectoria, trazo, trazado
trace, to - | trazar, rastrear
traceability | capacidad de rastreo (/seguimiento)
trace analysis | análisis de vestigios
trace-brightening circuit | circuito intensificador de traza luminosa
trace concentration | concentración de trazas
tracer | indicador osciloscópico; rastreador, seguidor de circuitos; trazador; visualizador
tracer atom | átomo marcado
tracer compound | compuesto trazador
tracer element | elemento trazador
tracer program | programa rastreador
tracer study | estudio con trazador
tracer thread | hebra identificadora, hilo de referencia (/reconocimiento)
trace expansion | expansión de traza (/trazado)
trace impurity | indicio de impureza
trace intensifier pulse | impulso intensificador de traza luminosa
trace interval | intervalo de trazado
trace line | línea de trazado
trace period | periodo de trazado
trace program | programa de rastreo
trace rotation | rotación de la traza
trace rotation system | sistema de rotación de la traza
trace routine | rutina de trazado
trace strobing | sobreimpresión de la traza luminosa
trace time | intervalo (/tiempo) de trazado (/de exploración activa)
trace width | anchura de trazado
tracing | identificación, localización, rastreo, seguimiento
tracing call | seguimiento de un circuito
tracing distortion | distorsión de seguimiento (/surco, /trazado)
tracing equipment | equipo de rastreo de localización (/señales)
tracing instrument | instrumento rastreo (de señales)
tracing routine | rutina de trazado
tracing spot | punto explorador (/trazador)
track | canal; derrota; guía, pista, ruta, vía
track, to - | rastrear, seguir [*una ruta*], trazar
trackability | capacidad de seguimiento

track access time | tiempo de acceso de pista
trackball | bola de mando [*del cursor*]; bola rodante (/de seguimiento); esfera de pista
track beacon | radiofaro de alineación
track chamber | cámara de trazado (/trayectorias, /trazas)
track circuit | circuito de vía
track circuit with polarized relay | circuito de vía con relé polarizado
track command guidance | guiado por órdenes de seguimiento
track configuration | configuración de pistas
track crawl search | rastreo progresivo de la ruta [*para salvamento*]
track-delineating chamber | cámara de trazado, cámara delineadora de trazas
track diagram | esquema de vías
track distortion | distorsión de traza
track down trouble, to - | localizar averías
trackerball | bola rodante
track gauge | gálibo de vía
track guidance system | sistema de radioalineación
track guide | guía de ruta (/trayectorias)
track hold memory | memoria de mantenimiento y seguimiento
track homing | aproximación por seguimiento
tracking | alineación; arrastre; rastreo, seguimiento; canal de paso
tracking accuracy | precisión de seguimiento
tracking aerial | antena de seguimiento
tracking apparatus | aparato seguidor de blanco
tracking beam | haz seguidor (/de seguimiento)
tracking circuit | circuito de seguimiento
tracking element | elemento de rastreo (/seguimiento)
tracking error | error de pista (/seguimiento)
tracking filter | filtro de seguimiento
tracking force | fuerza de seguimiento
tracking generator | generador seguidor (/sincronizador)
tracking jitter | fluctuación (/temblor) de antena (/rastreo), fluctuación de seguimiento
tracking of target | rastreo (/seguimiento) del blanco
tracking radar | radar de seguimiento (automático)
tracking range | alcance del seguimiento
tracking resistance | resistencia de seguimiento
tracking spacing | espaciado de pistas
tracking spot | punto de seguimiento, punto móvil indicador del blanco
tracking station | estación de segui-

miento
tracking weight | peso de seguimiento
track in range | seguimiento dentro de alcance
track length | longitud de traza
track made good | gráfico de seguimiento
trackpad | pista de contacto [*sensible al contacto para realizar movimientos en la pantalla*]
track relay | relé de vía
tracks per inch | pistas por pulgada [*para medir la densidad de almacenamiento de la información en el disco*]
track-while-scan | exploración simultánea al seguimiento
track-while-scanning | exploración simultánea al seguimiento
track width | anchura de pista
traction battery | batería de tracción
traction current | corriente de tracción
traction equipment | equipo de tracción
traction motor | motor de tracción
traction substation | subestación de tracción
tractive | de tracción
tractive armature relay | relé con núcleo (/armadura) de tracción
tractive effort | esfuerzo de tracción (en la llanta)
tractive effort of the motor | esfuerzo de tracción del motor
tractive force | fuerza de tracción
tractor feed | avance (/arrastre) por tractor [*para el papel continuo de impresora*]
trademark | marca registrada
trade secret | secreto industrial
trade show | espectáculo de ventas
trading protocol | protocolo de comercio
traffic | tráfico, correspondencia
traffic analysis | análisis de tráfico
traffic capacity | capacidad de tráfico, capacidad de trabajo (de un componente)
traffic carried | tráfico cursado
traffic-carrying capacity | capacidad de tráfico
traffic channel | canal de (/para) tráfico
traffic channel fullrate | velocidad máxima de trasmisión por canal
traffic circuit | circuito de tráfico
traffic control | control del tráfico
traffic curve | curva de tráfico
traffic diagram | diagrama (/esquema) de tráfico (/vías)
traffic direction indicator | indicador de dirección de circulación
traffic director | jefe de tráfico (/circulación)
traffic distribution | distribución de tráfico
traffic distributor | distribuidor de tráfico
traffic exchange | intercambio de tráfico

traffic-exchanging station | estación corresponsal
traffic flow | volumen de tráfico
traffic flow security | seguridad de flujo de tráfico
traffic fluctuation | fluctuación del tráfico
traffic forecast | predicción del tráfico
traffic frequency | frecuencia de tráfico (/trabajo)
traffic handling | encaminamiento (/manipulación) del tráfico; cursado de los mensajes
traffic-handling method | método de explotación (del tráfico)
traffic increase | aumento del tráfico
traffic intensity | intensidad de (/del) tráfico
traffic layout | esquema de tráfico (/circulación, /líneas)
traffic list | lista de llamadas
traffic load | intensidad del tráfico
traffic matrix | matriz de tráfico
traffic meter | contador (/medidor) de tráfico; registrador de llamadas automáticas
traffic observation | observación de tráfico
traffic offered | tráfico ofrecido
traffic relay | escala (/retrasmisión, /trasferencia) del tráfico
traffic room | sala de aparatos (/operadores, /tráfico)
traffic signal | señal de vía
traffic specification | especificación del tráfico
traffic unit | unidad de tráfico
traffic volume | volumen de tráfico
traffic wave | onda de tráfico
trailer | cola protectora; rastro (luminoso); remolque
trailer label | etiqueta de cola
trailer light | luz de remolque
trailer record | registro de sinopsis (/cola); grabación de remolque
trailing aerial | antena colgante (/remolcada, /de arrastre)
trailing contact | contacto acompañado (/de acompañamiento)
trailing edge | borde posterior; flanco final (/de arrastre); pista de canto
trailing-edge pulse time | instante del flanco final del impulso
trailing ghost | eco atrasado (/retrasado)
trailing pole horn | extremidad de salida
trailing pole tip | extremo (/extremidad) de salida
trailing reversal | inversión posterior, efecto de borde posterior
trailing wire aerial | antena colgante
train | tren
train, to - | apuntar; entrenar, adiestrar
train brake relay | relé del freno de puntería
train brake switch | interruptor del freno de puntería
trainer | adiestrador, entrenador, dispositivo de entrenamiento
training | ecualización [*del módem*]
training motor | motor de orientación
training on the job | formación en el puesto de trabajo
training reactor | reactor de adiestramiento
train of waves | tren de ondas
train overload relay | relé de sobrecarga del sistema de puntería
train printer | impresora de tren [*de caracteres*]
train time | tiempo de preparación
train unit | unidad automotora
trajectory | trayectoria
trajectory-controlled | de trayectoria controlada
trajectory of electrons | trayectoria de los electrones
tramline | línea de tranvía
tramlines | rayas horizontales
tramway | tranvía
trancor | trancor [*aleación magnética de silicio y hierro*]
TRANS = transformer | TRANS = trasformador, transformador
transaction | transacción
transaction coordinator | coordinador de transacciones [*en comercio electrónico*]
transaction data | datos de transacción
transaction file | archivo de movimientos (/transacción)
transaction identifier | identificador de transacción
transaction log | registro de transacción
transaction management | gestión de transacciones [*en comercio electrónico*]
transaction processing | proceso (/procesado) de transacciones [*en comercio electrónico*]
transaction processing monitor | monitor de teleproceso
transaction server | servidor de transacciones [*en comercio electrónico*]
transadmittance | transadmitancia, trasadmitancia, admitancia de trasferencia
transadmittance compression ratio | relación de compresión de trasadmitancia
transatlantic telegraphy | telegrafía trasatlántica
transatlantic telephone cable | cable telefónico trasatlántico
transatlantic telephony | telefonía trasatlántica
transborder dataflow | flujo de datos trasnacional
transceiver = transmitter and receiver, transmitter-receiver | trasceptor, transceptor = trasmisor y receptor, trasmisor-receptor, emisor-receptor
transceiver cable | cable trasceptor

transceiving data link | enlace de emisión-recepción de datos
transcendental | trascendental, transcendental
transcendental function | función trascendental
transceptor | trasceptor, transceptor
transcoder | trascodificador, transcodificador
transcomputer [*transputer*] | trasordenador, transordenador
transconductance | trasconductancia, transconductancia, conductancia mutua (/recíproca)
transconductance amplifier | amplificador de trasconductancia
transconductance meter | trasconductómetro, transconductómetro, medidor de trasconductancia
transconductance valve tester | probador de válvulas de trasconductancia
transconductance variation | variación de trasconductancia
transconduction | trasducción, transducción
transconductometer | trasconductómetro, transconductómetro
transconductor | trasconductor, transconductor
transcontinental | trascontinental, transcontinental
transcontinental ballistic missile | proyectil balístico trascontinental
transcontinental satellite transmission | trasmisión trascontinental por satélite
transcording and rate adaption unit | unidad de adaptación de trasmisiones y velocidad de trasmisión
transcribe, to - | grabar; trascribir, transcribir
transcriber | trascriptor, transcriptor
transcription | trascripción, transcripción
transcription disc recording | grabación en discos [*para radiodifusión*]
transcription turntable | plato giradiscos para trascripciones
transcriptor | trascriptor, transcriptor
transcurial | trascuriano, transcuriano
transcurium element | elemento trascuriano
transdifferential | trasdiferencial, transdiferencial
transdiode | trasdiodo, transdiodo
transducer | trasductor, transductor
transducer-blocked impedance | impedancia a circuito abierto
transducer-controlled | controlado (/regulado) por trasductor
transducer-coupling system efficiency | rendimiento del sistema traductor-acoplamiento
transducer dissipation loss | pérdida por disipación del trasductor
transducer efficiency | rendimiento del trasductor

transducer equivalent noise pressure | presión equivalente del ruido del trasductor
transducer for through-hull mounting | trasductor para montaje en paso en el casco
transducer gain | ganancia del trasductor
transducer head | cabeza del trasductor
transducer insertion gain | trasductor de ganancia por inserción
transducer insertion loss | pérdida de inserción del trasductor
transducer loss | pérdida (/atenuación) de trasductor (/trasducción)
transducer power gain | ganancia trasductiva (/efectiva en potencia)
transducer power loss | pérdida trasductiva (/efectiva en potencia)
transducer pulse delay | retardo de impulsos del trasductor
transducer scanner | explorador de trasductores
transducer valve | válvula trasductora
transducer zero offset | compensación del cero del trasductor
transducing | trasductor, transductor, de trasducción, transducción
transducing of a signal | trasducción de una señal
transducing piezoid | cuarzo trasductor
transducing quadrupole | cuadripolo trasductivo
transduction | trasducción, transducción
transductor | trasductor, transductor; reactor saturable (/de conmutación)
transductor amplifier | amplificador magnético
transductor-controlled | controlado (/regulado) por trasductor
transductor-controlled dynamic braking | frenado dinámico regulado por trasductor
transductor-controlled power unit | fuente de alimentación controlada por trasductor
transductor device | dispositivo trasductor (/de trasductores)
transductor element | elemento de trasductor
transductor field-ripple detector | detector trasductivo [para determinar el rizado (/componente de alterna) del campo]
transductor-operated | accionado por trasductor
transductor-operated contactor | contacto accionado por trasductor
transductor reactor | reactancia por trasductor
transductor regulator | regulador de trasductor
transductor scanner | explorador de trasductor
transequatorial | trasecuatorial, transecuatorial
transequatorial scatter | difusión (/dispersión) trasecuatorial
transfer | trasferencia, transferencia
transfer, to - | trasferir, transferir
transfer accuracy | precisión de trasferencia
transfer admittance | admitancia de trasferencia
transfer bar | barra auxiliar
transfer box | caja de derivación
transfer button | botón de trasferencia
transfer canal | canal de trasferencia
transfer characteristic | característica de trasferencia
transfer characteristic curve | curva característica de trasferencia
transfer charge | carga de trasferencia
transfer check | comprobación de trasferencia
transfer circuit | circuito de trasferencia
transfer coefficient | coeficiente de trasferencia
transfer constant | constante de trasferencia (/trasmisión)
transfer contact | contacto de trasferencia
transfer control | control de trasferencia
transfer coupling | bloque de trasferencia
transfer current | corriente (/intensidad) de trasferencia
transfer current ratio | relación de la corriente de trasferencia
transfer curve | curva característica, característica de régimen
transfer efficiency | rendimiento de trasferencia
transfer electrode | electrodo de trasferencia
transfer electrode counter valve | válvula contadora de electrones de trasferencia
transference number | número de trasferencia
transfer factor | factor de trasferencia
transfer function | función de trasferencia
transfer function analyser | analizador de la función de trasferencia
transfer function meter | trasferómetro, medidor de la función de trasferencia
transfer icon | icono de trasferencia
transfer impedance | impedancia de trasferencia
transfer instruction | instrucción de trasferencia
transfer jack | clavija de trasferencia
transfer joint | puente provisional
transfer key | llave de trasferencia
transfer loss | pérdida de trasferencia
transfer mechanical impedance | impedancia de trasferencia
transfer model | modelo de trasferencia
transfer of control | trasferencia de control
transfer of radar identification | trasferencia de identificación del radar
transfer of technology | trasferencia de tecnología
transferometer | trasferómetro, transferómetro
transfer on busy | desvío de llamadas en caso de ocupado
transfer open time | tiempo de conmutación
transfer operation | operación de trasferencia
transfer port | abertura de trasporte
transfer procedure | trasferencia rápida (/forzada entre extensiones)
transfer rate | velocidad de trasferencia
transfer ratio | relación de trasferencia
transferred charge | carga trasferida
transferred charge call | llamada a cobro revertido
transferred charge characteristic | característica de carga trasferida
transferred electron diode | diodo de trasferencia de iones, diodo Gunn
transferred printed circuit | circuito impreso trasferido
transfer relay | relé de trasferencia (/conmutación)
transfer resistor | resistencia de trasferencia
transfer signal | señal de trasferencia
transfer statement | instrucción de trasferencia
transfer switch | conmutador inversor (/de trasferencia), interruptor de paso
transfer technique | técnica de trasferencia
transfer time | tiempo de trasferencia (/conmutación)
transfer trunk | enlace de trasferencia
transfluxor | trasfluxor, transfluxor [núcleo magnético con dos o más aberturas y tres o más vías de flujo en paralelo]
transfo-rectifier | trasformador rectificador
transform, to - | trasformar, transformar
transformation | trasformación, transformación
transformational semantics | semántica trasformacional
transformation constant | constante de trasformación (/desintegración)
transformation family | familia (/serie) radiactiva
transformation matrix | matriz de trasformaciones
transformation monoid | monoide de trasformaciones
transformation of electric energy | trasformación de energía eléctrica
transformation of energy | trasformación de energía
transformation of impedance | trasformación de impedancia

transformation period | periodo de semidesintegración
transformation point | punto de transformación
transformation ratio | relación de trasformación
transformation resistance | resistencia de trasformación
transformation series | familia de trasformación
transformator | trasformador, transformador
transform domain | dominio de la trasformación
transformed blackening | ennegrecimiento trasformado
transformer | trasformador, transformador
transformer action | acción del trasformador
transformer amplifier | amplificador por trasformador
transformer box | caseta de trasformación (/trasformadores)
transformer bridge | puente de trasformador
transformer building | construcción del trasformador
transformer case | caja del trasformador
transformer cell | cámara de trasformadores
transformer coil | bobina de trasformador
transformer compound | compuesto para trasformadores
transformer core | núcleo del trasformador
transformer core loss | pérdida en el núcleo del trasformador
transformer core loss bridge | puente de medición de pérdidas en el núcleo del trasformador
transformer-coupled | acoplado por trasformador, con (/de) acoplamiento por trasformador
transformer-coupled amplifier | amplificador acoplado por trasformador, amplificador con (/de) acoplamiento por trasformador
transformer-coupled solid-state relay | relé de estado sólido acoplado por trasformador
transformer coupling | acoplamiento de (/por) trasformador
transformer electromotive force | fuerza electromotriz estática
transformer equation | ecuación de trasformador (/la inducción)
transformer filter | filtro de trasformador
transformer-filter assembly | conjunto de trasformador y filtro
transformer for rectifiers | trasformador para rectificadores
transformer house | caseta de trasformadores
transformer hybrid | unión híbrida con trasformadores, red diferencial de trasformadores
transformer instrument | trasformador de medida
transformer integral to the station | trasformador de central
transformer kiosk | caseta (/cabina) de trasformadores
transformerless | sin trasformador
transformerless amplifier | amplificador sin trasformador
transformerless receiver | receptor sin trasformador
transformerless set | aparato sin trasformador
transformer load loss | pérdida de carga del trasformador
transformer loss | pérdida del trasformador
transformer matching | adaptación mediante trasformador
transformer oil | aceite para trasformadores
transformer-operated | con trasformador, alimentado por trasformador
transformer-operated power supply | fuente de alimentación con trasformador
transformer pillar | pilar (/poste) de trasformador
transformer plate | chapa (/plancha) para trasformadores
transformer primary | primario de trasformador
transformer rating | capacidad nominal (/normal) del trasformador
transformer ratio | coeficiente (/relación) de trasformación
transformer ratio arm | brazo de relación del trasformador
transformer ratio-arm bridge | puente de brazos (/ramas) de relación de un trasformador
transformer read-only store | memoria (/almacenador) de trasformador de sólo lectura
transformer-rectifier assembly | grupo trasformador-rectificador, conjunto de trasformador y rectificador
transformer secondary | secundario del trasformador
transformer stamping | estampación (/chapa estampada) del trasformador
transformer starter | arrancador por trasformador
transformer station | estación (/central) trasformadora
transformer substation | subestación trasformadora (/de trasformación)
transformer tank | caja (/cuba) de trasformador
transformer tap | derivación (/toma) del trasformador
transformer tap switch | conmutador de tomas del trasformador
transformer trimmer | compensador de trasformador
transformer-type arm | rama (/brazo) de tipo trasformador
transformer vault | bóveda (/cámara) de trasformadores
transformer voltage | tensión (/potencial) del trasformador
transformer voltage ratio | relación de tensiones del trasformador
transformer waveguide | guiaondas de trasformador
transformer with iron core | trasformador con núcleo de hierro
transformer with natural cooling | trasformador con refrigeración natural
transforming section | sección adaptadora (/de trasformación)
transforming station | subestación de trasformación
transhorizon | trashorizonte, transhorizonte
transhorizon communication station | estación de enlace trashorizonte
transhorizon link | enlace trashorizonte
transhorizon radio relay link | radioenlace trashorizonte
transhybrid | trashíbrido, transhíbrido
transhybrid loss | pérdida trasdiferencial (/trashíbrida)
transient | pasajero, transitorio
transient absorption capability | capacidad de absorción de potencias transitorias
transient analyser | analizador de respuesta en régimen transitorio
transient behaviour | comportamiento transitorio
transient build-up | establecimiento en régimen transitorio
transient current | corriente transitoria (/momentánea, /pasajera, /de sobretensión)
transient decay current | corriente residual (de célula fotoeléctrica)
transient distortion | distorsión transitoria
transient equilibrium | equilibrio transitorio
transient error | error transitorio
transient generation | generación transitoria
transient intermodulation distortion | distorsión transitoria de intermodulación
transient magnetic field | campo magnético transitorio
transient magnistor | magnistor transitorio (/modulado)
transient motion | movimiento transitorio
transient nucleus | núcleo transitorio
transient oscillation | oscilación transitoria (/momentánea)
transient overshoot | sobrealcance transitorio, sobremodulación transitoria
transient peak inverse voltage | tensión inversa transitoria de pico
transient phenomena | fenómenos

transitorios
transient power limit | límite de estabilidad dinámica (/momentánea)
transient radioactive equilibrium | equilibrio radiactivo transitorio
transient reactance | reactancia transitoria (/momentánea)
transient recovery time | tiempo de restablecimiento transitorio
transient recovery voltage | tensión transitoria de ruptura
transient regulation | regulación transitoria
transient response | respuesta transitoria
transient response time | tiempo de respuesta transitoria
transient short circuit | cortocircuito momentáneo
transient short-circuit current | corriente transitoria de cortocircuito
transient stability | estabilidad en régimen transitorio
transient state | estado transitorio
transient suppressor | supresor de transitorios
transient time constant | constante de tiempo transitoria
transient time constant on single-phase short circuit | constante de tiempo transitoria en cortocircuito monofásico
transient time of deflection | tiempo de respuesta de desviación en régimen transitorio
transient voltage | tensión transitoria (/momentánea), voltaje momentáneo, sobretensión pasajera
transient waveform | onda transitoria
transimpedance | trasimpedancia, transimpedancia
transinformation | trasinformación, transinformación [*diferencia entre la información de entrada y la de salida*]
transistance | transistancia
transistor | transistor
transistor action | efecto transistor, mecanismo de amplificación del transistor
transistor-amplified | amplificado por transistor, con amplificador transistorizado
transistor amplifier | amplificador transistorizado (/de transistores)
transistor analog computing amplifier | amplificador transistorizado para cálculo analógico
transistor analyser | analizador de transistores
transistor base | base de transistor
transistor base-emitter junction | unión de base de transistor y emisor
transistor battery | batería para (circuitos de) transistores
transistor bias | polarización del transistor
transistor broadcast receiver | receptor de radiodifusión transistorizado

transistor calculator | calculadora transistorizada
transistor card | placa (/tarjeta) de transistores
transistor characteristic | característica del transistor
transistor checker | probador de transistores
transistor chip | chip (/pastilla) de transistor
transistor circuit | circuito de transistores
transistor clip | presilla de transistor
transistor complement | juego de transistores
transistor-controlled | controlado por transistor
transistor-coupled logic | lógica de acoplamiento por transistor
transistor current amplifier | amplificador de corriente por transistor
transistor-diode logic | lógica diodo-transistor
transistor-driven | excitado por transistor (/circuito transistorizado)
transistor dissipation | disipación del transistor
transistor electronics | electrónica de los transistores
transistor experimenter | probador de transistores
transistor flip-flop | báscula de transistor, circuito basculador transistorizado
transistor-grade semiconductor | semiconductor de calidad para transistores
transistor hearing aid | audífono de transistores
transistor hybrid parameter | parámetro híbrido del transistor
transistorise, to - [UK] | transistorizar
transistorization | transistorización
transistorize, to - [UK+USA] | transistorizar
transistorized | transistorizado
transistorized amplifier | amplificador transistorizado
transistorized cable | cable transistorizado
transistorized circuitry | circuitos transistorizados
transistorized DC motor | motor de corriente continua transistorizado
transistorized discriminator | discriminador transistorizado
transistorized filter | filtro transistorizado
transistorized flip-flop | circuito basculador transistorizado
transistorized ignition system | sistema de encendido transistorizado
transistorized interphone | interfono transistorizado
transistorized meter | medidor transistorizado
transistorized microphone | micrófono transistorizado

transistorized relay | relé transistorizado
transistorized repeater | repetidor transistorizado
transistorized signal generator | generador de señales transistorizado
transistorized television receiver | receptor de televisión transistorizado
transistorized transmitter | trasmisor transistorizado
transistorized voltage regulator | regulador de voltaje transistorizado
transistorized VOM = transistorized volt-ohm-milliammeter | polímetro transistorizado
transistorized wireless microphone | micrófono inalámbrico (/sin hilos) transistorizado
transistorizing | transistorización
transistor logic circuit | circuito lógico transistorizado
transistor-magnetic pulse amplifier | amplificador magnético de impulsos con transistor
transistor mount | montura (/soporte) del transistor
transistor multivibrator | multivibrador de transistores
transistor network | red de transistores
transistor noise | ruido propio (/de fondo) del transistor
transistor-operated | transistorizado, accionado por transistor
transistor oscillator | oscilador de transistor
transistor outline | salida de transistor
transistor-outline metal can package | encapsulamiento de contorno de transistor en cápsula metálica
transistor package | cubierta (/envolvente, /modelo) de transistor
transistor parameter | parámetro del transistor
transistor pentode | pentodo transistor
transistor photocell | fotocélula tipo transistor
transistor physics | física del transistor
transistor power converter | inversor de corriente transistorizado
transistor pulse amplifier | amplificador de impulsos transistorizado
transistor push-pull DC converter | inversor de corriente continua en contrafase transistorizado
transistor radio | radio de transistores, receptor transistorizado
transistor region | región de efecto transistor
transistor-resistor logic | lógica de transistor-resistencia
transistor second | transistor segundo (/de segunda)
transistor set | aparato transistorizado (/de transistores)
transistor symbol | símbolo de transistor

transistor television set | televisor (/receptor de televisión) transistorizado
transistor tester | probador de transistores
transistor-transistor logic | lógica (de) transistor-transistor, lógica a transistores
transistor transit lime | tiempo de tránsito del transistor
transistor triode | transistor triodo, triodo de cristal
transit | escala; reexpedición, tránsito; trasmisión, transmisión
transit administration | administración de tránsito
transit angle | ángulo de tránsito (/recorrido)
transit circuit | circuito de tránsito
transit exchange | central de tránsito
transition | transición
transitional coupling | acoplamiento (/acople) transicional
transitional function | función transicional
transition anode | ánodo de traslado
transition band | banda de transición
transition card | tarjeta de transición
transition cell | pila de transición; inductancia de paso
transition count | cuenta de transición
transition discharge path | trayecto de descarga de traslado
transition effect | efecto de transición
transition element | elemento de transición
transition energy | energía de transición
transition error | error de transición
transition factor | factor de transición
transition frequency | frecuencia de cruce (/transición)
transition layer | capa de transición
transition layer capacitance | capacidad de la capa de transición
transition loss | pérdida por transición
transition multipole moment | momento multipolar de transición
transition period transponder | contestador de periodo de transición
transition point | punto de transición
transition probability | probabilidad de transición
transition rectifier | rectificador de transición
transition region | capa (/región, /zona) de transición
transition resistance | resistencia de paso
transition series-parallel | transición serie-paralelo
transition temperature | temperatura de transición
transition time | tiempo de transición
transition types coupling | tipos de transición de acoplamiento
transitive binary relation | relación transitiva binaria

transitive closure [of a transitive binary relation] | cierre transitivo [de una relación transitiva binaria]
transitive relation | relación transitiva
transitor | dispositivo (/elemento) de transición
transit phase angle | ángulo de tránsito
transitron | transitrón [circuito de válvula termoiónica]
transitron circuit | circuito transitrón
transitron oscillator | oscilador (de) transitrón
transit seizing signal | señal de toma de tránsito
transit telegram | telegrama de tránsito
transit telegram with switching | telegrama de tránsito con (/por) conmutación
transit telephone exchange | central telefónica de tránsito
transit time | tiempo de tránsito (/paso, /conmutación), duración de recorrido
transit time effect | efecto del tiempo de tránsito
transit time magnetron oscillator | magnetrón oscilador de tiempo de tránsito
transit time mode | modo de tiempo de tránsito
transit time modulation | modulación del tiempo de tránsito
transit time spread | dispersión (/fluctuación) del tiempo de tránsito
transit time valve | válvula de tiempo de tránsito
transit traffic | tráfico de tránsito
transit with manual tape relay | tránsito manual por cinta perforada
transit with switching | tránsito por conmutación
translate, to - | convertir [un programa de un lenguaje a otro]; traducir; reexpedir, retrasmitir, retransmitir; trasladar [una imagen a la pantalla]
translated file | archivo traducido [de código binario a formato ASCII]
translated spectrum signal | señal del espectro trasladado
translating apparatus | aparato de traslación
translating equipment | equipo de traslación
translation | traslación, translación; traducción, conversión
translational energy | energía de desplazamiento
translational morphology | morfología traslacional
translation digit | dígito de traslación
translation field | campo de traslación (/selección)
translation loss | pérdida por traslación (/desplazamiento)
translation mode | modo de traducción (/traslación)
translation of impulses | conversión de impulsos

translation table | tabla de traducción
translator | reemisor, repetidor, retrasmisor, retransmisor; traductor
translator aerial | antena de reemisión
translator blocking relay | relé de bloqueo del traductor
translator connection | conector de traductor
translator coupler | conector de traductor
translator package | paquete de traducción
translator transmitter | reemisor [de televisión]
translator writing system | sistema de escritura para traductores
transliterate, to - | trascribir, transcribir
translucent | traslúcido, translúcido
translunar | traslunar, translunar
transmarine | trasmarino, transmarino
transmissibility | trasmisibilidad, transmisibilidad
transmissible | trasmisible, transmisible
transmissible frequency | frecuencia trasmisible
transmission | trasmisión, transmisión, emisión
transmission-and-delay measuring set | medidor de trasmisión y retardo
transmission anomaly | anomalía de trasmisión
transmission band | banda de trasmisión (/paso)
transmission band filter | filtro pasabanda (/de paso de banda)
transmission bandwidth | ancho (/anchura) de banda; pasabanda
transmission bridge | puente de trasmisión, puente (/bobina) de alimentación
transmission by amplification | trasmisión por ampliación
transmission by cable | trasmisión por cable
transmission by double current | trasmisión por doble corriente
transmission by line | trasmisión por línea
transmission by radio | trasmisión por radio
transmission by simplex current | trasmisión por simple corriente
transmission by wire | trasmisión alámbrica (/por cable, /por hilo)
transmission cable | cable de trasmisión
transmission centre | centro emisor (/trasmisor)
transmission chain | cadena de difusión
transmission channel | canal (/vía) de trasmisión
transmission characteristic | característica de trasmisión
transmission coefficient | coeficiente (/factor) de trasmisión
transmission computer tomographie

| tomografía computarizada por trasmisión
transmission constant | constante de trasmisión
transmission control | control de trasmisión
transmission control character | carácter de control de trasmisión
transmission control protocol | protocolo de control de trasmisión
transmission control unit | unidad de control de trasmisión
transmission curve | curva de trasmisión
transmission delay | retardo de la trasmisión
transmission diagram | diagrama de trasmisión
transmission diffraction | difracción por trasmisión
transmission direction | sentido de la trasmisión
transmission distortion | distorsión de la emisión (/trasmisión)
transmission efficiency | rendimiento (/efecto útil) de trasmisión
transmission equivalent | equivalente de trasmisión
transmission experiment | experiencia de trasmisión
transmission facility | vía de trasmisión
transmission factor | coeficiente (/factor) de trasmisión
transmission fidelity | fidelidad de trasmisión
transmission frequency | frecuencia de emisión (/trasmisión)
transmission frequency meter | frecuencímetro de trasmisión
transmission function | función de trasmisión
transmission gain | ganancia de trasmisión
transmission gate | puerta de trasmisión
transmission grating | retículo de trasmisión
transmission identification | identificación de la trasmisión
transmission impairment | disminución (/pérdida, /reducción) de la calidad de trasmisión
transmission interface | interfaz de trasmisión
transmission layout | normas para la organización de la trasmisión
transmission level | nivel de trasmisión
transmission level diagram | hipsograma, diagrama de niveles de trasmisión
transmission level meter | hipsómetro, medidor de niveles de trasmisión
transmission limit | límite de trasmisión (/paso)
transmission line | línea de trasmisión
transmission line amplifier | amplificador de línea de trasmisión
transmission line code | código de trasmisión por línea
transmission line coupler | acoplador de líneas de trasmisión
transmission line equipment | material para líneas de trasmisión
transmission line fault | avería en la línea de trasmisión
transmission line fittings | accesorios para líneas de trasmisión
transmission line hardware | utillaje para líneas de trasmisión
transmission line locator | localizador de averías en la línea de trasmisión
transmission line loss | pérdida en la línea de trasmisión
transmission line resonator | resonador de línea de trasmisión
transmission line speed | velocidad de trasmisión por línea
transmission line trap | eliminador de línea de trasmisión
transmission-line-tuned frequency meter | medidor de frecuencia de línea de trasmisión sintonizada
transmission link | enlace de trasmisión
transmission loss | pérdida de trasmisión
transmission matrix | matriz de trasmisión
transmission measurement | medición de la trasmisión (/emisión)
transmission-measuring set | equipo hipsométrico (/de medición de la trasmisión)
transmission media | medios de trasmisión
transmission medium | medio de trasmisión (/propagación)
transmission mode | modo de trasmisión (/propagación)
transmission modulation | modulación de la trasmisión
transmission monitor | monitor principal (/de emisión)
transmission network | red de trasmisión
transmission of electrical energy | trasmisión (/trasporte) de energía eléctrica
transmission of transient images | trasmisión de imágenes no fijas (/permanentes)
transmission path | circuito (/trayectoria, /vía) de trasmisión
transmission performance | calidad de la trasmisión
transmission performance objective | objetivo de calidad de trasmisión
transmission performance rating | evaluación (/índice) de la calidad de trasmisión
transmission plan | plan de trasmisión
transmission plane | plano de trasmisión
transmission point | punto de emisión
transmission primaries | primarios de trasmisión
transmission primary | primario de trasmisión
transmission pulse | impulso de emisión
transmission quality | calidad de trasmisión
transmission range | alcance de trasmisión
transmission rate | velocidad de trasmisión
transmission ratio | coeficiente de trasmisión
transmission regulator | regulador de trasmisión
transmission reliability | fiabilidad de la trasmisión
transmission response | respuesta de la trasmisión
transmission rope | cable de trasmisión
transmission route | recorrido (/ruta, /vía) de la trasmisión
transmission secondary-emission dynode | dínodo de trasmisión de emisión secundaria
transmission secondary-emission multiplication | multiplicación de la trasmisión por emisión secundaria
transmission security | seguridad de trasmisión
transmission selectivity | selectividad de trasmisión
transmission sequence | secuencia de trasmisión
transmission serial | trasmisión (en) serie
transmission speed | velocidad de trasmisión
transmission stability | estabilidad de trasmisión
transmission standard | norma (/especificación) de trasmisión
transmission system | sistema (/vía) de trasmisión
transmission target | blanco (/objetivo) de trasmisión
transmission test | prueba de trasmisión
transmission test set | comprobador de trasmisión
transmission time | tiempo de trasmisión (/propagación)
transmission tower | torre (/mástil, /castillete) de trasmisión
transmission trouble | dificultad de trasmisión (/audición)
transmission-type frequency meter | frecuencímetro de trasmisión
transmission-type meter | frecuencímetro de trasmisión
transmission-type photocathode | fotocátodo de trasmisión
transmission-type wavemeter | ondámetro de trasmisión
transmission unit | unidad de trasmisión

transmission wavemeter | medidor de ondas de trasmisión
transmission with partial sideband supression | trasmisión con supresión parcial de la banda lateral
transmissivity | trasmisividad
transmissometer | trasmisómetro
transmit, to - | trasmitir, transmitir
transmit auxiliary amplifier | amplificador auxiliar de trasmisión
transmit branch | ramal de trasmisión
transmit chain | cadena de trasmisión
transmit current | corriente de trasmisión
transmit data | trasmisor de datos
transmit frequency | frecuencia de emisión (/trasmisión)
transmit gain | ganancia de trasmisión
transmit negative | trasmisión negativa (/para recepción en negativo)
transmit operating frequency | frecuencia de trabajo en trasmisión
transmit positive | trasmisión positiva (/para recepción en positivo)
transmit/receive aerial | antena de emisión/recepción
transmit/receive box | caja (/válvula) de emisión/recepción, conmutador (/inversor) gaseoso de emisión/recepción
transmit/receive operation | operación de emisión/recepción
transmit/receive relay | relé conmutador de emisión/recepción
transmit/receive switch | conmutador de emisión/recepción (/trasmisión/recepción), duplexor
transmit/receive valve | válvula de trasmisión/recepción
transmit signal | señal de emisión
transmit standby | pausa de trasmisión
transmittal mode | modo trasmisor
transmittance | trasmitancia, transmitancia, factor de trasmisión
transmitted | trasmitido, transmitido
transmitted band | banda trasmitida (/de trasmisión efectiva)
transmitted carrier operation | trasmisión con portadora
transmitted code | clave trasmitida, código trasmitido
transmitted frequency band | banda (de frecuencia) trasmitida
transmitted information | información trasmitida
transmitted light scanning | exploración de luz trasmitida
transmitted sideband | banda lateral trasmitida
transmitted wave | onda trasmitida
transmitter | trasmisor, transmisor, emisor, trasceptor, transceptor, generador
transmitter aerial | antena emisora (/trasmisora, /de trasmisión)
transmitter automatic level control | control automático del nivel de trasmisión
transmitter battery | batería (/pila) del micrófono (/trasmisor)
transmitter button | cápsula de micrófono
transmitter capsule | cápsula emisora
transmitter changeover | conmutación (/permutación) de trasmisores
transmitter complex | centro emisor (/trasmisor)
transmitter control | consola (/pupitre) de control del trasmisor
transmitter current | corriente microfónica
transmitter current supply | fuente de alimentación del micrófono
transmitter distortion | distorsión en el emisor
transmitter distributor | trasmisor distribuidor
transmitter frequency | frecuencia de emisión, frecuencia del trasmisor
transmitter frequency tolerance | tolerancia de frecuencia del trasmisor
transmitter head | cabeza de trasmisión (/manipulación automática)
transmitter hut | puesto emisor (/trasmisor), caseta del trasmisor
transmitter input polarity | polaridad de entrada del trasmisor
transmitter inset | cápsula microfónica (/del micrófono)
transmitter junction hybrid | unión híbrida de trasmisores [*trasformador diferencial para aplicar la misma señal a dos trasmisores*]
transmitter key | manipulador del trasmisor
transmitter location | puesto emisor (/trasmisor); emplazamiento del trasmisor
transmitter mast | mástil de trasmisión
transmitter master oscillator | oscilador maestro
transmit terminal unit | unidad de emisión terminal
transmitter network | cadena de trasmisores (/emisores)
transmitter noise | ruido de fritura (/micrófono)
transmitter output | salida (/potencia) del trasmisor
transmitter output test set | probador de salida del trasmisor
transmitter power | potencia del trasmisor
transmitter pulse delay | retardo de impulso del trasmisor
transmitter range | alcance del trasmisor, alcance de la emisión
transmitter/receiver | trasceptor, trasmisor (/emisor) receptor
transmitter/receiver unit | unidad emisora receptora
transmitter-responder | emisor contestador
transmitter RF spike leakage | fugas de radiofrecuencia del trasmisor durante los picos de amplitud
transmitter signal | señal del trasmisor, señal de trasmisión
transmitter signal amplifier | amplificador de la señal de trasmisión
transmitter site | puesto emisor (/trasmisor); emplazamiento del trasmisor
transmitter site error | error del puesto emisor
transmitter speech input | entrada al modulador
transmitter start code | código de arranque del trasmisor
transmitter supply | alimentación del trasmisor (/micrófono)
transmitter synchro | sincronizador del trasmisor
transmitter tower | torre (/mástil) de trasmisión
transmitter unit | unidad trasmisora; cápsula de micrófono
transmitter valve | válvula de emisión (/trasmisión)
transmitter wiring | cableado del trasmisor
transmittibility | trasmisibilidad, transmisibilidad
transmitting aerial | antena emisora (/trasmisora, /de trasmisión)
transmitting apparatus | aparato trasmisor (/emisor)
transmitting auxiliary amplifier | amplificador auxiliar de trasmisión
transmitting baseband amplifier | amplificador de banda base de trasmisión
transmitting branch | rama trasmisora, ramal de trasmisión
transmitting buoy | boya emisora (/trasmisora)
transmitting chain | cadena (/equipo) de trasmisión
transmitting current response | respuesta de corriente de trasmisión
transmitting device | dispositivo trasmisor
transmitting distance | distancia de trasmisión
transmitting efficiency | rendimiento de la trasmisión
transmitting element | elemento emisor
transmitting equipment | equipo trasmisor
transmitting facility | equipo (/instalación) de trasmisión
transmitting filter | filtro de trasmisión
transmitting frequency | frecuencia de trasmisión (/emisión)
transmitting head | cabeza de trasmisión
transmitting loop | bucle (/antena de cuadro) de trasmisión
transmitting loop loss | pérdida del bucle de trasmisión
transmitting pair | par trasmisor (/de trasmisión)
transmitting position | puesto trasmi-

sor, posición de trasmisión
transmitting power | potencia de trasmisión (/emisión)
transmitting power response | respuesta de la potencia de trasmisión
transmitting site | puesto emisor, punto (/emplazamiento) de trasmisión
transmitting slip | cinta de trasmisión
transmitting station | emisora, centro emisor, estación trasmisora
transmitting station channel | canal de estación emisora
transmitting system | sistema trasmisor (/emisor)
transmitting-type valve | válvula de tipo trasmisión
transmitting valve | válvula de emisión (/de trasmisión)
transmitting voltage response | respuesta de tensión de trasmisión
transmittivity | trasmisibilidad, transmisibilidad
transmodulation | trasmodulación, transmodulación
trans-mu factor | factor trans-mu
transmultiplexer | trasmultiplexor, transmultiplexor
transmutation | trasmutación, transmutación
transoceanic | trasoceánico, transoceánico
transoceanic circuit | circuito (/enlace) trasoceánico
transoceanic link | enlace trasoceánico
transoceanic telephony | telefonía trasoceánica
transolver | trasresolucionador, transresolucionador
transonic | supersónico
transonic barrier | barrera transónica
transonic speed | velocidad supersónica (/ultrasónica)
transpacific | traspacífico, transpacífico
transpacific circuit | circuito traspacífico
transpacific link | enlace traspacífico
transpacific telephone cable | cable telefónico traspacífico
transpacific telephony | telefonía traspacífica
transparency | trasparencia, transparencia
transparent | trasparente, transparente
transparent computer voice | voz de ordenador trasparente
transparent plasma | plasma trasparente
transparent to radiation | trasparente a la radiación
transparent window | ventana trasparente
transplutonic | trasplutoniano, transplutoniano
transplutonium element | elemento trasplutoniano
transpolarizer | traspolarizador, transpolarizador
transpond, to - | trasponer, transponer
transponder | trasponedor, transponedor; contestador [*de radar*]; emisor contestador (/de respuesta); estación emisora-receptora; radiofaro contestador (/de respuesta); repetidor de impulsos
transponder beacon | baliza de respuesta
transponder dead time | tiempo muerto del repetidor de impulsos
transponder efficiency | eficacia (/rendimiento) del contestador
transponder reply efficiency | eficacia de respuesta del contestador (/repetidor de impulsos)
transponder suppressed time delay | retardo (del tiempo de supresión) del contestador
transponder time delay | retardo del contestador
transport | trasporte, transporte; mecanismo de trasporte
transport, to - | trasportar, transportar
transportable | trasportable, transportable
transportable computer | ordenador portátil
transportable station | estación trasportable
transportable substation | subestación trasportable
transportable transmitter | emisor (/trasmisor) portátil
transport approximation | valor aproximado de trasporte
transport control protocol | protocolo de control del trasporte [*de datos*]
transport cross section | sección eficaz de trasporte
transport effect | efecto (/consecuencia) del trasporte
transporter | trasportador, transportador
transport factor | factor de trasporte (/trasmisión de la base)
transport layer | categoría (/nivel) de trasporte
transport layer security | seguridad en la capa de trasporte [*de datos*]
transport mean free path | recorrido libre medio de trasporte
transport number | número de trasporte (de los iones)
transport protocol | protocolo de trasferencia [*en trasmisión de datos*]
transport ratio | relación de trasporte, factor de trasmisión de la base
transport-signalling gateway | pasarela de señalización de trasporte
transport stream | flujo de trasporte [*secuencia de celdas para trasporte de datos*]
transport theory | teoría del trasporte
transport time | tiempo de trasporte
transpose | trasposición, transposición
transpose, to - | trasponer, transponer
transposed line | línea con trasposiciones
transposed pair | par con trasposiciones
transposed transmission line | línea de trasmisión con trasposiciones
transposer | reemisor, repetidor, retrasmisor, retransmisor
transposition | trasposición, transposición; cruzamiento; neutralización
transposition block | aislador de trasposición
transposition diagram | diagrama de trasposiciones
transposition insulator | aislador de trasposición
transposition pin | soporte de trasposición
transposition pole | poste de trasposición (/rotación)
transposition section | sección antiinductiva (/de trasposición)
transposition system | sistema de trasposición
transputer [*transcomputer*] | trasordenador, transordenador
transradar | trasradar, transradar
transreceive equipment | equipo trasceptor
transrectification | trasrectificación, transrectificación
transrectification characteristic | característica de trasrectificación
transrectification factor | factor de trasrectificación
transrectificator | trasrectificador, transrectificador
transresistance | trasresistencia, transresistencia
transresistance amplifier | amplificador de trasresistencia
transtrictor | trastrictor, transtrictor [*transistor de efecto de campo*]
transuranic | trasuraniano, transuraniano, trasuránico, transuránico
transuranic element | elemento trasuraniano (/trasuránico)
transuranium element | elemento trasuránico
transversal | trasversal, transversal, trasverso, transverso
transversal emission mode | modo de emisión trasversal
transversal filter | filtro trasversal
transversal wave | onda trasversal
transverse | trasversal, transversal
transverse beam | haz trasversal
transverse beam travelling-wave valve | válvula de ondas progresivas de haz trasversal
transverse cable | cable trasversal
transverse crosstalk coupling | acoplamiento diafónico trasversal
transverse current | corriente trasversal
transverse-current travelling-wave valve | válvula de ondas progresivas de corriente trasversal

transverse differential protection | protección diferencial trasversal
transverse electric and magnetic mode | modo eléctrico y magnético trasversal
transverse electric mode | modo eléctrico trasversal
transverse electric wave | onda eléctrica trasversal
transverse electromagnetic wave | onda electromagnética trasversal
transverse-field travelling-wave valve | válvula de ondas progresivas de campo trasversal
transverse film attenuator | atenuador de película trasversal
transverse-focusing electric field | campo eléctrico de enfoque trasversal
transverse-focusing field | campo de enfoque trasversal
transverse fuse | espoleta trasversal
transverse gyro frequency | girofrecuencia trasversal
transverse heating | calentamiento trasversal
transverse interference | interferencia (/perturbación) trasversal
transverse launching device | dispositivo excitador de ondas trasversales
transverse magnetic mode | modo magnético trasversal
transverse magnetic wave | onda magnética trasversal
transverse magnetization | magnetización trasversal
transverse overvoltage | sobretensión trasversal
transverse plate | placa trasversal
transverse recording | grabación trasversal
transverse septum | membrana trasversal
transverse suspension | suspensión trasversal
transverse voltage | tensión trasversal
transverse wave | onda trasversal
transverse wire | hilo trasversal
trap | atrapador, capturador; circuito tapón (/trampa); desvío; eliminador; trampa (de iones)
trap, to - | interceptar [una acción]
TRAP | TRAP [subrutina que provoca una interrupción del programa en caso de funcionamiento anormal]
trap circuit | circuito trampa (/atrapador, /eliminador, /tapón)
trapdoor | puerta trasera [de un sistema informático para eludir dispositivos de seguridad]
trapezium rule | regla del trapecio
trapezoidal distortion | distorsión trapezoidal
trapezoidal generator | generador de onda trapezoidal (/en trapecio)
trapezoidal modulation | modulación trapezoidal (/en trapecio)
trapezoidal pattern | imagen (/modelo, /osciolograma) trapezoidal
trapezoidal rule | regla trapezoidal
trapezoidal wave | onda trapezoidal
trap handler | gestor de interrupción
TRAP interrupt | interrupción TRAP
trapped electron | electrón atrapado (/cautivo, /retenido)
trapped flux | flujo atrapado (/concatenado)
trapped mode | modo de captura (/propagación guiado)
trapped radiation | radiación atrapada [por el campo magnético terrestre]
trapping | captura, atrapamiento
trapping centre | centro de captura
trapping level | nivel de captura
trapping of whistlers | captura de silbidos ionosféricos
trapping spot | punto (/zona) de captura
TRAP signal | señal TRAP
trap wire | alambre de lazo
trash | papelera
trash can | papelera (para archivos borrados)
trash can control | control de papelera
TRAU = transcording and rate adaption unit | TRAU [unidad de adaptación de trasmisiones y velocidad de trasmisión]
travel | carrera (de bloque), recorrido
travel ghosts | imágenes fantasma (/múltiples)
travelling | desplazamiento, progresión
travelling detector | detector móvil (/viajero, /de ondas progresivas)
travelling image storage valve | válvula acumuladora (/de almacenamiento) de imagen móvil (/progresiva)
travelling overvoltage | sobretensión móvil
travelling plane wave | onda plana progresiva
travelling salesman problem | problema del viajante de comercio
travelling space-charge wave | onda progresiva de carga espacial
travelling wave | onda progresiva (/viajera)
travelling-wave accelerator | acelerador de ondas progresivas
travelling-wave acoustic amplifier | amplificador acústico de ondas progresivas
travelling-wave aerial | antena de onda progresiva
travelling-wave amplifier | amplificador de onda progresiva (/viajera)
travelling-wave electron accelerator | acelerador de electrones de ondas progresivas
travelling-wave interaction | interacción de ondas progresivas
travelling-wave light modulator | modulador de luz de onda progresiva
travelling-wave linear accelerator | acelerador de ondas progresivas
travelling-wave magnetron | magnetrón de ondas progresivas (/viajeras)
travelling-wave magnetron oscillation | oscilación de magnetrón de onda progresiva (/viajera)
travelling-wave magnetron oscillator | oscilador magnetrón de ondas progresivas
travelling-wave magnetron-type valve | válvula de ondas progresivas tipo magnetrón
travelling-wave maser | máser de ondas progresivas
travelling-wave oscillator | oscilador de ondas progresivas
travelling-wave oscilloscope | osciloscopio de ondas progresivas
travelling-wave parametric amplifier | amplificador paramétrico de ondas progresivas
travelling-wave photovalve | fotoválvula de ondas progresivas
travelling-wave valve | válvula de ondas progresivas
travelling-wave valve amplifier | amplificador de válvula de ondas progresivas
travelling-wave valve helix | hélice de válvula de ondas progresivas
travelling-wave valve interaction circuit | circuito de interacción de válvula de ondas progresivas
travel-reversing switch | conmutador de inversión de marcha
traversal | recorrido
traverse, to - | atravesar
TR box = transmit/receive box | caja de emisión/recepción
TRC = temperature resistance coefficient | CTR = coeficiente de temperatura de la resistencia
TR cavity | cavidad de emisión/recepción
TR cell | célula de (inversión) emisión-recepción
treated pole | poste impregnado (/inyectado)
treating | tratamiento
treatment cone | cono de tratamiento
treble | (tonos) agudos; de tono agudo (/alto), de tono alto
treble boost | amplificación (/refuerzo) de agudos
treble compensation | compensación de agudos (/tonos altos)
treble cone | cono de agudos
treble control | control de agudos, ajuste de las notas agudas
treble correction | corrección de agudos (/altos)
treble corrector | corrector de agudos
treble loudspeaker | altavoz de agudos
treble note | nota aguda
treble reproducer | reproductor de agudos
treble resonance | resonancia de alta frecuencia
T.REC = timer record | T.REC [graba-

ción por programador]
tree | árbol, ramificación
tree arrangement | sistema de múltiples derivaciones
tree automaton | autómata de árboles
tree branch | rama, circuito derivado
tree grammar | gramática de árboles
treeing | (efecto de) arborescencia, descarga ramificada; salientes macroscópicos
treeing effect | efecto de arborescencia, descarga superficial dendriforme
tree language | lenguaje arborescente
tree network | árbol; red no mallada
trees | arborescencias; depósito irregular; salientes macroscópicos
trees and nodules | arborescencias y nódulos
tree search | búsqueda arbórea
tree selection sort | clasificación por selección arborescente
tree structure | estructura de árbol
tree view | vista en árbol
tree walking | recorrido de árbol
T reference point | punto de referencia T
Trellis-coded modulation | modulación codificada de Tellis
trembler | ruptor, vibrador
trembler bell | timbre trepidante
trembler coil | bobina vibratoria
tremolo | trémolo
trench | canaleta (/lecho, /canal) para (el tendido de) cables
TRF = tuned radiofrequency | RFS = radiofrecuencia sintonizada
TRF receiver | receptor de radiofrecuencia sintonizada
triac [*bilateral thyristor*] | triac, tiristor triodo bidireccional [*semiconductor formado por dos tiristores que conduce en ambas direcciones*]
triad | tríada, triplete
triage | selección jerarquizada
triage, to - | identificar [*elementos*]
trial function | función de prueba
triangle | triángulo
triangle of forces | triángulo de fuerzas
triangle sine converter | convertidor de ondas triangulares en senoidales
triangular aerial | antena triangular
triangular loop aerial | antena de secciones triangulares
triangular matrix | matriz triangular
triangular pulse | impulso triangular
triangular step | peldaño (/variación de onda) triangular
triangular waveform | (forma de) onda triangular
triangulation | triangulación
triatomic | triatómico
triatomic gas | gas triatómico
triaxial | triaxial, de tres ejes
triaxial cable | cable triaxial
triaxial loudspeaker | altavoz triple
triaxial speaker | altavoz triple (/triaxial)
TRIB = telephony routing information base | TRIB [*base de datos sobre pasarelas telefónicas*]
triboelectric | triboeléctrico
triboelectric charging | carga triboeléctrica
triboelectricity | triboelectricidad
triboelectric series | serie triboeléctrica
triboelectrification | triboelectrificación
triboelectroemanescence | triboelectroemanescencia
triboluminescence | triboluminiscencia
tributary circuit | circuito dependiente (/tributario)
tributary station | subestación, estación dependiente (/tributaria)
tributyl phosphate | fosfato de tributilo
trichromatic | tricromático
trichromatic coefficient | coeficiente tricromático
trickle charge | carga lenta (/de mantenimiento, /de compensación)
trickle charger | cargador lento (/de carga lenta, /por goteo)
trickle charging | carga lenta
trickle current | corriente de mantenimiento (/compensación, /carga lenta)
triclinic | triclínico
tricolour beam | haz tricolor
tricolour camera | cámara tricolor
tricolour cathode-ray valve | válvula catódica (/de rayos catódicos) tricolor
tricolour disc television | televisión de disco tricolor
tricolour oscillograph | oscilógrafo tricolor
tricolour picture valve | cinescopio (/válvula de imagen) tricolor
tricolour valve | válvula (/cinescopio) tricolor
tricolour vidicon | vidicón tricolor
tricon | tricón [*dispositivo de radionavegación*]
tridiagonal matrix | matriz tridiagonal
tridipole | tridipolar, de tres dipolos
tridipole aerial | antena tridipolar (/de tres dipolos)
tridop | tridop [*dispositivo para seguimiento de proyectiles*]
triductor | triductor
triflop | elemento triestable
trifluorochloroethylene resin | resina de trifluorcloroetileno
trifurcating box | caja de derivación trifurcada (/de empalme para cable tripolar)
trifurcating joint | empalme trifurcado
trigatron | trigatrón [*en radares*]; explosor de chispa piloto
trigger | activador, disparador, circuito de disparo (/mando), dispositivo de liberación; gatillo; trinquete
trigger, to - | activar, disparar [*el circuito*]
trigger action | acción de disparo (/activación, /iniciación)
trigger a reply, to - | iniciar (/provocar) una respuesta
trigger circuit | circuito activador (/excitador, /disparador, /de disparo, /de mando, /de conmutación rápida)
trigger control | control de disparo
trigger countdown | recuento (de control) de disparos
trigger current | corriente de disparo (/control)
trigger diode | diodo disparador
triggered blocking oscillator | oscilador de bloqueo controlado por disparo
triggered circuit | circuito con acción de disparo
triggered frequency | frecuencia sincronizada
triggered intermittent arc | arco de ruptura con encendido externo
triggered spark gap | descargador disparado, espinterómetro activado
triggered sweep | barrido engatillado (/activado por disparo)
triggered timebase | base de tiempo activada por disparo
trigger electrode | electrodo de disparo (/cebado, /encendido)
trigger flip-flop | flip-flop de disparo
trigger-forming circuit | circuito formador de impulsos de disparo
trigger gap | válvula de disparo
trigger grid | rejilla activadora (/de disparo)
triggering | disparo, activación
triggering circuit | circuito disparador (/activador, /excitador, /de disparo, /de mando)
triggering current | corriente de disparo (/control)
triggering electrode | electrodo de disparo (/cebado)
triggering energy | energía de disparo
triggering level | nivel de disparo (/activación, /sensibilización)
triggering of sweep | disparo de barrido (/exploración)
triggering of timebase | disparo (/activación) de la base de tiempos
triggering pulse | impulso disparador (/activador, /iniciador, /de mando)
triggering signal | señal de disparo (/activación, /excitación)
triggering switch | disparador, interruptor de disparo
triggering threshold voltage | tensión crítica de disparo, umbral de tensión (/voltaje) de disparo
triggering voltage | tensión de disparo
trigger level | nivel de disparo (/activación)
trigger level control | control del nivel de disparo
trigger pair | basculador; montaje en báscula
trigger point | nivel (/punto) de disparo
trigger pulse | impulso de disparo (/activación, /mando)
trigger pulse generator | generador de impulsos de disparo

trigger pulse steering | encaminamiento de impulsos de disparo
trigger recognition | reconocimiento de disparo
trigger relay | relé disparador (/de disparo, /electrónico)
trigger sharpener | circuito agudizador (de disparo)
trigger switch | interruptor de disparo
trigger thyratron | tiratrón de disparo
trigger unit | disparador, generador de impulsos de disparo
trigger valve | válvula de disparo
trigger voltage | tensión de disparo
trigger winding | arrollamiento de disparo
trigistor | trigistor
trigonometry | trigonometría
trigun colour picture valve | tubo (/válvula) de imagen en color de tres cañones, válvula de tres cañones de imagen en color
trigun picture valve | cinescopio (/válvula de imagen) de tres cañones
trihedral reflector | reflector triédrico
trilaurylamine | trilaurilamina
trim | ajuste
trim capacity | capacidad de ajuste (/sintonización)
trim coil | bobina de sintonización (/ajuste fino)
trim control | control fino de regulación
trim erase | borrado de bordes
trimmer | sintonizador, compensador, condensador ajustable (/variable), corrector de sintonía, dispositivo de ajuste; trimer
trimmer capacitor | compensador (paralelo), condensador de ajuste (/compensación, /corrección); corrector de sintonía
trimmer coil | bobina de sintonización (/ajuste fino)
trimmer condenser | compensador (paralelo), condensador de ajuste (/compensación, /corrección); corrector de sintonía
trimmer potentiometer | potenciómetro de ajuste (fino)
trimmer resistor | resistencia de ajuste (/regulación)
trimmer rheostat | reóstato de ajuste (/regulación)
trimming | ajuste (fino)
trimming adjustment | ajuste fino (/de corrección); compensación de sintonía
trimming capacitor | compensador (paralelo), condensador de ajuste (/compensación, /corrección); corrector de sintonía
trimming condenser | compensador (paralelo), condensador de ajuste (/compensación, /corrección); corrector de sintonía
trimming potentiometer | potenciómetro de ajuste (/regulación)
trimming rheostat | reóstato de ajuste (/regulación, /regulador)
trimming voltage | tensión de ajuste fino
trim notch | muesca de ajuste
trim of an array | limitación (/recorte) de una matriz, limitación (/recorte) de un ordenamiento
trimount | sujetador elástico (/rápido); sujetador (/broche) de presión
trim potentiometer | potenciómetro de ajuste (/regulación)
trinickel electrodeposit | depósito electrolítico de triple niquelado
trinistor | trinistor [*tipo de semiconductor*]
trinistor switch | conmutador de trinistor
Trinitron | Trinitron [*marca comercial de un tubo de imagen*]
trinoscope | trinoscopio
triode | triodo
triode amplification | amplificación por triodo
triode amplifier | amplificador de triodos
triode-connected tetrode | tetrodo conectado como triodo
triode field-effect transistor | transistor triodo de efecto de campo
triode flip-flop | báscula de triodos, basculador con válvulas triodo
triode-heptode | triodo-heptodo
triode-heptode converter | conversor triodo-heptodo
triode-hexode | triodo-hexodo
triode-hexode converter | conversor triodo-hexodo
triode-hexode frequency changer | conversor de frecuencia triodo-hexodo, triodo-hexodo conversor de frecuencia
triode-hexode mixer | mezclador triodo-hexodo, triodo-hexodo mezclador
triode laser | láser triodo
triode oscillator | oscilador triodo, triodo oscilador
triode-pentode | triodo pentodo
triode PNPN switch | interruptor de triodo pnpn
triode PNPN-type switch | interruptor de triodo tipo pnpn
triode switch | conmutador triodo
triode thyristor | tiristor triodo
triode transistor | transistor triodo, triodo semiconductor (/de cristal)
triode transistor with common base | transistor triodo con base común
triode transistor with emitter base | transistor triodo con emisor común
triode valve | triodo, válvula de tres electrodos
triode valve stage | etapa con triodo
triode voltmeter | voltímetro con triodo
trip | desconexión, desenganche; disparo; disparador, disyuntor
TRIP = telephony routing over IP | TRIP [*protocolo de encaminamiento para telefonía sobre IP*]
trip action | acción disyuntiva; efecto de disparo; inestabilidad por alimentación excesiva
tripartition | tripartición; fisión ternaria
trip circuit | circuito desconectador (/de desconexión)
trip coil | bobina de disparo (/disyunción, /interrupción)
trip computer | ordenador de viaje
trip current | corriente de desconexión (/desenganche, /disparo)
trip-free circuit breaker | disyuntor de escape libre
trip-free relay | relé de disparo libre
trip impulse | impulso de activación (/apertura, /desconexión, /desenganche, /disparo)
triple | triple
triple collision | choque triple
triple conductor | conductor tríplex
triple conversion receiver | receptor de triple conversión
triple detection | detección triple
triple-diffused | de triple difusión
triple-diffused transistor | transistor de triple difusión
triple diode | triple diodo
triple-diode triode | triodo de triple diodo
triple down-lead flat-top | antena en hoja con tres bajantes
triple-grid valve | válvula de triple rejilla
triple jumper wire | hilo triple de puentes (/volante)
triple-multiplex apparatus | aparato triple multiplexión
triple-pass scanner | escáner de tres pasadas [*un barrido por cada color primario*]
triple-petticoat insulator | aislador de tres campanas
triple-play tape | cinta de reproducción triple
triple point | punto triple
triple-pole | tripolar, de tres polos
triple-pole circuit breaker | disyuntor tripolar
triple-pole double-throw switch | conmutador tripolar de dos vías
triple precision | precisión triple
triple-stub transformer | trasformador de triple adaptador (/terminal)
triple-stub tuner | sintonizador de triple adaptador (/tetón)
triplet | triplete (de carga); tripleto [*red de tres estaciones radiogoniométricas*]
triple-throw switch | conmutador de tres vías (/cuchillas, /posiciones de contacto)
triple-transposition coded inversion | inversión codificada de triple trasposición
triple-tuned circuit | circuito de triple sintonización
triple-tuned transformer | trasformador de triple sintonización

triple valve | válvula de tres vías (/direcciones)
triple-waveform monitor | monitor de tres trazos
triplex | tríplex, de tres conductores
triplex cable | cable tríplex (/de tres conductores)
triplexer | triplexor, triplicador
triplex system | sistema tríplex
trip magnet | electroimán sincronizador (/de puesta en fase)
tripod | trípode
tripolar | tripolar, de tres polos
tripole | tripolo
tripole aerial | antena tripolo
tripping coil | bobina de disparo (/interrupción)
tripping device | disyuntor, dispositivo de disyunción (/desconexión, /escape, /disparo)
tripping impulse | impulso de activación (/apertura, /desconexión, /desenganche, /disparo)
tripping pulse | impulso de activación (/apertura, /desconexión, /desenganche, /disparo)
tripping relay | relé accionador (/activador, /desconectador, /de accionamiento, /de desenganche, /de disparo, /de escape libre)
tripping transformer | trasformador de desenganche
trip power | potencia de conmutación (/disparo)
trip protection circuit | circuito de protección por disparo
trip relay | relé accionador (/disparador, /desconectador, /de desenganche, /de escape libre)
trip value | valor de disparo
trip voltage | tensión de disparo
trip-wired switch | interruptor de alambre de disparo
trisistor | trisistor
tristate, tri-state | triestado, triple estado
tristate device | dispositivo de triple estado
tristate inverter | inversor de tres estados
tristate output | salida de tres estados, salida de triple estado
tristimulus colorimeter | colorímetro de triple estímulo
tristimulus value | valor triestímulo (/de triple estímulo)
tri-tet oscillator | oscilador tri-tet
tritium | tritio
tritium unit | unidad de tritio
triton | tritón
trivial file transfer protocol | protocolo de trasferencia de ficheros trivial
trivial graph | gráfico trivial
TRL = transistor-resistor logic | TRL [*lógica transistor-resistor*]
trochoidal mass analyser | analizador trocoidal de masas
troff = typesetting runoff | troff [*programa de UNIX para formatear textos*]
trojan | caballo de Troya
Trojan horse | caballo de Troya
troll, to - | provocar [*en comunicaciones por internet para conseguir respuestas apasionadas*]
trolley | colector, pantógrafo, trole
trolley base | base de trole
trolley boom | pértiga del trole
trolleybus, trolley bus [UK] | trolebús, (coche de) tranvía, ómnibus de trole
trolley car [USA] | trolebús, (coche de) tranvía, ómnibus de trole
trolley coach | trolebús
trolley collector | colector de trole
trolley frog | brazo de trole; cruzamiento (/desvío) aéreo
trolley harp | horquilla del trole
trolley head | cabeza de trole, cabezal de la pértiga del trole
trolley hoist | carretilla elevadora
trolley pivot | pivote del trole
trolley pole | pértiga de trole
trolley shield | armadura del trole
trolley shoe | patín de contacto
trolley support | soporte de trole
trolley vehicle | trolebús
trolley wheel | polea del trole
trolley wire | cable de toma del trole
trombone | trombón
trombone aerial | antena trombón
TRON = real-time operating system nucleus | TRON [*núcleo de sistema operativo en tiempo real*]
tropical broadcasting | radiodifusión en zona tropical
tropical broadcasting aerial | antena para difusión tropical
tropicalise, to - [UK] | tropicalizar
tropicalization | tropicalización
tropicalize, to - [UK+USA] | tropicalizar
tropicalized condenser | condensador tropicalizado
tropicalized resistor | resistencia tropicalizada
tropical winding | devanado para climas tropicales
TROPO = tropospheric-scatter communication | TROPO [*comunicación por dispersión troposférica*]
tropopause | tropopausa
troposcatter | tropodispersión
troposphere | troposfera
tropospheric bending | curvatura troposférica
tropospheric duct | canal (/conducto) troposférico, vía troposférica
tropospheric fallout | precipitación troposférica
tropospheric forward scatter | dispersión troposférica dirigida
tropospheric forward-scatter circuit | circuito (trashorizonte) por dispersión troposférica dirigida
tropospheric forward-scatter radio-relay communication | comunicación por radioenlace de propagación troposférica dirigida
tropospheric mode | modo troposférico
tropospheric radio duct | canal (/conducto) troposférico de radio
tropospheric radio link | radioenlace de propagación troposférica
tropospheric reflection | reflexión troposférica
tropospheric scatter | difusión (/dispersión) troposférica
tropospheric scatter circuit | circuito de dispersión troposférica
tropospheric scatter communication | comunicación por dispersión troposférica
tropospheric scatter communication aerial | antena para radio por dispersión troposférica
tropospheric scatter communication system | sistema de comunicación por difusión (/dispersión) troposférica
tropospheric scattering | difusión (/dispersión) troposférica
tropospheric scatter link | enlace por dispersión troposférica
tropospheric scatter mode of propagation | modo de propagación por dispersión troposférica
tropospheric scatter propagation | propagación troposférica
tropospheric scatter radio link | radioenlace por dispersión troposférica
tropospheric super-refraction | super-refracción troposférica
tropospheric wave | onda troposférica
tropospheric-wave propagation curve | curva de propagación troposférica
tropotron | tropotrón [*tipo de magnetrón*]
trouble | avería
trouble due to a break | avería por rotura de hilo
trouble-locating problem | problema de localización de averías
trouble position | cuadro de observación
troubleshoot | solución de anomalías
troubleshoot, to - | arreglar una avería, reparar averías, subsanar (/arreglar, /resolver, solucionar) problemas
troubleshooter | reparador [*persona que soluciona problemas*]
troubleshooting, trouble shooting | localización (/diagnóstico, /reparación) de averías, procedimiento para solucionar anomalías
troubleshooting guide | guía para (la) solución de anomalías
troublesome interference | interferencia perjudicial
trouble ticket | ficha de averías
trouble tone | señal (/tono indicador) de avería
trough | artesa, bandeja, cubeta; canal; depresión
trough end cover | cubierta de extremo de fila

trough for distribution cable | conducto para cable (/caja) de distribución
troughing | canalización
trough of modulation | punto mínimo de modulación
TRS phone plug = tip-ring-sleeve phone plug | toma de conexión telefónica extremo-anillo-pantalla
TR switch | conmutador de emisión/recepción
true | verdadero
true altitude | altitud verdadera
true arc voltage | tensión real de arco, voltaje efectivo de arco
true bearing | demora (/orientación) verdadera
true bearing rate | velocidad de demora verdadera
true bearing unit | unidad de demora (/marcación) verdadera
true coincidence | coincidencia verdadera
true complement | complemento verdadero (/de raíz, /de la base)
true course | ruta (/trayectoria) verdadera
true crater | cráter verdadero
true decibels of voltage gain | decibelios reales de ganancia de tensión
true heading | rumbo verdadero
true homing | guiado verdadero
true logic | lógica de verdad
true motion radar | radar indicador de movimiento verdadero
true north | norte verdadero
true nuclear mass | masa nuclear efectiva (/verdadera)
true ohm | ohmio verdadero
true plot | trazado verdadero
true power | potencia real (/activa, /efectiva, /eficaz)
true radio bearing | acimut radiogoniométrico
true random noise | ruido aleatorio verdadero
true resistance | resistencia real (/óhmica)
true surface burst | explosión superficial auténtica
true value | valor verdadero
trumpet-type loudspeaker | altavoz tipo trompeta
truncate, to - | truncar [*caracteres o números*]
truncated paraboloid | paraboloide truncado
truncated picture | imagen truncada
truncation | recorte; truncamiento
truncation error | error de truncamiento
TR unit | emisor/receptor, unidad emisora/receptora
trunk | enlace común (/interurbano) [*telefónico*]; línea (principal); bus
trunk answer from any station | servicio nocturno general (/universal), circuito nocturno no asignado, circuito nocturno de contestación común
trunk barring | restricción de llamadas salientes
trunk block | bloque de enlaces
trunk busy | ocupado por una comunicación interurbana
trunk cable | cable principal (/troncal, /de unión, /para líneas auxiliares)
trunk cable plant | red interurbana en cables
trunk call | llamada (/conferencia, /conversación) interurbana
trunk charge | tarifa (/tasa) interurbana
trunk circuit | circuito principal (/de enlace)
trunk circuit connected to a radiotelephone circuit | circuito telefónico de prolongación
trunk circuit with dialling facilities | circuito interurbano con selección a distancia
trunk code | indicativo interurbano
true color | color verdadero (/real)
true type | carácter a escala real [*que aparece en pantalla tal y como se va a imprimir*]
trunk connection | ocupación (/comunicación) interurbana
trunk control centre | centro de control arterial
trunk diagram | diagrama (/esquema) de enlaces
trunk dialling | llamada interurbana
trunk exchange | central interurbana
trunk failure transfer | servicio reducido; trasferencia de enlaces a extensiones durante emergencias
trunk feeder | alimentador principal, cable de unión de dos centrales generadoras
trunk filter | filtro de ramal (/tronco) principal
trunk filter panel | panel (/tablero) de filtros de tronco principal
trunk final selector | selector final interurbano
trunk from concentrating switch | línea (del interruptor) de concentración
trunk group | formación de haces urbano; grupo de enlace (general), grupo de líneas principales; ruta
trunk group area | red de centrales urbanas
trunk group overflow | ruta de desbordamiento
trunk holder relay | relé de mantenimiento de línea auxiliar
trunk hunting | búsqueda de enlaces (/línea auxiliar)
trunk hunting switch | buscador de enlaces (/línea auxiliar)
trunking | enlazamiento, establecimiento de enlaces, sistema de acceso común [*en telefonía*]
trunking diagram | esquema de enlaces, plano de la red
trunking scheme | diagrama de enlaces
trunk junction | línea intermedia
trunk junction centre | central nodal interurbana
trunk junction line | línea de enlace interurbana
trunk line | circuito (/línea) principal, línea urbana (/interurbana, /de enlace), (línea) troncal
trunk line observation | supervisión del tráfico de circuitos interurbanos
trunk line queuing | cola de espera a una línea urbana libre, llamada completada sobre un haz de enlaces ocupado, rellamada automática sobre un enlace, rellamada automática sobre una línea ocupada
trunk line relay set | grupo de relés de línea interurbana
trunk loss | equivalente de enlace
trunk network | red interurbana (/de larga distancia)
trunk offer | oferta interurbana (/de comunicación interurbana)
trunk-offer selector | selector de oferta interurbana
trunk operator | operadora interurbana (/de larga distancia)
trunk operator dialling | selección a distancia del abonado solicitado
trunk position | posición interurbana
trunk radio circuit | circuito radioeléctrico troncal
trunk rate | tarifa interurbana
trunk route | ruta principal (/troncal)
trunk signalling working | servicio interurbano con espera y señal (/llamada) interurbana
trunk subscriber line | línea de abonado para tráfico interurbano
trunk switchboard | cuadro de conmutadores interurbano
trunk switching scheme | esquema de conexiones telefónicas
trunk switching unit | unidad de selección de enlaces
trunk telegraph circuit | circuito telegráfico de enlace
trunk traffic | tráfico interurbano
trunk unit | unidad de enlaces
trunk unit marker | marcador de unidad de enlaces
trunk zone | zona interurbana
trunnion-mounted indicator | indicador montado en soporte inclinable
trussed pole | poste arriostrado sobre sí mismo
truss-guyed pole | poste arriostrado sobre sí mismo
trusted | fiable
truth table | tabla de verdad (/parámetros verdaderos)
TR valve | válvula de emisión-recepción
try something else | intente otra cosa
TS = transport stream | TS [*flujo de trasporte (secuencia de celdas para trasporte de datos)*]

TSAPI = telephony services application programming interface | TSAPI [*interfaz de programación para aplicaciones de servicios telefónicos*]
t section | sección de t
T section filter | filtro de sección en T
TSF = through supergroup filter | TSF [*filtro de paso de supergrupo, filtro de trasferencia de grupo secundario*]
T-SGW = transport-signalling gateway | T-SGW [*pasarela de señalización de trasporte*]
Tspec = traffic specification | Tspec [*especificación del tráfico (de emisor, en aplicaciones de servicios integrados)*]
TS phone plug = tip-sleeve phone plug | toma de conexión telefónica extremo-pantalla
TSR-programme = terminate and stay resident programme | programa TSR [*programa residente que termina y permanece*]
TSS = tangential sensitivity | ST = sensibilidad tangencial
TSS = time-sharing system | TSS [*sistema de tiempo compartido*]
TSSI = time slot sequence integrity | TSSI [*secuencia de intervalos en la red*]
TSV = tab separated values | valores separados por tabulador
T.SW = timer switch | M.PROG = mando del (reloj) programador
TT = teletype | teleimpresora, teletipo
TT = transfer by telegram | TT = trasferencia por telegrama
T/T = tuner/timer | T/T [*sintonizador / programador*]
T tail | cola en T
TTC = terminating toll centre | TTC [*centralita interurbana terminal*]
TTD = two-tone diversity | diversidad bitono
TTE = talk time effect | TTE [*indicador de autonomía en teléfonos móviles*]
TTL = time to live | TTL [*contador interno de tiempo de vida; plazo de tiempo que puede permanecer la información en una memoria caché; campo que restringe el ámbito de multidistribución de una conferencia*]
TTL = transistor-transistor logic | TTL [*lógica transistor-transistor*]
TTL-compatible | compatible con TTL
TTP = time-to-peak card | TTP [*mapa de tiempo máximo*]
TTS = temporary threshold shift | TTS [*desplazamiento temporal del umbral*]
TTS = text-to-speach | TTS [*conversión de texto a voz (tecnología informática)*]
TTY = teletype, teletypewriter | TTY [*teleimpresora, teletipo*]
T-type aerial system | sistema de antenas en T
T-type bracket | soporte en T
T-type flip-flop | circuito biestable de tipo T

TU = take-up | REB = rebobinado, rebobinar
TU = traffic unit [*USA*] | UT = unidad de tráfico [*en telecomunicaciones*]
tuba | tuba
tube [USA] [*valve (UK)*] | tubo (electrónico), válvula
tube aging | desgaste (/envejecimiento, /estabilización) de la válvula
tube amplifier | amplificador de válvula electrónica (/termoiónica)
tube bridge | puente de válvulas [*puente para medición de válvulas electrónicas*]
tube-calibrating receiver | receptor calibrado de válvulas
tube capacities | capacidades internas (/interelectródicas) de la válvula
tube characteristic | característica de la válvula (electrónica)
tube checker | probador de válvulas
tube circuit | circuito de válvulas
tube coefficient | coeficiente de la válvula
tube complement | dotación de válvulas
tube cooling | refrigeración del tubo, refrigeración de la válvula
tube count | recuento por (/de la) válvula
tube counter | contador (iónico) de válvula
tube coupling | acoplamiento entre tubos (sin costura)
tube cutoff | corte del tubo
tube detection | detección por válvula
tube drop | caída de tensión de la válvula
tube electrode | electrodo de la válvula
tube electrometer | electrómetro de válvula
tube element | elemento de tubo (/válvula)
tube factor | coeficiente de válvula
tube factor bridge | puente para medición de coeficientes de válvula
tube failure | fallo de válvula
tube filament | filamento de válvula
tube fuse | fusible tubular (/de cartucho)
tube generator | generador de válvula
tube guide | guía para válvulas
tube heating time | tiempo de calentamiento (/encendido) de la válvula
tube input impedance | impedancia de entrada de la válvula
tube insulator | aislador tubular, tubo aislador
tube interchangeability | intercambiabilidad de válvulas
tube interchangeability directory | directorio de válvulas equivalentes
tube interchangeability guide | guía de válvulas equivalentes
tube interelectrode capacity | capacidad interelectródica de la válvula
tube kit | juego de válvulas

tubeless | sin válvulas (electrónicas)
tubeless fuse | fusible sin tubo (/cartucho)
tube lifter | levantaválvulas, extractor de válvulas
tube lineup | equipo (/juego) de válvulas
tube mount | montura (/soporte) de válvula
tube noise | ruido de válvula
tube of flux | válvula de flujo
tube of force | válvula de campo (/fuerza)
tube of magnetic induction | válvula de inducción magnética
tube oscillator | oscilador de válvula
tube outage | fallo de la válvula
tube output | salida de válvula
tube pilot | guía para válvulas
tube pin | clavija (/patilla, /espiga) de válvula
tube placement chart | esquema de localización de las válvulas
tube puller | extractor de válvulas, levantaválvulas
tube receiver | receptor de válvulas
tube rejuvenator | reactivador (/reanimador) de válvulas electrónicas
tube relay | relé (/relevador) de válvula
tube replacement | sustitución (/reemplazo) de válvulas
tube separator | separador de válvulas
tube shield | blindaje de válvula
tube socket | portaválvula, zócalo portaválvula, soporte de válvula
tube socket voltage | tensión en el portaválvulas
tube tester | comprobador (/probador) de válvulas
tube transformer | trasformador para tubos luminosos (/de neón)
tube transmitter | trasmisor de válvulas
tube-type plate | placa de válvulas
tube voltage drop | caída de tensión de la válvula (electrónica)
tube voltmeter | voltímetro electrónico (/de válvula al vacío)
tubing | manguito (/tubería) aislante
tubular busbar | barra de distribución tubular
tubular capacitor | capacidad (/condensador) tubular
tubular condenser | capacidad (/condensador) tubular
tubular discharge lamp | tubo luminiscente
tubular drop | indicador acorazado
tubular insulator | aislador tubular
tubular plate | placa tubular (/de tubos)
tubular twin-conductor cable | cable bifilar tubular
Tudor plate | placa Tudor
TUM = trunk unit marker | TUM [*marcador de unidad de enlaces*]
tumbler switch | interruptor de volquete (/ruptura brusca)
tumbling | pérdida de estabilidad

tunability | capacidad de sintonización
tunable | sintonizable
tunable band | banda de sintonía manual
tunable capacitive element | elemento capacitivo sintonizable
tunable cavity | cavidad sintonizable
tunable cavity filter | filtro de cavidad sintonizable
tunable diaphragm | diafragma ajustable
tunable echo box | caja de resonancia (/ecos) sintonizable
tunable filter | filtro sintonizable
tunable inductive element | elemento inductivo sintonizable
tunable magnetron | magnetrón sintonizable (/de frecuencia variable)
tunable maser | máser sintonizable
tunable molecular oscillator | oscilador molecular sintonizable
tunable oscillator | oscilador sintonizable (/de frecuencia variable)
tunable probe | sonda sintonizable
tunable receiver | receptor de sintonía variable (/manual)
tunable selective feedback | realimentación (/retroalimentación) selectiva sintonizable
tunable tunnel-diode amplifier | amplificador de diodo Esaki (/de efecto túnel) sintonizable
tune, to - | ajustar, sintonizar
tuneable [*tunable*] | sintonizable
tuned | sintonizado
tuned aerial | antena sintonizada
tuned amplifier | amplificador sintonizado (/de resonancia)
tuned anode circuit | circuito de ánodo sintonizado
tuned anode coupling | acoplamiento de ánodo sintonizado
tuned anode oscillator | oscilador de ánodo sintonizado
tuned audio amplifier | amplificador selectivo (/sintonizado)
tuned audiofrequency amplifier | audioamplificador sintonizado, amplificador de audifrecuencia selectivo
tuned audiofrequency receiver | receptor de radiofrecuencia sintonizada
tuned base oscillator | oscilador de base sintonizada
tuned cavity | cavidad resonante (/sintonizada), resonador de cavidad
tuned circuit | circuito resonante (/sintonizado, /de resonancia)
tuned circuit oven | horno (/cámara termostática) para circuito sintonizado
tuned collector oscillator | oscilador de colector sintonizado
tuned detector | detector sintonizado
tuned dipole | dipolo sintonizado
tuned doublet | dipolo sintonizado
tuned filter | filtro sintonizado
tuned filter oscillator | oscilador de filtro sintonizado

tuned grid circuit | circuito de rejilla sintonizada
tuned grid coupling | acoplamiento de rejilla sintonizada
tuned grid impedance | impedancia de rejilla sintonizada
tuned grid oscillator | oscilador de rejilla sintonizada
tuned grid tuned-anode oscillator | oscilador de rejilla y ánodo sintonizados
tuned grid tuned-plate oscillator | oscilador de rejilla y ánodo sintonizados
tuned harmonic ringing | llamada armónica sintonizada
tuned line amplifier | amplificador de línea sintonizada (/resonante)
tuned load | carga sintonizada
tuned not-tuned oscillator | oscilador de placa sintonizada
tuned plate circuit | circuito anódico (/de placa) sintonizado
tuned plate impedance | impedancia de ánodo sintonizado
tuned plate oscillator | oscilador anódico (/de placa) sintonizado
tuned plate tuned-grid oscillation | oscilación de ánodo y rejilla sintonizados
tuned plate tuned-grid oscillator | oscilador de ánodo y rejilla sintonizados
tuned radiofrequency | radiofrecuencia sintonizada
tuned radiofrequency amplifier | amplificador de radiofrecuencia sintonizado
tuned radiofrequency circuit | circuito de radiofrecuencia sintonizada
tuned radiofrequency receiver | receptor de radiofrecuencia sintonizado
tuned radiofrequency reception | recepción de radiofrecuencia sintonizada, recepción de amplificación directa
tuned radiofrequency stage | etapa de radiofrecuencia sintonizada
tuned radiofrequency transformer | trasformador de radiofrecuencia sintonizado
tuned reed frequency meter | frecuencímetro de láminas sintonizadas
tuned reed relay | relé de resonancia
tuned relay | relé sintonizado
tuned resonating cavity | cavidad resonante sintonizada
tuned RF | radiofrecuencia sintonizada
tuned RF receiver | receptor sintonizado para radiofrecuencia
tuned rope | cintas resonantes (/antirradar sintonizadas)
tuned stub | adaptador sintonizado (/resonante)
tuned transformer | trasformador sintonizado
tuned voltage amplifier | amplificador de tensión sintonizado (/selectivo)
tune in, to - | sintonizar
tune meter | medidor (/indicador) de sintonía

tune out, to - | desintonizar, eliminar (/excluir) una señal por sintonización
tuner | selector, sintonizador, bloque de sintonía
tuner-amplifier combination | conjunto de sintonizador y amplificador
tuner circuit | circuito sintonizador (/de sintonía)
tuner house | caseta de acoplamiento
tuner/timer | sintonizador/programador
tune-up | sintonización
tungar bulb | tubo tungar
tungar rectifier | rectificador tungar
tungar tube | tubo tungar
tungar valve | válvula tungar
tungsten | tungsteno, volframio, wolframio
tungsten arc | arco (entre electrodos) de tungsteno
tungsten arc lamp | lámpara de arco de tungsteno
tungsten cathode | cátodo de volframio (/wolframio, /tungsteno)
tungsten contact | contacto de tungsteno
tungsten disk | disco de tungsteno
tungsten electrode | electrodo de tungsteno (/volframio)
tungsten filament | filamento de tungsteno
tungsten filament lamp | lámpara de filamento de tungsteno
tungsten inert-gas welding | soldadura al tungsteno en gas inerte
tungsten lamp | lámpara de tungsteno (/filamento de volframio)
tungsten ribbon lamp | lámpara de filamento de cinta
tuning | sintonía, sintonización
tuning band | banda de sintonización
tuning capacitor | condensador variable (/de sintonización)
tuning cavity | cavidad de sintonía (/sintonización)
tuning circuit | circuito sintonizador (/de sintonización)
tuning coil | bobina de sintonía (/sintonización)
tuning component | componente de sintonía (/sintonización)
tuning condenser | condensador variable (/de sintonización)
tuning constant | constante de sintonía
tuning control | control (/mando) de sintonización
tuning control dial | cuadrante de sintonización
tuning core | núcleo de sintonía (/sintonización)
tuning creep | deslizamiento de sintonía
tuning dial | cuadrante de sintonización
tuning diode | diodo de sintonización
tuning eye | indicador catódico de sintonía
tuning fork | diapasón

tuning fork contact | contacto de diapasón
tuning fork drive | control de diapasón
tuning fork oscillator | oscilador de diapasón
tuning fork oscillator drive | mando del oscilador de diapasón
tuning fork resonator | resonador de diapasón
tuning frequency | frecuencia de sintonía (/sintonización)
tuning gang | tándem de sintonía
tuning house | caseta de acoplamiento
tuning-in | sintonía, (proceso de) sintonización
tuning indicator | indicador de sintonía (/sintonización)
tuning indicator eye | indicador catódico de sintonía
tuning indicator valve | válvula indicadora de sintonía
tuning inductance | inductancia de sintonía (/sintonización)
tuning inductor | inductor de sintonía (/sintonización)
tuning knob | mando de sintonía (/sintonización, /búsqueda de estaciones)
tuning law | ley de sintonía
tuning meter | indicador (/medidor) de sintonía (/sintonización)
tuning of magnetron | sintonización del magnetrón
tuning pin | clavija de sintonización
tuning plunger | pistón de sintonización
tuning probe | sonda de sintonía (/sintonización), banda (/campo) de sintonización
tuning range | intervalo (/margen) de sintonización
tuning rate | desmultiplicación del cuadrante de sintonía, reducción del mecanismo (/sistema) de sintonía
tuning ratio | desmultiplicación del cuadrante de sintonía, reducción del mecanismo (/sistema) de sintonía
tuning resolution | resolución de la sintonía
tuning screw | tornillo de sintonía (/sintonización)
tuning sensitivity | sensibilidad de sintonía
tuning sharpness | agudeza de sintonía
tuning strip | regleta de sintonía, adaptador sintonizador (/ajustable); impedancia de equilibrio
tuning susceptance | susceptancia de sintonía (/sintonización)
tuning time constant | constante de tiempo de sintonía
tuning unit | sintonizador, unidad (/dispositivo) de sintonización, bloque de sintonía
tuning vernier | nonio para ajuste fino de sintonía
tuning wand | sonda de sintonización
tunnel | túnel

tunnel, to - | encapsular [*un paquete de datos dentro de otro paquete en un solo protocolo*]
tunnel action | efecto (de) túnel; filtración cuántica
tunnel cathode | cátodo de túnel
tunnel current | corriente de efecto túnel
tunnel diode | diodo de túnel
tunnel effect | efecto de túnel; filtración cuántica
tunnel emission | emisión por efecto túnel
tunnelling | (traspaso por) efecto túnel; filtración cuántica; transporte de paquetes [*de datos por internet*]
tunnelling effect | efecto túnel; filtración cuántica
tunnelling protocol | protocolo de túnel [*protocolo para conmutación de paquetes de datos por túnel*]
tunnel rectifier | rectificador de túnel
tunnel resistor | resistencia de túnel
tunnel triode | triodo de túnel
tunneluminescence | luminiscencia de túnel
TUP = telephone user part | PUT = parte de usuario telefónico
tuple | tupla [*en una base de datos, conjunto de valores relacionado cada uno con un atributo*]
TU.R = take-up reel | plato de rebobinado
turbidimeter | turbidímetro
turbidimetry | turbidimetría
turbidity | turbidez
turbine-driven set | turbogenerador, grupo turboalternador
turbine generator | turbogenerador, turboalternador
turbine generator unit | turbogenerador, grupo turboalternador
turbo | turbo [*rápido*]
turboalternator | turboalternador
turbo connector | conector turbo
turboelectric drive | propulsión turboeléctrica
turboexciter | turboexcitador
turbogenerator | turbogenerador, turbodinamo
turbogenerator set | grupo turbogenerador (/turboalternador)
turbo language | lenguaje turbo
turbo LED | LED turbo
turbulence | turbulencia
turbulence amplifier | amplificador de turbulencia
turbulent heating | calentamiento turbulento
Turing computability | computabilidad de Turing
Turing computable | computable por Turing
Turing machine | máquina de Turing
Turing test | prueba de Turing [*para determinar la inteligencia de una máquina*]
turn | espira, vuelta

turnaround document | documento con respuesta
turnaround time | tiempo de inversión (/recorrido, /respuesta), duración de la conmutación
turnbuckle insulator | aislador tensor
turn factor | factor de vueltas (/revoluciones); índice de espiras
turnkey | llave en mano
turnkey contract | contrato llave en mano
turnkey operation | operación llave en mano
turnkey switch | conmutador de llave rotativa
turnkey system | llave en mano
turn loop | cuadro de espiras
turn of a winding | espira de un devanado
turnoff | apagado; bloqueo, desactivación, desconexión, interrupción
turn off, to - | apagar, cortar, desactivar
turnoff delay time | retardo de desactivación, tiempo de retardo en la bajada
turnoff reversal | inversión de apagado
turnoff thyristor | tiristor de apagado
turnoff time | tiempo de anulación (/apagado, /desactivación, /desbloqueo; /retención)
turn on, turn-on | encendido, activación
turn on, to - | activar, cerrarse, desbloquear
turn-on action | (acción de) desbloqueo
turn-on a repeater, to - | encender un amplificador (/repetidor)
turn-on current | corriente de conducción
turn-on delay time | retardo de activación (/subida)
turn-on echo supressor | encendido del supresor de eco
turn-on forward voltage drop | caída de tensión directa durante el desbloqueo
turn-on loss | pérdida de desbloqueo
turn-on overshoot | sobrealcance de encendido
turn-on plasma | plasma de desbloqueo
turn-on receiver | receptor de telemando (/puesta en funcionamiento)
turn-on relay | relé de telemando (/puesta en funcionamiento)
turn-on reversal | inversión de encendido
turn-on voltage drop | caída de tensión de desbloqueo
turnover | inversión, renovación, reversión; rotación; vuelco; vida media; periodo (/constante) de semidesintegración
turnover cartridge | cápsula reversible (/cambiadora de aguja)
turnover frequency | frecuencia crítica (/de transición)

turnover pickup | fonocaptor reversible
turnover rate | velocidad de renovación
turnover rate constant | constante de renovación
turnover time | tiempo de renovación
turn-picture control | control (/mando) de rotación de la imagen
turnpike effect | efecto de cuello de botella [*por exceso de comunicaciones en un sistema o una red*]
turn ratio | relación de espiras (/trasformación)
turnround time | tiempo de inversión
turns of wire | espiras (/vueltas) del arrollamiento
turnstile aerial | antena cruzada (/en cruz, /de dipolo doble)
turnstile element | elemento en molinete (/torniquete)
turnstile stacked aerial | antena de dipolos cruzados superpuestos
turn switch | conmutador (/interruptor) giratorio
turntable | plato giratorio (/giradiscos)
turntable mechanism | mecanismo de giradiscos
turntable platter | mecanismo de giradiscos
turntable preamplifier | preamplificador para giradiscos
turntable rumble | ronquido, ruido mecánico (/de fondo)
turret | torreta
turret socket | zócalo de torre
turret tuner | sintonizador giratorio (/de torreta)
turtle graphic | gráfico por cursor en forma de tortuga
tutorial | guía (/programa) de aprendizaje
TV = television | TV = televisión
TVI = television interference | interferencia de televisión
TVOR = terminal VOR | terminal VOR [*radiofaro omnidireccional de ondas métricas*]
TVOR station | estación terminal VOR
TV recording | grabación de televisión
TV shop | teletienda
TV-STL = television studio-transmitter link | TV-STL [*enlace estudio-trasmisor de televisión*]
TV terminal | terminal de televisión
TWAIN = technology without an interesting name | TWAIN [*tecnología sin nombre destacado*]
T wave | onda T
tweak, to - | ajustar con precisión
tween | entre
tween, to - | promediar
tweeter | altavoz de (/para) agudos
twelve-channel group | grupo primario (/de doce canales)
twelve-phase rectifier | rectificador dodecafásico
twelve punch | perforación de doce puntos

twig | rama de un árbol
twilight | luz crepuscular
twilight zone | zona crepuscular
twin | gemelo; línea de contacto doble
twin aerials | antenas gemelas
twin arc | arco doble
twin-arc light | lámpara de doble arco
twinax cable = twinaxial cable | cable blindado de conductores gemelos
twinaxial | par coaxial [*par de cables coaxiales en una misma manguera*]
twinax pair | cable apantallado con dos conductores
twinaxial cable | cable coaxial apantallado de dos conductores, cable blindado de conductores gemelos
twin cable | cable bipolar (/doble, /pareado, /de pares)
twin-cable system | sistema de cables de pares
twin cathode-ray beam | haz catódico doble
twin check | comprobación (/verificación) doble, prueba por duplicación
twin clip | pinza de conexión doble
twin coaxial cable | cable coaxial doble
twin comparator | comparador doble
twin concentric cable | cable bipolar concéntrico, cable con dos conductores concéntricos
twin conductor | conductor de dos hilos
twin contact | contacto doble (/gemelo)
twin-contact hookswitch | gancho conmutador de doble contacto
twin-contact relay-type limit switch | interruptor limitador tipo relé de doble contacto
twin contact wire | línea de contacto doble (/gemela)
twin-core cable | cable bifilar (/bipolar, /de dos conductores)
twin-core electrode | electrodo de doble alma
twin-coupled amplifier | amplificador de doble acoplamiento, amplificador de acoplamiento gemelo
twin diode | doble diodo, diodos gemelos
twin-ganged potentiometer | doble potenciómetro en tándem
twin-grid rectifier | rectificador birrejilla
twin jack | clavijas gemelas
twin lead | conductor bifilar
twin-lead cable | cable bifilar (/de dos conductores)
twin-lead wire | cable de par [*de conductores*], cable (/cordón) bifilar (/de dos conductores)
twin-line | cable (/línea) bifilar (/de dos conductores)
twinning | entrelazamiento, emparejamiento, emparejado
twin-panel picture valve | cinescopio de vidrio de seguridad solidario con la ampolla
twin-path link | enlace bilateral

twin pentode | doble pentodo, pentodos gemelos
twin-plate triode | triodo biplaca
twinplex | díplex de cuatro frecuencias
twin plug | clavija doble, clavijas gemelas
twin-T bridge | puente en doble T
twin-T filter | filtro en doble T
twin-T impedance-measuring set | medidor de impedancias con puente en doble T
twin-T network | red de circuitos en T en paralelo
twin triode | doble triodo, triodos gemelos
twin-triode output | salida con doble triodo
twin valves | válvulas gemelas
twin wire | cable bifilar (/de dos conductores)
twip [*typesetting unit, equal to 1/20 of a printer's point*] | twip [*unidad tipográfica equivalente a 1/20 de punto*]
T wire | hilo de punta
twist | alabeo; hélice; torsión, trenzado; guiaondas revirado; twist [*diferencia de nivel de las señales entre los grupos de frecuencias altas y bajas*]
twisted chain link | abrazadera de anclaje en forma de eslabón torcido
twisted-cotton-covered cord | cordón forrado de algodón trenzado
twisted joint | unión trenzada, empalme trenzado (/retorcido)
twisted nematic display | pantalla nemática de material trenzado [*tipo de pantalla de cristal líquido con matriz pasiva*]
twisted pair | par (de conductores) trenzado
twisted-pair cable | cable de par trenzado
twisted pair layup | cableado por pares
twisted pairs splicing | empalme por pares trenzados
twisted-pair transmission line | línea de trasmisión de par trenzado
twisted-pair wiring | cableado por pares trenzados
twisted section | hélice; sección revirada
twisted sleeve joint | empalmador con manguito retorcido
twisted wire conductor | conductor de hilos trenzados
twister | cristal piezotorcedor; torbellino, ciclón, tornado
twisting machine | cableadora, torcedora
twisting transposition | trasposición por rotación
twist joint | empalme trenzado (/retorcido)
twist-lock connector | conector con enclavamiento
twistor | tuistor [*hilo ferromagnético cilíndrico con núcleo amagnético*]

twist prong | orejeta retorcible
twist splice | empalme trenzado (/retorcido)
twist system | sistema de torsión
twist transposition system | sistema de trasposiciones por rotación
TWM = travelling-wave maser | TWM [*máser de ondas progresivas*]
two-address | de dos direcciones
two-address code | código de dos direcciones
two-address instruction | instrucción de dos direcciones
two-address programming | programación de dos direcciones
two-cavity klystron | klistrón de dos cavidades
two-channel | bicanal, de dos canales
two-channel loudspeaker system | sistema electroacústico (/de altavoces) de dos canales
two-channel operation | explotación a dos canales
two-channel receiver | receptor de dos canales
two-channel Yagi aerial | antena Yagi para dos canales
two-coil relay | relé de dos arrollamientos
two-colour cathode-ray valve | válvula de rayos catódicos bicolor
two-colour system | sistema bicolor
two-condition cable code | código bivalente para cable
two-condition code | código bivalente
two-condition frequency-shift system | sistema bivalente de desplazamiento de frecuencia
two-condition modulation | modulación bivalente
two-conductor cable | cable bifilar (/de dos conductores)
two-conductor jack | clavija de dos conductores
two-conductor plug | clavija (/conector macho) de dos conductores
two-control | de doble mando
two-control-point method | método de control en dos puntos
two-core cable | cable bifilar (/bipolar, /de dos conductores)
two-course radio range | radiofaro bidireccional (/de dos rutas)
two-dimensional | bidimensional
two-dimensional array | matriz bidimensional
two-dimensional circuit | circuito bidimensional
two-dimensional circuitry | circuitería bidimensional
two-dimensional flow | corriente bidimensional
two-dimensional memory | memoria bidimensional
two-dimensional model | modelo bidimensional
two-dimensional radar | radar bidimensional (/de dos dimensiones)

two-directional focusing | enfoque de doble dirección
two-direction voltmeter | voltímetro de desviación bilateral (/de cero central)
two-electrode vacuum valve | diodo (/válvula al vacío) de dos electrodos
two-electrode valve | diodo, válvula de dos electrodos
two-element aerial | antena de dos elementos
two-fluid cell | pila de dos fluidos (/líquidos)
two-frequency call | llamada con dos frecuencias
two-frequency call channel | canal de llamada con dos frecuencias
two-frequency dialling | selección con dos frecuencias
two-frequency duplex | dúplex de dos frecuencias
two-frequency glide-path system | sistema de trayectoria de planeo de doble frecuencia
two-frequency localizer system | sistema localizador de doble frecuencia
two-frequency operation | explotación en dos frecuencias
two-frequency radio compass | radiobrújula de dos frecuencias
two-frequency signalling | señalización con dos frecuencias
two-gang outlet box | caja de salida doble
two-gang switch | conmutador bipolar
two-gap klystron single-resonator | klistrón resonador simple de dos orificios
two-hole coupler directional | contador direccional de dos orificios
two-hole directional coupler | acoplador direccional de dos orificios
two-layer rhombic aerial | antena romboidal de dos capas (/pisos)
two-level grammar | gramática de dos niveles, gramática de Van Wijngaarden
two-level laser | láser de dos niveles
two-level maser | máser pulsado (/de dos niveles)
two-level memory | memoria de dos niveles
two-level system | sistema de dos niveles
two-line method | método bilinear
two-link international call | comunicación internacional de tránsito sencillo (/de una conexión)
two-motion selector | selector de dos movimientos
two-norm | norma dos (/de Euclides)
two-out-of-five code | código dos-de-cinco
two-part code | código de dos partes
two-part tariff | tarifa mixta (/binomia)
two-party-line circuit | circuito de línea dúplex
two-party-line junctor | conector de línea dúplex

two-phase | bifásico, de dos fases
two-phase alternator | alternador bifásico
two-phase current | corriente bifásica
two-phase dynamic | dinámica bifásica
two-phase induction motor | motor bifásico de inducción
two-phase modulation | modulación bifásica
two-phase motor | motor bifásico
two-phase running | funcionamiento con dos fases
two-phase short circuit | cortocircuito bifásico
two-phase stepdown transformer | trasformador reductor bifásico
two-phase system | sistema bifásico (/de dos fases)
two-phase three-wire system | sistema bifásico de tres hilos
two-phase voltage | tensión bifásica
two-phase winding | devanado bifásico
two-piece contact | contacto de dos piezas
two-pilot regulation | regulación de doble piloto
two-pilot regulator | regulación de doble piloto
two-pin plug | clavija bipolar (/de dos espigas)
two-pin socket | enchufe bipolar, toma (/zócalo) de dos espigas
two-plate rectifier | rectificador biplaca
two-plus-one address | dirección dos más uno [*de dos más una direcciones*]
two-point emergency cell switch | reductor de doble polaridad
two-point end cell | reductor de doble polaridad
two-pole magnetic switch | interruptor magnético bipolar
two-pole switch | conmutador bipolar (/de dos polos)
two-pole wound-rotor machine | máquina de rotor bobinado tripolar
two-port | trasductor de dos puertas
two-port active network | cuadripolo activo, red activa de dos puertas
two-port network | red de dos puertos (/puertas, /accesos, /entradas), red de cuatro (/dos pares de) bornes
two-port plug | enchufe de dos orificios
two-position action | acción entre dos posiciones
two-position differential gap action | acción del intervalo diferencial entre dos posiciones
two-position selector valve | válvula selectora de dos posiciones
two-position single-point action | acción única entre dos posiciones
two-position switch | conmutador de dos posiciones
two-position winding | devanado de dos capas

two-prong plug | clavija bipolar (/de contacto doble)
two-pulse canceller | cancelador de dos impulsos
two-quadrant multiplier | multiplicador de dos cuadrantes
two-rate meter | contador de doble tarifa
two-receiver radiometer | radiómetro de dos receptores
two's complement | complemento a (/de) dos
two's complement binary | sistema binario de complemento a dos
two-section filter | filtro de dos secciones
two-signal selectivity | selectividad por el método de dos señales
two-slots-per-pole winding | devanado de dos ranuras por polo
two-source frequency keying | modulación por mutación de frecuencias, manipulación por conmutación entre dos fuentes de frecuencia
two-speed motor | motor de (/con devanado para) dos velocidades
two-stage incoming junction finder | buscador de enlaces (/registros) de llegada de dos etapas
two-stage repeater | repetidor de dos etapas
two-stage valve | válvula de dos etapas
two-state device | dispositivo de dos estados
two-state process | proceso (/procedimiento) de dos etapas
two-step calibration method | procedimiento de curvas previas
two-step filter | filtro con dos escalones
two-step relay | relé de dos posiciones
two-stream instability | inestabilidad de doble haz
two-switch connection | comunicación de doble tránsito
two-terminal | bipolar, de dos bornes (/bornas, /terminales)
two-terminal capacitor | condensador de dos bornes (/terminales)
two-terminal coupling network | circuito de acoplamiento de dos bornes
two-terminal device | dispositivo de dos bornes, elemento bipolar
two-terminal network | dipolo, red de dos bornes (/terminales)
two-terminal pair | cuadripolo, doble par de bornes, dos pares de bornes (/terminales)
two-terminal-pair network | cuadripolo, red de dos pares de bornes (/terminales)
two-terminal potentiometer | reóstato, potenciómetro de dos terminales
two-throw switch | conmutador de dos posiciones
two-tier client/server | arquitectura cliente/servidor de dos capas

two-tone | de dos tonos
two-tone detector | discriminador telegráfico
two-tone diversity | diversidad bitono
two-tone keying | manipulación de dos tonos
two-tone modulating | modulación de dos tonos
two-tone modulation | modulación de dos tonos
two-tone selective signalling | llamada selectiva de dos tonos, señalización selectiva por doble tono
two-tone system | sistema de dos tonos
two-tone telegraph system | sistema de telegrafía de dos tonos (/frecuencias moduladoras)
two-tone telegraphy | telegrafía de dos tonos (/frecuencias)
two-track recorder | grabadora de dos pistas
two-track recording | grabación en dos pistas
two-tube coaxial cable | cable de dos pares coaxiales
two-value capacitor motor | motor de condensador de dos valores
two-valve toggle circuit | circuito basculante de dos válvulas
two-voice frequency signalling | señalización con dos frecuencias
two-wattmeter method | método de los dos vatímetros
two-wave stopper | circuito antirresonante (/tapón) bionda
two-way amplifier | amplificador bidireccional (/de dos vías)
two-way break-before-make contact | contacto de dos direcciones sin solape
two-way channel | canal bilateral (/de dos vías)
two-way circuit | circuito explotado en los dos sentidos
two-way communication | comunicación bilateral (/de doble vía, /de doble sentido)
two-way conduction | conducción bidireccional
two-way connection | comunicación (/enlace) bilateral
two-way contact | contacto de dos direcciones
two-way contact with neutral position | contacto de dos direcciones con posición neutra
two-way correction | corrección bilateral
two-way cycle | ciclo de doble efecto
two-way link | enlace bilateral (/de comunicación en ambos sentidos)
two-way linked list | lista simétrica (/doblemente enlazada, /enlazada de dos maneras)
two-way loudspeaker system | sistema electroacústico (/de altavoces) de dos canales

two-way make-before-break contact | contacto de dos direcciones con solape
two-way manual circuit | circuito manual bidireccional
two-way merge | fusión doble
two-way microwave link | enlace bidireccional (/bilateral) por microondas
two-way mobile system | sistema de servicio móvil bidireccional
two-way preamplifier | preamplificador de dos vías
two-way radio | radioteléfono, trasmisor-receptor de radio
two-way radio channel | canal de radio bilateral (/de ida y vuelta)
two-way radio equipment | equipo de radio emisor y receptor
two-way radio link | enlace radioeléctrico bidireccional (/bilateral)
two-way receiver | receptor de alimentación mixta, receptor de dos corrientes
two-way repeater | repetidor bidireccional (/bilateral)
two-way repeater station | estación repetidora bilateral
two-way simplex | símplex de dos canales
two-way simplex connection | comunicación en símplex de dos canales
two-way simplex system | sistema símplex de dos canales
two-way single-pole switch | conmutador unipolar de dos direcciones
two-way station | estación emisora-receptora
two-way submarine cable | cable submarino de dos sentidos
two-way switch | conmutador de dos posiciones
two-way system | sistema de dos vías
two-way telegraph channel | canal telegráfico bilateral
two-way teletypewriter call | comunicación bilateral por teleimpresora
two-way terminal | terminal bidireccional (/de trasmisión y recepción)
two-way trunk | enlace de dos sentidos
two-way valve | válvula de dos vías (/pasos), válvula de doble paso
two-winding transformer | trasformador de dos devanados
two-wire | bifilar, de dos hilos (/conductores)
two-wire aerial | antena bifilar
two-wire cable | cable bifilar (/de dos conductores)
two-wire channel | canal de circuito bifilar, canal de dos hilos
two-wire circuit | circuito bifilar (/de dos hilos)
two-wire conversion circuit | circuito de conversión de dos hilos
two-wire earthed system | sistema bifilar (/de dos hilos) con un hilo puesto a tierra

two-wire insulated system | sistema bifilar (/de dos hilos) aislado
two-wire junction | línea auxiliar (/de enlace) a dos hilos
two-wire line | línea bifilar (/bipolar, /de dos conductores)
two-wire outlet | tomacorriente de dos hilos (/contactos)
two-wire quad | circuito de dos hilos
two-wire repeater | repetidor para circuito bifilar (/de dos hilos)
two-wire route | línea bifilar (/de dos hilos)
two-wire selector stage | etapa selectora bifilar
two-wire side circuit | circuito real bifilar (/de dos hilos)
two-wire system | sistema de dos hilos, distribución bifilar
two-wire system with alternating current | sistema de corriente alterna bifilar (/de dos hilos)
two-wire system with direct current | sistema de corriente continua bifilar (/de dos hilos)
two-wire termination | terminación bifilar (/de dos hilos)
two-wire transformer | trasformador bifilar
two-wire transmission line | línea de trasmisión bifilar (/bipolar, /de dos hilos, /de dos conductores)
two-wire trunk | línea auxiliar (/de enlace) de dos hilos
two-wire winding | devanado (/arrollamiento) bifilar
two-wire-type circuit | circuito tipo (/asimilado al) bifilar
TWT = travelling-wave tube | TWT [*válvula de ondas progresivas*]
TWX = teletypewriter exchange service | TWX [*servicio nacional estadounidense de télex*]
TWX customer | abonado (/usuario) del TWX
TWX machine | teleimpresora de télex
Twyman-Green interferometer | interferómetro de Twyman-Green
Tx = teletypewriter exchange service | Tx [*servicio de (conmutación para) teleimpresoras*]
TX = transmitter; transmitting | trasmisor, transmisor; trasmitiendo, transmitiendo
TXD = transmit data | TXD [*trasmisor de datos*]
TXT = text | TXT = texto
type | tipo
type, to - | mecanografiar, escribir [*en teclado*]
type A display | presentación tipo A
type A facsimile | facsímil tipo A
type-ahead buffer | búfer de avance de caracteres
type-ahead capability | capacidad de avance de caracteres [*guardándolos en memoria tampón antes de su presentación en pantalla*]
type A packaging | embalaje tipo A
type A transistor | transistor tipo A
type A wave | onda tipo A
type ball | cabeza de bola [*con tipos para imprimir, sobre todo en máquinas de escribir eléctricas*]
typebar | barra de tipos, tecla de barra
type-C carrier system | sistema de corrientes portadoras tipo C
type checking | comprobación de tipos [*para controlar el uso de variables*]
type compiler | compilador de tipos
type declaration | declaración de tipo [*de datos en un programa*]
typeface | nombre de tecla; tipo [*de letra*], carácter
type font | fuente de caracteres
type-insensitive code | código insensible a los tipos
type manager | gestor de tipos [*de letra*]
typematic | repetición de tecla
typematic rate | velocidad de autorrepetición de tecla
type N semiconductor | semiconductor tipo N
type of duty | tipo de servicio
type of emission | tipo de emisión
typeover mode | modo de sobrescritura
type-printed telegraphy | telegrafía impresora
type P semiconductor | semiconductor tipo P
types database | base de datos de tipos
typeset, to - | componer
type shift | cambio de tipo (de letra)
type size | tamaño de los tipos (/caracteres)
types of cell | tipos de pilas
type style | estilo de caracteres
type test | ensayo de tipo
type transformer core | trasformador de columnas
typewriter keyboard | teclado
typewriter terminal | teletipo, teleimpresora, terminal teleescritor
typhoon | tifón
typing | impresión
typing paper-tape punch | perforadora-impresora de cinta
typing perforator | perforadora impresora
typing reperforating unit | unidad reperforadora-impresora
typing reperforator | reperforador impresor
typing reperforator set | equipo reperforador-impresor
typing unit | unidad impresora, mecanismo impresor
typography | tipografía
typotron | tipotrón

u

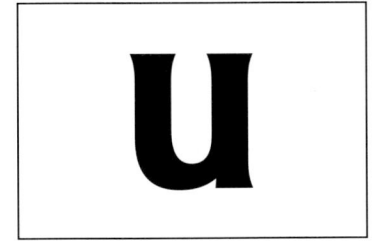

U = uranium | U = uranio
UA = user agent | agente de usuario
UADSL = universal ADSL | UADSL [*ADSL universal (modelo preestándar del módem ADSL sin divisor)*]
UAL = user agent layer | UAL [*capa del agente de usuario*]
UART = universal asynchronous receiver/transmitter | UART [*receptor-trasmisor asincrónico universal*]
U bar | barra en U
UBE = unsolicited bulk email | UBE [*correo masivo no solicitado*]
ubiquitous computing | proceso informático ubicuo
ubitron | ubitrón, láser de electrones libres
U bolt | perno en U
U butt weld | soldadura (a tope) en U
UC = ubiquitous computing | UC [*proceso informático ubicuo*]
UCE = unsolicited commercial email | UCE [*publicidad no deseada por correo electrónico*]
UDLC = universal data link control | UDLC [*protoloco para la trasmisión de datos*]
udometer | udómetro, pluvímetro, pluviómetro
UDP = user datagram protocol | UDP [*protocolo de datagrama de usuario*]
UID = unique identifier | UID [*identificador único*]
UDT = uniform data transfer | UDT [*trasferencia uniforme de datos*]
UFO = unidentified flying object | OVNI = objeto volador no identificado
UHF = ultra high frequency | UHF [*frecuencia ultraalta*]
UHF/SHF teleran = UHF/SHF television-radar air navigation | telerán de UHF/SHF = navegación aérea por radar y televisión de UHF/SHF
UI = unit interface | UI [*interfaz para conexión de unidades*]
UI = user interface | IU = interfaz de usuario
UIR = Union internationale de radiodiffusion (*fra*) [*International broadcast union*] | UIR = Unión internacional de radiodifusión
UIT = Union internationale des télécommunications (*fra*) [*ITU = International Telecommunication Union*] | UIT = Unión internacional de las telecomunicaciones
UJT = unijunction transistor | UJT [*transistor con una sola capa, transistor de unión única*]
UKnet | Uknet [*proveedor británico de servicios de internet*]
UL = unloading | DES = descargado
UL = upper limit | valor (/límite) superior
ULA = uncommitted logic array | ULA [*orden lógico no comprometido*]
Ulbricht sphere | esfera de Ulbricht, esfera fotométrica
U link | clavija (/conexión, /estribo, /puente) en U
U-link jack panel | panel de conectores para clavijas en U
U-link socket | enchufe de clavija en U
U-link spring | resorte de clavija en U
ULSI = ultra large scale integration | ULSI [*ultraalto grado de integración*]
ultimate capacity | capacidad final (/definitiva)
ultimate consumer | consumidor usuario
ultimate elongation | alargamiento de rotura
ultimate load | carga límite (/definitiva, /de rotura)
ultimately controlled variable | variable controlada final
ultimate mechanical strength | resistencia mecánica final
ultimate sensitivity | umbral de sensibilidad
ultimate strength | carga de rotura, fatiga de ruptura, resistencia a la rotura
ultimate stress | tensión de rotura
ultimate tensile strength | carga de rotura (por tracción), resistencia a la rotura por tracción, resistencia máxima a la tracción
ultimate trip current | corriente mínima de disparo
ultimate trip limit | límite de disparo
ultimate trip limits | límites de disparo, valores máximo y mínimo de la corriente de disparo
ultimate yield strength | límite elástico
ultor | acelerador final, electrodo final de alta tensión
ultor current | corriente del acelerador final
ultor element | elemento acelerador final
ultra-audible | ultrasónico, ultraaudible
ultra-audible frequency | frecuencia ultraaudible
ultra-audion | ultraaudión
ultra-audion circuit | circuito ultraaudión
ultra-audion oscillator | oscilador ultraaudión (/de Colpitt)
ultra-audion oscillator circuit | circuito oscilador ultraaudión
ultracentrifuge | ultracentrifugadora, ultracentrífugo
ultradirectional microphone | micrófono ultradireccional
ultradyne | (receptor) ultradino
ultradyne reception | recepción ultradina
ultradyne receptor | receptor ultradino
ultrafast recovery diode | diodo de recuperación ultrarrápida
ultrafast recovery time | recuperación ultrarrápida, tiempo de recuperación ultracorto
ultrafax | ultrafax
ultrafiche | ultraficha [*microficha de densidad muy alta*]
ultrafine-focus X-ray apparatus | aparato de rayos X de foco concentrado
ultrahigh frequency | frecuencia ultraalta (/ultraelevada)
ultrahigh frequency aerial | antena de UHF, antena para frecuencias ultraaltas
ultrahigh frequency band | banda de UHF (/frecuencias ultraaltas)

ultrahigh frequency converter | convertidor de UHF (/ondas decimétricas)
ultrahigh frequency generator | generador (/oscilador) de frecuencias ultraaltas
ultrahigh frequency link | radioenlace de UHF, enlace radioeléctrico de ondas métricas
ultrahigh frequency loop | (antena de) cuadro para frecuencias ultraaltas, dipolo de frecuencia ultraalta
ultrahigh frequency oscillator | oscilación de frecuencias ultraaltas
ultrahigh frequency propagation | propagación de las ondas decimétricas
ultrahigh frequency radio relay circuit | radioenlace decimétrico (/de UHF), circuito radioeléctrico por ondas decimétricas
ultrahigh frequency range | gama de frecuencias ultraaltas
ultrahigh frequency region | región de las frecuencias ultraaltas, región de las ondas decimétricas
ultrahigh frequency spectrum | espectro de las frecuencias ultraaltas, espectro de las ondas decimétricas
ultrahigh frequency television station | emisora de televisión de UHF, estación de televisión por ondas decimétricas
ultrahigh frequency time-sharing system | sistema de UHF por reparto de tiempos
ultrahigh frequency translator | repetidor (/retrasmisor) de UHF (/frecuencia ultraalta)
ultrahigh frequency transmission | trasmisión por frecuencias ultraaltas
ultrahigh frequency transmitter | emisor de UHF, trasmisor de frecuencias ultra altas
ultrahigh frequency valve | válvula para frecuencias ultraaltas
ultrahigh memory block | bloque de memoria superior
ultrahighs | frecuencias ultraaltas, sonidos muy agudos
ultrahigh speed | velocidad ultraalta, ultrarrápido
ultrahigh speed switching | conmutación ultrarrápida
ultrahigh temperature | temperatura ultraalta (/ultraelevada)
ultrahigh vacuum | vacío ultraalto (/ultraelevado)
ultra-large-scale integration | integración a escala ultraamplia
ultralight computer | ordenador ultraligero [*portátil*]
ultralinear amplifier | amplificador (con salida) ultralineal
ultralinear circuit | circuito ultralineal
ultralinear output stage | etapa de salida ultralineal (/con carga parcial de pantalla)

ultralow temperature refrigeration system | sistema de refrigeración para temperaturas ultrabajas
ultramicrometer | ultramicrómetro
ultramicroscope | ultramicroscopio
ultramicrowave | ultramicroonda
ultrophotic ray | rayo invisible
ultraprecision | ultraprecisión
ultrapure | hiperpuro, ultrapuro
ultrapure semiconductor | semiconductor ultrapuro
ultrapure silicon | silicio ultrapuro
ultrarapid | hiperrápido, ultrarrápido
ultrared | infrarrojo, ultrarrojo
ultrared rays | rayos infrarrojos (/ultrarrojos)
ultrasensitive measuring instrument | instrumento de medida ultrasensible
ultrasensitive radio set | aparato radioeléctrico ultrasensible
ultrasensitive relay | relé ultrasensible
ultrasensitive valve | válvula (electrónica) ultrasensible
ultrashort wave | onda ultracorta
ultrashort-wave aerial | antena para ondas ultracortas
ultrashort-wave band | banda de ondas ultracortas
ultrashort-wave broadcasting | difusión (/radiodifusión) sonora por ondas ultracortas
ultrashort-wave station | estación de ondas ultracortas
ultrashort-wave transmitter | trasmisor de ondas ultracortas
ultra small aperture terminal | terminal de apertura ultraestrecha [*antena de reducido tamaño*]
ultrasonic | ultrasónico, ultraacústico, ultrasonoro
ultrasonically detected | detectado por ondas ultrasonoras
ultrasonically tested | probado mediante ultrasonidos
ultrasonic amplifier | amplificador de frecuencia ultrasonora (/ultraacústica)
ultrasonic bath | baño ultrasónico
ultrasonic beam | haz ultrasónico (/de ultrasonidos)
ultrasonic boiler descaler | desincrustador ultrasónico de calderas
ultrasonic bond | enlace ultrasónico, unión por vibración ultrasónica
ultrasonic bonding | unión por vibración ultrasónica
ultrasonic cavitation | cavitación ultrasónica
ultrasonic cleaner | limpiador ultrasónico
ultrasonic cleaning | limpieza ultrasónica (/por ultrasonidos)
ultrasonic cleaning equipment | equipo de limpieza ultrasónica (/por ultrasonidos)
ultrasonic cleaning system | sistema de limpieza ultrasónica
ultrasonic cleaning tank | depósito de limpieza ultrasónico

ultrasonic coagulation | coagulación ultrasónica (/por ultrasonidos)
ultrasonic communication | comunicación por ultrasonidos
ultrasonic cross grating | retículo (de cruce) ultrasónico, red de difracción ultrasónica
ultrasonic cutting | corte ultrasónico
ultrasonic degreaser | desengrasador (/aparato de desengrase) ultrasónico
ultrasonic degreasing | desengrase ultrasónico (/por ultrasonidos)
ultrasonic delay line | línea de retardo ultrasónico (/de ondas ultrasonoras)
ultrasonic delay line store | almacenador (/memoria) de línea de retardo ultrasónica
ultrasonic densitometer | densímetro ultrasónico
ultrasonic depth sounder | sonda ultrasónica (de profundidad)
ultrasonic detector | detector ultrasónico (/de ultrasonidos)
ultrasonic diagnosis | diagnóstico ultrasónico
ultrasonic diffraction | difracción ultrasónica
ultrasonic disintegrator | desintegrador ultrasónico
ultrasonic dispersion | dispersión ultrasónica (/por ultrasonidos)
ultrasonic drill | taladro ultrasónico
ultrasonic drilling | taladrado ultrasónico
ultrasonic electric energy | energía eléctrica a frecuencia ultrasónica
ultrasonic emulsification | emulsionado ultrasónico (/por ultrasonidos)
ultrasonic equipment | equipo ultrasónico (/de frecuencias ultrasónicas, /de frecuencias ultraacústicas)
ultrasonic flaw detection | detección de defectos por ultrasonidos
ultrasonic flaw detector | detector ultrasónico de defectos (/fisuras)
ultrasonic frequency | frecuencia ultrasónica (/ultrasonora, /ultraacústica, /ultraaudible)
ultrasonic frequency range | gama de frecuencias ultrasónicas (/ultrasonoras)
ultrasonic generator | generador ultrasónico (/ultraacústico, /ultrasonoro, /de ultrasonidos)
ultrasonic grating | retícula ultrasónica, retículo ultrasónico
ultrasonic grating constant | constante de difracción (/retículo ultrasónico)
ultrasonic image converter | convertidor ultrasónico de imagen
ultrasonic immersion | inmersión ultrasónica
ultrasonic inspection | inspección ultrasónica
ultrasonic irradiation | irradiación ultrasónica
ultrasonic level detector | detector de nivel ultrasónico

ultrasonic light diffraction | difracción ultrasónica de la luz, difracción óptica (de la luz) por ondas ultrasonoras
ultrasonic light modulator | modulador ultrasónico de luz
ultrasonic light valve | válvula ultrasónica de luz
ultrasonic machining | mecanizado por ultrasonidos (/vibraciones ultrasónicas)
ultrasonic magnetostriction transducer | trasductor magnetoestrictivo ultrasonoro
ultrasonic material dispersion | dispersión ultrasónica de materiales, dispersión de sustancias por ondas ultrasonoras
ultrasonic motion detector | detector ultrasónico de movimiento
ultrasonic nozzle | atomizador electrónico, tobera atomizadora por ultrasonidos
ultrasonic piezoelectric transducer | trasductor piezoeléctrico ultrasonoro
ultrasonic plating | chapado por ultrasonidos
ultrasonic probe | sonda ultrasónica
ultrasonic pulse | impulso ultrasónico (/ultrasonoro), tren de ondas ultrasonoras
ultrasonic receiver | receptor (/detector) ultrasónico (/de ultrasonidos)
ultrasonic recording | registro ultrasónico
ultrasonic rejection | rechazo ultrasónico
ultrasonics | ultrasónica, ultraacústica, ciencia de los ultrasonidos, acústica de las frecuencias ultrasonoras
ultrasonic sealing | sellado ultrasónico
ultrasonics engineering | ingeniería de los ultrasonidos
ultrasonic signal | señal ultrasónica
ultrasonic slicing tool | herramienta ultrasónica de corte
ultrasonic soldering | soldadura por ultrasonidos
ultrasonic soldering iron | soldadura con punta vibratoria a frecuencia ultrasónica
ultrasonic sounding | sondeo por ultrasonidos
ultrasonic space grating | retículo espacial ultrasónico
ultrasonics technique | técnica de los ultrasonidos
ultrasonic storage cell | célula de almacenamiento (/memoria) ultrasónica
ultrasonic stroboscope | estroboscopio ultrasónico (/ultrasonoro)
ultrasonic system | sistema ultrasónico
ultrasonic testing | prueba ultrasónica, ensayo ultrasónico
ultrasonic therapy | terapia ultrasónica (/por ultrasonidos)
ultrasonic thickness gauge | galga ultrasónica para espesores, calibrador ultrasónico de espesores
ultrasonic tool | herramienta ultrasónica
ultrasonic trainer | equipo de adiestramiento con ultrasonidos
ultrasonic transducer | trasductor ultrasónico (/de frecuencia ultraacústica)
ultrasonic vibration | vibración ultrasónica
ultrasonic wave | onda ultrasónica (/ultrasonora, /de ultrasonido)
ultrasonic welding | soldadura por ultrasonidos
ultrasonic wire bonder | enlazador ultrasónico de cable
ultrasonic wireless remote control | telemando inalámbrico por ondas ultrasónicas
ultrasonography | ultrasonografía
ultrasound | ultrasonido
ultrasound generator | generador de ultrasonidos
ultraspeed welding | soldadura ultrarrápida
ultraviolet | ultravioleta
ultraviolet altimeter | altímetro (por radiación) ultravioleta
ultraviolet colour translation | conversión del ultravioleta a color visible
ultraviolet component | componente ultravioleta
ultraviolet crack detection | detección de fisuras (/grietas) por (rayos) ultravioleta
ultraviolet emitter | radiador ultravioleta
ultraviolet-excited | excitado por luz (/radiación) ultravioleta
ultraviolet-excited fluorescence | fluorescencia excitada por (radiación) ultravioleta
ultraviolet-excited phosphor | fósforo excitado por (radiación) ultravioleta
ultraviolet filter | filtro ultravioleta
ultraviolet-induced | inducido por luz (/radiación) ultravioleta
ultraviolet lamp | lámpara de rayos ultravioleta
ultraviolet light | luz (/radiación) ultravioleta
ultraviolet photodetector | fotodetector de (rayos) ultravioleta
ultraviolet photon | fotón ultravioleta
ultraviolet polymer | polímetro obtenido por radiación ultravioleta
ultraviolet radiation | radiación ultravioleta
ultraviolet range | gama del ultravioleta
ultraviolet ray | rayo ultravioleta
ultraviolet ray sterilizer | esterilizador de rayos ultravioleta, esterilizador por radiación ultravioleta
ultraviolet region | región del ultravioleta
ultraviolet sector | sector ultravioleta
ultraviolet-sensitive photoelectric material | material fotoeléctrico sensible al ultravioleta
ultraviolet spectroscopy | espectroscopia por luz ultravioleta
ultraviolet spectrum | espectro (de los rayos) ultravioleta
ultraviolet wave | longitud de onda ultravioleta
ultra-X-rays | rayos X ultrapenetrantes (/de ondas ultracortas)
UMA = upper memory area | UMA [*área de memoria alta*]
UMB = ultrahigh memory block | UMB [*bloque de memoria superior*]
UMB = upper memory block | UMB [*bloque de memoria alta*]
umbilical cable | cable umbilical
umbilical connector | conector umbilical
umbilical cord | cable (/cordón) umbilical
umbra | sombra
umbrella aerial | antena en paraguas (/sombrilla)
umbrella-shaped aerial | antena (en forma) de paraguas
umbrella-type alternator | alternador de eje vertical con rangua inferior
umbrella-type generator | generador de eje vertical con rangua inferior
UML = unified modelling language | ULM [*lenguaje de modelado unificado (para expresar los requisitos y detalles de un proceso de negocio electrónico)*]
UMM = UN/CEFACT modelling methodology | UMM [*metodología de modelado UM/CEFACT (para negocios electrónicos)*]
UMTS = universal mobile telecommunication system, universal mobile telephone service | UMTS [*sistema universal de telecomunicaciones móviles, servicio universal de telefonía móvil*]
unabsorbed field intensity | campo sin (/en ausencia de) absorción
unabsorbed field strength | campo en ausencia de absorción
unamplified back bias | polarización por realimentación no amplificada
unarmoured cable | cable no armado, cable sin armadura
unary | unitario
unary operation | operación monádica (/unaria)
unary operator | operador unitario [*en matemáticas*]
unassigned night service | circuito nocturno no asignado, circuito nocturno de contestación común; servicio nocturno general (/universal)
unattended location | emplazamiento sin personal
unattended operation | funcionamiento sin personal, funcionamiento con supervisión a distancia, servicio inatendido

unattended remotely controlled plant | central sin personal controlada a distancia
unattended remote operation | funcionamiento con supervisión a distancia
unattended repeater | repetidor sin personal
unattended repeater station | estación repetidora automática (/sin personal)
unattended service | servicio automático
unattended service equipment | equipo de servicio automático
unattended station | estación automática (/con telemando, /con supervisión a distancia)
unattenuated propagation | propagación sin atenuación
unattenuated radiated field | campo radiado sin atenuación
unavailability factor | factor (/porcentaje) de indisponibilidad
unavailability of hydro capability | indisponibilidad de potencia hidroeléctrica
unavailable | no disponible
unavailable capability | potencia eléctrica no disponible
unavailable choice | opción no disponible
unavailable command | orden no disponible
unavailable emphasis | resaltado de no disponible
unbalance | desequilibrio
unbalanced | desequilibrado
unbalanced aerial | antena asimétrica (/no equilibrada)
unbalanced aerial input | entrada de antena asimétrica (/desequilibrada respecto a tierra)
unbalanced circuit | circuito asimétrico (/desequilibrado)
unbalanced coupling | acoplamiento no equilibrado
unbalanced input | entrada asimétrica
unbalanced line | línea asimétrica (/desequilibrada)
unbalanced loop | cuadro asimétrico
unbalanced network | red desequilibrada
unbalanced output | salida asimétrica (/desequilibrada)
unbalanced phase | fase desequilibrada
unbalanced polyphase star circuit | circuito polifásico en estrella desequilibrado
unbalanced pressure | presión no equilibrada
unbalanced regulation | regulación asimétrica
unbalanced system | sistema desequilibrado
unbalanced transmission line | línea de trasmisión asimétrica (/desequilibrada)
unbalanced tree | árbol descompensado
unbalanced two-terminal-pair network | cuadripolo no equilibrado, red desequilibrada de dos pares de terminales
unbalance factor | factor (/grado) de desequilibrio
unbalance measuring set | equilibrómetro, medidor de equilibrio
unbalance of a circuit | asimetría (/desequilibrio) de un circuito
unbiased | no polarizado, sin polarización
unbiased rectifier | rectificador no polarizado
unblanking | desbloqueo
unblanking generator | generador (de impulsos) de desbloqueo
unblanking pulse | impulso de desbloqueo
unblock, to - | desbloquear
unblocked record | registro desbloqueado
unblocking | desbloqueo
unbonded | aislado de masa
unbonded strain gauge | deformímetro de hilos suspendidos; sensor de presión no soldado
unbroken power supply | sistema de alimentación (eléctrica) ininterrumpida
unbuffered | sin registro intermedio, sin memoria intermedia
unbundle, to - | separar del paquete [de programas]
unbundled | fuera del paquete [no incluido en el paquete informático]
unbundling | desglose
unbypassed cathode load | carga de cátodo sin desacoplamiento (/derivación capacitiva)
unbypassed cathode resistor | resistencia catódica (/capacitiva, /de cátodo) sin desacoplamiento (/condensador de desacoplamiento, /condensador de sobrepaso, /derivación capacitiva)
UNC = universal (/uniform) naming convention | UNC [convención universal de nombres (para archivos informáticos)]
uncage, to - | liberar
uncalibrated | descalibrado, no calibrado, sin calibración
UN/CEFACT = United Nations centre for trade facilitation and electronic business | UN/CEFACT [centro de Naciones Unidas para promoción del comercio y para comercio electrónico]
uncertainty | incertidumbre
uncertainty principle | principio de incertidumbre
uncharged | descargado, sin carga; neutro
uncharged particle | partícula neutra
UNCID = uniform rules of conduct for interchange of trade data by tele-transmission | UNCID [reglas uniformes de conducta para el intercambio de datos comerciales mediante teletrasmisión]
UNCITRAL = United Nations commission on international trade law | UNCITRAL [comisión de las Naciones Unidas para la legislación sobre el comercio internacional]
uncollided neutron | neutrón que no ha colisionado
uncommitted logic array | orden lógico no comprometido
uncompensated | no compensado, sin compensación
uncompensated heat | calor no compensado
uncompensated video amplifier | amplificador de vídeo no compensado, amplificador de vídeo sin corrección de frecuencia
uncompensated volume control | control de volumen no compensado, control (/regulador) de volumen sin compensación de respuesta
uncompleted call | comunicación no establecida, llamada perdida (/ineficaz, /no efectuada)
uncompleted call due to busy condition | comunicación no establecida por ocupación de la línea
uncompress, to - | descomprimir [archivos]
unconditional | incondicional
unconditional branch | rama (/bifurcación, /salto) incondicional
unconditional jump | salto (/bifurcación) incondicional
unconditional transfer | trasferencia incondicional
unconditional transfer of control | trasferencia de control incondicional
unconnected | desconectado, no conectado
uncontrolled spark discharge | descarga de chispas no dirigida
uncontrolled terminal | terminal no controlado
uncoupled | desacoplado, desconectado, desenganchado, desunido, separado
undamped natural frequency | frecuencia natural no amortiguada, frecuencia natural sin amortiguación
undamped oscillation | oscilación no amortiguada
undamped wave | onda no amortiguada
undecidable | no decidible
undefined | indefinido
undefined record | grabación no definida
undelete | restauración [de datos borrados]
undelete, to - | rehacer, restaurar [datos borrados]
undelete message, to - | rehacer el mensaje suprimido

undeliverable | de entrega imposible [*aplicado a mensajes de correo electrónico*]
underbunching | subagrupamiento
undercharge | tasa insuficiente (/por defecto)
undercolor separation | separación de colores secundarios [*conversión del cian, magenta y amarillo en grados de gris*]
undercompensated | subcompensado, insuficientemente compensado
undercompounded | subcompuesto
undercompounded dynamo | dinamo con excitación hipocompuesta
undercompounded generator | generatriz con excitación hipocompuesta
undercompound excitation | excitación hipocompuesta
under construction | en construcción, en obras, en desarrollo
undercoupling | subacoplamiento
undercurrent | subcorriente
undercurrent protection | protección de corriente mínima
undercurrent relay | relé de baja corriente, relé de corriente mínima
undercurrent release | aparato de intensidad mínima, aparato de mínimo de corriente
undercut | socavado
undercut, to - | socavar
undercut electrode | electrodo destalonado
undercutting | subincisión
underdamped | subamortiguado, insuficientemente amortiguado, con amortiguación insuficiente
underdamping | subamortiguamiento, amortiguación insuficiente
underdrive | subexcitación, excitación insuficiente
underdriven | subexcitado, con excitación insuficiente
underexcited | subexcitado, insuficientemente excitado
underexcited amplifier | amplificador subexcitado
underflow | curso inferior, subdesbordamiento, desbordamiento de la capacidad mínima
underfrequency | subfrecuencia
underfrequency protection | dispositivo de protección de frecuencia mínima
underfused | con fusible insuficiente
underglaze | subvitrificado
underground burst | explosión subterránea
underground cable | cable subterráneo (/tendido bajo tierra)
underground cable route | arteria de cable subterráneo
underground cement duct | conducto de hormigón subterráneo
underground circuit | circuito subterráneo, línea subterránea
underground contact rail | carril de contacto en artajea
underground distribution chamber | cámara subterránea de distribución
underground hydroelectric plant | central hidroeléctrica subterránea
underground line | línea subterránea
underground link box | caja de seccionamiento subterránea
underground mains | canalización subterránea
underinsulation | aislamiento con la base
underlap | falta de yuxtaposición
underline | subrayado
underline, to - | subrayar
underload | baja carga, carga baja (/reducida)
underload circuit breaker | disyuntor de baja carga, disyuntor de carga mínima, disyuntor de mínima (/mínimo de carga)
underload relay | relé de baja carga, relé de carga mínima, relé de mínima (/mínimo de carga)
underload switch | interruptor de mínima (/carga mínima, /baja carga)
underload tap changer | selector de tomas de baja carga
undermodulation | submodulación
Undernet | Undernet [*red internacional alternativa de servidores IRC*]
underpass | aislador de cruce; paso inferior
underplaster extension | extensión embutida (/empotrada)
underpower protection | protección de mínimo de potencia
underpower relay | relé de baja (potencia), relé de potencia mínima
underrun | subalimentado, con tensión inferior a la normal
underscan | subbarrido; subdesviación (del haz explorador)
underscore | subrayado
undershoot | subalcance, subimpulso
underside | lado inferior
underthrow distortion | distorsión por subamplitud (/submodulación)
undertow | contracorriente, corriente de fondo
undertuned harmonic ringing | llamada armónica infrasintonizada
undervoltage | subtensión, baja tensión, bajo voltaje, tensión (/voltaje) insuficiente
undervoltage alarm | alarma de subtensión (/voltaje bajo)
undervoltage circuit breaker | disyuntor de mínima tensión, disyuntor de voltaje bajo
undervoltage operation | funcionamiento a subtensión (/baja tensión)
undervoltage protection | protección de mínima tensión, protección contra tensión insuficiente
undervoltage relay | relé de bajo voltaje, relé de tensión mínima
undervoltage release | desconexión (/desenganche) a tensión mínima
undervoltage test | prueba de tensión reducida
undervoltage trip coil | bobina de disparo a mínimo de tensión
undervoltage tripping | desconexión (/desenganche) por baja tensión, disparo por falta de tensión
underwater | subacuático, submarino
underwater aerial | antena sumergida (/submarina)
underwater ambient noise | ruido ambiental submarino
underwater amplifier | amplificador sumergido
underwater background noise | ruido de fondo submarino
underwater burst | explosión submarina
underwater mine | mina submarina
underwater mine coil | bobina de mina submarina
underwater mine depth compensator | compensador de profundidad de mina submarina
underwater radar | radar submarino
underwater signal | señal submarina
underwater sound communication set | equipo de comunicación acústica submarina
underwater sound projector | proyector de sonido subacuático
undesired ground wave signal | señal indeseada de onda de tierra
undesired response | respuesta indeseada (/perjudicial)
undesired signal | señal indeseada (/parásita, /perturbadora)
undetected error | error no detectado
undirected graph | gráfico no orientado
undispersed light | luz no descompuesta
undistorted output | (potencia de) salida sin distorsión
undistorted power | potencia (de salida) sin distorsión
undistorted power output | potencia de salida sin distorsión
undistorted wave | onda no distorsionada, onda sin distorsión
undisturbed-one output | salida uno sin distorsión
undisturbed-zero output | salida cero sin distorsión
undo, to - | deshacer
undock, to - | desacoplar [*el ordenador*]
undoped | puro, sin impurezas
undoped state | estado puro
undulating current | corriente ondulante (/pulsatoria)
undulating light | luz de brillo variable
undulating quantity | magnitud ondulante (/pulsatoria)
undulating surge wave | onda de cresta ondular
undulating voltage | tensión ondulante (/pulsatoria)

undulating voltage motor | motor de tensión ondulante
undulator | ondulador
undulator motor drive | tiracintas de ondulador
undulatory current | corriente ondulatoria (/pulsatoria)
undulatory discharge | descarga ondulatoria
undulatory voltage | tensión ondulatoria (/pulsatoria)
UNEDED = UN/EDIFACT data elements directory | UNEDED [*directorio de elementos de datos UN/EDIFACT*]
UN/EDIFACT | UN/EDIFACT [*norma de las Naciones Unidas para el intercambio electrónico de datos para la administración, el comercio y el trasporte*]
UNEDMD = UN/EDIFACT message directory | UNEDMD [*directorio de mensajes UN/EDIFACT*]
UNEDSD = UN/EDIFACT segment directory | UNEDSD [*directorio de segmentos UN/EDIFACT*]
unenclosed relay | relé sin cubierta
unenergized relay | relé abierto (/desexcitado)
unequal impulses | impulsos desiguales
unerase, to - | recuperar lo borrado
unexpected | imprevisto
unfinished programme | programa inconcluso
unfired valve | válvula desexcitada (/desionizada)
unfold | desplegado
unfolding | despliegue
unforeseen breakdown | interrupción imprevista
unfreeze, to - | movilizar
unfreeze panes, to - | movilizar secciones
unfurlable aerial | antena desplegable
ungeared motor | motor de toma directa, motor acoplado directamente
ungeared radial engine | motor radial de toma directa
ungrounded | aislado (/desconectado) de masa (/tierra)
ungrounded circuit | circuito sin conexión a tierra
ungrounded side | lado vivo (/sin puesta a tierra)
ungrounded system | sistema aislado de tierra, sistema sin puesta a tierra
unguarded interval | intervalo desprotegido
unguided | no guiado
unhandled exception | error no resuelto [*error interno que no puede eliminar el programa*]
unhide, to - | mostrar; descargar, suprimir
uniaxial | monoaxial, uniaxial
uniaxial crystal | cristal monoaxial
uniaxially orientated tungsten | tungsteno de orientación uniaxial
uniaxial magnetic anisotropy | anisotropia magnética monoaxial
unibus | unibus
unicast | unidifusión, unidistribución, unicast [*protocolo para trasmisión de paquetes de datos entre direcciones IP*]; trasmisión unidireccional [*entre un emisor y un receptor en una red*]
unicode | código único
UNICOM = universal integrated communications system | UNICOM [*sistema universal integrado de comunicaciones*]
uniconductor | monoconductor, de un solo conductor
uniconductor waveguide | guiaondas monoconductor (/de un solo conductor)
unidentified flying object | objeto volador no identificado
unidirected | unidireccional, de sentido único
unidirected currents | corrientes del mismo sentido
unidirected flow | flujo unidireccional
unidirectional | unidireccional, de sentido único
unidirectional aerial | antena unidireccional
unidirectional bearing | marcación de sentido único
unidirectional bus | bus unidireccional
unidirectional circuit | circuito para un solo sentido
unidirectional conductor | conductor asimétrico
unidirectional coupler | acoplador unidireccional
unidirectional current | corriente unidireccional
unidirectional hydrophone | hidrófono unidireccional
unidirectional log periodic aerial | antena unidireccional de periodo logarítmico
unidirectional loop direction finder | radiogoniómetro unidireccional
unidirectional microphone | micrófono unidireccional
unidirectional pulse | impulso unidireccional
unidirectional pulse train | tren de impulsos unidireccional
unidirectional pulses | impulsos unidireccionales (/de subida en el mismo sentido)
unidirectional selector | selector unidireccional
unidirectional stepping motor | motor paso a paso unidireccional (/de giro en un solo sentido)
unidirectional transducer | trasductor unidireccional (/unilateral)
unidirectional transmission | trasmisión unidireccional
unidirectional voltage | tensión unidireccional
unidyne receiver | receptor unidino
unidyne reception | recepción unidina
unification | unificación
unified atomic mass constant | constante unificada de masa atómica
unified field theory | teoría del campo unificado
unified modelling language | lenguaje de modelado unificado [*para expresar los requisitos y detalles de un proceso de negocio electrónico*]
unifilar | unifilar, monofilar, de un solo hilo
unifilar suspension | suspensión unifilar
uniflow | flujo unidireccional
uniform | uniforme
uniform acceleration | aceleración constante
uniform break impulse dial | disco de impulsos de interrupción uniforme
uniform corrosion | corrosión uniforme
uniform cylindrical wave | onda uniforme cilíndrica
uniform data transfer | trasferencia uniforme de datos
uniform diffuse transmission | trasmisión difusa uniforme
uniform diffuser | difusor uniforme
uniform field | campo uniforme
uniform flow | flujo (/corriente) uniforme
uniformity | constancia, regularidad, uniformidad
uniformity error | error de uniformidad
uniformity factor | factor de uniformidad
uniformity ratio | factor de uniformidad
uniformity ratio of illuminance | factor de uniformidad de iluminancia
uniform line | línea (de trasmisión) uniforme
uniform load | carga uniforme
uniform loading | carga uniforme
uniform naming convention | convención universal de nombres [*para archivos informáticos*]
uniform numbering | numeración uniforme (/normalizada)
uniform plane wave | onda plana uniforme
uniform point source | fuente puntual uniforme
uniform precession | precesión uniforme
uniform quantizing | cuantificación uniforme
uniform resource citation | descripción de recursos uniforme
uniform resource identifier | identificador de recursos uniforme (/uniformizado)
uniform resource locator | localizador uniforme de recursos [*para direcciones de internet*]
uniform resource name | nombre de recurso uniformizado (/uniforme)
unique identifier | identificador único

uniform transmission line | línea de trasmisión uniforme
uniform waveguide | guiaondas (/guía de ondas) uniforme
uniground | puesta única a masa, unimasa
ungrounded | con conexión simple a tierra
unijunction | unión única, de una sola unión
unijunction photosensitive semiconductor device | dispositivo semiconductor fotosensible de una sola unión
unijunction transistor | transistor con una sola capa, transistor de unión única, diodo de base doble
unilateral | unilateral
unilateral amplifier | amplificador unilateral (/unidireccional)
unilateral amplifier stage | etapa (/paso) de amplificación unilateral
unilateral area track | pista de área unilateral (/variable asimétrica)
unilateral bearing | marcación unilateral (/de sentido único)
unilateral channel | canal unilateral (/de trasmisión en un solo sentido)
unilateral conductivity | conductividad unilateral
unilateral device | dispositivo unilateral
unilateral direction finder | radiogoniómetro unidireccional
unilateral element | elemento unilateral
unilateral four-terminal | tetrapolo unilateral, red unilateral de cuatro terminales
unilateral gear | engranaje unilateral
unilateral impedance | impedancia unilateral
unilateralization | unilateralización
unilateral limit | tolerancia unilateral
unilaterally connected graph | gráfico conectado unilateralmente
unilateral network | red unilateral
unilateral radiocommunication service | servicio unilateral de comunicaciones por radio
unilateral relay | relé (/relevador) unilateral
unilateral switch | interruptor unilateral
unilateral transducer | trasductor unilateral (/unidireccional)
unilateral transmission | trasmisión unilateral (/en un solo sentido)
unilayer | monocapa, monoestrato
unilevel | nivel único; de nivel constante
unimodal | monomodal
unimodular | unimodular
unimodular group | grupo unimodular
unimolecular layer | capa unimolecular
unimpeded harmonic operation | funcionamiento con impedancia nula, funcionamiento armónico sin impedancia, funcionamiento con circulación libre de las corrientes armónicas

uninstall, to - | desinstalar [*un programa*]
uninstall component, to - | desinstalar componente
uninsulated wire | cable (/hilo) pelado (/desnudo, /descubierto, /sin aislamiento)
unintelligible crosstalk | diafonía ininteligible (/no inteligible) [*no lineal*]
unintelligible crosstalk component | componente de diafonía ininteligible
uninterrupted duty | servicio ininterrumpido
uninterrupted power supply | sistema (/suministro, /fuente) de alimentación (eléctrica) ininterrumpida
uninterruptible power system | fuente de alimentación ininterrumpida
uninverted crosstalk | diafonía inteligible
union | unión
union nut | tuerca de unión
Union of International Engineering Organizations | Unión de asociaciones técnicas internacionales
UNIPEDE = Union internationale des producteurs et distributeurs d'energie électrique (*fra*) | UNIPEDE = Unión internacional de productores y distribuidores de energía eléctrica
uniplex | uniplex, funcionamiento por canal único
unipolar | monopolar, unipolar
unipolar apparatus | aparato unipolar
unipolar arc | arco monopolar (/unipolar)
unipolar electrode system | sistema unipolar de electrodos
unipolar field-effect transistor | transistor unipolar de efecto de campo
unipolar induction | inducción unipolar
unipolarity | unipolaridad
unipolar machine | máquina acíclica (/unipolar)
unipolar pulse | impulso unipolar
unipolar signal | señal unipolar
unipolar transistor | transistor unipolar (/de efecto de campo)
unipole | unipolo, antena isótropa (/isotrópica)
unipole aerial | antena monopolo
unipotential | equipotencial, unipotencial
unipotential cathode | cátodo unipotencial (/equipotencial, /de calentamiento indirecto)
unipotential electrostatic lens | lente electrostática unipotencial
uniprocessor system | sistema de procesador único
uniquely decipherable | posibilidad única de descodificación
uniquely decodable | posibilidad única de descodificación
unique user | usuario único
unique visitor | visitante único
uniselector | selector rotativo (/de movimiento único, /de un solo movimien-

to), conmutador rotativo (/giratorio)
unit | unidad; elemento
unit-and-a-half stop emission | emisión de parada de unidad y media
unit-area acoustic impedance | impedancia acústica específica (/intrínseca, /por unidad de superficie)
unit-area acoustic reactance | reactancia acústica específica (/intrínseca, /por unidad de superficie)
unit-area acoustic resistance | resistencia acústica específica (/intrínseca, /por unidad de superficie)
unit-area capacitance | capacidad por unidad de superficie
unitary code | código unitario
unitary semiring | semianillo unitario
unit call | unidad de conversación
unit capacity factor | factor de capacidad unitario
unit charge | carga tipo (/unitaria); tasa unitaria; unidad de carga
unit coil | bobina intercambiable
unit construction method | sistema de unidades montables
unit counter | contador de unidades
unit device | dispositivo unitario
unit dielectric strength | rigidez dieléctrica específica
unit duration | unidad de duración
unit duration of a signal | unidad de duración de una señal
unit electric charge | unidad de carga eléctrica
unit element | elemento unitario
unit escapement | unidad de escape
unit frequency | unidad de frecuencia
unit function response | respuesta a la señal unidad
unit-index frequency modulation | modulación de frecuencia con índice unitario
unit interface | interfaz de unidad
unit interval | intervalo patrón (/unidad, /unitario)
unit interval at the commutator | intervalo en el conmutador (/colector)
unit interval in a winding | intervalo en un devanado
unit inventory | inventario unitario
unitized construction | construcción unificada
unit kilometre | kilómetro-unidad
unit length | longitud unidad (/unitaria), intervalo unitario
unit load | carga de una unidad
unit magnetic pole | polo magnético patrón (/unidad, /unitario)
unit matrix | matriz de unidad
unit of acceleration | unidad de aceleración
unit of capacitance | unidad de capacidad (/capacitancia)
unit of current | unidad de corriente (/intensidad)
unit of electromotive force | unidad de fuerza electromotriz
unit of force | unidad de fuerza

unit of pressure | unidad de presión
unit of quantity of magnetism | unidad de cantidad de magnetismo
unit of resistance | unidad de resistencia
unit of work | unidad de trabajo
unit operator | operador de unidad
unitor | unitor
unit phase constant | desfase lineal, constante de longitud de onda
unit position | posición de la unidad [*en un número*]
unit power factor | factor de potencia unidad
unit pulse | impulso patrón (/unidad)
unit pulse response | respuesta al impulso unitario
unit quantity of electricity | unidad de cantidad de electricidad
unit quantum efficiency | rendimiento cuántico unitario
unit record | registro unitario
unit record equipment | equipo de unidad de grabación [*equipo que trabaja con registros unitarios*]
unit sequence starting relay | relé de arranque secuencial en unidades
unit sequence switch | selector de secuencia de arranque por unidades
units of force | unidades de fuerza
unit-step current | corriente en escalón unitario, escalón unidad de corriente
unit-step function | función de escalón unitario
unit-step stimulus | estímulo (/excitación) de escalón unitario
unit-step voltage | escalón unidad de voltaje, tensión en escalón unitario
unit strain | deformación unitaria
unit stress | esfuerzo unitario (/por unidad); fatiga específica
unit substation | subestación unitaria
unit substation transformer | trasformador de subestación (unitaria)
unit telegram | unidad de telegrama
unit telex charge | unidad de tasa del servicio de télex
unit testing | prueba de módulos (/unidades)
unit torque gradient | gradiente patrón de par, gradiente de torsión unitario
unit under test | unidad en prueba
unitunnel diode | diodo Esaki (/monotúnel, /de efecto túnel)
unit valve | válvula unidad, válvula atravesada por un flujo igual a la unidad
unit valve and line | válvula y línea unidad
unit wavelength constant | constante de longitud de onda, desfase lineal
unity coupling | acoplamiento perfecto (/unidad, /unitario)
unity gain | ganancia unidad
unity gain aerial | antena de ganancia unitaria
unity gain amplifier | amplificador de ganancia unitaria
unity gain bandwidth | ancho de banda de ganancia unidad
unity gain crossover frequency | frecuencia de cruce de la ganancia unidad
unity gain frequency | frecuencia de ganancia unitaria
unity mark/space ratio | relación trabajo/reposo igual a la unidad
unity power factor | factor de potencia unidad (/unitario)
unity ratio | coeficiente unidad, razón (/relación) unitaria
UNIVAC = Universal Automatic Calculator | UNIVAC [*calculador automático universal; marca comercial*]
universal | universal
universal ADSL | ADSL universal [*modelo preestándar del módem ADSL sin divisor*]
universal asynchronous receiver/transmitter | receptor-trasmisor asincrónico universal, receptor/emisor asincrónico universal
universal bail | fiador universal
universal bridge | puente (de medición) universal
universal card slot | ranura de enchufe (/tarjetas) con asignación flexible
universal carry hub | arrastre de contador universal
universal cord circuit | cordón universal
universal cord pair | dicordio universal
universal coupling | acoplamiento universal
universal flip-flop | circuito biestable universal
universal instability | inestabilidad universal
universal joint | cardán, acoplamiento (/articulación, /unión) universal, junta cardánica (/universal)
universal measuring bridge | puente de medición universal
universal mobile telecommunication system | sistema universal de telecomunicaciones móviles
universal motor | motor universal
universal mounting | montaje universal
universal mounting bracket | ménsula de montaje universal
universal multimeter | polímetro universal
universal naming convention | convención universal de nombres [*para archivos informáticos*]
universal night ringing | servicio nocturno general; circuito nocturno no asignado, circuito nocturno de contestación común
universal output transformer | trasformador de salida universal
universal pattern | modelo universal
universal plug and play | conexión y uso inmediato universal
universal port | puerto con asignación flexible
universal product code | código universal de producto
universal quantifier | cuantificador universal
universal receiver | receptor (de alimentación) universal
universal replacement radiofrequency coil | bobina de radiofrecuencia de reemplazo universal
universal resource locator | localizador universal de recursos
universal serial bus | bus serie universal
universal server | servidor universal [*software de Oracle Corporation*]
universal set | conjunto universal
universal shunt | derivación universal
universal socket | casquillo universal
universal synchronous receiver-transmitter | trasmisor-receptor sincrónico universal
universal tap wrench | terraja universal
universal terrestrial radio access network | red de acceso universal a radiocomunicaciones terrestres
universal time | hora universal
universal time coordinated | hora universal coordinada
universal toll cord circuit | cordón (telefónico) universal
universal Turing machine | máquina universal de Turing
universe | universo
univibrator | multivibrador (monoestable)
UNIX system | sistema UNIX [*sistema multitarea para múltiples usuarios*]
UNK = unknown | desconocido
unkeyed emission | emisión no manipulada
unkeyed modulated emission | emisión modulada no manipulada
unknown host | anfitrión desconocido [*respuesta del servidor ante un destinatario desconocido*]
unknown recipient | destinatario desconocido [*en correo electrónico*]
unknown terminal | borne (/terminal) desconocido
UNKWN = unknown | desconocido
unlading [*unloading*] | descarga
unlatched | desenganchado, destrabado, no retenido
unlighted valve | válvula apagada (/que no enciende)
unlike charges | cargas desiguales (/de signo contrario, /de polaridad opuesta)
unlike poles | polos opuestos (/de signo contrario)
unlisted card | tarjeta no listada
unlit | apagado, no iluminado
UNLK = United Nations layout key | UNLK [*clave de composición de Naciones Unidas (modelo de impreso)*]

unload, to - | descargar [*eliminar un programa de la memoria*]
unloaded | descargado, no cargado, sin carga, sin consumo (de energía)
unloaded aerial | antena no cargada, antena sin carga
unloaded applicator impedance | impedancia del aplicador sin carga
unloaded balanced pair | par simétrico no cargado
unloaded balanced pair channel | canal de pares simétricos no cargados
unloaded cable | cable no cargado
unloaded pair | par no cargado
unloaded Q factor | coeficiente de sobretensión en vacío; factor de calidad sin carga
unloader | (aparato) descargador
unloader valve | válvula descargadora (/de seguridad)
unloading | descarga; que no requiere carga
unloading amplifier | amplificador no cargado, amplificador que no requiere carga
unloading circuit | circuito sin carga (/consumo a entrada)
unloading machine | máquina descargadora
unlock | desbloqueo
unlock, to - | desbloquear
unlocking | desbloqueo
unlocking of start-stop apparatus | arranque de aparato arrítmico
unlocking of synchronization | desenganche de la sincronización
unmanned station | estación automática (/sin personal)
unmoderated | sin moderación [*en distribución indiscriminada de mensajes a todos los abonados de un servidor*]
unmodified scatter | dispersión no modificada
unmodified scattering | dispersión (de la radiación) sin cambio [*en la energía de los fotones*]
unmodulated | no modulado, sin modular, sin modulación
unmodulated carrier | (onda) portadora no modulada
unmodulated groove | surco no modulado
unmodulated keyed continuous wave | onda sostenida no modulada manipulada
unmodulated value | valor no modulado, valor en ausencia de modulación
unmount, to - | desactivar [*una unidad de disco o de cinta*]
unnecessary operation | funcionamiento intempestivo
unneutralized | no neutralizado, sin neutralización
unneutralized power gain | ganancia de potencia sin neutralización
unneutralized stabilized gain | ganancia estabilizada no neutralizada
unnumbered | sin numerar, fuera de numeración
unoccupied position | posición no ocupada
unoccupied time | tiempo de reposo (/desocupación)
unoccupied workspace | espacio de trabajo desocupado
unoperated | desexcitado, inactivo, en reposo, no explotado
unordered tree | árbol no ordenado
unorientated | no orientado
unpack, to - | desempaquetar [*datos*]; desagrupar, descomponer, disgregar
UNPACK = find and furnish expansion for code address | averigüe y suministre los datos de la dirección codificada
unpacking of a code address | descifrado de una dirección codificada
unpaid charge | tasa no pagada
unpaired electrons | electrones no emparejados, electrones sin emparejar
unplug, to - | desconectar, desenchufar
unpolarized | no polarizado
unpolarized light | luz no polarizada
unpolarized radiation | radiación no polarizada
unpopulated board | tarjeta vacía [*tarjeta de circuitos sin componentes*]
unquenched spark gap | espinterómetro sin supresor de chispas, explosor de chispa no interrumpida
unread | no leído [*en correo electrónico*]
unreadable | ilegible, ininteligible
unreadable message | mensaje ilegible
unrecorded tape | cinta virgen (/sin grabar)
unrecoverable error | error irrecuperable
UNREG = unregistered | no registrado, sin registrar
unregulated | no regulado, sin regulación
unregulated power supply | fuente de alimentación no estabilizada (/regulada)
unreliable protocol | protocolo sin fiabilidad [*para comunicaciones*]
unrestricted | sin restricciones
unrestricted extension | extensión (/supletorio) con toma directa de la red
UNRFD = unreferred | sin referencia
unroll, to - | desenrollar
unsatisfied demand | petición no satisfecha
unsaturable | no saturable
unsaturable linear amplifier | amplificador lineal no saturable
unsaturated | insaturado, no saturado
unsaturated standard cell | pila patrón no saturada
unscrambler | descifrador, descodificador
unscreened | no apantallado, no blindado
unscrew, to - | desatornillar, desenganchar, desenroscar; separar
unseal, to - | abrirse, separarse (los contactos)
unsealed source | fuente (de radiación) no hermética
unserved energy | energía no suministrada
unset, to - | poner a cero [*el valor de un bit*]
unsharp spectral line | línea espectral difusa
unshielded arc | arco descubierto (/no protegido)
unshielded cable | cable no apantallado
unshielded twisted pair | par trenzado sin apantallar [*hilos de un cable*]
unshielded twisted-pair wiring | cableado por pares trenzados sin apantallar
UNSM = United Nations standard message | UNSM [*mensaje normalizado por las Naciones Unidas*]
unsmoothed current | corriente no filtrada
unsmoothed output | salida (del rectificador) sin filtrar
unsolicited bulk email | correo masivo no solicitado
unsolicited commercial email | publicidad no deseada por correo electrónico
unsolvable | insoluble
unspillable accumulator | acumulador de líquido inmovilizado
unspillable cell | pila de líquido inmovilizado
unstabilized aerial | antena no estabilizada, antena sin compensación de balanceo y cabeceo
unstable | inestable
unstable element | elemento inestable
unstable layer | capa inestable
unstable oscillation | oscilación inestable
unstable perturbation | perturbación inestable
unstable servo | servomecanismo inestable
unstaffed position | posición no ocupada
unstressed | no fatigado; sin esfuerzo
unsubscribe, to - | anular la suscripción [*a un grupo de noticias en internet*]
unsuccessful call | comunicación fallida, llamada sin resultado
unsuppressed carrier | (frecuencia) portadora no suprimida
unswitched | sin interruptor
unswitched outlet | toma de corriente sin interruptor
unsymmetric | asimétrico
unsymmetrical | asimétrico
unsymmetrical bending | flexión asimétrica

unsymmetrical grading | interconexión progresiva asimétrica
unsymmetrical wave | onda asimétrica
unsymmetry | asimetría, disimetría
unsymmetry factor | coeficiente de asimetría; grado de desequilibrio (de una corriente trifásica)
untar, to - | separar ficheros de un archivo conjunto [*con el programa 'tar' de UNIX*]
UNTDED = United Nations trade data elements directory | UNTDED [*directorio de elementos de datos para el comercio de las Naciones Unidas*]
unterminated | inacabado, no terminado; sin carga terminal; sin adaptación (de impedancias) a la salida
unterminated output voltage | tensión de salida sin adaptación
untimed call | comunicación sin límite de duración
untrasound image | imagen de ultrasonidos
untuned | no sintonizado
untuned aerial | antena aperiódica (/no sintonizada)
untuned amplifier | amplificador aperiódico (/no sintonizado)
untuned circuit | circuito no sintonizado
untuned crystal detector | detector de cristal de sintonía
untuned radiofrequency transformer | trasformador de radiofrecuencia no sintonizado
untuned rope | tiras perturbadoras no resonantes
untuned transmission line | línea de trasmisión aperiódica
untuned voltage amplifier | amplificador de tensión no sintonizado
untuning | desintonización, pérdida de sintonización
unusable sample | muestra inservible
unused power | energía desaprovechada (/inútil, /no utilizada)
unwanted echo | eco parásito
unwanted emission | emisión indeseada (/no deseada, /no esencial, /inútil, /parásita)
unwanted output power | potencia de salida parásita
unwanted sideband suppression | supresión (/atenuación) de la banda lateral no deseada
unwanted signal | señal inútil (/parásita, /perturbadora, /perjudicial, /indeseada, /no deseada)
unwanted variation | fluctuación accidental, variación indeseada
unweighted | no ponderado, sin ponderación, sin compensación (de frecuencia); sin filtro
unweighted decibels | decibelios sin filtro
unweighted noise | ruido sin ponderación
unweighted output signal | señal de salida sin ponderación (/compensación de frecuencia)
unweighted RMS value = unweighted root mean square value | valor eficaz no ponderado
unweighted signal-to-noise ratio | relación señal-ruido sin compensación (/ponderación)
unweighted voltage | tensión no ponderada
unwind, to - | desenrollar; codificar progresivamente
unwinding | codificación progresiva
unwrapped construction | montaje sin recubrimiento
unzip, to - | descomprimir [*archivos*]
up | arriba; operativo
UP = user part | PU = parte de usuario
UPA = user plane adaptation | UPA [*adaptación en el plano de usuario*]
up-and-down working | explotación (/trasmisión) alternada, funcionamiento alternado
up arrow | flecha arriba [*tecla para desplazamiento del cursor*]
up arrow key | tecla de flecha hacia arriba
UPC = ultraviolet photoelectron spectroscopy | UPC [*espectroscopia fotoelectrónica por ultravioletas*]
UPC = universal product code | UPC [*código universal de productos*]
up-conversion | conversión ascendente (/elevadora de frecuencia)
up-converter | elevador (/convertidor ascendente) de frecuencia
upcurrent | corriente ascendente
update | actualización, puesta al día
update, to - | actualizar, poner al día
update response time | tiempo de respuesta de actualización
updating | actualización
up-Doppler | Doppler ascendente, subida Doppler
up/down counter | contador ascendente/descendente (/progresivo/regresivo)
updraft [USA] | corriente ascendente
updraught [UK] | corriente ascendente
upflow | flujo ascendente
upflow filtration | filtración ascendente
upgrade | actualización, ampliación
upgrade, to - | ampliar [*un equipo*]; bonificar, mejorar, perfeccionar, actualizar [*la versión*]; subir de grado, ascender un grado
upgradeability | posibilidad de ampliación (/mejora)
upgrade utility | programa de actualización (/ampliación, /mejora)
uplink | enlace (/línea) ascendente; trasmisión ascendente de datos; señal de subida, trasmisión hacia satélite; uplink [*vía de comunicación de tierra a satélite*]
uplink, to - | trasmitir hacia satélite
uplink station | estación de enlace ascendente [*para intercambio de datos con satélites*]
upload | carga [*de archivos en memoria*]
upload, to - | subir, cargar, copiar; cargar [*un programa*], trasferir [*un archivo*]
U plug | clavija en U, clavija de puente
UPnP = universal plug and play | UPnP [*conjunto de protocolos para conexión y desconexión automática a la red*]
up operation | operación de ascenso
UPP = universal plug and play | UPP [*conexión y uso inmediato universal*]
up-path | trayecto de subida
upper | superior
upper audio range | gama alta de audiofrecuencia, registro alto de audiofrecuencia
upper band | banda superior
upper brush | escobilla superior
upper card lever | palanca superior de tarjetas
upper case | caja alta, mayúsculas; posición de caracteres superiores
upper character | carácter superior
upper contact | contacto superior
upper frequency | frecuencia superior
upper frequency limit | límite superior de frecuencia, frecuencia límite superior
upper limit | valor (/límite) superior
upper memory area | área de memoria alta
upper memory block | bloque de memoria alta
upper operating temperature | temperatura superior de operación
upper plate for selector bank | platina superior de banco selector
upper ribbon shield | protector de cinta superior
upper sideband | banda lateral superior
upper sideband component | componente de banda lateral superior
upper sideband converter | conversor de banda lateral superior
upper sideband parametric amplifier | amplificador paramétrico de banda lateral superior
upper stiffener | placa soporte superior
upright channel | canal directo
upright cover | cubremontante
upright cover bracket | estribo soporte de cubremontante
upright front cover | cubremontante anterior
upright front cover support | soporte de cubremontante
upright front strap | pletina de unión anterior de montante
upright rear cover | cubremontante posterior
upright rear strap | pletina de unión posterior de montante
upright sideband | banda lateral directa

upright-type switchboard | cuadro conmutador de consola
UPS = uninterrupted (/unbroken) power supply | SAI = sistema de alimentación (eléctrica) ininterrumpida; FAI = fuente de alimentación ininterrumpida [*suministro continuo de energía eléctrica*]
up scroll arrow | flecha de desplazamiento arriba
upset | cambio de estado (/disposición)
upset butt welding | soldadura a tope con recalcado
upset card | tarjeta (de circuitos) para cambio de estado
upset circuit | circuito de cambio de estado
upset duplex system | sistema dúplex alterable, sistema de trasmisión por desequilibrio de dúplex
upset gate | impulso de compuerta para cambio de estado
upset reset | reposición del cambio de estado
upset signal | señal de cambio de estado
upsetting | trastorno
up-spin neutron | neutrón de espín ascendente
upstream | flujo de información de retorno
upstroke | carrera (/recorrido) ascendente
uptake | aportación
uptake, to - | aportar
uptake of ions | absorción de iones
uptime, up-time | tiempo productivo (/activo, /útil, /de funcionamiento normal)
up-time ratio | razón de tiempo útil
up-view | vista superior
upward compatibility | compatibilidad ascendente
upward compatible | evolutivo
upward heterodyning | heterodinado ascendente (/elevador de frecuencia)
upward stroke | carrera ascendente
uranide | uránidos
uraniferous | uranífero, que contiene uranio
uraninite | uraninita
uranium | uranio
uranium acetate | acetato de uranio
uranium age | edad radiactiva del uranio
uranium carbide | carburo de uranio
uranium compound | compuesto de uranio
uranium concentrate | concentrado de uranio
uranium content | contenido de uranio
uranium enrichment plant | planta de enriquecimiento de uranio
uranium hexafluoride | hexafluoruro de uranio
uranium isotope separation | separación isotópica del uranio
uranium metal | uranio metálico

uranium monocarbide | monocarburo de uranio
uranium monophosphide | monofosfuro de uranio
uranium nucleus | núcleo de uranio
uranium oxide | óxido de uranio
uranium-radium series | serie (/familia) del uranio-radio
uranium reactor | reactor de uranio
uranium series | serie (/familia) del uranio
uranium tetrafluoride | tetrafluoruro de uranio
uranothorianite | uranotorianita
uranothorite | uranotorita
uranyl | uranilo
uranyl acetate | acetato de uranilo
uranyl fluoride | fluoruro de uranilo
uranyl nitrate | nitrato de uranilo
uranyl phosphate | fostato de uranilo
uranyl sulphate | sulfato de uranilo
urban exchange | central (telefónica) urbana
urban legend | leyenda urbana
urban satellite | satélite urbano
URC = uniform resource citation | URC [*descripción de recursos uniforme*]
urea plastic | plástico de urea
urea plastic material | material plástico de urea
U reference point | punto de referencia U
urgency | apremio, urgencia
urgency communication | comunicación de emergencia (/urgencia)
urgency message | mensaje de emergencia (/urgencia)
urgency signal | señal de emergencia (/urgencia)
urgent call | llamada (/comunicación, /conferencia) urgente
urgent message | mensaje urgente
urgent private call | conferencia (/conversación) privada urgente
urgent private telegram | telegrama privado urgente
urgent rate | tasa de urgencia
urgent repair | reparación urgente
urgent telegram | telegrama urgente (/de doble tasa)
URI = uniform resource identifier | URI [*identificador de recursos uniforme*]
URI = Université radiophonique internationale (*fra*) | URI = Universidad Radiofónica Internacional
URL = universal (/uniform) resource locator | URL [*localizador universal (/uniforme) de recursos*]
URN = uniform resource name | URN [*nombre de recurso uniformizado*]
usability factor | coeficiente de utilización
usable | utilizable
usable bandwidth | anchura de banda útil
usable frequency | frecuencia útil (/utilizable)
usable peak power | potencia de cresta (/pico) utilizable
usable range | gama utilizable, margen (/sector) útil
usable sample | muestra útil
usable sensitivity | sensibilidad útil
usage | uso, utilización; ocupación [*de un servidor*]
usage card | tarjeta de consumo
usage load | carga de servicio
USAT = ultra small apertura terminal | USAT [*terminal de apertura ultrapequeña de antena, aprox. 40 cm*]
USB = universal serial bus | USB [*bus serie universal*]
U scan | exploración U
use, to - | usar
use charge | cargo (/tasa) por uso
used by card | usado por la tarjeta
use factor | factor de capacidad
useful | útil
useful beam | haz útil
useful capture | captura útil
useful field | campo útil
useful frequency | frecuencia útil
useful frequency band | banda de frecuencias útiles
useful heat | calor aprovechable
useful life | vida útil
useful line | línea útil
useful neutrons | neutrones útiles
useful output | salida útil
useful output power | potencia útil de salida
useful power | energía (/potencia) útil
useful radiation | radiación útil
useful range | alcance efectivo (/alcance) eficaz, margen útil
useful signal | señal útil
useful thermal power | potencia térmica útil
useful water capability | capacidad útil en agua
useful water reserve | reserva útil de agua
use lockout | señal de bloqueo
usenet | red de usuario
user | usuario
user account | cuenta de usuario
user agent | agente de usuario [*programa para la conexión de un cliente con un servidor*]
user area | área de (/para) usuario
user authentication | autentificación del usuario
user available | usuario accesible
user calendar location | ubicación de la agenda del usuario
user charge | tasa cargada al usuario
user classes of services | autorizaciones, categorías, privilegios; clases (/tipos) de usuario; clases de tráfico; derechos de acceso
user code | código de usuario
user communication | comunicación de usuario
user communication device | dispositivo de comunicación para usuario
user data | datos de usuario

user datagram protocol | protocolo de datagrama de usuario
user definable | personalizable
user-defined data type | tipo de datos definido para usuarios
user-defined function key | tecla de función definida por el usuario
user-defined key | tecla definida por el usuario
user-defined message | mensaje definido por el usuario
user facilities | prestaciones
user flash area | área flash de usuario
user friendliness | facilidad de uso
user-friendly | fácil de utilizar, de manejo fácil
user function keys | teclas de función de usuario
user group | grupo de usuarios
user guidance | guía del usuario; tutoría
user guide | manual (/guía) del usuario
user id | identificación del usuario
user-installable upgrade | ampliación de la instalación del usuario
user installation | instalación del usuario
user interface | interfaz de usuario; superficie de operación
user interface toolbox | caja de herramientas para interfaz de usuario
user library | biblioteca del usuario
user manual | manual (/guía) del usuario
user mode | modo de usuario
user model | modelo de usuario
user name | nombre del usuario
user password | contraseña del usuario
user plane adaptation | adaptación en el plano de usuario
user profile | perfil de usuario
user's guide | guía del usuario
user state | estado de usuario
user surface | superficie de operación
user to user information | información de usuario a usuario
user-to-user service | servicio de usuario a usuario
user-to-user signalling | señalización usuario-usuario, señalización de usuario a usuario; señalización abonado-abonado [*en sistema de señalización*]
user-to-user switching | conmutación de usuario a usuario
user-user information element | elemento de información de tipo usuario-usuario
USIM = UMTS subscriber identity module | USIM [*módulo de identidad de abonado UMTS*]
using help | uso de la ayuda
USR-LIB = user library | USR-LIB [*biblioteca del usuario*]
USRT = universal synchronous receiver-transmitter | USRT [*trasmisor-receptor sincrónico universal*]
USTA = United States Telephone-Association | USTA [*asociación estadounidense de compañías telefónicas*]
usual practical unit | unidad práctica usual
UT = universal time | HU = hora universal
UTC = universal time coordinated | UTC [*hora universal coordinada*]
utilisation [UK] | utilización
utilities | utilidades
utility | herramienta, utilidad, programa de utilidades; compañía eléctrica
utility command | orden de utilidad
utility control | control de dispositivos
utility disk | disco de utilidad
utility factor | factor de utilidad
utility monitor | monitor de uso general
utility operating method | método de escucha permanente
utility outlet | toma de corriente auxiliar (de uso general)
utility power | energía (eléctrica) para servicios auxiliares
utility programme | programa de utilidades
utility routine | rutina de utilidad (/uso general)
utility table | mesa de trabajo
utility telephone line | línea telefónica de la red pública
utilization [UK+USA] | utilización
utilization factor | coeficiente (/factor) de utilización
utilization level | grado de aprovechamiento
utilization of electrical energy | utilización de energía eléctrica
utilization period | duración (/periodo) de utilización
utilization rate | coeficiente (/factor, /grado) de utilización
utilization ratio | coeficiente (/grado) de utilización
utilization time | tiempo de utilización
utilogic | lógica de utilidades
UTP = unshielded twisted pair | UTP [*cable no blindado, par de hilos no apantallado*]
UTRAN = universal terrestrial radio access network | UTRAN [*red de acceso universal a radiocomunicaciones terrestres*]
UTU = user to user information | información de usuario a usuario
U-type Adcock direction finder | radiogoniómetro Adcock en U
UUCP = Unix to Unix communication protocol | UUCP [*protocolo de comunicaciones de Unix a Unix*]
uuencode | uuencode [*programa de UNIX que convierte archivos binarios de 8 bit en archivos ASCII de 7 bit para imprimirlos*]
UUIE = user-user information element | UUIE [*elemento de información de tipo usuario-usuario*]
UUS = user-to-user signalling | UUS [*señalización abonado-abonado (en sistema de señalización)*]
UV = ultraviolet | UV = ultravioleta
UV emitter | radiador ultravioleta
UV erasable PROM | memoria PROM borrable con rayos ultravioleta
uvicon | uvicón
uviol glass | vidrio transparente a la radiación ultravioleta
uviol lamp | ultraviolet lamp | lámpara (de rayos) ultravioleta
UV light | luz ultravioleta
UVROM = ultraviolet read-only-memory | UVROM [*memoria de sólo lectura por rayos ultravioleta*]
UX = not expected | no se espera

V

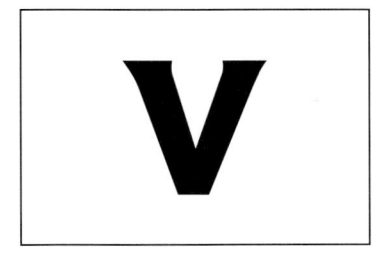

V = vanadium | V = vanadio
V = volt | V = voltio
VA = volt-ampere | VA = voltio amperios
VAB = voice answer back | VAB [*contestador de voz*]
VAC = volts alternating current | Vca = voltios de corriente alterna
vacancy | laguna
vacancy-vacancy interaction | interacción entre hueco y hueco, interacción entre laguna y laguna
vacant conductor | conductor libre (/vacante)
vacant level | nivel inutilizado (/muerto)
vacant room readout | información sobre habitaciones libres
vacant terminal | contacto (/terminal) libre
vacation | vacaciones
VAC outlet | toma de Vca
vacuum | vacío
vacuum arc | arco en vacío (/atmósfera enrarecida)
vacuum arc lamp | lámpara de arco al vacío
vacuum arrester | descargador de vacío
vacuum capacitor | condensador de vacío
vacuum capsule | cápsula de vacío
vacuum cell | célula (fotoeléctrica) al vacío
vacuum chamber | cámara de vacío
vacuum cleaner | aspirador
vacuum coherer | cohesionador al vacío
vacuum column | columna de vacío
vacuum condenser | condesador al vacío
vacuum deposition | deposición al vacío
vacuum diffusion pump | bomba difusora por vacío
vacuum distillation | destilación en vacío
vacuum drop | caída del vacío
vacuum dryer | estufa (/desecador) de vacío
vacuum electron | electrón de vacío
vacuum-encapsulated | encapsulado al vacío
vacuum enclosure | campana de vacío
vacuum engineering | ingeniería (/técnica) del vacío
vacuum envelope | ampolla (/cubierta) evacuada (/al vacío)
vacuum evaporation | evaporación en el vacío
vacuum filter | filtro de (/al) vacío
vacuum flash | lámpara de destello al vacío
vacuum fluorescent display device | pantalla fluorescente al vacío
vacuum forepump | bomba rotativa de alto vacío
vacuum fusion | fusión en vacío
vacuum gauge | vacuómetro, manómetro (/indicador) de vacío
vacuum head | carga de vacío
vacuum hot plate | mesa de calefacción en vacío
vacuum-impregnated | impregnado al vacío
vacuum impregnation | impregnación en vacío
vacuum indicator | vacuómetro, indicador de vacío
vacuum lamp | lámpara de filamento al vacío
vacuum leak | escape (/fuga, /pérdida) de vacío
vacuum leak detector | detector de fugas (/pérdidas) de vacío
vacuum leak locator | localizador de fugas (/pérdidas) de vacío
vacuum level | nivel de vacío
vacuum lightning arrester | pararrayos de vacío
vacuum lightning protector | pararrayos de vacío
vacuum lock | esclusa para vacío
vacuum metalizing | metalización al (/en) vacío
vacuummeter | vacuómetro
vacuum-operated | accionado por vacío (/aspiración); de funcionamiento neumático
vacuum-packed | envasado al vacío
vacuum photocell | fotocélula al vacío
vacuum photovalve | fotoválvula de vacío, válvula fotoeléctrica de alto vacío
vacuum pickup | recogedor de vacío
vacuum-plated | galvanoplastiado en atmósfera enrarecida
vacuum polarization | polarización de vacío
vacuum power switch | disyuntor de potencia al vacío
vacuum-producing equipment | equipo de vacío
vacuum pump | bomba neumática (/de vacío)
vacuum range | alcance en el vacío
vacuum rectifier | rectificador termiónico (/termoiónico, /de válvula al vacío)
vacuum regulator | regulador de vacío
vacuum relay | relé (/relevador) de vacío
vacuum seal | cierre (/obturador) hermético (/de vacío), sellado al vacío
vacuum spectrograph | espectrógrafo de vacío
vacuum switch | conmutador (/interruptor) de vacío
vacuum system | sistema de vacío
vacuum tank | depósito de vacío
vacuum technique | técnica del vacío
vacuum technology | tecnología del vacío
vacuum thermionic diode | diodo term(o)iónico de vacío
vacuum thermocouple | termopar de vacío
vacuumtight, vacuum tight | cierre al vacío; con cierre (/junta) de vacío; estanco (/hermético) al aire
vacuumtight capsule | cápsula hermética (/de vacío)
vacuumtightness | hermeticidad, estanqueidad (al aire)
vacuum tube | válvula de vacío

vacuum valve | válvula de vacío (/admisión de aire), ventosa al vacío
vacuum valve amplifier | amplificador de válvula de vacío
vacuum valve bridge | puente para medir válvulas al vacío
vacuum valve characteristic | característica de la válvula de vacío
vacuum valve detector | detector de válvula (/lámpara) al vacío
vacuum valve electrometer | electrómetro de válvula de vacío
vacuum valve keyer | manipulador de válvulas de vacío
vacuum valve keying | manipulación por válvula de vacío
vacuum valve modulator | modulador de válvula de vacío
vacuum valve multiplier | multiplicador de válvula de vacío
vacuum valve noise | ruido de los amplificadores de válvula de vacío
vacuum valve ohmmeter | ohmímetro de válvula al vacío
vacuum valve oscillator | oscilador de válvula (electrónica) de vacío
vacuum valve rectifier | rectificador term(o)iónico (/de válvula de vacío)
vacuum valve rejuvenator | reactivador de válvulas de vacío
vacuum valve series regulator | regulador en serie de válvula al vacío
vacuum valve transmitter | trasmisor de válvula de vacío
vacuum valve voltmeter | voltímetro de válvula term(o)iónica (/electrónica de vacío)
VADS = value added and data services | servicios de valor añadido
V aerial | antena en V
vagabond current | corriente vagabunda
vagaries of propagation | variaciones imprevisibles en la propagación
valence | valencia
valence band | banda de valencia
valence band hole | laguna de la banda de valencia
valence bond | enlace de valencia
valence bond structure | estructura de enlace de valencia
valence electron | electrón de valencia
valence force | fuerzas de valencia
valence shell | capa de valencia
valency [*valence*] | valencia
valid | válido
validate, to - | aprobar, homologar, validar
validating credit card number | número de validación de tarjeta de crédito
validation | validación
validation service | servicio de validación
validation suite | sucesión de validación
validator | validador
validity | validez
validity check | prueba (/comprobación, /verificación) de validez; verificación de racionalidad
validity code | código de validez
valley current | corriente de valle
valley point | punto de valle
valley point current | mínimo de corriente, punto de mínima corriente, corriente de fondo de valle
valley point emitter current | corriente de emisor en el punto de valle
valley point voltage | tensión del punto de valle
valley-stabilized circuit | circuito de mínimo estabilizado
valley voltage | tensión de valle (/mínima corriente)
value | valor
value-added | valor añadido
value-added network | red de valor añadido
value-added reseller | revendedor que aporta un valor añadido
value analysis | análisis de valor
value choice | opción de valor
value list | lista de valores
value set | asignación de valor; conjunto de valores
value theory | teoría del valor
valve [UK] | válvula, tubo electrónico
valve action | acción (/efecto) de válvula
valve-actuated | accionado por válvula
valve-actuated control | control (/mando) accionado por válvula
valve adapter | adaptador de válvula
valve adjusting | ajuste (/reglaje) de la válvula
valve-adjusting screw | tornillo de reglaje de la válvula
valve adjustment | ajuste (/reglaje) de la válvula
valve aging | desgaste (/envejecimiento, /estabilización) de la válvula
valve amplifier | amplificador de válvulas (/lámparas)
valve anode [UK] | ánodo de válvula (/lámpara)
valve base | portaválvula, base (/zócalo) de válvula
valve base adapter | adaptador de zócalo de válvula
valve base gauge | calibre para bases de válvula
valve bonnet | capucha (/casquete) de la válvula
valve bouncing | rebote de la válvula
valve box | caja (/registro) de válvulas
valve bridge | puente (para medición) de válvulas electrónicas
valve-calibrating receiver | receptor calibrado de válvulas
valve capacities | capacidades internas (/interelectródicas) de la válvula
valve characteristic | característica de la válvula (electrónica)
valve checker | probador de válvulas
valve circlip | anillo de fijación de la válvula
valve circuit | circuito de válvulas
valve clearance | holgura de la válvula
valve coefficient | coeficiente de la válvula
valve complement | complemento (/dotación) de válvulas
valve-controlled | accionado por válvula
valve cooling | enfriamiento (/refrigeración) de la válvula
valve count | recuento de (/por) válvula
valve counter | contador (iónico) de válvula
valve detection | detección por válvula
valve detector | detector de válvula (/lámpara), válvula detectora
valve drive | excitación (/impulsión) por válvula
valve-driven | excitado (/impulsado) por válvula
valve drop | caída (de tensión) de la válvula, caída de tensión entre ánodo y cátodo
valve effect | efecto de válvula
valve electrode | electrodo de la válvula
valve electrometer | electrómetro de válvula
valve element | elemento de válvula (electrónica)
valve emission | emisión (electrónica) de la válvula
valve factor | coeficiente de válvula
valve factor bridge | puente para medida de coeficientes de válvula
valve failure | fallo de válvula
valve filament | filamento de válvula
valve frequency meter | frecuencímetro de válvulas
valve generator | generador de válvula
valve guide | guía de la válvula, guía para válvulas
valve head | cabeza de válvula
valve heater | (filamento) calefactor de la válvula
valve heating time | tiempo de encendido (/calentamiento) de la válvula
valve holder | portaválvula, base (/soporte, /zócalo) de válvula
valve hood | cubierta de la válvula
valve housing | alojamiento de válvula
valve input impedance | impedancia de entrada de la válvula
valve interchangeability | intercambiabilidad de válvulas
valve interchangeability directory | directorio de válvulas equivalentes
valve interchangeability guide | guía de válvulas equivalentes
valve interelectrode capacity | capacidad interelectródica de la válvula
valve key | llave para válvulas
valve kit | juego de válvulas
valve lag | retardo (/retraso) de la válvula
valve lead | avance de la válvula
valveless | sin válvulas (/lámparas) term(o)iónicas

valve lift | alzado (/levantamiento) de la válvula
valve lifter | levantaválvulas, extractor de válvulas
valve lineup | equipo (/juego) de válvulas
valve mount | montura (/soporte) de válvula
valve noise | ruido de válvula (/lámpara)
valve of flux | válvula de flujo
valve of force | válvula de campo (/fuerza)
valve of magnetic induction | válvula de inducción magnética
valve opening | abertura de la válvula
valve operating | maniobra de válvulas
valve-operating device | dispositivo para maniobra de válvulas
valve operation | funcionamiento (/maniobra) de válvulas
valve oscillator | oscilador de válvula (/lámpara)
valve outage | fallo de la válvula
valve output | salida de válvula
valve pilot | guía para válvulas
valve pin | clavija (/espiga, /patilla, /pin) de válvula
valve placement chart | esquema de localización de las válvulas
valve plate [USA] [*valve anode (UK)*] | ánodo de válvula (/lámpara)
valve puller | levantaválvulas, extractor de válvulas
valve rack | bastidor de prueba para válvulas
valve ratio | relación de válvula
valve reactor | reactancia electrónica
valve receiver | receptor de válvulas
valve rectifier | rectificador de válvula electrónica
valve rejection test | prueba para selección de válvulas
valve rejuvenator | reactivador (/reanimador) de válvulas electrónicas
valve relay | relé (/relevador) de válvula
valve remover | extractor de válvulas
valve replacement | sustitución (/reemplazo) de válvulas
valve retainer | retén de válvula
valve seat | asiento de la válvula
valve separator | separador de válvulas
valve shield | blindaje de válvula
valve socket | portaválvula, base (/soporte, /zócalo) portaválvula
valve socket voltage | tensión en el portaválvulas
valve stem | pie (/varilla, /vástago) de válvula, base de los elementos internos de la válvula
valve tappet | levantaválvula, botador (/empujador) de válvula
valve tester | comprobador (/probador) de válvulas
valve timing | reglaje (/regulación, /sincronización, /puesta a punto) de las válvulas
valve transconductance | trasconductancia, conductancia mutua de la válvula (/lámpara)
valve transmitter | trasmisor de válvulas
valve tube | tubo de válvula, válvula electrónica; rectificador term(o)iónico
valve-type echo suppressor | supresor de eco de acción continua
valve voltage drop | caída de tensión en la válvula (electrónica)
valve voltmeter | voltímetro electrónico (/de válvula al vacío)
valve with variable slope | válvula de declive variable
valve wrench | llave para válvula
valving | mando de válvulas
vampire tap | trasceptor vampiro [*para redes de Ethernet*]
VAN = value-added network | VAN [*red de valor añadido*]
vanadium | vanadio
Van Allen belt | cinturón de Van Allen
Van Allen radiation belt | cinturón de radiación de Van Allen
Van Atta aerial | antena Van Atta
Van Atta array | antena direccional de Van Atta
Van de Graaf accelerator | acelerador de Van de Graaf
Van de Graaf generator | estatitrón, generador de Van de Graaf
Van de Graaf machine | generador Van de Graaf
Van de Graaf particle accelerator | acelerador de partículas Van de Graaf
Van der Beijl equation | ecuación de Van der Beijl
Van der Pol oscillator | oscilador de Van der Pol
Van der Waals equation | ecuación de Van der Waals
Van der Waals force | fuerza de Van der Waals
vane | aleta; lámina, placa; sector
vane anode magnetron | magnetrón con ánodo de aletas
vane attenuator | atenuador de aspa (/lámina, /tabique longitudinal)
vaneaxial fan | ventilador axial con aletas de guía
vaned disk | disco con álabes (/palas)
vane magnetron | magnetrón (con ánodo) de aletas
vane pump | bomba (rotativa) de álabes (/aletas, /paletas)
vane-type anode | ánodo de aletas (/aspa)
vane-type instrument | instrumento de aletas, medidor de veleta
vane-type magnetron | magnetrón de aletas
vane-type relay | relé de aleta
vane wattmeter | vatímetro de paleta
vanguard | vanguardia
VANS = value added network systems or services | VANS [*red que ofrece servicios que soportan la comunicación trasparente entre sus usuarios*]
van Wijngaarden grammar | gramática de Van Wijngaarden, gramática de dos niveles
vapor [USA] [*vapour (UK)*] | vapor
vapotron | vapotrón
vapour [UK] | vapor
vapour barrier | película hidrófuga
vapour cloud | vaho de vapor
vapour condenser | condensador de vapor acuoso
vapour containment | contención de vapor (radiactivo)
vapour degreaser | desengrasador de vapor
vapour degreasing | desengrase por vapor
vapour density | densidad del vapor
vapour-deposited printed circuit | circuito impreso por deposición en fase vapor
vapour deposition | deposición (en fase) vapor
vapour-filled thermionic diode | válvula term(o)iónica de vapor
vapourization-cooled | refrigeración por vaporización
vapourizer | vaporizador
vapour jet | chorro de vapor
vapour leak | escape (/fuga) de vapor
vapour line | tubería de vapor
vapour mantle | vaho de vapor
vapour phase | fase (de) vapor
vapour phase cooling | enfriamiento por fase vapor
vapour pressure | presión de vapor
vapourproof | estanco al vapor
vapourproof machine | máquina estanca al vapor
vapour pump | bomba de vapor
vapour-sealed | estanco (/hermético) al vapor
vapour suppression | supresión de (/por) vapor
vapour system | sistema (de canalización) de vapor
vapour termionic converter | convertidor term(o)iónico de vapor
vapourtight | estanco al vapor
vapour-to-liquid heat exchanger | termocambiador (/intercambiador de calor) de vapor a líquido
vapourware | programa ficticio [*aún no lanzado al mercado*]
vapour welding | soldadura por vaporización de metales
VAR = value-added reseller | VAR [*revendedor que aporta un valor añadido*]
VAR = visual aural radio range | VAR [*radiofaro direccional audiovisual*]
varactor = variable reactor | varactor [*diodo de capacidad, diodo de reactancia variable, diodo semiconductor cuya capacidad es función de la tensión*]

varactor diode | diodo de capacidad variable según la tensión
varactor-tuned oscillator | oscilador sintonizado por varactor
varhour meter | varhorímetro [contador de energía reactiva]
variability | variabilidad, condición de variable
variable | variable
variable address | dirección variable
variable aerial coupling | acoplamiento variable de antena
variable angle | ángulo variable
variable aperture | abertura variable
variable area | área variable
variable area sound track | pista sonora de área variable
variable area track | pista de área variable
variable attenuating pad | atenuador variable
variable attenuator | atenuador variable
variable autotransformer | autotrasformador variable (/regulable)
variable bandwidth measuring device | medidor de anchura de banda variable
variable bandwith | anchura de banda variable
variable beta | beta variable
variable beta transistor | transistor de beta variable
variable bias | (potencia de) polarización variable
variable bias control | control de polarización variable
variable bit rate | tasa de bit variable
variable call forwarding | desvío variable (/de llamadas en caso de ocupado)
variable capacitance | capacidad (/condensador) variable
variable capacitance cartridge | fonocaptor (/cápsula fonocaptora) de condensador variable
variable capacitance diode | diodo de capacidad (/condensador) variable
variable capacitance pickup | fonocaptor (/cápsula fonocaptora) de capacidad variable
variable capacitance transducer | trasductor de capacidad variable
variable capacitor | capacidad (/condensador) variable
variable capacity | capacidad (/condensador) variable
variable capacity tuning | sintonización por variación de capacidad
variable carrier | (onda) portadora variable
variable carrier modulation | modulación por portadora variable
variable carrier wave | onda portadora variable
variable command | mando variable
variable command control | regulación variable

variable compression capacitor | condensador variable por compresión
variable concentric capacitor | condensador variable concéntrico
variable condenser | condensador variable
variable connector | conector variable
variable coupling | acoplamiento variable
variable crystal oscillator | oscilador de cuarzo variable
variable cutoff attenuator | atenuador de corte variable
variable cycle operation | funcionamiento con ciclo variable
variable damping | amortiguación variable
variable damping control | control de amortiguación variable
variable delay | retardo variable
variable delay equalizer | compensador de retardo variable
variable delay line | línea de retardo variable
variable density | densidad variable (/regulable)
variable density soundtrack | pista sonora de densidad variable
variable density track | pista de densidad variable
variable density wind tunnel | túnel aerodinámico de densidad variable
variable depth sonar | sonar (con trasductores) de profundidad variable
variable direction radio beacon | radiofaro direccional variable
variable disc capacitor | condensador variable de disco
variable-D microphone | micrófono para distancia variable
variable drive | mando (/accionamiento) regulable
variable duty | servicio variable
variable efficiency | rendimiento variable
variable efficiency modulation | modulación de rendimiento variable
variable erase | borrado variable
variable erase recording | grabación (/registro) de borrado variable
variable expression | expresión variable
variable field | campo variable
variable focal length lens | lente de distancia focal variable
variable frequency | frecuencia variable
variable frequency exciter | excitador de frecuencia variable
variable frequency oscillator | oscilador de frecuencia variable
variable frequency synthesizer | sintetizador de frecuencia variable
variable frequency wave | onda de frecuencia variable
variable gain | ganancia variable
variable gain amplifier | amplificador de ganancia variable

variable gain control | control (/mando) de ganancia variable
variable gain multiplier | multiplicador de ganancia variable
variable gain stage | etapa de ganancia variable
variable impedance | impedancia variable
variable impedance valve | válvula de impedancia variable
variable inductance | inductancia variable
variable inductance pickup | fonocaptor de inductancia variable
variable inductance transducer | trasductor de inductancia variable
variable inductance tuning | sintonización por variación de la inductancia
variable inductor | inductor variable, (bobina de) inductancia variable
variable input modulation | modulación de potencia de entrada variable
variable intensity | intensidad variable
variable intensity illumination | iluminación de intensidad regulable
variable intermittent duty | servicio intermitente variable
variable iris | iris variable
variable iris waveguide coupler | acoplador de guiaondas de iris variable
variable length | longitud variable
variable length binary encoding | codificación binaria de longitud variable
variable-length code | código de longitud variable
variable-length field | campo de longitud variable
variable length record | grabación (/registro) de longitud variable
variable length sorting | clasificación de longitud variable
variable-length vector | vector de longitud variable
variable line spacer | espaciador variable de líneas (/renglones)
variable loading | carga alternante
variable loss | pérdida variable
variable monoenergetic | monoenergética variable
variable monoenergetic emission | emisión monoenergética (de magnitud) variable
variable monoenergetic radiation | radiación monoenergética (de magnitud) variable
variable-mu pentode | pentodo de mu variable
variable-mu RF pentode | pentodo de radiofrecuencia de pendiente variable
variable-mu valve | válvula (electrónica) de mu (/de coeficiente de amplificación) variable
variable opening | abertura variable
variable oscillator | oscilador (de frecuencia) variable
variable output | salida variable
variable parameter amplifier | amplificador paramétrico

variable path length cell | cubeta para medir capas de espesor variable
variable permeability pressure transducer | trasductor de presión de permeabilidad variable
variable point | punto variable
variable potentiometer | potenciómetro variable
variable power supply | fuente de tensión variable
variable pressure | presión variable
variable pressure transducer | trasductor de presión variable
variable queue | cola variable
variable radiofrequency | radiofrecuencia variable
variable radiofrequency radiosonde | radiometeorógrafo modulado en frecuencia, radiosonda de frecuencia (/radiofrecuencia) variable
variable ratio | coeficiente (/relación) variable (/ajustable, /irregular)
variable ratio drive | mando de relación variable (/regulable)
variable ratio modulation transformer | trasformador de modulación de relación variable
variable reactance | reactancia variable
variable reactance amplifier | amplificador de reactancia variable
variable reactor | diodo de capacidad (/reactancia variable), varactor
variable reluctance | reluctancia variable
variable reluctance cartridge | fonocaptor (/cápsula fonocaptora) de reluctancia variable
variable reluctance microphone | micrófono electromagnético (/de reluctancia variable)
variable reluctance pickup | fonocaptor de reluctancia variable
variable reluctance stepper (/stepping) motor | motor paso a paso de reluctancia variable
variable reluctance transducer | trasductor de reluctancia variable
variable resistance | resistencia variable
variable resistance pickup | fonocaptor de resistencia variable
variable resistance transducer | trasductor de resistencia variable
variable resistor | resistencia (/resistor) variable
variable response | reacción (/respuesta) variable
variable response AGC = variable response automatic gain control | CAG de respuesta variable = control automático de ganancia con respuesta (/tiempo de reacción) variable
variable selectivity | selectividad variable
variable selectivity crystal filter | filtro de cristal de selectividad variable
variable series condenser | condensador serie variable
variable sign | signo variable
variable slope | inclinación (/pendiente) variable
variable slope filter | filtro de pendiente variable
variable slope pulse | impulso de pendiente variable
variable slope pulse modulation | modulación por variación de la pendiente de los impulsos
variable speed | velocidad variable (/regulable)
variable speed axle-driven generator | generador de eje a velocidad variable
variable speed device | variador de velocidad, dispositivo de velocidad variable
variable speed drive | mando de velocidad variable (/regulable)
variable speed motor | motor de velocidad variable (/regulable)
variable speed scanning | barrido (/exploración) de velocidad variable
variable speed transmission | trasmisión de velocidad regulable
variable structure | estructura variable
variable sweep | barrido (/exploración) variable
variable temporary duty | servicio temporal variable
variable tension | tensión variable
variable thickness cell | cubeta para medir capas de espesor variable
variable time | tiempo variable
variable time contactor | conector de tiempo regulable
variable time fuse | espoleta de retardo variable
variable time interval | sistema Carlsson; intervalo de tiempo variable
variable tone oscillator | oscilador de tono variable
variable transformer | trasformador variable (/regulable)
variable trigger delay | retardo de disparo variable
variable trimmer capacitor | condensador (/capacidad) variable de corrección
variable tubular capacitor | condensador tubular variable
variable tuning | sintonización variable
variable valve | válvula regulable
variable vane capacitor | condensador variable de placas
variable velocity | velocidad variable (/regulable)
variable voltage | tensión (/voltaje) variable (/regulable)
variable voltage control | control de tensión variable
variable voltage generator | generador de voltaje (/tensión) regulable
variable voltage grid-controlled rectifier | rectificador de control (/mando) por rejilla de voltaje regulable
variable voltage regulated power supply | (fuente de) alimentación regulada (/estabilizada) de tensión variable
variable voltage regulator | regulador de tensión
variable voltage stabilizer | estabilizador de tensión (/voltaje) variable
variable voltage transformer | trasformador de tensión variable
variable volume | volumen variable
variable width | ancho (/anchura, /duración) variable
variable width pulse | impulso de duración variable
variable width rectangular pulse | impulso rectangular de duración variable
variable word length | longitud de palabra variable
variable word length computer | ordenador de longitud de palabra variable
variably damped | con (/de) amortiguamiento variable
Variac | Variac [*marca de trasformador automático de ajuste*]
variance | varianza
variant | variante
variant field | campo de variantes
variation | variación
variational method | método de variación
variation from average | variación del promedio, variación respecto a la media
variation of attenuation | variación de atenuación
variation of attenuation with amplitude | variación de la atenuación en función de la amplitud
variation of attenuation with frequency | variación de la atenuación en función de la frecuencia
variator | variador [*empalme compensador de variaciones de longitud por cambios de temperatura*]
varicap = variable capacitor | condensador variable [*condensador de capacidad variable con la tensión*]
varindor = variable inductor | inductor variable [*con la corriente*]
variocoupler | acoplador variable
variolosser | atenuador variable (/automático, /de pérdida regulable)
variometer | variómetro
Varioplex | Varioplex [*sistema multiplexor que controla el intervalo para cada usuario en función del número de usuarios*]
varistor | varistor [*resistencia de característica no lineal*]
Varley loop | bucle de Varley
Varley loop test | prueba del bucle de Varley
varnished cable | cable barnizado
varnished calico tape | cinta de algodón barnizada
varnished cambric | lino barnizado

varnished cambric insulation | aislamiento con cambray barnizado
varnished tape | cinta barnizada
varnished-tape cable | cable forrado con cinta barnizada
vary cyclically, to - | variar cíclicamente
varying amplitude | amplitud variable
varying duty | demanda (/servicio) variable
varying electric field | campo eléctrico variable
varying field | campo variable
varying potential transformer | trasformador de tensión variable
varying speed | velocidad variable (/regulable)
varying speed motor | motor de velocidad variable
varying speed polyphase motor | motor polifásico de velocidad variable
varying voltage control | control por tensión variable
VAS = value added services | SVA = servicios de valor añadido
VAT = value added tax | IVA = impuesto sobre el valor añadido
vault transformer | trasformador para bóveda
VAW meter = voltage, amperage and wattage meter | multímetro [*polímetro para voltios, amperios y vatios*]
VAX = virtual address extension | VAX [*extensión de dirección virtual*]
VBA = Visual Basic for applications | VBA [*Visual Basic para aplicaciones*]
V band | banda V
V beam | haz en V
V-beam radar | radar de haz en V
V-beam system | sistema de haz en V
VBR = variable bit rate | VBR [*tasa de bit variable*]
VBX = Visual Basic custom control | VBX [*control de personalización de Visual Basic*]
VC = virtual channel | VC [*canal virtual*]
VC = virtual container | CV = contenedor virtual
VC = voice coil | BM = bobina móvil
VC = volt-coulomb | VC = voltio culombio
vCalendar | vCalendar [*formato electrónico para el intercambio de horarios y programaciones*]
vCard | vCard [*formato de tarjeta de visita electrónica*]
Vcc fused | tensión de cc con fusible
VCD = variable capacitance diode | VCD [*diodo de condensador variable*]
V-chip | chip V [*para bloquear emisiones de televisión no deseadas*]
VCO = voltage-controlled oscillator | VCO [*oscilador controlado (/regulado) por tensión, oscilador de voltaje controlado*]
V connection | conexión en V
VCPI = virtual control program interface | VCPI [*interfaz de programa de control virtual (que permite la extensión de la memoria en MS-DOS)*]
VCR = video cassette recorder | VCR [*registrador de cinta de vídeo en casetes*]
V cut | corte en V, ranura en V
vdB = velocity level in dB | vdB = nivel de velocidad en dB
VDC = volts direct current | Vcc = voltios de corriente continua
VDD = virtual display device driver | VDD [*controladora de pantalla virtual*]
VDE = Verband deutscher Elektrotechniker (*ale*) [*Association of German electrical engineers*] | VDE [*asociación de ingenieros electricistas alemanes*]
VDI = virtual device interface | CDI [*interfaz de dispositivo virtual*]
VDL = Vienna definition language | VDL [*metalenguaje para definición de otros lenguajes*]
VDM = video display metafile | VDM [*metaarchivo de vídeo*]
VDM = Vienna development method | VDM [*método de desarrollo de Viena*]
VDR = voltage-dependent resistor | VDR [*resistencia dependiente de la tensión*]
VDS = variable depth sonar | VDS [*sonar con trasductores a profundidad variable*]
VDSL = very high-rate digital subscriber line | VDSL [*línea digital de abonado con muy alta velocidad de trasmisión*]
VDT = video display terminal | VDT [*terminal de monitor de vídeo*]
VDU = visual (/video) display unit | VDU [*monitor, pantalla, unidad de visualización*]
VEA = voice enhanced applications | VEA [*aplicaciones telefónicas mejoradas*]
vector | vector, guiado vectorial
vector admittance | admitancia vectorial
vector-ampere | vector-amperio
vectorcardiogram | cardiograma vectorial
vector cardiograph | cardiógrafo vectorial
vector coordinate | coordenada vectorial
vector current | corriente vectorial (/sinusoidal compleja)
vector diagram | diagrama vectorial
vector display | pantalla vectorial [*típica de osciloscopios*]
vectored interrupt | interrupción vectorial (/vectorizada)
vector electrocardiogram | electrocardiograma vectorial
vector field | campo vectorial
vector flux | flujo del vector
vector font | fuente vectorial
vector function | función vectorial
vector generator | generador de vectores

vector graphics | representación gráfica de modalidad vectorial
vector group of a transformer | acoplamiento de un trasformador
vectorial atom | átomo vectorial (/de Bohr)
vectorial display | representación vectorial
vectorial field | campo vectorial
vectorial recorder | registrador vectorial
vector impedance | impedancia vectorial
vector line | línea vectorial
vector markup language | lenguaje de marcado vectorial
vector-mode graphic display | representación gráfica de modalidad vectorial
vector norm | norma de vectores
vector potential field | campo de potencial vectorial
vector potential of a given vector | vector potencial de un vector dado
vector potential of a solenoidal vector | vector potencial de un vector solenoidal
vector power | potencia vectorial
vector power factor | factor de potencia vectorial
vector processing | proceso de vectores
vector product | producto vectorial
vector quantity | cantidad (/magnitud) vectorial (/geométrica)
vector scan | exploración vectorial
vectorscope | vectorescopio
vectorscope display | diagrama (/oscilograma) vectorial
vector table | tabla vectorial
vector value | valor vectorial
vector volt-ampere | voltamperio vectorial
vehicle guidance system | sistema para guía de vehículos
vehicular aerial | antena para vehículos
vehicular communications | comunicaciones (/radiocomunicaciones) móviles (/de servicio móvil)
vehicular communication system | red de comunicación (por radio) para vehículos
vehicular electrical system | sistema eléctrico de vehículo
vehicular repeater | repetidora móvil
vehicular service | servicio de vehículo; servicio móvil terrestre
vehicular station | estación móvil
Veitch diagram | diagrama de Veitch
velocimeter | tacómetro, velocímetro
velocity | velocidad
velocity antiresonance | antirresonancia de velocidad
velocity component | componente de la velocidad
velocity correction | corrección de la velocidad

velocity distribution | distribución de velocidades
velocity distribution law | ley de distribución de velocidades
velocity duration curve | curva de duración de las velocidades
velocity error | error de velocidad
velocity factor | coeficiente (/factor) de velocidad
velocity filter | filtro de velocidad
velocity fluctuation | fluctuación de velocidad
velocity fluctuation noise | ruido de la fluctuación de velocidad
velocity-focusing mass spectrograph | espectrógrafo de masas de enfoque de velocidad
velocity frequency curve | curva de frecuencia de velocidades
velocity gauge | indicador de velocidad
velocity gradient | gradiente de velocidad
velocity head | presión dinámica (/de velocidad)
velocity hydrophone | hidrófono de velocidad
velocity lag | retardo de velocidad
velocity lag error | error de intervalo (/retardo) de velocidad
velocity level | nivel de velocidad
velocity limiting | limitación de velocidad
velocity-limiting servo | servomecanismo limitador de velocidad
velocity microphone | micrófono de velocidad
velocity misalignment coefficient | coeficiente de desalineación por velocidad
velocity-modulated | de velocidad modulada
velocity-modulated amplifier | amplificador de velocidad modulada
velocity-modulated electron beam | haz electrónico de velocidad modulada
velocity-modulated oscillator | oscilador de velocidad modulada
velocity-modulated valve | válvula con velocidad modulada
velocity modulation | modulación de la velocidad
velocity modulation amplifier | amplificador de modulación de velocidad
velocity modulation generator | generador (de oscilaciones) de modulación de velocidad
velocity modulation oscillator | oscilador de modulación de velocidad
velocity of an ion | velocidad de trasporte de un ión
velocity of a periodic wave | velocidad de una onda periódica
velocity of a wave | velocidad de propagación de una onda
velocity of energy transmission | velocidad de trasporte de la energía
velocity of light | velocidad de la luz

velocity of propagation | velocidad de propagación
velocity of propagation of a wavefront | velocidad de propagación de un frente de onda
velocity of sound | velocidad del sonido
velocity pickup | toma de velocidad
velocity potential | potencial de velocidad
velocity potential of a fluid | potencial de velocidad de un fluido
velocity potential of sound | potencial de velocidad del sonido
velocity pressure | presión dinámica (de velocidad)
velocity-range curve | curva de velocidad y alcance
velocity ratio | coeficiente de velocidad, relación de velocidades
velocity resonance | resonancia de la velocidad
velocity-responsive pickup | fonocaptor sensible a la velocidad
velocity selector | selector de velocidad
velocity sorting | selección de velocidad
velocity spectrograph | espectrógrafo (de masas de enfoque) de velocidad
velocity spectrum | espectro de velocidades
velocity stage | etapa (/grado) de velocidad; expansión de impulsión
velocity staging | expansión de impulsión, graduación de velocidad
velocity step | variación de velocidad
velocity transducer | trasductor de velocidad
velocity transformer | trasformador de velocidad
velocity trip mechanism | mecanismo disparador del tipo de velocidad
velocity variation | variación de velocidad
velocity variation amplifier | amplificador de variación de velocidad
velocity variation oscillator | oscilador con variación de velocidad
velocity vector | vector velocidad, velocidad vectorial
velometer | velocímetro
vendor | proveedor
venetian-blind aerial | antena de persiana
V engine | motor en V
Venn diagram | diagrama de Venn
vent | punto de desahogo de la presión
vented baffle | caja de altavoces con escape (/respiradero)
vented pressure pickup | trasductor de presión con respiradero
vented pressure transducer | trasductor de presión con respiradero
ventilated commutator riser motor | motor con conexiones radiales de colector ventiladas
ventilated drip-proof electric motor | motor eléctrico resguardado ventilado
ventilated electric motor | motor eléctrico ventilado
ventilated frame | armazón ventilado
ventilated frame machine | máquina de armazón ventilado
ventilated motor | motor ventilado
ventilated radiator machine | máquina de radiadores ventilados
ventilated-ribbed-surface machine | máquina de nervaduras ventiladas
ventilated riser motor | motor con conexiones radiales ventiladas
ventilated totally enclosed motor | motor ventilado totalmente cerrado
ventilated transformer | trasformador ventilado
ventilating duct | canal de ventilación
ventilating system | sistema de ventilación
ventilation by aspiration | ventilación por aspiración
venting | salida de gases
Venturi tube | válvula de Venturi
Venturi valve | válvula de Venturi
verbal announcement | anuncio (/aviso) verbal
verbose | detallado [con texto completo]
Verdan system | sistema Verdan (/de repetición automática)
Verdet's constant | constante de Verdet
verge of compression | codo (/umbral) de compresión
verge of oscillation | borde (/límite, /punto crítico) de oscilación
verification | verificación
verification condition | condición de verificación
verifier | comprobador, verificador
verify, to - | comprobar, verificar
Vermul [fam] = VRML [virtual reality modeling language] | VRML [lenguaje para modelado de la realidad virtual]
vernier | nonio, vernier
vernier adjustment | ajuste fino (/micrométrico), sintonización precisa
vernier calliper | calibre de nonio (/vernier)
vernier capacitor | condensador de nonio (/vernier)
vernier coupling | acoplamiento vernier
vernier dial | cuadrante reductor (/de nonio)
vernier drive | arrastre vernier; mando con reducción
vernier gauge | calibre de nonio
vernier gear | engranaje micrométrico (/vernier)
vernier knob | botón micrométrico, perilla micrométrica
vernier last count | apreciación del nonio (/vernier)
vernier level | nivel del nonio
vernier plate | disco del nonio
vernier rocket | motor (/turbina) de

ajuste fino
vernier scale | nonio, escala vernier
Vernon Harcourt lamp | lámpara Vernon-Harcourt
versatile | versátil
versatile home network | red doméstica versátil
version | versión
version control | control de versiones
version mismatch | diferencia de versión, versión indebida
version number | número de versión
verso | página izquierda [*en tipografía*]
vertebrate waveguide | guiaondas articulado, guía de ondas articulada
vertex | vértice
vertex plate | placa de vértice
vertical | vertical
vertical accelerator relative aperture | abertura relativa vertical del acelerador
vertical aerial | antena vertical
vertical air current | corriente de aire vertical
vertical amplification | amplificación (de desviación) vertical
vertical amplifier | amplificador (de desviación) vertical
vertical amplitude | amplitud vertical, altura de la imagen
vertical angle | ángulo vertical
vertical application | aplicación vertical
vertical axis rotor | rotor de eje vertical
vertical bandwidth | sincronización (/ancho de banda) vertical
vertical bar | barra vertical
vertical bar backstop | tope de barra vertical
vertical bar backstop stud | tope metálico (del selector)
vertical bar restoring spring | resorte de reposición de la barra vertical
vertical beam | haz vertical
vertical beamwidth | abertura angular vertical del haz
vertical blanking | borrado vertical
vertical blanking interval | intervalo de supresión vertical
vertical blanking pulse | impulso de borrado vertical
vertical-blocking oscillator transformer | trasformador del oscilador de bloqueo vertical
vertical-centring control | control de centrado vertical
vertical channel | canal vertical
vertical check | prueba vertical
vertical circle vernier | nonio del limbo vertical
vertical clearance | altura libre, margen de altura
vertical compliance | elasticidad vertical
vertical component | componente vertical
vertical convergence amplifier | amplificador de convergencia vertical

vertical convergence control | control de convergencia vertical
vertical convergence shape control | control de forma de convergencia vertical
vertical coverage | cobertura vertical
vertical coverage pattern | diagrama de cobertura vertical, diagrama de distancias en el plano vertical
vertical definition | definición vertical
vertical-deflecting electrodes | electrodos de deflexión (/desviación) vertical
vertical deflection | desviación vertical
vertical deflection amplifier | amplificador de desviación vertical
vertical deflection electrode | electrodo de deflexión (/desviación) vertical
vertical deflection generator | generador de desviación vertical
vertical deflection oscillator | oscilador de deflexión (/desviación) vertical
vertical deflection plate | electrodo (/placa) de desviación vertical
vertical drive | deflexión (/desviación, /trasmisión, /tensión de barrido) vertical
vertical drive control | control de deflexión (/desviación) vertical
vertical drive speed reducer | reductor de velocidad de eje vertical
vertical dynamic convergence | convergencia dinámica vertical
vertical dynamic focus | enfoque dinámico vertical
vertical effect | efecto de antena
vertical electrode | electrodo vertical (/con punta normal a su eje)
vertical field-strength diagram | diagrama vertical de intensidad de campo
vertical flow | flujo vertical
vertical flyback | retorno vertical
vertical format unit | unidad de formato vertical
vertical frame transfer | trasferencia de estructura vertical
vertical frequency | frecuencia de cuadro (/barrido vertical)
vertical frequency oscillator | oscilador de frecuencia de barrido (/exploración) vertical
vertical frequency response | respuesta de frecuencia del canal vertical
vertical gross support angle | travesaño soporte de verticales
vertical half-wave aerial | antena vertical de media onda
vertical hold | sincronismo (/sincronización) vertical
vertical hold control | control de sincronismo vertical
vertical incidence | incidencia vertical
vertical incidence ionospheric recorder | registrador de datos ionosféricos de incidencia vertical
vertical incidence ionospheric

sounding | exploración de la ionosfera por señales de incidencia vertical
vertical incidence sounder | sonda de incidencia vertical
vertical incidence transmission | trasmisión de incidencia vertical
vertical input | entrada (de desviación) vertical, entrada del canal vertical
vertical interrupter | interruptor de elevación
vertical interrupter contact | contacto de reposo del electroimán de elevación, contacto del interruptor de elevación
vertical interval | intervalo vertical
verticality | verticalidad, perpendicularidad
verticality error | error de verticalidad
vertical-lateral recording | grabación vertical-lateral
vertical linearity control | control (/mando) de linealidad vertical
vertically directive aerial | antena directiva en el plano vertical
vertically polarized | con polarización vertical
vertically polarized aerial | antena de polarización vertical
vertically polarized transmission | emisión de polarización vertical
vertically polarized wave | onda de polarización vertical
vertical magnet | electroimán de elevación
vertical market | mercado vertical
vertical microinstruction | microinstrucción vertical
vertical MOS = vertical metal oxide semiconductor | MOS vertical = semiconductor vertical de óxido metálico
vertical motion | ascensión
vertical off-normal contact | contacto de un eje en movimiento vertical
vertical offset | descentramiento vertical
vertical oscillator | oscilador vertical, oscilador de barrido (/desviación) vertical
vertical overhead contact system | línea catenaria vertical (/poligonal)
vertical passband | banda de paso del canal vertical
vertical pattern | diagrama de radiación vertical
vertical plane | plano vertical
vertical plane directional pattern | diagrama de radiación vertical
vertical plane directivity | directividad en el plano vertical
vertical plate | placa de desviación vertical
vertical polarization | polarización vertical
vertical pulling technique | técnica de arrastre (/extracción) vertical
vertical pulse | impulso vertical, impulso de sincronismo (/sincronización) vertical

vertical quarter-wave stub | adaptador vertical de cuarto de onda
vertical radar | radar vertical
vertical radiation | radiación vertical
vertical radiation pattern | diagrama de radiación vertical
vertical radiator | radiador vertical
vertical recording | grabación (/registro) vertical
vertical redundancy | redundancia vertical
vertical redundancy check | control de redundancia vertical
vertical relative aperture | abertura relativa vertical
vertical resolution | resolución vertical
vertical retrace | retorno vertical
vertical retrace suppression circuit | circuito de supresión del trazo de retorno vertical
vertical retrace time | tiempo (/intervalo) de retorno vertical
vertical rumble | vibraciones verticales parásitas [*ruido de baja frecuencia por vibraciones mecánicas en sentido vertical*]
vertical scale | escala vertical
vertical scan | barrido (/exploración) vertical
vertical scanning | barrido (/exploración) vertical
vertical scanning frequency | frecuencia de barrido (/exploración) vertical
vertical scan rate | índice de barrido vertical
vertical scroll bar | barra de desplazamiento vertical
vertical scrolling | desplazamiento vertical de pantalla
vertical section | sección vertical
vertical sensitivity | sensibilidad vertical
vertical shear | esfuerzo cortante vertical
vertical size control | control de la altura de cuadro
vertical socket | zócalo vertical
vertical sorter | clasificadora vertical
vertical speed | velocidad vertical, componente vertical de la velocidad
vertical speed transducer | trasductor de velocidad vertical
vertical spindle | husillo vertical
vertical split bar | barra de división vertical
vertical stacking | apilamiento; escalonamiento vertical (de elementos)
vertical step | paso vertical
vertical structure | estructura vertical
vertical sweep | barrido (/exploración) vertical
vertical sweep circuit | circuito de barrido vertical
vertical sweep generator | generador de barrido vertical
vertical sweep oscillator | oscilador de barrido vertical
vertical sweep transformer | trasformador de barrido vertical
vertical sweep voltage | tensión de barrido (/deflexión, /desviación) vertical
vertical switchboard | cuadro vertical
vertical sync | sincronización vertical
vertical synchronizing pulse | impulso de sincronismo (/sincronización) vertical
vertical synchronizing pulse interval | intervalo de impulsos de sincronismo vertical
vertical synchronizing signal | señal de sincronismo (/sincronización) vertical
vertical sync signal | señal de sincronización vertical
vertical tabulator | tabulador vertical
vertical tracking | seguimiento vertical
vertical tracking force | fuerza de seguimiento vertical
vertical unipole | monopolo (/unipolo) vertical
vertical unipole aerial | antena monopolar (/unipolo) vertical
vertical velocity | velocidad vertical
very high description language | lenguaje de descripción de muy alto nivel
very high frequency | hiperfrecuencia, muy alta frecuencia
very high level language | lenguaje de muy alto nivel
very high-rate digital subscriber line | línea digital de abonado con muy alta velocidad de trasmisión
very high speed integrated circuit | circuito integrado de muy alta velocidad
very high tension | muy alta tensión
very large database | base de datos muy amplia
very large memory | memoria muy amplia
very large-scale integration | integración a (/en) escala muy grande
very long radio link | radioenlace (/enlace hertziano) de muy largo alcance
very long range | muy largo alcance
very long-range radar | radar de muy largo alcance
very low frequency | hipofrecuencia, muy baja frecuencia
very-low-frequency electromagnetic radiation | radiación electromagnética de muy baja frecuencia
very short range | muy corto alcance
very short-range radar | radar de muy corto alcance
very short wave | onda muy corta
very small error | error micrométrico
VESA = Video Electronics Standards Association | VESA [*Asociación de normativa electrónica sobre vídeo*]
vesicular film | película vesicular [*en discos ópticos regrabables*]
vestigial | residual
vestigial band | banda residual
vestigial sideband | banda lateral residual (/asimétrica, /vestigial) [*esquema de modulación para señales de televisión digital*]
vestigial sideband amplitude modulation | modulación de amplitud con banda lateral residual
vestigial sideband filter | filtro de bandas laterales asimétricas, filtro atenuador (/supresor) de banda lateral residual
vestigial sideband modulation | modulación por banda lateral residual
vestigial sideband transmission | trasmisión con (/de) banda lateral residual
vestigial sideband transmitter | emisor (/trasmisor) de banda lateral residual
vestigial transmission | trasmisión de banda lateral residual
VF = videofrequency | FV = frecuencia de vídeo [*videofrecuencia, frecuencia de imagen*]
VF = vocal (/voice) frequency | FV = frecuencia vocal [*frecuencia de voz, frecuencia telefónica*]
VFAT = virtual file allocation table | VFAT [*tabla virtual de ubicación de archivos*]
VFB = voltage feedback | realimentación de tensión
V filament | filamento en V
VFO = variable frequency oscillator | OFV = oscilador de frecuencia variable
VFO transmitter | emisor (/trasmisor) con oscilador de frecuencia variable
VFS = virtual file store | VFS [*almacén virtual de archivos*]
VFT = voice frequency telegraph | telégrafo de frecuencia vocal
VFT reserve circuit | circuito de reserva [*para telegrafía armónica*]
VFU = vertical format unit | UFV = unidad de formato vertical
VfW = video for Windows [*from Microsoft*] | VfW [*vídeo para Windows*]
VGA = video graphics array | VGA [*matriz de videográficos, especificación para tarjetas de vídeo*]
V groove | ranura en V
VHDL = very high description language | VHDL [*lenguaje de descripción de muy alto nivel*]
VHE = virtual home environment | VHE [*entorno doméstico virtual (en personalización de servicios de red)*]
VHF = very high frequency | MAF = muy alta frecuencia, hiperfrecuencia [*banda entre 30 MHz y 300 MHz*]
VHF aerial | antena de VHF
VHF band | banda de VHF [*banda de frecuencias muy altas, banda de ondas métricas*]
VHF broadcasting | radiodifusión por VHF (/ondas métricas)
VHF channel | canal de VHF

VHF channel tuner | sintonizador para canales de VHF
VHF communicator | puesto de comunicación por VHF
VHF coverage | alcance (/cobertura) por VHF (/muy altas frecuencias)
VHF direction finder | radiogoniómetro de VHF
VHF directional range | radiofaro direccional de VHF
VHF direction-finding set | radiogoniómetro de VHF
VHF FM broadcasting | radiodifusión de modulación de frecuencia por VHF
VHF ground station aerial | antena para estación terrestre de VHF
VHF homing adapter | adaptador de aproximación de VHF
VHF link | enlace de VHF, enlace (/radioenlace) por ondas métricas
VHF multicarrier radiotelephone system | sistema radiotelefónico multiportadora de VHF
VHF omnirange | radiofaro omnidireccional de VHF
VHF point contact transistor | transistor de contacto puntual para muy altas frecuencias
VHF radar | radar métrico (/de VHF, /de onda métrica, /de frecuencia muy alta)
VHF radio circuit | enlace radioeléctrico de onda métrica
VHF radio direction-finding station | estación radiogoniométrica de VHF (/ondas métricas)
VHF radio link | enlace hertziano por ondas métricas
VHF radio relay circuit | radioenlace (/circuito radioeléctrico) por ondas métricas
VHF radiotelephone | radioteléfono de VHF
VHF radiotelephone equipment | equipo radiotelefónico de VHF
VHF radiotelephony | radiotelefonía por VHF (/muy altas frecuencias)
VHF radio wave | onda (de radio) métrica, onda radioeléctrica de muy alta frecuencia
VHF receiver | receptor de VHF
VHF relay equipment | equipo de enlace (/radioenlace) por VHF
VHF rotating talking beacon | radiofaro giratorio y radiotelefónico de VHF
VHF transmitter | trasmisor de VHF, emisor de ondas métricas
VHF/UHF direction finder | radiogoniómetro de VHF/UHF (/frecuencias altas y ultraaltas, /ondas métricas y decimétricas)
VHF/UHF valve | válvula para VHF y UHF
VHF valve | válvula para VHF (/muy altas frecuencias)
VHLL = very high level language | VHLL [*lenguaje de programación de muy alto nivel*]

VHN = versatile home network | VHN [*red doméstica versátil*]
VHSIC = very high speed integrated-circuit | VHSIC [*circuito VLSI con elevada velocidad de procesamiento*]
vi = visual | visual
vi, to - [*to edit a file using the visual editor*] | editar [*en la unidad de visualización*]
via | vía
VIA = virtual interface architecture | VIA [*arquitectura de interfaz virtual*]
VI Architecture = virtual interface architecture | arquitectura de IV = arquitectura de interfaz virtual
via centre | centro de tránsito
via circuit | circuito de tránsito
via condition | condición de tránsito
via hole | laguna de tránsito
via office | estación de tránsito
via traffic | tráfico de escala
via voice | vía voz
vibrating | vibratorio
vibrating amplifier | amplificador vibrador
vibrating armature buzzer | zumbador de armadura vibrátil
vibrating bell | timbre vibratorio (/de vibración), campanilla de vibrador
vibrating breaker | interruptor de lámina vibratoria
vibrating capacitor | condensador vibratorio (/oscilante, /de vibración)
vibrating capacitor electrometer | electrómetro de vibración (/condensador vibratorio)
vibrating condenser | condensador vibratorio
vibrating condenser amplifier | amplificador con condensador vibratorio
vibrating contact | contacto vibratorio
vibrating contactor | contacto vibratorio
vibrating reed | lámina (/lengüeta) vibratoria (/vibrante)
vibrating reed electrometer | electrómetro de vibración (/lámina vibratoria, /lengüeta vibratoria)
vibrating reed frequency meter | frecuencímetro de lengüetas (/láminas vibrantes)
vibrating reed galvanometer | galvanómetro de láminas vibrantes
vibrating reed instrument | instrumento de lengüetas (/láminas vibrantes)
vibrating reed magnetometer | magnetómetro de lámina (/lengüeta) vibratoria
vibrating reed meter | medidor de láminas (/lengüetas) vibratorias
vibrating reed rectifier | rectificador de lámina vibrante
vibrating reed relay | relé de lámina vibrante
vibrating relay | relé vibrador (/de resonancia)
vibrating sample magnetometer | magnetómetro de muestra vibrante

vibrating system | sistema vibrante
vibrating wire strain gauge | deformímetro (/extensímetro) de hilo vibrante
vibrating wire transducer | trasductor de hilo (/alambre) vibratorio
vibration | vibración, oscilación
vibration absorber | amortiguador de vibraciones
vibration-absorbing | absorbente (/amortiguador) de vibraciones
vibrational amplitude | amplitud de la vibración
vibrational energy | energía de vibración
vibrational energy level | nivel de energía de vibración
vibrational resonance | resonancia vibratoria, vibración resonante
vibrational spectrum | espectro de vibración
vibrational stress | esfuerzo vibracional
vibration amplifier | amplificador de vibraciones
vibration analyser | analizador de vibraciones
vibration-attenuating support | apoyo antivibratorio, soporte atenuador (/amortiguador) de vibraciones
vibration attenuation | atenuación (/amortiguación) de vibraciones
vibration calibrator | calibrador de vibraciones
vibration control | eliminación (/reducción, /supresión) de vibraciones
vibration damper | amortiguador de vibraciones
vibration detection system | sistema de detección de vibraciones
vibration diagnosis | diagnóstico (/análisis) de vibraciones
vibration fatigue | fatiga por vibración
vibration-free mounting | colocación exenta de vibraciones
vibration frequency meter | frecuencímetro de lengüetas
vibration galvanometer | galvanómetro de vibración (/resonancia)
vibration generator | generador de vibraciones
vibration indicator | indicador de vibración
vibration isolation | aislamiento antivibratorio, amortiguamiento de vibraciones
vibration isolator | aislador (/amortiguador) de vibraciones
vibration-measuring system | sistema de medición de vibraciones
vibration meter | vibrómetro, medidor de vibraciones
vibration mode | modo de vibración
vibration mount | montaje antivibratorio (/contra las vibraciones)
vibration muffling | amortiguación de vibraciones
vibration-muffling mounting | montaje antivibratorio

vibration pad | calzo antivibratorio
vibration phenomenon | fenómeno vibracional
vibration pickup | vibrocaptor, captador (/detector, /fonocaptor) de vibraciones
vibration pickup amplifier | amplificador de vibrocaptor
vibration pickup system | sistema vibrocaptor (/captador de vibraciones)
vibration quantity | magnitud vibratoria
vibration recorder | vibrógrafo, registrador de vibraciones
vibration-recording apparatus | vibrógrafo, aparato registrador de vibraciones
vibration-resistant | resistencia a las vibraciones
vibration resistence | resistencia a la vibración
vibration sensitivity | sensibilidad a la vibración
vibration sensor | sensor de vibraciones
vibration shake | sacudida vibratoria
vibration survey | supervisión de la vibración
vibration test | prueba (/ensayo) de vibración
vibration tester | aparato para ensayos de vibración
vibration tolerability | tolerancia a la vibración
vibration tolerance | tolerancia a la vibración
vibration welding | soldadura por vibración
vibrato | vibrato
vibrator | vibrador
vibrator coil | bobina vibratoria (/con temblador)
vibrator hash | ruido (/soplido) de vibrador
vibrator power pack | bloque de alimentación (de potencia) con vibrador
vibrator power supply | fuente de alimentación del vibrador
vibrator table | mesa vibratoria
vibrator transformer | trasformador de vibrador
vibrator tube | tubo vibrador
vibrator-type converter | convertidor (de potencia) tipo vibrador
vibrator-type inverter | inversor (de potencia) tipo vibrador
vibratory | vibratorio
vibratory acceleration | aceleración vibratoria
vibratory displacement | desplazamiento vibratorio
vibratory feeder | alimentador vibratorio
vibratory force | fuerza vibratoria
vibratory gyroscope | giróscopo vibratorio (/de vibración)
vibratory mode | modo de vibración
vibratory velocity | velocidad vibratoria
vibratron | vibratrón

vibrocardiography | vibrocardiografía
vibrogram | vibrograma
vibrograph | vibrógrafo, registrador de vibraciones
vibrometer | vibrómetro, medidor de vibración
vibrophonocardiograph | vibrofonocardiógrafo
vibrotron | vibrotrón, triodo de ánodo móvil
viburnic acid | ácido vibúrnico
video | vídeo
video accelerator | acelerador de vídeo
video adapter | adaptador de vídeo
video adapter board | tarjeta adaptadora de vídeo
video amplification | amplificación de vídeo
video amplifier | amplificador de imagen (/vídeo, /videofrecuencia)
video attenuator | atenuador de vídeo
video-audio signal attenuator | atenuador de señales de audio y vídeo
video band | banda de vídeo (/videofrecuencia, /frecuencia de imagen)
video bandwidth | ancho de banda de vídeo (/videofrecuencia)
video blanking | puesta a cero del vídeo
video board | tarjeta de vídeo
video buffer | memoria de vídeo
video cable | cable de vídeo
videocamera | videocámara, cámara de vídeo
video capture board | tarjeta para captura de vídeo
video capture card | tarjeta de captura de vídeo
video capture device | dispositivo de captura de vídeo
video capture file | archivo de captura de vídeo
video card | tarjeta de vídeo (/gráficos)
video carrier | portadora de vídeo (/imagen)
videocassette | videocasete
videocassette recorder | registrador de cinta de vídeo en casetes
videocast | emisión televisiva
video channel | canal de vídeo (/videofrecuencia, /imagen)
video chrominance component | señal de vídeo de crominancia
video circuit | circuito de vídeo (/videofrecuencia)
video clip | videoclip
video compression | compresión de vídeo
videoconference | videoconferencia
videoconferencing | videoconferencia
video connection | enlace de vídeo
video control | control de vídeo
video controller | controlador de vídeo
video converter | convertidor de vídeo
video correction device | dispositivo de corrección de vídeo
video correlator | correlacionador de vídeo

video data digital processing | procesado digital de datos de vídeo
video data terminal | terminal de visualización de datos
video delay line | línea de retardo para señales de vídeo
video detection | detección de vídeo
video detector | detector de vídeo (/imagen), desmodulador de vídeo
video detector filter | filtro del detector de vídeo
video device driver | conductor de dispositivo de vídeo
video digitizer | digitalizador de vídeo
videodisc [UK] | videodisco
video discrimination | discriminación de vídeo
video discriminator | discriminador de vídeo
videodisk [USA] [*videodisc (UK)*] | videodisco
video display | monitor, pantalla de vídeo
video display adapter | adaptador para reproducción de vídeo
video display board | tarjeta de reproducción de vídeo
video display card | tarjeta para reproducción de vídeo
video display metafile | metaarchivo de vídeo [*para trasferencia de imágenes entre sistemas*]
video display page | página de reproducción de vídeo
video display terminal | pantalla, terminal de monitor de vídeo
video display tube | tubo de pantalla de vídeo
video display unit | pantalla (/terminal de visualización) de vídeo
video distribution amplifier | amplificador de distribución de vídeo
video DRAM | DRAM de vídeo
video driver | controladora de vídeo
video editing | edición de vídeo
video editor | editor de vídeo
video filter | filtro de vídeo (/imagen), filtro para videofrecuencias
videofrequency | videofrecuencia, frecuencia de vídeo (/imagen)
videofrequency amplification | amplificación de videofrecuencia
videofrequency amplifier | amplificador de videofrecuencia
videofrequency amplifying stage | etapa amplificadora de videofrecuencia
videofrequency band | banda de videofrecuencia
videofrequency component | componente de videofrecuencia, componente espectral de la señal de imagen
videofrequency output | salida de videofrecuencia
videofrequency signal | señal de videofrecuencia
videofrequency voltage | tensión de

videofrecuencia
video gain | ganancia de vídeo
video gain control | control de ganancia de vídeo
videogame, video game | videojuego
videograph | videógrafo
video graphics adapter | adaptador de gráficos de vídeo
video graphics array | matriz de videográficos
video graphics board | tarjeta gráfica de vídeo
video IF amplifier | amplificador de frecuencia intermedia de la imagen
video impedance | impedancia de vídeo
video input | entrada (de señal) de vídeo
video installation | instalación de tarjetas de vídeo
video integration | integración de vídeo
video integrator | integrador de vídeo
video library | videoteca
video line amplifier | videoamplificador de línea
video link | videoenlace, enlace para la trasmisión de señales de vídeo
video look-up table | tabla de búsqueda de vídeo
video mapping | encuadramiento (/superposición) de vídeo
video masking | enmascaramiento de señales de vídeo, vídeo de enmascaramiento
video memory | memoria de vídeo
videometric | videométrico
videometric curve | curva videométrica
video mixer | mezclador de vídeo (/señales de imagen)
video mode | modo de vídeo
video modulation | modulación de vídeo
video modulator | modulador de vídeo
video monitor | monitor de vídeo
video monitor switcher | conmutador de monitores de vídeo
video multimarker | multimarcador de vídeo (/videofrecuencia)
videonics | videónica
video noise | ruido de vídeo
video noise level | nivel de ruido de vídeo
video object | objeto de vídeo
video object plane | plano de objeto de vídeo [*unidad mínima de codificación de vídeo*]
video-on-demand | televisión a la carta
video oscillator | oscilador de vídeo (/videofrecuencia)
video oscilloscope | osciloscopio para viodeofrecuencias
video output | salida (de señal) de vídeo
video output amplifier | amplificador de salida de vídeo
video pair cable | cable de vídeo par

video palette snoop | rastreo de paleta de vídeo
video passband | banda de paso de videofrecuencia
video patch cord | cable de conmutación de vídeo
video patch panel | panel de conmutación de vídeo
video patch plug | clavija de panel de conectores de vídeo
video pentode | pentodo para vídeo (/videofrecuencias)
video performance | comportamiento en videofrecuencia
videophone | videófono
video pickup | captación de imágenes de vídeo
video player system | sistema reproductor de vídeo
video port | puerto para vídeo
video power | potencia de vídeo (/señal de imagen)
video power down | apagado del vídeo
video preamplifier | preamplificador (/amplificador previo) de vídeo
video preemphasis | preacentuación de vídeo
video pulse | impulso de vídeo
video pulse train | tren de impulsos de vídeo
video RAM | RAM de vídeo
video random access memory | memoria de vídeo de acceso directo
video receiver | videorreceptor, receptor (/monitor) de vídeo
video reception | videorrecepción, recepción de vídeo
video recorder | magnetoscopio, registrador de vídeo
video recording | grabación (/registro) de vídeo
video response | respuesta de vídeo
video screen | pantalla de vídeo, monitor para señales de vídeo
video select | selección de (la señal de) vídeo
video sensor | videosensor, sensor de vídeo
video server | servidor de vídeo
video signal | señal de vídeo (/imagen)
video signal attenuator | atenuador de señales de vídeo
video signal component | componente de la señal de vídeo
video signal monitor | monitor de la señal de vídeo
video spectrum | espectro (de la señal) de vídeo
video stage | etapa de vídeo
video standby | vídeo en espera
video stretching | prolongación del impulso de vídeo
video subsystem | subsistema de vídeo
video sweep generator | generador explorador de videofrecuencia, generador de videofrecuencia con barrido

video switcher | conmutador de mezcla (/distribución) de vídeo
video switching | conmutación de vídeo
video synthesizer | sintetizador de vídeo
videotape | cinta de vídeo
videotape machine | magnetoscopio
videotape recorder | magnetoscopio, videógrafo, registrador de cinta de vídeo
videotape recording | registro magnetoscópico (/videográfico), grabación en cinta de vídeo
videotape replay | repetidor de cinta de vídeo
videotape replayer | repetidor de vídeo de cinta sin fin
videotelephone | videófono
video terminal | terminal (/monitor) de vídeo
videotext | teletexto, (servicio de) videotexto
videotext system | sistema de videotexto
video timebase | base de tiempos de imagen
video track | pista de vídeo
videotransistor | videotransistor
video transmitter output | potencia de salida de vídeo
videotron | videotrón, monoscopio
video valve | válvula para videofrecuencias
video waveform | forma de onda de vídeo
video waveform corrector | corrector de forma de onda de vídeo
videowindow | videoventana
Vidicon | Vidicon [*marca de tubo de rayos catódicos para cámaras de televisión*]
Vienna development method | método de desarrollo de Viena
view | vista, visualización; ventana
view, to - | ver, visualizar, presentar en pantalla
view area | área de vista
view cluster | clúster de visualizaciones
viewdata | visión de datos
viewer | espectador
viewfinder | visor
viewing angle | ángulo de visualización
viewing area | área de visualización (/pantalla útil)
viewing mirror | espejo de visión
viewing screen | pantalla de visualización (/presentación visual)
viewing storage valve | válvula de imagen tipo acumulador
viewing time | tiempo de visionado (/visualización, /observación)
viewing window | mirilla, ventanilla de observación
view option | opción de vista
viewport | visualización [*en gráficos de ordenador*]

Villari effect | efecto Villari
V/in = volts per inch | V/in [*voltios por pulgada*]
vine | vine [*copia de cintas de audio digitales*]
vinyl | vinilo
vinyl anticorrosive primer | imprimador anticorrosivo vinílico, pintura anticorrosiva de imprimación vinílica
vinyl-backed tape | cinta con soporte de vinilo
vinyl-coated | con revestimiento vinílico
vinyl-coated wire | cable (/hilo) con revestimiento vinílico
vinylidene | vinilideno
vinylidene chloride | cloruro de vinilideno
vinylidene copolymer | copolímero vinilidénico
vinylidene resin | resina vinilidénica
Vinylite | vinilita [*plástico utilizado en discos de vinilo*]
vinyl plastic | plástico vinílico
vinyl resin | resina vinílica (/de vinilo)
violation | violación
violet | violeta
virgin | virgen
virgin fission neutron | neutrón de fisión primario (/virgen)
virginium | virginio
virgin medium | soporte virgen
virgin neutron | neutrón primario (/virgen)
virgin neutron flux | flujo de neutrones vírgenes
virgin reactor | reactor que no ha funcionado
virgin tape | cinta virgen
virgule | barra diagonal [/]
virial coefficient | coeficiente virial
virtual | virtual
virtual address | dirección virtual (/inmediata, /en tiempo real)
virtual amperes | amperaje activo (/efectivo), intensidad efectiva
virtual anode | ánodo virtual
virtual art | arte virtual
virtual axis | eje instantáneo de rotación
virtual button | botón virtual
virtual call | llamada (/circuito, /enlace) virtual
virtual carrier | (frecuencia) portadora virtual
virtual carrier frequency | frecuencia portadora virtual
virtual cathode | cátodo virtual
virtual channel | canal virtual
virtual circuit | circuito (/enlace, /llamada) virtual
virtual clock | reloj virtual
virtual community | comunidad virtual
virtual connection | conexión virtual
virtual control program interface | interfaz de programa de control virtual [*que permite la extensión de la memoria en MS-DOS*]

virtual current | corriente (/intensidad) efectiva (/eficaz)
virtual desktop | escritorio virtual
virtual device | dispositivo virtual
virtual device driver | controlador de dispositivo virtual [*software*]
virtual device interface | interfaz de dispositivo virtual
virtual disk | disco virtual [*de RAM*]
virtual displacement | desplazamiento (/desalojamiento) virtual
virtual display device driver | controlador de pantalla virtual
virtual driver support | soporte de controlador virtual
virtual energy | energía potencial
virtual file allocation table | tabla virtual de ubicación de archivos
virtual file store | almacén virtual de archivos
virtual grade | pendiente virtual
virtual height | altura virtual (de reflexión)
virtual home environment | entorno doméstico virtual [*en personalización de servicios de red*]
virtual image | imagen virtual
virtual-image file | archivo de imagen virtual
virtual inertia | inercia aparente
virtual interface | interfaz virtual
virtual interface architecture | arquitectura de interfaz virtual
virtual LAN = virtual local area network | LAN virtual [*red de área local virtual*]
virtual level | nivel (/estado) virtual
virtually nonblocking | sin bloqueo virtual
virtual machine | máquina virtual
virtual mass | masa virtual (/adicional aparente)
virtual memory | memoria virtual
virtual memory system | sistema de memoria virtual
virtual modulus of elasticity | módulo aparente de elasticidad
virtual name space | espacio de nombres virtual
virtual network | red de comunicación virtual
virtual PABX | centralita virtual
virtual particle | partícula virtual
virtual path | ruta virtual [*para localizar un archivo*]; camino virtual [*en trasmisión de datos*]
virtual peripheral | periférico virtual
virtual PPI reflectoscope | reflectoscopio de PPI virtual
virtual printer | impresora virtual
virtual printer device driver | controladora de impresora virtual
virtual private network | red definida por software [*en red privada virtual*]
virtual process | proceso virtual
virtual processor | procesador virtual
virtual quantum | cuanto virtual
virtual reactor | reactor virtual
virtual reality | realidad virtual

virtual reality modeling language | lenguaje para modelado de la realidad virtual
virtual real mode | modo real virtual [*emulación de microprocesadores*]
virtual reflectoscope | reflectoscopio virtual
virtual resistance | resistencia virtual (/efectiva), impedancia
virtual root | directorio raíz virtual
virtual route | ruta (/circuito) virtual
virtual screen | pantalla virtual [*porción de imagen que sale fuera de la pantalla, y que sólo se puede ver desplazando la imagen*]
virtual server | servidor virtual
virtual shopping | compra virtual
virtual shopping card | tarjeta para compra virtual
virtual state | estado (/nivel) virtual
virtual storage access method | método de acceso a la memoria virtual
virtual store | tienda virtual
virtual storefront | escaparate virtual
virtual terminal | terminal virtual
virtual timer device driver | controlador de dispositivo cronometrador virtual
virtual trackball | bola de seguimiento virtual
virtual value | valor eficaz
virtual velocity | velocidad virtual
virtual voltage | voltaje efectivo, tensión efectiva
virtual Web server | servidor Web virtual
virtual world | mundo virtual [*entorno virtual tridimensional*]
virus | virus
virus signature | firma de virus [*código que contiene el identificador del virus*]
viscometer | viscosímetro, medidor (/indicador) de viscosidad
viscometry | viscosimetría
viscoplastic | viscoplástico
viscoplasticity | viscoplasticidad
viscosimeter | viscosímetro, medidor (/indicador) de viscosidad
viscosimetry | viscosimetría
viscosity | viscosidad
viscous and magnetic damping | amortiguamiento viscoso y magnético
viscous creep | fluencia viscosa
viscous-damped | con amortiguamiento (de líquido) viscoso
viscous-damped arm | brazo con amortiguamiento viscoso
viscous drag | retardo viscoso
viscous elastic fluid | fluido elástico viscoso
viscous flow | flujo viscoso (/laminar)
viscous fluid | fluido viscoso
viscous hysteresis | histéresis viscosa, viscosidad magnética
visibility | visibilidad
visibility factor | factor de visibilidad
visibility range | (alcance de) visibilidad

visible | visible
visible alarm | alarma óptica (/visible)
visible arc | arco visible
visible coherent light | luz coherente visible
visible emission | emisión visible
visible grid | cuadrícula visible
visible indication | indicación visual
visible light | luz (/emisión) visible
visible page | página visible
visible radiation | radiación visible
visible region of radiation | región (/espectro) visible de la radiación
visible signal | señal visible
visible spectrum | espectro (de luz) visible
visible spectrum boundary | límite del espectro visible
visible speech | lenguaje (/palabra) visible
vision | visión
vision aerial | antena de emisión de imagen
vision AGC = vision automatic gain control | CAG de imagen = control automático de ganancia de imagen
vision and sound control desk | pupitre de control audiovisual
vision automatic gain control | control automático de ganancia de imagen
vision broadcasting | difusión televisiva (/de televisión)
vision broadcasting receiver | televisor, receptor de televisión
vision carrier | (frecuencia) portadora de imagen
vision carrier frequency | frecuencia de (la) portadora de imagen
vision circuit | circuito de imagen (de vídeo)
vision frequency | frecuencia de visión (/imagen)
vision modulation amplifier | amplificador de modulación de imagen
vision on sound | imagen sobre sonido
vision switching centre | centro de conmutación de vídeo
visit | visita [*duración de la exploración de un sitio Web por una persona*]
visitor | visitante [*de página Web*]
visitor location register | registro de localización (/posiciones) de visitantes
visual | visual
visual alarm | alarma óptica (/visual)
visual alarm signal | señal visual de alarma
visual arc | arco visible
visual-aural radio range | radiofaro direccional audiovisual
visual-aural range | alcance visual y auditivo
visual-aural signal tracer | analizador de señal con indicación visual y auditiva
visual-aural VHF radiorange | radiofaro direccional de VHF de indicación audiovisual
Visual Basic | Visual Basic [*marca de una versión de programación visual Basic de altas prestaciones*]
visual broadcast service | servicio de radiodifusión visual
visual busy lamp | lámpara (de prueba) de ocupado
visual busy signal | señal visual de ocupado
visual carrier frequency | frecuencia de portadora visual (/de imagen, /de vídeo)
visual communication | comunicación visual
visual display unit | unidad de presentación (/representación) visual
visual Doppler indicator | indicador visual Doppler
visual engaged lamp | lámpara (de prueba) de ocupación
visual engaged signal | lámpara de ocupación, lámpara indicadora de ocupado
visual engaged test | prueba de ocupación con señal luminosa
visual engaged test with key control | prueba de ocupación con tecla y señal luminosa
visual indicator valve | válvula de indicador visual
visual inertia | inercia visual
visual inspection | inspección visual
visual interface | interfaz visual [*para gráficos*]
visualization | visualización
visual light | luz visible
visual link | enlace visual
visually handicapped operator | puesto de operadora para ciegos (/invidentes)
visual monitoring | monitorización (/comprobación) visual
visual monitoring unit | dispositivo de comprobación visual
visual photometer | fotómetro visual
visual programming | programación visual
visual prompts | tutoría óptica
visual radio range | radiofaro visual; alcance visual de radio; radiofaro direccional de identificación (/indicación) visual
visual range | alcance visual
visual-reading instrument | instrumento de lectura visual
visual ringing signal | señal luminosa de llamada
visual routine analysis | análisis visual habitual
visual scanner | explorador visual
visual signal | señal visual
visual signal device | dispositivo de señal visual
visual storage valve | válvula de almacenamiento visual
visual telephony | telefonía visual [*trasmisión de imágenes por líneas telefónicas*]
visual transmitter | trasmisor visual (/de vídeo, /de imagen)
visual transmitter power | potencia del trasmisor de vídeo (/imagen)
visual transmitting power | potencia de trasmisión de vídeo (/imagen)
vital supervision card | tarjeta de supervisión de actividad
Viterbi decoding | descodificación de Viterbi
vitreous | vítreo
vitreous binder | pegamento vítreo
vitreous electricity | electricidad vítrea
vitreous enamel dielectric capacitor | condensador con dieléctrico de esmalte vítreo
vitreous enamel resistor | resistencia recubierta de esmalte vítreo
vitreous fusion | fusión gradual
vitrification | vitrificación
vitrified aluminum oxide | alúmina vitrificada
vitrite | vitrita [*sustancia aislante*]
Vixen file | lima Vixen, lima de diente curvo
VLAN = virtual local area network | VLAN [*red virtual de área local*]
Vlasov equation | ecuación de Vlasov
VLB = VL bus = VESA local bus | VLB [*bus local VESA*]
VL bus = VESA local bus | bus VL [*bus local VESA*]
VLF = very low frequency | MBF = muy baja frecuencia, hipofrecuencia
VLF band | banda de MBF, banda de ondas miriamétricas, banda de muy baja frecuencia
VLF radiation = very-low-frequency radiation | radiación MBF = radiación de muy baja frecuencia
VLF wave | onda de MBF, onda miriamétrica
VLIW = very long instruction word | VLIW [*palabra de instrucción muy larga*]
VLR = visitor location register | VLR [*registro de localización (/posiciones) de visitantes*]
VLSI = very large scale integration | VLSI [*muy alto grado de integración*]
VLT = violet | VIO = violeta
VM = virtual memory | MV = memoria virtual
VM = voice mail | correo de voz
VM = virtual machine | MV = máquina virtual
VML = vector markup language | VML [*lenguaje de marcado vectorial*]
V-model | modelo en V
V motor | motor en V, motor de cilindros convergentes
VMOS power FET | transistor de efecto de campo VMOS de potencia
VMS = virtual memory system | VMS [*sistema de memoria virtual*]
V notch | entalladura en V, muesca en V

VO = video object | VO [*objeto de vídeo*]
VO = voltage on | TC = tensión conectada (/aplicada)
VOA = volt-ohm-ammeter | VOA [*polímetro para voltios, ohmios y amperios*]
vocabulary | vocabulario
vocoder = voice operated coder | vocoder [*codificador operado por la voz, sintetizador de voz*]
VOD = voice-operated device | dispositivo activado por la voz
voder = voice decoder | voder [*descodificador de voz*]
vogad = voice-operated-gain-adjusting device | regulador vocal [*dispositivo regulador de ganancia activado por la voz*]
voice | voz
voice-activated | activado por la voz
voice analyser | analizador de voz
voice answer back | respuesta de voz [*por parte del ordenador*]
voice-assist system | sistema de refuerzo acústico (/sonoro)
voiceband | banda vocal
voiceband transmission | trasmisión de cinta magnetofónica
voice box | audiobuzón
voice broadcast | emisión radiotelefónica (/telefónica)
voice broadcasting | emisión radiotelefónica (/telefónica)
voice call | llamada de viva voz
voice calling | llamada de conferencia dentro de un equipo de trabajo
voice-capable modem | módem de voz [*que soporta mensajes hablados*]
voice channel | canal vocal (/de voz, /de banda vocal, /de frecuencia vocal)
voice channel frequency characteristic | característica de frecuencia del canal de voz
voice channel idle noise | ruido del canal de voz sin señal
voice channelling equipment | equipo canalizador de voz
voice circuit | circuito vocal (/telefónico, /de conversación)
voice coder | codificador de voz
voice coil | bobina móvil (/vocal, /de voz, /de la señal audible)
voice communication | comunicación hablada (/telefónica)
voice-controlled-carrier transmitter | trasmisor con control vocal de la portadora
voice current | corriente vocal (/microfónica, /de la señal vocal)
voice/data system | sistema para voz y datos
voice-ear measurement | medición telefonométrica
voice-ear test | prueba telefonométrica
voice encryption | codificación de la voz
voice filter | filtro de voz
voice frequency | frecuencia vocal (/telefónica, /de la voz)
voice-frequency amplifier | amplificador de frecuencias vocales
voice frequency band | banda de frecuencias vocales (/telefónicas)
voice frequency carrier telegraphy | telegrafía armónica, telegrafía por (corriente) portadora de frecuencia vocal (/telefónica)
voice frequency channel | canal armónico (/de frecuencia vocal)
voice frequency dialling | selección (a distancia) por frecuencia vocal
voice frequency drop | bajada (/circuito) de frecuencia vocal
voice frequency electric wave | onda eléctrica de frecuencia vocal
voice frequency generator | generador de frecuencias vocales
voice frequency key sending | emisión por teclado de señales de frecuencia vocal
voice frequency multichannel telegraph system | sistema (telegráfico) multicanal de frecuencia vocal
voice frequency multichannel telegraphy | telegrafía armónica multicanal, telegrafía multicanal de frecuencia vocal
voice frequency order wire | circuito telefónico de órdenes
voice frequency output | salida de frecuencias vocales
voice frequency passband | pasabanda de frecuencias vocales
voice frequency range | gama (/espectro) de frecuencias vocales
voice frequency recording equipment | magnetófono para frecuencias vocales
voice frequency relay | relé de frecuencia vocal
voice frequency repeater | repetidor de frecuencia vocal
voice frequency ringer | timbre (/generador de llamada) de frecuencia vocal
voice frequency ringing | llamada de frecuencia vocal
voice frequency ringing current | corriente de llamada de frecuencia vocal
voice frequency selecting system | sistema de selección a distancia por corrientes de frecuencia vocal
voice frequency sending | selección (a distancia) por frecuencia vocal
voice frequency signalling | señalización por frecuencia vocal
voice frequency signalling current | corriente de llamada de frecuencia vocal
voice frequency signalling on built-up connections | señalización en frecuencia vocal en comunicaciones de tránsito
voice frequency signalling set | equipo de llamada de frecuencia vocal
voice frequency signalling test | prueba de señalización en frecuencia vocal
voice frequency system | sistema (armónico) de frecuencia vocal
voice frequency telegraph channel | canal telegráfico de frecuencia vocal
voice frequency telegraph modulation | modulación telegráfica en frecuencia vocal
voice frequency telegraph multiplex | múltiplex de telegrafía por frecuencias vocales
voice frequency telegraph receiver | receptor de telegrafía armónica, receptor telegráfico de frecuencia vocal
voice frequency telegraph system | sistema de telegrafía armónica, sistema telegráfico de frecuencia vocal
voice frequency telegraph terminal equipment | equipo terminal de telegrafía armónica
voice frequency telegraph transmitter | trasmisor de telegrafía armónica
voice frequency telegraphy | telegrafía armónica
voice frequency telephony | telefonía por frecuencias microfónicas (/vocales)
voice grade, voice-grade | circuito telefónico para trasmisión de voz
voice grade channel | banda telefónica, canal telefónico (/de calidad telefónica)
voice grade circuit | circuito telefónico (/de calidad telefónica, /para trasmisión de voz)
voicegram | vozgrama
voice input | entrada de voz [*para dar órdenes verbales al ordenador*]
voice input device | dispositivo de entrada vocal (/oral)
voice logging | registro de comunicaciones (/conversaciones) telefónicas
voice mail | audiomensaje, mensaje hablado, correo de voz
voice messaging | mensajería de voz [*tráfico de mensajes con grabación de voz*]
voice modem | módem de voz [*que soporta comunicaciones habladas*]
voice-modulated transmitter | trasmisor para modulación vocal (/de voz)
voice multiplex | telefonía múltiplex, múltiplex de canales de voz
voice multiplex equipment | equipo múltiplex de canales de voz
voice multiplex terminal | terminal múltiplex de canales de voz
voice navigation | navegación por la voz [*instrucciones verbales al navegador de la red*]
voice-net [*fam*] | red telefónica
voice-operated device | dispositivo accionado por la voz
voice-operated gain-adjusting device

| regulador de ganancia controlado por la voz
voice-operated keying | control vocal, activación por la voz
voice-operated keying relay | relé de conmutación accionado por la voz
voice-operated loss control | dispositivo de conmutación de pérdida accionado por la voz
voice-operated transmission | trasmisión con control por la voz
voice operation demonstrator | demostrador de sonidos vocales
voice output | salida de voz
voice over IP | voz sobre IP [*uso de redes de conmutación de paquetes IP para señales de voz*]
voice paging | búsqueda (/llamada) de personas por altavoces
voiceprint, voice print | registro de voz, espectrograma de la voz
voice privacy coder | codificador de conversaciones telefónicas
voice processing | procesamiento de la voz
voice prompt | tutoría acústica
voice recognition | reconocimiento de (la) voz
voice recorder | registrador de voz, magnetófono para frecuencias vocales
voice recording | grabación (/registro) de la voz
voice-recording equipment | equipo de registro de las conversaciones telefónicas
voice repeater | repetidor telefónico
voice response | vocoder, voz artificial (/sintética)
voice security equipment | equipo de comunicación telefónica secreta
voice signal | señal vocal (/de voz, /de frecuencias vocales)
voice spectrum | espectro vocal (/de la voz)
voice-switched circuit | circuito de conmutación por la voz
voice synthesis | síntesis de (la) voz
voice synthesizer | sintetizador de voz
voice telephony | telefonía de frecuencia vocal
voice terminal equipment | equipo terminal de frecuencias vocales
voice test result | resultado de la prueba de voz
voice tone | tono (de frecuencia) vocal
voice tube | tubo acústico
voice wave | onda vocal
voiceway | vía telefónica, canal de comunicación vocal
voice wire | línea telefónica (/de conversación)
voicewriter | dictáfono, grabador de conversaciones
void | hueco, vacío
void coefficient | coeficiente de cavitación (/huecos, /vacíos)
void content | volumen total de burbujas (/huecos)
void fraction | fracción de burbujas (/huecos)
void ratio | índice de vacíos, relación de huecos
void reactivity | reactividad de burbujas (/huecos)
void set | conjunto vacío
Voight model | modelo de Voight
VoIP = voice over IP | VoIP [*voz sobre IP (uso de redes de conmutación de paquetes IP para señales de voz)*]
VOK = voice-operated keyer | VOK [*conmutador accionado por la voz*]
volatile | volátil
volatile matter | materia volátil (/tampón, /transitoria)
volatile memory | materia volátil (/tampón, /transitoria), memoria volátil (/no permanente)
volatile oil | aceite volátil (/esencial)
volatile sample material | material de ensayo evaporable
volatile storage | memoria (/registro) volátil, registro de memoria tampón
volatile store | memoria volátil (/tampón)
volatility | volatilidad
volt | voltio
Volta effect | efecto Volta
voltage | voltaje, tensión (eléctrica)
voltage across the line | tensión (/voltaje) entre extremos de la línea
voltage across the terminals | tensión entre bornes
voltage-actuated | accionado (/activado) por tensión
voltage-actuated device | dispositivo activado por tensión (eléctrica)
voltage adjuster | regulador de tensión
voltage adjustment | regulación de tensión (eléctrica)
voltage amplification | amplificación de tensión (/voltaje)
voltage amplifier | amplificador de tensión (/voltaje)
voltage amplifier valve | válvula amplificadora de tensión (/voltaje)
voltage-amplifying action | efecto amplificador de tensión
voltage analog | representación analógica en forma de tensión
voltage and power directional relay | relé direccional de tensión y potencia
voltage antinode | antinodo (/vientre) de tensión
voltage attenuation | atenuación de tensión (/voltaje)
voltage balance | equilibrio de tensiones
voltage balance relay | relé accionado por desequilibrio de tensiones
voltage bias | polarización de la tensión, tensión de polarización
voltage booster | elevador de tensión (/voltaje)
voltage breakdown | caída total de tensión, descarga disruptiva, fallo de tensión, tensión de ruptura
voltage breakdown test | prueba de descarga disruptiva
voltage calibration | calibración de la tensión
voltage calibrator | calibrador de tensión (/voltaje)
voltage changer switch | conmutador de voltajes, selector de tensiones
voltage chart | cuadro de tensiones
voltage circuit | circuito derivado (/en derivación, /de tensión)
voltage clipper | recortador de tensión
voltage coefficient | coeficiente de tensión
voltage coefficient of capacitance | coeficiente de tensión de la capacidad
voltage coefficient of resistance | coeficiente de tensión de la resistencia
voltage coil | bobina de tensión, bobina en derivación
voltage comparator | comparador de tensiones
voltage compensator starter | compensador de voltaje
voltage control | control (/regulación) de la tensión
voltage-controlled | activado (/tensión)
voltage-controlled blocking oscillator | oscilador de bloqueo controlado por tensión
voltage-controlled capacitor | condensador variable (/de capacidad controlada por tensión)
voltage-controlled crystal oscillator | oscilador de cristal controlado (/regulado) por tensión
voltage-controlled logarithmic attenuator | atenuador logarítmico controlado por tensión
voltage-controlled magnetic amplifier | amplificador magnético controlado por tensión
voltage-controlled oscillator | oscilador controlado (/regulado) por tensión, oscilador de voltaje controlado
voltage-controlled overcurrent relay | relé de máxima (/sobrecorriente) controlado por tensión
voltage-controlled resistor | resistencia controlada por tensión
voltage control transformer | trasformador de regulación de la tensión
voltage converter | convertidor de tensión
voltage corrector | corrector de tensión (/voltaje)
voltage/counting rate curve | curva de velocidad de recuento en función de la tensión
voltage-current characteristic | característica de corriente en función de la tensión
voltage-current crossover | cruce de tensión-intensidad
voltage cutoff | tensión de corte

voltage-dependent | dependiente (/variable en función) de la tensión
voltage-dependent resistor | resistencia dependiente de la tensión
voltage detector | detector (/indicador) de tensión
voltage difference detector | detector (/indicador) de diferencia de tensión
voltage diode | voltaje de diodo
voltage dip | caída de tensión (/voltaje)
voltage-directional relay | relé polarizado (/direccional de tensión)
voltage discharge gap | pararrayos, limitador (/descargador) de tensión
voltage discriminator | discriminador de tensión
voltage divider | divisor (/reductor) de tensión (/voltaje, /potencial)
voltage divider circuit | circuito divisor de tensión (/voltaje, /potencial)
voltage division | división de tensión (/voltaje)
voltage doubler | duplicador de tensión (/voltaje)
voltage doubler rectifier | rectificador duplicador de tensión
voltage-doubling circuit | circuito duplicador de tensión
voltage drop | caída de tensión (/potencial)
voltage drop across the resistor | caída de tensión en el resistor
voltage drop on load | caída de tensión con carga
voltage-dropping resistor | resistencia reductora (/de caída) de tensión
voltage drop valve | válvula de caída de voltaje
voltage due to nervous action | tensión por acción nerviosa
voltage edge | borde de impulso (/onda) de tensión
voltage efficiency | rendimiento de tensión (/voltaje)
voltage endurance | resistencia a la ionización, resistencia al efecto corona, resistencia permanente a las altas tensiones
voltage equalization | compensación de tensión (/voltaje)
voltage factor | coeficiente (/factor) de amplificación
voltage-fed | alimentado (/excitado) en tensión
voltage-fed aerial | antena alimentada (/excitada) en tensión
voltage feed | alimentación (/excitación) de tensión
voltage feedback | reacción (/realimentación) de tensión (/voltaje)
voltage feedback factor | factor de reacción (/realimentación) de tensión
voltage feedback integrator | integrador de realimentación de tensión
voltage flare | voltaje de relumbre
voltage flicker | fluctuación de la tensión
voltage frequency converter | convertidor de tensión a frecuencia
voltage frequency curve | curva de tensión en función de la frecuencia
voltage gain | ganancia de tensión (/voltaje)
voltage gain-bandwidth product | producto de la ganancia de tensión por anchura de banda
voltage generator | generador de tensión (/voltaje)
voltage gradient | gradiente de tensión
voltage grading | reparto de potencial
voltage-grading electrode | electrodo de reparto de potencial
voltage indicator | indicador (/detector) de tensión
voltage integrator | integrador de tensión
voltage inverter | inversor de tensión
voltage jump | salto de tensión (/voltaje)
voltage level | nivel de tensión (/voltaje)
voltage level difference | diferencia de nivel de tensión
voltage limit | límite de tensión (/voltaje)
voltage limiter | limitador de tensión (/voltaje)
voltage-limiting device | dispositivo limitador de tensión
voltage-limiting valve | válvula (electrónica) limitadora de tensión
voltage loop | lazo (/antinodo) de tensión
voltage loss | caída (/pérdida) de tensión
voltage measurement | medición de tensión (/voltaje)
voltage-measuring equipment | voltímetro, medidor de tensiones
voltage meter | voltímetro, medidor de tensiones
voltage metering | medición de tensiones (/voltajes)
voltage-metering amplifier | amplificador voltimétrico
voltage multiplier | multiplicador de tensión (/voltaje)
voltage multiplier circuit | circuito multiplicador de tensión (/voltaje)
voltage-multiplying circuit | circuito multiplicador de tensión (/voltaje)
voltage negative feedback | realimentación negativa de tensión
voltage neutralizing | voltaje de neutralización
voltage node | nodo (/nudo) de tensión (/voltaje)
voltage of filament battery | tensión de encendido (/la batería de filamento)
voltage offset | offset de tensión
voltage operated | accionado (/activado) por tensión (/voltaje)
voltage overload | sobrecarga de tensión
voltage overshoot | sobretensión momentánea
voltage peak | cresta (/pico) de tensión
voltage plane | plano de tensión
voltage probe | sonda de tensión
voltage protection | dispositivo de protección voltimétrico
voltage pulse | impulso de tensión
voltage quadrupler | cuadruplicador de tensión (/voltaje)
voltage range | gama (/límites de variación) de tensiones (/voltajes)
voltage range multiplier | multiplicador de la gama de tensión
voltage rating | tensión nominal (/de régimen)
voltage ratio | relación de tensiones
voltage ratio box | divisor de tensión de medida, cajetín de relaciones de tensión
voltage reading | lectura (/indicación) voltimétrica
voltage recorder | voltímetro registrador
voltage recovery time | tiempo de recuperación de tensión
voltage reducer | reductor de tensión (/voltaje)
voltage reference | referencia de tensión, tensión de referencia
voltage reference diode | diodo de fijación de tensión (/voltaje), diodo de tensión de referencia
voltage reference valve | válvula de tensión de referencia
voltage reflection coefficient | coeficiente de reflexión de tensión
voltage-regulating transformer | transformador estabilizador (/regulador) de tensión
voltage regulation | regulación de tensión (/voltaje), estabilización de tensión
voltage regulation circuitry | circuito de regulación de voltaje
voltage regulation relay | relé de regulación de tensión (/voltaje)
voltage regulator | estabilizador (/regulador) de tensión (/voltaje)
voltage regulator diode | diodo regulador de tensión (/voltaje)
voltage regulator valve | válvula estabilizadora (/reguladora) de tensión (/voltaje)
voltage relay | relé de tensión
voltage restricter | limitador de tensión (/voltaje)
voltage rise | sobretensión, subida de tensión (/voltaje)
voltage saturation | saturación de voltaje (/tensión, /ánodo)
voltage selector | selector de tensión
voltage selector switch | conmutador de voltaje, selector de tensión
voltage sensing | detección (/lectura) de tensión
voltage-sensing circuit | circuito detector (/sensible a las variaciones) de tensión

voltage-sensing relay | relé detector de tensión (/voltaje)
voltage-sensitive resistor | resistencia sensible a la tensión
voltage sensitivity | sensibilidad de la tensión
voltage soaking | aplicación sostenida de tensión
voltage source | fuente de tensión
voltage source for bridge measurements | fuente de tensión para la excitación de puentes de medición
voltage spectrum | espectro de tensión
voltage spike | clavija de voltaje
voltage stabilization | estabilización de tensión (/voltaje)
voltage stabilizer | estabilizador de tensión (/voltaje)
voltage-stabilizing circuit | circuito estabilizador de tensión
voltage-stabilizing valve | válvula estabilizadora de tensión
voltage standard | patrón de tensión
voltage standing-wave ratio | relación de ondas estacionarias de tensión
voltage standing-wave ratio meter | medidor de la relación de ondas estacionarias de tensión
voltage step | amplificación (/variación) de tensión, variación de voltaje
voltage stepdown | bajada (/reducción) de tensión (/voltaje)
voltage step-up | subida de tensión (/voltaje)
voltage stress | esfuerzo dieléctrico (/eléctrico); fatiga por tensión
voltage stressing test | ensayo de sobretensión (/sobrevoltaje, /esfuerzo dieléctrico, /esfuerzo eléctrico)
voltage supply | fuente de tensión, tensión de alimentación
voltage supply and regulator circuit | circuito regulador y de alimentación
voltage surge | sobrevoltaje, (onda de) sobretensión
voltage surge suppressor | limitador (/supresor) de sobretensiones
voltage swing | oscilación de la tensión, amplitud de variación de la tensión
voltage tap | toma (/derivación para variación) de tensión
voltage tapping | toma (/derivación para variación) de tensión
voltage tension of capacitance | coeficiente de tensión de la capacidad
voltage test | prueba de tensión
voltage tester | voltímetro, probador de tensión
voltage threshold | tensión umbral
voltage to earth [UK] | tensión (/voltaje) a masa (/tierra)
voltage-to-frequency converter | convertidor tensión-frecuencia
voltage to ground [USA] [*voltage to earth (UK)*] | tensión (/voltaje) a masa (/tierra)

voltage to neutral | tensión (/voltaje) entre fase y neutro
voltage-to-time converter | convertidor de tensión en tiempo
voltage transfer characteristic | característica de trasferencia de tensión
voltage transformer | trasformador de potencial (/tensión, /voltaje)
voltage transient | transitorio de tensión
voltage transmission loss | pérdida de tensión de trasmisión
voltage trebler | triplicador de tensión (/voltaje)
voltage-trebling circuit | circuito triplicador de tensión (/voltaje)
voltage-trimmable | de ajuste fino por tensión
voltage-trimmable solistron | solistrón de ajuste fino (de frecuencia) por variación de tensión
voltage tripler | triplicador de tensión (/voltaje)
voltage tripler circuit | circuito triplicador de tensión (/voltaje)
voltage-tunable | sintonizable por (variación de) tensión
voltage-tunable magnetron | magnetrón sintonizable por tensión
voltage-tunable solistron | solistrón sintonizable por tensión
voltage-tunable valve | válvula sintonizable por tensión
voltage-tuned cavity oscillator | oscilador de cavidad sintonizado por tensión
voltage-tuned crystal oscillator | oscilador de cristal sintonizado por tensión
voltage-type telemeter | telémetro (/telemedidor) de tensión
voltage-type telemetering system | sistema de telemedición por tensión
voltage unbalance | desequilibrio (/componente homopolar) de tensión
voltage-variable | variable con la tensión, dependiente de la tensión
voltage-variable capacitance diode | diodo de capacitancia variable por tensión
voltage-variable capacitor | condensador variable con la tensión
voltage variation | variación de tensión (/voltaje)
voltage variation with speed | variación cinética de la tensión
voltage vector | vector tensión
voltage velocity limit | pendiente máxima de tensión (de salida)
voltage wave | onda de tensión
voltage waveform | forma de onda de tensión
voltaic | voltaico
voltaic battery | batería voltaica
voltaic cell | pila voltaica, elemento voltaico
voltaic couple | par voltaico
voltaic current | corriente voltaica

voltaic electricity | electricidad voltaica
voltaic pile | pila voltaica (/de Volta)
voltaism | galvanismo
voltaization | galvanismo, galvanización
voltameter [*obs*] | voltámetro
voltametric | voltamétrico
voltametric titration | valoración voltamétrica
voltammeter = voltmeter-amperimeter, volt-ampere meter | voltiamperímetro, voltímetro-amperímetro
volt-ampere | voltamperio, voltio-amperio
volt-ampere-hour | voltio-amperios-hora
volt-ampere-hour meter | voltamperihorímetro, contador de energía aparente
volt-ampere-hour reactive | voltio-amperio-hora reactivo
volt-ampere loss | pérdida de potencia aparente
volt-ampere meter | voltamperímetro, voltímetro-amperímetro
volt-ampere reactive | voltamperio (/voltio-amperio) reactivo
Volta's law | ley de Volta
volt box | divisor de tensión medida
volt efficiency | rendimiento en tensión (/voltaje)
volt-electron [*obsolete name of electronvolt*] | electronvoltio
Volterra integral equation | ecuación integral de Volterra
volt-hour | voltio-hora
voltmeter | voltímetro
voltmeter-ammeter | voltímetro-amperímetro, voltiamperímetro
voltmeter-amperimeter | voltiamperímetro, voltímetro-amperímetro
voltmeter circuit | circuito voltimétrico
voltmeter compensator | compensador voltimétrico
voltmeter detector | indicador voltimétrico
voltmeter for direct current | voltímetro de (corriente) continua
voltmeter indicator | indicador voltimétrico
voltmeter measurement | medición de tensión (/diferencia de potencial)
voltmeter method | método voltimétrico
voltmeter-millivoltmeter | voltímetro-milivoltímetro
voltmeter multiplier | multiplicador (de tensión) para voltímetro
voltmeter rectifier | rectificador para voltímetro
voltmeter sensitivity | sensibilidad del voltímetro
voltmeter system | sistema voltimétrico
voltmeter triode | triodo para voltímetro electrónico
volt-microammeter | voltímetro-microamperímetro

volt-milliammeter | voltímetro-miliamperímetro
volt-ohmmeter | voltímetro-ohmímetro
volt-ohm-milliammeter | comprobador universal, voltio-ohmio-miliamperímetro
volt-reading meter | voltímetro
volts alternating current | voltios de corriente alterna
volt-second | voltio-segundo
volt-vox | divisor de tensión de medida
volume | volumen, capacidad, caudal
volume array of point radiators | sistema tridimensional de radiadores puntuales
volume blower | ventilador volumétrico
volume change | cambio volumétrico (/de volumen)
volume charge | carga volumétrica
volume charge capacitor | capacitor (/condensador) de carga volumétrica
volume comparison | prueba telefonométrica
volume compensator | compensador de volumen
volume compression | compresión (automática) del volumen
volume compressor | compresor (automático) de volumen
volume conductivity | conductividad volumétrica
volume control | control (/regulación, /mando, /regulador) de volumen
volume control switch | selector (/regulador) de volumen
volume coverage | cobertura volumétrica
volume dose | dosis volumétrica
volume effect | efecto de volumen
volume elasticity | elasticidad de volumen
volume energy | energía volumétrica (/de volumen)
volume equivalent | equivalente de referencia
volume expander | expansor (automático) de volumen; acentuador (automático) de contraste [*de sonoridad*]
volume expansion | expansión (automática) de volumen
volume flow | flujo volumétrico
volume indicator | indicador de volumen
volume indicator meter | volúmetro, (instrumento) indicador de volumen
volume ion density | densidad cúbica de iones
volume ionization | ionización volumétrica (/cúbica)
volume ionization density | densidad cúbica de ionización
volume Joule heat dissipation | disipación volumétrica del calor de Joule
volume label | etiqueta de volumen
volume level | nivel sonoro
volume lifetime | vida media volumétrica, volumen de vida promedio
volume limiter | limitador de volumen

volume limiting | limitación de volumen
volume-limiting amplifier | amplificador limitador de volumen
volume loss | pérdida de volumen
volume loss per unit length | equivalente unitario de pérdida
volume magnetostriction | magnetoestricción volumétrica (/de volumen)
volume meter | volúmetro, indicador de volumen
volume name | nombre (/etiqueta) del volumen
volume porosity | porosidad volumétrica (/aparente)
volume range | dinámica, margen dinámico (/de volumen, /de potencias sonoras)
volume range control | control de la dinámica
volume range regulator | regulador de la dinámica
volume recombination | recombinación volumétrica (/de volumen)
volume recombination rate | velocidad de recombinación volumétrica
volume reference number | número de referencia del volumen
volume resistance | resistencia volumétrica (/de volumen)
volume resistivity | resistencia (/resistividad) volumétrica
volume reverberation | reverberación volumétrica
volume serial number | número de serie del volumen
volume slider | corredera de volumen
volumeter | volúmetro
volume-to-surface ratio | coeficiente volumen/superficie
volumetric | volumétrico
volumetric analysis | análisis volumétrico
volumetric calibration | calibración volumétrica
volumetric coverage | cobertura volumétrica, volumen de cobertura
volumetric displacement | desplazamiento volumétrico
volumetric early warning | alerta de avanzada volumétrica
volumetric efficiency | rendimiento volumétrico
volumetric modulus of elasticity | módulo de elasticidad volumétrico
volumetric radar | radar volumétrico (/tridimensional)
volumetric scanning | barrido volumétrico (/tridimensional)
volumetric sensor | sensor volumétrico
volumetric shrinkage | contracción volumétrica
volumetric strain | deformación volumétrica
volumetry | volumetría
volume unit | unidad de volumen
volume-unit indicator | indicador de

unidad de volumen
volume-unit meter | medidor de unidades de volumen
volume velocity | velocidad volumétrica, flujo de velocidad
volume voltammeter | voltámetro de volumen
voluminal | volumétrico
voluminosity | voluminosidad
volute compass | compás de (/para trazar) espirales
volution | espiral
VOM = volt-ohm-milliammeter | VOM [*polímetro para voltios, ohmios y miliamperios*]
VON = voice on the net | VON [*voz en la red, tecnología para la trasmisión de voz y vídeo en tiempo real por internet*]
von Hippel breakdown theory | teoría de la ruptura de von Hippel
von Neumann architecture | arquitectura de von Neumann [*para sistemas informáticos*]
von Neumann bottleneck | cuello de botella de von Neumann
von Neumann computer | ordenador de von Neumann
von Neumann machine | máquina de von Neumann
VOP = video object plane | VOP [*plano de objeto de vídeo (unidad mínima de codificación de vídeo)*]
VOR = very high frequency omnirange radiobeacon | radiofaro omnidireccional de VHF = radiofaro omnidireccional de muy alta frecuencia
VOR = voice-operated recorder, voice-operated relay | VOR [*grabadora accionada por la voz, relé activado por la voz*]
VOR receiver = very high frequency omnirange receiver | receptor VOR [*receptor omnidireccional de muy alta frecuencia*]
VORTAC = VOR and TACAN | VORTAC [*combinación de VOR y TACAN*]
vortex amplifier | amplificador de torbellino
vortex-type flow | circulación vortiginosa (/en torbellino)
voting logic | lógica de votación
vowel articulation | articulación de vocales
VOX = voice-operated switching (/transmission, /keying unit) | VOX [*conmutación activada por la voz, trasmisión de control vocal (/por la voz), conmutador de emisión y recepción accionado por la voz*]
VP = virtual path | VP [*camino virtual (en trasmisión de datos)*]
VP = voice processing | PV = procesamiento de la voz
VPD = virtual printer device driver | VPD [*controladora de impresora virtual*]

VPIM = voice profile for Internet mail | VPIM [*perfil de voz para correo de internet*]
VPL = virtual programming language | VPL [*lenguaje de programación virtual*]
VPN = virtual private network | SICE = servicio integrado de comunicaciones empresariales [*red privada virtual*]
V potential | potencial V, centro de Wilson
VPU = voice processing unit | UPV = unidad de procesado de voz
V pulse = vertical pulse | impulso V = impulso vertical
VR = virtual reality | RV = realidad virtual
VR = voltage regulator | regulador de tensión
VRAM = video random access memory | VRAM [*memoria de vídeo de acceso directo*]
VRC = vertical redundancy check | VRC [*control de redundancia vertical*]
Vreeland oscillator | oscilador de Vreeland
V reflector | reflector en V, reflector angular
V ring | anillo en V
VRML = virtual reality modeling language | VRML [*lenguaje para modelado de la realidad virtual*]
V RMS = volts root-mean-square value | Vef = voltios efectivos
v-root = virtual root | directorio raíz virtual
VRR = visual radio range | VRR [*radiofaro direccional de identificación visual*]
VR valve = voltage regulator valve | válvula reguladora de tensión
VS = video sensor | VS = videosensor, sensor de vídeo

VSAM = virtual storage access method | VSAM [*método de acceso a la memoria virtual*]
VSAT = very small earth station terminal | VSAT [*estación terrena privada personal*]
VSB = vestigial sideband | VSB [*banda lateral vestigial (esquema de modulación para señales de televisión digital)*]
VSBF = vestigial sideband filter | VSBF [*filtro atenuador (/supresor) de banda lateral residual, filtro de bandas laterales asimétricas*]
VSC = vital supervision card | TSA = tarjeta de supervisión de actividad
V screen | pantalla en V
V-screen aerial | antena con pantalla en V
V.SEL = video select | V.SEL [*selección de (la señal de) vídeo*]
V series | serie V [*de recomendaciones para comunicación entre módems*]
VSWR = voltage standing-wave ratio | ROET = relación de ondas estacionarias de tensión [*coeficiente de ondas estacionarias*]
VSWR meter = voltage standing-wave ratio meter | medidor ROET [*medidor de ondas estacionarias*]
V-sync = vertical synchronization | sincronización V = sincronización vertical
V-sync signal = vertical synchronisation signal | señal V-sinc = señal de sincronización vertical
VT = virtual terminal | VT [*terminal virtual*]
VTAM = virtual telecommunications access method | VTAM [*método de acceso virtual a las telecomunicaciones*]
VTD = virtual timer device driver | VTD [*controladora de reloj virtual*]

V-threaded screw | tornillo de rosca triangular
VTM = voltage-tunable magnetron | VTM [*magnetrón sintonizable por tensión*]
VTO = voltage-tunable oscillator | VTO [*oscilador sintonizable por tensión*]
VTOL aircraft = vertical takeoff and landing aircraft | avión VTOL [*avión de despegue y aterrizaje vertical*]
VTR = video tape recorder | VTR [*registrador de cinta de vídeo*]
VTVM = vacuum tube voltmeter [USA] | VTVM [*voltímetro de válvula termiónica (/electrónica al vacío)*]
VTVM multimeter | polímetro de válvula al vacío
V-type telescopic aerial | antena telescópica en V
VU = volume unit | UV = unidad de volumen
V/U = VHF/UHF | V/U = VHF/UHF
VU indicator = volume unit indicator | vúmetro, indicador de unidades de volumen
Vulcan death grip [*fam*] | reinicialización en caliente [*con las teclas Alt+Ctrl+Suprimir*]
vulcanite | ebonita
vulcanized fibre | fibra vulcanizada
vulcanizer | vulcanizador
vulnerability | vulnerabilidad
vupset welding | soldadura a tope con recalcado
V&V = verification and validation | V+V = verificación y validación
VW-grammar = van Wijngaarden grammar | gramática VW = gramática de Van Wijngaarden
VxD = virtual device driver | VxD [*controladora de dispositivo virtual*]
VXO = variable crystal oscillator | VXO [*oscilador de cuarzo variable*]

W

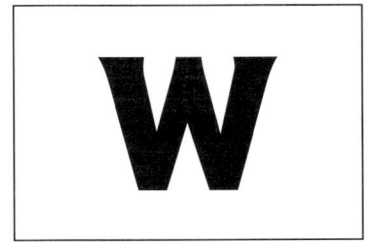

W = watt | **W** = vatio
W = wolfram | **W** = volframio, tungsteno
W3 = WWW = world wide web | WWW [*telaraña mundial, malla mundial*]
W3C [*consorcio de world wide web*] | W3C = world wide web consortium
wadding | revestimiento interior
Wadsworth mounting | montaje de Wadsworth
WAE = wireless application environment | WAE [*entorno de aplicación para sistemas inalámbricos*]
wafer | disco, lámina; chip, oblea, pastilla
wafer and die sorter | clasificador de pastillas y chips
wafer coil | bobina (en forma) de disco
wafer fabrication | fabricación de la oblea
wafer-handling equipment | equipo de tratamiento de obleas
wafer lever switch | conmutador de sectores de accionamiento por palanca
wafer loudspeaker | altavoz extraplano (/plano)
wafer probing | probador de obleas
wafer-scale integration | integración a escala de disco
wafer socket | portaválvula extraplano (/de chapas); zócalo de discos (/oblea)
wafer switch | conmutador de sectores
waffle-iron filter | filtro de placa de ferrita
waffle-iron store | memoria de placa de ferrita
Wagner compensation system | sistema de compensación de Wagner
Wagner earth bridge | puente de masa de Wagner
Wagner ground | masa (/tierra) de Wagner
Wagner radiation balance meter | balancímetro de radiación de Wagner
wagon wheel wiring method | método de conexiones radiales, red radial
Waidner-Burgess standard | patrón de Waidner-Burgess
WAIS = wide area information server | WAIS [*servidor de información de área ampllia (sistema de búsqueda para internet)*]
WAIS database | base de datos WAIS
WAIS library | biblioteca WAIS
waisindex | índice WAIS [*utilidad UNIX para acceso a archivos de texto*]
waisserver | servidor WAIS
waisted | entallado
wait | espera
waiting | espera
waiting call | llamada en espera
waiting indication | llamada en espera; toque de atención
waiting line | cola; línea de espera
waiting list | lista de espera
waiting room | sala de espera
waiting time | tiempo (/intervalo) de espera
waiting traffic | tráfico de espera
wait list | lista de espera
wait operation | operación de espera
wait state | estado de espera
wakest precondition | condición previa más débil
wake-up action | acción de activación
wakly connected graph | gráfico débilmente conectado
walkie-lookie | cámara (/trasmisor) portátil de televisión
walkie-talkie | radioteléfono portátil, trasmisor/receptor de radio con formato de bolsillo
walking beam | balancín; grúa móvil
walking strobe pulse | impulso estroboscópico móvil
walk test light | luz de prueba de movimiento
walkthrough, walk through | revisión, programación paso a paso; supervisión de la documentación
wall | pared
wall absorption | absorción parenteral [*disminución de la emisión por absorción del propio material radiactivo*]
Wallaston wire | alambre (/hilo) Wallaston
wall attachment amplifier | amplificador de tabiques
wall baffle | difusor acústico de pared, pantalla acústica de pared
wall box | cajetín (de distribución) empotrado
wall cabinet | caja acústica de montaje en pared
wall cable frame | distribuidor mural de cable
wall dial telephone | teléfono automático de pared
wall effect | efecto de pared
wall energy | energía de pared
wallet PC | ordenador de bolsillo
wall feedthrough | pasamuros (para cables)
wall housing | caja acústica de pared, difusor acústico de pared
wall insulator tube | aislador mural (/pasamuros, /de muro, /de pared)
wall-less counter | contador (de radiaciones) sin pared
wall-less ionization chamber | cámara de ionización sin pared
wall loudspeaker cabinet | caja acústica (/de altavoz) para montaje en pared
Wallman amplifier | amplificador de Wallman
wall-mount bracket | soporte de montaje en pared
wall-mount station | (equipo de) estación de montaje en pared
wall outlet | conector (/enchufe, /toma de corriente) mural (/de pared)
wallpaper | papel tapiz
wall pattern switchboard | cuadro distribuidor mural (/de pared)
wall plate | chapa (/placa) de pared
wall projection | proyección mural (/sobre la pared)
wall receptacle | enchufe (/receptáculo, /toma de corriente) de pared
wall set | teléfono de pared
wall socket | enchufe de pared
wall-stabilized arc | arco estabilizado

con pared
wall switch | interruptor (/conmutador, /llave) de pared
wall telephone set | teléfono (/aparato telefónico) de pared
wall terminal box | caja terminal empotrada (/empotrable, /de pared)
wall tube insulator | aislador pasamuros (/tubular, /de pared)
Walmsley aerial | antena Walmsley
Walsh analysis | análisis de Walsh
Walsh function | función de Walsh
Walsh radiator | radiador Walsh
Walsh transform | trasformación de Walsh
wamoscope = wave-modulated osciloscope | osciloscopio modulado por onda
WAN = wide area network | WAN [*red de área amplia (/extendida), red general de área, red de largo recorrido*]
wand | varilla
wander | centelleo; fluctuación lenta de fase; desplazamiento rápido en la pantalla de radar
wanderer | buscador de web
wandering conductor | conductor suelto
wander plug | clavija variable (/de conmutación)
wanted signal | señal deseada (/útil)
WAP = wireless application protocol | WAP [*protocolo de aplicaciones inalámbricas*]
warble | ululato
warble generator | generador ululante
warble tone | tono ululante
warble tone generator | generador de tono ululante
WARC = World administrative radio conference | CAMR = Conferencia administrativa mundial de radio
Ward-Leonard control | regulación de Ward-Leonard
Ward-Leonard system | sistema Ward-Leonard
warez | warez [*software pirata que ha sido desportegido*]
warhead | cabeza de guerra
warm boot | arranque en caliente [*del ordenador*]
warming-up period | periodo de calentamiento
warm restart | rearranque en caliente
warm start | arranque en caliente
warm-up | (periodo de) calentamiento
warm-up characteristic | característica (de variación) durante el calentamiento
warm-up drift | inestabilidad (/variación) por calentamiento inicial
warm-up drift characteristic | característica de deriva del calentamiento
warm-up interval | intervalo de calentamiento
warm-up period | periodo de calentamiento
warm-up time | tiempo (/periodo, /intervalo) de calentamiento
warm-up time delay | periodo de espera de calentamiento
warning | advertencia, aviso, (mensaje de) alerta
warning bell | timbre de alarma
warning circuit | circuito de aviso
warning device | dispositivo de alarma (/aviso)
warning horn | bocina de alarma (/aviso)
warning indicator | indicador (/dispositivo) de alarma (/aviso)
warning lamp | piloto, chivato luminoso, lámpara testigo (/de aviso, /de control, /indicadora)
warning light | chivato luminoso, lámpara de alerta (/aviso, /balizamiento)
warning message | mensaje de advertencia (/aviso, /alerta)
warning net | red de alarma
warning network | red de alarma
warning notice | mensaje de aviso (/prevención)
warning plate | placa de advertencia (/instrucciones)
warning radar | radar de alerta (/avistamiento)
warning signal | señal de alarma (/aviso)
warning tag | rótulo de advertencia
warpage | abarquillamiento, abombamiento, alabeo, combadura, curvatura, deformación, distorsión, torcedura
warped surface | superficie alabeada
warping | alabeo
warping stress | esfuerzo debido al alabeo
warp the pointer | desviación de puntero
Warshall's algorithm | algoritmo de Warshall
washer | arandela
washer-head screw | tornillo con cabeza de arandela
washer plate | arandela de placa
waste | desechos
waste container | envase para desechos (radiactivos)
waste containment | contención de desechos (radiactivos)
waste disposal | eliminación de desechos
wasteful resistance | resistencia de pérdidas
waste gas | gas de desecho
waste gate valve | válvula de presión del sobrealimentador
waste heat boiler | caldera de recuperación (/calor residual)
waste instruction | instrucción en blanco
wasteless | sin desgaste
waste recovery | recuperación de desechos (/residuos)
waste traffic | tráfico desaprovechado
waste waters | aguas residuales
watch | vigilancia
watch, to - | escuchar, estar a la escucha; vigilar
watchcase receiver | receptor con reloj
watchdog | temporizador; controlador de secuencia; dispositivo de vigilancia
watchdog timer | contador maestro, temporizador maestro (/de control)
watch errors, to - | observar errores
watch frequency | frecuencia de escucha
watch hour | hora de escucha
watchkeeping | guardia; (horas de) escucha
watch period | periodo de escucha
watch receiver | receptor con reloj
water-activated battery | batería activada por agua
water activity meter | medidor de actividad del agua
water-boiler reactor | reactor de ebullición (/caldera de agua)
water calorimeter | calorímetro de agua
water circulation | circulación del agua
water column | columna de agua
water-cooled electrode holder | portaelectrodos refrigerado por agua
water-cooled engine | motor enfriado (/refrigerado) por agua
water-cooled engine-driven generating set | grupo generador de motor enfriado por agua
water-cooled klystron | clistrón de enfriamiento por agua
water-cooled lattice | celosía refrigerada por agua
water-cooled reactor | reactor refrigerado por agua
water-cooled transformer | trasformador con circulación de agua
water-cooled tube | tubo refrigerado por agua
water-cooled valve | válvula refrigerada (/de enfriamiento) por agua
water cooling | enfriamiento (/refrigeración) por agua
water-cooling jacket | camisa de enfriamiento por agua
water-cooling system | sistema de refrigeración por agua
water-cooling tower | torre de enfriamiento (/refrigeración) del agua
water course | corriente de agua
water current meter | medidor de caudal de agua
water demineralizer | desmineralizador de agua
waterfall model | modelo en cascada
water-fuel ratio | relación agua-combustible
water hardness | dureza del agua
water load | carga líquida (/de agua)
water-moderated reactor | reactor moderado por agua
water monitor | monitor de (la radiactividad del) agua
water phantom | fantasma de agua

waterproof | estanco (al agua)
waterproof apparatus | aparato estanco
waterproof loudspeaker | altavoz sumergible
waterproof motor | motor estanco
water resistance | resistencia líquida, reóstato de agua
water shield | blindaje de agua
water shutter | obturador de agua
water solution reactor | reactor de ebullición, reactor hervidor de agua
watertight machine | máquina protegida contra salpicaduras de agua
waterwall | muro de agua
WATS = wide area telephone service | WATS [*servicio telefónico de área extendida, servicio telefónico concertado (interurbano)*]
watt | vatio
wattage | potencia en vatios
wattage rating | consumo (/potencia) nominal (en vatios)
watt consumption | consumo en vatios
watt current | corriente activa (/energética)
watt-hour | vatios hora
watt-hour capacity | capacidad en vatios-hora
watt-hour constant | constante de energía
watt-hour constant of a meter | constante de energía de un contador eléctrico
watt-hour efficiency | rendimiento en vatios hora
watt-hour energy | energía en vatios hora
watt-hour meter | vatihorímetro, contador de energía, contador (/medidor) de vatios/hora
wattless | desvatado, sin energía; reactivo
wattless component | componente desvatado (/reactivo)
wattless current | corriente desvatada (/reactiva)
wattless electromotive foce | fuerza electromotriz desvatada (/reactiva)
wattless power | potencia desvatada (/reactiva)
watt loss | pérdida de potencia
wattmeter | vatímetro
wattmeter bridge | puente vatimétrico
wattmeter connection | conexión de vatímetro
watt per square metre | vatio por metro cuadrado
watt per steradian | vatio por esterradián
watt per steradian square metre | vatio por esterradián por metro cuadrado
WATTS = World administrative telephone and telegraph conference | WATTS [*Conferencia mundial de administraciones telefónicas y telegráficas*]

watt/second | vatio/segundo, vatios por segundo
watt-second constant | constante de energía
watt/second constant of a meter | constante en vatios/segundo del contador eléctrico
Watt spectrum | espectro (de fisión) de Watt
WAV | WAV [*formato de Windows para almacenamiento de sonido en forma de ondas*]
wave | onda
wave adapter | adaptador de onda
wave aerial | antena de onda (completa)
wave amplitude | amplitud de (la) onda
wave analyser | analizador de ondas
wave analyser recording | espectrograma, registro de análisis espectral
wave analysis | análisis de ondas
wave angle | ángulo (de propagación) de onda, ángulo de radiación
wave attenuation | atenuación de onda
waveband | banda de ondas
waveband switch | conmutador (/selector) de banda [*de ondas*]
wave bundle | haz de ondas
wave-changing switch | conmutador de onda
wave circuit | circuito de microondas
wave clutter | reflexión (/reflejos, /ecos parásitos) del mar
wave collector | captador (/colector) de ondas
wave constant | constante de onda
wave converter | conversor (/convertidor) de onda (/modo)
wave correlator | correlacionador de onda
wave crest | cresta de la onda
wave current | corriente ondulatoria
wave detector | detector de ondas
wave distortion | distorsión (/deformación) de la onda
wave division multiplexing | división multiplexada de longitudes de onda
wave duct | guiaondas, guía de ondas
wave equation | ecuación de onda
wave field | campo ondulatorio
wave filter | filtro de ondas
wave fluxing | fusión por ondas
waveform | forma de (la) onda
waveform amplitude distortion | distorsión de la amplitud de onda
waveform analyser | analizador de ondas (/formas de onda)
waveform analysis | análisis de ondas (/formas de onda)
waveform converter | convertidor de forma de onda, trasformador de perfil de onda
waveform corrector | corrector de forma de onda
waveform degradation | deformación (/distorsión) de la onda
waveform digitization | digitalización de la forma de onda

waveform distortion | distorsión de onda
waveform encoding | codificación de la forma de onda
waveform error | error de forma de onda
waveform fall time | tiempo de caída de la (forma de) onda
waveform generation | generación de formas de onda
waveform generator | generador de formas de onda
waveform influence | influencia de la forma de onda
waveform monitor | monitor de ondas (/forma de onda)
waveform recorder | registrador de formas de onda
waveform response | forma de onda de respuesta
waveform rise time | tiempo de subida de la (forma de) onda
waveform separation | separación de ondas por su forma
waveform shaping | conformación (/modelado) de ondas
waveform shaping linear | conformación lineal de ondas
waveform shaping nonlinear | conformación no lineal de ondas
waveform synthesizer | sintetizador de forma de onda
waveform thermocouple | termopar de forma de onda
wave frequency | frecuencia de la onda
wavefront | frente de onda
wavefront gradient | gradiente del frente de onda
wavefront tilt | inclinación del frente de onda
wave function | función de onda
wave generator | generador (/fuente) de ondas
wave group | grupo (/haz) de ondas
waveguide | guiaondas, guía de ondas
waveguide accelerator | acelerador de guiaondas
waveguide attenuator | atenuador de guiaondas (/guía de ondas)
waveguide bench stand | banco de guiaondas
waveguide bend | codo de guiaondas (/guía de ondas)
waveguide bolometer mount | montura bolométrica para guiaondas
waveguide cable | cable guiaondas
waveguide circulator | circulador de guiaondas
waveguide component | componente (/elemento) de guiaondas (/guía de ondas)
waveguide connection | conexión de guiaondas
waveguide connector | conector de guiaondas (/guía de ondas)
waveguide converter | convertidor (de modo) de guía de ondas

waveguide corner | codo guía (/en ángulo) del guiaondas, curvatura brusca del guiaondas
waveguide coupler | acoplador (/acoplamiento, /unión) de guiaondas
waveguide coupling | acoplamiento (/unión) de guiaondas
waveguide critical dimension | dimensión crítica del guiaondas
waveguide crystal mount | montura de cristal para guiaondas
waveguide cutoff frequency | frecuencia de corte del guiaondas
waveguide cutoff wavelength | longitud de onda de corte del guiaondas
waveguide directional coupler | acoplador direccional del guiaondas
waveguide dummy load | carga ficticia del guiaondas
waveguide elbow | codo de guiaondas (/guía de ondas)
waveguide filter | filtro (con sección) de guiaondas
waveguide flange | acoplador (/adaptador, /brida) de guiaondas
waveguide gasket | empaquetadura (/junta) de guiaondas (/guía de ondas)
waveguide hybrid ring | unión diferencial de guiaondas, trasformador diferencial anular para guiaondas, acoplador diferencial en anillo para guía de ondas
waveguide impedance | impedancia de la guía de ondas
waveguide iris | iris (/diafragma) de guiaondas
waveguide isolator | aislador (/desacoplador, /separador) de guiaondas, atenuador (/elemento) unidireccional de guía de ondas, guiaondas unidireccional
waveguide junction | acoplador (/unión) de guiaondas
waveguide junction circulator | circulador de unión de guiaondas
waveguide lens | lente de guiaondas (/guía de ondas)
waveguide loss chart | ábaco de pérdidas en guía de ondas
waveguide mode | modo de guiaondas
waveguide mode suppressor | supresor de modo del guiaondas
waveguide-mounted | montado en guiaondas (/guía de ondas)
waveguide-mounted gas-discharge valve | válvula de descarga (de gas) montada en guiaondas
waveguide packet | paquete de guiaondas
waveguide phase | fase (de la señal) del guiaondas
waveguide phase changer | desfasador de guiaondas (/guía de ondas)
waveguide phase shifter | desfasador de guía de ondas, desplazador de fase del guiaondas
waveguide plunger | émbolo (/pasador, /reflector, /cortocircuito móvil) de guiaondas, pistón (de cotocircuito) de guiaondas
waveguide post | clavija (/poste) de guiaondas (/guía de ondas)
waveguide pressure window | ventanilla de presión de guiaondas (/guía de ondas)
waveguide probe | sonda de varilla (/acoplamiento) de guiaondas
waveguide propagation | propagación por guiaondas (/guía de ondas)
waveguide radiator | radiador de guiaondas
waveguide reflector | reflector de guiaondas (/guía de ondas)
waveguide resonator | resonador de guiaondas, resonador (/sección resonante) de guía de ondas
waveguide seal | cierre (/ventana estanca) de guiaondas
waveguide section | sección (/segmento, /elemento) de guiaondas
waveguide shim | conector (/junta de acoplamiento) de guiaondas
waveguide shutter | obturador de guiaondas (/guía de ondas)
waveguide slide-screw tuner | guiaondas con tornillo sintonizador, sintonizador de guiaondas de tornillo deslizante
waveguide slotted section | guiaondas ranurado (de medición)
waveguide slug tuner | sintonizador de guiaondas de barra (/manguito adaptador)
waveguide spark gap | saltachispas de guiaondas
waveguide standing-wave detector | detector de ondas estacionarias en guías de ondas
waveguide stub | adaptador de guiaondas
waveguide stub tuner | sintonizador de adaptador de guiaondas
waveguide switch | conmutador de guiaondas (/guía de ondas)
waveguide T | unión en T de guiaondas
waveguide taper | adaptador de guiaondas en embudo (/pirámide), estrechamiento de guiaondas, guía de ondas fusiforme
waveguide tee | unión en T de guiaondas
waveguide termination | terminación de guía de ondas
waveguide thermistor mount | montura de termistor para guiaondas
waveguide-to-coax adapter | adaptador de guiaondas a cable coaxial
waveguide transformer | trasformador de guiaondas (/guía de ondas)
waveguide tuner | sintonizador de guiaondas (/guía de ondas)
waveguide twist | guiaondas revirado, codo (/torsión) de guiaondas, guía de ondas revirada (/en hélice), sección revirada (/en hélice)
waveguide wavelength | longitud de onda del guiaondas
waveguide window | ventana del guiaondas
wave heating | calentamiento por ondas
wave impedance | impedancia de la onda
wave input | entrada de ondas
wave input panel | panel de entrada de ondas
wave intensity | intensidad de la onda
wave interference | interferencia de ondas
wave interference error | error de interferencia de las ondas
wave interference microphone | micrófono de interferencia de ondas
wavelength | longitud de onda
wavelength adjustment | ajuste de la longitud de onda
wavelength band | banda de longitudes de onda, gama de ondas
wavelength calibration | calibración de la longitud de onda
wavelength constant | constante de longitud de onda, coeficiente de variación de fase, desfase característico (/lineal)
wavelength constant per section | desfase lineal iterativo (/por sección)
wavelength cutoff | longitud de onda de corte
wavelength determination | determinación de la longitud de ondas
wavelength division multiple access | acceso múltiple por división en longitud de onda
wavelength division multiplexing | multiplexión por división en longitud de onda
wavelength drum | tambor indicador para longitud de onda
wavelength of peak radiant intensity | longitud de onda de la intensidad radiante de pico
wavelength range | banda (/gama) de longitudes de onda
wavelength scale | escala de longitudes de onda
wavelength sensitizer | sensibilizador espectral
wavelength shifter | modificador de la longitud de onda
wavelength slot | ranura de longitud de onda
wavelength unit | unidad de longitud de onda
wavelet | tren de ondas
wave-like | ondulatorio
wave-mechanical | de mecánica ondulatoria, basado en la mecánica ondulatoria
wave mechanics | mecánica ondulatoria
wavemeter | ondámetro, medidor de la longitud de onda

wavemeter dial | cuadrante de ondámetro, cuadrante graduado en longitudes de onda
wave-modulated oscilloscope | osciloscopio modulado por onda
wave motion | movimiento ondulatorio
wave normal | (característica) normal de la onda
wave number | número de (la) onda
wave packet | paquete de ondas
wave parameter | parámetro de onda
wave period | periodo de la onda
wave phase | fase de la onda
wave phenomenon | fenómeno ondulatorio
wave polarization | polarización de la onda
wave potential | potencial de la onda
wave propagation | propagación de las ondas
wave radiator | radiador de ondas
wave range | gama de ondas
wave receiver | receptor de ondas
wave reception | recepción de ondas
waveshape | forma de onda
waveshape analysis | análisis (armónico) de formas de onda
waveshape display | presentación (visual) de las formas de onda
waveshape multiplexing | multiplexión (/trasmisión múltiplex) por forma de onda
wave shaping | conformación (/modelado) de onda
wave-shaping circuit | circuito conformador (/modelador) de onda
wave-shaping network | red conformadora (/modeladora) de onda
wave shear | onda de corte
wave soldering | soldadura por ola (/ondas)
wave soldering equipment | equipo de soldadura por onda
wave spring washer | arandela elástica (/de presión) ondulada
wave surface | frente de onda
wavetable synthesis | síntesis por tabla de ondas [en producción de sonido, sobre todo música, por ordenador]
wavetail | cola de la onda (de choque)
wave tilt | inclinación de la onda
wavetrain | tren de ondas
wavetrain shape | forma del tren de onda
wavetrap | atrapaondas, trampa (/atrapador) de ondas; circuito trampa; filtro antiinterferencia (/atrapador de ondas, /eliminador de interferencias)
wave trough | seno (/valle) de la onda
wave-type microphone | micrófono de interferencia (de ondas)
wave velocity | velocidad (de propagación) de la onda
wave-velocity surface | superficie de onda-velocidad
wave winding | devanado ondulado
waving | ondulación

wax | cera
wax-coated capacitor | condensador recubierto de cera
waxed-cotton-covered wire | hilo aislado con algodón encerado (/parafinado)
wax electret | electreto de cera
wax master | matriz en cera
wax original | original (de registro gramofónico) en cera
way | ruta, vía
way circuit | sistema de puestos de conexión permanente
way-operated circuit | circuito conducto
waypoint | punto de referencia (/ruta)
wayside interface unit | unidad de interfaz de arcén
waystation, way station | estación intermedia; terminal telefónico [conectado en serie con otros a lo largo de la misma línea]
Wb = weber | Wb = weber [unidad de flujo magnético en el SI]
WBEM = Web-based enterprise management | WBEM [gestión empresarial basada en Web]
WCS = writeable control sotre | WCS [memoria grabable de control]
WD = whiteboard | WD [pizarra (aplicación para compartir datos)]
W/D = white and dark | B/N = blanco y negro
WDEF = window definition function | WDEF [función de definición de ventana]
WDL = Windows driver library | WDL [biblioteca de controladores de Windows]
WDM = wave (/wavelength) division multiplexing | WDM [multiplexado por división en longitud de onda, división multiplexada de longitudes de onda]
WDMA = wavelength division multiple access | WDMA [acceso múltiple por división en longitud de onda]
WDP = wireless datagram protocol | WDP [protocolo de datagramas para sistemas inalámbricos]
WDT = watchdog timer | WDT [temporizador maestro]
WE = write enable | escritura disponible
weak | débil, poco resistente; gastado, desgastado; de poca intensidad
weak absorber | absorbente débil
weak axis | eje débil
weak beta emitter | emisor de partículas beta de poca penetración
weak cell | pila gastada
weak coupling | acoplamiento débil (/flojo)
weak electrolyte | electrolito débil
weakening | atenuación
weakening ratio | coeficiente de derivación
weak field | campo (/excitación) débil, campo de poca intensidad
weak interaction | interacción débil

weakly ionized | débilmente ionizado
weakly magnetic | débilmente magnético
weakly magnetic material | material débilmente magnético
weak shock wave | onda de choque de poca energía
weak signal | señal débil (/de poca intensidad)
weak signal detector | detector para señales débiles
weapon | arma
weapon debris | residuos de la bomba (nuclear)
weapon residue | residuos de la bomba
wear | desgaste
wearability | índice de desgaste (/durabilidad)
wearable computer | ordenador camuflado [como prenda de vestir, gafas, reloj, etc.]
wearing depth | desgaste radial admisible [en colector]
wearing part | pieza desgastable (/de desgaste, /sujeta a desgaste)
wearing plate | placa (/plancha) de defensa (/desgaste, /fricción)
wear-out | desgaste completo (de un equipo), deterioro (por uso prolongado)
wear-out failure | fallo por desgaste
wear resistance | resistencia al desgaste
wear-resistant | resistente al desgaste
wear-resisting | resistente al desgaste
weather contact | contacto por humedad
weather head | acometida; cabezal exterior del conducto de servicio
weather-protected motor | motor protegido contra la intemperie
weather-transmitting set | equipo de trasmisión meteorológica
weaving | oscilación (del electrodo); soldadura de vaivén
web | malla, telaraña
Web address | dirección Web
Web author | autor de Web
Web-based enterprise management | gestión de empresa basada en Web
Web browser | explorador de Web
webcam | cámara de web [cámara conectada a una página web para ver imágenes en directo]
webcasting [fam] | radiodifusión por World Wide Web
Web development | desarrollo de Web [de páginas Web]
Web directory | directorio Web
weber | weber, weberio [unidad de flujo magnético en el SI]
weber per ampere | weberio por amperio
Weber's theory | teoría de Weber
Web index | índice Web [de recursos]
webmaster | administrador de Web
Web page | página Web

Web phone | teléfono de Web
Web server | servidor de Web
website, web site | espacio (/página, /sitio)
Web terminal | terminal de Web
webtop | escritorio con red integrada, escritorio de red
WebTV | web por televisión
webzine | webzine [*publicación que se difunde por la World Wide Web*]
wedge | cuña; ángulo de definición
wedge bond | unión en cuña
wedge bonding | unión (/conexión) en cuña
wedge diaphragm | diafragma cuneiforme
wedge filter | filtro de cuña
wedge key | llave (/cuña) de apriete
wedge lock | cuña de bloqueo
wedge lock bail retainer | retén de la cuña de bloqueo
wedge lock coupling | acoplamiento de bloqueo por cuña
wedge photometer | fotómetro de cuña
wedge spectrograph | espectrógrafo de cuña
wedge termination | terminación en cuña
wedge-type connector | conector de tipo de cuña
wedge-type transistor | transistor (de cristal) en cuña
wedging | apriete; calce, calzadura, recalce, acuñamiento; corte (/separación) con cuña; fijación con chaveta
week | semana
week view | vista de la semana
Wehnelt cathode | cátodo revestido (/recubierto, /de Wehnelt, /con depósito de óxidos)
Wehnelt cylinder | cilindro de Wehnelt
Wehnelt electrode | electrodo de Wehnelt
Wehnelt grid | rejilla de Wehnelt
Wehnelt valve | válvula de Wehnelt
Wehnelt voltage | tensión de Wehnelt
Weibull model | modelo de Weibull
weighable amount | cantidad ponderable
weighing error | error de peso
weight | peso
weightage | (coeficiente de) ponderación
weight coefficient | coeficiente ponderado (/de peso)
weight curve | curva ponderada
weighted aerial | antena lastrada
weighted amplifier | amplificador compensado
weighted average | media ponderada
weighted code | código ponderado
weighted current | corriente ponderada
weighted current value | valor ponderado de la corriente
weighted distortion factor | factor de distorsión ponderado

weighted graph | gráfico ponderado
weighted index | índice ponderado
weighted least squares | cuadrados mínimos ponderados
weighted level | nivel ponderado
weighted-level reading | lectura de nivel ponderado
weighted mean | media ponderada
weighted noise | ruido compensado (/ponderado)
weighted noise figure | índice de ruido ponderado
weighted noise level | nivel de ruido ponderado
weighted noise measurement | medición de ruido ponderado, medición de la tensión sofométrica ponderada
weighted pulse code modulation | modulación por codificación de impulsos ponderados
weighted resistor decoder | descodificador de resistencias ponderadas
weighted safety valve | válvula de seguridad contrapesada
weighted value | valor ponderado
weighted voltage | tensión ponderada
weighted voltage value | valor ponderado de la tensión
weight-free index | índice no ponderado
weighting | compensación, ponderación, valoración
weighting characteristic | característica de compensación (/ponderación) de frecuencia
weighting curve | curva de compensación (/ponderación) de frecuencia
weighting factor | factor de ponderación
weighting function | función de ponderación
weighting index | índice ponderado
weighting network | red compensadora (/de corrección)
weighting resistor | resistencia de ponderación
weighting switch | selector de ponderación
weighting table | tabla de pesos
weight in working order | peso en orden de marcha
weightlessness | ingravidez
weightlessness switch | conmutador (/interruptor) de ingravidez (/gravedad nula)
weight loss | pérdida de peso
weight/power ratio | relación peso/potencia
weight transducer | trasductor para medidas de peso
weight voltmeter | voltámetro de masa (/peso)
Weissenberg method | método de Weissenberg
welcome page | página de bienvenida [*página de inicio en una Web*]
welcome screen | pantalla de bienvenida

weld | unión soldada, soldadura (eléctrica)
weld, to - | soldar (al arco)
weld approval | aprobación de la soldadura
weld bead | cordón de soldadura
weld control | control (/inspección) de soldaduras
weld deposition rate | velocidad de deposición de la soldadura
welded | soldado, unido por soldadura
welded adapter | adaptador soldado
welded bond | conexión soldada
welded chain | cadena de eslabones soldados
welded circuit | circuito soldado
welded connection | conexión soldada
welded contact | contacto soldado
welded contact crystal | cristal (semiconductor) de contacto soldado
welded contact rectifier | rectificador (de contacto) por punta soldada
welded electric connection | conexión eléctrica soldada (por fusión)
welded joint | empalme soldado, junta (/unión) soldada
welded pipe | tubo soldado
welded pipeline | cañería (/tubería) soldada
welded plate | chapa soldada
welded seam | costura soldada
welded steel fabric | malla (/tejido) de alambres soldados
welded tubing | cañería (/tubería) soldada
welded wire fabric | malla (/tela metálica) de alambres soldados
welder | soldadora, máquina de soldar
welder current | corriente de soldadura
welder current regulation | regulación de la corriente de soldadura
weld gate pulse | impulso de control de la corriente de soldadura
welding | soldadura
welding alternator | alternador para soldar (/soldadura por arco)
welding arc voltage | tensión (/voltaje) de soldadura por arco
welding bell | campana de soldar
welding blowpipe | soplete de soldar
welding burner | soplete de soldar
welding by sparks | soldadura por chispas
welding cable | cable de soldadura
welding cable connector | conector de cable de soldadura
welding compound | fundente de soldadura
welding control | control (/regulación) de la soldadura
welding control circuit | circuito de control (/regulación) de la soldadura
welding converter | convertidor para soldadura
welding current | corriente de soldadura
welding current density | densidad de la corriente de soldadura

welding current set | grupo electrógeno de soldadura
welding cycle | ciclo de soldadura
welding elbow | codo para conexiones soldadas
welding electrode | electrodo de soldadura, electrodo para soldar
welding electrode holder | portaelectrodo de soldadura
welding engineering | técnica de soldadura
welding flame | soplete para soldar
welding flux | fundente para soldar
welding generator | generador (/electrogenerador) para soldadura (/soldar)
welding gun | pistola para soldar (por puntos)
welding head | cabezal soldador (/de soldadura)
welding jig | plantilla (de sujeción) del soldador, posicionador para soldar
welding locator | posicionador para soldar
welding machine | soldadora, máquina de soldar
welding point | punto de soldadura; toma de corriente para soldar
welding power | energía para soldar
welding power supply | fuente de energía para soldadura
welding pressure | presión de soldadura
welding radiographic control | control radiográfico de la soldadura
welding rate | velocidad de soldadura
welding rod | electrodo (/varilla) para soldar, varilla soldadora
welding set | grupo electrógeno de soldadura, alimentador para soldadura por arco
welding timer | cronómetro (/temporizador) de soldadura, sincronizador de ciclos de soldadura
welding tip | boquilla del soplete de soldar
welding torch | soplete soldador (/de soldar), antorcha soldadora
welding transformer ⊢ trasformador de soldadura
welding voltage | tensión (/voltaje) de soldadura
welding wheel | electrodo de soldadura circular
welding wire | alambre fundente (/soldador, /de soldadura)
welding with pressure | soldadura por presión
weld interface surface | superficie interfacial de la soldadura
weld interval | intervalo de soldadura
weld interval timer | temporizador del intervalo de soldadura
weld junction | empalme soldado, junta (/unión) soldada (/emplomada)
weld macrograph | macrografía de la soldadura
weldment | estructura soldada

weld metal | metal soldador (/depositado, /de aporte)
weld nugget | pepita de soldadura
weld-on surface temperature resistor | termómetro de superficie por soldadura
weld overlay | recrecimiento con soldadura
weld polarity | polaridad de la soldadura
weld pool | baño de soldadura en fusión
weld quality | calidad de la soldadura
weld recorder | registrador de soldadura
weld root | raíz de la soldadura
weld-sealed joint | junta hermética soldada
weld sequence | secuencia de la soldadura
weld soundness | bondad (/sanidad) de la soldadura
weld surfacing | recrecimiento con soldadura
weld time | tiempo de soldadura
weld timer | cronómetro (/temporizador) de soldadura, sincronizador de ciclos de soldadura
well-behaved | de buen comportamiento [referido a un programa]
well counter | contador de pozo (/blindaje cilíndrico)
well-formed formula | fórmula bien formada
well-founded relation | relación bien fundada
well-mannered | de buen comportamiento [referido a un programa]
well-ordered set | conjunto bien ordenado
well parameter | parámetro del pozo
well-strobe marker | marcador en almena
well-type ionization chamber | cámara de ionización de pocillo (/tipo pozo)
W engine | motor en W
Wenner winding resistor | resistencia con devanado de Wenner
WERS = war emergency radio service | WERS [servicio radiofónico de emergencia en caso de guerra]
Wertheim effect | efecto Wertheim
Westcott cross section | sección eficaz térmica (/de Westcott)
Weston cell | pila Weston
Weston normal cell | pila patrón de Weston
Weston standard cell | pila patrón Weston
wet arcing distance | distancia disruptiva en húmedo
wet cell | pila húmeda (/líquida, /hidroeléctrica)
wet-charged stand | permanencia (/duración en reposo, /tiempo de almacenamiento) de la pila húmeda
wet circuit | circuito húmedo
wet connection | conexión bajo presión, conexión de toma, injerto
wet contact | contacto húmedo
wet criticality | humedad crítica
wet down a contact, to - | humedecer un contacto
wet electrolytic capacitor | condensador electrolítico húmedo
wet flashover | disrupción bajo (la) lluvia, disrupción por humedad
wet flashover voltage | tensión disruptiva en humedad, tensión en medios húmedos, tensión de salto de arco con aislador húmedo
wet joint | junta recién encolada
wet lattice | celosía húmeda
wet magnetic separator | separador magnético por vía húmeda
wet motor | motor (/electromotor) refrigerado por agua
wetness loss | pérdida por humedad
wet process | proceso húmedo
wet reed relay | relé de lámina húmeda
wet shelf life | tiempo de almacenamiento en húmedo
wet steam | vapor húmedo
wet sump | colector de aceite (/lubricante) en el cárter
wet tantalum capacitor | condensador de tántalo húmedo
wetted surface | superficie humedecida, superficie bañada (por el soldante)
wetting | baño, humectación, humedecimiento, mojadura
wetting agent | agente humectador (/humidificador, /tensoactivo)
wetware [fam] | personal [personas, a diferencia de software y hardware]
wet well | pozo húmedo
Weyl unified field theory | teoría de campo unificado de Weyl
WF = wildcard-filter | WF [filtro comodín]
W/F = will follow | sigue a continuación
wff = well-formed formula | fórmula bien formada
WG = working group | WT = grupo de trabajo
Wh = watt-hour | Wh = vatios hora
what's new | novedades
what to do | qué hacer
Wheatstone automatic system | sistema automático (/de trasmisión automática) de Wheatstone
Wheatstone automatic telegraphy | telegrafía automática de Wheatstone
Wheatstone bridge | puente de Wheatstone
Wheatstone bridge method | método del puente de Wheatstone
Wheatstone duplex | dúplex de Wheatstone
Wheatstone instrument | aparato (/instrumento) de Wheatstone
Wheatstone principle | principio (del puente) de Wheatstone
Wheatstone system | sistema Wheatstone

wheel | disco, polea, rodete, roldana, rueda; muela abrasiva (/de rectificar)
wheel aerial | antena circular plana
wheel-and-track aerial | antena de carril circular
wheel diaphragm | diafragma de revólver
wheeled cable drum carriage | carro devanador portacables
wheel printer | impresora de margarita
wheel static | estática (/parásitos) de la rueda
whetstone benchmark | prueba de evaluación de prestaciones (/rendimientos)
Whiffletree switch | conmutador Whiffletree, conmutador electrónico multiposición
while **loop** | bucle *mientras*
whip | látigo
whip aerial | antena flexible (/de látigo, /de mástil flexible)
whip current collector | toma de corriente de pértiga
Whippany effect | efecto Whippany
whisker | contacto puntual (/por punta), hilo (/punta) de contacto
Whisker-mode propagation | propagación en modo Whisker
whisker resistance | resistencia de las fibras
whiskers | fluctuaciones (/variaciones) de alta frecuencia
whisker-type transistor | transistor de contacto puntual (/por punta)
whispering gallery effect | efecto de cuchicheo (/galería susurrante)
whistler | silbido, perturbación (atmosférica) sibilante
whistler mode | modo (de propagación) de los silbidos atmosféricos
whistler-mode propagation | propagación en modo de silbidos atmosféricos
whistler wave | onda silbante (/de silbido atmosférico)
whistling | silbido
whistling atmospheric | silbido atmosférico, parásito atmosférico de silbido; perturbación silbante
whistling atmospherics | ruidos atmosféricos de silbido
white | blanco
white and dark | blanco y negro
whiteboard | pantalla pizarra [*software que permite el trabajo simultáneo de varios usuarios en un mismo documento, presentándolo a la vez en las pantallas de todos*]
white body exposure | irradiación global
white body monitor | monitor de cuerpo entero
white body radiation meter | antoporradiámetro, medidor de radiación de cuerpo entero
white-box testing | prueba de la caja blanca (/de vidrio)

white cast iron | fundición blanca
White cathode follower | seguidor catódico de White
White circuit | circuito de White
white compression | compresión del blanco
white distant | blanco distante
white dot pattern | imagen de puntos blancos
white goods | gama blanca [*por ejemplo electrodomésticos*]
white level | nivel del blanco
white light | luz blanca
white local | blanco local
white metal bearing | cojinete de metal blanco
white noise | ruido blanco
white noise record | registro (/disco fonográfico) de ruido blanco
white object | objeto blanco
white page | página blanca
white paper | papel blanco
white peak | pico del blanco
white peak clipping | recorte de pico del blanco
white plume | penacho blanco, pluma blanca
white raster | formato blanco
white recording | grabación (/registro) en blanco
white room | sala limpia [*sala con ambiente sin polvo ni impurezas*]
white saturation | saturación del blanco
white signal | señal blanca (/del blanco)
white sound | ruido (/sonido) blanco
white-to-black amplitude range | margen de amplitud blanco a negro
white-to-black frequency swing | oscilación de frecuencia de blanco a negro
white transmission | trasmisión en blanco
whois | whois [*orden que presenta la lista de usuarios registrados en una red Novell*]
whois client | cliente whois [*programa que permite el acceso a bases de datos de nombres y direcciones*]
whois server | servidor whois [*programa que suministra nombres de usuario y direcciones de correo electrónico*]
whole | completo, total
whole body counter | contador del cuerpo entero
whole number | número primo
whole population | población total
whole step | intervalo completo
whole telegraph channel | canal telegráfico completo
whole tone | tono completo
W-hr = watt-hour | W/h = vatios hora
WHT = white | BLA = blanco
wicking | efecto de mecha
wide | amplio, grande
wide-angle horizon sensor | sensor de horizonte panorámico
wide-angle horn | bocina granangular (/de gran abertura)
wide-angle lens | (lente) gran angular
wide-angle microwave radiator | radiador de microondas de gran ángulo
wide-aperture direction finder | radiogoniómetro de gran abertura
wide-aperture radiolocation array | red de antenas de radiolocalización de gran abertura
wide-area data service | servicio de datos de área extendida
wide area information server | servidor de información de área amplia
wide area network | red de área amplia (/extendida), red de largo recorrido, red general de área
wideband | banda ancha
wideband aerial | antena de banda ancha
wideband amplifier | amplificador de banda ancha
wideband axis | eje de la banda ancha, eje del primario de banda ancha
wideband cable | cable de banda ancha
wideband carrier system | sistema de (corrientes) portadoras de banda ancha
wideband chain amplifier | amplificador en cadena de banda ancha
wideband channel | canal de banda ancha
wideband communication system | sistema de comunicación (/telecomunicaciones) de banda ancha
wideband dipole | dipolo de banda ancha
wideband filter | filtro de banda ancha
wideband improvement | mejora de banda ancha
wideband lens | lente acromática (/de banda ancha)
wideband multichannel system | sistema multicanal de banda ancha
wideband multisection transformer | trasformador de banda ancha de múltiples secciones
wideband oscilloscope | osciloscopio de banda ancha
wideband power valve | válvula de potencia de banda ancha
wideband quarter-wave transformer | trasformador cuarto de onda de banda ancha
wideband radio channel | canal de radio de banda ancha
wideband radio relay system | sistema de radioenlace de banda ancha
wideband ratio | relación de banda ancha
wideband repeater | repetidor de banda ancha
wideband switching | conmutación de circuitos de banda ancha
wideband transmission | trasmisión de banda ancha

wideband transmitter | emisor (/trasmisor) de banda ancha
wide beam | haz ancho (/de gran abertura angular)
wide-beam aerial | antena de haz ancho
wide channel | canal ancho
wide frame | cuadro ancho
wide frequency band | banda de frecuencias ancha
wide frequency coverage | gran alcance (/cobertura) de frecuencias
wide frequency range | gama ancha de frecuencias
widely spaced lattice | celosía con gran separación
wide-open | completamente abierto
wide-open receiver | receptor de banda ancha, receptor no sintonizado, receptor sin circuitos resonantes
wide-open RF stage | etapa de radiofrecuencia aperiódica (/no sintonizada)
wide-range frequency calibrator | calibrador de amplia gama de frecuencias
wide-range governor | regulador de amplia variación
wide-range oscillator | oscilador de gama amplia (/ancha)
wide-scatter spectrograph | espectrógrafo de gran dispersión
wide tolerance | tolerancia amplia
widget | widget [*elemento de construcción fundamental para interfaces gráficas de usuario*]
widow | línea viuda
width | ancho, anchura
width cable | cable ancho
width coding | codificación en anchura (/ensanchamiento), codificación por duración de impulsos
width control | control de anchura (de la imagen)
width-modulated pulse | impulso de anchura (/duración) modulada
width of a bus | anchura de un bus
Wiedemann effect | efecto Wiedemann
Wiedemann-Franz law | ley de Wiedemann-Franz
Wiegand wire | hilo Wiegand
Wien bridge | puente de Wien
Wien bridge circuit | circuito de puente Wien
Wien bridge distortion meter | distorsiómetro (/medidor de distorsión) de puente de Wien
Wien bridge oscillator | oscilador de puente de Wien
Wien bridge-type oscillator | oscilador tipo puente de Wien
Wien capacitance bridge | puente de capacidades de Wien, puente de Wien para inductancias
Wien displacement law | ley de desplazamiento de Wien
Wien effect | efecto Wien
Wien inductance bridge | puente de inductancias de Wien
Wien oscillator | oscilador de Wien
Wien radiation law | ley de radiación de Wien
Wien's law | ley de Wien
Wien's law of radiation | ley de radiación de Wien
WiFi = wireless fidelity | WiFi [*fidelidad inalámbrica, protocolo de comunicación de área local IEEE 802.11b*]
Wigner effect | efecto Wigner, efecto de expulsión
Wigner energy | energía de Wigner
Wigner gap | espacio de Wigner
Wigner growth | crecimiento (/dilatación, /expansión) de Wigner
Wigner nuclides | núclidos de Wigner
Wigner release | liberación de energía de Wigner
Wigner theorem | teorema de Wigner
wildcard | comodín
wildcard character | carácter de comodín
wildcard-filter | filtro comodín
Williamson amplifier | amplificador Williamson
Williams-tube store | memoria de tubo de Williams
Williams valve | válvula de Williams [*para almacenamiento de información*]
Williot diagram | diagrama de Williot
Wilson chamber | cámara de Wilson
Wilson cloud chamber | cámara de niebla de Wilson
Wilson electroscope | electroscopio de Wilson
WIMP = windows icons menus pointers | WIMP [*superficie para gestión de ventanas, iconos, menús y punteros*]
Wimshurst machine | máquina de Wimshurst
WIN = wireless in-building network | WIN [*red de área local sin hilos en un edificio*]
Winchester disc | disco Winchester
Winchester technology | tecnología Winchester
wind | arrollamiento, bobinado, devanado; espira, curva, vuelta; torcedura, torsión; rollo
wind, to - | arrollar, bobinar, devanar, enrollar
wind charger | aerogenerador, generador accionado por el viento
wind-driven battery charger | cargador de baterías eólico (/movido por el viento)
wind-driven generator | dinamo eólica, generador eólico
wind-driven machine | máquina eólica (/impulsada por el viento)
wind-driven plant | planta (eléctrica) eólica
wind electric plant | central (/planta) eléctrica eólica
wind energy | energía eólica
wind energy meter | contador de energía eólica
wind engine | aeromotor, generador (/motor) eólico
winder | bobinador (de cinta)
winder full alarm lamp | lámpara indicadora de bobinador lleno
wind-generated electricity | electricidad eólica
winding | arrollamiento, bobinado, devanado; bobina, carrete
winding arc | arco de devanado
winding factor | coeficiente (/factor) de arrollamiento (/bobinado, /devanado)
winding former | forma de bobinar; plantilla para devanados
winding group | bobina elemental
winding machine | bobinadora, devanadora, máquina de bobinar
winding operation | devanado
winding pitch | paso del arrollamiento (/devanado)
winding ratio | índice (/relación) de trasformación
winding self-capacitance | autocapacitancia del arrollamiento (/devanado)
winding shop | taller de bobinado (/devanado)
winding wire | alambre (/hilo) para devanados
wind loading | carga de viento máxima
wind machine | aeromotor, motor eólico
wind-measuring instrument | anemómetro, instrumento para medir el viento
wind meter | anemómetro, medidor de viento
windmill | aeromotor, molino (/motor) de viento
wind motor | aeromotor, motor eólico
wind noise | ruido de viento
Windom aerial | antena de Windom
window | ventana; cintas reflectoras; circuito desbloqueador (/de desbloqueo) periódico; gama de penetración (de las ondas); reflector (pasivo) de perturbación; tiras antirradáricas
window area | abertura del núcleo
window background | fondo de (la) ventana
window behavior | comportamiento ventana
window border | borde de (la) ventana
window cloud | nube de cintas reflectoras (/metalizadas, /antirradáricas)
window cluster | clúster de ventanas
window corner | esquina de la ventana
window corridor | pasillo de tiras de perturbación, zona antirradar
window counter tube | tubo contador de ventana
window decorations | accesorios de la ventana
window definition function | función de definición de ventana
window dropping | lanzamiento de cintas reflectoras (/perturbadoras de radar)

window dump | volcado de ventana
window family | familia de ventanas
window frame | marco de la ventana
window icon | icono de la ventana
window icon box | cuadro de iconos de ventana
window icons menus pointer | indicador de menús de iconos de ventanas
windowing | encuadre; recorte; división en ventanas, trabajo con ventanas; ventanas de una pantalla
window jamming | interferencia con tiras antirradar, perturbación por ventanas (/cintas reflectoras, /reflectores pasivos)
windowless counter | contador sin ventana
windowless photomultiplier | fotomultiplicador sin ventana
window list | lista de ventanas
window manager | gestor de ventanas
window menu | menú de la ventana
window menu button | botón del menú de la ventana
window random access memory | memoria de ventana de acceso aleatorio
windowing environment | entorno de ventanas [*para gestión informática*]
window rocket | cohete antirradar
Windows | Windows [*sistema operativo de Microsoft para PC*]
Windows application | aplicación de Windows [*programa*]
Windows-based accelerator | acelerador basado en Windows [*tipo de adaptador de vídeo super VGA*]
Windows DNA = Windows distributed Internet applications architecture | DNA de Windows [*arquitectura de aplicaciones distribuidas para internet de Windows*]
Windows driver library | biblioteca de controladores de Windows [*que no se incluyen en el paquete original*]
Windows driver model | modelo de controladores de Windows
Windows explorer | explorador de Windows
window sill aerial | antena para montaje en marco de ventana
window size | tamaño de la ventana
Windows metafile format | formato de metaarchivo de Windows
Windows power manager | gestión de energía para Windows
Windows setup | instalación de Windows
Windows socket | base de Windows [*para conexión*]
Windows terminal | terminal de Windows
window system | sistema de ventanas
window title | título de (la) ventana
window type | tipo de ventana
window with focus | ventana con foco
wind power | energía eólica
wind power generator | aerogenerador, generador eólico
wind power plant | central (eléctrica) eólica
wind power station | central eólica
wind pump | aerobomba, bomba de aeromotor (/motor eólico)
wind sensor | anemodetector, detector de viento
windshield, wind shield | cúpula aerodinámica; protector contra el viento
WinG = Windows games | WinG [*juegos de Windows*]
wing clearance light | luz de guarda del ala
wing spot generator | generador de alas
wink start | señal de dispuesto para recibir
Winograd's algorithm | algoritmo de Winograd
WINS = warehouse information network standard | WINS [*norma para red de información sobre grandes almacenes*]
WINS = Windows Internet Naming Service | WINS [*servicio de nombres de Windows para internet*]
Wintel | Wintel [*dícese de un ordenador que usa Windows y un procesador Intel*]
wipe | leva; soldadura; mutación por agrandamiento gradual
wipe(d) joint | soldadura, junta (/unión) soldada
wipeout | bloqueo total de las señales, interferencia sumamente intensa
wiper | cursor, contacto deslizante; escobilla, frotador, patín de contacto
wiper arm | brazo de contacto deslizante
wiper carriage | carro de escobillas
wiper shaft | portaescobillas, árbol (/eje) portaescobillas, eje de levas
wiper-switching relay | relé conmutador de escobillas
wipe test | prueba de frotamiento
wiping action | barrido; acción de frotamiento (de los contactos)
wiping contact | contacto deslizante (/frotante, /con acción de frotamiento)
wiping contact switch | conmutador (/interruptor) de contacto con frotamiento
wiping sleeve | manguito de soldar
wire | alambre, cable, conductor, hilo
wire, to - | cablear, conectar; tender cables; telegrafiar
wire aerial | antena de hilos
wire-and-sleeve clamp | empalmadora de cables
wire-armoured | armado con alambre
wire bond | fijación de hilos de conexión
wire bonding | unión por hilo; cableado provisional
wireborne | trasmitido por cable (/hilo)
wireborne telephone circuit | circuito telefónico por hilo
wire bracing | arriostramiento por alambres (/cables)
wire braid | trenza de alambre
wire broadcasting | difusión (/teledifusión) por cable
wire-broadcasting licence holder | abonado a la teledifusión por cable
wire-broadcasting system | sistema de teledifusión por cable
wire-broadcasting-system subscriber | abonado a la teledifusión por cable
wire brush | escobilla de alambre (/hilos metálicos)
wire cable | cable (/cordón) de alambre
wire center | central pública
wire chief's desk | mesa de pruebas y mediciones
wire circuit | circuito por cable (/hilo, /línea alámbrica)
wire coil | bobina (/rollo) de alambre
wire communication | comunicación alámbrica (/por hilos)
wire-connected programme | programa conectado por conductores
wire connection | enlace alámbrico (/por hilo)
wire core | núcleo dividido
wire customer | usuario de circuito
wired | cableado, alambrado
wired AND | función Y por conexionado
wired AND gate | puerta lógica Y cableada
wired broadcasting | hilo musical; filodifusión, teledifusión por cable
wired-broadcasting receiver | receptor de teledifusión por cable
wired communication | comunicación alámbrica (/por hilos)
wired communication system | sistema de comunicación alámbrica (/por hilos)
wired distribution | distribución por cable
wire dispenser | repartidor de hilo, ovillo de tendido de cable
wired logic | lógica cableada
wired memory translator | traductor con circuito de memoria
wired OR | función O por conexionado
wired OR and AND gates | puertas lógicas O e Y cableadas
wired OR gate | puerta lógica O cableada
wired panel | panel (/tablero) cableado (/de conexiones)
wired programme | programa por cableado (/conexionado)
wired program computer | ordenador de programa (por) cableado (/conexionado), ordenador de programación cableada
wired radio | radio (/radiodifusión) por cable
wire drawing | estirado del hilo
wire dress | organización del cableado; desbastado (/preparación) de hilos
wired wireless | radiodifusión por hilos

wire facility | instalación alámbrica
wire-fanning strip | guía de hilos
wire-feed termination | terminación de hilo
wireframe | bastidor
wire-frame model | modelo de retícula lineal [*en representación tridimensional de gráficos*]
wire fuse | fusible de alambre
wire gauge | calibre (/escala) de diámetros
wire gauze | rejilla de alambre
wire gauze filter | filtro de malla de alambre
wire grating | filtro de rejilla
wire grid lens | lente reticular (de hilos), lente de rejilla (de alambre)
wire grid lens aerial | antena de lente de rejilla alámbrica
wire grouping | agrupación de conductores
wire-grouping ring | anillo de agrupación de conductores
wire guidance | dirección (/guiado) por hilo
wire guidance link | enlace alámbrico de guiado
wire guide | guía de cables (/hilos)
wire-guided | dirigido (/guiado) por hilos
wireholder | portacable
wire kilometre | kilómetro de línea (/tendido, /conductor)
wire lead | hilo terminal (/de conexión); extremidad del hilo
wire-lead termination | fijación de hilos terminales, terminación por hilos de conexión
wireless | inalámbrico, sin hilos; radiofónico
wireless application environment | entorno de aplicación para sistemas inalámbricos
wireless application protocol | protocolo de aplicación para redes inalámbricas, protocolo de acceso inalámbrico [*para redes y bases de datos*]
wireless beacon | radiofaro
wireless broadcaster | radioemisora
wireless code transmitter | trasmisor radiotelegráfico
wireless communication | comunicación inalámbrica (/sin hilos), radiocomunicación
wireless-controlled | controlado por radio
wireless datagram protocol | protocolo de datagramas para sistemas inalámbricos
wireless device | dispositivo inalámbrico (/sin hilos)
wireless enthusiast | radioaficionado
wireless fidelity | fidelidad inalámbrica [*protocolo de comunicación de área local*]
wireless laboratory | laboratorio radioeléctrico (/de radio)
wireless LAN | red de área local sin hilos
wireless licence | licencia de radio (/radiodifusión)
wireless markup language | lenguaje de marcación inalámbrica
wireless message | radiograma, mensaje por radio, radiotelegrama
wireless microphone | micrófono inalámbrico (/sin hilos), radiomicrófono
wireless picture telegraphy | fototelegrafía sin hilos, radiofototelegrafía
wireless record player | radiofonógrafo
wireless remote control | telemando (/mando a distancia) por radio
wireless route | vía inalámbrica
wireless search | exploración inalámbrica (/por radio, /sin hilos)
wireless session protocol | protocolo de sesión para sistemas inalámbricos
wireless telegram | radiograma, radiotelegrama, telegrama por radio
wireless telegraph service | servicio radiotelegráfico
wireless telegraphy | radiotelegrafía, telegrafía sin hilos
wireless telegraphy operator | radiotelegrafista
wireless telephone service | servicio radiotelefónico
wireless telephony | radiotelefonía, telefonía sin hilos
wireless telephony application | aplicación de radiotelefonía
wireless transaction protocol | protocolo de transacción para sistemas inalámbricos
wireless voice transmitter | trasmisor radiotelefónico
wireless wave | onda radioeléctrica (/de radio)
wireline | línea alámbrica (/de conductores)
wireline circuit | circuito por hilo
wirelink | enlace alámbrico (/por hilo)
wirelink telemetry | telemetría de conexión por hilo
wireman | facsímil (/fototelegrafía) por cable
wire mile [USA] | milla de línea (/conductor, /tendido)
wire net | red de hilos
wire network | red por hilos
wire nut | tuerca para alambre (/hilos)
wire pair | par de hilos (/conductores)
wirephoto | telefoto por cable
wire phototelegraph service | servicio fototelegráfico por hilos
wire-pin printer | impresora matricial
wire plant | instalación alámbrica (/de comunicación por /tendido)
wireprinter, wire printer | impresora de hilos metálicos, impresora matricial de hilos
wire program distribution | teledifusión por cable
wirer | cableador, técnico (/especialista) en conexionado
wire recorder | grabadora (/magnetófono) de alambre (/hilo)
wire recording | grabación en hilo
wire relay | relé (/repetidor) de cable
wire resistance | resistencia de alambre
wire resistor | resistencia de alambre
wire ribbon guide | guía de alambre para cinta
wire route | circuito aéreo (/por cable)
wire service | servicio telegráfico (/de líneas)
wire slice | empalmador de cables
wire solder | soldadura de hilo
wiresonde | sonda cautiva (/por cable, /de trasmisión alámbrica)
wire speed | velocidad (de trasmisión) del hilo
wire splice | empalme de conductores
wire-spooling machine | máquina de enrollar alambre
wire spring | muelle de alambre, resorte filar
wire spring relay | relé de muelle de alambre
wire stay | tensor de cable
wire strain gauge | extensímetro (/galga de deformación) de hilo
wire strand core | núcleo de cordón metálico
wire stretcher | tensor de hilos
wire stripper | (herramienta) pelacables
wire-stripping tool | herramienta pelacables
wire system | sistema alámbrico, red por hilos
wire tantalum capacitor | condensador de alambre de tantalio
wiretap | derivación, conexión espía
wiretapping | derivación; espionaje telefónico
wire telecommunications network | red de telecomunicaciones por hilos
wire telegraph circuit | circuito telegráfico alámbrico (/por hilo)
wire telegraphy | telegrafía alámbrica (/por hilo)
wire telephony | telefonía alámbrica (/por hilo)
wire teletype link | enlace de teleimpresora por hilo
wire through connection | conexión trasversal con hilo
wire trench | canaleta para cables
wire voice frequency telegraphy | telegrafía armónica por hilo
wire wave communication | comunicación por ondas (/corrientes) portadoras trasmitidas por hilo
wireway | canaleta (/guía) para cables (/hilos)
wire-wound adjustable resistor | resistencia bobinada semifija (/con anillo cursor, /con brida variable)
wire-wound delay line | línea de retardo de hilo bobinado (/devanado)

wire-wound potentiometer | potenciómetro (de alambre) bobinado
wire-wound resistor | resistencia bobinada (/de hilo bobinado)
wire-wound rheostat | reostato de hilo bobinado
wire-wound trimmer | potenciómetro de ajuste de hilo bobinado
wire-wound trimming potentiometer | potenciómetro de ajuste bobinado
wire wrap, wire-wrap | conexión por arrollamiento; grapinado [*conexión por arrollamiento de un cable en una patilla*]
wire-wrap connection | conexión grapinada (/por grapinado)
wire-wrapped circuit | circuito grapinado
wire-wrap pin | clavija grapinada, pin (/terminal) grapinado
wire wrapping | conexión por arrollamiento de hilos, grapinado (de hilos)
wire-wrapping tool | herramienta de grapinado
wire-wrap terminal | terminal grapinado
wiring | cableado, tendido eléctrico, conexionado de cables
wiring board | panel (/tablero) de conexiones
wiring capacity | capacidad del cableado
wiring change | modificación del cableado
wiring clip | clip para cables, sujetahilos
wiring closet | cuarto de distribución [*de cables*]
wiring connector | conector de hilos
wiring diagram | esquema de conexiones, diagrama de cableado
wiring gutter | canaleta de cables, canal para conductores
wiring harness | cableado preformado (/de fábrica)
wiring in diagonal pairs | armado (de pares de hilos) en diagonal
wiring pattern | red conductora
wiring regulations | reglamento de cableado (/instalaciones eléctricas)
wiring room | cuarto (/recinto) para cableado (/instalaciones eléctricas)
wiring schematic | esquema de cableado (/circuitos, /conexiones)
wiring scheme | esquema de cableado
wiring sundries | accesorios para el tendido de cables
wiring switch | interruptor (/llave) de cableado
wiring table | mesa de cableado (/conexionado)
wiring trough | canaleta para cables
withdraw a plug, to - | quitar (/retirar, /sacar, /desconectar) una clavija
within range | dentro del alcance (/radio de acción)
without warning | sin advertencia
WIU = wayside interface unit | WIU [*unidad de interfaz de arcén*]
wizard | ayudante, programa de ayuda [*simplificada*]
WLAN = wireless LAN | WLAN [*LAN inalámbrico*]
W/m² = watt per square metre | W/m² [*vatios por metro cuadrado*]
WMF = Windows metafile format | WMF [*formato de metaarchivo de Windows*]
WML = wireless markup language | WML [*lenguaje de marcación inalámbrica*]
wobble bond | conexión (/unión) con oscilación
wobble frequency | frecuencia de vobulación
wobble joint | junta (/acoplador) oscilante
wobble modulation | vobulación
wobble stick | varilla oscilante
wobbulated frequency | frecuencia vobulada
wobbulated generator | generador panorámico (/vobulado, /con barrido periódico)
wobbulated receiver | receptor panorámico (/vobulado, /con barrido periódico)
wobbulated signal | señal vobulada (/con modulación periódica de frecuencia)
wobbulation | vobulación
wobbulator | vobulador, generador vobulado (/panorámico)
wobbuloscope | vobuloscopio [*conjunto de generador panorámico y osciloscopio*]
wolfram | volframio, wolframio, tungsteno
Wolf trap | captador Wolf
womp | sobreluminosidad
wooden block | falso protector
wooden raceway | cajetín de madera, moldura para conductores
wood ground contact plug | clavija (/fleje) de contacto a tierra
woodscrew | tornillo para madera
Wood's lamp | lámpara de Wood
woofer | altavoz de graves, altavoz diseñado para bajas frecuencias
W/OP = wireless operator | operador inalámbrico
word | palabra
word-addressable processor | procesador de palabras direccionables
word address format | formato de dirección de palabra
word algebra | álgebra de palabras
word articulation | articulación (/inteligibilidad, /nitidez) de la palabra
word-carrying capacity | capacidad de trasmisión de palabras
word code | palabra codificada
word format | formato de palabra
word generator | generador de palabras
word length | longitud (/tamaño) de palabra
word pattern | patrón de palabra, unidad de lenguaje
word processing | procesamiento (/proceso, /tratamiento) de textos, proceso de palabras
word-processing system | sistema de proceso de textos
word processor | procesador de palabras (/textos)
word rate | velocidad de trasmisión de palabras, frecuencia de palabras, tasa por palabra
word size | longitud (/tamaño) de palabra
word time | duración de la palabra
word transit share | tasa de tránsito por palabra
word underline, to - | subrayar palabra
word wrap | acomodación automática de texto
word wrap toggle, to - | conmutar la acomodación automática de texto
work | trabajo; carga térmica
work, to - | trabajar, utilizar (un circuito); comunicar, suministrar (datos)
workability of interconnection | operatividad de la interconexión
work area | área de trabajo
workaround | trabajo alrededor de un problema [*eludiéndolo*]
workboard | tablero de montaje
workbook | libro de trabajo [*programa*]
work coil | bobina de trabajo
work electrode | electrodo de trabajo
work file | archivo de trabajo
workflow | gestor del flujo de trabajo
workflow application | aplicación de flujo de trabajo [*procesos de principio a fin*]
work function | función (/frecuencia) de trabajo; trabajo de extracción (/salida, /desprendimiento de electrones)
workgroup | grupo de trabajo
workgroup computing | trabajo informático en grupo [*usando una red*]
working | explotación, operación, trabajo, utilización
working band | banda de trabajo
working channel | canal activo (/de trabajo, /en servicio)
working circuit | circuito de trabajo
working conditions | régimen (/condiciones) de trabajo (/funcionamiento)
working contact | contacto de cierre (/trabajo)
working current | corriente activa (/de régimen, /de trabajo)
working curve | curva característica (/de trabajo, /de funcionamiento)
working diagram | diagrama funcional, esquema de funcionamiento
working frequency | frecuencia de trabajo (/comunicación, /tráfico)
working gain | ganancia en servicio normal
working gas | gas de trabajo
working group | grupo de trabajo
working line | línea de carga

working memory | memoria de trabajo
working photometric standard | patrón fotométrico de trabajo
working plane | plano útil
working plate | placa de trabajo
working point | punto de activación; cran
working range | alcance útil; intervalo de trabajo
working reference system | sistema patrón (de trabajo)
working set | juego operativo
working standard electrode | electrodo de referencia
working storage | memoria de trabajo; almacenamiento operacional (/de proceso)
working surface | superficie activa (/útil)
working track | banda de procesado (/procesamiento)
working voltage | tensión de trabajo, voltaje de régimen (/servicio)
working wave | onda de trabajo (/tráfico)
work lead | conductor conectado a la pieza
workload | cantidad de trabajo
work of ionization | trabajo de ionización
work register | registro de trabajo
worksheet | hoja de trabajo (/cálculo)
workshop | taller (de trabajo)
work signal | señal de trabajo
workspace | área (/espacio) de trabajo
workspace background | fondo del espacio de trabajo
workspace icon | icono de espacio de trabajo
workspace manager | gestor de espacios de trabajo
workspace menu | menú del espacio de trabajo
workspace object | objeto del espacio de trabajo
workspace switch | conmutador de espacios de trabajo
workstation | estación (/puesto) de trabajo, estación de datos
world geographic reference system | sistema geográfico de referencia
worldwide fallout | poso radiactivo universal (/retardado)
world wide web | telaraña (/malla) mundial
worm | gusano [*tipo de virus informático*]
WORM = write once, read many | WORM [*grabable una vez, legible muchas veces (medio de almacenamiento óptico masivo de gran perdurabilidad)*]
worst case | caso más desfavorable
worst-case analysis | análisis de los casos peores
worst-case circuit analysis | análisis del circuito en el caso más desfavorable

worst-case design | diseño para el caso más desfavorable
worst-case noise pattern | pauta de ruido pesimista
worst fit | peor ajuste
worth | valor
WOSA = Windows Open Services Architecture | WOSA [*arquitectura de servicios abiertos de Windows*]
wotching circuit | circuito lupa
wound capacitor | condensador bobinado
wound helically | arrollado (/bobinado) en hélice
wound magnetic core | núcleo magnético arrollado (/devanado)
wound resistor | resistencia bobinada
wound rotor | rotor bobinado (/devanado)
wound rotor induction motor | motor de inducción de rotor bobinado (/devanado)
wound rotor motor | motor de rotor bobinado (/devanado)
woven memory | memoria de malla
woven memory matrix | matriz de memoria de malla
woven resistors | resistencias trenzadas, trenzado (/tejido) calefactor
woven screen matrix | matriz de malla
woven screen storage | memoria de malla (/pantalla tejida)
wow | gimoteo
wow factor | factor de regularidad de velocidad
wow meter | medidor de gimoteo
WP = word processing (/processor) | WP [*tratamiento (/procesador) de textos*]
WP = write protect | protegido contra escritura
WPABX = wireless PABX | WPABX [*centralita telefónica sin red de cables*]
WPM = words per minute | pal/min = palabras por minuto
WRAM = window random access memory | WRAM [*memoria de ventana de acceso aleatorio*]
wrap | devanado, enrollamiento; grapinado [*de una conexión*]
wrap, to - | grapinar
wrap a joint, to - | revestir una junta, revestir un empalme
wrap and fill, to - | arrollar y llenar
wraparound, wrap around | adaptación de líneas a la pantalla, repliegue automático [*del texto en pantalla*]
wrap around, to - | continuar el ciclo [*de búsqueda*]
wraparound heat sink | disipador térmico que rodea al chasis
wraparound magnetic shield | blindaje magnético de papel metálico
wraparound monitoring | dispositivo de supervisión de entradas y salidas de módem
wrapped connection | conexión arrollada (/grapinada)
wrapped electrode | electrodo recubierto
wrapped tap joint | derivación grapinada
wrapped termination | terminación enrollada (/recubierta)
wrapper | envoltura aislante (de bobina)
wrapping | grapinado, encintado aislante
wrapping gun | pistola enrolladora (/de grapinado)
wrap post | terminal de conexión arrollada
Wratten filter | filtro de Wratten
wrinkle finish | acabado rugoso (/en relieve)
wrinkling | arrugamiento
wrist support | soporte de muñeca [*pieza ergonómica de un teclado*]
write | escritura
write, to - | escribir, inscribir, grabar [*información*]
writeable control sotre | memoria grabable de control
write access | acceso a escritura
write after read, to - | escribir después de leer
write-back | reescritura
write-back cache | memoria cache de reescritura
write-back cache controller | controlador integrado del caché de reescritura
write-behind cache | memoria tampón de escritura [*que almacena brevemente los datos antes de guardarlos en el disco*]
write cache | memoria de escritura
write data | escritura de datos
write error | error de grabación
write error recovery | corrección de errores durante su escritura (/grabación)
write gate | puerta de escritura
write head | cabeza (/cabezal) de escritura
write instruction | instrucción de escritura
write lockout | señal de inalterabilidad
write mode | modo de escritura
write once, write-once | grabable (sólo) una vez
write-permit ring | anillo de grabación
write protect | protección contra escritura
write protection | protector de escritura
write-protect notch | ranura de protección contra escritura [*en disquetes*]
write protect tab | tabulador de protección de escritura
write pulse | impulso de escritura (/inscripción)
write ring | anillo de grabación
write through, to - | calcar, hacer una copia

write-through cache | escritura a través de caché
write-through policy | política de escritura doble
writing amplifier | amplificador de escritura
writing bar | barra de impresión
writing current | corriente de escritura
writing gun | cañón inscriptor
writing rate | velocidad de escritura
writing speed | velocidad de escritura
wrong number | número equivocado (/erróneo)
wrougth alloy | aleación maleable
wrt = with respect to earth | en relación con tierra
WRT = with respect to | en relación con, con relación a
Ws = watt-second constant | Ws [*constante de energía (/vatios segundo)*]
WSP = wireless session protocol | WSP [*protocolo de sesión para sistemas inalámbricos*]
WSP/B = WSP/browsing | WSP/B [*protocolo WSP para navegación*]

W/sr = watt per steradian | W/sr = vatio por esterradián
W/sr.m2 = watt per steradian square metre | W/sr.m2 = vatio por esterradián por metro cuadrado
W/T = wireless telegraphy | radiotelegrafía, telegrafía sin hilos
WTA = wireless telephony application | WTA [*aplicación de radiotelefonía*]
WTAC = World telecommunications advisory council | WTAC [*Consejo consultivo mundial de telecomunicaciones*]
WTAI = wireless telephony application interface | WTAI [*interfaz de aplicación de radiotelefonía*]
WTLS = wireless transport layer security | WTLS [*seguridad de la capa de trasporte inalámbrica*]
WTP = wireless transaction protocol | WTP [*protocolo de transacción para sistemas inalámbricos*]
W-type engine | motor en W
Wulf electrometer | electrómetro de Wulf

Wullenweber aerial | antena de Wullenweber
WV = working voltage | tensión de trabajo, voltaje de régimen (/servicio)
WVDC = working voltage direct current | tensión de la corriente continua de funcionamiento
WWW = world wide web | WWW [*telaraña mundial, malla mundial*]
wye | montaje en estrella
wye connection | conexión en estrella
wye-delta connection | conexión en estrella-triángulo
wye junction | unión en estrella
wye network | red en estrella
wye rectifier | rectificador en estrella
WYSBYGI = what You see before You get it | WYSBYGI [*lo que ves es antes de obtenerlo (vista previa del resultado que produciría un cambio dado en un documento)*]
WYSIWYG = what You see is what You get | WYSIWYG [*lo que ves es lo que obtendrás (vista de un documento como producto final)*]

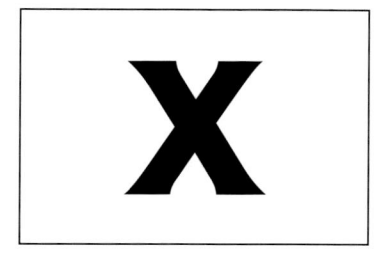

X

X | X [*símbolo de la reactancia en expresiones matemáticas*]
X axis | abscisa, eje de abscisas, eje X
X band | banda X, margen X
X-band oscillator | oscilador de banda X
X-band radar | radar en banda X
Xbase | Xbase [*lenguaje para bases de datos basadas en dBase*]
X button | tecla (/pulsador) de cierre
Xc = capacitive reactance | Xc = reactancia capacitiva
XCMD = external command | XCMD [*orden externa*]
X contact | contacto X
X cut | corte X, corte normal, tallado en X
X distributor | distribuidor de X
xDSL | xDSL [*denominación genérica de las tecnologóias que se basan en DSL*]
Xe = xenon | Xe = xenón
X eject | expulsión de X
X elimination | eliminación de X
X-elimination circuit | circuito de eliminación de X
X eliminator | eliminador de X
X-eliminator commutator | conmutador para eliminación de X
xenon | xenón
xenon buildup after shutdown | acumulación de xenón tras parada, sobreenvenenamiento con xenón
xenon effect | efecto xenón
xenon flash valve | válvula de destellos de xenón
xenon lamp | lámpara de xenón
xenon override | neutralización del xenón, compensación del efecto xenón
xenon poisoning | envenenamiento por xenón
xenon-poisoning predictor | detector de envenenamiento por xenón
xenon rectifier | rectificador de xenón
xerographic copying machine | copiadora xerográfica
xerography | xerografía
xeroprinting | impresión xerográfica

xeroradiographic | xerorradiográfico
xeroradiography | xerorradiografía
XFCN = external function | XFCN [*función externa*]
XFDL = extensible forms description language | XFDL [*lenguaje ampliable de descripción de formularios*]
XGA = extended graphics array | XGA [*conjunto de gráficos extendido*]
X guide | guía en X
X-H antenna array | red de antena X-H
x-height | altura de la x [*en tipografía*]
Xi = inductive reactance | Xi [*reactancia inductiva*]
Xi-zero | Xi cero [*reactancia inductiva de valor cero*]
x-line final selector | selector final de x contactos
Xmitter = transmitter | emisor, trasmisor
XML = extensible markup language | XML [*lenguaje de marcación ampliable*]
XMS = expanded memory specification | XMS [*especificación de memoria ampliada*]
XMT = transmit | XMT [*abreviatura de 'transmisión' usada en las comunicaciones en serie*]
XNS = Xerox network system | XNS [*sistema de red de Xerox*]
Xobject | objeto X
X off = transmitter off | trasmisor apagado
X on = transmitter on | trasmisor encendido
XON/XOFF = transmitter ON/OFF | XON/XOFF [*trasmisor conectado/desconectado*]
X operation | funcionamiento X
XOR = exclusive OR | O exclusivo
X-or-Y operation of relay springs | contactos escalonados
x-outlet group selector | selector de grupo de x contactos
X particle | partícula X
X pickup | captador de X
X plate | placa X

X plug | conexión de X
X position | posición X
X punch | perforación de X
X punching | perforación de X
X-punching plug hub | boca de perforación de X
X-punch relay | relé de perforar X
X-punch relay setup circuit | circuito de preparación del relé de perforar X
X radiation | radiación X
X-radiation regulator | regulador de radiaciones X
X-ray | rayos X, rayos Roentgen
X-ray analysis | análisis con rayos X
X-ray apparatus | aparato de rayos X
X-ray counter | contador de rayos X
X-ray coverage | campo (/zona) de radiación X, región alcanzada por emisión de rayos X
X-ray crystallography | cristalografía por rayos X
X-ray detecting device | dispositivo detector por rayos X
X-ray determination | determinación radiológica (/por rayos X)
X-ray diffraction | difracción de rayos X
X-ray diffraction analysis | análisis por difracción de rayos X
X-ray diffraction apparatus | aparato de difracción de rayos X
X-ray diffraction camera | cámara de difracción de rayos X
X-ray diffraction pattern | diagrama de difracción de rayos X, examen de textura por rayos X
X-ray diffraction spectrometer ring | anillo espectrométrico de difracción de rayos X
X-ray diffractometer | difractómetro de rayos X
X-ray diffractometry | difractometría de rayos X
X-ray dosimeter | radiodosímetro, dosímetro radiológico (/de rayos X)
X-rayed | radiografiado, tratado con rayos X
X-ray equipment | equipo de rayos X

X-ray excitation fluorimeter | fluorímetro de excitación por rayos X
X-ray film | película para rayos X
X-ray fluorescence | fluorescencia de rayos X
X-ray fluorescence absorptiometer | absorciómetro de fluorescencia de rayos X
X-ray focal spot | punto focal de los rayos X
X-ray goniometer | goniómetro de rayos X
X-ray hardness | dureza (/poder de penetración) de los rayos X
X-ray inspection | verificación por rayos X
X-ray installation | equipo de rayos X
X-ray interference | interferencia de rayos X
X-ray line | línea de rayos X
X-ray machine | equipo (/aparato) de rayos X
X-ray metallography | radiometalografía
X-ray microanalyser | microanalizador por rayos X
X-ray microbeam | microhaz de rayos X, microhaz de rayos Roentgen
X-ray microscope | microscopio de rayos X
X-ray photograph | radiografía, radiograma, fotografía por rayos X
X-ray proportional meter | contador proporcional de rayos X
X-ray rotating anode valve | válvula de rayos X de ánodo giratorio
X-ray spectrogoniometer | espectrogoniómetro de rayos X
X-ray spectrogram | espectrograma de rayos X
X-ray spectrograph | espectrómetro (registrador) de rayos X
X-ray spectrometer | espectrómetro de rayos X
X-ray spectrum | espectro de los rayos X
X-ray structure | estructura (atómica) determinada por rayos X
X-ray television | televisión por rayos X
X-ray test | examen radiográfico
X-ray therapy | terapia por rayos X
X-ray thickness gauge | calibrador de espesores por rayos X
X-ray unit | aparato de rayos X
X-ray valve | tubo de rayos X, válvula de rayos X
X-ray valve target | anticátodo de la válvula de rayos X
X-series | serie X
XSL = extensible stylesheet language | XSL [*lenguaje de hojas de estilo extensible*]
X stopper | eliminador (/supresor) de estática (/parásitos atmosféricos)
Xtal = crystal | cristal
X terminal | terminal X
XT keyboard | teclado XT
X-type engine | motor en X
Xu = X unit | unidad X
X unit | unidad X
X wave = extraordinary wave | onda X, (componente de) onda extraordinaria
XY chart | gráfico XY
XY-cut crystal | cristal de corte XY, cristal de talla XY
X-Y display | pantalla vectorial [*típica de osciloscopios*]
***x-y* matrix** | matriz bidimensional [*constituida por filas y columnas*]
***x-y* plotter** | tablero gráfico bidimensional
X-Y recorder | registrador de coordenadas X-Y
XY switch | selector XY, conmutador XY
XY system | sistema XY
x-y-z coordinate system | sistema de coordenadas tridimensional (/cartesianas)

Y

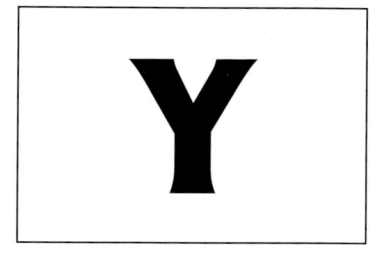

Y = admittance | admitancia
Y = luminance | Y = luminancia, señal de brillo
Y = yttrium | Y = itrio
Y2K = year 2000 problem | Y2K [*problema del año 2000, cuando hubo que cambiar los dígitos en los relojes internos de los ordenadores*]
YACC = yet another compiler-compiler | YACC [*otro compilador de compilador más*]
Y aerial | antena en Y [*antena con trasformador de adaptación en delta*]
yagi | yagi [*antena direccional compuesta por dipolos*]
Yagi aerial | antena Yagi [*antena parásita*]
YAG laser = yttrium argon garnet laser | láser YAG [*láser de granate de itrio y argón*]
Yahoo | Yahoo [*motor de búsqueda para internet*]
Y amplifier | amplificador Y, amplificador vertical
Y axis | eje Y, eje de ordenadas
Y axis deflection | deflexión por el eje Y
Yb = ytterbium | Yb = iterbio
Y capacitor | condensador Y, circulador en Y (/bifurcación, /estrella)
Y-connected circuit | circuito conectado en estrella
Y connection | conexión (/montaje) en estrella
Y connector | conector en Y
Y-coupler | acoplador en Y
Y current | corriente de una fase de la estrella
Y-cut | tallado en Y
Y-cut crystal | cristal de corte Y
year view | vista del año
yellow | amarillo

yellow alarm | alarma amarilla
yellow cake | torta amarilla
yellow local | amarillo local
yellow pages | páginas amarillas [*en guía telefónica*]
yellow pages service | servicio de páginas amarillas
Y fitting | conector (/acoplador) en Y
YHBT = you have been trolled | YHBT [*has caído en la trampa (abreviatura usada en juegos por internet)*]
YHL = you have lost | YHL [*has perdido; abreviatura usada en internet*]
yield | rendimiento (energético); energía liberada; producto
yield arm | brazo cedente
yield cross section | sección eficaz de producción
yield map | mapa de rendimiento
yield-mass curve | curva de distribución-masa
yield of neutrons per fission | neutrones producidos por cada escisión
yield of radiation | rendimiento de la radiación
yield per ion pair | rendimiento por par de iones
yield strength | límite de estirado
yield-strength-controlled bonding | unión controlada por el límite elástico
yield value | límite elástico
YIG = yttrium iron garnet | GHI = granate de itrio y hierro
YIG device | dispositivo de GHI = dispositivo de granate de hierro e itrio
YIG filter | filtro de GHI = filtro de granate de hierro e itrio
YIG-tuned parametric amplifier | amplificador paramétrico sintonizado por filtro de granate de hierro e itrio
YIG-tuned tunnel diode oscillator | oscilador de diodo túnel (/Esaki) sintonizado por filtro de granate de hierro e itrio
Y junction | unión en Y
y.lem | y.lem [*materia original de la que surgieron los elementos fundamentales como consecuencia del "big bang"*]
YLW = yellow | amarillo
Y match | adaptación en Y
Ymodem | Ymodem [*variedad de Xmodem con capacidades ampliadas*]
Y network | red en estrella, red en Y
yocto- [*prefix meaning 10^{-24}*] | yocto- [*prefijo que significa 10^{-24}*]
yoke | yugo; culata
yoke drive | impulsión a horquilla
yoke piece | culata
Y operation | funcionamiento en Y
yotta- [*prefix meaning 10^{24}*] | yotta- [*prefijo que significa 10^{24}*]
Young's modulus | módulo elástico (/de Young)
Y plate = luminance plate | placa Y, módulo de luminancia
Y point | punto neutro
Y punch | perforación en Y
Y ray | rayo Y
Y signal | señal Y
ytterbium | iterbio
yttrium | itrio
yttrium iron garnet | granate de itrio y hierro
Y-type engine | motor en Y [*motor con inducido en estrella*]
Yukawa kernel | núcleo (/nódulo) de Yukawa, núcleo de difusión
Yukawa potential | potencial de Yukawa
Yvon method | método de Yvon
Y-Y connection | conexión en estrella-estrella

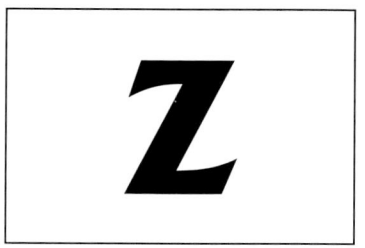

Z | Z [*símbolo matemático de la impedancia*]
Z = atomic number | Z = número atómico
Z0 | Z0 [*símbolo matemático de la impedancia característica o de referencia*]
Zamboni pile | pila de Zamboni
Z-angle meter | medidor del ángulo Z, medidor de impedancias y ángulos de fase
zap, to - | cambiar de canal [*con frecuencia*], zapear [*fam*]; borrar definitivamente [*un archivo*]
Z axis | eje Z
Z-axis modulation | modulación de eje Z
Z bar | barra Z
Z component | componente Z
Z-cut crystal | cristal de talla Z
Zebra time | hora Z
Zeeman effect | efecto Zeeman
Zeeman splitting constant | constante de partición de Zeeman
zener | zener [*diodo que aplica el efecto Zener*]
Zener breakdown | disrupción (/ruptura, /descarga) de Zener
Zener breakdown field | campo disruptivo de Zener
Zener current | corriente de Zener
Zener diode | diodo (de) Zener, diodo de avalancha
Zener effect | efecto Zener
Zener impedance | impedancia de Zener
Zener knee current | corriente de codo de Zener
Zener reference diode | diodo de referencia Zener
Zener region | región de Zener
Zener voltage | voltaje (/tensión disruptiva) de Zener
Zener zapping | alternancia de Zener
zenith | cénit
zenith adjustment | ajuste de cénit
Zepp aerial [*fam*] = Zeppelin aerial | antena zepelín
Zeppelin aerial | antena zepelín
zepto- [*prefix meaning 10^{-21}*] | zepto- [*prefijo que significa 10^{-21}*]
zero | cero
zero, to - | rellenar (/reemplazar) con ceros, poner a cero
zero access memory | memoria con tiempo de acceso nulo
zero access storage | memoria de acceso inmediato, memoria de tiempo de acceso cero, memoria con tiempo de acceso nulo
zero address | sin dirección
zero address computer | ordenador sin direcciones
zero address instruction | instrucción sin dirección, instrucción de dirección nula (/cero)
zero adjuster | ajustador de cero
zero adjustment | ajuste de cero
zero axis symmetry | simetría de eje cero
zero beat | batido (/pulsación) cero
zero beat detection | detección homodina
zero beat indicator | indicador de homodinaje
zero beat indicator wavemeter | ondámetro homodino
zero beat method | método homodino (/de batido a cero)
zero beat receiver | receptor homodino (/por batido cero)
zero beat reception | recepción homodina (/por batido cero)
zero bias | polarización nula (/cero)
zero bias anode current | corriente de ánodo (/placa) sin polarización [*de rejilla*]
zero-bias valve | válvula sin polarización, válvula de polarización nula (/cero)
zero blanking | supresión de ceros
zero cancellation | supresión de ceros
zero capacitance | capacidad (/capacitancia) nula
zero carrier | ausencia (/cero, /amplitud nula) de la portadora
zero cathode | cátodo inicial (/del cero)
zero-centre ammeter | amperímetro de cero central (/en el centro)
zero-centre microammeter | microamperímetro de cero central (/en el centro)
zero-centre voltmeter | voltímetro de cero central (/en el centro)
zero check | prueba (/verificación) a cero
zero-check control | control de verificación a cero
zero-check light | luz de prueba a cero
zero compensation | compensación de cero
zero compensation theorem | teorema del ajuste a cero
zero compression | compresión de ceros
zero current | corriente nula
zero-current indicator | indicador de corriente nula
zero-current turnout | interrupción por intensidad cero
zero-cut crystal | cristal de talla cero, cristal (de cuarzo) tallado a cero
zero-dB attenuator | atenuador de ajuste a cero decibelios
zero defects | sin defectos, ausencia de defectos
zero deflection | desviación (/deflexión) nula
zero-delay electric blasting cap | cebo (/detonador) eléctrico instantáneo
zero dispersion | dispersión nula
zero dispersion slope | pendiente de dispersión nula
zero-dispersion spectrometer | espectrómetro de dispersión nula
zero divide | división por cero [*matemáticamente indefinida*]
zero drift | deriva (/corrimiento) del cero
zero elimination | supresión (/eliminación) de ceros
zero energy | energía nula (/cero)
zero-energy reactor | reactor de energía nula, reactor de potencia cero

zero error | error de cero, error por retardo interno
zero-field emission | emisión de campo cero (/uniforme)
zero flag | banderín cero [bit que se establece en un microprocesador cuando el resultado de una operación es cero]
zero frequency | frecuencia cero (/nula)
zero-frequency component | componente continua (/de frecuencia cero)
zero función | función cero
zero gravity | gravedad cero
zero-gravity switch | conmutador de gravedad nula, interruptor de gravedad cero
zero-impedance generator | generador de impedancia nula
zero-input terminal | terminal de entrada de cero
zero insertion force connector | conector de fuerza de inserción cero
zero isochrone | isócrona cero
zero isotopic spin | espín isotópico nulo
zero lead | hilo neutro; cero bioeléctrico
zero level | nivel cero
zero-level input | entrada a nivel cero
zero-level output | salida a nivel cero
zero-level sensitivity | sensibilidad referida al nivel cero
zero line | línea cero
zero-line stability | estabilidad de línea cero
zero load | carga nula, consumo nulo
zero-load impedance | impedancia de carga nula
zero-load meter | instrumento de medición de consumo nulo
zero-load voltmeter | voltímetro de carga nula
zero-loss circuit | circuito sin pérdida
zero matrix | matriz cero (/nula)
zero method | método de cero
zero modulation | modulación nula, ausencia de modulación
zero-modulation noise | ruido sin modulación
zero out, to - | poner a cero [convertir en ceros una variable o una serie de bits]
zero output | salida (de estado) cero
zero-output terminal | terminal de salida cero
zero phase-sequence component | componente homopolar
zero phase-sequence protection | protección homopolar
zero phase-sequence relay | relé homoplar (/de secuencia de fase cero)
zero point | punto (de nivel relativo) cero
zero-point energy | energía en el cero absoluto
zero pole | polo cero
zero potential | potencial nulo (/cero)
zero power | potencia cero (/nula)

zero-power factor | factor de potencia cero (/nulo)
zero-power-factor characteristic | característica de corriente reactiva
zero-power fast reactor | reactor de neutrones rápidos de potencia nula
zero-power range | margen de potencia nula (de un reactor)
zero-power reactor | reactor de potencia nula (/cero)
zero-power resistance | resistencia de potencia cero, resistencia sin disipación (de energía)
zero-power resistance-temperature characteristic | característica de resistencia sin disipación en función de la temperatura del elemento
zero-power temperature coefficient of resistance | coeficiente de temperatura respecto a la resistencia sin disipación, coeficiente térmico con potencia cero de la resistencia
zero print | impresión de ceros
zero-print control | control de impresión de ceros
zero printing | impresión de ceros
zero reactance | reactancia cero (/nula)
zero reactance point | punto de reactancia cero
zero relative level | nivel relativo cero
zero-relative-level point | punto (de nivel relativo) cero
zero-relative-level sensitivity | sensibilidad referida al nivel cero
zero rocker | balancín del cero
zero sequence component | componente homopolar
zero sequence coordinate | coordenada homopolar (/de orden cero)
zero sequence field impedance | impedancia de campo homopolar
zero set | puesta a cero
zero-setting device | dispositivo de puesta (/retorno) a cero
zero shift | desplazamiento del cero
zero-shift error | error por desplazamiento de cero
zero signal DC plate current | corriente continua de ánodo sin señal
zero signal method | método de señal cero
zero signal output voltage | tensión de salida en ausencia de señal
zero space charge | carga espacial nula
zero split | supresión de arrastre de ceros
zero stability | estabilidad del cero
zero state | estado cero
zero subcarrier | subportadora cero (/nula), ausencia de subportadora
zero subcarrier chromaticity | cromaticidad de subportadora nula (/cero)
zero suppression | supresión del cero, supresión de ceros
zero suppression multirelay | relé múltiple de supresión de ceros

zero time reference | tiempo cero de referencia
zero toll level point | punto cero del nivel de trasmisión de larga distancia
zero-to-space device | dispositivo conversor de cero a espacio
zero transfer | trasferencia de ceros
zero transmission-level reference point | punto de referencia de nivel de trasmisión cero
zero-trip loop | bucle de paso cero
zero voltage | tensión cero (/nula)
zero-voltage output | tensión de salida nula, salida de tensión nula
zero-voltage switch | conmutador a tensión nula, interruptor de tensión cero
zero-voltage turn-on | desbloqueo por tensión cero
zero-wait state | estado de espera cero
zero word | palabra cero
zero/X exit | salida de X y ceros
ZETA = zero-energy thermal (/thermonuclear) apparatus | ZETA [reactor de fusión de energía nula]
zetta- [prefix meaning 10^{21}] | zetta- [prefijo que significa 10^{21}]
Z factor | factor Z
ZIF socket = zero insertion force socket | zócalo ZIF [zócalo para inserción del elemento sin aplicar fuerza]
zigzag-connected | conectado en zigzag
zigzag-connected secondary | secundario conectado en zigzag
zigzag connection | conexión en zigzag
zigzag in-line pin | pin de zigzag en línea
zigzag rectifier | rectificador en zigzag
zigzag reflection | reflexión zigzag (/múltiple)
zigzag winding | devanado en zigzag
zinc | cinc
zinc bromide solution | solución de bromuro de cinc
zinc-manganese dioxide primary cell | pila primaria de bióxido de manganeso y cinc
zinc orthosilicate | ortosilicato de cinc
zinc-plated | electrocincado
zinc-silver chloride primary cell | pila primaria de cloruro de plata y cinc
zinc-silver oxide cell | pila de óxido de plata y cinc
zinc telluride | telururo de cinc
zip | zip [desinencia de un tipo de archivo informático comprimido]
zip, to - | comprimir
ZIP = zigzag in-line pin | ZIP [pin de zigzag en línea]
ZIP = zone information protocol | ZIP [protocolo de información de zona]
zip drive | unidad zip [disco de 3,5" de Iomega con capacidad de hasta 250 MB]
zipped (adj) | comprimido [en archivos informáticos]

zircon-iron powder-coated electrode | electrodo revestido de polvo de circonio y hierro
zirconium | circonio
zirconium lamp | lámpara de circonio
zirconium-niobium scanner | explorador de circonio-niobio
ZM = zone marker | MZ = marcador de zona
Z marker | marca de zona
Z marker beacon | radiobaliza de zona
Z match | adaptación Z
Z meter | impedancímetro, medidor de impedancias
Zmodem | Zmodem [tipo de Xmodem perfeccionado]
Zn = zinc | Zn = cinc
zodiacal light | luz zodiacal
zone | zona, área
zone, to - | dividir en zonas
zone-and-overtime registration | registro (de medidas) por zona y duración
zone axis | eje de zona
zone bit | bit de zona
zone blanking | supresión (/extinción) de zona
zone centre | centro (/central) de zona; centro principal de tránsito
zoned circuit | circuito de protección de zona
zoned lens | lente escalonada
zone elimination | eliminación de zona
zone header | cabecera de sección [en Macintosh]
zone information protocol | protocolo de información de zona
zone levelling | nivelación por zonas, homogeneización por fusión de zona
zone-levelling technique | técnica de nivelación de zona (/arrastre horizontal)
zone magnet | electroimán de zona
zone magnet control | control de los electroimanes de zona
zone marker | radiobaliza (/radiofaro, /marcador) de zona, marcador tipo Z
zone melting | (procedimiento de) fusión por zonas
zone metering | medida (/recuento) por zonas
zone of silence | zona de silencio
zone position indicator | indicador de posición aproximada (/de zona)
zone position indicator radar | radar de vigilancia indicador de posición
zone punch | perforación de zona, sobreperforación
zone purification | purificación por zonas
zone refining | refinado por zonas
zone registration | medida por zona
zone selection | seleccion de zona
zone selector | selector de zona
zone suppression | supresión de zona
zone time | huso horario
zoning | escalonamiento, disposición (/purificación, /refinado) por zonas
zoning of rates | tarifa (/tasación) por zona
zoom | zoom, ampliación óptica; cambio rápido de plano
zoom, to - | hacer un zoom, variar el tamaño del enfoque, agrandar la imagen
zoom box | caja de zoom [para control de gráficos en la pantalla de Macintosh]
zoom function | zoom [proceso de disminución y aumento progresivos de la imagen]
zoom in | zoom para acercar
zoom in, to - | agrandar, enfocar en primer plano
zoom lens | lente zoom (/de cambio rápido de plano)
zoom option | opción de zoom
zoom out | zoom para alejar
zoom out, to - | disminuir
z-order | orden z [para dibujar objetos en la tercera dimensión]
ZPI = zone position indicator radar | ZPI [radar de vigilancia indicador de posición]
Z time | hora Z
ZTLP = zero transmission level point | ZTLP [punto del nivel de trasmisión cero]
Zulu time [slang for Greenwich Mean Time] | hora zulú [fam. hora media de Greenwich]
Zurich's number | número de Zurich
ZVEI = Zentralverband der elektrotechnischen Industrie (ale) [German electrotechnical industry association] | ZVEI [asociación central de la industria electrotécnica alemana]
Zworykin multiplier | multiplicador de Zworykin
Zworykin photomultiplier | fotomultiplicador de Zworykin
Z-Y bridge | puente de Z-Y, puente de medición de impedancias y admitancias

SEGUNDA PARTE:

ESPAÑOL - INGLÉS

SECOND PART:

SPANISH - ENGLISH

A

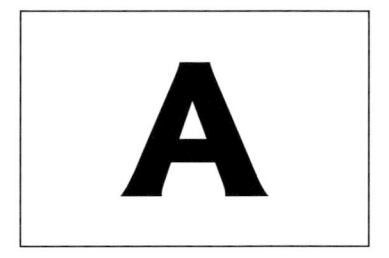

A = amperio | A = amp = ampere
A: [*identificador de primera unidad de disco*] | A: [*identifier used for the first disc drive*]
a distancia radioóptica | radiovisible
A DUB [*mezcla de audio*] | A DUB = audio dubbing
a la velocidad de los periféricos de entrada/salida | I/O limited = input/output limited
a motor | power-driven
A negativo | A minus, A negative
A positivo | A plus, A positive
a prueba de averías | fail safe
a prueba de chispas | sparkproof
a prueba de cortocircuitos | short-circuitproof
a prueba de descargas eléctricas | shockproof
a prueba de explosiones | explosionproof
a prueba de fallos | fail safe
a prueba de fractura | shatterproof
a prueba de lluvia | rainproof, raintight
a prueba de rasguños | scuffproof
a prueba de ruidos explosivos | pop proof, popproof
a prueba de sacudidas | shakeproof
a prueba de sacudidas eléctricas | shockproof
a prueba de salpicaduras | splashproof
a prueba de sobretensiones transitorias | surgeproof
a ráfagas [*en transmisión discontinua*] | bursty
a tierra positiva | positive earth [UK]
a través | across
a través de | through [UK+USA], thru [USA]
AAC [*codificador de audio avanzado*] | AAC = advanced audio coder
AAI [*indicador del ángulo de aproximación*] | AAI = angle of approach indicator
AAL [*capa de adaptación ATM*] | AAL = ATM adaptation layer
AAR [*radioinmunoensayo para (determinar) el antígeno Australia*] | AAR = Australia antigen radioimmunoessay
AARR [*reactor de investigación avanzado del ANL*] | AARR = Argonne advanced research reactor
AAV = aumento automático de volumen | AVE = automatic volume expansion
AAWS [*sistema automático de alarma de ataque*] | AAWS = automatic attack warning system
AB = acceso básico | BA = basic access
ábaco | abac
ábaco de pérdidas en guía de ondas | waveguide loss chart
abajo | down
abamperio [*unidad de intensidad de corriente eléctrica en el sistema CGS*] | abampere
abanico | fan
abanico de entrada | fan-in
abanico de salida | fan-out
abarquillamiento | warpage
abastecimiento | supply
abatimiento | dismantling
ABC [*ordenador de Atanasoff-Berry*] | ABC = Atanasoff-Berry computer
ABC [*control automático de brillo*] | ABC = automatic brightness control
abculombio [*unidad de carga eléctrica en el sistema CGS*] | abcoulomb
abend [*finalización anormal (de un proceso)*] | abend = abnormal end
aberración | aberration
aberración cromática | chromatic aberration
aberración cromática lateral | lateral chromatic aberration
aberración cromática longitudinal | longitudinal chromatic aberration
aberración esférica | spherical aberration
abertura | aperture, opening, orifice; break, span, spout
abertura acústica | sound hole
abertura angular | angular aperture
abertura angular vertical del haz | vertical beamwidth
abertura de acoplamiento | coupling aperture
abertura de entrada | input gap
abertura de exploración | scanning aperture (/hole)
abertura de interacción | interaction gap
abertura de la bocina | horn aperture
abertura de la válvula | valve opening
abertura de observación | scanning hole
abertura de paso del sonido | sound hole
abertura de radiación | spout
abertura de rerradiación | scattering aperture
abertura de salida | outlet aperture, output gap
abertura de soldadura | solder eyelet
abertura de televisión | television aperture
abertura de trasporte | transfer port
abertura del circuito | breaking the circuit
abertura del colimador | collimator aperture
abertura del condensador | condenser aperture
abertura del haz | beam width
abertura del núcleo | window area
abertura entre electrodos | sparkingplug opening
abertura numérica | numerical aperture
abertura real | effective aperture
abertura relativa | relative aperture
abertura relativa vertical | vertical relative aperture
abertura relativa vertical del acelerador | vertical accelerator relative aperture
abertura variable | variable aperture (/opening)
abfaradio [*unidad de capacidad eléctrica en el sistema CGS*] | abfarad
abhenrio [*unidad de inductancia eléctrica en el sistema CGS*] | abhenry
ABI [*interfaz binaria de aplicaciones*] | ABI = application binary interface
abierto | open, open-type
abierto mientras se pulsa | springloaded
ABIOS [*sistema básico avanzado de entrada/salida*] | ABIOS = advanced basic input/output system
ablación | ablation

ablandamiento | softening
ablativo | ablative
abmho [*unidad de conductancia eléctrica en el sistema CGS*] | abmho
abocinado | tapered
abocinamiento | flare
abogado especializado en cibernética | cyberlawyer
abohmio [*unidad de resistencia eléctrica en el sistema CGS*] | abohm
abolladura | dent
abombamiento | warpage
abonado | customer, subscriber
abonado a la teledifusión por cable | subscriber-to-wire broadcast, wire-broadcasting licence holder, wire-broadcasting-system subscriber
abonado a una sola línea | single-line subscriber
abonado al régimen de conversación tasada | message rate subscriber
abonado al servicio | subscriber
abonado al servicio telefónico | subscriber-to-telephone service, telephone customer
abonado al servicio telegráfico | subscriber-to-telegraph service
abonado al teléfono | telephone customer
abonado al telégrafo | subscriber-to-telegraphy, telegraph subscriber
abonado ausente | absent subscriber
abonado autómata | robot subscriber
abonado con aparatos suplementarios | subscriber with extension stations
abonado con extensiones | subscriber with extension stations
abonado con una sola línea | single-line subscriber
abonado del TWX | TWX customer
abonado itinerante | roamer
abonado libre | subscriber idle condition
abonado llamado | called subscriber
abonado local | near-end subscriber
abonado moroso | subscriber in arrears
abonado ocupado | subscriber busy condition
abonado que llama | caller, calling subscriber, party calling
abonado remoto | remote subscriber
abonado solicitante | requesting subscriber
A-Bone [*red principal de internet para Asia y el Pacífico*] | A-Bone = Asian-Pacific Internet backbone
abono | contract, supply agreement
abono a la radio | radio subscription
abono al régimen de conversaciones tasadas | message rate subscription
abono temporal | temporary service contract
abortar | [*interrumpir un proceso*] to abort [*to interrupt a process*]; [*suspender una operación sin terminarla*] to sleep; [*un programa*] to kill

aborto [*terminación abrupta de un programa o proceso*] | abort [*abruptly termination of a program or procedure*]
ABR [*detección automática de la velocidad de trasmisión en baudios*] | ABR = automatic bit rate detection
abrasamiento | burnout
abrazadera | clamp, clip, keeper, O ring, saddle, tie
abrazadera aislada | insulated clip
abrazadera corrediza | tie
abrazadera de anclaje | strain clamp (/relief clasp)
abrazadera de anclaje en forma de eslabón torcido | twisted chain link
abrazadera de cable | cable clamp
abrazadera de plástico | plastic strap
abrazadera de protección | armour clamp
abrazadera de tierra | ground clamp
abrazadera para sujeción de cruceta | pole gain
abrazo fatal | deadlock, deadly embrace
abrazo mortal | deadly embrace
abrepuertas fotoeléctrico | photoelectric door opener
abreviatura de servicio | service abbreviation
abreviatura toponímica | place name abbreviation
abridor de puertas fotoeléctrico | photoelectric door opener
abrigo | shelter
abrillantador del tubo de imagen | picture-valve brightener
abrillantamiento | brightening, colouring [UK], coloring [USA]
abrir | to open
abrir buzón de entrada | to open inbox
abrir como | to open as
abrir cuadro de diálogo | to open dialog box
abrir directorio | to open directory
abrir el circuito | to switch off
abrir en ventana actual | to open in place
abrir en ventana nueva | to open new view
abrir terminal | to open terminal
abrir un circuito | to open a circuit
abrirse | to release, to unseal
ABS [*servicio de abono alternativo*] | ABS = alternate billing service
ABS [*sistema de antibloqueo electrónico*] | ABS = anti block system
abscisa | abscissa, X-axis
absoluto | absolute
absorbancia | absorbance, absorbency, absorptance
absorbedor | absorber
absorbedor acústico | sound absorber
absorbedor de ondas | surge absorber
absorbedor de radiaciones | radiation absorber
absorbedor de radiactividad | radioactivity absorber

absorbente | absorber; absorbing
absorbente acústico | sound-absorbent
absorbente calibrado | standard absorber
absorbente de neutrones | neutron absorber
absorbente de vibraciones | vibration-absorbing
absorbente débil | weak absorber
absorbente del sonido | sound-absorbent
absorbente gris | grey absorber
absorbente metálico | getter
absorbente neutro | neutral filter
absorbente no selectivo | neutral filter
absorbente normalizado | standard absorber
absorbente solar | solar absorber
absorbido | absorbed
absorciometría fotónica singular | single photon absortiometry
absorciómetro | absorptiometer
absorciómetro de fluorescencia de rayos X | X-ray fluorescence absorptiometer
absorción | absorption, drainage, sorption; suckout [*fam*]
absorción acústica | sound absorption
absorción atmosférica | atmospheric absorption
absorción atómica | atomic absorption
absorción auroral | auroral absorption
absorción de Compton | Compton absorption
absorción de desviación | deviation absorption
absorción de fotones | photon absoption
absorción de humedad | moisture absorption
absorción de infrarrojo | infrared absorption
absorción de iones | uptake of ions
absorción de luz | absorption of light, light absorption
absorción de neutrones | neutron absorption
absorción de partículas cargadas | absorption of charged particles
absorción de partículas con carga | absorption of charged particles
absorción de portadora libre | free carrier absorption
absorción de radiaciones | radiation absorption
absorción de resonancia | resonance absorption
absorción de resonancia paramagnética | paramagnetic resonance absorption
absorción de Sabine | Sabine's absorption
absorción de saturación | saturation absorption
absorción de sobretensiones transitorias | surge voltage absorption
absorción de superficie externa | ex-

tramural absorption
absorción de tierra | ground absorption
absorción del sonido | sound absorption
absorción dieléctrica | dielectric absorption
absorción diferencial | differential absorption
absorción en la producción de pares | pair production absorption
absorción equivalente | equivalent absorption
absorción exponencial | exponential absorption
absorción ferromagnética de resonancia | ferromagnetic resonance absorption
absorción fotoeléctrica | photoelectric absorption
absorción fotónica | photon absoption
absorción gamma | gamma absorption
absorción interna de gas | gas clean-up
absorción ionosférica | ionospheric absorption
absorción no desviada | nondeviated absorption
absorción nuclear | nuclear absorption
absorción paramagnética | paramagnetic absorption
absorción parenteral [*disminución de la emisión por absorción del propio material radiactivo*] | wall absorption
absorción polarizada | polar absorption
absorción por contacto | contact gettering
absorción selectiva | selective absorption
absorción sin desviación | nondeviated absorption
absorción sonora | sound absorption
absorción total | total absorption
absortividad | absorptivity
abstracción | abstraction
abstracción de datos | data abstraction
abstracción procesal | procedural abstraction
abundancia | abundance
abundancia cósmica | cosmic abundance
abundancia isotópica | isotopic abundance
abundancia isotópica relativa | relative isotopic abundance
abundancia molecular | molecular abundance
abundancia natural | natural abundance
abundancia relativa | relative abundance
abundancia relativa de un isótopo | relative abundance of an isotope
abuso de correo electrónico | unsolicited bulk e-mail
abvatio [*unidad de potencia eléctrica en el sistema CGS*] | abwatt
abvoltio [*unidad de diferencia de potencial eléctrico del sistema CGS*] | abvolt
ACA = analizador clínico automático | ACA = automatic clinical analyser
acabado | finish(ing)
acabado de lacado gris | grey lacquer finish
acabado de superficie | plate finish
acabado en relieve | wrinkle finish
acabado final | end finish
acabado gris lacado | grey lacquer finish
acabado gris martelé | grey hammer finish
acabado mate | matt finish
acabado rugoso | wrinkle finish
acabado vermiculado | crackle finish
acabar | to terminate, to end up
acallado | squelched
acallamiento | quieting
acanalado | serrated
acanaladura | splineway
acanaladura auxiliar | gutter
acaparamiento de corriente | current hogging
acarreo circular | end-around carry
acarreo de alta velocidad | high speed carry
acarreo parcial | partial carry
ACC [*adaptador de velocidad a la distancia, control de crucero adaptativo*] | ACC = adaptive cruise control
acceder | to access
acceder a un ordenador remoto [*utilizando el protocolo telnet*] | to telnet
acceder al núcleo [*de un sistema operativo*] | to shell out
accesibilidad | accessibility
accesibilidad completa | full accessibility
accesibilidad incompleta | incomplet (/limited) accessibility
accesibilidad limitada | limited accessibility
accesibilidad total | full accessibility
acceso | access; port
acceso a archivos | file access
acceso a disquete | floppy access
acceso a distancia | remote access
acceso a escritura | write access
acceso a internet | Internet access
acceso a la radiotelefonía móvil pública | public access mobile radio
acceso a la red | network access
acceso a memoria caché coherente no uniforme | cache-coherent non-uniform memory access
acceso a través de regenerador [*en RDSI*] | regenerator access
acceso al canal [*de datos*] | channel access
acceso al azar | random access
acceso aleatorio | random access
acceso ampliado | extended access
acceso básico | basic access
acceso cíclico | cyclic access
acceso común de usuario | common user access
acceso digital integrado | integrated digital access
acceso digital integrado multilínea | multiline integrated digital access
acceso directo | direct access
acceso directo a correo [*los mensajes se copian del servidor, donde permanecen*] | online
acceso directo a (la) memoria | direct memory access
acceso en serie | serial access
acceso igualitario | equal access
acceso inmediato | immediate access
acceso múltiple | multiple access
acceso múltiple de detección de portadora | carrier sense multiple access
acceso múltiple por división | division multiple access
acceso múltiple por división de frecuencia | frequency division multiple access
acceso múltiple por división en código | code division multiple access
acceso múltiple por división en el tiempo | time division multiple access
acceso múltiple por división en longitud de onda | wavelength division multiple access
acceso múltiple por subportadora | subcarrier multiple access
acceso multipunto | multiaccess line, multipoint access
acceso paralelo | parallel access
acceso por llamada [*a red de datos*] | dial-up access
acceso por telemando | remote access
acceso primario | multiplexed (/primary) access
acceso remoto | remote access
acceso remoto a correo [*los mensajes se borran del servidor al bajarlos*] | offline
acceso restringido | closed shop
acceso secuencial | sequential access
acceso simultáneo | simultaneous access
accesorio | accessorie, accessory; add on; fitting
accesorio de escritorio [*pequeño programa informático*] | desk (/desktop) accessory
accesorio partido | split fitting
accesorio roscado | screwed fitting
accesorios de la ventana | window decorations
accesorios para el tendido de cables | wiring sundries
accesorios para líneas de trasmisión | transmission line fittings
accesorios para postes | pole fittings
accidental | accidental
accidente | crash
acción | action, movement
acción atómica | atomic action
acción avanzada | expert action

acción cíclica | cycling
acción de activación | trigger (/wake-up) action
acción de cablegrafiar | cabling
acción de colgar el receptor | replacement of receiver
acción de desbloqueo | turn-on action
acción de disparo | trigger action
acción de frotamiento | wiping action
acción de frotamiento de los contactos | wiping action
acción de iniciación | trigger action
acción de lavado | scrubbing action
acción de lengüeta resorte | spring finger action
acción de muestreo | sampling action
acción de múltiples posiciones | multiposition action
acción de poner a tierra | earthing
acción de posición proporcional | proportional position action
acción de posicionado | positioning action
acción de proporción | rate action
acción de rebasar | bumping
acción de restablecimiento | reset action
acción de trepar | climbing
acción de válvula | valve action
acción de volver a llamar | calling back
acción del intervalo diferencial entre dos posiciones | two-position differential gap action
acción del trasformador | transformer action
acción derivada | derivative (/rate) action
acción disruptiva en sentido inverso | reverse breakdown
acción disyuntiva | trip action
acción entre dos posiciones | two-position action
acción escalonada | sequence (/step-by-step) action
acción flotante | floating action
acción flotante de una sola velocidad | single-speed floating action
acción flotante de velocidad proporcional | proportional speed floating action
acción flotante sobre posición media | floating-average-position action
acción inmediata | quick action (/operation)
acción integral | integral action
acción láser | lasering
acción limitadora | limiting
acción local | local action
acción multiescalonada | multiposition action
acción paso a paso | step-by-step action
acción predeterminada | default action
acción programada | scheduled action
acción radiobiológica | radiobiological action
acción rápida | quick operation, snap-action
acción recíproca | (mutual) interaction, reciprocal action
acción retardada | delayed action
acción rotativa | rotary action
acción secuencial | sequence action
acción todo o nada | on-off action
acción única entre dos posiciones | two-position single-point action
acción vibratoria | dither
accionado mecánicamente | power-actuated
accionado por aspiración | vacuum-operated
accionado por eje | shaft-driven
accionado por energía solar | solar-operated, solar-powered
accionado por impulsos | pulse-operated
accionado por motor | powered
accionado por muelle | spring-driven
accionado por piloto | pilot-operated
accionado por pulsador | press button operated, pushbutton-actuated, push-button-controlled, pushbutton-operated
accionado por radio | radio-operated
accionado por relé | relay-operated
accionado por resorte | spring-loaded
accionado por señal | signal-operated
accionado por servomecanismo | servoactuated
accionado por servomotor | servomotor-operated
accionado por solenoide | solenoid-actuated, solenoid-operated
accionado por tensión | voltage operated, voltage-actuated
accionado por transistor | transistor-operated
accionado por trasductor | transductor-operated
accionado por vacío | vacuum-operated
accionado por válvula | valve-actuated, valve-controlled
accionado por válvula auxiliar | pilot-operated
accionado por voltaje | voltage operated
accionado secuencialmente | sequentially operated
accionador | actuator
accionador giratorio | rotary actuator
accionador unido | joined actuator
accionamiento | drive
accionamiento a distancia | remote-control operation
accionamiento acodado | right-angle drive
accionamiento común | common drive
accionamiento de antena | aerial drive
accionamiento de antena de radar | radar aerial drive
accionamiento de retención y liberación | release lock action
accionamiento del conmutador | switch action
accionamiento del disco | dial operation, dialling
accionamiento del relé | relay operation
accionamiento mecánico | mechacon = mechanism control
accionamiento por cable | rope drive
accionamiento por pulsación | push action
accionamiento regulable | variable drive
accionamiento rotativo | rotary action
accionar | to throw
accionar el timbre | to ring the bell
ACD [*departamento militar de comunicaciones de USA*] | ACD = army communications division [USA]
ACE [*máquina automática de computación*] | ACE = automatic computing engine
ACE = abuso de correo electrónico | UBE = unsolicited bulk e-mail
ACEC [*comisión de vigilancia del comercio electrónico*] | ACEC = Advisory commission on electronic commerce
aceite | oil
aceite aislante | insulating oil
aceite de soldadura | soldering oil
aceite esencial | volatile oil
aceite hidráulico para cambios automáticos | automatic transmission fluid
aceite para cables | cable oil
aceite para trasformadores | transformer oil
aceite volátil | volatile oil
ACK [*reconocimiento, señal de respuesta*] | ACK = acknowledgement
aceleración | acceleration
aceleración angular | angular acceleration
aceleración automática | automatic speed control
aceleración constante | uniform acceleration
aceleración controlada en el tiempo | timed acceleration
aceleración de Cockcroft-Walton | Cockcroft-Walton acceleration
aceleración de desviación posterior | post-deflection acceleration
aceleración de partículas | particle acceleration
aceleración del puntero | pointer acceleration
aceleración dinámica | dynamic acceleration
aceleración en pérdida | acceleration at stall
aceleración estática | static acceleration
aceleración instantánea | instantaneous acceleration
aceleración invariable | static acceleration
aceleración lineal | linear acceleration
aceleración negativa | negative acce-

aceleración posterior | post-aceleration
aceleración promedio | average acceleration
aceleración teórica en pérdida | theoretical acceleration at stall
aceleración vibratoria | vibratory acceleration
acelerador | accelerator
acelerador basado en Windows [tipo de adaptador de vídeo super VGA] | Windows-based accelerator
acelerador coaxial de plasma | coaxial plasma accelerator
acelerador de campo cruzado | crossed-field accelerator
acelerador de Cockcroft-Walton | Cockcroft-Walton accelerator
acelerador de colisiones | colliding beam accelerator
acelerador de coma flotante | floating-point accelerator
acelerador de electrones de ondas progresivas | travelling-wave electron accelerator
acelerador de gradiente alterno | alternating-gradient accelerator
acelerador de gráficos [adaptador de vídeo con un coprocesador gráfico] | graphics accelerator (/engine)
acelerador de Greinacher | Greinacher accelerator
acelerador de guiaondas | waveguide accelerator
acelerador de impulsión | impulse accelerator
acelerador de impulsos | impulse (/pulsed) accelerator
acelerador de inducción | induction accelerator
acelerador de iones | ion accelerator
acelerador de iones positivos | positive ion accelerator
acelerador de ondas progresivas | travelling-wave (linear) accelerator
acelerador de partículas | particle accelerator
acelerador de partículas pulsante | pulsed particle accelerator
acelerador de partículas Van de Graaf | Van de Graaf particle accelerator
acelerador de plasma | plasma accelerator
acelerador de plasma de electrodos colineales | colinear electrode plasma accelerator
acelerador de plasma pulsante | pulsed plasma accelerator
acelerador de potencial constante | constant potential accelerator
acelerador de protones | proton accelarator
acelerador de resonancia magnética | magnetic resonance accelerator
acelerador de Van de Graaf | Van de Graaf accelerator
acelerador de vídeo | graphics engine, video accelerator
acelerador electrónico lineal | electron linear accelerator
acelerador electrostático | electrostatic accelerator
acelerador electrostático con montaje multiplicador | multiplier circuit electrostatic accelerator
acelerador electrostático de trasportador aislante | insulating moving belt electrostatic accelerator
acelerador final | ultor
acelerador gráfico [adaptador de vídeo con un coprocesador gráfico] | graphics accelerator
acelerador intermedio | booster
acelerador isócrono | isochronous accelerator
acelerador lineal | linac = linear accelerator; straight line accelerator
acelerador lineal de electrones | linear accelerator for electrons, linear electron accelerator
acelerador lineal de iones pesados | heavy ion linac = heavy ion linear accelerator
acelerador lineal electrónico | electron linac = electron linear accelerator
acelerador plasmático | plasma accelerator
acelerador tándem | tandem generator
acelerador electrostático | electrostatic generator
acelerar | to accelerate
acelerógrafo | accelerograph
acelerómetro | acceleration indicator, accelerometer
acelerómetro angular | angular accelerometer
acelerómetro de impacto | impact accelerometer
acelerómetro de masa sísmica | seismic mass accelerometer
acelerómetro indicador | indicating accelerometer
acelerómetro integrador | integrating accelerometer
acelerómetro lineal | linear accelerometer
acelerómetro pendular | pendulous accelerometer
acelerómetro piezoeléctrico | piezoelectric accelerometer
acelerómetro registrador | counting (/recording) accelerometer
acento circunflejo | caret
acentuación | accentuation, emphasis
acentuación de contrastes | contour accentuation
acentuación del contorno | contour accentuation, crispening
acentuador | accentuator, emphasizer
acentuador automático de contraste [de sonoridad] | volume expander
acentuador de contraste [de sonoridad] | volume expander
aceptación | acceptance, selloff
aceptación final | final acceptance
aceptar | to accept
aceptar una llamada | to accept a call
aceptor | acceptor
acerca de | about
acercamiento oblicuo | oblique approach
acero | steel
acero al carbono | carbon steel
acero al silicio | silicon (electric) steel
acero blando | soft steel
acero diamagnético | nonmagnetic steel
acero dulce | soft (/lower-carbon) steel
acero eléctrico al silicio | silicon electric steel
acero inoxidable | stainless steel
acero laminado | sheet steel
acero magnético | magnetic steel
acero niquelado | nickel-plated steel
acero no magnético | nonmagnetic steel
acero para imanes permanentes | permanent magnet steel
acetato | acetate
acetato de celulosa | cellulose acetate
acetato de uranilo | uranyl acetate
acetato de uranio | uranium acetate
ACG = angiocardiografía | ACG = angiocardiography
achatamiento de la tierra | earth oblateness
ACI [reclamación del destinatario por mensaje incorrecto] | ACI = addressee claims incorrect
ACIA [adaptador para interfaz de comunicaciones asincrónicas] | ACIA = asynchronous communications interface adapter
acíclico | acyclic
acicular | acicular, sharp-pointed
ACID [atomicidad, coherencia, aislamiento y duración (propiedades de un protocolo de transacciones)] | ACID = atomicity, consistency, isolation, and durability
acidez | acidity
acidímetro | acid hydrometer
ácido | acid
ácido clorhídrico | muriatic acid [obs]
ácido de batería | battery acid
ácido muriático [obs] | muriatic acid [obs]
ácido para grabar | etchant
ácido sulfúrico | sulphuric acid
ácido vibúrnico | viburnic acid
acimut, azimut | azimuth
acimut de arco pequeño | short-path bearing
acimut de entrehierro individual | individual gap azimuth
acimut de la señal | signal bearing
acimut en función de la amplitud | azimuth versus amplitude
acimut magnético | magnetic azimuth
acimut observado | observed bearing
acimut radiogoniométrico | true radio bearing

ACIS [*sistema Andy, Charles, Ian para modelado geométrico en 3D*] | ACIS = Andy, Charles, Ian's system
ACL [*lista de control de accesos*] | ACL = access control list
ACL [*enlace para órdenes de aplicación*] | ACL = application command link
aclarador acústico | acoustic clarifier
aclimatación | seasoning
ACLS [*sistema automático de supervisión y aterrizaje*] | ACLS = automated control and landing system
ACM [*asociación para la maquinaria informática*] | ACM = Association for computing machinery
ACM [*mensaje de dirección completo*] | ACM = address complete message
ACMESUP [*código de industria privada estadounidense*] | ACMESUP = Acme supplementary code
ACO [*control de optimización automática*] | ACO = adaptive control optimization
acometida | service line (/head), weather head
acometida de servicio | service connection
acomodación | accommodation
acomodación automática de texto | word wrap
acomodación por fin de línea | end-of-line wrapping
acomodación por fin de línea en la línea anterior | reverse end-of-line wrapping
acompañamiento de contactos | contact follow
acondicionador de aire | air conditioner
acondicionador de la señal | signal conditioner
acondicionamiento | conditioning
acondicionamiento de la señal | signal conditioning
acontecimiento | event
acopio | storage
acoplado | coupled, ganged
acoplado en corriente continua | DC-coupled
acoplado en derivación | parallel-connected
acoplado en serie | series-connected
acoplado en tándem | ganged
acoplado por trasformador | transformer-coupled
acoplador | clutch, (junctor) coupler
acoplador acústico | acoustic coupler
acoplador ajustable | loose coupler
acoplador bidireccional | bidirectional coupler
acoplador bidireccional resistivo | resistive bidirectional coupler
acoplador Cuccia | Cuccia coupler
acoplador de antena | aerial coupler
acoplador de auricular | earphone coupler
acoplador de cable | cable coupler
acoplador de diodo láser | laser diode coupler
acoplador de espira resistiva | resistive loop coupler
acoplador de fibras ópticas multiacceso | fibre-optic multiport coupler
acoplador de fotodiodo positivo-intrínseco-negativo | positive-intrinsic-negative photodiode coupler
acoplador de guía de ondas de múltiples ramas | multibranch waveguide coupler
acoplador de guiaondas | waveguide coupler (/flange, /junction)
acoplador de guiaondas de iris variable | variable iris waveguide coupler
acoplador de líneas de trasmisión | transmission line coupler
acoplador de paso múltiple | multiple path coupler
acoplador de potencia | power coupler
acoplador de preselección | preselection coupler
acoplador de puertas de entrada múltiples | multiport fibre coupler
acoplador de radio para piloto automático | radio autopilot coupler
acoplador de ranura corta | short-slot coupler
acoplador de Schwinger | Schwinger coupler
acoplador de selección | selection coupler
acoplador de tres dB | three-dB coupler
acoplador de válvula electrónica | electron valve coupler
acoplador del diodo emisor de luz | light-emitting diode coupler
acoplador del piloto automático | autopilot coupler
acoplador diferencial en anillo | rat race
acoplador diferencial en anillo para guía de ondas | waveguide hybrid ring
acoplador direccional | directional coupler
acoplador direccional de bucle capacitivo | capacitance loop directional coupler
acoplador direccional de dos orificios | two-hole directional coupler
acoplador direccional de medidas Bethe | Bethe-hole directional coupler
acoplador direccional de muestreo | forward coupler
acoplador direccional del guiaondas | waveguide directional coupler
acoplador direccional simétrico | symmetrical directional coupler
acoplador direccional tipo bucle | loop-type directional coupler
acoplador directo | forward coupler
acoplador eléctrico | electric coupler
acoplador electrónico | electron coupler
acoplador en T | T match, T-coupler
acoplador en Y | Y fitting, Y-coupler
acoplador giratorio | rotary coupler
acoplador híbrido | three-dB coupler
acoplador inverso [*acoplador direccional para muestras de energía reflejada*] | reverse coupler
acoplador múltiple | multicoupler
acoplador óptico | optical coupler
acoplador oscilante | wobble joint
acoplador que mantiene la polarización | polarization maintaining coupler
acoplador rotativo | rotary (/rotating) coupler
acoplador TAP [*acoplador óptico pasivo unidireccional*] | TAP coupler
acoplador telefónico | phone patch
acoplador unidireccional | unidirectional coupler
acoplador variable | variocoupler
acoplamiento | clutch, coupling, grouping, paired running, pickup, running on
acoplamiento acústico | acoustic coupling
acoplamiento autoinductivo | self-inductive coupling
acoplamiento capacitivo | capacitive coupling
acoplamiento catódico | cathode coupling
acoplamiento crítico | critical coupling
acoplamiento cruzado | crosscoupling
acoplamiento de acción rápida | quick-connecting coupling
acoplamiento de ánodo sintonizado | tuned anode coupling
acoplamiento de antena estrecho | tight aerial coupling
acoplamiento de bayoneta | bayonet coupling (/fitting)
acoplamiento de bloqueo por cuña | wedge lock coupling
acoplamiento de cierre automático | self-locking coupling
acoplamiento de circuito | connection of circuit
acoplamiento de circuitos | hook-up
acoplamiento de corriente alterna | AC coupling
acoplamiento de corriente continua | DC coupling
acoplamiento de dos circuitos oscilantes | coupling of two oscillating circuits
acoplamiento de electrones | electron coupling
acoplamiento de enlace | link coupling
acoplamiento de entrada/salida | input/output mapping
acoplamiento de guiaondas | waveguide coupling
acoplamiento de haz | beam coupling, coupling beam
acoplamiento de impedancia | impedance coupling
acoplamiento de línea | line coupling
acoplamiento de manguito | muff

(/sleeve) coupling
acoplamiento de modos | mode coupling
acoplamiento de obturación automática | self-sealing coupling
acoplamiento de paso de banda | bandpass coupling
acoplamiento de piloto automático | autopilot engagement
acoplamiento de postes | push bracing
acoplamiento de reacción | reaction coupling
acoplamiento de reacción positiva | regenerative coupling
acoplamiento de referencia | reference coupling
acoplamiento de rejilla sintonizada | tuned grid coupling
acoplamiento de resistencia y capacidad | RC coupling
acoplamiento de Russell-Saunders | Russell-Saunders coupling
acoplamiento de salida de red en pi | pi network output coupling
acoplamiento de series paralelas | parallel series connection
acoplamiento de trasformador | transformer coupling
acoplamiento de un trasformador | vector group of a transformer
acoplamiento de una sola dirección | single-way connection
acoplamiento de vidrio | all-glass joint
acoplamiento débil | loose (/weak) coupling
acoplamiento del arrancador | starter coupling
acoplamiento del eje | shaft coupling
acoplamiento diafónico trasversal | transverse crosstalk coupling
acoplamiento directo | conduction (/conductive, /direct, /resistance) coupling
acoplamiento elástico | flexible coupling
acoplamiento eléctrico | electric (/electrical) coupling
acoplamiento electromagnético | electromagnetic coupling
acoplamiento electrónico | electron (/electronic) coupling
acoplamiento electrostático | electrostatic coupling
acoplamiento en cadena | link coupling
acoplamiento en derivación | multiple connection
acoplamiento en paralelo | parallel arrangement, paralleling
acoplamiento en serie | series connection
acoplamiento enhebrado | threaded coupling
acoplamiento entre etapas | interstage coupling
acoplamiento entre tubos | tube coupling

acoplamiento entre tubos sin costura | tube coupling
acoplamiento entre válvulas | interstage coupling
acoplamiento E/S = acoplamiento de entrada/salida | I/O mapping = input/output mapping
acoplamiento espín-espín | spin-spin coupling
acoplamiento espín-órbita | spin-orbit coupling
acoplamiento estrecho | tight coupling
acoplamiento flojo | loose (/weak) coupling
acoplamiento fotónico | photon coupling
acoplamiento fuerte | close (/tight) coupling
acoplamiento giratorio | rotary coupler
acoplamiento inductivo | choke (/induction, /inductive) coupling, flux linkage
acoplamiento inductivo directo | direct inductive coupling
acoplamiento interelectródico | interelectrode coupling
acoplamiento intervalvular | intervalve coupling
acoplamiento J-J | J-J coupling
acoplamiento L-S | L-S coupling
acoplamiento magnetoelástico | magnetoelastic coupling
acoplamiento mecánico | ganging, mechanical coupling
acoplamiento mutuo | mutual coupling
acoplamiento negativo | negative coupling
acoplamiento no equilibrado | unbalanced coupling
acoplamiento óptico | optical coupling
acoplamiento óptimo | optimum coupling
acoplamiento parásito | parasitic (/stray) coupling
acoplamiento parásito entre válvulas | intervalve coupling
acoplamiento pasabanda | bandpass coupling
acoplamiento perfecto | unity coupling
acoplamiento por brida | flange coupling
acoplamiento por circuito resonante | resonant circuit coupling
acoplamiento por diafonía | crosscoupling
acoplamiento por el cátodo | cathode coupling
acoplamiento por haz | beam coupling
acoplamiento por inducción | induction coupling
acoplamiento por inducción mutua | mutual inductance coupling
acoplamiento por inductancia mutua | mutual inductance coupling
acoplamiento por ranura | slot coupling
acoplamiento por reacción | feedback coupling

acoplamiento por resistencia | resistance (/resistive) coupling
acoplamiento por resistencias y condensadores | resistance-capacitance coupling
acoplamiento por sonda | probe coupling
acoplamiento por trasformador | transformer coupling
acoplamiento positivo | positive coupling
acoplamiento rápido | quick-coupling
acoplamiento recíproco | interface
acoplamiento regenerativo | regenerative coupling
acoplamiento resistivo | resistance (/resistive) coupling
acoplamiento retroactivo | feedback coupling
acoplamiento rígido | tight coupling
acoplamiento roscado | threaded coupling
acoplamiento rotativo | rotary coupler
acoplamiento seguidor | follower linkage
acoplamiento sincronizado | synchronous coupling, synchronize and close
acoplamiento transicional | transitional coupling
acoplamiento unidad | unity coupling
acoplamiento unitario | unity coupling
acoplamiento universal | universal coupling (/joint)
acoplamiento variable | variable coupling
acoplamiento variable de antena | varriable aerial coupling
acoplamiento vernier | vernier coupling
acoplar | to connect
acople óptimo | optimum coupling
acople para tubos sin derramamiento | nonspill pipe coupling
acople por bifurcación | furcation coupling
acople transicional | transitional coupling
acordar una reducción de tasas | to reduce the charge for a call
acorde | chord
acordeón | accordion
acortador de impulsos | pulse width compressor
acortamiento de los impulsos | pulse shortening
acotación | dimensioning
acotar | to scale
ACPR [*reactor de impulsos de núcleo anular*] | ACPR = annular core pulse reactor
ACR [*índice de atenuación frente a diafonía*] | ACR = attenuation to crosstalk ratio
ACR [*índice de categoría absoluto (en calidad de codificadores)*] | ACR = absolute category rating
acreditación de seguridad | security clearance

acreditar | to establish
Acrobat [*programa de Adobe Systems Inc. para convertir archivos al formato PDF*] | Acrobat
Acrobat Reader [*programa para ver e imprimir documentos en formato PDF*] | Acrobat Reader
acromático | achromatic
acrónimo | acronym
ACSE [*elemento asociativo del servicio de control (método de interconexión de servicios abiertos)*] | ACSE = association control service element
ACT [*convertidor de códigos automático*] | ACT = automatic code translator
acta sobre decencia en las telecomunicaciones [*ley estadounidense*] | communications decency act
actigrama | actigram
actínico | actinic
actínido | actinide
actinio | actinium
actinodieléctrico | actinodielectric
actinoelectricidad | actinoelectricity
actinoeléctrico | actinoelectric
actinómetro | actinometer
actinón | actinon
actinouranio | actinouranium
activación | [*de una facilidad*] registration; activating, power up mode, sensitization, triggering, turn-on
activación de función | function call
activación de la base de tiempos | triggering of timebase
activación de tareas [*en control de procesos*] | scheduling
activación del espacio de configuración | configuration space enable
activación del modo sin turbo | deturbo mode enable
activación del motor | motor enable
activación del receptor | receiver gating
activación del relé | relay operation
activación fortuita | random firing
activación periódica | gating
activación por la voz | voice-operated keying
activación sin consulta | random firing
activación térmica | thermal activation
activado | alive, live, on; voltage-controlled
activado/desactivado | enabled/disabled
activado por energía acústica | sound-operated
activado por la voz | voice-activated
activado por radio | radio-operated
activado por solenoide | solenoid-actuated, solenoid-operated
activado por sonido | sound-operated
activado por tensión | voltage operated, voltage-actuated
activado por voltaje | voltage operated
activador | activator, actuator; trigger
activador automático | self-acting
activador auxiliar | auxiliary actuator
activador de barrido | sweep drive

activador de leva | cam actuator
activador de relé | relay driver
activador de unidad de discos | actuator of a disk drive
activador electrostático | electrostatic actuator
activador giratorio | rotary actuator
activador lineal | linear actuator
activador selectivo de canales | quiet channel
activador | sensitizer
activar | to activate, to active, to enable, to energize, to energise [UK], to fire, to trigger, to turn on; [*órdenes o programas*] to invoke, to launch
activar el menú | to pull-down menu
activar la ventana con foco | to raise window with focus
actividad | activity, job
actividad beta | beta activity
actividad beta intensa | strong beta ray
actividad catódica | cathode activity
actividad de archivo | file activity
actividad de cualificación | qualifyng activity
actividad de partículas | particulate activity
actividad de saturación | saturated (/saturation) activity
actividad del cristal | crystal activity
actividad específica | specific activity
actividad fotoquímica | photochemical activity
actividad neutrónica inducida | neutron-induced activity
actividad nuclear | nuclear activity
actividad nuclear másica | specific activity
actividad piezoeléctrica | piezoelectric activity
actividad residual | residual activity
actividad saturada | saturated activity
actividad sísmica | seismic activity
activo | agent (*adj*); active, alive, driven, live; [*no conectado a masa o tierra*] hot
A/CTL [*control de audio, control del cabezal de audio*] | A/CTL = audio control
actuación | actuation
actual | current
actualizable [*en programación*] | refreshable
actualización | update, updating, upgrade
actualización de archivos | file updating (/maintenance)
actualización de la aplicación | application renovation
actualización de la memoria flash | flash memory update
actualizar | to update; [*la versión*] to upgrade; [*una imagen de vídeo*] to refresh
actuar | to operate
acuerdo | agreement, convention
acuerdo de licencia | license agree-

ment
acuerdo de licencia para usuario final | end-user license agreement
acumulación | accumulation; build, build-up; storage
acumulación de agua bombeada | pumped storage
acumulación de agua por bombeo | pumped storage
acumulación de carga en espacio limitado | limited space charge accumulation
acumulación de cargas estáticas | static storage
acumulación de señales | signal storage
acumulación de xenón tras parada | xenon buildup after shutdown
acumulador | accumulator, rechargeable battery, secondary cell, storage battery (/cell)
acumulador alcalino | alkaline accumulator
acumulador antivibración | antivibration accumulator
acumulador de alimentación | supply battery
acumulador de calor solar | solar heat accumulator
acumulador de Edison [*de hierro y níquel*] | Edison accumulator
acumulador de ferroníquel | nickel-iron battery, NiFe accumulator
acumulador de fichas perforadas | card stacker
acumulador de líquido inmovilizado | unspillable accumulator
acumulador de níquel-cadmio | nickel-cadmium accumulator
acumulador de placas sinterizadas | sintered-plate storage battery
acumulador de plomo | lead accumulator (/acid battery)
acumulador de plomo-ácido | lead acid storage cell
acumulador de presión | pressure accumulator
acumulador de reserva [*para cálculos matemáticos*] | reserve accumulator
acumulador de tarjetas | card hopper
acumulador de tarjetas perforadas | card hopper
acumulador eléctrico de calor | electric heat accumulator
acumulador Planté | Planté cell
acumulador sulfatado | sulphated battery
acumular | to store
acumulativo | cumulative
acuñamiento | wedging
acuñar | to shim
acusador del paso de la señal de parada | stop-signal passage stop
acuse de recepción | affirmative acknowledgement
acuse de recibo | acknowledge, (affirmative) acknowledgement, handshake

acuse de recibo postal | postal notification of delivery
acuso recibo [*código Q*] | QSL
acústica | acoustics
acústica de alarma | alarm call
acústica de la sala | room acoustics
acústica de las frecuencias ultrasonoras | ultrasonics
acústica hiperfrecuencial | praetersonics
acústico | acoustic(al)
acustodinámica | acoustodynamics
A/D = analógico/digital | A/D = analogue/digital
ADAC [*convertidor analógico digital*] | ADAC = analogue digital converter
ADAC [*ordenador analógico automático*] | ADAC = automated direct analog computer
adaptabilidad mecánica | mechanical compliance
adaptación | adaptation, building-out, matching
adaptación automática de tamaño [*de una imagen al espacio disponible en pantalla*] | autosizing
adaptación de antena | aerial matching
adaptación de carga | load matching
adaptación de impedancia | impedance match
adaptación de impedancias | impedance matching
adaptación de impedancias por línea auxiliar corta | stub matching
adaptación de la velocidad binaria | bit-rate adaptation
adaptación de líneas a la pantalla | wrap around
adaptación de señal | signal matching
adaptación en delta | delta match
adaptación en el plano de usuario | user plane adaptation
adaptación en Y | Y match
adaptación mediante trasformador | transformer matching
adaptación por brazo de reactancia | stub matching
adaptación por línea auxiliar corta | stub matching
adaptación Z | Z match
adaptado | matched
adaptador | adapter, adaptor; (junctor) coupler, (programme) stub; taper; hickey [USA (*fam*)]
adaptador ajustable | tuning strip
adaptador avanzado de gráficos | advanced graphics adapter
adaptador CA = adaptador de corriente alterna | AC adapter = alternating current adapter
adaptador de aparatos | device adaptor
adaptador de aproximación | homing adapter
adaptador de aproximación de VHF | VHF homing adapter
adaptador de borne de batería | battery post adapter
adaptador de cable | cable matcher
adaptador de canal | channel adapter (/aggregator)
adaptador de conectores [*para dos conectores macho o dos hembra*] | gender bender (/changer)
adaptador de corriente | power adapter
adaptador de corriente alterna | alternating-current adapter
adaptador de cuarto de onda | quarter-wave stub
adaptador de desconexión rápida | quick-release adaptor
adaptador de enchufe | plug adapter
adaptador de gráficos | graphics adapter
adaptador de gráficos | graphics array
adaptador de gráficos de vídeo | video graphics adapter
adaptador de gráficos en color | colour graphics adapter
adaptador de gráficos extendido | extended graphics array
adaptador de guiaondas | waveguide flange (/stub)
adaptador de guiaondas a cable coaxial | waveguide-to-coax adapter
adaptador de guiaondas en embudo | waveguide taper
adaptador de guiaondas en pirámide | waveguide taper
adaptador de imagen | display adapter
adaptador de imagen monocromática | monocrome display adapter
adaptador de interconexión | interface adapter
adaptador de interfaz para dispositivos periféricos | peripheral interface adapter
adaptador de línea [*para comunicaciones*] | line adapter
adaptador de línea telefónica | subset
adaptador de llamada maliciosa | malicious call adapter
adaptador de llamadas falsas | permanent loop adapter
adaptador de manipulador | keyer adapter
adaptador de medidor de salida | output meter adapter
adaptador de objetos portátil | portable object adapter
adaptador de onda | wave adapter
adaptador de ondas cortas | short-wave adapter (/converter)
adaptador de periférico [*en ordenadores*] | host adapter
adaptador de portaválvula | socket adapter
adaptador de prueba | test adapter
adaptador de puerto [*en ordenadores*] | convenience adapter
adaptador de puerto serie | serial port adapter
adaptador de recepción múltiplex | multiplex adapter
adaptador de red | network adapter
adaptador de resistencia | resistance adapter
adaptador de selección | selection adapter
adaptador de terminal | terminal adapter
adaptador de terminal ISDN | ISDN terminal adapter
adaptador de trasmisión | keyed adapter
adaptador de tubos | free point tester
adaptador de unión en serie | in-series adapter
adaptador de válvula | valve adapter
adaptador de velocidad a la distancia | adaptive cruise control
adaptador de vídeo | video adapter
adaptador de vídeo de movimiento completo [*para conversión de vídeo a formato digital*] | full-motion video adapter
adaptador de zócalo | socket adapter
adaptador de zócalo de válvula | valve base adapter
adaptador direccional | homing adapter
adaptador en T | T match, tee adapter
adaptador estereofónico | stereo (/stereophonic) adapter
adaptador fonográfico | phonograph adapter
adaptador gráfico | graphics adapter
adaptador gráfico ampliado (/avanzado) | enhanced graphics adapter
adaptador gráfico monocromo [*para texto y gráficos en un solo color*] | monographics adapter
adaptador gráfico profesional | professional graphics adapter
adaptador monocromo [*para vídeo*] | monochrome adapter
adaptador multiplexor | multiplex adapter
adaptador panorámico | panoramic adapter
adaptador para control de juegos [*circuito de IBM*] | game control adapter
adaptador para fono | phono adapter
adaptador para gráficos en color [*formato de vídeo para ordenador*] | colour graphics adapter
adaptador para gráficos monocromáticos | monochrome graphics adapter
adaptador para interfaz de comunicaciones asincrónicas | asynchronous communications interface adapter
adaptador para montaje en bastidor | rack adapter
adaptador para pantalla monocroma | monochrome display adapter
adaptador para punta de pruebas | test point adapter
adaptador para reproducción de vídeo | video display adapter

adaptador para teléfono público de monedas | coin box adapter
adaptador para tres clavijas de contacto | three-prong adapter
adaptador profesional para gráficos | professional graphics adapter
adaptador Q | Q bar
adaptador resistivo | resistive (/resistor) adapter
adaptador resistivo de impedancias | resistive impedance-matching pad
adaptador resonante | tuned stub
adaptador sintonizado | tuned stub
adaptador sintonizador | tuning strip
adaptador soldado | welded adapter
adaptador telefónico | telephone pick-up
adaptador vertical de cuarto de onda | vertical quarter-wave stub
adaptar | to match
adaptarse | to customize
ADAR [*diseño avanzado de radar de antenas*] | ADAR = advanced design array radar
adátomo [*átomo absorbido en la superficie de un cuerpo durante una reacción química*] | adatom
ADB [*bus de escritorio Apple*] | ADB = Apple desktop bus
ADC [*convertidor de analógico a digital*] | ADC = analog-to-digital converter
ADCCP [*procedimiento avanzado de control de comunicación de datos*] | ADCCP = advanced data communication control procedure
ADEINTE = Asociación para el desarrollo del edificio e infraestructura inteligente en España | ADEINTE [*Spanish association for intelligent building and infrastructure development*]
adelantador de fase | phase advancer
adelantamiento | lookahead
adelanto | advance; leading
adelanto de fase | phase lead
ADF [*radiogoniómetro automático*] | ADF = automatic direction finder
adherencia | adhesion
adherencia de estrato a estrato | layer-to-layer adhesion
adherencia estática | stiction
adhesión | binding
adhesión del electrón | electron attachment
adhesivo | binder
adhesivo conductivo | conductive adhesive
adhesivo conductor | conductive adhesive
adiabática saturada | saturated adiabatic
adiabático | adiabatic
adiactínico | adiactinic
adición | addition, summing
adición de impurezas | doping
adición de una sustancia portadora | carrier (/substance) additive
adicional | additional, further
adicto a la informática | infoaddict

adiestrador | trainer
adiestrar | to train
adión [*ión lábil*] | adion
adireccional | nondirectional
aditividad | additivity
aditivo | additive
aditrón [*válvula electrónica de doble haz radial*] | additron
adjuntar | to attach, to append
ADM [*multiplexor de inserción-extracción*] | ADM = add and drop multiplexer
ADMD [*dominio de gestión administrativa (para mensajes)*] | ADMD = administrative management domain
administración de configuraciones | configuration management
administración de correos | post office
administración de la red de cables | cable management
administración de telecomunicaciones | telecommunications administration
administración de tránsito | transit administration
administración explotadora | operating administration (/agency)
administración remota | remote administration
administrador de archivos | file manager
administrador de bases de datos | database administrator
administrador de configuraciones | configuration manager
administrador de impresión | print manager
administrador de proceso de datos | data-processing manager
administrador de programas | program manager
administrador de red | network administrator
administrador de web | webmaster, Internet systems administrator
administrador del sistema | system administrator
admisibilidad | admittance
admitancia | admittance
admitancia acústica | acoustic admittance
admitancia característica | surge admittance
admitancia compleja | complex admittance
admitancia de circuito de la abertura | gap admittance
admitancia de circuito del espacio intermedio | gap admittance
admitancia de entrada | input (/driving point) admittance
admitancia de entrada en cortocircuito | short-circuit input admittance
admitancia de imagen | image admittance
admitancia de intervalo | gap admittance

admitancia de intervalo de un circuito | circuit gap admittance
admitancia de realimentación | feedback admittance
admitancia de realimentación en cortocircuito | short-circuit feedback admittance
admitancia de salida | output admittance
admitancia de salida en cortocircuito | short-circuit output admittance
admitancia de sobretensión | surge admittance
admitancia de trasferencia | transadmittance, transfer admittance
admitancia de trasferencia directa para señal débil | small-signal forward transadmittance
admitancia de trasferencia en cortocircuito | short-circuit transfer admittance
admitancia del electrodo | electrode admittance
admitancia del punto de excitación | driving point admittance
admitancia del punto de excitación en cortocircuito | short-circuit driving-point admittance
admitancia directa | forward transfer admittance
admitancia directa en cortocircuito | short-circuit forward admittance
admitancia electródica | electrode admittance
admitancia electrónica | electronic admittance
admitancia electrónica de intervalo | electronic gap admittance
admitancia electrónica de la abertura | electronic gap admittance
admitancia electrónica del espacio intermedio | electronic gap admittance
admitancia en circuito abierto | open-circuit admittance
admitancia en cortocircuito | short-circuit admittance
admitancia mecánica | mechanical admittance
admitancia normalizada | normalized admittance
admitancia sincrónica | synchronous admittance
admitancia vectorial | vector admittance
admitir | to authorise [UK], to authorize [UK+USA]
ADN [*red digital avanzada*] | ADN = advanced digital network
ADP [*difosfato de adenosina*] | ADP = adenosine diphosphate
ADP [*dihidrofosfato amónico*] | ADP = ammonium dihydrogen phosphate
ADP = asistente personal digital | PDA = personal digital assistant
ADPCM [*modulación de impulsos delta codificados adaptables*] | ADPCM = adaptive delta pulse code modulation

ADPCM [*modulación de impulsos codificados adaptativa diferencial*] | ADPCM = adaptative-differential pulse code modulation
adquisición de conocimientos | knowledge acquisition
adquisición de datos | data acquisition
adquisición del blanco | target acquisition
adquisición del objetivo | target acquisition
ADRH [*registro (en nivel) alto de direcciones*] | ADRH = addressregister high
ADRL [*registro (en nivel) bajo de direcciones*] | ADRL = addressregister low
ADS [*sistema de desarrollo de aplicaciones*] | ADS = application development system
ADSL [*línea de abonado digital asimétrica*] | ADSL = asymmetrical digital subscriber line
ADSL de tasa adaptativa | rate-adaptative ADSL
ADSL universal [*modelo preestándar del módem ADSL sin divisor*] | universal ADSL
adsorbato | adsorbate
adsorción [*atracción y retención de moléculas o iones de un cuerpo en la superficie de otro cuerpo*] | sorption, adsorption, gettering
adsorción por dispersión | dispersal gettering
ADSPEC [*especificación de anuncio*] | ADSPEC = advertisiment specification
ADTU [*comprobador automático digital*] | ADTU = automatic digital test unit
adulterado | spurious
advertencia | warning
ADX [*intercambio automático de datos*] | ADX = automatic data exchange
adyacente [*denominador booleano*] | adjacent
AE [*entidad activa; una de las dos partes de software que participan en una comunicación*] | AE = application entity
AE [*cabezal de borrado de audio*] | AE = audio erase
AE = agente extranjero [*en protocolos de internet*] | FA = foreing agent
AED [*Algol ampliado para diseño*] | AED = Algol extended for design
AEFO = Asociación Europea de Fabricantes de Ordenadores | ECMA = European Computer Manufacturers Association
AEN = atenuación equivalente de nitidez | AEN = attenuation équivalente de nitidité (*fra*) [*equivalent brightness attenuation*]
AENOR = Asociación española de normalización | AENOR [*Spanish standards association*]
AEPR [*resonancia magnetoacústica nuclear*] | AEPR = acoustic electron paramagnetic resonance
aéreo | aerial [UK], airborne
aerobio | aerobe
aerobomba | wind pump
aerodinámica | aerodynamics
aeródromo | aerodrome [UK], airdrome [USA]
aeroducto | aeroduct
aeroestructura | airframe
aerofaro | aerophare
aerogenerador | wind charger (/power generator)
aerógrafo | aerograph, meteorograph
aeromagnético | aeromagnetic
aerometeorógrafo | aerometeorograph
aerométrico | aerometric
aeromotor | wind engine (/machine, /motor), windmill
aeronáutico | aeronautical
aeronave | aircraft
aeronave centinela de radar | radar picket aircraft
aeronave de perturbación radárica | radar-jamming aircraft
aeroplano | aeroplane [UK], airplane [USA]
aeropuerto | aerodrome [UK], airdrome [USA], airport
aeropuerto satélite | satellite airport
aerosol | aerosol
aerosol antiestático | antistatic spray
aerotransportado [*aerotrasportado*] | airborne
aerotrasportado | airborne
AES [*espectroscopia nuclear (electrónica) de Auger*] | AES = Auger electron spectroscopy
AES [*servicio de entorno de aplicación*] | AES = application enviroment service
AF = alta frecuencia | HF = high frequency, RF = radio frequency
AF = audiofrecuencia | AF = audiofrequency, LF = low frequency
AFC [*juego de aplicaciones para bibliotecas Java*] | AFC = application foundation classes
AFC = alarma de fin de cinta | T.E.ALM = tape end alarm
AFDET [*detección automática de fallos*] | AFDET = automatic fault detection
AFDW [*solución para gestión de metadatos de Microsoft*] | AFDW = active framework for data warehousing
afeitado | shaving
afelio | aphelion
aficionado | amateur
aficionado a los ordenadores | computerphile
AFID [*detector de ionización y llama por metal alcalino*] | AFID = alkali flame ionization detector
afieltrado | flock
afinidad | affinity
afinidad del electrón | electron affinity
afinidad diferencial | selective absorption
afinidad electrónica | electron affinity
AFIPS [*federación estadounidense de empresas informáticas*] | AFIPS = American federation of information processing societies
afirmación | assertion
afirmar | to establish
AFK [*fuera del teclado; indicación de un participante en chat de que no puede contestar*] | AFK = away from keyboard
afluencia del tráfico | flow (/pressure) of traffic
afluencia en cascada | cascade shower
aflujo catódico | cathodic influx
afocal | afocal
AFPAM [*planificación y supervisión automática de vuelo*] | AFPAM = automatic flight planning and monitoring
AFSK [*manipulación de la audiofrecuencia*] | AFSK = audio frequency shift keying
AFSR [*reactor fuente rápido del ANL*] | AFSR = Argonne fast source reactor
AFT [*trasformador ferroeléctrico adaptivo*] | AFT = adaptive ferroelectric transformer
AFTN [*red de telecomunicaciones aeronáuticas fijas*] | AFTN = aeronautical fixed telecommunication network
AFT/POS [*tipo de caja registradora electrónica*] | AFT/POS = electronic fund transfer/point of sale
Ag = plata | Ag = silver
AGACS [*sistema de comunicación aire-tierra-aire*] | AGACS = air ground air communications system
AGB [*puerto para gráficos acelerados*] | AGB = accelerated graphics board
AGCH [*canal de asignación de acceso (para asignación de recursos a las estaciones móviles)*] | AGCH = access grant channel
AGE [*equipo aerospacial de tierra*] | AGE = aerospace ground equipment
agenda | calendar
agenda de direcciones | address book
agenda electrónica | subnotebook computer, subportable
agenda electrónica de bolsillo | subnotebook
agenda ordenador | notebook computer
agente | agent
agente antiestático | antistatic agent
agente complejante | sequestering agent
agente de adición | addition agent
agente de adición de impurezas | doping agent
agente de ancho de banda [*controlador de recursos centralizado*] | bandwidth broker
agente de cliente de directorio | directory client agent
agente de contaminación | poisoning agent

agente de control | control agent
agente de dopado | doping agent
agente de extinción | quenching agent
agente de movilidad | mobility agent
agente de servicio | service agent
agente de trasferencia de mensajes | message transfer agent
agente de usuario [*programa para la conexión de un cliente con un servidor*] | user agent
agente de usuario de directorio | directory user agent
agente del servidor de directorio | directory server agent
agente del sistema de directorio | directory system agent
agente desplazante salino | salting-out agent
agente extranjero [*en protocolos de internet*] | foreign agent
agente humectador | wetting agent
agente humidificador | wetting agent
agente inteligente | intelligent agent
agente no preparado | agent not ready
agente ocupado | agent busy
agente propio | home agent
agente reactivo salino | salting-out agent
agente tasador | accepting clerk
agente tensoactivo | wetting agent
agentes atmosféricos | atmospherics; spherics [UK], sferics [USA]
agilidad de frecuencia | frequency agility
agitación | shaking
agitación térmica | thermal agitation
agitador | shaker
agitar | to shake (up)
aglomeración de partículas | redeposit
aglomerado | lumped, sintered
aglutinación | binding
aglutinado | sintered
aglutinante | binder; pelletizing medium
agotamiento | distress
agotarse | to run down
AGP [*puerto de gráficos acelerado*] | AGP = accelerated graphics port
agrandamiento de una parte de la imagen | spreading
agrandar | to zoom in
agrandar la imagen | to zoom
agregación | attachment
agregación de señales | signal aggregate
agregado | added [*adj*]; aggregate
agregador de contenidos | content aggregator
agregar | to add
agregar eco | to add echo
agresión | aggression
agrietamiento | crazing
agrupación | array, sizing; [*de elementos gráficos*] layering
agrupación de conductores | wire grouping
agrupación de conexiones | connection pooling
agrupación de datos | data aggregate
agrupación de hilos para pruebas | tapering of conductors
agrupación de posiciones de operadora | position coupling
agrupación de posiciones de operadoras vecinas | position grouping
agrupación estable | stable arrangement
agrupación funcional | functional group
agrupamiento | bunching, grouping
agrupamiento de conmutadores | group switching area
agrupamiento en bloques | blocking
agrupamiento en delta | delta grouping
agrupamiento en fase | phase bunching
agrupamiento en triángulo | delta grouping
agrupamiento excesivo | overbunching
agrupamiento funcional | mapping
agrupamiento ideal | ideal bunching
agrupamiento óptimo | optimum bunching
agrupamiento por reflexión | reflex bunching
agrupar | to group, to pack, to size
AGS [*estabilización automática de la ganancia*] | AGS = automatic gain stabilization
agua activada | activated water
agua del circuito primario de refrigeración | primary water
agua desionizada | deionized water
agua desmineralizada | demineralized water
agua ligera | light water
agua natural | raw water
agua pesada | heavy water
agua primaria radiactiva | radioactive primary water
agua radiactiva | radioactive water
agua regia | aqua regia
agua salina | saline water
agua salobre | brackish water
aguas abajo | downstream
aguas residuales | waste waters
aguas residuales de electrólisis | plating wastes
aguas residuales de galvanoplastia | plating wastes
agudeza | sharpness
agudeza auditiva | acuity of hearing
agudeza de resonancia | resonance sharpness, sharpness of resonance
agudeza de rumbo | sharpness of course
agudeza de sintonía | tuning sharpness, sharpness of tuning
agudización | peaking
agudización por bobina y resistencia en serie | series peaking
agudización serie-derivación | series-shunt peaking
agudos | high, treble
aguja | needle, pin, pintle, stylus
aguja aérea | overhead switching
aguja birradial | biradial stylus
aguja cruzada | overhead junction crossing
aguja de cactus | cactus needle
aguja de cristal | crystal pickup
aguja de diamante | diamond stylus
aguja de fibra | fibre needle
aguja de grabación | recording stylus
aguja de radio | radium needle
aguja de Shibata | Shibata stylus
aguja de tiro | duct rod
aguja de válvula | pintle
aguja de zafiro | sapphire needle
aguja elíptica | elliptical stylus
aguja esférica | spherical stylus
aguja grabadora | recording stylus
aguja indicadora | pointer, recording needle
aguja magnética | magnetic needle
aguja móvil | moving needle
aguja para grabar | recording needle
aguja reproductora | pickup (/reproducing) stylus
aguja tangencial | overhead junction knuckle
agujero | eye, hole
agujero central | central eye
agujero ciego | knockout
agujero de acceso | access hole, hole access
agujero de avance | feed hole
agujero de avance adelantado | advance feedhole
agujero de avance alineado | inline feed hole
agujero de coincidencia | registration hole
agujero de masa negativa | negative mass hole
agujero de montaje | mounting hole
agujero de posicionado | location hole
agujero de progresión adelantado | advance feedhole
agujero metalizado de paso | plated-through hole
agujero negro [*lugar de un sistema informático en el que inexplicablemente desaparece información sin dejar rastro*] | black hole
agujero para componentes | component hole
agujero piloto | pilot hole
agujero positivo | positive hole
agujero sin nudo | landless hole
agujero terminal | terminal hole
aH = abhenrio [*unidad de inductancia en el sistema CGS*] | aH = abhenry
A/h = amperios hora | Ah = ampere-hour
AH [*protocolo de cabecera de autenticación (/autentificación)*] | AH = authentication header
AHFR [*reactor de alto flujo del ANL*] | AHFR = Argonne high flux reactor
ahogar, ahogarse | to stall

ahorro del reflector | reflector saving
AHR [*reactor homogéneo acuoso del AEC*] | AHR = aqueous homogeneous reactor
ahusado a la izquierda | left-hand taped
AHVR [*estabilizador automático de alta tensión*] | AHVR = automatic high voltage regulator
AIDS [*equipo automático para datos de vuelo*] | AIDS = automatic in flight data system
AIDS [*servicio automático de instalación y diagnóstico*] | AIDS = automatic installation and diagnostic service
AIDS [*sistema informático integrado para aviación*] | AIDS = airborne integrated data system
AIEE [*instituto estadounidense de ingenieros eléctricos*] | AIEE = American Institute of Electrical Engineers
AIM [*cálculo de átomos en moléculas*] | AIM calculation = atoms in molecules calculation
AIN [*entrada analógica*] | AIN = analogue input
aire | air
aire comprimido | compressed air
aire líquido | liquid air
aire radiactivo | radioactive air
aire saturado | saturated air
AIRM = análisis inmunorradiométrico | IRMA = immuno-radiometric analysis
aislado | floating, insulated, stand-alone
aislado acústicamente | sound-insulated
aislado con caucho | rubber-covered
aislado con politeno | polythene-insulated
aislado con seda | silk-covered, silk-insulated
aislado con teflón | teflon insulated
aislado con telcoteno | telcothene-insulated
aislado de masa | unbonded, ungrounded
aislado de tierra | floated, ungrounded
aislador | bushing, insulator; nonconductor
aislador acústico | sound insulator
aislador coaxial | coaxial isolator
aislador colgante | suspension insulator
aislador con soporte en la rosca | swan neck insulator
aislador de acoplamiento fotónico | photon-coupled isolator
aislador de amarre | terminal strain insulator
aislador de anclaje | (terminal) strain insulator
aislador de apoyo | standoff insulator
aislador de apoyo de porcelana | porcelain standoff insulator
aislador de baja pérdida | low loss insulator
aislador de barra | rod insulator
aislador de base | base insulator
aislador de cadena | string (/suspension) insulator
aislador de campana | bell (/mushroom, /petticoat, /shed, /skirted) insulator
aislador de campana sencilla | single-petticoat insulator
aislador de carga | load isolator
aislador de carrete | spool insulator
aislador de choque | shock isolator
aislador de clavar | nail knob
aislador de columna | post-type insulator
aislador de corte | test (/double groove) insulator
aislador de cruce | underpass
aislador de deformación | strain insulator
aislador de derivación | takeoff insulator
aislador de desplazamiento de campo | field displacement isolator
aislador de doble campana | double petticoat (/shed) insulator
aislador de entrada | leading-in insulator
aislador de espiga | pin-type insulator
aislador de extremo | test cap
aislador de ferrita | ferrite isolator
aislador de garganta | cleat
aislador de guiaondas | waveguide isolator
aislador de hoja | leaf insulator
aislador de juego de contactos | pile-up insulator
aislador de la cuchilla de función | function blade insulator
aislador de lengüeta y horquilla | tongue-and-clevis insulator
aislador de muro | wall insulator tube
aislador de pared | knob; wall insulator tube, wall tube insulator
aislador de paso | feedthrough insulator
aislador de paso de alimentación | feedthrough insulator
aislador de porcelana | ceramic (/porcelain) insulator
aislador de pulsador partido | split-knob insulator
aislador de punta de prueba activa | live cable test cap
aislador de ranura | slot armour
aislador de rosario | suspension chain insulator
aislador de rotación | rotation isolator
aislador de rotación de Faraday | Faraday's rotation isolator
aislador de sección | section insulator
aislador de simple campana | single-shed insulator, single-petticoat insulator
aislador de suspensión | suspension insulator
aislador de tensión | strain (/tension) insulator
aislador de trasposición | transposition block (/insulator)
aislador de tres campanas | triple-petticoat insulator
aislador de una sola campana | single-petticoat insulator
aislador de varilla | pin-type insulator
aislador de vibraciones | vibration isolator
aislador de viento para mástil de antena | radio mast rigging insulator
aislador del tipo de resonancia | resonance-type isolator
aislador distanciador | standoff insulator
aislador distanciador de porcelana | porcelain standoff insulator
aislador eléctrico | electric insulator
aislador metálico | metallic insulator
aislador mural | wall insulator tube
aislador no recíproco | isolator
aislador normal | standard insulator
aislador óptico | optical isolator
aislador para radiofrecuencia | radio-frequency insulator
aislador pasamuros | bushing (insulator), lead-in insulator, leading-through insulator, wall insulator tube, wall tube insulator
aislador por efecto Hall | Hall-effect isolator
aislador rígido | pin insulator
aislador separador | standoff insulator
aislador tensor | turnbuckle insulator
aislador tipo perla | bead
aislador tubular | tube (/tubular) insulator
aislador tubular | wall tube insulator
aislador unilateral | isolator
aislamiento | insulance, insulation, isolation; stopping off
aislamiento acústico | sound (/sound-absorbing) insulation
aislamiento antivibratorio | vibration isolation
aislamiento con cambray barnizado | varnished cambric insulation
aislamiento con la base | underinsulation
aislamiento de aceite | oil-insulation
aislamiento de diodo | diode isolation
aislamiento de empalme | splice insulation
aislamiento de fallos | fault isolation
aislamiento de impregnación previa | preimpregnated insulation
aislamiento de la polarización | polarization isolation
aislamiento de Mycalex | Mycalex insulation
aislamiento de óxido | oxide isolation
aislamiento de paraguta | paragutta insulation
aislamiento de ranura | slot insulation
aislamiento de teflón | teflon insulation
aislamiento de telcoteno | telcothene insulation
aislamiento de tierra | ground insulation

aislamiento defectuoso | poor insulation
aislamiento dieléctrico | dielectric isolation
aislamiento eléctrico | electric insulation
aislamiento eléctrico de entrada y salida | I/O electrical isolation
aislamiento eléctrico de vidrio | electrical glass insulation
aislamiento funcional | functional insulation
aislamiento graduado | graded insulation
aislamiento gradual | graded insulation
aislamiento intersticial | gap insulation
aislamiento intrínseco | intrinsic insulation
aislamiento mesa | mesa isolation
aislamiento por terminales de soporte | beam lead isolation
aislamiento primario | primary insulation
aislamiento reforzado | reinforced insulation
aislamiento secundario | secondary insulation
aislamiento superficial | surface insulation
aislamiento suplementario | supplementary insulation
aislamiento térmico | thermal insulation
aislante | insulant, insulating, insulator, nonconducting
aislante de materia plástica | plastic insulation
aislante de relleno | cable filler
aislante de relleno para cable | cable filler
aislante de teflón | teflon insulation
aislante de telcoteno | telcothene insulation
aislar | to insulate, to isolate
aislar una línea | to insulate a line
AIX [*ejecución interactiva avanzada (sistema operativo de UNIX)*] | AIX = advanced interactive executive
ajustabilidad | settability
ajustable en fase | phaseable
ajustado | setted
ajustador | splicer
ajustador de cero | zero adjuster
ajustador de fase | phaser
ajustador de función arbitraria | arbitrary function fitter
ajustar | to adjust, to calibrate; to set; to tune
ajustar con precisión | to tweak
ajustar el control de ganancia [*según las fluctuaciones de la señal*] | to ride gain
ajustar el tamaño | to size
ajustar para escritura | to set for write
ajustar para lectura | to set for read
ajustar tamaño | to resize

ajuste | adjust, adjustment, alignment, fitting, matching; setting; settling; trim, trimming
ajuste a cero sincronizado | synchro zeroing
ajuste a escala | scaling
ajuste activo | active trim
ajuste automático de imagen | automatic picture setting
ajuste basto | coarse adjustment
ajuste cromático | colour balance
ajuste de arrastre en tres puntos | three-point tracking
ajuste de carga | load matching
ajuste de cénit | zenith adjustment
ajuste de cero | zero adjustment
ajuste de cero del ohmímetro | ohmmeter zero adjustment
ajuste de CMOS | CMOS setup
ajuste de conmutación | adjusted toggling
ajuste de control de ganancia | ride gain
ajuste de corrección | trimming adjustment
ajuste de cuadratura | quadrature adjustment
ajuste de electrodos | electrode adjustment
ajuste de fábrica | factory setup
ajuste de fase | phasing
ajuste de impedancias | impedance matching
ajuste de intervalo | span adjustment
ajuste de la anchura de rendijas | slitwidth adjustment
ajuste de la escala | scaling
ajuste de la frecuencia de un cristal | etching to frequency
ajuste de la hora | settling time
ajuste de la longitud de onda | wavelength adjustment
ajuste de la presión | pressure adjustment
ajuste de la sensibilidad | sensitivity adjustment
ajuste de la válvula | valve adjusting (/adjustment)
ajuste de las notas agudas | treble control
ajuste de línea auxiliar | stub matching
ajuste de nivel de recepción | receive adjust
ajuste de presión límite estándar | standard pressure limit setting
ajuste de tiempos de balizamiento | beacontime sharing
ajuste de tipo fotográfico | phototype-setting
ajuste de trasmisión | send adjustment
ajuste de un circuito | alignment of a circuit
ajuste de una curva de verificación | determination of a calibration curve
ajuste de velocidad | speed adjusting (/adjustment, /setting)
ajuste del campo magnético | shimming
ajuste del control de ganancia [*según las fluctuaciones de la señal*] | ride gain control
ajuste del haz al punto preciso | beam balance
ajuste del núcleo móvil del oscilador | oscillator slug adjustment
ajuste del potenciómetro | potentiometer setting
ajuste especial | special adjustment
ajuste estroboscópico | strobing
ajuste fino | trimming (adjustment), vernier adjustment
ajuste fino con láser | laser trimming
ajuste fino de imagen | picture fine adjustment
ajuste funcional | functional trimming
ajuste general | setup
ajuste inicial | setup (adjustment)
ajuste micrométrico | vernier adjustment
ajuste óptimo | best fit
ajuste por abrasión | abrasive trimming
ajuste por compensación | adjustment by shims
ajuste por láser | laser trim
ajuste preciso | fine pitch
ajuste preciso de imagen | picture fine adjustment
ajuste previo | presetting
ajuste semipermanente | service adjustment
Al = aluminio | Al = aluminium
AL = avance de línea (/interlínea) | LF = line feed
al conectar | on connect
al desconectar | on disconnect
al segundo | on the head (/nose)
al servicio de los periféricos de entrada/salida | I/O limited = input/output limited
al vuelo | on-the-fly
ala | flange
ala de murciélago | batwing
alabamio | alabamine
alabeo | buckling, twist, warpage, warping
alabeo del disco | record warp
alabeo en forma de silla de montar | saddle warpage
alambique de medición | measuring flask
alambrado | wired
alambrado de señalización | signal wiring
alambre | wire
alambre aislado con teflón | teflon-insulated wire
alambre con corriente | live wire
alambre con forro de papel | paper-covered wire, paper-insulated wire
alambre con tensión | live wire
alambre cortado a medida | precut wire
alambre de acero | steel strand (/wire)
alambre de acero cobreado | copper-

covered steel wire
alambre de cobre estirado en frío | hard-drawn copper wire
alambre de conexión revestido de acero | steel-clad lead
alambre de cruzadas | crossing wire
alambre de interconexión enchufable | plug-in patch wire
alambre de lazo | trap wire
alambre de poco diámetro | thin wire
alambre de presión | cat's whisker
alambre de resistencia | resistance wire
alambre de soldadura | welding wire
alambre de unión | tie wire
alambre esmaltado | enamelled wire
alambre esmaltado con forro de papel | paper-insulated enamelled wire
alambre espiral | coil, helix
alambre fino | thin wire
alambre freno | safety wire
alambre fundente | welding wire
alambre fusible | fuse wire
alambre galvanizado | galvanized wire
alambre macizo | solid wire
alambre multifilamento | multifilament wire
alambre multitrenza | multistrand wire
alambre para artefactos | fixture wire
alambre para devanados | winding wire
alambre para instalaciones caseras | fixture wire
alambre para instalaciones telefónicas exteriores | outside telephone wire
alambre para riostras | guy wire
alambre perfilado | section (/shaped) wire
alambre precortado | precut wire
alambre soldador | welding wire
alambre telefónico bifilar flexible de dos conductores | telephone drop wire
alambre telefónico bifilar trenzado | telephone drop wire
alambre tensor | guy wire
alambre Wallaston | Wallaston wire
alargador de impulsos | pulse width expander
alargamiento de rotura | ultimate elongation
alargamiento de ruptura | break elongation
alargamiento permanente | permanent elongation
alarma | alarm
alarma acústica antirrobo | acoustic burglar alarm
alarma amarilla | yellow alarm
alarma antilluvia | rain alarm
alarma automática | autoalarm
alarma de bandera | flag alarm
alarma de batería | battery alarm
alarma de central | office alarm
alarma de desbordamiento del bobinador de cinta | tape winder full alarm

alarma de fallo de la señal de programa | program failure alarm
alarma de fin de cinta | low-tape alarm, tape end alarm
alarma de fusible | fuse alarm
alarma de intrusión | intrusion alarm
alarma de línea abierta | open-line alarm
alarma de muros de mercurio | mercury fence alarm
alarma de repetidor | repeater alarm
alarma de ruptura | break alarm
alarma de sobrerradiación | over-radiation alarm
alarma de subtensión | undervoltage alarm
alarma de valla | fence alarm
alarma de voltaje bajo | undervoltage alarm
alarma fotoeléctrica | photoelectric alarm
alarma hipoxia | hypoxia alarm
alarma local | local alarm
alarma óptica | visible (/visual) alarm
alarma por falta de alimentación | power failure alarm
alarma por falta de corriente | power failure alarm
alarma remota | remote alarm
alarma silenciosa | silent alarm
alarma visible | visible alarm
alarma visual | visual alarm
albedo | albedo
albedo neutrónico | neutron albedo
albedo reentrante | return albedo
ALC [*regulación automática de la luz*] | ALC = automatic light
álcali | alkali
alcance | haul, (operating) range, reach, scope
alcance casi óptico | quasi-optical range
alcance con una sola reflexión | single-hop range
alcance con una sola reflexión [*en la ionosfera*] | single-hop range
alcance de difusión de portador de carga | charge carrier diffusion length
alcance de exploración | scanning (/search) range
alcance de guiado | homing range
alcance de la emisión | transmitter range
alcance de la estación | range of station
alcance de la onda reflejada | sky wave range
alcance de la radiación | radiation length
alcance de las ondas cortas | short-wave range
alcance de prueba | test coverage
alcance de servicio | service range
alcance de trasmisión | transmission range
alcance de trasparencia espectral | spectral pass band
alcance de un medidor | meter rating

alcance de visibilidad | visibility range
alcance del cañón determinado por radar | radar gun-ranging
alcance del radar | radar range
alcance del seguimiento | tracking range
alcance del servicio | radius of service area
alcance del trasmisor | transmitter range
alcance efectivo | service range
alcance efectivo eficaz | useful range
alcance eficaz | effective (/useful) range
alcance en el vacío | vacuum range
alcance extrapolado | extrapolated range
alcance horizontal | downrange
alcance instrumental | instrument range
alcance intercuartil | interquartile range
alcance intercuartílico | interquartile range
alcance máximo | maximum range
alcance máximo de la escala | full scale range
alcance medio | mean range
alcance medio en masa | mean mass range
alcance omnidireccional | omnidirectional range, omnirange
alcance óptico | line-of-sight range, optical range
alcance por muy altas frecuencias | VHF coverage
alcance por VHF | VHF coverage
alcance radioóptico [*distancia máxima entre las antenas emisora y receptora*] | radio-optical range
alcance residual | residual range
alcance respecto a un blanco protegido por señales perturbadoras antirradar | self-screening range
alcance total de un instrumento | total range of an instrument
alcance útil | working range
alcance visual | visual range
alcance visual de radio | visual radio range
alcance visual y auditivo | visual-aural range
alcayata | staple
ALCC [*centro volante de control de despegue*] | ALCC = airborne launch control centre
alcohol | alcohol
alcohol metílico | methyl alcohol
alcoholímetro | breathaliser [UK], breathalyzer [UK+USA], drunkometer [USA]
Alcomax [*marca comercial de material magnético con una extraordinaria fuerza de cohesión*] | Alcomax
aldea global | global village
aleación | alloy
aleación amagnética | nonmagnetic alloy

aleación antimagnética | nonmagnetic alloy
aleación bimetálica | bimetal
aleación compensadora de temperatura | temperature-compensating alloy
aleación de cobre | copper alloy
aleación de metal noble | noble metal paste
aleación de plata | silver alloy
aleación eutéctica | eutectic alloy
aleación férrica | ferroalloy
aleación hierro-cobalto | iron cobalt alloy
aleación hierro-níquel | iron-nickel alloy
aleación hierro-silicio de grano orientado | grain-orientated iron-silicon alloy
aleación inoxidable (/incorrosible) | steinless (/noncorrosive) alloy
aleación magnética de pulvimetal sinterizado | sintered powdered-metal magnetic alloy
aleación magnética pulverizada | powdered magnetic alloy
aleación maleable | wrought alloy
aleación múltiple | multicomponent alloy
aleación para imanes de pulvimetal sinterizado | sintered powdered-metal magnetic alloy
aleación para soldar | solder
aleación primaria | master alloy
aleación que no da chispas | non-sparking alloy
aleación refundida | remelted alloy
aleación resistente al calor | heat-resistant alloy
aleación térmica | thermal alloying
aleación ternaria | ternary alloy
aleatoriedad | randomness
aleatorio | random
aleatorizador | scrambler
aleatorizar | to randomize
alef cero | aleph null
alefo cero | aleph null
alejamiento | detachment
alelo normal | standard allele
alelo tipo | standard allele
alerta | alert, warning
alerta de avanzada volumétrica | volumetric early warning
alerta de radar | radar warning
alerta por radio | radio alert
aleta | fin, vane
aleta de ánodo | anode fin
aleta de refrigeración | cooling fin, heat sink
aleta resistiva | resistive vane
alfa [ganancia de corriente de emisor a colector] | alpha
alfabeto | alphabet; code
alfabeto de cinco elementos | five-unit alphabet
alfabeto de cinco unidades | five-unit alphabet
alfabeto fonético | phonetic alphabet

alfabeto fuente | source alphabet
alfabeto internacional | international alphabet
alfabeto Morse | Morse alphabet
alfabeto objeto | target alphabet
alfabeto telegráfico | telegraph (/telegraphic) alphabet
alfabeto telegráfico internacional | international telegraph
alfafotográfico | alphaphotographic
alfageométrico | alphageometric
alfamosaico [técnica de presentación para gráficos de ordenador] | alpha-mosaic
alfanumérico | alphanumeric, alphanumerical
alfatrón | alphatron
alfombra | carpet
alfombra aisladora | insulating mat
alfombra aislante | insulating mat
alfombrilla caliente portátil | portable heating carpet
alfombrilla de ratón | mouse pad
álgebra | algebra
álgebra booleana | Boolean algebra
álgebra de Boole | Boolean algebra
álgebra de conjuntos | set algebra
álgebra de la conmutación | switching algebra
álgebra de palabras | word algebra
álgebra inicial | initial algebra
álgebra lineal numérica | numerical linear algebra
álgebra relacional | relational algebra
álgebra sigma | sigma algebra
algodón | cotton
ALGOL [lenguaje algorítmico] | ALGOL = algorithmic language
ALGOL ampliado para diseño | ALGOL extended for design
algoritmo | algorithm
algoritmo aleatorio | random algorithm
algoritmo BM = algoritmo de Boyer-Moore | BM algorithm = Boyer-Moore algorithm
algoritmo de asignación de memoria | storage allocation algorithm
algoritmo de bisección | bisection algorithm, binary (/logarithmic search) algorithm
algoritmo de Boyer-Moore | Boyer-Moore algorithm
algoritmo de búsqueda | search algorithm
algoritmo de búsqueda binaria | bisection algorithm, binary (/logarithmic search) algorithm
algoritmo de búsqueda dicotómica | bisection algorithm, binary (/logarithmic search) algorithm
algoritmo de búsqueda e inserción | search and insertion algorithm
algoritmo de búsqueda logarítmica | bisection algorithm, binary (/logarithmic search) algorithm
algoritmo de cálculo de clave | hashing algorithm
algoritmo de cálculo de clave seguro

| secure hash algorithm
algoritmo de clasificación | sort algorithm
algoritmo de clasificación estable | stable sorting algorithm
algoritmo de clasificación radical | radix sorting algorithm
algoritmo de consulta de tablas | tabledriven algorithm
algoritmo de Dekker | Dekker's algorithm
algoritmo de Dijkstra | Dijkstra's algorithm
algoritmo de dos componentes | bicomponent algorithm
algoritmo de Edmonds | Edmond's algorithm
algoritmo de encriptación de clave pública | public key encryption algorithm
algoritmo de Euclides | Euclid's algorithm
algoritmo de firma digital | digital signature algorithm
algoritmo de Knuth-Bendix | Knuth-Bendix algorithm
algoritmo de Knuth-Morris-Pratt | Knuth-Morris-Pratt algorithm
algoritmo de Kronrod | Kronrod's algorithm [four Russians algorithm]
algoritmo de Kruskal | Kruskal algorithm
algoritmo de líneas ocultas | hidden-line algorithm
algoritmo de los cuatro rusos | four Russians algorithm
algoritmo de pila | stack algorithm
algoritmo de planificación | scheduling algorithm
algoritmo de Prim | Prim's algorithm
algoritmo de ramificaciones y límites | branch and bound algorithm
algoritmo de Schonhage | Schonhage algorithm
algoritmo de Strassen | Strassen algorithm
algoritmo de Warshall | Warshall's algorithm
algoritmo de Winograd | Winograd's algorithm
algoritmo del camino más corto | shortest-path algorithm
algoritmo limitado de forma exponencial | exponentially bounded algorithm
algoritmo limitado de forma polinómica | polynomial bounded algorithm
algoritmo paralelo | parallel algorithm
algoritmo secuencial | sequential algorithm
alias | alias, nick, nickname
alicate de empalmador | jointing clamp
alicate empalmador | sleeve twisters
alicates | pliers
alicates de boca cuadrada | square nose pliers
alicates de empalme | splicing tongs
alicates para soldar | soldering pliers

alicates pelacables | (insulation) stripping pliers
alicates pelahilos | stripping pliers
alicates planos | needle nose plier
alidada acimutal | azimuth finder
alimentación | feed(ing); power, supply
alimentación A | A supply
alimentación anódica | anode supply [UK], plate supply [USA]
alimentación automática | auto feed, autofeed
alimentación autónoma por pilas | self-contained battery operation
alimentación auxiliar de batería | battery backup
alimentación B | B supply
alimentación bruta | brute supply
alimentación Cassegrain | Cassegrain feed
alimentación central | centre (/rear) feed
alimentación con batería central | common battery supply
alimentación conectada | power on
alimentación Cutler | Cutler feed
alimentación de antena | aerial feed
alimentación de batería central | common battery supply
alimentación de batería para teléfonos analógicos | battery feed
alimentación de corriente | current feed
alimentación de energía | power feed (/feeding)
alimentación de la disolución | solution feed
alimentación de línea | line feed
alimentación de noticias [*término usado en internet*] | newsfeed, news feed
alimentación de página | page feed
alimentación de papel [*en impresoras*] | form feed
alimentación de papel cortado | cut sheet feed
alimentación de potencia conmutada | switching power supply
alimentación de potencia para laboratorios | laboratory power supply
alimentación de tarjetas | card feed
alimentación de tensión | voltage feed
alimentación del ánodo | anode supply
alimentación del micrófono | transmitter supply
alimentación del trasmisor | transmitter supply
alimentación desconectada | power off
alimentación en derivación | shunt feed
alimentación en paralelo | parallel feed (/feeding), shunt feed
alimentación en serie | series feed
alimentación energía conectada | power on
alimentación estabilizada de tensión variable | variable voltage regulated power supply
alimentación estable | power good
alimentación excéntrica | offset feed
alimentación frontal | front feed
alimentación inteligente | smart power
alimentación invertida | reverse feeding
alimentación microfónica | microphone current; talking battery
alimentación no sinusoidal | nonsinusoidal supply
alimentación nominal | rated power supply
alimentación normal | normal feeding
alimentación oscilante | nutating feed
alimentación por bocina | horn feed
alimentación por un extremo | end feed
alimentación posterior | rear feed
alimentación primaria | primary feed, power requirements
alimentación principal | main power
alimentación regulada de tensión variable | variable voltage regulated power supply
alimentación requerida | power requirements
alimentación secundaria | secondary feed
alimentación sinusoidal | sine wave supply
alimentación telefónica | talking battery
alimentación tipo B | B supply
alimentado en serie | series-fed
alimentado en tensión | voltage-fed
alimentado por convertidor estático | rectifier-fed
alimentado por energía solar | solar-operated, solar-powered
alimentado por rectificador | rectifier-fed
alimentado por trasformador | transformer-operated
alimentador | feed junctor (/wire), feeder, supplier
alimentador abierto | open feeder
alimentador de antena | aerial feeder
alimentador de bocina | horn feed
alimentador de cinta | tape feed
alimentador de energía eléctrica | supplier
alimentador de enlace | tie feeder
alimentador de enlace entre centrales | tie feeder
alimentador de hilos desnudos | open-wire feeder
alimentador de hojas [*de papel*] | sheet feeder
alimentador de interconexión | interconnecting feeder
alimentador de la red | network feeder
alimentador de llegada | incoming feed junctor
alimentador de red | network feeder
alimentador de retorno | return cable (/feeder)
alimentador de salida | outgoing feed junctor
alimentador de secundario | subfeeder
alimentador de subestación | stub feeder
alimentador de tarjetas | card feed
alimentador derivado | teed feeder
alimentador en bucle | loop feeder
alimentador local | local feed junctor
alimentador local de pruebas | local feed junctor for tests
alimentador múltiple | teed feeder
alimentador nutador | nutating feed
alimentador para soldadura por arco | welding set
alimentador primario | primary feed
alimentador primario desplazado | offset feed
alimentador principal | trunk feeder
alimentador radial | radial feeder
alimentador rotatorio | rotating feeder
alimentador vibratorio | vibratory feeder
alimentadores en paralelo | parallel feeders
alimentar | to energise [UK], to energize [UK+USA]; to feed
alimentar energía | to supply
Alim.papel = alimentación de papel | FF = form (/formular) feed
alineación | alignment, tracking
alineación automática | self-aligning
alineación coincidente | tight alignment
alineación con superganancia | supergain array
alineación de antenas omnidireccionales | omnidirectional aerial array
alineación de aristas | alignment of knife edges
alineación de la cabeza | head alignment
alineación del eje | shaft alignment
alineación del haz | beam alignment
alineación derecha | right align
alineación en forma de pino | pine tree array
alineación en pino | pine tree array
alineación izquierda | left align
alineación oblicua | slant course
alineación óptica | boresighting
alineación por radio | radio range beacon course
alineación preóhmica | preohmic alignment
alineación superdirectiva | supergain array
alineado | flush
alineado a la derecha | right-justify, right aligned
alineado a la izquierda | left aligned (/justify)
alineal | nonlinear
alineamiento | alignment
alineamiento acimutal | azimuth alignment
alineamiento de aguja | stylus alignment

alineamiento desigual | row-ragged
alineamiento en el taller | shop alignment
alineamiento en tres frecuencias de la banda de sintonía | three-point tracking
alinear | to align
alisonita | alisonite
alma conductora sólida | solid inner conductor
alma de un cable | core of a cable
alma del cable | cable core
almacén | store
almacén de alimentación secundaria | secondary feed hopper
almacén de mensajes | message store
almacén virtual de archivos | virtual file store
almacenador de acceso en serie | serial access storage
almacenador de información de la línea de retardo sónica | sonic delay-line store
almacenador de la línea de retardo sónica | sonic delay-line store
almacenador de línea de retardo ultrasónica | ultrasonic delay line store
almacenador de memoria de la línea de retardo sónica | sonic delay-line store
almacenador de trasformador de sólo lectura | transformer read-only store
almacenador matricial en serie | serial matrix storage
almacenamiento | storage; memory
almacenamiento acústico | acoustic storage
almacenamiento asociativo | associative storage (/store)
almacenamiento auxiliar | auxiliary storage
almacenamiento borrable | erasable storage
almacenamiento circulante | circulating storage
almacenamiento complementario | backing storage
almacenamiento de acceso aleatorio | random access storage
almacenamiento de acceso directo | direct access storage
almacenamiento de acceso inmediato | immediate-access store
almacenamiento de acceso rápido | fast-access storage
almacenamiento de alta velocidad | high speed storage
almacenamiento de cuerda de núcleos magnéticos | core rope storage
almacenamiento de disco | disc storage
almacenamiento de discos intercambiables | exchangeable disk store
almacenamiento de gases radiactivos | radioactive gas storage
almacenamiento de instrucciones | instruction storage
almacenamiento de la voz [*digitalizada*] | speech filling
almacenamiento de línea de retardo | delay line storage
almacenamiento de mercurio | mercury storage
almacenamiento de núcleo | core storage
almacenamiento de pila | stack frame
almacenamiento de proceso | working storage
almacenamiento de rebose | overflow store
almacenamiento de señales | signal storage
almacenamiento de sobrecapacidad | overflow storage
almacenamiento de tambor | drum storage
almacenamiento de tambor magnético | magnetic drum storage
almacenamiento del programa | program storage
almacenamiento dinámico | dynamic storage
almacenamiento direccionado por contenido | content-addressed storage
almacenamiento electrostático | electrostatic storage
almacenamiento en cinta magnética | magnetic tape storage
almacenamiento en disco magnético | magnetic disc storage
almacenamiento en memoria de burbuja | bubble storage
almacenamiento en memoria intermedia | buffering, buffer storage
almacenamiento en serie | serial storage
almacenamiento en serie bit a bit | serial-by-bit storage
almacenamiento en serie por caracteres | serial-by-character storage
almacenamiento en serie por palabras | serial-by-word storage
almacenamiento estático | static storage
almacenamiento externo | external storage
almacenamiento ferroacústico | ferroacoustic storage
almacenamiento fijo | fixed storage
almacenamiento físico | physical storage
almacenamiento fotoquímico de la energía | photochemical storage of energy
almacenamiento fuera de línea | off-line storage
almacenamiento intermedio | intermediate storage; buffer
almacenamiento interno | internal storage
almacenamiento magnético | magnetic storage
almacenamiento magnetoóptico | magneto-optic storage
almacenamiento masivo | mass storage
almacenamiento operacional | working storage
almacenamiento óptico | optical storage
almacenamiento paralelo | parallel storage
almacenamiento periférico | peripheral storage
almacenamiento permanente | permanent storage
almacenamiento por emulsión con láser | emulsion laser storage
almacenamiento previo | prime
almacenamiento primario | primary storage
almacenamiento principal | main storage
almacenamiento rápido | rapid storage
almacenamiento retardado | delayed storage
almacenamiento secundario | secondary storage
almacenamiento temporal | buffering; temporary storage
almacenamiento temporal de E/S = **almacenamiento temporal de entrada/salida** | I/O buffering = input/output buffering
almacenamiento y envío [*de mensajes o datos*] | store and forward
almacenamiento y recuperación de información | information storage and retrieval
almacenar | to store, to swap in
almacenar y enviar | to store and forward
almacenar y reenviar | to store and forward
almohadilla | pound key
almohadilla prensora | pressure pad
Alnico [*marca comercial de material magnético para imanes permanentes*] | Alnico
alóbaro | allobar
alocromático | allochromatic
alocromía | allochromy
alófono | allophone
ALOHA [*red de ordenadores en la Islas Hawai*] | ALOHA [*computer network in the Hawai Islands*]
alojamiento de lámpara | lamp housing
alojamiento de válvula | valve housing
alojamiento del resorte | spring seat
alpaca | nickel silver
alrededor de | about
ALS [*bajo consumo avanzado de Schottky*] | ALS = advanced low drain of Schottky
ALS [*selección automática de voltaje*] | ALS = automatic line selection
alta compresión | supercompression
alta definición | high definition
alta densidad | high density

alta fidelidad | high fidelity
alta frecuencia | high frequency, radio frequency, radiofrequency
alta resolución | hi res = high resolution
alta tecnología | hi-tech = high-tech = high technology
alta tensión | high tension
alta velocidad | high rate
altaita | altaite
altamente integrado | highly-integrated
altavoz | horn [USA], loud hailer [UK]; loudspeaker, speaker (unit)
altavoz autodinámico | permanent magnet baffle
altavoz bidireccional | bidirectional loudspeaker
altavoz bipolar magnético | bipolar magnetic driving unit
altavoz capacitivo | capacitor loudspeaker
altavoz coaxial | coaxial loudspeaker
altavoz con difusor de ranura | slot diffuser loudspeaker
altavoz de acompañamiento | playback loudspeaker
altavoz de agudos | top (/treble) loudspeaker, tweeter
altavoz de agudos de cinta | ribbon tweeter
altavoz de agudos electrostático | electrostatic tweeter
altavoz de aire comprimido | compressed air loudspeaker
altavoz de armadura magnética | magnetic armature loudspeaker (/speaker)
altavoz de armadura móvil | moving armature loudspeaker
altavoz de bobina | horn speaker
altavoz de bobina móvil | moving coil loudspeaker (/speaker)
altavoz de bocina | horn loudspeaker
altavoz de cabecera | pillow loudspeaker (/speaker)
altavoz de campo excitado | excited field speaker
altavoz de cinta | ribbon loudspeaker
altavoz de condensador | capacitor speaker
altavoz de conductor móvil | moving conductor speaker
altavoz de cono | cone loudspeaker
altavoz de cristal | crystal loudspeaker (/speaker)
altavoz de diafragma | backloaded horn
altavoz de fondo | background (/playback) loudspeaker
altavoz de gama completa | monorange speaker
altavoz de gran potencia | power loudspeaker
altavoz de graves | driver, woofer
altavoz de hierro móvil | moving iron loudspeaker
altavoz de imán permanente | PM loudspeaker = permanent magnet loudspeaker (/speaker)
altavoz de inducción | induction loudspeaker (/speaker)
altavoz de inducido móvil | moving armature loudspeaker
altavoz de laberinto | acoustic labyrinth loudspeaker, labyrinth baffle (/loudspeaker)
altavoz de magnetoestricción | magnetostriction loudspeaker (/speaker)
altavoz de megafonía | public address loudspeaker
altavoz de múltiples vías | multichannel loudspeaker
altavoz de radiación directa | direct radiator
altavoz de radiador directo | direct radiator loudspeaker (/speaker)
altavoz de reflexión | reflex baffle
altavoz de vigilancia | monitoring loudspeaker
altavoz del sistema | system speaker
altavoz dinámico | dynamic speaker
altavoz dinámico de imán permanente | permanent magnet baffle (/dynamic loudspeaker)
altavoz diseñado para bajas frecuencias | woofer
altavoz electrodinámico | electrodynamic speaker
altavoz electromagnético | electromagnetic horn (/loudspeaker)
altavoz electrostático | electrostatic loudspeaker (/speaker)
altavoz en columna | column speaker
altavoz excitador de agudos | high frequency driver
altavoz excitador de baja frecuencia | low frequency driver
altavoz excitador de graves | low frequency driver
altavoz extraplano | pancake (/wafer) loudspeaker
altavoz horizontal | compound horn
altavoz iónico | ionophone
altavoz iónico de agudos | ionic tweeter, ionophone
altavoz magnético | magnetic loudspeaker (/speaker), moving armature loudspeaker
altavoz monitor | pilot loudspeaker
altavoz multicanal | multichannel loudspeaker
altavoz multicelular | multicellular loudspeaker
altavoz múltiple | multiple loudspeaker
altavoz neumático | pneumatic loudspeaker (/speaker)
altavoz para agudos | tweeter
altavoz para frecuencias muy bajas | subwoofer
altavoz para muy altas frecuencias | supertweeter
altavoz para sonido difuso | surround loudspeaker
altavoz parimétrico | surround loudspeaker
altavoz piezoeléctrico | piezo speaker, piezoelectric loudspeaker (/speaker)
altavoz plano | wafer loudspeaker
altavoz reentrante | reflex loudspeaker
altavoz réflex | reflex loudspeaker
altavoz subacuático | subaqueous loudspeaker
altavoz sumergible | waterproof loudspeaker
altavoz tipo trompeta | trumpet-type loudspeaker
altavoz triaxial | triaxial speaker
altavoz triple | triaxial loudspeaker (/speaker)
alteración | change; shifting
alteración progresiva | creep
alterar | to corrupt; to shift
alternación de fase | phase alternation
alternación de frecuencia | frequency splitting
alternador | alternator, AC generator
alternador asincrónico | asynchronous alternator, induction generator
alternador autoexcitado | self-excited alternator
alternador autoexcitado compensado | self-excited compensated alternator
alternador autoexcitado de CA | self-excited alternating-current generator
alternador bifásico | two-phase alternator
alternador de Alexanderson [alternador de alta frecuencia] | Alexanderson alternator
alternador de alta frecuencia | high frequency alternator
alternador de campo giratorio | revolving field alternator
alternador de campo inductor giratorio | revolving field alternator
alternador de campo inductor rotativo | revolving field alternator
alternador de campo rotativo | revolving field alternator
alternador de eje vertical con rangua inferior | umbrella-type alternator
alternador de Goldschmidt | Goldschmidt alternator
alternador de hierro giratorio | inductor alternator with moving iron
alternador de inducción | induction generator
alternador de inducido rotativo | revolving armature alternator
alternador de onda sinusoidal | sine wave alternator
alternador de polarización | polarization changer
alternador de radiofrecuencia | RF alternator = radiofrequency alternator
alternador de reacción | reaction (/reluctance) generator
alternador estático de estado sólido | solid-state static alternator
alternador heteropolar | heteropolar alternator
alternador homopolar | homopolar alternator

alternador monofásico | one-phase alternator, single-phase alternator
alternador para soldadura por arco | welding alternator
alternador para soldar | welding alternator
alternador polifásico | multiphase (/polyphase) alternator
alternador sincrónico | synchronous alternator (/generator)
alternador trifásico | three-phase alternator
alternador trifásico hexapolar | six-pole three-phase alternator
alternancia | alternation, staggering
alternancia de fase cromática | colour phase alternation
alternancia de Zener | Zener zapping
alternancias | reversals
alternante | alternating
alternativo | alternate, alternative
alterno | alternating
altígrafo | altigraph, altitude recorder
altimétrico | altimetric
altímetro | altimeter
altímetro absoluto | absolute altimeter, terrain clearance indicator
altímetro barométrico | barometric altimeter
altímetro capacitivo | capacitance altimeter
altímetro con radar | radar height finder
altímetro de impulsos | pulse (/pulsed) altimeter
altímetro de láser | laser altimeter
altímetro de precisión | sensitive altimeter
altímetro de presión | pressure altimeter
altímetro de radar | radar altimeter, height finder
altímetro de rayos gamma | gamma ray altimeter
altímetro de reflexión | reflection altimeter
altímetro electrónico | electronic altimeter
altímetro normalizado | standard altimeter
altímetro por capacidad | capacitance altimeter
altímetro por radiación ultravioleta | ultraviolet altimeter
altímetro radar de impulsos | pulsed radar altimeter
altímetro radioeléctrico | radio altimeter
altímetro radioeléctrico de impulsos | pulsed (/pulse-type) altimeter
altímetro registrador | altigraph, altitude recorder
altímetro sensible | sensitive altimeter
altímetro sónico | sonic altimeter
altímetro ultravioleta | ultraviolet altimeter
altitud | altitude
altitud absoluta | absolute altitude
altitud determinada por radar | radar altitude
altitud determinada por radio | radio altitude
altitud por radar | radar altitude
altitud verdadera | true altitude
alto | halt, high, stop
alto colorido | high colour
alto factor de bloqueo | high blocking
alto factor de calidad | high Q factor
alto factor de sobretensión | high Q factor
alto grado de integración | large-scale integration
alto nivel | high level
alto potencial | high potential
alto vacío | high vacuum
alto voltaje | high voltage
altoparlante extraplano | pancake loudspeaker
altura | height
altura compensada | height-balanced
altura de antena | aerial height
altura de antena sobre la cota media del terreno | aerial height above average terrain
altura de barrera | barrier height
altura de detonación | height of burst
altura de entrada | pickup factor
altura de estrella | star-height
altura de explosión | height of burst
altura de impulsos | pulse height
altura de la imagen | vertical amplitude
altura de la llama | flame height
altura de la radiación | radiation height
altura de la x [*en tipografía*] | x-height
altura de presión | pressure head
altura de rendija | slit height
altura de tono | pitch
altura de tono absoluta | absolute pitch
altura del espectro | height of spectrum
altura del labio | lip height
altura efectiva | actual (/effective) height
altura efectiva de la antena | effective aerial height
altura eficaz | effective height
altura eficaz de la antena | aerial effective (/electrical) height
altura equivalente | equivalent height
altura libre | path (/vertical) clearance
altura óptima de detonación | optimum height of burst
altura óptima de explosión | optimum height of burst
altura tonal | pitch
altura tonal normalizada | standard pitch
altura virtual | virtual height
altura virtual de reflexión | virtual height
alumbrado | illumination; lighting, lightning
alumbrado de estudio de televisión | television lighting
alumbrado de la rendija | slit illumination
alumbrado del estudio | set lighting (/lights)
alumbrado difuso | diffuse illumination
alumbrado directo | direct lighting
alumbrado indirecto | indirect lighting
alumbrado mixto | semi-indirect lighting
alumbrado semidirecto | semidirect (/semi-indirect) lighting
alúmina | alumina
alúmina prensada | pressed alumina
alúmina vitrificada | vitrified aluminum oxide
aluminio | aluminium [UK], aluminum [USA]
aluminio fundido sobre núcleo de acero | alumoweld
aluminio soldado | alumoweld
aluminizado | aluminizing
Alundum [*marca de material duro de aluminio fundido, utilizado como material abrasivo y refractario*] | Alundum
alveolo, alvéolo | pocket, socket
alza de cañón con radar | radar gunsight
alza de radar para lanzar bombas | radar bombsight
alzado de la válvula | valve lift
AM = amplitud modulada [*modulación de amplitud*] | AM = amplitude modulation
AMA [*tarifación telefónica automática*] | AMA = automatic message accounting
amagnético | nonmagnetic
amañador | hacker
amañar | to hack
amarillo | yellow
amarillo local | yellow local
amarra | anchor
amarre [*de cable submarino*] | shore end
amarre a un poste | pole dead-end
amarre de cable | single-ended cable grip
ambas direcciones | bothway
ambiente | ambient, environment
ambiente de tierra | ground environment
ambiente electromagnético | electromagnetic environment
ambiente espacial | space environment
ambiente inducido | induced environment
ambiente sin ruido | noise-free environment
ambigüedad | ambiguity, blur
ambigüedad de distancia | range ambiguity
ámbito | area, range, scope
ámbito de conocimiento | knowledge domain
ámbito de destino | target well
ámbito de direcciones | address range
ámbito de selección | scope of selec-

tion
ámbito temporal | time domain
AMC [*control automático de modulación*] | AMC = automatic modulation control
AMCW [*onda continua de modulación de amplitud*] | AMCW = amplitude modulation continuous wave
AMD [*distorsión de la amplitud modulada*] | AMD = amplitude modulation distortion
AMD [*microdispositivo avanzado*] | AMD = advanced micro device
amenaza | threat
americio | americium
AM/FM = amplitud modulada / frecuencia modulada | AM/FM = amplitude modulation / frequency modulation
AMI [*código para trasmisión de señales binarias*] | AMI = alternate mark inversion
amianto | asbestos
amianto platinado | platinized asbestos
Amiga [*sistema operativo de los ordenadores Commodore*] | Amiga
AMIS [*norma sobre intercambio de mensajes de audio*] | AMIS = audio messaging interchange specification
AML [*enlace con amplitud modulada*] | AML = amplitude modulated link
amolado | abrading, lap
amoniaco, amoníaco | ammonium
amontonable | stackable
amorfo | shapeless
amortiguación | absorption, attenuation, damping; decrement
amortiguación acústica | sound damping (/deadening)
amortiguación adiabática | adiabatic damping
amortiguación de chispas | spark quenching
amortiguación de impulsos | pulse damping
amortiguación de oscilaciones | oscillation damping
amortiguación de parásitos | noise quieting
amortiguación de ruido | noise quieting
amortiguación de ruidos | sound damping
amortiguación de vibraciones | vibration attenuation (/muffling)
amortiguación del impulso | pulse decay
amortiguación del sonido | sound deadening
amortiguación exponencial | exponential damping
amortiguación insuficiente | under-damping
amortiguación mecánica | mechanical damping
amortiguación por líquido | fluid damping
amortiguación variable | variable damping
amortiguado magnéticamente | magnetically damped
amortiguador | damper, dashpot, stub; suppressor
amortiguador acústico | sound damper (/deadener)
amortiguador de adaptador | stub tuner
amortiguador de alumbrado | dimmer
amortiguador de chispas | spark absorber (/arrester, /quench, /quencher)
amortiguador de choques acústicos | acoustic shock absorber, coherer-type acoustic reducer (/shock absorber)
amortiguador de descargas | shock absorber
amortiguador de iluminación | dimmer
amortiguador de impactos | shock absorber
amortiguador de línea auxiliar | de-tuning stub
amortiguador de luz | dimmer
amortiguador de oscilaciones | oscillation absorber
amortiguador de resortes | spring-type shock absorber
amortiguador de ruido | squelch
amortiguador de ruidos | sound damper (/deadener)
amortiguador de ruidos de fondo | muting, squelch
amortiguador de vibraciones | shimmy damper, vibration absorber (/damper, /isolator); vibration-absorbing
amortiguador del embrague | damper of the selecting finger
amortiguador del sonido | sound absorber
amortiguador hidráulico | dashpot
amortiguamiento | decay, damping, quenching
amortiguamiento aperiódico | aperiodic damping
amortiguamiento crítico | critical damping
amortiguamiento de Landau | Landau damping
amortiguamiento de vibraciones | vibration isolation
amortiguamiento específico | specific damping
amortiguamiento magnético | magnetic damping
amortiguamiento óptico | optical damping
amortiguamiento óptimo | optimum damping
amortiguamiento periódico | periodic damping
amortiguamiento relativo | relative (/specific) damping
amortiguamiento viscoso y magnético | viscous and magnetic damping
amortiguar | to damp
amortiguar ecos | to dampen
AMP = amplificador | AMP = amplifier
ampacidad [*capacidad de trasporte de corriente en amperios*] | ampacity
amparado | shielded
amparar | to shield
AMP CA = amperios de corriente alterna | AMP AC = ampere alternating current
AMP CC = amperios de corriente continua | AMP DC = ampere direct current
AMPEP [*pico de potencia de amplitud modulada*] | AMPEP = amplitude modulated peak envelope power
amperaje | amperage
amperaje activo | virtual amperes
amperaje efectivo | virtual amperes
amperaje nominal [*indicado en la placa de características*] | nameplate amperes
amperhorímetro | ampere-hour meter, quantity meter
amperímetro | amperimeter
amperímetro de abrazadera | clamp-on ammeter
amperímetro de bolsillo | pocket ammeter
amperímetro de cero central | zero-centre ammeter
amperímetro de cero en el centro | zero-centre ammeter
amperímetro de cuadro fijo | polarized vane ammeter, stationary coil ammeter
amperímetro de cuadro móvil | moving coil ammeter
amperímetro de fase | phase ammeter
amperímetro de hierro articulado | hinged-iron ammeter
amperímetro de hierro móvil | moving iron ammeter
amperímetro de hilo caliente | hot wire ammeter
amperímetro de inserción | clamp-on ammeter
amperímetro de múltiples alcances | multirange ammeter
amperímetro de núcleo giratorio | moving iron ammeter
amperímetro de pinza | snap-around ammeter, snap-on ammeter
amperímetro de tenaza | clamp-on ammeter
amperímetro de termopar | thermocouple ammeter
amperímetro óptico | optical ammeter
amperímetro para crestas de sobreintensidad | surge crest ammeter
amperímetro polarizado | polarized ammeter
amperímetro rectificador | rectifier-type ammeter
amperímetro registrador | recording ammeter = recording amperimeter
amperímetro térmico | thermal ammeter = thermal amperimeter, thermocouple ammeter

amperímetro termoeléctrico | thermocouple ammeter
amperio [*unidad fundamental de la corriente eléctrica, equivalente a 1 culombio por segundo*] | ampere [*basic unit of electric current*]
amperio absoluto | absolute ampere
amperio eficaz | effective ampere
amperio patrón | standard ampere
amperios de corriente alterna | ampere alternating current
amperios de corriente continua | ampere direct current
amperios efectivos | RMS amperes
amperios eficaces | RMS amperes
amperios en marcha normal | running amperes
amperios hora | ampere-hour
amperios-vuelta de enfoque | focusing ampere-turns
amperios vueltas | ampere-turn
amperios vueltas por metro | ampere-turn per meter
ampliabilidad | expansion capability
ampliable | stackable, scalable
ampliación | amplification, magnification; enlargement, expansion; upgrade
ampliación de barrido | sweep magnification
ampliación de la instalación del usuario | user-installable upgrade
ampliación de un equipo | equipment augmentation
ampliación óptica | zoom
ampliación por apilamiento | stackable expansion
ampliación por gas | gas magnification
ampliación posterior del registro | enlargement after recording
ampliado | enhanced, extended
ampliador de barrido | sweep expander (/magnifier)
ampliador de puerto [*para conectar varios dispositivos a un solo puerto*] | port expander
ampliador de sistema operativo [*para sistemas operativos de ventanas*] | desktop enhancer
ampliador de teclado [*programa*] | keyboard enhancer
ampliar | [*un equipo*] to upgrade; to expand, to extend
amplidino | amplidyne
amplificación | amplification, amplifying; emphasis; gain
amplificación con reacción | retroactive amplification
amplificación con reacción positiva | regenerative amplification
amplificación con regeneración | regenerative amplification
amplificación de agudos | treble boost
amplificación de alta frecuencia | RF amplification
amplificación de amperios vueltas | ampere-turn amplification
amplificación de audio | audio amplification
amplificación de audiofrecuencia | audio gain, audiofrequency amplification
amplificación de corriente | current amplification
amplificación de desviación vertical | vertical amplification
amplificación de flujo | flow amplification
amplificación de gas | gas amplification
amplificación de impulsos | pulse amplification
amplificación de la corriente de resonancia | resonance current step-up
amplificación de la luz | light amplification
amplificación de la luz por radiación estimulada | light amplification by stimulated emission radiation
amplificación de potencia | power amplification (/gain, /magnification)
amplificación de radiofrecuencia | RF amplification = radiofrequency amplification
amplificación de tensión | voltage amplification (/step)
amplificación de tensión resonante | resonant voltage step-up
amplificación de válvula equilibrada en contrafase | quiescent push-pull valve operation
amplificación de vídeo | video amplification
amplificación de videofrecuencia | videofrequency amplification
amplificación de voltaje | voltage amplification
amplificación del repetidor | repeater gain
amplificación del sonido | sound amplification
amplificación en cascada | cascade amplification
amplificación en circuito simétrico | pushpull amplification
amplificación en contrafase | pushpull amplification
amplificación en disposición simétrica | pushpull amplification
amplificación lineal | linear amplification
amplificación magnética | magnetic amplification
amplificación paramétrica | parametric amplification
amplificación por gas | gas amplification
amplificación por triodo | triode amplification
amplificación refleja | reflex amplification
amplificación réflex | reflex amplification
amplificación total | overall amplification
amplificación vertical | vertical amplification
amplificado | amplified
amplificado por transistor | transistor-amplified
amplificador | amplifier, booster; magnifier
amplificador 'en pilar totémico' | totem pole amplifier
amplificador acoplado de resistencia | resistance amplifier
amplificador acoplado por cátodo | cathode-coupled amplifier
amplificador acoplado por resistencia | resistance-coupled amplifier, resistance-type amplifier
amplificador acoplado por resistencia y capacidad | resistance-capacitance amplifier
amplificador acoplado por trasformador | transformer-coupled amplifier
amplificador acústico | acoustic amplifier
amplificador acústico de ondas progresivas | travelling-wave acoustic amplifier
amplificador agrupador | grouping amplifier
amplificador aislado | isolated amplifier
amplificador alineal | nonlinear amplifier
amplificador analógico | analogue amplifier
amplificador aperiódico | untuned amplifier
amplificador asimétrico | single-ended amplifier
amplificador asimétrico equilibrado | single-ended push-pull amplifier
amplificador autoelevador | bootstrap amplifier
amplificador automodulado | self-modulated amplifier
amplificador auxiliar | booster (/pilot) amplifier
amplificador auxiliar de trasmisión | transmit (/transmitting) auxiliary amplifier
amplificador bidireccional | two-way amplifier
amplificador bilateral | bilateral amplifier
amplificador bipolar | bipolar amplifier
amplificador catódico | cathode follower, cathode-coupled amplifier
amplificador cerámico | ceramic amplifier
amplificador compensado | balance amplifier, compensated (/weighted) amplifier
amplificador con acoplamiento por trasformador | transformer-coupled amplifier
amplificador con alimentación en paralelo | shunt-feed amplifier
amplificador con ánodo a masa (/tierra) | grounded anode amplifier

amplificador con base a masa (/tierra) | grounded base amplifier
amplificador con base común | common base amplifier
amplificador con cátodo a masa [o a tierra] | grounded cathode amplifier
amplificador con colector a masa | grounded collector amplifier
amplificador con colector común | common collector amplifier
amplificador con compensación en paralelo | shunt-peaked amplifier
amplificador con condensador vibratorio | vibrating condenser amplifier
amplificador con contrarreacción | reverse feedback amplifier
amplificador con emisor común | common emitter amplifier
amplificador con emisor puesto a tierra | grounded emitter amplifier
amplificador con entrada simétrica y salida asimétrica | single-ended push-pull amplifier
amplificador con modulación por contacto | chopper amplifier
amplificador con pasabanda de una octava | octave-bandwidth amplifier
amplificador con puerta a masa | grounded gate amplifier
amplificador con puerta a tierra | gate earth amplifier
amplificador con reacción | retroactive amplifier
amplificador con reacción negativa | reverse feedback amplifier
amplificador con reacción positiva | regenerative (/positive feedback) amplifier
amplificador con realimentación positiva | positive feedback amplifier
amplificador con regeneración | regenerative amplifier
amplificador con rejilla a masa [o a tierra] | grounded grid amplifier
amplificador con resonancia de frecuencia única | single-tuned amplifier
amplificador con salida ultralineal | ultralinear amplifier
amplificador con sintonización escalonada | stagger-tuned amplifier
amplificador con subdivisión de tiempo | time-shared amplifier
amplificador con surtidor a masa | grounded source amplifier
amplificador con tetrodo Neher | Neher tetrode amplifier
amplificador continuo | continuous amplifier
amplificador contrafase-paralelo | pushpull-push amplifier
amplificador cortocircuitable | shortable amplifier
amplificador cuadrador | squaring amplifier
amplificador cuadripolo | quadrupole amplifier
amplificador Darlington | Darlington amplifier
amplificador de acoplamiento de resistencia | resistance amplifier
amplificador de acoplamiento directo | direct-coupled amplifier
amplificador de acoplamiento directo por resistencia | direct resistance-coupled amplifier
amplificador de acoplamiento fotónico | photon-coupled amplifier
amplificador de acoplamiento gemelo | twin-coupled amplifier
amplificador de acoplamiento por resistencia | resistance-type amplifier
amplificador de acoplamiento por resistencias y condensadores | resistance-capacitance-coupled amplifier
amplificador de acoplamiento por trasformador | transformer-coupled amplifier
amplificador de aislamiento | isolation amplifier
amplificador de ajuste de ganancia | gain-adjusting amplifier
amplificador de aletas externas | outboard flap amplificator
amplificador de alimentación | supply amplifier
amplificador de alta fidelidad | high fidelity amplifier
amplificador de altavoces | public address amplifier
amplificador de antena | aerial booster
amplificador de audio | audio amplifier
amplificador de audiofrecuencia | audiofrequency amplifier
amplificador de audiofrecuencia selectivo | tuned audiofrequency amplifier
amplificador de bajos | bass boost
amplificador de banda ancha | broadband (/wideband) amplifier
amplificador de banda base de recepción | receiving baseband amplifier
amplificador de banda base de trasmisión | transmitting baseband amplifier
amplificador de banda base recibida | receive baseband amplifier
amplificador de banda estrecha | narrow-band amplifier
amplificador de barrido | scanning (/sweep) amplifier
amplificador de barrido de cuadro | picture sweep amplifier
amplificador de barrido de imagen | picture sweep amplifier
amplificador de bloqueo | lock-out amplifier
amplificador de cabeza | head amplifier
amplificador de campo cruzado | crossed-field amplifier
amplificador de carga | charge amplifier
amplificador de cátodo | cathamplifier = cathode amplifier
amplificador de cátodo acoplado | cathode-coupled amplifier
amplificador de células de selenio | selenium amplifier
amplificador de ciclo | circlotron amplifier
amplificador de circuito simétrico | pushpull amplifier
amplificador de clase A | class A amplifier
amplificador de clase AB | class AB amplifier
amplificador de conmutación | switching amplifier
amplificador de contacto modulado | contact modulated amplifier
amplificador de contrarreacción | reversed feedback amplifier
amplificador de control | control (/monitoring) amplifier
amplificador de convergencia vertical | vertical convergence amplifier
amplificador de corriente | current amplifier
amplificador de corriente continua | DC amplifier = direct current amplifier
amplificador de corriente continua de portadora | carrier-type DC amplifier
amplificador de corriente continua del silenciador | squelch DC amplifier
amplificador de corriente del blanco | target current amplifier
amplificador de corriente por transistor | transistor current amplifier
amplificador de cresta | peak amplifier
amplificador de crominancia | chrominance amplifier
amplificador de cuadratura | quadrature amplifier
amplificador de desviación de flujo | stream deflection amplifier
amplificador de desviación vertical | vertical (deflection) amplifier
amplificador de diámetro variable | rippled wall amplifier
amplificador de diferencias | difference amplifier
amplificador de diodo | diode amplifier
amplificador de diodo Esaki sintonizable | tunable tunnel-diode amplifier
amplificador de diodo tipo cavidad | cavity-type diode amplifier
amplificador de distribución | distribution amplifier
amplificador de distribución de impulsos | pulse distribution amplifier
amplificador de distribución de programas | program repeater (/distribution amplifier
amplificador de distribución de vídeo | video distribution amplifier
amplificador de doble acoplamiento | twin-coupled amplifier
amplificador de doble canal | dual channel amplifier

amplificador de doble corriente | double stream amplifier
amplificador de doble efecto | push-pull amplifier
amplificador de doble sintonía | double-tuned amplifier
amplificador de Doherty | Doherty amplifier
amplificador de dos etapas | cascode amplifier
amplificador de dos vías | two-way amplifier
amplificador de drenador común | common drain amplifier
amplificador de emisión | sending amplifier
amplificador de enganche | lock-in amplifier
amplificador de entrada diferencial | differential input amplifier
amplificador de escritura | writing amplifier
amplificador de etapas | multistage amplifier
amplificador de etapas múltiples | multistage amplifier
amplificador de etapas por acoplamiento a cátodo | cathode-coupled amplifier
amplificador de fase | phase amplifier
amplificador de fibra dopada con erbio | erbium-doped fibre amplifier
amplificador de flujo | doughnut [UK]; flow amplifier
amplificador de fonocaptor | phonograph pickup amplifier
amplificador de fotocélula | photocell amplifier
amplificador de frecuencia intermedia | IF amplifier = intermediate-frequency amplifier
amplificador de frecuencia intermedia de imagen | picture IF amplifier
amplificador de frecuencia intermedia de la imagen | video IF amplifier
amplificador de frecuencia ultraacústica | ultrasonic amplifier
amplificador de frecuencia ultrasonora | ultrasonic amplifier
amplificador de frecuencias vocales | voice-frequency amplifier
amplificador de fuente común | common source amplifier
amplificador de ganancia constante | stabilized (gain) amplifier
amplificador de ganancia estabilizada | stabilized gain amplifier
amplificador de ganancia negativa | negative gain amplifier
amplificador de ganancia unitaria | unity gain amplifier
amplificador de ganancia variable | variable gain amplifier
amplificador de graves | bass boost
amplificador de grupo | group amplifier
amplificador de imagen | video amplifier

amplificador de impedancia negativa | negative impedance amplifier
amplificador de impresión | print amplifier
amplificador de impulsos | pulse amplifier
amplificador de impulsos de carga | charge pulse amplifier
amplificador de impulsos de corriente | current pulse amplifier
amplificador de impulsos de rueda fónica | tonewheel amplifier
amplificador de impulsos logarítmico | logarithmic pulse amplifier
amplificador de impulsos transistorizado | transistor pulse amplifier
amplificador de instrumentación | instrumentation amplifier
amplificador de intensidad | current amplifier
amplificador de inversión | inverting amplifier
amplificador de la luz a frecuencias ópticas | Snird
amplificador de la señal de imagen | picture signal amplifier
amplificador de la señal de trasmisión | transmitter signal amplifier
amplificador de lámparas | valve amplifier
amplificador de lectura | playback (/replay) amplifier
amplificador de línea | line amplifier
amplificador de línea de trasmisión | transmission line amplifier
amplificador de línea e imagen | picture line amplifier
amplificador de línea resonante | resonant (/tuned) line amplifier
amplificador de línea sintonizada | tuned line amplifier
amplificador de llamada | calling amplifier
amplificador de magnetrón | magnetron amplifier
amplificador de mando a distancia | remote amplifier
amplificador de masa efectiva negativa | negative effective mass amplifier
amplificador de masa negativa | negative mass amplifier
amplificador de medida | measurement (/measuring) amplifier
amplificador de micrófono | microphone amplifier
amplificador de microteléfono | handset amplifier
amplificador de modulación | speech input amplifier
amplificador de modulación de imagen | vision modulation amplifier
amplificador de modulación de velocidad | velocity modulation amplifier
amplificador de motor | motor drive amplifier
amplificador de muestreo y retención | sample-and-hold amplifier

amplificador de neodimio | neodymium amplifier
amplificador de octava | octave-band amplifier
amplificador de onda cuadrada | square wave amplifier
amplificador de onda en dientes de sierra | sawtooth amplifier
amplificador de onda estacionaria | standing wave amplifier
amplificador de onda progresiva | travelling-wave amplifier
amplificador de onda viajera | travelling-wave amplifier
amplificador de ondas progresivas de estado sólido | solid-state travelling-wave amplifier
amplificador de operación | operational amplifier
amplificador de par | torque amplifier
amplificador de par de torsión | torque amplifier
amplificador de parada | shutdown amplifier
amplificador de pared resistiva | resistive wall amplifier
amplificador de pasabanda | band-pass amplifier
amplificador de paso de banda | bandpass amplifier
amplificador de placa a masa | grounded plate amplifier
amplificador de placa a tierra | grounded plate amplifier
amplificador de portadora | carrier amplifier
amplificador de portadora de imagen | picture carrier amplifier
amplificador de portadora de sonido | sound carrier amplifier
amplificador de potencia | power amplifier
amplificador de potencia de radiofrecuencia | RF power amplifier = radiofrequency (/radio frequency) power amplifier
amplificador de premodulación | premodulation amplifier
amplificador de presión | pressure amplifier
amplificador de procesamiento | process (/processing) amplifier
amplificador de profundidad | pitch amplifier
amplificador de programa | program (/programme) amplifier
amplificador de puenteado | bridging amplifier
amplificador de puerta común | common gate amplifier
amplificador de radiodistribución | program repeater
amplificador de radiofrecuencia | RF amplifier = radiofrequency amplifier (/stage)
amplificador de radiofrecuencia sintonizado | tuned radiofrequency amplifier

amplificador de reacción negativa | reversed feedback amplifier
amplificador de reactancia | reactance amplifier
amplificador de reactancia variable | variable reactance amplifier
amplificador de realimentación | feedback amplifier
amplificador de realimentación inversa | reversed feedback amplifier
amplificador de realimentación negativa | negative feedback amplifier
amplificador de recepción | receiving amplifier
amplificador de recepción y trasmisión | receiver-transmitter amplifier
amplificador de refuerzo | booster amplifier
amplificador de registro | recording amplifier
amplificador de registro estereofónico con ajuste automático | automatic stereophonic recording amplifier
amplificador de registro y reproducción | record/playback amplifier
amplificador de regrabación | rerecording amplifier
amplificador de relé | relay amplifier
amplificador de repetición | repeating amplifier
amplificador de reproducción | playback amplifier
amplificador de reproducción | replay amplifier
amplificador de resistencia negativa | negative resistance amplifier
amplificador de resistencia y capacidad | resistance-capacitance amplifier
amplificador de resonancia | resonance (/tuned) amplifier
amplificador de respuesta en peine | comb amplifier
amplificador de retroalimentación | feedback amplifier
amplificador de ruido | noise amplifier
amplificador de ruido del silenciador | squelch noise amplifier
amplificador de salida | sense (/output) amplifier
amplificador de salida a masa | single-ended amplifier
amplificador de salida de vídeo | video output amplifier
amplificador de salida en cuadratura | quadrature amplifier
amplificador de seguridad | shutdown amplifier
amplificador de selectividad aguda | sharply selective amplifier
amplificador de semiconductores | semiconductor amplifier
amplificador de señal R-Y | R-Y amplifier
amplificador de separación | buffer amplifier
amplificador de servomotor | servomotor amplifier
amplificador de sistema | system repeater
amplificador de sonido | sound amplifier
amplificador de sonido de frecuencia intermedia | sound IF amplifier
amplificador de sonorización | psychrometer
amplificador de subportadora | sub-carrier amplifier
amplificador de tabiques | wall attachment amplifier
amplificador de tensión | voltage amplifier
amplificador de tensión alta | high voltage amplifier
amplificador de tensión no sintonizado | untuned voltage amplifier
amplificador de tensión selectivo | tuned voltage amplifier
amplificador de tensión sintonizado | tuned voltage amplifier
amplificador de tiempo compartido | time-shared amplifier
amplificador de torbellino | vortex amplifier
amplificador de tráfico | message amplifier
amplificador de transistores | transistor amplifier
amplificador de transistores complementarios | complementary transistor amplifier
amplificador de transistores en contrafase | pushpull transistor amplifier
amplificador de trasconductancia | transconductance amplifier
amplificador de trasductor estático | static transductor amplifier
amplificador de trasresistencia | transresistance amplifier
amplificador de tres etapas | three-stage amplifier
amplificador de tres pasos | three-stage amplifier
amplificador de triodos | triode amplifier
amplificador de tubos en paralelo | parallel tube amplifier
amplificador de turbulencia | turbulence amplifier
amplificador de umbral | threshold amplifier
amplificador de un solo canal | single-channel amplifier
amplificador de un solo paso | one-stage amplifier
amplificador de una etapa | single-stage amplifier
amplificador de una octava | octave-band amplifier
amplificador de una sola etapa | one-stage amplifier
amplificador de válvula de ondas progresivas | travelling-wave valve amplifier
amplificador de válvula de vacío | vacuum valve amplifier
amplificador de válvula electrónica | tube (/electron valve) amplifier
amplificador de válvula pentodo | pentode amplifier
amplificador de válvula termoiónica | tube amplifier
amplificador de válvulas | valve amplifier
amplificador de válvulas termiónicas | thermionic amplifier
amplificador de variación de velocidad | velocity variation amplifier
amplificador de velocidad modulada | velocity-modulated amplifier
amplificador de vibraciones | vibration amplifier
amplificador de vibrocaptor | vibration pickup amplifier
amplificador de vídeo | video amplifier
amplificador de vídeo no compensado | uncompensated video amplifier
amplificador de vídeo sin corrección de frecuencia | uncompensated video amplifier
amplificador de videofrecuencia | video (/videofrequency) amplifier
amplificador de vidrio | glass amplifier
amplificador de voltaje | voltage amplifier
amplificador de voz | speech input amplifier
amplificador de Wallman | Wallman amplifier
amplificador del diapasón | fork amplifier
amplificador del escáner | scanner amplifier
amplificador del explorador | scanner amplifier
amplificador del haz de plasma | beam plasma amplifier
amplificador del rectificador del reactor | reactor rectifier amplifier
amplificador del relajamiento de impulsos | pulse relaxation amplifier
amplificador del rojo | red amplifier
amplificador desfasado | out-of-phase amplifier
amplificador dieléctrico | dielectric amplifier
amplificador diferencial | difference (/differential) amplifier
amplificador diferencial de osciloscopio | oscilloscope differential amplifier
amplificador dinamoeléctrico | dynamoelectric amplifier
amplificador directo | straight (/straightforward) amplifier
amplificador discontinuo | discontinuous amplifier
amplificador distribuido | distributed amplifier
amplificador distribuido de dos válvulas | distributed pair
amplificador distribuido de impulsos | pulsed distributed amplifier

amplificador distribuidor | distributing amplifier
amplificador electrómetro | electrometer amplifier
amplificador electrónico | electronic amplifier
amplificador empacable | package goods amplifier
amplificador en cadena de banda ancha | wideband chain amplifier
amplificador en cascada | cascade amplifier
amplificador en cascada del klistrón | klystron cascade amplifier
amplificador en contrafase | pushpull amplifier
amplificador en contrafase complementaria | complementary push-pull
amplificador en contrafase de clase B | pushpull class B amplifier
amplificador en contrafase de elementos en paralelo | pushpull parallel amplifier
amplificador en contrafase de un solo terminal | single-ended push-pull amplifier
amplificador en contrafase equilibrado | quiescent push-pull amplifier
amplificador en contrafase paralelo | push-push amplifier
amplificador en peine | comb amplifier
amplificador en pruebas | amplifier under test
amplificador en puente | bridging amplifier
amplificador enchufable | plug-in amplifier
amplificador equilibrado | balanced (/pushpull) amplifier
amplificador equilibrado de elementos en paralelo | pushpull parallel amplifier
amplificador equilibrado en contrafase | quiescent push-pull
amplificador equilibrado simétrico | quiescent push-pull
amplificador estabilizado | stabilized amplifier
amplificador estabilizador | stabilizing amplifier
amplificador estable de acoplamiento directo | stable direct-coupled amplifier
amplificador estático | static amplifier
amplificador estereofónico | stereo (/stereophonic) amplifier
amplificador exponencial | exponential amplifier
amplificador ferrimagnético | ferrimagnetic amplifier
amplificador ferromagnético | ferromagnetic amplifier
amplificador final | (power) final amplifier
amplificador final de potencia | power final amplifier
amplificador final de potencia de radiofrecuencia | RF power amplifier = radio frequency power amplifier
amplificador fluido | fluid amplifier
amplificador fonográfico | pickup (/phonograph) amplifier
amplificador fonónico | phonon amplifier
amplificador fotoparamétrico | photoparametric amplifier
amplificador gramofónico | phonograph amplifier
amplificador hidráulico | hydraulic amplifier
amplificador integrado | integrated amplifier
amplificador integrador | integrating amplifier
amplificador invertido | inverted (/stepdown) amplifier
amplificador limitador | clipper amplifier
amplificador limitador de volumen | volume-limiting amplifier
amplificador lineal | linear amplifier
amplificador lineal de corriente continua | linear direct currrent amplifier
amplificador lineal de impulsos | proportional (/linear pulse) amplifier
amplificador lineal de potencia | linear power (/pulse) amplifier
amplificador lineal de umbral | threshold linear amplifier
amplificador lineal no saturable | unsaturable linear amplifier
amplificador lineal para elevación de potencia | power-boosting linear amplifier
amplificador logarítmico | logarithmic amplifier
amplificador logarítmico de corriente continua | logarithmic direct current amplifier
amplificador magnético | amplistat, magnetic (/transductor) amplifier
amplificador magnético autosaturador | self-saturating magnetic amplifier
amplificador magnético balanceado | magnetic balanced amplifier
amplificador magnético con circuito de puente | bridge circuit magnetic amplifier
amplificador magnético con circuito puente de media onda | half-wave bridge circuit magnetic amplifier
amplificador magnético controlado por tensión | voltage-controlled magnetic amplifier
amplificador magnético de ajuste central | centre tap circuit magnetic amplifier
amplificador magnético de circuito duplicador | doubler circuit magnetic amplifier
amplificador magnético de impulsos con carga en paralelo | parallel magnetic pulse amplifier
amplificador magnético de impulsos con transistor | transistor-magnetic pulse amplifier
amplificador magnético de impulsos en serie | series magnetic pulse amplifier
amplificador magnético de media onda | half-wave magnetic amplifier
amplificador magnético de puente | bridge magnetic amplifier
amplificador magnético de un solo núcleo | single-core magnetic amplifier
amplificador magnético en contrafase | pushpull magnetic amplifier
amplificador magnético equilibrado | balanced magnetic amplifier
amplificador magnético rotativo | rotating magnetic amplifier
amplificador magnético simple | simple magnetic amplifier
amplificador magnético simple en serie | simple series magnetic amplifier
amplificador magnético simple paralelo | simple parallel magnetic amplifier
amplificador magnético trifásico de media onda | three-phase half-wave circuit magnetic amplifier
amplificador magnético trifásico en circuito puente de onda completa | three-phase full-wave bridge circuit magnetic amplifier
amplificador médico | medical amplifier
amplificador megafónico | public address amplifier
amplificador mezclador | mixing amplifier
amplificador microfónico | speech (input) amplifier
amplificador modulado | modulated amplifier
amplificador modulado en placa | plate-modulated amplifier
amplificador modulado por la rejilla supresora [o de detención] | suppressor-modulated amplifier
amplificador modulador de impactos | impact modulator amplifier
amplificador modulador por anchura de impulsos | pulse width modulator amplifier
amplificador monitor | monitoring amplifier
amplificador monocanal | single-channel amplifier
amplificador multicanal | multichannel (/multiple channel) amplifier
amplificador multigama | multirange amplifier
amplificador múltiple | multirange amplifier
amplificador multivalvular | multivalve amplifier
amplificador no cargado | unloading amplifier
amplificador no compensado | non-compensated amplifier

amplificador no degenerativo | nondegenerate amplifier
amplificador no lineal | nonlinear amplifier
amplificador no saturable | nonsaturable amplifier
amplificador no sintonizado | untuned amplifier
amplificador operacional | operational amplifier
amplificador operacional de trasconductancia | operational transconductance amplifier
amplificador operacional diferencial | operational differential amplifier
amplificador operacional programable | programmable operational amplifier
amplificador operacional sin reacción | open-loop operational amplifier
amplificador oscilante | ringing amplifier
amplificador para bases de tiempos | timebase amplifier
amplificador para célula fotoeléctrica | photocell amplifier
amplificador para sistema rural de corrientes portadoras | rural carrier amplifier
amplificador parafase | paraphase amplifier
amplificador parafásico | paraphase amplifier
amplificador paramagnético | paramagnetic amplifier
amplificador paramagnético superregenerativo | super-regenerative paramagnetic amplifier
amplificador paramétrico | paramp = parametric amplifier; reactance (/variable parameter) amplifier
amplificador paramétrico con frecuencia de salida igual a la de entrada | straight parametric amplifier
amplificador paramétrico cuasi degenerado | quasi-degenerate parametric amplifier
amplificador paramétrico de banda lateral superior | upper sideband parametric amplifier
amplificador paramétrico de diodo semiconductor | semiconductor diode parametric amplifier
amplificador paramétrico de haz | beam parametric amplifier
amplificador paramétrico de haz electrónico | electron beam parametric amplifier
amplificador paramétrico de ondas progresivas | travelling-wave parametric amplifier
amplificador paramétrico de resistencia negativa | straight parametric amplifier
amplificador paramétrico degenerado | degenerate parametric amplifier
amplificador paramétrico fotodiódico | photodiode parametric amplifier
amplificador paramétrico no degenerado | nondegenerate parametric amplifier
amplificador paramétrico sintonizado por filtro de granate de hierro e itrio | YIG-tuned parametric amplifier
amplificador pentódico | pentode amplifier
amplificador pentriodo | pentriode amplifier
amplificador piloto | pilot amplifier
amplificador PNP-NPN | PNP-NPN amplifier
amplificador por etapas | cascade amplifier
amplificador por reacción | reaction amplifier
amplificador por trasformador | transformer amplifier
amplificador portátil | packaged goods amplifier
amplificador previo | preamplifier, head (/preliminary, /signal frequency) amplifier
amplificador previo de vídeo | video preamplifier
amplificador proporcional | proportional amplifier
amplificador que no requiere carga | unloading amplifier
amplificador radicador [amplificador de salida proporcional a la raíz de la amplitud de entrada] | rooter amplifier
amplificador realimentado | feedback amplifier
amplificador recortador | clipper amplifier
amplificador-rectificador de ruido | noise amplifier-rectifier
amplificador recuadrador | squaring amplifier
amplificador réflex | reflex amplifier
amplificador reforzador | booster amplifier
amplificador resonante simple | single-tuned amplifier
amplificador retentor de picos | peak-holding amplifier
amplificador rotativo | rotary (/rotating) amplifier
amplificador seguidor de cátodo | source follower amplifier
amplificador seguidor de fuente | source follower amplifier
amplificador selectivo | selective (/tuned audio) amplifier
amplificador sensible a la fase | phase-sensitive amplifier
amplificador sensor | sense amplifier
amplificador separador | buffer (/isolation, /separating) amplifier
amplificador simétrico | pushpull (/symmetrical) amplifier
amplificador simétrico-asimétrico | single-ended push-pull amplifier
amplificador simétrico paralelo | push-push amplifier
amplificador sin diafonía | no-cross-talk amplifier
amplificador sin ruido | no-noise amplifier
amplificador sin trasformador | transformerless amplifier
amplificador sin trasformador de salida | output-transformerless amplifier
amplificador sincrónico | lock-in amplifier
amplificador sintonizado | tuned (audio) amplifier
amplificador sobreexcitado | overdriven amplifier
amplificador subalimentado | starved amplifier
amplificador subexcitado | underexcited amplifier
amplificador sumador | summing amplifier
amplificador sumergido | underwater amplifier
amplificador superheterodino | superheterodyne amplifier
amplificador telegráfico | telegraph magnifier
amplificador terminal | terminal amplifier
amplificador term(o)iónico | thermionic amplifier (/magnifier)
amplificador tetrapolo | quadrupole amplifier
amplificador tiratrónico | thyratron amplifier
amplificador transistorizado | transistor(ized) amplifier
amplificador transistorizado para cálculo analógico | transistor analog computing amplifier
amplificador troceador | chopper amplifier
amplificador troceador estabilizado | chopper-stabilized amplifier
amplificador ultralineal | ultralinear amplifier
amplificador unidireccional | unilateral (/one-way) amplifier
amplificador unilateral | unilateral amplifier
amplificador variable | amplidyne
amplificador vertical | vertical amplifier, Y amplifier
amplificador vibrador | vibrating amplifier
amplificador vocal | speech amplifier
amplificador voltimétrico | voltage-metering amplifier
amplificador Williamson | Williamson amplifier
amplificador Y | Y amplifier
amplificar | to amplify, to boost
amplio | wide
amplistato | amplistat
amplitrón [válvula para amplificación de microondas] | amplitron
amplitud | amplitude; scope, swing
amplitud cresta a cresta | peak-to-peak amplitude
amplitud de banda | bandwidth

amplitud de barrido | sweep excursion (/width)
amplitud de cresta | peak (/single) amplitude
amplitud de cresta de la portadora | peak carrier amplitude
amplitud de cresta del impulso | peak pulse amplitude
amplitud de dispersión | scattering amplitude
amplitud de exploración | scan size
amplitud de exploración de la cámara | camera scanning amplitude
amplitud de impulso parásito | pulse spike amplitude
amplitud de la corriente | magnitude of the current
amplitud de la onda | wave amplitude
amplitud de la onda de espín | spin wave amplitude
amplitud de la oscilación | oscillation amplitude
amplitud de la señal | signal amplitude
amplitud de la señal de imagen | picture signal amplitude
amplitud de la señal de sincronización | synchronizing signal amplitude
amplitud de la vibración | vibrational amplitude
amplitud de onda | wave amplitude
amplitud de oscilación | amplitude of oscillation
amplitud de pico | peak amplitude
amplitud de pico a pico | peak-to-peak amplitude
amplitud de pico del impulso | peak pulse amplitude
amplitud de presión | pressure amplitude
amplitud de resonancia | resonant amplitude
amplitud de ruido | amplitude of noise
amplitud de sobreimpulso | pulse spike amplitude
amplitud de variación de la tensión | voltage swing
amplitud de velocidad | speed ratio
amplitud de vibración | amplitude of oscillation
amplitud del barrido de frecuencia | swept-frequency excursion
amplitud del escalón | step amplitude
amplitud del impulso | pulse amplitude (/height)
amplitud del impulso de salida | output pulse amplitude
amplitud eficaz | RMS amplitude
amplitud intercuartílica | interquartile range
amplitud máxima admisible de señal | signal-handling capability
amplitud máxima del impulso | peak pulse amplitude
amplitud media absoluta del impulso | average absolute pulse amplitude
amplitud media del impulso | average pulse amplitude
amplitud modulada | amplitude modulation
amplitud nula de la portadora | zero carrier
amplitud total de oscilación | peak-to-peak excursion
amplitud total de una magnitud oscilante | total amplitude of an oscillating quantity
amplitud variable | varying amplitude
amplitud vertical | vertical amplitude
ampolla | blister, bulb
ampolla al vacío | vacuum envelope
ampolla evacuada | vacuum envelope
ampolla mateada interiormente | satin-etched bulb
ampolla sin punta | tipless bulb
amp-op = amplificador operacional | op-amp = operational amplifier
AMPS [*servicio avanzado de telefonía móvil*] | AMPS = advanced mobile phone service
AMPTD = amplitud | AMPTD = amplitude
AM-RC [*portadora reducida de modulación de amplitud*] | AM-RC = amplitude modulation reducer carrier
AM-SC [*portadora suprimida de modulación de amplitud*] | AM-SC = amplitude modulation suppressed carrier
AMT [*cuadro de distribución de direcciones*] | AMT = address mapping table
An = actinón | An = actinon
AN = apertura numérica | NA = numerical aperture
análisis | analysis
análisis armónico de formas de onda | waveshape analysis
análisis armónico generalizado | power spectrum analysis
análisis colorimétrico | colourimetric analysis
análisis con rayos X | X-ray analysis
análisis criptográfico | cryptoanalysis
análisis cristalino | crystal analysis
análisis cualitativo | qualitative analysis
análisis cuantitativo | quantitative analysis
análisis de absorción | absorption analysis
análisis de activación neutrónica | neutron activation analysis
análisis de amplitud de impulsos | pulse height analysis
análisis de armónicos | harmonic analysis
análisis de carga | load (/charge) analysis
análisis de circuitos | circuit analysis
análisis de circuitos de señal débil | small-signal analysis
análisis de componentes principales | principal component analysis
análisis de conglomerados | cluster analysis
análisis de defecto | defect analysis
análisis de duración del impulso | pulse time analysis
análisis de ecos | pipology
análisis de errores | error analysis
análisis de errores hacia atrás | backward error analysis
análisis de factores | factor analysis
análisis de fallos | failure analysis
análisis de Feather | Feather analysis
análisis de flujo [*de información*] | flow analysis
análisis de flujo de datos | data flow analysis
análisis de formas de onda | waveform (/waveshape) analysis
análisis de Fourier | Fourier analysis
análisis de imagen digital | digital image analysis
análisis de interconexiones | interface analysis
análisis de la estructura | structure analysis
análisis de la imagen | picture analysis
análisis de la respuesta en frecuencia | frequency response analysis
análisis de la señal de identificación | signature analysis
análisis de las características de radiación parásita | spectrum signature analysis
análisis de los casos peores | worst-case analysis
análisis de medios/fines | means/ends analysis
análisis de metal precioso | analysis of precious metal
análisis de múltiples variables | multivariate analysis
análisis de octava | octave-band analysis
análisis de ondas | wave (/waveform) analysis
análisis de plano de fase | phase plane analysis
análisis de plasma | analysis of plasma
análisis de precedencias | precedence parsing
análisis de puntos de función | function point analysis
análisis de radiorreceptor | radio receiver analysis
análisis de rayos positivos de Dempster | Dempster positive ray analysis
análisis de redes | network analysis
análisis de regresión | regression analysis
análisis de requisitos | requirements analysis
análisis de residuos | scrap analysis, analysis of a residue
análisis de respuesta por ondas cuadradas | square wave analysis
análisis de rocas | rock analysis
análisis de sensibilidad | sensitivity analysis
análisis de señal débil | small-signal analysis

análisis de signaturas | signature analysis
análisis de sistemas | systems analysis
análisis de tiempos | time analysis
análisis de tráfico | traffic analysis
análisis de trazos | schlieren analysis
análisis de un tercio de octava | one-third-octave analysis
análisis de valor | value analysis
análisis de varianza | analysis of variance
análisis de vestigios | trace analysis
análisis de vibraciones | vibration diagnosis
análisis de Walsh | Walsh analysis
análisis del caso medio | average-case analysis
análisis del circuito en el caso más desfavorable | worst-case circuit analysis
análisis del polvo | dust analysis
análisis del ruido | noise analysis
análisis descendente recursivo | recursive descent parsing
análisis dieléctrico | dielectric analysis
análisis dinámico | dynamic analysis
análisis directo | direct analysis
análisis discriminante | discriminant analysis
análisis espectral | spectral (/spectrum) analysis
análisis espectral con llama | flame spectral analysis
análisis espectral infrarrojo | infrared spectral analysis
análisis espectral por absorción | absorption spectrum analysis
análisis espectral por emisión | emission spectrum analysis
análisis espectrofotométrico | spectrophotometric analysis
análisis espectroquímico | spectrochemical analysis
análisis espectroquímico rápido | rapid spectrochemical analysis
análisis espectroscópico | spectrum analysis
análisis estadístico | statistical analysis
análisis estático | static analysis
análisis estructurado | structured analysis
análisis estructurado de sistemas | structured systems analysis
análisis exploratorio de datos | exploratory data analysis
análisis fotográfico de radar | radargrammetry
análisis gráfico | graphical analysis
análisis granulométrico | screen analysis
análisis gravimétrico | gravimetric analysis
análisis individual | single analysis
análisis inmunorradiométrico | immuno-radiometric analysis
análisis isotópico | isotopic analysis

análisis jerárquico de grupos | hierarchical cluster analysis
análisis local | local analysis
análisis lógico | logic analysis
análisis magnético | magnetic analysis
análisis manual | manual analysis
análisis matemático | numerical analysis
análisis no jerárquico de grupos | nonhierarchical cluster analysis
análisis nodal [de circuitos poligonales] | nodal analysis
análisis numérico | numerical anaysis
análisis orientado al objeto | object-oriented analysis
análisis ortogonal | orthogonal analysis
análisis ponderado | analysis by weight
análisis por absorción | analysis by absorption
análisis por activación | activation analysis
análisis por calentamiento | thermal analysis
análisis por difracción de rayos X | X-ray diffraction analysis
análisis por dilución isotópica | isotopic dilution analysis
análisis por disolución | solution analysis
análisis por distribución espectral de la energía | power spectrum analysis
análisis por ondas cuadradas | square wave analysis
análisis por radiactivación | radioactivation analysis
análisis por rayos positivos | positive ray analysis
análisis por series de tiempo | time series analysis
análisis póstumo | postmortem analysis
análisis potenciométrico | potentiometric analysis
análisis radiométrico | radiometric analysis
análisis radioquímico | radiochemical analysis
análisis rápido | rapid analysis
análisis secuencial | sequential analysis
análisis semántico | semantic analysis
análisis sintáctico | syntax analysis, parsing
análisis sintáctico de arriba abajo | top-down parsing
análisis sintáctico de reducción por desplazamiento | bottom-up parsing, shift-reduce parsing
análisis visual habitual | visual routine analysis
análisis volumétrico | volumetric analysis
analista | analyst
analista de bases de datos | database analyst
analista de sistemas | systems analyst

analizador | analyser [UK], analyzer [USA]; parser
analizador armónico | harmonic analyser
analizador automotor | automotive analyser
analizador clínico automático | automatic clinical analyser
analizador de acumulación | storage camera valve
analizador de amplitud | amplitude analyser
analizador de amplitud de impulsos | pulse amplitude (/height) analyser
analizador de amplitud de impulsos con varios canales | multichannel pulse height analyser
analizador de amplitud de impulsos de un solo canal | single-channel pulse height analyser
analizador de aparatos | set analyser
analizador de armónicos | harmonic analyser
analizador de armónicos heterodino | heterodyne harmonic analyser
analizador de canal único | single-channel analyser
analizador de cinta | belt scanner
analizador de circuitos | circuit analyser (/analyzer)
analizador de datos telemétricos | telemetric data analyser
analizador de diapositivas | slide scanner
analizador de distribución de tiempos | time distribution analyser
analizador de energía del campo retardador | retarding-field energy-analyser
analizador de equipos | set analyser
analizador de espectro en tiempo real | real-time spectrum analyser
analizador de estados lógicos | logic state analyser
analizador de formas de onda | waveform analyser
analizador de imagen | dissector
analizador de impulso-altura | kick sorter
analizador de impulsos | pulse analyser
analizador de impulsos de retorno | ping analyser
analizador de interferencias | interference analyser
analizador de interferencias atmosféricas | spherics set
analizador de intervalos | time distribution analyser
analizador de la función de trasferencia | transfer function analyser
analizador de léxico | lexical analyser
analizador de líneas | line analyzer
analizador de masas | mass analyser
analizador de octava | octave-band analyser
analizador de onda armónica | harmonic wave analyser

analizador de ondas | wave (/waveform) analyser
analizador de perturbaciones atmosféricas | spherics receiver (/set)
analizador de protocolo [*en informática*] | sniffer
analizador de red | network calculator
analizador de redes | network analyser
analizador de redes eléctricas | network analyser
analizador de respuesta a las bandas laterales | sideband response analyser
analizador de respuesta en frecuencia | frequency response analyser
analizador de respuesta en régimen transitorio | transient analyser
analizador de ruido | noise analyser
analizador de ruido de octava | octave-band noise analyser
analizador de sentencias de problemas | problem statement analyser
analizador de señal con indicación visual y auditiva | visual-aural signal tracer
analizador de señales | signal analyser
analizador de señales de identificación | signature analyser
analizador de silbido | ping analyser
analizador de sonido | sound analyser
analizador de sonido y vibración | sound-and-vibration analyser
analizador de sonidos de banda de octava | octave-band noise analyser
analizador de superficies | surface analyser
analizador de tambor | drum scanner
analizador de temporización lógica | logic timing analyser
analizador de tiempo | timing analyser
analizador de tiempo de vuelo | time-of-flight analyser
analizador de transistores | transistor analyser
analizador de vibraciones | vibration analyser
analizador de voz | speech recognizer, voice analyser
analizador del bus | bus analyser (/analyzer)
analizador del espectro radioeléctrico | radio spectrum analyser
analizador diferencial | differential analyser (/analyzer)
analizador diferencial electrónico | electronic differential analyser
analizador diferencial mecánico | mechanical differential analyser
analizador digital diferencial | digital differential analyser
analizador dinámico | signal tracer, signal-tracing instrument
analizador dinámico de circuitos | signal tracer, signal-tracing equipment (/instrument)
analizador especial de índices | special index analyser
analizador espectral | spectrum analyser
analizador espectroscópico | spectrum analyser
analizador lógico | logic analyser
analizador multicanal | multichannel analyser
analizador multicanal de alturas de impulsos | multichannel pulse height analyser
analizador multicanal de impulsos | multichannel pulse analyser
analizador panorámico | panoramic analyser
analizador panorámico de sonidos | panoramic sonic analyser
analizador polarográfico | polarographic analizer
analizador por barrido | sweeping analyser
analizador secuencial | sequential analyser
analizador sintáctico | syntax analyser, parser
analizador trocoidal de masas | trochoidal mass analyser
analizador universal | multiple purpose tester
analizador volumétrico | titration apparatus
analizar | to audit, to parse
analogía | analogy
analogía de red | network analogy
analogías dinámicas | dynamic(al) analogies
analógico | analogue [UK], analog [USA]
analógico/digital | analogue/digital, analog to digital
analogizador de redes de energía eléctrica | power system analogue
anaquel | filling cabinet
anastigmático | anastigmat
ancho | breadth, width
ancho de banda | (phase) bandwidth, transmission bandwidth, gain bandwidth factor
ancho de banda adaptable [*a las necesidades*] | bandwidth on demand
ancho de banda base | basic bandwidth
ancho de banda de canal de crominancia | chrominance channel bandwidth
ancho de banda de conversión posterior | postconversion bandwidth
ancho de banda de correlación | correlation bandwidth
ancho de banda de crominancia | chrominance bandwidth
ancho de banda de facsímil | facsimile bandwidth
ancho de banda de frecuencia intermedia | IF bandwidth
ancho de banda de ganancia unidad | unity gain bandwidth
ancho de banda de información | intelligence bandwidth
ancho de banda de la antena | aerial bandwidth, bandwidth of the aerial
ancho de banda de la señal monocroma | monochrome bandwidth
ancho de banda de potencia | power bandwidth
ancho de banda de radiofrecuencia | RF bandwidth
ancho de banda de recepción | receiving bandwidth
ancho de banda de televisión | television bandwidth
ancho de banda de un dispositivo | bandwidth of a device
ancho de banda de una onda | bandwidth of a wave
ancho de banda de vídeo | video bandwidth
ancho de banda de videofrecuencia | video bandwidth
ancho de banda del amplificador | amplifier bandwidth
ancho de banda del canal | grade channel
ancho de banda del canal de luminancia | luminance channel bandwidth
ancho de banda del impulso | pulse (spectrum) bandwidth
ancho de banda del receptor | receiver bandwidth
ancho de banda del ruido | noise bandwidth
ancho de banda del ruido de bucle | loop noise bandwidth
ancho de banda eficaz | effective bandwidth
ancho de banda en circuito abierto | open-loop bandwidth
ancho de banda equivalente de ruido | noise equivalent bandwidth
ancho de banda necesario | necessary bandwidth
ancho de banda nominal | nominal bandwidth
ancho de banda ocupado | occupied bandwidth
ancho de banda total | overall bandwidth
ancho de banda útil | effective bandwidth
ancho de banda vertical | vertical bandwidth
ancho de fase | phase bandwidth
ancho de la pantalla | screen width
ancho de línea | line width
ancho de línea en resonancia magnética | magnetic resonance line width
ancho del canal | channel height
ancho del entrehierro | gap width
ancho del haz de antena | aerial beam width
ancho espectral | full width (/duration) at half maximum
ancho natural de línea | natural line breadth
ancho variable | variable width

anchura | breadth, width
anchura angular | angular width
anchura contractual | design width
anchura contractual del conductor | design width of conductor
anchura de banda | (transmission) bandwidth
anchura de banda a media altura | full width at half maximum
anchura de banda de correlación | correlation bandwidth
anchura de banda de emisión | emission bandwidth
anchura de banda de un tercio de octava | one-third-octave bandwidth
anchura de banda del impulso | pulse bandwidth
anchura de banda en lazo cerrado | closed-loop bandwith
anchura de banda espectral | spectral bandwidth
anchura de banda útil | usable bandwidth
anchura de banda variable | variable bandwidth
anchura de barrido | sweep width
anchura de décima parte de potencia | tenth-power width
anchura de fase | phase spread
anchura de la banda de sonido | sound bandwidth
anchura de la línea | line breadth
anchura de la radiación | radiation width
anchura de línea láser | laser linewidth
anchura de nivel | level width
anchura de pista | track width
anchura de potencia mitad | half-power width
anchura de potencia mitad del lóbulo de radiación | lobe half-power width
anchura de ruta | course width
anchura de salto | skip distance
anchura de silencio | skip distance
anchura de trazado | trace width
anchura de un bus | width of a bus
anchura del conductor | conductor width
anchura del espectro | spectrum width
anchura del haz | beam width
anchura del impulso | pulse width
anchura del trazo | stroke width
anchura entre puntos de intensidad de un décimo | tenth-power width
anchura espectral | full width (/duration) at half maximum
anchura natural de raya | natural line width
anchura nominal de línea | nominal line width
anchura variable | variable width
ancla | anchor
anclaje | anchor(ing)
anclaje del poste | pole cribbing
androide | android
anecoico | anechoic
aneléctrico | nonelectric(al)
anelectrónico | anelectronic
anelectrotono | anelectrotonus
anemodetector | wind sensor
anemógrafo | anemograph, recording anemometer
anemométrico | anemometric
anemómetro [*indicador de velocidad del aire*] | anemometer, air speed indicator, wind meter, wind-measuring instrument
anemómetro de gas ionizado | ionized gas anemometer
anemómetro de hilo caliente | hot wire anemometer
anemómetro de ionización | ionized gas anemometer
anemómetro de láser | laser anemometer
anemómetro de molinete | revolving vane anemometer
anemómetro de radar | radar wind-finding equipment
anemómetro de rotación | revolving vane anemometer
anemómetro registrador | recording anemometer
anemometrógrafo | anemometrograph
anemoscopio | anemoscope
anestesia eléctrica | electric anaesthesia
anexo | attachment
anfitrión | host
anfitrión desconocido [*respuesta del servidor ante un destinatario desconocido*] | unknown host
ángel | angel
angiocardiografía | angiocardiography
angiografía | angiography
angstrom [*unidad de medida igual a 10^{-10} metros, empleada para medir la longitud de onda de la luz*] | angstrom
angular | angular
ángulo | angle, corner
ángulo agudo | sharp angle
ángulo crítico | critical angle
ángulo de abertura | angular aperture
ángulo de abertura del haz | angle of beam
ángulo de accionamiento | movement differential
ángulo de aceptación | acceptance angle
ángulo de acimut | azimuth angle
ángulo de adelanto | angle of lead
ángulo de admisión | acceptance angle
ángulo de agrupamiento | bunching angle
ángulo de arrastre | drag angle
ángulo de audición | listening angle
ángulo de avance de la chispa | spark advance angle
ángulo de barrido horizontal | squint
ángulo de bipartición | bipartition angle
ángulo de Bragg | Bragg's angle
ángulo de Brewster | Brewster angle
ángulo de brillo | Bragg's angle
ángulo de circulación | operating angle
ángulo de colisión | closure angle
ángulo de conmutación de lóbulo | squint (angle)
ángulo de convergencia | angle of convergence
ángulo de corte | cutting angle
ángulo de corte anterior | dig-in angle
ángulo de corte posterior | drag angle
ángulo de decalado de escobillas | brush shifting angle
ángulo de definición | wedge
ángulo de deflexión | deflection angle, angle of deflection (/downwash)
ángulo de demora | angle of lag
ángulo de derrape | crab angle
ángulo de descentramiento | offset angle
ángulo de desfase | phase angle, angle of phase difference, angular phase difference
ángulo de desplazamiento | shift angle
ángulo de desviación | angle of deflection
ángulo de desviación horizontal | horizontal angle of deviation
ángulo de difracción | diffraction angle
ángulo de dirección | direction angle
ángulo de disparo | firing angle
ángulo de dispersión | scattering angle
ángulo de divergencia | angle of divergence
ángulo de elevación | elevation angle, angle of elevation
ángulo de elevación de apantallado | screening elevation
ángulo de emisión | emission angle, angle of emission
ángulo de encendido del tiratrón | thyratron firing angle
ángulo de estrabismo | squint angle
ángulo de excentricidad | offset angle
ángulo de exploración | scanning angle
ángulo de exploración horizontal | squint
ángulo de fase | phase angle
ángulo de fase del dieléctrico | dielectric phase angle
ángulo de fijación | bracket
ángulo de flujo | operating angle
ángulo de foco | target angle
ángulo de funcionamiento | operating angle
ángulo de grabación | cutting angle
ángulo de Hall | Hall angle
ángulo de haz | beam angle
ángulo de impedancia | impedance angle
ángulo de impulso | gate angle
ángulo de incidencia | incidence angle, angle of incidence
ángulo de incidencia crítica | stalling angle of attack
ángulo de incidencia principal | principal angle of incidence

ángulo de inclinación | rake (/tilt) angle
ángulo de la trama [*en fotomecánica*] | screen angle
ángulo de lanzamiento | launch angle
ángulo de llegada | angle of arrival
ángulo de onda | wave angle
ángulo de pantalla | screen angle
ángulo de partida | angle of departure
ángulo de paso | step angle
ángulo de pendiente | slope angle
ángulo de pérdida | loss angle
ángulo de pérdida dieléctrica | dielectric loss angle
ángulo de polarización | polarizing angle
ángulo de posición | pitch attitude
ángulo de propagación de onda | wave angle
ángulo de radiación | radiation angle, angle of radiation; wave angle
ángulo de recorrido | transit angle
ángulo de referencia | reference angle
ángulo de reflexión | reflection angle, angle of reflection
ángulo de refracción | angle of refraction
ángulo de retardo de fase | phase lag angle
ángulo de retraso | angle of lag
ángulo de rotación del eje | shaft angle
ángulo de salida | exit angle
ángulo de saturación | firing angle
ángulo de seguridad | safety angle
ángulo de sincronización | synchro angle
ángulo de superposición | overlap angle
ángulo de surco | groove angle
ángulo de tránsito | transit (phase) angle
ángulo de una onda | phase of a wave
ángulo de una onda sinusoidal | angle of a sine wave
ángulo de visualización | viewing angle
ángulo del coeficiente de reflexión | reflection coefficient angle
ángulo del rayo | ray angle
ángulo del sector de sombra | shadow angle
ángulo diferencial | differential angle
ángulo eficaz de agrupamiento | effective bunching angle
ángulo eléctrico | electrical angle
ángulo horario de Greenwich | Greenwich hour angle
ángulo horario local | LHA = local hour angle
ángulo límite | critical (/limiting) angle
ángulo paraláctico | parallactic angle
ángulo variable | variable angle
ángulo vertical | vertical angle
anhidro | anhydrous
anhistéresis | anhysteresis
ANI [*presentación automática del número que llama*] | ANI = automatic number identification
anidamiento | nesting
anidar [*insertar una estructura en otra, por ejemplo una tabla dentro de otra tabla*] | to nest
ANIEL = Asociación nacional de industrias electrónicas | ANIEL [*Spanish association of electronic industries*]
anillo | loop, ring, slug
anillo acanalado | bezel
anillo antiarco | insulator arcing ring
anillo antidesbordamiento | splash ring
anillo antirrebose | splash ring
anillo colector | collector (/slip) ring; ring connection
anillo conmutativo | commutative ring
anillo contra salpicaduras | splash ring
anillo de agrupación de conductores | wire-grouping ring
anillo de almacenamiento | storage ring
anillo de amortiguación mecánica | mechanical damping ring
anillo de base | base ring
anillo de Cambridge | Cambridge ring
anillo de conexión | bullring
anillo de contacto | slip ring
anillo de contraseña [*arquitectura de red en anillo*] | token ring
anillo de deslizamiento | slip ring
anillo de distancia | range ring
anillo de empaquetadura | O ring, packing disk
anillo de fijación de la válvula | valve circlip
anillo de grabación | write (/write-permit) ring
anillo de guarda | guard ring
anillo de junta | seal ring
anillo de maniobra | spider end slip
anillo de protección | guard ring
anillo de relé | slug
anillo de repartidor | cable (/distributing) ring
anillo de retardo | ring retard; short-circuit winding
anillo de Rowland | Rowland ring
anillo de rozamiento | collector ring
anillo de símbolo de paso [*procedimiento de trasmisión en LAN con topología de anillo*] | token ring
anillo de sombra | shading ring
anillo de soporte del inductor | field ring
anillo de suspensión | spider end slip
anillo de zumbido | hum slug
anillo desviador | shifting ring
anillo Dimond | Dimond ring
anillo en estrella [*topología de red*] | star-wired ring
anillo en O | O ring
anillo en V | V ring
anillo espectrométrico de difracción de rayos X | X-ray diffraction spectrometer ring
anillo Gramme | Gramme ring
anillo híbrido | hybrid ring; rat race
anillo intensificador | intensifier ring
anillo obturador | sealing ring
anillo para fijar cables | cable ring
anillo piezométrico | piezometer ring
anillo protector | grummet
anillo ranurado | slotted ring
anillo regulador | shifting ring
anillos colectores cortocircuitados | short-circuited sliprings
anillos cortocircuitados | short-circuited sliprings
animación | animation
animación en tiempo real | real-time animation
animación por láminas de celuloide trasparente | cell animation
animación por ordenador | computer animation
anión | anion
anión polivalente | multivalent anion
aniseicónico | aniseikonic
anisotropía | anisotropy
anisotropía cristalina | crystal anisotropy
anisotropía de deformación | strain anisotropy
anisotropía de la polarizabilidad | anisotropy of polarizability
anisotropía del retículo | lattice anisotropy
anisotropía dieléctrica | dielectric anisotropy
anisotropía ferromagnética | ferromagnetic anisotropy
anisotropía magnética | magnetic anisotropy
anisotropía magnética monoaxial | uniaxial magnetic anisotropy
anisotrópico | anisotropic
anisótropo | anisotropic
ANMR [*resonancia magnetoacústica nuclear*] | ANMR = acoustic nuclear magnetic resonance
ANN [*red neural artificial (tipo de inteligencia artificial informática)*] | ANN = artificial neural network
anodización | anodization, anodizing
anodización por plasma | plasma anodization
anodizado | anodizing
anodizar | to anodise [UK], to anodize [UK+USA], to plate [USA]
ánodo | anode [UK], plate [USA]
ánodo acelerador | accelerating anode
ánodo anular | ring anode
ánodo auxiliar | auxiliary anode
ánodo auxiliar de descarga | relieving anode
ánodo carbonizado | carbonized anode
ánodo de aceleración | accelerating anode
ánodo de aceleración posterior | post-accelerating anode
ánodo de aletas | vane-type anode
ánodo de arranque | starting anode
ánodo de aspa | vane-type anode

ánodo de cebado | starting (/keep-alive) anode
ánodo de chatarra | scrap anode
ánodo de descarga | relieving anode
ánodo de encendido | starting anode
ánodo de enfoque | focusing anode
ánodo de excitación | excitation anode
ánodo de hueco y ranura | hole-and-slot anode
ánodo de ignición | starting anode
ánodo de ionización | holding anode
ánodo de lámpara | valve anode [UK], valve plate [USA]
ánodo de magnesio | magnesium anode
ánodo de mantenimiento | holding anode
ánodo de metalización | plating anode
ánodo de modulación | modulating anode
ánodo de señales | signal anode
ánodo de titanio platinado | platinized titanium anode
ánodo de traslado | transition anode
ánodo de válvula | valve anode [UK], valve plate [USA]
ánodo dividido | split anode
ánodo en anillo | ring anode
ánodo ennegrecido | carbonized anode
ánodo enterrado | sacrificial anode
ánodo excitador | exciting anode
ánodo galvánico | galvanic anode
ánodo giratorio | rotating anode
ánodo hendido | split anode
ánodo hueco | hollow anode
ánodo macizo | solid anode
ánodo macizo con sistema de cavidades de sol naciente | rising sun anode block
ánodo partido | split anode
ánodo principal | main anode
ánodo reactivo | reactive anode
ánodo remanente | residual anode [UK], residual plate [USA]
ánodo rotatorio | rotating anode
ánodo terminal | anode terminal
ánodo tubular | rod anode
ánodo virtual | virtual anode
anolito | anolyte
anomalía | bug
anomalía | fault
anomalía de emparejamiento | strapping freak
anomalía de fase | phase anomaly
anomalía de petición | fail a request
anomalía de propagación | propagation anomaly
anomalía de trasmisión | transmission anomaly
anomalía magnética regional | regional magnetic anomaly
anomalía por dispersión | spreading anomaly
anómalo | anomalous
anonimato | anonymity
anónimo | anonymous
anormal | abnormal, anomalous

anotación | annotation, endorsement
anotación cronológica | logging
anotador | scorecard
anotar | to annotate
anotrón [*válvula de vacío rectificadora*] | anotron
ANOVA [*análisis de varianza*] | ANOVA = analysis of variance
ANS [*silenciador eficaz*] | ANS = actual noise silencer
ANSI [*instituto nacional estadounidense de normativa*] | ANSI = American national standards institute
ANT = antena | ANT = antenna [USA]
antecedentes de radiación | radiation history
antelación | precedence
antememoria | cache memory
antena | aerial [UK], antenna [USA]; array
antena abierta | open aerial
antena acromática | achromatic aerial
antena adaptada en delta | delta-matched aerial
antena aerodiscone | aerodiscone aerial
antena Alexanderson | Alexanderson aerial
antena Alford | Alford aerial
antena alimentada en serie | series feed aerial
antena alimentada en tensión | voltage-fed aerial
antena alimentada fuera de centro | off-centre-fed aerial
antena alimentada indirectamente | parasitically excited aerial
antena alta de deriva | top fin aerial
antena amplificadora | antennafier
antena angular | corner aerial
antena antidesvanecimiento | antifading aerial
antena antiparasitaria | antistatic aerial
antena antiparásitos | interference suppressor, shielded (/noise-reducing) aerial
antena antirruido | noise-reducing aerial
antena aperiódica | aperiodic (/nonresonant, /untuned) aerial
antena armónica | harmonic aerial
antena artificial | artificial (/dummy, /phantom) aerial
antena asimétrica | unbalanced aerial
antena autoadaptable | self-phased array
antena bajo el estribo | running board aerial
antena Bellini-Tosi | Bellini-Tosi aerial
antena Beveridge | Beveridge aerial
antena bicónica | biconical aerial
antena bidireccional | bidirectional aerial
antena bifilar | two-wire aerial
antena bilateral | bilateral aerial
antena blindada | screened aerial
antena buscadora | homing aerial

antena cargada | loaded aerial
antena cartelera | billboard aerial
antena Cassegrain | Cassegrain aerial
antena Chireix | Chireix aerial
antena Christiansen | Christiansen aerial
antena cilíndrica | cylindrical (/pillbox) aerial
antena cilíndrica hendida | split-can aerial
antena cilíndrica hueca | hollow cylindrical aerial
antena circular | circular aerial
antena circular plana | wheel aerial
antena coaxial | coaxial aerial, quarter-wave skirt dipole
antena colectiva | block aerial, community antenna
antena colectiva alejada | remote community aerial
antena colgante | drag aerial [UK], drag antenna [USA]; trailing (wire) aerial
antena colgante con baja resistencia de avance | low drag aerial
antena colineal | Franklin aerial
antena colineal coaxial | colinear coaxial aerial
antena colineal de dipolos | lazy H aerial
antena combinada vertical y horizontal | combined v and h aerial
antena compensada | balanced (/cosecant-squared) aerial
antena complementaria | complementary aerial, gap filler
antena con alimentación directa | driven (/directly-fed) aerial
antena con alimentación por la base | base-loaded aerial
antena con brazo de reactancia semicubierto | sleeve stub aerial
antena con carga en serie | series loaded aerial
antena con carga por la base | base-loaded aerial
antena con conductos dispersores | leaky pipe aerial
antena con cúpula | radome-enclosed aerial
antena con dipolo semicubierto | sleeve dipole aerial
antena con diversidad de polarización | polarization diversity aerial
antena con manguito | sleeve aerial
antena con núcleo magnético | magnet core aerial
antena con pantalla | screen aerial
antena con pantalla en V | V-screen aerial
antena con parábola achatada | cheese (/pillbox) aerial
antena con plano a masa | ground plane aerial
antena con reflector | reflector (/reflector-type) aerial
antena con reflector paraboidal | paraboidal reflector aerial

antena con reflector plano | plane reflector aerial
antena con tierra artificial | ground plane aerial
antena con toma de masa | earthed aerial, Marconi aerial
antena con unipolo semicubierto | sleeve aerial
antena con visera circular | shrouded aerial
antena concentradora de ondas | leaky wave aerial
antena cónica | conical aerial
antena cónica hueca | hollow conical aerial
antena cónico-helicoidal | conical helix aerial
antena correctora de desvanecimiento | antifading aerial
antena corta | stub aerial
antena Covington y Brotten | Covington and Brotten aerial
antena cruzada | turnstile aerial
antena cuadrangular | quad aerial
antena cuadrantal | quadrantal aerial
antena cúbica | cubical aerial
antena cubridora de intervalos | gap filler
antena Cutler | Cutler aerial
antena de abanico | fanned-beam aerial
antena de abertura | aperture aerial
antena de aislamiento vertical | sectionalized vertical aerial
antena de aleta | blade aerial
antena de alimentación central | centre-feed aerial
antena de alta frecuencia | high frequency aerial
antena de anemómetro | airspeed head
antena de anillo de discontinuidad direccional | directional discontinuity ring radiator aerial
antena de arrastre | trailing aerial
antena de automóvil | automobile aerial
antena de automóvil para montaje en el capó | top cowl auto aerial
antena de avión | aircraft aerial
antena de banda ancha | broadband (/wideband) aerial
antena de barco | shipboard aerial
antena de barra de ferrita | loopstick (/ferrite rod) aerial
antena de barrido | scanning aerial
antena de bigote de gato | rabbit-ear aerial
antena de bocina | horn (/hoghorn, /horn-type aerial, /sectorial) aerial
antena de bocina bicónica | biconical horn aerial
antena de bocina cónica | conical horn aerial
antena de bocina diagonal | diagonal horn aerial
antena de bocina piramidal | pyramidal horn aerial

antena de bocina rectangular | rectangular horn aerial
antena de Bruce | Bruce aerial
antena de buzón | mailbox aerial
antena de campo giratoria | rotating field aerial
antena de caña de pescar | fishpole aerial
antena de capacidad | capacitor aerial
antena de capacidad terminal | terminal capacity aerial, top capacitor aerial, top-loaded aerial
antena de capas | tier array
antena de carrete | reel aerial
antena de carril circular | wheel-and-track aerial
antena de Chireix-Mesny | Chireix-Mesny aerial
antena de cilindro ranurado | pylon (/slotted cylinder) aerial
antena de condensador | condenser aerial
antena de conductor único vertical | single-vertical-wire aerial
antena de cono | cone aerial
antena de cosecante | cosecant aerial
antena de cosecante cuadrada | cosecant-squared aerial
antena de cuadrante | quadrant(al) aerial
antena de cuadro | frame (/loop) aerial; radio loop
antena de cuadro carenada | streamline loop aerial
antena de cuadro de ferrita | loopstick aerial
antena de cuadro de trasmisión | transmitting loop
antena de cuadro fijo | fixed-loop aerial
antena de cuadro giratoria | rotating loop aerial
antena de cuadro giratorio | rotatable loop aerial
antena de cuadro orientable | rotatable loop aerial
antena de cuadro para frecuencias ultraaltas | ultrahigh frequency loop
antena de cuadro rectangular | square loop aerial
antena de cuadros cruzados | crossed-coil aerial, crossed-loop aerial
antena de cuarto de onda | quarter-wave aerial
antena de cuatro bucles | cloverleaf aerial
antena de devanado de ferrita | loopstick aerial
antena de diamante | diamond aerial
antena de diámetro infinitesimal | thin aerial
antena de dipolo | simple doublet aerial
antena de dipolo doblado | folded dipole aerial
antena de dipolo doble | turnstile aerial
antena de dipolo en T equilibrada | T-matched aerial
antena de dipolo magnético | magnetic dipole aerial
antena de dipolo magnético de trébol | cloverleaf aerial
antena de dipolo plegado | folded dipole aerial
antena de dipolos apilados | stacked dipole aerial (/array)
antena de dipolos cruzados superpuestos | turnstile stacked aerial
antena de disco | disc aerial
antena de disco-cono | discone aerial
antena de doble doblete | double doublet aerial
antena de doblete | doublet aerial
antena de doblete oscilante | oscillating doublet aerial
antena de dos elementos | two-element aerial
antena de elementos apilados | stacked array
antena de elementos en fase | phased array aerial
antena de elementos en V apilados | stacked-V aerial
antena de elementos en V superpuestos | stacked-V aerial
antena de elementos múltiples | multiple unit aerial
antena de elementos superpuestos | stacked aerial
antena de emisión de imagen | vision aerial
antena de emisión/recepción | transmit/receive aerial
antena de espina | fishbone aerial
antena de espina de pescado | fishbone aerial
antena de exploración | scan (/search) aerial
antena de exploración de frecuencia | frequency scan aerial
antena de exploración de lente geodésica | geodesic-lens scanning aerial
antena de exploración y seguimiento | search-tracking aerial
antena de eyección | pop-up aerial
antena de faro | headlight aerial
antena de Franklin | Franklin (/colinear) aerial
antena de fuga de onda | leaky waveguide aerial
antena de ganancia unitaria | unity gain aerial
antena de guía ranurada | slotted guide aerial
antena de guiaondas ranurado | slotted waveguide aerial
antena de haz | beam aerial
antena de haz ancho | wide-beam aerial
antena de haz cónico | pencil beam aerial
antena de haz en abanico | fan beam aerial, fanned-beam aerial
antena de haz estrecho | pencil beam

aerial
antena de haz filiforme | pencil beam aerial
antena de haz orientable | steerable-beam aerial
antena de haz perfilado | phase-shaped aerial, shaped beam aerial
antena de haz rotativa | rotary beam aerial
antena de haz unidireccional | shaped beam aerial
antena de hendidura | notch aerial
antena de Hertz | Hertz aerial, doublet aerial
antena de hilo largo | long wire aerial
antena de hilos | wire aerial
antena de hilos paralelos | parallel wire aerial
antena de jaula | cage (/sausage) aerial
antena de Kooman | Kooman aerial
antena de látigo | whip aerial
antena de lazo Alford | Alford loop aerial
antena de lente | lens aerial
antena de lente de rejilla alámbrica | wire grid lens aerial
antena de lente dieléctrica | dielectric lens aerial
antena de Lewis | Lewis aerial
antena de Lodge | Lodge aerial
antena de manguito especial | sleeve stub
antena de marco | loop aerial
antena de Marconi | Marconi aerial, earthed aerial
antena de Marconi-Franklin | Marconi-Franklin aerial
antena de mariposa | batwing aerial
antena de mariposa de varios pisos | multiple bay superturnstile aerial
antena de mástil flexible | whip aerial
antena de mástil radiante | pylon aerial
antena de media onda | half-wave aerial
antena de Mills | Mills aerial
antena de montaje al ras | skin aerial
antena de muesca | notch aerial
antena de múltiples elementos | multielement aerial
antena de múltiples pisos | (multiple) stacked array
antena de múltiples secciones | multiple bay aerial
antena de núcleo de ferrita | loopstick (/ferrite rod) aerial
antena de onda | wave aerial
antena de onda completa | wave aerial
antena de onda corta | short-wave aerial
antena de onda estacionaria | standing wave aerial
antena de onda progresiva | progressive wave aerial, travelling-wave aerial
antena de ondas de superficie | surface wave aerial
antena de ondas estacionarias | open aerial
antena de pala estrecha | narrow-blade aerial
antena de paraguas | umbrella-shaped aerial
antena de peine | comb aerial
antena de periodo logarítmico | log-periodic aerial
antena de persiana | venetian-blind aerial
antena de placas | cheese aerial
antena de plato | dish aerial
antena de polarización circular con cuadro en V | circularly-polarized loop V
antena de polarización única | single-polarized aerial
antena de polarización vertical | vertically polarized aerial
antena de protección | protective horn
antena de queso | cheese aerial
antena de radar | radar aerial
antena de radiación plana horizontal | billboard aerial
antena de radiación regresiva | back-fire aerial
antena de radio | radio aerial
antena de radiofaro | marker (/radio-beacon) aerial
antena de radiofaro direccional | radio range aerial
antena de ranura | notch (/pocket, /slot) aerial
antena de ranuras | slot aerial array
antena de recepción | receiving aerial
antena de red | mains (/socket) aerial
antena de reemisión | translator aerial
antena de reflector angular | corner reflector aerial
antena de reflector diédrico | corner reflector aerial
antena de reflector triédrico | corner reflector aerial
antena de Robinson | Robinson aerial
antena de salida | output aerial
antena de satélite artificial | satellite aerial
antena de Schmidt | Schmidt aerial
antena de secciones triangulares | triangular loop aerial
antena de seguimiento | tracking aerial
antena de seguimiento de satélites | satellite tracking aerial
antena de semidipolo | sleeve stub aeri
antena de sentido | sense (/sensing) aerial
antena de sintonía múltiple | multiple tuned aerial
antena de sintonización múltiple | multiple tuned aerial
antena de superficie ondulada | corrugated-surface aerial
antena de superganancia | supergain aerial
antena de supermolinete | superturnstile aerial
antena de tambor | reel aerial
antena de techo | roof (/rooftop, /top) aerial
antena de techo para vehículos | over-car aerial
antena de telemedición | telemetering aerial
antena de televisión | television aerial
antena de trasmisión | transmitter (/transmitting) aerial
antena de tres dipolos | tridipole aerial
antena de tres elementos | three-element aerial
antena de UHF | ultrahigh frequency aerial
antena de un solo hilo | single-wire aerial
antena de varilla | flagpole (/rod) aerial
antena de varilla dieléctrica | dielectric rod aerial
antena de varilla telescópica flexible | telescopic whip aerial
antena de VHF | VHF aerial
antena de vigilancia | surveillance aerial
antena de volante | steering wheel aerial
antena de Windom | Windom aerial
antena de Wullenweber | Wullenweber aerial
antena del emisor de sonido | sound aerial
antena del explorador de radar | radar scanner aerial
antena del sonido | sound aerial
antena delgada | thin aerial
antena desplazable | portable aerial
antena desplegable | unfurlable aerial
antena desviada | bups aerial
antena diamante | diamond aerial
antena dieléctrica | dielectric aerial
antena dieléctrica de varillas | polyrod (aerial)
antena dipolar | dipole aerial
antena dipolar con manguito coaxial | sleeve dipole aerial
antena dipolar con tubo coaxial | sleeve dipole aerial
antena dipolo | dipole aerial
antena dipolo coaxial | coaxial dipole aerial
antena dipolo con tocón de cuarto de onda | Q aerial
antena dipolo Q | Q aerial
antena dipolo receptora de televisión | television receiving dipole aerial
antena direccional | directional (/radio-directional, /steerable) aerial
antena direccional de onda corta | short-wave directional aerial
antena direccional de reflector plano | bedspring aerial
antena direccional de Van Atta | Van Atta array
antena direccional en abanico | spiderweb aerial

antena direccional longitudinal | end-on directional aerial
antena directiva de conductores escalonados | echelon aerial
antena directiva en el plano vertical | vertically directive aerial
antena disco-cono aerotrasportada | aerodiscone aerial
antena discocónica | discone aerial
antena embutida | pocket aerial
antena emisora | radiating (/transmitter, /transmitting) aerial
antena empotrada | suppressed aerial
antena en abanico | fan aerial
antena en ala de murciélago | batwing aerial
antena en anillo | ring aerial
antena en asta de ciervo | deerhorn aerial
antena en cortina | curtain aerial
antena en cruz | turnstile aerial
antena en cuadro apantallado | screened (/shielded) loop aerial
antena en delta de tres mástiles | three-pole delta aerial
antena en escalón | echelon aerial
antena en estrella | star aerial
antena en forma de cuerno | rabbit-ear aerial
antena en forma de paraguas | umbrella-shaped aerial
antena en forma de queso | cheese aerial
antena en hélice | helix aerial
antena en hoja | plane (/flat-top) aerial
antena en hoja con tres bajantes | triple down-lead flat-top
antena en hoja de cuatro bajantes | quadruple down-lead flat-top aerial
antena en J | J aerial
antena en jaula de ardilla | squirrel cage aerial
antena en L | L aerial [UK], L antenna [USA]
antena en L invertida | inverted-L aerial
antena en paraguas | umbrella aerial
antena en pino | pine tree aerial
antena en pirámide | pyramid aerial
antena en prisma | prism aerial
antena en sacacorchos | corkscrew aerial
antena en sombrilla | umbrella aerial
antena en T | T aerial
antena en techo plano | flat-top aerial
antena en telaraña | spider
antena en tubo de estufa | stovepipe aerial
antena en V | V aerial, rabbit-ear aerial
antena en W | double V aerial
antena en Y [*antena con trasformador de adaptación en delta*] | Y aerial
antena enchufable a la red | mains aerial
antena enterrada | buried (/ground) aerial
antena equilibrada | balanced aerial
antena esclava | slave aerial

antena esférica | spherical aerial
antena espaciada | spaced aerial
antena espiral | spiral aerial
antena espiral equiangular | equiangular spiral aerial
antena excitada | parasitic aerial
antena excitada en tensión | voltage-fed aerial
antena excitada fuera de centro | off-centre-fed aerial
antena excitada indirectamente | parasitically excited aerial
antena exploradora | scanning (/search) aerial
antena exterior | open (/outdoor, /outside, /rooftop) aerial
antena ficticia | phantom (/quiescent) aerial, RF load, test load
antena fija | stationary aerial
antena flexible | whip aerial
antena giratoria | revolving (/rotatable, /rotating) aerial; spinner
antena goniométrica | DF aerial = direction finder aerial
antena Haystack | Haystack aerial
antena helicoidal | helical (/corkscrew) aerial
antena helicoidal de radiación trasversa(l) | side fire helical (/helix) aerial
antena hiperdireccional | hyperdirective aerial
antena 'hula-hoop' | hula-hoop aerial
antena imagen | image aerial
antena inclinable | tiltable aerial
antena inclinada | sloping (/tilted) aerial
antena incorporada | suppressed (/built-in) aerial
antena independiente de la frecuencia | frequency independent aerial
antena interior | indoor aerial
antena interior en orejas de conejo | rabbit-ear indoor aerial
antena irregular | random aerial
antena isótropa | unipole
antena isotrópica | isotropic aerial, unipole
antena laminar | laminated aerial
antena larga | long wire aerial
antena lastrada | weighted aerial
antena lineal delgada | thin liner aerial
antena mamut | mammuth aerial
antena monofilar | single-wire aerial
antena monofilar alimentada por un extremo | single-wire end-fed aerial
antena monopolar telescópica | telescopic monopole aerial
antena monopolar vertical | vertical unipole aerial
antena monopolo | monopole (/unipole) aerial
antena móvil | movable (/portable) aerial
antena muda | artificial (/dummy) aerial
antena multibanda | multiband aerial
antena multicanal | multichannel aerial
antena multifilar | multiple wire aerial

antena multifrecuencia | multifrequency aerial
antena múltiple | multiple (unit) aerial
antena múltiple de ángulo vertical ajustable | multiunit (/multiple unit) steerable aerial
antena múltiple en cruz | batwing (/superturnstile) aerial
antena múltiple orientable | multiunit (/multiple unit) steerable aerial
antena no cargada | unloaded aerial
antena no direccional | nondirectional aerial
antena no directiva | nondirectional (/omnidirectional) aerial
antena no dirigida | nondirectional aerial
antena no equilibrada | unbalanced aerial
antena no estabilizada | unstabilized aerial
antena no resonante | nonresonant aerial
antena no sintonizada | nonresonant (/untuned) aerial
antena normalizada | standard aerial
antena omnidireccional | nondirectional (/omnidirectional, /omnidirective) aerial
antena orientable | rotary (/rotatable, /rotating, /steerable) aerial
antena orientada por telemando | remotely orientated aerial
antena para completar la cobertura | gapfiller
antena para difusión tropical | tropical broadcasting aerial
antena para estación terrestre de VHF | VHF ground station aerial
antena para frecuencias ultraaltas | ultrahigh frequency aerial
antena para montaje en marco de ventana | window sill aerial
antena para ondas ultracortas | ultra-short-wave aerial
antena para radio por dispersión troposférica | tropospheric scatter communication aerial
antena para vehículos | vehicular aerial
antena paraboidal | paraboloidal aerial
antena parabólica | dish, parabolic (/paraboloidal) aerial; [*para trasmisiones entre tierra y satélites*] satellite dish
antena parásita | parasitic aerial
antena pariscópica | periscopic aerial
antena pasiva | passive aerial
antena periódica | periodic aerial
antena plana | planar aerial
antena ranurada | slot aerial
antena rasante | suppressed aerial
antena receptora | receiving aerial
antena receptora de cuarto de onda | quarter-wave receiving aerial
antena receptora de televisión | television receiving aerial
antena remolcada | trailing aerial

antena repetidora | relay aerial
antena replegada | bow-tie aerial
antena resonante | resonant aerial
antena retrodirectiva | retrodirective aerial
antena rómbica múltiple | multiple rhombic aerial
antena romboidal | rhombic aerial
antena romboidal de cortina | curtain rhombic aerial
antena romboidal de dos capas | two-layer rhombic aerial
antena romboidal de dos pisos | two-layer rhombic aerial
antena romboidal trifilar | three-wire rhombic aerial
antena romboidal unifilar | single-wire rhombic aerial
antena rotativa | rotary aerial
antena rotativa exploradora | spinner
antena secundaria | passive aerial
antena semirrómbica | half-rhombic aerial
antena señalizadora | marker aerial
antena servomandada | slave aerial
antena sin carga | unloaded aerial
antena sin compensación de balanceo y cabeceo | unstabilized aerial
antena sin lóbulos laterales | suppressed-sidelobe aerial
antena sintonizada | resonant (/tuned) aerial
antena submarina | underwater aerial
antena sumergida | submerged (/underwater) aerial
antena superdireccional | supergain aerial
antena superdirectiva | supergain aerial
antena superficial | skin aerial
antena telemétrica | telemetering aerial
antena telescópica | telescopic aerial
antena telescópica en V | V-type telescopic aerial
antena telescópica flexible | telescopic whip aerial
antena tipo nido de ametralladora | pillbox aerial
antena toda onda | multiband (/all-wave) aerial
antena trasmisora | sending (/transmitter, /transmitting) aerial
antena trasmisora de televisión | television transmitting aerial
antena trasportable | movable (/portable) aerial
antena triangular | triangular aerial
antena tridipolar | tridipole aerial
antena tripolo | tripole aerial
antena trombón | trombone aerial
antena tubular ranurada de Alford | Alford slotted tubular aerial
antena unidireccional | unidirectional aerial
antena unidireccional de periodo logarítmico | unidirectional log periodic aerial

antena unifilar | single-wire aerial
antena unipolo vertical | vertical unipole aerial
antena universal | all-wave aerial
antena Van Atta | Van Atta aerial
antena vertical | vertical aerial
antena vertical alimentada en paralelo | shunt-feed vertical aerial
antena vertical alimentada en serie | series feed vertical aerial
antena vertical alimentada por un extremo | end feed vertical aerial
antena vertical de alimentación en serie | series-fed vertical aerial
antena vertical de carga terminal | top-loaded vertical aerial
antena vertical de media onda | vertical half-wave aerial
antena vertical seccionada | sectionalized vertical aerial
antena vertical subdividida | sectionalized vertical aerial
antena virtual | image aerial
antena Walmsley | Walmsley aerial
antena y convertidor | antennaverter = antenna and converter
antena y trasmisor | antennamitter = antenna and transmitter
antena Yagi [*antena parásita*] | Yagi aerial
antena Yagi de elementos apilados | stacked Yagi aerial
antena Yagi para dos canales | two-channel Yagi aerial
antena zapapico | pick axe aerial
antena zepelín | Zepp aerial [*fam*] = Zeppelin aerial
antenas espaciadas | spaced aerials
antenas gemelas | twin (/pair of) aerials
antenaversor | antennaverter [*fam*] = antenna and converter
antenificador | antennafier
anteojo del sextante | sextant telescope
antepasado | ancestor [*of a node in a tree*]
antepasado propio | proper ancestor
antepenúltima etapa | second-from-last stage
anterioridad | precedence
antes | before
antiacústico | sound damping (/deadening), sound-absorbing
antialias | anti-alias, antialiasing
antiarcos | nonarcing
antibloqueo | antijamming
anticátodo | anticathode
anticátodo de la válvula de rayos X | X-ray valve target
anticiclotrón | anticyclotron
anticipación de trasporte | carry look-ahead (/look-ahead)
anticipado | early
anticoinciencia | anticoincidence
anticontramedida electrónica | electronic counter-countermeasure
antideflagrante | explosionproof, flameproof

antideslumbrante | antidazzle, antiglare
antiengaño [*en señales GPS*] | antispoofing
antiestático | static-free, staticproof
antiferroelectricidad | antiferroelectricity
antiferromagnetismo | antiferromagnetism
antiinductivo | noninductive
antilambda | antilambda
antilocal | antisidetone
antilogaritmo | antilogarithm
antimagnético | antimagnetic
antimateria | antimatter
antimicrofónico | antimicrophonic
antimonio | antimony
antimoniuro de aluminio | aluminium antimonide
antimoniuro de galio | gallium antimonide
antimoniuro de indio | indium antimonide
antineutrino | antineutrino
antineutrón | antineutron
antinodo | antinode; [*en oscilaciones*] loop
antinodo de corriente | current antinode
antinodo de oscilaciones | oscillation loop
antinodo de tensión | voltage antinode (/loop)
antinodo estacionario | stationary antinode
antinucleón | antinucleon
ANTIOPE = acquisition numérique et télévision d'images organisées en pages d'écriture (*fra*) [*sistema francés de codifica-ción para videotexto*] | Antinope [*french coding system for videotext*]
antioscilación | antihunting
antiparasitado | shielded
antiparásitos | staticproof
antipartícula | antiparticle
antiprotón | antiproton, negative proton
antirradiactivo | antiradioactive, rayproof
antirreactividad | negative reactivity
antirrebote | debouncing
antirreflejos | antiglare
antirresonancia | antiresonance
antirresonancia de velocidad | velocity antiresonance
antisimétrico | antisymmetric
antisolapamiento | anti-aliasing; [*de líneas en imágenes gráficas*] dejagging
antivibratorio | shakeproof
antivirus [*programa informático*] | antivirus
antorcha | torch [UK], torchlight, torchère [*fra*]
antorcha soldadora | welding torch
antroporradiámetro | white body radiation meter

antroporradiámetro con analizador de amplitud | white body radiation meter with amplitude analyser
antroporradiocartógrafo | body radiocartograph
anuario telefónico | system directory
anulación | cancellation; removal procedure
anulación de compensación | offset nulling
anulación de la identificación del que llama | calling line identification restriction
anulación de lóbulos secundarios | side lobe blanking
anulador | lock-out
anular | annular
anular división | to remove split
anular la suscripción [*a un grupo de noticias en internet*] | to unsubscribe
anunciador | annunciator
anunciador de impacto | impact predictor
anunciador de timbre | bell annunciator
anunciar | to post
anunciar el comienzo de la emisión | to sign on
anunciar el fin de la emisión | to sign off
anunciarse en la línea | to answer
anuncio | banner
anuncio en la línea | answer on the circuit
anuncio verbal | verbal announcement
anzuelo | cookie
añadido | added; addition
añadir | to add, to attach, to append, to add-in; [*datos nuevos a una pila*] to push
añadir al final | append
añadir archivo | to add file
añadir espacio de trabajo | to add workspace
añadir nombre | to add name
añadir punto de actuación | to add hot spot
añadir subpanel | to add subpanel
añadir un apéndice [*de datos o caracteres*] | to append
año | year
año-luz | light year
AOL [*América en línea*] | AOL = America on line
APA [*(modo de) direccionamiento de todos los puntos (manipulación individual de píxeles)*] | APA = all points addressable
APACHE [*acelerador para estudiar la física y la química de los elementos pesados*] | APACHE = accelerator for physics and chemistry of heavy elements
apagachispas | sparker, spark arrester (/blowout, /extinguisher, /killer, /quench, /quencher)
apagachispas giratorio | rotating spark-plug

apagado | off, cutoff, quenching, shutdown, turnoff, unlit; [*del equipo*] power down
apagado automático | soft power off, automatic shutdown
apagado de chispas | spark quenching
apagado de la unidad | drive power down
apagado del magnetrón | magnetron cutoff
apagado del vídeo | video power down
apagado por aceite | oil-quenched fuse
apagar | to power off, to shut off, to shut down, to switch off, to switch out, to turn off
apagar el sistema | to power down the system
apantallado | protective screen, screening, shield; shielded
apantallado antizumbido | shielding for hum rejection
apantallado de aeronave | aircraft bonding
apantallamiento | screening
apantallamiento eléctrico | electrical shielding
apantallamiento magnético | magnetic shielding
apantallamiento propio | self-screening
apantallar | to baffle, to screen, to shield
apaño | hack
aparato | apparatus, device, instrument, set
aparato abierto | open-type apparatus
aparato absoluto | absolute apparatus
aparato analizador automático | automatic analysis equipment
aparato antideflagrante | flameproof apparatus
aparato arrítmico | start-stop apparatus (/machine), stop-apart apparatus, stop-start apparatus
aparato audiotelegráfico | tone telegraph apparatus
aparato blindado | metal-enclosed apparatus
aparato calibrado | standard instrument
aparato casi electrónico | quasi-electronic apparatus
aparato científico de medición | scientific electric measuring instrument
aparato combinado de televisión y fonógrafo | television-phonograph combination
aparato combinado de televisión, radio y fonógrafo | television-radio-phonograph combination
aparato combinado de televisión y vídeo | television-video combination
aparato con derivación | shunted instrument
aparato conmutador | switching device

aparato de abonado | (telephone) subset; private station; subscriber (station) apparatus, subscriber set (/subset, /telephone set)
aparato de acción diferida | time lag apparatus
aparato de acción instantánea | instantaneously operating apparatus
aparato de aguja | pointer instrument
aparato de alarma | alarm device
aparato de arranque | starter
aparato de arranque y parada | stop-start apparatus
aparato de calefacción | heating apparatus
aparato de calentamiento por arco | arc heating apparatus
aparato de calentamiento por inducción | induction heating apparatus
aparato de campo giratorio | rotating field instrument
aparato de captación por corriente | current collector
aparato de codificación de telemedición | telemetering coder
aparato de columna de sombra | shadow column instrument
aparato de conexión | switchgear
aparato de conmutación por cuadrante | dial switching equipment
aparato de contraste de fase | phase contrast apparatus
aparato de control | control instrument; (performance) monitor
aparato de control del pH | pH control apparatus
aparato de corrección auditiva | hearing aid
aparato de corriente máxima | overcurrent release
aparato de cuadro móvil | moving coil instrument
aparato de descarga del combustible | fuel discharging device
aparato de desengrase ultrasónico | ultrasonic degreaser
aparato de difracción de rayos X | X-ray diffraction apparatus
aparato de difusión por cable | redifusion set
aparato de dilatación | expansion instrument
aparato de doble multiplexión | double multiplex apparatus
aparato de drenaje forzado | forced drainage apparatus
aparato de electroterapia | electrotherapy apparatus
aparato de escucha | listening device
aparato de extensión | extension set, supplementary apparatus
aparato de exterior | outdoor apparatus
aparato de indicación continua de posición | position (/reflector) tracker
aparato de inducción | induction instrument
aparato de infinidad | infinity device

aparato de intensidad mínima | undercurrent release
aparato de intercomunicación | intercommunication apparatus
aparato de inversión de corriente | reverse current release
aparato de lectura directa | direct reading instrument
aparato de manipulación a distancia | remote-handling equipment
aparato de máxima | overcurrent release
aparato de medición precisa | standard meter
aparato de medición rectificador | rectifier meter
aparato de medición teleindicador | remote-indicating meter
aparato de medida | instrument
aparato de medida de hierro móvil buzo | plunger-type instrument
aparato de medida digital | digital measuring device
aparato de mesa | desk set
aparato de mínimo de corriente | undercurrent release
aparato de muestreo de ocho horas | eight-hour sampler
aparato de multiplexión cuádruple | quadruple multiplex apparatus
aparato de operadora | operator's headset
aparato de piezas polares | pole piece meter
aparato de polarización | polarization apparatus
aparato de previo pago | prepayment coin box
aparato de proyección | projection lantern
aparato de prueba | service instrument
aparato de prueba no destructivo | nondestructive tester
aparato de pruebas | routine tester
aparato de pruebas portátil | portable routine tester
aparato de radio | radio unit
aparato de radiodifusión | radiobroadcaster, radiocaster
aparato de radiofotografía | photofluorograph, photoroetgen unit
aparato de radioscopía | roentgenoscope
aparato de rayos X | Roentgen apparatus, roentgenograph, X-ray apparatus (/machine, /unit)
aparato de rayos X de foco concentrado | ultrafine-focus X-ray apparatus
aparato de recepción auditiva | sound-reading instrument
aparato de referencia | reference apparatus
aparato de registro automático | self-recording instrument
aparato de reproducción | playback unit
aparato de resistencia | resistance instrument
aparato de retorno de corriente | reverse current release
aparato de selección por disco | rotary dial instrument
aparato de selección por tonos | tone-dialing instrument
aparato de servicio | service set; official telephone
aparato de sincronización | synchronization apparatus
aparato de subestación registrador de mensajes | substation message register
aparato de teclado | keyboard instrument, pushbutton set
aparato de telecomposición | teletypesetter
aparato de telegrafía por tonos | tone telegraph apparatus
aparato de telemedida por posición relativa de fase | position-type telemeter
aparato de televisión | television set
aparato de televisión portátil | portable television set
aparato de télex | telex unit
aparato de tensión anódica | plate voltage apparatus
aparato de tensión de placa | plate voltage apparatus
aparato de transistores | transistor set
aparato de traslación | translating apparatus
aparato de valoración | titration apparatus
aparato de Wheatstone | Wheatstone instrument
aparato derivación | shunt apparatus
aparato descargador | unloader
aparato desecador | desiccator
aparato detector | tamper device
aparato diatermal | diathermal apparatus
aparato eléctrico | appliance
aparato electrodinámico | electrodynamic instrument
aparato electroforético | electrophoresis apparatus
aparato electromagnético | electromagnetic instrument
aparato electrostático | electrostatic apparatus
aparato emisor | sending instrument, transmitting apparatus
aparato en baño de aceite | oil-immersed apparatus
aparato en circuito | system-engaged apparatus
aparato espectrográfico | spectroscopic instrument
aparato espectrométrico | spectrometric instrument
aparato estacionario | stationary appliance
aparato estanco | waterproof apparatus
aparato fototelegráfico | phototelegraphic (/picture telegraph) apparatus
aparato Hughes | Hughes instrument
aparato impresor | printing apparatus (/instrument)
aparato impresor de página entera | page-printing apparatus
aparato indicador | indicating apparatus
aparato intercomunicador | talk-and-listen device
aparato máximo de tensión | overvoltage release
aparato microtelefónico | handset telephone, hand telephone set
aparato múltiple símplex | simplex multiple apparatus
aparato normalizado | standard instrument
aparato para ensayos de vibración | vibration tester
aparato para ensayos no destructivos | nondestructive tester
aparato para la pulverización catódica de metales | sputtering apparatus
aparato para llenar electrodos huecos | electrode packing device
aparato para pruebas de resistencia | strength tester
aparato para rellenar electrodos huecos | electrode filling device
aparato para valoraciones | evaluation instrument
aparato para verificar trazos | schlieren-apparatus
aparato portátil | portable apparatus (/appliance)
aparato portátil de alimentación universal | three-way portable
aparato principal | main station
aparato principal de abonado | subscriber main station
aparato protegido contra los contactos accidentales | screened (/partially enclosed) apparatus
aparato puesto en derivación | shunt apparatus
aparato radioeléctrico ultrasensible | ultrasensitive radio set
aparato receptor | consuming appliance
aparato receptor de radio | radio-receiving set
aparato rectificador | rectifier instrument (/meter)
aparato registrador | recording apparatus
aparato registrador de cuerda | spring-drive recorder
aparato registrador de los periodos de interrupción | outage-time recording equipment
aparato registrador de vibraciones | vibration-recording apparatus
aparato regulador | regulating apparatus
aparato reproductor | reproduction set
aparato seguidor de blanco | tracking apparatus

aparato símplex | simplex apparatus
aparato sin trasformador | transformerless set
aparato supletorio | subscriber extension set (/station), supplementary apparatus
aparato supletorio exterior | external extension
aparato telefónico | telephone instrument (/set)
aparato telefónico antilocal | antisidetone telephone set
aparato telefónico automático | subscriber automatic telephone
aparato telefónico con efecto local | sidetone telephone set
aparato telefónico con micrófono incorporado | speaker phone
aparato telefónico con teclado | key telephone set
aparato telefónico de abonado | subscriber telephone instrument
aparato telefónico de batería central | subscriber central battery telephone
aparato telefónico de batería local | local battery telephone set
aparato telefónico de extensión | extension (/remote) set
aparato telefónico de pago previo | prepayment telephone station, telephone and coin box
aparato telefónico de pared | wall telephone set
aparato telefónico de previo pago | prepayment coin box
aparato telefónico de uso privado | residence telephone
aparato telefónico del abonado | private telephone station
aparato telefónico en serie | series-connected station
aparato telefónico manual | manual telephone set
aparato telefónico mixto | ring-back (telephone) apparatus
aparato telefónico portátil | portable telephone set
aparato telefónico público de bolsa | stock exchange call office
aparato telefónico supletorio | remote set
aparato telegráfico | telegraph instrument
aparato telegráfico impresor | printing telegraph machine
aparato térmico | thermal instrument
aparato térmico de resistencia | resistance instrument
aparato terminal | end instrument
aparato term(o)iónico | thermionic apparatus
aparato termonuclear | thermonuclear apparatus
aparato traductor registrador | register translator
aparato transistorizado | transistor set
aparato trasmisor | transmitting apparatus

aparato triple multiplexión | triple-multiplex apparatus
aparato unipolar | unipolar apparatus
aparatos | hardware
aparatos de radiocomunicación | radio facilities
aparatos terminales | house equipment
aparcamiento [*retención de llamadas*] | call park, parking
aparear | to strap
aparejo del cinescopio | picture valve harness
aparente | apparent
aparque y monte [*aparcamiento de disuasión en terminales de trasporte público*] | park and ride
apartado de correos | post-office box
apartamiento de la ebullición nuclear | departure from nucleate boiling
apartar | to isolate, to separate
aparte | separately
APC [*ordenador de aplicación universal*] | APC = all purpose computer
APC [*llamada de procedimiento asincrónico*] | APC = asynchronous procedure call
APCM [*modulación adaptable de impulsos codificados*] | APCM = adaptative pulse code modulation
APD [*fotodiodo de avalancha*] | APD = avalanche photodiode
apelación | call in
apéndice | appendix
aperiodicidad | aperiodicity
aperiódico | aperiodic
apertura | opening, release
apertura calibrada | can flash
apertura de circuito | switching-off
apertura de la bocina | flare angle
apertura de la comunicación telefónica | opening of telephone communication (/service)
apertura de la ranura | slot opening
apertura de puerta electrónica | gating
apertura del bucle | switchhook
apertura del grupo de antenas | aperture of the aerial array
apertura fija | stop opening
apertura numérica | numerical aperture
apertura rápida | quick break
apertura retardada | slow release
apexcardiografía | apexcardiography
APG = adaptador profesional para gráficos | PGA = professional graphics adapter
API [*interfaz de programación de aplicaciones*] | API = application programming interface
API [*interfaz de programador de aplicaciones*] | API = application programmer interface
API [*interfaz para ejecutar aplicaciones sobre clientes*] | API = application portability interface
API [*interfaz para programa de aplicaciones*] | API = application program interface
apilable | stackable
apilado | stacked
apilador de tarjetas selectivo | offset stacker
apilamiento | pile-up; vertical stacking; [*de contactos*] stack
apilamiento múltiple | multiple pileup
apilamiento patrón | standard pile
apilar | to push, to stack
apiñamiento | clustering
APL [*conmutación automática de longitud de impulsos*] | APL = automatic pulse length switching
APL [*lenguaje de programación avanzado*] | APL = advanced programming language
aplanador | smearer
aplanador de campo en fibra óptica | fibre-optic field flattener
aplanamiento | flattening, smoothing
aplanamiento de fluctuaciones | smoothing
aplanamiento del flujo | flux flattening
aplanamiento del paso de banda | bandpass flatness
aplanar | to smooth
aplanar fluctuaciones | to smooth
aplastamiento | squashing
aplicación | application, implementation
aplicación basada en el servidor [*programa residente en el servidor de libre utilización por los usuarios*] | server-based application
aplicación biosid | biosid program
aplicación contenedora | container application
aplicación de arranque | startup application
aplicación de ayuda | helper (application)
aplicación de correo | mailer
aplicación de destino | destination application
aplicación de dimensiones reducidas | applet
aplicación de flujo de trabajo [*procesos de principio a fin*] | workflow application
aplicación de fundente pulverizado | spray fluxing
aplicación de internet | Internet appliance
aplicación de origen | source application
aplicación de radiotelefonía | wireless telephony application
aplicación de servidor | server application
aplicación de software | software application
aplicación de texturas | texture mapping
aplicación de Windows [*programa*] | Windows application
aplicación elemental | bare bone

aplicación fat [*que soporta PowerPC y Macintosh*] | fat application
aplicación general | general purpose
aplicación Java reducida | Java applet
aplicación multivinculada [*para el funcionamiento simultáneo de varios programas*] | multithreaded application
aplicación nativa [*programa compatible con un tipo específico de microprocesador*] | native application
aplicación para trasmisión de mensajes | messaging application
aplicación principal | main application
aplicación rápida | rapid application
aplicación SET [*aplicación de transacción electrónica segura*] | SET application = secure electronic transaction application
aplicación sostenida de tensión | voltage soaking
aplicación superior [*que sustituye a su competidora*] | killer app = killer application
aplicación universal | general purpose
aplicación vertical | vertical application
aplicaciones de audio | audio applications
aplicaciones de supercomputación [*Hispan.*] | supercomputing applications
aplicador | applicator
aplicador beta | beta applicator
aplicador de conocimientos | knowledge worker
aplicador sónico | sonic applicator
aplicador sónico en medicina | medical sonic applicator
aplicar | to apply; to impress, to render
aplique | fixture
APLL [*bucle regulador automático de fase fija*] | APLL = automatic phase locked loop
APM [*gestión avanzada de la alimentación de energía*] | APM = advanced power management
APM [*modelo de potencial promediado*] | APM = average potential model
APN [*nombre del punto de acceso*] | APN = access point name
APNB [*reanimación por presión alternante*] | APNB = alternating positive-negative pressure breathing
APNIC [*Centro de información de la red de Asia-Pacífico*] | APNIC = Asian-Pacific network information center
APNSS [*sistema de señalización para redes privadas analógicas*] | APNSS = analogue private network signalling system
apodo | alias, nick, nickname, handle
apogeo | apogee
APON [*modo de trasferencia asincrónica sobre red óptica pasiva*] | APON = asynchronous transfer mode over passive optical network
aportación | intake, uptake

aportación a un órgano | intake into an organ
aportar | uptake
apostilbio [*unidad de luminancia = 1/10.000 lambertio*] | apostilb
apoyo | backing, hold, pole, rest, strut, support
apoyo antivibratorio | vibration-attenuating support
apoyo consolidado | storm-guyed pole
apoyo de extremidad | terminal support
apoyo sobre tejado | house pole
apoyo terminal | stayed terminal pole
APP [*paquete definido por la aplicación*] | APP = application-defined packet
APP [*sonda planetaria avanzada*] | APP = advanced planetary probe
APPC [*comunicación avanzada entre programas (programa avanzado para programar comunicaciones)*] | APPC = advanced program-to-program communication
applet | applet [aplicación de dimensiones reducidas escrita en JAVA y compilada]
APRA [*equipo militar de reactores de impulsos*] | APRA = army pulsed reactor assembly
apreciación del nonio | vernier last count
apreciación del vernier | vernier last count
apreciar | to detect
apremiar | to prompt
apremio | urgency
aprendizaje a distancia | distance learning
aprendizaje asistido por ordenador | computer-aided learning, computer-augmented learning
aprendizaje de la máquina | machine learning
aprendizaje por ordenador | computer-based learning
apresamiento | seizing
apretar | to push
APRF [*equipo militar de reactores de impulsos*] | APRF = army pulsed reactor facility
aprietatuercas neumático | percussion wrench
apriete | pinch, wedging
apriete por resorte | spring load
aprobación de la soldadura | weld approval
aprobar | to validate
aprovechamiento | exploitation; cannibalization
aprovechamiento de agua fluyente | run-of-river installation
aprovechamiento de embalse | reservoir installation
aprovechamiento de las fuentes de energía | power development
aprovechamiento de represada | pondage installation

aprovechamiento del espectro | spectrum utilization
aprovechamiento limitado | limited availability
aprovechamiento pleno | full availability
aprovisionamiento | supply
aproximación | approach, approximation, homing, smoothing
aproximación a ciegas | instrument approach
aproximación a crítico | approach to criticality
aproximación a la criticidad | approach to criticality
aproximación adiabática | adiabatic approximation
aproximación de Born | Born approximation
aproximación de cuadrados mínimos | least squares approximation
aproximación de posición en el plano | PPI approach
aproximación diferida al límite [*extrapolación de Richardson*] | deferred apporach to the limit [*Richardson extrapolation*]
aproximación direccional | directional homing
aproximación instrumental | instrument approach
aproximación odorífera | odoriferous homing
aproximación panorámica | PPI approach = plan position approach
aproximación pasiva | passive homing
aproximación por control de tierra | ground-controlled approach
aproximación por haz normalizado | standard beam approach
aproximación por haz patrón | standard beam approach
aproximación por instrumentos | instrument approach
aproximación por interferómetro | interferometer homing
aproximación por radar | radar approach (/homing)
aproximación por radar de a bordo | airborne radar approach
aproximación por seguimiento | track homing
aproximación sin visibilidad | blind approach
aproximadamente | about
APS [*ajuste automático de imagen*] | APS = automatic picture setting
APS [*potencial anódico estabilizado*] | APS = anode potential, stabilized
APT [*herramienta programada automáticamente*] | APT = automatic programmed tool
apuntador automático por radar | radar gun layer
apuntador por radar | radar gun layer
apuntalamiento de postes | push bracing
apuntamiento | pointing

apuntar | to train
apuntar con el dedo | to finger
apuntar y marcar [con el ratón] | to point-and-click
apunte | peaking
aquí | here
Ar = argón | Ar = argon
AR = acuse de recibo [confirmación de la recepción] | ACK = acknowledge, acknowledgement
ARA [aproximación por radar de a bordo] | ARA = airborne radar approach
arancel | frontier charge
arandela | washer
arandela aislante | grummet
arandela de caucho | grummet
arandela de placa | washer plate
arandela de presión | spring washer
arandela de presión ondulada | wave spring washer
arandela de resorte | spring washer
arandela de separación | shim washer
arandela dentada | star washer
arandela elástica | spring washer
arandela elástica ondulada | wave spring washer
arandela protectora | grummet
araña [programa de rastreo] | crawler; spider
araña de centrado | spider
araña interior | inside spider
arañazo | scratch
arbitraje | arbitration; [en la estimación de daños] dispache [fra]
árbol | tree (network)
árbol acanalado | splined shaft
árbol AVL [árbol de altura equilibrada (/balanceada)] | AVL tree [height-balanced tree]
árbol B [árbol de búsqueda multidireccional de grado n, árbol binario sin nodos de grado uno] | B-tree [balanced multiway search tree]
árbol binario | binary tree
árbol binario sin nodos de grado uno | balanced multiway search tree
árbol completo | complete (/full) tree
árbol conmutador | interrupter (/selector) shaft
árbol de altura balanceada | height-balanced tree
árbol de altura equilibrada | height-balanced tree
árbol de arrastre | main shaft
árbol de búsqueda | search tree
árbol de búsqueda binaria | binary search tree
árbol de búsqueda binaria óptima | optimal binary search tree
árbol de búsqueda multidireccional de grado n | multiway search tree of degree n, balanced multiway search tree
árbol de búsqueda por múltiples vías de grado n | multiway search tree of degree n
árbol de decisiones | decision tree
árbol de derivación | derivation tree

árbol de extensión | spanning tree
árbol de extensión de coste mínimo | minimum-cost spanning tree
árbol de grabaciones [en grupos de música de Usenet] | tape tree
árbol de hardware | hardware tree
árbol de información del directorio | directory information tree
árbol de manivelas | main shaft
árbol de paridad | parity tree
árbol de posiciones | position tree
árbol de temas | topic tree
árbol del directorio | directory tree
árbol descompensado | skewed (/unbalanced) tree
árbol ensartado [con enlaces a nodos de información] | threaded tree
árbol estriado | splined shaft
árbol lógico | logic tree
árbol motor | main shaft
árbol no ordenado | unordered tree
árbol ordenado | ordered tree
árbol orientado | directed tree
árbol portaescobillas | wiper shaft
árbol principal | main shaft
árbol sigma | sigma tree (/term)
árbol sintáctico | syntax (/parse) tree
árbol sintáctico abstracto [para representación estructurada de programas] | abstract syntax tree
árbol temático | subject tree
árboles equivalentes | equivalent trees
árboles similares | similar trees
arborescencia | treeing, rooted tree
arborescencias y nódulos | trees and nodules
archivado electrónico | electronic filing
archivar | to archive, to file
archivero [responsable de la gestión de archivos de datos] | file librarian
archivo | archive, file
archivo abierto | open file
archivo activo | active file
archivo adjunto | attached file; [en correo electrónico] attachment
archivo ASCII | ASCII file
archivo autoextraíble | self-extracting archive (/file)
archivo binario | binary file
archivo BIP | BIP file = builder interface project file
archivo bloqueado | locked file
archivo callog | callog file
archivo cerrado [sólo utilizable por programas concretos] | closed file
archivo compartido | shared file
archivo comprimido | compressed file
archivo contable | accounting file
archivo de acceso al azar | random-access file
archivo de acceso secuencial | sequential access file
archivo de aplicación | application file
archivo de arranque | ini file = initialization file
archivo de autorizaciones [en entorno

multiusuarios] | permissions log
archivo de ayuda en tiempo de ejecución | runtime help file
archivo de cambios [para registro de cambios en una base de datos] | change file
archivo de captura de vídeo | video capture file
archivo de configuración | configuration file
archivo de datos | data file
archivo de definición de acciones | action definition file
archivo de detalle | detail file
archivo de disco | disc file
archivo de documentos | document file
archivo de eliminación [para eliminar el correo electrónico no deseado] | kill file
archivo de entrada/salida | I/O file = input/output file
archivo de errores [donde se graban estadísticas de errores de trasmisión] | error file
archivo de firma | signature file
archivo de imagen | image file
archivo de imagen física | physical-image file
archivo de imagen virtual | virtual-image file
archivo de impresora | printer file
archivo de inicialización | ini file = initialization file
archivo de índice | index file
archivo de índice secuencial | indexed sequential file
archivo de inicio | header file
archivo de instrucciones | readme file
archivo de intercambio | swap file
archivo de intercambio permanente [usado para operaciones de memoria virtual] | permanent swap file
archivo de movimiento | movement file
archivo de movimientos | movement (/transaction) file
archivo de objetos | object file
archivo de ordenador [para guardar información sobre los archivos de programas y de datos] | desktop file
archivo de página | page-image file
archivo de periodo [archivo de UNIX cuyo nombre comienza por un periodo] | dot file
archivo de primera generación | grandfather (/grandparent) file
archivo de programa | program file, application file
archivo de recursos | resource file
archivo de referencia | reference file
archivo de registros | log (/register) file
archivo de reserva | backup file
archivo de sólo texto | text-only file
archivo de tarjetas perforadas | punchcard file
archivo de texto | text file

archivo de trabajo | work file
archivo de trabajos | job file
archivo de transacción | transaction file
archivo de transacciones | movement file
archivo defectuoso | file corrupted
archivo del módulo | module file
archivo del proyecto | project file
archivo del sistema | system file
archivo electrónico | electronic file
archivo eliminado | scratched file
archivo en cinta | tape file
archivo en disco | disk file
archivo en uso | active file
archivo encadenado | chained file
archivo encapsulado | encapsulated file
archivo encontrado | file found
archivo favorito | [*en el navegador Internet Explorer*] favorite folder; [*en el navegador Netscape*] bookmark file
archivo fuente | source file
archivo fuente HTML | HTML source file
archivo guardado | archived file
archivo huérfano [*que se queda en el ordenador cuando ha perdido su utilidad*] | orphan file
archivo indexado | indexed file
archivo informático | logical file
archivo invertido | inverted file
archivo maestro | master file
archivo nuevo | new file
archivo oculto | hidden file
archivo orientado al flujo [*de datos*] | stream-oriented file
archivo padre | father file
archivo patrón | master file
archivo plano [*con registros de tipo único*] | flat file
archivo por defecto | default file
archivo por lotes | batch file
archivo predeterminado | default file
archivo primario | father (/parent) file
archivo público [*sin restricciones de acceso*] | public file
archivo secuencial | sequential file
archivo significativo | accountable file
archivo SYLK [*archivo de enlace simbólico*] | SYLK file = symbolic link file
archivo temporal | temporary file
archivo traducido [*de código binario a formato ASCII*] | translated file
archivos con enlaces cruzados | cross-linked files
ARCnet [*red informática de recursos vinculados*] | ARCnet = attached resource computer network
arco | arc, bow
arco cantante | duddle (/singing, /speaking) arc
arco carbónico | carbon arc
arco cerrado | enclosed arc
arco circular | circular arc
arco cubierto | shielded arc
arco de aguja en atmósfera de plasma | plasma needle arc

arco de aligeramiento | relieving arc
arco de baja tensión | low-voltage arc
arco de centelleo | flash arc
arco de contacto | contact arc
arco de corriente alterna activado | activated AC arc
arco de corriente de mantenimiento | keep-alive arc
arco de descarga | sparkover, relieving arc
arco de destello | flash arc
arco de devanado | winding arc
arco de efluvio | spattering arc
arco de hierro | iron arc
arco de inmersión | arc with electrodes dipping in a fluid
arco de ionización | ionization arcover
arco de llama | flame arc
arco de mantenimiento | keep-alive arc
arco de mercurio | mercury arc
arco de plasma | plasma arc
arco de polaridad invertida | reverse-polarity arc
arco de Poulsen | Poulsen arc
arco de reposición | homing arc
arco de rociado | spray arc
arco de ruptura | intermittent (/interrupted) arc
arco de ruptura con autoencendido | self-igniting interrupted arc
arco de ruptura con encendido externo | triggered intermittent arc
arco de ruptura con encendido mecánico | intermittent arc with oscillating electrode
arco de selectores | selector arc
arco de tensión alta | high voltage arc
arco de tungsteno | tungsten arc
arco de un grafo | arc of a graph
arco descubierto | unshielded arc
arco doble | double (/twin) arc
arco eléctrico | electric arc
arco en atmósfera enrarecida | vacuum arc
arco en vacío | vacuum arc
arco encerrado | enclosed arc
arco entre electrodos de tungsteno | tungsten arc
arco estabilizado con gas | gas-stabilized arc
arco estabilizado con pared | wall-stabilized arc
arco fino en atmósfera de plasma | plasma needle arc
arco fluctuante | oscillating arc
arco inverso | arc-back
arco iris | rainbow
arco monopolar | unipolar arc
arco no protegido | unshielded arc
arco oscilante | oscillating arc
arco parlante | speaking arc
arco permanente | continuous arc
arco permanente de corriente continua | direct current permanent arc
arco polar | pole arc
arco precursor | precursor arc
arco sobre la superficie | surface arc

arco sobre un aislador | insulator arcover
arco soporte de alumbrado | lightning supporting angle
arco term(o)iónico | thermionic arc
arco unipolar | unipolar arc
arco visible | visible (/visual) arc
arco voltaico | arc
arco voltaico con electrodos de carbón | carbon arc
arco voltaico de inmersión | arc with electrodes dipping in a fluid
arco voltaico sonoro | singing arc
ardilla | squirrel
área | area, pad, zone
área acromática | achromatic locus
área activa | active area
área cliente | client area
área común | common area
área con condiciones de trabajo no reglamentadas | inactive area
área controlada | controlled area
área de absorción equivalente | equivalent absorption area
área de acción | action area
área de cálculo | charging zone
área de configuración para conectar y trabajar | plug-and-play configuration area
área de confusión electrónica | electronic confusion area
área de conmutación | switch area
área de conocimiento | knowledge domain
área de contacto | contact area
área de control por radar | radar control area
área de dibujo | drawing area
área de difusión | diffusion (/scattering) area
área de eco | echo area; radar cross section
área de ecos | echoing area
área de entrada | input area
área de entrada/salida | input/output area
área de equiseñales | bisignal zone
área de estado | status area
área de exclusión | exclusion area
área de flujo | flow area
área de funcionamiento seguro | safe operating area
área de información | information area
área de interés | area of interest
área de la imagen | picture area
área de la sección trasversal [*de un conductor*] | cross-sectional area [*of a conductor*]
área de memoria alta | high (/upper) memory area
área de memoria intermedia | buffer area
área de mensajes | message area
área de migración | migration area
área de moderación | slowing-down area
área de movimiento | movement area
área de numeración | dialling area

área de órdenes | command area
área de paleta | palette area
área de pantalla útil | viewing area
área de permanencia reglamentada | regulated stay area
área de salida | output area
área de servicio | service area
área de servicio intermitente | intermittent service area
área de servicio primario | primary zone, primary (service) area
área de servicio secundaria | secondary zone, secondary (service) area
área de silencio | silent area
área de trabajo | work area, workspace
área de trabajo reglamentado | regulated work area
área de trasferencia de calor | heat transfer area
área de unión | bonding area
área de usuario | user area
área de vista | view area
área de visualización | viewing area
área de visualización principal | main viewing area
área efectiva | effective area
área efectiva de confusión | effective confusion area
área eficaz | effective area
área eficaz de antena | aerial effective area
área elemental | elemental area
área elemental de color primario | primary colour unit
área en milésimas circulares | circular mil area
área flash de usuario | user flash area
área focal proyectada | projected focal area
área focal térmica | thermal focal area
área inactiva | inactive area
área negra | black area
área para usuario | user area
área primaria | primary area
área prohibida | prohibited area
área protegida | protected area
área radiante | radiating area
área rayada | shaded area
área secundaria | secondary area
área terminal | terminal area
área útil | picture size
área variable | variable area
ARFN [*número de radiofrecuencia absoluta*] | ARFN = absolute radio frequency number
argolla | staple
argolla para fijar cables | cable ring
argón | argon
argumento [*de una función; variable independiente*] | argument
argumento de un número complejo | amplitude of a complex number
argumento vacío [*en programación*] | dummy argument
ARIN [*registro estadounidense de números de internet*] | ARIN = American registry for Internet numbers
arista | (knife) edge

arista afilada | sharp edge
arista de la pieza polar | edge of the pole piece
arista de refracción | refracting edge
arista viva | sharp cant (/edge)
aritmética binaria | binary arithmetic
aritmética de coma fija | fixed-point arithmetic
aritmética de coma flotante | floating point arithmetic
aritmética de complemento a uno | one's-complement arithmetic
aritmética de doble longitud | double-length arithmetic
aritmética de doble precisión | double precision arithmetic
aritmética de longitud fija | fixed-length arithmetic
aritmética de precisión múltiple | multiple precision arithmetic
aritmética de punto fijo | fixed-point arithmetic
aritmética de punto flotante | floating point arithmetic
aritmética de residuos | residue (/modular) arithmetic
aritmética decimal flotante | floating decimal arithmetic
aritmética interna | internal arithmetic
aritmética modular | modular (/residue) arithmetic
aritmética paralela | parallel arithmetic
aritmética residual | residue (/modular) arithmetic
aritmética serial | serial arithmetic
ARL [*proceso de grabación de discos duros que duplica su capacidad de memoria*] | ARL = advanced run-lenght limited
ARM [*misil antirradiación*] | ARM = anti-radiation missile
ARMA [*promedio móvil autorregresivo*] | ARMA = autoregressive moving average
arma atómica | atomic weapon
arma de implosión | implosion weapon
arma nuclear | nuclear weapon
arma nuclear con aditivos | salted weapon
arma tipo bomba | gun-type weapon
armado | arming
armado con alambre | wire-armoured
armado de pares de hilos en diagonal | wiring in diagonal pairs
armado del barrido del osciloscopio | arming the oscilloscope sweep
armado del poste | arming of pole
armado en diagonal | wiring in diagonal pairs
armado en paralelogramo | parallel wiring
armado en plano | straight wiring
armado en rectángulo | rectangular wiring
armadura | anchor, armature, keeper, metal sheathing; [*del cable*] armor
armadura de alambre de acero | steel wire armour

armadura de cinta | tape armouring
armadura de contacto | strike plate
armadura de dos brazos | armature with double lever
armadura de electroimán | keeper
armadura de fleje | tape armouring
armadura de la bobina de inducción | inductance armature
armadura de preparación | setup armature
armadura de ranura | slot armour
armadura de soporte | supporting trestle
armadura de un aparato | frame of an apparatus
armadura de un brazo | armature with single lever
armadura de un electroimán | armature of an electromagnet
armadura de un imán permanente | armature of a permanent magnet
armadura de un relé | armature of a relay
armadura del cable | cable armour
armadura del electroimán de perforación | punch magnet armature
armadura del relé | relay armature (/tongue)
armadura del trole | trolley shield
armadura en espiral de alambre de acero | steel wire armour
armadura equilibrada | balanced armature
armadura exterior | outside foil
armadura externa | external armature
armadura longitudinal | end-on armature
armadura magnética | magnetic armature
armadura metálica | metal frame
armadura móvil | clapper
armadura plana | flat-type armature
armadura simple de alambres de acero | single steel wire armouring
armar | to set up
armario | cabinet, cubicle; cupboard; [*de sonar*] stack
armario bastidor | rack cabinet
armario bastidor normalizado | relay rack cabinet
armario de bastidores | bay
armario de conmutación | switchgear cubicle
armario de distribución | switch cupboard
armario frigorífico eléctrico | refrigerating cupboard
armario metálico | rack
armario repartidor | cabinet
armario secador | drying cupboard
armazón | carcase [UK], carcass, framework
armazón de bobina | field spool, former of coil
armazón de conmutadores | switching rack, switchrack
armazón de pedestal | pedestal frame
armazón de selectores | selector rack

armazón para cabezas de cable | cable rack
armazón para cables | cable rack
armazón terminal de cables | cable support rack
armazón ventilado | ventilated frame
armella | pole piece, staple
armónica de alta frecuencia | RF harmonic
armónica de frecuencia portadora | RF harmonic
armónica de frecuencia radioeléctrica | RF harmonic = radiofrequency harmonic
armónica de radiofrecuencia | RF harmonic = radiofrequency harmonic
armónica de tiempo | time harmonic
armónica espuria | spurious harmonic
armónica inferior | subharmonic
armónica parásita | spurious harmonic
armónico | harmonic
armónico auditivo | aural harmonic
armónico de orden enésimo | nth harmonic
armónico espacial | space harmonic
armónico fundamental | fundamental harmonic
armónico impar | odd harmonic
armónico par | even armonic
armónicos | harmonics
armónicos de frecuencia | frequency harmonics
armonización | harmonizing
armonización cromática de la imagen | image color matching
ARN [*radiointerferencia atmosférica*] | ARN = atmospheric radio noise
arnés del cinescopio | picture valve harness
aro | staple
aro rascador | scraper ring
AROM [*memoria alterable de sólo lectura*] | AROM = alterable read only memory
ARP [*protocolo de resolución de direcciones*] | ARP = address resolution protocol
ARP de retorno [*protocolo de resolución de dirección de retorno*] | reverse ARP = reverse address recognition protocol
ARPA [*agencia para proyectos de investigación avanzada*] | ARPA = Advanced research projects agency
ARPANET [*red de la agencia para proyectos de investigación avanzada (red de área amplia creada en 1960, de la que surgió internet)*] | ARPANET = Advanced research projects agency network
ARQ [*repetición de trasmisión con corrección automática de errores, retrasmisión de datos dañados*] | ARQ = automatic request for repetition
arqueo | arching
arquitectura | architecture
arquitectura abierta | open architecture

arquitectura abierta de documentos | open document architecture
arquitectura ajena a von Neumann | non von Neumann architecture
arquitectura cerrada [*en diseño de ordenadores*] | closed architecture
arquitectura cliente/servidor | client/server architecture
arquitectura cliente/servidor de dos capas | two-tier client/server
arquitectura cliente/servidor de tres capas | three-tier client/server
arquitectura de almacenamiento en serie | serial storage architecture
arquitectura de aplicación de sistemas | systems application architecture
arquitectura de bus | bus architecture
arquitectura de capacidades | capability architecture
arquitectura de chips | chip architecture
arquitectura de contenidos de documentos | document content architecture
arquitectura de direccionamiento lineal | linear addressing architecture
arquitectura de direccionamiento segmentada | segmented addressing architecture
arquitectura de elementos | slice architecture
arquitectura de gestión de objetos | object management architecture
arquitectura de identificadores | tagged architecture
arquitectura de interfaz virtual | virtual interface architecture
arquitectura de IV = arquitectura de interfaz virtual | VI Architecture = virtual interface architecture
arquitectura de la red | network architecture
arquitectura de memoria no uniforme | nonuniform memory architecture
arquitectura de memoria segmentada | segmented memory architecture
arquitectura de microcanal | micro channel architecture
arquitectura de minicontroladores | mini-driver architecture
arquitectura de ordenador | computer architecture
arquitectura de pastillas | chip architecture
arquitectura de pila tipo lifo | pushdown stack architecture
arquitectura de pilas | stack architecture
arquitectura de procesador escalable | scalable processor architecture
arquitectura de red | network architecture
arquitectura de red digital | digital network architecture
arquitectura de redes de sistemas | systems network architecture
arquitectura de servicios abierta [*en

red informática] | open services architecture
arquitectura de sistema abierto | open system architecture
arquitectura de von Neumann [*para sistemas informáticos*] | von Neumann architecture
arquitectura del servidor | server architecture
arquitectura en elementos de bits | bitslice architecture
arquitectura estándar | standard architecture
arquitectura estándar avanzada | enhanced standard architecture
arquitectura extendida de CD-ROM | CD-ROM extended architecture
arquitectura Harvard [*que en el procesador usa buses de direcciones distintos para códigos y datos*] | Harvard architecture
arquitectura ISA | ISA architecture
arquitectura normalizada | standard architecture
arquitectura normalizada avanzada | enhanced standard architecture
arquitectura normalizada industrial avanzada | extended industry standard architecture
arquitectura orientada a objetos | object-oriented architecture
arquitectura para intercambio de documentos | document interchange architecture
arquitectura por capas | layered architecture
arquitectura unidad a unidad [*red de ordenadores que utilizan el mismo programa*] | peer-to-peer architecture
arquitectura Web activa | active Web architecture
arrancabilidad | startability
arrancable [*en equipos informáticos*] | bootable
arrancador | starter, starting box
arrancador con parada automática | starter with automatic cutout
arrancador con puesta de parada automática | starter with automatic trip device
arrancador de estrella-triángulo | star-delta starter
arrancador de pulsador | push-on starter
arrancador estatórico de inductancias | stator inductance starter
arrancador estatórico de resistencias | stator resistance starter
arrancador magnético | magnetic starter
arrancador por cambio del número de polos | pole-changing starter
arrancador por pulsador | pushbutton starter
arrancador por trasformador | transformer starter
arrancador secuencial | sequential starter

arrancar | to start, to startup, to start-up; to pick off, to shear off; [*un equipo informático*] to boot, to boot up, to power up, to initialize
arrancar directamente [*desde un menú de alto nivel*] | to drill down
arrancar los contactos | to shear off
arranque | start, starting, starting-up, startover, startup; motorstart, starter; [*del ordenador*] bootstrap
arranque a plena tensión | full voltage starting
arranque automático | automatic starter, self-starter, self-starting; autorun
arranque blando | soft start
arranque compensador | compensator starter
arranque con reóstato | rheostat(ic) starting
arranque de aparato arrítmico | unlocking of start-stop apparatus
arranque de estator | reduced voltage starter
arranque de tres dedos [*fam; arranque del ordenador pulsando a la vez las teclas Ctrl, Alt y Supr*] | three-finger salute [*fam*]
arranque del motor | motor starter
arranque directo | across-the-line starting
arranque en caliente | soft boot, warm start; [*del ordenador*] warm boot
arranque en frío | cold boot
arranque en línea | across-the-line starting
arranque momentáneo | momentary start
arranque-parada | start/stop, start-stop
arranque por fase auxiliar | split-phase starting
arranque por fase dividida | split-phase starting
arranque por resistencia | resistor starting
arranque rápido | quick boot
arranque reostático | rheostatic starter (/starting)
arranque rotativo de resistencias | rotor resistance starter
arranque semiautomático | semiautomatic starter
arranque y parada | starting and stopping
arrastrado | driven
arrastrar | to drag
arrastrar y colocar | to drag and drop
arrastrar y soltar [*para mover informaciones en interfaz gráfica*] | to drag-and-drop
arrastre | carry, craw, decay, feed out, hangover, scavenging, tailing, tracking
arrastre anticipado | carry lookahead (/look-ahead)
arrastre anticipativo | anticipatory carry
arrastre capstan [*en magnetoscopios*] | capstan

arrastre completo | complete carry
arrastre de antena | aerial drive
arrastre de cinta | tape drive
arrastre de contador universal | universal carry hub
arrastre de frecuencia | (frequency) pulling
arrastre de frecuencia de un oscilador | pulling
arrastre de gas | gas entrainment
arrastre de la aguja | stylus drag
arrastre de unidades en cascada | cascaded carry
arrastre del magnetrón | magnetron pulling
arrastre electrónico | electron drift
arrastre en cascada | cascaded carry
arrastre magnético | magnetic creep (/viscosity)
arrastre parcial | partial carry
arrastre por perforaciones [*del papel en impresoras*] | pin feed
arrastre por rodillo | rim driver
arrastre por tractor [*para el papel continuo de impresora*] | tractor feed
arrastre tangencial | rim drive
arrastre vernier | vernier drive
arreglar | to set up
arreglar los conductores | to dress the leads
arreglar problemas | to troubleshoot
arreglar una avería | to troubleshoot
arreglo | composition, order, scheme, settling
arreglo provisional | temporary arrangement
arrendado | leased
arriba | up
arriendo en común [*de un circuito*] | joint lease [*of a circuit*]
arriostramiento | brazing
arriostramiento por alambres | wire bracing
arriostramiento por cables | wire bracing
arrítmico | start-stop
arroba [@] | at [@]
arrollado bobinado en serie | series wound
arrollado devanado en serie | series wound
arrollado en espiral | spiral-coiled, spirally wound (/wounded, /wrapped)
arrollado en hélice | wound helically
arrollado en serie | series wound
arrollado helicoidal | spirally wound
arrollamiento | spool, takeup, wind, winding
arrollamiento A | A wind
arrollamiento aleatorio | radom winding
arrollamiento amortiguador | damper (/amortisseur) winding
arrollamiento Ayrton-Perry | Ayrton-Perry winding
arrollamiento bifilar | bifilar (/double) winding
arrollamiento compensador | compensating coil

arrollamiento con múltiples tomas | multitap winding
arrollamiento de ánodo | plate winding
arrollamiento de arranque | starting winding
arrollamiento de control | control winding
arrollamiento de control de realimentación | feedback control winding
arrollamiento de disparo | trigger winding
arrollamiento de entrada | input winding
arrollamiento de equilibrio | paralleling reactor
arrollamiento de filamento | filament winding
arrollamiento de la imagen | foldover
arrollamiento de placa | plate winding
arrollamiento de polarización | bias winding
arrollamiento de potencia | power winding
arrollamiento de recepción | receiving winding
arrollamiento de regulación | regulating winding
arrollamiento de retención | holding winding
arrollamiento de salida | output winding
arrollamiento de tensión constante | fixed voltage winding
arrollamiento desordenado | radom winding
arrollamiento diferencial | differential winding
arrollamiento dividido | split winding
arrollamiento elevador | step-up winding
arrollamiento en anillo | ring winding, Gramme winding
arrollamiento en bobina (/carrete) | spooling
arrollamiento en cortocircuito | short-circuited winding
arrollamiento en madeja | skein winding
arrollamiento en serie | series winding
arrollamiento espiral | spiral winding
arrollamiento estabilizado | stabilized winding
arrollamiento helicoidal | spiral winding
arrollamiento imbricado | lap winding
arrollamiento inductivo | inductive winding
arrollamiento inductor | primary winding
arrollamiento múltiple | multiple winding
arrollamiento no inductivo | noninductive winding
arrollamiento primario | primary coil (/winding)
arrollamiento ramificado | branch winding

arrollamiento regulador | regulating winding
arrollamiento reticulado | basket winding
arrollamiento secundario | secondary winding
arrollamiento superpuesto | bank-winding
arrollamiento terciario | tertiary winding
arrollamiento toroidal | ring winding, Gramme winding
arrollamiento yuxtapuesto | banked winding
arrollar | to wind
arrollar de nuevo | to rereel
arrollar y llenar | to wrap and fill
arropamiento por aire | air blanketing
arrugamiento | wrinkling
ARS [*selección automática de encaminamiento de llamadas*] | ARS = automatic route selection
arseniuro de galio | gallium arsenide
arseniuro de indio | indium arsenide
ARSR [*radar de vigilancia de rutas aéreas*] | ARSR = air route surveillance radar
arte cibernético | cyberart
arte de línea [*representación vectorial de entidades gráficas*] | line art
arte de los media | media art
arte electrónico | electronic (/media) art
arte informático | computer art
arte virtual | virtual art
artefacto | fixture
arteria | feeder, high way; link; [*de comunicación*] bus
arteria abierta | open feeder
arteria de cable subterráneo | underground cable route
arteria de corrientes portadoras | carrier route
arteria de interconexión | interconnecting feeder
arteria de líneas aéreas | overhead-wire line
arteria de retorno | return feeder
arteria herciana | radio link chain
arteria radioeléctrica | radio relay route
arteria radiotelefónica | radiotelephone trunk
artesa | trough
articulación | articulation; enunciation; hinge
articulación de encastre | socket joint
articulación de frases | sentence articulation
articulación de la palabra | word articulation
articulación de vocales | vowel articulation
articulación del sonido | sound articulation
articulación equivalente | articulation equivalent
articulación fónica | sound articulation
articulación silábica | syllabic articulation
articulación sonora | sound articulation
articulación universal | universal joint
artículo | article; item
artificial | artificial, spurious
artificio | dummy
artificio de hombre muerto | dead man's handle
artificio de parada automática | automatic stop device
ARTS [*sistema terminal de radar automático*] | ARTS = automated radar terminal system
ASA [*asociación estadounidense de normativa*] | ASA = American Standards Association
asa | hold
asa PN | PN hook
asbesto | asbestos
ASCC [*calculador automático de frecuencias controladas*] | ASCC = automatic sequence controlled calculator
ascendente | ascending
ascender un grado | to upgrade
ascensión | vertical motion
ASCII [*código estadounidense normalizado para el intercambio de la información*] | ASCII = American standard code for information interchange
ASE [*autoestabilizador*] | ASE = autostabilization equipment
asegurador | bail
asentamiento anódico | bottoming
asentamiento protegido | hardened site
asentimiento | acknowledgement
asequibilidad | reachability
asesor | consultant
asesoramiento | assessment
ASF [*formato avanzado de difusión continua (para multimedia)*] | ASF = advanced streaming format
asférico | aspheric
ASI [*instrumento científico avanzado*] | ASI = advanced scientific instrument
ASIC [*circuito integrado para aplicaciones específicas*] | ASIC = application-specific integrated circuit
asiento | lug, site
asiento de bujía | spark plug insert
asiento de clavija | plug seat
asiento de la válvula | valve seat
asiento del poste | pole cribbing
asignación | allocation, assignment, binding, designation; [*de la memoria*] map
asignación a un pulsador | button binding
asignación apropiativa prioritaria | preemptive allocation
asignación de almacenamiento dinámico | dynamic storage allocation
asignación de canal adaptable | adaptive channel allocation
asignación de circuitos | designation of circuits
asignación de códigos de llamada selectiva | selective-calling code allocation
asignación de direcciones | addressing
asignación de estado | state assignment
asignación de frecuencia | frequency allocation
asignación de frecuencias | allocation to frequencies, allotment (/assignment) of frequencies
asignación de frecuencias a escala nacional | national frequency assignment
asignación de la primera área adecuada | first fit
asignación de memoria | memory allocation, storage allocation (/assignment)
asignación de memoria dinámica | dynamic memory allocation
asignación de procesador | processor allocation
asignación de recursos | resource allocation
asignación de ruta | routing
asignación de tecla principal | primary key mapping
asignación de tecla secundaria | secondary key mapping
asignación de un circuito | allocation of a circuit
asignación de valor | value set
asignación del mejor | best fit
asignación diferida de línea [*urbana*] | extending outgoing trunk call
asignación dinámica | dynamic allocation
asignación directa | direct mapping
asignación durante el tiempo de compilación | compile-time binding
asignación durante la ejecución | run-time binding
asignación estática | static allocation
asignación fuera de la banda | out-of-band assignment
asignación inmediata de línea [*urbana*] | assigning outgoing trunk call
asignación múltiple | multiple assignment, sharing
asignación múltiple de frecuencias | multiple assignment, simultaneous frequency sharing
asignación nacional de frecuencias | national frequency assignment
asignación no apropiada | nonpreemptive allocation
asignación no contigua | noncontiguous allocation
asignación primaria | primary assignment
asignación secundaria | secondary assignment
asignado directamente | direct mapped
asignar | to allocate, to allot, to assign; to attach; to map

asignar a un menú | to assign to menu
asignar a una tecla | to assign to key
asignar un circuito de enlace | to assign a trunk
asignar una conexión | to assign a junction
ASIMELEC = Asociación española de importadores de productos electrónicos | ASIMELEC [*Spanish association of importers of electronic products*]
asimetría | asymmetry, skewness, unsymmetry
asimetría de bandas laterales | sideband asymmetry
asimetría de un circuito | unbalance of a circuit
asimétrico | asymmetric, asymmetrical, single-ended, unsymmetric, unsymmetrical
asincrónico | asynchronous, nonsynchronous
asíncrono [*expresión incorrecta por asincrónico*] | nonsynchronous
ASINEL = Asociación de la industria electrónica | ASINEL [*Spanish association of the electrotechnical industry*]
asíntota | asymptote
asir | to seize
asistencia | assistance
asistencia al cliente | customer support
asistencia de acceso general | common access support
asistencia médica por radio | radio-medical assistance
asistencia por radar | radar monitoring
asistencia por radio a la navegación | radio navaid = radio navigation aid
asistente personal digital [*programa de ayuda*] | personal digital assistant
asistido por ordenador | computer aided
ASK [*codificación por variación de amplitud*] | ASK = amplitude-shift keying
ASLAN [*asociación para la difusión de redes de área local*] | ASLAN [*association for the LANs development*]
ASN [*número de sistema autónomo*] | ASN = autonomous system number
ASN [*notación sintáctica abstracta (en programación informática)*] | ASN = abstract syntax notation
asociación | association
asociación de mensajería electrónica | electronic messaging association
Asociación europea de fabricantes de ordenadores | European Computer Manufacturers Association
asociación de icono | icon association
asociación de industrias eléctricas | electronics industries association
asociación de usuarios de internet | Internet user's association
asociado | associate
asociar | to map, to attach
asociatividad | associativity

asociatividad de operadores | operator associativity
ASP [*página del servidor activo*] | ASP = active server page
ASP [*proveedor de servicio de aplicaciones*] | ASP = application service provider
aspecto | feature
aspecto de la zona de arrastre | drag-under feedback
aspecto del icono al arrastrarlo | drag-over feedback
aspecto del plomo [*aspecto del cuerpo de texto en un documento impreso*] | body face
aspereza | asperity
aspersor | sprayer
ASPI [*interfaz avanzada de programación SCSI*] | ASPI = advanced SCSI programming interface
aspirador | vacuum cleaner
aspirador de polvo radiactivo | radioactive dust vacuum cleaner
ASPJ [*emisora de interferencia y confusión*] | ASPJ = airborne self protection jammer
ASR [*reconfiguración automática del sistema*] | ASR = automatic system reconfiguration
ASRA [*amplificador de registro estereofónico con ajuste automático de compresión*] | ASRA = automatic stereophonic recording amplifier
astable | astable, free-running circuit
astático | astatic
astato | astatine
asterisco [*signo tipográfico*] | star, asterisk
astigmatismo | astigmatism
ASTM [*sociedad estadounidense de ensayos y materiales*] | ASTM = American Society for Testing and Materials
ASTR [*reactor de prueba para sistemas aeroespaciales*] | ASTR = aerospace system test reactor
astriónica | astrionics
astrobrújula | astrocompass
astroelectrónica | astrionics
Astrolink [*sistema de acceso vía satélite de nueva generación*] | Astrolink
astronáutica | astronautics
astronavegación | astronavigation, astronomical navigation
astronomía por radar | radar astronomy
astroseguidor | astrotracker
At = astato | At = astaline
AT = adaptador de terminal | TA = terminal adapter
AT = alta tensión | HT = high tension
AT = atención | AT = attention
ATA [*norma industrial para controladoras de disco duro*] | ATA = advanced technology attachment [*an industry standard for hard disk controller*]
atajar | to bookmark
atajo | bookmark

ataque | attack, drive, driving
ataque con plasma | plasma etching
ataque de eco [*ataque a un servidor de internet provocando el eco de una masa de respuestas que lo bloquean*] | smurf attack
ataque de los sonidos de percusión | percussive attack
ataque para denegación del servicio [*para destruir el acceso a una Web*] | denial of service attack
ataque químico | etching
ataque radiológico | radiological attack
atascamiento | stalling
atascar | to stall
atascarse | to stall
atasco | congestion, jam; hang up [*fam*]
ATC [*condensador de sintonización de antena*] | ATC = aerial tuning capacitor
ATCD [*distribución automática de llamadas telefónicas*] | ATCD = automatic telephone call distribution
ATDM [*multiplexor asincrónico de tiempo*] | ATDM = asynchronous time division multiplex
ATDP [*impulso de marcación de aviso*] | ATDP = attention dial pulse
ATDT [*tono de marcación de aviso*] | ATDT = attention dial tone
atemperamiento | thermalization
atemperar | to thermalise [UK], to thermalize [UK+USA]
atención | attention
atenuación | attenuation, loss, weakening
atenuación acústica | sound attenuation
atenuación armónica | harmonic attenuation
atenuación compuesta | composite attenuation
atenuación de acoplamiento directo | direct-coupled attenuation
atenuación de adaptación | nonreflection attenuation
atenuación de adaptación terminal | terminal return loss
atenuación de banda lateral | sideband attenuation (/cutting)
atenuación de bloqueo | suppression loss
atenuación de cable | cable attenuation
atenuación de corriente | current attenuation
atenuación de diafonía | crosstalk attenuation
atenuación de ecos | echo attenuation
atenuación de equilibrado | balance return loss
atenuación de equilibrio | balance attenuation (/return loss)
atenuación de filtro | filter attenuation
atenuación de la corriente reflejada | return current loss
atenuación de la distorsión armónica total | total harmonic ratio

atenuación de la respuesta espuria | spurious response attenuation
atenuación de la señal | signal attenuation
atenuación de la trayectoria | path attenuation
atenuación de las corrientes de eco | echo attenuation
atenuación de onda | wave attenuation
atenuación de pendiente | slope attenuation
atenuación de potencia | power attenuation (/loss)
atenuación de propagación | path attenuation, propagation loss
atenuación de radar | radar attenuation
atenuación de realimentación | feedback attenuation
atenuación de reflexión | return loss
atenuación de regularidad | regularity attenuation, regularity (/structural) return loss
atenuación de respuesta | drop
atenuación de sombra | shadow attenuation
atenuación de tensión | voltage attenuation
atenuación de trasducción | transducer loss
atenuación de trasductor | transducer loss
atenuación de trasmisión de referencia | basic transmission loss
atenuación de vibraciones | vibration attenuation
atenuación de voltaje | voltage attenuation
atenuación del alimentador | feeder loss
atenuación del canal adyacente | adjacent-channel attenuation
atenuación del espacio libre | free space attenuation
atenuación del haz de radiación | radiation beam attenuation
atenuación del ruido | noise reduction
atenuación del segundo canal | second channel attenuation
atenuación del sistema | system loss
atenuación diafónica | crosstalk attenuation
atenuación digital | digital atenuation
atenuación directamente acoplada | direct-coupled attenuation
atenuación en amplitud | amplitude fading
atenuación en el espacio | space attenuation
atenuación en retorno | loop attenuation
atenuación espacial | space attenuation
atenuación general de las señales de radio | radio blackout
atenuación geométrica | geometric attenuation
atenuación gradual del sonido | sound fading
atenuación imagen | image attenuation
atenuación infinita | infinite attenuation
atenuación iterativa | iterative attenuation
atenuación neta | circuit equivalent
atenuación paradiafónica | near-end crosstalk attenuation
atenuación pasiva de equilibrio | passive (balance) return loss
atenuación por absorción | absorption attenuation (/fading)
atenuación por esfericidad de la tierra | spherical-earth attenuation
atenuación por gases de escape | flame attenuation
atenuación por lluvia | rain attenuation
atenuación por precipitación | precipitation attenuation
atenuación progresiva | roll-off
atenuación radioeléctrica | radio attenuation
atenuación relativa | relative attenuation
atenuación sin reflexión | nonreflection attenuation
atenuación sobre tierra plana | plane earth attenuation
atenuación sonora | sound attenuation
atenuación total | overall attenuation
atenuación unidireccional | one-way attenuation
atenuado | dimmed
atenuador | attenuator, fader, losser, pad, reducer
atenuador ajustable por conmutación de conexiones | strap pad
atenuador automático | variolosser
atenuador coaxial | coaxial attenuator
atenuador complementario | span pad
atenuador de absorción | absorption (/absorptive) attenuator
atenuador de ajuste a cero decibelios | zero-dB attenuator
atenuador de aleta | attenuator fin, flap (/flat) attenuator
atenuador de aleta rotativa | rotary vane attenuator
atenuador de aspa | vane attenuator
atenuador de aspa giratoria | rotary wave attenuator
atenuador de audio | audio taper
atenuador de chimenea | chimney attenuator
atenuador de conmutación | switching pad
atenuador de conmutadores deslizantes | slide switch attenuator
atenuador de corte | cutoff attenuator
atenuador de corte variable | variable cutoff attenuator
atenuador de cuarto de onda | quarter-wave attenuator
atenuador de diodo PIN | PIN diode attenuator
atenuador de émbolo | piston attenuator
atenuador de estática | static eliminator
atenuador de guía de ondas | waveguide attenuator
atenuador de guiaondas | waveguide attenuator
atenuador de lámina | strip (/vane) attenuator
atenuador de lámina resistiva | resistive vane attenuator
atenuador de línea | line pad
atenuador de línea coaxial | coaxial line attenuator
atenuador de paleta rotativa | rotary vane attenuator
atenuador de parásitos | noise suppressor
atenuador de película trasversal | transverse film attenuator
atenuador de pérdida regulable | variolosser
atenuador de pistón | piston attenuator
atenuador de potencial | potential attenuator
atenuador de resistencia | resistance attenuator (/pad)
atenuador de ruido | noise (/sound) suppressor
atenuador de salida | output attenuator
atenuador de sección | span pad
atenuador de señales de audio y vídeo | video-audio signal attenuator
atenuador de señales de vídeo | video signal attenuator
atenuador de tabique longitudinal | vane attenuator
atenuador de vídeo | video attenuator
atenuador de voltaje | potential attenuator
atenuador decimal | decimal attenuator
atenuador disipador | lossy attenuator
atenuador en H | H pad
atenuador en L | L pad
atenuador en T | T pad
atenuador equilibrador | balancing attenuator
atenuador escalonado | ladder attenuator
atenuador fijo | fixed attenuator, pad
atenuador fijo de aislamiento | isolation pad
atenuador fijo de separación | isolation pad
atenuador fijo en H | H pad
atenuador logarítmico controlado por tensión | voltage-controlled logarithmic attenuator
atenuador óptico | optical attenuator
atenuador por pasos | step attenuator
atenuador por saltos | step attenuator
atenuador reactivo | reactive attenuator

atenuador resistivo | resistance (/resistive) attenuator, resistance pad
atenuador resistivo de adaptación | resistance matching pad
atenuador rotativo | rotary attenuator
atenuador sin reflexión | nonreflecting attenuator
atenuador tipo pistón | piston-type attenuator
atenuador unidireccional de guía de ondas | waveguide isolator
atenuador variable | step attenuator, variable attenuator (/attenuating pad), variolosser
atenuar | to attenuate
atérmano [*opaco a la radiación infrarroja*] | athermanous
atérmico [*opaco a la radiación infrarroja*] | athermanous
aterrizaje a ciegas | blind landing
ATF [*aceite hidráulico para cambios automáticos*] | ATF = automatic transmission fluid
ATI [*bobina de sintonización de antena*] | ATI = aerial tuning inductor
ATI [*eliminador de ecos del suelo*] | ATI = air target indicator radar
atiesado | tight
atirantado de postes | push bracing
atisbar | to peek
ATL [*biblioteca automatizada de cintas*] | ATL = automatic tape library
ATL = acrónimo de tres letras [*usado irónicamente en internet para aludir al cúmulo de abreviaturas que se usan en informática*] | TLA = three-letter acronym
atlas espectral | spectrum map
ATM [*gestor de tipos de letra de Adobe*] | ATM = Adobe type manager
ATM [*cajero automático*] | ATM = automated (bank) teller machine
ATM = agente de trasferencia de mensajes | MTA = message transfer agent
ATME [*equipo automático de mediciones de trasmisión*] | ATME = automatic transmission measuring equipment
Atmite [*marca comercial de una resistencia no lineal de carburo de silicio*] | Atmite
atmósfera | atmosphere
atmósfera controlada | sealed-in atmosphere
atmósfera de argón | argon atmosphere
atmósfera de nitrógeno | nitrogen atmosphere
atmósfera explosiva | explosive atmosphere
atmósfera gaseosa | gas atmosphere
atmósfera iónica | ionic atmosphere
atmósfera patrón | standard atmosphere
atmósfera protectora de gas | protective atmosphere
atmósfera radioeléctrica | radio atmosphere
atmósfera sensible | sensitive atmosphere
atmosférico | atmospheric
atomicidad | atomicity
atómico | atomic
atomicrón | atomichron
atomización | atomizing
atomizador | spray
atomizador electrónico | electronic atomizer, ultrasonic nozzle
átomo | atom
átomo bombardeado | struck atom
átomo caliente | hot atom
átomo con carga positiva | positively charged atom
átomo de Bohr | Bohr atom, vectorial atom
átomo de un trazador isotópico | tagged atom
átomo despojado de electrones | stripped atom
átomo desprovisto de electrones | stripped atom
átomo excitado | excited atom
átomo-gramo | gram atom, gramatom
átomo ionizado | ionized atom
átomo ionizado negativamente | negatively ionized atom
átomo ionizado positivamente | positively ionized atom
átomo marcado | labelled (/tagged, /tracer) atom
átomo mésico | mesic atom
átomo mesónico | mesic atom
átomo metaestable | metastable atom
átomo muónico | mu-mesonic atom
átomo naturalmente radiactivo | naturally radioactive atom
átomo neutro | neutral atom
átomo no excitado | nonexcited atom
átomo padre | parent atom
átomo percutado | knocked-on atom
átomo radiactivo | radioactive atom
átomo radiante | radiating atom
átomo reactivo | reactive atom
átomo receptor | acceptor atom
átomo vectorial | vectorial atom
atornillado | screw-on
atornillador motorizado | power screwdriver
atornillar | to screw
ATPR [*prototipo de reactor de prueba avanzado*] | ATPR = advanced test prototype reactor
ATPS [*temperatura ambiente y presión saturada*] | ATPS = ambient temperature, pressure, saturated
ATR [*emisora automática*] | ATR = automatic transmitter
ATR [*recepción antitrasmisión*] | ATR = antitransmit-receive
atracción | attraction; operation
atracción del relé | relay operation
atracción eléctrica | electrical attraction
atracción magnética | magnetic attraction
atrapador | trap
atrapador de ondas | wavetrap
atrapamiento | trapping
atrapaondas | wavetrap
atrás | back
atravesar | to traverse
ATRD [*dispositivo para reconocimiento automático del objetivo*] | ATRD = automatic target recognition device
atribuir | to allot
atributo | attribute
atributo de archivo | file attribute
atributo de cadena | string attribute
atributo de datos | data attribute
atributo de pantalla | display attribute
atributo de sólo lectura | read-only attribute
atributo tipo cadena | string attribute
atributos de servicio asociados al acceso | access related service attributes
atributos de servicio RDSI | ISDN service attribute
ATS [*satélite de tecnología avanzada*] | ATS = advanced technological satellite
atto- [*prefijo que significa* 10^{-18}] | atto- [pref]
ATU-C [*unidad de trasmisión ADSL ubicada en la central local*] | ATU-C
ATU-R [*unidad de trasmisión ubicada en las dependencias del abonado*] | ATU-R
ATVM [*voltímetro con termoelemento atenuador*] | ATVM = attenuator thermoelement voltmeter
Au = oro | Au = gold
AUC [*centro de autenticación*] | AUC = authentication center
audibilidad | audibility
audible | audible
audición | auditing, hearing
audición de programas radiofónicos | radio listening
audiencia de televisión | televiewing public
audífono | earphone, phone; telephone earpiece (/receiver)
audífono de transistores | transistor hearing aid
audífono normalizado | standard earphone coupler
audífonos | telephone headset
audio | audio
audio digital | digital audio
audio interno | on-board audio
audio recuperado | recovered audio
audioamplificador sintonizado | tuned audiofrequency amplifier
audiobuzón | voice box
audioconferencia | audioconference
audiófilo | audiophile
audiofrecuencia | audio, audio frequency, audiofrequency, low (/musical, /sound, /tone) frequency
audiograma | audiogram
audiograma de enmascaramiento | masking audiogram

audiograma de ruido | noise audiogram
audioindicador de prospección | prospecting audio indicator
audiomensaje | voice mail
audiometría | audiometry
audiometría de la voz | speech audiometry
audiometría por respuesta evocada | evocated response audiometry
audiómetro | audiometer, noise (/sound) meter
audiómetro de ruido | noise audiometer
audiómetro objetivo | objective noise-meter, objective sound-meter
audiómetro para sonidos vocales | speech audiometer
audiómetro para tonos puros | pure tone audiometer
audión | audion
audiotelegrafía | tone telegraph(y)
audiotexto [*trasmisión de información por teléfono*] | audiotex, audiotext
audiovisual | audiovisual
auditar | to audit
auditivo | aural
auditoría | audit
auditoría de red | network auditing
AUI [*interfaz de unidad suplementaria (conector de Ethernet)*] | AUI = attachment unit interface
AUI = Asociación de usuarios de internet | IUA = Internet user's association
aullador graduado | graduated howler
aullido | howl, howling
aullido de borde | fringe howl
aumentar a escala | to scale up
aumentar la velocidad | to increase speed
aumento | step up
aumento acumulativo de la corriente de colector | collector current runaway
aumento automático de volumen | automatic volume expansion
aumento de detalle | detail enhancement
aumento de la duración del impulso | pulse stretching
aumento de temperatura | temperature rise
aumento de volumen | swelling
aumento de volumen del combustible nuclear | swelling
aumento del alcance de las extensiones | loop extending
aumento del tráfico | traffic increase
aumento neto de energía | net energy gain
AUP [*normativa (/política) sobre uso aceptable*] | AUP = acceptable use policy
AUR = salida de auriculares | HP = head out
aural | aural
aureola | haloing
auricular | earphone, earpiece, headphone, headset, phone; receiver (cap); telephone earphone (/earpiece, /receiver)
auricular de mano | hand receiver
auricular monocasco | single earphone
auricular telefónico | headset
auriculares de cristal | crystal headphones
auriculares de inserción | insert earphones
auriculares electrostáticos | electrostatic headphones
auriculares estereofónicos | stereophonic headphones
auriculares telefónicos | telephone headset
aurora polar | polar aurora
AUS [*captación de señales de radio, comienzo de la trasmisión*] | AUS [*acquisition of signal*]
ausencia de contacto simultáneo | nonbridging
ausencia de defectos | zero defects
ausencia de la portadora | zero carrier
ausencia de modulación | zero modulation
ausencia de subportadora | zero subcarrier
ausente en listín telefónico | ex-directory
AUTEL = Asociación española de usuarios de telecomunicación | AUTEL [*Spanish association of telecommunication users*]
autenticación | authentication
autentificación | authentication
autentificación de estación | station authentication
autentificación de red | net authentication
autentificación del mensaje | message authentication
autentificación del usuario | user authentication
autentificador | authenticator
autoabsorción | self-absorption
autoactivador | self-acting
autoadaptable | self-adaptive
autoadaptación | self-adapting
autoalarma | autoalarm
autoalimentado | self-excited, self-powered
autoalimentador | self-feeding
autoalineado MOS de puerta | self-aligning gate MOS
autoampliable | self-extending
autoarrancar | to boot
autoarranque | autostart, boot
autobalance | autobalance
autobaud [*detección automática del flujo de información*] | autobaud = automatic baud rate detection
autoblindaje | self-screening, self-shielding
autoblindaje espacial | spatial self-shielding
autobloqueador | squegger
autobloqueo | squegging
autobrascado | self-brasquing
autocalentado | self-heated
autocalentamiento | self-heating
autocalibración | self-calibration, self-calibrating
autocapacidad | self-capacitance
autocapacitancia del arrollamiento | winding self-capacitance
autocapacitancia del devanado | winding self-capacitance
autocarga | autoload, auto-load, self-charge
autocatalítico | autocatalytic
autocebadura | self-priming
autocodificación | autoencode
autocolimación | autocollimation
autocolimador | autocollimator
autocolimador fotoeléctrico | photoelectric autocollimator
autocolisión | self-collision
autocompensado | self-compensated
autocomprobación | self-check(ing), selftest, self-testing
autocondensación | autocondensation
autoconducción | autoconduction
autoconfiguración | auto-configuration
autoconfigurar | to auto-configure
autocongruente | self-congruent
autoconjugado | self-conjugate
autoconmutador | automatic exchange (/switch)
autoconmutador telefónico privado | private automatic telephone system
autoconsistente | self-consistent
autoconstricción | self-constriction
autoconstrictor | self-constricting
autocontracción acimutal | theta pinch
autocontracción ortogonal | theta pinch
autocontrol | self-control
autocontrolado | self-controlled
autocorrección [*corrección automática de errores mientras se escribe*] | auto-correction, self-correcting
autocorregido | self-corrected
autocorrelación | autocorrelation
autocorrelacionador | autocorrelator
autodefinidor | self-defining
autodetección | auto detect
autodetectado | auto detected
autodiagnóstico | self diagnostic (/test), self-diagnostic
autodifusión | self-diffusion, self-scattering
autodino | autodyne, self-heterodyne
autodirigido | self-guided
autodispersión | self-scattering
autodosificación | self-proportioning
autodual | self-dual
autoedición | DTP = desktop publishing
autoedición activa | active desktop
autoejecución | auto run
autoejecutable | autoexecute
autoelevación | bootstrap, bootstrapping

autoelevador | bootstrap
autoencendido | self-ignition
autoenclavamiento | self-locking
autoenfriado | self-cooled
autoenfriamiento | self-cooling
autoenganche | self-latching
autoequilibrado | autobalance, self-balanced
autoestabilización | self-stabilization
autoestabilizador | autostabilization equipment
autoestabilizante | self-stabilizing
autoexcitación | auto-excitation, self-excitation, self-exciting
autoexcitación indirecta | separate self-excitation
autoexcitado | self-excited
autoexcitador | self-exciter
autoexcitar | to self-excite
autoextinción | self-quenching
autoextinguible | self-extinguishing
autoextintor | self-quenched
autofraguado | self-setting
autogenerador | self-generative
autogenerativo | self-generative
autógeno | self-powered
autoguía | homing
autoheterodino | autoheterodyne
autoigualación | self-equalizing
autoimpedancia | self-impedance
autoindexación | autoindexing
autoindicador | self-indicating
autoinducción | self-induction
autoinductancia | self-inductance
autoinductivo | self-inductive
autoinductor | self-inductor
autointerferencia | self-interference
autointerferencia de la imagen de radar | spoking
autointerrumpido | self-interrupted
autointerrupción | self-quenching
autointerruptor | self-interrupter
autolimitador | self-limiting
autolimpiador | self-cleaning
autolimpiante | self-wiping
autolubricación | self-lubricating
autolubricado | self-lubricated
autoluminiscencia | autoluminescence
autoluminoso | self-luminous
automágico [*denominación familiar de procesos informáticos de difícil explicación*] | automagic [*fam*]
automantenimiento | self-maintained, self-maintaining, self-sustaining
autómata | automaton, robot
autómata celular [*modelo teórico de ordenadores paralelos*] | cellular automata
autómata de árboles | tree automaton
autómata de desplazamiento descendente | pushdown automaton
autómata de estado finito | finite-state automaton
autómata de límite lineal | linear-bounded automaton
autómata finito | finite automaton
autómata taquimétrico | tachometric relay

automáticamente | automatically
automático | auto, automatic, self, self-driven, self-operated, self-operating
automatismo | automatism
automatización | automation, conversion to automation, introduction of automatic operation
automatización administrativa | office automation
automatización de la información fuente | source data automation
automatización de la oficina | office automation
automatización de la red | mechanization of system
automatización de oficina | office automation
automodulación periódica | squegging
automodulado | self-modulated
automonitor | automonitor
automorfismo | automorphism
automotor | self-propelled
automotora | motorcoach
automóvil con radar | radarized motor car
automultiplicador | self-multiplying
autónomo | offline, self, self-contained, self-governing, stand-alone
autonucleación | self-nucleation
autooscilación | self-oscillation, self-oscillating
autooscilación indeseada | singing
autooscilador piloto | pilot autooscillator
autopiloto | autopilot
autopiloto electrónico | electronic autopilot
autopista de datos | data highway
autopista de información | infobahn (ale); i-way = information superhighway, data highway
autopolaridad | autopolarity
autopolarización | self-bias, self-developed bias
autopolarizado | self-biased
autopolarizante | self-biasing
autoportante | self-supporting
autoposicionamiento | autothread
autoproductor | autoproducer
AUTOPROMT [*lenguaje de programación para máquinas herramienta*] | AUTOPROMT = automatic programming of machine tool
autopropagación | self-propagation
autopropagante | self-propagating
autopropulsado | self-propelled, self-propelling
autopropulsión | self-propulsion
autoprotección | self-protection, self-shielding
autoprotegido | self-protected
autopulsante | self-pulsing
autor [*titular de derechos de autor*] | author
autor de Web | Web author
autor técnico [*sobre todo de software*] | tech writer = technical author

autoría | authoring
autoridad | authority
autoridad certificadora | certification authority
autoridad homologadora | certificate (/certification) authority
autoridad para la asignación de direcciones IP en internet | Internet assigned number authority
autorización | authorization, permission
autorización de acceso | access permission
autorización de comunicaciones subsidiarias | subsidiary communications authorization
autorización de frecuencias | frequency authorization
autorización de seguridad | security clearance
autorizaciones [*en trasmisión de datos*)] | user classes of services
autorizado | authorized
autorizar | to authorise [UK], to authorize [UK+USA]
autorradiación | self-radiation
autorradiador | self-radiator
autorradio | auto radio
autorradiografía | autoradiography
autorradiógrafo | autoradiograph, radioautograph
autorradiólisis | autoradiolysis
autorreacción | self-reacting
autorreciprocidad | self-reciprocity
autorregeneración | self-healing
autorregenerador nuclear | nuclear breeder
autorregistro | self-recording
autorregresión | autoregression
autorregulable | self-adjustable
autorregulación | self-regulation, self-regulating
autorregulado | self-governing
autorregulador | self-adjusting
autorreposición | self-reset
autorresonante | self-resonant
autosaturación | self-saturation, self-saturating
autoseguimiento | self-tracking
autoselección | self-selecting
autosellador | self-sealing
autosincrónico | self synchronous, self-synchronous
autosincronización | self-clocking
autosintonización | self-tuning
autosintonizado | self-tuned
autosoldadura | self-soldering
autosustentación | self-sustaining
autosustentador | self-supporting
autotransductor [*autotrasductor*] | autotransductor
autotransformador [*autotrasformador*] | autotransformer, compensator
autotrasductor | autotransductor
autotrasformador | autotransformer, compensator
autotrasformador con varias derivaciones | multitap autotransformer

autotrasformador de arranque | autotransformer starter
autotrasformador de cursor | slider autotransformer
autotrasformador desfasador | phase-shifting autotransformer
autotrasformador elevador | step-up autotransformer
autotrasformador regulable | variable autotransformer
autotrasformador variable | variable autotransformer
autovaciado | autodump
autoválvula | lightning arrester
autoválvula de resistencia variable | nonlinear resistance arrester
autoverificación | self-checking, self-test, self-testing, self-verifying
AUTOVON [*red telefónica automática militar controlada por ordenador*] | AUTOVON = automatic voice switching network
autunita | autunite
AUX = auxiliar [*toma auxiliar en aparatos audiovisuales*] | AUX = auxiliary
auxiliar | ancillary; [*de señal*] auxiliary
auxocromo [*grupo de átomos que absorbe radiación y porta color*] | auxochrome
AV = avance, hacia adelante | FWD = forward
av. = avanzado | adv. = advanced
avalancha | avalanche
avalancha controlada | controlled avalanche
avalancha de electrones | electron avalanche
avalancha de Townsend | Townsend avalanche (/ionization)
avalancha electrónica | electron avalanche
avance | advance, carry, feed out, forward, leading, pitch
avance automático | autofeed
avance automático de la cinta | automatic tape feedout
avance automático de línea | automatic line-feed
avance con mando automático | self-instructed carry
avance de fase | (phase) lead, leading
avance de interlínea | line feed
avance de la chispa | spark advance
avance de la válvula | valve lead
avance de línea | line feed
avance de página | page down (/feed, /scrolling); [*en impresoras*] form (/formular) feed
avance de papel | feed forward
avance de salida de cinta en blanco | blank tape feedout
avance del encendido | ignition (/spark) advance
avance del equipo | progression of equipment
avance del papel | paper feed
avance del papel por fricción | friction paper feed

avance imagen a imagen | frame advance
avance lento | drag, inching
avance por fricción [*del papel en impresoras*] | friction feed
avance por línea | line advance
avance por ruta inversa [*técnica para trasmisiones múltiples*] | reverse path forwarding
avance por tractor [*para el papel continuo de impresora*] | tractor feed
avance rápido | fast forward; [*del bobinado*] spool out
avance rápido del formulario | form feed-out
avance rápido monitorizado | monitored fast forward
avance regulado por selector | selector-controlled feed
avance y repetición | step and repeat
avanzadilla de radar | radar picket
avanzar | to forward
avatar [*identidad representada gráficamente que adopta un usuario conectado a un chat con capacidades gráficas*] | avatar
avellanado | milling
avenencia | composition
avería | breakdown, crash, failure, fault, trouble; [*funcionamiento defectuoso*] malfunction
avería de la central | exchange fault
avería de línea | line fault
avería de llamada | signalling fault
avería del servicio | service failure
avería en el dispositivo de llamada | signalling trouble
avería en la central | exchange trouble
avería en la estación | exchange trouble
avería en la línea | fault on the line
avería en la línea de trasmisión | transmission line fault
avería en los dispositivos de llamada | signalling fault
avería latente | latent fault
avería por efecto de eco | echo trouble
avería por puesta a tierra | earth (/ground) fault
avería por rotura de hilo | disconnection fault, trouble due to a break
avería total | complete failure
avería total repentina | sudden death
averiado | faulty, in trouble
averías por efecto de eco | disturbances due to echo
averiguación | research
AVI [*intercalación de audio y vídeo*] | AVI = audio video interleaved
AVI [*identificación automática de vehículos*] | AVI = automatic vehicle identification
aviación | aircraft
avión | aircraft
avión centinela de radar | radar picket
avión con radar | radar aircraft
avión con STOL | STOL aircraft

avión de patrulla por radar | radar patrol aircraft
avión de perturbación radárica | radar-jamming aircraft
avión de reconocimiento electromag-nético | ferret
avión dirigido por radio | radio-controlled aircraft
avión espía | ferret
avión radar | radar aircraft
avión radar de alerta | radar warning aircraft
avión sin piloto | pilotless aircraft
avión sin piloto radiodirigido | radio-controlled pilotless aircraft
avión VTOL [*avión de despegue y aterrizaje vertical*] | VTOL aircraft = vertical takeoff and landing aircraft
aviónica | avionics
avisador | bell
avisador automático de incendio | automatic fire
avisador de incendio | fire alarm
avisador de radiación | radiation alarm assembly
aviso | advance, advice, message, notice, warning
aviso acústico por corriente alterna | AC ringing
aviso de avería | fault reporting
aviso de margen | margin warning
aviso de servicio | service advice
aviso de servicio tasado | paid service advice
aviso de socorro | elementary call
aviso de tarifas | advice of charge, call charge display
aviso preliminar | preliminary warning
aviso verbal | verbal announcement
AVM [*supervisión automática de vehículos*] | AVM = automatic vehicle monitoring
AvPag = avance de página | [*en impresora*] FF = form (/formular) feed; [*en teclado*] PG DN = page down
AVRS [*sistema de grabación audiovisual*] | AVRS = audiovisual recording system
AWG [*sistema estadounidense para calibración de cables*] | AWG = American wire gauge [USA]
AWM [*material de instalación para aparatos eléctricos*] | AWM = appliance wiring material
AWT [*juego de herramientas abstractas de ventana (para conexiones entre aplicaciones Java e interfaces gráficas de* | AWT = abstract window toolkit *usuario*)]
axial | axial
axioma | axiom
axiotrón [*magnetrón de control axial*] | axiotron
ayuda | aid, assistance, help; service
ayuda a la navegación | navigation aid
ayuda a la navegación de corto alcance | short distance navigation aid, short-range navigation aid

ayuda a la navegación de larga distancia | long-distance navigation aid
ayuda a la radionavegación | radionavigational aid
ayuda audiovisual | audiovisual aid
ayuda automática | automatic help
ayuda autónoma | stand-alone help
ayuda de aproximación | homing aid
ayuda de instalación [*en Windows*] | setup wizard
ayuda de la aplicación | application help
ayuda de panel frontal | front panel help
ayuda de radar a la navegación | radar navigation aid
ayuda directa | on line help
ayuda en contexto | context sensitive help
ayuda en línea | online help
ayuda manual | manual help
ayuda mutua | mutual aid
ayuda para el aterrizaje | aid to landing
ayuda para la aproximación | aid to approach
ayuda para la ayuda | help on help
ayuda para la identificación | aid to identification
ayuda para la localización | aid to location
ayuda para la navegación aérea | aid to air navigation
ayuda popup | pop-up help
ayuda por botones | button help
ayuda por iconos | button (/icon) help
ayuda por radar | radar aid
ayuda por radar a la navegación | radar aid
ayuda por radio | radio aid
ayuda por radio a la navegación aérea | air navigation radio aid
ayuda por radio para determinación de la situación | radio-fixing aid
ayuda por radio para el aterrizaje | radio-landing aid
ayuda por radio para la aproximación | radio approach aids
ayuda por radio para la recalada | radio-homing aid
ayuda radárica para la navegación | radar aid
ayuda radioeléctrica | radio aid
ayuda rho-theta | rho-theta aid
ayuda semiautomática | semiautomatic help
ayuda sobre el tema | item help
ayudante | wizard
ayudante de empalmador | mate
ayudas a la navegación | navaids = navigational aids
azimut, acimut | azimuth
azón [*bomba planeadora con radiocontrol en acimut*] | azon
azucarero | bowl
azufre | sulphur
azul | blue
azul distante | blue-distant
AZUSA [*sistema electrónico de seguimiento por comparación de fases*] | AZUSA [*electronical screening system by phase comparison*]

B

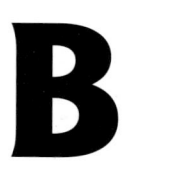

b = baudio | b = baud
b = binario | b = binary
b = bit | b = bit
B [*símbolo de densidad del flujo magnético*] | B [*symbol for magnetic flux density*]
B = balance | BAL = balance
B = base | B = base
B = boro | B = boron
B = byte | B = byte
B: [*identificador de una segunda disquetera en varios sistemas operativos*] | B: [*identifier for a second floppy disk drive on various operating systems*]
B negativo | B minus, B negative
B positivo | B plus, B positive
Ba = bario | Ba = barium
BABS [*sistema de radiofaro de aproximación sin visibilidad*] | BABS = blind approach beam system
backbone [*red de larga distancia y gran capacidad a la que se conectan redes subsidiarias de menor tamaño*] | backbone
bacteria [*virus informático replicante*] | bacterium
BAD [*defectuoso desde el principio (aplicado a productos o dispositivos)*] | BAD = broken as designed
bafle de ladrillo | brick enclosure
bafle de mampostería | brick enclosure
bafle infinito | infinite baffle
bafle para cielo raso | ceiling baffle
bafle para techo | ceiling baffle
bafle plano | flat baffle
bailoteo del haz | spot wobble
baja [*de precios*] | depression
baja carga | underload
baja de precios | depression
baja energía | low power
baja frecuencia | audiofrequency, low frequency
baja presión | low pressure
baja resolución | low resolution
baja tensión | low tension, undervoltage
baja velocidad | low rate
bajada | drop
bajada apantallada | screened downlead
bajada de antena | lead-in
bajada de datos [*copia de datos de la red al ordenador*] | downloading
bajada de enegía | power fail
bajada de frecuencia vocal | voice frequency drop
bajada de tensión | voltage stepdown
bajada de voltaje | voltage stepdown
bajada del impulso | pulse decay
bajada doble | parallel feeders
bajada múltiplex | multiplex drop
bajar [*el valor de una magnitud*] | to lower
bajar [*un programa*] | to download
bajar archivos | to download
bajar el volumen | to decrease volume
bajar un canal | to drop a channel
bajas frecuencias | lows
bajo | bass; down, low; shallow
bajo tensión | alive, live
bajo vacío | low vacuum
bajo voltaje | undervoltage
bajos | lows
bajos espurios | boom
Bakelite [*marca comercial de una resina fenólica, conocida familiarmente en español por bakelita*] | Bakelite
balance | balance; offset
balance de corriente continua | DC balance = direct current balance
balance de neutrones | neutron balance
balance de reactividad | reactivity balance
balance de trasmisiones | ledger balance
balance energético | energy balance
balance isotópico | isotope balance
balance material | material balance
balanceo | rocking, swing
balancímetro de radiación de Wagner | Wagner radiation balance meter
balancín | cross link, gimbals, rocker arm, walking beam
balancín del cero | zero rocker
balanza | balance
balanza de Felici | Felici balance
balanza de Kelvin | Kelvin balance
balanza de muelle | spring balance
balanza de resorte | spring balance
balanza de tensión | spring balance
balanza electrónica | electronic balance
balanza magnética | magnetic balance
balanza para análisis | analytical balance
balanza rápida | quick-acting balance
balística | ballistics
baliza | beacon
baliza de alcance del radar | radar range marker
baliza de aterrizaje | landing light
baliza de canal de deslizamiento | taxi channel marker
baliza de jalonamiento | airway beacon
baliza de localización personal [*para vehículos terrestres*] | personal locator beacon
baliza de obstáculos | obstruction marker
baliza de pista de aeropuerto | airport runway beacon
baliza de radar | racon = radio beacon, radiobeacon
baliza de radar en cadena | chain radar beacon
baliza de respuesta | transponder beacon
baliza de respuesta de radar | radar responder beacon
baliza de sonar | sonar beacon
baliza fija | range marker
baliza localizadora de equiseñales | equisignal radio-range beacon
baliza localizadora de pista | runway localizing beacon
baliza luminosa | fire
baliza luminosa de torre | tower light
baliza marítima | sea marker
baliza pasiva de código | coded passive reflector

baliza radárica flotante | radar marker float
baliza terrestre | ground beacon
balopticón | balop
BAM [*método de acceso básico*] | BAM = basic access method
bambolearse | to shimmy
banco | bank, bench
banco de canales | channel bank
banco de canales subequipado | subequipped channel bank
banco de contactos | contact bank
banco de contactos alineados | straight bank
banco de contactos salteados | slipped bank
banco de datos | data bank, databank
banco de datos externo | external cache memory
banco de guiaondas | waveguide bench stand
banco de lámparas | lamp bank
banco de llaves | pushbutton bank
banco de memoria | memory bank
banco de módems | modem bank
banco de pruebas | benchmark; test bed (/bench, /desk, /equipment setup)
banco de selectores | selector bank
banco de terminales | connection rose, cord terminal strip
banco óptico | optical bench
banco SIMM [*banco de memoria de una línea de contactos*] | SIMM bank
banda | band, rank, strap, strip; tape
banda alta | high band
banda ancha | broadband, wideband
banda anódica | anode strap
banda antiparasitaria | interference guard band
banda asignada de frecuencias | allocated frequency band
banda atenuada | suppressed frequency band
banda atenuada por un filtro | filter attenuation band
banda baja | low band
banda base | baseband
banda base de radio | radio baseband
banda base de recepción | receiving baseband
banda básica | basic bandwidth
banda C | C band
banda ciudadana | citizen band
banda compartida | shared band, bandsharing
banda común | frequency overlap
banda cruzada | crossband
banda de absorción | absorption band
banda de absorción de trasferencia de carga | charge transfer absorption band
banda de aficionados | amateur band
banda de alta frecuencia | high frequency band
banda de atenuación | attenuation band
banda de audiofrecuencias | audio band

banda de base | baseband, basic band
banda de Bloch | Bloch band
banda de bloqueo | attenuation band, stopband
banda de bombeo | pumping band
banda de cola | tailband
banda de comunicación | communication band
banda de conducción | conduction band
banda de conducción degenerada | degenerate conduction band
banda de cresta | peaker strip
banda de crominancia | chrominance band
banda de década | decade band
banda de dispersión | scatterband
banda de electrones | electron band
banda de emisión | emission band
banda de emisión por modulación de frecuencia | frequency modulation broadcast band
banda de energía | energy band, band energy, Bloch band
banda de energía de resonancia | resonance energy band
banda de excitación | excitation band
banda de frecuencia asignada | assigned frequency band
banda de frecuencia de imagen | video band
banda de frecuencia de televisión | television frequency band
banda de frecuencia trasmitida | transmitted frequency band
banda de frecuencias | frequency band
banda de frecuencias ancha | wide frequency band
banda de frecuencias de imagen | picture frequency band
banda de frecuencias de radar | radar frequency band
banda de frecuencias de radio | radio channel
banda de frecuencias de trasmisión | frequency band of emission
banda de frecuencias del grupo básico | basic group range
banda de frecuencias infraacústicas | subaudio band
banda de frecuencias telefónicas | voice frequency band
banda de frecuencias trasmitida por línea | band of line-transmitted frequencies
banda de frecuencias ultraaltas | ultrahigh frequency band
banda de frecuencias útiles | useful frequency band
banda de frecuencias vocales | voice frequency band
banda de guarda | guard band
banda de interferencia | interference band
banda de la escala | scale span
banda de longitudes de onda | wavelength band (/range)

banda de marca | hash-mark strip
banda de MBF | VLF band
banda de medición | measurement range
banda de modulación | modulation band, sideband
banda de muy baja frecuencia | VLF band
banda de octava | octave band
banda de ondas | waveband
banda de ondas miriamétricas | VLF band
banda de ondas ultracortas | ultra-short-wave band
banda de oscilación fundamental | fundamental band
banda de oscilación por rotación | rotational vibration band
banda de paso | pass band, passband, transmission band
banda de paso de videofrecuencia | video passband
banda de paso del canal vertical | vertical passband
banda de película sonora | sound film-strip
banda de perturbación | jammer band
banda de procesado | working track
banda de procesamiento | working track
banda de protección | barrier strip, guard band
banda de protección contra interferencias | interference guard band
banda de radar | radar band
banda de radio acústica | aural radio range
banda de radio de Adcock | Adcock radio range
banda de radiodifusión | broadcast (/broadcasting) band
banda de radiodifusión de frecuencia | frequency-modulated broadcast band
banda de radiodifusión por frecuencia modulada | FM broadcast band
banda de rechazo | rejection band, stopband
banda de relés | relay mounting plate
banda de rodadura antideslizante | nonskid tread
banda de rotación | rotation band
banda de seguridad | guard band
banda de servicio | service band
banda de sintonía manual | tunable band
banda de sintonización | tuning band (/probe)
banda de socorro telefónica | telephone distress band
banda de subportadora | subcarrier band
banda de supresión | rejection band, stopband
banda de telemedición | telemeter band
banda de telemedida | telemetering band

banda de televisión | television (broadcast) band
banda de trabajo | operating (/working) band
banda de transición | transition band
banda de trasmisión | transmission band
banda de trasmisión con filtrado pasabanda de bajos | roofing bandwidth
banda de trasmisión efectiva | transmitted band
banda de UHF | ultrahigh frequency band
banda de un tercio de octava | one-third-octave band
banda de una octava | octave band
banda de valencia | valence band
banda de VHF [*banda de frecuencias muy altas, banda de ondas métricas*] | VHF band
banda de vídeo | video band
banda de videofrecuencia | video (/videofrequency) band
banda débil | faint band
banda decimétrica | denary band
banda del amplificador | amplifier bandwidth
banda del cianógeno | cyanogen band
banda del grupo básico | basic group range
banda difusa | diffuse band
banda efectiva | effective band
banda eficaz | effective band
banda eliminada | attenuation (/suppressed frequency) band
banda espectral | spectral band
banda espiral | helical stripe
banda estrecha | narrow band, narrowband
banda extensométrica acústica | acoustic strain gauge
banda f | f band
banda facsímil efectiva | effective facsimile band
banda fundamental | fundamental band
banda GSM ampliada | extended GSM band
banda GSM primaria | primary GSM band
banda K | K band
banda L | L band
banda lateral | sideband
banda lateral asimétrica | vestigial sideband
banda lateral casi única | quasi-single sideband
banda lateral directa | upright sideband
banda lateral doble | double sideband
banda lateral independiente | independent sideband
banda lateral inferior | lower sideband
banda lateral parcialmente suprimida | partially suppressed sideband
banda lateral Q | Q sideband
banda lateral residual | vestigial sideband
banda lateral superior | upper sideband
banda lateral suprimida | suppressed sideband
banda lateral telegráfica | telegraph sideband
banda lateral trasmitida | transmitted sideband
banda lateral única | single sideband
banda lateral vestigial [*esquema de modulación para señales de televisión digital*] | vestigial sideband
banda magnética | magnetic tape
banda molecular | molecular band
banda muerta | dead band (/range)
banda no útil | dead band
banda nominal | nominal band
banda normal | normal (/standard) band
banda ocupada | occupied band
banda P | P band
banda para aviación | aviation channel
banda para servicio aeronáutico | aviation channel
banda parcialmente ocupada | partially occupied band
banda pasante de filtro | filter transmission band
banda permitida | allowed band
banda portadora | carrier band
banda principal | principal channel
banda prohibida | forbidden band
banda proporcional | proportional band
banda Q | Q band
banda radiofónica normalizada | standard broadcast band
banda radiotelegráfica para barcos | ship radiotelegraph band
banda receptora | receiving track
banda reducida | reduced band
banda reservada | forbidden band
banda residual | vestigial band
banda S | S band
banda saturada | filled band
banda sonora | sound band (/stripe)
banda soporte de relés | relay mounting plate
banda superior | upper band
banda suprimida | suppressed frequency band
banda telefónica | voice grade channel
banda telemétrica | telemeter band
banda terminal | terminal strip, termination band
banda trasferidora de electrones | electron transfer band
banda trasmitida | transmitted (frequency) band
banda V | V band
banda vacía | empty band
banda vocal | voiceband
banda X | X band
bandas de estaciones para buques de pasajeros | passenger ship band
bandas de Raman | Raman bands
bandas paralelas | parallel bands
bandeja | trough
bandeja de cables | cable trough
bandeja de empalme | splice tray
bandeja de fibra óptica | fibre tray
bandeja de tarjetas | sorting tray
bandeja del papel | paper tray
bandera | sentinel; [*en serie de bits*] flag
bandera de acontecimiento | event flag
bandera de acontecimiento común | common event flag
bandera de acontecimiento normal | common event flag
bandera de arrastre [*secuencia inicial de bits*] | carry flag
banderín | flag
banderín cero [*bit que se establece en un microprocesador cuando el resultado de una operación es cero*] | zero flag
banner [*en informática, anuncio breve con animación*] | banner
bañado en óxido | oxide-coated
bañera de acero | steel bath
baño | bath, wetting
baño brillante | bright dip
baño de aceración | steel bath
baño de cincado | galvanizing bath
baño de decapado | pickling bath
baño de galvanización | galvanizing bath
baño de niquelado | nickel bath
baño de plata | silvering
baño de soldadura en fusión | weld pool
baño galvánico | depositing (/galvanic, /plating) bath
baño galvanoplástico | plating bath
baño para limpiar metales | pickle
baño por inmersión | dipping
baño primario | strike bath
baño ultrasónico | ultrasonic bath
bara de seguridad | shutoff rod
baria [*unidad de presión en el sistema CGS*] | barye
bario | barium
bario radiactivo | radioactive barium, radiobarium
barión | baryon
barnio [*unidad de medida para secciones de núcleos atómicos*] | barn
barniz aislante | insulating varnish
barniz autopasivante | self-passivating glaze
barógrafo | barograph
barómetro | barometer
barómetro con registro automático | self-recording barometer
barómetro de mercurio | mercury barometer
baroscopio | baroscope
barotermógrafo | barothermograph
barquilla del radar | radar nacelle
barra | bar, rod, shaft, slash, slug
barra auxiliar | transfer bar
barra bus de aluminio plateado | silver-plated aluminium busbar

barra colectora | bus, busbar
barra colectora auxiliar | auxiliary busbar
barra colectora de aluminio plateado | silver-plated aluminium busbar
barra colectora en anillo | ring bus
barra colectora para fuerza | power busbar
barra colectora positiva | positive busbar
barra combustible filiforme | pencil
barra común | busbar
barra con entalladura | notched bar
barra conductora | busbar
barra cortocircuitadora | short-circuiting bar, shorting bar
barra cruzada | crossbar
barra de alimentación | busbar
barra de botones | buttonbar
barra de código | code bar
barra de compensación | shim rod
barra de compensación y seguridad | shim safety rod
barra de contacto | contact strip
barra de control | control (/shutoff) rod
barra de control de la potencia | power control rod
barra de control de potencia | power control rod
barra de control fino | fine control rod
barra de cortocircuito | shorting bar
barra de descarga | drop bar
barra de desdoblamiento | doubling (/splitting) bar
barra de desplazamiento | scroll bar
barra de desplazamiento horizontal | horizontal scroll bar
barra de desplazamiento vertical | vertical scroll bar
barra de distribución | bus, busbar
barra de distribución tubular | tubular busbar
barra de división | sash, split bar
barra de división horizontal | horizontal split bar
barra de división vertical | vertical split bar
barra de empuje | push bar
barra de empuje de cifras | figures push-bar
barra de enlace entre filas | intersuite tie bar
barra de estado | status bar
barra de fijación | fixing clip, mounting bar
barra de Flinder | Flinders bar
barra de formato | format bar
barra de fusibles | strip of fuses
barra de herramientas | toolbar, tool bar
barra de impresión | writing bar
barra de interrupción | shutoff rod
barra de menú | menu bar
barra de metalización | plating bar
barra de navegación [en páginas Web] | navigation bar
barra de parada de emergencia | elementary shutdown rod

barra de regulación | regulating (/fine control) rod
barra de reserva | reserve bar
barra de ritmo | rhythm bar
barra de seguridad | safety (/scram) rod
barra de separación | split bar
barra de Sheffer | Sheffer stroke
barra de sintonización capilar | hair tuning bar
barra de tareas | task bar
barra de terminales | connecting strip
barra de tipos | typebar
barra de título | opening splash
barra de títulos | title bar
barra de unión | connecting strap
barra de uranio | rod
barra de zumbido | hum bar
barra diagonal [/] | virgule
barra distribuidora de potencia | power-distributing bar
barra en U | U bar
barra espaciadora | spacebar
barra guía para cables | cable support bar
barra horizontal | horizontal bar
barra imantada | bar magnet
barra inversa | backslash
barra lateral [columna al lado del texto en un documento] | sidebar
barra lectora | sensing bar
barra negativa | negative bar
barra ómnibus | busbar
barra ómnibus auxiliar | auxiliary busbar
barra ómnibus de batería | battery busbar
barra para abrir hoyos | earth auger
barra Q | Q bar
barra selectora | selecting bar
barra vertical | vertical bar
barra Y | Y bar
barra Z | Z bar
barras de ajuste | test bar
barredora de goma | squeegee
barrena | pole auger
barrena para abrir hoyos | earth auger
barrer | to sweep
barrera | barrage, barrier; railing
barrera antidifusión | fuel rod coating
barrera culombiana | Coulomb barrier
barrera de aislamiento | isolation barrier
barrera de Bloch | Bloch wall
barrera de Coulomb | Coulomb barrier
barrera de Gamow | Gamow barrier
barrera de potencial | barrier layer (/voltage), potential barrier (/hill)
barrera de potencial de contacto | contact potential barrier
barrera de protección | barrier shield
barrera de radar | radar fence
barrera de Schottky | Schottky barrier
barrera de superficie | surface barrier
barrera de unión | junction barrier
barrera del sonido | sonic (/sound) barrier
barrera luminosa | light barrier

barrera magnética | magnetic barrier
barrera PN [en semiconductores] | PN barrier
barrera porosa | porous barrier
barrera primaria de radioprotección | primary protective barrier
barrera protectora | protective barrier
barrera rectificadora | rectifying barrier
barrera secundaria de radioprotección | secondary protective barrier
barrera sónica | sonic barrier
barrera superficial | surface barrier
barrera transónica | transonic barrier
barrido | browing, cleanup, exploration, hunting, scansion, scavenging, swarm, trace; wiping action
barrido activado por disparo | triggered sweep
barrido armado | armed sweep
barrido arrítmico | stop-go scanning
barrido asincrónico | free-running sweep
barrido con onda en dientes de sierra | sawtooth sweep
barrido controlado por puerta | gated sweep
barrido de disparo calibrado | calibrated triggered sweep
barrido de frecuencia | glide
barrido de frecuencia ascendente | sweeping from low to high frequencies
barrido de la base de tiempos | time-base scanning
barrido de lado a lado | sweep-through
barrido de pantalla | screen sweep
barrera de potencial [espacio que separa dos puntos con diferentes cargas eléctricas] | potential barrier, barrier potential [gap between two points with different electric charges]
barrido de precisión | precision sweep
barrido de velocidad variable | variable speed scanning
barrido en espiral | spiral scanning (/sweep)
barrido en sentido de frecuencia ascendente | sweeping from low to high frequencies
barrido engatillado | triggered sweep
barrido ensanchado | expanded sweep
barrido esclavo | slave sweep
barrido exponencial | exponential sweep
barrido giratorio sincronizado | synchronized rotating sweep
barrido horizontal | horizontal sweep
barrido lineal | linear sweep
barrido magnificado | magnified sweep
barrido mandado | driven sweep
barrido por líneas contiguas | straight scanning
barrido principal | main sweep
barrido radial | radial sweep
barrido retardado | delayed sweep

barrido sincrónico | synchronous scanning
barrido sincronizado | synchronized sweep
barrido sinusoidal | sine wave scanning
barrido trapezoidal | keystoning
barrido tridimensional | volumetric scanning
barrido único | single sweep
barrido variable | variable sweep
barrido vertical | vertical scan (/scanning, /sweep)
barrido volumétrico | volumetric scanning
barril | barrel
barrita de fijación | fixing clip
basado en conocimientos | knowledge based
basado en consultas | knowledge based
basado en la mecánica ondulatoria | wave-mechanical
basado en objetos | object-based
basado en referencias | knowledge based
báscula de transistor | transistor flip-flop
báscula de triodos | triode flip-flop
basculador | toggle; trigger pair
basculador complementario | complementary flip-flop
basculador con válvulas triodo | triode flip-flop
basculador cronometrado | clocked flip-flop
basculador cuádruple | quadraflop
basculador de disposición/reposición | set/reset flip-flop
basculador dinámico | ping-pong
basculador RS | RS flip-flop
basculador R-S-T | R-S-T flip-flop
basculador temporizado | clocked flip-flop
bascular | to rock
base | base, basis, header, radix, shank, sleeve, socket (outlet), stem
base auxiliar | satellite base
base común inversa | inverse common base
base con dispositivo de fijación | loctal (/loktal) base
base con pie | pinched base
base con soporte interno | pinched base
base de acetato | acetate base
base de bastidor | rack channel
base de bayoneta | bayonet base, tag
base de clavija | plug sleeve
base de conocimiento | knowledge base
base de cristal comprimido | pressed glass base
base de datos | data base, database
base de datos de acciones | action database
base de datos de archivos planos | flat-file database
base de datos de asociaciones de seguridad | security association database
base de datos de diseño | design database
base de datos de empresa [con múltiples funciones para facilitar la toma de decisiones] | data warehouse
base de datos de lista invertida | inverted-list database
base de datos de tipos | types database
base de datos distribuida | distributed database
base de datos en paralelo | parallel database
base de datos en red | network database
base de datos federada [para difusión de conocimientos científicos] | federated database
base de datos inteligente | intelligent database
base de datos jerárquica | hierarchical database
base de datos muy amplia | very large database
base de datos orientada al objeto | object (/object-oriented) database
base de datos para informaciones de directorio | directory information base
base de datos relacional | relational database
base de datos sobre pasarelas telefónicas | telephony routing information base
base de datos sobre política de seguridad | security policy database
base de datos WAIS | WAIS database
base de los elementos internos de la válvula | valve stem
base de pines | pin base
base de poliéster | polyester base
base de rejilla | grid base
base de seguridad | safety base
base de tiempo | timebase
base de tiempo activada por disparo | triggered timebase
base de tiempo del radar | radar timebase
base de tiempo en espiral | spiral timebase
base de tiempos | time basis, timebase
base de tiempos de imagen | video timebase
base de tiempos de trinquete | ratchet timebase
base de tiempos Miller | Miller timebase
base de transistor | transistor base
base de trole | trolley base
base de válvula | valve base (/holder)
base de válvula noval | noval base
base de vidrio comprimido | pressed glass base
base de Windows [para conexión] | Windows socket
base del poste | pole butt
base del reperforador | reperforator base
base diheptal | diheptal base
base Edison | Edison base
base extendida | extended base memory
base interna de los electrodos | pinch
base lineal de tiempo | linear timebase
base loctal | loctal (/lock-in) base
base magnal [base de tubo catódico con once pines] | magnal base
base noval | noval base
base octal | octal base
base ortogonal | orthogonal basis
base ortonormal | orthonormal basis
base para recepción sólo | receive-only base
base pasiva | passive base
base plana | substrate
base portalámparas | lamp jack
base portaválvula | valve socket
base principal | backbone (/bearer) network
base sin protección | soft base
base térmica | thermal base
base tipo N | N-type base
BASIC [código de instrucciones simbólicas generales para principiantes (lenguaje de programación informática)] | BASIC = beginners all-purpose symbolic instructional code
básico | basic
bastidor | armature, bay, frame, rack; wireframe
bastidor cubierto | rack cabinet
bastidor de alimentación | (power) supply rack
bastidor de ancho normal | relay rack
bastidor de bobinas de repetición | repeating-coil rack
bastidor de conmutación | switching rack
bastidor de contadores de abonado | subscriber meter rack
bastidor de contadores de tráfico | metering rack
bastidor de curado | ageing rack
bastidor de distribución | distribution rack
bastidor de distribución de(l) grupo | group distribution frame
bastidor de dos caras | double-sided rack
bastidor de elementos radiantes | panel of radiating elements
bastidor de entrada y salida | I/O rack
bastidor de envejecimiento | ageing rack
bastidor de equipo múltiplex | multiplex rack
bastidor de interconexión por cordones | patch bay (/rack)
bastidor de interconexiones de corriente continua | DC patch bay
bastidor de medición | measuring bay, metering rack

bastidor de mesa | table rack
bastidor de montaje | relay rack
bastidor de protecciones | protector frame (/rack)
bastidor de prueba de repetidores | repeater test rack
bastidor de prueba para válvulas | valve rack
bastidor de pruebas | test rack
bastidor de pruebas en condiciones de funcionamiento | operating rack
bastidor de radioenlace | radio link equipment rack
bastidor de redes equilibradoras | balancing network frame
bastidor de repetidores | repeater bay (/rack)
bastidor de selectores | selector bay
bastidor de sincronización | synchronization bay
bastidor de soporte | supporting trestle
bastidor de televisión | television rack
bastidor de terminales de cuatro hilos | four-wire termination rack
bastidor de trasformadores de línea | line transformer rack
bastidor de una sola cara | single-side rack
bastidor del contador | meter frame (/support)
bastidor descubierto | open frame-rack
bastidor enchufable | plug-in chassis
bastidor normalizado | relay rack
bastidor para cabezas de cable | cable rack
bastidor para cables | cable rack
bastidor telegráfico | telegraph equipment rack
bastidor terminal de cables | cable support rack
bastidor único | rack section
bastón pirométrico | pyrometer tube
basura que entra, basura que sale [*axioma informático*] | garbage in, garbage out
batería | battery, cell; bank; net, ring; [*de módems*] | rack
batería activada por agua | water-activated battery
batería alcalina | alkaline battery
batería almacenable en estado inactivo | reserve battery
batería anódica | plate battery
batería atómica | atomic battery
batería atómica de estado sólido | solid-state atomic battery
batería biogalvánica | biogalvanic battery
batería central | central (/common) battery
batería central de manipulación | office battery supply
batería central para llamada | common signalling battery
batería común | common battery
batería con tomas | tapped battery

batería de acumuladores | storage battery
batería de acumuladores alcalinos | alkaline storage battery
batería de acumuladores de níquel-cadmio | nickel-cadmium battery
batería de acumuladores de plata | silver storage battery
batería de acumuladores de plata y cadmio | silver-cadmium storage battery
batería de acumuladores de plata y cinc | silver-zinc storage battery
batería de acumuladores de plomo | lead storage battery
batería de acumuladores Edison | Edison storage battery
batería de alimentación | supply battery
batería de alta tensión | HT battery = high tension battery; B battery
batería de ánodo | anode battery, B battery, plate battery (/supply)
batería de arranque | starter battery
batería de bloqueo | blocking battery
batería de botón | coin-cell battery
batería de botón de litio | coin-cell lithium battery
batería de carga equilibrada | floating battery
batería de carga seca | dry-charged battery
batería de condensadores | bank of capacitors, capacitor bank
batería de elementos en derivación | parallel battery
batería de encendido | heater battery [UK], A battery [USA]
batería de estación | station battery
batería de ferroníquel | nickel-iron battery
batería de filamento | filament battery
batería de filamentos | heater battery [UK], A battery [USA]
batería de fotounión | photojunction battery
batería de hidruro metálico de níquel | nickel metal hydride battery
batería de iones de litio | lithium ion battery
batería de iones de plomo | lead ion battery
batería de lámparas | broad
batería de llamada | ringing battery
batería de luces | broad, studio light-board
batería de mercurio | mercury battery
batería de módems | modem pooling
batería de níquel-cadmio | nickel-cadmium battery
batería de pantalla | screen battery
batería de pilas | primary battery
batería de placa | plate battery
batería de plomo-ácido | lead acid cell
batería de polarización | polarizing battery
batería de prueba | test battery
batería de rejilla | grid battery, grid bias battery [UK], C battery [USA]
batería de rejilla polarizada | grid bias battery [UK]
batería de reserva | backup (/reserve, /standby) battery
batería de seguridad | backup battery
batería de señales | signalling battery
batería de señalización | signalling battery
batería de timbre | ringing battery
batería de tracción | traction battery
batería de unión | junction battery
batería del micrófono | transmitter battery
batería del RTR | RTC battery
batería del trasmisor | transmitter battery
batería Edison | Edison battery
batería en puente | battery supply bridge
batería equilibrada | floated battery
batería estacionaria | stationary battery (/cell)
batería fija | stationary battery
batería flotante | floating battery
batería intermedia | buffer battery
batería local | local battery, office battery (supply)
batería NiCad = batería de níquel-cadmio | NiCad battery = nickel cadmium battery
batería NiMH = batería de hidruro metálico de níquel | NiMH battery = nickel metal hydride battery
batería nuclear | nuclear battery
batería para circuitos de transistores | transistor battery
batería para transistores | transistor battery
batería portátil | portable battery (/cell)
batería primaria | primary battery
batería principal | main (/primary) battery
batería recargable | rechargeable battery
batería recargable de níquel-cadmio | rechargeable nickel-cadmium battery
batería resorte | boosting battery
batería seca | dry battery
batería secundaria | secondary battery
batería silenciosa | quiet battery
batería solar | solar battery
batería solar de silicio | silicon solar battery
batería sulfatada | sulphated battery
batería tampón | buffer battery
batería telefónica | talking battery
batería telegráfica | telegraph battery
batería térmica | thermal battery
batería termoeléctrica | thermal (/thermojunction) battery, thermal (/thermoelectric) cell
batería tipo B | B battery
batería trasportable | portable battery (/cell)
batería voltaica | voltaic battery
baticonductógrafo | bathyconductor-graph

batido | beat, beating
batido cero | zero beat
batido de frecuencias | beating
batido de interportadora | intercarrier beat
batido de malla | mesh beat
batido de portadora | carrier beat
batidor | shaker
batímetro de sonar | sonar depth ranger
batimiento | beat
batir | to mix
batitermógrafo | bathythermograph
baudio [unidad indicadora de la velocidad de trasmisión de una señal digital en cambios del estado de la señal por segundo] | baud
BBL [indicación de un participante en chat de que tiene que ausentarse momentáneamente] | BBL = be back later
BBS [tablero de anuncios electrónico] | BBS = bulletin board system
BC = banda ciudadana | CB = citizen band
BC = batería central (/común) | CB = central (/common) battery
BCCD [(dispositivo de) canal principal acoplado en carga] | BCCD = bulk-channel charge-coupled device
BCCH [canal de control de trasmisiones (canal de difusión hacia el conjunto de estaciones móviles)] | BCCH = broadcast control channel
BCPL [lenguaje de programación informática] | BCPL = basic combined programming language
BCS [Sociedad británica de informática] | BCS = British Computer Society
Bd = baudio | Bd = baud
BD = base de datos | DB = database
BDOS [sistema básico de gestión de discos] | BDOS = basic disc operating system
belio [unidad de sensación auditiva] | bel
BELLCORE [centro Bell de investigación sobre las comunicaciones] | BELLCORE = Bell communications research
BENCOM [código de frases Bentley completo] | BENCOM = Bentley's complete phrase code
Benito [sistema de navegación de onda continua por diferencia de fase entre señales] | Benito
BENSEC [segundo código de frases de Bentley] | BENSEC = Bentley's second phrase code
Beowulf [nombre de un superordenador de la NASA] | Beowulf
BER [reglas básicas de codificación] | BER = basic encoding rules
BER [tasa de error binario] | BER = bit error rate
berilia | beryllia
berilio | beryllium
berilo | beryl

berkelio | berkelium
beta | beta
beta inversa | inverse beta
beta variable | variable beta
betatrón | betatron
BeV = gigaelectronvoltio | BeV = billion electron-volt
bevatrón [sincrotrón de protones en la universidad de California] | Bevatron
BF = baja frecuencia | AF = audiofrequency, LF = low frequency
BFO [oscilador de (frecuencia de) batido (/pulsación)] | BFO = beat frequency oscillator
BFT [trasferencia de archivos binarios] | BFT = binary file transfer; [trasmisión de archivos por lotes] BFT = batch file transmission
BGP [protocolo de puerta límite] | BGP = border gateway protocol
BGS [software para ordenador central] | BGS = barrel gaging system
BHCA [cantidad de intentos de llamada en hora punta] | BHCA = busy hour call attempts
biamplificación | biamplification
biaxial | biax [fam] = biaxial
biblioteca | library
biblioteca automatizada de cintas | automatic tape library
biblioteca automatizada de discos | automated disk library
biblioteca de cintas | tape library
biblioteca de clase [ayuda a la programación] | class library
biblioteca de controladores de Windows [que no se incluyen en el paquete original] | Windows driver library
biblioteca de datos | data library
biblioteca de discos ópticos | jukebox [fam], optical disk library
biblioteca de enlace dinámico | dynamic link library
biblioteca de funciones | function library
biblioteca de programas | programme (/software) library
biblioteca de tiempo de ejecución [archivo con rutinas para las funciones más comunes] | run-time library
biblioteca de trabajo | job library
biblioteca del sistema | system library
biblioteca del usuario | user library
biblioteca WAIS | WAIS library
bicanal | two-channel
bicondicional | biconditional
bicónico | biconical
bicordio | cord circuit
bidimensional | two-dimensional
bidireccional | bidirectional, bothway, duplex
biela | rod
biela de salida izquierda | left output connecting rod
biela de suspensión | rod support
bien entregado | delivered OK
bienes raíces | real estate

biestable | bistable, flip-flop
biestable acoplado en alterna | AC-coupled flip-flop
biestable acoplado en corriente alterna | AC-coupled flip-flop
biestable cronometrado | clocked flip-flop
biestable D | D-type flip-flop
biestable de disparo por flanco | edge-triggered flip-flop
biestable disparado por impulsos | pulse-triggered binary
biestable J-K | J-K flip-flop
biestable maestro-esclavo | master-slave flip-flop
biestable magnético | magnetic flip-flop
biestable temporizado | clocked flip-flop
biestático | bistatic
bifásico | two-phase
bifilar | bifilar, two-wire
bifónico [de dos canales de audio] | binaural
bifurcación | bifurcation, branch, tap, branching, jump, multiple decay, tapoff, tapping, teeing off
bifurcación condicional | conditional branch (/jump)
bifurcación de frecuencias | frequency frogging
bifurcación diferida | delayed branch
bifurcación incondicional | unconditional branch (/jump)
bifurcación y secuencia de código lineal | linear code sequence and jump
bifurcado | bifurcated, forked, teed
bifurcar | to bifurcate, to tap off; to tee off [USA]
bifurcarse | to branch
Big Blue [apodo que recibe la corporación IBM] | Big Blue [nickname for IBM Corporation]
big endian [método de almacenamiento numérico donde el byte más significativo se guarda primero] | big endian
bigote de gato [código Q] | cat's whisker
bigotillo [remate de ciertos estilos de letra] | serif
bilateral | bilateral, bothway
billar | pool
billón [un millón de millones] | billion [UK]
binario | binary
binario descentrado | offset binary
binario natural | natural binary
binario por fila | row binary
binario relativo | relative binary
binario reubicable | relocatable binary
binhex = binario a decimal [conversión de archivo binario a texto ASCII de 7 bit] | binhex = binary to hexadecimal
binistor [tetrodo de silicio] | binistor
binocular de infrarrojos | infrared binocular

binocular de rayos infrarrojos | infrared binocular
biochip [*pastilla de circuitos electrónicos y biológicos combinados*] | biochip
bioelectricidad | bioelectricity
bioelectrogénesis | bioelectrogenesis
bioelectrónica | bioelectronics
bioingeniería | bioengineering
biología de las irradiaciones | radiation biology
biológico | biological
bioluminiscencia | bioluminiscence
biónica | bionics
BIOS [*sistema básico de entrada/salida*] | BIOS = basic input/output system
BIOS de la placa base | baseboard BIOS
BIOS del sistema | system BIOS
bios reservado | bios reserved
biotelemetría | biotelemetry
biotelescaner | biotelescanner
bipartición | bipartition
bipolar | bipolar; double pole; two-terminal
Birdie [*denominación del proyecto alemán de telepunto*] | Birdie
birradial | biradial
birrefringencia | birefringence, double refraction
birrefringencia circular | circular birefringence
birrefringencia lineal | linear birefringence
BIS [*sistema de información empresarial*] | BIS = business information system
bisagra con resorte | spring-loaded hinge
bisagra con resorte de compensación | spring-loaded hinge
B-ISDN [*ISDN de banda ancha*] | B-ISDN = broadband ISDN
bisección del campo visual | halving
bisel | skirt; [*frontal del chasis*] bezel, bevel
bisel frontal | front bezel
bisincrónico | bisynchronous
bismuto | bismuth
bisturí de arco de alta frecuencia | radio knife
bisturí de radio | radio knife
bisturí eléctrico | diathermy knife, electric bistoury
bisturí electrónico | radio knife
BISYNC [*comunicaciones sincrónicas binarias*] | BISYNC = binary synchronous communications
bit [*dígito binario*] | bit = binary digit
bit de archivo | archive bit
bit de arranque | start bit, startbit
bit de arrastre | carry bit
bit de cabecera [*bit de control que no transporta información útil*] | overhead bit
bit de comprobación | check bit
bit de control | check bit

bit de datos | data bit
bit de encuadre | framing bit
bit de enmascaramiento | mask bit
bit de estado | status bit
bit de información | information bit
bit de justificación | bit stuffing
bit de mayor valor | most significant bit
bit de menor valor | least significant bit
bit de parada | stop bit
bit de paridad | parity bit
bit de protección | guard bit
bit de puesta en marcha | start bit, startbit
bit de relleno | bit stuffing
bit de servicio | service bit (/digit)
bit de signo | sign bit
bit de zona | zone bit
bit defectuoso | dirty bit
bit diddling [*método de aprovechamiento de memoria en ordenador*] | bit diddling
bit en serie | serial bit
bit indicador | flag bit
bit más significativo | most significant bit
bit menos significativo | least significant bit
bit simple | single bit
bitio [*obs*] | bit
BITNET [*antigua red para correo electrónico y trasferencia de datos con centros de enseñanza e investigación*] | BITNET = because it's time network
bit/s = bits por segundo [*velocidad de trasmisión en bits por segundo*] | bit/s = bits per second
bits de inicio y fin | start/stop bits
bits del color [*necesarios para reproducir el color en pantalla*] | colour bits
bits modificadores | modifier bits
bits por pista | bits per track
bits por pulgada | bits per inch
bits por segundo | bits per second
BIU [*interfaz de bus*] | BIU = bus interface unit
bivocal | speech plus duplex
biyección | bijection, one-to-one onto function
BJT [*transistor bipolar*] | BJT = bipolar junction transistor
BK [*interrupción en la trasmisión*] | BK = break
BLA = blanco | WHT = white
blanco | target, white
blanco a sangre | bleeding white
blanco artificial | artificial target
blanco complejo | complex target
blanco compuesto | compound target
blanco de alineación de radar | radar boresight target
blanco de distancia | range target
blanco de fondo | leading white
blanco de imagen | picture white
blanco de orientación de radar | radar boresight
blanco de radar | radar target
blanco de referencia | reference white

blanco de seguimiento | following white
blanco de silicio | silicon target
blanco de sonar | sonar target
blanco de trasmisión | transmission target
blanco delgado | thin target
blanco distante | white distant
blanco espeso | thick target
blanco fantasma [*en radar*] | phantom target
blanco fotoconductor | photoconductive target
blanco local | white local
blanco nuclear | nuclear target
blanco perfecto | peak white
blanco puro | equal energy white
blanco reflector | reflecting (/reflection) target
blanco sangrante | bleeding white
blanco sencillo | simple target
blanco y negro | black and white, black/white, white and dark
blaze [*corriente eléctrica producida en un tejido vivo por un estímulo mecánico*] | blaze
blindado | enclosed, metal-enclosed, shielded; bulletproof
blindado de cables | shielding of wires
blindaje | armour [UK], armor [USA]; protective screen, screening, sheath, shield, shielding
blindaje antirradiactivo | radiation shield
blindaje antizumbido | shielding for hum rejection, shielding of obstruction
blindaje biológico | biological (/main) shield
blindaje contra estática | static shield
blindaje contra la radiación | radiation shield, shielding against radiation
blindaje de agua | water shield
blindaje de cables | screening of wires
blindaje de guarda | guard shield
blindaje de núcleo | slug
blindaje de protección | guard shield
blindaje de válvula | tube (/valve) shield
blindaje eléctrico | electric screening
blindaje eléctrico hendido | split electric shield
blindaje entre etapas | interstage shielding
blindaje hendido | split shield
blindaje laminado | laminated shield
blindaje magnético | magnetic shielding
blindaje magnético de papel metálico | wraparound magnetic shield
blindaje no ferroso | nonferrous shield
blindaje óptico | flag
blindaje para teleterapia | teletherapy shield
blindaje principal | main shield
blindaje radiográfico | radiographic putty
blindaje térmico | heat shield, thermal protection (/shield)

blindar | to enclose, to screen, to shield
BLOB [*objeto binario extendido*] | BLOB = binary large object
bloc de notas | notepad
BLOQ MAYUS = bloqueo de mayúsculas | CAPS LOCK = capitals locking
BLOQ NUM = bloqueo numérico | NUM LOCK = number lock
Bloq.num. = bloqueo del teclado numérico | numlock = number lock
bloque | block; frame
bloque de bits | bit block
bloque anidado | nested block (/scope)
bloque autónomo | building block
bloque birruptor | dual breaker
bloque de alimentación | power supply (unit), powerpack, power pack, supply unit
bloque de alimentación con vibrador | vibrator power pack
bloque de alimentación de potencia con vibrador | vibrator power pack
bloque de alimentación eléctrica | power pack
bloque de alta densidad | high-density assembly
bloque de arranque | boot block
bloque de arranque flash | flash boot block
bloque de cabecera [*información inicial en bloque de datos*] | block header
bloque de central termoeléctrica | thermal power station unit
bloque de codificación | coding block
bloque de concentración | pooling block
bloque de conexión | connecting block
bloque de control | control block
bloque de control de archivos [*bloque de memoria*] | file control block
bloque de control de archivos extendidos | extended file control block
bloque de control de cola | queue control block
bloque de control de datos | data control block
bloque de control de procesos | process control block
bloque de control de tareas | task control block
bloque de datos | data block
bloque de diodos | diode pack
bloque de dispositivos auxiliares | auxiliary block
bloque de enlaces | trunk block
bloque de entrada | input block
bloque de firma [*en correo electrónico*] | signature block
bloque de frecuencias intermedias | intermediate-frequency strip
bloque de interruptores de configuración | configuration switch block
bloque de memoria alta | upper memory block
bloque de memoria ampliada | enhanced memory block
bloque de memoria insuficiente | insufficient memory block
bloque de memoria superior | ultra-high memory block
bloque de objetos movibles | movable object block
bloque de parada | stopblock
bloque de prueba | test block
bloque de puentes | jumper block
bloque de punzonamiento | punch block
bloque de recortes | spring assembly
bloque de rectificadores | rectifier assembly
bloque de referencia | reference block
bloque de resortes | pile-up, spring set
bloque de salida | output block
bloque de sincronización y gatillado | knocker
bloque de sintonía | radio tuner unit, tuner, tuning unit
bloque de sintonía del televisor | television tuner
bloque de terminación | termination block
bloque de terminales | connecting (/terminal) block, P block
bloque de terminales de alimentación | power block
bloque de trasferencia | transfer coupling
bloque del reactor | reactor block
bloque diodo-transistor | diode transistor pack
bloque electrónico funcional | functional electronic block
bloque escalonado | step wedge
bloque funcional | building (/functional) block
bloque funcional molecular | molecular functional block
bloque libre [*de memoria*] | free block
bloque lógico | logical block
bloque malo [*sector de memoria defectuoso*] | bad block
bloque modular enchufable | plug-in module
bloque modular recambiable | plug-in module
bloque motor | power unit
bloque portafusible | fuse block
bloque protector | protector block
bloque receptor | receiver unit
bloque rectificador | rectifier assembly
bloque terminal de fusibles | fuse terminal block
bloqueado | blocked, lock, locked
bloquear | to block, to close down, to lock (out), to put (/take) out of service
bloquear pantalla | screen lock
bloquear una extensión | to deny an originating call
bloquear una línea | to deny an originating call; to hold a circuit
bloqueo | block, blocking, cutoff, jam, latch-up, lock (primitive), locking, lockout, lock-out, paralysis, turnoff
bloqueo a mano | handworked block
bloqueo absoluto | absolute block
bloqueo activado | locking enabled
bloqueo condicional | permissive block
bloqueo de aire | air bloc
bloqueo de barrido | sweep lockout
bloqueo de cadena | holdover
bloqueo de corriente continua | DC block
bloqueo de grabación [*de datos*] | record locking
bloqueo de la unidad del sistema | system module lock
bloqueo de llegada | approach locking device
bloqueo de mayúsculas | capitals lock
bloqueo de nivel | clamping
bloqueo de pulsador | press button lock
bloqueo de pulsador con liberación automática | press button locking with automatic release
bloqueo de rejilla | grid blocking
bloqueo de seguridad | padlock
bloqueo de suspensión cardán | gimbal lock
bloqueo de tabla | table lockup
bloqueo de tecla | keylock
bloqueo de teclado | keyboard lock
bloqueo del haz | ray locking
bloqueo del panel frontal | front panel lock
bloqueo del teclado | key (/keyboard) lock
bloqueo eléctrico automático | automatic electric block
bloqueo interno | internal blocking (/congestion)
bloqueo inverso | revertive blocking
bloqueo momentáneo | freezeout
bloqueo para niños | child lock
bloqueo telefónico | telephone block
bloqueo total de las señales | wipeout
bloqueo y desbloqueo intermitente | gating
bloqueo y desbloqueo periódico | gating
bloquete | blockette
BLU = banda lateral única | SSB = single sideband
Bluetooth [*marca registrada de una tecnología de comunicaciones inalámbricas para la creación de redes de área personal*] | Bluetooth
BLUP [*mejor evaluación lineal correcta posible*] | BLUP = best linear unbiased prediction
BM = bobina móvil | VC = voice coil
B/N = blanco y negro | B/W = black and white, W/D = white and dark
BNC [*tipo de conector de bayoneta para cable coaxial*] | BNC = bayonet-Neill-Concelman [*type of connector for coaxial cable*]
BNC [*conector naval británico*] | BNC = British naval connector
BNF [*forma normal de Backus, forma de Backus-Naur*] | BNF = Backus normal form, Backus-Naur form

BNF ampliada | EBNF = extended BNF
bobina | coil, reel, spool, winding
bobina acopladora | pickup coil
bobina actuadora | operating coil
bobina agudizadora | peaking coil
bobina agudizadora en serie | series-peaking coil
bobina alveolar | honeycomb coil
bobina anular | toroidal coil
bobina autoenrollable | self-threading reel
bobina autoinductora | self-inductance coil
bobina auxiliar de arranque | shading coil
bobina basculante | flip coil
bobina captadora | pickup coil
bobina compensadora | bucking (/compound) coil
bobina compensadora de zumbido | hum-bucking coil
bobina con cursor | slide coil
bobina con derivación | tapped coil
bobina con derivaciones | split coil
bobina con núcleo de aire | air-core coil
bobina con núcleo de hierro | iron core coil
bobina con temblador | vibrator coil
bobina con toma | tapped coil
bobina con tomas | split coil, tapped choke
bobina concentrada | focusing coil
bobina conformada | form-wound coil
bobina correctora | correcting (/peaking) coil
bobina de absorción | smoothing choke, series reactor
bobina de accionamiento del relé | relay operating coil
bobina de acoplamiento | mutual inductor, coupling coil
bobina de acoplamiento de fases | phase-balancing coil
bobina de ajuste fino | trim (/trimmer) coil
bobina de alambre | wire coil
bobina de alimentación | battery supply coil, transmission bridge
bobina de antena | aerial coil
bobina de aplanamiento | smoothing choke
bobina de arrollamientos concéntricos | concentric-wound coil
bobina de autoinducción | choke, inductor; choking coil [*obsolete term for inductor*]
bobina de autoinducción aislante de portadora | carrier-isolating choke coil
bobina de autoinducción con entrehierro | air-gap choke
bobina de autoinducción de antena | aerial choke
bobina de autoinducción de carga | charging choke
bobina de autoinducción de carga resonante | resonant charging choke

bobina de autoinducción resonante | resonant charging choke
bobina de barrido | sweeping coil
bobina de cable | cable reel
bobina de calefacción | heating coil
bobina de campo | field coil
bobina de campo en derivación | shunt field coil
bobina de campo inductor en derivación | shunt field coil
bobina de captación | pickup coil
bobina de carga | load (/loading) coil
bobina de carga en circuito físico | side circuit loading coil
bobina de carga en circuito lateral | side circuit loading coil
bobina de carga en circuito real | side circuit loading coil
bobina de carga para circuitos fantasma | phantom circuit loading coil
bobina de chispa | spark coil
bobina de choque | line choking coil
bobina de cinta de cobre | copper strap coil
bobina de compensación | compensating coil
bobina de compensación de ánodos | anode-balancing coil
bobina de contracorriente | reverse current coil
bobina de convergencia | convergence coil
bobina de corrección en derivación | shunt-peaking coil
bobina de corrección en paralelo | shunt-peaking coil
bobina de cuadratura | quad coil = quadrature coil
bobina de cursor | slide coil
bobina de deflexión | deflection (/sweeping) coil
bobina de deflexión de la válvula de rayos catódicos | cathode ray valve deflecting coil
bobina de deflexión electromagnética | electromagnetic deflection coil
bobina de derrame | drainage coil
bobina de desconexión | release coil
bobina de desconexión en derivación | shunt trip coil
bobina de desconexión preferente | preferential trip coil
bobina de desenganche | release coil
bobina de desplazamiento orbital | orbit shift coil
bobina de desviación | saddle (/sweeping) coil
bobina de desviación electromagnética | electromagnetic deflection coil
bobina de detección | search
bobina de devanado conformado | form-wound coil
bobina de devanado no inductivo | noninductively wound coil
bobina de devanado reticular | lattice wound coil
bobina de disco | wafer coil
bobina de disparo | trip (/tripping) coil

bobina de disparo a mínimo de tensión | undervoltage trip coil
bobina de disparo en derivación | shunt trip coil
bobina de disyunción | trip coil
bobina de dos voltajes | dual voltage coil
bobina de electroimán | magnetic coil
bobina de encendido | ignition (/spark) coil
bobina de encuadre de imagen | picture control coil
bobina de enfoque | focus (/focusing) coil, focusing magnet
bobina de equilibrio | balance coil
bobina de excitación | exciting coil
bobina de excitación de oscilaciones | tickler coil
bobina de exploración | exploring (/scanning) coil
bobina de extinción | blowout coil
bobina de ferrita de película delgada | thin-film ferrite coil
bobina de filtro | smoothing choke
bobina de galvanómetro | galvanometer coil
bobina de grabación de sonido | sound-takeoff coil
bobina de Helmholtz | Helmholtz coil
bobina de ignición | ignition coil
bobina de impedancia | impedance coil
bobina de impedancia no lineal | nonlinear coil
bobina de impedancia reguladora | regulating choke coil
bobina de inducción | choke; choking coil [*obsolete term for inductor*]; inductance, inductor, induction (/retard, /retardation) coil, Ruhmkorff coil
bobina de inducción antilocal | antisidetone induction coil
bobina de inducción de corriente proporcional | proportioning reactor
bobina de inducción de radiofrecuencia | radio choke coil
bobina de inducción del equipo de operadora | operator's telephone set induction coil
bobina de inducción devanada en serie | series-wound induction coil
bobina de inducción en derivación | shunt-wound induction coil
bobina de inducción para radiofrecuencia | RF choke = radiofrequency (/radio frequency) choke
bobina de inducción telefónica | telephone transformer
bobina de inductancia | inductance coil, inductor, retard (/retardation) coil
bobina de inductancia de compensación | mutual coil
bobina de inductancia mutua | mutual coil
bobina de inductancia protectora | protective reactance coil
bobina de inductancia variable | variable inductor

bobina de interrupción | trip (/tripping) coil
bobina de la sección osciladora | oscillator section coil
bobina de la señal audible | voice coil
bobina de máxima | overload release coil
bobina de mina submarina | underwater mine coil
bobina de muestra | sampling coil
bobina de neutrodinación | neutralizing coil
bobina de núcleo móvil | slug-tuned coil
bobina de oposición | bucking coil
bobina de placa | plate coil
bobina de polarización del relé | relay bias coil
bobina de purificación | purity coil
bobina de radiofrecuencia | RF coil = radiofrequency coil
bobina de radiofrecuencia de reemplazo universal | universal replacement radiofrequency coil
bobina de reacción | reaction coil, tickler (coil)
bobina de reactancia | inductor, reactance (/reaction, /reactive) coil; choke, choking coil [*obsolete term for inductor*]
bobina de reactancia amortiguadora | quenching choke
bobina de reactancia de inductancia variable | swinging choke
bobina de reactancia estabilizadora | stabilizing choke
bobina de reactancia extintora | quenching choke
bobina de reactancia saturable | saturable choke
bobina de realimentación | tickler (coil)
bobina de regeneración | tickler coil
bobina de registro | stock reel
bobina de regulación | regulating coil
bobina de relé | relay coil
bobina de repetición | repeating coil
bobina de resistencia | resistance coil
bobina de retardo | retard (/retardation) coil
bobina de retención | holding (/retaining) coil
bobina de Ruhmkorff | Ruhmkorff coil
bobina de sincronización por núcleo deslizante | permeability slug-tune coil
bobina de sintonía | tuning coil
bobina de sintonización | trim (/trimmer, /tuning) coil
bobina de sintonización de antena | aerial tuning coil (/inductor)
bobina de solenoide | solenoid coil
bobina de sombra | shading coil
bobina de tensión | voltage coil
bobina de Tesla | Tesla coil (/transformer)
bobina de toma central | centre-tapped inductor

bobina de trabajo | work coil
bobina de trasformador | transformer coil
bobina de varias capas | multilayer coil
bobina de voz | voice coil
bobina deflectora | deflecting (/deflection) coil
bobina deflectora de órbita | orbit shift coil
bobina del campo inductor | exciting coil
bobina del circuito resonante auxiliar | sine wave coil
bobina del oscilador | oscillator coil
bobina del relé | relay winding
bobina del soplador de chispas | spark-blowing coil
bobina del tanque de placa | plate tank coil
bobina desmagnetizadora | degaussing coil
bobina desviadora de órbita | orbit shift coil
bobina duolateral | duolateral coil
bobina eléctrica | electric coil
bobina electromagnética de solenoide | solenoid coil
bobina elemental | winding group
bobina elevadora | elevator coil
bobina en derivación | potential (/shunt, /voltage) coil
bobina en espiral | pancake (/spiderweb, /spiral) coil
bobina en fondo de cesta | spiderweb coil
bobina en forma de disco | wafer coil
bobina en nido de abeja | honeycomb coil
bobina en panal | honeycomb coil
bobina en pilas | pile-wound coil
bobina en serie | series coil
bobina equilibradora | equalizing coil, static balancer
bobina equilibradora de ánodos | anode-balancing coil
bobina equilibradora de fases | phase-balancing coil
bobina excitadora | exciting (/operating) coil, operating winding
bobina excitadora de accionamiento | actuating coil
bobina exploradora | exploring (/flip, /pickup, /probe, /search, /test) coil
bobina fantasma | phantom coil
bobina fija | stationary coil
bobina giratoria | rotating (/rotor) coil
bobina híbrida | hybrid coil
bobina igualadora de derivación a tierra | ground equalizer coil
bobina impregnada | impregnated coil
bobina inductora | exciting (/field) coil
bobina inductora de batería local | local battery inductor coil
bobina inerte | inert coil
bobina intercambiable | plug-in coil, unit coil
bobina limitadora | limiting (/current-limiting) coil

bobina longitudinal | longitudinal coil
bobina maciza | massive coil
bobina magnética | magnetic coil
bobina móvil | moving (/speech, /suspended, /swing, /voice) coil
bobina móvil de altavoz | loudspeaker (/speaker) voice coil
bobina neutralizadora | neutralizing coil
bobina neutralizadora de campo | field-neutralizing coil
bobina no inductiva | noninductive coil
bobina no lineal | nonlinear coil
bobina osciladora | oscillating coil
bobina oval | oval coil
bobina para campanilla | ringer coil
bobina plana | pancake (/slab) coil
bobina primaria | primary coil
bobina Pupin | Pupin coil
bobina pupinizada | Pupin coil
bobina pupinizadora | loading coil
bobina purificadora | purity coil
bobina redonda | round coil
bobina reguladora | regulating coil
bobina repetidora | repeating coil
bobina repetidora de circuito de línea | line circuit repeating coil
bobina repetidora de circuito fantasma | phantom circuit repeating coil
bobina repetidora de circuito lateral | side circuit repeating coil
bobina repetidora fantasma | phantom repeating coil
bobina separadora para balizamiento de torre | tower-lighting isolation coil
bobina símplex | simplex coil
bobina sinusoidal | sine wave coil
bobina sondeadora | probe coil
bobina tanque | tank coil
bobina telefónica | telephone pickup (coil)
bobina telefónica de carga | telephone loading coil
bobina telefónica de inducción | telephone induction coil
bobina telefónica de retardo | telephone retardation coil
bobina telefónica repetidora | telephone repeater coil
bobina telefónica retardadora | telephone retardation coil
bobina terciaria | tertiary coil
bobina térmica | heat coil
bobina térmica autosoldable | self-soldering heat coil
bobina térmica falsa | dummy heat coil
bobina térmica ficticia | dummy heat coil
bobina toroidal | ring (/toroidal) coil
bobina vibratoria | trembler (/vibrator) coil
bobina vocal | voice coil
bobinado | spooling (process); takeup; wind, winding
bobinado A | A wind
bobinado aleatorio | random wound

bobinado bifilar | double winding
bobinado con derivaciones | tapped winding
bobinado con tomas | tapped winding
bobinado cruzado abierto | spaced cross winding
bobinado de control | control winding
bobinado del relé | relay winding
bobinado en derivación | shunt-wound
bobinado en hélice | wound helically
bobinado en jaula de ardilla | squirrel cage winding
bobinado en pilas | pile-wound (coil)
bobinado inductor | field winding
bobinado no inductivo | noninductive winding
bobinado secundario | secondary winding
bobinado terciario | tertiary coil (/winding)
bobinador | bobbin, winder
bobinador de cinta | (tape) winder
bobinador de cinta magnética | magnetic tape deck (/handler)
bobinador en continuo | streamer
bobinadora | winding machine
bobinar | to spool in, to wind
bobinas de Rogovski | Rogovski coils
bobinas mutuamente acopladas | mutually coupled coils
BOC [denominación genérica de las compañías de ATT] | BOC = Bell operating company
boca | hub, mouthpiece, orifice, spout
boca de bocina | horn mouth
boca de conducto | mouthpiece
boca de contacto del selector | selector pickup hub
boca de control de selector | selector control hub
boca de perforación de X | X-punching plug hub
boca de una bocina | mouth of a horn
boca del conducto | mouth shield
bocina | acoustic horn; loud hailer [UK], horn [USA]; mouthpiece
bocina acústica | acoustic horn
bocina bicónica | biconical horn
bocina celular | cellular horn
bocina circular | circular horn
bocina compuesta | compound horn
bocina con corrección de fase | phase-corrected horn
bocina cónica | conical horn
bocina curvada | hog horn
bocina de alarma | warning horn
bocina de aviso | warning horn
bocina de ganancia normalizada | standard gain horn
bocina de gran abertura | wide-angle horn
bocina doblada | folded horn
bocina electromagnética | electromagnetic horn
bocina exponencial | exponential horn
bocina exponencial invertida | inverted exponential horn

bocina granangular | wide-angle horn
bocina hiperbólica | hyperbolic horn
bocina logarítmica | logarithmic horn
bocina multicelular | multicellular loudspeaker
bocina piramidal | pyramid(al) horn
bocina plegada | folded horn
bocina repartida | sectoral (/sectorial) horn
bodega de radio | radio equipment bay
boffle [caja de altavoces con pantallas absorbentes elásticas agrupadas] | boffle
bola | ball, bead
bola de avance | advance ball
bola de chispa | sparking ball
bola de fuego | ball of fire, fireball
bola de mando [del cursor] | trackball
bola de reflexión | baffle bead
bola de seguimiento | trackball
bola de seguimiento virtual | virtual trackball
bola de traba | lock ball
bola rodante | trackball, trackerball
boletín de avería | fault card
boletín de correo | mail digest
boletín de encaminamiento | routing bulletin
boletín diario [en redes informáticas] | message of the day
bolómetro | bolometer
bolómetro coaxial | coaxial bolometer
bolómetro de hilo | barretter
bolómetro de termistor | thermistor bolometer
bolsa | bag; multiset
bolsillo | pocket
bomba | pump; bomb [weapon]
bomba A = bomba atómica | A bomb = atomic bomb
bomba atómica | atomic bomb
bomba atómica nominal | nominal atomic bomb
bomba buscadora del blanco por radar propio | radar-homing bomb
bomba con espoleta activada por radio | radio bomb
bomba de aceleración | acceleration pump
bomba de aeromotor | wind pump
bomba de álabes | vane pump
bomba de aletas | vane pump
bomba de amplificador paramétrico | parametric amplifier pump
bomba de cobalto | cobalt bomb
bomba de conducción | conduction pump
bomba de correo electrónico [mensajes de longitud excesiva] | mail-bomb
bomba de difusión | diffusion pump, pump diffusion
bomba de difusión de aceite | oil diffusion pump
bomba de evacuación previa | roughing pump
bomba de flujo | flux pump
bomba de hidrógeno | hydrogen bomb

bomba de iluminación | photoflash bomb
bomba de implosión | implosion weapon
bomba de motor eólico | wind pump
bomba de paletas | vane pump
bomba de plutonio | plutonium bomb
bomba de primera etapa | fore pump
bomba de vacío | vacuum pump
bomba de vacío Sprengel | Sprengel pump
bomba de vapor | vapour pump
bomba del refrigerante | coolant pump
bomba difusora por vacío | vacuum diffusion pump
bomba dirigida por radio | radio-guided bomb
bomba electromagnética | electromagnetic pump
bomba electromagnética mecánica | mechanical electromagnetic pump
bomba electrónica [técnica para destrucción de información por correo electrónico] | e-bomb
bomba H | H bomb
bomba iónica | ion pump
bomba iónica de adsorción | getter ion pump
bomba limpia | clean bomb
bomba lógica [error de programación que se manifiesta sólo bajo ciertas condiciones] | logic bomb
bomba luminosa | photoflash bomb
bomba neumática | vacuum pump
bomba nuclear | nuclear bomb (/weapon)
bomba previa | fore pump
bomba rotativa de álabes | vane pump
bomba rotativa de aletas | vane pump
bomba rotativa de alto vacío | vacuum forepump
bomba rotativa de paletas | vane pump
bomba Sprengel | Sprengel pump
bomba sucia | dirty bomb (/weapon), salted bomb
bomba térmica | thermoelectric heat pump
bomba termoeléctrica | thermoelectric heat pump
bombardear | to shell; [enviar grandes cantidades de correo electrónico para bloquear un servidor] to spam
bombardeo | bombardment; [de grandes cantidades de correo con el propósito de bloquear el servidor] spam
bombardeo asistido por radar | radar bombing (/drop)
bombardeo con protones | proton bombardment
bombardeo de átomos rápidos | fast atoms bombardment
bombardeo del núcleo | nuclear bombardment
bombardeo electrónico | electron bombardment
bombardeo iónico | ion bombardment

bombardeo múltiple | cross bombardment
bombardeo por encima de las nubes | overcast bombing
bombardeo por neutrones | neutron bombardment
bombardeo sincrónico por radar | synchronous radar bombing
bombardeo sincronizado por radar | radar synchronous bombing
bombardero | [*avión que lanza bombas*] bombardier; [*persona que envía grandes cantidades de correo electrónico con objeto de bloquear el servidor*] | spammer
bombardero asistido por radar | radar bombardier
bombardero catódico | cathodic bombardment
bombeado | pumped
bombeado magnético | magnetic pumping
bombear | to pump
bombeo | pumping
bombeo óptico | optical pumping
bombeo por impulsos | pulse pumping
bombilla | bulb
bombilla de neón | neon bulb
bombilla móvil | map light
bondad de la soldadura | weld soundness
bonificar | to upgrade
booleano | Boolean
BOOTP [*protocolo de arranque y asignación*] | BOOTP = bootstrap protocol
boquilla | bushing, mouthpiece, nozzle, spout
boquilla de borne | terminal bushing
boquilla del soplete de soldar | welding tip
boquilla rociadora | spray head
boral [*mezcla de carburo de boro y aluminio absorbedora de neutrones*] | boral
borde | border, edge, edging, skirt
borde afilado | sharp edge
borde anterior | leading edge
borde anterior empinado | steep front
borde de absorción | absorption edge
borde de dimensionamiento | size border
borde de impulso de tensión | voltage edge
borde de la banda de absorción | edge absorption
borde de la ventana | window border
borde de onda de tensión | voltage edge
borde de oscilación | verge of oscillation
borde de ventana | window border
borde del conector | connector edge
borde derecho de la ventana | right window border
borde desechable | scrap border
borde inferior de la ventana | bottom window border
borde izquierdo de la ventana | left window border
borde posterior | trailing edge
borde superior de la ventana | top window border
bordeamiento de color | colour fringing
borna | binding post, bushing, post, stud, terminal (pole)
borna de conexión | connecting terminal
borna de fase | line terminal
borna de puesta a tierra | earth terminal
borna de tierra | earth terminal
borna indicadora | cable marker; marking post
borna negativa | negative terminal
borne | connecting terminal, lug, plug, pole piece, post, stud, tag, terminal (pole)
borne blindado | shielded terminal
borne de alimentación [*eléctrica*] | supply terminal
borne de comprobación | test terminal
borne de cortocircuito | shorting terminal
borne de fase | phase terminal
borne de férula | ferrule terminal
borne de la bujía | spark plug terminal
borne de presión | binding post
borne de prueba | test terminal
borne de puesta a tierra | earth (/ground, /grounding) terminal
borne de tierra | earth terminal
borne de tornillo | terminal screw
borne desconocido | unknown terminal
borne indicador | cable marker, marking post
borne negativo | negative terminal
borne neutro | neutral terminal
borne positivo | positive (terminal)
borne roscado | screw (/threaded) terminal
bornes en circuito abierto | open-circuited terminals
boro | boron
borrado | blackout, blanking, deletion, erasure
borrado acimutal | azimuth blanking
borrado automático | self-erasure
borrado automático de pantalla | auto screen blanking
borrado de bordes | trim erase
borrado de corriente continua | DC erasing
borrado de impulsos | pulse deletion
borrado de retorno | retrace blanking
borrado del haz | beam blanking
borrado disponible | erase enable
borrado horizontal | horizontal blanking
borrado por corriente alterna | AC erase
borrado por corriente continua | DC erase
borrado por el cable de conexión | cleared by jumper
borrado selectivo | selective (/spot) erase
borrado total | full erase
borrado variable | variable erase
borrado vertical | vertical blanking
borrador | eraser; draft
borrador de datos superfluos [*por ejemplo secuencias de ceros*] | media eraser
borrador de dibujo modelo | artwork layout sketch
borrador de pantalla | screen blanker
borrador de programa [*programa hecho con prisas o de forma provisional*] | kludge
borrador volumétrico | bulk eraser
borrar | to clear, to delete, to erase, to reset; [*un archivo, un directorio o un disco*] to nuke
borrar definitivamente [*un archivo*] | to zap
borrar icono | to clear icon
borrar todo | to clear all
borrosidad | smear
BORSCHT [*conjunto de funciones para abonados analógicos*] | BORSCHT
bosón [*partícula con espín nulo o de número par*] | boson
bot [*en internet, programa para enviar correo masivo*] | bot
BOT [*en informática, automatismo que de otro modo habría que realizar manualmente*] | BOT
botador de válvula | valve tappet
botella | jar, bottle
botella de Leyden | Leyden jar
botella magnética | magnetic bottle
botón | button, knob
botón con presión por muelle | spring-loaded button
botón de activación | pushbutton, push button
botón de apertura calibrada del bucle | flash key
botón de armadura | armature stud
botón de audio | audio button
botón de bloqueo | lock button
botón de bomba [*en páginas web*] | button bomb
botón de cierre [*para cerrar una ventana en Windows*] | close button
botón de desplazamiento | arrow button
botón de encendido/apagado | power on/off button
botón de encendido de la unidad del sistema | system module power switch
botón de encendido / suspensión / reanudación | on / suspend / resume button
botón de expansión | expand button
botón de flash | flash key
botón de ganancia de micrófono | microphone gain button
botón de interruptor de alimentación | power switch button

botón de la barra de herramientas | smart button
botón de las decenas | tens knob
botón de liberación | release button
botón de línea de servicio | call wire button (/key), order-wire button (/key)
botón de lista | list button
botón de lista en cascada | list cascade button
botón de manipulación | manipulation button
botón de maximar | maximize button
botón de menú | menu button
botón de menú en cascada | menu cascade button
botón de menú para opciones en cascada | option menu cascade button
botón de micrófono | microphone button
botón de minimar | minimize button
botón de nivel superior | top level button
botón de opción | option button
botón de opciones | options button
botón de órdenes | command button
botón de parada automática | preset button
botón de presión | press button
botón de radio | radio button
botón de registrador | register (/signal) key
botón de reinicialización | reset button
botón de reposición | reset button, press-to-reset button
botón de restablecimiento | restore button
botón de retención | holdup button
botón de salida | exit button
botón de selección | radio (/select, /selection) button
botón de tarea | task button
botón de telemando | remote-control pushbutton
botón de tierra | grounding key
botón de trasferencia | transfer button
botón de verificación | check button
botón de visualización y supresión del subpanel | subpanel posting arrow
botón del menú de la ventana | window menu button
botón del ratón | mouse button
botón deslizante | slider
botón enmudecedor | mute button
botón fin de sesión | logout button
botón maximizar | maximize button
botón micrométrico | vernier knob
botón para selección de color | colour button
botón para suspender/reanudar | suspend/resume button
botón partido | split knob
botón por defecto [que se activa automáticamente al pulsar la tecla de entrada] | default button
botón pulsador | press button

botón taponador | plug button
botón virtual | virtual button
botonera | keyboard, keypad, keyset; push buttons, pushbutton bank (/strip)
botones de cascada | cascading buttons
BOV [plano operacional de negocio electrónico] | BOV = business operational view
bóveda acústica | acoustic vault
bóveda de trasformadores | transformer vault
bóveda reverberante | acoustic vault
boya acústica | sonobuoy
boya de balizaje | seadrome buoy
boya de final de cable | telegraph buoy
boya emisora | transmitting buoy
boya luminosa | seadrome light
boya para cable submarino | cable buoy
boya radárica | radar marker float
boya radiohidrofónica | radio sonobuoy
boya sonora | sonobuoy
boya trasmisora | transmitting buoy
bozo [nombre que recibe una persona excéntrica en foros de internet] | bozo [fam]
BPB = bloque de parámetros BIOS | BPB = BIOS parameter block
BPE [editor de procesos de negocio (en transacciones electrónicas)] | BPE = business process editor
BPF [filtro pasabanda] | BPF = band-pass filter
bpi [bits por pulgada: densidad de almacenamiento de la información en un soporte magnético] | bpi = bits per inch
bpi/cpi [bits por pulgada / caracteres por pulgada] | bpi/cpi = bit per inch / character per inch
B-PON [trasmisión en banda ancha sobre red óptica pasiva] | B-PON = broad band-PON
bpp = bits por píxel | bpp = bits per pixel
bps = bits por segundo | bps = bits per second
BPSK [modulación de fase binaria para navegación] | BPSK = binary phase shift keying
bpt [bits por pista] | bpt = bits per track
BQP [programa de cualificación Bluetooth] | BQP = Bluetooth qualification programme
Br = bromo | Br = bromine
BR [registro de arranque] | BR = boot register
branerita [titanato complejo de uranio y otros elementos] | brannerite
brasero para soldar | furnace
brazalete antiestático | antistatic wrist strap
brazo | arm, stub
brazo amortiguador | tension arm
brazo cedente | yield arm

brazo con amortiguamiento de aceite | oil-damped arm
brazo con amortiguamiento viscoso | viscous-damped arm
brazo con muelle antagonista | spring-loaded arm
brazo de acceso | access (/head) arm
brazo de cabezal | head arm
brazo de contacto deslizante | wiper (/sliding-contact) arm
brazo de control | control arm
brazo de control de espacios | space control arm
brazo de enclavamiento de corrección | correcting clamp arm
brazo de exploración paralela | parallel-tracking arm
brazo de fonocaptor | tone arm
brazo de lámpara | fixture
brazo de lectura lineal | straight line tracking arm
brazo de liberación de la palanca de enclavamiento | lock lever release arm
brazo de llamada | steady arm
brazo de prolongación de cifras | figures extension arm
brazo de reactancia | (nondissipative) stub
brazo de reactancia coaxial | coaxial stub
brazo de reactancia deslizante | sliding stub
brazo de red | network arm
brazo de relación del trasformador | transformer ratio arm
brazo de retención | steady brace
brazo de semáforo | semaphore blade
brazo de seguridad | guard arm
brazo de tensión | tension arm
brazo de tipo trasformador | transformer-type arm
brazo de trole | trolley frog
brazo del fonocaptor | pickup arm
brazo equilibrado dinámicamente | dynamically-balanced arm
brazo equilibrado estáticamente | statically balanced arm
brazo extensible | boom
brazo fonocaptor | pickup arm
brazo fonocaptor radial | radial tone-arm
brazo fonocaptor tangencial | tangential pickup arm
brazo impresor | printing arm
brazo móvil | movable (/sliding) arm
brazo oscilante | swinging arm
brazo tensor | tension arm
brazo terminal | terminal leg
brazo termoeléctrico | thermoelectric arm (/leg)
brazo termoeléctrico gradual | graded thermoelectric arm
brazos de proporción | ratio arms
BRB [vuelvo enseguida; expresión usada en el chat para indicar una breve ausencia] | BRB = (I'll) be right back
brecha aniónica | anion gap

brevio [*uranio X2*] | brevium
BRI [*interfaz de acceso básico*] | BRI = basic rate interface
BRI ISDN [*interfaz para red digital de servicios integrados con velocidad de trasmisión básica*] | BRI ISDN = basic rate interface integrated services digital network
brida | clip, flange, latch, stirrup, strip
brida atornillada | screwed-on flange
brida de bobina de autoinducción | choke flange
brida de conexión sin soldadura | solderless flange
brida de guiaondas | waveguide flange
brida de tierra | earth strip
brida de toma a tierra | ground clamp
brida plana | plain coupling
brida roscada | screwed flange
brigada | operator's team (/tour)
brillantez | bounce, brilliance
brillo | brightness, brilliance
brillo anormal | abnormal glow
brillo catódico | cathode glow
brillo celeste | skyshine
brillo de cátodo | cathode glow
brillo de equilibrio | equilibrium brightness
brillo de fondo | background brightness
brillo de imagen | brightness of image, picture brightness
brillo de pantalla | screen brightness
brillo de una superficie | brightness of a surface
brillo espacial | skyshine
brillo intrínseco | intrinsic brightness
brillo negativo | negative glow
brisa eléctrica | electric breeze (/wind)
brocha [*en programas gráficos, herramienta para dar un color a una superficie*] | paintbrush
brocha de pelo de marta cebelina | sable brush
broche | clip
broche de presión | trimount
bromo | bromine
bronce fosforoso | bronze phosphor, phosphor bronze
browser [*programa que permite acceder al servicio WWW*] | browser
brújula | (gyrostatic) compass
brújula aperiódica | aperiodic compass
brújula de aterrizaje | landing compass
brújula de declinación | declinometer
brújula de flujo-impulso | flux gate compass bearing
brújula de inclinación | inclinometer
brújula de inducción | induction compass
brújula de inducción terrestre | flux gate compass
brújula de senos | sine galvanometer
brújula de válvula de flujo | flux gate compass

brújula giromagnética | gyromagnetic (/gyro flux gate) compass
brújula giromagnética esclava | slaved gyromagnetic compass
brújula giroscópica | compass, gyrocompass, gyroscopic compass
brújula giroscópica de puerta de flujo | gyro flux gate compass
brújula Magnesy | Magnesy compass
brújula magnética | magnetic compass
brújula radiogoniométrica | radio compass (bearing)
brújula solar | sun compass
bruñido químico | chemical colouring
bruñidor de contactos | burnisher
brusco | sharp
brusquedad | sharpness
BS [*tecla de retroceso*] | BS = backspace
b/s = bits por segundo | bps = bits per second
BSC [*canal simétrico binario*] | BSC = binary symmetric channel
BSC [*comunicaciones sincrónicas binarias*] | BSC = binary synchronic communications
BSC [*controlador de estación base*] | BSC = base station controller
BSS [*subsistema de estación base*] | BSS = base station subsystem
BSS [*conjunto de servicios básicos*] | BSS = basic service set
BT [*compañía británica de telecomunicaciones*] | BT = British Telecom
BT = baja tensión | LT = low tension
BTAM [*procedimiento básico de acceso a las telecomunicaciones*] | BTAM = basic telecommunications access method
BTM [*módulo de trasmisión por balizas*] | BTM = balise transmission module
BTS [*estación base de trasmisión, estación trasceptora base*] | BTS = base transceiver station
BTU [*unidad térmica británica*] | BTU = Britisch thermal unit
bucle | loop
bucle abierto | open loop
bucle activo | active loop
bucle CD [*bucle de acoplamiento por diodo único*] | CD loop [*single-diode loop*]
bucle cerrado | closed loop
bucle colector de radiofrecuencia | RF pickup loop
bucle con acoplamiento central | centre-coupled loop
bucle de abonado | subscriber loop
bucle de abonado digital asimétrico | asymmetric digital subscriber loop
bucle de acoplamiento | coupling loop
bucle de acoplamiento de salida | output coupling loop
bucle de acoplamiento por diodo único | single-diode loop
bucle de alimentación segmentada | segmented feed loop
bucle de cinta | tape loop

bucle de control de realimentación | feedback control loop
bucle de corrección de fase | phasing link
bucle de corriente de tierra | ground loop current
bucle de devanado dividido | split-winding loop
bucle de enganche de fase | phase-locked loop
bucle de espera | spin block
bucle de histéresis | hysteresis loop
bucle de histéresis intrínseca | intrinsic hysteresis loop
bucle de histéresis rectangular | square hysteresis loop
bucle de larga distancia | long distance loop
bucle de línea | line loop
bucle de medición | measuring (/test) loop
bucle de Murray | Murray loop
bucle de paso cero | zero-trip loop
bucle de procesador externo | external processor loop
bucle de programa | program loop
bucle de prueba | loopback, test loop; maintenance test
bucle de reacción positiva | regenerative loop
bucle de recepción | receive loop
bucle de recuento | counting loop
bucle de regeneración | regenerative loop
bucle de retorno | loopback
bucle de salida | loopback
bucle de servomecanismo | servoloop
bucle de trasmisión | send (/transmitting) loop
bucle de Varley | Varley loop
bucle detector de obstrucciones | plugging loop
bucle FOR [*para ejecutar una función un número determinado de veces*] | FOR loop
bucle hágase | do loop
bucle hágase-mientras | do-while loop
bucle infinito | infinite loop, open-ended
bucle menor | minor loop
bucle mientras | while loop
bucle principal | major (/main) loop
bucle rectangular | square loop
bucle regulador automático de fase fija | automatic phase locked loop
bucle repítase hasta | repeat-until loop
bucle sin fin | endless loop
buen equilibrio sonoro | smooth sound blending
buen rendimiento en la explotación de los circuitos | efficient circuit use
buena articulación | good articulation
buena geometría | good geometry
búfer | buffer
búfer de avance de caracteres | type-ahead buffer
búfer de línea | line buffer
búfer de cuadro | frame buffer

búfer de datos | data buffer
búfer de memoria | disc buffer
búfer de órdenes | command buffer
búfer de regeneración [*de vídeo*] | regeneration buffer
bujía | candle, (spark) plug
bujía blindada | screened sparkplug
bujía con aislador de porcelana | porcelain sparkplug
bujía con puntas platinadas | platinum-pointed plug
bujía con resistencia | resistor sparkplug
bujía con resistencia supresora | resistor sparkplug
bujía de encendido | ignition (/spark) plug
bujía de Hefner | Hefner candle
bujía de pie [*unidad fotométrica igual a un lumen por pie cuadrado*] | foot candle [*photometric unit equal to one lumen per square foot*]
bujía esférica | spherical candlepower
bujía internacional | international candle
bujía normalizada | standard candle
bujía patrón | standard candle
bulo | hoax
buque cablero | telegraph ship
buque centinela de radar | radar picket ship
buque con radar | radar ship
buque con un solo operador | single-operator ship
buque con un solo radiotelegrafista | single-operator ship
buque-estación determinado | selected ship station
burbuja | blowhole, bubble
burbuja magnética | magnetic bubble
burbujeo | gassing
burofax [*servicio que interconecta oficinas de correos entre sí mediante fax*] | burofax
bus [*línea común de trasmisiones*] | bus, highway, trunk
bus A/D = bus analógico/digital | A/D bus = analogue/digital bus
bus analógico/digital | analogue/digital bus
bus bidireccional | bidirectional bus
bus de acceso [*bus bidireccional para periféricos*] | access bus
bus de alta velocidad | high speed bus
bus de contraseña | token bus
bus de control | control bus
bus de datos | data bus
bus de datos bidireccional | bidirectional data bus
bus de direcciones | address bus
bus de entrada/salida | input/output bus
bus de escritorio | desktop bus
bus en estrella [*topología de red*] | star bus
bus de expansión | expansion bus
bus de interfaz | interface bus
bus de interfaz de aplicación universal | general purpose interface bus
bus de interfaz universal | general-purpose interface universal bus
bus de paso | token bus
bus de tierra | ground bus
bus de trasferencia de dígito | digit transfer bus
bus del sistema | system bus
bus E/S = bus de entrada/salida | I/O bus = input/output bus
bus lineal | linear bus
bus local | local bus
bus local PCI [*bus local para interconexión de componentes periféricos*] | PCI local bus = peripheral component interconnect local bus
bus multiplexado | multiplexed bus
bus pasivo corto | short passive bus
bus pasivo extendido [*bus de usuario RDSI*] | extended passive bus
bus PCI | PCI bus
bus SCSI | SCSI bus
bus serie de alto rendimiento | high performance serial bus
bus serie universal | universal serial bus
bus unidireccional | unidirectional bus
bus VL [*bus local VESA*] | VL bus = VESA local bus
busca [*avisador de llamada telefónica que puede incluir un breve mensaje escrito*] | beeper
buscador | catwhisker, finder (switch), searcher, seeker, testing spike; search engine
buscador de auxiliares | code finder
buscador de blanco | target seeker
buscador de calor | heat speeker, heatseeker; infrared homer
buscador de clavijas | jack finder
buscador de enlaces | finder junctor, junction finder (/hunter), junctor finder, trunk hunting switch
buscador de enlaces de llegada de dos etapas | two-stage incoming junction finder
buscador de equipos auxiliares | auxiliary finder
buscador de fuentes | source follower
buscador de infrarrojos | infrared homer
buscador de línea | linefinder, line finder (/selector)
buscador de línea auxiliar | trunk hunting switch
buscador de líneas | first line-finder, primary line switch
buscador de llamada | line finder
buscador de llamadas | call finder
buscador de margen | range finder
buscador de memoria | counter search
buscador de objetivo | target seeker
buscador de perturbadores | jammer finder
buscador de registrador | sender selector
buscador de registros | register finder
buscador de registros de llegada de dos etapas | two-stage incoming junction finder
buscador de registros de una etapa | one-stage register finder
buscador de web | wanderer, spider
buscador del sol | sunseeker
buscador distribuidor | distributing finder
buscador editor | diagnotor
buscador fotoeléctrico | photoelectric scanner
buscador indirecto | indirectly connected finder
buscador intermedio | intermediate finder
buscador ordinario | indirectly connected finder
buscador por barrido | scanner
buscador por rastreo | scanner
buscador primario | first line-finder, primary line switch
buscador secundario | second line-finder, secondary finder
buscafuentes | source follower
buscapersonas | paging system
buscapolos | pole finder, polarity tester (/finder)
buscar | to search, to seek
buscar cadena | to string search
buscar carpeta | to search folder
buscar conjunto | to find set
buscar conjunto de icono | to find icon set
buscar hacia adelante | to find forward
buscar hacia atrás | to find backward
buscar infructuosamente | to grovel
buscar por fecha | to go to date
buscar texto [*con la utilidad grep de UNIX*] | to grep
buscar y remover el primer elemento [*de una pila de datos*] | to pop
búsqueda | finding, hunting action, search, searching
búsqueda a ciegas | blind search
búsqueda activa | active homing
búsqueda activa del blanco | active homing
búsqueda arbórea | tree search
búsqueda automática [*de línea libre*] | hunting
búsqueda binaria | binary (/dichotomizing) search
búsqueda booleana | Boolean search
búsqueda contextual | contextual search
búsqueda continua | continuous hunting
búsqueda de área [*en un conjunto de documentos*] | area search
búsqueda de barrido paralelo | parallel sweep search
búsqueda de dirección por radio | radio direction finding
búsqueda de documentos | document retrieval
búsqueda de encadenamiento | chaining search

búsqueda de enlaces | trunk (/link) hunting
búsqueda de Fibonacci | Fibonacci search
búsqueda de la sección áurea | golden section search
búsqueda de línea | pathfinding
búsqueda de línea auxiliar | trunk hunting
búsqueda de nombre | name look-up
búsqueda de personas por altavoces | voice paging
búsqueda de primera profundidad | depth first search
búsqueda de retroceso | backtracking
búsqueda de superficie | surface search
búsqueda del blanco | target finding
búsqueda dicotomizada | dichotomizing search
búsqueda en cadena | chaining search
búsqueda en propio nombre [*en internet*] | ego-surfing
búsqueda en tabla | table look
búsqueda encadenada | chaining search
búsqueda estructurada [*para limitar los movimientos del cabezal de lectura/escritura en el disco duro*] | elevator seeking
búsqueda indexada | indexed search
búsqueda por catálogo | catalogue search
búsqueda por dirección calculada | hash search
búsqueda por índices | indexed search
búsqueda por líneas | linear search
búsqueda por texto completo | full-text search
búsqueda primera de anchura | breadthfirst search
búsqueda secuencial | sequential search
búsqueda sensible de la caja [*mayúsculas y minúsculas*] | case-sensitive search
búsqueda y rescate [*datos*] | search and rescue
búsqueda y sustitución | search and replace
búsqueda y sustitución integral | global search and replace
buzón | box; letter box [UK], mailbox [USA]
buzón de correo electrónico | e-mail box = electronic mail box
buzón de correspondencia devuelta | dead-letter box
buzón de entrada | inbox
buzón de salida [*de mensajes listos para enviar*] | outbox
buzón de voz | audiobox; [*en correo electrónico*] box
buzón del correo electrónico | mail box
buzón electrónico [*para correo*] | electronic mailbox
buzón principal [*en correo electrónico*] | inbox
BYE [*paquete de control que establece el fin de la participación en la sesión de comunicación*] | BYE
byte [*entre ocho, 1 byte = 8 bit*] | byte = by eight
byte alto [*que contiene los bits más significativos*] | high byte
byte de bloqueo | lock byte
byte de firma | signature byte
byte de inicio | start byte
bytes por pulgada | bytes per inch

C

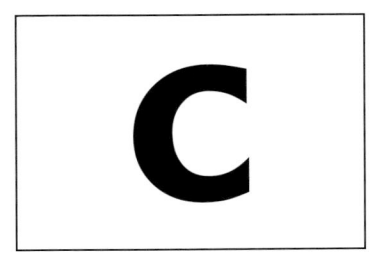

C = capacidad | **C** = capacitance
C = carbono | **C** = carbon
C = condensador | **C** = capacitance
C4 [*mando de control para comunicaciones y ordenadores*] | **C4** = command control communications and computer
C negativo | C minus
C positivo | C plus
c. = canal | CH, CHNL = channel
Ca = calcio | Ca = calcium
CA = comienzo de archivo [*código previo al primer byte de un archivo*] | BOF = beginning of file
CA, c.a. = corriente alterna | AC, a.c. = alternating current
CA = cuenta atrás | CD = count down
C/A [*código de adquisición grosera (secuencia seudoaleatoria asociada a cada satélite)*] | C/A = coarse/acquisition
CA rectificada = corriente alterna rectificada | rectified AC = rectified alternating current
CAA = control automático de la amplificación | AGC = automatic gain control
caballete | rider, roof bracket, stillage
caballo de fuerza | horse power
caballo de Troya | trojan, Trojan horse
caballo de vapor | horsepower
cabeceo | pan (down), pitch, roll
cabecera | header
cabecera de cinta | tape header
cabecera de clavo | nail heading
cabecera de grupo | group heading
cabecera de guía | leader
cabecera de la carpeta actual | current folder header
cabecera de la ruta con iconos | iconic path header
cabecera de mensaje | message header; [*en correo electrónico*] mail header
cabecera (de mensaje) analizada sintácticamente | parsed header
cabecera de autenticación [*protocolo de internet*] | authentication header
cabecera de página | running head
cabecera de sección [*en Macintosh*] | zone header
cabecera del archivo | file header, top-of-file
cabecera del paquete [*de datos*] | packet header
cabecera guía | leader
cabecera lateral [*a un lado de un documento impreso*] | side head
cabecera no analizada sintácticamente [*en mensajes electrónicos*] | non-parsed header
cabeza | head; [*de letra*] ascender
cabeza anular | ring head
cabeza borradora | erase (/erasing) head
cabeza borradora de continua | direct current erasing head
cabeza borradora de corriente alterna | alternating-current erasing head
cabeza borradora de imán permanente | PM erasing head
cabeza caliente | hot head
cabeza cortadora | cutter, cutting head
cabeza cortadora de discos | record cutter
cabeza de banda | band head
cabeza de bola [*con tipos para imprimir, sobre todo en máquinas de escribir eléctricas*] | type ball
cabeza de borrado | erase head
cabeza de borrado de corriente alterna | AC erase head
cabeza de borrado de imán permanente | permanent magnet erase (/erasing) head
cabeza de borrado por corriente continua | DC erasing head
cabeza de borrado selectivo | selective erase head
cabeza de cable | pot head, cable distributing head; sealed chamber terminal
cabeza de cinta | tape head, run-in tape
cabeza de clavija | tip of plug
cabeza de corte | cutting head
cabeza de entrehierro corto | short gap head
cabeza de escritura | write head
cabeza de grabación | recording head
cabeza de grabación en anillo | ring recording head
cabeza de grabación magnética | magnetic recording head
cabeza de grabación mecánica | mechanical recording head
cabeza de grabación y reproducción | record/play head, recording/playback head, recording-reproducing head
cabeza de guerra | warhead
cabeza de impresión | printhead, print head
cabeza de lectura | read (/reading) head
cabeza de lectura/escritura | read/write head
cabeza de lectura fonográfica | phonograph cartridge
cabeza de lista | list head
cabeza de manipulación automática | transmitter head
cabeza de radiofrecuencia | RF head
cabeza de registro | recording head
cabeza de registro en anillo | ring recording head
cabeza de registro magnético | magnetic recording head
cabeza de reproducción | playback (/reproduce, /reproducing) head
cabeza de reproducción simultánea | simultaneous playback head
cabeza de tornillo | screwhead
cabeza de trasmisión | transmitter (/transmitting) head
cabeza de trasmisión automática | auto-head
cabeza de trole | trolley head
cabeza de válvula | valve head
cabeza del contador de centelleos | scintillation counter head
cabeza del trasductor | transducer head
cabeza electrónica de guiado | electronic homing head

cabeza en anillo | ring head
cabeza estereofónica | stereophonic head
cabeza exploradora | scanning head
cabeza fija [de una unidad de disco] | fixed head [of a disk drive]
cabeza fonocaptora | pickup cartridge
cabeza grabadora | cutter, cutting head, record (/recording) head
cabeza grabadora de discos | record cutter
cabeza hiperbólica | hyperbolic head
cabeza láser | laser head
cabeza lectora | headshell, pickup (/playback, /read, /reproduce) head
cabeza magnética | magnetic head
cabeza magnética anular | ring head
cabeza magnética de doble pieza polar | double pole piece magnetic head
cabeza magnética de reproducción | magnetic reproducing head
cabeza magnética en anillo | ring head
cabeza magnética unipolar | single-pole-piece magnetic head
cabeza micrométrica de cortocircuito | short-circuit micrometer head
cabeza monitora | monitor head
cabeza multipista | multitrack head
cabeza reproductora | reproduce head
cabeza sonora | sound head (/lead)
cabeza unipolar | single-pole head
cabezal | head
cabezal basculante | tilt head
cabezal de borrado de audio | audio erase
cabezal de escáner | scan head
cabezal de escritura | write head
cabezal de impresión | printhead, print head
cabezal de inserción | insertion head
cabezal de la pértiga del trole | trolley head
cabezal de radar | radar head
cabezal de soldadura | welding head
cabezal del balancín para montaje de cámara | television camera cradle head
cabezal estanco | header
cabezal estereoscópico | stereoscopic head
cabezal exterior del conducto de servicio | weather head
cabezal fijo explorador de cinta | stationary tape-sensing head
cabezal inclinable | tilt head
cabezal indicador | cuehead
cabezal magnético | magnetic head
cabezal magnético de grabación | magnetic recording head
cabezal magnetorresistivo gigante [de IBM] | giant magnetoresistive head
cabezal móvil | capstan
cabezal sensible | sensing head
cabezal soldador | welding head
cabezas desplazadas | offset heads
cabezas en línea | inline heads

cabezas escalonadas | staggered heads
cabezas superpuestas | stacked heads
cabezón de red [expresión familiar que designa un adicto a la red informática] | nethead
cabina | kiosk
cabina apantallada | shielded room
cabina blindada | shielded room
cabina de conducción | driver's cabin
cabina de información | information kiosk
cabina de llamada radiotelefónica | radio callbox
cabina de trasformadores | transformer kiosk
cabina Doppler | Doppler cabinet
cabina telefónica pública | public call box (/office), public telephone booth (/kiosk, /station)
cable | cable (conductor), cord, lead, wire
cable a presión | pressure cable
cable achatado | flat switchboard cable
cable activo | hot wire
cable aéreo | aerial (/overhead) cable, open wire
cable aislado | insulated cable (/wire)
cable aislado con paraguta | paragutta-insulated cable
cable aislado con polietileno | polyethylene-insulated cable
cable aislado con seda | silk-insulated cable
cable alimentador | feeder (/power) cable
cable alimentador a tierra | ground power cable
cable alimentador primario | primary feeder
cable almacenado | stock cable
cable ancho | width cable
cable anular | ring (cable) system
cable apantallado | armoured (/shielded) cable
cable apantallado con dos conductores | twinax pair
cable aplanado | flat switchboard cable
cable ascendente | rise cable
cable AUI | AUI cable
cable autosustentador | self-supporting aerial cable
cable auxiliar | emergency cable
cable auxiliar de suspensión | additional steel suspension, support strand
cable bajo revestimiento de acero inoxidable | stainless-steel-sheathed cable
cable bajo yute | jute-protected cable
cable barnizado | varnished cable
cable bifilar | twin wire, twin-line, twin-core cable, twin-lead cable (/wire), two-conductor cable, two-core cable, two-wire cable
cable bifilar apantallado | shielded pair
cable bifilar blindado | shielded pair

cable bifilar tubular | tubular twin-conductor cable
cable bipolar | twin (/twin-core) cable, two-core cable
cable bipolar concéntrico | twin concentric cable
cable blindado | armoured (/screened) cable, shielded cable (/wire)
cable blindado de conductores gemelos | twinax cable = twinaxial cable
cable BX [bajo tubo metálico flexible] | BX cable
cable cargado | loaded cable
cable coaxial | coaxial (cable), concentric cable; pipe, pipeline
cable coaxial aislado con politeno | polythene-insulated coaxial cable
cable coaxial apantallado de dos conductores | twinaxial cable
cable coaxial arrosariado | beaded coaxial (cable)
cable coaxial con circulación de aire | air-space coaxial cable
cable coaxial con dieléctrico sólido | solid dielectric coaxial cable
cable coaxial doble | dual (/twin) coaxial cable
cable coaxial multicanal | multichannel coaxial cable
cable coaxial multivía | multichannel coaxial cable
cable coaxial no cargado | nonloaded coaxial cable
cable coaxial soportado por tocones | stub-supported coaxial
cable coaxial terrestre | lamp coaxial
cable compacto | solid (/tight core) cable
cable compuesto | composite cable
cable con aislamiento de caucho | rubber-insulated cable
cable con aislamiento de gas a presión | gas-filled cable
cable con aislamiento de papel | paper core cable, paper-insulated cable
cable con aislamiento de papel bajo plomo | paper-insulated lead-sheathed cable
cable con aislamiento de poco espesor | thin-walled cable
cable con aislamiento de PVC | PVC-insulated cable
cable con aislamiento de seda y algodón | silk-and cotton-covered cable
cable con aislamiento delgado | thin-walled cable
cable con aislamiento deslizante | pushback (hookup) wire
cable con amplificación intermedia | repeatered cable
cable con amplificadores | repeatered cable
cable con armadura de cinta | tape-armoured cable
cable con armadura de fleje | tape-armoured cable

cable con blindaje de plomo | lead-covered cable
cable con carga uniforme en el centro y decreciente hacia los extremos | taper-loaded cable
cable con circulación de aire [*entre los hilos*] | air-space cable, dry core cable
cable con dieléctrico sólido | solid dielectric cable
cable con dos conductores concéntricos | twin concentric cable
cable con espacio de aire [*entre los hilos*] | air-space cable
cable con forro deslizante | pushback hookup wire
cable con forro exterior no metálico | nonmetallic-sheathed cable
cable con funda sencilla | single-braid wire
cable con gas a presión | gas-pressure cable
cable con gas a presión interior | impregnated gas-pressure cable
cable con manguera | sheathed cable
cable con manguera de caucho | rubber-jacketed cable
cable con núcleo de aire | air-core cable
cable con revestimiento no metálico | nonmetallic-sheathed cable
cable con revestimiento vinílico | vinyl-coated wire
cable con tensión | hot wire
cable con tensor mensajero | messenger cable
cable concéntrico | concentric cable
cable concéntrico de n conductores | n-conductors concentric cable
cable corto de arrastre | serpent
cable cuadripolar | four-core cable
cable de abonado | subscriber cable
cable de aceite | oil-filled cable
cable de acero | steel (wire) rope
cable de acero-aluminio | aluminium-steel conductor
cable de acometida | building (/lead-in) wire, service (entrance) cable
cable de alambre | wire cable
cable de alambres de acero | steel wire rope
cable de alimentación | cable duct, power cable (/cord), supply main
cable de alimentación aéreo | open-wire feeder
cable de alimentación de corriente alterna | AC power cord
cable de alimentación del sistema | system power cord
cable de almas múltiples | multiple core cable
cable de aluminio con alma de acero | steel-core aluminum cable
cable de anclaje | stay cord
cable de antena | aerial cable
cable de apoyo terrestre | ground support cable
cable de auriculares | headset cord

cable de bajada | drop cable
cable de bajo ruido | low noise cable
cable de banda ancha | wideband cable
cable de batería | battery cable (/lead)
cable de breakout [*cable de fibra óptica con una protección adicional para cada fibra*] | breakout cable
cable de bujía | spark plug cable
cable de cámara de televisión | camera cable
cable de capas concéntricas | concentric layer cable
cable de carga | load lead
cable de carga continua | continuously-loaded cable
cable de catenaria | catenary aerial cable
cable de cierre | jumper cable
cable de cinta | ribbon cable
cable de cobre estañado | tinned copper wire
cable de cobre macizo | solid copper wire
cable de cobre niquelado | nickel-clad copper wire
cable de comunicación óptico | optical communication cable
cable de conductor macizo | solid conductor cable
cable de conductor sencillo | solid conductor cable
cable de conductores blindados | shielded conductor cable
cable de conductores emplomados | separately leaded cable
cable de conductores múltiples | multiple conductor cable
cable de conductores paralelos | parallel conductor cable
cable de conductores pareados | nonquadded cable
cable de conductores perfilados | shaped conductor cable
cable de conductores separados | split-conductor cable
cable de conductores trenzados | rope-lay cable, stranded conductor cable
cable de conexión | connecting cable (/lead), jumper (cable), patch cord, stub cable
cable de conexión electrónica | electronic hookup wire
cable de conexión para recuperación de la memoria flash | flash recovery jumper
cable de conexión rápida | patch cord
cable de conexiones | patching cord
cable de conexiones temporales | patch cable
cable de conmutación | patching cord
cable de conmutación de vídeo | video patch cord
cable de conmutador | switch cord
cable de control de múltiples pares | multipair control cable
cable de corona [*en impresoras láser*] |

corona wire
cable de corriente trifásica | three-phase cable
cable de cuadrante | dial cable
cable de cuadretes | quadded cable
cable de cuadretes en estrella | (star) quad cable
cable de cuadretes trenzados | spiral-four cable
cable de cuatro hilos | quad
cable de datos | data cable
cable de derivación hacia el usuario [*conexión a una red principal*] | drop wire
cable de distribución | bus, distribution cable, supply main
cable de dos conductores | twin wire, twin-core cable, twin-lead cable (/wire), twin-line, two-conductor cable, two-core cable, two-wire cable
cable de dos pares coaxiales | two-tube coaxial cable
cable de emergencia | emergency cable
cable de empalme | jumper cable, skinner
cable de empalmes temporales | patch cable
cable de energía eléctrica | power cable
cable de enganche | hook-up wire
cable de enlace | junction (/tie) cable
cable de entrada | entrance (/leading-in) cable
cable de entrada de estación | leading-in cable
cable de estructura ajustada | tight-buffer cable
cable de estructura holgada | loose-buffer cable
cable de fibra | fibre cable
cable de fibra óptica | fiberoptic cable, fiber-optic cable
cable de gran capacidad | large capacity cable
cable de gran fondo no cargado | nonloaded deep-water cable
cable de hilos trenzados | stranded wire (/conductor cable), litzendraht wire
cable de intercomunicación | intercom wire
cable de interconexión | bus, interconnecting wire
cable de interconexión con clavija sencilla | single-plug patch cord
cable de interconexión prefabricado | prefabricated interconnecting cable
cable de larga distancia | toll cable
cable de Lecher | Lecher wire
cable de líneas auxiliares | junction (/trunk) cable
cable de llegada | pigtail
cable de mando de la alimentación | power control cable
cable de mesa | switchboard cord
cable de múltiples conductores | multiconductor cable

cable de múltiples pares | multipair cable
cable de múltiples pares telefónicos | multipair cable
cable de n conductores | n-conductor cord
cable de par [de conductores] | twin-lead wire
cable de par trenzado | twisted-pair cable
cable de pares | pair (/paired, /twin) cable, paired cableform
cable de pares combinables | multiple twin cable
cable de pares combinados | multiple twin cable
cable de pares de hilos simétricos | symmetrical pair cable
cable de pares en estrella | spiral-eight cable
cable de pares simétricos | symmetrical pair cable
cable de pares sin cuadretes | non-quadded cable
cable de pequeña capacidad | small-size cable
cable de pequeño calibre | small wire
cable de poca capacidad | small-capacity cable
cable de pocos hilos | small-capacity cable, small-size cable
cable de prueba | test lead
cable de puente | jumper cable
cable de puesta a tierra | ground (/pole earth) wire
cable de punta | tip cable
cable de radiofrecuencia | RF cable
cable de reserva | spare cable
cable de respuesta | answering cord
cable de retorno | return cable
cable de salida | finish lead
cable de sector | sector cable
cable de señal | signal cable
cable de señalización | signal cable
cable de soldadura | welding cable
cable de suspensión | support strand, suspending cable (/wire), suspension wire
cable de telecomunicación | telecomunication cable
cable de telecomunicaciones | signal cable
cable de televisión | television cable
cable de televisión colectiva | community TV cable
cable de tierra | pole earth wire
cable de tiro | drawing-in cable
cable de toma del trole | trolley wire
cable de trasmisión | power cable, transmission cable (/rope)
cable de trenza múltiple | multistrand cable
cable de tres conductores | triplex (/three-conductor) cable
cable de un solo conductor | single-conductor cable
cable de unión | junction (/trunk) cable
cable de unión de dos centrales generadoras | trunk feeder
cable de unión en derivación | shunt-connecting cord
cable de unión principal | main junction cable
cable de varios conductores | multi-core cable
cable de varios hilos | multicore cable
cable de vídeo | video cable
cable de vídeo par | video pair cable
cable del encendido | ignition cable
cable desnudo | uninsulated wire
cable director | leader cable
cable disipador | lossy cable
cable distribuidor | distributor, distributing cable
cable doble | twin cable
cable dúplex | duplex cable
cable eléctrico para buques | ship wiring cable
cable en abanico | fanout
cable en almacén | stock cable
cable en anillo | ring (cable) system
cable en cuadretes de estrella | quad-pair cable
cable en existencia | stock cable
cable en haz | bundled cable
cable enterrado | buried cable
cable entubado | pipe-type cable
cable esmaltado | enamelled cable
cable espaciador | spacer cable
cable estañado | tinned wire
cable exterior | external (/outside) cable
cable fino | small wire
cable flexible | flexible lead, pigtail cable (/wire)
cable flexible de conexión | pigtail
cable forrado con cinta barnizada | varnished-tape cable
cable forrado de caucho | rubber-covered cable, rubber-jacketed cable
cable fuselado | streamline wire
cable geofísico | geophysical cable
cable guía | leader cable
cable guía del motor | motor lead wire
cable guiaondas | waveguide cable
cable herciano | radio relay link
cable híbrido | hybrid cable
cable impreso | printed cable
cable inteligente | intelligent (/smart) cable
cable interior | inside (/internal, /house, /office) cable
cable intermedio | intermediate cable
cable interurbano | toll cable
cable krarupizado | krarup (/krarup-loaded) cable
cable local | local (/exchange) cable
cable magnético de orientación | magnetic leader cable
cable metálico estañado | tinned rope
cable microfónico | microphone cable
cable moldeado a presión | extruded cable
cable monoconductor | single-core table
cable monofilar | single (/single-conductor, /single-core) table
cable multiconductor | multicore cable
cable multiconductor concéntrico | multiple-conductor concentric cable
cable multifilar | multicore cable
cable múltiple | multiwire cable, split wire
cable multipolar | multicore cable
cable multipolar trenzado | belted cable
cable neutro | neutral phase conductor
cable no apantallado | unshielded cable
cable no armado | nonarmoured (/unarmoured) cable
cable no cargado | nonloaded (/unloaded) cable
cable normalizado | standard cable
cable oceánico | ocean cable
cable para acometidas | drop wire
cable para corrientes portadoras de pares simétricos | symmetrical pair carrier cable
cable para pares termoeléctricos | thermocouple wire
cable para termopares | thermocouple wire
cable para trasmisión de datos | data cable
cable pararrayos | overhead ground wire
cable pareado | paired (/twin) cable
cable patrón | standard cable
cable pelado | uninsulated wire
cable plano | flat (switchboard) cable, flat wire, ribbon cable (/connector), switchboard (/tape) cable
cable pluriconductor | multiple core cable
cable portador | support strand, suspending cable
cable portador principal | main carrier cable
cable portante | running (/suspending) cable
cable preformado | preformed cable
cable principal | main (/trunk) cable
cable principal de distribución | cable distributing head
cable prolongador | extension
cable protector | guard wire, protective cable
cable provisional | emergency (/interruption) cable
cable pupinizado | loaded cable
cable recubierto de caucho | rubber-covered cable
cable redondo | round (switchboard) cable
cable regional | exchange cable
cable retráctil | retractable cable, retractile cord
cable revestido de caucho | rubber-covered cable
cable Romex | Romex cable
cable semiaéreo | semiair spaced cable
cable semirrígido | semirigid cable

cable sencillo | single cable
cable sensible a deformaciones | strain-sensitive cable
cable simétrico | symmetrical cable
cable sin armadura | unarmoured cable
cable sin armadura exterior | nonarmoured cable
cable sin módem [*para conectar directamente dos ordenadores entre puerto serie de entrada de uno y de salida de otro*] | null modem cable
cable sólido | solid wire
cable soporte | additional steel suspension
cable subacuático | subaqueous cable
cable subfluvial | estuary cable
cable submarino | subaqueous (/submarine) cable
cable submarino de dos sentidos | two-way submarine cable
cable submarino de fondo | deep sea cable
cable submarino de profundidad | deep sea cable
cable submarino intermedio | submarine intermediate cable, intermediate-type submarine cable
cable submarino para poco fondo | shallow water submarine cable
cable subterráneo | underground cable
cable sustentador de conductor aéreo | cable messenger
cable sustentador longitudinal | longitudinal carrier-cable
cable telefónico | telephone cable
cable telefónico para vías troncales | telephone trunk cable
cable telefónico submarino | submarine telephone cable
cable telefónico trasatlántico | transatlantic telephone cable
cable telefónico traspacífico | trans-pacific telephone cable
cable telefónico troncal | telephone trunk cable
cable telegráfico submarino | submarine telegraph cable
cable telemétrico | telemetry cable
cable tendido bajo tierra | underground cable
cable tensor | stay
cable terminal | stub (cable)
cable termostático | thermostat wire
cable terrestre | lamp (/overland) cable
cable tractor | drawing-in cable
cable transistorizado | transistorized cable
cable trasceptor | transceiver cable
cable trasversal | transverse cable
cable trenzado | stranded conductor (/wire)
cable trenzado de cobre | stranded copper
cable triaxial | triaxial cable
cable trifilar para corriente trifásica | three-phase three-core cable

cable tríplex | triplex cable
cable tripolar | three-core cable
cable tripolar para corriente trifásica | three-phase three-core cable
cable troncal | trunk cable
cable umbilical | umbilical cable (/cord)
cable unipolar | single-core table
cable urbano | exchange cable
cable vivo | hot wire
cableado [*conectado físicamente por cable*] | hardwired, cable running, cabled, cabling, stranding, wired, wiring
cableado apantallado de pares trenzados | shielded twisted-pair wiring
cableado con hilos desnudos | bare (/piano) strapping (/wiring)
cableado conducido | routed wiring
cableado de energía eléctrica | power wiring
cableado de fábrica | wiring harness
cableado de la red | mains
cableado de punto a punto | point-to-point wiring
cableado del aparato | apparatus (/appliance) wire and cable
cableado del barco | ship wiring
cableado del bastidor | rack wiring
cableado del buque | ship wiring
cableado del depósito de gas | gas bag wiring
cableado del trasmisor | transmitter wiring
cableado discrecional | discretionary wiring
cableado dorsal [*de un bastidor*] | backplane
cableado en mazo | bunch stranding
cableado exterior | external wiring
cableado fino | small wiring
cableado físico | hardwiring
cableado horizontal | horizontal cabling
cableado impreso | printed wiring
cableado impreso estampado | stamped printed wiring
cableado impreso flexible | flexible printed wiring
cableado interior | intra-building cabling
cableado oculto | concealed wiring
cableado plano | printed circuitry (/wiring)
cableado por pares | pairing, twisted pair layup
cableado por pares trenzados | twisted-pair wiring
cableado por pares trenzados sin apantallar | unshielded twisted-pair wiring
cableado posterior [*de un bastidor*] | backplane
cableado preformado | (wiring) harness
cableado previo | loom
cableado programado | programmed wiring
cableado provisional | wire bonding
cableador | wirer

cableadora | stranding (/twisting) machine
cablear [*circuitos o componentes*] | to hardware, to hardwire, to wire
cablear de nuevo | to rewire
cablear hilos en cuadretes | to quad
cablegrafiado | cabled
cables de energía primaria | primary power cable
cables embandados | banded cable
cables enlazados | bonded cables
cabo | strand
cabo de empalme | skinner
cabo terminal | terminal stub
cabria | derrick pole
CAC = control automático del color | ACC = automatic colour control
CACC [*sistema de control de crucero adaptativo cooperativo*] | CACC = co-operative adaptative cruise control
CA/CC, c.a./c.c. = corriente alterna / corriente continua | AC/DC = alternating current / direct current
caché | cache (memory)
caché de CPU [*memoria de la unidad central de proceso*] | CPU cache
caché de disco [*memoria*] | disc cache
caché de segundo nivel | second-level cache
caché del sistema | system cache
caché en chip [*memoria caché de 8 KB en un chip*] | on-chip cache
caché RAM [*memoria caché de acceso aleatorio*] | RAM cache = random access memory cache
caché secundario | secondary cache
CAD [*diseño asistido por ordenador*] | CAD = computer aided design
cada uno | several
CADAM [*sistema de diseño y fabricación aumentado por ordenador*] | CADAM = computer-augmented design and manufacturing system
CAD/CAM [*diseño asistido por ordenador / fabricación asistida por ordenador*] | CAD/CAM = computer-aided design/computer-aided manufacturing
CADD [*sistema CAD ampliado*] | CADD
caddy [*soporte para introducir un CD-ROM en la unidad*] | caddy
cadena | chain; series; [*de caracteres*] string; [*de aisladores*] stack
cadena alfabética | alphabetic string
cadena binaria | binary chain
cadena colateral | collateral series
cadena de aisladores | insulator chain (/string)
cadena de arranque | setup string
cadena de bits | bit string
cadena de búsqueda | search string
cadena de cable de SCSI | SCSI chain
cadena de cámara de televisión | camera chain
cadena de cámaras de tres vidicones | three-vidicon camera chain
cadena de caracteres | character string

cadena de certificación | certificate chain
cadena de circuitos | chain of circuits
cadena de conmutación | switching train
cadena de control de una radiación | radiation channel
cadena de desintegración | decay (/disintegration) chain
cadena de difusión | transmission chain
cadena de elementos radiactivos | radioactive chain
cadena de emisores | transmitter network
cadena de escala | scaler chain
cadena de escisión | fission chain
cadena de eslabones soldados | welded chain
cadena de estaciones repetidoras | relay chain
cadena de filtro | filter string
cadena de largo alcance | loran chain
cadena de loran | loran chain
cadena de Markov | Markov chain
cadena de octetos | octet string
cadena de operaciones | chain calculations
cadena de radares de alerta | radar warning chain
cadena de radioenlaces | radio link chain
cadena de reacciones protón-protón | proton-proton chain
cadena de recepción | receive chain
cadena de recursos | resource string
cadena de relés | relay chain
cadena de sincronismo | timing chain
cadena de telecine | film chain, telecine chain (/island)
cadena de televisión | television chain (/network)
cadena de tiro | pull chain
cadena de trasmisión | transmitting (/transmit) chain
cadena de trasmisores | transmitter network
cadena en estrella | star chain
cadena margarita | daisychain; bused interface
cadena margarita de SCSI | SCSI chain
cadena nacional | national hookup
cadena nula | null string
cadena potenciométrica | potentiometer chain
cadena potenciométrica de resistencias | resistor potentiometer
cadena protón-protón | proton-proton chain
cadena radiactiva | radioactive chain
cadena SCSI | SCSI chain
cadena tipo margarita | daisychain; bused interface
cadena vacía | null string
cadencia | cadence; clock rate; pulse
cadencia de consulta | rate of interrogation

cadencia de impulsos | pulse rate
cadencia de interrogación | rate of interrogation
cadencia de la pulsación | pulse recurrence rate
cadencia de los impulsos | pulse repetition rate
cadencia de reloj | clock frequency (/rate)
cadmio | cadmium
caducar | to expire
CAE [*ingeniería asistida por ordenador, desarrollo asistido por ordenador*] | CAE = computer aided engineering
CAE = coeficiente de absorción de energía | SAR = specific absorption rate
CAF = control automático de fase [*en vídeo*] | APC = automatic phase control
CAF = control automático de frecuencia | AFC = automatic frequency control
CAFS [*sistema de archivos de contenido direccionable*] | CAFS = content-addressable file system
CAG = control automático de ganancia | AGC = automatic gain control
CAG de imagen = control automático de ganancia de imagen | vision AGC = vision automatic gain control
CAG de respuesta variable = control automático de ganancia con respuesta (/tiempo de reacción) variable | variable response AGC = variable response automatic gain control
CAI [*instrucción asistida por ordenador*] | CAI = computer assisted instruction
CAI [*interfaz aérea común*] | CAI = common air interface
CAI = centralita automática interna [*centralita telefónica privada*] | PAX = private automatic exchange
CAI = centro de análisis de información | IAC = information analysis center
caída | fall, chute, droop, drop; [*fallo total de un equipo informático*] fallout
caída anódica | anode fall
caída brusca | sharp dropoff
caída católica de potencial | cathode fall of potential
caída católica normal | normal cathode fall
caída de actividad | activity dip
caída de ánodo | anode fall
caída de corriente | dip
caída de la línea | line break
caída de la temperatura | temperature drop
caída de la tensión anódica | anode drop
caída de la válvula | valve drop
caída de potencial | fall of potential, potential fall (/drop), voltage drop
caída de potencial anódico | anode fall
caída de potencial de cátodo | cathode fall
caída de presión | pressure drop

caída de señal | dropout
caída de tensión | drop potential, potential drop, pressure drop (/loss), tension drop, voltage drop (/dip, /loss)
caída de tensión alterna | AC dump
caída de tensión anódica | anode voltage drop
caída de tensión catódica | cathodic voltage drop
caída de tensión con carga | voltage drop on load
caída de tensión de cátodo | cathode drop (/fall)
caída de tensión de desbloqueo | turn-on voltage drop
caída de tensión de la reactancia | reactance drop
caída de tensión de la válvula | tube (/valve) drop, tube voltage drop
caída de tensión de la válvula electrónica | tube voltage drop
caída de tensión del ánodo | anode voltage drop
caída de tensión del electrodo de encendido | starter voltage drop
caída de tensión del ignitor | igniter voltage drop
caída de tensión del inflamador | igniter voltage drop
caída de tensión directa | forward voltage drop
caída de tensión directa durante el desbloqueo | turn-on forward voltage drop
caída de tensión en el arranque | starter voltage drop
caída de tensión en el resistor | voltage drop across the resistor
caída de tensión en la línea | line drop
caída de tensión en la válvula | valve voltage drop
caída de tensión en la válvula electrónica | valve voltage drop
caída de tensión en sentido directo | forward drop
caída de tensión entre ánodo y cátodo | anode-cathode voltage drop, valve drop
caída de tensión entre bornes | terminal voltage drop
caída de tensión entre bornes del elemento móvil | movement volt drop
caída de tensión entre bornes del equipo móvil | movement volt drop
caída de tensión entre terminales | terminal voltage drop
caída de tensión IR | IR drop
caída de tensión óhmica | IR drop
caída de tensión por resistencia | resistance drop
caída de tensión resistiva | resistive voltage
caída de un electrodo | electrode drop
caída de un solo tiro | single-shot dropout
caída de voltaje | potential drop, pressure drop (/loss), voltage dip

caída de voltaje IR | IR drop
caída de voltaje por resistencia | resistance drop
caída del arco | arc chute (/drop)
caída del impulso | pulse decay
caída del modo de sostenimiento | hold-mode drop
caída del techo del impulso | pulse droop
caída del vacío | vacuum drop
caída del voltaje anódico | anode voltage drop
caída en hondonada [*para curva de respuesta*] | saddle
caída en la línea | line drop
caída en sentido directo | forward drop
caída óhmica | ohmic drop
caída óhmica de tensión continua | resistive DC (/direct-current) voltage drop
caída relativa de tensión | relative voltage drop, inherent regulation
caída relativa de velocidad | relative speed drop
caída total de tensión | voltage breakdown
caja | box; cabinet
caja abierta por detrás | open-back cabinet
caja absorbente para el ruido de las chispas | sound-absorbing spark chamber
caja acústica | sound box
caja acústica cerrada | closed box
caja acústica de ladrillo | brick enclosure
caja acústica de mampostería | brick enclosure
caja acústica de montaje en pared | wall cabinet
caja acústica de pared | wall housing
caja acústica de reflexión de bajos | reflex enclosure
caja acústica inversora de fase | reflex cabinet
caja acústica para montaje en pared | wall loudspeaker cabinet
caja aislada | insulated enclosure
caja alta | upper case
caja baja | lower case
caja blindada | shielded box
caja central de conexiones | main junction box
caja cerrada [*interfaz de usuario de Macintosh*] | close box
caja colectora de moneda | coin collecting box
caja con doble hilera de conexiones | dual-inline pin
caja con doble hilera de contactos | dual inline package
caja con fusibles | fused box
caja de acceso | pull box
caja de alimentación | power box (/panel)
caja de alimentación central | main supply box

caja de almacenamiento | storage box
caja de altavoces con escape | vented baffle
caja de altavoces con respiradero | vented baffle
caja de altavoz | baffle
caja de altavoz para montaje en pared | wall loudspeaker cabinet
caja de arena | sandbox
caja de baterías | battery box
caja de blindaje | screening can
caja de bobinas | coil box
caja de bobinas de carga | pot, loading pot (/coil case)
caja de bornas de prueba | test terminal box
caja de bornes | terminal box (/chamber, /housing)
caja de cables | cable box
caja de cambio | speed box
caja de capacidades de conmutador | switch capacitance box
caja de clavijas | jack box
caja de conector | connector box
caja de conexiones | junction unit, terminal (/lead conduit) box
caja de conmutación | switchbox, switching box
caja de contacto | plug-in outlet
caja de contactos | contact box
caja de décadas | decade box
caja de décadas de resistencia | multiple decade resistance box
caja de decisión | decision box
caja de derivación | block terminal, distribution (/dividing, /pull, /tap, /tapping, /transfer) box
caja de derivación de empalme para cable tripolar | trifurcating box
caja de derivación trifurcada | trifurcating box
caja de disco compacto [*caja de plástico rígido*] | jewel box (/case)
caja de distorsiones | fuzz box
caja de distribución | switchbox, block (/distribution) terminal, cable distributing head
caja de distribución de energía | power distribution box
caja de distribución de impulsos | pulse distributing box
caja de dos vías | dual in line
caja de ecos | echo box
caja de ecos sintonizable | tunable echo box
caja de emisión/recepción | transmit/receive box
caja de empalme | connector (/joint) box, splice box (/closure)
caja de empalme de cables | cable box (/vault)
caja de empalmes | junction unit, splice box (/case, /enclosure), splicing chamber, split duct
caja de enchufe | socket
caja de enchufe tripolar | three-pole socket
caja de entrada | entrance box

caja de fuentes [*de caracteres o aplicaciones, en ordenadores Macintosh*] | font suitcase
caja de fusibles | fuse box
caja de George | George box
caja de guantes | glove box
caja de herramientas | toolbox
caja de herramientas para interfaz de usuario | user interface toolbox
caja de inductancia del conmutador | switch inductance box
caja de interconexión | breakout box
caja de interruptor | switchbox
caja de llave | switchbox
caja de mandos de la radio | radio control box
caja de montaje a presión | press-fit package
caja de montaje para módulos normalizados | standard module frame
caja de navegador [*para acceder a la red informática a través del televisor*] | browser box
caja de paso | pull box
caja de placa de circuito | card cage
caja de prácticas | teach box
caja de protección | cross-connecting terminal
caja de protecciones | protector box
caja de pruebas | test box; cross-connecting terminal
caja de puentes Wheatstone [*de la compañía telefónica*] | post office box
caja de pulsadores | pushbutton box
caja de recepción antitrasmisión | anti-tr box = antitransmit-receive box
caja de reflexión de bajos | reflex cabinet
caja de relación | ratio arm box
caja de relés | relay box
caja de reóstatos | rheostat box
caja de resistencia con enchufes | plug resistance box
caja de resistencia de décadas | decade resistance box
caja de resistencias | resistance (/resistor) box
caja de resistencias con dial | dial resistance box
caja de resistencias de clavijas | resistance box with plugs
caja de resistencias de conmutador | switch resistance box
caja de resistencias en derivación | shunt box
caja de resonancia | resonator; sound box
caja de resonancia sintonizable | tunable echo box
caja de salida | outlet box
caja de salida doble | two-gang outlet box
caja de seccionamiento | link box, distribution pillar
caja de seccionamiento aérea | distribution pillar
caja de seccionamiento subterránea | underground link box

caja de sustitución de resistencias | resistance substitution box
caja de tamaño [control de tamaño de las ventanas en la pantalla de Macintosh] | size box
caja de terminales | sealing end, terminal box (/chamber)
caja de trasformador | transformer tank
caja de tres salidas | three-gang outlet box
caja de unión | joint (/cross-connection) box
caja de válvulas | valve box
caja de velocidades | speed box
caja de zoom [para control de gráficos en la pantalla de Macintosh] | zoom box
caja del contador | meter case
caja del fotogenerador | photo generator case
caja del instrumento de medición | meter case
caja del medidor | meter case
caja del receptor | receiver cabinet (/case, /shell)
caja del trasformador | transformer case
caja fotoeléctrica | photocell box
caja inversora de fase | phase inversion cabinet
caja negra | black box
caja para entrada de cables | cable chamber (/vault)
caja para protectores de línea | line entrance
caja portalámparas | electrode chamber, source housing
caja protectora | enclosure
caja reflectora de graves | bass reflex enclosure
caja sonora | sound box
caja soporte para banco | bench frame
caja soporte para bastidor | rack frame
caja terminal | rosette box [UK]; sealing end
caja terminal de pared | wall terminal box
caja terminal empotrable | wall terminal box
caja terminal empotrada | wall terminal box
caja terminal para conexiones | motor junction box
cajero automático | automated (bank) teller machine
cajetín de conexiones | junction box
cajetín de conexiones auxiliares | stunt box
cajetín de conmutación | stunt box
cajetín de contacto | plug receptacle
cajetín de derivación | junction box
cajetín de distribución | cable vault
cajetín de distribución de cables | cable vault
cajetín de distribución empotrado | wall box
cajetín de empalmes | junction box
cajetín de madera | wooden raceway
cajetín de relaciones de tensión | voltage ratio box
cajetín de terminales | rosette box [UK]
cajetín de trasmisión-recepción | receive-transmit box
cajetín empotrado | wall box
cajetín radiotelefónico | receive-transmit box
cajita | cassette
cajón | case
cajón para la chatarra | scrap bin
CAL [aprendizaje asistido por ordenador, enseñanza asistida por ordenador] | CAL = computer-assisted learning, computer-augmented learning
cala | shim
calafateo para tubos | caulking [UK], calking [USA]
calandria | calandria
calar | to stall
calarse | to stall
calcar | to write through
calce | wedging
calcio | calcium
calciotermia | calciothermy
calcita | calcite
calco magnético | print-through
calculador | calculator, computer
calculador analógico | analogue calculating device
calculador automático de frecuencias controladas | automatic sequence-controlled calculator
calculador de envenenamiento | poisoning computer
calculador de la variación de acimut | azimuth-rate computer
calculador de red | network calculator
calculador de tasa | charge meter
calculador de temperatura de vaina | clad temperature computer
calculador de velocidad instantáneo | instantaneous velocity computer
calculador e integrador numérico electrónico | electronic numerical integrator and calculator
calculadora | calculator, computer, computing (/accounting) machine
calculadora asincrónica | asynchronous computer
calculadora de Hollerith | Hollerith tabulating/recording machine
calculadora de relés | relay calculator (/computer)
calculadora de secuencia controlada | sequence-controlled calculator
calculadora de secuencia controlada automáticamente | automatic sequence-controlled calculator
calculadora de señal promedio | signal-averaging computer
calculadora electrónica | electronic calculator
calculadora electrónica de tarjetas perforadas | punched card electronic computer
calculadora impresora | printing calculator (/calculating machine)
calculadora perforadora | calculating punch
calculadora perforadora electrónica | electronic calculating punch
calculadora programable | programmable calculator
calculadora transistorizada | transistor calculator
calculadora tubular | spreadsheet (calculator)
calcular | to compute
calcular por ordenador | to compute
cálculo | calculation, calculating, counting; check
cálculo analógico | analogue computing
cálculo booleano | Boolean calculus
cálculo de átomos en moléculas | atoms in molecules calculation
cálculo de clave | hashing
cálculo de errores | error calculation (/estimate, /evaluation)
cálculo de impedancias en paralelo | parallel impedance calculation
cálculo de predicados | predicate calculus (/logic), first-order logic
cálculo de probabilidades | probability calculus
cálculo de sistemas de comunicación | calculus of communicating systems
cálculo en coma flotante | floating point calculation
cálculo hexadecimal | hexadecimal arithmetic
cálculo híbrido | hybrid computation
cálculo lambda | lambda calculus
cálculo mixto | mixed calculation
cálculo proposicional | propositional calculus
cálculo relacional | relational calculus
calculógrafo | calculograph
cálculos en cadena | chain calculations
caldera de calor residual | waste heat boiler
caldera de recuperación | waste heat boiler
caldera de vapor eléctrica | electric steam boiler
caldera monotubular | single-valve boiler
caldera para compensar la presión | pressure-equalising chamber
calefacción | heating
calefacción eléctrica | electric heating
calefactor | heater
calefactor de la cámara termostática | oven heater
calefactor de la válvula | valve heater
calefactor doblado | folded heater
calefactor termoeléctrico | thermoelectric heater
calendario | calendar

calendario de citas | alarm call service, automatic wake up (timed reminder), timed recall (/reminder)
calendario de trabajo | schedule plan
calendario gregoriano | Gregorian calendar
calendario juliano [*introducido por Julio césar en 46 a.C.*] | Julian calendar
calentado por el sol | solar-heated
calentador | heater
calentador de agua eléctrico | electric water heater
calentador de agua por energía solar | solar hot water heater
calentador de anillo por inducción | induction ring-heater
calentador de inducción | induction heater
calentador de inducción con autorregulación | autoregulation induction heater
calentador de inducción con núcleo | core type induction heater
calentador de inducción con núcleo magnético | core type induction heater
calentador de inducción de alta frecuencia | high frequency induction heater
calentador de inducción de baja frecuencia | low-frequency induction heater
calentador de inducción de doble frecuencia | dual frequency induction heater
calentador de inducción doméstico | domestic induction heater
calentador de inducción sin núcleo | coreless-type induction heater
calentador de motor de inducción | motor-field induction heater
calentador de resistencia | resistance heater
calentador del agua de alimentación | feedwater heater
calentador electrónico | electronic heater
calentador inicial | preheater
calentador por histéresis | hysteresis heater
calentador por inducción-conducción | induction-conduction heater
calentador por resistencia | resistance heating apparatus
calentador radiante | radiant heater
calentador solar de agua | solar water heater
calentador termoeléctrico | thermoelectric heating device
calentamiento | heating, temperature rise, warm-up, fire
calentamiento adiabático | adiabatic heating
calentamiento aerodinámico | aerodynamic heating
calentamiento ciclotrónico | cyclotron resonance heating
calentamiento de la capa adhesiva | glue line heating
calentamiento de retorno | back heating
calentamiento del dieléctrico | dielectric heating
calentamiento del plasma | plasma heating
calentamiento dieléctrico | dielectric heating
calentamiento eléctrico | electric heating
calentamiento electrónico | electronic heating
calentamiento gamma | gamma heating
calentamiento localizado en el pegamento | glue line heating
calentamiento longitudinal | longitudinal heating
calentamiento óhmico | ohmic heating
calentamiento por alta frecuencia | high frequency heating
calentamiento por bombardeo electrónico | back heating
calentamiento por choque | shock heating
calentamiento por corriente inducida de radiofrecuencia | RF heating
calentamiento por corrientes de Foucault | eddy current heating
calentamiento por corrientes inducidas de radiofrecuencia | radiofrequency heating
calentamiento por corrientes parásitas | eddy current heating
calentamiento por histéresis | hysteresis heating
calentamiento por impacto | shock heating
calentamiento por inducción | induction heating
calentamiento por inducción de alta frecuencia | radiofrequency induction heating (/brazing)
calentamiento por inducción de corrientes de alta frecuencia | radiofrequency induction heating (/brazing)
calentamiento por inducción de corrientes de radiofrecuencia | radiofrequency induction heating (/brazing)
calentamiento por inducción de radiofrecuencia | radiofrequency induction heating (/brazing)
calentamiento por ondas | wave heating
calentamiento por radiofrecuencia | RF heating = radiofrequency heating
calentamiento por rayos gamma | gamma heating
calentamiento por resistencia | resistance heating
calentamiento por resonancia | resonance heating
calentamiento por resonancia ciclotrónica | cyclotron resonance heating
calentamiento previo de la mezcla gaseosa | preheating of gas mixture
calentamiento rápido | quick heating
calentamiento selectivo | selective heating
calentamiento solar | solar heating
calentamiento trasversal | transverse heating
calentamiento turbulento | turbulent heating
calentar por efecto Joule | to resistance-heat
calentar por resistencia | to resistance-heat
caleómetro | caleometer
calibración | calibration, setting, sizing; standardization
calibración absoluta | absolute calibration
calibración automática | self-calibration
calibración de alcance | range calibration
calibración de autorreciprocidad | self-reciprocity calibration
calibración de doble rebote | double bounce calibration
calibración de fábrica | factory calibration
calibración de la longitud de onda | wavelength calibration
calibración de la potencia trasmitida | power level calibration
calibración de la reactividad | reactivity calibration
calibración de la tensión | voltage calibration
calibración de radar | radar calibration
calibración de relación | ratio calibration
calibración de una barra de control | control rod calibration
calibración del potenciómetro | potentiometer setting
calibración estática | static calibration
calibración estroboscópica | stroboscopic calibration
calibración interna | internal calibration
calibración por derivación | shunt calibration
calibración por intervalos | interval calibration
calibración por pasos | step calibration
calibración por resistencias en derivación | shunt calibration
calibración primaria | primary calibration
calibración secundaria | secondary calibration; sense step
calibración sin rozamiento | friction-free calibration
calibración volumétrica | volumetric calibration
calibrado | calibration
calibrador | gauge [UK], gage [USA]; plug gauge
calibrador beta | beta gauge
calibrador de absorción beta | beta absorption gauge

calibrador de absorción gamma | gamma absorption gauge
calibrador de amplia gama de frecuencias | wide-range frequency calibrator
calibrador de corredera | slide gauge
calibrador de cristal | crystal calibrator
calibrador de cristal de cuarzo | quartz crystal calibrator
calibrador de cursor | slide gauge
calibrador de distancia cero | range zero
calibrador de distancias | range calibrator
calibrador de espesor de rayos gamma | gamma ray thickness gauge
calibrador de espesores por rayos X | X-ray thickness gauge
calibrador de frecuencias | frequency calibrator
calibrador de nivel acústico | sound level calibrator
calibrador de reciprocidad | reciprocity calibrator
calibrador de señales | signal calibrator
calibrador de tapón | plug gauge
calibrador de tensión | voltage calibrator
calibrador de tiempos y frecuencias | time/frequency calibrator
calibrador de vibraciones | vibration calibrator
calibrador de voltaje | voltage calibrator
calibrador gamma | gamma gauge
calibrador macho | plug gauge
calibrador magnético de deformaciones | magnetic strain gauge
calibrador normalizado para alambres | standard wire gauge
calibrador para chapas metálicas y alambres | sheet metal and wire gauge
calibrador radiográfico | radiographic thickness gauge
calibrador sin contacto | noncontact gauge
calibrador ultrasónico de espesores | ultrasonic thickness gauge
calibrar | to calibrate, to size
calibre | calibre [UK], caliber [USA]; diameter; gauge [UK], gage [USA]; size
calibre británico de conductores normalizado | British standard wire gauge
calibre Brown and Sharpe para cables | B and S gauge = Brown and Sharpe wire gauge [USA]
calibre cilíndrico | plug gauge
calibre comprobador | setting gauge
calibre de Bayard y Alpert | Bayard and Alpert gauge
calibre de conductores Birmingham | Birmingham wire gauge
calibre de diámetros | wire gauge
calibre de espesores | thickness gauge
calibre de nonio | vernier calliper (/gauge)
calibre de Pirani | Pirani gauge, hot wire gauge
calibre de resorte | spring calibre
calibre de tapón | plug gauge
calibre de vernier | vernier calliper
calibre macho | plug gauge
calibre normalizado para alambres | standard wire gauge
calibre para bases de válvula | valve base gauge
calibre para la distancia de los electrodos | electrode gap gauge
calibre para la distancia del explosor | electrode spacing gauge
calidad | quality
calidad de borrador [*baja calidad de impresión en impresoras matriciales*] | draft quality
calidad de comprensión del mensaje hablado | quality of articulation
calidad de conferencia [*en codificador de voz*] | toll quality
calidad de correspondencia | correspondence quality
calidad de emisión | broadcast quality
calidad de escritura [*en impresora*] | letter quality
calidad de estricto | strictness
calidad de impresión | print quality
calidad de la conversación | quality of speech
calidad de la imagen reproducida | quality of picture reproduction
calidad de la soldadura | weld quality
calidad de la trasmisión | transmission performance
calidad de la trasmisión telegráfica | telegraph transmission performance
calidad de salida del vapor | exit quality
calidad de servicio | grade of service, performance, quality of sender (/service); serviceability
calidad de tráfico | grade of service
calidad de trasmisión | transmission quality, performance (/quality) of transmission
calidad de trasmisión telefónica | telephone transmission performance
calidad de voz recuperada | recovered voice quality
calidad del servicio | quality of service
calidad media de salida | average outgoing quality
calidad musical | musical quality
calidad para larga distancia [*en telefonía*] | toll quality
caliente | hot
californio | californium
calle | lane
calor | heat
calor aprovechable | useful heat
calor conducido | conducted heat
calor de combustión | combustion heat
calor de desintegración | decay heat
calor de emisión | heat of emission
calor de fondo de escala | end (/full) scale value
calor de fondo de escala de un instrumento | full scale value of an instrument
calor de ionización | heat of ionization
calor de Joule | Joule heat
calor de la resistencia | resistance heat
calor de origen solar | solar-derived heat
calor de Peltier | Peltier heat
calor de procedencia solar | solar-derived heat
calor de radiactividad | radioactive heat, heat of radioactivity
calor de Thomson | Thomson heat
calor de vaporización | heat of evaporation
calor específico | specific heat
calor específico electrónico | electronic specific heat
calor generado en la resistencia | resistance heat
calor no compensado | uncompensated heat
calor nuclear | nuclear heat
calor posterior | afterheat
calor primario | primary heat
calor radiactivo | radioactive heat
calor radiante | radiant heat
calor radiogénico | radiogenic (/radioactive) heat
calor radiogénico terrestre | radiogenic terrestrial heat
calor registrado | recorded value
calor residual | afterheat
calor sensible | sensitive heat
calor total | total heat
calorímetro | calorimeter
calorímetro de agua | water calorimeter
calorímetro de separación | separating calorimeter
CALS [*adquisición asistida por ordenador y soporte logístico (norma militar sobre intercambio de datos)*] | CALS = computer-aided acquisition and logistics support
calutrón | calutron
calzadura | wedging
calzar | to shim
calzo antivibratorio | vibration pad
CAM [*fabricación asistida por ordenador*] | CAM = computer aided manufacturing
CAM [*máquina automática celular*] | CAM = cellular automatic machine
CAM [*memoria de contenido direccionable*] | CAM = content-addressable memory
CAM [*método de acceso común*] | CAM = common access method
cama del motor | motor cradle
cama granular | pebble bed
camabiapolos | pole changer

cámara | camera, chamber, manhole
cámara aceleradora | accelerating chamber
cámara aislada | isolated camera
cámara alfa | alpha chamber
cámara ambiental | environmental chamber
cámara anecoica | anechoic chamber (/room), dead room
cámara autocolimadora | autocollimation camera
cámara con regulación termostática | thermostatically controlled oven
cámara contadora de ionización | counting ionization chamber
cámara de absorción | absorption chamber
cámara de aceleración | accelerating chamber
cámara de altitud | altitude chamber
cámara de análisis | inspection chamber
cámara de autocolimador | camera of an autocollimator
cámara de bombardeo | target chamber
cámara de boro | boron chamber
cámara de burbujas | bubble chamber
cámara de captación electrónica | electron collection chamber
cámara de CCTV | CCTV camera
cámara de centelleo | scintillation camera
cámara de chispas | spark chamber
cámara de chispas de abertura estrecha | narrow-gap spark chamber
cámara de chispas de Aughey | Aughey spark chamber
cámara de chispas de muestreo | sampling spark chamber
cámara de chispas magnética | magnetic spark chamber
cámara de cinta electrostática | electrostatic tape camera
cámara de compresión | pistonphone
cámara de comprobación | pistonphone
cámara de contador cilíndrico | cylindrical counter chamber
cámara de contador de placas paralelas | parallel plate counter chamber
cámara de depresión | low-pressure chamber
cámara de destellos | spark chamber
cámara de difracción de polvo | powder diffraction camera
cámara de difracción de rayos X | X-ray diffraction camera
cámara de difracción electrónica | electron diffraction camera
cámara de difusión de niebla | diffusion cloud chamber
cámara de distribución [de cables telefónicos] | junction manhole
cámara de ecos | echo chamber
cámara de efluvios | spray chamber
cámara de empalme | junction manhole
cámara de empalmes | splicing chamber
cámara de escalonar y repetir | step-and-repeat camera
cámara de expansión | expansion (cloud) chamber
cámara de explosión | explosion chamber
cámara de figura de Lichtenberg | Lichtenberg figure camera
cámara de ionización | ionization chamber
cámara de ionización al aire libre | open-air ionization chamber
cámara de ionización al descubierto | open-air ionization chamber
cámara de ionización capacitiva | capacitor ionization chamber
cámara de ionización compensada | compensated ionization chamber
cámara de ionización con compensación de la radiación gamma | gamma-compensated ion chamber
cámara de ionización con equivalente de aire | air-equivalent ionization chamber
cámara de ionización de aire libre | standard (/free air) ionization chamber
cámara de ionización de argón | argon chamber
cámara de ionización de bolsillo | pocket chamber
cámara de ionización de boro | boron chamber
cámara de ionización de cavidad de Bragg-Gray | Bragg-Gray cavity ionization chamber
cámara de ionización de condensador | condenser (/capacitor) ionization chamber
cámara de ionización de corriente | current ionization chamber
cámara de ionización de corriente gaseosa | gas flow ionization chamber
cámara de ionización de diferencia | difference ionization chamber
cámara de ionización de extrapolación | extrapolation ionization chamber
cámara de ionización de fisión | fission ionization chamber
cámara de ionización de Frisch | Frisch ionization chamber
cámara de ionización de impulsos | pulse (/pulse-type) ionization chamber
cámara de ionización de integración | integration ionization chamber
cámara de ionización de pared de aire | air-wall ionization chamber
cámara de ionización de pared equivalente al aire | air-wall ionization chamber
cámara de ionización de pared gruesa | thick-wall chamber
cámara de ionización de pared líquida | liquid wall ionisation chamber
cámara de ionización de pocillo | well-type ionization chamber
cámara de ionización de protones de retroceso | recoil proton ionization chamber
cámara de ionización de rejilla | grid ionization chamber
cámara de ionización de revestimiento | lining ionization chamber
cámara de ionización de tipo pozo | well-type ionization chamber
cámara de ionización diferencial | difference (/differential) ionization chamber
cámara de ionización equivalente al tejido | tissue equivalent ionization chamber
cámara de ionización integradora | integrating ionization chamber
cámara de ionización normalizada | standard (ionization) chamber
cámara de ionización por electrones | electron collection chamber
cámara de ionización proporcional | proportional ionization chamber
cámara de ionización sin pared | wall-less ionization chamber
cámara de láser | laser camera
cámara de luminancia separada | separate luminance camera
cámara de mano | portable camera
cámara de monocristal | single-crystal camera
cámara de muestreo | sampling chamber
cámara de niebla | cloud (/fog) chamber
cámara de niebla controlada por contador | counter-controlled cloud chamber
cámara de niebla de alta presión | high-pressure cloud chamber
cámara de niebla de baja presión | low-pressure cloud chamber
cámara de niebla de Wilson | Wilson cloud chamber
cámara de orticón | orthicon camera
cámara de oscilógrafo | oscillograph camera
cámara de positrones | positron camera
cámara de prisma giratorio | rotating prism camera
cámara de proyección | projection chamber
cámara de radar | radar camera
cámara de rayos gamma | gamma ray camera
cámara de recuento proporcional | proportional counting chamber
cámara de reverberación | reverberation chamber
cámara de Schmidt | Schmidt camera
cámara de Sievert | Sievert chamber
cámara de sobrepresión | plenum
cámara de telecine | telecine (/television film) camera

cámara de televisión | telecamera, television camera
cámara de temperatura regulada | temperature-controlled oven
cámara de toma exterior | remote pickup camera
cámara de trasformadores | transformer cell (/vault)
cámara de trayectorias | track chamber
cámara de trazado | track (/track-delineating) chamber
cámara de trazas | track chamber
cámara de tres vidicones | three-vidicon camera
cámara de vacío | doughnut [UK], donut [USA]; vacuum chamber
cámara de vídeo | videocamera
cámara de web [cámara conectada a una página web para ver imágenes en directo] | webcam
cámara de Wilson | Wilson chamber
cámara del reactor | reactor pit
cámara delineadora de trazas | track-delineating chamber
cámara digital | digital camera
cámara Emitron | Emitron camera
cámara estereoscópica | stereoscopic camera
cámara fotográfica Polaroid | Polaroid camera
camára grabadora | recording camera
cámara holográfica de láser | laser holographic camera
cámara infrarroja | infrared camera
cámara iónica | ion chamber
cámara láser multiformatos | laser multiformat camera
cámara múltiple | multiple chamber
cámara normalizada | standard chamber
cámara ortinoscópica | orthicon camera
cámara osciloscópica | oscilloscope camera
cámara oscura de Salisbury | Salisbury darkbox
cámara para el rojo | red camera
cámara para fotografiar imágenes de radar | radar camera
cámara para regulación de temperatura | temperature-controlled oven
cámara Polaroid | Polaroid camera
cámara portátil | portable camera
cámara portátil de televisión | walkie-lookie
cámara que no está en el aire | off camera
cámara rectificadora | rectifying camera
cámara reducida de ionización | thimble ionization chamber
cámara resonante | resonant chamber
cámara sobre la pantalla de radar | radarscope camera
cámara subterránea | manhole
cámara subterránea de distribución | underground distribution chamber

cámara superemitrón | superemitron camera
cámara termostática | temperature-controlled oven
cámara termostática para circuito sintonizado | tuned circuit oven
cámara tomavistas | pickup camera
cámara toroidal de vacío | doughnut [UK], donut [USA]; toroidal-shaped vacuum envelope
cámara tricolor | tricolour camera
cambiable | shiftable
cambiadiscos | (record) changer
cambiador | changer; shiftable
cambiador automático | phono changer
cambiador automático de muestras | automatic sample changer
cambiador de cristales | crystal changer
cambiador de discos | record changer
cambiador de frecuencia | frequency changer
cambiador de muestras | sample-changing device
cambiador de polarización | polarization changer
cambiador de polos | pole changer, pole-changing switch
cambiador de tomas | tap changer
cambiador de velocidad | speed changer
cambiador de velocidad de información | information rate changer
cambiador estático de frecuencia | static frequency changer
cambiando | switching
cambiapolos | pole-changing switch
cambiapolos rotativo | rotary pole changer
cambiar | to change, to shift, to switch
cambiar a | to change to, to switch to
cambiar autorizaciones | change permissions
cambiar de canal [con frecuencia] | to zap
cambiar de lugar | to move
cambiar de serie a paralelo | to deserialize
cambiar directorio | to change directory
cambiar el nombre [de un archivo] | to rename
cambio | change, changing, changeover; inversion; shift, shifting; case shift; swap, swapping; switching; [en intercomunicación] over; [realizado en un archivo o un documento] edit
cambio a cifras | figures shift
cambio a letras | letters shift
cambio a otra tarea [salvando los datos] | task swapping
cambio automático | cutover
cambio automático a letras | automatic letters
cambio automático de cifras a letras | automatic letters
cambio brusco de potencia | power excursion
cambio de categoría por la propia extensión | class of service changeover
cambio de contexto | context switch
cambio de disposición | upset
cambio de disquete | floppy disk change
cambio de energía | power change
cambio de estado | status change; upset
cambio de fase | phase change (/shift)
cambio de fase por dispersión | scattering phase-shift
cambio de línea | carriage return
cambio de operador de radar | radar handover
cambio de polos | change of polarity
cambio de proyector mediante espejo | mirror changeover
cambio de servicio | change of service
cambio de tarea | task switching
cambio de tipo [de letra] | type shift
cambio de velocidad | speed adjusting (/adjustment, /changing)
cambio de velocidades | speed change (/gear)
cambio de volumen | volume change
cambio del estado de la aplicación | application status change
cambio en la energía libre | free energy change
cambio instantáneo en la intensidad de corriente de carga | step load change
cambio rápido | fast change
cambio rápido de plano | shifting of camera; zoom
cambio temporal de categorías | class of service changeover
cambio volumétrico | volume change
CAMEL [capacidades de la red inteligente para las comunicaciones móviles] | CAMEL = customized applications for mobile networks enhanced logic
camelo | hoax
camino | path, runway
camino abierto | open path
camino alternativo | alternate route (/routing)
camino cerrado a tierra | ground loop
camino conmutado por etiquetas | label switching path
camino de Euler | Euler cycle (/path)
camino de fuga | leakage path
camino de la señal | signal path
camino de las corrientes de reacción | singing path
camino directo | forward path
camino directo total | through path
camino en línea recta | straight line path
camino indirecto [por longitud excesiva del circuito] | backhaul
camino inverso [dirección del buzón de origen (en mensajes electrónicos)] | reverse-path

camino libre medio | mean free path
camino virtual [*en trasmisión de datos*] | virtual path
camión de tomas exteriores | outside broadcast van
camión de tomas sonoras exteriores | sound outside broadcast vehicle
camión para grabaciones | recording van
camión para retrasmisiones | re-broadcasting van
camión para servicio de línea | line truck
camisa | jacket, sheathing; sleeve
camisa aislante | sleeving
camisa de enfriamiento por agua | water-cooling jacket
camisa de grafito | graphite sleeve
camisa para clavija | plug shell
camisa para núcleo | sleeve (for core)
campana | bell, gong; petticoat
campana de aislador | petticoat
campana de Gauss [*curva estadística de distribución de datos*] | bell-shaped curve
campana de soldar | welding bell
campana de vacío | vacuum enclosure
campana de vibración sin contactos | contactless vibrating bell
campana eléctrica | electric bell
campana electromecánica | electro-mechanical bell
campana insonorizante [*para impresoras*] | sound hood
campanilla | bell set, ringer
campanilla de fin de conversación | auxiliary signal
campanilla de vibrador | vibrating bell
campo | country, field
campo acústico | sound field
campo acústico libre | free sound field
campo alternante | alternating field
campo aplicado | impressed field
campo autoconsistente | self-consistent field
campo autogenerado | self-field
campo avanzado | advanced field
campo base | base (/kernel) field
campo clarificador | clearing field
campo clave | key field
campo coercitivo | coercive force
campo con signo | signed field
campo crítico | critical field
campo crítico del magnetrón | magnetron critical field
campo cuadripolar | quadripolar field
campo culombiano | Coulomb field
campo de antena | aerial field
campo de bobinado diferencial | differential-wound field
campo de cabecera | header field
campo de clasificación | sort field
campo de clavijas de paso en posición normal | normal through jack-field
campo de clavijas de paso normalizado | normal through jack-field
campo de comentarios | comment field
campo de conducción | conduction field
campo de contactos | contact bank
campo de control | control field
campo de corte | cutoff field
campo de datos | datafield
campo de derivación | shunt field
campo de despolarización | depolarization field
campo de detección | sensing field
campo de direcciones | address field
campo de dispersión externa de ruido | stray external noise field
campo de dispersión magnética | stray (magnetic) field
campo de electricidad estática | static field
campo de enfoque trasversal | transverse-focusing field
campo de entrada de texto | text-entry field
campo de estator giratorio | rotating stator field
campo de exploración | scanning field
campo de extensión | extension field
campo de fiabilidad | reliability field
campo de frecuencia | frequency field
campo de frenado | retarding field
campo de fuerzas | force field
campo de fuerzas conservativo | conservative force field
campo de Galois | Galois field, finite field
campo de guiado | guiding field
campo de impresión | print range
campo de inducción | induction field
campo de interferencias | noise field
campo de la carga espacial | space charge field
campo de la onda reflejada | sky wave field
campo de lectura | scanning area
campo de líneas impares | odd scanning field
campo de longitud fija | fixed-length field
campo de longitud variable | variable-length field
campo de Lorentz | Lorentz field
campo de magnetización | magnetizing field
campo de medida eficaz | effective part of scale
campo de multiplicación | multiple field
campo de nutación | nutation field
campo de perturbación | interference field
campo de perturbaciones | noise field
campo de poca intensidad | weak field
campo de polarización lineal | linearly polarised field
campo de potencial vectorial | vector potential field
campo de radiación | radiation field
campo de radiación X | X-ray coverage
campo de rendimiento | throughput
campo de retardo | retarding (/delay) field
campo de RF | HF field
campo de ruido | noise field
campo de saturación | saturation field
campo de selección | translation field
campo de selección radial | rotary selector bank
campo de selección rotatoria | rotary selector bank
campo de sintonización | tuning probe
campo de tarjeta | card field
campo de texto | text field
campo de texto de sólo lectura | read-only text field
campo de traslación | translation field
campo de variación acimutal | azimuthally-varying field
campo de variantes | variant field
campo débil | weak field
campo del bobinado en serie | series field
campo del cristal | crystal field
campo dependiente del espacio | space-dependent field
campo desmagnetizador | demagnetizing field
campo desmagnetizante | demagnetizing field
campo difuso | scattered field
campo director | guide field
campo disruptivo de Zener | Zener breakdown field
campo distante | far field
campo eléctrico | electric field
campo eléctrico aleatorio | random electrostatic field
campo eléctrico de enfoque trasversal | transverse-focusing electric field
campo eléctrico variable | varying electric field
campo electromagnético | electromagnetic field
campo electrostático | electrostatic field
campo elíptico | elliptical field
campo en ausencia de absorción | unabsorbed field intensity (/strength)
campo en serie | series field
campo escalar | scalar field
campo escalar de potencial | scalar potential field
campo esférico | spherical field
campo estacionario | stationary field
campo estático | static field
campo excitador | exciting field
campo ferromagnético | ferromagnetic domain
campo finito | finite field, Galois field
campo forzado | field forcing
campo giratorio | revolving (/rotary, /rotating) field
campo gravitacional | gravitational field
campo guía | guide field
campo homólogo | homologous field

campo inductor | exciter (/exciting) field
campo inductor del motor | motor field
campo lejano | far field
campo libre | free field
campo libre de fuerzas | force-free field
campo libre de perturbaciones radioeléctricas | RF-quiet area
campo magnético | magnetic field
campo magnético congelado | frozen magnetic field
campo magnético crítico | critical magnetic field
campo magnético cuspidado | cusped magnetic field
campo magnético de apriete | pinch magnetic field
campo magnético dinámico | dynamic magnetic field
campo magnético estacionario | static (/stationary) magnetic field
campo magnético parásito | stray magnetic field
campo magnético persistente | persistent magnetic field
campo magnético pulsado | pulsed magnetic field
campo magnético pulsante | pulsating magnetic field
campo magnético terrestre | terrestrial magnetic field
campo magnético transitorio | transient magnetic field
campo magnetizante | magnetizing field
campo magnetostático | magnetostatic (/static magnetic, /stationary magnetic) field
campo modal | mode (/modal) field
campo múltiple | multiple field
campo no rotacional | irrotational field
campo no uniforme | nonuniform field
campo nuclear | nuclear field
campo núcleo | kernel field
campo ondulatorio | wave field
campo para notas | memo field
campo para presentación de texto | text-display field
campo parásito | stray field
campo perturbador | noise field
campo protón-neutrino | proton-neutrino field
campo próximo | near field
campo radiado sin atenuación | unattenuated radiated field
campo radial | radial field
campo radial de selección | selector bank arrangement
campo reflejado | reflected field
campo remanente | residual field
campo residual | residual field
campo retardado | retardated (/retarded) field
campo retardador | retarding field
campo rotacional | rotational field
campo rotativo | revolving field

campo sectorial | sector field
campo sin absorción | unabsorbed field intensity
campo sin fuerza | force-free field
campo sinusoidal | sinusoidal field
campo solenoidal | solenoidal field
campo sonoro | sound field
campo tetrapolar | quadripolar field
campo total | total field
campo trasversal estático | static transverse field
campo tubular | solenoidal field
campo umbral | threshold field
campo uniforme | uniform field
campo útil | useful field
campo útil de señal | signal field
campo variable | variable (/varying) field
campo vectorial | vector (/vectorial) field
campo visual | field of view
CAMR = Conferencia administrativa mundial de radio | WARC = World administrative radio conference
camuflaje antirradar | radar camouflage
camuflaje electrónico | electronic camouflage
CAN [*red de control por áreas, red de control de campo*] | CAN = controller area network
canal | channel; circuit; gutter, spout, track, trough
canal A | A channel
canal activo | active (/working) channel
canal adyacente | adjacent channel
canal aleatorio | random channel
canal alfa [*para el color de gráficos*] | alpha channel
canal alternativo | alternate channel
canal analógico | analogue channel
canal ancho | wide channel
canal armónico | voice frequency channel
canal arrendado | leased channel
canal asignado | allocated channel
canal asignado sin exclusividad | on-call channel
canal audiotelegráfico | tone telegraph channel
canal auxiliar | backward (/reverse) channel
canal B [*canal de datos en circuito ISDN*] | B channel, bearer channel
canal bilateral | two-way channel
canal binario | binary channel
canal biológico | biological hole
canal caliente | hot channel
canal central deducido | derived centre channel
canal compartido | cochannel, shared (/split) channel
canal común | cochannel
canal con derivación de tiempo | time-derived channel
canal contador de impulsos | pulse-counting channel
canal D | D channel

canal de acceso aleatorio | random access channel
canal de almacenamiento rápido | steerable fast channel
canal de amaraje por instrumentos | alighting channel
canal de asignación de acceso [*para asignación de recursos a las estaciones móviles*] | access grant channel
canal de audio adyacente | adjacent audio (/sound) channel
canal de audio de acompañamiento | accompanying audio (/sound) channel
canal de banda ancha | wideband channel
canal de banda limitada | band-limited channel
canal de banda vocal | voice channel
canal de bolas de traba | lock ball channel
canal de borrado | erasure channel
canal de calidad subvocal | subvoice grade channel
canal de calidad telefónica | voice-grade channel
canal de cascada | cascade channel
canal de circuito bifilar | two-wire channel
canal de circuito de órdenes | orderwire channel
canal de combustible | fuel channel
canal de comunicación | communication (/operating) channel
canal de comunicación por relé radioeléctrico | radio relay channel
canal de comunicación vocal | voiceway
canal de control | control channel
canal de control común | common control channel
canal de control de frecuencia [*para la sincronización de frecuencia de las portadoras*] | frequency control channel
canal de control de trasmisiones | broadcast control channel
canal de control del nivel de potencia | power level channel
canal de control lento asociado a los canales de tráfico | slow-associated control channel
canal de control rápido asociado a los canales de tráfico | fast-associated control channel
canal de conversación | chat room
canal de corriente portadora | carrier channel
canal de crominancia | chrominance channel
canal de datos | data channel
canal de descarga | discharge channel
canal de detección de impulsos | pulse-detecting channel
canal de difusión por cable | rediffusion channel
canal de dispositivo | device channel
canal de disquete | floppy channel

canal de dos hilos | two-wire channel
canal de dos vías | two-way channel
canal de eco | echo channel
canal de emergencia | elementary channel
canal de emisión por modulación de frecuencia | frequency modulation broadcast channel
canal de energía limitada | power-limited channel
canal de enlace | relay channel
canal de entrada | input (/entrance) channel
canal de entrada/salida | input/output channel
canal de lectura/escritura | read/write channel
canal de E/S = canal de entrada/salida | I/O channel = input/output channel
canal de escisión | fission channel
canal de estación emisora | transmitting station channel
canal de frecuencia | frequency channel
canal de frecuencia más alta | top channel
canal de frecuencia telefónica | speech frequency channel
canal de frecuencia vocal | voice (frequency) channel, speech frequency channel
canal de fusión | melting channel
canal de grabación | recording channel
canal de grupo | group channel
canal de ida | go channel
canal de ida y vuelta | go-and-return channel
canal de imagen | picture (/video) channel
canal de información | information channel
canal de información a múltiples niveles | multilevel information channel
canal de información rápida | fast information channel
canal de interrupción | interrupt channel
canal de irradiación | beam hole; irradiation channel
canal de llamada | call channel
canal de llamada con dos frecuencias | two-frequency call channel
canal de luminancia | luminance channel
canal de luz | light pipe
canal de luz polarizada | polarized channel
canal de medición | measurement channel
canal de micrófono | microphone channel
canal de notificación [*para notificar a una estación móvil que hay una llamada destinada a ella*] | paging channel
canal de paquetes de datos | packet data channel

canal de parada | shutdown channel
canal de pares simétricos no cargados | unloaded balanced pair channel
canal de paso | tracking
canal de polarización | bias port
canal de presentación de datos | display data channel
canal de programa | program channel
canal de protección | guard (/protection, /protective) channel
canal de pruebas tangencial | tangent beam hole
canal de puesta en fase | phasing channel
canal de radiación | radiation channel
canal de radio | radio channel
canal de radio bilateral | two-way radio channel
canal de radio de banda ancha | wideband radio channel
canal de radio de ida y vuelta | two-way radio channel
canal de radiodifusión de amplitud modulada | AM broadcast channel
canal de radiodifusión normalizado | standard broadcast channel
canal de radiodifusión por frecuencia modulada | FM broadcast channel
canal de radiodistribución por cable | rediffusion channel
canal de radioenlace | relay channel
canal de reacción | reaction channel
canal de referencia | reference channel
canal de registro | recording channel
canal de reposo | space channel
canal de reproducción | playback (/replay, /reproduction) channel
canal de retorno | backward (/return, /reverse) channel
canal de salida | exit (/output, /outgoing) channel
canal de seguridad | safety channel
canal de señal monocroma | monochrome channel
canal de señalización | signalling channel
canal de servicio | service channel
canal de servicio compartido | party line service channel
canal de servicio principal | main service channel
canal de sincronización | synchronization channel
canal de sonido | sound channel
canal de sonido adyacente | adjacent sound channel
canal de subportadora | subcarrier channel
canal de subportadora estereofónica | stereophonic subchannel
canal de supervisión | supervisory channel
canal de telecomunicación | telecomunication channel
canal de teleimpresora | teletypewriter channel

canal de telemedida | telemetering channel
canal de televisión | television channel
canal de télex | telex channel
canal de tono | tone channel
canal de tono telegráfico | tone telegraph channel
canal de trabajo | operating (/working) channel
canal de tráfico | traffic channel
canal de tráfico de pago | revenue-producing-traffic channel
canal de tránsito | through channel
canal de trasferencia | transfer canal
canal de trasferencia de consola de operador | operator's console transfer channel
canal de trasferencia de tambor | drum transfer channel
canal de trasmisión | transmission channel
canal de trasmisión de frecuencia musical | tone transmit channel
canal de trasmisión de tono | tone transmit channel
canal de trasmisión en un solo sentido | unilateral channel
canal de trasmisión unidireccional | simplex channel
canal de una sola frecuencia | single-frequency channel
canal de una vía | one-way channel
canal de usuario común | common user channel
canal de ventilación | ventilating duct
canal de VHF | VHF channel
canal de vídeo | video channel
canal de videofrecuencia | video channel
canal de voz | voice channel
canal dedicado exclusivamente a una estación | stand-alone dedicated control channel
canal del periodo | period channel
canal del temporizador | timer channel
canal delta | delta channel
canal despejado | clear channel
canal desplazado | offset channel
canal determinístico | deterministic channel
canal diferencial | difference channel
canal directo | direct (/through, /upright, /private line) channel
canal discreto | discrete channel
canal dividido | split channel
canal dúplex | duplex channel
canal elevado | elevated duct
canal en cuadratura | quadrature channel
canal en servicio | working channel
canal en vacío | idle channel
canal enterrado | buried channel
canal entre centrales | interexchange channel
canal entre procesadores | interprocessor link
canal estéreo de la izquierda | left stereo channel

canal estereofónico | stereophonic channel
canal estereofónico de la derecha | right stereo channel
canal estereofónico izquierdo | left stereophonic channel
canal exclusivo | private line channel
canal experimental | beam hole
canal fantasma | phantom channel
canal frenado | channel stop
canal frenador de la difusión | channel diffusion stopper
canal H | H channel
canal impar | odd channel
canal inducido | induced channel
canal inverso | reverse channel
canal lateral secundario | second adjacent channel
canal libre | clear channel
canal lineal | linear channel
canal local | local channel
canal monocromo | monochrome channel
canal múltiple | multichannel, multiple channel
canal múltiple con tiempo en divisiones simples | simple ratio channel
canal múltiplex | multiplexer channel
canal multiplexado por división de tiempo | time division multiplex channel
canal multiplexor | multiplex (/multiplexer) channel
canal multiplexor de bloques | block multiplexer channel
canal multiplexor de bytes | byte multiplexer channel
canal musical | music channel
canal N | N channel
canal normal | normal (/regular) channel
canal ómnibus | omnibus channel
canal P | P channel
canal para aviación | aviation channel
canal para cables | cable channel, trench
canal para comunicaciones subsidiarias | SCA channel
canal para conductores | wiring gutter
canal para el tendido de cables | trench
canal para servicio aeronáutico | aviation channel
canal para tráfico | traffic channel
canal perturbador | disturbing channel
canal piloto | pilot channel; cue bus
canal por cable | cable channel
canal portador [canal de datos en circuito ISDN] | B channel = bearer channel
canal principal | main (/principal) channel
canal primario | primary channel
canal privado | private channel
canal probabilístico | random channel
canal radioeléctrico | radio channel
canal radioeléctrico de emergencia | emergency radio channel

canal radiotelefónico | R/T channel = radiotelephone channel; speech channel
canal radiotelegráfico | radiotelegraph channel
canal regional | regional channel
canal reservado | dedicated channel
canal reversible de televisión | reversible television channel
canal secreto | secret (/covert) channel
canal secundario | secondary channel
canal seguro | secure channel
canal selector | selector channel
canal silencioso | quiet channel
canal simétrico binario | binary simmetrical channel
canal símplex | simplex channel
canal sonoro | sound channel
canal subdividido | subdivided channel
canal suma | sum channel
canal superficial | surface duct; moulding [UK]
canal superior | top channel
canal telefónico | speech (/telephone, /voice-grade) channel
canal telegráfico | telegraph channel
canal telegráfico bilateral | two-way telegraph channel
canal telegráfico completo | whole telegraph channel
canal telegráfico de frecuencia vocal | voice frequency telegraph channel
canal telemétrico | telemeter channel
canal temporal | time slot
canal TOR | TOR channel
canal trasversal | header
canal troposférico | tropospheric duct
canal troposférico de radio | tropospheric radio duct
canal único | single channel
canal unilateral | unilateral channel
canal vacante | idle channel
canal vertical | vertical channel
canal virtual | virtual channel
canal vocal | voice channel
canales en múltiplex | multiple channels
canaleta de cables | raceway, wiring gutter
canaleta de conducción | raceway
canaleta para cables | cable vault, conduit, duct, (wire) trench, wireway, wiring trough
canaleta para el tendido de cables | trench
canaleta para hilos | wireway
canalización | channelling, channellizing, ducting, main system; troughing
canalización de fuerza | power mains
canalización de múltiples ramas | multiple duct conduit
canalización de radio | radio channelling (/multiplexing)
canalización de red simple | single-grid wiring
canalización de simple circunvalación | single-runaround wiring

canalización del emisor | emitter channelling
canalización eléctrica | power mains
canalización eléctrica del buque | ship mains
canalización industrial | power mains
canalización múltiple | multiple way conduit (/duct)
canalización por división de frecuencia | frequency division channelling
canalización por tonos | tone channelling
canalización subterránea | underground mains
canalización urbana | town mains
canalizado vertical | riser
canalón | gutter
cancelación | cancel, cancellation, cancelling
cancelación de eco | echo compensation method
cancelación de la crominancia | chrominance cancellation
cancelación de la prestación | removal procedure
cancelación de la señal | signal cancellation
cancelación de lóbulo lateral | side lobe cancellation
cancelación de selecciones | deselection
cancelación de señal | signal cancellation
cancelación por trayectoria múltiple | multipath cancellation
cancelado | cancelled
cancelador de dos impulsos | two-pulse canceller
cancelador de frecuencia intermedia | IF canceller
cancelador en cascada de tres impulsos | three-pulse cascade canceler
cancelar | to abort, to cancel, to delete
cancelar la selección | to deselect
cancelar todas las selecciones | to deselect all
cancele y archive | cancel and file
candado electrónico | class of service changeover
candela | candle; [unidad de intensidad luminosa en el Sistema Internacional de unidades] candela
Candohm [marca comercial de líneas de resistencias fijas] | Candohm
candoluminiscencia | candoluminescence
cangrejo | crab
canibalizar [fam; quitarle piezas a un equipo para reparar otro] | to cannibalise [UK], to cannibalize [UK+USA]
cantidad | amount, quantity
cantidad de calor | quantity of heat
cantidad de carga | amount of charge
cantidad de electricidad | quantity of electricity
cantidad de energía radiante | quantity of radiant energy

cantidad de fallos por unidad de tiempo | failure in time
cantidad de intentos de llamada en hora punta | busy hour call attempts
cantidad de la producción | production quantity
cantidad de luz | quantity of light
cantidad de máquinas | machine units
cantidad de movimiento | momentum
cantidad de radiación | quantity of radiation
cantidad de rayos X | quantity of X-rays
cantidad de trabajo | workload
cantidad escalar | scalar quantity
cantidad exponencial | exponential quantity
cantidad geométrica | vector quantity
cantidad ponderable | weighable amount
cantidad recurrente | recurring quantity
cantidad vectorial | vector quantity
canto | singing, starting of oscillations
canto vivo | sharp cant (/corner, /edge)
canutillo aislante | spaghetti
cañería soldada | welded pipeline (/tubing)
cañón apuntado por radar | radar-aimed gun
cañón coaxial de plasma | coaxial plasma gun
cañón con enfoque automático | self-focus gun
cañón de cinescopio | kinescope gun
cañón de electrones | electron gun
cañón de electrones de simetría axial | axially-symmetrical electron gun
cañón de electrones de simetría rectilínea | rectilinear flow electron gun
cañón de luz | light gun
cañón de plasma | plasma gun
cañón de rociado | flooding gun
cañón de sostenimiento | holding gun
cañón del azul | blue gun
cañón del rojo | red gun
cañón del verde | green gun
cañón electrónico | electron (beam) gun
cañón electrónico autopolarizado | self-bias gun
cañón electrónico de cátodo de plasma | plasma cathode electron gun
cañón electrónico de flujo paralelo | parallel flow electron gun
cañón electrónico excéntrico | offset electron gun
cañón electrónico inclinado | bent gun
cañón inscriptor | writing gun
cañón iónico | ion gun
cañón pentodo | pentode gun
cañón protónico | proton gun
cañonear | to shell
CAP [*modulación de amplitud y fase de portadora ortogonal*] | CAP = carrier-less amplitude and phase modulation

CAP [*planificación asistida por ordenador*] | CAP = computer aided planning
CAP = capstan [*mecanismo de arrastre de cinta*] | CAP = capstan
capa | layer, sheet, shell, tier
capa agotada | depletion region
capa aislante | insulating layer, lapping
capa anódica | anode layer (/sheath)
capa barrera | barrier layer (/region)
capa bifurcada | bifurcated layer
capa catódica luminosa negativa | cathode glow layer
capa D | D layer
capa de absorción del 50% | absorption half-value thickness
capa de adaptación | adaptation layer
capa de agotamiento | depletion layer
capa de aislamiento | insulating course, lapping
capa de Appleton | Appleton layer
capa de atenuación a un décimo | attenuation tenth-value thickness
capa de atenuación del 50% | attenuation half-value thickness
capa de bloqueo | blocking layer
capa de carga espacial | space charge layer
capa de centelleo | scintillation layer
capa de circuito múltiple | multiple circuit layout
capa de convergencia | convergence sublayer
capa de detención | barrier region
capa de difusión | diffusion layer
capa de grafito coloidal | aquadag layer
capa de Heaviside | E layer = Heaviside layer; Heaviside-Kennelly layer
capa de inversión | inversion layer
capa de Kennelly | Kennelly layer
capa de Kennelly-Heaviside | Kennelly-Heaviside layer
capa de laca | enamel layer
capa de níquel | nickel layer
capa de óxido | oxide coating
capa de plata | silvering
capa de reensamblado | reassembly layer
capa de seda | silk covering
capa de segmentación | segmentation layer
capa de selenio | selenium layer
capa de sellado | seal course
capa de semiabsorción | semiabsorption layer
capa de transición | transition layer (/region)
capa de un devanado repartido | layer of a distributed winding
capa de valencia | valence shell
capa de valor mitad | half-value layer
capa de zócalo segura | secure socket layer
capa del plasma | plasma layer
capa delgada | shallow layer
capa difusa N | N-diffused layer
capa dispersora | scattering layer
capa E | E layer = Heaviside layer; Heaviside-Kennelly layer, Kennelly-Heaviside layer
capa electrónica | electron shell
capa enterrada | buried layer
capa epitaxial | epitaxial layer
capa esporádica | sporadic layer
capa F | F layer
capa fértil | seed blanket
capa fina | thin film
capa gruesa | thick film
capa inestable | unstable layer
capa intermedia | intermediate layer
capa ionizada | ionized layer
capa K | K shell
capa magnética | magnetic shell, coating
capa monomolecular | monomolecular layer
capa P | P shell
capa protectora | protective coating, resist
capa protectora metalizada | plated-resist
capa Q | Q shell
capa reflectora | reflecting layer
capa resistente a los ácidos | etching resist
capa sensible | sensitive layer
capa separadora [*en contacto con los conductores*] | serve
capa superficial | surface layer
capa unimolecular | unimolecular layer
capacete para poste | saddle
capacidad | capability; size, volume; capacitance; capacity [*obsolete synonym for capacitance*]
capacidad a tierra | earth (/ground) capacitance
capacidad acústica | acoustic capacitance
capacidad almacenadora | reservoir capacitor
capacidad ánodo-cátodo | plate-cathode capacitor
capacidad ánodo-rejilla | plate-grid capacity
capacidad aritmética | arithmetic capability
capacidad automática | self-capacity
capacidad cátodo-rejilla | cathode grid capacitance
capacidad de absorción | absorbing capacity, absorbance, absorbency, absorptance, absorptivity
capacidad de absorción de potencias transitorias | transient absorption capability
capacidad de acortamiento | shortening capacitor (/condenser)
capacidad de admisión de carga | load carrying capacity
capacidad de ajuste | trim capacity
capacidad de almacenamiento | memory (/storage) capacity
capacidad de amortiguamiento específica | specific damping capacity
capacidad de ánodo a cátodo | plate-cathode capacitance

capacidad de avance de caracteres
[*guardándolos en memoria tampón antes de su presentación en pantalla*] | type-ahead capability
capacidad de barrera | barrier capacitance
capacidad de canales | channel capacity
capacidad de capacitancia constante en función de la temperatura | negative/positive zero temperature characteristic capacitor
capacidad de carga periódica | periodic rating
capacidad de cierre | making capacity
capacidad de colocar y realizar | plug-and-play capability
capacidad de conducción de corriente | current carrying capacity
capacidad de conexión | making capacity
capacidad de conmutación | switching rating
capacidad de corriente continua | DC capacitance
capacidad de corte | breaking capacity
capacidad de descarga | rate of discharge
capacidad de desconexión | breaking (/interrupting, /rupture) capacity
capacidad de detección | detectivity
capacidad de difusión | diffusion capacitance
capacidad de emisión | emissivity
capacidad de emisión de pico | peak emission capability
capacidad de emisión espectral total | total spectral emissivity
capacidad de encaminamiento del tráfico | message carrying capacity
capacidad de entrada | input capacitance (/capacity)
capacidad de entrada diferencial | differential input capacitance
capacidad de entrada diferencial equivalente | equivalent differential input capacitance
capacidad de entrada en cortocircuito | short-circuit input capacitance
capacidad de entrada en modo común | common mode input capacitance
capacidad de escala de grises | grey scale capability
capacidad de estimulación | stimularity
capacidad de excitación radiante | radiant excitance
capacidad de impresión | print capability
capacidad de interrupción de cortocircuito | short-circuit interrupting capacity
capacidad de la batería | battery capacity
capacidad de la capa barrera | barrier-layer capacitance
capacidad de la capa de agotamiento | depletion layer capacitance
capacidad de la capa de agotamiento del emisor | emitter depletion-layer capacitance
capacidad de la capa de transición | transition layer capacitance
capacidad de la central | plant capacity
capacidad de la mano | hand capacitance
capacidad de maniobra | interrupting capacity
capacidad de manipulación de datos | data handling capacity
capacidad de memoria | memory (/storage) capacity
capacidad de Miller | Miller capacitance
capacidad de modulación | modulation capability
capacidad de placa a filamento | plate-filament capacitance
capacidad de placa a rejilla | plate-grid capacitance
capacidad de polarización | polarization capacitance
capacidad de potencia | power capability, power-handling ability (/capability, /capacity)
capacidad de potencia de cresta | peak-power-handling capacity
capacidad de potencia suma | summation watt rating
capacidad de rastreo | traceability
capacidad de reactancia | choke capacity
capacidad de reajuste | resettability
capacidad de reflexión del blanco | target reflectivity
capacidad de rejilla-placa | grid-anode capacitance
capacidad de reserva conectada y lista | spinning reserve
capacidad de respuesta | responsivity
capacidad de respuesta del fotodetector | photodetector responsivity
capacidad de retención | retentivity
capacidad de ruptura | interrupting capacity
capacidad de salida | output capability (/capacitance, /capacity)
capacidad de salida en cortocircuito | short-circuit output capacitance
capacidad de sedimentación | throwing power
capacidad de seguimiento | traceability, trackability
capacidad de servicio | rating
capacidad de sintonización | trim capacity, tunability
capacidad de sobrecarga | overload capacity
capacidad de sobrecarga breve | short-time overload capacity
capacidad de supervivencia | survivability
capacidad de trabajo | traffic capacity
capacidad de trabajo de un componente | traffic capacity
capacidad de tráfico | message (carrying) capacity, traffic (carrying) capacity
capacidad de transición del colector | collector transition capacitance
capacidad de trasferencia en cortocircuito | short-circuit transfer capacitance
capacidad de trasmisión | carrying capacity
capacidad de trasmisión de palabras | word-carrying capacity
capacidad de trasporte | portability
capacidad de un acumulador | capacity of an accumulator
capacidad de un condensador | capacity of a condenser
capacidad de una instalación | equipped capacity
capacidad de una pila | capacity of a cell
capacidad de una ruta | size of a route
capacidad de unión | junction capacitance
capacidad de utilización | availability
capacidad definitiva | ultimate capacity
capacidad del blanco | target capacitance
capacidad del cableado | wiring capacity
capacidad del canal | channel capacity
capacidad del carrete | reel capacity
capacidad del circuito | circuit capacity
capacidad del circuito oscilante | tank capacity
capacidad del colector | collector capacitance
capacidad del cuerpo | body capacitance
capacidad del depósito | tank capacity
capacidad del disco | drive space
capacidad del electrodo | electrode capacitance
capacidad del objetivo | target capacitance
capacidad del servicio | service capacity
capacidad dieléctrica | dielectric capacity
capacidad diferencial | differential capacitance
capacidad diferencial inicial | initial differential capacitance
capacidad directa | direct capacitance
capacidad dispersa | stray capacitance
capacidad distribuida | distributed (/stray) capacitance
capacidad distribuida del cableado | stray capacity of wiring
capacidad efectiva | effective capacitance
capacidad eléctrica | capacitance; capacity [*obsolete synonym for capacitance*]

capacidad eléctrica del conductor | electric capacitance of the conductor
capacidad electródica | electrode capacitance
capacidad electródica total | total electrode capacitance
capacidad en amperios hora | ampere-hour capacity
capacidad en derivación | shunting (/shunt) capacitance
capacidad en energía eléctrica | energy capability
capacidad en paralelo | parallel (/shunt, /shunting) capacitance
capacidad en serie | series capacitor
capacidad en vatios-hora | watt-hour capacity
capacidad entre ánodo y cátodo | anode-cathode capacitance
capacidad entre ánodo y rejilla | anode-to-grid capacitance
capacidad entre dos conductores | capacitance between two conductors
capacidad entre dos electrodos | interelectrode capacity
capacidad entre electrodos | interelectrode capacitance
capacidad entre elementos | interelement capacitance
capacidad específica | specific capacity
capacidad expansiva | compliance
capacidad final | ultimate capacity
capacidad geométrica | geometric capability
capacidad inductiva específica | specific inductive capacity
capacidad interelectródica | interelectrode capacitance (/capacity)
capacidad interelectródica de la válvula | tube (/valve) interelectrode capacity
capacidad interelectródica directa | direct interelectrode capacitance
capacidad interruptora | interrupting (/rupture) capacity
capacidad intersuperficial de cátodo | cathode interface (/layer) capacitance
capacidad lineal | straight line capacitance
capacidad máxima | maximum capacity
capacidad media de producción de energía | mean energy capability
capacidad nominal | rated capacitance (/capacity); rating
capacidad nominal de conmutación | switching rating
capacidad nominal de corriente | current rating
capacidad nominal de corriente de los contactos | rated contact current
capacidad nominal de disipación | nominal power rating
capacidad nominal del trasformador | transformer rating
capacidad nominal en régimen permanente | steady-state rating
capacidad normal | rating
capacidad normal de cierre | rated making capacity
capacidad normal de conexión | rated making capacity
capacidad normal del trasformador | transformer rating
capacidad normal en cortocircuito | rated short-circuit capacity
capacidad nula | zero capacitance
capacidad parásita | parasitic (/stray) capacitance, strays
capacidad patrón de referencia | reference standard capacitor
capacidad placa-rejilla | plate-grid capacity
capacidad por cableado | gimmick
capacidad por unidad de superficie | unit-area capacitance
capacidad portante | lifting power
capacidad propia | natural capacitance
capacidad puesta a tierra | grounded capacitance
capacidad rejilla-cátodo | grid cathode capacitance
capacidad rejilla-placa | grid-plate capacitance
capacidad reversible | reversible capacitance
capacidad reversible inicial | initial reversible capacitance
capacidad separadora | separating capacitor
capacidad supresora de chispas | spark-suppressing capacitor
capacidad térmica | thermal capacity
capacidad terminal | top capacitive loading, top capacitor
capacidad total | total capacitance
capacidad total del electrodo | total electrode capacitance
capacidad tubular | tubular capacitor (/condenser)
capacidad útil | service output
capacidad útil en agua | useful water capability
capacidad vaciable en agua | draw-off water capability
capacidad variable | variable capacitance (/capacity, /capacitor)
capacidad variable de corrección | variable trimmer capacitor
capacidad variable lineal | straight line capacitance
capacidades de la red | network capabilities
capacidades interelectródicas de la válvula | tube (/valve) capacities
capacidades internas de la válvula | tube (/valve) capacities
capacímetro | capacitance meter
capacitancia acústica específica | specific acoustic capacitance
capacitancia ánodo-cátodo | plate-cathode capacitance
capacitancia ánodo-filamento | plate-filament capacitance
capacitancia ánodo-rejilla | plate-grid capacitance
capacitancia de entrada | input capacitance
capacitancia de placa | plate capacitance
capacitancia de polarización | polarization capacitance
capacitancia de rejilla-placa | grid-anode capacitance
capacitancia del cuerpo | body capacitance
capacitancia efectiva de la abertura | effective gap capacitance
capacitancia efectiva del espacio intermedio | effective gap capacitance
capacitancia en paralelo | parallel capacitance
capacitancia entre electrodos | interelectrode capacitance
capacitancia geométrica | geometric capacitance
capacitancia interelectródica | interelectrode capacitance
capacitancia marginal negativa | negative edge capacitance
capacitancia marginal por efecto de borde | negative edge capacitance
capacitancia mutua | mutual capacitance
capacitancia negativa | negative capacitance
capacitancia nula | zero capacitance
capacitancia parásita | parasitic (/parasite) capacitance
capacitancia placa-filamento | plate-filament capacity
capacitancia placa-rejilla | plate-grid capacitance
capacitancia propia | natural capacitance
capacitivo | capacitive
capacitor ánodo-cátodo | plate-cathode capacitor
capacitor autorregenerativo | self-healing capacitor
capacitor contra encendido prematuro | shockover capacitor
capacitor de aceite | oil capacitor
capacitor de aplanamiento | smoothing capacitor (/condenser)
capacitor de arranque | starting capacitor
capacitor de base octal | octal base capacitor
capacitor de carga volumétrica | volume charge capacitor
capacitor de cerámica plateada | silver-ceramic capacitor, silvered-ceramic capacitor
capacitor de compensación | pad (/padder, /padding) capacitor
capacitor de electrolito sólido | solid electrolyte capacitor
capacitor de energía | power capacitor
capacitor de extinción | quenching (/quench) capacitor (/condenser)
capacitor de filtro | smoothing capaci-

tor (/condenser)
capacitor de mica | postage stamp capacitor
capacitor de mica plateada | silver-mica capacitor, silvered-mica capacitor
capacitor de motor | motor-run capacitor
capacitor de Mylar | Mylar capacitor
capacitor de papel | paper capacitor
capacitor de parileno | parylene capacitor
capacitor de paso de ánodo | plate bypass condenser
capacitor de paso de placa | plate bypass condenser
capacitor de película delgada | thin-film capacitor
capacitor de placas paralelas | parallel plate capacitor
capacitor de plástico | plastic capacitor
capacitor de poliestireno | polystyrene capacitor
capacitor de poliestirol | polystyrol capacitor (/condenser)
capacitor de silicio | silicon capacitor
capacitor de tomas múltiples | multiple unit capacitor
capacitor electrolítico con cubierta de papel | paper-covered electrolytic capacitor
capacitor electrolítico no polarizado | nonpolarized electrolytic capacitor
capacitor en derivación | shunting (/shunt) capacitance (/capacitor, /condenser)
capacitor en paralelo | parallel capacitor, shunt (/shunting) capacitance (/capacitor, /condenser)
capacitor impreso | printed capacitor
capacitor monolítico | monolithic capacitor
capacitor múltiple | multiple unit capacitor
capacitor multisección | multisection capacitor
capacitor neutralizador | neutralizing capacitor
capacitor neutralizante | neutralizing capacitor
capacitor no inductivo | noninductive capacitor
capacitor para corrección del factor de potencia | power factor correction capacitor
capacitor para mejorar el factor de potencia | power factor capacitor
capacitor para supresión de perturbaciones radioeléctricas | radio interference suppression capacitor
capacitor primario | primary capacitor
capacitor rotativo | rotary capacitor
capacitor temporizador | timing capacitor
capacitor variable de estator fraccionado | split-stator variable capacitor
capacitores en paralelo | parallel-connected capacitors
capacitrón | capacitron
caperuza | hood, termination band, thimble
caperuza para poste | pole saddle
capilar | capillary
capilaridad | capillarity
capitular [letra de mayor tamaño al comienzo de un bloque de texto] | drop cap, display face
capítulo | chapter
capstan [mecanismo de arrastre de cinta] | capstan
cápsula | button; capsule, cartridge; dish
cápsula cambiadora de aguja | turn-over cartridge
cápsula de cristal | crystal pickup
cápsula de encendido | fusee
cápsula de micrófono | transmitter button (/unit)
cápsula de Petri | Petri dish
cápsula de radio | radium cell
cápsula de radón | radon seed
cápsula de reemplazo | replacement cartridge
cápsula de tocadiscos | phono (/pickup) cartridge
cápsula de vacío | vacuum (/vacuumtight) capsule
cápsula del micrófono | transmitter inset
cápsula emisora | transmitter capsule
cápsula estereofónica | stereo (/stereophonic) cartridge
cápsula fonocaptora | phono (/phonograph) cartridge (/pickup), pickup cartridge
cápsula fonocaptora basculante | flip-over cartridge
cápsula fonocaptora de capacidad variable | variable capacitance pick-up
cápsula fonocaptora de condensador variable | variable capacitance cartridge
cápsula fonocaptora de reluctancia variable | variable reluctance cartridge
cápsula fonográfica | phono cartridge, phono (/phonograph) pickup
cápsula hermética | vacuumtight capsule
cápsula microfónica | transmitter inset
cápsula piezosensible | pressure bulb
cápsula receptora | receiver capsule
cápsula reversible | turnover cartridge
cápsula telefónica | telephone transmitter
captación | collection; picking up
captación de componentes parásitas | stray pickup
captación de datos | data capture
captación de imágenes de vídeo | video pickup
captación de parásitos | noise pickup
captación de radiofrecuencia | RF pickup
captación de ruido | noise pickup
captación de señales de radio | acquisition of signal
captación directa | direct pickup
captación electrónica | electron collection
captación en directo | direct pickup
captación exterior | remote pickup
captación inductiva | inductive pickup
captación remota | remote pickup
captación residual | stray pickup
captador | sensor
captador de depósito radiactivo | precipitation unit
captador de imagen en pantalla | screen grabber
captador de ondas | wave collector
captador de presión | pressure pickup
captador de presión deformimétrico | strain gauge pressure pickup
captador de rayos infrarrojos | infra-red sensor
captador de velocidad de bobina móvil | moving coil velocity pickup
captador de vibraciones | vibration pickup
captador de vibraciones piezoeléctrico | piezoelectric vibration pickup
captador de X | X pickup
captador fotoeléctrico | photoelectric pickup (device)
captador gráfico [de imágenes para guardarlas en memoria] | grabber
captador ligado | bonded pickup
captador tacométrico | tachometer pickup
captador telefónico | telephone pickup
captador Wolf | Wolf trap
captar | to intercept, to listen in, to pick off (/up), to receive
captor fotoeléctrico | photocell pickup
captura | capture, seizing, seizure, trapping; hunt
captura de electrón orbital | orbital capture
captura de electrones K | K-electron capture
captura de electrones orbitales | orbital electron capture
captura de imagen | image capture
captura de imágenes una a una [en vídeo] | step-frame
captura de llamada maliciosa | call tracing, recording of call data
captura de neutrones | neutron capture
captura de neutrones lentos | slow neutron capture
captura de neutrones térmicos | thermal (neutron) capture
captura de radiación | radiation trapping (/capture)
captura de resonancia | resonance capture
captura de silbidos ionosféricos | trapping of whistlers
captura de un electrón de la capa L | L electron capture

captura de vídeo en tiempo real | real-time video capture
captura disociativa | dissociative capture
captura electrónica | electron capture
captura estéril | nonfission capture
captura K | K capture
captura L | L capture
captura neutrónica radiactiva | neutron radioactive capture, radiative neutronic capture
captura parásita | parasitic capture
captura parásita de neutrones | parasitic neutron capture
captura por haz | beam capture
captura radiactiva | radiative capture
captura radiactiva de neutrones | radiative capture of neutrons
captura radiactiva de piones | radiative pion capture
captura radiante | radiative capture
captura térmica | thermal capture
captura útil | useful capture
capturador | trap
capturador de fotogramas | frame grabber
capturar | to grab; [una imagen] to capture; [datos] to download
capturar imagen en pantalla | to grab screen image
capucha | cap
capucha de la válvula | valve bonnet
capuchón | cap
capuchón de ajuste | adjustment cover
capuchón de blindaje | shield cap
capuchón de lámpara | lamp cap
CAQ [calidad asistida por ordenador] | CAQ = computer aided quality
CAR = corriente alterna rectificada | RAC = rectified alternating current
cara | face, side, surface
cara a cara [usado en internet] | FTF = F2F = face-to-face
cara de ápice mayor | major apex face
cara de ápice menor | minor apex face
cara de componentes | component side
cara de la tarjeta | card face
cara de rebaba | burr side
cara de soldadura | solder side
cara de un ánodo | face of an anode
cara exterior | outward-facing side
cara lateral del tambor | flange of drum
cara mayor | major face
cara menor | minor face
cara polar | pole (piece) face
caracol | scroll
carácter | character; typeface
carácter 5 de ISO | ISO-5
carácter a escala real [que aparece en pantalla tal y como se va a imprimir] | true type
carácter alfanumérico | alphanumeric character
carácter binario | binary character
carácter codificado | code character

carácter codificado en binario | binary-coded character
carácter de borrado | erase character
carácter de cambio | shift character
carácter de cambio a letras | shift-in character
carácter de cambio a números | shift-out character
carácter de cancelación | delete character
carácter de cancelación del bloque | block cancel character
carácter de comodín | wildcard character
carácter de comprobación | check character
carácter de control | control character
carácter de control de comunicación | communication control character
carácter de control de dispositivo | device control character
carácter de control de enlace [que cambia el significado de los caracteres que le siguen] | data link escape
carácter de control de sincronismo | idle character
carácter de control de trasmisión | transmission control character
carácter de dirección | address character
carácter de emergencia | fallback character
carácter de escape | escape character
carácter de finalización | terminator
carácter de interlínea | newline character
carácter de matriz de puntos | dot matrix character
carácter de moldeado completo [para impresoras de impacto] | fully formed character
carácter de petición de respuesta | enquiry character
carácter de reconocimiento negativo | negative acknowledgement character
carácter de relleno | fill (/ignore, /pad) character
carácter de salto de línea | newline character
carácter de sincronización | sync character
carácter de sincronización sin significado | synchronous idle character
carácter de verificación | check character
carácter del código | code character
carácter en blanco | blank character
carácter en cinta | tape character
carácter especial | special character
carácter extendido [uno de los 128 caracteres del conjunto ASCII ampliado] | extended character
carácter gráfico | graphic character
carácter magnético | magnetic character
carácter más significativo | most significant character

carácter menos significativo | least significant character
carácter no alfabético | figure
carácter no autorizado | illegal character
carácter no válido | illegal character
carácter nulo | null character
carácter óptico | optical character
carácter primario | primary character
carácter privado | privacy
carácter redefinible de forma dinámica | dynamically redefinable character
carácter reservado [en el teclado] | reserved character
carácter secundario | figure; secondary character
carácter significativo mínimo | least significant character
carácter superior | upper character
carácter sustitutorio | substitute character
caracteres en minúsculas | lower case
caracteres imprimibles textualmente [por ejemplo los del código ASCII] | printable string
caracteres por pulgada | characters per inch
caracteres por segundo | characters per second
característica | characteristic, feature
característica anódica | anode characteristic
característica ascendente | rising characteristic
característica autoestabilizadora de caída de tensión | self-stabilizing dropping characteristic
característica continua | stepped curve
característica crítica | critical characteristic
característica de audiofrecuencia | audiofrequency characteristic
característica de autocalibración | self-calibrating feature
característica de autosintonización | self-tuning feature
característica de baja frecuencia | audiofrequency characteristic
característica de bloqueo | blocking characteristic
característica de caída | decay characteristic
característica de capacidad diferencial | differential capacitance characteristic
característica de capacidad reversible | reversible capacitance characteristic
característica de carga | load characteristic
característica de carga alterna | alternating-current charge characteristic
característica de carga de cresta | peak charge characteristic
característica de carga de pico | peak charge characteristic

característica de carga media | mean charge characteristic
característica de carga trasferida | transferred charge characteristic
característica de compensación de frecuencia | weighting characteristic
característica de conmutación | switching characteristic
característica de control | control (/modulation) characteristic
característica de control de ley cuadrática | square law control characteristic
característica de control de rejilla | grid drive characteristic
característica de control del tiratrón | thyratron control characteristic
característica de copia | shadowing
característica de corriente anódica-tensión anódica | plate current-plate voltage characteristic
característica de corriente constante | constant current characteristic
característica de corriente en función de la tensión | voltage-current characteristic
característica de corriente reactiva | zero-power-factor characteristic
característica de corte rápido | steep cutoff characteristic
característica de cosecante al cuadrado | cosecant-squared pattern
característica de deriva del calentamiento | warm-up drift characteristic
característica de descarga | characteristic of a discharge
característica de desvanecimiento | decay characteristic
característica de detección automática | autosense feature
característica de emisión | emission characteristic
característica de emisión secundaria | secondary emission characteristic
característica de establecer correspondencia | map feature
característica de excitación de rejilla | grid drive characteristic
característica de fase | phase characteristic
característica de fase en función de la frecuencia | phase-vs-frequency characteristic
característica de frecuencia | frequency characteristic
característica de frecuencia del canal de voz | voice channel frequency characteristic
característica de frecuencia/potencia de salida | output power/frequency characteristic
característica de funcionamiento | function characteristic
característica de grabación | recording characteristic
característica de gran señal | large-signal characteristic
característica de impedancia | impedance characteristic
característica de impulsos | pulse characteristic
característica de la meseta | plateau characteristic
característica de la sensibilidad espectral | spectral sensitivity characteristic
característica de la trayectoria de propagación | propagation path characteristic
característica de la válvula | tube (/valve) characteristic
característica de la válvula de pantalla | picture valve characteristic
característica de la válvula de recuento | counter valve characteristic
característica de la válvula de vacío | vacuum valve characteristic
característica de la válvula electrónica | tube (/valve) characteristic
característica de lectura | playback (/reproducing) characteristic
característica de meseta | plateau characteristic
característica de modulación | modulation characteristic
característica de persistencia | persistence characteristic
característica de placa | plate characteristic
característica de polaridad | biased exponent
característica de ponderación A | A-weighting characteristic
característica de ponderación de frecuencia | weighting characteristic
característica de propagación | propagation characteristic
característica de radiación | beam pattern, radiation characteristic
característica de radiación parásita | spectrum signature
característica de régimen | static characteristic, transfer curve
característica de regulación de ley cuadrática | square law control characteristic
característica de rejilla | grid characteristic
característica de rejilla placa | grid-plate characteristic
característica de resistencia sin disipación en función de la temperatura del elemento | zero-power resistance-temperature characteristic
característica de resonancia | resonance characteristic (/curve), resonant curve
característica de respuesta | response characteristic
característica de respuesta amplitud-frecuencia | response/frequency characteristic
característica de respuesta de fase | phase response characteristic
característica de respuesta de fase en función de la frecuencia | phase-versus-frequency response characteristic, phase-vs-frequency response characteristic
característica de respuesta de onda cuadrada | square wave response characteristic
característica de respuesta en frecuencia | frequency response characteristic
característica de respuesta espectral | spectral response characteristic
característica de retardo de fase | phase delay time characteristic
característica de saturación | saturation characteristic
característica de selectividad | selectivity characteristic
característica de selectividad del espectro | spectrum selectivity characteristic
característica de selectividad espectral | spectrum selectivity characteristic
característica de semitono | half-tone characteristic
característica de sensibilidad | sensitivity characteristic
característica de señal débil | small-signal characteristic
característica de serie | series characteristic
característica de temperatura | temperature characteristic
característica de temperatura y tensión | temperature-wattage characteristic
característica de tensión inversa | reverse voltage characteristic
característica de tensión por velocidad de recuento | counting rate voltage characteristic
característica de tiempo de funcionamiento | operate-time characteristic
característica de tiempo e intensidad | time current characteristic
característica de tiempo y corriente | time current characteristic
característica de Townsend | Townsend characteristic
característica de trabajo | operation characteristic
característica de trasferencia | transfer characteristic
característica de trasferencia de descarga | breakdown transfer characteristic
característica de trasferencia de tensión | voltage transfer characteristic
característica de trasferencia disruptiva | breakdown transfer characteristic
característica de trasmisión | transmission characteristic
característica de trasrectificación | transrectification characteristic
característica de utilización del espectro | spectrum utilization characteristic

característica de variación durante el calentamiento | warm-up characteristic
característica del arco | arc characteristic
característica del cinescopio | picture valve characteristic
característica del control de fallos | fail-safe characteristic
característica del diodo | diode characteristic
característica del electrodo | electrode characteristic
característica del fonocaptor | pickup characteristic
característica del fusible | fuse characteristic
característica del transistor | transistor characteristic
característica desfase-frecuencia | phase/frequency characteristic
característica dinámica | dynamic characteristic
característica direccional | beam pattern, directional characteristic
característica direccional de espacio | space pattern
característica distintiva del objetivo | target signature
característica durante el calentamiento | warm-up characteristic
característica eléctrica inversa | inverse electrical characteristic
característica electródica | electrode characteristic
característica en cortocircuito | static (/short-circuit) characteristic
característica en modo común | common mode characteristic
característica en vacío | no-load characteristic
característica espectral | spectral characteristic (/response), taking characteristic
característica espectral de captación | pickup spectral characteristic
característica espectral de la válvula de cámara | camera valve spectral characteristic
característica estática | static characteristic
característica estática de la válvula | static valve characteristic
característica estática de la válvula electrónica | electron valve static characteristic
característica fase-frecuencia | phase-vs-frequency characteristic
característica funcional | performance characteristic
característica gráfica | characteristic graph
característica intrínseca | intrinsic characteristic
característica mutua [*de dos electrodos*] | mutual characteristic
característica no lineal de dependencia voltios-amperios | nonlinear volt-ampere characteristic
característica no lineal de tensión en función de la corriente | nonlinear volt-ampere characteristic
característica normal de la onda | wave normal
característica tonal de la sala | ambience
características | characteristics
características de funcionamiento | operating features
características de trasmisión | design objective
característico | characteristic
caractrón [*marca comercial de válvula de rayos catódicos para reproducción de caracteres*] | Charactron
carámbano | icicle
carátula [*de disco dactilar o selector*] | faceplate
carbón | carbon
carbón activado | activated charcoal
carbón activo | activated charcoal
carbón de mecha | cored carbon
carbón depositado | deposited carbon
carbón espectral | spectroscopic carbon
carbón granular | granular carbon
carbón homogéneo | solid carbon
carbón impregnado | cored (/impregnated) carbon
carbón mineralizado | flame (/impregnated) carbon
carbón vegetal | carbón vegetal
carbonato | carbonate
carbonato de estroncio | strontium carbonate
carbonizar | to carbonise [UK], to carbonize [UK+USA]
carbono | carbon
carbono radiactivo | radiocarbon, radioactive carbon
carborundo [*vulgarización de la marca comercial de carbono de silicio Carborundum*] | carborundum
carburación | carburization
carburador electrónico | electronic carburettor
carburano | carburan
carburo de boro | boron carbide
carburo de silicio | silicon carbide
carburo de uranio | uranium carbide
carcasa | cabinet, carcase [UK], carcass, case, chassis, housing, spool body
carcinotrón [*válvula osciladora de onda regresiva sintonizada en tensión*] | carcinotron
carcinotrón tipo M | M-type carcinotron
carcinotrón tipo O | O-type carcinotron
carder [*persona que comete fraude con tarjetas de crédito por internet*] | carder
cardinalidad | cardinality
cardiografía balística | ballistocardiography
cardiógrafo | cardiograph
cardiógrafo balístico | ballistocardiograph
cardiógrafo vectorial | vector cardiograph
cardiograma balístico | ballistocardiogram
cardiograma vectorial | vectorcardiogram
cardioide | cardioid
cardiotacómetro | cardiotachometer
cardiotaquímetro fetal | foetal cardiotachometer
cardiotrón | cardiotron
carenado | fairing
carenado de la antena de cuadro | radio loop nacelle
carga | burden, charge, load, loading, power load, stress; [*de archivos en memoria*] upload
carga a corriente constante | constant current charge
carga a distancia de un programa | downloading
carga a tensión constante | taper (/constant voltage) charge
carga acumulada en la base | stored base charge
carga adaptada | matched load
carga admisible | load carrying capacity, permissible loading, safe load
carga al ordenador personal | PC upload
carga almacenada en la base | stored base charge
carga alternante | variable loading
carga amortiguadora | swamping load
carga anódica | anode load
carga artificial | artificial (/dummy) load
carga atómica | atomic charge
carga atómica eficaz | effective atomic charge
carga automática | autoload, auto-load
carga baja | underload
carga básica | basic load
carga capacitiva | capacitive (/leading) load
carga capacitiva de salida | output capacitive loading
carga capacitiva terminal | top capacitive loading
carga cero | no load
carga cíclica | pulsating load
carga complementaria | recharge
carga completa | full load
carga con voltaje constante | floating
carga concentrada | lumped loading
carga constante | holding load
carga continua | continuous loading (/load), krarup loading
carga contra pago | payload
carga corporal | body burden
carga corporal máxima admisible | maximum permissible body burden
carga de agua | water load
carga de ánodo | anode load
carga de antena | aerial loading
carga de antena en serie | aerial series loading

carga de arranque | pullup, starting load
carga de arranque activa | active pull-up
carga de avance | capacitive (/leading) load
carga de base | base load
carga de cátodo sin derivación capacitiva | unbypassed cathode load
carga de cátodo sin desacoplamiento | unbypassed cathode load
carga de circuito fantasma | phantom loading
carga de compensación | compensating (/trickle) charge
carga de conservación | equalizing charge
carga de demanda | demand load
carga de energía | power drain
carga de espacio | space charge
carga de explosión | blast loading
carga de fuera adentro | outside-in loading
carga de haz | beam loading
carga de hielo | ice loading
carga de intervalo | gap loading
carga de intervalo de electrones secundarios | secondary electron gap loading
carga de iones | ion charging
carga de la red | system load
carga de la torre | tower loading
carga de línea | line load
carga de mantenimiento | trickle charge
carga de óxido | oxide ratio
carga de placa | plate load
carga de portadora | carrier loading
carga de programa inicial | initial program load
carga de puesta en marcha | pullup
carga de radiofrecuencia | RF load
carga de refuerzo | boost charge
carga de retardo | inductive (/lagging) load
carga de rotura | ultimate load, ultimate (tensile) strength
carga de rotura por tracción | ultimate tensile strength
carga de ruido | noise load (/loading)
carga de ruptura | breaking stress
carga de salida | output load
carga de salida normal | standard output load
carga de servicio | service (/usage) load
carga de tensión constante modificada | modified constant voltage charge
carga de tormenta | storm loading
carga de trasferencia | transfer charge
carga de un acumulador | charging of an accumulator
carga de un condensador | charge of a capacitor, charging of a condenser
carga de un conductor | charge of a conductor
carga de un cuerpo electrizado | charge on an electrical body

carga de una operadora | operator's load
carga de una unidad | unit load
carga de vacío | vacuum head
carga de viento máxima | wind loading
carga débil de larga duración | soaking charge
carga definitiva | ultimate load
carga del átomo | atomic charge
carga del condensador | condenser charger
carga del electrón | electron charge
carga del emisor de impulsos | pulse emitter load
carga del espacio de interacción del ángulo de tránsito primario | primary transit-angle gap loading
carga del espacio de interacción por descarga de emisión secundaria | multipactor gap loading
carga del impulso | pulse load
carga del núcleo | nuclear charge
carga del programa inicial | initial program load
carga del reactor | reactor charge
carga del sistema | system load
carga demanda máxima | maximum capacity
carga descendente | download
carga deslizante | sliding load
carga disipadora | swamping load
carga dispersa | scatter loading
carga eléctrica | electric charge, electrical charge (/load)
carga electrónica | electronic charge
carga electrónica específica | specific electronic charge
carga electrostática | electrostatic charge
carga elemental | elemental (/elementary) charge, essential load
carga en bloque | block loading
carga en derivación | shunt loading
carga en flotación | floating charge
carga en paralelo | parallel load, shunt loading
carga en paralelo / lectura en paralelo | parallel in / parallel out
carga en serie | series loading
carga equilibrada | balanced load
carga esencial | essential load
carga espacial | space charge
carga espacial nula | zero space charge
carga específica | specific charge
carga específica del electrón | electron specific charge
carga específica máxima | afterdiversity maximum demand
carga específica media | afterdiversity demand
carga estática | static charge (/loading, /load)
carga ficticia | dummy load
carga ficticia de batería | battery post adapter
carga ficticia del guiaondas | waveguide dummy load

carga ficticia para pruebas | test load
carga flotante | floating charge
carga frontal | front loading
carga fuente | source load
carga fundamental | base load
carga inducida | induced charge
carga inductiva | induction (/inductive, /lagging) load, Pupin loading
carga iniciadora | squib
carga inicial del programa | initial program load
carga iónica | ion (/ionic) charge
carga latente | bound charge
carga lenta | trickle charge (/charging)
carga libre | free charge
carga ligada | bound charge
carga ligera | light load, extra-light loading
carga límite | ultimate load
carga límite admisible | overload level
carga máxima | full (/maximum, /peak) load, maximum capacity
carga media | average (/mean) charge
carga momentánea | momentary load
carga móvil | moving load
carga negativa | negative charge (/electricity)
carga no distribuida | lumped loading
carga no esencial | nonessential load
carga no inductiva | noninductive load
carga no reactiva | nonreactive load
carga nominal | nominal load
carga nominal de corta duración | short-time rating
carga nominal en servicio continuo | continuous duty rating
carga nominal en servicio intermitente | intermittent duty rating
carga normal | normal load
carga nuclear | nuclear charge
carga nula | zero load
carga óhmica | ohmic load
carga óptima | optimum load
carga óptima de ánodo | optimum anode load [UK], optimum plate load [USA]
carga para radiodifusión musical | program circuit loading
carga parcial | boosting charge
carga periódica | periodic rating
carga plena | full load
carga poco fuerte de larga duración | soaking charge
carga por bobinas en derivación | shunt loading
carga por bobinas en paralelo | shunt loading
carga por bobinas en serie | coil loading
carga por pulsación [evento que se produce cuando se pulsa un botón en el elemento de un documento HTML] | onclick
carga por resorte | spring load
carga por selección [de textos o campos de texto] | onselect
carga por unidad de superficie | density of surface charge

carga por unidad de volumen | density of surface charge
carga positiva | positive charge
carga posterior | back loading
carga pulsátil | pulsating load
carga pulsatoria | pulsating load
carga punta | peak load
carga puramente resistiva | purely resistive load
carga radiactiva | radiational load
carga rápida | quick charge, rapid charging
carga reactiva | reactance (/reactive) load
carga recuperada | recovered charge
carga reducida | underload
carga remanente | residual charge
carga residual | residual charge
carga resistiva | resistive load
carga seca coaxial | coaxial dry load
carga semifuerte | medium heavy loading
carga sintonizada | tuned load
carga sobre el contacto | contact load
carga sumidero [*carga con corriente en su entrada hacia fuera*] | sink load
carga superficial | surface charge (/load)
carga técnica | technical load
carga térmica | (thermic) work
carga terminal | top loading
carga termostática seleccionada | selective thermostatic charge
carga tipo | unit charge
carga total conectada | total connected load
carga trasferida | transferred charge
carga triboeléctrica | triboelectric charging
carga uniforme | uniform load (/loading)
carga unitaria | unit charge
carga útil | payload
carga útil científica | scientific payload
carga volumétrica | volume charge
carga y almacenamiento | load and store
carga y descarga de batería en flotación | parallel battery float scheme
carga y descarga de batería en tampón | parallel battery float scheme
carga y descarga por grúa | lift-on lift-off
carga y ejecución | load and go
cargabilidad de entrada | fan-in
cargabilidad de salida | fan-out
cargado | charged, energized, loaded
cargado de una vez | singly charged
cargado por resorte | spring-loaded
cargador | boot, cartridge, charger, charging unit, filler, loader
cargador a tensión constante | constant voltage charger
cargador absoluto | absolute loader
cargador automático | automatic loader, auto-loader; jukebox
cargador automático de CD-ROM | CD-ROM jukebox

cargador de autocarga | autoload cartridge
cargador de banda magnética | tape cartridge
cargador de baterías | battery charger
cargador de baterías eólico | wind-driven battery charger
cargador de baterías movido por el viento | wind-driven battery charger
cargador de carga lenta | trickle charger
cargador de enlace | linker
cargador de enlaces | link loader
cargador del detector de radiactividad | radiac detector charger
cargador inicial | boot (/bootstrap) loader
cargador inicial de programas | initial program loader
cargador lector | charger reader
cargador lento | trickle charger
cargador por goteo | trickle charger
cargador primario | primary boot
cargar | to charge, to load, to upload
cargar lentamente | to soak
cargar memoria [*del ordenador*] | fill memory
cargar valores de configuración por defecto | to load setup defaults
cargas de polaridad opuesta | unlike charges
cargas de signo contrario | unlike charges
cargas del mismo signo | like charges
cargas desiguales | unlike charges
cargas iguales | like charges
cargo | charge
cargo en cuenta | charge
cargo por uso | use charge
carillón | carillon
carillón electrónico | electronic carillon
carnotita | carnotite
carpeta | folder
carpeta actual | current folder
carpeta compartida [*de datos en red*] | shared folder
carpeta de grupo | group folder
carpeta de inicio | home folder
carpeta del sistema [*en Macintosh*] | system folder
carpeta desactivada [*de programas*] | disabled folder
carpeta nueva | new folder
carpeta padre | parent folder
carpeta privada [*en redes compartidas*] | private folder
carpeta pública [*carpeta de libre acceso en en redes compartidas*] | public folder
carrera | race, run, travel
carrera ascendente | upstroke, upward stroke
carrera de bloque | travel
carrera hasta la posición de trabajo | pretravel
carrete | carrier, reel, spool, winding
carrete abierto | open reel
carrete autoenrollable | self-threading reel

carrete de alambre para conexiones | spool of hookup wire
carrete de alimentación | feed (/supply) reel
carrete de archivo | file reel
carrete de bobinado | takeup reel
carrete de carga | takeup reel
carrete de cordel para cableado | spool of lacing cord
carrete de devanado de cinta | tape-wound core
carrete de plástico tipo NAB | NAB plastic reel
carrete de rebobinado | rewind reel
carrete de recogida | takeup reel
carrete de resistencia | resistance coil
carrete libre | free reel
carrete metálico tipo NAB | NAB metal reel
carrete pupinizador | loading coil
carrete receptor | take-up reel
carrete tipo NAB | NAB reel
carretilla elevadora | trolley hoist
carril aéreo de contacto | overhead conductor rail
carril central de contacto | central contact-rail
carril de contacto | contact rail
carril de contacto en artajea | underground contact rail
carril de escalera | ladder track
carril de pie | foot rail
carril de retorno de la corriente de tracción | return propulsion current rail
carril de zócalo | piling rail
carril dual | dual rail
carril inclinado de contacto | conductor rail ramp
carril lateral de contacto | side contact rail
carro | carriage
carro automático | automatic carriage
carro de escobillas | wiper carriage
carro de impresión | printing carriage
carro de suspensión para cables aéreos | bosun's chair, cable car
carro devanador portacables | wheeled cable drum carriage
carro impresor | printing carriage
carro para avance del papel | paper carriage
carro portacámara | camera dolly
carro portapapel | paper carriage
carta | letter
carta al cliente | customer letter
carta autorradar | autoradar plot
carta de ajuste | alignment chart, checkerboard pattern, resolution (/television) test card, test chart (/pattern); [*en tablero de ajedrez*] draughtboard [UK]
carta de ajuste de barras | bar pattern
carta de ajuste de barras cruzadas | crosshatch pattern
carta de ajuste de televisión | television chart

carta de ajuste de tiempo | time pattern
carta de ajuste para televisión | television test card
carta en tablero de ajedrez | checkerboard pattern
carta de funcionamiento | performance chart
carta de instalaciones de radio | radio facility chart
carta de instalaciones radioeléctricas | radio facility chart
carta de navegación autorradar | autoradar plot
carta de navegación con radar | radar chart
carta de radar | radar chart
carta de radionavegación | radionavigation chart
carta de zonas de silencio | skip-zone chart
carta del flujo | macroscopic flux variation
carta por radio | radio letter
carta radiada | radio letter
carta radiomarítima | radiomaritime letter
carta-telegrama radiado | letter-telegram via radio
cartel | banner
cartucho | cartridge
cartucho cerámico | ceramic cartridge
cartucho de cinta | tape magazine; [*entintada*] ribbon cartridge
cartucho de cinta magnética [*para almacenamiento de datos*] | (magnetic) tape cartridge
cartucho de cinta magnetofónica | sound-recording magnetic tape cartridge
cartucho de colocación rápida | snap-load cartridge
cartucho de disco | disc cartridge
cartucho de discos flexibles | flexible disk cartridge
cartucho de fuentes [*de caracteres*] | font cartridge
cartucho de juegos | game cartridge
cartucho de memoria | memory cartridge
cartucho de programa | programme cartridge
cartucho de RAM | RAM cartridge
cartucho de ROM | ROM cartridge, ROM pack
cartucho de tinta | ink cartridge
cartucho de tóner | toner cartridge
cartucho del resorte | spring clamp (/seat)
cartucho fonomagnético | sound-recording magnetic tape cartridge
CAS [*asociación china de normativa*] | CAS = China association for standardisation
CAS [*señalización asociada al canal*] | CAS = channel associated signalling
CAS [*servicio de operadoras centralizado*] | CAS = centralized attendant service
CAS = casete | **CASS** = cassette
casa | establishment, house
cascada | cascade, tandem
cascada constante | square cascade
cascada cuadrada | square cascade
cascada de rayos gamma | gamma cascade
cascada de separación | stripping cascade
cascada desplegable | sensitive spring
cascada en salto | leapfrog cascade
cascada ideal | ideal cascade
cascada simple | simple cascade
casco | can, shell
casco antirruido | noise-excluding helmet
casco de realidad virtual | head-mounted display
casco telefónico | headgear receiver
casco telefónico doble | double head receiver
casco visor | head-mounted display
CASE [*ingeniería de software (/sistema) asistida por ordenador*] | CASE = computer-assisted software (/system) engineering
caseta | shelter
caseta de acoplamiento | tuner (/tuning) house
caseta de control | switch hut
caseta de corte | test hut
caseta de distribución | switch house (/hut)
caseta de grupo electrógeno | power house
caseta de pruebas | test hut
caseta de repetidores | repeater hut
caseta de trasformación | transformer box
caseta de trasformadores | power house, transformer house (/box, /kiosk)
caseta del trasmisor | transmitter hut
caseta para repetidores | repeater building
casete | cassette, tape cartridge
casete compacto | compact cassette
casete de bobinado | takeup cassette
casete digital | digital cassette
CASI [*conjunto de interfaces comunes de APSE*] | CASI = common APSE interface set
casi conductor | quasi-conductor
casi dieléctrico | quasi-dielectric
casi lenguaje [*calificación peyorativa de un lenguaje de programación ineficaz*] | quasi-language
casi lineal | near lineal
casi óptico | quasi-optical
casilla | cubicle; checkbox
casilla de clasificación | sorter pocket
casilla de control | checkbox, check box
casilla de correos | post-office box
casilla de verificación | check box
casillero | filling cabinet
casillero electrónico | e-mail address
= electronic mail address
caso | instance
caso común | common instance
caso común más general | most general common instance
caso de estudio | case study
caso más desfavorable | worst case
casquete de la válvula | valve bonnet
casquete de rejilla | grid cap
casquillo | base, sleeve, tip
casquillo aislante | cap
casquillo antiparásitos | plug suppressor
casquillo central de tres patillas | three-pin central base
casquillo de bayoneta | bayonet base
casquillo de contacto central | single-contact base
casquillo de enfoque | prefocus base (/cap)
casquillo de lámpara de proyector | prefocus lamp base
casquillo de patillas | pin cap
casquillo de pines | pin cap
casquillo de rosca | screw base
casquillo de un solo contacto | single-contact base
casquillo diheptal | diheptal base
casquillo Edison | Edison base
casquillo portalámparas | lamp jack
casquillo sujetacable | rope socket
casquillo superior | top cap
casquillo terminal | ferrule terminal
casquillo terminal de cable | rope socket
casquillo universal | universal socket
casquilo lateral | side cap
cast [*conversión de datos de un tipo a otro*] | cast
castillete | tower
castillete de trasmisión | transmission tower
castillo de plomo | lead castle
CAT [*prueba asistida por ordenador*] | CAT = computer-aided testing
CAT [*tecnología asistida por ordenador*] | CAT = computer-assisted technology
CAT = conducción automática de trenes | ATO = automatic train operation
CAT = control automático de temperatura | ATC = automatic temperature control
catadióptrico | catadioptric
cataforesis | cataphoresis
catalogar | to catalogue
catálogo | catalogue [UK], catalog [USA]; file
catálogo de datos | data catalogue
catálogo de soldadura | bond schedule
catástrofe de polarizabilidad | polarizability catastrophe
categoría | category, class, rank
categoría de dominio | domain category
categoría de mensaje | message category

categoría de trasporte | transport layer
categoría de un circuito | class of a circuit
categorías | user classes of services
categorización | categorization
catelectrotono | catelectrotonus
catenaria | catenary
catión | cation
catódico | cathodic
catodino | cathodyne
cátodo | cathode, catelectrode
cátodo autorregenerado | dispenser cathode
cátodo bipotencial | bipotential cathode
cátodo calentado iónicamente | ionic-heated cathode
cátodo calentado por bombardeo iónico | ionic-heated cathode
cátodo caliente | hot (/thermionic) cathode
cátodo candente | hot cathode
cátodo complejo | complex cathode
cátodo comprimido | pressed cathode
cátodo común | common cathode
cátodo con depósito de óxidos | coated cathode, Wehnelt cathode
cátodo con depósitos de óxido | oxide-cathode
cátodo con recubrimiento de óxido | oxide-coated cathode
cátodo de arco | arc cathode
cátodo de calentamiento directo | directly-heated cathode
cátodo de calentamiento indirecto | unipotential (/indirectly heated) cathode
cátodo de cinta envolvente | sarong cathode
cátodo de depósito de mercurio | mercury-pool cathode
cátodo de filamento | filamentary cathode
cátodo de filamento oscuro | dark heater cathode
cátodo de óxido | oxide-cathode
cátodo de plasma | plasma cathode
cátodo de rociado | flooding cathode
cátodo de túnel | tunnel cathode
cátodo de tungsteno toriado | thoriated tungsten cathode
cátodo de volframio [*cátodo de wolframio*] | tungsten cathode
cátodo de Wehnelt | Wehnelt cathode, coated cathode
cátodo del cero | zero cathode
cátodo del tipo L | L-type cathode
cátodo electrolítico | electrolytic cathode
cátodo emisor de campo | field emitter cathode
cátodo empastado | paste cathode
cátodo equipotencial | equipotential (/unipotential, /indirectly heated) cathode
cátodo formado por pulverización | sprayed cathode
cátodo fotoeléctrico | photoelectric cathode
cátodo fotoemisor | photoemitter cathode
cátodo frío | cold cathode
cátodo hueco | hollow cathode
cátodo hueco de cesio | caesium hollow cathode
cátodo impregnado | impregnated cathode
cátodo inicial | zero cathode
cátodo L | L cathode
cátodo líquido | pool cathode
cátodo líquido de rectificador | rectifier pool
cátodo ovalado | oval cathode
cátodo puntiforme | point cathode
cátodo rectangular | rectangular cathode
cátodo recubierto | coated cathode, Wehnelt cathode
cátodo recubierto de óxido | oxide-coated cathode
cátodo revestido | coated cathode, Wehnelt cathode
cátodo semitrasparente | semitransparent cathode
cátodo sinterizado | sintered cathode
cátodo term(o)iónico | thermionic cathode
cátodo term(o)iónico hueco | thermionic hollow cathode
cátodo term(o)iónico revestido de óxido | thermionic oxide-coated cathode
cátodo termoelectrónico | thermionic cathode
cátodo term(o)iónico | hot cathode
cátodo tipo calentador | heater-type cathode
cátodo tipo filamento | filament-type cathode
cátodo tipo l | l-type cathode
cátodo unipotencial | unipotential (/indirectly heated) cathode
cátodo virtual | virtual cathode
catodoluminiscencia | cathodoluminescence
catolito | catholyte
catorcena | fourteen group
CATV [*televisión por cable*] | CATV = cable television; community antenna television
caucho endurecido | hard rubber
caucho opaco | opaque rubber
caucho semiduro | semihard rubber
caudal | [*ocupación de un ancho de banda*] flow; stream, throughput, thrughput, volume
caudal corregido | corrected flow
caudal de alimentación | sluice throughput
caudal de equipo | plant capacity flow
caudal de servidumbre | guaranteed flow
caudal máximo turbinable | maximum usable flow
caudal medio característico | characteristic mean flow
caudal mínimo de información garantizado | committed information rate
caudal natural | natural flow
caudal real | actual flow
caudal variable | pulsating flow
causa asignable | assignable cause
causa de activación de fallo | failure-activating cause
causante | originating
cauterizar | to burn
CAV = control automático de volumen | ALC = automatic level control; AVC = automatic volume control
cavidad | cavity
cavidad coaxial | coaxial cavity
cavidad coaxial tabicada | septate coaxial cavity
cavidad de Bragg-Gray | Bragg-Gray cavity
cavidad de célula | cell cavity
cavidad de emisión/recepción | TR cavity
cavidad de fundición | shrinkage cavity
cavidad de líneas de cintas cruzadas | crossed strip-line cavity
cavidad de reacción | reaction cavity
cavidad de reentrada | reentrant cavity
cavidad de rumbatrón | rhumbatron cavity
cavidad de salida de una sola abertura | single-gap output cavity
cavidad de sintonía | tuning cavity
cavidad de sintonización | tuning cavity
cavidad del resonador | resonator cavity
cavidad doblada | folded cavity
cavidad dúplex | duplex cavity
cavidad láser | laser cavity
cavidad plegada | folded cavity
cavidad rectangular | rectangular cavity
cavidad resonante | resonant (/resonating, /resonator, /tuned) cavity
cavidad resonante sintonizada | tuned resonating cavity
cavidad sintonizable | tunable cavity
cavidad sintonizada | tuned cavity
cavidad STALO [*cavidad resonante estabilizadora de frecuencia*] | STALO cavity
cavitación | cavitation
cavitación laminar | sheet cavitation
cavitación pulsada | pulsed cavitation
cavitación ultrasónica | ultrasonic cavitation
CAX [*central rural automática*] | CAX = community automatic exchange
CBASIC [*versión de BASIC utilizada con el sistema operativo CP/M*] | CBASIC
CBEMA [*Asociación de fabricantes de ordenadores y equipos de oficina*] | CBEMA = Computer and business equipment manufacturers association
CBL [*enseñanza basada en el ordena-

dor] | CBL = computer-based learning
CBR [*tasa de bit constante*] | CBR = constant bit rate
CBS [*llamada por batería central*] | CBS = common-battery signalling
CBT [*formación por ordenador*] | CBT = computer based trainning
CBWNU [*rellamada automática en caso de extensión libre*] | CBWNU = call back when next used
cc = copia por calco | cc = carbon copy
CC [*operador común de la red*] | CC = common carrier
CC = centro de control (/mando) | CC = control centre
CC = control de calidad, comprobación de la calidad | QC = quality control
c.c. = corriente continua | DC = direct current
CCA [*función de agente de control de la llamada*] | CCA = call control agent function
CCBS [*rellamada automática en caso de extensión ocupada*] | CCBS = call completion busy subscriber
CCC = código de cuenta del cliente | BIN = bank identification number
CCCH [*canales de control comunes*] | CCCH = common control channels
CCD [*dispositivo de carga acoplada*] | CCD = charge-coupled device
CCE = control y corrección de errores | ECC = error checking and correction
CCF [*función de control de la llamada*] | CCF = call control function
CCI [*interfaz común de cliente*] | CCI = common client interface
CCIR = Comité consultivo internacional de radiocomunicaciones | CCIR = Comité consultatif international des radiocommunications (*fra*) [*International Radio Consultative Committee*]
CCITT = Comité Consultatif International Télégraphique et Téléphonique (*fra*) [*Comité asesor internacional de telegrafía y telefonía*] | CCITT [*International consultative commitee on telegraphy and telephony*]
CCN = centro de control nacional | NCC = national control centre
CCNR [*rellamada automática en caso de extensión libre*] | CCNR = call completion no reply
ccNUMA [*acceso a memoria caché coherente no uniforme*] | ccNUMA = cache-coherent non-uniform memory access
CCOY [*compañía que realiza la conexión a la red*] | CCOY = connecting company
CCP [*programa de mando de consola*] | CCP = console command program
CCP [*protocolo de control de la compresión*] | CCP = compression control protocol
CCS [*cálculo de sistemas de comunicación*] | CCS = calculus of communicating systems

CCS [*servicio comercial continuo*] | CCS = continuous commercial service
CCS [*sistema de refrigeración de componentes*] | CCS = components cooling system
CCTRA = centro de control de tráfico aéreo | ARTCC = air-route traffic control centre
CCTV = televisión en circuito cerrado | CCTV = closed-circuit television
cd = cambiar directorio [*orden de programa*] | cd = change directory
cd = candela [*unidad de intensidad luminosa en el Sistema Internacional de unidades*] | cd = candela
Cd = cadmio | Cd = cadmium
CD [*detección de señal portadora*] | CD = carrier detect
CD [*disco compacto*] | CD = compact disk
CD Plus [*formato de disco compacto que permite la grabación mixta de audio y datos*] | CD Plus
CDA [*acta estadounidense sobre decencia en las telecomunicaciones*] | CDA = communications decency act
CDA = convertidor (/trasformador) de digital a analógico | DAC = digital-to-analog converter
CDD = control digital directo | DDC = direct digital control
CDE [*interfaz gráfica de usuario bajo UNIX*] | CDE = common desktop environment
CD-E [*disco compacto regrabable*] | CD-E = compact disc-erasable
cdev [*dispositivo de panel de control (utilidad de Macintosh)*] | cdev = control panel device [*a Macintosh utility*]
CDFS [*sistema de archivos de CD-ROM*] | CDFS = CD-ROM file system
CDI [*interfaz de dispositivo virtual*] | VDI = virtual device interface
CD-I [*disco compacto interactivo*] | CD-I = compact disk-interactive
CDMA [*acceso múltiple por división de códigos*] | CDMA = code division multiple access
CDP [*certificado estadounidense en informática*] | CDP = certificate in data processing
CDPD [*transmisión de paquetes de datos por teléfono móvil*]. | CDPD = cellular digital packet data
CD-R [*disco compacto grabable*] | CD-R = compact disk recordable
CD-R/E [*disco compacto regrabable*] | CD-R/E = compact disc-recordable and erasable
CD-ROM [*disco óptico de sólo lectura, disco compacto con memoria de sólo lectura*] | CD-ROM = compact disc read only memory
CD-ROM de alta capacidad | high-capacity CD-ROM
CD-ROM/XA [*arquitectura extendida de CD-ROM*] | CD-ROM/XA = CD-ROM

extended architecture
CD-RW [*disco compacto regrabable*] | CD-RW = compact disc-rewritable
CDS [*servicio de circuito de datos*] | CDS = circuit data service
CDV [*vídeo digital comprimido*] | CDV = compressed digital video
CDV [*videodisco compacto (videodisco de 5 pulgadas)*] | CDV = CD video = compact disc video
CDV [*voz en circuito conmutado (opción de ISDN)*] | CDV = circuit-switched voice
CD-WO [*disco compacto para una sola grabación*] | CD-WO = compact disk - write only
CD-XA [*disco compacto con arquitectura ampliada*] | CD-XA
Ce = cerio | Ce = cerium
CE [*edición compacta*] | CE = compact edition [*by Windows*]
CE = correo electrónico | elm = E-mail = electronic mail
CEA [*asociación de electrónica de consumo*] | CEA = Consumer electronics association
cebado | arcing, build-up, priming, striking
cebado acústico | microphonism
cebado anódico | anode firing
cebado de impulsos | pulse priming
cebado de oscilaciones | singing, release (/starting) of oscillations
cebado de un arco | striking of an arc
cebado de una chispa | striking of a spark
cebador | primer
cebador periódico | periodic starting electrode
cebadura de un arco | striking of an arc
cebadura de una chispa | striking of a spark
cebar | to prime, to strike
CeBIT [*feria ofimática y de las tecnologías de la información y la telecomunicación*] | CeBIT = Centrum für Büro-information und Telekommunikation [*ale*]
cebo eléctrico | savib, squib
cebo eléctrico instantáneo | zero-delay electric blasting cap
cedente | donor
cefalografía de impedancia eléctrica | electrical impedance cephalography
CEI = Comisión Electrónica Internacional [*con sede en Ginebra*] | IEC = International Electrotechnical Commission
celda | cell, cubicle; switch bay
celda activa | hot cave
celda biestable | bistable latch
celda binaria | binary cell
celda caliente | hot cave
celda de aire | air cell
celda de carácter [*bloque de píxeles para representar un carácter en pantalla*] | character cell

celda de conductividad | conductivity cell
celda de memoria | memory cell
celda de memoria bipolar | bipolar memory cell
celda de página | page frame
celda de silicio | silicon cell
celda electrolítica de intercambio iónico | ion-exchange electrolyte cell
celda estática | static cell
celda fotoeléctrica selectiva | selective photoelectric cell
celda magnética | magnetic cell
celdilla | pocket
Celeron [*marca de procesadores*] | Celeron [*processor trade mark*]
CELF [*zócalo de caché secundaria*] | CELF [*socket for secondary cache*]
celosía | lattice
celosía con gran separación | widely spaced lattice
celosía de barra simple | single-rod lattice
celosía de barras | rod lattice
celosía espacial de placas | slab lattice
celosía húmeda | wet lattice
celosía refrigerada por agua | water-cooled lattice
celosía romboidal | rhombic lattice
celosías emparejadas | paired lattices
CELP [*predicción lineal por excitación del libro de códigos*] | CELP = codebook excitation linear prediction
CELTIC [*concentrador electrónico que utiliza los tiempos de desocupación de los circuitos interurbanos*] | CELTIC [*electronic concentrator using idle time on trunk circuits*]
célula | cell, cubicle
célula activa | active (/current) cell
célula al vacío | vacuum cell
célula asimétrica | asymmetrical cell
célula bimorfa | bimorph cell
célula con capa de barrera | barrier-layer cell
célula contrarrestadora de corrimiento | drift-counteracting network
célula contrarrestadora de deriva | drift-counteracting network
célula de almacenamiento | storage cell
célula de almacenamiento Edison | Edison storage cell
célula de almacenamiento ultrasónica | ultrasonic storage cell
célula de barrera de potencial | barrier-layer cell
célula de carga | load cell
célula de color | colour cell
célula de constante de tiempo | RC network
célula de electrodo | half-cell
célula de emisión-recepción | TR cell
célula de gas | gas cell
célula de Golay | Golay cell
célula de inversión emisión-recepción | TR cell
célula de Kerr | Kerr cell
célula de memoria ultrasónica | ultrasonic storage cell
célula de mercurio-óxido-cadmio | mercury-oxide-cadmium cell
célula de óxido de cesio | caesium oxide cell
célula de oxisulfuro de talio | thallophide cell
célula de pretrasmisión-recepción | pre-TR cell
célula de radar | radar cell
célula de ranura | slot cell
célula de red | network section
célula de resistencia y capacidad | RC network
célula de resolución | resolving cell
célula de selenio | selenium cell
célula de seleniuro de plomo | lead selenide cell
célula de sulfuro de cadmio | cadmium sulphide cell
célula de sulfuro de plomo | lead sulphide cell
célula dinámica | dynamic cell
célula Dunmore | Dunmore cell
célula eléctrica de circuito abierto | bias cell
célula electrolítica | pot
célula experimental | experimental cell
célula fotoconductora | photoconductive cell
célula fotoconductora de seleniuro de cadmio | cadmium selenium photoconductive cell
célula fotoconductora de sulfuro de cadmio | cadmium sulphide photoconductive cell
célula fotoeléctrica | photocell, photo interrupter, photoelectric cell (/device)
célula fotoeléctrica al vacío | vacuum cell
célula fotoeléctrica de aleación | alloy-junction photocell
célula fotoeléctrica de capa interceptora | photoelectric barrier cell
célula fotoeléctrica de emisión secundaria | secondary emission photocell
célula fotoeléctrica de selenio | selenium photocell
célula fotoeléctrica de silicio y boro | silicon-boron photocell
célula fotoeléctrica de unión aleada | alloy-junction photocell
célula fotoeléctrica de unión PN | PN-junction photocell
célula fotoeléctrica multiplicadora | multiplier photocell
célula fotoemisiva | emission cell
célula fotoemisora | photoemissive cell
célula fotogalvánica | photogalvanic cell
célula fotomultiplicadora | photomultiplier cell
célula fotorresistente | photoresistive cell
célula fotosensible | light-sensitive cell
célula fototrónica | phototronic cell
célula fotovoltaica | photovoltaic (/self-generating) cell
célula fotovoltaica de barrera posterior | back-wall photovoltaic cell
célula fotovoltaica de capa barrera | self-generating barrier-layer cell
célula fotovoltaica de cobre-óxido | copper oxide photovoltaic cell
célula fotovoltaica de incidencia posterior | back-wall photovoltaic cell
célula fotovoltaica de selenio | selenium photovoltaic cell
célula metálica rectificadora | metallic rectifier cell
célula optoacústica Bragg | acousto-optic Bragg cell
célula PbSe = célula de seleniuro de plomo | PbSe cell = lead selenide cell
célula Peltier | Peltier cell
célula Photox [*tipo de célula fotovoltaica*] | Photox cell
célula pope [*intercambiador de iones cuya resistencia varía exponencialmente con la humedad y la temperatura*] | pope cell
célula reactiva | reactance network
célula rectificadora | rectifier cell, metal rectifier
célula rectificadora de cobre-óxido | copper oxide rectifier
célula rectificadora de selenio | selenium rectifier cell
célula rectificadora de silicio | silicon rectifying cell
célula solar | solar cell
célula solar de película delgada | thin-film solar cell
célula solar de película fina | thin-film solar cell
célula solar de silicio | silicon solar cell
célula solar termoeléctrica | thermoelectric solar cell
célula sonora | sound cell
célula térmica regenerativa | thermal regenerative cell
célula termogalvánica | thermogalvanic cell
CEM = compatibilidad electromagnética | EMC = electromagnetic compatibility
cementerio radiactivo | radioactive cemetery (/burial ground)
CEN = Comité europeo de normalización | CEN = Comité européen de normalisation [*fra*] [European standardization committee]
CENELEC = Comité europeo para la normalización electrotécnica | CENELEC = Comité européen de normalisation électrotechnique [*fra*]
cenit, cénit | zenith
ceniza nuclear | nuclear ash
cenizas radiactivas | radioactive fallout
censura | censorship
centelleador | flasher, scintillator
centelleante | blinking

centellear | to scintillate
centelleo | flash, flutter, scintillating, scintillation, sparkle, wander
centelleo cromático | colour flicker
centelleo del blanco | target scintillation
centelleo del objetivo | target scintillation
centellómetro | scintillation meter
centi- [prefijo que significa una centésima parte] | centi- [pref]
centímetro | centimetre [UK], centimeter [USA]
centinela | sentinel
centrado | centered [adj]; centring [UK], centering [USA]
centrado automático | self-centred
centrado de imagen | picture centrering
centrado de la pluma | pen centering
centrado de la pluma del osciógrafo | pen centering
centrado mecánico | mechanical centering
centrado por imán permanente | permanent magnet centering
centrado superficial | face-centred
centrador | spider
centraje de imagen | picture centrering
central | central (office), exchange, (inside) plant, station; [telefónica] exchange centre
central amplificadora | amplifying exchange
central automática | automatic exchançe (/office), dial exchange (/central office)
central automática integrada | integrated automatic exchange
central automática internacional | international automatic exchange
central automática piloto | pilot automatic exchange
central automática rural | rural automatic exchange
central cabeza de línea | terminal centre (/exchange)
central cartográfica de radar | radar mapping centre
central con carga máxima | peak station (/load plant)
central de agrupamiento | grouping exchange
central de batería central | common battery office
central de batería local | local battery exchange, magnetoexchange
central de BC = central de batería central | CB exchange = common battery exchange
central de células solares | solar-cell plant
central de conmutación móvil | mobile switching centre
central de control de área | area control centre, submaster
central de control de zona | area control centre

central de destino | distant exchange
central de energía eléctrica | power station
central de intercambio de datos | data exchange
central de llamada magnética | magneto central office
central de llegada | incoming (/terminating) exchange
central de operaciones y mantenimiento | operating and maintenance centre
central de origen | originating exchange
central de radar seguidora de proyectiles | radar missile-tracking centre
central de radio | radio centre
central de salida | outgoing (/outward) exchange
central de sección | sectional centre
central de servicio medido | metered service exchange
central de subzona | subzone centre
central de telégrafos | telegraph office
central de teleimpresoras | teletypewriter exchange
central de télex | telex exchange
central de tránsito | subzone centre, tandem central office, tandem (/transit) exchange
central de tránsito internacional | international transit (/toll) exchange
central de zona | zone centre
central del tipo de barras cruzadas | crossbar exchange
central directora | controlling exchange
central distante | distant exchange
central eléctrica | central (/generating) station, power plant (/station), power-generating plant
central eléctrica de agua fluvial | run-of-river power plant (/station)
central eléctrica eólica | wind electric (/power) plant
central eléctrica sin almacenamiento | run-of-river power plant (/station)
central electrónica | electronic exchange
central energética | power plant, power-generating house
central eólica | wind power plant (/station)
central giroscópica | gyro centre
central helioeléctrica | solar power station
central heliotérmica | solar power station
central hidráulica | hydroelectric generating station
central hidroeléctrica | hydropower station, power plant
central hidroeléctrica con embalse | power station with reservoir
central hidroeléctrica de agua fluvial | run-of-river power plant (/station)
central hidroeléctrica de embalse

por bombeo | pumping power station
central hidroeléctrica subterránea | underground hydroelectric plant
central intermedia | tandem exchange
central internacional de salida | outgoing international terminal exchange
central interurbana | toll exchange (/office), trunk exchange
central interurbana de cabecera | terminal trunk exchage
central interurbana de servicio combinado de línea y registro | combined line and recording central office
central interurbana de servicio rápido | combined line and recording central office
central interurbana extrema | originating toll centre
central interurbana manual | manual trunk exchange
central local | local central office
central manual | manual office, hand-operated exchange
central manual privada | private manual exchange
central maremotriz | tidal plant (/powerhouse, /power plant)
central marina | sea-based station
central nodal interurbana | trunk junction centre
central nuclear | nuclear power station
central principal | main (/parent) exchange
central principal de grupo de redes | network group exchange
central pública | wire center
central rural | rural exchange
central satélite | satellite exchange
central secundaria | secondary exchange
central semiautomática | auto-manual exchange (/switching centre), semiautomatic exchange, semimechanical central office
central sin personal controlada a distancia | unattended remotely controlled plant
central solar | solar power plant
central subordinada | dependent exchange
central suburbana | suburban exchange
central táctica | tactical terminal
central tándem | tandem exchange (/central office)
central telefónica | exchange, central office, telephone exchange (/central office, /plant central)
central telefónica automática | dial central office
central telefónica automática rural | rural automatic exchange
central telefónica de batería | central battery exchange
central telefónica de batería central | common battery office
central telefónica de bolsa | stock exchange switchboard

central telefónica de bolsa de valores | stock exchange switchboard
central telefónica de origen | originating exchange
central telefónica de relés | all-relay central office
central telefónica de tránsito | transit telephone exchange
central telefónica privada | private telephone exchange
central telefónica pública | public telephone exchange
central telefónica secundaria | branch exchange
central telefónica semiautomática | semiautomatic exchange, semimechanical central office
central telefónica urbana | urban exchange
central telegráfica | telegraph exchange (/central office)
central térmica | heat engine generating station, thermoelectric plant
central terminal | terminal exchange, end central office
central termoeléctrica | power (/thermoelectric, /steam electric power) plant, heat engine generating station
central trasformadora | transformer station
central urbana | local (/urban) exchange
centralita | exchange
centralita A | A switchboard
centralita automática [en telefonía informatizada] | autoattendant
centralita automática privada | private automatic exchange
centralita compartida | multitenant sharing, multiple customer group operation
centralita de conmutación privada | private branch exchange
centralita de coordenadas | Pentaconta exchange
centralita de empresa privada | company PBX
centralita de operación manual | manual exchange
centralita de salida | A switchboard
centralita de tránsito | tandem office
centralita empresa | private branch exchange
centralita ficticia | theoretical central office
centralita interurbana | toll central office
centralita manual | manual exchange (/central office), manually operated exchange
centralita múltiple de conmutación | multioffice exchange
centralita multiusuario | multitenant sharing, tenant service, multiple customer group operation
centralita oficial | official PBX
centralita particular | private branch exchange switchboard

centralita privada | private (branch) exchange, private branch exchange switchboard
centralita privada automática | private automatic branch exchange
centralita privada manual | private manual branch exchange
centralita pública | public station
centralita radiotelefónica privada | cordless PBX = cordless private branch exchange
centralita rural principal | rural main exchange
centralita telefónica | (telephone) exchange, branch exchange
centralita telefónica de empresa | private branch exchange
centralita telefónica de empresa privada | company PBX
centralita telefónica híbrida | hybrid telephone system
centralita telefónica privada | private (branch) exchange
centralita telefónica privada automática | private automatic branch exchange
centralita telefónica pública | public telephone station
centralita telefónica rural | rural centre exchange
centralita terminal | toll terminal
centralita terminal interurbana | toll terminal
centralita virtual | virtual PABX
centralizar información [en una localización desde varias fuentes, gestionando los datos y controlando su acceso] | to data warehouse
centrar | to center
CENTREX [servicio de utilización parcial de centralita telefónica pública] | CENTREX = central office exchange service
centrífuga de contracorriente | counter current centrifuge
centrífuga de corrientes paralelas | concurrent centrifuge
centrifugador | centrifuge
centrifugadora | centrifuge
centro | centre [UK], center [USA]
centro activo | active cell
centro acústico efectivo | effective acoustic centre
centro aparente de la reflexión de radar | apparent centre of radar reflection
centro cabecera de línea internacional | international trunk exchange
centro comercial electrónico | electronic mall
centro de agrupamiento | group exchange (/switching centre), grouping centre
centro de autenticación | authentication center
centro de banda | band centre
centro de bloqueo por radio | radio block centre

centro de cálculo | computer centre
centro de captura | trapping centre
centro de carga | load centre
centro de color | colour centre
centro de comunicaciones de área | area communication centre
centro de comunicaciones de subzona | subarea communication
centro de comunicaciones de zona | area communication centre
centro de conexión automática | automatic switch centre
centro de conexión de datos automático | automatic electronic data-switching centre
centro de conexión de mensajes automático | automatic message-switching centre
centro de conmutación | switching centre
centro de conmutación automática | automatic switching centre
centro de conmutación automática para teleimpresoras | teletypewriter automatic switching centre
centro de conmutación de larga distancia | toll switching centre
centro de conmutación de programas | program switching centre
centro de conmutación de servicios móviles | mobile switching centre
centro de conmutación de televisión | television network switching centre
centro de conmutación de vídeo | vision switching centre
centro de conmutación por ruptura de cintas | torn tape switching centre
centro de conmutación radiofónica | program switching centre
centro de control | control centre; controlling exchange
centro de control arterial | trunk control centre
centro de control de misiones [estación receptora de localización por satélite] | mission control centre
centro de control de tráfico aéreo | air-route traffic centre
centro de control Galileo [centro europeo para control y gestión de satélites] | Galileo control centre
centro de control nacional | national control centre
centro de conversión de normas | standards conversion centre
centro de coordinación de rescates [con localización por satélite] | rescue co-ordination centre
centro de datos | data centre
centro de deflexión | deflection centre
centro de deslizamiento | shear centre
centro de distribución | distribution (/group) centre
centro de facturación | toll centre
centro de fase | phase centre
centro de fase de un sistema | phase centre of an array

centro de filtrado | filter centre
centro de gestión por almacenamiento y reexpedición de mensajes | store-and-forward message switching centre
centro de gravedad | centre of gravity
centro de grupo | group centre
centro de información | information centre
centro de información de la red | network information center
centro de información de radar | radar information centre
centro de interconexión | interconnection centre
centro de la banda | centre of a band
centro de mando | control centre
centro de mantenimiento | maintenance center (/bureau)
centro de masas | centre of mass
centro de mensajes | message centre
centro de modulación de televisión | television program switching centre
centro de operaciones | operation center
centro de operaciones de la red [*en una empresa*] | network operation center
centro de proceso de datos | data-processing centre
centro de radiación | phase centre
centro de recombinación | recombination centre
centro de referencia | reference centre
centro de reparaciones | equipment repair bureau
centro de sector | toll centre (/point)
centro de seguridad informática | computer security centre
centro de servicio | service center
centro de supervisión | supervisory centre
centro de tarifación | rate centre
centro de televisión | television (studio) centre
centro de télex | telex exchange
centro de tránsito | minor exchange, via centre
centro de Wilson | V potential
centro de zona | zone centre
centro dispersor | scatterer
centro donador | donor centre
centro eléctrico | electrical centre
centro electrónico de proceso de datos | electronic data processing centre
centro emisor | transmission centre, transmitter complex, transmitting station
centro guía | guiding centre
centro informático | computer centre
centro internacional de llegadas | incoming international terminal exchange
centro interurbano | toll centre (/point)
centro primario | primary centre
centro principal de tránsito | zone centre

centro radioastronómico | radioastronomy centre
centro receptor | receiving centre (/office)
centro retrasmisor | relay centre, forwarding office
centro semiautomático de conmutación de mensajes | semiautomatic message switching centre
centro telegráfico | telegraph centre
centro trasmisor | transmission (/forwarding) centre, sending office, transmitter complex
centro volante de control de despegue | airborne launch control centre
centroide | centroid
centroide espectral | spectral centroid
Centronics [*marca de interfaz paralela para impresoras*] | Centronics [*trade mark of a parallel printer interface*]
cepillo | brush
cepillo de terminales | terminal brush
cepillo magnético | magnetic brush
cepo de manguito | spider
CEPT = Conférence européenne des administrations des postes et des télécommunications (*fra*) [*Conferencia Europea de Administraciones de Telecomunicación*] | CEPT [*European conference of posts and telecommunications administrations*]
cera | wax
cerametal [*elemento resistivo de cerámica y metal*] | cermet
cerametología | cermetology
cerámica | ceramic
cerámica de alta K | high K ceramic
cerámica ferroeléctrica | ferramic = ferroelectric ceramic
cerámica piezoeléctrica | piezoelectric ceramic
cerámica policristalina | polycrystalline ceramic
cerámica semiconductora | semiconducting ceramic
cerámico | ceramic
cerca | near
cercenador | clipper
cercenar | to clip
cerebro | brain
cerio | cerium
CERN = Conseil Européen pour la Recherche Nucléaire (*fra*) [*Consejo europeo de investigación nuclear*] | CERN [*European laboratory for particle physics*]
cero | null, zero
cero absoluto | absolute zero
cero auditivo | aural null
cero bioeléctrico | zero lead
cero de cabecera [*que precede al dígito más significativo de un número*] | leading zero
cero de la portadora | zero carrier
cero de un instrumento | instrument zero
cero eléctrico | electrical zero
cero flotante | floating zero

cero lógico | logical zero
cero negativo | negative zero
cero positivo | positive zero
cerrable | sealable
cerrado | closed, enclosed, off, sealed, lock
cerrado herméticamente | environmentally sealed
cerrador | sealer
cerradura de la carcasa | cabinet (/chassis) lock
cerradura de seguridad | safety lock
cerradura para disquetes | drive lock
cerrar | to close, to enclose, to lock out; to shut down
cerrar antes de abrir | make-before-break
cerrar el circuito | to switch on
cerrar todo | to close all
cerrar un circuito | to close a circuit
cerrarse | to seal in, to turn on
cerrojar | to close down
cerrojo | clamping device, latch, lock
cerrojo eléctrico | electrical interlock
CERT [*prueba de tasa de errores en caracteres transmitidos*] | CERT = character error-rate testing
CERT [*equipo de respuesta a emergencias informáticas*] | CERT = computer emergency response team
certificación | certification, signature
certificación de medidas de seguridad | security certification
certificado de aptitud | compliance certificate
certificado de operador | operator's certificate
certificado digital | digital certificate
certificado en proceso de datos | certificate in data processing
certificado en programación informática | certificate in computer programming
cese | stopping
cese del impulso | pulse stop
cese la trasmisión | stop transmitting
cese temporal de la propagación | propagation blackout
cesio | caesium [UK], cesium [USA]
cesio radiactivo | radiocaesium
cesión | release
Cf = californio | Cf = californium
CFB = componente de frecuencia de batido | BFC = beat frequency component
CG [*gráficos de ordenador*] | CG = computer graphics
CGA [*adaptador para gráficos en color (formato de vídeo para ordenador)*] | CGA = color graphics adapter
CGI [*interfaz de pasarela (/puerta, /acceso) común*] | CGI = common gateway interface
cgi-bin [*directorio ejecutable por HTTP mediante CGI*] | cgi-bin = common gateway interface-binaries
CGM [*metaarchivo informático de gráficos*] | CGM = computer graphics metafile

CGMP [*protocolo de gestión de un grupo de memorias caché*] | CGMP = cache group management protocol
CGP [*vidrio de poro controlado*] | CGP = controlled porous glass
CGS = centímetro-gramo-segundo | CGS = centimetre-gram-second
chalcolita | torbernite
CHAP [*protocolo de autenticación mediante desafío*] | CHAP = challenge handshake authentication protocol
chapa | sheet (metal)
chapa configurada | shaped plate
chapa de cobre | copperclad
chapa de hierro | sheet iron; [*para núcleo magnético*] steel lamination
chapa de interruptor | switchplate
chapa de pared | wall plate
chapa de varias salidas | multigang faceplate
chapa del estator | stator lamination
chapa delgada de acero | steel sheet
chapa eléctrica | electrical sheet
chapa estampada | stamped metal (/lamination)
chapa estampada del trasformador | transformer stamping
chapa fina de acero | steel sheet
chapa gruesa de acero | steel slab
chapa magnética | stamping
chapa múltiple | multigang faceplate
chapa no rectangular | shaped plate
chapa para trasformadores | transformer plate
chapa recocida y galvanizada | galvannealed plate
chapa soldada | welded plate
chapado de platino | platinum-clad, platinum-plated
chapado por ultrasonidos | ultrasonic plating
chapar en platino | to platinise [UK], to platinize [UK+USA]; to platinum-plate
chaparrón | shower
chaparrón Auger | Auger shower
chaparrón cósmico | cosmic ray shower
chaparrón en cascada | cascade shower
chaparrón extensivo | extensive shower
chaparrón penetrante | penetrating shower
chapoteo | splashing
charco de metal fundido | pool
charla en tiempo real | real-time chat
charla interactiva por internet | Internet relay chat
charlar [*en un chat*] | to talk
chasis | cabinet, chassis, rack
chasis de bastidores | rack of bays
chasis de frecuencia intermedia | IF strip
chasis de magnetófono | tape deck
chasis de montaje en bastidor | rack-mounting frame
chasis desenchufable | drawer
chasis magnetofónico de carretes | reel-to-reel tape deck
chasis para películas | film cassette
chasquido | click, impulse noise; hit
chasquido de aguja | needle scratch
chasquido de conmutación | switch click
chasquido de la línea | line hit
chasquido de manipulación | key click
chasquido de tecla | key click
chasquidos | clicks, crackling noise, hash
chat [*charla por internet, sitio de internet para conversaciones en grupo*] | chat
chatarra | scrap iron (/metal)
chatear [(*fam*) *conversar en grupo por internet*] | to chat
chaveta | spline
CHD [*distribuidor de hilos en el extremo del cable*] | CHD = cable distribution head
CHDL [*lenguaje de descripción de hardware*] | CHDL = computer hardware description language
cheque perforado | punchcard check
chica | [*fam. en chat*] grrl
chicharra | buzzer; magnetic interrupter
CHIL [*lógica de inyección con acaparamiento de corriente*] | CHIL = current-hogging injection logic
CHILL [*lenguaje CCITT de alto nivel*] | CHILL = CCITT high level language
chillido | squeal, squealing
chimenea | funnel
chimenea de subida de cables | cable shaft
chino técnico [*fam; jerga técnica incomprensible para un profano*] | technobabble [*fam*]
chip | slice, wafer; [*oblea diminuta que contiene un circuito integrado*] chip
chip de almacenamiento de memoria | memory chip
chip de cobre [*tipo de microprocesador*] | copper chip
chip de potencia | muscle chip
chip de RAM | RAM chip
chip de silicio | silicon chip
chip de soporte | support chip
chip de transistor | transistor chip
chip en cinta | chip-in-tape
chip Java [*tipo de circuito integrado simple*] | Java chip
chip lógico [*que procesa información además de almacenarla*] | logic chip
chip V [*para bloquear emisiones de televisión no deseadas*] | V-chip
chip y cable | chip and wire
chirrido | chattering
chirrido de teclado | keying chirp
chispa | quench, spark
chispa apagada | quenched spark
chispa auxiliar | pilot spark
chispa cantante | singing spark
chispa condensada | condensed discharge
chispa de cierre | closing spark
chispa de disrupción | disruption spark
chispa de electricidad estática | static electrical spark
chispa de gran longitud | long gap spark
chispa entrecortada | quenched spark
chispa equivalente | equivalent spark
chispa guiada | guided spark
chispa interrumpida | quenched spark
chispa piloto | pilot spark
chispero de cuernos | horn gap
chisporroteo | sparking, sputtering
chivato luminoso | indicator (/pilot, /signal) light, telltale (/warning) lamp
chocar | to crash
choque | impact, shock
choque acústico | acoustic shock
choque al azar | random encounter
choque aleatorio | random encounter
choque con núcleo de hierro | iron core choke
choque de átomos | atomic collision
choque de electrones | electron impact
choque de ionización | burst, ionization impact
choque eléctrico | electric shock
choque inelástico | inelastic collision
choque nuclear | nuclear collision (/impact)
choque térmico | temperature shock, thermal collision (/shock)
choque triple | triple collision
choque y rotura de cabeza [*de lectura /escritura*] | head crash
chorro de tinta térmico | bubble (/thermal ink) jet
chorro de vapor | vapour jet
chorro eléctrico | electrojet
chorro plasmático | plasma jet
CHRP [*plataforma común de referencia de hardware*] | CHRP common hardware reference platform
chusta [(*fam*) *dícese de un programa o aplicación que causa errores o daños*] | braindamaged
CI = circuito impreso | PC = printed circuit
CI = circuito integrado | IC = integrated circuit
Cia. = compañía [*empresa*] | CO = company
ciber- | cyber- [*pref*]
cibercafé | cybercafe, cyber café
cibercharla [*charla en el ciberespacio*] | cyberchat
cibercultura | cyberculture
ciberdano [*Hispan.*] | netizen
ciberespacio | cyberspace
ciberlenguaje [*conjunto de términos y expresiones empleados por los usuarios del ciberespacio*] | cyberspeak
ciberléxico [*terminología informática*] | cyberlexicon
cibernauta | cybernaut
cibernética | cybernetics

ciberpunk [*género de ciencia ficción con entorno de realidad virtual*] | cyberpunk
cibersexo | cybersex
cibertecario [*archivador de ficheros informáticos*] | cybrarian
ciberviuda [*esposa de quien malgasta mucho tiempo en internet*] | cyberwidow [*fam*]
ciclado térmico | thermal cycling
ciclo | cycle, frame, series
ciclo a fondo de escala | full scale cycle
ciclo abierto | open cycle
ciclo abuelo | grandfather cycle
ciclo cero | null cycle
ciclo cerrado | closed cycle
ciclo de actualización | refresh cycle
ciclo de almacenamiento | storage cycle
ciclo de Bethe | Bethe cycle
ciclo de bombeo | pumping cycle
ciclo de Born-Haber | Born-Haber cycle
ciclo de búsqueda de una instrucción | fetch cycle
ciclo de búsqueda y ejecución | instruction (/fetch-execute) cycle
ciclo de color | colour cycling
ciclo de combustible | fuel cycle
ciclo de conexión y desconexión | on-off cycle
ciclo de contrapresión | topping
ciclo de desarrollo | development cycle
ciclo de desarrollo del sitio para comercio electrónico | E-commerce site development lifecycle
ciclo de diseño | design cycle
ciclo de doble efecto | two-way cycle
ciclo de efecto simple | one-way cycle
ciclo de ejecución del proyecto | project life cycle
ciclo de envenenamiento | poisoning cycle
ciclo de Euler | Euler cycle (/path)
ciclo de exploración | scanning cycle (/sequence)
ciclo de extracción | extraction cycle
ciclo de funcionamiento en paralelo | parallel running
ciclo de gestión de energía | power saving cycle
ciclo de Hamilton | Hamilton (/Hamiltonian) cycle
ciclo de histéresis | hysteresis loop
ciclo de histéresis magnética | magnetic hysteresis loop
ciclo de histéresis rectangular | square (hysteresis) loop
ciclo de impulsos | frame
ciclo de instrucción | instruction cycle
ciclo de intercambio de señales | handshake cycle
ciclo de lectura-escritura | read-write cycle
ciclo de los neutrones | neutron cycle
ciclo de manchas solares | sunspot cycle
ciclo de manipulación | keying cycle
ciclo de máquina [*operación más rápida que puede realizar un microprocesador*] | machine cycle
ciclo de memoria | memory cycle
ciclo de operación | operating cycle
ciclo de polarización | polarization cycle
ciclo de presentacion en pantalla | display cycle
ciclo de punto | dot cycle
ciclo de Rayleigh | Rayleigh cycle
ciclo de reloj | clock, clock tick, hertz time
ciclo de restablecimiento | recovery cycle
ciclo de soldadura | welding cycle
ciclo de sondeo [*de un programa para comprobar los dispositivos*] | polling cycle
ciclo de temperatura | temperature cycle (/cycling)
ciclo de trabajo | duty (/power) cycle
ciclo de UCP | CPU cycle
ciclo de una instrucción | instruction cycle
ciclo de vida | life cycle
ciclo de vida útil del sistema | system life cycle
ciclo del carbono | carbon cycle, Bethe cycle
ciclo del hidrógeno | hydrogen cycle
ciclo ficticio | dummy cycle
ciclo inactivo | idle cycle
ciclo individual | single cycle
ciclo límite | limit cycle
ciclo magnético | magnetic cycle
ciclo medio de impulsión | gating half-cycle
ciclo menor | minor cycle
ciclo neutrónico | neutron cycle
ciclo operativo | operating cycle
ciclo por segundo | hertz
ciclo principal | major cycle
ciclo protónico | proton cycle
ciclo rectangular | rectangular loop
ciclo robado | cycle stealing
ciclo solar | solar cycle
ciclo térmico | heat cycle
ciclo termonuclear | thermonuclear cycle
ciclo único | single cycle
ciclo vital | life-cycle
ciclo vital del sistema | system life cycle
ciclógrafo | cyclograph
ciclograma | cyclogram
ciclón | twister
ciclos por segundo | cycle per second
ciclos sucesivos de borrado | successive reset
ciclos sucesivos de restauración | successive reset
cicloterapia | rotation therapy
ciclotón de órbitas separadas | separate orbit cyclotron
ciclotrón | cyclotron
ciclotrón con modulación de frecuencia | frequency-modulated cyclotron
ciclotrón de aristas radiales | radial ridge cyclotron
ciclotrón de enfoque por sectores | sector-focused cyclotron
ciclotrón de órbitas separadas | separated orbit cyclotron
ciclotrón en hoja de trébol | cloverleaf cyclotron
ciclotrón isócrono | isochronous cyclotron
ciclotrón miniatura | omegatron
ciclotrón sincrónico | synchrocyclotron
CIDR [*encaminamiento sin clase entre dominios (protocolo de comunicaciones)*] | CIDR = classless interdomain routing
ciego | blind
cielo radioeléctrico | radio sky
ciencia | science
ciencia de los ultrasonidos | ultrasonics
ciencia nuclear | nuclear science
científico | scientist
cierre | close, closer, closing, closure, latch, lock, lock-out, seal, sealing, sealing-in, shutoff, shutdown, terminating
cierre automático | automatic shutdown
cierre al vacío | vacuumtight
cierre automático | auto close, automatic shutoff, self-locking
cierre de circuito | switching-on
cierre de concatenación | concatenation closure
cierre de estrella | star closure, Kleene closure (/star)
cierre de guiaondas | waveguide seal
cierre de Kleene | Kleene closure (/star), star closure
cierre de seguridad | safety latch
cierre de vacío | vacuum seal
cierre del servicio | close of work
cierre hermético | airtight (/hermetic, /vacuum) seal, tight shutoff
cierre hermético polióptico | polyoptic sealing
cierre horizontal | horizontal lock
cierre magnético | magnetic lock
cierre manual | manual close
cierre rápido | fast lock
cierre reflexivo | reflexive closure
cierre transitivo [*de una relación transitiva binaria*] | transitive closure [*of a transitive binary relation*]
CIF [*formato medio común (formato de vídeo no entrelazado)*] | CIF = common intemediate format
cifra | cipher, ciphertext, digit, figure, merit
cifra de encaminamiento | routing digit
cifra fuera de línea | off-line cipher
cifra significativa | significant digit
cifrado | coded, coding, encryption

cifrado en bloque | block cipher
cifrado relativo | relative coding
cifrador | cipher, coder, encoder
cifrador del color | colour encoder
cifrar | to encipher, to crypt, to encrypt
CIFS [*sistema común de archivos de internet*] | CIFS = common Internet file system
CIGRE [*Conferencia Internacional de Redes Eléctricas de Alta Tensión*] | CIGRE = Conférence internationale des grands reséaux électriques á haute tension [*fra*]
CII = Comisión Internacional de Iluminación | CIE = Commission Internationale de l'Eclairage (*fra*) [*International Commission for Illumination*]
cilíndrico | cylindrical
cilindro | cylinder, drum, shaft
cilindro colector de partículas cargadas | collector
cilindro de exploración | scanning cylinder
cilindro de las escalas | scale drum
cilindro de plasma | plasma cylinder
cilindro de Wehnelt | Wehnelt cylinder
cilindro desecador | desiccating cylinder
cilindro tabulado | tabulated cylinder
cilindro tractor | dashpot
CIM [*modelo de información común*] | CIM = common information model
CIM [*microfilm de entrada para ordenador*] | CIM = computer-input microfilm
CIM [*fabricación integrada por ordenador*] | CIM = computer integrated manufacturing
cimómetro | cymometer
cinc | zinc
cincado | galvanizing
cine | movie
cine por televisión | television cinema
cinematografía de rayos X | radiocinematography, Roentgen cinematography
cinematografía holográfica | holographic cinematography
cinescopio | kinescope, picture (/television) valve
cinescopio con enfoque automático | self-focused picture valve
cinescopio cromático | reflection colour valve
cinescopio de haz reflejado | reflected beam kinescope
cinescopio de máscara de sombra | shadow mask picture valve
cinescopio de placa perforada | shadow mask valve
cinescopio de tres cañones | trigun picture valve
cinescopio de tres cañones con máscara de sombra para televisión en color | three-gun shadow-mask colour kinescope
cinescopio de vidrio de seguridad solidario con la ampolla | twin-panel picture valve

cinescopio en color de cañón único | single-gun colour television valve
cinescopio tricolor | tricolour (picture) valve
cinescopio tricolor monocañón | single-gun tricolour valve
cinética | kinetic
cinética de los reactores | reactor kinetics
cinta | ribbon, strip, tape
cinta adhesiva | insulating tape [UK], friction tape [USA]; scotch tape
cinta aislante | insulating tape [UK], friction tape [USA]; adhesive tape, serving
cinta alquitranada | tarred tape
cinta anódica | anode strap
cinta barnizada | varnished tape
cinta clave | keytape
cinta con depósito de óxido | oxide-coated tape
cinta con filtro Dolby previo | pre-dolbyed tape
cinta con perforación parcial | chadless tape
cinta con perforación total | fully perforated tape
cinta con soporte de vinilo | vinyl-backed tape
cinta con tanino | cotton (/prepared linen) tape
cinta conectora | ribbon connector
cinta continua | tape loop
cinta de acetato | acetate tape
cinta de acoplamiento | strap
cinta de algodón barnizada | varnished calico tape
cinta de algodón impregnado | cotton (/prepared linen) tape
cinta de arrastre | leader
cinta de audio digital | digital audio tape
cinta de audio digital de cabeza giratoria | rotating-head digital audio tape
cinta de auditoría | journal tape
cinta de bajo ruido | low noise tape
cinta de cartucho | cartridge tape
cinta de casete | cassette (tape)
cinta de caucho | rubber tape
cinta de cinco niveles | five-level tape
cinta de cobre plateado | silver-plated copper strap
cinta de conductores | ribbon connector
cinta de control | control (/guidance) tape
cinta de control de carro | carriage-control tape
cinta de cuatro pistas | four-track tape
cinta de dirección | guidance tape
cinta de doble duración | double play tape
cinta de duración ampliada | extended play tape
cinta de empalmar | splicing tape
cinta de empalme | insulating tape [UK], friction tape [USA]; splicing compound

cinta de error | error tape
cinta de fricción | insulating tape [UK], friction tape [USA]
cinta de goma pura | pure rubber tape
cinta de grabación | recorder (/recording) tape
cinta de instrucciones maestra | master instruction tape
cinta de interceptación | intercept tape
cinta de interconexión | ribbon
cinta de larga duración | extra-play tape
cinta de lazada | lacing tape
cinta de media pista | half-track tape
cinta de ondulador | slip record
cinta de ordenador | computer tape
cinta de papel | paper tape
cinta de papel perforada | punched paper tape
cinta de programa | program tape
cinta de prueba de teletipo | teletypewriter test tape
cinta de recepción | receiving slip, slip record
cinta de registro | record (/recording) tape
cinta de reproducción triple | triple-play tape
cinta de retorno | return tape
cinta de secuencia | sequence tape
cinta de segunda generación | second generation tape
cinta de seguridad | safety tape
cinta de tiempo [*en magnetófonos*] | timing tape
cinta de toma de tierra | strap
cinta de trasmisión | sending (/transmitting) slip
cinta de trasmisión automática | auto tape
cinta de vídeo | videotape
cinta del carro | carriage tape
cinta del ondulador | receiving slip
cinta deslizante | slip
cinta elástica | rubber banding
cinta empalmadora | splicing tape
cinta en blanco | blank tape
cinta en cartucho de colocación rápida | snap-load cartridge tape
cinta entintadora | cloth ribbon
cinta estereofónica | stereophonic tape
cinta estereofónica de pistas coincidentes | stacked stereophonic tape
cinta estereofónica escalonada | offset stereophonic tape
cinta ferromagnética | ferromagnetic tape
cinta fonomagnética | sound-recording magnetic tape
cinta grabada | recorded tape
cinta grabada en estereofonía | stereophonic (/stereo) recorded tape
cinta guía | leader (tape)
cinta identificadora | identification tape
cinta impregnada | impregnated tape
cinta impresa | printed tape

cinta incremental | incremental tape
cinta lineal digital [*para hacer copias de seguridad de datos*] | digital linear tape
cinta maestra | master (tape)
cinta maestra del sistema | system master tape
cinta magnética | mag tape = magnetic tape
cinta magnética certificada | certified magnetic tape
cinta magnética de grabación directa | direct recording magnetic tape
cinta magnética digital de registro sonoro | digital audio tape
cinta magnética en cartucho de colocación rápida | snap-load cartridge tape
cinta magnética estereofónica | stereophonic tape
cinta magnética grabada | recorded magnetic tape
cinta magnética grabada en estereofonía | stereophonic recorded tape
cinta magnética para registro de señal de televisión | television magnetic tape
cinta magnetofónica | magnetic (/sound, /sound-recording magnetic) tape
cinta magnetofónica con base de plástico | plastic-base sound tape
cinta magnetofónica con base de poliéster | polyester-base sound tape
cinta magnetofónica con soporte de plástico | plastic-base sound tape
cinta metálica antirradar | chaff
cinta metálica de masa | earth strap
cinta métrica | metre [UK], meter [USA]
cinta Morse | Morse tape
cinta multigeneracional | multigenerational tape
cinta normalizada de prueba | standard test tape
cinta óptica | optical tape
cinta para aislamiento de empalme | splicing compound
cinta para empalmes | adhesive (/splicing) tape
cinta para resistencias | resistor tape
cinta patrón sin sesgo | skew tape
cinta perforada | chad (/perforated, /punch, /punched) tape, slip
cinta perforada de arrastre avanzado | advance feed tape
cinta pescadora [*para pasar cables por tuberías*] | snake
cinta piloto | pilot tape
cinta por trasmitir | tape awaiting transmission
cinta pregrabada | prerecorded tape
cinta protectora en hélice de paso corto | short-lay protective tape
cinta recubierta | coated tape
cinta recubierta de material magnético | magnetic powder-coated tape
cinta saturada | overloaded tape

cinta semiperforada | chadless tape
cinta sin fin | endless loop
cinta sin grabar | unrecorded tape
cinta sonora | sound tape
cinta tensada | tensilized tape
cinta tipo | reference tape
cinta trasportada a mano | hand-carried tape
cinta trasportadora | spiral conveyor
cinta virgen | blank (/raw, /unrecorded, /virgin) tape
cintas antirradar sintonizadas | tuned rope
cintas metalizadas antirradar | rope
cintas reflectoras | chaff, window
cintas resonantes | tuned rope
cintura de Rogovski | Rogovski coils
cinturón de radiación | radiation belt
cinturón de radiación de Van Allen | Van Allen radiation belt
cinturón de Van Allen | Van Allen belt
CIR [*caudal mínimo de información que garantiza el operador telefónico al cliente*] | CIR = committed information rate
CIR [*tráfico ferroviario integrado por ordenador, servicio ferroviario con informatización integral*] | CIR = computer-integrated railroading
CIR [*registro de instrucciones normales*] | CIR = current instruction register
circonio | zirconium
circuitado | circuitation
circuitería | circuitry
circuitería adaptadora | buffer circuitry
circuitería bidimensional | two-dimensional circuitry
circuitería de máquina | machine hardware
circuitería molecular | molecular circuitry
circuitería morfológica | morphological circuitry
circuito | arrangement; circuit, line (driver); loop
circuito abierto | open circuit (/loop); infinity ohms
circuito accesorio | applied circuit
circuito acelerador | accelerator
circuito aceptor | acceptor circuit
circuito acoplado | coupled circuit
circuito acoplado por estabistor | stabistor-coupled circuit
circuito acoplado por resistencia | resistor-coupled circuit
circuito activador | trigger (/triggering) circuit
circuito activo | active (/live) circuit
circuito adaptado para telefonía y telegrafía simultáneas | simplexed circuit
circuito adaptador | applied (/building-out) circuit
circuito adicionador | summing circuit
circuito aéreo | wire route
circuito agudizador | trigger sharpener
circuito agudizador de disparo | trigger sharpener

circuito ajustado | adjusted circuit
circuito alámbrico | hardline
circuito almacenador | tank circuit
circuito alquilado | leased line
circuito alternador | inverter
circuito alternativo para telefonía y datos | alternate voice/data circuit
circuito amortiguador | snubber circuit
circuito amortiguador de chispas | quenching circuit
circuito amplificador | amplifier (/amplifying) circuit
circuito amplificador de carga corta | smearer circuit
circuito amplificador de paso de banda | bandpass amplifier circuit
circuito amplificador en contrafase | pushpull amplifier circuit
circuito amplificador sintonizado de banda estrecha | narrow-band tuned amplifier circuit
circuito analógico | analogue circuit
circuito anódico | anode (/plate) circuit
circuito anódico sintonizado | tuned plate circuit
circuito antiemborronamiento | anti-clutter circuit
circuito antioscilación | antihunting circuit
circuito antiparásitos | stopper circuit
circuito antirradar | killer circuit
circuito antirreactivo | antisidetone circuit
circuito antirresonante | antiresonant (/stopper) circuit, parallel resonance (/resonant) circuit, resonant rejector circuit, rejector (circuit)
circuito antirresonante bionda | two-wave stopper
circuito anular | ring circuit
circuito aperiódico | aperiodic circuit
circuito aplicado | applied circuit
circuito arrendado | leased circuit, private wire (circuit)
circuito asimétrico | unbalanced circuit
circuito asimilado al bifilar | two-wire-type circuit
circuito asincrónico | asynchronous circuit
circuito astable | astable circuit, free-running circuit
circuito atrapador | trap circuit
circuito autodino | autodyne circuit
circuito autoelevador | bootstrap circuit
circuito autointerrumpido | self-interrupted circuit
circuito automático | automatic circuit
circuito autooscilador de radiofrecuencia | radiofrequency self-oscillating circuit
circuito autorresonante | self-resonant circuit
circuito autosaturador | self-saturating circuit
circuito auxiliar | ancillary (/auxiliary) circuit

circuito auxiliar de trasferencia | interposition trunk at toll board
circuito AVD [*circuito para telefonía y trasmisión de datos*] | AVD circuit = alternate voice/data circuit
circuito averiado | faulty (/out-of-order) circuit
circuito bajo tensión | live circuit
circuito banalizado | circuit worked on up-and-down basis
circuito basculador | switching (/flip-flop) circuit
circuito basculador transistorizado | transistor (/transistorized) flip-flop
circuito basculante cronometrado | clocked flip-flop
circuito basculante de dos válvulas | two-valve toggle circuit
circuito básico | basic circuit
circuito beta | beta circuit
circuito bidimensional | two-dimensional circuit
circuito bidireccional | duplex circuit
circuito biestable | bistable circuit, flip-flop (circuit), lock-out circuit, lock-over circuit, scaling coupler
circuito biestable de desactivación por impulsos | pulse-triggered flip-flop
circuito biestable de disposición/reposición | set/reset bistable circuit
circuito biestable de tipo D | D-type flip-flop
circuito biestable de tipo T | T-type flip-flop
circuito biestable J-K | J-K flip-flop
circuito biestable maestro/satélite | master-slave flip-flop
circuito biestable RS | RS flip-flop
circuito biestable SR | SR flip-flop
circuito biestable T | T flip-flop
circuito biestable universal | universal flip-flop
circuito bifet [*circuito de transistores bipolares y efecto de campo*] | bifet = bipolar and field effect transistor circuit
circuito bifilar | two-wire circuit
circuito bifurcado | forked circuit
circuito bilateral | bilateral circuit
circuito bipolar | bipolar circuit
circuito blindado | screened circuit
circuito bloqueador | clamping circuit
circuito bomba | step-counting circuit
circuito cambiador de frecuencia | frequency-changing circuit
circuito captador | pickup circuit
circuito cargado | loaded circuit
circuito casi biestable | quasi-bistable circuit
circuito casi monoestable | quasi-monostable circuit
circuito cerrado | loop; closed (/complete) circuit
circuito cerrado por su extremo | terminated circuit
circuito codificador | scrambler circuit
circuito colector común | common collector circuit
circuito combinado | phantom circuit
circuito combinado doble | double ghost (/phantom) circuit
circuito combinador | combiner circuit
circuito combinante | physical (/side) circuit
circuito combinatorio | combinatorial circuit
circuito compartido | party line circuit
circuito compensador | bucking circuit
circuito compensador de fase | phase compensation network
circuito complementario | complementary (/idler, /idling) circuit
circuito completo | complete circuit
circuito compuesto | composite (/multiple) circuit
circuito con acción de disparo | triggered circuit
circuito con múltiples elementos en contrafase | pushpull parallel circuit
circuito con puesta a tierra | earthed (/grounded) circuit
circuito con reacción negativa | negative feedback arrangement
circuito con repetidores | repeatered circuit
circuito con retardo de conexión | on-delay
circuito con retardo de desconexión | off-delay
circuito con retorno por tierra | earth return circuit
circuito con ruidos | noisy line
circuito con ruidos crepitantes | noisy circuit
circuito con ruidos de fritura | noisy circuit
circuito con simetría complementaria | complementary symmetry circuit
circuito con tolerancia al fallo | fault-tolerant circuit
circuito conducto | way-operated circuit
circuito conductor | drive circuit
circuito conectado en estrella | star-connected circuit, Y-connected circuit
circuito configurador de impulsos | pulse-shaping circuit
circuito conformador de impulsos | pulse-forming circuit, pulse-shaping circuit, pulse-reshaping circuit
circuito conformador de onda | reshaping (/wave-shaping) circuit
circuito conmutado | switched circuit
circuito conmutador | switching circuit
circuito conmutador biestable | bistable switching circuit
circuito constituyente | real circuit
circuito contador | counter circuit
circuito contador de pasos | step-counting circuit
circuito contador de relés | relay counting circuit
circuito contador en anillo | ring counting circuit
circuito continental | continental circuit
circuito corrector de crestas | peaking circuit
circuito cortado | open circuit
circuito cronométrico | clock circuit
circuito cruzado con otro | circuit in contact with another
circuito cuadrador | squaring circuit
circuito cuadrador de onda | squaring circuit
circuito cuádruplex | quadruplex circuit
circuito darlington [*circuito amplificador de dos transistores*] | Darlington circuit
circuito de absorción | absorber (/absorption) circuit
circuito de acceso | auxiliary circuit
circuito de acentuación | emphasizer
circuito de acoplamiento de dos bornes | two-terminal coupling network
circuito de activación | firing circuit
circuito de adición | adder
circuito de alarma | alarm circuit
circuito de alarma de fusibles | fuse alarm circuit
circuito de alarma de repetidor | repeater alarm circuit
circuito de alimentación | feeder, power (supply) circuit, supply circuit
circuito de alta calidad | high Q circuit
circuito de alta frecuencia | radiofrequency circuit
circuito de altavoz en permanencia | open loudspeaker circuit
circuito de amortiguamiento | absorption trap
circuito de amplificación por impulso | gate circuit
circuito de anillo y barra | ring-bar circuit
circuito de anillo y plano | ring-plane circuit
circuito de ánodo | anode circuit
circuito de ánodo sintonizado | tuned anode circuit
circuito de anticoincidencia | anti-coincidence circuit
circuito de aplicación | applied circuit
circuito de arranque | start (/starting) circuit, startup loop
circuito de asignación previa temporizado | timed preassignment circuit
circuito de aullador | howler circuit
circuito de autorretención | stick circuit
circuito de autosintonización | self-tuning circuit
circuito de autoverificación | self-test circuit
circuito de avance automático | self-drive circuit
circuito de aviso | warning circuit
circuito de avisos y tonos | tone-and-announcement circuit
circuito de baja energía | low energy circuit
circuito de baja potencia | low power

circuit
circuito de barrido | scanning (/sweep) circuit
circuito de barrido fantastrón | phantastron sweep circuit
circuito de barrido vertical | vertical sweep circuit
circuito de base | building block
circuito de base de tiempos | time-base circuit
circuito de batería central y local mixto | combined central and local battery circuit
circuito de bloqueo | clamping (/paralysis) circuit
circuito de bombeo | pumping circuit
circuito de borrado del trazo de retorno | return-trace blanking circuit
circuito de cableado directo | direct wire circuit
circuito de cadena de relés | relay chain circuit
circuito de calidad telefónica | voice-grade circuit
circuito de calidad telegráfica | telegraph grade circuit
circuito de cambio de estado | upset (/status change) circuit
circuito de característica cuadrática | square law circuit
circuito de carga | charging (/load) circuit
circuito de carga dividida | split-load circuit
circuito de carga periódica | periodically loaded circuit
circuito de carga por escalones | step-counting circuit
circuito de cátodo a masa | seesaw circuit
circuito de censura | intercepting trunk
circuito de chispa | discharge circuit
circuito de chispas | spark circuit
circuito de circulación libre | free-wheeling circuit
circuito de coincidencia | coincidence circuit
circuito de coincidencia de retardo | delay coincidence circuit
circuito de combinación | combiner circuit
circuito de compensación | bucking circuit
circuito de compensación de fase | phase compensation network, phase-compensating network
circuito de complementación | complementing circuit
circuito de comunicación por radio | radiocommunication circuit
circuito de conexión | connecting (/cord, /link) circuit
circuito de conexión a masa | frame grounding circuit
circuito de conexión y desconexión | on-off circuit
circuito de conferencia | conference circuit (/junctor)

circuito de conmutación | gating (/switching) circuit
circuito de conmutación de impulsos | pulse-switching circuit
circuito de conmutación multiestable | multistable switching circuit
circuito de conmutación por la voz | voice-switched circuit
circuito de conmutación rápida | trigger circuit
circuito de conservación | maintenance circuit
circuito de constante de tiempo breve | fast time constant circuit
circuito de constantes seudoaglomeradas | pseudolamped-constant circuit
circuito de contestación y escucha | answering and listening circuit
circuito de contrarreacción | negative feedback arrangement
circuito de contrastación | standardization circuit
circuito de control | control (/controlling, /test) circuit
circuito de control cruzado | cross-control circuit
circuito de control de la soldadura | welding control circuit
circuito de control de parada | stop control circuit
circuito de control de programa | cue circuit
circuito de control de reposición | reset control circuit
circuito de control de teleimpresora | teleprinter control circuit, control circuit typewriter
circuito de control de tono | tone control circuit
circuito de control radioeléctrico | radio control circuit
circuito de conversación | speaking (/speech, /talking, /voice) circuit
circuito de conversión de dos hilos | two-wire conversion circuit
circuito de coordinación técnica | technical coordination circuit
circuito de cordón | cord circuit
circuito de corrección de fase | phase correction network, phase-correcting network
circuito de corriente alterna | alternating-current circuit
circuito de corriente continua | direct current circuit
circuito de corriente de llamada | ringing current circuit
circuito de corriente parásita | sneak circuit
circuito de corrientes portadoras de capacidad media | medium capacity carrier circuit
circuito de corrientes portadoras sobre hilos aéreos | overhead-wire carrier circuit
circuito de corta distancia | short distance circuit, short-haul circuit

circuito de corte de llamadas | ringing trip circuit
circuito de corto alcance | short-haul circuit
circuito de cuatro hilos | four-wire circuit
circuito de cuenta atrás | countdown circuit
circuito de definición de televisión | television crispning circuit
circuito de deflexión | deflection circuit
circuito de derivación | bypass trunk, path of winding, takeoff (/tap) circuit
circuito de desbloqueo | line free
circuito de desbloqueo periódico | window
circuito de descarga | discharge circuit
circuito de desconexión | trip circuit
circuito de desplazamiento de fase | phase-shifting circuit
circuito de detección de dirección | goto circuit
circuito de devanado | path of (an armature) winding
circuito de diodos ultrarrápidos | pulse snap diode circuit
circuito de disparo | firing circuit; trigger (circuit), triggering circuit
circuito de disparo aperiódico | aperiodic trigger circuit
circuito de disparo biestable con una sola entrada | single-control bistable trigger circuit
circuito de disparo de ciclo simple | single-trip trigger circuit
circuito de disparo de Schmitt | Schmitt trigger circuit
circuito de disparo de valor umbral | Schmitt trigger circuit
circuito de disparo simple | single-shot trigger circuit
circuito de disparo temporizado | timed release circuit
circuito de dispersión troposférica | tropospheric scatter circuit
circuito de doble corriente | polar circuit
circuito de doble disparo | doublet trigger
circuito de doble efecto | pushpull circuit
circuito de dos etapas en contrafase | pushpull cascode
circuito de dos hilos | two-wire circuit (/quad)
circuito de dos hilos en paralelo | bunched circuit
circuito de dos válvulas de amplificación distribuida | distributed pair
circuito de Eccles-Jordan | Eccles-Jordan circuit
circuito de elementos no lineales | nonlinear element circuit
circuito de eliminación de banda | stopper circuit
circuito de eliminación de X | X-elimination circuit

circuito de emergencia | elementary circuit
circuito de enclavamiento | interlock (/stick) circuit
circuito de enlace | junction (circuit), link (/trunk, /junction trunk) circuit
circuito de enlace entre operadoras | order-wire circuit
circuito de enlace radioeléctrico | radio link circuit
circuito de enlace terrestre | tail end
circuito de enlace utilizado en dos sentidos | bothway junction
circuito de enmudecimiento | mute circuit
circuito de entrada | incoming circuit
circuito de entrada negativa y salida positiva | negative input-positive output circuit
circuito de entradas en abanico | fan-in circuit
circuito de entretenimiento | keep-alive circuit
circuito de equilibrio a cero | null balance circuitry
circuito de escala | scaling circuit
circuito de escala de dos | scaling couple
circuito de escala de mil | scale-of-one-thousand circuit
circuito de escala decimal | scale-of-ten circuit
circuito de escala en anillo | ring scaling circuit
circuito de escucha | listening (/monitoring, /observation) circuit
circuito de espera | holding pattern (/procedure), park (/queuing) circuit
circuito de estabilización | stabilizing circuit
circuito de estado sólido | solid-state circuit
circuito de extensión | auxiliary (/leg) circuit, tail
circuito de extinción | quench circuit
circuito de extinción de chispas | quenching circuit
circuito de fallo de alimentación | power failure circuit *
circuito de fase dividida | split-phase circuit
circuito de fase partida | split-phase circuit
circuito de fase sincronizada | phase-locked circuit
circuito de ferrorresonancia | ferroresonant circuit
circuito de fijación de base | clamping circuit
circuito de filamento | filament circuit
circuito de filtrado | smoothing circuit
circuito de filtro | suppression circuit
circuito de frecuencia vocal | voice frequency drop
circuito de fuga | sneak circuit
circuito de funcionamiento en símplex | simplex circuit
circuito de ganancia regulada por reverberación | reverberation-controlled gain circuit
circuito de grabación | recording (/record) circuit
circuito de gran escala de integración | large-scale integrated circuit
circuito de guarda | guard circuit
circuito de hierro dulce | soft iron circuit
circuito de hilo desnudo | open-wire circuit
circuito de imagen | vision circuit
circuito de imagen de vídeo | vision circuit
circuito de impulsión | impulse circuit
circuito de impulsión del estilete | pen drive circuit
circuito de impulso | gating circuit
circuito de impulsos | pulse (/pulsing) circuit
circuito de impulsos alternos | pulse-halving circuit
circuito de impulsos de disparo | pulse firing circuit
circuito de impulsos inversos | revertive impulse circuit, revertive-pulsing circuit
circuito de impulsos rectangulares | boxcar circuit
circuito de indicación | cue circuit
circuito de integración en mediana escala | MSI circuit
circuito de interacción de válvula de ondas progresivas | travelling-wave valve interaction circuit
circuito de intercomunicación | talk-back circuit
circuito de interconexión | interface (/patch) circuit
circuito de intervalo | interval circuit
circuito de inyección del tono piloto | pilot tone injection circuit
circuito de larga distancia | long distance circuit, long-haul toll circuit
circuito de lectura | reading circuit
circuito de ley cuadrática | square law circuit
circuito de liberación | release (/clipping) circuit
circuito de línea | line circuit
circuito de línea aérea con retorno por tierra | open-line grounded-wire circuit
circuito de línea dúplex | two-party-line circuit
circuito de línea plana | stripline circuit
circuito de línea urbana | city line circuit
circuito de llamada por bobina de autoinducción | ringing choke circuit
circuito de llegada | inbound circuit
circuito de Loftin-White | Loftin-White circuit
circuito de mando | control (/steering) circuit, pilot (wire) circuit, trigger (circuit), triggering circuit
circuito de mando a distancia | remote-control circuit
circuito de mando por todo o nada | on-off control circuit
circuito de manipulación | keying circuit
circuito de manipulación semiautomática | semiautomatic keying circuit
circuito de mantenimiento | holding circuit
circuito de mariposa | butterfly circuit
circuito de medición | test loop
circuito de medio alcance | medium haul circuit
circuito de memoria | memory circuit
circuito de mensajes | message circuit
circuito de mezcla | scrambler (/scrambling) circuit
circuito de microondas | wave circuit
circuito de mínimo estabilizado | valley-stabilized circuit
circuito de muestreo | sampling circuit
circuito de muestreo y retención | sample-and-hold circuit
circuito de muestreo y retención de impulsos | pulse sample-and-hold circuit
circuito de múltiples capas | multilayer circuit
circuito de negación | inverter, negator, negation circuit
circuito de neutralización | neutralization (/neutralizing) circuit
circuito de observación de abonado | line observation circuit
circuito de observación de incidentes | fault observation circuit
circuito de observación y alarma | observation and alarm circuit
circuito de onda lenta | slow-wave circuit
circuito de órdenes | order wire, controlling circuit; [*entre estaciones terminales*] exposure order wire
circuito de origen | originating circuit
circuito de oscilación | oscillating circuit
circuito de parada [*de un reactor*] | shutdown loop
circuito de pase de nueves | nines-carry circuit
circuito de pastilla múltiple | multichip circuit
circuito de pedal | pedal circuit
circuito de película delgada | thin-film circuit
circuito de película delgada de tantalio | tantalum thin-film circuit
circuito de película gruesa | thick-film circuit
circuito de placa sintonizado | tuned plate circuit
circuito de planos dextrorsum | right-plane circuit
circuito de polarización por resistencia | resistor-biased circuit
circuito de potencia | power circuit
circuito de potencial | voltage divider
circuito de potenciómetro | potentiometer circuit

circuito de preparación | setup circuit
circuito de preparación del relé de perforar X | X-punch relay setup circuit
circuito de programa | program circuit
circuito de propagación de onda lenta | slow-wave propagating circuit
circuito de propagación semirresonante | semiresonant propagating circuit
circuito de protección | protective circuit
circuito de protección contra sobrecargas | overload circuit
circuito de protección de zona | zoned circuit
circuito de protección por disparo | trip protection circuit
circuito de prueba | breadboard (/test) circuit, test loop
circuito de prueba accionado por pulsador | push-to-test circuit
circuito de prueba del disco marcador | dial test circuit
circuito de prueba del marcador | dial test circuit
circuito de puente de onda completa | full-wave bridge circuit
circuito de puente Wien | Wien bridge circuit
circuito de puerta | gate (/gating) circuit
circuito de puesta a cero | reset circuit
circuito de punto flotante | floating-point unit
circuito de purificación | cleanup circuit
circuito de radio | radio circuit
circuito de radiocomunicación | radiocommunication circuit
circuito de radioenlace | radio link (/relay) circuit
circuito de radiofrecuencia sintonizada | tuned radiofrequency circuit
circuito de radioteleimpresora | radioteletypewriter circuit
circuito de radiotélex | radiotelex circuit
circuito de rama | branch circuit
circuito de reacción | reaction (/retroactive) circuit
circuito de reacción a base de resistencias y capacidades para seguidor catódico | RC cathode follower feedback circuit
circuito de reacción de desfasamiento | phase shift feedback circuit
circuito de realimentación | feedback circuit
circuito de realimentación positiva | positive feedback circuit
circuito de rechazo | rejector circuit
circuito de rectificación | rectifying circuit
circuito de rectificación y filtrado | rectifying-filtering
circuito de rectificadores en serie | series rectifier circuit

circuito de recuento | counting circuit
circuito de referencia | reference circuit
circuito de reflexión | reflex circuit
circuito de registro | recording circuit
circuito de regulación de la soldadura | welding control circuit
circuito de regulación de voltaje | voltage regulation circuitry
circuito de regulación silenciosa | squelch circuit
circuito de rejilla | grid circuit
circuito de rejilla sintonizada | tuned grid circuit
circuito de relajación | relaxation circuit
circuito de relé fotoeléctrico | photo-relay circuit
circuito de relé secuencial | sequential relay circuit
circuito de reloj patrón | clock circuit
circuito de repetidor | repeater circuit
circuito de reposición | reset (/restoring) circuit
circuito de reposición forzosa | forcible release circuit
circuito de reserva | reserve (/fallback, /spare, /standby) circuit; [*para telegrafía armónica*] VFT reserve circuit
circuito de resincronización | retiming circuit
circuito de resistencia y capacidad | RC circuit = resistance-capacitance circuit; resistance-capacitance arrangement
circuito de resonancia | resonance (/resonant, /tuned) circuit
circuito de resonancia en serie | series resonant circuit
circuito de retardo | delay (/time-delay) circuit
circuito de retención | holding (/keep-alive) circuit; latch
circuito de retorno | return circuit
circuito de retorno por tierra | ground-return circuit
circuito de retroacoplamiento | follower
circuito de Rowland | Rowland circle
circuito de salida | outgoing (/output) circuit
circuito de salida del receptor | receiver output circuit
circuito de salidas en abanico | fan-out circuit
circuito de sección tope | stopped section circuit
circuito de secuencia y memorización | sequence and memory circuit
circuito de seguimiento | tracking circuit
circuito de seguridad | guard circuit
circuito de seis fases | six-phase circuit
circuito de selección | selection circuit
circuito de selección de impulsos | pulse selection circuit
circuito de selección de incidentes |

fault selection circuit
circuito de selección estroboscópica | strobe circuit
circuito de señal | signal circuit
circuito de señalización | signal wiring
circuito de señalización manual | ring-down circuit
circuito de separación | separation circuit
circuito de separación por rejilla | grid separation circuit
circuito de servicio | servicing (/service, /engineering, /speaker) circuit
circuito de silenciamiento | muting circuit
circuito de silicio sólido | solid silicon circuit
circuito de sincronización de fase | phase-locked loop
circuito de sintonía | tuner circuit
circuito de sintonía doble | double-tuned circuit
circuito de sintonización | tuning circuit
circuito de sintonización fija | fixed-tuned circuit
circuito de sintonización múltiple | multiple tuner
circuito de sobretensión | overvoltage circuit
circuito de socorro | elementary (/fallback) circuit
circuito de sombreado | shading circuit
circuito de sonido | sound circuit
circuito de supresión | rejection (/rejector, /suppression) circuit
circuito de supresión de ecos permanentes | permanent echo cancellation circuit
circuito de supresión del trazado de retorno | retrace suppression circuit
circuito de supresión del trazo de retorno vertical | vertical retrace suppression circuit
circuito de sustracción | subtracting circuit
circuito de telecomunicación | telecommunication circuit
circuito de telecomunicación vía satélite de múltiple acceso | random multiple-access assigned circuit
circuito de telemando | remote-control circuit
circuito de telemedición | telemeter channel
circuito de telemedida | telemetering channel (/circuit)
circuito de televisión | television circuit
circuito de télex | telex circuit
circuito de télex por radio | radiotelex circuit
circuito de tensión | voltage circuit
circuito de tensión alta | high voltage circuit
circuito de tensión de referencia | reference voltage circuit

circuito de terminación | termination circuit
circuito de tierra | earth circuit
circuito de tipo a cuatro hilos | four-wire-type circuit
circuito de toma | supply circuit
circuito de toma y observación de líneas | plugging-up and observation line circuit
circuito de trabajo | working circuit
circuito de tráfico | traffic circuit
circuito de tráfico fuerte | heavy traffic circuit
circuito de transistores | transistor circuit
circuito de tránsito | transit (/through, /via) circuit
circuito de trasferencia | transfer circuit; interposition trunk; order wire
circuito de trasferencia de mando | override circuit
circuito de trasmisión | transmission path
circuito de trasmisión con retorno al punto de origen | round robin
circuito de trasmisión de programas | program transmission circuit
circuito de trasmisión por cinta | tape relay circuit
circuito de trasmisión radiofónica | program transmission circuit
circuito de triple sintonización | triple-tuned circuit
circuito de umbral | threshold circuit
circuito de unión | joint (/link) circuit
circuito de uso asignado | allocated-use circuit
circuito de uso común | common user circuit
circuito de válvulas | tube (/valve) circuit
circuito de variación discontinua | stepped network
circuito de varios chips | multiple chip circuit
circuito de varios niveles | multilevel circuit
circuito de vía | track circuit
circuito de vía con relè polarizado | track circuit with polarized relay
circuito de vía de corriente alterna | alternating-current track circuit
circuito de vía pulsatorio | pulsating track circuit
circuito de vídeo | video circuit
circuito de videofrecuencia | video circuit
circuito de vigilancia | monitoring circuit
circuito de volcado | dump circuit
circuito de White | White circuit
circuito dedicado | dedicated circuit
circuito del arrancador | starter circuit
circuito del canal de servicio | service channel facility
circuito del electroimán de perforación | punch magnet circuit
circuito del motor de alimentación de la máquina perforadora | punch-feed motor circuit
circuito del motor de alimentación de la perforadora | punch-feed motor circuit
circuito delta | delta circuit
circuito dependiente | interlocking (/tributary) circuit
circuito derivado | branch (/teed, /voltage) circuit, tree branch
circuito desacoplador | decoupling circuit
circuito desbloqueador periódico | window
circuito desconectador | trip circuit
circuito desconectador de sobrecarga | overload trip circuit
circuito desequilibrado | unbalanced circuit
circuito desfasador | outphaser, phase shift circuit
circuito desfasador de fase | phase-shifting circuit
circuito desfasador múltiple | phase-splitting circuit
circuito desmultiplexor | demultiplexing circuit
circuito desmultiplicador | scaling circuit
circuito desmultiplicador de impulsos | pulse divider circuit, step-counting circuit
circuito detector | detector circuit
circuito detector de cero | null detector circuit
circuito detector de cresta | peak detection circuit
circuito detector de tensión | voltage-sensing circuit
circuito detector en contrafase | pushpull detection circuit
circuito diamante | diamond circuit
circuito dicordio | double cord circuit
circuito diferenciador | differentiating circuit
circuito diferenciador de crestas | peaking circuit
circuito diferencial | hybrid network
circuito diferencial de control de ganancia | differential gain control circuit
circuito digital | digital circuit
circuito digital de presencia-ausencia | on-off digital circuit
circuito digital de todo-nada | on-off digital circuit
circuito directo | direct (/straightforward, /through) circuit
circuito directo de tránsito | direct international circuit
circuito discreto | discrete circuit
circuito discriminador | discriminator circuit
circuito discriminador de desplazamientos de fase | phase-shift discriminator circuit
circuito disipador | losser circuit
circuito disparador | trigger (/triggering) circuit
circuito disparador de impulsos | pulse trigger circuit
circuito disponible | free circuit condition
circuito distribuidor de carga | position load distributing circuit
circuito disyuntor | breaker circuit
circuito divisor | crossover circuit
circuito divisor de fase | phase-splitting circuit
circuito divisor de frecuencia de impulsos | step-counting circuit
circuito divisor de frecuencias | crossover circuit (/network)
circuito divisor de impulsos | pulse divider circuit
circuito divisor de potencial | voltage divider circuit
circuito divisor de tensión | voltage divider circuit
circuito divisor de voltaje | voltage divider circuit
circuito divisor tipo bomba | step counter, step-counting circuit
circuito duplicador | doubler circuit
circuito duplicador de tensión | voltage-doubling circuit
circuito eléctrico | electric (/current) circuit
circuito electrizado | live circuit
circuito electrónico | electronic circuit
circuito electrónico impreso | printed electronic circuit
circuito eliminador | trap circuit
circuito eliminador de efectos locales | antisidetone circuit
circuito eliminador de parásitos | noise suppression circuit
circuito eliminador de radiaciones espurias | splatter suppressor circuit
circuito eliminador de ruido | noise suppression circuit
circuito embebido en resina | resin-encapsulated circuit
circuito emisor | sender (/register) circuit
circuito emisor común | common emitter circuit
circuito emisor de parásitos | noise-making circuit
circuito en anillo | ring circuit
circuito en anillo de decena | ring-of-ten circuit
circuito en avance de fase | phase advance circuit
circuito en base común | common base circuit
circuito en bucle | loop circuit
circuito en cable | cable circuit
circuito en cable blindado | screened-cable circuit
circuito en cascada | tandem network
circuito en contrafase | pushpull circuit (/arrangement)
circuito en contrafase con rejillas a masa | pushpull grounded-grid circuit
circuito en contrafase de elementos

en paralelo | pushpull parallel circuit
circuito en contrafase paralelo | push-push circuit
circuito en correspondencia dual | dual
circuito en corto | crowbar circuit
circuito en derivación | parallel (/voltage, /shunt) circuit
circuito en escala binaria | scale-of-two circuit
circuito en escala de ocho | scale-of-eight circuit
circuito en estrella | star circuit
circuito en funcionamiento | alive circuit
circuito en hilos desnudos aéreos | overhead open-wire circuit
circuito en mal estado | faulty circuit
circuito en paralelo | parallel (/shunt) circuit
circuito en paralelo-serie | parallel series circuit (/memory)
circuito en puente | bridge circuit
circuito en reposo | quiescent circuit, idle circuit condition
circuito en serie | series (/tandem) circuit
circuito en serie-paralelo | series-parallel network
circuito en T | T network
circuito en tándem | tandem circuit
circuito en una sola línea | single in-line
circuito encapsulado | package (/potted) circuit
circuito encapsulado en resina | resin-encapsulated circuit
circuito enchufable | plug-in circuit
circuito enmudecedor del receptor | receiver muting circuit
circuito entre puntos fijos | point-to-point circuit
circuito equilibrado | balanced circuit
circuito equilibrador | balancer
circuito equilibrador de precisión híbrido | precision-balanced hybrid circuit
circuito equilibrador de ruido | noise balancing circuit
circuito equivalente | equivalent circuit
circuito equivalente de puerta | gate equivalent circuit
circuito equivalente en T | T (network) equivalent circuit
circuito equivalente para señal débil | small-signal equivalent circuit
circuito equivalente paralelo | parallel equivalent circuit
circuito esclavo | slave circuit
circuito estabilizador | antihunting (/smoothing, /stabilizing) circuit
circuito estabilizador de tensión | voltage-stabilizing circuit
circuito estenodo | stenode circuit
circuito excitado por el cátodo | cathode drive circuit
circuito excitador | trigger (/triggering) circuit

circuito excitador común | bus driver
circuito excitador de bus | bus driver
circuito exclusivo | exclusive circuit
circuito experimental | experimental loop
circuito explorador | scanning circuit
circuito explotado en alternativa | bothway junction
circuito explotado en los dos sentidos | two-way circuit
circuito externo | external circuit
circuito extintor | quench circuit
circuito extintor de chispas | quenching circuit
circuito fantasma | phantom circuit
circuito fantasma cuádruple | quadruple phantom circuit
circuito fantasma doble | superphantom (/double ghost, /double phantom) circuit
circuito ferrorresonante | ferroresonant circuit
circuito ficticio de referencia | hypothetical reference circuit
circuito fijador | clamping circuit
circuito fijo | fixed circuit
circuito fijo aeronáutico | aeronautical fixed circuit
circuito fijo permanente | permanent fixed circuit
circuito físico | physical (/side) circuit
circuito físico de extensión | physical extension circuit
circuito flewelling | flewelling circuit
circuito flip-flop | flip-flop circuit
circuito formador | shaping circuit
circuito formador de impulsos | pulse-shaping circuit
circuito formador de impulsos de disparo | trigger-forming circuit
circuito formador de onda de impulsos | shaper
circuito fototelegráfico | phototelegraph (/picture) circuit
circuito fundamental | building block, fundamental circuit
circuito generador de dientes de sierra | sweep circuit
circuito generador de impulsos | pulse-generating circuit
circuito generador de ruido | noise-making circuit
circuito grabado | etched printed circuit
circuito grapinado | wire-wrapped circuit
circuito hexafásico | six-phase circuit
circuito híbrido | hybrid circuit
circuito híbrido de película delgada | hybrid thin-film circuit
circuito híbrido de película gruesa | thick-film hybrid circuit
circuito híbrido integrado | integrated hybrid circuit
circuito hipotético de referencia | hypothetical reference circuit
circuito húmedo | wet circuit
circuito impreso | printed (/processed, /stamped) circuit
circuito impreso chapado | plated printed circuit
circuito impreso de polvo comprimido | pressed powder printed circuit
circuito impreso enrasado | flush-printed circuit
circuito impreso estampado | stamped printed circuit
circuito impreso flexible | flexible printed circuit
circuito impreso metalizado | plated printed circuit
circuito impreso pintado | painted printed circuit
circuito impreso por deposición en fase vapor | vapour-deposited printed circuit
circuito impreso por depósito electrolítico | plated circuit
circuito impreso por depósito químico | chemically-deposited printed circuit
circuito impreso por reducción química | chemically-reduced printed circuit
circuito impreso por rociado | sprayed printed circuit
circuito impreso sinterizado | pressed powder printed circuit
circuito impreso sobre lámina en relieve | embossed-foil printed circuit
circuito impreso trasferido | transferred printed circuit
circuito inactivo | quiescent circuit
circuito inductivo | induction (/inductive) circuit
circuito inductor | field circuit
circuito integrado | integrated circuit
circuito integrado analógico | analogue integrated circuit
circuito integrado bipolar | bipolar integrated circuit
circuito integrado compatible | compatible IC
circuito integrado compatible monolítico | compatible monolithic integrated circuit
circuito integrado con terminales de soporte | beam-leaded integrated circuit
circuito integrado de estado sólido | solid-state integrated circuit
circuito integrado de microondas | microwave integrated circuit
circuito integrado de muy alta velocidad | very high speed integrated circuit
circuito integrado de película | film integrated circuit
circuito integrado de película delgada | thin-film integrated circuit
circuito integrado de película gruesa | thick film integrated circuit
circuito integrado de puerta simple | simple gate IC
circuito integrado de software | software integrated circuit

circuito integrado digital | digital IC = digital integrated circuit
circuito integrado fabricado bajo pedido | semicustom IC
circuito integrado híbrido | hybrid integrated circuit
circuito integrado híbrido de película delgada | hybrid thin-film integrated circuit
circuito integrado híbrido de película fina | thin-film hybrid integrated circuit
circuito integrado híbrido de película gruesa | hybrid thick-film integrated circuit
circuito integrado industrial | industrial-grade IC
circuito integrado lineal | linear integrated circuit
circuito integrado mixto | hybrid integrated circuit
circuito integrado molecular | molecular integrated circuit
circuito integrado monolítico | monolithic integrated circuit
circuito integrado monolítico de difusión | all-diffused monolithic integrated circuit
circuito integrado monolítico semiconductor de óxido metálico | MOS monolithic IC
circuito integrado MOS | MOS integrated circuit
circuito integrado multipastilla | multichip integrated circuit
circuito integrado para aplicaciones específicas | application-specific integrated circuit
circuito integrado para uso militar | military grade IC
circuito integrado semiconductor | integrated circuit semiconductor, semiconductor integrated circuit
circuito integrador | integrating circuit
circuito integral | integral circuit
circuito intensificador de traza luminosa | trace-brightening circuit
circuito intercontinental | intercontinental circuit
circuito intermedio | interface
circuito internacional | international circuit
circuito internacional directo | direct international circuit
circuito interno de salida | internal output circuit
circuito intersincrónico | intersync circuit
circuito interurbano | toll (/long distance) circuit
circuito interurbano con selección a distancia | dial toll circuit, trunk circuit with dialling facilities
circuito interurbano de alarma | alarm trunk circuit
circuito intervalvular | intervalve circuit
circuito inversor | inverter (circuit), NOT circuit

circuito inversor de fase | phase inversion circuit
circuito isócrono | isochronous circuit
circuito isolito | isolith circuit
circuito lateral | leg (circuit), side circuit
circuito libre | free circuit condition
circuito limitador | clipper, limiter (/bound) circuit
circuito limitador de ecos parásitos | anticlutter circuit
circuito limitador de parásitos | noise-limiting circuit, noise suppression circuit
circuito limitador de positivos | clipper circuit
circuito limitador de ruido | noise-limiting circuit, noise suppression circuit
circuito lineal | linear circuit
circuito local | cross office circuit
circuito local de órdenes | local order wire
circuito lógico | logic circuit
circuito lógico de entrada positiva y salida negativa | positive input-negative output
circuito lógico de modo de corriente | current mode logic
circuito lógico multifunción | random logic circuit
circuito lógico NAND | NAND circuit
circuito lógico NO | NOT circuit; inverter
circuito lógico NO-O | NOR circuit
circuito lógico NOR | NOR circuit
circuito lógico NOT | NOT circuit
circuito lógico NOT-AND | NOT-AND circuit
circuito lógico NO-Y | NAND circuit = NOT-AND circuit
circuito lógico O | OR circuit
circuito lógico OR | OR circuit
circuito lógico sin umbral | non-threshold logic circuit
circuito lógico transistorizado | transistor logic circuit
circuito lógico Y | AND circuit
circuito lógico Y con inversión | NOT-AND circuit
circuito lógico Y/O | AND/OR circuit
circuito longitudinal | longitudinal circuit
circuito LSI [*circuito de alto grado de integración*] | LSI circuit = large-scale integrated circuit
circuito LSI fabricado bajo pedido | semicustom LSI circuit
circuito lupa | wotching circuit
circuito magnético | magnetic circuit
circuito magnético abierto | open magnetic circuit
circuito magnético cerrado | closed magnetic circuit
circuito magnético de hierro dulce | soft iron circuit
circuito magnético integrado | magnetic integrated circuit
circuito manual bidireccional | two-way manual circuit
circuito marcador | strobe circuit
circuito mariposa asimétrico | semi-butterfly circuit
circuito metálico | metallic (/physical) circuit
circuito metalizado | plated circuit
circuito mezclador | scrambler circuit
circuito mezclador de impulsos | pulse-mixing circuit
circuito microelectrónico | microelectronic circuit
circuito militar | engineered military circuit
circuito Miller | Miller circuit
circuito mixto | bothway junction, simplexed (/series-parallel, /series-shunt) circuit
circuito modelador de impulsos | pulse-forming circuit, pulse-shaping circuit
circuito modelador de onda | wave-shaping circuit
circuito molecular | molecular circuit
circuito monifilar | single-wire circuit
circuito monobloque | packaged circuit
circuito monocordio | single-cord circuit
circuito monoestable | monostable (/one-shot) circuit
circuito monofásico | single-phase circuit
circuito monolítico | monolithic circuit
circuito monolítico de sustrato aislado | insulated substrate monolithic circuit
circuito Morse | Morse circuit
circuito MU | MU-circuit
circuito mudo | muting, mute circuit
circuito multicanal | multichannel (/multitone) circuit
circuito multicanal por dispersión troposférica | multichannel tropospheric-scatter circuit
circuito multicapa | multilayer circuit
circuito multiestable | multistable circuit
circuito multiestado | multistate circuit
circuito multipastilla | multichip circuit
circuito múltiple | multiple circuit
circuito múltiple-serie | series-multiple circuit
circuito multiplicador de tensión | voltage multiplier circuit, voltage-multiplying circuit
circuito multiplicador de voltaje | voltage multiplier circuit, voltage-multiplying circuit
circuito multipunto | multipoint circuit
circuito multivibrador | multivibrator circuit
circuito nanovatio | nanowatt circuit
circuito neumático | pneumatic circuit
circuito neutralizador | neutralizing circuit
circuito neutralizador de Rice | Rice neutralizing circuit

circuito neutro | neutral circuit
circuito neutrodino | neutralizing circuit
circuito NIPO [*circuito de entrada negativa y salida positiva*] | NIPO circuit = negative input-positive output circuit
circuito nivelador | smoothing circuit
circuito no combinable | nonphantom circuit
circuito no esencial | nonessential circuit
circuito no inductivo | noninductive circuit
circuito no lineal | nonlinear circuit
circuito NO mayoritario (/de mayoría) | NOT majority
circuito no sintonizado | untuned circuit
circuito nocturno | night service, night answer services
circuito nocturno colectivo | special night answer
circuito nocturno de contestación común | unassigned night service, universal night ringing, trunk answer from any station
circuito nocturno de grupo | special night answer
circuito nocturno individual | assigned night answer
circuito nocturno no asignado | unassigned night service, universal night ringing, trunk answer from any station
circuito normal | normal circuit
circuito normalizado | standardized (/preferred) circuit
circuito O | O circuit
circuito O fantasma | phantom OR
circuito óptico integrado | integrated optical circuit
circuito optoelectrónico integrado | optoelectronic integrated circuit
circuito oscilador | oscillator circuit
circuito oscilador ultraaudión | ultra-audion oscillator circuit
circuito oscilante | oscillating (/oscillatory, /swing, /tank) circuit
circuito oscilante de ánodo | plate tank
circuito oscilante de resonancia | resonance oscillatory circuit
circuito para ensayos | circuit model
circuito para media distancia | medium haul circuit
circuito para mejora de las señales | signal enhancer
circuito para telegrafía y telefonía simultáneas | earthed phantom circuit
circuito para teleimpresoras | teletypewriter circuit
circuito para tráfico de llegada únicamente | incoming one-way circuit
circuito para tráfico de salida | outgoing one-way circuit
circuito para trasmisión de voz | voice-grade circuit
circuito para trasmisiones radiofónicas | music (/programme) circuit

circuito para un solo sentido | unidirectional (/one-way) circuit
circuito para varios puntos | multipoint circuit
circuito pasivo | passive electric network
circuito pasivo de elementos peliculares | passive film circuit
circuito pasivo de película gruesa | thick-film passive circuit
circuito periódico | periodic circuit
circuito permanente | permanent (/continuous service) circuit
circuito piloto | circuit model, pilot (wire) circuit
circuito pirométrico | pyrometric circuit
circuito polarizado | polar circuit
circuito polifásico | polyphase circuit
circuito polifásico en estrella desequilibrado | unbalanced polyphase star circuit
circuito por cable | cable (/landline) circuit, wire circuit (/route)
circuito por cable de abonados | subscriber cord circuit
circuito por dispersión troposférica dirigida | tropospheric forward-scatter circuit
circuito por hilo | wire (/wireline) circuit
circuito por línea alámbrica | landline (/wire) circuit
circuito por satélite | satellite channel
circuito potenciométrico | potentiometer network
circuito prearmado | preassembled circuit
circuito preensamblado | preassembled circuit
circuito prefabricado | prefabricated circuit
circuito premontado | preassembled circuit
circuito preparador del relé multicontacto conector de perforaciones | punch-bus multicontact-relay setup circuit
circuito preselector | rejectostatic circuit
circuito primario | primary circuit
circuito primario de refrigeración | primary coolant circuit
circuito principal | main circuit, trunk circuit (/line)
circuito privado | private circuit (/wire), private wire circuit
circuito protector de fallos | fail-safe circuit
circuito protegido | protected zone
circuito puente | bridge circuit
circuito puente de fotoválvula | photovalve bridge circuit
circuito puerta | gate
circuito pulsante | pulsing circuit
circuito pulsatorio | pulsing circuit
circuito punto a punto | point-to-point circuit
circuito radial | radial circuit

circuito radiante | radiating circuit
circuito radioeléctrico por ondas decimétricas | ultrahigh frequency radio relay circuit
circuito radioeléctrico por ondas métricas | VHF radio relay circuit
circuito radioeléctrico troncal | trunk radio circuit
circuito radioelectrónico | radioelectronic circuit
circuito radiofónico | program channel (/circuit)
circuito radiotelefónico | radiotelephone circuit
circuito radiotelefónico de onda corta | short-wave radiotelephone circuit
circuito radiotelegráfico | radiotelegraph (/telegraph wireless) circuit
circuito ramificado | branch circuit
circuito RCG [*circuito de ganancia regulada por reverberación*] | RCG circuit = reverberation-controlled gain circuit
circuito reactivo | reactive (/retroactive) circuit
circuito real | physical (/real, /side) circuit
circuito real bifilar | two-wire side circuit
circuito real de cuatro hilos | four-wire side circuit
circuito real de dos hilos | two-wire side circuit
circuito receptor | receiver (/receiving) circuit
circuito receptor de radio | radio receiver circuit
circuito recortador | clipper circuit
circuito rectificador | rectifying circuit
circuito rectificador de elementos en paralelo | parallel rectifier circuit
circuito rectificador de estado sólido | solid-state rectifier circuit
circuito rectificador en paralelo | shunt rectifier circuit
circuito rectificador hexafásico en doble estrella | six-phase double-star rectifier configuration
circuito rectificador monofásico | half-wave rectifier circuit
circuito rectificador múltiple | multiple rectifier circuit
circuito rectificador polifásico | multiphase (/polyphase) rectifier circuit
circuito reductor de ruido | squelch circuit
circuito redundante | redundant circuit
circuito réflex | reflex circuit
circuito reformado | reshaping circuit
circuito reforzador de graves | bass-boosting circuit
circuito regenerativo | regenerative circuit
circuito regulado | adjusted circuit
circuito regulador | reg circuit [*fam*], regulator circuit
circuito regulador y de alimentación | voltage supply and regulator circuit

circuito repetidor | repeater circuit
circuito resincronizador de impulsos | pulse-retiming circuit
circuito resistivo | resistive circuit
circuito resonante | resonance (/resonant, /tuned) circuit
circuito resonante anódico | plate tank
circuito resonante de placa | plate tank
circuito resonante en serie | series resonant circuit
circuito resonante paralelo | parallel resonance (/resonant) circuit, rejector circuit
circuito resonante simple | single-tuned circuit
circuito restablecedor | restoring circuit
circuito restaurador | restoration circuit
circuito retardador | time-delay circuit
circuito retardador de impulsos | pulse delay (/retardation) circuit
circuito reversible | reversible circuit
circuito rural por cable | rural cord circuit
circuito saturado | overloaded circuit
circuito Schmitt | Schmitt circuit
circuito Schmitt de disparo | Schmitt trigger circuit
circuito SCTL | SCTL circuit
circuito seco | dry circuit
circuito secuencial | sequential circuit
circuito secundario | secondary circuit, subcircuit, leg (circuit)
circuito secundario de refrigeración | secondary coolant circuit
circuito seguidor | follower
circuito seguidor con ganancia | follower with gain
circuito selectivo de conmutación de frecuencia | frequency selective switching circuit
circuito selector | selector (/selecting) circuit
circuito selector de impulsos | pulse selecting circuit
circuito selector de intervalos | interval selector circuit
circuito selector de velocidad | speed-switching circuit
circuito sellado | sealed circuit
circuito semidúplex | semiduplex (/half-duplex) circuit
circuito semipermanente | semi-permanent circuit
circuito sencillo | single circuit
circuito sensible | sensing circuit
circuito sensible a las variaciones de tensión | voltage-sensing circuit
circuito separador | separator (/separation) circuit
circuito separador de impulsos de sincronismo | intersync circuit
circuito serie-derivación | series-shunt circuit
circuito serie-paralelo | series-parallel circuit
circuito sigma | sigma circuit
circuito signado por periodo completo | full period allocated circuit
circuito silenciador | muting (/squelch) circuit, noise quieting (/suppressor)
circuito silenciador accionado por el ruido | noise-operated squelch circuit
circuito silenciador del receptor | receiver muting circuit
circuito silencioso | quiet circuit
circuito simétrico | balanced (/push-pull, /push-push) circuit
circuito simétrico casi complementario | quasi-complementary symmetry circuit
circuito simétrico con rejillas a masa | pushpull grounded-grid circuit
circuito simple | single circuit
circuito símplex | simplex circuit
circuito simplificado | simplified (/simplexed) circuit
circuito sin carga | unloading circuit
circuito sin conexión a tierra | ungrounded circuit
circuito sin consumo a entrada | unloading circuit
circuito sin corriente | quiescent circuit
circuito sin desvanecimiento | non-fading circuit
circuito sin pérdida | zero-loss circuit
circuito sin repetidores | nonrepeatered circuit
circuito sincrónico | synchronous circuit
circuito sintonizado | tuned circuit
circuito sintonizado de redes en paralelo | parallel-T-tuned circuit
circuito sintonizado simple | single-tuned circuit
circuito sintonizador | tuner (/tuning) circuit
circuito sintonizador en serie | series-tuned circuit
circuito sobreacoplado | overcoupled circuit
circuito sobrecargado | overloaded circuit
circuito soldado | welded circuit
circuito sólido | solid circuit
circuito subalimentado | starved circuit
circuito subterráneo | underground circuit
circuito sumador | add (/summing) circuit
circuito superfantasma | superphantom (/double ghost, /double phantom) circuit
circuito superfantasma con vuelta a tierra | earth return double-phantom circuit
circuito superheterodino | superheterodyne circuit
circuito superpuesto | superposed circuit
circuito supervisor | supervisory circuit
circuito supresor | rejector circuit
circuito supresor de chispas | quench (/quenching) circuit
circuito supresor de parásitos | noise suppression circuit
circuito supresor de radiaciones espurias | splatter suppressor circuit
circuito supresor de ruido | noise suppression circuit
circuito sustractivo | subtracting circuit
circuito SVR [*circuito de telefonía y telegrafía simultáneas*] | SVR circuit
circuito tampón | rejector circuit
circuito tampón antirresonante | stopper
circuito tanque de hilos paralelos | parallel rod tank circuit
circuito tanque de tercera armónica | third-harmonic tank
circuito tanque del oscilador | oscillator tank circuit
circuito tapón | trap, stopper (/trap) circuit
circuito tapón bionda | two-wave stopper
circuito telefónico | telephone circuit (/facility), speech (/voice, /voice-grade) circuit
circuito telefónico alquilado permanentemente | private wire telephone circuit
circuito telefónico alquilado temporalmente | part-time leased circuit, part-time private-wire (telephone) circuit
circuito telefónico apto para el telégrafo | telephone circuit appropriated for telegraphy
circuito telefónico compartido | party line voice circuit
circuito telefónico de órdenes | voice frequency order wire
circuito telefónico de prolongación | trunk circuit connected to a radiotelephone circuit
circuito telefónico de tránsito | telephone transit circuit
circuito telefónico específico | telephone circuit appropriated
circuito telefónico para trasmisión de voz | voice grade
circuito telefónico por cable submarino | submarine telephone circuit
circuito telefónico por corriente portadora | telephone circuit by carrier current
circuito telefónico por hilo | wire-borne telephone circuit, telephone circuit by wire
circuito telefónico por línea | telephone circuit by wire
circuito telefónico por onda portadora | telephone circuit by carrier current
circuito telefónico por radio | telephone circuit by radio

circuito telefónico regional | short-haul toll circuit
circuito telefónico submarino | submarine telephone circuit
circuito telefónico suburbano | short-haul toll circuit
circuito telefónico-telegráfico | telephone-telegraph circuit
circuito telegráfico | telegraph circuit
circuito telegráfico alámbrico | telegraph wire circuit, wire telegraph circuit
circuito telegráfico cuádruplex | quadruplex telegraph circuit
circuito telegráfico de enlace | trunk telegraph circuit
circuito telegráfico fantasma | phantom telegraph circuit
circuito telegráfico inalámbrico | telegraph wireless circuit
circuito telegráfico ómnibus | omnibus telegraph circuit
circuito telegráfico por cable submarino | submarine telegraph circuit
circuito telegráfico por hilo | telegraph wire circuit, wire telegraph circuit
circuito telegráfico submarino | submarine telegraph circuit
circuito temporizador de impulsos | pulse-timing circuit
circuito teóricamente equilibrado | balanced-wire circuit
circuito terminado | terminated circuit
circuito terminal de frecuencias vocales | terminal VF drop circuit
circuito terminal de red | network terminal circuit
circuito terrestre | overland circuit
circuito tetrafilar | four-wire circuit
circuito tierra-barco | shore-to-ship circuit
circuito tipo bifilar | two-wire-type circuit
circuito tipo híbrido | hybrid-type circuit
circuito totalmente automático | fully automatic circuit
circuito trampa | trap (circuit), wave-trap
circuito trampa resonante | resonant trap circuit
circuito transitrón | transitron circuit
circuito trashorizonte por dispersión troposférica dirigida | tropospheric forward-scatter circuit
circuito trasoceánico | transoceanic circuit
circuito traspacífico | transpacific circuit
circuito tributario | tail (/tributary) circuit
circuito trifásico | three-phase circuit
circuito triodo de rejilla puesta a tierra | grounded grid triode circuit
circuito triplicador de tensión | voltage tripler circuit, voltage-trebling circuit

circuito triplicador de voltaje | voltage tripler circuit, voltage-trebling circuit
circuito ultraaudión | ultra-audion circuit
circuito ultralineal | ultralinear circuit
circuito unifilar | single wire, single-wire circuit
circuito vagón | boxcar circuit
circuito variador de fase | phase shift circuit
circuito vía satélite de acceso múltiple con asignación preestablecida | preassigned multiple access satellite circuit
circuito virtual | virtual circuit (/call, /route), switched virtual call
circuito virtual conmutado | switched virtual circuit
circuito virtual permanente | permanent virtual circuit
circuito vivo | alive circuit
circuito vocal | voice circuit
circuito voltimétrico | voltmeter circuit
circuitos ajustados | aligned circuits
circuitos alineados | aligned (/synchronous-tuned) circuits
circuitos con acoplamiento inductivo | inductive-coupled circuit
circuitos de agrupamiento | grouping circuits
circuitos de constantes de tiempo | time constant circuitry
circuitos de control | control circuitry
circuitos de sintonización sincronizada | synchronous-tuned circuits
circuitos del hardware | hardware circuitry
circuitos del inducido conectados en derivación | parallel-connected armature circuits
circuitos en correspondencia topológica dual | topological duals
circuitos escalonados | staggered circuits
circuitos impresos | printed (/processed) circuitry
circuitos integrados híbridos de película gruesa | thick-film hybrid integrated circuits
circuitos lógicamente equivalentes | logically equivalent circuits
circuitos mutuamente acoplados | mutually coupled circuits
circuitos predifundidos [de puerta] | gate array
circuitos predifundidos programables | programmable gate array
circuitos recíprocos | reciprocal networks
circuitos transistorizados | transistorized circuitry
circuitos varios | miscellaneous circuits
circuitrón | circuitron
circulación | circulation, flow (circuit); movement
circulación de Knudsen | Knudsen flow

circulación de la señal | signal flow
circulación del agua | water circulation
circulación del agua de refrigeración | cooling water circuit
circulación del electrolito | circulation of the electrolyte
circulación en torbellino | vortex-type flow
circulación molecular | molecular flow
circulación natural | natural circulation
circulación vortiginosa | vortex-type flow
circulador | chaser, circulator
circulador de ferrita | ferrite circulator
circulador de ferrita de fase diferencial | ferrite phase-differential calculator
circulador de guiaondas | waveguide circulator
circulador de tres puertas | three-port circulator
circulador de unión de guiaondas | waveguide junction circulator
circulador del gas | gas circulator
circulador desfasador | phase shift circulator
circulador desfasador de tres puertas | three-port phase-shift circulator
circulador en bifurcación | Y capacitor
circulador en estrella | Y capacitor
circulador en T | T circulator
circulador en Y | Y capacitor
circulante | circulating
circular | circular; to flow
círculo | circle
círculo de altitud | altitude hole
círculo de conectores | pin circle
círculo de confusión | circle of confusion
círculo de dispersión | scattering circle
círculo de frontera | boundary circle
círculo de pines | pin circle
círculo de protección | guard circle
círculo de seguridad | guard circle
círculo indicador de distancia | range circle
círculo menor | minor circle
cirugía sónica | sonic surgery
cirugía televisada | televised surgery
CISC [código complejo de juego de instrucciones] | CISC = complex instruction set code
CISC [ordenador para conjunto de instrucciones complejas] | CISC = complex instruction set computer
CIS-COBOL [COBOL normalizado compacto e interactivo] | CIS-COBOL = compact interactive standard COBOL
CIT [telefonía asistida por ordenador] | CIT = computer integrated telephony
cita | appointment
cita de grupo | group appointment
citar | to quote
ciudad de destino | destination
ciudad terminal | terminal city

ciudadano de la red [*usuario de internet*] | netizen
ciuredano [*Hispan.*] | netizen
cizalla | shears
cizalla óptica | optical cropper
cizallado del campo magnético | shear of the magnetic field
cizallamiento | shear, shearing
cizallar | to shear
Cl = cloro | Cl = chlorine
CIX [*intercambio comercial por internet*] | CIX = commercial Internet exchange
CL = cristal líquido | LC = liquid crystal
CLAN [*red de área local sin cableado*] | CLAN = cableless LAN
claridad | bounce, brilliance, clearance, light, sharpness
claridad del blanco | target clarity
claridad del sonido | brilliance
clarificador del sonido | acoustic (/sound) clarifier
claro | clear, open, span
clase | class
clase abstracta [*clase en la que no se pueden crear objetos (en programación orientada al objeto)*] | abstract class
clase anónima | anonymous class
clase básica | base class
clase concreta [*para crear objetos*] | concrete class
clase de equivalencia | equivalence class
clase de equivalencias de envío [*en trasmisión de datos*] | forwarding equivalence class
clase de servicio | class of service
clase de sobreintensidad | overcurrent class
clase local | local class
clases de complejidad | complexity classes
clases de tráfico | user classes of services
clases de usuario | user classes of services
clase derivada [*de otra clase, en programación*] | derived class
clasificación | classification, sizing, sort, sorting
clasificación combinada | merge sort
clasificación de bases | digital (/pocket, /radix) sorting
clasificación de bolsillo | digital (/pocket, /radix) sorting
clasificación de cálculo de direcciones | address calculation sorting
clasificación de campos [*de identificación*] | tag sort
clasificación de claves | key sorting
clasificación de coctelera | cocktail shaker sort
clasificación de colación | collating sort
clasificación de densidad | density classification
clasificación de distribución de recuento | distribution counting sort

clasificación de Ferguson de los puentes | Ferguson classification of bridges
clasificación de Flynn | Flynn's classification
clasificación de fusión en fases múltiples | polyphase merge sort
clasificación de incremento decreciente | diminished increment sort
clasificación de inserción [*algoritmo para listados*] | insertion sort
clasificación de inserción de lista | list insertion sort
clasificación de inserción directa [*técnica de criba*] | straight insertion sort [*sifting (/sinking) technique*]
clasificación de intercambio | exchange sort
clasificación de intercambio por combinación | merge exchange sort
clasificación de logro por la división | divide and conquer sorting
clasificación de longitud variable | variable length sorting
clasificación de montones | heapsort
clasificación de prestaciones [*para microprocesadores*] | P-rating = performance rating
clasificación de raíces | digital (/pocket, /radix) sorting
clasificación de recuento de comparación | comparison counting sort
clasificación de seguridad | security classification
clasificación de selección directa | straight selection sort
clasificación de servicio continuo | continuous duty rating
clasificación de Shell [*clasificación de incremento decreciente*] | Shell's method, Shell sort [*diminishing increment sort*]
clasificación de tabla de direcciones | address table sorting
clasificación de trasposición par-impar | odd-even transposition sort
clasificación descendente | descending sort
clasificación digital | digital sort (/sorting), pocket (/radix) sorting
clasificación en cascada | cascade sort
clasificación en cubetas | bucket sort
clasificación en múltiples archivos | multifile sorting
clasificación externa | external sorting
clasificación interna | internal sorting
clasificación lexicográfica | lexicographic sort
clasificación más rápida | quickersort
clasificación máxima | max sort
clasificación multipaso | multipass sort
clasificación por bloques | block sort
clasificación por burbujas [*en selección por permutación*] | bubble sort [*exchange selection*]
clasificación por clave | key sort

clasificación por fusión | sort merge
clasificación por lista | list sorting
clasificación por oscilación | oscillation sort
clasificación por partición-intercambio | partition-exchange sort
clasificación por pasos | multipass sort
clasificación por selección arborescente | tree selection sort
clasificación radical | radix sort
clasificación rápida | quicksort, partition-exchange sort
clasificación topológica | topological sort
clasificador | sorter
clasificador de burbuja | bubble sort
clasificador de criba | screen clasifier
clasificador de documentos | document sorter
clasificador de impulsos | kick sorter
clasificador de pastillas y chips | wafer and die sorter
clasificador fotoeléctrico | photoelectric sorter
clasificadora vertical | vertical sorter
clasificar | to size, to sort
cláusula de Horn | Horn clause
clausura | close
clave | code, key (sheet), password
clave abierto/cerrado | on/off keying
clave auxiliar de código | code subkey
clave candidata [*a ser clave primaria*] | candidate key
clave compuesta | composite key
clave de almacenamiento | storage key
clave de búsqueda | search key
clave de cifras | figure code
clave de clasificación | sortkey, sorting key
clave de codificación criptográfica | encryption key
clave de codificación de datos | data encryption key
clave de dirección múltiple | multiple address code
clave de dirección simple | single-address code
clave de duplicación [*en bases de datos*] | duplicate key
clave de instrucciones | instruction code
clave de interrupción | breakdown key
clave de licencia [*en programas informáticos*] | licensing key
clave de manipulación [*en Windows*] | HKEY = handle key
clave de repetición | bounce key
clave de señalización | signalling key
clave de software | software key
clave dinámica | dynamic key
clave en contexto [*método de incorporación de índices para búsqueda automática de datos*] | keyword-in-context
clave maestra | master key
clave multicampo | multi-field key

clave nemónica | mnemonic (/symbolic) code
clave Peterson | Peterson code
clave primaria | primary key
clave principal | major key
clave privada | private key
clave pública | public key
clave secundaria | secondary key
clave toponímica | place name abbreviation
clave trasmitida | transmitted code
clavija | jack, (male) plug, pin, socket plug, spike
clavija abierta | open plug
clavija acodada | right-angle plug
clavija ahusada | tapered plug
clavija auxiliar | ancillary (/auxiliary) jack
clavija banana | banana plug
clavija bipolar | two-pin plug, two-prong plug
clavija cónica | tapered plug
clavija cortocircuitadora | shorting plug
clavija de adaptación | plug adapter
clavija de aislamiento | isolation jack
clavija de ajuste | alignment pin
clavija de alimentación | power supply plug
clavija de alineación | aligning plug
clavija de apertura | break jack, open plug
clavija de audio | phono plug
clavija de auricular cortocircuitada | shorted phone plug
clavija de auriculares telefónicos | telephone jack
clavija de caucho | rubber plug
clavija de circuito abierto | open-circuit jack
clavija de circuito ocupado | busy jack
clavija de conector | patching jack
clavija de conexión | plug (cap), stud
clavija de conmutación | switching jack, wander plug
clavija de conmutador | switch jack
clavija de contacto | prong
clavija de contacto a tierra | wood ground contact plug
clavija de contacto cónica | taper pin
clavija de contacto doble | two-prong plug
clavija de contactos de ruptura | switch jack
clavija de cordón de conmutación | patch plug
clavija de corte | cutoff (/break-in) jack
clavija de cortocircuito | short plug
clavija de cuchillas paralelas | parallel blade plug
clavija de delantera del cordón | cord front plug
clavija de derivación | socket outlet adapter
clavija de dial | dial jack
clavija de dos conductores | two-conductor jack (/plug)

clavija de dos espigas | two-pin plug
clavija de enchufe | plug cap
clavija de entrada de audio | phono jack
clavija de entrada fonográfica | phono jack
clavija de escucha | listening jack
clavija de espiga fina | pin jack
clavija de fijación | registering pin
clavija de fonocaptor | pickup plug
clavija de guía de ondas | waveguide post
clavija de guiaondas | waveguide post
clavija de interconexión | patching jack
clavija de inutilización | out-of-service jack
clavija de Jones | Jones plug
clavija de la base | base pin
clavija de línea | line jack
clavija de llamada | calling plug
clavija de manipulación | keying plug contact
clavija de medición | test jack
clavija de ocupación | busy jack
clavija de ocupado | busy back jack
clavija de operadora | plug for operator's handset; operator's telephone set jack
clavija de panel de conectores de vídeo | video patch plug
clavija de paso normalizado | normal through jack
clavija de patilla | pin jack
clavija de prueba | test jack (/plug)
clavija de puente | U plug
clavija de puesta a tierra | earth pin
clavija de salida | output jack
clavija de salida para registro | output recording jack
clavija de señalización | signal plug
clavija de sintonización | tuning pin
clavija de tensión | strain pin
clavija de terminación | plug termination
clavija de tipo audífono | phone tip (plug)
clavija de tipo telefónico | telephone plug
clavija de toma de corriente | power supply plug
clavija de trasferencia | transfer jack
clavija de trepar | pole step
clavija de tres conductores | three-conductor plug
clavija de tres pines | three-pin plug
clavija de válvula | valve (/tube) pin
clavija de voltaje | voltage spike
clavija del canal de salida | exit channel spin
clavija del selector | selector plug
clavija del teléfono de operadora | operator's telephone jack
clavija DIN | DIN jack
clavija doble | twin plug
clavija doble de ruptura | double break jack
clavija e indicador combinados | combined jack and drop
clavija en U | U link, U plug
clavija falsa | dummy plug
clavija ficticia | dummy plug
clavija general | subscriber multiple jack
clavija general de conmutador múltiple | subscriber multiple jack
clavija grapinada | wire-wrap pin
clavija guía | aligning plug
clavija hendida | spring cotter
clavija irreversible | nonreversible plug
clavija isobárica | isobaric spin
clavija local | local (/calling) jack
clavija macho | jack, pin plug
clavija miniatura | pin jack
clavija modular [telefónica] | modular jack
clavija monopolar | pin plug
clavija móvil | roving plug
clavija multicontacto | multiway plug
clavija múltiple | multiple jack
clavija normalizada | normalized jack
clavija normalizadora | normalizing jack
clavija para audífono | phone jack (/plug)
clavija para auriculares | phone plug
clavija para cable | cable pin
clavija para trepar | pole step
clavija polarizada | polarized plug
clavija posterior | back plug
clavija residual | residual pin
clavija sencilla | pup jack
clavija sin contacto de ruptura | branching jack
clavija sin soldadura | sodlerless plug
clavija sobrante | residual pin
clavija tándem | tandem-blade plug
clavija tapón | multiple peg
clavija telefónica | phone (/telephone) jack (/plug), telephone tip
clavija terminal | termination plug
clavija terminal de paso normal | normal through terminating jack
clavija tipo alfiler | tip pin jack
clavija tipo banana | banana plug
clavija tomacorriente | plug cap
clavija variable | wander plug
clavija y base de contacto | (double) plug and jack
clavija y enchufe de desconexión rápida | quick-disconnect plug and receptacle
clavija y portalámpara combinados | combined jack and socket mounting
clavija y señal combinadas | combined jack and signal
clavijas gemelas | twin jack (/plug)
clavijero | plug shelf
clavo marcador | number nail
clavo marcador de postes | number nail
CLEC [compañía privada competidora de la telefonía pública] | CLEC = competitive local exchange carrier
CLI [interpretador de línea de órdenes] | CLI = command line interpreter

clic | click
clicar [*neologismo en informática*] | to click
cliché de producción | production master
cliché de producción de imagen múltiple | multiple image production master
cliché de producción original | original production master
clics | clicks
clidonógrafo | klydonograph
clidonógrafo cinético | kine-klydonograph
cliente | client, customer
cliente de mensajería | messaging client
cliente fat [*que proporciona al servidor gran cantidad de automatismos*] | fat client
cliente fino [*dispositivo de red independiente, pero vinculado a servidores*] | thin client
cliente FTP [*programa que usa el protocolo de trasferencia de archivos*] | FTP client
cliente whois [*programa que permite el acceso a bases de datos de nombres y direcciones*] | whois client
climatización | air conditioning
clip de audio | sound clip
clip de retención | retaining clip
clip para cables | wiring clip
clip para hoja de control | log holder (/sheet) clip
CLIR [*anulación de la identificación del número que llama*] | CLIR = call line identification restriction
clistrón de enfriamiento por agua | water-cooled klystron
clistrón oscilador | oscillator klystron
CLK [*(ciclo de) reloj*] | CLK = clock
CLN = colación | CLN = collation
CLNS [*servicio de red sin conexiones*] | CLNS = connectionless network service
clon | clone
clon de ordenador personal | PC clone
clorhídrico | muriatic [*obs*]
cloro | chlorine
cloruro | muriate [*obs*]
cloruro amónico | ammonium chloride
cloruro de calcio | muriate of lime
cloruro de polivinilo | polyvinyl chloride
cloruro de radio | radium chloride
cloruro de vinilideno | vinylidene chloride
CLR [*servicio combinado de línea y registro*] | CLR = combined line and register
club de radioaficionados | radio club
clúster [*sector de memoria*] | cluster
clúster de servidor | server cluster
clúster de ventanas | window cluster
clúster de visualizaciones | view cluster

clúster perdido [*marcado por defectuoso*] | lost cluster
Cm = curio | Cm = curium
CM [*administración (/gestión) de configuraciones*] | CM = configuration management
CM [*jefe de comunicaciones urbanas*] | CM = city manager
CM [*mensaje destinado a la ciudad de la estación corresponsal*] | CM = city message
CM = controlador multipunto | MC = multipoint controller
CMA = cian, magenta y amarillo [*colores primarios sustractivos*] | CMY = cyan-magenta-yellow
CMAN = cian, magenta, amarillo y negro [*colores primarios aditivos*] | CMYB = cyan, magenta, yellow, and black [*additive primary colours*]
CMI [*instrucción de gestión por ordenador*] | CMI = computer-managed instruction
CML [*circuito lógico de modo de corriente*] | CML = current mode logic
CML [*lenguaje para especificación de documentos del sector químico*] | CML = chemical marcup language
CMOS [*semiconductor complementario de óxido metálico*] | CMOS = complementary metal-oxide semiconductor
CMOS RAM [*memoria de acceso aleatorio creada con tecnología de semiconductores complementarios de óxido metálico*] | CMOS RAM
CMS [*sintaxis de mensaje criptográfico*] | CMS = cryptographic message syntax
CMS [*sistema de gestión del color*] | CMS = color management system
CMSS [*estándar de sintaxis de mensaje criptográfico*] | CMSS = cryptographic message syntax standard
CN = control numérico | NC = numerical control
CNAME [*nombre canónico (nombre de dominio principal en internet)*] | CNAME = canonic name
CNC = control numérico centralizado | CNC = computerized numeric control
CNF [*forma normal conjuntiva*] | CNF = conjunctive normal form
CNI [*coalición para la información a través de redes*] | CNI = coalition for networked information
CNI [*identificación del abonado que llama*] | CNI = calling number identification
CNT = coeficiente negativo de temperatura | NTC = negative temperature coefficient
Co = cobalto | Co = cobalt
coagulación por ultrasonidos | ultrasonic coagulation
coagulación ultrasónica | ultrasonic coagulation
coalición para la información a través de redes | coalition for networked information
coaxial | coaxial
cobalto | cobalt
cobertura | bandage, coverage, scanned area
cobertura de blindaje | shield coverage
cobertura de intervalos | gap filling
cobertura de la línea visual | line-of-sight coverage
cobertura del radar | radar coverage, floodlighting
cobertura fusible | fused coating
cobertura múltiple | multiple coverage
cobertura nominal | rated coverage
cobertura por muy altas frecuencias | VHF coverage
cobertura por VHF | VHF coverage
cobertura puntual | point cover
cobertura sectorial | sectorized coverage
cobertura vertical | vertical coverage
cobertura volumétrica | volume (/volumetric) coverage
COBOL [*lenguaje informático común para actividades comerciales*] | COBOL = common business-oriented language
cobrable | chargeable
cobrado | collected
cobre | copper
cobre de alta conductividad libre de oxígeno | oxigen-free high conductivity copper
cobre electrolítico | electrolytic copper
cobre en hojas | sheet copper
cobre plateado | silver-plated copper
cobre platinado | platinum-clad copper
cóbrese | collect
cobro | collection
cobro de tasas | charge collection
cobro electrónico [*cobro por sistema informático*] | E-cash = electronic cash
cobro revertido | reverse charging
cobro revertido automático avanzado | reverse charging
coche de tranvía | trolley bus [UK]
cociente | quotient
cociente aritmético | quotient meter
cociente de modulación | modulation ratio
cociente del valor de cresta por el valor eficaz | peak/RMS ratio
cocientímetro | quotient meter
cocina solar | solar cooker
CoCom [*comité estadounidense coordinador de controles multilaterales de exportación*] | CoCom = Coordinating Committee on Multilateral Export Controls
CODAN [*dispositivo antiparásitos operado por onda portadora*] | CODAN = carrier-operated device antinoise
CODASYL [*conferencia sobre lenguajes de sistemas de datos*] | CODASYL = Conference on data systems languages

codec = codificador/descodificador | codec = coder/decoder
codeposición | codeposition
codificación | coding, encoding
codificación absoluta | absolute coding
codificación alfabética | alphabetic coding
codificación automática | automatic coding
codificación binaria | binary coding, octal code
codificación binaria de longitud variable | variable length binary encoding
codificación cuadrática [*para los movimientos del ratón*] | quadrature encoding
codificación de canal | channel coding
codificación de caracteres | character encoding
codificación de clave pública | public key encryption
codificación de colores | colour coding
codificación de compresión | compression coding
codificación de coordenada diferencial limitada | run-length limited encoding
codificación de distancia | range coding
codificación de doble desfase | double frequency-shift keying
codificación de Fano [*codificación de Shannon-Fano*] | Fano coding [Shannon-Fano coding]
codificación de fase | phase encoding
codificación de Huffman | Huffman encoding
codificación de impulsos | pulse coding
codificación de la forma de onda | waveform encoding
codificación de la voz | voice encryption
codificación de programa almacenado | stored-program coding
codificación de Shannon-Fano | Shannon-Fano coding
codificación de trasferencia del contenido [*en mensajes electrónicos*] | content transfer encoding
codificación desplazada en audiofrecuencia | audiofrequency shift coding (/keying)
codificación directa | straight line coding
codificación en anchura | width coding
codificación en binario | binary encoding
codificación en ensanchamiento | width coding
codificación en esqueleto | skeletal coding
codificación en FM = codificación en frecuencia modulada | FM encoding = frequency modulation encoding
codificación específica | specific coding
codificación estructurada | structured coding
codificación forzada | forced coding
codificación fragmentada [*para trasferencia segura de datos*] | chunk
codificación fuente | source coding
codificación fuente por compresión | source compression coding
codificación lógica | logical encoding
codificación magnética | magnetic encoding
codificación Manchester [*para datos de usuario*] | Manchester coding
codificación MFM [*codificación modificada por modulación de frecuencia (antiguo método para registro de datos)*] | MFM encoding = modified frequency modulation encoding
codificación modificada por modulación de frecuencia [*antiguo método para registro de datos*] | modified frequency modulation encoding
codificación numérica | numeric coding
codificación octal | octal code
codificación PCM | PCM encoding
codificación por bloqueo de rejilla | block-grid keying
codificación por compresión | compression coding
codificación por duración de impulsos | width coding
codificación por forma | shape coding
codificación por interrupción de señal | gap coding
codificación por intervalos | gap coding
codificación por modulación de frecuencia | frequency modulation encoding
codificación por variación de amplitud | amplitude-shift keying
codificación predictiva lineal | linear predictive coding
codificación progresiva | unwinding
codificación real | absolute coding
codificación relativa | relative coding
codificación RLL [*codificación de coordenada diferencial limitada*] | RLL encoding = run-length limited encoding
codificación RSA = codificación Rivest-Shamir-Adelman | RSA encryption = Rivest-Shamir-Adelman encryption
codificación secuencial | sequential coding
codificación simbólica | symbolic coding
codificación sin ruido | noiseless coding
codificación y carga | coding and charging
codificación y correlación de impulsos | pulse coding and correlation

codificado | coded
codificado por fase | phase-encoded
codificador | coder, encoder, scrambler
codificador cromático | colour coder
codificador cuantificador | quantizing encoder
codificador de audio avanzado | advanced audio coder
codificador de conversaciones telefónicas | voice privacy coder
codificador de duración de impulsos | pulse duration coder
codificador de eje | shaft angle encoder
codificador de fallos | fault coder
codificador de fibra óptica | fibre-optic scrambler
codificador de impulsos | pulse coder
codificador de la voz para comunicación secreta | speech scrambler
codificador de llamada selectiva | selective call coder
codificador de posición angular | shaft position encoder
codificador de posición en el eje | shaft position encoder
codificador de prioridad | priority encoder
codificador de señales de avería | fault encoder
codificador de señales de fallo | fault encoder
codificador de teclado | keyboard encoder
codificador de telemedición | telemetering coder
codificador de voz | voice coder
codificador decimal | decimal encoder
codificador del color | colour coder (/encoder)
codificador descodificador | codec = coder-decoder
codificador digital de posición angular | shaft angle encoder
codificador numérico | digitizer
codificador óptico | optical encoder
codificador para comunicación secreta | speech scrambler
codificador seno-coseno | sine-cosine encoder
codificar | to code, to encode, to encipher, to scramble; [*criptográficamente*] to crypt, to encrypt
codificar progresivamente | to unwind
código | code, keyword, password
código absoluto | absolute code
código alfabético | alphabetic code
código alfanumérico | alphanumeric (/alphabetic-numeric) code
código AMI | AMI code = altenate mark inversion code
código ampliado de caracteres decimales codificados en binario | extended binary coded decimal interchange code
código arrítmico | start-stop code
código ASA | ASA code

código automático | autocode, automatic code
código autoverificador | self-checking code
código Baudot | Baudot code
código BCD [*código binario, antiguo código alfanumérico de 4 bits para trasmisión de datos*] | BCD code = binary coded decimal code
código BCH = código de Bose-Chandhuri-Hocquenghem | BCH code = Bose-Chandhuri-Hocquenghem code
código binario | binary (/octal) code
código binario cíclico | cyclic binary code
código binario de progresión horizontal | column binary code
código binario denso | dense binary code
código biquinario | biquinary code
código bivalente | two-condition code
código bivalente para cable | double current cable code, two-condition cable code
código catastrófico | catastrophic code
código cíclico | cyclic code
código cifrado irreversible | irreversible encryption
código compilado | compiled code
código complementado automáticamente | self-complementing code
código concatenado | concatenated code
código continental | continental code
código convolucional | convolutional code
código corrector de errores | error-correcting code
código corto | short code
código cuaternario de radar pulsatorio | pulsed radar quaternary code
código de acceso | password, access code
código de acceso mínimo | minimum-access code
código de alineación de trama | frame alignment word
código de alta densidad bipolar de tercer orden | third order high density bipolar code
código de arranque del trasmisor | transmitter start code
código de arranque y parada | start-stop code
código de autenticación | authentication code
código de autodocumentación | self-documenting code
código de autorización | authorisation code
código de autorización de inicialización | reset authorisation code
código de autovalidación | self-validating code
código de autoverificación | self-checking code
código de barras | barcode, bar code

código de bloqueo | block code
código de bloques | block code
código de Bose-Chandhuri-Hocquenghem | Bose-Chandhuri-Hocquenghem code
código de brevedad | brevity code
código de bytes | bytecode
código de carácter | character code
código de cinco elementos | five-unit code, five-level code
código de cinco impulsos de información | five-level code
código de cinco niveles | five-level code
código de cinco unidades | five-unit code
código de color de condensador | capacitor colour code
código de colores | colour code
código de colores para resistencias | resistor colour code
código de colores RETMA | RETMA colour code
código de colores RMA | RMA colour code
código de comprobación automática | self-checking code
código de condición | condition code
código de control | control code
código de control de paridad | parity check code
código de corrección de errores | error-correcting code
código de cuatro direcciones | four-address code
código de datos | data code
código de detección de errores | error-detecting code
código de diagnóstico | diagnostic code
código de dirección simple | single-address code
código de direccionamiento | hash coding
código de dos direcciones | two-address code
código de dos partes | two-part code
código de duración de impulsos | pulse duration code
código de elemento previo | previous element coding
código de elementos de igual duración | equal length code
código de enlace aire/tierra | air / ground liaison code
código de entrada | access code
código de escaneado | scan code
código de escape | escape code
código de estado | state (/status) code
código de estado del procesador | processor status word
código de exceso | excess code
código de función | function code
código de funcionamiento | function (/operation) code
código de Golay | Golay code
código de Goppa | Goppa code
código de Gray | Gray code

código de grupo | group code
código de Hadamard | Hadamard code
código de Hamming | Hamming code
código de Hollerith | Hollerith code
código de impulsos | pulse code
código de incendio | fire code
código de instrucciones | instruction code
código de la instrucción | instruction code
código de líneas | line code
código de llamada | ringing code
código de llamada selectiva | selective-calling code
código de longitud fija | fixed-length code
código de longitud variable | variable-length code
código de máquina | machine code
código de modificación automática | self-modifying code
código de modulación | modulation code
código de múltiples direcciones | multiple address code
código de numeración | numbering (/dialling) code
código de ocho niveles | eight-level code
código de operación | op code = operation (/operating, /order) code
código de operación extendido | augmented operation code
código de orden | command code
código de ordenador | computer code
código de oro | gold code
código de país [*en dirección de dominio de internet*] | major geographic domain
código de panel | panel code
código de parada | stop code
código de paridad simple | simple parity code
código de permutaciones | permutation code
código de prefijos | prefix code
código de puntos | dot-dash-space code
código de redundancia cíclica | cyclic redundancy code
código de Reed-Muller | Reed-Muller code
código de Reed-Solomon | Reed-Solomon code
código de reentrada | reentrant code
código de registro | record code
código de repetición | repetition code
código de reserva | privacy code
código de resultado | result code
código de retorno | return code
código de señales | signal code
código de señales acústicas | beep code
código de señalización | signalling code
código de siete elementos | seven-unit code

código de siete unidades | seven-unit code
código de tabulación | tab character
código de tarjeta | card code
código de tecla | key code
código de teleimpresora | teletypewriter (/printer telegraph) code
código de teleimpresora de siete elementos [o *unidades*] | seven-unit teleprinter code
código de teletipo | teletypewriter code
código de trasmisión por línea | transmission line code
código de trasmisión por teleimpresora | telecode = teletypewriter code
código de trazos | barcode, bar code
código de tres direcciones | three-address code
código de usuario | user code
código de validación del mensaje | message authentication code
código de validez | validity code
código de verificación | authenticode
código de zona | area code
código decimal | decimal code
código decimal cíclico | cyclic decimal code
código del objeto | object code
código del país | country code
código derivado [*en programación orientada al objeto*] | inheritance code
código detector de errores | error-detecting code, error-correcting code
código difase condicionado | conditioned diphase code
código dos-de-cinco | two-out-of-five code
código eléctrico nacional | national electrical code
código en cadena | chain code
código en columna binaria | column binary code
código en línea | inline code
código espagueti [*código que complica innecesariamente un programa*] | spaghetti code [*fam*]
código exterior | outer code
código factorable | factorable code
código fuente | source code
código fuente resumido | code snippet
código Gray | Gray code
código Hamming | Hamming code
código HDB3 = código de alta densidad bipolar de tercer orden | HDB3 code = third orde high density bipolar code
código hexadecimal | hex code = hexadecimal code
código Hollerith | Hollerith code
código identificador | station code
código independiente de posición | position-independent code
código insensible a los tipos | type-insensitive code
código intermedio | intermediate code
código interno | inner code

código intérprete | interpreter code
código lineal | linear (/straight line) code
código M de N | M-out-of-N code
código máquina | machine code (/language)
código mnemotécnico | mnemonic code
código monodimensional de múltiples grupos | multigroup one-dimensional code
código Morse | Morse code, dot-dash-space code
código Morse estadounidense | American Morse code
código Morse internacional | international Morse code
código Morse por interrupción de la portadora | on-off Morse code
código muerto [*que no se puede ejecutar*] | dead code, grunge
código multifrecuencia | multifrequency code
código multifrecuencia de secuencia fija | compelled (/compelled-sequence) multifrequency code
código n-ario | n-ary code
código nativo [*específico de un equipo informático*] | native code
código nemónico | mnemonic code
código nemónico de operación | mnemonic operation code
código NOTAM [*código de mensajes a los aviadores*] | NOTAM code
código NRZ | non return to zero code
código numérico | numerical (/figure) code
código NZR [*código de no retorno a cero*] | nonreturn-to-zero code
código objeto | object code
código octal | octal code
código p = pseudocódigo, seudocódigo | p-code = pseudocode
código para cable de doble corriente | double current cable code
código perfecto | perfect code
código polinómico | polynomial code
código ponderado | weighted code
código puro | pure code
código Q [*código de radioaficionados*] | Q code
código quibinario | quibinary code
código redundante | redundant code
código reflejado | reflective code
código reubicable | relocatable code
código RM [*código de Reed-Muller*] | RM code = Reed-Muller code
código RS = código de Reed-Solomon | RS code = Reed-Solomon code
código RZ | return to zero code
código secuencial | serial code
código seudoternario | pseudoternary code
código simbólico | symbolic code
código símplex | simplex code
código sistemático | systematic code
código soundex | soundex code
código T | T code

código telefónico | telephonic code
código telegráfico | telegraph (/sending) code
código telegráfico de siete elementos | seven-unit telegraph code
código telegráfico Morse | cable Morse code
código telegráfico trivalente | three-condition telegraph code
código telegráfico verificable | telegraphic checkable code
código teletipográfico | printer telegraph code
código ternario | ternary code
código trasmitido | transmitted code
código trivalente | three-condition code
código trivalente para cable | three-condition cable code
código único | unicode
código unitario | unitary code
código universal de producto | universal product code
codireccional | codirectional
codo | elbow
codo adaptador | stub angle
codo agudo | sharp bend (/elbow, /knee)
codo de ánodo | anode bend
codo de compresión | verge of compression
codo de guía de ondas | waveguide bend (/elbow)
codo de guiaondas | waveguide bend (/elbow, /twist)
codo de inflexión rápida | sharp knee
codo de plano H | H-plane bend
codo del plano E | E-plane bend
codo E | E bend
codo en ángulo del guiaondas | waveguide corner
codo en H | H bend
codo guía del guiaondas | waveguide corner
codo para conexiones soldadas | welding elbow
codo rectangular | stub angle
codo rectangular de cable coaxial | stub angle
codo redondeado | sweep elbow
coeficiente | coefficient; merit; rate, ratio
coeficiente absoluto de Peltier | absolute Peltier coefficient
coeficiente ajustable | variable ratio
coeficiente Auger | Auger coefficient
coeficiente campo-ruido de la radio | radio field-to-noise
coeficiente carga/masa | charge mass ratio
coeficiente de absorción | absorption coefficient
coeficiente de absorción acústica | acoustic absorptivity (/absorption coefficient), sound absorption coefficient (/factor)
coeficiente de absorción atómica | atomic absorption coefficient

coeficiente de absorción de energía | energy absorption coefficient, specific absorption rate
coeficiente de absorción de energía másica | mass energy absorption coefficient
coeficiente de absorción de la reverberación | reverberation absorption coefficient
coeficiente de absorción de masa | mass absorption coefficient
coeficiente de absorción espectral | spectral absorptance
coeficiente de absorción lineal | linear absorption coefficient, coefficient of linear absorption
coeficiente de absorción másica | mass absorption coefficient, coefficient of mass absorption
coeficiente de absorción selectiva | coefficient of selective absorption
coeficiente de acoplamiento | coupling coefficient, coefficient of coupling
coeficiente de acoplamiento para señal débil | small-signal coupling coefficient
coeficiente de acoplamiento por haz | beam coupling coefficient
coeficiente de actividad racional | rational activity coefficient
coeficiente de adaptación | return coefficient
coeficiente de amortiguamiento | damping coefficient, attenuation constant
coeficiente de amplificación | amplification (/voltage) factor
coeficiente de aprovechamiento | call fill, coefficient of occupation
coeficiente de arrollamiento | winding factor
coeficiente de asimetría | unsymmetry factor
coeficiente de aspecto [relación entre la anchura y la altura de una imagen] | aspect ratio
coeficiente de atenuación | attenuation coefficient (/constant, /factor), pair attenuation coefficient
coeficiente de atenuación de difusión | scattering attenuation coefficient
coeficiente de atenuación fotoeléctrico | photoelectric attenuation coefficient
coeficiente de atenuación total | total attenuation coefficient
coeficiente de autoinducción | coefficient of self-inductance
coeficiente de autoinductancia | self-inductance coefficient
coeficiente de banda de ganancia | gain band merit
coeficiente de bobinado | winding factor
coeficiente de calidad | quality factor, figure of merit

coeficiente de capacidad | coefficient of capacitance
coeficiente de carga | charging coefficient, per cent excess charge
coeficiente de cavitación | void coefficient
coeficiente de conductancia | conductance ratio
coeficiente de conmutación | switching coefficient
coeficiente de conversión | conversion coefficient (/ratio)
coeficiente de conversión interna | internal conversion coefficient
coeficiente de correlación | correlation coefficient
coeficiente de correlación de rangos | rank correlation coefficient
coeficiente de debilitación de la masa | mass attenuation coefficient
coeficiente de densidad por temperatura | density temperature coefficient
coeficiente de derivación | weakening ratio
coeficiente de desalineación por velocidad | velocity misalignment coefficient
coeficiente de descarga | coefficient of discharge
coeficiente de descontaminación | decontamination factor
coeficiente de desmagnetización | demagnetizing coefficient
coeficiente de devanado | winding factor
coeficiente de difusión | diffusion coefficient, coefficient of diffusion
coeficiente de difusión axial | axial diffusion coefficient
coeficiente de difusión radial | radial diffusion coefficient
coeficiente de dilatación térmica | coefficient of thermal expansion
coeficiente de discriminación | discrimination index
coeficiente de disociación | coefficient of dissociation
coeficiente de dispersión | dispersion (/scatter, /scattering) coefficient
coeficiente de distorsión de fase | phase distortion coefficient
coeficiente de distorsión no lineal | nonlinear distortion coefficient
coeficiente de distribución | distribution coefficient
coeficiente de divergencia | divergence coefficient
coeficiente de eficacia | front-to-rear ratio
coeficiente de eficacia directiva | front-to-rear ratio
coeficiente de eficacia luminosa | efficiency of a luminous source
coeficiente de emisión secundaria | secondary emission coefficient (/ratio)
coeficiente de empuje estático | static thrust coefficient

coeficiente de equivalencia | coefficient of equivalence
coeficiente de equivalencia de Potier | Potier's coefficient of equivalence
coeficiente de esfericidad de la tierra | spherical-earth factor
coeficiente de extinción | extinction coefficient
coeficiente de frenado | drag coefficient
coeficiente de fricción por rodadura | rolling friction coefficient
coeficiente de fugas | leakage coefficient
coeficiente de ganancia de conversión | conversion gain ratio
coeficiente de gas | gas ratio
coeficiente de Hall | Hall coefficient
coeficiente de Hopkinson | Hopkinson (/linkage) coefficient; leakage
coeficiente de huecos | void coefficient
coeficiente de inducción mutua | (coefficient of) mutual inductance
coeficiente de inducción propia | self-inductance
coeficiente de inercia rotacional | rotational inertial coefficient
coeficiente de interna | conversion coefficient
coeficiente de ionización de Townsend | Townsend ionization coefficient
coeficiente de la corriente de retorno | return current coefficient
coeficiente de la válvula | tube (/valve) coefficient
coeficiente de llenado en energía eléctrica | reservoir fullness factor
coeficiente de luminosidad | luminosity coefficient (/factor)
coeficiente de luminosidad relativa | relative luminosity factor
coeficiente de modulación | modulation coefficient
coeficiente de modulación positivo | positive modulation factor
coeficiente de ocupación | coefficient of occupation, occupation efficiency, percentage occupied line; call fill; circuit usage; loading factor
coeficiente de ocupación de un circuito | percentage circuit occupation
coeficiente de ondas estacionarias de alto nivel | high level voltage standing wave ratio
coeficiente de oscilación | flutter rate
coeficiente de partición | partition coefficient
coeficiente de peligro | danger coefficient
coeficiente de Peltier | Peltier coefficient
coeficiente de penetración de rejilla | reciprocal amplification factor
coeficiente de pérdida | loss of counts
coeficiente de pérdidas por reflexión | reflection factor
coeficiente de permeabilidad | perme-

ance coefficient
coeficiente de peso | weight coefficient
coeficiente de peso sofométrico | psophometric weighting factor
coeficiente de polarización | polarization coefficient
coeficiente de ponderación | weightage
coeficiente de potencia | output (/power) coefficient, power factor
coeficiente de potencia de reactividad negativa | power coefficient of negative reactivity
coeficiente de práctica experimental | crew (/practice) factor
coeficiente de presión | pressure coefficient
coeficiente de propagación | propagation coefficient
coeficiente de protección | shielding ratio
coeficiente de protección eléctrica | shielding factor
coeficiente de pulsación [*relación entre la duración del impulso y su periodo*] | pulse ratio (/number)
coeficiente de reactividad | reactivity coefficient
coeficiente de recepción de polarización | polarization receiving factor
coeficiente de reciprocidad | reciprocity coefficient
coeficiente de recombinación | recombination coefficient (/rate)
coeficiente de recombinación superficial | surface recombination rate
coeficiente de rectificación | rectification factor
coeficiente de reflexión | reflectance, reflection coefficient, coefficient of reflection
coeficiente de reflexión acústica | acoustic (/sound) reflection coefficient
coeficiente de reflexión con reverberación | reverberation reflection coefficient
coeficiente de reflexión de la impedancia de carga | reflection coefficient of load impedance
coeficiente de reflexión de tensión | voltage reflection coefficient
coeficiente de reflexión del sonido | sound reflection coefficient
coeficiente de reflexión sonora | sound reflection coefficient
coeficiente de regularidad | regularity return-current coefficient
coeficiente de rendimiento | power coefficient
coeficiente de rendimiento anódico | plate efficiency factor
coeficiente de repetición | repetition rate
coeficiente de reposición | resetting ratio
coeficiente de reproducción | breeding ratio
coeficiente de resistencia | resistance coefficient
coeficiente de resistividad por calentamiento propio | self-heating coefficient of resistivity
coeficiente de respuesta en frecuencia intermedia | intermediate-frequency response ratio
coeficiente de retención | retention coefficient
coeficiente de retorno | return coefficient
coeficiente de retrodispersión | back-scattering coefficient
coeficiente de rigidez | shear modulus
coeficiente de rodadura | rolling friction coefficient
coeficiente de ruido | noise factor (/figure)
coeficiente de Sabine | Sabine's coefficient
coeficiente de Seebeck | Seebeck coefficient
coeficiente de Seebeck absoluto | absolute Seebeck coefficient
coeficiente de seguridad | guard ratio
coeficiente de selección | selection radio
coeficiente de sensibilidad | sensitivity coefficient
coeficiente de sobretensión en vacío | unloaded Q factor
coeficiente de solubilidad | solubility coefficient
coeficiente de sonido diferencial | coefficient of differential tone
coeficiente de Steinmetz | Steinmetz coefficient
coeficiente de supresión | suppression factor
coeficiente de temperatura | temperature coefficient
coeficiente de temperatura de la caída de tensión | temperature coefficient of voltage drop
coeficiente de temperatura de la capacidad | temperature coefficient of capacity (/capacitance)
coeficiente de temperatura de la frecuencia | temperature coefficient of frequency
coeficiente de temperatura de la resistencia | temperature coefficient of resistance
coeficiente de temperatura de reactividad | reactivity temperature coefficient
coeficiente de temperatura del retardo | temperature coefficient of delay
coeficiente de temperatura respecto a la resistencia sin disipación | zero-power temperature coefficient of resistance
coeficiente de tensión | voltage coefficient
coeficiente de tensión de calentamiento | heater voltage coefficient
coeficiente de tensión de la capacidad | voltage coefficient (/tension) of capacitance
coeficiente de tensión de la resistencia | voltage coefficient of resistance
coeficiente de Thomson | Thomson coefficient
coeficiente de tono diferencial | coefficient of differential tone
coeficiente de Townsend | Townsend coefficient
coeficiente de tracción estática | static thrust coefficient
coeficiente de trasferencia | transfer coefficient
coeficiente de trasferencia de energía | energy transfer coefficient
coeficiente de trasferencia directa estática de corriente | static forward-current transfer ratio
coeficiente de trasferencia iterativa | iterative transfer coefficient
coeficiente de trasformación | transformer ratio
coeficiente de trasmisión | transmission coefficient (/factor, /ratio)
coeficiente de trasmisión acústica | acoustic transmission coefficient
coeficiente de trasmisión con reverberación | reverberation transmission coefficient
coeficiente de trasmisión del sonido | sound transmission coefficient
coeficiente de trasmisión telegráfica | telegraph transmission coefficient
coeficiente de utilización | call fill; coefficient of occupation (/utilisation), occupation efficiency; plant (/usability) factor; utilization factor (/rate, /ratio)
coeficiente de utilización de la central | plant capacity (/load) factor
coeficiente de vacío del sodio | sodium void coefficient
coeficiente de vacíos | void coefficient
coeficiente de válvula | tube (/valve) factor
coeficiente de variación de fase | phase change coefficient, wavelength constant
coeficiente de velocidad | velocity factor (/ratio)
coeficiente del espacio de interacción | gap factor
coeficiente desmagnetizante | demagnetization coefficient
coeficiente electroacústico | electroacoustic index
coeficiente electroóptico | electro-optic coefficient
coeficiente en amperios vueltas | ampere-turn ratio
coeficiente específico de absorción acústica | acoustic absorption factor
coeficiente específico de ionización | specific ionization coefficient
coeficiente específico de reflexión acústica | sound reflection factor
coeficiente G | G value

coeficiente irregular | variable ratio
coeficiente negativo de resistencia | negative resistance coefficient
coeficiente negativo de temperatura | negative temperature coefficient
coeficiente nominal de retroalimentación | nominal feedback ratio
coeficiente nuclear de temperatura | nuclear temperature coefficient
coeficiente ponderado | weight coefficient
coeficiente positivo de temperatura | positive temperature coefficient
coeficiente reducido de prestaciones | reduced coefficient of performance
coeficiente reflejo | reflex coefficient
coeficiente relativo de Peltier | relative Peltier coefficient
coeficiente relativo de Seebeck | relative Seebeck coefficient
coeficiente Seebeck de un acoplamiento | Seebeck coefficient of a couple
coeficiente señal-ruido | signal-to-noise ratio (/merit)
coeficiente señal-ruido disponible | available signal-noise ratio
coeficiente térmico con potencia cero de la resistencia | zero-power temperature coefficient of resistance
coeficiente térmico de resistencia | resistance temperature coefficient, thermal coefficient of resistance
coeficiente térmico de seguridad | hot spot factor
coeficiente tricromático | trichromatic coefficient, chromaticity coordinate
coeficiente unidad | unity ratio
coeficiente variable | variable ratio
coeficiente velocidad-potencia | speed-power coefficient
coeficiente virial | virial coefficient
coeficiente volumen/superficie | volume-to-surface ratio
coercímetro | coercimeter
coerción | coercion
coercitividad | coercitivity
coercitividad intrínseca | intrinsic coercivity
coextrusión | coextruding
COFDM [*modulación por división en frecuencia ortogonal*] | COFDM = coded orthogonal frequency division multiplexing
cofinita | coffinite
coger | to seize
coherencia | coherence, consistency
coherencia espacial | spatial coherency
coherencia espectral | spectral coherency
coherente | coherent
cohesión | cohesion
cohesión de procedimiento | procedural cohesion
cohesión frontal | face bonding
cohesión funcional | functional cohesion

cohesión lógica | logical cohesion
cohesión secuencial | sequential cohesion
cohesión temporal | temporal cohesion
cohesionador al vacío | vacuum coherer
cohesor | coherer
cohete | rocket
cohete antirradar | window rocket
cohete balístico guiado | guided ballistic missile
cohete de lanzamiento de cintas antirradar | snowflake
cohete de plasma | plasma jet
cohete fotónico | photon rocket
cohete isotópico | isotopic rocket
cohete nuclear | nuclear rocket
cohete portasatélite | satellite-carrying rocket
coincidencia | coincidence, random
coincidencia accidental | random coincidence
coincidencia aleatoria | random coincidence
coincidencia de antena | aerial coincidence
coincidencia de fases | phase quality
coincidencia de impulsos | pulse coincidence
coincidencia de líneas | line coincidence
coincidencia diferida | delayed coincidence
coincidencia fortuita | random coincidence
coincidencia retardada | delayed coincidence
coincidencia verdadera | true coincidence
coincidente | coincident
cojín eléctrico | electric cushion
cojinete | bearing, step
cojinete cuna | bush rocker
cojinete de aire | air bearing
cojinete de metal blanco | white metal bearing
cojinete de zafiro | jewel bearing
Col = columna | Col = column
COL = color | COL = colour
cola | hooper, queue, queueing, tail; waiting line
cola de espera | queue
cola de espera a una línea urbana libre | callback (/ring-back, /trunk line) queuing
cola de espera de doble extremo [*en estructura de datos*] | deque = double-ended queue
cola de impresión | print queue
cola de impulso | tail of pulse
cola de la onda | wavetail
cola de la onda de choque | wavetail
cola de mensajes | message queue
cola de potencial negativo | negative afterpotential
cola de potencial positivo | positive after-potential

cola de prioridad | priority queue
cola de realimentación | feedback queue
cola de tareas | task queue; [*cola de programas a la espera de ejecución*] job queue
cola en T | T tail
cola protectora | trailer
cola variable | variable queue
colaboración informática | farm
colación | collation, repetition
colador de tela metálica | screen strainer
colaminación | roll bonding
colapso de la red | network meltdown
colapso total [*de una red informática*] | meltdown
colateral | adjacent
colateralidad | adjacency
COLD [*salida de ordenador a disco láser*] | COLD = computer output on laser disc
colección | collection
colección de caracteres | character set
colección de libros leídos | talking book collection
colección de programas | software
colector | collecting; collector, sink, trolley
colector abierto | open collector
colector común | common collector
colector común inverso | inverse common collector
colector de aceite en el cárter | wet sump
colector de calor solar | solar heat collector
colector de corriente | skate
colector de corriente continua | direct current commutator
colector de delgas | commutator with segments
colector de energía solar | solar energy collector
colector de lodo | catch pan
colector de lubricante en el cárter | wet sump
colector de ondas | wave collector
colector de pértiga | pole trolley
colector de radiación solar | solar (radiation) collector
colector de trole | trolley collector
colector electrónico | electron collector
colector multiplicador de corriente | PN hook
colector pantógrafo | pantograph collector (/trolley)
colector para los productos de escisión | fission product trap
colector para los productos de fisión | fission product trap
colector solar | solar collector
colector tipo N | N-type collector
colector tipo P | P-type collector
colemanita | colemanite
colgado | on-hook; overhunged, hung

colgador de artefacto | fixture hanger
colgante | pendant
colgar | to clear, to hang up; to crash; [*cortar la comunicación*] to hang
colgar durante una consulta | held by an extension
colgar el auricular | to replace (/restore) the receiver
colgar el receptor | to replace (/restore) the receiver
colimación | collimation
colimador | collimator
colimador focal | focal collimator
colina de potencial | potential hill
colisión | collision
colisión culombiana | Coulomb collision
colisión de primera especie | collision of the first kind
colisión elástica | elastic collision
colisión inelástica | inelastic collision
colisión lejana | distant collision
colisión molecular | molecular collision
colisión próxima | close collision
colisión radictiva | radiative collision
colisión térmica | thermal collision
collar | cap, clip, tie
collar portaescobillas | brush-holder
collarín | cap
colocación | mounting, placement
colocación cruzada | crosspost
colocación de la red según Eagle | Eagle grating mounting
colocación en bastidor | racking
colocación exenta de vibraciones | vibration-free mounting
colocar | to drop, to put, to set, to site
color | colour [UK], color [USA]; hub; [*de relleno*] paint
color acromático | achromatic colour
color aditivo | additive colour
color complementario | complementary colour
color con adición de blanco | tint
color de fondo | background color
color de pasada [*impresión de un solo color en cada pasada del papel*] | spot color
color de procesado | process color
color de referencia | reference colour
color dinámico | dynamic colour
color disponible | free colour
color espectral | spectral colour
color estático | static color
color monocromático | pure color
color no saturado | nonsaturated colour
color primario | primary colour (/color, /hue)
color primario de receptor | receiver primary
color puro | pure color
color real | true color
color saturado | saturated colour
color secundario | secondary colour
color verdadero | true color
coloración | colouring [UK], coloring [USA]
coloración de la llama | colour of a flame
coloración espuria limítrofe | colour edging
colorante | dye
coloreado | coloured [UK], colored [USA]
colores elementales | hub
colores primarios | primaries
colores primarios de recepción | receiver primaries
colorimetría | colorimetry
colorimetría fotoeléctrica | photoelectric colorimetry
colorimétrico | colorimetric
colorímetro | colorimeter
colorímetro de compensación | compensating colorimeter
colorímetro de triple estímulo | tristimulus colorimeter
colorímetro físico | physical colorimeter
colorímetro fotoeléctrico | photoelectric colorimeter
colorímetro fotoeléctrico de triple estímulo | photoelectric tristimulus colourimeter
colorímetro fotoeléctrico tricromático | photoelectric tristimulus colourimeter
coltan = columbita-tantalita [*mineral estratégico empleado en telefonía móvil y sistemas de teledirección*] | coltan = columbite-tantalite
columna | column, pillar, plume; frame
columna aislante de porcelana | porcelain standoff insulator
columna ascendente | service riser
columna de agotamiento | stripping column
columna de agua | water column
columna de aire | air column
columna de Clusius | Clusius column
columna de difusión térmica | thermal diffusion column
columna de mercurio | mercury column
columna de nubes | cloud column
columna de placas | plate column (/tower)
columna de plasma | plasma column
columna de platillos | plate column (/tower)
columna de separación | separation column
columna de tarjeta | card column
columna de vacío | vacuum column
columna del arco | arc column
columna depuradora | scrub column
columna difusora de sonido | sound column
columna dividida | split column
columna positiva | positive column (/glow)
columna sonora | sound column
columna térmica | thermal column
columna vertebral | backbone
columnario | columnar
columnas desiguales | column-ragged
COM [*interfaz de comunicación en serie*] | COM = communication serial interface
COM [*salida de ordenador a microfilm*] | COM = computer output to microfilm
COM = *centro de operación y mantenimiento* | OMC = operation and maintenance center
COM distribuido [*modelo de componentes distribuidos en red*] | distributed COM = distributed component object model
com. = comercial | CMCL = commercial
com. = comunicación | CMN = communication
coma | comma; [*en numeración*] point
coma binaria | binary point
coma de la base | radix point
coma decimal fija | fixed decimal point
coma decimal flotante | floating decimal point
coma fija | fixed point
coma flotante | floating point
COMAL [*lenguaje algorítmico común de programación informática*] | COMAL = common algorithmic language
comando [*Hispan*] | command
comando insertado | embedded command
comando manual | handson
comandos AT [*órdenes para control de módem desarrolladas por Hayes*] | AT commands = attention character commands
comarca | country
comba | bulge
combador | bending tool
combadura | warpage
combinación | combo = combination
combinación de circuitos | phantoming (of circuits)
combinación de conexiones de puente | strapping arrangement
combinación de líneas | group of lines
combinación de radio y fonógrafo | radiogramophone, radio-and-phonograph combination
combinación de registros sonoros | dubbing
combinación de resistencia y condensador | resistance-condenser combination
combinación de teclas | shortcut
combinación de teclas directas | hot key combination
combinación de televisión y fonógrafo | television-phonograph combination
combinación de televisión, radio y fonógrafo | television-radio-phonograph combination
combinación de trabajos | job mix
combinación prohibida | forbidden combination
combinado | combined

combinado telefónico | telephone handset
combinador | combinator, combiner; controller; sequence switch, switchgroup
combinador cilíndrico | drum controller
combinador de alimentación | power switchgroup
combinador de disco | faceplate controller
combinador de diversidad espacial | space diversity combiner
combinador de interruptor múltiple | multiple switch controller
combinador de la potencia de sonido | sound diplexer
combinador de mano | manual controller
combinador de potencia | power switchgroup
combinador de puntos | notching controller
combinador de relación cuadrática | ratio-squared combiner
combinador de resistencia líquida | liquid controller
combinador de sonido | sound diplexer
combinador de tambor | drum controller
combinador de telefonía en diversidad | telephone diversity combiner
combinador maestro | master controller
combinador para telefonía | phone combiner
combinador paradójico | paradoxical combinator
combinador piloto | pilot controller
combinador serie-paralelo | series-parallel switch
combinador telefónico | phone combiner
combinar | to mix
combinatoria | combinatorics
combustible | combustible, fuel
combustible agotado | spent (/burn-out) fuel
combustible atómico | atomic fuel
combustible consumido | spent fuel
combustible de dispersión | dispersion fuel
combustible del reactor | reactor fuel
combustible gaseoso | gaseous fuel
combustible gastado | spent fuel
combustible líquido | liquid fuel
combustible mineral sólido | solid mineral fuel
combustible nuclear | nuclear fuel
combustible nuclear empobrecido | depleted fuel
combustible nuclear enriquecido | enriched fuel
combustible quemado | burn-out fuel
combustible reactivo | reacting fuel
combustible reciclado | recycled fuel
combustible recirculado | recycled fuel
combustible termonuclear | thermonuclear fuel
combustión | burning
combustión espontánea | spontaneous combustion (/ignition)
combustión másica | fuel irradiation level
combustión pulsante | pulsating combustion
comentario | comment, remark
comentario hablado | spoken commentary
comenzar la sesión | to log on
comercio de material de radio | radio parts supplier
comercio electrónico | e-commerce = electronic commerce; electronic business
comienzo | beginning, start, starting, startup
comienzo de archivo [*código previo al primer byte de un archivo*] | beginning-of-file
comienzo de cinta | beginning of tape
comienzo de la trasmisión | acquisition of signal
comienzo de mensaje | start of message
comienzo del archivo | top-of-file
comienzo mantenido | sustained start
comienzo repentino | sudden commencement
comienzo sostenido | sustained start
comillas angulares | chevrons
COMINT [*servicio de inteligencia en comunicaciones*] | COMINT = communications intelligence
Comité asesor internacional de comunicaciones por radio | International Radio Consultative Committee
Comité asesor internacional de telefonía | International Telephone Consultative Committee
Comité asesor internacional de telegrafía y telefonía | International Telegraph and Telephone Consultative Committee
comité de arquitectura de internet | Internet architecture board
commutador recíproco de ferrita | reciprocal ferrite switch
cómo ejecutar | how to run
cómo jugar | how to play
cómo usar | how to use
cómo usar la ayuda | how to use help
comodidad de manejo | operating convenience
comodín | wildcard
COMP = comparador [*etapa de control*] | COMP = comparator
compactación | compaction
compacto | compact
compactrón [*válvula electrónica con componentes normalizados de montaje compacto*] | compactron
compansión | companding
compansión instantánea | instantaneous companding
compansor [*fam*] | compander
compañía conectante | connecting company
compañía de control de datos | control data corporation
compañía de electricidad | power company
compañía eléctrica | utility
compañía telefónica | telco [*fam. en USA*]; telephone company
Compaq [*empresa estadounidense de informática*] | Compaq [*American computer company*]
comparación | comparison, matching
comparación de amplitud | amplitude comparison
comparación de cadenas | string matching
comparación de clasificación | sort compare
comparación de configuraciones | pattern matching
comparación de ecos | echo matching (/checking)
comparación de estructuras | pattern matching
comparación de fases | phase comparison
comparación de formas | pattern matching
comparación de modelos | pattern matching
comparación de señales | signal comparison
comparación lógica | logic (/logical) comparison
comparación óptica de perfiles | shadowgraphing
comparador | comparator
comparador analógico | analogue comparator
comparador de actividad de canal | channel activity comparator
comparador de cintas | tape comparator
comparador de direcciones | address comparator
comparador de espectros | spectrum comparator
comparador de fases | phase comparator (/difference indicator)
comparador de precisión | precision comparator
comparador de señales | signal comparator
comparador de tensiones | voltage comparator
comparador diferencial | differential comparator
comparador doble | double (/twin) comparator
comparador fotoeléctrico de colores | photoelectric colour comparator
comparador óptico de perfiles | shadow comparator
comparador polar | polar comparator
comparar | to compare

comparar agendas | to compare calendars
comparar archivos | to compare files
compartible | sharable
compartimentación | compartmentation, compartmentalization
compartimento simultáneo de frecuencia | simultaneous frequency sharing
compartimiento | sharing
compartimiento de archivos | file sharing
compartimiento de canales | channel sharing
compartimiento de frecuencia | frequency sharing
compartimiento de frecuencias | sharing of frequencies
compartimiento de la carga | load sharing
compartimiento de recursos | resource sharing
compartimiento del tiempo | time-sharing
compartir | to share
compartir el tiempo | to time share
compás de espera | timeout
compás de espirales | volute compass
compás girostático | gyrostatic compass
compás para trazar espirales | volute compass
compatibilidad | compatibility
compatibilidad al nivel de fuente | source-level compatibility
compatibilidad ascendente | upward compatibility
compatibilidad binaria | binary compatibility
compatibilidad con versiones anteriores [*en programas*] | downward compatibility
compatibilidad de diseño | design compatibility
compatibilidad de nivel binario | binary-level compatibility
compatibilidad electromagnética | electromagnetic compatibility
compatibilidad Hayes [*Hayes es un fabricante de módems*] | Hayes compatibility
compatible | compatible
compatible con el software | software-compatible
compatible con IBM | IBM compatible
compatible con PC | PC-compatible
compatible con TTL | TTL-compatible
compensación | balancing, compensating, compensation, equalization, equalizing, padding, shimming, weighting
compensación automática de bajos | automatic bass compensation
compensación automática de nivel | automatic level compensation
compensación catódica | cathode compensation
compensación de abertura | aperture compensation
compensación de agudos | treble compensation
compensación de alta frecuencia | high (frequency) compensation
compensación de baja frecuencia | low (frequency) compensation
compensación de bajos | bass compensation
compensación de cero | zero compensation
compensación de diámetro | diameter equalization
compensación de dopado | doping compensation
compensación de eco | echo compensation method
compensación de ecos | echo cancellation
compensación de fase | phase compensation (/correction)
compensación de frecuencia | frequency compensation
compensación de graves | bass compensation
compensación de la caída de tensión de la reactancia | reactance drop compensation
compensación de la capacidad | capacity balancing
compensación de la corriente en reposo | quiescent current compensation
compensación de la unión fría de un elemento bimetálico | bimetal cold-junction compensation
compensación de pendiente | slope equalization
compensación de pérdida [*de señal*] | loss balancing
compensación de realimentación | feedback compensation
compensación de ruido | noise weighting
compensación de sintonía | trimming adjustment
compensación de sombra | shading compensation
compensación de sombreado | shading compensation
compensación de sonoridad | loudness compensation
compensación de temperatura | temperature compensation
compensación de tensión | voltage equalization
compensación de tonos altos | treble compensation
compensación de voltaje | voltage equalization
compensación del cero del trasductor | transducer zero offset
compensación del efecto xenón | xenon override
compensación paralelo-serie | shunt-series compensation
compensación posterior | post-equalization
compensación térmica | thermal compensation
compensado | balanced, compensated
compensado sofométricamente | psophometrically weighted
compensador | balance, balancer, bucking, compensator, equalizer, pad (/trimmer, /trimming) capacitor, padder, trimmer, trimmer (/trimming) condenser
compensador acústico | acoustic compensator
compensador complementario | building-out section
compensador de altas frecuencias | high frequency trimmer
compensador de arranque | starting compensator
compensador de atenuación | attenuation compensator
compensador de atenuación en derivación | shunt-type attenuation equalizer
compensador de audio | audio taper
compensador de bloqueo | attenuation compensator
compensador de corrección de fase | phase correction equalizer
compensador de desviación | bias compensator
compensador de fase | phase compensator (/equalizer, /modifier)
compensador de fases | phase-shifting device
compensador de grabación | record compensator
compensador de impedancia | impedance compensator
compensador de impedancia de filtro | filter-impedance compensator
compensador de infrarrojos | IR compensation
compensador de línea | line equalizer
compensador de nivel | level compensator
compensador de oscilación | oscillator padder
compensador de oscilador | oscillator padder
compensador de paso a reposo | dropout (/drop out) compensator
compensador de pendiente | slope compensator
compensador de pérdidas | dropout compensator
compensador de profundidad de mina submarina | underwater mine depth compensator
compensador de regrabación | rerecording compensator
compensador de retardo variable | variable delay equalizer
compensador de sonido | sound equalizer
compensador de trasformador | transformer trimmer
compensador de voltaje | voltage compensator starter

compensador de volumen | volume compensator
compensador de zumbido | hum balancer
compensador en serie | padder
compensador en serie de baja frecuencia | low frequency padder
compensador fonográfico | phono (/phonograph) equalizer
compensador fundamental | basic network
compensador para grabación | recording equalizer
compensador para registro sonoro | recording equalizer
compensador paralelo | trimming (/trimmer) capacitor (/condenser)
compensador sincrónico | synchronous capacitor
compensador voltimétrico | (line drop) voltmeter compensator
compensar | to compensate, to shim
compilación condicionada | conditional compilation
compilado | compiled
compilador | compiler
compilador autocompilador | self-compiling compiler
compilador cruzado | cross compiler
compilador de optimación | optimizing compiler
compilador de silicio | silicon compiler
compilador de tipos | type compiler
compilador de un paso | one-pass compiler
compilador del compilador | compiler-compiler
compilador dirigido por la sintaxis | syntax-directed compiler
compilador incremental | incremental compiler
compilador nativo [*que genera código máquina para el equipo donde está instalado*] | native compiler
compilar | to compile
compilar de nuevo | to recompile
compilar y ejecutar [*programas*] | to compile-and-go
complejidad | complexity
complejidad de espacio | space complexity
complejidad de tiempo | time complexity
complejidad del circuito integrado | device complexity
complejo | complex
complejo de lanzamiento | launch complex
complejo electromagnético | electromagnetic complex
complementar | to complement
complementariedad | complementarity
complementario | complementary, idling
complemento | complement
complemento a base reducida | diminished radix complement, radix-minus-one complement

complemento a diez | ten's complement
complemento a dos | two's complement
complemento a nueve | nine's complement
complemento a uno | one's complement
complemento de cable | cable complement
complemento de diez | ten's complement
complemento de dos | two's complement
complemento de la base | radix (/true) complement
complemento de la base menos uno | diminished radix complement, radix-minus-one complement
complemento de línea | pad (area), line simulator (/building-out network)
complemento de protocolo | protocol suite
complemento de raíz | radix (/true) complement
complemento de raíz disminuida | diminished radix complement
complemento de una sección de carga | building-out section
complemento de una sección de pupinización | building-out section
complemento de válvulas | valve complement
complemento doble | double complement
complemento relativo | relative complement
complemento restringido | diminished radix complement, -minus-one complement
complemento verdadero | radix (/true) complement
completado | completed
completamente | fully
completamente abierto | wide-open
completo | complete, full; whole
componente | component
componente activa | power (/real) component
componente activo | active component
componente aglomerado | lumped component
componente ajustable | adjustable component
componente alterna | ripple component (/content, /current)
componente alterna de la magnitud pulsante | ripple quantity
componente armónico | harmonic component
componente compatible | compliant component
componente complejo | complex component
componente continua | zero-frequency component
componente de alterna residual de la alimentación | power supply hum
componente de audio | audio component
componente de banda lateral | sideband component
componente de banda lateral superior | upper sideband component
componente de chip | chip component
componente de corriente alterna | AC component = alternating-current component
componente de corriente continua | DC component = direct current component
componente de crominancia | chrominance component
componente de crominancia Q | Q chrominance component
componente de cuadratura | quadrature component
componente de desfase iterativa | iterative phase-change coefficient
componente de diafonía ininteligible | unintelligible crosstalk component
componente de equipo integrado | integrated equipment component
componente de error de cuadrante | quadrantal component of error
componente de estado sólido | solid-state component
componente de frecuencia cero | zero-frequency component
componente de frecuencia del haz | beat frequency component
componente de guiaondas | waveguide component
componente de impedancia en serie | series impedance component
componente de inversión de fase | negative sequence component
componente de la estructura | component of structure
componente de la señal de vídeo | video signal component
componente de la velocidad | velocity component
componente de medida | measurement component
componente de microondas no recíproco | nonreciprocal microwave component
componente de modulación de imagen | picture modulation component
componente de onda cuadrada | square wave component
componente de onda extraordinaria | X wave
componente de onda fundamental | O-wave component
componente de onda ordinaria | O-wave component = ordinary wave component
componente de ondas superficiales acústicas | acoustic surface wave component
componente de pastilla | chip component
componente de película delgada |

thin-film component
componente de radio | radio component
componente de radiofrecuencia | RF component = radiofrequency component
componente de resistencia | resistance component
componente de secuencia negativa | negative sequence component
componente de señal | signal component
componente de servidor activo | active server component
componente de sintonía | tuning component
componente de sintonización | tuning component
componente de videofrecuencia | videofrequency component
componente del circuito | circuit component
componente del rojo | red component
componente desfasado | out-of-phase component
componente desvatado | wattless component
componente discreto | discrete component
componente discreto de película delgada | discrete thin-film component
componente electrónico | electronic part
componente electrónico integrado | integrated electronic component
componente electrostático | electrostatic component
componente en fase | power component
componente en serie | series component
componente encapsulado en plástico | plastic-encapsulated component
componente enchufable | plug-in component
componente espectral de banda lateral | sideband component
componente espectral de frecuencia única | single-frequency spectrum component
componente espectral de la señal de imagen | videofrequency component
componente extraordinaria de onda | extraordinary-wave component
componente fundamental | fundamental component
componente homopolar | zero sequence (/phase-sequence) component
componente homopolar de tensión | voltage unbalance
componente impreso | printed component (part)
componente integrado | integrated component
componente inversa | negative sequence component
componente lateral | side component

componente magnetoiónico de la onda | magnetoionic wave component
componente microminiaturizado | microminiature component
componente normalizado | standard (/standardized) component
componente octantal de error | octantal component of error
componente óhmica de la tensión | ohmic voltage component
componente ondulatoria | ripple component (/content, /current)
componente opcional | add-on component
componente ordinaria | ordinary component
componente para televisión | television component
componente parásito | parasitic component
componente pasivo | passive component (/element)
componente penetrante | penetrating component
componente polarizado | polarized component
componente preirradiado | predosed component
componente preirradiado con isótopos | predosed component
componente químico para circuitos impresos | printed circuit chemical
componente radial | radial component
componente reactivo | reactive (/wattless) component
componente resistiva de la impedancia | slope resistance
componente resistivo | resistive component
componente R-Y | R-Y component
componente simétrica inversa | negative sequence symmetrical component
componente sinusoidal | sinusoidal (/sine wave) component
componente tangencial | tangential component
componente trasversal | quadrature axis component
componente ultravioleta | ultraviolet component
componente vertical | vertical component
componente vertical de la velocidad | vertical speed
componente Z | Z component
componentes de conductores en paralelo | parallel lead component
componentes de hilos de conexión en paralelo | parallel lead component
componentes de impedancias en paralelo | parallel impedance components
componentes embandados | taped components
componentes en paralelo | parallel components

componer | to compose, to typeset; [*un gráfico a partir de un archivo de datos*] to render
componer un número | to select a number
comportamiento | performance
comportamiento ante el ruido | noise performance
comportamiento del desplazamiento | scroll behavior
comportamiento dinámico | dynamic behaviour
comportamiento en servicio | service performance
comportamiento en videofrecuencia | video performance
comportamiento errático del relé | relay flutter
comportamiento estático | static behaviour
comportamiento por salto | per hop behavior
comportamiento térmico | heat performance
comportamiento transitorio | relaxation (/transient) behaviour
comportamiento ventana | window behavior
composición | composition
composición de imagen [*con textos superpuestos*] | imagesetting
composición de las tarifas | tariff structure
composición de página | layout; [*para su impresión*] page makeup
composición de un mensaje | composition of a message
composición espectral | spectral composition
composición impresa óptica de caracteres | optical font
composición isotópica | isotopic composition
composición teletipográfica | telegraphic typesetting
composición tipográfica por ordenador | computer typesetting
compra virtual | virtual shopping
comprador | acquirer
comprensión del lenguaje natural | natural language understanding
comprensión oral | speech understanding
compresa de radio | radium pack
compresión | compaction, compression; packing, packaging
compresión adiabática | adiabatic compression
compresión asimétrica [*de archivos*] | asymmetric compression
compresión automática del volumen | automatic volume compression
compresión con pérdida de datos | lossy compression
compresión de archivo [*utilidad de UNIX*] | tar = tape archive
compresión de archivos | file compression

compresión de audio | audio compression
compresión de bloques | block (/memory) compaction
compresión de ceros | zero compression
compresión de datos | data compression
compresión de dígitos | digit compression
compresión de imagen | picture (/image) compression
compresión de impulsos | pulse compression
compresión de la imagen | packing
compresión de la RAM [*compresión de la memoria de acceso aleatorio*] | RAM compression = random access memory compression
compresión de la señal de sincronismo | synchronization compression
compresión de la señal de sincronización | sync compression
compresión de memoria | memory (/block) compaction
compresión de sincronización | sync compression = synchronization compression
compresión de vídeo | video compression
compresión de volumen | volume compression
compresión del ancho de banda | bandwidth compression
compresión del blanco | white compression
compresión del habla | speech compression
compresión del negro | black compression
compresión en tiempo real | real-time compression
compresión-expansión | companding
compresión-expansión instantáneas | instantaneous companding
compresión-expansión silábica | syllabic companding
compresión sin pérdida de datos | lossless compression
compresor | compressor
compresor automático de volumen | automatic volume compressor
compresor de la palabra | speech compressor
compresor de tiempo | time compressor
compresor de volumen | volume compressor
compresor de voz | speech compressor
compresor en línea de programa | program line compressor
compresor-expansor | compander, compandor
compresor expansor silábico | syllabic compandor
comprimido [*en archivos informáticos*] | zipped (*adj*)

comprimir | to compress, to pack, to zip
comprimir selección | to reduce selection
comprimir un archivo [*utilidad de UNIX*] | to tar
comprobación | charging, checkput, check, control, test
comprobación automática | self-check, automatic check
comprobación automática del hardware | hardware check
comprobación cíclica de la redundancia | cyclic redundancy check (/comprobation)
comprobación comparativa | cross checking
comprobación cruzada | cross checking, cross-check
comprobación de bifurcación | branch testing
comprobación de caminos [*de organigrama*] | path testing
comprobación de caracteres | character check
comprobación de combinación prohibida | forbidden combination check
comprobación de configuración | signature testing
comprobación de consistencia | consistency check
comprobación de extremo a extremo | end-to-end check
comprobación de integridad | completeness check
comprobación de la calidad | quality control
comprobación de la calidad de trasmisión | proof of performance
comprobación de la calidad funcional | proof of performance
comprobación de la polaridad | polarity checking
comprobación de la respuesta acumulada | stored response testing
comprobación de la señal a la apertura y al cierre | off and on signal testing
comprobación de límites [*en programación*] | range check
comprobación de paridad | parity check
comprobación de ramas [*de organigrama*] | path testing
comprobación de receptores | receiver testing
comprobación de redundancia | redundancy check
comprobación de redundancia cíclica | cyclical redundancy check
comprobación de rendimiento | performance testing
comprobación de salida | checkout
comprobación de selección | selection check
comprobación de tipos [*para controlar el uso de variables*] | type checking

comprobación de trasferencia | transfer check
comprobación de validez | validity check
comprobación del disco | dial test
comprobación del hardware | hardware check
comprobación digital | digital proof
comprobación directa de las señales radiadas | off-air monitoring
comprobación directa del color digital | direct digital color proof
comprobación doble | twin check
comprobación en bucle del retorno | loopback test
comprobación en tierra | baseline (/ground) check
comprobación estática | static check
comprobación estroboscópica | stroboscopic checking
comprobación horizontal redundante | horizontal redundant check
comprobación impar-par | odd-even check
comprobación incorporada | built-in check
comprobación matemática | mathematical check
comprobación por aserción | assertion checking
comprobación por cruce | crossfoot
comprobación por descarga | dump check
comprobación por duplicación | duplication check
comprobación por eco | echo check
comprobación por ondas cuadradas | square wave testing
comprobación por suma | summation check
comprobación programada | programmed check
comprobación selectiva | leapfrog test
comprobación selectiva incompleta | crippled leapfrog test
comprobación visual | visual monitoring
comprobador | tester, verifier
comprobador automático digital | automatic digital test unit
comprobador de asertos | assertion checker
comprobador de búsqueda | testing spike
comprobador de circuitos con lámpara de neón | neon circuit tester
comprobador de conductancia mutua | mutual conductance meter
comprobador de divisiones | divide check
comprobador de paquetes [*dispositivo para comprobar los paquetes de datos enviados por una red*] | packet sniffer
comprobador de posición de palanca | switch position indicator
comprobador de receptores de radio | radio (set) tester

comprobador de retorno | flyback checker (/tester)
comprobador de salida para receptores | receiver output test set
comprobador de señal | signal indicator
comprobador de señales | signal tracer, signal-tracing instrument
comprobador de señalización por impulsos | pulse-signalling test set
comprobador de trasmisión | transmission test set
comprobador de tubos de tipo emisión | emission-type tube tester
comprobador de válvulas | tube (/valve) tester
comprobador de velocidad de discos | dial speed tester
comprobador del estado de carga | state-of-charge tester
comprobador eléctrico de ronda | electric recorder of watchman's round
comprobador por eco de impulsos | pulse echo tester
comprobador radiológico | radiological monitor
comprobador rutinario | routiner
comprobador rutinario de llamadas | call routine tester
comprobador universal | volt-ohm-milliammeter
comprobar | to check, to control, to verify, to test
compuerta | gate
compuerta ajustable en fase | phaseable gate
compuerta coherente | coherent gate
compuerta de bloqueo | lock-out gate
compuerta de cierre | hinged cover
compuerta de intervalo | range gate
compuerta de muestreo | sampling gate
compuerta de señal | signal gate
compuerta de tiempo | time gate
compuerta de umbral | threshold gate
compuerta enfasable | phaseable gate
compuerta lineal | linear gate
compuerta sensible | sensitive gate
compuerta sincrónica | synchronous gate
compuerta temporal | time gate
compuerta tiratrónica | thyratron gate
compuesto | composite, composition, compound
compuesto covalente | covalent compound
compuesto de despojamiento | stripping compound
compuesto de impregnación | potting compound
compuesto de precinto | sealing compound
compuesto de uranio | uranium compound
compuesto diamantino | adamantine compound
compuesto disipador | heat sink compound

compuesto fotocrómico | photochromic compound
compuesto intermetálico | intermetallic compound
compuesto iónico | ionic compound
compuesto para trasformadores | transformer compound
compuesto polarizado | polar compound
compuesto saturado | saturated compound
compuesto trazador | tracer compound
computabilidad | computability
computabilidad de Turing | Turing computability
computable | computable
computable por Turing | Turing computable
computador | computer
computador de navegación | navigation computer
computador electrónico digital | electronic digital computer
computadora | computer
cómputo de direcciones | address computation
cómputo de distancia y tiempo | time-and-distance metering
cómputo de llamadas | charging registration
cómputo de zona y tiempo | time-and-zone metering
cómputo múltiple de duración | multiple time metering
cómputo nacional | domestic count
cómputo por batería positiva | positive battery metering
cómputo por batería suplementaria | booster battery metering
cómputo por impulso periódico | periodic pulse metering
COMSAT [*empresa estadounidense para alquiler de canales vía satélite*] | COMSAT = communications satellite corporation
comunicación | communication, connection, liaison
comunicación a corta distancia | short-range communication
comunicación a distancia | telecommunication
comunicación aérea | aerial communication
comunicación aeroterrestre | air-ground communication
comunicación aire-tierra | air-ground communication, air-to-ground communication
comunicación al minuto | message minute
comunicación alámbrica | wired (/wire) communication
comunicación analógica | analogue communication
comunicación asincrónica | asynchronous communication
comunicación autoadaptable | adaptive communication
comunicación automática | full automatic working, full dial service
comunicación automática rural | community dial service
comunicación automatizada | automated communication
comunicación avanzada entre programas [*programa avanzado para programar comunicaciones*] | advanced program-to-program communication
comunicación bifurcada | forked working
comunicación bilateral | two-way communication (/connection)
comunicación bilateral por teleimpresora | two-way teletypewriter call
comunicación codificada | scrambled speech
comunicación compartida | joint communication
comunicación con optimación automática | self-optimizing communication
comunicación con tarjeta de crédito | credit card call
comunicación con una sola conexión | single-switch call
comunicación con vehículos espaciales | space communication
comunicación de abonado | subscriber call
comunicación de apoyo | backtalk
comunicación de área terminal | terminal area communication
comunicación de autoajuste | self-adjusting communication
comunicación de barco a costa | ship-to-shore communication
comunicación de costa a barco | shore-to-ship communication
comunicación de datos | datacom = data communication
comunicación de doble sentido | two-way communication
comunicación de doble tránsito | double switch call, two-switch connection
comunicación de doble vía | two-way communication
comunicación de duración reducida | equated busy-hour call
comunicación de eco local [*en un solo sentido*] | simplex (/semiduplex, /local echo) communication
comunicación de emergencia | urgency communication
comunicación de llegada | incoming call
comunicación de minuto | call minute
comunicación de persona a persona | personal (/person-to-person) call
comunicación de prueba | test call
comunicación de radioaficionado | amateur radio communication
comunicación de registro permanente | record communication

comunicación de salida | outgoing call
comunicación de seguridad | safety communication
comunicación de sentido único | one-way connection
comunicación de servicio por télex | service telex call
comunicación de simple tránsito | one-switch connection
comunicación de socorro | distress communication
comunicación de solicitud previa | booked connection
comunicación de teléfono a teléfono | station-to-station call
comunicación de tránsito | built-up connection, indirect call
comunicación de tránsito con una sola conexión | single-switch call
comunicación de urgencia | urgency communication
comunicación de usuario | user communication
comunicación del servicio terrestre entre puntos fijos | point-to-point land communication
comunicación dentro del área | intra-area communication
comunicación diferida | deferred call
comunicación digital | digital communication
comunicación directa | direct call (/relation), through connection
comunicación diurna con barcos | ship day working
comunicación dúplex [*en ambos sentidos*] | duplex communication; echoplex communication [*with error detecting*]
comunicación electromagnética | electromagnetic communication
comunicación en ambos sentidos | talkback communication
comunicación en paso por X | through connection via X
comunicación en serie | serial communication
comunicación en símplex de dos canales | two-way simplex connection
comunicación en tránsito | connection in transit, through call
comunicación entre aplicaciones | interapplication communication
comunicación entre barcos | ship-to-ship communication
comunicación entre estación fija y estación móvil | point-to-mobile communication
comunicación entre procesos | interprocess communication
comunicación entre puntos fijos | point-to-point communication
comunicación entre unidades [*que trabajan con un programa en una red*] | peer-to-peer communication
comunicación escalonada | extended telegraph circuit
comunicación espacial | space communication
comunicación establecida por conmutación automática | automatically-switched call
comunicación extraeuropea | extra-European call
comunicación fallida | unsuccessful call
comunicación fototelegráfica | phototelegraph communication
comunicación fuera de red | nonnetwork communication
comunicación hablada | voice communication
comunicación impresa | printed communication
comunicación inalámbrica | wireless communication
comunicación interior | inland call
comunicación interior telefónica y visual | televised interoffice communication
comunicación internacional de tránsito de dos conexiones | three-link international call
comunicación internacional de tránsito de una conexión | two-link international call
comunicación internacional de tránsito doble | three-link international call
comunicación internacional de tránsito sencillo | two-link international call
comunicación interurbana | toll call (/connection), trunk connection
comunicación interurbana por télex | telex trunk call
comunicación lateral | bypass
comunicación múltiple | multiple working, multiplex communication (/operation)
comunicación no efectuada | ineffective call
comunicación no establecida | suspended (/uncompleted) call
comunicación no establecida por ocupación de la línea | suspended call due to engaged condition, uncompleted call due to busy condition
comunicación nocturna de navegación marítima | ship night working
comunicación óptica | optical communication
comunicación oral de seguridad | secure voice communication
comunicación para audición teatral | electrophone call
comunicación personal | personal (/person-to-person) call
comunicación por abono | subscription call
comunicación por banda lateral única | single-sideband communication
comunicación por conmutación | switched connection
comunicación por corriente de portadora | carrier current communication
comunicación por corrientes portadoras trasmitidas por hilo | wire wave communication
comunicación por dispersión orbital | orbital scatter communication
comunicación por dispersión troposférica | tropospheric scatter communication
comunicación por facsímil cifrado | enciphered facsimile communications
comunicación por hilos | wire (/wired) communication
comunicación por interfaz de programación general | common programming interface communication
comunicación por onda luminosa | light wave communication
comunicación por ondas espaciales | sky wave communication
comunicación por ondas portadoras trasmitidas por hilo | wire wave communication
comunicación por ondas terrestres | ground wave communication
comunicación por portadora sobre línea de energía | power line carrier communication
comunicación por radio | radiocomunication, radio communication
comunicación por radioenlace de propagación troposférica dirigida | tropospheric forward-scatter radio-relay communication
comunicación por radiotelegrafía | radiotelegraph communication
comunicación por radioteleimpresora | radioteletypewriter communication
comunicación por satélite | satellite communication
comunicación por télex | telex call (/communication, /relation)
comunicación por ultrasonidos | ultrasonic communication
comunicación privada de télex | private telex call
comunicación protegida | secure communication
comunicación punto a punto | point-to-point communication
comunicación radiotelefónica | phone operation
comunicación radiotelegráfica | radiotelegraph communication
comunicación rechazada | refused call
comunicación relativa a la seguridad | safety communication
comunicación remota [*entre un ordenador y una red telefónica*] | remote communication
comunicación semidúplex [*en un solo sentido*] | simplex (/semiduplex, /local echo) communication
comunicación seudoconversacional | pseudo-conversational communication

comunicación símplex [en un solo sentido] | simplex (/semiduplex, /local echo) communication
comunicación símplex con mando manual | press-to-talk operation
comunicación sin hilos | wireless communication
comunicación sin límite de duración | untimed call
comunicación sincrónica | synchronous communication
comunicación sincrónica de datos | synchronous data communication
comunicación sonar | sonar communication
comunicación submarina por ultrasonidos | sonar communication
comunicación supersónica | supersonic communication
comunicación telefónica | phone operation, telephone call (/communication, /connection, /relation, /service), voice communication
comunicación telefónica colectiva | conference call
comunicación telefónica directa | straightforward trunking
comunicación telefónica extraeuropea | extra-European call
comunicación telefónica múltiple | conference call
comunicación telefónica por circuito compartido | party line voice communication
comunicación telegráfica | telegraph connection (/relation)
comunicación teleimpresa | printed communication
comunicación teletipográfica | printed communication
comunicación tierra-aire | ground-to-air communication
comunicación unidireccional | one-way communication
comunicación unilateral | one-way communication (/connection), signalling communication
comunicación urgente | urgent call
comunicación verbal digital | digital speech communication
comunicación vía satélite | satellite communication
comunicación visual | visual communication
comunicaciones de emergencia | emergency communication
comunicaciones de retaguardia | rearward communications
comunicaciones de servicio móvil | vehicular communications
comunicaciones móviles | vehicular communications
comunicaciones móviles internacionales | international mobile communications
comunicaciones sincrónicas binarias | binary synchronous communications

comunicaciones sobre el horizonte | over-the-horizon communication
comunicaciones telefónicas/telegráficas alternadas | shared voice/record communications
comunicaciones telegráficas | telegraph facilities
comunicaciones terrestres | rearward communications
comunicaciones trashorizonte | over-the-horizon communication
comunicador | communicator
comunicando | off-line
comunicar | to put through, to speak, to work
comunicarse vía Telnet | to telnet
comunidad de usuarios [de internet] | online community
comunidad virtual | virtual community
comunique la hora de entrega | report time of delivery
comvertidor paramétrico | parametric converter
comware [útiles para las comunicaciones] | comware = communications ware
CON = conector | CONN = connector
con aberturas múltiples | multiaperture
con acoplamiento por trasformador | transformer-coupled
con aislamiento de seda | silk-covered, silk-insulated
con alimentación propia | self-powered
con amortiguación insuficiente | underdamped
con amortiguamiento de líquido viscoso | viscous-damped
con amortiguamiento variable | variably damped
con amortiguamiento viscoso | viscous-damped
con amplificador transistorizado | transistor-amplified
con capacidad terminal | top-loaded
con carga eléctrica positiva | positively charged
con carga positiva | positively charged
con carga terminal | top-loaded
con cierre de vacío | vacuumtight
con codificación personal | hard-coded
con conexión directa a tierra | solidly earthed [UK], solidly grounded [USA]
con conexión en estrella | star-connected
con conexión simple a tierra | uni-grounded
con corrección automática | self-corrected
con corriente | alive, hot, live
con destinatario | addressed
con dificultades | in trouble
con disipación | lossy
con disparo automático | self-triggering
con empalme de cola de rata | rat-tailed
con energía aplicada | hot
con energía propia | self-energized
con escapes | leaky
con espoleta de poco retardo | short-fused
con excitación insuficiente | under-driven
con fallo | failed
con fugas | leaky
con fusible | fused
con fusible insuficiente | underfused
con gran densidad | busy
con gran densidad de tráfico | busy
con guía automática | self-guided
con impedancia terminal | terminated
con incremento automático | self-incrementing
con incremento propio | self-incrementing
con indicación completa de su estado | stateful
con junta de vacío | vacuumtight
con limpieza automática | self-cleaning
con los componentes muy juntos | tightly packed
con manguito | sleeving
con modulación de impulsos en fase | pulse phase-modulated
con motor | powered, power-actuated
con muelle antagonista | spring-loaded
con muesca | notched
con objetos | object-oriented
con pérdidas | lossy
con peso sofométrico | psophometrically weighted
con polarización negativa | negatively biased
con polarización vertical | vertically polarized
con protección contra radiaciones | ray-proof
con puesta a masa | earthed [UK], grounded [USA]
con puesta a tierra | earthed [UK], grounded [USA]
con pulsación propia | self-pulsing
con puntas platinadas | platinum-tipped
con radar | radarised [UK], radarized [UK+USA]
con radiación propia | self-radiating
con ranuras | slotted
con referencia a | regarding
con referencia a la carta | regarding letter
con referencia a nuestra carta | referring our letter
con referencia a nuestro radiograma | referring our radiogram
con referencia a nuestro telegrama | referring our telegram
con referencia a su carta | referred your letter
con referencia a su radiograma | referred your radiogram

con referencia a su telegrama | referred your telegram
con referencia al telegrama | reference telegram
con refrigeración independiente | self-cooled
con refrigeración propia | self-cooled
con relación a | WRT = with respect to
con resonancia propia | self-resonant
con resorte de compensación | spring-loaded
con revestimiento de acero | steel-lined
con revestimiento vinílico | vinyl-coated
con ruido | noisy
con rumbo al sur | southbound
con servomando | servodriven, power-controlled
con servomecanismo | servodriven
con servomotor | servoassisted
con tensión inferior a la normal | underrun
con termistores | thermistored
con trasformador | transformer-operated
con un solo operador | single operator
con una derivación | single-tapped
con una toma | single-tapped
con varias conexiones a tierra | multi-earthed [UK], multigrounded [USA]
concatenación | concatenation, linkage; catena
concentración de líneas | line concentration
concatenación del flujo | flux linkage
concatenamiento | linkage
concatenar | to concatenate
cóncavo | concave
concentración | assay, concentration, enrichment, focusing, grouping
concentración a punto fijo | concentration at the index point
concentración atómica | atomic concentration
concentración crítica | critical concentration
concentración de aceptores | acceptor concentration
concentración de bloques | block (/memory) compaction
concentración de datos | data compaction
concentración de flujo | flux concentration
concentración de huecos | hole density
concentración de impulsos | pulse packing
concentración de iones hidrógeno | hydrogen ion concentration
concentración de la actividad | activity concentration
concentración de la solución | concentration of a solution
concentración de llamadas urbanas e internas | switched loop operation
concentración de los electrones | electron concentration
concentración de masa | mass concentration (/abundance)
concentración de módems | modem pool (/pooling)
concentración de portadores | carrier concentration
concentración de resistencia a la izquierda | left-hand taper
concentración de trazas | trace concentration
concentración del tráfico | pressure of traffic
concentración equivalente | equivalent concentration
concentración espectral | spectral concentration
concentración intrínseca | intrinsic concentration
concentración límite | limiting concentration
concentración máxima admisible | maximum permissible concentration
concentración molecular | molecular concentration
concentración normal | normal concentration
concentración nuclear | nuclear packing
concentración permisible | permissible concentration
concentración por desfase | phase focusing
concentración por gas | gas focusing
concentración por imanes permanentes | permanent magnet focusing
concentración posterior a la desviación | post-deflection focus
concentración profunda | deep hack
concentración relativa | relative concentration
concentración segura | safe concentration
concentrado | lumped
concentrado de uranio | uranium concentrate
concentrador | [*de señales*] concentrator; [*en Ethernet*] hub
concentrador acústico | sound concentrator
concentrador de acceso | access concentrator
concentrador de conmutación [*para encaminamiento de mensajes y paquetes de datos*] | switching hub
concentrador de datos | data concentrator
concentrador de energía solar | solar concentrator
concentrador de flujo | flux concentrator
concentrador de líneas | line concentrator
concentrador pasivo [*sin capacidad adicional al paso de señales*] | passive hub
concentrador solar | solar concentrator
concentrador sonoro | sound concentrator
concentrador telegráfico | telegraph (/telegraphic) concentrator
concéntrico | concentric
concepto | memo
concepto de instrumento primario | primary instrument concept
concertación | appointment
concertación de una llamada interurbana | preparation of a trunk call
concesión | allowance
concesión de permiso de acceso | access grant
concha | shell
concierto radiofónico | radio concert
concluir | to terminate
conclusión | close, terminating
concordancia | concordance, match
concordancia de fases | phasing agreement
concurrencia | concurrency
concurrente | concurrent
condensación | condensation, compression
condensación de bloques | block (/memory) compaction
condensado | condensate
condensador | capacitance, capacitor; capacity [*obsolete synonym for capacitance*], condenser [*obsolete synonym for capacitor*]
condensador acelerador | speedup capacitor
condensador acorazado | shell condenser
condensador acumulador | memory (/storage) capacitor
condensador ajustable | trimmer
condesador al vacío | vacuum condenser
condensador amortiguador | snubber capacitor
condensador antiparásitos | spark capacitor
condensador automático | self-capacitance
condensador autorregenerativo | self-healing capacitor
condensador blindado | shell condenser
condensador bobinado | wound capacitor
condensador cerámico | ceramic capacitor
condensador cerámico monolítico | monolithic ceramic capacitor
condensador cerámico multicapa | multilayer ceramic capacitor
condensador compensador de temperatura | temperature-compensating capacitor
condensador con aisladores de cuarzo | quartz-insulated capacitor
condensador con anillo de protección | guard ring capacitor
condensador con ánodo de tántalo | solid tantalum capacitor

condensador con capacidad de variación lineal | straight line-capacitance capacitor
condensador con contactos derivados | multiple unit condenser
condensador con dieléctrico de aire | air dielectric capacitor
condensador con dieléctrico de esmalte vítreo | vitreous enamel dielectric capacitor
condensador con polarización | polar capacitor
condensador contra encendido prematuro | shockover capacitor
condensador de aceite | oil capacitor
condensador de acoplamiento | coupling capacitor
condensador de acortamiento | shortening capacitor (/condenser)
condensador de aire | air capacitor
condensador de ajuste | trimmer (/trimming) capacitor (/ condenser)
condensador de ajuste de fase | phasing capacitor
condensador de alambre de tantalio | wire tantalum capacitor
condensador de almacenamiento de energía | energy storage capacitor
condensador de amortiguamiento | buffer capacitor
condensador de ánodo de tantalio | tantalum capacitor
condensador de antena | capacitor aerial
condensador de antiparasitaje | radio suppression condenser
condensador de aplanamiento | smoothing condenser
condensador de arranque | starting capacitor (/condenser)
condensador de arranque del motor | motorstart capacitor
condensador de bañera | bathtub capacitor
condensador de base octal | octal base capacitor
condensador de bloque | block capacitor
condensador de bloqueo | blocking (/stopping) capacitor
condensador de bloqueo de rejilla | grid blocking capacitor
condensador de bloqueo de salida | output blocking capacitor
condensador de botón | button capacitor
condensador de botón de plata-mica | button silver-mica capacitor
condensador de capacidad controlada por tensión | voltage-controlled capacitor
condensador de capacidad fija multisección | multisection capacitor
condensador de capacitancia constante en función de la temperatura | negative/positive zero temperature characteristic capacitor
condensador de característica no lineal | nonlinear capacitor
condensador de carga volumétrica | volume charge capacitor
condensador de cerámica plateada | silver-ceramic capacitor, silvered-ceramic capacitor
condensador de chip | chip capacitor
condensador de compensación | padder (/padding, /trimmer, /trimming) capacitor (/condenser)
condensador de conmutación | commutation (/commutating) capacitor
condensador de corrección | trimmer (/trimming) capacitor (/condenser)
condensador de corriente continua | DC capacitor
condensador de cuarzo | quartz condenser
condensador de desacoplamiento | bypass capacitor
condensador de desacoplamiento de ánodo | anode (/plate) bypass capacitor
condensador de desacoplamiento de la rejilla de pantalla | screen grid bypass capacitor
condensador de desacoplamiento de placa | plate bypass capacitor
condensador de desviación | deflecting capacitor
condensador de dieléctrico mixto | mixed dielectric capacitor
condensador de disco | disc capacitor
condensador de dos bornes | two-terminal capacitor
condensador de dos terminales | two-terminal capacitor
condensador de entrada en cortocircuito | short-circuit input capacitance
condensador de escape de rejilla | grid leak capacitor
condensador de estator fraccionado | split-stator capacitor
condensador de extinción | quench (/quenching) capacitor (/condenser)
condensador de filtro | filter (/reservoir) capacitor, smoothing condenser
condensador de fuga de rejilla | grid leak capacitor
condensador de gas | gas capacitor
condensador de giro a la izquierda | counterclockwise capacitor
condensador de guillotina | guillotine capacitor
condensador de hoja de metal | metal foil capacitor
condensador de identificación | identification capacitor
condensador de impulsos | pulse capacitor
condensador de lámina de vidrio | glass plate capacitor
condensador de lámina extendida | extended foil capacitor
condensador de libro | book capacitor
condensador de manantial | guard well capacitor
condensador de mariposa | butterfly capacitor
condensador de medición | measuring capacitor
condensador de mica | mica (/postage stamp) capacitor
condensador de mica de botón | button mica capacitor
condensador de mica plateada | silver-mica capacitor, silvered-mica capacitor
condensador de neutralización | neutralizing capacitor
condensador de nitrógeno a presión | pressure-type capacitor
condensador de nonio | vernier capacitor
condensador de papel | paper capacitor (/condenser)
condensador de papel metalizado | metallised-paper capacitor
condensador de parada | stopping capacitor
condensador de parileno | parylene capacitor
condensador de paso | feedthrough capacitor
condensador de paso de ánodo | plate bypass capacitor
condensador de paso de placa | plate bypass capacitor
condensador de pastilla | chip capacitor
condensador de película | film capacitor
condensador de película delgada | thin-film capacitor
condensador de película fina | thin-film capacitor
condensador de placas | plate capacitor (/condenser)
condensador de plástico | plastic capacitor
condensador de poliestireno | polystyrene capacitor
condensador de poliestirol | polystyrol capacitor (/condenser)
condensador de porcelana | porcelain capacitor
condensador de potencia | power capacitor
condensador de presión | pressure-type capacitor
condensador de protección | protective capacitor
condensador de puente | bypass capacitor
condensador de puesta en marcha | starting condenser
condensador de reducción | stopping capacitor
condensador de refuerzo | boost capacitor
condensador de rejilla | grid capacitor
condensador de salida | output capacitance
condensador de salida en cortocircuito | short-circuit output capacitance

condensador de serpentín | spiral condenser
condensador de silicio | silicon capacitor
condensador de simple efecto | single-action condenser
condensador de sintonía (/sintonización) | tuning capacitor (/condenser)
condensador de sintonización anódica | plate tuning condenser
condensador de sintonización de antena | aerial tuning capacitor
condensador de sintonización de placa | plate tuning condenser
condensador de supresión de perturbaciones [*en radio*] | suppression capacitor
condensador de tantalio | tantalum capacitor
condensador de tántalo con electrolito sólido | solid electrolyte tantalum capacitor
condensador de tántalo húmedo | wet tantalum capacitor
condensador de terminación | terminating capacitor
condensador de trasferencia en cortocircuito | short-circuit transfer capacitance
condensador de tres bornes | three-terminal capacitor
condensador de tres terminales | three-terminal capacitor
condensador de unión | junction capacitor
condensador de vacío | vacuum capacitor
condensador de vapor acuoso | vapour condenser
condensador de variación cuadrática | square law condenser
condensador de variación lineal de frecuencia | straight line-frequency condenser
condensador de variación lineal de la longitud de onda | straight line wavelength capacitor
condensador de vernier | vernier capacitor
condensador de vibración | vibrating capacitor
condensador derivado | shunted condenser
condensador derivado por resistencia | shunted condenser
condensador dextrorsum | clockwise capacitor
condensador diferencial | differential capacitor
condensador eléctrico con aisladores de cuarzo | quartz-insulated capacitor
condensador eléctrico de motor | motor-run capacitor
condensador eléctrico de Mylar | Mylar capacitor
condensador eléctrico impreso | printed capacitor

condensador electrolítico | electrolytic condenser (/capacitor)
condensador electrolítico bipolar | bipolar electrolytic capacitor
condensador electrolítico con ánodo sólido de tantalio sinterizado | tantalum-slug electrolytic capacitor
condensador electrolítico con electrodos de lámina de tantalio | tantalum-foil electrolytic capacitor
condensador electrolítico de aluminio | aluminium electrolytic capacitor
condensador electrolítico de ánodo de tantalio | tantalum electrolytic capacitor
condensador electrolítico de tantalio | tantalum electrolytic capacitor
condensador electrolítico despolarizado | nonpolar electrolytic capacitor
condensador electrolítico húmedo | wet electrolytic capacitor
condensador electrolítico no polarizado | nonpolarized electrolytic capacitor
condensador electrolítico polarizado | polarized electrolytic capacitor
condensador electrolítico seco | dry electrolytic capacitor
condensador electrostático | electrostatic capacitor
condensador en derivación | shunt capacitance (/capacitor, /condenser), shunting capacitor (/condenser)
condensador en paralelo | parallel capacitor, shunt (/shunting) capacitor (/condenser)
condensador en serie | series condenser
condensador en serie de antena | aerial series capacitor
condensador en tándem | gang capacitor
condensador estático | static condenser
condensador fijo | fixed capacitor
condensador ideal | ideal capacitor
condensador impregnado en líquido | liquid-impregnated capacitor
condensador integrador de Miller | Miller integrator
condensador intercambiable | plug-in condenser
condensador intermedio | buffer capacitor
condensador limitador de sobretensión | surge-limiting capacitor
condensador metalizado | metallised capacitor
condensador moldeado | moulded capacitor
condensador múltiple | subdivided capacitor, tapped (/multiple unit) condenser
condensador múltiple con mando único | gang capacitor
condensador múltiple de sintonía con mando único | gang-tuning capacitor

condensador n paralelo | shunt capacitance
condensador neutrodino | neutralizing capacitor
condensador no inductivo | noninductive capacitor
condensador no lineal | nonlinear capacitor
condensador normalizado | standard capacitor (/condenser)
condensador oscilante | vibrating capacitor
condensador para sobredescargas | shockover capacitor
condensador para supresión de perturbaciones radioeléctricas | radio interference suppression capacitor
condensador plano | plane condenser
condensador polarizado | polarized capacitor
condensador primario | primary capacitor
condensador recubierto de cera | wax-coated capacitor
condensador relleno de líquido | liquid-filled capacitor
condensador resonante | resonant capacitor
condensador resonante [*de resonancia en serie*] | resonant capacitor
condensador reversible | reversible capacitance
condensador rotativo | rotary capacitor
condensador rotatorio | rotary (/rotatory, /synchronous) condenser
condensador rotatorio variable | rotary-variable capacitor
condensador secundario | secondary capacitor
condensador serie variable | variable series condenser
condensador sincrónico | rotary condenser, synchronous capacitor (/condenser)
condensador subdividido | subdivided capacitor
condensador supresor de chispas | spark capacitor
condensador supresor de parásitos | suppression capacitor
condensador supresor de perturbaciones | suppression capacitor
condensador supresor de perturbaciones de radio | radio suppression condenser
condensador telefónico | telephone capacitor
condensador temporizador | timing capacitor
condensador tipo tirador de puerta | doorknob capacitor
condensador tropicalizado | tropicalized condenser
condensador tubular | tubular capacitor (/condenser)
condensador tubular de papel | paper tubular capacitor

condensador tubular variable | variable tubular capacitor
condensador variable [*condensador de capacidad variable con la tensión*] | varicap = variable capacitor; trimmer, tuning capacitor (/condenser), variable condenser (/capacity, /capacitance), voltage-controlled capacitor
condensador variable con la tensión | voltage-variable capacitor
condensador variable concéntrico | variable concentric capacitor
condensador variable de corrección | variable trimmer capacitor
condensador variable de disco | variable disc capacitor
condensador variable de estator fraccionado | split-stator variable capacitor
condensador variable de placas | variable vane capacitor
condensador variable por compresión | variable compression capacitor
condensador vibratorio | vibrating capacitor (/condenser)
condensador Y | Y capacitor
condensadores en derivación | parallel-connected capacitors
condensar | to condense
condición | condition
condición activa | mark
condición ambiental | environmental condition
condición cuántica | quantum condition
condición de alarma | alarm condition
condición de bloqueo | lock-out condition
condición de carrera | race condition
condición de cola | condition queue
condición de colgado | on hook condition
condición de defecto | defect condition
condición de estabilidad | stability condition
condición de exploración | search condition
condición de frecuencia | frequency condition
condición de funcionamiento | service condition
condición de grabación | record condition
condición de inestabilidad térmica | thermal runaway
condición de la fase | phase condition
condición de magnetización cíclica | cyclically-magnetized condition
condición de reposo | spacing (/on hook) condition
condición de reproducción | reproduce condition
condición de trabajo | marking condition
condición de tránsito | via condition
condición de variable | variability

condición de verificación | verification condition
condición necesaria | necessary condition
condición normal | normal condition
condición preláser | prelasing condition
condición previa más débil | wakest precondition
condición simétrica cíclicamente magnetizada | symmetrical cyclically magnetized condition
condición termonuclear | thermonuclear condition
condicional | conditional
condiciones atmosféricas al nivel del mar | sea-level atmospheric conditions
condiciones de carga nula | no-load conditions
condiciones de compartimiento | sharing conditions
condiciones de descarga | discharge condition
condiciones de excitación | excitation condition
condiciones de funcionamiento | operating (/working) conditions
condiciones de operación | operating conditions
condiciones de prueba normalizadas | standard test conditions
condiciones de trabajo | working conditions
condiciones del vapor | steam conditions
condiciones en vacío | no-load conditions
condiciones estacionales | seasonal conditions
condiciones instrumentales | instrument conditions
condiciones normales del agua del mar | standard seawater conditions
condominio | codomain
conducción | conduction, conducting
conducción automática de trenes | automatic train operation
conducción bidireccional | two-way conduction
conducción complementaria | idler drive
conducción continua | holdover
conducción cruzada | cross conduction
conducción de cables | cable duct
conducción de corriente | current conduction
conducción de Townsend | Townsend discharge
conducción de un solo conducto | single-duct conduit
conducción eléctrica | electric conduction
conducción electrolítica | electrolytic conduction
conducción hueca | hole conduction
conducción intrínseca | intrinsic conduction

conducción iónica | ionic conduction
conducción metálica | metallic conduction
conducción oscura | dark conduction
conducción ósea | bone conduction
conducción para cables | cable duct, conduit
conducción por avalancha | avalanche conduction
conducción por electrones excedentes | excess conduction
conducción por electrones secundarios | secondary electron conduction
conducción por exceso | excess conduction
conducción por huecos | hole conduction
conducción por radio desde el punto de destino | radio homing
conducción subterránea [*de corriente positiva*] | drainage
conducción térmica | thermal conduction
conducido | driven
conducir | to carry
conductancia | conductance
conductancia anódica | AC conductance plate [USA]
conductancia de conversión | conversion conductance
conductancia de dispersión | leakance
conductancia de entrada | input conductance
conductancia de placa | plate conductance
conductancia de radiación | light transmission factor
conductancia de rectificación | conductance for rectification
conductancia de rejilla | grid conductance
conductancia de separación | gap conductance
conductancia del electrodo | electrode conductance
conductancia del electrolito | conductance of electrolyte
conductancia en cortocircuito | short-circuit conductance
conductancia equivalente | equivalent conductance
conductancia equivalente de ruido | equivalent noise conductance
conductancia específica | specific conductance
conductancia extrínseca | extrinsic conductance
conductancia interna de corriente continua | AC conductance anode [UK]
conductancia inversa | back conductance
conductancia iónica | ionic conductance
conductancia lumínica | light conductance

conductancia molecular | molar conductance
conductancia mutua | mutual conductance, transconductance
conductancia mutua de la lámpara | valve transconductance
conductancia mutua de la válvula | valve transconductance
conductancia negativa | negative conductance
conductancia normalizada | standard conductance
conductancia pelicular | film conductance
conductancia positiva | positive conductance
conductancia recíproca | mutual conductance, transconductance
conductancia superficial | surface conductance
conductímetro | conductimeter, conductivity meter
conductividad | conductivity
conductividad acústica | acoustic conductivity
conductividad bilateral | bilateral conductivity
conductividad de desequilibrio | nonequilibrium conductivity
conductividad de equilibrio | equilibrium conductivity
conductividad de tierra | earth conductivity
conductividad de un electrolito | electrolyte conductivity
conductividad efectiva | effective conductivity
conductividad eléctrica | electric (/electrical) conductivity
conductividad equivalente | equivalent conductivity
conductividad específica | specific conductivity
conductividad fotoeléctrica | photoelectric conductivity
conductividad inducida por bombardeo electrónico [*o de electrones*] | electron bombardment-induced conductivity
conductividad molecular | molecular conductivity
conductividad superficial | surface conductivity
conductividad térmica | thermal conductivity
conductividad térmica electrónica | electronic thermal conductivity
conductividad tipo N | N-type conductivity
conductividad tipo P | P-type conductivity
conductividad unidireccional | asymmetrical conductivity
conductividad unilateral | unilateral conductivity
conductividad volumétrica | volume conductivity
conductivo | conductive

conducto | spout
conducto atenuador de ruido | noise attenuating duct
conducto atmosférico | atmospheric duct
conducto atmosférico oceánico | ocean duct
conducto de acometida | service conduit
conducto de cemento | cement duct
conducto de enlace | split duct
conducto de hormigón subterráneo | underground cement duct
conducto de paredes finas | thin-walled conduit
conducto de recortes | chad chute
conducto de recortes de cinta | chad chute
conducto de unión | connecting duct
conducto de vía única | single-duct conduit
conducto eléctrico | raceway
conducto elevado | overhead conduit
conducto flexible | loom
conducto ignífugo | flameproof wire
conducto incombustible | flameproof wire
conducto influyente | influencing conductor
conducto luminoso | light guide
conducto magnetoiónico | magneto-ionic duct
conducto metálico rígido | rigid metal conduit
conducto monolítico | monolithic conduit, stoneware duct
conducto múltiple | duct route, line of ducts, multiple duct conduit
conducto multitubular | duct route, multiple duct conduit
conducto para cable de distribución | trough for distribution cable
conducto para cables | conduit
conducto para cables de energía eléctrica | power cableway
conducto para caja de distribución | trough for distribution cable
conducto para tendido interior de cables de trasmisión | power cableway
conducto portacable | duct
conducto protector | kickpipe
conducto refractario | flameproof wire
conducto rígido de acero | rigid steel conduit
conducto simple | single-duct conduit
conducto subsidiario | subsidiary conduit
conducto superficial | surface duct
conducto troposférico | tropospheric duct
conducto troposférico de radio | tropospheric radio duct
conducto unitario | single line of ducts
conductómetro | conductometer
conductor | conductor, cord, lead, wire
conductor aéreo | open-wire line
conductor aislado | cord, insulated conductor (/wire)

conductor aislado con telcoteno | telcothene-insulated conductor
conductor anular | annular conductor, ring main
conductor apantallado | screened (/shielded) wire
conductor asimétrico | unidirectional conductor
conductor auxiliar | pilot
conductor axial | axial lead
conductor bifilar | twin lead
conductor blindado con acero | steel-armoured conductor
conductor cableado | cable (/rope-stranded) conductor
conductor ciego | blind conductor
conductor coaxial | coaxial conductor
conductor compuesto | composite conductor
conductor con clavija acodada | right-angle connection
conductor conectado a la pieza | work lead
conductor conectado a una estación | home line
conductor corto | tail
conductor de aceleración | accelerating conductor
conductor de acero revestido de cobre | steel-copper wire
conductor de acometida | service lead (/wire)
conductor de alimentación | feed wire, power (/supply) lead
conductor de alimentación para centralita privada | PBX power lead
conductor de alma central | rope-lay cable (/conductor)
conductor de aluminio con alma de acero | steel-core aluminum conductor
conductor de aluminio plateado | silver-plated aluminium conductor
conductor de armadura | armature wire
conductor de calentamiento | heating conductor
conductor de capas concéntricas | concentric layer conductor
conductor de comienzo | start lead
conductor de conexión | lead-in wire
conductor de conexión soldada | solderable lead
conductor de contacto | contact conductor
conductor de derivación | pressure wire
conductor de descarga | bleeder
conductor de dispositivo de vídeo | video device driver
conductor de dos hilos | twin conductor
conductor de drenaje | drain conductor
conductor de empalme | jumper, tie wire
conductor de energía | power conductor

conductor de entrada | lead-in
conductor de fase neutra | neutral phase conductor
conductor de hilos trenzados | twisted wire conductor
conductor de ida | lead conductor
conductor de interconexión | hook-up wire
conductor de la fase | phase conductor
conductor de llamada para centralita privada | PBX ringing lead
conductor de malla | braid
conductor de masa | neutral conductor
conductor de protección | guard wire
conductor de prueba | private wire, test bar (/lead)
conductor de puesta a tierra | grounding conductor
conductor de referencia de la temperatura | temperature reference conductor
conductor de reserva | spare conductor (/wire)
conductor de retorno | return cable (/conductor, /lead)
conductor de retorno para la corriente de tracción | return propulsion current conductor
conductor de sector | sector conductor
conductor de segmentos | segmental conductor
conductor de señal | signal conductor (/lead)
conductor de señalización | signalling lead
conductor de servicio | service conductor
conductor de tierra | earth lead (/wire), ground conductor (/wire)
conductor de toma | tap conductor (/lead)
conductor de un instrumento | instrument driver
conductor de unión | bonding conductor
conductor defectuoso | poor conductor
conductor desnudo | bare conductor
conductor dieléctrico | dielectric wire
conductor dúplex | double conductor
conductor E | E lead
conductor electrolítico | electrolytic conductor
conductor en anillo | ring main
conductor en derivación | shunt lead
conductor en línea recta con clavija | straight-through connection
conductor en movimiento | moving conductor
conductor exterior | outer, outer conductor (/main), outside conductor
conductor flexible | flex, flexible bond (/lead), pigtail lead, tinsel conductor (/wire)
conductor formado por tiras | laminated conductor

conductor fortuito | fortuitous conductor
conductor ideal | perfect conductor
conductor imperfecto | imperfect conductor
conductor impreso | printed conductor
conductor indicador de la temperatura | temperature reference conductor
conductor influenciado | influenced conductor
conductor interno | inner conductor
conductor interno para empalme | splicing inner conductor
conductor libre | spare wire, vacant conductor
conductor M de señalización | M signalling lead
conductor macizo | solid conductor
conductor macizo blindado | shielded solid conductor
conductor móvil | moving conductor
conductor múltiple | multiple conductor
conductor negativo | negative conductor (/wire)
conductor neutro | neutral (conductor), neutral phase conductor, third wire
conductor normalizado de oropel | standard tinsel conductor
conductor óptico | optical conductor
conductor pelicular | film conductor
conductor perfecto | perfect conductor
conductor perfilado | shaped conductor
conductor perturbador | disturbing conductor
conductor piloto | pilot wire
conductor plano | flat conductor
conductor primario automotor | automotive primary wire
conductor principal | main (lead)
conductor puesto a tierra | grounded conductor
conductor radial | radial conductor (/lead)
conductor redondo | round conductor
conductor resistivo | resistive conductor
conductor rociado al fuego | flame-sprayed conductor
conductor segmentado | segmental conductor
conductor sencillo | solid conductor
conductor sinterizado | sintered conductor
conductor sólido | solid conductor
conductor suelto | wandering conductor
conductor térmico | thermal conductor
conductor tipo P | P-type conductor
conductor trenzado | rope-lay strand (/cable, /conductor), stranded conductor
conductor trenzado de cobre | stranded copper
conductor tríplex | triple conductor
conductor único | solid conductor

conductor vacante | spare wire, vacant conductor
conductores de freno | brake wire
conductores de fuerza | power mains
conductores fundidos | fused conductors
conectable directamente | plug (/plug-to-plug) compatible
conectable mediante enchufe | pluggable
conectado | hot, on, online; connected
conectado a tierra | earthed [UK], grounded [USA]
conectado-desconectado | on-off
conectado eléctricamente | electrically connected
conectado en derivación | shunt-connected
conectado en estrella | star-connected
conectado en estrella en serie | series-star-connected
conectado en paralelo | parallel-connected
conectado en serie | series-connected
conectado en zigzag | zigzag-connected
conectado permanentemente | permanently connected
conectado por detrás | back connected
conectado por enlace directo | linked
conectador | connector
conectador con toma de tierra | grounded outlet
conectador de línea | line connector
conectador irreversible | nonreversible connector
conectador reductor | reducing couple
conectar | to attach, to connect, to cut in, to put through, to switch in, to switch on, to turn on, to wire; [*un ordenador portátil a una unidad de acoplamiento*] to dock
conectar a masa | to put on (/to) earth [UK]
conectar a tierra | to earth, to put on (/to) earth [UK]
conectar en bucle | to loop in
conectar en derivación | to shunt
conectar en paralelo | to multiply, to shunt
conectar una batería entre las placas del capacitor | to connect a battery across the capacitor
conectarse | to tap into
conectividad | connectivity
conectividad abierta para operaciones financieras [*especificación de Microsoft*] | open financial connectivity
conectividad k | K-connectivity
conectividad múltiple [*para compartir datos a través de múltiples medios*] | any-to-any connectivity
conectoide [*tipo de icono de Windows*] | connectoid
conector | connector, contact unit, contactor, inlet plug and socket, pin, slot; junctor [USA]

conector a presión | solderless connector
conector áureo | gold connector
conector auxiliar | feature connector
conector bicónico | biconical (ferrule) connector
conector bifurcado | bifurcated connector
conector BNC | BNC connector = bayonet-Neill-Concelman connector
conector coaxial de ángulo recto | right-angle coaxial connector
conector coaxial hermafrodita | hermaphrodite coaxial connector
conector con contactos de horquilla | spade contact connector
conector con enclavamiento | twist-lock connector
conector cónico plateado | silver bullet
conector DAV [*conector de audio/vídeo digital*] | DAV connector = digital audio/video connector
conector DB [*conector para bus de datos*] | DB connector = data bus connector
conector de alimentación | power connector
conector de alimentación de bastidor | bay power connector
conector de alimentación del ventilador | fan power connector
conector de alimentación principal | primary power connector
conector de altavoz | speaker connector
conector de anillo partido | split-ring connector
conector de audio | audio connector
conector de audio/vídeo digital | digital audio/video connector
conector de baja fuerza de inserción | low insertion force connector
conector de banana | banana plug
conector de borde | edge (/card-edge) connector
conector de borde de placa | edge board connector
conector de brida | flange connector
conector de cable | cable connector
conector de cable de soldadura | welding cable connector
conector de cable plano | ribbon cable connector
conector de clavija y base | plug-and-jack connector
conector de clavijas | plug-and-block connector
conector de comunicaciones | communication jack
conector de contacto plano | ribbon contact connector
conector de corrientes especiales | ferrule connector (/connection)
conector de cuatro vías | four-way jack
conector de derivación | tap connector

conector de encendido/apagado | on/off connector
conector de enchufe | plug connector
conector de engranaje | snap connector
conector de enlace | junctor coupler
conector de entrada | input pin
conector de entrada/salida | input/output connector
conector de entrada/salida de línea | line in/line out connector
conector de expansión | expansion connector
conector de Fahnestock | Fahnestock clip
conector de fibras ópticas | fibre-optic splice
conector de fuerza de inserción cero | zero insertion force connector
conector de función | feature connector
conector de funcionamiento secuencial | sequential operating connector
conector de guía de ondas | waveguide connector
conector de guiaondas | waveguide connector (/shim)
conector de haz | bundle connector
conector de hilos | wiring connector
conector de hoja | foil connector
conector de horquilla | spade connector
conector de infrarrojo | Infrared connector (/switch)
conector de la fuente de alimentación | power supply connector
conector de línea dúplex | two-party-line junctor
conector de medición | test jack
conector de módulos | modular connector
conector de múltiples contactos | multipin (/multiwire) connector, multipin plug
conector de pared | wall outlet
conector de paso a través | pass-through connector
conector de preselección | preselection coupler
conector de presión | pressure (/pressure-type) connector
conector de prueba | test connector (/jack)
conector de puerto paralelo | parallel port connector
conector de puerto serie | serial port connector
conector de radiofrecuencia | RF connector = radiofrequency contactor
conector de redefinición | reset connector
conector de reposo/espera | line in / line out connector, sleep / resume connector
conector de resorte | spring (/spring-type) connector
conector de resorte para conexión sin soldadura | solderless spring-type connector

conector de rosca | screw-on connector
conector de ruptura | load break connector
conector de salida para recepción múltiplex | multiplex output jack
conector de selección | selection coupler
conector de servicio | service connector
conector de tapa con cadena | cap-and-chain connector
conector de teléfono | phone connector
conector de tiempo regulable | variable time contactor
conector de tipo de cuña | wedge-type connector
conector de toma | receptacle connector
conector de tope | butt connector
conector de traductor | translator connection (/coupler)
conector de unidad de disquete | diskette (/floppy) drive connector
conector de varias filas de contactos | multideck connector
conector de varias hileras de contactos | multideck connector
conector de vídeo S [*que separa la crominancia de la luminancia*] | S-video connector
conector DIN | DIN connector
conector e indicador combinados | combined jack and signal
conector elástico | spring connector
conector en paralelo | parallel connector
conector en T | T connector = tee connector
conector en Y | Y connector, Y fitting
conector enchufable | plug-in connector
conector F [*tipo de conector coaxial para vídeo*] | F connector
conector 'finger splice' [*conector óptico especial desmontable y reutilizable*] | finger splice
conector fuente | source connector
conector hembra | female connector (/contact), plug body
conector hermafrodita | hermaphrodite connector
conector IDE | IDE connector
conector inteligente | smart jack, intelligent hub
conector interfacial | feedthrough
conector libre | free connector
conector local | calling jack
conector macho | male (/socket) plug, plug (/male) connector
conector macho con toma de tierra | grounding-type male plug
conector macho de dos conductores | two-conductor plug
conector macho de múltiples clavijas (/contactos) | multiway plug

conector macho de tres conductores | three-conductor plug
conector metálico de componente [*por ejemplo de resistores o capacidades*]; interlineado [*en tipografía*] | lead
conector multiclavija | multipin connector
conector múltiple | crab, multicontact (/multiwire) connector, tie piece
conector multipolar | multipolar switch
conector mural | wall outlet
conector neutro | sexless connector
conector octal | octal plug
conector óptico subminiatura tipo A | subminiature assembly connector
conector para bus de datos | data bus connector
conector para cable sin soldadura | solderless wire connector
conector para circuitos impresos | printed circuit connector
conector para micrófono | phone connector
conector paralelo | parallel connector
conector pasante para panel | panel feedthrough connector
conector PCMCIA [*conector hembra de 68 pines*] | PCMCIA connector
conector plano | plain connector
conector polarizado | polarized plug (/outlet)
conector rápido | quick connector
conector RCA | RCA connector
conector recto | straight connector
conector SCSI | SCSI connector
conector sencillo | plain connector
conector serie | serial connector
conector sin rosca | threadless connector
conector sin soldadura | solderless connector
conector SMA [*conector óptico subminiatura tipo A*] | SMA connector = subminiature assembly connector
conector ST | ST connector = straigh tip connector
conector terminal | terminal connector
conector tipo banana | banana jack
conector tipo resorte | spring-type connector
conector tripolar | three-phase connection
conector turbo | turbo connector
conector umbilical | umbilical connector
conector variable | variable connector
conectores multicontacto | self-aligning contacts
conexión | attachment, branch circuit, branching, connection, hook-up, joint, junction, link, patch-in, splice, splicing, switching, switching-on
conexión a la central | exchange connection
conexión a masa | chassis earth, grounding
conexión a potencial de referencia | clamping
conexión a presión | solderless connection
conexión a red por módem | dial-up networking
conexión a tierra | bonding, grounding
conexión acuñada | pin-type bond, pressed-type bond
conexión arrollada | wrapped connection
conexión autocontrolada | reliable connection
conexión autocontrolada de datos | auto-reliable data connection
conexión automática | automatic connection
conexión bajo presión | wet connection
conexión compatible | plug-compatible
conexión completa a tierra | total earth
conexión con base a masa | grounded base connection
conexión con colector a masa | grounded collector connection
conexión con la policía | police connection
conexión con oscilación | wobble bond
conexión cruzada | cross connection, cross-connect
conexión Darlington | Darlington connection
conexión de abonado | subscriber connection
conexión de agujero pasante | through-hole connection
conexión de alimentación eléctrica | power line lead
conexión de alternadores en paralelo | paralleling of alternators
conexión de antena | aerial connection
conexión de araña | spider bonding
conexión de base común | common base connection
conexión de cableado | ranging
conexión de canal a canal | channel-to-channel connection
conexión de casquillo octal | octal base connection
conexión de cierre | choke joint
conexión de circuito polifásico | connection of polyphase circuit
conexión de clavija | plug connection
conexión de colector común | common collector connection
conexión de cuatro elementos | quadding
conexión de dos etapas en serie | series cascade connection
conexión de drenaje | drainage connection
conexión de electrodo | lead-in wire
conexión de electrómetro | connection of electrometer
conexión de emisor común | common emitter connection
conexión de entrada de disposición y reposición | set and reset input connection
conexión de equilibrio | equalizing connection
conexión de guiaondas | waveguide connection
conexión de intercomunicación | interface connection
conexión de interfaz | interface connection
conexión de Leblanc | Leblanc connection
conexión de paso | through connection
conexión de paso de alimentación | feed-thru connection [USA]
conexión de patilla | pin connection
conexión de potencia | power connection
conexión de puente | strapping
conexión de puente de tránsito | through strapping
conexión de puenteado | bridging connection
conexión de puesta a tierra | grounding connection (/cable bond)
conexión de redes | networking
conexión de rejilla abierta | open-grid connection
conexión de resina | rosin connection
conexión de Scott | Scott connection
conexión de señalización | signalling connection
conexión de servicio compartido | shared service connection
conexión de sobretensión | overvoltage connection
conexión de Taylor | Taylor connection
conexión de toma | wet connection
conexión de trasformador monofásico sobre línea trifásica | open-delta connection
conexión de vatímetro | wattmeter connection
conexión de vía | route connection
conexión de X | X plug
conexión del flujo | flux linkage
conexión derivada | loop through
conexión descendente | downlink
conexión directa | direct connection
conexión directa a tierra | solid earth [UK], solid ground [USA]
conexión directa en caliente | hot plugging (/swapping)
conexión directa por cable | direct cable connection
conexión doble | double connection
conexión elástica | pigtail splice
conexión eléctrica de carriles | rail bond
conexión eléctrica soldada | welded electric connection
conexión eléctrica soldada por fusión | welded electric connection
conexión elevadora | step-up connection

conexión en anillo | ring connection
conexión en antiparalelo | back-to-back circuit
conexión en audiofrecuencia | audio-audio connection
conexión en batería | bused interface, daisychain
conexión en bola | ball bonding
conexión en caliente [*de un portátil a una unidad de ampliación*] | hot docking
conexión en cascada | cascade (/tandem) connection, cascading
conexión en circuito | looping-in
conexión en contrafase | pushpull connection
conexión en cuña | wedge bonding
conexión en delta | delta connection
conexión en delta abierta | open-delta connection
conexión en derivación | parallel (/shunt) connection, shunt-connecting
conexión en estrella | star (/wye) connection, Y connection
conexión en estrella-estrella | Y-Y connection
conexión en estrella-triángulo | star-delta connection, wye-delta connection
conexión en grupo | group link
conexión en grupo secundario | supergroup link
conexión en línea ocupada | overplugging
conexión en oposición | back-to-back circuit (/connection)
conexión en paralelo | parallel connection, connection in parallel
conexión en paso | through connection
conexión en puente | bridge circuit, strapping
conexión en puente de tránsito de tipo permanente | permanent through-strapping
conexión en puente del magnetrón | magnetron strapping
conexión en serie | series (/tandem) connection
conexión en serie-paralelo | multiple series connection, series-parallel connection
conexión en supergrupo | supergroup link
conexión en T | T connection
conexión en tándem | tandem connection
conexión en triángulo | delta connection
conexión en U | U link, rider
conexión en V | V connection
conexión en Y-delta | star-delta connection
conexión en zigzag | zigzag connection
conexión encajada | snap-in
conexión enchufable | jack-in connection, plug-in connection

conexión entre capas | interlayer connection
conexión entre hardware [*para establecimiento de comunicación*] | hardware handshake
conexión entre placas | interlayer connection
conexión entre sustratos | interlayer connection
conexión equipotencial | equipotential connection
conexión espía | wiretap
conexión estampada | pressed-type bond
conexión estanca al gas | gas-tight connection
conexión estrella-estrella | star-star connection
conexión flexible | flexible coupling
conexión fonográfica | phono lead, phonograph connection
conexión fusible | fusible link
conexión giratoria | rotary coupler
conexión grapinada | wrapped (/wire-wrap) connection
conexión grapinada sin soldadura | solderless wrapped connection
conexión heterostática | heterostatic connection
conexión hexafásica en anillo | six-phase ring connection
conexión hexafásica en estrella | six-phase star connection
conexión impresa | pressed-type bond
conexión inductiva de los carriles | inductive rail connection
conexión interfacial | interfacial (/through-hole) connection
conexión interfacial chapada | plated-through interface connection
conexión interfacial por agujero metalizado | plated-through interface connection
conexión interna | internal connection
conexión inversora | inverting connection
conexión metálica a tierra | direct ground
conexión múltiple | multiple (/multicircuit) connection, tie piece
conexión multipunto | multipoint connection
conexión no inversora | noninverting connection
conexión normal | normal connection
conexión oscilante | toggle
conexión para elevación de tensión | step-up connection
conexión para pruebas en poste | test pole connection
conexión paralelo inversa | inverse parallel connection
conexión perfecta a tierra | dead earth [UK]
conexión por aprisionamiento | cut down
conexión por arrollamiento | wire wrap

conexión por arrollamiento de hilos | wire wrapping
conexión por cable múltiple | split wiring
conexión por circuito privado | private wire connection
conexión por conmutación | switched connection
conexión por desplazamiento del aislante | cut down, insulation displacement connection
conexión por grapinado | wire-wrap connection
conexión por hilo privado | private wire connection
conexión por línea conmutada | dial-up
conexión por línea directa | private line connection
conexión por red de líneas conmutadas | switched network connection
conexión por termocompresión | thermocompression bonding
conexión principal entre posiciones | interposition trunk
conexión provisional | jump, patching, patch
conexión provisional de puente | jump
conexión punto a multipunto | point-to-multipoint connection
conexión punto a punto | point-to-point connection
conexión radial | radial lead
conexión rápida | quick-connecting
conexión recíproca | back-to-back connection
conexión remota | remote login
conexión semipermanente | semi-permanent connection
conexión serie | serial in
conexión simétrica | pushpull connection
conexión sin soldadura | solderless connection
conexión soldada | britannia joint, soldered connection (/joint), welded bond (/connection)
conexión soldada en frío | cold junction
conexión suicida | suicide connection
conexión sumadora | summing junction
conexión terminal | dead end tie
conexión trasversal | through connection
conexión trasversal con hilo | wire through connection
conexión trifásica en ángulo abierto | three-phase open-delta connection
conexión trifásica en delta abierta | three-phase open-delta connection
conexión trifásica en estrella | three-phase wye connection
conexión tripolar | three-pin connection
conexión unifilar | single-wire connection

conexión virtual | virtual connection
conexión volante | jumper
conexión y uso inmediato | plug and play
conexión y uso inmediato universal | universal plug and play
conexión Y-Y | star-star connection
conexionado | connecting
conexionado auxiliar | small wiring
conexionado de cables | wiring
conexionado de puentes | strapping
conexionado impreso | printed wiring
conexionado múltiple | multicircuit connection
conexionado prefabricado | prefabricated wiring
conexiones para control de símbolos | symbol control plugging
conferencia | conference; message; talk; meet-me
conferencia cobrable | chargeable call
conferencia de bolsa | stock exchange call
conferencia de bolsa de valores | stock exchange call
conferencia de cobro revertido | collect call
conferencia de datos [*participación simultánea en intercambio de datos entre lugares geográficos distintos*] | data conferencing
conferencia de encuentro | meet-me conference
conferencia de socorro | distress call
conferencia en grupo | room conferencing
conferencia en tiempo real | real-time conferencing
conferencia fortuita a hora fija | occasional fixed-time call
conferencia incremental [*en telefonía móvil*] | add-on-conference
conferencia interurbana | trunk call
conferencia local | local trunk
conferencia múltiple | conference, meet me
conferencia multipunto | multipoint conference
conferencia pagada | chargeable call
conferencia por ordenador [*entre participantes que están en distintos lugares geográficos*] | desktop (/computer) conferencing
conferencia privada ordinaria | ordinary private call
conferencia privada urgente | urgent private call
conferencia publicitaria | demonstrating call
conferencia reducida | reduced conference
conferencia telefónica colectiva | conference call
conferencia telefónica múltiple | conference call
conferencia telegráfica | telegraph conversation
conferencia tripartita | three party (/way conference); [*conferencia para añadir un tercer abonado*] add on
conferencia urgente | urgent call
confeti | chad, confetti
configuración | arrangement, frame, configuration, pattern, settings, setup
configuración atómica | atomic arrangement (/configuration)
configuración automática | auto-configuration
configuracion avanzada del grupo de chips | advanced chipset configuration
configuración conmutada [*para encaminamiento de la señal*] | switched configuration
configuración de campo mínimo | minimum configuration
configuración de circuitos impresos | printed circuit configuration
configuración de conexión y uso inmediato | plug-and-play configuration
configuración de contrarreacción | negative feedback arrangement
configuración de electrones | electron configuration
configuración de impresora | printer settings
configuración de la gestión de energía | power management configuration
configuración de las ondas estacionarias | standing wave pattern
configuración de los pines de conexión | pin configuration
configuración de periféricos | peripheral configuration
configuración de pistas | track configuration
configuración de prueba del código Gray | Gray code test pattern
configuración de referencia | reference configuration
configuración de resistencia constante | constant resistance structure
configuración de resistencia y capacidad | resistance-capacitance arrangement
configuración de taladrado | hole pattern
configuración de teclado | keyboard layout
configuración de trenzado | strand lay
configuración en contrafase | pushpull configuration (/connection)
configuración en contrafase en tándem | pushpull tandem arrangement
configuración en contrafase paralelo | push-push configuration
configuración en lazo | loop configuration
configuración en simulación | pattern
configuración física | physical configuration
configuración geométrica | geometrical configuration
configuración manual | manual configured
configuración mínima | minimum configuration
configuración monoválvula | single-valve arrangement
configuración multilínea | square configuration
configuración multipunto | multipoint configuration
configuración normalizada de agujeros | standard hole pattern
configuración por defecto | default configuration
configuración punto a punto | point-to-point configuration
configuración radial | radial pattern
configuración ramificada | radial pattern
configuración / reconfiguración | set /reset
configuración simétrica | pushpull, push-pull, pushpull arrangement (/connection)
configuración simétrica-asimétrica | [*configuración con entrada simétrica y salida asimétrica*] | single-ended push-pull configuration
configuración topológica | topology
configuración trifásica en estrella | three-phase wye configuration
configurado en | configured-in, configured-off, configured-out
configurar | to configure, to setup, to set
confinamiento | containment
confinamiento adiabático | adiabatic containment
confinamiento de plasma | plasma confinement
confirmación | confirmation, referencing; acknowledgement
confirmar | to check, to confirm, to establish; to quit
confirme la nueva contraseña | confirm new password
conflicto | conflict
conflicto de acceso al canal | access contention of channel
conflicto de IRQ | IRQ conflict
conflicto de memoria | memory conflict
conflicto de nombre | name conflict
conflicto de puerto | port conflict
conflicto de recursos | resource conflict
conflicto de recursos de puerto paralelo | parallel port resource conflict
conformación | shaping
conformación de impulsos | pulse shaping (/reshaping, /forming)
conformación de onda | wave shaping
conformación de ondas | waveform shaping
conformación lineal de ondas | linear waveform shaping, waveform shaping linear
conformación no lineal de ondas | nonlinear waveform shaping, waveform shaping nonlinear

conformado | forming
conformado eléctrico | electric (/electrical) forming
conformador de impulsos | pulse shaper (/reshaper)
conformador en puente | recording bridge
conformador telegráfico | recording unit
conforme | agree
conforme a | accordingly
conformidad | conformity
confusión | confusion
confusión de ángulo | angle jamming
confusión del radar enemigo mediante elementos reflectores | reflective jamming
congelación magnética | magnetic freezing
congelador de imagen | frame grabber
congelar | to crash
congestión | blocking, congestion
congestión del espectro | spectrum congestion
congestión del tráfico | pressure of traffic
cónico | conical
conjugación | conjugation
conjugación de carga | charge conjugation
conjugación de fase | phase conjugacy
conjugado | conjugate
conjunción | conjunction
conjunto | aggregate, array, assembly, cluster, ensemble, set, setup
conjunto bien ordenado | well-ordered set
conjunto combustible | fuel assembly
conjunto completo | package unit
conjunto cortable | cut set
conjunto crítico | critical assembly
conjunto de alta densidad | high-density assembly
conjunto de antenas | array
conjunto de armazón | frame assembly
conjunto de armónicos | harmonic content
conjunto de bastidor | frame (/rack) assembly
conjunto de bastidores | rack assembly
conjunto de blindaje | shielding harness
conjunto de bocina y lente acústica | horn lens assembly
conjunto de cabeza enchufable | plug-in head assembly
conjunto de capacidades [*en red inteligente*] | capability set
conjunto de caracteres | character set
conjunto de centelleador y fotomultiplicador | scintillator-photomultiplier assembly
conjunto de chips | chipset
conjunto de circuito impreso | printed circuit assembly

conjunto de circuitos | circuitry
conjunto de circuitos del hardware | hardware circuitry
conjunto de colores | colour set
conjunto de componentes físicos | hardware
conjunto de conexionado impreso | printed wiring assembly
conjunto de corte | cut-set
conjunto de cubierta de llaves conmutadoras | switch housing assembly
conjunto de datos | data set
conjunto de datos dispuesto | data set ready
conjunto de datos preparado | data set ready
conjunto de distribución eléctrica | electric service assembly
conjunto de elementos capaces de numeración sucesiva | denumerable set
conjunto de espoleta de proximidad | proximity fuse assembly
conjunto de excéntricas | eccentric assembly
conjunto de excéntricas izquierdas | left eccentric assembly
conjunto de frecuencia normalizada | standard frequency assembly
conjunto de fuente de corriente y condensador | source-condenser assembly
conjunto de fuente y condensador | source-condenser assembly
conjunto de grupos de antenas | array of aerial arrays
conjunto de iconos | icon set
conjunto de instrucciones | instruction set (/repertoire, /mix)
conjunto de interconexiones impresas | printed wiring assembly
conjunto de interfaces comunes | common interface set
conjunto de la bobina móvil | moving coil system
conjunto de la sonda | probe assembly
conjunto de la unidad de almacenamiento | storage unit assembly
conjunto de leva | can assembly
conjunto de medida | measuring assembly
conjunto de montaje | kit
conjunto de montaje prototipo | prototyping kit
conjunto de muestra radiactiva | borehole radio-log
conjunto de ocho bits | byte octet
conjunto de picorredes [*conjunto de redes de dispositivos Bluetooth capaces de comunicarse entre sí*] | scatternet
conjunto de programas | software
conjunto de radioprospección | radio-prospecting assembly
conjunto de recuentos por unidad de tiempo | pulse counting ratemeter assembly

conjunto de relés | relay set
conjunto de retención | detent assembly
conjunto de rutinas gráficas | graphics kernel set
conjunto de seguridad | safety assembly
conjunto de seguridad de parada de emergencia | elementary shutdown safety assembly
conjunto de seguridad de parada normal | normal shut-down safety assembly
conjunto de seguridad programado | programmed action safety assembly
conjunto de servicio básico [*unidades de comunicación en una LAN inalámbrica*] | basic service set
conjunto de sintonizador y amplificador | tuner-amplifier combination
conjunto de terminales no inteligentes | cluster
conjunto de trasformador y filtro | transformer-filter assembly
conjunto de trasformador y rectificador | transformer-rectifier assembly
conjunto de valores | value set
conjunto de varias salidas | multioutlet assembly
conjunto de varios altavoces | multiple loudspeaker assembly
conjunto del electroimán | magnet assembly
conjunto del fiador de avance | feed-out bail assembly
conjunto del fiador principal | main bail assembly
conjunto dirigido | directed set
conjunto duplexor | duplexing assembly
conjunto embebido | potted assembly
conjunto emisor-receptor TACAN | TACAN transmitter-receiver unit
conjunto en tándem | gang
conjunto exponencial | exponential assembly, power set
conjunto fásico de antenas | phased array
conjunto finito | finite set
conjunto fuente | source set
conjunto híbrido | hybrid set
conjunto impreso | printed assembly
conjunto integral de circuitos | integral circuit package
conjunto multidecádico | multiple decade assembly
conjunto parcialmente ordenado | partially ordered set
conjunto plano | flatpack
conjunto potenciométrico | potentiometer unit
conjunto QRS [*parte de la onda de un electrocardiograma que va del punto Q al punto S*] | QRS complex
conjunto rectangular | rectangular array
conjunto rectificador | rectifier unit

conjunto recursivamente enumerable | recursively enumerable set
conjunto regular | regular set (/language), rational language
conjunto rotatorio paso a paso | rotary stepping relay
conjunto soldado | bonded assembly
conjunto subcrítico | subcritical assembly
conjunto terminal | local end, terminal assembly
conjunto terminal de distribución | distributing terminal assembly
conjunto vacío | empty (/null, /void) set
conjuntor | closer, cut in
conjuntor-disyuntor | line breaker
CONLAB [*lenguaje consensuado*] | CONLAB = consensus language
CONM = conmutador, interruptor | SW = switch
conmutable por cordón | patchable
conmutación | changeover, commutating, commutation, switch, switch action, switching, switchover
conmutación a columnas | column switching
conmutación a distancia [*en redes telefónicas*] | remote switch
conmutación abierto-cerrado | on-off switching
conmutación activada por la voz | voice-operated switching
conmutación alternante | flip-flop operation
conmutación aumentada | augmented toggling
conmutación automática | machine switching
conmutación capacitiva de lóbulos | capacitance beam switching
conmutación completa | full toggle
conmutación con escala | store-and-forward switching
conmutación con retransmisión por cinta perforada | reperforator switching
conmutación de bancos | bank switching
conmutación de barrido | sweep switching
conmutación de cabezales [*de lectura/escritura*] | head switching
conmutación de canal(es) | channel switching
conmutación de categorías [*por la operadora*] | class of service changeover
conmutación de categorías desde un ordenador | class of service changeover under program control
conmutación de circuitos | circuit switching
conmutación de circuitos de banda ancha | wideband switching
conmutación de circuitos radiofónicos | program switching
conmutación de contexto [*en operaciones multitarea*] | context switching

conmutación de entrada/salida | input/output switching
conmutación de gamas | range switching
conmutación de impulsos | pulse switching
conmutación de inserción | insertion switch
conmutación de la comunicación | handoff
conmutación de la gama de medición | changing of the measuring range, range changing
conmutación de la llamada en uso | handover
conmutación de línea | line switching
conmutación de lóbulos | lobing; [*en radar*] beam (/lobe) switching
conmutación de lóbulos de antena | aerial switching
conmutación de lóbulos simultánea | simultaneous lobing
conmutación de los colores | colour switching
conmutación de márgenes | range switching
conmutación de mensajes | message switching
conmutación de paquetes | packet assembly/disassembly facility; packet mode (/switching)
conmutación de paso | through switching
conmutación de privilegios | class of service changeover
conmutación de programas | program switching
conmutación de pulsación para hablar y liberación para escuchar | push-to-talk release-to-listen switching
conmutación de Q | Q switching
conmutación de Q por ftalocianina | phthalocyanine Q switching
conmutación de recepción | receiving gating
conmutación de receptores | receiver changeover
conmutación de redes de distribución | switching of power networks
conmutación de tecnología combinada | merged technology switch
conmutación de trasmisores | transmitter changeover
conmutación de umbral | threshold switching
conmutación de usuario a usuario | user-to-user switching
conmutación de velocidad | speed switching
conmutación de vídeo | video switching
conmutación del haz | split
conmutación del receptor | receiver gating
conmutación eléctrica entre circuitos | electric intercircuit switching
conmutación electrónica | electronic switching, gating, sampling
conmutación electrónica de colores | sampling
conmutación en el tiempo | time division switching
conmutación en tiempo real | real-time switching
conmutacion entre campos de identificación | tag switching
conmutación E/S = conmutación de entrada/salida | I/O switching = input/output switching
conmutación escalonada | notching
conmutación espacial | space division switching
conmutación espacial digital | digital space division switching
conmutación estática | static switching
conmutación instantánea | fast turnaround
conmutación inversora de canales | channel-reversing swith
conmutación IP | IP switching
conmutación manual | manual switching
conmutación manual por cordones | manual patch
conmutación mecánica | machine switching
conmutación múltiple | multiswitching, multiple switching
conmutación multiprotocolo basada en etiquetas | multiprotocol label switching
conmutación no puenteante | non-bridging switching
conmutación por cordones | manual patch
conmutación por elementos de estado sólido | solid-state commutation
conmutación por paquetes [*de longitud fija*] | cell relay
conmutación por pulsadores | push-button switching
conmutación radiofónica | program switching
conmutación rápida de paquetes | fast packet switching
conmutación secuencial | sequential switching
conmutación secuencial de lóbulos | sequential lobing
conmutación semiautomática | semi-automatic switching
conmutación semiautomática con retrasmisión por cinta perforada | semiautomatic reperforator switching
conmutación sin chispas | sparkless commutation
conmutación sin puntas de tensión | spikeless switching
conmutación telefónica | telephone switching
conmutación telegráfica | telegraph switching
conmutación temporal | time switch (/division switching)

conmutación totalmente automática | fully automatic switching
conmutación ultrarrápida | ultrahigh speed switching
conmutador | changeover switch, commutator, cutout, final selector, key, selector, switch, switcher, switching unit; [*entre dos estados*] toggle
conmutador a distancia | teleswitch
conmutador a prueba de explosiones | explosionproof switch
conmutador a tensión nula | zero-voltage switch
conmutador A/B [*conmutador con dos salidas*] | A/B switch box
conmutador accionado por presión | pressure-actuated switch
conmutador activado por la luz | light-activated switch
conmutador anticapacitivo | anticapacitance switch
conmutador automático | automatic switchboard (/switching equipment)
conmutador banco-escobilla | bank-and-wiper switch
conmutador basculante | rocker (/toggle) switch
conmutador bávaro | Swiss commutator
conmutador bilateral de silicio | silicon bilateral switch
conmutador bipolar | two-gang switch, two-pole switch
conmutador bipolar de dos posiciones | double-pole double-throw
conmutador bipolar de una dirección | single-throw double-pole switch
conmutador bipolar de una vía | single-throw double-pole switch
conmutador buscador | finder switch
conmutador buscador de línea | line-finder switch
conmutador cíclico | alternating flasher, commutator switch, cycle timer
conmutador con cubierta | enclosed switch
conmutador con enclavamiento | maintained switch
conmutador con retén automático | self-latching switch
conmutador controlador de silicio de base difusa | ground-diffused silicon-controlled switch
conmutador corredizo | slider switch
conmutador de acceso autorizado | authorized access switch
conmutador de acción rápida | rapid action switch, snap-acting switch
conmutador de acción rápida de precisión | precision snap-acting switch
conmutador de accionamiento corredizo | slide-action switch
conmutador de accionamiento rotativo | rotary action switch
conmutador de adaptación de carga | load-matching switch
conmutador de aislamiento | isolating switch

conmutador de ajuste de carga | load-matching switch
conmutador de almacenamiento y retrasmisión | store-and-forward message switch
conmutador de anillo | ring switch
conmutador de antena | aerial (changeover) switch
conmutador de arco | arc switch
conmutador de arranque y parada | start-stop switch (/station)
conmutador de asa | spade handle switch
conmutador de asidero | spade handle switch
conmutador de avance paso a paso | stepping switch
conmutador de avance por pasos | step switch
conmutador de banda | range (selector) switch; [*de ondas*] waveband switch
conmutador de banda base múltiplex | multiplex baseband switch
conmutador de bandas | band switch
conmutador de bandas de varias secciones | multisection bandswitch
conmutador de barras codificadoras | code bar switch
conmutador de barras cruzadas | crossbar switch
conmutador de botón deslizante | slide lever switch
conmutador de cámara resonante | resonant chamber switch
conmutador de cambio de función | setup change switch
conmutador de capacidad | capacitance switch
conmutador de carga | load (/regulating) switch
conmutador de carga reversible | reversing charging switch
conmutador de cavidad resonante | resonant chamber switch
conmutador de ciclos | cycle timer
conmutador de cierre antes de apertura | make-before-break switch
conmutador de cierre hermético | environmentproof switch
conmutador de circuito impreso | printed circuit switch
conmutador de clavija | pin switch
conmutador de clavijas | patchboard, plug board (/switch)
conmutador de comunicaciones | communication switch
conmutador de conexión y desconexión | on-off switch
conmutador de contacto a presión | pressure contact switch
conmutador de contacto con frotamiento | wiping contact switch
conmutador de contacto cortocircuitante | shorting (/short-contact, /shorting contact) switch
conmutador de contacto de cuchilla | knife contact switch

conmutador de contactos deslizantes | sliding-contact commutator
conmutador de contactos duros | hard contact switch
conmutador de contactos escalonados | step (/stepping) switch
conmutador de contactos mantenidos | maintained contact switch
conmutador de control | control switch
conmutador de corriente | reverse (/reversing) key
conmutador de corriente alterna de silicio controlado por puerta | silicon gate-controlled AC switch
conmutador de corriente continua | direct current commutator
conmutador de corte | cutoff switch
conmutador de cortocircuito | short-circuiter, short-circuiting switch
conmutador de datos | data switcher (/switch)
conmutador de derivaciones | tap (/tapping) switch
conmutador de diodo | diode switch
conmutador de disminución de intensidad de señal | signal-muting switch
conmutador de distribución de vídeo | video switcher
conmutador de división de tiempo | time division switch
conmutador de doble caída | double throw switch
conmutador de doble polo y doble tiro | double-pole double-throw switch
conmutador de doble polo y simple tiro | double-pole single-throw switch
conmutador de doble ruptura | double break switch
conmutador de dos movimientos | double motion switch
conmutador de dos polos | two-pole switch
conmutador de dos posiciones | biswitch, throwover (/two-position, /two-throw, /two-way) switch
conmutador de dos vías | throwover switch
conmutador de efecto Hall | Hall-effect switch
conmutador de emisión/recepción | TR switch = transmit/receive switch; send-receive key (/switch), talk-listen switch
conmutador de emisiones telefónicas | remote deskset switch unit
conmutador de encendido y apagado | on-off switch
conmutador de enclavamiento | interlock switch
conmutador de escala de distancia | range (selector) switch
conmutador de espacios de trabajo | workspace switch
conmutador de espera | standby switch
conmutador de estado sólido | solid-

state switch
conmutador de estrella-triángulo | star-delta switch
conmutador de exploración | scanner switch
conmutador de extremo muerto | dead end switch
conmutador de ferrita de enganche por impulso | pulse-latched ferrite switch
conmutador de filtro contra el ruido de fondo | rumble filter switch
conmutador de fuentes | source assignment switcher
conmutador de función monoentrada-multisalida | one-many function switch
conmutador de funciones | function switch
conmutador de gamas | range switch
conmutador de ganancia | gain switch
conmutador de gravedad nula | weightlessness (/zero-gravity) switch
conmutador de guía de ondas | waveguide switch
conmutador de guiaondas | waveguide switch
conmutador de haz | beam switching commutator
conmutador de impulsos | pulse switch (/chargeover unit)
conmutador de inductancia | inductance switch
conmutador de inercia | inertia switch
conmutador de ingravidez | weightlessness switch
conmutador de intercomunicación | talk-listen switch
conmutador de interrupción | breakpoint switch
conmutador de inversión | rheotrope
conmutador de inversión de fase | phase reversal switch
conmutador de inversión de marcha | travel-reversing switch
conmutador de inversión del altavoz | speaker reversal switch
conmutador de lámina | reed switch
conmutador de línea | line switcher
conmutador de línea primaria | primary line switch
conmutador de llave rotativa | turnkey switch
conmutador de llaves [*para telefonía sin hilos*] | cordless PBX = cordless private branch exchange
conmutador de lóbulo | lobe switch
conmutador de mando | control switch
conmutador de mando de acción momentánea | momentary-type pushbutton station
conmutador de mando de la amplitud de escalón | step amplitude control switch
conmutador de márgenes | range switch
conmutador de mensajes | message switch

conmutador de mercurio | mercury contact, slicked switch
conmutador de mezcla de vídeo | video switcher
conmutador de micrófono | push-to-talk switch
conmutador de monitores de vídeo | video monitor switcher
conmutador de muestreo cíclico | commutator switch
conmutador de muestro | sampling switch
conmutador de múltiples contactos | multiple contact switch
conmutador de múltiples posiciones | multiposition (selector) switch, stepping (multiple contact) switch
conmutador de n direcciones | n-point switch
conmutador de noche | night alarm switch
conmutador de núcleo de ferrita saturable | saturable ferrite-core switch
conmutador de onda | wave-changing switch
conmutador de palanca | lever (/level-action) switch
conmutador de palanca de contactos superpuestos | lever pileup switch
conmutador de palanca deslizante | slider-type switch
conmutador de palanca multiposición | joystick operator
conmutador de palanquita deslizante | slide lever switch
conmutador de paquetes | packet switch
conmutador de parada de emergencia | scram switch
conmutador de pared | wall switch
conmutador de pausa | standby (receive) switch
conmutador de polaridad | reverse (/reversing) key, reversing switch
conmutador de polo doble | double pole switch
conmutador de polos | reversing switch
conmutador de posición | position switch
conmutador de posición de reposo | restore-to-normal switch
conmutador de precisión | precision switch
conmutador de precisión límite | precision limit switch
conmutador de preparación | setup switch
conmutador de presión | pressure (/press-type) switch
conmutador de programador [*en ordenadores Macintosh*] | programmer's switch
conmutador de programas | program selector switch
conmutador de progresión | stepping (/rotary stepping) switch
conmutador de proximidad | proximity

switch
conmutador de prueba | test switch
conmutador de puerta | door trip switch, gate turn-off switch
conmutador de puerto [*para encaminar paquetes de datos*] | cut-through switch
conmutador de puesta a tierra | grounding switch
conmutador de pulsador | pushbutton switch
conmutador de pulsador para escuchar | push-to-listen switch
conmutador de punto de interrupción | breakpoint switch
conmutador de purga | purge switch
conmutador de reactor saturable | saturable reactor switch
conmutador de recepción | standby receive switch
conmutador de recepción antitrasmisor [*o antitrasmisión*] | ATR switch = antitransmit-receive switch
conmutador de recepción-trasmisión | receive-transmit switch
conmutador de rectificación | rectifying commutator
conmutador de regulación | regulating switch
conmutador de relé | relay switch
conmutador de reloj | time switch
conmutador de reposición | reset switch
conmutador de retardo | time-delay switch
conmutador de sectores | wafer switch
conmutador de sectores de accionamiento por palanca | wafer lever switch
conmutador de secuencia de la presión | pressure sequence switch
conmutador de secuencias a motor | motor-operated sequence switch
conmutador de selección | selecting commutator
conmutador de semiconductor | semiconductor switch
conmutador de servicio local | chief operator's turret
conmutador de sueño | slumber switch
conmutador de superficie | surface switch
conmutador de tambor | drum switch
conmutador de telemedida | telemetering commutator
conmutador de télex | telex switchboard
conmutador de tiempos | time switch
conmutador de timbre | ringing changeover switch
conmutador de tipo PNPN | PNPN-type switch
conmutador de tiras | Swiss commutator
conmutador de tomas | tap changer, tap (/tapping) switch

conmutador de tomas del trasformador | transformer tap switch
conmutador de tonalidad | tone switch
conmutador de tono | tone (control) switch
conmutador de tormenta | lightning switch
conmutador de tráfico | message switcher
conmutador de transistor saturado | saturated transistor switch
conmutador de trasferencia | transfer switch
conmutador de trasferencia de carga | load transfer switch
conmutador de trasmisión/recepción | transmit/receive switch
conmutador de tres cuchillas | triple-throw switch
conmutador de tres direcciones | three-throw switch
conmutador de tres posiciones | three-point switch, three-position switch, three-throw switch, three-way switch
conmutador de tres posiciones de contacto | triple-throw switch
conmutador de tres posiciones y dos vías | three-position double-throw switch
conmutador de tres potencias | three-heat switch
conmutador de tres vías | three-throw switch, three-way switch, triple-throw switch
conmutador de trinistor | trinistor switch
conmutador de un movimiento | single-motion switch
conmutador de un polo | single-pole switch
conmutador de un solo movimiento | single-motion switch
conmutador de una sola sección | single-gang selector switch
conmutador de una vía | single-throw switch
conmutador de vacío | vacuum switch
conmutador de ventana resonante | resonant window switch
conmutador de voltaje | voltage selector switch
conmutador de voltaje reducido | reduced voltage switch
conmutador de voltajes | voltage changer switch
conmutador decimal-binario | decimal-binary switch
conmutador del circuito de órdenes | order-wire switch
conmutador del pulsador | push switch
conmutador deslizante | slider (/sliding, /slider-type) switch
conmutador digital | digital switch
conmutador DIP | DIP switch = dual inline package switch

conmutador discriminador | discriminating selector, special code selector, (switching) selector-repeater
conmutador eléctrico | electrical switch
conmutador electrolítico | electrolytic switch
conmutador electromecánico | electromechanical commutator
conmutador electrónico | sampler, electronic commutator (/switch)
conmutador electrónico de almacenamiento y retrasmisión | store-and-forward message switch
conmutador electrónico de colores | sampler
conmutador electrónico multiposición | Whiffletree switch
conmutador en cascada | stepping switch
conmutador en derivación | shunt switch
conmutador en paralelo del selector | selecting shunt commutator
conmutador epitaxial de estructura plana PNPN | planar epitaxial PNPN switch
conmutador escalonado | stepping switch
conmutador escalonado rotativo | rotary stepping switch
conmutador espacial | space-division switch
conmutador estático | mutator, static switch
conmutador explorador | scanning switch
conmutador fotoeléctrico | photoswitch
conmutador fuente-cinta | source-tape switch
conmutador gaseoso de emisión/recepción | transmit/receive box
conmutador giratorio | uniselector, rotary (/turn) switch
conmutador giratorio de retroceso por muelle | spring-return rotary switch
conmutador horario | timer, time (/timer) switch
conmutador horario automático | automatic time switch
conmutador impermeable | slicked switch
conmutador impreso | printed switch
conmutador inercial | inertia switch
conmutador instrumental | instrument switch
conmutador inversor | changeover (/transfer) switch, reverser
conmutador inversor de polaridad | polarity-reversing (/reversal) switch
conmutador inyector de señales | signal injector switch
conmutador lógico | logic switch
conmutador magnético | magnetic switch
conmutador maniobrado con destor-

nillador | screwdriver-operated switch
conmutador manual | manual switch (/operator)
conmutador manual de supervisión por tercer hilo | sleeve control switchboard
conmutador manual monocordio | single-cord switchboard
conmutador manual remoto | remote manual board
conmutador marcador | marker switch
conmutador matricial | matrix switcher
conmutador mecánico | mechanical switch
conmutador mezclador | switcher
conmutador mezclador de distribución | switcher
conmutador monopolar | single-pole switch
conmutador monopolar de dos vías | single-pole double-throw switch
conmutador montado en el panel | panel switch
conmutador multidireccional | multiple way switch
conmutador múltiple | gang (/multiple) switch
conmutador multipolar | multipole (throwover) switch
conmutador multipolar de acción simultánea | multipole linked switch
conmutador no cortocircuitante | nonshorting switch
conmutador normalmente cerrado | break switch
conmutador óptico de película fina | thin-film optical switch
conmutador para el control de frecuencia | spotting switch
conmutador para eliminación de X | X-eliminator commutator
conmutador para imagen en sepia | sepia switch
conmutador para inversión de polaridad | polarity switch
conmutador para poner en paralelo | paralleling switch
conmutador paso a paso | step-by-step selector (/switch)
conmutador periódico | chopper
conmutador por pasos | step switch
conmutador principal | master switch (/controller)
conmutador principal de Keith | Keith master switch
conmutador puerta | gate turn-off
conmutador pulsador de contacto momentáneo | press button momentary-contact switch
conmutador Q | Q switch
conmutador radiotelefónico de recepción-trasmisión | receive-transmit switch
conmutador rápido | high speed switch
conmutador repetitivo | commutator switch

conmutador rotativo | rotary switch, uniselector
conmutador rotativo de progresión | rotary stepping switch
conmutador rotativo de retroceso por muelle | spring-return rotary switch
conmutador rotatorio | rotary switch
conmutador rotatorio multipolar | multipole rotary switch
conmutador secuencial | commutator (/sampling, /scanning, /sequence) switch, sequential switcher
conmutador secundario de líneas | secondary line switch
conmutador selector | selector (/multiple contact) switch, discriminating selector
conmutador selector de medición | metering selector switch
conmutador sensible | sensitive switch
conmutador serie-paralelo | series-parallel switch
conmutador silenciador | muting switch
conmutador simétrico de silicio | silicon symmetrical switch
conmutador sin cortocircuito | non-shorting switch
conmutador sin enclavamiento | non-interlocked switch
conmutador sincrónico | synchronous switch
conmutador sincronizador | cycle timer
conmutador Strowger | Strowger switch
conmutador suizo | Swiss commutator
conmutador telegráfico electrónico | electronic telegraph switch
conmutador telegráfico manual | telegraph switchboard
conmutador temporizado | time switch
conmutador temporizador cíclico | cycle timer
conmutador temporizador de ciclos | cycle timer
conmutador térmico | thermal switch
conmutador triodo | triode switch
conmutador tripolar | three-pole switch
conmutador tripolar de dos vías | triple-pole double-throw switch
conmutador unidireccional | one-way switch
conmutador unilateral de silicio | silicon unilateral switch
conmutador unipolar | single-pole (changeover) switch
conmutador unipolar de cuchilla | single-pole knife switch
conmutador unipolar de cuchilla de dos direcciones | single-pole double-throw knife switch
conmutador unipolar de cuchilla de dos vías | single-pole double-throw knife switch
conmutador unipolar de doble acción | single-pole double-throw
conmutador unipolar de dos direcciones | two-way single-pole switch
conmutador unipolar de dos vías | single-pole double-throw switch
conmutador unipolar de mercurio de dos direcciones | single-pole double-throw mercury switch
conmutador unipolar de mercurio de dos vías | single-pole double-throw mercury switch
conmutador unipolar de tres posiciones | single-pole three-position switch
conmutador unipolar de una sola vía | single-pole single-throw switch
conmutador Whiffletree | Whiffletree switch
conmutador XY | XY switch
conmutar | to switch; [*entre dos estados*] to toggle
conmutar acomodación automática de texto | word wrap toggle
conmutar la barra de desplazamiento | to scroll bar toggle
conmutar la barra de menús | to toggle menu bar
conmutar menú | menu toggle
conmutar punto de fin de rango | to anchor toggle
conmutar usuario | to switch user
cono | cone
cono curvilíneo | curvilinear (/paracurve) cone
cono de aceptación | acceptance cone
cono de agudos | treble cone
cono de bipartición | bipartition code
cono de dispersión | scattering cone
cono de extinción | cone of nulls
cono de la llama | flame cone
cono de luz | cone of light
cono de ojiva | nose cone
cono de pérdida | loss cone
cono de radiación | radiation cone
cono de radiación nula | cone of nulls
cono de rayos | cone of radiation
cono de silencio | silence cone
cono de tratamiento | treatment cone
cono dual | dual cone
cono exterior de la llama | outer cone of a flame
cono luminoso [*de la llama*] | luminous cone [*of a flame*]
cono mudo | drone cone
cono parabólico | paracurve cone
cono reductor de la llama | reducing cone
conocer | to acknowledge
conocer el asunto [*en jerga de cibernautas*] | to grok
conocimiento | acknowledge; science
conocimiento básico | basic skill
conoscopio | conoscope
CONS [*servicio de red con conexiones*] | CONS = connection-oriented network service
consecuencia del trasporte | transport effect
consecutivamente | serially
consecutivo | serial
consenso | consensus
consentir | to authorise [UK], to authorize [UK+USA]
conservabilidad | maintainability
conservación | maintenance
conservación correctiva | corrective maintenance
conservación de alimentos por radiaciones | radiation food preservation
conservación del espectro radioeléctrico | radio spectrum conservation
conservación preventiva | preventive maintenance
conservación remota | remote maintenance
conservador de aceite | ohmic conservator
conservador de las baterías | battery attendant
consistencia | consistency
consola | console
consola de comunicación diagnóstica | diagnostic reporting console
consola de control | control console
consola de control del ordenador | computer control console
consola de control del trasmisor | transmitter console
consola de emisión | sending console
consola de encaminamiento y conmutación | routing-and-switching unit
consola de mezcla | rerecording console
consola de radar | radar console
consola de regrabación | rerecording console
consola de supervisión | supervisory console
consola de visualización | display console
consola del sistema | system console
consola emisora | sending console
consola integrada | integrated console
consola radiofonográfica | radiophonograph console
consola radiotelegráfica | radiotelegraph console
consola receptora | receiving console
consonancia | consonance
consorcio | consortium
constancia | constancy, stability, uniformity
constancia de la velocidad | speed constancy
constancia de un relé | constancy of a relay
constancia de un relevador | constancy of a relay
constancia de velocidad | speed constancy
constantano | constantan
constante | constant, stable
constante arbitraria | arbitrary constant

constante automática | automatic constant
constante concentrada | lumped constant
constante de aceleración | acceleration constant
constante de acoplamiento | coupling constant
constante de acoplamiento de cuadripolo | quadrupole coupling constant
constante de amortiguamiento | attenuation (/damping) constant
constante de amplificación del resonador | amplification constant of resonator
constante de apantallado | screening constant
constante de apantallamiento | screening constant (/number)
constante de atenuación | attenuation constant
constante de atenuación acústica | acoustic attenuation constant
constante de atenuación de imagen | image attenuation constant
constante de Boltzmann | Boltzmann constant
constante de coma flotante | floating-point constant
constante de conmutación | switching constant
constante de contador | register constant
constante de decaimiento | decay constant
constante de densidad de radiación | radiation density constant
constante de desintegración | disintegration (/transformation) constant
constante de desintegración parcial | partial disintegration constant
constante de desintegración radiactiva | radioactive decay constant
constante de difracción | ultrasonic grating constant
constante de difusión | diffusion constant
constante de difusión de portadores de carga | charge carrier diffusion constant
constante de dirección | address constant
constante de disipación | dissipation constant
constante de disociación | dissociation constant
constante de energía | watt-hour constant, watt-second constant
constante de energía de un contador eléctrico | watt-hour constant of a meter
constante de Faraday | Faraday's constant
constante de fase | phase constant
constante de fase acústica | acoustic phase constant
constante de fase de imagen | image phase constant
constante de Fermi | Fermi constant
constante de frecuencia | frequency constant
constante de Hall | Hall constant
constante de la cuña | constant of wedge
constante de la pila | cell constant
constante de la red | grating (/network) constant
constante de longitud de onda | wavelength (/unit phase, /unit wavelength) constant
constante de multiplicación excedentaria | excess multiplication constant
constante de onda | wave constant
constante de partición de Zeeman | Zeeman splitting constant
constante de pila | constant cell
constante de Planck | Planck's constant
constante de propagación | propagation constant
constante de propagación acústica | acoustic propagation constant
constante de propagación lineal | propagation constant per unit length
constante de radiación | radiation constant
constante de radiación solar | solar constant of radiation
constante de radiactividad | radioactive constant
constante de recaptura | recapture constant
constante de reciprocidad | reciprocity constant
constante de red | network constant
constante de registro | register constant
constante de renovación | turnover rate constant
constante de resistencia y capacidad | RC constant = resistance-capacitance constant
constante de resolución energética del contador de centelleos | scintillation counter energy resolution constant
constante de retículo ultrasónico | ultrasonic grating constant
constante de Rydberg | Rydberg constant
constante de semidesintegración | turnover
constante de sintonía | tuning constant
constante de Stefan-Boltzmann | Stefan-Boltzmann constant
constante de tiempo | time constant
constante de tiempo de caída | time constant of fall
constante de tiempo de reacción | recovery time constant
constante de tiempo de recuperación | recovery time constant
constante de tiempo de resistencia y capacidad | resistance-capacitance time constant
constante de tiempo de sintonía | tuning time constant
constante de tiempo de sintonización térmica | thermal-tuning time constant
constante de tiempo de un circuito | time constant of a circuit
constante de tiempo de un condensador | time constant of a capacitor
constante de tiempo del reactor | reactor period (/time constant)
constante de tiempo global | total time constant
constante de tiempo interna de salida | residual time constant
constante de tiempo logarítmica rápida | logarithmic fast time constant
constante de tiempo propia | natural time constant
constante de tiempo subtransitoria a circuito abierto | subtransient time constant on open circuit
constante de tiempo subtransitoria con impedancia dada | subtransient time constant on a given impedance
constante de tiempo subtransitoria en cortocircuito monofásico | subtransient time constant on single-phase short circuit
constante de tiempo térmica | thermal time constant
constante de tiempo transitoria | transient time constant
constante de tiempo transitoria en cortocircuito monofásico | transient time constant on single-phase short circuit
constante de trasferencia | transfer constant
constante de trasformación | transformation constant
constante de trasformación radiactiva | constant of radioactive transformation
constante de trasmisión | transfer (/transmission) constant
constante de un aparato de medición | constant of a measuring instrument
constante de un contador | constant of a meter
constante de Verdet | Verdet's constant
constante del galvanómetro | galvanometer constant
constante del material | material constant
constante dieléctrica | permittivity, dielectric constant, specific inductive capacity
constante dieléctrica de tierra | grounded dielectric constant
constante dieléctrica del suelo | soil dielectric constant
constante dieléctrica relativa | relative permittivity (/dielectric constant)
constante distribuida | distributed

constant
constante electromagnética | electromagnetic constant
constante en vatios/segundo del contador eléctrico | watt/second constant of a meter
constante específica de radiación gamma | specific gamma ray constant
constante fotoeléctrica | photoelectric constant
constante galvanométrica | galvanometric constant
constante instruccional | instructional constant
constante lineal | line constant
constante magnética | magnetic constant
constante molecular | molecular constant
constante no distribuida | lumped constant
constante piezoeléctrica | piezoelectric constant
constante radiactiva | disintegration constant
constante simbólica | symbolic constant
constante solar | solar constant
constante unificada de masa atómica | unified atomic mass constant
constante universal | omniconstant
constantemente | always
constantes enumeradas | enumerated constants
constelación [*conjunto de estados posibles de una onda portadora*] | constellation
constitución | establishment
constitución de un circuito | make-up of a circuit
constituir | to establish
constricción | constriction, pinch-off, pinch
construcción | build
construcción con separador de papel | paper-lined construction
construcción de 'cajita de píldoras' | pillbox package
construcción de bastidores enchufables | plug-in chassis design
construcción de módulos enchufables | plug-in modular construction
construcción del trasformador | transformer building
construcción emparedada | sandwich construction
construcción en base plana | breadboard construction
construcción en paneles adosados | rack-and-panel construction
construcción en puente | bridged connection
construcción para montaje en bastidor normalizado | rack-and-panel construction
construcción unificada | unitized construction
construir | to build

consulta | consultation (hold), (hold for) enquiry; lookup
consulta alternativa | alternating, shuttle
consulta de tablas | table look-up
consulta durante una llamada interna | consultation hold during an internal call
consulta durante una llamada urbana | consultation hold during an external call
consulta mediante ejemplo | query by example
consulta por fax | fax on demand
consulta por impulsos | pulse interrogation
consulta por radio | radio consultation
consulta programada | programmed inquiry
consulta repetida | alternating, shuttle
consulta selectiva automática [*de dispositivos en equipos informáticos*] | autopolling
consultar | to enquire, to inquire
consumidor | consumer
consumidor de energía | power user
consumidor usuario | ultimate consumer
consumo | consumption, drainage
consumo admisible | permissible wattage
consumo admisible en vatios | permissible wattage
consumo admisible nominal | power input
consumo de corriente | (current) drain
consumo de energía | power consumption (/dissipation, /drain, /requirements)
consumo de fuerza motriz | power load
consumo de líquido | liquid consumption
consumo de potencia | power consumption
consumo del mercado interior | net consumption
consumo eléctrico | power consumption
consumo en espera | standby power
consumo en pausa | standby power
consumo en reposo | quiescent power consumption
consumo en vatios | watt consumption
consumo específico | specific consumption
consumo específico de calor | heat rate
consumo específico de energía | specific energy consumption
consumo industrial | power load
consumo interior bruto | gross consumption
consumo interior neto | net consumption
consumo máximo | maximum capacity
consumo máximo de fuerza | power maximum demand

consumo máximo de potencia | peak power drain
consumo medio de calor | average heat rate
consumo nominal | wattage (/power input) rating
consumo nominal en vatios | wattage rating
consumo nulo | zero load
consumo total de calor | total heat consumption
consumo total en vatios | total watts
contabilidad del sistema | system accounting
contabilización | accounting
contabilización de llamadas | call accounting
contabilizador | adder
contactar | to contact
contacto | connection, contact (unit), keeper, stud, tag; [*al extremo de un enchufe*] tipoff
contacto a la derecha | right-hand contact
contacto a presión | bump contact
contacto a tierra | contact to earth, ground contact
contacto accionado por trasductor | transductor-operated contactor
contacto acompañado | trailing contact
contacto alacrilado [*contacto de mercurio con baja adhesividad*] | alacritized switch
contacto aleado | alloyed contact
contacto autolimpiante | self-wiping contact
contacto auxiliar | auxiliary contact (/switch)
contacto auxiliar cerrado-abierto | normally closed interlock
contacto auxiliar normalmente abierto | normally open interlock (/auxiliary contact)
contacto biestable | bistable contact
contacto bifurcado | bifurcated contact
contacto bimetálico | bimetallic switch
contacto bipolar | bipolar ferreed
contacto cabeza-cinta | head-to-tape contact
contacto central del distribuidor de encendido | spark distributor plug
contacto con acción de frotamiento | wiping contact
contacto con alto coeficiente de recombinación | high-recombination-rate contact
contacto con tierra | contact to earth
contacto cónico plateado | silver bullet
contacto corredizo | slider contact
contacto de acción rápida | quick-break contactor
contacto de acompañamiento | trailing contact
contacto de activación | action contact
contacto de ajuste | plunger

contacto de ajuste forzado | press-fit contact
contacto de alta velocidad de recombinación | high-recombination-rate contact
contacto de apertura-cierre | break-make contact
contacto de arco | arcing contact
contacto de armadura | armature contact
contacto de autoalimentación | self-holding contact
contacto de autolimpieza | self-cleaning contact
contacto de baja capacidad | low capacitance contact
contacto de borde de placa | edge board contact
contacto de botón y gancho | button-hook contact
contacto de cambio de cifras a letras | figures-letters contact
contacto de cambio de marcha | reversing contactor
contacto de caperuza | hood contact
contacto de carga independiente | independent load contact
contacto de cierre | back (/make, /working) contact
contacto de cierre antes de apertura | make-before-break contact
contacto de circuito seco | dry circuit contact
contacto de clasificación | sorter contact
contacto de clavija | plug (/plug-in) contact
contacto de compresión | crimp contact
contacto de conmutación | change-over contact
contacto de cortocircuito | shorting contact, short-circuiting contactor
contacto de cuchilla | blade contact
contacto de diapasón | tuning fork contact
contacto de doble acción | double-make contact
contacto de doble ruptura | double break contact
contacto de dos direcciones | double throw contact, two-way contact
contacto de dos direcciones con posición neutra | two-way contact with neutral position
contacto de dos direcciones con solape | two-way make-before-break contact
contacto de dos direcciones sin solape | two-way break-before-make contact
contacto de dos piezas | two-piece contact
contacto de eje | normal post contact
contacto de enganche | buttonhook contact
contacto de entrada abierta | open-entry contact

contacto de estado digital | digital status contact
contacto de exploración | probe contact
contacto de fuelle | bellows contact
contacto de fuerza electromotriz | contact of electromotive force
contacto de impulsión | impulse contact
contacto de impulsos | impulse contact
contacto de inducido | armature contact
contacto de interruptor | interrupter contact
contacto de interruptor giratorio | rotary interrupter contact
contacto de interruptor rotatorio | rotary interrupter contact
contacto de intervalo | interval contact
contacto de inversión | reverse contact
contacto de inversión de cifras a letras | figures-letters contact
contacto de lámina seca | dry reed contact
contacto de láminas | laminated brush
contacto de láminas de metal | sheet metal contact
contacto de lectura de código | code reading contact
contacto de lectura de verificación | readback pin
contacto de lectura inversa | readback pin
contacto de lengüeta cónica | taper tab
contacto de limpieza automática | self-cleaning contact
contacto de marca | marking contact
contacto de mercurio | mercury contact
contacto de nivel bajo | low level contact
contacto de ocupación | eleventh step contact
contacto de pala | spade contact
contacto de pinza | crimp contact
contacto de plata contra plata | silver-to-silver contact
contacto de platino | platinum contact
contacto de portadora de mayoría | majority carrier contact
contacto de posición neutra | midposition contact
contacto de potencia | power contact
contacto de potenciómetro | potentiometer stud
contacto de presión | crimp (/solderless) contact
contacto de presión directa | butt contact
contacto de programación | timer switch
contacto de puenteado | bridging contact
contacto de puesta a tierra | grounding contact

contacto de pulsación de segundos | second beat contact
contacto de punta | point contact
contacto de radar | radar contact
contacto de regulación | regulating contact
contacto de relé | relay contact
contacto de relevador | relay contact
contacto de reposición | reset contactor
contacto de reposición de cierre | reclosing contact
contacto de reposo | back (/break, /normal, /rest, /resting, /space) contact
contacto de reposo del electroimán de elevación | vertical interrupter contact
contacto de reposo-trabajo | change-over contact
contacto de reposo y trabajo | make-and-break contact
contacto de resistencia | resistance contact
contacto de resorte | spring contact
contacto de rosca | screwed contact
contacto de ruptura múltiple | multiple break contact
contacto de salida | output contact
contacto de sincronización | timing contact
contacto de soldadura | solder contact
contacto de superficie | surface contact
contacto de termopar | thermocouple contact
contacto de tira | strip contact
contacto de toma | tanping contactor
contacto de tope | butt contact
contacto de trabajo | front (/make, /operating, /working) contact
contacto de traducción de código | code reading contact
contacto de transición brusca | snap-action contact
contacto de trasferencia | transfer contact
contacto de trasmisión del aparato de grabación | recorder transmitting contact
contacto de trasmisión del registrador | recorder transmitting contact
contacto de tungsteno | tungsten contact
contacto de un eje en movimiento vertical | vertical off-normal contact
contacto de unión | connecting lug (/tag, /terminal)
contacto de zócalo | socket contact
contacto del distribuidor de encendido | spark distributor plug
contacto del eje | shaft contact
contacto del electroimán de perforación | punch magnet contact
contacto del indicador de falta de cinta | low-tape contact
contacto del interruptor de elevación | vertical interrupter contact

contacto deslizante | wiper, rubbing (/slide, /slider, /sliding, /wiping) contact
contacto deslizante de potenciómetro | potentiometer wiper
contacto deslizante rotativo | rotating wiper contact
contacto desnudo | nude contact
contacto desocupado | spare contact
contacto difuso | diffused junction
contacto dispuesto | dressed contact
contacto doble | twin contact
contacto duro | hard contact
contacto elástico | spring (/snap-fastener) contact
contacto eléctrico | electric contact
contacto en ampolla | dry reed contact
contacto en posición de reposo | normal contact
contacto en posición normal | normal contact
contacto en puente | bridge contact
contacto enchufable | plug-in contact
contacto entre conductores | cross, contact
contacto entre líneas | cross
contacto escarpado | steep
contacto espaciador | spacing contact
contacto estacionario | stationary contact
contacto estanco | sealed contact
contacto extendido | expanded contact
contacto exterior | outer contact
contacto extraíble | movable contact
contacto extrarrápido | snap-action contact
contacto fijo | fixed (/stationary) contact
contacto frontal | front contact
contacto frotante | wiping contact
contacto fuera de límite | off-limit contact
contacto gemelo | twin contact
contacto grapinado | crimp contact
contacto hembra | female contact
contacto hermafrodita | hermaphroditic contact
contacto humedecido con mercurio | mercury-wetted contact
contacto húmedo | wet contact
contacto impreso | printed contact, tab
contacto inferior | lower contact
contacto instantáneo | instantaneous contact
contacto integral | integral contact
contacto intercambiable | removable contact
contacto intermitente con tierra | swinging earth
contacto inversor | changeover (/reversing) contact, reversing contactor
contacto laminado | laminated contact
contacto laminar | laminated brush
contacto lateral | side contact
contacto lector de código | code reading contact
contacto libre | spare contact, vacant terminal
contacto macho | male contact
contacto maestro | master contactor
contacto magnético | magnetic contactor
contacto mantenido | maintained contact
contacto momentáneo | momentary contact
contacto móvil | movable (/moving, /slider) contact
contacto múltiple | multiple (line) contact
contacto normal | normal contact
contacto normalmente abierto | no contact, normally open contact
contacto normalmente cerrado | normally closed contact
contacto óhmico | ohmic contact
contacto para conector de par termoeléctrico | thermocouple contact
contacto parásito | spurious contact
contacto perfecto con tierra | dead earth [UK], dead ground [USA]
contacto picado | pitted contact
contacto piloto | pilot contact
contacto plateado | silver-overlaid contact, silver-plated contact
contacto por humedad | weather contact
contacto por punta | whisker
contacto por radar | radar contact
contacto positivo | positive contact
contacto posdesplazamiento | contact overtravel
contacto precintado | sealed contact
contacto precoz | early make contact
contacto preliminar | preliminary contact
contacto puntual | whisker
contacto retardado | delayed contact
contacto retrasado | late contact
contacto rodante | rolling contact
contacto seco | dry contact
contacto seguro | positive contact
contacto sellado | sealed contact
contacto sencillo | single-line contact
contacto simple | single contact
contacto sin soldadura | solderless contact
contacto soldado | welded contact
contacto superior | upper contact
contacto temporizado | timed (/timing) contact
contacto temporizador | timer switch
contacto térmico periódico | thermal flasher
contacto terminal [*por impacto*] | terminal punching
contacto triple | three-terminal contact
contacto undécimo | eleventh step contact
contacto vibratorio | vibrating contact (/contactor)
contacto voladizo | cantilevered contact
contacto X | X contact
contactor | taper
contactor de galletas apiladas | multi-wafer contactor
contactor de transición de arranque a funcionamiento | starting-to-running transition contactor
contactor normalmente abierto | normally open contactor
contactor suicida | suicide contactor
contactos alternados de rotación | rotary on/off contacts
contactos apilados | pile-up
contactos con alineación automática | self-aligning contacts
contactos de arranque y parada | stop-start contactors
contactos de continuidad | make-break contacts
contactos de interrupción previa a la conexión | break-before-make contacts
contactos de la izquierda | left-hand contacts
contactos de secuencia controlada | sequence-controlled contacts
contactos de solapamiento | overlapping contacts
contactos escalonados | sequence contacts; X-or-Y operation of relay springs
contactos escalonados en el orden de reposo-trabajo | break-before-make contacts
contactos normalmente cerrados | NC contacts = normally closed contacts
contactos que no hacen puente | nonbridging contacts
contactos renovables | renewable arcing tips
contador | counter (mechanism), (rate) meter
contador acumulador | storage counter
contador acumulativo | storage counter
contador alfa | alpha counter
contador anular | ring counter
contador ascendente/descendente | up/down counter, forward-backward counter
contador autoamortiguado | self-quenched counter
contador autoextintor | self-quenched counter, self-quenching counter
contador automático de mensajes | automatic toll ticketing
contador auxiliar | submeter
contador binario | BCD counter, binary (/scale-of-two) counter
contador Cherenkov | Cherenkov counter
contador cíclico | recycling counter
contador con fotomultiplicador | photomultiplier counter
contador con indicación de máxima | maximum demand indicator
contador con indicador de máxima | meter with demand indicator

contador con motor de inducción | induction motor meter
contador con orificio de placa delgada | thin-plate orifice meter
contador con parada automática | self-stopping counter
contador con registrador de máxima | (meter with) maximum demand recorder
contador con ventana de mica | mica window counter
contador Coulter | Coulter counter
contador de abonado | subscriber meter (/register)
contador de abonado en su domicilio | subscriber check meter
contador de amperios hora | ampere-hour meter
contador de anillo con inversión | switchtail ring counter
contador de anticoincidencia | anticoincidence counter
contador de apagado exterior | externally-quenched counter
contador de balancín | clock meter
contador de blindaje cilíndrico | well counter
contador de bucle | loop counter
contador de cantidad | quantity meter
contador de caracteres | character counter
contador de cátodo externo | external cathode counter
contador de células | cell counter
contador de centelleo de ioduro de sodio | sodium iodide scintillation counter
contador de centelleos | scintillation counter
contador de chispas | spark counter
contador de ciclo repetitivo | repeat cycle timer
contador de ciclos | cycle counter
contador de coincidencia | coincidence counter
contador de comunicaciones | message recorder
contador de conferencias | register
contador de consumo | supply meter
contador de control | control counter
contador de control del ordenador | computer control counter
contador de cristal | crystal counter
contador de décadas | decade counter
contador de desplazamiento | shift counter
contador de doble tarifa | two-rate meter
contador de electrones secundarios | secondary electron counter
contador de energía | energy (/watt-hour) meter
contador de energía aparente | volt-ampere-hour meter
contador de energía desvatada | reactive kVA meter
contador de energía eólica | wind energy meter

contador de energía reactiva | reactive energy (/volt-ampere-hour) meter
contador de energía suministrada | supply meter
contador de escisión en espiral | spiral fission counter
contador de estadística | peg count meter
contador de exceso | current (/excess) meter
contador de exceso de energía | excess power meter
contador de exceso de la duración | excess meter
contador de fenómenos | event counter
contador de fisión en espiral | spiral fission counter
contador de frecuencia | frequency counter
contador de Geiger-Müller | Geiger-Müller counter
contador de halógeno | halogen counter
contador de impulsos | scaler, pulse counter
contador de inducción | induction meter
contador de instrucción | current address register
contador de instrucciones | instruction (/programme) counter
contador de intervalos | interval timer, time interval counter
contador de intervalos cortos | short-time interval meter
contador de intervalos de tiempo | time interval counter
contador de intervalos de tiempo cortos | short-time interval meter
contador de iones | ion counter
contador de ionización | ionization counter
contador de llamadas | message recorder (/register), position meter
contador de localización activa | current location counter
contador de memoria | memory counter
contador de Moebio | Möbius (/Moebius) counter
contador de motor | motor meter
contador de ocupación de grupo | group occupancy meter
contador de ocupación total | all-trunks-busy register
contador de ondulaciones | ripple counter
contador de pago previo | prepayment meter
contador de pago previo con mínimo | minimum prepayment meter
contador de pago previo con mínimo de consumo | minimum prepayment meter
contador de pared-pantalla | screen-wall counter
contador de pasos | step counter

contador de pasos de abonado | subscriber meter (/register)
contador de periodos | period (/cycle rate) counter
contador de placas paralelas | parallel plate counter
contador de posición | location counter
contador de potencia reactiva | reactive power meter
contador de pozo | well counter
contador de previo pago | slot meter
contador de programa | programme counter
contador de prueba | testing meter
contador de punto | point counter
contador de radiación | radiation counter
contador de radiaciones sin pared | wall-less counter
contador de rastreo | scan counter
contador de rayos gamma | gamma ray counter
contador de rayos X | X-ray counter
contador de relés | relay counter
contador de repeticiones | repeat counter
contador de retardo | delay counter
contador de retroceso de protones | proton recoil counter
contador de revoluciones | speed counter
contador de segundos | second counter
contador de selección | selection counter
contador de servicio | message register, service meter
contador de sobrecarga | congestion (/excess energy, /overflow) meter
contador de tarifas múltiples | multirate (/multiple tariff) meter
contador de tiempo perdido | lost-time meter
contador de tráfico | traffic meter, peg count register
contador de trasporte ondulante | ripple (/ripple-carry) counter
contador de tubo de gas policatódico | multicathode gas-tube counter
contador de unidades | unit counter
contador de válvula | tube (/valve) counter
contador de varias vías de recuento | multichannel counter
contador de vatios/hora | watt-hour meter
contador de vatios-hora de inducción | induction watt-hourmeter
contador de vatios-hora de mercurio | mercury watt-hourmeter
contador de vatios-hora polifásico | polyphase watthourmeter
contador de vatios-hora tipo conmutador | commutator-type watthourmeter
contador de velocidad de impulsos | count rate meter

contador de verificación | testing meter
contador decimal | decade counter
contador del cuerpo entero | whole body counter
contador desmultiplicador de décadas | decade counting circuit
contador diferencial de glóbulos | blood-cell differential counter
contador direccional | directional counter
contador direccional de dos orificios | two-hole coupler directional
contador divisor por n | divide-by-N counter
contador electrodinámico de colector | Thomson meter
contador electrolítico | electrolytic meter
contador electromecánico | electromechanical counter
contador electrónico | electronic counter
contador en anillo | ring counter
contador en cascada | cascadable counter
contador en serie | serial counter
contador Eput | Eput meter
contador escalonado de impulsos | pulse scaler
contador estadístico | peg count meter, manually operated call meter
contador fotoeléctrico | photoelectric counter
contador fotoeléctrico direccional | photoelectric directional counter
contador fotomultiplicador | photomultiplier counter
contador Geiger | Geiger counter
contador Geiger-Müller | G-M counter = Geiger-Müller counter
contador horario | time meter
contador independiente de voltaje | counter plateau
contador indexado | index counter
contador interno de tiempo de vida | time to live
contador iónico de válvula | tube (/valve) counter
contador Johnson | Johnson counter
contador maestro | watchdog timer
contador magnético | magnetic counter
contador manual | hand counter
contador modular | modular counter
contador módulo n | mod-n counter = modul-n counter
contador multicanal | multichannel counter
contador multimodo | multimode counter
contador oscilante | oscillating meter
contador P = contador de programa | P-counter = programme counter
contador para control de radiación | radiation survey meter
contador pendular | pendulum (/clock) meter

contador polifásico | polyphase meter
contador por bloqueo de impulsos | pulse-blocking counter
contador por decenas | decade counter
contador preajustable | preset counter
contador predeterminado | predetermined counter
contador programable | programmable (/predetermined) counter
contador progresivo/regresivo | up/down counter
contador proporcional | proportional counter
contador proporcional de neutrones | proportional neutron counter
contador proporcional de rayos X | X-ray proportional meter
contador registrador | recording meter
contador registrador de petición | recording demand meter
contador reversible | reversible counter
contador semiproporcional | semiportional counter
contador sin pared | wall-less counter
contador sin puesta a cero | nonreset timer
contador sin ventana | windowless counter
contador sincrónico | synchronous counter
contador subsidiario | submeter
contador sumario | summary counter
contador/temporizador | counter/timer
contador Thomson | Thomson meter
contador totalizador | summation meter
contador trasmitido | ripple-through counter
contaminación | contamination
contaminación cutánea | skin contamination
contaminación de datos | data contamination
contaminación del color | colour contamination
contaminación interna | internal contamination
contaminación radiactiva | radioactive contamination (/emission)
contaminación radiactiva del terreno | radioactive ground contamination
contaminado | contaminated
contaminante | contaminant
contaminante ocluido | occluded contaminant
contaminar | to dope
contaminómetro | contamination meter
contar | to count
contar palabras | to count words
contención | containment
contención de desechos | waste containment
contención de desechos radiactivos | waste containment
contención de vapor | vapour containment

contención de vapor radiactivo | vapour containment
contención del reactor | reactor containment
contenedor | case, container, pig, receptacle
contenedor de almacenamiento | storage container
contenedor del correo | mailer container
contener | to enclosure
contenido | content, contents
contenido activo [*en diálogo usuario-ordenador*] | active content
contenido armónico | harmonic content
contenido bruto de información | gross information content
contenido de información de la red | net information content
contenido de uranio | uranium content
contenido del archivo | file contents
contenido del objeto | object content
contenido en armónicos | harmonic content
contenido en cenizas | ash content
contenido informático | information content
contenido isotópico | isotopic abundance
contenido isotópico natural | natural abundance
contenido total de armónicas | total harmonic content
contenido total de armónicas en la señal | total harmonic content
contera de cordón | cord tag
contestación | answer, answerback, answer back, answering
contestación automática | automatic answer
contestación concentrada de llamadas | key per trunk operation, switched loop operation
contestado | answered
contestador | challenger; responder, responser, responsor; [*de radar*] transponder
contestador automático | telephone answering machine
contestador automático de llamadas | telephone answering set
contestador coherente | coherent transponder
contestador con duplicación de frecuencia | frequency doubling transponder
contestador de coincidencia | coincident transponder
contestador de correo electrónico | mailbot, E-mail responder
contestador de periodo de transición | transition period transponder
contestador de radar | radar responder
contestador señuelo | decoy transponder
contestar | to answer, to return

contexto | background, context
contiguo | contiguous
continuación | continuation, suite
continuamente | always
continuamente actualizado | obsolescence free
continuar | to continue
continuar con la programación | to continue with programming
continuar el ciclo [*de búsqueda*] | to wrap around
continuidad | continuity
continuidad de corriente continua | DC continuity
continuidad de la ionización | ionization continuum
continuo | continuous; continuum
continuo de absorción | absorption continuum
contorneado | flashover, contouring
contorneo | flashover, posterization
contorno | contour, outline
contorno de sonoridad | loudness contour
contornos de las líneas | line density contour
contra efectos locales | antisidetone
contra el canto | antisinging
contra interferencias | anti-interference
contra las oscilaciones | antisinging
contra las reacciones | antisinging
contraantena | (aerial) counterpoise, earth (/ground) screen
contracción lantánida | lanthanide contraction
contracción térmica | thermal contraction
contracción volumétrica | volumetric shrinkage
contrachapado | plywood
contra-contramedida por infrarrojos | infrared counter-countermeasure
contracorriente | back (/reverse) current, undertow
contradecir | to deny
contradicción | contradiction
contraelectrodo | counter electrode
contraer | to collapse
contrafase | phase opposition, push-pull, push-pull
contrafuerza electromotriz | counter-electromotive force
contragolpe | kickback
contragrifa | register pin
contramedida | countermeasure
contramedida de comunicación | communication contermeasure
contramedida de confusión del radar | radar deception
contramedida de máxima seguridad | high confidence countermeasure
contramedida de radar | radar countermeasure
contramedida de radio | radio countermeasure
contramedida electrónica activa | active electronic countermeasure

contramedida electroóptica | infrared countermeasure
contramedida infrarroja | infrared countermeasure
contramedida por infrarrojos | infrared countermeasure
contramedida radioeléctrica | radio countermeasure
contramedidas de navegación pasivas | passive navigation countermeasures
contramedidas de protección electrónica | electronic counter-countermeasures
contramedidas electrónicas | electronic countermeasures
contramedidas electrónicas pasivas | passive electronic countermeasures
contramedidas electroópticas | electro-optical countermeasures
contramedidas en dispositivos controlados | controlled-devices countermeasure
CONTRAN [*lenguaje de programación informática en compilador*] | CONTRAN [*compiler programming language*]
contrapeso | counterbalance
contrapeso de cordón | cord (/pulley) weight
contrapeso de resorte | spring counterbalance
contrapositiva [*de una condición*] | contrapositive [*of a conditional*]
contrariedad | setback
contrarreacción | degenerative (/negative) feedback, negative (/reverse) reaction
contraseña | call word, keyword, password
contraseña actual | current password
contraseña del usuario | user password
contraseña desactivada | password disabled
contraseña incorrecta | invalid password
contraseña instalada | password installed
contrastar | to calibrate, to set against
contraste | calibration, contrast; benchmark test
contraste de colores | colour contrast
contraste de crominancia | chrominance contrast
contraste de fase | phase contrast
contraste de la imagen | picture contrast
contraste de luminosidad | luminance contrast
contraste de señal | signal contrast
contraste del detalle | detail contrast
contraste dinámico sin distorsión | distortion-free dynamic range
contraste invertido | reversed contrast
contrastre estroboscópico | stroboscopic calibration
contratar | to contract

contratensión | backlash
contratensión de ruptura | kickback
contratista principal | prime contractor
contrato de abono | subscriber agreement (/contract)
contrato de alquiler de un circuito | private wire agreement
contrato de arrendamiento de un circuito | private wire agreement
contrato de servicio temporal | temporary service contract
contrato llave en mano | turnkey contract
contratuerca | keeper, locknut
control | control, controlling, drive, monitoring
control a distancia | telecontrol, teleguidance
control a distancia de la intensidad de iluminación | remote light intensity control
control abierto mientras se pulsa | spring-loaded control
control accionado por válvula | valve-actuated control
control acústico | acoustic homing
control asincrónico | asynchronous control
control autoadaptable | adaptive control
control autoalimentado | self-powered control
control automático | self-control, automatic (/self-operated) control
control automático de amplificación | automatic gain control
control automático de brillo | automatic brightness control
control automático de fase [*en vídeo*] | automatic phase control
control automático de fondo | automatic background control
control automático de frecuencia | frequency control
control automático de frecuencia contrastado por cristal de cuarzo | quartz crystal reference AFC
control automático de ganancia | automatic gain control
control automático de ganancia amplificado | amplified automatic gain control
control automático de ganancia con amplificación | keyed automatic gain control
control automático de ganancia de acción rápida | instantaneous automatic gain control
control automático de ganancia de desactivación lenta | slow-decay automatic gain control, slow-release automatic gain control
control automático de ganancia de imagen | vision automatic gain control
control automático de ganancia instantáneo | instantaneous automatic gain control

control automático de ganancia manipulado | keyed automatic gain control
control automático de imagen | automatic picture control
control automático de la crominancia | automatic chrominance control
control automático de la frecuencia | automatic frequency control
control automático de la modulación | automatic modulation control
control automático de la velocidad | automatic speed control
control automático de luminosidad | automatic brightness control
control automático de luz | automatic light control
control automático de nivel | automatic level control
control automático de pedestal | automatic pedestal control
control automático de selectividad | automatic selectivity control
control automático de sensibilidad | automatic sensitivity (/volume) control
control automático de sobrecarga [*del radar*] | automatic overload control
control automático de temperatura | automatic temperature control
control automático de volumen | automatic gain (/level, /volume) control
control automático de volumen de acción diferida | delayed automatic volume control
control automático de volumen de acción retardada | delayed automatic volume control
control automático de volumen silencioso | quiet automatic volume control
control automático del color | automatic colour control
control automático del contraste | automatic contrast control
control automático del nivel de trasmisión | transmitter automatic level control
control automático diferido de ganancia | delayed automatic gain control
control automático polarizado de ganancia | biased automatic gain control
control automático por radar | radar homing
control automático retardado de volumen | delay (/delayed) automatic volume control
control cerrado | encased control
control con datos intermitentes | sampled data control
control con derivaciones | tapped control
control con dial único | single-dial control
control con realimentación | feedback control

control continuo | continuous control
control de acceso | access control
control de acceso a los medios [*de comunicación*] | media access control
control de acceso al medio | medium access control
control de agudos | treble control
control de ajuste preliminar | setup control
control de alimentación directa | feed-forward control
control de altavoz | speaker control
control de amortiguación variable | variable damping control
control de amplitud de barrido | sweep width control
control de anchura | width control
control de anchura de barrido | sweep width control
control de anchura de la imagen | width control
control de aplicaciones | applications control
control de arranque y parada | start-stop control
control de arranque y parada por pulsador | pushbutton start-stop control
control de asimetría | asymmetry control
control de audio | audio control
control de bajos | bass control
control de balance | balance control
control de balanceo y cabeceo | roll-and-pitch control
control de bobinado rápido | fast-forward control
control de brillo | brightness (/brilliance, /background) control
control de brillo de fondo | background control
control de bucle | loop control
control de calidad | quality control
control de calidad automático | automatic quality control
control de campo | field control
control de campo de un generador | generator field control
control de canal | channel check
control de centrado | centring control
control de centrado de la imagen | picture centrering control
control de centrado horizontal | horizontal-centring control
control de centrado vertical | vertical-centring control
control de cierre o apertura | on-off control
control de circuito abierto | open-loop control
control de color | hue control
control de colores | colour control
control de combinación de lista y texto | combination text-list control
control de conexión y desconexión | on-off control
control de conmutación | switching control

control de contacto | touch control
control de contaminación | contamination monitor
control de contraste | contrast control
control de convergencia | convergence control
control de convergencia horizontal | horizontal convergence control
control de convergencia vertical | vertical convergence control
control de corrección | peaking control
control de cresta | peaking control
control de cromatismo | chroma control
control de crucero | cruise control
control de crucero adaptativo | adaptive cruise control
control de datos | data control
control de deflexión vertical | vertical drive control
control de desmagnetización | degaussing control
control de desplazamiento de frecuencia | frequency shift keying
control de desplazamiento de impulsos | pulse offset control
control de desviación vertical | vertical drive control
control de diapasón | tuning fork drive
control de disparo | trigger control
control de dispositivos | utility control
control de distancia | range control
control de distribución | distribution control
control de duración | duration control
control de encendido y apagado | start-stop control
control de encuadre | framing control
control de energía | pith control
control de enfoque | focus (/focusing) control
control de enlace de datos | data link control
control de enlace de datos de alto nivel | high-level data link control
control de enlace lógico | logical link control
control de entrada/salida | input/output control
control de equilibrio | balance control
control de equilibrio acústico | audible balance control
control de equilibrio de amplitud | amplitude balance control
control de equilibrio estereofónico | focus control
control de errores | error checking (/control, /handling, /management)
control de espaciado | space control
control de espacios | space control
control de estilos | style control
control de estrangulamiento [*en válvulas*] | throttling control
control de etapa | stage control
control de excitación | drive control
control de excitación horizontal | horizontal drive control

control de exploración | scanner control
control de fallo de la llama | flame failure control
control de fase | phase (/phasing) control, phase monitoring
control de fase de convergencia | convergence phase control
control de fecha | date control
control de fiabilidad | reliability control
control de flujo | flow control
control de forma de convergencia vertical | vertical convergence shape control
control de frecuencia | frequency control
control de funcionamiento | performance monitoring
control de ganancia por pasos | tap gain control
control de ganancia | gain control
control de ganancia antirruido | anti-clutter gain control
control de ganancia de barrido | swept gain control
control de ganancia de crominancia | chrominance gain control
control de ganancia de radiofrecuencia | RF gain control
control de ganancia de vídeo | video gain control
control de ganancia del verde | green gain control
control de ganancia en el tiempo | time gain control
control de ganancia limitada por el ancho de banda | bandwidth limited gain control
control de ganancia variable | variable gain control
control de ganancia variable en el tiempo | time-varied gain control
control de graves | bass control
control de icono | icon control
control de ignición | ignition control
control de iluminación | illumination control
control de iluminación mediante dispositivos fotoeléctricos | photoelectric illumination control system
control de impresión de ceros | zero-print control
control de impresión de símbolos | symbol-printing control
control de impresora | printer control
control de inclinación | tilt control
control de inercia | inertial control
control de inicio | home control
control de intensidad | intensity control
control de interferencias | interference control
control de interrupción [*tecla o combinación de teclas para interrumpir una tarea en curso*] | control break
control de introducción al escritorio | desktop introduction control
control de iris automático | auto iris control

control de la altura de cuadro | frame amplitude control, vertical size control
control de la altura de imagen | frame amplitude control
control de la ayuda sobre el tema | item help control
control de la base de tiempos | time-base drive
control de la dinámica | volume range control
control de la memoria intermedia | buffer control
control de la producción | production control
control de la relación de velocidad | speed ratio control
control de la sensibilidad | sensitivity control
control de la señal de ataque | drive control
control de la soldadura | welding control
control de la tensión | voltage control
control de la tensión de inducido | armature voltage control
control de las contramedidas electrónicas | electronic countermeasures control
control de lectura y escritura simultánea | read-while-write check
control de línea local | loop control
control de linealidad | linearity control
control de linealidad vertical | vertical linearity control
control de linearidad horizontal | horizontal linearity control
control de los electroimanes de zona | zone magnet control
control de lotes | batch control
control de mandos múltiples | ganged control
control de medición múltiple | multi-metering control
control de motor de corriente continua | DC motor control
control de navegación por radio | radionavigation guidance
control de nivel de ruido automático | automatic video-noise levelling
control de nivel de un ascensor | elevator levelling control
control de nivel nuclear | nuclear level control
control de objetivo automático | automatic target control
control de operaciones | operational control
control de optimación automática | adaptive control optimization
control de orden | command control
control de ordenador | computer control
control de oscurecimiento de luz | light-dimming control
control de paginación múltiple | multipage control
control de panel frontal | front panel control
control de pantalla | screen control
control de papelera | trash can control
control de par a velocidad crítica | stalled torque control
control de par a velocidad nula | stalled torque control
control de par de parada | stalled torque control
control de parábola | parabola control
control de parábola horizontal | horizontal parabola control
control de parada | stop control
control de parada rápida | quick-stop control
control de paridad | parity check (/checking)
control de paridad par-impar | odd-even check
control de pausa | pause control
control de pedal | foot control
control de polarización variable | variable bias control
control de portadora | carrier control
control de posición | positional control
control de potencia | pith (/power) control; [*en simuladores de vuelo*] throttle control
control de presencia | presence control
control de procesos | process control
control de programa | program control
control de protección | protection survey
control de protección contra radiaciones | radiation survey
control de pulsador | touch control
control de punto final | end point control
control de pureza | purity control
control de radar de aeropuerto | airport radar control
control de radiación | radiation (/protection) survey
control de rapidez | pith control
control de rebobinado | rewind control
control de redimensionado | resize handle
control de redundancia cíclica | cyclic redundancy check
control de redundancia vertical | vertical redundancy check
control de regeneración | regeneration control
control de registro | register control
control de registro fotoeléctrico | photoelectric register control
control de rejilla | grid control
control de relación | ratio control
control de reloj | time check
control de reserva | backup control
control de rotación de la imagen | turn-picture control
control de saturación | saturation control
control de saturación de color por ganancia | chroma control
control de secuencia | sequence con-

trol (/controller)
control de seguimiento horizontal | horizontal hold control
control de seguridad | safety control
control de seguridad contra fallos | fail-safe control
control de seguridad individual | personnel monitoring
control de selectividad | selectivity control
control de sensibilidad de ganancia | gain sensitivity control
control de sensibilidad en el tiempo | time gain control
control de separación entre canales | stereophonic separation control
control de sincronismo | hold control
control de sincronismo horizontal | horizontal hold control
control de sincronismo vertical | vertical hold control
control de sincronización | hold control
control de sintonía por ensanche de banda | bandspread tuning control
control de sintonización | tuning control
control de situación | attitude control
control de soldaduras | weld control
control de sonoridad | loudness control
control de supervisión | supervisory control
control de supresión | suppression control
control de tamaño [*de la imagen*] | size control
control de teclado | keyboard control
control de temperatura | temperature control
control de temperatura proporcional | proportional temperature control
control de tensión variable | variable voltage control
control de terminal | terminal control
control de tiempo supervisado por radio | radio-supervised time control
control de timón [*en simuladores de vuelo*] | rudder control
control de tiro por radar | radar fire control
control de todo o nada | on-off control, bang-bang control
control de tonalidad | tone control
control de tono | tone control
control de tono por desfasaje | phase shift tone control
control de trabajos | job monitoring
control de tráfico | traffic control
control de tráfico centralizado | automatic (/computerized) traffic control, automatic traffic flow control
control de tráfico dinámico | dynamic traffic control
control de trasferencia | transfer control
control de trasmisión | transmission control

control de trenes por radio | radio (based) train control
control de valoración | titration control
control de variación de fase | phase shift control
control de velocidad | rate (/speed) control
control de velocidad de barrido | speed control
control de velocidad de giro | rate-of-turn control
control de velocidad por campo | field control of speed
control de velocidad por el inducido | armature control of speed
control de verificación a cero | zero-check control
control de versiones | version control
control de vídeo | video control
control de vigilancia | supervisory control
control de volumen | volume control
control de volumen compensado | compensated volume control
control de volumen independiente del encendido | stay-set volume control
control de volumen no compensado | uncompensated volume control
control de volumen sin compensación de respuesta | uncompensated volume control
control de vuelo | flight control
control del avisador | bell control
control del cabezal de audio | audio control
control del correo | mailer control
control del cursor | cursor control
control del editor de iconos | icon editor control
control del editor de textos | text editor control
control de la interfaz | interface control
control de la interfaz de la UPC | CPU interface control
control del nivel de disparo | trigger level control
control del nivel del negro | black-level control
control del nivel superior de ayuda | top level help control
control del rayo | ray control
control del reactor | reactor control
control del reflector | reflector control
control del sistema | system control
control del tiempo de sensibilidad | sensitive (/sensitivity) time control
control del tiratrón | thyratron control
control del tráfico | traffic control
control derivado | rate control
control derivativo | derivative control
control desde tierra | ground control
control deslizante | slider
control diferencial de ganancia | differential gain control
control digital continuo | direct digital control
control digital directo | direct digital control

control dinámico secuencial | dynamic sequential control
control direccional | directional control
control directo | direct control
control directo por calculadora | direct computer control
control doble | dual control
control eléctrico | electric control
control eléctrico de conmutación múltiple | multiswitching electric control
control eléctrico de conmutación sencilla | single-switching electric control
control electrónico | electronic control
control electrónico de máquinas | electronic engine control
control electrónico de motor | electronic motor control
control electrónico de velocidad | electronic speed control
control emergente | pop-up control
control en cascada | cascade (/cascaded, /piggyback) control
control encajonado | encased control
control E/S = control de entrada/salida | I/O control = input/output control
control especial | special control
control estático | static control
control fiable | reliable control
control fino | fine control
control fino de regulación | trim control
control fino de sintonización | fine tuning control
control fotoeléctrico | photoelectric control
control fotoeléctrico de alumbrado | photoelectric lighting controller
control fotoeléctrico de bucle | photoelectric loop (/slack) control
control fotoeléctrico de corte | photoelectric cutoff control
control fotoeléctrico de densidad de humo | photoelectric smoke-density control
control fotoeléctrico de iluminación | photoelectric lighting controller
control fotoeléctrico de lazo | photoelectric loop (/slack) control
control fotoeléctrico de registro de colores | photoelectric colour register control
control fotoeléctrico de registro de corte [*para mantener la posición del punto de corte*] | photoelectric cutoff register controller
control fotoeléctrico de registro lateral | photoelectric side-register control
control gradual | tapped control
control inercial | inertial control
control libre de fallos | fail-safe control
control limitador de ecos parásitos | anticlutter gain control
control lineal | linear control
control local | local control (/record)
control maestro | master control

control maestro de brillo | master brightness control
control maestro del bus | bus master control
control manual | manual control
control manual de exploración | hold control
control marginal | marginal checking
control mecánico | mechacon = mechanism control
control módulo n | modul-n check
control múltiple | gang (/multiple) control
control nominal por amperios-vuelta | nominal ampere-turn control
control numérico | numerical control
control numérico de posición | numerical positioning control
control numérico directo | direct numerical control
control numérico por ordenador | computer numerical control, softwire
control para el manejo | operating control
control para operaciones no cíclicas | one-shot control
control piloto por electroimán | solenoid pilot control
control por absorbente | absorber control
control por absorción | absorption control
control por amperios vueltas | ampere-turn control
control por configuración | configuration control
control por corriente de portadora | carrier current control
control por cristal | crystal control
control por desplazamiento de fase | phase shift control
control por desplazamiento del espectro | spectral shift control
control por el combustible | fuel control
control por el moderador | moderator control
control por impulsos inversos | revertive control
control por multitensión | multivoltage control
control por pulsador | pushbutton control
control por radar | radar control
control por radio | radio control (/guidance, /guiding), radioguidance, radioguiding
control por rampa | ramping
control por reflector | reflector control
control por resistencia | resistance control
control por televisión | television control
control por tensión variable | varying voltage control
control por tercer hilo | sleeve control
control por tiratrón | thyratron control
control por totalización | sumcheck
control por veneno líquido | fluid poison control
control por veneno soluble | chemical shim
control potenciométrico | potentiometer control
control predictivo | predictive control
control preparador | setup control
control proporcional | proportional control
control proporcional potenciométrico | potentiometric proportioning control
control proporcional y derivado | proportional plus derivative control
control radiográfico de la soldadura | welding radiographic control
control radiológico | radiological survey
control rectilíneo | straight line control
control remoto | remote control (/guidance)
control remoto de ganancia | remote gain control
control remoto multicanal | multichannel remote control
control ruidoso | noisy control
control secuencial | sequencing, sequence control (/controller, sequential control (/monitoring)
control semiajustable | semiadjustable control
control semirremoto | semiremote control
control serie-paralelo | series-parallel control
control sincrónico de enlace de datos | synchronous data link control
control sobre el múltiplex | multiplex control
control suicida | suicide control
control temporal de ganancia | temporal gain control
control único | ganged (/single) control
control variable en el tiempo | time-varied control
control vertical | height control
control visual de volumen | ride gain
control vocal | voice-operated keying
control y corrección de errores | error checking and correction
controlado | controlled, guided
controlado a distancia | remotely controlled
controlado por acciones | event-driven
controlado por impulso de reloj | clocked
controlado por menú | menu-driven
controlado por parámetros | parameter-driven
controlado por radio | radio-controlled, radioguided, radio-guided, wireless-controlled
controlado por relé | relay-controlled
controlado por reloj | clocked
controlado por servomecanismo | servocontrolled
controlado por transistor | transistor-controlled
controlado por trasductor | transducer-controlled, transductor-controlled
controlado reostáticamente | rheostatically controlled
controlador | controller; [*programa*] driver; [*de ordenadores*] cluster
controlador automático | automatic controller
controlador automático de pruebas | automatic test controller
controlador avanzado | super controller
controlador de altavoz | speaker control
controlador de audio | audio controller
controlador de canal | channel controller
controlador de comunicaciones | communications controller
controlador de dispositivo [*programa*] | device driver
controlador de dispositivo cronometrador virtual | virtual timer device driver
controlador de dispositivo virtual [*software*] | virtual device driver
controlador de dispositivos de red [*programa para coordinar comunicaciones*] | network device driver
controlador de doble canal | dual channel controller
controlador de dominio principal | primary domain controller
controlador de dominios [*servidor maestro en Windows NT*] | domain controller
controlador de estación base | base station controller
controlador de impresora [*programa*] | printer driver
controlador de interrupción [*circuito*] | interrupt controller
controlador de interrupción programable | programmable interrupt controller
controlador de interrupción y almacenamiento | interrupt controller and steering
controlador de interrupciones | interrupt handler
controlador de la memoria caché | cache controller
controlador de la modulación | modulator driver
controlador de la pasarela | gateway controller
controlador de la red de radio | radio network controller
controlador de línea | line driver
controlador de línea de comunicación | communication line controller
controlador de minipuerto | miniport driver
controlador de modulación | bootstrap driver
controlador de motor | motor controller

controlador de pantalla | display driver
controlador de pantalla virtual | virtual display device driver
controlador de periférico | device monitor
controlador de presentación | display controller
controlador de prioridad | priority controller
controlador de radar | radar controller
controlador de secuencia | watchdog
controlador de tiempos | timer
controlador de tierra | ground controller
controlador de timbres | bell tender
controlador de tipo tambor | drum-type controller
controlador de todo o nada | bang-bang controller
controlador de velocidad | speed controller
controlador de vídeo | video controller
controlador de vigilancia | surveillance controller
controlador eléctrico | electric controller
controlador electrónico | electronic controller
controlador final [*en radar*] | final controller
controlador galvanométrico | galvanometric controller
controlador incorporado [*en forma de tarjeta de circuitos*] | embedded controller
controlador integrado del caché de reescritura | write-back cache controller
controlador inteligente | intelligent controller
controlador magnético | magnetic controller
controlador manual | manual controller
controlador multipunto | multipoint controller
controlador por realimentación | feedback controller
controlador semimagnético | semi-magnetic controller
controlador telemétrico | radio range monitor
controladora | controller; [*tarjeta*] driver
controladora accionada por servomotor | servomotor-operated controller
controladora de bus local | local bus controller
controladora de disco | disc controller
controladora de disco duro | hard disk driver
controladora de dispositivo | device controller
controladora de dispositivo instalable | installable device driver
controladora de disquete | floppy disk controller

controladora de entrada [*para dispositivos*] | input driver
controladora de entrada y salida | input/output controller
controladora de impresora [*tarjeta de circuitos*] | printer controller
controladora de impresora virtual | virtual printer device driver
controladora de interrupciones [*tarjeta*] | interrupt controller
controladora de interrupciones maestra | master interrupt controller
controladora de juego | game controller
controladora de teclado | keyboard controller
controladora de unidad de disco flexible | floppy disk controller
controladora de unidad de disquete | floppy disk driver
controladora de unidad óptica | optical driver
controladora de vídeo | video driver
controladora del dispositivo | device-handler
controladora gráfica [*tarjeta de circuitos*] | graphics controller
controladora integrada | integrated controller
controladora multiuso | general-purpose controller
controladora programable | programmable controller
controladora rápida | fast controller
controladora universal | general-purpose controller
controlar | to control, to steer; to monitor
convección | convection
convección natural | natural convection
convención | convention; composition
convención universal de nombres [*para archivos informáticos*] | uniform (/universal) naming convention
convencional | conventional
convenciones de notación | notational conventions
convenio de abono | subscriber agreement
convergencia | convergence
convergencia de corriente continua | DC convergence
convergencia de entrada | fan-in
convergencia de un algoritmo | convergence of an algorithm
convergencia del haz | beam convergence
convergencia dinámica | dynamic convergence
convergencia dinámica horizontal | horizontal dynamic convergence
convergencia dinámica vertical | vertical dynamic convergence
convergencia estática | static convergence
convergencia radial | radial convergence

convergente | convergent
conversación | conversation, speaking, speech, talk
conversación con aviso de llamada | messenger call
conversación con aviso previo | préavis call
conversación con preaviso | préavis call
conversación de servicio | official message
conversación de socorro | distress call
conversación deformada | distorted conversation
conversación entrecortada | intermittent (/chopped-up) conversation
conversación interactiva | conversational interaction
conversación interurbana | (inland) trunk call
conversación interurbana tasada | chargeable trunk call
conversación local | local talk
conversación por abono | subscription call
conversación privada | private call
conversación privada ordinaria | ordinary call
conversación privada urgente | urgent private call
conversación publicitaria | demonstrating call
conversación radiotelefónica | R/T conversation, radiotelephone call
conversación relámpago | flash call
conversación suplementaria | extended subscription call
conversación tasada | paid call
conversación telefónica | telephone call
conversación telefónica de prensa | press telephone call
conversación telegráfica | telegraph conversation
conversación terminada | call finished
conversación terminal | terminal call
conversación trasoceánica | overseas call
conversacional | interactive
conversión | conversion, translation; [*para trasformar cuerpos de mensajes electrónicos*] mapping
conversión A/D = conversión analógico-digital | A/D conversion = analogue-digital conversion
conversión analógico/digital | analogue-digital conversion, analog-to-digital conversion
conversión ascendente | up-conversion
conversión automática de datos | automatic data conversion
conversión binaria | binary conversion
conversión de archivos | file conversion
conversión de binario a decimal | binary-decimal conversion

conversión de código | code conversion; [*de 32 bit a 16 y viceversa*] thunk
conversión de datos | data conversion
conversión de decimal a binario | decimal-to-binary conversion
conversión de direcciones | address translation
conversión de energía solar | solar energy conversion
conversión de frecuencia | frequency conversion
conversión de hardware | hardware conversion
conversión de impulsos | translation of impulses
conversión de protocolo | protocol translation
conversión de señales | signal conversion
conversión de sistemas | system conversion
conversión de software | software con-version
conversión de texto en voz [*sintetizada por el ordenador*] | text-to-speech
conversión de un par | pair conversion
conversión del número de abonado | digit translation
conversión del ultravioleta a color visible | ultraviolet colour translation
conversión descendente | down conversion
conversión digital-analógica | digital-to-analogue conversion
conversión dinámica de direcciones | dynamic address translation
conversión elevadora de frecuencia | up-conversion
conversión entre soportes [*trasferencia de datos entre soportes magnéticos distintos*] | media conversion
conversión fotovoltaica de la energía solar | solar energy photovoltaic conversion
conversión hexadecimal | hexadecimal conversion
conversión interna | internal conversion
conversión magnetohidrodinámica | magnetohydrodynamic conversion
conversión MHD = conversión magnetohidrodinámica | MHD conversion = magnetohydrodynamics conversion
conversión paramétrica | parametric conversion
conversión termiónica | thermionic conversion
conversión termiónica de energía | thermionic energy conversion
conversión termoeléctrica | thermoelectric conversion
conversor | converter, pickoff
conversor CC monotónico | monotonic DC converter
conversor de arco de mercurio | mercury arc converter
conversor de banda lateral inferior | lower sideband converter
conversor de banda lateral superior | upper sideband converter
conversor de centelleo de mercurio-hidrógeno | mercury-hydrogen spark-gap converter
conversor de frecuencia en contrafase | pushpull mixer
conversor de frecuencia-inducción | induction frequency converter
conversor de frecuencia triodo-hexodo | triode-hexode frequency changer
conversor de lenguaje | language converter
conversor de modo | wave converter
conversor de números de abonado | extension number translation
conversor de onda | wave converter
conversor de pendiente dual | dual slope converter
conversor de protocolo | protocol converter
conversor de señal | data set
conversor descendente | down converter
conversor digital-analógico | digital-to-analogue converter
conversor en contrafase | pushpull mixer
conversor fotovoltaico | photovoltaic converter
conversor logarítmico | logarithmic converter
conversor monotónico | monotonic converter
conversor O/E = conversor optoelectrónico | O/E converter = optoelectronic converter
conversor optoelectrónico | optoelectronic converter
conversor paramétrico | parametric converter
conversor superheterodino | superheterodyne converter
conversor triodo-heptodo | triode-heptode converter
conversor triodo-hexodo | triode-hexode converter
convertidor | converter (box), convertor, matrix
convertidor A/D = convertidor analógico/digital | ADC = A/D converter = analog-to-digital converter
convertidor amplificador sincrónico | synchronous booster converter
convertidor amplitud-tiempo | pulse height to time converter
convertidor analógico-digital | analogue-digital converter
convertidor analógico-digital de posición del eje | shaft-position analogue-to-digital converter
convertidor ascendente de frecuencia | up-converter
convertidor catalítico | catalytic converter
convertidor cíclico | cycloconverter
convertidor cinta-tarjeta | tape-to-card converter
convertidor con explosor de chispas interrumpidas | quenched spark gap converter
convertidor D/A = convertidor digital/analógico (/de digital a analógico) | D/A converter = digital-to-analog converter
convertidor de alimentación | inverter fed, power (/powering) converter
convertidor de alimentación estatórica | stator-fed converter
convertidor de analógico a digital | analog-to-digital converter
convertidor de antena incorporado | antennaverter = antenna and converter
convertidor de arco | arc converter
convertidor de arco de Poulsen | Poulsen arc converter
convertidor de banda | radio converter
convertidor de banda lateral única | single-sideband converter
convertidor de Brown | Brown converter
convertidor de cinta a cinta | tape-to-tape converter
convertidor de código | code converter
convertidor de código telegráfico | telegraph channel extensor
convertidor de códigos automático | automatic code translator
convertidor de comillas [*función de los procesadores de textos que convierte las comillas en comas invertidas*] | smart quotes
convertidor de conformado | sheath-reshaping converter
convertidor de desplazamiento de frecuencia | frequency shift converter
convertidor de elementos sucesivos en elementos simultáneos | serial-to-simultaneous converter
convertidor de energía solar | solar energy converter
convertidor de equilibrio de línea | line balance converter
convertidor de exploración | scan converter
convertidor de fase | phase converter (/convertor)
convertidor de fase rotativo | rotary phase changer (/converter)
convertidor de forma de onda | waveform converter
convertidor de frecuencia | frequency changer (/converter)
convertidor de frecuencia paramétrico | parametric frequency converter
convertidor de guía de ondas | waveguide converter
convertidor de imagen | image converter
convertidor de imagen por infrarrojos | infrared image converter
convertidor de impedancia negativa | negative impedance converter

convertidor de la señal de datos | signal data converter
convertidor de modo | wave converter
convertidor de modo de guía de ondas | waveguide converter
convertidor de motor | motor converter
convertidor de neutrones | neutron converter
convertidor de normas | standards converter
convertidor de normas de televisión | television standards converter
convertidor de onda | wave converter
convertidor de ondas cortas | short-wave converter
convertidor de ondas decimétricas | ultrahigh frequency converter
convertidor de ondas triangulares en senoidales | triangle sine converter
convertidor de par polifásico | polyphase torque converter
convertidor de par termoeléctrico | thermocouple converter
convertidor de paralelo a serie | parallel to serial converter
convertidor de potencia | power converter
convertidor de potencia tipo vibrador | vibrator-type converter
convertidor de radiofrecuencia | RF converter = radiofrequency converter
convertidor de radioteleimpresora | radioteletypewriter converter
convertidor de radioteletipo | radioteletypewriter converter
convertidor de retículo | grating converter
convertidor de señal | data set
convertidor de señal de TV [*por cable*] | set-top box
convertidor de señales | signal converter
convertidor de sistemas de televisión | television system converter
convertidor de tarjeta a cinta | card-to-tape converter
convertidor de tensión | voltage converter
convertidor de tensión a frecuencia | voltage frequency converter
convertidor de tensión en tiempo | voltage-to-time converter
convertidor de termopar | thermocouple converter
convertidor de tiempo | time converter
convertidor de tono | tone converter
convertidor de trasmisión de facsímil | facsimile transmission converter
convertidor de UHF | ultrahigh frequency converter
convertidor de vídeo | video converter
convertidor digital | digital converter
convertidor electrofluidodinámico | electrofluiddynamic converter
convertidor en cascada | motor converter
convertidor equilibrado | balanced converter
convertidor estático | static converter, static (current) changer
convertidor estático de corriente continua en corriente alterna | static DC-to-AC power inverter
convertidor estático de fase | static phase changer
convertidor estático de frecuencia | static frequency converter
convertidor estático de potencia | static power converter
convertidor estático trifásico | three-phase static converter
convertidor ferroeléctrico | ferroelectric converter
convertidor giratorio | rotary converter
convertidor hexafásico | six-phase converter
convertidor omnidireccional | omni-bearing converter
convertidor para línea coaxial | line balance converter
convertidor para soldadura | welding converter
convertidor paramétrico ascendente | parametric up-converter
convertidor paramétrico descendente | parametric down-converter
convertidor pentarrejilla | pentagrid converter
convertidor polifásico | polyphase converter
convertidor polifásico de arco en vapor de mercurio | polyphase mercury-arc converter
convertidor rotativo sincrónico | synchronous rotary converter
convertidor rotatorio | rotary converter
convertidor serie a paralelo | serial-parallel converter, serial-to-parallel converter
convertidor serie-simultáneo | serial-to-simultaneous converter
convertidor sincrónico | rotary converter, synchronous converter (/inverter)
convertidor sincrónico de autorregulación | synchronous booster converter
convertidor tensión-frecuencia | voltage-to-frequency converter
convertidor térmico | thermal converter
convertidor termoeléctrico | thermal (/thermoelectric) converter
convertidor term(o)iónico | thermionic converter
convertidor term(o)iónico de vapor | vapour thermionic converter
convertidor tiempo-amplitud del impulso | time-to-pulse height converter
convertidor tipo vibrador | vibrator-type converter
convertidor ultrasónico de imagen | ultrasonic image converter
convertir | to convert; [*una dirección lógica en física o viceversa, o el nombre de un dominio de internet en su correspondiente dirección IP*] to resolve; [*el código de 32 bit en código de 16 y viceversa*] to thunk; [*un programa de un lenguaje a otro*] to translate
convexo | convex
convolución | convolution
cookie [*pequeña secuencia de datos que entrega el programa servidor al navegador*] | cookie
cooperación entre ordenador y otros equipos | PBX and computer teaming
coordenada | coordinate
coordenada curvilínea | curvilinear coordinate
coordenada de cromaticidad | chromaticity coordinate
coordenada de cromatismo | chromaticity coordinate
coordenada de fila | line coordinate
coordenada de navegación | navigation coordinate
coordenada de orden cero | zero sequence coordinate
coordenada esférica | spherical coordinate
coordenada espacial | space coordinate
coordenada homopolar | zero sequence coordinate
coordenada rectangular | rectangular coordinate
coordenada tricromática | chromaticity coordinate
coordenada vectorial | vector coordinate
coordenadas absolutas | absolute (/Cartesian) coordinates
coordenadas cartesianas | Cartesian (/absolute) coordinates
coordenadas polares | polar coordinates
coordenadas relativas | relative coordinates
coordinación | coordination
coordinación de niveles | level coordination
coordinación inductiva | inductive coordination
coordinador de transacciones [*en comercio electrónico*] | transaction coordinator
coordinar | to coordinate
coordinatógrafo | coordinatograph
copa de arrastre | drag cup
copa de soldadura | solder cup
copia | copy; [*por calco*] carbon copy
copia al carbón | carbon (/film) ribbon
copia beta | beta copy
copia de cinta | tape copy
copia de disco | disc copy
copia de la memoria de acceso aleatorio | shadow random access memory
copia de la red | replica grating
copia de la ROM | shadow ROM

copia de la ROM del vídeo | shadow video ROM
copia de la selección principal | primary copy
copia de memoria | dump
copia de página | page copy
copia de recuperación [*en bases de datos*] | backup and recovery
copia de seguridad | backup, backup file (/copy)
copia de seguridad de archivos | file backup
copia de seguridad y recuperación [*en bases de datos*] | backup and recovery
copia de sillón | armchair copy
copia en cinta | tape copy
copia en papel | hardcopy, carbon copy
copia en serie | series copy
copia especial | special copy
copia falllida | shadow failed
copia impresa | hardcopy, hard copy, printout
copia indeleble | hardcopy, hard copy
copia íntegra [*de una estructura de datos*] | deep copy
copia magnética | magnetic transfer (/printing)
copia oculta | blind carbon (/courtesy) copy
copia permanente | hardcopy, hard copy
copia por pantalla | display copy
copia temporal | soft copy
copiador digital | digital copier
copiador electrostático | electrostatic copier
copiadora inteligente | intelligent copier
copiadora xerográfica | xerographic copying machine
copiar | to copy, to take off; to download, to upload
copiar disco | to copy disk
copiar en | to copy to
copiar en el panel principal | to copy to main panel
copiar y pegar | to copy and paste
copiar y restaurar | to backup and restore
copo de nieve | snowflake
copolímero vinilidénico | vinylidene copolymer
coprecipitación | coprecipitation
coprocesador | coprocessor
coprocesador gráfico | graphics coprocessor
coprocesador matemático | mathematic (/numeric) coprocessor
coprocesador numérico | numeric coprocessor
CORBA [*arquitectura informática con interfaz para consulta de objetos*] | CORBA = common object request broker architecture
corchete | square bracket
cordaje | cordage

cordillera | hump
cordón | (flexible) cord, sash line, strand
cordón aislante | strap insulator
cordón bifilar | twin-lead wire
cordón con clavija en los extremos | plug-ended cord
cordón con dos clavijas | double-ended cord
cordón con enchufe | plug-in cord
cordón de acoplamiento | patchcord
cordón de alambre | wire cable
cordón de anclaje | stay cord
cordón de aullador | howler cord circuit
cordón de conexión | connecting cord, cord circuit, drop wire
cordón de conexión a la red | line cord
cordón de conexión con tercer hilo | sleeve control cord circuit
cordón de delantera | front cord
cordón de dial | dial cord
cordón de dos conductores | parallel cord, twin-lead wire
cordón de dos hilos | cord pair
cordón de enchufe | cord plug
cordón de enlace | connecting cord
cordón de escucha | listening cord
cordón de extensión | extension cord
cordón de interconexión | jumper, patch cord
cordón de lámpara | lamp cord
cordón de línea | line cord
cordón de llamada | calling cord
cordón de prueba | test cord (/lead)
cordón de puerta | door cord
cordón de repetidor | repeater cord circuit
cordón de respuesta | answering flex
cordón de soldadura | weld bead
cordón de tiro | pull cord
cordón doble | cord pair (/circuit)
cordón eliminador de enclavamiento | cheater cord
cordón enchufable | plug-ended cord
cordón flexible | tinsel cord
cordón forrado de algodón trenzado | twisted-cotton-covered cord
cordón impermeable | moistureproof cord
cordón para cableado | lacing cord (/twine)
cordón prolongador irreversible | nonreversible extension
cordón puente del arrollamiento repetidor | repeating-coil bridge cord
cordón retráctil | retractable cable
cordón semiuniversal | semiuniversal cord circuit
cordón telefónico | telephone wire
cordón telefónico universal | universal toll cord circuit
cordón térmico | heater cord
cordón tomacorriente | plug-in cord
cordón universal | full universal cord, (toll) universal cord circuit, universal toll cord circuit

corNet [*protocolo para redes privadas RDSI*] | corNet = corporate ISDN network protocol
cornete cónico | conical horn
cornete repartido | sectorial horn
coro | chorus
corona | annular ring, brush-holder, corona, ratchet, ring
corona de contactos | group of contacts
corona dentada | sprocket
corpúsculo | particle
corpúsculo solar | solar corpuscle
correa | drive belt
correa antiestática | antistatic wrist strap
correa de mando de resorte | spring drive belt
correa de trasmisión de velocidad regulable | speed changer
correa de velocidad regulable | speed changer
corrección | correcting, correction, patch, settling; [*en la brújula*] swinging
corrección acústica de la sala | acoustic adjustment of the room
corrección anticipada de errores | forward error correction
corrección automática | self-correcting
corrección automática de calibración de cero y fondo de escala | automatic zero and full-scale calibration correction
corrección automática de errores | automatic error correction
corrección automática de una tecla de función | automatic function key correction
corrección bilateral | two-way correction
corrección cuántica | quantum correction
corrección de abertura | aperture correction
corrección de agudos | treble correction
corrección de altos | treble correction
corrección de bit simple | single bit correction
corrección de coincidencia | coincidence correction
corrección de derivación | shunt peaking
corrección de errores | error correction, debugging
corrección de errores durante su escritura | write error recovery
corrección de errores durante su grabación | write error recovery
corrección de errores en retroceso | backward (error) correction
corrección de errores hacia atrás | backward (error) correction
corrección de escala | scale correction
corrección de fase | phase compensation (/correction)

corrección de frecuencia | frequency correction
corrección de frecuencia automática | automatic frequency correction
corrección de frecuencia en paralelo | shunt peaking
corrección de inclinación | tilt correction
corrección de la temperatura | temperature correction
corrección de la velocidad | velocity correction
corrección de onda espacial | sky correction
corrección de respuesta de frecuencia serie-paralelo | combined peaking
corrección de ruta | course made good
corrección de Rydberg | Rydberg correction
corrección de salida | end correction
corrección de Sheppard | Sheppard's correction
corrección de sincronismo | synchronous correction
corrección de sombra | shading correction
corrección de textos | text correction
corrección de tiempo de resolución | resolving time correction
corrección de tiempo muerto | dead (/resolving) time correction
corrección de tonalidad | tone correction
corrección de tono | tone correction
corrección del enfoque | focusing adjustment
corrección del error | error correction
corrección del error ionosférico | sky wave correction
corrección del factor de potencia | power factor correction
corrección del fondo | background correction
corrección del tiempo de propagación | delay (/echo) weighting term
corrección desconectada | correction disabled
corrección gamma | gamma correction
corrección mixta | combined peaking
corrección parcial | partial correctness
corrección previa | predistortion
corrección relativista del electrón | relativistic correction for electron
corrección total | total correctness
correcto | correct, right
corrector | equalizer
corrector automático de sensibilidad | automatic volume control
corrector automático de volumen | automatic volume control
corrector de agudos | treble corrector; HF tone control
corrector de altímetro | altimeter calibrator
corrector de anemómetro | air speed indicator calibrator

corrector de apertura fija | fixed-break corrector
corrector de campo de color | colour field corrector
corrector de cresta | peaker
corrector de discos | record compensator (/equalizer)
corrector de distorsión en acerico [*corrector de distorsión de imágenes en televisión*] | pincushion corrector
corrector de errores | debugger
corrector de fase | delay equalizer, phase compensator (/corrector)
corrector de forma de onda | waveform corrector
corrector de forma de onda de vídeo | video waveform corrector
corrector de impedancia a baja frecuencia | low-frequency impedance corrector
corrector de impulsos | pulse corrector
corrector de inclinación | tilt corrector
corrector de los bordes del impulso | pulse stretcher
corrector de relación fija | fixed-ratio corrector
corrector de retardo de fase | phase lag corrector
corrector de sintaxis [*programa*] | syntax checker
corrector de sintonía | trimmer, trimmer (/trimming) capacitor (/condenser)
corrector de tensión | voltage corrector
corrector de tonalidad | tone control
corrector de tono | tone control
corrector de voltaje | voltage corrector
corrector del efecto cojín | pincushion corrector
corrector del efecto de la temperatura | temperature compensation equalizer
corrector del error de cuadrante | quadrantal error corrector
corrector del oscilador | oscillator trimmer
corrector gramatical | grammar checker
corredera | slider
corredera de balance para fuentes de salida | balance slider for output source
corredera de control de balance | balance control slider
corredera de desaceleración | decelerating slide
corredera de electrodos | electrode sliding
corredera de volumen | volume slider
corredera del potenciómetro | potentiometer slider
corredor libre de irradiaciones | radiation-safe corridor
corregido | corrected
corregir errores | to debug
correlación | correlation, link, mapping

correlación de rangos | rank correlation
correlación múltiple | multiplexing
correlación serial | serial corelation
correlacionador | correlator
correlacionador cuádruple | quadricorrelator
correlacionador de onda | wave correlator
correlacionador de transición | cross-correlator
correlacionador de vídeo | video correlator
correo | mail
correo anónimo | anonymous post
correo basura | junk mail
correo bomba [*mensaje de correo electrónico que daña el ordenador de destino*] | letterbomb
correo de prueba | test post
correo de voz | voice mail
correo electrónico | electronic (/computer) mail; multimedia message system
correo informático | electronic (/computer) mail
correo informatizado | computerized mail
correo masivo no solicitado [*en correo electrónico*] | unsolicited bulk email
correo no solicitado | junk mail
correo normal | snail mail [*por la lentitud del correo en papel en comparación con el correo electrónico*]
correo para [*fórmula usada en correo electrónico*] | mailto
correo por caracol [*fam*] | snail mail
correo por medios múltiples | multimedia mail
correo por ordenador | computer (/electronic) mail
correo privado mejorado | private enhanced mail
correo seguro | secure mail
corresidente [*programas*] | coresident
correspondencia | correspondence; match; traffic
correspondencia particular | private correspondence
correspondencia por dúplex | duplex correspondence
correspondencia por télex | telex correspondence (/traffic)
correspondencia privada | private correspondence
correspondencia pública | public correspondence
correspondencia telefónica | telephone traffic
correspondencia telegráfica | telegram (/telegraph) traffic
correspondencia telegráfica en lenguaje claro | plain language telegraph correspondence
correspondencia telegráfica pública | public telegraph correspondence
corresponder | to comply

corresponsal | connecting company; distant operator
corriente | course, current, flow, power, stream
corriente a tierra | earth leakage current
corriente a un cuarto de fase | quarter-phase current
corriente activa | active (/watt, /working) current
corriente alterna | alternating (/ripple) current
corriente alterna/corriente continua | alternating current/direct current
corriente alterna simétrica | symmetrical alternating current
corriente alterna sin rectificar | raw alternating current
corriente anérgica | idle current
corriente aniónica | anionic current
corriente anódica | anode (/plate) current
corriente anódica de cresta | peak plate current
corriente anódica de la frecuencia de señal | signal frequency anode current
corriente anódica de pico | peak plate current
corriente anormal de electrodo | surge electrode current
corriente ascendente | upcurrent; updraught [UK], updraft [USA]
corriente autoconstrictora | self-constricting current
corriente avanzada | leading current
corriente bidimensional | two-dimensional flow
corriente bidireccional | bidirectional current
corriente bifásica | two-phase current
corriente catiónica | cationic current
corriente catódica | cathode current
corriente catódica de cresta | surge peak cathode current
corriente catódica de pico | surge peak cathode current
corriente catódica limitada por carga de espacio | space charge-limited cathode current
corriente catódica limitada por carga espacial | space charge-limited cathode current
corriente compensadora | offset current
corriente complementaria | idling current
corriente constante | constant current
corriente continua | direct (/continuous) current
corriente continua beta | DC beta
corriente continua de ánodo sin señal | zero signal DC plate current
corriente continua de electrodos en vacío | direct vacuum tube current [USA]
corriente continua ondulatoria | pulsating direct current

corriente continua periódicamente interrumpida | pulsating direct current
corriente continua proporcional | proportional direct current
corriente continua pulsatoria | pulsating direct current
corriente armónica simple | simple harmonic current
corriente crítica | critical current
corriente crítica de control | critical controlling current
corriente crítica de rejilla | critical grid current
corriente de absorción | absorption current
corriente de acción nerviosa | current due to nervous action
corriente de accionamiento | action current
corriente de activación | operate (/pickup, /pullup) current
corriente de activación magnética | pulling current
corriente de agua | water course
corriente de aire | airflow
corriente de aire vertical | vertical air current
corriente de alimentación | feed, supply current
corriente de ánodo | anode current
corriente de ánodo sin polarización [*de rejilla*] | zero bias anode current
corriente de antena | aerial current
corriente de apriete | pinch current
corriente de arranque | starting (/pre-oscillation) current
corriente de arranque de un oscilador | starting current of an oscillator
corriente de avance | leading current
corriente de avería | fault current
corriente de bits | bit stream
corriente de bobina móvil | speech current
corriente de calefacción | heating current
corriente de calentamiento | rated temperature-rise current
corriente de calentamiento admisible | rated thermal current
corriente de carga | load (/charging) current
corriente de carga de salida | output load current
corriente de carga lenta | trickle current
corriente de cátodo | cathode current
corriente de choque | impulse current
corriente de cierre | sealing current
corriente de coagulación | Tesla current
corriente de codo de Zener | Zener knee current
corriente de cola | tail current
corriente de colector | collector current
corriente de compensación | trickle current

corriente de compensación de entrada | input offset current
corriente de conducción | conduction (/turn-on) current
corriente de conducción magnética | magnetic conduction current
corriente de conexión | pulling current
corriente de conmutación | switching current
corriente de conmutación de paquetes | packet switch stream
corriente de continuidad | follow-on current
corriente de control | control (/trigger, /triggering) current
corriente de convección | convection current
corriente de corrección | correcting current
corriente de corta duración | short-time current
corriente de corte | cutoff current
corriente de corte de drenador | drain cutoff current
corriente de corte de fuente | source cutoff current
corriente de corte de puerta | gate trigger current
corriente de cortocircuito | short-circuit current, let-through current, rated short-circuit current, thermal short-time current rating
corriente de cortocircuito a tierra | short-circuit current to earth
corriente de cresta | peak current
corriente de cresta catódica anormal | peak cathode fault current
corriente de cresta catódica en régimen periódico | peak cathode steady state current, steady-state peak cathode current
corriente de d'Arsonval | d'Arsonval current, solenoid current
corriente de datos en forma tabular | tabular data stream
corriente de datos múltiples | multiple data stream
corriente de defecto | fault current
corriente de demarcación | demarcation current
corriente de deriva | drift current
corriente de descarga | power follow current
corriente de desconexión | releasing (/trip) current
corriente de desenganche | trip current
corriente de desexcitación | dropout current
corriente de desnivel | offset current
corriente de desplazamiento | displacement current
corriente de desplazamiento anómala | anomalous displacement current
corriente de desprendimiento | release current
corriente de difusión | diffusion current

corriente de disparo | release (/trigger, /triggering, /trip) current
corriente de disparo de puerta | gate turn-off current
corriente de dispersión | dispersion current
corriente de dispersión superficial | surface leakage (current)
corriente de drenaje | bleeder current
corriente de eco | echo current
corriente de efecto túnel | tunnel current
corriente de electrones | electron current
corriente de emisión | emission current
corriente de emisión de campo libre | field-free emission current
corriente de emisión de campo nulo | field-free emission current
corriente de emisión en punto de inflexión | inflection point emission current
corriente de emisión por el punto de flexión | flexion-point emission current
corriente de emisión primaria | primary emission current
corriente de emisión sin campo | field-free emission current
corriente de emisión total | total emissivity
corriente de emisor | emitter current
corriente de emisor en el punto de valle | valley point emitter current
corriente de encendido | starting current
corriente de enfoque | focusing current
corriente de enganche | pulling current
corriente de entrada | gate (/impressed) current
corriente de entrada reflejada | input-reflected current
corriente de error | offset current
corriente de escritura | writing current
corriente de espaciado [en morse] | spacer current
corriente de espacio | space (/spacing) current
corriente de estado de conducción | on-state current
corriente de excitación | excitation (/exciting, /operate) current
corriente de excitación magnética | pickup current
corriente de exploración | scanning current
corriente de extinción | extinction current
corriente de extracción lateral | side stream, slipstream
corriente de fallo | fault current
corriente de fase | phase current
corriente de fase dividida | split-phase current
corriente de filamento | filament current

corriente de flujo | streaming
corriente de fondo | undertow
corriente de fondo de valle | valley point current
corriente de Foucault | eddy current
corriente de frecuencia superacústica | superaudio current
corriente de frecuencia ultrasonora | superaudio current
corriente de fuga | leakage (/stray) current
corriente de fuga de puerta a fuente | gate-to-source leakage current
corriente de fuga superficial | surface leakage current
corriente de funcionamiento | operate (/operating, /pickup, /pullup) current
corriente de fusión | melting current
corriente de gas | gas current, current of gas
corriente de gran amperaje | power current
corriente de hueco | hole current
corriente de impulso | gate current
corriente de inducción | induced (/induction) coefficient
corriente de instrucciones | instruction stream
corriente de instrucciones múltiples | multiple instruction stream
corriente de ionización | ionization (/gas) current
corriente de irrupción | inrush (/surge) current
corriente de la cresta | peak point current
corriente de la línea de señal | signal line current
corriente de la línea de señalización | signal line current
corriente de la red | house current
corriente de la señal vocal | voice current
corriente de Leduc | Leduc's current
corriente de liberación | release (/releasing) current
corriente de llamada | ringing current (/signal)
corriente de llamada continua | continuous ringing current
corriente de llamada de baja frecuencia | low-frequency signalling current
corriente de llamada de frecuencia vocal | voice frequency ringing (/signalling) current
corriente de llamada distintiva | discriminating (/distinctive) ringing
corriente de llamada inmediata | immediate ringing current
corriente de llamada intermitente | machine ringing
corriente de llamada interrumpida | interrupted ringing (/signalling) current
corriente de magnetización | magnetizing current
corriente de malla | mesh current

corriente de mando necesaria | minimum working current
corriente de mantenimiento | hold (/holding, /sustaining, /trickle) current
corriente de no actuación | nonoperate current
corriente de no disparo | gate nontrigger current
corriente de no funcionamiento | nonoperate current
corriente de no retención | nonholding current
corriente de onda de Morton | Morton wave current
corriente de onda estática | static wave current
corriente de operación | operate current
corriente de oscuridad | dark current
corriente de Oudin | Oudin's current
corriente de pérdidas en continua | DC leakage current
corriente de pico | peak current
corriente de pico de bobina | peak coil current
corriente de pico de media onda sinusoidal | peak half-sine-wave forward current
corriente de pico recurrente en sentido directo | peak recurrent forward current
corriente de pico repetitiva en estado activo | repetitive peak on-state current
corriente de placa | plate current
corriente de placa sin polarización [de rejilla] | zero bias anode current
corriente de plasma | plasma current
corriente de poca intensidad | small current
corriente de polarización | polarization (/bias) current
corriente de polarización de entrada | input bias current
corriente de polarización magnética | bias current
corriente de portadora | carrier current
corriente de portadores de un solo tipo | one-carrier current
corriente de preconducción | preconduction current
corriente de preoscilación | preoscillation current
corriente de prospección | prospective current
corriente de protección | protection current
corriente de prueba | test current
corriente de prueba de canalización del emisor | emitter-channelling test current
corriente de puerta | gate current
corriente de puerta para el disparo | gate current for firing
corriente de puesta en marcha | pickup current
corriente de radiofrecuencia | RF current = radiofrequency current

corriente de radiofrecuencia en rejilla | RF grid current
corriente de rama | branch current
corriente de rayos positivos | positive ray current
corriente de recarga | recharging current
corriente de recepción | receive current
corriente de red pública | street current
corriente de régimen | rated (/working) current
corriente de rejilla | grid current
corriente de rejilla de pantalla | screen grid current
corriente de reostricción | pinch current
corriente de repique | ringing current
corriente de reposición | release (/releasing) current
corriente de reposo | dark (/quiescent, /rest, /spacing) current, spacing pulse
corriente de reposo continua | continuous space
corriente de reposo de ánodo | steady plate current
corriente de reposo del electrodo | electrode dark current
corriente de reserva del arco [*en tubo de mercurio*] | keep-alive arc
corriente de resonador | resonator current
corriente de retardo | lagging current
corriente de retención | hold (/holding, /latching) current
corriente de retorno | restriking, return current
corriente de rotación | rotor current
corriente de rotación del inducido | rotor current
corriente de rotor bloqueado | locked rotor current
corriente de ruido | noise current
corriente de salida | outgoing current
corriente de salida de señal | signal output current
corriente de saturación | saturation current; total emission
corriente de saturación inversa | reverse saturation current
corriente de sector | street current
corriente de señal | signal current
corriente de señalización | marking current
corriente de sobrecarga | overload current
corriente de sobrecarga momentánea | surge current
corriente de sobretensión | transient current
corriente de soldadura | welding (/welder) current
corriente de solenoide | solenoid current
corriente de Tesla | Tesla current
corriente de tetanización | tetanizing current

corriente de tierra | earth (/ground) current
corriente de tierra accidental | ground fault-current
corriente de trabajo | marking (/working) current
corriente de trabajo continua | continuous mark
corriente de trabajos | job stream
corriente de tracción | traction current
corriente de trasferencia | transfer current
corriente de trasmisión | transmit current
corriente de un solo dato | single-data stream
corriente de una fase de la estrella | star current, Y current
corriente de valle | valley current
corriente de velocidad inicial | initial velocity current
corriente de Zener | Zener current
corriente débil | small current
corriente del acelerador final | ultor current
corriente del blanco | target current
corriente del calefactor | heater current
corriente del calentador | heater current
corriente del campo inductor | exciting current
corriente del electrodo | electrode current
corriente del filamento | heater current
corriente del haz | beam current
corriente derivada | shunt current
corriente desfasada | out-of-phase current
corriente desvatada | idle (/quadrature, /reactive, /watt less, /wattless) current
corriente desviada | stray current
corriente diacrítica | diacritical current
corriente dieléctrica | dielectric current
corriente difasada | quarter-phase current
corriente directa | forward current
corriente directa de pico recurrente | peak recurrent forward current
corriente directa de puerta | forward gate current
corriente directa del rectificador | rectifier forward current
corriente efectiva | RMS current, virtual current
corriente eficaz | RMS current, effective (/virtual) current
corriente eléctrica | (electric) current
corriente electródica | electrode current
corriente electródica de avería | fault electrode current
corriente electródica de cresta | peak electrode current
corriente electródica de fuga | fault electrode current

corriente electródica de pico | peak electrode current
corriente electródica oscura | electrode dark current
corriente electrónica | electron (/electronic) current
corriente emitida | outgoing current
corriente en contrafase paralelo | push-push current
corriente en cuadratura | quadrature current
corriente en dientes de sierra | sawtooth (wave) current
corriente en escalón unitario | unit-step current
corriente en espiral | spiral flow
corriente en estado de no conducción | off-state current
corriente en marcha normal | running current
corriente en régimen permanente | steady-state current
corriente en remolino | eddy current
corriente en vacío | no-load current
corriente energética | watt current
corriente entre bases | interbase current
corriente equivalente | offset current
corriente equivalente de desequilibrio de entrada | equivalent input offset current
corriente equivalente de ruido de entrada | equivalent input noise current
corriente equivalente efectiva de ruido en circuito abierto | equivalent open-circuit noise current
corriente errática | stray current
corriente espacial | space current
corriente establecida | peak-making current
corriente estacionaria | standing (/steady) current, steady flow
corriente estacionaria de ánodo | steady plate current
corriente estatórica | stator current
corriente excitadora | exciting current
corriente extra de cierre | bouncing
corriente farádica | faradic current
corriente filtrada | smoothed current
corriente fluctuante | fluctuating current
corriente fotoeléctrica | photocurrent, photoelectric current
corriente fototelegráfica | phototelegraph current
corriente fuerte | power current
corriente galvánica | galvanic current [*obs*]
corriente igualadora | equalizing current
corriente inactiva | off-state current
corriente inducida | induced current
corriente inducida en el eje | shaft current
corriente inducida estática | static-induced current
corriente inductora | inducing (/primary) current

corriente inicial | initial drain, surge current
corriente inicial simétrica de cortocircuito monofásico | subtransient single-phase short-circuit current
corriente instantánea | instantaneous current
corriente intermedia | intermediate current
corriente intermitente | intermittent current
corriente inversa | back (/echo, /inverse, /return, /reverse) current
corriente inversa de electrodo | electrode inverse current, inverse electrode current
corriente inversa de fuga | inverse (/reverse) leakage current
corriente inversa de rectificación | rectifier reverse current
corriente inversa de rejilla | backlash, negative (/reverse) grid current
corriente inversa del emisor | emitter reverse current
corriente invertida | reversed flow
corriente iónica | ionic (/gas) current
corriente iterativa | spike train
corriente laminar | laminar flow
corriente limitada por carga espacial | space charge-limited current
corriente límite de no fusión | limiting no-damage current
corriente local | eddy current
corriente longitudinal | longitudinal current
corriente luminosa | light current
corriente magnetizante | magnetizing current
corriente magnetizante en cuadratura | quadrature magnetizing current
corriente marcadora [*en telegrafía Morse*] | marking current
corriente máxima de ánodo | peak anode current
corriente máxima de no fusión | limiting no-damage current
corriente máxima momentánea | rated short-time current
corriente media de electrodo | average electrode current
corriente microfónica | transmitter (/speech, /voice) current
corriente mínima de disparo | ultimate trip current
corriente mínima de fusión | minimum fusing current
corriente mínima fiable | minimum reliable current
corriente modulada entre bases | interbase modulated current
corriente molecular libre | free molecular flow
corriente momentánea | transient current
corriente monofásica | one-phase current, single-phase current
corriente necesaria | minimum working current

corriente neta | net current
corriente neural | nerve current
corriente no filtrada | unsmoothed current
corriente no inducida | noninduced current
corriente nominal | rated current
corriente nominal de bobina | rated coil current
corriente nominal de contacto | rated contact current
corriente nominal de excitación | rated coil current
corriente nominal del fusible | fuse current rating
corriente nominal primaria | rated primary current
corriente nula | zero current
corriente ondulante | undulating current
corriente ondulatoria | pulsating (/ripple, /undulatory, /wave) current
corriente oscilante | oscillating (/oscillatory) current
corriente oscura | dark current
corriente paralela | parallel flow
corriente parásita | eddy (/parasitic, /parasite, /interference) current
corriente parásita de pequeña intensidad | sneak current
corriente parásita equivalente | equivalent disturbing current
corriente parásita inducida | induced eddy current
corriente pasajera | transient current
corriente pequeña | small current
corriente periódica | periodic current
corriente permanente | rest (/steady) current
corriente permanente de cortocircuito | sustained short-circuit current
corriente persistente | persistent current
corriente pertubadora equivalente de la línea de energía [*o de fuerza*] | power line equivalent disturbing current
corriente perturbadora | disturbing (/perturbing) current
corriente polarizadora | polarizing current
corriente polifásica | multiphase (/polyphase) current
corriente ponderada | weighted current
corriente portadora | carrier (/superimposed) current
corriente portadora telefónica | telephone carrier current
corriente prefente | preferential flow
corriente primaria | primary current
corriente principal | primary flow, principal current
corriente proporcional | proportional current
corriente pulsante multifrecuencia | multifrequency pulsing current
corriente pulsatoria | pulsating (/undulating, /undulatory) current

corriente reactiva | reactive (/wattless, /quadrature) current
corriente rectificada | rectified current (/output)
corriente reflejada | echo (/reflected, /return) current
corriente regulada | regulated stream
corriente residual | residual (/rest, /follow, /transient decay) current
corriente residual de célula fotoeléctrica | transient decay current
corriente residual del colector | collector cutoff current
corriente residual del colector en circuito abierto | open-circuit collector cutoff current
corriente residual del emisor en circuito abierto | open-circuit collector emitter current
corriente secundaria | secondary current
corriente seguidora | follow current
corriente simple | single current
corriente sin carga | no-load current
corriente sin señal | no-signal current
corriente sinusiodal | sine (/sinusoidal, /sine wave, /simple harmonic) current
corriente sinusoidal compleja | vector current
corriente subsiguiente | follow (/follow-on) current
corriente subsónica | subsonic flow
corriente subtransitoria de cortocircuito monofásico | subtransient single-phase short-circuit current
corriente superpuesta | superimposed current
corriente telefónica | telephone (/telephonic) current
corriente telúrica | telluric current
corriente termiónica | thermionic current
corriente termoelectrónica | thermionic current
corriente termotelúrica | thermotelluric current
corriente totalmente desequilibrada | totally unbalanced current
corriente transitoria | transient current
corriente transitoria anormal | surge
corriente transitoria de cortocircuito | transient short-circuit current
corriente trasversal | transverse current
corriente trifásica | rotary (/three-phase) current
corriente turbulenta | eddy current
corriente umbral | threshold current
corriente unidireccional | unidirectional current
corriente uniforme | uniform flow
corriente vagabunda | stray (/vagabond) current
corriente vectorial | vector current
corriente vocal | voice current
corriente voltaica | voltaic current

corrientes de Foucault | Foucault currents, eddy effect
corrientes del mismo sentido | unidirected currents
corrientes en contrafase | pushpull currents
corrientes en torbellino | Foucault currents
corrientes equilibradas | balanced currents
corrientes simétricas | balanced (/pushpull) currents
corrientes turbulentas | Foucault currents
corrimiento | dewetting, roll
corrimiento cíclico | cyclic shift
corrimiento de fase | phase shift
corrimiento de la imagen | roll
corrimiento de píxel | pixel shift
corrimiento de radiofrecuencia | RF shift
corrimiento de resina | resin smear
corrimiento del cero | zero drift
corrimiento del estaño | dewetting
corrimiento del punto explorador | spot shifting
corrimiento espectral | spectral shift
corrimiento gradual de frecuencia | slow frequency shift
corrimiento por variación de las tensiones aplicadas | pushing
corrompido | corrupt
corrosión | corrosion
corrosión electrolítica | electrolytic (/galvanic) corrosion
corrosión electrolítica por corrientes vagabundas | stray current corrosion
corrosión intercristalina | intercrystalline corrosion
corrosión intergranular | intergranular corrosion
corrosión por corrientes vagabundas | stray current corrosion
corrosión por desuso | shelf corrosion
corrosión termogalvánica | thermogalvanic corrosion
corrosión uniforme | uniform corrosion
corrugado | corrugated
corrupción [*destrucción de datos*] | corruption
corrupción de caché [*en el sistema de nombres de dominio de internet*] | cache poisoning
corrupción de datos | data corruption
corrupción de software [*destrucción de programas*] | software rot
corrupto | corrupt
corrutina | coroutine
cortacésped [*tipo de preamplificador para receptores de radar que reduce el efecto de césped en la pantalla*] | lawn mower [*a type of preamplifier used with radar receiver's*]
cortacircuito | cutoff, cutout; fuse, fuze
cortacircuito automático | automatic cutout
cortacircuito calibrado | noninterchangeable fuse

cortacircuito de expulsión | expulsion fuse
cortacircuito de fusible | fuse (/safety) cutout
cortacircuito de fusible descubierto | open-fuse cutout
cortacircuito de fusible multipolar | multipolar fuse
cortacircuito de fusible restablecedor | reclosing fuse cutout
cortacircuito de fusión libre | open-wire fuse
cortacircuito de fusión semicerrado | semienclosed fuse
cortacircuito de mano | manual cutout
cortacircuito de reposición por pulsador | pushbutton circuit breaker
cortacircuito de sobretensión | overvoltage cutout
cortacircuito de tapón | plug cutout
cortacircuito fusible | fusible cutout
cortacircuito multipolar | multipolar cutout
cortacircuito térmico | thermocutout, thermal cutout
cortacircuito total automático de protección contra sobretensiones | overvoltage crowbar
cortacuellos | neck cracking tool
cortado y pelado | cut and peel (/strip)
cortador de círculos | flycutter
cortadora de fibras | cleaver, cleaving tool
cortadura | break, shearing
cortafibras | cleaver, cleaving tool
cortafuegos [*límite de acceso en red local a través de internet*] | firewall
cortando [*la trasmisión*] | breaking
cortar | to break in, to cut (out), to disconnect, to interrupt, to release, to shear, to turn off
cortar el circuito | to cut out
cortar el contacto | to switch off
cortar la comunicación | to abort
cortar la corriente | to switch off (/out)
cortar y pegar | to cut and paste
corte | breakdown, breakup, clearing, cut, cutoff, cutting, disconnection, nick, notch, open, outage, release, rupture, sectional view, shearing, shear, splitting, switching-off; [*en la trasmisión*] break
corte a distancia | remote cutoff
corte agudo | sharp cutoff
corte alfa | alpha cutoff
corte con cuña | wedging
corte con plantilla | shape cutting
corte de absorción | absorption edge
corte de alimentación [*para algunas unidades de consumo con objeto de preservar la alimentación para las demás en un sistema eléctrico*] | load shedding
corte de batería | battery cutoff
corte de colector | collector cutoff
corte de drenador | pinch-off
corte de energía | power cut (/shutdown)

corte de energía eléctrica | power dump
corte de intensidad luminosa | light intensity cutoff
corte de la corriente de placa | plate current cutoff
corte de la llamada | ringing trip
corte de las esquinas | corner cutting
corte de página | page break
corte de sección | cutting
corte de serpentín | serpentine cut
corte del cadmio efectivo | effective cadmium cutoff
corte del cristal | crystal cut
corte del dispositivo | device cutoff
corte del extremo | tail pull
corte del haz | beam cutoff
corte del tubo | tube cutoff
corte efectivo | effective cutoff
corte en L | L cut
corte en paralelo | parallel cut
corte en V | V cut
corte forzado | forced disconnect, preemption
corte momentáneo de la trasmisión | hit
corte normal | normal cut, X cut
corte paralelo | parallel cut
corte paralelo a una cara | face-parallel cut
corte periódico | chopping
corte perpendicular a una cara | face-perpendicular cut
corte piezoeléctrico de cristal | piezoelectric crystal cut
corte rápido | steep cutoff
corte remoto | remote cutoff
corte teórico | theoretical cutoff
corte ultrasónico | ultrasonic cutting
corte único | single break
corte X | X cut
corte y conformación por oscilación sónica | sonic drilling
cortina de antenas | aerial curtain
cortina de dipolos horizontales con reflectores | pine tree array
cortina de neutrones | neutron curtain
cortina de Sterba | Sterba curtain
cortina radiante | radiating curtain
cortina reflectora | reflecting (/reflector) curtain
corto | short
corto alcance | short-haul
corto en corriente continua | DC short
cortocircuitable | shortable, short-circuitable
cortocircuitado | short-circuited, short-circuiting, shorted (out), shorting
cortocircuitador | short-circuiter, short-circuiting
cortocircuitador automático | automatic short circuiter
cortocircuitar | to short, to short-circuit
cortocircuitarse | to short, to short-circuit
cortocircuito | short (circuit)
cortocircuito a masa | short to frame
cortocircuito a tierra | short (/shorting,

/short-circuit) to earth (/ground)
cortocircuito bifásico | two-phase short circuit
cortocircuito de soldadura | solder short
cortocircuito deslizante | sliding short (circuit)
cortocircuito detectado | address line short
cortocircuito graduable | adjustable short
cortocircuito momentáneo | transient short circuit
cortocircuito móvil de guiaondas | waveguide plunger
cortocircuito oscilante | swing short
cortocircuito por conexión a tierra | shorting to earth
cortocircuito serie-paralelo | series-parallel shunt
cortocircuito total | crowbar, dead short
cortocircuito trifásico | three-phase short circuit
CoS [*clase de servicio (en derechos de acceso a trasmisión)*] | CoS = class off service
coseno de dirección | direction cosine
COSINE [*proyecto de sistema abierto de comunicaciones para Europa*] | COSINE = cooperation for open systems interconnection network in Europe
cósmico | cosmic
cosmotrón | cosmotron
coste de adquisición y mantenimiento | TCO = total cost of ownership
coste de puesta en marcha | startup cost
costo de la unidad de energía | per unit energy cost
costo unitario de la energía | per unit energy cost
costo y flete | cost and freight
costo y seguro | cost and insurance
costura soldada | welded seam
cota | dimension
cotejador | collator
cotejar | to collate
COUNT SEA [*buscador de memoria*] | COUNT SEA = counter search
covalencia | covalency [UK], covalence [USA]
covalencia dativa | dative covalence
covarianza | covariance
CPA [*acuerdo de protocolo de colaboración*] | CPA = collaboration protocol agreement
CPA [*eje de fase cromática*] | CPA = chromatic phase axis
CPA = centralita privada automática [*con conexión a la red pública*] | PABX = private automatic branch exchange
CPI = certificado en programación informática | CCP = certificate in computer programming
CPL [*lenguaje combinado de progra-

mación*] | CPL = combined programming language
CPL [*lenguaje de procesamiento de llamadas*] | CPL = call processing language
cpm = caracteres por minuto | cpm = characters per minute
CP/M [*sistema operativo para microprocesadores, programa de control para microordenadores*] | CP/M = control program/monitor [*control program for microcomputers*]
cpp = caracteres por pulgada | cpi = characters per inch
CPP [*perfil de protocolo de colaboración*] | CPP = collaboration protocol profile
cps = caracteres por segundo | cps = characters per second
cps/bps = caracteres por segundo / bit por segundo | cps/bps = characters per second / bit per second
CPU [*unidad central de proceso, procesador central*] | CPU = central processing unit
Cr = cromo | Cr = chromium
cracker [*experto informático que desprotege o piratea programas, o produce daños en sistemas o redes*] | cracker
cracking [*rotura de código*] | cracking
cran | working point
cráter | crater
cráter aparente | apparent crater
cráter por impacto de rayo láser | crater due to a laser
cráter verdadero | true crater
craterización | crater formation
CRC = control (/código, /prueba) de redundancia cíclica, prueba (/comprobación) cíclica de redundancia | CRC = cyclic(al) redundancy check (/code)
creación | establishment
creación de efecto | disordering
creación de programas | programme creation
creación de prototipo de software | software protyping
creación de prototipos | prototyping
creación particular [*de software o hardware para uso propio*] | homebrew
creador de aplicaciones | application builder (/developer)
creador independiente de software | independent software vendor
crear | to create, to establish; to impress
crear acción | to create action
crear el núcleo [*de un sistema operativo*] | to shell
crear en tablero gráfico [*imágenes o diagramas*] | to plot
crecimiento | build, growth
crecimiento de grano de cristal | grain growth
crecimiento de Wigner | Wigner

growth
crecimiento dendrítico | dendritic growth
crecimiento epitaxial | epitaxial growth, epitaxy
crecimiento reotaxial | rheotaxial growth
credencial | badge
crédito electrónico | e-credit = electronic credit
creer | believe
cremallera cilíndrica en el eje | cylinder rack on shaft
crepitación | crackling (noise), hissing, rattling, scratching noise
cresta | crest, hump, peak, pip
cresta de absorción | absorption peak
cresta de acción | action spike
cresta de amplitud de corriente catódica | peak cathode surge current
cresta de articulación | syllabic peak
cresta de corriente | power peak
cresta de corriente catódica | peak cathode current
cresta de eco | blip
cresta de la corriente anódica | peak anode current
cresta de la corriente de ánodo | peak anode current
cresta de la onda | wave crest
cresta de la señal | signal peak
cresta de potencia | power peak
cresta de potencia vocal | peak speech power
cresta de resonancia | resonance peak
cresta de ruido | noise spike
cresta de sobrecorriente | peak surge
cresta de tensión | voltage peak
cresta de tensión bloqueada | peak blocked voltage
cresta de tensión inversa recurrente | repetitive peak inverse voltage
cresta de tráfico | peak of traffic
cresta de velocidad de volumen | peak volume velocity
cresta del blanco | peak white
cresta del negro | peak black
cresta negativa | negative peak
cresta padre | parent peak
crestador | peaker
CRI [*índice de reproducción de color*] | CRI = rendering index
criba de Eratóstenes [*algoritmo para hallar los números primos*] | sieve of Eratosthenes
criba oscilante | shaker
crioelectricidad | cryoelectrics
crioelectrónica | cryoelectronic
criogenia | cryogenics
criogénico | cryogenic
criómetro | cryometer
criosistor | cryosistor
criostato | cryostat
criostato de helio | helium cryostat
criotrón | cryotron
criotrón de película delgada | thin-film cryotron

criotrónica | cryotronics
criptografía | cryptography, encryption
criptografía de clave pública | public key cryptography
criptografía de clave simétrica | symmetric key cryptography
criptografía en clave asimétrica | asymmetric key cryptography
criptografía simétrica | symmetric cryptography
criptógrafo | cipher machine
criptología | cryptology
criptómetro fotoeléctrico | photoelectric cryptometer
criptón | krypton
criptotelefonía | cipher telephony
crisis de ebullición | boiling crisis
crisol | crucible, furnace
crisol de fusión | melting crucible
crisol de hierro | iron crucible
crisol de níquel | nickel crucible
crisol de platino | platinum crucible
cristal | crystal, glass
cristal analizador | analysing crystal
cristal analizador curvado | curved crystal analyser (/analyzer)
cristal birrefringente | double refracting crystal
cristal centelleador | scintillator crystal
cristal con espacio interelectródico a presión | pressure air-gap crystal unit
cristal covalente | covalent crystal
cristal crecido | faced crystal
cristal cronometrador de distancias | ranging crystal
cristal de armónico | piezoelectric crystal
cristal de centelleo | scintillation crystal
cristal de contacto soldado | welded contact crystal
cristal de corte BT | BT-cut crystal
cristal de corte CT | CT-cut crystal
cristal de corte XY | XY-cut crystal
cristal de corte Y | Y-cut crystal
cristal de cuarzo | quartz crystal
cristal de cuarzo para producir armónicas | overtone quartz-crystal unit
cristal de cuarzo tallado a cero | zero-cut crystal
cristal de Czochralski | Czochralski crystal
cristal de dihidrofosfato amónico | ammonium dihydrogen phosphate crystal
cristal de dihidrofosfato potásico | potassium dihydrogen phosphate crystal
cristal de distancias | ranging crystal
cristal de electrodos depositados | plated crystal unit
cristal de filtro | filter crystal or plate
cristal de fosfato monoamónico | ADP crystal = ammonium dihydrogen phosphate crystal
cristal de hidroftalato potásico | potassium hydrogen phthalate crystal
cristal de litiofluorita | lithium fluoride crystal
cristal de moscovita | muscovite crystal
cristal de NaCl | NaCl-crystal
cristal de resonancia en serie | series resonant crystal
cristal de rubí | ruby crystal
cristal de sal de Rochelle | Rochelle salt crystal
cristal de sobretono | overtone crystal (unit)
cristal de sodioyodito | sodium iodide crystal
cristal de talla cero | zero-cut crystal
cristal de talla XY | XY-cut crystal
cristal de talla Z | Z-cut crystal
cristal de temperatura regulada | temperature-controlled crystal
cristal de tercera armónica | third-harmonic crystal, third-overtone crystal
cristal de tono armónico | overtone crystal unit
cristal de topacio | topaz crystal
cristal de vibración | tap crystal
cristal de yeso | gypsum crystal
cristal de zona de flotador | float-zone crystal
cristal dieléctrico | dielectric crystal
cristal envejecido prematuramente | pre-aged crystal
cristal ferroeléctrico | ferroelectric crystal
cristal fotocrómico | photochromic glass
cristal giratorio | rotating crystal
cristal homogéneo | homogeneous crystal
cristal ideal | ideal crystal
cristal idiocromático | idiochromatic crystal
cristal inastillable | shatterproof glass
cristal iónico | ionic crystal
cristal KDP [cristal de fosfato de potasio y dihidrógeno] | KDP crystal = potassium dihydrogen phosphate crystal
cristal líquido | liquid crystal
cristal líquido nemático | nematic liquid crystal
cristal madre | mother crystal
cristal maestro | mother crystal
cristal metalizado | plated crystal unit
cristal mixto | mixed crystal
cristal modulador | modulator crystal
cristal monoaxial | uniaxial crystal
cristal múltiple con espacio de aire | air-gap crystal
cristal no polar | nonpolar crystal
cristal oscilante | oscillating crystal
cristal paramagnético | paramagnetic crystal
cristal piezoeléctrico | piezocrystal, piezoelectric crystal; plate [USA]
cristal piezoeléctrico de corte BT | BT-cut crystal
cristal piezoeléctrico de cuarzo | piezoelectric quartz crystal
cristal piezoeléctrico enchufable | plug-in piezoelectric crystal
cristal piezoeléctrico natural | natural piezoelectric crystal
cristal piezoeléctrico para funcionamiento en el fundamental | fundamental piezoelectric crystal unit
cristal piezoeléctrico sellado | sealed crystal unit
cristal piezotorcedor | twister
cristal polarizado | polar crystal
cristal sellado | sealed crystal unit
cristal semiconductor de contacto soldado | welded contact crystal
cristal semilla | seed crystal
cristal simple | single crystal
cristal tallado | finished blank
cristal tallado a cero | zero-cut crystal
cristalino | crystalline
cristalino basto | coarse crystalline
cristalización progresiva | crystal pulling
cristalografía neutrónica | neutron crystallography
cristalografía por rayos X | X-ray crystallography
criterio de Barkhausen | Barkhausen criterion
criterio de búsqueda | search criterium
criterio de Chauvenet | Chauvenet's criterion
criterio de ciclo | cycle criterion
criterio de estabilidad | stability criterion
criterio de muro cerrado | sealed face philosophy
criterio de Nyquist | Nyquist criterion
criterio de Townsend | Townsend criterion
criterios de daño | damage criteria
criterios de daño quebranto | damage criteria
criticidad | criticality
criticidad seca | dry criticality
crítico | critical
crítico de neutrones retardados | delayed critical
crítico diferido | delayed critical
crítico instantáneo | prompt critical
crítico para los neutrones inmediatos | prompt critical
crítico retardaro | delayed critical
CR-LDP [protocolo de distribución de etiquetas con encaminamiento basado en restricciones] | CR-LDP = constraint-based routing – label distribution protocol
cromaticidad | chromaticity
cromaticidad de referencia | reference chromaticity
cromaticidad de subportadora cero | zero subcarrier chromaticity
cromaticidad de subportadora nula | zero subcarrier chromaticity
cromaticidad espuria marginal | colour fringing
cromatismo | chroma
cromatismo de Munsell | Munsell chroma

cromatografía líquida de altas características | high performance liquid chromatography
cromatrón | chromatron
cromatrón de un sólo cañón | single-gun chromatron
crominancia | chrominance
crominancia de la imagen | picture chrominance
cromo | chromium
cromóforo | chromophore
cromoscopio | colour picture valve
cronistor | chronistor
cronógrafo | chronograph
cronógrafo de espoleta | fuse chronograph
cronógrafo de radar | radar chronograph
cronógrafo eléctrico | electric chronograph
cronógrafo segundero | second counter chronograph
cronograma | timing (diagram)
cronometración por blanco | target timing
cronometración por objetivo | target timing
cronometrador de impulsos | impulse timer
cronometrador fotográfico | photographic timer
cronometraje secuencial | sequence timing
cronometría | time metering
cronometría por radar | radar chronometry
cronómetro | chronometer, interval (/timer) clock
cronómetro de radar | radar chronometer
cronómetro de soldadura | welding (/weld) timer
cronómetro electrónico | electronic timer
cronómetro integrador | integrating timer
cronómetro normalizado | standard chronometer
cronómetro sincrónico | synchronous timer
cronorregulador neumático | pneumatic timer
cronoscopio | chronoscope
cronotrón | chronotron
croquis | outline drawing
croquis de disposición de los armarios bastidores | rack cabinet layout
croquis de montaje | layout
CRP [protocolo de encaminamiento de contenido] | CRP = content routing protocol
CRTC [controlador de la válvula de rayos catódicos] | CRTC = cathode ray tube controller [USA]
CRTR [tierra de retorno de tono de llamada continua] | CRTR = continuous ringing tone return earth
cruce | contact, cross, crossing; double connection
cruce aéreo | overhead crossing
cruce aparente | crosstalk
cruce de bandas | crossbanding
cruce de conductores | crossover
cruce de conversaciones | intelligible crosstalk
cruce de frecuencias | (frequency) frogging
cruce de líneas | crossing
cruce de tensión-intensidad | voltage-current crossover
cruce del haz | beam crossover
cruce telefónico | intelligible crosstalk
cruceta | bolt, crossarm, pole arm
cruceta para invertir los hilos | reverse arm
cruz filar | cross hair
cruzado | crossed
cruzamiento | contact, crossing over, transposition
cruzamiento aéreo | trolley frog
cruzamiento de frecuencias | (frequency) frogging
Cs = cesio | Cs = caesium
CS [capa de convergencia] | CS = convergence sublayer
CS [conjunto de capacidades (en red inteligente)] | CS = capability set
CS = calidad del servicio | QoS = quality of service
CSA [asociación canadiense de normativa] | CSA = Canadian Standards Association
CS-ACELP [tipo de codificador de voz] | CS-ACELP = conjugate-structure algebraic code-excited linear prediction coder
CSCF [función de control de estado de las llamadas] | CSCF = call state control function
CSCW [tecnología de la colaboración] | CSCW = computer supported cooperative work
CSD [datos en circuito conmutado (opción de ISDN)] | CSD = circuit-switched data
CSDN [red de datos para conmutación de circuitos] | CSDN = circuit switched data network
CSI [información de suscripción CAMEL] | CSI = CAMEL subscription information
CSIC = Centro superior de investigaciones científicas | CSIC [Spanish central research centre]
CSK [manipulación por desplazamiento de la onda portadora] | CSK = carrier shift keying
CSL [lenguaje de control y simulación] | CSL = control and simulation language
CSLIP [protocolo de línea serie comprimido] | CSLIP = compressed serial line protocol
CSMA [acceso múltiple por detección de portadora] | CSMA = carrier sense multiple access [with collision detection]
CSMA-CA [sistema de acceso múltiple a la red para evitar la colisión de datos en una línea de trasmisión] | CSMA-CA = carrier sense multiple access-collision avoidance
CSMA/CD [acceso múltiple por detección de portadora con detección de colisiones] | CSMA/CD = carrier sense multiple access with collision detection
CSO [oficina de servicios informáticos] | CSO = computing services office
CSP [procesos secuenciales de comunicación] | CSP = communicating sequential processes
CSPDN [red pública de datos por conmutación de circuitos] | CSPDN = circuit switched public data network
CSR [registro de control y estado] | CSR = control/status register
CSRC [fuente contribuidora (en trasmisión de datos)] | CSRC = contributing source
CSS [hojas de estilo en cascada] | CSS = cascading style sheets
CST [tiempo de establecimiento de la llamada] | CST = call setup time
CSTA [aplicaciones de telecomunicaciones (/telefonía) asistidas por ordenador] | CSTA = computer-supported telecommunications (/telephony) applications
CSU [unidad de conmutación de servicios] | CSU = circuit switching unit
CSU [unidad de control de canales] | CSU = channel service unit
CSV/CSD [conmutación entre trasmisión digital de voz y de datos] | CSV/CSD = alternate circuit-switched voice/circuit-switched data
CSX [centralita rural paso a paso] | CSX = community step-by-step exchange
CT [sistema de radiotelefonía] | CT = cordless telephone
CT [trasferencia de llamadas] | CT = call transfer
CTA = comité técnico asociado | JTC = joint technical committee
CTA = control del tráfico aéreo | ATC = air traffic control
CTC = control de tráfico centralizado | CTC = computerized traffic control; ATFC = automatic traffic flow control; [en ferrocarriles] ATC = automatic traffic control
CTD = curva de tiempo-densidad | TDC = time-density curve
CTERM [protocolo de terminal de comunicaciones] | CTERM = communications terminal protocol
CTI [descodificación de señales de color] | CTI = colour transient improvement
CTI [integración de telefonía por ordenador] | CTI = computer telephony integration

CTL = control | CTL = control
CTP = coeficiente de temperatura positivo | PTC = positive temperature coefficient
CTR [*regulaciones técnicas comunes*] | CTR = common technical regulations
CTR [*válvula (/tubo) de rayos catódicos*] | CTR = cathodic rays valve
CTR = coeficiente de temperatura de la resistencia | TRC = temperature resistance coefficient, TCR = temperature coefficient of resistance
CTRL = control [*en teclado*] | CTRL = control
CTS [*preparado para enviar, listo para trasmitir (en módem)*] | CTS = clear to send
cts. = céntimos, centavos | CTS = cents
Cu = cobre | Cu = copper
CUA [*acceso común de usuario*] | CUA = common user access
cuaderno | notebook
cuaderno de distribución de líneas | pole diagram book
cuaderno de telecomunicaciones aeronáuticas | aeronautical telecommunication log
cuadrado | square
cuadrado medio residual | residual mean square
cuadrado mínimo | least square
cuadrados mínimos ponderados | weighted least squares
cuadrafónico | quadriphonic
cuadrante | quadrant, dial
cuadrante A | A quadrant
cuadrante con desmultiplicación | slow motion dial
cuadrante de arranque | starting dial
cuadrante de escalas rectas | slide rule dial
cuadrante de nonio | vernier dial
cuadrante de ondámetro | wavemeter dial
cuadrante de sintonización | tuning (control) dial
cuadrante desmultiplicado | slow motion dial
cuadrante graduado | scale dial
cuadrante graduado en longitudes de onda | wavemeter dial
cuadrante N | N quadrant
cuadrante rectilíneo | slide rule dial
cuadrante reductor | vernier dial
cuadrante tipo telefónico | telephone-type dial
cuadrasónico | quadrasonic
cuadratín [*en tipografía*] | em quad
cuadratura | quadrature, squareness
cuadratura adaptable | adaptive quadrature
cuadratura de fase | phase quadrature, quadrature in phase
cuadratura de fase espacial | space quadrature
cuadratura de tiempo | time quadrature

cuadratura espacial | space quadrature
cuadratura gaussiana | Gaussian quadrature
cuadratura temporal | time quadrature
cuadrete | quad, square
cuadrete blindado | shielded quad
cuadrete de estrella | group of four wires with twist system
cuadrete Dieselhorst Martin | multiple quad, multiple twin (quad)
cuadrete D.M. = cuadrete Dieselhorst Martin | multiple quad
cuadrete en estrella | star (/spiral-four) quad
cuadrete múltiple | multiple twin (quad)
cuadrete simple | simple quad
cuadrete trenzado | spiral quad [*group of four wires with twist system*]
cuadricorrelador de corriente continua | DC quadricorrelator
cuadrícula | grid, raster
cuadrícula de comparar agendas | compare calendars grid
cuadrícula de proyección | graticule
cuadrícula de referencia | reference grid
cuadrícula interna | internal graticule
cuadrícula visible | visible grid
cuadrilla | operator's team
cuadripolo | quadrupole, four-pole network, two-terminal-pair (network)
cuadripolo activo | two-port active network
cuadripolo con fuente interna de ruido | noisy four-pole network
cuadripolo linealizable | linearizable quadrupole
cuadripolo linear pasivo | passive linear quadrupole
cuadripolo no equilibrado | unbalanced two-terminal-pair network
cuadripolo pasivo | passive four-terminal network
cuadripolo simétrico | symmetrical two-terminal-pair network
cuadripolo trasductivo | transducing quadrupole
cuadripolos en serie | series two-terminal pair network
cuadro | board, chart, frame, multiple frame, panel, shelf, square
cuadro A | A switchboard
cuadro ancho | wide frame
cuadro anunciador | drop indicator switchboard
cuadro apanelado | paned box
cuadro asimétrico | unbalanced loop
cuadro auxiliar de selectores primarios | auxiliary primary selectors frame
cuadro blindado | shielded loop
cuadro combinado | combo box
cuadro combinado desplegable | drop-down combo box
cuadro con indicadores de llamada | drop indicator switchboard

cuadro conmutador | board
cuadro conmutador de batería central | common battery switchboard
cuadro conmutador de batería local | local battery switchboard
cuadro conmutador de centralita privada | PBX switchboard
cuadro conmutador de consola | upright-type switchboard
cuadro conmutador de llaves [*para telefonía sin hilos*] | cordless PBX = cordless private branch exchange
cuadro conmutador de servicio interior | chief operator's turret
cuadro conmutador sin hilos | cordless switchboard
cuadro de alta tensión | power frame
cuadro de anunciadores | display panel
cuadro de botones de selección | radio box
cuadro de características | data sheet
cuadro de carga | charging panel
cuadro de clavijas | plug switchboard
cuadro de combinación | combination box
cuadro de combinación desplegable | drop-down combination box
cuadro de conexiones | plugboard
cuadro de conmutadores | switchboard
cuadro de conmutadores interurbano | toll (/trunk) switchboard
cuadro de conmutadores telefónicos | telephone switchboard
cuadro de contactos enchufables | plugboard
cuadro de contador | meter panel
cuadro de control | control panel, checkbox
cuadro de correspondencias | organizer
cuadro de Davisson | Davisson chart
cuadro de desplazamiento | scroll (/spin) box
cuadro de diálogo | dialog box
cuadro de diálogo *buscar índice* | index search dialog box
cuadro de diálogo de ayuda general | general help dialog box
cuadro de diálogo de confirmación | confirmation dialog box
cuadro de diálogo de impresión | print dialog box
cuadro de diálogo del histórico | history dialog box
cuadro de diálogo para ayuda rápida | quick help dialog box
cuadro de diálogo para personalizar | custom dialog box
cuadro de diálogo para selección | selection dialog box
cuadro de distribución | switchboard, distributing panel, distribution panel (/board, /switchboard)
cuadro de distribución de direcciones | address mapping table
cuadro de distribución de fuerza |

power switchboard (/distribution panel)
cuadro de distribución eléctrica | power switchboard
cuadro de distribución principal | main switchboard (/distributing frame)
cuadro de división | split box
cuadro de doble cara | dual switchboard
cuadro de doble lado cerrado | dual switchboard
cuadro de doble lado de pasillo | duplex switchboard
cuadro de elementos amovibles | draw-out switchboard
cuadro de encaminamiento | routing chart
cuadro de enchufes | plug switchboard
cuadro de entrada | B board, cable turning section; inward board
cuadro de espiras | turn loop
cuadro de explotación telemétrica | telemetry frame
cuadro de frecuencia | frequency frame
cuadro de fuerza | power frame
cuadro de fusibles | fuseboard
cuadro de giro | spin box
cuadro de grupo | group box
cuadro de iconos | icon box
cuadro de iconos de ventana | window icon box
cuadro de indicadores luminosos de llamada | display panel
cuadro de indicadores visuales | display field
cuadro de información | information desk
cuadro de interruptores | switchboard
cuadro de lista | list (/combo) box
cuadro de lista desplegable | drop-down list box, pull-down list box
cuadro de llegada | B board
cuadro de magneto | magneto switchboard
cuadro de mensajes | message box
cuadro de observación | trouble (/exchange testing) position
cuadro de operador | telephone switchboard
cuadro de operadora | attendant's console (/set), switchboard position
cuadro de órdenes | command box
cuadro de orientación | orientation box
cuadro de pila | stack frame
cuadro de placa | frame of plate
cuadro de posiciones de llegada | B switchboard
cuadro de pruebas interurbano | toll test board
cuadro de pulsadores | press button board
cuadro de pupitre | desk switchboard
cuadro de reclamaciones | complaint desk
cuadro de rendimiento del magnetrón | magnetron performance chart
cuadro de resistencia | resistance frame
cuadro de salida | A switchboard, outward board
cuadro de salida en posición A | A board
cuadro de secuencia | sequence chart (/table)
cuadro de selección | selection box
cuadro de selectores primarios | primary selectors frame
cuadro de selectores secundarios | secondary selectors frame
cuadro de selectores terminales | terminal selectors frame
cuadro de señales | signal board
cuadro de servicio | duty chart, assignment of hours
cuadro de subconmutación | subcommutation frame
cuadro de tamaño | sizing handle
cuadro de tensiones | voltage chart
cuadro de tensiones de los hilos | regulating (/regulation) table
cuadro de terminales | terminal panel
cuadro de texto | text box (/frame)
cuadro de tolerancias de frecuencias | table of frequency tolerances
cuadro de utilización de herramientas comunes portátiles | portable common tool environment
cuadro de utilización integrado de soporte de proyectos | integrated project support environment
cuadro de ventana minimada | minimized window box
cuadro de vigilancia | supervisor position, chief operator's desk
cuadro del menú de control | control menu box
cuadro distribuidor de pared | wall pattern switchboard
cuadro distribuidor intermedio | intermediate distributing frame
cuadro distribuidor mural | wall pattern switchboard
cuadro en posición A | A board
cuadro estrecho | narrow frame
cuadro giratorio | rotatable (/rotating) loop
cuadro indicador | drop indicator board
cuadro interurbano | toll board (/position, /switchboard)
cuadro móvil | moving coil
cuadro orientable | rotatable (/rotating) loop
cuadro para frecuencias ultraaltas | ultrahigh frequency loop
cuadro principal de fusibles | main fuseboard
cuadro principal de selectores primarios | main primary selectors frame
cuadro repartidor intermedio | intermediate distributing frame
cuadro sinóptico | summary
cuadro temporal | time frame
cuadro texto | combo box
cuadro vertical | vertical switchboard
cuadruplete | quadding
cuádruplex | quadruplex
cuadruplexor | quadruplexer
cuadruplicador | quadrupler
cuadruplicador de tensión | voltage quadrupler
cuadruplicador de voltaje | voltage quadrupler
cualidad | feature
cualidad de la radiación | radiation quality, quality of radiation
cualificación | qualification
cualquier tecla | any key
cuántica de sexto grado | sextic quantic
cuántico | quantic, quantum-mechanical
cuantificación | quantizing; quantisation [UK], quantization [USA+UK]
cuantificación de amplitud | amplitude quantization
cuantificación de espacio | space quantization
cuantificación de muestreo | sampling quantization
cuantificación de tiempo | time quantization
cuantificación de un campo electromagnético | quantization of an electromagnetic field
cuantificación no uniforme | nonuniform quantizing
cuantificación uniforme | uniform quantizing
cuantificado | quantized
cuantificador | quantifier, quantimeter, quantizer
cuantificador existencial | existential quantifier
cuantificador universal | universal quantifier
cuantificar | to quantise [UK], to quantize [UK+USA]
cuanto | quantum
cuanto de campo | field quantum
cuanto de energía | energy quantum
cuanto de energía radiante | quantum of radiant energy
cuanto de luz | quantum of light
cuanto de radiación | quantum of radiation
cuanto de radiación gamma | gamma-quant
cuanto de rayos X | quantum of X-rays
cuanto virtual | virtual quantum
cuantómetro [*galvanómetro balístico para medir cantidades de electricidad*] | quantometer
cuantos | quanta
cuarteto de antenas de bocina | four-horn feed
cuarteto de bits [*con 16 combinaciones posibles*] | quadbit
cuarto apantallado | screen room
cuarto blindado | shielded room

cuarto de canal | quarter channel
cuarto de distribución [*de cables*] | wiring closet
cuarto de fase | quarter-phase
cuarto de longitud de onda | quarter-wavelength
cuarto de onda | quarter-wave, quarter-wavelength
cuarto de radio | radio office
cuarto de rectificadores | rectifier cubicle
cuarto de relés | relay cabinet
cuarto de taquillas | locker space
cuarto oscuro digital [*programa de gráficos de Macintosh*] | digital darkroom
cuarto para cableado | wiring room
cuarto para el control de aparatos de medición | standards room
cuarto para instalaciones eléctricas | wiring room
cuarzo | quartz
cuarzo amorfo | amorphous quartz
cuarzo fundido | fused quartz
cuarzo piezoeléctrico | piezoelectric quartz
cuarzo platinado | platinized quartz
cuarzo resonante | resonating piezoid
cuarzo tallado | piezoid
cuarzo tallado resonante | resonating piezoid
cuarzo trasductor | transducing piezoid
cuasar | quasar
cuasi- [*pref*] | quasi-
cuasilineal | near lineal
cuatrifonía | quadraphonics, quadraphony
cuatro en espiral | spiral four
cuatro pistas | four-track
cuba crisol | cell cavity
cuba de baño de eliminación | stripper tank
cuba de depósito total | liberator (/depositing-out) tank
cuba de galvanoplastia | plating tank
cuba de interruptor | switch tank
cuba de liberación | liberator (/depositing-out) tank
cuba de presión | pressure vessel
cuba de trasformador | transformer tank
cuba electrolítica | pot, electrolytic cell, potential flow tank
cuba electrolítica para desprender revestimientos galvánicos | stripper tank
cuba para desprender revestimientos galvánicos | stripper tank
cuba rectificadora de vapor de mercurio | pool tank
cuba reográfica | rheographic cell
cubeta | bucket, cell, trough
cubeta con capa de espesor constante | constant path-length cell
cubeta con recorrido largo | long path cell
cubeta de absorción | absorption cell
cubeta de Baly | Baly cell
cubeta de comparación | comparison cell
cubeta de flotación | flow-through cell
cubeta de gas protector | protective atmosphere cell
cubeta de medida | measuring cell
cubeta de Raman | Raman cell
cubeta de vidrio | glass cell
cubeta filtrante | filter cell
cubeta para gas | gas cell
cubeta para líquidos | liquid cell, cell for liquid
cubeta para medir capas de espesor variable | variable thickness (/path length) cell
cúbico | cube
cubículo | cubicle
cubículo de conmutación | switchgear cubicle
cubículo de regulación | control cubicle
cubierta | cover, covering, enclosure, shell, sleeve
cubierta aislante | sleeving
cubierta al vacío | vacuum envelope
cubierta anterior | front cover
cubierta antipolvo | dust cover
cubierta cerrada | driptight enclosure
cubierta de bandeja distribuidora | cable trough cover
cubierta de cable | cable sheath
cubierta de contacto con patillas | pin header
cubierta de cuadro | shelf cover
cubierta de espuma conductora | conductive foam pad
cubierta de extremo de fila | trough end cover
cubierta de iones | ion sheath
cubierta de la ranura de expansión | expansion slot cover
cubierta de la resistencia | resistor housing
cubierta de la válvula | valve hood
cubierta de montaje en bastidor | rack bench housing
cubierta de portalámpara | bush
cubierta de protección | pole fender
cubierta de seda | silk covering
cubierta de transistor | transistor package
cubierta del disco [*funda plástica de un disco flexible*] | disc jacket
cubierta del sistema | system cover
cubierta evacuada | vacuum envelope
cubierta lateral | side cover
cubierta protectora | cover plate, protective coating (/covering), radome
cubierta protectora de láser | laser protective housing
cubierta protectora de válvula de tipo terapéutico | therapeutic-type protective tube housing
cubierto | shielded, drip proof
cubierto con seda | silk-covered
cubo | cube, hub
cubo con escape [*esquema de moldeado del tráfico de datos*] | leaky bucket
cubo de n dimensiones | n-dimensional cube
cubo de Rubic | Rubic cube
cubo de testigos [*algoritmo de moldeado del tráfico de datos*] | token bucket
cubrejunta conductora | conductive gasket
cubremontante | upright cover
cubremontante anterior | upright front cover
cubremontante posterior | upright rear cover
cuchilla | blade, cutter, knife
cuchilla con función de campanilla | bell function blade
cuchilla de arado | ploughshare [UK], plowshare [USA]
cuchilla de función de cifras | figures function blade
cuchilla hendedora | splitter
cuchilla separadora | stripper blade
cuchillo | knife
cuchillo para plomo | chipping knife
cuello | neck
cuello de botella de von Neumann | von Neumann bottleneck
cuello de clavija | ring of plug
cuenta | account; bead, count; counting, metering
cuenta accesoria | supplementary charge
cuenta atrás | countdown, count down
cuenta de cerámica | ceramic bead
cuenta de control de cambios | exchange control account
cuenta de desexcitación | dropout count
cuenta de fondo | background count
cuenta de fondo por unidad de tiempo | background counting rate
cuenta de internet | Internet account
cuenta de tráfico | peg count summary
cuenta de transición | transition count
cuenta de usuario | user account
cuenta del abonado | subscriber account
cuenta en el aire | air count
cuenta por unidad de tiempo | counting rate
cuentaperiodos | period counter
cuentarrevoluciones | revolution counter
cuentarrevoluciones registrador | recording tachometer
cuentas espurias | spurious tube counts
cuerda | sash line
cuerda de señales | signal cord
cuerda de trazar | chalk line
cuerno | loud hailer [UK], horn [USA]
cuerno de amarre | outrigger
cuerno polar | pole horn (/tip)
cuerpo | body, shape
cuerpo anexo posterior | afterbody
cuerpo anisotrópico | anisotropic body

cuerpo coloreado | coloured body
cuerpo de clavija | slave (/sleeve) of plug
cuerpo de regleta | shell, half-shell
cuerpo gris | grey body
cuerpo metálico | metamer
cuerpo negro | black body
cuerpo opaco | black body
cuerpo principal [*de un programa*] | main body
cuerpo toroidal | doughnut [UK], donut [USA]
cuestión | question
cueva | cave
cueva activa | hot cave
cueva caliente | hot cave
cueva casamata | hot cave
CUG [*grupo cerrado de usuario*] | CUG = closed user group
CUI [*interfaz de usuario para caracteres (de texto)*] | CUI = character user interface
CUJT [*transistor complementario de unión única*] | CUJT = complementary unijunction transistor
culata | heelpiece, yoke (piece)
culata de relé | relay yoke
culata de selector | selector yoke
culombímetro | coulombmeter
culombio | coulomb
culombio internacional | international coulomb
cultura cibernética | cyberculture
cumbrera de poste | ridge iron
cumplir | to comply
cuña | wedge
cuña de apriete | wedge key
cuña de bloqueo | wedge lock
cuña de definición | resolution wedge
cuña de dieléctrico | dielectric wedge
cuña de resolución | resolution wedge
cuña dieléctrica | dielectric wedge
cuña escalonada | step wedge
cuña musical | cue sheet
cuña no magnética | nonmagnetic shim
cuña sensitométrica | sensitometric wedge
cuota anual de abono | subscriber annual rental
cuota de abono | subscriber rental
cuota de conexión | connect charge
cuota de error binario | bit error rate
cuota de instalación | installation charge
cupón de respuesta pagada | prepaid reply voucher, reply paid voucher
cupón de RP = cupón de respuesta pagada | RP voucher = reply paid voucher
cuprosoldadura | hard soldering
cúpula | blister
cúpula aerodinámica | windshield
cúpula de antena | radome
cúpula de antena giratoria | radome
cúpula de concentración | concentrating cup
cúpula de radar | blister, radome

cúpula del sonar | sonar dome
cúpula protectora | radome
cúpula protectora de radar | radar dome
curación posterior | postcuring
cúridos | curium elements
curio | curie, curium
curiosear [*en foros de internet*] | to lurk
curioterapia | curietherapy
curpistor | curpistor
cursado de los mensajes | traffic handling
cursar | to forward
cursar el servicio | to carry the traffic
cursar todo el tráfico pendiente | to clear the traffic
cursiva | italic
curso | course, routing
curso de radio (/radioelectricidad) | radio course
curso del tráfico | flow of traffic
curso del tráfico de mensajes | message handling
curso espacial | spacetrack
curso inferior | underflow
cursor | cursor, rider, slider, wiper, rubbing (/slide, slider) contact, sliding contact (/tap)
cursor activo | active cursor
cursor animado | animated cursor
cursor de bloque | block cursor
cursor de cátodo | cathode guide
cursor de elemento | element cursor
cursor de gráficos | graphics cursor
cursor de potenciómetro | potentiometer (wiper) arm
cursor de rumbo | bearing cursor
cursor de selección | selection cursor
cursor de texto | text cursor
cursor de ubicación | location cursor
cursor del potenciómetro | potentiometer slider
cursor deslizante | rubbing cursor
cursor direccionable | addressable cursor
cursor en cruz | cross-hair pointer
cursor en I | I-beam pointer
curtosis | kurtosis
curva | bend, curve, wind
curva B-H | B-H curve
curva característica | characteristic (/performance, /transfer, /working) curve
curva característica de sector | sector characteristic curve
curva característica de trasferencia | transfer characteristic curve
curva característica del ánodo | anode characteristic curve
curva característica del colector | collector characteristic curve
curva cerrada | sharp curve
curva compensada | smoothed curve
curva de absorción | absorption curve
curva de activación | activation curve
curva de actividad | activity curve
curva de amortiguamiento | decay curve

curva de aprendizaje | learning curve
curva de atenuación | attenuation curve
curva de atenuación de referencia | standard absorption curve
curva de atenuación total | overall attenuation curve
curva de atracción | pull curve
curva de autoabsorción | self-absorption curve
curva de Bézier | Bézier curve
curva de Bragg | Bragg's curve
curva de calibrado | calibration curve
curva de características del contador | counter characteristic curve
curva de carga | load curve
curva de chispeo | sparking-off curve
curva de chisporroteo | burn-off curve
curva de coeficiente de recuento | counting rate curve
curva de compensación de frecuencia | weighting curve
curva de confianza | confidence curve
curva de contraste | calibration curve
curva de crecimiento | growth curve
curva de cubeta | bucket curve
curva de descarga | discharge curve
curva de desintegración | decay curve
curva de desmagnetización | demagnetization curve
curva de discriminación | discriminator curve
curva de dispersión | dispersion (/scattering) curve
curva de dispersión experimental | experimental scattering curve
curva de distribución | taper curve
curva de distribución de errores | error distribution curve
curva de distribución de la resistencia | taper curve
curva de distribución-masa | yield-mass curve
curva de duración de las potencias | power duration curve
curva de duración de las velocidades | velocity duration curve
curva de emisión de fotones | photon emission curve
curva de energía potencial | potential energy curve
curva de error en demora | bearing error curve
curva de errores | error curve
curva de evaporación | curve describing loss by volatilization
curva de excitabilidad | excitability curve
curva de excitación | excitation curve
curva de extinción | extinction curve
curva de Fletcher-Munson | Fletcher-Munson curve
curva de frecuencia de velocidades | velocity frequency curve
curva de funcionamiento | working curve
curva de Gauss | Gaussian curve (/distribution)

curva de grabación | recording curve
curva de guía de ondas | bend waveguide
curva de histéresis | hysteresis curve
curva de Hurter y Drifield | Hurter and Driffield curve
curva de igual sensación sonora | equal loudness contour
curva de igualación | equalization curve
curva de imanación normal | curve of normal magnetisation
curva de imanación remanente | remanence curve
curva de imanación residual | remanence curve
curva de imantación normal | normal magnetization curve
curva de inducción normal | normal induction curve
curva de intensidad | curve of intensity
curva de ionización específica | specific ionization curve
curva de la energía generada por un imán | magnetic energy product curve
curva de la energía magnética | magnetic energy product curve
curva de la onda reflejada | sky wave curve
curva de luminosidad | luminosity curve
curva de luminosidad normal | standard luminosity curve
curva de luminosidad relativa | relative luminosity curve
curva de magnetización | B-H curve, magnetization curve
curva de ponderación de frecuencia | weighting curve
curva de potencia | power curve
curva de potencial | potential curve
curva de propagación | propagation curve
curva de propagación troposférica | tropospheric-wave propagation curve
curva de recuperación | recovery curve
curva de reducción | dimmer curve
curva de registro | recording curve
curva de requemado | burn-off curve
curva de resonancia | resonance contour (/curve), resonant curve
curva de respuesta | response curve
curva de respuesta en cortocircuito | short-circuit response curve
curva de respuesta en frecuencia | frequency response curve
curva de respuesta espectral | spectral response curve
curva de respuesta selectiva | selective response curve
curva de restablecimiento | recovery curve
curva de retardo en función de la frecuencia | time-delay response versus frequency curve
curva de Sargent | Sargent curve
curva de saturación | saturation curve
curva de selectividad | selectivity curve
curva de selectividad de flancos empinados [o *escarpados*] | steep skirt selectivity
curva de sexto orden | sextic curve
curva de supervivencia | survival curve
curva de tensión del resorte | spring curve
curva de tensión en función de la frecuencia | voltage frequency curve
curva de tiempo-densidad | time-density curve
curva de trabajo | working curve
curva de tráfico | traffic curve
curva de trasmisión | transmission curve
curva de velocidad de recuento en función de la tensión | voltage/counting rate curve
curva de velocidad y alcance | velocity-range curve
curva del producto energético | energy product curve
curva dinámica de la característica de trasferencia | dynamic transfer-characteristic curve
curva dosis-efecto | dose effect curve
curva electrocapilar | electrocapillary curve
curva en coordenadas polares | polar curve
curva en escalera | stepped curve
curva en vacío | no-load characteristic
curva espectral relativa | relative spectral curve
curva exponencial | exponential curve
curva fotométrica | polar curve of light distribution
curva funcional | performance curve
curva inversa | S curve
curva isodosis | isodose curve
curva logarítmica | logarithmic curve
curva logarítmica de extinción | logarithmic extinction curve
curva NAB | NAB curve
curva número-distancia | number-distance curve
curva ponderada | weight curve
curva principal de contraste | standard calibration curve, standardization graph
curva registrada | recorded curve
curva reográfica | rheographic curve
curva sigmoide | sigmoid curve
curva sinérgica | synergic curve
curva sinusoidal | sine (/sinusoidal) curve
curva sinusoide | sinusoidal curve
curva suavizada | smoothed curve
curva videométrica | videometric curve
curvado del haz | beam bending (/bender)
curvatura | bend, bow, curvature, warpage
curvatura anódica | anode bend
curvatura brusca del guiaondas | waveguide corner
curvatura de la característica de ennegrecimiento | curvature of blackening
curvatura de la red | grating curvature
curvatura del haz | beam bending
curvatura doble | S curve
curvatura efectiva en ruta | on-course curvature
curvatura escalar | scalar (/specific) curvature
curvatura específica | specific curvature
curvatura lateral | edgewise bend
curvatura menor | minor bend
curvatura troposférica | tropospheric bending
custodia de la memoria | memory guard
CUTS [*sistema de cinta para usuario de ordenador*] | CUTS = computer users' tape system
CV [*visión por ordenador*] | CV = computer vision
CV = contenedor virtual | VC = virtual container
CVP = circuito virtual permanente | PVC = permanent virtual circuit
cw [*onda continua*] | cw = continuous wave
CWIS [*sistema de información universitario*] | CWIS = campus wide information system
CXR [*señal para indicar la intención de trasmitir datos*] | CXR = carrier
Cyberdog [*integrador de aplicaciones de Apple*] | Cyberdog
cybersquatter [*individuo que registra razones sociales y marcas como dominios de internet para luego venderlas*] | cybersquatter
cyborg [*organismo cibernético*] | cyborg = cybernetic organism
Cycolor [*proceso de impresión en color*] | Cycolor

D

DA [*accesorio de escritorio (pequeño programa informático)*] | DA = desk accessory
DAA [*instalación para acceso de datos*] | DAA = data access arrangement
DAB [*sistema de radiodifusión digital*] | DAB = digital audio broadcasting
DABS [*sistema de radiobaliza de direccionamiento discreto*] | DABS
DAC [*convertidor de digital a analógico*] | DAC = digital-to-analog converter
DACS [*acceso digital a sistemas de conexión cruzada*] | DACS = digital access and crossconnect system
dador de electrones | electron donor
daemon [*programa de mantenimiento asociado a UNIX de activación automática*] | daemon
daemon de correo [*programa para la trasmisión de correo electrónico entre ordenadores centrales de una red*] | mailer-daemon
DAG [*grafo acíclico dirigido (grafo de decisiones para procesamiento de llamadas)*] | DAG = directed acyclic graph
DAL = distribuidor automático de llamadas | ACD = automatic call distributor
DAM [*memoria asociativa*] | DAM = data adressable memory
DAM [*memoria de acceso directo*] | DAM = direct access memory
D-AMPS [*servicio de telefonía móvil digital avanzada*] | D-AMPS = digital advanced mobile phone service
dañar | to corrupt
daño por radiaciones | radiation damage
daños por irradiación | radiation damage
DAP [*protocolo (normalizado) de acceso al directorio*] | DAP = directory access protocol
dar | to deliver
dar corriente | to deliver, to fire
dar energía | to energize [UK+USA]
dar paso | to carry
dar prioridad | to prioritize

dar sombra | to shade
daraf [*unidad de elastancia equivalente a un faradio recíproco*] | daraf [*unit of elastance equal to a reciprocal farad*]
DARPA [*agencia de proyectos de investigación avanzada para la defensa*] | DARPA = Defense advanced research projects agency
DAS [*estación con doble conexión*] | DAS = dual attachment station
DASD [*dispositivo de memoria de acceso directo*] | DASD = direct access storage device
DASS [*sistema de señalización para el acceso digital*] | DASS = digital access signalling system
DAT [*cinta magnética digital de registro sonoro*] | DAT = digital audio tape
DAT [*conversión dinámica de direcciones*] | DAT = dynamic address translation
datación por carbono radiactivo | radiocarbon dating
datación radiactiva | radioactive dating
datafax [*servicio facsímil dado a través de la red de datos*] | datafax
datáfono | dataphone
datagrama | [*estructura interna de un paquete de datos*] datagram; connectionless network; clickable image map
DATEL [*telecomunicación de datos*] | DATEL = data telecommunications
DATEX [*central de intercambio de datos*] | DATEX = data exchange
dato | datum
datos | data
datos a buscar | search data
datos acompañados de resumen | digested data
datos analógicos | analogue data
datos arrítmicos | start-stop data
datos asociados a un programa | programme associated data
datos autentificados | autenthicate data
datos cifrados | encrypted data
datos combinados | blended data
datos compartidos | data sharing

datos continuos | continuous data
datos de adaptación | adaptation data
datos de campo [*datos obtenidos mediante estudios en el terreno*] | field data
datos de control | control data
datos de entrada | input
datos de exploración binarios | binary raster data
datos de fiabilidad | reliability data
datos de la mezcla del color | colour mixture data
datos de mantenimiento | service data
datos de muestra | sampled data
datos de radar | radar data
datos de radar filtrados | filtered radar data
datos de radiosonda | radiosonde data
datos de recuperación | recovery data
datos de recursos | resource data
datos de salida | output data
datos de tiempo real | real-time data
datos de transacción | transaction data
datos de usuario | user data
datos del BIOS | BIOS data
datos del ordenador principal | host data
datos digitales | digital data
datos digitales arrítmicos | start-stop data
datos empaquetados | packed data
datos en bruto | raw data
datos en circuito conmutado [*opción de ISDN*] | circuit-switched data
datos en serie | serial data
datos en sobre digital [*trasmisión de contenido cifrado*] | enveloped data
datos extendidos del sistema | extended system data
datos firmados | signed data
datos fuente | source data
datos heredados [*de una organización distinta a la que los usa*] | legacy data
datos inmediatos | immediate data
datos múltiples | multiple data
datos no válidos | data invalid

datos numéricos | numerical data
datos originales | source data
datos para prueba | test data
datos recibidos | receive data
datos redundantes | redundant data
datos relativos a una petición de llamada | particulars of a call
datos residentes | persistent data
datos sin elaborar | raw data
datos sin procesar | raw data
datos sobre la voz | data over voice
datos subordinados | subrate data
datos técnicos | specification
datos tomados por muestreo | sampled data
datos trasmitidos por impulsos | pulsed data
datos únicos | single data
datos vírgenes | raw data
DAVIC [*organización para la creación de herramientas multimedia normalizadas*] | DAVIC = digital audio visual council
dB = decibelio | dB = decibel
dBa = decibelios ajustados | dBa = decibel adjusted
DBA [*administrador de base de datos*] | DBA = database administrator
dBc [*decibelios sobre el acoplamiento de referencia*] | dBc = decibel coupling
dBi = decibelios referidos a un radiador isótropo | dBi = decibels referred to an isotropic radiator
dBk = decibelios referidos a un kilovatio | dBk = decibels referred to one kilowatt
dBm = decibelios referidos a un milivatio | dBm = decibels referred to one milliwatt
dBm0 = decibelios referidos a un milivatio en un punto de nivel de trasmisión cero | dBmO = decibels referred to one milliwatt at a zero transmission-level point
dBr = decibelios referidos a la potencia en el punto de origen del circuito | dBr = decibels referred to the power at the point of origin of the circuit
dBRAP = decibelios sobre la potencia de referencia acústica | dBRAP = decibels above reference acoustical power
dBRN = decibelios sobre el ruido de referencia | dBRN = decibels above reference noise
DBS [*satélite de emisión directa*] | DBS = direct broadcast satellite
dBV = decibelios referidos a un voltio | dBV = decibels referred to one volt
dBW = decibelios referidos a un vatio | dBW = decibels referred to one watt
dBx [*decibelios sobre el acoplamiento de referencia*] | dBx = decibels above reference coupling
DC = director comercial | CM = commercial manager
DCA [*agente de cliente de directorio*] | DCA = directory client agent
DCA [*arquitectura de contenidos de documentos*] | DCA = document content architecture
DCB [*bloque de control de datos*] | DCB = data control block
DCB = decimal codificado en binario | BCD = binary-coded decimal
DCB puro = decimal de código binario puro | pure BCD = pure binary-coded decimal
DCD [*detector de portadora de datos*] | DCD = data carrier detector
DCD = descripción del contenido de documentos | DCD = document content description
DCE [*equipo de comunicación (/trasmisión) de datos*] | DCE = data communication (/circuit) equipment
DCE [*entorno informático distribuido*] | DCE = distributed computing environment
DCL [*comunicación o llamada directa*] | DCL = direct communication link
DCM [*memoria caché de presentación*] | DCM = display cache memory
DCM [*modo de cine digital*] | DCM = digital cine mode
DCM = descodificador de color multisistemas | MSD = multistandard colour decoder
DCOM [*modelo de componentes distribuidos en red*] | DCOM = distributed COM = distributed component object model
DCON [*controlador de presentación*] | DCON = display controller
DCP [*placa recta de compresión dinámica*] | DCP = dynamic compression plate
DCS [*separación del color en pantalla*] | DCS = desktop color separation
DCS [*sistema celular digital (en telefonía móvil)*] | DCS = digital cellular system
DCT [*trasformada discreta del coseno*] | DCT = discrete cosine transform
DCTL [*lógica de transistores con acoplamiento directo*] | DCTL = direct-coupled transistor logic
DD [*doble código*] | DD [*double word*]
DD = doble densidad [*en soportes de datos*] | DD = double density
DDBMS [*sistema de gestión para bases de datos distribuidas*] | DDBMS = distributed database management system
DDC [*canal de presentación de datos*] | DDC = display data channel
DDCMP [*protocolo de mensajes de comunicación de datos digitales*] | DDCMP = digital data comunication message protocol
DDD [*documento de proyecto de detalle*] | DDD = detail design document
DDE [*intercambio dinámico de datos*] | DDE = dynamic data exchange
DDI [*marcación directa entrante a extensiones*] | DDI = direct dialling in
DDL [*lenguaje de descripción (/definición) de datos (/documentos)*] | DDL = data (/document) description (/definition) language
DDP [*proceso de distribución de datos*] | DDP = distributed data processing
DDR [*registrador de datos digitales*] | DDR = digital data recorder
DDS [*servicio de transmisión digital de datos (a velocidad superior a 56 Kbps)*] | DDS = digital data service
de acción diferida | time limit
de accionamiento escalonado | sequence-operated
de accionamiento propio | self-driven
de accionamiento secuencial | sequence-operated
de acoplamiento por trasformador | transformer-coupled
de acuerdo | agree
de ajuste fino por tensión | voltage-trimmable
de alcance único | single range
de alimentación | powerful
de alimentación por el estator | stator-fed
de amortiguamiento variable | variably damped
de aplicación central | application-centric
de aplicación general | multipurpose
de arranque por pulsador | pushbutton-started
de arrollamiento múltiple | multiwinding
de buen comportamiento [*referido a un programa*] | well-behaved, well-mannered
de capa múltiple | multilayered
de carga doble | double-charged
de carga terminal | top-loaded
de cátodo múltiple | multicathode
de centralización en el documento | document-centric
de cierre automático | self-closing
de cierre rápido | quick make
de clavijas compatibles | pin-compatible
de conexión múltiple a tierra | multi-earthed [UK], multigrounded [USA]
de conexión rápida | quick connect
de construcción densa | tightly packed
de contacto múltiple | multicontact
de contacto rápido | quick make
de corrección previa | predistorting
de corte brusco | snap-acting
de cortocircuito | shorting
de cresta a cresta | peak-to-peak
de cuba única | single-enclosure
de desconexión rápida | snap-acting
de devanado múltiple | multiwinding
de disparo simple | single shot
de disparo único | single shot
de distorsión previa | predistorting
de doble mando | two-control
de doble polaridad | double pole

de doble tiro | double throw
de doble vía | double rail
de dos bornas | two-terminal
de dos bornes | two-terminal
de dos canales | two-channel
de dos conductores | two-wire
de dos direcciones | two-address, bothway
de dos ejes | biax [fam] = biaxial
de dos etapas | cascode
de dos fases | two-phase
de dos hilos | two-wire
de dos polos | double pole
de dos rejillas | bigrid
de dos terminales | two-terminal
de dos tonos | two-tone
de emisión secundaria | reflecting electrode
de enchufe | pluggable
de energía limitada | power-limited
de enfoque corto | short focus
de entrega imposible [aplicado a mensajes de correo electrónico] | undeliverable
de escala | scalar
de escala automática | automatically-relayed
de escala única | single range
de estado único | monostable, one-shot
de etapa única | single-stage
de etapas múltiples | multistage
de excitación por el estator | stator-fed
de fase codificada | phase-encoded
de fase manipulada | phase shift keyed
de fases separadas | phase-separated
de forma regular | regularly
de función múltiple | multifunction
de funcionamiento neumático | vacuum-operated
de hecho | de facto
de hoja múltiple | multileaf
de impulsos | pulsed
de impulsos modulados | pulse-modulated
de interior | indoor
de láminas magnéticas | ferreed
de larga distancia focal | long focus
de largo alcance | long-haul
de lectura mecánica [por ejemplo códigos de barras] | machine-readable
de limpieza automática | self-wiping
de llegada | incoming
de mando mecánico | mechanically controlled
de manejo fácil | user-friendly
de mecánica cuántica | quantum-mechanical
de mecánica ondulatoria | wave-mechanical
de múltiples ánodos | multianode
de múltiples aplicaciones | multipurpose
de múltiples capas | multilayer
de múltiples componentes | multi-component

de múltiples conductores | multiwire, multiconductor
de múltiples contactos | multicontact
de múltiples electrodos | multielectrode
de múltiples elementos | multielement, multiunit
de múltiples espiras | multiturn
de múltiples funciones | multifunction
de múltiples haces | multibeam
de múltiples hilos | multiwire
de múltiples lóbulos | multilobed
de múltiples modos | multimode
de múltiples operaciones | multioperational
de múltiples tensiones | multivoltage
de múltiples unidades | multiunit
de múltiples usos | multipurpose, multiple use
de múltiples variables | multivariable
de múltiples velocidades | multivelocity
de múltiples voltajes | multivoltage
de múltiples vueltas | multiturn
de n dimensiones | n-dimensional
de navegación | navigational
de nivel constante | unilevel
de nuevo | again
de ocho pistas | eight-track
de oficio | in official course, routine
de orden inferior | low-order
de orden superior | high-order
de paso múltiple | multiflow
de periodo corto | short-lived
de pico a pico | peak-to-peak
de pines compatibles | pin-compatible
de pista múltiple | multitrack
de poca intensidad | weak
de poco espesor | shallow
de poco fondo | shallow
de potencia controlada | power-controlled
de potencia limitada | power-limited
de propósito especial | special purpose
de propulsión | powerful
de punta aguda | sharp-pointed
de punto a punto | point-to-point
de radionavegación | radionavigational
de reacción | retroactive
de resistencia elevada | high resistance
de respuesta plana | flat
de retardo independiente | definite time limit
de retrasmisión automática | automatically-relayed
de salida | outgoing
de salida múltiple | multioutlet, multi-output
de secuencia forzada | sequence-interlocked
de segmentos | segmental
de segundo orden | second-order
de seis | senary
de seis fases | six-phase
de seis polos | six-pole

de selectividad aguda | sharply selective
de sentido único | unidirected, unidirectional
de servicio | in official course, routine
de simple cara [aplicado a discos flexibles] | single-sided
de simple efecto | single action
de sincronismo automático | self synchronous
de sincronización automática | self-synchronous
de sintonización automática | self-tuned
de sintonización sencilla | simple-tuned
de televisión | televisual
de terminación sencilla | single-ended
de toma múltiple | multioutlet
de tono agudo | treble
de tono alto | treble
de tracción | tractive
de trasducción | transducing
de trayectoria controlada | trajectory-controlled
de trazo sencillo | single-trace
de tres bornes | three-terminal
de tres conductores | triplex
de tres dipolos | tridipole
de tres ejes | triaxial
de tres fases | three-phase
de tres hilos | three-wire
de tres polos | three-pole, three-terminal, triple-pole, tripolar
de tres posiciones | three-position
de tres terminales | three-terminal
de triple difusión | triple-diffused
de turno | on hand
de un eje | single-axis
de un solo conductor | single-wired, uniconductor
de un solo eje | single-axis
de un solo hilo | single-wire, single-wired, unifilar
de un solo nodo | single node
de un solo polo | one-pole, single-pole
de un solo sentido | one-way
de un solo terminal | single-ended
de un solo tono | monotone
de una alternancia | single-wave
de una dirección | single throw, single-way
de una onda | single-wave
de una posición | single throw
de una sola curva | single-trace
de una sola dirección | single-directional
de una sola etapa | one-stage, single-stage
de una sola fase | one-phase
de una sola unión | unijunction
de una sola válvula | one-tube, single-valve
de una vía | single throw, single-way
de unión múltiple | multijunction
de uso especial | special purpose
de uso múltiple | multiple use
de varias aberturas | multiaperture

de varias capas | multilayer
de varias etapas | multistage
de varias hojas | multileaf
de varias salidas | multioutlet
de varias secciones | multisection
de varias variables | multivariable, multivariate
de varios elementos | multicomponent
de varios puntos | multipoint
de velocidad modulada | velocity-modulated
de vida corta | short-lived
debate moderado [*debate por internet bajo la direccion de un moderador*] | moderated discussion
debe | should
debicón | debicon
débil | sluggish, weak
débil capacidad | light duty
debilitamiento | loss
debilitamiento de la luz | light attenuation
debilitamiento de las señales | blackout
debilitamiento del impulso | pulse decay
debilitamiento estático | static decay
débilmente ionizado | weakly ionized
débilmente magnético | weakly magnetic
deca- [*prefijo que significa 10 veces*] | deka-, deca- [*pref*]
década | decade
decadencia exponencial | exponential decay
decahexadecimal | decahexdecimal
decaimiento adiabático | adiabatic damping
decaimiento alfa | alpha decay
decaimiento beta | beta decay
decaimiento del brillo | decay
decaimiento dinámico | dynamic decay
decaimiento en cadena | chain decay
decaimiento estático | static decay
decaimiento exponencial | exponential decay
decantación | thickening
decapado | pickling
decapado anódico | anode pickling
decapado catódico | cathode pickling
decapolar | ten-pole
decatrón | decatron
Decca [*sistema de radionavegación hiperbólica*] | Decca
decelerador | decelerating
deci- [*prefijo que significa una décima parte*] | deci- [*pref*]
decibelímetro [*medidor de decibelios*] | dB meter = decibel meter
decibelio | decibel
decibelio ajustado | adjusted decibel
decibelio corregido | adjusted decibel
decibelio de ajuste | adjusted decibel
decibelios ajustados | decibel adjusted
decibelios por encima del acoplamiento de referencia | decibels

above reference coupling
decibelios por encima del ruido de referencia | decibels above reference noise
decibelios reales de ganancia de tensión | true decibels of voltage gain
decibelios sin filtro | unweighted decibels
decibelios sobre acoplamiento de referencia | decibels above reference coupling
decibelios sobre el acoplamiento de referencia | decibel coupling
decilogaritmo | decilog
décima parte | tenth
decimal | decimal
decimal codificado en binario | binary-coded decimal
decimal codificado en sistema binario | binary-coded decimal
decimal condensado | packed decimal
decimal de código binario puro | pure binary-coded decimal
decimal empaquetado | packed decimal
decimal fijo | fixed decimal
decimal flotante | floating decimal
decimal natural codificado en binario | natural binary-coded decimal
décimo | tenth
decineper | decineper
decineperio | decineper
decisión | decision
decisión lógica | logical decision
declaración | declaration
declaración de datos [*especificación de características de una variable*] | data declaration
declaración de identidad | entity declaration
declaración de tipo [*de datos en un programa*] | type declaration
declarar [*especificar una variable*] | to declare
declinación | declination
declinación del brillo | decay
declinación magnética | magnetic declination
declive | slant, slope
decodificador [*descodificador*] | decoder
decodificar [*descodificar*] | to decode
decómetro | decometer
decremento | decrement
decremento de masa | mass decrement
decremento de sensibilidad | sensitivity decrease
decremento logarítmico | logarithmic decrement
decremento logarítmico medio de la energía | average logarithmic energy decrement
decrémetro | decremeter
DECT [*telecomunicaciones inalámbricas digitales europeas*] | DECT = digital European cordless telecommunications

dedicado | dedicated
dedo | finger
dedo selector | selecting finger
dedo sensor | sensing finger
deducir | to infer
defecto | blemish, default, defect, drop out, fault, imperfection; [*del equipo*] bug
defecto audible | audible defect
defecto cuántico | quantum defect
defecto de aislamiento | insulation defect (/fault), isolation fault
defecto de fallo | fault defect
defecto de Frenkel | Frenkel defect
defecto de la imagen | imaging defect
defecto de la red | grating defect, defect in grating
defecto de masa | mass defect
defecto de puesta a tierra del neutro | neutral fault
defecto de Schottky | Schottky defect
defecto en la línea | fault on the line
defecto genético producido por la radiación | radiation-induced genetic defect
defecto intermitente | intermittent defect
defecto limítrofe | boundary defect
defecto másico | mass defect
defecto mayor | major defect
defecto menor | minor defect
defecto principal | major defect
defecto puntual | point defect
defectos internos por exploración sónica | sonic flaw detection
defectos internos por ultrasonidos | sonic flaw detection
defectos térmicos | thermal defects
defectuoso | defective, failed, faulty
defectuoso desde el principio [*aplicado a productos o dispositivos*] | broken as designed
defender | to shield
defensa radiológica | radiological defence (/shielding)
deficiencia | blemish
definición | definition, resolution, setting, sharpness
definición angular | angular resolution, azimuth discrimination
definición de distancia | distance resolution
definición de interrupción | interrupt setting
definición de la distancia | range resolution
definición de la imagen | picture definition
definición de las patillas | pin setting
definición de red | pattern definition
definición de sectores múltiples | multiple sector setting
definición del alcance | range resolution
definición del canal alto | high channel setting
definición del problema | problem definition

definición del sistema | system definition
definición del tipo de documento | document type definition
definición en energía | energy resolution
definición en sentido horizontal | resolution in a horizontal direction
definición en sentido vertical | resolution in a vertical direction
definición horizontal | horizontal definition (/resolution)
definición insuficiente | aperture distortion
definición vertical | vertical definition
definido | sharp
definir | to define, to set
definir la contraseña administrativa | to set administrative password
definir la contraseña del usuario | to set user password
deflación | deflation
deflagrador | deflagrator
deflector | baffle, baffle board (/plate), buncher, deflecting, deflector
deflexión | deflection
deflexión electromagnética | electromagnetic deflection
deflexión electrostática | electrostatic deflection
deflexión magnética | magnetic deflection
deflexión normal | standard deflection
deflexión nula | zero deflection
deflexión por el eje Y | Y axis deflection
deflexión residual | residual deflection
deflexión típica | standard deflection
deflexión vertical | vertical drive
deformación | strain, warpage; deformation
deformación asimétrica | bias distortion
deformación de adherencia | bond deformation
deformación de fase | phase distortion
deformación de la onda | wave distortion, waveform degradation
deformación de la señal | signal distortion
deformación de señal admisible | permissible signal distortion
deformación del campo | fringing
deformación del eje | shaft distortion
deformación del punto de ensilladura | saddle point deformation
deformación disimétrica | bias distortion
deformación elástica | elastic deformation
deformación estática | static strain
deformación irregular | irregular distortion
deformación máxima | maximum distortion
deformación permanente | permanent set
deformación plástica | plastic deformation
deformación rítmica | pulsing strain
deformación térmica lenticular | thermal lensing
deformación unitaria | unit strain
deformación volumétrica | volumetric strain
deformar | to distort
deformímetro | strain gauge (/meter)
deformímetro de hilo vibrante | vibrating wire strain gauge
deformímetro de hilos suspendidos | unbonded strain gauge
deformímetro de resistencia | resistance strain gauge
deformímetro piezoeléctrico | piezoelectric strain gauge
degeneración | degeneracy, degeneration, degenerative feedback
degeneración de Coulomb | Coulomb degeneracy
degeneración del semiconductor | semiconductor degeneracy
degenerado | degenerate
degenerador | degenerative
degradación | degradation, thindown; shading
degradación gradual | gradual degradation
degradación ligera | graceful degradation
degradación térmica | temperature derating
degradar | to degrade
dejar fuera de servicio | to take out of service
DEK [*clave de codificación de datos*] | DEK = data encryption key
delantero | leading
deletrear | to spell
delgado | shallow, thin
delimitación de la rendija | slit ends
delimitador | delimiter; [*en mensajes electrónicos*] boundary
delimitar | to delimit
delineado | sharp
delinear | to plot
delito informático | computer crime
delta | delta
demanda | demand
demanda de energía | power requirements
demanda variable | varying duty
demarcación | demarcation
demo [*versión limitada de software para demostración*] | demo = demonstration
DEMOD = desmodulador, demodulador | DEMOD = demodulator
demodulación [*desmodulación*] | demodulation
demodulador [*desmodulador*] | demodulator
demora | bearing, delay, lag, magnetic bearing, pre-delay
demora corregida | corrected bearing
demora de aguja | compass bearing
demora de las operadoras en contestar | operator's time to answer
demora del controlador | controller pre-delay
demora en la respuesta | answering interval, speed of answer
demora inversa | bearing reciprocal
demora media | average delay
demora observada | observed bearing
demora opuesta | bearing reciprocal
demora relativa | relative bearing
demora relativa del blanco | relative target bearing
demora verdadera | true bearing
demostración de teorema | theorem proving
demostrador de sonidos vocales | voice operation demonstrator
demostrador dinámico | dynamic demonstrator
demostrar | to establish
dendrita | dendrite
dendrograma | dendrogram
denegación de servicio | denial of sevice
denegar | to deny
denizen [*participante en grupo de Usenet*] | denizen
denominación | designation
denominación codificada | code name
densidad | density
densidad cúbica de iones | volume ion density
densidad cúbica de ionización | volume ionization density
densidad de almacenamiento | density packing, (functional) packing density
densidad de audiencia radiofónica | radio-listening density
densidad de bits | bit density
densidad de campo | field density
densidad de caracteres | character density
densidad de carga | charge density
densidad de carga superficial | density of surface charge
densidad de colisiones | collision density
densidad de compactación | smear density
densidad de componentes | component density
densidad de corriente | current density
densidad de corriente de cátodo | cathode current density
densidad de corriente de saturación | saturation current density
densidad de corriente neutrónica | neutron current density
densidad de desplazamiento eléctrico | electric displacement density
densidad de electrones | electron density
densidad de empaquetado | packaging density
densidad de energía | energy density

densidad de energía acústica | sound energy density
densidad de energía de cresta | peak energy density
densidad de energía de reacción | reaction power density
densidad de energía sonora | sound energy density
densidad de escritura sencilla | single density
densidad de exploración | scanning density
densidad de facsímil | facsimile density
densidad de flujo | flux density
densidad de flujo de la energía acústica | sound energy flux density
densidad de flujo de partículas | particle flux density
densidad de flujo de potencia | power flux density
densidad de flujo de radiaciones | radiation flux density
densidad de flujo eléctrico | electric flux density
densidad de flujo energético | energy flux density
densidad de flujo intrínseco | intrinsic flux density
densidad de flujo máxima | peak flux density
densidad de flujo remanente (/residual) | residual flux density
densidad de grabación | recording density
densidad de huecos | hole density
densidad de impulsos | pulse-packing density
densidad de impurezas | impurity density
densidad de inducción | induction density
densidad de información | (functional) packing density
densidad de integración | packaging density, scale of integration
densidad de iones | ion density
densidad de ionización | ionization density
densidad de la carga espacial | space charge density
densidad de la corriente de soldadura | welding current density
densidad de la energía de reacción total | total reaction power
densidad de la energía radiante | radiation power density
densidad de la trasmisión especular | specular transmission density
densidad de las líneas | ruling density
densidad de las partículas del plasma | plasma density
densidad de líneas de grabación | cutting rate
densidad de llamadas | call intensity
densidad de los granos | grain density
densidad de moderación | slowing-down density

densidad de moldeo | smear density
densidad de montaje de componentes | (functional) packing density, packing factor
densidad de neutrones | neutron density
densidad de pantalla [*separación entre los elementos de fósforo*] | screen pitch
densidad de piezas | parts density
densidad de portadora | carrier density
densidad de potencia | power density
densidad de radiación | radiant (/radiation) density
densidad de registro | (functional) packing density, record density
densidad de retardo | slowing-down density
densidad de trasmisión difusa | diffuse transmission density
densidad de trasmisión fotográfica | photographic transmission density
densidad de un haz electrónico | density of an electron beam
densidad del circuito | circuit density
densidad del flujo de saturación | saturation flux density
densidad del flujo luminoso | luminous flux density
densidad del flujo magnético | magnetic flux density
densidad del flujo radiante | radiant flux density
densidad del gas | gas density
densidad del plasma | plasma density
densidad del vapor | vapour density
densidad diferencial del flujo de partículas | differential particle flux density
densidad eléctrica superficial | density of surface charge
densidad equivalente de componentes | equivalent component density
densidad escalar | scalar density
densidad espectral | spectral density
densidad espectral de la tensión | spectral voltage density
densidad lineal de corriente | line density of current
densidad lumínica | luminance
densidad magnética | magnetic density
densidad óptica | optical density
densidad promedio de carga | average density of charge
densidad regulable | variable density
densidad superficial | surface density
densidad telefónica | telephone density
densidad variable | variable density
densímetro | densimeter, densitometer
densímetro de rayos X | roentgen densitometer
densímetro fotoeléctrico | photoelectric densitometer
densímetro ultrasónico | ultrasonic densitometer

densitómetro | densitometer
densitómetro de esfera integradora | integrating-sphere densitometer
densitómetro fotoeléctrico | photoelectric densitometer
dentado | serrated
dentellado | serrated
dentonfonía | dentonphonics
dentro del alcance | within range
dentro del radio de acción | within range
departamento de comunicaciones | communications division
departamento de programas | program department
dependencia | dependence
dependencia de explotación telegráfica | telegraph operating agency
dependencia de la energía | energy dependence
dependencia del dispositivo [*para que funcione un programa*] | device dependence
dependencia lineal | linear dependence
dependencia no lineal | nonlinear dependence
dependiente | dependent, slave
dependiente de la capacidad de computación | computation-bound
dependiente de la concentración | concentration dependent
dependiente de la tensión | voltage-dependent, voltage-variable
dependiente del equipo [*informático*] | machine-dependent
dependiente del hardware | hardware-dependent
dependiente del software | software-dependent
deposición | deposition
deposición al vacío | vacuum deposition
deposición catódica | sputtering
deposición de película delgada | thin-film deposition
deposición del cátodo | cathode sputtering
deposición eléctrica | electrical deposition
deposición electrolítica | electrolytic deposition
deposición en fase vapor | vapour deposition
deposición epitaxial | epitaxial deposition
deposición no eléctrica | electroless deposition
deposición por evaporación | evaporative deposition
deposición química | chemical deposition
deposición vapor | vapour deposition
depositar | to deposit, to plate, to swap in
depósito | depositing, handing-in, hooper, reservoir; sediment; storage; tank

depósito activo | active deposit
depósito de aleación | alloy plate
depósito de ánodo único | single-anode tank
depósito de cintas | tape reservoir
depósito de circuito resonante de ánodo del amplificador de potencia | power amplifier plate tank
depósito de combustible de obturación automática | self-sealing fuel tank
depósito de cubeta con rejilla | grid pool tank
depósito de descarga | stacker
depósito de garantía | deposit
depósito de limpieza ultrasónico | ultrasonic cleaning tank
depósito de película delgada | thin-film deposition
depósito de placa del amplificador de potencia | power amplifier plate tank
depósito de recortes | chad container
depósito de vacío | vacuum tank
depósito electrolítico | electrolytic tank
depósito electrolítico de triple niquelado | trinickel electrodeposit
depósito irregular | trees
depósito limitado | partial plating
depósito no electrolítico | electroless deposition
depósito para residuos radiactivos | radioactive waste storage tank
depósito por contacto | contact plating
depósito primario | strike deposit
depósito radiactivo | active (/radioactive) deposit
depósito radiactivo precipitado | radioactive rainout
depósito radiactivo seco | radioactive dry deposit
depósito receptor | stacker
depósito receptor de tarjetas | card hopper
depósito receptor de tarjetas perforadas | card hopper (/stacker)
depósito sensible | sensitive lining
depósito simultáneo | codeposition
depresión | depression, low pressure, trough
depresión polar | polar low
depuración | clearance, debugging, refining, scrubbing
depuración de datos | data cleaning
depuración de errores | error recovery
depuración de errores al vuelo | on-the-fly error recovery
depuración de salida | checkout
depuración mediante aproximaciones sucesivas | stepwise refinement
depurador | debugger, scrubber; purifier, refiner
depurador interactivo | interactive debugger
depurador simbólico | symbolic debugger

depurar | to debug
DER [*reglas de codificación distinguidas*] | DER = distinguished encoding rules
derecho de acceso | access right
derecho de autor | copyright
derecho de iluminación | lighting charge
derechos de acceso | class of service, user classes of services
deriva | drift; flight path deviation
deriva absoluta | absolute drift
deriva de frecuencia | (slow) frequency shift
deriva de la corriente de encendido por la temperatura | igniter current temperature drift
deriva de la tensión de entrada | input voltage drift
deriva de polarización | polarization drift
deriva de radar | radar drift
deriva de radiofrecuencia | RF shift
deriva del cero | zero drift
deriva del oscilador | oscillator drift
deriva del plasma | plasma drift
deriva determinada con ayuda de radar | radar drift
deriva por ciento de la señal | per cent signal drift
deriva porcentual | per cent drift
deriva relativa | relative drift
deriva sobre retículo | grid bearing
deriva térmica | thermal drift
derivación | biasing, branch (circuit), branch link, branching, bridging, bypass, service line, shunt, shunting, spur line, switching, tag, tail; takeoff [UK], tap, tapoff, tapping, teeing off, wiretap, wiretapping
derivación a tierra | accidental earth [UK], earth connection (/leakage), ground leak
derivación a tierra de las cargas electrostáticas | static drain
derivación con doble alimentación | dual feed branch circuit
derivación corta | short shunt
derivación de alcance único | single-range shunt
derivación de Ayrton | Ayrton shunt
derivación de cable dividido | split-cable tap
derivación de canal | drop channel
derivación de los inductores | field weakening
derivación de portadora en línea | line carrier leak
derivación de potencia | power drift
derivación de resistencia | resistance shunt
derivación del galvanómetro | galvanometer shunt
derivación del instrumento | instrumental shunt
derivación del tema [*en una discusión o debate*] | subject (/topic) drift
derivación del trasformador | trans-

former tap
derivación deslizante | sliding tap
derivación en serie-paralelo | series-parallel shunt
derivación en T | shunt T, T joint, tee joint
derivación grapinada | wrapped tap joint
derivación inductiva simple | single inductive shunt
derivación longitudinal | long shunt
derivación magnética | magnet keeper, magnetic shunt
derivación móvil | sliding tap
derivación múltiple | multitap; [*en lenguajes de programación*] multiple inheritance
derivación no inductiva | noninductive shunt
derivación para variación de tensión | voltage tap (/tapping)
derivación resonante | resonant shunt (/tap)
derivación universal | universal shunt
derivada | derivative [*of a formal language*]
derivado | biased, derived, shunt-connected, shunt-connecting, shunted, teed
derivador | dropping, rat race, shunter
derivador para amperímetro | ammeter shunt
derivar | to derive, to pick off, to shunt, to shunt out, to tap off; to tee off [USA]
derrame | drainage, outflow, spill
derretir | to smelt
derretirse | to smelt
derrota | course, defeat, (flight) track
derrota corregida | course made good
derrota de radar | radar plot
derrota de solicitación | course pull
derrota en vaivén | course push
derrota magnética | magnetic track
derrota por balizas | beacon course
DES [*norma de codificación de datos, sistema de gestión de claves; algoritmo de encriptación desarrollado por IBM*] | DES = data encryption standard
DES = descargado | UL = unloading
DES = desconectado | NC = non connected, non connection
desaceleración | deceleration, negative acceleration, slowing-down
desaceleración temporizada | timed deceleration
desacelerador | decelerating
desacentuación | deemphasis, post-emphasis
desacentuación de respuesta | drop
desacentuador | deaccentuator
desacoplado | uncoupled
desacoplador | decoupler
desacoplador de guiaondas | waveguide isolator
desacoplador de resonancia | resonance isolator

desacoplador de rotación | rotational isolator
desacoplador del tipo de resonancia | resonance-type isolator
desacoplamiento | decoupling, running off
desacoplamiento de la señal mezclada de altas frecuencias | bypassed mixed highs
desacoplamiento de piloto automático | autopilot release
desacoplar | to decouple; [*el ordenador*] to undock
desactivación | cooling, disabling, power down mode, turnoff
desactivado | disabled, off
desactivador | deac = deactivator
desactivar | to deenergise [UK], to de-energize [UK+USA]; to disable, to turn off; [*una unidad de disco o de cinta*] to unmount
desactivar códigos para insertar comentarios | to comment out
desactivarse | to release
desadaptación | mismatch
desadaptador normalizado | standard mismatch
desagrupador | debuncher
desagrupamiento | debunching
desagrupamiento por carga espacial | space charge debunching
desagrupar | to unpack
desagüe | drain
desaisladora | splitter, splitting device
desajuste | mismatch
desajuste horario | clock skew
desalación | desalination, desalinization, desalting
desalineación del eje | shaft misalignment
desalineado | nonaxial
desalineamiento de entrehierros | gap scatter
desalinización | desalinization
desalojamiento virtual | virtual displacement
desalojar | to clear, | to deallocate
desaparición de las señales | blackout
desaparición de las señales de radio | radio blackout (/fadeout)
desaparición gradual del gas | clean-up
desarmado | dismantling
desarmar | to disarm
desarrollador de programas | software developer
desarrollador de software | software developer
desarrollar | to pay out
desarrollo asistido por ordenador | computer-aided engineering
desarrollo cruzado [*realizado simultáneamente para varios sistemas*] | cross development
desarrollo de abajo arriba | bottom-up development
desarrollo de aplicaciones | application development
desarrollo de lo más básico a lo menos básico | top-down development
desarrollo de los recursos de producción de energía | power development
desarrollo de sistemas | system development
desarrollo de Web [*de páginas Web*] | Web development
desarrollo en serie | series expansion
desasociar [*eliminar el vínculo entre un archivo y una aplicación*] | to disassociate
desatornillar | to unscrew
desautorizar | to deny
desbastado de hilos | wire dress
desbastar | to remove burr
desbloquear | to turn on, to unblock, to unlock, to deblock
desbloqueo | turn-on action, unblanking, unblocking, unlock, unlocking
desbloqueo del receptor | receiver gating
desbloqueo del teclado | keyboard unlock
desbloqueo por tensión cero | zero-voltage turn-on
desbordamiento | displacement, overflow, spillover, spread; [*de memoria*] overrun
desbordamiento de la capacidad mínima | underflow
desbordamiento de la memoria | memory overflow
desbordamiento de la memoria estable | NVS overflow
desbordamiento térmico | thermal runaway
descalibrado | uncalibrated
descanso de ánodo | anode butt
descarga | breakdown, discharge, discharging, drainage, shock, unlading, unloading
descarga a régimen elevado | high rate discharge
descarga anular sin electrodos | electrodeless ring discharge
descarga aperiódica | aperiodic (/impulsive) discharge
descarga atmosférica | atmospheric discharge
descarga atmosférica indirecta | indirect stroke
descarga autónoma | self-maintained discharge
descarga bajo la acción de varios campos | multipacting discharge
descarga capacitiva | capacitive discharge
descarga convectiva | convective discharge
descarga corona | brush discharge
descarga de arco | arc discharge
descarga de arco a potencia fuerte | high current-density arc discharge
descarga de chispas de alta tensión | high-voltage spark discharge
descarga de chispas no dirigida | uncontrolled spark discharge
descarga de corriente alterna | AC dump
descarga de corriente continua | DC dump
descarga de defecto de pinza | pinch discharge
descarga de efluvios | silent discharge
descarga de frecuencia alta | high frequency discharge
descarga de fuga | sliding spark discharge
descarga de gas | gas discharge
descarga de gas automantenida | self-maintaining gas discharge
descarga de gas sin automantenimiento | nonself-maintaining gas discharge
descarga de halo | glow discharge
descarga de iones | ionic discharge
descarga de la carga residual | residual discharge
descarga de línea [*sobretensión repentina en la línea de alimentación*] | line surge
descarga de Penning | Penning's discharge
descarga de potencia | power dump
descarga de presión alta | high pressure discharge
descarga de reostricción | pinch discharge
descarga de tensión alta | high voltage discharge
descarga de Townsend | Townsend discharge
descarga de Zener | Zener breakdown
descarga del condensador | capacitive discharge
descarga del ignitor | igniter discharge
descarga del inflamador | igniter discharge
descarga del ordenador personal | PC download
descarga del PIG | PIG discharge
descarga difusa | low current-density discharge
descarga dinámica | dynamic dump
descarga dirigida | controlled discharge
descarga disruptiva | discharge (/voltage, /spark) breakdown, disruptive (/spark) discharge, sparking, sparkover
descarga eléctrica | shock, electroshock, electric shock
descarga electrostática | electrostatic discharge
descarga en abanico | brush discharge
descarga en arco | arc discharge
descarga en avalancha | avalanche breakdown
descarga en corona | corona (/silent) discharge, St. Elmo's fire
descarga en láminas | stratified discharge

descarga en los bordes | edge discharge
descarga en plasma | plasma discharge
descarga en vacío elevado | high vacuum discharge
descarga espontánea | self-discharge, self-discharging
descarga estática | static dump
descarga estratificada | stratified discharge
descarga estriada | striated discharge
descarga excitadora | shock pulse
descarga exterior | arcover
descarga gaseosa | gas (/gaseous) discharge
descarga incompleta | incomplete discharge
descarga inducida toroidal | toroidal induced discharge
descarga lenta | low-rate discharge
descarga luminosa | corona, glow discharge
descarga luminosa anormal [*en tubos de desarga luminiscente*] | abnormal glow
descarga luminosa de radiofrecuencia | radiofrequency glow discharge
descarga ondulatoria | undulatory discharge
descarga oscilante | oscillating (/oscillatory) discharge
descarga oscilatoria | oscillating discharge
descarga oscura | dark (/nonluminous) discharge
descarga parcial | incomplete discharge
descarga penacho | brush discharge
descarga por choque | discharge by collision
descarga por haz electrónico | electron beam mode discharge
descarga por puntas | point discharge
descarga posterior | secondary discharge
descarga postmortem | postmortem dump
descarga prematura | premature discharge
descarga profunda | deep discharge
descarga pulsante | pulsed discharge
descarga pulsátil | pulsed discharge
descarga radiante | brush discharge, St. Elmo's fire
descarga ramificada | treeing
descarga residual | residual discharge
descarga secundaria | second breakdown
descarga selectiva | selective stacking
descarga semiautomática | semiself-maintained discharge
descarga silenciosa | silent discharge
descarga sin electrodos | electrodeless discharge
descarga sumergida | submerged discharge
descarga superficial | surface leakage

descarga superficial dendriforme | treeing effect
descargado | uncharged, unloaded
descargador | discharger, spark gap, unloader; arrester
descargador automático | self-discharger
descargador de chispa(s) | spark gap (discharger)
descargador de distancia explosiva | spark gap discharger
descargador de electricidad estática | static discharger
descargador de Lepel | Lepel discharger
descargador de puntas | sawtooth arrester
descargador de sobretensiones | surge diverter
descargador de tensión | voltage discharge gap
descargador de vacío | vacuum arrester
descargador disparado | triggered spark gap
descargador estático | static discharger
descargador giratorio | rotary discharger (/gap, /spark gap)
descargar | to unhide; [*a la memoria externa*] to roll-out; [*datos o programas*] to download; [*aliviar a un dispositivo de parte de su trabajo*] to offload; [*eliminar un programa de la memoria*] to unload; to release
descargar un circuito | to relieve
descargarse | to run down
descendente | descending
descendiente | descendant
descendiente radiactivo | daughter (product)
descenso | drop
descentramiento vertical | vertical offset
descifrado | decoding, de-encryption
descifrado de impulsos | pulse decoding
descifrado de una dirección codificada | unpacking of a code address
descifrado sucesivo | sequential decoding
descifrador | decoder, unscrambler
descifrar | to decode, to decipher, to decrypt
desclasificación | derating
descodificable de forma instantánea | instantaneously decodable
descodificación | decoding
descodificación con un mínimo de errores | minimum-error decoding
descodificación de impulsos | pulse decoding
descodificación de posibilidad máxima | maximum-likelihood decoding
descodificación de señales de color | colour transient improvement
descodificación de umbral | threshold decoding

descodificación de Viterbi | Viterbi decoding
descodificación secuencial | sequential (/serial) decoding
descodificador | unscrambler, decoder; [*en terminal de usuario*] set-top-unit
descodificador activo | active decoder
descodificador cromático | colour decoder
descodificador D/A = descodificador digital/analógico | D/A decoder
descodificador de color | colour decoder
descodificador de color multisistemas | multistandard colour decoder
descodificador de direcciones | address decoder
descodificador de fallos | fault decoder
descodificador de la señal de color | colour decoder
descodificador de llamada selectiva | selective-ringing decoder
descodificador de llamadas selectivas | selective-calling decoder
descodificador de operación | operation decoder
descodificador de radiodifusión estereofónica | stereophonic broadcast decoder
descodificador de resistencias ponderadas | weighted resistor decoder
descodificador de telemedida | telemetering decoder
descodificador/desmultiplexor | decoder/demultiplexer
descodificador/excitador | decoder/driver
descodificador pasivo | passive decoder
descodificar | to decode, to decipher, to decrypt
descohesionador | tapper
descolgado | off the hook, offhook, off-hook; permanent glow
descolgar | to take off
descolgar el receptor | to take off, to remove (/pick up) the receiver
descolgar el receptor del teléfono | to pick up the receiver
descolgar momentáneamente el teléfono | to hook flash
descompilador | decompiler
descomponer | to unpack
descomposición | decomposition
descomposición de Cholesky | Cholesky decomposition
descomposición de colores | colour breakup
descomposición de la imagen | picture analysis
descomposición de programa | program decomposition
descomposición espectral | spectral dispersion
descomposición funcional | functional partitioning

descomposición por radiación (/irradiación) | radiation-induced decomposition
descomposición radiactiva | radioactive decay
descompositor | denuder
descomprimir [*archivos*] | to uncompress, to unzip, to decompress
descompuesto | in trouble
desconchado | spallation
desconectado | cold, disconnected, non connected, off, off-line, out, released, unconnected, uncoupled
desconectado de masa | ungrounded
desconectado de tierra | ungrounded
desconectador | isolator
desconectador con fusible | fused disconnect
desconectar | to clear, to cut out, to disconnect, to interrupt, to release, to switch off, to switch out, to unplug; to disable
desconectar una clavija | to withdraw a plug
desconector de reposición | disconnector release
desconexión | clearing, disconnection, open, open connection, patch-out, release, releasing, switching-off, trip, turnoff
desconexión a tensión mínima | undervoltage release
desconexión automática | automatic shutoff, auto sleep
desconexión brusca | snap
desconexión con indicación de ocupado | disconnect make busy
desconexión con retardo | time release
desconexión de carga | load shedding
desconexión de un circuito | open
desconexión hacia adelante | clear forward, forward release
desconexión hacia atrás | clear (/release) back
desconexión inmediata | quick release
desconexión intempestiva | ill-timed release
desconexión por baja tensión | undervoltage tripping
desconexión por inversión de potencia | reverse power tripping
desconexión por sobrecarga | overcurrent (/overload) release
desconexión prematura | premature disconnection (/release)
desconexión principal | main disconnect
desconexión provocada por el abonado llamado | called subscriber release
desconexión provocada por el abonado que llama | calling subscriber release
desconexión rápida | quick disconnection, snap
desconexión serie | serial out

desconexión temporizada | time release
desconmutación | decommutation
desconmutador | decommutator
desconocido | unknown
descontaminación | decontamination
descontaminación individual | personnel decontamination
descontaminación personal | personnel decontamination
descontaminación radiológica | radiological decontamination
desconvolución | deconvolution
descrestado | chopping, peak-clipped; levelling [UK]
descrestador | chopper, peak chopper (/clipper)
descrestador de ondas | chopper
descrestamiento de impulsos | pulse limiting
descripción | description
descripción de fuente | source description
descripción de recursos uniforme | uniform resource citation
descripción de requisitos | requirements description
descripción del contenido | content description
descripción del contenido de documentos | document content description
descripción del hardware | hardware description
descripción del problema | problem description
descripción del programa | program statement
descripción sumaria de un circuito | circuit layout record
descriptografía | decryption
descriptor | descriptor; [*de archivos*] handler
descriptor de archivo | file descriptor
descriptor de páginas encapsulado | encapsulated postscript
descriptor de recursos | resource descriptor
descriptor del proceso | process descriptor
descubierto radialmente | radially bare
descubrir fallos incipientes | to detect incipient failures
desde | from
desdoblador panorámico | panoramic attenuator
desdoblamiento | doubling, folding
desdoblamiento de reloj [*en microprocesadores*] | clock doubling
desdoblamiento espectral | spectrum stripping
desdoblamiento recursivo | recursive doubling
desecación | desiccation, drying out
desecación de un cable | desiccation (/drying) of a cable
desecado | drying (out)

desecador de vacío | vacuum dryer
desecante | desiccant
desechos | rejects, scrap, waste
desechos radiactivos | radioactive waste
desempaquetar [*datos*] | to unpack
desenchufar | to release, to unplug, to jack out
desenchufe | release
desencogimiento | deshrinkage
desencriptación | de-encryption
desencriptado | decryption
desenergizador automático de selector plano | pilot selector automatic dropout
desenfoque | defocusing
desenfoque del haz | deflection defocusing
desenganchado | uncoupled, unlatched
desenganchar | to pullout (of step), to unscrew
desenganche | breaking step, pull out, pullout, release, resetting, trip
desenganche a tensión mínima | undervoltage release
desenganche con retardo | time release
desenganche de la sincronización | unlocking of synchronization
desenganche lento | slow release
desenganche por baja tensión | undervoltage tripping
desengrasador de vapor | vapour degreaser
desengrasador ultrasónico | ultrasonic degreaser
desengrase anódico | reverse current cleaning
desengrase electrolítico | reverse current cleaning
desengrase por disolvente | solvent cleaning
desengrase por ultrasonidos | ultrasonic degreasing
desengrase por vapor | vapour degreasing
desengrase ultrasónico | ultrasonic degreasing
desenmascarar [*usar una máscara para quitar bits de datos*] | to mask off
desenmohecido electroquímico | electrochemical pickling
desenrollar | to pay out, to take off, to unwind, to unroll
desenrollar la cinta | to reel off the tape
desenroscar | to unscrew
desensamblado de paquetes | packet disassembly
desensamblador | disassembler
desensamblaje | disassembly
desenvainado | decanning, decladding
desenvainado químico | chemical jacket removal
desequilibrado | unbalanced
desequilibrio | nonequilibrium, offset, unbalance

desequilibrio de capacidad | capacity unbalance
desequilibrio de inductancia | inductance unbalance
desequilibrio de la red | network unbalance
desequilibrio de tensión | voltage unbalance
desequilibrio de un circuito | unbalance of a circuit
desequilibrio del canal monoaural | monaural channel unbalance
desequilibrio resistivo | resistive unbalance
desestatificación | destaticization
desexcitación | dropout, release
desexcitado | unoperated
desexcitar | to deenergize [UK+USA]
desexcitarse | to release
desfasado | out-of-phase
desfasador | outphaser, phase changer, phase shifter, splitter
desfasador de guía de ondas | waveguide phase changer (/shifter)
desfasador de guiaondas | waveguide phase changer
desfasador digital | digital phase shifter
desfasador direccional | directional phase shifter
desfasador múltiple | phase splitter
desfasador Q | Q phase splitter
desfasador recíproco de ferrita | reciprocal ferrite phase shifter
desfasador rotativo | rotary phase changer (/shifter)
desfasaje | out-of-phase condition, outphasing, phase change (/shift), dephasing
desfasaje iterativo elemental | phase-length constant per section
desfasamiento | out-of-phase condition, outphasing, phase change, phase displacement
desfasamiento de inserción | insertion phase shift
desfase | lag, lead, offset, phase change (/difference, /displacement, /shift), phaseout
desfase característico | wavelength constant
desfase de retardo | lagging
desfase del impulso | pulse delay
desfase iterativo | iterative phase constant
desfase lineal | phase change coefficient, unit phase (/wavelength) constant, wavelength constant
desfase lineal iterativo | wavelength constant per section
desfase lineal por sección | wavelength constant per section
desfase progresivo | progressive phase shift
desfibrilador | defibrillator
desfile de iconos [*durante el arranque de ordenadores Macintosh*] | icon parade

desfragmentación [*de la información contenida en un disco*] | defragmentation
desfragmentador [*programa informático*] | defragger
desfragmentar [*los archivos de un disco*] | to defrag
desgarramiento | tear-out
desglosar [*dividir un elemento en unidades separadas*] | to quantize
desgarramiento de la imagen | tearing out of picture
desgarro | tearing
desgasear | to outgass
desgasificación | cleanup, degassing, gettering, outgassing
desgasificador | getter
desgasificar | to degas
desgastado | weak
desgaste | erosion, wear
desgaste completo | wear-out
desgaste completo de un equipo | wear-out
desgaste de la válvula | tube (/valve) aging
desgaste del electrodo | electrode erosion, erosion of the electrode
desgaste radial admisible [*en colector*] | wearing depth
desgaste superficial | scuffing
desglose | unbundling
deshabilitación temporal | class of service changeover
deshabilitar | to disable
deshacer | to undo
deshacer la selección | to deselect
deshilachado | fraying
designación | designation
designación de conectores para líneas especiales | multiple marking
designación de las ondas radioeléctricas | designation of radio waves
designación de prioridad del mensaje | message precedence designation
designador de canal | channel strip
desigualdad | inequality
desigualdad de Kraft | Kraft's inequality
desigualdad de Schwarz | Schwarz inequality
desigualdades de rumbo | roughness
desimanación | demagnetization
desimanador para borrado de cinta magnética | tape demagnetizer
desimanar | to demagnetize [UK+USA]
desimantación | demagnetization, magneto wiping-down
desimantación por barrido | magneto wiping-down
desimantar | to degauss; to demagnetise [UK], to demagnetize [UK+USA]
desincronización | pull out, pullout
desincronizar | to pullout of step
desincrustador | scale remover
desincrustador ultrasónico de calderas | ultrasonic boiler descaler
desinstalar [*un programa*] | to uninstall, to deinstall

desinstalar componente | uninstall component
desintegración | decay, decomposition, disintegration
desintegración beta | beta decay (/disintegration, /transformation)
desintegración beta compuesta | dual beta decay
desintegración beta doble | double beta decay
desintegración beta dual | dual beta decay
desintegración beta en estado fundamental | ground state beta disintegration
desintegración catódica | sputtering
desintegración con emisión de positrones | positron disintegration
desintegración del cátodo | cathode disintegration
desintegración en cadena | chain disintegration
desintegración en estado fundamental | ground state disintegration
desintegración en serie | series disintegration
desintegración espontánea | spontaneous decay (/disintegration)
desintegración múltiple | multiple disintegration
desintegración nuclear | nuclear disintegration
desintegración positrónica | positron decay (/disintegration)
desintegración radiactiva | radiative decay, radioactive decay (/disintegration)
desintegración radiactiva espontánea | spontaneous nuclear transformation
desintegrador ultrasónico | ultrasonic disintegrator
desintegrar | to smash
desintermediación | disintermediation
desintonización | untuning
desintonizado | off tune
desintonizar | to detune, to tune out
desionización | deionization
desionizar [*un gas ionizado*] | to quench
deslaminación | delamination
deslizadera | slide bar
deslizadera de desdoblamiento | splitting bar
deslizamiento | slide, slip (ratio), slippage, slipping
deslizamiento de frecuencia | mode skip
deslizamiento de la imagen | picture slip
deslizamiento de sintonía | tuning creep
deslizamiento del oscilador | oscillator drift
deslizamiento lateral de líneas | lateral line-shift
deslizamiento vertical de la imagen | picture slip

deslumbramiento por reflexión | reflected glare
desmagnetización | degaussing, demagnetization
desmagnetización adiabática | adiabatic demagnetization
desmagnetización automática | self-demagnetization
desmagnetización espontánea | self-demagnetization
desmagnetizador | degausser, demagnetizer
desmagnetizador de cabeza de registro | head demagnetizer
desmagnetizador de cabezas magnéticas | head degausser
desmagnetizar | to degauss, to demagnetize
desmantelamiento | dismantling
desmejorar | to degrade
desmembramiento | divestiture
desmentir | to deny
desmineralización | demineralization
desmineralizador de agua | water demineralizer
desmodulación | demodulation
desmodulación de frecuencia | frequency demodulation
desmodulación con aumento de la portadora | reconditioned-carrier demodulation
desmodulación con inyección de portadora local | enhanced carrier demodulation
desmodulación con regeneración de la portadora | reconditioned-carrier demodulation
desmodulación de potencia | power detection
desmodulación por portadora acrecentada | enhanced carrier demodulation
desmodulación sincrónica | synchronous demodulation
desmodulación temporal | time demodulation
desmodulador | demodulator, detector
desmodulador cuadrático | square law demodulator
desmodulador de amplitud | amplitude demodulator
desmodulador de comunicaciones subsidiarias | SCA demodulator
desmodulador de crominancia | chrominance demodulator
desmodulador de diodo | diode demodulator
desmodulador de envolvente | envelope demodulator
desmodulador de fase sincronizada | phase-locked demodulator
desmodulador de frecuencia | frequency demodulator
desmodulador de grupo | group demodulator
desmodulador de impulsos | pulse demoder
desmodulador de producto | product demodulator
desmodulador de señal R-Y | R-Y demodulator
desmodulador de señales de televisión | television signal demodulator
desmodulador de subportadora de crominancia | chrominance subcarrier demodulator
desmodulador de supergrupo | supergroup demodulator
desmodulador de telemedida | telemetering (/telemetry) demodulator
desmodulador de vídeo | video detector
desmodulador del canal de servicio | service channel demodulator
desmodulador por diodo | diode demodulator
desmodulador Q | Q demodulator
desmodulador rectificador | rectifier demodulator
desmodulador sensible a la fase | phase-sensitive demodulator
desmodulador sincrónico | synchronous demodulator
desmodulador telegráfico | telegraph demodulator
desmontaje | dismantling
desmontaje de la línea | recovery of the line
desmonte | cutting
desmonte de la línea | dismantling of the line
desmultiplexador | demultiplexer
desmultiplexor | demultiplexer
desmultiplicación de la frecuencia de repetición de impulsos | skip keying
desmultiplicación del cuadrante de sintonía | tuning rate (/ratio)
desmultiplicador de impulsos | pulse scaler, step counter
desnaturalizador nuclear | nuclear denaturant
desnivel | offset, expected level
desnudo | bare
desocupado | free, on hook
desocuparse | to release
desoldadura | desoldering
desordenación | disordering
desoxidación | deoxidization, pickling
despachador de carga | load dispatcher
despachar | to forward, to ship
despacho | message, routing
despacho de escala | relay message
despacho de telégrafos | telegraph office
despacho por radio | radio dispatching
despacho telegráfico | telegraph message
despacho urgentísimo | flash message
despachos fraccionados | split cases
despachos simultáneos | simultaneous messages
despacio | slow
desparasitar | to debug
desparramamiento | bleedout
despegue | fly-off [USA]; takeoff, take-off [UK]
despegue y aterrizaje cortos | short takeoff and landing
despejado | clear
despejar | to clear
despeje | clearing
desperfecto | fault
despermeabilización | deperming
despertador automático | automatic wake up timed reminder, timed recall
DESPL = desplazamiento | **SCRL** = scroll
desplazable | shiftable
desplazador | shifter
desplazador de canal | channel shifter
desplazador de cubetas | bucket brigade
desplazador de fase del guiaondas | waveguide phase shifter
desplazador de pantalla [*desplazador de imagen en la pantalla*] | elevator
desplazamiento | displacement, drift, movement, navigation, offset, scrolling, shift, shifting, travelling
desplazamiento al rojo | red shift
desplazamiento angular del rotor [*respecto al cero eléctrico*] | synchro angle
desplazamiento aritmético | arithmetic shift
desplazamiento automático | auto-scroll, automatic scroller
desplazamiento cíclico | cycle (/cyclic, /end-around) shift
desplazamiento circular | circular (/end-around) shift
desplazamiento Compton | Compton shift
desplazamiento de bandas | displacement of a band
desplazamiento de fase | angular (/phase) displacement, phase shift
desplazamiento de fases | phase changing (/difference)
desplazamiento de fin de impulso | end distortion
desplazamiento de frecuencia | frequency offset (/shift, /swing)
desplazamiento de frecuencia de la señal | signal frequency shift
desplazamiento de frecuencia de subportadora | subcarrier frequency shift
desplazamiento de la imagen | shifting of image
desplazamiento de la línea | line shift
desplazamiento de la marca | leapfrogging
desplazamiento de las líneas | displacement of a line
desplazamiento de líneas | tearing
desplazamiento de los electrones | electron drift
desplazamiento de píxel | pixel shift
desplazamiento de portadora | carrier shift

desplazamiento de radiofrecuencia | RF shift
desplazamiento de sólo foco | focus-only navigation
desplazamiento de umbrales | displacement of porches
desplazamiento del canal | channel shift
desplazamiento del cero | zero shift
desplazamiento del espectro | spectral shift
desplazamiento del impulso | pulse offset
desplazamiento del modo | mode shift
desplazamiento del punto explorador | spot shifting
desplazamiento del ratón | mouse tracking
desplazamiento Doppler | Doppler effect (/shift)
desplazamiento eléctrico | (electric) displacement
desplazamiento en el tiempo | shift-in-time
desplazamiento en esquema circular | end-around shift
desplazamiento en frecuencia | shift-in frequency
desplazamiento entre controles | control navigation
desplazamiento hacia la derecha | right shift
desplazamiento hacia la izquierda | left shift
desplazamiento horizontal [de la imagen en pantalla] | horizontal scrolling
desplazamiento incremental de frecuencia | incremental frequency shift
desplazamiento interno | internal navigation
desplazamiento isotópico | isotope shift
desplazamiento lógico | logical shift
desplazamiento magnético | magnetic displacement
desplazamiento paralelo | parallel displacement (/shift)
desplazamiento por cursor de primera letra | first-letter cursor navigation
desplazamiento por etapas | stepping
desplazamiento por grupos de tabulación | tab group navigation
desplazamiento positivo | positive-going
desplazamiento radiactivo | radioactive displacement
desplazamiento rápido en la pantalla de radar | wander
desplazamiento salino | salting out
desplazamiento sucesivo de la imagen | roll-over
desplazamiento temporal del umbral | temporary threshold shift
desplazamiento teórico | theoretical displacement
desplazamiento total del color | resultant colour shift
desplazamiento uniforme | smooth scrolling
desplazamiento vertical | roll
desplazamiento vertical de pantalla | vertical scrolling
desplazamiento vertical indicador de distancia | range step
desplazamiento vibratorio | vibratory displacement
desplazamiento virtual | virtual displacement
desplazamiento volumétrico | volumetric displacement
desplazar | to move, to scroll, to shift
desplazar grupo de líneas | to jump scroll
desplazar hacia fuera | to shift out
desplazar la imagen [línea a línea o carácter a carácter] | to scroll
desplazar la memoria | move memory
desplazarse | to navigate
desplegado | unfold
desplegar | to roll out
desplegar menús | to roll out
despliegue | unfolding; [del documento o menú en pantalla] scroll, scrolling
despolarización | depolarization
despolarización de la deposición metálica | depolarization of metal deposition
despolarización resonante | resonant depolarization
despolarizador | depolarizer
despolarizador ácido | acid depolarizer
despolarizar | to depolarise [UK], to depolarize [UK+USA]
desprendimiento | detachment, dropout, indent, score
desprendimiento de electrones | detachment of electrons
desprendimiento de gases | gassing
desprendimiento de gases de los electrodos | gassing
desprovisto de blindaje | shieldless
después de la carga | after loading
después de la fecha | after date
después de la grabación | after recording
después del enhebrado [en vídeo] | after loading
despuntado | backing-off
despupinización | deloading
desreglamentación | deregulation
desregulación | deregulation
desregularización | deregulation
destellador | flasher
destello | flash, flashing, photoflash, sparkle
destello de la dinamo | flashing of the dynamo
destello de la pantalla | screen flicker
destello del blanco | target glint
destello del objetivo | target glint
destello electrónico | strobe
destellos cruzados | crossfire
destellos rápidos | quick flashing
destilación | distillation
destilación en vacío | vacuum distillation
destilación fraccionada | fractional distillation
destilación por energía solar | solar distillation
destilado | distillate
destilador de efectos múltiples | multiple effect distiller
destilar | to distill
destinatario | addressee
destinatario desconocido [en correo electrónico] | unknown recipient
destino | destination; target; [en bifurcación de llamadas] branch
destino de la información | information destination
destino de la inserción | drop target
destino denominado [tipo de hipervínculo en documentos HTML] | named target
destino resaltado | target emphasis
destornillador | screwdriver
destornillador automático | spiral screwdriver
destornillador de cabeza plana | flat bladed screwdriver
destornillador de estrella | Phillips screwdriver
destornillador helicoidal | spiral screwdriver
destornillador helicoidal de trinquete | spiral ratchet screwdriver
destornillador motorizado | power screwdriver
destrabado | unlatched
destrozar | to smash
destrucción de datos | data corruption
destrucción del cátodo | cathode disintegration
destrucción por calentamiento | burn-out
destrucción por calor | burnout
destruir el mensaje suprimido | to destroy deleted message
desunido | uncoupled
desvainar | to shell
desvanecer | to fade, to melt
desvanecerse | to fade
desvanecimiento | fading, fade-out
desvanecimiento de imagen | picture fading
desvanecimiento de interferencia | interference fading
desvanecimiento de la imagen latente | latent image fading
desvanecimiento de la polarización | polarization fading
desvanecimiento de la radio | radnos
desvanecimiento de la radio en regiones árticas | radnos
desvanecimiento de la señal | signal fading
desvanecimiento de las señales de radar | radar fading
desvanecimiento de las señales de radio | radio fadeout
desvanecimiento de periodo corto | short-period fading, short-term fading

desvanecimiento del blanco | target fade
desvanecimiento del sonido | sound fading
desvanecimiento perjudicial | objectionable fading
desvanecimiento plano | flat fading
desvanecimiento por balanceo | roller fading
desvanecimiento por interferencia | interference fading
desvanecimiento por salto | skip fading
desvanecimiento por variación de la distancia de salto | skip fading
desvanecimiento radioeléctrico | radio blackout
desvanecimiento selectivo | selective fading
desvanecimiento uniforme | flat fading
desvatado | wattless
desviable | shiftable
desviación | bend, breakover, creep, deflection, deviation, diversion, offset, rolloff, shift, shifting
desviación admisible | allowable (/permissible) deviation
desviación angular | angular displacement
desviación completa | full scale deflection
desviación cuadrática media | standard (/root mean) square deviation
desviación de corriente continua | DC shift
desviación de cresta | peak deflection
desviación de demora indicada | indicated bearing offset
desviación de fase | phase deviation (/offset)
desviación de frecuencia | frequency deviation (/drift, /swing)
desviación de frecuencia de cresta | peak frequency deviation
desviación de frecuencia en modulación | frequency modulation deviation
desviación de la línea de ruta | course line deviation
desviación de la pendiente | slope deviation
desviación de linealidad con onda escalonada | stairstep nonlinearity
desviación de potencia | power deviation (/drift)
desviación de puntero | warp the pointer
desviación de radiofrecuencia | RF shift
desviación de trayectoria ionosférica | ionospheric path error
desviación de una corriente | creep
desviación del goniómetro | direction finder deviation
desviación del impulso plano | deviation from pulse flatness
desviación del sistema | system deviation

desviación del techo del impulso | pulse flatness deviation
desviación dinámica | dynamic deviation
desviación Doppler | Doppler effect (/shift)
desviación electromagnética | electromagnetic deflection
desviación electrostática | electrostatic deflection
desviación en estado estacionario | steady-state deviation
desviación en régimen permanente | steady-state deviation
desviación estándar | standard deviation
desviación iónica | ion deflection
desviación isotópica | isotope shift
desviación magnética | magnetic deflection
desviación máxima del sistema | maximum system deviation
desviación máxima mínima | least maximum deviation
desviación media | mean deviation
desviación media absoluta | mean absolute deviation
desviación mínima | minimum deviation
desviación nominal de frecuencia | rated frequency (/system) deviation
desviación normal | standard deflection (/deviation)
desviación normalizada | standard deviation
desviación nula | zero deflection
desviación paradiafónica | near-end crosstalk deviation
desviación promedio | average deviation
desviación relativa de frecuencia | frequency deviation
desviación residual | residual deflection (/deviation)
desviación típica | standard deflection
desviación tipo | standard deviation
desviación vertical | vertical deflection (/drive)
desviador | diverter, pulloff, shifter
desviador de haz | beam bender
desviador de llamada | call diverter
desviador direccional de fase | directional phase shifter
desviar | to shift
desviar el tráfico | to reroute the traffic
desvinculación | dereference
desvinculación doble | double dereference
desvincular [*información*] | to dereference
desvío | diversion, shift, shifting, trap
desvío aéreo | trolley frog
desvío de llamada si el abonado no contesta | diversion on no reply
desvío de llamadas | call diversion (/forward, /forwarding, /deflection)
desvío de llamadas automático | automatic transfer of ringing

desvío de llamadas en caso de ocupado | call forwarding busy, transfer on busy, variable call forwarding
desvío de llamadas en caso de que el abonado no conteste | call forwarding don't answer
desvío de ocupación [*desvío de llamada cuando el abonado está ocupado*] | call forwarding
desvío del trazado | shifting of a line
desvío diferido a extensión | automatic transfer of ringing
desvío fijo | preset call forwarding
desvío inmediato de llamadas | call redirection (/forwarding immediate), diversion immediate
desvío magnético | magnetic deviation
desvío variable | variable call forwarding
DET = detector | DET = detector
detallado [*con texto completo*] | verbose
detalle | detail
detalle de imagen | image (/picture) detail
detección | detection, monitoring, sensing
detección a distancia | remote sensing
detección activa por infrarrojos | active infrared detection
detección acústica | sound detection
detección anódica | anode detection
detección automática de fallos | automatic fault detection
detección automática del flujo de información | automatic baud rate detection
detección audible | audible detection
detección coherente | coherent detection
detección cuadrática | square law detection
detección de averías | fault recognition
detección de aviones por radar | radar aircraft detection
detección de caracteres | character sensing
detección de cero | null detection
detección de clavijas | pin sensing
detección de colisión | collision detection
detección de defectos por impulsos ultrasónicos | pulse ultrasonic flaw detection
detección de defectos por ultrasonidos | ultrasonic flaw detection
detección de errores | error detection; [*durante el proceso*] error trapping
detección de fallos | fault detection
detección de fisuras por rayos ultravioleta | ultraviolet crack detection
detección de fisuras por ultravioleta | ultraviolet crack detection
detección de fuga | leak detection
detección de grietas | flaw detection
detección de grietas por exploración sónica | sonic flaw detection

detección de grietas por rayos ultravioleta | ultraviolet crack detection
detección de grietas por ultrasonidos | sonic flaw detection
detección de grietas por ultravioleta | ultraviolet crack detection
detección de la corriente de placa | plate current detection
detección de la radiación | radiation detection
detección de marcas | mark reading (/scaning, /sensing)
detección de perforaciones de la tarjeta | card sensing
detección de placa | plate detection
detección de potencia | power detection
detección de potencia en rejilla | power grid detection
detección de producto | product detection
detección de radiactividad | radioactivity detection
detección de radiactividad en el aire | radioactivity air monitoring
detección de rotura de vaina | failed element detection and location
detección de señal portadora | carrier detect
detección de señales | signal intelligence
detección de tensión | voltage sensing
detección de tormentas por radar | radar storm detection
detección de vídeo | video detection
detección del blanco | target pickup
detección electromagnética | radar
detección electromagnética primaria | primary radar
detección estática | static split
detección heterodina | heterodyne detection
detección homodina | zero beat detection
detección incoherente | incoherent detection
detección infrarroja pasiva | passive infrared detection
detección lineal | linear (/square law) detection
detección multiplicativa | product detection
detección no lineal | nonlinear detection
detección parabólica | parabolic (/square law) detection
detección pasiva | passive detection
detección por coincidencia de tensión mínima | least voltage coincidence detection
detección por correlación | correlation detection
detección por curva anódica | anode bend detection
detección por escape de rejilla | grid leak detection
detección por flanco | slope detection
detección por pendiente | slope detection
detección por placa | plate detection
detección por radar | radar detection
detección por radio | radio detection (/warning)
detección por rejilla | grid detection
detección por válvula | tube (/valve) detection
detección previa combinada | predetection combining
detección radioeléctrica de tempestades | radioelectric storm detection
detección secuencial de la variación de energía | energy-variant sequential detection
detección supersónica | supersonic detection
detección triple | triple detection
detección y telemetría por radio | radio detection and ranging
detectable | detectable
detectado por ondas ultrasonoras | ultrasonically detected
detectar | to detect, to sense
detective cibernético | cybercop
detectófono | detectophone
detector | detector, sensor
detector acústico | acoustic (/sonic, /sound) detector
detector acústico de desplazamiento | acoustic displacement detector
detector acústico de intrusión | acoustic intrusion detector
detector autolimitador | self-limiting detector
detector Cherenkov | Cherenkov detector
detector coherente | coherent detector
detector compensado con litio | lithium-drifted detector
detector conmutador | switch detector
detector contador de impulsos | pulse counter detector
detector cuadrático | square law detector
detector de activación | activation detector
detector de alto nivel | high level detector
detector de amplitud de impulsos | pulse height detector
detector de antena | aerial detector
detector de antimoniuro de indio | indium antimonide detector
detector de apilamiento | pile-up detector
detector de armónicos | harmonic detector
detector de autoextinción | self-quenching detector
detector de averías | failure detector
detector de banda estrecha | narrow-band detector
detector de barrera superficial | surface barrier detector
detector de campo retardador | retarding-field detector, reverse field detector
detector de capacidad | capacitance sensor
detector de casi cresta | quasi-peak detector
detector de célula fotovoltaica | photovoltaic detector
detector de centelleo | scintillation detector
detector de cero | null detector
detector de chispa | spark detector
detector de coeficiente | ratio detector
detector de corriente estática | static current changer
detector de cortocircuitos | short-circuit detector (/finder)
detector de cresta | peak-responding detector
detector de cristal | crystal detector
detector de cristal de sintonía | untuned crystal detector
detector de croma | chroma detector
detector de desplazamientos de frecuencia | off-frequency detector
detector de diferencia | difference detector
detector de diferencia de tensión | voltage difference detector
detector de difusión de iones de litio | lithium-drifted detector
detector de difusión de litio | lithium-drifted detector
detector de diodo | diode detector
detector de doble sintonía | double-tuned detector
detector de efectos puntiformes | pinhole detector
detector de enganche de fase | demodulator phase-lock, phase lock detector
detector de envenenamiento por xenón | xenon-poisoning predictor
detector de errores | error detector
detector de escape por rejilla | grid leak detector
detector de escapes de radiofrecuencia | RF leak detector
detector de fallos | failure detector
detector de fase | phase (/phase-sensitive) detector
detector de fase del tipo de muestreo | sampling phase detector
detector de fase en cuadratura | quadrature phase detector
detector de fase tipo de conmutación | switching-type phase detector
detector de flanco | slope detector
detector de fotoefecto externo | external photoeffect detector
detector de frecuencia modulada de rejilla en cuadratura | quadrature grid FM detector
detector de fugas | leak detector
detector de fugas de vacío | vacuum leak detector
detector de galena | galena detector
detector de gas | gas detector
detector de germanio | germanium detector

detector de grietas | leak detector
detector de haz controlado | gated beam detector
detector de hoja | foil detector
detector de humedad | humidity detector
detector de humos | smoke detector
detector de humos por ionización | ionization smoke detector
detector de humos por puente de resistencias | resistance bridge smoke detector
detector de imagen | picture (/video) detector
detector de impedancia infinita | infinite impedance detector
detector de impulsos | pulse detector (/sensor)
detector de impulsos piroeléctrico | pyroelectric pulse detector
detector de inducción magnética | flux gate
detector de infrarrojo piroeléctrico | pyroelectric infrared detector
detector de infrarrojos | infrared detector
detector de infrarrojos refrigerado | cooled infrared detector
detector de interrupción automática | self-quenched detector
detector de intrusión activado por capacidad | capacitance-operated intrusion detector
detector de intrusión activo | active intrusion sensor
detector de intrusos por microondas | microwave intruder detector
detector de inversión de la polaridad | plarity reversal detector
detector de ionización y llama por metal alcalino | alkali flame ionization detector
detector de irradiaciones | radiation monitor
detector de lámpara | valve detector
detector de lámpara al vacío | vacuum valve detector
detector de masa | ground detector
detector de mentiras | lie detector, psychointegroammeter
detector de metales | metal detector (/locator)
detector de minas | mine detector
detector de mosaico | mosaic detector
detector de movimiento | motion detector
detector de movimiento por infrarrojos | infrared motion detector
detector de movimiento por radiofrecuencia | radiofrequency motion detector
detector de múltiples elementos | multielement detector
detector de neutrones | neutron detector
detector de neutrones lentos | slow neutron detector
detector de nivel por capacidad | capacitance level detector
detector de nivel por inducción | inductive level detector
detector de nivel por microondas | microwave level detector
detector de nivel ultrasónico | ultrasonic level detector
detector de nota de batido | beat note detector
detector de ondas | wave detector
detector de ondas alfa | alpha-wave detector
detector de ondas estacionarias | standing wave detector
detector de ondas estacionarias en guías de ondas | waveguide standing-wave detector
detector de ondas progresivas | travelling detector
detector de oscilaciones | oscillation detector
detector de oscilador bloqueado | locked oscillator detector
detector de pendiente | slope detector
detector de pérdida por rejilla | grid leak detector
detector de pérdidas de vacío | vacuum leak detector
detector de picaduras | pinhole detector
detector de pin | pin detector
detector de placa | plate detector
detector de polaridad | polarity finder
detector de poros | pinhole detector
detector de potencia | power detector
detector de potencial deslizante | sliding potential detector
detector de presión | pressure detector
detector de producto | product detector
detector de proximidad | proximity detector
detector de punto cargado | charged point detector
detector de radar de cola | tail-end radar detector
detector de radiación | radiation detector
detector de radiaciones | radiatector = radiation detector
detector de radiaciones con desmultiplicación | scaled radiation detector
detector de radiactividad | radiac detector = radioactivity detector; radioactive survey meter
detector de reacción | retroactive detector
detector de reciclado | recycling detector
detector de relación | ratio detector
detector de respuesta cuadrática | square law detector
detector de rotura de vaina | burst can (/slug) detector
detector de rotura de vidrio por vibración | glass break vibration detector
detector de ruido | noise detector
detector de señal R-Y | R-Y detector
detector de silicio | silicon detector
detector de subcanal | subchannel detector
detector de subportadora | subcarrier detector
detector de tantalio | tantalum detector
detector de telemedición | remote-metering detector
detector de telemedida | telemetering detector
detector de temperatura | temperature detector
detector de tensión | pressure detector, voltage detector (/indicator)
detector de tono piloto | pilot tone detector
detector de tubo term(o)iónico | thermionic valve amplifier
detector de ultrasonidos | ultrasonic detector (/receiver)
detector de umbral | threshold detector
detector de unión de silicio por fósforo difundido | phosphorus-diffused silicon junction detector
detector de unión difusa | diffused junction detector
detector de valores instantáneos | boxcar detector
detector de válvula | valve detector
detector de válvula al vacío | vacuum valve detector
detector de válvula termiónica | thermionic detector
detector de velocidad por radar | radar speed detector
detector de vibraciones | vibration pickup
detector de vídeo | video (/picture) detector
detector de viento | wind sensor
detector de voltaje | pressure detector
detector de yacimientos radiactivos | radioactive ore detector
detector de yoduro sódico activado con talio | thallium-activated sodium iodide detector
detector del enganche de fase | phase lock demodulator
detector del nivel por conducción | conductive level detector
detector diferencial de corriente nula | differential null detector
detector diódico de picos | diode peak detector
detector direccional | directional detector
detector electromagnético de fisuras [*p grietas*] | electromagnetic crack detector
detector electrónico de minas | electronic mine detector
detector electroóptico | electro-optical detector
detector en contrafase | pushpull de-

tector
detector en derivación | shunt detector
detector en paralelo | shunt detector
detector en serie | series detector
detector equilibrado | balanced detector; [*en radio*] balance detector
detector estático | static detector
detector extrínseco | extrinsic detector
detector fotoconductor | photoconductive detector
detector fotoeléctrico | photoelectric detector
detector fotoeléctrico antirrobo | photoelectric intrusion detector
detector fotoeléctrico de alarma contra intrusión | photoelectric intrusion detector
detector fotoeléctrico de densidad de humos | photoelectric smoke detector
detector fotoeléctrico de extinción de llama | photoelectric flame-failure detector
detector fotoeléctrico de humo de tipo haz | photoelectric beam-type smoke detector
detector fotoeléctrico de humo de tipo reflector | photoelectric spot-type smoke detector
detector fotoeléctrico de microagujeros | photoelectric pinhole detector
detector fotoeléctrico de pequeños agujeros | photoelectric pinhole detector
detector fotoeléctrico sensible al rojo | red-sensitive photoelectric detector
detector fotoemisor | photoemissive detector
detector fotónico | photon detector
detector fotosensible | light-sensitive detector
detector fotovoltaico | photovoltaic detector
detector heterodino | heterodyne detector
detector homodino | homodyne detector
detector interno de temperatura | embedded temperature detector, internal detector of temperature
detector intrínseco | intrinsic detector
detector isotrópico | isotropic detector
detector lineal | linear detector
detector magnético | magnetic detector (/detecting device)
detector magnético aerotrasportado | magnetic airborne detector
detector móvil | travelling detector
detector neumático | pneumatic detector
detector no amplificador | nonamplifying detector
detector no lineal | nonlinear detector
detector óptico | optical detector
detector oscilante | oscillating detector
detector para señales débiles | weak signal detector
detector parabólico | square law detector
detector pentarrejilla | pentagrid detector
detector piezoeléctrico | piezoelectric detector
detector piloto | pilot detector
detector polar | polar detector
detector por circuito de placa | plate circuit detector
detector por curva característica de ánodo | anode bend detector
detector por curva de ánodo | anode bend detector
detector por placa | plate detector
detector portador de datos | data carrier detector
detector portátil | portable sensor
detector primario | primary detector
detector puerta | gate detector
detector puntual | point detector
detector rectificador | rectifying detector
detector regenerativo | regenerative detector
detector Rosenblum | Rosenblum detector
detector selectivo | selective detector
detector semiconductor | semiconductor detector
detector sensible a la fase | phase-sensitive detector
detector sincrónico | lock-in amplifier; synchronous detector
detector sintonizado | tuned detector
detector sísmico | seismic detector
detector sónico de movimiento | sonic motion detector
detector sónico de profundidad | sonic depth finder
detector superregenerativo | superregenerative detector
detector térmico | thermal detector
detector term(o)iónico | thermionic detector
detector termoeléctrico | thermoelectric detector
detector termométrico de resistencia | resistance temperature (/thermometer) detector
detector trasductivo [*para determinar el rizado (/componente de alterna) del campo*] | transductor field-ripple detector
detector ultrasónico | ultrasonic detector (/receiver)
detector ultrasónico de defectos | ultrasonic flaw detector
detector ultrasónico de fisuras | ultrasonic flaw detector
detector ultrasónico de movimiento | ultrasonic motion detector
detector viajero | travelling detector
deteminación de la longitud de ondas | wavelength determination
detención | arresting, halt, stop, stopping
detener | to stop
detener temporalmente un proceso | to pause
deterioro | damage, wear-out
deterioro electroquímico | electrochemical deterioration
deterioro por calentamiento | burnout
deterioro por calor | burnout
deterioro por uso prolongado | wear-out
determinación | determination
determinación de coincidencia | coincidence counting
determinación de la concentración | determination of concentration
determinación de la edad por método radiactivo | radioactive dating
determinación de la exactitud | determination of precision
determinación de la posición del emisor | radio fix
determinación de la reciprocidad | reciprocation
determinación de posiciones | position finding
determinación de sentido | sense determination
determinación de tarifa | fee determination
determinación de tarifas | rate setting
determinación del sentido | sensing
determinación por coincidencia | coincidence counting
determinación por rayos X | X-ray determination
determinación radiológica | X-ray determination
determinante | determinant
determinante gramo | gram determinant
determinar | to sense
determinismo | determinism
determinista | deterministic
detonación prematura | predetonation
detonador | squib
detonador de aguja | needle gap
detonador de proximidad | radio proximity fuse
detonador de radio | radio proximity fuse
detrás | back
detrito | detritus
deuterio | deuterium, heavy hydrogen
deuterón | deuteron
deuterón del blanco | target deuteron
deutón | deuton
devanadera | paying-out machine (/reel)
devanado | spooling (process), wind, winding (operation), wrap
devanado abierto | open winding
devanado aleatorio | radom winding
devanado amortiguador | damper winding
devanado autoprotegido | self-protected winding
devanado bifásico | two-phase winding

devanado bifilar | bifilar (/two-wire) winding
devanado cerrado | reentrant winding
devanado compensador en serie | series compensating winding
devanado con colector | one-position winding
devanado cónico | taper winding
devanado cosenoidal | cosine winding
devanado de anillo en derivación | parallel ring winding
devanado de arranque | starting winding
devanado de atracción | operate winding
devanado de autoexcitación | self-excitacion winding
devanado de bobinas planas | pi winding
devanado de bobinas superpuestas | sandwich coil winding
devanado de campo | field winding
devanado de campo de rotación | rotor field winding
devanado de carga | load winding
devanado de circuito único | simplex (/single) winding
devanado de compensación | compensating winding
devanado de control | control winding
devanado de dos capas | two-position winding
devanado de dos ranuras por polo | two-slots-per-pole winding
devanado de excitación | excitation winding
devanado de fase | phase winding
devanado de filamento | filament winding
devanado de hilos sacados | pull-through winding
devanado de la fase principal | main phase winding
devanado de paso corto | short-pitch winding
devanado de paso entero | full pitch winding, drum winding with diametral pitch
devanado de paso fraccionario | drum winding with fractional pitch
devanado de paso largo | long pitch winding
devanado de paso reducido | drum winding with shortened pitch
devanado de polarización | bias winding
devanado de potencia | power winding
devanado de puerta | gate winding
devanado de realimentación | feedback winding
devanado de recepción | receiving winding
devanado de reentrada | reentrant winding
devanado de regulación | regulating winding
devanado de reposición | blowoff (/release) winding
devanado de retardo | slug
devanado de salida | output (/sense) winding
devanado de saturación | saturating winding
devanado de señalización | signal winding
devanado de tambor en derivación | parallel drum winding
devanado de varias capas | multiple winding
devanado de varios circuitos | multiplex winding
devanado del inducido | rotor winding
devanado del rotor | rotor winding
devanado desordenado | radom winding
devanado dividido | split winding
devanado en anillo | ring (/Gramme) winding
devanado en capa única | single-wound
devanado en capas | layer winding
devanado en capas superpuestas | multilayer winding
devanado en cesta | basket winding
devanado en cortocircuito | short-circuited winding
devanado en derivación | parallel (/potential, /multiplex) winding, shunt-wound
devanado en espiral | spiral-coiled, spirally wound
devanado en fase | phase-wound
devanado en fondo de cesta | basket winding
devanado en jaula de ardilla | squirrel cage winding
devanado en madeja | skein winding
devanado en nido de abejas | honeycomb winding
devanado en paralelo | parallel winding
devanado en paralelo múltiple | multiplex lap (/parallel winding)
devanado en paralelo simple | simplex lap (/parallel winding)
devanado en serie | series winding
devanado en serie paralelo | multiplex (/series-parallel) winding
devanado en tambor | drum winding
devanado en una capa | single-plane winding
devanado en una sola capa | single-wound
devanado en zigzag | zigzag winding
devanado escalonado | stepped winding
devanado espiral | spiral winding
devanado estabilizador | stabilizing winding
devanado helicoidal | spiral winding, spirally wound
devanado imbricado | lap winding
devanado inductor | primary winding
devanado multicapa | multilayer winding
devanado múltiple | multiple (/multiplex) winding
devanado no inductivo | noninductive winding
devanado oblicuo | oblique (/skewed) winding
devanado ondulado | wave winding
devanado ondulado espiral | spiral wave winding
devanado ondulado retrógrado | retrogressive wave winding
devanado para climas tropicales | tropical winding
devanado paralelo simple | simplex lap (/parallel winding)
devanado pi | pi winding
devanado pi no inductivo | pi winding
devanado polar | pole winding
devanado por capas | layer winding
devanado primario | primary coil (/winding)
devanado regulador | regulating winding
devanado retrógrado | retrogressive winding
devanado secundario | secondary winding
devanado sencillo | single winding
devanado simple | simplex winding
devanado sobre horma | preformed winding
devanado terciario | tertiary winding (/coil), stabilizing winding
devanado toroidal | ring (/Gramme) winding
devanadora | winding machine
devanados alternados de un trasformador | sandwich windings of a transformer
devanados estatóricos en derivación de triángulo | parallel-delta-connected stator windings
devanados estatóricos en derivación delta | parallel-delta-connected stator windings
devanados estatóricos en derivación estrella | parallel-star-connected stator windings
devanar | to wind
devolución de formulario [*mediante un elemento de entrada de tipo "submit" en procesado de datos*] | onsubmit
devolver | to return
DFB [*láser con realimentación distribuida*] | DFB = distributed-feedback laser
DFE [*igualación de canal por decisión retroalimentada (técnica de procesado de señales)*] | DFE = decision feedback channel equalization
DFM [*radioscopia digital*] | DFM = digital fluoro mode
DFP = distancia foco-intensificador | SID = source-intensifier distance
DFP [*puerto digital para pantalla plana*] | DFP = digital flat panel port
DFS [*haga caso omiso del mensaje de servicio anterior*] | DFS = disregard former service
DFS [*sistema de archivos distribuidos*] |

DFS = distributed file system
DGIS [*especificación de interfaz para gráficos directos*] | DGIS = direct graphics interface specification
DGPS [*GPS diferencial*] | DGPS = differential global positioning system
DHCP [*protocolo de configuración de servidor dinámico, protocolo de configuración dinámica de nodos*] | DHCP = dynamic host configuration protocol
DH MEDICO [*mensaje médico exento de tasa*] | DH MEDICO = deadhead medical message [USA]
DHTML = HTML dinámico | DHTML = dynamic HTML
día | day
DIA [*arquitectura para intercambio de documentos*] | DIA = document interchange architecture
día de lectura de contadores | end of billing period
diac [*diodo que conduce en ambas direcciones*] | diac [*diode that conducts in either direction*]
diacromía | cross colour
diactinismo | diactinism
diádico | dyadic
diadococinético | diadochokinetic
diafonía | crosstalk, cross induction
diafonía cromática | cross colour
diafonía de antena | aerial crosstalk
diafonía entre antenas | aerial crosstalk
diafonía entre circuito real y fantasma | side-to-phantom crosstalk
diafonía entre circuito real y real | side-to-side crosstalk
diafonía entre las dos direcciones de ida y vuelta | go-return crosstalk
diafonía entre real y fantasma | side-to-phantom crosstalk
diafonía entre real y real | side-to-side crosstalk
diafonía entre repetidores | runaround crosstalk
diafonía ininteligible [*no lineal*] | unintelligible (/nonlinear) crosstalk
diafonía inteligible | intelligible (/linear, /uninverted) crosstalk
diafonía lejana | far-end crosstalk
diafonía lineal | linear (/intelligible) crosstalk
diafonía múltiple | babble
diafonía no inteligible [*no lineal*] | unintelligible crosstalk
diafonía por interacción | interaction crosstalk
diafonía posicional | positional crosstalk
diafonía vecina | near-end crosstalk
diafragma | diaphragm
diafragma acústico | acoustic diaphragm
diafragma adaptador | matching diaphragm
diafragma ajustable | tunable diaphragm
diafragma Bucky | Bucky diaphragm

diafragma capacitivo | capacitive diaphragm
diafragma con rendija contra rayos dispersos | scattered ray baffle
diafragma cuneiforme | wedge diaphragm
diafragma de adaptación | matching plate
diafragma de altavoz | loudspeaker diaphragm
diafragma de corredera | sliding diaphragm
diafragma de energía | energy-limiting aperture
diafragma de escalones | step diaphragm
diafragma de guiaondas | waveguide iris
diafragma de penumbra | half-shade diaphragm
diafragma de ranuras | slit diaphragm
diafragma de revólver | wheel diaphragm
diafragma del campo visual | field-limiting aperture
diafragma del colimador | collimator diaphragm
diafragma electrolítico | electrolytic diaphragm
diafragma escalonado de Hartmann | Hartmann diaphragm
diafragma estriado | corrugated diaphragm
diafragma inductivo | induction diaphragm
diafragma intermedio | intermediate diaphragm
diafragma iris | iris diaphragm
diafragma resonante | resonant diaphragm
diafragma semipermeable | semipermeable partition
diafragma separador | separator diaphragm
diagnosticar | to diagnostic
diagnóstico | diagnostic, diagnostics
diagnóstico asistido por ordenador | computer-assisted diagnosis
diagnóstico de averías | fault diagnosis, troubleshooting
diagnóstico de errores | error diagnostics
diagnóstico de fallos | fault diagnosis
diagnóstico de vibraciones | vibration diagnosis
diagnóstico local | local diagnostics
diagnóstico por ordenador | computer diagnosis
diagnóstico radiográfico | radiographic diagnosis
diagnóstico ultrasónico | ultrasonic diagnosis
diagonalización | diagonalization
diagrama | chart, diagram, hook-up
diagrama cardioide | cardioid diagram
diagrama de Applegate | Applegate diagram
diagrama de árbol de navidad | Christmas-tree pattern
diagrama de arrastre | drive pattern
diagrama de bloques | block diagram
diagrama de bloques en detalle parcial | semidetailed block diagram
diagrama de Bode | Bode diagram
diagrama de burbujas | bubble chart
diagrama de cableado | layout wiring drawing, (pictorial) wiring diagram
diagrama de caldeo | heating pattern
diagrama de campo | field pattern
diagrama de carga | load curve, rating chart
diagrama de circuitos | (schematic) circuit diagram
diagrama de circulación | flow chart
diagrama de círculo | circle diagram
diagrama de cobertura | coverage diagram (/pattern)
diagrama de cobertura vertical | vertical coverage pattern
diagrama de conducción | drive pattern
diagrama de conexión | connection diagram
diagrama de conexiones | pictorial wiring diagram
diagrama de contactos asociados | attached-contact diagram
diagrama de control | control diagram
diagrama de cromaticidad estándar | standard chromaticity diagram
diagrama de cromatismo | chromaticity diagram
diagrama de de Bruijn | De Bruijn diagram (/graph)
diagrama de difracción | diffraction pattern
diagrama de difracción de rayos X | X-ray diffraction pattern
diagrama de direccionalidad de la antena | aerial-directivity diagram
diagrama de directividad | directivity pattern
diagrama de directividad de una antena | directivity diagram of an aerial
diagrama de dispersión | scatter (/point) diagram
diagrama de distancias en el plano vertical | vertical coverage pattern
diagrama de distribución acústica espacial | (sound) dispersion pattern
diagrama de energía | energy diagram
diagrama de enlaces | junction (/trunk, /trunking) scheme
diagrama de espacio | space pattern
diagrama de estado | state diagram
diagrama de estructura | setup diagram
diagrama de extinción | extinction curve
diagrama de fase | phase pattern
diagrama de fase cromática | colour phase diagram
diagrama de fases | phase diagram
diagrama de Feynman | Feynman diagram
diagrama de flujo | flowchart

diagrama de flujo de datos | data flow (/dataflow) chart (/diagram, /graph)
diagrama de flujo de las señales | signal flow diagram
diagrama de flujos | flow diagram, signal flow graph
diagrama de funcionamiento | timing diagram
diagrama de Good-de Bruijn | Good-de Bruijn diagram (/graph)
diagrama de Hull | Hull diagram
diagrama de imagen | image pattern
diagrama de impedancia de carga | load impedance diagram
diagrama de intensidad de campo horizontal | horizontal field-strength diagram
diagrama de intensidades relativas | relative pattern
diagrama de interconexiones | interconnection diagram
diagrama de interferencia | interference pattern
diagrama de Karnaugh | Karnaugh map
diagrama de la antena | aerial pattern
diagrama de la red del sistema | system network diagram
diagrama de Laue | Laue diagram
diagrama de línea sencilla | single-line diagram
diagrama de marcas de radar | radar plot
diagrama de Nassi-Schneidermann | Nassi-Schneidermann chart
diagrama de nivel energético | energy level diagram
diagrama de niveles | level diagram
diagrama de niveles de trasmisión | transmission level diagram
diagrama de numeración de niveles | level numbering diagram
diagrama de Nyquist | Nyquist diagram
diagrama de perfil | profile diagram
diagrama de perfil longitudinal | profile diagram
diagrama de polos | pole diagram
diagrama de polvo | powder pattern
diagrama de posiciones relativas | relative plot
diagrama de potencia | power pattern
diagrama de potencial | potential diagram
diagrama de Potier | Potier's diagram
diagrama de principio | principle schematic
diagrama de puentes | jumpering diagram
diagrama de radiación | beam (/directional, /radiated field, /radiation) pattern, radiation diagram
diagrama de radiación con varios lóbulos | multilobed radiation pattern
diagrama de radiación de cosecante cuadrada | cosecant-squared pattern
diagrama de radiación en el espacio libre | free space radiation pattern
diagrama de radiación vertical | vertical pattern, vertical radiation (/plane directional) pattern
diagrama de Reike | Reike diagram
diagrama de respuesta vectorial | Nyquist diagram
diagrama de Shannon [*de un sistema de comunicación*] | Shannon's diagram [*of a communication system*]
diagrama de Smith | Smith chart (/diagram)
diagrama de tiempos | timing diagram
diagrama de tráfico | traffic diagram
diagrama de transición de estado | state transition diagram
diagrama de trasmisión | transmission diagram
diagrama de trasposiciones | transposition diagram
diagrama de Veitch | Veitch diagram
diagrama de velocidad de recuento | counting rate curve
diagrama de Venn | Venn diagram
diagrama de vías | traffic diagram
diagrama de Williot | Williot diagram
diagrama Debby-Sherrer | Debby and Sherrer diagram
diagrama del indicador | indicator diagram
diagrama direccional | beam (/directional) pattern
diagrama direccional de respuesta | directional response pattern
diagrama en espina | herringbone pattern
diagrama energético | energy level diagram
diagrama escalonado | ladder diagram
diagrama espectral | spectrum diagram
diagrama esquemático | schematic diagram
diagrama funcional | functional (/working) diagram
diagrama lógico | logic (/logical) diagram
diagrama longitudinal de niveles | profile diagram
diagrama mímico | mimic diagram
diagrama nodal | nodal diagram
diagrama óptico de distribución | optical pattern
diagrama PERT | PERT chart
diagrama polar | polar diagram
diagrama polar de antena | aerial polar diagram
diagrama polar de radiación | polar radiation pattern
diagrama secundario | secondary pattern
diagrama simplificado | simplified diagram
diagrama sintáctico | syntax diagram
diagrama vectorial | vector diagram, vectorscope display
diagrama vertical de intensidad de campo | vertical field-strength diagram
dial | dial, display, indicator
dial de arranque | starting dial
dialecto | dialect
diálogo | dialogue [UK], dialog [USA]; handshaking
diálogo de mensajes | message dialog
diálogo de propiedades | property dialog
diálogo de selección de archivo | file selection dialog
diamagnético | diamagnetic
diamagnetismo | diamagnetism
diamante | diamond
diamante semiconductor | semiconducting diamond
diamantino | adamantine
diámetro | diameter, size
diámetro de campo modal | mode field diameter
diámetro de las gotas | drop diameter
diámetro del electrodo | electrode diameter
diámetro del inducido | rotor diameter
diámetro del punto explorador | spot size
diámetro del punto luminoso | spot size
diámetro del rotor | rotor diameter
diana | target
diapasón | diapason, pitch, tuning fork
diapasón normalizado | standard pitch
diario | journal, log
diario de a bordo | logbook
diario de operaciones de recuperación | recovery log
diario del servicio | log
diatermia | diathermy
diatermia de onda corta | short-wave diathermy
diatérmico | diathermous
DIB [*base de datos para informaciones de directorio*] | DIB = directory information base
DIB [*mapa de bits independiente de la aplicación*] | DIB = device-independent bitmap
dibit [*grupo de dos bits*] | dibit
dibujar | to paint
dibujar de nuevo | to redraw
dibujo | drawing
dibujo a escala | scale drawing
dibujo de detalle | detail drawing
dibujo lineal | line drawing
dibujo modelo | artwork, master pattern
dibujo modelo ampliado | artwork master
dibujo modelo original | original master pattern
dibujo óptico | optical pattern
dibujo patrón | master drawing (/pattern)
dibujo patrón básico | basic artwork master
dibujos artísticos | clip art
DIC [*circuito integrado aislado dieléctricamente*] | DIC = dielectrically-inte-

grated isolated circuit
dicción natural | naturally speaking
diccionario | dictionary
diccionario de datos | data dictionary, repository
diccionario de elementos de datos | data element dictionary
diccionario de fallos | fault dictionary
diccionario de sistema | system dictionary
diccionario de ubicación | relocation dictionary
diccionario en internet | Internet dictionary
dicordio | cord pair, dicorde, double cord, double-ended cord circuit
dicordio de tránsito | through switching cord circuit
dicordio universal | universal cord pair
dicroico | dichroic
dicroísmo | dichroism
dicromatismo | dichromatism
dictado de un telegrama por teléfono | telephone delivery of a telegram
dictáfono | voicewriter
diddle [*trasmisión automática de caracteres por defecto*] | diddle
didicordio | cord circuit
didimio | didymium
dieléctrico | dielectric, nonconducting
dieléctrico anisótropo | anisotropic dielectric
dieléctrico artificial | artificial dielectric
dieléctrico cerámico | ceramic dielectric
dieléctrico con separación automática | self-healing dielectric
dieléctrico de aire | air dielectric
dieléctrico de bajas pérdidas | low loss dielectric
dieléctrico de mica plateada | silvered-mica dielectric
dieléctrico de politeno | polythene dielectric
dieléctrico de telcoteno | telcothene dielectric
dieléctrico ideal | ideal (/perfect) dielectric
dieléctrico imperfecto | imperfect dielectric
dieléctrico isotrópico | isotropic dielectric
dieléctrico multicapa | multilayer dielectric
dieléctrico perfecto | perfect dielectric
dieléctrico seudocúbico | pseudocubic dielectric
dielectrómetro de cavidad resonante | resonant cavity dielectrometer
diente | tooth, jag
diente de retenida | stud
diente de sierra | sawtooth
diente de sierra de variación negativa | negative going ramp
diente de sierra lineal | linear sawtooth
diente de sierra no lineal | nonlinear sawtooth

diente de sierra positivo | positive sawtooth
DIF [*formato de intercambio de datos*] | DIF = data interchange format
diferencia | difference
diferencia analítica | analytical gap
diferencia de capacidad | capacitance deviation
diferencia de capacidades | capacity deviation
diferencia de conjuntos | set difference
diferencia de fase dieléctrica | dielectric phase difference
diferencia de fases | phase difference
diferencia de fuerzas | force differential
diferencia de intervalos de tiempo | time interval difference
diferencia de nivel | energy level difference
diferencia de nivel de potencia | power level difference
diferencia de nivel de potencia aparente | power level difference
diferencia de nivel de tensión | voltage level difference
diferencia de potencial | potential difference, difference of potential
diferencia de potencial de contacto | contact potential difference
diferencia de potencial magnético | magnetic potential difference
diferencia de presión termomolecular | thermomolecular pressure difference
diferencia de tensión | pressure difference
diferencia de tiempo | time interval
diferencia de versión | version mismatch
diferencia de voltaje | pressure difference
diferencia dividida | divided difference
diferencia en profundidad de modulación | difference in depth modulation
diferencia intrínseca de potencial de contacto | intrinsic contact potential difference
diferencia simétrica | symmetric difference
diferenciación numérica | numerical differentiation
diferenciador | differentiator, differentiating
diferenciador de resistencia y capacidad | RC differentiator = resistance-capacitance differentiator
diferencial | differential; hybrid
diferencial de conmutación | switching differential
diferencial de reconocimiento | recognition differential
diferencial electrónico | electronic differential
diferenciar | to differentiate
diferido | deferred, delayed

diferir | to defer
difícil | difficult
difícil de excitar | difficult to excite
dificultad | obstacle, trouble
dificultad de audición | poor audibility, transmission trouble
dificultad de la llamada | ringing difficulty
dificultad de trasmisión | transmission trouble
difiérase | defer
difiere | defers
difracción | diffraction
difracción de esfera lisa | smooth sphere diffraction
difracción de Fraunhofer | Fraunhofer diffraction
difracción de los electrones | electron diffraction
difracción de los neutrones | neutron diffraction
difracción de rayos X | X-ray diffraction
difracción electrónica de baja energía | low-energy electron diffraction
difracción en bordes | knife edge diffraction
difracción óptica de la luz por ondas ultrasonoras | ultrasonic light diffraction
difracción óptica por ondas ultrasonoras | ultrasonic light diffraction
difracción por reflexión | reflection diffraction
difracción por trasmisión | transmission diffraction
difracción sobre el cristal | diffraction by a crystal
difracción ultrasónica | ultrasonic diffraction
difracción ultrasónica de la luz | ultrasonic light diffraction
difractógrafo protónico | proton difractograph
difractometría de rayos X | X-ray difractometry
difractómetro | diffractometer
difractómetro de neutrones | neutron diffractometer (/diffraction meter)
difractómetro de rayos X | X-ray difractometer
difractómetro neutrónico | neutron diffractometer (/diffraction meter)
difundir | to diffuse, to send out
difusión | broadcasting, diffusion, scatter, scattering
difusión ambipolar | ambipolar diffusion
difusión Compton | Compton diffusion
difusión de las ondas cortas | short-wave scattering
difusión de los neutrones | neutron diffusion
difusión de mesones por nucleones | pion nucleon scattering
difusión de ondas electromagnéticas | radio scattering, radio signal (/wave) scattering

difusión de piones por nucleones | pion nucleon scattering
difusión de programas de televisión | telecasting
difusión de radiación | scattering of radiation
difusión de televisión | television broadcast (/broadcasting), vision broadcasting
difusión del sonido | sound diffusion
difusión elástica de forma | shape elastic scattering
difusión enmascarada | masked diffusion
difusión entre puntos | pointcasting
difusión estereofónica | stereophonic spread
difusión estimulada | stimulated scattering
difusión mesa | mesa diffusion
difusión neutrónica | neutron diffusion
difusión neutrónica de una velocidad | one-velocity neutron diffusion
difusión paramagnética | paramagnetic scattering
difusión plana | planar diffusion
difusión por cable | rediffusion, wire broadcasting
difusión por radioteleimpresora | radioteletypewriter broadcast
difusión por reflexión | diffusion by reflection
difusión por trasmisión | diffusion by transmission
difusión punto a punto | pointcasting
difusión radial | radial diffusion
difusión selectiva | selective diffusion
difusión separadora | isolation diffusion
difusión simple | single scattering
difusión sonora por ondas ultracortas | ultrashort-wave broadcasting
difusión superficial | surface diffusion
difusión televisiva | vision broadcasting
difusión térmica | thermal diffusion
difusión trasecuatorial | transequatorial scatter
difusión troposférica | tropospheric scatter (/scattering)
difusión única | single scattering
difuso | diffuse, diffused
difusor | diffuser, diffusor, scatterer; spray, sprayer
difusor acústico | sound diffuser
difusor acústico de pared | wall baffle (/housing)
difusor contra salpicaduras | splash baffle
difusor de altavoz | loudspeaker baffle
difusor de arco | arc baffle
difusor de información | broadcast telegraphy
difusor de línea | line diffuser
difusor de reflexión de bajos | bass reflex baffle
difusor de sonido | sound diffuser
difusor del carburador | sprayer

difusor gris | nonselective diffuser
difusor infinito | infinite baffle
difusor neutro | nonselective diffuser
difusor no selectivo | nonselective diffuser
difusor selectivo | selective diffuser
difusor uniforme | uniform diffuser
diga [en código de radioafición] | say
digerati [en argot informático, expertos en el ciberespacio] | digerati, digiterati
digital | digital
digital-analógico | digital-to-analogue
digitalización | digitalization, digitization, digitizing, scanning
digitalización de la forma de onda | waveform digitization
digitalizador | digitizer
digitalizador de vídeo | video digitizer
digitalizador espacial [escáner tridimensional] | spatial digitizer
digitalizar | to digitise [UK], to digitize [UK+USA]; to scan
digiterati [en argot informático, expertos en el ciberespacio] | digerati, digerati
dígito | digit
dígito binario | binary digit
dígito binario de paridad | parity bit
dígito codificado en binario | binary-coded digit
dígito codificado en decimal | decimal-coded digit
dígito de autocomprobación | self-checking digit
dígito de comprobación | check digit
dígito de control | check digit
dígito de función | function digit
dígito de impulso | pulse digit
dígito de signo | sign digit [signed field]
dígito de traslación | translation digit
dígito decimal | decimal digit
dígito decimal codificado | coded decimal digit
dígito indicador de signo | sign digit
dígito más significativo | most significant digit
dígito menos significativo | least significant digit
dígito octal | octal digit
dígito redundante | redundant digit
dígito significativo | significant digit
dígitos binarios equivalentes | equivalent binary digits
digitrón | digitron; Nixie valve [USA]
DIIC [circuito integrado aislado dieléctricamente] | DIIC = dielectrically-integrated isolated circuit
DIL [caja de dos vías, encapsulado dual en línea] | DIL = dual in-line (package)
dilatación de barrido | sweep magnification
dilatación de Wigner | Wigner growth
dilatación térmica | thermal expansion
dilatador de barrido | sweep expander (/magnifier)
dilatador de impulsos | pulse stretcher

dilución | dilution
dilución del color | colour dilution
dilución equivalente | equivalent dilution
dilución isotópica | isotopic dilution
dilución molecular | molecular dilution
dilución normal | normal dilution
diluyente | diluent
dimensión | dime [fam] = dimension; size
dimensión a escala | scaled dimension
dimensión crítica | critical dimension
dimensión crítica del guiaondas | waveguide critical dimension
dimensión de multiusuarios [sistema de juegos de internet] | multiuser dimension (/dungeon)
dimensión normalizada | standardized dimension
dimensión radial | radial dimension
dimensionado | dimensioning
dimensionalidad | dimensionality
dimensionamiento | sizing
dimensionamiento por coordenadas | coordinate dimensioning
DIMM [módulo de memoria con doble hilera de contactos] | DIMM = dual inline memory module
DIN [normativa industrial alemana] | DIN = Deutsche Industrie-Normen (ale) [German tecnical standards]
dina [unidad de fuerza en el sistema CGS] | dyne [CGS unit of force]
dina por centímetro cuadrado | dyne per square centimetre
dinámica | dynamics; volume range
dinámica bifásica | two-phase dynamic
dinámica del plasma | plasma dynamics
dinámico | dynamic
dinamo | dynamo, generator
dinamo compuesta | compound generator
dinamo con excitación hipocompuesta | undercompounded dynamo
dinamo de voltaje | positive booster
dinamo elevadora de voltaje | battery booster
dinamo en serie | series-wound dynamo
dinamo eólica | wind-driven generator
dinamo excitada en derivación | shunt dynamo
dinamo excitada en serie | series dynamo
dinamo excitatriz | exciting dynamo
dinamo tacométrica | tachometer dynamo
dinamoeléctrico | dynamoelectric
dinamómetro | dynamometer, strength tester, ratchet and tongs with tensor indicator
dinamómetro de absorción | absorption dynamometer
dinamómetro de reluctancia | reluctance torquemeter
dinamómetro de repique | ringing dy-

namometer
dinamómetro de torsión | torsiometer
dinamómetro de tracción | tensile dynamometer
dinamómetro eléctrico | electric dynamometer
dinamotor | dynamotor
dinaquad | dynaquad
dinatrón | dynatron
dinero digital [*medio de pago electrónico*] | digicash = digital cash
dinero electrónico | emoney, e-money = electronic money; cybercash
dineutrón | dineutron
dingbat [*pequeño elemento gráfico decorativo para documentos*] | dingbat
dínodo | dynode
dínodo de trasmisión de emisión secundaria | transmission secondary-emission dynode
dinosaurio [*alusivo a la lentitud de procesos burocráticos*] | dinosaur [*fam*]
dintel | limen
diodo | diode, two-electrode valve
diodo amortiguador | damper, damper (/damping) diode, flywheel damper
diodo amortiguador de impulsos | pulse-damping diode
diodo Burrus | Burrus diode, Burrus-type surface-emitting diode
diodo coaxial | coaxial diode
diodo con electrodos planos paralelos | planar diode
diodo con punta de oro | gold bonded diode
diodo con puntas de contacto | point contact diode
diodo con rabillos de conexión | pigtail diode
diodo conmutador | switching diode
diodo de absorción | backwash (/overswing) diode
diodo de aislamiento | isolation diode
diodo de avalancha | avalanche (/Zener) diode
diodo de barrera de Schottky | Schottky barrier diode
diodo de barrera intrínseca | intrinsic barrier diode
diodo de barrera superficial | surface barrier diode
diodo de base doble | double base diode, unijunction transistor
diodo de bloqueo | clamping diode
diodo de bloqueo rápido | snap-off diode
diodo de capacidad | variable reactor
diodo de capacidad variable | variable capacitance diode
diodo de capacidad variable según la tensión | varactor diode
diodo de capacitancia variable por tensión | voltage-variable capacitance diode
diodo de cartucho reversible | reversible cartridge diode
diodo de centrado | centring diode
diodo de circulación libre | freewheeling diode
diodo de coeficiente constante | multicurrent range diode
diodo de compensación | offset diode
diodo de condensador variable | variable capacitance diode
diodo de conexiones radiales | beam lead planar diode
diodo de conmutación | switching diode
diodo de cristal | crystal diode
diodo de cristal con puntas de contacto | point contact crystal diode
diodo de cuatro capas | four-layer diode, PNPN diode
diodo de dos electrodos | two-electrode vacuum valve
diodo de efecto de campo | field-effect diode
diodo de efecto túnel | backward (/unitunnel) diode
diodo de efecto túnel bombeado | pumped tunnel diode
diodo de emisión luminosa | light emitting diode
diodo de estado sólido | solid-state diode
diodo de estrangulamiento | pinch-off diode
diodo de estricción | pinch-off diode
diodo de fijación de tensión | voltage reference diode
diodo de fijación de voltaje | voltage reference diode
diodo de ganancia en derivación | shunt efficiency diode
diodo de gas | gas diode
diodo de germanio | germanium diode
diodo de microondas | microwave diode
diodo de plasma | plasma diode
diodo de portadores activos | hot carrier diode, Schottky diode
diodo de portadores de alta energía | hot carrier diode, Schottky diode
diodo de protección contra la inversión de polaridad | polarity protection diode
diodo de reactancia | reactance diode
diodo de reactancia variable | variable reactor
diodo de realimentación | feedback diode
diodo de recuperación abrupta | step recovery diode
diodo de recuperación escalonada | step recovery diode
diodo de recuperación ultrarrápida | ultrafast recovery diode
diodo de referencia Zener | Zener reference diode
diodo de resistencia negativa | negative resistance diode
diodo de retorno | flyback diode
diodo de ruido | noise diode
diodo de ruido ideal | ideal noise diode
diodo de ruptura | breakdown diode
diodo de ruptura brusca | snap-off diode
diodo de Schottky | Schottky diode, hot carrier diode
diodo de señal | signal diode
diodo de separación | isolation diode
diodo de Shockley | Shockley diode
diodo de silicio | silicon diode
diodo de silicio de doble base | silicon double-base diode
diodo de silicio de polaridad inversa | reverse polarity silicon diode
diodo de silicona de aleación pasivada | passivated alloy silicon diode
diodo de sintonización | tuning diode
diodo de soldadura de oro | gold bonded diode
diodo de superficie pasivada | surface-passivated diode
diodo de tensión de referencia | voltage reference diode
diodo de trasferencia de iones | transferred electron diode, Gunn diode
diodo de tres capas | three-layer diode
diodo de túnel | tunnel diode
diodo de unión | junction diode
diodo de unión de doble base | double base junction diode
diodo de unión de silicio | silicon junction diode
diodo de unión plana | planar junction diode
diodo de unión PN | PN-junction diode
diodo de unión PN a base de aleación de silicio | silicon PN-junction alloy diode
diodo de Zener | Zener diode
diodo detector | detector diode
diodo detector de imagen | picture detector diode
diodo dieléctrico | dielectric diode
diodo disparador | trigger diode
diodo economizador en derivación | shunt efficiency diode
diodo electroluminiscente | light emitting diode
diodo emisor de infrarrojos | infrared (/infrared-emitting) diode
diodo emisor de luz | light emitting diode
diodo emisor de luz infrarroja | infrared light-emitting diode
diodo en régimen de carga espacial | space charge-limited diode
diodo epitaxial de estructura plana pasivada | planar epitaxial passivated diode
diodo equivalente | equivalent diode
diodo Esaki | Esaki diode, backward (/unitunnel) diode
diodo Esaki bombeado | pumped tunnel diode
diodo fijador | catching (/clamping) diode
diodo fijador de nivel | clamping diode
diodo fotoconductivo | photoconductive diode

diodo fotoemisor | light emitting diode
diodo fotoparamétrico | photoparametric diode
diodo gaseoso | gas diode
diodo Gunn | Gunn diode, transferred electron diode
diodo IMPATT | IMPATT diode
diodo interruptor | switching diode
diodo inverso | back diode
diodo inversor antiparasitario | black spotter
diodo lambda | lambda diode
diodo láser | laser diode
diodo láser de inyección | injection laser diode
diodo limitado por temperatura | temperature-limited diode
diodo limitador | catching diode
diodo luminiscente | light emitting diode
diodo luminiscente de inyección | injection luminescent diode
diodo luminoso | light emitting diode
diodo magnético | magnetic diode
diodo mezclador | mixer diode
diodo monotúnel | unitunnel (/backward) diode
diodo no conductor | nonconducting diode
diodo NR soldado | bonded NR diode
diodo para múltiples gamas de corriente | multicurrent range diode
diodo pasivado con vidrio | glass ambient diode
diodo pelicular de óxido de níquel | nickel-oxide film diode
diodo-pentodo | diode-pentode
diodo PIN | PIN diode
diodo plano | planar diode
diodo plasmático | plasma diode
diodo PN | PN diode
diodo PNPN | PNPN diode, four-layer diode
diodo rectificador | probe, rectifier diode
diodo rectificador de silicio | silicon diode rectifier
diodo reforzador | booster (/shunt efficiency) diode
diodo reforzador en serie | series efficiency diode
diodo regulador | regulator diode
diodo regulador de tensión | voltage regulator diode
diodo regulador de voltaje | voltage regulator diode
diodo saturado | saturated diode
diodo saturado por temperatura | temperature-limited diode
diodo semiconductor | semiconductor diode
diodo semiconductor detector de partículas nucleares | semiconductor nuclear diode
diodo semiconductor rectificador | semiconductor rectifier diode
diodo sencillo | single diode
diodo separador | isolating diode

diodo silenciador | squelch diode
diodo supresor de transitorios | suppressor (/surge) diode
diodo term(o)iónico | thermionic diode
diodo term(o)iónico de vacío | vacuum thermionic diode
diodo tipo píldora | pill diode
diodo tirector | thyrector diode
diodo-triodo | diode-triode
diodo Zener | Zener diode, avalanche diode
diodo Zener con temperatura compensada | temperature-compensated Zener diode
diodos gemelos | twin diode
dioptría | dioptre [UK], diopter [USA]
diotrón | diotron
dióxido de cromo | chromium dioxide
dióxido de selenio | selenium dioxide
dióxido de silicio | silicon dioxide
dióxido de torio | thorium dioxide
DIP [*caja con doble hilera de contactos, encapsulamiento de doble hilera*] | DIP = dual in line package
diparaxileno | diparaxylene
diplex [*de doble trasmisión*] | diplex
díplex de cuatro frecuencias | twinplex
diplexor | diplexer
diplexor con filtro de muesca | notch diplexer
diplexor de antena | aerial diplexer
diplexor de la potencia de sonido | sound diplexer
diplexor de muesca | notch diplexer
diplexor de sonido | sound diplexer
diplexor en puente | bridge diplexer
dipolo | dipole, doublet; two-terminal network
dipolo con cable coaxial | sleeve dipole
dipolo con tocón de cuarto de onda | stub-matched aerial
dipolo corto | short dipole
dipolo cuarto de onda | quarter-wave dipole
dipolo de adaptación con tocón de cuarto de onda | Q-matched dipole
dipolo de banda ancha | wideband dipole
dipolo de disco alimentado | dipole disc feed
dipolo de frecuencia ultraalta | ultra-high frequency loop
dipolo de gran diámetro | thick dipole
dipolo de media onda | half-wave dipole
dipolo de referencia | reference dipole
dipolo eléctrico | electric dipole (/doublet)
dipolo excéntrico | off-centre dipole
dipolo grueso | thick dipole
dipolo infinitesimal | radiating doublet
dipolo magnético | magnetic dipole
dipolo multifilar | multiwire doublet
dipolo multifrecuencia | multifrequency dipole
dipolo pasivo | passive dipole

dipolo plegado múltiple | multiple folded dipole
dipolo ranurado | slot-fed dipole
dipolo recto | straight dipole
dipolo resonante | resonant dipole
dipolo semicubierto | sleeve dipole
dipolo sintonizado | tuned dipole (/doublet)
dipolos apilados | stacked dipoles
dipolos cruzados | crossed aerials
dipolos superpuestos | stacked dipoles
diprotón | diproton
dir = directorio | dir = directory
dirección | address, direction, location
dirección absoluta | absolute (/machine, /real) address
dirección automática | self-guidance
dirección base | base address
dirección base de la memoria | memory base address
dirección base de la memoria compartida | shared memory base address
dirección codificada | coded address
dirección controlada | command guidance
dirección de arranque | start address
dirección de base | base address
dirección de bloque | block address
dirección de código | code address
dirección de contador de referencia | reference counting direction
dirección de correo electrónico | e-mail address = electronic mail address
dirección de custodia | care-of address
dirección de custodia colocalizada | collocated care-of address
dirección de custodia del agente extranjero | foreign agent care-of address
dirección de destino | destination address; forward path
dirección de difracción | direction of diffracted beam
dirección de exploración | scanning traverse
dirección de flujo | flow direction
dirección de incidencia | direction of incidence
dirección de ingeniería de la información | information engineering directorate
dirección de la oscilación principal | fundamental vibration direction
dirección de la radiodifusión | radio directorate
dirección de la señal | signal flow
dirección de la vibración | direction of oscillation
dirección de los rayos | direction of the radiation
dirección de máquina | machine address
dirección de máxima radiación | peak direction

dirección de orientación | orientation direction
dirección de polarización | direction of polarization
dirección de propagación | direction of propagation
dirección de protocolo de internet | Internet protocol address
dirección de puerto | port address
dirección de puerto paralelo | parallel port address
dirección de puerto serie | serial port address
dirección de puntero | pointer address
dirección de radio | radio directorate
dirección de red | net address
dirección de referencia | reference address (/direction)
dirección de retorno | return address
dirección de salto | branch address
dirección de tiro por radar | radar gun-laying
dirección de trasporte en la soldadura | solder transport direction
dirección del cableado | direction of lay
dirección del dispositivo | device address
dirección del nombre de dominio [*en internet*] | domain name address
dirección del objeto | range direction
dirección del servidor [*en internet*] | host address
dirección del trasmisor de radio | radio bearing
dirección directa | direct (/absolute, /machine) address
dirección dos más uno [*de dos más una direcciones*] | two-plus-one address
dirección efectiva | effective address
dirección electrónica del combate | electronic warfare
dirección en tiempo real | virtual address
dirección específica | specific address
dirección explícita | explicit address
dirección final | end address
dirección física | hardware (/physical) address
dirección flotante | floating (/symbolic) address
dirección fuente | source address
dirección indexada | indexed address
dirección indirecta | indirect address
dirección inercial | inertial guidance
dirección inercial por radio | radio-inertial guidance
dirección inmediata | virtual address
dirección internet | Internet address
dirección IP | IP address
dirección lineal | linear address
dirección múltiple | multiaddress
dirección paginada [*en conversión de direcciones*] | paged address
dirección por hilo | wire guidance
dirección por órdenes | command guidance
dirección por radar | radar command guidance
dirección por radio | radioguiding, radio guiding, radioguidance
dirección previamente abreviada | foreshortened addressing
dirección privilegiada | privileged direction
dirección propia | home address
dirección pública | public adress
dirección real | absolute (/effective, /machine) address
dirección registrada | code address
dirección relativa | relative address
dirección retardada | deferred address
dirección reubicable [*en programación*] | relocatable address
dirección semiactiva | semiactive homing
dirección simbólica | symbolic address
dirección telefónica | telephone address
dirección telefónica internacional | international telephone address
dirección telegráfica | code address
dirección única | common drive
dirección variable | variable address
dirección virtual | virtual address
dirección Web | Web address
direccional | directional
direccionamiento | addressing
direccionamiento absoluto | absolute addressing
direccionamiento ampliable | extensible addressing
direccionamiento ampliado | augmented (/extended) addressing
direccionamiento asociativo | associative addressing
direccionamiento autorrelativo | self-relative addressing
direccionamiento de base | base addressing
direccionamiento de bloque lógico | logical block addressing
direccionamiento de instrucciones segmentado | segmented instruction addressing
direccionamiento de todos los puntos [*manipulación individual de píxeles*] | all points addressable
direccionamiento diferido | deferred addressing
direccionamiento directo | direct addressing
direccionamiento extendido | extended addressing
direccionamiento implicado | implier (/inherent) addressing
direccionamiento indexado | indexed addressing
direccionamiento indirecto | indirect addressing
direccionamiento inherente | inherent addressing
direccionamiento inmediato | immediate addressing
direccionamiento jerárquico | hierarchical addressing
direccionamiento plano | flat addressing
direccionamiento relativo | relative addressing
direccionamiento simbólico | symbolic addressing
direccionar | to address
directamente | directly
directamente a tierra | solidly earthed [UK]
directiva | directive
directividad | directivity, near-to-end crosstalk
directividad de un acoplador direccional | directivity of a directional coupler
directividad de una antena | directivity of an aerial
directividad en el plano vertical | vertical plane directivity
directo | direct; forward
directo-reflejado | direct/reflected
director | director
director de conmutación | switching director
director de tráfico | traffic manager
director técnico | technical director
directorio | directory
directorio activo | active directory
directorio compartido | shared directory
directorio de archivos | file directory
directorio de archivos plano [*que sólo contiene los nombres de los archivos*] | flat file directory
directorio de contenidos | contents directory
directorio de elementos de datos | data elements directory
directorio de inicio del usuario | home directory
directorio de la red [*en red de área local*] | network directory
directorio de mensajes | message directory
directorio de red compartido | shared network directory
directorio de segmentos | segment directory
directorio de válvulas equivalentes | tube (/valve) interchangeability directory
directorio del disco | disc directory
directorio en red | networked directory
directorio en uso | current (/active) directory
directorio fuente | source directory
directorio padre | parent directory
directorio principal | root directory
directorio público [*de libre acceso*] | public directory
directorio raíz | root directory
directorio raíz virtual | v-root = virtual root
directorio telefónico | telephone book (/directory)

directorio telefónico electrónico | electronic directory
directorio Web | Web directory
directriz [*órdenes que da ETSI para la confección de normas*] | bon de commande [*fra*]
dirigido | addressed, guided
dirigido por hilos | wire-guided
dirigido por radar | radar-controlled, radar-guided, radar-operated
dirigido por radio | radio-controlled, radioguided, radio-guided
dirigir | to shape; to monitor
DIS [*borrador de una norma internacional que realiza ISO*] | DIS = draft international standard
discado [*Hispan*] | dialling method
discado de operadora a abonado | operator-to-subscriber dialling
disciplina científica | scientific discipline
disco | disc [UK], disk [USA]; platter, slice, wafer, wheel; bullet
disco anticátodo | target disc
disco barnizado | lacquered disc [UK]
disco basculante | tilting disc
disco binaural | binaural disc
disco compacto | compact disk
disco compacto grabable | compact disc-recordable
disco compacto grabable y borrable [*regrabable*] | compact disc-recordable and erasable
disco compacto interactivo | compact disk-interactive, interactive compact disk
disco compacto multióptico | multioptical compact disk
disco compacto para fotogramas | photo compact disk
disco compacto regrabable | compact disc-erasable, compact disc-rewritable
disco comprimido | compressed disc
disco con álabes | vaned disk
disco con barrido de frecuencia | sweep frequency record
disco con palas | vaned disk
disco con recubrimiento magnético | magnetic coated disc
disco-cono | discone
disco cromático giratorio | rotating colour disc
disco cuádruple | quadradisc
disco dactilar | finger wheel
disco de 45 revoluciones por minuto | forty-five record
disco de abertura | aperture wheel
disco de acetato | acetate disc (/record)
disco de alta densidad | high-density disk
disco de arranque | startup disk
disco de audio digital [*disco compacto*] | digital audio disc
disco de Benham | Benham top
disco de cabeza móvil | moving head disc

disco de campo oscuro | dark field disc
disco de carga | loading disc
disco de cera | flowed wax
disco de destino | installation destination
disco de doble cara | double-sided disk
disco de doble densidad | double-density disk
disco de duración ampliada | extended play
disco de efecto estereofónico | binaural disc
disco de exploración | scanning disc
disco de grabación horizontal | lateral recording
disco de grabación lateral | lateral recording
disco de impulsos de interrupción uniforme | uniform break impulse dial
disco de impulsos de periodo largo y corto | short-and-long-break impulse dial
disco de laca | shellac record
disco de larga duración | long play record
disco de lentes | lens disc
disco de llamada | (rotating) dial
disco de memoria magnética | magnetic memory disk
disco de Nipkow | Nipkow disk
disco de nitrato de celulosa | cellulose nitrate disc
disco de partida | scratch disk
disco de prueba | test record
disco de prueba de alergias | allergy screen disc
disco de pulsadores | pushbutton dial
disco de RAM [*disco de la memoria de acceso aleatorio*] | RAM disk = random access memory disk
disco de Rayleigh | Rayleigh disc
disco de rectificador | rectifier disc
disco de sectores blandos | soft-sectored disk
disco de sectores fijos | hard-sectored disk
disco de traspaso paralelo | parallel transfer disc
disco de tungsteno | tungsten disk
disco de un solo surco | single-groove record
disco de utilidad | utility disk
disco de vídeo | videodisc
disco de vídeo óptico | optical video disc
disco del embrague | clutch disc
disco del nonio | vernier plate
disco del sistema [*operativo*] | system disk
disco digital del vídeo | digital video disk
disco duro | fixed (/hard, /metallic) disk
disco duro externo | external hard disk
disco duro extraíble | removable hard drive
disco duro interno | internal hard drive

disco estéreo de frecuencia portadora | carrier frequency stereo disc
disco estereofónico | stereo record, stereophonic disc
disco estereofónico monosurco | single-groove stereo (/stereophonic disk record, /stereophonic recording)
disco estroboscópico | stroboscopic disc
disco estroboscópico del contador | stroboscopic meter disc
disco explorador | scanning disc
disco explorador rotativo | rotating scanning disc
disco extraíble | exchangeable (/removable) disk
disco fijo | fixed (/hard) disk
disco flexible | diskette, floppy (disc), flexible disk
disco flexible de densidad extraalta [*disquete de 3,5 pulgadas con capacidad de 4 MB*] | extra-high-density floppy disk
disco fonográfico | phonograph disc (/record, /recording)
disco fonográfico con barrido de frecuencia | sweep frequency record
disco fonográfico de ruido blanco | white noise record
disco fuente | source disk
disco giratorio | rotating disc
disco gramofónico | phonograph record
disco inclinable | tilting disc
disco instantáneo | instantaneous disc
disco lacado | lacquered disc [UK], lacquered disk [USA]
disco laminado | laminated record
disco libre | disc free
disco LP = disco de larga duración | LP record = long play record
disco maestro | master stamper, mother disk
disco magnético | magnetic disc (/disk)
disco magnetoóptico | magneto-optic disc
disco mapeado [*fam*] | mapped disk
disco marcador | dial (disk), dialswitch, finger wheel
disco microsurco | microgroove (/single-groove) record
disco MO = disco magnetoóptico | MO disk = magneto-optic disc
disco óptico | optical disk
disco para grabación | recording disc
disco pendular | tilting disc
disco perforado | episcotister
disco rígido | rigid disc
disco rotatorio | rotating disc
disco selector | rotary (/rotating) dial
disco separador | rotary-cutting disc
disco telefónico | telephone dial
disco vacío | scratch disk
disco versátil digital | digital versatile disc
disco virgen | blank record, recording blank (/disc)

disco virtual [*de RAM*] | virtual disk
disco Winchester | Winchester disc
discontinuidad | discontinuity
discontinuidad de absorción | absorption discontinuity (/edge)
discontinuidad de emparejamiento | strapping freak
discontinuidad del contacto | stumble
discontinuidad del medio | media discontinuity
discontinuo | noncontinuous
discordancia | mismatch
discoteca de discos ópticos | jukebox (*fam*); optical disk library
discrepancia | discrepancy
discretización | discretization
discreto | discrete
discriminación | discrimination
discriminación de distancia | distance resolution, range discrimination
discriminación de frecuencia | frequency discrimination
discriminación de impulsos | pulse discrimination
discriminación de la alarma | alarm discrimination
discriminación de la distancia | range resolution
discriminación de llamadas | barring of outgoing calls, long distance barring facility, toll/code on central office trunk calls
discriminación de polarización | polarization discrimination
discriminación de vídeo | video discrimination
discriminación del alcance | range resolution
discriminación del filtro | filter discrimination
discriminación del objetivo | target discrimination
discriminación en acimut | azimuth discrimination
discriminación selectiva | selectivity discrimination
discriminación selectiva de frecuencias | selectivity discrimination
discriminador | barring facility, discriminating, discriminator
discriminador de amplitud | amplitude discriminator
discriminador de amplitud de impulsos | pulse amplitude (/height) discriminator
discriminador de amplitud media de impulsos | pulse-averaging discriminator
discriminador de anchura de impulsos | pulse width discriminator
discriminador de desfase | phase shift discriminator
discriminador de desplazamiento de fase | phase shift discriminator
discriminador de fase | phase discriminator
discriminador de Foster-Seeley | Foster Seeley discriminator

discriminador de frecuencia | frequency discriminator
discriminador de frecuencia modulada | FM discriminator
discriminador de impulsos | pulse discriminator
discriminador de impulsos parásitos | spike discriminator
discriminador de microondas | microwave discriminator
discriminador de protocolo | protocol discriminator
discriminador de relación | ratio discriminator
discriminador de retardo constante | constant delay discriminator; pulse demoder
discriminador de sincronismo horizontal | horizontal sync discriminator
discriminador de sonido | sound discriminator
discriminador de subportadora | subcarrier discriminator
discriminador de tensión | voltage discriminator
discriminador de tiempo | time discriminator
discriminador de variación de fase | phase shift discriminator
discriminador de vías de información | information path discriminator
discriminador de vídeo | video discriminator
discriminador diferencial | differential discriminator
discriminador diferencial de altura de impulsos | differential pulse-height discriminator
discriminador estereofónico | stereophonic discriminator
discriminador por duración de impulsos | pulse duration (/length) discriminator
discriminador por recuento de impulsos | pulse count discriminator
discriminador rotatorio | chopper
discriminador telegráfico | two-tone detector
discriminador transistorizado | transistorized discriminator
discurso continuo limitado | limited continuous speech
discurso digitalizado | digitized speech
disección de imagen | image dissection
disector | dissector
disector de imagen | image dissector
diseñador de interfaz | interface designer
diseño | artwork, design, layout
diseño a escala | scaled design
diseño arquitectónico | architectural (/high level) design
diseño articulado en torno a la base de datos | data-driven design
diseño ascendente [*método de programación*] | bottom-up design

diseño asistido por ordenador | computer-aided design
diseño avanzado de radar de antenas | advanced design array radar
diseño completo [*bajo especificaciones especiales*] | full custom
diseño de alto nivel | architectural (/high level) design
diseño de conmutación | switching design
diseño de control | control design
diseño de máximo nivel | top level design
diseño de programa | program design
diseño de sistema | system design
diseño del reactor | reactor design
diseño descendente [*programación de las funciones más generales hacia las más particulares*] | top-down design
diseño digital | digital (/logic) design
diseño experimental | experimental design
diseño factorial | factorial design
diseño funcional | functional design
diseño gráfico | graphics
diseño gráfico orientado al objeto | object-oriented graphics
diseño jerárquico orientado a objetos | hierarchical object-oriented design
diseño lógico | digital (/logic, /logical) design
diseño lógico estructurado | structured logic design
diseño modular | modular design
diseño no conductor | nonconductive pattern
diseño orientado a objetos | object-oriented design
diseño para el caso más desfavorable | worst-case design
diseño para mantenibilidad | design for maintainability
diseño y dibujo asistidos por ordenador | computer-aided design and drafting
diseños genéricos | clip art
disfunción | malfunction
disgregar | to unpack
disimetría | unsymmetry
disipación | dissipation
disipación anódica | anode (/plate) dissipation
disipación de ánodo | anode dissipation
disipación de corriente | power dissipation
disipación de energía | power dissipation
disipación de la irradiación | radiation dissipation
disipación de la placa | plate dissipation
disipación de pantalla | screen dissipation
disipación de potencia | power dissipation

disipación de rejilla | grid dissipation
disipación del electrodo | electrode dissipation
disipación del transistor | transistor dissipation
disipación dieléctrica | dielectric dissipation
disipación electrónica del electrodo | electrode dissipation
disipación en estado de reposo | quiescent power dissipation
disipación en reposo | quiescent (power) dissipation
disipación máxima | maximum dissipation
disipación nominal de seguridad de ánodo | rated-safe anode dissipation
disipación volumétrica del calor de Joule | volume Joule heat dissipation
disipador | dissipator, losser, sink
disipador de calor | heat sink
disipador de potencia | power-dissipating
disipador de sobretensiones | surge arrester
disipador por líquido refrigerado | liquid-cooled dissipator
disipador térmico de convección natural | natural convection heat sink
disipador térmico que rodea al chasis | wraparound heat sink
disponer | to map
dislocación de borde | edge dislocation
dislocación de esquina | edge dislocation
disminución de la calidad de trasmisión | transmission impairment
disminución de la duración de los impulsos | pulse shortening
disminución de la resistencia | resistance reduction
disminución progresiva de respuesta | roll-off
disminuición del tamaño de la memoria | memory size decreased
disminuir | to zoom out
disociación | dissociation, splitting
disociación de Lorentz | Lorentz dissociation
disociación dieléctrica | dielectric breakdown
disociación electrolítica | electrolytic dissociation
disociación previa | predissociation
disolución anódica | anodic solution
disolvente | solvent
disolvente de Nernst-Thompson | Nernst-Thompson rule
disolvente polarizado | polar solvent
disolver | to dissolve
disonancia | dissonance
disparador | initiator, release device, releasing gear, trigger (unit), triggering switch, trip
disparador de impulso único | single-pulse trigger
disparador del barrido | sweep trigger

disparador doble | double trigger
disparador operacional | operational trigger
disparador Schmitt | Schmitt trigger
disparar | to release; [el circuito] to trigger
disparo | fire, firing, release, releasing, triggering, trip
disparo accidental | squitter
disparo de ambos signos | bislope triggering
disparo de barrido | triggering of sweep
disparo de exploración | triggering of sweep
disparo de la base de tiempos | triggering of timebase
disparo de sincronización | synchronization triggering
disparo del circuito | circuit dropout
disparo falso omnidireccional | ring-around
disparo falso omnidireccional del contestador | ring-around
disparo interdependiente | intertripping
disparo por bobina en derivación | shunt tripping
disparo por bobina en serie | series tripping
disparo por falta de tensión | undervoltage tripping
disparo por la línea | line triggering
disparo previo | preshoot, pretrigger
disparo sin consulta | squitter
dispensador | dispenser
dispersador del haz | beam spreader
dispersar | to disperse, to scatter
dispersiómetro | scatterometer
dispersión | broadening, debunching, dispersion, fringing, leakage, scatter, scattering, spread, straggling
dispersión acústica | acoustic dispersion (/scattering), sound dispersion
dispersión angular | angular dispersion
dispersión anómala | anomalous dispersion
dispersión coherente | coherent scattering
dispersión cromática | chromatic dispersion
dispersión culombiana | Coulomb scattering
dispersión de Bragg | Bragg's scattering
dispersión de Compton | Compton scattering
dispersión de conductancia | Debye-Falkenhagen effect
dispersión de Delbrück | Delbrück scattering
dispersión de electrones | scattering of electrons
dispersión de fibra | fibre dispersion (/scattering)
dispersión de flujo | flux leakage
dispersión de gas | gas scattering

dispersión de impulsos | pulse dispersion
dispersión de impurezas | impurity scattering
dispersión de la luz | diffusion (/scattering) of light
dispersión de la radiación sin cambio en la energía de los fotones | unmodified scattering
dispersión de la red | dispersion of a grating
dispersión de las ondas cortas | short-wave scattering
dispersión de neutrones | scattering of neutrons
dispersión de ondas radioeléctricas | radio scattering, radio signal (/wave) scattering
dispersión de óxido | oxide dispersion
dispersión de potencial | potential scattering
dispersión de Raman | Raman scattering
dispersión de Rayleigh | Rayleigh scattering
dispersión de resonancia | resonance scattering
dispersión de Rutherford | Rutherford scattering
dispersión de sustancias por ondas ultrasonoras | ultrasonic material dispersion
dispersión de Thomson | Thomson scattering
dispersión del choque | collision broadening
dispersión del efecto estereofónico | stereophonic spread
dispersión del flujo | spread of flux
dispersión del flujo de la señal | spread of signal flux
dispersión del impulso | pulse spreading
dispersión del material | material dispersion
dispersión del sonido | sound dispersion
dispersión del tiempo de tránsito | transit time spread
dispersión desplazada | dispersion shift
dispersión dieléctrica | dielectric dispersion
dispersión difusa | diffuse scattering
dispersión elástica | elastic scattering
dispersión eléctrica | electric dispersion
dispersión en el aire | air scatter
dispersión estimulada | stimulated scattering
dispersión frontal | forward scatter (/scattering)
dispersión hacia adelante | forward scattering
dispersión incoherente | incoherent scattering
dispersión inelástica | inelastic scattering

dispersión ionosférica | ionospheric scatter
dispersión lineal | linear dispersion
dispersión lineal inversa | reciprocal linear dispersion
dispersión media | average dispersion
dispersión meteórica | meteoric scatter
dispersión modal | modal (/intermode, /multimode) dispersion, multimode distortion
dispersión múltiple | multiple scattering
dispersión negativa | negative dispersion
dispersión no modificada | unmodified scatter
dispersión normal | normal dispersion
dispersión nula | zero dispersion
dispersión plana | flattened shift
dispersión plural | plural scattering
dispersión por carga de espacio | space charge debunching
dispersión por difracción | diffraction scattering
dispersión por estela meteórica en la región ionosférica | ionospheric scatter meteor burst
dispersión por ultrasonidos | ultrasonic dispersion
dispersión resonante | resonance scattering
dispersión reticular | lattice scattering
dispersión simple | single scattering
dispersión sin cambio [*en la energía de los fotones*] | unmodified scattering
dispersión trasecuatorial | transequatorial scatter
dispersión troposférica | tropospheric scatter (/scattering)
dispersión troposférica dirigida | tropospheric forward scatter
dispersión ultrasónica | ultrasonic dispersion
dispersión ultrasónica de materiales | ultrasonic material dispersion
dispersión única | single scattering
dispersor | scatterer, spreader
dispersor Compton | Compton scatterer
disponer | to set, to size
disponibilidad | availability, standby
disponibilidad funcional | operational readiness
disponibilidad para el servicio | operational readiness
disponibilidad puntual | point availability
disponibilidad selectiva | selective availability
disponibilidad total | full availability
disponible | available
disposición | arrangement, layout, order, scheme, sizing
disposición apilada | stacked arrangement
disposicion colateral | side-by-side arrangement
disposición de aumento de potencial en cátodo | cathode bias arrangement
disposición de circuito reflejo | reflex circuit arrangement
disposición de circuito réflex | reflex circuit arrangement
disposición de equipos en el bastidor | rack layout
disposición de exploración | scanning arrangement
disposición de las hojas | sheet layout
disposición de Littrow | Littrow arrangement
disposición de los bastidores | rack layout
disposición de un archivo | file layout
disposición del combustible | fuel arrangement
disposición del contenido [*campo de cabecera para etiquetar mensajes electrónicos*] | content disposition
disposición del mensaje | message layout
disposición directiva y autoadaptable de antenas | adaptive array
disposición en contrafase | pushpull connection
disposición en serie | series arrangement
disposición en serie-paralelo | series-parallel arrangement
disposición en tándem | tandem arrangement
disposición estable | stable arrangement
disposición experimental | experimental arrangement (/device)
disposición general del sistema | overall system layout
disposición híbrida | hybrid arrangement
disposición oblicua | skew arrangement
disposición para registro | record condition
disposición por zonas | zoning
disposición provisional | temporary arrangement
disposición rectangular | rectangular array
disposición simétrica | pushpull, pushpull arrangement (/connection)
disposición temporal | timings
dispositivo | array, device, fitting
dispositivo accionado por la voz | voice-operated device
dispositivo acelerador | accelerator, speedup device
dispositivo activado por la voz | voice-operated device
dispositivo activado por pulsación | touch-sensitive device
dispositivo activado por tensión | voltage-actuated device
dispositivo activado por tensión eléctrica | voltage-actuated device
dispositivo activado por toque | touch-sensitive device
dispositivo activo | active device
dispositivo adaptable | adaptive device
dispositivo antideslizamiento | antiskating device
dispositivo antiestático | antistatic device
dispositivo antiinductivo | anti-inductive arrangement
dispositivo antioscilación | antihunting device
dispositivo antiparásitos | noise killer, static suppressor
dispositivo antirruido gobernado por portadora | antinoise carrier-operated device
dispositivo arrítmico | stop-start unit
dispositivo asincrónico | asynchronous device
dispositivo autorrectificador | self-rectifying device
dispositivo autosincrónico | self-synchronous device
dispositivo auxiliar | auxiliary device
dispositivo bajo prueba | device under test
dispositivo biestable | bistable device
dispositivo binario | binary device
dispositivo bipolar | bipolar device
dispositivo captador | pickup device
dispositivo clasificador | sorter
dispositivo codificador de señal | signal encoding device
dispositivo con ciclo de histéresis rectangular | square loop device
dispositivo con constante de tiempo pequeña | fast time constant
dispositivo con filtro supresor de parásitos | suppressed device
dispositivo con supresor de parásitos | suppressed device
dispositivo conmutador de estado sólido | solid-state switching device
dispositivo contra interferencias ajenas | antijammer
dispositivo conversor de cero a espacio | zero-to-space device
dispositivo criogénico | cryogenic device
dispositivo de abertura múltiple | multiaperture device
dispositivo de acceso a la red | network access device
dispositivo de acceso al azar | random-access device
dispositivo de acceso de entrada al ordenador | computer access device input
dispositivo de acceso directo | direct (/random) access device
dispositivo de acceso por relé de bloques | frame relay access device
dispositivo de accionamiento de múltiples vueltas | multiturn drive
dispositivo de ajuste | trimmer, device for adjustment

dispositivo de alarma | warning device (/indicator)
dispositivo de alarma con circuito abierto | open-circuit alarm device
dispositivo de alarma de emergencia | duress alarm device
dispositivo de alarma para las radiaciones | radiation alarm assembly
dispositivo de alimentación | feed
dispositivo de almacenamiento | storage device
dispositivo de almacenamiento de acceso directo | direct-access storage device
dispositivo de almacenamiento del registro de direcciones | store address register feature
dispositivo de almacenamiento masivo | mass storage device
dispositivo de altura total | full-height device
dispositivo de ampliación de la capacidad de almacenamiento | storage expanded-capacity feature
dispositivo de ampliación de la capacidad de memoria | storage expanded-capacity feature
dispositivo de antiparasitaje | radio suppressor
dispositivo de apunte relativo [para el cursor] | relative pointing device
dispositivo de arranque | boot device
dispositivo de arranque primario | primary boot device
dispositivo de arranque y parada | stop-start unit
dispositivo de arseniuro de galio | gallium arsenide device
dispositivo de autocontracción tubular | hard core pinch device
dispositivo de avalancha controlada | controlled avalanche device
dispositivo de aviso | warning device (/indicator)
dispositivo de barrido | sweep drive
dispositivo de blanco | target assembly
dispositivo de bloqueo | blocking (/locking, /plugging, /plugging-up) device, surge guard
dispositivo de bloqueo de protección | surge guard
dispositivo de búsqueda del blanco | target-finding device
dispositivo de cabeza [para colocar sobre la cabeza para aplicación de progrmas de realidad virtual] | head-mounted device
dispositivo de campo programable | field-programmable device
dispositivo de campos cruzados | cross-field device
dispositivo de canal P | P-channel device
dispositivo de capas múltiples | multilayer device
dispositivo de captura de vídeo | video capture device

dispositivo de caracteres [periférico para trasmisión de caracteres] | character device
dispositivo de caracteres especiales | special character device
dispositivo de carga | charger
dispositivo de carga acoplada | charge-coupled device
dispositivo de cinco capas | five-layer device
dispositivo de colector abierto | open-collector device
dispositivo de compensación | padding device, shim member
dispositivo de comprobación visual | visual monitoring unit
dispositivo de comunicación para usuario | user communication device
dispositivo de conexión en derivación | paralleling device
dispositivo de conexión rápida | quick-connecting device
dispositivo de conexión y desconexión | on-off device
dispositivo de conferencias | conference calling equipment
dispositivo de conmutación | switching device (/unit)
dispositivo de conmutación automática | automatic switching device
dispositivo de conmutación de pérdida accionado por la voz | voice-operated loss control
dispositivo de conmutación de programas | program switching facility
dispositivo de consulta | inquiry unit
dispositivo de control | test equipment
dispositivo de control estereofónico | stereophonic control box (/unit)
dispositivo de control panorámico | panoramic control
dispositivo de control permisivo | permissive control device
dispositivo de conversión termiónica | thermionic conversion device
dispositivo de corrección de vídeo | video correction device
dispositivo de correspondencia en tiempo real [mejora de Windows para el acceso al sistema de archivos de 32 bit] | real-mode mapper
dispositivo de corte | splitting arrangement
dispositivo de cortocircuito | short-circuiter, short-circuiting device
dispositivo de descarga de electricidad estática | static eliminator
dispositivo de descarga gaseosa | gas discharge device
dispositivo de desconexión | tripping device
dispositivo de desconexión automática | automatic circuit breaker
dispositivo de destellos luminosos | flasher
dispositivo de difusión | diffused device

dispositivo de disparo | tripping device
dispositivo de disparo termostático contra sobrecargas | thermostatic overload tripping device
dispositivo de distribución | switchgear
dispositivo de disyunción | tripping device
dispositivo de dos bornes | two-terminal device
dispositivo de dos estados | two-state device
dispositivo de encaminamiento | router
dispositivo de encaminamiento de conmutación mediante etiquetas | label-switched router
dispositivo de encendido | igniter [UK], ignitor [USA]
dispositivo de enclavamiento | clamping device
dispositivo de engaño | deception device
dispositivo de entrada | input device
dispositivo de entrada de datos | data entry device
dispositivo de entrada oral | voice input device
dispositivo de entrada primario | primary input device
dispositivo de entrada vocal | voice input device
dispositivo de entrada y salida [de datos] | I/O device = input/output device
dispositivo de entrenamiento | trainer
dispositivo de escape | tripping device
dispositivo de escucha | monitoring (/observation) device
dispositivo de estado sólido | solid-state device
dispositivo de estricción tubular | hard core pinch device
dispositivo de excitación | exciter
dispositivo de excitación separada | separately excited device
dispositivo de expansión [en ordenadores de arquitectura abierta] | add-in, add-on
dispositivo de expansión de bus | bus extender
dispositivo de exploración por radar | radar scanner
dispositivo de filtro de octava | octave-band filter set
dispositivo de filtro de una octava | octave-band filter set
dispositivo de frecuencia única | single-frequency device
dispositivo de fuerza resultante | force-summing device
dispositivo de funcionamiento térmico | thermally operated device
dispositivo de generación de voz | speech generation device
dispositivo de GHI = dispositivo de granate de hierro e itrio | YIG device

dispositivo de giro | rotator
dispositivo de guía en tierra | guidance system on the ground
dispositivo de identificación | identification feature
dispositivo de identificación positiva [*dispositivo guía de terminal pasivo para identificación de barcos mediante señales de radar*] | positive identification and detection device
dispositivo de indicación | pointing device
dispositivo de infrarrojo | infrared switch
dispositivo de intercomunicación | talk-through facility
dispositivo de irradiación rápida | rabbit
dispositivo de lectura | read-out device
dispositivo de liberación | trigger
dispositivo de limpieza de cabezales | head-cleaning device
dispositivo de llamada | ringer, calling device
dispositivo de llamada automático | kickback
dispositivo de llamada selectiva | SELCAL device = selective call device, selective-calling device
dispositivo de localización | locating device
dispositivo de localización del blanco | target-finding device
dispositivo de manipulación a distancia | remote-handling device
dispositivo de manipulación automática de la señal de alarma | automatic alarm-signal keying device
dispositivo de marcación por pulsadores | pushbutton dialling pad
dispositivo de marcado | marking device
dispositivo de marcado absoluto [*para posicionamiento de un elemento en función de la posición del cursor*] | absolute pointing device
dispositivo de media altura | half-height device
dispositivo de medición | measurement (/measuring) device
dispositivo de memoria | storage device
dispositivo de memoria electrostática | electrostatic storage device
dispositivo de memoria para periodos cortos | short-time memory device
dispositivo de microespejos digital [*para proyectores de imágenes*] | digital micromirror device
dispositivo de mira por radar | radar bombsight
dispositivo de números autoverificadores | self-checking number device
dispositivo de panel de control [*utilidad de Macintosh*] | control panel device

dispositivo de pantalla | display device
dispositivo de parada | arrester
dispositivo de parada automática | auto-stop facility
dispositivo de patillas en rejilla | pin grid array
dispositivo de perforación | perforation device
dispositivo de plasma rotatorio | rotating plasma device
dispositivo de posición | locating device
dispositivo de precisión | precision device
dispositivo de predicción por radar | radar prediction device
dispositivo de presentación panorámica | panoramic display device
dispositivo de programación | programming device
dispositivo de protección | protection (/safety) device, protective device (/gear)
dispositivo de protección a distancia de característica discontinua | stepped-curve distance-time protection
dispositivo de protección amperimétrico no direccional | nondirectional current protection
dispositivo de protección contra cortocircuitos entre espiras | protection for interturn short circuits
dispositivo de protección contra los cortes de fase | open-phase protection
dispositivo de protección de archivos | file protection device
dispositivo de protección de frecuencia mínima | underfrequency protection
dispositivo de protección de máximo de frecuencia | overfrequency protection
dispositivo de protección de potencia | power protection
dispositivo de protección de reactancia | reactance protection
dispositivo de protección de resistencia | resistance protection
dispositivo de protección frecuencimétrico | frequency protection
dispositivo de protección voltimétrico | voltage protection
dispositivo de puertas múltiples | multiport component
dispositivo de puesta a cero | zero-setting device
dispositivo de puesta a tierra | earthing device [UK], grounding device [USA]
dispositivo de puntero | pointing device
dispositivo de radiación incidental | incidental radiation device
dispositivo de radiación limitada | restricted radiation device
dispositivo de radiación restringida | restricted radiation device
dispositivo de rearme | resetting device
dispositivo de reconexión | resetting device
dispositivo de reconocimiento | recognition device
dispositivo de reenganche | resetting device
dispositivo de registro automático | self-recording device
dispositivo de regulación en corriente desfasada | power factor adjustment
dispositivo de rendija adicional | slit fitting
dispositivo de reposición | resetting device
dispositivo de reproducción | playback unit
dispositivo de resistencia negativa | negative resistance device
dispositivo de retención automática | automatic holding device
dispositivo de retención sin liberación | fixed holding device
dispositivo de retorno a cero | zero-setting device
dispositivo de rotación de antena | aerial drive
dispositivo de salida | output device
dispositivo de salida primario | primary output device
dispositivo de seccionamiento | splitting arrangement
dispositivo de secreto de conversación | secret telephone installation
dispositivo de seguridad | safety device
dispositivo de seis bornes | three-port device
dispositivo de seis polos | six-pole device
dispositivo de selección estroboscópica | strobe unit
dispositivo de señal visual | visual signal device
dispositivo de señales | signalling device
dispositivo de señalización | signal (/signalling) device
dispositivo de sintonización | tuning unit
dispositivo de sobrecorriente | overcurrent device
dispositivo de supervisión de entradas y salidas de módem | wrap around monitoring
dispositivo de supresión del color | colour killer
dispositivo de telefonía con telegrafía | speech-plus-telegraph unit
dispositivo de teleindicación | remote indicating (/reading) device
dispositivo de telemedida | telemetering device
dispositivo de terminación | terminating device

dispositivo de terminales | beam lead device
dispositivo de tipo piloto | pilot-type device
dispositivo de toma de muestras | sampler
dispositivo de transición | transitor
dispositivo de trasductores | transductor device
dispositivo de trasferencia de frecuencia | frequency transfer unit
dispositivo de trasferencia de mando | override
dispositivo de trasferencia en bloque [*de información*] | block device
dispositivo de trasformación termiónica | thermionic conversion device
dispositivo de trasmisión con cinta perforada | perforated tape transmitting device
dispositivo de tres bornes | three-terminal device
dispositivo de tres puertas | three-port device
dispositivo de tres terminales | three-terminal device
dispositivo de triple estado | tristate device
dispositivo de una línea de conexiones | single in-line devices
dispositivo de unión múltiple | multijunction device
dispositivo de unión rápida | quick-connecting device
dispositivo de valor absoluto | absolute device
dispositivo de velocidad variable | variable speed device
dispositivo de vigilancia | surveyor, watchdog
dispositivo de visión nocturna | night vision device
dispositivo derivador | shunt attachment
dispositivo desconectador termostático contra sobrecargas | thermostatic overload tripping device
dispositivo desfasador | phase-shifting device
dispositivo desfasador múltiple | phase-splitting device
dispositivo deslizante | slider
dispositivo detector de energía radiante | radiant energy detecting device
dispositivo detector por rayos X | X-ray detecting device
dispositivo digital | digital device
dispositivo direccional | homing device
dispositivo dirigido por pulsación | touch-sensitive device
dispositivo dirigido por toque | touch-sensitive device
dispositivo discreto | discrete device
dispositivo divisor de fase | phase-splitting device
dispositivo electroacústico | electro-acoustic device
dispositivo electroexplosivo | electro-explosive device
dispositivo electrónico | electron (/electronic) device
dispositivo electrónico de catálogo | bogey electron device
dispositivo electrónico fotosensible | photosensitive electronic device
dispositivo electroquímico | electro-chemical device
dispositivo emisor | sending unit
dispositivo en línea | on-line device
dispositivo en modo de agotamiento | depletion mode device
dispositivo en red | array device
dispositivo en serie | serial device
dispositivo enchufable | plug-in device
dispositivo epitaxial | epitaxial device
dispositivo E/S = dispositivo de entrada/salida | I/O device = input/output device
dispositivo especial | special device
dispositivo espectrográfico | spectrographic equipment
dispositivo estable | stable device
dispositivo estático | static device
dispositivo estático de desconexión por sobrecorriente | static overcurrent tripping device
dispositivo excitador de ondas trasversales | transverse launching device
dispositivo explorador | scanning device (/unit)
dispositivo externo | external device
dispositivo extintor de chispas | spark-quenching device
dispositivo físico | physical device
dispositivo fotoconductor | photoconductive device
dispositivo fotoeléctrico | photodevice, photoelectric device
dispositivo fotoelectrónico | photo-electronic device
dispositivo fuera de línea | off-line device
dispositivo funcional | functional device
dispositivo giratorio | rotator
dispositivo hexapolar | six-pole device
dispositivo horario | timer (switch)
dispositivo inalámbrico | wireless device
dispositivo indicador de lectura | read-out device
dispositivo informático | computing device
dispositivo inhabilitador | disabling device
dispositivo invertido sin terminales | leadless inverted device
dispositivo lector | reader
dispositivo limitador | limiting device
dispositivo limitador de cresta | peak-limiting device
dispositivo limitador de tensión | voltage-limiting device
dispositivo lógico | logic (/logical) device
dispositivo lógico NO | NOT device
dispositivo lógico NOR | NOR device
dispositivo lógico NOT | NOT device
dispositivo lógico O | OR device
dispositivo lógico OR | OR device
dispositivo lógico programable | programmable logic device
dispositivo lógico programable borrable | erasable programmable logic device
dispositivo lógico Y | AND device
dispositivo magnético | magnetic device
dispositivo microelectrónico | microelectronic device
dispositivo modular | module
dispositivo molecular | molecular device
dispositivo monofásico | single-phaser
dispositivo montado en superficie | surface mounted device
dispositivo múltiplex | multiplex device
dispositivo multipuerta | multiport component
dispositivo opcional | add-on device
dispositivo óptico electrónico | optic-electronic device
dispositivo optoelectrónico | optoelectronic device
dispositivo ordenador | processor
dispositivo para la indicación de tasa | charge-indicating device
dispositivo para maniobra de válvulas | valve-operating device
dispositivo para medidas de potencia | power-measuring device
dispositivo para reconocimiento automático del objetivo | automatic target recognition device
dispositivo paramétrico | parametric device
dispositivo paramétrico inversor | inverting parametric device
dispositivo paramétrico no inversor | noninverting parametric device
dispositivo pasivo | passive device
dispositivo periférico | peripheral device
dispositivo piezoeléctrico | piezoelectric device
dispositivo plano | planar device
dispositivo PNPN [*dispositivo con cuatro capas de materiales semiconductores positivas y negativas alternadas*] | PNPN device
dispositivo portador | carriage
dispositivo preamplificador | preamplifier unit
dispositivo programable | programmable device
dispositivo programable durante el enmascaramiento | mask-programmable device

dispositivo programable no borrable | nonerasable programmable device
dispositivo protector | protective device, protector
dispositivo protector contra descargas | overcurrent protective device
dispositivo protector contra la falta de fase | phase protective device
dispositivo protector contra sobrecargas | overload protector (/protective device)
dispositivo protector contra sobrecorriente | overcurrent protective device
dispositivo proxy [*hardware o software que actúa de filtro o barrera entre una red e internet*] | proxy
dispositivo ranurado para medición de la relación de amplitud de ondas estacionarias | slotted SWR measuring device
dispositivo regulador | regulating device
dispositivo regulador de la presión | pressure-adjusting device
dispositivo regulador de potencia | power-regulating unit
dispositivo resistivo limitador de corriente | resistive current-limiting device
dispositivo retenedor fijo | fixed holding device
dispositivo ruidoso | noisy device
dispositivo SCSI | SCSI device
dispositivo secreto | privacy equipment
dispositivo secuencial | sequencer, serial device
dispositivo selectivo de identificación | selective identification feature
dispositivo selector de estaciones | station selector equipment
dispositivo selector de la memoria | look up table
dispositivo semiconductor | semiconductor device
dispositivo semiconductor de óxido metálico | MOS device
dispositivo semiconductor de potencia | power semiconductor device
dispositivo semiconductor fotosensible de una sola unión | unijunction photosensitive semiconductor device
dispositivo semiconductor múltiple | multiple unit semiconductor device
dispositivo semiconductor simple | single-unit semiconductor device
dispositivo sensible | sensing device
dispositivo sensible al sistema | system-sensitive device
dispositivo SIL | SIL device
dispositivo silenciador | muting device
dispositivo simétrico | push-pull
dispositivo sin hilos | wireless device
dispositivo sincrónico | synchronous device
dispositivo supresor de clasificación | sorting suppression device
dispositivo suspendido | pendant
dispositivo telefónico | telephony device
dispositivo tensor | tensioning device
dispositivo terminal | terminal unit
dispositivo termoeléctrico | thermoelectric device
dispositivo termoeléctrico en cascada | cascaded thermoelectric device
dispositivo trasductor | transductor device
dispositivo trasformador de energía | energy conversion device
dispositivo trasformador de energía solar | solar conversion device
dispositivo trasmisor | transmitting device
dispositivo unilateral | unilateral device
dispositivo unitario | unit device
dispositivo virtual | virtual device
dispositivos de regulación del contador | meter adjusting devices
dispositivos de telemedida | telemetering facilities
dispositivos externos de control | external control devices
disprosio [*elemento químico*] | dysprosium
dispuesto para emitir | ready to send
disputa | contention
disquete | diskette, floppy (disk), flexible disk, floppy disc
disquete de arranque | boot (/bootable) diskette
disquete de arranque incorrecto | invalid boot diskette
disquete de doble cara | flippy
disquete de seguridad | backup disk
disquete detectado | floppy detect
disquetera | disc (/disk) driver
disrupción bajo (la) lluvia | wet flashover
disrupción de Zener | Zener breakdown
disrupción en sentido inverso | reverse breakdown
disrupción por humedad | wet flashover
disrupción primaria | primary breakdown
disrupción secundaria | secondary breakdown
disrupción secundaria con polarización directa | forward-biased second breakdown
disruptivo | disruptive
distancia | distance, haul, span
distancia al borde | edge distance
distancia al horizonte | horizon distance
distancia al horizonte óptico | line-of-sight distance
distancia al margen | margin distance
distancia angular | angular distance
distancia de accionamiento | movement differential
distancia de apantallamiento Debye | Debye shielding distance
distancia de choque | striking distance
distancia de Debye | Debye length
distancia de descarga | discharge gap
distancia de enganche | lock-on range
distancia de extinción | decay distance
distancia de extrapolación lineal | linear extrapolation distance
distancia de Hamming | Hamming distance
distancia de ida | one-way distance
distancia de interrupción | break distance
distancia de la fuente a la película | source film distance
distancia de la fuente a la piel | source-skin distance
distancia de Lee | Lee distance
distancia de montaje | mounting distance
distancia de polos | distance between poles
distancia de protección | protection distance
distancia de relajación | relaxation length
distancia de salto | skip (/skipped) distance
distancia de salto de (la) chispa | spark gap, sparking distance
distancia de seguridad de radar | radar safe distance
distancia de señal | signal distance
distancia de separación | separation distance
distancia de silencio | skip distance
distancia de trasmisión | transmitting distance
distancia del condensador | condenser distance
distancia del entrehierro | gap length
distancia del espejo | distance from a mirror
distancia disruptiva | gap, (isolating) spark gap, sparking distance
distancia disruptiva en húmedo | wet arcing distance
distancia eléctrica | electrical distance
distancia en declive | slant distance (/range)
distancia en tierra | ground range
distancia entre antenas | aerial spacing, spacing between aerials
distancia entre bobinas de carga | loading coil spacing
distancia entre conductores | conductor spacing
distancia entre contactos abiertos | break
distancia entre electrodos | spark gap, electrode gap-length, sparking-plug gap (/opening)
distancia entre esferas | sphere gap
distancia entre filas | row pitch
distancia entre placas | plate spacing
distancia entre polos | pole pitch

distancia entre puntos [*en impresora matricial*] | dot pitch
distancia entre reflector y radiador | reflector-radiator distance
distancia entre unión y chip | bond-chip distance
distancia entre unión y pastilla | bond-chip distance
distancia entre uniones eléctricas | bond-bond distance
distancia entre varillas | rod gap
distancia explosiva | gap
distancia explosiva máxima | sparking distance
distancia focal | back focus, focal length
distancia focal posterior | back focal length
distancia foco-intensificador | source-intensifier distance
distancia Hamming | Hamming distance
distancia hiperfocal | hyperfocal distance
distancia inclinada | slant distance
distancia interelectródica | spark gap, sparking distance
distancia nominal entre líneas | nominal line pitch
distancia oblicua | slant distance
distancia polar | polar distance
distancia radioóptica [*distancia entre las antenas emisora y receptora*] | radio-optical distance
distancia real | slant distance
distancia terrestre | ground distance
distanciador | distancer, spacer
distante | distant, outlying
distinción acústica [*entre llamadas urbanas e internas*] | discriminating (/distinctive) ringing
distinguibilidad de código | code distinguishability
distintivo | badge; tag; answer-back code
distintivo de llamada | call letter
distintivo de radioaficionado | amateur call letters
distorsiómetro de puente de Wien | Wien bridge distortion meter
distorsión | distortion, warpage
distorsión armónica | harmonic distortion
distorsión armónica de audiofrecuencia | audiofrequency harmonic distortion
distorsión armónica total | total harmonic distortion
distorsión arrítmica | start-stop distortion
distorsión arrítmica en sincronismo | synchronous start-stop distortion
distorsión arrítmica global | gross start-stop distortion
distorsión asimétrica | asymmetrical (/bias) distortion
distorsión atenuación-frecuencia | attenuation-frequency distortion

distorsión característica | characteristic distortion
distorsión característica de aparato | equipment characteristic distortion
distorsión característica de línea | line characteristic distortion
distorsión cromática | colour contamination
distorsión cuadrática | quadrature distortion
distorsión de abertura | aperture distortion
distorsión de alargamiento | prolate distortion
distorsión de alinealidad | nonlinear distortion
distorsión de amplitud | amplitude distortion
distorsión de amplitud en función de la frecuencia | amplitude versus frequency distortion
distorsión de amplitud-frecuencia | amplitude frequency distortion
distorsión de atenuación | attenuation distortion
distorsión de audio | audio distortion
distorsión de banda lateral única | single-sideband distortion
distorsión de barril | barrel distortion
distorsión de carga espacial | space charge distortion
distorsión de cruce | crossover distortion
distorsión de cuantificación | quantization distortion
distorsión de desviación | deviation distortion
distorsión de duración del impulso | pulse width distortion
distorsión de eco | echo distortion
distorsión de escala | scale distortion
distorsión de exploración | scanning distortion
distorsión de extremo | end distortion
distorsión de fase | phase (/frequency) distortion
distorsión de fase-frecuencia | phase frequency distortion
distorsión de fase por trayectoria múltiple | multipath delay
distorsión de formato | raster distortion
distorsión de frecuencia | frequency distortion
distorsión de imagen | image distortion
distorsión de impulsos | pulse distortion
distorsión de intermodulación | intermodulation distortion
distorsión de la amplitud de onda | waveform amplitude distortion
distorsión de la amplitud modulada | amplitude modulation distortion
distorsión de la emisión | transmission distortion
distorsión de la onda | wave distortion, waveform degradation

distorsión de la señal | signal distortion
distorsión de la señal telegráfica | telegraph signal distortion
distorsión de la trasmisión | transmission distortion
distorsión de línea | fortuitous distortion
distorsión de modulación | modulation distortion
distorsión de oblicuidad | slant range distortion
distorsión de onda | waveform distortion
distorsión de origen | origin distortion
distorsión de paralelogramo | parallelogram distortion
distorsión de polarización | bias distortion
distorsión de prueba normalizada | standardized test distortion
distorsión de restitución | restitution distortion
distorsión de retardo | delay (/late) distortion
distorsión de retardo de fase | phase delay distortion
distorsión de seguimiento | tracing distortion
distorsión de segundo armónico | second harmonic distortion
distorsión de señal admisible | permissible signal distortion
distorsión de señal de teletipo | teletypewriter signal distortion
distorsión de servicio | service distortion
distorsión de sobrecarga | overload distortion
distorsión de sombra | aperture distortion
distorsión de surco | tracing distortion
distorsión de tercer armónico | third-harmonic distortion
distorsión de traza | track distortion
distorsión de trazado | tracing distortion
distorsión debida a la propagación por trayectoria múltiple | multipath distortion
distorsión del amplificador | amplifier distortion
distorsión del campo | field distortion
distorsión del frente de onda | radio wavefront distortion
distorsión del punto explorador | spot distortion
distorsión del sonido | sound distortion
distorsión en baja frecuencia | low frequency distortion
distorsión en cojín | pincushion distortion
distorsión en el alimentador | feeder distortion
distorsión en el emisor | transmitter distortion
distorsión en espiral | spiral distortion

distorsión en festón | scalloping distortion
distorsión en S | S distortion = spiral distortion
distorsión en tonel | barrel distortion
distorsión fase-amplitud | phase amplitude distortion
distorsión final de espaciamiento | spacing end distortion
distorsión fortuita | fortuitous distortion
distorsión geométrica | geometric distortion
distorsión individual | individual distortion
distorsión isócrona | isochronous distortion
distorsión lineal | linear distortion
distorsión máxima | peak distortion
distorsión negativa | negative distortion
distorsión no lineal | nonlinear distortion
distorsión oblicua | skew distortion
distorsión óptica | optical distortion
distorsión por armónica única | single-harmonic distortion
distorsión por armónicos | harmonic distortion
distorsión por asimetría | bias distortion
distorsión por capa adyacente | print-through
distorsión por histéresis | hysteresis distortion
distorsión por intermodulación | intermodulation distortion
distorsión por intermodulación de radiofrecuencia | RF intermodulation distortion
distorsión por retardo de la envolvente | envelope delay distortion
distorsión por sobrecarga | blasting
distorsión por sobreimpulso | overshoot (/overthrow) distortion
distorsión por sobremodulación | overshoot (/overthrow) distortion
distorsión por solapamiento | fold-over distortion
distorsión por subamplitud | underthrow distortion
distorsión por submodulación | underthrow distortion
distorsión positiva | positive distortion
distorsión previa | predistortion
distorsión propia | self-generated distortion
distorsión retardo-frecuencia | delay-frequency distortion
distorsión sistemática | systematic distortion
distorsión telegráfica | telegraph distortion
distorsión telegráfica característica | characteristic telegraph distortion
distorsión telegráfica de asimetría | bias telegraph distortion
distorsión telegráfica fortuita | fortuitous telegraph distortion
distorsión telegráfica polarizada | bias distortion, telegraph distortion bias
distorsión telegráfica total | total telegraph distortion
distorsión total | total distortion
distorsión transitoria | transient distortion
distorsión transitoria de intermodulación | transient intermodulation distortion
distorsión trapezoidal | keystone (/trapezoidal) distortion
distorsionado | distorted
distorsionar | to distort
distribución | delivery, distribution
distribución a uno entre varios | anycast
distribución abocinada | gabled (/tapered) distribution
distribución ahusada | gabled (/tapered) distribution
distribución angular | angular distribution (/correlation)
distribución asimétrica | skewed distribution
distribución automática | automatic distribution
distribución automática de llamadas | call distribution
distribución automática de llamadas telefónicas | automatic telephone call distribution
distribución bifilar | two-wire system
distribución binomial | binomial (/Bernoulli) distribution
distribución binómica | binomial distribution
distribución compensada de carga | load balancing
distribución de Bernoulli | binomial (/Bernoulli) distribution
distribución de componentes | component layout
distribución de energía | energy (/power) distribution
distribución de errores según Gauss | Gaussian error distribution
distribución de fase | phase distribution
distribución de Fermi | Fermi distribution
distribución de Fermi-Dirac | Fermi-Dirac distribution
distribución de fotones del escintilador | scintillator photon distribution
distribución de frecuencia | frequency distribution
distribución de fuerza | power distribution
distribución de Gauss | Gaussian (/normal) distribution
distribución de grupos | group allocation
distribución de impulsos | pulse distribution
distribución de intensidad | intensity distribution
distribución de la carga espacial | space charge distribution
distribución de la emisión | source distribution
distribución de la luz | light distribution
distribución de la presión | pressure distribution
distribución de letras | letter distribution
distribución de los elementos del panel | panel layout
distribución de Maxwell-Boltzmann | Maxwell-Boltzmann distribution
distribución de muestreo | sampling distribution
distribución de neutrones en estado estacionario | steady-state neutron distribution
distribución de Planck | Planck's distribution
distribución de Poisson | Poisson's distribution
distribución de potencia | power distribution
distribución de prioridad | priority distribution
distribución de probabilidad | probability distribution
distribución de programas | program distribution
distribución de Rayleigh | Rayleigh distribution
distribución de resistencia a la derecha | right-hand taper
distribución de software | software distribution
distribución de supergrupos | supergroup allocation
distribución de tráfico | traffic distribution
distribución de velocidades | velocity distribution
distribución del campo | field distribution
distribución del tráfico | incidence of traffic
distribución eléctrica de la hora | time electrical distribution system
distribución eléctrica de la hora patrón | time electrical distribution system
distribución electrónica de software | electronic software distribution
distribución en anillo | ring-main distribution
distribución en cantidad | parallel distribution
distribución en derivación | parallel distribution
distribución en paralelo | parallel distribution
distribución en punta | spike distribution
distribución energética de los neutrones | neutron energy distribution
distribución espacial | space (/spatial) distribution

distribución espacial de fase | phase space distribution
distribución espacial de la potencia | power directivity pattern
distribución espectral de energía | spectral energy distribution
distribución esquemática | layout
distribución F | F distribution
distribución gaussiana | Gaussian (/normal) distribution
distribución Ji-cuadrado | chi-squared distribution
distribución maxwelliana | Maxwellian distribution
distribución multivariante | multivariate distribution
distribución normal | normal (/Gaussian) distribution
distribución por cable | rediffusion, wired distribution
distribución por densidad de amplitudes | amplitude density distribution
distribución por parrilla | network distribution
distribución progresiva | tapered distribution
distribución radial | radial distribution
distribución t de Student | Student's t distribution
distribución térmica | temperature distribution
distribución uniforme del tráfico | equalization of traffic
distribuido | distributed
distribuidor [*de buscadores*] | allotter [UK], alloter [USA]; circulator, distributing (frame), distributor; driver, frame, switcher, taper
distribuidor automático de llamadas | automatic call distributor
distribuidor de arranque y parada | start-stop distributor
distribuidor de baja frecuencia | repeater distribution frame
distribuidor de bajo nivel | low-level dispatcher
distribuidor de búsqueda de auxiliares | IDF auxiliary finder
distribuidor de búsqueda de enlaces a dos etapas | IDF two stage finder
distribuidor de carga | load dispatcher (/divider)
distribuidor de cintas | tape distributor
distribuidor de corriente | power distributor
distribuidor de datos | data distributor
distribuidor de encendido | igniter [UK], ignitor [USA]
distribuidor de fibra óptica | distribution shelve, multiport fibre coupler
distribuidor de fuerza | power distributor
distribuidor de hilos [*de un cable*] | cable distributing head
distribuidor de impulsos | pulse distributor
distribuidor de impulsos de sincronización | timing pulse distributor
distribuidor de impulsos de tiempo | time pulse distributor
distribuidor de líneas de servicio | order-wire distributor
distribuidor de llamadas | call distributor
distribuidor de llamadas dirigidas | IDF call routing
distribuidor de posiciones | position distributor
distribuidor de recepción | receiving distributor
distribuidor de repetidores | repeater distribution frame
distribuidor de tiempo | time sorter
distribuidor de tráfico | call (/traffic) distributor
distribuidor de X | X distributor
distribuidor electrónico | crossconnect
distribuidor intermedio | intermediate distributing frame
distribuidor lento | slow driver
distribuidor mural de cable | wall cable frame
distribuidor rápido | fast driver
distribuidor receptor | receiving distributor
distribuidor secuencial de impulsos | sequential pulse distributor
distribuidor telegráfico | telegraph distributor
distribuidor trasmisor de múltiples contactos | multicontact transmitter distributor
distribuidor trasmisor en circuito local | cross office transmitter distributor
distribuir | to size, to distribute
distrito | district
disyunción | disjunction
disyuntor | automatic (/power) cutout, breaker (circuit), circuit bracket (/breaker), cutout, isolator, trip, tripping device
disyuntor auxiliar | section circuit breaker
disyuntor balístico | ballistic circuit breaker
disyuntor de aceite de cuba | tank oil circuit breaker
disyuntor de antena | aerial circuit breaker
disyuntor de apertura cancelable | nontrip-free circuit breaker
disyuntor de baja carga | underload circuit breaker
disyuntor de baño de aceite | dead tank oil circuit breaker
disyuntor de batería | battery cutout
disyuntor de carga mínima | underload circuit breaker
disyuntor de cierre automático | self-closing circuit breaker
disyuntor de contracorriente | reverse current breaker
disyuntor de corriente alterna | AC circuit breaker
disyuntor de corriente continua | DC circuit breaker
disyuntor de cuchilla horizontal | sidebreak switch
disyuntor de escape libre | trip-free circuit breaker
disyuntor de excitación | field (circuit) breaker
disyuntor de la red | network protector
disyuntor de marcha | running circuit breaker
disyuntor de máxima | overload circuit breaker
disyuntor de máxima unipolar | single-pole overload circuit breaker
disyuntor de mínima | minimum cutout, underload circuit breaker
disyuntor de mínima tensión | undervoltage circuit breaker
disyuntor de mínimo de carga | underload circuit breaker
disyuntor de múltiples desconexiones | multibreak circuit breaker
disyuntor de potencia al vacío | vacuum power switch
disyuntor de reconexión | reset contactor (/switch)
disyuntor de reconexión automática | reclosing circuit breaker
disyuntor de red | network protector
disyuntor de reposición automática | self-resetting circuit breaker
disyuntor de ruptura única | single-break circuit breaker
disyuntor de salida | outgoing circuit breaker
disyuntor de seguridad | limit (/safety cutout) switch
disyuntor de sobrecorriente | overcurrent circuit breaker
disyuntor de sobretensión | overvoltage cutout
disyuntor de telemando | remote-control break switch
disyuntor de una vía | single-throw circuit breaker
disyuntor de voltaje bajo | undervoltage circuit breaker
disyuntor direccional | reverse current breaker
disyuntor en aceite | oil circuit breaker
disyuntor en aceite de cuba única | single-tank oil breaker
disyuntor en aire con soplador magnético | magnetic air breaker
disyuntor en circuito de aceite de cuba única | single-tank oil circuit breaker
disyuntor en escaso volumen de aceite | small-oil-volume circuit breaker
disyuntor magnético | magnetic circuit breaker
disyuntor multipolar | multipole breaker
disyuntor para cable flojo | slack cable switch
disyuntor primario | primary discon-

nect (/disconnecting) switch
disyuntor protector | protective circuit breaker
disyuntor seccionador | sectionalizing breaker
disyuntor térmico | thermal cutout (/circuit breaker)
disyuntor termomagnético | thermal-magnetic circuit breaker
disyuntor tripolar | triple-pole circuit breaker
disyuntor unipolar de sobrecarga | single-pole overload circuit breaker
disyuntores en cascada | circuit breaker cascade system
DIT [*árbol de información del directorio*] | DIT = directory information tree
divergencia | divergence
divergencia de salida | fan-out
divergencia en el tamaño de la memoria del sistema | system memory size mismatch
divergencia propia | natural divergence
divergente | divergent
diversidad | difference, diversity
diversidad bitono | two-tone diversity
diversidad cuádruple | quadruple diversity
diversidad de espacio | space diversity
diversidad de frecuencia | frequency diversity
diversidad de mensajes | message diversity
diversidad de polarización | polarization diversity
diversidad de ruta | route diversity
diversidad en el tiempo | time diversity
diversidad espacial | space diversity
diversidad temporal | time diversity
dividir | to separate, to split
dividir en zonas | to zone
dividir ventana | to split window
división | division, dividing, section, split, splitting
división de eco | echo splitting
división de escala | scale division
división de fases | phase splitting
división de frecuencias | frequency division
división de la frecuencia de repetición de impulsos | skip keying
división de tensión | voltage division
división de tiempos | time division
división de voltaje | voltage division
división del tiempo | time slicing
división en particiones | partition
división en segmentos | segmentation, segmenting
división en ventanas | windowing
división iterativa | iterative divison
división multiplexada de longitudes de onda | wave division multiplexing
división por cero [*matemáticamente indefinida*] | zero divide, division by zero

división reductora | reduction division
divisor | dissector, divider, spreader
divisor capacitivo | capacitive divider
divisor de capacidad | capacitance divider
divisor de fase | (phase) splitter
divisor de frecuencia | frequency divider
divisor de frecuencia de impulsos | pulse frequency divider, step counter
divisor de imagen | image dissector
divisor de la base de tiempos | time-base divider
divisor de potencia | power divider (/driver), rat race
divisor de potencial | potential (/voltage) divider
divisor de resistencia y capacidad | resistance-capacitance divider
divisor de señal | signal splitter
divisor de tensión | potential (/voltage) divider
divisor de tensión ajustable | adjustable voltage divider
divisor de tensión capacitivo | capacitive voltage divider
divisor de tensión de medición | measurement voltage divider
divisor de tensión de medida | voltvox, voltage ratio box
divisor de tensión de variación discontinua | stepped divider
divisor de tensión medida | volt box
divisor de tensión resistivo | resistive voltage divider
divisor de variación discontinua | stepped divider
divisor de voltaje | bleeder, voltage (/potential) divider
divisor eléctrico de frecuencias | electronic crossover
divisor potenciométrico | potentiometer divider
divisor regenerativo | regenerative divider (/modulator)
divisor resistivo | resistive divider
DIX [*empresa de informática*] | DIX = Digital Intel Xerox
DKZ-N [*señalización digital para las extensiones de PABX*] | DKZ-N = digitale Kennzeichengabe für Nebenstellen (ale) [*digital signalling for PABX extensions*]
DL = diagnóstico local [*en enclavamientos ferroviarios electrónicos*] | LD = local diagnostics
DL = dosis letal | LD = lethal dose
DLC [*control de enlace de datos*] | DLC = data link control
DLC [*bucle con multiplexado digital*] | DLC = digital loop carrier
DLCI [*identificador de conexión de enlace para datos (circuito virtual)*] | DLCI = data link connection identifier
DLL [*biblioteca de enlace directo*] | DLL = dynamic link library
DLP [*procesado digital de la luz (para proyectores)*] | DLP = digital light pro-

cessing
DMA [*acceso directo a memoria*] | DMA = direct memory access
DMA [*acceso múltiple por división*] | DMA = division multiple access
DMD = dispositivo de microespejos digital [*para proyectores de imágenes*] | DMD = digital micromirror device
DMI [*encendido de modo dual*] | DMI = dual-mode injection
DMI [*interfaz de gestión de escritorio*] | DMI = desktop management interface
DMI [*interfaz de multiplexión digital*] | DMI = digital multiplexed interface
DML [*lenguaje de gestión (/tratamiento) de datos*] | DML = data manipulation language
DMOS [*semiconductor de óxido metálico de doble difusión*] | DMOS = double diffusion metal-oxide semiconductor
DMS [*sistema de medios de comunicación digitales*] | DMS = digital media system
DMT [*multitono discreto (código de línea para trasmisión de datos)*] | DMT = discrete multitone
DMTF [*consorcio estadounidense para el desarrollo de normativa informática*] | DMTF = Desktop Management Task Force
DN [*nombre distinguido*] | DN = distinguished name
DN = desviación normal (/estándar) | SD = standard deviation
DNA [*red pre-RDSI de Northern Telecom*] | DNA = dynamic network architecture
DNA de Windows [*arquitectura de aplicaciones distribuidas para internet de Windows*] | Windows DNA = Windows distributed Internet applications architecture
DNA digital [*para crear personajes en juegos de ordenador*] | digital DNA
DND [*arrastrar y soltar*] | DND = drag and drop
DNS [*servicio (/sistema) de codificación de nombres de dominio en internet*] | DNS = domain name service (/system)
doblado | folded
doblado de imagen | picture foldover
doblador de voltaje de media onda | half-wave voltage doubler
dobladura aguda | sharp bend
doblaje | dubbing
doblamiento de los rayos luminosos | bending of light
doble | double, dual; dummy
doble aislamiento | double insulation
doble amplificación | biamplification
doble arranque [*opcional entre dos sistemas operativos*] | dual boot
doble arrollamiento | double winding
doble barra oblicua [*signo ortográfico*] | double slash
doble bombeo | double pumping

doble captura | double seizure
doble cara | double side
doble cara / alta densidad | double side / high density
doble cara / doble densidad | double side / double density
doble clic [*fam*] | double click
doble contacto de reposo | double break contact
doble contacto de trabajo | double-make contact
doble cuanto | double quantum
doble densidad | double (/dual) density
doble devanado | double winding
doble diodo | double (/dual, /twin) diode, duodiode
doble diodo-pentodo | duodiode pentode
doble diodo-triodo | duodiode triode
doble disparo | double drop
doble dispersión de Compton | double Compton scattering
doble disyuntor | dual breaker
doble efecto | pushpull effect
doble efecto del servidor [*en la descarga de datos para el cliente*] | server push-pull
doble empleo de circuitos | duplication of circuits
doble espacio | double space
doble imagen | double image, ghost, multipath effect
doble impacto [*para imprimir negrita en impresoras de agujas o de margarita*] | double-strike
doble negación | double negation
doble par de bornes | two-terminal pair
doble pentodo | twin pentode
doble perrillo | double dog
doble potenciómetro en tándem | twin-ganged potentiometer
doble precisión | double precision
doble pulsación | double click (/press)
doble rectificador en zigzag | double zigzag rectifier
doble tolerancia a los fallos | dual homing
doble toma | double seizure, dual switching
doble triodo | double (/dual, /twin) triode, duotriode
doble unidad de disco | dual disk drive
doble vaina | double sheath
doblete | doublet, duplet
doblete radiante | radiating doublet
doblez | duplication
DOC [*compensador de paso a reposo*] | DOC = drop out compensator
docilidad negativa | negative compliance
DOCSIS [*especificación sobre interfaz para el servicio de trasmisión de datos por cable*] | DOCSIS = data over cable service interface specification
documentación | documentation, software

documentación de software | software documentation
documento | document
documento adjunto | attached document
documento compuesto | compound document
documento con respuesta | turn-around document
documento contenedor | container document
documento de destino | destination document
documento de origen | source document
documento de papel alineado [*modelo de impresos de Naciones Unidas*] | aligned paper document
documento de proyecto de detalle | detail design document
documento de varias partes | multi-part document
documento digital trasladable | portable digital document
documento fuente | source document
documento HTML | HTML document
documento intermedio | intermediate document
documento original | script
documento principal | main document
documento provisional | intermediate document
documentos heredados [*anteriores a una fecha determinada*] | legacy
dólar [*símbolo $ en teclado*] | dollar
DOM [*modelo de objetos de documentos*] | DOM = document object model
doméstico | domestic
domicilio del destinatario | abode of the addressee
dominador | dominator
dominante | dominant
dominio [*sistema de denominación de ordenadores centrales en internet*] | domain
dominio de espacio | space domain
dominio de gestión administrativa [*para mensajes*] | administrative management domain
dominio de gestión privada | private management domain
dominio de la informática | computer literacy
dominio de la trasformación | transform domain
dominio de nivel superior [*en el sistema de direcciones de internet*] | top-level domain
dominio de protección | protection domain
dominio de segundo nivel [*en la jerarquía DNS de internet*] | second-level domain
dominio ferroeléctrico | ferroelectric domain
dominio frecuencial | frequency domain
dominio integral | integral domain

dominio magnético | magnetic domain
dominio público | public domain
dominio temporal | time domain
domo | dome
domo de pulverización | spray dome
domótica | domotic
donador | donor
donante protónico | proton donor
donutrón | donutron
dopado | doping
dopar | to dope
doplómetro | dopplometer
Doppler ascendente | up-Doppler
Doppler de corto alcance | shodop = short-range Doppler
Doppler descendente | down Doppler
DORAN [*medidor de alcance Doppler*] | DORAN = Doppler ranging
dorso | back
DoS [*denegación de servicio*] | DoS = denial of service
DOS [*sistema operativo de disco*] | DOS = disk operating system
dos pares de bornes | two-terminal pair
dos pares de terminales | two-terminal pair
dos puntos | colon
dosificación | dosage, titration
dosificación de radiación | radiation dosage
dosificador | titration apparatus
dosimetría | dosimetry
dosimetría de radiación | radiation dosimetry
dosimetría física | physical dosimetry
dosimetría por cristal de fosfato activado | phosphate glass dosimetry
dosimetría por dispositivos de estado sólido | solid-state dosimetry
dosimetría por vidrio de fosfato activado | phosphate glass dosimetry
dosímetro | dosimeter, quantimeter
dosímetro de bolsillo | pocket dosimeter (/meter)
dosímetro de condensador | capacitor dosimeter
dosímetro de cristal de fosfato activado | phosphate glass dosimeter
dosímetro de electrómetro | electrometer dosemeter
dosímetro de estado sólido | solid-state dosimeter
dosímetro de radiación de pistola | cutie pie [*fam*]
dosímetro de radiaciones | radiation dosimeter
dosímetro de rayos X | X-ray dosimeter
dosímetro de vidrio | glass dosimeter
dosímetro de vidrio de fosfato activado | phosphate glass dosimeter
dosímetro fotográfico | photographic dosimeter
dosímetro fotográfico personal | film badge
dosímetro individual | personal dosimeter

dosímetro integrante | integrating dosimeter
dosímetro para radiaciones gamma | gammameter
dosímetro personal | personal dosimeter
dosímetro químico | chemical dosimeter
dosímetro radiológico | X-ray dosimeter
dosímetro termoluminiscente | thermoluminiscent dosimeter
dosis | dose
dosis absorbida | absorbed dose
dosis absorbida en profundidad | depth-absorbed dose
dosis absorbida integral | integral absorbed dose
dosis acumulada | cumulative dose
dosis acumulativa | cumulative dose
dosis biológica de radiación equivalente | roentgen equivalent man
dosis biológica humana de radiación equivalente | roentgen equivalent man
dosis cutánea | skin dose
dosis de efectividad biológica relativa | RBE dose
dosis de energía específica | specific energy dosage
dosis de exposición | exposure dose
dosis de precipitación | deposit dose
dosis de primera colisión | first collision dose
dosis de radiación | radiation dose
dosis de radiación cutánea | skin dose
dosis de radiación en la piel | skin dose
dosis de radio | radium dosage
dosis de salida | exit dose
dosis de tolerancia | tolerance dose
dosis duplicante | doubling dose
dosis en la piel | skin dose
dosis en profundidad | depth dose
dosis eritémica | erythema dose
dosis física de radiación equivalente | roentgen equivalent physical
dosis histológica | tissue dose
dosis individual | personal dose
dosis integral | integral dose
dosis letal del 50 % | median lethal dose
dosis máxima admisible | maximum permissible dose
dosis máxima permisible en los huesos | bone maximum permissible dose
dosis permisible | permissible dose
dosis por inmersión | immersion dose
dosis por unidad de tiempo | absorbed dose rate
dosis radiológica | radiological dose
dosis semanal admisible | permissible weekly dose
dosis sobre el eje | dose on the axis
dosis tisular | tissue dose
dosis tolerada | tolerance dose

dosis umbral | threshold dose
dosis volumétrica | volume dose
dotación de combustible | fuel inventory
dotación de una estación | manning of a station
dotación de válvulas | tube (/valve) complement
dotación normal | standard equipment
dotado de radar | radar-equipped, radar-fitted
DOV [*datos sobre voz (en tráfico de mensajes por par telefónico convencional, trasmisión de datos en una banda superpuesta a la banda telefónica)*] | DOV = data over voice
DP [*propuesta de un borrador o proyecto*] | DP = draft proposal
DPCM [*modulación diferencial de impulsos codificados*] | DPCM = differential pulse code modulation
dpi [*puntos por pulgada*] | dpi = dots per inch
DPM [*administrador de proceso de datos*] | DPM = data-processing manager
DPMA [*asociación estadounidense de gestores de procesos de datos*] | DPMA = Data Processing Management Association
DPMI [*interfaz de modo protegido de DOS*] | DPMI = DOS protected mode interface
DPMS [*norma para la conmutación de monitores a estado de ahorro de energía*] | DPMS = display power management signaling
DPNSS [*sistema de señalización digital para redes privadas*] | DPNSS = digital private network signalling system
DPRAM [*memoria RAM de puerto dual*] | DPRAM = dual ported RAM
DPSK [*manipulación de desfase diferencial, manipulación por desplazamiento diferencial de fase*] | DPSK = differential phase-shift keying
DPT [*herramienta para preparación de datos*] | DPT = data preparation tool
dpto. = departamento | DEPT, DPT = department
D.PU [*sensor del solenoide de tambor del cabezal*] | D.PU = drum pick-up
DPVT [*herramienta para preparación y verificación de datos*] | DPVT = data preparation and verification tool
DQDB [*doble bus con cola distribuida*] | DQDB = distributed queue dual bus
DR [*notificación de entrega*] | DR = delivery report
DRAM [*memoria dinámica de acceso directo, memoria dinámica de sólo lectura*] | DRAM = dynamic random access memory
DRAM de vídeo | video DRAM
DRAM sincrónica | synchronous DRAM
DRAW [*lectura directa tras la grabación*] | DRAW = direct read after write

DRC [*carácter redefinible de forma dinámica*] | DRC = dynamically redefinable character
DRC [*consola de comunicación diagnóstica*] | DRC = diagnostic reporting console
DRC [*verificación de normas de diseño*] | DRC = design rules check
DRCS [*grupo de caracteres redefinibles de forma dinámica*] | DRCS = dynamically redefinable character set
DRDW [*lectura directa durante la grabación*] | DRDW = direct read during write
drenaje | drain, drainage
drenaje de energía | power drain
drenaje de protector | protector drainage
drenaje eléctrico polarizado | polarized electric drainage
DRO [*lectura de datos que los destruye en el proceso*] | DRO = destructive readout
DS [*servicio de trasmisión digital*] | DS = digital service
DSA [*agente del servidor (/sistema) de directorio*] | DSA = directory server (/system) agent
DSC [*controladora de emisor-receptor de datos*] | DSC = data set controller
DS/DD [*doble cara/doble densidad (en soportes magnéticos de datos)*] | DS/DD = double side/double density
DS/HD [*doble cara/alta densidad (en soportes magnéticos de datos)*] | DS/HD = double side/high density
DSI [*interporlación digital telefónica*] | DSI = digital speech interpolation
DSL [*línea de abonado digital (para trasmisión de datos a alta velocidad por cable telefónico de cobre)*] | DSL = digital subscriber line
DSL [*sublenguaje de base de datos*] | DSL = database sublanguage
DSL Lite [*variedad de ADSL*] | DSL Lite = digital subscriber line lite
DSLAM [*multiplexor de acceso a línea de abonado digital*] | DSLAM = digital subscriber line access multiplexer
DSM [*elemento de almacenamiento digital*] | DSM = digital storage medium
DSM-CC [*conjunto de protocolos de MPEG para banda ancha*] | DSM-CC = digital storage media-command and control
DSN [*nombre de la fuente de datos*] | DSN = data source name
DSN [*notificación sobre el estado de la entrega (en correo electrónico)*] | DSN = delivery status notification
DSOM [*modelo de objeto de sistema distribuido*] | DSOM = distributed system object model
DSP [*procesamiento (/procesador) de señales digitales*] | DSP = digital signal processing (/processor)
DSP [*protocolo del sistema de directorio*] | DSP = directory system protocol

DSQ [señal digital a 64 kbit/s (USA)] | DSQ = digital signal level 0
DSR [conjunto de datos dispuesto (/preparado), entrada de datos conectada] | DSR = data set ready
DSS [sistema de apoyo para la toma de decisiones] | DSS = decision support system
DSS [sistema de trasmisión digital por satélite] | DSS = digital satellite system
DSS [norma de firma digital] | DSS = digital signature standard
DSS [sistema de señalización de abonado] | DSS = digital subscriber signalling
DSSL [lenguaje de especificación y semántica del estilo de documentos] | DSSL = document style semantics and specification language
DSU [unidad de trasmisión digital de datos] | DSU = digital data unit
DSVD [voz y datos digitales simultáneos (trasmisión digital simultánea de voz y datos por línea telefónica tradicional)] | DSVD = digital simultaneous voice and data
DT = director técnico | TD = technical director
DTD = definición del tipo de documento | DTD = document type definition
DTE [(equipo) terminal de datos] | DTE = data terminal equipment
DTL [lógica a diodos y transistores] | DTL = diode transistor logic
DTMF [tono multifrecuencia de marcación, multifrecuencia de doble tono] | DTMF = dial tone multifrequency
DTP [autoedición, edición de oficina] | DTP = desktop publishing
DTP [procesamiento distribuido de transacciones] | DTP = distributed transaction processing
DTR [terminal de datos dispuesto (/preparado) para transmitir] | DTR = data terminal ready
DTR [tierra de retorno de tono de invitación a marcar] | DTR = dial tone return earth
DTV [vídeo de sobremesa (uso de cámaras digitales para videoconferencia)] | DTV = desktop video
DUA [agente de usuario de directorio] | DUA = directory user agent
dual | dual
dualidad | duality
dualidad eléctrica | electric twinning
duda | query
DUF [difusión bajo la película epitaxial] | DUF = diffusion under film
dummying [eliminación de impurezas metálicas de una solución galvanizadora con cátodo falso de gran área] | dummying
duodecimal | duodecimal
duodiodo | duodiode
duodiodo-triodo | duodiode triode
duopolio | duopoly

duopolo | duopole
duotriodo | duotriode
duplete de electrones | electron pair
dúplex [capacidad de un dispositivo para operar de dos maneras] | duplex
dúplex completo | full duplex
dúplex de doble canal | double channel duplex
dúplex de dos frecuencias | two-frequency duplex
dúplex de Wheatstone | Wheatstone duplex
dúplex diferencial | differential duplex
dúplex full-full [dúplex total] | full-full duplex
dúplex integral | full duplex
dúplex por adición | incremental duplex
dúplex total [capacidad de un dispositivo para transmitir y recibir simultáneamente] | full duplex
duplexado | duplexing
duplexor | duplexer, transmit/receive switch
duplexor de antena | aerial duplexer
duplicación | duplication, replication
duplicación de circuitos | duplication of circuits
duplicación de frecuencias | duplication of frequencies
duplicación de impulsos | pulse duplication
duplicación del disco | disc duplexing
duplicación óptica | optical twinning
duplicación recursiva | recursive doubling
duplicación y suma [método de conversión de números binarios en decimales por duplicación y suma de bits] | double dabble
duplicado | dub, duplicate
duplicado de un mensaje | duplicate message
duplicador | doubler
duplicador de antena | aerial duplexer
duplicador de frecuencia | frequency doubler
duplicador de polarización circular | circular polarization duplexer
duplicador de tensión | voltage doubler
duplicador de voltaje | voltage doubler
duplicador en contrafase | pushpull doubler
duplicador estático de frecuencia | static frequency doubler
duplicar | to dub, to duplicate
durabilidad | durability
duración | duration, life, span, time, durability
duración de conservación | storage life
duración de la chispa | spark duration
duración de la conmutación | turn-around time
duración de la descarga | discharge duration
duración de la emisión de televisión |

television air time
duracion de la grabación | record length
duración de la identificación | recognition time
duración de la palabra | word time
duración de la persistencia | afterglow time
duración de la preparación | setting-up time
duración de las maniobras | circuit operating time
duración de llenado [de un embalse] | filling period [of a reservoir]
duración de prearco | prearcing time
duración de ráfaga | gust duration
duración de recorrido | transit time
duración de un centelleo | duration of a scintillation
duración de una conversación | duration of a call
duración de utilización | (equivalent) utilisation period
duración de vaciado de un embalse | draw-off period of a reservoir
duración del bit | bit time
duración del centelleo | scintillation duration
duración del ciclo | cycle time
duración del encendido de los retrocohetes | retrofire time
duración del impulso | pulse duration (/length, /time, /width)
duración del servicio | operating time, service life
duración en reposo de la pila húmeda | wet-charged stand
duración límite del cortocircuito | short time limit
duración media del fallo | mean down time
duración normal | rated life
duración por fondo | time per background
duración por protector | time per saver
duración respecto a la flexión | flex life
duración suplementaria | extra-play
duración tasable | chargeable time
duración total de la conversación | overall call length, overall duration (/length) of a call
duración total de ruptura | total break time
duración variable | variable width
duraluminio | hard aluminium
duraluminio en planchas | sheet Duralumin
durante el ciclo | during cycle
Duraspark [ignición electrónica convencional de la empresa Ford] | Duraspark
dureza | hardness
dureza de la radiación | radiation hardness, hardness of radiation
dureza de los rayos X | X-ray hardness, hardness of X-rays

dureza del agua | water hardness
dureza escleroscópica | scleroscope hardness (/number)
durómetro | hardness tester
DVB [*trasmisión digital de vídeo (especificaciones europeas)*] | DVB = digital video broadcasting
DVD [*disco digital de vídeo, videodisco digital*] | DVD = digital video disk
DVD-E [*videodisco digital regrabable*] | DVD-E = digital video disc-erasable
DVD-R [*videodisco digital grabable*] | DVD-R = digital video disc-recordable
DVD-ROM [*ROM de videodisco digital*] | DVD-ROM = digital video disc-ROM
DVD-ROM híbrida para comercio electrónico | E-commerce hybrid DVD-ROM
dv/dt [*relación de la variación de tensión con respecto al tiempo*] | dv/dt
DVI [*vídeo digital interactivo*] | DVI = digital video interactive
DVI [*interfaz de vídeo digital*] | DV-I = digital video interface
DVMRP [*algoritmo de encaminamiento de tipo RPM*] | DVMRP = distance vector multicast routing protocol
DVST [*tubo de retención directa de imágenes*] | DVST = direct view storage tube
DVT [*herramienta para verificación de datos*] | DVT = data verification tool
DWDM [*multiplexión por división compacta de longitud de onda (en trasmisión por fibra óptica)*] | DWDM = dense wavelength division multiplexing
DXF [*formato para intercambio de dibujo*] | DXF = drawing interchange format
Dy = disprosio | Dy = dysprosium
dykanol | dykanol

E

E [*símbolo del logaritmo natural = 2,71828*] | E [*natural logarithm*]
EAP [*protocolo de autenticación extensible*] | EAP = extensible authentication protocol
EAROM [*memoria permanente (/de sólo lectura) alterable eléctricamente*] | EAROM = electrically alterable read-only memory
EB = exabyte [*un trillón de bytes*] | EB = exabyte [*one quintillion bytes*]
EBCDIC [*código ampliado de caracteres decimales para codificación binaria*] | EBCDIC = extended binary-coded decimal interchange code
ebicón [*tipo de válvula de imagen de televisión*] | ebicon
ebiconductividad [*conductividad inducida por bombardeo de electrones*] | ebiconductivity = electron bombardment induced conductivity
EBONE [*red troncal europea*] | EBONE
ebonita | ebonite, vulcanite
EBP [*parte de cuerpo definida externamente (encapsulado de mensajes)*] | EBP = external body part
EBR [*reactor reproductor experimental*] | EBR = experimental breeder reactor
EBR = efectividad biológica relativa | RBE = relative biological effectivity
ebullición | boiling
ebullición nuclear local | local nucleate boiling
ebXML [*XML para comercio electrónico*] | ebXML = electronic business XML
ECC [*código corrector (/detector, /de corrección) de errores*] | ECC = error-correcting code, error-correction coding
ECCM [*contramedidas de protección electrónica*] | ECCM = electronic counter-countermeasures
ECCSL [*lógica de acoplamiento por emisor y gobierno por corriente*] | ECCSL = emitter-coupled current steered logic
ECDT [*transistor de colector electroquímico difundido*] | ECDT = electrochemical collector diffuse transistor
ECE = evaluador de contadores de ejes [*en ferrocarriles*] | ACE = axle counter evaluator
echar en la papelera | to put in trash
echoplex [*técnica para la detección de errores en comunicaciones*] | echoplex
ECL [*unidad lógica acoplada por el emisor*] | ECL = emitter-coupled logic
ECM [*contramedidas electrónicas*] | ECM = electronic countermeasures
ECMA [*asociación europea de fabricantes de ordenadores*] | ECMA = European Computer Manufacturers' Association
eco | echo (wave), hit, pip, reflection, (signal) return, return echo
eco adelantado | leading ghost
eco artificial | artificial echo
eco atrasado | trailing ghost
eco breve de radar | clutter
eco cercano | near echo
eco circunterrestre hacia adelante | forward round-the-world echo
eco circunterrestre hacia atrás | backward round-the-world echo
eco columnario | columnar echo
eco de circunvalación terrestre | round-the-world echo
eco de corriente | current echo
eco de distancia | ranging echo
eco de distancia superior al límite | multiple-time-around echo
eco de larga duración | long echo
eco de lóbulo lateral | side lobe echo
eco de proximidad | near echo
eco de radar | radar echo (/return)
eco de radio | radio echo
eco de reflexión múltiple | multiple reflection echo
eco de segunda vuelta | round-trip echo, second-time-around echo
eco del terreno | terrain echo
eco diferencial | moving echo
eco en el emisor | talker echo
eco errático | spillover echo
eco esporádico | spillover echo
eco fijo | fixed (/permanent, /stationary) echo
eco interno | parasitic echo
eco lateral | side echo
eco musical | musical echo
eco parásito | angel, unwanted echo
eco permanente | permanent echo
eco por superrefracción | spillover echo
eco posterior | back echo
eco producido por el terreno | terrain echo
eco radioeléctrico | radio echo
eco reflejado | back echo
eco reflejado de espejo | mirror reflection echo
eco retardado | long echo
eco retrasado | trailing ghost
eco secundario | round-trip echo, second trace echo, second-time-around echo
eco telefónico | telephonic echo
eco terrestre | land return
eco titilante | flutter echo
ecocardiografía | echocardiography
ecoencefaloscopio | echoencephaloscope
ecogoniómetro | sonar
ecografía | scan
ecografía en modo A | A scan
ecómetro de impulsos | pulse echometer
ecómetro de profundidad | sonar depth ranger
economía de neutrones | neutron economy
economía del combustible | fuel economy
economía del espectro | spectrum conservation
economía del espectro radioeléctrico | radio spectrum economy
economía en el empleo de las frecuencias de radiocomunicación | spectrum conservation
economía en el empleo del reflector | reflector saving

economía en la utilización del espectro | spectrum conservation
economía neutrónica | neutron economy
economizador de energía | power conserver
ecos de lluvia | rain clutter (/return)
ecos de nieve | snow clutter
ecos de nubes | cloud clutter
ecos de tierra | ground (/terrain) clutter
ecos de tierra y de mar | ground/sea returns
ecos del mar | sea clutter (/return)
ecos meteóricos | meteoric scatter
ecos parásitos | clutter, background returns
ecos parásitos de radar | radar clutter
ecos parásitos del mar | wave (/radar sea) clutter
ecos por exploración | hits per scan
ecos producidos por el terreno | terrain clutter
ecosondeo | reflection sounding
ECP [*protocolo de control de cifrado*] | ECP = encryption control protocol
ECP [*puerto de funciones avanzadas*] | ECP = enhanced capabilities port
ECTEL [*Conferencia europea de las industrias electrónicas y de telecomunicación*] | ECTEL = European conference of telecommunications and professional electronics industry
ECTUA [*Consejo europeo de asociaciones de usuarios de las telecomunicaciones*] | ECTUA = European council of telecommunications users associations
ECU [*unidad de control electrónico*] | ECU = electronic control unit
ecuación | equation
ecuación booleana | Boolean equation
ecuación crítica | critical equation
ecuación de Balescu-Lenard-Quernsey | Balescu-Lenard-Quernsey equation
ecuación de Boltzmann | Boltzmann equation
ecuación de Bragg | Bragg's equation
ecuación de Clausius-Mosotti | Clausius-Mosotti equation
ecuación de continuidad | continuity equation
ecuación de Dirac | Dirac equation
ecuación de Einstein | Einstein equation
ecuación de energía de superconductividad | superconductivity energy equation
ecuación de estado de Debye | Debye equation of state
ecuación de Fokker-Planck | Fokker-Planck equation
ecuación de fuerza de Lorentz | Lorentz force equation
ecuación de la difusión | diffusion equation
ecuación de la edad de Fermi | Fermi age equation

ecuación de la inducción | transformer equation
ecuación de la máquina | machine equation
ecuación de la reactividad | inhour equation
ecuación de Landau | Landau's equation
ecuación de London | London equation
ecuación de masa relativista | relativistic mass equation
ecuación de Maxwell | Maxwell equation
ecuación de onda | wave equation
ecuación de onda de Schrödinger | Schrödinger wave equation
ecuación de Pauli-Weisskopf | Pauli-Weisskopf equation
ecuación de Poisson | Poisson's equation
ecuación de radar en el espacio libre | free space radar equation
ecuación de Richardson | Richardson equation
ecuación de Richardson-Dushmann | Richardson-Dushmann equation
ecuación de Saha | Saha equation
ecuación de Schrödinger | Schrödinger equation
ecuación de segundo grado | second-order equation
ecuación de Sommerfeld | Sommerfeld equation
ecuación de trasformador | transformer equation
ecuación de un conjunto de corte | cut-set equation
ecuación de Van der Beijl | Van der Beijl equation
ecuación de Van der Waals | Van der Waals equation
ecuación de Vlasov | Vlasov equation
ecuación del alcance del radar | radar range equation
ecuación del radar | radar (range) equation
ecuación del reactor | reactor equation
ecuación diferencial | differential equation
ecuación diferencial de retardo | delay differential equation
ecuación diferencial ordinaria | ordinary differential equation
ecuación en derivadas parciales | partial differential equation
ecuación fotoeléctrica | photoelectric equation
ecuación fotoeléctrica de Einstein | Einstein photoelectric equation
ecuación galvanométrica | galvanometer equation
ecuación integral | integral equation
ecuación integral de Fredholm | Fredholm integral equation
ecuación integral de Volterra | Volterra integral equation

ecuación integrodiferencial | integro-differential equation
ecuación no lineal | nonlinear equation
ecuación nuclear | nuclear equation
ecuación polinómica | polynomial equation
ecuación rígida | stiff equation
ecuación séxtica | sextic equation
ecuaciones algebraicas lineales | simultaneous (/linear algebraic) equations
ecuaciones de diferencias | difference equations
ecuaciones de malla | mesh equations
ecuaciones simultáneas | simultaneous (/linear algebraic) equations
ecuador magnético | magnetic equator
ecualización | equalization, equalizing; [*del módem*] training
ecualización automática | self-equalizing
ecualización posterior | post-emphasis, post-equalization
ecualizado por respuesta de frecuencia | frequency response equalization
ecualizador | equalizer
ecualizador activo | active equalizer
ecualizador barrible | sweepable equaliser
ecualizador binario | phase equalizer
ecualizador de fase | phase equalizer
ecualizador de grabación | record equalizer
ecualizador de impulsos | pulse equalizer
ecualizador de línea | line equalizer
ecualizador de pendiente | slope equalizer
ecualizador de pendiente fijo | fixed slope equalizer
ecualizador de retardo | delay equalizer
ecualizador en serie | series-type attenuation equalizer
ecualizador fonográfico | phonograph equalizer
ecualizador gráfico | graphic equalizer
ecualizador parabólico fijo | fixed parabolic equalizer
ecualizador paragráfico | paragraphic equalizer
ecualizador paramétrico-gráfico | paragraphic equalizer
ecualizador shelving | shelving equalizer
ecualizar | to equalise [UK], to equalize [UK+USA]
EDA [*análisis exploratorio de datos*] | EDA = exploratory data analysis
edad | age
edad calculada por radio | radium age
edad de Fermi | Fermi age
edad de un neutrón | neutron age
edad determinada por medio del radiocarbono | radiocarbon age
edad radiactiva | radioactive age
edad radiactiva del uranio | uranium age

EDFA [*amplificador de fibra dopada con erbio*] | EDFA = erbium-doped fibre amplifier
EDGE [*sistema de comunicaciones móviles de segunda generación*] | EDGE = enhanced data rates for GSM evolution
EDI [*intercambio electrónico de datos, sistema normalizado para intercambio de datos entre empresas*] | EDI = electronic data interchange
edición | editing, desktop publishing, issue
edición agotada | out-of-print
edición de archivos | file editing
edición de bases de datos | database publishing
edición de imagen | image editing
edición de oficina | desktop publishing
edición de programas | program edit
edición de software | software publishing
edición de textos | text editing
edición de vídeo | video editing
edición electrónica | electronic publishing
edición extendida | extended edition
edición gráfica | lead sheet
edición previa | pre-edit
edicto | edict
EDIFACT [*intercambio electrónico de datos para administración, comercio y trasporte*] | EDIFACT = electronic data interchange for administration, commerce and transportation
edificio | building
edificio blindado | shielded building
edificio inteligente | intelligent (/smart) building
editar | to edit; [*en la unidad de visualización*] to vi [*to edit a file using the visual editor*]
editar el registro en pantalla | display register
editar la hora | to time-edit
editar la memoria en pantalla [*del ordenador*] | display memory
editar lista | to edit list
editar posteriormente | to postedit
editar recursos | to edit resources
editar texto | to edit text
editar y repetir memoria en pantalla [*del ordenador*] | repeat display memory
editor | editor
editor de almacén | stock editor
editor de audio [*programa*] | sound editor
editor de citas | appointment editor
editor de citas de grupo | group appointment editor
editor de colores | colour editor
editor de documentos HTML | HTML editor
editor de enlaces | linker
editor de fotos | photo editor
editor de fuentes [*de caracteres*] | font editor

editor de iconos | icon editor
editor de imagen | image editor
editor de lista | list editor
editor de menús | menu editor
editor de pantalla | screen editor
editor de procesos de negocio [*en transacciones electrónicas*] | business process editor
editor de propiedades | property editor
editor de propiedades fijas | fixed-property editor
editor de sonido [*programa*] | sound editor
editor de tareas | to do editor
editor de textos | text editor
editor de vídeo | video editor
editor PIF | PIF editor
editor predeterminado | editor defaults
editor rotativo de propiedades | revolving property editor
Edlin [*editor de texto línea a línea de MS-DOS*] | Edlin
EDMS [*sistema electrónico de gestión de documentos*] | EDMS = electronic document management system
EDO DRAM [*memoria de acceso aleatorio dinámico ampliada para salida de datos*] | EDO DRAM = extended data out dynamic random access memory
EDO RAM [*memoria de acceso aleatorio ampliada para salida de datos*] | EDO RAM = extended data out random access memory
EDP [*proceso electrónico de datos*] | EDP = electronic data processing
EDS [*almacenamiento de discos intercambiables*] | EDS = exchangeable disk store
EDSAC [*ordenador automático electrónico de almacenamiento con retardo*] | EDSAC = electronic delay storage automatic computer
EDSIC [*economía, divisibilidad, escalado, interoperación y conservación (propiedades de un sistema monetario)*] | EDSIC = economy, divisibility, scalability, interoperatibility, and conservation
EDSS [*sistema europeo de señalización digital para abonados*] | EDSS = European digital subscriber signalling system
EDVAC [*ordenador automático electrónico de variables discretas*] | EDVAC = electronic discrete variable automatic computer
EEG = electroencefalograma | EEG = electroencephalogram
EEMS [*especificación ampliada de memoria expandida*] | EEMS = enhanced expanded memory specification
EEPROM [*memoria de sólo lectura programable y borrable eléctricamente*] | EEPROM = electrically erasable programmable read only memory
efapsis | ephapse
efectividad | effectiveness

efectividad biológica relativa | relative biological effectiveness
efectividad de interferenciación | jamming effectiveness
efectividad de tiro | pull effectiveness
efectividad de tracción | pull effectiveness
efectividad del blindaje | shield (/shielding) effectiveness
efectividad del sistema | system effectiveness
efectividad relativa | relative effectiveness (/efficiency)
efectivo | effective
efecto | effect
efecto actinoeléctrico | actinoelectric effect
efecto acústico del ambiente | ambient effect
efecto aeroplano [*efecto de interferencia de un avión*] | aeroplane effect
efecto ambiental reproducido | reproduced ambience
efecto amplificador de tensión | voltage-amplifying action
efecto angular | corner effect
efecto atómico fotoeléctrico | atomic photoelectric effect
efecto Auger | Auger effect
efecto autoeléctrico | autoelectric effect
efecto bandera | spiral distorsion
efecto Barkhausen | Barkhausen effect
efecto Barnett | Barnett effect
efecto barril | (rain) barrel effect; hollowness near singing distortion; listener echo
efecto binaural | binaural effect
efecto calorífico de la corriente | heater voltage coefficient
efecto canal | channel effect
efecto Cherenkov | Cherenkov effect
efecto Compton | Compton effect
efecto constrictor | pinch effect
efecto corona | corona (effect)
efecto Cottrell | Cottrell effect
efecto cristalino | crystal effect
efecto crítico | sharp effect
efecto cuántico | quantum effect
efecto Damon | Damon effect
efecto de aceleración | acceleration effect
efecto de agitación | stirring effect
efecto de almacenamiento | storage effect
efecto de altura | aerial (/height) effect
efecto de antena | aerial (/height, /vertical) effect
efecto de apriete | pinch effect
efecto de arborescencia | treeing (effect)
efecto de avalancha | avalanche (effect)
efecto de blindaje | shielding effect
efecto de borde | edge effect
efecto de borde posterior | trailing reversal

efecto de bordes | fringe effect
efecto de borrado | blackout effect
efecto de Brillouin | Brillouin effect
efecto de cable largo | long line effect
efecto de caja | box effect
efecto de calco | printing effect
efecto de campo | field effect
efecto de canal | channel effect
efecto de canalización | streaming
efecto de capa límite | interface effect
efecto de captura | capture effect
efecto de carga de espacio | space charge effect
efecto de carga espacial | space charge effect
efecto de ceguera | blackout effect
efecto de centelleo | flicker effect
efecto de circuito compensador | flywheel effect
efecto de cojín | pincushion effect
efecto de compensación | buffer action
efecto de compresión | pinch effect
efecto de Compton | Compton effect
efecto de conmutación | switching effect
efecto de constricción | pinch effect
efecto de contracción | pinch effect
efecto de corrientes de Foucault | eddy effect
efecto de costa | shore effect
efecto de cuchicheo | whispering gallery effect
efecto de cuello de botella [por exceso de comunicaciones en un sistema o una red] | turnpike effect
efecto de cuerpo | body effect
efecto de De Haas-Van Alphen | De Haas-Van Alphen effect
efecto de Debye-Falkenhagen | Debye-Falkenhagen effect
efecto de declive | rampoff effect
efecto de densidad | density effect
efecto de derivación | shunting effect
efecto de desfase [en altavoces] | feathery effect
efecto de desmagnetización | demagnetization effect
efecto de disparo | shot (/trip) action
efecto de dispersión | scatter effect
efecto de eco | print-through, spurious printing
efecto de electroviscosidad | electroviscous effect
efecto de émbolo | piston action
efecto de emisión catódica irregular | shot effect
efecto de empaquetamiento | packing effect
efecto de enfriamiento | effect of refrigerating
efecto de escisión rápida | fast fission effect
efecto de Ettingshausen | Ettingshausen effect
efecto de expulsión | Wigner effect
efecto de fase | phase effect
efecto de festón | scalloping

efecto de flanqueo | flanking effect
efecto de fotodifusión | photodiffusion effect
efecto de galería susurrante | whispering gallery effect
efecto de gancho | hook
efecto de granalla | shot effect
efecto de halo | halation
efecto de haz | beam effect
efecto de hueso de perro | dog-bone effect
efecto de inducción | induction effect
efecto de inercia | coast
efecto de interferencia relativa | relative interference effect
efecto de intermitencia | intermittency effect
efecto de isla | island effect
efecto de islote | island effect
efecto de Josephson | Josephson effect
efecto de Joshi | Joshi effect
efecto de Joule-Thomson | Joule-Thomson effect
efecto de Kerr | Kerr effect
efecto de la paridad | parity effect
efecto de la radiación | radiation effect
efecto de Landau inverso | inverse Landau effect
efecto de las cargas superficiales | surface charge effect
efecto de latitud | latitude effect
efecto de Leduc | Leduc effect, Righi effect
efecto de ligadura química | chemical binding effect
efecto de línea larga | long line effect
efecto de lluvia | rain (/snow) effect
efecto de los radios finitos | effect of finite radii
efecto de Lossev | Lossev effect
efecto de Marx | Marx effect
efecto de mecha | wicking
efecto de motor | motor effect
efecto de nieve | snow effect
efecto de oscilación | flicker effect
efecto de pantalla | screen (/screening, /tower shadow) effect, shadowing
efecto de pared | wall effect
efecto de parpadeo | flicker effect
efecto de pelota de ping-pong | ping-pong ball effect
efecto de persiana | skewing
efecto de pinza | pinch effect
efecto de pistón | piston action
efecto de Pockel | Pockel's effect
efecto de polarización | polarization effect
efecto de proximidad | proximity effect
efecto de punta | end effect
efecto de radiación | radiation effect
efecto de Raman | Raman effect
efecto de rampa | rampoff effect
efecto de Ramsauer | Ramsauer effect
efecto de ranura | slot effect
efecto de reflexión | reflection effect
efecto de registro | storage effect
efecto de resistencia diferencial negativa | Gunn effect, negative differential resistance effect
efecto de resonancia | resonance effect
efecto de Righi | Righi effect
efecto de Righi-Leduc | Righi-Leduc effect
efecto de rozamiento | friction effect
efecto de sal y pimienta [fam] | salt-and-pepper pattern
efecto de salto | skip effect
efecto de saturación | saturation effect
efecto de Schottky | Schottky effect
efecto de Schwarzschild | Schwarzschild effect
efecto de segundo orden | second-order effect
efecto de sombra | shadow effect
efecto de sombra de torre | tower shadow effect
efecto de Stark | Stark effect
efecto de Suhl | Suhl effect
efecto de superficie | surface effect
efecto de talón | heel effect
efecto de terminación | end effect
efecto de tonel | barrel (/box) effect
efecto de transición | rate (/transition) effect
efecto de trayectoria múltiple | multipath effect
efecto de trenzado | stranding effect
efecto de túnel | tunnel action (/effect)
efecto de umbral | threshold effect
efecto de umbral posterior | back porch effect
efecto de válvula | valve action (/effect)
efecto de velocidad | rate effect
efecto de volante | flywheel effect
efecto de volumen | volume effect
efecto Debye | Debye effect
efecto del ambiente | ambient effect
efecto del hueco en el centro | hole-in-the-centre effect
efecto del motor | motion effect
efecto del tiempo de tránsito | transit time effect
efecto del trasporte | transport effect
efecto Dellinger | Dellinger effect
efecto Dember | Dember effect
efecto derivador | shunting effect
efecto Destriau | Destriau effect
efecto diamagnético | diamagnetic effect
efecto direccional | beam effect
efecto Doppler | Doppler (/shift) effect
efecto Doppler de frecuencia modulada | FM Doppler effect
efecto Dorn | Dorn effect
efecto Edison | Edison effect [obs]
efecto Einstein-de Has | Einstein-de Has effect
efecto electroacústico | acoustoelectric effect
efecto electrocinético | electrokinetic effect
efecto electrofónico | electrophonic effect

efecto electroóptico | electro-optic effect
efecto electrorresistivo | electroresistive effect
efecto electrostrictivo | electrostrictive effect
efecto estacional | seasonal effect
efecto este-oeste | east-west effect
efecto estereofónico | binaural (/stereo) effect
efecto Faraday | Faraday's effect
efecto ferroeléctrico | ferroelectric effect
efecto first shot | first shot effect
efecto fónico | sound effect
efecto fotoacústico | photoacoustic effect
efecto fotoconductor | photoconductive effect
efecto fotodieléctrico | photodielectric effect
efecto fotoelástico | photoelastic effect
efecto fotoeléctrico | photoeffect, photoelectric effect
efecto fotoeléctrico externo | external photoelectric effect
efecto fotoeléctrico interno | internal photoelectric effect
efecto fotoeléctrico inverso | inverse photoelectric effect
efecto fotoeléctrico superficial | surface photoelectric effect
efecto fotoelectromagnético | photoelectromagnetic effect
efecto fotoemisor | photoemissive effect
efecto fotomagnético | photomagnetic effect
efecto fotomagnetoeléctrico | photomagnetoelectric effect
efecto fotonuclear | photonuclear effect
efecto fototermoeléctrico | photothermielectric effect
efecto fotovoltaico | photovoltaic effect
efecto galvanomagnético | galvanomagnetic effect
efecto genético de las radiaciones | genetic effect of radiation
efecto geomagnético | geomagnetic effect
efecto giromagnético | gyromagnetic effect
efecto giroscópico | gyroscopic action
efecto granular | shot effect
efecto Gudden-Pohl | Gudden-Pohl effect
efecto Guillemin | Guillemin effect
efecto Gunn | Gunn effect, negative differential resistance effect
efecto Hall | Hall effect
efecto Hallwacks | Hallwacks effect
efecto Hertz | Hertz effect
efecto imagen | image effect
efecto inductométrico | inductometric effect
efecto isotópico | isotope (/isotopic) effect
efecto isotópico de rotación | rotational isotopic effect
efecto Joshi | Joshi effect
efecto Joule | Joule (heat) effect
efecto Kelvin | Kelvin (/skin) effect
efecto Kendall | Kendall effect
efecto Larsen | Larsen effect, microphonism
efecto Leduc | Leduc effect
efecto 'lluvia sobre barril' | rain barrel efect
efecto local | sidetone
efecto local por la palabra | speech sidetone
efecto local por los ruidos de sala | room noise sidetone
efecto Luxemburgo | Luxemburg effect
efecto magnético secundario | magnetic aftereffect
efecto magnetoóptico | magneto-optical effect
efecto magnetoóptico de Kerr | Kerr magneto-optical effect
efecto magnetostrictivo directo | direct magnetostrictive effect
efecto magnetostrictivo inverso | inverse magnetostrictive effect
efecto magnetrón | magnetron effect
efecto marginal | fringing, fringe effect
efecto marginal negativo | negative fringing
efecto Matteucci | Matteucci effect
efecto Meissner | Meissner effect
efecto microfónico | microphonism
efecto Miller | Miller effect
efecto Mössbauer | Mössbauer effect
efecto Nernst | Nernst effect
efecto Nernst-Ettinghausen | Nernst-Ettinghausen effect
efecto nocturno | night effect
efecto óptico no lineal | nonlinear optical effect
efecto Overhauser | Overhauser effect
efecto Ovshinsky | Ovshinsky effect
efecto oxígeno | oxygen effect
efecto parásito | stray, parasitic (/stray, /skin) effect
efecto pelicular | Kelvin effect
efecto Peltier | Peltier effect
efecto piezoeléctrico | piezoelectric effect
efecto piezoeléctrico inverso | inverse piezoelectric effect
efecto piroeléctrico | pyroelectric effect
efecto plástico | plastic effect
efecto Ploy | Ploy effect
efecto precursor | precursor
efecto pronunciado | sharp effect
efecto puntual [mayor escape de carga eléctrica por las puntas] | point effect
efecto Purkinje | Purkinje effect
efecto radiactivo | radioactive effect
efecto radial | spoking
efecto radiobiológico | radiobiological effect
efecto reactivo | backlash
efecto resonancia | listener echo; rain barrel efect; hollowness near singing distortion
efecto retrógrado del yugo de deflexión | deflection yoke pullback
efecto Richardson | Richardson effect
efecto Righi | Righi effect, Leduc effect
efecto Rocky Point | Rocky Point effect
efecto secundario | secondary (/side) effect
efecto Seebeck | Seebeck (/thermoelectric) effect
efecto seguidor de colector | collector follower effect
efecto seudoestereofónico | pseudostereophonic effect
efecto Silsbee | Silsbee effect
efecto sísmico | seismic effect
efecto sólido | solid effect
efecto sonoro | sound effect
efecto sonoro de cañería cantante | singing-stovepipe effect [USA]
efecto Soret | Soret effect
efecto superficial | skin effect
efecto supresor | suppressor effect
efecto Tanberg | Tanberg effect
efecto tecnetrón | tecnetron effect
efecto térmico | heating (/thermal) effect
efecto termodieléctrico | thermodielectric effect
efecto termoeléctrico | Seebeck (/thermoelectric) effect
efecto termoelectrónico | thermionic emission
efecto termomagnético | magnetocaloric (/thermomagnetic) effect
efecto Thomson | Thomson effect
efecto tonal característico | recorded ambience
efecto Touschek | Touschek effect
efecto transistor | transistor action
efecto transitorio de la conmutación | switching transient
efecto túnel | tunnel action, tunnelling (effect)
efecto útil de trasmisión | transmission efficiency
efecto Villari | Villari effect
efecto visual | sight effect
efecto Volta | Volta effect
efecto volumétrico | bulk effect
efecto Wertheim | Wertheim effect
efecto Whippany | Whippany effect
efecto Wiedemann | Wiedemann effect
efecto Wiedemann directo | direct Wiedemann effect
efecto Wiedemann inverso | inverse Wiedemann effect
efecto Wien | Wien effect
efecto Wigner | Wigner effect
efecto xenón | xenon effect
efecto Zeeman | Zeeman effect
efecto Zeeman anómalo | anomalous Zeeman effect

efecto Zeeman normal | normal Zeeman effect
efecto Zener | Zener effect
efectos de fondo | background
efectos genéticos de la radiación | radiation genetics
efectos somáticos | somatic effects
EFF [Fundacion frontera electrónica; organización para la defensa de los derechos en el ciberespacio] | EFF = Electronic frontier foundation
eficacia | effectiveness, efficiency
eficacia algorítmica | algorithm efficiency
eficacia biológica relativa | relative biological effectiveness
eficacia de la barra de control | control rod worth
eficacia de radiación | radiation efficiency
eficacia de respuesta del contestador | transponder reply efficiency
eficacia de respuesta del repetidor de impulsos | transponder reply efficiency
eficacia de trasmisión disponible | available power efficiency
eficacia del blindaje | shield effectiveness
eficacia del circuito de carga | load circuit efficiency
eficacia del colector | collector efficiency
eficacia del contador | counter efficiency
eficacia del contestador | transponder efficiency
eficacia diferencial de una barra de control | differential control rod worth
eficacia direccional | front-to-back ratio
eficacia directiva de la antena | aerial front-to-back ratio
eficacia luminosa relativa | relative luminous efficiency
eficacia luminosa relativa escotópica | scotopic relative luminous efficiency
eficacia radiante | radiant efficiency
eficacia relativa | relative effectiveness (/efficiency)
eficaz | effective
eficiencia cuántica | quantum efficiency
eficiencia cuántica externa | external quantum efficiency
eficiencia cuántica interna | internal quantum efficiency
eficiencia de conversión | conversion efficiency
eficiencia de inyección del emisor | emitter injection efficiency
eficiencia de placa | conversion efficiency
eficiencia del cañón [electrónico] | gun efficiency
eficiencia del circuito | circuit efficiency
eficiencia del emisor | emitter efficiency

eficiencia luminosa | luminous efficiency
eficiencia relativa | relative effectiveness
efímero | short-lived
efluente radiactivo | radioactive effluent
efluvio | corona, effluvium, emanation, glow discharge
efluvio eléctrico | corona
EFTS [sistema electrónico de trasferencia de fondos] | EFTS = electronic funds transfer system
efusión | effusion
efusión molecular | molecular effusion
EGA [adaptador gráfico ampliado] | EGA = enhanced graphics adapter
EGA = encefalograma aéreo | AEG = air encephalogram
EGNOS [sistema europeo de navegación por satélite con precisión de medida de 5 m] | EGNOS = European global navigation overlay system
EGP [protocolo de puerta externa] | EGP = external gateway protocol
EGSM [banda GSM ampliada] | EGSM = extended GSM band
EIA [asociación estadounidense de industrias electrónicas] | EIA = Electronic Industries Association
EIDE [electrónica ampliada de dispositivos integrados] | EIDE, E-IDE = enhanced integrated drive electronics
einstenio | einsteinium
EIS [sistema de información ejecutivo] | EIS = executive information system
EISA [arquitectura normalizada industrial avanzada] | EISA = enhanced industry standard architecture
eje | axis, shaft, spindle
eje acanalado | splined shaft
eje central | backbone
eje de abscisas | X-axis
eje de bloqueo | lock shaft
eje de coordenadas | coordinate axis
eje de cuadratura | quadrature axis
eje de exploración | scan axis
eje de fase cromática | chromatic phase axis
eje de la banda ancha | wideband axis
eje de la banda estrecha | narrow-band axis
eje de levas | wiper shaft
eje de ordenadas | ordinate axis, Y-axis
eje de referencia | reference axis
eje de rotación del cristal | axis of rotational symmetry of a crystal
eje de rotación del goniómetro de rayos X | rotating axis of the X-ray goniometer
eje de rumbo por radio | radio range beacon course
eje de salida | output axis
eje de zona | zone axis
eje débil | weak axis
eje del colimador | collimator axis

eje del cristal | crystal axis
eje del haz | beam axis
eje del haz de rayos | axis of a beam of radiation
eje del martillo | hammer shaft
eje del primario de banda ancha | wideband axis
eje del primario de la banda estrecha | narrow-band axis
eje dividido | split shaft
eje eléctrico | electrical axis
eje escalonado | stepped shaft
eje estacionario de fase cromática | stationary chromatic phase axis
eje estriado | splined shaft
eje flexible | flexible shaft
eje hendido | split shaft
eje horizontal | horizontal axis
eje impulsor | capstan
eje instantáneo de rotación | virtual axis
eje intermedio del conjunto | intermediate gear assembly
eje macizo | solid shaft
eje magnético | magnetic axis
eje neutro | neutral axis
eje óptico | optical axis
eje partido | split shaft
eje piezoeléctrico | piezoelectric axis
eje portador | supporting axle
eje portaescobillas | wiper shaft
eje primario | primary shaft
eje primario axial | axial primary shaft
eje primario excéntrico | primary eccentric shaft
eje principal | main shaft, principal axis
eje principal del conjunto | main gear assembly
eje ranurado | splined shaft
eje secundario | secondary axis
eje secundario axial | axial secondary shaft
eje Y | Y axis
eje Z | Z axis
ejecución | execution, running
ejecución del servicio | maintenance of service
ejecución en paralelo | parallel execution
ejecución interactiva avanzada [sistema operativo de UNIX] | advanced interactive executive
ejecución reversible | reversible execution
ejecución seca | dry run
ejecución secuencial | sequential execution
ejecución simbólica | symbolic execution
ejecución simultánea [de programas informáticos] | concurrent execution
ejecución simultánea de programas | concurrent program execution
ejecución solapada de instrucciones | pipelining
ejecutable | executable; achievable, workable
ejecutado | done; executed

ejecutar [*una orden o instrucción*] | to execute; to invoke, to launch; [*un programa*] to run; to render
ejecutar el programa [*en el ordenador*] | program execute
ejecutar la orden | to execute command
ejecutar un ciclo de apagado y encendido | to cycle power
ejecutar un programa | to execute a program
ejecutivo | executive, monitor, supervisor
ejecutivo en tiempo real | real-time executive
ejecutor extendido reestructurado [*lenguaje de programación de IBM*] | restructured extended executor
ejecutor terminal | end effector
ejemplo | instance
ejercitador | exerciser
el ordenador no responde [*al que se pretende acceder*] | host unreachable
elaboración final | tail end
elastancia | elastance
elasticidad | compliance, resilience, springiness
elasticidad acústica | acoustic compliance (/elasticity)
elasticidad de volumen | volume elasticity
elasticidad lateral | lateral compliance
elasticidad lineal | rectilineal compliance
elasticidad vertical | vertical compliance
elástico | elastic
elástico de contacto | contact leaf (/swinger)
elástico móvil de contacto | contact swinger
elastividad | elastivity
elastómero | elastomer; elastomeric
elastorresistencia | elastoresistance
elección | choice
elección de diálogo | dialog choice
elección de emplazamiento | site selection
elección de la contraseña | password option
elección lógica | logical choice
elección sin ratón | mouseless activation
Electra [*ayuda específica a la radionavegación que proporciona un número de zonas de igual señal*] | Electra
electreto [*sustancia permanentemente electrificada con cargas opuestas en sus extremos*] | electret
electreto de cera | wax electret
electreto de hoja | foil electret
electricidad | electricity
electricidad atmosférica | atmospheric electricity
electricidad eólica | wind-generated electricity
electricidad estática | static (electricity)

electricidad estática atmosférica | atmospheric static
electricidad estática por rozamiento | frictional electricity
electricidad industrial | practical electricity
electricidad negativa | negative electricity
electricidad positiva | positive electricity
electricidad práctica | practical electricity
electricidad vítrea | vitreous electricity
electricidad voltaica | voltaic electricity
electricista | electrician
eléctrico | electric, electrical
electrificación | electrification
electrificación espontánea | self-electrification
electrificación estática | static electrification
electrificación por inducción | electrification by induction
electroacústico | electroacoustic, acoustoelectric
electroafino | electrorefining
electroaleación | electralloy
electroanálisis | electroanalysis
electroarteriógrafo de dedos | finger plethysmograph
electrobalística | electroballistics
electrobiología | electrobiology
electrobioscopía | electrobioscopy
electrobomba sumergible | submersible electric pump
electrobús | electric bus
electrocapilaridad | electrocapillarity
electrocardiofonógrafo | electrocardiophonograph
electrocardiografía | electrocardiography
electrocardiógrafo | electrocardiograph
electrocardiógrafo fetal | foetal electrocardiograph
electrocardiograma | electrocardiogram
electrocardiograma vectorial | vector electrocardiogram
electrocauterio | electrocautery
electrochapado | electroplating
electrochoque | electroshock
electrocincado | zinc-plated
electrocinética | electrokinetics
electrocirugía | electrosurgery
electrocoagulación | electrocoagulation
electrocolorímetro de tres células | three-cell electrocolorimeter
electroconformado | electroforming
electrocución | electrocution
electrocultivo | electroculture
electrodeposición | electrodeposition, plating, plating-up
electrodeposición por impulsos | pulse electroplating
electrodeposición selectiva | selective electrodeposition

electrodepositado en tambor | barrel-plated
electrodepósito en tambor | barrelling [UK], barreling [USA]
electrodermografía | electrodermography
electrodesintegración | electrodisintegration
electrodiagnóstico | electrodiagnosis
electrodiálisis | electrodialysis
electrodinámica | electrodynamics
electrodinámica cuántica | quantum electrodynamics
electrodinámico | electrodynamic
electrodinamómetro | electrodynamometer
electrodinamómetro Siemens | Siemens electrodynamometer
electrodo | electrode; plate [USA]
electrodo a cero | null electrode
electrodo acelerador | accelerating electrode
electrodo acelerador de desviación posterior | post-deflection accelerating electrode
electrodo anodizado | anodically oxidized electrode
electrodo aplicador | applicator electrode
electrodo auxiliar | auxiliary (/testing) electrode
electrodo bipolar | bipolar electrode
electrodo capilar | capillary electrode
electrodo captador | catcher, pickup electrode
electrodo colector | collecting electrode
electrodo con punta normal a su eje | vertical electrode
electrodo condensador | condenser anode
electrodo corporal | body electrode
electrodo corto | noncontinuous electrode
electrodo de aceleración | accelerating electrode
electrodo de aceleración posterior | post-accelerating electrode
electrodo de aguja | needle electrode
electrodo de antimonio | antimony electrode
electrodo de arranque | starting electrode
electrodo de autococción | self-baking electrode
electrodo de barra | pencil electrode
electrodo de base | base electrode
electrodo de calomelano | calomel electrode
electrodo de calomelano decinormal | decinormal calomel electrode
electrodo de carbón | carbon electrode
electrodo de cebado | primer, starting (/trigger, /triggering) electrode
electrodo de chispa | spark electrode
electrodo de cierre antes de apertura | make-break electrode

electrodo de cloruro de mercurio | calomel electrode
electrodo de comparación | comparison electrode
electrodo de control | control electrode, sensitive gate
electrodo de control del haz | ray control electrode
electrodo de control del rayo | ray control electrode
electrodo de convergencia | convergence electrode
electrodo de criba | sifter electrode
electrodo de cristal | glass electrode
electrodo de cuarzo | quartz electrode
electrodo de cubeta | cup electrode
electrodo de deflexión | deflection electrode
electrodo de deflexión horizontal | horizontal deflection electrode
electrodo de deflexión vertical | vertical deflection electrode
electrodo de desaceleración | decelerating electrode
electrodo de destino | target electrode
electrodo de desviación vertical | vertical deflection electrode (/plate)
electrodo de desvío | deflecting electrode
electrodo de disparo | trigger (/triggering) electrode
electrodo de doble alma | twin-core electrode
electrodo de encendido | starter, starting (/striking, /trigger) electrode
electrodo de enfoque | focusing electrode
electrodo de ensayo | sample electrode
electrodo de entretenimiento | keep-alive electrode
electrodo de gas | gas electrode
electrodo de gota | cup electrode
electrodo de gota de alta porosidad | cup electrode of high porosity
electrodo de gotas | dropping electrode
electrodo de grafito | graphite electrode
electrodo de guiado | guide electrode
electrodo de hidrógeno | hydrogen electrode
electrodo de Hildebrand | Hildebrand electrode
electrodo de ignición | starter
electrodo de la válvula | tube (/valve) electrode
electrodo de medición | sounding electrode
electrodo de modulación | modulating electrode
electrodo de Ostwald | Ostwald electrode, normal calomel electrode
electrodo de pH | pH electrode
electrodo de placa | pad (/plate) electrode
electrodo de plata | silver electrode
electrodo de plata y cloruro de plata | silver-silver chloride electrode
electrodo de platino platinado | platinized platinum electrode
electrodo de protección de campo | field relief electrode
electrodo de puerta | gate electrode
electrodo de puesta a tierra | earth electrode (/plate), grounding electrode
electrodo de punta | point electrode
electrodo de punta ancha | pad (electrode)
electrodo de quinhidrona | quinhydrone electrode
electrodo de referencia | reference (/working standard) electrode
electrodo de reflexión | reflecting (/repeller) electrode
electrodo de reparto de potencial | voltage-grading electrode
electrodo de retardo | decelerating (/retarding) electrode
electrodo de retención | hold electrode
electrodo de roldana | roller electrode
electrodo de salida | output electrode
electrodo de salida de señal | signal output electrode
electrodo de segundo orden | second-order electrode
electrodo de señal | signal electrode
electrodo de soldadura | welding electrode
electrodo de soldadura circular | welding wheel
electrodo de soldadura por resistencia | resistance welding electrode
electrodo de sondeo | sounding electrode
electrodo de soporte | supporting electrode
electrodo de tierra | earth electrode (/plate)
electrodo de tierra tipo rehilete | multivane grounding electrode
electrodo de trabajo | work electrode
electrodo de trasferencia | transfer electrode
electrodo de tungsteno | tungsten electrode
electrodo de varilla | rod electrode
electrodo de vidrio | glass electrode
electrodo de volframio | tungsten electrode
electrodo de Wehnelt | Wehnelt electrode
electrodo decelerador | retarding electrode
electrodo deflector | deflecting electrode
electrodo del aplicador | applicator electrode
electrodo desacelerador | decelerating electrode
electrodo deslizante | sliding electrode
electrodo desnudo | bare electrode
electrodo destalonado | undercut electrode
electrodo discoidal | disc electrode
electrodo en forma de tejado | roof-shaped electrode
electrodo en punta | pointed electrode
electrodo endocardíaco | endocardiac electrode
electrodo exterior | outer electrode
electrodo final de alta tensión | ultor
electrodo formador del haz | beam-forming electrode
electrodo fuente | source electrode
electrodo giratorio | rotating electrode
electrodo guía | guide electrode
electrodo hueco de carbón | crater (/hole) graphite electrode
electrodo ignitor | igniter electrode
electrodo igual | self electrode
electrodo impolarizable | nonpolarizable electrode
electrodo impolarizable de referencia | nonpolarizable reference electrode
electrodo inerte de oxidación-reducción | oxidation-reduction electrode
electrodo inflamador | igniter electrode
electrodo inorgánico | inorganic electrode
electrodo intensificador | intensifier electrode
electrodo miocardial | myocardial electrode
electrodo modulador | modulating electrode
electrodo múltiple | multiple electrode, polyelectrode
electrodo negativo | negative electrode
electrodo no continuo | noncontinuous electrode
electrodo normal de calomelanos | normal calomel electrode
electrodo normal de hidrógeno | normal hydrogen electrode
electrodo normalizado | standard electrode
electrodo normalizado de referencia de sulfato de cobre | standard copper sulphate reference electrode
electrodo para campo magnético en determinada dirección | sole
electrodo para oxicorte | oxy-arc cutting electrode
electrodo para soldar | welding electrode (/rod)
electrodo pasivo | passive electrode
electrodo patrón | standard electrode
electrodo platinado | platinum-clad electrode
electrodo poroso | porous cup electrode
electrodo portador | carrier electrode
electrodo positivo | positive electrode
electrodo receptor | receiving electrode
electrodo recubierto | wrapped electrode
electrodo reflectante | reflecting electrode

electrodo reflector | reflector (/repeller) electrode
electrodo refractario para soldadura por arco | nonfusing arc-welding electrode
electrodo revestido de polvo de circonio y hierro | zircon-iron powder-coated electrode
electrodo roscado | helical electrode
electrodo semirrevestido | semicoated electrode
electrodo sencillo | simple electrode
electrodo sin revestimiento | bare electrode
electrodo vertical | vertical electrode
electrodoméstico | appliance
electrodos coplanares | coplanar electrodes
electrodos de deflexión vertical | vertical-deflecting electrodes
electrodos de desviación vertical | vertical-deflecting electrodes
electroencefalografía | electroencephalography
electroencefalógrafo | electroencephalograph
electroencefalograma | electroencephalogram
electroencefaloscopio | electroencephaloscope
electroendosmosis | electroendosmosis
electroespinógrafo | electrospinograph
electroestañado | electrotyping
electroextracción | electrowinning
electrofax | electrofax
electrofisiología | electrophysiology
electroflor | electroflor
electrofluorescencia | electrofluorescence
electroforesis | electrophoresis, electroplating, phoresis
electroforesis de papel | paper electrophoresis
electroforesis por electroendosmosis | electroendosmosis
electróforo | electrophorus
electrofotografía | electrophotography
electrofotografía electrostática | electrostatic electrophotography
electrofotograma | electrophotograph
electrofotómetro | electrophotometer
electrogalvanización | electrogalvanizing
electrogalvanizar | to electroplate
electrogastrograma | electrogastrogram
electrógena | electrogen
electrogenerador | electric generator
electrogenerador para soldadura | welding generator
electrogenerador para soldar | welding generator
electrografía | electrography
electrografía electrostática | electrostatic electrography
electrógrafo | electrograph

electrohorno de resistencia | resistor-heated furnace
electroimán | electromagnet, magnet
electroimán blindado | shielded (/screened-type) electromagnet
electroimán de acción rotativa | rotary solenoid
electroimán de arranque | start magnet
electroimán de arrollamiento superconductor | superconducting electromagnet
electroimán de avance de la cinta | tape feedout magnet
electroimán de cambio de línea | line feed magnet
electroimán de campo | field magnet
electroimán de clasificación | sorting magnet
electroimán de coincidencia | coincidence magnet
electroimán de desconexión | releasing magnet
electroimán de disparo | releasing magnet
electroimán de elevación | vertical (/lifting) magnet
electroimán de impresión | printing magnet
electroimán de liberación | release magnet
electroimán de núcleo buzo | plunger magnet
electroimán de núcleo móvil | plunger magnet
electroimán de parada | stop magnet
electroimán de perforación | punch magnet
electroimán de puesta en fase | phase (/trip) magnet
electroimán de pureza del color | colour purity magnet
electroimán de recepción | receive electromagnet
electroimán de relé | relay magnet
electroimán de retroceso | backspace magnet
electroimán de rotación | rotary magnet
electroimán de ruptura rápida | snap magnet
electroimán de selección secundaria | secondary selector magnet
electroimán de sincrotrón | synchrotron magnet
electroimán de soplado | blowout magnet
electroimán de suspensión | lifting magnet
electroimán de zona | zone magnet
electroimán del mecanismo de descarga | stacker magnet
electroimán para la maniobra de chatarra | scrap-handling magnet, scrap-lifting magnet
electroimán polarizado | polarized electromagnet
electroimán selector | selecting magnet, selector (clutch) magnet
electroimán sincronizador | phase (/trip) magnet
electroimán telegráfico | telegraph electromagnet
electrólisis | electrolysis, galvanolysis
electrólisis por corrientes vagabundas | stray current electrolysis
electrolítico | electrolytic
electrolito, electrólito | electrolyte
electrolito coloidal | colloidal electrolyte
electrolito débil | weak electrolyte
electrolito del condensador | capacitor electrolyte
electrolito fuerte | strong electrolyte
electrolito inorgánico | inorganic electrolyte
electrolito pastoso | paste
electrolito sólido | solid electrolyte
electrolizador | electrolyzer
electroluminiscencia | electroluminescence
electromagnético | electromagnetic
electromagnetismo | electromagnetics, electromagnetism
electromanómetro | electromanometer
electromecánica | electromechanics
electromecánico | electromechanical
electromecanismo de control lineal | linear control electromechanism
electromecanismo de control rotativo | rotational control electromechanism
electromedicina | medical electronics
electromegáfono | power megaphone
electrometalurgia | electrometallurgy, galvanometallurgy
electrómetro | electrometer
electrómetro a condensador | condenser electrometer
electrómetro capilar | capillary electrometer
electrómetro con doble filamento | double filament electrometer
electrómetro de condensador vibratorio | vibrating capacitor electrometer
electrómetro de cuadrantes | quadrant electrometer
electrómetro de cuerda | string electrometer
electrómetro de fibra | string electrometer
electrómetro de fibra de cuarzo | quartz fibre electrometer
electrómetro de hilo | filament electrometer
electrómetro de hilo de cuarzo | quartz wire electrometer
electrómetro de Hoffman | Hoffman electrometer
electrómetro de ionización | ionization electrometer
electrómetro de Kelvin | Kelvin electrometer
electrómetro de lámina vibratoria | vibrating reed electrometer

electrómetro de lengüeta vibratoria | vibrating reed electrometer
electrómetro de Lindemann | Lindemann electrometer
electrómetro de torsión | torsion electrometer
electrómetro de válvula | tube (/valve) electrometer
electrómetro de válvula de vacío | vacuum valve electrometer
electrómetro de vibración | vibrating capacitor (/reed) electrometer
electrómetro de Wulf | Wulf electrometer
electrómetro multicelular | multiple electrometer
electrómetro unifilar | fibre electrometer
electromigración | electromigration
electromiografía | electromyography
electromiógrafo | electromyograph
electromiograma | electromyogram
electromoldeo | electroforming
electromotor | electromotor
electromotor refrigerado por agua | wet motor
electrón | electron
electrón aislado | lone electron
electrón atrapado | trapped electron
electrón Auger | Auger electron
electrón caliente | hot electron
electrón cautivo | trapped electron
electrón Compton | Compton electron
electrón Compton de retroceso | Compton recoil electron
electrón cortical | orbital electron, electron in outer shell
electrón cromofórico | chromophoric electron
electrón cromóforo | chromophoric electron
electrón de conducción | conduction electron
electrón de conversión | conversion electron
electrón de efecto Auger | Auger electron
electrón de la banda de conducción | conduction electron
electrón de la capa K | K electron
electrón de ligadura | bonding electron
electrón de rebote | recoil electron
electrón de rechazo | recoil (/return) electron
electrón de retroceso | recoil electron
electrón de vacío | vacuum electron
electrón de valencia | valence electron
electrón decelerado | decelerated electron
electrón del plasma | plasma electron
electrón desacelerado | decelerated electron
electrón desacoplado | runaway electron
electrón dextrógiro | right-polarized electron
electrón equivalente | equivalent electron

electrón errante | stray electron
electrón excedente | excess electron
electrón exterior | orbital electron
electrón extranuclear | extranuclear electron
electrón giratorio | spinning electron
electrón interno | inner shell electron
electrón K | K electron
electrón L | L electron
electrón lento | slow electron
electrón liberado por agitación térmica | thermally liberated electron
electrón libre | free electron
electrón ligado | bound electron
electrón M | M electron
electrón metastásico | metastasic electron
electrón N | N electron
electrón negativo | negative electron; negatron [obs]
electrón O | O electron
electrón óptico | outer shell electron
electrón orbital | orbital electron
electrón P | P electron
electrón pareado | paired electron
electrón periférico | peripheral electron, outer shell electron
electrón planetario | orbital (/planetary) electron
electrón positivo | positron, positive electron
electrón primario | primary electron
electrón Q | Q electron
electrón reflejado | reflected electron
electrón relativista | relativistic electron
electrón retenido | trapped electron
electrón rotatorio | spinning electron
electrón satélite | planetary electron
electrón secundario | reflected (/secondary) electron
electrón solitario | lone electron
electrón térmico | negative thermion
electrón ultrarrápido | relativistic electron
electrón ultraveloz | relativistic electron
electronarcosis | electronarcosis, shock therapy
electronegatividad | electronegativity
electronegativo | electronegative
electrones dispersos | scattered electrons
electrones estabilizados en fase | phase-stabilized electrons
electrones no emparejados | unpaired electrons
electrones no equivalentes | nonequivalent electrons
electrones sin emparejar | unpaired electrons
electrones sometidos a múltiples choques | multipacting electrons
electroneumático | electropneumatic
electrónica | electronics
electrónica ampliada de dispositivos integrados | enhanced integrated device electronics

electrónica aplicada a la tecnología espacial | space electronics
electrónica automotriz | automotive electronics
electrónica basada en la física del estado sólido | solid-state physical electronics
electrónica cuántica | quantum electronics
electrónica de corrientes débiles | small-current electronics
electrónica de corrientes fuertes | power electronics
electrónica de dispositivos integrados | integrated device electronics
electrónica de estado sólido | solid-state electronics
electrónica de los transistores | transistor electronics
electrónica de microsistemas | microsystems electronics
electrónica de potencia | power electronics
electrónica del estado gaseoso | gaseous electronics
electrónica espacial | space electronics
electrónica física | physical electronics
electrónica integrada | integrated electronics
electrónica matricial | matrixing electronics
electrónica molecular | mole (/molecular) electronics
electrónica profesional | professional electronic
electrónico | electronic
electronistagmografía | electronystagmography
electronvoltio, electrón-voltio | electronvolt, electron-volt; volt-electron [obs]
electrooculografía | electro-oculography
electroóptica | electro-optics
electropad [parte del electrodo que hace contacto con la piel] | electropad
electropatología | electropathology
electropinza | hook-on instrument
electroplacas | electroplaques
electropositivo | electropositive
electropulido | electropolishing, electrolytic polishing
electroquímica | electrochemistry, galvanochemistry
electroquímico | electrochemical
electroquimógrafo | kymograph
electrorrefino | electrorefining
electrorresolutor | electrical resolver
electrorretinografía | electroretinography
electrorretinógrafo | electroretinograph
electrorretinograma | electroretinogram
electroscopio | electroscope
electroscopio blindado | shielded electroscope

electroscopio de condensador | condenser electroscope
electroscopio de fibra de cuarzo | quartz fibre electroscope
electroscopio de hojas de aluminio | aluminium-leaf electroscope
electroscopio de hojas de oro | gold leaf electroscope
electroscopio de Lauritzen | Lauritzen's electroscope
electroscopio de panes de oro | gold leaf electroscope
electroscopio de Wilson | Wilson electroscope
electrosección | electrosection
electrosolución | electrosol
electrostática | electrostatics
electrostático | electrostatic
electrostatografía | electrostatography
electrostricción | electrostriction
electrotaxia | electrotaxis
electrotelecardiógrafo | telectrocardiograph
electrotelémetro | electrotape
electroterapéutica | electrotherapeutics
electroterapia | electrotherapy
electrotérmica | electrothermics
electrotérmico | electrothermal
electrotipia | galvanography
electrotono | electrotonus
electrotono físico | physical electrotonus
electrotono fisiológico | physiological electrotonus
electrotropismo | electrotropism
ELED [*LED de borde*] | ELED = edge-emitting LED
elegante | elegant
elegible | selectable
elegir | to choose, to polling
elegir color | to grab color
elegir nombre para la acción | choose name for action
elemental | elementary
elemento | component, element, item, stage, step, subcomponent, unit; frame
elemento acelerador final | ultor element
elemento acompañante | accompanying element
elemento activable | activatable element
elemento activo | active element
elemento activo resaltado | armed emphasis
elemento acumulador | storage cell (/element)
elemento acumulador de plomo-ácido | lead acid cell
elemento aglomerado | lumped element
elemento alineal pasivo | passive nonlinear element
elemento anterior | previous item
elemento anterior del montante del bastidor | front upright

elemento apuntador | pointing element
elemento aritmético | arithmetic element
elemento arrítmico | stop-start unit
elemento ascendente | parent element
elemento bilateral | bilateral element
elemento bimetálico | bimetallic element
elemento bipolar | two-terminal device
elemento calefactor | heating element
elemento capacitivo sintonizable | tunable capacitive element
elemento combustible | fuel element
elemento combustible agotado | spent fuel element
elemento combustible del tipo de dispersión | dispersion-type fuel element
elemento compensador | ballast; compensating element
elemento compensador de fase | phase-compensating component
elemento con constantes no distribuidas | lumped-constant element
elemento con defecto de hermeticidad | leaker
elemento con fuga | leaker
elemento con pureza óptima | highly purified element
elemento concentrado | lumped component
elemento conducido | driven element
elemento conductor | driver element
elemento de almacenamiento | storage element
elemento de antena | aerial element
elemento de arranque | start (/starting) element
elemento de arranque y parada | stop-start unit
elemento de batería | battery cell
elemento de bloqueo | blocking device
elemento de bloqueo del ánodo | anode stopper
elemento de capacidad decreciente | tapered capacitance element
elemento de cinta | ribbon element
elemento de circuito | circuit element
elemento de código | code element
elemento de comienzo | start element
elemento de compensación | shim element (/member)
elemento de conductividad unilateral | asymmetrical cell
elemento de conexión | fitting
elemento de configuración de software | software configuration item
elemento de conformado | shaping unit
elemento de conjunto | array element
elemento de contacto | contact member
elemento de control | control element (/member)
elemento de control de la potencia | power control member
elemento de control final | final control element

elemento de control fino | fine control member, regulating element
elemento de copia | copy member
elemento de corrimiento en bucle | ping-pong
elemento de corte | cutout element
elemento de cristal piezoeléctrico | piezoelectric crystal element
elemento de datos | data element (/item)
elemento de decisión | decision element
elemento de desadaptación normalizado | standard mismatch
elemento de desplazamiento temporal | shifting element
elemento de destino | target element
elemento de disipación acústica | acoustic dissipation element
elemento de distribución de energía | power distribution component
elemento de distribución de potencia | power distribution component
elemento de enganche | latch
elemento de entrada de referencia | reference input element
elemento de espacio | space component, spacing element
elemento de espacio de la señal | space component
elemento de estado sólido | solid-state component
elemento de excitación de radar primario | primary radar exciter unit
elemento de expansión electrotérmica | electrothermal expansion element
elemento de gran velocidad | screamer [*fam*]
elemento de guía de ondas | waveguide component
elemento de guiaondas | waveguide section
elemento de imagen | picture dot (/element), recording spot
elemento de información | information element
elemento de información de tipo usuario-usuario | user-user information element
elemento de la aleación | component of an alloy
elemento de la lista | list item
elemento de la memoria | memory (/storage) element
elemento de localización | position-finding element
elemento de lógica secuencial | sequential logic element
elemento de memoria | storage element
elemento de mensaje | message element
elemento de modulación | modulation element
elemento de origen | source element
elemento de pantalla | display element
elemento de parada | stop element

elemento de paso | pass element
elemento de pila | primary cell
elemento de programa | program element (/item)
elemento de protección | protecting (/protection) element
elemento de pureza óptima | specially pure element
elemento de radar | radar element
elemento de radar de precisión para aproximación | precision approach radar element
elemento de radar de vigilancia | surveillance radar element
elemento de rastreo | tracking element
elemento de red | network element
elemento de reducción | regulating cell
elemento de referencia | reference element
elemento de referencia con compensación térmica | temperature-compensated reference element
elemento de regulación | end bell, fine control member, regulating cell (/member)
elemento de regulación de la potencia | power control member
elemento de reposo | spacing element
elemento de repuesto | backup
elemento de reserva | backup item
elemento de resistencia | resistance (/resistor) element (/unit)
elemento de resistencia negativa | negative resistance element
elemento de resolución | resolver
elemento de restitución | restitution element
elemento de retardo | delay unit
elemento de retardo lineal | linear delay unit
elemento de retención | retainer
elemento de seguimiento | tracking element
elemento de seguridad | safety (/elementary shutdown) member
elemento de selección de grupo | group selection unit
elemento de selección de líneas | line selection unit
elemento de selección de líneas disperso | remote line selection unit
elemento de señal | mark, element of signal, signal component (/element, /unit)
elemento de señal de reposo | spacing condition signal element
elemento de señal de trabajo | marking condition signal element
elemento de señal negativo | negative signal element
elemento de señal positiva | positive signal element
elemento de señal preparatorio | prefix
elemento de señal telegráfica | telegraph signal element
elemento de servicio de control de asociaciones [en protocolos] | association control service element
elemento de situación | element of a fix
elemento de sobrerreactividad | booster element
elemento de temperatura | temperature element
elemento de temporización | timing element
elemento de trabajo | marking element
elemento de transición | transition element, transitor
elemento de trasductor | transductor element
elemento de tubo | tube element
elemento de umbral | threshold element
elemento de un código | element of a code
elemento de una puerta | one-port
elemento de unión | junctor [USA]
elemento de válvula | tube (/valve)
elemento de válvula electrónica | valve element
elemento de vigilancia | surveillance radar element
elemento del sistema | system element
elemento desmultiplicador | scaling unit
elemento discreto | discrete element
elemento disipador | dissipator
elemento divisor de potencial | cup
elemento eléctrico | electrical element
elemento electronegativo | electronegative element
elemento electrotérmico al descubierto | open electric heater
elemento emisor | transmitting element
elemento en molinete | turnstile element
elemento en serie | series element
elemento en torniquete | turnstile element
elemento especial | special element
elemento estabilizador | stabilizer unit
elemento estable | stable element
elemento estacionario | stationary cell
elemento excitado | driven element
elemento excitador | driver element
elemento exterior del montante del bastidor | outside upright
elemento final | end bell
elemento flector | bender element
elemento funcional | basic function unit
elemento fusible | link
elemento graduador de espoleta | fuse setting element
elemento gráfico [carácter o figura geométrica elemental] | graphics primitive
elemento impreso | printed component (part), printed element
elemento inductivo sintonizable | tunable inductive element
elemento inestable | unstable element
elemento inicial | initial element
elemento integrador | integrating unit
elemento interno | replacement cartridge
elemento localizado | lumped element
elemento lógico | logic (/logical) element
elemento lógico de línea equilibrada | balanced line logic element
elemento lógico mixto | combinational logic element
elemento lógico NI | NOR element
elemento lógico NOR | NOR element
elemento longitudinal de trasductor | stave
elemento maestro | master element
elemento mayoritario | majority element
elemento micrológico | micrologic element
elemento modular | module
elemento motor | motor element
elemento móvil | movable (/moving) element
elemento no equivalente | nonequivalence element
elemento no lineal | nonlinear element
elemento normalizado | standard component
elemento PAR [elemento de radar de precisión para aproximación] | PAR element = precision approach radar element
elemento parásito | parasitic element
elemento pasivo | parasitic element, passive component (/element)
elemento perturbador | interfering (/perturbing) element
elemento piloto | pilot cell
elemento Planté | Planté cell
elemento portátil | portable battery (/cell)
elemento predictor | predicting element
elemento prefabricado | prefabricated unit
elemento primario | primary element
elemento primitivo | primitive element
elemento principal | major item
elemento puerta | gating unit
elemento puro | pure element
elemento radiactivo | radioelement, radioactive element
elemento radiactivo artificial | artificial radioactive element
elemento radiante | radiating element
elemento radiante de antena supermolinete | superturnstile radiating element
elemento rectificador | rectifier (/rectifying) element
elemento rectificador de selenio | selenium rectifier cell
elemento rectificador de cobre-óxido | copper oxide rectifier cell
elemento reflector | reflector element

elemento regulador | ballast
elemento resaltado activo | ready emphasis
elemento resistivo | resistance (/resistive, /resistor) element
elemento resonante | resonant element
elemento retardador | inhibitor
elemento secuencial | sequential element
elemento secundario | parasitic (/secondary) radiator
elemento seleccionado | current item
elemento selector | selector unit
elemento selector de amplitud de canal movible | single-channel pulse amplitude selector unit
elemento semiconductor | semiconducting element
elemento sensible | sensing element
elemento sensible de termómetro de resistencia | resistance thermometer resistor
elemento sensible del extensómetro | strain gauge sensing element
elemento señalado por el cursor | cursored element
elemento separador | separative element
elemento siguiente | next item
elemento sinterizado | sintering body
elemento tampón | buffer element
elemento temporizador | timing element
elemento térmico | heating element
elemento terminal | termination unit
elemento termoeléctrico | thermoelement, thermoelectric element
elemento termométrico de resistencia | resistance thermometer resistor
elemento termosensible de resistencia de platino | platinum resistance bulb
elemento testigo | pilot cell
elemento trascuriano | transcurium element
elemento trasplutoniano | transplutonium element
elemento trasportable | portable battery (/cell)
elemento trasuraniano | transuranic element
elemento trasuránico | transuranium (/transuranic) element
elemento trazador | tracer element
elemento triestable | triflop
elemento umbral | threshold element
elemento unidireccional de guía de ondas | waveguide isolator
elemento unilateral | unilateral element
elemento unitario | unit element, building block
elemento unitario de reposo | spacing condition unit element
elemento voltaico | voltaic cell
elementos de la red | facilities
elementos de media onda apilados | stacked half-wave elements
elementos de protección de línea | line protection equipment
elementos en paralelo | parallel elements
elementos significativos de la modulación | significant modulation element
elevación | elevation, lifting
elevación de antena | aerial elevation
elevación de apantallado | screening elevation
elevación de corriente de resonancia | resonant current step-up
elevación de la corriente de resonancia | resonance current step-up
elevación del voltaje | boosting
elevación inicial | initial erection
elevación relativa de tensión | relative voltage rise
elevación relativa de velocidad | relative speed rise
elevado | high
elevador | lifter, riser; elevator
elevador de cinta | tape lifter
elevador de frecuencia | up-converter
elevador de tensión | (voltage) booster
elevador de tensión de arteria | feeder booster
elevador de voltaje | voltage (/positive) booster
elevador de voltaje desfasador | quadrature booster
elevador de voltaje sincrónico | synchronous booster
elevador magnético | lifting magnet
elevador neumático | airlift
elevador reductor, elevador-reductor | reversible (/positive and negative) booster, positive-negative booster
elevador-reductor diferencial | differential booster
elevador reversible | reversible booster
elevar | to boost, to step up
eliminación | clearance, elimination
eliminación de ceros | zero elimination
eliminación de desechos | waste disposal
eliminación de interferencias | interference elimination
eliminación de la crominancia | chrominance cancellation
eliminación de parásitos | interference elimination
eliminación de perturbaciones | interference elimination
eliminación de rebote | debouncing
eliminación de vibraciones | vibration control
eliminación de X | X elimination
eliminación de zona | zone elimination
eliminación del aislamiento | stripping
eliminación del batido en emisión | beating-in
eliminación gaussiana | Gaussian elimination
eliminación permanente | permanent disposal
eliminación por etapas | stage-by-stage elimination
eliminador | eliminator, rejector, suppressor, trap
eliminador B | B eliminator
eliminador Barkhausen | Barkhausen eliminator
eliminador de antena | aerial eliminator
eliminador de bloqueos | antijamming device
eliminador de ecos del suelo | air-target indicator radar
eliminador de electricidad estática | static eliminator
eliminador de estática | X stopper
eliminador de frecuencias | rejector
eliminador de interferencias | interference blanker (/eliminator)
eliminador de la reacción | reaction suppressor
eliminador de línea de trasmisión | transmission line trap
eliminador de módem [*para comunicación entre dos ordenadores*] | modem eliminator
eliminador de oscilaciones parásitas | parasitic suppressor
eliminador de parásitos | parasitic suppressor, noise eliminator (/suppressor, /trap)
eliminador de parásitos atmosféricos | X stopper
eliminador de perturbaciones | noise trap
eliminador de perturbaciones de radio | radio suppressor
eliminador de ruido | noise clipper (/eliminator, /suppressor)
eliminador de ruidos | noise trap
eliminador de X | X eliminator
eliminar | to clear, to delete, to erase, to remove; [*datos*] to scratch
eliminar antes de la posición actual | delete before current position
eliminar archivo definitivamente | to shred file
eliminar definitivamente | to shred
eliminar después de la posición actual | delete after current position
eliminar el interruptor | to clear switch
eliminar irregularidades [*o datos irrelevantes*] | to smooth
eliminar nombre | to remove name
eliminar por cortocircuito | to short out
eliminar todo | to remove all
eliminar una señal por sintonización | to tune out
ELINT [*exploración electrónica*] | ELINT = electronic intelligence
elipse | ellipse
elipse de polarización | polarization ellipse
elipticidad | ellipticity
élite [*tipo de letra*] | elite
élite tecnológica | techno-elite

ELOD [*disco óptico borrable grabado con láser*] | ELOD = erasable laser optical disk
elongación | elongation, stretch
ELT [*trasmisor localizador de emergencia (para aviones)*] | ELT = emergency locator transmitter
eludir | to inhibit
elusión de menús | menu bypass
EM = equipo móvil | ME = mobile equipment
EM = estación móvil | MS = mobile station
EMA [*asociación de mensajería electrónica*] | EMA = electronic messaging association
emanación | emanation
emanación espuria | spurious emanation
emanación radiactiva | radioactive emanation
EMB [*bloque de memoria ampliada*] | EMB = enhanced memory block
embalado para su distribución [*producto final provisto de envoltura plástica*] | shrink-wrapped
embalaje | packing
embalaje tipo A | type A packaging
embalamiento | runaway
embalamiento térmico | runaway
embalsado y desembalsado en energía eléctrica | energy storage and release
embalse | reservoir
embalse de agua bombeada | pumped storage
embalse de agua por bombeo | pumped storage
embarcar | to ship
embebido | impregnated, potting
embocadura de la bocina | horn throat
embocadura de micrófono esférica | spherical mouthpiece
embocadura esférica | spherical mouthpiece
émbolo | piston, plunger
émbolo de contacto | contact plunger
émbolo de guiaondas | waveguide plunger
émbolo de resorte | spring plunger
émbolo sin contacto | noncontacting plunger
emborronamiento | blurring
embrague | clutch
embrague de corrientes de Foucault | eddy current clutch
embrague de discos múltiples | multiple disk clutch
embrague de función | function clutch
embrague de histéresis | hysteresis clutch
embrague de manguito | muff coupling
embrague de múltiples discos | multiplate clutch
embrague deslizante | slip clutch
embrague electromagnético | electromagnetic coupling
embrague polidisco | multiplate clutch
embudo | funnel
embutido | embedded
embutir en resina | to pot
emergencia | emergency
emerger | to pop-up
EMG = electromiografía | EMG = electromyography
emilio [*fam*] | e-mail message = electronic mail message
emisión | emission, launching, sending, transmission
emisión acústica | sound output
emisión aleatoria | random emission
emisión arrítmica | impulsing
emisión autoeléctrica | autoelectric emission
emisión catódica | cathode emission
emisión completa | complete emission
emisión con portadora reducida | reduced carrier transmission
emisión con supresión de banda lateral | suppressed-sideband transmission
emisión con supresión de onda portadora | suppressed-carrier transmission
emisión contaminante | emission
emisión corpuscular asociada | associated corpuscular emission
emisión cuántica | quantum emission
emisión de banda estrecha | narrow-bandwidth emission
emisión de banda lateral única | single-sideband transmission
emisión de campo | field emission
emisión de campo eléctrico | field emission
emisión de campo en el contador | field emission in counter
emisión de campo libre | free field emission
emisión de campo uniforme | zero-field emission
emisión de corpúsculos | particle emission
emisión de corriente | impulse of current
emisión de detención | stop signal
emisión de electrones | electron emission
emisión de fase | phasing signal
emisión de filamento | filament emission
emisión de fotones | photon emission
emisión de frecuencia contrastada | standard frequency broadcast
emisión de frecuencias contrastadas | standard frequency transmission
emisión de impulsos | impulsing, pulsing, pulse emission
emisión de impulsos de radiación | flash pulsing
emisión de iones positivos | positive ion emission
emisión de la válvula | valve emission
emisión de luz | light emission
emisión de múltiples canales | multiple working
emisión de ondas perturbadoras | radio jamming
emisión de ondas radioeléctricas | radio emission
emisión de parada | stop signal
emisión de parada de unidad y media | unit-and-a-half stop emission
emisión de partículas | particle emission
emisión de polarización vertical | vertically polarized transmission
emisión de positrones | positron emission
emisión de prueba | test transmission
emisión de prueba de televisión | television test transmission
emisión de rejilla | grid emission
emisión de saturación | saturation emission
emisión de Schottky | Schottky emission
emisión de señales | signalling
emisión de señales horarias | time signal emission (/transmission)
emisión de señales normalizadas | standards transmission
emisión de televisión | telecast, televising, television broadcast (/broadcasting, /transmission)
emisión de un par | pair emission
emisión de vídeo | telecasting
emisión del servicio de la policía | police call
emisión dirigida | beam emission
emisión electrónica | electron emission
emisión electrónica de la válvula | valve emission
emisión electrónica errática | side emission
emisión electrónica secundaria | secondary electron emission
emisión electrónica vagabunda | side (/stray) emission
emisión en directo | live
emisión errática | side emission
emisión específica | specific emission
emisión específica de rayos gamma | specific gamma ray emission
emisión espectral de pico | peak spectral emission
emisión espontánea | spontaneous emission
emisión espuria | spurious emission
emisión estereofónica | stereophonic broadcast
emisión estereofónica en multiplexión | stereophonic multiplex broadcasting
emisión estereofónica por canal único | single-channel stereophonic broadcasting
emisión estimulada | stimulated emission
emisión experimental de televisión | television test transmission
emisión extraña | extraneous emission

emisión fotoeléctrica | photoelectric emission
emisión fotoeléctrica con refuerzo de campo [*de campo reforzado*] | field-enhanced photoelectric emission
emisión fotónica | photon emission
emisión gamma en cascada | gamma cascade
emisión hablada | spoken broadcast (/transmission)
emisión indeseada | unwanted emission
emisión inversa | back (/reverse) emission
emisión limitada [*a un área o una audiencia limitadas*] | narrowcast
emisión limitada por temperatura | temperature-limited emission
emisión modulada no manipulada | unkeyed modulated emission
emisión monoenergética de magnitud variable | variable monoenergetic emission
emisión monoenergética variable | variable monoenergetic emission
emisión multicanal | multiple working
emisión no deseada | unwanted emission
emisión no esencial | nonessential (/spurious, /unwanted) emission
emisión no inútil | unwanted emission
emisión no manipulada | unkeyed emission
emisión parásita | parasitic (/unwanted) emission
emisión perturbada | disturbed emission
emisión perturbadora | jamming
emisión por efecto túnel | tunnel emission
emisión por impulsos | pulsed emission
emisión por internet [*de audio y vídeo*] | Internet broadcasting
emisión por teclado de señales de frecuencia vocal | voice frequency key sending
emisión positrónica | positron emission
emisión primaria | primary emission
emisión primaria de rejilla | primary grid emission
emisión pulsada | pulsed emission
emisión radiactiva | radioactive emission
emisión radiada de señal horaria | radio time signal transmission
emisión radiada de señales normalizadas | standards transmission
emisión radioeléctrica | radio emission
emisión radioeléctrica de señales horarias | time signal radio emission
emisión radioeléctrica de señales patrón | radio standards broadcast
emisión radiofónica | radiobroadcast, radio broadcast, radiobroadcasting, radiocast, sound broadcasting

emisión radiofónica en estereofonía | stereophonic radio broadcast
emisión radiofónica escolar | school broadcast
emisión radiotelefónica | radiotelephone emission, voice broadcast (/broadcasting)
emisión regional | regional broadcast
emisión regular | routine broadcast
emisión secundaria | secondary emission
emisión secundaria con refuerzo de campo | field-enhanced secondary emission
emisión secundaria de campo reforzado | field-enhanced secondary emission
emisión secundaria de rejilla | secondary grid emission
emisión sin onda portadora | suppressed-carrier transmission
emisión sincronizada | synchronous operation
emisión subcontinental | subcontinental broadcast
emisión telefónica | voice broadcast (/broadcasting)
emisión telegráfica | telegraph emission
emisión televisiva | telecasting, videocast
emisión termiónica | thermionic emission
emisión termiónica (/termoiónica) de rejilla | primary (/thermionic) grid emission; Edison effect [*obs*]
emisión termoelectrónica | thermionic (/thermoelectronic) emission
emisión termoiónica | thermionic emission
emisión termoiónica (/termiónica) de rejilla | primary (/thermionic) grid emission; Edi-son effect [*obs*]
emisión territorial | territorial broadcast
emisión total | total emission
emisión vagabunda | side (/stray) emission
emisión visible | visible emission (/light)
emisividad | emissivity, emittance
emisividad luminosa | luminous emittance
emisividad monocromática | monochromatic emissivity
emisividad total | total emissivity
emisor | radiating; emitter, sender; Xmitter = transmitter
emisor alfa | alpha emitter
emisor autoexcitado | self-excited transmitter, self-exciting sender
emisor automático | automatic sender
emisor automático de llamadas | automatic call sender
emisor autooscilante | self-oscillating sender
emisor auxiliar de televisión | booster station

emisor beta | beta emitter
emisor común | common emitter
emisor común invertido | inverse common emitter
emisor con oscilador de frecuencia variable | VFO transmitter
emisor contaminado con torio | thoriated emitter
emisor contestador | transmitter-responder, transponder
emisor contestador de bandas cruzadas | crossband transponder
emisor controlado | control sender
emisor de aleación platino-rutenio | platinum-ruthenium emitter
emisor de antena | antennamitter = antenna and transmitter
emisor de banda ancha | wideband transmitter
emisor de banda lateral residual | vestigial sideband transmitter
emisor de caracteres | character emitter
emisor de chispa | spark sender (/transmitter)
emisor de chispas | spark sender
emisor de cinta | tape transmitter
emisor de difusión por cable | rediffusion transmitter
emisor de electrones | electron emitter
emisor de enlace radioeléctrico | radio link transmitter
emisor de impulsos | keysender, sender
emisor de impulsos de interrogación | challenger
emisor de luz negra | black-light emitter
emisor de mayoría | majority emitter
emisor de minoría | minority emitter
emisor de ondas métricas | VHF transmitter
emisor de óxido | oxide emitter
emisor de par sincrónico | synchro-torque transmitter
emisor de partículas beta de poca penetración | weak beta emitter
emisor de positrones | positron emitter
emisor de radar | radar transmitter
emisor de radioalineación | radio range transmitter
emisor de respuesta | transponder
emisor de semiperiodo | half-time emitter
emisor de sonar | sonar transmitter
emisor de sonido para televisión | television sound transmitter
emisor de teleimpresora | teletypewriter transmitter
emisor de telemedida | telemetering transmitter
emisor de televisión | television transmitter
emisor de televisión portátil | portable television transmitter
emisor de UHF | ultrahigh frequency transmitter

emisor de válvula termiónica | thermionic valve transmitter
emisor decimal | decimal sender
emisor esclavo | slave transmitter
emisor estable | stable emitter
emisor fototelegráfico | picture transmitter
emisor gamma | gamma emitter
emisor incoherente | incoherent emitter
emisor infrarrojo | infrared emitter
emisor mayoritario | majority emitter
emisor microfónico | microphone transmitter
emisor minoritario | minority emitter
emisor multifrecuencia | multifrequency sender
emisor múltiple | multiemitter, multiple transmitter
emisor múltiplex | multiplex transmitter
emisor Navaglobe | Navaglobe transmitter
emisor omnidireccional | omnidirectional transmitter
emisor perturbador | jammer (transmitter)
emisor perturbador automático de exploración | automatic search jammer
emisor portátil | transportable transmitter
emisor portátil de televisión | creepie-peepie [fam]
emisor puro | pure emitter
emisor radioeléctrico | radio sender
emisor radiometeorográfico | radiosonde transmitter
emisor radiotelefónico | phone transmitter
emisor rápido | on-demand sender
emisor/receptor | sender/receiver, transmitter/receiver, transceiver = transmitter-receiver; TR unit = transmitter/receiver unit
emisor/receptor de radar | radar head (/transponder, /transmitter-receiver)
emisor/receptor de telemedida | telemetering transmitter/receiver
emisor/receptor portátil | pack unit
emisor/receptor radiotelefónico | radio transceiver
emisor satélite | satellite transmitter
emisor secundario | secondary emitter (/transmitter)
emisor selectivo | selective emitter
emisor simulador de blanco | target transmitter
emisor sincronizado en fase | phase-synchronized transmitter
emisor telegráfico | telegraph (/telegraphy) transmitter
emisor telemétrico | range transmitter
emisor tipo N | N-type emitter
emisor tipo P | P-type emitter
emisor toriado | thoriated emitter
emisora | station, broadcasting (/transmitting) station
emisora aérea | aircraft station

emisora automática | automatic transmitter
emisora base | base station
emisora de banda radiofónica normalizada | standard broadcast station
emisora de carguero aéreo | aircarrier aircraft station
emisora de frecuencia modulada | frequency modulation broadcast station
emisora de interferencia y confusión | airborne self protection jammer
emisora de onda corta | short-wave broadcasting station
emisora de radio | radiosender, radio sender (/station, /transmitter), radiobroadcast (/radiobroadcasting) station
emisora de radio aeronáutica | aeronautical broadcast station
emisora de radioaficionado | amateur station
emisora de radiodifusión | radiobroadcast (/radiobroadcasting) station
emisora de señales normalizadas | standards station
emisora de televisión | television station
emisora de televisión de UHF | UHF television station = ultra-high frequency television station
emisora particular | private broadcasting station
emisora radioeléctrica de señales normalizadas | standards station
emitancia energética | radiant emittance
emitancia radiante | radiant emittance
emitir | to broadcast, to emit, to radiate, to send (out)
emitir de nuevo | to rebroadcast
emitir por televisión | to televise
emitir rayos | to ray
Emitron [marca de válvula de rayos catódicos desarrollada en Inglaterra] | Emitron
EMM [gestor de memoria expandida] | EMM = expanded memory manager
emotag [expresión entre comillas utilizada en correo electrónico para denotar una emoción] | emotag
emoticón | emoticon [combinación de signos para expresar emociones en el chat], smiley
empalmador | connector, jointer, jointing, splicer, through joint
empalmador con manguito retorcido | twisted sleeve joint
empalmador de botón | burr splice
empalmador de cables | wire slice
empalmador de cinta | tape splicer
empalmadora de cables | wire-and-sleeve clamp
empalmar | to branch, to connect
empalme | jumper, attachment, bonding, join, junction, mate, splice, splicing, (straight-through) joint, tie
empalme blindado | shielded joint
empalme de aletas | lug splice

empalme de barra de alimentación | busbar fishplate
empalme de cable | cable joint
empalme de cables | cable splice
empalme de carril de escalera | ladder track fishplate
empalme de cola de rata | rat-tail joint
empalme de conductores | wire splice
empalme de conexión | junction connector
empalme de derivación | tap splice
empalme de enrollado simple | single-wrap splice
empalme de estructura | splicing of iron (/ironwork)
empalme de estructura metálica | splicing of iron (/ironwork)
empalme de hilos trenzados | pigtail splice
empalme de largueros superiores | top angle fish plate
empalme de reducción | reducing joint
empalme de retención | stop joint
empalme de soportes de cables | cable runway fishplate
empalme de tope | butt joint
empalme mal soldado | faulty soldered joint
empalme mecánico | mechanical splice
empalme paralelo | parallel splice
empalme plano | butt joint
empalme por fusión | fusion splice
empalme por pares trenzados | twisted pairs splicing
empalme por termocompresión | thermocompression bond
empalme recto | straight line splice
empalme retorcido | twist joint (/splice), twisted joint
empalme solapado | overlap splicing
empalme soldado | soldered joint (/splice), weld junction, welded joint
empalme soldado sin manguito | britannia joint
empalme trenzado | twist joint (/splice), twisted joint
empalme trifurcado | trifurcating joint
empalme utilizado en dos sentidos | bothway junction
empaquetado | packaging
empaquetado de queso suizo | Swiss cheese packaging
empaquetador de objetos | object packager
empaquetadura de guía de ondas | waveguide gasket
empaquetadura de guiaondas | waveguide gasket
empaquetadura de teflón | teflon packing
empaquetadura semimetálica | semi-metallic packing
empaquetamiento | packaging
empaquetamiento electrónico | electronic packaging
empaquetamiento en línea simple | single inline package

empaquetar | [*guardar información compactada*] to pack; to tar
emparedado | sandwiching
emparejado | pairing, twinning
emparejamiento | mate, twinning
emparejamiento perfecto | perfect matching
emparejar | to match
emparrillado del reactor | reactor lattice
empate | splicing
empate de tope | butt joint
empírico | empirical
emplazamiento | location, site, siting, situation, stand
emplazamiento común descentrado VOR/DME | offset colocation VOR/DME
emplazamiento de la estación | station site
emplazamiento de prueba | test site
emplazamiento de radar | radar site
emplazamiento de reactores | reactor siting
emplazamiento de repetidor | relay point (/site)
emplazamiento de retrasmisor | relay site
emplazamiento de trasmisión | transmitting site
emplazamiento del receptor | receiver site, receiving location (/site)
emplazamiento del trasmisor | transmitter location (/site)
emplazamiento sin personal | unattended location
emplazar | to seat, to site
empleado tasador | accepting (/charging) clerk, counter officer
empleo final | end use
empobrecimiento | depletion
empotrado | embedding; embedded
empresa a cliente | business to consumer
empresa a usuario | business to consumer
empresa conocida [*por el público*] | mindshare
empresa de explotación | carrier concern, common carrier company, operating agency
empresa de explotación telegráfica | telegraph carrier
empresa de producción de energía eléctrica | power utility
empresa de programación de software | software house
empresa de servicio público | common carrier company, public utility
empresa de servicios públicos | common carrier
empresa de telecomunicaciones | common carrier
empresa editora de software | software publisher
empresa productora de software | software house
empujador de válvula | (valve) tappet

empuje | jogging; push
empuje de frecuencia | frequency pushing
empuje de la sintonización | pushing
empuje del magnetrón | magnetron pushing
empuje lateral | side thrust, skating
empuje negativo | reverse thrust
empuñadura | hold
EMS [*especificación de memoria expandida*] | EMS = expanded memory specification
EMS [*sistema de correo electrónico*] | EMS = electronic mail system
emulación | emulation
emulación de sustitución | substitutional emulation
emulación en circuito(s) | in-circuit emulation
emulación multilínea | key system features
emulación telefónica ACD | ACD hybrid telephone system
emulador | emulator
emulador de circuito | in-circuit emulator
emulador de circuitos | circuit emulator
emulador de terminales | terminal emulator
emulador en circuito | in-circuit emulator
emulador interno de terminales | internal terminal emulator
emulador ROM [*emulador de memoria de sólo lectura*] | ROM emulator = read-only memory emulator
emular | to emulate
emulsión | emulsion
emulsión del film | film front
emulsión fotográfica | photographic emulsion
emulsión laminable | stripping film
emulsión líquida | liquid emulsion
emulsión nuclear | nuclear emulsion
emulsionado por ultrasonidos | ultrasonic emulsification
emulsionado ultrasónico | ultrasonic emulsification
en ambos sentidos | bothway
en ausencia de carga | no-load conditions
en blanco | blank
en capas paralelas | multilayered
en capas superpuestas | multilayered
en cascada | piggyback
en caso de fallo | on crash
en caso de salida normal | on normal exit
en circuito abierto | open-circuited
en columna | columnar
en condición de silenciamiento | squelched
en construcción | under construction
en contacto | in contact
en cortocircuito | short-circuited, shorted
en cuadratura | in quadrature

en curso | current
en derivación | in leak, in parallel, shunted
en desarrollo | under construction
en directo | live, online
en ejecución | running
en el aire | on air, on the air
en el borde | marginal
en el haz | on the beam
en el límite | marginal
en el momento adecuado | just-in-time
en el sitio | on the spot
en escala reducida | scaled-down
en estado de no conducción | non-conducting
en fase | in phase, phased
en forma de cola de rata | rat-tailed
en forma de dientes de sierra | saw-toothed, sawtooth-shaped
en forma de sigma | sigmoid, sigmoidal
en función de la conexión | connection-oriented
en función del contexto | context-dependent
en función del equipo [*informático*] | machine-dependent
en función del objeto | object-oriented
en función del ordenador | computer-dependent
en función del proceso | process-bound
en funcionamiento | alive, live, on
en la vida real | [*abreviatura usada en internet*] IRL = in real life
en línea | online, on-line, on line, in line, in-line, inline
en mal estado | faulty, in trouble
en marcha al arrancar | run at startup
en múltiple | multed
en obras | under construction
en oposición | in opposition
en paralelo | across, in bridge, in parallel, parallel, shunted
en paralelo con los bornes de salida | across the output
en propia mano | personal delivery
en puente | in bridge
en relación con | WRT = with respect to; regarding, concerning
en relación con su cable | reference your cable
en relación con su carta | reference your letter
en relación con su telegrama | reference your telegram
en relación con tierra | with respect to earth
en reposo | on hook, quiescent, quiescing, unoperated
en secuencia | sequenced
en serie | in line, in series, serial, serially, sequential
en serie bit a bit | serial by bit
en serie-derivación | series-parallel
en serie opositiva | series opposing
en serie-paralelo | series-parallel
en serie por carácter | serial by char-

acter
en serie por palabra | serial by word
en su sitio | as placed
en suspensión | slurry
en tarjeta | on board
en uso | active
en vivo | live
encabezamiento | header, heading
encabezamiento del mensaje | message heading
encadenamiento | chaining
encadenamiento de datos | data chaining
encadenamiento de programas | program linkage
encadenamiento hacia adelante [*modo de solución de problemas en sistemas informáticos expertos*] | forward chaining
encadenamiento hacia atrás [*modo de solución de problemas en sistemas informáticos expertos*] | backward chaining
encajar [*una pieza en un equipo*] | to seat
encaminador | intermediate system, level (three) relay, network relay, router
encaminador automático de llamadas | automatic call sender
encaminador individual [*para distintas terminales de una LAN*] | half router
encaminamiento | alternate, alternative, directing, homing, routing
encaminamiento alternativo | alternate (/alternative) routing
encaminamiento automático | automatic routing, self-routing
encaminamiento automático para retrasmisión por cinta | tape retransmission automatic routing
encaminamiento basado en restricciones [*en trasmisión de datos*] | constraint-based routing
encaminamiento de desvío | alternative routing
encaminamiento de impulsos de disparo | trigger pulse steering
encaminamiento de la energía | power routing
encaminamiento de señales | signal steering
encaminamiento de socorro | elementary route (/routing)
encaminamiento del tráfico | traffic handling, routing of traffic
encaminamiento del tráfico telegráfico | telegraph traffic movement
encaminamiento directo | hot line
encaminamiento equivocado | misrouting
encaminamiento magnético | magnetic heading
encaminamiento parásito | sneak path
encaminamiento por reflexión [*para reducir la carga de un servidor*] | reflective routing

encaminamiento por ruta alternativa | rerouting
encaminamiento sin clase entre dominios [*protocolo de comunicaciones*] | classless interdomain routing
encaminar el tráfico por rutas alternativas | to reroute the traffic
encapsulación | encapsulation, potting
encapsulado | embedment, encapsulation, enclosed, packaging, potting, sealed
encapsulado al vacío | vacuum-encapsulated
encapsulado de circuito integrado | integrated circuit package
encapsulado de información | information hiding
encapsulado de línea de conexiones simple | single inline package
encapsulado de punto | dot encapsulation
encapsulado de seguridad de la carga útil [*protocolo para trasmisión de datos*] | encapsulating security payload
encapsulado doble en línea | dual-in-line package
encapsulado dual en línea | dual-in-line package
encapsulado en bloque sólido [*en elementos de circuitería*] | dot encapsulation
encapsulado lineal simple | single inline package
encapsulado plano | flatpack
encapsulado por baño | dip encapsulation
encapsulador | encapsulant
encapsulador de objetos [*para aplicaciones no orientadas a objetos*] | object wrapper
encapsulamiento | embedment, encapsulating
encapsulamiento de contorno de transistor en cápsula metálica | transistor-outline metal can package
encapsulamiento de doble hilera | DIL package = dual in-line package
encapsular | to encapsulate; [*un paquete de datos dentro de otro paquete en un solo protocolo*] to tunnel
encargado de asignación de rutas | routing clerk
encargado de central telefónica pública | call office attendant, public telephone station attendant
encargado de continuidad | continuity writer
encargado de encaminamiento del tráfico | routing clerk
encargado de la protección radiológica | radiological safety officer
encargado de las baterías | battery attendant
encargado del servidor de noticias [*en internet*] | newsmaster
encastrado | embedded
encastramiento de cubos | die bond-

ing
encastre de cubos | die bond
encedido permanente | permanent glow
encefalograma aéreo | air encephalogram
encender | to fire, to power on, to power up, to startup, to start-up, to strike, to switch in, to switch on, to turn on
encender un amplificador | to turn-on a repeater
encender un arco | to strike
encender un repetidor | to turn-on a repeater
encendido | firing, ignition, lighting-up, on, sparking, startup, striking, turn on
encendido automático | self-ignition
encendido blindado | screened (/shielded) ignition
encendido de alta frecuencia | radiofrequency ignition
encendido de un arco | striking of an arc
encendido de una chispa | striking of a spark
encendido del arco voltaico | arc ignition
encendido del supresor de eco | turn-on echo supresor
encendido del tiratrón | thyratron firing
encendido electrónico | electronic ignition
encendido espontáneo | spontaneous ignition
encendido por chispa | spark ignition, spark-fired
encendido por descarga capacitiva | capacitive discharge ignition
encendido por descarga de condensador | capacitor discharge ignition
encendido por incandescencia | ignition by incandescence
encendido por magneto | magneto ignition
encendido posterior | postfiring
encendido prematuro | backfire
enchufable | connectorized, pluggable, plug-in, removable
enchufamiento | plugging-in
enchufar | to attach, to plug in, to jack in
enchufar y usar | to plug and play
enchufe | attachment, contact unit, hub, outlet, plug, plug-in, plug connection (/contact), power outlet, socket joint (/outlet), tap
enchufe bipolar | two-pin socket
enchufe con energía de alimentación | power outlet
enchufe de alimentación | power plug
enchufe de borde | edge connector
enchufe de chips | chip socket
enchufe de clavija en U | U-link socket
enchufe de corriente | convenience receptacle
enchufe de cortocircuito | short plug
enchufe de dos orificios | two-port plug

enchufe de medición | test jack
enchufe de ocupado | busy back jack
enchufe de pared | wall outlet (/receptacle, /socket)
enchufe de prueba | test jack
enchufe de toma | receptacle outlet
enchufe de toma de fuerza | power coupler (/takeoff)
enchufe de toma de potencia | power takeoff
enchufe de tres conductores | three-conductor jack
enchufe de tres contactos | three-wire outlet
enchufe hembra de chips | chip socket
enchufe inteligente | hub
enchufe macho | (socket) plug
enchufe monopolar | pin jack, one-pole plug
enchufe multiclavija | multipin plug
enchufe múltiple | crab
enchufe mural | wall outlet
enchufe octal | octal plug
enchufe para clavija | tip jack
enchufe para clavija terminal | tip jack
enchufe polarizado | polarized plug
enchufe sin lengüeta de ruptura | branching jack
enchufe terminal | termination plug
enchufe tomacorriente | attachment plug
encintado aislante | wrapping
enclavado | locked
enclavador | keyer
enclavamiento | interlock, interlocking (gear), locking, locking-in, lockup
enclavamiento con la fuente | source interlock
enclavamiento condicionado | conditional interlock
enclavamiento de interrupción | break-in keying
enclavamiento de la rueda fónica | tonewheel lock
enclavamiento de la señal | signal interlocking
enclavamiento de orden | sequential interlocking
enclavamiento de sección | section blocking (/locking)
enclavamiento de señal | signal interlocking
enclavamiento de un solo tono | single-tone keying
enclavamiento electrónico | electronic keying
enclavamiento por mando a distancia | remote-control interlocking
enclavamiento por retroderivación | back-shunt keying
enclavamiento secuencial | sequence interlock
enclavamiento secuencial de agujas | sequence switch interlocking
enclavar | to close down, to lock out
encolado por puntos | spot gluing
encontrado | detected

encontrar | to find
encontrar y reemplazar | to find and replace
encriptado | encryption
encrucijada | crossover
encuadrador | framer
encuadramiento de vídeo | video mapping
encuadrar | to frame
encuadre | frame, framing, racking, scissoring, windowing
encuadre de imagen | picture centrering
encuadre de página | page frame
encuadre de televisión | television framing
encuesta | polling
encuesta informatizada | computer inquiry
enderezador | rectifier, stiffener
enderezador de placa impresa | stiffener
enderezador de terminales | pin straightener
enderezar | to rectify
endoemisor | endotransmitter
endoenergético | endoergic
endomorfismo | endomorphism
endorradiógrafo | endoradiograph
endorradiosonda | endoradiosonde
endoso | endorsement
endotérmico | endothermic
endotrasmisor | endotransmitter
endurecedor | hardener
endurecible a la luz | photoresist
endurecimiento | hardening, ruggedization
endurecimiento del espectro de los neutrones | neutron hardening
endurecimiento del espectro de neutrones | spectral hardening
endurecimiento neutrónico | neutron hardening
endurecimiento por inducción | induction hardening
endurecimiento superficial | surface hardening
eneodo | nine-electrode valve
energía | energy, power, push
energía acumulada | stored energy
energía acústica | sound energy
energía almacenada | stored energy
energía atómica | atomic energy
energía biológica | biological energy
energía cero | zero energy
energía cinética | kinetic energy
energía cinética disipada en material | kinetic energy released in material
energía cinética total | total kinetic energy
energía comunicada a la materia | energy imparted to the matter
energía de activación | activation energy
energía de activación de las impurezas | impurity activation energy
energía de alta frecuencia | RF energy = radiofrequency energy

energía de asimetría | asymmetry energy
energía de bombeo | pump energy
energía de chispa | spark energy
energía de correlación | correlation energy
energía de corte | cutoff energy
energía de Coulomb | Coulomb energy
energía de desintegración | disintegration energy
energía de desintegración alfa | alpha disintegration energy
energía de desplazamiento | translational energy
energía de disociación | dissociation energy
energía de disparo | triggering energy
energía de dispersión uniforme | flat leakage power
energía de enlace | binding (/bond, /separation) energy
energía de enlace del electrón | electron binding energy
energía de enlace del protón | proton binding energy
energía de enlace electrónico | electron binding energy
energía de enlace neutrónico | neutron binding energy
energía de enlace nuclear | nuclear binding energy
energía de escisión | fission energy
energía de especialización | specialization energy
energía de excitación | excitation energy
energía de Fermi | Fermi energy
energía de fisión | fission energy
energía de fuga con impulso de punta | spike leakage energy
energía de fuga con punta | spike leakage energy
energía de funcionamiento | operating power
energía de fusión | fusion energy
energía de histéresis | hysteresis energy
energía de intercambio | exchange energy
energía de ionización | ionization (/ionizing) energy
energía de la descarga | discharge energy
energía de ligadura | binding energy
energía de medición | measurement energy
energía de pared | wall energy
energía de paridad | pairing energy
energía de polarización | polarization energy
energía de radiación | radiant (/radiation) energy
energía de radiofrecuencia | RF energy
energía de reacción | reaction energy (/power)
energía de reacción nuclear | nuclear

reaction energy
energía de reposo | rest energy
energía de reserva | standby power
energía de resonancia | resonance energy
energía de rotación | rotational energy
energía de salida | output (energy)
energía de separación | separation energy, energy separation
energía de separación de un electrón | energy needed to detach an electron
energía de superficie | surface energy
energía de transición | transition energy
energía de una carga | energy of a charge
energía de una partícula | particle energy
energía de unión | binding energy
energía de unión de los núcleos | nuclear binding energy
energía de vibración | oscillating (/vibrational) energy
energía de volumen | volume energy
energía de Wigner | Wigner energy
energía del borde de banda | band edge energy
energía del extremo de banda | band edge energy
energía del límite de banda | band edge energy
energía del plasma | energy of plasma (/dissociation)
energía desaprovechada | unused power
energía desconectada | power off
energía disponible | available energy
energía eficaz | effective energy
energía eléctrica a frecuencia ultrasónica | ultrasonic electric energy
energía eléctrica para servicios auxiliares | utility power
energía eléctrica primaria | primary electricity
energía eléctrica producida | energy produced
energía electromagnética | electromagnetic energy
energía electromecánica | electromechanical energy
energía electrónica | electron energy
energía electrostática | electrostatic energy
energía en el cero absoluto | zero-point energy
energía en kilotoneladas | kiloton energy
energía en vatios hora | watt-hour energy
energía eólica | wind energy (/power)
energía específica | specific energy
energía espectral | spectral energy
energía fotónica | photon energy
energía imagen | image force
energía interna | internal energy
energía inútil | unused power
energía ionizante | ionizing energy
energía liberada | (energy) yield

energía liberada por escisión en cadena | chain fission yield
energía libre | free energy
energía luminosa | luminous energy
energía magnética | magnetic energy
energía magnetoelástica | magnetoelastic energy
energía media consumida por par de iones | average energy expended per ion pair
energía media de ionización | mean ionization energy
energía necesaria | power requirements
energía neutrónica | neutron energy
energía no suministrada | unserved energy
energía no utilizada | unused power
energía normal | normal power
energía nuclear | nuclear energy
energía nuclear potencial | nuclear potential energy
energía nula | zero energy
energía para servicios auxiliares | utility power
energía para soldar | welding power
energía potencial | potential (/virtual) energy
energía primaria | primary power
energía producible | energy capability
energía producible media | mean energy capability
energía propia | self-energy
energía pulsante | pulsed power
energía radiada | radiated power
energía radiante | radiant (/radiation) energy
energía radioeléctrica | radio energy, RF energy = radiofrequency energy
energía radioisotópica | radioisotopic power
energía reactiva | reactive energy
energía recuperada | restored energy
energía reflejada | reflected energy
energía relativa | relative energy
energía relativa de las partículas | relative particle energy
energía remanente | residual energy
energía restituida | restored energy
energía retrasmitida | reradiated energy
energía secundaria | secondary energy (/power)
energía solar | solar energy
energía solar pasiva | passive solar energy
energía sonora | sound energy
energía superficial | surface energy
energía térmica | thermal energy
energía térmica producida | thermal energy yield
energía termonuclear | thermonuclear energy
energía total | total energy
energía total de enlace | total binding energy
energía total de enlace de los electrones | total electron binding energy

energía total de enlace electrónico | total electron binding energy
energía total de enlace nuclear | total nuclear binding energy
energía total de las partículas | total particle energy
energía total de unión | total binding energy
energía umbral | threshold energy
energía útil | useful power
energía volumétrica | volume energy
enfasable | phaseable
enfasador | phaser
énfasis | emphasis
énfasis posterior | post-emphasis
enfermedad del sueño | sleeping sickness
enfermedad por radiación | radiation sickness
enfocado con precisión | sharply focused
enfocador | focalizer
enfocar | to focus, to seat, to set
enfocar en primer plano | to zoom in
enfoque | focusing
enfoque automático | automatic focusing
enfoque científico | scientific approach
enfoque de aceleración | acceleration focusing
enfoque de deflexión | deflection focusing
enfoque de doble dirección | two-directional focusing
enfoque de fase | phase focusing
enfoque dinámico | dynamic focusing
enfoque dinámico vertical | vertical dynamic focus
enfoque direccional | directional focusing
enfoque doble | double focusing
enfoque electromagnético | electromagnetic (/magnetic) focusing
enfoque electrostático | electrostatic focusing
enfoque estático | static focus
enfoque fuerte | strong focusing
enfoque intenso | strong focusing
enfoque iónico | ionic focusing
enfoque magnético | electromagnetic (/magnetic) focusing
enfoque periódico | periodic focusing
enfoque por desviación de los electrones | focusing due to electron deflection
enfoque por gas | gas focusing
enfoque por imán periódico | periodic permanent magnet focusing
enfoque por imanes permanentes | permanent magnet focusing
enfoque por solenoide | solenoid focusing
enfoque posterior a la desviación | post-deflection focus
enfoque puntiforme | point focus
enfoque según la velocidad de los iones | time-of-flight focusing for ions
enfrentados | head-to-tail

enfriado brusco | chilling, quenching
enfriado en aceite | oil-quenched fuse
enfriador termoeléctrico | thermoelectric cooler
enfriamiento | cooling
enfriamiento de la válvula | valve cooling
enfriamiento diferencial | differential cooling
enfriamiento forzado por aceite | forced oil cooling
enfriamiento forzado por aire | forced air cooling
enfriamiento natural | natural cooling, self-cooling
enfriamiento por agua | water cooling
enfriamiento por desmagnetización adiabática | cooling by adiabatic demagnetization
enfriamiento por fase vapor | vapour phase cooling
enfriamiento por radiación | radiation cooling
enfriamiento termoeléctrico | thermoelectric cooling
enfriamiento termomagnético | thermomagnetic cooling
ENG = electronistagmografía | ENG = electronystagmography
enganchado | locked; [*de una máquina asincrónica*] crawling
enganchar | to come into step, to fall into synchronism
enganche | branching, hook-up, interlocking, latching, lock, lock-in, locking, lock-on
enganche automático | self-latching
enganche de fase | phase lock
enganche de los contactos por impacto de la armadura | armature-impact contact chatter
enganche de oscilaciones | release (/starting) of oscillations
enganche de sincronismo | fall-in
enganche del contacto por rebote de armadura | armature-rebound contact chatter
engaño | deception
engaño de un sistema de alarma | spoofing
engaño del radar | radar deception
engaño por radio | radio deception
engarce | crimp
engarce de cubos | die attach
engarce para bolómetro | bolometer mount
engarzado a presión | crimping
engarzar | to crimp
engatillado | snap, snap-in
engranaje | gear
engranaje de cambio de velocidades | speed gear
engranaje de dentadura espiral | spiral gear
engranaje desmultiplicador fijo | stationary reduction gear
engranaje diferencial | differential gear
engranaje eléctrico | electrical gearing

engranaje helicoidal | spiral gear
engranaje micrométrico | vernier gear
engranaje multiplicador | step-up gear
engranaje planetario | sun-gear
engranaje unilateral | unilateral gear
engranaje vernier | vernier gear
engranar | to snap-in
enhebrador de cintas | tape threader
ENIAC [*integrador y ordenador numérico electrónico*] | ENIAC = electronic numerical integrator and computer
enjambre | swarm
enjambre de partículas | swarm
enjuagado | flushing
enjuagado con argón | flushing with argon
enlace | bond, connection, junction, junction (/tie) line, liaison, link, linkage, operating mechanism; junctor [USA]
enlace a la central | exchange connection
enlace alámbrico | wirelink, wire connection
enlace alámbrico de guiado | wire guidance link
enlace anulado | stale link
enlace ascendente | uplink
enlace básico | basic linkage
enlace bidireccional | bothway junctor
enlace bidireccional por microondas | two-way microwave link
enlace bilateral | twin-path link, two-way link (/connection)
enlace bilateral por microondas | two-way microwave link
enlace blando [*simbólico*] | soft link
enlace cable-radio | cable radio connection
enlace caliente [*vinculación entre dos programas donde el primero obliga al segundo a realizar cambios en los datos*] | hot link
enlace cero | null link
enlace común | bus, common trunk; [*telefónico*] trunk
enlace común en un múltiple parcial | common trunk in a grading
enlace con amplitud modulada | amplitude modulated link
enlace con conmutación | switched link
enlace con el supervisor | supervisor trunk
enlace covalente | covalent bond
enlace de área metropolitana [*para internet*] | metropolitan area exchange
enlace de buscador intermedio | intermediate (finder) junctor
enlace de comunicación en ambos sentidos | two-way link
enlace de comunicaciones símplex | simplex communication link
enlace de control de fase | phase-locked loop
enlace de corta distancia | short-haul system

enlace de datos | data link
enlace de datos por división de frecuencia | frequency division data line
enlace de datos por división de tiempo | time division data link
enlace de desbordamiento | overflow junctor
enlace de doble haz | dual beam system
enlace de dos sentidos | two-way trunk
enlace de emisión-recepción de datos | transceiving data link
enlace de emisora de televisión | television station link
enlace de estado sólido | solid-state bonding
enlace de hipertexto | hypertext link
enlace de impulsos | pulse link
enlace de llamadas falsas | permanent loop junctor
enlace de llegada | incoming junction (/junctor, /trunk)
enlace de llegada de mesa de pruebas | incoming junctor wire chief
enlace de llegada de verificación | incoming junctor verification
enlace de microondas de retaguardia | rearward microwave link
enlace de microondas terrestre | rearward microwave link
enlace de órdenes | order link
enlace de página manual | man page link
enlace de pruebas | test junctor
enlace de radar | radar relay
enlace de radio | radio link
enlace de radiocomunicación | link
enlace de radiofrecuencia | radiofrequency link
enlace de registrador | register junctor
enlace de salida | local out-junction, outgoing junction (/junctor, /trunk circuit), outgoing (/outward) trunk
enlace de salida de verificación | outgoing junctor verification
enlace de servicio público | common carrier link
enlace de servicios especiales | special service junctor
enlace de subrutina | subroutine linkage
enlace de telecomunicaciones por satélite | satellite communications link
enlace de teleimpresora por hilo | wire teletype link
enlace de televisión | picture relay, television connection (/link)
enlace de télex | telex link (/route)
enlace de toma directa de televisión | television direct pickup link
enlace de trasferencia | transfer trunk
enlace de trasmisión | transmission link
enlace de trasmisión de datos | data link
enlace de valencia | valence bond

enlace de VHF | VHF link
enlace de vídeo | video connection
enlace definido por aplicación | application-defined link
enlace dinámico | dynalink = dynamic link
enlace directo | tie line
enlace electrónico homopolar | shared-pair electron bond
enlace en grupo primario | group link, primary group connection
enlace en tándem | tandem link
enlace entre bastidores | interbay trunk
enlace entre estudios y puesto emisor | studio-to-transmitter link
enlace entre PABX | tie line
enlace entre posiciones | interposition trunk
enlace entre satélites | intersatellite link
enlace entre segmentos | intersegment linking
enlace estudio-trasmisor [*en televisión*] | studio transistor link [*by television broadcast*]
enlace físico | hardline, physical link
enlace frío [*que se elimina cada vez que se consultan los datos*] | cold link
enlace fusible | fuse (/fusible) link
enlace hertziano de muy largo alcance | very long radio link
enlace hertziano por ondas métricas | VHF radio link
enlace heteropolar | heteropolar bond
enlace homopolar | homopolar bond
enlace individual | individual trunk
enlace interior | local junction (/trunk)
enlace intermetálico | intermetallic bond
enlace internacional | international connection
enlace internacional automático | switched digital international
enlace interurbano [*telefónico*] | trunk, intercity link
enlace lateral | spur line
enlace local | local junction (/trunk)
enlace manual | intermediate handling
enlace metálico | metallic bond, physical link
enlace molecular | molecular bond
enlace monocanal [*por corriente portadora*] | single-channel carrier
enlace multicanal | multichannel link
enlace multicanal por dispersión troposférica | multichannel tropospheric-scatter link
enlace múltiple | multichannel link, multiplex communication
enlace múltiple por vía radioeléctrica | multichannel radio relay system
enlace musical | music link
enlace nominal [*en programación, conexión simple o doble para trasferir datos entre procesos*] | named pipe
enlace para la comunicación | communication link

enlace para la trasmisión de señales de vídeo | video link
enlace para números cambiados | changed number trunk
enlace para órdenes de aplicación | application command link
enlace para teleimpresoras | teletypewriter circuit (/connection)
enlace para trasmisión de datos óptico | optical data link
enlace permanente | dedicated connection, leased line
enlace por cable | cable link
enlace por cable submarino | submarine cable connection
enlace por dispersión | scatter circuit (/link)
enlace por dispersión troposférica | tropospheric scatter link
enlace por haz de electrones | electron beam bonding
enlace por haz herciano | relay link
enlace por hilo | wirelink, wire connection
enlace por magneto | ring-down trunk
enlace por microondas | microwave connection
enlace por ondas métricas | VHF link
enlace por par de electrones | electron pair bond
enlace por puntos | stick bonding, stitch bond
enlace por radioteleimpresora | radioteletypewriter circuit (/connection, /link)
enlace por relés radioeléctricos | radio relay link
enlace por satélite | satellite link
enlace principal | primary link, trunk line
enlace punto a multipunto | point-to-multipoint connection
enlace punto a punto | nailed connection
enlace punto a punto intercalado | nailed-up connection
enlace químico | linkage
enlace radioeléctrico | radio connection (/link, /relay link, /system link)
enlace radioeléctrico bidireccional | two-way radio link
enlace radioeléctrico bilateral | two-way radio link
enlace radioeléctrico de imagen y sonido | sound-and-vision radio link
enlace radioeléctrico de onda métrica | VHF radio circuit
enlace radioeléctrico de ondas métricas | ultrahigh frequency link
enlace radioeléctrico trashorizonte | over-the-horizon radio scatter link
enlace radiofónico | program link
enlace radiotelefónico | radiotelephone connection (/link, /connection), speech channel
enlace radiotelegráfico | radiotelegraph connection (/link)
enlace rápido directo | straightforward junction
enlace real | physical link
enlace reforzado | hardened link
enlace residente | persistent link
enlace secundario | spur line
enlace semipermanente | semi-permanent connection
enlace servo | servolink
enlace simbólico | symlink = symbolic link; phone patch, speech channel (/link), telephone connection (/link)
enlace telefónico por cable | telephone cable link
enlace telegráfico | telegraph connection (/link)
enlace terminado en clavija | jack-ended junction, plug-ended junction
enlace terrestre | lamp circuit, line link; [*en comunicaciones vía satélite*] backhaul
enlace terrestre de comunicaciones por microondas | rearward microwave communications link
enlace terrestre de microondas | terrestrial microwave link
enlace terrestre en línea | line link
enlace totalmente automático | fully automatic circuit
enlace trashorizonte | transhorizon (/over-the-horizon) link
enlace trashorizonte por microondas | over-the-horizon microwave link
enlace trasoceánico | transoceanic circuit (/link), over-ocean link
enlace traspacífico | transpacific link
enlace ultrasónico | ultrasonic bond
enlace urbano | city trunk
enlace virtual | (switched) virtual call, virtual circuit
enlace visual | visual link
enlazado | linked
enlazado y fijación | lacing and harnessing
enlazado y fijación de cables | lacing and harnessing
enlazador | linker, linkage editor
enlazador ultrasónico de cable | ultrasonic wire bonder
enlazamiento | trunking
enlazar | to bond, to connect, to link, to link-edit
enlosar [*colocar o rellenar áreas en la programación de gráficos*] | to tile
enmarcar | to frame
enmascarado | masked
enmascaramiento | garble, masking
enmascaramiento antirradar | radar camouflage
enmascaramiento auditivo | aural masking
enmascaramiento de audio | audio masking
enmascaramiento de campo de datos | data field masking
enmascaramiento de señales de vídeo | video masking
enmascaramiento por ruido modulado | noise-modulated jamming

enmudecer | to mute
enmudecimiento | mute, muting
enmudecimiento de la señal de audio | audio signal muting
enmudecimiento del receptor | receiver muting
ennegrecimiento | blackening
ennegrecimiento del fondo | background blackening (/density)
ennegrecimiento trasformado | transformed blackening
ENQ [*carácter de petición de respuesta*] | ENQ = enquiry character
enrejado | lattice
enrejado básico | basic grid
enrejado de diamante | diamond lattice
enrejillado | gauze
enriquecer | to enrich
enriquecido | enriched
enriquecimiento | enrichment
enriquecimiento electrolítico | electrolytic enrichment
enriquecimiento isotópico | isotope (/isotopic) enrichment
enriquecimiento local | local enrichment
enriquecimiento mediante canon | toll enrichment
enrollado B | B wind
enrollamiento | wrap
enrollar | to wind
enroscamiento | curl
enrutador [*neol.*] | network (/level) relay, router
enrutamiento | routing
enrutar [*neol.*] | to route
ensamblado | assembly
ensamblado mecanizado | mechanized assembly
ensamblador | assembler
ensamblador cruzado | cross assembler
ensamblador de datos | data link
ensamblador de macros | macroassembler
ensamblador/desensamblador | assembler/disassembler
ensamblador/desensamblador de comunicación por paquetes de datos | packet assembly/disassembly facility
ensamblador/desensamblador de paquetes | packet assembler/disassembler
ensamblador/desensamblador por relé de bloques [*de información*] | frame relay assembler/disassembler
ensamblador residente | resident assembler
ensamblador reubicable | relocatable assembler
ensamblaje | assemble, (construction) assembly
ensamblaje de diodo | diode assembly
ensamblaje de programas | program assembly
ensamblar | to join; [*un programa*] to assemble

ensanchador de banda mecánico | mechanical bandspread
ensanchamiento | broadening, flareout
ensanchamiento altimétrico | altimetrical flareout
ensanchamiento de la banda lateral | sideband splatter
ensanchamiento de líneas espectrales | spectrum line broadening
ensanchamiento de Stark | Stark broadening
ensanchamiento del frente de onda | spreading of wavefront
ensanchamiento Doppler | Doppler broadening
ensanchamiento exponencial | exponential flareout
ensanchamiento hiperbólico | hyperbolic flareout
ensanche de banda | band spreading
ensanche de banda paralelo | parallel bandspread
ensanche de las líneas | line broadening
ensartamiento | threading
ensayar | to test
ensayo | test (reliability)
ensayo con lazo abierto | open-loop test
ensayo de alta tensión | high potting [*fam*]
ensayo de apreciación | judgement test
ensayo de conservación | shelf (/storage) test
ensayo de duración | life test
ensayo de esfuerzo dieléctrico | voltage stressing test
ensayo de esfuerzo eléctrico | voltage stressing test
ensayo de fiabilidad | reliability test
ensayo de frote | smear test
ensayo de funcionamiento | operation test
ensayo de penetración con helio | helium permeation test
ensayo de poste | testing of pole
ensayo de postes | pole inspection
ensayo de ruptura dieléctrica en régimen de impulsos | impulse breakdown test
ensayo de sobrecarga | proof test
ensayo de sobretensión | voltage stressing test
ensayo de sobrevoltaje | voltage stressing test
ensayo de tipo | type test
ensayo de trepidación | shake (table) test
ensayo de vibración | vibration (/shake table) test
ensayo dirigido | guided probe
ensayo en bucle abierto | open-loop test
ensayo en estado inactivo | cold testing
ensayo en frío | cold testing
ensayo no destructivo | nondestructive testing
ensayo periódico | routine test
ensayo piloto | pilot test
ensayo por conexión local directa | back-to-back testing
ensayo por impulsos | impulse test
ensayo térmico | burn-in, heat run
ensayo ultrasónico | ultrasonic testing
ensayos de resistencia al ambiente | environmental testing
ensayos sistemáticos de circuitos | overall circuit routine tests
enseñanza a distancia | distance learning
enseñanza asistida por ordenador | computer-aided instruction, computer-assisted instruction (/teaching, /learning)
enseñanza basada en el ordenador | computer-based learning
enseñanza por ordenador | computer-based training
enseñanza programada | programmed teaching
ensuciamiento | dirtying
entallado | waisted
entalladura | kery, notch, notching
entalladura en V | V notch
entalladura para la cubeta | cell socket
entalpía | enthalpy, total heat
entero | integer
entidad | entity
entidad activa [*una de las dos partes de software que participan en una comunicación*] | application entity
entidad de explotación privada | private operating agency
entidad de explotación telefónica privada | private telephone operating agency
entidad de pantalla [*para gráficos*] | display entity
entidad del carácter [*notación de un carácter en HTML y SGML*] | character entity
entidad denominada | named entity
entidad no local | nonlocal entity
Ent.Lin. = entrada de línea | LI = line in
entonación | intonation
entorno | environment
entorno de aplicación para sistemas inalámbricos | wireless application environment
entorno de desarrollo integrado [*para software*] | integrated development environment
entorno de escritorio | desktop environment
entorno de lotes | batch environment
entorno de órdenes | command shell
entorno de simulación para multiusuarios | multiuser simulation environment
entorno de utilización del intervalo de ejecución | runtime environment
entorno de ventanas [*para gestión informática*] | windowing environment

entorno doméstico virtual [*en personalización de servicios de red*] | virtual home environment
entorno heterogéneo | heterogeneous environment
entorno homogéneo | homogeneous environment
entorno informático distribuido | distributed computing environment
entorno interactivo | interactive environment
entorno nacional | local environment
entorno operativo | shell
entorno para creación de aplicaciones [*o para su desarrollo*] | application development environment
entrada | entrance, entry, incoming, input (end), inward
entrada a baja energía | entering low power
entrada a la línea | line input
entrada a la unidad de almacenamiento | storage entry
entrada a la unidad de memoria | storage entry
entrada a nivel cero | zero-level input
entrada acometida de servicio | service entrance
entrada al modulador | transmitter speech input
entrada al sistema | login
entrada analógica | analogue input
entrada asimétrica | unbalanced input
entrada asincrónica | asynchronous input
entrada común | common mode input
entrada con guarda | guarded input
entrada de almacenamiento | storage entry
entrada de altura | height input
entrada de antena asimétrica | unbalanced aerial input
entrada de antena desequilibrada respecto a tierra | unbalanced aerial input
entrada de corriente oscura equivalente | equivalent dark current input
entrada de corriente residual equivalente | equivalent dark current input
entrada de datos | data entry
entrada de datos analógica | analogue input
entrada de datos conectada | data set ready
entrada de datos en punto flotante | floating in
entrada de desviación vertical | vertical input
entrada de estación | leading-in point
entrada de expansión | expander input
entrada de frecuencia | frequency input
entrada de inhibición | inhibiting input
entrada de inversión | inverting input
entrada de la señal de imagen | picture signal input
entrada de la tecla múltiple | multiple-key entry
entrada de línea | line in
entrada de memoria | storage entry
entrada de obstrucción | jam input
entrada de ondas | wave input
entrada de ondas de software | software wave inputs
entrada de ondas en bucle | loop wave input
entrada de perforación en el ordenador | computer entry punch
entrada de perforación en la unidad de registro | storage punch entry
entrada de potencia | power input
entrada de potencia al circuito de carga | load circuit power input
entrada de radiofrecuencia | radiofrequency input
entrada de rampa | ramp input
entrada de referencia | reference input
entrada de reloj | clock input
entrada de señal de conmutación | switching signal input
entrada de señal de vídeo | video input
entrada de señal débil | small-signal input
entrada de señal y ruido | signal plus noise input
entrada de señales | signal input
entrada de servicio | service entrance
entrada de sonido | sound gate
entrada de soporte aéreo de larga distancia | airborne long-range input
entrada de terminación sencilla | single-ended input
entrada de texto | text entry
entrada de trabajos a distancia | RJE = remote job entry
entrada de vídeo | video input
entrada de voz [*para dar órdenes verbales al ordenador*] | voice input
entrada del canal vertical | vertical input
entrada del juego de datos | set input
entrada del mensaje | entering message
entrada diferencial | differential input
entrada diferencial completa | full differential input
entrada diferida | deferred entry
entrada digital | digital input
entrada directa [*de datos*] | direct input
entrada directa de datos | DDE = direct data entry
entrada en contrafase | pushpull input
entrada en el sistema | login, logon, sign on; [*comienzo de la comunicación mediante identificación*] log on
entrada en escalón | step input
entrada en modo común | common mode input
entrada en modo diferencial | differential mode input
entrada en paralelo | parallel in
entrada en pérdida parcial | semistall
entrada en pérdida secundaria | secondary stall
entrada en serie | serial in
entrada en tiempo real | real-time input
entrada equivalente de la corriente de reposo | electrode equivalent dark current input
entrada equivalente de ruido | equivalent noise input
entrada flotante | floating input
entrada inhibidora | inhibiting input
entrada manual | manual input
entrada negativa [*número introducido con signo negativo*] | negative entry
entrada negativa / salida positiva | negative input-positive output
entrada no inversora | noninverting input
entrada para fonógrafo | phonograph input
entrada paralelo | parallel in
entrada positiva | positive input
entrada positiva y salida negativa | positive input-negative output
entrada-proceso-salida | input-process-output
entrada remota de trabajos | remote job entry
entrada/salida | input/output, port
entrada-salida asincrónicas | asynchronous input/output
entrada/salida con mapa de memoria | memory mapped input/output
entrada/salida de interrupción | interrupt input-output
entrada/salida del procesador | processor input/output
entrada/salida en serie | serial input/output
entrada/salida inteligente | intelligent input/output
entrada/salida paralela | parallel input-output
entrada/salida programadas | programmed input/output
entrada serial | serial in
entrada seudodiferencial | pseudodifferential input
entrada sincrónica | synchronous input
entrada sinusoidal | sinusoidal input
entrada toma de servicio | service entrance
entrada variable | variable input
entrada vertical | vertical input
entrada y salida gráficas | graphical input-output
entrada y salida limitadas | input/output limited
entradas en múltiple | multed inputs
entramado | crosshatching, framework, raster
entramado de bytes | byte interleaving
entrampado de entropía | entropy trapping
entrampado en caliente | hot trapping
entrampado en frío | cold trapping
entrampado entrópico | entropy trapping
entrante | incoming

entrar | to enter; [*datos por teclado*] to key in
entrar en circuito | to come on line
entrar en resonancia | to resonate
entrar en sincronismo | to fall into synchronism
entre | between, tween
entre bases | interbase
entre canales | interchannel
entre centralitas | interoffice
entre colegas | P2P = peer-to-peer
entre electrodos | interelectrode
entre etapas | interstage
entre iguales | P2P = peer-to-peer
entre los terminales de la resistencia | across the resistor
entre pares | P2P = peer-to-peer
entre puntos fijos | point-to-point
entre válvulas | intervalve
entrega [*de mensajes*] | delivery
entrega demorada | delayed delivery
entrega diferida | delayed delivery
entrega física | physical delivery
entrega punto a punto [*en comunicación por paquetes*] | end-to-end delivery
entregado | delivered
entregado satisfactoriamente | delivered OK
entregar | deliver
entrehierro | gap, air (/pole, /residual) gap, shim
entrehierro de cabeza | head gap
entrehierro de inducido | armature gap
entrehierro de registro | recording gap
entrehierro de reproducción | playback gap
entrehierro del imán | magnet gap
entrehierro magnético | magnetic air gap
entrehierro residual | residual shim
entrelazado | interlacing
entrelazado aleatorio | radom interlace
entrelazado de bits | bit interleaving (/interweave)
entrelazado de frecuencia | frequency interlace
entrelazado de líneas | line interface
entrelazado de líneas impares | odd-line interlace
entrelazado de octetos | byte interleaving
entrelazado de puntos | dot interlacing
entrelazado errático | radom interlace
entrelazamiento | interlacing, interleaving, twinning
entrelazamiento aleatorio | radom interlace
entrelazamiento de impulsos | pulse interlacing (/interleaving)
entrelazamiento de programas | interleaving
entrelazamiento de sectores | sector interleave
entrelazamiento errático | radom interlace
entrelazamiento progresivo | progressive interlace
entrelazamiento secuencial | sequential interlace
entrelazar | to interlace, to interleave
entrenador | trainer
entrenador de vuelo | link-trainer
entrenamiento operativo | operational training
entrenar | to train
entretenimiento | preventive maintenance
entretenimiento didáctico | edutainment [*fam*]
entronque | branching
entropía | entropy
entubado encogible | shrinkable tubing
enturbiamiento de radar | radar clutter
enumeración | enumeration
enumeración efectiva | effective enumeration
enumerador de bus | bus enumerator
enumerador de puertos | port enumerator
enunciación | enunciation
enunciación de números | passing forward of numbers
ENV [*prenorma europea, norma europea interina*] | ENV = Europäische Norm vorläufig (*ale*) [*European prestandard*]
envainado | canning
envainar | to clad, to sheath
envasado al vacío | vacuum-packed
envase de radioisótopo | radioisotope packaging
envase para desechos | waste container
envase para desechos radiactivos | waste container
envejecimiento | ageing [UK], aging [USA]; life aging
envejecimiento acelerado | accelerated ageing
envejecimiento de la válvula | tube (/valve) aging
envejecimiento magnético | magnetic aging
envejecimiento por desuso | shelf aging
envejecimiento por el calor | heat ageing
envenenamiento | poisoning
envenenamiento de resonancia | resonance poisoning
envenenamiento del reactor | pile (/reactor) poisoning, poisoning of reactor
envenenamiento por samario | samarium poisoning
envenenamiento por xenón | xenon poisoning
envenenamiento radiactivo | radioactive poisoning
enviar | to send
enviar a la cola de espera | to queue
enviar correo automáticamente [*por internet*] | to robopost
enviar correspondencia | to mail
enviar el mensaje | to send message
enviar por correo electrónico | to e-mail
enviar una bomba de correo electrónico | to mailbomb
envío | sending
envío automático | automatic send
envío de impulsos por línea | line pulsing
envío de señales por teclado | key-sending
envío múltiple | crosspost
envoltura | covering, enclosure, mantle, sheath, shell
envoltura a presión | pressurized casing
envoltura aislante | wrapper
envoltura aislante de bobina | wrapper
envoltura de papel | paper wrapping
envoltura final | final wrap
envoltura sólida de pantalla simple | single-shield solid enclosure
envolvente | duct, envelope, pipe
envolvente anódica | anode sheath
envolvente de impulsos | pulse envelope
envolvente de la llama | envelope of flame
envolvente de la onda de señal | signal wave envelope
envolvente de la señal | signal envelope
envolvente de modulación | modulation envelope
envolvente de onda de la señal | signal envelope
envolvente de transistor | transistor package
envolvente del espectro | spectrum envelope
envolver | to sheath, to sheet
envuelta | envelope, serving, sheathing, shell
envuelta blindada | shielded box
envuelta de la válvula contra descargas eléctricas | shockproof valve housing
envuelta de polos interiores | inner pole frame
envuelta del cátodo | cathode sheath
envuelta del reactor | reactor shell
EOB [*fin de bloque*] | EOB = end of block
EOCM [*contramedidas electroópticas*] | EOCM = electro-optical countermeasures
EOD [*fin de datos*] | EOD = end of data
EOF [*fin de archivo*] | EOF = end of file
eólico | airborne
EOR [*fin de registro*] | EOR = end of record
EOYU [*unidad óptica de registro*] | EOU = enrollment optical unit
EPABX [*centralita PABX electrónica*] | EPABX = electronic PABX
epimorfismo | epimorphism

EPIRB [*radiobaliza de emergencia indicadora de posición (para barcos)*] | EPIRB = emergency position indicating radio beacon
episcopio | opaque pickup unit
epitaxia | epitaxy
epitaxial | epitaxial
epitérmico | epithermal
época | epoch
epoxy [*tipo de resina*] | epoxy
EPP [*puerto paralelo ampliado*] | EPP = enhanced parallel port
EPPT [*prueba europea de prestaciones de impresora*] | EPPT = European printer performance test
EPR [*resonancia paramagnética de los electrones*] | EPR = electron paramagnetic resonance
EPROM [*memoria programable sólo de lectura que se puede borrar*] | EPROM = erasable programmable read only memory
EPS [*descriptor de páginas encapsulado, postedición encapsulada*] | EPS = encapsulated postscript
EPSF [*archivo encapsulado de Post Script*] | EPSF = encapsulated Post Script file
épsilon [*letra griega*] | epsilon
EQ [*ecualizador*] | EQ = equalizer
equalización previa | preequalization
equilibrado | balanced, balancing, matching
equilibrado automático | self-balanced
equilibrado de impedancias | impedance matching
equilibrado de la capacidad | capacity balancing
equilibrado de la corriente | current balance
equilibrado de un circuito | balancing of circuit
equilibrado / desequilibrado [*en adaptador de impedancias*] | balun = balanced / unbalanced
equilibrado estáticamente | statically balanced
equilibrado estrobodinámico | strobodynamic balancing
equilibrado potenciométricamente | potentiometrically balanced
equilibrador | balance (network), balancer; ballast, bucking; equalizer, attenuation compensador
equilibrador complementario | building-out section
equilibrador de filtro de línea | line filter balance
equilibrador de precisión | precision net (/network)
equilibrador estático | static balancer
equilibrador fundamental | basic network
equilibrador para corriente continua | direct current balancer
equilibrio | balance, equilibrium
equilibrio a cero | null balance

equilibrio activo | active balance
equilibrio colorimétrico | colour match
equilibrio de anulación | null balance
equilibrio de colores | colour balance
equilibrio de fases | phase balance
equilibrio de ionización | ionization equilibrium
equilibrio de ionización térmica | thermal ionization equilibrium
equilibrio de línea | line balance
equilibrio de partículas cargadas | charged particle equilibrium
equilibrio de plasma | plasma balance
equilibrio de radiación | radiation (/radiative) equilibrium
equilibrio de temperatura | temperature equilibrium
equilibrio de tensiones | voltage balance
equilibrio dinámico | dynamic equilibrium
equilibrio dinámico de carga | dynamic load balancing
equilibrio eléctrico | electrical balance
equilibrio electrónico | electronic equilibrium
equilibrio entre canales | channel balance
equilibrio estático | static balance (/equilibrium)
equilibrio estatodinámico | static dynamic balance
equilibrio híbrido | hybrid balance
equilibrio iónico | ionic equilibrium
equilibrio neutrónico | neutron balance
equilibrio radiactivo | radiation (/radiative, /radioactive) equilibrium
equilibrio radiactivo transitorio | transient radioactive equilibrium
equilibrio reactivo | reactive balance
equilibrio secular | secular equilibrium
equilibrio térmico | thermal equilibrium
equilibrio total de potenciales | balance of potentials
equilibrio transitorio | transient equilibrium
equilibrómetro | (impedance) unbalance measuring set, return-loss measuring set
equipado con radar | radar-equipped, radar-fitted
equipamiento | equipment
equipar [*una tarjeta de circuitos con componentes*] | to populate
equipo | equipment, installation, kit, rig, set, setup; [*unidad de ordenador o puesto de trabajo*] seat
equipo accesorio | ancillary equipment
equipo adicional | ancillary equipment
equipo aerospacial de tierra | aerospace ground equipment
equipo ancilario | ancillary equipment
equipo apagado | switched-out equipment
equipo astático | astatic pair
equipo audiotelegráfico | tone telegraph equipment

equipo automático | automatic (/dial system) equipment
equipo automático de mediciones de trasmisión | automatic transmission measuring equipment
equipo automático de numeración | automatic numbering equipment
equipo automático de tracción | automatic traction controller
equipo automático para datos de vuelo | automatic in flight data system
equipo autónomo | auxiliary equipment
equipo auxiliar | auxiliary equipment
equipo bivocal | S+D equipment = speech-plus-duplex equipment
equipo canalizador de voz | voice channelling equipment
equipo combinador telegráfico | telegraph combining equipment
equipo con alimentación propia | self-powered equipment
equipo con circuito independiente | separately wired equipment
equipo con tensión | switched-on equipment
equipo con varias interfaces | multihomed equipment
equipo conectado | switched-on equipment
equipo de a bordo | aircraft (/on board) equipment
equipo de abonado | subscriber (line) equipment
equipo de adiestramiento con ultrasonidos | ultrasonic trainer
equipo de adiestramiento de radar | radar trainer
equipo de adiestramiento de sonar | sonar trainer
equipo de aislamiento de línea | line isolation facility
equipo de alimentación | (power) supply equipment (/system); [*eléctrica*] main power supply
equipo de altas prestaciones | high performance equipment
equipo de alumbrado | lightning equipment
equipo de apoyo terrestre | ground support equipment
equipo de banda lateral única | single-sideband equipment
equipo de barras cruzadas | crossbar equipment
equipo de bobina móvil | moving coil movement
equipo de calentamiento industrial | industrial heating equipment
equipo de cámara de televisión | camera chain
equipo de canal de datos | data channel equipment
equipo de canalización de radio | radio channelling equipment
equipo de canalización telegráfica | telegraph channel equipment

equipo de chips | chip set
equipo de colocación de componentes | component placement equipment
equipo de combinación | control gear
equipo de comprobación | test set
equipo de comprobación de radiac | radiac test equipment
equipo de comprobación y ajuste de imagen | picture control and monitor unit
equipo de comprobación y corrección de imagen | picture control and monitor unit
equipo de comunicación acústica submarina | underwater sound communication set
equipo de comunicación de datos | data communication equipment
equipo de comunicación por banda lateral | selectable-single-sideband communications equipment
equipo de comunicación por enlaces radioeléctricos | radio relay communications equipment
equipo de comunicación por infrarrojos | infrared communication set
equipo de comunicación por radioenlaces | radio relay communications equipment
equipo de comunicación por radiorrelés | radio relay communications equipment
equipo de comunicación telefónica secreta | voice security equipment
equipo de comunicaciones barco-tierra por VHF | ship-to-shore VHF set
equipo de comunicaciones para servicios de seguridad | safety communication equipment
equipo de conectores | contactor equipment
equipo de conmutación | switching equipment
equipo de conmutación automática | automatic switching equipment
equipo de conmutación por cordones | patch facility
equipo de control auxiliar de batería | standby battery control equipment
equipo de control de disparo | fire control equipment
equipo de control remoto | remote-control equipment
equipo de control secuencial | sequencing equipment
equipo de conversión de señales | signal conversion equipment
equipo de corriente portadora sobre líneas de distribución de energía | power line carrier system
equipo de derivación de canales | dropping equipment
equipo de derivación de supergrupo | supergroup derivation equipment
equipo de desarrollo multimedia | multimedia development team

equipo de detección de superficie del aeropuerto | airport surface detection equipment
equipo de detección submarina | submarine detecting set
equipo de dirección por radar | radar-homing set
equipo de direccionamiento automático de mensajes | self-addressing message equipment
equipo de distribución | switchgear
equipo de drenaje | drainage equipment
equipo de energía | power equipment
equipo de enfasamiento | phasing equipment
equipo de enfasamiento y distribución | phasing and branching equipment
equipo de enlace por VHF | VHF relay equipment
equipo de enseñanza de sonar | sonar trainer
equipo de entrada | input equipment
equipo de entrada de audio | speech input equipment
equipo de escritorio | desktop system
equipo de estación de montaje en pared | wall-mount station
equipo de estereofonía | stereophony equipment
equipo de frecuencias ultraacústicas | ultrasonic equipment
equipo de frecuencias ultrasónicas | ultrasonic equipment
equipo de fusión por corriente de alta frecuencia | radiofrequency melting equipment
equipo de fusión por corriente de radiofrecuencia | radiofrequency melting equipment
equipo de generación de frecuencias portadoras de supergrupo | supergroup carrier frequency generator equipment
equipo de grabación a distancia | telerecording equipment
equipo de grabación de sonido | sound-recording unit
equipo de grabación y reproducción | recording/reproducing unit
equipo de haces dirigidos | radio relay equipment
equipo de hierro móvil con blindaje | moving-iron shielded system
equipo de instrucción en boyas acústicas | sonobuoy trainer
equipo de intercomunicación | talk-back facility
equipo de interconexión | interface equipment
equipo de interconexión por cordones | patching facilities
equipo de interfaz en comunicaciones digitales | digital communications interface equipment
equipo de introducción de datos | input equipment

equipo de la oficina central | central office equipment
equipo de laboratorio | laboratory equipment
equipo de lectura | read-out equipment
equipo de limpieza por ultrasonidos | ultrasonic cleaning equipment
equipo de limpieza ultrasónica | ultrasonic cleaning equipment
equipo de línea | line equipment
equipo de llamada | signalling equipment
equipo de llamada de frecuencia vocal | voice frequency signalling set, signalling relay set
equipo de loran | loran set
equipo de mando | command set
equipo de manipulación por audiofrecuencias | tone equipment
equipo de manipulación por tonos | tone equipment
equipo de mantenimiento | service equipment
equipo de medición | measurement (/measuring) equipment
equipo de medición de distancias | distance-measuring equipment
equipo de medición de la trasmisión | transmission-measuring set
equipo de medición de ruido | noise-measuring set
equipo de medida del pH | pH measuring equipment
equipo de megafonía | public address equipment
equipo de mejora de imagen | image-enhancing equipment
equipo de mochila | pack unit
equipo de modulación de grupo | group modulating equipment
equipo de modulación de supergrupo | supergroup modulating equipment
equipo de múltiples funciones | multipurpose set
equipo de multiplexión | multiplex equipment
equipo de navegación con radar | radar pilotage equipment
equipo de navegación RADAN | RADAN navigator
equipo de operadora | operator's (telephone) set
equipo de pastillas | chip set
equipo de prácticas de radar | radar training equipment
equipo de procesado de señales | signal processing equipment
equipo de programador jefe | chief programmer team
equipo de prueba | testing crew
equipo de prueba móvil | portable test unit
equipo de pruebas de emisores y receptores | sender-receiver test equipment
equipo de pruebas sistemáticas |

routiner
equipo de radar | radar equipment (/set, /unit)
equipo de radiación múltiple | multichannel equipment
equipo de radio | radio equipment (/gear, /set)
equipo de radio emisor y receptor | two-way radio equipment
equipo de radio multifrecuencia | multifrequency radio set
equipo de radio multionda | multifrequency radio set
equipo de radio policial | police radio
equipo de radioenlace | radio relay equipment
equipo de radioenlace por VHF | VHF relay equipment
equipo de rastreo de localización | tracing equipment
equipo de rastreo de señales | tracing equipment
equipo de rayos X | Roentgen machine, | X-ray equipment (/installation, /machine)
equipo de recepción | receiving equipment
equipo de recepción solamente | RO set
equipo de registro a distancia | telerecording equipment
equipo de registro de las conversaciones telefónicas | voice-recording equipment
equipo de registro de sonido | sound-recording unit
equipo de registro sonoro | sound-recording equipment
equipo de regulación | control (/regulating) equipment
equipo de regulación de fase | phasing equipment
equipo de reserva | backup, reserve equipment
equipo de reserva en frío | cold stand-by equipment
equipo de resortes | spring assembly
equipo de respuesta a emergencias informáticas | computer emergency response team
equipo de salida | output equipment
equipo de segregación de canales | dropping equipment
equipo de seguimiento de submarinos por detección del aire ionizado | sniffer gear
equipo de seguimiento por detección del aire ionizado | sniffer gear
equipo de señalización | signalling equipment
equipo de servicio automático | unattended service equipment
equipo de sobremesa | desktop system
equipo de soldador | plumber's tool bag
equipo de soldadura por onda | wave soldering equipment
equipo de soldadura por resistencia | resistance welding equipment
equipo de sonar | sonarset, sonar set
equipo de sondeo por sonar | sonar sounding set
equipo de sonido | sound (/sound-recording) equipment
equipo de sonorización | public address equipment
equipo de soporte de programación | programming support environment
equipo de soporte de proyecto | project support environment
equipo de supervisión y ajuste de imagen | picture control and monitor unit
equipo de supervisión y corrección de imagen | picture control and monitor unit
equipo de telecine | telecine (/television film transmitting) equipment
equipo de telegrafía por tonos | tone telegraph equipment
equipo de telemando | remote-control equipment
equipo de telerregistro | telerecording equipment
equipo de terminación de datos | data termination equipment
equipo de toma distante | remote pickup equipment
equipo de toma exterior | remote pick-up equipment
equipo de tracción | traction equipment
equipo de tráfico de espera | queue equipment
equipo de trasferencia automática | automatic transfer equipment
equipo de traslación | translating equipment
equipo de traslación de grupo | group translating equipment
equipo de traslación de grupo secundario | supergroup translating equipment
equipo de traslación de supergrupo | supergroup translating equipment
equipo de trasmisión | transmitting chain (/facility)
equipo de trasmisión de datos | data transmission (/communication) equipment
equipo de trasmisión meteorológica | weather-transmitting set
equipo de trasmisiones | signal communications equipment
equipo de trasposición de grupo secundario | supergroup translating equipment
equipo de trasposición de supergrupo | supergroup translating equipment
equipo de tratamiento de impulsos | pulse equipment
equipo de tratamiento de obleas | wafer-handling equipment
equipo de unidad de grabación [*equipo que trabaja con registros unitarios*] | unit record equipment
equipo de vacío | vacuum-producing equipment
equipo de válvulas | tube (/valve) line-up
equipo de verificación | test set
equipo del avión | aircraft equipment
equipo del cliente | customer set
equipo desconectado | switched-out equipment
equipo desecador | desiccator
equipo eléctrico de tracción | electric traction equipment
equipo electrónico de a bordo | airborne electronics
equipo electrónico de pantalla celeste | electronic sky screen equipment
equipo electrónico no destinado al mantenimiento | nonentertainment electronic equipment
equipo en cadena | equipment chain
equipo encendido | switched-on equipment
equipo esclavo | ancillary equipment
equipo estático de conversión de energía eléctrica | static power conversion equipment
equipo estereofónico | stereophony equipment
equipo explorador | scanning equipment
equipo flip-flop | flip-flop equipment
equipo fotométrico | photometric equipment
equipo frecuencimétrico | frequency-measuring equipment
equipo fuera de línea | off-line equipment
equipo hipsométrico | transmission-measuring set
equipo impresor de cinta | tape printer set
equipo impresor de página | page-printer set
equipo interior | inside plant
equipo interior telefónico | inside plant
equipo interno | on board equipment
equipo manual | manual equipment
equipo mecánico automático | automatic machine equipment
equipo medidor | measuring equipment
equipo medidor de energía | energy-measuring equipment
equipo medidor de intensidad de campo en antena | aerial-pattern measuring equipment
equipo medidor de radiactividad | radiac set
equipo mezclador para gases | gas mixing device
equipo militar de reactores de impulsos | army pulsed reactor assembly (/facility)
equipo monitor y de control de imagen | picture control and monitor unit

equipo monocanal de radiocomunicaciones | single-channel radio communications equipment
equipo motor | powerpack, power pack
equipo móvil | mobile equipment, movable element
equipo multibanda | multiband rig
equipo multicanal | multichannel equipment
equipo multilínea electrónico | electronic key telephone system
equipo múltiplex | multiplex equipment
equipo múltiplex de canales de voz | voice multiplex equipment
equipo múltiplex de corrientes portadoras | multiplex carrier equipment
equipo múltiplex de cuatro canales | TOM equipment
equipo múltiplex de dos canales | TOR equipment
equipo multiplexor | multiplex equipment
equipo multiplexor de tonos | tone multiplex equipment
equipo normal | main (/standard) equipment
equipo oscilográfico | oscillograph recording apparatus
equipo para conexión en paralelo | paralleling equipment
equipo para conferencias | conference calling equipment
equipo para desarrollo de software | software development kit
equipo para empalmar | splicing kit
equipo para ensamblar | kit
equipo para pruebas de distorsión de señal | signal distortion test set
equipo paso a paso | stepper (/step-by-step) equipment
equipo perforador impresor múltiple | multiple typing reperforator set
equipo periférico | peripheral equipment
equipo propulsor | power unit
equipo radioemisor | radio-transmitting equipment
equipo radiotelefónico de VHF | VHF radiotelephone equipment
equipo radiotrasmisor | radio-transmitting equipment
equipo rastreador de señales | signal-tracing equipment
equipo Rebecca | Rebecca equipment
equipo receptor | receiving equipment (/set)
equipo receptor con tambor magnético | magnetic drum receiving equipment
equipo receptor de datos telemétricos | telemetric data receiving set
equipo receptor de telemedida | telemetering receiving equipment
equipo rectificador | rectifier equipment
equipo recuperable | recovery package
equipo reperforador-impresor | typing reperforator set
equipo secreto | privacy equipment
equipo sin alimentación | switched-out equipment
equipo subordinado | ancillary equipment
equipo suplementario | accessory, ancillary equipment, extension set
equipo tabulador | tabulating equipment
equipo telefónico | telephone equipment, internal plant
equipo telefónico de llamada por tonos | touch-tone telephone set
equipo telegrafía | telegraph equipment
equipo telegráfico | telegraph equipment (/set)
equipo tensor | tensioning equipment
equipo terminador | terminating set
equipo terminal | terminal equipment (/unit), terminating equipment
equipo terminal de datos | data (terminal) equipment
equipo terminal de frecuencias vocales | voice terminal equipment
equipo terminal de telegrafía armónica | voice frequency telegraph terminal equipment
equipo terminal de tratamiento de datos | data terminal equipment
equipo terminal propiedad del abonado | customer premises equipment
equipo terminal receptor | receiving terminal equipment
equipo terminal telefónico | telephone terminating equipment
equipo terminal telegráfico | telegraph terminating equipment
equipo toda onda | multiband rig
equipo trasceptor | transreceive equipment
equipo trasformador de exploración | scan conversion equipment
equipo trasmisor | transmitting equipment
equipo trasmisor de datos en radiac | radiac data transmitting set
equipo trasmisor de telemedida | telemetering transmitting equipment
equipo ultrasónico | ultrasonic equipment
equipo univocal | S+S equipment = speech-plus-simplex equipment
equipos de central | exchange equipment
equipos de radio para enlaces trashorizonte | over-the-horizon radio equipment
equipos de trayectoria sobre el horizonte | over-the-horizon equipment
equipotencial | equipotential, unipotential
equipotente | equipotent
equivalencia | equivalence
equivalencia de máquinas | machine equivalence
equivalencia de Myhill | Myhill equivalence
equivalencia de Nerode | Nerode equivalence
equivalencia masa-energía | mass-energy equivalence
equivalente | equivalent
equivalente de circuito | net loss
equivalente de dosis | dose equivalent
equivalente de dosis máximo admisible | maximum permissible dose equivalent
equivalente de enlace | trunk loss
equivalente de frenado | stopping equivalent
equivalente de parada | stopping equivalent
equivalente de plomo | lead equivalent
equivalente de referencia | reference (/volume, /loudness volume) equivalent
equivalente de referencia del efecto local | sidetone reference equivalent, reference equivalent of sidetone
equivalente de repetición | repetition equivalent
equivalente de trasmisión | net loss, transmission equivalent
equivalente de trasmisión efectivo | effective transmission equivalent
equivalente de un circuito | circuit equivalent
equivalente del punto de canto | singing point equivalent
equivalente del punto de silbido | singing point equivalent
equivalente del roentgen | roentgen equivalent
equivalente electroquímico | electrochemical equivalent
equivalente en aire | air equivalent
equivalente físico en roentgen | roentgen equivalent physical
equivalente gramo | gram equivalent
equivalente mínimo admisible | minimum equivalent
equivalente químico | chemical equivalent
equivalente relativo | relative equivalent
equivalente TNT | TNT equivalent
equivalente unitario de pérdida | volume loss per unit length
equivocación | error
equívoco | equivocation
Er = erbio | Er = erbium
E/R = emisión/recepción | TR = transmission/reception
E/R = emisor/receptor | S/R = sender/receiver
ERA [*audiometría por respuesta evocada*] | ERA = evocated response audiometry
erbio | erbium
ergio [*unidad de trabajo en el sistema CGS*] | erg
ergódico | ergodic
ergonomía | ergonomics

ergonomía del HW = ergonomía del hardware | HW ergonomics = hardware ergonomics
ergonomía del software | software ergonomics
eriómetro | eriometer
erlang | erlang
erlangio | erlang
ERLL [*proceso de gestión de datos para aumentar la capacidad del disco duro un 50 por 100*] | ERLL = enhanced run-lenght limited
ERMES [*sistema europeo de radiomensajería*] | ERMES = European radio-messaging system
erosión | erosion
erosión eléctrica | electrical erosion
erosión por chispas | spark erosion
ERP [*potencial en función de las incidencias*] | ERP = event-related potential
ERR = error relativo de retardo | T.I.E. = relative time interval error
erradicación del velo de fondo | background eradication
erróneo | false, faulty
error | error, fail, garble, mistake; [*del programa*] bug
error a tope de escala | full scale error
error absoluto | absolute error
error accidental | accidental error
error admisible | permissible error
error al crear archivos | file creation error
error al escribir archivos | file write error
error al leer archivos | file read error
error aleatorio | random error
error arrastrado | inherited error
error atmosférico | sky error
error casual | random error
error crítico | critical error
error cuadrático medio | standard error
error de abertura del haz | beam width error
error de aceleración | acceleration error
error de acimut | horizontal angle of deviation
error de alejamiento de cero | null spacing error
error de alineación | alignment error
error de altura ionosférica | ionospheric height error
error de balanceo | swing error
error de barco | ship error
error de bit | bit error
error de bit doble | double bit error
error de canal | channel error
error de carga | loading error
error de centrado | error of centring
error de cero | zero error
error de cliente [*en HTTP*] | client error
error de cobro | mistake in charging
error de conducción | conduction error
error de configuración | config error
error de conformidad | conformance error
error de cuadrante | quadrantal error
error de cuantificación | quantization (/quantizing) error
error de desbordamiento | overflow error
error de descentrado | offset error
error de descodificador | decoder error
error de desexcitación | dropout error
error de desfase | phase angle (/displacement) error
error de determinación de masa | mass error
error de dimensión del punto luminoso | spot size error
error de dirección | address failure, misrouting
error de discretización | discretization error
error de discretización global | global discretization error
error de duración del impulso | pulse duration error
error de emplazamiento | site error
error de encaminamiento | misrouting
error de entorno | site error
error de entrega | delivery error
error de escala | scale error
error de escritura | misposting
error de estación de onda espacial | sky station error
error de excentricidad del indicador | pointer centrering error
error de fase | phase error
error de fondo de escala | full scale error
error de forma de onda | waveform error
error de grabación | write error
error de hardware | machine error
error de histéresis | hysteresis error
error de impresión | misprint
error de inclinación | tilt error
error de inclinación de la antena | aerial tilt error
error de indicación | index error
error de inicialización | initialization error
error de instalación | installation error
error de interferencia de las ondas | wave interference error
error de intervalo de velocidad | velocity lag error
error de la controladora de teclado | keyboard controller error
error de la controladora maestra | master controller error
error de la puerta | gate error
error de la suma de comprobación | checksum error
error de la suma de control | checksum error
error de la telefonista | telephone error
error de lectura | read (/reading) error
error de linealidad | linearity error
error de masa | mass error
error de medición | error of measurement
error de mira | boresight error
error de muestreo y retención | sample-to-hold offset error
error de numeración | misnumber
error de observación | error in observation
error de onda espacial | sky wave error
error de onda estándar | standard wave error
error de paginación [*en la memoria virtual*] | page fault
error de paridad | parity error
error de paridad de memoria | memory parity error
error de peso | weighing error
error de pista | tracking error
error de polarización | night (/polarization) error
error de posición | position (/positional) error
error de propagación | propagation error
error de protección general | general protection fault
error de rectangularidad | skew
error de rectangularidad de la imagen | skew
error de redondeo | rounding (/round-off, /round-off) error
error de reflexión | reflection error
error de reflexión local | reradiation error
error de reflexión local por masa metálica de barco | ship error
error de refracción | refraction error
error de registro | registration error
error de regulación inicial | setting error
error de relación | ratio error
error de repetición | repeatability error
error de retardo de velocidad | velocity lag error
error de rozamiento | friction (/frictional) error
error de ruta | course error
error de seguimiento | tracking error
error de sensibilidad del programa | program sensitive error
error de separación | spacing error
error de separación residual | residual spacing error
error de servicio | service error, error of service
error de sincronización | synchronization error
error de sincronización de la estación por onda espacial | sky wave station error
error de sincronización de la estación por onda ionosférica | sky wave station error
error de sincronización por onda espacial | sky wave station error
error de sincronización por onda ionosférica | sky wave station error

error de solapamiento | aliasing bug
error de tasa | mistake in charging
error de teclado | keyboard (/interface) error
error de tensión de entrada | input error voltage
error de tiempo de ejecución | runtime error
error de tiempo de retardo | phase delay error
error de transición | transition error
error de trayectoria en la ionosfera | ionospheric path error
error de trayectoria por efecto de cruce | positional crosstalk
error de truncamiento | truncation error
error de truncamiento global | global truncation error
error de uniformidad | uniformity error
error de velocidad | velocity error, speed deviation
error de velocidad de la cinta | tape speed error
error de verticalidad | verticality error
error debido al terreno | terrain error
error débil | soft error
error del bucle | loop error
error del control de interrupción | interrupt controller error
error del controlador DMA | DMA controller error
error del emisor | source error
error del instrumento | instrument (/instrumental) error
error del lazo | loop error
error del medio | medium error
error del milenio | millennium bug
error del observador | personal error
error del operador | operator error
error del procesador | processor error
error del puesto emisor | transmitter site error
error del servicio | service mistake
error del servidor | server error
error del sistema | system error
error del telefonista | telephone error
error del telegrafista | telegraph error
error del temporizador | timer error
error del valor medio | mean error
error digital | digital error
error dinámico | dynamic error
error en estado de régimen | steady-state error
error en estado estacionario | steady-state error
error en frío [*producido durante la puesta en marcha del ordenador*] | cold fault
error en ordenador | bug
error en origen | source error
error en ráfagas | burst error, error burst
error entre ejes | interaxis error
error estadístico | statistical error
error estándar | standard error
error estático | static error
error estimado | estimated error

error externo de paridad | off board parity error
error fatal | critical (/fatal) error
error fatal excepcional [*implica pérdida de datos y reinicialización del ordenador*] | fatal exception error
error general | general error
error geométrico | geometric error
error grave | fatal error
error hiperbólico | hyperbolic error
error insalvable | hard error
error instrumental | instrument error
error intermitente | intermittent error
error interno | Internal error
error interno de paridad | on board parity error
error intrínseco | inherent error
error ionosférico | ionosphere (/ionospheric, /sky) error
error ionosférico de la trayectoria | ionospheric path error
error irrecuperable | unrecoverable (/irrecoverable) error
error irreparable | irrecoverable (/non recoverable) error
error leve | non fatal error
error local | local error
error local de discretización | local discretization error
error local de truncadura | local truncation error
error local de truncamiento | local truncation error
error lógico | bug; logic (/logical) error
error mediano del valor promedio | standard error of the mean
error micrométrico | very small error
error múltiple | multiple error
error no detectado | undetected error
error no fatal | nonfatal error
error no resuelto [*error interno que no puede eliminar el programa*] | unhandled exception
error normal | standard error
error octantal | octantal error
error periódico | periodic error
error permanente de almacenamiento periférico | permanent error of peripheral storage
error por desplazamiento de cero | zero-shift error
error por fricción | friction error
error por mala posición | positional error
error por retardo interno | zero error
error posicional | positional error
error posicional de resintonía | retuning positional error
error probable | probable error
error probable circular | circular probable error
error propagado | propagated error
error recuperable | recoverable error
error relativo | relative error
error reparable [*de memoria periférica*] | recoverable error [*of peripheral storage*]
error repetitivo | repetitive error

error residual | residual error
error residual de sintonía | residual mistune
error semántico | semantic error
error sintáctico | syntactic (/syntax) error
error sistemático | systematic error
error telefónico | telephone error
error telegráfico | telegraph error
error típico | standard error
error tipo | standard error
error tipo de polarización | standard wave error
error total | total error
error transitorio | transient error
error trasferido | inherited error
erupción solar | solar flare (/radio outburst)
erupción solar cromosférica | solar flare
E/S = entrada/salida | I/O = input/output
E/S en serie = entrada/salida en serie | serial I/O = serial input/output
E/S inteligente = entrada/salida inteligente | I2O = Intelligent input/output
es una contestación | it is an asnwer
es una respuesta | it is an asnwer
ESBO [*selección electrónica y mando de barras*] | ESBO = electronic selection and bar operation
esbozo | outline
ESC = escape | ESC = escape
escala | ladder, relaying, scala, scale, scaler, transit
escala absoluta | absolute scale
escala anemométrica | scale-of-wind force
escala automática | automatic scaler (/transit)
escala automática por cinta | automatic tape relay
escala básica de velocidades | basic speed range
escala binaria | binary scaler
escala Celsio de temperatura | Celsius temperature scale
escala correcta | just scale
escala de brillo | brightness scale
escala de diámetros | wire gauge
escala de dieciséis | scale-of-sixteen
escala de distancia | range scale
escala de dureza | scale of hardness
escala de espejo | mirror scale
escala de grises | grey scale, step wedge
escala de grises de la carta de ajuste | test-pattern grey scale
escala de grises de la mira | test-pattern grey scale
escala de hidrógeno | hydrogen scale
escala de integración | integration level, scale of integration
escala de inteligibilidad | readability scale
escala de Kelvin-Varley | Kelvin-Varley scale
escala de legibilidad | readability scale
escala de longitudes de onda | wave-

length scale
escala de margen | range scale
escala de matices | tone wedge
escala de mil | scale-of-one-thousand
escala de ocho | scale-of-eight
escala de Pitágoras | Pythagorean scale
escala de precios | price (/pricing) schedule
escala de recuento | scaler
escala de resistencia | ohmmeter range
escala de temperatura absoluta | absolute temperature scale
escala de temperatura en grados centígrados | centigrade temperature scale
escala de turbulencia | scale of turbulence
escala decimal | decimal scale
escala del ohmímetro | ohmmeter range
escala del tráfico | traffic relay
escala diferencial | difference scaler
escala dinámica | dynamic range
escala Fahrenheit de temperatura | Fahrenheit temperature scale
escala gris | gray scale
escala igualmente temperada | equally tempered scale
escala internacional de temperatura | international temperature scale
escala justa | just scale
escala Kelvin | Kelvin scale
escala logarítmica | logarithmic scale
escala manual | manual relay
escala manual por cinta perforada | manual tape relay
escala musical | musical scale
escala perfecta | just scale
escala por cinta perforada | tape relay
escala reversible | reversible scaler
escala vernier | vernier scale
escala vertical | vertical scale
escalable | scalable
escalar | scalar
escalera | ladder, staircase
escalerilla portacables | cable tray
escalímetro | scaler
escalímetro automático | automatic scaler
escalímetro binario | binary scaler
escalímetro de décadas | decade scaler
escalímetro de impulsos | pulse scaler
escalímetro decimal | decade (/decimal) scaler
escalímetro diferencial | difference scaler
escalímetro en anillo | ring scaler
escalímetro reversible | reversible scaler
escalón | echelon, stage, step
escalón de alcance | range step
escalón unidad de corriente | unit-step current
escalón unidad de voltaje | unit-step voltage
escalonado | graded, multistage
escalonador por impulsos | pulse stepper
escalonamiento | notching, sequencing, stagger, staggering, stepping, zoning; [en las líneas reproducidas en pantalla] stairstepping; [que aparece en las líneas curvas y diagonales en gráficos de baja resolución] jaggies
escalonamiento de contactos fijos durante el trayecto | positioning of contacts along the travel
escalonamiento de horarios | staggering of hours
escalonamiento vertical | vertical stacking
escalonamiento vertical de elementos | vertical stacking
escalonar | to stack, to step
escalones para cámaras de aire | manhole step
escalones para chimeneas | manhole step
escandio | scandium
escaneado | scanning
escaneado progresivo | progressive scanning
escanear | to scan
escáner | scanner
escáner con alimentación de hojas | sheet-fed scanner
escáner de apertura rotativa helicoidal | rotating helical aperture scanner
escáner de cilindro rotativo | rotating cylinder scanner
escáner de desplazamiento | feed scanner
escáner de fibra óptica | fibre-optic scanner
escáner de lente giratoria de fibra óptica | revolving-lens fibre-optic scanner
escáner de mano | handheld scanner
escáner de red con sensores de fotodiodos | photodiode sensor array scanner
escáner de superficie plana | flatbed scanner
escáner de tres pasadas [un barrido por cada color primario] | triple-pass scanner
escáner dual | dual scan
escáner en color | colour scanner
escáner fotoeléctrico | photoelectric scanner
escáner óptico | optical scanner
escanistor [analizador de imágenes de estado sólido] | scanistor
escantillón | forming board
escantillón para peines | lacing board
escaparate [en tienda virtual] | storefront
escaparate electrónico | electronic storefront
escaparate virtual | virtual storefront
escape | detent, exhaust, leakage, release, seepage
escape accidental | spill
escape de acción diferida | time (limit) release
escape de acción instantánea | instantaneous release
escape de alta frecuencia | radiofrequency leak
escape de la onda portadora | carrier leak
escape de neutrones | neutron leakage
escape de neutrones térmicos | thermal (neutron) leakage
escape de radiofrecuencia | radiofrequency leak
escape de rejilla | grid leak
escape de vacío | vacuum leak
escape de vapor | vapour leak
escape del resorte | detent of the spring
escape retardado | retarded release
escape superficial de corriente | surface leakage
escape térmico | heat sink, thermal release
escariador de acanaladuras en espiral | spiral reamer
escariador helicoidal | spiral reamer
escarpia | spike, staple
escasi [fam. = SCSI] | scuzzy [fam. = SCSI]
escaso de potencia | power-starved
ESCD [datos extendidos de la configuración del sistema] | ESCD = extended system configuration data
escena | scene
escenario de oficina | office set
escindible | fissile, fissionable
escindir | to fission, to smash
escintifotografía | scintiphoto
escintigrafía | scintiscanning
escintigrama | scintigram, scintiscan
escintilación de radioestrellas | radio star scintillation
escintilación por protones | proton scintillation
escintilador | scintillator
escintilómetro | scintillometer, scintillation (prospecting radiation) meter
escisión | fission, scission
escisión atómica | atomic fission
escisión de la fuente | source fission
escisión del haz | beam splitting
escisión del núcleo atómico | splitting of atomic nucleus
escisión en cadena | chain fission
escisión espiralada | spiral cleavage
escisión espontánea | spontaneous fission
escisión por neutrones térmicos | thermal fission, slow (/thermal) neutron fission
escisión provocada por neutrones térmicos | slow-neutron induced fission
escisión radiactiva | radioactive fission
escisión rápida | fast fission

escisión térmica | thermal (neutron) fission
escisión ternaria | ternary fission
esclavo | slave
esclavo primario | primary slave
esclavo secundario | secondary slave
esclerográfico | sclerographic
esclerógrafo | sclerograph
esclerométrico | sclerometric
esclerómetro | sclerometer
escleroscópico | scleroscopic
escleroscopio | scleroscope
escleroscopio fotoeléctrico | photoelectric scleroscope
escleróscopo | scleroscope
esclusa de aire | airlock
esclusa para vacío | vacuum lock
escoba electromecánica | electromechanical brush
escobilla | brush, wiper
escobilla auxiliar | third brush
escobilla colectora | feeder brush
escobilla de alambre | wire brush
escobilla de carbón | carbon brush
escobilla de clasificación | sorting brush
escobilla de contacto | plough [UK], plow [USA]
escobilla de hilos metálicos | wire brush
escobilla de láminas | laminated brush
escobilla de lectura secundaria | secondary reading brush
escobilla de línea | line brush (/wiper)
escobilla de magneto | magneto brush
escobilla de prueba | private (/proof) wiper
escobilla de secuencia | sequence brush
escobilla del motor | motorbrush
escobilla integral de lectura | self-contained read brush
escobilla positiva | positive brush
escobilla secundaria | secondary brush
escobilla superior | upper brush
escobillón | duct cleaner
escobillón para conductos | duct cleaner
escoger | to choose; to assort, to pick out
escoria de soldadura | soldering dross
escote | notch
escotóforo | scotophor
escotópico | scotopic
escotoscopio | scotoscope
escribir | to write; [en teclado] to type; [datos] to enter
escribir con el teclado | to key
escribir de nuevo | to rewrite
escribir después de leer | write after read
escritorio | desktop
escritorio con red integrada | webtop
escritorio de red | webtop
escritorio regular | regular desktop
escritorio virtual | virtual desktop
escritura | write

escritura a través de caché | write-through cache
escritura agrupada | gather write
escritura de datos | write data
escritura de E/S | I/O write
escritura de información dispersa | scatterwrite
escritura disponible | write enable
escritura en disquete | floppy write
escritura fijada | posted write
escritura telegráfica multiplexada | multiplex printing telegraphy
escuadra | angle, bracket
escuadra de fijación | top angle
escuadra de fijación para soportes de relés | bracket for relay mounting bars
escuadra de montaje de los contactos | contact mounting bracket
escuadra de retén | latch bracket
escuadra portarrelés | relay mounting bracket
escuadra soporte de relés | relay mounting bracket
escucha | (aural) monitoring, guard, listening (in), watchkeeping
escucha a horas fijas | scheduled watch
escucha continua | continuous watch
escucha de conversaciones | intelligible crosstalk
escucha de programas radiofónicos | radio listening
escucha distante | dxing
escucha en pausa de trasmisión | standby monitoring
escucha previa | prefade listening
escucha secreta | bug
escucha telefónica | intelligible crosstalk
escuchar | to listen in, to watch
escudo | shield
escudo de Faraday | Faraday's shield
escuela de operadoras | operating school
escuela de radio | radio school
escuela de telegrafistas | operating school
ESD [distribución electrónica de software] | ESD = electronic software distribution
ESD [descarga electrostática] | ESD = electrostatic discharge
ESD [datos extendidos del sistema] | ESD = extended system data
ESDI [interfaz mejorada para dispositivos pequeños] | ESDI = enhanced small devices interface
ESDI [interfaz para discos duros que permite una velocidad de trasmisión de 10 MBit/s] | ESDI = enhanced small disk interface
esfera | sphere
esfera de apantallado | screening sphere
esfera de Debye | Debye sphere
esfera de Hamming | Hamming sphere
esfera de pista | trackball

esfera de protección | sphere of influence
esfera de Ulbricht | Ulbricht sphere
esfera fotométrica | Ulbricht sphere
esfera guía | advance ball
esfera radián | radiansphere
esférico | spherical
esfigmocardiógrafo | sphygmocardiograph
esfigmófono | sphygmophone
esfigmógrafo | sphygmograph
esfigmograma | sphygmogram
esfigmomanómetro | sphygmomanometer
esfigmomanómetro electrónico | electronic sphygmomanometer
esfuerzo | stress
esfuerzo aislante | insulation stress
esfuerzo cortante | shear (stress)
esfuerzo cortante vertical | vertical shear
esfuerzo de entrada | peak effort
esfuerzo de reacción | reaction stress
esfuerzo de tracción | tractive effort
esfuerzo de tracción del motor | tractive effort of the motor
esfuerzo de tracción en el gancho | drawbar pull
esfuerzo de tracción en la llanta | tractive effort
esfuerzo debido al alabeo | warping stress
esfuerzo dieléctrico | voltage stress
esfuerzo eléctrico | voltage stress
esfuerzo máximo | peak effort
esfuerzo por unidad | unit stress
esfuerzo resistente total | total resisting effort
esfuerzo retardador | retarding force
esfuerzo unitario | unit stress
esfuerzo vibracional | vibrational stress
eslabón | link
eslabón cortocircuitador | shorting link
eslabón cortocircuitante | shorting (/short-circuiting) link
eslabón de ajuste de la manivela | bellcrank adjusting link
eslabón de disparo de impresión | printing trip link
eslabón de mando de corrección | correcting drive link
eslabón de mando del perforador | perforator drive link
eslabón de radiofrecuencia | RF link
eslabón reforzado | hardened link
eslabonamiento | chain
esmeril | emery
ESMTP [programa de correo electrónico para extensiones de protocolo SMTP] | ESMTP = extended simple mail transfer protocol
ESO [organización europea de normativa] | ESO = European standardisation organisation
ESP [protocolo de encapsulado de seguridad de la carga útil] | ESP = en-

capsulating security payload
espaciado | spacing
espaciado de ancho fijo [*entre caracteres*] | fixed-width spacing
espaciado de frecuencias | frequency spacing (/separation), spacing of frequencies
espaciado de las frecuencias | frequency separation
espaciado de paso fijo | fixed-pitch spacing
espaciado de pistas | tracking spacing
espaciado fijo [*de caracteres*] | fixed spacing
espaciado proporcional | proportional spacing
espaciador | spacer
espaciador de clavijas | jack spacer
espaciador para el montaje de clavijas | jack spacer
espaciador variable de líneas | variable line spacer
espaciador variable de renglones | variable line spacer
espaciamiento | spacing
espaciamiento de frecuencias | spacing of frequencies
espaciamiento del resonador | catcher space
espaciamiento entre canales | channelling, channel separation
espaciamiento entre frecuencias | separation (/spacing) between frequencies
espaciamiento entre impulsos | pulse spacing
espaciamiento falso | split
espaciamiento según patrón de circuitos impresos | PC grid spacing
espacio | bay, gap, space, span; field; space character
espacio aniónico | anion gap
espacio anódico | anolyte
espacio cuadratín [*en tipografía, espacio equivalente al ancho de la letra M*] | em space
espacio de aceleración | acceleration space
espacio de agrupamiento | drift (/grouping) space
espacio de agrupamiento electrónico | buncher gap
espacio de aguja | needle gap
espacio de arranque | starter gap
espacio de atrapamiento | catcher gap
espacio de cadena | string space
espacio de conexión afín | affinely connected space
espacio de deriva | drift space
espacio de descarga | discharge gap
espacio de deslizamiento | drift space
espacio de dirección plana | flat address space
espacio de direccionamiento | address space
espacio de direccionamiento segmentado | segmented address space

espacio de direcciones | address space
espacio de encendido | starter gap
espacio de estrato a estrato | layer-to-layer spacing
espacio de fase | phase space
espacio de fin de archivo | file gap
espacio de Hamming | Hamming space
espacio de Hittorf y Crookes | Hittorf and Crookes' space
espacio de ignición | starter gap
espacio de interacción | interaction space
espacio de interacción de entrada | input gap
espacio de interacción de salida | output (interaction) gap
espacio de llaves | key space
espacio de medio cuadratín [*en tipografía*] | en space
espacio de medio punto [*en tipografía*] | en space
espacio de modulación | buncher gap
espacio de nombres virtual | virtual name space
espacio de reflexión | reflector space
espacio de registro | record gap
espacio de taquillas | locker space
espacio de trabajo | desktop, workspace
espacio de trabajo actual | current workspace
espacio de trabajo desocupado | unoccupied workspace
espacio de vector-onda | k space
espacio de Wigner | Wigner gap
espacio duro [*que permanece como parte integrante del texto*] | hard space
espacio en blanco | blank; field; space character
espacio entre bloques | interblock space
espacio entre caracteres | intercharacter space
espacio entre dígitos | interdigit
espacio entre electrodos | gap, air (/electrode, /interelectrode) gap
espacio entre líneas | distance between lines
espacio entre palabras | interword space
espacio entre varillas | rod gap
espacio equipotencial | space equipotential
espacio euclídeo | Euclidean space
espacio exponencial | exponential space
espacio exterior | outer space
espacio falso | split
espacio fijo [*entre caracteres*] | fixed space
espacio final | end space
espacio fino [*en artes gráficas*] | thin space
espacio gófer [*conjunto de información accesible en internet mediante gófer*]

| gopherspace
espacio insuficiente en el disco | insufficient disk space
espacio interelectródico principal | main gap
espacio intermedio | intermediate gap
espacio intermedio de entrada | input gap
espacio intermedio en cinta magnética | gap on magnetic tape
espacio K | K space
espacio libre | free space
espacio libre lateral | side clearance
espacio muerto | dead space
espacio muestral | sample space
espacio negro de Aston | Aston dark space
espacio negro de cátodo | Crookes dark space
espacio negro de Langmuir | Langmuir's dark space
espacio negro del cátodo | cathode dark space
espacio no divisible [*para mantener dos palabras juntas*] | nonbreaking space
espacio ocupado | occupied space
espacio oscuro | dark space
espacio oscuro anódico | anode dark space
espacio oscuro de ánodo | anode dark space
espacio oscuro de Aston | Aston dark space
espacio oscuro de cátodo | Crookes dark space
espacio oscuro de Faraday | Faraday's dark space
espacio oscuro de Hittorf | Hittorf dark space
espacio oscuro de Langmuir | Langmuir's dark space
espacio oscuro del cátodo | cathode dark space
espacio oscuro primario | primary dark space
espacio para charla | chat room
espacio para clavijas | jack space
espacio para montar en bastidores | racking space
espacio polinómico | polynomial space
espacio principal | main gap
espacio próximo | near space
espacio reflector | reflector space
espacio residual | residual gap
espacio resonante | resonant (/resonance) gap
espacio separable | separable space
espacio sin radiación | radiation gap
espacio vacío | blank
espacio web | website, web site
espacistor [*dispositivo semiconductor con unión PN y cuatro electrodos*] | spacistor
espalación | spallation
esparcimiento máximo | maximum fan-out

espárrago | shank, staybolt, stud
espec. = especificación | spec = specification
especialista en centrales telefónicas | telephone exchange specialist
especialista en conexionado | wirer
especialista en telecomunicaciones | telecommunication specialist
especie atómica | species of atom
especie de átomo | species of atom
especie nuclear | nuclear species
especificación | specification
especificación abstracta | abstract specification
especificación algebraica | algebraic specification
especificación ampliada de memoria expandida | enhanced expanded memory specification
especificación axiomática | axiomatic specification
especificación constructiva | constructive specification
especificación de aislamiento | insulation rating
especificación de anuncio | advertisement specification
especificación de filtro | filter specification
especificación de flujo [*de datos*] | flow specification
especificación de impresora | print setup
especificación de interfaz para dispositivos de red | network device interface specification
especificación de interfaz para gráficos directos | direct graphics interface specification
especificación de memoria ampliada | expanded memory specification
especificación de memoria expandida | expanded memory specification
especificación de módulo | module specification
especificación de objeto | object specification
especificación de potencia | power rating
especificación de protocolo asincrónico | asynchronous protocol specification
especificación de requisitos | requirements specification
especificacion de requisitos funcionales | functional requirements specification
especificación de requisitos para los subsistemas | subsystem requirements specification
especificación de reserva [*del ancho de banda*] | reservation specification
especificación de trasmisión | transmission standard
especificación del archivo | filespec = file specification
especificación del montaje del cable | cable make-up

especificación del programa | program specification
especificación del sistema | system specification
especificación del software | software specification
especificación del tráfico | traffic specification
especificación formal | formal specification
especificación funcional | functional specification
especificación informática | computing specification
especificación para intercambio de metadatos | metadata interchange specification
especificación precisa de tipos de datos | strong typing
especificación sobre interfaz | interface specification
especificación sobre requisitos del sistema | system requirements specification
especificaciones | specs = specifications; standards
especificaciones sobre el diseño del sistema | system design specifications
especificar impresora | to print setup
específico del país | country-specific
espectáculo de ventas | trade show
espectador | viewer
espectral | spectral
espectro | spectrum
espectro acústico | sound spectrum
espectro continuo | continuous spectrum
espectro continuo de potencia | continuous power spectrum
espectro de absorción | absorption spectrum
espectro de absorción de microondas | microwave absoption spectrum
espectro de absorción infrarrojo | infrared absorption spectrum
espectro de acción | action spectrum
espectro de alta frecuencia | spectrum of a high frequency discharge
espectro de amplitud de impulsos | pulse height spectrum
espectro de arco | arc spectrum
espectro de audio | audio spectrum
espectro de audiofrecuencia | audiofrequency spectrum
espectro de bandas electrónico | electronic band spectrum
espectro de chispas | spark spectrum
espectro de corto plazo | short-time spectrum
espectro de dispersión | leakage spectrum
espectro de emisión | emission spectrum
espectro de emisión de fotones | photon emission spectrum
espectro de energía | power spectrum
espectro de escisión | fission spectrum
espectro de fase | phase spectrum
espectro de fisión de Watt | Watt spectrum
espectro de frecuencia | frequency spectrum
espectro de frecuencia de impulsos | pulse frequency spectrum
espectro de frecuencias | frequency bands, spectrum of frecuencies
espectro de frecuencias del tren de impulsos | pulse train frequency spectrum
espectro de frecuencias radioeléctricas | radiofrequency spectrum
espectro de frecuencias vocales | voice frequency range
espectro de interferencias | interference spectrum
espectro de la palabra | speech spectrum
espectro de la señal de vídeo | video spectrum
espectro de la voz | voice spectrum
espectro de las frecuencias radioeléctricas | RF spectrum
espectro de las frecuencias ultraaltas | ultrahigh frequency spectrum
espectro de las ondas cortas | shortwave spectrum
espectro de las ondas de radiofrecuencia | radio spectrum
espectro de las ondas decimétricas | ultrahigh frequency spectrum
espectro de Laue | Laue pattern
espectro de líneas | line spectrum
espectro de llamadas | call mix
espectro de los rayos ultravioleta | ultraviolet spectrum
espectro de los rayos X | X-ray spectrum
espectro de luz visible | visible spectrum
espectro de masas | mass spectrum
espectro de Maxwell | Maxwell spectrum
espectro de microondas | microwave spectrum
espectro de neutrones | neutron spectrum
espectro de partículas alfa | alpha particle spectrum
espectro de potencia | power spectrum
espectro de primer orden | primary spectrum
espectro de propagación | spread spectrum
espectro de radiofrecuencias | radio spectrum, RF spectrum = radiofrequency spectrum
espectro de rayas | line spectrum
espectro de rayos alfa | alpha ray spectrum
espectro de rayos beta | beta ray spectrum
espectro de rayos gamma | gamma ray spectrum

espectro de resonancia | resonance spectrum
espectro de rotación | rotation spectrum
espectro de señal modulada por impulsos | spectrum of pulse-modulated signal
espectro de tensión | voltage spectrum
espectro de trasferencia de carga | charge transfer spectrum
espectro de velocidades | velocity spectrum
espectro de vibración | vibrational spectrum
espectro de vídeo | video spectrum
espectro de Watt | Watt spectrum
espectro del impulso | pulse spectrum
espectro del reactor | reactor spectrum
espectro del tren de impulsos | pulse train spectrum
espectro electromagnético | electromagnetic spectrum
espectro energético | power spectrum
espectro energético de los neutrones térmicos | thermal neutron energy spectrum
espectro ensanchado con salto de frecuencia | frequency-hoping spread spectrum
espectro fónico | speech spectrum
espectro infrarrojo | infrared spectrum
espectro luminoso | luminous spectrum
espectro magnético | magnetic spectrum
espectro maxwelliano | Maxwell spectrum
espectro ocupado | occupied spectrum
espectro primario | primary spectrum
espectro radiado | radiated spectrum
espectro radioeléctrico | radio (/radioelectric) pattern
espectro radioeléctrico de la banda base | radio baseband spectrum
espectro radioeléctrico estelar | stellar radio spectrum
espectro rotacional | rotational spectrum
espectro sonoro | sound spectrum
espectro subacústico | subaudio (sound) spectrum
espectro subsónico | subaudio sound spectrum
espectro total de los electrones degenerados | total degraded-electron spectrum
espectro ultravioleta | ultraviolet spectrum
espectro visible | visible spectrum
espectro visible de la radiación | visible region of radiation
espectro vocal | speech (/voice) spectrum
espectroanalizador gráfico de contornos tridimensionales | spectral contour plotter
espectrocomparador de proyección | spectrum projection comparator
espectrofotoeléctrico | spectrophotoelectric
espectrofotometría | spectrophotometry
espectrofotometría reducida | abridged spectrophotometry
espectrofotómetro | spectrophotometer
espectrofotómetro de Beckman | Beckman spectrophotometer
espectrofotómetro de Brace-Lemon | Brace-Lemon spectrophotometer
espectrofotómetro de Gaertner | Gaertner spectrophotometer
espectrofotómetro de Glan | Glan spectrophotometer
espectrofotómetro de Hüfner | Hüfner spectrophotometer
espectrofotómetro de König-Martens | König-Martens spectrophotometer
espectrofotómetro de Lummer-Brodhun | Lummer-Brodhun spectrophotometer
espectrofotómetro de recuento de impulsos | pulse-counting spectrophotometer
espectrofotómetro de reflectancia | reflectance spectrophotometer
espectrofotómetro fotoeléctrico | photoelectric spectrophotometer
espectrogoniómetro de rayos X | X-ray spectrogoniometer
espectrografía | spectrography
espectrografía de emisión | emission spectrography
espectrografía radioeléctrica | panoramic reception
espectrógrafo | spectrograph, panoramic monitor
espectrógrafo de autocolimación | autocollimating spectrogram
espectrógrafo de cristal | crystal spectrograph
espectrógrafo de cuarzo | quartz spectrograph
espectrógrafo de cuña | wedge spectrograph
espectrógrafo de gran dispersión | wide-scatter spectrograph
espectrógrafo de Littrow | Littrow spectrogram
espectrógrafo de masas | mass spectrograph
espectrógrafo de masas Aston | Aston mass spectrograph
espectrógrafo de masas de enfoque de velocidad | velocity spectrograph, velocity-focusing mass spectrograph
espectrógrafo de masas Dempster | Dempster mass spectrograph
espectrógrafo de masas miniatura | omegatron
espectrógrafo de red | lattice spectrograph
espectrógrafo de vacío | vacuum spectrograph
espectrógrafo de velocidad | velocity spectrograph
espectrógrafo magnético | magnetic spectrograph
espectrógrafo multicanal | multichannel spectrograph
espectrograma | spectrogram, wave analyser recording
espectrograma de la voz | voiceprint
espectrograma de rayos X | X-ray spectrogram
espectrograma de ruidos | noise spectrogram
espectroheliógrafo | spectroheliograph
espectroheliscopio | spectrohelioscope
espectrometría | spectrometry
espectrometría de retardo | time-delay spectrometry
espectrometría fotoeléctrica abreviada | photoelectric abridged spectrophotometry
espectrometría fotoeléctrica simplificada | photoelectric abridged spectrophotometry
espectrómetro | spectrometer
espectrómetro alfa | alpha spectrometer
espectrómetro con cámara de destellos | spark chamber spectrometer
espectrómetro de Bragg | Bragg's spectrometer
espectrómetro de centelleo | scintillation spectrometer
espectrómetro de cristal | crystal spectrometer
espectrómetro de difracción | crystal spectrometer
espectrómetro de dispersión nula | zero-dispersion spectrometer
espectrómetro de helio | helium spectrometer
espectrómetro de ionización | ionization spectrometer
espectrómetro de masas | mass spectrometer
espectrómetro de masas por tiempo de vuelo | time-of-flight mass spectrometer
espectrómetro de neutrones por tiempo de vuelo | time of flight neutron spectrometer
espectrómetro de radiofrecuencia | RF spectrometer
espectrómetro de Raman | Raman spectrometer
espectrómetro de rayos alfa | alpha ray spectrometer
espectrómetro de rayos beta | beta ray spectrometer
espectrómetro de rayos gamma | gamma ray spectrometer
espectrómetro de rayos X | X-ray spectrograph (/spectrometer)
espectrómetro de resonancia de espín | spin resonance spectrometer

espectrómetro de resonancia tetrapolar nuclear | nuclear quadrupole resonance spectrometer
espectrómetro de Saclay | Saclay spectrometer
espectrómetro magnético de doble enfoque | double focusing magnetic spectrometer
espectrómetro mecánico de neutrones | chopper spectrometer
espectrómetro neutrónico | neutron spectrometer
espectrómetro óptico | optical spectrometer
espectrómetro registrador de rayos X | X-ray spectrograph
espectrómetro troceador | chopper spectrometer
espectropolarímetro | spectropolarimeter
espectrorradiómetro | spectroradiometer
espectros | spectra
espectroscopia | (flash) spectroscopy
espectroscopia de alta frecuencia | radiofrequency spectroscopy
espectroscopia de fotodescarga | photodischarge spectroscopy
espectroscopia de la fluorescencia | fluorescence spectroscopy
espectroscopia de la fosforescencia | phosphorescence spectroscopy
espectroscopia electrónica | electron spectroscopy
espectroscopia nuclear | electron spectroscopy
espectroscopia por luz ultravioleta | ultraviolet spectroscopy
espectroscopio | spectroscope
espectroscopio de comparación | comparison spectroscope
espectroscopio de prisma | prism spectroscope
espectroscopio de rejilla | grating spectroscope
espectroscopio de visión directa | direct vision spectroscope
espectroscopio infrarrojo | infrared spectroscope
espejismo acústico | acoustic mirage
espejismo de radar | radar mirage
espejo | mirror
espejo autocolimador | autocollimating mirror
espejo cóncavo | convex mirror
espejo de azogado anterior | front surface mirror
espejo de desviación | deflecting (/deviating) mirror
espejo de señales | signalling mirror
espejo de visión | viewing mirror
espejo dicroico | dichroic mirror
espejo dieléctrico | dielectric mirror
espejo eléctrico | electric mirror
espejo electromagnético | electromagnetic mirror
espejo electrónico | electron mirror
espejo elipsoidal | ellipsoidal mirror

espejo esférico | spherical mirror
espejo magnético | magnetic mirror
espejo móvil | moving mirror
espejo oscilante | oscillating mirror
espejo parabólico | parabolic mirror
espejo plano | plane mirror
espejo salpicador del haz | beam-splitting mirror
espejo tambaleante | oblique rotating mirror
espera | delay, latency, standby, wait, waiting
espesor | build-up, thickness
espesor de absorción al valor mitad | absorption half-value thickness
espesor de atenuación a la décima parte | attenuation tenth-value thickness
espesor de atenuación al valor mitad | attenuation half-value thickness
espesor de la capa depositada | plating thickness
espesor de la placa | board thickness
espesor de placa | plate thickness
espesor de reducción a la décima parte | tenth-value thickness
espesor de semiabsorción | thickness for half absorption
espesor de valor de un décimo | tenth-value thickness
espesor del material base | base-material thickness
espesor del valor mitad | half-value thickness
espesor equivalente de plomo | lead equivalent
espesor galvanoplástico | plating thickness
espesor másico | surface density
espesor total de la placa | total board thickness
espesura | build-up
espiga | shank, stem, stud bolt
espiga de ajuste forzado | press-fit pin
espiga de contacto | terminal prong
espiga de empuje | spring stud
espiga de empuje del contacto | spring stud
espiga de enchufe | plug prong
espiga de sujeción | shank
espiga de válvula | tube (/valve) pin
espiga guía | guide pin
espiga roscada | stem
espiga terminal | terminal prong
espín | spin
espín de canal de entrada | entrance channel spin
espín del electrón | electron spin
espín del fotón | photon spin
espín isotópico nulo | zero isotopic spin
espín nuclear | nuclear spin
espinor | spinor
espintariscopio [aparato que sirve para observar las partículas alfa emitidas por los cuerpos radiactivos] | spinthariscope
espinterómetro | (ball) spark gap, test cell

espinterómetro activado | triggered spark gap
espinterómetro con autoextinción | quenched spark gap
espinterómetro de barra | rod gap
espinterómetro rotativo | rotary spark gap
espinterómetro sin supresor de chispas | unquenched spark gap
espionaje telefónico | wiretapping
espira | convolution, spire, turn, wind
espira compensadora | quadrature band
espira cortocircuitada | slug
espira de acoplamiento | coupling loop
espira de capacidad | gimmick
espira de muestra | sampling loop
espira de sombra | shading ring
espira de un devanado | turn of a winding
espira oblicua | skewed turn
espiral | scroll, volution
espiral de entrada | lead-in spiral
espiral de Lenard | Lenard spiral
espiral de resistencia | resistor spiral
espiral de Roger | Roger spiral
espiral de salida | outside lead
espiral de transición | crossover spiral
espiral interior | throwout spiral
espiral protectora de cordón | armouring for cord
espiral rápida | fast spiral
espiras del arrollamiento | turns of wire
espoleta | fuse, fuze
espoleta de bomba activada por radio | radio bomb fuse
espoleta de influencia | influence fuse
espoleta de proximidad | proximity fuse
espoleta de radar | radar fuse
espoleta de retardo variable | variable time fuse
espoleta electrónica | electronic fuse
espoleta instantánea | nondelay fuse
espoleta longitudinal | longitudinal fuse
espoleta radioeléctrica | radio proximity fuse
espoleta trasversal | transverse fuse
esporádico | sporadic
ESPRIT [programa estratégico europeo de investigación en tecnologías de información] | ESPRIT = European strategic programme of research in information technologies
espuma antiestática | antistatic foam
espurio | spurious
esqueleto [estructura de trasmisión de datos en internet] | backbone
esquema | schema, hook-up, outline drawing
esquema conceptual | conceptual (/logical) schema
esquema de alineación | alignment chart

esquema de cableado | cable assignment record, wiring schematic (/scheme), cabling diagram
esquema de circuito | outline circuit
esquema de circuitos | schematic circuit diagram, wiring schematic
esquema de circulación | traffic layout
esquema de conexiones | diagram of connections, wiring diagram (/schematic)
esquema de conexiones telefónicas | trunk switching scheme
esquema de conmutación | switching diagram
esquema de datos | data schema
esquema de direccionamiento | addressing schema
esquema de disposición de los armarios bastidores | rack cabinet layout
esquema de distribución del bastidor | rack layout
esquema de distribución maestro | master layout
esquema de enlaces | trunk (/trunking) diagram
esquema de espaciado | spacing chart
esquema de exploración | scanning pattern
esquema de flujo de datos | data flow chart
esquema de flujo de las señales | signal flow chart
esquema de funcionamiento | working diagram
esquema de interconexiones | toll switching plan
esquema de la aplicación | application schematic diagram
esquema de las ondas estacionarias | standing wave pattern
esquema de línea sencilla | single-line diagram (/drawing)
esquema de líneas | traffic layout
esquema de localización de las válvulas | tube (/valve) placement chart
esquema de modulación del sistema | system modulation plan
esquema de montaje | hook-up
esquema de pines [*de un chip o un conector*] | pinout
esquema de principio | basic (/outline) circuit, principle schematic
esquema de repuesto | equivalent circuit diagram
esquema de tráfico | traffic diagram (/layout)
esquema de trasposiciones | pole diagram
esquema de vías | track (/traffic) diagram
esquema del general de la red | system layout
esquema del programa | program flowchart
esquema del sistema | system layout (/flowchart)
esquema dúplex por división en el tiempo | time division duplex
esquema externo | external schema
esquema funcional en bloques | operational block diagram
esquema funcional sinóptico | operational block diagram
esquema general de la red | overall system layout
esquema interno | internal schema
esquema lógico | logical schema
esquema monolineal | single-line schematic diagram
esquema simbólico | symbolic diagram
esquema simplificado | simplified diagram
esquema sinóptico general | overall block diagram
esquema unifilar | single-line schematic diagram
esquemático | schematic
esquematización de operaciones | flow charting
esquiatrón | skiatron
esquina | corner
esquina de la ventana | window corner
esquina de redimensionado | resize corner
esquina viva | sharp corner
esquiógrafo | skiograph
ESS [*sistema electrónico de conmutación*] | ESS = electronic switching system
estabilidad | constancy; stability; non volatility
estabilidad a corto plazo | short-time stability
estabilidad a largo plazo | long-term stability
estabilidad condicional | conditional stability
estabilidad de fase | phase stability
estabilidad de fase a lo largo de la trayectoria | path phase stability
estabilidad de fases | stability of phases
estabilidad de frecuencia | frequency stability
estabilidad de ganancia | gain stability
estabilidad de la frecuencia central | centre frequency stability
estabilidad de la frecuencia portadora | carrier frequency stability
estabilidad de línea cero | zero-line stability
estabilidad de periodo corto | short-term stability
estabilidad de trasmisión | transmission stability
estabilidad del cero | zero stability
estabilidad dimensional | dimensional stability
estabilidad en cortocircuito | short-circuit stability
estabilidad en régimen transitorio | transient stability
estabilidad limitada | limited stability
estabilidad marginal | marginal stability
estabilidad negativa | negative stability
estabilidad nuclear | nuclear stability
estabilidad numérica | numerical stability
estabilidad temporal | time stability
estabilidino [*radiorreceptor para compensar las fluctuaciones de frecuencia del oscilador local*] | stabilidyne
estabilitrón [*amplitrón dispuesto para funcionar como oscilador de gran estabilidad*] | stabilitron
estabilización | antihunting, settling, stabilization, stabilizing
estabilización acimutal | azimuth stabilization
estabilización automática de la ganancia | automatic gain stabilization
estabilización con aplicación de tensiones eléctricas | power ageing
estabilización de datos | data stabilization
estabilización de emisor | emitter stabilization
estabilización de frecuencia | frequency stabilization
estabilización de inclinación | tilt stabilization
estabilización de la antena | aerial stabilization
estabilización de la línea [*eléctrica*] | line conditioning
estabilización de la línea visual | line-of-sight stabilisation
estabilización de la polarización | bias stabilization
estabilización de la válvula | tube (/valve) aging
estabilización de plataforma | platform stabilization
estabilización de tensión | voltage regulation (/stabilization)
estabilización de voltaje | voltage stabilization
estabilización en paralelo | shunt stabilization
estabilización en serie | series stabilization
estabilización por envejecimiento | ageing stabilization
estabilización por troceado | chopper stabilization
estabilizado con termistor | thermistor-stabilized
estabilizado por resistencia | resistance-stabilized
estabilizador | balancer, stabilizer (unit); [*de corriente*] surge protector
estabilizador automático | automatic stabilizer
estabilizador automático de alta tensión | automatic high voltage regulator
estabilizador de espectro | spectrum stabilizer
estabilizador de fibra óptica para filtrado | fibre-optic rod multiplexer-filter

estabilizador de fibra óptica para multiplexión | fibre-optic rod multiplexer-filter
estabilizador de línea [*eléctrica*] | line conditioner
estabilizador de neón | neon stabilizer
estabilizador de tensión | stabilivolt, voltage regulator (/stabilizer)
estabilizador de tensión por pasos | step-voltage regulator
estabilizador de tensión variable | variable voltage stabilizer
estabilizador de voltaje | stabilivolt, voltage regulator (/stabilizer)
estabilizador de voltaje variable | variable voltage stabilizer
estabilizador del nivel de base | baseline stabilizer
estabilizador del nivel de la tensión de referencia | baseline stabilizer
estabilizador del nivel de referencia | baseline stabilizer
estabilizador direccional | directional stabilizer
estabilizador estático de tensión | static voltage stabilizer
estabilizador estático de voltaje | static voltage stabilizer
estabilizador giroscópico | gyrostabilizer
estabilizador girostático | gyrostatic stabiliser
estabistor [*resistencia estabilizadora*] | stabistor = stabilizing resistor
estable | stable, non volatile
establecer | to establish, to impress, to introduce, [*una condición*] to set, to strike
establecer contacto | to contact, to switch on
establecer la comunicación | to put through
establecer la comunicación manualmente | to put through manually
establecer propiedades de filtro | to set filter properties
establecer propiedades de vista | to set view properties
establecer sesión de inicio | to set home session
establecer un circuito | to set up a circuit
establecer un cortocircuito | to short
establecer un listado jerárquico | to rank
establecer una comunicación | to establish a connection, to put through a call, to set up a call
establecido | setted
establecimiento | build-up; establishment
establecimiento de comunicación | handshake
establecimiento de comunicaciones interurbanas por operadora local | board toll operation
establecimiento de correspondencia | mapping
establecimiento de correspondencias de un grafo | matching of a graph
establecimiento de enlaces | trunking
establecimiento de la corriente | build-up
establecimiento de tarifas | rate setting
establecimiento de un enlace | setting up of a connection
establecimiento de una comunicación | establishment of a connection, setting up of a call
establecimiento de vínculos inteligente | smart linkage
establecimiento del enlace | handshaking
establecimiento en régimen transitorio | transient build-up
estación | (extension) station, plant
estación A | A station
estación adicional | additional station
estación aeronáutica | aeronautical station
estación aeronáutica de tierra | aeronautical earth (/ground) station [UK]
estación aeronáutica privada | private aircraft station
estación alimentadora | power-feeding station
estación altimétrica | altimeter station
estación amplificadora | relay (/relaying, /repeater, /repeating) station
estación autoalimentada | autoexcited (/self-powered) station, station with its own power supply
estación automática | unattended (/unmanned) station
estación automática particular | dial intercommunicating system
estación autónoma | self-contained station, stand-alone station
estación auxiliar | auxiliary (/standby) station
estación auxiliar de enlace | auxiliary-link station
estación B | B station
estación balizadora | localiser station
estación base | base station
estación base de trasmisión | base transceiver station
estación central | exchange, central office (/station), control (/key) station
estación cerrada | closing station
estación clave | key station
estación comercial privada | private commercial broadcasting station
estación comercial privada de radiodifusión | private commercial broadcasting station
estación completa satélite | full satellite exchange
estación con cuadro conmutador | switchboard station
estación con líneas artificiales de complemento | switching-pad office
estación con personal | manned station
estación con personal de guardia | manned station
estación con supervisión a distancia | unattended station
estación con telemando | unattended (/remote-controlled) station
estación conmutadora | switchboard station
estación controlada a distancia | remotely controlled station
estación coordinadora [*estación terrena que realiza una función coordinadora de otras en VSAT*] | central hub
estación corresponsal | distant exchange (/office), traffic-exchanging station
estación costera | coast (/shore) station
estación costera de radar | shore radar station
estación costera de radiocomunicación | radio coast station
estación de a bordo | station on board; aircraft (/ship) station
estación de abonado | subscriber station
estación de aeronave | aircraft station
estación de alcance omnidireccional | omnidirectional range station
estación de aterrizaje con instrumentos | instrument landing station
estación de balizamiento | beacon station
estación de barco | ship station
estación de bombeo | pumping plant
estación de calentamiento | hearing station
estación de cintas | tape station
estación de cintas de retrasmisión | tape relay station
estación de comunicación móvil | mobile relay station
estación de consulta | inquiry station
estación de control | (system) control station
estación de control de aeropuerto | aerodrome (/airport) control station
estación de control de grupo | group control station
estación de control de la red | net control station
estación de control de red | system control station
estación de control de supergrupo | supergroup control station
estación de control internacional | international control station
estación de datos | workstation, terminal station
estación de destino | station of destination, terminating office (/station, /toll centre)
estación de distribución | switching station
estación de distribución de energía | switching station
estación de doble enlace [*nodo FDDI*] | dual attachment station

estación de doble pulsación | double pulsing station
estación de emisión normalizada | standard broadcast station
estación de empalme | junction station
estación de empresa comercial | business station
estación de enlace | relay station
estación de enlace ascendente [*para intercambio de datos con satélites*] | uplink station
estación de enlace trashorizonte | transhorizon communication station
estación de entronque | junction station
estación de estudios científicos | scientific station
estación de frecuencias contrastadas | standard frequency station
estación de frecuencias normalizadas | standard frequency station
estación de información | inquiry station
estación de intercepción | intercept station
estación de la policía | police station
estación de la red | network (/on-net) station
estación de lectura | read-out station
estación de localización por radio | radiolocation station
estación de medición | measuring office
estación de mediciones | testing office
estación de montaje en pared | wall-mount station
estación de montaje en postes | pole mount station
estación de ondas ultracortas | ultra-short-wave station
estación de origen | station of origin, originating exchange (/office, /station, /toll centre)
estación de poca potencia | small station
estación de programación | programming station
estación de prueba | test station
estación de radar | radar site (/station)
estación de radar de alerta | radar warning station
estación de radar de vigilancia | surveillance radar station
estación de radar meteorológica | meteorological radar station
estación de radio | radio (/radiobroadcast) station
estación de radio de la policía | police radio station
estación de radio espacial | space relay station
estación de radiobaliza | radio marker station
estación de radiobaliza aeronáutica | aeronautical radio (/marker) beacon station
estación de radiocomunicación | radiocommunication station

estación de radiocontrol aire/tierra | air/ground control radio station
estación de radiocontrol de aeropuerto | aerodrome control radio station
estación de radiodifusión | radiobroadcast station
estación de radiodifusión fuera de banda | out-of-band broadcasting station
estación de radiodifusión meteorológica | meteorological broadcasting station
estación de radiodifusión por frecuencia modulada | FM broadcast station
estación de radiodifusión telefónica | telephone broadcasting station
estación de radioenlace | radio relay station
estación de radioenlace multicanal | radio multichannel station
estación de radiofaro | radiobeacon station
estación de radiofaro aeronáutico | aeronautical radio (/marker) beacon station
estación de radiofaro direccional | radio range station
estación de radiofaro omnidireccional | omnidirectional range station
estación de radionavegación | radio-navigation station
estación de radiosonda | radiosonde station
estación de radiosonda-radioviento | radiosonde-drawing station
estación de radiosondeo | radiosonde station
estación de radioviento | radiowind station
estación de red principal | main line station
estación de relé radioeléctrico | radio relay station
estación de repetidores | repeater station
estación de respuesta en longitud de onda oficial | official wavelength station
estación de retrasmisión automática | | automatic relay station
estación de seguimiento | tracking station
estación de subcontrol de supergrupo | supergroup subcontrol station
estación de telecomunicaciones aeronáuticas | aeronautical telecommunication station
estación de televisión | television station
estación de televisión por ondas decimétricas | ultrahigh frequency television station
estación de tierra | land station
estación de tierra para uso aeronáutico | aeronautical utility land station
estación de trabajo | workstation

estación de trabajo ESD | ESD workstation
estación de tránsito | via office
estación dependiente | tributary station
estación detectora de aviones por radar | radar aircraft detection station
estación direccional | homing station
estación directora | control office, controlling exchange (/office)
estación directora de control | control office
estación directriz coaxial | coaxial control station
estación directriz de grupo | control office
estación distante | outlying (/remote) station
estación donde se efectúa la disgregación de canales | dropping site
estación emisora | sending station
estación emisora de facsímil | facsimile broadcast station
estación emisora de televisión | television broadcast (/transmitting) station
estación emisora internacional | international broadcast station
estación emisora-receptora | transponder, two-way station
estación emitiendo | station on the air
estación en el aire | station on the air
estación esclava | repeater transmitter, slave station
estación espacial | space station
estación especial para servicio de emergencia | special emergency station
estación experimental | experimental station
estación experimental particular | private experimental station
estación experimental privada | private experimental station
estación extrema | end station
estación ficticia | hypothetical exchange
estación fija | fixed station
estación fija aeronáutica | aeronautical fixed station
estación fototelegráfica pública | public phototelegraph station
estación fototelegráfica trasmisora | sending phototelegraph station
estación fuera de la red | off-net station
estación generadora | generating (/power) station
estación individual de enlace | single attachment station
estación intermedia | way station, intermediate exchange (/office, /station, /toll centre)
estación interurbana extrema | originating toll centre
estación llamada | station called
estación local | local centre (/exchange)

estación loran | loran station
estación maestra | master station
estación marina de radiodifusión | marine broadcast station
estación meteorológica con radar | radar meteorological station
estación meteorológica polar | polar weather station
estación móvil | mobile (/vehicular) station
estación móvil de posicionamiento por radio | radiopositioning mobile station
estación móvil de radionavegación | radionavigation mobile station
estación móvil de tierra | land mobile station
estación móvil de uso aeronáutico | aeronautical utility mobile station
estación nodal | junction centre
estación orbital | orbital station
estación para un acontecimiento especial | special event station
estación parcialmente satélite | discriminating satellite exchange
estación pequeña | small station
estación primaria de control secuencial | SECO primary station
estación principal | main (/master) office (/station), primary station
estación principal de relé | major relay station
estación privada | private station
estación privada de radiodifusión | private broadcasting station
estación que llama | calling station, station calling
estación radiodifusora de ondas medias | standard broadcast station
estación radiofaro marina | marine radiobeacon station
estación radiogoniométrica | direction finder station, radio direction-finding station
estación radiogoniométrica de flanco | offset direction-finding station
estación radiogoniométrica de VHF (/ondas métricas) | VHF radio direction-finding station
estación radiomonitora | radio monitoring station
estación radiotelefónica de barco | radiotelephone ship station, ship telephone (/radiotelephone) station
estación radiotelegráfica de barco | ship radiotelegraph (/telegraph) station
estación receptora | receiving station
estación receptora costera | shore receiving station
estación receptora distante | remote receiver (/receiving) station
estación receptora privada | private receiving station
estación receptora remota | remote receiver (/receiving) station
estación receptora y trasmisora | receiving-transmitting station

estación reforzadora | booster station
estación regulada | regulated station
estación regular | regular station
estación relé secundaria | minor relay station
estación remota | remote station
estación repetidora | booster (/relay, /relaying, /repeater, /repeating) station, relay booster, satellite
estación repetidora automática | automatic (/unattended) repeater station
estación repetidora bilateral | two-way repeater station
estación repetidora de microondas con acceso | microwave drop repeater station
estación repetidora de radio | radio repeater station
estación repetidora de radiodifusión | relay broadcast station
estación repetidora de televisión | television relay station
estación repetidora espacial | space relay station
estación repetidora sin personal | unattended repeater station
estación repetidora terminal | terminal repeater station
estación retrasmisora | relay (/relaying, /repeater, /repeating, /retransmitting) station, relay booster
estación satélite | repeater transmitter, satellite station
estación secundaria | minor exchange, remote (/secondary) station
estación secundaria de control secuencial | SECO secondary station
estación semafórica | semaphore station
estación semiatendida | semiattended station
estación sensora Galileo [*para recopilación de informaciones procedentes de satélites*] | Galileo sensor station
estación sin personal | unmanned station
estación subcontroladora | subcontrol office (/station)
estación subdirectora | subcontrol office (/station)
estación subordinada | slave station
estación superpotente | superpower station
estación supervisada | reporting station
estación supervisora | supervisory station
estación supletoria | subscriber extension station
estación telealimentada | auxiliary (/dependent, /remotely supplied, /remote-supplied) station
estación telefónica de comunicación entre puntos fijos | point-to-point telephone station
estación telefónica oficial | official phone station

estación telefónica principal | main station
estación telefónica privada | private telephone station
estación telegráfica | telegraph station
estación telegráfica corregida | slave telegraphy station
estación telegráfica de comunicación entre puntos fijos | point-to-point telegraph station
estación telemandada | remotely controlled station
estación térmica | thermal power station
estación terminal | terminal (/terminating) station
estación terminal receptora | receiving terminal station
estación terminal VOR | TVOR station
estación termoeléctrica | thermal power station
estación terrestre de comunicación por satélite | satellite earth station
estación terrestre de posicionamiento por radio | radiopositioning land station
estación terrestre de radar | radar land station
estación terrestre de radionavegación | radionavigation land station
estación trasceptora base | base transceiver station
estación trasformadora | transformer station
estación trasmisora | transmitting station
estación trasmisora costera | shore transmitting station
estación trasmisora de televisión | television transmitting station
estación trasmisora distante | remote transmitter station
estación trasmisora radiotelegráfica | radiotelegraph transmitting station
estación trasportable | transportable station
estación tributaria | tributary station
estacionamiento | parking; [*retención de llamadas*] call park
estacionario | fixed, standing, stationary
estadística | statistics
estadística clásica de Maxwell-Boltzmann | Maxwell-Boltzmann classical statistics
estadística cuántica | quantum statistics
estadística cuántica de Maxwell-Boltzmann | Maxwell-Boltzmann quantum statistics
estadística de Bayes | Bayesian statistic
estadística de Bose-Einstein | Bose-Einstein statistic
estadística de inutilización | out-of-service record
estadística de orden | order statistics
estado | condition, state, status

estado abierto | on-state
estado activo | on-state
estado actualizable [*mecanismo de refresco periódico de la información*] | soft state
estado adherente | tacky state
estado bajo | low state
estado casi estable | quasi-stable state
estado cero | zero state
estado completo | completeness
estado de aceptación | accepting state
estado de aceptación de órdenes [*en módem*] | command state
estado de alarma | alarm state
estado de alerta | standby position
estado de alto nivel | high state
estado de baja energía | low power state
estado de bloqueo inverso | reverse-blocking state
estado de carga | state of charge
estado de conducción | on-state, on-or-off condition
estado de corte | on-or-off condition
estado de deformación | deformed condition
estado de desequilibrio | nonequilibrium state
estado de ejecución | execution states
estado de energía normal | normal energy level
estado de equilibrio | condition (/state) of equilibrium
estado de espera | wait state
estado de espera cero | zero-wait state
estado de excitación | excitation state
estado de gestión de energía | power saving state
estado de ionización | state of ionization
estado de la carga | state of charge
estado de la patilla | pin setting
estado de la superficie | surface condition
estado de láser | lasering condition (/state)
estado de magnetización cíclica simétrica | symmetrically cyclically magnetized condition
estado de no conducción | off-state
estado de régimen | steady state
estado de remanencia | remanent (/residual) state
estado de reposo | quiescent state, spacing condition
estado de salida del sistema [*informático*] | logout
estado de saturación | saturation state
estado de superconducción | superconducting state
estado de tarea | task state
estado de tensión estáticamente admisible | statically admissible state of stress
estado de un proceso | status of a process

estado de usuario | user state
estado del arte | state of the art
estado del plasma | plasma state
estado del programa [*en un momento dado*] | programme state
estado ejecutivo | executive (/supervisor) state
estado en línea [*comunicación abierta entre dos módem*] | online state
estado encendido | on-state
estado energético | energy state
estado estable | stable state
estado estacionario | stationary (/steady) state
estado excitado | excited condition (/state)
estado fijo [*sistema en que la red es responsable de mantener el estado de sus elementos*] | hard state
estado fundamental | ground state
estado inactivo | idle state
estado indeterminado | indeterminate state
estado intermedio | intermediate state
estado irtual | virtual state
estado isomérico | isomeric state
estado listo para emitir | ready to send
estado lógico | logic (/logical) state
estado metaestable | metastable condition
estado metamíctico | metamict state
estado metastable | metastable state
estado neutro | neutral state
estado normal | ground state, normal condition (/state)
estado permanente | steady state
estado preláser | prelasing state
estado pulverulento | powder condition
estado puro | undoped state
estado relativamente refractario | relatively refractory state
estado S | S state
estado semiestable | quasi-stable state
estado significativo de un canal | significant condition of a channel
estado sólido | solid state
estado superconductor | superconducting (/superconductive) state
estado superficial | surface state
estado supervisor | executive (/supervisor) state
estado transitorio | transient state
estado único | one-shot
estado 'uno' | one-state
estado virtual | virtual level
estafeta de correos | post office
estalagmómetro [*aparato de ensayo para medir la tensión superficial por el método del peso en caída libre*] | stalagmometer
estallido | blow out, spallation
estallido de energía radioeléctrica solar | solar burst (/radio burst, /radio outburst)
estallido radioeléctrico solar | solar radio burst (/outburst)
estampa para prensar electrodos | pallet die for forming electrodes
estampación | stamping
estampación del trasformador | transformer stamping
estampado | stamping
estampador | stamper
estampadora | stamping machine
estampido | bang
estampido ultrasónico | sonic bang (/boom)
estanco | leaktight, waterproof
estanco a la lluvia | raintight
estanco al agua | waterproof
estanco al aire | vacuumtight
estanco al gas | gasproof
estanco al helio | heliumtight
estanco al polvo | enclosed against dust
estanco al vapor | vapourproof, vapour-sealed, vapourtight
estándar de criptografía | cryptography standard
estándar de internet | Internet standard
estándar en borrador | draft standard
estanqueidad | vacuumtightness
estanqueidad al aire | vacuumtightness
estante | shelf
estante acoplador de supergrupo | supergroup coupler shelf
estante combinador de recepción de supergrupo | supergroup receive combiner shelf
estañado | tinned, tinning
estañado en caliente | hot tin dip
estañado previo | pretinned
estañar | to tin
estaño | tin
estar a la escucha | to stand by, to watch
estar a la escucha en una frecuencia | to guard a frequency
estar a la espera | to stand by
estar en escucha | to stand guard
estar en guardia | to stand guard
estar preparado para acción inmediata | to stand by
estarcido negativo | negative screen
estatamperio | statampere
estática | static, statics, stiff, strays; spherics [UK], sferics [USA]
estática artificial | man-made static
estática atmosférica | atmospheric static
estática de la rueda | wheel static
estática de precipitación | precipitation static
estáticamente determinado | statically determinate
estáticamente estable | statically stable
estático | static
estatificador | staticizer
estatitrón | statitron, Van de Graaf generator

estatización | staticizing
estatizador | staticizer
estatizar | to staticize
estatoculombio | statcoulomb
estatofaradio | statfarad
estatohenrio | stathenry
estatomho [obs] | statmho
estatoohmio [unidad cegesimal electrostática de resistencia eléctrica] | statohm
estator | stator
estator de un contador de inducción | stator of an induction watthour meter
estatosiemens [unidad cegesimal electrostática de conductancia eléctrica] | statmho
estatovoltio [unidad cegesimal electrostática de tensión eléctrica] | statvolt
esteatita | soapstone, steatite; [marca comercial] Stellite
esteganografía [ciencia que estudia la ocultación de información en otra información] | steganography
estela del ratón [estela que deja el puntero en la pantalla al mover el ratón] | mouse trails
estenodo | stenode
estera de puesta a tierra | ground mat
esterancia [intensidad por unidad de área de una fuente] | sterance
estéreo | stereo
estéreo codificado | coded stereo
estéreo de tres canales | three-channel stereo
estéreo monosurco | monogroove stereo
estéreo por multiplexor | multiplex stereo
estereofluoroscopia | stereofluoroscopy
estereofonía | stereophonics, stereophony
estereofonía en cuatro canales | quadraphony
estereofónico | stereo, stereophonic
estereofotogrametría | stereophotogrammetry
estereografía | solidography
estereograma | stereogram
estereograma automático [generado por ordenador] | autostereogram
estereograma de imagen única | single image stereogram
estereometría radiográfica | radiographic stereometry
estereorradián | steradian
estereorradiográfico | stereoradiographic
estereorradioscopia | stereoradioscopy
estereoscopía | stereoscopy
estereoscopio | stereoscope
estereospectrograma | stereospectrogram
estereotelémetro | stereotelemeter
esterilización por irradiación | sterilization by irradiation
esterilización por irradiaciones | radiation sterilization
esterilizador de rayos ultravioleta | ultraviolet ray sterilizer
esterilizador por radiación ultravioleta | ultraviolet ray sterilizer
estetofonógrafo | stethophonograph
estetoscopio | stethoscope
estetoscopio electrónico | electronic stethoscope
estiatrón | estiatron
estilbio [unidad igual a una candela por centímetro cuadrado] | stilb
estilete de grabación | cutting stylus
estilete de grabado en frío | cold cutting stylus
estilete de repujado | embossing stylus
estilete de zafiro | sapphire stylus
estilete grabador | cutting stylus
estilete grabador de realimentación | feedback cutter
estilo [de caracteres] | style
estilo constructivo | package
estilo de caracteres | character (/type) style
estilo de fuente | font style
estilo de líneas | line style
estilo de texto | text font
estilo del cursor | cursor style
estilógrafo | stylograph
estimación de equilibrio de un nodo [en un árbol binario] | balance of a node [in a binary tree]
estimación del precio | priced item
estimación del valor | priced item
estimación vectorial de ruta | dead reckoning
estimómetro | dead reckoning tracer
estimulador | stimulator
estimulador cardíaco | cardiostimulator
estimulador cortical | cortical stimulator
estimulador electrónico | electronic stimulator
estimularidad | stimularity
estímulo | stimulus
estímulo acromático | achromatic stimulus
estímulo de escalón unitario | unit-step stimulus
estímulo de referencia | reference stimulus
estirado del cristal | crystal pulling
estirado del hilo | wire drawing
estiramiento | stretch
estocástico | stochastic
estrabismo | squint
estrangulación escalonada | throttling
estrangulamiento | pinch-off
estratagema imitativa | imitative deception
estratificación | stratification
estratificación intrínseca | intrinsic layering
estratificado | multilayered
estrato | layer
estrato de protocolo | protocol layer
estrato ionizado | ionized layer
estrato reflector | reflecting layer
estratógrafo | planigraph
estratoscopio | stratoscope
estratosfera | stratosphere
estratóstato | stratostat
estrechamiento | constriction, pinch
estrechamiento de guiaondas | waveguide taper
estrechamiento de la sección trasversal | constriction of cross section
estrechamiento estabilizado | stabilized pinch
estrecho | narrow
estrella | star
estrella activa [red en estrella en uso] | active star
estrella con atmósfera extendida | shell star
estrella de energía [símbolo que aparece en sistermas y componentes informáticos para indicar que éstos tienen un consumo de energía bajo] | energy star
estrella de Kleene | Kleene closure (/star), star closure
estrella nuclear | nuclear star
estrella pasiva | passive star
estrella pulsante (/pulsátil) | pulsating star
estrella radioeléctrica | radio star
estrella sigma | sigma star
estrellar | to crash
estría | schlieren, spline, splineway, stria
estría estacionaria | standing striation
estriado | serrated
estrías de la imagen | serration
estribo | clamp, footboard, stirrup
estribo de anclaje | pulling-in iron
estribo de barras | busbar stirrup
estribo de fijación | tie bar clamp plate
estribo de tiro | pulling-in iron
estribo en U | U link
estribo soporte de cierre magnético | magnetic lock stirrup
estribo soporte de cubremontante | upright cover bracket
estricción | pinch-off
estricción acimutal | theta pinch
estricción del plasma | plasma pinch
estricción ortogonal | theta pinch
estriografía | schlieren photography
estriograma | schlieren photograph
estrioscopia | schlieren method
estrobo | grummet
estroborradiografía | stroboradiography
estroboscopio | stroboscope
estroboscopio eléctrico | electric stroboscope
estroboscopio tiratrónico | thyratron stroboscope
estroboscopio ultrasónico (/ultrasonoro) | ultrason-ic stroboscope
estrobotrón | strobotron = stroboscope thyratron

estrofotrón [*tubo amplificador de microondas utilizado principalmente como oscilador*] | strophotron
estroncio | strontium
estroncio radiactivo | radio (/radioactive) strontium
estructura | construct, framework, outline, structure; [*de datos*] frame
estructura activa | active lattice
estructura algebraica | algebraic structure
estructura anisodésmica | anisodesmic structure
estructura atómica | atomic structure
estructura atómica determinada por rayos X | X-ray structure
estructura cartesiana | Cartesian structure
estructura de adyacencia | adjacency structure
estructura de antena | aerial structure
estructura de árbol | tree structure
estructura de cabecera [*en mensajes de correo electrónico*] | envelope
estructura de capas | shell structure
estructura de control | control structure
estructura de cuadripolo | quadrupole structure
estructura de datos | data (/information) structure
estructura de datos contiguos | contiguous data structure
estructura de datos en paralelo | parallel data structure
estructura de datos fijos | static data structure
estructura de datos gráficos | graphics data structure
estructura de datos no contiguos | noncontiguous data structure
estructura de descripción de recursos [*para metadatos*] | resource description framework
estructura de enlace de valencia | valence bond structure
estructura de grabación | record structure
estructura de imán periódico permanente | PPM structure
estructura de la base de datos | database structure
estructura de la información | information structure
estructura de la oración | sentence pattern
estructura de la red | network structure
estructura de lazo | loop structure
estructura de lista | list structure
estructura de memoria | storage structure
estructura de onda lenta | slow-wave structure
estructura de soporte | mount structure
estructura de subconmutación | subcommutation frame

estructura del archivo | file structure
estructura del directorio | directory tree
estructura del núcleo | structure of nucleus
estructura del programa | program structure
estructura determinada por rayos X | X-ray structure
estructura dinámica de datos | dynamic data structure
estructura en dominios | domain structure
estructura en dominios del superconductor | domain structure of superconductor
estructura en mosaico | mosaic structure
estructura fina | fine structure; [*en filtro de síntesis de predicción lineal*] | pitch
estructura hiperfina | hyperfine structure
estructura invertida | inverted structure
estructura isotópica | isotope structure
estructura iterativa | iterative array
estructura jerárquica de memoria | hierarchical memory structure
estructura laminada | sheet metalwork
estructura laminar | shell structure
estructura lineal | linear (/totally ordered) structure
estructura lingüística | language construct
estructura magnética escalonada | laddic
estructura magnética periódica | periodic magnetic structure
estructura mesa | mesa structure
estructura metálica | ironwork, metalwork
estructura modificable [*en bases de datos*] | modify structure
estructura nuclear | nuclear structure
estructura nuclear estratiforme | shell structure
estructura para el empleo de unidades modulares cambiables | plug-in modular construction
estructura policristalina | polycrystalline structure
estructura por bloques [*en programas informáticos*] | block structure
estructura portaantena | pedestal
estructura prioritaria | priority frame
estructura recurrente | recurrent structure
estructura relacional | relational structure
estructura resonante | resonant structure
estructura reticular | lattice (/grid) structure
estructura soldada | weldment
estructura superfina | hyperfine structure
estructura totalmente ordenada | linear (/totally ordered) structure
estructura variable | variable structure
estructura vertical | vertical structure
estructuralmente | structurally
estructurar | to build
estructuras entrelazadas | plex
estuche | cassette
estuche de cinta | tape cartridge
estuco | composition
estudio | research; studio
estudio central de televisión | television studio centre
estudio con trazador | tracer study
estudio de atenuación de ruido | noise control study
estudio de grabación | recorder room (/studio)
estudio de propagación | propagation study
estudio de radio | radio studio
estudio de reducción de ruido | noise control study
estudio de televisión | television studio
estudio de trasmisión radioeléctrica | RF transmission study
estudio de viabilidad | feasibility study
estudio del trazado de un cable | survey of cable route
estudio en el terreno | survey
estudio para emisiones habladas | talks studio
estudio por circuito de red equivalente | network analyser (/analyzer) study
estudio radiofónico | radio studio
estufa de acumulación | storage space heater
estufa de vacío | vacuum dryer
esvanecedor | fader
ET = equipo terminal [*en RDSI*] | TE = terminal equipment
ET = estación de tierra | SES = satellite earth station
etapa | stage, step, follower drive
etapa acoplada por impedancia | impedance-coupled stage
etapa amplificadora | amplification (/amplifying) stage
etapa amplificadora de audiofrecuencia | audiofrequency amplification stage
etapa amplificadora de radiofrecuencia | radiofrequency amplifier stage
etapa amplificadora de videofrecuencia | videofrequency amplifying stage
etapa asimétrica | single-ended stage
etapa compensada en paralelo-serie | shunt-series peaked stage
etapa con triodo | triode valve stage
etapa crítica | hump
etapa de amplificación | stage of amplification
etapa de amplificación de potencia | power amplifier stage
etapa de amplificación unilateral | unilateral amplifier stage

etapa de baja frecuencia | audiofrequency stage
etapa de control | comparator
etapa de conversión de frecuencia en contrafase | pushpull mixing stage
etapa de entrada | input stage
etapa de excitación | driver (/driving) stage
etapa de exploración | scanning stage
etapa de frecuencia intermedia | intermediate-frequency stage
etapa de frecuencia intermedia de imagen | picture IF stage
etapa de ganancia variable | variable gain stage
etapa de modulación | modulator stage
etapa de potencia | power stage
etapa de preselección | stage of preselection
etapa de radiofrecuencia | RF stage = radiofrequency stage
etapa de radiofrecuencia aperiódica | wide-open RF stage
etapa de radiofrecuencia neutralizada | neutralized radiofrequency stage
etapa de radiofrecuencia no sintonizada | wide-open RF stage
etapa de radiofrecuencia sintonizada | tuned radiofrequency stage
etapa de reducción | reduction stage, stage of reduction
etapa de salida | output stage
etapa de salida con carga parcial de pantalla | ultralinear output stage
etapa de salida en contrafase con elementos en paralelo | pushpull parallel output stage
etapa de salida en cuadratura | quadrature stage
etapa de salida horizontal | horizontal output stage
etapa de salida regulada en derivación | shunt-regulated output stage
etapa de salida simétrica con elementos en paralelo | pushpull parallel output stage
etapa de salida ultralineal | ultralinear output stage
etapa de selección | selecting (/selection, /selector) stage, stage of selection
etapa de separación | buffer stage
etapa de velocidad | velocity stage
etapa de vídeo | video stage
etapa del amplificador de potencia | power amplifier drive
etapa descrestadora de impulsos | pulse-clipping stage
etapa duplicadora | doubler stage
etapa en contrafase | pushpull stage
etapa equilibrada | pushpull stage
etapa final de amplificación | final amplifying stage
etapa inversora | reversal stage
etapa limitadora de impulsos | pulse-clipping stage
etapa mezcladora en contrafase | pushpull mixing stage
etapa modulada | modulated stage
etapa modulada por la rejilla supresora | suppressor-modulated stage
etapa monoválvula | single-ended stage
etapa multiplicadora | multiplier stage
etapa osciladora | oscillator stage
etapa preamplificadora | preamplifier stage
etapa preselectora | preselection (/preselector) stage
etapa presintonizadora | preselection stage
etapa próxima a la de entrada | earcap stage
etapa selectora bifilar | two-wire selector stage
etapa simétrica | pushpull stage
etapa sonora | sound stage
etapa subalimentada | starved stage
etapa teórica | theoretical stage
etapa única de difusión | single diffusion stage
ETC [*telepago, cobro automático en autopistas de peaje*] | ETC = electric toll collection
éter | ether
Ethernet [*cable de fibra óptica*] | Ethernet
Ethernet de repetición | repeating Ethernet
Ethernet fino | thin Ethernet
Ethernet rápido | fast Ethernet
etiqueta | label, legend, tag; [*en soportes magnéticos*] header label; etiquette
etiqueta de acción | action label
etiqueta de cabecera [*en soportes magnéticos*] | header label
etiqueta de cinta | tape label
etiqueta de cola | trailer label
etiqueta de garantía | security label
etiqueta de parámetro | parameter tag
etiqueta de (la) red [*normas de comportamiento para intervenir en una red informática*] | netiquette = network etiquette
etiqueta de volumen | volume label (/name)
etiqueta interior | interior label
etiqueta perforada | punched tag
etiquetado | labelled, labelling [UK], labeled [USA]
ETNO [*asociación de operadores públicos europeos de redes de telecomunicación*] | ETNO = European public telecommunications network operators
ETS [*normas europeas de telecomunicación*] | ETS = European telecommunication standards
ETSA [*Asociación europea de servicios de telecomunicación*] | ETSA = European telecommunication services association
ETSI [*Instituto europeo de normalización en telecomunicaciones*] | ETSI = European Telecommunications Standardization Institute
ETX [*fin de trasmisión, fin del texto*] | ETX = end of transmission, end of text
Eu = europio | Eu = europium
EUCATEL [*conferencia europea de las asociaciones de industrias de telecomunicación*] | EUCATEL = European conference of associations of telecommunication Industries
eucoloide | eucolloid
eudiómetro [*probeta graduada para combinación de gases por chispa*] | eudiometer
EULA [*acuerdo de licencia para usuario final*] | EULA = end-user license agreement [USA]
Eureka [*programa europeo de investigación*] | Eureka [*European research programme*]
EuroDOCSIS [*especificación DOCSIS europea para redes de trasmisión por cable*] | EuroDOCSIS
europio | europium
europrotocolo RDSI [*acuerdo europeo para la realización de la RDSI*] | Euro-ISDN
eutéctica | eutectic
EUTELSAT [*organización europea de telecomunicaciones por satélite*] | EUTELSAT = European telecommunications satellite organization
eV = electrón voltio | eV = electron volt
evacuación | exhaustion
evacuar | to evacuate
evaluación | benchmark, evaluation
evaluación concisa | lazy evaluation
evaluación cualitativa | qualitative evaluation
evaluación cuantitativa | quantitative evaluation
evaluación de campos | field value
evaluación de cortocircuito [*en expresiones booleanas*] | short-circuit evaluation
evaluación de la calidad de trasmisión | transmission performance rating
evaluación de medidas de protección | security evaluation
evaluación del programa | program evaluation
evaluación directa | direct evaluation
evaluación parcial | partial evaluation
evaluación por criba | sieve benchmark
evaluador de contadores de ejes | axle counter evaluator
evaluar | to size
evaporación | evaporation
evaporación catódica | cathodic evaporation
evaporación de electrones | evaporation of electrons
evaporación del cátodo | cathode evaporation

evaporación en el vacío | vacuum evaporation
evaporación por haz de electrones | electron beam evaporation
evaporador | evaporating
evaporar | to evaporate
evento | event
evento de carga [*para activación de script en documentos HTML*] | onload
EVFU [*unidad electrónica de formato vertical*] | EVFU = electronic vertical format unit
evidenciar | to highlight
evitar | to inhibit
evolución de un reactor | reactor evolution
evolutivo | upward compatible
EW [*dirección electrónica del combate*] | EW = electronic warfare
exa- [*prefijo que significa un trillón (10^{18})*] | exa- [*prefix meaning one quintillion (10^{18})*]
exabyte [*aproximadamente un trillón de bytes; exactamente 1.152.921.504.606.846.976 bytes*] | exabyte [*roughly 1 quintillion bytes, or a billion billion bytes; exactly 1,152,921,504,606,846,976 bytes*]
exactitud | accuracy
exactitud analítica | accuracy of analysis
exactitud de la base de tiempos | timebase accuracy
exactitud de la lectura | reading accuracy
exactitud de la medición | accuracy in measurement
exactitud de medición | accuracy of measurement
exactitud de reproducción | fidelity
exactitud del análisis | accuracy of analysis
exactitud del barrido | sweep accuracy
exactitud del retardo de barrido | sweep delay accuracy
exactitud en distancia | range accuracy
exactitud nominal | rated accuracy
examen | examination
examen de funciones | function test
examen de grietas | crazing
examen de textura por rayos X | X-ray diffraction pattern
examen formal sinérgico del diseño | formal synergistic design review
examen globular | globule test
examen posterior a la irradiación | post-irradiation examination
examen radiográfico | X-ray test
examen radiométrico | radiometric examination
examinador | browser
examinador de icono | icon browser
examinar | to browse, to inspect
examinar una posición para modificarla | to poke
excedente | excess

excedente de reactividad | reactivity excess
exceder | to exceed
excéntrica de control del circuito de selección | selection circuit control cam
excéntrica del disco | dial cam
excentricidad | eccentricity
excéntrico | eccentric
excepción | exception
exceso | bumping, excess, overflow
exceso a cincuenta | excess fifty
exceso de corriente de reposo | spacing bias
exceso de energía | excess energy
exceso de la integral de resonancia | excess resonance integral
exceso de neutrones | neutron excess
exceso de velocidad | overspeed
excipex [*estado complejo excitado*] | exciplex
excitabilidad | excitability, irritability
excitabilidad eléctrica | excitability
excitación | activating, (follower) drive, driving, energization, excitation, exciting
excitación acumulativa | cumulative excitation
excitación compound | compound excitation
excitación compuesta | (level) compound excitation
excitación con chispa | spark excitation
excitación con chispa de alta tensión | high-voltage spark excitation
excitación con tensión alta | high discharge excitation
excitación culombiana | Coulomb excitation
excitación de chispa con tensión media | medium voltage spark excitation
excitación de escalón unitario | unit-step stimulus
excitación de fluorescencia | excitation of fluorescence
excitación de líneas espectrales | excitation of spectrum lines
excitación de nivel compuesto | level compound excitation
excitación de resonancia | resonance excitation
excitación de tensión | voltage feed
excitación débil | weak field
excitación del arco | arc excitation
excitación del espectro | excitation of a spectrum
excitación del relé | relay operation
excitación del tipo arco | arc-like excitation
excitación desfasada | out-of-phase drive
excitación diferencial | differential excitation
excitación directa de base | base forward drive
excitación directa de una antena | direct excitation of an aerial
excitación en derivación | shunt excitation
excitación en serie | series excitation
excitación estática | static breeze
excitación gradual | step-by-step excitation
excitación hipercompuesta | overcompounding (/overcompound, /over compound) excitation
excitación hipocompuesta | undercompound excitation
excitación independiente | independent (/separate) excitation (/firing)
excitación indirecta | indirect excitation
excitación insuficiente | underdrive
excitación luminosa | light excitation
excitación maestra | master drive
excitación múltiple | multiple excitation
excitación natural | natural excitation
excitación necesaria [*de un relé*] | minimum working excitation
excitación paramétrica | parametric excitation
excitación paso a paso | step-by-step excitation
excitación por choque | pulse (/shock, /collision) excitation
excitación por colisión | collision excitation
excitación por derivación | shunt excitation
excitación por descarga | shock excitation
excitación por electrones | excitation by electrons
excitación por impulso | pulse (/shock) excitation
excitación por impulsos | impulse excitation
excitación por la voz | acoustic stimulus
excitación por llama | flame excitation
excitación por radiación | radiation excitation
excitación por válvula | valve drive
excitación previa | preenergization
excitación radiante | radiant excitance
excitación secundaria | slave drive
excitación térmica | thermal excitation
excitado | driven, excited, hot
excitado en derivación | shunt-excited
excitado en tensión | voltage-fed
excitado indirectamente | parasitically excited
excitado por circuito transistorizado | transistor-driven
excitado por el inducido | rotor-excited
excitado por el rotor | rotor-excited
excitado por luz ultravioleta | ultraviolet-excited
excitado por parásitos | parasitically excited
excitado por radiación ultravioleta | ultraviolet-excited

excitado por transistor | transistor-driven
excitado por válvula | valve-driven
excitado separadamente | separately excited
excitador | buffer, discharger, driver, energizer, excitator, exciter, excitor
excitador autoelevador | bootstrap driver
excitador común | bus driver
excitador de alta frecuencia | high frequency driver
excitador de baja frecuencia | low frequency driver
excitador de bus | bus driver
excitador de compresión | pressure unit
excitador de compresión cargado por bocina | horn-loaded pressure unit
excitador de frecuencia variable | variable frequency exciter
excitador de graves | low frequency driver
excitador de línea | line driver
excitador de motor de inducción | motor-field induction heater
excitador de potencia | power exciter
excitador de relé | relay driver
excitador de velocidad estabilizada | speed-stabilized exciter
excitador del amplificador de potencia | power amplifier drive
excitador del oscilador de bloqueo | blocking oscillator driver
excitador electrostático | electrostatic actuator
excitador en serie | series exciter
excitador maestro | master driver
excitador múltiple | multisource
excitador para bus bidireccional | bi-directional bus driver
excitador portátil | portable field energizer
excitador principal | main exciter
excitador secundario | slave driver
excitadora auxiliar en voladizo | overhung pilot exciter
excitadora en voladizo | overhung exciter
excitar | to activate, to energize
excitar por choque | to shock-excite
excitar por descarga | to shock-excite
excitar por impulso | to shock-excite
excitatriz | exciter dynamo
excitatriz estática | static exciter
excitón [combinación de un electrón con un agujero en un sólido cristalino] | exciton [a combination of an electron with a hole in a crystaline solid]
excitrón | excitron
excluir una señal por sintonización | to tune out
exclusión | disconnection, exclusion, lock-out
exclusión de la selección de caminos | path search exclusion
exclusión de teclas | n-key roll over

exclusión mutua | mutual exclusion
excrecencia | outgrowth
excriptor | outscriber
excursión | excursion
excursión completa | full excursion
excursión de frecuencia entre pico y pico | peak-to-peak frequency excursion
excursión de la pulsación | pulse excursion
excursión de rejilla | grid swing
excursión entre pico y pico | peak-to-peak excursion
excursión total | total excursion
exención | exemption
exhibición de radio | radio show
exigencia de precisión | accuracy to be expected
exitancia | exitance
exoenergético | exoergic
exosfera | exosphere
exotérmico | exothermic
expandido | expanded
expandir | to expand
expandir parcialmente | to partially expand
expansión | expansion
expansión automática del volumen | (automatic) volume expansion
expansión de centro | centre expansion
expansión de impulsión | velocity stage (/staging)
expansión de macro | macroexpansion
expansión de memoria | memory expansion
expansión de traza | trace expansion
expansión de trazado | trace expansion
expansión de volumen | volume expansion
expansión de Wigner | Wigner growth
expansión del contraste | contrast expansion
expansión modular | square expansion
expansión polar | pole shoe
expansión térmica | thermic expansion
expansor | expander
expansor automático de volumen | (automatic) volume expander
expansor de volumen | volume expander
expectación | expectation
expedidor | dispatcher, originator
expedidor de tareas | task dispatcher
expedir | to forward, to ship
expedir un mensaje | to originate a message
experiencia de trasmisión | transmission experiment
experiencia exponencial | exponential experiment
experiencia pulsada de neutrones | pulsed neutron experiment
experimento | experiment
experimento aleatorio | random experiment
experimento crítico | critical experiment
experimento de Cockcroft-Walton | Cockcroft-Walton experiment
experimento de Compton-Simon | Compton-Simon experiment
experimento de Davisson-Germer | Davisson-Germer experiment
experimento de Faraday | Faraday's ice-bucket experiment
experimento de Stern-Gerlach | Stern-Gerlach experiment
experto en técnica | techie [fam]
exploración | exploration, hunting, pickup, pick-up, prospecting, scan, scanning, scansion, scout, scouting, search, searching, swarm, trace
exploración A | A scan
exploración a baja velocidad | low-velocity scanning
exploración a gran distancia | ranging
exploración automática | automatic scanning
exploración autoseleccionada | self-selecting scan
exploración B | B scan
exploración C | C scan
exploración circular | circular scanning
exploración con haz de electrones | electron scanning
exploración con múltiples puntos | multiple spot scanning
exploración con onda en dientes de sierra | sawtooth scanning
exploración cónica | conical scan (/scanning)
exploración continua | progressive scanning
exploración D | D scan
exploración de alta velocidad | high velocity scanning
exploración de cabeceo | nodding scan
exploración de campo | field scan
exploración de curva única | single-curve scanning
exploración de entrada y salida | I/O scan
exploración de filas | row scanning
exploración de frecuencia | frequency scanning
exploración de iluminación por proyección | flood projection
exploración de la ionosfera por señales de incidencia vertical | vertical incidence ionospheric sounding
exploración de la luz reflejada | reflected light scanning
exploración de la memoria [en busca de errores] | memory scrubbing
exploración de luz trasmitida | transmitted light scanning
exploración de películas | film scanning
exploración de sector | section scanning (/scan)

exploración de sectores | sector scanning
exploración de superficie | surface search
exploración de televisión | television scanning
exploración de trama | raster scan
exploración de velocidad variable | variable speed scanning
exploración directa | direct scanning
exploración E | E scan
exploración eléctrica | electric (/electrical) scanning
exploración electrónica | electron (/electronic) scanning, electronic intelligence
exploración electrónica de trama | electronic raster scanning
exploración electrónica por líneas | electronic line scanning
exploración electrostática | electrostatic scanning
exploración en distancia | range search
exploración en espiral | spiral scan (/scanning, /sweep)
exploración en multirrotación | multi-rotation scan
exploración entrelazada | interlaced scanning
exploración F | F scan
exploración G | G scan
exploración gamma | gamma scanning
exploración H | H scan
exploración helicoidal | helical scan (/scanning)
exploración I | I scan
exploración inalámbrica | wireless search
exploración indirecta | indirect scanning
exploración intermitente | intermittent (/stop-go) scanning
exploración J | J scan
exploración K | K scan
exploración L | L scan
exploración lenta | slow (/slow-speed) scan
exploración lineal | linear scan (/scanning)
exploración logarítmica | log scan
exploración mecánica | mechanical scanning
exploración óptica | optical scanning
exploración Palmer | Palmer scan
exploración por barrido | scan, scanning
exploración por barrido secuencial | sequential scan
exploración por haz de iones | ion beam scanning
exploración por haz iónico | ion beam scanning
exploración por la red | net surfing
exploración por líneas contiguas | progressive (/straight) scanning
exploración por radar | radar scan

exploración por radio | wireless search
exploración por reacción | reaction scanning
exploración posterior | rear scanning
exploración progresiva | progressive scanning
exploración radial | radial sweep
exploración radiométrica | radiometric prospecting
exploración rápida | rapid scanning, slewing
exploración rectangular | rectangular scanning
exploración rectilínea | rectilinear scanning
exploración retrorreflectora | retroreflective scan
exploración sectorial | sector scanning
exploración secuencial | sequential scan (/scanning)
exploración simple | simple scanning
exploración simultánea | simultaneous scanning
exploración simultánea al seguimiento | track-while-scan, track-while-scanning
exploración sin hilos | wireless search
exploración sincrónica | synchronous scanning
exploración sinusoidal | sine wave scanning
exploración sísmica | seismic exploration
exploración tipo N | N scan
exploración tipo Q | Q scan
exploración tridimensional | three-dimensional scanning
exploración U | U scan
exploración variable | variable sweep
exploración vectorial | vector scan
exploración vertical | vertical scan (/scanning, /sweep)
explorador | explorer, scan, scanner, searcher; browser
explorador basado en líneas [*browser de Web*] | line-based browser
explorador continuo de película | continuous film scanner
explorador de bario-lantano | barium lanthanum scanner
explorador de cinta | tape scanner
explorador de circonio-niobio | zirconium-niobium scanner
explorador de código de barras | bar-code scanner
explorador de diapositivas | slide scanner
explorador de documentos | document scanner
explorador de internet | Internet explorer
explorador de película para televisión | television film scanner
explorador de punto flotante | flying spot scanner
explorador de punto luminoso | light spot scanner

explorador de punto móvil | flying spot scanner
explorador de radiactividad | radioactive scanner
explorador de rayos gamma | gross gamma scanner
explorador de red | common carrier
explorador de red con sensores de fotodiodos | photodiode sensor array scanner
explorador de trasductor | transductor scanner
explorador de trasductores | transducer scanner
explorador de trasductores de sonar | sonar transducer scanner
explorador de Web | Web browser
explorador de Windows | Windows explorer
explorador distribuidor rápido | fast driver scanner
explorador fotoeléctrico | photoelectric scanner (/register control)
explorador helicoidal | helical scanner
explorador holográfico | holographic scanner
explorador marcador de líneas | line marker scanner
explorador óptico | optical scanner
explorador por barrido | scanner
explorador por radar | radar scanner
explorador tipo N | N scanner
explorador tipo P | P scan, P scanner
explorador tipo Q | Q scan
explorador visual | visual scanner
explorar | to pickup, to pick-up, to prospect, to scan, to search, to sweep; [*la red informática*] to surf
explorar por barrido | to scan
explosión | blast
explosión a gran altura | high altitude burst
explosión aérea | airburst
explosión atómica aérea | atomic airburst
explosión atómica en el aire | atomic airburst
explosión atómica submarina | atomic underwater burst
explosión atómica subterránea | atomic underground burst
explosión atómica superficial | atomic surface burst
explosión combinatoria | combinatorial explosion
explosión de la información | information explosion
explosión en el aire | airburst
explosión nuclear | nuclear explosion
explosión prematura | backfire
explosión sónica | sonic boom
explosión submarina | underwater burst
explosión subsuperficial | subsurface burst
explosión subterránea | underground burst

explosión subterránea contenida | contained underground burst
explosión subterránea encerrada | contained underground burst
explosión superficial | surface burst
explosión superficial auténtica | true surface burst
explosión superficial de contacto | contact surface burst
explosor | spark gap
explosor asincrónico | asynchronous spark gap
explosor de chispa no interrumpida | unquenched spark gap
explosor de chispa piloto | trigatron
explosor de chispas amortiguadas | quenched spark gap
explosor de chispas apagadas | quenched gap
explosor de chispas entrecortadas | quenched (spark) gap
explosor de chispas interrumpidas | quenched (spark) gap
explosor de esferas | sphere gap
explosor de varillas | rod gap
explosor giratorio | rotary gap, rotating spark-gap
explosor múltiple | multiple spark gap
explosor musical | musical spark gap
explosor normalizado de esferas | standard sphere gap
explosor normalizado de varillas | standard rod gap
explosor patrón de esferas | standard sphere gap
explosor patrón de varillas | standard rod gap
explosor sincrónico | synchronous spark-gap
explotación | exploitation, working
explotación a cuatro hilos | four-wire working
explotación a dos canales | two-channel operation
explotación alternada | up-and-down working
explotación alternativa | alternate operation
explotación automática | automatic operation
explotación automatizada | automatic working
explotación completamente automática | full automatic working, fully automatic operation
explotación con conmutación | switched mode of operation
explotación con derivación de canales | drop channel operation
explotación con llamada del solicitante | call back operation
explotación con permutación de frecuencias | reversed frequency operation
explotación con supresión de portadora | suppressed-carrier operation
explotación conjunta de recursos | resource-sharing

explotación en dos frecuencias | two-frequency operation
explotación en dúplex | duplex operation (/working)
explotación en múltiplex | multiplex operation
explotación en serie | tandem operation
explotación en tráfico directo | direct traffic operation
explotación interurbana automática | automatic trunk working
explotación interurbana manual | manual toll operation
explotación manual | manual working
explotación por corriente simple | single-current working
explotación por corte de corriente | closed-circuit working
explotación por doble corriente | double current working
explotación por portadoras distintas | spaced-carrier operation
explotación privada reconocida | recognized private operating agency
explotación semidúplex | semiduplex operation
explotación simple con pulsador para hablar | simplex press-to-talk operation
explotación sobre circuitos de servicio privado | private wire service
explotación telefónica | telephone operating (/operation, /working)
explotación telefónica simple con pulsador para hablar | simplex press-to-talk operation
explotación telegráfica | telegraph operation
explotación teletipográfica | printer operation
explotación totalmente automática | full automatic operation
explotación urbana por líneas de enlace | junction working
explotador de la red | (communications) carrier
exponenciación | exponentiation
exponencial | exponential
exponente | exponent
exponente conjugado de trasferencia | conjugated transfer constant
exponente de polaridad | biased exponent
exponente elemental de propagación | propagation constant per section
exponente iterativo de propagación | iterative propagation constant
exponente lineal de propagación | propagation coefficient
exponer | to set up
exposición | exposure
exposición a contaminación interna | internal contamination exposure
exposición a la radiación | radiant (/radiation) exposure
exposición aguda | acute exposure
exposición crónica | chronic exposure

exposición de emergencia a radiaciones externas | elementary exposure to external radiation
exposición de radio | radio exhibition (/show)
exposición de radio y televisión | radio-and-television show
exposición oblicua | oblique exposure
exposición permisible | permissible exposure
exposición por causas profesionales | occupational exposure
exposición total | total exposure
exposímetro | exposure meter
exposímetro fotográfico | photographic exposure meter
expresar | to put
expresión | expression
expresión aritmética | arithmetic expression
expresión booleana | Boolean expression
expresión condicional | conditional expression
expresión constante | constant expression
expresión de requisitos | expression of requirements
expresión de suma de productos | sum of products expression
expresión del producto de sumas | product of sums expression
expresión lambda | lambda expression
expresión lógica | logical expression
expresión matemática | mathematical expression
expresión POS [*expresión del producto de sumas*] | POS expression = product of sums expression
expresión regular | regular expression
expresión relacional | relational expression
expresión SOP [*expresión de suma de productos*] | SOP expression = sum of products expression
expresión válida | statement
expresión variable | variable expression
expulsión de X | X eject
expulsiones periódicas | chucking
extender | to extend
extenderse | to sheet
extensibilidad | extensibility
extensímetro | extensometer, strain gauge
extensímetro de hilo | wire strain gauge
extensímetro de hilo vibrante | vibrating wire strain gauge
extensímetro multiplicador | strain gauge multiplier
extensímetro piezoeléctrico | piezoelectric strain gauge
extensión | span; station; stretch; (subscriber's) extension, subscriber extension set
extensión característica | characteristic spread

extensión con toma directa de la red | unrestricted extension
extensión de archivo | file extent
extensión de firma | sign extension
extensión de la dosis | dose protraction
extensión de la escala | scale span
extensión de la línea de base | baseline extension
extensión de la meseta | plateau length
extensión de panel | panel extension
extensión de red | network arm
extensión de selección | chooser extension
extensión de una parte de la imagen | spreading
extensión del archivo | file extension
extensión del bloqueo de pantalla | screen lock extension
extensión del nombre del archivo | filename extension
extensión embutida | underplaster extension
extensión empotrada | underplaster extension
extensión multimedia | multimedia extension
extensión multipropósito | multipurpose extension
extensión multipropósito de correo [en internet] | multipurpose mail extension
extensión multiuso | multipurpose extension
extensión por cable | cable extension
extensión remota de una PABX | off-premises extension
extensión restringida | fully restricted extension
extensión semirrestringida | partially restricted extension, restricted trunk access extension
extensión telefónica | subscriber extension set (/station)
extensómetro de resistencia | resistance strain gauge
extensor | extensor
extensor de entrada | input extender
extensor de guiaondas de longitud variable | line stretcher
extensor de línea | line stretcher

extensor del impulso | pulse stretcher
exterior | external, outboard, outdoor, outside
externo | external, outboard, outdoor, outer, outside
extinción | absorbance, absorbency, absorptance, blackout, blowout, decay, extinction, quenching
extinción de chispas | spark quenching
extinción de corriente | current foldback
extinción de la fluorescencia | quenching of fluorescence
extinción de una descarga | quenching of a discharge
extinción de zona | zone blanking
extinción del impulso | pulse decay
extinción durante el retorno | retrace blanking
extinción halógena | halogen quenching
extinguidor | quencher
extinguidor de líneas de retorno | retrace line extinguisher
extinguidor de trazos de retorno | retrace line extinguisher
extinguir oscilaciones | to quench
extintor | quencher, spark quench
extintor de chispas | spark quencher
extintor magnético | blowout
extracción | extraction, output
extracción de características [de una imagen] | feature extraction
extracción de datos | data extraction
extracción de gases por desecación | backfill
extracción de información | information extraction
extracción de parámetros | parameter extraction
extracción de piloto | pilot pickoff
extracción inteligente de conceptos [para bases de datos] | intelligent concept extraction
extracción por disolvente | solvent extraction
extracción resonante | resonant extraction
extracorriente de ruptura | doubling effect
extracto | extract

extractor | extractor, stripper
extractor de pulido | buffer stripper
extractor de raíces | rooter
extractor de válvulas | tube (/valve) lifter (/puller), valve remover
extraer [instrucciones o datos de la memoria para guardarlos en un registro] | to fetch, to retrieve
extraer un canal | to drop a channel
extranet [extensión de intranet que utiliza tecnología de World Wide Web] | extranet
extrapolación | extrapolation
extrapolación de Richardson [aproximación diferida al límite] | Richardson extrapolation [deferred apporach to the limit]
extrapolado | extrapolated
extrapolar | to extrapolate
extremidad de entrada | leading pole tip
extremidad de salida | outgoing end, trailing pole horn (/tip)
extremidad del eje | shaft end
extremidad del hilo | wire lead
extremidad polar | pole tip
extremo | end, top; [de polo positivo] tipoff; [en una conexión punto a punto] peer
extremo abocinado | bell end
extremo acampanado | bell end
extremo con corriente | live end
extremo de cabeza | headend
extremo de la banda | band edge
extremo de llegada | incoming end
extremo de recepción | receiver (/receiving) end
extremo de salida | trailing pole tip
extremo de trasmisión | sending end
extremo final [de una lista] | tail [of a list]
extremo hembra del cable | female end of the cord
extremo inferior | bottom
extremo inferior del registro | bottom
extremo macho del cable | male end of the cord
extremo sin corriente | dead end
extremo vivo | live end
extrusión | extrusion
eyección | ejection
eyector | ejector pump, pump ejector

F

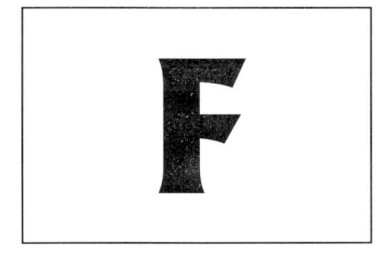

F = faradio [*unidad de capacidad eléctrica del SI*] | F = farad
F = fluor | F = fluorine
F = fusible | F = fuse
FA = femtoamperio | FA = femtoampere
FAB [*bombardeo de átomos rápidos*] | FAB = fast atoms bombardment
FAB [*cabeza y cuerpo (herramienta de animación)*] | FAB = face and body
fábrica | plant
fábrica central | central station
fábrica de sistemas integrados | integrated systems factory
fabricación asistida por ordenador | computer-aided manufacturing
fabricación de la oblea | wafer fabrication
fabricación de lámina extendida | extended foil construction
fabricación integrada por ordenadores | computer-integrated manufacturing
fabricante | manufacturer
fabricante de equipo original | original equipment manufacturer
fabricante de material radioeléctrico | radio manufacturer
fabricante de radios | radio manufacturer
fabricar | to manufacture
FACCH [*canal de control rápido asociado a los canales de tráfico*] | FACCH = fast-associated control channel
fachada | face
fácil de utilizar | user-friendly
facilidad | facility
facilidad de arranque | startability
facilidad de mantenimiento | maintainability, serviceability
facilidad de puesta en marcha | startability
facilidad de uso | user friendliness
Facom [*sistema de radionavegación basado en la comparación de fases*] | Facom
facsímil | facsimile, telecopy, telefax, telephoto
facsímil en página | page facsimile
facsímil grupo 4 | group 4 facsimile
facsímil por cable | wireman
facsímil tipo A | type A facsimile
factor | factor, ratio
factor beta | beta (value)
factor de abocinado | flare factor
factor de absorción | absorption factor
factor de absorción acústica | sound absorption factor
factor de absorción diferencial | differential absorption ratio
factor de absorción espectral | spectral absorption factor
factor de adhesión del electrón | electron attachment factor
factor de alcance | reach factor
factor de alisamiento | smoothing factor
factor de almacenamiento | storage factor
factor de almacenamiento de energía | storage factor
factor de almacenamiento de huecos | hole storage factor
factor de amortiguamiento | damper (/damping) factor
factor de amplificación | amplification (/voltage) factor
factor de amplificación de gas | gas amplification factor
factor de amplificación de tensión inversa en circuito abierto | reverse open-circuit voltage amplification factor
factor de amplificación gaseosa | gas amplification factor
factor de amplificación geométrico | geometric amplification factor
factor de amplificación reflejo | reflex amplification factor
factor de amplitud | crest (/structure) factor
factor de antena | aerial factor
factor de apantallamiento | screening factor
factor de aplanamiento | smoothing factor
factor de aplicación | application factor
factor de arrastre | pulling figure
factor de arrollamiento | winding factor
factor de ataque químico | etch factor
factor de atenuación | attenuation (/damper) factor
factor de atenuación acústica | sound attenuation factor
factor de atenuación de imagen | quadrupole attenuation factor
factor de atenuación de ráfagas | gust alleviating factor
factor de atenuación imagen | image attenuation factor
factor de atenuación sonora | sound attenuation factor
factor de autoblindaje | self-shielding factor
factor de blindaje | shield (/shielding) factor
factor de blindaje de trayectoria | path shielding factor
factor de bloqueo | blocking factor
factor de bobinado | winding factor
factor de calidad | Q factor = quality factor; circuit Q; figure of merit
factor de calidad del circuito | circuit Q
factor de calidad sin carga | unloaded Q factor
factor de canal caliente | hot channel factor
factor de capacidad | capacity (/plant, /use) factor
factor de capacidad unitario | unit capacity factor
factor de captación | pickup factor
factor de carga | load (/loading) factor
factor de carga a la entrada | fan-in
factor de carga a la salida | fan-out
factor de carga de entrada | fan-in
factor de carga de la red | system load factor
factor de carga de salida | fan-out
factor de compensación | compensation factor
factor de compresión de la fuente |

source compression factor
factor de concentración biológica | biological concentration factor
factor de condiciones funcionales | operating-mode factor
factor de confianza | confidence factor
factor de confidencialidad | confidence factor
factor de configuración | shape factor
factor de conmutación | commutation factor
factor de contracción | shrinkage factor
factor de contrarreacción | negative feedback factor
factor de contraste | contrast factor
factor de conversión | conversion factor
factor de corrección | correction factor
factor de corrección de célula | cell correction factor
factor de corrección de medida | meter correction factor
factor de corrección del ángulo de fase | phase angle correction factor
factor de corrimiento | pushing figure
factor de crecimiento | build-up factor
factor de cresta | crest factor
factor de cresta del impulso | pulse crest factor
factor de deflexión | deflection factor
factor de demanda | demand factor
factor de depresión de flujo | disadvantage factor
factor de desadaptación | mismatch factor
factor de descontaminación | decontamination factor
factor de desenganche | release factor
factor de desequilibrio | unbalance factor
factor de desfasaje característico | phase factor
factor de desfase | power factor of the fundamental
factor de desmultiplicación | scaling factor
factor de desprendimiento | release factor
factor de desproporción | derating factor
factor de devanado | winding factor
factor de directividad | directivity factor
factor de discriminación | discrimination factor
factor de disipación | dissipation factor
factor de disipación del dieléctrico | dielectric dissipation factor
factor de disipación dieléctrica | dielectric dissipation factor
factor de disminución | diminution factor
factor de dispersión | scattering factor
factor de disponibilidad instantánea de energía | instantaneous availability factor
factor de distorsión | distortion factor
factor de distorsión ponderado | weighted distortion factor
factor de distribución | distribution (/spread) factor
factor de diversidad | diversity factor
factor de efecto de homogeneidad | channelling effect factor
factor de eficacia | efficiency factor
factor de emisión secundaria | secondary emission ratio
factor de empaquetamiento | packing factor
factor de enriquecimiento | enrichment factor
factor de entrelazado | interlacing (/scale) factor
factor de equivalencia | net loss factor
factor de escala | scale factor, scaling factor (/ratio)
factor de escape | escape factor
factor de escisión rápida | fast fission factor
factor de espaciado | gap factor
factor de espacio | space factor
factor de estabilidad | stability factor
factor de estabilidad de corriente | current stability factor
factor de estatismo | stiffness factor
factor de exceso | excess factor
factor de expansión de banda | band expansion factor
factor de exposición | exposure rate
factor de fase | phase factor
factor de fase de imagen | image phase factor
factor de fase iterativo | iterative phase factor
factor de filtrado | smoothing factor
factor de fisión térmica | thermal fission factor
factor de flujo neutrónico | disadvantage factor
factor de forma | form (/shape) factor
factor de forma de corriente telefónica | telephone current form factor
factor de fuerza [*de un trasductor electromecánico o electroacústico*] | force factor
factor de fuga | escape factor
factor de fuga térmico | thermal leakage factor
factor de ganancia del detector de fase | phase detector gain factor
factor de ganancia fotoconductora | photoconductive gain factor
factor de geometría | geometry factor
factor de grabado | etch factor
factor de Howe | Howe factor
factor de importancia | importance factor
factor de inclinación | skew factor
factor de indisponibilidad | unavailability factor
factor de indisponibilidad instantánea de energía | instantaneous unavailability factor
factor de inducción | induction factor
factor de interferencia de frecuencia intermedia | intermediate-frequency interference ratio
factor de intervalo | gap factor
factor de ionización | ionization factor (/rate)
factor de luminancia | luminance factor
factor de luminosidad | luminosity coefficient (/factor)
factor de luminosidad relativa | relative luminosity factor
factor de mando | control ratio
factor de máxima frecuencia utilizable | MUF factor
factor de mejora de ruido | noise improvement factor
factor de mejora por integración | integration improvement factor
factor de mérito | factor of merit
factor de modulación | modulation fac-tor
factor de modulación de potencia | power modulation factor
factor de modulación negativa | negative modulation factor
factor de modulación positivo | positive modulation factor
factor de multiplicación | multiplication constant (/factor), multiplying (/reproduction) factor
factor de multiplicación efectivo | effective multiplication constant
factor de multiplicación excedentario | excess multiplication factor
factor de multiplicación infinito | infinite multiplication constant (/factor)
factor de multiplicación rápida | fast multiplication factor
factor de ondulación | ripple factor
factor de ondulación del rectificador | rectifier ripple factor
factor de pantalla | screen factor
factor de pantalla de una rejilla | screen factor of a grid
factor de partición | partition factor
factor de participación en la punta | effective demand factor
factor de paso | pitch factor
factor de penetración | penetration factor
factor de pérdida | loss factor
factor de pérdida de ondas estacionarias | standing wave loss factor
factor de pérdidas dieléctricas | dielectric loss factor
factor de permisividad | relative permittivity
factor de perturbación | interference factor
factor de perturbación telefónica | telephone influence factor
factor de pila | pile factor
factor de ponderación | weighting factor
factor de potencia | load factor, power factor (/ratio)

factor de potencia cero | zero-power factor
factor de potencia dieléctrica | dielectric power factor
factor de potencia en porcentaje | power factor percentage
factor de potencia en retardo | lagging power factor
factor de potencia nulo | zero-power factor
factor de potencia reactiva | reactive factor
factor de potencia unidad | unit (/unity) power factor
factor de potencia unitario | unity power factor
factor de potencia vectorial | vector power factor
factor de proceso simple | simple process factor
factor de propagación | propagation factor (/ratio)
factor de propagación de fase | phase propagation ratio
factor de propagación del cuadripolo | quadrupole propagation factor
factor de reacción de tensión | voltage feedback factor
factor de reactancia | reactance factor
factor de realimentación | feedback factor
factor de realimentación de tensión | voltage feedback factor
factor de recepción de polarización | polarization receiving factor
factor de rechazo en modo común | common mode rejection ratio
factor de rectificación | rectification factor
factor de reducción | shield factor
factor de reflectancia | reflectance factor
factor de reflexión | reflectance, reflectivity, reflection factor
factor de reflexión acústica | sound reflection factor
factor de reflexión difusa | diffuse reflection factor
factor de reflexión espectral | spectral reflection factor
factor de reflexión radiante espectral | spectral radiant reflectance
factor de reflexión regular | direct reflection factor
factor de regulación | phase control factor
factor de regularidad de velocidad | wow factor
factor de relleno | space factor
factor de responsabilidad en la punta | peak responsibility factor
factor de retrodifusión | back scatter factor
factor de revoluciones | turn factor
factor de ruido | noise (contributing) factor, noise figure
factor de ruido bicanal | double channel (/sideband) noise factor

factor de ruido de banda lateral única | single-sideband noise factor
factor de ruido del receptor | receiver noise figure
factor de ruido efectivo | effective noise factor
factor de ruido en exceso | excess noise factor
factor de ruido en operación | operating noise factor
factor de ruido local | site noise figure
factor de ruido medio | average noise factor (/figure)
factor de ruido monocanal | single-channel noise factor
factor de ruido monocromático | spot (/stop) noise factor
factor de ruido normalizado | standard noise factor
factor de ruido propio | spot noise factor
factor de ruido puntual | spot (/stop) noise factor
factor de ruido radioeléctrico local | site noise figure
factor de ruptura | partition factor
factor de saturación | saturation factor
factor de seguridad | safety factor
factor de seguridad para el mantenimiento | safety factor for holding
factor de seguridad para la puesta en funcionamiento | safety factor for pickup
factor de seguridad para la puesta en reposo | safety factor for dropout
factor de separación | separation factor, factor separation
factor de servicio | service factor, operating time ratio
factor de simultaneidad | coincidence (/simultaneity) factor
factor de sobretensión | Q factor
factor de sombra | shadow factor
factor de supresión | suppression factor
factor de tiempo | time factor
factor de tierra plana | plane earth factor
factor de trabajo | duty factor (/ratio)
factor de trabajo del impulso | pulse duty factor
factor de transición | transition factor
factor de trasferencia | propagation (/transfer) factor
factor de trasmisión | transmission coefficient (/factor), transmittance
factor de trasmisión de la base | transport factor (/ratio), diminution (/base transmission) factor
factor de trasmisión espectral | spectral transmittance (/transmission factor)
factor de trasparencia | filter factor
factor de trasporte | transport factor
factor de trasrectificación | transrectification factor
factor de uniformidad | uniformity factor (/ratio)

factor de uniformidad de iluminancia | uniformity ratio of illuminance
factor de utilidad | utility factor
factor de utilización | load factor, utilization factor (/rate)
factor de utilización de potencia | energy utilization factor
factor de utilización de tiempo | time utilization factor
factor de utilización térmica | thermal utilization factor
factor de vacío | gas ratio
factor de variación estacional | seasonal factor
factor de velocidad | velocity factor
factor de ventaja | advantage factor
factor de visibilidad | visibility factor
factor de vueltas | turn factor
factor de zumbido | ripple factor
factor desmagnetizante | demagnetization factor
factor diferencial | hybrid balance
factor espacial | space factor
factor espectral de brillo | spectral luminance factor
factor espectral de luminancia | spectral luminance factor
factor estacional | seasonal factor
factor extrínseco | extrinsic factor
factor F | F factor
factor ganancia | gain bandwidth factor
factor geométrico | geometric (/geometry) factor
factor humano | human factor
factor intrínseco | intrinsic factor
factor intrínseco de separación | intrinsic separation factor
factor liberador | realising factor
factor magnetomecánico | magnetomechanical factor
factor MU | MU-factor
factor Q | Q factor, Q value
factor Q externo | external Q
factor reactivo | reactive factor
factor telefónico de forma armónica | telephone harmonic form factor
factor telefónico de forma de tensión | telephone voltage form factor
factor térmico de disminución | thermal derating factor
factor transitorio de la conmutación | switching transient
factor trans-mu | trans-mu factor
factor Z | Z factor
factorización QR | QR factorization
factorizador fotoeléctrico | photoelectric number sieve
facultativo | optional
F.ADV [*avance imagen a imagen*] | F.ADV = frame advance
FAI = fuente de alimentación ininterrumpida [*suministro continuo de energía eléctrica*] | UPS = uninterruptible power supply
FAL = familia abstracta de lenguajes | AFL = abstract family of languages
falacia electrónica | electronic deception

falda | skirt
falla [*fallo*] | error, fault, failure
fallar | to fail
fallido | failed
fallo | error, failure, fault; [*del sistema*] crash
fallo aleatorio | random failure
fallo blando | fail-soft
fallo cataléptico | cataleptic (/catastrophic) failure
fallo catastrófico | catastrophic (/cataleptic) failure
fallo con incidencia en la configuración | pattern-sensitive fault
fallo con salida máxima permanente | fail hardover
fallo crítico | critical failure
fallo de aislamiento | breakdown
fallo de alimentación | power failure
fallo de arranque [*del ordenador*] | boot failure
fallo de carácter permanente | permanent fault
fallo de controladora | controller failure
fallo de corrección | correction failure
fallo de encendido | misfire
fallo de funcionamiento | malfunction
fallo de hardware | hard error (/failure), hardware failure
fallo de la caché | cache error
fallo de la corrección del error | error correction failure
fallo de la red de alimentación | power failure
fallo de la señal de programa | program failure
fallo de la válvula | tube (/valve) outage
fallo de lógica par/impar | odd/even logic failure
fallo de pieza | part failure
fallo de regeneración | refresh failure
fallo de setup | setup failure
fallo de tensión | voltage breakdown
fallo de unidad de disco | disc crash
fallo de válvula | tube (/valve) failure
fallo debido al terreno | terrain error
fallo del aislamiento | puncture
fallo del arco | arc failure
fallo del servicio | service failure
fallo del sistema | system crash (/failure)
fallo en la apertura del archivo de registros | opening the log file failed
fallo en la asignación de la memoria | memory allocation failed
fallo en la corriente de electrodos | fault electrode current
fallo en la inicialización del disquete | diskette boot failure
fallo en la línea | fault on the line
fallo esporádico | soft failure
fallo fortuito | chance failure
fallo gradual | gradual (/degradation) failure, fail softly
fallo incipiente | incipient failure
fallo independiente | independent failure
fallo inducido | induced failure
fallo inicial | initial failure
fallo lógico | bug
fallo menor | minor failure
fallo momentáneo del contacto | stumble
fallo por calentamiento | thermal breakdown
fallo por causa exterior | externally-caused failure
fallo por degradación | gradual (/degradation) failure, fail softly
fallo por desgaste | wear-out failure
fallo por flexión | flexure failure
fallo por ruido | noise failure
fallo precoz | early failure
fallo primario | primary failure (/fault)
fallo principal | major failure
fallo progresivo | degradation (/gradual) failure
fallo secundario | secondary failure (/fault)
fallo total | complete failure
fallos equivalentes | equivalent faults
fallos precoces | infant mortality
fallos prematuros | infant mortality
falsa alarma | false alarm; [*en informática, por ejemplo sobre virus en el correo electrónico*] hoax
falsa curvatura | false curvature
falsa derrota | false course
falsa respuesta | fruit pulse
falsa ruta | false course
falsa señalización por corriente vocal | signal imitation by speech current
falso | dummy, false, spurious
falso elemento | dummy element
falso protector | wooden block
falso registro | print-through, spurious printing
falso repetidor | repeater jammer
falso rumbo | false course
falsos ecos | grass [*fam*]
falta | fault
falta de alimentación | power failure
falta de cebado | mode skip
falta de circuitos | circuit unavailability
falta de continuidad | disconnection
falta de corriente | fault current
falta de justificación [*del margen en las líneas de un texto*] | rag
falta de rectificación | backlash
falta de tirantez | slack
falta de yuxtaposición | underlap
familia | family; line
familia abstracta de lenguajes | abstract family of languages
familia de ayudas | help family
familia de curvas de placa | plate family of curves
familia de curvas del colector | collector family of curves
familia de desintegración | decay (/disintegration) family, radioactive series
familia de desintegración radiactiva | radioactive decay series
familia de frecuencias | family of frequencies
familia de fuentes [*de caracteres*] | font family
familia de ordenadores | computer family
familia de productos | product family
familia de reactores | reactor line
familia de tipo de datos | data type family
familia de trasformación | transformation series
familia de ventanas | window family
familia del actinio | actinium series
familia del neptunio | neptunium series
familia del torio | thorium series
familia del uranio | uranium series
familia del uranio-radio | uranium-radium series
familia lógica | logic family
familia Pentium [*marca informática comercial*] | Pentium family
familia radiactiva | decay chain, radioactive series, radioactive (/transformation) family
FAMS [*sistema múltiple de distribución de frecuencias*] | FAMS = frequency allocation multiplex system
fanastrón [*circuito electrónico multivibrador*] | phanastron
fanático de la tecnología | propeller head [*fam*]
fango anódico | anode mud (/slime)
fanotrón [*diodo gaseoso de cátodo caliente*] | phanotron
fanotrón rectificador | phanotron rectifier
fantasma | ghost, phantom
fantasma borroso | smear ghost
fantasma de agua | water phantom
fantasma galopante | galloping ghost
fantastrón [*circuito que produce un breve impulso tras un intervalo concreto*] | phantastron
fantófono | phantophone
fantomización | phantoming
fantomización de circuitos | phantoming of circuits
fantoscopio [*analizador de radiación por observación del espectro*] | phantoscope
fanzine [*revista publicada por y para un grupo de aficionados a un tema concreto*] | fanzine
FAQ [*pregunta más frecuente*] | FAQ = frequently asked question
FAR [*relé de activación manual*] | FAR = force actuated relay
farádico | faradic
faradímetro | faradmeter
faradio | farad
faradio internacional | international farad
faradismo | faradism
faradización | faradization
faro | luminous signal

faro acústico radioeléctrico | talking radio beacon
faro aeronáutico | aeronautical beacon
faro antiniebla | fog lamp
faro de aproximación | approach light beacon
faro de aterrizaje | landing headlight
faro de cabeza | headlight
faro de cola | tail light
faro de exploración | searchlight
faro de formación | formation light
faro de identificación | identification (/landmark) beacon
faro de navegación | navigation beacon
faro de peligro | hazard beacon
faro de radar | racon = radiobeacon, radio (/radar) beacon
faro de rodadura | taxi light
faro de rodaje | ground taxiing headlight
faro de ruta | formation light
faro fijo de destellos | occulting light
faro H | H beacon
faro integral | sealed beam light
faro marcador | marker beacon
faro polarizado [*tipo de faro delantero para automóviles*] | polarized headlight
faro sellado | sealed beam headlight
fase | corner, phase, step
fase abierta | open (/split) phase
fase conectada | inphase
fase cromática | colour phase
fase de compresión | compression (/positive) phase
fase de ejecución | execute phase, production run
fase de emisión | sending stage
fase de imagen negativa | negative picture phase
fase de imagen positiva | positive picture phase
fase de impulso | pulse phase
fase de la onda | wave phase
fase de la señal del guiaondas | waveguide phase
fase de referencia | reference phase
fase de reloj | clock phase
fase de saturación | saturation stage
fase de succión | suction (/negative) phase
fase de tiempo | time phase
fase de una magnitud periódica | phase of a periodic quantity
fase de una onda | phase of a wave
fase de vapor | vapour phase
fase del color | colour phase
fase del guiaondas | waveguide phase
fase desequilibrada | unbalanced phase
fase diferencial | differential phase
fase dividida | split phase
fase esméctica [*estado mesomórfico en el que las moléculas están orientadas por capas*] | smectic phase
fase espacial | space phase
fase negativa | negative (/suction) phase
fase negativa de la señal de imagen | negative picture phase
fase nemática | nematic phase
fase partida | split phase
fase positiva | positive (/compression) phase
fase principal | main phase
fase Q | Q phase
fase terminal | terminal phase
fase vapor | vapour phase
fasímetro | phasemeter, phase measurer (/angle meter), power factor indicator
fasímetro registrador | phase plotter (/recorder)
fasitrón | phasitron
fasómetro | phase measurer
fastomeric [*conector óptico especial desmontable no reutilizable*] | fastomeric [*guiding insert structure which provides the alignment of two fibres*]
FAT [*tabla de asignación (/situación, /localización) de archivos*] | FAT = file assignation (/allocation) table
fatbit [*para modificación de la imagen píxel a píxel*] | fatbit
fatiga | fatigue, stress
fatiga de ruptura | ultimate strength
fatiga dieléctrica | dielectric fatigue
fatiga específica | unit stress
fatiga fotoeléctrica | photoelectric fatigue
fatiga por tensión | voltage stress
fatiga por vibración | vibration fatigue
fatware [*software que ocupa innecesariamente gran cantidad de memoria*] | fatware
favorito | favorite
fax = facsímil [*tramisión digitalizada de texto y gráficos por línea telefónica*] | fax = facsimile, telefax; telefacsimile, telecopy, fax machine
fax de mesa | desk fax
fax grupo 4 | group 4 facsimile
fax módem [*módem que trasmite datos en formato fax*] | fax modem
faxear [*fam*] | to fax
FBP [*retroproyección filtrada*] | FBP = filtered back projection
FC = filtro de cerámica | CF = ceramic filter
FCB [*bloque de control de archivos (bloque de memoria)*] | FCB = file control block
FCC [*comisión estadounidense de comunicaciones*] | FCC = Federal communication commission
FCCH [*canal de control de frecuencia (para la sincronización de frecuencia de las portadoras)*] | FCCH = frequency control channel
FCS [*secuencia de comprobación de imágenes, secuencia de verificación de trama*] | FCS = frame checkong (/check) sequence
FD [*descriptor de archivo*] | FD = file descriptor
FD [*disco flexible*] | FD = floppy disk
FDC [*controladora de la unidad de disco flexible*] | FDC = floppy disk controller
FDD [*controladora de unidad de disquete*] | FDD = floppy disk driver
FDDI [*interfaz para distribución de datos por fibra óptica*] | FDDI = fibre distributed data interface, fibre digital device interface
FDHM [*anchura espectral, ancho espectral*] | FDHM = full duration at half maximum
FDHP [*protocolo dúplex completo para establecimiento de comunicación*] | FDHP = full duplex handshaking protocol
FDL = fin de línea [*código de control para impresora*] | EOL = end of line
FDM [*multiplexado por división de frecuencias*] | FDM = frequency division multiplex
FDMA [*acceso múltiple por división de frecuencia*] | FDMA = frequency division multiple access
fdo. = firmado | SGD = signed
FDP [*pantalla de página completa*] | FPD = full-page display
FDT = fin de transmisión | EOT = end of transmission
FE [*borrado total*] | FE = full erase
FEA = frecuencia extremadamente alta | EHF = extremely high frequency
featuritis [*afán por añadir aplicaciones complementarias a un programa original*] | featuritis [*fam*]
FEB = frecuencia extremadamente baja | ELF = extra low frequency
FEB = Fundación europea de bioelectromagnetismo y ciencias de la salud | FEB [*European Foundation of Bioelectromagnetism and Health Sciences*]
FEC [*clase de equivalencias de envío*] | FEC = forwarding equivalence class
FEC [*corrección de errores sin canal de retorno*] | FEC = forward error correction
fecha | date
fecha de caducidad | expiration date
fecha del sistema | system date
fecha impuesta | scheduled date
fecha juliana [*del calendario juliano*] | JD = Julian date
fecha límite | due date
fechado [*inserción automática de la fecha en los documentos*] | date stamping
fechado por elementos radiactivos | radioactive dating
fechado por potasio y argón | potassium-argon dating
fechador horario automático | time check
FEM = fuerza electromotriz | EMF = electromotive force
femto [*prefijo que designa un submúltiplo igual a 10-15*] | femto

femtoamperio [*unidad de corriente igual a 10-15 amperios*] | femtoampere
femtómetro | femtometer
femtosegundo [*milbillonésima de segundo (10^{-15})*] | femtosecond [*one quadrillionth (10^{-15}) of a second*]
femtovoltio [*unidad de tensión igual a 10-15 voltios*] | femtovolt
FENITEL = Federación nacional de asociaciones de instaladores de telecomunicación [*España*] | FENITEL
fenólico | phenolic
fenómeno aperiódico | aperiodic phenomenon
fenómeno de dispersión | scattering phenomenon
fenómeno de impacto único | single-hit event
fenómeno de intercambio de carga | charge exchange phenomenon
fenómeno de polarización | polarization phenomenon
fenómeno de reflexión | reflection effect
fenómeno de relajación | squegging, relaxation phenomenon
fenómeno de superrefracción | superrefraction phenomenon
fenómeno electrocapilar | electrocapillary phenomenon
fenómeno ondulatorio | wave phenomenon
fenómeno phi | phi phenomenon
fenómeno transitorio en las líneas de trasporte de energía | power line transient
fenómeno vibracional | vibration phenomenon
fenómenos transitorios | transient phenomena
FEP [*ordenador de comunicaciones*] | FEP = front end processor
fermio | fermium
FERPIC [*dispositivo cerámico para almacenamiento de imágenes*] | FERPIC = ferroelectric picture
férreo | ferrous
ferrimagnetismo | ferrimagnetism
ferristor | ferristor
ferrita | ferrite
ferrita de aislamiento | isolator ferrite
ferrita de bucle rectangular | square loop ferrite
ferrita de ciclo de histéresis rectangular | rectangular (/square) loop ferrite
ferrocarril | railway [UK], railroad [USA]
ferrocromo | ferrochrome
ferroelectricidad | ferroelectricity
ferroeléctrico | ferroelectric
ferroespinela | ferrospinel
ferromagnética | ferromagnetics
ferromagnético | ferromagnetic
ferromagnetismo | ferromagnetism
ferromagnetografía | ferromagnetography
ferromagnetómetro | ferrometer

ferromanganeso | ferromanganese
ferrómetro | ferrometer
ferromolibdeno | ferromolybdenum
ferroníquel [*aleación de hierro y níquel*] | nickel-iron
ferrorresonancia | ferroresonance
ferrosilicio | ferrosilicon
ferrotitanio | ferrotitanium
fértil | fertile
férula | ferrule
festoneado | scalloping
FET [*ordenador de comunicaciones asociado a un huésped*] | FET = front end processor
FET [*transistor de efecto de campo*] | FET = field-effect transistor [*unipolar transistor*]
FET del canal N = transistor de efecto de campo del canal N | N-channel FET = n-channel field-effect transistor
fetal | foetal [UK], fetal [USA]
FF [*avance rápido*] | FF = fast forward
FF = filtro fijo [*estilo de reserva para paquetes de datos*] | FF = fixed filter
FF = flip flop [*circuito biestable, multivibrador*] | FF = flip-flop
FFT [*trasformación rápida de Fourier*] | FFT = fast Fourier transform
FFTCab [*fibra hasta el armario repartidor*] | FTTCab = fiber to the cabinet
FI = fotointerruptor, interruptor fotoeléctrico, célula fotoeléctrica | PI = photo interrupter
FI = frecuencia de (repetición de) impulsos | PF = pulse frequency
FI = frecuencia intermedia | IF = intermediate frequency
fiabilidad | confidence, reliability
fiabilidad de la señal | signal reliability
fiabilidad de la trasmisión | transmission reliability
fiabilidad de propagación | propagation reliability
fiabilidad del canal | channel reliability
fiabilidad del circuito | circuit reliability
fiabilidad del hardware | hardware reliability
fiabilidad del sistema | system reliability
fiabilidad del software | software reliability
fiabilidad establecida | established reliability
fiabilidad garantizada por el fabricante | producer's reliability risk
fiabilidad lograda | achieved reliability
fiabilidad operacional | operational reliability
fiabilidad óptima | optimum reliability
fiabilidad, disponibilidad, posibilidad de mantenimiento y seguridad | reliability, availability, maintenance, and safety
fiable | reliable, trusted
fiador | retainer, sear
fiador de armadura | armature bail
fiador de mando | drive bail
fiador de montaje | mounting bail

fiador de reposición | reset bail
fiador de reposición del perforador | perforator reset bail
fiador retráctil | retractor bail
fiador universal | universal bail
fibra | fibre [UK], fiber [USA]; strand
fibra con índice de paso | step index fibre
fibra de comunicación óptica | optical communication fibre
fibra de índice de gradiente | gradient index fibre
fibra de índice escalón | step-graded fibre
fibra de índice escalonado | stepped index fibre
fibra de índice gradual | graded index fibre
fibra de modo simple | single-mode fibre
fibra de núcleo líquido | liquid core fibre
fibra de paso | step fibre
fibra de sílice con revestimiento de plástico | plastic clad silica fibre
fibra de vidrio | fibreglass [UK], fiberglass [USA], glass fibre
fibra fenólica | phenolic laminate
fibra hasta el bordillo [*en tendido de fibra óptica*] | fibre to the curb
fibra hasta el bucle [*en tendido de fibra óptica*] | fibre to the loop
fibra hasta el hogar [*en tendido de fibra óptica*] | fibre to the home
fibra hasta la oficina | fibre to the office
fibra monomodo | monomode (/single-mode) fibre
fibra multimodo | multimode fibre
fibra múltiple | multifibre
fibra óptica | fiber optic, optic (/optical) fibre
fibra óptica de núcleo de vidrio gradual | graded-core-glass optic fibre
fibra óptica de núcleo líquido | liquid core optical fibre
fibra óptica monomodo | monomode (/single-mode) fibre
fibra óptica multimodo | multimode fibre
fibra oscura | dark fibre
fibra pajarita [*tipo de fibra que mantiene la polaridad*] | bow-tie fibre [*polarization maintaining fibre*]
fibra PANDA [*tipo de fibra óptica que mantiene la polarización y reduce la absorción*] | PANDA fibre = polarization maintaining and absoption reducing fibre
fibra que mantiene la polarización | polarization maintaining fibre
fibra vulcanizada | vulcanized fibre
fibrilación | fibrillation
fibroscopio | fibrescope [UK], fiberscope [USA]
FIC [*canal de información rápida*] | FIC = fast information channel
ficción interactiva | interactive fiction

ficha | card, coin, fiche
ficha de alineación | alignment chart
ficha de averías | trouble ticket
ficha de circuito telegráfico | telegraph circuit advice
ficha de conversación | call ticket
ficha de información | enquiry docket
ficha de orden | call ticket
ficha del indicador de llamada | drop indicator shutter
ficha estadística | dummy ticket
ficha magnética | magnetic card
fichero | archive, cardfile, file
fichero binario | binary file
fichero de archivos | archive file
ficticio | dummy
fidelidad | fidelity, quality
fidelidad cromática | colour fidelity
fidelidad de reproducción | quality
fidelidad de trasmisión | transmission fidelity
fidelidad inalámbrica [*protocolo de comunicación de área local*] | wireless fidelity
Fidonet [*protocolo para transmisión de datos por teléfono*] | Fidonet
FIFO [*principio de registro secuencial (/en serie): primero en entrar, primero en salir*] | FIFO = first in first out
figura | shape, solid; figure
figura de Lissajous | Lissajous figure
figura magnética | magnetic figure
fijación | fixing
fijación con chaveta | wedging
fijación de hilos de conexión | wire bond
fijación de hilos terminales | wire-lead termination
fijación de mayúsculas | shift-lock
fijación de nivel | clamping
fijación del electrón | electron attachment
fijación del terminal | beam lead bonding
fijación posterior | back bonding
fijación rígida | rigid fastening
fijación sincronizada de nivel | clamping
fijación trasera | back bonding
fijado | fixing
fijador | clamp, clamper, clamping, fastener, spring clamp
fijador de base | clamp
fijador de cordones | cord fastener
fijador de nivel continuo | DC restorer
fijador de nivel de señal | signal clamp
fijador de trasmisión | keyed clamp
fijar | to clamp, to set
fijar la posición | to plot
fijo | fixed, posted
fijo a uno | stuck-at-one
fila | array, file, line, row
fila contrahoraria | counterclockwise row
fila de bastidores | suite of bays (/racks)
fila de botones de desplazamiento | arrow button row
fila de espera | queue
fila de repetidores | line of repeater bays, repeater bay (/rack)
fila de tarjeta | card row
filamento | filament, heater, strand
filamento calefactor de la válvula | valve heater
filamento carbonizado | carbonized filament
filamento cubierto de óxido | oxide-coated filament
filamento de calentamiento rápido | quick-heating filament
filamento de cinta | ribbon element
filamento de lámpara | filament lamp
filamento de plasma | plasma filament
filamento de tungsteno | tungsten filament
filamento de tungsteno rodiado | rhodium-plated tungsten filament
filamento de tungsteno toriado | thoriated tungsten filament
filamento de válvula | tube (/valve) filament
filamento de volframio rodiado | rhodium-plated tungsten filament
filamento en espiral | single-coil filament
filamento en V | V filament
filamento incandescente | heating filament
filamento plano | ribbon element
filamento recto | straight filament
filamento recubierto | coated filament
filamento toriado | thoriated filament
filete extrafino [*en artes gráficas*] | hairline
filiación radiactiva | radioactive relationship
filmador | film recorder
filodifusión | wired broadcasting
filtración | filtration, seepage
filtración ascendente | upflow filtration
filtración cuántica | quantum leakage, tunnel action (/effect), tunnelling (effect)
filtración inherente | inherent filtration
filtración permanente | permanent filtration
filtrado | bypassing, filtering, filtration, smoothing
filtrado de condensador | capacitor filtering
filtrado de datos de radar | radar data filtering
filtrado de señal | signal filtering
filtrado digital | digital filtering
filtrado pasabanda de bajos | roof filtering
filtrado por colaboración | collaborative filtering
filtrado por paquetes [*de datos*] | packet filtering
filtrado punto a punto [*para comunicaciones seguras*] | point-to-point tunneling
filtrar | to filter, to smooth
filtro | filter, splitter
filtro absorbente | absorbing filter
filtro activo | active filter
filtro acústico | acoustic filter
filtro adaptable | adaptive filter
filtro adaptado | matched filter
filtro al vacío | vacuum filter
filtro antiinterferencia | wavetrap
filtro antiparasitario | noise limiter
filtro antiparásito | suppressor, noise suppressor filter
filtro antiparásitos | radio noise filter
filtro antirreflejos | glare filter
filtro atenuador de banda lateral residual | vestigial sideband filter
filtro atenuador de vidrio | glass attenuating filter
filtro atrapador de ondas | wavetrap
filtro autoelectrostático | self-electrostatic filter
filtro bicuadrático | biquadratic filter
filtro bozo [*para correo electrónico no deseado*] | bozo filter
filtro Butterworth | Butterworth filter
filtro cerámico | ceramic filter
filtro coaxial | coaxial filter
filtro coloreado | coloured filter
filtro comodín | wildcard-filter
filtro compuesto | composite filter
filtro con acoplamiento de cámaras | cavity-coupled filter
filtro con dos escalones | two-step filter
filtro con sección de guiaondas | waveguide filter
filtro con varias capas | multilayer filter
filtro con varias telas metálicas | multimesh filter
filtro contra el ruido de fondo | rumble filter
filtro contra radiaciones espurias | splatter filter
filtro cromático | colour filter
filtro de absorción | absorption filter
filtro de agudos | high-pass filter
filtro de alisamiento | smoothing filter
filtro de alta | high filter
filtro de alta frecuencia | high filter
filtro de aplanamiento | smoothing filter
filtro de archivos | file filter
filtro de armónicos | harmonic filter
filtro de atenuación | attenuating filter
filtro de bajas frecuencias | low filter
filtro de banda | band-reject filter, sheet grating
filtro de banda alta | high-pass filter
filtro de banda ancha | wideband filter
filtro de banda de grupos secundarios | supergroup band filter
filtro de banda de paso total | all-pass filter
filtro de banda de recepción | receiving bandpass filter
filtro de banda de supergrupos | supergroup band filter
filtro de banda eliminada | band-reject filter, band-stop filter

filtro de banda estrecha | narrow-band filter, narrow-bandpass filter
filtro de banda lateral | sideband filter
filtro de banda lateral simple | single-sideband filter
filtro de banda lateral única | single-sideband filter
filtro de bandas laterales asimétricas | vestigial sideband filter
filtro de bloqueo | blocking (/stop) filter
filtro de canal | channel filter
filtro de canal principal | principal channel filter
filtro de cavidad | cavity filter
filtro de cavidad coaxial para multiplexión | multiplexing coaxial-cavity filter
filtro de cavidad coaxial para trasmisión simultánea | multiplexing coaxial-cavity filter
filtro de cavidad resonante para la banda S | S band resonant-cavity filter
filtro de cavidad sintonizable | tunable cavity filter
filtro de celosía | lattice filter
filtro de célula única | single-section filter
filtro de cerámica | ceramic filter
filtro de chasquido del manipulador | key click filter
filtro de chasquidos | click filter
filtro de Christiansen | Christiansen filter
filtro de color primario | primary colour filter
filtro de compensación | compensating filter
filtro de conmutación | commutating filter
filtro de cookies [*en internet*] | cookie filtering tool
filtro de corrección | correction filter
filtro de correo electrónico | e-mail filter, mail filter
filtro de corriente rectificada | smoothing filter
filtro de corte rápido | sharp cutoff filter
filtro de cristal | crystal filter
filtro de cristal de banda estrecha | narrow-band crystal filter
filtro de cristal de selectividad variable | variable selectivity crystal filter
filtro de cuarto de onda | quarter-wave filter
filtro de cuarzo platinado | quartz-mounted platinum filter
filtro de cuatro conexiones | double-ended filter
filtro de cuña | wedge filter
filtro de desacoplamiento | decoupling filter
filtro de doble cuña | double wedge filter
filtro de dos colores | split filter
filtro de dos secciones | two-section filter

filtro de efectos sonoros | sound effect filter
filtro de eliminación de banda | stop (/bandstop) filter, band elimination (/exclusion, /suppression) filter
filtro de eliminación de banda angosta | slot bandstop filter
filtro de entrada capacitiva | capacitor input filter
filtro de entrada de condensador | capacitor input filter
filtro de entrada inductiva | choke input filter
filtro de entrada por reactancia | choke input filter
filtro de estación auxiliar | auxiliary-station line filter
filtro de exclusión de banda | band exclusion filter
filtro de frecuencias | changeover (/frequency) filter
filtro de fuerza bruta | brute-force filter
filtro de GHI = filtro de granate de hierro e itrio | YIG filter
filtro de graves | low-pass (/low pass) filter
filtro de gris neutro | neutral density filter
filtro de guiaondas | waveguide filter
filtro de imagen | video filter
filtro de impedancia escalonada | stepped impedance filter
filtro de interferencias | interference filter
filtro de interrupciones | click filter
filtro de k constante | constant k filter
filtro de láminas metálicas | sheet grating
filtro de línea | line filter
filtro de línea de corriente alterna | AC line filter
filtro de llave | key filter
filtro de luz ambiental | ambient-light filter
filtro de luz ambiente | ambient-light filter
filtro de malla de alambre | wire gauze filter
filtro de manipulación | (key) click filter
filtro de manipulador | key filter
filtro de microondas | microwave filter
filtro de modo en anillo | ring (mode) filter
filtro de modo por reflexión | reflection mode filter
filtro de modo resonante | resonant mode filter
filtro de modos | mode filter
filtro de muesca | notch filter
filtro de muesca supresor de banda | slot bandstop filter
filtro de octava | octave filter
filtro de onda eléctrica | electric wave filter
filtro de onda mecánica | mechanical wave filter
filtro de ondas | wave filter, filter wave

filtro de ondas acústicas | acoustic wave filter
filtro de ondas compuesto | composite wave filter
filtro de ondas superficiales | surface wave filter
filtro de ondulación | ripple filter
filtro de paso | bypass (/through) filter
filtro de paso alto | high-pass filter
filtro de paso bajo | low pass filter
filtro de paso bajo equilibrado | balanced low-pass filter
filtro de paso de banda | bandpass (/band-pass, /transmission band) filter
filtro de paso de banda angosta | slot bandpass filter
filtro de paso de banda estrecha | narrow-bandpass filter
filtro de paso de grupo | through group filter
filtro de paso de supergrupo | through supergroup filter
filtro de paso de trasferencia de grupo secundario | through supergroup filter
filtro de paso total | all-pass filter
filtro de peine | comb filter
filtro de pendiente | slope filter
filtro de pendiente variable | variable slope filter
filtro de placa de ferrita | waffle-iron filter
filtro de polarización | polarizing filter
filtro de potencia | power filter
filtro de pulsaciones | ripple filter
filtro de puntos en rama | midbranch points filter
filtro de puntos en serie | midseries points filter
filtro de radiación | radiation filter
filtro de radio | radio filter
filtro de radiointerferencias | radio noise filter
filtro de ramal principal | trunk filter
filtro de realimentación inversa | inverse feedback filter
filtro de recepción | receiving filter
filtro de red | network filter
filtro de rejilla | wire grating
filtro de resistencia y capacidad | RC filter = resistance-capacitance filter
filtro de resistencia y condensador | resistance-capacitance filter
filtro de resonador en paralelo | paralleled-resonator filter
filtro de respuesta en hendidura | notch filter
filtro de ruido | noise filter
filtro de sección | section filter
filtro de sección en rama | midbranch section filter
filtro de sección en serie | midseries section filter
filtro de sección en T | T section filter
filtro de sección L derivado de M | M-derived L-section filter
filtro de sección única | single-section filter

filtro de seguimiento | tracking filter
filtro de seis escalones | six-step filter
filtro de separación | separation filter
filtro de separación de la señal | signal separation filter
filtro de separación direccional | directional separation filter
filtro de suavización | smoothing filter
filtro de subportadora | subcarrier filter
filtro de supresión de banda | band rejection filter
filtro de Tchebychev | Tchebychev filter
filtro de techo | rood filter
filtro de Thoraeus | Thoraeus filter
filtro de trasferencia de grupo primario | through group filter
filtro de trasferencia de portadora | carrier transfer filter
filtro de trasformador | transformer filter
filtro de trasmisión | sending (/transmitting) filter
filtro de tres conexiones | single-ended filter
filtro de tres escalones | three-step filter
filtro de tronco principal | trunk filter
filtro de unión | junction filter
filtro de vacío | vacuum filter
filtro de velocidad | velocity filter
filtro de vía | channel filter
filtro de vídeo | video filter
filtro de viento | blast filter
filtro de voz | voice filter
filtro de Wratten | Wratten filter
filtro de zumbido | ripple filter
filtro del detector de vídeo | video detector filter
filtro del rectificador | rectifier filter
filtro del rojo | red filter
filtro del ruido de aguja | scratch filter
filtro derivado de M | M-derived filter
filtro dicroico | dichroic filter
filtro digital | digital filter
filtro direccional | directional filter
filtro direccional de radiofrecuencia | radiofrequency directional filter
filtro dividido | split filter
filtro divisor | changeover filter
filtro divisor de frecuencias | crossover network
filtro electrónico separador de frecuencias | electronic crossover
filtro eliminador de banda | bandstop (/band elimination) filter
filtro eliminador de interferencias | wavetrap
filtro en anillo | ring filter
filtro en celosía | lattice filter
filtro en derivación | shunt filter
filtro en doble T | twin-T filter
filtro en escalera | ladder (/ladder-type) filter
filtro en escalones | ladder (/ladder-type) filter
filtro escalonado | step filter

filtro extractor | extractor
filtro fijo [estilo de reserva para paquetes de datos] | fixed filter
filtro formante | formant filter
filtro graduado | graded filter
filtro gradual | graded filter
filtro gris | neutral (density) filter
filtro ideal | ideal filter
filtro infrarrojo | infrared filter
filtro integrador | integrating filter
filtro iterativo | iterative filter
filtro luminoso | light filter
filtro magnetoestrictivo | magnetostrictive filter
filtro manipulador por desplazamiento de frecuencia | frequency-shifted keyed filter
filtro mecánico | mechanical filter
filtro monocromático interferente | interference monochromatic filter
filtro monolítico | monolithic filter
filtro MPX | MPX filter
filtro multimalla | multimesh filter
filtro multisección | multisection filter
filtro neutro | neutral (density) filter
filtro neutro de trasmisión escalonada | neutral step wedge
filtro no recursivo | nonrecursive filter
filtro no selectivo | neutral filter
filtro óptico | light (/optical) filter
filtro óptico con varios escalones de atenuación | stepped filter
filtro para cuarto apantallado | screen room filter
filtro para grabación | recording filter
filtro para la línea de alimentación | power line filter
filtro para la reproducción de la palabra | speech filter
filtro para la velocidad de los iones | time-of-flight filter for ions
filtro para líquidos | liquid filter
filtro para medios de trasmisión | media filter
filtro para registro sonoro | recording filter
filtro para videofrecuencias | video filter
filtro pasabajos de célula única | single-section low-pass filter
filtro pasabanda | bandpass (/pass-band, /transmission band) filter
filtro pasabanda de bajos | roof (/roofing) filter
filtro pasabanda de corte rápido | sharp bandpass filter
filtro pasabanda de muesca | slot bandpass filter
filtro pasabanda de recepción | receiving bandpass filter
filtro pasabanda hexapolar | six-pole bandpass system
filtro peine | comb filter
filtro piezomagnético | magnetostrictive filter
filtro polarizado [de pantalla] | polarizer screen
filtro polaroide | polaroid filter

filtro pop [tipo de filtro de paso alto] | pop filter
filtro primario | primary filter
filtro radial | radial grating
filtro radiológico | radiological filter
filtro recursivo | recursive filter
filtro reticular | lattice filter
filtro revólver | file changing disk
filtro rojo | red filter
filtro secundario | secondary filter
filtro selectivo | selective filter
filtro selector de piloto | pilot pickoff filter
filtro separador | splitter, network filter, crossover network
filtro separador de frecuencias | crossover network
filtro separador de ondas | network filter
filtro sintonizable | tunable filter
filtro sintonizable hexapolar | six-pole tunable filter
filtro sintonizado | tuned filter
filtro supresor | stop filter
filtro supresor de banda | band elimination filter, band-reject filter
filtro supresor de banda lateral residual | vestigial sideband filter
filtro supresor de chispas | spark-suppressing filter
filtro supresor de interferencias | noise suppressor filter
filtro sustractivo | subtractive filter
filtro tarado | tared filter
filtro terminal | terminal filter
filtro tipo puente | lattice filter
filtro tipo Tchebychev | Tchebychev design filter
filtro total | total filter
filtro transistorizado | transistorized filter
filtro trasversal | transversal filter
filtro ultravioleta | ultraviolet filter
filtro unidireccional | one-way filter
filtrón | filtron
fin | close, end, terminating
fin anormal del funcionamiento | abend = abnormal end of operation
fin de archivo | end of file
fin de bloque | end of block
fin de cinta | end of tape
fin de datos | end of data
fin de emergencia en radio | radio all clear
fin de impulso | tail (of pulse)
fin de la grabación | end of volume
fin de la trasmisión | end of transmission
fin de línea | end of line
fin de mensaje | end of message, over
fin de numeración | end of impulsing
fin de ocupación | end of engagement
fin de radioalerta | radio all clear
fin de registro | end of record
fin de selección | end of selection
fin de sesión | logout
fin de trabajo | end of job (/work)
fin de trasmisión | end (/out) of trans-

mission
fin del carrete | reel end
fin del intervalo de espera de inicialización | initialization timeout
fin del mensaje | end of message
fin del papel | paper end
fin del servicio | close of work
fin del texto | end of text
fin del tiempo asignado | time out
fin del volumen | end of volume
final | end, final
final de archivo | end of file
final de cabeza | head end
final de la cinta | end of tape
final de línea | line side
final de posición | measured pickup
final infinito | open-ended
finalidad | purpose
finalización anormal [de un programa o proceso] | abnormal end (/termination), blow up
finalizado | completed
finalizar [un programa o un proceso] | to terminate
finalizar sesión | log out
finger [pasillo retráctil para la circulación de pasajeros entre el avión y la terminal] | finger
finito | finite
fino | fine
FIPS [norma federal estadounidense sobre procesamiento de la información] | FIPS = federal information processing standard
firma | signature
firma de contrato | service application
firma de virus [código que contiene el identificador del virus] | virus signature
firma digital | digital signature (/fingerprint)
firma electrónica | electronic signature
firmeza | constancy, stability
FIS = frecuencia intermedia de sonido | SIF = sound intermediate frequency
fisgoneo | browsing, lurking
física | physics
física aplicada a la radioelectricidad | radio physics
física de la propagación radioeléctrica | radiopropagation physics
física de las radiaciones | radiation physics
física de los semiconductores | semiconductor physics
física del estado sólido | solid-state physics
física del plasma | plasma physics
física del transistor | transistor physics
física nuclear | nuclear physics
física radiológica | radiological physicist
físico [adj] | physical
fisión | fission
fisión cuaternaria | quaternary fission
fisión del núcleo atómico | splitting of atomic nucleus
fisión espontánea | spontaneous fission
fisión nuclear | nuclear fission
fisión radiactiva | radioactive fission
fisión ternaria | ternary fission, tripartition
fisionable | fissile, fissionable
fisionar | to fission
fistrón [tipo de válvula de microondas de alta potencia] | phystron
fisura | crack
fisura marginal | edge crack
fisuración | fissuring
FITL [fibra en el bucle de abonado (fibra óptica en redes de acceso)] | FITL = fiber into the loop
FIX [agencia interfederal estadounidense de intercambio] | FIX = Federal interagency exchange
FL = factor liberador | RF = realising factor
flameo antisimétrico | antisymmetrical flutter
flameo asimétrico | asymmetrical flutter
flanco anterior | leading edge
flanco anterior del impulso | pulse leading-edge
flanco ascendente | rising edge
flanco de arrastre | trailing edge
flanco de subida | rising edge
flanco del impulso | pulse edge
flanco empinado | steep skirt
flanco escarpado | steep skirt
flanco final | trailing edge
flanco inicial | leading edge
flanco posterior del impulso | pulse trailing edge
flash | flash
flash electrónico | electronic flash
flash repetidor | repeating flash valve
flecha | arrow, dip, loop height, sag, sagitta
flecha abajo [para movimiento del cursor] | down arrow
flecha arriba [tecla para desplazamiento del cursor] | up arrow
flecha de cable | sag
flecha de desplazamiento | scroll arrow
flecha de desplazamiento a la derecha | right scroll arrow
flecha de desplazamiento a la izquierda | left scroll arrow
flecha de desplazamiento abajo | down scroll arrow
flecha de desplazamiento arriba | up scroll arrow
flecha de línea aérea | dip
flecha de Pierce | Pierce arrow
flecha derecha [para desplazamiento del cursor] | right arrow
flecha izquierda [para movimiento del cursor] | left arrow
fleje | (spring) strip
fleje de contacto a tierra | wood ground contact plug
flexibilidad | compliance, flexibility
flexible | flexible
flexión | bending, flection, flexion
flexión asimétrica | unsymmetrical bending
flexodo | flexode
flip flop | flip-flop
flip-flop conmutado | gated flip-flop
flip-flop de control de signo | sign control flip-flop
flip-flop de disparo | trigger flip-flop
flip-flop de disposición/reposición | set/reset flip-flop
flip-flop disparado por nivel alto | level-triggered flip-flop
flip-flop disparado por umbral | threshold-triggered flip-flop
flip-flop magnético | magnetic flip-flop
flip-flop T | T flip-flop
flippy-floppy [disco flexible de doble cara leído en una unidad de simple cara] | flippy-floppy
floculación | flocculation
flojedad | slack
FLOP [operación de coma flotante (en matemáticas)] | FLOP = floating point operation
FLOPS [operación en coma flotante por segundo] | FLOPS = floating-point operation per second
flóptico [disco especial de 3,5 pulgadas que utliza una combinación de tecnología magnética y óptica] | floptical
flor | flower
florescencia | blooming
flotación [mientras una imagen se desplaza en la pantalla hasta su posición final] | swim
flotante | float, floating
flotar | to float
FLT = filtro | FLT = filter
fluctuación | flashing, fluctuation, flutter, jitter, straggling, swinging
fluctuación accidental | unwanted variation
fluctuación aleatoria | randomized jitter
fluctuación angular | angle fluctuation (/noise, /scintillation)
fluctuación de alcance | range straggling
fluctuación de amplitud | amplitude jitter
fluctuación de antena | beam (/tracking) jitter
fluctuación de avión | aircraft flutter
fluctuación de corriente | current flicker
fluctuación de fase | jitter
fluctuación de fase de los impulsos | pulse phase jitter
fluctuación de frecuencia | frequency jitter, swinging
fluctuación de impulsos | pulse jitter
fluctuación de la altura del impulso | pulse height fluctuation
fluctuación de la imagen | picture jitter
fluctuación de la tensión | voltage flicker

fluctuación de rastreo | beam (/tracking) jitter
fluctuación de recorrido | range straggling
fluctuación de resistencia | resistance variance
fluctuación de seguimiento | tracking jitter
fluctuación de velocidad | velocity fluctuation
fluctuación del eco | echo flutter
fluctuación del espaciamiento entre impulsos | pulse jitter
fluctuación del intervalo entre impulsos | pulse interval jitter
fluctuación del punto | spot wobble
fluctuación del relé | relay flutter
fluctuación del tiempo de tránsito | transit time spread
fluctuación del tráfico | traffic fluctuation
fluctuación estadística del reactor | reactor noise
fluctuación lenta de fase | wander
fluctuación radioeléctrica | radio flutter
fluctuación remanente de cresta a cresta | peak-to-peak residual ripple
fluctuación temporal | time jitter
fluctuación transitoria de la línea de alimentación (eléctrica) | power line transient
fluctuaciones de alta frecuencia | whiskers
fluctuaciones de fase | phase jitter
fluctuaciones del eje de referencia | baseline ripple
fluctuaciones del nivel de referencia | baseline ripple
fluencia | creep, fluence
fluencia de partículas | particle fluence
fluencia energética | energy fluence
fluencia viscosa | viscous creep
fluídico | fluidic
fluido | fluid, juice
fluido adaptador de índice | index-matching fluid
fluido de soldadura | soldering fluid
fluido de unión indexada | index-matching fluid
fluido elástico viscoso | viscous elastic fluid
fluido magnético | magnetic fluid
fluido viscoso | viscous fluid
fluir | to flow
flujo | current, flow, flux; outflow; stream, streaming
flujo a través de una bobina | flux linking a coil
flujo a través de una espira | flux linking a turn
flujo aportado | cumulative flow
flujo ascendente | upflow
flujo atrapado | trapped flux
flujo calorífico | heat flux
flujo calorífico crítico | critical heat flux

flujo concatenado | linked (/trapped) flux
flujo de bajada [*de información para archivarla*] | downflow
flujo de comunicación [*secuencia continua de datos audiovisuales a través de una red*] | media stream
flujo de conmutación | switching flux
flujo de control | control flow
flujo de datos | dataflow, data flow (/stream)
flujo de datos en forma tabular | tabular data stream
flujo de datos trasnacional | transborder dataflow
flujo de deslizamiento | shear flow
flujo de desplazamiento eléctrico | electric flux
flujo de dirección inversa | reverse direction flow
flujo de dispersión | leakage (/stray) flux
flujo de electrones | electron flow, stream of electrons
flujo de energía acústica | sound energy flux
flujo de energía sonora | sound energy flux
flujo de entrada [*de información*] | input stream
flujo de escape | leakage (/core bypass) flow
flujo de fuga | flow leakage, leakage (/core bypass) flow, leakage flux
flujo de inducción magnética | magnetic flux
flujo de información de retorno | upstream
flujo de la señal | signal flux
flujo de luz | light flux
flujo de metadatos | metaflow
flujo de neutrones | neutron flux
flujo de neutrones térmicos | thermal neutron flux
flujo de neutrones vírgenes | virgin neutron flux
flujo de partículas | particle flux
flujo de portadores primario | carrier primary flow
flujo de potencia | power flux
flujo de procesos | process flow
flujo de radiación | radiant flux
flujo de radiaciones | radiation flux
flujo de resina | rosin flux
flujo de resonancia | resonance (neutron) flux
flujo de salida [*información que sale del ordenador*] | output stream
flujo de trasporte [*secuencia de celdas para trasporte de datos*] | transport stream
flujo de vector | flux of vector
flujo de velocidad | volume velocity
flujo del vector | vector flux
flujo eléctrico | electric flux
flujo electrónico | electron flow, stream of electrons
flujo electrostático | electrostatic flux

flujo elemental empaquetado [*en trasmisión de datos*] | packetized elementary stream
flujo en paralelo | parallel flow
flujo energético | power flow, radiant flux
flujo específico de energía acústica | specific sound energy flux
flujo fotónico | photon flux
flujo integrado | integrated flux
flujo intermedio | intermediate flux
flujo intrínseco | intrinsic flux
flujo laminar | laminar (/viscous) flow
flujo lento | slow flux
flujo luminoso | luminous flux
flujo luminoso total | total luminous flux
flujo magnético | magnaflux = magnetic flux
flujo magnético por espira | linkage
flujo molecular | molecular flow
flujo neutrónico | neutron flux
flujo neutrónico del reactor | reactor neutron flux
flujo neutrónico integrado | integrated neutron flux
flujo no corrosivo | noncorrosive flux
flujo opuesto | opposing flux
flujo polarizador | polarizing flux
flujo potencial | potential flow
flujo preferencial | preferential flow
flujo primario | primary flow
flujo primario de portadoras | primary carrier flow, primary flow of carriers
flujo pulsátil (/pulsatorio) | pulsating flow
flujo radiante | radiant flux
flujo radiante espectral | spectral radiant flux
flujo reflejado | reflected flow
flujo remanente | residual flux
flujo residual | residual flux
flujo secundario | secondary flow
flujo subsónico | subsonic flow
flujo térmico | heat flux
flujo térmico de abrasamiento | burn-out heat flux
flujo total | total flux
flujo total de neutrones | total neutron flux
flujo unidireccional | streaming, uniflow, unidirected flow
flujo uniforme | uniform flow
flujo vertical | vertical flow
flujo viscoso | viscous flow
flujo volumétrico | volume flow
flúor | fluorine
fluorescencia | fluorescence
fluorescencia catódica | cathodofluorescence
fluorescencia de impacto | impact fluorescence
fluorescencia de rayos X | X-ray fluorescence
fluorescencia de resonancia | resonance fluorescence
fluorescencia excitada por radiación ultravioleta | ultraviolet-excited fluo-

rescence
fluorescencia excitada por ultravioleta | ultraviolet-excited fluorescence
fluorescente | fluorescent
fluorimetría | fluorometry
fluorímetro | fluorometer, fluoroprint
fluorímetro de excitación por rayos X | X-ray excitation fluorimeter
fluoroscopía | fluoroscopy, roentgenoscopy
fluoroscopio | fluoroscope
fluoruro de uranilo | uranyl fluoride
fluxógrafo | fluxgraph
fluxómetro | fluxmeter
flywire [*cable extrafino de oro o aluminio para circuitos integrados*] | flywire
fm = femtómetro [*unidad de longitud igual a 10-15 metros usada para medir distancias nucleares*] | fm = femtometer
Fm = fermio | Fm = fermium
FM = frecuencia modulada | FM = frequency mod-ulation
FM de banda estrecha = frecuencia modulada de banda estrecha | narrow-band FM = narrow-band frequency modulation
FM/AM = frecuencia modulada/amplitud modulada | FM/AM = frequency modulation/amplitude modulation
FM/PM [*frecuencia modulada / fase modulada*] | FM/PM = frequency modulation / phase modulation
FMS [*sistema de gestión de formatos*] | FMS = forms management system
focalización de campo | field focusing
foco | focus
foco catódico | cathode stop
foco de brida | flange focus
foco de destellos rápidos | quick-flashing light
foco de entrada de datos | input focus
foco de rayos X | focus of X-rays
foco de teclado | keyboard focus
foco dinámico | dynamic focus
foco estático | static focus
foco explícito | explicit focus
foco implícito | implicit focus
foco primario | primary focus
foco principal | principal focus
focómetro | focometer
FOD [*consulta de información por fax*] | FOD = fax on demand
fogonazo | flash
FoIP [*fax sobre IP*] | FoIP = facsimile over IP
folletín electrónico | e-zine = electronic magazine
FOMA [*sistema japonés de trasmisión multimedia por teléfono móvil*] | FOMA = freedom of multimedia access
fon | phon
fondo | background, bottom, pool; [*porción de pantalla no ocupada por una imagen*] backdrop; paint
fondo constante | steady background
fondo de escala | full scale

fondo de imagen | image depth; [*en gráficos de ordenador*] display background
fondo de la banda | band background, background of band
fondo de la ventana | window background
fondo de las líneas | spectral background
fondo de ventana | window background
fondo del espacio de trabajo | workspace background
fondo del espectro de la llama | flame spectrum background
fondo del ruido | noise background
fondo espectral | spectrum background
fondo radiactivo | (radioactive) background
fondos de memoria | storage pool
fonema | logatom, phoneme
fonetógrafo | speech recognizer
fonio | phon
fonoamplificador | pickup amplifier
fonocaptor | phono (/phonograph) pickup, pickup, pickup (/playback) head
fonocaptor cerámico | ceramic pickup
fonocaptor de bobina móvil | moving coil pickup
fonocaptor de capacidad variable | variable capacitance pickup
fonocaptor de condensador | capacitor pickup
fonocaptor de condensador variable | variable capacitance cartridge
fonocaptor de contacto de carbón | carbon contact pickup
fonocaptor de deformación | strain pickup
fonocaptor de doble aguja | dual pickup, flipover cartridge
fonocaptor de inductancia variable | variable inductance pickup
fonocaptor de puente de resistencias | resistance bridge pressure pickup
fonocaptor de reluctancia | reluctance pickup
fonocaptor de reluctancia variable | reluctance pickup, variable reluctance pickup (/cartridge)
fonocaptor de repuesto | replacement pickup
fonocaptor de resistencia variable | variable resistance pickup
fonocaptor de vibraciones | vibration pickup
fonocaptor dinámico | dynamic pickup
fonocaptor electrónico | electronic pickup
fonocaptor electrostático | capacitor pickup
fonocaptor estereofónico | stereo pickup
fonocaptor fotoeléctrico | photoelectric phonograph pickup

fonocaptor magnético | magnetic pickup
fonocaptor mecánico | acoustic pickup
fonocaptor para surco normal | standard groove pickup
fonocaptor piezoeléctrico | crystal (/piezoelectric) pickup
fonocaptor reversible | turnover pickup
fonocaptor sensible a la velocidad | velocity-responsive pickup
fonocardiografía | phonocardiography
fonocardiógrafo | phonocardiograph
fonocardiógrafo fetal | foetal phonocardiograph
fonocardiograma | phonocardiogram
fonodifusión | sound diffusion
fonoelectrocardiógrafo | phonoelectrocardiograph
fonoelectrocardioscopio | phonoelectrocardioscope
fonoémbolo | pistonphone
fonógrafo | phonograph
fonógrafo acústico | acoustic phonograph
fonógrafo de cinta | tape phonograph
fonógrafo mecánico | mechanical phonograph
fonógrafo portátil | portable gramophone (/phonograph)
fonoincisor | cutter
fonolocalización | sonic (/sound) location, sound detection (/ranging)
fonolocalizador | acoustic detector, sonic (/sound) detector (/locator), Broca valve
fonómetro | phonometer
fonón [*radiación de ondas de sonido con sintonización precisa de frecuencias superaltas*] | phonon
fonopirata [*pirata informático que se vale de las redes telefónicas para acceder a otros sistemas o para no pagar teléfono*] | phracker
fonopistón | pistonphone
fonorreceptor | sound receiver
fonoscopio | phonoscope
fonoselectoscopio | phonoselectoscope
fonosonda | phonocatheter
fonoteca | talking book collection
foo [*secuencia usada por programadores en sustitución de información específica*] | foo
foquito piloto | panel lamp
forjar | to shape
forma | form, shape
forma abreviada de mensaje | abbreviated form of message
forma de Backus-Naur | Backus-Naur form, Backus normal form
forma de bobinar | winding former
forma de la onda | waveform
forma de la onda de conmutación | switching waveform
forma de la onda de dispersión de energía | energy dispersal waveform

forma de la onda del impulso | pulse waveform
forma de la señal | signal form
forma de onda | waveform, waveshape
forma de onda aperiódica | aperiodic waveform
forma de onda de impulsión | gating waveform
forma de onda de la señal | signal form
forma de onda de respuesta | waveform response
forma de onda de salida | output waveform
forma de onda de televisión | television waveform
forma de onda de tensión | voltage waveform
forma de onda de vídeo | video waveform
forma de onda en dientes de sierra | sawtooth waveform
forma de onda exponencial | exponential waveform
forma de onda gaussiana | Gaussian waveform
forma de onda sincronizada | synchronized waveform
forma de onda triangular | triangular waveform
forma de onda vocal | speech waveform
forma de programar desde arriba hacia abajo | top down
forma de variación lineal de frecuencia | straight line-frequency shape
forma del cable de bastidor | bay cable form
forma del cableado | cable form
forma del impulso | pulse shape
forma del surco | groove shape
forma del tren de onda | wavetrain shape
forma discoidal | disc shape
forma disyuntiva normal | disjunctive normal form
forma normal | normal form
forma normal conjuntiva | conjunctive normal form
forma normal de Backus | Backus normal form, Backus-Naur form
forma normal de Chomsky | Chomsky normal form
forma normal de Greibach | Greibach normal form
forma sentencial | sentential form
forma sinusoidal de la onda | sinusoidal waveform
forma trapezoidal | keystone-shaped
forma y materia | look and feel
formación | array, build, formation, forming, shaping
formación de abultamientos | blistering
formación de ampollas | blistering
formación de arco | sparkover
formación de arco en el magnetrón | magnetron arcing

formación de caracteres | character formation
formación de colas de mensajes | message queueing
formación de complejos | complexing
formación de corindón aluminio | alumina formation
formación de grupos de enlaces | grouping of trunks
formación de haces | bundle
formación de haces urbano | trunk group
formación de haces urbanos | grouping of trunks, multiple trunk groups
formación de imagen | imaging
formación de imagen por desplazamiento químico | chemical shift imaging
formación de imágenes fantasma [imágenes residuales en la pantalla] | ghosting
formación de impulsos | pulse shaping, shaping of pulses
formación de la señal | signal shaping
formación de paquetes [de datos] | packaging
formación de pares | pairing, pair production
formación de película fina | thin-film formation
formación de redes entre centralitas | PABX's networking
formación de roturas | crack formation
formación de sectores | sectoring
formación de señales por modulación de amplitud | amplitude change signalling
formación de un arco | striking an arc
formación de un semantema | semation
formación en el puesto de trabajo | training on the job
formador | former
formador de complejos | complex former
formador de impulsos | pulse shaper
formador de voltaje | voltage transformer
formar | to form, to shape, to strike
formar un haz | to form a beam
formar un número | to set up a number
formar un número en el teclado | to set up a number on a keyset
formateado | formatting
formateado de entrada | input formatting
formatear | to format
formatear de nuevo | to reformat
formato | format, layout
formato avanzado de difusión continua [para multimedia] | advanced streaming format
formato binario | binary format
formato binario fat | fat binary
formato blanco | white raster
formato de archivo gráfico marcado [formato normalizado para archivo de gráficos] | tagged image file format
formato de archivos nativo [para procesamiento interno] | native file format
formato de cinta | tape format
formato de codificación | encoding format
formato de datos | data format
formato de datos jerarquizado | hierarchical data format
formato de dirección | address format
formato de dirección de palabra | word address format
formato de disco | disk format
formato de documento accesible por varios programas | portable document format
formato de grabación | record format
formato de grabación de cinta de cuatro pistas | four-track tape recording format
formato de grabación de cinta de media pista | half-track tape-recording format
formato de grabación de cinta de ocho pistas | eight-track tape recording format
formato de gráficos | graphics format
formato de impresión | printer format
formato de instrucción | instruction format
formato de intercambio | interchange format
formato de intercambio de archivos | interchange file format
formato de intercambio de datos | data interchange format
formato de intercambio gráfico [formato para codificación de imágenes en color] | graphic interchange format
formato de la base de datos | database format
formato de la fecha | date format
formato de metaarchivo de Windows | Windows metafile format
formato de metacontenido [formato abierto] | meta-content format
formato de palabra | word format
formato de pantalla | mask
formato de parámetro | parameter format
formato de registro | record layout
formato de salida | output format
formato de texto enriquecido [para trasferencia de textos entre aplicaciones] | rich text format
formato del archivo | file format
formato horario universal coordinado | coordinated universal time format
formato medio común [formato de vídeo no entrelazado] | common intermediate format
formato para intercambio de dibujo | drawing interchange format
formato para intercambio de gráficos | graphics interchange format
formato secuencial por tabuladores | tab sequential format

fórmula | formula
fórmula atómica | atomic formula
fórmula bien formada | wff = well-formed formula
fórmula de Austin-Cohen | Austin-Cohen formula
fórmula de Breit-Wigner | Breit-Wigner formula
fórmula de Conwell-Weisskopf | Conwell-Weisskopf formula
fórmula de dispersión de Mott | Mott scattering formula
fórmula de Klein-Nishina | Klein-Nishina formula
fórmula de Lewis-Langmuir | Lewis-Langmuir formula
fórmula de los cuatro factores | four-factor formula
fórmula de Massey | Massey formula
fórmula de Nyquist | Nyquist formula
fórmula de perturbación de Rayleigh Schrödinger | Rayleigh-Schrödinger perturbation formula
fórmula de polaridad | polarity formula
fórmula de Preece | Preece's formula
fórmula de resistencia en paralelo | parallel resistance formula
fórmula de Schwarzschild-Kohlschütter | Schwarzschild-Kohlschütter formula
fórmula de Shannon | Shannon's formula
fórmula de Sommerfeld | Sommerfeld formula
fórmula de Steinmetz | Steinmetz formula
fórmula electrónica | electronic formula
fórmula empírica de masa | empirical mass formula
fórmula estructural | structural formula
fórmula iónica | ionic formula
fórmula molecular | molecular formula
fórmula semiempírica de masa | semiempirical mass formula
formulario | form
formulario continuo | continuous form
formulario de carta | form letter
formulario de codificación | coding form
formulario electrónico | e-form = electronic form
formulario patrón | master form
fórmulas lógicas | logical formulae
foro | forum
foro de discusión | newsgroup [en algunos sitios de internet]
foro IPNS [foro de normativa de la Comisión Europea] | IPNS Forum = ISDN PABX networking specification forum
forrado con caucho | rubber-covered
forrado con teflón | teflon insulated
forrado con telcoteno | telcothene-insulated
forrar | to sheath
forro | serving, sheath, sheathing
forro aislante | covering

forro de seda | silk covering
forro exterior de teflón | teflon jacket
forro sencillo | single braid
fortaleza | robustness
Forth [lenguaje de programación informática] | Forth
FORTRAN [lenguaje de programación para aplicaciones científicas] | FORTRAN = formula translation
forzada | forced release
forzado | forced
forzamiento | forcing
FOSDIC [lector de microfilm para introducción de datos en ordenador] | FOSDIC = film optical sensing device for input to computers
fosfato de potasio y dihidrógeno | potassium dihydrogen phosphate
fosfato de tributilo | tributyl phosphate
fosfenos | phosphene
fosforescencia | afterglow, phosphorescence
fosforescencia catódica | cathodophosphorescence
fosforescente | phosphorescent
fósforo | phosphor, phosphorus
fósforo de alta persistencia | high-persistence phosphor
fósforo de indio | indium phosphide
fósforo excitado por radiación ultravioleta | ultraviolet-excited phosphor
fósforo excitado por ultravioleta | ultraviolet-excited phosphor
fósforo rojo | red phosphor
fosforógeno | phosphorogen
fosfouranilita | phosphuranylite
fosfuro de galio | gallium phosphide
foso | cave
foso de servicio | service pit
fostato de uranilo | uranyl phosphate
FOT = frecuencia óptima de trabajo | OWF = optimum working frequency
foto | photo, photograph
fotobiología | photobiology
fotocaptor de haz luminoso | light beam pickup
fotocaptor tipo pistola | light gun
fotocátodo | photocathode, photo (/photoelectric) cathode
fotocátodo bialcalino | bialkali photocathode
fotocátodo de trasmisión | transmission-type photocathode
fotocátodo opaco | opaque photocathode
fotocátodo semitrasparente | semitransparent photocathode
fotocélula | photocell, photoelectric cell (/device, /receptor)
fotocélula al vacío | vacuum photocell
fotocélula con capa de bloqueo | photovoltaic cell
fotocélula de aleación | alloy-junction photocell
fotocélula de capa frontera | barrier-layer cell
fotocélula de capa interceptora | photoelectric barrier cell

fotocélula de gas | gas photocell
fotocélula de óxido de cobre | copper oxide photocell
fotocélula de silicio y boro | silicon-boron photocell
fotocélula de unión aleada | alloy-junction photocell
fotocélula de unión PN | PN-junction photocell
fotocélula de unión por crecimiento | grown junction photocell
fotocélula fototrónica | phototronic photocell
fotocélula multiplicadora | multiplier photocell
fotocélula tipo transistor | transistor photocell
fotocoagulador | photocoagulator
fotocoagulador de láser | laser photocoagulator
fotocomposición | photocomposition
fotocompositora [máquina de composición fotomecánica] | phototypesetter
fotoconducción | photoconduction, photoconductive effect
fotoconductividad | photoconductivity
fotoconductividad anómala | anomalous photoconductivity
fotoconductividad de portadora libre | free carrier photoconductivity
fotoconductividad extrínseca | extrinsic photoconductivity
fotoconductividad intrínseca | intrinsic photoconductivity
fotoconductivo | photoconductive
fotoconductor | photoconductor, light positive
fotoconductor adhesivo | binder-type photoconductor
fotoconductor para alta potencia | bulk photoconductor
fotoconformador | photoformer
fotoconmutador | photoswitch
fotoconmutador plano de silicio | planar silicon photoswitch
fotocontrol | photocontrol
fotocrómico | photochromic
fotocronómetro | phototimer
fotodensitómetro | photodensitometer
fotodesintegración | photodisintegration, photonuclear reaction
fotodesintegración magnética | photomagnetic effect
fotodesintegración nuclear | nuclear photodisintegration
fotodetector | photodetector
fotodetector de rayos ultravioleta | ultraviolet photodetector
fotodetector de ultravioleta | ultraviolet photodetector
fotodetector fotoconductor | photoconductive photodetector
fotodetector fotoelectromagnético | photoelectromagnetic photodetector
fotodetector fotoemisor | photoemissive photodetector
fotodetector fotovoltaico | photovoltaic photodetector

fotodiodo | photodiode
fotodiodo al vacío de estructura plana | planar photodiode
fotodiodo de avalancha | avalanche photodiode
fotodiodo de contacto de punta | point contact photodiode
fotodiodo de emisión distribuida | distributed emission photodiode
fotodiodo de silicio | silicon photodiode
fotodiodo de unión | junction photodiode
fotodiodo multiplicador de onda progresiva | multiplier travelling-wave photodiode
fotodiodo PIN | PIN photodiode
fotodiodo plano | planar photodiode
fotodiodo semiconductor | semiconductor photodiode
fotodisociación | photodissociation
fotodosimetría | photodosimetry
fotoefecto externo | external photoeffect
fotoelasticidad | photoelasticity
fotoeléctricamente | photoelectrically
fotoelectricidad | photoelectricity
fotoeléctrico | photoelectric, photoelectrical
fotoelectroluminiscencia | photoelectroluminiscence
fotoelectrómetro | electronic light meter
fotoelectrón | photoelectron
fotoelectrónico | photoelectronic
fotoemisión | photoemission, photoelectric emission
fotoemisión intrínseca | intrinsic photoemission
fotoemisividad | photoemissivity
fotoemisor | photoemitter; photoemissive
fotoestereógrafo | photosteoreograph
fotofabricación | photofabrication
fotofijador | frame grabber
fotofisión | photofission
fotofluorografía | photofluorography
fotófono | photophone
fotoformador | photoformer
fotogalvanómetro | photogalvanometer
fotogenerador | photogenerator
fotogoniómetro | photogoniometer
fotografía | photo, photograph, photography
fotografía a distancia | telephotography
fotografía de análisis | exposure for analysis
fotografía de centelleo | scintiphoto
fotografía de imágenes de televisión | television picture photograpby
fotografía de la imagen de radar | radar photograph
fotografía de radar | radar photograph
fotografía de rotación | rotation photograph
fotografía digital | digital (/electronic) photography
fotografía electrónica | electronic photography
fotografía por rayos X | X-ray photograph
fotografía por sombras | shadowgraphy
fotografía térmica | thermal photography
fotográfico | photographic, photographical
fotógrafo | photograph
fotograma | (display) frame
fotogrametría | photogrammetry
fotointerruptor | photo interrupter
fotoionización | photoionization
fotoklistrón | photoklystron
fotolisis por destellos | flash photolysis
fotolitografía | photolithography
fotoluminiscencia | photoluminescence
fotoluminiscencia provocada por la radiación | radiation-induced photoluminescence
fotomáscara | photo mask
fotomatriz [conector óptico especial desmontable y reutilizable] | photomatrix
fotomesón | photomeson
fotometría | photometry
fotometría fotoeléctrica | photoelectric photometry
fotométrico | photometric
fotómetro | photometer, exposure (/light) meter
fotómetro Bunsen | Bunsen screen
fotómetro de bancada | bench photometer
fotómetro de cuña | wedge photometer
fotómetro de iluminación | illuminometer, illumination photometer
fotómetro de Lummer-Brodhun | Lummer-Brodhun cube
fotómetro de polarización | polarization photometer
fotómetro de sombra | shadow photometer
fotómetro de válvula fotoemisora | photoemissive valve photometer
fotómetro electrónico | electronic photometer
fotómetro espectral | microphotometer for spectroscopy
fotómetro físico | physical photometer
fotómetro fotoeléctrico | photoelectric photometer
fotómetro integrador | integrating photometer
fotómetro lumenómetro | integrating photometer
fotómetro objetivo | physical photometer
fotómetro por destellos | flicker photometer
fotómetro registrador | recording microphotometer
fotómetro visual | visual photometer
fotomezclador | photomixer
fotomultiplicador | photomultiplier (cell)
fotomultiplicador de Zworykin | Zworykin photomultiplier
fotomultiplicador electrostático | electrostatic photomultiplier
fotomultiplicador sin ventana | windowless photomultiplier
fotón | photon
fotón óptico | optical photon
fotón ultravioleta | ultraviolet photon
fotonefelómetro [aparato para medir la claridad de los líquidos] | photonephelometer
fotonegativo | photonegative
fotoneutrón | photoneutron
fotónica | photonics
fotoóptica | photo-optics
fotopositivo | photopositive
fotoprotección | photoresistance
fotoprotón | photoproton
fotorradiómetro | photoradiometer
fotorreceptor | photoreceiver
fotorrelé | photorelay
fotorresistencia | photoresistor
fotorresistencia doble | double photoresistance
fotorresistente | photoresist, light negative
fotosensibilidad | photosensitivity
fotosensibilidad específica | specific photosensitivity
fotosensible | photosensitive, light sensitive
fotosensor | photosensor
fotosfera | photosphere
fototelefonía | phototelephony
fototelegrafía | phototelegraphy, telephoto, radiophotography, copying (/picture) telegraph, picture telegraphy (/transmission)
fototelegrafía por cable | wireman
fototelegrafía sin hilos | wireless picture telegraphy
fototelegráfico | phototelegraphic
fototelégrafo | phototelegraph
fototelegrama | phototelegram, radiophotogram
fototeodolito | phototheodolite
fototiristor | photothyristor
fototransductor [fototrasductor] | photototransducer
fototransistor | photistor, phototransistor
fototransistor de conexión Darlington | Darlington-connected phototransistor
fototransistor de contacto de punta | point contact phototransistor
fototransistor PNP | PNP phototransistor
fototrasductor | phototransducer
fototrazador | photoplotter
fototubo | photoemissive cell
fototubo de alto vacío | high vacuum phototube

fototubo de gas | gas phototube
fototubo multiplicador | photoelectric multiplier
fototubo multiplicador electrónico | electron multiplier phototube
fotoválvula | photovalve [UK], phototube [USA]
fotoválvula de cesio | caesium photovalve
fotoválvula de descarga luminiscente | photoglow valve
fotoválvula de microondas | microwave phototube
fotoválvula de ondas progresivas | travelling-wave photovalve
fotoválvula de vacío | vacuum photovalve
fotoválvula multiplicadora de campos cruzados | crossed-field multiplier photovalve
fotovaristor | photovaristor
fotovoltaico | photovoltaic
fotovoltaje | photovoltage
fotran [*triodo interruptor de tipo pnpn*] | photran
FOTS [*sistema de trasmisión por fibra óptica*] | FOTS = fiber optic transmission system
FP = factor de potencia | PF = power factor
FPA [*acelerador de coma flotante*] | FPA = floating-point accelerator
FPGA [*antenaje de puerta de campo programable*] | FPGA = field programmable gate array
FPLA [*antenaje lógico de campo programable*] | FPLA = field programmable logic array
FPLMTS [*futuro sistema público terrestre de telecomunicaciones móviles, conocido en Europa como UMTS*] | FPLMTS = future public land mobile telecommunication system
FPM RAM [*RAM rápida en modo de página*] | FPM RAM = fast page-mode RAM
FPS [*conmutación rápida de paquetes*] | FPS = fast packet switching
FPU [*unidad (/circuito) de punto flotante*] | FPU = floating-point unit
FQDN [*nombre de dominio completo*] | FQDN = fully qualified domain name
Fr = francio | Fr = francium
FR [*nueva grabación total*] | FR = full recording
FR [*retrasmisión de tramas*] | FR = frame relay
fracción | fraction
fracción de burbujas | void fraction
fracción de cambio | fraction exchange
fracción de consumo específico | burn-up fraction
fracción de conversión | conversion fraction
fracción de entronque | branching fraction
fracción de escisión | fission fraction

fracción de huecos | void fraction
fracción de neutrones inmediatos | prompt neutron fraction
fracción de neutrones instantáneos | prompt neutron fraction
fracción de neutrones retardados | delayed neutron fraction
fracción de quemado | burn-up fraction
fracción de tiempo | time slicing
fracción del empaquetamiento | packing fraction
fracción eficaz de neutrones retardados | effective delayed neutron fraction
fracción enriquecida | enriched fraction
fracción molar | mole fraction
fracción octal | octal fraction
fraccionamiento | split, splitting; [*de la dosis*] fractionation
fractal | fractal
fractura | shearing; chip [*localized fracture or break at the end of a cleaved fibre*]
FRAD [*ensamblador/desensamblador por relé de bloques (de información)*] | FRAD = frame relay assembler/disassembler
fragilidad | brittleness
fragilidad por galvanización | galvanizing brittleness
fragilización | embrittlement
fragmentación | fragmentation, splitting
fragmentación de archivos | file fragmentation
fragmentación externa | external fragmentation
fragmentación interna | internal fragmentation
fragmento | scrap
fragmento adaptador | stub
fragmento de adaptación | matching stub
fragmento de espalación | spallation fragment
fragmentos de escisión | fission fragments
FRAM [*memoria ferromagnética de acceso aleatorio*] | FRAM = ferric RAM = ferromagnetic random access memory
francio | francium
franco | clear
franco de porte | postpaid, post paid
franja de detección por radar | radar detection belt
franja de perturbación por el sonido | sound bar
franja de sonido | sound bar
franja de zumbido | hum bar
franjas de ajuste | test bar
franjas de zumbido horizontales | horizontal hum bars
franqueo vertical | path clearance
franqueo vertical de la trayectoria | propagation clearance

franquicia telefónica | telephone franking privilege
franquicia telegráfica | telegraph franking privilege
frasco de vacío de Dewar | Dewar flask
frase de conexión | carrier sentence
frase de órdenes | statement
FRC [*prueba redundante de funcionamiento*] | FRC = functional redundancy checking
frecuencia | frequency
frecuencia absoluta de corte | absolute cutoff frequency
frecuencia acústica | acoustic (/sound, /tone) frequency
frecuencia aditiva | sum frequency
frecuencia adyacente | adjacent frequency
frecuencia alternativa | alternative frequency
frecuencia angular | angular frequency
frecuencia angular portadora | angular carrier frequency
frecuencia armónica | harmonic frequency
frecuencia asignada | assigned (/nominal) frequency
frecuencia asignada por horas | frequency hour
frecuencia atómica | atomic frequency
frecuencia audible | sonic (/sound) frequency; [*en radio*] beat note
frecuencia autorizada | authorized frequency
frecuencia azimut-intensidad | frequency azimuth intensity
frecuencia baja [*frecuencia del extremo inferior de la escala audible*] | bass frequency
frecuencia baja de media potencia | bass half-loudness point
frecuencia básica | basic frequency
frecuencia característica | characteristic (/fundamental) frequency
frecuencia central | centre frequency
frecuencia central auditiva | aural centre frequency
frecuencia central de la portadora de sonido | sound central (/mean) frequency
frecuencia cero | zero frequency
frecuencia complementaria | idler (/idling) frequency
frecuencia con barrido | swept frequency
frecuencia constante | constant (/stabilized) frequency
frecuencia crítica | critical (/penetration, /threshold, /turnover) frequency
frecuencia crítica de parpadeo | critical flicker frequency
frecuencia cruzada | crossover frequency
frecuencia de ajuste de la polarización | bias-set frequency
frecuencia de amortiguación | quench (/quenching) frequency

frecuencia de antirresonancia | antiresonant frequency
frecuencia de autorresonancia | self-resonant frequency
frecuencia de auxilio | distress frequency
frecuencia de averías | failure rate
frecuencia de banda lateral | sideband frequency
frecuencia de barrido | sweep frequency, refresh rate
frecuencia de barrido vertical | vertical (scanning) frequency
frecuencia de basculación | switching rate, toggle frequency
frecuencia de base | clock rate
frecuencia de batido | beat frequency
frecuencia de bombeo | pumping frequency
frecuencia de campo | field frequency
frecuencia de canal | channel frequency
frecuencia de chispa | spark frequency (/rate)
frecuencia de chispazo | spark frequency
frecuencia de colisión | collision frequency
frecuencia de componente alterna residual | ripple frequency
frecuencia de comunicación | working frequency
frecuencia de conmutación | switching (/toggle) frequency
frecuencia de conmutación de colores | colour sampling rate
frecuencia de conmutación del cuadro | loop switching frequency
frecuencia de conversación | speech frequency
frecuencia de corte | cutoff (/quench, /quenching) frequency, frequency cutoff
frecuencia de corte alfa | alpha cutoff frequency
frecuencia de corte beta | beta cutoff frequency
frecuencia de corte de bocina | horn cutoff frequency
frecuencia de corte del emisor | emitter cutoff frequency
frecuencia de corte del guiaondas | waveguide cutoff frequency
frecuencia de corte resistiva | resistive cutoff frequency
frecuencia de corte teórica | theoretical cutoff frequency
frecuencia de cruce | crossover (/transition) frequency
frecuencia de cruce de la ganancia unidad | unity gain crossover frequency
frecuencia de cuadrante | quadrantal frequency
frecuencia de cuadro | frame (/vertical) frequency
frecuencia de desviación | sweep frequency

frecuencia de dispersión | scattering frequency
frecuencia de emisión | transmission (/transmit, /transmitter, /transmitting) frequency
frecuencia de escaneado | refresh rate
frecuencia de escucha | guard (/listening, /watch) frequency
frecuencia de espacio | spacing frequency
frecuencia de esquina | corner frequency
frecuencia de esquina inferior | low corner frequency
frecuencia de estación de barco | ship frequency
frecuencia de exploración | scanning (/search, /sweep) frequency
frecuencia de exploración vertical | vertical scanning frequency
frecuencia de extinción | quench (/quenching) frequency
frecuencia de fallos | failure rate
frecuencia de fallos de pieza | part failure rate
frecuencia de fluctuación | flutter rate
frecuencia de funcionamiento | operating frequency
frecuencia de funcionamiento libre | free-running frequency
frecuencia de ganancia unitaria | unity gain frequency
frecuencia de grupo | group frequency
frecuencia de imagen | frame (/image, /picture) frequency, picture tone, videofrequency, vision frequency
frecuencia de impulsos | impulse frequency
frecuencia de intermodulación | intermodulation frequency
frecuencia de interrupción | break (/quench, /quenching) frequency
frecuencia de isótopos | isotope abundance
frecuencia de la amplitud máxima del oscilador | frequency of maximum amplitude of oscillator
frecuencia de la base de tiempos | timebase frequency
frecuencia de la exploración de línea | line scanning frequency
frecuencia de la incidencia | frequency of occurrence
frecuencia de la línea | line frequency
frecuencia de la línea de alimentación | power line frequency
frecuencia de la llamada | ringing frequency
frecuencia de la luz | light frequency (/guide)
frecuencia de la onda | wave frequency
frecuencia de la portadora de imagen | vision carrier frequency
frecuencia de la red | mains (/power) frequency
frecuencia de la red de energía primaria | power line frequency
frecuencia de la red eléctrica | power line frequency
frecuencia de la red industrial | power line frequency
frecuencia de la red pública | mains frequency
frecuencia de refresco | refresh rate
frecuencia de la resonancia de amplitud | frequency of amplitude resonance
frecuencia de la resonancia de energía | frequency of energy resonance
frecuencia de la señal | signal frequency
frecuencia de la voz | voice frequency
frecuencia de Langmuir | Langmuir's frequency
frecuencia de Larmor | Larmor frequency
frecuencia de las pulsaciones | pulsation frequency
frecuencia de línea | line frequency
frecuencia de línea horizontal | horizontal line frequency
frecuencia de líneas de exploración | picture (/scanning) line frequency, stroke speed
frecuencia de líneas de imagen | picture line frequency
frecuencia de llamada en radiofonía | radiotelephony calling frequency
frecuencia de llamada en radiotelefonía | radiotelephony calling frequency
frecuencia de los puntos | dotting frequency
frecuencia de manipulación | keying frequency
frecuencia de microondas | microwave frequency
frecuencia de modulación | modulation frequency
frecuencia de movimiento | motion frequency
frecuencia de muestreo | sampling frequency (/rate)
frecuencia de Nyquist | Nyquist frequency (/rate)
frecuencia de onda en dientes de sierra | sawtooth frequency
frecuencia de ondulación | ripple frequency
frecuencia de operación | operating frequency
frecuencia de oscilación | oscillation frequency
frecuencia de oscilación sincronizada | synchronized frequency
frecuencia de palabras | word rate
frecuencia de pantalla | screen frequency
frecuencia de parpadeo | blink rate
frecuencia de pausa | spacing frequency
frecuencia de peligro | distress frequency
frecuencia de penetración | penetrating (/penetration) frequency

frecuencia de portadora | carrier frequency
frecuencia de portadora de imagen | vision (/visual) carrier frequency
frecuencia de portadora de vídeo | visual carrier frequency
frecuencia de portadora visual | visual carrier frequency
frecuencia de potencia mitad | half-power frequency
frecuencia de precesión de Larmor | Larmor precession frequency
frecuencia de prueba | test frequency
frecuencia de pulsación | beat (/pulse) frequency
frecuencia de puntos | dot frequency
frecuencia de radio aire-tierra | air-to-earth radio frequency
frecuencia de ráfagas | gust frequency
frecuencia de ranura | slot frequency
frecuencia de recepción | receive (operating) frequency
frecuencia de recepción de estación de barco | ship recieve frequency
frecuencia de recurrencia | recurrence rate
frecuencia de recurrencia de los impulsos de inestabilidad | jittered pulse recurrence frequency
frecuencia de referencia | reference frequency
frecuencia de referencia de la onda subportadora | subcarrier reference frequency
frecuencia de referencia de subportadora | subcarrier reference frequency
frecuencia de régimen | operating frequency
frecuencia de registro | recording frequency
frecuencia de relajación | relaxation frequency
frecuencia de reloj | clock frequency (/rate)
frecuencia de repetición | repetition frequency (/rate)
frecuencia de repetición básica | basic repetition rate
frecuencia de repetición de campo | field repetition rate
frecuencia de repetición de impulsos | repetition (/pulse recurrence, /pulse repetition) frequency, pulse (repetition) rate, recurrence rate
frecuencia de repetición específica | specific repetition rate
frecuencia de reposo | nonoperating (/resting, /spacing) frequency
frecuencia de resonancia | natural (/resonance, /resonant) frequency
frecuencia de resonancia de cuarto de onda | quarter-wave resonant frequency
frecuencia de resonancia de la antena | aerial resonant frequency
frecuencia de respuesta | response frequency

frecuencia de retorno | backward frequency
frecuencia de ruptura | break frequency
frecuencia de salida | output frequency
frecuencia de salvamento | rescue frequency
frecuencia de señal | signal (/amplifying) frequency
frecuencia de señalización | signalling frequency
frecuencia de señalización de datos | data signalling rate
frecuencia de silbido | beat frequency
frecuencia de sintonía | tuning frequency
frecuencia de sintonización | tuning frequency
frecuencia de socorro | distress frequency
frecuencia de socorro radiotelefónica | radiotelephone distress frequency
frecuencia de subportadora | subcarrier frequency
frecuencia de sucesión de impulsos | pulse frequency
frecuencia de supervisión de repetidores | repeater monitoring frequency
frecuencia de suma | sum frequency
frecuencia de trabajo | marking (/operating, /traffic, /working) frequency, work function
frecuencia de trabajo barco-costa | ship-to-shore working frequency
frecuencia de trabajo barco-tierra | ship-to-shore working frequency
frecuencia de trabajo en recepción | receive operating frequency
frecuencia de trabajo en trasmisión | transmit operating frequency
frecuencia de tráfico | traffic (/working) frequency
frecuencia de transición | crossover (point), changeover (/crossover, /transition, /turnover) frequency
frecuencia de transición automática | automatic crossover
frecuencia de trasmisión | output (/transmission, /transmit, /transmitting) frequency
frecuencia de troceado | chopping frequency
frecuencia de utilización | operating frequency
frecuencia de variación lineal | straight line frequency
frecuencia de vídeo | videofrequency
frecuencia de visión | vision frequency
frecuencia de vobulación | wobble frequency
frecuencia de zumbido | ripple frequency
frecuencia del armónico de conmutación | commutator ripple frequency
frecuencia del ciclotrón | cyclotron frequency

frecuencia del corte de ganacia de potencia | power gain cutoff frequency
frecuencia del oscilador | oscillator frequency
frecuencia del plasma | plasma frequency
frecuencia del trasmisor | transmitter frequency
frecuencia desplazada | offset frequency
frecuencia diferencia | difference frequency
frecuencia directa | straight (line) frequency
frecuencia discreta | spot frequency
frecuencia Doppler | Doppler frequency
frecuencia efectiva | actual frequency
frecuencia efectiva de corte | effective cutoff frequency
frecuencia electrónica del plasma | plasma electronic frequency
frecuencia extremadamente alta | extremely high frequency
frecuencia extremadamente baja | extremely low frequency
frecuencia fija | fixed frequency
frecuencia fundamental | characteristic (/fundamental) frequency; [*periodo de las cuerdas vocales*] pitch
frecuencia fundamental de exploración | fundamental scanning frequency
frecuencia giromagnética | cyclotron frequency
frecuencia heterodina | heterodyne frequency
frecuencia horizontal | horizontal frequency
frecuencia industrial | power frequency
frecuencia infraacústica | subaudio frequency
frecuencia infrabaja | infralow frequency
frecuencia infrasónica | infrasonic (/subaudio) frequency
frecuencia inharmónica | inharmonic frequency
frecuencia instantánea | instantaneous frequency
frecuencia intermedia | intermediate frequency
frecuencia intermedia de imagen | picture intermediate frequency
frecuencia intermedia del sonido | sound intermediate frequency
frecuencia iónica del plasma | plasma ionic frequency
frecuencia lateral | side (/sideband) frequency
frecuencia libre | free-running frequency
frecuencia límite | limiting frequency
frecuencia límite de la banda atenuada | stopband limit frequency

frecuencia límite de la banda suprimida | stopband limit frequency
frecuencia límite superior | upper frequency limit
frecuencia limítrofe | changeover frequency
frecuencia más alta probable | highest probable frequency
frecuencia máxima de la banda base | maximum baseband frequency
frecuencia máxima de modulación | maximum modulating frequency
frecuencia máxima utilizable | maximum usable frequency
frecuencia media | medium frequency
frecuencia mínima de basculación | minimum toggle frequency
frecuencia mínima de desplazamiento | minimum shift frequency
frecuencia modulada | frequency modulation
frecuencia modulada estereofónica | FM stereo
frecuencia musical | musical (/sonic) frequency
frecuencia natural | natural (/resonant) frequency
frecuencia natural amortiguada | damped natural frequency
frecuencia natural de antena | natural aerial frequency
frecuencia natural de la antena | natural frequency of the aerial
frecuencia natural del circuito | natural frequency of the circuit
frecuencia natural no amortiguada | undamped natural frequency
frecuencia natural propia amortiguada | damped natural frequency
frecuencia natural sin amortiguación | undamped natural frequency
frecuencia nominal | centre (/nominal) frequency
frecuencia nominal de corte de un circuito neutralizado | nominal cutoff frequency
frecuencia nominal de corte de un circuito pupinizado | nominal cutoff frequency
frecuencia nominal del fusible | fuse frequency rating
frecuencia normal | standard frequency
frecuencia normalizada | standard frequency
frecuencia normalizada de comprobación | standard test frequency
frecuencia normalizada de prueba | standard test frequency
frecuencia normalizada de verificación | standard test frequency
frecuencia nula | zero frequency
frecuencia operativa | operating frequency
frecuencia óptima | optimum frequency
frecuencia óptima de trabajo | optimum working frequency
frecuencia óptima de tráfico | optimum traffic frequency
frecuencia ortogonal | orthogonal frequency
frecuencia parásita | parasitic frequency
frecuencia pasante | passing frequency
frecuencia patrón | standard frequency
frecuencia piloto | control (/pilot) frequency
frecuencia piloto de línea | line pilot frequency
frecuencia plegable | folding frequency
frecuencia portadora | resting frequency
frecuencia portadora autorizada | authorized carrier frequency
frecuencia portadora de imagen | picture (/vision) carrier
frecuencia portadora de sonido | sound carrier frequency
frecuencia portadora de vídeo | picture carrier
frecuencia portadora media | mean carrier frequency
frecuencia portadora no suprimida | unsuppressed carrier
frecuencia portadora piloto | pilot frequency carrier
frecuencia portadora virtual | virtual carrier (frequency)
frecuencia presintonizada | pretunable frequency
frecuencia prevista en el horario | scheduled frequency
frecuencia primaria | primary frequency
frecuencia principal | primary frequency
frecuencia propia | natural (/resonant, /free-running) frequency
frecuencia pulsatoria | radian frequency
frecuencia puntual | spot frequency
frecuencia radioeléctrica | radiofrequency, radio frequency
frecuencia reducida | reduced frequency
frecuencia relativa | relative frequency
frecuencia resonante | natural (/resonant) frequency
frecuencia secundaria | secondary frequency
frecuencia seleccionada | selected frequency
frecuencia sincronizada | synchronized (/triggered) frequency
frecuencia sónica | sonic frequency
frecuencia sonora | sonic frequency
frecuencia subportadora | subcarrier frequency
frecuencia subsónica | infrasonic (/subsonic) frequency
frecuencia subtelefónica | subtelephone frequency
frecuencia suma | sum (/summation) frequency
frecuencia superacústica | superaudio frequency
frecuencia superalta | superhigh (/supra high) frequency
frecuencia superior | upper frequency
frecuencia supersónica | supersonic frequency
frecuencia táctica | tactical frequency
frecuencia telefónica | speech (/telephone, /voice) frequency
frecuencia-tiempo-intensidad | frequency-time-intensity
frecuencia trasmisible | transmissible frequency
frecuencia ultraacústica | ultrasonic frequency
frecuencia ultraalta | ultrahigh frequency
frecuencia ultraaudible | ultrasonic (/ultra-audible) frequency
frecuencia ultraelevada | ultrahigh frequency
frecuencia ultrasónica | ultrasonic (/superaudio) frequency
frecuencia ultrasonora | ultrasonic frequency
frecuencia ultratelefónica | supertelephone frequency
frecuencia umbral | threshold frequency
frecuencia única | single (/spot) frequency
frecuencia útil | usable (/useful) frequency
frecuencia utilizable | usable frequency
frecuencia variable | variable frequency
frecuencia vecina | neighbouring frequency
frecuencia vobulada | wobbulated frequency
frecuencia vocal | speech (/voice, /telephone) frequency
frecuencias altas mezcladas | mixed highs
frecuencias asimultáneas | nonsimultaneous frequencies
frecuencias asociadas por pares | paired frequencies
frecuencias sucesivas | nonsimultaneous frequencies
frecuencias ultraaltas | ultrahighs
frecuencímetro | frequency meter
frecuencímetro absoluto | absolute frequency meter
frecuencímetro con cuarzo de referencia | quartz reference frequency meter
frecuencímetro contador | counting frequency meter
frecuencímetro contador de impulsos | pulse counter frequency meter
frecuencímetro contador de la cadencia de impulsos | pulse recurrence counting-type frequency meter

frecuencímetro de absorción | absorption frequency meter
frecuencímetro de cavidad sintonizada de tipo absorción | cavity-tuned absorption-type frequency meter
frecuencímetro de cavidad sintonizada de tipo heterodino | cavity-tuned heterodyne-type frequency meter
frecuencímetro de cavidad sintonizada de tipo trasmisión | cavity-tuned transmission-type frequency meter
frecuencímetro de Frahm | Frahm frequency meter
frecuencímetro de láminas | reed frequency meter
frecuencímetro de láminas sintonizadas | tuned reed frequency meter
frecuencímetro de láminas vibrantes | vibrating reed frequency meter
frecuencímetro de lengüetas | vibration (/vibrating reed, /reed-type) frequency meter
frecuencímetro de línea coaxial | coaxial line frequency meter
frecuencímetro de múltiples lengüetas | multiple reed frequency meter
frecuencímetro de referencia | reference frequency meter
frecuencímetro de resonador de cavidad | cavity resonator frequency meter
frecuencímetro de resonancia | resonance frequency meter
frecuencímetro de sintetizador | synthesizer frequency meter
frecuencímetro de trasmisión | transmission frequency meter, transmission-type (frequency) meter
frecuencímetro de válvulas | valve frequency meter
frecuencímetro desmultiplicador | scaler frequency meter
frecuencímetro digital | digital frequency meter
frecuencímetro dinámico | grid dip meter
frecuencímetro electromecánico | electromechanical frequency meter
frecuencímetro heterodino | heterodyne (/heterodyne-type) frequency meter, null frequency indicator
frecuencímetro normalizado | standard frequency meter
frecuencímetro registrador | recording frequency meter
fred [*utilidad de interfaz para series X del CCITT*] | fred
freír [*destruir un componente o circuito por aplicación de voltaje excesivo*] | to fry
frenado | braking, stopping, slowing-down
frenado de detención | stopping brake
frenado dinámico | dynamic braking
frenado dinámico regulado por trasductor | transductor-controlled dynamic braking

frenado eléctrico por recuperación | regenerative braking
frenado electrodinámico | electrodynamic braking
frenado electromagnético | electromagnetic braking
frenado electromagnético por solenoide | solenoid braking
frenado magnético | magnetic braking
frenado por acumulación | storage (/stored) energy braking
frenado por condensador | capacitor braking
frenado por conexión | plug braking
frenado por contracorriente | plugging
frenado por contramarcha | plugging
frenado por inversión de la rotación | plugging
frenado por reducción de Q | Q spoiling
frenado por solenoide | solenoid braking
frenado potenciométrico | potentiometric braking
frenado regenerativo | regenerative braking
frenado reostático | resistance (/rheostatic) braking
freno | brake, hold
freno automultiplicador de la fuerza aplicada | self-energizing brake
freno de cortocircuito | short-circuit break
freno de discos múltiples | multiple disk brake
freno de histéresis | hysteresis brake
freno de solenoide | solenoid brake
freno electromagnético | solenoid brake
freno electromagnético de patines | electromagnetic slipper brake
freno magnético | magnet brake
frente | face, front
frente de choque | pressure (/shock) front
frente de Mach | Mach front
frente de onda | wavefront, wave surface
frente de onda abrupto | steep wavefront
frente de onda escarpado | steep wavefront
frente de onda esférica | spherical wavefront
frente de onda plana | plane wave front
frente de presión | pressure (/shock) front
frente escarpado | steep front
frente polar | polar front
frente secundario | secondary front
fresa | cutter, mill
fresar | to mill
Fresnel [*unidad de frecuencia igual a 1.012 hercios*] | Fresnel [*a unit of frequency equal to 1,012 hertz*]
fricción | friction

fricción culombiana | Coulomb friction
fricción interna | internal friction
fringe [*unidad de medida lineal igual a media longitud de onda de la luz verde del talio*] | fringe
frío | cold
fritada | frit
fritado | fritting
fritar | to frit
frontal | front
frontera | boundary, frontier
frontera óptica | optical end-finish
frotador | (collector) shoe, wiper
frotador anterior | leading wiper
frotador de patín | collector shoe gear
frotador de toma de corriente | plough
frotador del conmutador | switch brush (/wiper)
frotar | to scuff
frote | fretting
FRS [*especificación de requisitos funcionales*] | FRS = functional requirements specification
fs = femtosegundo | fs = femtosecond
FSA [*autómata de estado finito*] | FSA = finite-state automaton
FSA = frecuencia superalta | SHF = supra high frequency
FSK [*procedimiento de alternancia de frecuencias, control de desplazamiento de frecuencia*] | FSK = frequency shift keying
FSM [*modelo de estados definidos*] | FSM = finit state machine
FSV [*plano de servicio funcional (en negocios electrónicos)*] | FSV = functional service view
FT [*compañía telefónica francesa*] | FT = France Télécom
ftalato de dialilo | diallyl phthalate
FTAM [*trasferencia, acceso y gestión de archivos (protocolo de trasferencia de ficheros de propósito general)*] | FTAM = file transfer, access, and management
FTBP [*parte de cuerpo genérico de trasferencia de ficheros*] | FTBP = file transfer body part
FTP [*protocolo de trasferencia de archivos*] | FTP = file transfer protocol
FTP anónimo [*protocolo anónimo de trasferencia de archivos*] | anonymous FTP = anonymous file-transfer protocol
FTTB [*fibra hasta el edificio*] | FTTB = fiber to the building
FTTC [*fibra (óptica) hasta el bordillo*] | FTTC = fibre to the curb
FTTH [*fibra (óptica) hasta el hogar*] | FTTH = fibre to the home
FTTL [*fibra (óptica) hasta el bucle*] | FTTL = fibre to the loop
FUD [*peligroso, incierto y dudoso: técnica de ventas que consiste en desprestigiar el producto de la competencia*] | FUD = fear, uncertainty, and doubt

fuego | fire
fuego de San Telmo | Saint Elmo's fire, St. Elmo's fire
fuego violento | hard firing
fuegos cruzados | cross firing
fuelle | bellows
fuelle de expansión | expansion bellows
fuelle neumático | pneumatic bellow
fuente | [*de tipos*] font; [*de un programa o archivo*] source
fuente abierta | open source
fuente aparente | apparent source
fuente autónoma | off-the-line supply
fuente blindada | sealed source
fuente C | C supply
fuente contribuidora [*en trasmisión de datos*] | contributing source
fuente de alimentación | powerpack, power pack (/source, /surge, /supply, /supply unit), (source of) supply; [*eléctrica*] main power supply
fuente de alimentación A | A power supply
fuente de alimentación anódica | plate power source (/supply)
fuente de alimentación B | B power supply, anode power supply
fuente de alimentación con trasformador | transformer-operated power supply
fuente de alimentación controlada por trasductor | transductor-controlled power unit
fuente de alimentación de ánodo | anode power supply, B power supply
fuente de alimentación de corriente alterna | AC power supply
fuente de alimentación de corriente constante | constant current power supply
fuente de alimentación de corriente constante y tensión constante | constant current/constant voltage supply
fuente de alimentación de corriente continua | DC power supply
fuente de alimentación de elementos semiconductores | semiconductor power supply
fuente de alimentación de emergencia | emergency (/peripheral) power supply
fuente de alimentación de energía | power pack
fuente de alimentación de estado sólido | solid-state power supply
fuente de alimentación de muy alta tensión | reaction power supply
fuente de alimentación de placa | plate supply
fuente de alimentación de radiofrecuencia | RF power supply
fuente de alimentación de relés | relay power supply
fuente de alimentación de retorno | flyback (/kickback) power supply
fuente de alimentación de tensión constante | constant voltage power supply
fuente de alimentación del micrófono | transmitter current supply
fuente de alimentación del selector de datos en cinta magnética | tape data selector power unit
fuente de alimentación del vibrador | vibrator power supply
fuente de alimentación eléctrica | source of supply
fuente de alimentación eléctrica ininterrumpida | uninterrupted power supply
fuente de alimentación electrónica | electronic power supply
fuente de alimentación estabilizada | regulated (/stabilized) power supply
fuente de alimentación estabilizada de tensión variable | variable voltage regulated power supply
fuente de alimentación inadecuada | dirty power
fuente de alimentación ininterrumpida | uninterrupted (/uninterruptible) power system
fuente de alimentación no estabilizada | unregulated power supply
fuente de alimentación no regulada | unregulated power supply
fuente de alimentación propia | self-contained power supply
fuente de alimentación regulada | regulated power supply
fuente de alimentación regulada de tensión variable | variable voltage regulated power supply
fuente de alimentación remota | remote power supply
fuente de alta tensión alimentada por radiofrecuencia | RF high voltage power supply
fuente de ancho uniforme [*de los caracteres*] | fixed-width font
fuente de caracteres | type font
fuente de cartucho [*para ampliar la gama de tipos de la impresora*] | cartridge font
fuente de chispas | spark source
fuente de corriente | current source, source of current
fuente de corriente controlada | controlled (/dependent) current source
fuente de corriente de llamada | ringing supply, source of calling current
fuente de corriente de repique | ringing supply
fuente de datos | data source
fuente de energía | power producer (/source, /supply)
fuente de energía a prueba de interrupción | no-break power source
fuente de energía constante | equal energy source
fuente de energía eléctrica | source of current
fuente de energía para soldadura | welding power supply
fuente de espacio proporcional | proportional font
fuente de espacio unitario | monospace font
fuente de evaporación | evaporation source
fuente de excitación | power supply
fuente de imágenes | frame source
fuente de impresora | printer font
fuente de impulsos | pulsed source
fuente de información | information source
fuente de interferencias | source of disturbance
fuente de iones | ion source
fuente de luz de cuarzo | quartz light source
fuente de luz estroboscópica | stroboscopic light source
fuente de luz fluorescente | fluorescent light source
fuente de mapa de bits | bitmapped font
fuente de mensaje | message source
fuente de microtensiones calibradas | microvolter
fuente de neutrones | neutron source
fuente de neutrones pulsada | pulsed neutron source
fuente de ondas | wave generator
fuente de pantalla [*caracteres para el monitor*] | screen font
fuente de potencial negativo | square well
fuente de radiación | radiation source
fuente de radiación infrarroja | infrared radiation source
fuente de radiación no hermética | unsealed source
fuente de radiación puntual | point source
fuente de radio | radio source
fuente de rayos gamma | gamma ray source
fuente de rayos infrarrojos | infrared source
fuente de referencia | reference source
fuente de ruido | noise generator (/source)
fuente de salida de monitor | monitor output source
fuente de salida monoaural | mono output source
fuente de señal de prueba | source of test signal
fuente de señales | signal (/programme) source, signal generator
fuente de símbolos | symbol font
fuente de sincronización [*para flujo de paquetes de datos*] | synchronization source
fuente de sonido elemental | simple sound source
fuente de sonido isótropa | simple sound source
fuente de sonido omnidireccional | simple sound source

fuente de sonido puntual | simple sound source
fuente de sonido pura | simple sound source
fuente de sonido simple | simple sound source
fuente de suministro eléctrico | power supply
fuente de tensión | voltage source (/supply)
fuente de tensión controlada | controlled (/dependent) voltage source
fuente de tensión de referencia | reference voltage source
fuente de tensión para la excitación de puentes de medición | voltage source for bridge measurements
fuente de tensión variable | variable power supply
fuente de tipos | text font
fuente de trazos | stroke font
fuente del documento [*documento fuente*] | document source
fuente del sistema | system font
fuente delgada | thin source
fuente densa | thick source
fuente derivada [*de caracteres*] | derived font
fuente descargable [*de caracteres*] | soft (/downloadable) font
fuente discreta | discrete source
fuente energética primaria | prime mover
fuente ergódica | ergodic source
fuente escalable | scalable font
fuente externa [*de caracteres*] | outline font
fuente extraña al radar | nonradar source
fuente hendida | slit source
fuente hermética | sealed source
fuente HTML | HTML source
fuente incoherente | incoherent source
fuente incorporada | built-in font
fuente interna | internal font
fuente intrínseca | intrinsic font
fuente luminosa | light source
fuente luminosa de destello corto | short flash light source
fuente luminosa pulsada | pulsed light source
fuente luminosa reproducible | reproducible light source
fuente no hermética | unsealed source
fuente normalizada | standard source
fuente perturbadora | source of disturbance
fuente plana | plane source
fuente PostScript | PostScript font
fuente primaria | primary source (/mover)
fuente primaria de luz | primary light source
fuente proporcional | proportional font
fuente pulsada | pulsed source
fuente puntual | point source
fuente puntual uniforme | uniform point source

fuente radiactiva | radioactive source
fuente radiactiva normalizada | standard radioactive source
fuente radio-berilio | radium-beryllium source
fuente radioeléctrica estelar | radio star
fuente radioeléctrica puntual | radio point source
fuente regulada | regulated supply
fuente regulada de alta tensión de corriente continua | regulated high-voltage DC power supply
fuente residente [*de tipos*] | resident font
fuente secundaria | secondary source
fuente secundaria de energía | secondary power supply
fuente secundaria de luz | secondary light source
fuente sellada | sealed source
fuente sonora lineal | straight line sound source
fuente vectorial | vector font
fuera | oscilloscopic
fuera de alcance | out of range
fuera de cámara | off camera
fuera de emisión | off the air
fuera de enlace | out of range
fuera de escala | off-scale
fuera de fase | out-of-phase
fuera de frecuencia | off-frequency
fuera de la banda | out of band
fuera de línea | offline, off line, off-line
fuera de lista | ex-directory
fuera de numeración | unnumbered
fuera de servicio | dead, out of service
fuera de sintonía | off tune
fuera del aire | off the air
fuera del campo de la cámara | off camera
fuera del paquete [*no incluido en el paquete informático*] | unbundled
fuera del teclado [*indicación de un participante en chat de que no puede contestar*] | away from keyboard
fuertemente conectado | strongly connected
fuerza | force, power, strength
fuerza aplicada | impressed force
fuerza bruta | brute force
fuerza central | central force
fuerza centrífuga | centrifugal force
fuerza centrípeta | centripetal force
fuerza cimomotriz específica | specific cymomotive force
fuerza cimomotriz específica bruta | specific gross cymomotive force
fuerza coercitiva | coercive force
fuerza coercitiva intrínseca | intrinsic coercive force
fuerza contraelectromotriz | counterelectromotive (/back electromotive) force
fuerza culombiana | Coulomb force
fuerza de adherencia | peel strength
fuerza de aislamiento | insulating strength

fuerza de aniquilación | annihilation force
fuerza de atracción | attractive (/pulling) force, pull
fuerza de atracción de corto alcance | short-range attractive force
fuerza de Bartlett | Bartlett force
fuerza de choque | pulse force
fuerza de cohesión | cohesive force
fuerza de contacto | contact force
fuerza de corte | shear force
fuerza de corto alcance | short-range force
fuerza de disparo | release force
fuerza de empuje lateral | skating force
fuerza de extracción | pullout force (/strength)
fuerza de Heisenberg | Heisenberg force
fuerza de inserción | insertion force
fuerza de intercambio | exchange force
fuerza de la aguja | needle (/stylus) force
fuerza de ligadura | bond strength
fuerza de London | London force
fuerza de Lorentz | Lorentz force
fuerza de reverberación | reverberation strength
fuerza de seguimiento | tracking force
fuerza de seguimiento vertical | vertical tracking force
fuerza de sostén | lifting power
fuerza de tracción | pulling (/tractive) force
fuerza de Van der Waals | Van der Waals force
fuerza del campo eléctrico | electric field strength
fuerza dependiente de espín | spin-dependent force
fuerza desmagnetizadora | demagnetizing force
fuerza desmagnetizante | demagnetizer force
fuerza dinámica de magnetización | dynamic magnetizing force
fuerza disruptiva | breakdown
fuerza eléctrica intrínseca | intrinsic electric strength
fuerza electromotriz | electromotance, electromotive force
fuerza electromotriz armónica simple | simple harmonic electromotive force
fuerza electromotriz continua | direct electromotive force
fuerza electromotriz de carga | impressed electromotive force
fuerza electromotriz de contacto | contact electromotive force
fuerza electromotriz de Peltier | Peltier electromotive force
fuerza electromotriz de Potier | Potier's electromotive force
fuerza electromotriz de Seebeck [*fuerza electromotriz térmica*] | Seebeck electromotive force

fuerza electromotriz de Thomson | Thomson electromotive force
fuerza electromotriz desvatada | wattless electromotive foce
fuerza electromotriz dinámica | rotational electromotive force
fuerza electromotriz estática | transformer electromotive force
fuerza electromotriz inducida | induced electromotive force
fuerza electromotriz opuesta | back electromotive force
fuerza electromotriz oscilante | oscillatory electromotive force
fuerza electromotriz periódica | periodic electromotive force
fuerza electromotriz por movimiento | motional electromotive force
fuerza electromotriz promedio | average electromotive force
fuerza electromotriz pulsante | pulsating electromotive force
fuerza electromotriz reactiva | wattless electromotive foce
fuerza electromotriz sinusoidal | sinusoidal (/simple harmonic) electromotive force
fuerza electromotriz sofométrica | psophometric electromotive force
fuerza electromotriz subtransitoria | subtransient electromotive force
fuerza electromotriz subtransitoria trasversal | quadrature axis subtransient electromotive force
fuerza electromotriz transitoria trasversal | quadrature axis transient electromotive force
fuerza estática del estilete | static stylus force
fuerza excéntrica | noncentral force
fuerza fotoelectromotriz | photoelectromotive force
fuerza impulsiva | pulse force
fuerza impulsora | pulse force
fuerza intermitente | pulsating force
fuerza iónica | ionic strength
fuerza magnetizante de cresta | peak magnetizing force
fuerza magnetizante de pico | peak magnetizing force
fuerza magnetizante de polarización | biasing magnetizing force
fuerza magnetizante máxima | peak field strength, peak magnetizing force
fuerza magnetomotriz de conmutación | switching magnetomotive force
fuerza mecánica | mechanical force
fuerza motriz | moving power
fuerza no central | noncentral force
fuerza nuclear | nuclear force
fuerza portante | pull, pulling force
fuerza protón-neutrón | proton-neutron force
fuerza protón-protón | proton-proton force
fuerza retardadora | retarding force
fuerza sobre el conductor | on conductor force

fuerza tangencial | shear (force)
fuerza tensora | tensor force
fuerza tensorial | tensor force
fuerza térmica electromotriz | thermoelectromotive (/thermal electromotive) force
fuerza termoelectromotriz | thermoelectromotive force
fuerza vibratoria | vibratory force
fuerzas coplanares | coplanar force
fuerzas de valencia | valence force
fuga | leak, leakage, running off, seepage, spill, stray
fuga a tierra | earth fault (/leakage)
fuga de alta frecuencia | radiofrequency leak
fuga de la onda portadora | carrier leak
fuga de línea | line leakage
fuga de neutrones | leakage
fuga de neutrones térmicos | thermal (neutron) leakage
fuga de oscilaciones locales | oscillator feedthrough
fuga de punta | spike leakage
fuga de radiofrecuencia | radiofrequency leak
fuga de señal | signal leakage
fuga de vacío | vacuum leak
fuga de vapor | vapour leak
fuga magnética | (magnetic) leakage
fuga superficial | surface leakage
fugas de radiación | leakage radiation
fugas de radiofrecuencia del trasmisor durante los picos de amplitud | transmitter RF spike leakage
fugas entre electrodos | interelectrode leakage
fulguración | fulguration, electrodesiccation
Fullhouse [sistema multicanal de control por radio] | Fullhouse
función | action, feature, function
función adaptada | curried function
función adicional [prestación accesoria no considerada en el equipo básico] | add on
función adjunta | adjoint function
función aperiódica | aperiodic function
función armónica | harmonic function
función auxiliar | auxiliary function, stunt
función avanzada | advanced (/enhanced) function
función booleana | Boolean (/logic) function
función característica | characteristic function
función característica de las redes | network function
función cero | zero función
función computable | computable function
función constructiva | constructive function
función continua | continuous function
función de acceso a la gestión del servicio [en la red inteligente] | service management access function
función de Ackermann | Ackermann's function
función de agente de control de la llamada | call control agent function
función de alimentación | feed function
función de alineación | alignment function
función de autocorrelación | autocorrelation function
función de autocovariancia | autocovariance function
función de Bessel | Bessel function
función de Bloch | Bloch function
función de Brillouin | Brillouin function
función de Butterworth | Butterworth function
función de campanilla | bell function
función de complejidad | complexity function
función de comprobación aleatoria | hash function
función de conmutación | switching function
función de conmutación secuencial | sequential switching function
función de control de estado de las llamadas | call state control function
función de control de la llamada | call control function
función de control de la pasarela | gateway control function
función de control del servicio [en red inteligente] | service control function
función de correlación cruzada | crosscorrelation function
función de coste | cost function
función de datos del servicio | service data function
función de definición de ventana | window definition function
función de densidad espectral de energía | power-spectral density function
función de detección automática | autosense feature
función de distribución acumulativa | cumulative distribution function
función de distribución de amplitud | amplitude distribution function
función de distribución de Fermi-Dirac | Fermi-Dirac distribution function
función de distribución radial | radial distribution function
función de encuadre de mensaje | message alignment function
función de energía libre | free energy function
función de entorno de creación de servicios | service creation environment function
función de error | error function
función de errores según Gauss | Gaussian error function
función de escalón unitario | unit-step

función de excitación | excitation function
función de excitación nuclear | excitation function
función de forzamiento | forcing function
función de frecuencia | frequency function
función de fuerza | force function
función de ganancia | gain function
función de generación | generating function
función de gestión del servicio [en la red inteligente] | service management function
función de herramienta | tool function
función de identidad | identity function
función de igualación | equation function
función de importancia | importance function
función de impulso delta | delta impulse function
función de impulso único | step function
función de intensidad | strength function
función de intercorrelación | cross-correlation function
función de inversión | reversal function
función de mezcla de un solo sentido [función para calcular el mensaje] | hash
función de onda | wave function
función de onda de Schrödinger | Schrödinger wave function
función de onda sigma pi | sigma pi wave function
función de paso | step function
función de ponderación | weighting function
función de potencial | potential function
función de protocolo | protocol function
función de protocolo de red | network protocol function
función de proyección | projection function
función de prueba | trial function
función de punto de excitación | driving point function
función de recursos | resource function
función de recursos multimedia | multimedia resource function
función de relé | relay (/relaying) function
función de repetición | repeat (/relaying) function
función de respuesta | response function
función de respuesta a un impulso unidad | impulse response function
función de respuesta impulsiva | impulse response function

función de respuesta sinusoidal | sine wave response function
función de sucesor | successor function
función de Tchebychev | Tchebychev function
función de trabajo | work function
función de trabajo electrónico | electronic work function
función de trabajo fotoeléctrico | photoelectric work function
función de trabajo term(o)iónico | thermionic work function
función de transición de estado | state transition function
función de trasferencia | transfer function
función de trasferencia actuante | actuating transfer function
función de trasferencia complementaria | difference transfer function
función de trasferencia de la modulación | modulation transfer function
función de trasferencia de realimentación | feedback transfer function
función de trasferencia de red | network transfer function
función de trasferencia de retorno | return transfer function
función de trasferencia del bucle | loop transfer function
función de trasferencia del lazo | loop transfer function
función de trasferencia del reactor | reactor transfer function
función de trasferencia del servomecanismo | servomechanism transfer function
función de trasferencia directa | forward transfer function
función de trasferencia directa total | through transfer function
función de trasmisión | transmission function
función de Walsh | Walsh function
función del arco | arc function
función del contacto | contact action
función del sistema | system feature
función del tiempo de ejecución | runtime function
función elíptica | elliptic function
función escalar | scalar function
función escalonada | step function
función estándar | standard function
función explícita | explicit function
función externa | external function
función fuera de línea | off-line function
función gamma | gamma function
función gaussiana | Gaussian function
función homogénea | homogeneous function
función implícita | implicit function
función integral | integral function
función inversa | inverse function
función limitadora de banda | band-limited function
función lineal | linear function

función local independiente de la línea | local off-line function
función lógica | Boolean (/logic) function
función logística | logistic function
función matemática | mathematical function
función mecánica no impresora | nontyping mechanical function
función normalizada | standard function
función O por conexionado | wired OR
función ortogonal | orthogonal functions
función ortonormal | orthonormal functions
función par | even function
función parcial | partial function
función periódica | periodic function
función polivalente | multiple valued function
función potencial | potential function
función principal | main function
función propia | eigenfunction, eigen function
función recursiva | recursive function
función recursiva general | general recursive function
función recursiva parcial | partial recursive function
función recursiva primitiva | primitive recursive function
función relativa a los movimientos del carro y el rodillo | carrier function
función restringida | restricted function
función secuencial | sequential function
función símbolo de Sheffer | Sheffer-stroke function
función simétrica | symmetric function
función sinusoidal | sine wave function
función spot [para creación de un tipo de pantalla en PostScript] | spot function
función total | total function
función transicional | transitional function
función trascendental | transcendental function
función uno a uno | one-to-one function
función vectorial | vector function
función Y por conexionado | wired AND
funcional | functional
funcionamiento | operation
funcionamiento a baja tensión | undervoltage operation
funcionamiento a dos niveles | bilevel operation
funcionamiento a potencia reducida | reduced power operation
funcionamiento a sobretensión | overvoltage operation

funcionamiento a subtensión | undervoltage operation
funcionamiento abierto | running open
funcionamiento accidental | squitter
funcionamiento alternado | up-and-down working
funcionamiento armónico sin impedancia | unimpeded harmonic operation
funcionamiento arranque-parada | start-stop procedure
funcionamiento asincrónico | asynchronous operation
funcionamiento asistido | attended operation
funcionamiento autocomprobado | self-check operation
funcionamiento como detector de rejilla en cuadratura | quadrature grid operation
funcionamiento como diodo saturado | saturated diode operation
funcionamiento compartido | party line operation
funcionamiento con antena común | common T.R. working
funcionamiento con ciclo variable | variable cycle operation
funcionamiento con circulación libre de las corrientes armónicas | unimpeded harmonic operation
funcionamiento con dos fases | two-phase running
funcionamiento con frecuencias agrupadas | grouped frequency operation
funcionamiento con impedancia nula | unimpeded harmonic operation
funcionamiento con interrupción | break-in operation
funcionamiento con portadora suprimida | suppressed-carrier operation
funcionamiento con supervisión a distancia | unattended (remote) operation
funcionamiento continuo | continuous duty
funcionamiento de barrido único | single-sweep operation
funcionamiento de cierre enclavado | latch mode
funcionamiento de la impresora | printer operation
funcionamiento de ley cuadrática | square law operation
funcionamiento de reserva | standby operation
funcionamiento de un reactor | pile operation
funcionamiento de válvulas | valve operation
funcionamiento de válvulas en contrafase | pushpull valve operation
funcionamiento del grupo motopropulsor | power plant operation
funcionamiento del grupo motor | power plant operation
funcionamiento en cálculo de promedios | average calculating operation
funcionamiento en circuito abierto | open-circuit working
funcionamiento en circuito cerrado | closed-circuit working
funcionamiento en competencia | contention mode
funcionamiento en contrafase | pushpull operation
funcionamiento en dúplex | duplex operation (/working)
funcionamiento en dúplex completo | full duplex operation
funcionamiento en frecuencia única | single-frequency operation
funcionamiento en limitación | foldback operation
funcionamiento en línea | online operation
funcionamiento en modo de crecimiento | enhancement-mode operation
funcionamiento en modo de intensificación | depletion mode operation
funcionamiento en modo símplex | simplex operation
funcionamiento en paralelo | parallel operation (/running)
funcionamiento en régimen de señal débil | small-signal operation
funcionamiento en régimen estacionario | steady-state operation
funcionamiento en semidúplex | half-duplex operation
funcionamiento en serie | serial (/series) operation
funcionamiento en tiempo real | real-time operation (/working)
funcionamiento en Y | Y operation
funcionamiento equilibrado | balanced mode
funcionamiento esclavo | slave operation
funcionamiento fuera de línea | off-line operation
funcionamiento inicio/parada en cinco niveles | five-level start-stop operation
funcionamiento intempestivo | unnecessary operation
funcionamiento limitado por la carga espacial | space charge-limited operation
funcionamiento periódico | periodic duty
funcionamiento permanente | continuous duty
funcionamiento polarizado | polar operation
funcionamiento por canal único | uniplex, single-channel operation
funcionamiento por circuito individual | on-circuit operation
funcionamiento por impulsos | pulse operation
funcionamiento portátil | portable operation
funcionamiento protegido de fallos | fail-safe operation
funcionamiento rápido | snap-action
funcionamiento reductor | stepdown operation
funcionamiento reductor de tensión | stepdown operation
funcionamiento regular | smooth operation
funcionamiento secuencial | sequential operation
funcionamiento semiautomático | semiautomatic operation
funcionamiento semidúplex | semi-duplex operation
funcionamiento simétrico | balanced mode
funcionamiento símplex | simplex operation
funcionamiento sin consulta | squitter
funcionamiento sin personal | unattended operation
funcionamiento sincronizado | synchronous operation
funcionamiento suave | smooth operation
funcionamiento X | X operation
funcionar | to operate
funcionar con corriente continua | to operate on direct current
funcionar en forma compartida | to operate on party-line basis
funciones de la gestión de energía | power management features
funciones principales del sistema | principal system features
funda del disco | disc envelope
fundamental | fundamental
fundar | to establish
fundente | booster, (soldering) flux
fundente ácido | acid flux
fundente de soldadura | welding compound
fundente para soldadura | soldering flux
fundente para soldar | solder (/welding) flux
fundentes corrosivos | corrosive fluxes
FUNDESCO = Fundación para el desarrollo de la función social de las comunicaciones | FUNDESCO [*Spanish foundation of telecommunications*]
fundición | casting, smelting
fundición a presión | (pressure) die casting
fundición blanca | white cast iron
fundición bruta de hierro | foundry pig iron
fundición centrifugada | centrifugal casting
fundición continua | continuous casting
fundición de electrodo | casting electrode
fundición de silicio | silicon foundry
fundición gris | grey cast iron
fundición maleable | malleable cast

iron
fundición por arco | arc furnace
fundido | fade, fading; lap dissolve
fundido en imagen | fade-in
fundidor | boat
fundir | to melt, to smelt
fundirse | to blow, to fade, to smelt
fundirse la imagen | to fade
fuselado | fairing
Fusestat [*marca comercial de un fusible de acción lenta*] | Fusestat
Fusetron [*marca de fusible lento que permite un 50% de sobrecarga durante periodos cortos sin fusión*] | Fusetron
fusibilidad | fusibility
fusible | cutout, fuse, fusible, fuze, limiter
fusible calibrado | noninterchangeable fuse
fusible con alambres de conexión | pigtail fuse
fusible con alarma | alarm (/grasshopper) fuse
fusible con hilos de conexión | pigtail fuse
fusible con indicador | alarm fuse
fusible con retardo | slow-blow fuse
fusible de acción lenta | longtime lag fuse
fusible de acción rápida | quick-break fuse
fusible de acción retardada | time (/time lag, /time-delay) fuse
fusible de acometida | service fuse
fusible de alambre | wire fuse
fusible de antena | horn break fuse
fusible de cartucho | cartridge (/tube) fuse
fusible de cinta | strip fuse
fusible de cuchilla | knife (blade) fuse
fusible de enlace | link fuse
fusible de fusión lenta | slow-blow fuse
fusible de lámina de mica | mica slip fuse
fusible de línea | line fuse
fusible de líquido | liquid fuse

fusible de potencial | potential fuse
fusible de retardo | time-delay fuse
fusible de rosca | plug fuse
fusible de seccionamiento | sectionalizing fuse
fusible de seguridad | safety fuse
fusible de seguridad del reactor | reactor safety fuse
fusible de tapón | plug fuse
fusible de tiempo | time fuse
fusible de tipo descubierto | open fuse
fusible de toma de fuerza | power fuse
fusible defectuoso | defective fuse
fusible del tipo resoldable | resolderable fuse
fusible e interruptor combinados | combined fuse and cutout
fusible indicador | indicating (/pilot) fuse
fusible lento | slow-blow fuse
fusible limitador de corriente | current-limiting fuse
fusible limitador de intensidad | current-limiting fuse
fusible no recolocable | one-time fuse
fusible protector | protective fuse
fusible protector contra cortocircuitos | short-circuit protective fuse
fusible recambiable | renewable fuse
fusible renovable | renewable fuse
fusible semisumergido con líquido extintor | semi-immersed liquid-quenched fuse
fusible sin cartucho | tubeless fuse
fusible sin tubo | tubeless fuse
fusible sumergido | immersed liquid-quenched fuse
fusible temporizado | time lag fuse
fusible térmico | thermal cutout
fusible tubular | tube fuse
fusible ultrarrápido | quick-break fuse
fusible unipolar | single-pole fuse
fusible y pararrayos combinados | combined fuse and cutout, fuse-and-protector block
fusión | alloying, blowout, fusing, fusion, melt, melting, merge, merging,
smelting
fusión accidental [*del núcleo de un reactor*] | meltdown
fusión catalizada por muones | muon catalyzed fusion
fusión controlada | controlled fusion
fusión de byte | byte merging
fusión de correo [*para envíos del mismo texto a múltiples direcciones*] | mail merge
fusión doble | two-way merge
fusión en ruta común de volúmenes de tráfico | common routing of traffic volumes
fusión en vacío | vacuum fusion
fusión fría | cold fusion
fusión gradual | vitreous fusion
fusión nuclear | nuclear fusion
fusión por escobilla | brush fluxing
fusión por llama | flameoff
fusión por ondas | wave fluxing
fusión por zonas | zone melting
fusión postal | mail-merging
fusión selectiva | selective fusion
fusión termonuclear | thermonuclear fusion
fusionar | to merge
fusión por haz electrónico | electron beam melting
FV = femtovoltio | FV = femtovolt
FV = frecuencia de vídeo [*videofrecuencia, frecuencia de imagen*] | VF = videofrequency
FV = frecuencia vocal [*frecuencia de voz, frecuencia telefónica*] | VF = vocal (/voice) frequency
FVL = frecuencia de variación lineal | SLF = straight line frequency
FWHM [*anchura espectral, ancho espectral*] | FWHM = full width at half maximum
FWIW [*expresión usada en correo electrónico que significa ¿de qué sirve?*] | FWIW = for what it's worth
FXRD [*retrasmisión de cinta perforada de lectura automática total*] | FXRD = fully automatic reperforator transmitter distributor

G

g = gramo | **gm** = gram
G = giga | **G** = giga
Ga = galio | **Ga** = gallium
GaAs [*arseniuro de galio*] | **GaAs** = gallium arsenide
gabinete | cabinet
gadolinio | gadolinium
galena | galena
galena fija | fixed crystal
galería | gallery, manhole, cable subway
galería de servicio | cable subway
galería de servicios | service duct
galga | calibre, gauge [UK]; caliber, gage [USA]
galga de clavija | plug gauge
galga de deformación de hilo | wire strain gauge
galga de retrodispersión | backscattering gauge
galga de roseta | rosette gauge
galga deformimétrica de semiconductor | semiconductor strain gauge
galga normalizada para alambres | standard wire gauge
galga para espesores por radiaciones | radiation gauge
galga piezoeléctrica | piezoelectric gauge
galga radiactiva de espesores | radioactive thickness gauge
galga radiográfica de espesores | radiographic thickness gauge
galga radiométrica | radiometric gauge
galga ultrasónica para espesores | ultrasonic thickness gauge
gálibo | gauge [UK], gage [USA]; side clearance
gálibo de carga | loading gauge
gálibo de libre paso | clearance gauge
gálibo de material | material gauge
gálibo de obstáculos | obstruction gauge limit
gálibo de vía | track gauge
gálibo del tercer carril | third-rail gauge
galio | gallium
galleta | biscuit

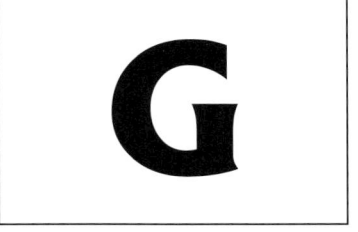

galleta de la suerte [*frase divertida que un programa presenta aleatoriamente en pantalla*] | fortune cookie
galvánico | galvanic
galvanismo | voltaism, voltaization
galvanización | galvanisation, galvanizing, voltaization
galvanización electrolítica | electrolytic plating
galvanización no electrolítica | electroless plating
galvanocromía | galvanochromy
galvanografía | galvanography
galvanoluminiscencia | galvanoluminiscence
galvanomagnetismo | galvanomagnetism
galvanometría | galvanometry
galvanómetro | galvanometer
galvanómetro acorazado | shielded galvanometer
galvanómetro astático | astatic galvanometer
galvanómetro balístico | ballistic galvanometer
galvanómetro blindado | shielded galvanometer
galvanómetro con indicador luminoso | spot galvanometer
galvanómetro con resistencia en derivación | shunted galvanometer
galvanómetro de aguja | needle galvanometer
galvanómetro de banda tirante | taut band galvanometer
galvanómetro de bobina móvil | moving (/suspended) coil galvanometer, suspension galvanometer
galvanómetro de bucle | loop galvanometer
galvanómetro de cadena de Einthoven | Einthoven string galvanometer
galvanómetro de cuadro móvil | moving coil galvanometer
galvanómetro de cuadro móvil y punto luminoso | moving coil light-spot galvanometer
galvanómetro de cuerda | string galvanometer
galvanómetro de d'Arsonval | d'Arsonval galvanometer
galvanómetro de Einthoven | Einthoven (string) galvanometer
galvanómetro de espejo | mirror (/reflecting) galvanometer, mirror instrument
galvanómetro de fibra de torsión | torsion string galvanometer
galvanómetro de haz de luz | light beam galvanometer
galvanómetro de imán móvil | galvanometer with moving magnet, moving magnet (/needle) galvanometer
galvanómetro de imán permanente | permanent magnet galvanometer
galvanómetro de inscripción directa | direct-writing galvanometer
galvanómetro de Kelvin astático | Kelvin astatic galvanometer
galvanómetro de láminas vibrantes | vibrating reed galvanometer
galvanómetro de oscilógrafo | oscillograph galvanometer
galvanómetro de potencial | potential galvanometer
galvanómetro de reflexión | mirror instrument
galvanómetro de reflexión de cuadro móvil | moving-coil mirror galvanometer
galvanómetro de resonancia | vibration galvanometer
galvanómetro de senos | sine galvanometer
galvanómetro de suspensión | suspension galvanometer
galvanómetro de tangente | tangent galvanometer
galvanómetro de termopar | thermocouple galvanometer
galvanómetro de torsión | torsion galvanometer
galvanómetro de vibración | string (/vibration) galvanometer
galvanómetro diferencial | differential galvanometer

galvanómetro electrostático | electrostatic galvanometer
galvanómetro en derivación | shunted galvanometer
galvanómetro fotoeléctrico | photoelectric galvanometer
galvanómetro oscilográfico | oscillograph galvanometer
galvanómetro portátil | detector
galvanómetro reflectante | reflecting galvanometer
galvanómetro registrador | recording galvanometer
galvanoplastia | electroplating, galvanoplastics
galvanoplastia mediante escobillas | brush plating
galvanoplastia semiautomática | semiautomatic electroplating (/plating)
galvanoplastiado en atmósfera enrarecida | vacuum-plated
galvanoplastificar | to plate
galvanorresistente | resist plating
galvanoscopio | galvanoscope
galvanotipia | electrotyping, galvanography
galvanotropismo | galvanotropism
gama | band, rank; [de colores] palette
gama acimutal | range of bearing, spread of bearings
gama alta | hi-end = high-end
gama alta de audiofrecuencia | upper audio range
gama ancha de frecuencias | wide frequency range
gama blanca [por ejemplo electrodomésticos] | white goods
gama central | midrange
gama central del espectro | midfrequency range
gama con límites en relación diez a uno | ten-to-one range
gama de acciones | action palette
gama de colores | full colour
gama de energía neutrónica | neutron energy range
gama de entrada en modo común | input common-mode range
gama de frecuencia | frequency range
gama de frecuencias de la señal | signal frequency range
gama de frecuencias infrasónicas | subaudio frequency range
gama de frecuencias portadoras | carrier frequency range
gama de frecuencias subacústicas | subaudio frequency range
gama de frecuencias ultraaltas | ultrahigh frequency range
gama de frecuencias ultrasónicas [o ultrasonoras] | ultrasonic frequency range
gama de frecuencias vocales | voice (/speech) frequency range
gama de graves | low frequency range
gama de iluminación para funcionamiento automático | auto light range
gama de la escala | scale span
gama de las frecuencias vocales | speech frequency range
gama de las ondas cortas | short-wave range
gama de longitudes de onda | wavelength range, range of wavelengths
gama de luminancia | luminance range
gama de medición | measurement range
gama de ondas | wavelenght band, wave range
gama de penetración | window
gama de penetración de las ondas | window
gama de potencia | power range
gama de resistencias | resistance range
gama de sensibilidades | sensitivity range
gama de sintonía mecánica | mechanical tuning range
gama de temperaturas ambiente | ambient temperature range
gama de tensión de entrada en modo común | input common-mode voltage range
gama de tensiones | voltage range, range of volts (/voltage)
gama de voltajes | voltage range, range of volts (/voltage)
gama del ultravioleta | ultraviolet range
gama dinámica | dynamic range
gama intrínseca de temperatura | intrinsic temperature range
gama utilizable | usable range
gamma | gamma
gamma de captura neutrónica | neutron capture gamma
gamma de desintegración | decay gamma
gammagrafía | gammagraphy
gammas inelásticas | inelastic gammas
ganancia | gain, amplification
ganancia absoluta de la antena | absolute gain of the aerial
ganancia compuesta | composite gain
ganancia de antena | aerial gain, gain of aerial
ganancia de bucle | loop gain
ganancia de campo de antena | aerial field gain
ganancia de conversión | conversion gain
ganancia de conversión disponible | available conversion gain
ganancia de corriente | current gain (/transfer ratio)
ganancia de corriente para señal débil | small-signal current gain
ganancia de diversidad | diversity gain
ganancia de diversidad espacial | space diversity gain
ganancia de inserción | insertion gain
ganancia de la antena | path aerial gain
ganancia de lazo | loop gain
ganancia de modo diferencial | differential mode gain
ganancia de potencia | power gain (/advantage)
ganancia de potencia adaptada | matched power gain
ganancia de potencia ajustada | matched power gain
ganancia de potencia de la antena | aerial power gain
ganancia de potencia de señal amplia | large-signal power gain
ganancia de potencia del amplificador | amplifier power amplification
ganancia de potencia disponible | available power gain
ganancia de potencia para señal débil | small-signal power gain
ganancia de potencia por inserción | insertion power gain
ganancia de potencia sin neutralización | unneutralized power gain
ganancia de puenteado | bridging gain
ganancia de puerta corta | short gate gain
ganancia de rama | branch gain
ganancia de recepción | receive gain
ganancia de reproducción | breeding gain
ganancia de señal | gain
ganancia de tensión | voltage gain
ganancia de tensión de conversión | conversion voltage gain
ganancia de tensión de inserción | insertion voltage gain
ganancia de tensión de señal amplia | large-signal voltage gain
ganancia de tensión de terminación sencilla | single-ended voltage gain
ganancia de tensión diferencial | differential voltage gain
ganancia de tensión diferencial en circuito abierto | open-loop differential voltage gain
ganancia de tensión en circuito abierto | open-circuit voltage gain, open-loop voltage gain
ganancia de tensión en circuito sin reacción | open-loop voltage gain
ganancia de tensión en modo común | common mode voltage gain
ganancia de tiempo | time gain
ganancia de trasmisión | transmission (/transmit) gain
ganancia de vídeo | video gain
ganancia de voltaje | voltage gain
ganancia del repetidor | repeater gain
ganancia del trasductor | transducer gain
ganancia diferencial | differential gain
ganancia direccional | directional (/directive) gain
ganancia disponible | available gain
ganancia efectiva de potencia | actual (/transducer) power gain
ganancia en amperios vueltas | ampere-turn gain

ganancia en circuito abierto | open-loop gain
ganancia en circuito sin reacción | open-loop gain
ganancia en lazo cerrado | closed-loop gain
ganancia en modo común | common mode gain
ganancia en pares | pair gain
ganancia en potencia de una antena | power gain of an aerial
ganancia en potencia referida a un dipolo de media onda | power gain referred to a half-wave dipole
ganancia en potencia referida a un radiador isotrópico | power gain referred to an isotropic radiator
ganancia en radiofrecuencia | RF gain = radiofrequency gain
ganancia en servicio normal | working gain
ganancia espectral | spectrum power
ganancia estabilizada no neutralizada | unneutralized stabilized gain
ganancia estable con circuito neutralizado | neutralized stable gain
ganancia estable neutralizada | neutralized stable gain
ganancia isotrópica de una antena | isotropic gain of an aerial
ganancia omnidireccional | omnidirectional gain
ganancia por cortocircuito | beta
ganancia por etapa | stage gain
ganancia por obstáculos | obstacle gain
ganancia por paso | stage gain
ganancia por reflexión | reflection gain
ganancia por reflexiones | reflection gain
ganancia principal de control | master gain control
ganancia relativa | relative gain
ganancia relativa de potencia | relative power gain
ganancia total | overall gain (/amplification)
ganancia trasductiva | transducer power gain
ganancia unidad | unity gain
ganancia variable | variable gain
ganancia variada en el tiempo | time-varied gain
gananciómetro | gain (/gain-measuring) set, kerdometer
gananciómetro | gain set
gancho | cradle, hook, stud
gancho conmutador | cradle (/gravity) switch, hook, hookswitch, receiver (/switch) hook, switchhook
gancho conmutador de doble contacto | twin-contact hookswitch
gancho de aislamiento | plating rack
gancho de resorte | spring hook
gancho de seguridad | spring hook
gancho de sujeción de la pértiga en reposo | pole hook
gancho de suspensión | strain ear

gancho interruptor | hang-up switch
gancho para colgar el receptor | receiver hook
gancho para cordón | cord hook
gancho PN | PN hook
gancho portacable | rack
gancho roscado | hook bolt
GAP [*perfil de acceso genérico (para comunicaciones)*] | GAP = generic access profile
GAP = Grupo de análisis y previsión | GAP = Groupe d'analysis et prévision (*fra*)
garantía de calidad | quality assurance
garantía de calidad del software | software quality assurance
garantía de fiabilidad | reliability assurance
garantizar compromiso | to observe promise
garganta | throat
garganta de la bocina | horn throat
gas | gas
gas butano | butane
gas ciudad | town gas
gas de alumbrado | town gas
gas de desecho | waste gas
gas de electrones | electron gas
gas de electrones degenerado | degenerate electron gas
gas de ensayo | test gas
gas de escisión | fission gas
gas de extinción | quenching gas
gas de Lorentz | Lorentz gas
gas de trabajo | process (/working) gas
gas degenerado | degenerate gas
gas dieléctrico | dielectric gas
gas electrónico | electron gas
gas ideal | ideal gas
gas industrial | town gas
gas inerte | inert gas
gas ionizado | ionized gas
gas no degenerado | nondegenerate gas
gas noble | inert (/noble) gas
gas ocluido | occluded gas
gas protector | shielding gas
gas radiactivo | radioactive gas
gas raro | rare gas
gas residual | residual gas
gas triatómico | triatomic gas
gasa difusora | scrim
gaseoso | gaseous, gassy
gasificación | gassing
gastado | weak
gasto de energía de entrada | power drain
gasto de equilibrio | equilibrium throughput
gasto de reexpedición | redirection charge
gastos de conservación | maintenance charge
gastos de entrega | delivery charges
gastos de establecimiento | establishment charges
gastos de explotación | running charge

gastos de personal | staff costs
gastos del circuito | line costs
gatillo | trigger
GATT [*acuerdo común sobre aranceles y comercio*] | GATT = general agreement on tariffs and trade
gausímetro | gaussmeter
gausio [*unidad cegesimal de inducción magnética*] | gauss
gausitrón | gaussitron
gaveta | drawer
gavilla | sheaf
gazapo | bug
Gb = gigabit | Gb = gigabit
Gb = gilbertio [*unidad de fuerza magnetomotriz en el sistema electromagnético CGS*] | Gb = gilbert
GB = gigabyte | GB = gigabyte
Gbps = gigabits por segundo | Gbps = gigabits per second
Gbyte = gigabyte | GByte = gigabyte
GCC [*centro de control Galileo (centro europeo para control y gestión de satélites)*] | GCC = Galileo control centre
Gd = gadolinio | Gd = gadolinium
GDI [*interfaz de dispositivo gráfico*] | GDI = graphical device interface
Ge = germanio | Ge = germanium
geek [*ordenador especializado*] | geek
gel | gel
gel adaptador de índice | index-matching gel
gel de sílice | silica gel
gemelo | couple, twin
GEN = generador | GEN = generator
generación | generation
generación algorítmica de muestras | algorithmic pattern generation
generación armónica digital | digital harmonic generation
generación automática de pruebas | automatic test generation
generación de armónicas espurias | spurious harmonic generation
generación de caracteres por hardware | hardware character generation
generación de dientes de sierra | sawtooth generation
generación de formas de onda | waveform generation
generación de impulsos | pulse generation
generación de impulsos de mando | gating
generación de impulsos en bucle | loop pulsing
generación de informes | report generation
generación de onda en dientes de sierra | sawtooth generation
generación de ordenadores | computer generation, generation of computers
generación de PABX | PABX's generation
generación de referencias cruzadas | cross reference generation

generación de señales falsas [*interceptación y reemisión de las señales de baliza*] | meaconing
generación del sistema | sysgen = system generation
generación específica de calor | specific heat generation
generación siguiente | next generation
generación sintética para visualización | synthetic display generation
generación térmica | thermal generation
generación transitoria | transient generation
generador de macros | macro generator
generador de macroinstrucciones | macro generator
generador de ultrasonidos | ultrasonic generator
generador ultrasonoro | ultrasonic generator
generador | generating; generator, source, transmitter
generador accionado por el viento | wind charger
generador accionado por vapor | steam generator
generador accionado por vapor de agua | steam generator
generador acústico | acoustic generator
generador asincrónico | induction generator
generador autoexcitado | self-excited generator
generador capacitivo de diente de sierra | capacitive sawtooth generator
generador con barrido de frecuencia | sweeper
generador con barrido periódico | wobbulated generator
generador de alas | wing spot generator
generador de alimentación | supply
generador de alta tensión | high voltage generator
generador de amperaje constante | constant current generator
generador de aplicaciones | application generator
generador de arco | arc transmitter
generador de arco iris | rainbow generator
generador de armónicos | harmonic generator
generador de audio | audiofrequency signal generator
generador de audiofrecuencias de resistencia-capacidad | RC audio generator
generador de audioseñales de onda sinusoidal y cuadrada | sine/square wave audio signal generator
generador de aullidos | howler
generador de baja velocidad | slow-speed generator
generador de barras | bar generator
generador de barras de color | colour bar generator
generador de barrido | sweeping (/sweep) generator
generador de barrido de onda en dientes de sierra | sawtooth sweep generator
generador de barrido recurrente | recurrent-type sweep generator
generador de barrido vertical | vertical sweep generator
generador de base de tiempos | time-base generator
generador de borrado | erase generator
generador de cadencias | interruptor cam
generador de calibración | marker generator
generador de campo giratorio | revolving field alternator
generador de campo inductor giratorio | revolving field alternator
generador de campo inductor rotativo | revolving field alternator
generador de campo rotativo | revolving field alternator
generador de caracteres | character generator
generador de carta de ajuste para televisión | television test pattern generator
generador de chispa | spark transmitter
generador de chispas | spark (gap) generator, spark-type generator
generador de chispas de alta tensión | high-voltage spark generator
generador de chispas de resonancia | resonant spark generator
generador de ciclo secundario | subcycle generator
generador de clasificación | sort generator
generador de códigos | code generator
generador de códigos casi aleatorios | quasi-random code generator
generador de control de sincronismo | synchro control generator
generador de correa | belt-type generator
generador de corriente | current generator
generador de corriente alterna | AC generator = alternating-current generator
generador de corriente constante | constant current generator
generador de corriente continua | DC generator = direct current generator; acyclic machine
generador de corriente continua excitado en derivación | shunt-wound DC generator
generador de corriente continua para soldadura con regulación automática | self-regulating DC welding generator
generador de corriente de llamada a frecuencia reducida | subcycle generator
generador de corriente de repique a frecuencia reducida | subcycle ringer
generador de corriente de ruido | noise current generator
generador de corriente eléctrica | current generator
generador de corriente normalizado | standard current generator
generador de corriente parásita | noise current generator
generador de corriente perturbadora | noise current generator
generador de cuadro | framer
generador de datos | data generator
generador de datos de prueba | test-data generator
generador de desbloqueo | unblanking generator
generador de descargas eléctricas | lightning generator
generador de desviación vertical | vertical deflection generator
generador de diente de sierra autoelevador | bootstrapped sawtooth generator
generador de dientes de sierra | sawtooth (wave) generator, sweeping (/sweep) generator
generador de dinámica de electrofluidos | electrofluid dynamics generator
generador de disco | disc generator
generador de disco rotatorio | rotating disc generator
generador de distorsión de la señal | signal distortion generator
generador de doble corriente | double current generator
generador de ecos de sonar ficticios | sonar signal simulator
generador de ecos radáricos ficticios | radar signal simulator
generador de efecto Hall | Hall-effect generator
generador de efectos especiales | special effects generator
generador de eje a velocidad variable | variable speed axle-driven generator
generador de eje vertical con rangua inferior | umbrella-type generator
generador de energía en reserva | standby power generator
generador de envolvente | envelope generator
generador de escalera | staircase generator
generador de escalones | stairstep (/step) generator
generador de exploración | scanning generator
generador de falso eco | false echo device

generador de forma de onda arbitraria | arbitrary waveform generator
generador de formas de onda | waveform generator
generador de franjas de puntos cromáticos | colour bar-dot generator
generador de frecuencia | frequency generator
generador de frecuencia de barrido | sweep frequency generator
generador de frecuencia piloto | pilot frequency generator
generador de frecuencias marcadoras | multiple marker generator
generador de frecuencias ultraaltas | ultrahigh frequency generator
generador de frecuencias vocales | voice frequency generator
generador de fuentes [*de caracteres*] | font generator
generador de función | function generator
generador de función aleatoria | random function generator
generador de función arbitraria | arbitrary function generator
generador de función con diodo | diode function generator
generador de función escalón | step function generator
generador de funciones | function generator
generador de funciones de probabilidad | probability generator
generador de haz de electrones | electron beam generator
generador de hora y fecha | time-date generator
generador de imagen | picture generator
generador de imagen de prueba | pattern generator
generador de imagen fija | phasmajector
generador de imagen piloto | test pattern generator
generador de imanes permanentes | permanent magnet generator
generador de impedancia nula | zero-impedance generator
generador de impulsiones | pulse machine
generador de impulsos | clock, dotter, impulse generator (/machine), pulser, pulse (/surge) generator, pulsator
generador de impulsos aleatorios | random impulse generator
generador de impulsos codificados | pulse coder
generador de impulsos cuadrados | square-pulse generator
generador de impulsos de conmutación de colores | sampling pulse generator
generador de impulsos de corriente | surge current generator
generador de impulsos de desbloqueo | unblanking generator

generador de impulsos de disparo | trigger unit (/pulse generator)
generador de impulsos de muestreo | strobing pulse generator
generador de impulsos de puerta | gate generator
generador de impulsos de referencia | strobing pulse generator
generador de impulsos de selección | strobing pulse generator
generador de impulsos desfasados | phase-shifted pulse generator
generador de impulsos en dientes de sierra | sawtooth pulser
generador de impulsos estroboscópicos | strobing pulse generator
generador de impulsos normalizado | standard pulse generator
generador de impulsos rectangulares | rectangular pulse generator, square-pulse generator
generador de impulsos sincronizadores | timing pulse generator
generador de inducción | induction generator
generador de informes | report generator (/writer)
generador de interferencias | interference generator
generador de iones negativos | negative ion generator
generador de llamada | generator ringing set
generador de llamada de frecuencia vocal | voice frequency ringer
generador de mano | hand generator
generador de marcas de distancia | range marker generator
generador de marcas de tiempo | time mark generator
generador de mira | (test) pattern generator
generador de modos de impulsos | pulse moder
generador de modulación de velocidad | velocity modulation generator
generador de motor sincrónico de polos giratorios | rotating-pole synchronous motor-generator
generador de múltiples arrollamientos en derivación | multiwinding generator
generador de múltiples colectores | multicommutator generator
generador de múltiples marcas | multiple marker generator
generador de neutrones | neutron generator
generador de neutrones rápidos | intense neutron generator
generador de números aleatorios | random number generator
generador de números de serie | serial number generator
generador de onda | sine-cosine generator
generador de onda compleja | complex wave generator

generador de onda cuadrada | square wave generator
generador de onda en dientes de sierra | sawtooth generator
generador de onda en escalera lineal | linear staircase generator
generador de onda en trapecio | trapezoidal generator
generador de onda escalonada | stairstep (/step) generator
generador de onda rectangular | rectangular wave generator
generador de onda trapezoidal | trapezoidal generator
generador de ondas | wave generator
generador de ondas de choque | surge generator
generador de ondas de deflexión | sweep (/sweeping) generator
generador de ondas de desviación | sweep (/sweeping) generator
generador de ondas sinusoidales | sinusoidal generator, sine (/sinusoidal) wave generator
generador de ondas sinusoidales puras | pure sine-wave generator
generador de oscilaciones | oscillation generator
generador de oscilaciones de modulación de velocidad | velocity modulation generator
generador de oscilaciones sinusoidales | sine wave generator (/oscillator), sinusoidal generator
generador de palabras | word generator
generador de patrones de puntos cro-máticos | colour bar-dot generator
generador de picos de alta tensión | surge generator
generador de piloto | pilot generator
generador de plano compuesto | flat compounded generator
generador de plasma magnético | magnetoplasmadynamic generator
generador de polo desviador | diverter pole generator
generador de polos auxiliares | interpolar generator
generador de polos salientes | salient pole generator
generador de portadora de supergrupo | supergroup carrier generator
generador de portadora regulado por cuarzo | quartz-controlled carrier generator
generador de potencia | power reactor
generador de presión | pressurized
generador de programa de análisis sintáctico | parser generator
generador de programas | programme generator
generador de programas de generación de informes | report programme generator
generador de prueba para telegrafía | telegraph test generator

- **generador de puerta** | gate generator
- **generador de punto y raya** | dot bar generator
- **generador de puntos** | dotter, dot generator
- **generador de radiofrecuencia** | RF generator = radiofrequency generator
- **generador de rampa** | ramp generator
- **generador de rayos** | lightning generator
- **generador de referencia** | reference generator
- **generador de rejilla negativa** | negative grid generator
- **generador de relajación** | relaxation generator
- **generador de reloj** | clock generator
- **generador de resistencia y capacidad** | resistance-capacitance generator
- **generador de retardos** | time-delay generator
- **generador de ruido** | noise generator (/diode)
- **generador de ruido aleatorio** | random noise generator
- **generador de ruido gausiano** | Gaussian noise generator
- **generador de ruido impulsivo** | impulse noise generator
- **generador de ruido térmico** | thermal noise generator
- **generador de secuencias** | sequence generator
- **generador de secuencias prefijadas de impulsos** | pulse moder
- **generador de señal de audio** | audio signal generator
- **generador de señal de audiofrecuencia** | audio signal generator
- **generador de señal de ruido** | noise signal generator
- **generador de señal de sincronización** | sync (signal) generator
- **generador de señal modulada** | modulated signal generator
- **generador de señal normalizado** | standard signal generator
- **generador de señales** | signal generator
- **generador de señales aleatorias** | random signal generator
- **generador de señales analógicas** | analog signal generator
- **generador de señales con barrido** | sweep signal generator
- **generador de señales con barrido de frecuencia** | sweeper
- **generador de señales de audiofrecuencia** | AF signal generator = audiofrequency signal generator
- **generador de señales de conmutación** | switching signal generator
- **generador de señales de onda cuadrada** | square signal generator
- **generador de señales de onda rectangular** | square signal generator
- **generador de señales de prueba** | test signal generator
- **generador de señales de radiofrecuencia** | RF signal generator = radiofrequency signal generator
- **generador de señales de radiofrecuencia y audiofrecuencia** | radiofrequency / audiofrequency generator
- **generador de señales falsas** | meacon
- **generador de señales normalizado con barrido de frecuencia** | standard sweeping frequency signal generator
- **generador de señales sinusoidales** | sinusoidal signal generator
- **generador de señales transistorizado** | transistorized signal generator
- **generador de señalización** | marker generator
- **generador de sincronismo** | synchro (/timing) generator
- **generador de sincronismo automático** | selsyn generator
- **generador de sincronismo para televisión** | television sweep generator
- **generador de sincronismo primario** | timing pulse generator
- **generador de sincronización** | sync generator
- **generador de sinusoides puras** | pure sine-wave generator
- **generador de sombra** | shading generator
- **generador de sonido** | tone (/sound) generator
- **generador de sonido Morse** | Morse sounder
- **generador de subciclo** | subcycle generator
- **generador de subportadora** | subcarrier generator
- **generador de tensión** | voltage generator
- **generador de tensión constante excitado en derivación** | shunt-wound constant voltage generator
- **generador de tensión de ruido** | noise voltage generator
- **generador de tensión normalizado** | standard voltage generator
- **generador de tensión regulable** | variable voltage generator
- **generador de tono** | tone generator (/ringer)
- **generador de tono de llamada** | tone ringer
- **generador de tono de sirena** | siren tone generator
- **generador de tono piloto** | pilot tone generator
- **generador de tono ululante** | warble tone generator
- **generador de trasmisión de arco iris** | keyed rainbow generator
- **generador de trenes de impulsos** | burst (/pulse train) generator
- **generador de trenes de impulsos de tono** | tone burst generator
- **generador de tubo de gas** | gas tube generator
- **generador de tubo gaseoso** | gaseous tube generator
- **generador de tubo neón** | neon generator
- **generador de ultrasonidos** | ultrasound generator
- **generador de válvula** | tube (/valve) generator
- **generador de válvula electrónica** | electron valve generator
- **generador de Van de Graaf** | statitron, Van de Graaf generator
- **generador de vectores** | vector generator
- **generador de velocidad de trasmisión binaria** | bit-rate generator
- **generador de velocidad de trasmisión en baudios** | baud rate generator
- **generador de velocidad en baudios** | baud rate generator
- **generador de vibraciones** | vibration generator
- **generador de videofrecuencia con barrido** | video sweep generator
- **generador de visualización** | display generator
- **generador de voltaje** | voltage generator
- **generador de voltaje constante excitado en derivación** | shunt-wound constant voltage generator
- **generador de voltaje de ruido** | noise voltage generator
- **generador de voltaje regulable** | variable voltage generator
- **generador del código horario** | time code generator
- **generador devanado en derivación** | shunt-wound generator
- **generador diferencial** | differential generator
- **generador diferencial de control de sincronismo** | synchro control differential generator
- **generador eléctrico** | electrical generator; supply
- **generador eléctrico auxiliar** | auxiliary generator
- **generador eléctrico principal** | main generator
- **generador electromagnético** | magnetoelectric generator
- **generador electrónico** | electronic generator
- **generador electrostático** | electrostatic generator
- **generador electrostático giratorio** | rotary electrostatic generator
- **generador en serie** | series-wound generator
- **generador eólico** | wind engine, wind power generator, wind-driven generator
- **generador espectral** | rainbow generator

generador espectral controlado | keyed rainbow generator
generador estelar | stellarator = stellar generator
generador explorador de videofrecuencia | video sweep generator
generador fotoeléctrico de impulsos | photoelectric pulse generator
generador giratorio | rotary generator
generador Hall | Hall generator
generador heterodino | multifrequency heterodyne generator
generador heterodino de varias frecuencias | multifrequency heterodyne generator
generador inductor | inductor generator
generador isotópico | isotopic power generator
generador klistrón | klystron generator
generador monopolar | homopolar generator
generador multicorriente | multiple current generator
generador multifrecuencia | multifrequency generator
generador multipolar | multipolar generator
generador normalizado | normal generator
generador normalizado de frecuencias de barrido | standard sweep frequency generator
generador panorámico | sweep (/wobbulated) generator, wobbulator
generador para gran altura | high altitude generator
generador para soldadura | welding generator
generador para soldar | welding generator
generador patrón de frecuencias | frequency calibrator
generador polifásico | multiphase generator
generador polimórfico | multiple current generator
generador por inducción | inductor generator
generador portátil | portable generator
generador proporcional | rate generator
generador regulado por cuarzo | quartz-controlled generator
generador rotativo | rotary generator
generador seguidor | tracking generator
generador sincrónico | synchronous generator
generador sincrónico de doble arrollamiento | double winding synchronous generator
generador sincrónico diferencial | synchro differential generator
generador sincrónico monofásico | single-phase synchronous generator
generador sincrónico polifásico | polyphase synchronous generator
generador sincronizador | tracking generator
generador solar | solar generator
generador sonoro puntual | simple sound source
generador superconductor | superconducting generator
generador tacométrico | tachometer generator
generador tacométrico de corriente alterna | AC tachogenerator
generador telefónico | telephonically silent generator
generador temporizado | time-delay generator
generador termoeléctrico | thermoelectric generator, steam electric generating unit
generador termoeléctrico de radioisótopos | radioisotope thermoelectric generator
generador termoeléctrico solar | solar thermoelectric generator
generador term(o)iónico | thermionic generator
generador tiratrónico | thyratron generator
generador tiratrónico de dientes de sierra | thyratron sawtooth-wave generator
generador ultraacústico | ultrasonic generator
generador ultrasónico | ultrasonic generator
generador ululante | warble generator
generador unipolar | homopolar generator
generador Van de Graaf | Van de Graaf machine
generador vobulado | wobbulator, wobbulated generator
generadores conectados en paralelo | parallel generators
general | overall
generar | to generate
generar pantalla | to display
generatriz con excitación hipercompuesta | overcompounded generator
generatriz con excitación hipocompuesta | undercompounded generator
genérico | generic
Genie [*servicio de información en línea desarrollado por General electric*] | Genie = General Electric network for information exchange
GEO [*satélite geoestacionario*] | GEO = geosynchronous earth orbit
geodésica | geodesic
geodímetro | geodimeter
geoestacionaria | geostationary
geófono | geophone
geomagnetismo | geomagnetism
geometría | geometry
geometría cuspidada | cusped geometry
geometría de la resistencia | resistor geometry
geometría de las redes | network geometry
geometría de las redes eléctricas | network geometry
geometría de radiación | radiation geometry
geometría defectuosa | poor geometry
geometría favorable | favourable geometry
geometría segura | safe geometry
geométrico | geometric
geon [*procedimiento de navegación*] | geon
GEOSAR [*constelacion de satélites de telecomunicación*] | GEOSAR
geosincrónico [*de revolución sincronizada con la rotación de la Tierra*] | geosynchronous
gerencia principal | claim-management
germanio | germanium
germanio tipo N | N-type germanium
germen | seed
gestión | handling, manage, management
gestión abierta de documentos | open document management
gestión avanzada de la alimentación de energía | advanced power management
gestión común del tráfico | pooling of traffic
gestión de archivos | file management
gestión de averías | fault manegement
gestión de cambios | change management
gestión de cola | queue management
gestión de configuraciones | configuration management
gestión de costes | accounting management
gestión de datos | data management
gestión de documentos | document management
gestión de empresa basada en Web | Web-based enterprise management
gestión de energía | power management
gestión de energía para Windows | Windows power manager
gestión de errores | error control (/handling, /management)
gestión de la alimentación [*de energía*] | power management
gestión de la información | information management
gestión de llamadas | handling of calls
gestión de llamadas perdidas | loss type operation
gestión de memoria | memory management
gestión de prestaciones | performance management
gestión de proyectos | project management
gestión de recursos de información | information resource management
gestión de red | network management

gestión de seguridad | security management
gestión de tareas | task management
gestión de transacciones [*en comercio electrónico*] | transaction management
gestión del color | colour management
gestión del combustible | fuel management
gestión del combustible nuclear | nuclear fuel management
gestión del tráfico | handling of traffic
gestión dinámica [*de programas que funcionan a la vez*] | dynamic scheduling
gestión espacial de datos [*en forma de iconos*] | spatial data management
gestión por bus [*por ejemplo del acceso directo a memoria*] | bus mastering
gestionar | to manage
gestionar fondos [*pasar objetos de fondo a primer plano en gráficos*] | to depth queuing
gestor de aplicaciones | application manager
gestor de archivos | file manager
gestor de bases de datos | database manager
gestor de conexiones | connections manager
gestor de contabilidad personal | personal finance manager
gestor de contactos [*base de datos especial para comunicaciones*] | contact manager
gestor de correo [*electrónico*] | postmaster
gestor de dispositivo [*programa*] | device manager
gestor de entorno gráfico | graphics environmental manager
gestor de errores críticos | critical-error handler
gestor de espacios de trabajo | workspace manager
gestor de estilos | style manager
gestor de extensiones [*gestor de archivos de Macintosh*] | extension manager
gestor de herramientas | tool manager
gestor de información personal | personal information manager
gestor de interrupción | trap handler
gestor de LAN [*antiguo dispositivo conocido también como servidor IBM de LAN*] | LAN Manager
gestor de lista de direcciones de correo [*electrónico*] | mailing list manager
gestor de macros [*programa informático*] | macrorecorder
gestor de memoria | memory mapper
gestor de memoria expandida | expanded memory manager
gestor de presentaciones | presentation manager
gestor de sesión | session manager
gestor de sesiones | session manager

gestor de tipos [*de letra*] | type manager
gestor de ventanas | window manager
gestor del flujo de trabajo | workflow
gestor instalable del sistema de archivos | installable file system manager
GF = generador de frecuencias | FG = frequency generator
GFLOP = gigaflop | GFLOP = gigaflop
GGSN [*nodo de soporte pasarela de GPRS*] | GGSN = gateway GPRS support node
GHI = granate de itrio y hierro | YIG = yttrium iron garnet
GIF [*formato de intercambio gráfico (formato para codificación de imágenes en color)*] | GIF = graphic interchange format
GIF animado | animated GIF
giga- [*prefijo* = 1.000.000.000 *unidades*] | giga-
gigabit | gigabit
gigabits por segundo | gigabits per second
gigabyte | gigabyte
gigaciclo | gigacycle, billicycle
gigaelectrón-vol-tio | gigaelectron-volt, billion electron-volt
gigaflop [*medida informática equivalente a mil millones de operaciones de coma flotante por segundo*] | gigaflop
gigahercio | gigahertz
gigaohmio | gigaohm
gigavatio | gigawatt
GIGO [*residuos dentro, residuos fuera*] | GIGO = garbage in garbage out
GII [*infraestructura global de información*] | GII = global information infrastructure
gilbertio [*unidad de fuerza magnetomotriz en el sistema CGS*] | gilbert
gilbertios por centímetro | gilbert per centimetre
gimoteo | wow
gimp [*tipo de cable muy flexible para telefonía*] | gimp
GINO [*entrada y salida gráfica*] | GINO = graphical input output
girador | gyrator
girar | to rotate
girar rápidamente | to slew
giratorio | rotary, rotating
giro | swing
giro de fase | phase rotation
giro dextrorsum | right (/right-hand, /right-handed) lay
giro hacia la derecha | right lay
giro horizontal | slew
giro inverso | reverse lay
giro oscilatorio | oscillatory spin
giro programado | programmed turn
giro rápido | slewing
giro telegráfico | postal cheque telegram
girodino | gyrodyne
girofrecuencia | gyrofrequency

girofrecuencia trasversal | transverse gyro frequency
giromagnético | gyromagnetic
girorrotor libre | free rotor gyro
giroscopio | gyroscope
giroscopio libre | free gyro = free gyroscope
giróscopo | gyroscope
giróscopo de eje simple | single-axis gyro
giróscopo de posición | attitude gyroscope
giróscopo de velocidad angular | rate gyro
giróscopo de velocidad de giro | rate gyroscope
giróscopo de vibración | vibratory gyroscope
giróscopo direccional | directional gyroscope
giróscopo electrostático | electrostatic gyroscope
giróscopo integrador | integrating gyroscope
giróscopo nuclear | nuclear gyroscope
giróscopo proporcional | rate gyro
giróscopo vibrador | gyrotron
giróscopo vibratorio | vibratory gyroscope
girostático | gyrostatic
GIS [*sistema de información geográfica*] | GIS = geographic information system
GIX [*intercambio global por internet*] | GIX = global Internet exchange
GKS [*sistema de núcleo gráfico*] | GKS = graphics kernel system
glidetón [*variador continuo de la frecuencia de una señal acústica*] | glidetone
glissando [*tono que varía gradualmente de altura*] | glissando
glitch [*forma de interferencia de baja frecuencia en televisión, impulso de estallido en ordenadores*] | glitch [*fam*]
global | global, gross, overall
global y local | global-local
globalización | globalization
Globalstar [*sistema de comunicaciones móviles vía satélite*] | Globalstar
globo radiosonda | rabal = radio (/radiosonde, /radio-sounding) balloon, rawin balloon (/sonde)
globo sonda | sounding balloon
globo sonda con radar | radwind, radar wind (/balloon)
glomb [*bomba planeadora dirigida por radio*] | glomb
glosario | glossary
glucina | beryllia
glucinio | glucinium
Gm [*símbolo de la conductancia recíproca*] | Gm [*symbol for mutual conductance*]
GMR [*cabezal magnetorresistivo gigante (de IBM)*] | GMR = giant magnetoresistive head

GMSC [*centro de conmutación de servicios móviles*] | GMSC = gateway mobile switching centre
GMSK [*formato para modulación digital de portadora*] | GMSK = Gaussian minimum shift keying
GMT [*hora media de Greenwich*] | GMT = Greenwich mean time
GNSS [*sistema de navegación global por satélite*] | GNSS = global navigation satellite system
gobernado por radar | radar-controlled, radar-operated
gobernado por radio | radio-operated
gobierno | control
gobierno automático del haz | automatic beam steering
gófer [*utilidad de internet para presentar información en forma de menús jerárquicos*] | gopher
gollete de tecnetrón | tecnetron bottleneck
golpe | shock, strike, hit
golpe de fase | phase hit
golpe seco | sharp blow
golpe sordo | thump
golpeador | clapper
golpeteo | blow, rattling
golpeteo por encendido | spark knock
goma | rubber
goma aislante | splicing gum
goma aislante para empalmes | splicing gum
goma dura | hard rubber
goma laca | shellac
gonio | direction finder
goniometría | direction (/position) finding
goniometría y telemetría acústicas | sound fixing and ranging
goniómetro | goniometer, direction (/position) finder
goniómetro de la válvula de recuento | counter goniometer
goniómetro de radar | radar direction finder
goniómetro de rayos X | X-ray goniometer
goniómetro de reflexión | reflecting (/reflection) goniometer
goniómetro manual | manual direction finder
GOSIP [*norma sobre aplicación de protocolos OSI*] | GOSIP = government open system interconnection profile [USA]
gota | drop
gota de líquido | drop of liquid
goteo | seepage
gotita | droplet
gotita de niebla | aerosol droplet
GPF [*error de protección general*] | GPF = general protection fault
GPIB [*bus de interfaz universal*] | GPIB = general-purpose interfaz universal bus
GPRS [*servicio general de radiotrasmisión por paquetes*] | GPRS = general packet radio service
GPS [*sistema de posicionamiento global*] | GPS = global positioning system
GRA = grabación, registro | REC = record
grabable sólo una vez | write-once
grabable una vez | write once
grabación | record, recording
grabación a distancia | telerecording
grabación a presión sobre carbón | carbon pressure recording
grabación analógica | analogue recording
grabación automática | autosave
grabación de amplitud constante | constant amplitude recording
grabación de archivo | reference recording
grabación de borrado variable | variable erase recording
grabación de datos | data record
grabación de disco digital | digital disc recording
grabación de dispositivo | device record
grabación de la palabra | speech recording
grabación de la señal | signal recording
grabación de la voz | voice recording
grabación de longitud variable | variable length record
grabación de modulación lateral | lateral recording
grabación de música en directo | recording music live
grabación de picos y valles | hill-and-dale recording
grabación de referencia | reference recording
grabación de remolque | trailer record
grabación de sonido | sound recording
grabación de sonido sobre sonido | sound-on-sound recording
grabación de televisión | TV recording = television recording
grabación de televisión en cinta | tape recording of television
grabación de televisión en película | television film recording
grabación de un disco | cutting of a record
grabación de una sola pista en cinta magnética | single-track magnetic tape recording
grabación de velocidad constante | constant velocity recording
grabación de vídeo | video recording
grabación desfasada | out-of-phase recording
grabación digital en disco | digital-to-disc recording
grabación directa | direct recording
grabación directa en disco | direct-to-disc recording
grabación electrolítica | electrolytic recording
grabación electrónica de vídeo | electronic video recording
grabación electroquímica | electrochemical recording
grabación en blanco | white recording
grabación en campo cruzado | cross-field recording
grabación en cinta de vídeo | videotape recording
grabación en cuatro pistas | four-track recording
grabación en directo | recording live
grabación en discos [*para radiodifusión*] | transcription disc recording
grabación en dos pistas | two-track recording
grabación en frecuencia modulada de portadora simple | single-carrier FM recording
grabación en hilo | wire recording
grabación en paralelo | parallel recording
grabación en polímero con colorante | dye-polymer recording
grabación en profundidad | hill-and-dale recording
grabación en serpentina | serpentine recording
grabación estereofónica | stereo (/stereophonic) recording
grabación estereofónica en cinta | stereophonic tape recording
grabación estereofónica en cinta magnética | stereophonic tape recording
grabación fonográfica | phonograph recording
grabación fotográfica | photographic recording
grabación fotosensible | photosensitive recording
grabación fuente | source recording
grabación horizontal | lateral recording
grabación instantánea | instantaneous recording
grabación lacada | lacquer recording
grabación laminada | laminated record
grabación lateral | lateral recording
grabación maestra | master (record)
grabación magnética | magnetic recording
grabación magnética interna | internal magnetic recording
grabación magnetofónica en cinta | sound recording on (magnetic) tape
grabación magnetoóptica | magneto-optical recording
grabación negra | black recording
grabación no definida | undefined record
grabación por niebla de tinta | ink-mist recording
grabación por programador | timer record
grabación por saturación | saturation recording

grabación por surcos | embossed-groove recording
grabación por vapor de tinta | ink vapour recording
grabación/reproducción | record/playback
grabación sonora | sound recording
grabación superficial | surface recording
grabación supersónica | supersonic recording
grabación termoplástica | thermoplastic recording
grabación trasversal | transverse recording
grabación vertical | vertical recording
grabación vertical-lateral | vertical-lateral recording
grabación y lectura en continuo | streaming
grabado | etching
grabado de retracción | etchback
grabado electrónico | electronic engraving
grabador | cutter
grabador binaural | binaural recorder
grabador de CD | CD burner
grabador de CD-ROM | CD-ROM recorder
grabador de cinta de doble pista | half-track recorder
grabador de conversaciones | voicewriter
grabador de cristal | crystal cutter
grabador de discos | disc recorder
grabador de doble pista | double track recorder
grabador de entrada | input recorder
grabador de facsímil | facsimile recorder
grabador de hélice | helin recorder
grabador de radiosonda | radiosonde recorder
grabador de resumen | summary recorder
grabador de tinta | ink recorder
grabador digital incremental | incremental digital recorder
grabador fonográfico | phonograph recorder
grabador fonográfico mecánico | mechanical phonograph recorder
grabador magnético | magnetic cutter
grabador mecánico | mechanical recorder
grabador monoaural | monaural recorder
grabador monofónico | monophonic recorder
grabadora | recorder, record cutter
grabadora autoequilibrada | self-balancing recorder
grabadora COM [*para grabar datos informáticos en microfilm*] | COM recorder = computer output microfilm recorder
grabadora de alambre | wire recorder
grabadora de casetes | cassette recorder
grabadora de CD | CD recorder, CD-ROM burner, CD-R machine = compact-disc recorder machine
grabadora de ciclo sin fin | endless loop recorder
grabadora de cinta | tape recorder
grabadora de cuatro pistas | four-track recorder
grabadora de dos pistas | two-track recorder
grabadora de gráficos | chart recorder
grabadora de hilo | wire recorder
grabadora de impresión | printing recorder
grabadora de impresión térmica | heat-writing recorder
grabadora de sonidos | sound recorder
grabadora de vídeo de tiempo continuo | time lapse VTR = time lapse video tape recorder
grabadora magnética | magnetic recorder
grabadora magnetofónica de carretes | reel-to-reel tape deck
grabadora portátil | portable receiver
grabadora terminal operada por la voz | terminal VOR = terminal voice-operated recorder
grabar | to record, to save, to transcribe; [*información*] to write
grabar cambios y salir | to exit saving changes
grabar como | to save as
grabar con láser | to burn
grabar los datos de configuración | to save setup data
grabar y salir | to save and exit
Grab/Rep = grabación/reproducción | R/P = record/playback
gracias | thanks
gradación | gradation
gradación de intensidad | intensity gradation
gradiente | gradient, slant range
gradiente adiabático saturado | saturated adiabatic lapse rate
gradiente alterno | alternating gradient
gradiente de calor de Joule | Joule heat gradient
gradiente de campo del radar | radar field gradient
gradiente de concentración | concentration gradient
gradiente de impulsos | pulsed gradient
gradiente de la curva dinámica | mutual conductance
gradiente de par de torsión | torque gradient
gradiente de potencial | potential gradient
gradiente de presión | pressure gradient
gradiente de temperatura | temperature gradient
gradiente de tensión | voltage gradient
gradiente de torsión unitario | unit torque gradient
gradiente de velocidad | velocity gradient
gradiente del frente de onda | wavefront gradient
gradiente normal del módulo de refracción | standard M-gradient, standard refractive module gradient
gradiente patrón de par | unit torque gradient
gradiente térmico | heat gradient
gradiómetro | gradiometer
grado | degree, grade; level
grado aceptable de calidad | acceptable quality level
grado de aprovechamiento | utilization level
grado de autoblindaje | self-screening range
grado de deformación | degree of deformation
grado de desequilibrio | unbalance (/unsymmetry) factor
grado de desequilibrio de una corriente trifásica | unsymmetry factor
grado de disociación | degree (/coefficient) of dissociation
grado de distorsión de la señal | signal distortion rate
grado de enrarecimiento | hardness
grado de enriquecimiento | degree of enrichment
grado de entrada | indegree
grado de exactitud | degree of accuracy
grado de excitación | excitation state level
grado de humedad del aire ambiente | humidity of the atmosphere
grado de inclinación | pitch
grado de integración | integration level
grado de ionización | fractional (/degree of) ionization
grado de libertad | degree of freedom
grado de ocupación del espectro | spectrum occupancy
grado de precisión | degree of accuracy (/precision)
grado de pureza | grade of purity
grado de quemado | burn-up
grado de rarificación | hardness
grado de rectificación de corriente | degree of current rectification
grado de rectificación de tensión | degree of voltage rectification
grado de ruido | noise grade
grado de salida | outdegree
grado de servicio | grade of service
grado de turbidez | degree of turbidity
grado de utilización | utilization rate (/ratio)
grado de vacío | hardness
grado de velocidad | velocity stage
grado día | degree day
grado eléctrico | electrical degree
grado óptimo | optimum
grado sonoro | noise grade

grados de elevación | degree rise
grados de integración | scale of integration
graduación | graduation
graduación de la escala | scaling, scale dividing
graduación de la sensibilidad del ratón | mouse scaling
graduación de velocidad | velocity staging
graduado | graded
graduar | to scale, to set
grafecón [*válvula fotoconductora con haz de electrones de alta velocidad*] | graphecon [*a photoconductive tube that uses a high-velocity electron beam*]
gráfica del seno | sinusoid
gráfico | chart, graph, graphics; [*adj*] graphic
gráfico acíclico | acyclic graph
gráfico bipartito | bipartite graph
gráfico completo | complete graph
gráfico con mapa binario | bitmapped graphic
gráfico conectado unilateralmente | unilaterally connected graph
gráfico conexo | connected graph
gráfico de actividades | activity graph
gráfico de ajuste | resolution chart
gráfico de alta resolución | high resolution graphic
gráfico de barras | bar chart (/graph), column chart
gráfico de De Bruijn | De Bruijn diagram (/graph)
gráfico de definición | resolution chart
gráfico de desvanecimiento | fade chart
gráfico de dispersión | point (/scatter) chart
gráfico de flujo de control | control flow graph
gráfico de flujo de datos | dataflow diagram (/graph)
gráfico de funcionamiento | performance chart
gráfico de Gantt [*para planificación de proyectos*] | Gantt chart
gráfico de Good-de Bruijn | Good-de Bruijn diagram (/graph(
gráfico de grupo | group graph
gráfico de isodosis | isodose chart
gráfico de itinerarios | route map
gráfico de Kurie | Kurie plot
gráfico de líneas | line chart
gráfico de nivel energético | energy level diagram
gráfico de ordenador | computer graphic
gráfico de presentación | presentation graphic
gráfico de reactancias | reactance chart
gráfico de regímenes | rating chart
gráfico de resolución | resolution chart
gráfico de Richardson | Richardson plot
gráfico de rotación | rotation diagram
gráfico de seguimiento | track made good
gráfico de torta | pie chart
gráfico de una red | network graph
gráfico débilmente conectado | wakly connected graph
gráfico del proceso | flow chart
gráfico desconectado | disconnected graph
gráfico desplegable | roller chart
gráfico en línea | inline graphic
gráfico estructurado | structured graphic
gráfico no orientado | undirected graph
gráfico orientado | digraph = directed graph
gráfico planar | planar graph
gráfico ponderado | weighted graph
gráfico por cursor en forma de tortuga | turtle graphic
gráfico por ordenador | computer graphic
gráfico portátil de red | portable network graphic
gráfico trivial | trivial graph
gráfico XY | XY chart
gráficos de negocios | business graphics
gráficos interactivos | interactive graphics
grafismo | graph, graphics
grafismo separable | separable graph
grafito | graphite
grafito boratado | borated graphite
grafito coloidal | aquadag
grafo [*fam*] = gráfico | graph, graphics
grafo acíclico dirigido [*grafo de decisiones para procesamiento de llamadas*] | directed acyclic graph
graftal [*fractal de procesamiento sencillo*] | graftal
gramática | grammar
gramática ambigua | ambiguous grammar
gramática de árboles | tree grammar
gramática de atributos | attribute grammar
gramática de dos niveles | two-level grammar, van Wijngaarden grammar
gramática de longitud creciente | length-increasing grammar
gramática de Van Wijngaarden | two-level grammar, Van Wijngaarden grammar
gramática independiente del contexto | context-free grammar
gramática lineal | linear grammar
gramática lineal derecha | right-linear grammar
gramática lineal izquierda | left-linear grammar
gramática regular | regular grammar
gramática sensible al contexto | context-sensitive grammar
gramática VW = gramática de Van Wijngaarden | VW-grammar = Van Wijngaarden grammar
gramil | scriber
gramo | gram
gramo-roentgen | gram-roentgen
gramófono | gramophone, phonograph
gramófono portátil | portable gramophone (/phonograph)
gran alcance de frecuencias | wide frequency coverage
gran angular | wide-angle lens
gran cobertura de frecuencias | wide frequency coverage
gran hierro [*apelativo familiar de un ordenador potente y caro*] | big iron [*fam*]
gran ordenador | mainframe
gran rapidez de modulación | high modulation rate
granate | garnet
granate de itrio y hierro | yttrium iron garnet
grande | wide
granja de antenas | aerial farm
grano | grain, blivet
granularidad | granularity
granulometría | grain counting
grapa | clip, crimp, staple
grapa de batería | battery clip
grapa de cable | rope grab
grapa de combustible | fuel cluster
grapa de suspensión | suspension clamp
grapa de tensión | strain clamp
grapa para cable | cable (/rope) clamp
grapa para fijar cables | cable cleat (/peanut clamp)
grapar | to crimp
grapinado [*conexión por arrollamiento de un cable en una patilla*] | wire-wrap
grapinado | wrapping, wire-wrapping, spirally wrapped; [*de una conexión*] wrap
grapinado de hilos | wire-wrapping
grapinado sin soldadura | solderless wrap
grapinar | to crimp, to wrap
grasa para cables | rope grease
grave | bass, low
gravedad | gravity
gravedad artificial | artificial gravity
gravedad cero | zero gravity
gravedad específica | specific gravity
graves | lows
gravímetro | gravimeter
gravitación | gravitation
grep [*orden de UNIX para buscar archivos por palabra clave*] | grep = global regular expression print
gridistor [*tipo de transistor de efecto de campo*] | gridistor
grieta | burst, crack, flaw
grifa de unión | splicing fitting
gris | grey [UK], gray [USA]
gris estático | static gray
gritar [*escribir un mensaje o comunicación en un chat utilizando sólo mayúsculas*] | to shout

grosor del trazo [*en caracteres*] | stroke weight
groupware [*grupos y paquetes de software*] | groupware
grúa | boom
grúa móvil | walking beam
grueso | thick
grupo | array, cluster, group, packet, set
grupo abeliano | Abelian group, commutative group
grupo aplicaciones | tool box
grupo básico | basegroup, basic group
grupo codificado | code group
grupo combinable | phantom group
grupo conmutativo | commutative group, Abelian group
grupo convertidor | converter set (/unit), motor generator (set)
grupo convertidor de corriente trifásica en continua | three-phase to direct-current motor generator
grupo cromóforo | chromophore group
grupo de altavoces | loudspeaker system
grupo de antena ancha | broadside aerial array
grupo de antena continuo lineal | continuous linear aerial array
grupo de antena progresiva | endfire aerial array
grupo de antenas | (aerial) array
grupo de antenas binomial | binomial aerial array
grupo de antenas de ranura | slot (aerial) array
grupo de anuncios distribuido [*a todos los ordenadores de una red*] | distributed bulletin board
grupo de aplicaciones | application group
grupo de base | basegroup, basic group
grupo de bastidores | bay
grupo de bits | packet
grupo de botones de selección | radio (button) group
grupo de bytes | gulp
grupo de canales y líneas | line and trunk group
grupo de caracteres | character set
grupo de caracteres redefinibles | redefinible character set
grupo de catorce | fourteen group
grupo de chips de núcleos magnéticos | core chip set
grupo de contactos de resorte accionados en conjunto | spring pileup
grupo de cuatro biestables | quad latch
grupo de cuatro bits | nybble, nibble
grupo de cuatro flip-flops | quad latch
grupo de cuatro hilos | square
grupo de curvas | family of curves
grupo de datos concatenados | concatenated data set
grupo de datos generacionales | generation data group

grupo de debate específico | topic group
grupo de direcciones | address range
grupo de discusión | discussion group, newsgroup
grupo de disponibilidad total | full availability group
grupo de doce canales | twelve-channel group
grupo de emergencia | elementary (/standby) set
grupo de energía neutrónica | neutron energy group
grupo de enlace | bundle, junction (/trunk) group
grupo de enlace general | trunk group, outgoing trunk multiple
grupo de enlaces comunes | common trunk group
grupo de enlaces individuales | individual trunk group
grupo de enlaces múltiples | multiple trunk group
grupo de estudio | study group
grupo de excitación | excitation (/exciter) set
grupo de identificación | identification group
grupo de impulsos | pulse group
grupo de impulsos de referencia | reference pulse group
grupo de indicativos | signature group
grupo de informaciones en memoria volátil | buffer pool
grupo de instrucciones | instruction set
grupo de interés | newsgroup
grupo de interés especial | special interest group
grupo de lámparas | lamp bank
grupo de línea | line group
grupo de líneas | grading group, group of lines
grupo de líneas principales | trunk group
grupo de máscaras | mask set
grupo de noticias | newsgroup
grupo de noticias local [*en internet*] | local newsgroups
grupo de ondas | wave group
grupo de permutación | permutation group
grupo de producto | product group
grupo de programas | program group
grupo de recortes | spring assembly
grupo de relés | relay group
grupo de relés de línea interurbana | trunk line relay set
grupo de reserva | reserve group, elementary (/reserve, /standby) set
grupo de resistencias de conmutación | resistance switchgroup
grupo de retroceso | aggregate recoil
grupo de seis | sextuplet
grupo de signos de desplazamiento | handle
grupo de socorro | elementary set
grupo de tabulación | tab group

grupo de teclas | strip of keys
grupo de trabajo | workgroup, working group, project team
grupo de trece | thirteen group
grupo de tres impulsos | pulse triple
grupo de usuarios restringido | closed user group
grupo de utilización total | full availability group
grupo de usuarios | user group
grupo de usuarios de ordenador | computer users' group
grupo electrogenerador | power plant
grupo electrógeno | electric (/power) generator, generating set, auxiliary generating station, power plant (/unit), power-generating plant
grupo electrógeno a prueba de interrupción | no-break power plant
grupo electrógeno auxiliar | auxiliary power unit
grupo electrógeno de emergencia | standby set
grupo electrógeno de reserva | standby set
grupo electrógeno de servicio continuo | no-break power plant
grupo electrógeno de soldadura | welding (current) set
grupo en cascada | cascade set
grupo encapsulado | potted group
grupo estrecho de antena | close-spaced aerial array
grupo fecha-hora | date-time group
grupo fundamental | fundamental group
grupo generador | electric (/motor) generator, generating set
grupo generador de motor enfriado por agua | water-cooled engine-driven generating set
grupo hidráulico | hydraulic set
grupo hidroeléctrico | hydroelectric set
grupo incorporado | built-in group
grupo interurbano | toll position
grupo interurbano de mucha utilización | high usage trunk
grupo lineal de antena | linear aerial array
grupo maestro | master group
grupo maestro de canales | master group
grupo motogenerador | motor generator set
grupo motor | power unit
grupo múltiple | multigroup
grupo mutilado | mutilated group
grupo negativo-positivo-neutro | NPO body
grupo previo | pregroup
grupo primario | basegroup, primary (/twelve-channel) group, group of twelve channels
grupo principal de chips | core chip set
grupo rectificador | rectifier stack
grupo reductor | gearmotor

grupo reproductor | reproducer group
grupo secundario | supergroup, secondary group
grupo simétrico | symmetric (/symmetry) group
grupo suplementario | supplementary group
grupo terciario | master group
grupo térmico | heat engine set
grupo termoeléctrico | thermal (/thermoelectric) generating set
grupo toponímico | place name abbreviation
grupo trasformador-rectificador | transformer-rectifier assembly
grupo truncado | mutilated group
grupo turboalternador | turbine generator unit, turbogenerator (/turbine-driven) set
grupo turbogenerador | turbogenerator set
grupo unimodular | unimodular group
GSM [*sistema francés de radiotelefonía móvil*] | GSM = groupe spécial mobile (*fra*)
GSM [*sistema global para comunicaciones móviles*] | GSM = global system for mobile communications
GSM 900 [*radiotelefonía celular digital móvil paneuropea basada en GSM*] | GSM 900
GSS [*estación sensora Galileo (para recopilación de informaciones procedentes de satélites)*] | GSS = Galileo sensor station
GT [*hora global; sistema horario de referencia en internet*] | GT = global time
GTP [*protocolo de túnel GPRS (entre nodos GSN)*] | GTP = GPRS tunneling protocol
guante | glove
guante protector | protective glove
guante sensor [*que convierte el movimiento de mano y dedos en órdenes, usado en realidad virtual*] | data glove
guarda | guard
guardacabo | thimble
guardar | [*en memoria*] to archive; [*un archivo informático*] to file; [*datos*] to save
guardar como | to save as
guardar como archivo tipo | to save file as type
guardar configuración | to save settings
guardar en sector absoluto [*registrar un byte en un sector absoluto de la memoria*] | to poke
guardar en situación de espera [*por ejemplo un programa abierto mientras se está utilizando otro*] | to hide
guardar todas las propiedades | to save all properties
guardar todo | to save all
guardia | watchkeeping
guarnición dividida | split fitting
guarnición terminal de conducto de cables | raceway terminal fitting
guerra de desahogo | flame war
guerra electrónica | electronic warfare
guerra espacial | space warfare
guerra informática | information warfare
guerra radiológica | radiological warfare
GUI [*interfaz gráfica de usuario*] | GUI = graphical user interface
guía | comb, guide, track
guía automática | self-guidance
guía celeste | celestial guidance
guía controlada | command guidance
guía de alambre para cinta | wire ribbon guide
guía de aprendizaje | tutorial
guía de cables | wire guide
guía de cinta | tape guide
guía de concentración radiactiva | radioactivity concentration guide
guía de encaminamiento | routing directory (/guide)
guía de engranaje | snap-in slide rail
guía de fichas | card bed
guía de hilos | wire guide, wire-fanning strip
guía de impresión | printing track
guía de indicadores de ruta | routing directory (/guide)
guía de infrarrojos | infrared guidance
guía de la antena colgante | fairlead
guía de la barra de alimentación | busbar guide
guía de la tarjeta | card guide
guía de la válvula | valve guide
guía de luz | light guide
guía de ondas | pipe, waveguide, wave duct
guía de ondas acanalada | corrugated waveguide
guía de ondas adaptada | matched waveguide
guía de ondas articulada | vertebrate waveguide
guía de ondas comprimible | squeezable waveguide
guía de ondas con múltiples modos | multimode waveguide
guía de ondas de fibra óptica | fibre-optic waveguide
guía de ondas de múltiples cilindros coaxiales | multiple resonant line
guía de ondas de óptica difusa cargada por franjas | strip-loaded diffused optical waveguide
guía de ondas de placas paralelas | parallel plate waveguide
guía de ondas de planos paralelos | parallel plane waveguide
guía de ondas dieléctrica | dielectric waveguide
guía de ondas en hélice | waveguide twist
guía de ondas fusiforme | waveguide taper
guía de ondas multimodo | multimode waveguide
guía de ondas ondulada | corrugated waveguide
guía de ondas óptica | optical waveguide
guía de ondas radiante | radiating guide
guía de ondas ranurada | slotted line (/section, /waveguide)
guía de ondas ranurada de medición | slotted measuring section
guía de ondas rectangular | rectangular waveguide
guía de ondas revirada | waveguide twist
guía de ondas uniforme | uniform waveguide
guía de protección contra las radiaciones | radiation protection guide
guía de prueba | test driver, jumper guide
guía de radionavegación | radionavigation guidance
guía de resortes | comb
guía de ruta | track guide
guía de sincronización | synchroguide
guía de trayectorias | track guide
guía de válvulas equivalentes | tube (/valve) interchangeability guide
guía del carro de impresión | printing carriage track
guía del flujo | flux guide
guía del flujo electromagnético | flux guide
guía del producto | product guide
guía del producto en línea | online (/on-line) product guide
guía del usuario | operator (/user) guidance, owner's (/user's) guide, user guide (/manual)
guía dieléctrica | dielectric guide
guía direccional semiactiva | semiactive homing guidance
guía en X | X guide
guía fija | fixed comb
guía fotoeléctrica | photoelectric guider
guía inercial por radio | radio-inertial guidance
guía móvil | moving comb
guía O | O guide
guía para cables | wireway, cable guide
guía para hilos | wireway
guía para la solución de anomalías | troubleshooting guide
guía para la utilización de normas | guide for use of standards
guía para solución de anomalías | troubleshooting guide
guía para válvulas | tube (/valve) guide (/pilot)
guía pasiva a la base de origen | passive homing guidance
guía por haz | beam-rider guidance
guía por órdenes | command guidance
guía por radar | radar guidance (/homing)
guía radial | radial lead

guía radiante | radiating guide
guía secundaria | secondary guide
guía semiactiva | semiactive homing
guía telefónica | system directory, telephone book (/directory)
guía telefónica electrónica | electronic directory
guía vectorial asistida por radar | radar vectoring
guiacable | cable guide
guiado | guidance, guiding; guided
guiado activo | active homing
guiado acústico | acoustic homing
guiado autónomo | full active homing
guiado casi autónomo | quasi-active homing guidance
guiado con referencia terrestre | terrestrial reference guidance
guiado controlado por seguimiento óptico | optical track command guidance
guiado de aproximación | homing guidance
guiado de la trayectoria de colisión | collision course homing
guiado de prosecución de trayectoria | pursuit course guidance
guiado direccional | directional homing
guiado estelar | stellar guidance
guiado hiperbólico | hyperbolic guidance
guiado inercial | inertial guidance
guiado pasivo | passive homing
guiado por agua radiactiva | active water homing
guiado por hilo | wire guidance
guiado por hilos | wire-guided
guiado por infrarrojos | infrared homing
guiado por interferómetro | interferometer homing
guiado por loran | loran guidance
guiado por mando directo | direct command guidance
guiado por órdenes | command-driven
guiado por órdenes de seguimiento | track command guidance
guiado por radio | radioguided, radio-guided, radio-controlled
guiado por reposición | homing guidance
guiado por retrotelevisionado | television repeat-back guidance
guiado preajustado | preset guidance
guiado prestablecido | preset guidance
guiado terminal | terminal guidance
guiado terrestre | terrestrial guidance

guiado terrestre magnético | terrestrial magnetic guidance
guiado vectorial | vector
guiado verdadero | true homing
guiador por querencia | homer
guiaondas revirado | twist
guiaonda óptico | fiber optic
guiaondas | pipe, waveguide, wave duct
guiaondas abocinado | tapered waveguide
guiaondas ahusado | tapered waveguide
guiaondas articulado | vertebrate waveguide
guiaondas cerrado | closed waveguide
guiaondas cilíndrico | rod, single-wire transmission line
guiaondas circular | circular waveguide
guiaondas comprimible | squeeze box, squeezable waveguide
guiaondas con estriados internos | ridge waveguide
guiaondas con fugas | leaky waveguide
guiaondas con resalte interior dentado | serrated ridge waveguide
guiaondas con resaltes internos | ridge waveguide
guiaondas con tornillo sintonizador | waveguide slide-screw tuner
guiaondas de adaptador | stub waveguide
guiaondas de aleta | fin waveguide
guiaondas de estructura periódica | periodic waveguide
guiaondas de haz | beam waveguide
guiaondas de metal no ferroso | non-ferrous waveguide
guiaondas de placas paralelas | parallel plate waveguide
guiaondas de sección variable | tapered waveguide
guiaondas de terminación deslizante | sliding waveline termination
guiaondas de trasformador | transformer waveguide
guiaondas de un solo conductor | uniconductor waveguide
guiaondas dieléctrico | dielectric waveguide
guiaondas dispersor | leaky waveguide
guiaondas elíptico | elliptical waveguide
guiaondas flexible | flexible waveguide
guiaondas helicoidal | helix waveguide

guiaondas monoconductor onductor | uniconductor waveguide
guiaondas óptico | optical waveguide
guiaondas óptico de película fina | thin-film optical waveguide
guiaondas radiante | radiating guide
guiaondas ranurado | slotted waveguide, waveguide slotted section
guiaondas ranurado de medición | waveguide slotted section
guiaondas rectangular | rectangular waveguide
guiaondas revirado | waveguide twist
guiaondas segmentado | septate waveguide
guiaondas superficial | surface waveguide
guiaondas tabicado | septate waveguide
guiaondas unidireccional | waveguide isolator
guiaondas uniforme | uniform waveguide
GUID [*identificador único universal, identificación universal general*] | GUID = globally unique identifier, global universal identification
guión | [*signo ortográfico*] hyphen; [*raya de medio cuadratín (en artes gráficas)*] en dash
guión blando [*para división automática de palabras*] | soft hyphen
guión discrecional [*para corte automático de palabras en cambio de línea*] | discretionary hyphen
guión duro [*que permanece como parte integrante del texto, a diferencia del 'blando' utilizado para la división de una palabra al final de la línea*] | hard hyphen
guión largo | em dash
guión normal | normal hyphen
guión opcional | optional hyphen
guión requerido | required hyphen
gummita | gummite
gunzip [*utilidad GNU para descompresión de archivos*] | gunzip
gurú [*experto técnico que soluciona problemas de forma incomprensible*] | guru
gusano [*tipo de virus informático*] | worm
gusano de internet [*código de autorreplicación*] | Internet worm
gutapercha | gutta-percha
GVR [*registro de código de grupos*] | GCR = group code recording]
gzip [*utilidad GNU para compresión de archivos*] | gzip

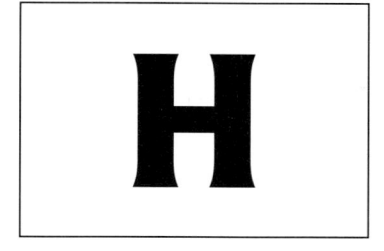

H

H = henrio [*unidad de inductancia*] | H = henry
H = hidrógeno | H = hydrogen
habilitación | strobe
habilitar | to enable
habla | talk
habla natural | naturally speaking
habla sintética | synthetic speech
hablar | to speak, to talk
hacer | to make
hacer clic | to click
hacer contacto | to make contact
hacer copia de seguridad | to back up
hacer copia de seguridad y restaurar | to backup and restore
hacer el vacío | to evacuate
hacer grecas [*en gráficos o para representar líneas de texto*] | greeking
hacer pruebas de sondeo | to sample
hacer radiactivo | to radioactivate
hacer saltar | to strike
hacer saltar una chispa | to strike
hacer solamente | to perform only
hacer un archivo de reserva | to back up
hacer un backup | to back up
hacer un cortocircuito | to short
hacer un prototipo | to prototype
hacer un puente | to jump
hacer un zoom | to zoom
hacer una copia | to write through
hacer una pausa | to pause
hacer una selección estroboscópica | to strobe
hacer valer | to establish
haces de fibras ópticas | fibre-optic bundles
hacia | to
hacia adelante | forward
hacia atrás | backward
hacia el sur | southbound
hacker [*informático especializado en la ruptura de códigos de seguridad*] | hacker
hadrón | hadron
hafnio | hafnium
HAGO [*fórmula de despedida en internet*] | HAGO = have a good one
HAL [*capa de abstracción de hardware*] | HAL = hardware abstraction layer
halo | halo
halo pleocroico | pleochroic halo
halógeno | halogen
Handle-Talkie [*marca comercial de un pequeño radiotrasmisor de mano*] | Handie-Talkie
hardware [*equipo físico*] | hardware
hardware de máquina | machine hardware
hasta | till, to
hasta luego [*expresión usual en chat y correo electrónico*] | L8R = see you later
haz | beam, bundle, ray, sheaf
haz acústico | sound beam
haz ajustado | aligned bundle
haz aleatorio | random bundle
haz ancho | broad (/wide) beam
haz atómico | atomic beam
haz buscador de radar | radar search beam
haz catódico | cathode beam
haz catódico doble | twin cathode-ray beam
haz coherente | coherent bundle
haz configurado | shaped beam
haz conmutado | switched beam
haz continuo | continuous beam
haz convergente de rayos | convergent beam
haz de alineación | radio range beam (/leg)
haz de antena en abanico | fanning beam
haz de aterrizaje | landing beam
haz de átomos | atomic beam
haz de canales | multichannel link
haz de circuitos | bunch (/group) of circuits
haz de combustible | fuel bundle
haz de conductores | bus, group of conductors
haz de cosecante cuadrada | cosecant-squared beam
haz de definición | resolution wedge
haz de electrones | electron beam
haz de electrones de confinamiento magnético | magnetically confined electron beam
haz de fibras | fibre bundle
haz de fibras ópticas | optical fibre bundle
haz de gran abertura angular | wide beam
haz de guiado | guidance beam
haz de iones | ion beam
haz de iones positivos | positive ion beam
haz de luz | beam of light, light (ray) pencil
haz de mantenimiento | holding beam
haz de ondas | wave bundle (/group)
haz de ondas de radar | radar ray
haz de ondas de radio | radio beam
haz de ondas radioeléctricas | radio ray, radiofrequency beam
haz de planos | sheaf of planes
haz de plasma | plasma beam
haz de protones | proton ray
haz de protones polarizado | polarized proton beam
haz de proyector | searchlight beam
haz de radar | radar beam
haz de radar en abanico | beavertail
haz de radiación | radiation beam
haz de radio para aterrizaje | radio-landing beam
haz de radiofaro direccional | radio range beam (/leg)
haz de radioondas | radio ray
haz de rayos | ray beam
haz de rayos luminosos | beam of light, light (ray) pencil
haz de retención | holding beam
haz de retorno | return beam
haz de salida | ejected (/extracted) beam
haz de seguimiento | tracking beam
haz de sonido | sound beam
haz de soporte | holding beam
haz de ultrasonidos | ultrasonic beam
haz de zumbido | on-course signal
haz detector de radar | radar search beam

haz difuso | scattered beam
haz direccional | directional beam
haz dividido | split beam
haz electrónico | electron beam
haz electrónico de múltiples velocidades | multivelocity electron beam
haz electrónico de velocidad modulada | velocity-modulated electron beam
haz electrónico laminar | sheet electron beam
haz en abanico | fan beam
haz en cola de castor | beavertail beam
haz en pincel | pencil beam
haz en V | V beam
haz estático | static beam
haz estrecho | narrow-beam
haz explorador | scanning beam
haz fijo | fixed beam
haz fijo concentrado | sealed beam
haz filiforme | pencil beam
haz frontal | front beam
haz giratorio | rotating beam
haz global | global beam
haz guía de aterrizaje | landing beam
haz hendido | split beam
haz heterogéneo de rayos | heterogeneous beam of radiation
haz horizontal en abanico | beavertail beam
haz inyectado | injected beam
haz iónico | ion beam
haz laminar | sheet beam
haz localizador | local beam
haz luminoso | luminous beam
haz molecular | molecular beam
haz móvil | moving beam
haz múltiple | split course
haz paralelo | parallel beam
haz paralelo de rayos | parallel beam of rays
haz perfilado | shaped beam
haz periódico | periodic beam
haz polarizado | polarized beam
haz posterior | back beam
haz pulsado | pulsed beam
haz radioeléctrico | radio (/radiofrequency) beam
haz seguidor | tracking beam
haz sonoro | sound beam
haz supersónico | supersonic beam
haz trasversal | transverse beam
haz tricolor | tricolour beam
haz ultrasónico | ultrasonic beam
haz urbano | bundle
haz útil | useful beam
haz vertical | vertical beam
HBJT [*transistor bipolar de efecto de campo*] | HBJT = heterojunction bipolar junction transistor
HCI [*interfaz (/interacción) hombre-ordenador*] | HCI = human-computer interface (/interaction)
HDBMS [*sistema jerarquizado de gestión para bases de datos*] | HDBMS = hierarchical database management system

HDD [*controladora de disco duro*] | HDD = hard disk driver
HDF [*formato jerarquizado de datos*] | HDF = hierarchical data format
HDLC [*control de enlace de datos de alto nivel (procedimiento de trasmisión de datos en redes por paquetes con reconocimiento y corrección de fallos de trasmisión)*] | HDLC = high level data link control
HDSL [*DSL de alta velocidad de trasmisión, línea digital de abonado para alta velocidad de trasmisión de bits (/datos)*] | HDSL = high bit rate DSL = high-bit-rate digital subscriber line, high-data-rate digital subscriber line
HDT [*terminal digital de cabecera*] | HDT = headend digital terminal
HDTV [*televisión de alta definición*] | HDTV = high-definition television
HDU [*unidad de disco duro*] | HDU = hard disk unit
He = helio | He = helium
headroom [*margen de seguridad entre el nivel de la señal y el de distorsión*] | headroom
heap [*área de almacenamiento para variables dinámicas*] | heap
hebra identificadora | tracer thread
hecho | done
hecho a medida | tailor-made
hecto- [*pref. que significa 10^2 = 100*] | hecto- [*pref. meaning 10^2 = one hundred*]
helada de radiación | radiation frost
hélice | helix, twist, twisted section
hélice binomial | step twist
hélice de exploración | scanning helix
hélice de giro a la derecha | right-hand helix
hélice de impresión | printing helix
hélice de Roger | Roger spiral
hélice de válvula de ondas progresivas | travelling-wave valve helix
hélice dextrógira | right-hand helix
helicoidal | helical
helicometría | helicometry
helicón | helicon
helio | helium
heliógrafo | solar talagraph
heliomotor | solar (energy) engine
helión | alpha particle, helium nucleus
heliónica | helionics
helioscopio de polarización | polarizing solar prism
hello done [*mensaje del servidor que da fin al protocolo inicial de trasmisión*] | hello done
hembra | female
hembra de conector | sleeve
hemimórfico | hemimorphic
hemitropía óptica | optical twinning
hendidura | burst, indentation
henrio | henry
henrio internacional | international henry
heptodo | heptode, pentagrid valve
heptodo conversor | pentagrid conver-

ter
herciano | Hertzian
hercio | hertz
hercios por segundo | cycle per second
heredar | to inherit
herencia | inheritance
hermana | sibling, sister
hermano | brother, sibling
hermeticidad | vacuumtightness
hermético | airtight, hermetic, vacuum tight
hermético al aire | vacuumtight
hermético al vapor | vapour-sealed
herramienta | tool, utility
herramienta de ajuste | alignment tool
herramienta de alineación | aligning tool
herramienta de análisis de seguridad | security analysis tool
herramienta de autor | authoring tool
herramienta de ayuda al software | software tool
herramienta de desarrollo | development tool
herramienta de empalmar | splicing tool
herramienta de grapinado | wire-wrapping tool
herramienta de programación | programming tool
herramienta de servicio | service tool
herramienta de software | software tool
herramienta de varilla | toolbar
herramienta eléctrica | power tool
herramienta eléctrica portátil | portable electric tool
herramienta mecánica | power tool
herramienta motorizada | power tool
herramienta movida por motor | power tool
herramienta neumática percusiva | percussive pneumatic tool
herramienta neutralizadora | neutralizing tool
herramienta para curvar cables | tilting tool
herramienta para el desarrollo de software | software tool
herramienta para pelar cables | cable butting tool
herramienta para preparación de datos | data preparation tool
herramienta para preparación y verificación de datos | data preparation and veritication tool
herramienta para soldar | soldering tool
herramienta para verificación de datos | data verification tool
herramienta pelacables | insulation (/wire) stripper, wire-stripping tool
herramienta programada automáticamente | automatically-programmed tool
herramienta que no desprende chispas | nonsparking tool

herramienta RAD [*herramienta de desarrollo de aplicación rápida*] | RAD tool = rapid application development tool
herramienta ultrasónica | ultrasonic tool
herramienta ultrasónica de corte | ultrasonic slicing tool
herramientas del escritorio | desktop tools
herramientas para el desarrollo de SW | tools
hervidor eléctrico | electric kettle
heterocristal | heterocrystal
heterodinación óptica | optical heterodyning
heterodinado ascendente | upward heterodyning
heterodinado elevador de frecuencia | upward heterodyning
heterodinar | to heterodyne, to mix
heterodino | heterodyne
heteroestructura | heterojunction
heterogeneidad | heterogeneity
heterogéneo | heterogeneous
heterosfera | heterosphere
heterostático | heterostatic
heterounión | heterojunction
heurística | heuristics
heurístico | heuristic
hex = hexadecimal | hex = hexadecimal
hexadecimal | hexadecimal, sexagesimal
hexafásico | six-phase
hexafluoruro de azufre | sulphur hexafluoride
hexafluoruro de uranio | uranium hexafluoride
hexapolar | six-pole
hexapolo | six-pole device, three-port device
hexodo [*válvula de seis electrodos*] | hexode [*six-electrode valve*]
Hf = hafnio | Hf = hafnium
HFET [*dispositivo amplificador de señal*] | HFET = heterojunction field-effect transistor
Hg = mercurio | Hg = mercury
HG [*generador Hall*] | HG = Hall generator
HGC [*adaptador para gráficos monocromáticos*] | HGC = monochrome graphics adapter
HHOK [*expresión que indica humor, usada en internet*] | HHOK = ha, ha, only kidding
hibridación de las funciones propias | hybridization of eigenfunctions
híbrido | hybrid
híbrido de película fina | thin-film hybrid
híbrido monolítico | monolithic hybrid
hidráulica | fluid mechanics
hidráulico | hydraulic
hidroelectricidad | hydroelectrics
hidrófono | hydrophone
hidrófono capacitivo | capacitor hydrophone

hidrófono de bobina móvil | moving coil hydrophone
hidrófono de conductor móvil | moving conductor hydrophone
hidrófono de gradiente | gradient hydrophone
hidrófono de gradiente de presión | pressure gradient hydrophone
hidrófono de línea | line hydrophone
hidrófono de presión | pressure hydrophone
hidrófono de velocidad | velocity hydrophone
hidrófono direccional | directional hydrophone
hidrófono dividido | split hydrophone
hidrófono multicelular | split hydrophone
hidrófono omnidireccional | omnidirectional hydrophone
hidrófono partido | split hydrophone
hidrófono piezoeléctrico para mediciones en pozos | piezoelectric well hydrophone
hidrófono unidireccional | unidirectional hydrophone
hidrógeno | hydrogen
hidrógeno naciente | nascent hydrogen
hidrógeno pesado | deuterium, heavy hydrogen
hidrogenoide | hydrogen-like atom
hidrólisis | hydrolysis
hidromagnetismo | hydromagnetics
hidrómetro | hydrometer
hidróxido de níquel | nickel hydroxide
hidruro metálico de níquel | nickel metal hydrure
hielo seco | dry ice
hierro | iron
hierro al silicio | silicon iron
hierro Armco [*marca comercial*] | Armco iron
hierro bruto | pig iron
hierro de carbonilo | carbonyl iron
hierro de fundición | cast iron
hierro dulce | soft iron
hierro electrolítico | electrolytic iron
hierro inerte | passive iron
hierro móvil | moving iron
HI FI [*alta fidelidad*] | HI FI = high fidelity
higiene radiactiva | radiation hygiene
higrómetro | hygrometer
higrómetro eléctrico | electric hygrometer
higrómetro registrador | self-recording hygrometer
higroscópico | hygroscopic
higrostato | hygrostat
hijo | child
hilaza de aramida | aramid yarn
hilera | file, string
hilera de bastidores | bay
hilo | wire, strand
hilo A | A wire
hilo a tierra | tip
hilo activo | active wire

hilo aéreo | overhead wire
hilo aislado con algodón encerado | waxed-cotton-covered wire
hilo aislado con algodón parafinado | waxed-cotton-covered wire
hilo aislado con caucho | rubber-covered wire
hilo aislado con goma | rubber-covered wire
hilo aislado con papel | paper-covered wire, paper-insulated wire
hilo aislado con seda | silk-covered wire, silk-insulated wire
hilo aislado con seda y algodón | silk-and cotton-covered wire
hilo alimentador | source wire
hilo apantallado | shielded wire
hilo auxiliar | pilot wire
hilo B | B wire
hilo bajo cinta | taped wire
hilo bimetálico | bimetallic wire
hilo C | C wire
hilo C de la clavija | private wire
hilo central | centre wire
hilo coloreado | coloured thread
hilo coloreado para identificación | cotton binder
hilo con aislamiento de ramio | ramie-covered wire
hilo con forro sencillo de seda | single-silk-covered wire
hilo con metalizado magnético | magnetic plated wire
hilo con revestimiento vinílico | vinyl-coated wire
hilo conductor | thread
hilo conductor de termopar | thermocouple lead wire
hilo de amarre | binding wire
hilo de anillo | B wire
hilo de antena | aerial wire
hilo de antena de conductores trenzados | stranded aerial wire
hilo de apantallado | shield wire
hilo de atar | binding wire
hilo de avance | advance wire
hilo de bajada | drop wire
hilo de batería | B wire = battery wire
hilo de blindaje | shield wire
hilo de canal de audio | audio-channel wire
hilo de canutillo | C wire
hilo de circuito privado | private wire
hilo de cobre estañado | tinned copper wire
hilo de cobre recubierto de seda | silk-covered copper wire
hilo de comprobación | test wire
hilo de conexión | connector, wire lead
hilo de conexión para semiconductor | semiconductor lead wire
hilo de conexión revestido de acero | steel-clad lead
hilo de conexión soldada | solderable lead
hilo de contabilizador | meter wire
hilo de contacto | whisker, contact wire aerial

hilo de contacto deslizante | slide wire
hilo de contador | meter wire
hilo de control | guard
hilo de cuadrete | quad wire
hilo de cuarzo | quartz fibre
hilo de deformación | strain wire
hilo de derivación | shunt wire
hilo de drenaje | drain wire
hilo de guiado | lead wire
hilo de ida | feed wire
hilo de identificación | cotton binder
hilo de imán | magnet wire
hilo de la clavija | C wire
hilo de la fase | phase conductor
hilo de Lecher | Lecher wire
hilo de liberación | release wire
hilo de línea | line wire
hilo de línea telegráfica | telegraph wire
hilo de manguito | C wire, sleeve wire
hilo de marcaje | marking wire
hilo de oropel | tinsel strand
hilo de paso | lead-in wire
hilo de platino | platinum wire
hilo de potencial | pressure wire
hilo de prueba | private (/sleeve, /test) wire
hilo de puente | distributing wire; [*latiguillo de hilos trenzados para puentear entre las regletas de un repartidor*] jumper wire
hilo de puesta a masa | ground lead
hilo de punta | C wire, T wire, tip wire
hilo de punta y nuca | tip-and-ring wire
hilo de reconocimiento | tracer thread
hilo de referencia | reference lead, tracer thread
hilo de resistencia | resistance wire
hilo de retardo | lag (/lead) lag
hilo de retorno | return lead (/wire)
hilo de salida | sense wire
hilo de señales | signal wire
hilo de señalización | marker thread, signal wire, signalling lead
hilo de soldadura | bonding wire
hilo de suspensión | slinging wire
hilo de tercer muelle | C wire
hilo de termopar | thermocouple wire
hilo de tierra | earth (/ground) lead (/wire)
hilo de unión | guy wire
hilo del timbre | bell wire
hilo descubierto | uninsulated wire
hilo desnudo | bare (/open, /uninsulated) wire, open-wire conductor
hilo E | E lead
hilo encintado | taped wire
hilo enlazable | bondable wire
hilo esmaltado bajo papel | paper-insulated enamelled wire
hilo estañado | tinned wire
hilo fino | thin wire
hilo flexible | tinsel wire
hilo forrado con seda | silk-covered wire
hilo forrado con una capa de algodón | single-cotton covered wire

hilo fusible | fuse wire
hilo ignífugo | flameproof wire
hilo incombustible | flameproof wire
hilo inductor | primary wire
hilo M de señalización | M signalling lead
hilo magnético | magnetic wire
hilo magnético revestido | plated magnetic wire
hilo miniatura | miniature wire
hilo musical | wired broadcasting
hilo N | N lead
hilo negativo | B wire, negative wire
hilo neutro | neutral, third wire, zero lead
hilo para bobina magnética | magnet wire
hilo para devanados | winding wire
hilo para extensímetro | strain wire
hilo para timbre | bell wire
hilo pararrayos | ground (/pole earth) wire
hilo pelado | bare (/uninsulated) wire
hilo piloto | pilot wire
hilo piloto coloreado | coloured tracer thread
hilo positivo | positive wire
hilo primario | primary wire
hilo refractario | flameproof wire
hilo SCE [*hilo esmaltado con una capa de algodón*] | SCE wire
hilo sencillo | solid wire
hilo sencillo de cobre | solid copper wire
hilo sensible | sense wire
hilo sensor | sensing wire
hilo sin aislamiento | uninsulated wire
hilo tejido | braided wire
hilo telefónico | telephone wire
hilo telegráfico | telegraph wire
hilo templado | annealed wire
hilo tenso | taut wire
hilo terminal | finish (/wire) lead
hilo termostático | thermostat wire
hilo testigo | pilot wire
hilo trasversal | transverse wire
hilo triple de puentes | triple jumper wire
hilo triple de volante | triple jumper wire
hilo Wallaston | Wallaston wire
hilo Wiegand | Wiegand wire
hilos de conexión | pigtail
hinchamiento | swelling
hipérbola | hyperbola
hipérbola esférica | spherical hyperbola
hipercarga | hypercharge
hiperconductividad | superconductivity
hiperconductor | superconductor
hipercubo | hypercube
hiperdisco [*duro*] | hyperdisk
hiperenlace | hyperlink
hiperenlace empotrado | embedded hyperlink
hiperenlace entre volúmenes | cross-volume hyperlink

hiperespacio | hyperspace
hiperfragmento | hyperfragment
hiperfrecuencia | overfrequency, very high frequency
hiperfrecuencia acústica | praetersonics
hipermedios | hypermedia
hipernas [*sistema de guía con autocompensación inercial*] | hipernas
hipernúcleo | hypernucleus
hiperón | hyperon
hiperpaginación | thrashing
hiperpuro | ultrapure
hiperrápido | ultrarapid
hipersensibilización | supersensitization
hipersensible | supersensitive
hipersensor | hypersensor
hipersónico | hypersonic
hipertexto | hypertext
hipertono | overtone
hipervoltaje | supervoltage
hipocentro | hypocentre
hipofrecuencia | very low frequency
hipótesis | hypothesis
hipótesis atómica | atomic hypothesis
hipótesis del éter | ether hypothesis
hipotético | hypothetical
HIPPI [*interfaz paralela de alto rendimiento*] | HIPPI = high performance parallel interface
hipsógrafo | level recorder, recording transmission measuring set
hipsograma | hypsogram, (transmission) level diagram
hipsómetro | hypsometer, transmission level meter
hipsómetro de lectura directa | direct reading transmission measuring set
HISPASAT [*sistema español de satélites*] | HISPASAT [*Spanish satellite system*]
histeresígrafo | hysteresigraph
histeresímetro | hysteresis meter
histéresis | hysteresis
histéresis de control | control hysteresis
histéresis de frecuencia | frequency hysteresis
histéresis de la conmutación | switching hysteresis
histéresis del dieléctrico | dielectric hysteresis
histéresis dieléctrica | dielectric hysteresis
histéresis eléctrica | electric hysteresis
histéresis magnética | magnetic hysteresis
histéresis rotacional | rotational hysteresis
histéresis viscosa | creeping, viscous hysteresis
histeresiscopio | hysteresiscope
histeroscopio | hysteroscope
histograma | histogram
histograma de intervalo de tiempo | time interval histogram

historia | history
historial | history
historial de radiación | radiation history
HIT = histograma de intervalo de tiempo | TIH = time interval histogram
hive [*juego de claves de alto nivel de Windows*] | hive
HLC [*compatibilidad de las capas altas*] | HLC = high layer capability
HLL [*lenguaje de alto nivel*] | HLL = high level language
HLR [*registro de localización en origen*] | HLR = home location register
HLS [*modelo de color matiz-luminosidad-saturación*] | HLS = hue-lightness-saturation
HMA [*área de memoria alta*] | HMA = high memory area
HMD [*dispositivo montado en cabezal*] | HMD = head-mounted device
Ho = holmio | Ho = holmium
hodoscopio | hodoscope
hoja | foil, leaf, sheet
hoja aislante de ranura | slot cell
hoja de aluminio | aluminium foil
hoja de cálculo | spreadsheet, worksheet
hoja de cálculo electrónica | electronic spreadsheet
hoja de cambio | change note
hoja de contacto | tab
hoja de datos | data sheet
hoja de encaminamiento | routing form
hoja de encolado | bonding sheet
hoja de estilos [*para el formato del texto*] | style sheet
hoja de grabación | record sheet
hoja de partida | starting sheet
hoja de plata | silver foil (/leaf)
hoja de propiedades | property sheet
hoja de ruta | routing form
hoja de trabajo | worksheet
hoja electrónica | spreadsheet
hoja electrónica de cálculo | spreadsheet calculator (/programme)
hoja exterior | outside foil
hoja magnética | magnetic strip
hoja metálica | sheet metal
hoja superconductora | superconducting foil
hojas de estilo en cascada | cascading style sheet
hojear | to browse
hojuela de cobre | copper foil
hojuela metálica | metallic foil
hola de cliente [*mensaje de salutación del cliente al servidor*] | client hello
holgura | clearance, play, slack
holgura de la válvula | valve clearance
holgura longitudinal | end play
holmio | holmium
holografía | holography
holografía de microondas | microwave holography
holografía en luz polarizada | polarization holography

holograma | hologram
holograma de fotopolímero | photopolymer hologram
holograma de reflexión | reflection hologram
holograma generado por ordenador | computer-generated hologram
hombre de ciencia | scientist
hombre en medio [*ataque de una tercera parte a una comunicación bilateral para capturar las claves*] | man-in-the-middle
home-on-jam [*dispositivo de radar que permite el seguimiento angular de fuentes de interferencias intencionadas*] | home-on-jam
HomePNA [*consorcio de empresas de informática y electrónica que crea normativa para redes*] | HomePNA = home phone line networking alliance
homocromicidad | homochromicity
homogeneidad | homogeneity
homogeneización por fusión de zona | zone levelling
homogeneizar | to homogenize
homogéneo | homogeneous
homogenización isotópica | equilibration
homogenizar | to homogenise [UK]
homologación dinámica | dynamic burn-in
homologación estática | static burn-in
homologado | approved
homologar | to validate
homólogo | homologous
homomorfismo | homomorphism
homosfera | homosphere
homotaxial | homotaxial
homounión | homojunction
HOOD [*diseño jerárquico orientado a objetos*] | HOOD = hierarchical object-oriented design
hora | hour, time
hora cargada | busy hour
hora de cierre | closing time
hora de comienzo | start (/starting) time; [*de la conversación*] time on
hora de comienzo del agente | agent start time
hora de depósito | filling time
hora de escucha | watch hour
hora de estación [*de una comunicación*] | connection time
hora de finalización [*de la conversación*] | time off
hora de inscripción | filling time
hora de la oficina de origen | office-of-origin time
hora de mayor tráfico de una estación | office busy hour
hora de petición | filling time
hora de petición de la comunicación | booking time
hora de poco tráfico | slack (traffic) hour
hora de principio [*de la conversación*] | time on
hora de registro | filling time

hora de solicitud | filling time
hora de terminación [*de la conversación*] | time off
hora de tráfico máximo | peak hour
hora de valle | slack hour
hora del sistema | system time
hora del último registro | last log time
hora diaria de comienzo | daily start time
hora diaria final | daily last
hora final | last time
hora global [*sistema horario de referencia en internet*] | global time
hora indicada | scheduled time
hora local | local time
hora local aparente | local apparent time
hora más cargada | busiest hour
hora media de Greenwich | Greenwich mean time
hora media local | local mean time
hora patrón | timebase, standard time
hora punta | busy (/peak) hour
hora punta de la centralita | exchange busy-hour
hora sideral local | local sideral time
hora universal | universal time
hora universal coordinada | universal time coordinated
hora y fecha [*en el mundo hispano se usa la expresión "fecha y hora" o "día y hora"*] | time and date
hora Z | Z time = Zebra time
hora zulú [*fam. hora media de Greenwich*] | Zulu time [*slang for Greenwich Mean Time*]
horadación aislante | insulation piercing
horario | timetable, schedule (of hours)
horario de servicio | business hours
horario de trabajo | assignment of hours
horas de escucha | watchkeeping
horas de servicio | business hours, hours of duty
horas de trabajo | business hours, period of duty
horas por canal | channel hours
horizontal | horizontal, landscape
horizonte | horizon
horizonte artificial | artificial horizon
horizonte astronómico aparente | apparent astronomic horizon
horizonte astronómico sensible | apparent astronomic horizon
horizonte de radio | radio horizon
horizonte del radar | radar horizon
horizonte giroscópico | gyro horizon
horizonte intermedio | intermediate horizon
horizonte óptico | optical horizon
horizonte radioeléctrico | radio horizon
horizonte radioeléctrico normal | standard radio horizon
horizonte sensible | sensitive horizon
horma | former, matrix, shape
hormigón de protección | loaded con-

crete
hormigón pesado | loaded concrete
hormigones pesados | heavy concretes
hormona radiactiva | radioactive hormone
hornada | batch
hornillo | oven
horno | furnace, oven
horno basculante de arco | rocking arc furnace
horno con regulación termostática | thermostatically controlled oven
horno de alta frecuencia | high frequency furnace
horno de arco | arc furnace
horno de calentadores eléctricos | resistor (/resistor-heated) furnace
horno de calentamiento por alta frecuencia | radiofrequency furnace
horno de difusión | diffusion furnace
horno de difusión de semiconductores | semiconductor diffusion furnace
horno de fundición | smelting furnace
horno de fusión | smelting furnace
horno de inducción | induction furnace
horno de inducción autorregulado | autoregulation induction heater
horno de inducción con resistencia sumergida | submerged-resistor induction furnace
horno de inducción de alta frecuencia | high frequency induction furnace
horno de inducción de baja frecuencia | low-frequency induction furnace
horno de inducción de doble frecuencia | dual frequency induction furnace
horno de inducción sin núcleo | coreless-type induction furnace
horno de inducción tipo núcleo | core type induction furnace
horno de rayos catódicos | cathode ray furnace
horno de reducción | smelting furnace
horno de resistencia | resistance furnace
horno de resistencias eléctricas | resistor furnace
horno de vacío | vacuum furnace
horno eléctrico | electric furnace
horno eléctrico de arco cubierto | smoothered-arc furnace
horno eléctrico de calentadores | resistor furnace
horno eléctrico de resistencia | resistance furnace
horno eléctrico de resistencias | resistor furnace
horno infrarrojo | infrared oven
horno para circuito sintonizado | tuned circuit oven
horno para el cristal | crystal oven
horno para el tratamiento de semiconductores | semiconductor furnace

horno por inducción horizontal de anillo | horizontal-ring induction furnace
horno solar | solar cooker (/furnace)
horquilla | fork, hairpin, crook stick; switchhook
horquilla de acoplamiento | hairpin pickup coil
horquilla de datos [*en archivos de Macintosh*] | data fork
horquilla de recursos [*en archivos Macintosh*] | resource fork
horquilla de sintonización | hairpin tuning bar
horquilla del trole | trolley harp
horquilla guía | guide pin
hoy | today
hoyo de fondo permeable | drainage pit
HP [*caballo de fuerza*] | HP = horse power
HPC [*ordenador de mano*] | HPC = handheld PC
HPF [*filtro de agudos (/banda alta)*] | HPF = high-pass filter
HPF [*primero la prioridad más alta*] | HPF = highest priority first
HPFS [*sistema de archivos de alto rendimiento*] | HPFS = high performance file system
HPGL [*lenguaje gráfico de la empresa estadounidense Hewlett Packard*] | HPGL = Hewlett Packard graphics language
HPIB [*bus de interfaz Hewlett-Packard*] | HPIB = Hewlett-Packard interface bus
HPLC [*cromatografía líquida de altas características*] | HPLC = high performance liquid chromatography
HPPCL [*lenguaje para control de impresoras de Hewlett-Packard*] | HPPCL = Hewlett-Packard printer control language
HREF [*referencia de hipertexto*] | HREF = hypertext reference
HRG [*gráfico de alta resolución*] | HRG = high resolution graphic
HS [*intercambio de señalización inicial mediante confirmación*] | HS = handshaking
HSB [*modelo de color matiz-saturación-brillo*] | HSB = hue-saturation-brightness
HSCSD [*tecnología de conmutación de circuitos para trasmisión de datos*] | HSCSD = high speed circuit-switched data
HSI [*interfaz hombre-sistema*] | HSI = human-system interface
HSLAN [*red de área local con elevada velocidad de trasmisión por fibra óptica*] | HSLAN = high speed local area network
HSS [*servidor local de abonado*] | HSS = home subscriber server

HSSR [*recuperación secuencial de alta velocidad*] | HSSR = high speed sequential retrieval
HSV [*valor de saturación del color*] | HSV = hue-saturation-value
HTCP [*protocolo de almacenamiento intermedio de hipertexto*] | HTCP = hypertext caching protocol
HTML [*lenguaje para marcado de hipertexto*] | HTML = hypertext markup language
HTTP [*protocolo de trasferencia (/trasmisión) de hipertexto*] | HTTP = hypertext transfer protocol
HTTP seguro [*protocolo mejorado con funciones de seguridad con clave simetrica*] | secure HTTP
HTTPS [*protocolo seguro para trasferencia de hipertexto*] | HTTPS = hypertext transfer protocol secure
HU = hora universal | UT = universal time
hueco | bay, gap, hole, void
hueco activo | hot hole
hueco de acoplamiento | coupling hole
hueco de bloque | block gap
hueco de metalización | plating void
hueco diferencial | differential gap
hueco indexado | index hole
huelgo | shake
huella | footprint
huésped | guest
huésped de base de datos | database host
huésped ejecutor | execution host
humectación | wetting
humedad | humidity
humedad absoluta | absolute humidity
humedad crítica | wet criticality
humedad de referencia | reference humidity
humedad del aire | atmospheric humidity
humedad relativa | relative humidity
humedecer un contacto | to wet down a contact
humedecido por mercurio | mercury-wetted
humedecimiento | wetting
humedecimiento de un contacto | contact wetting
husillo | stud
husillo vertical | vertical spindle
husmeador [*pequeño programa que busca una cadena numérica o de caracteres concreta*] | sniffer
huso | spinner
huso horario | time zone, standard (/zone) time
hypercard [*paquete de software orientado a objetos de Macintosh*] | hypercard
HW = hardware [*equipo físico*] | HW = hardware
Hz = hercio | Hz = hertz

I

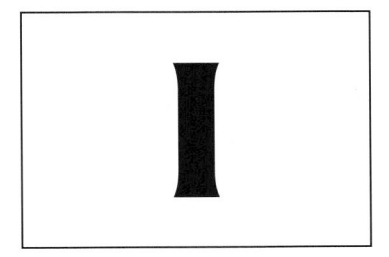

I = yodo | I = iodine
IA [*inteligencia artificial*] | AI = artificial intelligence
IAB [*organismo delegado de ISOC para la supervisión de la arquitectura de internet y sus protocolos*] | IAB = Internet architecture board
IACS [*norma internacional sobre conductividad del cobre*] | IACS = International Annealed Copper Standard
IAL [*lenguaje algorítmico internacional*] | IAL = international algorithmic language
IAM [*mensaje de dirección inicial*] | IAM = initial address message
IANA [*autoridad para la asignación de direcciones IP en internet*] | IANA = Internet assigned number authority
IAP [*proveedor de acceso a internet*] | IAP = Internet access provider
IAS [*memoria de acceso inmediato*] | IAS = immediate access store
IATA [*asociación internacional de transporte aéreo*] | IATA = International air transport association
Ibermic [*red digital telefónica española*] | Ibermic [*Spanish data transmission network*]
Ibernet [*red española con protocolo IP*] | Ibernet [*Spanish Internet-subnet*]
Iberpac [*red española de trasmisión de datos por paquetes*] | Iberpac [*Spanish data transmission network*]
Ibertex [*sistema español de videotex*] | Ibertex [*Spanish videotex*]
IBG [*separación entre bloques*] | IBG = inteblock gap
IC de software [*circuito integrado de software*] | software IC = software integrated circuit
ICANN [*corporación para asignación de números y nombres de internet*] | ICANN = Internet corporation for assigned names and numbers
I-CASE [*ingeniería integrada de software asistida por ordenador*] | I-CASE = integrated computer-aided software engineering

ICCS [*cableado integrado de comunicaciones de Siemens para edificios inteligentes*] | ICCS = integrated communications cabling system
ICE [*sistema de intercambio de información*] | ICE = information and context exchange
ICE [*instituto inglés de ingenieros civiles*] | ICE = Institution of Civil Engineers
ICE [*extracción inteligente de conceptos (para bases de datos)*] | ICE = intelligent concept extraction
ICI [*Comisión intercontinental de iluminación*] | ICI = Intercontinental Commission on Illumination
ICM [*armonización cromática de la imagen*] | ICM = image color matching
ICMP [*protocolo internet para control de mensajes*] | ICMP = Internet control message protocol
icono | icon, ikon; thumbnail
icono accesible en el sistema | systemwide icon
icono de acción | action icon
icono de aplicación | application icon
icono de archivo de documento | document file icon
icono de directorio | directory icon
icono de disco | disc icon
icono de documento | document icon
icono de espacio de trabajo | workspace icon
icono de grupo | group icon
icono de la ventana | window icon
icono de laberintos | maze icon
icono de programa | program (/programme, /programme-item) icon
icono de redimensionado | resize icon
icono de trasferencia | transfer icon
icono de unidad | drive icon
icono genérico | generic icon
icono incorporado | built-in icon
icono personal | personal icon
iconoscopio | iconoscope, electric eye, storage (/storage-type) camera valve
iconoscopio de imagen | image iconoscope

iconotrón | iconotron
ICP [*protocolo de caché en internet (para comunicación unidistribución)*] | ICP = Internet cache protocol
ICQ [*programa para comunicaciòn colectiva por internet en tiempo real*] | ICQ [*fam: I seek you*]
ICR [*reconocimiento inteligente de caracteres*] | ICR = intelligent character recognition
ICU [*unidad de control de identificación*] | ICU = identification control unit
ICU [*utilidad de configuracion Intel*] | ICU = Intel configuration utility
ICWT [*trasmisión telegráfica por onda modulada*] | ICWT = interrupted continuous wave telegraphy
ID = identificación | ID = identification
I+D = investigación y desarrollo | R&D = research and development
ID de recurso [*número de identificación de un recurso*] | resource ID
ida | go
IDA [*acceso digital integrado (experiencia pre-RSDI de British Telecom)*] | IDA = integrated digital access
ida y vuelta | push and pull
IDC [*conexión por desplazamiento del aislante*] | IDC = insulation displacement connection
IDE [*electrónica de dispositivos integrada*] | IDE = integrated device electronics
IDE ampliado | enhanced IDE
ideal | ideal
identidad | identity
identidad del terminal | terminal end point identifier
identificación | answerback, answer back, designation, identification, log on, signature, tracing
identificación automática de vehículos | automatic vehicle identification
identificación automática del número que llama | automatic number identification
identificación de amigo o enemigo | identification of friend or foe

identificación de configuraciones | pattern recognition
identificación de estación | station identification
identificación de hardware | machine identification
identificación de la trasmisión | transmission identification
identificación de llamadas maliciosas | malicious call identification
identificación de mensaje | message identification
identificación de red | net authentication
identificación de terminales | terminal marking
identificación del blanco | target identification
identificación del número que llama | call number identification
identificación del objetivo | target identification
identificación del radiofaro | radio-beacon identification
identificación del usuario | user id
identificación inversa | reverse authentication
identificación óptica de marca | optical mark recognition
identificación por radar | radar identification
identificación universal general | global universal identification
identificador | identifier, tag, label
identificador activo/inactivo | attach/detach identifier
identificador de acceso a la red | network access identifier
identificador de archivo | file handle
identificador de conductor | band marking
identificador de conexión de enlace para datos [*circuito virtual*] | data link connection identifier
identificador de datos | data identifier
identificador de Kimball | Kimball tag identifier
identificador de programa | programme identifier
identificador de recursos uniforme (/uniformizado) | uniform resource identifier
identificador de subcadenas | substring identifier
identificador de tipo de objeto | object type identifier
identificador de transacción | transaction identifier
identificador del contenido [*en mensajes electrónicos*] | content ID
identificador del proceso | process identifier
identificador del punto de acceso al servicio | service access point identifier
identificador del terminal del extremo final | terminal endpoint identifier
identificador del tipo de proceso | process type identifier

identificador inicial de protocolo | initial protocol identifier
identificador temporal de abonado móvil | temporary mobile subscriber identifier
identificador único | unique identifier
identificador único universal [*para interfaces*] | globally unique identifier
identificar | to identify, to log on, to tag; [*elementos*] to triage
ideograma | ideogram
idiocromático | idiochromatic
idioma | (natural) language
idioma de la sesión | session language
idiostático | idiostatic
IDL [*lenguaje para definición de interfaces*] | IDL = interface definition language
IDOC [*documento intermedio (/provisional)*] | IDOC = intermediate document
IDP [*proceso integrado de datos*] | IDP = integrated data processing
IDSL [*tecnología de acceso para trasmisión de datos*] | IDSL = ISDN digital subscriber line
IEC = interconexión eficaz comparable [*norma para la defensa de la competencia*] | CEI = comparably efficient interconnection [USA]
IECQ [*Comisión electrotécnica internacional para calidad*] | IECQ = International electrotechnical commision for quality
IEE [*instituto inglés de ingenieros eléctricos*] | IEE = Institution of Electrical Engineers
IEEE [*instituto estadounidense de ingenieros eléctricos y electrónicos*] | IEEE = Institute of Electrical and Electronic Engineers
IEM = interferencia electromagnética | EMI = electromagnetic interference
IEPG [*grupo de ingeniería y planificación de internet, USA*] | IEPG = Internet engineering and planning group
IES [*sociedad de luminotecnia*] | IES = Illumination Engineering Society
IESG [*sección de ISOC para la estandarización de especificaciones técnicas*] | IESG = Internet engineering steering group
IET = identificador del equipo terminal | TEI = terminal end point identifier
IETF [*grupo especial sobre ingeniería de internet (comunidad internacional abierta)*] | IETF = Internet engineering task force
IETS [*norma interina europea de telecomunicación*] | IETS = Intern european telecommunication standard
IFA [*prueba indirecta de anticuerpo fluorescente*] | IFA = immunofluorescent antibody test
IFE [*enfoque isoeléctrico*] | IFE
IFE [*ordenador frontal inteligente*] | IFE = intelligent front end
iff [*si y sólo si (orden en programación informática)*] | iff = if and only if
IFF [*identificación de amigo o enemigo*] | IFF = identification of friend or foe
IFF [*formato de intercambio de archivos*] | IFF = interchange file format
IFGET [*transistor de efecto de campo de puerta aislada*] | IGFET = insulated-gate field-effect transistor
IFIP [*Federación internacional de informática*] | IFIP = International Federation of Information Processing
IFPS [*servicio público internacional fijo de radiocomunicación*] | IFPS = International Fixed Public Radiocommunication Service
IFRB [*Comité Internacional para el Registro de Frecuencias*] | IFRB = International Frequency Registration Board
IFS [*sistema de archivos de internet*] | IFS = Internet file system
IGES [*especificación inicial para intercambio de gráficos*] | IGES = initial graphics exchange specification
IGMP [*protocolo de gestión de grupos en internet*] | IGMP = Internet group mangement protocol
ignición | ignition
ignición electrónica convencional | high-energy-ignition
ignición electrónica de alta energía | high-energy-ignition
ignición por descarga del condensador | capacitive discharge ignition
ignición sin ruptor | brakerless ignition
ignífugo | fireproof, flame resistant, flameproof, nonflammable
ignitrón | ignitron
ignorar | to ignore, to override
ignorar cambios | to discard changes
IGP [*protocolo interno de puerta de acceso*] | IGP = interior gateway protocol
IGRP [*protocolo interno de encaminamiento a puerta de acceso*] | IGRP = interior gateway routing protocol
igualación | compensation, equalization, matching
igualación de canal por decisión retroalimentada [*técnica de procesado de señales*] | decision feedback channel equalization
igualación de ecos | echo matching
igualación de impedancias | matching
igualación de isodosis | flattening
igualación de niveles | equalizing of levels
igualación de pendiente | slope equalization
igualación de pendiente lineal | linear slope equalization
igualación de respuesta de frecuencia | frequency response equalization
igualación del color | colour match
igualación del tráfico de operadoras | balancing of operator loads
igualación posterior | post-equalization

igualador | equalizer, attenuation compensator
igualador de atenuación | attenuation equalizer
igualador de atenuación en derivación | shunt-type attenuation equalizer
igualador de diálogo | dialog equalizer
igualador de fase | phase equalizer
igualador de impulsos | pulse equalizer
igualador de pendiente | slope equalizer
igualador de potencia | power equalizer
igualador de retardo | delay equalizer
igualador de sonido | sound equalizer
igualador en derivación | parallel equalizer
igualador en serie | series equalizer, series-type attenuation equalizer
igualador parabólico fijo | fixed parabolic equalizer
igualar | to balance, to match
igualar las impedancias | to match
igualdad | equality
IH [*programa de gestión de interrupciones*] | IH = interrupt handler
IHF [*instituto estadounidense de fabricantes de equipos de alta fidelidad*] | IHF = Institute of High-Fidelity Manufacturers
IHM = interfaz hombre-máquina | HMI = human-machine interface, MMI = man-machine interface
IHN [*red interna*] | IHN = inhouse network
IHS [*sistema integrado doméstico*] | IHS = integrated home system
II = ingeniería informática | IE = information engineering
IIL [*lógica de inyección integrada*] | IIL = integrated injection logic
IIN = infraestructura de información nacional | NII = national information infrastructure
IIS [*servidor de información por internet*] | IIS = Internet information server
IKBS [*sistema inteligente basado en conocimientos*] | IKBS = intelligent knowledge-based system
IKE [*intercambio de claves en internet (protocolo de gestión automática)*] | IKE = Internet key exchange
IKO [*protocolo de claves de internet*] | IKP = Internet key protocol
ilegal | illegal
ilegible | unreadable
ilinio | illinium
ILS [*sistema de aterrizaje por instrumentos*] | ILS = instrument landing system
iluminación | illuminance, illuminancy, illumination, lighting
iluminación ambiental | ambient lighting
iluminación auxiliar preparada | standby emergency lighting

iluminación de abertura | aperture illumination
iluminación de cebado | priming illumination
iluminación de incidencia lateral | laterally incident light
iluminación de intensidad regulable | variable intensity illumination
iluminación de la rendija | illumination of a slit
iluminación de radar | radar illumination
iluminación del blanco | target illumination
iluminación del tablero de instrumentos | panel lighting
iluminación directa | direct lighting
iluminación indirecta | indirect lighting
iluminación indirecta lateral | laterally incident light
iluminación interna de corrección | rim lighting
iluminación lateral | obliquely incident light
iluminación por medio de radar | radar illumination
iluminación posterior | back lighting, backside illumination
iluminación progresiva | tapered illumination
iluminado | illuminated
iluminante | illuminant
iluminar | to illuminate
iluminómetro | illuminometer
ilusión visual | phi phenomenon
ilustración | figure, icon
ilustrador [*programa*] | illustrator [*program*]
iMac [*familia de ordenadores de Macintosh*] | iMac
imagen | display, frame, icon, image, picture, shadow
imagen astigmatizada | stigmatic image
imagen binaria | bit image
imagen borrosa | blurring
imagen C | C display
imagen completa | full screen
imagen comprimida | compressed image
imagen congelada | freeze frame
imagen de alarma | alarm display
imagen de alta definición | sharp image
imagen de alto contraste | high contrast image
imagen de carácter [*conjunto de bits que compone el carácter*] | character image
imagen de control | test pattern
imagen de escala de grises | grey scale image
imagen de la rendija | slit image
imagen de la tarjeta | card image
imagen de neutrones térmicos | thermal neutron image
imagen de pantalla | display image
imagen de plano holográfico | image plane holography
imagen de potencial [*en TV*] | image pattern
imagen de prueba | test pattern
imagen de prueba de ventana en seno cuadrado | sine-squared window test pattern
imagen de puntos | dot pattern
imagen de puntos blancos | white dot pattern
imagen de radar | radar display (/image, /picture)
imagen de radar del litoral | radar coastal picture
imagen de radar estereoscópica | stereoscopic radar image
imagen de radar televisado | teleran picture
imagen de sombra | shadowgraphy
imagen de televisión | teleimage, television image (/picture); telepix [*fam*] = telepicture
imagen de tono continuo [*en pantalla*] | continuous-tone image
imagen de ultrasonidos | untrasound image
imagen del receptor | receiver image
imagen desgarrada | ragged (/torn) picture
imagen eco | multipath effect
imagen eléctrica | electric image
imagen electrónica | electron image
imagen electrostática latente | electrostatic latent image
imagen en la lente colimadora | focusing in the collimator lens
imagen en línea | inline image
imagen en pantalla del radar | radar screen picture
imagen en píxeles [*representación de una imagen en color en la memoria del ordenador*] | pixel image
imagen espuria | streaking
imagen estereofónica | stereophonic image
imagen falsa | streaking
imagen fantasma | double (/ghost) image, multipath effect
imagen fantasma de retorno | retrace ghost
imagen fantasma negativa | negative ghost (image)
imagen fantasma positiva | positive ghost
imagen fija | freeze frame, still
imagen fotográfica | photographic trace
imagen homomórfica [*de un lenguaje normal*] | homomorphic image [*of a formal language*]
imagen homomórfica inversa | inverse homomorphic image
imagen inestable | ragged picture
imagen interactiva | clickable map
imagen interactiva con el programa del cliente | client-side image map
imagen invertida | reversed image (/picture)

imagen latente | latent image
imagen negativa | negative (/reversed) image, reversed contrast (/picture)
imagen nevada | snowy picture
imagen nítida | sharp image (/picture)
imagen observable en la pantalla | screen image (/picture)
imagen ondulante | pulling picture
imagen óptica | optical pattern
imagen osciloscópica del radar | radar screen picture
imagen parásita durante el intervalo de retorno | retrace ghost
imagen partida | split image
imagen patrón para pruebas de definición | resolution pattern (/test chart)
imagen piloto | test pattern
imagen polícroma | polychrome picture
imagen por resonancia magnética funcional | magnetic resonance image
imagen positiva | positive image
imagen PPI teórica | PPI prediction
imagen primaria | primary colour image
imagen proyectada | screen picture
imagen reflejada | mirror image
imagen remanente | burned-in image
imagen retenida | image burn, retained (/sticking) image
imagen reticulada | raster image
imagen secundaria positiva | positive ghost
imagen sobre sonido | vision on sound
imagen sonora | sound image
imagen telemétrica | telemetry frame
imagen televisada | televised image (/picture)
imagen total | full screen
imagen trapezoidal | trapezoidal pattern
imagen tricromática | three-colour picture
imagen truncada | truncated picture
imagen vaga | blurring
imagen virtual | virtual image
imágenes fantasma (/múltiples) | travel ghosts
imágenes por segundo | frames per second
imán amortiguador | damping magnet
imán anisotrópico | anisotropic magnet
imán anular | ring magnet
imán anular de pared delgada | thin-wall ring magnet
imán Barkhausen | Barkhausen magnet
imán blindado | screened magneto
imán cerámico | ceramic magnet
imán compensador | compensating control
imán de accionamiento rápido | snap magnet
imán de ajuste de la imagen | centring magnet
imán de amortiguamiento | damping magnet
imán de arrastre | drag magnet
imán de audiofrecuencia | musical frequency magnet
imán de barra | bar magnet
imán de barra gruesa | slug magnet
imán de bloqueo | blocking magnet
imán de campo | field magnet
imán de centrado | framing magnet
imán de convergencia | beam (/convergence) magnet
imán de corona | rim magnet
imán de corrección lateral | lateral correction magnet
imán de encuadre | centring magnet
imán de enfoque | focusing magnet
imán de estructura semicolumnar | semicolumnar magnet
imán de extinción | blowout magnet
imán de frenado | braking magnet
imán de haz azul | blue-beam magnet
imán de herradura | horseshoe magnet
imán de placa | plate magnet
imán de platino-cobalto | platinum-cobalt magnet
imán de pureza del color | colour purity magnet
imán de purificación | purity magnet
imán de relé | relay magnet
imán director | control magnet
imán en pista de carreras | race track magnet
imán extintor | blowout magnet
imán giratorio | rotating magnet
imán isotrópico | isotropic magnet
imán móvil | moving magnet
imán natural | natural magnet
imán neutralizador de campo | field-neutralizing coil (/magnet), rim magnet
imán optimador de imagen | spot optimizer magnet
imán optimador de punto luminoso | spot optimizer magnet
imán periódico | periodic permanent magnet
imán permanente | (permanent) magnet, magneto
imán permanente cerámico | ceramic permanent magnet
imán permanente de campo rectilíneo | straight field permanent magnet
imán permanente periódico | periodic permanent magnet
imán posicionador del haz | beam-positioning magnet
imán purificador | purity magnet
imán recto | bar (/stick) magnet
imán recto con muesca | notched magnet
imán retardador | retarding magnet
imán temporal | temporary magnet
imanación | magnetisation [UK], magnetization [UK+USA]
imanación de destello | flash magnetization
imanación de polarización helicoidal | polarized helical magnetization
imanación por impulsos | pulse magnetization
imanación remanente | remanence, residual magnetization
imanación residual | remanence, residual magnetization
imanar | to magnetise [UK], to magnetize [UK+USA]
imantación | magnetisation [UK], magnetization [UK+USA]
imantación remanente | remanent magnetization, residual magnetism
imantación residual | remanent magnetization, residual magnetism
imantar | to magnetise [UK], to magnetize [UK+USA]
IMAP [*protocolo de acceso a mensajes de internet*] | IMAP = Internet message access protocol
imbornal | scupper
IMC [*condiciones meteorológicas de vuelo por instrumentos*] | IMC = instrument meteorological conditions
IMC [*consorcio internacional de servicios de correo por internet*] | IMC = Internet Mail Consortium
IMHO [*en mi humilde opinión*] | IMHO = in my humble opinion
IMO [*en mi opinión*] | IMO = in my opinion
IMP [*procesador de mensajes con interfaz*] | IMP = interface message processor
IMP = impresora | PRN = printer
impacto | impact, shock, strike, hit
impacto de calor | heat shock
impacto de excitación | impact excitation
impacto simple | single hit
impacto único | single hit
impar | odd
IMPATT [*avalancha de contacto y tiempo de tránsito*] | IMPATT = impact avalanche and transit time
impedancia | (stray) impedance, impedor, virtual resistance
impedancia a circuito abierto | transducer-blocked impedance
impedancia a frecuencia intermedia | impedance at the intermediate frequency
impedancia acústica | acoustic impedance
impedancia acústica de garganta | throat acoustic impedance
impedancia acústica específica | specific (/unit-area) acoustic impedance
impedancia acústica intrínseca | specific (/unit-area) acoustic impedance
impedancia acústica por unidad de superficie | unit-area acoustic impedance
impedancia adaptada | matched impedance
impedancia anódica | anode (/plate) impedance

impedancia anódica de carga | anode load impedance
impedancia característica | characteristic (/surge) impedance
impedancia característica de la onda | characteristic wave impedance
impedancia característica del aire | characteristic impedance of free space
impedancia característica del espacio libre | free space (characteristic) impedance, characteristic impedance of free space
impedancia cargada | loaded impedance
impedancia cinética | motional impedance
impedancia cinética cargada | loaded motional impedance
impedancia cinética libre | free motional impedance
impedancia compleja | complex impedance
impedancia con carga normal | loaded impedance
impedancia concentrada | lumped impedance
impedancia conjugada | conjugated impedance
impedancia de adaptación | matching impedance
impedancia de altavoz | loudspeaker impedance
impedancia de ánodo sintonizado | tuned plate impedance
impedancia de antena | aerial impedance
impedancia de antirresonancia | rejector impedance
impedancia de aplicador cargado | loaded applicator impedance
impedancia de autoinducción | inductor; choke, choking coil [obs]
impedancia de avalancha | avalanche impedance
impedancia de bloqueo | blocked impedance
impedancia de campo homopolar | homopolar (/zero sequence) field impedance
impedancia de carga | load impedance
impedancia de carga de placa | plate load impedance
impedancia de carga nula | zero-load impedance
impedancia de cavidad | cavity impedance
impedancia de circuito abierto | open-circuit impedance
impedancia de cortocircuito | short-circuit impedance
impedancia de derivación | shunt impedance
impedancia de entrada | input impedance
impedancia de entrada de la antena | aerial feed impedance
impedancia de entrada de la válvula | tube (/valve) input impedance
impedancia de entrada de terminación sencilla | single-ended input impedance
impedancia de entrada diferencial | differential input impedance
impedancia de entrada diferencial equivalente | equivalent differential input impedance
impedancia de entrada en bucle abierto | open-loop input impedance
impedancia de entrada en bucle sin reacción | open-loop input impedance
impedancia de entrada en modo común | common mode impedance input
impedancia de equilibrio | tuning strip
impedancia de equilibrio con los terminales libres | open-wire stub
impedancia de escucha | audio impedance
impedancia de imagen | image impedance
impedancia de impulso | gate impedance
impedancia de inducción | choke, inductor; choking coil [obs]
impedancia de interacción | interaction impedance
impedancia de la fuente | source impedance
impedancia de la guía de ondas | waveguide impedance
impedancia de la onda | wave impedance
impedancia de línea | line impedance
impedancia de micrófono | microphone impedance
impedancia de movilidad | motional impedance
impedancia de movimiento libre | free motional impedance
impedancia de onda | self-surge impedance
impedancia de paralelo | shunt impedance
impedancia de placa | plate impedance
impedancia de precisión | rated impedance
impedancia de puerta | gate impedance
impedancia de rama | branch impedance
impedancia de recubrimiento de cátodo | cathode coating impedance
impedancia de rejilla sintonizada | tuned grid impedance
impedancia de ruptura | breakdown impedance
impedancia de salida | output impedance
impedancia de salida en circuito abierto | open-loop output impedance
impedancia de salida en circuito sin reacción | open-loop output impedance
impedancia de sobretensión | surge impedance
impedancia de tierra | impedance ground
impedancia de trasferencia | transfer (mechanical) impedance
impedancia de trasferencia superficial | surface transfer impedance
impedancia de una rama de la red | impedance of a network branch
impedancia de vídeo | video impedance
impedancia de Zener | Zener impedance
impedancia del altavoz | speaker impedance
impedancia del aplicador sin carga | unloaded applicator impedance
impedancia del circuito de control | control circuit impedance
impedancia del electrodo | electrode impedance
impedancia del extremo trasmisor | sending end impedance
impedancia del punto de excitación | driving point impedance
impedancia del punto de impacto | impact point impedance
impedancia del relé | relay impedance
impedancia diferencial | differential impedance
impedancia dinámica de placa | dynamic plate impedance
impedancia dinámica de salida | dynamic output impedance
impedancia eléctrica | electrical impedance
impedancia electródica | electrode impedance
impedancia en el extremo de recepción | receiving-end impedance
impedancia en los bornes | terminal impedance
impedancia en serie | series impedance
impedancia entre placas | plate-plate impedance
impedancia fuente | source impedance
impedancia interna de entrada | internal input impedance
impedancia interna de salida | internal output impedance
impedancia intersuperficial de cátodo | cathode interface (/layer) impedance
impedancia iterativa | iterative impedance
impedancia libre | free impedance
impedancia local | driving point impedance
impedancia mecánica | mechanical impedance
impedancia mutua | mutual impedance
impedancia mutua de onda | mutual surge impedance

impedancia negativa | negative impedance
impedancia nominal | nominal (/rated) impedance
impedancia normal | normal impedance
impedancia normalizada | normalized impedance
impedancia óhmica pura | pure resistance
impedancia óptima de carga | optimum load impedance
impedancia parásita | stray impedance
impedancia primaria | primary impedance
impedancia propia | self-impedance, surge impedance
impedancia puntual | point impedance
impedancia real | normal impedance
impedancia recíproca | reciprocal impedance
impedancia reflejada | reflected impedance
impedancia regulada por derivación | shunt-regulated impedance
impedancia residual | residual impedance
impedancia resistiva | resistive impedance
impedancia sincrónica | synchronous impedance
impedancia sincrónica trasversal | quadrature axis synchronous impedance
impedancia subtransitoria trasversal | quadrature axis subtransient impedance
impedancia terminal | terminal (/terminating) impedance
impedancia transitoria trasversal | quadrature axis transient impedance
impedancia unilateral | unilateral impedance
impedancia variable | variable impedance
impedancia vectorial | vector impedance
impedancímetro | Z meter
impedimento | obstacle
impedir la interrupción [*en el ordenador*] | to disable interrupt
impendancia en serie | series impedance
imperfección | blemish, imperfection
imperfección de retículo | lattice imperfection
imperfecto | imperfect
impermeabilidad | impermeability
impermeabilización | proofing
impermeable | free from leaks, moisture repellent
impermeable a la lluvia | rainproof
impermeable al aire | airtight
implantación de iones | ion implantation
implementación | implementation
implicante | implicant

implicante primo | prime implicant
implícito | implied
implosión | implosion
implosionar | to implode
impolarizable | nonpolarizable
impolarizado | nonpolarized
importancia relativa | relative importance
importar | to import
importe | charge
importe de la tasa | amount of charge
imposible inicializar | could not initialize
imposición | handing-in
imprecisión sistemática | systematic inaccuracy
impregnación | impregnation; loading; potting
impregnación de postes por el procedimiento Bouchery | copper sulphate treatment
impregnación en vacío | vacuum impregnation
impregnado | impregnated; impregnating
impregnado al vacío | vacuum-impregnated
impregnante | impregnant
impregnar | to impregnate
impresión | pattern, print, printed, printing, typing
impresión a sangre | bleed
impresión bidireccional | bidirectional printing
impresión caliente | hot stamping
impresión conductora | conductive pattern
impresión de almacenamiento | storage print
impresión de ceros | zero print (/printing)
impresión de líneas seleccionadas | selective line printing
impresión de pantalla | screen printing
impresión de paso múltiple | multiple-pass printing
impresión de salida | printout
impresión de símbolos | symbol printing
impresión del contenido de pantalla | screen printing
impresión dinámica | dynamic printout
impresión directa | direct printing
impresión discográfica | pressing
impresión en papel | hardcopy, hard copy
impresión en segundo plano | background printing
impresión estática | static printout
impresión estática de datos | static printout
impresión inmediata | immediate printing
impresión magnética | magnetic printing (/transfer), print-through
impresión múltiple | multiple pattern
impresión no conductora | nonconductive pattern

impresión por chorros de tinta | ink-jet printing
impresión por compresión | compression moulding
impresión por contacto | contact printing
impresión por impacto | impact printing
impresión por líneas | line-a-time printing
impresión predeterminada | default print
impresión simplificada | pretty print
impresión sin impacto | nonimpact printing
impresión sombreada | shadow print
impresión xerográfica | xeroprinting
impresión y quemado | print and fire
impreso | printed
impresor de señales de siete elementos | seven-unit printer
impresor en circuito local | cross office receiver
impresor telegráfico | printing telegraph apparatus
impresora | printer, printing machine
impresora a dedal | thimble printer
impresora al vuelo | hit-on-the-fly printer
impresora arrítmica | start-stop printer
impresora carácter a carácter | character printer
impresora compartida [*por varios ordenadores*] | shared printer
impresora con obturador de cristal líquido | liquid crystal shutter printer
impresora con pantalla de cristal líquido | liquid crystal display printer
impresora de agujas | (dot) matrix printer
impresora de alta velocidad | high speed printer
impresora de banda | band (/belt) printer
impresora de barril | barrel printer
impresora de bola | ball (/golfball) printer
impresora de cadena | chain printer
impresora de calidad de letra | letter-quality printer
impresora de chorro de tinta | ink-jet printer, bubble-jet printer
impresora de cinta | tapewriter, strip (/tape) printer, tape-printing apparatus
impresora de color por difusión | dye-diffusion printer
impresora de color por sublimación | dye-sublimation printer
impresora de composición sólida [*de caracteres*] | solid-font printer
impresora de contacto | impact printer
impresora de copias | hard copy printer
impresora de correa | band (/belt) printer
impresora de escalonamiento y repetición | step-and-repeat printer

impresora de funciones múltiples | multifunction printer
impresora de hilos metálicos | wire printer
impresora de impacto | impact (/character) printer
impresora de informes | report writer
impresora de inyección | ink-yet printer
impresora de líneas | line printer
impresora de margarita | wheel (/daisy-wheel) printer
impresora de matriz de puntos | dot matrix printer
impresora de página | pageprinter, page printer
impresora de posicionamiento lógico [*impresora inteligente cuya cabeza de impresión se salta las zonas en blanco*] | logic-seeking printer
impresora de presentación estética | pretty printer
impresora de puerto paralelo | parallel printer
impresora de puntos | dot printer
impresora de recepción sólo | receive-only printer
impresora de referencia | reference printer
impresora de rueda margarita | daisy-wheel printer
impresora de tambor | drum printer
impresora de telégrafo | telegraph printer
impresora de teletipo | teletypewriter machine
impresora de tinta sólida | solid-ink printer
impresora de tono continuo | continuous-tone printer
impresora de trasferencia de iones | ion-deposition printer
impresora de trasferencia térmica | thermal transfer printer
impresora de tren [*de caracteres*] | train printer
impresora dúplex [*capaz de imprimir el papel por ambas caras*] | duplex printer
impresora electrofotográfica | electrophotographic printer
impresora electrográfica | electrographic printer
impresora electrosensible | electrosensitive printer
impresora electrostática | electrostatic printer
impresora electrotérmica | electrothermal printer
impresora en color | colour printer
impresora en serie [*impresora de carácter por carácter*] | serial printer
impresora fotoeléctrica | light-emitting diode printer
impresora ionográfica | ionographic printer
impresora láser | laser printer (/engine)

impresora LCD [*impresora con pantalla de cristal líquido*] | LCD printer = liquid crystal display printer
impresora LED [*impresora fotoeléctrica*] | LED printer = light-emitting diode printer
impresora local | local printer
impresora magnetográfica | magnetographic printer
impresora matricial | wireprinter, (dot) matrix printer, wire-pin printer
impresora matricial de hilos | wire printer
impresora matricial de líneas | matrix line printer
impresora multifuncional | multifunction printer
impresora por defecto | default printer
impresora por líneas | line (/line-a-time) printer
impresora por páginas | page printer
impresora por puntos | (dot) matrix printer
impresora remota | remote printer
impresora sin impacto | nonimpact printer
impresora térmica | thermal printer
impresora térmica de cera | thermal wax printer
impresora térmica por trasferencia de cera | thermal wax-transfer printer
impresora ultrarrápida | on-the-fly printer
impresora virtual | virtual printer
imprevisto | unexpected
imprimación | priming
imprimador anticorrosivo vinílico | vinyl anticorrosive primer
imprimible textualmente | quoted printable
imprimir | to print, to press
imprimir el tema | to print topic
imprimir en archivo [*formatear un documento para ser impreso y guardarlo en archivo*] | to print to file
imprimir la pantalla | to print screen
imprimir lista de tareas | to print to do list
ImprPant = impresión de pantalla [*tecla de instrucción directa en el teclado de ordenador*] | PrtSc = print screen
impulsado | pulsed
impulsado por válvula | valve-driven
impulsión | drive, impulsing, push
impulsión a horquilla | yoke drive
impulsión completa | complete impulse
impulsión directa | direct impulse
impulsión por disco | dial impulsing
impulsión por válvula | valve drive
impulsión residual | residual pulse
impulso | impulse, movement, moving, pip, pulse
impulso activador | triggering pulse
impulso afilado | spinusoidal pulse
impulso bidireccional | bidirectional pulse
impulso bipolar | bipolar pulse

impulso breve | narrow (/short duration) pulse
impulso breve de corriente | short duration current pulse
impulso breve de tensión | short duration voltage pulse
impulso cíclico | recurrent surge
impulso codificado | coded pulse
impulso completo | complete impulse
impulso compuesto | composite pulse
impulso conmutado Q | Q-switched pulse
impulso corto | narrow (/short) pulse
impulso cuadrado | square (/square-shaped) pulse
impulso de desconexión | tripping impulse
impulso de desenganche | tripping impulse
impulso de abrillantamiento | brightening pulse
impulso de activación | enable (/trigger, /trip, /tripping) impulse, tripping pulse
impulso de activación de un proceso | strobe
impulso de anchura modulada | width-modulated pulse
impulso de apertura | break (/tripping) impulse (/pulse), trip impulse
impulso de arranque | start impulse (/start) pulse
impulso de arrastre | drive pulse
impulso de audiofrecuencia codificado por división en el tiempo | time division tone pulse
impulso de avance | sprocket pulse
impulso de banda ancha | impulse bandwidth
impulso de barrera | disabling pulse
impulso de barrido | sweep drive pulse
impulso de barrido de imagen | picture synchronizing impulse (/pulse)
impulso de barrido vertical | picture synchronizing impulse (/pulse)
impulso de batería | battery pulse
impulso de bordes empinados | steep-sided pulse
impulso de borrado | blackout (/blanking, /killer) pulse, blanking pedestal
impulso de borrado de frecuencia de línea | line-frequency blanking pulse
impulso de borrado vertical | vertical blanking pulse
impulso de brillo | brightening pulse
impulso de cambio de estado | status change pulse
impulso de carácter | sprocket pulse
impulso de cierre | make impulse (/pulse)
impulso de cola | tail pulse
impulso de compuerta para cambio de estado | upset gate
impulso de cómputo | meter (/metering) pulse
impulso de conmutación | gate, signalling impulse, switching pulse

impulso de control de la corriente de soldadura | weld gate pulse
impulso de control de tiempo | time control pulse
impulso de corriente | pulse of current
impulso de corriente alterna | alternating-current pulse
impulso de corriente de llamada | ringing current impulse
impulso de corriente de repique | ringing current impulse
impulso de corriente oscura | dark current pulse
impulso de corrimiento | shift pulse
impulso de corta duración | short (duration) pulse
impulso de corte | break impulse
impulso de cresta redondeada | round-top pulse, rounded-top pulse
impulso de cuadrante | dial impulse
impulso de desbloqueo | unblanking pulse
impulso de desconexión | trip (/tripping) pulse
impulso de desenganche | trip (/tripping) pulse
impulso de desplazamiento | shift pulse
impulso de disco | dial impulse (/pulse)
impulso de disparo | trigger pulse, tripping impulse (/pulse), trip impulse
impulso de duración modulada | width-modulated pulse
impulso de duración T | T pulse
impulso de duración variable | variable width pulse
impulso de emisión | transmission pulse
impulso de enfasaje | phasing pulse
impulso de escritura | write pulse
impulso de escritura parcial | partial write pulse
impulso de espaciado | spacing impulse
impulso de excitación | drive (/set) pulse, excitation drive
impulso de extinción | blanking pedestal
impulso de fijación de nivel | clamp pulse
impulso de flanco inclinado | slope-edged pulse
impulso de flanco oblicuo | slope-edged pulse
impulso de flancos escarpados | steep-sided pulse
impulso de frecuencia portadora | carrier frequency pulse
impulso de frente abrupto | sharp wavefront pulse
impulso de frente empinado | steep front impulse, steep-fronted pulse
impulso de frente escarpado | steep front impulse, steep-fronted pulse
impulso de gran intensidad | power pulse
impulso de habilitación | enabling pulse
impulso de identificación | ident-pulse = identification pulse
impulso de igualación | equalizing pulse
impulso de inhibición | inhibit pulse
impulso de inscripción | write pulse
impulso de intensificación | brightening pulse
impulso de ionización | pulse of ionization
impulso de lectura | read pulse
impulso de lectura parcial | partial read pulse
impulso de llamada | ringing (/signalling) impulse
impulso de mando | gate, pulsed command, triggering (/trigger) pulse
impulso de marcación de aviso | attention dial pulse
impulso de marcado | dial pulse
impulso de marcador | marker pulse
impulso de medición | metering pulse
impulso de modificación | gating pulse
impulso de muestra | sampling pulse
impulso de muestreo | sample pulse
impulso de nube | cloud pulse
impulso de orden de arranque | start command pulse
impulso de parada | stop pulse
impulso de pedestal | pedestal pulse
impulso de pendiente variable | variable slope pulse
impulso de pico | peak pulse
impulso de polaridad única | single-polarity pulse
impulso de posición | set pulse
impulso de posicionamiento | set pulse
impulso de potencia | power impulse (/pulse)
impulso de preparación | setup impulse
impulso de puerta | gate pulse
impulso de puerta explorador | search gate
impulso de puesta en fase | phasing pulse
impulso de puesta en marcha | start impulse (/pulse)
impulso de radar | radar pip (/pulse)
impulso de radio | radio pulse
impulso de radiofrecuencia | RF pulse = radiofrequency pulse
impulso de recomposición | resetting pulse
impulso de reconexión | reset (/resetting) pulse
impulso de recuento | meter pulse (/pulsing), metered pulsing
impulso de referencia | framing pulse
impulso de referencia de fase | reference burst
impulso de referencia del cuadro [*del oscilador*] | reference frame pulse
impulso de reloj | clock pulse
impulso de repique | ringing impulse
impulso de réplica | fruit
impulso de reposición | reset (/resetting) pulse
impulso de reposo | space, spacing impulse (/pulse)
impulso de respuesta | reply pulse, revertive impulse
impulso de restablecimiento | reset pulse
impulso de ruido | noise pulse
impulso de salida | output (/outward) pulse, reverse impulse
impulso de selección | gating pulse
impulso de selección de señal | strobe pulse
impulso de selección parcial | partial select pulse
impulso de selector | selector pulse
impulso de seno cuadrado | sine square pulse, sine-squared impulse (/pulse)
impulso de señal | signal pulse
impulso de señalización | marking pulse
impulso de sincronismo de cuadro | frame-synchronizing pulse
impulso de sincronismo horizontal | horizontal synchronizing pulse
impulso de sincronismo vertical | vertical (synchronizing) pulse
impulso de sincronización | timing (/sync, /synchronizing, /stroke) pulse
impulso de sincronización de imagen | picture synchronizing impulse (/pulse)
impulso de sincronización de línea | line synchronising pulse
impulso de sincronización del barrido | sweep drive pulse
impulso de sincronización horizontal | horizontal sync pulse
impulso de sincronización independiente disponible | separately available synchronizing pulse
impulso de sincronización rectangular | rectangular synchronization pulse
impulso de sincronización vertical | vertical (synchronizing) pulse, picture synchronizing impulse (/pulse)
impulso de sonar | sonar pulse
impulso de subida rápida | rapid rise-time pulse, short-rise-time pulse
impulso de supresión | suppression (/blackout, /blanking, /suppressor) pulse, blanking pedestal
impulso de tensión | voltage pulse
impulso de tensión rectangular | rectangular voltage pulse
impulso de trabajo | mark
impulso de vacío horizontal | horizontal-blanking pulse
impulso de variación temporal | time-varying impulse
impulso de vídeo | video pulse
impulso del canal | channel pulse
impulso del tono de señalización | signalling tone impulse

impulso directo | direct impulse
impulso disparador | triggering pulse
impulso electromagnético | electromagnetic pulse
impulso en coseno elevado | raised cosine pulse
impulso en diente de sierra | serrated pulse
impulso en dientes de sierra | sawtooth pulse
impulso en seno cuadrado | sine-squared impulse (/pulse)
impulso especial de identificación de posición | special position identification pulse
impulso específico | specific impulse
impulso espiniforme | spinusoidal pulse
impulso espurio | spurious pulse
impulso estroboscópico | strobe pulse
impulso estroboscópico móvil | walking strobe pulse
impulso excitador | shock pulse
impulso explorador de compuerta | searching gate
impulso falso | spurious pulse
impulso fantasma | ghost pulse
impulso fraccionado de sincronismo vertical | serrated vertical (synchronizing) pulse
impulso habilitador | enabling pulse
impulso igualador | equalizing pulse
impulso inhibidor | inhibit pulse
impulso iniciador | triggering pulse
impulso intensificador de traza luminosa | trace intensifier pulse
impulso inverso | reverse (/reverting, /revertive) impulse, revertive pulse
impulso maestro de sincronización | master synchronization pulse
impulso marcador | marker, marking (/marker) impulse
impulso motor | power impulse
impulso multifrecuencia | multifrequency pulse
impulso negativo | negative (going) pulse
impulso normalizado | standard (/standardized) pulse
impulso nuclear electromagnético | nuclear electromagnetic pulse
impulso oscilante | oscillatory surge, ringing pulse
impulso parásito | spike, pulse (/spurious) pulse
impulso partido | split pulse
impulso patrón | standard (/unit) pulse
impulso piloto | pilot pulse, main bang
impulso positivo de desbloqueo | positive gate
impulso posterior | afterpulse
impulso preliminar | prepulse
impulso preliminar de disparo | pre-trigger
impulso rápido | rapid pulse
impulso rectangular | rectangular impulse (/pulse), square pulse, square-shaped pulse
impulso rectangular de duración variable | variable width rectangular pulse
impulso restaurador | restoring pulse
impulso rueda fónica | tonewheel pulse
impulso saliente | outward pulse
impulso selector | selector pulse
impulso sensibilizador | sensitizing pulse
impulso separador | spacing pulse
impulso sincronizador | time control pulse
impulso sincronizador de línea | line synchronising pulse
impulso supresor | suppressor pulse
impulso T | T pulse
impulso telegráfico | telegraph pulse
impulso temporizador | timing (/time control) pulse
impulso triangular | triangular pulse
impulso ultrasónico | ultrasonic pulse
impulso ultrasonoro | ultrasonic pulse
impulso único | single pulse
impulso unidad | unit pulse
impulso unidireccional | unidirectional (/single-polarity) pulse
impulso unipolar | unipolar pulse
impulso V = impulso vertical | V pulse = vertical pulse
impulso vertical | vertical pulse
impulsor de filamento incandescente | cartridge, initiator, squib
impulsor del electroimán selector | selector magnet driver
impulsor para teleimpresora | teletypewriter drive
impulsos afilados | spiking
impulsos de compuerta simétricos | pushpull gating pulses
impulsos de emisor piloto | interrogator
impulsos de marca y espacio | mark and space impulses
impulsos de retardo escalonado | stepped delay pulses
impulsos de salida | outstepping
impulsos de sincronización | synchronization pulses
impulsos de subida en el mismo sentido | unidirectional pulses
impulsos desiguales | unequal impulses
impulsos inversos | outstepping
impulsos por segundo | pulses per second
impulsos unidireccionales | unidirectional pulses
impureza | impurity
impureza aceptora | acceptor impurity
impureza del cristal | crystal impurity
impureza del donador | donor impurity
impureza del donante | donor impurity
impureza estequiométrica | stoichiometric impurity
impureza radiactiva | radioactive impurity
impurezas poco profundas | shallow impurities
impurificación con oro | gold doping
impurificante | dopant
impurificar | to dope
IMSI activo/inactivo [*proceso para informar a la red móvil sobre la cobertura*] | IMSI attach/detach = international mobile subscriber identifier attach/detach
IMT [*comunicaciones móviles internacionales*] | IMT = international mobile communications
In = indio | In = indium
inacabado | unterminated, grayed
inactivo | dead, dummy, inactive, insensitive, quiescent, unoperated
inadaptación horaria | jet lag
inaflojable | shakeproof
inajustable | nonadjustable
inalámbrico | wireless
inanición | starvation
INAP [*protocolo de aplicación de red inteligente*] | INAP = intelligent network application protocol
inastillable | shatterproof
inauguración de una estación | commissioning of a station
inauguración del servicio telefónico | opening of telephone service
incandescencia | incandescence
incapacitar | to disable
incendiario [*fam; persona que envía abusivamente mensajes por internet*] | flamer [*fam*]
incertidumbre | uncertainty
incertidumbre de abertura | aperture jitter
incertidumbre de entrada | input uncertainty
incidencia | event, incidence
incidencia de servicio | error malfunction
incidencia en bandas | grazing incidence
incidencia vertical | vertical incidence
incidente de servicio | service incident
incidir | to cut in
incisión | notch, scoring
inclinación | inclination, skew, slope, steepness, tilt, tilting
inclinación de la meseta del impulso | pulse tilt
inclinación de la onda | wave tilt
inclinación de porche posterior | back porch tilt
inclinación de una curva | slope of a curve
inclinación del frente de onda | wavefront tilt
inclinación del frente del impulso | pulse front steepness
inclinación del haz | beam droop
inclinación del impulso | pulse slope
inclinación del plano E | E-plane bend
inclinación del techo del impulso | pulse droop
inclinación frontal | tilting

inclinación hacia abajo | tilt down
inclinación hacia arriba | tilt up
inclinación magnética | magnetic dip (/inclination)
inclinación mecánica | mechanical tilt
inclinación variable | variable slope
inclinación vertical [*de la aguja en la brújula*] | dip
inclinómetro | inclinometer
incluir | to include
inclusión | inclusion, (busy) override, (executive) intrusion
inclusión por parte del servidor [*para documentos de world wide web*] | server-side include
incoherencia | mismatch
incoherente | incoherent
incombustible | flameproof
incompleto | incomplete
incondicional | unconditional
incorporado | built-in, incorporated, on board
incorporar | to embed
incorrecto | faulty, ill-conditioned
incremento | increment
incremento en la pendiente del impulso | pulse steepening
incremento perceptible | difference limen
incremento repentino | burst
incremento repentino de tensión | burst
incrustación y vinculación de objetos | object linking and embedding
incrustar | to embed
IND = indicador | IND = indicator
indagación | query, research
indagar | to query, to search
indemostrable | nondetectable
independencia | independence
independencia de carga | charge independence
independencia de datos | data independence
independencia de hardware | hardware independence
independencia del dispositivo | device independence
independencia lineal | linear independence
independiente | self-contained, stand-alone
independiente de la aplicación | device independent
independiente de la máquina | machine-independent
independiente del equipo [*informático*] | machine-independent
independizar | to isolate
indeterminación | indeterminacy
indeterminismo | nondeterminism
indexación | indexing
indexación automática | autoindexing, automatic indexing
indexador de información | search engine
indicación | indication, prompt, display
indicación de atención | attention display
indicación de consumo de un aparato de medición | registration of a meter
indicación de consumo totalizado del contador | registration of meter
indicación de equilibrio a cero | null balance indication
indicación de ocupación | busy indication
indicación de servicio tasado | paid service indication
indicación de tierra | ground indication
indicación de vía | route indication
indicación del sistema | system prompt
indicación directa simultánea | multiple-output direct-reading
indicación luminosa de ocupado | busy flash
indicación visual | visible indication
indicación visual del radar | radar display unit
indicación voltimétrica | voltage reading
indicador | display, flag, indicator, signal, tag, pointer
indicador a distancia | remote indicator
indicador acimutal automático | omnibearing indicator
indicador acorazado | tubular drop
indicador acústico | ringing set
indicador acústico de llamada | call announcer
indicador acústico de números pedidos | call announcer
indicador automático | self-indicating
indicador automático de rumbo | offset-course computer
indicador Azel | Azel indicator
indicador catódico de sintonía | tuning (indicator) eye
indicador combinado | radiomagnetic indicator
indicador D | D indicator
indicador de acimut | azimuth marker
indicador de actividad | activity indicator
indicador de agujas cruzadas | crossed-pointer indicator
indicador de agujas en cruz | crossed-pointer indicator
indicador de aislamiento | insulation polarity
indicador de ajuste de la presión | pressure adjustment indicator
indicador de alarma | warning indicator
indicador de alimentación | power indicator
indicador de alimentación conectada | power-on indicator
indicador de alimentación desconectada | power-off indicator
indicador de altitud y posición | height position indicator
indicador de altura y distancia | range height indicator, RHI display = range height indicator display
indicador de amplitud y distancia | range amplitude display
indicador de avería en la línea | power failure indicator
indicador de aviso | warning indicator
indicador de aviso local de diafanidad | terrain-clearance warning indicator
indicador de blanco móvil [*en radar*] | moving target indicator
indicador de caída | drop indicator
indicador de canal | channel designator
indicador de cero | null indicator
indicador de cobertura del radar | radar coverage indicator
indicador de combustible | fuel capacity gauge
indicador de conexión de corriente | power-on indicator
indicador de contaminación alfa | alpha contamination indicator
indicador de contaminación atmosférica | air contamination indicator
indicador de contaminación beta-gamma | beta-gamma contamination indicator
indicador de contenido | content indicator
indicador de control de entrada/salida | read/write check indicator
indicador de corriente nula | zero-current indicator
indicador de cresta | peak indicator
indicador de demora | bearing deviation indicator
indicador de densidad | density indicator
indicador de desfase | phase difference indicator
indicador de deslizamiento | slider indicator
indicador de desplazamiento de frecuencia | frequency shift indicator
indicador de destino | destination indicator
indicador de destino y procedencia | to-from indicator
indicador de desviación de depresión | depression deviation indicator
indicador de desviación de elevación | elevation deviation indicator
indicador de desviación de la derrota | course deviation indicator
indicador de desviación de la línea de ruta | course line deviation indicator
indicador de desviación de la ruta | course deviation indicator
indicador de desviación de marcación | bearing deviation indicator
indicador de desviación de profundidad | depth deviation indicator
indicador de desviación en la trayectoria de vuelo | flight path deviation indicator

indicador de diferencia de tensión | voltage difference detector
indicador de dirección | radiogoniometer
indicador de dirección de aterrizaje | landing direction indicator
indicador de dirección de circulación | traffic direction indicator
indicador de dirección magnético | magnetic direction indicator
indicador de direccionamiento | address-routing indicator
indicador de distancia exacta | accurate range marker
indicador de distancia y acimut | range-bearing display
indicador de distancias omnidireccional | omnibearing indicator
indicador de duración | timing device, chargeable time indicator
indicador de duración de la conversación | timing device
indicador de elevación | elevation indicator
indicador de elevación y posición | elevation-position indicator
indicador de encaminamiento | routing indicator
indicador de encaminamiento automático | self-routing indicator
indicador de entrada-salida | to-from indicator
indicador de envolvente de radiofrecuencia | RF envelope indicator
indicador de estado | state indicator
indicador de factor de potencia | power factor indicator
indicador de fallo | fault indicator
indicador de fallos | failure indicator
indicador de falta de corriente | power failure indicator, power-off indicator
indicador de fases | phase indicator
indicador de fichas | drop signal
indicador de fin de conversación | clearing out drop, ring-off drop, supervisory indicator
indicador de frecuencia | frequency indicator
indicador de frecuencia cero | null frequency indicator
indicador de frecuencia con circuito resonante | resonant-circuit frequency indicator
indicador de frecuencia del tipo de circuito resonante | resonant-circuit-type frequency indicator
indicador de fusible | blown-fuse indicator, fuse alarm
indicador de homodinaje | zero beat indicator
indicador de impulso medio | average-value indicator
indicador de impulsos máximos | maximum impulse indicator
indicador de impulsos medios | mean impulse indicator
indicador de impulsos pareados | pip-matching display

indicador de inclinación | tilt indicator
indicador de inicio de sesión | login prompt
indicador de itinerario | routing indicator
indicador de la barra de estado | status-bar indicator
indicador de la memoria en pila [*de datos*] | stackpointer, stack pointer
indicador de la pila [*de datos*] | stackpointer, stack pointer
indicador de la proa | heading marker
indicador de la velocidad del viento | air speed indicator
indicador de lámpara de neón | neon indicator
indicador de lectura digital | digital read-out indicator
indicador de línea de órdenes | command-line prompt
indicador de llamada | call (/drop, /ring) indicator
indicador de lugar | location indicator
indicador de marcación en el goniómetro | direction finder bearing indicator
indicador de marcha [*de la cinta*] | running indicator
indicador de memoria | memory light
indicador de menús de iconos de ventanas | window icons menus pointer
indicador de modulación | modulation indicator
indicador de neutralización | neutralization (/neutralizing) indicator
indicador de nivel | level indicator
indicador de nivel acústico | sound level indicator
indicador de nivel de combustible | fuel capacity gauge
indicador de nivel de grabación | recording level indicator
indicador de nivel de líquido | liquid level gauge
indicador de nivel de rayos gamma | gamma ray level indicator
indicador de nivel de todo o nada | on-off level indicator
indicador de nivel por capacidad | capacitance level indicator
indicador de nivel sonoro | sound level indicator
indicador de números pedidos | call announcer system
indicador de objetivos móviles | moving target indicator
indicador de ocupación | busy indicator
indicador de ondas estacionarias | standing wave (ratio) indicator, standing wave ratio indication meter
indicador de operación | operation indicator
indicador de orientación | orientation indicator
indicador de origen | source indicator
indicador de pendiente | slope meter

indicador de pérdidas [*a tierra*] | leak detector
indicador de pH | pH indicator
indicador de pico | peak indicator
indicador de polaridad | pole (/polarity) polarity (/pole) indicator
indicador de polos | pole indicator
indicador de posición | attitude indicator, position finder
indicador de posición aérea | air-position indicator
indicador de posición aproximada | zone position indicator
indicador de posición de la barra de regulación | regulating-rod position indicator
indicador de posición de plano | plane position indicator
indicador de posición de zona | zone position indicator
indicador de posición del eje | shaft position indicator
indicador de posición en el plano | plan position indicator
indicador de posición en el plano con proyección fotográfica | photographic projection plan position indicator
indicador de posición panorámica | plan position indicator
indicador de posición precisa en el plano | precision plan position indicator
indicador de posición sobre el suelo | ground position indicator
indicador de posición y dirección | position and homing indicator
indicador de posiciones de la compañía telefónica | post office position indicator
indicador de potencia | power indicator
indicador de precisión | knife edge pointer
indicador de prioridad | priority indicator
indicador de progreso | progress indicator
indicador de proximidad mediante radiación | radiation proximity indicator
indicador de proyección por transparencia | rear projection read-out
indicador de punto de corriente nula | null indicator
indicador de radar | radar indicator
indicador de radiación | radiation indicator
indicador de radiaciones | radiation indicator
indicador de radiaciones beta y gamma | beta-gamma survey meter
indicador de radiaciones iónicas | radioactive gauge
indicador de radioexposición | exposure indicator
indicador de radiofrecuencia | RF indicator

indicador de rebase de nivel | on-off level indicator
indicador de recorrido de la cinta | tape usage counter
indicador de regulación de la presión | pressure adjustment indicator
indicador de relación de ondas estacionarias | standing wave ratio indicator (/indication meter)
indicador de relé | relay drop
indicador de remitente | originator indicator
indicador de resonancia | resonance indicator
indicador de retrodispersión | back-scattering gauge
indicador de rotura de vaina | failed element indicator
indicador de rumbo del barco | ship-heading marker
indicador de ruta | routing indicator
indicador de salida | output indicator
indicador de salto | skip flag
indicador de secuencia de fases | phase sequence indicator
indicador de sentido | sense (/to-from) indicator
indicador de sentido de la corriente | polarity indicator
indicador de señal nula de radiofrecuencia | RF null meter
indicador de setup | setup prompt
indicador de sincronismo | synchronoscope
indicador de sincronización | synchronization indicator
indicador de sintonía | tune meter, tuning indicator (/meter)
indicador de sintonía de rayos catódicos | cathode ray tuning indicator
indicador de sintonización | tuning indicator (/meter)
indicador de sintonización por sombra | shadow tuning indicator
indicador de sobrecapacidad | overflow indicator
indicador de sobrecarga | overload indicator
indicador de tasa | subscriber premises meter
indicador de tasa cobrable al abonado | subscriber premises meter
indicador de temperatura | temperature detector
indicador de tensión | voltage detector (/indicator)
indicador de terreno libre | terrain clearance indicator
indicador de trazo oscuro | skiatron display
indicador de unidad de volumen | volume-unit indicator
indicador de unidades de volumen | VU indicator = volume unit indicator
indicador de vacío | vacuum gauge (/indicator)
indicador de vacío de partículas alfa | alpha ray vacuum gauge

indicador de vacío por termopar | thermocouple vacuum gauge
indicador de valores de cresta | peak-reading meter
indicador de valores de pico | peak-reading meter
indicador de velocidad | speed gauge (/indicator), velocity gauge
indicador de velocidad de ascensión | rate-of-climb indicator
indicador de vía | routing indicator
indicador de vibración | vibration indicator
indicador de viscosidad | viscometer, viscosimeter
indicador de volumen | volume indicator (meter), volume meter; VU meter = volume unit meter
indicador de volumen del SFERT | SFERT speech level meter
indicador de volumen normalizado | standard volume indicator
indicador de zona de comunicación | communication zone indicator
indicador del ángulo de aproximación | angle of approach indicator
indicador del control deslizante | slider arm
indicador del medidor | meter display
indicador del nivel de potencia | power level indicator
indicador del nivel de señal | signal level indicator
indicador del punto de rocío | dew point indicator
indicador del radiogoniómetro | radio compass indicator
indicador del rango de altura | height range indicator
indicador del sentido de la corriente | direction indicator
indicador del sistema | system indicator
indicador descentrado | off-centre display
indicador E | E indicator
indicador esférico | gyro centre indicator, spherical gyrocenter (/indicator)
indicador esférico de posición [*en vuelo*] | spherical attitude heading indicator
indicador fino | knife edge pointer
indicador fotoeléctrico del nivel de líquido | photoelectric liquid-level indicator
indicador giroscópico | gyroscope, spherical gyrocenter (/indicator), gyro centre indicator
indicador giroscópico de posición [*en vuelo*] | spherical attitude heading indicator
indicador ILS | ILS marker
indicador isotópico | isotopic indicator
indicador largo alcance | loran indicator
indicador loran | loran indicator
indicador luminoso | electric lamp signal

indicador luminoso de alimentación | power on/off light
indicador luminoso de espera | busy light
indicador luminoso de pendiente de aproximación | angle of approach indicator light
indicador magnético de corrientes de rayos | magnetic link
indicador montado en soporte inclinable | trunnion-mounted indicator
indicador múltiple | logger
indicador Navaglobe | Navaglobe indicator
indicador osciloscópico | tracer
indicador osciloscópico de nivel | level tracer
indicador panorámico | P display, panoramic indicator (/display unit), radial timebase display; PPI scope = plan position indicator scope
indicador panorámico de expansión | expanded plan position indicator
indicador panorámico de expansión parcial | expanded partial plan position indicator
indicador panorámico de precisión | precision plan position indicator
indicador panorámico de sonar | sonaramic indicator
indicador panorámico descentrado | off-centre play display
indicador piezoeléctrico | piezoelectric indicator
indicador piezoeléctrico de presión | piezoelectric pressure gauge
indicador por láser de altura de techo | laser ceilometer
indicador potenciométrico | potentiometer indicator
indicador PPI estabilizado en acimut [*indicador panorámico estabilizado respecto al norte*] | north stabilized PPI = north stabilized plan position indicator
indicador radiactivo | radioactive gauge (/indicator, /tracer), radiotracer
indicador radioisotópico | radioisotope tracer
indicador radiológico | radiological indicator
indicador radiomagnético | radiomagnetic indicator
indicador registrador de demanda máxima | recording maximum-demand indicator
indicador remoto | remote indicator
indicador rotativo de ondas estacionarias | rotary standing-wave detector
indicador tipo A | A display
indicador tipo Azel | Azel display
indicador visual | display, magnetic visual signal
indicador visual de fallos locales | local-fault display unit
indicador visual de retardo | delay PPI = delay plan position indicator

indicador visual Doppler | visual Doppler indicator
indicador visual retardado | delayed PPI = delayed plan position indicator
indicador voltimétrico | voltmeter detector (/indicator)
indicativo de acceso clave de servicio | service code
indicativo de llamada | call letter (/sign, /signal)
indicativo de llamada informativa | assistance code
indicativo de llamada oficial | official call sign
indicativo de llamada por radio | radio call sign
indicativo de llamada reglamentario | regulation call sign
indicativo de oficina | office code
indicativo de ruta | routing code
indicativo del país | country code
indicativo interurbano | trunk code
indicativo literal | code letter, alphabet office code
indicativo musical | signature (tune)
indicativo musical de identificación | signature tune
índice | index, rate, ratio, (table of) contents
índice ASTM | ASTM index
índice de absorción | absorption index
índice de absorción auroral | auroral absorption index
índice de absorción específica | specific absorptive index
índice de absorción solar | solar absorption index
índice de acidez | index of pH
índice de actividad | activity ratio
índice de arrastre | pulling figure
índice de atenuación frente a diafonía | attenuation-to-crosstalk ratio
índice de averías | failure rate
índice de averías del sistema | system failure rate
índice de ayuda | help index
índice de ayuda para la gestión de energía | contents for power management help
índice de barrido vertical | vertical scan rate
índice de bits erróneos | bit error rate
índice de bloque de resorte | mounting space index
índice de calidad | quality index
índice de calidad de los colores | colour rendering index
índice de cambio en el voltaje de la señal | slew rate
índice de carga | charging rate
índice de categoría absoluto [en calidad de codificadores] | absolute category rating
índice de ciclos | cycle index
índice de compresión | compression ratio
índice de cooperación | index of cooperation

índice de corrimiento | pushing figure
índice de cortocircuito | short-circuit ratio
índice de deflexión | deflection factor
índice de descontaminación | decontamination index
índice de desgaste | wearability
índice de directividad | directivity index
índice de durabilidad | wearability
índice de eficacia del radar | radar performance figure
índice de emisión secundaria | secondary emission rate
índice de espectro | spectral index
índice de espiras | turn factor
índice de fallos | failure rate
índice de fiabilidad | reliability index
índice de la calidad de trasmisión | transmission performance rating
índice de lectura | reading rate
índice de lecturas adyacentes | read-around ratio
índice de modulación | modulation index, index of modulation
índice de modulación de referencia | reference modulation index
índice de muestreo | sampling rate
índice de orientación | tab
índice de oscilación | flutter index
índice de palabras clave | keyword index
índice de parámetros de seguridad | security parameter index
índice de pérdida | loss index
índice de pérdidas dieléctricas | dielectric loss index
índice de polarización | polarization index
índice de prestación del radar | radar performance figure
índice de producibilidad de energía | energy capability factor
índice de pulsación | pulse number
índice de radiación | radiation dosage
índice de refracción | refraction (/refractive) index, index of refraction, refractivity
índice de refracción modificado | modified index of refraction
índice de refracción radioeléctrica | radio refractive index
índice de refracción relativo | relative refractive index
índice de regulación | setting index
índice de repetición | repetition rate
índice de reposición | resetting ratio
índice de resistencia | resistance index
índice de ruido | noise index
índice de ruido de una sola frecuencia | single-frequency noise figure
índice de ruido del receptor | receiver noise figure
índice de ruido frente a portadora | carrier-to-noise ratio
índice de ruido medio | average noise figure

índice de ruido monocromático | spot noise figure
índice de ruido ponderado | weighted noise figure
índice de selección | selection ratio
índice de sensibilidad a incrementos cortos | short increment sensitivity index
índice de sobrecarga | overcurrent factor
índice de temas | topics indexed
índice de trasferencia de radiación | radiation transfer index
índice de trasferencia inversa de tensión | reverse voltage transfer ratio
índice de trasformación | winding ratio
índice de utilización del canal | channel utilization index
índice de vacíos | void ratio
índice de visitantes [porcentaje de visitantes de un sitio Web que consultan un anuncio concreto] | click-through rate
índice electroacústico | acoustoelectric index
índice espectral | spectral index
índice KWIC [índice de clave en contexto] | KWIC index = keyword-in-context index
índice no ponderado | weight-free index
índice de llenado en energía eléctrica | reservoir fullness factor
índice ponderado | weighted (/weighting) index
índice primario | primary index
índice refractario modificado | modified refractive index
índice secundario | secondary index
índice WAIS [utilidad UNIX para acceso a archivos de texto] | waisindex
índice Web [de recursos] | Web index
indicio de impureza | trace impurity
indio | indium
indio radiactivo | radioactive indium
indirectamente | indirectly
indirecto | indirect, indirectly
indisponibilidad de potencia hidroeléctrica | unavailability of hydro capability
individual | individual
individuo | individual
Indox [marca comercial de una aleación magnética permanente de bario ferrita] | Indox
inducción | induction
inducción cruzada | crossfire
inducción de dispersión | leakage inductance
inducción de saturación | saturation induction
inducción dispersa | leakage inductance
inducción eléctrica | electric induction
inducción electromagnética | electromagnetic induction
inducción electrostática | electrostatic (/static) induction

inducción estructural | structural induction
inducción incremental | incremental induction
inducción intrínseca | intrinsic induction
inducción magnética | magnetic induction (/displacement), (magnetic) flux density
inducción magnética residual | residual magnetic induction
inducción mutua | mutual induction
inducción mutua entre bobinas | mutual induction between coils
inducción normal | normal induction
inducción nuclear | nuclear induction
inducción parásita | parasitic induction
inducción peristáltica | peristaltic induction
inducción polarizada | biased induction
inducción propia | self-induction
inducción remanente | remanent (/residual) induction
inducción residual | residual induction
inducción telegráfica | crossfire
inducción unipolar | unipolar induction
inducido | armature; induced
inducido acústicamente | sonically induced
inducido de anillo | (slip) ring armature
inducido de circuito impreso | printed wiring armature
inducido de disco | disc armature
inducido de polos exteriores | external pole armature
inducido de polos interiores | internal pole armature, radial coil armature
inducido de tambor | cylinder armature
inducido del contador | meter armature
inducido dentado | slotted armature
inducido doble | double armature
inducido en doble T | shuttle armature
inducido giratorio | revolving armature
inducido Gramme | Gramme armature
inducido lateral | side armature
inducido monofásico | single-phase armature
inducido móvil | revolving armature
inducido por luz ultravioleta | ultraviolet-induced
inducido por protones | proton-induced
inducido por radiación ultravioleta | ultraviolet-induced
inducido ranurado con devanado en derivación | parallel winding slotted armature
inductancia | inductance, inductor
inductancia-capacidad | inductance capacitance
inductancia concentrada | lumped inductance
inductancia crítica | critical inductance
inductancia de circuito oscilante | oscillating circuit inductance
inductancia de compensación | padding inductance
inductancia de dispersión del primario | primary leakage inductance
inductancia de fuga | leakage inductance
inductancia de núcleo de aire | air-core inductor
inductancia de paso | transition cell
inductancia de protección contra sobreintensidades | current-limiting reactor
inductancia de protección contra sobretensiones | line choking coil
inductancia de regulación | regulating inductor
inductancia de saturación | saturation inductance
inductancia de sintonía | tuning inductance
inductancia de sintonización | tuning inductance
inductancia de tomas variables | tapped variable inductance
inductancia distribuida | distributed inductance
inductancia igualadora de tierra | ground equalizer inductor
inductancia intercambiable | plug-in inductance
inductancia mutua | mutual inductance
inductancia negativa | negative inductance
inductancia normalizada | standard inductor
inductancia oscilante | swinging choke
inductancia por incremento | incremental inductance
inductancia por unidad de longitud | inductance per unit length
inductancia primaria | primary inductance
inductancia propia | natural inductance, (coefficient of) self-inductance
inductancia residual | residual inductance
inductancia unitaria | inductance per unit length
inductancia variable | swinging choke, variable inductance (/inductor)
inductímetro | inductometer
inductivo | inductive
inductómetro | inductometer
inductor | exciter, field magnet, inducer, inductor; inductive
inductor de carga resonante | resonant charging choke
inductor de chispa | spark coil
inductor de ecualizador de masa | ground equalizer inductor
inductor de encendido | spark coil
inductor de filtro saturable | swinging choke
inductor de igualación de tierra | ground equalizer inductor
inductor de masa | earth inductor
inductor de regulación | regulating inductor
inductor de sintonía | tuning inductor
inductor de sintonización | tuning inductor
inductor de tierra | earth inductor
inductor de toma central | centre-tapped inductor
inductor de tomas variables | tapped variable inductor
inductor giratorio | revolving field
inductor impreso | printed inductor
inductor mutuo | mutual inductor
inductor normalizado | standard inductor
inductor regulable | adjustable inductor
inductor resonante | resonant charging choke
inductor saturable | swinging choke
inductor variable [*con la corriente*] | varindor = variable inductor
inductor variable eléctricamente | electrically variable inductor
Inductosyn [*tipo de trasductor de alta precisión*] | Inductosyn
industria del radar | radar industry
industria eléctrica | power industry
industria energética | power industry
industria radioeléctrica | radio industry
industrias electrónicas | electronic industries
inelástico | inelastic, nonelastic
inercia | inertia
inercia aparente | virtual inertia
inercia eléctrica | electrical inertia
inercia electromagnética | electromagnetic inertia
inercia impulsiva | impulse inertia
inercia térmica | thermal inertia (/lag)
inercia visual | visual inertia
inertancia | inertance
inertancia acústica | acoustic inertance
inerte | sluggish
inestabilidad | instability, jitter
inestabilidad a largo plazo | long-term instability
inestabilidad cinética | kinetic instability
inestabilidad de doble haz | two-stream instability
inestabilidad de frecuencia de periodo corto | short-period frequency instability
inestabilidad de frecuencia residual | residual frequency instability
inestabilidad de intercambio | interchange instability
inestabilidad de sincronismo | pulling
inestabilidad de tipo fluido | fluid-type instability
inestabilidad del efecto de apriete | pinch instability
inestabilidad del tiempo | time flutter
inestabilidad del tipo de flauta | flute-type instability

inestabilidad en bucle | kink
inestabilidad en cáscara | kink instability
inestabilidad magnética | magnetic instability
inestabilidad magnetohidrodinámica | magnetohydrodynamic instability
inestabilidad nuclear | nuclear instability
inestabilidad por alimentación excesiva | trip action
inestabilidad por calentamiento inicial | warm-up drift
inestabilidad resistiva | resistive instability
inestabilidad temporal | time jitter
inestabilidad térmica | thermal instability
inestabilidad universal | universal instability
inestabilidad vertical | bouncing
inestable | unstable
inexactitud | inaccuracy
infección | infection
inferencia | inference
inferencial | inferential
inferencias lineales por segundo | linear inferences per second
inferior | beneath, lower
inferir | to infer
infiernillo | brazier
infiernillo para soldar | furnace
infiltración | infiltration
infinidad | infinity
infinitesimal | infinitesimal
infinito | infinite, infinity
inflado del software [con una cantidad excesiva de funciones innecesarias] | software bloat
inflamabilidad | flammability
inflamable | flammable
inflamación espontánea | spontaneous ignition
inflamación por reacción | flashback ignition
inflector | inflector
influencia | actuation, influence, leverage
influencia de la estructura | influence of structure
influencia de la forma de onda | waveform influence
influencia de la frecuencia | frequency influence
influencia de la perturbación | perturbing influence
influencia de la temperatura | temperature effect
influencia del disolvente | solvent effect
influencia radioeléctrica | radio influence
infoadicto | infoaddict
infobond [cableado automatizado punto a punto en el reverso de una tarjeta de circuitos de doble cara] | info-bond
infografía | computer graphics

infopista [fam] | data highway
información | assistance, information, intelligence
información compartida | shared data
información contenida | information content
información crítica | mission critical
información de las trasmisiones | signal intelligence
información de llamada | call word
información de radar | radar intelligence
información de referencia | reference information
información de retorno | feedback
información de ruta | information path, routing information
información de suscripción | subscription information
información de televisión | television information
información de usuario a usuario | user-to-user information
información del radar | radar information
información desde el lugar de los acontecimientos | on the spot coverage
información electrónica | electronic intelligence
información en impulsos codificados | pulse data
información farragosa | brain dump [fam]
información general | overview
información hotelera | room status
información mutua | mutual information
información omitida | deletia
información parásita | drop-in; garbage [USA]
información pública | public inquiry
información R-Y | R-Y information
información selectiva | selective information
información sobre el servidor | server info
información sobre habitaciones libres | vacant room readout
información sobre los servicios | service information
información trasmitida | transmitted information
informática | computer (/information) science, computing, data processing, electronic data processing, programmatics
informática de empresa | enterprise computing (/networking)
informática de red | network computing
informática gráfica | graphic data processing
informática móvil [utilización de la informática mientras se viaja] | mobile computing
informatizar | to compute
informe | advice, refer, report, shapeless
informe de avería | fault reporting
informe de planificación asistida por ordenador | CAP reporting = computer-assisted planning reporting
informe de posición | position report
informe de radiación | radiation report
informe del estado del aparato | device status report
informe del emisor | sender report
informe del receptor | receiver report
informe para radiodifusión | radio report
informe radiado | radio report
informe si es incorrecto | say if incorrect
informe sobre la seguridad nuclear | safety analysis report
informe sobre riesgos | hazards summary report
Infovía [red española de comunicaciones] | Infovía [Spanish communication network]
infraacústico | subaudio
infraestructura de clave pública | public key infraestructure
infraestructura de trasporte inteligente | intelligent transportation infrastructure
infraestructura global de información | global information infrastructure
infrarrojo | infrared, ultrared
infrarrojo cercano | near infrared
infrarrojo extremo | far infrared
infrarrojo lejano | far infrared
infrarrojo profundo | far infrared
infrarrojo próximo | near infrared
infrasónico | infrasonic, subaudio
infrasonido | infrasound
infusible | nonfusing
ing. = ingeniero | ENGR = engineer
ingeniería | telegraph engineering
ingeniería asistida por ordenador | computer-aided engineering
ingeniería de aplicaciones | job engineering
ingeniería de calidad | quality engineering
ingeniería de control automático | automatic control engineering
ingeniería de estudios en el terreno | survey engineering
ingeniería de fiabilidad | reliability engineering
ingeniería de la información | information engineering
ingeniería de la propagación radioeléctrica | radiopropagation engineering
ingeniería de los ultrasonidos | ultrasonics engineering
ingeniería de planta | plant engineering
ingeniería de radar | radar engineering
ingeniería de reconocimiento | survey engineering
ingeniería de regresión [método para

analizar los componentes y la fabricación de un producto partiendo del producto acabado] | reverse engineering
ingeniería de sistema asistida por ordenador | computer-assisted system (/software) engineering
ingeniería de sistemas | system engineering
ingeniería de software asistida por ordenador | computer-assisted software (/system) engineering
ingeniería de telecomunicaciones | telecommunication engineering
ingeniería de televisión | television engineering
ingeniería del conocimiento | knowledge engineering
ingeniería del reactor | reactor engineering
ingeniería del sistema | system engineering
ingeniería del software | software engineering
ingeniería del vacío | vacuum engineering
ingeniería eléctrica | power (/electrical) engineering
ingeniería electrónica | electronic engineering
ingeniería humana | human engineering
ingeniería informática | computer engineering
ingeniería radioeléctrica | radio engineering
ingeniería telefónica | telephone engineering
ingeniero de comunicaciones | communication engineer
ingeniero de diseño | design engineer
ingeniero de mantenimiento | service engineer
ingeniero de mantenimiento y reparaciones | service engineer
ingeniero de proyectos | project engineer
ingeniero de radio | radio engineer
ingeniero de sistemas [*informáticos*] | knowledge engineer
ingeniero de software | software engineer
ingeniero de telecomunicaciones | telecommunication engineer
ingeniero eléctrico | electrical (/power) engineer
ingeniero en radiocomunicaciones | radiocommunication engineer
ingeniero especializado en energía | power engineer
ingeniero especializado en telefonía | telephone engineer
ingeniero especializado en telegrafía | telegraph engineer
ingeniero profesional | professional engineer
ingeniero radioelectricista | radio engineer
ingeniero titulado | professional engineer
ingenio atómico | atomic weapon
ingenio implosivo | implosion weapon
ingenio nuclear | nuclear weapon
ingenio nuclear sucio | dirty weapon
ingestión opaca | opaque meal
inglés estructurado | structured English
ingravidez | weightlessness
inhibidor | inhibitor; inhibiting
inhibidor de arrastre | hold-back agent
inhibidor de decapado | pickling inhibitor
inhibir | to inhibit
iniciación | striking
iniciación del diálogo | handshaking
iniciación del seguimiento [*en radar*] | lock-on
iniciación eléctrica | electrical initiation
iniciador | initiator, originator, cartridge, squib
inicial | early, initial
inicialización | initialization, reset
inicialización de limpieza [*utilizando el mínimo posible de archivos del sistema operativo*] | clean boot
inicializador | startup; [*primer valor de una variable*] initializer
inicializando | initializing
inicializar | to initialise [UK], to initialize [UK+USA]; to boot, to reboot, to start up
iniciar | to initialize, to start, to startup, to start-up; to boot
iniciar el borrador | to start blanker
iniciar protector | to start saver
iniciar sesión | to log in
iniciar una respuesta | to trigger a reply
inicio | home, start, starting, startup
inicio de mensaje | start of message
inicio de sesión | login
inicio de sesión de línea de órdenes | command line login
inicio del impulso | pulse start
ininflamable | nonflammable
ininteligible | unreadable
injerto | implant, wet connection
injerto bidimensional | planar implant
injerto laminar | planar implant
inmediatamente | immediately
inmediato | immediate, prompt
inmersión | dip, immersion
inmersión ultrasónica | ultrasonic immersion
inmiscible | immiscible
inmitancia | immittance
inmovilizar | to freeze, to quiesce
inmunidad | immunity
inmunidad a la radiación | radiation-hard
inmunidad al ruido | noise immunity
inmunidad al ruido de la corriente alterna | AC noise immunity
inmunización frente a la radiación | radiation hardening
inocular [*proteger un programa contra un virus grabando en aquél información específica*] | to inoculate
inquirir | to enquire, to inquire
INS [*sistema de información en red*] | INS = information network system
INS = insertar | INS = insert
insaturado | unsaturated
inscribir | to write
inscripción | registration
inscripción de peticiones de comunicación | recording of calls
inscripción interurbana | toll recording
inscriptor | inscriber
insensibilización | desensitization
insensible a las radiaciones | radiation-insensitive
inserción | insert, insertion
inserción automática de repetidores | automatic insertion of repeaters
inserción de bits | bit stuffing
inserción de canales | insertion (/injection) of channels
inserción de clavijas en las tomas | plugging-in
inserción de la señal correctora de sombra | shading insertion
inserción de repetidores | repeater insertion
inserción en caliente [*de un componente en un dispositivo mientras éste está funcionando*] | hot insertion
insertador de nivel de corriente continua | DC inserter stage
insertar | to insert, to put
insertar archivo | to insert file
insertar objeto | to insert object
insertor de corriente continua | DC inserter
insoluble | insoluble, unsolvable
insonorización | acoustic treatment, sound damping (/deadening, /insulation), soundproofing
insonorizado | noise proof, sound-insulated, soundproof
insonorizador | sound absorber (/damping, /insulator)
insonorizante | sound damping (/deadening), sound-absorbent, sound-absorbing
insonorizar | to damp, to dampen
insonoro | noise proof, sound damping (/deadening), sound-absorbing
inspección | examination
inspección de código | code inspection
inspección de Fagan | Fagan inspection
inspección de la línea | inspection of the line
inspección de postes | pole inspection
inspección de precintado | preseal visual
inspección de servicio | service inspection
inspección de soldaduras | weld control
inspección fotoeléctrica | photoelectric inspection

inspección minuciosa | shakedown inspection
inspección radiográfica | radiographic examination (/inspection)
inspección radiológica | radiological monitoring
inspección selectiva | selective inspection
inspección ultrasónica | ultrasonic inspection
inspección visual | visual inspection
inspeccionar | to inspect
inspeccionar una línea | to inspect a line
inspector en jefe | chief supervisor
inspectoscopio | inspectoscope
instalación | installation, arrangement, connection, construction assembly, fitting, hook-up; [*de estructuras, de motores, de pruebas*] rig
instalación alámbrica | wire facility (/plant)
instalación alternativa | alternate facility
instalación antivibratoria | antivibration mounting
instalación automática | automatic (/dial system) installation
instalación con identificación de polaridad | polarity wiring
instalación con relés | relaying
instalación conmutadora | switching installation
instalación de abonado | subscriber installation
instalación de abonado con extensiones | subscriber installation with extension stations
instalación de abonado con supletorios | subscriber installation with extensions (/extension stations)
instalación de cables | cable running, laying of cables
instalación de células solares | solar-cell plant
instalación de comunicación por hilos | wire plant
instalación de desactivación del combustible | fuel cooling installation
instalación de enclavamiento | interlocking installation
instalación de energía | power installation
instalación de energía solar | solar power plant
instalación de enfriamiento del combustible | fuel cooling installation
instalación de explotación | service installation
instalación de fuerza motriz | power installation
instalación de guías de ondas | plumbing
instalación de la aplicación | application setup
instalación de prueba | test rig
instalación de radar | radar installation
instalación de radar de puerto | port radar installation
instalación de radiación | radiation facility
instalación de radiofaros | radio-beaconing
instalación de radiofrecuencia | RF plumbing
instalación de radiotrasmisión direccional | radio relay station
instalación de repetidor | repeater facility
instalación de reserva | backup facility
instalación de retrasmisión | retransmission (/retransmitting) installation
instalación de retrasmisión automática | automatic relay installation
instalación de retrasmisión completamente automática | fully automatic relay installation
instalación de retrasmisión semiautomática | semiautomatic relay installation
instalación de servicio | service installation
instalación de tarjetas de vídeo | video installation
instalación de telecine | telecine facility
instalación de telegrafía subacústica | subaudio telegraph set
instalación de traslación | repeating installation
instalación de trasmisión | transmitting facility
instalación de trayectoria de descenso | glide slope facility
instalación de varios altavoces | multiple loudspeaker installation
instalación de Windows | Windows setup
instalación definitiva | permanent wiring
instalación del usuario | user installation
instalación dúplex de puente | bridge duplex installation
instalación eléctrica | electric installation, power equipment
instalación eléctrica a la intemperie | outdoor electrical equipment
instalación eléctrica del barco | ship wiring
instalación eléctrica del buque | ship wiring
instalación en situación no expuesta | nonexposed installation
instalación escalonada | extended telegraph circuit
instalación experimental | pilot plant, test rig
instalación expuesta a sobretensiones de origen atmosférico | exposed installation
instalación exterior | outside plant
instalación hidroeléctrica | hydro-installation
instalación íntegra [*de programas, eliminando instalaciones anteriores*] | clean install
instalación interior | inside plant
instalación para difusión térmica | thermal diffusion plant
instalación para separación isotópica | separation plant
instalación provisional | temporary arrangement
instalación radioelectrónica | radioelectronic installation
instalación radiogoniométrica | radio-bearing installation
instalación repetidora semiautomática | semiautomatic relay installation
instalación semiautomática | semiautomatic (/semimechanical) installation
instalación telefónica | telephone equipment (/facility, /installation)
instalación telegráfica | telegraph set
instalación terminal | terminal installation
instalación trasmisora | sending installation
instalaciones de central | exchange equipment
instalaciones de comunicación | communication facilities
instalaciones de energía eléctrica | power facilities
instalaciones de explotación | facilities
instalaciones de radio | radio facilities
instalaciones de radionavegación | radionavigation aid facilities
instalaciones de télex | telex facilities
instalaciones radioeléctricas | radio facilities
instalaciones radiotelefónicas | radio-telephone facilities
instalaciones radiotelegráficas | radiotelegraph facilities
instalaciones telegráficas | telegraph facilities
instalado | installed, hooked up
instalador | installer; setup
instalador autorizado | licensed wirer
instalador de líneas | lineman
instalador de timbres | bell setter
instalar | to install, to setup, to set up
instanciación | instantiation
instantánea | snapshot
instantáneo | instantaneous, instantaneously, nondelay, prompt
instante característico | characteristic instant
instante de arranque | starting instant
instante de enganche | fall-in
instante de fin de la subida del impulso | leading-edge pulse time
instante de puesta en marcha | starting instant
instante de referencia | reference time
instante del flanco anterior de un impulso | leading-edge pulse time
instante del flanco final del impulso | trailing-edge pulse time
instante ideal de referencia | reference ideal instant

instante significativo | significant instant
institución | establishment
instituir | to establish
instrucción | command, instruction, order, practice, regulation, statement
instrucción abreviada por teclado | keyboard shortcut
instrucción absoluta | absolute instruction
instrucción adaptadora | bootstrap
instrucción aritmética | arithmetic statement
instrucción compuesta | compound statement
instrucción de activación [*en programación*] | procedure call
instrucción de bifurcación | branch (/branching, /jump) instruction
instrucción de borrado | blank instruction
instrucción de desplazamiento | shift instruction
instrucción de detención | halt instruction
instrucción de dirección cero (/nula) | zero address instruction
instrucción de dirección única | one-address instruction, single-address instruction
instrucción de dirección uno más uno | one-plus-one address instruction
instrucción de dos direcciones | two-address instruction
instrucción de control | control statement
instrucción de ejecución | executive instruction
instrucción de emisión | send statement
instrucción de entrada/salida | input/output statement
instrucción de envío | send statement
instrucción de escritura | write instruction
instrucción de extracción | extraction instruction
instrucción de gestión por ordenador | computer-managed instruction
instrucción de interrupción | breakpoint instruction
instrucción de lectura | read instruction
instrucción de llamada | call instruction
instrucción de máquina | machine instruction
instrucción de memoria a memoria | memory-to-memory instruction
instrucción de múltiple direccionamiento | multiple address instruction
instrucción de no operación | donothing (/pass) instruction; no-op instruction = no-operating (/no-operation) instruction
instrucción de operando simple | single operand instruction
instrucción de ordenador | computer instruction
instrucción de parada | stop instruction
instrucción de paso | pass (/donothing, /no-operating) instruction
instrucción de paso sin operación | pass instruction
instrucción de programa | programme instruction
instrucción de punto de interrupción condicional | conditional breakpoint instruction
instrucción de punto de ruptura condicional | conditional breakpoint instruction
instrucción de ramificación | branching instruction
instrucción de referencia sin memoria | nonmemory reference instruction
instrucción de referencias de memoria | memory reference instruction
instrucción de repetición | repetition instruction
instrucción de retorno | return instruction
instrucción de salto | branch (/jump) instruction
instrucción de salto condicionada a una secuencia | skip-if-set instruction
instrucción de trasferencia | branch (/jump, /transfer) instruction, transfer statement
instrucción de tres direcciones | three-address instruction
instrucción de una dirección | one-address instruction
instrucción del punto de interrupción | breakpoint instruction
instrucción en blanco | skip, waste instruction
instrucción en código máquina | machine instruction
instrucción *en el caso de* | case statement
instrucción falsa | dummy (instruction)
instrucción general | statement
instrucción GOTO [*instrucción 'ir a'*] | GOTO statement
instrucción inefectiva | donothing (/pass) instruction, no-operating instruction
instrucción lógica | logic instruction
instrucción no ejecutable | nonexecutable statement
instrucción no referencial | no-address instruction
instrucción *no se haga nada* | donothing instruction
instrucción no válida | illegal instruction
instrucción privilegiada | privileged instruction
instruccion REM [*instrucción de observaciones*] | REM statement = remark statement
instrucción repetitiva | iterative statement
instrucción residual | no-operation instruction
instrucción sin dirección | no-address instruction, zero address instruction
instrucción tres-más-uno | three-plus-one instruction
instrucciones de aterrizaje por radiotelefonía | R/T talk-down instructions
instrucciones de gestión | handling instructions
instrucciones de manejo | operating instructions
instrucciones de servicio | service instruction
instrucciones para la utilización de normas | guide for use of standards
instrucciones paso a paso | step by step instructions
instrumentación | instrumentation
instrumentación de telemando | out-of-sight control instrumentation
instrumentación del núcleo | in-core instrumentation
instrumentación incorporada al núcleo | in-core instrumentation
instrumentación para deformaciones | strain gauge instrumentation
instrumental para medir radiaciones | radiation instrumentation
instrumental para radiaciones | radiation instrumentation
instrumentar | to instrument
instrumento | instrument, rig; scope [*fam*]
instrumento activador | actuating device
instrumento autocalibrado | self-calibrating instrument
instrumento autónomo | self-contained instrument
instrumento autosincrónico | self-synchronous instrument
instrumento calibrado | standard instrument
instrumento chóper | instrument chopper
instrumento comprobador de señales | signal-tracing instrument
instrumento con cero suprimido | suppressed-zero instrument
instrumento con verificación automática | self-checking instrument
instrumento d'Arsonval | d'Arsonval instrument
instrumento de aguja | pointer instrument
instrumento de aletas | vane-type instrument
instrumento de cresta a cresta | peak-to-peak meter
instrumento de cuadro móvil | moving vane meter
instrumento de defensa radiológica | radiological defence instrument
instrumento de depuración | debug tool, debugger
instrumento de difracción | diffraction instrument

instrumento de grabación | recording instrument
instrumento de grabación de acción indirecta | indirect-acting recording instrument
instrumento de haz de electrones | electron beam instrument
instrumento de haz de luz | light beam instrument
instrumento de hierro móvil | iron vane instrument, moving iron instrument, moving vane meter
instrumento de hilo caliente | hot wire instrument
instrumento de imán fijo y bobina móvil | permanent magnet moving-coil instrument
instrumento de imán fijo y hierro móvil | permanent magnet moving-iron instrument
instrumento de imán móvil | moving magnet instrument
instrumento de inducción | induction instrument
instrumento de inserción | insertion tool
instrumento de inspección | survey instrument
instrumento de ionización | ionization instrument
instrumento de láminas vibrantes | vibrating reed instrument
instrumento de lectura directa | direct reading instrument
instrumento de lectura visual | visual-reading instrument
instrumento de lengüetas | vibrating reed instrument
instrumento de ley cuadrática | square law measuring instrument
instrumento de medición aperiódico | dead beat instrument
instrumento de medición de bobina móvil | moving coil meter
instrumento de medición de consumo nulo | zero-load meter
instrumento de medición de varias escalas | multirange instrument
instrumento de medición precisa | calibrated (/precision measuring) instrument
instrumento de medida | service instrument
instrumento de medida con ampliación de escala | expanded scale meter
instrumento de medida cuadrática | square law measuring instrument
instrumento de medida de gancho abrazador | hook-on instrument
instrumento de medida de hierro móvil buzo | plunger-type instrument
instrumento de medida de pinza | hook-on instrument
instrumento de medida del coeficiente de dispersión | scattering coefficient meter
instrumento de medida polarizado | polarized meter
instrumento de medida ultrasensible | ultrasensitive measuring instrument
instrumento de navegación | navigation instrument
instrumento de navegación a bordo | airborne instrument
instrumento de navegación aérea | aircraft instrument
instrumento de pico a pico | peak-to-peak meter
instrumento de polo sombreado | shaded pole instrument
instrumento de prospección de radiación | radiation survey instrument
instrumento de puesta a punto | de-bug tool, debugger
instrumento de rayos catódicos | cathode ray instrument
instrumento de rayos infrarrojos | infrared instrument
instrumento de reconocimiento | survey instrument
instrumento de registro de actuación directa | direct-acting recording instrument
instrumento de sombra de cuerda | string-shadow instrument
instrumento de termopar | thermocouple instrument
instrumento de valor absoluto | absolute value device
instrumento de válvulas termiónicas | thermionic instrument
instrumento de varias escalas | multi-range instrument
instrumento de vuelo | flight instrument
instrumento de Wheatstone | Wheatstone instrument
instrumento del tipo de dinamómetro | dynamometer-type instrument
instrumento diferencial | differential instrument
instrumento electrodinámico | electrodynamic instrument
instrumento electrónico | electronic instrument
instrumento electrostático | electrostatic instrument
instrumento electrotérmico | electrothermal (/electrothermic) instrument
instrumento encajado | flush-type instrument
instrumento ferrodinámico | ferrodynamic instrument
instrumento final | end instrument
instrumento gráfico | graphic instrument
instrumento indicador | indicating instrument (/meter)
instrumento indicador de señal | signal meter
instrumento indicador de volumen | volume indicator meter
instrumento instalado en satélite | satellite-borne instrument
instrumento inteligente | intelligent instrument
instrumento medidor de radiactividad | radiac instrument
instrumento normalizado | standard instrument
instrumento para derivación | instrument chopper
instrumento para medir el viento | wind-measuring instrument
instrumento radiológico | radiological instrument
instrumento rastreador de señales | signal-tracing instrument
instrumento rastreo | tracing instrument
instrumento rastreo de señales | tracing instrument
instrumento rectificador | rectifier instrument
instrumento registrador | recording instrument
instrumento teleindicador | remote meter
instrumento térmico | thermal instrument
instrumento term(o)iónico | thermionic instrument
insuficientemente amortiguado | underdamped
insuficientemente compensado | undercompensated
insuficientemente excitado | underexcited
INTA = Instituto Nacional de Técnica Aeroespacial [*de E*spaña] | INTA [*Spanish institute for aerospatial techniques*]
integración | integration
integración a escala de disco | wafer-scale integration
integración a escala muy grande | very large-scale integration
integración a escala superamplia | super-large-scale integration
integración a escala ultraamplia | ultra-large-scale integration
integración a gran escala | large scale integration
integración a media escala [*circuito integrado*] | medium-scale integration
integración a pequeña escala | short (/small) scale integration
integración anterior a la detección | coherent (/predetection) integration
integración coherente | coherent (/predetection) integration
integración de controles | control integration
integración de impulsos | notching, pulse integration
integración de ordenador y teléfono | computer telephone integration
integración de señales | signal integration
integración de series | series integration
integración de servicios | integration of services

integración de sistemas | systems integration
integración de tecnologías | integration of technologies
integración de vídeo | video integration
integración del objetivo | target integration
integración en escala muy grande | very large-scale integration
integración en pequeña escala | small-scale integration
integración no coherente | noncoherent (/post-detection) integration
integración numérica | numerical integration
integración por ordenador | computer integration
integración posterior a la detección | noncoherent (/post-detection) integration
integración sin fisuras | seamless integration
integrado | built-in, incorporated, integrated, integrating
integrador | integrator, counting train, rate meter
integrador de almacenamiento | storage integrator
integrador de condensador | capacitor integrator
integrador de impulsos | pulse integrator
integrador de impulsos rectangulares | boxcar integrator
integrador de Miller | Miller integrator
integrador de realimentación de tensión | voltage feedback integrator
integrador de tensión | voltage integrator
integrador de vídeo | video integrator
integrador digital | digital integrator
integrador dividido | split integrator
integrador incremental | incremental integrator
integrador por condensador | capacitor integrator
integrador registrador | recording ratemeter
integral | integral (number)
integral de la absorbente | absorbed dose integral
integral de línea de un vector | line integral of a vector
integral de resonancia | resonance integral
integral efectiva de resonancia | effective resonance integral
integrar | to assemble
integridad | completeness, integrity
integridad de archivo | file integrity
integridad de base de datos | database integrity
integridad de los bits | bit integrity
integridad de los datos | data integrity
integridad de un mensaje | completeness of a message
integridad del sistema | system integrity
integridad referencial | referential integrity
íntegro | integer
inteligencia artificial | artificial intelligence
inteligencia de máquina | machine intelligence
inteligencia distribuida [*proceso distribuido entre varios ordenadores*] | distributed intelligence
inteligencia electrónica | electronic intelligence
inteligibilidad | articulation, intelligibility
inteligibilidad de frases | phrase intelligibility
inteligibilidad de la palabra | word articulation
inteligibilidad de la señal | readability of signal
inteligibilidad de las frases | intelligibility of phrases
inteligibilidad de las palabras | intelligibility of words
inteligibilidad de oraciones discreta | discrete sentence intelligibility
inteligibilidad de palabras discreta | discrete word intelligibility
inteligibilidad en la banda de frecuencias vocales | band articulation
inteligibilidad relativa | relative articulation (/intelligibility)
inteligible | readable
INTELSAT [*consorcio internacional para las telecomunicaciones por satélite*] | INTELSAT = International Telecommunications Satellite Consortium
intemperie | air environment
intensidad | intensity, level, strength
intensidad acústica | acoustic (/sound) intensity
intensidad acústica equivalente | equivalent loudness
intensidad de antena | aerial current
intensidad de avalancha | avalanche current
intensidad de campo | intensity of field, field intensity (/strength), power flux density
intensidad de campo de interferencia radioeléctrica | radio interference field intensity
intensidad de campo de la onda reflejada | sky wave field intensity
intensidad de campo del ruido radioeléctrico (/de radio) | radio noise field
intensidad de campo eléctrico | electric force (/field intensity)
intensidad de campo en el espacio libre | free space field intensity
intensidad de campo incidente | incident field intensity
intensidad de campo magnético | field strength, magnetic force
intensidad de campo máxima | peak field strength
intensidad de campo radiante | radiated field intensity
intensidad de carga | charging current
intensidad de centelleo | magnitude of scintillation
intensidad de color | colour depth
intensidad de corriente | current intensity, intensity of current
intensidad de corriente máxima admisible | current carrying capacity
intensidad de corte | cutoff current
intensidad de cresta | peak intensity
intensidad de flujo | flux intensity
intensidad de imanación | intensity of magnetisation
intensidad de la banda | band intensity
intensidad de la fluorescencia | intensity of fluorescence
intensidad de la fuente | source strength
intensidad de la onda | wave intensity
intensidad de la perturbación | perturbing intensity, intensity of perturbation
intensidad de la portadora | strength of carrier
intensidad de la radiación dispersa | scattered radiation intensity
intensidad de la señal | signal strength
intensidad de la señal reflejada | reflected signal strength
intensidad de la voz | speech level
intensidad de las líneas | line density
intensidad de llamadas | call intensity
intensidad de magnetización | magnetization intensity
intensidad de máxima | peak intensity
intensidad de polo | pole strength
intensidad de radiación | radiation intensity (/level, /rate), intensity of radiation, radiative transfer
intensidad de recepción | receiving intensity
intensidad de régimen | rated current
intensidad de saturación | saturation intensity
intensidad de tráfico | traffic intensity
intensidad de trasferencia | transfer current
intensidad de una fuente | strength of a source
intensidad de una fuente sonora | strength of a sound source
intensidad del campo de magnetización | magnetizing field strength
intensidad del campo de ruido | noise field intensity
intensidad del campo electromagnético | radio field intensity (/strength)
intensidad del campo magnético | magnetic field intensity (/strength), magnetizing force
intensidad del campo perturbador | noise field intensity
intensidad del campo radioeléctrico | radio field intensity (/strength)
intensidad del eco | signal return intensity

intensidad del flujo luminoso | luminous flux intensity
intensidad del haz | beam current
intensidad del polo magnético | magnetic pole strength
intensidad del sonido | sound intensity
intensidad del tráfico | traffic intensity (/load), intensity of traffic
intensidad efectiva | virtual amperes (/current)
intensidad efectiva de campo | effective field intensity
intensidad eficaz | virtual current
intensidad eficaz de corriente | root-mean-square current
intensidad en contrafase paralelo | push-push current
intensidad específica de radiación | specific radiant intensity
intensidad espectral | spectral intensity, intensity of spectrum
intensidad fotoeléctrica | photocurrent
intensidad inversa | reverse current
intensidad límite térmica | thermal short-time current rating
intensidad lumínica | intensity of light
intensidad luminosa | luminous intensity
intensidad luminosa específica | specific luminous intensity
intensidad luminosa media | spherical candlepower
intensidad luminosa unitaria | specific luminous intensity
intensidad máxima admisible | current rating
intensidad media | average current
intensidad media de electrodo | average electrode current
intensidad media esférica | mean spherical candlepower
intensidad media hemisférica superior | mean upper hemispherical candlepower
intensidad media hemisférica inferior | mean lower hemispherical candlepower
intensidad media horizontal | mean horizontal candlepower
intensidad nominal primaria | rated primary current
intensidad nominal secundaria | rated secondary current
intensidad polar | pole strength
intensidad radiante | radiant intensity
intensidad radiante espectral | spectral radiant intensity
intensidad relativa | relative intensity
intensidad remanente | residual intensity (/dose)
intensidad sonora | noise grade, sound intensity, sound energy flux density, specific sound energy flux
intensidad térmica límite | rated short-circuit current
intensidad térmica nominal | rated thermal current
intensidad umbral | threshold current
intensidad variable | variable intensity
intensidades equilibradas | balanced currents
intensidades simétricas | balanced currents
intensificación de presentación | display highlighting
intensificador de eco | echo intensifier
intensificador de imagen | image intensifier
intensificador de imagen electroluminiscente fotoconductor | electroluminescent-photoconductive image intensifier
intensificar | to intensify
intensitómetro | intensitometer
intente otra cosa | try something else
interacción | interaction
interacción de choque a corta distancia | short-range collisional interaction
interacción de corto alcance | short-range interaction
interacción de ondas progresivas | travelling-wave interaction
interacción débil | weak interaction
interacción del ignitor | igniter interaction
interacción entre hueco y hueco | vacancy-vacancy interaction
interacción entre laguna y laguna | vacancy-vacancy interaction
interacción hombre-ordenador | human-computer interaction (/interface)
interacción mutua | mutual interaction
interacción superfina | hyperfine interaction
interacción tensional | tensor interaction
interactivo | interactive (mode)
interactuar | to interact
interbloquear | to interlock
interbloqueo | deadlock
intercalación | busy override, insertion, interleaving, intrusion, merging, override; dropout
intercalación de audio y vídeo | audio video interleaved
intercalación de impulsos | pulse interleaving
intercalación en serie | insertion in series
intercalado | collated, multileaving
intercalador | collator
intercalar | to cut in, to interleave, to merge, to switch in
intercalar en bucle | to loop in
intercalar en el circuito | to call in
intercalar en un circuito | to switch in
intercambiabilidad | portability
intercambiabilidad de válvulas | tube (/valve) interchangeability
intercambiador de calor | heat exchanger
intercambiador de calor de vapor a líquido | vapour-to-liquid heat exchanger
intercambiador de calor secundario | secondary heat exchanger
intercambiar | to exchange, to switch, to swap
intercambio | interchange, swapping, swap; [*en una red*] exchange
intercambio asincrónico de mensajes | asynchronous messaging
intercambio automático de datos | automatic data exchange
intercambio comercial por internet | commercial Internet exchange
intercambio de carga | charge exchange
intercambio de cargas | exchange of charges
intercambio de claves | key exchange
intercambio de comunicación entre software [*por ejemplo entre módems a través de la línea telefónica*] | software handshake
intercambio de electrones | electron exchange (/interchange)
intercambio de iones | ion exchange
intercambio de memoria | swapping
intercambio de mensajes | message exchange
intercambio de paquetes entre redes | internet packet exchange
intercambio de raíces | radix exchange
intercambio de rama privada | private branch exchange
intercambio de señales | handshake
intercambio de tráfico | traffic exchange
intercambio dinámico de datos | dynamic data exchange
intercambio electrónico de datos [*sistema normalizado para intercambio de datos entre empresas*] | electronic data interchange
intercambio global por internet | global Internet exchange
intercambio iónico | ion exchange
intercambio isotópico | isotopic exchange
intercambio químico | chemical exchange
intercambio secuencial de paquetes [*de datos*] | sequenced packet exchange
intercambio sin retorno a cero | non-return-to-zero interchange
intercanálico | interchannel
interceptación | intercept
interceptación adaptada de impulsos | matched pulse intercepting
interceptación automática | automatic intercept
interceptación de aeronaves | aircraft interception
interceptación de llamadas | interception of calls
interceptación de radiomensajes | radio intercept
interceptación por control de tierra | ground-controlled interception

interceptación por radar | radar interception
interceptación radioeléctrica | radio intercept
interceptar | to intercept; [*una acción*] to trap
interclasificador | collator
interclasificar | to collate
intercomunicación | intercommunication
intercomunicación dinámica | dynamic crosstalk
intercomunicación telefónica | talkback
intercomunicador | intercom system
intercomunicador con pulsador para hablar | press-to-talk intercom
interconectar | to interconnect
interconexión | interconnection, interface, interfacing, intertie, interwork, interworking, intraconnection, switching, through connection, tie line; commutating
interconexión automática radiotelefónica | autopatch
interconexión de componentes periféricos | peripherical components interconnection, peripheral component interconnect
interconexión de ordenadores por fibra óptica | fibre-optic computer interconnection
interconexión de redes | network interconnection
interconexión de sistemas abiertos | open systems interconnection
interconexión del sistema | system interface
interconexión eficaz comparable | comparably efficient interconnection
interconexión en frecuencia vocal | back-to-back connection
interconexión en frecuencias intermedias | intermediate-frequency interconnection
interconexión en paralelo | parallel interface
interconexión entre edificios | inter-building cabling
interconexión plana | ribbon interconnect
interconexión por frecuencia portadora | carrier frequency interconnection
interconexión progresiva | progressive interconnection
interconexión progresiva asimétrica | unsymmetrical grading
interconexión progresiva simétrica | symmetrical grading
interconexión regional | regional interconnection
interconexiones de gran capacidad | giant ties
interdependencia entre disyuntores | intertripping
InterDic [*diccionario de internet en español en la Web*] | InterDic = Internet Dictionary
interdigital | interdigital
interesado desconocido | party unknown
interfase [*interfaz*] | interface
interfaz | interface
interfaz abierta de preimpresión | open prepress interface
interfaz abierta para enlace de datos | open data-link interface
interfaz aérea común | common air interface
interfaz binaria de aplicación | application binary interface
interfaz común de cliente | common client interface
interfaz de acceso básico | basic rate interface
interfaz de acceso común | common gateway interface
interfaz de bastidor | rack interface
interfaz de bus | bused interface, bus interface unit
interfaz de comunicación en serie | communication serial interface
interfaz de comunicaciones | communication interface
interfaz de datos distribuidos por fibra óptica | fibre distributed data interface
interfaz de dispositivo gráfico | graphical device interface
interfaz de dispositivo virtual | virtual device interface
interfaz de entrada/salida | input/output interface
interfaz de fibra de datos distribuidos | fiber distributed data interface
interfaz de gestión de escritorio | desktop management interface
interfaz de gráficos informáticos | computer graphics interface
interfaz de línea | line interface
interfaz de línea colectora | bus interface unit
interfaz de líneas de órdenes | command line interface
interfaz de modo protegido | protected mode interface
interfaz de objetos | object interface
interfaz de operador hombre/máquina | console man machine interface
interfaz de pasarela común | common gateway interface
interfaz de píxel | pixel interface
interfaz de programa de control virtual [*que permite la extensión de la memoria en MS-DOS*] | virtual control program interface
interfaz de programación | programming (/programmatic) interface
interfaz de programación de aplicaciones para servidores de internet | Internet server application programming interface
interfaz de programación general | common programming interface
interfaz de programador de aplicaciones | application programmer interface
interfaz de puerta común | common gateway interface
interfaz de sistemas informáticos pequeños | small computer systems interface
interfaz de trasmisión | transmission interface
interfaz de un ordenador | computer interface
interfaz de unidad | unit interface
interfaz de unidad suplementaria [*conector de Ethernet*] | attachment unit interface
interfaz de usuario | user interface
interfaz de usuario para caracteres [*de texto*] | character user interface
interfaz de usuarios que funciona por órdenes | command-driven user interface
interfaz de vídeo digital | digital video interface
interfaz del cátodo | cathode interface
interfaz digital para instrumentos musicales | musical instrument digital interface
interfaz EIA | EIA interface
interfaz eléctrica normalizado | standard electrical interface
interfaz en serie | serial interface
interfaz en un ordenador | computer interfacing
interfaz estratificada | layered interface
interfaz funcional | functional interface
interfaz gráfica | graphical (/graphics) interface
interfaz gráfica de usuario | graphic (/graphical) user interface
interfaz hombre-máquina | human-machine interface, man-machine interface
interfaz hombre-ordenador | human-computer interaction (/interface)
interfaz hombre-sistema | human-system interface
interfaz incorporada | embedded interface
interfaz inteligente de periféricos | intelligent peripheral interface
interfaz LD | LD interface
interfaz limpia [*interfaz de usuario de fácil manejo*] | clean interface
interfaz MD | MD interface
interfaz mejorada para dispositivos pequeños | enhanced small devices interface
interfaz normalizada | standard interface
interfaz orientada al objeto | object-oriented interface
interfaz para consulta de objetos | object request broker
interfaz para control multimedia | media control interface
interfaz para controladora de red | network driver interface

interfaz para gráficos | graphics interface
interfaz para múltiples documentos [*para trabajar simultáneamente con varios documentos abiertos*] | multiple-document interface
interfaz para programa de aplicaciones | application program interface
interfaz para programación de aplicaciones | application programming interface
interfaz para programación de aplicaciones de mensajes | messaging application programming interface
interfaz para programación de aplicaciones de voz | speech application programming interface
interfaz para sistemas informáticos pequeños | small computer systems interface
interfaz para unidad de disco | disc interface
interfaz paralela | parallel interface
interfaz paralela de altas prestaciones | high-performance parallel interface
interfaz por bus | bused interface, daisychain
interfaz por iconos | iconic interface
interfaz principal para velocidad de trasmisión | primary rate interface
interfaz protectora de pantalla | screen saver interface
interfaz pública | public interface
interfaz pública de herramientas | public tool interface
interfaz rápida | fast inteface
interfaz serial | serial interface
interfaz sincrónica de bus | synchronous bus interface
interfaz So | So interface
interfaz virtual | virtual interface
interfaz visual [*para gráficos*] | visual interface
interferencia | crosstalk, interference, jamming, noise, parasitic noise, spoiling; [*en código Q*] QRM
interferencia accidental | accidental jamming
interferencia activa | active jamming
interferencia alejada del blanco | off-target jamming
interferencia armónica | harmonic interference
interferencia armónica del oscilador | oscillator harmonic interference
interferencia artificial | man-made interference
interferencia Barkhausen | Barkhausen interference
interferencia casi de impulso | quasi-impulsive interference
interferencia con tiras antirradar | window jamming
interferencia conducida por la antena | aerial-conducted interference
interferencia cruzada | crossfire
interferencia de armónicos de frecuencia intermedia | intermediate-frequency harmonic interference
interferencia de banda ancha | broadband interference
interferencia de banda estrecha | narrow-band interference
interferencia de banda lateral | sideband interference (/splash)
interferencia de canal adyacente | splatter, sideband splashing
interferencia de estación de radio | radio station interference
interferencia de frecuencia modulada | frequency-modulated jamming
interferencia de imagen | image interference
interferencia de intermodulación | intermodulation interference
interferencia de modo normal | normal mode interference
interferencia de ondas | wave interference
interferencia de origen atmosférico | stray
interferencia de radiodifusión | broadcast interference
interferencia de radiofrecuencia | radiofrequency (/radio frequency) interference
interferencia de rayos X | X-ray interference
interferencia de sobrealcance | overreach interference
interferencia de telégrafo | thump
interferencia de televisión | television interference
interferencia debida al emplazamiento | site interference
interferencia del canal adyacente | adjacent-channel interference, sideband splatter
interferencia del canal alternativo | alternate-channel interference
interferencia del canal común | co-channel interference
interferencia del segundo canal | second channel interference
interferencia diatérmica | diathermy interference
interferencia eléctrica | electric interference
interferencia electromagnética | electromagnetic interference
interferencia electrónica | electronic interference
interferencia electrónica intencionada | electronic jamming
interferencia en canal compartido | shared channel interference
interferencia en modo común | common mode interference
interferencia entre repetidores | run-around crosstalk
interferencia entre símbolos | inter-symbol interference
interferencia estable | stable strobe
interferencia estadística | random interference
interferencia estática de precipitación | precipitation static interference
interferencia fortuita | random interference
interferencia heterodina | heterodyne interference
interferencia inductiva | inductive interference
interferencia inherente | inherent interference
interferencia intencionada | (active) jamming
interferencia intencionada de infrarrojos | infrared jamming
interferencia intencional selectiva | selective jamming
interferencia lenta | slow crosstalk
interferencia magnética | magnetic interference
interferencia modulada en diente de sierra | sawtooth-modulated jamming
interferencia mutua | mutual interference
interferencia natural | natural interference
interferencia pasiva | passive jamming
interferencia perjudicial | harmful (/objectionable, /troublesome) interference
interferencia permisible | permissible interference
interferencia por armónicos del oscilador | oscillator harmonic interference
interferencia por banda lateral | sideband interference
interferencia por barrido con haz de radar | sweep jamming
interferencia por barrido de banda | sweep-through jamming
interferencia por canal común | common channel interference
interferencia por diatermia | diathermy interference
interferencia por encendido | ignition interference
interferencia por estática | static interference
interferencia por ignición | ignition interference
interferencia por la onda reflejada | sky wave interference
interferencia por radiación del oscilador local | oscillator radiation interference
interferencia por sobrealcance | overshoot interference
interferencia producida por radiofrecuencia | radiofrequency interference
interferencia propagada por conducción | conducted interference
interferencia radiada | radiated interference
interferencia radioeléctrica | radio (/radiofrequency) interference
interferencia recíproca | mutual interference
interferencia selectiva | selective in-

terference (/jamming)
interferencia sobre punto | spot jamming
interferencia sumamente intensa | wipeout
interferencia trasversal | transverse interference
interferencias atmosféricas | atmospherics; spherics [UK]
interferómetro | interferometer
interferómetro acústico | acoustic interferometer
interferómetro de Fabry-Perot | Fabry-Perot interferometer
interferómetro de polarización | polarization interferometer
interferómetro de Twyman-Green | Twyman-Green interferometer
interferómetro Mach-Zender | Mach-Zender interferometer
interferómetro radioeléctrico | radiointerferometer, radio interferometer
interfono | intercom = intercommunication system; intercom (/private address) system, interphone, talkback (circuit)
interfono transistorizado | transistorized interphone
interfuncionamiento | interworking
interior | inland, inner, inside, internal
interleave [*revoluciones del disco duro para leer o grabar una pista de datos*] | interleave
interlínea delgada | thin lead
interlineado | line spacing
interlocutor de eco | echo talker
intermedio | intermediate
intermitencia | squegging
intermitencia nominal | intermittent rating
intermitente | intermittent, pulsating
intermitente térmico | thermal flasher
intermodulación | intermodulation
intermodulación de cuadratura | quadrature crosstalk
internacional | international
internauta [*usuario de internet*] | internaut
internet [*red de intercomunicación mundial por vía telefónica; palabra admitida como nombre común por la Real Academia en enero de 2004, por lo que se escribe con minúscula*] | INET = Internet
internet de segunda generación | next generation Internet
INTERNIC [*entidad encargada de gestionar los nombres de dominio de internet en EEUU*] | INTERNIC
interno | internal; [*equipo*] on board
internudo | internode
interoperatividad | interoperability
interpolación | interleaving, interpolation
interpolación cromática | colour interpolation
interpolación de Hermite | Hermite interpolation

interpolación de la palabra por asignación de tiempos | time assignment speech interpolation
interpolación de señal | signal interpolation
interpolación del habla | speech interpolation
interpolación del mensaje | message interpolation
interpolación lineal | linear interpolation
interpolación polinómica | polynomial interpolation
interpolación vocal | speech interpolation
interpolar | to interleave, to interpolate
interpolo | interpole
interpretación | interpretation
interpretación de datos [*con herramientas estadísticas avanzadas*] | data mining
interpretación de procedimiento [*en gráficos*] | procedural rendering
interpretación de señales acústicas | acoustic reading
interpretación radiográfica | radiographic interpretation
interpretador | interpreter
interpretar | to interpret, to put
intérprete | interpreter
intérprete de comandos | command interpreter
intérprete de órdenes | command interpreter
interrogación | challenge, interrogation, polling, query
interrogación manual de vigilancia de fallos | manual fault interrogation
interrogación por impulsos | pulse interrogation
interrogador | interrogator
interrogador-contestador | interrogator responser; [*en radar*] interrogator-responsor
interrogador Rebecca | Rebecca interrogator
interrogar | to interrogate
interrumpido | interrupted
interrumpir | to break, to cut out, to disconnect, to interrupt, to release, to shut off, to switch off; [*un proceso*] to nuke
interrupción | break, chopping, clearing, disconnection, halt, interrupt, interruption, outage, quenching, rupture, shutdown, shutoff, stop, stopping, switching-off, time out, turnoff
interrupción automática | self-quenching; automatic break (/interrupt)
interrupción controlable | steerable interrupt
interrupción de banda | band break
interrupción breve | short break
interrupción de cascada | cascade interrupt
interrupción de corriente alterna | AC interruption
interrupción de datos | data break

interrupción de estación | station break
interrupción de la alimentación | power cut
interrupción de la comunicación | loss of contact
interrupción de la corriente eléctrica | power failure
interrupción de la línea de base | baseline break
interrupción de la llamada | ringing trip
interrupción de las comunicaciones por reentrada en la atmósfera | reentry blackout
interrupción de las señales de radio | radio blackout
interrupción de programa | programme interrupt
interrupción de tarjeta | board interrupt
interrupción del control [*paso del control de la UCP al usuario o a un programa*] | control break
interrupción del hardware | hardware interrupt
interrupción del medio | media discontinuity
interrupción del suministro de la corriente eléctrica | power failure
interrupción desactivada | disabled interrupt
interrupción en el servicio | breakdown
interrupción en el suministro de energía | power cut
interrupción enmascarable | maskable interrupt
interrupción externa | external interrupt
interrupción imprevista | unforeseen breakdown
interrupción inmediata | quick release
interrupción interna | internal interrupt
interrupción no enmascarable | non-maskable interrupt
interrupción por inactividad | idle interrupt
interrupción por intensidad cero | zero-current turnout
interrupción por prioridad | priority interrupt
interrupción por reloj | clock interrupt
interrupción por software | software interrupt
interrupción prematura | premature disconnection (/release)
interrupción previa a la conexión | break-before-make
interrupción pulsatoria | chopping
interrupción retardada | slow release
interrupción termostática | thermostatic cutout
interrupción TRAP | TRAP interrupt
interrupción vectorial | vectored interrupt
interrupción vectorizada | vectored interrupt

interruptor | break, breaker, bypass, commutator, cutoff switch, cutout, interrupter, interruptor, key, switch, switch cutout, switcher, switchgear
interruptor a distancia | teleswitch, remote-control switch
interruptor abierto | key up
interruptor accionado por el pulgar | thumb-switch
interruptor activado por la luz | light-operated switch
interruptor altimétrico | altitude sensitive switch
interruptor analógico | analogue switch
interruptor anticapacitivo | anticapacitance switch
interruptor atenuador | switch fader
interruptor automático | automatic cutout (/switch, /circuit breaker), contactor, breaker, timer switch
interruptor automático de aceite | oil switch
interruptor automático de arranque | starting circuit breaker
interruptor automático de contracorriente | reverse current automatic switch
interruptor automático de corriente inversa | reverse current automatic switch
interruptor automático de desconexión simultánea de los polos | linked circuit breaker
interruptor automático de estado sólido | solid-state circuit breaker
interruptor automático para cable flojo | slack cable switch
interruptor automático por caída de presión (/tensión) | pressure switch
interruptor automático por caída de voltaje | pressure switch
interruptor automático unipolar de sobrecarga | single-pole overload circuit breaker
interruptor barométrico | barometric switch
interruptor basculante | bat-handle switch
interruptor bipolar | double-pole single-throw, single-throw double-pole switch
interruptor blindado | enclosed (/metal-clad break) switch
interruptor centrífugo | centrifugal switch
interruptor cerrado | key down
interruptor colgante | pendant switch
interruptor con soplado magnético | magnetic blowout switch
interruptor contra exceso de velocidad | overspeed switch
interruptor controlado de silicio | silicon-controlled switch
interruptor controlado por puerta | gate-controlled switch
interruptor de acción rápida | quick (/quick-acting, /quick-make, /rapid action, /snap-action) switch
interruptor de acción retardada | time-delay switch, timing interrupter
interruptor de aceite | oil switch
interruptor de actuación rápida | quick-break switch
interruptor de alambre de disparo | trip-wired switch
interruptor de alarma | elementary call switch
interruptor de alimentación | power control button, main (/on-off) switch, power (on/off) switch
interruptor de alimentación de cinta | tape feed switch
interruptor de alimentación de la cinta | tape feedout switch
interruptor de alteración | alteration switch
interruptor de altímetro | altitude switch
interruptor de alumbrado | light switch
interruptor de ánodo | anode circuit breaker
interruptor de apertura rápida | quick-opening switch
interruptor de arranque | starting circuit breaker, starting switch, switch starter
interruptor de baja carga | underload switch
interruptor de baño de mercurio | dipper interrupter
interruptor de barrido de mercurio | mercury-jet scanning switch
interruptor de bloqueo inverso | reverse-blocking switch
interruptor de cableado | wiring switch
interruptor de capacidad | capacitance switch
interruptor de carga mínima | underload switch
interruptor de choque | impact switch
interruptor de cierre independiente | independent switch
interruptor de cierre no automático | tiebreaker
interruptor de cierre rápido | quick-make switch
interruptor de cierre y corte rápidos | quick-make-and-break switch
interruptor de cinta tirante | tight tape switch
interruptor de circuito | circuit breaker
interruptor de circuito de selección | selection circuit breaker
interruptor de circuito desionizador | deion circuit breaker
interruptor de circuito ecualizador | equalizer circuit breaker
interruptor de circuitos de corriente continua de alta velocidad | high-speed dc circuit breaker
interruptor de clavija | plug switch
interruptor de configuración | configuration switch
interruptor de conmutación | commutation switch
interruptor de contacto a presión | pressure contact switch
interruptor de contacto con frotamiento | wiping contact switch
interruptor de contacto de cuchilla | knife contact switch
interruptor de contacto deslizante | sliding-contact switch
interruptor de contacto momentáneo | start-stop switch
interruptor de contacto múltiple | multiple way switch
interruptor de contactos elásticos | spring switch
interruptor de contactos laminares | laminated brush switch
interruptor de contactos momentáneos | momentary contact switch
interruptor de cordón | pull (cord) switch
interruptor de cordón en paso | through-cord switch
interruptor de corriente alterna | AC circuit breaker
interruptor de corte de puerta | gate turn-off switch
interruptor de corte rápido | quick-break switch
interruptor de corte único | single-break switch
interruptor de cuba única | single-tank switch (/circuit breaker)
interruptor de cuchilla | knife switch
interruptor de derivación | shunting switch
interruptor de descarga | discharge switch
interruptor de descarga luminosa | glow switch
interruptor de desconexión | disconnect switch; big red switch [fam]
interruptor de desconexión de antena | aerial disconnect switch
interruptor de desconexión programada | sleep-switch
interruptor de desviación | diverter switch
interruptor de DIL | DIL switch
interruptor de disparo | trigger (/triggering) switch
interruptor de doble caída | double throw circuit breaker
interruptor de dos direcciones | changeover (/double throw) switch
interruptor de dos posiciones | throw-over switch
interruptor de dos vías | throwover switch
interruptor de elevación | vertical interrupter
interruptor de emergencia | battle short
interruptor de encendido | power on/off switch
interruptor de enclavamiento | interlock switch
interruptor de entrada | entrance switch

interruptor de estado sólido | solid-state switch
interruptor de excitación | field breaker
interruptor de ferrita | ferrite switch
interruptor de flotador | float switch
interruptor de fusible de aceite | oil fuse cutout
interruptor de gravedad cero | zero-gravity switch
interruptor de gravedad nula | weightlessness switch
interruptor de impulsos | pulse chopper
interruptor de ingravidez | weightlessness switch
interruptor de la cinta [*de casete*] | cassette switch
interruptor de la lamparilla indicadora de margen | margin switch
interruptor de lámina | reed switch
interruptor de lámina vibratoria | vibrating breaker
interruptor de láminas magnéticas | ferreed switch
interruptor de leva | cam actuator
interruptor de línea | line break switch
interruptor de líquido | liquid switch
interruptor de máxima | circuit breaker, overload cutout
interruptor de membrana | membrane switch
interruptor de mercurio | mercury switch (/interrupter, /break switch)
interruptor de micrófono | press-to-talk switch
interruptor de mínima | underload switch
interruptor de neutro sólido | solid-neutral switch
interruptor de palanca | toggle switch
interruptor de paleta | paddle switch
interruptor de parada | stopping switch
interruptor de pared | wall switch
interruptor de paso | transfer switch
interruptor de portarreceptor | hookswitch
interruptor de posición | position switch
interruptor de poste | pole switch
interruptor de potencial | potential switch
interruptor de presión diferencial | pressure differential switch
interruptor de proximidad | proximity switch
interruptor de prueba | test switch
interruptor de pulsador | pushbutton (/push-type) switch
interruptor de rebosamiento del depósito | stacker overflow stop switch
interruptor de recierre | reclosure switch
interruptor de reconexión | reclosure switch
interruptor de red | power (/main, /on-off) switch

interruptor de reloj | time switch
interruptor de reluctancia de múltiple apertura | multiaperture reluctance switch
interruptor de resorte | snap (/snap-action, /spring) switch
interruptor de retorno por resorte | spring-return switch
interruptor de ruleta | thumbwheel switch
interruptor de ruptura brusca | tumbler (/quick-break) switch
interruptor de ruptura independiente | independent switch
interruptor de sección | section circuit breaker
interruptor de seccionamiento rápido | snap switch
interruptor de sector | sector switch
interruptor de seguridad | safety switch
interruptor de selección | selection switch
interruptor de servicio | service (/entrance) switch
interruptor de sobrecarga | overtravel (limit) switch
interruptor de suelo | mat switch
interruptor de tensión cero | zero-voltage switch
interruptor de tiempos | time switch
interruptor de tono | keyswitch
interruptor de tres posiciones | three-way switch
interruptor de tres vías | three-way switch
interruptor de triodo pnpn | triode PNPN switch
interruptor de triodo tipo pnpn | triode PNPN-type switch
interruptor de umbral | threshold switch
interruptor de una vía | single-throw switch
interruptor de vacío | vacuum switch
interruptor de valor umbral | Schmitt trigger
interruptor de volquete | tumbler switch
interruptor del arrancador | starter switch
interruptor del circuito del motor | motor circuit switch
interruptor del freno de puntería | train brake switch
interruptor del haz | beam breaker
interruptor desactivado | key up
interruptor deslizante | slide switch
interruptor detector | tamper switch
interruptor direccional | directional circuit breaker
interruptor electrolítico | electrolytic interrupter
interruptor electromagnético | relay switch
interruptor en aceite | oil circuit breaker
interruptor en aceite de cuba única | single-tank oil breaker
interruptor en circuito de aceite de cuba única | single-tank oil circuit breaker
interruptor en posición de reposo | key up
interruptor general | main (/major, /service) switch
interruptor giratorio | rotary (/rotating) interrupter, turn switch
interruptor horario | time switch
interruptor lento | slow (/slow-speed) interrupter
interruptor limitador | limit switch
interruptor limitador tipo relé de doble contacto | twin-contact relay-type limit switch
interruptor luminoso | glow switch
interruptor magnético bipolar | two-pole magnetic switch
interruptor manual | manual cutout (/switch)
interruptor momentáneo | momentary switch
interruptor múltiple | multiple switch
interruptor multipolar | multipolar (/multipole) switch
interruptor multipolar de caja única | single-enclosure multipolar switch
interruptor multivía | multiposition switch
interruptor normalmente abierto | normally open switch
interruptor normalmente cerrado | normally closed switch
interruptor oprimido | key down
interruptor óptico magnético | magneto-optical switch
interruptor oscilante | rocker switch
interruptor para clasificación seleccionada | sort selection switch
interruptor periódico | periodic interrupter
interruptor periódico de haz pequeño | small-beam chopper
interruptor por chorro de mercurio | mercury-jet break
interruptor por pérdida a tierra | ground fault interrupter
interruptor primario | primary disconnect (/disconnecting) switch
interruptor principal | main (/master, /main break) switch
interruptor pulsado | key down
interruptor reductor de volumen | signal-muting switch
interruptor rotativo | rotary interrupter
interruptor rotativo sincrónico | synchronous rotary interrupter
interruptor rotatorio | rotating interrupter
interruptor seccionador | section (/sectionalizing) switch
interruptor seco de láminas | dry reed switch
interruptor sensible | sense (/sensitive) switch
interruptor silenciador | muting switch

interruptor sincrónico | synchronous chopper (/interrupter)
interruptor sincronizador | synchronizing switch
interruptor temporizado | time switch
interruptor térmico | thermocutout, thermal cutout, thermostatic switch
interruptor térmico de retardo | thermal time delay switch
interruptor termostático | thermostatic (cutout) switch
interruptor termostático de gas | gas thermostatic switch
interruptor tripolar | three-pole switch
interruptor tripolar en baño de aceite | three-pole oil-immersed isolating switch
interruptor unilateral | unilateral switch
interruptor unipolar de simple acción | single-pole single-throw
interruptores acoplados | deck (/gang) switch
interruptores de definición y de cables de conexión | switch settings and jumpers
interruptores enlazados (/solidarios) | linked switches
intersecarse [*líneas*] | to intersect
intersección | intersection
intersincronizador | gen-lock
intersticial | interstitial
interurbano | intercity, intertoll
intervalo | gap, (time) interval, span
intervalo completo | whole step
intervalo de apertura del disco marcador | dial break interval
intervalo de arranque | starter gap
intervalo de bloqueo | lock-in range
intervalo de calentamiento | warm-up interval (/time)
intervalo de cebado | starter gap
intervalo de cierre | on-time
intervalo de confianza | confidence interval
intervalo de descanso | relief period
intervalo de descarga | discharge gap
intervalo de encendido | starter gap
intervalo de energía | energy gap
intervalo de energía prohibido | forbidden energy gap
intervalo de entrada | input gap
intervalo de espera | timeout, waiting time
intervalo de espera del ahorro de energía | energy saver timeout
intervalo de excitación | exciting interval, period of excitation
intervalo de exploración activa | trace time
intervalo de frecuencia | frequency interval (/range, /space)
intervalo de grabación | record gap
intervalo de ignición | starter gap
intervalo de impulsos de sincronismo vertical | vertical synchronizing pulse interval
intervalo de interacción | interaction gap
intervalo de la fuente | source range
intervalo de muestreo | sampling time interval
intervalo de Nyquist | Nyquist interval
intervalo de orientación | orientation range
intervalo de predicción | lead
intervalo de presión del electrodo | squeeze time
intervalo de protección | protective gap
intervalo de recurrencia de impulsos | pulse recurrence interval
intervalo de reflexión | reflection interval
intervalo de reflexión de radar | radar reflection interval
intervalo de reglaje | setting range
intervalo de reposición | resetting interval
intervalo de reposo | relief period, spacing impulse
intervalo de restablecimiento | resetting interval
intervalo de retorno | retrace interval, return time (/interval)
intervalo de retorno vertical | vertical retrace time
intervalo de retroceso | retrace interval
intervalo de ruptura | off time
intervalo de saturación | saturation interval
intervalo de seguridad | guard interval
intervalo de silencio | silent interval
intervalo de sintonización | tuning range
intervalo de soldadura | weld interval
intervalo de supresión | blanking interval
intervalo de supresión de campo con sincronización posterior | post-sync field-blanking interval
intervalo de supresión horizontal | horizontal-blanking interval
intervalo de supresión vertical | vertical blanking interval
intervalo de temperaturas de funcionamiento | operating temperature range
intervalo de tiempo | time slot
intervalo de tiempo de refresco | refresh time interval
intervalo de trabajo | working range, marking interval
intervalo de trasmisión | keyed interval
intervalo de trazado | trace interval (/time)
intervalo del bus del DMA | DMA bus time-out
intervalo del canal | channel interval
intervalo del espectro | spectrum interval (/space)
intervalo desprotegido | unguarded interval
intervalo en el colector | unit interval at the commutator
intervalo en el conmutador | unit interval at the commutator
intervalo en un devanado | unit interval in a winding
intervalo entre controles | recontrol time
intervalo entre estímulos | inter-stimulus interval
intervalo entre impulsos | pulse interval (/spacing)
intervalo entre la atracción y el desprendimiento [*del relé*] | pulling dropout gap
intervalo entre líneas | line interval
intervalo entre registros | interrecord gap
intervalo entre secuencias de impulsos | intertrain pause
intervalo espectral | spectrum interval
intervalo exterior | output gap
intervalo guía | guide gap
intervalo medio de mantenimiento | mean time between maintenance
intervalo medio entre reparaciones | mean time to repair
intervalo mínimo | minimum pause
intervalo para ondas | surge gap
intervalo patrón | unit interval
intervalo piloto | guide gap
intervalo resonante | resonant gap
intervalo significativo | significant interval
intervalo temporal | clock
intervalo unidad | unit interval
intervalo unitario | signal interval, unit length (/interval)
intervalo vertical | vertical interval
intervalómetro y frecuencímetro | time-and-frequency meter
intervalos activo e inactivo | on and off intervals
intervalos de marca y espacio | masking-and-spacing intervals
intervención | busy override, (executive) intrusion, override
intervención del operador | operator recall
intimidad | privacy
intoxicación del cátodo | cathode poisoning
intracardiaco | intracardiac
Intranet [*red informática de acceso restringido*] | Intranet
intrarred [*red de ámbito doméstico*] | intranet
intrínsecamente seguro | intrinsically safe
intrínseco | intrinsic
introducción | input, introduction
introducción al escritorio | desktop introduction
introducción de datos por teclado | keying
introducción de datos por tecleado | keyboarding
introducción de texto | text entry
introducción del servicio automático

| introduction of automatic operation
introducción doble en memoria intermedia | double buffering
introducción en memoria intermedia | buffering
introducción por teclado | keying
introducir | to cut in, to input, to introduce; [*datos*] to enter, to put
introducir clave de búsqueda | enter search key
introducir las instrucciones iniciales | to boot
introducir por teclado [*datos*] | to key in
introducir una secuencia [*de llamada o arrastre*] | to boot
introducirse | to tap into
introduzca su nombre | enter your name
introscopio | introscope
intrusión | intrusion
intruso | intruder; hacker, cracker
intruso informático | hacker
INTUG [*grupo internacional de usuarios de las telecomunicaciones*] | INTUG = International telecommunications user group
inundador [*programa o dispositivo que envía automáticamente grandes cantidades de correo electrónico repetitivo para bloquear foros o servidores en internet*] | spambot
INV = inverso, opuesto | REV = reverse
INV = inversor | INV = inverter
invalidación | spoiling
invalidar | to override
Invar [*marca de acero al níquel con coeficiente de dilatación muy bajo*] | Invar
invariante | invariant
invariante adiabática | adiabatic invariant
invariante de bucle | loop invariant
invariante de módulo | module invariant
invariante escalar | scalar invariant
invarianza | invariance
invarianza de cargas | charge invariance
invarianza de medidor | gauge invariance
inventario | inventory
inventario cíclico | cycle counting
inventario de configuraciones | pattern inventory
inventario neutrónico | neutron inventory
inventario unitario | unit inventory
inversión | case shift, inversion, reversal, reverse, reversing, shift, switching, turnover
inversión a letras | letters-shift
inversión alternada de códigos | alternating mark inversion
inversión automática | self-reversal, automatic reverse
inversión axial | axial inversion
inversión binaria | bit flipping
inversión codificada de doble trasposición | double transposition coded inversion
inversión codificada de triple trasposición | triple-transposition coded inversion
inversión de apagado | turnoff reversal
inversión de campo | field inversion
inversión de canales | channel reversal
inversión de conductores | poling
inversión de corriente | reversal of current
inversión de encendido | turn-on reversal
inversión de fase | phase inversion (/reversal)
inversión de la imagen | picture inversion
inversión de la voz | speech inversion
inversión de líneas | reversion of lines
inversión de matriz | matrix inversion
inversión de negativo a positivo | negative-to-positive reversal
inversión de población | population inversion
inversión de polaridad | polarity reversing, reversal of polarity, slient reversal
inversión de polos | polarity reversing
inversión de temperatura | temperature inversion
inversión de tiempos | time reversal
inversión de tono | tone reversal
inversión posterior | trailing reversal
inversión termoeléctrica | thermoelectric inversion
inverso | converse, inverse, reverse
inversor | inverter, negator, reverser, switchover, changeover (/reversing) switch
inversor con oscilador de relajación | relaxation inverter
inversor de conversación | speech inverter (/scrambler)
inversor de corriente | pole reverser, reverse (/reversing) key, reversing (/changeover) switch
inversor de corriente continua en contrafase transistorizado | transistor push-pull DC converter
inversor de corriente transistorizado | transistor power converter
inversor de fase | phase inverter, phase reversal switch, phase-reversing unit
inversor de fase de carga dividida | split-load phase inverter
inversor de frecuencias vocales | speech inverter
inversor de imagen | image inverter
inversor de interferencia | interference inverter
inversor de lenguaje | speech inverter
inversor de medida | measurement inverter
inversor de polaridad | polarity (/pole) reverser, polarity reversal switch, reverse (/reversing) key
inversor de polaridad a masa | positive ground converter
inversor de polarización | polarization changer
inversor de polos | polarity (/pole) reverser, pole changer, pole-changing switch
inversor de potencia | power inverter
inversor de potencia tipo vibrador | vibrator-type inverter
inversor de relajación | relaxation inverter
inversor de señal | signal inverter
inversor de tensión | voltage inverter
inversor de tiratrones | thyratron inverter
inversor de tres estados | tristate inverter
inversor del sentido de marcha | reverser
inversor estático trifásico | three-phase static inverter
inversor gaseoso de emisión/recepción | transmit/receive box
inversor hexadecimal | hex inverter
inversor óptico | optical switch
inversor sincrónico | synchronous inverter
inversor telefónico | speech inverter
inversor tipo vibrador | vibrator-type inverter
inversor tiratrónico | thyratron inverter
inversor unipolar | single-pole change-over switch
invertido | inverse
invertir | to invert
investigación | research, search
investigación básica | basic research
investigación de averías por etapas | stage-by-stage troubleshooting
investigación de los haces electrónicos | electron beam research
investigación de operaciones | operational (/operations) research
investigación dinámica de problemas | dynamic problem check
investigación disyuntiva | disjunctive search
investigación en el campo de la radioelectricidad | radio reporting
investigación en radioelectricidad | radio reporting
investigación espacial | space research
investigación operativa | operations research
investigación sobre las radiaciones | radiation research
investigación y desarrollo | research and development
invister [*estructura monopolar de alta frecuencia y alta trasconductancia por difusión lateral*] | invister
invitación [*indicación visual de un programa de que está listo para recibir una nueva orden*] | prompt

invitación a emitir [*gradualmente*] | hub polling
inyección | injection
inyección de huecos | hole injection
inyección de portadora luminosa | light carrier injection
inyección de portadores | carrier injection
inyección de postes por el procedimiento Bouchery | copper sulphate treatment
inyección de señal | signal injection
inyección de señal por la rejilla supresora | suppressor injection
inyección del oscilador local | local oscillator injection
inyección electrónica de combustible | electronic fuel injection
inyección mecánica | solid injection
inyección por bomba | solid injection
inyección por la rejilla exterior | outer grid injection
inyección por la rejilla supresora | suppressor injection
inyección sin aire | solid injection
inyección sólida | solid injection
inyector | injector, sprayer
inyector de combustible | sprayer
inyector de huecos | hole injector
inyector de protones | proton gun (/injector)
inyector de señales | signal injector
inyector de válvula de aguja | pintle valve injector
inyector electrónico | electron injector
inyector monotubular | single-valve injector
IOC [*tarjeta controladora de entrada y salida*] | IOC = input/output-controller
ión | ion
ión complejo | complex ion
ión de carga única | singly charged ion
ión de Langevin | Langevin ion
ión de oxígeno | oxygen ion
ión despojado de electrones | stripped ion
ión desprovisto de electrones | stripped ion
ión donador | donor ion
ión gramo | gram ion
ión hidratado | hydrated ion
ión molecular | molecular ion
ión negativo | negative ion
ión positivo | positive ion
ión primario | primary ion
ión residual | residual ion
ión secundario | secondary ion
iones impuros | impurity ions
ionicidad | ionicity
iónico | ionic
ionio | ionium [*obs*]
ionización | ionization
ionización acumulativa | cumulative ionization
ionización artificial | artificial ionization
ionización cúbica | volume ionization
ionización de la superfice | surface ionization
ionización de Lorentz | Lorentz ionization
ionización de Townsend | Townsend ionization
ionización en columna | columnar ionization
ionización específica | specific ionization
ionización específica primaria | primary specific ionization
ionización específica relativa | relative specific ionization
ionización específica total | total specific ionization
ionización esporádica | sporadic ionization
ionización esporádica de la capa | sporadic layer ionization
ionización gaseosa | gaseous ionization
ionización mínima | minimum ionization
ionización múltiple | multiple ionization
ionización por avalancha | avalanche ionization
ionización por calor | thermal ionization
ionización por choque | collision (/impact) ionization
ionización por choque iónico | ion impact ionization
ionización por colisión | collision ionization, ionization by collision
ionización por radiación | radiation ionization
ionización primaria | primary ionization
ionización proporcional | proportional ionization
ionización residual | residual ionization
ionización secundaria | secondary ionization
ionización térmica | thermal ionization
ionización total | total ionization
ionización volumétrica | volume ionization
ionizado positivo | positively ionized
ionizante | ionizing
ionizar | to ionise [UK], to ionize [UK+USA]
ionófono | ionophone
ionogénico | ionogenic
ionograma | ionogram
ionómetro | ion-meter
ionosfera | ionosphere
ionosférico | ionospheric
ionosonda | ionosonde
IOP [*procesador de entrada/salida*] | IOP = input/output processor
IOS [*servicio de conexión y desconexión*] | IOS = in and out service
IOS [*sistema integrado de oficina*] | IOS = integrated office system
IOTP [*protocolo de comercio abierto en internet*] | IOTP = Internet open trading protocol
IP [*protocolo entre redes*] | IP = Internet protocol
IP [*imán permanente*] | PM = permanent magnet
IPAS = identidad del punto de acceso al servicio | SAPI = service access point identifier
IPC [*comunicación entre procesos*] | IPC = interprocess communication
IPCP [*protocolo de control del protocolo internet*] | IPCP = Internet protocol control protocol
IPI [*identificador inicial de protocolo (en ATM)*] | IPI = initial protocol identifier
IPI [*interfaz inteligente de periféricos*] | IPI = intelligent peripheral interface
IPL [*carga del programa inicial*] | IPL = initial program load
IPM [*mensaje interpersonal*] | IPM = interpersonal message
IP-MM [*subsistema de una red IP para comunicaciones IP multimedia*] | IP-MM = IP multimedia
IPNS [*especificación de protocolo con mensaje en red*] | IPNS = ISDN PABX networking specification
IPO [*entrada-proceso-salida*] | IPO = input-process-output
IPP [*protocolo de impresión de internet*] | IPP = Internet printing protocol
IPP = imán periódico permanente | PPM = periodic permanent magnet
ips [*pulgadas por segundo*] | ips = inch per second
ips = imágenes por segundo | fps = frames per second
ips = impulsos por segundo | pps, psec = pulses per second
IPSE [*cuadro de utilización integrado de soporte de proyectos*] | IPSE = integrated project support environment
IPSSF [*funcionalidad de servidores de señalización para emular el comportamiento de una SSF*] | IPSSF = IP service switching function
IPUP [*parte de usuario en la señalización telefónica*] | IPUP = ISDN pabx user part
IPX [*intercambio de paquetes entre redes*] | IPX = Internet packet exchange
Ir = iridio | Ir = iridium
IR [*potencia en vatios expresada como producto de la intensidad de corriente y la resistencia*] | IR
IR = índice de resistencia | RI = resistance index
IR = infrarrojo [*radiación infrarroja*] | IR = infrared, infrared radiation
ir a | to go to
ir a inicio | to go home
ir arriba | to go up
IRC [*charla interactiva por internet (protocolo para mantener conferencias basadas en texto sobre internet)*] | IRC = Internet relay chat
IRCM [*contramedida infrarroja (/electroóptica)*] | IRCM = infrared countermeasure

IRCR [tierra de retorno de la corriente de llamada interrumpida] | IRCR = interrupted ringing current return earth
IRD [receptor/descodificador integado] | IRD = integrated receiver/decoder
IrDA [asociación estadounidense de industriales de la informática] | IrDA = Infrared Data Association
IRG [espacio en blanco entre grabaciones] | IRG = interrecord gap
IRGB [sistema de codificación del color de IBM] | IRGB = Intensity Red Green Blue
iridio [elemento químico de número atómico 77] | iridium
Iridium [sistema de comunicaciones móviles vía satélite] | Iridium
iridiscencia | iridescence
iris | iris
iris capacitivo | capacitive window
iris de guiaondas | waveguide iris
iris resonante | resonant iris
iris variable | variable iris
IR LED [diodo emisor de luz infrarroja] | IR LED = infrared light emitting diode
IRQ [petición de interrupción] | IRQ = interrupt request
irradiación | exposure, irradiance, irradiation, radiation
irradiación corporal total | total body radiation
irradiación crónica | chronic exposure
irradiación de descarga | discharge exposure
irradiación efectiva para disparar | effective irradiance to trigger
irradiación específica | specific irradiation
irradiación espectral | spectral irradiation
irradiación externa | external irradiation
irradiación global | white body exposure
irradiación interna | internal irradiation
irradiación natural | background exposure
irradiación parcial | partial exposure
irradiación total | total exposure
irradiación ultrasónica | ultrasonic irradiation
irradiación unitaria | specific irradiation
irradiado | radiation-processed
irradiado con protones | proton-irradiated
irradiador | radiator, irradiation rig
irradiar | to irradiate
irregularidad | irregularity
irregularidad del servicio | operating trouble, service irregularity
irregularidad en la impedancia | impedance irregularity
irregularidades superficiales | surface states
irreparable | non recoverable
irritabilidad | irritability
irrompible | shatterproof

irrupción | inrush
IRTR [tierra de retorno de tono de llamada interrumpida] | IRTR = interrupted ringing tone return earth
IRU [Unión internacional de trasportes por carretera] | IRU = International road transport union
ISA [arquitectura industrial normalizada] | ISA = industry standard architecture
ISAM [método de acceso secuencial indexado] | ISAM = indexed sequential access method
ISAPI [interfaz de programación de aplicaciones para servidores de internet] | ISAPI = Internet server application programming interface
ISC [consorcio de creadores de software para internet] | ISC = Internet software consortium
ISDN [red de servicios digital integrada] | ISDN = integrated services digital network
ISDN de banda estrecha | narrowband ISDN
ISDRN [desarrollo combinando RDSI con la radio móvil] | ISDRN = integrated services distributed radio network
ISF [fábrica de sistemas integrados] | ISF = integrated systems factory
ISI [intervalo entre estímulos] | ISI = inter-stimulus interval
ISIS [sistema inteligente de clasificación e información] | ISIS = Intelligent Scheduling and Information System
ISL [enlace entre satélites] | ISL = inter-satellite link
ISLAN [red de área local isocrónica] | ISLAN = isochronous LAN
ISO [organización internacional de normativa] | ISO = International standardization organization
isobara | isobar
isóbaro | isobar
isóbaro nuclear | nuclear isobar
ISOC [organización internacional sin ánimo de lucro para el crecimiento y la evolución de internet global] | ISOC = Internet society
isocromático | isochromatic
isócrona cero | zero isochrone
isócrono | isochrone, isochronous
isodosis | isodose
isoeléctrico | isoelectric
isoelectrónico | isoelectronic
isoespín | isospin
isofotómetro | isophotometer
isógrafo | isograph
isolito [tipo de circuito integrado con componentes en una misma capa de silicio] | isolith
isomérico | isomeric
isomerismo nuclear | nuclear isomerism
isómero | isomer
isómero nuclear | nuclear isomer
isomorfismo | isomorphism
isopermo | isoperm

isostático | isostatic
isotermo | isothermal
isótono | isotone
isotópico | isotope, isotopic
isótopo | isotope
isótopo activante | activating isotope
isótopo de rayos gamma | gamma-ray source
isótopo efímero | short-lived isotope
isótopo estable | stable isotope
isótopo radiactivo | radioactive isotope
isotrón | isotron
isotrópico | isotropic
ISP [procesador de grupos de instrucciones] | ISP = instruction set processor
ISP [proveedor de servicios de internet] | ISP = Internet service provider
ISPBX [centralita PABX con servicios RDSI] | ISPBX = integrated services private branch exchange
ISPN [red privada de servicios integrados] | ISPN = integrated service private network
ISPTE [terminal conectable a la RDSI] | ISPTE = ISDN private terminal
ISR [almacenamiento y recuperación de información] | ISR = information storage and retrieval
ISR [rutina de servicio de la interrupción (en prueba de la CPU)] | ISR = interrupt service routine
ISS [rastreador de seguridad de internet] | ISS = Internet security scanner
ISUP [tipo de parte usuaria de MTP (en trasferencia de mensajes)] | ISUP = ISDN subscriber user part
ISV [proveedor independiente de software] | ISV = independent software vendor
IT = interfaz de trasmisión | TIF = transmission interface
ITAEGT [grupo asesor de expertos en telecomunicaciones] | ITAEGT = information technology advisory expert group for private telecommunications network
ITE [emulador interno de terminales] | ITE = Internal Terminal Emulator
iteración | iteration
iteración de Steffenson | Steffenson iteration
iteraciones por segundo | iterations per second
iterado | iterated
iterativo | iterative
iterbio | ytterbium
ITI = infraestructura de trasporte inteligente | ITI = intelligent transportation infrastructure
itinerancia [capacidad de la red para permitir que un usuario transite entre varios operadores] | roaming
itinerancia de la estación móvil | mobile station roaming
itinerario | route, routing
itinerario de eco | echo path

itinerario de las corrientes de eco | echo path
itinerario selectivo | selective routing
itrio | yttrium
ITS [*prenorma europea de telecomunicación*] | ITS = interim European telecommunication standard
ITSP [*proveedor de servicios telefónicos por internet*] | ITSP = Internet telephony service provider
ITSTC [*comité de dirección de la tecnología de la información*] | ITSTC = information technology steering committee
ITT [*tecnologías de la información y de las telecomunicaciones*] | IT&T = information technology and telecommunications
IU = interfaz de usuario | UI = user interface
IVA = impuesto sobre el valor añadido | VAT = value added tax
IVD [*integración de telefonía y datos*] | IVD = integrated voice data
IVDLAN [*red de área local integrada para telefonía y datos*] | IVDLAN = integrated voice and data local area network
IVDT [*terminal integrada para telefonía y datos*] | IVDT = integrated voice and data terminal
IVR [*respuesta vocal (/de voz) interactiva*] | IVR = interactive vocal (/voice) response
IWAC [*CENTREX extendido a la RDSI*] | IWAC = ISDN wide area CENTREX
ixión [*dispositivo de espejos magnéticos para estudio de la fusión nuclear regulada*] | ixion

J

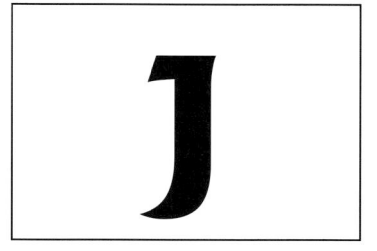

jabber [*flujo de datos continuo en la red producido por una avería*] | jabber
jack de medición | metering jack
jack normalizador | normal jack
jadeo | breathing
jalonamiento | setting out
jam [*secuencia de bits codificados para casos de colisión*] | jam
Janet [*red británica de área amplia para internet*] | Janet = joint academic network
jaquear [*fam. en informática*] | to hack
jáquer [*neol.*] | hacker
jarra | jar
jaula | cage
jaula de ardilla | squirrel cage
jaula de Faraday | Faraday's cage, screening cage
jaula de pantalla | screen enclosure
JAVA [*lenguaje de programacion orientado a objetos*] | JAVA [*object-oriented programming language*]
JBIG [*mecanismo para codificación de imágenes*] | JBIG = joint bilevel image group
JC = jefe de comunicaciones | CM = communications manager
JCL [*lenguaje de control de trabajos (/tareas)*] | JCL = job-control language
JDK [*juego de herramientas Java para programación*] | JDK = Java developer's kit
JEEP [*programa de coordinación entre ECMA y ETSI*] | JEEP = joint ECMA ETSI program
jefe | chief
jefe de circulación | traffic director
jefe de correos | postmaster
jefe de encaminamiento | route manager
jefe de operadores | operator's chief
jefe de servicio | (floor) supervisor
jefe de tráfico | traffic director (/manager)
jefe de turno | chief operator, floor supervisor
jerarquía | hierarchy, rank
jerarquía de almacenamiento | storage hierarchy
jerarquía de Chomsky | Chomsky hierarchy
jerarquía de datos | data hierarchy
jerarquía de funciones | hierarchy of functions
jerarquía de Grzegorczyk | Grzegorczyk hierarchy
jerarquía de la memoria | memory hierarchy
jerarquía de memorias | memory hierarchy
jerarquía de protocolos | protocol hierarchy
jerarquía de temas | topic hierarchy
jerarquía del destinatario | rank of addressee
jerarquía digital | digital hierarchy
jerarquía digital de multiplexado | multiplex digital hierarchy
jerarquía digital plesiócrona | pleisiochron digital hierarchie
jerarquía digital sincrónica (/sincronizada) | synchron (/synchronous) digital hierarchy
jerarquía indexada | indexed hierarchy
jerarquía subrecursiva | subrecursive hierarchy
jerárquico | hierarchical
jerarquización [*en redes informáticas*] | nesting
jerarquizar | to nest
jerga de red [*conjunto de abreviaturas, acrónimos y neologismos usados por los internautas*] | netspeak
Jezebel [*sistema electrónico para detección y clasificación de submarinos*] | Jezebel
JFET [*transistor de unión de efecto de campo*] | JFET = junction field-effect transistor
JFIF [*formato JPEG para intercambio de archivos*] | JFIF = JPEG file interchange format
Jini [*especificación para gestión de dispositivos con código Java*] | Jini
jirafa | boom
jirafa de micrófono | microphone boom
JMAPI [*interfaz JAVA para programación de aplicaciones de gestión*] | JMAPI = Java management application programming interface
joystick [*palanca multimando*] | joystick
JPEG [*formato gráfico con pérdidas que consigue elevados índices de compresión*] | JPEG = join photograph expert group
JSD [*desarrollo de sistemas de Jackson*] | JSD = Jackson system development
JSP [*página de servidor Java*] | JSP = Java server page
JSP [*programación estructurada de Jackson*] | JSP = Jackson structured programming
JTM [*manejo y trasferencia de tareas en sistemas*] | JTM = job transfer and manipulation
juego | game, set
juego de archivos | file set
juego de aventura [*por ordenador*] | adventure game
juego de billar | pool play
juego de caracteres | character set
juego de chips | chip set
juego de contactos | pile-up
juego de datos | data set
juego de elementos para el amarre a un poste | pole dead-end kit
juego de herramientas | toolkit
juego de herramientas abstractas | abstract toolkit
juego de herramientas abstractas de ventana [*para conexiones entre aplicaciones Java e interfaces gráficas de usuario*] | abstract window toolkit
juego de herramientas de soldador | splicer's tool bag
juego de herramientas para aplicaciones [*en informática*] | application toolkit
juego de herramientas para empalmar | splicing kit
juego de imitación | imitation game
juego de instrucciones | instruction repertoire (/set)
juego de llamada intermediario | intermediate ringer
juego de llaves | keyset
juego de ordenador | computer game
juego de pastillas | chip set
juego de reserva | reserve set
juego de resortes | spring set
juego de rol | role-playing game

juego de selectores | rank of selectors
juego de símbolos | symbol set
juego de tragaperras | arcade game
juego de transistores | transistor complement
juego de válvulas | tube (/valve) kit (/lineup)
juego operativo | working set
jugador | player
jugador real | real player
jukebox [*software para archivos de audio*] | jukebox
julio | joule
julio internacional | international joule
junta | bond, gasket, join, joint, sealing-off, splice, splicing
junta a tope | butt joint
junta aislante | insulating joint
junta cardánica | universal joint
junta de acoplamiento de guiaondas | waveguide shim
junta de bobina | choke joint
junta de guía de ondas | waveguide gasket
junta de guiaondas | waveguide gasket
junta de manguito | sleeve coupling
junta de resina | rosin joint
junta de rótula | spherical joint
junta emplomada | weld junction
junta esférica | socket joint
junta giratoria | rotary coupler (/joint)
junta hermética soldada | weld-sealed joint
junta obturadora | sealing gasket
junta ondulada de expansión | expansion bellows
junta óptica | coupling medium
junta oscilante | wobble joint
junta para tubos | caulking [UK], calking [USA]
junta recién encolada | wet joint
junta rotativa | rotary joint
junta rotatoria | rotating joint
junta soldada | weld junction, welded (/wipe, /wiped) joint
junta universal | universal joint
justificación | justification
justificación a la derecha [*al margen derecho*] | right justification
justificación a la izquierda | left justification
justificación completa [*de márgenes*] | full justification
justificación con microespaciado | microspace justification
justificado | justified
justificar | to justify, to full justify
justificar a la derecha | to right justify
justificar a la izquierda | to left justify
justo a tiempo | just in time
JVM [*ordenador virtual de Java*] | JVM = Java virtual machine

K

K = kilo- [*pref. que significa 1.000 unidades*] | K = kilo-
K = potasio | K = potassium
kA = kiloamperio | kA = kiloampere
kaón = mesón K | kaon = K-meson
KAPSE [*equipo fundamental de soporte a la programación Ada*] | KAPSE = kernel Ada programming support
Kb = kilobit | Kb = Kbit = kilobit
KB = kilobyte | KB = kilobyte
kbaud = kilobaudio [*mil baudios por segundo*] | kbaud = kilobaud [*thousand baud per second*]
Kbps = kilobits por segundo | Kbps = kilobits per second
KBps = kilobytes por segundo | KBps = kilobytes per second
KBS [*sistema basado en el conocimiento*] | KBS = knowledge-based system
KByte = kilobyte | KByte = kilobyte
Kc = kilociclo [*obs*] | Kc = kilocycle
KDP [*fosfato de potasio y dihidrógeno*] | KDP = potassium dihydrogen phosphate
kenopliotrón [*válvula diodo-triodo al vacío*] | kenopliotron
kenotrón [*diodo term(o)iónico de alto vacío*] | kenotron, rectifier (/rectifying) valve
keraunófono [*aparato con circuitos de radio para detección audible de relámpagos distantes*] | keraunophone
kerberos [*un protocolo de seguridad para redes*] | kerberos [*a network authentication protocol*]
kerma [*energía cinética disipada en material, julio por kilogramo*] | kerma = kinetic energy released in material
kerma de primera colisión | first collision kerma
kermit [*protocolo de transferencia de archivos para comunicación asincrónica entre ordenadores*] | kermit
keV = kiloelectrón-voltio | keV = kiloelectron-volt
kHz = kilohercio, kilociclo | kHz = kilohertz

kilo- [*prefijo que indica 1.000 unidades*] | kilo-
kiloamperio | kiloampere
kilobaudio | kilobaud
kilobit | kilobit
kilobits por segundo | kilobits per second
kilobyte [*unidad de datos equivalente a 1.024 bytes*] | kilobyte
kilocaloría | kilocalorie
kilociclo | kilohertz, kilocycle
kilocurie | kilocurie
kiloelectrón-voltio | kiloelectron-volt
kilogauss | kilogauss
kilogramo | kilogram, kilogramme
kilogramo metro | kilogram meter
kilohercio [*unidad de frecuencia equivalente a 1.000 hercios (/ciclos) por segundo*] | kilohertz
kilojulio | kilojoule
kimatograma | kymograph
kilomega | kilomega
kilomegaciclo | billicycle, kilomegacycle
kilómetro | kilometre
kilómetro de conductor | wire kilometre
kilómetro de línea | wire kilometre
kilómetro de tendido | wire kilometre
kilómetro-unidad | unit kilometre
kiloohmio | kiloohm
kiloohmio-metro | kiloohmmeter
kilopalabra [*1.024 palabras de lenguaje máquina*] | kiloword
kilosegundo | kilosecond
kilotonelada | kiloton
kilovar = kilovoltio-amperio reactivo | kilovar = kilovoltampere reactive
kilovar hora | kilovar hour
kilovatio | kilowatt
kilovatio-hora | kilowatt-hour
kilovoltaje | kilovoltage
kilovoltímetro | kilovoltmeter
kilovoltímetro de cresta | peak kilovoltmeter
kilovoltio | kilovolt
kilovoltio-amperio | kilovolt-ampere
kilovoltio-amperio reactivo | kilovolt-ampere reactive, reactive kilovolt-ampere
kilovoltioamperios-hora reactivos | reactive kilovolt-ampere-hours
KIPS [*miles de instrucciones por segundo*] | KIPS = kilo instructions per second
kit | kit
kit de arranque | starter kit
kit prototipo | prototyping kit
klistrón [*generador de microondas*] | klystron
klistrón de amplificador en cascada | cascade amplifier klystron
klistrón de banda ancha | broadband klystron
klistrón de deslizamiento | drift tube klystron
klistrón de dos cavidades | two-cavity klystron
klistrón de reflector | klystron reflex
klistrón de reflexión | reflex klystron
klistrón de tres cavidades | three-cavity klystron
klistrón multihaz | multiple beam klystron
klistrón para equipo de radar | radar klystron
klistrón para funcionamiento pulsado | pulsed klystron
klistrón por multiplicador de frecuencia | frequency multiplier klystron
klistrón pulsado | pulsed klystron
klistrón resonador simple de dos orificios | two-gap klystron single-resonator
klistrón toroidal | toroidal klystron
kM = kilomega [*reemplazado por giga = G*] | kM = kilomega
kMc = kilomegaciclo [*reemplazado por gigahercio = GHz*] | kMc = kilomegacycle
KMP [*algoritmo de Knuth-Morris-Pratt*] | KMP = Knuth-Morris-Pratt algorithm
KMS [*sistema de gestión de claves*] | KMS = key management system
kohm = kiloohmio | kohm = kiloohm

kovar [*aleación de níquel, cobalto y hierro*] | kovar
Kr = criptón, kriptón | Kr = krypton
krarupización | continuous loading, krarup (loading)
krarupizado | kraruped
KSR [*teleimpresora de trasmisión y recepción por teclado*] | KSR = keyboard send/receive teletypewriter set
KTS [*equipo multilínea, sistema de terminales con acceso directo*] | KTS = key telephone system
kV = kilovoltio | kV = kilovolt
kVA = kilovoltio-amperio | kVA = kilovoltampere
kVA reactivo = kilovoltioamperio reactivo [*potencia reactiva en kilovoltioamperios*] | reactive kVA = reactive kilovolt-ampere
kVAr = kilovar, kilovoltio-amperio reactivo | kVAr = kilovoltampere reactive
kW = kilovatio | kW = kilowatt
kWh = kilovatio hora | kWh = kilowatt/hour
KWIC [*clave en contexto*] | KWIC = keyword-in-context
kytoon [*tipo de globo cautivo*] | kytoon

L

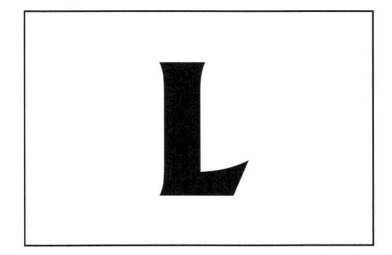

L = lambertio [*unidad de brillo igual a un lumen por centímetro cuadrado*] | L = lambert
L2CAP [*protocolo de control y adaptación de enlaces lógicos*] | L2CAP = logical link control and adaptation protocol
L2TP [*protocolo de 2 capas para conmutación de paquetes de datos por túnel*] | L2TP = layer 2 tunneling protocol
La = lantano | La = lanthanum
laberinto | labyrinth
laberinto acústico | acoustic labyrinth
laberinto antirradiación | radiation maze
laboratorio | laboratory
laboratorio caliente | hot laboratory
laboratorio de radar | radar laboratory
laboratorio de radiación | radiation laboratory
laboratorio de radio | radio (/wireless) laboratory
laboratorio del SFERT | SFERT laboratory
laboratorio móvil | mobile laboratory
laboratorio radioeléctrico | radio (/wireless) laboratory
laboratorio telefónico | telephone laboratory
LAC [*concentrador de acceso L2TP*] | LAC = L2TP access concentrator
laca | shellac
lacado | lacquer
lacado gris | grey lacquer
lacado protector | stopping off
ladeo | tilting
ladertrón | laddertron
lado | face, side
lado a tierra | low side
lado de alta frecuencia | HF side
lado de alto potencial | high side
lado de bajada | drop side
lado de línea | line side
lado de punta | tip side
lado inferior | underside
lado negativo de la alimentación | negative supply
lado positivo | positive leg (/side)
lado posterior | back
lado sin puesta a tierra | ungrounded side
lado vivo [*de un circuito o línea de fuerza*] | hot (/ungrounded) side
ladrillo | brick
ladrillo de plomo | lead brick
laguna | hole, split, vacancy; [*fallo en programación*] loophole
laguna de electrón | hole
laguna de la banda de valencia | valence band hole
laguna de potencial | potential hole
laguna de tránsito | via hole
laguna positiva | positive hole
lambda | lambda
lambertiano | lambertian
lambertio [*unidad de iluminación CGS equivalente a 1 lumen por cm^2*] | lambert [*CGS unit of illumination equal to 1 lumen per cm^2*]
lámina | foil, sheet, slice, strap (key), strip, vane, wafer
lámina bimetálica | bimetallic strip
lámina conductora | conductive foil
lámina de condensador dividida | split rotor plate
lámina de contacto | lever spring, strap (key)
lámina de corriente | current sheet
lámina de hierro | steel sheet; [*para núcleo magnético*] steel lamination
lámina de mylar | melinex foil
lámina de plata | silver foil
lámina dieléctrica semirreflectora | half-reflecting dielectric sheet
lámina eléctrica | electric sheet
lámina estampada | stamped lamination
lámina fusible | fuse link
lámina magnética | magnetic shell
lámina móvil de contacto | contact swinger
lámina resistiva | resistive vane
lámina vibrante | vibrating reed
lámina vibratoria | vibrating reed
laminación | lamination
laminación templada | annealed lamination
laminado | laminate, laminated
laminado a alta presión | high pressure laminate
laminado a baja presión | low-pressure laminate
laminado en frío | cold rolling
laminado estampado de varias capas | multilayer etched laminate
laminado estampado multicapa | multilayer etched laminate
laminar | laminated
lámpara | lamp, light
lámpara a sobrevoltaje | overrun lamp
lámpara calibrada | stamped lamp
lámpara cárcel | carcel lamp
lámpara CODAN | CODAN lamp
lámpara compensadora | ballast lamp
lámpara con reflector | reflector lamp
lámpara con tamaño de guisante | pea lamp
lámpara de ajuste | adjustment lamp
lámpara de alarma | alarm lamp
lámpara de alerta | warning light
lámpara de alumbrado | illuminating lamp
lámpara de alumbrado intenso para detección de defectos | spot
lámpara de arco | arc lamp
lámpara de arco al descubierto | open arc lamp
lámpara de arco al vacío | vacuum arc lamp
lámpara de arco concentrado | concentrated arc lamp
lámpara de arco de tungsteno | tungsten arc lamp
lámpara de argón | argon glow lamp
lámpara de atmósfera gaseosa | gas-filled lamp
lámpara de aviso | telltale lamp, warning lamp (/light)
lámpara de balizamiento | warning light
lámpara de cátodo frío | aeolight
lámpara de cátodo hueco | hollow cathode lamp

lámpara de cebado en caliente | preheat lamp
lámpara de cinta | ribbon lamp
lámpara de circonio | zirconium lamp
lámpara de comparación de amplitud | amplitude comparison lamp
lámpara de contador | meter (/register pilot) lamp
lámpara de contraste | comparison lamp
lámpara de control | signal light, indicator (/telltale, /warning) lamp
lámpara de Cooper-Hewitt | Cooper-Hewitt lamp
lámpara de cráter | crater lamp
lámpara de cuarzo [*lámpara de vapor de mercurio con ampolla de cuarzo*] | quartz lamp
lámpara de descarga | discharge lamp
lámpara de descarga de alta intensidad | high intensity discharge lamp
lámpara de descarga de sodio | sodium discharge lamp
lámpara de descarga eléctrica | electric discharge lamp
lámpara de descarga gaseosa | gas discharge lamp
lámpara de descarga luminosa | aeolight
lámpara de destello | flash lamp
lámpara de destello al vacío | vacuum flash
lámpara de destellos | photoflash bulb (/lamp)
lámpara de deuterio | deuterium lamp
lámpara de dial | dial lamp
lámpara de doble arco | twin-arc light
lámpara de duración | chargeable time lamp
lámpara de efluvios | glow (/neon) lamp
lámpara de electrodos de carbón | lamp with solid carbons
lámpara de encendido instantáneo | rapid-start lamp
lámpara de espectro | spectrum lamp
lámpara de espera de mensajes | message waiting lamp
lámpara de estado sólido | solid-state lamp
lámpara de exploración | scanning lamp
lámpara de filamento al vacío | vacuum lamp
lámpara de filamento de cinta | ribbon (filament) lamp, tungsten ribbon lamp
lámpara de filamento de tungsteno | tungsten (filament) lamp
lámpara de filamento de volframio | tungsten (filament) lamp
lámpara de filamento en espiral | single-coil lamp
lámpara de galvanómetro | galvanometer lamp
lámpara de grabación | recording lamp
lámpara de haluro metálico | metal halide lamp

lámpara de Harcourt | Harcourt lamp
lámpara de Hefner | Hefner lamp
lámpara de hidrógeno | hydrogen lamp
lámpara de incandescencia | incandescent (/electric filament) lamp
lámpara de inspección | inspection light
lámpara de instrumento | instrument lamp
lámpara de Kromayer | Kromayer lamp
lámpara de línea | line lamp
lámpara de línea libre | free line signal, idle indicating signal, idle trunk lamp
lámpara de llama | flame lamp
lámpara de llamada | calling (/line) lamp
lámpara de llamada defectuosa | faulty calling lamp
lámpara de luz inactínica | safelight lamp
lámpara de luz oscilante | flickering lamp
lámpara de mantenimiento | hold lamp
lámpara de mercurio | mercury lamp
lámpara de mercurio de cuarzo | quartz mercury vapour lamp
lámpara de microdestello | microflash lamp
lámpara de neón | neon (glow) lamp
lámpara de Nernst | Nernst lamp (/filament)
lámpara de ocupación | busy lamp, visual engaged lamp (/signal)
lámpara de ocupado | visual busy lamp
lámpara de ópalo | opal lamp
lámpara de pentano | pentane lamp
lámpara de pie | pedestal lamp
lámpara de plasma | plasma ball
lámpara de precisión | precision lamp
lámpara de presión baja | low-pressure lamp
lámpara de protección | protecting lamp
lámpara de proyección | illuminating lamp
lámpara de proyector | prefocus lamp
lámpara de prueba | test bulb (/lamp)
lámpara de prueba de ocupación | visual engaged lamp
lámpara de prueba de ocupado | visual busy lamp
lámpara de radio | radio valve
lámpara de Raman | Raman lamp
lámpara de rayos catódicos | cathode ray lamp
lámpara de rayos ultravioleta | uviol lamp = ultraviolet lamp
lámpara de registro | recording lamp
lámpara de repetidor | repeater lamp
lámpara de repuesto de cambio rápido | quick-change spare lamp
lámpara de resistencia | resistance lamp

lámpara de resonancia | resonance lamp
lámpara de respuesta | answer lamp
lámpara de señalización | busy flash, signal (/tally) lamp
lámpara de soldar | blowtorch, blow torch (/lamp); gasoline torch [USA]
lámpara de supervisión | supervisory lamp
lámpara de supervisión posterior | back supervisory lamp
lámpara de toma de línea local | local seizure lamp
lámpara de toma de línea remota | remote line seizure lamp
lámpara de tungsteno | tungsten lamp
lámpara de vapor de cesio | caesium vapour lamp
lámpara de vapor de mercurio | mercury vapour lamp
lámpara de vapor de mercurio con ampolla de cuarzo | quartz mercury arc
lámpara de vapor de mercurio de alta presión | high-pressure mercury vapour lamp
lámpara de vapor de mercurio de presión baja | low-pressure mercury vapour lamp
lámpara de vapor de sodio | sodium discharge (/vapour) lamp
lámpara de vapor de yodo con ampolla de cuarzo | quartz iodine lamp
lámpara de vapor metálico | metal vapour lamp
lámpara de vigilancia | pilot (/supervisory) lamp
lámpara de Wood | Wood's lamp
lámpara de xenón | xenon lamp
lámpara del fotómetro | photometer lamp
lámpara deslustrada | frosted lamp
lámpara eléctrica | electric lamp
lámpara eléctrica de bolsillo | torch [UK]
lámpara electroluminiscente | electroluminescent lamp
lámpara electrónica | radio valve
lámpara en serie | series lamp
lámpara en vaso cerrado | enclosed lamp
lámpara escialítica [*cuya luz no da sombra*] | shadowless lamp
lámpara espectral [*lámpara emisora del espectro*] | spectrum source lamp
lámpara estabilizadora | ballast lamp
lámpara esterilizadora | sterilamp
lámpara estroboscópica | stroboflash, strobe light
lámpara excitadora | exciter lamp
lámpara excitadora para registro fonográfico | recorder lamp
lámpara excitadora preenfocada | prefocused exciter lamp
lámpara fluorescente | fluorescent lamp
lámpara fluorescente de encendido rápido | rapid-start fluorescent lamp

lámpara fluorescente sin cebador | quick-start fluorescent lamp, rapid-start fluorescent lamp
lámpara globar | globar lamp
lámpara incandescente | incandescent lamp
lámpara incandescente con filamento de tantalio | tantalum lamp
lámpara incandescente de argón | argon glow lamp
lámpara indicadora | indicating (/indicator, /pilot, /tally, /warning) lamp, signal light (/lamp)
lámpara indicadora de alimentación conectada | power-on light
lámpara indicadora de bobinador lleno | winder full alarm lamp
lámpara indicadora de falta de cinta | low tape lamp
lámpara indicadora de fin de cinta | low-tape indicator light
lámpara indicadora de línea abierta | open indicating lamp
lámpara indicadora de ocupado | busy lamp, visual engaged signal
lámpara indicadora de sobrecarga | overload indicator lamp
lámpara indicadora de toma de línea local | local seizure lamp
lámpara luminiscente | neon lamp
lámpara luz del día | daylight lamp
lámpara microminiatura | microminiature lamp
lámpara miniatura | miniature lamp
lámpara monorrejilla | single-grid valve
lámpara móvil | map light
lámpara normal | normal lamp
lámpara opalina | opal lamp
lámpara para estudio de televisión | television lamp
lámpara para fotografía | photoflood lamp
lámpara para lectura | reading lamp
lámpara para proyectores | projector lamp
lámpara para señales Morse | blinker lamp
lámpara permanente | permanent lamp
lámpara piloto | pilot lamp, tally light
lámpara piloto de grupo | position pilot lamp
lámpara piloto de llamada | ringing pilot lamp
lámpara piloto general | master pilot lamp
lámpara portátil | hand (/portable) lamp, inspection light (/lamp)
lámpara puntual | point source lamp
lámpara rectificadora | rectifier (/rectifying) valve
lámpara reforzada | rough service lamp
lámpara reforzada de servicio | rough service lamp
lámpara resistiva | resistance lamp
lámpara sin cebador | rapid-start lamp
lámpara sin sombras | shadowless lamp
lámpara sobrevoltada | photoflood lamp
lámpara testigo | pilot, pilot lamp (/light), signal (/tally) light, telltale (/warning) lamp
lámpara ultravioleta | uviol lamp = ultraviolet lamp
lámpara Vernon-Harcourt | Vernon Harcourt lamp
lamparilla indicadora de margen | margin indicator lamp
lamparilla para iluminar la cinta | tape copy light
lamparilla para soldar | brazier, furnace
lamparilla piloto | pilot indicator
lamparita de luz piloto | pilot light lamp
LAN [*red (de área) local*] | LAN = local area network
LAN virtual [*red de área local virtual*] | virtual LAN = virtual local area network
lantánido | lanthanide
lantano | lanthanum
lantanuro | lanthanide
lanzadera | rabbit, shuttle; launch program
lanzamiento de cintas perturbadoras de radar | window dropping
lanzamiento de cintas reflectoras | window dropping
lanzar | to shutdown
lanzar un archivo | play a file
LAP [*protocolo de acceso de enlace*] | LAP = link access protocol
LAPB [*sistema compensado de trasmisión de datos*] | LAPB = link access procedure balanced sytem
LAPD [*protocolo de acceso a enlace por el canal D*] | LAPD = link access protocol – D channel
lapicero | pencil
lápiz | pen, pencil
lápiz fotosensible | light (/photosensitive) pen
lápiz óptico | light pen (/pencil, /ray pencil)
lápiz para cubrir rayaduras | scratch stick
lápiz selector | selector pen
laplaciano geométrico | geometric buckling
laplaciano material | material buckling
LAPM [*protocolo de acceso a enlaces para modems*] | LAPM = link access procedure for modems
lapping [*método para reducir el espesor de una capa*] | lapping
larga distancia | long distance
largo | long
larguero | angle, ranger
larguero de contacto | contact angle
larguero inferior | base angle
larguero superior | top angle
laringe artificial | artificial larynx
laringófono | laryngophone, throat microphone
LASCR [*rectificador controlado de silicio activado por luz*] | LASCR = light-activated silicon controlled rectifier
LASCS [*conmutador controlado de silicio activado por luz*] | LASCS = light-activated silicon controlled switch
láser [*amplificación de la luz con emisión estimulada de radiación*] | laser = light amplification by stimulated emmission of radiation
láser acumulador | storage laser
láser acumulador de energía | storage laser
láser bombeado con luz solar | sun-pumped laser
láser bombeado por luz solar | solar-excited laser
láser con bloqueo de modo | mode-locked laser
láser con bomba solar | sun-pump laser
láser con potencia alta de salida | high power laser
láser con realimentación distribuida | distributed-feedback laser
láser con teñido orgánico | organic dye laser
láser de alarma de terremotos | laser earthquake alarm
láser de baja potencia | low power laser
láser de bombeo solar | sun-pumped laser
láser de cristal de neodimio | neodymium glass laser
láser de cuatro niveles | four-level laser
láser de descarga gaseosa | gas discharge laser
láser de diodo | diode (/injection) laser
láser de diodos superpuestos | stacked diode laser
láser de dióxido de carbono | carbon laser dioxide
láser de dos niveles | two-level laser
láser de electrones libres | free electron laser, ubitron
láser de estado sólido | solid-state laser
láser de fase de gas | gas phase laser
láser de frecuencia modulada | FM laser
láser de gas | gas laser
láser de gas de onda continua | continuous wave gas laser
láser de haz emisor reforzado | pumped laser
láser de haz múltiple | multiple beam laser
láser de helio-neón | helium neon laser, neon-helium laser
láser de impulsos cíclicos | repetitively pulsed laser
láser de impulsos de cuerpos sólidos | solid-pulsed laser
láser de impulsos de reacción dirigida | Q-spoiled laser, Q-switched laser

láser de impulsos gigantes | giant pulse laser
láser de inyección | injection laser
láser de inyección de arseniuro de galio | gallium arsenide injection laser
láser de líquido | liquid laser
láser de onda continua | continuous wave laser
láser de pozo cuántico múltiple | multiquantum-well laser, multiple-quantum-well laser
láser de rubí | ruby laser
láser de rubí de impulsos gigantes | giant pulse laser
láser de rubí pulsante | pulsed ruby laser
láser de salida pulsatoria | pulsed output laser
láser de seguimiento a larga distancia | long-range tracking laser
láser de semiconductor | semiconductor laser
láser de supermodo | supermode laser
láser de tinte | dye laser
láser de tres niveles | three-level laser
láser de tungstato de neodimio-calcio | neodymium-calcium tungstate laser
láser de unión | junction laser
láser de unión PN | PN-junction laser
láser excitado por luz solar | solar-excited laser
láser fonón | phonon laser
láser inyectado | injected laser
láser líquido | liquid laser
láser MQW [*láser de pozo cuántico múltiple*] | MQW laser = multiquantum-well laser, multiple-quantum-well laser
láser plasmático | plasma laser
láser pulsante | pulsed laser
láser pulsatorio | pulsed laser
láser triodo | triode laser
láser YAG [*láser de granate de itrio y argón*] | YAG laser = yttrium argon garnet laser
lastrado | ballasting
latencia | latence, latency
latencia de interrupción | interrupt latency
latente | latent
látex | latex
látigo | whip
latiguillo [*conector para inyectar a la fibra óptica la potencia procedente del optoacoplador*] | pigtail [*optical fibre cable with connectors installed on one end*]
latón | brass
latón brillante | shiny brass
latón rojo | red brass
laurencio | lawrencium
lavado | flushing, scrubbing
lavador | scrubber
lay-up [*técnica de registro y apilamiento en placa multiestratificada*] | lay-up
lazo | loop, mesh

lazo abierto | open loop
lazo activo | active loop
lazo autónomo | self loop
lazo con acoplamiento central | centre-coupled loop
lazo de acoplamiento | coupling loop
lazo de enganche | lock-in loop
lazo de goteo | drip loop
lazo de grupo | group loop
lazo de histéresis rectangular | rectangular hysteresis loop
lazo de Murray | Murray loop
lazo de realimentación | feedback loop
lazo de tensión | voltage loop
lazo de zumbido | hum loop
lazo experimental | experimental loop
lazo fiador | bail
lazo local | local loop
lb = libra | lb = pound
LBA [*autómata de límite lineal*] | LBA = linear-bounded automaton
LCA [*orden lógico de celdas*] | LCA = logic cell array
LCC [*soporte intermedio sin hilos*] | LCC = leadless chip carrier
LCD [*pantalla de cristal líquido*] | LCD = liquid crystal display
LCMS [*sistema de armamento por rayo láser desarrollado por USA en 1995 para cegar a los enemigos*] | LCMS = laser countermeasure system
LCP [*protocolo de control de enlace*] | LCP = link control protocol
LCR [*control por redundancia longitudinal orientado a la trama*] | LCR = longitudinal check redundancy
LCR [*encaminamiento por el enlace de coste mínimo*] | LCR = least cost routing
LCSAJ [*bifurcación y secuencia de código lineal*] | LCSAJ = linear code sequence and jump
LD [*diodo láser*] | LD = laser diode
LD = larga distancia [*en radiocomunicaciones*] | DX = long distance
LDAP [*protocolo de acceso a directorio jerarquizado*] | LDAP = lightweight directory access protocol
LD-CELP [*codificador de predicción activado por código de bajo retardo*] | LD-CELP = low-delay code-excited linear prediction coder
LDP [*protocolo de distribución de etiquetas*] | LDP = label distribution protocol
lea | read
lea el manual | RTM = read the manual
lecho empobrecido | depletion layer
lecho para cables | trench
lecho para el tendido de cables | trench
lector | reader, playback reproducer
lector alfanumérico | alphanumeric reader
lector de caracteres del tipo de retina | retina character reader
lector de CD-ROM | CD-ROM reader

lector de cinta | tape reader
lector de cinta de papel | paper tape reader
lector de cinta fotoeléctrico | photoelectric tape reader
lector de cinta magnética | magnetic tape reader
lector de cinta perforada | perforated tape reader
lector de códigos de barras | bar code scanner (/reader)
lector de compuerta fija | fixed-gate reader
lector de disco | disc drive
lector de documentos | document reader
lector de espacios pequeños | slot reader
lector de fichas de identificación | badge reader
lector de huella dactilar | fingerprint reader
lector de noticias [*programa para gestión de grupos de noticias en internet*] | newsreader
lector de página | page reader
lector de película | film reader
lector de placas de identificación | badge reader
lector de tarjetas | card reader
lector de tarjetas de identificación | badge reader
lector de tarjetas magnéticas | slot reader; swipe reader [USA]
lector de tarjetas perforadas | (punched) card reader
lector electroforético | electrophoresis scanner
lector fotoeléctrico | photoelectric reader
lector fotoeléctrico de caracteres | photoelectric character reader
lector fuera de línea [*navegador gratuito para internet*] | offline reader
lector mecánico | mechanical reader
lector óptico | optical reader
lector óptico de caracteres | optical character reader
lector óptico de código de barras | optical bar code reader
lectora | reader
lectora de alta velocidad | high speed reader
lectora de caracteres | character reader
lectora de fichas | card reader
lectora de fichas de identificación | badge reader
lectora de placas de identificación | badge reader
lectora de tarjetas de identificación | badge reader
lectura | browsing, playback, read, reading, read out, read-out, read-through, replay, sensing
lectura a distancia | remote sensing
lectura alfanumérica | alphanumeric readout

lectura de contadores | meter (/register) reading
lectura de datos | read data
lectura de E/S | I/O read
lectura de información dispersa | scatter read
lectura de marcas | mark reading (/scaning)
lectura de nivel ponderado | weighted-level reading
lectura de salida | read-out, readout
lectura de salida no destructiva [*que conserva la información leída*] | nondestructive readout
lectura de señales acústicas | acoustic reading
lectura de tensión | voltage sensing
lectura de verificación | readback
lectura destructiva [*que va eliminando los datos a medida que los lee*] | destructive read (/readout)
lectura directa | direct indication (/reading)
lectura directa durante la escritura | direct read during write
lectura directa tras escritura | direct read after write
lectura dispersa | scatter read
lectura durante la grabación | read during write
lectura/escritura | read/write
lectura gráfica | mark sense (/sensing)
lectura instantánea | instantaneous readout
lectura inversa | readback
lectura monoimpulso | monopulse tracking
lectura no destructiva | nondestructive read (/readout)
lectura óptica de marcas | mark scaning, (optical) mark reading
lectura por haz electrónico | electron beam readout
lectura por ionización gaseosa | gas ionization readout
lectura regresiva | backward read
lectura sobre borde iluminado | edge-lighted readout
lectura tras la grabación | read after write
lectura voltimétrica | voltage reading
lectura y escritura | read and write
LED [*diodo luminoso, /emisor de luz, /de emisión luminosa, /luminiscente, /electroluminiscente*)] | LED = light emitting diode
LED = lenguaje de especificación y descripción | SDL = specification and description language
LED de borde | edge-emitting LED, forward-emitting extended LED
LED de encendido | power LED
LED de superficie | surface-emitting LED
LED indicador de actividad | activity LED
LED indicador de ahorro de energía | energy saver LED

LED indicador de encendido | power LED
LED turbo | turbo LED
leer | to read, to read in, to sense
leer el contenido de la memoria en pantalla | to roll out
leer en pantalla | to roll out
leer un sector de memoria absoluto | to peek
legibilidad | readability
legibilidad de la señal | readability of signal
legible | readable
legible muchas veces | read many times
legible por ordenador | computer-readable
legislación de protección de datos | data protection legislation
lejano | far
lejos | far
lema | lemma
lemas de impulsión | pumping lemmas
lenguaje | language
lenguaje absoluto | absolute language
lenguaje algebraico | algebraic language
lenguaje algorítmico | algorithmic language
lenguaje algorítmico común | common algorithmic language
lenguaje algorítmico internacional | international algorithmic language
lenguaje ampliable | extensible language
lenguaje ampliable de descripción de formularios | extensible forms description language
lenguaje aplicativo | applicative language
lenguaje arborescente | tree language
lenguaje artificial | artificial language
lenguaje avanzado | high level language
lenguaje base | host language
lenguaje C = lenguaje compilado [*de programación informática*] | C language = compiled language
lenguaje cifrado | scrambled speech
lenguaje claro | plain language
lenguaje combinado de programación | combined programming language
lenguaje compilado | compiled language
lenguaje compilador | compiler language
lenguaje común | common language
lenguaje común para actividades comerciales | common business-orientated language
lenguaje consensuado | consensus language
lenguaje conversacional | conversational language
lenguaje creador | authoring language
lenguaje de alto nivel | high level (/order) language

lenguaje de alto nivel orientado a la máquina | machine-orientated high-level language
lenguaje de aplicación | aplicative (/functional, /application-orientated) language
lenguaje de aplicacion especial | special purpose language
lenguaje de bajo nivel | low level language
lenguaje de base de datos | database language
lenguaje de consulta | query language
lenguaje de control de impresoras [*de Hewlett-Packard*] | printer control language
lenguaje de control de mandatos | command control language
lenguaje de control de tareas | command (/job control) language
lenguaje de control de trabajos | command (/job control) language
lenguaje de control y simulación | control and simulation language
lenguaje de cuarta generación | fourth generation language [= *4GL*]
lenguaje de datos | data language
lenguaje de definición de datos | data definition language
lenguaje de descripción de datos | data description language
lenguaje de descripción de documentos | document description language
lenguaje de descripción de hardware | computer hardware description language
lenguaje de descripción de muy alto nivel | very high description language
lenguaje de descripción de páginas [*lenguaje de programación para salida a dispositivos*] | page description language
lenguaje de descripción de paginación | page description language
lenguaje de diseño de programa | program design language
lenguaje de diseño digital | digital design language
lenguaje de ejecución de sistemas | systems implementation language
lenguaje de especificación | specification language
lenguaje de estilo ampliable | extensible style language
lenguaje de gestión de datos | data language
lenguaje de hojas de estilo extensible | extensible stylesheet language
lenguaje de integración multimedia sincronizado | synchronized multimedia integration language
lenguaje de letras equivalentes | letter-equivalent language
lenguaje de mandatos | command language
lenguaje de manipulación de datos | data manipulation language

lenguaje de manipulación de símbolos algebraicos | algebraic symbol manipulation language
lenguaje de máquina | machine language
lenguaje de marcación | markup language
lenguaje de marcación ampliable | extensible markup language
lenguaje de marcación inalámbrica | wireless markup language
lenguaje de marcado vectorial | vector markup language
lenguaje de modelación (/modelado) unificado [*para expresar los requisitos y detalles de un proceso de negocio electrónico*] | unified modelling language
lenguaje de muy alto nivel | very high level language
lenguaje de ordenador | computer language
lenguaje de órdenes | command language
lenguaje de procedimiento | procedural language
lenguaje de procesamiento de llamadas | call processing language
lenguaje de programación | (computer) programming language, program (/scripting) language
lenguaje de programacion orientado a objetos | object-oriented programming language
lenguaje de prueba | test language
lenguaje de publicación | publication language
lenguaje de quinta generación | fifth-generation language
lenguaje de referencia | reference language
lenguaje de salida ensamblada | assembly-output language
lenguaje de segunda generación | second-generation language
lenguaje de sentencias de problemas | problem statement language
lenguaje de simulación | simulation language
lenguaje de sintaxis libre | free-form language
lenguaje de sistemas de datos | data systems language
lenguaje de tercera generación | third generation language
lenguaje de términos | term language
lenguaje de tiempo real | real-time language
lenguaje de trasferencia de registros | register transfer language
lenguaje de tratamiento de datos | data manipulation language
lenguaje de una sola asignación | single-assignment language
lenguaje declarativo | nonprocedural language
lenguaje determinista | deterministic language

lenguaje dinámico | dynamic language
lenguaje en función de objetos | object-orientated language
lenguaje ensamblador | assembly language
lenguaje estructurado de consulta | structured query language
lenguaje estructurado en bloques | block-structures language
lenguaje evolucionado | high level language
lenguaje formal | formal language
lenguaje fuente | source language
lenguaje funcional | applicative (/functional) language
lenguaje hombre-máquina | man-machine language
lenguaje imperativo | imperative language
lenguaje independiente del contexto | context-free language
lenguaje informático independiente | computer-independent language
lenguaje informático normalizado | standard generalized markup language
lenguaje inherente ambiguo | inherently ambiguous language
lenguaje intermedio [*para programación*] | intermediate language
lenguaje interpretativo | interpretive language
lenguaje lógico | logic language
lenguaje macro | macrolanguage
lenguaje máquina | machine language
lenguaje máquina abstracto [*seudocódigo usado por compiladores*] | abstract machine language
lenguaje nativo [*de una unidad informática central*] | native language
lenguaje natural | natural language
lenguaje nemónico | mnemonic language
lenguaje no procedimental | declarative (/nonprocedural) language
lenguaje normalizado de consulta | standard query language
lenguaje normalizado de descripción de páginas | standard page description language
lenguaje normalizado generalizado para etiquetar | standard generalizad markup language
lenguaje objeto | object (/target) language
lenguaje orientado a la resolución de problemas | problem-orientated language
lenguaje orientado a objetos | object orientated language
lenguaje orientado hacia el procedimiento | procedure language
lenguaje orientado hacia la máquina | machine-orientated language
lenguaje para desarrollo de aplicaciones | application development language
lenguaje para la resolución de problemas | problem-solving language
lenguaje para marcado | markup language
lenguaje para marcado de hipertexto | hypertext markup language
lenguaje para marcado no procedimental [*sistema de códigos para formateo de texto*] | declarative markup language
lenguaje para modelado de la realidad virtual | virtual reality modeling language
lenguaje para procedimiento específico | procedure-orientated language
lenguaje para un problema específico | problem-orientated language
lenguaje racional | rational language, regular set (/language)
lenguaje regular | regular language (/set)
lenguaje secreto | secret language
lenguaje sensible al contexto | context-sensitive language
lenguaje sigma | sigma language
lenguaje simbólico | symbolic language
lenguaje sin asignación | assignment-free language
lenguaje trasladable [*entre diferentes sistemas*] | portable language
lenguaje turbo | turbo language
lenguaje universal | general-purpose language
lenguaje visible | visible speech
lengüeta | clamp, lug, reed, tab, tongue
lengüeta de bloqueo | blocking pawl
lengüeta de conexión | connecting (/terminal) lug
lengüeta de gancho | hook tongue
lengüeta de la tarjeta de registro | log tab
lengüeta de parada | stop lug
lengüeta de soldadura | solder lug
lengüeta del relé | relay tongue
lengüeta postiza | spline
lengüeta resonante | resonant reed
lengüeta sin soldadura | solderless lug
lengüeta vibrante | vibrating reed
lengüeta vibratoria | vibrating reed
lente | lens
lente acromática | achromat, achromatic (/wideband) lens
lente acústica | acoustic lens
lente adicional | accessory lens
lente apocromática | apochromatic lens
lente con motor | motorised lens
lente de amplificación electromagnética | electromagnetic amplifying lens
lente de antena | aerial lens
lente de aumento | magnifying lens
lente de banda ancha | wideband lens
lente de cambio rápido de plano | zoom lens
lente de campo | field lens
lente de dieléctrico | dielectric lens
lente de distancia focal variable |

variable focal length lens
lente de guía de ondas | waveguide lens
lente de guiaondas | waveguide lens
lente de inmersión | immersion lens
lente de k constante | constant k lens
lente de láminas paralelas | parallel plate lens
lente de Luneberg | Luneberg lens
lente de placas paralelas | parallel plate lens
lente de rejilla | wire grid lens
lente de rejilla de alambre | wire grid lens
lente de telefoto | telephoto lens
lente de vidrio | glass lens
lente del colimador | collimating lens
lente del objetivo | objective lens
lente dieléctrica | dielectric lens
lente divergente | diverging lens
lente eléctrica de electrones | electric electron lens
lente electromagnética | electromagnetic lens
lente electrónica | electron lens
lente electrostática | electrostatic lens
lente electrostática unipotencial | unipotential electrostatic lens
lente escalonada | zoned lens
lente Fresnel | Fresnel lens
lente gran angular | wide-angle lens
lente GRIN | GRIN lens = graded index lens
lente holográfica | holographic lens
lente magnética | magnetic lens
lente metálica | metallic lens
lente ojo de mosca | fly's-eye lens
lente para filtro de electrones | electron filter lens
lente portaimagen | field lens
lente recubierta | coated lens
lente reticular | wire grid lens
lente reticular de hilos | wire grid lens
lente semigranangular | semiwide-angle lens
lente zoom | zoom lens
lentejuela | tinsel
lentes del tipo menisco | meniscus lens
lenticularización térmica | thermal lensing
lento | slow, sluggish
LEO [satélite de baja órbita terrestre] | LEO = low Earth orbit
leptón [partícula subnuclear] | lepton
lesión por irradiación | radiation damage
lesión por radiación | radiation sickness
lesión por radiaciones | radiation damage (/injury)
lesión producida por radiaciones | radiation injury
letargia | lethargy
letra | letter, literal
letra característica | code letter, alphabet office code
letra D | dee

letra de calidad | letter quality
letra de calidad casi buena | near letter quality
letra de identificación | call letter
letra de llamada | call letter
letra de unidad [de disco] | drive letter
letra T | tee
letrero de 'En el aire' | On-Air-sign
letrero estadístico | dummy ticket
leva | cam, wipe
leva de disparo de función | function trip cam
leva de función | function cam
leva de función delantera | forward function cam
leva de impulsión | impulse (/pulsing) cam
leva de impulsores | impulse cam
leva de interruptor lento | slow-speed interrupter cam
leva de la palanca de enclavamiento de marca | marking lock lever cam
leva de mando del avance | feed-out drive cam
leva de retardo | slipping (/delayed pulse tripping) cam
leva del disco | dial cam
leva del interruptor | switch cam
leva selectora | selector cam
levantamiento de la válvula | valve lift
levantamiento de planos con ayuda del radar | radar surveying
levantamiento de soldadura | bond liftoff
levantamiento fotogramétrico | photogrammetric (/photographic) survey
levantar | to take off
levantaválvula | valve tappet
levantaválvulas | tube (/valve) lifter (/puller)
levógiro | laevorotatory
ley A | A law
ley asociativa | associative law
ley conmutativa | commutative law
ley de absorción | absorption law
ley de alternancia | law of alternation
ley de Ampère | Ampere's law
ley de atracción electrostática | law of electrostatic attraction
ley de Avogadro | Avogadro's law
ley de Biot-Savart | Biot-Savart law
ley de Bragg | Bragg's law
ley de Bragg y Pierce | Bragg's and Pierce's law
ley de Brewster | Brewster law
ley de cambios | pole diagram
ley de Child | Child's law
ley de conservación de la energía | energy conservation law
ley de Coulomb | Coulomb's law
ley de Curie-Weiss | Curie-Weiss law
ley de De Morgan | De Morgan's law
ley de desintegración | decay law
ley de desplazamiento | displacement law
ley de desplazamiento de Wien | Wien displacement law
ley de dilución | dilution formula

ley de distribución | distribution law
ley de distribución de las velocidades de Maxwell-Boltzmann | Maxwell-Boltzmann velocity distribution law
ley de distribución de velocidades | velocity distribution law
ley de distribución normal | law of normal distribution
ley de Duane y Hunt | Duane-Hunt law
ley de escala de la explosión | blast scaling law
ley de Faraday | Faraday's law
ley de Faraday sobre la inducción electromagnética | Faraday's law of electromagnetic induction
ley de Ferrel | Ferrel law
ley de Ferry-Porter | Ferry-Porter law
ley de Fick | Fick's law
ley de fluorescencia de Stokes | Stokes' law
ley de Geiger-Nuttall | Geiger-Nuttall law
ley de Godwin [en internet se alude a ella cuando la discusión dura demasiado o se ha apartado del tema] | Godwin's Law
ley de Grosch | Grosch's law
ley de Hartley | Hartley's law
ley de iluminación de Lambert | Lambert's law of illumination
ley de inducción electromagnética | law of electromagnetic induction
ley de Joule | Joule's law
ley de Kelvin | Kelvin law
ley de Kirchhoff | Kirchhoff's law
ley de la carga espacial | space charge law
ley de la corriente inducida | law of induced current
ley de la raíz cúbica | cube root law
ley de la reflexión | reflection law
ley de la secante | secant law
ley de Langmuir | emission law, Langmuir's law
ley de Laplace | Laplace's law
ley de las cargas eléctricas | law of electric charges
ley de Lenz | Lenz's law
ley de los desplazamientos radiactivos | radioactive displacement law
ley de los sistemas electromagnéticos | law of electromagnetic systems
ley de Moseley | Moseley's law
ley de Neumann | Neumann's law
ley de Ohm | Ohm's law
ley de paridad de la estabilidad nuclear | odd-even rule of nuclear stability
ley de Paschen | Paschen's law
ley de Planck | Planck's law
ley de Poynting | Poynting's law
ley de protección de datos | data protection act
ley de radiación de Planck | Planck's radiation law
ley de radiación de Wien | Wien radiation law, Wien's law of radiation

ley de radiocomunicaciones | radio law
ley de reflexión | law of reflection
ley de rotaciones | pole diagram
ley de Sabine | Sabine's law
ley de Shannon-Hartley | Shannon-Hartley law
ley de sintonía | tuning law
ley de Snell | Snell's law
ley de Stefan-Boltzmann | Stefan-Boltzmann law
ley de Thomson-Whiddington-Bohr | Thomson-Whiddington-Bohr law
ley de Volta | Volta's law
ley de Wiedemann-Franz | Wiedemann-Franz law
ley de Wien | Wien's law
ley del coseno | cosine law
ley del cuadrado inverso | inverse square law
ley del magnetismo | law of magnetism
ley distributiva | distributive law
ley idempotente | idempotent law
ley logarítmica derecha | right-hand logarithmic taper
ley periódica | periodic law
ley semilogarítmica derecha | right-hand semilogarithmic taper
ley termoeléctrica de Joule | Joule's law of electric heating
leyenda | legend
leyenda urbana | urban legend
leyes de la electrostática | laws of electrostatics
leyes sobre redes eléctricas | law of electric networks
LHARC [*programa de compresión de archivos*] | LHARC
Li = litio | Li = lithium
liberación | clearing, disconnection, (forced) release, releasing
liberación de electrones | detachment of electrons
liberación de energía autopropagada | self-propagating release of energy
liberación de energía de Wigner | Wigner release
liberación de la llamada | call release
liberación forzada | preemption, forced disconnect
liberado | cleardown, released
liberar | to release, to uncage; [*memoria*] to deallocate
libertad | freedom
libertad de información | freedom of information
libra | pound
libra de pie [*unidad mecánica equivalente al trabajo realizado al desplazar una libra de peso a lo largo de un pie*] | foot pound [*mechanical work unit equal to the work done in raising a pound's weight one foot*]
libras manométricas por pulgada cuadrada | pounds per square inch gauge
libre | free, available

libre acceso | open shop
libre para emitir | clear to send
librería de rutinas | routine library
libreta inteligente [*ordenador portátil de pantalla sensible sin teclado ni ratón*] | tablet PC
libro | book
libro de claves de servicio | service code book
libro de códigos | code book
libro de color | coloured book
libro de colores de Munsell | Munsell book of colour
libro de copias | copy book
libro de replanteo | pole diagram book
libro de trabajo [*programa*] | workbook
libro electrónico | e-book = electronic book
libro hablado | talking book
libro leído | talking book
libro registro de comunicaciones | statement of calls handled at a position
libro registro de irregularidades | irregularity form
libro registro de rendimiento del circuito | circuit usage record
libro verde para la normativa europea | green paper
licencia adelantada | advanced licence
licencia clase novato | novice licence
licencia de estación | station licence
licencia de operador | operator licence
licencia de radio | wireless licence
licencia de radioaficionado | amateur radio licence
licencia de radiodifusión | radio (/wireless) licence
licencia de reproducción [*para copiar un software*] | site license
licencia de técnico | technician licence
licencia extra de aficionado | amateur extra licence
licencia pública general | general public license
LID [*dispositivo invertido sin terminales*] | LID = leadless inverted device
lidar [*sistema de radar basado en haces láser*] | lidar = light detecting and ranging
LIFO [*último en entrar, primero en salir (principio de acceso a datos según el cual los últimos grabados son los primeros leídos)*] | LIFO = last in first out
ligadura | bond, tie
ligadura de ánodo | anode strap
ligadura de bobina de reactancia | reactance bond
ligadura de impedancia | reactance bond
ligadura del extremo | dead end tie
ligamento | bond, bonding
ligar | to bond
ligero | lightweight
lima cuadrada | square file
lima de diente curvo | Vixen file
lima de sección cuadrada | square file
lima Vixen | Vixen file

limar | to shape
LIM EMS [*especificación sobre memoria expandida de Lotus/Intel/Microsoft*] | LIM EMS = Lotus/Intel/Microsoft expanded memory specification
limitación | clipping, limitation, limiting
limitación a alto nivel | finite clipping
limitación a bajo nivel | infinite clipping
limitación automática de intensidad | automatic current limiting
limitación de corriente de retorno | foldback current limiting
limitación de corrientes en carga espacial | space charge limitation of currents
limitación de corte | cutoff limiting
limitación de impulsos | pulse clipping (/limiting)
limitación de la movilidad | limitation of mobility
limitación de la saturación | saturation limiting
limitación de los picos de potencia | power peak limitation
limitación de márgenes | rate limiting
limitación de parásitos | noise suppression
limitación de potencia | power derating, power-limiting
limitación de rejilla | grid limiting
limitación de sobretensiones transitorias | surge limiting
limitación de un ordenamiento | trim of an array
limitación de una matriz | trim of an array
limitación de velocidad | velocity limiting
limitación de volumen | volume limiting
limitación doble | double limiting
limitación lineal | linear clipping
limitación por carga de espacio | space charge limitation
limitación por carga espacial | space charge limitation
limitación por emisión | emission limitation
limitación por temperatura | temperature limiting
limitado | limited, bound
limitado por cálculo | compute-bound
limitado por cinta | tape-limited
limitado por CPU | CPU-bound
limitado por la cinta | tape-limited
limitado por la entrada/salida | input/output bound
limitado por la salida | output-bound
limitado por ordenador | computer-limited
limitado por temperatura | temperature-limited
limitador | automatic peak limiter, clipper, gag, limiter, slicer, suppressor, surgistor
limitador automático de ruido | automatic noise-limiter

limitador de amplitud | amplitude limiter
limitador de banda estrecha | narrowband limiter
limitador de carrera | stop
limitador de corriente | current limiter, current-limiting (device)
limitador de corriente de tipo resistivo | resistive current-limiting device
limitador de corriente irruptora | inrush current limiting
limitador de cresta | peak limiter
limitador de crestas | peak clipper
limitador de diodo | diode limiter
limitador de diodo doble | double diode limiter
limitador de ecos parásitos | anticlutter
limitador de esfuerzo | force-limiting device
limitador de ferrita | ferrite limiter
limitador de impulsos | pulse clipper
limitador de parásitos | noise limiter (/suppressor)
limitador de pico | peak limiter
limitador de picos de audiofrecuencia | audio (/audiofrequency) peak limiter
limitador de potencia | power foldback (/limiter)
limitador de potencia de radiofrecuencia | RF output limiter
limitador de ruido | noise limiter (/silencer, /suppressor)
limitador de ruidos de compuerta en serie | series-gate noise limiter
limitador de ruidos dinámicos | dynamic noise limiter
limitador de salida | output limiter
limitador de salida de radiofrecuencia | RF output limiter
limitador de señal vocal | speech clipper
limitador de señales vocales | speech limiter
limitador de sincronismo | sync limiter
limitador de sobretensiones | voltage surge suppressor
limitador de tensión | limiting device, tension (/voltage) limiter, voltage restricter (/discharge gap)
limitador de velocidad | speed checker, speed-limiting device
limitador de voltaje | voltage limiter (/restricter)
limitador de volumen | volume limiter
limitador de voz | speech limiter
limitador doble | double limiter
limitador en cascada | cascade limiter
limitador ferrimagnético | ferrimagnetic limiter
limitador inverso | inverse limiter
limitador-recortador | clipper limiter
limitador Schmidt | Schmidt limiter
limitar | to clip
límite | boundary, limit
límite cuántico | quantum limit
límite de absorción | absorption edge (/limit)
límite de antidistorsión | frequency limit of equalization
límite de carácter | character boundary
límite de compensación | frequency limit of equalization
límite de comprobación | limit of detection
límite de confianza | confidence limit
límite de determinación | limit of measurement
límite de disparo | ultimate trip limit
límite de elasticidad | stretch limit
límite de error | error bound, limit of error
límite de estabilidad dinámica | transient power limit
límite de estabilidad dinámica natural | natural transient stability limit
límite de estabilidad momentánea | transient power limit
límite de estabilidad natural [en sistemas de trasmisiones] | natural stability limit
límite de estirado | yield strength
límite de excitación | threshold sensitivity
límite de fase | phase boundary
límite de frecuencia | frequency limit
límite de Gilbert-Varshamov | Gilbert-Varshamov bound
límite de Hamming | Hamming bound, sphere-packing bound
límite de Kruskal | Kruskal limit
límite de la esfera de Hamming | sphere-packing bound
límite de la hoja | sheet line
límite de la lámina | sheet line
límite de nitidez | sharpness limit
límite de oscilación | verge of oscillation
límite de paso | transmission limit
límite de potencia | power limit
límite de proporcionalidad | limit of proportionality
límite de regulación | setting range
límite de salida | output limit
límite de saturación | saturation limit
límite de seguridad rebasado | exceeded safe limit
límite de sensibilidad | sensitivity limit
límite de serie | series edge
límite de Shannon | Shannon's limit
límite de tensión | voltage limit
límite de tolerancia | tolerance limit
límite de tolerancia rebasado | exceeded safe limit
límite de trasmisión | transmission limit
límite de velocidad | speed limit
límite de voltaje | voltage limit
límite del día | day boundary
límite del espectro visible | visible spectrum boundary
límite del gráfico [en un programa] | graphic limit
límite del margen | range limit
límite del púrpura | purple boundary
límite del tono inferior | lower pitch limit
límite elástico | yield value, ultimate yield strength
límite establecido | set limit
límite extrapolado | extrapolated boundary
límite fuerte | hard limiting
límite inverso de tiempo | inverse time limit
límite PN [en semiconductores] | PN boundary
límite superior | upper limit
límite superior de frecuencia | upper frequency limit
límites de apertura en tanto por ciento | per cent break range
límites de codificación | coding bounds
límites de disparo | ultimate trip limits
límites de funcionamiento | region of operation
límites de no funcionamiento | region of nonoperation
límites de variación de tensiones | voltage range
límites de variación de voltajes | voltage range
límites máximos absolutos | absolute maximum rating
límites térmicos | thermal rating
limpiadiscos antiestático | antistatic cleaner
limpiador ultrasónico | ultrasonic cleaner
limpiar | to clear; [sectores de memoria] to flush
limpiar bandera de interrupción [orden del lenguaje Assembler] | clear interrupt flag
limpiar la pantalla | to clear
limpieza | clearance
limpieza anódica | anode cleaning
limpieza electrolítica | electrolytic cleaning
limpieza por ultrasonidos | ultrasonic cleaning
limpieza sónica | sonic cleaning
limpieza ultrasónica | ultrasonic cleaning
limpio | clean, clear
línea | lead, line, pipe, route, routing, row, trunk
línea a cuatro hilos | four-wire line
línea a tierra | earthed line
línea abierta | open line
línea aclínica | aclinic line
línea activa | active line
línea activa de retardo | active delay line
línea acústica | acoustic line
línea adyacente | adjacent line
línea aérea | airline, open-wire line, overhead line, overhead-wire line
línea aérea monofásica | single-phase overhead line
línea aérea sobre postes | open-wire pole line

línea aérea trifásica | three-phase overhead line
línea agónica | agonic line
línea alámbrica | wireline, physical line
línea analítica | analysis line
línea analógica [*de comunicación*] | analog line
línea apantallada | shielded line
línea apantallada y equilibrada | shielded and balanced line
línea arrendada | leased line
línea artificial | artificial (transmission) line, line balancing network, pad (area)
línea artificial complementaria | artificial extension pad
línea artificial de base | basic network
línea artificial de complemento | switching pad
línea artificial de extensión | artificial extension pad
línea artificial de repetidor | repeater network
línea artificial de trasmisión | pulse line
línea artificial equilibradora | duplex artificial line
línea artificial sin distorsión | distortionless pad
línea ascendente | upline
línea asimétrica | unbalanced line
línea asimétrica de suscriptores digitales con adaptación proporcional | rate-adaptive asymmetric digital subscriber line
línea atómica | arc (/atom) line
línea automática | dial-up
línea auxiliar | auxiliary (/branch) line, junction, spur (line)
línea auxiliar a dos hilos | two-wire junction
línea auxiliar corta | stub line
línea auxiliar corta con los terminales abiertos | open-end stub
línea auxiliar de dos hilos | two-wire trunk
línea auxiliar de salida | outgoing junction
línea auxiliar de tres hilos | three-wire junction (/trunk)
línea auxiliar entre centralitas | interoffice trunk
línea auxiliar entre oficinas | interoffice trunk
línea auxiliar utilizada en ambos sentidos | bothway junction
línea averiada | faulty line, line in trouble
línea base | backbone, baseline
línea base de referencia | reference baseline
línea bidireccional | bidirectional line
línea bifilar | pair, twin-line, two-wire line (/route)
línea bipolar | two-wire line
línea blindada | shielded line
línea caliente | hot line
línea cargada | loaded line

línea catenaria | catenary construction
línea catenaria compuesta | compound catenary construction
línea catenaria doble | double catenary construction
línea catenaria poligonal | polygonal (/vertical) overhead contact system
línea catenaria vertical | polygonal (/vertical) overhead contact system
línea central de trazo | stroke centre-line
línea cero | zero line
línea coaxial | coaxial line
línea colectiva | collective (/concentration) line, group call, hunting group, line grouping, station hunting
línea colectiva de carga | load bus
línea compartida | party line, shared (service) line
línea compartida en dos sentidos | shared service line
línea compartida por consulta de las estaciones | poll
línea compensadora | compensating line
línea compuesta | line composite
línea con contador | metered line
línea con contador de conversaciones | metered line
línea con derivación | leaky line
línea con el extremo en circuito abierto | open-ended line
línea con impedancia terminal | terminated impedance line
línea con pérdidas | lossy line
línea con repetidores | repeatered line
línea con suspensión de catenaria | system with catenary suspension
línea con trasposiciones | transposed line
línea con varias conexiones a tierra | multiearthed line
línea con varias conexiones puestas a tierra | multiearthed line
línea concéntrica | concentric line
línea concéntrica de trasmisión | concentric transmission line
línea conectada a un aparato | home line
línea conformadora de impulsos | pulse forming line
línea conmutada [*en telefonía*] | switched line
línea constante | persistent line
línea cortocircuitada | short-circuited line
línea de abonado | line junctor, subscriber line
línea de abonado digital [*para trasmisión de datos a alta velocidad por cable telefónico de cobre*] | digital subscriber line
línea de abonado digital asimétrica | asymmetric(al) digital subscriber line
línea de abonado digital para alta velocidad de trasmisión de bits | high-bit-rate digital subscriber line
línea de abonado digital para alta ve-

locidad de trasmisión de datos | high-data-rate digital subscriber line
línea de abonado digital simétrica [*técnica de trasmisión digital en el bucle de abonado*] | symmetrical digital subscriber line
línea de abonado interurbana | toll terminal loop, toll subscriber line
línea de abonado para tráfico interurbano | trunk subscriber line
línea de abonado reservada para llamadas entrantes | subscriber line reserved for incoming calls
línea de abonado reservada para llamadas salientes | subscriber line reserved for outgoing calls
línea de absorción | absorption line
línea de acceso | auxiliary (/subscriber) line
línea de acceso directo | hot line
línea de acometida | subscriber drop
línea de adaptación de impedancias | stub line
línea de ajuste de fase | phase (/phasing) line
línea de alarma | alarm line
línea de alarma precoz a distancia | distant early warning line
línea de alimentación | feeder, power (/supply) lead (/line), power supply line
línea de alquiler | leased line
línea de alta tensión | power transmission line
línea de anotación | record line
línea de antena de contacto | aerial contact line
línea de baja pérdida | low loss line
línea de bajada | downlead
línea de bajada de antena | downlead
línea de bandas paralelas | stripline
línea de barrido | sweep line
línea de base | baseline
línea de BC = línea de batería central | CB line = central battery line
línea de cabecera | header
línea de cable aéreo | aerial cable line
línea de cable coaxial | plumbing
línea de campaña | field wire
línea de campo | line of force (/a field)
línea de carga | load (/working) line
línea de centros | centre line
línea de chispa | spark line
línea de cinta | microstrip
línea de circuito único | single-circuit line
línea de código | coding line
línea de comparación | comparison line
línea de complemento de registro | recording-completing trunk
línea de comunicación interior | office trunk
línea de concentración | concentration line, trunk from concentrating switch
línea de conducción artificial | artificial line duct
línea de conductores | wireline, physi-

cal line
línea de conductores paralelos | parallel wire line
línea de conexión | station line
línea de contacto | contact line
línea de contacto doble | twin (contact wire)
línea de contacto gemela | twin contact wire
línea de contacto sencilla | single-contact system
línea de contraste | straight calibration line
línea de control | control line
línea de control secuencial | sequential control line
línea de control y señalización | signal and control line
línea de conversación | voice wire
línea de corriente alterna | AC line
línea de cuarto de onda | tank (/quarter-wave, /quarter-wavelength) line
línea de derivación | spur, branch (/spur) line
línea de derrota | course line
línea de discado | dial line
línea de disipación | dissipation line
línea de distribución | distribution cable, distributor main, secondary line
línea de doble clavija | double jack line
línea de doble uso | dual use line
línea de dos conductores | twin-line, two-wire line
línea de dos hilos | two-wire route
línea de emisión | emission line
línea de empalme | tie line
línea de encaminamiento | routing line
línea de energía eléctrica | power line
línea de enlace | connection, junction, junction (/trunk) line
línea de enlace a dos hilos | two-wire junction
línea de enlace de dos hilos | two-wire trunk
línea de enlace de salida | outgoing trunk circuit
línea de enlace de tres hilos | three-wire junction (/trunk)
línea de enlace directo | tie line (/trunk)
línea de enlace entre centralitas | interoffice trunk
línea de enlace entre oficinas | interoffice trunk
línea de enlace interurbana | trunk junction line
línea de enlace interurbano | toll switching trunk
línea de enlace punto a punto | tie trunk
línea de entrada aislada con caucho | rubber-covered lead-in
línea de espera | waiting line
línea de estado | status line
línea de exploración | scanning line
línea de extensión | auxiliary (/extension) line
línea de fe | lubber line

línea de flujo | flowline, line of flux
línea de fuerza | line of force
línea de fuerza de campo eléctrico | electric line of force
línea de fuerza eléctrica | electric line of force, line of a vector field
línea de fuerza magnética | magnetic line of force
línea de fuga | leakage path
línea de grabación | record line
línea de Guillemin | Guillemin line
línea de hilos desnudos aéreos | open-wire pole line
línea de hilos paralelos | parallel wire line
línea de ida | downline
línea de igual variación magnética | isogriv
línea de impulsos | pulse line
línea de indicación | flag line
línea de inducción | line of induction
línea de información | enquiry circuit, information line (/trunk)
línea de intensidad magnética nula | kernel
línea de intercambio | exchange line
línea de interrupción | interrupt line
línea de inversión | reversed (/self-reversed) line
línea de la central | central office line
línea de la letra 'd' | dee line
línea de la proa | heading marker
línea de larga distancia | long distance line, long line facility
línea de Lecher | Lecher line
línea de llama | flame line
línea de llamada | call circuit, called (/calling) line
línea de llegada | incoming line
línea de meandro | meander line
línea de mensajes | message line
línea de observación | service observation line
línea de orden impar | odd-numbered line
línea de órdenes | call circuit, order wire, command line
línea de órdenes dividida | split order wire
línea de pago compartido | reverse charging
línea de perturbación | interfering line
línea de petición de interrupción | interrupt request line
línea de placas paralelas | pillbox (line)
línea de portadora | carrier line
línea de posición | position line, line of position
línea de posición por radiogoniómetro | radio line of position
línea de postes | pole line
línea de programa | program line
línea de propagación | line of propagation
línea de pruebas | test line
línea de pruebas al repartidor principal | test line to main distribution

frame
línea de puesta en fase | phasing line
línea de puntos | dotted line
línea de radares de alerta en forma de pino | pine tree line
línea de radiofaro omnidireccional | omnibearing line
línea de radiofrecuencia | RF line
línea de Raman | Raman line
línea de Rayleigh | Rayleigh line
línea de rayos X | X-ray line
línea de recepción abierta | open receive
línea de referencia | layout (/reference) line
línea de registro | record circuit, recording trunk
línea de registro de llamadas | recording trunk
línea de repetidor | repeater line
línea de repetidores | span line
línea de repetidores regenerativos | span line
línea de reserva | spare line
línea de resonancia | resonance line
línea de respuesta | answering line
línea de retardo | delay line
línea de retardo acústica | acoustic delay line
línea de retardo artificial | artificial delay line
línea de retardo con amplificación | amplifying delay line
línea de retardo con derivaciones | tapped (delay) line
línea de retardo con tomas | tapped (delay) line
línea de retardo de cuarzo | quartz delay line
línea de retardo de hilo bobinado | wire-wound delay line
línea de retardo de hilo devanado | wire-wound delay line
línea de retardo de mercurio | mercury delay line
línea de retardo de ondas ultrasonoras | ultrasonic delay line
línea de retardo de sílice fundida | fused silica delay line
línea de retardo digital | digital delay line
línea de retardo digital programable | digital programmable delay line
línea de retardo eléctrica | electric delay line
línea de retardo electromagnética | electromagnetic delay line
línea de retardo electromagnética de constantes distribuidas | distributed electromagnetic delay line
línea de retardo en espiral | spiral delay line
línea de retardo magnética | magnetic delay line
línea de retardo magnética estática | static magnetic delay line
línea de retardo magnetoestrictiva | magnetostrictive delay line

línea de retardo para señales de vídeo | video delay line
línea de retardo poligonal | polygon-type delay line
línea de retardo sónico | sonic delay line
línea de retardo ultrasónica de tipo resonante | ringing-type ultrasonic delay line
línea de retardo ultrasónica de una sola cabeza | single-ended ultrasonic delay line
línea de retardo ultrasónico | ultrasonic delay line
línea de retardo variable | variable delay line
línea de retorno | retrace (/return) line
línea de retroceso | retrace (/return) line
línea de rotación | rotation line
línea de ruta | course line, desired track
línea de ruta del radiolocalizador | localiser on-course line
línea de salida | outgoing line
línea de Schmidt | Schmidt line
línea de selección | select line
línea de selectores | selector line, rank of selectors
línea de señal | signal line
línea de servicio | call (wire) circuit, service (/speaker, /order-wire) circuit, service line
línea de servicio entre estaciones de repetidores | plant order wire
línea de situación | position line, line of position
línea de soporte | stub support
línea de subida | rising main
línea de superestructura | superstructure line
línea de supervisión | supervisory wiring
línea de supervisión a distancia | supervisory wiring
línea de telecomunicación | telecomunication line
línea de telecomunicación en hilos desnudos aéreos | open-wire telecommunication line
línea de teleimpresoras | teletypewriter line
línea de televisión | television line
línea de tierra | land line
línea de toma exterior | remote line
línea de tracción | railway line
línea de tracción eléctrica | electric railway line
línea de tranvía | tramline
línea de trasferencia | order wire
línea de trasmisión | transmission line
línea de trasmisión abierta | open-line transmit
línea de trasmisión abocinada | taper transmission line
línea de trasmisión adaptada | matched transmission line
línea de trasmisión aérea | open-wire transmission line
línea de trasmisión ahusada | tapered transmission line
línea de trasmisión apantallada | shielded transmission line
línea de trasmisión aperiódica | untuned transmission line
línea de trasmisión arrosariada | beaded transmission line
línea de trasmisión artificial | artificial transmission line
línea de trasmisión asimétrica | unbalanced transmission line
línea de trasmisión bifilar | two-wire transmission line
línea de trasmisión bipolar | two-wire transmission line
línea de trasmisión blindada | shielded transmission line
línea de trasmisión coaxial | coaxial (/concentric) transmission line
línea de trasmisión con elementos planos | planar transmission line
línea de trasmisión con soportes de cuarto de onda | stub-supported transmission line
línea de trasmisión con trasposiciones | transposed transmission line
línea de trasmisión cortocircuitada | shorted-end transmission line
línea de trasmisión de cuarto de onda | quarter-wave transmission line
línea de trasmisión de dos conductores | two-wire transmission line
línea de trasmisión de dos hilos | two-wire transmission line
línea de trasmisión de energía | power transmission line
línea de trasmisión de energía eléctrica | power transmission line
línea de trasmisión de hilos desnudos aéreos | open-wire transmission line
línea de trasmisión de media onda | half-wave transmission line
línea de trasmisión de ondas de superficie | surface wave transmission line
línea de trasmisión de par trenzado | twisted-pair transmission line
línea de trasmisión de radiofrecuencia | RF transmission line
línea de trasmisión de sección variable | tapered transmission line
línea de trasmisión de torres metálicas | steel tower transmission line
línea de trasmisión de un solo conductor | single-wire transmission line
línea de trasmisión desequilibrada | unbalanced transmission line
línea de trasmisión en modo trasversal eléctrico y magnético | TEM transmission line
línea de trasmisión equilibrada | balanced transmission line
línea de trasmisión exponencial | exponential transmission line
línea de trasmisión impresa | printed transmission line
línea de trasmisión monofilar | single-wire transmission line
línea de trasmisión no resonante | nonresonant (transmission) line
línea de trasmisión plana | planar transmission line
línea de trasmisión por cinta | strip transmission line
línea de trasmisión radial | radial transmission line
línea de trasmisión remota | remote line
línea de trasmisión resonante | resonant transmission line
línea de trasmisión semirresonante | semiresonant transmission line
línea de trasmisión simétrica | balanced transmission line
línea de trasmisión sintonizada | resonant transmission line
línea de trasmisión unifilar | single-wire transmission line
línea de trasmisión uniforme | uniform (transmission) line
línea de trasporte de energía | power transmission line
línea de trasporte de energía eléctrica | power transmission line
línea de trazado | trace line
línea de un solo conductor | single-wire line
línea de unión | tie line
línea de vía | routing line
línea de viaje | line of travel
línea dedicada | dedicated line
línea del barrido | scan line
línea del blanco | masked line
línea del campo magnético | magnetic field line
línea del espectro radioeléctrico | radio spectral line
línea del interruptor de concentración | trunk from concentrating switch
línea del ión | ion line
línea derivada | branch (/leaky) line
línea desequilibrada | unbalanced line
línea desocupada | available line
línea digital [*de comunicaciones*] | digital line
línea digital de abonado | digital subscriber line
línea digital de abonado con muy alta velocidad de trasmisión | very high-rate digital subscriber line
línea digital de abonado de alta velocidad | high bit rate DSL
línea digital simétrica de abonado | symmetric digital subscriber line
línea directa | reporting line
línea directa con el supervisor | supervisor trunk
línea dispersiva | dispersive line
línea disponible | available line
línea doble | A-fixture line, double (circuit) line, H line, H-fixture line
línea doble artificial | artificial line duct
línea dúplex | duplex circuit (/line)

línea duplexada | duplexed line
línea E | E line
línea eléctrica | electric line
línea en cable | cable line
línea en circuito abierto | open-circuit line
línea en cortocircuito | looped (/short-circuited) line
línea en derivación | shunt line
línea en mal estado | faulty line
línea en soportes | line carried on brackets
línea en suspensión | suspension line
línea encapsulada | potted line
línea equilibrada | balanced line
línea equilibradora | balancing line
línea equipotencial | equipotential line, line equipotential
línea espectral | spectral (/spectrum) line
línea espectral de resonancia | resonance spectral line
línea espectral difusa | diffuse (/unsharp) spectral line
línea exterior de entrada | outer lead
línea fantasma | phantom line
línea física | hardline, physical line
línea fuera de numeración | supernumerary line
línea fusible | fusible line
línea G | G line
línea generadora de impulsos | pulse forming line
línea gratuita | reverse charging
línea homogénea prolongada indefinidamente | infinite uniform line
línea huérfana [*primera línea de un párrafo que se imprime como última línea de la página*] | orphan
línea impar | odd-numbered line
línea indicadora del flujo de señales | signal flow line
línea individual | individual line
línea infinita | infinite line
línea interceptada | intercepting trunk
línea intermedia | trunk junction, toll switching trunk
línea interna de referencia | internal standard line
línea interna normalizada | internal standard line
línea interurbana | toll (/trunk) line, intertoll trunk
línea interurbana de paso | through toll line
línea interurbana de postes | pole toll line
línea isoclínica | isoclinic line
línea isodinámica | isodynamic line
línea isofoto | isophotic line
línea isomagnética | isomagnetic line
línea isopotencial | isopotential path
línea k | k line
línea L | L line
línea libre | free (/idle, /spare, /available, /disengaged) line
línea local | PBX line
línea local de cuadro conmutador | switchboard drop
línea local de cuadro conmutador a extensión | switchboard drop
línea local particular | private tieline
línea loran | loran line
línea M | M line
línea metálica | physical line
línea monofilar | single-wire line
línea muerta | dead (/lost) line
línea multiacceso | multiaccess line
línea multiple | polyline
línea multiplexada | multiplexed line
línea multipunto | multidrop (/multipoint) line
línea multiterminal | multidrop line
línea N | N-line
línea neutra | neutral line
línea no resonante | nonresonant line
línea no uniforme | line structure
línea nodal | nodal line
línea oculta [*en diseño tridimensional por ordenador*] | hidden line
línea ocupada | engaged line, line busy
línea óptica de referencia | reference boresight
línea parcialmente común | partial common trunk
línea particular | private line (/wire)
línea periódica | periodic line
línea periódica equivalente | equivalent periodic line
línea plana | stripline, flat line
línea plana de trasmisión coaxial | flat coaxial transmission line
línea portadora | carrier line
línea principal | main cable (/line, /route, /station), trunk (line)
línea principal de abonado | subscriber line
línea principal de comprobación | most sensitive line
línea principal de conmutación | switching trunk
línea privada | PBX line, private (/tie, /interswitchboard) line, tie trunk
línea privada de teleimpresoras | teletypewriter tie line
línea propia | privately owned line
línea punto a punto | point-to-point line (/circuit)
línea que llama | calling circuit (/line)
línea ranurada | slotted line (/section)
línea ranurada de medición | slotted measuring section
línea real | real line
línea recta | airline
línea remota | remote line
línea residual | residual line
línea resonante | resonant (/periodic) line
línea resonante de cuarto de onda | resonant quarter-wave line
línea resonante múltiple | multiple resonant line
línea rural | rural line
línea rural colectiva | rural party line
línea rural compartida | rural party line
línea rural de abonado | rural subscriber's line
línea saliente libre | free outgoing line
línea secundaria | offset, secondary line
línea selectora | select line
línea serie IP | serial line IP = serial line Internet protocol
línea simétrica | balanced line
línea simple | single (/single-circuit) line, single service
línea símplex | simplex line
línea sin distorsión | distortionless line
línea sin interruptores | nonswitched line
línea sin pérdidas | lossless (/dissipationless) line
línea sintonizada | resonant line
línea sintonizada de cuarto de onda | resonant quarter-wave line
línea sinusoidal (/sinusoide) | sine line
línea slab [*línea coaxial de acanalado doble con conductor cilíndrico entre dos conductores paralelos*] | slab line
línea sobre apoyos sencillos | single-pole line
línea sobre torres | tower line
línea solicitud | record line
línea soportada por adaptador | stub-supported line
línea submarina | submarine line
línea subterránea | underground circuit (/line)
línea supervisada | supervised line
línea suplementaria | extension line
línea tanque | tank line
línea telefónica | telephone line, voice wire
línea telefónica aérea | overhead telephone line
línea telefónica de campaña | field wire
línea telefónica de la red pública | utility telephone line
línea telefónica directa | straightforward trunking
línea telefónica local | PBX line
línea telefónica privada | PBX line
línea telefónica rural | rural telephone line
línea telegráfica | telegraph line (/route)
línea telegráfica de abonado | telegraph loop
línea telegráfica local | telegraph loop
línea terminada | terminated line
línea terrestre | surface line
línea troncal | exchange (/trunk) line
línea única | single line
línea unifilar | single wire, single-wire line (/route)
línea uniforme | smooth (/uniform) line
línea urbana | city (/trunk, /exchange) line
línea urbana entrante dedicada | dedicated incoming trunk
línea urbana particular | private tieline
línea útil | useful line

línea utilizada en ambos sentidos | bothway junction
línea vectorial | vector line
línea visual | line of sight
línea viuda | widow
lineal | linear
lineal-logarítmico | linear-logarithmic
linealidad | linearity
linealidad basada en la pendiente | slope-based linearity
linealidad basada en los valores extremos | terminal-based linearity
linealidad basada en puntos | point-based linearity
linealidad de curvas de verificación | linear analytical curve, linear calibration graph
linealidad de fase | phase linearity
linealidad de la base de tiempos | timebase linearity
linealidad de la característica fase-frecuencia | phase/frequency linearity
linealidad de la imagen | picture linearity
linealidad del barrido | sweep linearity
linealidad dependiente | dependent linearity
linealidad diferencial | differential linearity
linealidad medida con onda escalonada | stairstep linearity
linealidad normal | normal linearity
linealidad proporcional | proportional linearity
linealmente dependiente | linearly dependent
líneas bifurcadas | derived lines
líneas de alimentación | power mains
líneas de codificación [medida para la longitud de los programas] | lines of code
líneas de energía | power wiring
líneas de Fraunhofer | Fraunhofer lines
líneas de Kikuchi | Kikuchi lines
líneas de Rowland | Rowland ghosts
líneas metálicas sobre postes | pole-and-wire system
líneas neutras | neutral plane
líneas parásitas de la imagen | serration
líneas por minuto | lines per minute
líneas por segundo [en impresora] | lines per second
líneas telefónicas conmutadas | switched telephone lines
líneas terrestres | landline facilities
líneas urbanas | town mains
lineatura de la retícula [en fotomecánica] | screen lineature
lingote | ingot, slug
lingüística | linguistics
lingüístico | linguistic
lino barnizado | varnished cambric
linóleo conductor de electricidad estática | static conductive linoleum
linotrón | linotron

Linotronic [impresora gráfica con resolución de hasta 1.270 x 2.540 dpi] | Linotronic
linterna | pocket lamp (/torch); torch [UK]
linterna de bolsillo | pocket torch
linterna de infrarrojos | snooperscope
linterna de mano | hand (/inspection) lamp
linterna de proyección | projection lantern
Linux [sistema operativo Unix] | Linux
LIPS [interferencias lógicas (/lineales) por segundo] | LIPS = logical (/linear) interferences per second
liquidación de cuentas | liquidation of accounts
líquido | liquid
líquido de extracción | extraction liquor
líquido de solución regenerada | regenerated leach liquid
líquido disipador térmico | heat soak
líquido nemático | nematic liquid
líquido polarizado | polar liquid
liser [oscilador de microondas de pureza espectral muy alta] | liser
liso | flat
LISP [lenguaje informático de procesador de listados] | LISP = list processor
LISP común [proceso común de listas] | common LISP = common list processing
lista | list, file
lista alfabética de indicativos de llamada | alphabet list of call signs
lista autorreferencial | recursive (/self-referent) list
lista circular [de procesado de datos] | circular list
lista concatenada | linked list
lista de accesos y permisos | access list and permissions
lista de adyacencia | adjacency list
lista de capacidades | capability list
lista de citas | appointment list
lista de comprobación | checking list, checklist
lista de control | checklist
lista de control de accesos | access control list
lista de correo | mailing list
lista de correo moderada | moderated mailing-list
lista de despiece | parts list
lista de desplazamiento ascendente | pushup list (/stack)
lista de dispositivos | equipment log
lista de distribución | distribution list
lista de distribución moderada | moderated mailing-list
lista de elementos de pila lifo | push-down list
lista de encaminamiento | routing list
lista de espacios libres | free-space list
lista de espera | queue (/wait, /waiting) list

lista de exportación | export list
lista de filtro | filter list
lista de indicadores de vía | routing list
lista de interés | hotlist
lista de itinerario | routing table
ista de llamadas | traffic list
lista de llamadas entradas | call log, logging of incoming calls
lista de material | stocklist, checking list
lista de mensajes | message list
lista de peticiones de comunicación en serie | batch booking
lista de productos cualificados | qualified products list
lista de recomendaciones | hotlist
lista de recuperación | pop-up list
lista de referencias cruzadas | cross reference list
lista de secuencia | sequence list
lista de secuencia finita | finite sequence list
lista de software | software list
lista de solicitudes de comunicación por turno | batch booking
lista de tareas | task (/to do) list
lista de telégrafos | telegraph restant
lista de télex | telex restant
lista de valores | value list
lista de ventanas | window list
lista del índice | index list
lista del menú para examinar | browse menu list
lista desplegable | drop-down list
lista disponible | available (/free) list
lista doblemente enlazada | symmetric (/doubly linked, /two-way linked) list
lista en cascada | cascaded list
lista encadenada | chained (/linked) list
lista enlazada | chained (/linked) list
lista enlazada de dos maneras | symmetric (/doubly linked, /two-way linked) list
lista enlazada unidireccional | singly (/one-way) linked list
lista ensartada | threaded list
lista FIFO [lista primero en entrar primero en salir] | FIFO list
lista importada | import list
lista invertida | inverted list
lista libre | free (/available) list
lista lineal | linear list
lista nula | null (/empty) list
lista ortogonal | orthogonal list
lista recursiva | recursive (/self-referent) list
lista secuencial [de peticiones de comunicación] | sequence list
lista simétrica | symmetric (/doubly linked, /two-way linked) list
listado | listing
listado de disco [combinación en un solo disco de particiones que están en discos separados] | disc striping
listado de disco con paridad | disc striping with parity

listado de ejemplo | example listing
listado de ensamblador | assembly listing
listado de programa | program (/source) listing
listado fuente | source listing
listado temático | point listing
listar | to list
listar en disco [*múltiples particiones*] | to stripe
listar fuentes | to list fonts
listar símbolos | to list symbols
listín | directory
listín de marcación automática | repertory dialling unit
listín telefónico | directory, address book
listín telefónico electrónico | electronic directory
listo | smart
listo para emitir | clear (to send), ready to send
listo para filmar [*y posteriormente imprimir*] | camera-ready
listo para utilizar | off-the-shelf
listón | strip
literal | literal
litio | lithium
litografía | lithography
litro | litre [UK], liter [USA]
little endian [*método de almacenamiento numérico donde el byte menos significativo se coloca en primer lugar*] | little endian
lixiviación | leaching
lixiviación en pila | heap leaching
llama | flame
llama de acetileno | acetylene flame
llama de difusión | diffusion flame
llama de gas detonante | oxy-hydrogen flame
llama de gas para alumbrado | gas flame
llama de plasma | plasma flame
llama del mechero Bunsen | Bunsen burner flame
llama del soplete | blowtorch flame
llama laminar | laminar flame
llama oxidante | sharp fire
llamada | booking, call (signal), calling, connection, message, pulloff, ringing
llamada a cobro revertido | reverting call, reverse (/transferred) charge call; reverse charged call [UK]
llamada a función de ayuda | help callback
llamada a función de hiperenlace | hyperlink callback
llamada a función de patrones | pattern callback
llamada a la función de cierre | close callback
llamada a la función de mensajes | message callback
llamada abandonada | abandoned call
llamada abreviada | abbreviated ringing
llamada acústica | ringing

llamada adelantada | advance calling
llamada al servidor [*servicio de recepción de llamadas entrantes en el servidor*] | dial-up
llamada al supervisor | supervisor call
llamada armónica | harmonic ringing
llamada armónica infrasintonizada | undertuned harmonic ringing
llamada armónica sintonizada | tuned harmonic ringing
llamada automática | autodial, auto (/automatic) call, automatic dial (/calling unit), keyless ringing
llamada circular | multiaddress call (/calling), sequence calling
llamada cobrable | chargeable call
llamada colectiva | collective line, group call, hunting group, line grouping, station hunting
llamada completada | successful call attempt
llamada completada sobre abonado ocupado | call completion (/back when) busy
llamada completada sobre extensión libre | call back when (/on no) answer
llamada completada sobre un haz de enlaces ocupado | callback (/ringback) queue, trunk line queuing
llamada compuesta | composite ringer
llamada con dos frecuencias | two-frequency call
llamada de abonado | subscriber call
llamada de área local | local area call
llamada de aviso | report call
llamada de búsqueda | call diversion
llamada de comprobación | control call
llamada de conferencia dentro de un equipo de trabajo | voice calling
llamada de consulta | consult call
llamada de control | control call
llamada de emergencia | direct (/elementary) call, hot line
llamada de estación a estación | station-to-station call
llamada de frecuencia vocal | voice frequency ringing
llamada de grupo | hunting group, station hunting
llamada de la policía | police call
llamada de mensaje general | common messaging call
llamada de ordenanzas | messenger call
llamada de persona a persona | personal (/person-to-person) call
llamada de personas por altavoces | voice paging
llamada de procedimiento asíncrónico | asynchronous procedure call
llamada de procedimiento remoto | remote procedure call
llamada de prueba | test call
llamada de respuesta | call back
llamada de servicio | service (telephone) call
llamada de socorro | distress call

llamada de socorro radiotelefónica | radiotelephone distress call
llamada de supervisión | flashing
llamada de teléfono a teléfono | station-to-station call
llamada de verificación | authentication dial
llamada de viva voz | voice call
llamada de zona | local area call
llamada defectuosa | defective ringing
llamada del despertador telefónico | morning call
llamada del servidor [*a la red telefónica o a la RDSI*] | dial-out
llamada desde equipo fijo de la red | mobile terminated call
llamada desde equipo móvil | mobile originated call
llamada diferida | delayed call
llamada directa | direct call (/dialling); [*sin marcación*] hot line
llamada dirigida | call routing
llamada distintiva | discriminating (/distinctive) ringing
llamada eficaz | complete (/effective, /message) call
llamada en espera | call offering (/pending, /waiting, /warning), executive (/station) camp on, waiting call (/indication)
llamada en falta | automatic station release, connection path, release of station to station, release with howler
llamada en progreso | call progress signals
llamada entrante | incoming call
llamada entre operadoras | interposition calling
llamada epidemiológica | epidemiological call
llamada equivocada | false ring, permanent loop
llamada errónea | line lockout
llamada establecida por conmutación automática | automatically-switched call
llamada falsa | false ring, permanent loop
llamada general a todas las estaciones | all-stations call
llamada incompleta | incompletely dialled call
llamada ineficaz | lost call (/ineffective, /uncompleted) call
llamada informativa | assistance traffic
llamada inmediata | immediate ringing
llamada intermitente | interrupted ringing
llamada interrumpida | interrupted ringing
llamada interurbana | (long) trunk call, toll (/short-trunk) call, trunk dialling
llamada local | local talk
llamada luminosa | lamp signal
llamada maliciosa | malicious call, recording of call data
llamada manual | ring-down, manual ringing

llamada múltiple | multiple call
llamada no efectuada | uncompleted call
llamada pagada | chargeable call
llamada pagadera en destino | reverse charge call; reverse charged call [UK]
llamada perdida | lost (/ineffective, /uncompleted) call
llamada permanente | permanent signal
llamada persecutiva | call forward (/forwarding)
llamada personal | personal call
llamada por código | code ringing
llamada por corriente alterna | AC ringing = alternating current ringing; power ringing
llamada por dirección | call by address (/reference)
llamada por disco | dial operation
llamada por listín codificado | repertory dialling
llamada por listín grabado | repertory dialling
llamada por llave | generator signalling
llamada por magneto | magneto call (/ringing)
llamada por nombre | call by name
llamada por radio | radio call
llamada por referencia | call by address (/reference)
llamada por repetidor | relayed ringing
llamada por sonido | audible ringing
llamada por teclado de tonos | touch-tone calling
llamada por tonos | tone call (/ringing)
llamada por valor | call by value
llamada preliminar | preliminary warning
llamada previo pago | collect call
llamada radiotelefónica | radiotelephone call
llamada regresiva a operadora | delayed answer supervision
llamada repetida | repeated call
llamada saliente | outgoing call
llamada selectiva | polling, selective call (/calling, /ringing)
llamada selectiva armónica | harmonic selective ringing
llamada selectiva de dos tonos | two-tone selective signalling
llamada semiautomática | machine (key) ringing, semiautomatic ringing
llamada semiselectiva | code (/semiselective) ringing
llamada simple | single call
llamada simultánea | composite ringer
llamada sin llave | keyless ringing
llamada sin resultado | unsuccessful call
llamada sucesiva | follow-on call
llamada superpuesta | superimposed ringing
llamada suspendida | suspended call
llamada tasada | paid call
llamada telefónica | telephone call

llamada telefónica por listín codificado | repertory dialling
llamada telefónica por listín grabado | repertory dialling
llamada telefónica por pulsadores | pushbutton dialling
llamada telefónica rápida | speed calling
llamada terminal | terminal call
llamada urgente | urgent call
llamada virtual | virtual call (/circuit)
llamadas alternativas | alternating calls, shuttle
llamadas en cadena | chain (/series) call, serial calls
llamadas simultáneas | simultaneous calls
llamadas sucesivas | chain (/series) call, serial calls
llamado | called
llamador | ringer
llamador selectivo | selective ringer
llamador telefónico superpuesto | superposed ringing
llamar | to call, to call in, to ring
llamar manualmente | to ring manually
llamar por teléfono | to telephone
llamarada [*expresión usada familiarmente en comunicaciones por la red que indica rechazo absoluto*] | flame bait
llamarada solar | solar flare
llano | flat
llave | key; [*signo ortográfico*] brace, branch
llave colgante | pendant switch
llave con retención | locking key
llave con retorno | nonlocking key
llave conmutadora | switching key
llave de apagado | pilot lamp switching key
llave de apriete | wedge key
llave de asignación | assignment key
llave de cableado | wiring switch
llave de cobro | collect key
llave de combinación | combination key
llave de combinador | sequence switch cam
llave de concentración | concentration (/coupling, /grouping) key
llave de conexión entre posiciones de operadora | position coupling key, position-grouping key
llave de conmutación | switching key
llave de conmutación de báscula | lever key
llave de contador | meter (/register) key
llave de conversación | speaking (/talking, /call circuit, /order-wire speaking) key
llave de cordón en paso | through-cord switch
llave de cortacircuito | taper
llave de corte | cut (/interruption) key
llave de cortocircuito | short-circuit key

llave de cuadrante | dial key
llave de derivación | tapping switch
llave de derivaciones de placa | plate tap switch
llave de designación | assignment key
llave de devolución | return key
llave de disco | dial key
llave de emisión | sending key
llave de enlace entre posiciones | interposition trunk key
llave de escucha | listening key
llave de escucha mejorada | better-listening key
llave de escucha y conversación | combined listening and speaking key
llave de flip-flop | flip-flop key
llave de lengüeta | strap (/tapping) key
llave de llamada | recalling (/ringing, /starting) key
llave de llamada del abonado | ring-back key
llave de llamada y conversación | talk-ringing key, speaking-and-ringing key
llave de mando | control switch
llave de observación | monitoring key
llave de ocupación | busy key
llave de palanca | lever key (/switch), level-action switch
llave de pared | wall switch
llave de protección inteligente | dongle
llave de prueba de línea | line test key
llave de puesta a tierra | grounding key
llave de repique | ringing key
llave de reposición | reset key
llave de retención | holding key
llave de ruptura | breakdown (/cutoff, /interruption) key
llave de seccionamiento | splitting key
llave de secciones múltiples para cambio de bandas | multisection bandswitch
llave de seguridad | stop key; [*para hardware*] hardware key
llave de separación | splitting key
llave de servicio | call circuit key, order-wire speaking key
llave de tipo telefónico | switchboard key
llave de trasferencia | transfer key
llave de tres posiciones | three-point switch
llave de verificación | monitoring key
llave de vigilancia | monitoring key
llave del conmutador | switch key
llave del teclado | keyset key
llave dinamométrica | torque
llave en mano | turnkey (system)
llave fija | locking key
llave inglesa | screw wrench
llave neumática | percussion wrench
llave para amarrar alambre | splicing wrench
llave para bujías | spark plug wrench, sparking-plug spanner
llave para el control de frecuencia |

spotting switch
llave para magneto | magneto spanner
llave para válvula | valve wrench
llave para válvulas | valve key
llave pulsatoria | pulsing key
LLC [*control de enlace lógico*] | LLC = logical link control
llegada | incoming, inward
llegada desde otra central | incoming from distant exchange
llenar | to flood
lleno | full
lleno de fallos | buggy
llevar a la condición de reposo | to clear
llevar a la condición normal | to clear
LLL [*lenguaje de bajo nivel*] | LLL = low level language
lloro diferencial | differential flutter
lluvia | rain
lluvia atmosférica de partículas | atmospheric shower
LMDS [*servicio de distribución multipunto local*] | LMDS = local multipoint distribution service
LMFC [*cámara láser multiformatos*] | LMFC = laser multiformat camera
LNS [*servidor de red L2TP*] | LNS = L2TP network server
lo lamento | sorry
lo siento | sorry
lobulado | lobing
lóbulo | lobe
lóbulo de antena | aerial lobe
lóbulo de coma | comma lobe
lóbulo de radiación | radiation lobe
lóbulo direccional | directional lobe
lóbulo frontal | lobe front
lóbulo lateral | side lobe
lóbulo menor | minor lobe
lóbulo posterior | back lobe
lóbulo principal | major lobe
lóbulo secundario | secondary lobe
local | local
localizable | relocatable
localización | focusing, localisation, location, lock-on, position finding, siting, tracing
localización acústica | sound detection (/location, /ranging)
localización de averías | fault finding, trouble shooting
localización de emisoras de radio | radio position finding
localización de estaciones | station siting
localización de fallos de estación repetidora | repeater service unit
localización de falta de circuito | open location
localización de llamada | ringing-out
localización de pasajes | cuing
localización de trayectoria | path tracking
localización de una avería | location of a fault
localización periódica | periodic focusing

localización por el sonido | sound ranging
localización por radio | radiolocation, radio (/determination, /fix)
localización por sonido | sonic location
localización radioacústica | radioacoustic position-finding
localización selectiva | selective localization
localización volátil de bits [*donde la información desaparece sin producir efecto*] | bit bucket
localizado | lumped
localizador | localiser (course), locator
localizador acústico | sound detector (/locator)
localizador de aterrizaje instrumental | instrument landing system localizer
localizador de averías | fault finder
localizador de averías en la línea de trasmisión | transmission line locator
localizador de comparación de fase | phase comparison localizer
localizador de cuerpos extraños | foreign body locator
localizador de equiseñales | equisignal localizer
localizador de fallos | fault finder
localizador de fuente sonora | sound locator
localizador de fugas de vacío | vacuum leak locator
localizador de líneas | first line-finder
localizador de pérdidas de vacío | vacuum leak locator
localizador de renglón | linefinder
localizador de sonidos | tone localizer
localizador de tono | tone localizer
localizador de trayectoria de planeo | glide path localizer
localizador electrónico | electronic locator
localizador por desfase | phase localizer
localizador primario | first line-finder
localizador sonoro | sonic locator
localizador ultrasónico | sonar
localizador uniforme de recursos [*para direcciones de internet*] | uniform resource locator
localizador universal de recursos | universal resource locator
localizar | to locate
localizar averías | to track down trouble
locomotora | locomotive
locomotora de cabria | locomotive with hauling drum
locomotora de tambor devanador | locomotive with cable drum
locomotora termoeléctrica | steam electric locomotive
loctal | loktal
locutor de radio | radiocaster, radio-broadcaster, radio announcer
locutorio telefónico | public telephone booth

lodar [*radiogoniómetro de acción nocturna*] | lodar
Lofar [*sistema detector de submarinos por sonidos de muy baja frecuencia captados mediante hidrófonos*] | Lofar = low-frequency acquisition and randing
log = logaritmo | log = logarithm
log off [*fin de comunicación con desconexión del ordenador*] | log off
logarítmico | logarithmic
logaritmo | logarithm
logaritmo natural | Nepierian (/natural) logarithm
logaritmo neperiano | Nepierian (/natural) logarithm
logátomo | logatom
lógica | logic
lógica a diodos y transistores | diode transistor logic
lógica a transistores | transistor-transistor logic
lógica acoplada por base | base-coupled logic
lógica aleatoria | random logic
lógica algebraica | algebraic logic
lógica almacenada | stored logic
lógica asincrónica | asynchronous logic
lógica binaria | binary logic
lógica booleana | Boolean logic
lógica cableada | wired (/hardwared) logic
lógica combinatoria | combinatorial (/combinatory) logic
lógica compartida [*circuitos comunes*] | shared logic
lógica complementaria | complementary logic
lógica cuaternaria | quaternary logic
lógica de acoplamiento por emisor | emitter-coupled logic
lógica de acoplamiento por transistor | transistor-coupled logic
lógica de alto umbral | high threshold logic
lógica de burbuja magnética | bubble logic
lógica de control | control logic
lógica de diodo | diode logic
lógica de diodo transistor | diode-transistor logic
lógica de doble raíl | double rail logic
lógica de emisor acoplado | emitter-coupled logic
lógica de fluidos | fluid logic
lógica de fuente de corriente | current-sourcing logic
lógica de Hoare | Hoare logic
lógica de intensidad constante complementaria | complementary constant current logic
lógica de inyección integrada [*circuito que sólo usa transistores NPN y PNP*] | I^2L = integrated injection logic
lógica de inyección por acaparamiento de corriente | current-hogging injection logic

lógica de matrices programables | programmable array logic
lógica de n niveles | n-level logic
lógica de predicados | predicate (/first-order) logic, predicate calculus
lógica de primer orden | predicate (/first-order) logic, predicate calculus
lógica de programa almacenado | stored program logic
lógica de programación | programme logic
lógica de resistencia y transistor | resistor-transistor logic
lógica de resistencias, capacidades y transistores | resistor-capacitor-transistor logic
lógica de resistor transistor | resistor-transistor logic
lógica de segundo orden | second-order logic
lógica de sumidero de corriente | current-sinking logic
lógica de transistor con emisor acoplado | emitter-coupled transistor logic
lógica de transistor de Schottky | Schottky transistor logic
lógica de transistor-diodo | diode transistor logic
lógica de transistor directamente acoplado | direct-coupled transistor logic
lógica de transistor integrada | merged transistor logic
lógica de transistor-resistencia | transistor-resistor logic
lógica de transistor-transistor | transistor-transistor logic
lógica de transistores complementarios | complementary transistor logic
lógica de transistores saturados | saturated logic
lógica de tres estados | three-state logic
lógica de umbral | threshold logic
lógica de utilidades | utilogic
lógica de validez negativa | negative true logic
lógica de validez positiva | positive true logic
lógica de verdad | true logic
lógica de votación | voting logic
lógica del emisor acoplado | emitter-coupled logic
lógica del interruptor SMI | SMI interrupt logic
lógica determinada | fixed logic
lógica difusa | fuzzy logic
lógica digital | digital logic
lógica dinámica | dynamic logic
lógica diodo-condensador-transistor | diode capacitor-transistor logic
lógica diodo-transistor | diode transistor logic, transistor-diode logic
lógica diodo túnel-transistor bombeado | pumped tunnel diode-transistor logic
lógica fabricada bajo pedido | semi-custom logic
lógica fija | fixed logic
lógica formal | formal logic
lógica informática | computer logic
lógica inmune al ruido de alta frecuencia | high-noise-immunity logic
lógica lineal | linear logic
lógica matemática | mathematical logic
lógica mayoritaria | majority logic
lógica mixta | mixed logic
lógica modal | modal logic
lógica monolítica | monolithic logic
lógica multivalorada | multiple-valued logic
lógica multivaluada | multivalued logic
lógica negativa | negative logic
lógica neumática | pneumatic logic
lógica no binaria | nonbinary logic
lógica no saturada | nonsaturated logic
lógica O [*circuito lógico en el que una entrada cualquiera produce una salida*] | OR logic
lógica positiva | positive logic
lógica programada | programmed logic
lógica q-aria | q-ary logic
lógica RCT [*lógica de resistencias, lógica de resistor-capacidad-transistor*] | RCT-logic = resistor-capacitor-transistor logic
lógica registrada en memoria | stored logic
lógica repetitiva | repetitive logic
lógica resistor-transistor | resistor-transistor logic
lógica RT [*lógica de resistencia y transistor*] | resistor-transistor logic
lógica saturada | saturated logic
lógica secuencial | sequential logic
lógica secuencial asincrónica | sequential asynchronous logic
lógica simbólica | symbolic logic
lógica sincrónica | synchronous logic
lógica temporal | temporal logic
lógica ternaria | ternary logic
lógica transistor-transistor | transistor-transistor logic
lógico | logical
logómetro | quotient meter
logonio | logon
logotipo | logo
LOL [*fórmula usada en internet para expresar aprobación, normalmente de un chiste*] | LOL = laughing out loud
long throw [*método de diseño de altavoces*] | long throw
longevidad | longevity, lifetime
longitud | length, span
longitud activa del combustible | active fuel length
longitud angular | angular length
longitud arrollada | reel length
longitud de absorción | absorption length
longitud de camino externo | external path length
longitud de camino interior | interior path length
longitud de campo compensada | balanced field length
longitud de célula | cell size
longitud de código | code length
longitud de Debye | Debye length
longitud de difusión | diffusion length
longitud de fase | phase length
longitud de hilo en una milla de línea bifilar | loop mile
longitud de impulso láser | laser pulse length
longitud de instrucción | instruction length
longitud de la carrera | length of travel
longitud de la escala | scale length
longitud de la hoja | sheet length
longitud de la lámina | sheet length
longitud de la línea | line length
longitud de la línea de exploración | scanning line length
longitud de la meseta | plateau length
longitud de la radiación | radiation length
longitud de la rendija | slit length
longitud de la trayectoria | path length
longitud de meseta | plateau length
longitud de migración | migration length
longitud de moderación | slowing-down length
longitud de onda | wavelength
longitud de onda complementaria | complementary wavelength
longitud de onda crítica | critical wavelength, quantum limit, threshold wavelength
longitud de onda crítica de absorción | critical absorption wavelength
longitud de onda cuántica | quantum-mechanical wavelength
longitud de onda de Compton | Compton wavelength
longitud de onda de corte | cutoff wavelength, wavelength cutoff
longitud de onda de corte del guiaondas | waveguide cutoff wavelength
longitud de onda de De Broglie | De Broglie wavelength
longitud de onda de la intensidad radiante de pico | wavelength of peak radiant intensity
longitud de onda de pico | peak wavelength
longitud de onda de prioridad | priority wavelength
longitud de onda de resonancia | resonant wavelength
longitud de onda de servicio | operational wavelength
longitud de onda de un neutrón | neutron wavelength
longitud de onda de variación lineal | straight line wavelength
longitud de onda del guiaondas | waveguide wavelength

longitud de onda dominante | dominant wavelength
longitud de onda efectiva | effective wavelength
longitud de onda eficaz | effective wavelength
longitud de onda electrónica | electron wavelength
longitud de onda espectral | spectral wavelength
longitud de onda fundamental | fundamental wavelength
longitud de onda grabada | recorded wavelength
longitud de onda guiada | guide wavelength
longitud de onda máxima | maximal wavelength
longitud de onda mínima | minimum wavelength, quantum limit
longitud de onda natural | natural wavelength
longitud de onda nominal | nominal wavelength
longitud de onda radioeléctrica | radio wavelength
longitud de onda submilimétrica | submillimetre wavelength
longitud de onda ultravioleta | ultraviolet wave
longitud de onda umbral | threshold wavelength
longitud de palabra | word length (/size)
longitud de palabra fija | fixed word length
longitud de palabra variable | variable word length
longitud de paralelismo | length of parallelism
longitud de reemplazamiento | replacement length
longitud de registro | record length
longitud de relajación | relaxation length
longitud de relajación efectiva | effective relaxation length
longitud de ruptura | length of break
longitud de traza | track length
longitud del bloque [*de datos*] | block size
longitud del campo | field length
longitud del espaciado | gap length
longitud del impulso | pulse length
longitud del intervalo | gap length
longitud del paso | step length
longitud del plasma | plasma length
longitud del registro | register length
longitud efectiva de antena | effective aerial height
longitud eficaz de (la) antena | effective aerial height, aerial electrical height
longitud eléctrica | electrical length
longitud en blanco | leader
longitud en radianes | radian length
longitud geográfica | route length
longitud real de un circuito | circuit length
longitud total | full length
longitud unidad | unit length
longitud unitaria | unit length
longitud variable | variable length
longitudinal | longitudinal
look-ahead [*capacidad del procesador central del ordenador para retener una orden*] | look-ahead
LORAC [*sistema de radar de gran alcance y precisión*] | LORAC = long-range accuracy radar system
LORAN [*navegación de largo alcance, señal de referencia para la sincronización*] | LORAN = long range navigation
loran BF = loran de baja frecuencia | LF loran = low frequency loran
loran de baja frecuencia | low frequency loran
loran de sincronización por onda espacial | sky wave synchronization loran
loran de sincronización por onda ionosférica | sky wave-synchronized loran, sky wave synchronization loran
loran normalizado | standard loran = standard long-range navigation
loran SS [*lorán de sincronización por onda ionosférica*] | SS loran = sky-wave-synchronized loran
losa | cover slab
LOT = Ley de ordenación de las telecomunicaciones españolas | LOT [*Spanish law for ordering telecommunications*]
lote | batch, lot, set
lote de producción | production lot
lote remoto | remote batch
LP [*impresora de líneas*] | LP = line printer
LP = lenguaje de programación | PL = programming language
LP = línea particular (/privada) | PL = private line
LPD = ley de protección de datos [*España*] | DPA = data protection act [*USA*]
LPF [*filtro de graves*] | LPF = low-pass filter
LPG = licencia pública general | GPL = general public license
LPI [*líneas por pulgada (en impresora)*] | LPI = lines per inch
lpm = líneas por minuto | lpm = lines per minute
LPT [*impresora de líneas*] | LPT = line printer
LQ [*letra de calidad*] | LQ = letter quality
LR = línea de retardo | DL = delay line
LRC [*verificación de redundancia longitudinal*] | LRC = longitudinal redundancy check
LSA [*acumulación de carga en espacio limitado*] | LSA = limited space-charge accumulation
LSB [*bit menos significativo, bit de menor valor, último bit útil*] | LSB = least significant bit
LSC [*último carácter significativo*] | LSC = least significant character
LSD [*dígito menos significativo*] | LSD = least significant digit
LSI [*alto grado de integración, integración a gran escala*] | LSI = large scale integration
LSP [*camino conmutado mediante etiquetas*] | LSP = label switching path
LSR [*dispositivo de encaminamiento de conmutación mediante etiquetas*] | LSR = label-switched router
LTC [*reloj de línea*] | LTC = line time clock
Lu = lutecio | Lu = lutetium
lubricante para cables | rope lubricant
luces reglamentarias | regulation lights
ludita [*persona que se opone al progreso tecnológico*] | luddite
lugar | place, site, stand
lugar activo | hot spot
lugar de inserción | drop site
lugar de instalación | site of installation
lugar geométrico de Planck | Planckian locus
lugar geométrico espectral | spectrum locus
lugar intersticial | interstitial site
lumen | lumen
lumen-hora, lumen por hora | lumen/hour
lumen por segundo | lumen-second
luminancia | brightness, luminance
luminancia residual | luminance decay
luminaria | luminaire
luminaria a prueba de lluvia | rainproof (lighting) fitting
luminaria empotrada | recessed (/regressed) light
luminaria suspendida de altura regulable | rise-and-fall pendant
luminiscencia | glow, luminiscence
luminiscencia anormal | abnormal glow
luminiscencia catódica | cathodoluminescence
luminiscencia de túnel | tunneluminescence
luminiscencia de unión PN | PN-junction luminescence
luminiscencia esporádica | abnormal glow
luminiscencia remanente | afterglow
luminiscencia residual | afterglow
luminiscencia residual del radar | radarscope afterglow
luminiscente | luminiscent
luminóforo | luminophor
luminosidad | (average) brightness, brilliance, emittance, luminosity
luminosidad anódica | anode glow
luminosidad azul | blue glow
luminosidad catódica | cathode glow
luminosidad de fondo | background brightness

luminosidad de la lente | lens speed
luminosidad del blanco | target glint
luminosidad del objetivo | target glint
luminosidad media | average brightness
luminosidad negativa | negative glow
luminosidad ondulante | streamer
luminosidad relativa | relative luminosity
luminoso | luminous
LUT [*dispositivo selector de la memoria*] | LUT = look up table
LUT [*terminal de usuario local (estación receptora terrestre)*] | LUT = local user terminal
lutecio | lutetium
lux [*unidad de iluminación en el sistema CGS, equivalente a un lumen por metro cuadrado*] | lux
luxímetro | luxmeter
luxómetro | luxmeter
luz | fire, light, span
luz a distancia fija | fixed distance light
luz aeronáutica de superficie | aeronautical ground light
luz alta | toplight
luz ambiental | ambient light
luz anódica | positive column (/glow)
luz beta | beta light
luz blanca | white light
luz casi monocromática | quasi-monochromatic light
luz catódica | negative glow
luz cero para centrado de dirección | rudder trim light
luz coherente | coherent light
luz coherente visible | visible coherent light
luz colimada | collimated light
luz con destellos | flashlight, intermittent light
luz con eclipses | flashlight
luz crepuscular | twilight, half-light
luz cromática | coloured light
luz de arranque | starting light
luz de aterrizaje | landing light
luz de aviso | pilot light
luz de balizamiento de torre | tower beacon light
luz de brillo variable | undulating light
luz de calle de rodaje | taxiway (/taxi track) light
luz de canal de deslizamiento | taxi channel light
luz de Cherenkov | Cherenkov radiation
luz de cola | tail light
luz de control | monitoring light
luz de destellos | flashing (/rudder winking) light
luz de dial | dial light
luz de faceta indicadora | jewel light
luz de fondo general | general background lighting
luz de formación | formation light
luz de guarda del ala | wing clearance light
luz de horizonte | horizon light
luz de identificación | identification (/recognition) light
luz de matrícula posterior | rear number plate light
luz de navegación | position light
luz de obstáculo | obstruction light
luz de pista | runway light
luz de posición | navigation (/position) light
luz de prueba a cero | zero-check light
luz de prueba de movimiento | walk test light
luz de remolque | trailer light
luz de ruta | formation light
luz de señalización | recognition light
luz de situación | position light
luz de torre | tower light
luz de umbral de pista | runway threshold light
luz decolimada | decollimated light
luz difusa | diffuse (/scattered) light
luz directa | direct light
luz dispersa | scattered light
luz eléctrica | electric light
luz empotrada | flushlight, inset light
luz estelar | starlight
luz fija | fixed light
luz fría | aeolight, cold light
luz heterocromática | heterochromatic light
luz homocromática | homochromatic light
luz inactínica | safelight
luz incidente | incident light
luz indicadora | cue (/indicator, /jewel, /tally) light, luminous signal
luz indicadora de corriente | power (/power-on) light
luz indicadora de vista previa | preview light
luz indicadora del tablero de instrumentos | panel light
luz indicadora en circuito de pulsador | push-to-test light
luz indirecta | indirect light
luz infrarroja | infrared light
luz intermitente | intermittent light
luz modulada | modulated light
luz monocromática | monochromatic light
luz negativa | negative glow
luz negra | black light
luz no descompuesta | undispersed light
luz no polarizada | unpolarized light
luz para lectura | reading light
luz paralela | parallel light
luz parásita | stray light
luz piloto | pilot (/rear) light, repeater (/supervisory, /tally) lamp
luz piloto de encendido | on-off pilot light
luz piloto del tablero de instrumentos | panel light
luz polarizada | polarized light
luz polarizada en un plano | plane-polarized light
luz pulsante | pulsed light
luz puntiforme | point light
luz púrpura | purple light
luz reflejada | reflected light
luz refractada | refracted light
luz semirrasante | semiflush light
luz trasmitida | refracted light
luz ultravioleta | UV light = ultraviolet light
luz visible | visible (/visual) light
luz zodiacal | zodiacal light
Lw = laurencio | Lw = lawrencium
LWL [*fibra óptica, guiaonda óptico*] | LWL = Lichtwellenleiter (*ale*) [*optical fibre*]
lx = lux | lx = lux
Lycos [*motor de búsqueda en la Web*] | Lycos

M

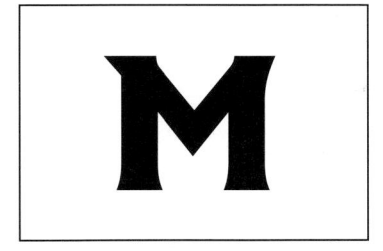

m = mili- [*pref. que significa una milésima*] | m = milli- [*pref.*]
M = marcador [*tipo de bit en octeto*] | M = marker
M = mega [*pref. que significa un millón de veces*] | M = mega
M2FM [*modulación de frecuencia modificada dos veces*] | M2FM = modified modified frequency modulation
mA = miliamperio | mA = milliampere
MA = memoria asociativa | AM = associative memory
MA = motor atómico | A DRV = atomic drive
MAC [*código de validación del mensaje*] | MAC = message authentication code
MAC [*control de acceso al medio*] | MAC = medium access control
MAC = modulación de amplitud en cuadratura | QAM = quadrature amplitude modulation
macarrón | spaghetti
machacar [*fam; destruir datos sobrescribiéndolos*] | to clobber
Macintosh [*serie de ordenadores personales lanzados por Apple en 1984*] | Macintosh
macro = macroinstrucción [*cadena de órdenes vinculadas*] | macro = macroinstruction
macrocódigo | macrocode
macrocomando | macrocommand
macrocristalino | macrocrystalline
macroelemento | macroelement
macroensamblador | macro assembler
macroensamblador reasignable | relocatable macro assembler
macroestructura | macrostructure
macrogenerador | macrogenerator
macrografía de la soldadura | weld macrograph
macroinstrucción | macro, macroinstruction
macroinstrucción del sistema | system macroinstruction
macroordenador de altas prestacines | extra-high performance macros
macroprograma | macroprogram
macroprogramación | macroprogramming
macroscópico | macroscopic
macrosónico | macrosonic
mácula | blemish, stain
MAD = método de acceso directo | DAM = direct access method
madera creosotada a presión | pressure-creosoted timber
madistor [*semiconductor que utiliza los efectos del campo magnético en una corriente de plasma*] | madistor
maduración | ageing [UK], aging [USA]
MAE [*entorno de aplicaciones de Macintosh*] | MAE = Macintosh application environment
MAE [*enlace de área metropolitana para internet*] | MAE = metropolitan area exchange
maestro | master
maestro-esclavo | master-slave
maestro primario | primary master
maestro secundario | secondary master
MAF = muy alta frecuencia, hiperfrecuencia [*banda entre 30 MHz y 300 MHz*] | VHF = very high frequency
Magallanes [*marino español de origen portugués que ha dado nombre a cuerpos celestes, directorios Web, etc.*] | Magellan
magenta distante | magenta distant
mágico | magic
magnalio [*aleación de aluminio y magnesio*] | magnalium
magnesio | magnesium
magnesiotermia | magnesiothermy
Magnesyn [*marca de un repetidor con rotor permanentemente imantado y dos polos dentro de un estator bipolar*] | Magnesyn
magnéticamente blando | magnetically soft
magnéticamente duro | magnetically hard
magnéticamente isotrópico | magnetically isotropic
magnético | magnetic
magnetismo | magnetism
magnetismo pasajero | temporary magnetism
magnetismo por inducción | magnetism by induction
magnetismo remanente | remanence, remanent (/residual) magnetism
magnetismo residual | remanence, residual magnetism
magnetismo temporal | temporary magnetism
magnetismo terrestre | terrestrial magnetism
magnetita | lodestone, magnetite, natural magnet
magnetización cíclica | cyclically-magnetized condition
magnetización de saturación | saturation magnetization
magnetización espontánea | spontaneous magnetization
magnetización ideal | ideal magnetization
magnetización longitudinal | longitudinal magnetisation
magnetización perpendicular | perpendicular magnetization
magnetización por impulsos | flash magnetization
magnetización remanente | remanent magnetization
magnetización residual | remanent magnetization
magnetización saturante | saturation magnetization
magnetización trasversal | transverse magnetization
magnetizado cíclicamente | cyclically-magnetized
magnetizador | growler
magnetizante | magnetizing
magnetizar | to magnetise [UK], to magnetize [UK+USA]
magneto | magnet, magneto, hand generator
magneto de alta tensión | high tension magneto

magneto de encendido | ignition magneto
magneto de imán giratorio | rotating-magnet magnet
magneto de llamada | magnetogenerator
magneto homopolar | homopolar magnet
magnetodinámica de los fluidos | magnetohydrodynamics
magnetodiodo | magnetodiode
magnetoestricción | magnetostriction
magnetoestricción de Joule | Joule (/positive) magnetostriction
magnetoestricción de saturación | saturation magnetostriction
magnetoestricción de volumen | volume magnetostriction
magnetoestricción inversa | converse magnetostriction
magnetoestricción positiva | Joule (/positive) magnetostriction
magnetoestricción reversible | reversible magnetostriction
magnetoestricción volumétrica | volume magnetostriction
magnetófono | magnetophone, tape recorder
magnetófono de alambre | wire recorder
magnetófono de batería | self-powered tape recorder
magnetófono de bolsillo | pocket tape recorder
magnetófono de carretes | reel-to-reel tape recorder
magnetófono de dos pistas | dual track recorder
magnetófono de frecuencia modulada | FM tape recorder
magnetófono de hilo | wire recorder
magnetófono grabador estereofónico | stereophonic tape recorder
magnetófono para frecuencias vocales | voice recorder (/frequency recording equipment)
magnetófono portátil | portable receiver
magnetófono reproductor estereofónico | stereophonic tape player
magnetogenerador | permanent magnet generator
magnetógrafo | magnetograph
magnetógrafo solar | solar magnetograph
magnetohidrodinámica | magnetohydrodynamics
magnetohidrodinámica ideal | ideal magnetohydrodynamics
magnetohidrodinámico | magnetohydrodynamic
magnetoiónico | magnetoionic
magnetometría | magnetometrics
magnetómetro | magnetometer, magnetic variometer
magnetómetro astático nulo (/de punto cero) | null astatic magnetometer

magnetómetro de bobina de par de torsión | torque coil magnetometer
magnetómetro de bobina giratoria | torque coil magnetometer
magnetómetro de haz electrónico | electron beam magnetometer
magnetómetro de imán móvil | moving magnet magnetometer
magnetómetro de lámina vibratoria | vibrating reed magnetometer
magnetómetro de lengüeta vibratoria | vibrating reed magnetometer
magnetómetro de muestra vibrante | vibrating sample magnetometer
magnetómetro de núcleo saturable | flux gate magnetometer, saturable core magnetometer
magnetómetro de precesión de espín | spin precession magnetometer
magnetómetro de protones | proton magnetometer
magnetómetro de puerta de flujo | flux gate magnetometer
magnetómetro de resistencia | resistance magnetometer
magnetómetro de rotación | spinner magnetometer
magnetómetro de rubidio | rubidium magnetometer
magnetómetro equilibrador | null a-static magnetometer
magnetómetro generador | generating magnetometer
magnetómetro protónico | proton magnetometer
magnetomotor paso a paso | permanent magnet stepper motor
magnetón de Bohr | Bohr magneton
magnetón electrónico de Bohr | electronic Bohr magneton
magnetón nuclear | nuclear magneton
magnetón nuclear de Bohr | nuclear Bohr magneton
magnetopausa | magnetopause
magnetorresistencia | magnetoresistance
magnetorresistencia de película delgada | thin-film magnetoresistor
magnetorresistor | magnetoresistor
magnetoscopio | video recorder, videotape machine (/recorder)
magnetoscopio de televisión | television magnetic tape recorder, television tape machine (/recorder)
magnetosfera | magnetosphere
magnetostática | magnetostatics
magnetostricción lineal | linear magnetostriction
magnetostricción negativa | negative magnetostriction
magnetrón | magnetron
magnetrón compacto | package magnetron
magnetrón con ánodo de aletas | vane (anode) magnetron
magnetrón con segmentos múltiples | multisegment magnetron
magnetrón con separación de modo

| rising sun magnetron
magnetrón de *sol naciente* | *sun-rising* magnetron
magnetrón de aletas | vane (/vane-type) magnetron
magnetrón de aletas acopladas | strapped vane magnetron
magnetrón de ánodo cilíndrico ranurado | multisegment magnetron
magnetrón de ánodo con segmentos múltiples | multisegment magnetron
magnetrón de ánodo dividido | split-anode magnetron
magnetrón de ánodo hendido | split-anode magnetron
magnetrón de ánodo neutro | neutral anode (/anode-type) magnetron
magnetrón de barrido por disco giratorio | rotary-tuned magnetron
magnetrón de cavidades | cavity (/multicavity) magnetron
magnetrón de cavidades múltiples | multicavity magnetron
magnetrón de cavidades resonantes | resonant cavity magnetron
magnetrón de cilindro coaxial | coaxial cylinder magnetron
magnetrón de Cleeton y Williams | Cleeton and Williams magnetron
magnetrón de doble frecuencia | rising sun magnetron
magnetrón de frecuencia variable | tunable magnetron
magnetrón de Hull | Hull magnetron
magnetrón de impulsos | pulsed magnetron
magnetrón de jaula de ardilla | squirrel cage magnetron
magnetrón de múltiples cavidades | multiple cavity magnetron
magnetrón de múltiples ranuras | multislot magnetron
magnetrón de onda de retorno | backward magnetron
magnetrón de ondas progresivas | travelling-wave magnetron
magnetrón de ondas viajeras | travelling-wave magnetron
magnetrón de resistencia negativa | negative resistance magnetron
magnetrón de segmentos acoplados | strapped magnetron
magnetrón de sintonía rotativa | rotary-tuned magnetron
magnetrón de sol naciente | rising sun magnetron
magnetrón empaquetado | packaged magnetron
magnetrón integrado | packaged magnetron
magnetrón íntegramente metálico | all-metal magnetron
magnetrón interdigital | interdigital magnetron
magnetrón iónico | ion magnetron
magnetrón lineal | linear magnetron
magnetrón metálico | all-metal magnetron

magnetrón monoanódico | single-anode magnetron
magnetrón multisectorial | multisegment magnetron
magnetrón oscilador de tiempo de tránsito | transit time magnetron oscillator
magnetrón pareado | strapped magnetron
magnetrón por frecuencia de ciclotrón | cyclotron frequency magnetron
magnetrón preajustado | packaged magnetron
magnetrón pulsado | pulsed magnetron
magnetrón sintonizable | tunable magnetron
magnetrón sintonizable por tensión | voltage-tunable magnetron
magnistor [*reactancia saturable para control de impulsos eléctricos con frecuencias de 100 kHz a 30 MHz*] | magnistor
magnistor modulado | transient magnistor
magnistor permanente | permanent magnistor
magnistor transitorio | transient magnistor
magnitud | level, magnitude, quantity
magnitud activa | actuating quantity
magnitud alterna | alternating quantity
magnitud alterna simétrica | symmetrical alternating quantity
magnitud de ondulación | ripple quantity
magnitud escalar | scalar quantity
magnitud estática | static quantity
magnitud geométrica | vector quantity
magnitud logarítmica | log magnitude
magnitud medida a distancia | remote-metered quantity
magnitud no eléctrica | nonelectrical quantity
magnitud nominal | rated quantity
magnitud ondulante | undulating quantity
magnitud ondulatoria | pulsating quantity
magnitud oscilante | oscillating (/pulsating) quantity
magnitud periódica | periodic quantity
magnitud pulsatoria | pulsating (/undulating) quantity
magnitud residual | residual
magnitud seudoperiódica | pseudoperiodic quantity
magnitud sinusoidal | sinusoidal quantity
magnitud vectorial | vector quantity
magnitud vibratoria | vibration quantity
magnox [*aleación con base de magnesio usada para encerrar combustible de uranio en un reactor nuclear*] | magnox [*any of various magnesium-based alloys used to enclos uranium fuel elements in a nuclear reactor*]
mal aislado | leaky
mal aislamiento | poor insulation
mal conductor | nonconductor, poor conductor
mal contacto | bad contact, faulty connection
mala audición | poor audibility
mala conexión | faulty connection
mala gasificación | gassiness
mala geometría | poor geometry
mala soldadura [*en la junta*] | faulty soldered joint
maletín [*directorio de fuentes y accesorios en Macintosh*] | suitcase
malicioso | malicious
malla | braid, lattice, link, loop, mesh, network; web
malla absorbente | absorption mesh
malla de alambres soldados | welded wire (/steel) fabric
malla de blindaje | shielding braid
malla de puesta a tierra | ground mat
malla de red | mesh of a network
malla mundial | world wide web
malla reticular | grating
malla reticular de Bragg | Bragg's grating
malo | bad
MAN [*red de área sectorial*] | MAN = mean area network
MAN [*red de área urbana*] | MAN = metropolitan area network
mancha | stain; [*en tipografía*] page frame
mancha catódica | cathode spot
mancha de impresión [*que delimita en pantalla lo que se puede editar por impresora*] | clipping path
mancha de iones | ion spot
mancha de moho | stain spot
mancha de radiación láser | focused laser beam
mancha dínodo | dynode spot
mancha iónica | ion burn (/spot)
mancha negra | dark spot
mancha por iones | ion focus
mancha solar | sunspot
mandado | driven
mandar | to send, to ship, to steer
mandar correo electrónico | to e-mail
mandar un fax | to fax
mandato | command
mandíbula | jaw
mandíbulas de la rendija | slit jaw
mando | control, controlling, operating (/panel) control
mando a distancia | manipulator, remote actuation (/control, /controller), telecontrol
mando a distancia por radio | wireless remote control
mando accionado por válvula | valve-actuated control
mando con reducción | vernier drive
mando de botón | thumb
mando de búsqueda de estaciones | tuning knob
mando de centrado de la imagen | picture centrering control
mando de encuadre | framing control
mando de ganancia variable | variable gain control
mando de giro rápido | spinner (control) knob
mando de la cinta [*de casete*] | cassette switch
mando de linealidad vertical | vertical linearity control
mando de posición | positional control
mando de puesta a cero | set zero control
mando de relación regulable | variable ratio drive
mando de relación variable | variable ratio drive
mando de rotación de la imagen | turn-picture control
mando de sintonía | tuning knob
mando de sintonización | tuning control (/knob)
mando de telesintonización | remote tuning control
mando de unidades múltiples | multiple unit control
mando de válvula | valving
mando de velocidad regulable | variable speed drive
mando de velocidad variable | variable speed drive
mando de volumen | volume control
mando del oscilador de diapasón | tuning fork oscillator drive
mando del programador | timer switch
mando del reloj programador | timer switch
mando del sobrealimentador | supercharger control
mando directo | local (/positive) control
mando electrónico | electronic control (/switch)
mando individual | individual control
mando lineal | linear taper
mando local | near-end operation
mando manual | hand operation
mando mecánico | machine drive
mando multifuncional [*de palanca*] | joystick
mando múltiple | multiple control
mando múltiple de radar | radar joystick
mando para cambio de velocidad | speed-adjusting knob
mando para juegos [*para consola*] | game pad
mando por cable único | single-cable control
mando por cierres sucesivos rápidos | inching, jogging
mando por impulsos | inching, jogging, pulsed command
mando por impulsos inversos | revertive control
mando por pulsador | pushbutton control
mando por radar Doppler | Doppler radar guidance
mando por radio | radio control

mando por servomotor | power operation
mando predeterminado | stored setting
mando prestablecido | stored setting
mando programado | program control
mando regulable | variable drive
mando rotatorio | thumbwheel, thumb wheel
mando selectivo por la voz | selective voice control
mando selector de radar | radar selector switch
mando sensible | flicker control
mando único | single control
mando variable | variable command
mandril | mandrel, mandrill
manecilla | dolly
manejo de archivos | file management
manejo de información | information handling
manejo del ratón | handedness
manga de malla para cables | split-cable grip, double eye cable grip
manganeso | manganese
manganina [*aleación de cobre, manganeso y níquel*] | manganin
mango | handle, hold, shaft
mango de llave | keylever
mango de protección | booting
mango del martillo | hammer shaft
manguera | hose, sheathing
manguera para aire comprimido | compressed air hose
manguito | hose, sheath, sleeve, sleeving, thimble
manguito aislador | bushing, insulated sleeving
manguito aislante | insulating sleeve, socket bushing, spaghetti, tubing
manguito de acoplamiento | muff coupling
manguito de cobre para empalmes | copper jointing sleeve
manguito de colector | slave (/sleeve) of commutator
manguito de distribución | main sleeve for multiple joint
manguito de empalme | ferrule, jointing (/splicing) sleeve
manguito de entrada | leading-in tube
manguito de papel | paper sleeve
manguito de plomo | lead sleeve
manguito de porcelana | porcelain sleeve
manguito de protección | protective sleeve
manguito de ramificación | multiple cable joint
manguito de resorte | spring sleeve
manguito de soldar | wiping sleeve
manguito de tapón | cap sleeve
manguito de unión | conduit coupling, connecting duct, jointing (/splicing) sleeve
manguito doble | double sheath
manguito multitubular | multiple way duct

manguito para cabeza de cable | pot head jointing sleeve
manguito roscado | screw coupling
maniobra | movement, moving, operation
maniobra de arranque | startup procedure
maniobra de conmutación | switching (operation)
maniobra de puesta en marcha | startup procedure
maniobra de válvulas | valve operating (/operation)
maniobra independiente | independent manual operation
maniobrar | to operate; [*un conmutador*] to toggle
manipulación | keying, hand sending
manipulación a distancia | remote handling (/keying, /maintenance)
manipulación anódica | anode keying
manipulación automática | automatic keying
manipulación con velocidad de cuádruplex | quadruplex speed operation
manipulación con velocidad de díplex | diplex speed operation
manipulación de amplitud | amplitude keying
manipulación de bits | bit handling (/manipulation)
manipulación de cadenas | string manipulation
manipulación de cátodo | cathode keying
manipulación de datos | data manipulation
manipulación de datos de radar | radar data handling
manipulación de desfase diferencial | differential phase shift keying
manipulación de desplazamiento | shift keying
manipulación de doble corriente | polar keying
manipulación de dos tonos | two-tone keying
manipulación de frecuencia | frequency keying
manipulación de la audiofrecuencia | audiofrequency shift keying
manipulación de pilas | stack manipulation
manipulación de salto | skip keying
manipulación de secuencia temporal | time sequence keying
manipulación de símbolos | symbol manipulation
manipulación de todo o nada | on-off keying
manipulación de tono único | single-tone keying
manipulación de una sola corriente | neutral operation
manipulación del disco | dialling
manipulación del tráfico | message (/traffic) handling
**manipulación del tráfico de mensa-

jes** | message handling
manipulación directa | direct manipulation
manipulación dúplex de una sola corriente | neutral full-duplex keying
manipulación electrónica | electronic keying
manipulación en el primario de alimentación | primary keying
manipulación en punto nodal | nodal point keying
manipulación intercalada | break-in keying
manipulación interpuesta | break-in keying
manipulación inversa | reversed keying
manipulación lógica | logical manipulation
manipulación manual por interrupción de la portadora | manual on/off keying
manipulación múltiple por desplazamiento de frecuencia | multiple frequency-shift keying
manipulación múltiple por frecuencia | multiple frequency-shift keying
manipulación pesada | heavy keying
manipulación polar | polar keying
manipulación por bloqueo de rejilla | blocked-grid keying
manipulación por cátodo | cathode keying
manipulación por conmutación entre dos fuentes de frecuencia | two-source frequency keying
manipulación por derivación de fase | phase shift keying
manipulación por desplazamiento de fase | phase shift keying
manipulación por desplazamiento de frecuencia | frequency shift keying
manipulación por desplazamiento de la portadora | carrier shift keying
manipulación por desplazamiento diferencial de fase | differential phase shift keying
manipulación por desviación de fase | phase shift keying
manipulación por interrupción de la alimentación de placa | plate keying
manipulación por inversión de corriente | double keying
manipulación por placa | plate keying
manipulación por toma central | centre tap keying
manipulación por válvula de vacío | vacuum valve keying
manipulación por variación de frecuencia | frequency shift keying
manipulación primaria | primary keying
manipulación telegráfica | telegraphic keying
manipulación todo o nada | on-off operation
manipulado por desplazamiento de fase | phase shift keyed

manipulador | hand key, handler, key, keyer, manipulator
manipulador a distancia | telemanipulator, remote manipulator
manipulador Baudot | Baudot keyboard
manipulador bipolar | double pole tapping key
manipulador con junta de bola | ball-joint manipulator
manipulador dactilográfico | keyboard sender
manipulador de cable | cable key
manipulador de movimiento lateral | sideswiper
manipulador de radio | radio key
manipulador de señales | signalling key
manipulador de teclas | keysender, key sender
manipulador de tono | tone keyer
manipulador de válvulas de vacío | vacuum valve keyer
manipulador del generador de tono | tone generator-keyer
manipulador del tipo de castillo | castle-type manipulator
manipulador del trasmisor | transmitter key
manipulador electrónico | electronic bug (/key)
manipulador electrónico semiautomático | electronic bug
manipulador maestro-esclavo | master-slave manipulator
manipulador Morse de circuito abierto | open-circuit Morse key
manipulador rápido | speed key
manipulador semiautomático | bug
manipulador semiautomático de emisión | semiautomatic code-sending key
manipulador telegráfico | sending (/signalling, /telegraph, /telegraphic) key
manipular | to keysend
manivela | bellcrank
manivela de cambio | shifter handle
manivela de combinador | controller handle
manivela de rebobinado | rewind handle
mano | hand
mano del muerto | dead man's handle
manómetro | manometer, pressure gauge, pressure-measuring apparatus
manómetro de ionización | ionization gauge
manómetro de ionización de magnetrón de cátodo frío | cold cathode magnetron ionization gauge
manómetro de ionización de vacío | ionization vacuum gauge
manómetro de Pirani | Pirani gauge, hot wire gauge
manómetro de presión estática | static pressure indicator

manómetro de vacío | vacuum gauge
manómetro fotoeléctrico de membrana | photoelectric membrane manometer
manómetro piezoeléctrico | piezoelectric (pressure) gauge
manómetro radiométrico | radiometric gauge
manómetro termoeléctrico | thermoelectric manometer
manos fuera | hands off
manostato | pressurestat
mantener presionado | press and hold down
mantenibilidad | maintainability
mantenimiento | servicing, maintenance
mantenimiento autónomo | self-maintained
mantenimiento correctivo | corrective (/remedial) maintenance
mantenimiento de adaptación | adaptive maintenance
mantenimiento de archivos | file maintenance
mantenimiento de hardware | hardware maintenance
mantenimiento de la alarma | alarm hold
mantenimiento de la línea | line maintenance
mantenimiento de liberación | release guard
mantenimiento de reparación | corrective (/remedial) maintenance
mantenimiento de software | software maintenance
mantenimiento del equipo de radar | radar maintenance
mantenimiento del programa | programme maintenance
mantenimiento perfectivo | perfective maintenance
mantenimiento periódico | routine maintenance
mantenimiento planificado | scheduled maintenance
mantenimiento por delante | forward hold
mantenimiento preventivo | preventive maintenance
mantenimiento previsto | scheduled maintenance
mantenimiento realizado por terceros | third-party maintenance
mantenimiento remoto | remote maintenance
mantenimiento reparador | corrective (/remedial) maintenance
mantisa [*parte fraccionaria*] | mantissa [*fractional part*]
manual | guide, manual
manual de ejecución | run book
manual de instrucciones paso a paso | cookbook
manual de reparaciones | service manual
manual de servicio | operating instructions, service handbook (/manual)
manual del usuario | user manual (/guide)
manual principal | great manual
manual técnico | service manual
manubrio de cambio de marcha | reversing handle
manufacturar | to manufacture
manuscrito | manuscript, script
mañoso | hacker
MAP [*protocolo para la automatización de procesos de fabricación*] | MAP = manufacturing automation protocol
mapa | map
mapa de bits | bitmap, bit map
mapa de bits independiente de la aplicación | device-independent bitmap
mapa de caracteres | character map
mapa de colores | colour map
mapa de entrada/salida | input/output map
mapa de E/S = mapa de entrada/salida | I/O map = input/output map
mapa de imagen [*imagen que incluye varios hipervínculos con una página Web*] | image map
mapa de isorradianes | isorad map
mapa de Karnaugh | Karnaugh map [*Veitch diagram*]
mapa de la memoria | memory map
mapa de largo alcance | loran chart
mapa de loran | loran chart
mapa de memoria | memory map
mapa de organización automática | self-organizing map
mapa de pistas | roadmap
mapa de píxeles | pixmap, pixel map
mapa de rendimiento | yield map
mapa de sectores [*de un disco*] | sector map
mapa de sitios de comercio electrónico | E-commerce site map
mapa de sombras | shadow chart
mapa de tiempo máximo | time-to-peak card
mapa de unidades de disco [*asignación de letras o nombres a las unidades de disco*] | drive mapping
mapa del entorno | environ map
mapa interactivo | clickable image map
mapa por radar | radar map
mapa sensible | clickable image map
mapeado MIP = mapeado multum in parvo (*lat*) [*creación de mapas de bits en perspectiva*] | MIP mapping = multum-in-parvo mapping
mapeo de texturas [*Hispan.*] | texture mapping
MAPI [*interfaz para programación de aplicaciones de mensajes*] | MAPI = messaging application programming interface
MAPSE [*equipo mínimo de soporte de programación de Ada*] | MAPSE = minimal Ada programming support environment

maqueta | model, machine
maquetación | desktop publishing, markup
máquina abierta | open-type machine
máquina abstracta | abstract machine
máquina accionada por cable | rope-driven machine
máquina acíclica | acyclic (/homopolar, /unipolar) machine
máquina acoplada directamente | slave (/direct-coupled) machine
máquina alimentadora | loading machine
máquina analítica | analytical engine
máquina antideflagrante | explosion-proof (/flameproof) machine
máquina arrítmica | start-stop machine
máquina asincrónica | asynchronous machine
máquina autodidacta | learning machine
máquina automática celular | cellular automatic machine
máquina automática de computación | automatic computing engine
máquina auxiliar | elementary machine
máquina bipolar | bipolar machine
máquina cableadora | stranding machine
máquina calculadora | calculating (/accounting) machine
máquina calculadora eléctrica | electric accounting machine
máquina centrifugadora | centrifuge
máquina cognoscitiva | cognitive machine
máquina compensadora | balancer
máquina con organización automática | self-organizing machine
máquina conmutadora | commutating machine
máquina controlada por cinta | tape-controlled machine
máquina de abrasión | abrasion machine
máquina de acceso al azar | random-access machine
máquina de acceso aleatorio | random-access machine
máquina de acceso aleatorio con programa almacenado | random-access stored program machine
máquina de acceso directo | random-access machine
máquina de armazón liso | plain surface machine
máquina de armazón ventilado | ventilated frame machine
máquina de bobinar | coil winder, winding machine
máquina de campo pulsatorio | pulsating field machine
máquina de campo variable | pulsating field machine
máquina de caracteres | character machine
máquina de carga del combustible | fuel charging machine
máquina de cizallar | shears
máquina de conexiones | connection machine
máquina de diatermia | diathermy machine
máquina de dibujar | drafting machine
máquina de dirección múltiple | multiple-address machine
máquina de disco de Faraday | Faraday's disc machine
máquina de emergencia | elementary machine
máquina de energía solar | solar energy engine
máquina de enfriamiento separado | separately cooled machine
máquina de enrollar alambre | wire-spooling machine
máquina de escribir con memoria | memory typewriter
máquina de escribir fonética | phonetic typewriter
máquina de espejos | mirror machine
máquina de estado algorítmico | algorithmic state machine
máquina de excitación interna | machine with self-excitation
máquina de excitación separada | separately excited machine
máquina de flujo de datos | dataflow machine
máquina de fricción | grinder
máquina de funcionamiento continuo | sequential machine
máquina de imprimir | printing machine
máquina de inducción | induction machine
máquina de inducción polifásica | polyphase induction machine
máquina de inferencias | inference engine
máquina de influencia | influence machine
máquina de llamada y señales | calling and ringing machine
máquina de llamadas | ringing and tone generator
máquina de Mealy | Mealy machine
máquina de montaje | assembly machine
máquina de montaje de estación única | single-station assembly machine
máquina de montaje en línea | inline assembly machine
máquina de Moore | Moore machine
máquina de nervaduras no ventiladas | ribbed-surface machine
máquina de nervaduras ventiladas | ventilated-ribbed-surface machine
máquina de polos sólidos | solid pole machine
máquina de proceso de datos | data-processing machine
máquina de radiadores ventilados | ventilated radiator machine
máquina de reducción | reduction machine
máquina de rotor bobinado tripolar | two-pole wound-rotor machine
máquina de señalización | signal machine
máquina de soldar | welder, welding machine
máquina de soldar giratoria | rotating soldering machine
máquina de soldar por puntos | spot welder
máquina de torcer | quadding machine
máquina de Turing | Turing machine
máquina de Turing de cinta limitada | tape-bounded Turing machine
máquina de Turing de cintas múltiples | multitape Turing machine
máquina de Turing de tiempo limitado | time-bounded Turing machine
máquina de von Neumann | von Neumann machine
máquina de Wimshurst | Wimshurst machine
máquina descargadora | unloading machine
máquina determinista de Turing | deterministic Turing machine
máquina diatérmica | diathermy machine
máquina diferencial | difference engine
máquina eléctrica de lavar | electric washing machine
máquina eléctrica de planchar | ironing machine
máquina eléctrica de soldar | electric welding machine
máquina electrodinámica | electrodynamic machine
máquina electrónica de proceso de datos | electronic data processing machine
máquina electrostática | electrostatic machine, static (electrical) machine
máquina electrostática de rozamiento | frictional machine
máquina eólica | wind-driven machine
máquina equilibradora | balancer
máquina esclava | direct-coupled machine
máquina estanca | impervious machine
máquina estanca a los gases | gas-proof machine
máquina estanca al vapor | vapour-proof machine
máquina estática | static machine
máquina excitada en derivación | shunt-wound machine
máquina excitada en serie | series-wound machine
máquina fija | stationary engine
máquina fuente | source machine
máquina hermética | airtight machine
máquina impulsada por el viento | wind-driven machine
máquina lectora | reading machine
máquina magnetoeléctrica | permanent magnet machine

máquina mínima | minimal machine
máquina monofásica | single-phase machine
máquina multipolar | multipolar machine
máquina para atmósfera de grisú | fire dampproof machine
maquina para formar el paso de la rejilla | grating ruling machine
máquina para recortar por arco | arc cutting machine
máquina parlante | talking machine
máquina perforadora | perforator
máquina perforadora de tarjetas | punchcard machine
máquina polifásica | polyphase machine
máquina protegida contra el polvo | dust machine
máquina protegida contra los chorros de agua | hoseproof machine
máquina protegida contra salpicaduras | splashproof machine
máquina protegida contra salpicaduras de agua | watertight machine
máquina secuencial | sequential machine
máquina secuencial generalizada | generalized sequential machine
máquina semicerrada | semienclosed machine
máquina sincrónica | synchronous machine
máquina sumergible | submersible machine
máquina termoeléctrica | thermoelectric engine
máquina termoelectrónica | thermoelectron engine
máquina totalmente cerrada | totally enclosed machine
máquina trifásica | three-phase machine
máquina unipolar | homopolar (/unipolar) machine
máquina universal de Turing | universal Turing machine
máquina virtual | virtual machine
maquinaria | hardware
máquinas acopladas directamente | directed-coupled machines
marca | mark; bookmark [*marca de una dirección WWW o bien URL que se archiva para uso posterior*]
marca continua | continuous mark
marca de ajuste | index dot, setting mark
marca de archivo | file mark
marca de bloque | block mark
marca de calibración | calibration marker
marca de cinta | tape mark
marca de corte [*en papel impreso*] | crop mark
marca de datos | data mark
marca de dirección | address mark
marca de direccionamiento | address mark

marca de distancia | distance (/range) mark
marca de fin de archivo | end-of-file mark
marca de grupo | group mark
marca de margen | range mark
marca de radar | radar mark
marca de referencia | strobe
marca de registro | record (/register, /registration) mark
marca de reparación | repair mark
marca de selección | check mark
marca de verificación | check mark
marca de verificación de la exactitud | accuracy checking mark
marca de zona | Z marker
marca diacrítica | diacritical mark
marca digital de agua | digital watermark
marca doble de cinta | double tape mark
marca estroboscópica | step, strobe
marca estroboscópica del sol | sun strobe
marca final | end mark
marca magnética [*en discos durante el formateo*] | index mark
marca para impresión | mark for print
marca registrada | (registered) trademark
marcación | bearing, dialling (method)
marcación abreviada | abbreviated dialling, short form markup, speed calling (/dialling)
marcación abreviada de grupo | speed calling (/dialling) directory
marcación abreviada de repertorio individual | short code address individual
marcación abreviada individual | speed calling individual, short code address individual
marcación abreviada repertorio general | short code address
marcación acotada | shorthand markup
marcación bilateral | bilateral bearing
marcación canónica | canonical markup
marcación cifra a cifra | digit by digit dialling
marcación con el teléfono colgado | on hook dialling
marcación con impulsos de corriente de baja frecuencia | low frequency dialling
marcación con seis cifras (/dígitos) | six-digit dialling
marcación cruzada | cross bearing
marcación de bombardeo por radar | radar bomb scoring
marcación de larga distancia por el abonado | subscriber long-distance dialling
marcación de radar | radar plotting
marcación de salida | back bearing
marcación de sentido único | unidirectional (/unilateral) bearing

marcación del blanco | relative target bearing
marcación del objetivo | relative target bearing
marcación dígito a dígito | digit by digit dialling
marcación directa virtual [*a extensiones*] | direct inward dialling
marcación en bloque | en bloc dialling
marcación magnética | magnetic bearing
marcación multifrecuencia | touch tone
marcación por cifra adicional | step call
marcación por disco [*en telefonía*] | rotary dialling
marcación por multifrecuencia | dual tone multifrequency (/multiple frequency)
marcación por teclado | keysending
marcación por teclado de tonos | touch-tone dialling
marcación por teclas | keysending, key pulsing, pushdown dialling
marcación por un solo hilo | single-wire dialling
marcación radioeléctrica | radio fix
marcación radiogoniométrica | radio bearing
marcación saliente directa | direct outward dialling
marcación selectiva | selective calling
marcación telefónica con impulsos de corriente alterna | AC dialling = alternated current dialling
marcación telefónica con impulsos de corriente sinusoidal | AC dialling = alternated current dialling
marcación telefónica de larga distancia por corriente alterna | AC toll dialling
marcación telefónica interurbana por corriente alterna | AC toll dialling
marcación unilateral | unilateral bearing
marcado | labelled, labelling [UK]; labeling [USA]; marking, scribing, tagging; tagged
marcado a fuego | branding
marcado como radiactivo | radioactively labelled
marcado de rótulo | master legend
marcado en bucle | loop dialling
marcado en rojo [*en textos para destacar los cambios*] | redlining
marcado por disco | dialling
marcado radiactivamente | radioactively marked
marcador | bookmark, dialler, digit switch; [*tipo de bit en octeto*] marker
marcador acimutal | azimuth marker
marcador automático | automatic dialling (/dialler)
marcador automático de llamadas | autodial
marcador cero [*en memoria*] | nil (/null) pointer

marcador central | central marker
marcador con listín | repertory dialler
marcador con listín codificado | repertory dialler
marcador de abanico | fan marker
marcador de avance | forward pointer
marcador de batido | beat marker
marcador de buscador de auxiliares | code finder marker
marcador de cinta | tape marker
marcador de comienzo de cinta | BOT marker = beginning of tape marker
marcador de curvas | plotter
marcador de desconexión del bucle | loop disconnect dialler
marcador de fin de cinta | EOT marker = end of tape marker
marcador de grupo | group marker
marcador de impulsos | pulse dialing
marcador de itinerario | router
marcador de la red telefónica | speech marker
marcador de línea | line marker
marcador de margen | range marker
marcador de margen de distancia | range marker
marcador de radar | ramark = radar marker; raymark
marcador de referencia | strobe marker
marcador de rumbo del barco | ship-heading marker
marcador de señalización | signalling marker
marcador de tono | tone dialing
marcador de unidad de enlaces | trunk unit marker
marcador de unidad intermedia | intermediate unit marker
marcador de zona | zone marker
marcador del buscador intermedio | intermediate finder marker
marcador en almena | well-strobe marker
marcador estroboscópico | strobe marker
marcador estroboscópico de escalón [*o en escalón*] | stepstrobe (/step strobe) marker
marcador exterior | outer marker
marcador fungiforme | dumbbell marker
marcador telefónico automático | automatic telephone dialler
marcador telefónico digital | digital telephone dialler
marcador tipo Z | zone marker
marcador | marker
marcaje [*Hispan*] | dialling method
marcapasos | pacemaker
marcapasos cardíaco | cardiac pacemaker
marcapasos de radiofrecuencia | radiofrequency pacemaker
marcapasos electrónico | electronic pacemaker
marcapasos implantable | implantable pacemaker
marcar | to dial, to dialup, to dial up; to enter, to inscribe, to plot, to tag
marcar con el cursor | to point
marcar un espacio web | to bookmark
marcar un número | to set up a number
marcas de comienzo y final de cinta [*magnética*] | BOT/EOT markers = beginning of tape / end of tape markers
marcha | movement
marcha con unidades múltiples | multiple unit running
marcha del tráfico | incidence of traffic
marcha en múltiple tracción | pusher operation
marcha en paralelo | parallel operation (/running)
marcha en vacío | no-load
marcha estable | stable running
marcha lenta | slow speed
marcha reversible | pushpull running
marcha sin chispas | sparkless running
marcha sincrónica | synchronism
marcha sincronizada | synchronous operation
marco | frame
marco de la pantalla | framing mask
marco de la ventana | window frame
marco de redimensionado | resize decoration
marco de referencia | frame of reference
marco del borde | border decoration
marco del menú | menu decoration
marco guía | leadframe
marco para maximar | maximize decoration
marco para válvula de rayos catódicos | cathode ray valve bezel
maremoto | seam
margen | margin, range, skirt, span
margen cero | range zero
margen de altura | path (/vertical) clearance
margen de amplitud | amplitude range
margen de amplitud blanco a negro | white-to-black amplitude range
margen de amplitudes | dynamic range
margen de apagado | shutdown margin
margen de atenuación | fading margin
margen de bucle | loop margin
margen de canto | singing margin
margen de captura | capture range
margen de conmutación de potencias intermedias | intermediate switching region
margen de constante de tiempo | time constant range
margen de corriente | current margin
margen de desvanecimiento | fading margin
margen de divergencia | time constant range
margen de enganche | lock range
margen de estabilidad | margin of stability
margen de estabilidad de cebado | singing margin
margen de fase | phase margin
margen de frecuencia | frequency range
margen de frecuencia portadora | carrier frequency range
margen de frecuencias del grupo básico | basic group range
margen de funcionamiento | operating range
margen de ganancia | gain margin, range of gain
margen de ignición | ignition reserve
margen de impresión | printing range
margen de inclinación | slant range
margen de la escala | scale span
margen de la fuente | source range
margen de periodo | time constant range
margen de porcentajes de apertura | per cent break range
margen de potencia | power range
margen de potencia en servicio | service power margin
margen de potencia nula | zero-power range
margen de potencia nula de un reactor | zero-power range
margen de potencias sonoras | volume range
margen de recepción | receiving margin
margen de respuesta | response range
margen de rotación rápida | slew range
margen de ruido | noise margin
margen de ruido de masa | ground noise margin
margen de ruido en corriente continua | DC noise margin
margen de seguridad | safety margin
margen de servicio | service rating
margen de silbido | singing margin
margen de sincronismo | synchronous margin
margen de sincronización | retaining zone (/range)
margen de sintonía electrónica | electronic tuning range
margen de sintonización | tuning range
margen de sobrecarga | overload margin
margen de temperatura | temperature range
margen de temperaturas militar | military temperature range
margen de tensión de salida | output voltage swing
margen de tensión en modo común | common mode voltage range
margen de una octava | octave range
margen de variación | spread

margen de variación de parámetros | parameter spread
margen de velocidad ampliado | extended speed range
margen de volumen | volume range
margen del contador | counter range
margen del contraste | contrast range
margen del grupo básico | basic group range
margen del trazo | stroke edge
margen derecho | right margin
margen derecho sin justificar | ragged right
margen dinámico | dynamic (/volume) range
margen dinámico del espectro | spectrum dynamic range
margen efectivo | effective margin
margen elástico | elastic range
margen en modo común | common mode range
margen interno | synchronous margin
margen izquierdo | left margin
margen izquierdo sin justificar | ragged left
margen nominal | nominal margin, rated range
margen plástico | plastic range
margen telegráfico | telegraph margin
margen teórico | theoretical margin
margen útil | usable (/useful) range
margen X | X band
marginal | marginal
marrón | brown
martillo | hammer
martillo de carpintero | nail hammer
martillo de timbre | ringer striker
martillo de uña | nail hammer
martillo impresor | print (/printing) hammer
martillo neumático | pneumatic hammer
martillo perforador | percussive drill
martillo remachador percusivo | percussion riveter
martillo sacaclavos | nail hammer
más bajo | lower
masa | earth [UK], ground [USA]; land, mass
masa acústica | acoustic mass (/inertance)
masa adicional aparente | virtual mass
masa atómica | atomic mass
masa atómica relativa | relative atomic mass
masa crítica | critical mass
masa de alimentación | power ground
masa de datos | mass data
masa de material | material mass
masa de servicio | system earth
masa de Wagner | Wagner ground
masa del electrón en reposo | electron rest mass
masa del neutrón en reposo | neutron rest mass
masa del núcleo | nuclear mass
masa del protón | proton mass
masa del protón en reposo | proton rest mass
masa efectiva | effective mass
masa en el extremo | tip mass
masa flotante | floating ground
masa fundida | fusion
masa gravitacional | gravitational mass
masa isotópica | isotopic mass
masa lógica | logic ground
masa material | material mass
masa molecular | molecular mass
masa nuclear efectiva | true nuclear mass
masa nuclear verdadera | true nuclear mass
masa nuclídica | nuclidic mass
masa protónica | proton mass
masa reducida | reduced mass
masa relativista | relativistic mass
masa segura | safe mass
masa sísmica | seismic mass
masa subcrítica | subcritical mass
masa supercrítica | supercritical mass
masa virtual | virtual mass
masaje intercelular | intercellular massage
mascador de números | number cruncher
máscara | mask, photomask
máscara bimetálica | bimetal mask
máscara de abertura | aperture mask
máscara de direcciones | address mask
máscara de interrupción maestra | master interrupt mask
máscara de interrupciones | interrupt mask
máscara de metal | metal mask
máscara de metal dibujada | metal-etched mask
máscara de metal sobre cristal | metal-on-glass mask
máscara de metal sólido | solid metal mask
máscara de soldar | solder mask
máscara de sombra | shadow (/aperture, /planar) mask
máscara de subred [de comunicación] | subnet mask
máscara de televisión en color | colour television mask
máscara fotográfica | photo mask
máscara maestra | master mask
máscara metálica directa | direct metal mask
máscara metálica grabada | etched metal mask
máscara perforada | planar (/shadow) mask; [en tubos de rayos catódicos] slot mask
máscara plana | planar mask
máscara reguladora | shadow mask
mascarilla de reserva de soldadura | solder resist mark
MASCOT [método modular de prueba y operación de la construcción de software] | MASCOT = modular approach to software construction operation and test
máser [amplificación de microondas por emisión estimulada de radiación] | maser = microwave amplification by stimulated emission of radiation
máser con emisión reforzada | pumped maser
máser de amoníaco | ammonia beam maser
máser de cavidad resonante | resonant cavity maser
máser de dos niveles | pulsed (/two-level) maser
máser de estado sólido | solid-state maser
máser de estado sólido de tres niveles | three-level solid-state maser
máser de gas amoníaco | ammonia gas maser
máser de granate | garnet maser
máser de impulsos | pulsed maser
máser de infrarrojo lejano | far-infrared maser
máser de infrarrojos | infrared maser
máser de ondas progresivas | travelling-wave maser
máser de rubí | ruby maser
máser de rubí pulsado | pulsed ruby maser
máser de semiconductor | semiconductor maser
máser de tres niveles | three-level maser
máser fonón | phonon maser
máser gaseoso | gas maser
máser óptico | optical maser
máser óptico de estado sólido | solid-state optical maser
máser óptico de semiconductor | semiconductor optical maser
máser pulsado | pulsed (/two-level) maser
máser sintonizable | tunable maser
máser submilimétrico | submillimetre maser
masilla radiográfica | radiographic putty
masonita | masonite
mástil | mast, pole, pylon, strut, support
mástil autoestable | self-supporting mast
mástil de antena | aerial mast (/tower), radio mast
mástil de antena arriostrado | guyed aerial mast
mástil de televisión | television mast
mástil de trasmisión | transmission tower, transmitter mast (/tower)
mástil desmontable | collapsible mast
mástil radiante | radiating tower, tower radiator
mástil telescópico | telescopic tower
mástil telescópico de antena | telescopic aerial mast
materia | matter
materia activa | active material; [en pilas] paste

materia degenerada | degenerate matter
materia incombustible | incombustible matter
materia nuclear | nuclear matter
materia prima | source material
materia tampón | volatile matter (/memory)
materia transitoria | volatile matter (/memory)
materia volátil | volatile matter (/memory)
material | material
material a ensayar | test material
material absorbente de radiaciones | radiation absorber
material absorbente del sonido | sound-absorbing material
material activo | active material
material acústico | acoustic material
material agotado | depleted material
material aislante | insulation, isolation, insulating (/nonconducting) material, nonconductor
material anisotrópico | anisotropic material
material antiferroeléctrico | antiferroelectric material
material antiferromagnético | antiferromagnetic material
material antirradar | radar paint
material antisonoro | sound-absorbing material
material base de película | film base
material base del sustrato | substrate base material
material base metalizado | metal-clad base material
material centelleante | scintillating (/scintillator) material
material con ciclo de histéresis rectangular [*para núcleo magnético*] | square loop material
material con resistencia | resistance material
material conductor | conductive material
material conductor reconstituido | reconstituted conductive material
material con curva de histéresis rectangular [*para núcleo magnético*] | square loop material
material de aislamiento acústico | sound-absorbing insulation, sound-insulating material
material de alimentación | feed material
material de aplanamiento | flattening material
material de audición normal | program material
material de baja energía | low energy material
material de base | substrate, base (material)
material de bloqueo | packing
material de bolus | bolus material
material de centelleo | scintillator material
material de ciclo rectangular | rectangular loop material
material de contacto | contact material
material de depósito de película fina | thin-film deposition material
material de ensayo evaporable | volatile sample material
material de evaporación | evaporation material
material de fondo | backing
material de gran intensidad magnética | hard magnetic material
material de gran remanencia | hard magnetic material
material de instalación para aparatos eléctricos | appliance wiring material
material de moldeo | material of mould
material de moldeo para electrodos | material of mould
material de película delgada | thin-film material
material de recuperación | salvage material
material de relleno | surrounding material
material de sellado | sealing material
material de tipo N | N-type material
material de tipo P | P-type material
material de unión indexada | index-matching material
material débilmente magnético | weakly magnetic material
material destellante | scintillator material
material diamagnético | diamagnetic material
material directo | direct material
material electroóptico | electro-optic material
material encapsulante | encapsulating material
material encerrado | entrapped material
material enriquecido | enriched material
material equivalente al tejido | tissue equivalent material
material escindible en suspensión | slurry
material escintilador | scintillator material
material explorado | scanned material
material extraño adherido | attached foreign material
material fenólico | phenolic material
material ferrimagnético | ferrimagnetic material
material ferroeléctrico | ferroelectric material
material ferromagnético | ferromagnetic material
material ferromagnético de ciclo de histéresis rectangular | square-hysteresis-loop ferromagnetic material
material fluorescente | fluorescent material
material fluorescente sensible a los protones | proton-sensitive fluorescent material
material fotoconductor | photoconductive material
material fotoeléctrico | photoelectric material
material fotoeléctrico sensible al ultravioleta | ultraviolet-sensitive photoelectric material
material fotopolimérico | photopolymer material
material indirecto | indirect material
material insonorizante | sound-absorbing material, sound-insulating material
material intrínseco | intrinsic material
material isotrópico | isotropic material
material magnético | magnetic material
material magnético blando | soft magnetic material
material magnético de ciclo de histéresis rectangular | rectangular loop magnetic material
material magnético débil | soft magnetic material
material magnético sinterizado | sintered magnetic material
material nuclear especial | special nuclear material
material original explorado | scanned material
material para imanes permanentes | permanent magnet material
material para líneas de trasmisión | transmission line equipment
material para núcleos de ciclo de histéresis rectangular | square-loop core material
material paramagnético | paramagnetic material
material piezoeléctrico | piezoelectric material
material piroeléctrico | pyroelectric material
material plástico de urea | urea plastic material
material policristalino | polycrystalline material
material protector | resist, protective material
material radiactivo | radioactive material
material reactivorresistente | resist etchant
material reflector | tamper material
material reflector de retardo | tamper material
material resistente al ataque | resist etchant
material resistivo | resistance material
material semiconductor | semiconducting (/semiconductor) material
material semiconductor de tipo I | I-type semiconductor material
material semiconductor de tipo N | N-type material
material semiconductor extrínseco |

extrinsic semiconductor material
material sinterizado | sintering body
material técnico de radio | radio gear
material termoeléctrico | thermoelectric material
material termoendurecido | thermosetting material
material termoestable | thermosetting material
material termoplástico | thermoplastic material
material termostático | thermostat material
material trasparente a los infrarrojos | infrared-transparent material
materiales de alta energía | high energy material
materiales de blindaje | shield materials
materialización | materialization
MathML [*lenguaje para especificación de documentos con datos matemáticos*] | MathML = mathematical mark-up language
matices de gris | shades of gray
matiz | hub, shade, shading
matraz graduado | graduated flask
matrices de Hadamard | Hadamard matrices
matrices de Sylvester | Sylvester matrices
matriz | matrix, array, master
matriz activa | active matrix
matriz antisimétrica | skew-symmetric matrix
matriz bidimensional | two-dimensional array; [*constituida por filas y columnas*] x-y matrix
matriz booleana | boolean matrix
matriz cero | null (/zero) matrix
matriz común | common matrix
matriz cuadrada | square matrix
matriz de adyacencia | adjacency (/connectivity, /reachability) matrix
matriz de almacenamiento | storage matrix
matriz de asequibilidad | reachability (/connectivity, /adjacency) matrix
matriz de banda | band matrix
matriz de bits | bit matrix
matriz de circuitos integrados | integrated circuit array
matriz de conectividad | connectivity (/adjacency, /reachability) matrix
matriz de conmutación | switching (/switch) matrix
matriz de control de paridad | parity check matrix
matriz de datos | data matrix
matriz de diodos | diode matrix
matriz de diodos de conexión fusible | fusible-link diode-matrix
matriz de dispersión | scattering matrix
matriz de dispersión de polarización | polarization scattering matrix
matriz de identidad | identity matrix
matriz de incidencia | incidence matrix

matriz de malla | woven screen matrix
matriz de memoria | memory array
matriz de memoria de malla | woven memory matrix
matriz de metal | metal master
matriz de permutación | permutation matrix
matriz de puertas | gate array
matriz de puntos | dot matrix
matriz de tráfico | traffic matrix
matriz de trasformaciones | transformation matrix
matriz de trasmisión | transmission matrix
matriz de unidad | unit matrix
matriz de videográficos | video graphics array
matriz descodificadora | decoding matrix
matriz diagonal | diagonal matrix
matriz dinámica de semiconductor de óxido metálico | dynamic MOS array
matriz en cera | wax master
matriz en laca | lacquer master
matriz estocástica | stochastic matrix
matriz generadora | generator matrix
matriz inversa | inverse matrix
matriz invertible | invertible matrix
matriz lógica | logic array
matriz lógica programable | programmable logic array
matriz lógica programada | programmed logic array
matriz multicolor de gráficos | multicolor graphics array
matriz negativa | master, negative matrix
matriz negra | black matrix
matriz no singular | nonsingular matrix
matriz nula | null (/zero) matrix
matriz original | original master
matriz pobre | sparse matrix
matriz positiva | positive matrix
matriz recíproca | inverse matrix
matriz reforzada | backed stamper
matriz S | S matrix
matriz simétrica | symmetric matrix
matriz singular | singular matrix
matriz triangular | triangular matrix
matriz tridiagonal | tridiagonal matrix
matrizar | to matrix
MAU [*unidad de acceso a múltiples estaciones*] | MAU = multistation access unit
MAU [*unidad de acceso al medio de comunicación*] | MAU = media access unit
mavar [*amplificador paramétrico*] | mavar
max. = máximo | max. = maximum
máxima demanda | peaking
máxima distancia sin ambigüedad | maximum unambiguous range
máxima frecuencia de oscilación | maximum frequency of oscillation
máxima frecuencia permitida | maximum keying frequency

máxima integración | maximum integration
máxima intensidad de proyección | maximum intensity projection
máxima unidad de trasferencia [*en enlace de datos*] | maximum transfer unit
maximar | to maximize
maximizar [*maximar*] | to maximize
máximo | maximum, peak
máximo alcance no ambiguo | maximum unambiguous range
máximo común divisor | greatest common divisor
máximo consumo | peaking
máximo de absorción | absorption maximum
máximo de corriente | current antinode
máximo de emisión | emission maximum
máximo de intensidad | current loop
máximo de resonancia | resonance peak
máximo error posible de lectura | maximum possible readout error
máximo error probable de lectura | maximum probable readout error
máximo/mínimo | maximum/minimum
máximo negro | black peak
maxwell [*unidad de flujo magnético en el sistema CGS*] | maxwell
MAY = mayúsculas | CAPS = capitals
mayor o igual que | greater than or equal to
mayor que | greater than
mayoría | majority
mayúsculas | shift, upper case
mayúsculas y minúsculas | match case
mazo no coherente | noncoherent bundle
Mb = megabit | Mb = megabit
MB = megabyte | MB = megabyte
MBF = muy baja frecuencia, hipofrecuencia | VLF = very low frequency
MBONE [*red troncal multimedia, red virtual que utiliza los mismos dispositivos físicos que internet, parte de internet que soporta el mecanismo de multidistribución para la comunicación multipunto*] | MBONE = multicast backbone
mbps = megabits por segundo | mbps = megabits per second
MBR [*registro de arranque maestro*] | MBR = master boot register (/record)
Mbyte = megabyte | Mbyte = megabyte
Mc = megaciclo [*megahercio*] | Mc = megacycle [*obs*]
MC [*control sobre el múltiplex*] | MC = multiplex control
MCA [*arquitectura de microcanal*] | MCA = micro channel architecture
MCC [*centro de control de misiones (estación receptora de localización por satélite)*] | MCC = mission control centre

MCC = método del camino crítico | CPM = critical path method
MCD = máximo común divisor | GCD = greatest common divisor
MCE = módulo de control de elementos [*en enclavamientos ferroviarios electrónicos*] | EC = element control module
MCF [*formato de metacontenido (formato abierto)*] | MCF = meta-content format
MCGA [*matriz multicolor de gráficos*] | MCGA = multicolor graphics array
MCGAM [*conversión global de direcciones conforme a MIXER*] | MCGAM = MIXER conformant global address mapping
MCI [*interfaz para control multimedia*] | MCI = media control interface
MCM = mínimo común múltiplo | LCM = least common multiple
Md = mendelevio | Md = mendelevium
MD = módulo de diagnóstico | DM = diagnostic module
MDA [*adaptador de imagen monocromática*] | MDA = monocrome display adapter
MDA [*amplificador de motor*] | MDA = motor drive amplifier
MDF [*diámetro de campo modal*] | MDF = mode field diameter
MDF [*repartidor de entrada, distribuidor general (/principal)*] | MDF = main distribution frame
MDIS [*especificación para intercambio de metadatos*] | MDIS = metadata interchange specification
MDN [*notificación de disposición de mensaje*] | MDN = message disposition notification
MDR [*registro de datos de la memoria*] | MDR = memory data register
MDT [*duración media del fallo*] | MDT = mean down time
ME = mando (/conmutador) electrónico | E.SW = electronic switch
ME = módulo de enclavamiento [*en enclavamientos ferroviarios electrónicos*] | IM = interlocking module
measurand [*magnitud física medida en un trasductor*] | measurand
mecánica | mechanics
mecánica cuántica | quantum mechanics
mecánica de fluidos | fluid mechanics
mecánica de Heisenberg | quantum mechanics
mecánica ondulatoria | wave mechanics
mecánico | mechanical; powerful
mecánico de servicio | maintenance man, mechanic
mecanismo | mechanism
mecanismo acoplador | docking mechanism
mecanismo alzarretícula [*en fotomecánica*] | screen raising mechanism
mecanismo básico de reproducción | playback tape deck
mecanismo básico de sólo reproducción | playback-only deck
mecanismo de acceso | access mechanism
mecanismo de acción rápida | snap-action mechanism
mecanismo de amplificación del transistor | transistor action
mecanismo de arrastre de barra de control | control rod drive
mecanismo de arrastre de cinta | tape transport
mecanismo de arrastre de cinta en movimiento continuo | streamer, streaming tape (transport)
mecanismo de arrastre de la cinta | tape deck mechanism
mecanismo de arrastre multipista | multitrack tape transport mechanism
mecanismo de avance de renglón invertido | reverse line-feed mechanism
mecanismo de barrido | sweep drive
mecanismo de bobina móvil | moving coil mechanism (/movement)
mecanismo de bobinado | spooler
mecanismo de cambio | shift mechanism
mecanismo de cambio de posición | position-changing mechanism
mecanismo de cinta | tape transport
mecanismo de control | control drive; switchgear, switch gear
mecanismo de desconexión | releasing mechanism
mecanismo de desconexión rápida | snap-action mechanism
mecanismo de desenclavamiento del teclado | keyboard unlock mechanism
mecanismo de disco regulador de luz | light control wedge mechanism
mecanismo de disparo | release device, releasing gear (/mechanism)
mecanismo de electroimán de trasmisión pulsante sincronizada | synchronous pulsed magnet mechanism
mecanismo de enclavamiento | interlocking gear
mecanismo de enclavamiento de teclado | keyboard lock mechanism
mecanismo de espaciado | spacing mechanism
mecanismo de excitación | excitation mechanism
mecanismo de fallo | failure mechanism
mecanismo de falta de cinta | low tape mechanism
mecanismo de función | function mechanism
mecanismo de giradiscos | turntable mechanism (/platter)
mecanismo de grabación | recording mechanism
mecanismo de hojas de estilo en cascada | cascading style sheet mechanism
mecanismo de hombre muerto | dead man's handle
mecanismo de impresión | printing (/print) mechanism
mecanismo de indexado | indexing mechanism
mecanismo de interrupción eléctrica de la línea | electric line-break mechanism
mecanismo de la caja de funciones | function box mechanism
mecanismo de mando | power unit
mecanismo de maniobra | rig
mecanismo de Maxwell-Wagner | Maxwell-Wagner mechanism
mecanismo de movimiento del sonar | sonar train mechanism
mecanismo de orientación automática | self-orienting mechanism
mecanismo de orientación de la antena | aerial positioning mechanism
mecanismo de parada | shutdown mechanism
mecanismo de parada automática en fin de cinta | end-of-tape stop mechanism
mecanismo de parada automática por cinta tirante | taut tape stop mechanism
mecanismo de paralización | shutdown mechanism
mecanismo de perforación | punch mechanism
mecanismo de posicionamiento axial | axial-positioning mechanism
mecanismo de progresión del carro | carriage feed mechanism
mecanismo de punzonamiento | punch mechanism
mecanismo de rebobinado | rewind
mecanismo de registro | recording mechanism
mecanismo de repetición | repeat mechanism
mecanismo de reproducción | playing deck
mecanismo de seguridad | safety mechanism
mecanismo de seguridad con aceleración complementaria | artificially-accelerated safety mechanism
mecanismo de sintonización a distancia | remote tuning mechanism
mecanismo de solenoide de trasmisión pulsante sincronizada | synchronous pulsed magnet mechanism
mecanismo de trasmisión | power-transmitting mechanism
mecanismo de trasmisión de fuerza | power-transmitting mechanism
mecanismo de trasporte | transport
mecanismo de trasporte de carrete a carrete | reel-to-reel transport
mecanismo de trasporte de cinta | tape transport
mecanismo de trasporte de la cinta | tape deck mechanism

mecanismo del deformímetro | strain gauge mechanism
mecanismo del extensímetro | strain gauge mechanism
mecanismo del teclado | keyboard mechanism
mecanismo DIB [que genera archivos DIB] | DIBengine
mecanismo disparador del tipo de velocidad | velocity trip mechanism
mecanismo electromagnético de seguridad | electromagnetic safety mechanism
mecanismo espaciador | spacing mechanism
mecanismo expulsor de cinta | feed-out mechanism
mecanismo impresor | printing mechanism, typing unit
mecanismo impulsor | drive, driving mechanism
mecanismo impulsor de cinta | tape drive
mecanismo liberador | releasing mechánism
mecanismo operador | operating mechanism
mecanismo perforador | perforating mechanism
mecanismo registrador a tinta | inker
mecanismo regulador | setting mechanism
mecanismo robot | robot device
mecanismo selector | selector mechanism
mecanización por descargas eléctricas | electric discharge machining
mecanización por haz electrónico | electron beam machining
mecanizado por chispas | spark machining
mecanizado por descarga eléctrica | electrical discharge machining
mecanizado por ultrasonidos | ultrasonic machining
mecanizado por vibraciones ultrasónicas | ultrasonic machining
mecanografiar | to type
mecatrónica [neologismo poco extendido que asocia la mecánica y la electrónica] | mechatronics
mecha | squib
mechero | burner
mechero de criba metálica | Meker-burner
media | medios de comunicación; average, mean, median
media altura | half-height
media aritmética | arithmetic mean, average
media armónica | harmonic mean
media cuadrática [raíz cuadrada de la media de los cuadrados, valor eficaz, raíz cuadrada del valor medio de una tensión o corriente alternas] | root mean square (value)
media cuadrática | root mean square
media etapa | half-step
media geométrica | geometric mean
media longitud | half-lenght
media móvil | moving average
media onda | half-wave
media palabra | half-word
media ponderada | weighted average (/mean)
media potencia | half-power
media tuerca | half-nut
media velocidad | medium rate
media vida efectiva | effective half-life
mediana | median
medianil [en artes gráficas] | gutter
mediante objetos | object-oriented
medicación iónica | ionic medication
medicamento nuclear | nuclear medicine
medicina nuclear | nuclear medicine
medicina térmica | medical diathermy
medición | measurement, metering
medición a distancia | telemetry, remote metering
medición con barrido de frecuencia | sweep frequency measurement, swept-frequency measurement
medición de aislamiento | resistance measurement
medición de atenuación | attenuation measurement
medición de deriva y tensión de la ondulación residual | drift and brumm measuring
medición de desfase | phase angle measurement
medición de diferencia de potencial | voltmeter measurement
medición de equivalente entre extremos | attenuation measurement
medición de interferencia por sustitución | substitution interference measurement
medición de la distancia | range measurement
medición de la emisión | transmission measurement
medición de la ganancia de los repetidores | repeater gain measurement
medición de la modulación | modulation measurement
medición de la propagación radioeléctrica | radiopropagation measurement
medición de la radiación | radiation measurement
medición de la resistencia del bucle | loop resistance measurement
medición de la tensión sofométrica ponderada | weighted noise measurement
medición de la trasmisión | transmission measurement
medición de nivel | level measurement
medición de parámetros en régimen de señal débil | small-signal parameter measurement
medición de precisión | precision measurement
medición de radiación | survey
medición de resistencia | resistance measurement
medición de resistividad | resistivity measurement
medición de respuesta con barrido de frecuencia | swept-frequency response measurement
medición de ruido ponderado | weighted noise measurement
medición de tensión | voltage (/voltmeter) measurement
medición de tensiones | voltage metering
medición de tiempo | timing
medición de velocidad por medio del radar | radar speed measurement
medición de voltaje | voltage measurement
medición de voltajes | voltage metering
medición del espectro | spectrum measurement
medición del nivel de radiación | radiation dosimetry
medición en anillo | go-and-return measurement
medición en régimen de impulsos | surge measurement
medición espectral | spectrum measurement
medición fotométrica | photometric evaluation
medición individual | single measurement
medición múltiple | multimetering, multiple metering
medición por absorción | absorption measurement
medición por inversión de batería | reverse battery metering
medición por inversión de corriente | reverse battery metering
medición por pruebas | call count
medición por zona y duración de la llamada | time zone metering
medición radioastronómica | radioastronomical measurement
medición radioeléctrica | radio measurement
medición redundante | go-and-return measurement
medición reflectométrica | reflectometer measurement
medición sencilla | single-fee metering
medición telefonométrica | voice-ear measurement
medida | measure, measuring, size, test result
medida antirradar | radar countermeasure
medida de alineación | line-up measurement
medida de complejidad | complexity measure
medida de distorsión de fase | phase distortion measurement
medida de entrada diferencial | differential input measurement

medida de fase | phase measurement
medida de ganancia | gain measurement
medida de la conductancia mutua | mutual conductance measurement
medida de la pendiente | mutual conductance measurement
medida de la utilización de la trasmisión de datos | data transmission utilization measure
medida de los equivalentes | equivalent measurement
medida de potencia | power measurement
medida de protección | security measure
medida de resistencia a cuatro hilos | four-wire resistance
medida de simetría | symmetry test
medida de terminal a terminal | lug-to-lug measurement
medida del equivalente | net loss measurement
medida dieléctrica | permittivity measurement
medida difusa | diffuse scan
medida directa | straightaway (/end-to-end) measurement
medida directa en trasmisión | straightaway (/end-to-end) measurement
medida en anillo | loop measurement
medida en reposo | rest mass
medida estática | static measurement
medida múltiple | multiple registration
medida por pruebas | peg count
medida por sobretensión | booster battery metering
medida por zona | zone registration
medida por zonas | zone metering
medida propia | rest mass
medida residual | rest mass
medida tacométrica | tachometer measurement
medidas de posición | measures of location
medidas de seguridad del hardware | hardware security
medidas de variación | measures of variation
medidas electrónicas militares de soporte | electronic warfare support measures
medidor | tester, meter [UK+USA]; calibre, gauge [UK]; caliber [USA]
medidor a distancia | telemeter
medidor analógico | analogue meter
medidor automático | self-operated measuring unit
medidor automático de impedancia y frecuencia de barrido | automatic sweep-frequency impedance meter
medidor autónomo | self-operated measuring unit
medidor B-H | B-H meter
medidor Buckley | Buckley gauge
medidor capacitivo | capacitor meter
medidor centrado en cero | centre zero meter
medidor Compton | Compton meter
medidor de actividad | activity (/radioactivity) meter
medidor de actividad con cambiador automático | activity meter with automatic changer
medidor de actividad de los efluentes | effluent activity meter
medidor de actividad del agua | water activity meter
medidor de actividad del gas | gas activity meter
medidor de actividad médico | medical activity meter
medidor de actividad por unidad de extracción | container load activity meter
medidor de alcance Doppler | Doppler ranging
medidor de amperios hora | ampere-hour meter
medidor de amplificación del circuito | circuit magnification meter
medidor de anchura de banda variable | variable bandwidth measuring device
medidor de bobina móvil | moving coil meter
medidor de bolsillo | pocket meter
medidor de brillo | glossmeter
medidor de burbujas | bubble gauge
medidor de campo de interferencia radioeléctrica | RIFI meter
medidor de campo eléctrico generador | generating electric field meter
medidor de capacidad | capacitance (/content) meter
medidor de carga | charge meter
medidor de caudal | (fluid) flowmeter
medidor de caudal de agua | water current meter
medidor de cociente | ratio meter
medidor de coeficiente de reactancia | reactive factor meter
medidor de concentración radiactiva | radiac survey meter
medidor de conductancia mutua | mutual conductance meter
medidor de conductividad | conductimeter, conductivity meter
medidor de conductividad para líquidos | conductivity apparatus
medidor de contacto | contact-making meter
medidor de contaminación | contamination meter
medidor de contaminación atmosférica | air contamination meter
medidor de contaminación superficial | surface contamination meter
medidor de contenido de berilio | beryllium content meter
medidor de deformación | strain gauge (/meter)
medidor de demanda máxima | indicating demand meter
medidor de demanda retardada | lagged-demand meter
medidor de destellos | flashometer
medidor de dispersión | scatterometer
medidor de distorsión | distortion meter
medidor de distorsión de puente de Wien | Wien bridge distortion meter
medidor de distorsión telegráfica | telegraph distortion meter
medidor de distorsión y ruido | distortion and noise meter
medidor de dureza sin contacto con la muestra | noncontact hardness tester
medidor de Dushman y Found | Dushman and Found gauge
medidor de Edwards | Edwards gauge
medidor de equilibrio | (impedance) unbalance measuring set, return-loss measuring set
medidor de escala cuadrática | square law scale meter
medidor de escala logarítmica | logarithmic scale meter
medidor de esfuerzos eléctricos | electric strain gauge
medidor de espesores | calibre [UK]
medidor de espesores por penetración | penetration-type thickness gauge
medidor de espesores por retrodispersión | backscattering thickness gauge
medidor de exposición | exposure meter
medidor de factor de marcha | duty cyclometer
medidor de fase | phasemeter
medidor de flujo | flowmeter, fluxmeter
medidor de flujo de neutrones lentos | slow neutron fluxmeter
medidor de flujo de neutrones rápidos con escintilador | scintillator fast neutron fluxmeter
medidor de flujo de neutrones rápidos con válvula de recuento | counter valve fast neutron fluxmeter
medidor de flujo de partículas | particle fluxmeter
medidor de Fogel | Fogel gauge
medidor de fotosensibilidad | sensitometer
medidor de frecuencia | frequency meter
medidor de frecuencia de línea de trasmisión sintonizada | transmission-line-tuned frequency meter
medidor de Fryberg y Simons | Fryberg and Simons gauge
medidor de ganancia | gain-measuring set
medidor de gimoteo | wow meter
medidor de gradiente | gradient meter
medidor de hexafluoruro de azufre | sulphur hexameter
medidor de hierro móvil | moving iron meter
medidor de histéresis | B-H meter

medidor de hojas de Knudson | Knudson leaf gauge
medidor de hojas de Lockenvitz | Lockenvitz leaf gauge
medidor de Huntoon y Ellet | Huntoon and Ellet gauge
medidor de impedancias | Z meter
medidor de impedancias con puente en doble T | twin-T impedance-measuring set
medidor de impedancias y ángulos de fase | Z-angle meter
medidor de intensidad | intensitometer
medidor de intensidad de campo de las interferencias de radiofrecuencia | radio interference field-intensity meter
medidor de intensidad de campo radioeléctrico | radio field strength meter
medidor de intensidad de señal | signal-strength meter
medidor de intervalos | air log
medidor de intervalos de tiempo | time interval meter
medidor de ionización | ionization gauge
medidor de ionización de cátodo caliente | hot cathode ionization gauge
medidor de ionización de Penning | Penning ionization gauge
medidor de ionización Penning | Penning ionization gauge
medidor de la corriente de ánodo | plate current meter
medidor de la demanda de impresión | printing demand meter
medidor de la desviación de frecuencia | frequency deviation meter
medidor de la frecuencia de los latidos cardiacos | heart rate meter
medidor de la fuerza del campo | field strength meter
medidor de la función de trasferencia | transfer function meter
medidor de la humedad del suelo | soil moisture meter
medidor de la intensidad de señal | signal strength meter
medidor de la intensidad del campo | field strength meter
medidor de la intensidad del campo inductor | field meter
medidor de la longitud de onda | wavemeter
medidor de la longitud de onda por absorción | absorption wavemeter
medidor de la potencia de señal | signal strength meter
medidor de la relación de ondas estacionarias de tensión | voltage standing-wave ratio meter
medidor de láminas vibratorias | vibrating reed meter
medidor de Lander | Lander's gauge
medidor de lengüetas vibratorias | vibrating reed meter

medidor de ley | content meter
medidor de luminancia | luminance meter
medidor de luz incidente | incident light meter
medidor de microfaradios | microfaradmeter
medidor de Millikan | Millikan meter
medidor de modulación | modulation meter
medidor de Morse y Bowie | Morse and Bowie gauge
medidor de motor de mercurio | mercury-motor meter
medidor de nivel acústico | sound level meter
medidor de nivel con seguimiento automático | following level meter
medidor de nivel de grabación | recording level meter
medidor de nivel de ruido | noise level meter
medidor de nivel estático | static level meter
medidor de nivel sonoro | sound level meter
medidor de niveles de trasmisión | transmission level meter
medidor de ondas alfa | alpha-wave meter
medidor de ondas de trasmisión | transmission wavemeter
medidor de ondas estacionarias | standing wave meter
medidor de panel | panel meter
medidor de panel digital | digital panel meter
medidor de periodo | period meter
medidor de pH | pH meter
medidor de polarización | bias meter
medidor de porcentaje de modulación | percentage (/per cent) modulation meter
medidor de potencia | power meter
medidor de potencia de salida | output power meter
medidor de potencia reflejada | reflected power meter
medidor de presión | pressure-measuring apparatus
medidor de presión piezorresistivo | piezoresistive pressure gauge
medidor de proporcionalidad | ratio meter
medidor de prospección de berilio | beryllium prospecting meter
medidor de radiación | radiation (survey) meter
medidor de radiación de cuerpo entero [*antroporradiámetro*] | white body radiation meter
medidor de radiación de prospección | prospecting radiation meter
medidor de radiación de sonda múltiple | multiprobe radiation meter
medidor de radiactividad | radiacmeter
medidor de rayos cósmicos de Milli-

kan | Millikan cosmic ray meter
medidor de rayos X | Roentgen meter
medidor de rayos X por unidad de tiempo | roentgen rate meter
medidor de reactancia | reactance meter
medidor de reactividad | reactivity meter
medidor de reconocimiento | survey meter
medidor de recuento por unidad de tiempo | counting rate meter
medidor de relación de ondas estacionarias | standing wave ratio meter
medidor de repulsión | magnetic vane meter
medidor de resonancia | resonance meter
medidor de respuesta rápida | short-response time meter
medidor de roentgen por unidad de tiempo | roentgen rate meter
medidor de ruido | noise (factor) meter
medidor de salida | output meter
medidor de señal | signal meter
medidor de sintonía | tune (/tuning) meter
medidor de sintonización | tuning meter
medidor de susceptibilidad | susceptibility meter
medidor de tensiones | voltage meter, voltage-measuring equipment
medidor de termopar | thermocouple meter
medidor de tráfico | traffic meter
medidor de trasconductancia | transconductance meter
medidor de trasmisión y retardo | transmission-and-delay measuring set
medidor de unidades de intensidad de señal | S-unit meter
medidor de unidades de volumen | volume-unit meter
medidor de varias escalas | multirange meter
medidor de varias sensibilidades | multirange meter
medidor de vatios hora | watt-hour meter
medidor de veleta | vane-type instrument
medidor de velocidad de recuento | counting rate meter
medidor de velocidad relativa | airspeed meter
medidor de vibración | vibrometer
medidor de vibraciones | vibration meter
medidor de viento | wind meter
medidor de viscosidad | viscometer, viscosimeter
medidor de volumen | VU meter = volume unit meter; sound level indicator
medidor del ángulo de desfase | phase angle meter
medidor del ángulo Z | Z-angle meter

medidor del coeficiente de reflexión | reflection coefficient meter
medidor del factor de calidad | quality (factor) meter
medidor del factor de potencia | power factor meter
medidor del factor de potencia reactiva | reactive factor meter
medidor del factor Q | Q meter
medidor del factor reactivo | reactive factor meter
medidor del nivel de audio | audiolevel (/audio level) meter
medidor del tiempo de duplicación | doubling time meter
medidor del tiempo de reverberación | reverberation time meter
medidor directo | self-operated measuring unit
medidor doble | dual meter
medidor eléctrico | electric meter
medidor electromagnético | moving iron meter
medidor electromagnético de caudal | electromagnetic flowmeter
medidor electrostático | electrostatic meter
medidor estanco | sealed meter
medidor estándar portátil | portable standard meter
medidor fotoconductor | photoconductive meter
medidor fotoeléctrico de brillo | photoelectric glossmeter
medidor fotoeléctrico de exposición | photoelectric exposure meter
medidor fotoeléctrico de humos | photoelectric smoke meter
medidor fotovoltaico | photovoltaic meter
medidor hermético | sealed meter
medidor heterodino de ondas | heterodyne wavemeter
medidor integrador | integrating meter
medidor lineal de cuentas por unidad de tiempo | linear ratemeter
medidor logarítmico de cuentas por unidad de tiempo | logarithmic ratemeter
medidor magnético | magnetometer
medidor multigama | multirate meter
medidor normalizado portátil | portable standard meter
medidor para espesores | calibre gauge
medidor por alfatrón | alphatron gauge
medidor por descenso de la corriente de rejilla | grid dip meter
medidor por unidad de tiempo | rate meter
medidor precintado | sealed meter
medidor proporcional | ratemeter
medidor radiactivo de espesores | radioactive thickness gauge
medidor radiométrico | radiometer gauge
medidor registrador | recording meter

medidor RFI [medidor de interferencias radioeléctricas (/de radiofrecuencia)] | RFI meter
medidor Roentgen | Roentgen meter
medidor ROET [medidor de ondas estacionarias] | VSWR meter = voltage standing-wave ratio meter
medidor RX | RX-meter
medidor tipo relé | meter-type relay
medidor transistorizado | transistorized meter
medio | half, mean, media, medium, semi
medio activo | active medium
medio ambiente | environment
medio controlado | controlled medium
medio cooperante | friendly environment
medio de acoplamiento | coupling medium
medio de almacenamiento | storage medium
medio de almacenamiento de información | storage medium
medio de comunicacion compartido | shared medium
medio de conmutación de programas | program switching facility
medio de extracción | extracting medium
medio de grabación | record (/recording) medium
medio de grabación magnética | magnetic recording medium
medio de propagación | transmission medium
medio de registro | record (/recording) medium
medio de registro magnético | magnetic recording medium
medio de soporte integrado de proyectos | integrated project support environment
medio de trasmisión | transmission medium
medio dispersivo | dispersing (/dispersive) medium
medio dispersor | scattering medium
medio grado | half-step
medio isotrópico | isotropic medium
medio multiplicador | active core
medio óptico [de trasmisión] | optical medium
medio paso | half-step
medio portátil de datos | portable data medium
medio rápido | fast medium
medio reflectante | reflecting medium
medio tono | half-tone
medios de comunicación | means of communication
medios de comunicación de masas | mass media communication
medios de conexión | switching facilities
medios de conmutación | switching facilities
medios de desconexión | disconnecting means
medios de difusión de programas | programming facilities
medios de escucha | listening facilities
medios de inserción | insert facilities
medios de programación | programming facilities
medios de telemedida | telemetering facilities
medios de trasmisión | transmission media
medios intermedios | intermediate means
medios no interactivos | push media
medios para marcar a larga distancia por operadora | operator long-distance dialling facilities
medios por caudales | push (/streaming) media
MEDIS [sistema de desvío de mensajes] | MEDIS = message diversion system
MEE = módulo de elementos exteriores [en enclavamientos ferroviarios electrónicos] | FEM = field elements module
mega- [pref. que significa 1 millón; en el sistema binario equivale a 1.048.576 unidades] | mega- [pref]
megabar | megabar
megabit | megabit
megabitio [obs] | megabit
megabits por segundo | megabits per second
megabyte | megabyte
megaciclo | megacycle
megaflops [millón de operaciones de coma flotante por segundo (para medir la velocidad de procesado)] | megaflops = million floating-point operations per second
megafonía | public address
megáfono | loud hailer [UK], horn [USA]
megáfono eléctrico | loud hailer [UK], bullhorn [USA]; power megaphone
megáfono electrónico | electronic megaphone
megahercio [medida de frecuencia equivalente a un millón de ciclos por segundo] | megahertz
megamperio | megampere
megaocteto [obs] | megabyte
megaohmio | megohm
megaohmio-microfaradio | megohm-microfarad
megatrón | megatron
megavatio | megawatt
megavatios-hora | megawatt-hour
megavoltamperio | megavoltampere
megavoltio | megavolt
Megger [marca comercial de un medidor de resistencia del aislamiento eléctrico] | Megger
mejor evaluación lineal correcta posible | best linear unbiased prediction
mejora de banda ancha | wideband improvement

mejora de escalonamiento | staggering advantage
mejora de escalonamiento de frecuencias | staggering advantage
mejora de imagen | image enhancement
mejorado | enhanced
mejorar | to enhance, to upgrade
mejores intenciones [*máxima garantía en redes de trasmisión de datos*] | best-effort
melio [*unidad de medida de la altura del sonido*] | mel
mella | nick, notch
melladura | nick
melodeon [*receptor panorámico de banda ancha para señales de contramedidas electromagnéticas*] | melodeon
membrana | membrane, diaphragm
membrana flotante del cono | spider
membrana resonante | resonant diaphragm
membrana semipermeable | semipermeable membrane
membrana trasversal | transverse septum
membrecía | membership
memistor [*unidad de memoria no magnética formada por un sustrato resistivo dentro de un electrolito*] | memistor
memoria | memory, storage, store; register
memoria a corto plazo | scratchpad
memoria acústica | acoustic memory
memoria adicional | add-in memory, add-on memory
memoria aleatoria secuencial | random sequential memory
memoria alta | high memory
memoria alta de DOS | high DOS memory
memoria alterable | alterable memory
memoria alterable de sólo lectura | alterable read only memory
memoria ampliada | expanded memory
memoria apilada | stack
memoria asociada | cache memory
memoria asociativa | associative storage, associative (/data adressable, /content-adressable) memory
memoria auxiliar | auxiliary storage, backing store, scratch pad, bulk (/secondary) memory
memoria baja [*los primeros 640 kilobytes de la RAM*] | low memory
memoria base | base memory
memoria bidimensional | two-dimensional memory
memoria bipolar ECL | ECL bipolar memories
memoria caché | cache (memory)
memoria caché de presentación | display cache memory
memoria cache de reescritura | write-back cache

memoria caché externa | external database
memoria caché secundaria | secondary cache memory
memoria central | main memory
memoria circulante | circulating memory
memoria compartida | shared memory
memoria común encadenada | communal chained memory
memoria con tiempo de acceso nulo | zero access memory (/storage)
memoria convencional | conventional memory
memoria convencional extendida | extended conventional memory
memoria criogénica | cryogenic memory
memoria de acceso aleatorio | random access memory
memoria de acceso aleatorio ampliada para salida de datos | extended data out random access memory
memoria de acceso aleatorio dinámico ampliada para salida de datos | extended data out dynamic random access memory
memoria de acceso directo | direct (/random) access memory
memoria de acceso inmediato | immediate access store, zero access storage
memoria de acceso múltiple | multiport memory
memoria de acceso rápido | fast-access memory
memoria de acceso secuencial | sequential access memory (/storage)
memoria de almacenamiento temporal | cache memory
memoria de alta velocidad | high speed memory
memoria de alta velocidad de acceso | high speed memory
memoria de amortiguación | buffer
memoria de anotación temporal | scratchpad memory
memoria de apuntes | scratch pad
memoria de asignación directa | direct-mapped memory
memoria de burbuja(s) | bubble memory
memoria de burbuja(s) magnética(s) | magnetic bubble memory
memoria de búsqueda en paralelo | parallel search storage
memoria de coincidencia de corrientes | coincident current memory
memoria de conductores metalizados | plated wire memory
memoria de contacto fija | stationary contact memory
memoria de contenido direccionable | content-addressable memory
memoria de control | control memory (/register, /store)
memoria de copia | shadow memory
memoria de cuerda de núcleos magnéticos | core rope storage
memoria de datos de llamada | call buffer
memoria de disco | disc memory
memoria de dos niveles | two-level memory
memoria de escritura | write cache
memoria de estado | status buffer
memoria de estado sólido | solid-state memory
memoria de ferritas | core memory (/storage)
memoria de frecuencia | frequency memory
memoria de lectura de conexión fusible | fusible-link readout memory
memoria de lectura de pico o de valle | peak-or-valley readout memory
memoria de lectura destructiva | destructive readout memory
memoria de lectura/escritura | read / write memory, memory read/write
memoria de línea de retardo | delay line memory
memoria de línea de retardo ultrasónica | ultrasonic delay line store
memoria de llamada | call buffer
memoria de malla | woven memory (/screen storage)
memoria de mantenimiento y seguimiento | track hold memory
memoria de mapa | map memory
memoria de masa | mass storage
memoria de mercurio | mercury memory
memoria de microprogramas | microprogram store
memoria de núcleo | core memory
memoria de núcleos | core store
memoria de núcleos de ferrita | core store, ferrite bead (/core) memory
memoria de núcleos magnéticos | magnetic core storage
memoria de pantalla tejida | woven screen storage
memoria de película cilíndrica | cylindrical film storage
memoria de película delgada | thin-film memory
memoria de película delgada magnética | thin magnetic-film memory
memoria de periodo corto [*memoria rápida de corta capacidad para almacenamiento provisional de datos*] | scratchpad memory
memoria de placa de ferrita | waffle-iron store
memoria de posición | position storage
memoria de puerta dual | dual port memory
memoria de rayos catódicos | cathode ray storage
memoria de retención | latch
memoria de semiconductor | semiconductor memory
memoria de sólo lectura | read-only memory

memoria de sólo lectura alterable eléctricamente | electrically alterable read-only memory
memoria de sólo lectura borrable eléctricamente | electrically erasable read-only memory
memoria de sólo lectura programable y borrable | erasable programmable read-only memory
memoria de sólo lectura programable y borrable eléctricamente | electrically erasable programmable read-only memory
memoria de sólo lectura de control | control read-only memory
memoria de tambor | drum memory
memoria de tiempo de acceso cero | zero access storage
memoria de toros de ferrita | core store
memoria de trabajo | working memory (/storage)
memoria de trasformador de sólo lectura | transformer read-only store
memoria de tubo de Williams | Williams-tube store
memoria de un solo nivel | one-level store
memoria de varillas | rod storage
memoria de ventana de acceso aleatorio | window random access memory
memoria de vídeo | video buffer (/memory)
memoria de vídeo de acceso directo | video random access memory
memoria dedicada | dedicated memory
memoria del sistema | system memory
memoria dinámica | dynamic memory
memoria dinámica de acceso aleatorio | dynamic random access memory
memoria dinámica de acceso directo | dynamic random access memory
memoria dinámica de sólo lectura | dynamic random access memory
memoria direccionada | addressed memory
memoria DRO [*memoria de lectura destructiva*] | DRO memory = destructive read operation memory
memoria elástica | buffer, elastic memory
memoria electrostática | electrostatic memory
memoria en paralelo | parallel memory (/storage)
memoria estándar | standard memory
memoria estática | static memory (/storage)
memoria expandida | expanded memory
memoria extendida | extended memory
memoria externa | external memory (/storage)

memoria ferroacústica | ferroacoustic storage
memoria fija | fixed memory
memoria física [*no virtual*] | real storage, physical memory (/storage)
memoria flash [*ROM*] | flash memory, flash ROM
memoria fotoóptica | photo-optic memory
memoria grabable de control | writeable control sotre
memoria holográfica | holographic memory
memoria indeleble | nonerasable storage
memoria intercalada | interleaved memory
memoria intermedia | buffer (storage), hardware buffer; cache
memoria intermedia de registro telefónico | scratchpad memory
memoria intermedia lineal para gráficos | graphics linear frame buffer
memoria intermedia ping-pong [*para transmisión de sentido alternante*] | ping-pong buffer
memoria interna | internal memory
memoria lenta | slow memory
memoria lineal | linear memory
memoria local | local memory
memoria magnética | magnetic memory
memoria masiva | bulk (/mass) storage
memoria matricial | matrix storage
memoria mayoritariamente de lectura | read-mostly memory
memoria multinivel | multilevel memory
memoria muy amplia | very large memory
memoria no borrable | nonerasable storage
memoria no permanente | volatile memory
memoria no prioritaria | background memory
memoria no volátil | nonvolatile storage
memoria normalizada | standard memory
memoria opcional | add-in memory
memoria óptica | optical memory
memoria óptica de sólo lectura | optical read-only memory
memoria ortogonal | orthogonal memory
memoria para datos de entrada y salida | shaded memory
memoria periférica | external memory, peripheral storage
memoria permanente | nonvolatile (/permanent) memory
memoria plana | flat memory
memoria portátil | portable storage
memoria primaria | primary memory (/storage)
memoria principal | main memory (/storage, /store), primary memory

memoria prioritaria | foreground memory
memoria programable de sólo lectura | programmable read-only memory
memoria PROM borrable con rayos ultravioleta | UV erasable PROM
memoria protegida | protected memory
memoria provisional [*memoria rápida de corta capacidad para almacenamiento provisional de datos*] | scratch pad, scratchpad memory
memoria RAM de puerto dual | dual ported RAM
memoria RAM transitoria | scratchpad RAM
memoria rápida | rapid memory
memoria regenerativa | regenerative memory
memoria reservada | reserved memory
memoria residente | persistent storage
memoria ROM reprogramable | reprogrammable ROM
memoria secundaria | secondary memory (/storage)
memoria semiconductora | semiconductor memory
memoria serie | serial memory
memoria sólo para lectura | read-only store
memoria subordinada | background memory
memoria superconductora | superconducting memory
memoria tampón | buffer, elastic (/volatile) store
memoria tampón de audio | sound buffer
memoria tampón de datos de estado | status buffer
memoria tampón de datos de llamada | call buffer
memoria tampón de entrada | input buffer
memoria tampón de entrada/salida | input/output buffer
memoria tampón de escritura [*que almacena brevemente los datos antes de guardarlos en el disco*] | write-behind cache
memoria tampón de estado | status buffer
memoria tampón de imagen | frame buffer
memoria tampón de línea | line buffer
memoria tampón de llamada | call buffer
memoria tampón de página [*en impresoras por páginas*] | page-image buffer
memoria tampón de pantalla | screen buffer
memoria tampón de registro en serie | FIFO buffer = first-in/first-out buffer
memoria tampón de salida [*de información*] | output buffer
memoria tampón para impresión |

print buffer
memoria tampón de software | software buffer
memoria tampón de teclado | keyboard buffer
memoria temporal | stack, temporary memory
memoria temporal de datos | data buffer
memoria transitoria | scratchpad
memoria tridimensional | three-dimensional memory
memoria virtual | virtual memory
memoria volátil | volatile memory (/storage, /store)
memoria volátil de software | software buffer
mención de la inscripción registral | copyright information
mendelevio | mendelevium
menor | minor
menor o igual que | less than or equal to
menor que | less than
mensaje | message, prompt
mensaje anterior | previous message
mensaje autoexplicativo | self-evident message
mensaje colectivo | multiple address report
mensaje completo de liberación | release complete message
mensaje con direcciones múltiples | multiple address message
mensaje con origen en la misma localidad de la estación trasmisora | originating message
mensaje con pregunta | question message
mensaje crítico | critical message
mensaje de acción | action message
mensaje de administración aeronáutica | aeronautical administrative message
mensaje de arranque | boot-up message
mensaje de advertencia | warning light
mensaje de alerta | warning (message)
mensaje de aviso | warning light (/notice)
mensaje de cancelación | cancel message
mensaje de correo electrónico | e-mail message = electronic mail message
mensaje de dirección completo | address complete message
mensaje de dirección inicial | initial address message
mensaje de emergencia | urgency message
mensaje de energía completa activada | full power on message
mensaje de error | error message
mensaje de error en el registro | error log message
mensaje de escala | relay message
mensaje de estado en el registro | status log message
mensaje de información | informational message
mensaje de liberación | release message
mensaje de llegada | arrival message
mensaje de notificación | notification message
mensaje de posición | position report
mensaje de prevención | warning notice
mensaje de punto de comprobación | checkpoint message
mensaje de respuesta | answer message
mensaje de salida | outgoing message
mensaje de seguridad | safety message
mensaje de servicio | service message
mensaje de tercero | third-party message
mensaje de urgencia | urgency message
mensaje definido por el usuario | user-defined message
mensaje del sistema | system prompt
mensaje duplicado | duplicate message
mensaje emergente | pop-up message
mensaje en curso | in-progress message
mensaje en la banda | band message
mensaje enviado equivocadamente | missent message
mensaje franco | franked message
mensaje hablado | voice mail
mensaje ilegible | illegible (/unreadable) message
mensaje informativo | (information) message
mensaje interpersonal | interpersonal message
mensaje mutilado | mutilated message
mensaje normalizado | standard message
mensaje orientado al objeto | object-oriented message
mensaje para tercero | third-party message
mensaje por radio | radio (/wireless) message
mensaje por teleimpresora | teletypewriter message
mensaje relativo a la carga | load message
mensaje relativo a la seguridad | safety message
mensaje retrasmitido | relayed message
mensaje RQ [*mensaje de petición*] | RQ message = request message
mensaje semafórico | semaphore message
mensaje sobrelargo | overlong message
mensaje telefónico protegido | secure voice
mensaje telegráfico | telegraph message
mensaje trasmitido equivocadamente | missent message
mensaje urgente | urgent message
mensaje urgentísimo | flash message
mensajería de voz [*tráfico de mensajes con grabación de voz*] | voice messaging
mensajero | messenger
mensajes interpersonales | interpersonal messaging
mensajes orientados al proceso | process-oriented messages
ménsula | hanger, angle bracket
ménsula de anclaje | stay crutch
ménsula de ángulo | hook bracket
ménsula de montaje universal | universal mounting bracket
ménsula doble | double insulator spindle
ménsula doble en U | double U insulator spindle
menú | menu
menú abierto mientras se pulsa | spring-loaded menu
menú completo | full menu
menú corto | short menu
menú de aceleración | menu accelerator
menú de archivos | file menu
menú de ayuda | help menu
menú de control | control menu
menú de desplazamiento | tear-off menu
menú de encaminamiento | path menu
menú de la ventana | window menu
menú de llamada en memoria | pull-down menu
menú de opciones | option menu
menú de ruta | path menu
menú de visualización | display menu
menú del espacio de trabajo | workspace menu
menú desplegable | drop-down menu, pull-down menu, pop-up menu
menú emergente | pop-up menu
menú en cascada | cascading (/cascaded) menu
menú jerarquizado | hierarchical menu
menú sensible al contexto | context-sensitive menu
menú separable | tear-off menu
MEO [*satélite de órbita media*] | MEO = medium earth orbit
mercado horizontal | horizontal market
mercado vertical | vertical market
mercancía de libre uso | freeware
mercurio | mercury
meridiano magnético | magnetic meridian
mesa | desk; [*en transistores, área que se eleva cuando se corroe el material semiconductor, permitiendo el acceso a la base y el colector*] mesa [*formed by etching away the electrically active material surrounding*]

mesa conmutadora con cables de pares | switchboard with cord pairs
mesa de aparatos | apparatus table, terminal desk
mesa de ayuda [*equipo de soporte técnico*] | help desk
mesa de cableado | wiring table
mesa de calefacción en vacío | vacuum hot plate
mesa de conexionado | wiring table
mesa de conmutación | switching desk
mesa de control | observation desk
mesa de control de sonido | sound control desk
mesa de control e instrumentación | control and instrument desk
mesa de corte | test rack
mesa de encargado | chief operator's desk
mesa de enclavamiento eléctrico | electrical interlock board
mesa de entrada | B switchboard
mesa de información | information desk
mesa de observación | observation desk
mesa de operador | manual board, telephone switchboard
mesa de operadora | manual block
mesa de operadores | operating table
mesa de pruebas | test desk, exchange testing position
mesa de pruebas de enlaces de salida | outgoing junction (/trunk) test desk
mesa de pruebas interurbana | toll test desk
mesa de pruebas y mediciones | wire chief's desk
mesa de reclamaciones | complaint (/monitor's, /repair clerk's) desk
mesa de sacudidas | shaking table
mesa de supervisión | chief operator's desk
mesa de supervisión de tráfico | operating supervisory table
mesa de trabajo | operating (/utility) table
mesa de vigilancia | monitoring desk
mesa para empalmes | splicer table
mesa para puesto receptor | receiving position table
mesa vibratoria | shake (/shaking, /vibrator) table
meses / hombre | man month
meseta | plateau
meseta de potencial | potential plateau
meseta del impulso | pulse flat
mesón | meson
mesón de periodo corto | short-lived meson
mesón escalar | scalar meson
mesón K | K meson
mesón mu | muon
mesón pi | pi meson
mesón rho | rho meson
mesón sigma | sigma meson

mesón tau | tau meson
mesosfera | mesosphere
mesotorio | mesothorium [*obs*]
mesotrón | mesotron
meta | target
meta- [*pref. que significa "después de", "junto a", "entre" o "con"*] | meta- [*prefix*]
metaarchivo [*archivo que contiene otros archivos*] | metafile
metaarchivo de vídeo [*para trasferencia de imágenes entre sistemas*] | video display metafile
metaarchivo informático de gráficos | computer graphics metafile
metacarácter [*carácter que establece vínculos con otros caracteres*] | meta-character
metacompilador [*compilador que produce a su vez compiladores*] | meta-compiler
metadatos [*datos sobre datos*] | metadata
metadina | metadyne
metadinamo | metadyne
metaensamblador | meta-assembler
metáfora | metaphor
metaindicador [*en documentos HTML o XML*] | metatag, meta tag
metal | metal
metal alcalino | alkali metal
metal alcalinotérreo | alkali earth metal
metal bruto | crude metal
metal compuesto | misch metal
metal de aporte | weld metal
metal de base | base metal
metal de Monel | Monel metal
metal de punto de fusión bajo | easily-fusible metal, low-melting-point metal
metal depositado | weld metal
metal duro | hard metal
metal en suspensión | metal fog
metal en suspensión en un electrolito | metal fog
metal estampado | stamped metal
metal ligero | light metal
metal mixto | misch metal
metal Muntz | Muntz metal
metal no férrico | nonferrous metal
metal no ferroso | nonferrous metal
metal noble | noble metal
metal para blindaje | shielding metal
metal platinífero | platinum metal
metal precioso | precious metal
metal pulverizado con pistola | sprayed metal
metal refractor | refractor metal
metal rociado | sprayed metal
metal sinterizado | sintered metal
metal soldador | weld metal
metalenguaje | metalanguage
metálico | metallic
metalización | metallisation [UK], metallization [USA]; plating
metalización al vacío | vacuum metalizing

metalización base | bottom metallization
metalización con pistola | spray gun metallization
metalización de la ampolla de válvula | metallisation of a valve
metalización en vacío | vacuum metalizing
metalización galvánica | galvanic metallisation
metalización multicapa | multilayer metallization
metalización selectiva | pattern plating
metalización total | panel plating
metalizado | metallising [UK], metallizing [USA]; plated, silvering
metalizado frío por descarga | sputter
metalografía | metallography
metaloide | metalloid, semimetal
metalurgia | metallurgy
metalurgia de fibras | fibre metallurgy
metalurgia de polvos | powder metallurgy
metalurgia del reactor | reactor metallurgy
metalurgia electrónica | electron metallurgy
metámero | metamer
metamorfosis | morphing = metamorphosing
metaniobiato de plomo | lead methaniobate
metanol [*alcohol metílico*] | methanol = methyl alcohol
meteorógrafo | meteorograph
método | course, method, system
método abreviado | shortcut (key)
método abreviado con teclado | shortcut key
método bilinear | two-line method
método con amarre previo | prelash method
método con arco de carbón | carbon arc method
método con capa fluorescente del cátodo | cathode glow layer method
método con enriquecimiento | preconcentration method
método con esferitas | globule arc method
método con fotografía | exposure method
método de acceso | access method
método de acceso a la cola | queued access method
método de acceso a la memoria virtual | virtual storage access method
método de acceso básico | basic access method
método de acceso común | common access method
método de acceso secuencial indexado | indexed sequential access method
método de actualización de matrices | matrix-updating method
método de ajuste a cero | balance (/null) method

método de análisis por ancho de líneas | line breadth method
método de anillo | Rowland method
método de batido a cero | zero beat method
método de Born-Oppenheimer | Born-Oppenheimer method
método de Buckley | Buckley method
método de calibración de Churchill | Churchill calibration method
método de Callender y Barnes | Callender and Barnes method
método de Campbell | Campbell method
método de Carlson | Carlson method
método de cero | zero method
método de Churchill | Churchill calibration method
método de colocación | collocation method
método de comparación alternativa | alternating comparison method
método de comparación de espectros | comparison spectrum method
método de compensación | compensating method
método de conexiones radiales | wagon wheel wiring method
método de contraelectrodo rotatorio | rotrode (/rotating carbon disc) method
método de control en dos puntos | two-control-point method
método de control por muestreo aleatorio | sampling method of checking
método de corrección | correction method
método de cuadrados mínimos | method of least squares
método de deceleración | retardation method
método de desarrollo de Viena | Vienna development method
método de desviación de nodo | node shift method
método de diferencias finitas | finite-difference method
método de difusión térmica | thermal diffusion method
método de diseño y análisis de sistemas estructurados | structured systems analysis and design method
método de distribución radial | radial distribution method
método de eco radioeléctrico | radio echo method
método de elementos finitos | finite-element method
método de equilibrado | balanced method
método de escucha de vigilancia continua | continuous attention method
método de escucha permanente | continuous attention method, utility operating method
método de espejo para determinar ganancias | mirror method of gain measurement
método de Euler | Euler's method
método de Evjen | Evjen method
método de exploración | scanning method
método de explotación del tráfico | traffic-handling method, method of operation, operational procedure
método de extrapolación | extrapolation method
método de fase | phasing method
método de Hittorf | Hittorf method
método de impresión | method of printing
método de la flecha | sagitta method
método de la radiorresonancia | radioresonance method
método de la secante | secant method
método de las potencias | power method
método de las potencias inversas | inverse power method
método de las tres líneas | interpolation method
método de línea de base | reference line method
método de línea de carga | load line method
método de líneas de órdenes | call circuit method
método de llamada directa por líneas auxiliares | straightforward (/signal forward) junction working, straightforward trunking method
método de llamada sencilla | A position working, combined local and toll operation
método de llamada sencilla para tráfico urbano e interurbano | combined local and toll operation
método de los armónicos esféricos | spherical harmonics method
método de los dos vatímetros | two-wattmeter method
método de los polvos electrostáticos | | powder pattern method
método de media móvil | moving-average method
método de medición | measuring method
método de Milne | Milne method
método de Monte Carlo | Monte Carlo method
método de multiplexado | method of multiplexing
método de multirred | multigrid method
método de Newton | Newton's method
método de polvo a difracción | powder diffraction analysis
método de polvo según Debye-Scherrer | Debye-Scherrer method
método de posición falsa | false position method
método de reciprocidad | reciprocity method
método de relajación | relaxation method
método de reparación de errores en paralelo | parallel shooting method
método de resonancia | resonance method
método de resonancia atómica | atomic beam resonance method
método de resonancia magnética del núcleo | nuclear magnetic resonance method
método de Rowland | Rowland method
método de sacudidas | powder-shifting method
método de Schmidt-Hilbert | Schmidt-Hilbert method
método de señal cero | zero signal method
método de señalización | signalling method (/option)
método de señalización por corriente continua | direct current signalling method
método de separación por difusión térmica | thermal diffusion method
método de Serber-Wilson [teoría del trasporte de neutrones] | Serber-Wilson method
método de soldadura sin plomo para chips | plastic leadless chip carrier
método de sustitución | substitution method
método de tiro | pulling method
método de Tiselius | Tiselius method
método de torneo | tournament method
método de trabajo | method of operation
método de tracción | pulling method
método de trasmisión | method of transmission
método de utilización de mapas | map method
método de variación | variational method
método de verosimilitud máxima | method of maximum likelihood
método de Weissenberg | Weissenberg method
método de Yvon | Yvon method
método del camino crítico | critical path method
método del cero | balance (/null) method
método del cristal giratorio | rotating crystal method
método del cristal oscilante | oscillating crystal method
método del cristal rotativo | rotating crystal method
método del cuaderno colectivo | collective notebook method
método del potenciómetro | potentiometer method
método del puente de Wheatstone | Wheatstone bridge method
método del punto de ensilladura | saddle point method

método determinativo | method of determination
método diferencial | difference method
método diferencial de fotones | photon difference method
método en paralelo | parallel method
método equilibrado | balanced method
método estadístico | statistical method
método exhaustivo | greedy method
método GBS = método de extrapolación de Gragg | GBS method = Gragg's extrapolation method
método heterostático | heterostatic method
método homodino | zero beat method
método idiostático | idiostatic method
método iterativo | iterative method
método iterativo de reparación de errores | shooting method
método lineal de pasos múltiples | linear multistep method
método modular de prueba y operación de la construcción de software | modular approach to software construction operation and test
método numérico | numerical method
método por pérdidas separadas | loss summation method
método potenciométrico | potentiometer method
método predictor-corrector | predictor-corrector method
método Romberg | Romberg method
método símplex | simplex method
método sistemático | scheduling method
método voltimétrico | voltmeter method
metodología | methodology
metodología de modelado [en comercio electrónico] | modelling methodology
metrechon [válvula de almacenamiento utilizada en convertidores de exploración] | metrechon
métrica | metrics
métrica de Hamming | Hamming metric
métrica de Lee | Lee metric
métrico | metric
metro | metre [UK], meter [USA]
metroamperio | meterampere
metrobujía | metercandle
metronio | metron
MeV = megaelectrón-voltio | MeV = megaelectron-volt
MExE [servidor de entorno de ejecución móvil] | MExE = mobile execution environment
mezcla | alloy, composition, mixing, mixture
mezcla de audio | audio dubbing
mezcla de bandas | band splitting
mezcla de colores | colour mixture
mezcla de gas | gaseous mixture
mezcla de impulsos | pulse mixing
mezcla de líquidos | liquid mixture

mezcla de llamadas | call mix
mezcla de pasta | paste blending
mezcla de referencia | comparison standard mixture
mezcla de sonidos | dubbing
mezcla isotópica | mixture of isotopes
mezcla mica-vidrio | glass-bonded mica
mezcla multiplicadora | multiplicative mixing
mezcla patrón | standard mixture
mezcla reactiva | reactive mixture
mezcla sincrónica | synchronous mixing
mezclabilidad | miscibility
mezclado | blending, mixing; mixed
mezclado electromagnético | electromagnetic mixing
mezclado favorecido | promoted mixing
mezclador | mixer, scrambler
mezclador asimétrico | single-ended mixer
mezclador con triodo de rejilla a tierra | grounded grid triode mixer
mezclador de antena | diplexer
mezclador de audio | audio mixer
mezclador de audio nativo | native audio mixer
mezclador de cristal | crystal mixer
mezclador de diodo | diode mixer
mezclador de heptodo | pentagrid mixer
mezclador de la señal de sincronización | synchronizing-signal mixer unit
mezclador de lenguaje | speech scrambler
mezclador de modos | mode scrambler
mezclador de pentarrejilla | pentagrid mixer
mezclador de resistencia | resistor mixer
mezclador de señales | signal mixer
mezclador de señales de imagen | video mixer
mezclador de vídeo | video mixer
mezclador equilibrado | balanced mixer, rat race
mezclador microfónico | microphone mixer
mezclador pasivo | dry (/passive) mixer
mezclador sin elementos activos | dry mixer
mezclador supresor de señal de imagen | image reject mixer
mezclador triodo-hexodo | triode-hexode mixer
mezclar | to mix, to scramble
mezclar señales | to mix
MF [frecuencia media] | MF = medium frequency
MF = modulador (/modulación) de fases | PM = phase modulator (/modulation)
MFC [señalización por multifrecuencia] | MFC = multifrequency code
MFLOPS [millón de operaciones de coma flotante por segundo (para medir la velocidad de procesado)] | MFLOPS = million floating-point operations per second
MFM = modulación de frecuencia modificada | MFM = modified frequency modulation
MFP [periférico multifuncional (/de funciones múltiples)] | MFP = multifunction peripheral
MFS [sistema de archivos de Macintosh] | MFS = Macintosh file system
Mg = magnesio | Mg = magnesium
MG [pasarela de medios] | MG = media gateway
MGC [controlador de la pasarela de medios] | MGC = media gateway controller
MGCF [función de control de la pasarela de medios] | MGCF = media gateway control function
MGCP [protocolo de control de la pasarela de medios] | MGCP = media gateway control protocol
MGCU [unidad de controlador de pasarela de medios] | MGCU = media gateway controller unit
mget [orden para trasferir varios archivos a la vez] | mget = multiple get
MGU [unidad de pasarela de medios] | MGU = media gateway unit
MGWE [pasarela de medios] | MGW = media gateway
mH = milihenrio | mH = millihenry
MH [código de Huffman modificado] | MH = modified Huffman
MHD = magnetohidrodinámica | MHD = magnetohydrodynamics
MHEG [familia de estándares desarrollada por ISO] | MHEG = multimedia hypermedia experts group
mho [unidad de conductancia] | mho
MHS [sistema de tratamiento de mensajes] | MHS = message handling system
MHz = megahercio | MHz = megahertz
MI [derivación múltiple (en lenguajes de programación)] | MI = multiple inheritance
mi contribución | my two cents [fam. expression used informally in newsgroups]
MIC [circuito integrado de microondas] | MIC = microwave integrated circuit
MIC [conector de interfaz con la red] | MIC = media interface connector
MIC = micrófono | MIC = microphone
MIC = modulación por impulsos codificados | PCM = pulse code modulation
mica | mica
mica reconstituida | reconstituted mica
mica sintética | synthetic mica
micanita | built-up mica
micela [agregación de moléculas en solución coloidal] | micelle
micela iónica | ion micelle

mickey [*unidad de movimiento del ratón, equivalente a 1/200 de pulgada*] | mickey [*unit of measure for mouse movement equal to 1/200th of an inch*]
MICR [*reconocimiento de caracteres en tinta magnética*] | MICR = magnetic ink character recognition
micra [*unidad de longitud igual a la millonésima parte del metro*] | micron
micro- [*pref. que significa 'muy pequeño'; en unidades significa una millonésima parte*] | micro- [*metric prefix meaning 10^{-6} = one millionth*]
microaleación | microalloy
microamperímetro | microammeter
microamperímetro de cero central | zero-centre microammeter
microamperímetro de cero en el centro | zero-centre microammeter
microamperio | microampere
microanálisis | microanalysis
microanálisis espectral cuantitativo | semiquantitative microspectrum analysis
microanalizador | microanalyser, microanalyzer
microanalizador de rayos X con sonda electrónica | electron microprobe analyser
microanalizador de sonda electrónica | electron probe microanalyser
microanalizador por láser | laser microanalyser
microanalizador por rayos X | X-ray microanalyser
microatadura | microbond
microauricular | earplug
microbanda | microstrip
microbanda de trasmisión | microstrip
microbara [*unidad de presión utilizada en acústica*] | microbar
microbarógrafo | microbarograph
microcasete | microcassette
microchip | microchip
microcircuito | microcircuit
microcircuito de base cerámica | ceramic-based microcircuit
microcircuito de componentes discretos | discrete component microcircuit
microcircuito de película | film microcircuit
microcircuito de película delgada | thin-film microcircuit
microcircuito híbrido | hybrid microcircuit
microcircuito integrado | integrated microcircuit
microcircuito monolítico | monolithic microcircuit
microcircuito multipastilla | multichip microcircuit
microcodificación | microcoding
microcódigo | microcode
microcomponente | microcomponent
microcontacto de precisión | precision snap-acting switch
microcontrolador | microcontroller

microcrisol de grafito | graphite microcrucible
microcubeta | microcell
microcurvatura | microbending
microdensitómetro | microdensitometer
microdestello | microflash
microdisco flexible | microfloppy disk
microelectrodo | microelectrode
microelectrónica | microelectronics
microelectrónica de película fina | thin-film microelectronics
microelectrónica híbrida | hybrid microelectronics
microelemento | microelement
microemisor espía | bug
microesfera radiante | radiating microsphere
microespaciado [*en artes gráficas*] | microspacing
microestructura | microstructure
microestructura de elementos discretos | high-density assembly
microestructura mixta | hybrid microstructure
microfallo | microcrack
microfaradio | microfarad
microficha | microfiche
microfilm de entrada para ordenador | computer-input microfilm
microfilm de salida para ordenador | computer-output microfilm
microfonía | microphonics, microphony
microfonismo | microphonism
micrófono | microphone; mike [*fam*]
micrófono a prueba de ruidos explosivos | pop proof (/popproof) microphone
micrófono antirruido | antinoise microphone
micrófono astático | astatic microphone
micrófono autoexcitado | self-energizing microphone
micrófono bidireccional | bidirectional microphone
micrófono cardioide | cardioid microphone
micrófono cerámico | ceramic microphone
micrófono combinado | combination microphone
micrófono combinado de corrección mixta | combination microphone shunt and series peaking
micrófono con cristal de fosfato monoamónico | ADP microphone
micrófono con elemento de reluctancia variable | reluctance element microphone
micrófono con pulsador | pushbutton microphone
micrófono con reflector director parabólico | parabolic/shotgun microphone
micrófono con reflector parabólico | parabolic (reflector) microphone
micrófono de altavoz | loudspeaker microphone
micrófono de anteboca | close-talking microphone
micrófono de armadura magnética | magnetic armature microphone
micrófono de bigote | lip microphone
micrófono de bobina móvil | moving coil microphone
micrófono de botón | button microphone
micrófono de cápsula | button microphone
micrófono de carbón | carbon microphone (/transmitter)
micrófono de carbón de cápsula única | single-button carbon microphone
micrófono de carbón de doble botón | double button carbon microphone
micrófono de carbón en contrafase | pushpull carbon microphone
micrófono de célula sonora | sound cell microphone
micrófono de cinta | ribbon microphone
micrófono de circuito simétrico | pushpull microphone
micrófono de combinación | combination microphone
micrófono de compensación por bobinas en derivación y en serie | combination microphone shunt and series peaking
micrófono de condensador | capacitor microphone, condenser transmitter
micrófono de conductor móvil | moving conductor microphone
micrófono de contacto | contact microphone
micrófono de cristal | crystal microphone
micrófono de descarga luminoso | glow discharge microphone
micrófono de desviación de fase | phase shift microphone
micrófono de doble botón | pushpull carbon microphone
micrófono de escopeta | shotgun mike
micrófono de garganta | throat microphone
micrófono de gradiente | gradient microphone
micrófono de gradiente de orden superior | higher order gradient microphone
micrófono de hierro móvil | moving iron microphone
micrófono de hilo caliente | hot wire microphone
micrófono de hilo conductor | hot wire microphone
micrófono de inducción | induction speaker
micrófono de interferencia | wave-type microphone
micrófono de interferencia de ondas | wave interference microphone, wave-type microphone

micrófono de intervención | talkback microphone
micrófono de labio | lip microphone
micrófono de largo alcance | long reach mike
micrófono de línea | line microphone
micrófono de llama | flame microphone
micrófono de magnetoestricción | magnetostriction microphone
micrófono de mascarilla | mask microphone
micrófono de modelo múltiple | multipattern microphone
micrófono de órdenes | talkback microphone
micrófono de oreja | ear microphone
micrófono de pastilla única | single-button microphone
micrófono de pecho | breast (/chest) transmitter
micrófono de presión | pressure (/pressure-operated) microphone
micrófono de pulsador para hablar | press-to-talk microphone
micrófono de reluctancia | reluctance microphone
micrófono de reluctancia variable | moving iron microphone, (variable) reluctance microphone
micrófono de semiconductor | semiconductor microphone
micrófono de solapa | breastplate transmitter, lapel microphone
micrófono de titanato de bario | barium titanate microphone
micrófono de toma | pickup microphone
micrófono de válvula | probe valve microphone
micrófono de variación de fase | phase shift microphone
micrófono de velocidad | velocity microphone
micrófono desfasador | phase shift microphone
micrófono diferencial | differential microphone
micrófono dinámico | dynamic microphone
micrófono dipolar | dipole microphone
micrófono direccional | directional microphone
micrófono electromagnético | electromagnetic-type microphone, moving iron microphone, variable reluctance microphone
micrófono electrónico | electronic microphone
micrófono electrostático | electrostatic microphone
micrófono en contrafase | pushpull microphone
micrófono en cuadrilátero | ring microphone; ring mike [*fam*]
micrófono en forma de ocho | figure-eight microphone
micrófono equilibrado | pushpull microphone
micrófono estándar | standard microphone
micrófono estereocefaloide | stereocephaloid microphone
micrófono estereofónico | stereophonic microphone
micrófono estereofónico con un punto de señal | signal-point stereo microphone
micrófono hidrostático | hydrostatic microphone
micrófono inalámbrico | radio (/wireless) microphone
micrófono inalámbrico transistorizado | transistorized wireless microphone
micrófono inductivo | inductive microphone
micrófono inductor | inductor microphone
micrófono inductor dinámico | dynamic inductor microphone
micrófono iónico | ionic microphone
micrófono Lavalier | Lavalier's microphone
micrófono magnético | magnetic microphone
micrófono no direccional | nondirectional microphone
micrófono no directivo | omnidirectional microphone
micrófono normalizado | standard microphone (/transmitter)
micrófono omnidireccional | omnidirectional microphone
micrófono óptico | optical microphone
micrófono para distancia variable | variable-D microphone
micrófono parabólico | parabolic microphone
micrófono piezoeléctrico | piezoelectric microphone
micrófono piezomagnético | magnetostriction microphone
micrófono polidireccional | polydirectional microphone
micrófono por distorsión de fase | phase distortion microphone
micrófono semidireccional | semidirectional microphone
micrófono sensible al gradiente de presión | pressure gradient microphone
micrófono simétrico | pushpull microphone
micrófono sin hilos | wireless microphone
micrófono sin hilos transistorizado | transistorized wireless microphone
micrófono sonda | probe microphone
micrófono subacuático de condensador | subaqueous condenser microphone
micrófono subacuático de magnetoestricción | magnetostriction subaqueous microphone
micrófono supercardioide | supercardioid microphone
micrófono supresor de ruido | noise-cancelling microphone
micrófono telefónico | telephone transmitter
micrófono térmico | thermal microphone
micrófono transistorizado | transistorized microphone
micrófono trasmisor de carbón en contrafase | pushpull carbon transmitter
micrófono ultradireccional | ultradirectional microphone
micrófono unidireccional | unidirectional microphone
microfonógrafo | microphonograph
micrófonos estereofónicos | stereo microphones
microfonoscopio | microphonoscope
microfotografía | microphotograph
microfotograma | microphotogram
microfotómetro | microphotometer
microfotómetro de haz dividido | split-beam microphotometer
micrografía | micrograph; micrographics
micrografía electrónica | electron micrography
microgramo | microgram
microhaz | microbeam
microhaz de rayos Roentgen | X-ray microbeam
microhaz de rayos X | X-ray microbeam
microhenrio | microhenry
microhmio | microhm
microimagen [*imagen fotográfica reducida*] | microimage
microinestabilidad | micro instability
microinstrucción | microinstruction
microinstrucción horizontal | horizontal microinstruction
microinstrucción vertical | vertical microinstruction
microinterruptor | microswitch
microirradiación | micro irradiation
microjustificación [*justificación con microespaciado*] | microjustification
microlock [*sistema de bucle enganchado en fase para trasmisión y recepción de información*] | microlock
micrológica | micrologic
micromanipulador | micromanipulator
micromasaje | micromassage
micrométodo | micromethod
micrómetro | micrometer
micrómetro de chispas | spark micrometer
micrómetro de hilo | filar micrometer
micrómetro electrónico | electronic micrometer
micromho | micromho
micromicro [*obs*] | micromicro [*obs*]
microminiatura | microminiature
microminiaturización | microminiaturization
micromódulo | micromodule

micromotor | subfractional horsepower motor
micronúcleo [*en programación, núcleo modular de prestaciones básicas*] | microkernel
microoblea | microwafer
microonda | microwave
microordenador [*microordenador*] | microcomputer
microordenador de placa única | single-board microcomputer
microordenador monochip | single-chip microcomputer
micropago | micropayment
micropantalla | microdisplay, micro display
micropastilla | flip chip
micropastilla de circuitos integrados | flip chip
micropipeta | micropipette
microplaqueta | microchip
microprocesador | microprocessor
microprograma | firmware, microprogram
microprogramación | firmware, microprogramming
micropulverizador | microatomiser
microrradiografía | microradiograph, microradiography, radiomicrography
microrradiografía electrónica | electron microradiography
microrradiomedidor | microradiometer
microrradiómetro | microradiometer, radiomicrometer
microrrefrigerador termoeléctrico | thermoelectric microrefrigerator
microrrelieve | microrelief
microscopía con barrido | scanning microscopy
microscopía electrónica | electron microscopy
microscopía electrónica con barrido | scanning electron microscopy
microscopía por emisión termiónica | thermionic emission microscopy
microscópico | micro, microscopic
microscopio | microscope
microscopio compuesto | compound microscope
microscopio de luz polarizada | polarizing microscope
microscopio de medida | measuring microscope
microscopio de rayos infrarrojos | infrared microscope
microscopio de rayos X | X-ray microscope
microscopio con cámara de televisión | television microscope
microscopio electrónico | electron microscope
microscopio electrónico de exploración | scanning electron microscope
microscopio magnético | magnetic microscope
microscopio protónico | proton microscope
microscopio sobre campo de emi-

sión iónica | field ion emission microscope
microsecuencia | microsequence
microsegundo | microsecond
microsegundo-luz | light microsecond
microsin [*traductor para trasformar pequeños desplazamientos angulares en señales eléctricas*] | microsyn
microsincronización | microsynchronization
Microsoft [*empresa informática*] | Microsoft [*a computer company*]
microsonda | microprobe
microsonda de Castaing | electron probe microanalyser
microsoporte [*para microimágenes*] | microform
microsurco | microgroove
microteléfono | microtelephone, (telephone) handset
microteléfono con micrófono de carbón de una sola pastilla | single-button carbon handset
microteléfono con pulsador para hablar | push-to-talk handset
microteléfono de pulsador | press-to-talk handset
microtransacción | microtransaction
microtrón | microtron
microtubo | midget tube
microvatio | microwatt
microvoltímetro | microvoltmeter
microvoltio | microvolt
microvoltios inducidos en antena | aerial-induced microvolts
microvoltios por metro | microvolts per metre
microvoltios por metro a una milla | microvolts/metre/mile
MIDI [*interfaz digital para instrumentos musicales*] | MIDI = musical instrument digital interface
MIDS [*sistema de distribución de información múltiple*] | MIDS = multiple information distribution system
miembro | member
migración | migration
migración atómica | atomic migration
migración de iones | ion migration
migración iónica | ionic migration
migración superficial | surface migration
migración superficial de electrones | surface migration
migrar | to migrate
milésima angular | millieme
milésima circular | circular mil [USA]
milésimo | mil
mili- [*pref. que significa una milésima parte*] | milli- [*metric prefix meaning 10^{-3} = one thousandth*]
miliamperímetro | milliammeter
miliamperímetro de corriente anódica | plate current meter
miliamperímetro de rejilla | slideback milliammeter
miliamperio | milliampere
milibar | millibar

milicurio | millicurie
miligramo | milligram
milihenrio | millihenry
mililambert | millilambert
mililitro | millilitre
milimaxwell | millimaxwell
milímetro | millimetre
milimicrómetro | millimicrometre
milinilo | millinile
miliohmio | milliohm
milipulgada | mil
miliroentgen | milliroentgen
milisegundo | millisecond
militorr | millitorr
milivatio | milliwatt
milivoltímetro | millivoltmeter
milivoltio | millivolt
milivoltios por metro | millivolts per metre
milla | mile
milla de conductor | wire mile [USA]
milla de línea | wire mile [USA]
milla de tendido | wire mile [USA]
milla náutica | nautical mile
milla náutica de impulso de radar | radar nautical mile
milla náutica de radar | radar nautical mile
milla terrestre | statute mile
millardo [*mil millones*] | billion [USA]
millas de canal | channel miles
millón de instrucciones por segundo | million instructions per second
millón de operaciones por segundo | million operations per second
MILNET [*red informática militar*] | MILNET = military network
MIME [*extensión multifuncional (/multipropósito) de correo en internet*] | MIME = multipurpose Internet mail extension
min. = mínimo | min = minimum
mina acústica | acoustic mine
mina magnética | magnetic mine
mina sónica | sonic mine
mina submarina | underwater mine
mineral | mineral
mineral radiactivo | radioactive mineral (/ore)
mineral secundario | secondary mineral
minería de datos | data mining
miniagenda electrónica [*ordenador portátil de reducidas dimensiones*] | mini-notebook
miniatrón | miniatron tube; miniatron valve [UK]
miniatura | miniature, thumbnail
miniaturización | miniaturization
minicasete | minicassette
minidisco | minidisk
minidisco flexible [*de 5,25 pulgadas*] | minifloppy
miniláser | minilaser
mínima alta frecuencia útil | lowest useful high frequency
mínima frecuencia de muestreo | minimum sampling frequency

mínima frecuencia útil | lowest useful frequency
mínima integración | minimum integration
mínima señal detectable | minimum detectable signal
minimación | minimization
minimar | to iconify, to minimize
minimar la decoración | minimize decoration
minimización | minimization
minimizar | to minimize
mínimo | minimum, null
mínimo aural | aural null
mínimo común múltiplo | least common multiple
mínimo de corriente | valley point current
mínimo equivalente mecánico de luz | least mechanical equivalent of light
mínimo sonoro | aural null
miniordenador | minicomputer, midrange computer
miniseguimiento | minitrack
minisurco | minigroove
minitérmino | minterm, standard product term
minitorre [*caja de CPU*] | minitower
minorar | to derate
minoritario | minority
minuto | minute
minuto cargado | chargeable minute
minuto cobrado | chargeable minute
minuto tasado | chargeable (/paid) minute
miocinesímetro | myokinesimeter
miófono | myophone
miógrafo | myograph
MIP [*IP móvil (protocolo IP para comunicaciones móviles)*] | MIP = mobile IP
MIP = máxima intensidad de proyección | MIP = maximum intensity projection
MIPS = millones de instrucciones por segundo | MIPS = millions of instructions per second
mira de infrarrojos | sniperscope
mira electrónica | test pattern generator
mira electrónica de televisión | television test pattern generator
mira para determinar la flecha de los hilos | dip gauge
mira para pruebas de definición | resolution test chart
mira telescópica de infrarrojos | sniperscope
mirar un mensaje | to observe a message
miria- [*pref. que indica diez mil unidades*] | myria-
miriamegaóhmetro | myria-megger
miriamétrico | myriametric
miriámetro | myriameter
miriavatio | myriawatt
mirilla | viewing window
mirón | lurker
mironeo [*Hispan.*] | lurking

MIS [*capa de metal-aislante-silicio*] | MIS = metal-insulator-silicon
MIS [*sistema de información para la dirección (/gestión)*] | MIS = management information system
MISDN [*número de identificación de estación móvil*] | MISDN = mobile ISDN
misil antimisil | antimissile missile
misil antirradiación | antiradiation missile
misil de persecución | pursuit course missile
misil dirigido | guided missile
misil dirigido aire-aire | air-to-air guided missile
misil dirigido aire-superficie | air-to-surface guided missile
misil interceptor | interceptor missile
misil térmico | heatseeker
misión de radar | radar mission
mistor [*dispositivo cuya resistencia aumenta con la intensidad del campo magnético en el que se encuentra*] | mistor
mitad | half, median
mitrón | mitron
MIX [*mezclador, mezcla*] | MIX = mixer, mixing
MIXER [*pasarela para conversión de correo electrónico*] | MIXER = MIME Internet X.400 enhanced relay
MLE = módulo lógico del enclavamiento [*en enclavamientos ferroviarios electrónicos*] | ILM = interlocking logic module
MLG = modelo lineal generalizado | GLM = generalized linear model
mm = milímetro | mm = millimetre
MM = multimedia [*múltiples medios de comunicación*] | MM = multimedia
mm Hg = milímetros de mercurio | mm Hg
MMDS [*sistema de distribución multicanal multipunto*] | MMDS = multipoint multichannel distribution system
mmf = potencial magnético | mmf = magnetomotive force [*obs*]
MMI [*interfaz hombre-máquina*] | MMI = man-machine interface
MML [*lenguaje hombre máquina*] | MML = man machine language
MMR [*código de lectura modificada modificada*] | MMR = modified modified read
MMU = unidad de gestión de memoria | MMU = memory management unit
MMV [*multivibrador monoestable*] | MMV = monostable mutivibrator
MMX [*extensiones multimedia*] | MMX = multimedia extensions
Mn = manganeso | Mn = manganese
MNOS [*semiconductor metálico de óxido nítrico*] | MNOS = metal-nitride-oxyde semiconductor
MNP [*protocolo de red Microcom para corrección de errores en trasmisiones telefónicas de datos*] | MNP = Microcom network protocol

Mo = molibdeno | Mo = molybdenum
MO = módulo operativo [*en enclavamientos ferroviarios electrónicos*] | OM = operating module
MOB [*bloque de objetos movibles*] | MOB = movable object block
MOC [*llamada desde equipo móvil*] | MOC = mobile originated call
MO-CD [*disco compacto multióptico*] | MO-CD = multioptical compact disk
mochila [*fam: llave de seguridad para hardware*] | hardware key
MOD = modulador | MOD = modulator
MOD AMP = modulación de amplitud | AMPTD-MODUL = amplitude modulation
modal [*relativo al modo de operación*] | modal
modalidad | mode
modalidad conversacional | conversational mode
modalidad de acceso | access mode
modalidad de barrido único | single-sweep operating mode
modalidad de eco local | local echo mode
modalidad de energía | power mode
modalidad de gestión de energía | power save mode
modalidad de recepción | reception mode
modalidad del proceso de protección | security processing mode
modalidad en ráfagas | burst mode
modalidad especializada | dedicated mode
modalidad funcional de barrido único | single-sweep operating mode
modalidad selectiva | select mode
modec [*dispositivo que genera digitalmente señales de módem analógico*] | modec = modem and codec
modelación impresa | form overlay
modelado | modelling [UK], modeling [USA]; shaping
modelado de onda | wave shaping
modelado de ondas | waveform shaping
modelado superficial [*en gráficos de ordenador*] | surface modeling
modelado tridimensional | 3-D modeling
modelar | to shape
modelización de dominio | domain modeling
modelización en espiral | spiral model
modelo | form, model, normal, pattern, shape, template; [*de estructura de datos*] picture
modelo a escala real | boilerplate
modelo a escala reducida | scale model
modelo ampliado [*procesador Intel de memoria ampliada*] | large model
modelo atómico de Bohr | Bohr atomic model
modelo autoelevador | bootstrap model

modelo bidimensional | two-dimensional model
modelo cliente-servidor | client-server model
modelo compacto | compact model
modelo conductor | conductive pattern
modelo constructivo de costos | constructive cost model
modelo cromático | colour model
modelo de ampliación | extension model
modelo de Bohr y Mottelson | Bohr and Mottelson model
modelo de cálculo de costes | cost estimation model
modelo de circuito | circuit model
modelo de componente objeto | component object model
modelo de componentes distribuidos en red | distributed component object model
modelo de conductor | conductor pattern
modelo de controladora | driver model
modelo de controladores de Windows | Windows driver model
modelo de datos | data model
modelo de edad de Fermi | Fermi age model, continuous slowing-down model
modelo de elementos concentrados | lumped model
modelo de fallo | fault model
modelo de Gilbert | Gilbert model
modelo de haz | beam pattern
modelo de información común | common information model
modelo de la gota líquida | liquid drop model
modelo de la selección a examinar | browse selection model
modelo de los núcleos de Schmidt | Schmidt model of nuclei
modelo de medidas de seguridad | security model
modelo de memoria | memory model
modelo de moderación continua | continuous slowing-down model, Fermi age model
modelo de objeto | object model
modelo de objeto del sistema | system object model
modelo de objetos del documento | document object model
modelo de partícula individual | individual particle model
modelo de partícula única | one-particle model
modelo de partículas independientes | single-particle model, independent particle model
modelo de polvos | powder pattern method
modelo de potencial promediado | average potential model
modelo de producción | production model
modelo de quark | quark model
modelo de radiación | radiation pattern
modelo de radiofrecuencia | RF pattern
modelo de red | network model
modelo de referencia | reference model
modelo de referencia de internet | Internet reference model
modelo de referencia de un nivel | one-layer reference model
modelo de referencia de una categoría | one-layer reference model
modelo de referencia OSI de siete capas | OSI reference model with its layers 1 to 7
modelo de regresión lineal | linear regression model
modelo de regresión múltiple | multiple regression model
modelo de regresión no lineal | non-linear regression model
modelo de resonancia aguda | narrow resonance model
modelo de retícula lineal [en representación tridimensional de gráficos] | wire-frame model
modelo de selección | selection model
modelo de selección ampliada | extended selection model
modelo de selección de rango | range selection model
modelo de tiempo | time pattern
modelo de transistor | transistor package
modelo de trasferencia | transfer model
modelo de trazo | stroke pattern
modelo de un grupo | one-group model
modelo de un único paso | one pass model
modelo de usuario | user model
modelo de varios grupos | multigroup model
modelo de Voight | Voight model
modelo de Weibull | Weibull model
modelo del núcleo | nuclear model
modelo Elliot | Elliot model
modelo en capas | shell model
modelo en cascada | waterfall model
modelo en V | V-model
modelo espacial | space pattern
modelo experimental | breadboard (/experimental) model
modelo geométrico | space pattern
modelo jerárquico | hierarchical model
modelo lineal generalizado | generalized linear model
modelo matemático | mathematical model
modelo mediano [de memoria Intel] | medium model
modelo minúsculo [de memoria en procesadores Intel] | tiny model
modelo nuclear | nuclear model
modelo nuclear alfa | alpha particle model
modelo pequeño [de memoria] | small model
modelo prototipo | prototype model
modelo relacional | relational model
modelo seudoaleatorio | pseudorandom pattern
modelo sólido [tridimensional] | solid model
modelo trapezoidal | trapezoidal pattern
modelo tridimensional | three-dimensional model
modelo universal | universal pattern
módem = modulador/desmodulador | modem = modulator/demodulator; subset
módem asimétrico | asymmetric modem
módem basado en software | software-based modem
módem blando [módem basado en software] | softmodem
módem compatible | compatible modem
módem de banda ancha | broadband modem
módem de cable | cable modem
módem de conexión directa | direct-connect modem
módem de cuatro hilos | four-wire modem
módem de fax y datos [módem que puede transmitir datos en serie e imágenes de fax] | data/fax modem
módem de grupo | group modem
módem de grupo básico | basegroup modem
módem de recepción y trasmisión | answer/originate modem
módem de red | network modem
módem de respuesta por llamada | callback modem
módem de sólo respuesta | answer-only modem
módem de supergrupo | supergroup modem
módem de voz [que soporta comunicaciones habladas] | voice (/voice-capable) modem
módem en banda base | baseband modem
módem externo | external modem
módem integral | integral modem
módem interno | internal modem
módem listo [para funcionar] | modem ready
módem semidúplex | half-duplex modem
módem simple | simplex modem
módem símplex con canal de retorno | simplex modem with backward channel
módem sincrónico | synchronous modem
módem telefónico | telephone modem
módem telegráfico | telegraph modem
moderación | moderation, slowing-down

moderador | moderator
moderador de velocidad | speed checker
moderador estacionario | stationary moderator
moderar | to slow down
modificación | building-out, editing, modification
modificación de direcciones | address modification
modificación de instrucción | instruction modification
modificación del cableado | wiring change
modificador | modifier, spoiler
modificador automático autoincremental de dirección | self-incrementing automatic address modifier
modificador de fase | phase advancer (/modifier)
modificador de la longitud de onda | wavelength shifter
modificador del marcador | dial modifier
modificar | to edit, to modify
modificar a medida | to customize
modificar el registro [*del ordenador*] | register modify
modo | mode, system
modo a ráfagas | burst mode
modo acústico | acoustic mode
modo administrativo | administrative mode
modo alfanumérico [*modo de texto*] | alphanumeric mode
modo alternativo | alternate mode
modo aumentado | enhanced mode
modo básico láser | laser basic mode
modo común | common mode
modo conversacional | conversational mode
modo de ahorro de energía | energy saver mode, power down mode
modo de añadir | add mode
modo de cálculo | calculator mode
modo de captura | trapped mode
modo de carga | load mode
modo de círculo-punto | circle-dot mode
modo de comando | command mode
modo de compatibilidad | compatibility mode
modo de concentración profunda | deep hack mode
modo de configuración | configuration mode
modo de conmutación | switching mode
modo de creación | build mode
modo de despliegue | roll mode
modo de despliegue de pantallas | roll mode
modo de direccionamiento [*para indicar direcciones en memoria*] | address (/addressing) mode
modo de direccionamiento de memoria | memory addressing mode
modo de direccionamiento de puntos | dot-addressable mode
modo de edición | edit mode
modo de ejecución absoluta [*en el que sólo se puede ejecutar un programa a la vez*] | real mode
modo de emisión trasversal | trasversal emission mode
modo de escritura | write mode
modo de explotación semidúplex | semiduplex method of operation
modo de explotación símplex | simplex method of operation
modo de fallo | failure mode
modo de funcionamiento saturado | saturated mode
modo de guiaondas | waveguide mode
modo de impresión | print mode
modo de impresión horizontal | landscape mode
modo de impulsos | pulse mode
modo de impulsos espurio | spurious pulse mode
modo de impulsos falso | spurious pulse mode
modo de inserción | insert mode
modo de intensificación | enhancement mode
modo de llamada | calling mode
modo de los silbidos atmosféricos | whistler mode
modo de mantenimiento | hold mode
modo de movimiento | move mode
modo de origen | originate mode
modo de oscilación | oscillation mode
modo de página | page mode
modo de presentación | display mode
modo de presentación en pantalla | display mode
modo de programación rápida | fast programmed mode
modo de propagación | transmission mode, mode of propagation
modo de propagación de la trasmisión | mode of transmission propagation
modo de propagación de los silbidos atmosféricos | whistler mode
modo de propagación guiado | trapped mode
modo de propagación por dispersión troposférica | tropospheric scatter mode of propagation
modo de prueba | test mode
modo de puerto paralelo | parallel port mode
modo de recuperación | recovery mode
modo de reposo | sleep mode, comatose
modo de resonador | resonator mode
modo de resonancia | mode of resonance
modo de respuesta | answer mode
modo de seguridad | secure mode
modo de selección | selection mode
modo de selección de teclado | keyboard selection mode
modo de selección única | single selection model
modo de sobreimpresión | overtype mode
modo de sobrescritura | overwrite (/typeover) mode
modo de suspensión | suspend mode
modo de teclado numérico | keypad mode
modo de teclas de cursor | cursor key mode
modo de tiempo de tránsito | transit time mode
modo de traducción | translation mode
modo de trasferencia asincrónico [*en trasmisión de datos*] | asynchronous transfer mode
modo de trasferencia sincrónico [*en trasmisión de datos*] | synchronous transfer mode
modo de trasmisión | transmission mode
modo de trasmisión principal | principal transmission mode
modo de trasporte sincronizado | synchronous transport mode
modo de uno a la vez | one-at-time mode
modo de usuario | user mode
modo de vibración | vibration (/vibratory) mode, mode of vibration
modo de vídeo | video (/display) mode
modo degenerado | degenerate mode
modo dependiente | dependent mode
modo desenfoque-enfoque | defocus-focus mode
modo desenfoque-raya | defocus-dash mode
modo digital | digital mode
modo directo | direct mode
modo dominante | dominant mode
modo dominante de propagación | dominant mode of propagation
modo eléctrico trasversal | transverse electric mode
modo eléctrico y magnético trasversal | transverse electric and magnetic mode
modo en línea | online mode
modo en segundo plano | background mode
modo en serie | serial mode
modo equilibrado | balanced mode
modo fantasma | ghost mode
modo fax | teletype mode
modo fragmentado | chopped mode
modo fundamental | fundamental mode
modo gráfico | graphics mode
modo interactivo | conversational mode
modo interrumpido | chopped mode
modo lógico de corriente de transistor complementario | current mode complementary transistor logic
modo LSA [*modo de acumulación de carga en espacio limitado*] | LSA-

mode
modo magnético trasversal | transverse magnetic mode
modo mejorado | enhanced mode
modo mixto | mixed mode
modo múltiple | multipler-mode
modo nibble | nibble mode
modo normal | normal mode
modo normal de espera | normal disconnect mode
modo normal de respuesta | normal response mode
modo normal de texto | text normal mode
modo normal de vibración | normal mode of vibration
modo normal estándar | standard normal mode
modo normal gráfico | graphics normal mode
modo óptico | optical mode
modo ortogonal | orthogonal mode
modo paso a paso [*para operaciones del sistema operativo*] | cooked mode
modo pi [*modo de funcionamiento del magnetrón*] | pi mode [*of operation of the magnetron*)
modo polling [*modo de control por barrido de elementos*] | polling mode
modo preferente [*para ejecución de programas*] | privileged mode
modo principal | principal mode
modo protegido [*de funcionamiento*] | protected mode
modo pulsatorio espurio | spurious pulse mode
modo pulsatorio falso | spurious pulse mode
modo rápido | draft mode
modo rápido de paginación | fast-paged mode
modo real virtual [*emulación de microprocesadores*] | virtual real mode
modo resonante | resonance (/resonant) mode
modo restringido | restricted mode
modo RJE [*teleproceso por lotes*] | RJE mode = remote job entry mode
modo ruidoso | noisy mode
modo saturado [*paso de máxima corriente por un dispositivo*] | saturated mode
modo seguro [*para arrancar un equipo*] | safe mode
modo seleccionado | selected mode
modo selectivo | selecting mode
modo símplex | simplex mode
modo sin procesar | raw mode
modo sin turbo | deturbo mode
modo TEM = modo trasversal eléctrico y magnético | TEM mode
modo texto [*modo de presentación en pantalla*] | text (/character) mode
modo trasmisor | transmittal mode
modo troposférico | tropospheric mode
modo vertical [*orientación vertical de la página*] | portrait mode

modulación | chopping, keying, modulation
modulación adaptable de impulsos delta codificados | adaptive delta pulse code modulation
modulación adaptable de impulsos codificados | adaptive pulse code modulation
modulación angular | angle modulation
modulación anódica | anode modulation
modulación Armstrong | Armstrong modulation
modulación arrítmica | start-stop modulation
modulación bifásica | two-phase modulation
modulación binaria | binary modulation
modulación bivalente | two-condition modulation
modulación BLU = modulación de banda lateral única | SSB modulation = single sideband modulation
modulación codificada de Tellis | Trellis-coded modulation
modulación compuesta | compound modulation
modulación con onda cuadrada | square wave modulation
modulación con supresión de portadora | quiescent carrier modulation, suppressed-carrier modulation
modulación cruzada | cross modulation, monkey chatter (/talk)
modulación cruzada de cuadratura | quadrature crosstalk
modulación de alto nivel | high level modulation
modulación de amplitud | amplitude modulation
modulación de amplitud con banda lateral residual | vestigial sideband amplitude modulation
modulación de amplitud de impulsos | pulse amplitude modulation
modulación de amplitud de impulsos / modulación de frecuencia | pulse amplitude modulation / frequency modulation
modulación de amplitud en cuadratura | quadrature amplitude modulation
modulación de amplitud por modulación previa de fase | phase-to-amplitude modulation
modulación de amplitud sinusoidal | sinusoidal amplitude modulation
modulación de ángulo | angle modulation
modulación de bajo nivel | low level modulation
modulación de banda lateral única | single-sideband modulation
modulación de banda lateral única con supresión de la portadora | single-sideband suppressed-carrier modulation
modulación de cátodo | cathode modulation
modulación de código de impulso diferencial | differential PCM
modulación de conductividad | conductivity modulation
modulación de conductividad de un semiconductor | conductivity modulation semiconductor
modulación de corriente anódica | plate current modulation
modulación de corriente constante | constant current modulation
modulación de corriente de convección | convection current modulation
modulación de corriente de placa | plate current modulation
modulación de densidad | density modulation
modulación de dos tonos | two-tone modulating (/modulation)
modulación de duración de impulsos | pulse length modulation
modulación de eje Z | Z-axis modulation
modulación de fase | phase (/angle) modulation
modulación de fase a modulación de amplitud | phase-to-amplitude modulation
modulación de fase en frecuencia modulada | frequency modulation phase modulation
modulación de frecuencia | frequency modulation
modulación de frecuencia con índice unitario | unit-index frequency modulation
modulación de frecuencia de impulsos | pulse frequency modulation
modulación de frecuencia desplazada | shift frequency modulation
modulación de frecuencia en frecuencia modulada | frequency modulation frequency modulation
modulación de frecuencia incidental | incidental FM
modulación de frecuencia modificada | modified frequency modulation
modulación de frecuencia positiva | positive frequency modulation
modulación de frecuencia residual | residual FM = residual frequency modulation
modulación de grupo | group modulation
modulación de grupo primario | primary group modulation
modulación de grupo secundario | secondary group modulation
modulación de haz | beam modulation
modulación de Heising | Heising modulation, constant current modulation
modulación de imagen positiva | positive picture modulation
modulación de impulsos | pulse modulation

modulación de impulsos codificada en binario | binary pulse-code modulation
modulación de impulsos codificados | pulse code modulation
modulación de impulsos codificados / modulación de frecuencia | pulse code modulation / frequency modulation
modulación de impulsos cuantificada | pulse count modulation
modulación de impulsos cuantificados | quantized pulse modulation
modulación de impulsos de radar | radar pulse modulation
modulación de impulsos en código n-ario | n-ary pulse-code modulation
modulación de impulsos en fase | pulse phase modulation
modulación de impulsos por ánodo | anode pulse modulation
modulación de impulsos rectangulares | rectangular pulse modulation
modulación de intensidad | intensity modulation
modulación de intensificación | intensification modulation
modulación de la amplitud | amplitude modulation
modulación de la corriente de haz | beam current modulation
modulación de la frecuencia de repetición de los impulsos | pulse repetition rate modulation
modulación de la imagen | picture modulation
modulación de la luz | light modulation
modulación de la pendiente de impulso | pulse slope modulation
modulación de la red | grating drive, grid control
modulación de la señal de imagen | picture signal modulation
modulación de la señal de vídeo | picture signal modulation
modulación de la trasmisión | transmission modulation
modulación de la velocidad | velocity modulation
modulación de luz | light modulation
modulación de polarización | polarization modulation
modulación de portadora | carrier modulation
modulación de portadora controlada | controlled carrier modulation
modulación de portadora dividida | divided carrier modulation
modulación de portadora en reposo | quiescent carrier modulation
modulación de potencia | power modulation
modulación de potencia de entrada variable | variable input modulation
modulación de prueba | test modulation
modulación de rejilla | grid modulation
modulación de rendimiento variable | variable efficiency modulation
modulación de sonido | tone modulation
modulación de supergrupo | supergroup translation
modulación de tiempo | time modulation
modulación de tubo de inductancia | inductance-tube modulation
modulación de un solo canal | single-channel modulation
modulación de vídeo | video modulation
modulación de zumbido | hum modulation
modulación del espaciamiento entre impulsos | pulse-spacing modulation
modulación del espectro de propagación | spread-spectrum modulation
modulación del tiempo de tránsito | transit time modulation
modulación delta | delta modulation
modulación descendente | downward modulation
modulación diferencial | differential modulation
modulación diferencial de impulsos codificados | differential pulse code modulation
modulación doble | double (/dual) modulation
modulación eléctrica | electrical modulation
modulación en audiofrecuencia | audiofrequency modulating tone
modulación en banda base | baseband modulation
modulación en cuadratura | quadrature modulation
modulación en delta | delta modulation
modulación en frecuencia de subportadora | subcarrier frequency modulation
modulación en serie | series modulation
modulación en trapecio | trapezoidal modulation
modulación espuria | spurious modulation
modulación exterior | outer modulation
modulación isocrónica | isochronous modulation
modulación lineal | linear modulation
modulación luminosa negativa | negative light modulation
modulación multidimensional | multidimensional modulation
modulación múltiple | multiple modulation
modulación múltiplex | multiplex modulation
modulación negativa | negative modulation
modulación negativa de amplitud | negative amplitude modulation
modulación nula | zero modulation
modulación parásita | spurious modulation
modulación perfecta | perfect modulation
modulación polarizada | polar modulation
modulación por absorción | absorption modulation
modulación por amplitud positiva | positive amplitude modulation
modulación por anchura de impulsos [determinación de la modulación de la amplitud de una señal de frecuencia constante] | pulse width modulation
modulación por ánodo | plate modulation
modulación por banda lateral residual | vestigial sideband modulation
modulación por cátodo | cathode modulation
modulación por chirrido | chirp modulation
modulación por chispa | spark gap modulation
modulación por codificación de impulsos ponderados | weighted pulse code modulation
modulación por código ternario de impulsos | ternary pulse-code modulation
modulación por corriente de conducción | conduction current modulation
modulación por descarga disruptiva | spark gap modulation
modulación por desfase | phase shift modulation
modulación por desplazamiento de audiofrecuencia | audiofrequency shift modulation
modulación por desplazamiento de fase | phase shift modulation
modulación por desplazamiento de frecuencia | frequency shift keying (/modulation)
modulación por duración | pulse width modulation
modulación por duración de impulsos | pulse duration modulation
modulación por duración de impulsos / modulación de frecuencia | pulse duration modulation / frequency modulation
modulación por efecto de Pockel | Pockel's effect modulation
modulación por efecto Hall | Hall-effect modulation
modulación por imagen negativa | negative picture modulation
modulación por impulso interno | self-pulse modulation
modulación por impulso propio | self-pulse modulation
modulación por impulsos | pulse width modulation
modulación por impulsos anódicos | plate pulse modulation
modulación por impulsos codifica-

dos | pulse code modulation
modulación por impulsos codificados en delta | delta pulse code modulation
modulación por impulsos de placa | plate pulse modulation
modulación por impulsos de posición variable | pulse position modulation
modulación por impulsos de rejilla | grid pulse modulation
modulación por impulsos del cátodo | cathode pulse modulation
modulación por impulsos / modulación de frecuencia | pulse width modulation / frequency modulation
modulación por intervalo entre impulsos | pulse interval modulation
modulación por inversión de fase | phase inversion (/reversal) modulation
modulación por la palabra | speech modulation
modulación por mutación de frecuencias | two-source frequency keying
modulación por número de impulsos | pulse number modulation
modulación por onda sinusoidal | sine wave modulation
modulación por pérdida | loss modulation
modulación por permutación | permutation modulation
modulación por placa | plate modulation
modulación por polarización | bias modulation
modulación por porcentaje | percentage modulation
modulación por portadora controlada | controlled carrier modulation
modulación por portadora flotante | floating carrier modulation
modulación por portadora variable | variable carrier modulation
modulación por posición de impulsos | pulse position modulation
modulación por reactancia | choke modulation
modulación por rejilla | grid modulation
modulación por rejilla de detención | suppressor modulation
modulación por rejilla de pantalla | screen grid modulation
modulación por rejilla supresora | suppressor (grid) modulation
modulación por señal de frecuencia acústica | sound modulation
modulación por sonido | sound modulation
modulación por tiempo de impulso | pulse time modulation
modulación por válvula de bloqueo | clamp valve modulation
modulación por variación de la pendiente de los impulsos | variable slope pulse modulation
modulación por variación lineal de frecuencia | frequency slope modulation
modulación positiva | positive modulation
modulación positiva de la luz | positive light modulation
modulación previa | premodulation
modulación residual | residual modulation
modulación sencilla | single-channel modulation
modulación sinusoidal | sinusoidal (/sine wave) modulation
modulación telefónica | telephone modulation
modulación telegráfica en frecuencia vocal | voice frequency telegraph modulation
modulación trapezoidal | trapezoidal modulation
modulación vocal | speech modulation
modulado | modulated
modulado en fase | phase-modulated
modulado en placa | plate-modulated
modulado por impulsos | pulse-modulated
modulado por la voz | speech-modulated
modulado por placa | plate-modulated
modulador | modulator
modulador agrupador | grouping modulator
modulador anular | ring modulator
modulador circular | ring modulator
modulador con impulsos en diente de sierra | serrasoid modulator
modulador condensador | condenser modulator
modulador de amplitud | amplitude modulator
modulador de banda lateral única | single-sideband modulator
modulador de chispa | spark gap modulator
modulador de comunicaciones subsidiarias | SCA modulator
modulador de contacto | contact modulator
modulador de crominancia | chrominance modulator
modulador de cuadrados | square law modulator
modulador de descarga disruptiva | spark gap modulator
modulador de desplazamiento de audiofrecuencia | audiofrequency shift modulator
modulador de diodos | diode modulator
modulador de fase | phase modulator
modulador de fase electroóptica | electro-optic phase modulation
modulador de fase magnético | magnetic phase modulator
modulador de frecuencia | frequency modulator
modulador de grupo | group modulator
modulador de impulsos | pulse (/pulsing) modulator
modulador de impulsos de radar | radar pulse modulator
modulador de línea de descarga | line-type modulator
modulador de luz | light modulator
modulador de luz de onda progresiva | travelling-wave light modulator
modulador de medida | measuring modulator
modulador de onda cuadrada | square waver (/wave modulator)
modulador de óxido de cobre | copper oxide modulator
modulador de radar | radar modulator
modulador de reactancia | reactance modulator
modulador de reactancia electrónica | reactance valve modulator
modulador de reactor saturable | saturable (reactor) modulator
modulador de sonar | sonar modulator
modulador de subportadora de crominancia | chrominance subcarrier modulator
modulador de supergrupo | supergroup modulator
modulador de telemedición | telemetering modulator
modulador de válvula de reactancia | reactance valve modulator
modulador de válvula de vacío | vacuum valve modulator
modulador de vídeo | video modulator
modulador del canal de servicio | service channel modulator
modulador del haz de neutrones | neutron chopper
modulador del producto | product modulator
modulador delta | delta modulator
modulador delta de impulsos | pulse delta modulator
modulador/desmodulador | modulator/demodulator
modulador doblemente equilibrado | doubly-balanced modulator
modulador electroóptico | electro-optic modulator
modulador en anillo | ring modulator
modulador en contrafase | pushpull modulator
modulador en derivación | shunt modulator
modulador en paralelo | shunt modulator
modulador equilibrado | balanced modulator
modulador estático | static modulator
modulador FSK [*modulador de control de desplazamiento de frecuencia*] | FSK modulator
modulador lineal | linear modulator
modulador magnético | magnettor = magnetic modulator

modulador magnético de campos cruzados | magnetic crossed-field modulator
modulador magnético de frecuencia fundamental | fundamental frequency magnetic modulator
modulador magnético de segundo armónico | second harmonic magnetic modulator
modulador mezclador activo | active mixer and modulator
modulador multiplicador paramétrico | parametric multiplier modulator
modulador óptico de película fina | thin-film optical modulator
modulador paramétrico | parametric modulator
modulador por efecto Hall | Hall-effect modulator
modulador por posición de impulsos | pulse position modulator
modulador por rectificador | rectifier modulator
modulador regenerativo | regenerative divider (/modulator)
modulador serrasoide | serrasoid modulator
modulador simétrico | balanced modulator
modulador telegráfico | telegraph modulator
modulador ultrasónico de luz | ultrasonic light modulator
modular | modular; to modulate
módulo | module, modulus; [*operación matemática*] modulo
módulo aislado | isolated module
módulo aislado de entrada/salida | isolated I/O module
módulo aparente de elasticidad | virtual modulus of elasticity
módulo auxiliar | auxiliary plate
módulo de carga | load module
módulo de carga superpuesta | overlay load module
módulo de circuitos | printed writing board
módulo de componentes en brazada | cordwood module
módulo de conexión | connector module
módulo de control de elementos [*en enclavamientos ferroviarios electrónicos*] | element control module
módulo de diagnóstico | diagnostic module
módulo de elasticidad volumétrico | volumetric modulus of elasticity
módulo de elementos exteriores [*en enclavamientos ferroviarios electrónicos*] | field elements module
módulo de empalme de fibra óptica | fibre tray
módulo de enclavamiento [*en enclavamientos ferroviarios electrónicos*] | interlocking module
módulo de enfriamiento termoeléctrico | thermoelectric module

módulo de entrada analógico | analogue input module
módulo de entrada iluminada | illuminated entry module
módulo de entrada y salida | I/O module
módulo de identidad del abonado | subscriber identity module
módulo de identificación | identification module
módulo de luminancia | Y-plate, luminance plate
módulo de malla para soporte de cables | cable grid element
módulo de memoria | memory module
módulo de memoria con doble hilera de contactos | dual inline memory module
módulo de memoria de una línea de conexiones | single inline memory module
módulo de mezcla | mixing module
módulo de operación e indicación [*en enclavamientos electrónicos*] | commands-indication module
módulo de programación | programming module
módulo de refracción | refractive modulus
módulo de retardo | time-delay module
módulo de retardo digital | digital delay module
módulo de sección | section module
módulo de terminación [*para fibra óptica*] | connector panel module [*by optic fibre*]
módulo de trasmisión por balizas | balise transmission module
módulo de un microcircuito | microcircuit module
módulo elástico (/de Young) | Young modulus
módulo enchufable | plug-in module (/unit)
módulo fuente | source module
módulo lógico | logic module
módulo lógico del enclavamiento [*en enclavamientos ferroviarios electrónicos*] | interlocking logic module
módulo lógico digital | digital logic module
módulo microminiaturizado | microminiature module
módulo normalizado | standard module
módulo objeto | object module
módulo operativo | operating module
módulo plano | planar module
módulo recambiable | plug-in module
módulo reflector | reflector module
módulo secundario de elasticidad | secondary module of elasticity
módulo simple de identificación | single identification module
módulo termoeléctrico | thermoelectric module
módulo vacío [*módulo sin función;*

conjunto de rutinas vacías] | dummy module
modulómetro | percentage modulation meter
módulos incompatibles | incomptable modules
MOHLL [*lenguaje de alto nivel orientado a la máquina*] | MOHLL = machine-oriented high-level language
moho | stain spot
MOI = módulo de operación e indicación [*en enclavamientos ferroviarios electrónicos*] | CIM = commands-indication module
moiré [*distorsión de la imagen por resolución inadecuada*] | moiré
mojadura | wetting
mol [*unidad de cantidad de sustancia del Sistema Internacional de unidades*] | mol, mole
molal | molal
molar | [*solución que contiene un mol de sustancia por kilo de disolvente*] molar; molecular abundance
molaridad [*número de moléculas del soluto disuelto en un kilo de disolvente*] | molarity
molde | form, matrix, shape; mould [UK], mold [USA]
molde de plomo | lead mould
molde de radio | radium mould
molde para fundir electrodos | electrode mould
molde patrón | master form
moldeado | moulding, moulded [UK]; molding, molded [USA]
moldeado eléctrico | electric (/electrical) forming
moldear | to form
moldeo electromagnético | electromagnetic forming
moldura | molding [USA]
moldura para conductores | wooden raceway
moldura para tomacorrientes | plug-in strip
molécula | molecule
molécula dipolo | dipole molecule
molécula gramo | gram molecule
molécula marcada | labelled (/tagged) molecule
molécula poliatómica | polyatomic molecule
molecular | molecular
molibdeno | molybdenum
molino | mill
molino de bolas | ball mill
molino de viento | windmill
MOM [*programa para conversión de datos entre aplicaciones*] | MOM = messaging-oriented middleware
momento | moment, momentum
momento angular | angular momentum
momento angular del espín | spin angular moment
momento angular intrínseco | intrinsic angular momentum

momento cuadripolar | quadrupole moment
momento cuántico | quantum momentum
momento de apriete | torque
momento de inercia | moment of inertia; polar second moment
momento de instalación | installation time
momento de saturación | saturation moment
momento de torsión a velocidad crítica | stall torque
momento de torsión de arranque | starting (/static) torque
momento del dipolo | dipole moment
momento eléctrico | electric moment
momento estabilizador | stabilizing moment
momento estático | static moment
momento magnético | magnetic (dipole) moment
momento magnético anómalo | anomalous magnetic moment
momento magnético del electrón | electron magnetic moment
momento magnético del protón | proton magnetic moment
momento magnético específico | specific magnetic moment
momento magnético neutrónico | neutron magnetic moment
momento magnético nuclear | nuclear magnetic moment
momento multipolar | multipole moment
momento multipolar de transición | transition multipole moment
momento protónico | proton moment
momento tetrapolar | quadrupole moment
momento torsional del eje | shaft torque
momento torsor de parada | stalling torque
monádico | monadic
monazita | monazite
moneda | coin
moneda electrónica [*medio de pago electrónico*] | e-currency = electronic currency
monitor | monitor, screen, video display, cathode ray tube; executive, supervisor
monitor a distancia | remote monitor
monitor aéreo | air monitor
monitor atmosférico | air monitor
monitor atmosférico en continuo | continuous air monitor
monitor automático | automonitor
monitor blanco [*monitor monocromo que presenta la imagen en negro sobre fondo blanco*] | paper-white monitor
monitor cardíaco | cardiac monitor
monitor con cuarzo | quartz monitor
monitor de agua | water monitor
monitor de áreas | area monitor

monitor de barrido múltiple | multiscan monitor
monitor de CCTV | CCTV monitor
monitor de cinta | tape monitor
monitor de circuito abierto | open-circuit monitor
monitor de contaminación beta para las manos | beta hand contamination monitor
monitor de contaminación de muestreo cada ocho horas | eight-hour sampling monitor
monitor de contaminación para alimentos | food contamination monitor
monitor de criticidad | criticality monitor
monitor de cuerpo entero | white body monitor
monitor de datos telemétricos | telemetric data monitor
monitor de depuración | debug monitor
monitor de desplazamiento | displacement monitor
monitor de dispositivo | demon = device monitor
monitor de emisión | radio (/transmission, /on-the-air) monitor
monitor de fallo de elementos | failed element monitor
monitor de fase | phase monitor
monitor de fondo | background monitor
monitor de forma de onda | waveform monitor
monitor de frecuencia | frequency monitor
monitor de frecuencia de cristal | crystal frequency monitor
monitor de frecuencia digital | digital frequency monitor
monitor de funcionamiento | performance monitor
monitor de hardware | hardware monitor
monitor de imagen | picture monitor, monitoring receiver
monitor de imagen de televisión | television picture monitor
monitor de impresión de página | pageprinter monitor
monitor de la portadora de sonido | sound carrier monitor
monitor de la radiactividad del agua | water monitor
monitor de la señal de vídeo | video signal monitor
monitor de modulación de amplitud | amplitude modulation monitor
monitor de nivel básico | base level monitor
monitor de nivel de reloj | clock level monitor
monitor de ondas | waveform monitor
monitor de paciente | patient monitor
monitor de pantalla horizontal | landscape monitor
monitor de pantalla plana | flat panel monitor
monitor de pantalla vertical [*más alta que ancha*] | portrait monitor
monitor de plutonio | plutonium monitor
monitor de plutonio en la atmósfera | plutonium-in-air monitor
monitor de portadora de imagen | picture carrier monitor
monitor de potencia | power monitor
monitor de potencia con termistor | thermistor power monitor
monitor de precontrol | preview monitor
monitor de primera visión | preview monitor
monitor de programa | program monitor
monitor de radar | radar monitor
monitor de radiación | radiation monitor
monitor de radio | radio monitor
monitor de radiofaro direccional | radio range monitor
monitor de radiofrecuencia | RF monitor = radiofrequency monitor
monitor de radioprotección | health monitor
monitor de recepción | receiver monitor
monitor de referencia | reference monitor
monitor de ropa | clothing monitor
monitor de rotura de vaina | burst can monitor (/detector)
monitor de rotura de vaina de captura electrostática | electrostatic collector failed element monitor
monitor de rotura de vaina de efecto Cherenkov | Cherenkov effect failed element monitor
monitor de rotura de vaina por detección de neutrones retardados | delayed neutron failed element monitor
monitor de salida | output monitor
monitor de señal en el aire | on-air monitor
monitor de señal no en el aire | off-air monitor
monitor de software | software monitor
monitor de teleproceso | transaction processing monitor
monitor de televisión | television monitor
monitor de tres trazos | triple-waveform monitor
monitor de uso general | utility monitor
monitor de vídeo | video monitor (/terminal, /receiver)
monitor de visionado previo | preview monitor
monitor de vista previa | preview monitor
monitor delta-delta | delta-delta monitor

monitor electrónico | electronic viewfinder
monitor en blanco y negro | monochrome monitor
monitor en color | colour monitor
monitor en tiempo real | real-time monitor
monitor fetal | foetal monitor
monitor fisiológico | physiological (patient) monitor
monitor maestro | master monitor
monitor monocromo | monochrome monitor
monitor multifrecuencia | multiscan monitor
monitor osciloscopio de rayos catódicos | cathode ray oscilloscope monitor
monitor panorámico | panoramic monitor
monitor para aerosoles de plutonio | plutonium aerosol monitor
monitor para controlar la calidad de trasmisión | program monitor
monitor para estación de modulación de frecuencia | frequency modulation station monitor
monitor para manos y pies | hand-and-foot monitor
monitor para señales de vídeo | video screen
monitor patrón | reference monitor
monitor polivalente | multiscan monitor
monitor principal | master (/transmission) monitor
monitor radiológico | radiological monitor
monitor remoto | remote monitor
monitor reperforado | reperforating monitor
monitor RGB [*monitor de color que recibe las señales del rojo, el verde y el azul por líneas separadas*] | RGB monitor
monitor TP = monitor de teleproceso | TP monitor = teleprocessing (/transaction processing) monitor
monitorización | monitoring
monitorización acústica pasiva | passive acoustic monitoring
monitorización de fase | phase monitoring
monitorización en tiempo real | real-time monitoring
monitorización por radar | radar monitoring
monitorización radiológica | radiological monitoring
monitorización visual | visual monitoring
monitrón | monitron
monoaural | monaural
monoaxial | single-axis, uniaxial
monocapa | unilayer
monocarburo de uranio | uranium monocarbide
monoclínico | monoclinic

monoconductor | uniconductor
monocordio | monocord, single cord, single-ended cord circuit
monocristal | monocrystal, single crystal
monocromador | monochromator
monocromador a retícula | grating monochromator
monocromador con óptica de cuarzo | quartz monochromator
monocromador con red de doble paso | double pass grating monochromator
monocromador de espejo | mirror (/reflecting) monochromator
monocromador doble | double monochromator
monocromático | monochromatic
monocromatismo | monochromaticity
monocromatizador | monochromator
monocromo | monochrome
monocromo con derivación | shunted monochrome
monocromo derivado | bypassed monochrome
monoenergética variable | variable monoenergetic
monoenergético | monoergic
monoespaciado | monospacing
monoestable | monostable, one-shot, overshoot
monoestrato | unilayer
monoetapa | one-stage, single-stage
monofásico | one-phase, single phase, single-wave
monoficador [*sistema de oscilador maestro y amplificador de potencia bajo una misma ampolla al vacío*] | monofier
monofilamento | monofilament
monofilar | single-wire, single-wired, unifilar
monofonía | monophony
monofónico | monophonic
monofosfuro de uranio | uranium monophosphide
monofrecuencia | one-frequency
monoide | monoid
monoide de trasformaciones | transformation monoid
monoide libre | free monoid
monoide sintáctico | sintactic monoid
monoimpulso | monopulse
monoimpulso de comparación de fase | phase comparison monopulse
monolítico | monolithic
monómero | monomer
monomodal | unimodal
monomorfismo | monomorphism
monopolar | homopolar, one-pole, single-pole, unipolar
monopolaridad | single polarity
monopolo | monopole
monopolo vertical | vertical unipole
monoscopio | monoscope, phasmajector, videotron
monosurco | single groove
monotonicidad | monotonicity

monotono | monotone
monoválvula | one-tube, single-valve
monovalvular | one-tube
monóxido de silicio | silicon monoxide
montado | hooked up
montado en bastidor [*metálico*] | rack-mounted
montado en conjunto | ganged
montado en guía de ondas | waveguide-mounted
montado en guiaondas | waveguide-mounted
montador de enlaces | linker, link (/linkage) editor, linking loader
montaje | arrangement, assemble, assembly, attachment, connection, construction assembly, dubbing, mounting, rigging, setup
montaje antichoque | shock mount
montaje antivibratorio | vibration mount, vibration-muffling mounting
montaje con reflector | reflected assembly
montaje contra las vibraciones | vibration mount
montaje de batería seccionada en tampón | divided battery float scheme
montaje de bolómetro | barretter mount
montaje de cable | cable assembly
montaje de componentes impresos | printed component assembly
montaje de elevación acimutal | azimuth-elevation mount
montaje de la red | grating mounting
montaje de Littrow | Littrow mounting
montaje de micropastillas | flip-chip mounting
montaje de película fina | thin-film assembly
montaje de película gruesa | thick-film assembly
montaje de resistencia compensadora | barretter mount
montaje de termistores | thermistor mount
montaje de Wadsworth | Wadsworth mounting
montaje diferencial | differential arrangement (/connection)
montaje duplexor | duplexing assembly
montaje duplexor de radar | duplexing assembly
montaje en báscula | trigger pair
montaje en bastidor normalizado | relay rack mounting
montaje en circuito cerrado | closed-circuit arrangement
montaje en contrafase | pushpull, push-pull, pushpull arrangement
montaje en estrella | star connection (/grouping), wye, Y connection
montaje en estrella-triángulo | star-delta connection
montaje en paralelo | parallel arrangement

montaje en serie | series connection
montaje en superficie | surface mounting
montaje en tándem | tandem arrangement
montaje estrioscópico | schlieren set-up
montaje fotográfico | photographic montage
montaje heterostático | heterostatic mounting
montaje heterostático simétrico | symmetrical heterostatic circuit
montaje idiostático | idiostatic mounting
montaje monoválvula | single-valve arrangement
montaje polar | polar mount
montaje provisional | breadboard
montaje según Eagle | Eagle mounting
montaje según Ebert | Ebert mounting
montaje según Runge-Paschen | Runge-Paschen mounting of a grating
montaje simétrico | symmetrical arrangement
montaje sin recubrimiento | unwrapped construction
montaje sobre platina | strip-mounted set
montaje subcrítico | subcritical assembly
montaje Tesla | Tesla arrangement
montaje universal | universal mounting
montaje y conexión de objetos | object linking and embedding
montante de cuadro | frame upright
montar | to mount, to set up
montar en tándem | to gang
montar termistores | to thermistorise [UK], to thermistorize [UK+USA]
montón fusionable | mergeable heap
montura | holder, mount
montura a tornillo | screw-in mount
montura bolométrica para guiaondas | waveguide bolometer mount
montura de buscadores | finder shelf
montura de cristal para guiaondas | waveguide crystal mount
montura de enchufe octal | octal plug mounting
montura de semiconductor | semiconductor mount
montura de termistor para guiaondas | waveguide thermistor mount
montura de termistores | thermistor mount
montura de tubo blindada | shielded tube mount
montura de válvula | tube (/valve) mount
montura del transistor | transistor mount
montura multipuerta | multiport mount
montura para clavijas | jack mounting
MOO [*MUD con objetos, dimensión de multiusuarios con objetos*] | MOO = MUD object-oriented
mordaza | grip, cheek
mordaza de amarre | splicing clamp
mordaza para cruce de cables | crossover clamp
mordentado | etching
morfismo | morphism
morfología integrada | integrated morphology
morfología traslacional | translational morphology
Morse dúplex | Morse duplex
Morse por todo o nada | on-off Morse
Morse símplex | Morse simplex
mortero | mortar
mortero de ágata | agate mortar
MOS [*puntuación de la opinión media (en valoración de codificadores)*] | MOS = mean opinion score
MOS [*semiconductor de óxido metálico*] | MOS = metallic oxide semiconductor
MOS = metal-óxido-silicio | MOS = metal-oxide-silicio
MOS complementario [*semiconductor complementario de óxido metálico*] | complementary MOS = complementary metal-oxide semiconductor
MOS de puerta de silicio | silicon gate MOS
MOS del canal N = semiconductor de óxido metálico del canal N | N-channel MOS = n-channel metal-oxide semiconductor
MOS vertical = semiconductor vertical de óxido metálico | vertical MOS = vertical metal oxide semiconductor
mosaico | tile
mosaico de radar | radar mosaic
mosaico fotoeléctrico | photoelectric mosaic
mosaico óptico | optical mosaic
MOSFET [*transistor MOS, transistor de efecto de campo por semiconductor de óxido metálico*] | MOSFET = metal-oxide semiconductor field-effect transistor [*insulated-gate FET*]
mosquetón | spring hook
mostrar | to display, to show, to unhide
mostrar anterior | to shuffle up
mostrar cita | to show appointment
mostrar en pantalla | to display
mostrar hora y texto | to show time and text
mostrar la fuente de tipos | to display font
mostrar objetos ocultos | to show hidden objects
mostrar otras agendas | to show other calendar
mostrar siguiente | to shuffle down
mostrar sólo hora | to show time only
mostrar tipo de archivo | to show file type
mostrar valores | to display settings
MOTD [*boletín diario de mensajes*] | MOTD = message of the day
moteado | spottiness
motogenerador | motor generator
motor | engine, motor, moving, power unit; powerful
motor a chorro con arco eléctrico | arc-jet engine
motor a prueba de explosión | explosionproof motor
motor a prueba de goteo | drip proof motor
motor a prueba de inflamación del polvo | dust ignitionproof motor
motor abierto | open-type motor
motor acoplado directamente | ungeared motor
motor asincrónico | asynchronous motor
motor asincrónico sincronizado | synchronized asynchronous motor
motor atómico | atomic drive
motor autocompensado | self-compensated motor
motor autosincrónico | selsyn motor
motor bifásico | two-phase motor
motor bifásico de inducción | two-phase induction motor
motor bobinado en serie | series-wound motor
motor CE = motor de conmutación electrónica | EC motor = electronic-commutated motor
motor cerrado | enclosed motor
motor compensado | compensated motor
motor completamente cerrado | totally enclosed motor
motor completamente suspendido | suspended motor
motor con característica compound | motor with compound characteristic
motor con característica de derivación | shunt-characteristic motor, motor with shunt characteristic
motor con característica de serie | motor with series characteristic
motor con conexiones radiales de colector ventiladas | ventilated commutator riser motor
motor con conexiones radiales ventiladas | ventilated riser motor
motor con devanado dividido | split-wound motor
motor con devanado en serie [*motor de c.c. con devanado en serie para cada sentido de giro*] | split-series motor
motor con devanado para dos velocidades | two-speed motor
motor con espira de sombra | shaded pole motor
motor con guarda | guarded motor
motor con inversión de marcha | reversible (/reversing) motor
motor con ventilación mixta | motor with combined ventilation
motor criogénico | cryogenic motor
motor de accionamiento directo | direct drive motor
motor de accionamiento por biela | crank drive motor

motor de ajuste fino | vernier rocket
motor de alta compresión | super-compression engine
motor de anillos colectores | slip ring motor
motor de anillos de rozamiento | slip ring motor
motor de árbol hueco | quill drive motor
motor de arranque | starting motor
motor de arranque automático | self-starting motor
motor de arranque con reactancia | reactor start motor
motor de arranque con reactor | reactor start motor
motor de arranque con reóstato | resistance start motor
motor de arranque con repulsión y funcionamiento por inducción | repulsion-start induction-run motor
motor de arranque con resistencia | resistance start motor
motor de arranque por condensador | capacitor start motor
motor de arranque por fase auxiliar | split-phase motor
motor de arranque por repulsión | repulsion-start motor
motor de arrastre | run (/draw-off) motor
motor de arrastre de la cinta | draw-off motor
motor de arrollamiento compuesto | compound-wound motor
motor de baja compresión | subcompressed engine
motor de base de datos | database engine
motor de bombardeo electrónico | electron bombardment engine
motor de búsqueda | search engine
motor de campo dividido | split-field motor
motor de cilindros convergentes | V motor
motor de circuito impreso | printed circuit motor
motor de colector de corriente alterna | alternating-current commutator motor
motor de colector excitado en derivación | shunt commutator motor
motor de compresión | compression driver
motor de condensador | capacitor motor
motor de condensador de dos valores | two-value capacitor motor
motor de condensador permanente | capacitor-run motor
motor de conmutación electrónica | electronic commutated motor
motor de control por campo | motor field control
motor de copa de arrastre | drag cup motor
motor de corriente alterna | alternating-current motor
motor de corriente continua | direct current motor
motor de corriente continua transistorizado | transistorized DC motor
motor de dos velocidades | two-speed motor
motor de excitación compuesta | motor with compound characteristic
motor de fase auxiliar | split-phase motor
motor de fase dividida | split-phase motor
motor de fase partida | split-phase motor
motor de gráficos | graphics engine
motor de histéresis | hysteresis motor
motor de imanes permanentes | permanent magnet motor
motor de impresión [*en impresoras láser*] | printer engine
motor de inducción | induction meter
motor de inducción de anillos colectores | slip ring induction motor
motor de inducción de arranque por repulsión | repulsion-start induction motor
motor de inducción de rotor bobinado | wound rotor induction motor
motor de inducción de rotor devanado | wound rotor induction motor
motor de inducción en jaula de ardilla | squirrel cage induction motor
motor de inducción polifásico | polyphase induction motor
motor de inducción polifásico de anillo colector | polyphase slip-ring induction motor
motor de inducción polifásico de anillo rozante | polyphase slip-ring induction motor
motor de inducido de barras | squirrel cage (induction) motor
motor de inferencias | inference engine
motor de movimiento alterno | motor with reciprocating movement
motor de múltiples velocidades | multispeed (/multiple speed) motor
motor de orientación | training motor
motor de par | torquer, torque motor
motor de par de torsión | torquer
motor de par de trasmisión directa | direct drive torque motor
motor de pasos | stepper motor
motor de periodificación sincrónico | synchronous timing motor
motor de plasma | plasma (rocket) engine
motor de plasma para cohete | plasma rocket engine
motor de polo sombreado | shaded pole (induction) motor
motor de potencia fraccionaria | fractional horsepower motor
motor de puesta en marcha | starting motor
motor de reacción | reaction engine (/motor)
motor de reluctancia | reluctance motor
motor de repulsión | repulsion motor
motor de repulsión e inducción | repulsion-induction motor
motor de rotor bobinado | wound rotor motor
motor de rotor devanado | wound rotor motor
motor de rotor no magnético | ironless rotor motor
motor de sincronismo | synchro motor
motor de sincronismo automático | selsyn motor
motor de suspensión por la nariz | nose suspension motor
motor de tensión ondulante | undulating voltage motor
motor de toma directa | ungeared motor
motor de tracción | traction motor
motor de un caballo de potencia integral | integral horsepower motor
motor de velocidad regulable | variable speed motor
motor de velocidad variable | polyspeed (/speed-changing, /variable speed, /varying speed) motor
motor de viento | windmill
motor del temporizador | timer motor
motor devanado en derivación | shunt-wound motor
motor devanado en serie | series-wound motor
motor eléctrico | electric motor
motor eléctrico de arrollamiento en serie controlado con regulador | electric governor-controlled series-wound motor
motor eléctrico resguardado ventilado | ventilated drip-proof electric motor
motor eléctrico ventilado | ventilated electric motor
motor electroacústico a prueba de explosiones | explosionproof driver unit
motor electroacústico de compresión | compression driver
motor electromagnético para cohete | electromagnetic rocket engine
motor en derivación | shuntmotor, shunt (/separately excited) motor
motor en jaula de ardilla | squirrel cage motor
motor en serie | series motor
motor en serie regulado | governed series motor
motor en V | V engine, V motor
motor en W | W engine, W-type engine
motor en X | X-type engine
motor en Y [*motor con inducido en estrella*] | Y-type engine
motor enfriado por agua | water-cooled engine
motor eólico | wind engine (/machine, /motor)

motor estabilizado devanado en derivación | stabilized shunt-wound motor
motor estanco | waterproof motor
motor excitado en derivación | shunt-wound motor
motor fijo | stationary engine
motor fónico | phonic motor
motor fotónico | photon engine
motor hexapolar de corriente continua | six-pole direct-current motor
motor hipersincronizado | hyspersyn motor
motor integrador | integrating motor
motor iónico | ion engine
motor iónico de cesio | caesium ion engine
motor logarítmico | logarithmic motor
motor monofásico | single-phase motor
motor monofásico de campo dividido | split-field motor
motor monofásico de colector | single-phase commutator motor
motor monofásico en derivación | single-phase shunt motor
motor monofásico en serie | single-phase series motor
motor monofásico en serie con colector | single-phase series commutator motor
motor no ventilado | nonventilated motor
motor para exploración | slewing motor
motor para exploración rápida | rapid-scanning motor
motor para uso especial | special purpose motor
motor para usos generales | general-purpose motor
motor paso a paso | stepped (/stepping) motor
motor paso a paso de giro en un solo sentido | unidirectional stepping motor
motor paso a paso de imán permanente | permanent magnet stepper (/stepping) motor
motor paso a paso de reluctancia variable | variable reluctance stepper (/stepping) motor
motor paso a paso unidireccional | unidirectional stepping motor
motor plano | pancake motor
motor polifásico | polyphase motor
motor polifásico compound de colector | polyphase compensating winding
motor polifásico de colector | polyphase commutator motor
motor polifásico de colector de velocidad variable | polyphase variable-speed commutator motor
motor polifásico de velocidad variable | varying speed polyphase motor
motor polifásico en derivación con colector | polyphase shunt commutator motor
motor polifásico en serie | series polyphase motor
motor polifásico en serie con colector | polyphase series commutator motor
motor polifásico excitado en derivación | polyphase shunt motor
motor polifásico sin colector | multiphase commutatorless motor
motor primario | prime mover
motor productor de par de torsión | torque motor
motor protegido contra la intemperie | weather-protected motor
motor pulsorreactor | pulsejet engine
motor radial de toma directa | ungeared radial engine
motor reductor | gearmotor
motor refrigerado por agua | wet motor, water-cooled engine
motor regulado en serie | series-governed motor
motor reversible | reversible motor
motor rotativo | romotor = rotary motor
motor Schrage [*motor de conmutador polifásico con característica de derivación y doble juego de escobillas*] | Schrage motor [*shunt-characteristic polyphase commutator motor with double set of brushes*]
motor sin polos auxiliares | noninterpole motor
motor sin ventilación | nonventilated motor
motor sincrónico | synchro (/synchronous) motor
motor sincrónico asincrónico | synchronous-asynchronous motor
motor sincrónico de anillos | synchronous slip-ring motor
motor sincrónico de anillos rozantes | synchronous slip-ring motor
motor sincrónico de arranque automático | self-starting synchronous motor
motor sincrónico de campo permanente | permanent field synchronous motor
motor sincrónico de histéresis | hysteresis motor
motor sincrónico de inducción | synchronous induction motor
motor sincrónico de inversión automática | self-reversing synchronous motor
motor sincrónico de núcleo giratorio | revolving-iron synchronous motor
motor sincrónico de reluctancia | reluctance-type synchronous motor
motor sincrónico diferencial | synchro differential motor
motor sincrónico monofásico | single-phase synchronous motor
motor sincrónico tipo inductor | inductor-type synchronous motor
motor sobrealimentado | supercharged engine (/motor)
motor solar | solar engine
motor subsincrónico de reluctancia | subsynchronous reluctance motor
motor suspendido | suspended motor
motor tándem | tandem motor
motor termoeléctrico | thermoelectron engine
motor trifásico | three-phase motor
motor universal | universal motor
motor ventilado | ventilated motor
motor ventilado totalmente cerrado | ventilated totally enclosed motor
motores gemelos | paired engines
motorizado | powered, power-driven, power-actuated
motriz | powerful
mover | to move
mover todo | opaque move
móvil | mobile; moving; cell phone = cellular phone, handy
móvil digital personal [*en comunicaciones móviles de segunda generación*] | personal digital cellular
movilidad | mobility
movilidad de carga electrostática | electrostatic charge mobility
movilidad de deriva | drift mobility
movilidad de desplazamiento | drift mobility
movilidad de Hall | Hall mobility
movilidad de los huecos | hole mobility
movilidad de los iones | ion mobility
movilidad de los portadores | carrier mobility
movilidad intrínseca | intrinsic mobility
movilidad iónica | ionic mobility
movilidad lineal | linear mobility
movilidad microscópica | microscopic mobility
movilizar | to unfreeze
movilizar secciones | to unfreeze panes
movimiento | flow, motion, movement, moving
movimiento armónico | harmonic motion
movimiento armónico simple | simple harmonic motion
movimiento browniano | Brownian movement
movimiento brusco | sharp motion
movimiento circular | circular motion
movimiento con inversión automática de sentido | self-reversing motion
movimiento de d'Arsonval | d'Arsonval movement
movimiento de exploración | scanning motion
movimiento de la selección principal | primary move
movimiento de rotación | spin
movimiento de vaivén | seesaw motion
movimiento del tráfico telegráfico | telegraph traffic movement
movimiento del vano móvil | moving vane movement

movimiento ondulatorio | wave motion
movimiento orbital | orbit motion
movimiento por bloques [*de información*] | block move
movimiento por choque | shock motion
movimiento relativo | relative movement
movimiento sin ratón | mouseless traversal
movimiento transitorio | transient motion
Mozilla [*apodo entre internautas para el navegador de Netscape*] | Mozilla
MPC [*ordenador multimedia*] | MPC = multimedia personal computer
MPEG [*formato gráfico de almacenamiento de vídeo*] | MPEG = motion picture experts group
MPLS [*conmutación multiprotocolo basada en etiquetas*] | MPLS = multiprotocol label switching
MP/M [*programa multitarea para microordenadores*] | MP/M = multitasking program for microcomputers
MP-MLP [*tipo de codificador de voz*] | MP-MLP = multipulse excitation with a maximum likehood quantizer
MPP [*procesador (/proceso) masivo en paralelo*] | MPP = massively parallel processor (/processing)
MPP [*lenguaje de programación informática*] | MPP = MicroPower/Pascal
MPPP [*protocolo de multienlace punto a punto (protocolo de internet)*] | MPPP = multilink point-to-point protocol
MPROG = mando del (reloj) programador | T.SW = timer switch
MPU [*unidad de microprocesador*] | MPU = microprocessor unit
mr = miliroentgen | mr = milliroentgen
MR [*código de lectura modificada*] | MR = modified read
MR [*módem listo para funcionar*] | MR = modem ready
MR = mensaje de respuesta | ANM = answer message
MRF [*función de recursos multimedia*] | MRF = multimedia resource function
MRI [*imagen por resonancia magnética funcional*] | MRI = magnetic resonance image
mr/m = miliroentgen por minuto | mr/m = milliroentgens per minute
mrouter [*dispositivo de encaminamiento multidistribución, enrutador que soporta protocolos multimedia*] | mrouter = multicast router
MRP [*planificación de las necesidades de material*] | MRP = material requirements planning
MRU [*unidad máxima de recepcion*] | MRU = maximum receive unit
ms = milisegundo | ms = msec= millisecond
MSB [*bit más significativo, bit de mayor valor*] | MSB = most significant bit
MSC [*milla de cable patrón*] | MSC = mile of standard cable
MSC [*central de conmutación móvil*] | MSC = mobile switching centre
MSC [*canal de servicio principal*] | MSC = main service channel
MSC [*carácter más significativo*] | MSC = most significant character
MSC [*central de conmutación móvil, centro de conmutación de servicios móviles*] | MSC = mobile switching centre
MSD [*dígito más significativo*] | MSD = most significant digit
MSDN [*red de desarrollo de Microsoft*] | MSDN = Microsoft developer network
MS-DOS [*sistema operativo de Microsoft para DOS*] | MS-DOS = Microsoft disk operating system
MSI [*grado medio de integración, integración en mediana escala*] | MSI = medium scale integration
MSISDN [*número ISDN de estación móvil*] | MSISDN = mobile station ISDN number
MSN [*número múltiple de abonado*] | MSN = multiple subscriber number
MSN [*red de Microsoft*] | MSN = Microsoft network
MS-OS/2 [*sistema operativo de IBM para DOS*] | MS-OS/2 = Microsoft operating system 2
MSP [*proveedor de servicios de gestión*] | MSP = managed service provider
MSP [*protocolo de seguridad para mensajes*] | MSP = message security protocol
MSRN [*número de itinerancia de la estación móvil*] | MSRN = mobile station roaming number
MSU [*unidad de conmutación de mensajes*] | MSU = message switching unit
Mt = megatonelada | Mt = megaton
MTA [*canal de trasferencia de cinta magnética*] | MTA = magnetic-tape transfer channel
MTA [*modo de trasferencia (/trasmisión) asincrónico*] | ATM = asynchronous transfer (/transmission) mode
MTBI [*tiempo medio entre incidentes*] | MTBI = mean time between incidents
MTBT [*intervalo medio de mantenimiento*] | MTBT = mean time between maintenance
MTC [*llamada desde equipo fijo de la red*] | MTC = mobile terminated call
MTCE [*circuitos electrónicos de control de la cinta magnética*] | MTCE = magnetic-tape control electronics
MTF [*función de trasferencia de la modulación*] | MTF = modulation transfer function
MTI [*indicador de blancos (/objetivos) móviles*] | MTI = moving target indicator
MTI no coherente [*indicador de blancos móviles no coherente*] | noncoherent MTI = noncoherent moving target indicator
MTP [*parte de trasferencia de mensajes (especificación de comunicación intrarred)*] | MTP = message transfer part
MTS [*servidor de transacciones de Microsoft*] | MTS = Microsoft transaction server
MTTR [*tiempo medio hasta la restauración*] | MTTR = mean time to restore
MTU [*máxima unidad de trasferencia (trasmisión de datos)*] | MTU = maximum transfer (/transmission) unit
mu = muón | mu = muon
MUD [*dimensión de multiusuarios, sistema de juegos de internet*] | MUD = multi-user dimension, multi-user dungeon
MUD con objetos [*dimensión de multiusuarios con objetos*] | MUD object-oriented
mudanza | change
mueble | cabinet
mueble de inversión de fase | phase inversion cabinet
mueble del receptor | receiver cabinet
muela abrasiva | wheel
muela de alisar | lap
muela de rectificar | wheel
muela para afilar | grinding disk
muelle | spring
muelle antagonista | restoring (/return) spring
muelle comprimido [*muelle helicoidal comprimido por la carga*] | solid coil
muelle conductor | driving spring
muelle de alambre | wire spring
muelle de contacto | contact spring
muelle de reposición | restoring spring
muelle de retorno | return spring
muelle de seguridad | safety spring
muelle en espiral | spiral spring
muelle helicoidal | spiral spring
muerte lenta [*código Q*] | slow death
muerte por irradiación | radiation death
muerte repentina | sudden death
muerto | cold, dead, dummy
muesca | notch, notching, rest, scoring, slit, slot
muesca de ajuste | trim notch
muesca de fase | phasing notphasing
muesca de indización | indexing notch
muesca en V | V notch
muesca posicionadora | keyway
muestra | sample
muestra aleatoria | random sample
muestra de activación | activation sample
muestra de pantalla [*imagen de una pantalla de ordenador total o parcial*] | screen shot
muestra generada algorítmicamente | algorithmically generated pattern
muestra inservible | unusable sample

muestra útil | usable sample
muestrario de software [*CD-ROM con miscelánea de ofertas, datos, imágenes, demos, etc.*] | shovelware
muestreador | sampler
muestrear | to sample
muestreo | sampling, probing
muestreo aleatorio | random sampling
muestreo Bernoulli | Bernoulli process
muestreo de control de un lote | batch control sample
muestreo de Nyquist | Nyquist sampling
muestreo de telemedida | telemetering sampling
muestreo discreto | discrete sampling
muestreo en tiempo equivalente | equivalent time sampling
muestreo instantáneo | instantaneous sampling
muestreo inteligente | intelligence sample
muestreo monofásico | single-phase sampling
muestreo secuencial | sequential sampling
muestreo subniquista | sub-Nyquist sampling
muestreo superniquista | super-Nyquist sampling
muestreo único | single sampling
MUF [*máxima frecuencia utilizable*] | MUF = maximum usable frequency
muldex = multiplexor / desmultiplexor | muldex = multiplexer / demultiplexer
multiacceso | multiaccess
multiacoplador | multicoupler
multiacoplador de antena | aerial multicoupler
multiánodo | multianode
multiarranque [*en sistemas operativos*] | multiboot
multibus [*bus de altas prestaciones*] | multibus
multicadena | multiple chain
multicanal | multichannel, multicircuit, multiplexer, multitrack
multicapa | multilayer
multicátodo | multicathode
multicircuito | multicircuit
multicolineal | multicollinear
multicolinealidad | multicollinearity
multicomunicación | multiple communication
multiconectado | multiply connected
multiconferencia | multi-party
multiconjunto | multiset
multicontacto | multicontact
multicorriente | multicurrent
multicromo | multichrome
multidifusión [*envío de un mensaje a varios destinatarios*] | multicast, multicasting, multiplex transmission
multidifusión por ruta inversa | reverse path multicasting
multidimensional | multidimensional
multidirección | multiaddress
multidireccional | multidirectional, multiway
multidistribución | multicast
multielectrodo | multielectrode
multielemento | multielement
multienlazado | multilinked
multiespira | multiturn
multietapa | multistage
multifásico | multiphase
multifibra | multifibre
multifilar | multifilar, multiwire
multiforme | multiform
multifrecuencia | multifrequency
multifrecuencia de doble tono | dual tone multifrequency (/multiple frequency)
multifunción | multifunction
multifuncional | multifunction
multigeneracional | multigeneration
multihaz | multibeam
multilateral | multilateral
multilínea | multiline
multilineal | multilinear
multilobular | multilobed
multimarcador de vídeo | video multimarker
multimarcador de videofrecuencia | video multimarker
multimedia [*medios de comunicación múltiples*] | multimedia
multimedidor | multimeter
multímetro [*polímetro para voltios, amperios y vatios*] | VAW meter = voltage, amperage and wattage meter; multifunction meter, multimeter
multímetro portátil | portable tester (/test set)
multimodal | multimode, multimoding
multimotor | multiengine
multioperacional | multioperational
multipactor [*conmutador de microondas rápido*] | multipactor
multipista | multitrack
múltiple | ganged, multiple, multiway
múltiple ampliable | extensible multiple switchboard
múltiple de abonados | subscriber multiple
múltiple de batería central | common battery multiple
múltiples corrientes | multiflow
multiplete | multiplet
múltiplex | multiplex, multiplexer
múltiplex asincrónico | asynchronous multiplex
múltiplex de canales de voz | speech (/voice) multiplex
múltiplex de frecuencia | frequency multiplex
múltiplex de impulsos en tiempo compartido | pulse time multiplex
múltiplex de impulsos modulados | pulse modulation multiplex
múltiplex de telegrafía por frecuencias vocales | voice frequency telegraph multiplex
múltiplex de tonos | tone multiplex
múltiplex en el tiempo | time multiplex
múltiplex por distribución de tiempo | time division multiplex
múltiplex por división de espacio | space division multiplex
múltiplex por división de fase | phase division multiplex
múltiplex por división de frecuencia | frequency division multiplex
múltiplex por división de tiempo | time delay (/division) multiplex
multiplexado | multiplexing
multiplexado de fase | phase multiplexing
multiplexado por asignación de frecuencias | frequency allocation multiplex
multiplexado por división de frecuencia | frequency division multiplex
multiplexar | to multiplex
multiplexión | multiplexing
multiplexión asincrónica | asynchronous multiplexing
multiplexión con subportadoras | subcarrier multiplexing
multiplexión de división de frecuencia | frequency division multiplexing
multiplexión de división de tiempo | time division multiplexing
multiplexión de impulsos | pulse multiplex
multiplexión de radio | radio multiplexing
multiplexión en el tiempo | time multiplexing
multiplexión estadística | statistical multiplexing
multiplexión por distribución de tiempo | time division multiplexing
multiplexión por división compacta de longitud de onda [*en transmisión por fibra óptica*] | dense wavelength division multiplexing
multiplexión por división de frecuencia | frequency division channelling (/multiplex, /multiplexing)
multiplexión por división de frecuencia de banda lateral única | single-sideband frequency-division multiplexing
multiplexión por división de tiempo | time division multiplexing
multiplexión por división en longitud de onda | wavelength division multiplexing
multiplexión por forma de onda | waveshape multiplexing
multiplexión por modo de impulsos | pulse mode multiplex
multiplexor | multiplex, multiplexer, multiplexor
multiplexor analógico | analogue multiplexer
multiplexor asincrónico de tiempo | asynchronous time division multiplex
multiplexor de acceso a línea de abonado digital | digital subscriber line access multiplexer
multiplexor de alto nivel | high level multiplexer

multiplexor de datos | data multiplexer
multiplexor de división de tiempo inteligente | intelligent time-division multiplexer
multiplexor de frecuencia | frequency multiplex
multiplexor de inserción-extracción | add-drop (/add and drop) multiplexer
multiplexor de línea de abonado digital | digital subscriber line multiplexer
multiplexor doble | double multiplex apparatus
multiplexor estadístico | statistical multiplexer
multiplexor inteligente | intelligent multiplexer
multiplexor isócrono | isochronous multiplexer
multiplexor óptico de película fina | thin-film optical multiplexer
multiplexor por división de tiempo | time division multiplexer
multiplexor sincrónico | synchronous multiplexer
multiplicación | multiplication, multiplying
multiplicación de colector | collector multiplication
multiplicación de densidad por cañón electrónico | electron gun density multiplication
multiplicación de la trasmisión por emisión secundaria | transmission secondary-emission multiplication
multiplicación de matrices | matrix multiplication
multiplicación debida al gas | gas multiplication
multiplicación deslizante | slip multiple
multiplicación electrónica | electron multiplication
multiplicación escalonada | graded (/partial) multiple
multiplicación general | full multiple
multiplicación neutrónica | neutron multiplication
multiplicación parcial | graded (/overlapping, /partial) multiple
multiplicación subcrítica | subcritical multiplication
multiplicación total | complete multiple
multiplicador | multiplier
multiplicador analógico | analogue multiplier
multiplicador con separación de frecuencias | frequency separation multiplier
multiplicador de alcance | range multiplier
multiplicador de AM/FM | FM/AM multiplier
multiplicador de campo hiperbólico | hyperbolic field multiplier
multiplicador de coincidencia | coincidence multiplier
multiplicador de cuadrantes | quarter-square multiplier

multiplicador de cuatro cuadrantes | four-quadrant multiplier
multiplicador de dos cuadrantes | two-quadrant multiplier
multiplicador de electrones | electron multiplier
multiplicador de electrones magnético | magnetic electron multiplier
multiplicador de electrones secundarios | secondary electron multiplier
multiplicador de emisión secundaria | secondary emission multiplier
multiplicador de Farnsworth | Farnsworth multiplier
multiplicador de fase | phase multiplier
multiplicador de fotorresistor | photoresistor multiplier
multiplicador de frecuencia | frequency multiplex
multiplicador de frecuencia de klistrón | klystron frequency multiplier
multiplicador de frecuencia de reactancia | reactance frequency multiplier
multiplicador de frecuencias contrastadas | standard frequency multiplier
multiplicador de función | function multiplier
multiplicador de ganancia escalonada | step multiplier
multiplicador de ganancia variable | variable gain multiplier
multiplicador de haz circular | circular beam multiplier
multiplicador de interfaz | interface expander (/multiplier)
multiplicador de la gama de tensión | voltage range multiplier
multiplicador de modulación de doble amplitud | double amplitude modulation multiplier
multiplicador de modulación de fase y amplitud | phase amplitude modulation multiplier
multiplicador de muestreo | averaging (/sampling) multiplier
multiplicador de neutrones | neutron booster
multiplicador de probabilidad | probability multiplier
multiplicador de sensibilidad | range multiplier
multiplicador de tensión | voltage multiplier
multiplicador de tensión para voltímetro | voltmeter multiplier
multiplicador de un instrumento | instrument multiplier
multiplicador de válvula de vacío | vacuum valve multiplier
multiplicador de voltaje | voltage multiplier
multiplicador de Zworykin | Zworykin multiplier
multiplicador del valor Q | Q multiplier
multiplicador dinamométrico | dynamometer multiplier
multiplicador electrónico | electronic multiplier
multiplicador electrónico de impulsos | pulse electronic multiplier
multiplicador electrostático de electrones | electrostatic electron multiplier
multiplicador en cascada | multistage multiplier
multiplicador fotoeléctrico | photoelectric multiplier
multiplicador graduable | step multiplier
multiplicador instantáneo | instantaneous multiplier
multiplicador para comparación de fase | phase multiplier
multiplicador para voltímetro | voltmeter multiplier
multiplicador por división de tiempo | time division multiplier
multiplicador por efecto Hall | Hall-effect multiplier
multiplicando | multiplicand
multiplicar | to multiply
múltiplo parcial | grading
multipolar | multipolar, multipole
multipolo | multipolar, multipole
multiposicionamiento | multithreading
multiprecisión | multiprecision, multiple precision
multiprocesador | multiprocessor, parallel processor, multiunit, multiprocessing system
multiprocesador homogéneo | homogeneous multiprocessor
multiproceso | multiprocessing, multitask
multiproceso simétrico | symmetric multiprocessing
multiprogramación | multiprogramming
multipuerto | multiport
multipulsación | multiclick
multipunto | multidrop, multipoint
multirred | multigrid
multisección | multisection
multiseccional | multisection
multiselector | multiswitch
multiservicio | multiservice
multitarea | multitask, multitasking
multitarea en cooperación | cooperative multitasking
multitarea por tiempo fraccionado | time-slice multitasking
multitarea preferencial | preemptive multitasking
multiterminal | multidrop
multitono | multitone
multitono discreto [*código de línea para trasmisión de datos*] | discrete multitone
multitrama | multiframe
multiunidad | multiunit
multiunión | multijunction
multiuso | multiple use
multiusuario | multiuser

multivalente | multiple valued
multiválvula | multivalve
multivariado | multivariate
multivariante | multivariant
multivator [*analizador automático por tubo fotomultiplicador*] | multivator
multivelocidad | multivelocity
multivía | multicircuit, multitone circuit; multitrack, multiway
multivía de trasmisión | multitone circuit
multivibrador | flip-flop, multivibrator, univibrator
multivibrador astable | astable multivibrator
multivibrador biestable | bistable multivibrator
multivibrador controlado | synchronized multivibrator
multivibrador de acoplamiento por placa | plate-coupled multivibrator
multivibrador de arranque y parada | start-stop multivibrator
multivibrador de ciclo simple | single-shot multivibrator, single-trip multivibrator
multivibrador de ciclo único | one-cycle multivibrator
multivibrador de funcionamiento libre | free-running multivibrator
multivibrador de ondas rectangulares | rectangular wave multivibrator
multivibrador de periodo simple | single-shot multivibrator, start-stop multivibrator
multivibrador de Potter | Potter multivibrator
multivibrador de puerta | gate multivibrator
multivibrador de rejilla positiva | positive grid multivibrator
multivibrador de retardo | delay multivibrator
multivibrador de transistores | transistor multivibrator
multivibrador estable | free-running multivibrator
multivibrador flip-flop | flip-flop multivibrator
multivibrador generador de tensiones de puerta | gate-producing multivibrator
multivibrador monocíclico | start-stop multivibrator
multivibrador monociclo | one-cycle multivibrator, single-trip multivibrator
multivibrador monoestable | univibrator, monostable (/one-shot, /single-cycle, /single-shot) multivibrator
multivibrador sincronizado | synchronized multivibrator
multivoltaje | multivoltage
multivuelta | multiturn
mumetal [*marca de una aleación de níquel y hierro con 78% de níquel*] | mumetal [*trade mark of a nickel-iron alloy with 78% nickel*]
mundialización | globalization
mundo virtual [*entorno virtual tridimensional*] | virtual world
muón | muon
muonio | muonium
muriático [*obs*] | muriatic [*obs*]
muriato [*obs*] | muriate [*obs*]
murmullo confuso | babble
muro de agua | waterwall
muro de alcantarilla | manhole wall
muro de galería | manhole wall
muro de referencia | layout wall
MUSA [*antena múltiple (de ángulo vertical) ajustable, antena múltiple orientable, antena rómbica múltiple*] | MUSA = multiple unit steerable aerial
MUSE [*entorno de simulación para multiusuarios*] | MUSE = multiuser simulation environment
música electrónica | electronic music
mutación | change
mutación por agrandamiento gradual | wipe
mutación radioinducida | radio-induced mutation
mutador | mutator
MUTE [*circuito mudo, enmudecimiento*] | MUTE [*mute circuit, muting*]
mutilación | mutilation; [*de un mensaje*] garble
mutilación de la señal | signal mutilation
mutilación de la trasmisión en función del tiempo | time clipping
mutilación en función del tiempo | time clipping
mutilación inducida por la radiación | radiation-induced mutilation
mutoscopio | mutoscope
mutuamente | mutually
mutuo | mutual
mux = multiplexor, multiplexión | mux = multiplexer, multiplexing
muy alta frecuencia | very high frequency
muy alta tensión | supervoltage, very high tension
muy baja frecuencia | very low frequency
muy corto alcance | very short range
muy largo alcance | very long range
mV = milivoltio | mV = millivolt
MV = máquina virtual | VM = virtual machine
MV = megavoltio | MV = megavolt
MV = memoria virtual | VM = virtual memory
MVS [*multiprogramación con un número variable de procesos*] | MVS [*multiprogramming with a variable number of processes*]
mW = milivatio | mW = milliwatt
MW = megavatio | MW = megawatt
MWh = megavatio/hora | MWh = megawatt/hour
MX [*registro de recursos para el encaminamiento de mensajes electrónicos*] | MX = mail eXcharger
Mycalex [*marca comercial de un material de mica y vidrio*] | Mycalex
MZ = marcador de zona | ZM = zone marker
MZI [*interferómetro Mach-Zender*] | MZI = Mach-Zender interferometer

N

n [*símbolo del prefijo nano-, que significa una milmillonésima parte*] | n [*prefix*] = nano-
N = negro | BLK = black
N = nitrógeno | N = nitrogen
nA = nanoamperio | nA = nanoampere
Na = sodio | Na = natrium [*sodium*]
NAA [*análisis de activación neutrónica, análisis de reacción nuclear*] | NAA = neutron activation analysis
NAB [*asociación nacional estadounidense de emisoras de radiodifusión*] | NAB = National Association of Broadcasters
nacional | domestic: inland
NACR [*petición de participación en la red*] | NACR = network announcement request
nagware [*programa que en el arranque o antes del cierre recuerda la necesidad de pagar por su uso*] | nagware
NAI [*identificador de acceso a la red*] | NAI = network access identifier
nailon | nylon
NAK [*reconocimiento negativo*] | NAK = negative acknowledgement
NAMPS [*servicio de telefonía móvil analógica de banda estrecha*] | NAMPS = narrow-band analog mobile phone service
NAND = NOT AND [*operación lógica que combina los valores de dos bits o dos valores booleanos distintos*]
nano- [*pref. que significa la milmillonésima parte de la unidad*] | nano-
nanoamperio | nanoampere
nanocircuito | nanocircuit
nanocurio | nanocurie
nanofaradio | nanofarad
nanohenrio | nanohenry
nanomemoria | nanostore
nanómetro | nanometer
nanosegundo [*milmillonésima parte de un segundo*] | billisecond, nanosecond
nanovatio | nanowatt
nanovoltímetro | nanovoltmeter
nanovoltio | nanovolt

NAP [*punto de acceso a la red*] | NAP = network access point
NAPT [*traductor del puerto de direcciones de la red)*] | NAPT = network address port translator
naranja | orange
NAS [*servidor de acceso a la red*] | NAS = network access server
NASA [*administración nacional estadounidense de aeronáutica y del espacio*] | NASA = National Aeronautics and Space Administration
NAT [*traducción (/traductor) de direcciones de red (entre redes privadas e internet)*] | NAT = network address translation (/ translator)
navaglide [*sistema de aproximación a baja altura con frecuencia compartida*] | navaglide
NAVAR [*sistema de radionavegación aérea*] | NAVAR = navigational and traffic control radar
Navarho [*sistema de radionavegación de larga distancia por ondas continuas de baja frecuencia*] | Navarho
Navascreen [*sistema para elaboración y presentación visual de datos de tráfico aéreo*] | Navascreen
navegación | navigation
navegación a ciegas | blind navigation
navegación aérea por radar y televisión | television radar air navigation
navegación asistida por radar | radar pilotage
navegación con distancias omnidireccionales | omnibearing-distance navigation
navegación de aproximación | approach navigation
navegación de corto alcance | short-range navigation
navegación de largo alcance | long range navigation
navegación inercial | inertial navigation
navegación por guiado inercial | inertial guidance navigation
navegación por la red | net surfing

navegación por la voz [*instrucciones verbales al navegador de la red*] | voice navigation
navegación por radar | radar navigation
navegación por radar y televisión | television-radar navigation, television and radar navigation
navegación por radio | radionavigation, radio navigation
navegación radioeléctrica | radionavigation, radio navigation
navegación rho-theta [*navegación por coordenadas polares y telémetro*] | rho-theta navigation
navegación sin visibilidad | blind navigation
navegador [*programa de búsqueda para redes informáticas*] | navigator, browser
navegador fuera de línea [*gratuito*] | offline navigator
navegante [*de internet*] | surfer
navegante de internet | data surfer [*fam*]
navegante radarista | radar navigator
navegar | to navigate; [*por la red*] to surf, to cruise
Nb = niobio | Nb = niobium
NBCD [*decimal natural codificado en binario*] | NBCD = natural binary-coded decimal
NBFM [*modulación de frecuencia de banda estrecha*] | NBFM = narrow-band frequency modulation
NBP [*protocolo de vinculación de nombres usado en AppleTalk*] | NBP = name binding protocol
NC [*ordenador de red*] | NC = network computer
NC = no conectado | NC = non connected, non connection
NC = normalmente cerrado | NC = normally closed
NCC [*proceso en red centralizada*] | NCC = network-centric computing
NCP [*protocolo de control de red*] | NCP = network control protocol

NCP = número de cuenta primaria [*para pagos*] | PAN = primary account number
NCSA [*centro nacional estadounidense para aplicaciones de supercomputación*] | NCSA = National center for supercomputing applications
NCSC [*centro nacional estadounidense de seguridad informática*] | NCSC = National Computer Security Center
Nd = neodimio | Nd = neodymium
NDB [*radiofaro no direccional*] | NDB = nondirectional beacon
NDIS [*especificación de la interfaz para controladora de red*] | NDIS = network driver interface specification
NDM [*modo normal de espera*] | NDM = normal disconnect mode
NDMP [*protocolo de red para gestión de datos*] | NDMP = network data management protocol
NDR [*lectura de salida no destructiva*] | NDR = nondestructive readout
NDR [*notificación de no entrega*] | NDR = no delivery report
NDRO [*lectura de salida no destructiva*] | NDRO = nondestructive readout
NDS [*servicio de directorios Novell*] | NDS = Novell directory service
Ne = neón | Ne = neon
NE = norma europea | EN = European norm, ES = European standard
neblina metálica | metal fog
necesario | required
nefelómetro | nephelometer
neg = negativo | neg = negative
negación | negation
negador | negator, inverter
negaentropía | negentropy
negar | to deny
negatividad | negativity
negativo | negative, minus
negativo de metal | metal negative
negativo del negro | black negative
negativo-positivo-neutro | negative-positive-zero
negativo tramado [*en fotomecánica*] | screen negative
negatoscopio | negatoscope
negatrón | negatron [*obs*]
negociación | negotiation
negocio | business
negocio directo | business to business
negocio electrónico | E-business = electronic business
negocio móvil | mobile business
negrilla | boldface
negrita | boldface
NetWare [*conjunto de programas de sistema operativo para PC y Macintosh desarrollado por Novell*] | NetWare
news server | servidor de noticias [*ordenador o programa para intercambio de noticias en internet*]
NFS [*sistema de archivos en red de Sun Microsystems*] | NFS = network file system

NGI [*internet de segunda generación*] | NGI = next generation Internet
NI exclusivo [*circuito electrónico digital de doble estado*] | exclusive NOR
nibble [*medio byte = 4 bits*] | nybble, nibble
NIC [*protocolo de interfaz de red*] | NIP = network interface protocol
negrilla | boldface
negrita | bold, boldface
negro | black
negro de fondo | leading black
negro de imagen | picture black
negro de la imagen | black signal
negro de seguimiento | following black
negro detrás de blanco | black after white
NEI [*ruido equivalente de entrada*] | NEI = noise equivalent input
NEMA [*asociación estadounidense de fabricantes de artículos eléctricos*] | NEMA = National Electric Manufacturers Association
nemónico [*perteneciente a la memoria*] | mnemonic
nemotécnico | mnemonic
neodimio | neodymium
neón | neon
neopecblenda | sooty pitchblende
neopreno | neoprene
neotrón | neotron
NEP [*potencia equivalente de ruido*] | NEP = noise equivalent power
neper | neper
neperímetro | nepermeter
neperio | neper
neptunio | neptunium
nesistor [*semiconductor de resistencia negativa*] | nesistor
NET = norma europea de telecomunicación | NET = Norme européene de télécommunication [*fra*]
NET propuesta = norma europea de telecomunicaciones propuesta | prIETS = proposed Interin European telecommunications standard
Net View [*sistema de gestión de red de IBM*] | Net View
NETBIOS [*sistema básico de entrada/salida de red*] | NETBIOS = network basic input/output system
Netscape [*navegador de internet*] | Netscape [*Internet navigator*]
NetWare [*conjunto de programas de sistema operativo para PC y Macintosh desarrollado por Novell*] | NetWare
neumático | pneumatic
neumógrafo | pneumograph
neumograma | pneumogram
neuristor [*dispositivo que se comporta como una fibra nerviosa en la propagación sin atenuación de señales*] | neuristor
neuristor | neuristor line
neuroelectricidad | neuroelectricity
neurona | neuron
neutral | neutral

neutralización | neutralisation [UK], neutralization [UK+USA]; cancelling, disabling, neutralizing; passivity, transposition
neutralización anódica | anode (/plate) neutralization
neutralización cruzada | cross neutralization
neutralización de ánodo | anode neutralization
neutralización de bobina | coil neutralization
neutralización de circuito anódico | plate neutralization
neutralización de la capacidad de las conexiones | cancelling of lead capacity
neutralización de la carga espacial | space charge neutralization
neutralización de la derivación | shunt neutralization
neutralización de placa | plate neutralization
neutralización de rejilla | grid neutralization
neutralización del amplificador de potencia | PA neutralization
neutralización del xenón | xenon override
neutralización del zumbido | hum-bucking
neutralización inductiva | induction (/inductive) neutralization
neutralización magnética | degaussing
neutralización por acoplamiento | link neutralisation
neutralización por aire | air blanketing
neutralización por enlace | link neutralisation
neutralizador | bucking
neutralizador magnético automático | automatic degausser
neutralizar | to neutralise [UK], to neutralize [UK+USA]
neutrino | neutrino
neutro | neutral, uncharged
neutro flotante | floating neutral
neutro puesto a tierra | grounded neutral
neutro puesto directamente a tierra | solidly earthed neutral
neutrodino [*circuito amplificador presintonizado usado en receptores de radio*] | neutrodyne
neutrón | neutron
neutrón A | A neutron
neutrón D | D neutron
neutrón de energía térmica | thermal energy neutron
neutrón de escisión inmediata | prompt fission neutron
neutrón de espín ascendente | up-spin neutron
neutrón de fisión inmediata | prompt fission neutron
neutrón de fisión primario | virgin fission neutron

neutrón de fisión virgen | virgin fission neutron
neutrón de resonancia | resonance neutron
neutrón disperso | stray neutron
neutrón epicádmico | epicadmium neutron
neutrón epitérmico | epithermal neutron
neutrón frío | cold neutron
neutrón I | I neutron
neutrón inmediato | prompt neutron
neutrón intermedio | intermediate neutron
neutrón lento | slow neutron
neutrón natural | natural neutron
neutrón primario | primary (/virgin) neutron
neutrón pulsado | pulsed neutron
neutrón que no ha colisionado | uncollided neutron
neutrón refractado | refracted neutron
neutrón retardado | delayed neutron
neutrón secundario | secondary neutron
neutrón subcádmico | subcadmium neutron
neutrón térmico | thermal neutron
neutrón termonuclear | thermonuclear neutron
neutrón vagabundo | stray neutron
neutrón virgen | virgin (/primary) neutron
neutrones de escisión | fission neutrons
neutrones dispersos | scattered neutrons
neutrones lentos | slow neutrons
neutrones por absorción | neutrons per absorption
neutrones por fisión | neutrons per fission
neutrones producidos por cada escisión | yield of neutrons per fission
neutrones pulsados | pulsed neutrons
neutrones termalizados | thermalized neutrons
neutrones térmicos | slow neutrons
neutrones útiles | useful neutrons
newton [*unidad de fuerza en el sistema SI*] | newton
nF = nanofaradio | nF = nanofarad
NF [*coeficiente (/factor) de ruido*] | NF = noise factor
NFS [*sistema de archivos en red de Sun Microsystems*] | NFS = network file system
nH = nanohenrio | nH = nanohenry
NGI [*internet de segunda generación*] | NGI = next generation Internet
Ni = níquel | Ni = nickel
NI exclusivo [*circuito electrónico digital de doble estado*] | exclusive NOR
nibble [*medio byte = 4 bits*] | nibble, nybble
NIC [*protocolo de interfaz de red*] | NIP = network interface protocol
NiCad = níquel-cadmio | NiCad = nickel-cadmium
nicho | cubicle
Nichrome [*marca de una aleación de níquel y cromo*] | Nichrome
nicromio | nichrome
nido | nest
niebla | fog
niebla baja | shallow fog
niebla de radiación | radiation fog
niebla metálica | metal fog
nieve | snow
nieve estática | snow static
NIFTP [*protocolo de redes de trasferencia de fiarchivos independientes*] | NIFTP = network independent file transfer protocol
nilón | nylon
nimbo | nimbus
NiMH = hidruro metálico de níquel | NiMH = nickel metal-hydrure
niñera de la red [*tutoría o servicio de supervisión a través de internet*] | net nanny [*fam*]
niobio | niobium
níquel | nickel
niquelado | nickel plating, nickel-plated
niquelado de inmersión | immersion plating
NIS [*servicio de información de la red*] | NIS = network information service
nit [*unidad de luminosidad (/brillo fotométrico) por metro cuadrado*] | nit
nitidez | sharpness, (good) articulation
nitidez de banda | band articulation
nitidez de frases | phrase articulation
nitidez de la imagen | focal quality, definition of an image
nitidez de la palabra | word articulation
nitidez de las frases | sentence articulation
nitidez ideal | ideal articulation
nitidez imperfecta | imperfect understanding
nitrato de uranilo | uranyl nitrate
nitrógeno | nitrogen
nitruro de silicio | silicon nitride
NITS [*sistema de trasmisión de imágenes nucleares*] | NITS = nuclear image transmission system
NIU-F [*agrupación de los usuarios, fabricantes y explotadores de redes*] | NIU-F = national ISDN users forum
nivel | level, status
nivel absoluto | absolute level
nivel absoluto de potencia | absolute power level
nivel aceptable de fiabilidad | acceptable reliability level
nivel aceptor | acceptor level
nivel acústico | sound level
nivel alto | high level
nivel ambiental | ambient level
nivel bajo | low level
nivel base | pedestal level
nivel casi de Fermi | quasi-Fermi level
nivel casi estacionario | quasi-stationary level
nivel cero | zero level
nivel colector | acceptor level
nivel crítico de alta potencia | critical high-power level
nivel cuántico | quantum level
nivel de abstracción del hardware [*donde está aislado el código ensamblador de lenguaje*] | hardware abstraction layer
nivel de acceso | access level
nivel de aceptores | acceptor level
nivel de activación | trigger (/triggering) level
nivel de actividad de un cable | fill
nivel de agudos | high (level)
nivel de aplicación | application layer
nivel de bajada | drop level
nivel de blanco | picture white
nivel de bloqueo | blanking level
nivel de burbuja | spirit level
nivel de calidad aceptado | accepted quality level
nivel de captura | trapping level
nivel de casi cresta | quasi-peak level
nivel de color | chroma
nivel de confianza | confidence level
nivel de conversación | speech level
nivel de cresta | peak level
nivel de cresta de la señal | peak signal level
nivel de cuantificación | quantization level
nivel de densidad del flujo de energía acústica | sound energy flux-density level
nivel de descenso | drop level
nivel de disparo | trigger (/triggering) level, trigger point
nivel de donadores | donor level
nivel de energía | energy level, level (/state) of energy
nivel de energía de vibración | vibrational energy level
nivel de energía del dador | donor energy level
nivel de energía normal | normal energy level
nivel de energía nuclear | nuclear energy level
nivel de enlace | link layer
nivel de enlace de datos | data link layer
nivel de entrada | input (/access) level
nivel de error | error rate
nivel de estado | status level
nivel de falta ajustado | boltedfault level
nivel de Fermi | Fermi level (/energy)
nivel de flujo de restablecimiento | reset flux level
nivel de flujo específico de energía sonora | specific sound energy flux level
nivel de funcionamiento | operate level
nivel de grabación | recording level
nivel de graves | low
nivel de impedancia | impedance level
nivel de impurezas | impurity level

nivel de integración | integration level
nivel de intensidad | intensity level
nivel de intensidad acústica | sound intensity level
nivel de intensidad sonora | loudness level, sound intensity level, sound energy flux-density level
nivel de interferencia acústica | sound interference level
nivel de interferencia del habla | speech interference level
nivel de irradiación del combustible | specific burn-up
nivel de jerarquización | nesting level
nivel de la fuente | source level
nivel de la señal de facsímil | facsimile signal level
nivel de las corrientes vocales | speech level
nivel de limitación | clipping level, threshold
nivel de limitación de picos | clipping level
nivel de línea | line level
nivel de luz | light level
nivel de macros | macro level
nivel de muestreo del canal | channel sampling rate
nivel de onda portadora | carrier level
nivel de paso | through level
nivel de pedestal | pedestal level
nivel de pico | peak level
nivel de portadora | carrier level
nivel de potencia | output (/power) level
nivel de potencia de los impulsos | pulse power level
nivel de potencia sonora | sound power level
nivel de presentación | presentation layer
nivel de presión acústica | sound pressure level
nivel de presión acústica espectral | pressure spectrum level
nivel de presión de banda | band pressure level
nivel de presión de banda de octava | octave-band pressure level
nivel de presión de la banda sonora | sound band pressure level
nivel de presión de octava | octave pressure level
nivel de presión espectral | pressure spectrum level
nivel de presión sonora | sound pressure level
nivel de presión sonora de una octava | octave-band pressure level
nivel de prioridad | precedence level
nivel de programa | program level
nivel de protección contra el choque | impulse protection level
nivel de protección contra sobretensiones | overvoltage protection level
nivel de prueba | testing level
nivel de prueba adaptado | terminated level

nivel de prueba no adaptado | through level
nivel de radiación | radiation dosage
nivel de recepción | receiving (/reception) level
nivel de red | network layer
nivel de referencia | reference datum (/level)
nivel de referencia de sonido | reference sound level
nivel de referencia del blanco | reference white level
nivel de referencia del negro | reference black level
nivel de registro | recording level
nivel de reloj | clock level
nivel de rendimiento energético | energy efficiency ratio
nivel de requisitos de seguridad | safety integrity level
nivel de resonancia | resonance level (/state)
nivel de ruido | noise grade (/level)
nivel de ruido de la onda portadora | carrier noise level
nivel de ruido de la portadora | carrier noise level
nivel de ruido de vídeo | video noise level
nivel de ruido del circuito | circuit noise level
nivel de ruido en frecuencia modulada | FM noise level
nivel de ruido en la modulación de amplitud | amplitude modulation noise level
nivel de ruido local | site noise level
nivel de ruido percibido | perceived noise level
nivel de ruido ponderado | weighted noise level
nivel de ruido radioeléctrico | radio noise level
nivel de ruido radioeléctrico local | site noise level
nivel de ruido térmico | thermal noise level
nivel de salida | outlet, outlet (/output) level
nivel de salida normal | standard output level
nivel de saturación | saturation level
nivel de selección | selection level
nivel de selección múltiple | level multiple
nivel de selector | level of selector
nivel de sensación | sensation level
nivel de sensibilización | triggering level
nivel de señal | signal level
nivel de señal compuesta | blanking level
nivel de señal máximo | maximum signal level
nivel de señal mínimo | minimum signal level
nivel de señal recibida | received signal level

nivel de servicio | service layer
nivel de sesión | session layer
nivel de silenciamiento | squelch level
nivel de sincronización | sync level = synchronization (/synchronizing) level
nivel de sobrecarga | overload level
nivel de sonoridad | loudness level
nivel de tarjeta [grado de reparación en equipos informáticos] | board level
nivel de tensión | voltage level
nivel de terminación | finishing rate
nivel de trasmisión | transmission level
nivel de trasporte | transport layer
nivel de ultranegro | blacker-than-black level
nivel de umbral | threshold level
nivel de vacío | vacuum level
nivel de velocidad | velocity level
nivel de voltaje | voltage level
nivel del blanco | white level
nivel del donador | donor level
nivel del espectro | spectrum level
nivel del espectro de potencia | power spectrum level
nivel del espectro de presión | pressure spectrum level
nivel del mar | sea level
nivel del negro | picture black; vernier level, (reference) black level
nivel energético | state of energy
nivel energético normal | normal energy level
nivel energético rotacional | rotational energy level
nivel espectral elemental | spectrum (pressure) level
nivel estático | static level
nivel excitado | excited level
nivel físico | physical layer
nivel inutilizado | spare (/vacant) level
nivel límite | bound level
nivel lógico | logic level
nivel lógico de programación | programmable logic level
nivel lógico fijo | fixed logic level
nivel máximo de grabación | maximum record level
nivel máximo de la señal | peak signal level
nivel máximo del sistema | system high
nivel medio de imagen | average picture level
nivel medio de la imagen | average picture level
nivel muerto | dead (/spare, /vacant) level
nivel múltiple | level multiple
nivel musical | musical level
nivel N | N shell
nivel nominal | nominal level
nivel normal de grabación | normal record level
nivel nuclear | nuclear level
nivel ponderado | weighted level
nivel por encima del umbral | level above threshold

nivel relativo | relative level
nivel relativo cero | zero relative level
nivel relativo de intensidad de corriente | relative current level
nivel relativo de potencia | relative power level
nivel relativo de tensión | relative voltage level
nivel silenciador | squelch level
nivel sobre el umbral | level above threshold
nivel sofométrico | psophometric level
nivel sonoro | loudness, noise grade, noise (/sound, /volume) level
nivel sonoro con ponderación A | A-weighted sound level
nivel superior de ayuda | top level help
nivel telegráfico | telegraph level
nivel umbral | threshold level
nivel único | unilevel
nivel vacante en el selector de grupo | spare group selector level
nivel virtual | virtual level (/state)
nivelación | levelling [UK], leveling [USA]
nivelación del tráfico | equalization of traffic
nivelación por zonas | zone levelling
nivelador de potencia | power leveller
niveles de integración | scale of integration
niveles de prioridad | multilevel precedence
nivelímetro | level measuring set
NLQ [*letra de calidad casi buena*] | NLQ = near letter quality
NLS [*soporte de lenguaje natural (sistema de reconocimiento de voz)*] | NLS = natural language support
NMC [*centro de gestión y administración de la red*] | NMC = network management center
NMI [*interrupción no enmascarable*] | NMI = non maskable interrupt
NMOS [*transistor semiconductor de óxido metálico con canal N*] | NMOS = n-channel metal-oxide semiconductor
NMT [*sistema analógico de comunicaciones móviles*] | NMT = Nordic Mobil Telecommunications
NNI [*interfase (/interfaz) del nodo de la red en un sistema de trasmisión*] | NNI = network node interface
NNTP [*protocolo para trasmisión de noticias por la red*] | NNTP = network news transfer protocol
No = nobelio | No = nobelium
NO [*operando de negación lógica*] | NOT
no aislado | noninsulated
no ajustable | nonadjustable
no ajustado | not set
no apantallado | unscreened
no axial | nonaxial
no blindado | unscreened
no calibrado | uncalibrated

no cargado | nonloaded, unloaded
no compensado | uncompensated
no conductor | nonconductor, nonconducting
no conectado | offline, unconnected, non connected
no consecutivo | disjoint
no contiene ninguna corrección | makes no correction
no continuo | noncontinuous
no cortocircuitante | nonshorting
no cuantificado | nonquantised [UK], nonquantized [UK+USA]
no decidible | undecidable
no desmodulador, no desmodulante | nondemodulating
no direccional | nondirectional
no disponible | unavailable
no elástico | nonelastic
no eléctrico | nonelectric, nonelectrical
no electrificado | nonelectrified
no electrónico | nonelectronic
no entrelazado [*en barrido de un haz de electrones*] | noninterlaced
no excitado | nonexcited
no explotado | unoperated
no fatigado | unstressed
no férreo | nonferrous
no férrico | nonferrous
no ferroso | nonferrous
no guiado | unguided
no hay interrupciones libres | no interrupts free
no hay un mensaje anterior | currently no previous message
no humectante | nonwetting
no iluminado | unlit
no incorporado | offboard
no inducido | noninduced
no inductivo | noninductive
no instalado | not installed
no integrado | offboard
no leído [*en correo electrónico*] | unread
no lineal | nonlinear, non-linear
no linealidad | nonlinearity
no linealidad de ganancia | gain nonlinearity
no linealidad del amplificador | amplifier nonlinearity
no linealidad diferencial | differential nonlinearity
no magnético | nonmagnetic
no microfónico | nonmicrophonic
no modal | modeless
no modulado | unmodulated
no molestar | do not disturb
no mostrar nada | to show nothing
no neutralizado | unneutralized
no óhmico | nonohmic
no orientado | unorientated
no paralelos | out-of-parallel
no permitido | illegal
no polarizable | nonpolarizable
no polarizado | nonpolarised [UK], nonpolarized [UK+USA]; unbiased; unpolarized
no ponderado | unwanted variation

no proporcional | nonlinear
no radiactivo | radiationless
no reactivo | noninductive
no recuperable | non recoverable
no reflector | nonreflecting
no reflejante | nonreflecting
no registrado | unregistered
no regulable | nonadjustable
no regulado | unregulated
no reparable | non recoverable
no retenido | unlatched
no saturable | unsaturable
no saturado | unsaturated
no se espera | not expected
no senoidal | nonsinusoidal
no sintonizado | untuned
no sinusoidal | nonsinusoidal
no solapante | nonoverlapping
no terminado | unterminated
no trasmisor | nontransmitting
no trivial | nontrivial
no válido | illegal, invalid
no volatilidad | non volatility
no volátil | non volatile
nobelio | nobelium
NOC [*centro de operaciones de la red (en una empresa)*] | NOC = network operation center
noción octal | octal notion
nodo | node; junction point
nodo corresponsal | correspondent node
nodo de corriente | current node
nodo de hoja | leaf node
nodo de intensidad | current node
nodo de soporte | support node
nodo de soporte pasarela | gateway support node
nodo de soporte servidor | serving support node
nodo de tensión | voltage node
nodo de voltaje | voltage node
nodo externo | external node
nodo fuente | source node
nodo hermano [*uno de los nodos hijos del mismo padre en un árbol de datos*] | sibling
nodo imperfecto | partial node
nodo interior | interior node
nodo intermedio | intermediate node
nodo local | local node
nodo no terminal | nonterminal node
nodo parcial | partial node
nodo pasivo | passive node
nodo sumidero | sink node
nodo terminal | terminal (/tip) node
nódulo | nodule
nódulo atómico | atomic kernel
nódulo de difusión | diffusion kernel
nódulo de la integral de difusión | diffusion kernel
nódulo de Yukawa | Yukawa kernel
nódulo puntual | point kernel
NO-LIN = no lineal | NON-LIN = non-linear
nombre | name
nombre canónico [*nombre de dominio principal en internet*] | canonic name

nombre completo | full name
nombre completo de la ruta | full pathname
nombre completo del archivo | fully qualified file name
nombre de archivo base | base file name
nombre de dominio totalmente cualificado | fully qualified domain name
nombre de fuente de interfaz normalizada | standard interface font name
nombre de fuente normalizada de aplicación | standard application font name
nombre de fuente normalizado | standard font name
nombre de grupo | group name
nombre de la acción | action name
nombre de la operación | operation name
nombre de la ruta | pathname
nombre de la señal | signal name
nombre de la unidad maestra | hostname
nombre de menú | menu name
nombre de pantalla [*para usuario de red*] | screen name
nombre de recurso uniforme (/uniformizado) | uniform resource name
nombre de tecla | typeface
nombre del anfitrión | host name
nombre del archivo | filename, file name
nombre del dispositivo | device name
nombre del dominio | domain name
nombre del dominio de sitios para comercio electrónico | E-commerce site domain name
nombre del objeto | object name
nombre del ordenador | computer name
nombre del propietario | owner name
nombre del punto de acceso | access point name
nombre del servidor | server name
nombre del sistema central | host name
nombre del usuario | user name
nombre del volumen | volume name
nombre largo de archivo | long file name
nombre raíz [*primera parte del nombre de un archivo*] | root name
nomenclator | listbook, list book
nomenclatura | descriptions, list of names
nomenclatura de las bandas de frecuencias | nomenclature of frequency bands
nomenclatura de las bandas de frecuencias y de longitudes de onda | nomenclature of frequency and wavelength bands
nomenclatura de las bandas de longitudes de onda | nomenclature of wavelength bands
nominal | nominal, rated
nomografía | nomography

nomógrafo | nomograph
nomograma | abac, nomogram, self-computing chart
nonio | vernier (scale)
nonio del limbo vertical | vertical circle vernier
nonio para ajuste fino de sintonía | tuning vernier
NOP [*instrucción no operativa*] | NOP = no-operation instruction
norma | norm; normal, standard
norma abierta [*de libre acceso*] | open standard
norma ANSI | ANSI standard
norma canónica [*en matemáticas*] | canonical form
norma criptográfica | cryptography standard
norma de actuación sobre seguridad | security policy
norma de aproximación | approximation norm
norma de codificación | coding standard
norma de codificación de datos | data encryption standard
norma de definición abierta | open profiling standard
norma de Euclides | Euclidean norm, two-norm
norma de firma digital | digital signature standard
norma de frecuencia | frequency standard
norma de hecho | de facto standard
norma de líneas de exploración | picture line standard
norma de líneas de imagen | picture line standard
norma de modulación de cuadratura y amplitud | quadrature and amplitude modulation standard
norma de programación | programming standard
norma de rendimiento | performance objetive
norma de seguridad | security standard
norma de susceptibilidad | susceptance standard
norma de tarificación | charging rule
norma de tasación | charging rule
norma de televisión | television standard
norma de trasmisión | transmission standard
norma de trasmisión de televisión | television transmission standard
norma de vectores | vector norm
norma dos | Euclidean norm, two-norm
norma europea | EuroNorm
norma funcional | functional standard
norma internacional | international standard
norma legalmente admitida | de jure standard
norma LIM = norma Lotus/Intel/Microsoft | LIM standard = Lotus/Intel/Microsoft standard
norma matricial | matrix norm
norma medioambiental | environmental standard
norma militar | military standard
norma QAM [*norma de modulación de cuadratura y amplitud*] | QAM standard = quadrature and amplitude modulation standard
norma radioeléctrica | radio standard
norma radiográfica | radiographic standard
norma RSA [*norma Rivest-Shamir-Adlerman (sistema de criptografía de clave pública)*] | RSA standard
norma sobre comunicaciones | communications standard
normal | normal, standard
normal de la onda | wave normal
normalización | normalization, standardization
normalización de impulsos | pulse shaping
normalización de trasductores | standardization of transducers
normalización interna | internal standard
normalizado | normalized
normalizador de impulsos | pulse shaper
normalizador del pulso | cardiac pacemaker
normalizar | to clear; to normalise [UK], to normalize [UK+USA]; to standardise [UK], to standardize [UK+USA]
normalmente abierto | normally open
normalmente alto | normally high
normalmente bajo | normally low
normalmente cerrado | normally closed
normas | standards
normas de conmutación | switching principles
normas de explotación | operating practices (/rules)
normas de la industria telefónica | telephone practices
normas de trasmisión | standards of transmission
normas ETSI | ETSI standards
normas para la organización de la trasmisión | transmission layout
normativa | standards
normativa de acceso [*para usuarios de redes*] | account policy
normativa sobre uso aceptable | acceptable use policy
norte de la brújula giroscópica | gyro north
norte de la cuadrícula | grid north
norte del reticulado | grid north
norte magnético | magnetic north
norte verdadero | true north
NOS [*sistema operativo de red*] | NOS = network operating system
nota | memo, note
nota a pie de página | footnote
nota aguda | treble note

nota de batido | beat note
nota de batido del oscilador local vecino | oscillator beat note
nota resultante | beat note
nota sensible | sensitive note
notación | notation
notación básica | radix notation
notación binaria | binary notation
notación biquinaria | biquinary notation
notación científica | scientific notation
notación de coma fija | fixed-point notation
notación de coma flotante | E notation [*floating-point notation*]
notación de exceso | excess notation
notación de la base | radix notation
notación de precisión múltiple | multiple precision notation
notación decimal | decimal notation
notación en base mixta | mixed base notation
notación en coma flotante | floating point notation
notación exponencial | exponential notation
notación hexadecimal | hexadecimal (/sexadecimal) notation
notación Munsell | Munsell notation
notación normal de Backus | Backus normal form, Backus-Naur form
notación normal de Backus-Naur | Backus-Naur form, Backus normal form
notación octal | octal notation
notación polaca | Polish notation, prefix notation
notación polaca inversa | postfix (/suffix, /reverse Polish) notation
notación por infijos | infix notation
notación por prefijos | prefix notation, Polish notation
notación por sufijos | suffix (/postfix, /reverse Polish) notation
notación posicional | positional notation
notación radical | radix notation
notación sin paréntesis | parenthesis-free notation
notación sintáctica abstracta [*en programación informática*] | abstract syntax notation
notación ternaria | ternary notation
NOTAM [*aviso (/mensaje) a los aviadores*] | NOTAM = notice to airmen
notas graves falsas | boom
noticia | notice
noticias | news
noticias de la red [*referidas a internet*] | network news
noticias por internet | Internet news
notificación adelantada de comunicación | advance notification of incoming call
notificación adelantada de llamada | advance notification of incoming call
notificación de documento leído [*en correo electrónico, confirmación de que el receptor de un mensaje lo ha leído*] | read notification
notificación de entrega | delivery report
notificación de no entrega | no delivery report
notificación de recepción | receipt notification
notificación del estado de la entrega [*en correo electrónico*] | delivery status notification
novar [*válvula de potencia de haz electrónico con nueve patillas en su base*] | novar
novato | newbie
novedades | what's new
noys [*medida del ruido percibido en escala lineal*] | noys
Np = neperio | Np = neper [*unit for comparing magnitude of two powers*]
Np = neptunio | Np = neptunium
NPH [*cabecera (de mensaje) no analizada sintácticamente*] | NPH = non-parsed header
NR = norma de referencia | RS = related standard
NRA [*análisis de reacción nuclear, análisis de activación neutrónica*] | NRA = nuclear reaction analysis
NRM [*modo normal de respuesta*] | NRM = normal response mode
NRZ [*sin retorno a cero*] | NRZ = nonreturn (/no return) to zero
NRZI [*intercambio sin retorno a cero*] | NRZI = nonreturn-to-zero interchange
ns = nanosegundo | ns = nanosecond; nsec. [USA] = nanosecond
NS = nuestro servicio | OS = our service
NSA [*agencia nacional estadounidense de seguridad*] | NSA = National security agency
NSAPI [*identificador del punto de acceso al servicio de red*] | NSAPI = network service access point identifier
NSF [*Fundación nacional de la ciencia; fundación estadounidense que gestiona gran parte de los recursos de internet*] | NSF = National science fundation
NSS [*subsistema de red*] | NSS = network subsystem
nt = nit [*unidad de luminosidad (/brillo fotométrico) por metro cuadrado*] | nt = nit
NT = nueva tecnología | NT = new technology
NTC [*circuito terminal de red*] | NTC = network terminal circuit
NTFS [*sistema de archivos NT de Windows*] | NTFS = NT file system
NTI [*disminución de la calidad de trasmisión por causa de los ruidos*] | NTI = noise transmission impairment
NTP [*protocolo para sincronizar la hora de un sistema con la de una red*] | NTP = network time protocol
NTSC [*comité nacional estadounidense de sistemas de televisión*] | NTSC = National Television System Committee
nube | cloud
nube atómica | atomic cloud
nube de base | base surge
nube de cintas antirradáricas (/metalizadas, /reflectoras) | window cloud
nube de condensación | condensation cloud
nube de electrones | electron cloud (/mantle)
nube de iones | ion cloud
nube electrónica | electron cloud
nube radiactiva | radioactive cloud
nucleación | nucleation
nucleación preferente | preferential nucleation
nuclear | nuclear
nuclearmente seguro | eversafe
núcleo | core, kernel, nucleus, slug
núcleo abierto | open core
núcleo aislante de la resistencia | resistor core
núcleo anular | ring (/toroidal) core
núcleo atómico | atomic nucleus; [*con sus capas completas*] atomic core
núcleo bombardeado | struck nucleus
núcleo buzo | plunger
núcleo compuesto | compound nucleus
núcleo con anillos | core with slugs
núcleo con carga positiva | positively charged nucleus
núcleo con enriquecimiento por zonas | seed core
núcleo cruciforme | cruciform core
núcleo de ajuste | plunger
núcleo de antena | aerial core
núcleo de apertura múltiple | multiple aperture core
núcleo de bobina | bobbin core
núcleo de ciclo de histéresis rectangular | square loop core
núcleo de cinta magnética | magnetic tape core
núcleo de cordón metálico | wire strand core
núcleo de cuerda | rope core
núcleo de desplazamiento | displacement kernel
núcleo de devanado de cinta | tape-wound core
núcleo de difusión | Yukawa kernel
núcleo de dispersión | scattering kernel
núcleo de ferrita | ferrite core
núcleo de ferrita con ciclo de histéresis rectangular | square loop-ferrite core
núcleo de ferrocar | ferrocart core
núcleo de helio | helium nucleus
núcleo de hierro | iron core
núcleo de hierro dulce | soft iron core
núcleo de hierro equilibrado | balanced-armature core
núcleo de hierro pulverizado | powdered iron core

núcleo de inducido | armature core
núcleo de inserción | insert core
núcleo de la resistencia | resistor core
núcleo de memoria magnética de tres cavidades | three-hole magnetic memory core
núcleo de moderación | slowing-down kernel
núcleo de permaleación | permalloy core
núcleo de polvo cementado | dust core
núcleo de polvo de hierro | iron dust core, powdered iron core
núcleo de referencia | reference core
núcleo de relé | relay core (/magnet)
núcleo de relevador | relay core
núcleo de retardo | slowing-down kernel
núcleo de retroceso | recoil nucleus
núcleo de seguridad | security kernel
núcleo de siembra | spiked core
núcleo de sintonía | tuning core
núcleo de sintonización | tuning core
núcleo de uranio | uranium nucleus
núcleo de Yukawa | Yukawa kernel
núcleo del arco | core of the arc
núcleo del reactor | reactor core
núcleo del trasformador | transformer core
núcleo diana | target nucleus
núcleo dividido | wire (/divided iron) core
núcleo E | E core
núcleo en C | C core
núcleo envolvente | cup core
núcleo escindible | fissile nucleus
núcleo expandido | headed core
núcleo fisionable | fissile nucleus
núcleo hueco | hollow core
núcleo impar-impar | odd-odd nucleus
núcleo impar-par | odd-even nucleus
núcleo laminado | laminated core
núcleo madre | parent nucleus
núcleo magnético | core (of a magnet), ferrite (/magnetic) core, limb (of a magnet)
núcleo magnético arrollado | wound magnetic core
núcleo magnético binario | binary magnetic core
núcleo magnético de corriente de coincidencia | coincidence current magnetic core
núcleo magnético devanado | wound magnetic core
núcleo magnético saturable | saturable magnetic core
núcleo móvil | plunger, slug
núcleo naturalmente radiactivo | naturally radioactive nucleus
núcleo oval | oval core
núcleo par-impar | even-odd nucleus
núcleo par-par | even-even nucleus
núcleo para memoria con ciclo de histéresis rectangular | square-loop memory core
núcleo para memoria magnética con

ciclo de histéresis rectangular | square-loop memory core
núcleo polarizado | polarized nucleus
núcleo predevanador | prewound core
núcleo producido | product nucleus
núcleo radiactivo | radioactive nucleus
núcleo redondo | round core
núcleo remanente | residual nucleus
núcleo residual (/restante) | residual nucleus
núcleo resultante | resultant nucleus
núcleo saturable | saturable core
núcleo saturable ideal | ideal saturable core
núcleo saturado | saturated core
núcleo sinterizado | sintered core
núcleo superpesado | superheavy nucleus
núcleo típico | reference core
núcleo toroidal | toroidal core
núcleo transitorio | transient nucleus
nucleogénesis | nucleogenesis
nucleón | nucleon
nucleón de evaporación | evaporation nucleon
nucleónica | nucleonics
nucleor [*núcleo de un nucleón*] | nucleor
núclido | nuclide
núclido betatópico | betatopic nuclide
núclido blindado | shielded nuclide
núclido estable | stable nuclide
núclido no radiactivo | stable nuclide
núclido padre | parent nuclide
núclido radiactivo | radioactive nuclide
núclidos de Wigner | Wigner nuclides
núclidos espejos | mirror nuclides
nudo | joint, knot, node
nudo de alambrada | knot of wiring
nudo de cascada | cascade node
nudo de conmutación | switching point
nudo de pruebas | test knot (/land)
nudo de tensión | voltage node
nudo de voltaje | voltage node
nudo dependiente | dependent node
nudo interno | internal node
nudo radial | radial node
nudomo [*trasparencia a la radiación nuclear*] | nudome
nuestra cinta de trasmisión | our sending (/transmission) slip
nuestra copia | our copy
nuestra vía | our via
nuestro mensaje | our message
nueva contraseña | new password
nueva ejecución | rerun
nueva grabación total | full recording
nueva irradiación | reradiation
nueva llamada | repeated call
nueva llamada de aviso | rering
nueva radiación | reradiation
nuevo | new
nuevo intento | retry
nuevo procesado | reprocessing
nuevo registro | rerecording
nulidad | nullity
NUMA [*arquitectura de memoria no

uniforme*] | NUMA = non-uniform memory architecture
numeración | (scale) numbering
numeración abierta | open numbering
numeración cerrada | closed numbering
numeración de base ocho | octal number system
numeración de Gödel [*de un sistema formal*] | Gödel numbering [*of a formal system*]
numeración en bucle | loop disconnect pulsing
numeración en serie | serial numbering
numeración flexible | flexible numbering
numeración incompleta | incomplete dialling
numeración normalizada | uniform numbering
numeración normalizada de las patillas de contacto de las válvulas | standard valve base-pin numbering
numeración por teclado | permutation-code switching system
numeración uniforme | uniform numbering
numerador automático | automatic-numbering transmitter
numerador de mensajes trasmitidos | circuit numbering unit
numerador electromecánico | electromechanical register
numérico | numeric
número | number
número aleatorio | random number
número atómico | atomic number, Moseley number
número atómico efectivo | effective atomic number
número bariónico | baryon number
número base | base numeral
número binario | binary number
número cardinal | cardinal number
número complejo | complex number
número complementario | complement number
número cuántico | quantum number
número cuántico acimutal | azimuthal quantum number
número cuántico del espín | spin quantum number
número cuántico del momento angular | angular-momentum quantum number
número cuántico orbital | orbital quantum number
número cuántico principal | main quantum number
número cuántico secundario | secondary quantum number
número de acceso | access number
número de acciones programadas | number of scheduled events
número de anfitrión | host number
número de Avogadro | Avogadro's number

número de carga total | total charge number
número de coma flotante | floating-point number
número de condición | condition number
número de coordinación | coordination number
número de cuenta | account number (/name)
número de cuenta atrás | countdown number
número de cuenta primaria | primary account number
número de doble longitud | double length number
número de doble precisión | double precision number
número de empresa | enterprise number
número de entradas del registro | number of log records
número de equipo | equipment number
número de excitaciones | excitation number
número de extensión | extension number
número de falsa alarma | false alarm number
número de Fresnel | Fresnel number
número de fuente [*de caracteres*] | font number
número de identificación personal | personal identification number
número de impulsos | pulse number
número de internet | Internet number
número de la banda de frecuencias | frequency band number
número de la línea | line number
número de la onda | wave number
número de lazos | number of loops
número de lectura | read number
número de lecturas adyacentes | read-around number
número de línea de exploración | number of scanning line
número de llamada | call number
número de llamada del abonado RDSI | ISDN subscriber number
número de longitud múltiple | multiple length number
número de Lorentz | Lorentz number
número de mallas | number of loops
número de manchas solares | sunspot number
número de masa | mass number
número de mensaje en el circuito | circuit message number
número de modo | mode number
número de onda | wave number
número de operación | operation number
número de operaciones con carga | operational life
número de orden | order (/sequence, /serial) number
número de página | folio
número de perforación | perforation number
número de prefijo | prefix number
número de protocolo de internet | Internet protocol number
número de puntos de comprobación | number of checkpoints
número de radiofrecuencia absoluta | absolute radio frequency number
número de rechazos mínimo | minimum reject number
número de referencia del volumen | volume reference number
número de registro | record number
número de registros | number of register records
número de sectores | number of sectors
número de secuencia del canal | channel sequence number
número de serie | serial number
número de serie del circuito | circuit serial number
número de serie del volumen | volume serial number
número de sistema autónomo | autonomous system number
número de sistema central | host number
número de sobreoscilaciones | number of overshoots
número de tarjeta de crédito | credit card number
número de teléfono | telephone number
número de telegrama en el circuito | circuit message number
número de trasferencia | transference number
número de trasporte | transport number
número de trasporte de los iones | transport number
número de unidad de disco [*sistema de identificación de Macintosh*] | drive number
número de validación de tarjeta de crédito | validating credit card number
número de versión | version number
número de Zurich | Zurich's number
número del abonado | subscriber number
número del circuito | circuit serial number
número del puerto | port number
número diferencia | difference number
número entero | integer
número equivocado | wrong number
número erróneo | wrong number
número F | F number
número guía | directory number
número imaginario | imaginary number
número IP | IP number
número irracional | irrational number
número ISDN de estación móvil | mobile station ISDN number
número isotópico | isotopic number
número leptónico | lepton number
número másico | mass number
número muónico | muon number
número natural | natural number
número neutrónico | neutron number
número normalizado | preferred number
número nuclear | nuclear number
número nucleónico | nucleon number
número ordinal | ordinal number
número personal | personal number
número personal de identificación | personal identification number
número polinómico | polynomial number
número preferente | preferred number
número primo | whole number
número real | real number
número septenario | septenary number
número viejo | old number
número Z | atomic number
números consecutivos | consecutive numbers
números de Fibonacci [*serie infinita donde cada número es la suma de los dos que le preceden*] | Fibonacci numbers
números seudoaleatorios | pseudo-random numbers
nutación [*pequeño movimiento periódico del polo astronómico de la tierra con respecto al polo de la elíptica*] | nutation
nutador [*dispositivo de radar para mover cíclicamente el haz explorador*] | nutator
NUV [*región casi ultravioleta, región ultravioleta próxima*] | NUV = near ultraviolet
nuvistor [*válvula electrónica con electrodos cilíndricos en ampolla cerámica*] | nuvistor
nV = nanovoltio | nV = nanovolt
NVS [*memoria no volátil*] | NVS = non-volatile storage
NVT [*terminal virtual de red*] | NVT = network virtual terminal
nW = nanovatio | nW = nanowatt

O

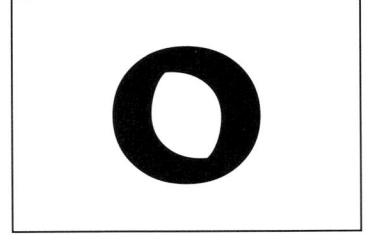

O = oxígeno | O = oxygen
O exclusivo | XOR = exclusive OR
O implícita | implied OR
OA = operadora automática | AA = automated attendant feature
OAC [*circuito de observación y alarma*] | OAC = observation and alarm circuit
OAM [*funciones de operación y mantenimiento*] | OAM = operation and maintenance
OAO = observatorio astronómico orbital | OAO = orbiting astronomical observatory [USA]
OARC [*conferencia administrativa ordinaria de radiocomunicaciones*] | OARC = Ordinary Administrative Radio Conference
OASIS [*organización para el desarrollo de sistemas de información estructurados*] | OASIS = Organization for the advancement of structured information systems
OBE [*equipo de a bordo*] | OBE = on board equipment
objetivo | purpose, target
objetivo acromático | achromat
objetivo complejo | complex target
objetivo de calidad de trasmisión | transmission performance objective
objetivo de prestaciones | performance objetive
objetivo de radar | radar target
objetivo de sonar | sonar target
objetivo de trasmisión | transmission target
objetivo sencillo | simple target
objeto | object, sprite
objeto blanco | white object
objeto compuesto | compound object
objeto de datos | data object
objeto de datos remoto | remote data object
objeto de vídeo | video object
objeto del espacio de trabajo | desktop object (/icon), workspace object
objeto en movimiento | moving object
objeto incrustado | embedded object
objeto representado | instantiated object
objeto vinculado | linked object
objeto volador no identificado | unidentified flying object
objeto X | Xobject
objetos distribuidos trasladables | portable distributed objects
oblea | slice, wafer
oblea de germanio | germanium wafer
oblea de microcircuito | microcircuit wafer
oblea de microelementos | microelement wafer
oblea de uniones por crecimiento | grown junction wafer
oblea gruesa | slab wafer
oblea maestra | master slice
oblea patrón | master wafer
oblicuidad | skew, skewing
oblicuo | oblique
OBP [*procesado a bordo (en satélites)*] | OBP = on board proccessing
OBS [*selector omnidireccional, prefijo internacional de los telegramas meteorológicos*] | OBS = omnibearing selector
obs. = observación, nota | MM = memo
observable mediante aparatos radioastronómicos | radiovisible
observación | memo, monitoring, observation
observación a distancia | remote observation
observación de abonado | subscriber observation
observación de llamadas falsas | permanent loop observation
observación de radioviento | radio-wind observation
observación de tráfico | traffic observation
observación del viento por radar | radar wind observation
observación por ecos radioeléctricos | radio echo observation
observación por mapa estelar | stellar map watching
observación por radar | radar observation
observación por radio | radio watch
observación por radiosonda | radiosonde observation
observación radioastronómica | radioastronomical observation
observación radioeléctrica | radio observation
observación radioeléctrica solar | solar radio observation
observación radiometeorográfica | radiosonde observation
observaciones | remarks
observaciones ausentes | missing observations
observador de referencia | standard observer
observador oficial | official observer
observador tipo | standard observer
observar errores | to watch errors
observar por televisión | to teleview
observatorio astronómico orbital | orbiting astronomical observatory
observatorio de radar | radar observatory
observatorio geofísico orbital | orbiting geophysical observatory
observatorio radioastronómico | radioastronomical observatory
observatorio satélite | satellite observatory
observatorio solar orbital | orbiting solar observatory
obsolescencia tecnológica | technical obsolescence
obstáculo | obstacle
obstáculo detectado con el sonar | sonar-detected obstacle
obstáculo para el radar | radar obstacle
obstáculo radioopaco | radiopaque obstacle
obstrucción | jam
obstruir | to lock out
obtención de datos de la tabla | table lookup
obtención de datos originales | source data acquisition (/capture)

obtención de matriz de un disco [*mediante electroformación*] | mastering of a disk
obturable | sealable
obturación | seal, sealing, sealing-in
obturación hermética pasivada con vidrio | glassivation, glass ambient seal, glassivated hermetic seal, glass-passivated seal
obturado | sealed
obturador | gag, shutter, stopper
obturador de agua | water shutter
obturador de disco giratorio | rotating disc shutter
obturador de disco rotatorio | rotating disc shutter
obturador de guía de ondas | waveguide shutter
obturador de guiaondas | waveguide shutter
obturador de reposición automática | self-setting shutter
obturador de tres aspas (/palas) | three-wing shutter
obturador de vacío | vacuum seal
obturador electrolítico | electrolytic shutter
obturador electrónico | electronic shutter
obturador electroóptico | electro-optical shutter
obturador ferroeléctrico | ferroelectric shutter
obturador hermético | vacuum seal
obturador óptico electrónico | electron optical shutter
OC [*portadora óptica*] | OC = optical carrier
OC = onda corta | SW, s-w = short wave
ocluir | to occlude
OCM [*monitor de circuito abierto*] | OCM = open circuit monitor
OCR [*lector (/reconocimiento) óptico de caracteres*] | OCR = optical character reader (/recognition)
OCT = oficina central de telégrafos | CTO = central telegraph office
octal | octal
octal codificado en binario | binary-coded octal
octal fraccional | octal fractional
octantal | octantal
octava | octave
octava de extensión | extended octave
OCTC [*canal de trasferencia de consola de operador*] | OCTC = operator's control transfer channel
octeto | octet, octette; [*entre ocho, unidad informática equivalente a 8 bits*] byte
octeto de electrones | electron octet
octodo | octode (tube)
ocultamiento [*método de réplica no normalizado*] | caching
ocultar | to hide
oculto | hidden
ocupación | occupancy, occupation, seizure; [*de un servidor*] usage
ocupación del espectro | spectrum occupancy
ocupación interurbana | trunk congestion
ocupación local | local busy
ocupación media | average occupancy
ocupación prolongada | extended guard
ocupado | busy, engaged, occupied, off the hook
ocupado por una comunicación interurbana | trunk busy, busy on toll connection
ocupar | to occupy
ocupar espacio de trabajo | to occupy workspace
ocurrencia fija | bound occurrence
ocurrencia libre | free occurrence
ocurrencia vinculante | binding occurrence
OCX [*módulo de software para control de clientela OLE*] | OCX = OLE custom control
OD [*disco óptico*] | OD = optical disk
OD [*fuera de servicio*] | OD = out of order
O/D = oficina de destino | O/D = office of destination
ODA [*arquitectura abierta (/ofimática) de documentos*] | ODA = open (/office) document architecture
ODBC [*conectividad abierta de bases de datos*] | ODBC = open database connectivity
ODBMG [*grupo para gestión de bases de datos objeto*] | ODBMG = Object Database Management Group
ODETTE [*organización europea para intercambio de datos por teletrasmisión*] | ODETTE = Organization for data exchange through teletransmission in Europe
ODI [*interfaz abierta para enlace de datos*] | ODI = open data-link interface
ODIF [*norma internacional sobre intercambio de documentos en oficina*] | ODIF = office document interexchange format
ODMA [*gestión abierta de documentos de API*] | ODMA = open document management API
ODMG [*organización estadounidense para la creación de normativa sobre bases de datos*] | ODMG = Object Database Management Group
ODN [*red de distribución óptica*] | ODN = optical distribution network
odógrafo [*trazador gráfico de ruta instalado en un vehículo*] | odograph
odometría | odometry
odómetro | odometer
ODP [*proceso distribuido abierto*] | ODP = open distributed processing
ODT [*técnica de depuración octal*] | ODT = octal debugging technique
Oe = oerstedio [*unidad de intensidad de campo magnético en el sistema CGS electromagnético*] | Oe = oersted [*obs*]
OEIC [*circuito integrado optoelectrónico*] | OEIC = optoelectronic IC
OEJ [*fin de trabajo*] | OEJ = end of job
OEM [*fabricante original del equipo (/sistema)*] | OEM = original equipment manufacturer [*systems manufacturer*]
oerstedio [*unidad de intensidad de campo magnético en el sistema CGS electromagnético*] | oersted [*obs*]
oferta | tender
oferta de comunicación interurbana | trunk offer
oferta de red abierta para líneas de alquiler | ONP leased lines = open network provision leased lines
oferta interurbana | trunk offer
OFF = oficina del futuro | OFF = office of the future
offset de tensión | voltage offset
oficina | office, bureau
oficina automática rural | community dial office
oficina automatizada | automated office
oficina cabeza de línea | terminal office
oficina central | (central) exchange, central (/home) office
oficina central de cambio | central office exchange
oficina central de teléfonos | central office
oficina central telefónica | telephone central office
oficina centralizadora | centralizing office
oficina de cambio | handing-over office
oficina de conmutación | switching office
oficina de correos | post office
oficina de destino | destination (/terminating) office, office of destination, terminating toll centre
oficina de dial | dial office
oficina de facturación | toll office
oficina de interconexión | tandem office
oficina de llegada | delivery office, office of delivery
oficina de origen | office of origin
oficina de salida | outward office
oficina de servicio permanente | office permanently open, permanently open office
oficina de servicio prolongado | extended service office, office with extended service
oficina de telégrafos | telegraph office
oficina de télex | telex call office
oficina destinataria | delivery office
oficina directora | control office, controlling exchange (/office)
oficina directora de control | control office

oficina doméstica | home office
oficina electrónica | electronic office
oficina postal | post office
oficina pública | public office
oficina receptora | receiving office
oficina sin papeles [*totalmente informatizada*] | paperless office
oficina telefónica pública | public telephone office
oficina telegráfica pública | public telegraph office
oficina terminal | terminal office
oficina trasmisora | forwarding office
oficinas corresponsales | offices in correspondence
ofimática | office automation
OFT [*conectividad abierta para operaciones financieras (especificación de Microsoft)*] | OFC = open financial connectivity
OFTEL [*organismo de administración de redes en el Reino Unido*] | OFTEL = office of telecomunication
OFTP [*protocolo de trasferencia de ficheros de Odette*] | OFTP = Odette file transport protocol
OFV = oscilador de frecuencia variable | VFO = variable frequency oscillator
OGT [*enlace de salida*] | OGT = outgoing trunk
OHIGS [*norma de gráficos jerárquicos interactivos para programadores*] | PHIGS = programmers hierarchical interactive graphics standard
ohmiaje | ohmage
óhmico | ohmic, resistive
ohmímetro | ohmmeter
ohmímetro de válvula al vacío | vacuum valve ohmmeter
ohmio | ohm
ohmio acústico | acoustic ohm
ohmio-centímetro | ohm-centimetre
ohmio internacional | international ohm
ohmio mecánico | mechanical ohm
ohmio patrón | standard ohm
ohmio práctico | practical ohm
ohmio recíproco | reciprocal ohm
ohmio verdadero | true ohm
ohmios al cuadrado | ohms/square
ohmios por cuadrado por milésima | ohms per square per mil
ohmios por metro cuadrado | ohms per square metre
ohmios por voltio | ohms per volt
OIC [*circuito integrado óptico*] | OIC = optical integrated circuit
oído artificial | artificial ear, coupler
ojal | eyelet
ojal de caucho | rubber grommet
ojal de goma | rubber grommet
ojal de soldadura | solder eye
ojal protector | grommet
ojeo [*de mensajes en el correo electrónico*] | page tuning
ojete | eyelet
ojiva nuclear | nuclear warhead
ojo | eye

ojo de polilla | moth eye
ojo eléctrico | electric eye
ojo fotoeléctrico | photoelectric eye
ojo mágico | eye tube, magic eye
ojo normal de referencia fotométrica | average eye
ojo normal medio | average eye
OLAP [*procesado analítico en línea*] | OLAP = online analytical processing
OLE [*montaje y conexión de objetos, incrustación y vinculación de objetos*] | OLE = object linking and embedding
OLR [*línea de recepción abierta*] | OLR = open line receive
OLS [*línea de emisión abierta*] | OLS = open line send
OLT [*línea de trasmisión abierta*] | OLT = open line transmit
OLT [*terminal de línea óptica*] | OLT = optical line termination
OLTP [*procesado de transacciones en línea*] | OLTP = online transaction processing
OMA [*arquitectura de gestión de objetos*] | OMA = object management architecture
OMC-R [*central de operaciones y mantenimiento para subsistemas de radio*] | OMC-R = operating and maintenance centre for radio subsystem
OMC-S [*central de operaciones y mantenimiento para subsistemas de conmutación*] | OMC-S = operating and maintenance centre for switching subsystem
omegatrón | omegatron
OMG [*organización internacional que aprueba normativa para aplicaciones orientadas a objetos*] | OMG = Object Management Group
omitido | omitted
ómnibus | motorbus
ómnibus de trole | trolley bus [UK]
omnidireccional | omnidirectional, nondirectional
omnidirectivo | omnidirective
omnidistancia | omnidistance
omnígrafo | omnigraph
OMR [*lectura óptica de marcas*] | OMR = optical mark reading
OMS [*sistema de gestión de objetos*] | OMS = object management system
ONA [*arquitectura de redes abiertas*] | ONA = open network architecture
oncochip [*biochip para estudios oncológicos*] | oncochip
onda | wave; crimp
onda absorbida | absorbed wave
onda acústica | acoustic (/sound) wave
onda aérea | airwave
onda alfa | alpha wave
onda Alven | Alven wave
onda amortiguada | damped wave
onda apuntada | peaked waveform
onda armónica | harmonic wave
onda armónica simple | simple harmonic wave
onda asimétrica | unsymmetrical wave

onda beta | beta wave
onda calórica | heatwave
onda casi rectangular | quasi-rectangular wave
onda celeste | sky wave
onda centimétrica | centimetre (/centimetric) wave
onda cerebral | brain wave
onda ciclotrónica | cyclotron wave
onda cilíndrica | cylindrical wave
onda compartida | shared wave
onda compleja | complex wave
onda complementaria | complementary wave
onda con cresta | peaked waveform
onda con polarización circular | circularly-polarized wave
onda continua | continuous (/sustained) wave
onda continua de modulación de amplitud | amplitude modulation continuous wave
onda continua interrumpida | interrupted continuous wave
onda continua modulada | interrupted (/modulated) continuous wave
onda convergente | converging wave
onda correctora de sombra | shading waveform
onda corta | shortwave, short wave
onda cuadrada | square wave (/waveform)
onda de amor | love wave
onda de amor sismográfica | love wave
onda de amplitud modulada | amplitude-modulated wave
onda de canal | channel wave
onda de carga espacial | space charge wave
onda de choque | impulse (/shock) wave
onda de choque completa | full impulse wave
onda de choque de gran potencia | strong shock wave
onda de choque de poca energía | weak shock wave
onda de choque sin colisión | collisionless shock wave
onda de compensación | spacing wave
onda de compresión | compressional wave
onda de corte | shear wave, wave shear
onda de cresta ondular | undulating surge wave
onda de densidad de energía | energy density wave
onda de difusión por cable | rediffusion wave
onda de eco | reflected wave
onda de espaciamiento | spacing wave
onda de espín | spin wave
onda de flexión | bending (/flexural) wave

onda de forma cuadrada | square waveform
onda de frecuencia modulada | frequency-modulated wave
onda de frecuencia variable | variable frequency wave
onda de frecuencia vocal | speech wave
onda de frente escarpado | surge
onda de hiperfrecuencia | hyperfrequency wave
onda de impulso | surge, impulse wave
onda de impulsos de frente empinado | steep front impulse wave
onda de impulsos modulados | pulse-modulated wave
onda de incidencia oblicua | oblique incidence wave
onda de infrarrojos | infrared wave
onda de intensidad nominal | rated ripple voltage
onda de Langmuir | Langmuir's wave
onda de llamada | calling wave
onda de manipulación | keying wave
onda de marcación | marking wave
onda de MBF | VLF wave
onda de modulación | modulating wave
onda de modulación de fase | phase modulation wave
onda de plasma | plasma wave
onda de polarización circular | circularly-polarized wave
onda de polarización elíptica | elliptically polarized wave
onda de polarización elíptica dextrorsa | right-hand polarized wave
onda de polarización horizontal | horizontally-polarized wave
onda de polarización vertical | vertically polarized wave
onda de prueba | test waveform
onda de radar | radar wave
onda de radio | radio (/wireless) wave
onda de radio atmosférica | atmospheric radio wave
onda de radio métrica | VHF radio wave
onda de radiofrecuencia | RF wave = radiofrequency wave; Hertzian wave [obs]
onda de rarefacción | suction wave
onda de Rayleigh | Rayleigh wave
onda de recepción | receive wave
onda de redistribución | rediffusion wave
onda de reposo | back (/spacing) wave
onda de respuesta | answering wave
onda de retorno | backward (/return) wave
onda de rotación | rotation wave
onda de salida | output wave
onda de silbido atmosférico | whistler wave
onda de sobretensión | voltage surge
onda de solicitación | stress wave
onda de subida rápida | sharply rising wave
onda de succión | suction wave
onda de superficie | surface wave
onda de superficie de Rayleigh | Rayleigh surface wave
onda de techo cuadrado | square top waveform
onda de techo rectangular | square top waveform
onda de tensión | stress (/voltage) wave
onda de tensión nominal | rated ripple current
onda de tierra | ground wave, main bang, pilot pulse
onda de tierra de Sommerfeld | Sommerfeld ground wave
onda de trabajo | sending (/working, /signal) wave
onda de tráfico | traffic (/working) wave
onda de ultrasonido | ultrasonic wave
onda de variación exponencial | exponential waveform
onda decamétrica | decametric wave
onda decimétrica | decimetre (/decimetric) wave
onda del impulso | pulse wave
onda delta | delta wave
onda densa | dense wave
onda dextrógira polarizada elípticamente | right-handed elliptically polarized wave
onda difractada | diffracted wave
onda directa | direct (/forward) wave
onda dispersa | scattered wave
onda divergente | diverging wave
onda dominante | dominant wave
onda E | E wave
onda elástica | elastic wave
onda eléctrica | electric wave
onda eléctrica circular | circular electric wave
onda eléctrica de frecuencia vocal | voice frequency electric wave
onda eléctrica trasversal | transverse electric wave
onda electromagnética | electromagnetic wave
onda electromagnética de superficie | magnetoelectric surface wave
onda electromagnética híbrida | hybrid electromagnetic wave
onda electromagnética periódica | periodic electromagnetic wave
onda electromagnética plana | plane electromagnetic wave
onda electromagnética sinusoidal | sinusoidal electromagnetic wave
onda electromagnética superficial | surface electromagnetic wave
onda electromagnética trasversal | TEM wave = transverse electromagnetic wave, TEM-type wave
onda electrostática | electrostatic wave
onda electrónica | electrotonic wave
onda emitida | outgoing wave
onda en circulación | circulating wave
onda en dientes de sierra | sawtooth wave (/waveform)
onda en el espacio libre | free space wave
onda en escalera | stairstep waveform
onda en forma de escalera | staircase waveform
onda en huso | spindle wave
onda en punta | spindle wave
onda en rampa | ramp waveform
onda escalonada | staircase (/stairstep) waveform
onda esférica | spherical wave
onda espacial | ionospheric (/sky, /space) wave
onda estacionaria | standing (/stationary) wave
onda explosiva | blast wave
onda extraordinaria | X wave = extraordinary wave
onda fundamental | O wave = ordinary wave
onda guiada | guided wave
onda H = onda hectométrica | H wave = hectometric wave
onda hectométrica | hectometric wave
onda herciana | radio wave; Hertzian wave [obs]
onda hidromagnética | hydromagnetic wave
onda incidente | incident wave
onda indirecta | indirect (/sky) wave
onda inversa | backward wave
onda ionosférica | ionospheric (/sky) wave
onda irruptiva | surge
onda kilométrica | kilometric wave
onda lambda | lambda wave
onda lampante | lamb wave
onda larga | longwave, long wave
onda lenta | slow wave
onda libre | free wave
onda longitudinal | longitudinal wave
onda luminosa | light wave
onda magnética | magnetic wave
onda magnética circular | circular magnetic wave
onda magnética trasversal | transverse magnetic wave
onda magnetoelástica | magnetoelastic wave
onda magnetohidrodinámica | magnetohydrodynamic wave
onda mantenida | sustained wave
onda marcadora | marking wave
onda media | medium wave
onda métrica | metric wave, VHF radio wave
onda migratoria | moving wave
onda milimétrica | millimetre wave
onda miriamétrica | myriametric wave, VLF wave
onda modulada | modulated wave
onda modulada en fase | phase modulation wave, phase-modulated wave
onda modulada por señal de frecuencia acústica | sound-modulated wave

onda modulada por señal telegráfica | telegraph-modulated wave
onda modulada por sonido | sound-modulated wave, tone-modulated wave
onda modulada por tono | tone-modulated wave
onda moduladora | modulating wave
onda móvil | moving (/progressive) wave
onda móvil rápida | surge
onda muy apuntada | sharply peaked waveform
onda muy corta | very short wave
onda no amortiguada | sustained (/undamped) wave
onda no distorsionada | undistorted wave
onda no rotacional | irrotational wave
onda no sinusoidal | nonsinusoidal wave
onda ordinaria | O wave = ordinary wave
onda P | P wave
onda parásita de intervalo | spacing wave
onda parcial | partial wave
onda periódica | periodic wave
onda piloto | pilot (tone)
onda piloto de conmutación | switching (control) pilot
onda piloto de grupo primario | group pilot
onda piloto de grupo secundario | supergroup reference pilot
onda piloto de línea | line pilot (frequency)
onda piloto de múltiples funciones | multipurpose pilot
onda piloto de supergrupo | supergroup reference pilot
onda piloto reguladora de línea | line regulating pilot
onda piramidal | pyramid wave
onda plana | plane wave
onda plana electromagnética | electromagnetic plane wave
onda plana progresiva | travelling plane wave
onda plana sinusoidal | sinusoidal plane wave
onda plana uniforme | uniform plane wave
onda polarizada | polarized wave
onda polarizada a derechas | right-handed polarized wave
onda polarizada a la izquierda | left-handed polarised wave
onda polarizada en sentido dextrorso | clockwise polarized wave
onda polarizada en sentido sinestrorso | counterclockwise polarized wave
onda polarizada en un plano | plane-polarized wave
onda polarizada hacia la izquierda | left-handed polarised wave
onda polarizada linealmente | linear (/linearly) polarised wave
onda portadora | carrier (wave)
onda portadora de radiofrecuencia | radiofrequency carrier
onda portadora de sonido | sound carrier wave
onda portadora intermedia | subcarrier
onda portadora monocanal de amplitud modulada | single-channel amplitude-modulated carrier wave
onda portadora no modulada | unmodulated carrier
onda portadora secundaria | subcarrier
onda portadora sinusoidal | sinusoidal carrier wave
onda portadora sobre línea de energía | power line carrier
onda portadora sobre línea de trasporte de energía | power line carrier
onda portadora suprimida | suppressed carrier
onda portadora variable | variable carrier (wave)
onda positiva | positive wave
onda progresiva | progressive (/travelling) wave
onda progresiva de carga espacial | travelling space-charge wave
onda progresiva esférica | spherical progressive wave
onda progresiva libre | free progressive wave
onda progresiva plana | plane progressive wave
onda pronosticada | predicted wave
onda pulsante | recurrent surge
onda pulsatoria | pulsing wave
onda Q | Q wave
onda R | R wave
onda radioeléctrica | radio (/radioelectric, /wireless) wave, RF wave
onda radioeléctrica de muy alta frecuencia | VHF radio wave
onda reconstituida | restored wave
onda rectangular | rectangular wave (/waveform), square wave
onda recurrente | recurrent waveform
onda reflejada | echo (/reflected, /reflection, /refracted, /sky) wave
onda reflejada desde (/por la) tierra | ground-reflected wave
onda refractada | refracted wave
onda residual | back (/spacing) wave
onda restaurada | restored wave
onda rotacional | shear wave
onda S | S wave
onda saliente | output wave
onda semiancha de la línea | half-width of a line
onda senoidal plana | plane sinusoidal wave
onda separadora | back wave
onda silbante | whistler wave
onda sin distorsión | undistorted wave
onda sincronizadora | timing waveform
onda sinusoidal | sine (/simple harmonic) wave, sinusoidal wave (/waveform)
onda sinusoidal plana | plane sinusoidal wave
onda sinusoidal pura | pure sine wave
onda solenoidal | solenoidal wave
onda sonora | sound wave
onda sonora directa | direct sound wave
onda sonora estacionaria | stationary sound wave
onda sostenida | continuous wave
onda sostenida no modulada manipulada | unmodulated keyed continuous wave
onda submilimétrica | submillimetre wave
onda subportadora | subcarrier wave
onda subterránea | subsurface wave
onda superficial | surface wave
onda supersónica | supersonic wave
onda T | T wave
onda telegráfica | telegraph wave
onda térmica | heatwave
onda terrestre | ground wave
onda tipo A | type A wave
onda transitoria | transient waveform
onda trapezoidal | trapezoidal wave
onda trasmitida | transmitted wave
onda trasversal | S wave, shear wave, transversal (/transverse) wave
onda trasversal eléctrica | TE wave
onda triangular | triangular waveform
onda troposférica | tropospheric wave
onda ultracorta | ultrashort wave
onda ultrasónica (/ultrasonora) | ultrasonic wave
onda uniforme cilíndrica | uniform cylindrical wave
onda viajera | travelling wave
onda vocal | speech (/voice) wave
onda X | X wave
ondámetro | wavemeter, cymometer
ondámetro coaxial | coaxial wavemeter
ondámetro de absorción | grid dip meter, absorption (type) wavemeter
ondámetro de cavidad | cavity wavemeter
ondámetro de cavidad resonante | resonant cavity wavemeter
ondámetro de resonador | resonator wavemeter
ondámetro de resonador de cavidad | cavity resonator wavemeter
ondámetro de resonancia | resonator wavemeter
ondámetro de trasmisión | transmission-type wavemeter
ondámetro de varilla | rod wavemeter
ondámetro heterodino | heterodyne wavemeter
ondámetro homodino | zero beat indicator wavemeter
ondas acústicas iónicas | ion acoustic waves
ondas de radio | radio waves

ondas incoherentes | incoherent waves
ondas primarias de recepción | receiver primaries
ondas seudosonoras | ion acoustic waves
ondógrafo | ondograph
ondómetro | ondometer
ondoscopio | ondoscope
ondulación | ripple, scalloping, waving
ondulación debida a los gases | gas groove
ondulación del tiempo | time flutter
ondulación pasabanda | passband ripple
ondulación residual | residual ripple
ondulaciones de la línea base | base-line ripple
ondulado | corrugated
ondulador | undulator, static DC-to-AC power inverter
ondulador con oscilador de relajación | relaxation inverter
ondulador de sifón | siphon recorder
ondulador term(o)iónico | thermionic inverter
ondulador termoeléctrico | thermo-electronic inverter
ondulatorio | pulsatory
ONP [*oferta de red abierta*] | ONP = open network provision
ONT [*unidad de terminación de red óptica*] | ONT = optical network termination
ONU [*unidad de red óptica*] | ONU = optical network unit
OO = orientado al objeto [en función del objeto] | OO = object oriented
O/O = oficina de origen | O/O = office of origin
OOD [*diseño orientado a objetos*] | OOD = object-oriented design
OODBMS [*sistema de gestión de bases de datos en función de objetos*] | OODBMS = object-oriented database management system
OODL [*lenguaje dinámico en función de objetos*] | OODL = object-orientated dynamic language
OOK [*manipulación por todo-nada*] | OOK = on-off keying
OOKM [*manipulación por todo o nada manual*] | OOKM = on-off keying manual
OOL [*lenguaje orientado a objetos*] | OOL = object oriented language
OOP [*programación en función de objetos*] | OOP = object-oriented programming
OOT [*hora de la oficina de origen*] | OOT = office-of-origin time
OOUI [*interfaz de usuario en función de objetos*] | OOUI = object-oriented user interface
OP [*investigación de operaciones*] | OP = operational research
opacidad | mist, opacity
opacidad referencial | referential opacity
opacímetro | opacimeter
opacímetro fotoeléctrico | photoelectric opacimeter
opaco | opaque
opción | choice, option, selection, selecting
opción de acción | action choice
opción de arranque | boot option
opción de la barra de menú | menu-bar item
opción de línea de abonado | loop option
opción de memoria | memory option
opción de menú | menu item
opción de separar | tear-off choice
opción de valor | value choice
opción de vista | view option
opción de zoom | zoom option
opción disponible | available choice
opción no disponible | unavailable choice
opcional | optional
operación | operation, working, action
operación a mano | hand operation
operación aritmética | arithmetic operation
operación asociativa | associative operation
operación atómica | atomic operation
operación auxiliar | auxiliary operation
operación binaria | binary (/dyadic) operation
operación bivalente | dyadic operation
operación complemantaria [*en lógica booleana*] | complementary operation
operación con conjuntos | operation on sets
operación con límite cuántico | quantum-limited operation
operación con pulsador | push-to-talk operation
operación con sistema criptográfico simétrico | symmetric cryptosystem operation
operación conmutativa | commutative operation
operación compartida | function sharing
operación conversacional | conversational operation
operación correlativa | sequenced operation
operación de ascenso | up operation
operación de búsqueda de líneas | line finding function
operación de cálculo de duración media | average calculating operation
operación de ciclo fijo | fixed-cycle operation
operación de conmutación | switching operation
operación de derivación | bypass operation
operación de descenso | down operation
operación de emisión/recepción | transmit/receive operation
operación de espera | wait operation
operación de gestión interna | house-keeping, house-keeping
operación de interconexión de redes | internetworking
operación de involución | involution operation
operación de la central eléctrica | power plant operation
operación de la impresora | printer operation
operación de llamadas abandonadas | loss type operation
operación de neutralización | neutral operation
operación de no equivalencia | non-equivalence operation
operación de O exclusivo | exclusive-OR operation
operación de paso único | single-step operation
operación de prueba | test run
operación de pulsado | push operation
operación de punto flotante | floating point operation
operación de señales | signal operation
operación de trámite | red tape operation
operación de trasferencia | transfer operation
operación del sistema criptográfico | cryptosystem operation
operación diádica | dyadic operation
operación díplex | diplex operation
operación dual | dual operation
operación en coma flotante | floating point operation, floating-point operation
operación en dúplex | duplex operation
operación en modo de reducción | depletion mode operation
operación en paralelo | parallel operation
operación en red | networking, network operation
operación en serie | serial operation
operación en tiempo real | real-time operation
operación entrelazada | interlacing operation
operación fija | fixed operation
operación galvanoplástica | plating operation
operación ilegal | illegal operation
operación inmediata | quick operation
operación integral | global operation
operación interactiva | interactive operation
operación limitadora | limiting operation
operación llave en mano | turnkey operation
operación local | home loop
operación lógica | logic (/logical) operation

operación manual | manual operation (/operating)
operación módulo | modul operation
operación monádica | monadic (/unary) operation
operación móvil | mobile operation
operación multicanal | multichannel operation
operación múltiplex | multiplex operation
operación NO | NOT operation
operación NO-O | NOR operation
operación NOY | NAND operation
operación nularia | nullary operation
operación O | OR operation
operación O inclusiva | inclusive-OR operation
operación OR | OR operation
operación P [*operación de descenso*] | P operation [*down operation*]
operación parcial | substep
operación paso a paso | step-by-step operation
operación polarizada | polar operation
operación poliádica | polyadic operation
operación por impulsos | pulse operation
operación por línea auxiliar directa | straightforward junction working
operación preparatoria | housekeeping
operación rápida | quick operation
operación regular | regular operation
operación secuencial | sequenced operation
operación semidúplex | half-duplex operation
operación simultánea | concurrent operation
operación unaria | unary (/monadic) operation
operación única | single operation
operación Y | AND operation
operacional | operational
operaciones de datos gráficos | graphical data operations
operador | operator, operating; [*de la red*] carrier
operador a distancia | teleoperator
operador aritmético | arithmetic operator
operador asignado a la posición A | A operator
operador auxiliar | assistant operator
operador booleano | Boolean operator, logical operator
operador calificado | qualified operator
operador competente | qualified operator
operador complementario | complementary operator
operador de asignación | assignment operator
operador de canal | channel operator
operador de conjunción | meet operator

operador de consola | console operator
operador de interceptación | intercept operator
operador de la red | communications carrier
operador de minimación | minimization operator, mu-operator, my operator
operador de origen | originating operator
operador de perforación | perforator operator
operador de posición | location operator
operador de prensa | press operator
operador de radio | radioman, radio operator
operador de radio de a bordo | flight radio operator
operador de registro | recording operator
operador de salida | A operator
operador de sonido | technical operator
operador de telecomunicaciones públicas | public telecommunications operator
operador de telefonía [*que proporciona conexión a internet a alto nivel*] | carrier
operador de telemando | remote operator
operador de teletipo | teletypewriter operator
operador de unidad | unit operator
operador de unión | join operator
operador del sistema | sysop = system operator
operador diádico booleano | dyadic-Boolean operator
operador externo de unión [*para gestión de bases de datos*] | outer join
operador inalámbrico | wireless operator
operador interno de unión [*para gestión de bases de datos*] | inner join
operador jefe | chief operator
operador lógico | Boolean operator, (logical) connective, logic (/logical) operator
operador malo | punk
operador mu (/my) | minimization operator, mu-operator, my operator
operador profesional | commercial operator
operador programable | programmed operator
operador relacional | relational operator
operador técnico | technical operator
operador unitario [*en matemáticas*] | unary operator
operadora | manual operator
operadora automática | automated attendant feature
operadora B | B operator
operadora de larga distancia | toll (/trunk) operator

operadora de llegada | B operator
operadora de salida | outgoing (/outward) operator
operadora interurbana | toll (/trunk) operator
operadora principal | controlling operator
operadores de turno | shift operators
operando | operand
operando de suma | sum operand
operando doble | double operand
operando inmediato | immediate operand
operar | to operate
operatividad de la interconexión | workability of interconnection
operativo | operating, operational, operative, up
OPI [*interfaz abierta de preimpresión*] | OPI = open prepress interface
opinión particular [*en mensajes y noticias por internet, indicación de que la opinión del autor no es necesariamente la del remitente*] | standard disclaimer
oponer | to buck [USA]
oposición | opposition, bucking
oposición de fase | antiphase, phase opposition
opresión de una tecla | depression of a key
oprimir | to depress, to push
OPS [*norma de definición abierta*] | OPS = open profiling standard
OPS = operadores | OPS = operators
optativo | optional
óptica | optics
óptica de los haces | beam optics
óptica de proyección | projection (/reflective) optics
óptica de radiación infrarroja | infrared optic
óptica de Schmidt | Schmidt optics
óptica electrónica | electron optics
óptica física | physical optics
óptica infrarroja de fibras | infrared fibre optics
óptica integrada | integrated optics
óptico | optical
optimación [*optimización*] | optimisation [UK], optimization [UK+USA]
optimación de registros | register optimization
optimación global | global optimization
optimación local | local (/peephole) optimization
optimador de corrientes de grabación | record current optimizer
optimar | to optimise [UK], to optimize [UK+USA]
optimización [*optimación*] | optimisation [UK], optimization [UK+USA]
optoacoplador | optocoupler
optoacústica | acouso-optics
optoaislador | optoisolator
optoaislante | optoisolator
optoelectrónico | optoelectronic

optoelectrónica | optoelectronics
optófono | optophone
optografía | optographics
optotipo | optotype
optrodo | optrode
optrodo activo extrínseco | hybrid sensor
optrodo extrínseco | extrinsic sensor
optrodo intrínseco | intrinsic sensor
opuesto | reverse
OPWA [*modelo de un único paso con anuncio (para recopilar información en trasmisión de datos)*] | OPWA = one pass with advertising
OPX [*extensión remota de centralita telefónica*] | OPX = off-premises extension
OR exclusivo | exclusive OR
oración | sentence
ORAddress | [*elemento de direccionamiento para encaminar mensajes de correo electrónico*] | ORAddress
ORB [*interfaz para consulta de objetos*] | ORB = object request broker
ORB [*radiofaro omnidireccional*] | ORB = omni-directional radio beacon
órbita | orbit
órbita de aparcamiento | parking orbit
órbita de Clarke | Clarke orbit
órbita de enlace | bonding orbital
órbita de equilibrio | equilibrium orbit
órbita de expansión | expansion orbit
órbita de Larmor | Larmor orbit
órbita de satélite | satellite orbit
órbita deformada | strained orbit
órbita dilatada | expansion orbit
órbita electrónica | electron orbit (/shell)
órbita estable | stable orbit
órbita estacionaria | stationary orbit
órbita geoestacionaria | geosynchronous earth orbit
órbita polar | polar orbit
órbita sincrónica | synchronous orbit
órbita sincrónica inclinada | inclined synchronous orbit
órbita terrestre baja | low Earth orbit
órbita terrestre media | medium Earth orbit
orbital | orbital
orbital antienlace | antibonding orbital
orbital molecular | molecular orbital
ORC = oscilador de rayos catódicos | CRO = cathode-ray oscilloscope
orden | array, command, instruction, order; ranger [USA]
orden activa | selected command
orden activada | checked command
orden ascendente | ascending order
orden bajo | low order
orden de alimentación de páginas | page feed sequence
orden de amplitud | amplitude range
orden de cascada | cascading command
orden de celdas lógicas | logic cell array
orden de colocación | stacking order

orden de colocación automática | automatic stacking order
orden de colocación manual | manual stacking order
orden de columna mayor | column-major order
orden de extracción | extract instruction
orden de fila mayor | row-major order
orden de la fecha | date ordering
orden de las fases | phase sequence
orden de las peticiones de comunicaciones | order of calls
orden de magnitud | order of magnitude
orden de menú | menu command
orden de mosaico | tiling command
orden de nivel gris | gray-level array
orden de organizar iconos | arranging icons command
orden de precedencia | order of precedence
orden de punto [*orden formateada en un documento precedida por un punto*] | dot command
orden de ramificación | branch order
orden de reflexión | order of reflection
orden de selección | selection sort
orden de suspensión | suspend command
orden de utilidad | utility command
orden desigual | ragged array
orden externa | external command
orden flexible | flexible array
orden FTP [*orden del protocolo de trasferencia de archivos*] | FTP command = file transfer protocol command
orden insertada | embedded command
orden interna | internal command
orden lexicográfico | lexicographic order
orden lineal | linear array
orden lógico de campo programable | field-programmable logic array
orden lógico de celdas | logic cell array
orden lógico no comprometido | uncommitted logic array
orden lógico programable | programmable logic array
orden multidimensional | multidimensional array
orden no disponible | unavailable command
orden parcial | partial order (/ordering)
orden secundaria | subcommand
orden total | total ordering
orden tridimensional | three-dimensional array
orden y respuesta | command / response
orden z [*para dibujar objetos en la tercera dimensión*] | z-order
ordenación | ordering, sorting
ordenación de llamadas | call queuing
ordenación distributiva | distributive sort

ordenación en cuadrícula | sorted grid
ordenación en secuencia | sequencing
ordenación rectangular | rectangular array
ordenada | ordinate; Y-axis
ordenador | computer, computing machine, processor, data-processing equipment
ordenador activo | active computer
ordenador analógico | analog computer
ordenador analógico automático | automated direct analog computer
ordenador anfitrión | host
ordenador asincrónico | asynchronous computer
ordenador asociativo | associative computer
ordenador automático | automatic computer
ordenador automático electrónico de almacenamiento con retardo | electronic delay storage automatic computer
ordenador automático electrónico de variables discretas | electronic discrete variable automatic computer
ordenador autónomo | stand-alone station
ordenador base | host computer
ordenador camuflado [*como prenda de vestir, gafas, reloj, etc.*] | wearable computer
ordenador central | host computer, mainframe (computer)
ordenador con juego reducido de instrucciones | reduced instruction set computer
ordenador con memoria intermedia | buffer computer
ordenador con memoria permanente | permanent memory computer
ordenador con panel de conexiones | plugboard computer
ordenador con programa almacenado | stored-program computer
ordenador de a bordo | airborne computer
ordenador de aplicación general | all purpose computer
ordenador de aplicación universal | all purpose computer
ordenador de bolsillo [*con pantalla activada por lápiz*] | clipboard computer, wallet PC
ordenador de destino | object computer
ordenador de desviación del rumbo | offset-course computer
ordenador de estado sólido | solid-state computer
ordenador de grupos de instrucciones complejas | complex instruction set computer
ordenador de grupos reducidos de instrucciones | reduced instruction set computer (/chip)

ordenador de instrucciones fijas | fixed-instruction computer
ordenador de juego de instrucciones complejas | complex instruction set computer
ordenador de la variación de acimut | azimuth-rate computer
ordenador de longitud de palabra variable | variable word length computer
ordenador de longitud fija de palabra | fixed word length computer
ordenador de mano [*que se puede sostener con una mano mientras se maneja con la otra*] | handheld computer
ordenador de marcación | bearing computer
ordenador de mesa | desktop computer
ordenador de pequeña empresa | small-business computer
ordenador de primera generación | first generation computer
ordenador de procesado en un canal | pipeline computer
ordenador de procesos | process computer
ordenador de programa cableado | wired program computer
ordenador de programa por cableado (/conexionado) | wired program computer
ordenador de programación cableada | wired program computer
ordenador de programación fija | fixed-program computer
ordenador de puntero [*ordenador que utiliza un lápiz o puntero en lugar de un teclado*] | pen (/pen-based) computer
ordenador de radiactividad | radiac computer
ordenador de red | network computer
ordenador de relés | relay computer
ordenador de ruta | flight path computer
ordenador de segunda generación | second generation computer
ordenador de sobremesa | desktop computer
ordenador de tarjeta | board computer
ordenador de tarjetas perforadas | punched card electronic computer
ordenador de teclado | keyboard computer
ordenador de tipo medio | midrange computer
ordenador de torre | tower computer
ordenador de trayectoria de vuelo | flight path computer
ordenador de una sola tarjeta | single board computer
ordenador de uso general | general-purpose computer
ordenador de viaje | trip computer
ordenador de von Neumann | von Neumann computer
ordenador digital | digital computer
ordenador digital en paralelo | parallel digital computer
ordenador digital en serie | serial digital computer
ordenador digital para uso general | general-purpose digital computer
ordenador digital paralelo | parallel digital computer
ordenador ecológico | green PC
ordenador en línea | online computer
ordenador en paralelo | parallel computer
ordenador en serie | serial computer
ordenador especializado integrado en un equipo | embedded computer
ordenador fluido | fluid computer
ordenador frontal inteligente | intelligent front end
ordenador fuente [*que contiene los datos de origen*] | source computer
ordenador híbrido | hybrid computer
ordenador incorporado | on-board computer
ordenador incremental | incremental computer
ordenador lógico programable | programmable logic computer
ordenador microprogramable | micro-programmable computer
ordenador monotarjeta | single board computer
ordenador multinodo [*con múltiples procesadores*] | multinode computer
ordenador óptico | optical computer
ordenador para aeronavegación | air data computer
ordenador para aplicaciones especiales | special purpose computer
ordenador para coche | auto PC
ordenador para datos de sonar | sonar data computer
ordenador para ejecución | target computer
ordenador para explotación | target computer
ordenador para guía de vehículos espaciales | space guidance computer
ordenador para juegos | hobby computer
ordenador paralelo | parallel computer
ordenador personal | home (/personal, /single-user) computer
ordenador personal con formato de calculadora | palmtop computer
ordenador personal multimedia | multimedia PC = multimedia personal computer
ordenador personal portátil | laptop computer
ordenador pipeline | pipeline computer
ordenador portátil | laptop, portable (/laptop) computer; [*de primera generación*] luggable (/transportable) computer
ordenador portátil pequeño | laptop computer
ordenador principal | host computer (/processor), mainframe
ordenador remoto | remote computer
ordenador satélite | satellite computer
ordenador secuencial | sequential computer
ordenador simultáneo | simultaneous computer
ordenador sin direcciones | zero address computer
ordenador sincrónico | synchronous computer
ordenador tacométrico aeronáutico | airspeed computer
ordenador ultraligero [*portátil*] | ultra-light computer
ordenador universal | GP computer = general-purpose computer; mainframe
ordenamiento | sorting
ordenamiento de la explotación (o utilización) de la radiocomunicación | radio discipline
ordenamiento del cableado | dressing, lead dress
ordenamiento inverso de los bytes [*donde el menos significativo se coloca en primer lugar*] | reverse byte ordering
ordenar | to dress, to sort
ordenar en serie | to serialise [UK], to serialize [UK+USA]
ordenar las conexiones | to dress
ordenar los alambres de conexión | to dress the leads
ordenar objetos | to clean up
ordenar por categorías | to rank
ordinograma | flowchart
ORDIR [*sistema de radar para la detección de cohetes balísticos*] | ORDIR
oreja | ear
oreja de anclaje | outrigger, strain ear
oreja de empalme | splicing ear
oreja de unión | splicing ear
orejera | receiver cap
orejeta de conector a presión | pressure connector lug
orejeta de empalme | splicing ear
orejeta de unión | splicing ear
orejeta retorcible | twist prong
orejeta terminal | terminal lug
organigrama | chart, flowchart, flow chart
organigrama lógico | logical flowchart
organismo cibernético | cyborg = cybernetic organism
organización de archivos | file organization
organización de datos | data organization
organización de la base de datos | database management
organización de telecomunicaciones | telecommunications organization
organización del cableado | wire dress
organización en páginas | paging
organizador de fibra óptica | fibre tray

organizar | to arrange
organizar iconos | to pack icons
organizar todo | to arrange all
órgano | organ
órgano aritmético | arithmetic organ
órgano averiado | faulty part
órgano crítico | critical organ
órgano de acordes | chord organ
órgano de conexión | connecting device, control module
órgano de control | controller
órgano electrónico | electronic organ
órgano motor | power unit
órgano móvil | moving part
órgano multifónico | multiphonic organ
orgware [*procesamiento de análisis de organización empresarial*] | orgware
orientable | steerable
orientación | directing, orientation, position finding, routing
orientación automática | self-orienting
orientación de antena hacia atrás | rear aerial bearing
orientación de la página [*vetical u horizontal*] | page orientation
orientación de partículas | particle orientation
orientación de radio | radio bearing
orientación del haz | beam (/lobe) switching
orientación horizontal del papel | landscape paper orientation
orientación omnidireccional | omni-bearing
orientación por señales de navegación guiada | radio range orientation
orientación relativa | relative bearing
orientación retrodirectiva | retrodirective steering
orientación verdadera | true bearing
orientación vertical del papel | portrait paper orientation
orientado | orientated
orientado al bit | bit oriented
orientado al byte | byte oriented
orientar | to orientate [UK], to orient [USA]; to steer
orificio | orifice
orificio de acoplamiento | coupling hole
orificio de pruebas tangencial | tangent beam hole
orificio neumático de vaivén | shuttle hole
orificio para espiga de arrastre | drive pin hole
origen | origin, source
origen de crecimientos | nongrowing end
origen de la cuadrícula | grid origin
origen resaltado | source emphasis
originador | originator, originating
original | original, master
original de registro gramofónico en cera | wax original
original en cera | wax original
original en laca | original lacquer

original lacado | lacquer original
orilla | skirt
orioscopio | orioscope
oro | gold
oro brillante | shiny gold
OROM [*memoria óptica de sólo lectura*] | OROM = optical read-only memory
ORS [*estación oficial repetidora (/de escala, /de relevo)*] | ORS = official relay station
ortícón | orthicon = ortho-iconoscope; orthicon tube, orthinoscope
ortícón de imagen | image orthicon
orticonoscopio | orthicon = ortho-iconoscope; orthicon tube, orthinoscope
ortocódigo [*código de barras para lector fotoeléctrico*] | orthocode
ortodiascopia | orthodiascopy
ortodiascopio | orthodiascope
ortogonal | orthogonal
ortografía | spell
ortohelio | orthohelium
ortohidrógeno | orthohydrogen
ortonúcleo [*núcleo de memoria de flujo en circuito cerrado que duplica la memoria de núcleos de ferrita*] | orthocore
ortopositronio | orthopositronium
ortorradioscopia | orthoradioscopy
ortoscópico | orthoscopic
ortoscopio | orthoscope
ortosilicato de cinc | zinc orthosilicate
Os = osmio | Os = osmium
OS2 [*sistema operativo de 32 bits de IBM*] | OS2 = operating system 2
OSA [*interfaz de arquitectura de servicios abierta*] | OSA = open service architecture
OSAN [*red óptica de acceso para abonados*] | OSAN = optical subscriber access network
OSC = oscilador | OSC = oscillator
OSCA [*sistema abierto de cableado de British Telecom*] | OSCA = open system cabling
osciductor [*transductor donde la excitación se indica como desviación de la frecuencia central de un oscilador*] | osciducer
oscilación | flutter, libration, oscillating, oscillation, stagger, staggering, swing, swinging, vibration, weaving
oscilación acondicionadora | dither
oscilación amortiguada | damped oscillation, dead beat
oscilación aperiódica | aperiodic oscillation
oscilación automantenida | self-sustained oscillation
oscilación automática | self-oscillation
oscilación Barkhausen | Barkhausen oscillation
oscilación constante | stable oscillation
oscilación de ánodo y rejilla sintonizados | tuned plate tuned-grid oscillation

oscilación de desviación máxima | carrier swing
oscilación de fase | phase swinging
oscilación de frecuencia | frequency swing
oscilación de frecuencia de blanco a negro | white-to-black frequency swing
oscilación de frecuencia vocal | speech oscillation
oscilación de frecuencias ultraaltas | ultrahigh frequency oscillator
oscilación de iones positivos | positive ion oscillation
oscilación de la tensión | voltage swing
oscilación de magnetrón de onda progresiva | travelling-wave magnetron oscillation
oscilación de magnetrón de onda viajera | travelling-wave magnetron oscillation
oscilación de portadora | carrier swing
oscilación de rejilla | grid swing
oscilación de relajación | squegging, relaxation oscillation
oscilación de relajamiento | relaxation oscillation
oscilación del betatrón | betatron oscillation
oscilación del electrodo | weaving
oscilación del ignitor | igniter oscillation
oscilación del plasma | plasma oscillation
oscilación del punto explorador | spot wobble
oscilación del servomecanismo | servo-oscillation
oscilación dinatrón | dynatron oscillation
oscilación eléctrica | electric oscillation
oscilación en dientes de sierra | sawtooth oscillation
oscilación en régimen permanente | steady-state oscillation
oscilación estable | stable oscillation (/oscillator)
oscilación estacionaria | steady-state oscillation
oscilación excitada por choque | shock-excited oscillation
oscilación forzada | forced oscillation
oscilación fugoide | phugoid oscillation
oscilación inestable | unstable oscillation
oscilación lateral | lateral oscillation
oscilación libre | free oscillation
oscilación local | oscillator injection signal
oscilación lógica | logic swing
oscilación mantenida | sustained oscillation
oscilación modulada en fase | phase-modulated oscillation

oscilación momentánea | transient oscillation
oscilación no amortiguada | undamped oscillation
oscilación parásita | singing, parasitic oscillation
oscilación periódica | periodic oscillation
oscilación plasmática | plasma oscillation
oscilación porcentual total | per cent total flutter
oscilación pulsatoria | pulsed oscillation
oscilación radial | radial oscillation
oscilación residual | ripple noise
oscilación resonante | resonant oscillation
oscilación rotatoria automática | rotary self-drive hunting
oscilación sinusoidal | sinusoidal oscillation
oscilación sostenida | sustained oscillation
oscilación subarmónica | subharmonic oscillation
oscilación transitoria | ringing, transient oscillation
oscilaciones angulares | hunting
oscilaciones parásitas | random firing
oscilaciones pendulares | hunting, phase swinging
oscilador | oscillator
oscilador alimentado en derivación | shunt-feed oscillator
oscilador amplificador maestro | master oscillator-power amplifier
oscilador anarmónico | anharmonic oscillator
oscilador anódico sintonizado | tuned plate oscillator
oscilador armónico | harmonic oscillator
oscilador Armstrong | Armstrong oscillator
oscilador autodino | autodyne oscillator
oscilador autoexcitado | self-excited oscillator
oscilador autointerruptor | self-quenched oscillator
oscilador automático | self-oscillator
oscilador Butler | Butler oscillator
oscilador cautivo | slave oscillator
oscilador Clapp | Clapp oscillator
oscilador coherente | coherent oscillator
oscilador compensador de rozamiento | antistiction oscillator, dither injector
oscilador con autoextinción | self-quenching oscillator
oscilador con barrido de frecuencia | swept-frequency oscillator, frequency-swept oscillator
oscilador con bobina de excitación de oscilaciones | tickler coil oscillator

oscilador con bobina de reacción | tickler coil oscillator
oscilador con interrupción automática | self-quenching oscillator
oscilador con lámpara de neón | neon oscillator
oscilador con servomando de fase sincronizada | servodriven phase-locked oscillator
oscilador con telemando | labile oscillator
oscilador con tetrodo | tetrode oscillator
oscilador con válvula termiónica | thermionic oscillator
oscilador con variación de velocidad | velocity variation oscillator
oscilador controlado por corriente | current-controlled oscillator
oscilador controlado por corriente de rejilla | grid dip oscillator
oscilador controlado por cristal | crystal-controlled oscillator
oscilador controlado por cristal termorregulado | temperature-controlled crystal oscillator
oscilador controlado por luz | light controlled oscillator
oscilador controlado por reactancia saturable | saturable-reactor-controlled oscillator
oscilador controlado por tensión | voltage-controlled oscillator
oscilador-convertidor | oscillator-converter
oscilador de acoplamiento electrónico | electron-coupled oscillator
oscilador de alta frecuencia | RF oscillator = radiofrequency oscillator
oscilador de ánodo pulsado | anode pulsing
oscilador de ánodo sintonizado | tuned anode oscillator
oscilador de ánodo y rejilla sintonizados | tuned plate tuned-grid oscillator
oscilador de arco | arc oscillator
oscilador de arranque automático | self-starting oscillator
oscilador de audiofrecuencia | audio (/audiofrequency, /tone) oscillator
oscilador de autobloqueo | squegging oscillator
oscilador de banda de octava | octave-band oscillator
oscilador de banda X | X-band oscillator
oscilador de Barkhausen | Barkhausen oscillator
oscilador de Barkhausen-Kurz | Barkhausen-Kurz oscillator
oscilador de barrido | sweep oscillator
oscilador de barrido de onda en dientes de sierra | sawtooth sweep oscillator
oscilador de barrido vertical | vertical (sweep) oscillator
oscilador de base de tiempo | sweep (/timing axis) oscillator
oscilador de base sintonizada | tuned base oscillator
oscilador de batido | beating (/beat frequency) oscillator
oscilador de bloqueo | blocking oscillator
oscilador de bloqueo activado por contador de pasos | step-counter-triggered blocking oscillator
oscilador de bloqueo autopulsante | self-pulsing blocking oscillator
oscilador de bloqueo controlado por disparo | triggered blocking oscillator
oscilador de bloqueo controlado por tensión | voltage-controlled blocking oscillator
oscilador de bloqueo de ciclo único | single-shot blocking oscillator
oscilador de bloqueo disparado en paralelo | parallel-triggered blocking oscillator
oscilador de bloqueo disparado en serie | series-triggered blocking oscillator
oscilador de bloqueo monocíclico | single-swing blocking oscillator
oscilador de bobina con derivación | tapped coil oscillator
oscilador de bomba | pump oscillator
oscilador de bombilla de neón | neon bulb oscillator
oscilador de borrado | erase oscillator
oscilador de Brakefield | Brakefield oscillator
oscilador de campo retardador | retarding-field oscillator
oscilador de cavidad | cavity oscillator
oscilador de cavidad sintonizado por tensión | voltage-tuned cavity oscillator
oscilador de chispa | spark gap oscillator
oscilador de circuito desfasador | phase shift oscillator
oscilador de circuito resonante | resonant circuit drive
oscilador de circuitos en T en paralelo | parallel-T oscillator
oscilador de colector sintonizado | tuned collector oscillator
oscilador de Colpitt | Colpitt's oscillator, ultra-audion oscillator
oscilador de constantes concentradas | lumped-constant oscillator
oscilador de cristal | crystal oscillator
oscilador de cristal con compensación de temperatura | temperature-compensated crystal oscillator
oscilador de cristal controlado por tensión | voltage-controlled crystal oscillator
oscilador de cristal de cuarzo | (quartz) crystal oscillator
oscilador de cristal de Reinartz | Reinartz crystal oscillator
oscilador de cristal estabilizado | crystal-stabilized oscillator

oscilador de cristal estabilizado respecto a la temperatura | temperature-stabilized crystal oscillator
oscilador de cristal multicanal | multichannel crystal oscillator
oscilador de cristal regulado por tensión | voltage-controlled crystal oscillator
oscilador de cristal sintonizado por tensión | voltage-tuned crystal oscillator
oscilador de croma | colour oscillator
oscilador de cuarzo | quartz oscillator
oscilador de cuarzo variable | variable crystal oscillator
oscilador de deflexión horizontal | horizontal deflection oscillator
oscilador de deflexión vertical | vertical deflection oscillator
oscilador de desfase | phase shift oscillator
oscilador de desplazamiento de fase | phase shift oscillator
oscilador de desplazamiento de fase por resistencia y capacidad | resistance-capacitance phase-shift oscillator
oscilador de desviación vertical | vertical (deflection) oscillator
oscilador de diapasón | (tuning) fork oscillator
oscilador de diodo túnel sintonizado por filtro de granate de hierro e itrio [*diodo túnel* = *diodo Esaki*] | YIG-tuned tunnel diode oscillator
oscilador de eje de tiempo | timing axis oscillator
oscilador de eje de tiempos | sweep oscillator
oscilador de emisión | sending oscillator
oscilador de entretenimiento | keep-alive oscillator
oscilador de espín | spin oscillator
oscilador de extinción | squegging oscillator
oscilador de fase sincronizada | phase-locked oscillator, phase-locking oscillator
oscilador de ferrita sintonizado | ferrite tuned oscillator
oscilador de Fessenden | Fessenden oscillator
oscilador de filtro sintonizado | tuned filter oscillator
oscilador de frecuencia de barrido | sweep frequency oscillator
oscilador de frecuencia de barrido vertical | vertical frequency oscillator
oscilador de frecuencia de batido | beat frequency oscillator
oscilador de frecuencia de exploración vertical | vertical frequency oscillator
oscilador de frecuencia de pulsación | beat frequency oscillator
oscilador de frecuencia infrasónica | subaudio oscillator

oscilador de frecuencia normalizado | standard frequency oscillator
oscilador de frecuencia subacústica | subaudio oscillator
oscilador de frecuencia única | single-frequency oscillator
oscilador de frecuencia variable | signal (/tunable) oscillator, variable (frequency) oscillator
oscilador de frecuencias ultraaltas | ultrahigh frequency generator
oscilador de gama amplia | wide-range oscillator
oscilador de gama ancha | wide-range oscillator
oscilador de hilos paralelos | parallel line (/rod) oscillator
oscilador de impedancia negativa | negative impedance oscillator
oscilador de impulsos | pulse (/pulsed) oscillator
oscilador de impulsos tipo chispa | spark pulse oscillator
oscilador de interrupción | quench (/quenching) oscillator
oscilador de inyección fija | injection-locked oscillator
oscilador de klistrón | klystron oscillator
oscilador de klistrón reflexivo y cavidad integral | integral-cavity reflex-klystron oscillator
oscilador de la base de tiempos | timebase oscillator
oscilador de lámpara | valve oscillator
oscilador de Lampkin | Lampkin's oscillator
oscilador de Lecher | Lecher oscillator
oscilador de línea | line oscillator
oscilador de línea coaxial | coaxial line oscillator
oscilador de línea estabilizada | line-stabilised oscillator
oscilador de línea Lecher | Lecher line oscillator
oscilador de línea resonante | resonance (/resonant) line oscillator
oscilador de magnetoestricción | magnetostriction (/magnetostrictive) oscillator
oscilador de Meissner | Meissner oscillator
oscilador de microondas | microwave oscillator
oscilador de modulación de velocidad | velocity modulation oscillator
oscilador de montaje simétrico | pushpull oscillator
oscilador de neón | neon oscillator
oscilador de núcleo saturable | saturable core oscillator
oscilador de octava | octave-band oscillator
oscilador de onda corta | short-wave oscillator
oscilador de onda cuadrada con núcleo | square core oscillator
oscilador de onda de retorno | backward (/backward-wave) oscillator

oscilador de onda en dientes de sierra | sawtooth oscillator
oscilador de onda inversa | backward-wave oscillator
oscilador de onda reflejada | backward-wave oscillator
oscilador de onda regresiva | backward oscillator
oscilador de onda regresiva y campos cruzados | crossed-field backward-wave oscillator
oscilador de onda sinusoidal | sine (/sinusoidal) wave oscillator
oscilador de onda sinusoidal amortiguada excitado por choque (o descarga) | shock-excited ringing oscillator
oscilador de ondas cuadradas | square wave oscillator
oscilador de ondas progresivas | travelling-wave oscillator
oscilador de ondas retrógradas tipo O | O-type backward-wave oscillator
oscilador de Pierce | Pierce (crystal) oscillator
oscilador de pila | pile oscillator
oscilador de placa sintonizada | tuned not-tuned oscillator
oscilador de placa sintonizado | tuned plate oscillator
oscilador de placas paralelas | parallel plate oscillator
oscilador de plasma | plasma oscillator
oscilador de polarización | bias oscillator
oscilador de potencia | power oscillator
oscilador de Potter | Potter oscillator
oscilador de prueba | test (/service) oscillator
oscilador de puente de Meachan | Meachan bridge oscillator
oscilador de puente de Wien | Wien bridge oscillator
oscilador de pulsación | beat frequency oscillator
oscilador de radiofrecuencia | RF oscillator = radiofrequency oscillator
oscilador de reacción | feedback oscillator
oscilador de reactividad | reactivity oscillator
oscilador de reactor | pile oscillator
oscilador de realimentación | feedback oscillator
oscilador de realimentación por transformador de histéresis rectangular | square-loop core oscillator
oscilador de red en derivación | parallel network oscillator
oscilador de referencia | reference oscillator
oscilador de rejilla de campo retardador | positive grid oscillator
oscilador de rejilla negativa | negative grid oscillator

oscilador de rejilla positiva | positive grid oscillator
oscilador de rejilla sintonizada | tuned grid oscillator
oscilador de rejilla y ánodo sintonizados | tuned grid tuned-anode oscillator, tuned grid tuned-plate oscillator
oscilador de relajación | relaxor, relaxation (/squegging) oscillator
oscilador de relajación de tubo de neón | neon tube relaxation oscillator
oscilador de relajación por tubo de gas | gas tube relaxation oscillator
oscilador de resistencia negativa | negative resistance oscillator
oscilador de resistencia y capacidad | RC oscillator
oscilador de señal normalizado | standard signal oscillator
oscilador de señalización | signalling oscillator
oscilador de servicio | service oscillator
oscilador de subarmónica sincronizado en fase | phase-locked subharmonic oscillator
oscilador de subportadora | subcarrier oscillator
oscilador de subportadora de color | colour subcarrier oscillator
oscilador de subportadora de crominancia | chrominance subcarrier oscillator
oscilador de tiempo de tránsito de avalancha | avalanche transit time oscillator
oscilador de tipo magnetrón | magnetron oscillator
oscilador de tono | tone oscillator
oscilador de tono local | sidetone oscillator
oscilador de tono variable | variable tone oscillator
oscilador de transistor | transistor oscillator
oscilador de transitrón | transitron oscillator
oscilador de trasconductancia negativa | negative transconductance oscillator
oscilador de una sola oscilación | single-swing blocking oscillator
oscilador de válvula | tube (/valve) oscillator
oscilador de válvula de vacío | vacuum valve oscillator
oscilador de válvula electrónica de vacío | vacuum valve oscillator
oscilador de Van der Pol | Van der Pol oscillator
oscilador de variación de fase | phase shift oscillator
oscilador de velocidad modulada | velocity-modulated oscillator
oscilador de vídeo | video oscillator
oscilador de videofrecuencia | video oscillator
oscilador de voltaje controlado | voltage-controlled oscillator
oscilador de Vreeland | Vreeland oscillator
oscilador de Wien | Wien oscillator
oscilador-detector | oscillator-detector
oscilador dinatrón | dynatron oscillator
oscilador en anillo | ring oscillator
oscilador en circuito de puente estabilizado por termistor | thermistor-stabilized bridge oscillator
oscilador en contrafase | pushpull oscillator
oscilador en contrafase de líneas coaxiales | pushpull coaxial-line oscillator
oscilador en dientes de sierra | sweep oscillator
oscilador enclavado en fase | phase-locked oscillator, phase-locking oscillator
oscilador enganchado | locked oscillator
oscilador equilibrado | balanced (/pushpull) oscillator
oscilador esclavo | slave oscillator
oscilador estabilizado por cristal de cuarzo | quartz oscillator
oscilador estabilizado por resistencia | resistance-stabilized oscillator
oscilador excitado por choque | ringing (/shock-excited) oscillator
oscilador excitado por choque para la generación de impulsos agudos | shock-excited peaking oscillator
oscilador excitado por descarga | shock-excited oscillator
oscilador excitado por impacto | ringing (/shock-excited) oscillator
oscilador explorador | sweep oscillator
oscilador fonográfico | phonograph oscillator
oscilador forzado | pulled oscillator
oscilador Franklin | Franklin oscillator
oscilador generador de armónicos | harmonic producer
oscilador Gill-Morrell | Gill-Morrell oscillator
oscilador Gunn | Gunn oscillator
oscilador Hartley | Hartley (/tapped coil) oscillator
oscilador helitrón | helitron oscillator
oscilador herciano | Hertzian oscillator
oscilador heterodino | heterodyne (warbler) oscillator
oscilador hidrodinámico | hydrodynamic oscillator
oscilador horizontal | horizontal oscillator
oscilador IMPATT | IMPATT oscillator
oscilador indicador de distancias | ranging oscillator
oscilador Kallitrón | Kallitron oscillator
oscilador lineal de onda regresiva | linear backward-wave oscillator
oscilador local | local oscillator
oscilador local doble | double local oscillator
oscilador local estabilizado | stabilized local oscillator
oscilador local sincronizado de funcionamiento libre | free-running local synchronizer oscillator
oscilador maestro | (transmitter) master oscillator, pilot oscillator
oscilador maestro de cristal de cuarzo | quartz master oscillator
oscilador maestro de frecuencia variable | signal shifter
oscilador magnetrón de ondas progresivas | travelling-wave magnetron oscillator
oscilador-mezclador-primer detector | oscillator-mixer-first detector
oscilador Miller | Miller oscillator
oscilador modulado | modulated oscillator
oscilador modulado por impulsos | pulse-modulated oscillator
oscilador molecular sintonizable | tunable molecular oscillator
oscilador para practicar telegrafía | code practice oscillator
oscilador paramétrico | parametric oscillator
oscilador paramétrico de fase sincronizada | parametric phase-locked oscillator
oscilador paramétrico de subarmónica | parametric subharmonic oscillator
oscilador piezoeléctrico | piezoelectric oscillator
oscilador piezomagnético | magnetostriction oscillator
oscilador piloto | pilot oscillator
oscilador polifásico | polyphase oscillator
oscilador PRF [*oscilador determinador de la frecuencia de repetición de impulsos*] | PRF oscillator
oscilador principal estabilizado | stabilized master oscillator
oscilador programable digitalmente | digitally-programmable oscillator
oscilador pulsatorio | pulse oscillator
oscilador realimentado | feedback oscillator
oscilador reentrante | reentrant oscillator
oscilador reflexivo de cavidad externa integral | integral external-cavity reflex oscillator
oscilador regulado por tensión | voltage-controlled oscillator
oscilador satélite sincronizado | synchronized slave oscillator
oscilador simétrico | pushpull oscillator
oscilador simétrico de líneas coaxiales | pushpull coaxial-line oscillator
oscilador sincronizado por resistencia y capacidad | resistance-capacitance-tuned oscillator
oscilador sintonizable | tunable oscillator

oscilador sintonizado eléctricamente | electrically tuned oscillator
oscilador sintonizado electrónicamente | electronically tuned oscillator
oscilador sintonizado mecánicamente | mechanically tuned oscillator
oscilador sintonizado por pasos | step-tuned oscillator
oscilador sintonizado por resistencia | resistance-tuned oscillator
oscilador sintonizado por resistencia y capacidad | resistance-capacitance oscillator
oscilador sintonizado por varactor | varactor-tuned oscillator
oscilador sinusoidal | sinusoidal oscillator
oscilador subarmónico | subharmonic oscillator
oscilador superheterodino | superheterodyne oscillator
oscilador term(o)iónico | thermionic oscillator
oscilador tipo M de onda de retroceso | M-type backward wave oscillator
oscilador tipo puente de Wien | Wien bridge-type oscillator
oscilador tiratrónico | thyratron oscillator
oscilador TNT [*oscilador de placa sintonizada*] | TNT oscillator
oscilador transitrón | transitron oscillator
oscilador triodo | triode oscillator
oscilador tri-tet | tri-tet oscillator
oscilador ultraaudión | ultra-audion oscillator
oscilador variable | variable (/labile) oscillator
oscilador vertical | vertical oscillator
oscilante | oscillating, oscillatory; blinking
oscilar | to oscillate, to shimmy
oscilatorio | oscillatory
oscilistor [*barra semiconductora que oscila al pasar una c.c. paralela a un campo magnético exterior*] | oscillistor
oscilografía | oscillography
oscilografía estereoscópica | stereoscillography
oscilográfico | oscillographic
oscilógrafo | ondograph, oscillograph
oscilógrafo bifilar | bifilar oscillograph
oscilógrafo catódico | oscillograph tube
oscilógrafo con suspensión bifilar | oscillograph with bifilar suspension
oscilógrafo con suspensión de bucle | oscillograph with bifilar suspension
oscilógrafo de aguja | stylus oscillograph
oscilógrafo de cuerda | string oscillograph
oscilógrafo de espejo | optical oscillograph, mirror instrument
oscilógrafo de espejo móvil | moving mirror oscillograph
oscilógrafo de haz | light beam oscillograph
oscilógrafo de hierro dulce | soft iron oscillograph
oscilógrafo de rayos catódicos | cathode ray oscillograph
oscilógrafo electromagnético | electromagnetic oscillograph
oscilógrafo galvanométrico de espejo | mirror galvanometer oscillograph
oscilógrafo multicanal | multichannel oscillograph
oscilógrafo óptico | optical oscillograph
oscilógrafo panorámico | PPI scope
oscilógrafo tricolor | tricolour oscillograph
osciloscopio de haz único | single-beam oscilloscope
osciloscopio de muestreo | sampling oscilloscope
osciloscopio de muestreo aleatorio | random sampling oscilloscope
osciloscopio de ondas progresivas | travelling-wave oscilloscope
osciloscopio de rayos catódicos | cathode ray oscilloscope
osciloscopio de rayos catódicos generador de caracteres | character generator cathode-ray valve
osciloscopio J | J scope
oscilograma | oscillogram, oscillograph curve, oscillographic display (/pattern, /record), oscilloscope display (/recording, /tracing), oscilloscopic display
oscilograma de espectro | spectrum display
oscilograma de forma de onda | oscilloscope waveform
oscilograma trapezoidal | trapezoidal pattern
oscilograma vectorial | vectorscope display
oscilómetro | oscillometer
osciloscópico | oscilloscopic
osciloscopio | oscilloscope, ondoscope; scope [*fam*]
osciloscopio A | A scope
osciloscopio acumulador | storage oscilloscope
osciloscopio biomédico | biomedical oscilloscope
osciloscopio catódico | oscilloscope valve
osciloscopio catódico multihaz [*osciloscopio de rayos catódicos de múltiples haces*] | multibeam cathode-ray oscilloscope
osciloscopio con memoria | storage oscilloscope
osciloscopio de almacenamiento digital | digital storage oscilloscope
osciloscopio de banda ancha | wide-band oscilloscope
osciloscopio de cuerda | string oscilloscope
osciloscopio de doble haz | dual beam oscilloscope
osciloscopio modulado por onda | wamoscope = wave-modulated osciloscope
osciloscopio monitor de barras | bar-graph monitoring oscilloscope
osciloscopio multicanal | multiple channel oscilloscope
osciloscopio panorámico | PPI scope
osciloscopio para viodeofrecuencias | video oscilloscope
oscilosincroscopio | oscillosynchroscope
oscilotrón | oscillotron
oscurecimiento | blackout, blanketing, shading
oscurecimiento de los ángulos | corner cutting
oscuridad | shadow
oscuro | dark
oseófilo | bone seeker
OSF [*fundación de fabricantes para la creación de software abierto*] | OSF = Open software foundation
OSGi [*pasarela de servicios abierta (para gestión y mantenimiento de la red)*] | OSGi = open services gateway initiative
OSI [*interconexión de sistemas abiertos*] | OSI = open systems interconnection
OSITOP [*organización de usuarios para el fomento de protocolos*] | OSITOP = open systems interconnection for technical and office protocol
osmio | osmium
osmorregulador | osmo-regulator
ósmosis, osmosis | osmosis
OSPF [*protocolo para redes IP que calcula la ruta más corta para cada nodo*] | OSPF = open shortest path first
osteófono | bone headphone
OT = operador de telecomunicaciones | TO = telecommunications operator
OTDR [*reflectómetro de dominio en el tiempo (en fibra óptica)*] | OTDR = optical time domain reflectometer
OTM [*monitor para transacción de objetos*] | OTM = object transaction monitor
OTOH [*acrónimo usado en internet para indicar "por otro lado", "por otra parte"*] | OTOH = on the other hand
otorgamiento de licencia | grant of licence
otra vez | again
oval, ovalado | oval
overhead [*programa de soporte a un proceso*] | overhead
ovillo de tendido de cable | wire dispenser
OVNI = objeto volador no identificado | UFO = unidentified flying object
OWS [*estación oficial de contraste de longitud de onda*] | OWS = official wavelength station
oxidación | oxidation
oxidación térmica | thermal oxidation

oxidar | to oxidise [UK], to oxidize [UK+USA]
óxido | oxide
óxido cúprico | cuprous oxide
óxido de berilio | beryllia, beryllium oxide
óxido de campo | field oxide
óxido de cromo pasivo | passive chromium oxide
óxido de silicio | silicon oxide
óxido de tantalio | tantalum oxide
óxido de uranio | uranium oxide
óxido denso autoalineado | self-aligned thick oxide
óxido escalonado | stepped oxide
óxido férrico | ferric (/magnetic) oxide
óxido férrico gamma | gamma ferric oxide
óxido magnético | magnetic oxide
oxígeno | oxygen
oxímetro | oximeter
oxisulfuro de tatio | thallium oxysulphide
ozono | ozone

P

p = pico- [*pref. que significa una billonésima parte (10^{-2})*] | p = pico- [*pref*]
P [*relleno (en octetos de bits)*] | P = padding
P = fósforo | P = phosphorus
P = peta- [*prefijo que significa mil billones (10^{15}); en código binario significa (2^{50}), o sea 1.125.899.906.842.624*] | P = peta- [*pref. for 1 quadrillion (10^{15})*]
pA = picoamperio | pA = picoampere
Pa = protoactinio | Pa = protactinium
PA = paginación automática | AP = automatic pagination
PA = potencial de acción | AP = action potential
pabellón | earcap; loud hailer [UK], horn [USA]
pabellón acústico | acoustic horn
pabellón de auricular | earcap, earpiece
pabellón de ebonita | ebonite earpiece
PABX [*centralita telefónica privada*] | PABX = private automatic branch exchange
PABX sin hilos | cordless PABX
packet driver [*pequeño programa que simula una unidad controladora*] | packet driver
PAD [*datos asociados a un programa*] | PAD = programme associated data
PAD [*ensamblador/desensamblador de comunicación por paquetes de datos*] | PAD = packet assembly/disassemby facility
PAD = proceso automático de datos | ADP = automatic data processing
PADAR [*sistema de detección pasiva y seguimiento de móviles que utilizan radar*] | PADAR
padre | parent; [*de un nodo*] father [*of a node*]
padre nuclear | nuclear parent
pág. = página | Pg = page
PAGE [*electroforesis del gel de poliacrilamida*] | PAGE = poliacrylamide gel electrophoresis
página | page; frame
página blanca | white page
página de bienvenida | homepage, home page; [*página de inicio en una Web*] welcome page
página de códigos | code page
página de entrada | homepage, home page
página de fuentes [*de caracteres*] | font page
página de inicio | start page
página de inicio por defecto [*en servidor de Web*] | default home page
página de origen | homepage, home page
página de pantalla [*en memoria de vídeo*] | display page
página de presentacion | homepage, home page
página de reproducción de vídeo | video display page
página de servidor activa | active server page
página de servidor Java | Java server page
página derecha | recto
página dinámica [*documento de HTML*] | dynamic page
página en miniatura | thumb nail
página frontal [*Hispan.*] | homepage, home (/front) page
página HTML | HTML page
página impar | recto
página inicial | homepage, home page
página izquierda [*en tipografía*] | verso
página personal | personal page
página principal | homepage, home page
página raiz | homepage, home page
página separadora | banner page
página visible | visible page
página web, página Web | web page, website, web site
página web dinámica [*de forma fija y contenido variable*] | dynamic Web page
paginación | page layout, pagination, paging
paginación de la memoria | memory paging
paginación previa | pre-edit
paginador de radio básico | basic radio pager
páginas amarillas [*en guía telefónica*] | yellow pages
páginas por minuto | pages per minute
páginas recomendadas | hotlist
pago a terceros | outpayment
pago por visión [*pago por pase, televisión a la carta, servicio de pago en función de lo que el usuario ve (en televisión)*] | pay-per-view
págs. = páginas | PP = pages
país | country
país de destino | country of destination
país de llegada | incoming country
país de origen | outgoing country, country of origin
país terminal | terminal country
PAL [*línea de alternancia de fases, sistema alemán de televisión en color*] | PAL = phase alternating line [*German colour television system*]
PAL [*sistema lógico programable*] | PAL = programmable array logic
palabra | word; speech
palabra artificial | artificial word
palabra binaria | binary word
palabra cero | zero word
palabra clave | keyword, password
palabra codificada | word code
palabra completa solamente | match whole word only
palabra de código | code word
palabra de control | control word
palabra de estado del procesador | processor status word
palabra de estado del programa | program status word
palabra de información | data word
palabra de instrucción | instruction word
palabra de llamada | call word
palabra de máquina | machine word
palabra de ordenador | computer word
palabra de referencia | check word
palabra deformada | distorted word

palabra del dato | data word
palabra doble | double word
palabra en lenguaje claro | plain language word
palabra instrucción | instruction word
palabra reservada | reserved word
palabra sigma | sigma word
palabra tasada | paid word
palabra visible | visible speech
paladio | palladium
palanca | lever
palanca acodada | toggle
palanca acodillada de contacto | contact toggle
palanca de ajuste de espacios | space-adjusting lever
palanca de amortiguación | anti-bounce lever
palanca de arranque | start lever
palanca de código | code lever
palanca de desembrague | stop lever
palanca de disparo principal | main trip lever
palanca de empuje | push lever
palanca de enclavamiento | lock lever
palanca de enclavamiento de marca | marking lock lever
palanca de escape | escapement lever
palanca de espacios lineales | space-adjusting lever
palanca de función | function lever
palanca de gobierno | joystick
palanca de interruptor | dolly
palanca de inversión | shift (/reversing) lever
palanca de juego (/mando) | joystick
palanca de llave | dolly
palanca de maniobra | operating lever, switch stick
palanca de parada | stop lever
palanca de reposición | reset lever
palanca de retención | latch lever
palanca de retención del embrague | clutch latch lever
palanca del buscador de margen | range finder knob
palanca del encendido | spark lever
palanca del interruptor | switch lever
palanca del manipulador | keylever
palanca electrónica | electronic crowbar
palanca multimando | joystick
palanca seguidora | follower lever
palanca selectora | selecting lever
palanca superior de tarjetas | upper card lever
palanquita de llave | keylever
palanquita deslizante | slider
palastro | sheet steel
paleta | palette, tab
paleta de colores | colour palette; [para seleccionar colores de fondo y de primer plano] colour box (/table)
paleta móvil | moving blade
paleta principal | main palette
pal/min = palabras por minuto | WPM = words per minute
palmtop [*pequeño ordenador portátil que se puede sujetar son una mano y operar con la otra*] | palmtop
palo alto | ascender
palomilla | rigid support
palpador activo | active leg
palpitante | pulsating
PAM [*modulación de la amplitud de impulsos*] | PAM = pulse amplitude modulation
PAN [*red de área personal*] | PAN = personal area network
pan de plata | silver leaf
pancromático | panchromatic
pandeo | sag
pandeo de filamento | filament sag
panel | board, multiple frame, pane, panel, tablet
panel acústico | acoustic panel
panel adaptador | interface panel
panel adaptador para montaje en bastidor | rack adapter panel
panel atenuador | attenuation panel
panel cableado | wired panel
panel conmutador de equipos de reserva | standby switching panel
panel cuadrado | square panel
panel de acero | steel panel
panel de acoplamiento | patch bay
panel de acoplamiento de audio | audio patch bay
panel de adaptación para montaje en bastidor | rack adapter panel
panel de alarmas | alarm panel
panel de alimentación | power panel
panel de almacenamiento de imagen | image storage panel
panel de bastidor | rack panel
panel de boletín electrónico | electronic bulletin board
panel de carga | charging board
panel de clavijas | jack panel, plug-board
panel de conectores de prueba | test jack panel
panel de conectores para clavijas en U | U-link jack panel
panel de conexiones | patchboard, plugboard, jack (/patch, /switch, /wired) panel, plug (/wiring) board
panel de conexiones manual | manual switchboard
panel de conexiones múltiples | multiple switchboard
panel de conmutación | switching (control) panel
panel de conmutación de teleimpresoras | teletypewriter patch panel
panel de conmutación de teletipos | teletypewriter patch panel
panel de conmutación de vídeo | video patch panel
panel de conmutación magnético | magneto switchboard exchange
panel de conmutación monocable | monocord switchboard
panel de conmutaciones | patching (/patch) panel
panel de conmutadores | switch panel
panel de control | control panel
panel de control automático | automatic switchboard
panel de control de antena | aerial control board
panel de control de clavijas | plug-board
panel de control de conexiones semifijas | semifixed control panel
panel de control de llamadas dirigidas | call routing control panel, control panel call routing
panel de control del operador | attendant's switchboard
panel de control telefónico | telephone control panel
panel de cubierta | cover plate
panel de dispositivos trasformadores de energía | panel of solar converters
panel de distribución | distributing (/distribution, /switch) panel, distribution switchboard
panel de distribución de conexiones del radar | radar distribution switchboard
panel de energía de encendido/apagado | power on/off switch bracket
panel de entrada de ondas | wave input panel
panel de equilibradores | balancing network frame
panel de extensiones ocupadas | busy lamp field (/panel), extension busy display
panel de fila de lámparas | lamp box suite
panel de filtros | filter panel
panel de filtros de tronco principal | trunk filter panel
panel de indicación visual de fallos locales | local-fault display panel
panel de información de datos del radar | radar data display board
panel de interruptores simples | non-multiple switchboard
panel de lámparas | lamp panel, bank of lamps
panel de lámparas de ocupación | busy lamp panel
panel de lámparas de sala | room lamp box
panel de lámparas en fila | fuse box
panel de LED | LED panel
panel de líneas de disco selector | dial drop panel
panel de maniobra | switching control panel
panel de mediciones (/medidores) | meter panel
panel de opciones de menú | menu panel
panel de portalámparas en fila | lamp box rack
panel de pruebas | test board (/jack panel)
panel de pruebas interurbano | toll test panel

panel de pulsadores | pushbutton strip
panel de puntuación | scoreboard
panel de regletas (de) terminales | terminal strip panel
panel de relés | relay panel
panel de relleno | filler panel
panel de repetidores | repeater bay
panel de revisión técnica | technical control board
panel de ruptura | breakaway panel
panel de selectores | panel selector
panel de separación | separation panel
panel de servicio eléctrico | electric service panel
panel de supervisión | supervision panel
panel de teclas | key cabinet
panel de telefonía con telegrafía | speech-plus-telegraphy panel
panel de terminación de líneas | line termination panel
panel de terminal | term panel
panel de terminales | terminal (block) panel
panel de texto | text panel
panel de visualización | display (console)
panel del área de dibujo | draw area panel
panel del programa | program panel
panel electroluminiscente | electroluminescent panel
panel emisor de alternancias | reversals transmission panel
panel en blanco | dummy panel
panel estratificado | layered panel
panel falso | dummy panel
panel ficticio | dummy panel
panel fonográfico | phono panel
panel frontal | front panel; [*en repartidores ópticos*] patch panel
panel frontal esférico | spherical faceplate
panel igualador | equalizer panel
panel impregnado con resina fenólica | phenolic panel
panel impreso múltiple | multiple printed panel
panel lateral | side panel
panel local de control | local control panel
panel maestro | motherboard
panel para ajuste de relés | relay adjustment panel
panel posterior | backpanel, rear panel; [*de un bastidor*] backplane
panel posterior impreso | printed backplane
panel principal | primary panel
panel principal de entrada | main entrance panel
panel principal de fusibles | main fuse panel
panel principal de servicio | main service panel
panel rectificador | rectifier panel
panel reflectante | reflecting curtain

panel repartidor [*Hispan*] | distribution panel
panel retenedor de imagen | image-retaining panel
panel secundario | secondary panel
panel terminal de líneas | line terminal panel
panel terminal de multiplexión | multiplex terminal panel
panorámica | pan [*fam*]
panorámico | panoramic
panoramizador | pan and tilt
pantalla | display, screen, screening cage (/shield), shade, shield, video display terminal; scope [*fam*]
pantalla absorbente | absorbing screen
pantalla acústica | (loudspeaker) baffle
pantalla acústica de laberinto | labyrinth baffle
pantalla acústica de pared | wall baffle
pantalla acústica de tipo industrial | industrial baffle
pantalla acústica infinita | infinite baffle
pantalla acústica inversora de fase | reflex baffle (/cabinet)
pantalla acústica para cielo raso | ceiling baffle
pantalla acústica para techo | ceiling baffle
pantalla acústica plana | baffle board (/plate), flat baffle
pantalla acústica plana infinita | infinite wall baffle
pantalla aluminada (/aluminizada) | aluminized screen
pantalla analógica | analog display
pantalla anódica | anode shield
pantalla antiarco | flash barrier
pantalla anticorona | corona shield
pantalla antideslumbrante | antiglare (/glare) shield
pantalla antidifusora | antidiffusing screen
pantalla antiparásitos | static shield
pantalla antirradiaciones | antiradiation screen
pantalla anular | splash ring
pantalla Azel | Azel scope
pantalla azul [*técnica para efectos especiales en gráficos*] | blue screen
pantalla completa | full screen
pantalla con mapa de bits | bitmapped display
pantalla contra radiaciones | radio shield
pantalla cortaarcos | flash barrier, antiarcing screen
pantalla CSTN [*tipo de pantalla supertwist*] | CSTN display = color supertwist nematic display
pantalla D | D scope
pantalla de alarma | alarm display
pantalla de altavoces | baffle
pantalla de altavoces plana | baffle board (/plate)

pantalla de ángulos vivos | square corner screen
pantalla de arranque | startup screen
pantalla de ayuda | help screen
pantalla de barricada | barricade shield
pantalla de barrido con trama | raster-scan display
pantalla de bienvenida | welcome screen
pantalla de blindaje | screening box
pantalla de Bucky | Bucky screen
pantalla de caracteres | character display
pantalla de centro abierto | open-centre display
pantalla de cielo | sky screen
pantalla de cinescopio de tres cañones | phosphor dot faceplate
pantalla de control | monitor
pantalla de cristal líquido | crystal liquid display, liquid crystal display
pantalla de desviación | splash baffle
pantalla de desviación de arco | splash baffle
pantalla de doble barrido | dual-scan display
pantalla de entrada | sign-on screen
pantalla de escala de grises | gray-scale display
pantalla de Faraday | Faraday's cage
pantalla de fluorescencia | fluorescence screen
pantalla de gran persistencia | long persistence screen
pantalla de intensificación | intensifying screen
pantalla de lámpara | lamp cap
pantalla de matriz activa | active-matrix display
pantalla de matriz pasiva [*de cristal líquido*] | passive-matrix display
pantalla de megapíxeles [*pantalla de vídeo capaz de reproducir 1 millón de píxeles*] | megapel display = megapixel display
pantalla de mumetal | mumetal shield
pantalla de osciloscopio | oscilloscope screen
pantalla de página completa | full-page display
pantalla de plasma | plasma display
pantalla de plasma de gas | gas-plasma display
pantalla de presentación panorámica | PPI screen
pantalla de presentación visual | viewing screen
pantalla de puntos fosforescentes | phosphor dot faceplate
pantalla de radar | radar display (/indicator, /screen), radarscope (display)
pantalla de refresco | refresh display
pantalla de refuerzo | intensifying screen
pantalla de RF = pantalla de radiofrecuencia [*contra la radiación electromagnética*] | RF shielding = radio fre-

quency shielding
pantalla de seda | silk screen
pantalla de señal compuesta | composite display
pantalla de señal compuesta de vídeo | composite video display
pantalla de televisión | television screen
pantalla de televisión mural | picture-on-the-wall television screen
pantalla de trazado | position (/reflector) tracker
pantalla de tubo de rayos catódicos | cathode ray screen
pantalla de válvula de rayos catódicos | cathode ray screen
pantalla de vídeo | video display (unit), video screen
pantalla de vídeo | display screen
pantalla de visión electroluminiscente | electroluminescent display screen
pantalla de visualización | viewing screen
pantalla del medidor | meter display
pantalla del programa | program panel
pantalla del radar | radar display unit
pantalla del termómetro | thermometer screen
pantalla digital | digital display
pantalla dividida | split screen (/window)
pantalla doble | double screen
pantalla DSTN | DSTN display = double supertwist nematic display
pantalla E | E scope
pantalla eléctrica | electric shield
pantalla electrostática | electrostatic screen (/shield)
pantalla electrostática de Faraday | Faraday's shield
pantalla en blanco | screen blanking
pantalla en V | V screen
pantalla fija | fixed screen
pantalla final | end shield
pantalla fluorescente | fluorescent display (/screen)
pantalla fluorescente al vacío | vacuum fluorescent display device
pantalla gráfica ampliada | enhanced graphics display
pantalla H | H scope
pantalla hexadecimal | hexadecimal display
pantalla iconográfica | pictorial display
pantalla insonora | sound-absorbing screen
pantalla insonorizante | sound-absorbing screen
pantalla intensificadora | intensifying screen
pantalla interior | internal shield
pantalla J | J scope
pantalla K | K scope
pantalla L | L display
pantalla luminiscente | luminiscent screen
pantalla magnética | magnetic shield
pantalla monocroma | monochrome display (/monitor)
pantalla nemática de material trenzado [*tipo de pantalla de cristal líquido con matriz pasiva*] | twisted nematic display
pantalla osciloscópica | oscilloscope screen
pantalla partida | split screen (/window)
pantalla pasiva | passive screen
pantalla pequeña | small screen
pantalla pizarra [*software que permite el trabajo simultáneo de varios usuarios en un mismo documento, presentándolo a la vez en las pantallas de todos*] | whiteboard
pantalla plana | laptop; planar display; [*en televisores*] flat screen; flat panel display
pantalla protectora | protective screen
pantalla R | R display, R scope
pantalla radioscópica | fluoroscopic screen
pantalla reflectante de cristal líquido | reflective liquid-crystal display
pantalla reflectora | reflecting screen, reflex baffle (/cabinet)
pantalla reticulada | raster display
pantalla retroiluminada | backlit display
pantalla RGB | RGB display
pantalla sensible al tacto | touch-sensitive display
pantalla sonora | sound screen
pantalla supertwist [*tipo de pantalla de cristal líquido por matriz pasiva*] | supertwist display
pantalla táctil | touch screen (/sensitive CRT), flat panel touch screen
pantalla telefónica [*combinacion de teléfono con pantalla LCD u otro dispositivo*] | screen phone
pantalla térmica | heat shield
pantalla tipo A | A display, A scan
pantalla tipo B | B display, B scope
pantalla tipo H | H display
pantalla tipo J | J display
pantalla tipo L | L scope
pantalla tipo N | N scope
pantalla TN [*pantalla nemática de material trenzado (tipo de pantalla de cristal líquido con matriz pasiva)*] | TN display = twisted nematic display
pantalla total | full screen
pantalla traslúcida difusora [*difusor reductor de luz de material traslúcido*] | scrim
pantalla vectorial [*típica de osciloscopios*] | vector display, X-Y display
pantalla virtual [*porción de imagen que sale fuera de la pantalla, y que sólo se puede ver desplazando la imagen*] | virtual screen
pantografía | pantography
pantógrafo | pantograph, sliding collector, trolley
pantógrafo portalámpara | pantograph hanger
pañol de radio | radio equipment bay
PAP [*protocolo de verificación (/autenticación) por clave*] | PAP = password authentication proto-col
papel | paper; [*de impresión*] stationery
papel aceitado | oiled paper
papel aislante | kraft paper
papel barnizado | oiled paper
papel blanco | white paper
papel buscapolos | pole (/pole-finding) paper
papel con copias [*para impresora*] | multipart form
papel condensador electrolítico | electrolytic capacitor paper
papel continuo [*para impresora*] | computer (/continuous-form) paper
papel continuo de plegado alternado | continuous fan-fold stock
papel de condensador | condenser tissue
papel doblado en abanico | fanfold paper
papel doblado en continuo | fanfold paper
papel electrosensible | electrosensitive paper
papel hidrolizado | fishpaper
papel multiparte | multipart stationery
papel para cintas Morse | Morse paper
papel perforado [*para su arrastre durante la impresión*] | sprocket feed
papel perforado por los bordes | edge-perforated stock
papel pez | fishpaper
papel plano | flatback paper
papel químico [*papel con copias sin papel carbón*] | NCR paper = no carbon required paper
papel tapiz | wallpaper
papelera | trash (can)
papelera de reciclaje [*memoria temporal de Windows para guardar archivos borrados antes de eliminarlos definitivamente*] | recycle bin
papelera para archivos borrados | trash can
paquete | deck, package, packet
paquete de aplicación | application (/software) package
paquete de aplicaciones | applications package; [*conjunto de programas*] application suite
paquete de combustible | fuel cluster
paquete de datos | data packet
paquete de diodos | diode pack
paquete de discos | disc pack
paquete de envío | mailer
paquete de facilidades | feature package
paquete de guiaondas | waveguide packet
paquete de impulsos | pulse packet
paquete de información | information packet
paquete de instrucciones | instruction deck

paquete de ondas | pulse (/wave) packet
paquete de programas | package
paquete de software | software (/application) package
paquete de traducción | translator package
paquete definido por la aplicación | application-defined packet
paquete genérico | generic package
paquete opcional | feature package
paquete ping [*mensaje que envía un nodo a una dirección IP indicando que está listo para transmitir*] | ping packet
paquete rápido [*en trasmisión de datos*] | fast packet
paquete simbólico | symbolic deck
PAR [*radar de precisión para aproximación*] | PAR = precision approach radar
PAR [*retrasmisión y reconocimiento positivo*] | PAR = positive acknowledgment and retransmission
par | couple, even, pair
par a velocidad crítica | stalled torque
par a velocidad sincrónica | synchronous torque
par acelerador | acceleration torque
par activo | deflecting couple
par agrupado | bunched pair
par antagonista | controlling couple, restoring torque
par apantallado | screened (/shielded) pair
par blindado | shielded pair
par cargado | loaded pair
par coaxial | coaxial pair; [*par de cables coaxiales en una misma manguera*] twinaxial
par con trasposiciones | transposed pair
par crítico | pullout torque
par Darlington | Darlington pair
par de amortiguamiento | damping couple
par de antenas | aerial pair, pair of aerials
par de arranque | starting torque
par de arranque asincrónico | non-synchronous starting torque
par de arranque sin error | start-without-error torque
par de audífonos | double head receiver
par de audífonos eléctricamente independientes | split headphones
par de auriculares | double head receiver
par de bornes | one-port, terminal pair
par de cable coaxial | coaxial pair
par de cable terminal | stubbed-out pair
par de cola larga | long-tailed pair
par de conductores | wire pair
par de conductores trenzado | twisted pair
par de conversación | speaking pair

par de corte de terminal | terminal cut-out pair
par de freno | braking couple
par de Goto | Goto pair
par de hilos | wire pair
par de hilos desnudos aéreos | open-wire pair
par de hilos simétrico | symmetrical cable pair
par de impulsión | pulse torque
par de impulsos | pulse pair, pair of impulses
par de impulsos de referencia | reference pulse pair
par de iones | ion pair
par de líneas homólogas | homologous pair of lines
par de llamada | restoring torque
par de mantenimiento | holding torque
par de mensajes | message pair
par de nombre y valor [*conjunto de datos asociado a un nombre*] | name-value pair
par de parada | stall torque
par de recepción | receiving pair
par de régimen | running torque
par de reposición | restoring torque
par de reserva | reserve (/spare) pair
par de restablecimiento | restoring torque
par de retención | detent torque
par de rotor bloqueado | locked rotor torque
par de ruptura | breakdown torque
par de tensión de arranque | starting torque
par de terminales | terminal pair
par de torsión | torsion couple
par de trasmisión | transmitting pair
par de un instrumento | torque of an instrument
par deflector | deflecting torque
par diferencial | differential pair
par director | controlling couple
par donador-aceptador | donor-acceptor pair
par electrón-positrón | electron positron pair
par enganchado | locked pair
par estático | static torque
par giroscópico | (gyroscopic) torque
par hueco-electrón | hole-electron pair
par inicial de arranque | static torque
par límite | stalling torque
par máximo | maximum (/stalled, /stalling) torque
par máximo constante bajo carga | pulling torque
par mínimo de aceleración | pullup torque
par motor | deflecting (/operating) torque
par motor en funcionamiento normal | running torque
par negativo | negative torque
par no cargado | nonloaded (/unloaded) pair
par normal [*par motor con carga nominal*] | torque at rated load
par ordenado | ordered pair
par primario de iones | primary ion pair
par residual | residual torque
par simétrico | symmetrical (cable) pair
par simétrico no cargado | unloaded balanced pair
par sincrónico | synchronous torque
par térmico termonuclear | thermonuclear thermopair
par termoeléctrico | thermocouple, thermoelectric couple
par trasmisor | transmitting pair
par trenzado | twisted pair
par trenzado sin apantallar [*hilos de un cable*] | unshielded twisted pair
par único [*en conductores de cobre*] | single pair
par voltaico | voltaic couple
para fines especiales | special purpose
para presentación de caracteres | character display
para su información | FYI = for your information
paraamplificador distribuido | distributed paramp
parábola | parabola
parabólico | parabolic
paraboloide | paraboloid; parabola
paraboloide de revolución | paraboloid of revolution
paraboloide radiante | radiating dish
paraboloide truncado | truncated paraboloid
paracaídas con radiosonda | radiosonde parachute
parachoques | pole fender
parada | halt, outage, shutdown, stalling, stop, stopping
parada automática | automatic stop, self-stopping
parada de emergencia | elementary shutdown (/trip), scram
parada de urgencia | elementary shutdown (/trip)
parada del reactor | reactor shut-down
parada imprevista de máquina | hang up [*fam*]
parada inesperada | hang-up
parada mortal [*sin posibilidad de recuperar el software perdido*] | dead halt
parada por agotamiento de formularios | form stop
parada por depósito colmado | stacker stop
parada y avance [*algoritmo basado en estrategia de entramado para mantener la uniformidad del tráfico de datos al atravesar la red*] | stop-and-go
paradiafonía | near-end crosstalk
paradiafonía cercana | near-end crosstalk
paradigma | paradigm
paradoja | paradox
paradoja de Carvallo | Carvallo paradox

paradoja de Klein | Klein paradox
paradoja de Russell | Russell's paradox
parafina | paraffin
paraguta [*material aislante para cables similar a la gutapercha*] | paragutta
parahelio | parahelium
parahidrógeno | parahydrogen
paralaje | parallax
paralaje espacial | space parallax
paralelismo | parallelism, parallel exposure
paralelo | parallel, multiple
paralelogramo de fuerzas | parallelogram of forces
parálisis | paralysis
paralización | paralysis; [*de los negocios*] depression
paralización de normas | standstill
paralización repentina | sudden death
paraloc [*tipo de amplificador de desplazamiento de fase*] | paraloc
paramagnético | paramagnetic
paramagnetismo | paramagnetism
paramagnetismo nuclear | nuclear paramagnetism
paramétrico | parametric
parámetro | parameter, setting
parámetro concentrado | lumped parameter
parámetro de agrupamiento | bunching parameter
parámetro de circuito abierto | open-circuit parameter
parámetro de compresión | compression parameter
parámetro de comunicaciones | communications parameter
parámetro de cortocircuito | short-circuit parameter
parámetro de diseño máximo | design-maximum rating
parámetro de fluctuación de alcance (/recorrido) | range-straggling parameter
parámetro de frecuencia | frequency parameter
parámetro de impacto | impact parameter
parámetro de impacto crítico | critical impact parameter
parámetro de la red | network constant
parámetro de la velocidad de reacción | reaction rate parameter
parámetro de navegación | navigation (/navigational) parameter
parámetro de onda | wave parameter
parámetro de palabra clave | keyword parameter
parámetro de planificación | scheduling parameter
parámetro de programa | program parameter
parámetro de radio | radium parameter
parámetro de red | network constant
parámetro de referencia | reference parameter
parámetro de señal | signal parameter
parámetro del circuito | circuit parameter
parámetro del pozo | well parameter
parámetro del transistor | transistor parameter
parámetro efectivo | actual parameter
parámetro estático | static parameter
parámetro formal | formal parameter
parámetro H | H parameter
parámetro híbrido | hybrid parameter
parámetro híbrido del transistor | transistor hybrid parameter
parámetro no distribuido | lumped parameter
parámetro predeterminado | preset parameter
parámetro prefijado | preset parameter
parámetro R | R parameter
parámetro secundario | secondary parameter
parametrón [*circuito resonante con una reactancia que varía a la mitad de la frecuencia de excitación*] | parametron
parámetros de configuración | configuration settings
parámetros de impresora | printer setup
parámetros de las patillas | pin setting
paramistor [*módulo de circuitos lógicos digitales con varios parámetros*] | paramistor
parar | to stall, to suspend, to end up
pararrayos | arrester, discharger, lightning arrester (/guard, /protector, /rod), spark gap discharger, surge arrester (/diverter), voltage discharge gap
pararrayos atmosférico | lightning conductor
pararrayos de barra | rod
pararrayos de carbón | carbon (block) protector
pararrayos de cobre y mica | tablet (/copper block) protector
pararrayos de cuernos | horn arrester
pararrayos de peine | discharger, gap arrester
pararrayos de placas | plate (/tablet) protector
pararrayos de puntas | comb, pointed lightning protector
pararrayos de resistencia variable | nonlinear resistance arrester
pararrayos de vacío | vacuum lightning arrester (/protector)
pararse | to stall
parásito | parasite, parasitic (noise); spurious
parásito atmosférico de silbido | whistling atmospheric
parásitos | hash, parasitic disturbance, radio interference, static, statics
parásitos atmosféricos | atmospherics, atmospheric noise, static interference, statics, strays
parásitos de impulsos | impulse noise
parásitos de interferencias locales | running rabbits
parásitos de la rueda | wheel static
parásitos de origen solar | solar radio noise
parásitos debidos a la lluvia | rain clutter
parásitos debidos a la nieve | snow clutter
parásitos industriales | power parasitics
parásitos naturales | static interference
parásitos por nieve | snow static
parásitos radioeléctricos debidos a las líneas de energía | power line radio interference
PARC [*centro de investigación de Xerox en Palo Alto (USA)*] | PARC = Palo Alto research centre
parche | patch
parche blando [*modificación de un código para una aplicación concreta sin sobrescribir la modificación*] | soft patch
parche puenteado | bridge tap
parcial | partial
PARD [*desviación periódica y aleatoria*] | PARD = periodic and random deviation
pareado | paired, pairing, strap
pareamiento de impulsos | pip matching
pared | wall
pared acústica | live end
pared de Bloch | Bloch wall
pared ecoica | live end
pared reflectora | live end
pared reverberante | live end
pareja | pair
paréntesis | bracket
paréntesis angular | angle bracket
pareo de frecuencias | frequency pairing
pares cableados en estrella | pairs cabled in quad-pair formation
parhelio | parhelion, mock sun, sundog
paridad | parity
paridad de carácter | character parity
paridad de cinta | tape parity
paridad de la tarjeta | card parity
paridad de tambor | drum parity
paridad impar | odd parity
paridad lateral | lateral parity
paridad longitudinal | longitudinal parity
paridad par | even parity
parileno | parylene
parpadeante | blinking
parpadear | to blink, to flick
parpadeo | blink, blinking, flash, flicker, glint, glitter
parpadeo de cromatismo | chromaticity flicker
parpadeo de cursor | blinking cursor
parpadeo de luminancia | luminance flicker

parpadeo del color | colour flicker
párrafo | paragraph
parrilla | grid
parrilla de apertura [*tipo de tubo de rayos catódicos*] | aperture grill
parrilla para cables | cable grid
parsec | parsec
parte | logging, message, part, slice
parte activa | energized part
parte componente | component part
parte componente separable | separable component part
parte con tensión | live part
parte de cuerpo definida externamente [*encapsulado de mensajes*] | external body part
parte de cuerpo genérico de trasferencia de ficheros | file transfer body part
parte de dirección | address part
parte de operación | operation part
parte de óxido ferromagnético | ferromagnetic oxide part
parte de radiocomunicaciones | radio log
parte de telecomunicación aeronáutica | aeronautical telecommunication log
parte de trasferencia de mensajes [*especificación de comunicación intrarred*] | message transfer part
parte de usuario de datos | data user part
parte de usuario telefónico | telephone user part
parte del periodo en conducción | conducting period
parte desbordante | spillover
parte desbordante de una señal | spillover
parte diario | diary
parte diario de telecomunicaciones | telecommunication log
parte discreta | discrete part
parte electrizada | live part
parte fraccionaria | fractional part
parte funcional | functional part
parte inconexa | separate part
parte independiente | separate part
parte lateral inferior | skirt
parte meteorológico enviado por teleimpresora | teletypewriter weather report
parte meteorológico enviado por teletipo | teletypewriter weather report
parte plana | flat top
parte plana del eje | shaft flat
parte puesta a tierra | grounded part
parte radiado | radio log
parte radiotelefónico diario | radiotelephone log
parte radiotelegráfico diario | radiotelegraph log
parte rectilínea de la curva de ennegrecimiento | straight part of the characteristic curve
parte separada | separate part
parte superior | top

parte superior del impulso | pulse top
parte trasera | back
parte viva | live part
partes de un telegrama | parts of a telegram
partes separadas de una red | separate parts of a network
partición | partition, partitioning, splitting
partición de arranque [*en el disco duro*] | boot partition
partición de bits | bit slice
partición de datos | data partitioning
partición del disco | disc partition
participación controlada | controlled sharing
partícula | particle
partícula alfa | alpha particle
partícula alfa de largo alcance | long-range alpha particle
partícula alfa resultante | resultant alpha particle
partícula alfa retardada | delayed alpha particle
partícula beta | beta particle
partícula bombardeada | struck (/target) particle
partícula cargada | charged particle
partícula cargada en movimiento | moving charged particle
partícula Compton de retroceso | Compton recoil particle
partícula consumida | spent particle
partícula de campo fundamental | fundamental field particle
partícula de cascada | cascade particle
partícula de chaparrón | shower particle
partícula de retroceso | recoil particle
partícula de un solo dominio | single-domain particle
partícula del blanco | target particle
partícula directamente ionizante | directly-ionizing particle
partícula elemental | elementary (/fundamental) particle
partícula emitida por el sol | solar corpuscle
partícula estructural | structural particle
partícula extraña | strange particle
partícula frenada | stopped particle
partícula fundamental | fundamental particle
partícula H | H particle
partícula indirectamente ionizante | indirectly-ionizing particle
partícula ionizante | ionizing particle
partícula lambda | lambda particle
partícula neutra | uncharged particle
partícula no relativista | nonrelativistic particle
partícula nuclear | nuclear particle
partícula producida | product particle
partícula radiactiva | radioactive particle
partícula radiactiva trasportada por el aire | radioactive airborne particle
partícula relativista | relativistic particle
partícula revestida | coated particle
partícula sigma | sigma particle
partícula subatómica | subatomic particle
partícula testigo | test particle
partícula virtual | virtual particle
partícula X | X particle
particulado | particulate
particular | private
partículas dispersas | scattered particles
partida | position, set
partida contable | position
PAS = punto de acceso al servicio | SAP = service access point
pasabanda | passband, transmission bandwidth
pasabanda de frecuencias vocales | voice frequency passband
pasabanda de un tercio de octava | one-third-octave bandwidth
pasabanda del receptor | receiver bandwidth
pasacables | grommet
pasada | pass, run
pasada de máquina | machine run
pasador | keeper, latch, pin, stud
pasador de aletas | split pin
pasador de coincidencia | registering pin
pasador de guiaondas | waveguide plunger
pasador de horquilla | split pin
pasador de manivela axial | axial crank pin
pasador de perforador de cinta | tape punch pin
pasador de registro | registering pin
pasador de tensión | strain pin
pasador elástico | circlip
pasador hendido | split pin, spring cotter
pasador prisionero | captive fastener
pasador ranurado | cotter pin
pasahilos de caucho | rubber grommet
pasahilos de goma | rubber grommet
pasajero | transient
pasamuros | bushing, wall feedthrough
pasamuros para cables | wall feedthrough
pasar [*por un elemento intermedio*] | to pass-through
pasar a | to switch to
pasar a la escucha | to listen in
pasar a serie | to serialize
pasar una comunicación | to put a call through
pasar una llamada | to put a call through
pasar una llamada a un aparato | to put through a call to a set
pasarela | bridge, footboard, gateway
pasarela de correo | mail gateway
pasarela de entrada [*hacia internet*

desde la red telefónica] | onramp gateway
pasarela de medios | media gateway
pasarela de salida [*hacia la red telefónica desde internet*] | offramp gateway
pasarela de señalización | signalling gateway
pasarela de señalización de trasporte | transport-signalling gateway
Pascal [*lenguaje de programación informática*] | Pascal
pasillo de tiras de perturbación | window corridor
pasivación | passivation
pasivación con vidrio | glassivation
pasivación superficial | surface passivation
pasivar | to passivate
pasividad | passivity
pasivo | passive
paso | lay, pass, pitch, stage, step, stride, stud, throw
paso a nivel | level crossing
paso a paso | step by step
paso a unidad sustitutoria [*en equipos redundantes*] | failover
paso de ajuste del potenciómetro | potentiometer step
paso de alimentación | feed pitch
paso de amplificación | stage of amplification
paso de amplificación unilateral | unilateral amplifier stage
paso de avance | feed pitch
paso de banda | bandpass, passband
paso de bandas [*separación entre bandas horizontales de fósforo del mismo color en un tubo de rayos catódicos*] | stripe pitch
paso de cátodo | cathode bypass
paso de conmutación | switching stage
paso de corriente | shock annoyance
paso de delgas | segment pitch
paso de ejecución | execute step
paso de excitación | driving stage
paso de exploración | scanning pitch (/separation)
paso de inversión | reversal stage
paso de las corrientes de reacción | singing path
paso de parámetros | parameter passing
paso de preselección | preselection stage, stage of preselection
paso de progresión | stepsize
paso de pupinización | (load) coil spacing
paso de radiofrecuencia | RF stage = radiofrequency stage
paso de rotación | rotary step
paso de selección | stage of selection
paso de tornillo | screw pitch
paso de trabajo | job step
paso de una estación fuera de la red a otra de la red | off-net to on-net transfer

paso del arco | arc through
paso del arrollamiento | winding pitch
paso del colector | commutator pitch
paso del devanado | winding pitch
paso del programa | program step
paso dental | tooth pitch
paso diferencial | differential stage
paso en la ranura | slot pitch
paso en tándem | tandem stage
paso en tránsito | tandem stage
paso entero [*del devanado*] | diametral pitch [*of a drum winding*]
paso fraccionario [*del devanado*] | fractional pitch [*of drum winding*]
paso inferior | underpass
paso inverso | reverse pitch
paso modulado | modulated stage
paso múltiple | multiple path
paso negativo | reverse pitch
paso parcial | substep, partial pitch
paso parcial en un devanado en tambor | pitch of a winding
paso parcial posterior [*paso del devanado en el extremo más alejado del colector*] | back pitch
paso polar | pole pitch
paso polarizado del colector | commutator pitch
paso por contraseña | token passing
paso por dirección [*de memoria*] | pass by address (/reference)
paso por referencia | pass by reference (/address)
paso por valor [*forma de pasar a una subrutina*] | pass by value
paso reducido [*del devanado*] | shortened pitch [*of drum winding*]
paso resultante de un devanado | resultant pitch of a winding
paso sensible | sense step
paso separador | buffer stage
paso simple | single step
paso subalimentado | starved stage
paso terciario | tertiary path
paso total [*red de comunicaciones vía satélite para enlaces telefónicos locales y de larga distancia*] | total bypass
paso vertical | vertical step
pasos por revolución | steps per revolution
pasos por segundo | steps per second
pasos por vuelta | steps per revolution
pasta | paste
pasta de sellado | sealing compound
pasta de soldar | paste solder
pasta para soldar | soldering paste
pasteurización por irradiación | radiation pasteurization
pastilla | briquette, chip, pasted square, pastille, pellet, wafer; [*lámina simple de un lingote de silicio*] slice
pastilla de transistor | transistor chip
pastilla en cinta | chip-in-tape
pastilla radioemisora | radio pill
pastilla semiconductora | semiconductor chip
pastilla y cable | chip and wire
PAT = protección automática del tren |

ATP = automatic train protection
pata enchufable | plug-in prong
pata terminal | terminal stub
patada [*acto de echar a un usuario de un canal de chat*] | kick
patente | patent
patente limitada | limited license
patilla | jack, pin
patilla de alineación | alignment pin
patilla de base | base pin
patilla de cola | plate lug
patilla de una línea de conexiones | single inline pin
patilla de válvula | tube (/valve) pin
patilla del soporte de ménsula | lug of insulator
patilla guía | guide pin
patilla polarizadora | polarizing pin
patín de contacto | wiper, trolley shoe
patín del colector pantógrafo | pantograph pan
patómetro | pathometer
patrón | pattern, standard
patrón binario | bit pattern
patrón de aceptación | acceptance pattern
patrón de ajuste | test pattern
patrón de arrastre | drive pattern
patrón de autorizaciones | permission pattern
patrón de barras de prueba | bar-test pattern
patrón de búsqueda de nombre | name pattern
patrón de capacidad | capacitance standard
patrón de conducción | drive pattern
patrón de conexión de caja | box pattern
patrón de desfasaje | phase shift standard
patrón de directividad | directivity pattern
patrón de emisión de la antena | aerial pattern
patrón de exploración | scanning pattern
patrón de frecuencia | frequency generator (/standard)
patrón de frecuencia de célula de gas | gas cell frequency standard
patrón de frecuencia de vapor de rubidio | rubidium-vapour frequency standard
patrón de inductancia | inductance standard
patrón de mensaje estático | static message pattern
patrón de mensajes | message pattern
patrón de palabra | word pattern
patrón de prueba de ventana en seno cuadrado | sine-squared window test pattern
patrón de pruebas | test pattern
patrón de radiación | radiation pattern
patrón de radiactividad | radioactive (/radioactivity) standard; reference source

patrón de reflectancia | reflectance standard
patrón de resistencia | resistance standard
patrón de tensión | voltage standard
patrón de Waidner-Burgess | Waidner-Burgess standard
patrón fotométrico de trabajo | working photometric standard
patrón fotométrico secundario | secondary photometric standard
patrón primario | primary standard
patrón primario de frecuencia | primary frequency standard
patrón primario de intensidad luminosa | primary luminous standard
patrón radiactivo | radioactive (/radioactivity) standard
patrón radioeléctrico | radio standard
patrón secundario | secondary standard
patrón secundario de frecuencia | secondary frequency standard
patrón secundario de intensidad luminosa | secondary luminous standard
patrón secundario luminoso | secondary standard of light
patrón tacométrico | tachometer standard
patrones de mensajes dinámicos | dynamic message patterns
patrulla de radar | radar patrol
PATX [*centralita privada automática de telex*] | PATX = private automatic telex exchange
pausa | pause, stop
pausa con el interruptor abierto | key up standby
pausa con interruptor cerrado | key down standby
pausa de comprobación [*en trasmisiones*] | look-through
pausa de identificación de la emisora | station break
pausa de identificación local | station break
pausa de la cámara | camera pause
pausa de trasmisión | transmit standby
pausa entre cifras | interdigit pause
pausa/imagen fija | pause/still
pausa interdigital | interdigital pause
pauta | normal
pauta de ruido pesimista | worst-case noise pattern
pavimento | floor
Pb = plomo | Pb = lead
PB = petabyte [*1.125.899.906.842.624 bytes*] | PB = petabyte
PbS = sulfuro de plomo | PbS = lead sulphide
PbTe = telururo de plomo | PbTe = lead telluride
PBX [*centralita (telefónica) privada (/de empresas)*] | PBX = private branch exchange
Pc = picoculombio | Pc = picocoulomb

PC [*ordenador personal*] | PC = personal computer
PC de bolsillo | handheld PC
PC en color | RGB-PC
PCB [*platina, placa de circuitos impresos*] | PCB = printed circuit board
PCBX [*PABS controlada por programa almacenado*] | PCBX = private computerized branch exchange [USA]
PCD [*disco compacto para fotogramas*] | PCD = photo compact disk
PC-DOS [*sistema operativo para ordenadores personales*] | PC-DOS = personal computer disk operating system
PCH [*canal de notificación (para notificar a una estación móvil que hay una llamada destinada a ella)*] | PCH = paging channel
pCi = picocurie | pCi = picocurie
PCI [*interconexión de componentes periféricos*] | PCI = peripherical components interconnection
PCI [*interfaz de componente periférico (para módem)*] | PCI = peripheral component interface
PCI [*interfaz programable de comunicaciones*] | PCI = programmable communication interface
PCL [*lenguaje para control de impresoras*] | PCL = printer control language
PCM [*modulación de impulsos cuantificados*] | PCM = pulse count modulation
PCM [*modulación por impulsos codificados*] | PCM = pulse code modulation
PCM de predicción | predictive PCM
PCM delta | delta PCM
PCM diferencial | differential PCM
PCMCIA [*asociación internacional de fabricantes de tarjetas de memoria para ordenadores personales*] | PCMCIA = Personal computer memory card international association
PCM/FM [*modulación de frecuencia por una señal de modulación por codificación de impulsos*] | PCM/FM
PCN [*red de comunicaciones personales*] | PCN = personal communications network
PCS [*servicio de comunicaciones personales*] | PCS = personal communications service
PCS = punto de control del servicio | SCP = service control point
PCT [*herramienta para comprensión de programas*] | PCT = programme comprehension tool
PCTA [*adaptador para ordenador personal*] | PCTA = personal computer terminal adapter
PCTE [*cuadro de utilización de herramientas comunes portátiles*] | PCTE = portable common tool environment
Pd = paladio | Pd = palladium
PD = proceso de datos | DP = data processing
PDA [*asistente personal digital (programa de ayuda)*] | PDA = personal digital assistant
PDA [*autómata de desplazamiento descendente*] | PDA = pushdown automaton
PDC [*controlador de dominio principal*] | PDC = primary domain controller
PDC [*móvil digital personal (en comunicaciones móviles de segunda generación)*] | PDC = personal digital cellular
PDCH [*canal de paquete de datos*] | PDCH = packet data channel
PDD [*documento digital trasladable (archivo de Mac OS)*] | PDD = portable digital document
PDF [*concentración (/enfoque) posterior a la desviación*] | PDF = post-deflection focus
PDF [*formato de documento accesible por varios programas*] | PDF = portable document format
PDH [*jerarquía digital plesiócrona*] | PDH = plesiochron digital hierarchy
PDL [*lenguaje de descripción de páginas*] | PDL = page description language
PDL [*lenguaje de diseño de programa*] | PDL = programme design language
PDM [*modulación de duración de impulsos*] | PDM = pulse duration modulation
PDO [*objetos distribuidos trasladables (software de MeXT para UNIX)*] | PDO = portable distributed objects
PDP [*protocolo de paquetes de datos*] | PDP = packet data protocol
PDS [*sistema de cableado en edificios*] | PDS = premises distribution systems [USA]
PDS [*zócalo para conexión directa del procesador (en Macintosh)*] | PDS = processor direct slot
PDU [*unidad de datos del protocolo*] | PDU = protocol data unit
PE [*de fase codificada*] | PE = phase-encoded
pecblenda, pechblenda | pitchblend
PED = proceso electrónico de datos | EDP = electronic data processing
pedal conmutador de resorte | spring-loaded foot switch
pedal de volumen global | expression control
pedestal | pedestal
pedestal cromático | burst pedestal
pedestal de antena | aerial pedestal
pedido de comunicación | connection request
pedir | to book, to request
pegado especial | special paste
pegado magnético | magnetic sticking
pegajosidad | stickiness
pegamento vítreo | vitreous binder
pegar | to paste
pegar copias | to collate copies
pegar opciones de vista | to paste view options

pegar vínculo | paste link
peine | cable fan
peine de cable | cable comb
peine de masa | ground comb
peines [*conjunto de puntas que trasmiten las cargas eléctricas a la correa de un acelerador Van de Graaff*] | spray points
pel [*elemento gráfico, píxel*] | pel = picture element
PEL [*elemento de imagen*] | PEL = phrase element
pelacables | stripper, cable (/wire) stripper
pelado | skinning, stripping; [*un cable*] blank
pelado de cable | skinning
pelado de cables | stripping
pelado químico | chemical jacket removal
peladora de cable | stripper
pelahilos | stripper
pelar [*un cable*] | to strip, to shell
pelar cables | to shell
peldaño | rung
peldaño triangular | triangular step
pelear [*en chat*] | to flame
película | movie; film, pellicle
película base | base film
película con doble emulsión | double emulsion film
película con múltiples imágenes | multiple image film
película de burbujas magnéticas | magnetic bubble film
película de poliamida | polyamide film
película de poliéster | polyester film
película de prueba con múltiples audiofrecuencias | multifrequency audio test film
película de prueba para ajuste de iluminación del haz explorador | scanning-beam illumination test film
película de sellado | seal coat
película delgada | thin film
película delgada superconductora | superconducting thin film
película epitaxial | epitaxial film
película ferroeléctrica | ferroelectric film
película fina | thin film
película fotoconductora | photoconductive film
película gruesa | thick film
película hidrófuga | vapour barrier
película magnética delgada | magnetic thin film
película monocristalina | single-crystal film
película Mylar | Mylar film
película para pruebas de registro | registration test film
película para rayos X | X-ray film
película radiográfica | radiographic film
película radiográfica con pantalla | screen film
película reotaxial | rheotaxial film
película sensible | sensitive film
película sonora | sound film
película vesicular [*en discos ópticos regrabables*] | vesicular film
peligro | hazard
peligro de electrocución | shock hazard
peligro de irradiación | radiation danger
peligro de radiación | radiation hazard
peligro de sacudidas eléctricas | shock hazard
peligro radiológico | radiological hazard
peltre | pewter
PEM [*correo privado mejorado*] | PEM = private enhanced mail
penacho blanco | white plume
pendiente | slope; on hand
pendiente crítica | pullout rate
pendiente de arranque | pulling rate
pendiente de conversión | conversion conductance (/transconductance)
pendiente de declive | slope of descent
pendiente de descenso | slope of descent
pendiente de dispersión nula | zero dispersion slope
pendiente de entrega | still on hand
pendiente de impedancia | impedance drop
pendiente de la base de tiempos | timebase slope
pendiente de la característica de la válvula [*electrónica*] | steepness of valve characteristic
pendiente de la meseta | plateau slope
pendiente de meseta normalizada | normalized plateau slope
pendiente de trasmisión | still on hand
pendiente de una curva | slope of a curve
pendiente del impulso | pulse slope
pendiente máxima de tensión | voltage velocity limit
pendiente máxima de tensión de salida | voltage velocity limit
pendiente negativa | negative going slope
pendiente positiva | positive-going
pendiente relativa de la meseta | relative plateau slope, plateau relative slope
pendiente relativa de la plataforma | plateau relative slope
pendiente variable | variable slope
pendiente virtual | virtual grade
péndola de catenaria | rod support
péndola de línea catenaria | overhead contact system drooper
penduleo vertical | bouncing
péndulo | pendulum
péndulo de catenaria | catenary hanger
péndulo de motor fónico | phonic motor clock
péndulo magnético | magnetic pendulum
penetrabilidad | penetrability
penetración | penetrance, penetration, reach-through
penetración de la corriente | current penetration
penetración de la radio | radio breakthrough
penetración de resonancia | resonance penetration
penetración del lóbulo | lobe penetration
penetración dieléctrica | dielectric soak
penetrámetro de cuña escalonada | step wedge penetrameter
penetrámetro de placa | plate (/strip) penetrameter
penetrómetro | penetrameter, penetrometer
penetrón [*partícula con carga negativa unitaria con masa de valor intermedio*] | penetron
pentarrejilla | pentagrid
pentatrón | pentatron
Pentium [*marca de microprocesadores*] | Pentium
pentodo | pentode, five-electrode tube
pentodo con rejilla supresora | suppressor grid pentode
pentodo con todas las conexiones en la base | single-ended pentode
pentodo de corte rápido | sharp cutoff pentode
pentodo de corte semialejado | semi-remote cutoff pentode
pentodo de mu variable | variable-mu pentode
pentodo de potencia | power pentode
pentodo de radiofrecuencia de pendiente variable | variable-mu RF pentode
pentodo duodiodo | duodiode pentode
pentodo modulador | pentode modulator
pentodo para altas frecuencias | RF pentode
pentodo para radiofrecuencia | RF pentode
pentodo para televisión | television pentode
pentodo para vídeo | video pentode
pentodo para videofrecuencias | video pentode
pentodo subalimentado | starved pentode
pentodo transistor | transistor pentode
pentodos gemelos | twin pentode
penumbra | half-light
peor ajuste | worst fit
pepita de soldadura | weld nugget
pequeño | small
pequeño ordenador portátil | notebook (computer)
peralte [*en vías de circulación*] | slope of a curve
percepción | collection

percepción de tasas | charge collection
perceptrón [*sistema inteligente de aprendizaje de funciones*] | perceptron
percha para baño galvánico | plating rack
percibir una tasa | to collect a charge
percusión | strike
perder la excitación | to fall away
pérdida | loss
pérdida a tierra | earth fault (/leakage), earth leakage current, ground leak, loss current to earth; accidental earth [UK]
pérdida acimutal | azimuth loss
pérdida auditiva | hearing loss
pérdida auditiva para el lenguaje hablado | hearing loss for speech
pérdida colapsante | collapsing loss
pérdida de aire | air leak
pérdida de bajada | drop loss
pérdida de calidad en la trasmisión telegráfica | telegraph transmission impairment
pérdida de calidad por efecto del ruido | noise impairment
pérdida de calor | heat loss
pérdida de carga del trasformador | transformer load loss
pérdida de coincidencia | coincidence loss
pérdida de control del reactor | reactor runaway
pérdida de conversión | conversion loss
pérdida de corriente | current drain
pérdida de cuenta | counting loss
pérdida de desbloqueo | turn-on loss
pérdida de divergencia | divergence loss
pérdida de efecto estereofónico por exceso de reflexiones | reflection reflective stereophonism
pérdida de empalme | splicing loss
pérdida de energía | energy loss
pérdida de energía por par de iones | energy loss per ion pair
pérdida de estabilidad | tumbling
pérdida de exploración | scanning loss
pérdida de Fresnel | Fresnel loss
pérdida de grabación | recording loss
pérdida de histéresis | hysteresis loss
pérdida de información | dropout
pérdida de inserción | insertion loss
pérdida de inserción del trasductor | transducer insertion loss
pérdida de inserción en potencia | insertion power loss
pérdida de interacción | interaction loss
pérdida de la calidad de trasmisión | transmission impairment
pérdida de la nueva grabación total | FR loss
pérdida de lectura | playback loss
pérdida de línea | line loss

pérdida de los elementos en serie | series loss
pérdida de luz | light loss
pérdida de paso | through (/weight) loss
pérdida de potencia | loss in efficiency, power attenuation (/drop, /loss), watt loss
pérdida de potencia aparente | volt-ampere loss
pérdida de potencia aparente en la derivación | tapping loss
pérdida de presentación | display loss
pérdida de presión | pressure loss
pérdida de propagación | path (/propagation) loss
pérdida de radiación | radiation loss
pérdida de recuento | counting loss
pérdida de registro | recording loss
pérdida de reproducción | playback loss
pérdida de retorno | return loss
pérdida de retorno global | gross return loss
pérdida de sensibilidad | sensitivity loss
pérdida de sensibilidad térmica | thermal sensitivity set
pérdida de sintonización | untuning
pérdida de sombra | shadow loss
pérdida de tensión | voltage loss
pérdida de tensión de trasmisión | voltage transmission loss
pérdida de tierra | ground absorption
pérdida de trasducción | transducer loss
pérdida de trasductor | transducer loss
pérdida de trasferencia | transfer loss
pérdida de trasmisión | transmission loss
pérdida de unión | junction loss
pérdida de vacío | vacuum leak
pérdida de visualización | display loss
pérdida de volumen | volume loss
pérdida debida a reflexión | reflection loss
pérdida del bucle de trasmisión | transmitting loop loss
pérdida del circuito de recepción | receiving loop loss
pérdida del condensador | capacitor loss
pérdida del contacto | loss of contact
pérdida del dieléctrico | dielectric loss
pérdida del equilibrio activo | active balance loss
pérdida del equilibrio activo de corrientes de retorno | active balance return loss
pérdida del trasformador | transformer loss
pérdida dieléctrica | dielectric loss
pérdida efectiva en potencia | transducer power loss
pérdida en el alimentador | feeder loss
pérdida en el cobre | copper loss

pérdida en el espacio libre | free space loss
pérdida en el hierro | core (/iron) loss
pérdida en el núcleo | core loss
pérdida en el núcleo del trasformador | transformer core loss
pérdida en la derivación | tapping loss
pérdida en la línea de trasmisión | transmission line loss
pérdida en la resistencia terminal | terminating resistor loss
pérdida en régimen de reserva | standby loss
pérdida en vacío | standby (/no-load) loss
pérdida híbrida | hybrid loss
pérdida intrínseca | intrinsic loss
pérdida Joule en corriente continua | Joule loss with direct current
pérdida lateral | lateral loss
pérdida local del enlace interurbano | toll terminal loss
pérdida momentánea de la alimentación | momentary loss of power
pérdida neta | net loss
pérdida neta mínima de funcionamiento | minimum working net loss
pérdida óhmica | ohmic loss
pérdida óhmica de la tensión | ohmic voltage loss
pérdida parcial de sincronismo | pulling
pérdida por absorción | absorption loss
pérdida por absorción acústica | acoustic absorption loss
pérdida por caída de tensión del arco | arc-drop loss
pérdida por calentamiento | heat loss
pérdida por coincidencia | coincidence loss
pérdida por corrientes de Foucault | eddy current loss
pérdida por corrientes parásitas | eddy current loss
pérdida por desadaptación | mismatch loss
pérdida por desfase | angular deviation loss
pérdida por desplazamiento | translation loss
pérdida por desviación angular | angular deviation loss
pérdida por disipación del trasductor | transducer dissipation loss
pérdida por disipación térmica | heat loss
pérdida por dispersión | scattering (/spreading, /stray) loss
pérdida por divergencia | divergence loss
pérdida por efecto Joule | heat loss
pérdida por humedad | wetness loss
pérdida por la forma del haz | beam shape loss
pérdida por limitación | limiting loss
pérdida por microcurvatura | microbending loss

pérdida por reflexión | reflection loss
pérdida por refracción | refraction loss
pérdida por reprocesamiento | reprocessing loss
pérdida por resistencia | resistance loss
pérdida por rozamiento | frictional loss
pérdida por separación [*entre la cabeza y la cinta*] | separation loss
pérdida por transición | transition loss
pérdida por traslación | translation loss
pérdida residual | residual loss
pérdida resistiva | resistive loss
pérdida sin carga | no-load loss
pérdida superficial | surface leakage
pérdida suplementaria | stray (/supplementary) loss
pérdida total | overall loss
pérdida total de un elemento ferromagnético | total loss of a ferromagnetic part
pérdida trasdiferencial | transhybrid loss
pérdida trasductiva | transducer power loss
pérdida trashíbrida | transhybrid loss
pérdida variable | variable loss
pérdidas de acoplamiento | coupling loss
pérdidas de curvatura | bend loss
pérdidas de histéresis incremental | incremental hysteresis loss
pérdidas de potencia aparente | apparent power loss
pérdidas de puenteado | bridging loss
pérdidas de salida | exit (/output) loss
pérdidas en el entrehierro | gap loss
pérdidas Joule en corriente continua | copper losses with direct current
pérdidas por histéresis magnética | magnetic hysteresis loss
pérdidas por ondas estacionarias | standing wave loss
pérdidas por puenteado | bridging loss
perdido | lost
perditancia | leakance
perdón | sorry
perfeccionamiento [*de un programa para mejorar su funcionamiento*] | refactoring
perfeccionar | to upgrade
perfectamente inteligible | perfectly readable
perfectamente legible | perfectly readable
perfecto | perfect
perfil | outline, profile, shadow, shape; thin stroke
perfil altimétrico | profile diagram
perfil altimétrico de la trayectoria radioeléctrica | profile of radio path
perfil de acceso | access profile
perfil de acceso genérico [*para comunicaciones*] | generic access profile
perfil de configuración | configuration profile

perfil de disparo | firing profile
perfil de enlace | path profile
perfil de la trayectoria de sobrealcance | overshoot profile
perfil de protocolo | protocol profile
perfil de trayecto | path profile
perfil de usuario | user profile
perfil del hardware | hardware profile
perfil del surco | groove shape
perfil en índice graduado | graded index profile
perfil en índice gradual | graded index profile
perfil en salto de índice | step index profile
perfil longitudinal | profile chart
perfil topográfico | profile chart
perfil trasversal de unión | tie bar
perfilado | outlined, sectional, shaping
perfilador de códigos | code profiler
perfilómetro | profilometer
perfilómetro electrónico | electronic profilometer
perforación | perforation, punch out, punching, punchthrough, puncture, reach-through
perforación completa | chad perforation
perforación de arrastre | feed hole
perforación de arrastre de la cinta | centre hole
perforación de avance de la cinta | centre hole
perforación de cinta sin conexión con la línea de trasmisión | off-line preparation of perforated tape
perforación de código | code hole
perforación de doce puntos | twelve punch
perforación de indización | indexing hole
perforación de X | X punch, X punching
perforación de zona | overpunch, zone punch
perforación del aislamiento | puncture
perforación en Y | Y punch
perforación múltiple | gang punch, multiple punching
perforación parcial | chadless
perforación sónica | sonic drilling
perforación sumaria | summary punch (/punching)
perforado | punched
perforador | perforator, puncher
perforador de cinta | tape perforator
perforador de cinta de papel | paper tape punch
perforador de teclado | keyboard perforator
perforador de teletipo | teletypewriter perforator
perforador impresor | printing perforator
perforador impresor de circuitos | printed wiring perforator
perforador impresor de teclado | printing keyboard perforator

perforadora | keypunch
perforadora de cinta | tape punch
perforadora de fichas | card punch
perforadora de percusión | percussive drill
perforadora de tarjetas | card punch, punchcard (/punched card) machine
perforadora del puesto de interceptación | intercept punch
perforadora impresora | typing perforator
perforadora-impresora de cinta | typing paper-tape punch
perforadora por teclado | key punch
perforadora sumaria | summary card punch
perforar | to punch
perhapsatrón [*aparato para investigar la fusión controlada de átomos de hidrógeno*] | perhapsatron
periférico | peripheral; auxiliary device
periférico de funciones múltiples | multifunction peripheral
periférico magnético | magnetic peripheral
periférico multifuncional | multifunction peripheral
periférico virtual | virtual peripheral
perigeo | perigee
perihelio | perihelion
perilla aislada | insulated knob
perilla de ajuste de espacios | space-adjusting knob
perilla de graduación de espacios | space-adjusting knob
perilla de las decenas | tens knob
perilla del buscador de margen | range finder knob
perilla micrométrica | vernier knob
perímetro | perimetre
periodicidad | periodicity
periodicidad de la llamada | ringing cycle (/periodicity)
periódico [*adj*] | periodic; pulsating
periódico electrónico | electronic journal
periodista radiofónico | radio reporter
periodo | cycle, period, time slice
periodo biológico | biological half-life
periodo corto | short period of rise
permiso de acceso | access permission
periodo de amortiguamiento del sonido | sound decay time
periodo de apertura | break period
periodo de arranque | startup period (/time)
periodo de bloqueo | blocking (/off) period
periodo de calentamiento | warming-up period, warm-up (period), warm-up time
periodo de campo | field period
periodo de carga fuerte | potential peak period
periodo de conducción | on period
periodo de corte | off period
periodo de cuadro | frame period

periodo de depuración | debugging period
periodo de descarga a cero | decay time
periodo de desintegración | period of decay
periodo de enfriamiento | cooling period
periodo de escucha | watch period
periodo de espera de calentamiento | warm-up time delay
periodo de estado de espera | stand-by time
periodo de excitación | period of excitation
periodo de exploración | scan period
periodo de extinción de la ráfaga | gust decay time
periodo de extinción del sonido | sound decay time
periodo de fallo inicial | early failure period
periodo de fallo normal | normal failure period
periodo de fallo prematuro | infant mortality period
periodo de imagen | frame period
periodo de insensibilidad | insensitive time
periodo de insensibilización | insensitive time
periodo de instrucción | qualifying period
periodo de integridad | integrity lifetime
periodo de la onda | wave period
periodo de latencia | latent period
periodo de movimiento | moving period
periodo de mucho tráfico | heavy hours
periodo de oscilación | oscillation time, period of oscillation
periodo de oscilación colectiva | period of collective oscillation
periodo de paralización por avería | downtime
periodo de poco tráfico | slack hour
periodo de puesta en marcha | start-up period (/time)
periodo de punta | potential peak period
periodo de quemado | burn-in period
periodo de reacción | reaction time
periodo de regeneración | regeneration period
periodo de repetición de los impulsos | pulse repetition period
periodo de reposo | quiescent (/shutdown) period
periodo de retardo | lingering period
periodo de retención | hold time, period of retention
periodo de retorno | retrace (/return) period
periodo de retraso | time lag
periodo de reverberación | reverberation period

periodo de semidesintegración | half-life, turnover, transformation period
periodo de semidesintegración espontánea | spontaneous fission half-life
periodo de semidesintegración radiactiva | radioactive half-life
periodo de servicio | service period
periodo de silencio | silence (/silent) period
periodo de silencio de radio internacional | international radio silence
periodo de tasación | charge (/charging) period
periodo de tráfico intenso | peak period
periodo de tráfico máximo | peak period
periodo de trazado | trace period
periodo de un instrumento subamortiguado | period of an underdamped instrument
periodo de utilización | utilization period
periodo de valle | slack hour
periodo de valor mitad | half-value period
periodo de vida radiactiva | radioactive period
periodo del impulso | impulse (/pulse) period
periodo del reactor | E-folding time, pile (/reactor) period, reactor time constant
periodo difícil | hump
periodo efectivo | effective half-life
periodo estable del reactor | stable reactor period
periodo fuera de puntas | off-peak period
periodo inicial | initial period
periodo latente | latency period
periodo más cargado | peak load period
periodo natural | natural period
periodo normal de funcionamiento | normal operating period
periodo orbital | orbital period
periodo perdido | lost-motion period
periodo preparatorio | preparatory period
periodo primitivo | primitive period
periodo propio | natural period
periodo radiactivo | radioactive (/half-value) period
periodo silencioso | silent period
periodo sujeto a tasación | bookable period
periodo tasable | bookable (/charge) period
periodograma | periodogram
periodos por segundo | periods per seconds
periscopio | periscope
peristáltico | peristaltic
perito en telecomunicaciones | telecommunication expert
Perl [*lenguaje práctico de extracción de datos e informes*] | Perl = practical extraction and report language
perla | bead
perla aisladora | bead
perla de cerámica | ceramic bead
perla de ferrita | ferrite bead
perla semiconductora | semiconducting bead
permaleación [*aleación especial de Ni-Fe*] | permalloy
permanencia de la pila húmeda | wet-charged stand
permanente | permanent, continuous, persistent
permanentemente puesto a tierra | permanently earthed
permatrón [*diodo de gas termiónico con descarga controlada por campo magnético externo*] | permatron
permeabilidad | permeability, permeance
permeabilidad absoluta | absolute permeability
permeabilidad compleja | complex permeability
permeabilidad compleja en serie | complex series permeability
permeabilidad compleja en paralelo | complex parallel permeability
permeabilidad de la amplitud | amplitude permeability
permeabilidad del espacio libre | free space permeability
permeabilidad diferencial | differential permeability
permeabilidad en el vacío | space permeability
permeabilidad equivalente | equivalent permeability
permeabilidad espacial | space permeability
permeabilidad específica | specific permeability
permeabilidad ideal | ideal permeability
permeabilidad incremental | incremental permeability
permeabilidad inicial | initial permeability
permeabilidad intrínseca | intrinsic permeability
permeabilidad máxima | maximum permeability
permeabilidad normal | normal permeability
permeabilidad relativa | relative permeability
permeabilidad reversible | reversible permeability
permeabilidad toroidal | toroidal permeability
permeable a las radiaciones | radiation-permeable
permeámetro [*medidor de fuerza magnetizante y densidad de flujo en un material*] | permeameter
Permendur [*marca comercial de una aleación magnética de cobalto y hie-*

rro] | Permendur
Perminvar [*marca comercial de una aleación magnética de hierro, níquel y cobalto*] | Perminvar
permisividad | permittivity
permisividad relativa | relative permittivity
permiso | permission
permiso de clase extra | extra-class licence
permiso de clase general | general class licence
permiso de estación | station licence
permiso limitado de radiotelefonista | restricted radiotelephone operator permit
permiso limitado de radiotelegrafista | restricted radiotelegraph operator permit
permitancia | permittance
permitido | allowed
permitir | to authorise [UK], to authorize [UK+USA]
permitir la interrupción [*del ordenador*] | enable interrupt
permitividad | permittivity
permitividad de la tierra | earth permittivity
permitividad del espacio libre | permittivity of free space
permutación | change, changeover, permutation
permutación de frecuencias | frogging
permutación de receptores | receiver changeover
permutación de trasmisores | transmitter changeover
permutador | rectifying commutator
perno | bolt, pin, stud
perno cónico | taper pin
perno de anclaje | staybolt
perno de bordón | mushroom bolt
perno de pala | spade bolt
perno de polo | post, terminal pillar
perno en U | U bolt
perno tensor | staybolt
peroxidación | peroxydation
peróxido de plomo | lead peroxide
perpendicularidad | verticality
persecución | chase, pursuit
perseverancia | constancy
persiana | louvre, screen
persiana de altavoz | louvre
persistencia | afterglow, holdup, persistence
persistencia de la imagen | afterglow, lag
persistencia de la luminancia | luminance decay
persistencia de la visión | persistence of vision
persistencia lumínica | afterglow
persistente | persistent
persistor [*circuito bimetálico para almacenamiento y lectura de datos en un ordenador*] | persistor
persistrón [*tablero electroluminiscente*] | persistron

persona a la escucha | listener
persona que llama | caller
personal [*personas, a diferencia de software y hardware*] | liveware, wetware [*fam*]
personal de explotación | operating force (/personnel, /staff)
personal de línea | line staff
personalizable | user definable
personalización | customization, customizing
personalizar | to customize
perspectiva acústica | auditory perspective
Perspex [*marca comercial de un acrilato de metilo*] | Perspex
PERT [*técnica de revisión y evaluación del funcionamiento*] | PERT = performance evaluation and review technique
PERT [*técnica para la evaluación y revisión de programas (/proyectos)*] | PERT = program (/project) evaluation and review technique
pértiga aisladora | insulating rod
pértiga aislante | hook stick, insulating rod, operating pole
pértiga de trole | trolley pole (/boom)
perturbación | disturbance, interference, parasitic noise, perturbation, spoiling
perturbación accidental | accidental jamming
perturbación activa | active jamming
perturbación admisible | permissible interference
perturbación alejada del blanco | off-target jamming
perturbación atmosférica sibilante | whistler
perturbación causada por la línea de trasporte de energía | power interference
perturbación con barrido | sweep jammer
perturbación con barrido de zona | sweep jammer (/jamming)
perturbación de barrera | barrage jamming
perturbación de canal | spot jamming
perturbación de confusión | confusion jamming
perturbación de frecuencia | spot jamming
perturbación de frecuencias intermedias | intermediate-frequency jamming
perturbación de la explotación | operating trouble
perturbación de la imagen en forma de línea ondulada vertical intermitente | snivet oscillation
perturbación de la imagen en raya vertical negra | snivet
perturbación de la imagen por el sonido | sound-on-vision
perturbación de la recepción de televisión | television disturbance

perturbación de onda continua | CW jamming
perturbación de radar | radar jamming
perturbación de radiofrecuencia | radiofrequency interference
perturbación de radiofrecuencia en espina de pescado | RF pattern
perturbación de repetidor | repeater jammer
perturbación debida a erupción solar | solar flare disturbance
perturbación debida al emplazamiento | site interference
perturbación del radar | radar disturbance
perturbación en el camino cerrado de tierra | ground loop disturbance
perturbación errática | random disturbance
perturbación inestable | unstable perturbation
perturbación intencionada | active jamming
perturbación intencionada de onda continua | CW jamming
perturbación ionosférica | ionospheric disturbance
perturbación ionosférica repentina | sudden ionospheric disturbance
perturbación modulada de onda sinusoidal | sine wave modulated jamming
perturbación modulada por impulsos | pulse-modulated jamming
perturbación momentánea | hit
perturbación mutua | mutual interference
perturbación perjudicial | objectionable interference
perturbación por cintas reflectoras | window jamming
perturbación por descarga atmosférica | lightning surge
perturbación por reflectores pasivos | window jamming
perturbación por superposición de canales | overlapping channel interference
perturbación por ventanas | window jamming
perturbación potencial | potential interference
perturbación producida por radiofrecuencia | radiofrequency interference
perturbación radioeléctrica | radio disturbance, radio (/radiofrequency) interference, RF noise
perturbación recíproca | mutual interference
perturbación reflejada | reflective jamming
perturbación sibilante | whistler
perturbación silbante | whistling atmospheric
perturbación trasversal | transverse interference
perturbaciones | spherics [UK], sferics [USA]

perturbaciones momentáneas en la línea | hits on the line
perturbaciones parasitarias | grating ghosts
perturbaciones parásitas | parasitic disturbance
perturbaciones provocadas | jaff
perturbador | disturbing, jammer
perturbador automático [*en radar*] | brass broom
perturbador con barrido de banda | sweep-through jammer
perturbador de barrera | barrage jammer
perturbador de conversación | scrambler
perturbador de radar | radar jammer
PES [*flujo elemental empaquetado (en trasmisión de datos)*] | PES = packetized elementary stream
pesa de cordón | cord weight
pesado | heavy
peso | weight
peso adherente | static adhesive weight
peso atómico | atomic weight
peso atómico físico | physical atomic weight
peso átomo-gramo | gram-atomic weight
peso de Hamming | Hamming weight
peso de la reproducción | playing weight
peso de seguimiento | tracking weight
peso en orden de marcha | weight in working order
peso específico | specific gravity
peso molecular | molecular weight
peso molecular medio | average molecular weight
peso sofométrico | psophometric weight (/weighting)
pestaña | flange, tab
pestaña del ordenador portátil | notebook tab
pestillo | latch
peta- [*prefijo que significa mil billones (10^{15}); en código binario significa (2^{50}), o sea 1.125.899.906.842.624*] | peta- [pref. for 1 quadrillion (10^{15})]
petabyte [*1.125.899.906.842.624 bytes*] | petabyte
petardo | detonator
petición | demand, request; hit
petición anterior | prior call
petición ARP [*petición de protocolo de resolución de direcciones (en internet)*] | ARP request = address resolution protocol request
petición automática de repetición | automatic repeat request
petición de acceso | access request
petición de comentarios | request for comment
petición de comunicación | call booking
petición de comunicación anulada | cancelled call

petición de comunicación de persona a persona | personal call booking
petición de comunicación en serie | sequence calling
petición de comunicación hecha la víspera | carriage forward call, call booked on previous day
petición de comunicación intercontinental | intercontinental booking
petición de comunicación por télex | telex call booking
petición de comunicaciones sucesivas | sequence calls
petición de debate [*en foros de discusión por internet*] | request for discussion
petición de información | information call, request for information
petición de intercalación a la operadora | operator re-call
petición de interrupción | interrupt request
petición de lectura/escritura | demand reading/writing
petición de página [*de memoria*] | demand paging
petición de participación en la red | network announcement request
petición de respuesta | call back
petición de servicio | service request
petición de socorro | mayday
petición de trasmisión | request to send
petición del sistema | system request
petición no satisfecha | unsatisfied demand
peticionario de llamada | caller
petoscopio [*detector fotoeléctrico de movimientos*] | petoscope
PET SIS = petición del sistema | SYS RQ = system request
PEV = punto electrónico de venta | EPOS = electronic point of sale
pF = picofaradio | pF = picofarad
PFB [*comité provisional de frecuencias*] | PFB = Provisional Frequency Board
PFM [*modulación de frecuencia de impulsos*] | PFM = pulse frequency modulation
PFR = por favor responda | RSVP = répondez s'il vous plaît (*fra*) [*please answer*]
PGA [*circuitos predifundidos programables*] | PGA = programmable gate array
PGA [*dispositivo de patillas en rejilla*] | PGA = pin grid array
PGP [*privacidad realmente buena; paquete de encriptación basado en clave pública*] | PGP = pretty good privacy
PGRR [*sírvase obtener respuesta urgente*] | PGRR = please get rush reply
PGSM [*banda GSM primaria*] | PGSM = primary GSM band
pH [*grado de acidez; logaritmo decimal del inverso de la actividad del ión hidrógeno*] | pH
pH = picohenrio | pH = picohenry
Ph = fonio [*unidad de medida acústica*] | Ph = phon
PH [*cabecera (de mensaje) analizada sintácticamente*] | PH = parsed header
PHI [*indicador de posición y dirección*] | PHI = position and homing indicator
PHI [*protocolo de capa física*] | PHI = phisical layer protocol
Phop [*salto anterior (campo con la dirección de red del dispositivo de encaminamiento)*] | Phop = previous hop
phot [*unidad de medida lumínica equivalente a 1 lumen por cm^2*] | phot
photo-Darlington [*par de transistores fotosensibles en conexión Darlington*] | photo-Darlington
PI [*interfaz de píxeles*] | PI = pixel interface
PIA [*adaptador de interfaz para dispositivos periféricos*] | PIA = peripheral interface adapter
PIC [*controlador de interrupción programable*] | PIC = programmable interrupt controller
PIC [*control proporcional integral*] | PIC = proportional-integral control
pica [*unidad de medida tipográfica equivalente a un tipo de 12 puntos*] | pica
picado | pitted
picadura | nick, pinhole, pit
PICMG [*grupo industrial PCI de fabricantes de ordenadores*] | PICMG = PCI Industrial Computer Manufacturers Group
pico | peak; [*defecto en el corte de una fibra óptica*] lip
pico- [*prefijo que significa la billonésima parte de la unidad*] | micromicro [*obs*]; pico-
pico de absorción | absorption peak
pico de caída directa | peak forward drop
pico de corriente | power peak
pico de corriente catódica | peak cathode current
pico de energía | peak discharge energy
pico de fuga | leakage peak
pico de impulso de voltaje de base uno | base-one peak pulse voltage
pico de kilovoltios | kilovolts peak
pico de la corriente anódica | peak anode current
pico de la corriente de ánodo | peak anode current
pico de la señal | signal peak
pico de potencia | power peak, peak output
pico de potencia de amplitud modulada | amplitude modulated peak envelope power
pico de potencia vocal | peak speech power

pico de presión acústica | peak sound pressure
pico de resonancia | resonance peak, resonant bump
pico de sobrecorriente inicial | peak current surge
pico de tensión | voltage peak
pico de tensión directa de ánodo | peak forward anode voltage
pico de tensión directa de bloqueo | peak forward-blocking voltage
pico de tensión inversa de ánodo | peak inverse anode voltage
pico del blanco | white peak
pico del negro | black peak
pico fotoeléctrico | photoelectric peak
pico máximo de la intensidad de placa | maximum peak plate current
pico negativo | negative peak
pico negativo de modulación | negative modulation peak
picoamperímetro | picoammeter
picoamperio | picoamp = picoampere
picoculombio | picocoulomb
picocurie | picocurie
picocurio por gramo de calcio | strontium unit
picofaradio | picofarad, puff [fam], micromicrofarad [obs]
picorred [colección de dispositivos Bluetooth capaces de comunicarse entre sí] | piconet
picos transitorios parásitos | spiking
picosegundo | picosecond
picovatio | picowatt, micromicrowatt [obs]
PICS [plataforma para la selección de contenidos en internet] | PICS = platform for Internet content selection
PID [identificador de programa] | PID = programme identifier
pie | foot, stem, support
PIE | placa inglesa equipada | PBA = printed board assembly
pie de dial | dial leg
pie de lámpara | lamp receptacle
pie de los electrodos | pinch
pie de micrófono | microphone stand
pie de página | footer, footnote; running foot
pie de válvula | valve stem
pie lambert [unidad de energía igual al trabajo de una libra de fuerza desplazada a una distancia de un pie] | foot lambert [energy unit equal to the work done when a force of one pound moves through a distance of one foot]
pie rodante | camera dolly
piecería | running spares
piedra de imán | natural magnet
piel | skin
piel de estanqueidad | steel liner
piel de naranja | orange peel
pieza | part, piece, subcomponent
pieza binaria | binary chop
pieza de centrado | spider
pieza de desgaste | wearing part
pieza de enlace entre cuchillas | interphase connecting rod
pieza de radio | radio part
pieza de recambio | service part
pieza de repuesto | service spare
pieza de retención | keeper
pieza de soporte del polo | pole piece
pieza desgastable | wearing part
pieza desmontable | knockout
pieza móvil | moving part
pieza polar | pole piece (/shoe)
pieza puntual | point slug
pieza semicarbonizada | charred part
pieza sujeta a desgaste | wearing part
piezocaptor deformimétrico | strain gauge pressure pickup
piezodieléctrico | piezodielectric
piezoelectricidad | piezoelectricity
piezoelectricidad directa | direct piezoelectricity
piezoelectricidad indirecta | indirect piezoelectricity
piezoeléctrico | piezoelectric
piezoide | piezoid
piezomagnetismo | magnetostriction
piezómetro | piezometer
piezorresistencia | piezoresistance
piezorresistividad | piezoresistivity
piezorresistivo | piezoresistive
PIG [medidor de ionización de Penning] | PIG = Penning ionization gauge
piggy-backing [proceso de asignación de anchos de banda] | piggy-backing
pigmento | pigment
pigmento fluorescente | fluorescent pigment
pila | cell, cellar, pile, stack; heap; nesting store
pila alcalina | alkaline cell
pila almacenable en estado inactivo | reserve cell
pila atómica | atomic pile
pila bimorfa | bimorph cell
pila Daniell | Daniell cell
pila de aire | air cell
pila de amalgama de oxígeno y sodio | sodium amalgam-oxygen cell
pila de aplicación | application heap
pila de bario | barium fuel cell
pila de bicromato | bichromate (/dichromate) cell
pila de bicromato potásico | dichromate cell
pila de cadmio | cadmium cell
pila de carbón | carbon-consuming cell
pila de Clark [pila para mediciones precisas] | Clark cell
pila de cloruro de plata | silver chloride cell
pila de combustible | fuel cell
pila de combustible bioquímico | biochemical fuel cell
pila de combustible con electrolito sólido | solid electrolyte fuel cell
pila de combustible en cinta seca | dry tape fuel cell
pila de combustible líquido-metal | liquid-metal fuel cell
pila de combustible regenerativa | regenerative fuel cell
pila de concentración | concentration cell
pila de concentración por electrodo | electrode concentration cell
pila de control | control stack
pila de datos | data sink
pila de desplazamiento | displacement cell
pila de desplazamiento ascendente | pushup list (/stack)
pila de desplazamiento descendente | pushdown list (/stack)
pila de discos | disk pack
pila de dos fluidos | two-fluid cell
pila de dos líquidos | two-fluid cell
pila de gas | gas cell
pila de gravedad | gravity cell
pila de Grove | Grove cell
pila de hierro-níquel | iron-nickel cell
pila de Latimer Clark | Latimer Clark cell
pila de Leclanché | Leclanché cell
pila de linterna miniatura | penlight cell
pila de líquido inmovilizado | unspillable cell
pila de magnesio | magnesium cell
pila de magnesio y cloruro de plata | magnesium-silver chloride cell
pila de mercurio | mercury cell
pila de níquel cadmio | nickel-cadmium cell
pila de óxido de mercurio-cinc | oxide-of-mercury cell
pila de óxido de plata | silver oxide cell
pila de óxido de plata y cadmio | cadmium silver oxide cell
pila de óxido de plata y cinc | zinc-silver oxide cell
pila de oxisulfuro de talio | thallium oxysulphide cell
pila de polarización | bias cell
pila de polarización de rejilla | grid bias cell
pila de potásico | bichromate cell
pila de prometio | promethium cell
pila de protocolos | protocol stack
pila de rectificación | rectifier stack
pila de rectificadores | rectifier stack
pila de rectificadores metálicos | metallic-rectifier stack
pila de rejilla | grid bias cell
pila de reserva | reserve cell
pila de sal amónica | salt-ammoniac cell
pila de sal de amoníaco | salt-ammoniac cell
pila de selenio | selenium cell
pila de Simpson | Simpson pile
pila de Skrivanoff | Skrivanoff cell
pila de Smee | Smee cell
pila de software | software stack
pila de transición | transition cell
pila de un líquido | one-fluid cell
pila de unión térmica | thermojunction battery

pila de Volta | voltaic pile
pila de Zamboni | Zamboni pile
pila del micrófono | transmitter battery
pila del sistema [*área de almacenamiento aleatorio*] | system heap
pila del trasmisor | transmitter battery
pila eléctrica | electric cell
pila electrolítica | electrolytic cell
pila electroquímica | electrochemical cell
pila estándar | standard cell
pila fototrónica | phototronic photocell
pila fotovoltaica | photovoltaic cell (/pile)
pila galvánica | galvanic battery; galvanic cell [*obs*]
pila gaseosa | gas cell
pila gastada | weak cell
pila hidroeléctrica | wet cell
pila húmeda | wet cell
pila Leclanché | Leclanché cell
pila líquida | wet cell
pila microfónica | microphone battery
pila múltiple | multiple stack
pila normalizada | standard cell (/pile)
pila normalizada de cadmio | standard cadmium cell
pila nuclear | nuclear cell (/pile)
pila patrón | standard cell
pila patrón de Weston | Weston normal (/standard) cell
pila patrón no saturada | unsaturated standard cell
pila patrón normal | normal standard cell
pila patrón Weston | Weston standard (/normal) cell
pila primaria | primary cell
pila primaria de bióxido de manganeso y cinc | zinc-manganese dioxide primary cell
pila primaria de cloruro de plata y cinc | zinc-silver chloride primary cell
pila primaria de combustible | primary fuel cell
pila primaria de dióxido de plomo | lead dioxide primary cell
pila primaria de plata y cinc | silver-zinc primary cell
pila primaria recargable | rechargeable primary cell
pila recargable | secondary cell
pila redox | redox cell
pila regenerable | regenerable cell
pila reversible | reversible cell
pila seca | dry battery (/cell)
pila seca desechable | throwaway dry cell
pila secundaria | secondary cell (/pile)
pila seleccionada | selected cell
pila sigma | sigma pile
pila solar | solar cell
pila solar de silicio | silicon (/silicon-coated) solar cell
pila superregeneradora | regenerative reactor breeder
pila térmica | thermal cell, thermopile, thermomultiplier

pila termoeléctrica | thermopile, thermocouple
pila termoeléctrica al vacío de Schwarz | Schwarz vacuum thermopile
pila termoeléctrica de boro | boron thermopile
pila termogalvánica | thermogalvanic cell
pila tipo lifo | pushdown stack
pila voltaica | voltaic cell (/pile)
pila Weston | Weston cell
pilar de trasformador | transformer pillar
pilar inductivo | induction post
píldora | pellet, pill
PILOT [*consulta, aprendizaje o enseñanza programados (antiguo lenguaje de programación)*] | PILOT = programmed inquiry, learning or teaching
pilotaje | pilotage
pilotaje electrónico | electronic piloting
piloto | pilot, warning lamp
piloto automático | autopilot, automatic (/robot) pilot, gyropilot
piloto de comparación de frecuencias | frequency comparison pilot
piloto de conmutación | switching (control) pilot
piloto de grupo | group pilot
piloto de línea | line pilot
piloto de llamada | ringing pilot
piloto de múltiples funciones | multipurpose pilot
piloto de referencia de supergrupo | supergroup reference pilot
piloto de regulación | regulating pilot
piloto de sincronización | synchronization pilot, timing light
piloto de supergrupo | supergroup pilot
piloto de tráfico | message pilot
piloto electrónico automático | robot pilot
piloto luminoso | pilot
piloto regulador de línea | line regulating pilot
PIM [*gestor de información personal*] | PIM = personal information manager
pin | pin
PIN [*número de identificación personal*] | PIN = personal identification number
PIN = positivo-intrínseco-negativo [*capas de diodo*] | PIN = positive-intrinsic-negative
pin de ajuste | alignment pin
pin de entrada | input pin
pin de la base | base pin
pin de válvula | valve pin
pin de zigzag en línea | zigzag inline pin
pin grapinado | wire-wrap pin
pincel | pen
pincel de electrones | pencil of electrons
pincel electrónico | pencil of electrons
pincel luminoso | pencil beam of light
PING [*rastreador de paquetes en inter-*

net] | PING = packet Internet groper
ping mortal [*envío de un paquete ping de longitud excesiva que provoca la caída o el reinicio del ordenador de destino*] | ping of death
pinouts [*conductores externos de una tarjeta de circuitos impresos*] | pinouts
PINT [*conjunto de protocolos para servicios telefónicos desde una red IP*] | PINT = public switched telephony network / Internet Internetworking
pintado electrostático | electrostatic painting
pintar | to paint
pintura anticorrosiva de imprimación vinílica | vinyl anticorrosive primer
pintura antirradar | radar paint
pintura con pistola | spray painting
pintura con pulverizador | spray painting
pinza | cap, clamp, clip, crimp, pinch
pinza amperimétrica | snap-around ammeter
pinza de batería | battery clip
pinza de cocodrilo | alligator clip
pinza de conexión doble | twin clip
pinza de conexión rápida | quick-connect clip
pinza de contacto | (cord) grip
pinza de fusible | fuse clip
pinza de prueba | test clip
pinza de rejilla | grid clip
pinza de retención | retaining clip
pinza para batería | cord grip
pinzado | crimping
pinzar | to crimp
pinzas de punta larga | long-nose pliers
pinzas de resorte | spring clamp
piñón | sprocket
piñón de cadena | sprocket wheel
piñón de mando del motor | motor drive gear
piñón frontal | front pinion
piñón inferior | lower pinion
PIO [*entrada/salida en paralelo*] | PIO = parallel input/output
PIO [*entrada/salida de procesador*] | PIO = processor input/output
PIO [*entrada/salida programada*] | PIO = programmed input/output
pión [*mesón pi*] | pion = pi meson
pipeline | pipeline
pipeline a ráfagas | pipelined burst
pipeline a ráfagas en caché secundaria | pipeline burst secondary cache
pipelining [*aplicación de trasmisión de datos para enviar múltiples solicitudes al servidor sin esperar respuesta a las anteriores*] | pipelining
pipeta de refrigeración | heat pipe
PIPO [*carga en paralelo / lectura en paralelo*] | PIPO = parallel in/parallel out
piranómetro | pyranometer
pirata informático | hacker
pirata telefónico | phreak
piratear | to hack
piratear la línea telefónica | to phreak

piratería | piracy
piratería de software | software piracy
piroconductividad | pyroconductivity
piroelectricidad | pyroelectricity
piroeléctrico | pyroelectric
piroheliómetro | pyroheliomoter
pirólisis | pyrolysis
piromagnético | pyromagnetic
pirometalurgia | pyrometallurgy
pirómetro | pyrometer
pirómetro de célula fotoeléctrica | photoelectric cell pyrometer
pirómetro de fotocélula | photoelectric cell pyrometer
pirómetro de inmersión | immersion pyrometer
pirómetro de radiación | radiation pyrometer
pirómetro de resistencia | resistance pyrometer
pirómetro fotoeléctrico | photoelectric pyrometer
pirómetro óptico | optical pyrometer
pirómetro registrador | recording pyrometer
pirómetro termoeléctrico | thermoelectric pyrometer
piroquímica | pyrochemistry
pirotecnia [*fam; serie de mensajes vehementes en un foro de la red*] | flamefest
pirotécnico | pyrotechnic
pirotrón [*espejo magnético*] | pyrotron
piscina de desactivación | cooling pond
PISO [*entrada(en) paralelo, salida (en) serie*] | PISO = parallel in, serial out
pista | runway, track
pista comprimible | squeeze track
pista de área bilateral | bilateral-area track
pista de área unilateral | unilateral area track
pista de área variable | variable area track
pista de área variable asimétrica | unilateral area track
pista de auditoría | audit trail
pista de canto | trailing edge
pista de carreras | racetrack
pista de contacto [*sensible al contacto para realizar movimientos en la pantalla*] | trackpad
pista de control | control track
pista de datos | data track
pista de densidad variable | variable density track
pista de desplazamiento | scroll track
pista de direcciones | address track
pista de equilibrio | balance stripe
pista de registro sonoro | soundtrack
pista de sonido | soundtrack
pista de sonido múltiple | multiple sound track
pista de sonido para ruidos del local | room-tone sound track
pista de vídeo | video track
pista de vuelo por instrumentos | instrument runway
pista defectuosa | bad track
pista del control deslizante | slider track
pista en contrafase | pushpull track
pista magnética | magnetic stripe
pista normal | standard track
pista óptica de sonido | optical sound track
pista rápida | racetrack
pista receptora | receiving track
pista sencilla | single track
pista sonora | soundtrack
pista sonora de área variable | variable area sound track
pista sonora de densidad variable | variable density soundtrack
pista sonora sencilla | single soundtrack
pista única | single (/standard) track
pistas por pulgada [*para medir la densidad de almacenamiento de la información en el disco*] | tracks per inch
pistola | gun
pistola de empotrar | explosive river gun
pistola de grapinado | wrapping gun
pistola de soldar | soldering gun
pistola eléctrica | electric gun
pistola enrolladora | wrapping gun
pistola neumática | pneumatic gun
pistola óptica | light gun
pistola para soldar | welding gun
pistola para soldar por puntos | welding gun
pistola pulverizadora | sprayer, spray gun
pistola rociadora | sprayer, spray gun
pistón | piston
pistón atenuador | piston attenuator
pistón de choque [*en guiaondas*] | choke piston
pistón de contacto | contact piston
pistón de cortocircuito | short (/shorting) plunger
pistón de cortocircuito de guiaondas | waveguide plunger
pistón de guiaondas | waveguide plunger
pistón de sintonización | tuning plunger
pistón equivalente | equivalent piston
pistón sin contacto | noncontacting piston
pistón sintonizador de choque | noncontacting tuning plunger
pistón sintonizador de choque sin contacto metálico | noncontacting tuning plunger
PIT [*cronómetro programable de intervalos*] | PIT = programmable interval timer
pitido | beep
pitido del sistema | system beep
pitón | finger
pitón de arrastre | drive pin
pitón elástico | spring finger
pitón selector | selecting finger
pitones de arrastre para descarga | stacker fingers
PIV [*tensión máxima inversa, tensión inversa de cresta, voltaje inverso máximo*] | PIV = peak inverse voltage
pivote | pivot
pivote del trole | trolley pivot
píxel [*elemento de imagen más pequeño representable en pantalla*] | pixel = picture element
pixelización [*cuantificación de espacio*] | pixelization [*space quantization*]
PKCS [*estándar de criptografía de clave pública*] | PKCS = public key cryptography standard
PKI [*infraestructura de clave pública*] | PKI = public key infrastructure
PKUNZIP [*software para descomprimir archivos comprimidos con PKZIP*] | PKUNZIP
PKZIP [*programa de PKWare para compresión de archivos*] | PKZIP
PLA [*sistema orden lógico programable, orden lógico programado*] | PLA = programmed (/programmable) logic array
placa | board, dish, plaque, shield, slab, vane; plate [USA]; [*de circuitos*] card
placa acorazada | ironclad plate
placa adicional | add-in board
placa aisladora | insulation plate
placa antirremanente | residual stud
placa barrera | barrier plate
placa base | baseplate [UK], base plate [USA]; motherboard, mother board
placa base del depósito de descarga | stacker bedplate
placa blindada | ironclad plate
placa bruta | board blank
placa calentadora de acumulación | storage hotplate
placa capacitiva antiparasitaria | spark plate
placa carbonizada | carbonized plate
placa ciega del aparato | apparatus blank
placa colectora | collector plate
placa colectora de señales | signal plate
placa combustible | fuel plate
placa con conexiones al margen | edge board
placa de abertura | aperture plate
placa de acero | steel slab
placa de adaptación | matching plate
placa de adaptación del vértice | apex-matching plate
placa de adaptación dieléctrica | dielectric matching plate
placa de advertencia | warning plate
placa de alveolos | pocket (/pocket-type) plate
placa de amianto | asbestos board
placa de apriete para derivación | busbar derivation assembling plate
placa de base | baseplate [UK], base plate [USA]
placa de bornes | terminal plate

placa de cableado | printed writing board
placa de cableado impreso | printed wiring board
placa de calefacción | hot plate
placa de características | nameplate
placa de casetones | box plate
placa de centrado | shifting plate
placa de chispa | spark plate
placa de circuito impreso | printed circuit board
placa de circuitos | circuit board (/card)
placa de circuitos impresos | PC board = printed circuit panel
placa de cobertura | cover slab
placa de componentes impresos | printed component board
placa de compresión | platen
placa de conectores | pinboard
placa de conexionado impreso | printed wiring board
placa de conexionado impreso por depósito galvanoplástico | plated printed wiring board
placa de corrección axial | axial-correcting plate
placa de criba | sieve plate
placa de cristal | crystal slab
placa de cristal de cuarzo | quartz plate
placa de cristal piezoeléctrico | piezoelectric crystal plate
placa de cuarto de onda | quarter-wave plate
placa de cuarzo | quartz plate
placa de defensa | wearing plate
placa de descarga a tierra | grounding plate
placa de desgaste | wearing plate
placa de desviación vertical | vertical (deflection) plate
placa de doble cara | double side board
placa de estator | stator plate
placa de fijación | clamping plate
placa de fondo | end plate
placa de fricción | wearing plate
placa de gran superficie | Planté-type plate, plate with a large area
placa de instrucciones | warning plate
placa de interruptor | switchplate
placa de masa | mass-type plate
placa de memoria | memory board
placa de memoria magnética | magnetic memory plate
placa de montaje | mounting plate
placa de numeración | number plate
placa de opciones | option board
placa de óxido aportado | pasted plate, Faure plate
placa de pared | wall plate
placa de producción | production board
placa de pruebas | test board
placa de pulsador | pushbutton plate
placa de puntos fosforescentes | phosphor dot faceplate

placa de radio | radium plaque
placa de reposición automática | self-restoring indicator
placa de roseta | rosette plate, Manchester plate
placa de rotor con muescas | serrated (/slotted, /split) rotor plate
placa de rotor hendida | split rotor plate
placa de rotor ranurada | slotted rotor plate
placa de semiconductor | chip
placa de señal | signal plate
placa de señales | signal plate
placa de soldadura | soldering pad
placa de soporte | bedplate, stiffener
placa de tierra | ground plate
placa de toma de tierra | grounding switch
placa de trabajo | working plate
placa de transistores | transistor card
placa de tubos | tubular plate
placa de unión hermética | seal plate
placa de válvulas | tube-type plate
placa de vértice | vertex plate
placa deflectora | deflecting (/deflection) plate
placa del indicativo de llamada por radio | radio call-sign plate
placa dependiente | daughter board
placa electrodo | pad electrode
placa empastada | pasted plate
placa extrema | end plate
placa fría | cold plate
placa frontal de densidad neutra | neutral density faceplate
placa frontal de salida simple | single-gang faceplate
placa giratoria | rotor plate
placa hija | daughter board
placa impresa multicapa | multilayer printed board
placa indicadora | rating plate
placa lógica | logic card
placa madre | motherboard, mainboard
placa maestra | master plate, logic board
placa motora | motorboard
placa móvil | rotor plate
placa multicapa | sandwich plate
placa negativa | negative plate
placa para oscilador de cristal de cuarzo | quartz oscillator plate
placa pasahilos | header
placa perforada | planar mask
placa Planté | Planté plate, plate with a large area
placa positiva | positive plate
placa posterior | backplate, rear plate
placa posterior de conjunto | rear plate assembly
placa principal | main plate
placa protectora de interruptor | escutcheon
placa recta de compresión dinámica | dynamic compression plate
placa remanente | residual anode [UK]
placa roscada | threaded plate

placa sensible | sensitive plate
placa separadora | stripper plate
placa sin componentes | board blank
placa sinterizada | sintered plate
placa soporte de hoja de arranque | mother (/starting sheet) blank
placa soporte de hoja de partida | starting sheet blank
placa soporte inferior | bottom stiffener
placa soporte superior | upper stiffener
placa térmica | hot plate
placa terminal | end plate
placa tipo Faure | Faure plate, pasted plate
placa tipo Planté | Planté-type plate
placa trasversal | transverse plate
placa tubular | tubular plate
placa Tudor | Tudor plate
placa X | X plate
placa Y | Y plate
plaga púrpura | purple plague
plan | plan, schedule
plan básico de numeración | basic numbering plan
plan de aceptación de muestras [o de muestreo] | acceptance sampling plan
plan de agrupación | grouping plan
plan de frecuencias | frequency plan
plan de frecuencias propuesto | proposed frequency plan
plan de interconexiones | toll switching plan
plan de modulación | modulation plan
plan de muestreo | sampling plan
plan de muestreo simple | single-sampling plan
plan de numeración | numbering plan (/scheme)
plan de taladrado | drilling plane
plan de trasmisión | transmission plan
plan general | overall plan
plan general de interconexión | general switching plan
plan general de los grupos | overall group plan
plancha | platen, sheet
plancha de contacto | strike plate
plancha de defensa (/desgaste, /fricción) | wearing plate
plancha de plomo | sheet lead
plancha eléctrica | electric iron, ironing machine
plancha para trasformadores | transformer plate
plancheta [*pequeño contenedor de metal para medir radiaciones de materiales radiactivos*] | planchet
planeado | scheduled
planeidad | flatness
planificación | mapping, scheduling
planificación asistida por ordenador | computer-aided planning
planificación de empresa | enterprise modelling
planificación de la memoria | memory mapping

planificación de las necesidades de material | material requirements planning
planificación de proyectos | project planning
planificacion de recursos empresariales | enterprise resource planning
planificación de trabajos | job scheduling
planificación y supervisión automática de vuelo | automatic flight planning and monitoring
planificador | scheduler
planificador de alto nivel | high-level scheduler
planificador de bajo nivel | low-level scheduler
planificador de circuito cíclico | round robin
planificador maestro | master scheduler
planificar | to shedule
planigrafía | planigraphy
planígrafo | planigraph
planímetro de persecución | pursuit planimeter
planímetro polar | polar planimeter
plano | layout, map, plan, planar, plane, tier
plano de absorción | capture area
plano de bits | bit plane
plano de convergencia | convergence plane
plano de deflexión | deflection plane
plano de la red | exchange area layout, loop and trunk layout, plane of space lattice, trunking diagram
plano de núcleos | core plane
plano de núcleos magnéticos | core plane
plano de objeto de vídeo [unidad mínima de codificación de vídeo] | video object plane
plano de planta | floor plan (/plane), layout
plano de polarización | polarization plane, plane of polarization
plano de prueba | proof plane
plano de pupinización | loading scheme
plano de señalización | signal plane
plano de servicio funcional [en negocios electrónicos] | functional service view
plano de tendido de cable | plan of cable layout
plano de tensión | voltage plane
plano de trasmisión | transmission plane
plano de trazado | plotting plate, position (/reflector) tracker
plano de un bucle | plane of a loop
plano del color | colour plane
plano E | E plane
plano equivalente a tierra | equivalent earth (/ground) plane
plano esquemático | schematic drawing
plano focal | focal plane
plano H | H plane
plano posterior | backplane
plano principal | principal plane
plano sagital | sagittal plane
plano útil | working plane
plano vertical | vertical plane
planta | floor, plant
planta de energía nuclear | nuclear power plant
planta de enriquecimiento de uranio | uranium enrichment plant
planta de larga distancia | toll plant
planta de producción | production plant
planta eléctrica | power plant
planta eléctrica a vapor | steam plant
planta eléctrica eólica | wind electric plant, wind-driven plant
planta energética | power plant
planta eólica | wind-driven plant
planta exterior | outside plant
planta hidroeléctrica | power plant
planta interior | inside plant
planta piloto | pilot plant
planta telefónica | telephone plant
planta termoeléctrica | power plant
plante | hang-up
planteamiento de actuación | action statement
planteamiento falso | false statement
plantilla | layout, template
plantilla de caracteres | character template
plantilla de devanado | former
plantilla de encaminamiento | routing form
plantilla de ruta | routing form
plantilla de sujeción del soldador | welding jig
plantilla de teclado [donde se identifica la función de las teclas que cubre] | keyboard template
plantilla del soldador | welding jig
plantilla para devanados | winding former
plaqueado galvánico | electroplating
plaqueta | plaque
plaqueta de almacenamiento de memoria | memory chip
plaqueta trepada | postage stamp board
plaquita | pellet
plasma | plasma
plasma autoestrictivo | self-constricted plasma
plasma con autorreacción | self-reacting plasma
plasma confinado por radiofrecuencia | RF-confined plasma
plasma de desbloqueo | turn-on plasma
plasma estable | quiescent plasma
plasma frío | cold plasma
plasma opaco | opaque plasma
plasma reactivo | reacting plasma
plasma rotatorio | rotating plasma
plasma sin colisión | collisionless plasma
plasma trasparente | transparent plasma
plasmatrón [diodo de gas de cátodo caliente relleno de helio para fines de control] | plasmatron
plasmoide | plasmoid
plasmoide esférico | ball-shaped plasmoid
plasmoide magnético | magnetic plasmoid
plasmoide toroidal | toroidal plasmoid
plasmón [partícula ficticia que se asocia a las ondas de un plasma] | plasmon [UK]
plástico | plastic, nonelastic
plástico antiestático | static-free plastic
plástico cerámico | ceramoplastic
plástico de urea | urea plastic
plástico laminado | laminated plastic
plástico termoestable | thermosetting plastic
plástico termorreactivo | thermosetting plastic
plástico vinílico | vinyl plastic
plastificante | plasticiser
Plastisol [marca de una mezcla de resina y plastificantes] | Plastisol
PLAT [sistema de televisión por circuito cerrado para ayuda de aterrizaje en portaaviones] | PLAT = pilot landing-aid television
plata | silver
plata alemana | German silver, nickel silver
plata anódica | anodic silver
plata níquel | nickel silver
plata niquelada | nickel silver
plataforma | platform, plateau
plataforma activa | active platform
plataforma común de referencia de hardware | common hardware reference platform
plataforma de cinta | tape deck
plataforma de distribución | switchyard
plataforma de radar aerotrasportado | airborne radar platform
plataforma de techo | roof platform
plataforma de trabajo | service platform
plataforma estabilizada | stabilized (/stable) platform
plataforma estable | stable platform
plataforma giroestabilizada | gyrostabilized platform
plataforma lectora | playing deck, playback tape deck
plataforma móvil | dolly
plataforma para la selección de contenidos en internet | platform for Internet content selection
plataforma polivalente | cross-platform
plateado | silver-overlaid, silver overlay, silvered, silvering, silver-lined
plateado por rociadura | silver spraying

platear | to silver-line
platifónico | platyphonic
platina | platine, bedplate, printed circuit board; baseplate [UK]
platina de avance | pinfeed plate
platina de frecuencias intermedias | intermediate-frequency strip
platina de magnetófono | tape deck
platina del selector | selector baseplate
platina inferior de banco selector | baseplate for selector bank
platina para relés | platine
platina superior de banco selector | upper plate for selector bank
platinado | platinization; platinisation [UK]; platinized, platinizing, platinum-clad, platinum-plated, platinum-tipped
platinar | to platinise [UK], to platinize [UK+USA]; to platinum-plate
platino | platinum; breaker point
platinodo | platinode
platinoide | platinoid
platinotrón [tipo de magnetrón sin circuito resonante] | platinotron
plato | dish, platter
plato automático | automatic turntable
plato de avance | supply reel
plato de rebobinado | takeup (/takeup) reel
plato de sujeción | chuck
plato del eje | shaft disk
plato giradiscos | turntable
plato giradiscos para trascripciones | transcription turntable
plato giratorio | turntable
plato giratorio de grabación | recording turntable
plausibilidad | plausibility
plazo | duration
plazo de liberación | releasing interval
PLB [baliza de localización personal (para vehículos terrestres)] | PLB = personal locator beacon
PLC [ordenador lógico programable] | PLC = programmable logic computer
PLC = panel local de control | LCP = local control panel
PLCC [método de soldadura sin plomo para chips] | PLCC = plastic leadless chip carrier
PLD [dispositivo lógico programable] | PLD = programmable logic device
plegado | bending
plegadura | duplication
plegamiento | bend
plena carga | full load
plenitud | completeness
plesiócromo | plesiochronous
plesioterapia | short-focal-distance therapy
pletina | deck; plate [USA]
pletina de llaves | key mounting
pletina de unión anterior de montante | upright front strap
pletina de unión posterior de montante | upright rear strap
pletismógrafo | plethysmograph

pletismógrafo de impedancias | impedance plethysmograph
pletismógrafo fotoeléctrico | photoelectric plethysmograph
pletismograma | plethysmogram
plexiglás [marca comercial de un material plástico] | Plexiglas
pliego de condiciones | customer's specification
pliegue | duplication
pliodinatrón [antigua válvula electrónica con cuatro elementos y rejilla adicional] | pliodynatron
pliotrón [válvula al vacío de cátodo caliente con una o más rejillas] | pliotron
plisado | tombac
plisado nuclear | tombac
PLL [enlace de control de fase] | PLL = phase-locked loop
PLM [modulación de duración de impulsos] | PLM = pulse length modulation
PL/M [lenguaje de programación para microordenadores] | PL/M = programming language for microcomputers
PLMN [red pública de radiotelefonía móvil] | PLMN = public land mobile network
PLO [oscilador de fase sincronizada, oscilador enclavado en fase] | PLO = phase-locked oscillator
plomo | lead, cutout
plotear [fam] | to plot
plóter | plotter
PLT [transistor en línea de potencia] | PLT = power line transistor
pluma | feather, plume
pluma blanca | white plume
pluma linterna | penlight
Plumbicon [marca comercial de un vidicón que utiliza un fotoconductor de óxido de plomo] | Plumbicon
pluridireccional | multidirectional
plurifuncional | multifunction
plutonio | plutonium
pluvígrafo, pluviógrafo | pluviograph
pluvímetro, pluviómetro | rain gauge, udometer
pluviómetro registrador | pluviograph
Pm = prometio | Pm = promethium
PM = postmeridiano | PM = post meridiem
PM = procesador multipunto | MP = multipoint processor
PMBX [centralita privada manual, centralita manual con conexión a la red pública] | PMBX = private manual branch exchange
PMI = protocolo de mensaje interno | IMP = intern message protocol
PMM = peso molecular medio | AMW = average molecular weight
PMMU [unidad de gestión de la memoria por páginas] | PMMU = paged memory management unit
PMOS [transistor MOS monopolar donde la corriente principal está formada por cargas eléctricas positivas] | PMOS

PMS [procesador-memoria-conmutaor] | PMS = processor-memory-switch
PMW [onda modulada por impulsos] | PMW = pulse-modulated wave
PMX [central manual privada] | PMX = private manual exchange
PN = positivo-negativo | PN = positive-negative
PNG [gráficos portátiles de red] | PNG = portable network graphics
PNM [modulación de números de impulsos] | PNM = pulse number modulation
PNP = positivo-negativo-positivo | PNP = positive-negative-positive
población | population
población original | parent population
población total | whole population
poca penetración | shallow penetration
poco penetrante | soft
poco profundo | shallow
poco resistente | weak
poder aislante | insulating effectiveness
poder amortiguador | quenching power
poder analizador | resolution
poder atenuador | quenching power
poder de cobertura | throwing power
poder de definición | resolving power
poder de extinción | quenching power
poder de fluorescencia | fluorescent excitability
poder de frenado lineal | linear stopping power
poder de moderación | slowing-down power
poder de parada atómico | atomic stopping power
poder de parada másico | mass stopping power
poder de penetración | throwing power, penetrating power
poder de penetración de la radiación | radiation hardness, penetrating power of radiation
poder de penetración de los rayos X | X-ray hardness
poder de resolución | resolving power, power of resolution
poder de retención de la imanación | resistance to demagnetization
poder de ruptura [de un interruptor] | breaking capacity [of a circuit breaker]
poder emisivo específico | specific emission
poder emisivo espectral de un radiador térmico | spectral emissivity of a thermal radiator
poder extintor | quenching power
poder inductor específico | (relative) permittivity
poder multiplicador | multiplying power
poder resolutivo | resolving power, power of resolution
poder separador | power of resolution

POH [*información complementaria para trasporte*] | POH = patch overhead
poide [*curva trazada por el centro de una esfera al rodar ésta por una superficie con perfil sinusoidal*] | poid
POL [*lenguaje orientado a la resolución de problemas*] | POL = problem-oriented language
polar | polar
polaridad | polarity
polaridad conmutable | switchable polarity
polaridad de deflexión | deflection polarity
polaridad de entrada del trasmisor | transmitter input polarity
polaridad de imagen negativa | negative picture polarity
polaridad de la señal de imagen | picture signal polarity, polarity of picture signal
polaridad de la soldadura | weld polarity
polaridad de recuento de referencia | reference counting polarity
polaridad del conductor | lead polarity
polaridad directa | straight polarity
polaridad inversa de alta temperatura | high-temperature reverse bias
polaridad invertida | reversed polarity
polaridad negativa | negative polarity
polaridad negativa de la señal de imagen | negative picture polarity
polaridad positiva | positive polarity
polarimetría | polarimetry
polarímetro | polarimeter
polariscopio | polariscope
polariscopio de cuña simple | single-wedge polariscope
polariscopio de simple compensación | single-compensating polariscope
polarizabilidad | polarizability
polarizable | polarizable
polarización | bias, biasing, polarization
polarización alterna | alternating-current bias
polarización antideslizamiento [*fuerza de equilibrado de la cabeza fonocaptora*] | antiskating bias
polarización automática | automatic bias, self-bias
polarización automática de rejilla | automatic grid bias
polarización C | C bias
polarización catódica | cathode bias
polarización cero | zero bias
polarización circular | circular polarization
polarización cruzada | cross polarization
polarización de alta frecuencia | high frequency bias
polarización de balance de detector | detector balance bias
polarización de base | base bias
polarización de caldeo | heater biasing
polarización de cátodo | cathode bias
polarización de corriente alterna | AC bias
polarización de corte | cutoff bias
polarización de emisor | emitter bias
polarización de frecuencia | frequency bias
polarización de la antena | aerial polarization
polarización de la onda | wave polarization
polarización de la señal | signal bias
polarización de la tensión | voltage bias
polarización de línea | line bias
polarización de marca | marking bias
polarización de rejilla | grid bias
polarización de rejilla de control | control grid bias
polarización de rejilla de corriente continua | direct grid bias
polarización de reposo | spacing bias
polarización de retardo del rectificador | rectifier delay bias
polarización de servicio | operating bias
polarización de un medio | polarization of a medium
polarización de vacío | vacuum polarization
polarización del relé | relay bias
polarización del transistor | transistor bias
polarización dieléctrica | dielectric polarization
polarización directa | forward bias
polarización eléctrica | electrical bias
polarización electrolítica | electrolytic polarisation
polarización elíptica | elliptical polarization
polarización en un dieléctrico | polarization in a dielectric
polarización fija | fixed bias
polarización frecuencial | frequency bias
polarización horizontal | horizontal polarization
polarización ilusoria | phi polarization
polarización imperfecta | imperfect polarisation
polarización inducida | induced polarization
polarización inversa | reverse bias
polarización inversa automática | automatic back bias
polarización lineal | linear polarisation
polarización magnética | magnetic bias (/biasing, /polarization), alternating-current bias
polarización magnética de corriente alterna | AC magnetic bias
polarización magnética de corriente continua | DC magnetic biasing
polarización mecánica | mechanical bias
polarización negativa | negative bias
polarización negativa de rejilla | negative grid bias
polarización nuclear | nuclear polarization
polarización nula | zero bias
polarización óptica magnética | optical magnetic polarization
polarización perfecta | perfect polarization
polarización persistente del dieléctrico | dielectric absorption
polarización phi | phi polarization
polarización por capa electrónica | electron polarization
polarización por realimentación | back bias
polarización por realimentación no amplificada | unamplified back bias
polarización positiva | positive bias
polarización telegráfica | telegraph bias
polarización theta | theta polarization
polarización única | single-polarized
polarización variable | variable bias
polarización vertical | vertical polarization
polarizado | biased, polar, polarized
polarizado magnéticamente | magnetically polarized
polarizado negativamente | negatively biased
polarizador | polarizer, polaroid
polarizador de impulsos | pulse polarizer
polarizador pasivo | passive pullup
polarizador por infrarrojos | infrared polarizer
polarizante | polarizer
polarizar | to polarise [UK], to polarize [UK+USA]
polarografía | polarography
polarógrafo | polarograph
polarograma | polarogram
polaroide | polaroid
polea | stud, wheel
polea aislante | knob
polea complementaria | idler pulley
polea del trole | trolley wheel
polea guía | capstan idler
polea loca | idler
polea magnética | permanent magnet pulley
polianódico | multianode, polyanode
poliatómico | polyatomic
polibutadieno | polybutadiene
policarbonato | polycarbonate
policatódico | multicathode
policinético | multivelocity
policloropreno | polychloroprene
policonductor | multiconductor
polícromo | multichrome
polidireccional | multidirectional
polielectrodo | multiple electrode, polyelectrode
polielectrones | polyelectrons
polienergético | polyenergetic
poliérgico | polyergic
poliéster | polyester

poliéster termoplástico | thermoplastic polyester
poliestireno | polystyrene
polietileno | polyethylene
polifásico | multiphase, multistage, polyphase
polifenilo | polyphenyl
polífoto | polyphote; [*relativo a lámparas de arco en un mismo circuito*] polyphotal
polígono | polygon
polígono de fuerzas | polygon of forces
poligrafía | polygraphy
polígrafo | polygraph, office copier (/copying machine)
polihierro | polyiron
polímero | polymer
polímero con colorante | dye-polymer
polímero conductor | conducting polymer
polímetro | multimeter, (multiple purpose) tester
polímetro de válvula al vacío | VTVM multimeter
polímetro electrónico | electronic multimeter
polímetro obtenido por radiación ultravioleta | ultraviolet polymer
polímetro transistorizado | transistorized VOM = transistorized volt-ohm-milliammeter
polímetro universal | universal multimeter
polimonoclorotrifluoroetileno | kel-f
polimórfico | multicurrent
polimorfismo | polymorphism
polimorfo | polymorphic
polimotor | multiengine
polinómico | polynomial
polinomio | polynomial
polinomio de índice de ciclo | cycle index polynomial
polinomio monómico | monic polynomial
polinomio no reducible | irreducible polynomial
polinomio primitivo | primitive polynomial
polinomio reducible | reducible polynomial
poliodo | polyode, multielectrode valve
poliolefina | polyolefine
poliplexor | polyplexer
poliplexor de radar | polyplexer
polipropileno | polypropylene
polirradiámetro | multiprobe radiation meter
polisilicio | polysilicon = polycrystalline silicon
polisulfón [*plástico trasparente con gran estabilidad dimensional y alta temperatura de desviación*] | polysulfone
politeno | polythene
politetrafluoroetileno | polytetrafluoroethylene
política de ajuste | adjustment policy

política de cancelar selecciones | deselection policy
política de conmutación | toggling policy
política de contigüidad | contiguity policy
política de eliminación en la conmutación | toggle removal policy
política de escritura doble | write-through policy
política de foco | focus policy
política de inclusión de área | area inclusion policy
política de inclusión de punto final | end-point inclusion policy
política de iniciación automática | technique initiation policy
política de punto medio | balance beam policy
política de reselección | reselect policy
política de selección | selection policy
política de selección múltiple | count policy
política de sólo agrandar | enlarge-only policy
política de uso aceptable | acceptable use policy
polivalencia | multivalency
polivalente | multipurpose, multiple valued
polo | pole
polo a tierra | low side
polo auxiliar | interpole, commutating pole
polo cero | zero pole
polo consecuente | consequent pole
polo de campo | field pole
polo de conmutación | commutating (/reversing) pole, interpole
polo de enlace | joint pole
polo de rotación | pole of rotation
polo de unión | junction pole
polo distribuido | distributed pole
polo doble | double pole
polo geográfico | geographic pole
polo giratorio | rotating pole
polo inductor | field pole
polo magnético | magnetic pole
polo magnético libre | free magnetic pole
polo magnético patrón | unit magnetic pole
polo magnético terrestre | terrestrial magnetic pole
polo magnético unidad | unit magnetic pole
polo magnético unitario | unit magnetic pole
polo negativo | negative pole (/battery, /terminal), south pole
polo norte | north pole
polo norte magnético | north magnetic pole
polo positivo | positive (pole)
polo saliente | salient pole
polo sólido | solid pole
polo sombreado | shaded pole

polo sur | south pole
polo sur magnético | south magnetic pole
polo vivo | high side; [*de un circuito o línea de fuerza*] hot side
polonio | polonium
polos de signo contrario | unlike poles
polos opuestos | unlike poles
polución electromagnética | electromagnetic pollution
polución radiactiva | radioactive pollution
polución térmica | thermal pollution
polvo | dust
polvo iridiscente | sparkle dust
polvo radiactivo | radioactive dust
PON de banda ancha [*trasmisión en banda ancha sobre red óptica pasiva*] | broadband-PON = broad band over passive optical network
ponderación | weightage, weighting
ponderación A | A weighting
ponderación de ruido | noise weighting
poner | to put
poner a cero | to clear, to reset; [*convertir en ceros una variable o una serie de bits*] to zero out, [*el valor de un bit*] to unset, to zero
poner a masa | to put on (/to) earth [UK]
poner a punto [*un programa*] | to debug
poner a tierra | to earth; to put on (/to) earth [UK], to put to ground [USA]
poner al día | to update
poner en anaquel | to shelve
poner en circuito | to connect, to cut in, to joint (up), to put in circuit
poner en cola [*almacenar un archivo en la cola de impresión*] | to spool
poner en cola de espera | to queue
poner en comunicación | to connect, to put through
poner en cortocircuito | to short-circuit
poner en derivación | to shunt (out)
poner en el circuito | to call in
poner en el espacio de trabajo | to put in workspace, to put on desktop
poner en estante | to shelve
poner en funcionamiento | to put in use
poner en marcha | to start
poner en paralelo | to shunt
poner en repisa | to shelve
poner en resonancia | to resonate
poner en servicio | to cut over, to enable, to put in service (/use)
poner fin | to end off
poner fuera de circuito (/servicio) | to switch out of operation
poner rumbo | to shape
poner una nota | to post
ponerse en cortocircuito | to short-circuit
ponerse en fase | to come into step
ponerse en la cola | to queuing

Pong [*primer videojuego comercial, creado por Atari en 1972*] | Pong
PoP [*punto de presencia (en internet)*] | PoP = point of presence
POP [*protocolo de la compañía de telecomunicaciones (para recuperación de mensajes electrónicos)*] | POP = Post Office protocol
por cierto [*abreviatura usada en correo electrónico*] | btw, BTW = by the way
por consiguiente | accordingly
por control remoto | remote-controlled
por defecto | default
por favor | please
por hora | per hour
por impulso | pulsed
por la tarde | afternoon
por mando a distancia | remote-operated
por radio | radioed
por separado | separately
por ultrasonidos | sonic
porcelana | porcelain
porcelanizar | to porcelainise [UK], to porcelainize [UK+USA]
porcentaje | percentage; per cent [UK], percent [USA]
porcentaje de apertura | per cent break
porcentaje de audición | per cent of hearing
porcentaje de blindaje | shield percentage
porcentaje de comunicaciones servidas | per cent completion, percentage of effective (to booked) calls
porcentaje de conductividad | per cent conductivity
porcentaje de contacto | per cent make
porcentaje de disponibilidad instantánea de energía | instantaneous availability factor
porcentaje de distorsión armónica (/por armónicos) | per cent (of) harmonic distortion
porcentaje de dosis profunda | percentage (/per cent) depth dose
porcentaje de indisponibilidad | unavailability factor
porcentaje de llamadas eficaces | percentage of effective (to booked) calls
porcentaje de modulación | modulation percentage, per cent (of) modulation
porcentaje de modulación del haz | per cent beam modulation
porcentaje de modulación máximo | maximum percentage modulation
porcentaje de ondulación | per cent ripple
porcentaje de ondulación eficaz | per cent of ripple voltage
porcentaje de pérdida de audición | per cent of hearing loss
porcentaje de precisión de medida | percentage of meter accuracy

porcentaje de rizado | per cent ripple
porcentaje de sincronización | percentage synchronization
porcentaje de sobrecarga | service factor
porcentaje de sordera | per cent (of) deafness
porcentaje de tiempo utilizado | time utilization factor
porcentaje efectivo de modulación | effective percentage modulation
porche anterior | front porch
porción de cuadratura | quadrature portion
porción del espectro | spectrum space
porción en fase de la señal | in-phase portion of the signal
porción rectilínea de la curva de ennegrecimiento | straight part of the characteristic curve
pormenor de la entrega | delivery particular
poro | pore, pinhole
porosidad | pinhole
porosidad aparente | volume porosity
porosidad volumétrica | volume porosity
portaaguja | chuck, needle holder
portaaislador | insulator pin
portaartefacto | fixture hanger (/stud)
portablindaje | shield base
portabobinas | reel holder
portacable | wireholder
portacarrete | reel holder
portacristales con espacio de aire | air-gap crystal holder
portacruceta | pole gain
portacubetas | cell holder
portacubetas calentable | temperature-controlled cell holder
portada | homepage, home page
portador | carrier, bearer
portador activo | hot carrier
portador caliente | hot carrier
portador de alta energía | hot carrier
portador de carga | charge carrier
portador de retención | hold-back carrier
portador del color | colour carrier
portador en desequilibrio | nonequilibrium carrier
portador inyectado por acción térmica | thermally injected carrier
portador isotópico | isotopic carrier
portador minoritario excedente | excess minority carriers
portador minoritario generado por agitación térmica | thermally generated minority carrier
portador principal | main carrier cable
portador semiconductor | semiconductor carrier
portadora | carrier (frequency)
portadora constante | steady carrier
portadora continua | continuous carrier
portadora controlada | controlled carrier

portadora cuadrada | quadrature carrier
portadora de crominancia | chrominance carrier
portadora de datos | data carrier
portadora de fase | phase carrier
portadora de grupo | group carrier
portadora de imagen | image (/picture, /video, /vision) carrier
portadora de impulsos | pulse carrier
portadora de instrucción separada | separately instructed carrier
portadora de luminancia | luminance carrier
portadora de mayoría | majority carrier
portadora de minoría | minority carrier
portadora de radio | radio carrier
portadora de sonido | sound carrier
portadora de vídeo | video (/picture) carrier
portadora de vídeo adyacente | adjacent video carrier
portadora decalada | offset carrier
portadora desplazada | offset carrier
portadora excedente | excess carrier
portadora intermedia | subcarrier
portadora mayoritaria | majority carrier
portadora minoritaria | minority carrier
portadora modulada | modulated carrier
portadora modulada en fase | phase-modulated carrier
portadora multicanal | multichannel carrier
portadora no modulada | unmodulated carrier
portadora no suprimida | unsuppressed carrier
portadora piloto | pilot (frequency) carrier
portadora por cable | carrier on wire
portadora principal | main carrier
portadora privada de radio | private radio carrier
portadora pulsada | pulsed carrier
portadora radioeléctrica | radio carrier
portadora reducida | reduced carrier
portadora reducida de modulación de amplitud | amplitude modulation reducer carrier
portadora secundaria | subcarrier
portadora sobre línea aérea | open-wire carrier
portadora sobre línea de energía | power line carrier
portadora sobre línea de trasporte de energía | power line carrier
portadora sobre microonda | carrier on microwave
portadora suprimida | quiescent (/suppressed) carrier
portadora suprimida de banda lateral simple | single-sideband suppressed carrier
portadora suprimida de modulación de amplitud | amplitude modulation suppressed carrier

portadora telefónica | telephone carrier
portadora variable | variable carrier
portadora virtual | virtual carrier
portadores en equilibrio | equilibrium carriers
portaelectrodo con reóstato | rheostat electrode holder
portaelectrodo de soldadura | welding electrode holder
portaelectrodos | electrode grip (/holder)
portaelectrodos orientable | pivoted (/tilting) electrode holder
portaelectrodos refrigerado por agua | water-cooled electrode holder
portaelemento | housing
portaescobillas | brush rod, wiper shaft
portaespejo | mirror mount
portafusible | fuse block (/carrier, /holder)
portafusible roscado | fuse post
portaisótopo rH | rH isotope holder
portal | portal
portal de aplicaciones | application gateway
portalámpara | fixture
portalámpara colgante | pendant lampholder
portalámpara sin llave | keyless lampholder (/socket)
portalámparas | socket, lamp holder (/socket)
portalámparas con interruptor de pulsador | push-through socket
portalámparas de rosca | screwed lamp socket
portamódulos | sub-rack
portamuestras | sample holder
portamuestras cuádruple | four-position sample holder
portaobjetivos giratorio | lens turret
portapantalla | screenholder, shade carrier (/holder), shield base
portapapel | copyholder
portapapeles | clipboard
portapapeles para trasferencia de datos | clipboard transfer
portapastilla | pellet holder
portapiloto | pilot lamp (/light) socket
portapines | pin carrier
portarreflector | reflector holder, shade carrier (/holder)
portarrelé | relay mounting
portatarjetas | sorting tray
portátil | portable, manpack
portatrama [*en fotomecánica*] | screen holder
portaválvula | (tube) socket, valve base (/holder, /socket)
portaválvula de chapas | wafer socket
portaválvula de esteatita | steatite valve socket
portaválvula extraplano | wafer socket
portaválvula magnal | magnal socket
portaválvula octal | octal socket
porte | delivery charge
porte garantizado | delivery charges guaranteed
porte pagado | postpaid, post paid
portero [*mecanismo de control del tráfico de red por admisión*] | gatekeeper
portero automático | entrance telephone system
pórtico | crossbar
portillo | port, porthole, shield window
portillo de guantes | glove port
POS [*espacio de operación personal*] | POS = personal operating space
POS [*producto de sumas*] | POS = product of sums
pos. = posición | pos = position
poset [*conjunto parcialmente ordenado*] | poset = partially ordered set
posibilidad | likelihood
posibilidad de ampliación | upgradeability
posibilidad de mejora | upgradeability
posibilidad de nuevo emplazamiento | relocatability
posibilidad de utilización | service ability
posibilidad única de descodificación | uniquely decodable (/decipherable)
posibilidades de servicio | service facilities
posible | possible
posición | position, location, site; attitude
posición A | A position
posición A con selección directa | dialling A position
posición activa | mark, throw
posición atrasada | back position
posición auxiliar | ancillary (/auxiliary) position
posición B | B position
posición combinada de líneas y registros | combined line and recording position
posición con selección directa | key pulsing position
posición con teclado | keysending (/key pulsing) position
posición de accionamiento | actuated position
posición de almacenamiento | storage position (/location)
posición de barra de regulación | regulating-rod position
posición de caracteres superiores | upper case
posición de centro exacto | dead centre position
posición de cifras | figure case
posición de concentración | concentration position
posición de conmutación (/conmutador) | switch position
posición de contacto | throw
posición de conversación | talking (/speaking) position
posición de corte | off-position, off setting
posición de cortocircuito efectivo | position of effective short
posición de desbordamiento | overflow position
posición de desconexión | off-position, off setting
posición de disparo | releasing position
posición de entrada | B position, incoming position
posición de escucha | listening position
posición de espera | standby position
posición de funcionamiento | operate (/service) position
posición de la pluma | pen position
posición de la pluma del oscilógrafo | pen position
posición de la unidad [*en un número*] | unit position
posición de llamada | calling (/ringing) position
posición de llamadas diferidas | suspended call position
posición de llegada | B position, incoming position
posición de medida | metering position
posición de observación | scanning position
posición de operadora | attendant's console (/set), switchboard position
posición de orden bajo | low order position
posición de perforación | punching position
posición de preparación para la reposición | reset tripped position
posición de pruebas | testing position
posición de rebosamiento | spillover position
posición de recepción | receiving position
posición de reposo | homing position, off-position
posición de retardo | retard position
posición de salida | A position, outgoing position
posición de salida con selección directa | dialling A position
posición de salida para tráfico diferido | outgoing delay position, point-to-point position
posición de seguimiento por radar | radar track position
posición de separación | splitting position
posición de servicio | service position
posición de signo | sign position
posición de telefonista | switchboard position
posición de telegramas por teléfono | phonogram position
posición de télex | telex position
posición de trabajo | on-position
posición de trabajo de operador | operator's working position
posición de trasmisión | transmitting position

posición de vigilancia | chief operator's desk
posición definida | fix
posición del eje | shaft position
posición del impulso | pulse position
posición desocupada | signalling position
posición determinada por radar | radar fix
posición determinada por radio | radio (range) fix
posición direccionable | addressable location
posición en la cola | queue place
posición indicadora | telltale position
posición intermedia | lending (/tandem, /junction switching, /toll switching) position
posición internacional | international (/foreign service) position
posición interurbana | toll (/trunk) position
posición libre | free (/signalling) position
posición manual de operador | manual assistance position
posición mixta | combined position
posición no ocupada | unoccupied (/unstaffed) position
posición normal | normal position
posición ocupada | occupied (/staff) position
posición para servicio nocturno | concentration position
posición posterior | back position
posición prevista en el plano | PPI prediction
posición protegida | protected location
posición retrasada | retard position
posición sin hilos | cordless position
posición tándem | tandem position
posición telegráfica | telegraph position
posición urbana | local position
posición X | X position
posición y velocidad Doppler | Doppler velocity and position
posicionador | position finder
posicionador para soldar | welding jig (/locator)
posicionamiento [*de la cabeza de lectura/escritura en un disco*] | seek
posicionamiento de la cabeza [*de lectura/escritura*] | head positioning
posicionamiento / reposicionamiento | set/reset
posicionamiento único | single threading
posicionar | to set
posiciones agrupadas | coupled (/grouped) positions
posistor [*termistor con alta característica positiva de resistencia en función de la temperatura*] | posistor
POSIT [*tecnología de perfiles para trabajo en red de sistemas abiertos*] | POSIT = profiles for open systems internetworking technology

positivo | positive, plus
positivo a masa | positive earth [UK], positive ground [USA]; positive grounding
positrón | positron, positive electron
positronio | positronium
POSIX [*interfaz portátil de sistema operativo para UNIX*] | POSIX = portable operating system interface for UNIX
poso radiactivo | radioactive fallout
poso radiactivo inmediato | early fallout
poso radiactivo local | local (/early) fallout
poso radiactivo retardado | delayed (/worldwide) fallout
poso radiactivo universal | worldwide (/delayed) fallout
POST [*prueba de autocomprobación electrónica, prueba automática de encendido*] | POST = power on selftest
postámbulo [*grupo de señales al final del bloque de datos codificados en fase para sincronización electrónica*] | post-amble
postcondición, poscondición | postcondition
postconformado, posconformado | postforming
postcorrección, poscorrección | post-edit
poste | mast, post, strut, support
poste arriostrado | stayed pole
poste arriostrado sobre sí mismo | trussed (/truss-guyed) pole
poste cabeza de línea | end pole, stayed (/strutted) terminal pole, terminal post
poste capacitivo | capacitive post
poste con soporte | stub-reinforced pole
poste creosotado | creosoted pole
poste creosotado a presión | pressure-creosoted pole
poste de ángulo | corner pole
poste de bifurcación | junction pole
poste de corte | test pole
poste de guiaondas (/guía de ondas) | waveguide post
poste de pruebas | test pole
poste de retención | strutted (/storm-guyed) pole
poste de rotación | transposition pole
poste de telégrafo | telegraph pole
poste de tipo telefónico | telephone pole
poste de trasformador | transformer pillar
poste de trasposición | transposition pole
poste en H | H pole
poste impregnado | treated pole
poste inductivo | induction (/inductive) post
poste inyectado | treated pole
poste para línea de energía eléctrica | power pole
poste S | S pole

poste telefónico | telephone pole
poste telegráfico | telegraph pole
poste terminal | terminal post
postedición encapsulada | encapsulated postscript
posteditar | to postedit
posterior | back, post, rear
posterior a la muerte | postmortem
postes acoplados | H pole
postes gemelos | coupled poles
postmortem | postmortem
postprocesador, posprocesador | postprocessor
PostScript [*lenguaje de descripción de páginas de Adobe Systems*] | Post Script
postulado cuántico | quantum postulate
postulado de los cuanta | quantum postulate
póstumo | postmortem
POT = potenciómetro | POT = potentiometer
potasio | potassium
potencia | power
potencia absoluta | absolute power
potencia absorbida | power dissipation (/drain, /input, /intake, /loss)
potencia absorbida por una máquina | power input to a machine
potencia activa | active (/real, /true) power
potencia admisible | power input, power-handling ability (/capability, /capacity)
potencia al eje | shaft output
potencia anódica de entrada | anode input power, anode power input, plate input (power)
potencia aparente | apparent power
potencia aparente nominal | nominal apparent power
potencia cedida | power output
potencia cero | zero power
potencia conectada | connected load
potencia consumida | power drain (/input, /intake)
potencia continua | continuous power
potencia contratada | subscribed demand
potencia de alimentación | supply power
potencia de antena | aerial power
potencia de arranque | starting power
potencia de banda lateral | sideband power
potencia de cálculo | computing power
potencia de caldeo de filamento | filament power supply
potencia de cierre | making capacity
potencia de conmutación | trip power
potencia de control | driving power
potencia de cresta | peak output (/power)
potencia de cresta de la envolvente | peak envelope power
potencia de cresta del impulso | (peak) pulse power

potencia de cresta radiada | peak-radiated power
potencia de cresta utilizable | usable peak power
potencia de deposición | throwing power
potencia de disipación | dissipation power, power dissipation
potencia de disparo | trip power
potencia de dispersión | leakage power
potencia de emanación | emanating power
potencia de emisión | emission (/radiating, /transmitting) power
potencia de emisión total | total emissivity
potencia de entrada | power in, power input
potencia de entrada de placa | plate input power, plate power input
potencia de excitación | drive (/driving) power
potencia de excitación de cresta | peak drive power
potencia de excitación de la rejilla | grid driving power
potencia de frenado | stopping power
potencia de fuente luminosa | light source power
potencia de fuga | leakage power
potencia de fuga de armónicos | harmonic leakage power
potencia de impulso de pico de frecuencia portadora | carrier frequency peak-pulse power
potencia de inyección | throwing power
potencia de la señal | signal power (/strength)
potencia de la zona fértil | blanket power
potencia de las barras de control | strength of control rods
potencia de los impulsos | pulse power
potencia de música | music power
potencia de ordenador | computer power
potencia de parada | stopping power
potencia de pico | peak power
potencia de pico de la envolvente | peak envelope power
potencia de pico del impulso | peak pulse power
potencia de pico utilizable | usable peak power
potencia de polarización variable | variable bias
potencia de portadora | carrier power
potencia de precisión | rated burden
potencia de radiación | radiation power
potencia de recepción | received power
potencia de régimen | nominal horsepower (/output), rated power
potencia de ruido | noise power

potencia de ruido sofométrico | psophometric noise power
potencia de salida | output (power), power output (/rating, /given out)
potencia de salida continua | continuous output power
potencia de salida de cresta | peak power output
potencia de salida de los impulsos | pulse power output
potencia de salida de pico | peak power output
potencia de salida de radiofrecuencia | radiofrequency power output
potencia de salida de ruido | noise output
potencia de salida de vídeo | video transmitter output
potencia de salida nominal | rated output power
potencia de salida parásita | unwanted output power
potencia de salida relativa | relative power output
potencia de salida sin distorsión | undistorted output (/power, /power output)
potencia de señal de imagen | video power
potencia de separación | separative power
potencia de servicio | rating, operating power
potencia de trabajo | nominal (/operate) power
potencia de trasmisión | transmitting power
potencia de trasmisión de imagen | visual transmitting power
potencia de trasmisión de vídeo | visual transmitting power
potencia de un emisor radioeléctrico | power of a radio transmitter
potencia de vídeo | video power
potencia del impulso de salida | output pulse rating
potencia del trasmisor | transmitter power (/output)
potencia del trasmisor de imagen | visual transmitter power
potencia del trasmisor de vídeo | visual transmitter power
potencia desarrollada | power output
potencia desvatada | reactive (/wattless) power
potencia dinámica | dynamic power
potencia disipable | power dissipation rating
potencia disipada en la puerta | gate power dissipation
potencia disipada por el electrodo | electrode dissipation
potencia disponible | available power (efficiency), power output
potencia disponible de señal | available signal power
potencia efectiva | actual (/true) power
potencia efectiva mínima | lowest effective power
potencia efectiva radiada | effective radiated power
potencia eficaz | true power
potencia eléctrica disponible | (hydraulically) available capability
potencia eléctrica máxima | maximum capability
potencia eléctrica máxima producida | | maximum power produced
potencia eléctrica neta | net electric capacity
potencia eléctrica no disponible | unavailable capability
potencia eléctrica nuclear | nuclear electrical power
potencia emisiva | emissive power
potencia en candelas [*unidad fotométrica*] | candlepower
potencia en candelas del haz | beam candlepower
potencia en la punta de carga | effective demand
potencia en reserva | reserve power
potencia en servicio | service power
potencia en vatios | wattage
potencia equivalente de frenado | equivalent stopping power
potencia equivalente de ruido | noise equivalent power
potencia específica | fuel rating, specific power
potencia especificada | power rating
potencia gestionada por el amplificador | power handled by the amplifier
potencia hidráulica | hydraulic power
potencia incidente | incident power
potencia inducida | power induction
potencia instantánea | instantaneous power
potencia inteligente | smart power
potencia límite admisible | overload power level
potencia límite determinada por el chisporroteo | sparking limit
potencia másica | power-weight ratio
potencia máxima | top power, maximum capacity
potencia máxima absorbida | maximum capacity
potencia máxima aplicable | power input
potencia máxima de radiación | peak radiation rate
potencia máxima del impulso | peak pulse power
potencia máxima instalada | maximum capacity
potencia máxima instantánea | peak envelope power, peak signal level
potencia máxima solicitada | maximum demand required
potencia media | mean power
potencia media de salida | average power output
potencia mínima de encendido | minimum firing power
potencia mínima detectable | mini-

mum detectable power, noise equivalent input
potencia musical | music power
potencia necesaria | power requirements
potencia nominal | nominal capability (/load, /power, /power rating), power input (/rating), rated power (supply), (wattage) rating
potencia nominal de entrada | input power rating
potencia nominal de salida | output power rating, rated power output
potencia nominal de salida de portadora | carrier power output rating
potencia nominal en vatios | wattage rating
potencia nominal homologada | nominal rated output
potencia normal | rating, rated power
potencia normal de salida | normal power output
potencia normalizada del tono de prueba | standard test-tone power
potencia nuclear | nuclear power
potencia nula | zero power
potencia perdida en el generador | stray power
potencia pulsada | pulsed power
potencia pulsatoria | pulse power
potencia radiada | radiated power
potencia radiada de la portadora | radiated carrier power
potencia radiada efectiva | effective radiated power
potencia radiante | radiant (/radiating) power
potencia reactiva | idle (/reactive, /wattless) power
potencia real | real (/true) power
potencia reducida | reduced rate
potencia reflejada | reflected power
potencia relativa | relative power
potencia relativa de frenado | relative stopping power
potencia relativa de parada | relative stopping power
potencia residual | afterpower
potencia silábica | syllabic speech power
potencia sin distorsión | undistorted power
potencia sofométrica | psophometric power
potencia sonora | sound power
potencia sonora de una fuente | sound power of a source
potencia suministrada | operating power, power output (/given out)
potencia suministrada a la antena | operating power
potencia térmica | thermal power
potencia térmica específica | thermal power rating
potencia térmica nominal | thermal power rating
potencia térmica total | total thermal power

potencia térmica útil | useful thermal power
potencia termoeléctrica | thermoelectric power
potencia total anódica de entrada | total anode power input
potencia total en vatios | total watts
potencia trasmitida | power level
potencia trasmitida en régimen permanente | flat leakage power
potencia útil | power output, useful power
potencia útil de salida | useful output power
potencia útil de una máquina | power output supplied by a machine
potencia útil nominal | output power rating
potencia vectorial | vector power
potencia vocal | acoustic speech pressure, speech power (/pressure)
potencia vocal de referencia | reference speech power
potencia vocal instantánea | instantaneous speech power
potencia vocal media | average speech power
potencia vocal normal | reference volume
potencia vocal silábica | syllabic speech power
potencial | potential
potencial a tierra | earth potential
potencial anódico estabilizado | stabilized anode potential
potencial avanzado | advanced potential
potencial bioeléctrico | bioelectric potential
potencial central | central potential
potencial cero | zero potential
potencial colector | collecting potential
potencial constante equivalente | equivalent constant potential
potencial crítico | critical potential
potencial culombiano | Coulomb potential
potencial de acción | action (/spike) potential
potencial de aceleración | accelerating potential
potencial de adsorción | adsorption potential
potencial de aparición | appearance potential
potencial de arranque | striking potential
potencial de arranque del contador | counter starting potential
potencial de asimetría | assymmetry potential
potencial de barrera | barrier potential
potencial de bloqueo | sticking potential
potencial de brillo | glow potential
potencial de cebado | striking potential
potencial de contacto | contact potential

potencial de Coulomb | Coulomb potential
potencial de deformación | deformation potential
potencial de demarcación | demarcation (/injury) potential
potencial de descarga | breakdown potential
potencial de descarga disruptiva | puncture potential
potencial de descomposición | decomposition potential
potencial de desionización | deionization potential
potencial de detención | stopping potential
potencial de difusión | diffusion potential
potencial de electrodo de equilibrio | equilibrium electrode potential
potencial de electrodo estático | static electrode potential
potencial de encendido | firing (/glow, /ignition, /striking) potential
potencial de estabilización | stabilizing potential
potencial de excitación | excitation energy (/potential)
potencial de extinción | extinction potential
potencial de extracción | extraction potential
potencial de Fermi | Fermi potential
potencial de frenado | stopping potential
potencial de inmersión | Hull potential
potencial de ionización | ionization (/ionizing) potential
potencial de la onda | wave potential
potencial de la unión líquida | liquid junction potential
potencial de lesión | injury potential
potencial de membrana | membrane potential
potencial de ocupación | busy potential
potencial de penetración | penetration potential
potencial de placa | plate potential
potencial de polarización | polarization potential
potencial de punta | spike potential
potencial de radiación | radiation potential
potencial de rejilla de pantalla | screen (grid) potential
potencial de reposo | resting potential
potencial de repulsión | repulsive potential
potencial de retardo | retarded potential
potencial de retención | sticking potential
potencial de ruptura | ignition potential
potencial de segundo ánodo | second anode potential
potencial de separación | separative work content

potencial de tierra | ground potential
potencial de velocidad | velocity potential
potencial de velocidad de un fluido | velocity potential of a fluid
potencial de velocidad del sonido | velocity potential of sound
potencial de Yukawa | Yukawa potential
potencial del electrodo | electrode potential
potencial del flujo (/haz) de electrones | electron stream potential
potencial del rango de excitación | driving range potential
potencial dinámico de electrodo | dynamic electrode potential
potencial disruptivo | sparking potential
potencial eléctrico | electric potential
potencial eléctrico entre dos puntos de una membrana | streaming potential
potencial electrocinético | electrokinetic potential
potencial electródico | electrode potential
potencial electrolítico | electrolytic potential, potential flow
potencial electroquímico | electrochemical potential
potencial electroquímico normal | normal electrode potential
potencial electrostático | electrostatic potential
potencial entre bornes | applied pressure
potencial entre estructura y tierra | structure-soil potential
potencial entre terminales | applied pressure
potencial escalar | scalar potential
potencial flotante | floating potential
potencial inverso de rejilla | reverse grid potential
potencial iónico | ionic potential
potencial magnético | magnetic potential; magnetomotive force [*obs*]
potencial medio de ionización | average ionization potential
potencial mioeléctrico | myoelectric potential
potencial negativo | negative potential
potencial neutro | neutral potential
potencial normal del electrodo | standard electrode potential
potencial nuclear | nuclear potential
potencial nulo | zero potential
potencial periódico | periodic potential
potencial propagado | propagated potential
potencial residual | rest potential
potencial V | V potential
potenciométrico | potentiometric
potenciómetro | potentiometer
potenciómetro alineal | nonlinear potentiometer
potenciómetro autoequilibrado | self-balanced potentiometer
potenciómetro bobinado | wire-wound potentiometer
potenciómetro con derivaciones | tapped potentiometer
potenciómetro con servomecanismo | servodriven potentiometer
potenciómetro con tomas | tapped potentiometer
potenciómetro coseno | cosine potentiometer
potenciómetro de ajuste | adjusting (/trim, /trimmer, /trimming) potentiometer
potenciómetro de ajuste bobinado | wire-wound trimming potentiometer
potenciómetro de ajuste de hilo bobinado | wire-wound trimmer
potenciómetro de ajuste de imagen | picture potentiometer
potenciómetro de ajuste fino | trimmer potentiometer
potenciómetro de ajuste no bobinado | nonwirewound trimming potentiometer
potenciómetro de ajuste por pasos | step potentiometer
potenciómetro de ajuste previo | preset potentiometer
potenciómetro de alambre bobinado | wire-wound potentiometer
potenciómetro de carbón moldeado | moulded carbon poteniometer
potenciómetro de cerametal | cermet potentiometer
potenciómetro de contactos | step potentiometer
potenciómetro de control panorámico | panoramic potentiometer, stereophonic pan-potentiometer
potenciómetro de control panorámico del sonido | stereophonic pan-potentiometer
potenciómetro de corredera | slide wire potentiometer
potenciómetro de dos terminales | two-terminal potentiometer
potenciómetro de encuadre de imagen | picture control potentiometer
potenciómetro de equilibrado del zumbido | hum-balancing pot
potenciómetro de equilibrio a cero | null balance potentiometer
potenciómetro de hilo | slide wire potentiometer
potenciómetro de inducción | induction potentiometer
potenciómetro de ley no lineal | nonlinear potentiometer
potenciómetro de ley simétrica | symmetrical taper potentiometer
potenciómetro de marcador estroboscópico | strobing potentiometer
potenciómetro de múltiples tomas | multitap potentiometer
potenciómetro de plástico conductivo | conductive plastic potentiometer
potenciómetro de precisión | precision potentiometer
potenciómetro de presión | pressure potentiometer
potenciómetro de regulación | adjusting (/trim, /trimming) potentiometer
potenciómetro de umbral | threshold potentiometer
potenciómetro de una (sola) vuelta | single-turn potentiometer
potenciómetro electrónico | electronic potentiometer
potenciómetro espiral | helical potentiometer
potenciómetro fotoeléctrico | photoelectric potentiometer
potenciómetro helicoidal | helical potentiometer
potenciómetro longitudinal | slide potentiometer
potenciómetro magnético | magnetic potentiometer
potenciómetro multicanal | multichannel potentiometer
potenciómetro multivuelta | multiturn potentiometer
potenciómetro no lineal | tapered potentiometer
potenciómetro semifijo | semiadjustable potentiometer
potenciómetro sinusoidal | sine pot = sinusoidal potentiometer
potenciómetro toroidal | toroidal potentiometer
potenciómetro variable | variable potentiometer
potente | powerful
POTS [*servicio de teléfonos analógicos antiguos*] | POTS = plain old-fashioned telephone services [USA]
PowerPC [*arquitectura de microprocesador desarrollada por IBM y Motorola*] | PowerPC
pozo cuadrado | square well
pozo cuadrado de potencial | square well
pozo cuadrado de potencial central | square spherical well
pozo de drenaje | catch pan
pozo de fondo permeable | drainage pit
pozo de potencial | potential box (/trough, /well)
pozo de potencial de contorno suavizado | smooth potential well
pozo esférico rectangular | square spherical well
pozo exponencial | exponential well
pozo gausiano | Gaussian well
pozo húmedo | wet well
pozo para combustibles agotados | spent fuel pit
pozo térmico | thermal pit
PP = punto de prueba (/comprobación) | TP = test point
PPCP = plataforma de PowerPC | PPCP = PowerPC platform
PPG [*pasarela de trasferencia de datos*] | PPG = push proxy gateway

PPI [*indicador de posición panorámica (/en el plano), radar panorámico*] | PPI = plan position indicator
PPI con ensanche en el centro | open centre PPI
PPI de acimut estabilizado = indicador de posición en el plano de acimut estabilizado | azimuth-stabilized PPI = azimuth-stabilized plan-position indicator
PPI excéntrico | off-centre PPI, offset ppi
ppm = páginas por minuto [*capacidad de una impresora*] | ppm = pages per minute
PPM [*cómputo (/medición) por impulsos periódicos*] | PPM = periodical pulse metering
PPM [*modulación por fase de impulsos*] | PPM = pulse-phase modulation
PPM [*modulación de posición de impulsos*] | PPM = pulse position modulation
ppp = puntos por pulgada | dpi = dots per inch
PPP = protocolo punto a punto [*para trasmisión de datos*] | PPP = point-to-point protocol
PPPI [*indicador panorámico de precisión, pantalla panorámica de precisión*] | PPPI = precision plan position indicator
PPPoE [*PPP sobre Ethernet*] | PPPoE = PPP over Ethernet
pps = periodos por segundo | pps = periods per second
PPS [*fuente de alimentacion auxiliar*] | PPS = peripheral power supply
PPS [*servicio de posicionamiento de precisión (por satélite, sólo para usos militares)*] | PPS = precision positioning service
PPTP [*protocolo de filtrado para comunicaciones punto a punto por internet*] | PPTP = point-to-point tunneling protocol
PPV = pago por visión [*pago por pase, televisión a la carta*] | PPV = pay-per-view
Pr = praseodimio | Pr = praseodymium
PRA [*acceso primario*] | PRA = primary rate access
práctica de la radioafición | amateur radio operation
práctico | practical
PRAM [*RAM de configuración en Macintosh*] | PRAM = parameter RAM
praseodimio | praseodymium
PRE = planificacion de recursos empresariales | ERP = enterprise resource planning
preacentuación de vídeo | video preemphasis
preajuste | preset, presetting
prealmacenamiento | prestore
prealmacenar | to prestore
preámbulo | heading, preamble
preamplificación | preamplification,
preemphasis
preamplificador | preamp = preamplifier; head amplifier, preamplifying, preheater, signal frequency amplifier
preamplificador compensador para fonocaptor | pickup equalizer preamplifier
preamplificador de antena | aerial preamplifier
preamplificador de dos vías | two-way preamplifier
preamplificador de registro y reproducción | tape record/playback preamplifier
preamplificador de reproducción | playback preamplifier
preamplificador de vídeo | video preamplifier
preamplificador del receptor | receiver preamplifier
preamplificador distante | remote preamplifier
preamplificador enchufable | plug-in amplifier
preamplificador estereofónico | stereo (/stereophonic) preamplifier
preamplificador fonográfico | pickup preamplifier
preamplificador logarítmico lineal | log/linear preamplifier
preamplificador microfónico | microphone preamplifier
preamplificador multigama | multirange preamplifier
preamplificador para giradiscos | turntable preamplifier
preamplificador remoto | remote preamplifier
preanálisis | lookahead
prearco | prearcing
preaviso de comunicación | advance notification of incoming call
preaviso de llamada | advance notification of incoming call
precableado | prewired
precalentador | preheater
precalentamiento | preburning
precalentamiento del electrodo | preheating of electrode
precalentamiento por radiofrecuencia | radiofrequency preheating
precaución | caution
precedencia | precedence
precedencia de izquierda a derecha | left-to-right precedence
precesión | precession
precesión aparente | apparent precession
precesión de Larmor | Larmor precession
precesión libre de estado estable | steady state free precession
precesión uniforme | uniform precession
precintado | seal
precintado al vacío | sealing-off
precintado preparatorio | housekeeper seal
precinto | seal
precinto del eje | shaft seal
precio de la energía | power rate
precio en la calle | street price
precio normal de venta | street price
precipitación | precipitation, deposition
precipitación de plasma | plasma deposition
precipitación del estroncio | strontium fallout
precipitación eléctrica | electric precipitation
precipitación electrostática | electrostatic precipitation
precipitación electrostática de humos | smoke deposition
precipitación radiactiva | radioactive fallout
precipitación troposférica | tropospheric fallout
precipitado electrolítico | deposit
precipitador | precipitator
precisión | accuracy, definition, precision, preciseness
precisión absoluta | absolute accuracy
precisión ampliada | extended precision
precisión de calibrado | calibration accuracy
precisión de resonancia | sharpness of resonance
precisión de seguimiento | tracking accuracy
precisión de trasferencia | transfer accuracy
precisión del barrido | sweep accuracy
precisión del codificador | encoder accuracy
precisión del instrumento | instrument accuracy
precisión del retardo de barrido | sweep delay accuracy
precisión del trazado | definition
precisión doble | double precision
precisión en demora | bearing accuracy
precisión fijada | setting accuracy
precisión inherente | inherent reliability
precisión múltiple | multiprecision, multiple precision
precisión relativa | relative accuracy
precisión triple | triple precision
precisión única | single precision
preciso | accurate
precompilador [*programa*] | precompiler
precondición | precondition
preconducción | preconduction
precorrección | precorrection
precorrector | predistorting
precoz | early
precursor | precursor
precursor de neutrones retardados | delayed neutron precursor
precursor radiactivo | radioactive precursor

predefinir | to preset
predeterminado | default
predicado | predicate
predicción de enlace | branch prediction
predicción de interferencias | interference prediction
predicción del tráfico | traffic forecast
predicción estadística | statistical prediction
predicción ionosférica | ionospheric prediction
predicción por radar | radar prediction
predictor de envenenamiento | poisoning predictor
predictor lineal | linear predictor
predifundido | semicustom
predominio de bajos | bass bassy
preénfasis | preemphasis
preenvejecimiento | burn-in
preferencia | preference, precedence
prefijo | prefix; [*en telefonía*] code
prefijo de etiqueta [*en informática*] | label prefix
prefijo de llamada | call letter
prefijo de prioridad | priority prefix
prefijo de zona | area code
prefijo del sistema métrico | prefix of the metric system
prefijo métrico | metric prefix
prefijos del sistema métrico | prefixes of the metric system
prefiltración | permanent filtration
preforma | preform
preformado | preforming
preformar | to preform
pregunta | enquiry, query, question
pregunta al finalizar la sesión | ask me at logout
pregunta en lenguaje natural [*pregunta formulada en un idioma concreto*] | natural language query
pregunta más frecuente | FAQ = frequently asked question
preguntar | to enquire, to inquire, to query; to interrogate
preionización | preionization
preionizante | preionizing
premodulación | premodulation
prenorma europea | European prestandard
prensa | press; mould [UK]
prensa de empalmar | splicing block
prensa de estampar | stamping machine
prensa de plomo | lead press
prensar | to press
preparación | etching
preparación de datos | data preparation
preparación de hilos | wire dress
preparación de la señal | signal conditioning
preparación de una comunicación interurbana | preparation of a trunk call
preparación del extremo de un cable | dressing, beating-in of a cable

preparación telegráfica | printer operation
preparado | ready
preparado para enviar | clear to send
preparado para transmitir datos | data transfer ready
preparado superficial | bondability
preparar | to mature, to set up
preparar página | page setup
preprocesador | preprocessor
presbiacusia | presbycusis
preselección | preselection, sender selection
preselección doble | double preselection
preselección parcial doble | partly double preselection
preselector | preselector, access selector
preselector con cavidad resonante de radiofrecuencia | RF cavity preselector
preselector de abonado | subscriber uniselector (/line switch)
preselector de Keith | Keith line switch
preselector de radiofrecuencia | RF preselector
preselector regenerativo | regenerative preselector
preselector rotatorio | (preselecting) rotary line switch
preselector vertical | Keith line switch
presencia | presence
presentación | presentation, introduction; display, scope
presentación alargada | stretched display
presentación ampliada | expanded scope
presentación ampliada de indicador de posición | expanded position indicator display
presentación comparativa de ecos | pip-matching display
presentación con tubo esquiatrón (/de traza oscura) | dark trace tube display
presentación D | D display
presentación de altura y distancia | RHI display
presentación de datos de radar | radar data display
presentación de información limitada a un sector | section display
presentación de la hora [*en pantalla*] | hour display
presentación de las formas de onda | waveshape display
presentación de página completa [*en pantalla*] | full-page display
presentación de radar | radar display
presentación de sector | section (/sector) display
presentación del indicador de altura y distancia | range height indicator display
presentación digital | digital display
presentación electroforética | electrophoretic display
presentación electroluminiscente | electroluminescent display
presentación en válvula de rayos catódicos | cathode ray valve display
presentación F | F display
presentación formateada | formatted display
presentación gráfica profesional | professional graphics display
presentación multimedia | multimedia presentation
presentación oscilográfica | oscillographic display
presentación osciloscópica | oscilloscope (/oscilloscopic) display
presentación osciloscópica alargada | stretched display
presentación panorámica | P display = panoramic display; panoramic presentation, PPI display
presentación panorámica con centro dilatado | expanded-centre ppi display
presentación panorámica de centro abierto | open centre PPI
presentación panorámica descentrada | off-centre play display, offset-centre PPI
presentación pictórica | pictorial display
presentación por áreas [*de datos*] | area chart
presentación por pantalla | screening
presentación preliminar | (print) preview
presentación resaltada | highlighting
presentación sectorial | sector display
presentación sonora | soft copy
presentación tipo A | A display
presentación tipo B | B display, B scope
presentación tipo L | L display, L scope
presentación visual | soft copy
presentación visual de las formas de onda | waveshape display
presentación visual de radar | radar-scope display
presentación visual no almacenada | nonstorage display
presentación visual panorámica | panoramic display
presentación visual ppi excéntrica | off-centre ppi display
presentación visual tipo A | type A display
presentación visual tipo N | N display, N scope
presentación visual tipo PPI | PPI display
presentaciones de información | frames
presentar [*en pantalla*] | to display
presentar el registro en pantalla | display register
presentar en pantalla | to view
presentar la memoria en pantalla [*del*

ordenador] | display memory
preservación de alimentos por irradiación | radiation preservation of food
presidente comercial | commercial president
presilla | press, staple
presilla de pinza elástica | spring snap clip
presilla de resorte | spring snap clip
presilla de suspensión | suspender
presilla de suspensión para cable aéreo | suspender
presilla de transistor | transistor clip
presilla para cable | rope gripper
presilla para fusible | fuse clip
presintonizable | pretunable
presintonización | preselection
presintonizador con cavidad resonante de radiofrecuencia | RF cavity preselector
presión | pressure
presión absoluta | absolute pressure
presión activa | active pressure
presión acústica | sound pressure
presión acústica de referencia | reference acoustic pressure
presión acústica excedente | excess sound pressure
presión acústica máxima | peak sound pressure
presión acústica vocal | (acoustic) speech pressure
presión ambiente | ambient pressure
presión aplicada | applied pressure
presión atmosférica | atmospheric pressure
presión barométrica | barometric pressure
presión barométrica al nivel del mar | sea-level barometric pressure
presión cinética | kinetic pressure
presión crítica | critical pressure
presión de aguja | needle pressure
presión de bombeo | pumping head
presión de contacto | contact pressure
presión de desaccionamiento | deactuating pressure
presión de desactivación | deactuating pressure
presión de elevación | elevation head
presión de estallido | burst pressure
presión de estancamiento | stagnation pressure
presión de funcionamiento | operating pressure
presión de ionización | ionization pressure
presión de la aguja | stylus pressure
presión de la radiación solar | solar radiation pressure
presión de Pitot [*presión dinámica ejercida en un tubo de Pitot*] | Pitot pressure, dynamic pressure
presión de prueba | proof pressure
presión de radiación | radiation pressure
presión de referencia | reference pressure
presión de reposición | restoring force
presión de rotura | burst pressure
presión de ruido equivalente | equivalent noise pressure
presión de soldadura | welding pressure
presión de trabajo | operating pressure
presión de vapor | vapour pressure
presión de velocidad | velocity head
presión del plasma | plasma pressure
presión dinámica | dynamic pressure; Pitot pressure; velocity head (/pressure)
presión dinámica de velocidad | velocity pressure
presión efectiva de sonido | effective sound pressure
presión electrostática | electrostatic pressure
presión equivalente del ruido del trasductor | transducer equivalent noise pressure
presión específica | specific pressure
presión estática | static pressure
presión hidrostática | hydrostatic pressure
presión límite de trabajo | safe working pressure
presión magnética | magnetic pressure
presión manométrica | gauge pressure
presión negativa | negative pressure
presión no equilibrada | unbalanced pressure
presión nominal | rated pressure
presión normal de la aguja | needle (/stylus) drag
presión osmótica | osmotic pressure
presión por resorte | spring load
presión punta | peak pressure
presión radiactiva | radiation pressure
presión reflejada | reflected pressure
presión rítmica | pulsing pressure
presión sonora | sound pressure
presión sonora eficaz | effective sound pressure
presión sonora instantánea | instantaneous sound pressure
presión sonora máxima | maximum sound pressure
presión termomolecular | thermomolecular pressure
presión unitaria | specific pressure
presión variable | variable pressure
presiones supercríticas del vapor | supercritical steam pressures
presostato | pressurestat
prestación | facility
prestaciones | features, user facilities
prestaciones de redes para usuarios [*posibilidad de acceso a centralitas telefónicas*] | networkwide subscribers features
prestaciones integrales de la red | full network features
prestaciones por relés radioeléctricos | radio relay facilities
presurización | pressurisation [UK], pressurization [UK+USA]
presurizador | pressurized
previo [*fam*] | signal frequency amplifier
previo pago | reverse charging
previsión de escisiones reiteradas | iterated fission expectation
previsión de fisiones reiteradas | iterated fission expectation
previsión de la propagación radioeléctrica | radiopropagation prediction
previsión de perturbaciones radioeléctricas | radio disturbance forecast
previsto | expected
previsualización | preview
previsualizar | to preview
PRF [*frecuencia (/velocidad) de repetición de impulsos, cadencia (/ritmo) de impulsos*] | PRF = pulse recurrence (/repetition) frequency
PRI [*interfaz principal para velocidad de trasmisión*] | PRI = primary rate interface
primarias de recepción | receiver primaries
primarias seleccionadas | selected primaries
primario | primary
primario aditivo | additive primary
primario de crominancia | chrominance primary
primario de crominancia aproximado | coarse chrominance primary
primario de crominancia fina | fine chrominance primary
primario de crominancia tosco | coarse chrominance primary
primario de luminancia | luminance primary
primario de trasformador | transformer primary
primario de trasmisión | transmission primary
primario no físico | nonphysical primary
primarios | primaries
primarios de color | colour primaries
primarios de presentación | display primaries
primarios de recepción | display primaries
primarios de trasmisión | transmission primaries
primer ajuste | first fit
primer armónico | first harmonic
primer artículo | first article
primer coeficiente de Townsend | first Townsend coefficient
primer detector | first detector
primer número cuántico | first quantum number
primer plano | foreground
primer selector | first selector
primera cifra | first digit

primera convergencia | crossover
primera descarga de Townsend | first Townsend discharge
primera etapa de audio | first audio stage
primera forma normal | first normal form
primera generación | first generation
primera talla | slab
primera ventana del infrarrojo | first fibre window
primera zona de Fresnel | first Fresnel zone
primera zona del infrarrojo | near infrared
primero | first
primero la prioridad más alta | highest priority first
primitivas | service primitives
primitivo | primitive
primo relativo | relatively prime
principal | leading, main, major, master, principal, leader, principle, starting, startup
principio de Bragg-Gray | Bragg-Gray principle
principio de complementariedad | complementary principle
principio de convergencia electrostática | electrostatic convergence principle
principio de convergencia magnética | magnetic convergence principle
principio de correspondencia | correspondence principle
principio de Doppler | Doppler principle
principio de dualidad | principle of duality
principio de energía mínima | least energy principle
principio de exclusión | exclusion principle
principio de exclusión de Pauli | Pauli exclusion principle
principio de exclusión de Pauli-Fermi | Pauli-Fermi exclusion principle
principio de Franck-Condon | Franck-Condon principle
principio de Heisenberg | Heisenberg principle
principio de Hittorf | Hittorf principle
principio de incertidumbre | uncertainty principle
principio de incertidumbre de Heisenberg | Heisenberg uncertainty principle
principio de la acción mínima | principle of least action
principio de la dispersión | scattering principle
principio de la equivalencia cuántica | quantum equivalent principle
principio de la suma | principle of additivity
principio de Pauli | Pauli principle
principio de Pauli-Fermi | Pauli-Fermi principle

principio de reciprocidad | reciprocity principle
principio de reconstrucción | building-up principle
principio de registro en serie | first in/first out
principio de registro secuencial | first-in/first-out
principio de superposición | overlay method, principle of superposition
principio de tasación por zonas | rate zone principle
principio de Wheatstone | Wheatstone principle
principio del puente de Wheatstone | Wheatstone principle
principio Doppler-Fizeau | Doppler-Fizeau principle
principio heterodino | heterodyne principle
principios de radio | radio principles
principios de radiotecnia | radio principles
prioridad | priority, precedence, call priorities
prioridad con desplazamiento | displacing priority
prioridad con corte | preemptive priority
prioridad con interrupción | preemptive priority
prioridad de interrupciones | interrupt priority
prioridad de operador | operator precedence
prioridad de petición | demand priority
prioridad del mensaje | message precedence
prisma de Nicol | Nicol prism
prisma divisor de haz | halving prism
prisma escalonado | step wedge
prisma polarizador | polarizing prism
prisma radar | radar prism
prisma semiplateado | semisilvered prism
privacidad | privacy
privacidad realmente buena [paquete de encriptación basado en clave pública] | pretty good privacy
privado | private
privatización | privatization
privilegio de acceso | access privilege
privilegios | user classes of services
PRMD [dominio de gestión privada] | PRMD = private management domain
probabilidad | odd, probability
probabilidad antifuga | nonleakage probability
probabilidad de adherencia | sticking probability
probabilidad de choque | probability of collision
probabilidad de colisión | probability of collision
probabilidad de desintegración | probability of disintegration
probabilidad de detección | detection probability

probabilidad de detección acumulativa | cumulative detection probability
probabilidad de escape a la captura por resonancia | resonance escape probability
probabilidad de escisiones reiteradas | iterated fission probability
probabilidad de excitación | excitation probability
probabilidad de éxito | probability of success
probabilidad de fisiones reiteradas | iterated fission probability
probabilidad de interferencia aleatoria | probability of random interference
probabilidad de ionización | probability of ionization
probabilidad de ionización por electrones | probability of ionization by electrons
probabilidad de no dispersión | non-leakage probability
probabilidad de ocupación | probability of busy (/engagement)
probabilidad de penetración | penetration factor (/probability)
probabilidad de pérdidas | probability of loss, percentage of lost calls
probabilidad de reacción | probability of reaction
probabilidad de retraso | probability of delay, percentage of delayed calls
probabilidad de transición | transition probability
probabilidad de transición total | total transition probability
probabilidad sucesional | sequential probability
probabilístico | random
probado mediante ultrasonidos | ultrasonically tested
probador | tester, exerciser
probador de aislamientos | growler
probador de alta tensión | hipot tester
probador de circuitos | in-circuit tester
probador de circuitos de rejilla | grid circuit tester
probador de conductancia mutua | mutual conductance checker (/meter)
probador de discos de cuadros marcadores | dial tester
probador de discos de llamada | dial tester
probador de inducidos | growler
probador de obleas | wafer probing
probador de resistencias | resistor tester, resistance testing set
probador de resistencias y condensadores | RC tester
probador de salida del trasmisor | transmitter output test set
probador de tensión | voltage tester
probador de tiratrones | thyratron tester
probador de transistores | transistor checker (/tester, /experimenter)
probador de válvulas | tube (/valve)

checker (/tester)
probador de válvulas de trasconductancia | transconductance valve tester
probador electromagnético | electromagnetic tester
probador in situ | in-situ tester
probador local | in-situ tester
probador magnético | magnet tester
probador portátil | portable tester
probador universal | multiple purpose tester
probar | to check, to test; to establish
probeta | cylinder, probe
probeta calibrada | calibrated cylinder
probeta de medición | measuring cylinder
probeta graduada | calibrated (/measuring) cylinder
probit [*unidad de probabilidad basada en la desviación media de una distribución normal*] | probit [*a unit of probability based on deviation from the mean of a standard distribution*]
problema de bolsa | knapsack problem
problema de comprobación | check problem
problema de control | check problem
problema de correspondencia de Post | Post's correspondence problem
problema de decisión | decision problem
problema de localización de averías | trouble-locating problem
problema de los puentes de Königsberg | Königsberg bridges problem
problema de matrimonio | marriage problem
problema de Milne | Milne problem
problema de parada | halting problem
problema de Post | Post's problem
problema de recuento | counting problem
problema de satisfactoriedad | satisfiability problem
problema de valor inicial | initial-value problem
problema de valores límite | boundary-value problem
problema decidible | decidable problem
problema del infrarrojo | infrared problem
problema del viajante de comercio | travelling salesman problem
problema patrón | benchmark problem
problema soluble | solvable problem
problema soluble recursivamente | recursively solvable problem
problema tipo | benchmark problem
problemas de valores propios | eigenvalue problems
procedente | originating
procedente de X | originating at X
procedimiento | procedure, system
procedimiento de acceso a enlaces para módems | link access procedure for modems
procedimiento de alternancia de frecuencias | frequency shift keying
procedimiento de aprobación | approval procedure
procedimiento de aproximación al mínimo máximo | minimax procedure
procedimiento de calibrado | calibration method
procedimiento de control de datos | data control procedure
procedimiento de conversión de múltiples frecuencias | multiple frequency conversion process
procedimiento de curvas previas | two-step calibration method
procedimiento de decisión | decision procedure
procedimiento de dos etapas | two-state process
procedimiento de espera | holding pattern (/procedure)
procedimiento de explotación | operation procedure
procedimiento de fusión por zonas | zone melting
procedimiento de grabación | recording process
procedimiento de instalación | installation procedure
procedimiento de modulación de impulsos codificados | PCM process = pulse-code-modulation system
procedimiento de película gruesa | thick-film process
procedimiento de planificación asistida por ordenador | CAP process
procedimiento de preparación | setup procedure
procedimiento de radiación múltiple | multiple beam method
procedimiento de radiotelefonía | radiotelephone procedure
procedimiento de semidecisión | semidecision procedure
procedimiento de tiempo-movimiento | time-motion process
procedimiento de trabajo | operation procedure
procedimiento de trasmisión de imágenes | picture transmission method
procedimiento de una sola etapa | single-stage process
procedimiento del autocrisol | skull melting
procedimiento efectivo | effective procedure
procedimiento en línea | inline procedure
procedimiento en modo básico | basic mode procedure
procedimiento en plano | planar process
procedimiento equilibrado | balanced procedure
procedimiento normalizado de medición | standard measurement procedure
procedimiento para solucionar anomalías | troubleshooting
procedimiento puro [*que sólo modifica datos registrados dinámicamente*] | pure procedure
procedimiento rápido | quick (/rapid) method
procedimiento simétrico | balanced procedure
procedimiento sol-gel | sol-gel process
procedimiento telegráfico | telegraph procedure
procesado | processing
procesado a bordo [*en satélites*] | on board proccessing
procesado de documentos en imágenes | document image processing
procesado de tareas | job processing
procesado de transacciones [*en comercio electrónico*] | transaction processing
procesado de transacciones en línea | online transaction processing
procesado digital de datos de vídeo | video data digital processing
procesado digital de la luz [*para proyectores*] | digital light processing
procesado en cooperación [*entre varios ordenadores*] | cooperative processing
procesado en paralelo | parallel computing
procesado inmediato [*en cuanto los datos están disponibles*] | demand-driven processing
procesado paralelo escalable | scalable parallel processing
procesado simultáneo | concurrent (/simultaneous) processing
procesador | processor; engine
procesador adjunto | attached processor
procesador central | mainframe, central processor (/processing unit)
procesador de acoplamiento | gateway
procesador de adquisición | acquiring processor
procesador de aplicación [*para una sola aplicación*] | application processor
procesador de búsqueda y rescate [*para satélites de localización*] | search and rescue processor
procesador de coma flotante | floating-point processor
procesador de comunicación | communication processor
procesador de comunicaciones de datos | data communications processor
procesador de datos | data processor
procesador de E/S = procesador de entrada/salida | I/O processor = input/output processor

procesador de entrada/salida | input/output processor
procesador de grupos de instrucciones | instruction set processor
procesador de imagen reticulada | raster image processor
procesador de impulsos de rueda fónica | tonewheel processor
procesador de información de vídeo por radar | radar video data processor
procesador de instrucciones múltiples | multiple instruction processor
procesador de lenguaje | language processor
procesador de macros | macroprocessor
procesador de matrices | array processor
procesador de mensajes con interfaz | interface message processor
procesador de mensajes con interfaz de terminales | terminal interface processor
procesador de órdenes | command processor
procesador de órdenes distribuidas | distributed array processor
procesador de palabras | word processor
procesador de palabras de comunicación | communicating word processor
procesador de palabras direccionables | word-addressable processor
procesador de partición de bits | bit-slice processor
procesador de periféricos | peripheral processor
procesador de presentación de información | display information processor
procesador de programa almacenado | stored-program processor
procesador de representación visual | display processor
procesador de señales | signal processor
procesador de señales digitales | digital signal processor
procesador de teclado | keyboard processor
procesador de textos | word processor
procesador de un solo dato | single-data processor
procesador de unidades múltiples | multiunit (processor), multiprocessor, multiprocessing system
procesador de visualización | display processor
procesador dual | dual processor
procesador electrosensitivo | electrosensitive processor
procesador en paralelo | parallel processor
procesador escalable [*de valores escalables*] | scalar processor

procesador especializado | back end processor
procesador frontal | front end processor
procesador frontal de red | network front end
procesador maestro | master processor
procesador masivo paralelo | massively parallel processor
procesador MIMD [*procesador de instrucciones múltiples y datos múltiples*] | MIMD processor = multiple instruction, multiple data processor
procesador MISD [*procesador de instrucciones múltiples y corriente de un solo dato*] | MISD processor = multiple instruction, single data processor
procesador múltiple | multiunit, multiprocessor, multiprocessing system
procesador múltiple paralelo | array processor
procesador multipunto | multipoint processor
procesador periférico | peripheral processor
procesador posterior | postprocessor
procesador principal | mainframe
procesador programable de comunicaciones | programmable communications processor
procesador regional | regional processor
procesador vectorial | array processor
procesador virtual | virtual processor
procesadores en tándem | tandem processors
procesamiento | processing
procesamiento concurrente | concurrent processing
procesamiento controlado por acciones | event-driven processing
procesamiento de atención inmediata | foreground processing
procesamiento de datos | data processing
procesamiento de información | information processing
procesamiento de la voz | speech (/voice) processing
procesamiento de llamadas | call processing
procesamiento de textos | word processing
procesamiento distribuido de transacciones | distributed transaction processing
procesamiento en cadena | pipelining
procesamiento en línea | online (/in-line) processing
procesamiento en paralelo | parallel processing
procesamiento en serie | serial processing
procesamiento integrado de datos | integrated data processing
procesamiento múltiple | multiprocessing, multiple processing

procesamiento por grupos | sequential processing
procesamiento por lotes | batch processing
procesamiento secuencial | sequential processing
procesamiento subordinado | background processing
procesar | to process
procesar información | to crunch
proceso | course, procedure, process, processing
proceso activado por interrupción | interrupt-driven processing
proceso adaptable | adaptive process
proceso aditivo | additive process
proceso aleatorio | random process (/processing)
proceso alternativo de telefonía y datos | alternate voice/data operation
proceso analítico | course of analysis
proceso analítico en línea | online analytical processing
proceso autoadaptable | self-adapting process, self-learning process
proceso automático de datos | automatic data processing
proceso Bernoulli | Bernoulli process
proceso Bernoulli de muestreo [*en estadística*] | Bernoulli sampling process
proceso bloqueado | blocked process
proceso centralizado | centralized processing
proceso continuo | continuous processing
proceso controlado por datos | data-driven processing
proceso de adición | additive process
proceso de Aitken | Aitken's process
proceso de aleación | alloy process
proceso de aprendizaje | learning process
proceso de carga | charging
proceso de consultas | query processing
proceso de conversión de múltiples frecuencias | multiple frequency conversion process
proceso de crecimiento epitaxial | epitaxial growth process
proceso de datos | data processing
proceso de datos distribuidos | distributed data processing
proceso de datos en tiempo real | real-time data processing
proceso de devanado | spooling process
proceso de difusión | diffusion process
proceso de difusión gaseosa | gaseous diffusion process
proceso de documentos | document processing
proceso de dos etapas | two-state process
proceso de encauzamiento | [*método de procesado por etapas secuencia-*

les simultáneas] pipelining, pipeline processing
proceso de entrada | input process
proceso de estabilización | stabilization process
proceso de etapas múltiples | multistage process
proceso de exploración | parsing
proceso de extracción por disolvente | solvent extraction process
proceso de fin de sesión | logout process
proceso de fondo | background process
proceso de imágenes | image (/picture) processing
proceso de la información | information processing
proceso de Leblanc | Leblanc process
proceso de lenguaje natural [*estudio del reconocimiento del lenguaje humano por equipos informáticos*] | natural language processing
proceso de listas | list processing
proceso de lotes | batch processing
proceso de modulación | process of modulation
proceso de órdenes | command processing
proceso de palabras | text (/word) processing
proceso de película gruesa | thick-film process
proceso de pilas | stack processing (/manipulation)
proceso de regeneración | regenerative process
proceso de registro | recording process
proceso de salida en ejecución | doing exit process
proceso de señales | signal processing
proceso de señales digitales | digital signal processing
proceso de separación | separation method
proceso de sintonización | tuning-in
proceso de solidificación | meltback process
proceso de Szilard y Chalmers | Szilard-Chalmers process
proceso de textos | word processing
proceso de tiempo real | real-time processing
proceso de transacciones [*en línea*] | transaction processing
proceso de tricromía | three-colour process
proceso de vaciado previo | preemptive process
proceso de vectores | vector processing
proceso derivado | child process
proceso descentralizado | decentralized processing
proceso deslizante | slip process
proceso dieléctrico | dielectric process

proceso dinámico | dynamic run
proceso directo [*de datos*] | direct processing
proceso discontinuo | batch process
proceso distribuido | distributed processing
proceso distribuido abierto | open distributed processing
proceso electrodialítico | electrodialytic process
proceso electrofotográfico | electrophotographic process
proceso electrográfico | electrographic process
proceso electrónico de datos | electronic data processing
proceso electrostático | electrostatic process
proceso en paralelo | parallel processing
proceso en plano | planar process
proceso en primer plano | foreground processing
proceso en serie | serial process
proceso epitaxial | epitaxial process
proceso estocástico | stochastic process
proceso hijo | child process
proceso húmedo | wet process
proceso informático distribuido | distributed computing
proceso informático en red centralizada | network-centric computing
proceso informático ubicuo | ubiquitous computing
proceso integrado de datos | integrated data processing
proceso interactivo | interactive processing
proceso irreversible | irreversible process
proceso Isoplanar [*marca comercial*] | Isoplanar process
proceso iterativo | iterative process
proceso limitado por la entrada | input-limited process
proceso limitado por la salida | output-limited process
proceso limitado por la velocidad en la entrada | input-limited process
proceso lógico | process of logic
proceso masivo en paralelo [*en arquitectura con múltiples procesadores*] | massively parallel processing
proceso metalúrgico por chispa | spark metal-working process
proceso metalúrgico por electroerosión | spark metal-working process
proceso óptico digital | digital optical processing
proceso permanente | nonstop processing
proceso por lotes | batch (process)
proceso predefinido | predefined process
proceso preferente | foreground processing
proceso probabilístico | random process

proceso químico inducido por la radiación | radiochemical analysis
proceso retardado | deferred processing
proceso semiaditivo | semiadditive process
proceso subordinado | background process (/processing)
proceso sustractivo | subtractive process
proceso virtual | virtual process
procesos secuenciales de comunicación | communicating sequential processes
PROCID [*identificador de proceso*] | PROCID = process identifier
producción | production, generation
producción continua de energía | steady production of power
producción de arco | arcing
producción de corrientes polifásicas | multiphase generation
producción de cristal de cuarzo artificial | quartz crystal growing
producción de energía | power production
producción de fluorescencia | fluorescence yield
producción de impulsos | pulse generation
producción de iones | ion yield
producción de neutrones | production of neutrons
producción de pares | pair production
producción de pares de iones | ion pair yield
producción de programas | programming
producción media posible de bombeo | mean potential generation
producción multimedia | multimedia production
productividad | producibility
productividad media | mean productivity
producto | product (material), yield
producto activo | active product
producto cartesiano | Cartesian product
producto conocido | mindshare
producto de Auger | Auger yield
producto de condensación | condensate
producto de desintegración | decay product
producto de desintegración radiactiva | radioactive decay product
producto de energía magnética | magnetic energy product
producto de escisión | fission product
producto de escisión de vida corta | short-lived fission product
producto de espalación | spallation product
producto de fisión | fission product
producto de ganancia en ancho de banda | gain bandwidth product

producto de la ganancia de tensión por anchura de banda | voltage gain-bandwidth product
producto de los cuatro factores | four-factor product
producto de potencia-retardo | delay-power product
producto de reacción | reaction product
producto de resistencia y capacidad | RC product
producto de solubilidad | solubility product
producto electrónico | electronic product
producto energético | energy product
producto escalar | scalar product
producto escueto [*sin suplementos decorativos (aplicado a sistemas informáticos)*] | plain vanilla [*fam*]
producto filtrado | filtrate
producto final | end product
producto IT [*producto de corriente perturbadora equivalente*] | IT product
producto longitud-velocidad de trasmisión | bit-rate-length product
producto normalizado de sumas | standard product of sums
producto opcional | optional product
producto químico | chemical
producto químico radiactivo | radiochemical
producto radiactivo | radioactive product
producto radiactivo de escisión | radioactive fission product
producto radioquímico | radiochemical
producto relativo | relative product
producto terminal de una familia radiactiva | end product of a radioactive series
producto vectorial | vector product
producto velocidad-consumo | power-speed product
productor | producer
productor de efectos de sonido | soundman
productor de energía | power producer
productor de neutrones | neutron producer
productor de ondas estacionarias | standing wave producer
productor multimedia | multimedia producer
productos de corrosión | crud [*fam*] [USA]
productos de escisión | fission fragments
productos sumarios | summary products
profesionalmente expuesto | occupationally exposed
profundidad | depth
profundidad compensada | depth balanced
profundidad de bits [*en registro de archivos gráficos*] | bit depth
profundidad de calentamiento | heating depth, depth of heating
profundidad de campo | depth of field
profundidad de corte | depth of cut
profundidad de inmersión | depth of immersion
profundidad de la modulación de velocidad para señales pequeñas | small-signal depth of velocity modulation
profundidad de la rugosidad | depth of roughness, peak-to-valley height
profundidad de modulación | depth of modulation
profundidad de modulación de velocidad | depth of velocity modulation
profundidad de modulación en klistrón | depth of modulation in klystron
profundidad de modulación para señal débil | small-signal depth of modulation
profundidad de penetración | penetration depth, depth of penetration
profundidad de superficie | skin depth
profundidad del entrehierro | gap depth
profundidad pelicular | skin depth
profundo | deep
programa | program [USA], programme [USA+UK]; program material, routine, schedule; software
programa activo | active programme
programa almacenado | stored programme
programa almacenado en chip | firmware
programa almacenado internamente | internally-stored programme
programa antivirus | antivirus program
programa autodocumentado | self-documenting programme
programa automático [*que se ejecuta sin intervención del usuario*] | batch programme
programa cableado | hardwired logic
programa cifrado | coded programme
programa compilador | compiler programme
programa conectado por conductores | wire-connected programme
programa creador [*de archivos*] | creator
programa de activación | launcher
programa de actualización | upgrade utility
programa de ampliación | upgrade utility
programa de análisis | analyser, analyzer
programa de animación | animation programme
programa de aparición súbita | pop-up programme
programa de aplicación | application programme
programa de aprendizaje | tutorial
programa de ayuda [*simplificada*] | wizard, helper programme
programa de biblioteca | librarian
programa de calendario [*agenda electrónica*] | calendar programme
programa de carga | loader
programa de carga octal | octal loading programme
programa de comprobación de datos | data-vet programme
programa de comunicaciones | communications programme
programa de configuración | configuration (/setup) programme
programa de control | control program; [*de una centralita telefónica*] driver
programa de control de red | network control programme
programa de control de mandato | command control programme
programa de copia | copy programme
programa de demostración | demo program = demonstration programme
programa de desfragmentación | defragmentation programme
programa de diagnóstico | diagnostic programme
programa de dibujo | paint programme
programa de ejecución | executive programme; [*en documentos HTML*] script
programa de ensamblaje | assembly programme
programa de evaluación | benchmark programme
programa de extensión [*de la memoria convencional*] | extender
programa de fax | fax programme
programa de filtrado | filtering programme
programa de gestión | driver
programa de gestión de interrupciones | interrupt handler
programa de gesión de memoria | memory management programme
programa de gráficos | drawing programme
programa de hoja de cálculo | spreadsheet programme
programa de hoja electrónica | spreadsheet programme
programa de instalación | setup, set-up program; installation programme, installer
programa de lectura | read-in program
programa de macros | macroprogram
programa de mantenimiento periódico | program of routine maintenance
programa de medidas periódicas | maintenance testing schedule, schedule of periodic tests
programa de mejora | upgrade utility
programa de ordenador | computer programme
programa de partida | source program
programa de prueba | test programme
programa de prueba del debe y haber | debit/credit benchmark

programa de pruebas periódicas | program of routine tests
programa de rastreo | trace program
programa de recuento | counter programme
programa de red cargado | network driver loaded
programa de reentrada | reentrant programme
programa de repetición molesta [*en chat*] | annoybot
programa de retención de impresión [*que retiene en memoria las órdenes de impresión hasta que la impresora pueda ejecutarlas*] | print spooler
programa de separación con guiones [*para cortar palabras al final de la línea*] | hyphenation programme
programa de serie | canned program
programa de software | software programme
programa de soporte | support programme
programa de traducción lingüística | language translation programme
programa de una sola pasada | one-pass programme
programa de usuario | application programme
programa de utilidad de mezcla | mixer utility
programa de utilidades | utility (programme)
programa de vaciado | dumper
programa de valoración de las prestaciones | benchmark programme
programa de verificación | checking (/test) programme
programa de verificación de ortografía | spelling checker
programa del sistema | system programme
programa depurador | debug program
programa determinado | fixed programme
programa ejecutable | executable programme
programa ejecutivo | executive programme
programa en cinta | taped programme
programa en cinta magnética | taped programme
programa en línea | inline programme
programa en uso | active programme
programa ensamblador | assembler (/assembly) programme
programa específico | specific programme
programa estereofónico | stereophonic broadcast
programa exterior | remote program
programa fantasma [*aún no lanzado al mercado*] | chalkware
programa ficticio [*aún no lanzado al mercado*] | vapourware
programa frontal inteligente | intelligent front end
programa FTP | FTP programme

programa fuente | source programme
programa gestor | manager
programa grabado | recorded program
programa heurístico | heuristic programme
programa inconcluso | unfinished programme
programa instantáneo [*de ejecución instantánea*] | snapshot programme
programa interactivo | interactive programme
programa local | local programme
programa maligno | malware
programa mantenido | sustaining programme
programa manual | manual program
programa monitor | monitor program
programa objeto | object (/target) programme
programa operacional | operational programme
programa optimizador | optimizer
programa original | source programme
programa para conversión de datos entre aplicaciones | messaging-oriented middleware
programa patrón | benchmark programme
programa por cableado | wired programme
programa por conexionado | wired programme
programa principal | main programme
programa rastreador | tracer program
programa recreativo | recreational broadcast
programa reentrante | reentrant programme
programa regido por menús | menu-driven programme
programa registrado | stored program
programa residente | resident program; [*en la RAM*] core programme
programa residente en la RAM | RAM-resident programme
programa residente que termina y permanece | terminate and stay resident programme
programa reubicable | relocatable programme
programa simulador | simulator programme
programa subordinado | background programme
programa supervisor | supervisory programme
programa televisado | televised programme
programa tipo | benchmark program
programa TSR [*programa residente que termina y permanece*] | TSR program = terminate and stay resident programme
programa trasmitido por cable (telefónico) | piped programme
programa trasmitido por televisión de suscripción | subscription television broadcast programme

programa vinculado | affiliate program
programable | programmable
programable por software | software-programmable
programación | programming, scheduling; software
programación almacenada | stored program
programación ascendente [*desarrollo de tareas con dificultad progresiva*] | bottom-up programming
programación automática | automatic programming
programación con números enteros | integer programming
programación concurrente | concurrent programming
programación controlada por acciones [*por ejemplo la pulsación de una tecla o el movimiento del cursor*] | event-driven programming
programación cuadrática | quadratic programming
programación de acceso aleatorio | random access programming
programación de acceso mínimo | minimum access programming
programación de dos direcciones | two-address programming
programación de error | error propagation
programación de máquinas herramienta | programming of machine tool
programación de mínima latencia | minimum latency programming
programación de prueba manual | manual test programming
programación de sistemas | system programming
programación de telecine | television film programming
programación de versiones | n-version programming
programación deductiva | inference programming
programación descendente | top-down programming
programación descriptiva | literate programming
programación dinámica | dynamic programming
programación diversa | diverse (/n-version) programming
programación en lenguaje ensamblador | assembly-language programming
programación en lenguaje simbólico | symbolic language programming
programación en serie | serial programming
programación estructurada | structured programming
programación fija | firmware
programación fija de fábrica | firmware
programación funcional | functional programming

programación general | software
programación interpretativa | interpretive programming
programación lineal | linear programming
programación lógica [*en informática*] | logic programming
programación matemática | mathematical programming
programación modular | modular programming
programación múltiple | multiprogramming, multiple programming
programación óptima | optimum programming
programación orientada a objetos | object-oriented programming
programación paralela | parallel programming
programación paso a paso | walkthrough
programación por inferencia | inference programming
programación remota | remote programming
programación simbólica | symbolic programming
programación sin protagonismo | egoless programming
programación visual | visual programming
programado | programmed, scheduled
programador | programmer, program controller, timer; [*informático*] developer
programador de aplicaciones | applications developer (/programmer)
programador de bases de datos | database designer
programador de piezas | part programmer
programador de potencia | power programmer
programador de PROM | PROM blaster (/blower, /programmer)
programador de sistemas | systems programmer
programador de tambor | drum programmer
programador de tambor mecánico | mechanical drum programmer
programador informático | computer programmer
programar | to programme [UK+USA]; to program [USA]; to schedule
programas compartidos | shareware
programas de dominio público | freeware
programas gratuitos (/de libre distribución) | freeware
progresión | travelling
progresión del rendimiento | performance upgrade
progresivo | progressive, continuous
progreso iterativo | iterative improvement
prohibición de servicio | denial of service

prohibido | forbidden
prohibir | to ban, to forbid, to prohibit
prolog [*lenguaje de programación lógica*] | prolog = programming in logic
prolongación anormal del descenso | tailing
prolongación de contacto | contact follow
prolongación de la espera | prolongation of delay
prolongación del eje | shaft extension
prolongación del impulso | pulse stretching
prolongación del impulso de vídeo | video stretching
prolongación del retén del eslabón de mando | drive link latch extension
prolongación por cable | cable extension
prolongador | cheater cord, extension (cord), flexible connector
prolongador de alineamiento | alignment protractor
prolongador de bucle | loop extending
prolongador de entrada | input extender
prolongador de impulsos | pulse lengthener (/width expander)
prolongador de impulsos rectangulares | boxcar lengthener
prolongador de línea | line lengthener
PROM [*memoria programable de sólo lectura*] | PROM = programmable read only memory
PROM borrable | erasable PROM
PROM de codificación | code PROM
PROM reprogramable | reprogrammable PROM
promediar | to tween
promedio | average, mean
promedio de señal | signal averaging
promedio de tráfico por enlace | average traffic per trunk
promedio de vida | average life
promedio móvil autorregresivo | autoregressive moving average
prometio | promethium
pronóstico de la propagación radioeléctrica | radiopropagation prediction
pronto | soon
pronunciación | enunciation
propagación | propagation
propagación anómala | anomalous propagation
propagación anormal | abnormal propagation
propagación casi óptica | quasi-optical propagation
propagación catastrófica de errores | catastrophic error propagation
propagación con saltos sucesivos | multihop propagation
propagación de firma | sign propagation
propagación de las ondas | wave propagation
propagación de las ondas de radio | radiopropagation

propagación de las ondas decimétricas | ultrahigh frequency propagation
propagación de onda de carga espacial | space-charge wave propagation
propagación de ondas radioeléctricas | radio wave propagation
propagación del error | propagation of error
propagación en el espacio libre | free space propagation
propagación en las capas de la tierra | earth layer propagation
propagación en modo de silbidos atmosféricos | whistler-mode propagation
propagación en modo Whisker | Whisker-mode propagation
propagación esporádica | sporadic propagation
propagación guiada | guide propagation
propagación hacia delante por dispersión | forward scatter propagation
propagación más allá del horizonte | beyond-the-horizon propagation
propagación no lineal | nonlinear programming
propagación no ortodrómica | non-great-circle propagation
propagación normal | normal (/standard) propagation
propagación ondas de radio | radio wave propagation
propagación ondulatoria | streaming
propagación por difracción | diffraction propagation
propagación por dispersión | scatter propagation
propagación por dispersión frontal en la ionosfera | forward propagation by ionospheric scatter
propagación por dispersión frontal en la troposfera | forward propagation by tropospheric scatter
propagación por dispersión terrestre | groundscatter propagation
propagación por guía de ondas | waveguide propagation
propagación por guiaondas | waveguide propagation
propagación por ionización esporádica de la capa | sporadic layer propagation
propagación por reflexiones sucesivas | multihop propagation
propagación por trayectoria múltiple | multipath propagation
propagación por un salto | single-hop propagation
propagación radioeléctrica | radiopropagation, radio (wave) propagation
propagación sin atenuación | unattenuated propagation
propagación trashorizonte | scattering
propagación troposférica | tropospheric scatter propagation

propaganda indeseada | junk mail
propensión | susceptibility
propiedad | property
propiedad del prefijo | prefix property
propiedad extrínseca | extrinsic property
propiedad intelectual | copyright, intellectual property
propiedad intrínseca | intrinsic property
propiedad intrínseca del semiconductor | semiconductor intrinsic property
propiedades características | characteristics
propiedades de cierre | closure properties
propiedades de la masa | mass properties
propiedades de las capacidades de servicio | service capability features
propietario | owner, proprietary
propio | self
proporción | ratio, scaling
proporción de corriente de ondulación | ripple current rating
proporción de errores de una manipulación | error rate of keying
proporción de errores de una traducción | error rate of translation
proporción de errores en los elementos | element error rate
proporción de éxito de autocarga | autoload success rate
proporción de inversión | reversing rate
proporción de llamadas perdidas | proportion of lost calls
proporción de óxido | oxide ratio
proporción de pérdida | leakage rate
proporción de tiempo | time ratio
proporción de trama | flame rate
proporcional | proportional
proporciones dieléctricas | dielectric rating
propósito | purpose
propulsar | to power
propulsión diesel eléctrica | diesel-electric drive
propulsión eléctrica | electric propulsion
propulsión electrostática | electrostatic propulsion
propulsión electrotérmica | electrothermal propulsion
propulsión iónica | ion (/ionic) propulsion
propulsión nuclear | nuclear propulsion
propulsión por acelerador de plasma pulsante | pulsed plasma propulsion
propulsión por acumuladores | driving by accumulators
propulsión por plasma | plasma propulsion
propulsión turboeléctrica | turboelectric drive
prospección | prospecting, prospection

prospección electromagnética | electromagnetic prospecting
prospección emanométrica | emanation prospecting
prospección local | site monitoring
prospección por radio | radio prospecting
prospección sísmica | seismic prospecting (/survey)
prospectar | to prospect
prospector | prospector
protactinio | protactinium
protección | guard, protection, safety, security, shield
protección a distancia | distance protection
protección anódica | anodic protection
protección antirradar | radar camouflage
protección automática de cortocircuito | automatic short-circuit protection
protección automática del tren | automatic train protection
protección básica | basic protection
protección biológica | biological protection
protección catódica | cathodic protection
protección catódica por ánodo sacrificatorio | sacrificial anode cathodic protection
protección con relés | relaying
protección contra copia | copyguard
protección contra cortocircuitos | short-circuit protection
protección contra descargas de campo | field discharge protection
protección contra el calor externo | shielding from external heat
protección contra el retorno de energía | reverse power protection
protección contra el ruido | noise control
protección contra escritura | write protect
protección contra interferencias perjudiciales | protection from harmful interference
protección contra interrupción de fase | phase failure protection
protección contra inversión de polaridad | reverse polarity protection
protección contra la búsqueda | fetch protect
protección contra la corriente inversa | reverse current protection
protección contra la detención del barrido | sweep protection
protección contra la intercalación | override security
protección contra la inversión de corriente | reverse current protection
protección contra la inversión de fases | phase reversal protection
protección contra la pérdida del campo excitador | loss of field protection

protección contra la radiactividad | radiological protection
protección contra las sobrecargas | overpower protection
protección contra lectura | read protection
protección contra los defectos de aislamiento | leakage protection
protección contra los rayos | radiation guard, shielding against lightning
protección contra pérdida de sincronismo | out-of-step protection
protección contra picos de corriente | surge current protection
protección contra radiaciones | radiation protection, radio shielding
protección contra radiactividad | radioactive screening
protección contra segundo canal | rejection of second channel
protección contra sobrecargas | overload protection
protección contra sobrecorriente | overcurrent protection
protección contra sobretemperaturas | overtemperature protection
protección contra sobretensiones | overvoltage protection (/protector)
protección contra tensión insuficiente | undervoltage protection
protección contra tirones | strain relief
protección de acción diferida | time limit protection
protección de archivos | file protection
protección de copia [*para no poder copiar un programa sin autorización*] | copy protection
protección de corriente mínima | undercurrent protection
protección de demarcación | perimetre protection
protección de emergencia | backup (/reserve) protection
protección de la memoria | memory (/storage) protection
protección de límites | boundary protection
protección de los contactos | contact guard
protección de los datos | data protection
protección de masa | frame leakage protection
protección de memoria | memory protection
protección de mínima tensión | undervoltage protection
protección de mínimo de potencia | underpower protection
protección de puesta a tierra | ground protection
protección de reactancia | reactance protection
protección de reserva | backup (/reserve) protection
protección de software | software protection

protección de tensión baja | low-voltage protection
protección de transitorios de tensión en la línea | line voltage transient protection
protección del almacenamiento | storage protection
protección del área | area protection
protección del circuito | circuit protection
protección del punto explorador | spot protection
protección del registro | storage protection
protección del sistema | system security
protección diferencial de tanto por ciento | percentage (bias) differential protection
protección diferencial longitudinal | longitudinal differential protection
protección diferencial trasversal | transverse differential protection
protección en caso de fallos | fail-safe
protección frente a fallos de línea | line fault protection
protección homopolar | zero phase-sequence protection
protección permanente | permanent protection
protección por clave | password protection
protección por código | password protection
protección por comparación de fase | phase comparison protection
protección por corriente portadora | carrier current protection
protección por hilos piloto | pilot wire protection
protección por piloto | pilot protection
protección por piloto de comparación directa | pilot protection with direct comparison
protección por piloto de comparación indirecta | pilot protection with direct comparison
protección por piloto mediante trasmisión de señal | pilot protection with direct comparison
protección por piloto según trasmisión de señal | pilot protection with direct comparison
protección por puntos | spot protection
protección por radioenlace | radio link protection
protección primaria | buffer
protección principal | main protection
protección puntual | spot protection
protección radiológica | radiological safety
protección sacrificatoria | sacrificial protection
protección selectiva | selective protection
protección térmica | thermal protection
protector | arrester, protector, saver, shelter; armour [UK], armor [USA]; protective
protector contra descargas | lightning guard
protector contra el viento | wind shield
protector de bloques | block protector
protector de bobina | spindle lightning protector
protector de campo | field shield
protector de caucho | rubber nipple
protector de cinta superior | upper ribbon shield
protector de escritura | write protection
protector de la red | network protector
protector de lámpara portátil | portable lamp guard
protector de pantalla | screen saver
protector de red | network protector
protector de tirita | thyrite protector
protector químico | chemical protector
protector térmico | thermal protector
protegido | protected, schielded
protegido con fusible | fused
protegido contra agentes exteriores | proof
protegido contra cortocircuitos | short-circuitproof
protegido contra escritura | write protect
protegido contra la humedad atmosférica | protected against atmospheric humidity
protegido contra lectura | read protect
protegido contra sobrecargas destructivas | protected against burnout
protejido con rejilla | screen-protected
protio | protium
protocolo | protocol
protocolo administrativo técnico | technical office protocol
protocolo binario sincrónico | binary synchronous protocol
protocolo BISYNC [*protocolo binario sincrónico*] | BISYNC protocol = binary synchronous protocol
protocolo BSC [*protocolo sincrónico binario*] | BSC protocol = binary synchronous protocol
protocolo CGI [*protocolo de interfaz de puerta común*] | CGI script = common gateway interface script
protocolo de acceso | access protocol
protocolo de acceso a directorio jerarquizado | lightweight directory access protocol
protocolo de acceso a directorios | directory access protocol
protocolo de acceso a impresora | printer access protocol
protocolo de acceso a mensajes | message access protocol
protocolo de acceso de datos | data access arrangement
protocolo de acceso de enlace | link access protocol
protocolo de acceso inalámbrico [*para redes y bases de datos*] | wireless application protocol
protocolo de acceso interno | interior gateway protocol
protocolo de acceso *push* | push access protocol
protocolo de activación y desactivación | activation and deactivation procedure
protocolo de acuerdo | memorandum of understanding
protocolo de alerta | alert protocol
protocolo de almacenamiento intermedio de hipertexto | hypertext caching protocol
protocolo de anuncio de sesión [*en multidistribución de paquetes de datos*] | session announcement protocol
protocolo de aplicación | application protocol
protocolo de aplicación de red inteligente | intelligent network application protocol
protocolo de aplicación para redes inalámbricas | wireless application protocol
protocolo de arranque [*del ordenador*] | boot protocol
protocolo de arranque y asignación | bootstrap protocol
protocolo de autenticación extensible | extensible authentication protocol
protocolo de autenticación mediante desafío | challenge handshake authentication protocol
protocolo de autenticación por contraseña | password authentication protocol
protocolo de automatización fabril | manufacturing automation protocol
protocolo de aviso de accesibilidad [*en servidores de internet*] | service advertising protocol
protocolo de caché en internet [*para comunicación unidistribución*] | Internet cache protocol
protocolo de cambio de especificaciones de cifrado | change cipher spec protocol
protocolo de canalización en tiempo real | real-time streaming protocol
protocolo de claves de internet | Internet key protocol
protocolo de comercio | trading protocol
protocolo de comercio abierto en internet | Internet open trading protocol
protocolo de comunicación para minidisco flexible | minifloppy handshake
protocolo de comunicaciones | communication protocol
protocolo de configuración de servidor dinámico | dynamic host configuration protocol

protocolo de configuración dinámica de nodos | dynamic host configuration protocol
protocolo de configuración para reserva de recursos | resource reservation setup protocol
protocolo de control | control protocol
protocolo de control de cifrado | encryption control protocol
protocolo de control de enlace | link control protocol
protocolo de control de enlace de datos | data link control protocol
protocolo de control de la compresión | compression control protocol
protocolo de control de la pasarela | gateway control protocol
protocolo de control de red | network control protocol
protocolo de control de tiempo real [*protocolo de trasmisión escalable*] | real-time control protocol
protocolo de control de trasmisión | transmission control protocol
protocolo de control del trasporte [*de datos*] | transport control protocol
protocolo de correos [*para recuperación de mensajes eletrónicos*] | post office protocol
protocolo de datagrama de usuario | user datagram protocol
protocolo de datagramas para sistemas inalámbricos | wireless datagram protocol
protocolo de descripción de sesiones | session description protocol
protocolo de descubrimiento de servicios | service discovery protocol
protocolo de distribución de etiquetas | label distribution protocol
protocolo de encaminamiento de acceso interno | interior gateway routing protocol
protocolo de encaminamiento de contenido | content routing protocol
protocolo de enlace de acceso [*para módem*] | link access procedure [*for modems*]
protocolo de especificaciones | specifications protocol
protocolo de estímulos | stimulus protocol
protocolo de filtrado punto a punto [*para comunicaciones por internet*] | point-to-point tunneling protocol
protocolo de flujo en tiempo real | real-time streaming protocol
protocolo de impresión por internet [*para envío de información directamente a impresoras*] | Internet printing protocol
protocolo de información | information protocol
protocolo de información de zona | zone information protocol
protocolo de información sobre enrutamiento | routing information protocol

protocolo de inicio de sesión | session initiation protocol
protocolo de interfaz de red | network interface protocol
protocolo de internet | Internet protocol
protocolo de línea | line protocol
protocolo de línea serie comprimido | compressed serial line protocol
protocolo de localización de servicios | service location protocol
protocolo de mensajes | message protocol
protocolo de mensajes de control | control message protocol
protocolo de multienlace punto a punto [*protocolo de internet*] | multi-link point-to-point protocol
protocolo de negociación inicial | handshake protocol
protocolo de pago | payment protocol
protocolo de pago electrónico seguro | secure electronic payment protocol
protocolo de paquetes de datos | packet data protocol
protocolo de puerta externa | external gateway protocol
protocolo de puerta límite | border gateway protocol
protocolo de *push* aéreo [*ejecutado entre pasarela y cliente*] | push over the air
protocolo de red | network protocol
protocolo de red Microcom | Microcom network protocol
protocolo de red para gestión de datos | network data management protocol
protocolo de registro | record protocol
protocolo de reserva [*de recursos*] | reservation protocol
protocolo de resolución | resolution protocol
protocolo de resolución de dirección de retorno | reverse address resolution (/recognition) protocol
protocolo de resolución de direcciones | address resolution protocol
protocolo de seguridad | security protocol
protocolo de seguridad para mensajes | message security protocol
protocolo de sesión para sistemas inalámbricos | wireless session protocol
protocolo de terminal de comunicaciones | communications terminal protocol
protocolo de tiempo real | real-time protocol
protocolo de trabajo en red | networking protocol
protocolo de transacción para sistemas inalámbricos | wireless transaction protocol
protocolo de transacciones electrónicas seguras | secure electronics

transactions protocol
protocolo de trasferencia [*en trasmisión de datos*] | transport protocol
protocolo de trasferencia de archivos | file transfer protocol
protocolo de trasferencia de correo | mail transfer protocol
protocolo de trasferencia de ficheros trivial | trivial file transfer protocol
protocolo de trasferencia de hipertexto | hypertext transfer protocol
protocolo de trasferencia simple de correo | simple mail transfer protocol
protocolo de trasmisión de control de flujo | stream control transmission protocol
protocolo de trasmisión de hipertexto | hypertext transfer protocol
protocolo de trasporte para aplicaciones en tiempo real | real-time transport protocol
protocolo de túnel [*protocolo para conmutación de paquetes de datos por túnel*] | tunnelling protocol
protocolo de verificación por clave | password authentication protocol
protocolo de vinculación de nombres [*de Apple*] | name binding protocol
protocolo del canal D | D-channel protocol
protocolo del servidor | server protocol
protocolo del sistema de directorio | directory system protocol
protocolo en modo básico | basic mode procedure
protocolo encaminable [*para trasmisión de datos*] | routable protocol
protocolo entre redes | internet protocol
protocolo funcional | functional protocol
protocolo internet para control de mensajes | Internet control message protocol
protocolo LLC [*protocolo para el control lógico de enlaces*] | LLC protocoll = logical link control protocol
protocolo múltiple | multiprotocol
protocolo normalizado de acceso al directorio | directory access protocol
protocolo NTP [*protocolo para sincronizar la hora de un sistema con la de una red*] | network time protocol
protocolo orientado al bit | bit-oriented protocol
protocolo orientado al byte [*en comunicaciones asincrónicas*] | byte-oriented protocol
protocolo orientado al carácter | character-oriented protocol
protocolo para trasmisión de noticias por la red | network news transfer protocol
protocolo para transferencia segura de hipertexto | secure hypertext transfer protocol

protocolo punto a punto | point-to-point protocol
protocolo seguro para trasferencia de hipertexto | hypertext transfer protocol secure
protocolo SET [*protocolo seguro para transacciones electrónicas*] | SET protocol = secure electronics transactions protocol
protocolo simple para gestión de redes | simple network management protocol
protocolo sin fiabilidad [*para comunicaciones*] | unreliable protocol
protocolo sincronizado | synchronous protocol
protón | proton
protón de erupción solar | solar flare proton
protón negativo | negative proton
protón primario | primary proton
prototipo | prototype
prototipo de reactor de prueba avanzado | advanced test prototype reactor
prototipo de sección L | prototype L-section filter
proveedor | provider, vendor
proveedor de acceso a internet | Internet access provider
proveedor de acceso comercial | commercial access provider
proveedor de accesos [*en internet*] | access provider
proveedor de contenidos | content provider
proveedor de contenidos independiente | independent content provider
proveedor de gestión de servicios [*en internet*] | managed service provider
proveedor de servicio de aplicaciones | application service provider
proveedor de servicios de gestión | manager service provider
proveedor de servicios de internet | Internet service provider
proveedor de servicios secundario | secondary service provider
proveedor de servicios telefónicos por internet | Internet telephone service provider
proveedor de software | software vendor
proveedor del servicio | service provider
proveedor principal | top provider
provincia | country
provisto de bisagras | hinged
provisto de fusibles | fused
provocado por ondas sónicas | sonically induced
provocado por protones | proton-induced
provocar [*en comunicaciones por internet para conseguir respuestas apasionadas*] | to troll
provocar un fallo | to fail

provocar una respuesta | to trigger a reply
proximidad | proximity, adjacency
próximo | next
proyección | overhang, screening
proyección acimutal | azimuthal projection
proyección anterior | posterior-anterior view
proyección de cine por televisión | television film projection
proyección de posición en el plano | projection PPI
proyección de texturas | texture mapping
proyección del fondo | background projection
proyección del indicador de posición en el plano | projection PPI
proyección estereográfica | stereographic projection
proyección frontal | front projection, posterior-anterior view
proyección lateral | profile view
proyección longitudinal interior | ridge
proyección mural | wall projection
proyección no frontal | read projection
proyección oblicua | oblique projection (/view)
proyección PA | PA projection
proyección polar | polar projection
proyección por trasparencia | rear (screen) projection
proyección posterior | posterior projection
proyección sobre la pared | wall projection
proyección sobre pantalla | screen projection
proyección tangencial | tangential projection (/view)
proyección y exploración focal | focus projection and scanning
proyectar | to map
proyectil aerodinámico | aerodynamic missile
proyectil antiaéreo dirigido por radio | radio-controlled antiaircraft missile
proyectil antiaéreo radioguiado | radio-controlled antiaircraft missile
proyectil autodirigido | self-guided missile
proyectil autodirigido por radar | radar self-guided missile
proyectil autodirigido por radar propio | radar self-guided missile
proyectil balístico trascontinental | transcontinental ballistic missile
proyectil buscador del blanco por radar propio | radar-homing missile
proyectil cohete | rocket missile
proyectil dirigido | guided missile
proyectil dirigido aire-aire | air-to-air guided missile
proyectil dirigido aire-superficie | air-to-surface guided missile
proyectil dirigido por radio | radio command guided missile
proyectil dirigido tierra-aire | surface-to-air-guided missile
proyectil dirigido tierra-tierra | surface-to-surface guided missile
proyectil táctico | tactical missile
proyecto | project
proyecto de cables | cable project
proyecto de frecuencias propuesto | proposed frequency plan
proyecto de telecomunicaciones | telecommunication project
proyecto encapsulado | encapsulated project
proyecto piloto | field trial
proyecto radioeléctrico | radio project
proyector | projector, headlight
proyector con procesado digital de la luz | digital light processing projector
proyector con reflector | reflector spotlight
proyector cuádruple | quadrajector
proyector de aterrizaje | landing flood light
proyector de datos | data projector
proyector de exploración | search-light, scanning head
proyector de haz | spot
proyector de imágenes opacas [*en combinación con cámara de televisión*] | balop
proyector de opacos | opaque projector
proyector de ordenador | data projector
proyector de pista | runway flood light
proyector de señales | signalling lamp
proyector de señalización | signalling lamp
proyector de siluetas | profile spotlight
proyector de sombra | shadow caster
proyector de sonar | sonar proyector
proyector de sonido subacuático | underwater sound projector
proyector de telecine | film pickup, telecine (/television film) projector
proyector de televisión | television projector
proyector de vista previa | preview projector
proyector difuso | softlight
proyector dividido | split projector
proyector DLP [*proyector con procesado digital de la luz*] | DLP prujector = digital light processing projector
proyector E | E scope
proyector eléctrico | electric projector
proyector episcópico | opaque projector
proyector F | F scope
proyector LCD [*proyector con pantalla de cristal líquido*] | LCD projector = liquid crystal display projector
proyector multicelular | split projector
proyector orientable | floodlight
proyector partido | split projector
proyector por trasparencia | rear

screen projector
proyector tipo Schmidt | Schmidt-type projector
PRR [*cadencia (/ritmo) de la pulsación, frecuencia de repetición de impulsos*] | PRR = pulse recurrence (/repetition) rate
prueba | test, testing, proof
prueba a cero | zero check
prueba acelerada de vida | accelerated life test
prueba alfa | alpha test
prueba aritmética | arithmetic check
prueba asistida por ordenador | computer-aided testing
prueba automática | automatic test
prueba automática de encendido | power on self test
prueba bajo carga | service test
prueba cíclica de redundancia | cyclic redundancy check, cyclic redundancy comprobation
prueba comparativa | benchmark test
prueba con señal acústica | audible signalling test
prueba con señal de frecuencia musical | tone (signal) test
prueba con zumbador | tone (signal) test
prueba de aceleración | ageing test, burn-in
prueba de aceptación | acceptance test (/testing)
prueba de adherencia | peel (adhesion) test
prueba de aislamiento | insulation test
prueba de ajuste | shakedown test
prueba de almacenamiento | memory test prompt
prueba de alto potencial | high potential test
prueba de amplificación de potencia musical | music power test
prueba de amplitud múltiple | multiple-range test
prueba de apantallado | screening test
prueba de audición | speech (/talking) test
prueba de barrido | sweep test
prueba de beta | beta test
prueba de bloqueo | blocking test
prueba de bondad del ajuste | goodnessof test
prueba de bujías | spark plug test
prueba de caída de potencia | drop test
prueba de caída de voltaje | drop test
prueba de calidad funcional de trasmisión | proof-of-performance test
prueba de características | benchmark
prueba de chispa | spark test
prueba de cierre y apertura | on-off test
prueba de comparación | comparison testing
prueba de compatibilidad | loopback test

prueba de condiciones ambientales aceptables | acceptable-environmental-range test
prueba de conformidad | conformance test (/testing)
prueba de continuidad | continuity check (/test)
prueba de conversación | speech (/talking) test
prueba de corrección | correctness proof
prueba de corrección del programa | program correctness proof
prueba de corrección parcial | proof of partial correctness
prueba de corrección total | proof of total correctness
prueba de correspondencia | correlation test
prueba de corrientes de alimentación | current test
prueba de cortocircuito | short check, short-circuiting test
prueba de descarga | flash test
prueba de descarga disruptiva | sparkover (/voltage breakdown) test
prueba de desuso | shelf test
prueba de diagnóstico | diagnostic test
prueba de diagnóstico de función | diagnostic function test
prueba de duración | life test
prueba de duración en funcionamiento | operating life test
prueba de enlaces | link testing
prueba de envejecimiento | ageing test
prueba de esfuerzos escalonados | step stress test
prueba de estación a estación | station-to-station test
prueba de evaluación de prestaciones | whetstone benchmark
prueba de evaluación de rendimientos | whetstone benchmark
prueba de fatiga [*para equipos informáticos*] | stress test
prueba de fiabilidad | reliability test
prueba de flujo termoplástico | thermoplastic flow test
prueba de Fox | Fox test
prueba de frotamiento | wipe test
prueba de funciona/no funciona | go/no-go test
prueba de funcionamiento | functional testing, operational test
prueba de funcionamiento acelerado | accelerated service test
prueba de impulsos | impulse test
prueba de integración | integration testing
prueba de integradores | rate test
prueba de inyección de señal | signal injection test
prueba de la caja blanca | white-box testing, glass-box testing
prueba de la caja de vidrio | glass-box testing, white-box testing

prueba de la caja negra | black-box testing
prueba de la estación | station test
prueba de límites [*para comprobar que la información está dentro de los límites establecidos (en programación)*] | limit check
prueba de los nueves | casting-outnines check
prueba de módulos | module (/unit) testing
prueba de muestreo | sampling test
prueba de ocupación | busy (/engaged) test, checking
prueba de ocupación con señal acústica | audible signalling test
prueba de ocupación con señal centelleante | flashing test
prueba de ocupación con señal de música | buzzer test
prueba de ocupación con señal luminosa | visual engaged test
prueba de ocupación con tecla y señal luminosa | visual engaged test with key control
prueba de ocupación con zumbador | buzzer test
prueba de ocupado | busy test
prueba de paridad | parity check
prueba de paridad simple | simple parity check
prueba de pérdida en función de la frecuencia | loss frequency testing
prueba de prestaciones | performance test
prueba de producción | production test
prueba de propagación | propagation test
prueba de propagación radioeléctrica | propagation test
prueba de pulsación | pulse test
prueba de quemado | ageing test, burn-in
prueba de recepción | acceptance test
prueba de receptores | receiver testing
prueba de redundancia | redundancy check
prueba de redundancia cíclica | cyclic redundancy check
prueba de referencia de Ackermann | Ackermann's benchmark
prueba de regresión | regression testing
prueba de rendimiento | performance test
prueba de resistencia | resistance (/strength) test
prueba de ruido aleatorio | random noise testing
prueba de rutina | routine test
prueba de selección | selection check
prueba de sensibilidad | sensitivity test
prueba de sentencias | statement testing
prueba de señaladores | ringer test

prueba de señalización | signalling test
prueba de señalización en frecuencia vocal | voice frequency signalling test
prueba de servicio | service test
prueba de significación | significance test
prueba de sistema | system testing
prueba de sobretensión | overvoltage test
prueba de sondeo | sample test
prueba de tensión | pressure (/voltage) test
prueba de tensión reducida | undervoltage test
prueba de terminación | proof of termination
prueba de timbrado | buzzing-out test
prueba de tracción | pull test
prueba de trasconductancia estática | static transconductance test
prueba de trasmisión | keying (/transmission, /proof-of-performance) test
prueba de trepidación | shake test
prueba de Turing [*para determinar la inteligencia de una máquina*] | Turing test
prueba de unidades | unit (/module) testing
prueba de vacío por alta frecuencia | flashing
prueba de validez | validity check
prueba de valoración de las prestaciones | benchmark test
prueba de vibración | vibration test
prueba de volcado de memoria | dump check
prueba de voltaje | pressure test
prueba del anillo de Murray | Murray loop test
prueba del bucle de Varley | Varley loop test
prueba del fuego [*primera comprobación del funcionamiento de un hardware reparado*] | smoke test
prueba del mandril | mandrel test
prueba del programa | program testing
prueba del prototipo | prototype test
prueba del repetidor adaptador | AB test = adapter booster test
prueba destructiva | destructive test
prueba diaria | daily test
prueba dieléctrica | dielectric test
prueba dinámica | dynamic test (/testing)
prueba dinámica de aceleración | accelerator dynamic test
prueba directa | straightaway test
prueba directa en trasmisión | straightaway test
prueba disruptiva instantánea | flash test
prueba en anillo | loop test
prueba en banco | bench test
prueba en bucle | loop test (/check)
prueba en circuito cerrado | loop test
prueba en condiciones estáticas | static check
prueba en corriente continua | DC test
prueba en cortocircuito | short-circuit test
prueba en estado inactivo | cold test
prueba en frío | cold test
prueba en reactor | in-pile test
prueba escleroscópica | scleroscopic test
prueba estadística | random test
prueba estática | static test
prueba europea de prestaciones de impresora | European printer performance test
prueba funcional | functional testing (/test)
prueba holográfica no destructiva | holographic nondestructive testing
prueba horizontal | horizontal check
prueba impar-par | odd-even check
prueba instantánea de aislamiento | flash test
prueba matemática | mathematical check
prueba matricial | matrix life test
prueba para selección de válvulas | valve rejection test
prueba paramétrica | parametric testing
prueba por conexión local directa | back-to-back testing
prueba por duplicación | twin check
prueba por excitación de oscilaciones transitorias | ringing test
prueba por fallo | test to failure
prueba por impulsos | pulse test
prueba por muestras escogidas al azar | sampling observation
prueba por muestreo aleatorio | snap check
prueba por muestreo de la producción | production sampling test
prueba por sobretensión | booster battery metering
prueba por suma | summation check
prueba radiográfica | radiographic test
prueba redundante | redundant check
prueba redundante de funcionamiento | functional redundancy checking
prueba telefonométrica | speaking (/voice-ear) test, volume comparison
prueba térmica | burn-in
prueba U de Mann Whitney | Mann Whitney U-test
prueba ultrasónica | ultrasonic testing
prueba vertical | vertical check
prueba y ajuste | test and set
pruebas de funcionamiento | testing
pruebas de propagación | propagation testing
p/s = impulsos por segundo | p/s = pulses per second
P/S [*pausa/imagen fija*] | P/S = pause/still
PSA [*analizador de sentencias de problemas*] | PSA = problem statement analyser
PSE [*intercambio por conmutación de paquetes*] | PSE = packet switching exchange
psec = picosegundo | psec = picosecond
pseudo- (*pref*) [*seudo-*] | pseudo-
pseudocódigo [*seudocódigo*] | p-code = pseudocode
psi = libras por pulgada cuadrada | psi = pounds per square inch
psia [*libras por pulgada cuadrada de presión absoluta*] | psia = pounds per square inch absolute
psico- (*pref*) [*véase: sico-*] | psycho-
psicoacústica [*sicoacústica*] | psychoacoustics
psicosomatógrafo [*sicosomatógrafo*] | psychosomatograph
psicrómetro [*sicrómetro*] | psychrometer
psig [*libras por pulgada cuadrada sobre la presión atmosférica*] | psig = pounds per square inch gauge
psión | psion
PSK [*modulación por desplazamiento de fase*] | PSK = phase shift keying
PSL [*lenguaje de sentencias de problemas*] | PSL = problem statement language
PSM [*modulación de la pendiente de impulso*] | PSM = pulse slope modulation
PSN [*red de conmutación por paquetes*] | PSN = packet-switching network
psos [*dispositivo de puerta de silicio del canal p*] | psos
PSPDN [*red pública de datos por conmutación de paquetes*] | PSPDN = packet switched public data network
PSS [*corriente de conmutación de paquetes*] | PSS = packet switch stream
PSTN [*red pública conmutada telefónica (/de telecomunicaciones)*] | PSTN = public switched telephone (/telecommunications) network
PSW [*palabra de estado del procesador (/programa)*] | PSW = processor (/programme) status word
Pt = platino | Pt = platinum
PT [*tipo de carga útil*] | PT = payload type
PTD [*disco de traspaso paralelo*] | PTD = parallel transfer disc
PTFE = politetrafluoretileno | PTFE = polytetrafluorethylene
PTI [*interfaz pública de herramientas de software*] | PTI = public tool interface
PTID [*identificador del tipo de proceso*] | PTID = process type identifier
PTL [*línea local (/urbana) particular*] | PTL = private tieline
PTM [*modulación por tiempo de impulsos*] | PTM = pulse time modulation
PTM = parte de trasferencia del mensaje | MTP = message transfer part
PTN [*red de telecomunicación privada*] | PTN = private telecommunications

network
PTNX [*centralita privada para red de telecomunicaciones*] | PTNX = private telecommunications network exchange
PTO [*operador de telecomunicaciones públicas*] | PTO = public telecommunications operator
pto. = punto | PT = point
PTT [*administración estadounidense de correos y telecomunicaciones*] | PTT = Postal, telegraph and telephone administration
PTTA [*administración estadounidense de correos, telégrafos y teléfonos*] | PTTA = Post, telephone and telegraph administration
Pu = plutonio | Pu = plutonium
PU = parte de usuario | UP = user part
púa | jag
publicación electrónica | electronic publishing
publicidad no deseada por correo electrónico | unsolicited commercial email
publicidad por radio | radio advertising
publicidad por televisión | television advertising
publicidad radiada | radio advertising
puck [*dispositivo de control manual para entrada de datos coordinados*] | puck
pucker pocket [*columna de vacío para aislar la cinta magnética de aceleraciones en el cabezal*] | pucker pocket
puedo comunicar directamente [*código Q*] | QSO
puente | bridge; cleat, cross connection, level (/data link) relay, strap; [*para cable de fibra óptica*] jumper, patchcord
puente acústico | acoustic bridge
puente atómico | atomic bond
puente autoequilibrado | self-balanced bridge, self-balancing bridge
puente Campbell | Campbell bridge
puente comparador | comparison bridge
puente comparador de capacidades | capacity comparison bridge
puente comparador del tipo de hilo | percentage bridge
puente con componentes alternativos | alternating component bridge
puente conector | jumper
puente conjugado | conjugated bridge
puente covalente | covalent bond
puente de alimentación | feeding (/transmission, /battery supply) bridge
puente de Anderson | Anderson bridge
puente de brazos de relación de un trasformador | transformer ratio-arm bridge
puente de Callender | Callender bridge
puente de Callender y Griffith | Callender and Griffiths bridge

puente de Campbell-Colpitts | Campbell-Colpitts bridge
puente de capacidad | capacitance (/capacity) bridge
puente de capacidades de Wien | Wien capacitance bridge
puente de Carey-Foster | Carey-Foster bridge
puente de clavijas | post office bridge
puente de clavijas de la compañía telefónica | post office bridge
puente de coeficiente de inducción | inductive ratio bridge
puente de comparación | comparison bridge
puente de conexión | connector, link, strap connection
puente de conexión de equipos | equipment bonding jumper
puente de conexión de plomo | lead connector
puente de conmutación | patching link
puente de cuatro elementos | four-element bridge
puente de cuatro lados activos | four-active-arm bridge
puente de cuatro ramas activas | four-active-arm bridge
puente de desplazamiento de fase | phase shift bridge, phase-shifting bridge
puente de enlace principal | main bonding jumper
puente de filtración | filtering bridge
puente de frecuencias | frequency bridge
puente de Hay | Hay bridge
puente de Heaviside | Heaviside bridge
puente de Heaviside-Campbell | Heaviside-Campbell bridge
puente de Heydweiller | Heydweiller bridge
puente de hidrógeno | hydrogen bond
puente de hilo y cursor | slide wire bridge
puente de impedancia | impedance bridge
puente de inducciones mutuas de Heaviside | Heaviside mutual-inductance bridge
puente de inducciones mutuas de Heaviside-Campbell | Heaviside-Campbell mutual-inductance bridge
puente de inductancia | inductance bridge
puente de inductancia mutua | mutual inductance bridge
puente de inductancias de Maxwell | Maxwell inductance bridge
puente de inductancias de Wien | Wien inductance bridge
puente de inductancias mutuas de Heaviside | Heaviside mutual-inductance bridge
puente de inductancias mutuas de Heaviside-Campbell | Heaviside-Campbell mutual-inductance bridge

puente de inductancias mutuas de Maxwell | Maxwell mutual-inductance bridge
puente de Kelvin | Kelvin bridge
puente de masa de Wagner | Wagner earth bridge
puente de Maxwell | Maxwell bridge
puente de Maxwell-Wien | Maxwell-Wien bridge
puente de Meachan | Meachan bridge
puente de medición de impedancias y admitancias | Z-Y bridge
puente de medición de pérdidas en el núcleo del trasformador | transformer core loss bridge
puente de medición universal | universal (measuring) bridge
puente de medida | measuring bridge
puente de medida de fluctuación | flutter bridge
puente de medidas rápidas | limit bridge
puente de Miller | Miller bridge
puente de Mueller | Mueller bridge
puente de Nernst | Nernst bridge
puente de Owen | Owen bridge
puente de radio | radio relay link
puente de radiofrecuencia | radiofrequency bridge
puente de ramas de relación de un trasformador | transformer ratio-arm bridge
puente de Raphael | Raphael bridge
puente de recuperación | recovery jumper
puente de relación de ondas estacionarias | standing wave ratio bridge
puente de resistencia | resistance bridge
puente de resistencia en derivación | parallel resistance bridge
puente de resistencia en serie | series resistance bridge
puente de resistencias | resistance apparatus
puente de resonancia | resonance bridge
puente de resonancia en serie | series resonance bridge
puente de sal | salt bridge
puente de Schering | Schering bridge
puente de Schering y Callender | Schering and Callender bridge
puente de Stroud y Oates | Stroud and Oates bridge
puente de termistores | thermistor bridge
puente de termómetro de resistencia | resistance thermometer bridge
puente de Thomson | Thomson bridge
puente de trasformador | transformer bridge
puente de trasmisión | transmission bridge
puente de trasmisión por almacenamiento | store transmission bridge
puente de tres cuartos | three-quarter bridge

puente de unión | connecting strap
puente de válvulas [*puente para medición de válvulas electrónicas*] | tube bridge
puente de válvulas electrónicas | valve bridge
puente de variación de fase | phase shift bridge
puente de Wheatstone | Wheatstone bridge
puente de Wheatstone equivalente para microondas | microwave equivalent Wheatstone bridge
puente de Wien | Wien bridge
puente de Wien para inductancias | Wien capacitance bridge
puente de Z-Y | Z-Y bridge
puente deformimétrico | strain gauge bridge
puente desfasador | phase bridge
puente divisor | divided bridge
puente doble | double bridge
puente doble de Kelvin | double Kelvin bridge, Kelvin double bridge
puente eléctrico | electrical bridge
puente electrostático | electrostatic bond
puente en doble T | twin-T bridge
puente en U | U link
puente encaminador | bridge router; brouter = bridge and router
puente equilibrado | balanced bridge
puente extensométrico | strain gauge bridge
puente giratorio de eje central | symmetrical swing bridge
puente híbrido | bridge hybrid
puente indicador de cero | null bridge
puente indicador de ondas estacionarias | standing wave ratio bridge
puente indicador de tolerancias | limit bridge
puente iónico | ionic bond
puente límite | limit bridge
puente medidor de capacidad | capacitance bridge
puente medidor de inmitancias | immittance bridge
puente para el canal de servicio | service channel bridging unit
puente para medición de coeficientes de válvula | tube factor bridge
puente para medición de válvulas electrónicas | valve bridge
puente para mediciones de capacidad | capacity bridge
puente para mediciones de potencia | power bridge
puente para medida de coeficientes de válvula | valve factor bridge
puente para medir válvulas al vacío | vacuum valve bridge
puente provisional | temporary bridge, transfer joint
puente rectificador | rectifier bridge
puente rectificador de elementos de selenio | selenium rectifier bridge
puente sumador | summation bridge

puente universal | universal bridge
puente vatimétrico | wattmeter bridge
puenteado | bridging, bypass
puenteado eléctrico | electrical bridging
puerta | gate, port
puerta ampliable | expandable gate
puerta automática de control rápida | fast automatic gain control
puerta combinada de circuito integrado | combined gate IC
puerta conductora | driver gate
puerta corrediza | sliding door
puerta de acceso | gateway
puerta de acceso a internet | Internet gateway
puerta de acceso de red a red | gateway, level relay
puerta de acceso entre redes | gateway
puerta de amplitud | amplitude gate
puerta de coincidencia | coincidence gate
puerta de corredera | sliding door
puerta de decisión | decision gate
puerta de diodo | diode gate
puerta de entrada | input port, in-port, gate of entry
puerta de equivalencia | equivalence gate
puerta de escritura | write gate
puerta de excepción | except gate
puerta de flujo | flux gate
puerta de habilitación | enable gate
puerta de información | information gate
puerta de inhibición | inhibition gate
puerta de interconexión de redes | gateway
puerta de metal | metal gate
puerta de muestreo | sampling gate
puerta de no equivalencia | nonequivalence gate
puerta de precisión | precision gate
puerta de ranura | notch gate
puerta de salida | (output) port
puerta de selección | range gate
puerta de selección de radar | range gate
puerta de silicio | silicon gate
puerta de tiempo | time gate
puerta de tierra | ground gating
puerta de tiratrón | thyratron gate
puerta de trasmisión | transmission gate
puerta de umbral | threshold gate
puerta del color | colour gate
puerta electrónica | electronic gate
puerta exploradora | searching gate
puerta flotante | floating gate
puerta habilitante | enabling gate
puerta indicadora | indicator gate
puerta indicadora de sensibilidad | indicator gate
puerta inhibidora | inhibit gate
puerta intermedia | buffer gate
puerta inversora | NOT gate
puerta lógica | logic gate

puerta lógica NAND | NAND gate
puerta lógica NI | NOR gate
puerta lógica NO | NOT gate
puerta lógica NOR | NOR gate
puerta lógica NO-Y | NAND gate
puerta lógica O | OR gate
puerta lógica O cableada | wired OR gate
puerta lógica O de entrada negada | negated-input OR gate
puerta lógica OR | OR gate
puerta lógica Y | AND gate
puerta lógica Y cableada | wired AND gate
puerta lógica Y/NI | AND/NOR gate
puerta lógica Y/O | AND/OR gate
puerta magnética | magnetic gate
puerta mayoritaria | majority gate
puerta NI exclusiva | exclusive-NOR gate
puerta NO | NOT gate
puerta NO con inversión | NAND gate
puerta NO-O | NOR gate
puerta NOY | NAND gate
puerta O | OR gate
puerta O inclusiva | inclusive-OR gate
puerta O lógica exclusiva | exclusive-OR gate
puerta para nivel de aplicaciones | application-level gateway
puerta S [*puerta ternaria de umbral*] | S-gate [*ternary threshold gate*]
puerta sincrónica | synchronous gate
puerta T [*puerta ternaria selectora*] | T-gate [*ternary selector gate*]
puerta tampón | buffer gate
puerta temporal | time gate
puerta ternaria | ternary gate
puerta ternaria de umbral | ternary threshold gate
puerta ternaria selectora | ternary selector gate
puerta trasera [*de un sistema informático para eludir dispositivos de seguridad*] | trapdoor, back door
puerta umbral | threshold gate
puerta Y [*circuito cuya salida tiene el valor 1 sólo cuando todos sus valores de entrada son 1*] | AND gate
puerta Y inclusiva | inclusive AND
puertas lógicas O e Y cableadas | wired OR and AND gates
puerto | port
puerto COM = puerto de comunicaciones | COM port = communications port
puerto con asignación fija | dedicated port (/card slot)
puerto con asignación flexible | universal port
puerto de alimentación | supply port
puerto de cámara | camera port
puerto de comunicaciones | comm port = communications port
puerto de entrada/salida | input/output port
puerto de E/S = puerto de entrada/salida | I/O port = input/output port

puerto de estado | status port
puerto de funciones avanzadas | enhanced capabilities port
puerto de gráficos acelerado | accelerated graphics port
puerto de impresora | printer port
puerto de llamada | call port
puerto de módem [*puerto serie para módem externo*] | modem port
puerto de monitor | monitor port
puerto de ordenador | computer port
puerto de órdenes | command port
puerto de pantalla [*para monitor o similar*] | display port
puerto de ratón | mouse port
puerto de ratón interno | on-board mouse port
puerto de salida | out-port
puerto de salida de audio | audio output port
puerto de servidor | server port
puerto de software | software port
puerto de teclado | keyboard port
puerto digital para pantalla plana | digital flat panel port
puerto en serie | serial port
puerto E/S = puerto de entrada/salida | I/O port = input/output port
puerto infrarrojo | infrared port
puerto infrarrojo rápido | FIR port = fast infrared port
puerto IR = puerto de infrarrojo | IrP = infrared port
puerto óptico | optical port
puerto para gráficos | graphics port
puerto para gráficos acelerados | accelerated graphics port
puerto para juegos | game port
puerto para vídeo | video port
puerto paralelo | parallel port
puerto paralelo ampliado | enhanced parallel port
puerto paralelo bidireccional | bidirectional parallel port
puerto primario | primary port
puerto protegido | protected port
puerto SCSI | SCSI port
puerto secuencial | serial port
puerto serie | serial port
puerto serie ampliado | enhanced serial port
puerto serie incorporado | on-board serial port
puesta a cero | reset, zero set, return to zero
puesta a cero automática | autozero
puesta a cero de la pantalla | screen blanking
puesta a cero del altímetro | altimeter setting
puesta a cero del vídeo | video blanking
puesta a masa | bonding, grounding
puesta a masa directamente | directly-grounded
puesta a masa sólida | solidly earthed [UK]
puesta a punto | debugging

puesta a punto de las válvulas | valve timing
puesta a punto del programa | program proving
puesta a tierra | earthing, grounding; earth [UK], ground [USA]
puesta a tierra accidental | accidental earth [UK], accidental ground [USA]
puesta a tierra de blindaje de señal | signal shield round
puesta a tierra de protección | protective earth (/earthing), protector ground
puesta a tierra de servicio | system earth (/earthing); service earth [UK], service ground [USA]
puesta a tierra de soldadura | solder earth [UK], solder ground [USA]
puesta a tierra de un equipo | equipment earth
puesta a tierra de un solo punto | single-point grounding
puesta a tierra del apantallado de los circuitos de señalización | signal shield earth
puesta a tierra del punto medio | mid-point earthing
puesta a tierra eléctrica | electrical earth [UK], electrical ground [USA]
puesta a tierra general | general ground
puesta a tierra por bobina de autoinducción | reactance-earthed
puesta a tierra por reactancia | reactance-earthed
puesta a tierra positiva | positive earth [UK], positive ground [USA]
puesta a tierra principal | main earth [UK], main ground [USA]
puesta a tierra provisional | temporary earth [UK], temporary grounding [USA]
puesta a tierra reactiva | reactance-earthed
puesta a tierra temporal | temporary earth [UK]
puesta a una fase | single phasing
puesta al día | update
puesta en clave | encryption
puesta en clave de datos | data encryption
puesta en clave de enlaces | link encryption
puesta en clave de punto a punto | end-to-end encryption
puesta en fase | phasing
puesta en fase para blanco | phase white
puesta en fase para negro | phase black
puesta en hora | setting to time
puesta en marcha | start, startup, starting-up
puesta en marcha inicial del sistema | system start-up
puesta en marcha tras fallo | crash restart
puesta en paralelo | paralleling

puesta en serie | insertion in series
puesta en servicio | putting in service, commissioning, cut in, cutover
puesta en servicio de una central | cutover of an exchange
puesta en servicio de una estación | commissioning of a station
puesta tierra a tierra | ground-to-ground
puesta única a masa | uniground
puesto | position, stand; station
puesto a tierra | earthy
puesto a tierra con resistencia | resistance-earthed, resistor-earthed
puesto a tierra con resistencia intercalada | resistance-earthed, resistor-earthed
puesto a tierra efectivamente | effectively grounded
puesto al potencial de tierra | earthy
puesto colgante | pendant station
puesto con teclado | semimechanical position
puesto de abonado | subscriber station
puesto de arranque y parada | start-stop station
puesto de arranque y parada por pulsadores | pushbutton start-stop station
puesto de bloqueo | block post
puesto de comunicación por VHF | VHF communicator
puesto de conmutación | switching point
puesto de conmutación por paquetes [*estación intermedia en la red*] | packet switching exchange
puesto de control | control position
puesto de escucha | listening post
puesto de escucha de sonar | sonar listening post
puesto de escucha y corte | special observation post
puesto de interceptación | intercept position
puesto de mando nacional | national control centre
puesto de mando regional | regional control centre
puesto de maniobra | operating position
puesto de observación de radio | radio monitoring station
puesto de operador | operating (/operator's) position
puesto de operadora | attendant's console (/set), switchboard position
puesto de operadora para ciegos | blind operator (/attendant console), visually hadicapped operator
puesto de operadora para invidentes | blind attendant console, visually handicapped operator
puesto de operadora simplificado | nigth service
puesto de pruebas | exchange testing position

puesto de radiotrasmisión | radiotransmitting position
puesto de recepción | receiving site
puesto de red sin unidades de disco | diskless workstation
puesto de relevo | relay post
puesto de repetidor | relay post
puesto de seccionamiento | block post
puesto de telefonista | switchboard position
puesto de télex | telex station
puesto de trabajo | workstation
puesto de trabajo distribuido | distributed workplace
puesto de vigilancia de radiocomunicaciones | radiocommunication guard
puesto emisor | transmitter hut (/location, /site), transmitting site
puesto en cortocircuito | shorted out
puesto especial de mando | special control position
puesto especial de vigilancia | special control position
puesto principal de abonado | subscriber main station
puesto que llama | calling station
puesto radiogoniométrico | radiobeacon station
puesto receptor | receiver site, receiving position (/site)
puesto receptor de radio | radio-receiving position
puesto receptor para circuito de radio | radio-receiving position
puesto suspendido | pendant station
puesto telefónico | (telephone) station
puesto telegráfico | telegraph position (/set, /station)
puesto terminal de télex | telex terminal station
puesto trasmisor | transmitter hut (/location, /site, /position)
pulgada | inch
pulgadas por segundo | inches per second
pulido | polishing
pulido electrolítico | electropolishing, electrolytic polishing
pulidor de contactos | burnisher
pulidora | polisher, polishing tool
pulimento | buffing
pulmón electrónico | electronic lung
pulsación | beating, beat, pulsation, pulse, hit; [de una tecla] keystroke
pulsación aleatoria | random pulsing
pulsación breve | short pulse
pulsación cero | zero beat
pulsación de dial | dial pulsing
pulsación de frecuencia | frequency pulsing
pulsación de la bomba | pump pulsation
pulsación de rejilla | grid pulsing
pulsación de tecla | key click
pulsación de un enlace [en una página WEB] | hit

pulsación de una tecla | depression of a key
pulsación del botón derecho | right click
pulsación intermitente | intermittent pulsing
pulsación múltiple | multipress
pulsación oscilatoria | oscillatory surge
pulsación periódica | pumping
pulsación por rejilla | grip pulsing
pulsación ulterior | afterpulse
pulsado | pulsed
pulsador | button, key, knob, press button, pressure switch, pulser, pushbutton, push button, pulsator
pulsador con liberación automática | press button with automatic release
pulsador con retención | locking key (/pushbutton), pushbutton key
pulsador de apertura calibrada del bucle | flash key
pulsador de arranque | starting key
pulsador de arranque y parada | start-stop pushbutton
pulsador de bloqueo | push-to-cage button
pulsador de cierre | X button
pulsador de conexión de micrófono | microphone push-to-talk button
pulsador de corte | cutoff key
pulsador de emisión | sending key
pulsador de flash | flash key
pulsador de intercomunicación | push-to-talk button
pulsador de llamada | ringer button
pulsador de llamador | ringer button
pulsador de micrófono | (microphone) push-to-talk button, press-to-talk switch
pulsador de parada de emergencia | scram button
pulsador de prueba | test pushbutton, press-to-test button, push-to-test button
pulsador de prueba de circuitos | push-to-test button
pulsador de rebobinado | rewinding knob
pulsador de rebobinado rápido | rewind button
pulsador de registrador | register (/signal) key
pulsador de repique | ringer button
pulsador de reposición | reset button
pulsador de señalización | signalling button
pulsador de sintonización | push-to-tune switch
pulsador de tecla [pulsador de plástico en cada tecla de un teclado de ordenador] | keycap
pulsador de tierra | grounding key
pulsador de vaivén | push-and-pull button
pulsador para hablar | press-to-talk button (/switch), push-to-talk
pulsador partido | split knob

pulsante | pulsing; pulsating, pulsatory
pulsar | to depress, to press, to pulse, to push; [una tecla] to click
púlsar | pulsating star
pulsar el botón | to push button
pulsar en ventana para activarla | to click in window for focus
pulsar una tecla | to keysend
pulsátil, pulsatorio | pulsating, pulsatory
pulse cualquier tecla para continuar | press any key when ready
pulso | pulse
pulsómetro | pulsometer
pulsorreactor | pulse jet, pulsating jet engine
pulverización | atomizing, pulverization
pulverización anódica | anode sputtering
pulverización catódica | (cathode) sputtering
pulverización de inyección | injection atomizer
pulverización electrostática | electrostatic spraying
pulverización nuclear | pulverization of nucleus
pulverizador | atomizer, spray, spray gun (/nozzle), sprayer
pulverizador de abertura anular | electrostatic nebulizer with annular electrode
pulverizador de agua | spray nozzle
pulverizador de inducción | inductive atomizer
pulverizador electrostático | electrostatic atomizer
pulverizador electrostático de abertura anular | electrostatic nebulizer with annular electrode
punta | tag, tip, tipoff
punta absoluta | absolute peak
punta de arrastre | drive pin
punta de carga | maximum capacity, peak demand (/load)
punta de clavija | tip of plug
punta de conexión | point of connection
punta de conmutación | spike
punta de contacto | prod, whisker
punta de cordón | cord terminal
punta de corriente transitoria | switch-on peak
punta de descarga | spike
punta de diapasón | fork tine
punta de estañar | solder tag
punta de flecha | arrowhead
punta de prueba | (test) prod
punta de prueba tipo aguja | needle test point
punta de resonancia | resonance peak
punta de ruido | noise spike
punta de sobretensión | overvoltage spike
punta de soldador | soldering iron tip
punta de tensión | spike
punta de tipo audífono | phone tip
punta de tráfico | peak of traffic

punta de trazar | scriber
punta del impulso | pulse tip
punta exploradora con inversor de polaridad | polarity-reversing probe
punta palpadora | sensing pin (/tip)
punta térmica | thermal spike
puntal | push brace, strut
puntas de conmutación | spiking
puntas de tensión | spikes, spiking
punteado | dotted, dotting
punteador | dotter
puntería por radar | radar sighting
puntero | pointer; cursor
puntero de acción no permitida | cannot pointer, not possible cursor
puntero de datos | data pointer
puntero de espera | busy pointer
puntero de flecha | arrow pointer
puntero de instrucciones | instruction pointer
puntero de pila | stackpointer, stack pointer
puntero de redimensionado | resize pointer
puntero del ratón | mouse pointer
puntero en su clase [referido a productos] | best of breed
puntero opaco | opaque pointer
puntiagudo | sharp-pointed
punto | dot, notch, point, spot
punto acromático | achromatic point
punto activo | hot spot
punto activo de cebado del oscilador | active singing point
punto base | base (/radix) point
punto binario | binary point
punto caliente | hot spot
punto cero | ground zero, zero (/zero-relative-level) point
punto cero del nivel de trasmisión de larga distancia | zero toll level point
punto com [desinencia de dirección comercial de internet] | dot com
punto crítico de oscilación | verge of oscillation
punto crítico de regeneración | singing point
punto de abrasamiento | burnout point
punto de acceso | access point
punto de acceso a la red | network access point
punto de acceso al servicio | service access point
punto de acceso para pruebas y medidas | test access point
punto de activación | working point
punto de actuación | hot spot
punto de ajuste | set point
punto de alimentación | driving point, point of input
punto de alineación | tie-down point
punto de amarre [de cable submarino] | shore end
punto de arranque | starting point
punto de articulación | articulation point
punto de atadura | stitch
punto de ataque | point of input

punto de bifurcación | sector (/tapping) point
punto de caída | splashdown point
punto de canto [de oscilaciones] | singing point
punto de captura | capture (/trapping) spot
punto de carga | load (/loading) point
punto de cebado | singing point
punto de certificación | point of certification
punto de comprobación | checkpoint, test point
punto de comunicación | point of communication
punto de conexión | tie point, point of connection
punto de conexión de medida | metering point
punto de conmutación | crosspoint, switching point
punto de control | checkpoint, control point
punto de control de la admitancia | driving point admittance
punto de corresponsalía | point of communication
punto de corte | cut-point, testing point
punto de cruce | crossover (point), crosspoint
punto de Curie | Curie point, magnetic transition temperature
punto de datos | data point
punto de deflexión | deflection centre
punto de derivación | takeoff (/tapoff) point
punto de desahogo de la presión | vent
punto de desconexión | breakout
punto de destino | destination
punto de detección por escobillas | brush station
punto de disparo | firing (/trigger) point
punto de ebullición | boiling point
punto de emisión | transmission point
punto de emisión de enlace trashorizonte | over-the-horizon jumping-off point
punto de empalme | joint box, tie point
punto de enganche | singing point
punto de enlace nacional | national attachment point
punto de ensilladura | saddle point
punto de ensilladura de la energía | saddle point of energy
punto de entrada | driving (/entry) point
punto de escala de tráfico | message relay point
punto de estancamiento | stagnation point
punto de excitación | driving point, point of input
punto de exploración | scanning spot
punto de fase | point of phase
punto de fin de rango | anchor
punto de fósforo | phosphor dot
punto de frecuencia de imagen | repeat point

punto de funcionamiento | operating point
punto de grabación | recording spot
punto de impurezas | impurity spot
punto de inducción | spray point
punto de inflamación | firing point
punto de inflamación del impregnante | flashpoint of impregnate
punto de inflexión | inflection point
punto de inserción | insertion point
punto de interconexión del sistema | system interface
punto de interrupción | breakpoint, set breakpoint power
punto de interruptor | switch point
punto de intervención | hot spot
punto de luz empotrado | recessed lighting fixture
punto de luz explorador | scanning light spot
punto de máxima amplificación | singing point
punto de media potencia | half-power point
punto de medición | metering point
punto de mezcla | mixing point
punto de mezclado | mixing point
punto de mínima | null
punto de mínima corriente | valley point current
punto de montaje automático | automounter point
punto de multiplicación | multiplication point
punto de nivel de trasmisión cero | zero transmission-level point
punto de nivel de trasmisión de referencia | reference transmission-level point
punto de nivel relativo cero | zero point, zero-relative-level point
punto de nueva ejecución | rerun point
punto de operación en reposo | quiescent operation point
punto de origen | originating point, point of origin
punto de partida | origin
punto de pico | peak point
punto de pico de corriente de emisor | peak point emitter current
punto de pico proyectado | projected peak point
punto de presencia [al que se puede conectar con una llamada local] | point of presence
punto de prueba | test (/testing) point
punto de pupinización | loading point
punto de ramificación | branch point; [de un cable] breaking-out point
punto de reactancia cero | zero reactance point
punto de recalescencia | recalescent point
punto de recepción | receiver end, receiving end (/location)
punto de recuento | summing point

punto de referencia | benchmark, reference point, waypoint
punto de referencia de nivel de trasmisión cero | zero transmission-level reference point
punto de referencia ILS | ILS reference point
punto de referencia por radar | radar checkpoint
punto de referencia Q | Q reference point
punto de registro | recording spot
punto de regulación | setting point
punto de relanzamiento | recovery point
punto de repaso | rerun point
punto de repetición | repeat (/repeater) point
punto de reposo | quiescent (operation) point
punto de retrasmisión | relay point
punto de retrasmisión de despachos | message relay point
punto de retrasmisión de mensajes | message relay point
punto de retrasmisión de tráfico | message relay point
punto de rocío | dew point
punto de ruptura | breakpoint
punto de ruta | waypoint
punto de salida | exit point
punto de salpicadura | splashdown point
punto de saturación | saturation point
punto de seguimiento | tracking spot
punto de señal horaria | pip
punto de silbido | singing point
punto de sintonía repetida | repeat point
punto de soldadura | welding point
punto de soldadura eléctrica | spot weld
punto de suma | summing point
punto de terminación de red | network termination point
punto de toma | takeoff (/tapoff, /tapping) point; takeoff [UK]
punto de toma de los impulsos de sincronización | synchronization takeoff point
punto de toma de sonido | sound takeoff (point)
punto de trabajo | operating point
punto de trabajo en corriente continua | DC operating point
punto de trabajo estático | quiescent (operation) point
punto de transición | crossover (point), transition point
punto de trasferencia de grupo | group transfer point
punto de trasferencia de señal | signalling transfer point
punto de trasformación | transformation point
punto de trasmisión | transmitting site
punto de trasporte de señalización | signalling transport point
punto de unión | joint box, junction point, cross-connection box
punto de valle | valley point
punto de valor nulo | null
punto de volcado de memoria | dump point
punto decalescente | decalescent point
punto decimal | decimal point
punto defectuoso | drop out
punto distante | distant end
punto donde se efectúa la disgregación de canales | dropping site
punto electrónico de venta | electronic point of sale
punto explorador | moving (/tracing) spot, scanning point
punto fijo | fixed point
punto fijo mínimo | least fixed point
punto final | end point
punto final de señalización | signalling end point
punto focal | focal point
punto focal de los rayos X | X-ray focal spot
punto fosforescente | phosphor dot
punto isoeléctrico | isoelectric point
punto luminoso de exploración | (scanning) spot
punto luminoso de exploración de imagen | spot
punto luminoso del cátodo | cathode spot
punto máximo proyectado | projected peak point
punto medio a masa | midpoint earthing
punto mínimo de modulación | trough of modulation
punto Morse | telegraph dot
punto móvil | flying spot
punto móvil indicador del blanco | tracking spot
punto muerto | dead spot
punto muerto central | dead centre position
punto neutro | neutral (point), stagnation (/star) point, Y point
punto nodal | nodal point
punto nodal de emergencia | nodal point of emergence
punto nodal de incidencia | nodal point of incidence (/admission)
punto nodal de salida | nodal point of emergence
punto óptimo | optimum
punto oscuro | dark spot
punto para mediciones de rutina | routine measuring point
punto pasivo de canto | passive singing point
punto pi [*frecuencia con desfase de inserción de 180º*] | pi point
punto prominente en la respuesta de graves | hump in the bass
punto recalescente | recalescent point
punto registrado | recorded spot
punto repetidor | repeater point
punto sensible | sensitive spot
punto sumador | summing point
punto telegráfico | telegraph dot
punto terminal | terminal point
punto trazador | tracing spot
punto triple | triple point
punto variable | variable point
punto y aparte [*código de pantalla*] | hard return
puntos por pulgada | dots per inch
puntos suspensivos | ellipsis
puntuación | score
puntuación de la opinión media [*en valoración de codificadores*] | mean opinion score
puntuación máxima | top score
puntual | on the head
punzón | punch (pin)
punzón de chasis | chassis punch
punzón de embutido | embossing stylus
pupiloscopio | pupilloscope
pupinización | coil (/line, /Pupin) loading
pupitre | desk
pupitre de conmutación | switching control console
pupitre de conmutadores | switch desk
pupitre de control | control desk (/console)
pupitre de control audiovisual | vision and sound control desk
pupitre de control de sonido | sound control desk
pupitre de control del trasmisor | transmitter control
pupitre de distribución | switch desk
pupitre de encaminamiento y conmutación | routing-and-switching unit
pupitre de mando de la señalización | signalling control desk
pupitre de maniobra | switching control console
pupitre de operadora | attendant's console (/set), switchboard position
pupitre de operadora para invidentes | blind operator
pupitre de supervisión | supervisory console, attendant supervisory
pureza | assay, purity; saturation
pureza de excitación | excitation purity
pureza de modo | mode purity
pureza del color | colour purity
pureza espectral | spectral purity
pureza química | chemical purity
pureza radiactiva | radioactive purity
pureza radioquímica | radiochemical purity
purga | purge
purgador | strainer
purificación del electrolito | purification of electrolyte
purificación por zonas | zoning, zone purification
puro | pure, undoped
push [*procedimiento de trasmisión de datos desde un terminal sin solicitud*

del usuario] | push
push up queue [*principio para el almacenamiento de datos*] | push up queue
PUSI = parte de usuario RDSI | IUP = ISDN user part
PUT [*transistor de unión única programable*] | PUT = programmable unijunction transistor
PUT = parte de usuario telefónico | TUP = telephone user part
PV = procesamiento de la voz | VP = voice processing
PV = punto de venta | POS = point of sale

PVC = cloruro de polivinilo | PVC = polyvinyl chloride
PVC rígido | rigid PVC
PVE = punto de venta electrónico [*punto de venta con cajas registradoras electrónicas*] | EPS = electronic point of sale
pW = picovatio | pW = picowatt
PW [*servicio estadounidense de prensa radiada*] | PW = Press Wireless
pwd [*directorio para trabajos de impresión*] | pwd = print working directory
PWM [*modulación de la duración de impulsos, determinación de la modulación de la amplitud de una señal de frecuencia constante*] | PWM = pulse width modulation
pWp [*picovatios con ponderación sofométrica*] | pWp = picowatts psophometrically weighted
PWS [*servidor de Web personal*] | PWS = personal Web server
PX [*centralita privada*] | PX = private exchange
PXBLT [*trasferencia de bloques de píxeles*] | PXBLT = pixels block transfer
Python [*lenguaje de programación para aplicaciones TCP/IP*] | Python
PZT [*circonato-titanato de plomo*] | PZT = lead zirconate-titanate

Q

Q de un circuito resonante | Q of a resonant circuit
Q de un circuito sintonizado | Q of a tuned circuit
QAM [*método de acceso a la cola de espera*] | QAM = queued access method
QAVC [*regulación automática silenciosa del volumen*] | QAVC = quiet automatic volume control
QBE [*consulta mediante ejemplo*] | QBE = query by example
QCIF [*cuarto de formato medio común (para imagen de vídeo)*] | QCIF = quarter common intermediate format
QCW [*onda portadora en cuadratura de fase*] | QCW = quadrature carrier wave
Qdu [*unidad de distorsión de cuantización*] | Qdu = quantizing distortion unit
QIC [*cartucho de un cuarto de pulgada para copias de seguridad, que puede almacenar más de 1 GB de información*] | QIC = quarter-inch cartridge
QL [*lenguaje de consulta*] | QL = query language
QNZ [*obtenga el punto de batido cero heterodinando su señal con la de la estación de control de la red*] | QNZ = zero beat your signal with net control station
QPS [*sistema de edición de Quark*] | QPS = Quark publishing system
QPSK [*método para modular la portadora del sistema DAB*] | QPSK = quadature phase shift keying
QS [*sistema matricial de industria privada*] | QS = Q system
QUAM [*modulación de amplitud en cuadratura*] | QUAM = quadrature amplitude modulation
quark [*partícula elemental, componente de otras partículas subatómicas (como el protón y el neutrón), que no existe de manera aislada*] | quark
que contiene uranio | uraniferous
que funciona con batería | battery-backed
qué hacer | what to do
que no aporta señal | passive
que no forma arcos | nonarcing
que no hace cortocircuito | nonshorting
que no hace puente | nonbridging
que no requiere carga | unloading
que no se debe a inducción | noninduced
que no trasmite | nontransmitting
que se repelen mutuamente | mutually repelling
quebrar | to crash
quemado | burned, pitted
quemado de descarga | discharge exposure
quemado destructivo | burnout
quemado específico | specific burn-up
quemado iónico | ion burn
quemador de surtidor múltiple | multi-tube oil burner
quemadura | burnout; exposure
quemadura de la pantalla | screen burning
quemadura de trama | raster burn
quemadura iónica | ion burn
quemadura por fogonazo | flash burn
quemadura por irradiación | radiation burn
quemadura por radiación | radiation burn
quemar | to burn
quickening [*característica de una pantalla con escala de tiempos reducida*] | quickening
QuickTime [*familia de componentes de software de Apple para Mac OS*] | QuickTime
quiebra | crash
química | chemistry
química de las radiaciones | radiochemistry, radiation chemistry
química del reactor | reactor chemistry
química nuclear | nuclear chemistry
químico | chemical
quimioluminiscencia | chemiluminescence
quimisorción | chemisorption
quimógrafo | kymograph
quinta generación | fifth generation
quitar | to cut out; to remove
quitar del circuito | to cut out
quitar del servicio | to put out of service
quitar el aislamiento | to strip
quitar la tarjeta | to remove card
quitar una clavija | to withdraw a plug

R

R = rectificador | R = rectifier
R = relé | RY = relay
R = reloj | CK = clock
R = resistencia | R = resistance, resistor
RAC [*código de autorización de inicialización*] | RAC = reset authorisation code
RACE [*investigación y desarrollo en las tecnologías avanzadas de la comunicación para Europa*] | RACE = research and development in advanced communication technologies for Europe
RACEP [*acceso aleatorio y correlación para prestaciones ampliadas (red estadounidense de satélites para comunicaciones militares)*] | RACEP = random access and correlation for extended performance
RACES [*servicio de radioaficionados para casos de emergencia civil*] | RACES = radio amateur civil emergency service
RACH [*canal de acceso aleatorio*] | RACH = random access channel
racimo | cluster
racimo de combustible | fuel cluster
racimo de iones | ion cluster
rack [*conjunto de armazón electrónico*] | rack
racón [*fam*] | racon = radio beacon, radiobeacon
rad = radián [*unidad de dosis de radiación ionizante absorbida*] | rad = radian
RAD [*desarrollo de aplicación rápida*] | RAD = rapid application development
rad por unidad de tiempo | rad per unit time
RADAC [*cálculo automático digital rápido, sistema de dirección de tiro contra cohetes atacantes*] | RADAC = rapid digital automatic computation
RADAN [*sistema de navegación automática mediante radar Doppler independiente del equipo de tierra*] | RADAN = radar doppler automatic navigation

radar | radar, radiolocator
radar acústico | sound radar
radar acústico submarino | sound fixing and ranging
radar aéreo con antena lateral | side-looking airborne radar
radar aéreo de interceptación | airborne intercept radar
radar aerotrasportado | airborne radar
radar altimétrico | height finder
radar altimétrico semiautomático | semiautomatic height finder
radar anticolisión | anticollision radar
radar avisador de tormentas | storm warning radar, storm (/thunderstorm) avoidance radar
radar bidimensional | two-dimensional radar
radar biestático | bistatic radar
radar biestático de onda continua | bistatic cw radar = bistatic continuous-wave radar; CW-interference radar
radar centimétrico | superhigh frequency radar
radar con antena de elementos en fase | phased array radar
radar con antenas dirigidas hacia los lados | side-looking radar
radar con modulación de frecuencia | frequency-modulated radar
radar con modulador de impulsos | pulse modulator radar
radar con red directiva de antenas multifunción | multifunction array radar
radar con solape | overlap radar
radar con superposición | overlap radar
radar costero | shore-based radar
radar cuádruple | quadradar
radar CW [*radar de onda continua*] | CW-radar = continuous wave radar
radar de a bordo | airborne (/ship, /shipboard, /shipborne) radar
radar de adquisición | (target) acquisition radar
radar de adquisición perimétrico | perimetre acquisition radar
radar de alarma por microondas | microwave early warning
radar de alarma precoz | early warning radar
radar de alerta | warning radar
radar de alineamiento en fase | phased array radar
radar de alta definición | fine grain radar
radar de aproximación de gran precisión | talkdown system
radar de avión | airborne radar
radar de avistamiento | warning radar
radar de ayuda a la navegación aérea | radar flying aid
radar de barco | seaborne (/shipboard) radar
radar de blanco único | single-target radar
radar de bombardeo | radar bombsight
radar de bombardeo aéreo automático | sniffer
radar de bombardeo aéreo automático desde poca altura | snipper
radar de búsqueda de superficie | surface search radar
radar de captación | acquisition radar
radar de captación y seguimiento | acquisition and tracking radar
radar de chirrido | chirp radar
radar de cobertura puntual | point cover radar
radar de cola | tail warning radar (set)
radar de cola para combate | tail warning radar
radar de comparación de fases | phase comparison radar
radar de comparación simultánea | simultaneous phase comparison radar
radar de compresión de impulso | chirp radar
radar de compresión de impulsos | pulse compression radar
radar de control | pilotage radar
radar de control de aeródromo | aerodrome control radar

radar de control de aeropuerto | aerodrome control radar
radar de control de aproximación | approach control radar
radar de control de proyectores | searchlight control radar
radar de control de tiro | fire control radar
radar de control de tráfico en puertos marítimos | seaport radar
radar de control de zona | area control radar
radar de corto alcance | short-range radar
radar de demostración de punto agudo | hard-point demonstration radar
radar de detección de tormentas | radar storm detection set
radar de dirección de tiro | gunfire control radar
radar de dispersión | scatterometer
radar de dos dimensiones | two-dimensional radar
radar de efecto Doppler | continuous wave radar
radar de encuentro en órbita | rendezvous radar
radar de enlace trashorizonte | over-the-horizon radar
radar de evitación del terreno | terrain avoidance radar
radar de exploración | search (/surveillance) radar
radar de exploración lateral | side-looking radar
radar de exploración y seguimiento | search-tracking radar
radar de frecuencia modulada | FM radar = frequency modulation radar
radar de frecuencia superalta | super-high frequency radar
radar de frente | nose radar
radar de gran resolución | fine grain radar
radar de haces superpuestos | stacked beam radar
radar de haz en V | V-beam radar
radar de impulsos | pulse (/pulsed) radar
radar de impulsos coherentes | coherent pulse radar
radar de impulsos inferiores a un nanosegundo | subnanosecond radar
radar de impulsos sincronizados | coherent pulse radar
radar de indicación en el plano | PPI radar
radar de interceptación de a bordo | airborne intercept radar
radar de interferencia | simultaneous phase comparison radar
radar de largo alcance | long range radar
radar de láser | laser radar (/ranger)
radar de lóbulo simultáneo | simultaneous lobing
radar de modulación de impulsos | pulse-modulated radar

radar de monoimpulso sensible a la fase | phase-sensing monopulse radar
radar de monoimpulso suma y diferencia | sum-and-difference monopulse radar
radar de monoimpulsos | monopulse radar, static split tracking
radar de múltiples canales | multiple track radar
radar de muy corto alcance | very short-range radar
radar de muy largo alcance | very long-range radar
radar de navegación | navigational radar
radar de objetivo único | single-target radar
radar de onda continua | continuous wave radar
radar de onda de frecuencia muy alta | VHF radar
radar de onda métrica | VHF radar
radar de pilotaje | pilotage radar
radar de prealerta | early warning radar
radar de precisión | precision radar
radar de precisión para aproximación | precision approach radar
radar de red de antena orientable | steerable-array radar
radar de reflexión difusa | backscattering radar
radar de retrodispersión | backscattering radar
radar de seguimiento | tracking radar
radar de seguimiento automático | tracking radar
radar de seguimiento del terreno | terrain-following radar
radar de señal con barrido de frecuencia | pulse compression radar
radar de situación de misiles | missile site radar
radar de subnanosegundos | subnanosecond radar
radar de superficie del aeropuerto | airport surface detection equipment
radar de taxi | taxi radar
radar de trenes de impulsos discretos | pulse-modulated radar
radar de VHF | VHF radar
radar de vigilancia | surveillance radar
radar de vigilancia de aeropuerto | airport surveillance radar
radar de vigilancia de movimientos en tierra | surface movement radar
radar de vigilancia de superficie | surface search radar
radar de vigilancia indicador de posición | zone position indicator radar
radar de vigilancia táctica | tactical control radar
radar director de tiro | gun-directing radar
radar disociador de ecos | echo-splitting radar
radar Doppler | Doppler radar

radar Doppler de impulsos | pulse Doppler radar, moving-target indication radar
radar Doppler de onda continua | continuous wave Doppler radar
radar electroóptico | electro-optic radar
radar en banda Q | Q-band radar
radar en banda X | X-band radar
radar estereoscópico | stereoradar
radar explorador | scanning (/search) radar
radar indicador de blancos móviles | moving-target indication radar, pulse Doppler radar
radar indicador de movimiento verdadero | true motion radar
radar interferómetro | interferometer radar, phase comparison monopulse
radar interferómetro por frecuencia de barrido activa | active sweep frequency interferometer radar
radar métrico | VHF radar
radar monoimpulso comparador de fases | phase-sensing monopulse radar
radar monostático | monostatic radar
radar MTI [*radar Doppler de impulsos, radar indicador de blancos móviles*] | MTI radar = moving-target indication radar
radar multistático | multistatic radar
radar panorámico | panorama (/panoramic) radar, PPI radar = plan position indicator radar
radar para buques | shipboard radar
radar para contornear obstáculos en vuelo a baja altura | terrain avoidance radar
radar pasivo | passive radar
radar portuario | shore-based radar
radar primario | primary radar
radar primario de vigilancia | primary surveillance radar
radar rastreador | radar tracker
radar repetidor | relay radar
radar secundario | radar beacon, secondary radar
radar secundario aerotrasportado | airborne beacon
radar secundario de aeronave | airborne beacon
radar secundario de cadena | chain radar beacon
radar secundario de seguridad | radar safety beacon
radar secundario de vigilancia | secondary surveillance radar
radar submarino | underwater radar
radar táctico | tactical radar
radar taxi | taxi radar
radar térmico | thermal radar
radar terrestre de vigilancia | ground surveillance radar
radar trashorizonte | over-the-horizon radar
radar tridimensional | three-dimensional (/volumetric) radar

radar ultrasónico | sonar
radar vertical | vertical radar
radar volumétrico | volumetric radar
radarista | radarman, radar observer (/operator)
radecón [*válvula de almacenamiento*] | radechon
radiac [*unidad de intensidad de la radiación nuclear*] | radiac
radiación | radiation, emission
radiación alfa | alpha radiation
radiación ambiente | natural radiation
radiación anormal | abnormal radiation
radiación atérmica | nonthermal radiation
radiación atrapada [*por el campo magnético terrestre*] | trapped radiation
radiación beta | beta radiation
radiación blanda | soft radiation
radiación característica | characteristic radiation
radiación celeste | sky radiation
radiación ciclotrónica | cyclotron radiation
radiación coherente | coherent radiation
radiación continua | radiant continuum
radiación corpuscular | corpuscular radiation
radiación corpuscular del sol | solar corpuscle radiation
radiación cósmica | cosmic radiation
radiación cósmica de erupción solar | solar flare cosmic rays
radiación cósmica primaria | primary cosmic radiation
radiación cósmica secundaria | secondary cosmic radiation
radiación de ángulo estrecho | low angle radiation
radiación de aniquilación | annihilation radiation
radiación de armónicas parásitas | spurious harmonic radiation
radiación de baja frecuencia | low frequency radiation
radiación de bombeo | pumping radiation
radiación de cavidad | cavity radiation
radiación de Cherenkov | Cherenkov radiation
radiación de chispa | spark radiation
radiación de cuarto de onda | quarter-wave radiation
radiación de dispersión | leakage radiation
radiación de erupción solar | solar flare radiation
radiación de fondo | background radiation
radiación de fotones | photon radiation
radiación de frenado | bremsstrahlung [*ale*]
radiación de frenado interior | inner bremsstrahlung
radiación de fuga | leakage radiation

radiación de infrarrojo | infrared radiation
radiación de lóbulos parcialmente superpuestos | simultaneous lobing
radiación de poca penetración | soft radiation
radiación de radiofrecuencia | radio-frequency radiation
radiación de recombinación | recombination radiation
radiación de resonancia | resonance radiation
radiación de retroceso | recoil radiation
radiación de ultravioletas profundos | far ultraviolet radiation
radiación de un cuadripolo | quadrupole radiation
radiación de vida corta | short-lived radiation
radiación del ciclotrón | cyclotron radiation
radiación del cuerpo negro | black body radiation
radiación del infrarrojo extremo | far-infrared radiation
radiación del oscilador | oscillator radiation
radiación del oscilador local | local oscillator radiation
radiación del plasma | plasma radiation
radiación del radar | radar radiation
radiación del receptor | receiver radiation
radiación difusa | scattered (/sky) radiation
radiación dipolar magnética | magnetic dipole radiation
radiación direccional | beam effect
radiación directamente ionizante | directly-ionizing radiation
radiación dispersa | scattered radiation
radiación eléctrica del dipolo | electric dipole radiation
radiación electromagnética | electromagnetic radiation
radiación electromagnética de muy baja frecuencia | very-low-frequency electromagnetic radiation
radiación electromagnética polarizada | polarized electromagnetic radiation
radiación espectral | spectrum light
radiación espuria | spurious radiation (/emission)
radiación extrafocal | stem radiation
radiación fotónica | photon radiation
radiación fotoquímica | photochemical radiation
radiación fuera de banda | out-of-band radiation
radiación fuera de la banda ocupada | radiation outside the occupied band
radiación gamma | gamma radiation
radiación gamma de captura | capture gamma radiation

radiación gamma inmediata | prompt gamma (radiation)
radiación gamma instantánea | prompt gamma (radiation)
radiación heterogénea | heterogeneous radiation
radiación homogénea | homogeneous radiation
radiación independiente | continuous radiation
radiación indeseable | reradiation
radiación indirectamente ionizante | indirectly-ionizing radiation
radiación infrarroja | infrared radiation
radiación infrarroja polarizada | polarized infrared radiation
radiación inicial | initial radiation
radiación inmediata | prompt radiation
radiación instantánea | instantaneous (/prompt) radiation
radiación interna | internal radiation
radiación ionizante | ionizing radiation
radiación ionizante natural | natural background radiation
radiación K | K radiation
radiación L | L radiation
radiación M | M radiation
radiación MBF = radiación de muy baja frecuencia | VLF radiation = very-low-frequency radiation
radiación monocromática | monochromatic radiation
radiación monoenergética | monoenergetic radiation
radiación monoenergética de magnitud variable | variable monoenergetic radiation
radiación monoenergética variable | variable monoenergetic radiation
radiación N | N radiation
radiación natural | natural radiation
radiación natural ambiente | radiation background
radiación neutrónica del plasma | plasma neutron radiation
radiación neutrónica polienergética | polyenergetic neutron radiation
radiación no coherente | noncoherent radiation
radiación no esencial | spurious radiation (/emission)
radiación no ionizante | nonionizing radiation
radiación no polarizada | unpolarized radiation
radiación no térmica | nonthermal radiation
radiación no utilizada | stray radiation
radiación normal | normal radiation
radiación nuclear | nuclear radiation
radiación nuclear inicial | initial nuclear radiation
radiación nuclear residual | residual nuclear radiation
radiación parásita | parasitic (/spurious, /stray) radiation
radiación penetrante | penetrating radiation

radiación persistente | persistent radiation
radiación polarizada | polarizated (/polarized) radiation
radiación policromática | polychromatic radiation
radiación por escapes | leakage radiation
radiación por fuga | leakage radiation
radiación primaria | primary radiation
radiación productora de estrellas | star-producing radiation
radiación productora de ozono | ozone-producing radiation
radiación protónica | proton radiation
radiación pulsatoria | pulsed radiance
radiación radiactiva | radioactive radiation
radiación radioeléctrica | radio radiation
radiación reflejada | bounce chatter
radiación regresiva | backfire
radiación residual | residual radiation
radiación retrodispersada | back-scattered radiation
radiación secundaria | secondary radiation
radiación selectiva | selective radiation
radiación sincrotrónica | synchrotron radiation
radiación solar | solar (/sun) radiation
radiación solar de microondas | solar microwave radiation
radiación terciaria | tertiary radiation
radiación térmica | thermal radiation
radiación térmica primaria | primary thermal radiation
radiación tipo sincrotrón | synchrotron radiation
radiación trasversal | side fire
radiación ultravioleta | ultraviolet radiation (/light)
radiación útil | useful radiation
radiación vertical | vertical radiation
radiación visible | visible radiation
radiación X | X radiation
radiación X característica | characteristic X-radiation
radiaciones espurias | splatter
radiactivación | radioactivation
radiactivamente | radioactively
radiactivar | to radioactivate
radiactividad | radioactivity
radiactividad alfa | alpha radioactivity
radiactividad artificial | artificial radioactivity
radiactividad beta | beta radioactivity
radiactividad específica | specific radioactivity
radiactividad inducida | induced (/artificial) radioactivity
radiactividad natural | natural radioactivity (/activity)
radiactividad natural ambiente | natural radiation background
radiactividad residual | residual radioactivity

radiactivo | radiative, radioactive, radiational, radio
radiado | radiated, radioed
radiador | radiator
radiador acústico | acoustic radiator
radiador acústico para el registro medio | midrange radiator
radiador alfa | alpha radiator
radiador auxiliar de bajos | auxiliary bass radiator
radiador de bocina | horn radiator
radiador de bocina rectangular | rectangular horn radiator
radiador de cuarto de onda | quarter-wave radiator
radiador de guiaondas | waveguide radiator
radiador de masa | mass radiator
radiador de microondas de gran ángulo | wide-angle microwave radiator
radiador de ondas | wave radiator
radiador de ranura | slot radiator
radiador de torre | tower radiator
radiador eléctrico | electric radiator
radiador electródico | electrode radiator
radiador en abanico | fan-top radiator
radiador en función de la temperatura | temperature radiator
radiador hemisférico | hemispherical radiator
radiador isotrópico | isotropic radiator
radiador isótropo | isotropic radiator
radiador lineal | (straight) line radiator
radiador no selectivo | nonselective radiator
radiador para el registro medio | midrange radiator
radiador pasivo | passive radiator
radiador primario | primary radiator
radiador ranurado | slotted radiator
radiador rebatrón de Cherenkov | Cherenkov rebatron radiator
radiador selectivo | selective radiator
radiador térmico | thermal radiator
radiador ultravioleta | UV emitter = ultraviolet emitter
radiador vertical | vertical radiator
radiador Walsh | Walsh radiator
radial | radial
radiámetro [detector de radiación portátil] | radiameter, radiation meter
radiámetro de prospección | prospecting radiation meter
radián | radian
radián eléctrico | electrical radian
radián gramo | gram-rad
radián por segundo | radian per second
radiancia [radiación luminosa específica] | radiance, specific radiant intensity
radiando | on the air
radiante | radiant, radiating
radiar | to radiate, to radiobroadcast, to ray
radiática [ciencia que trata de las radiaciones] | radiatics

radicador term(o)iónico | rooter
radical | radical
radical libre | free radical
radicidación [eliminación de microorganismos mediante pequeñas dosis de radiación en alimentos] | radicidation
radición multipolar | multipole radiation
radio | radio; radium; radius, semidiameter
radio clásico del electrón | classical electron radius
radio covalente | covalent radius
radio de acción | operating range
radio de acción de la estación | range of station
radio de acción del efecto de apantallado | screening length
radio de acción del servicio | radius of service area
radio de acción eficaz infinito | infinite effective range
radio de aguja | stylus radius
radio de alimentación triple | three-way radio
radio de alimentación universal | three-way radio
radio de aplanamiento del flujo | flux-flattened radius
radio de barrera culombiana | Coulomb barrier radius
radio de barrera de Gamow | Gamow barrier radius
radio de Bohr | Bohr radius
radio de bolsillo | pocket radio
radio de colisión entre neutrones | neutron collision radius
radio de curvatura | bending radius
radio de curvatura mínimo | minimum bending radius
radio de Hamming | Hamming radius
radio de la célula | cell radius
radio de la zona aplanada | flattened radius
radio de Larmor | Larmor radius
radio de ruptura | bend radius
radio de transistores | transistor radio
radio del electrón | electron radius
radio del núcleo | nuclear radius
radio digital | digital radio
radio efectivo de la tierra | effective radius of the earth
radio electrostática | electrostatic radius
radio en el bucle local | radio in the local loop
radio exploradora | scanner radio
radio hidráulica | hydraulic radius
radio iónico | ionic radius
radio nuclear | nuclear radius
radio por cable | wired radio
radio por inducción | induction radio
radioactinio | radioactinium
radioacústica | radioacoustics
radioacústico | radioacoustic
radioafición | amateur radio
radioaficionado | amateur radio opera-

tor, radio amateur (/ham), wireless enthusiast
radioaficionado de onda corta | shortwave listener
radioalcance de antena de cuadro | loop-type radio range
radioalerta | radio alert
radioaltímetro | radar (/radio) altimeter
radioaltímetro de baja altura | low-altitude radio altimeter
radioaltímetro de gran altura | high-altitude radio altimeter
radioaltímetro digital | digiralt
radioamplificación | radio amplification
radioastronomía | radioastronomy, radio astronomy
radioastronómico | radioastronomical
radioastrónomo | radioastronomer
radioayuda | radio aid
radioayuda de corto alcance | short distance radio aid
radioayuda para la navegación | radionavigation (/radionavigational) aid
radiobaliza | aerophare, beacon, marker (radio) beacon, radio marker (beacon), radiobeacon; racon = radio beacon; ramark = radar marker
radiobaliza aeronáutica para banda S | beacon airborne S band
radiobaliza de a bordo | inner marker beacon
radiobaliza de abanico | fan marker beacon
radiobaliza de alineación | radio range beacon
radiobaliza de aterrizaje | landing beacon
radiobaliza de avión en banda S | S band airborne beacon
radiobaliza de emisión intermitente | radio-flashing strobe
radiobaliza de haz en abanico | fan marker (beacon), radio fan marker (beacon)
radiobaliza de límite | boundary marker
radiobaliza de navegación guiada | radio range beacon
radiobaliza de orientación automática | radio-homing beacon
radiobaliza de posición | radio marker (beacon)
radiobaliza de radar | raymark
radiobaliza de recalada | radio-homing beacon
radiobaliza de telemedida | telemetry beacon
radiobaliza de zona | zone marker, Z marker beacon
radiobaliza direccional | radio range beacon
radiobaliza emisora de señales guía | radiorange, radio range
radiobaliza en abanico | radio fan marker (beacon)
radiobaliza exterior | outer marker beacon, outer radio marker
radiobaliza giratoria | rotating radio beacon
radiobaliza interior | inner marker beacon
radiobaliza intermedia | middle marker (beacon)
radiobaliza interna | inner marker
radiobaliza localizadora de avión estrellado | crash-locator beacon
radiobaliza pasiva | passive radio beacon
radiobaliza telemétrica | telemetry beacon
radiobalización | radiolocation
radiobanda de audio | aural radio range
Radiobeacon Conference [conferencia (de París) para la reorganización de los radiofaros] | Radiobeacon Conference
radiobiología | radiobiology
radiobiológico | radiobiological
radiobiólogo | radiobiologist
radiobisturí | radio knife
radioblindaje | radio screen (/shield)
radioboya | radio buoy
radioboya hidrofónica | (radio) sonobuoy
radiobrújula | homing device, radio compass
radiobrújula automática | automatic radio compass
radiobrújula de cuadro orientable | rotatable loop (radio) compass
radiobrújula de dos frecuencias | two-frequency radio compass
radiobrújula monofrecuencia | one-frequency radiocompass, single-frequency radio compass
radiocarbono | radiocarbon
radiocardiografía | radiocardiography
radiocesio | radiocaesium
radiocinematografía | radiocinematography, Roentgen cinematography
radioclimatología | radioclimatology
radiocoloidal | radiocolloidal
radiocoloide | radiocolloid, radiocolloidal
radiocomunicación | radiocommunication, radiotelecommunication, space radio, wireless communication
radiocomunicación con buques en alta mar | radiocommunication with ocean-going vessels
radiocomunicación con embarcaciones menores | radiocommunication with small craft
radiocomunicación espacial | space radio
radiocomunicación por dispersión | scatter radio communication
radiocomunicación por dispersión en cinturones orbitales | orbital scatter communication
radiocomunicación punto a punto | point-to-point radio communication
radiocomunicaciones de servicio móvil | vehicular communications
radiocomunicaciones móviles | vehicular communications
radioconductor | radioconductor
radioconsulta | radio consultation
radiocontrol | radio (remote) control, radioguidance
radiocontrol multicanal | multichannel radio control
radiocriptón | radiokrypton
radiocristalografía | radiocristallography
radiocromatografía en fase gaseosa | gaseous phase radiochromatography
radiocromatografía sobre papel | paper radiochromatography
radiocronómetro | radio chronometer
radiodermatitis | radiodermatitis
radiodetección | radar, radio detection
radiodetector | radio detector
radiodiagnóstico | radiodiagnosis, radio diagnosis
radiodifundir | to radiobroadcast
radiodifusión | broadcast(ing), radio (broadcast), radiobroadcast(ing), radiocast, radiodiffusion, radiopropagation, sound broadcasting
radiodifusión de área | area broadcast
radiodifusión de imagen y sonido | sound-sight broadcasting
radiodifusión de modulación de frecuencia por VHF | VHF FM broadcasting
radiodifusión de señales horarias | time broadcasting
radiodifusión de subzona | subarea broadcast
radiodifusión de zona | area broadcast
radiodifusión directa | live (broadcast); short distance backscatter
radiodifusión en canal compartido | shared channel broadcasting
radiodifusión en estereofonía | stereocasting
radiodifusión en múltiplex | multiplex transmission
radiodifusión en zona tropical | tropical broadcasting
radiodifusión escolar | school broadcasting
radiodifusión estereofónica | stereo (/stereophonic) broadcasting
radiodifusión estereofónica por canal único | single-channel stereophonic broadcasting
radiodifusión estereofónica por frecuencia modulada | FM stereophonic broadcast
radiodifusión horaria | hourly broadcast
radiodifusión meteorológica | meteorological broadcast
radiodifusión múltiple | multicast, multicasting
radiodifusión para navegación aérea | aeronautical broadcasting
radiodifusión por cable | radio distribution system, telephone broadcasting, wired radio

radiodifusión por hilos | wired wireless
radiodifusión por ondas cortas | short-wave broadcasting
radiodifusión por ondas métricas | VHF broadcasting
radiodifusión por VHF | VHF broadcasting
radiodifusión por World Wide Web | webcasting [fam]
radiodifusión regional | regional broadcast
radiodifusión regular | scheduled (/routine) broadcast
radiodifusión semihoraria | half-hourly broadcast
radiodifusión simultánea | simulcast
radiodifusión sonora | sound broadcasting
radiodifusión sonora por ondas ultracortas | ultrashort-wave broadcasting
radiodifusión subcontinental | subcontinental broadcast
radiodifusión telefónica | telephone broadcasting
radiodifusora telemandada | remote-control broadcast station
radiodirección | radioguidance, radio guidance
radiodirigido | radio-controlled
radiodispensario | radio dispensary
radiodosímetro | X-ray dosimeter
radioecología | radioecology
radioelectricidad | radioelectricity, radio art (/engineering, /practice)
radioelectricidad científica | scientific radio
radioelectricista | radiotrician
radioeléctrico | radioelectric
radioelectrocardiograma | radioelectrocardiogram
radioelectroencefalógrafo | radioelectroencephalograph
radioelectrónica | radioelectronics, radionics
radioelemento | radioelement
radioelemento artificial | artificial radionuclide
radioelementos naturales | natural radionuclides
radioemanación | radio emanation
radioemisión estereofónica | stereophonic radio broadcast
radioemisor | radiosender, radio sender
radioemisor indicador de rumbo | radiorange, radio range
radioemisora | radio sender, wireless broadcaster
radioemisora portátil en miniatura | portable broadcaster
radioendosonda | radio pill
radioenlace | radio link (/relay), radio relay (/system) link, relay link, RF link
radioenlace aire/tierra para trasmisión de datos | surface/air data link
radioenlace de doble haz | dual beam system
radioenlace de microondas | microwave radio relay
radioenlace de microondas de un solo salto | single-hop microwave link
radioenlace de modulación de impulsos | pulse modulation radio link, pulse-modulated radio link
radioenlace de modulación por tiempo de impulsos | pulse time modulation link
radioenlace de muy largo alcance | very long radio link
radioenlace de propagación troposférica | tropospheric radio link
radioenlace de televisión | picture (/television radio) link
radioenlace de télex | telex radio link
radioenlace de UHF | ultrahigh frequency link (/radio relay circuit)
radioenlace de un solo salto | single-hop radio relay
radioenlace de varios saltos | multi-repeater link
radioenlace decimétrico | ultrahigh frequency radio relay circuit
radioenlace direccional de televisión | radio relay television link
radioenlace multicanal | multichannel radio link, radio multichannel station
radioenlace múltiple | multichannel radio relay system
radioenlace para televisión | television microwave relay
radioenlace por dispersión troposférica | tropospheric scatter radio link
radioenlace por ondas métricas | VHF link, VHF radio relay circuit
radioenlace trashorizonte | transhorizon radio relay link
radioenlace trashorizonte por difusión | scatter radio link
radioenlace unidireccional | single-way radio link
radioescucha | radio listener (/listening, /watch)
radioescucha de onda corta | short-wave listener
radioespectroscopio | radio spectroscope
radioespoleta | radio proximity fuse
radioesterilización | radiation sterilization
radioestrella | radio star
radioestroncio | radio strontium
radioexploración | radio search
radioexposición | exposure
radioexposición accidental | accidental exposure
radiofacsímil | radiofacsimile
radiofármacos | radiopharmaceuticals
radiofaro | beacon, radiobeacon, radiophare, wireless beacon; racon = radio beacon
radiofaro aéreo | airborne beacon
radiofaro bidireccional | two-course radio range
radiofaro con doble modulación | radiobeacon with double modulation
radiofaro contestador | radar (/responder) beacon, radiobeacon, transponder; racon = radio beacon
radiofaro de alineación | radiorange, radio range (beacon), track beacon
radiofaro de aproximación | approach beacon
radiofaro de aterrizaje | airport (/approach, /landing beam) beacon
radiofaro de barrido sectorial | sector-scanning beacon
radiofaro de cuatro ejes | four-course beacon
radiofaro de diagrama circular | radiophare of circular diagram
radiofaro de dos rutas | two-course radio range
radiofaro de impulsos | pulsed beacon
radiofaro de localización | locator (beacon)
radiofaro de navegación | radio-directional beacon
radiofaro de navegación guiada | radio range beacon
radiofaro de orientación automática | homing (/radio-homing) beacon
radiofaro de pista | approach (/localiser) beacon
radiofaro de poco alcance | short-range radiobeacon
radiofaro de posición | locator beacon
radiofaro de radar | radar beacon
radiofaro de radar en cadena | chain radar beacon
radiofaro de recalada | homing (/radio-homing) beacon
radiofaro de respuesta | radar (/responder) beacon, transponder
radiofaro de sona | zone marker
radiofaro de trayectoria de planeo | glide path beacon
radiofaro direccional | radiorange, radio range (beacon), range (station)
radiofaro direccional audiovisual | visual-aural radio range
radiofaro direccional de identificación visual | visual radio range
radiofaro direccional de indicación acústica | talking beacon
radiofaro direccional de indicación visual | visual radio range
radiofaro direccional de VHF | VHF directional range
radiofaro direccional de VHF de indicación audiovisual | visual-aural VHF radiorange
radiofaro direccional variable | variable direction radio beacon
radiofaro giratorio | rotating beacon (/beam)
radiofaro giratorio y radiotelefónico de VHF | VHF rotating talking beacon
radiofaro indicador de ruta | course indicating beacon
radiofaro localizador de pista de aterrizaje | runway localizing beacon

radiofaro marcador | radio marker beacon
radiofaro Navaglobe | Navaglobe beacon
radiofaro no direccional | nondirectional beacon
radiofaro no directivo | nondirectional (/omnidirectional) radio beacon
radiofaro normalizado | standard (radio) range
radiofaro omnidireccional | omnidirectional (radio) beacon (/range), omnirange
radiofaro omnidireccional con variación de fase | phase shift omnidirectional radio range
radiofaro omnidireccional de ondas métricas | terminal VHF omnirange
radiofaro omnidireccional de VHF [*radiofaro omnidireccional de muy alta frecuencia*] | VHF omni-range = very high frequency omnirange radiobeacon; terminal VHF omnirange
radiofaro omnidireccional telemétrico | omnibearing-distance facility
radiofaro para radar | ramark = radar marker
radiofaro Rebecca-Eureka | Rebecca-Eureka beacon
radiofaro receptor | radiobeacon receiver
radiofaro receptor-emisor | racon = radio beacon, radiobeacon
radiofaro rotativo | rotating radio beacon
radiofaro tetradireccional | standard radio range
radiofaro visual | visual radio range
radiofonía | radioacoustics
radiofónico | radioacoustic, radiophonic; wireless
radiofonógrafo | radiogramophone, radio gramophone, radio-and-phonograph combination, wireless record player; radiophono = radiophonograph
radiofonógrafo de consola | radiophonograph console
radiofoto | radiophoto
radiofotografía | radiophotograph, radiophotography
radiofotograma | radiophotogram
radiofotoluminiscencia | radiophotoluminescence
radiofototelegrafía | wireless picture telegraphy
radiofrecuencia | radiofrequency, radio (/high) frequency
radiofrecuencia sintonizada | tuned RF = tuned radiofrequency
radiofrecuencia variable | variable radiofrequency
radiogalaxia | radio galaxy
radiogenética | radiation genetics
radiogénico | radiogenic
radiogoniometría | radiogoniometry, radio fix, radio direction (/position) finding

radiogoniómetro | radiogoniometer, radio goniometer, (automatic) radio compass, (radio) direction finder, radio direction-finding apparatus
radiogoniómetro acústico | aural null direction finder
radiogoniómetro Adcock en U | U-type Adcock direction finder
radiogoniómetro automático | automatic direction finder
radiogoniómetro automático de cuadro | automatic loop radio compass
radiogoniómetro automático doble | dual automatic radio compass
radiogoniómetro Bellini-Tosi | Bellini-Tosi direction finder
radiogoniómetro con bobina exploradora | search coil direction finder
radiogoniómetro de Adcock | Adcock aerial (/direction finder)
radiogoniómetro de antena orientable | rotating direction finder, rotating-aerial direction finder
radiogoniómetro de antenas separadas | spaced-aerial direction finder
radiogoniómetro de cero auditivo | aural null direction finder
radiogoniómetro de cuadro | rotating-loop direction finder
radiogoniómetro de cuadro compensado | compensated loop direction finder
radiogoniómetro de cuadro fijo | fixed-loop radio compass
radiogoniómetro de cuadros separados | spaced-loop direction finder
radiogoniómetro de doble cuadro | rotating spaced-loop direction finder
radiogoniómetro de frecuencias altas y ultraaltas | VHF/UHF direction finder
radiogoniómetro de gran abertura | wide-aperture direction finder
radiogoniómetro de haz conmutado | switched beam direction finder
radiogoniómetro de indicación estroboscópica | stroboscopic direction finder
radiogoniómetro de ondas métricas y decimétricas | VHF/UHF direction finder
radiogoniómetro de rayos catódicos | cathode ray direction finder
radiogoniómetro de VHF | VHF direction finder, VHF direction-finding set
radiogoniómetro de VHF/UHF | VHF/UHF direction finder
radiogoniómetro equilibrado | balanced direction finder
radiogoniómetro orientable | rotating direction finder
radiogoniómetro para estáticos | static direction finder
radiogoniómetro Robinson | Robinson direction finder
radiogoniómetro unidireccional | unidirectional (loop) direction finder
radiogoniscopio | radiogoniscope

radiogonómetro localizador de radares costeros | ping-pong [*fam*]
radiografía | radiography, roentgenogram, roentgenography, shadowgraphy, skiagram, skiagraph, X-ray photograph
radiografía del acero | steel radiography
radiografía en serie | serial radiography
radiografía estereoscópica | stereoradiography
radiografía gamma | gamma radiography
radiografía instantánea | flash radiography
radiografía neutrónica | neutron radiography
radiografía tipo | reference radiograph
radiografiado | X-rayed
radiográficamente detectable | radiographically detectable
radiográfico | radiographic
radiógrafo | radiograph
radiograma | radiogram, radio message, skiagram, skiagraph, wireless message (/telegram), X-ray photograph
radiogramófono | radiogramophone, radio gramophone
radiogramola | radiophono = radiophonograph
radioguía | radioguidance, radio guidance, radioguiding, radio guiding
radioguía direccional | directional homing
radioguiado | radioguided, radio-guided, radio-controlled
radiohorizonte | radio horizon
radioimpulsión | pulse impulsion
radioinmunoensayo | radioimmunoessay
radiointerferencia | radiointerference, radio interference (/jamming)
radiointerferencia atmosférica | atmospheric radio noise
radiointerferencia debida a las líneas de energía | power line radio interference
radioisotopía | radioisotopy
radioisotópico | radioisotopic
radioisótopo | radioisotope, radioactive isotope
radioisótopo del plomo | radiolead
radiólisis | radiolysis
radiólisis por impulsos | pulse radiolysis
radiolítico | radiolytic
radiolocalización | radar, radiolocation, radio determination (/position finding)
radiolocalización de la línea de posición | radio position-line determination
radiolocalización direccional | radio direction finding
radiolocalización isócrona | isochrone determination

radiolocalización por efecto Doppler | radio Doppler
radiolocalizador | radiolocator
radiolocalizador automático de dirección | automatic radio direction finder
radiolocalizador de dirección | radio direction finder
radiolocalizador de metales | radio metal locator
radiología | radiology, roentgenology
radiología médica | medical radiology
radiológicamente | radiologically
radiológico | radiological
radiologista | radiation physicist
radiólogo | radiologist
radioluminiscencia | radioluminiscence
radiomalla | radio mesh
radiomarcación | radio bearing
radiomarítimo | radiomaritime
radiometalografía | radiometallography, X-ray metallography
radiometalografista | radiometallographist
radiometalurgia | radiometallurgy
radiometeoro | radio meteor
radiometeorografía | radiometeorography
radiometeorógrafo | radiometeorograph, radio meteorograph; radiosonde
radiometeorógrafo modulado en frecuencia | variable radiofrequency radiosonde
radiometeorología | radiometeorology
radiometría | radiometry
radiométricamente | radiometrically
radiométrico | radiometric
radiómetro | radiometer, radiometer-type receiver
radiómetro acústico | acoustic radiometer
radiómetro de Crookes | Crookes radiometer
radiómetro de Dicke | Dicke's radiometer
radiómetro de dos receptores | two-receiver radiometer
radiómetro de Nichols | Nichols radiometer
radiómetro de resonancia | resonance radiometer
radiómetro de sustracción | subtraction-type radiometer
radiomicrófono | radio (/wireless) microphone
radiomicrómetro | radiomicrometer
radión [*partícula radiante emitida por una sustancia radiactiva*] | radion
radionavegación | radionavigation, radio navigation
radionavegación con coordenadas polares y telémetro | omnibearing-distance navigation
radionecrosis | radionecrosis
radionúclido | radionuclide, radioactive nuclide

radionúclido artificial | artificial radionuclide
radionúclido primario | primary radionuclide
radionúclido secundario | secondary radionuclide
radionúclidos naturales | natural radionuclides
radioonda | radio wave
radioopacidad | radiopacity
radioopaco | radiopaque, radio-opaque
radiooperador de tierra | ground radio operator
radiopantalla | radio screen
radiopaquete | packet radio
radiopasteurización | radiopasteurization
radioplomo | radiolead
radioprospección | radio prospection, radio (/radiometric) prospecting
radioprotección | health physics
radioprotector | chemical protector
radiopuente | radio relay link
radioquímica | radiochemistry
radioquímico | radiochemical
radiorrecepción | radio receiving (/reception)
radiorreceptor | radioreceiver, radio receiver, receiving set
radiorrelé | radio relay
radiorreloj | radio clock
radiorrepetidor con acceso | radio drop repeater
radiorrepetidor con derivación | radio drop repeater
radiorrepetidor de paso | radio through repeater
radiorresistencia | radioresistance
radiorresonancia | radioresonance
radioscopia | radioscopy, screening
radioscopia continua | continuous fluoroscopy
radioscopia de materiales | radiomateriology
radioscopia digital | digital fluoroscopy
radioscopia estereoscópica | stereo-radioscopy
radioscopio | radioscope
radiosensibilidad | radiosensitivity
radiosensible | radiosensitive
radiosextante | radio sextant
radiosidad [*método para dar realismo a las imágenes en gráficos de ordenador*] | radiosity
radiosol | radio sun
radiosonda | radiosonde, radioprobe, radiometeorograph, radio meteorograph; rawin [*fam*] = radiowind
radiosonda de frecuencia variable | variable radiofrequency radiosonde
radiosonda de radiofrecuencia variable | variable radiofrequency radiosonde
radiosonda de telemedición | telemetering radiosonde
radiosonda modulada por tiempo de impulsos | pulse-time-modulated radiosonde

radiosondeo | radiosounding, radio sounding
radiosondeo con barrido de frecuencia | sweep frequency radio sounding
radiosónico | radiosonic
radiotalio | radiothallium
radiotecnia | radio practice
radiotécnico | radiotrician = radio technician
radiotecnología | radiotechnology, radio technology
radiotelecomunicación | radiotelecommunication, radio telecommunication
radiotelefonía | radiotelephony, radio (/wireless) telephony, radiocommunication
radiotelefonía barco-tierra | ship-to-shore radiotelephony (/wireless telephone)
radiotelefonía de banda lateral única | single-sideband radiotelephony
radiotelefonía de onda corta | short-wave radiotelephony
radiotelefonía multicanal | multichannel radiotelephony
radiotelefonía multivía | multichannel radiotelephony
radiotelefonía por muy altas frecuencias | VHF radiotelephony
radiotelefonía por VHF | VHF radiotelephony
radiotelefonía símplex | simplex radiotelephony
radiotelefonista | radiotelephone operator
radioteléfono | radiotelephone, radio telephone, radiophone, two-way radio
radioteléfono de mochila | radio backpack unit
radioteléfono de VHF | VHF radiotelephone
radioteléfono móvil | handy [*fam*]; mobile radiotelephone
radioteléfono portátil | handy-talkie, walkie-talkie, portable radiophone
radiotelefotografía | radiofacsimile
radiotelegrafía | radiotelegraphy, radio (/wireless) telegraphy
radiotelegrafía barco-tierra | ship-to-shore wireless telegraph
radiotelegráfico | radiotelegraphic
radiotelegrafista | radioman, radiotelegraphist, radio officer (/operator), radiotelegraph (/wireless telegraphy) operator
radiotelégrafo | radiotelegraph, radio telegraph
radiotelégrafo receptor | radiotelegraph receiver
radiotelegrama | radiotelegram, radio telegram, wireless message (/telegram)
radiotelegrama a tarifa reducida | reduced rate radiotelegram
radiotelegrama con respuesta pagada | radiotelegram with prepaid repaly
radiotelegrama de prensa | press ra-

diotelegram
radioteleimpresora | radioprinter, radioteleprinter, radioteletype, radioteletypewriter
radiotelemando | mystery control
radiotelemetría | radiotelemetering, radio ranging (/range finding)
radiotelescopio | radiotelescope, radio telescope
radiotelescopio orientable | steerable radiotelescope
radiotelescopio parabólico | parabolic radiotelescope
radioteletipo | radioteletype, radio teletype, radioprinter, radioteleprinter, radioteletypewriter
radiotélex | radiotelex
radioteodolito | radiotheodolite, radio theodolite
radioterapeuta | radiotherapist
radioterapia | radiotherapy, radiation therapy, radiumtherapy, radium therapy, roentgenotherapy
radioterapia a muy alta tensión | supervoltage therapy
radioterapia cinética | moving beam radiation therapy
radioterapia de contacto | contact radiation therapy, short-focal-distance therapy
radioterapia de haz móvil | moving beam radiation therapy
radiotermia | radiothermics, radiothermy
radiotérmica | radiothermics
radiotermoluminiscencia | radiothermoluminiscence
radiotomografía | tomoscopy
radiotomograma | tomograph
radiotorio [antigua denominación del torio 228] | radiothorium
radiotoxicidad | radiotoxicity
radiotransistor | radiotransistor
radiotransmisión [radiotrasmisión] | radiotransmission, radio transmission
radiotransmisor [radiotrasmisor] | radio sender (/set, /transmitter)
radiotransparente [radiotrasparente] | radiofrequency-transparent, radioparent, radiotransparent, radio-transparent
radiotrasmisión | radiotransmission, radio transmission
radiotrasmisión de imágenes | radio transmission of images (/pictures)
radiotrasmisión de paquetes | packet radio
radiotrasmisión múltiple | multiplex radio transmission
radiotrasmisor | radio sender (/set, /transmitter)
radiotrasmisor de emergencia | radio emergency transmitter
radiotrasmisor multicanal | multichannel radio transmitter, multiple radiofrequency channel transmitter
radiotrasparente | radiofrequency-transparent, radioparent, radiotrans-

parent, radio-transparent
radiotrazador | radiotracer
radiotropismo | radiotropism
radioventana atmosférica | atmosphereic radio window
radioviento | radwind, rawin [fam] = radiowind
radiovisión | radiovision
radiovisor | radiovisor
radioyente | radio listener
RADIST [sistema de radionavegación por comparación entre impulsos de varias estaciones terrestres] | RADIST
RADIUS [llamada de verificación en servicio de usuario] | RADIUS = remote authentication dial in user service
radón | radon
RADSL [línea asimétrica de suscriptores digitales con adaptación proporcional] | RADSL = rate-adaptive asymmetric digital subscriber line
radurización [procedimiento para hacer un producto más duradero sometiéndolo a baja radiación] | radurización
RADUX [sistema de radionavegación de larga distancia y baja frecuencia] | RADUX
raedor | scraper
ráfaga de errores | error burst
ráfaga | burst
ráfaga de aire | airburst
ráfaga de errores | burst error
ráfaga de identidad | identity burst
ráfaga de plasma | plasma burst
ráfaga de referencia | reference burst
ráfaga de sincronización cromática | colour burst
ráfaga de subportadora | subcarrier burst
ráfaga de tono | tone burst
ráfaga instantánea | sharp edge gust
RAID [agrupación de discos duros independientes con cabezas de lectura sincronizadas] | RAID = redundant array of independent (/inexpensive) disks
raigal | pole socket
raíl de pie | foot rail
raíz | root [de un árbol]; radix [base]
raíz cuadrada de la suma de los cuadrados | root-sum-square value
raíz de la soldadura | weld root
RAM [memoria de acceso aleatorio] | RAM = random access memory
RAM básica [memoria convencional de 649 KB] | base RAM
RAM de copia [copia de la ROM en la RAM] | shadow RAM
RAM de modo página | page mode RAM
RAM de parámetros [en ordenadores Macintosh] | parameter RAM
RAM de vídeo | video RAM
RAM dinámica [memoria dinámica de acceso aleatorio] | dynamic RAM

RAM estática [memoria estática de acceso aleatorio (/directo)] | static RAM = static random access memory
RAM estática asincrónica | asynchronous static RAM
RAM estática sincronizada con el reloj [del sistema] | synchronous burst static RAM
RAM rápida en modo de página | fast page-mode RAM
RAM sincrónica dinámica | synchronous dynamic RAM
RAM sincrónica para gráficos | synchronous graphics RAM
rama | arm, branch (circuit), tree branch
rama adaptadora | stub tuner
rama de relación | ratio arm
rama de tipo trasformador | transformer-type arm
rama de un árbol | twig
rama en cascada | cascade branch
rama inactiva | inactive leg
rama incondicional | unconditional branch
rama positiva | positive leg
rama receptora | receiving leg
rama trasmisora | transmitting branch
RAMAC [método de acceso aleatorio para control de contabilización; fue el primer controlador de disco (1956)] | RAMAC = Random Access Method of Accounting Control
ramal | branch (circuit), junction, leg, spur (route)
ramal de abonado | telephone drop
ramal de acometida | service drop
ramal de cable | rope side
ramal de entrada | inward trunk
ramal de línea aérea | open-wire loop
ramal de llegada | inward trunk
ramal de poca densidad de tráfico | light drop
ramal de recepción | receive (/receiving) branch, receive leg
ramal de trasmisión | send (/sending) leg, transmit (/transmitting) branch
ramal radioeléctrico | radio trunk
ramal termoeléctrico segmentado | segmented thermoelectric arm
ramal tributario | feeder system
ramas conjugadas | conjugated branches
RAMDAC [convertidor digital/analógico para la RAM] | RAMDAC = random access memory digital-to-analog converter
ramificación | branching, multiple decay, tapping, tree
ramificación de salida | fan-out
ramificarse | to branch
rampa | ramp
rampa de alumbrado | lighting unit
rampa de encendido | ignition harness [UK], ignition shield [USA]
rampa de pendiente negativa | negative going ramp
rampa de variación negativa | negative going ramp

RAMS [*fiabilidad, disponibilidad, posibilidad de mantenimiento y seguridad*] | RAMS = reliability, availability, maintenance, and safety
rango | range, rank
rango de adquisición | acquisition range
rango de detección | detection range
rango de tensión de entrada diferencial | differential input voltage range
rango intercuartílico | interquartile range
ranura | notch, splineway; [*de conexión en placa*] slot
ranura de acceso [*de un disco flexible para que pueda actuar la cabeza de lectura/grabación*] | head slot
ranura de acoplamiento | coupling slot
ranura de alcancía | coin slot
ranura de alineamiento | polarizing slot
ranura de armadura | armature slot
ranura de bloqueo de seguridad | padlock slot
ranura de caras divergentes | taper slot
ranura de carga | threading slot
ranura de enchufe con asignación flexible | universal card slot
ranura de expansión | expansion slot
ranura de filtro | filter slot
ranura de la CPU desactivada | disabled CPU slot
ranura de longitud de onda | wavelength slot
ranura de posicionamiento | keyway, polarizing slot
ranura de protección contra escritura [*en disquetes*] | write-protect notch
ranura de tarjetas con asignación flexible | universal card slot
ranura en V | V cut, V groove
ranura fungiforme | dumbbell slot
ranura inclinada | skewed slot
ranura oblicua | skewed slot
ranura radiante | radiating slot
ranurado | slotted
ranuras paralelas | parallel slots
rapcon [*sistema de radar para el control directo de las aeronaves cercanas*] | rapcon
rápidamente | quickly
rapidez de establecimiento de la comunicación | speed of completion of call
rapidez de impulsos | impulse speed
rapidez de modulación | rapidity of modulation; telegraph speed; [*de impulsos*] modulation rate
rapidez de respuesta | slew rate
rapidez de respuesta relativa de un excitador | relative voltage response of an exciter
rapidez de sintonía mecánica | mechanical tuning rate
rapidez de trasmisión | message handling time
rapidez de trasmisión de los mensajes | message handling time
rápido | fast, quick; express
raplot [*método trazador de radar*] | raplot = radar plot
RAPPI [*indicador PPI de acceso aleatorio*] | RAPPI = random access plan position indicator
raqueta [*para movimientos lineales en juegos de ordenador*] | paddle
RARAD [*parte meteorológico basado en observaciones de radar*] | RARAD
RARE [*redes asociadas para la investigación europea*] | RARE = réseaux associés pour la recherche européene [*fra*] [*associated networks for European research*]
rarefactor | getter
RAREP [*boletín meteorológico basado en observaciones de radar*] | RAREP
RARP [*protocolo de resolución de dirección de retorno*] | RARP = reverse address resolution protocol
RAS [*registro, admisión y estado (protocolo de señalización entre terminal y portero)*] | RAS = registration, admission, and status
RAS [*servidor de acceso remoto*] | RAS = remote access server
ráser [*máser de radiofrecuencia, resonador para aumentar el alcance y la sensibilidad*] | raser
rasgo delgado | thin stroke
rasguño | scratch, scuff mark
raso | open
raspado | scrape
raspador | scraper
raspadura | scrape
raspar el aislamiento | to strip
rastreador | tracer; crawler; [*de páginas Web*] spider
rastreador de paquetes en internet | packet Internet groper
rastreador de seguridad de internet | Internet security scanner
rastreador de señales | signal tracer, signal-tracing instrument
rastreador radiactivo | radiotracer = radioactive tracer
rastreador secundario | second linefinder
rastreamiento por radar | radar tracking
rastrear | to scan, to trace, to track; to browse
rastrear la señal | to signal-trace
rastreo | tracing, tracking
rastreo a saltos | leapfrogging
rastreo asistido | aided tracking
rastreo de llamada | malicious call trace
rastreo de marcas | mark reading (/scaning)
rastreo de paleta | palette snoop
rastreo de paleta de vídeo | video palette snoop
rastreo de perturbadores por cruce acimutal | jammers tracked by azimuth crossing
rastreo de velocidad | rate tracking
rastreo del blanco | tracking of target
rastreo derivado | rate tracking
rastreo por desplazamiento | displacement tracking
rastreo por radio | radio tracking
rastreo progresivo de la ruta [*para salvamento*] | track crawl search
rastreo radioeléctrico | radio tracking
rastreo superficial | skin tracking
rastro | trailer
rastro de ionización | ionization path
rastro luminoso | trailer
ratificar | to establish
ratón | mouse
ratón de bus | bus mouse
ratón mecánico [*de bola*] | mechanical mouse
ratón óptico | optical mouse
ratón optomecánico | optomechanical mouse
ratón serie | serial mouse
RAX [*central automática rural*] | RAX = rural automatic exchange
raya | dash
raya cuadratín [*en tipografía*] | em dash
raya de graduación | graduation mark
raya de gramil | score mark
raya larga [*signo ortográfico*] | em dash
raya Morse | telegraph dash
raya telegráfica | telegraph dash
rayadura óptica | shadow scratch
rayas horizontales | tramlines
Raydist [*sistema que establece hipérbolas de navegación por comparación de fases de radiofrecuencia*] | Raydist
rayleigh [*unidad de flujo utilizada en la medida de la intensidad luminosa de auroras y en cielo nocturno*] | rayleigh
raylio [*magnitud de reactancia o resistencia acústica*] | rayl
rayo | beam, bolt, lightning, ray, shaft, thunder
rayo alabeado | skew ray
rayo alfa | alpha ray
rayo anódico | anode ray
rayo beta | beta ray
rayo blando | soft ray
rayo canal | canal (/positive) ray
rayo catódico | cathode ray
rayo de Becquerel | Becquerel ray
rayo de canal | canal ray
rayo de electrones | electron beam
rayo de energía | energy beam
rayo de luz | light ray, streak of light
rayo delta | delta ray
rayo directo | direct ray
rayo e = rayo extraordinario | e-ray = extraordinary ray
rayo electrónico | electron beam
rayo extraordinario | extraordinary ray
rayo gamma | gamma ray
rayo incidente | incident ray
rayo indirecto | indirect ray
rayo invisible | ultraphotic ray
rayo luminoso | streak of light

rayo molecular | molecular beam
rayo o = rayo ordinario | o-ray = ordinary ray
rayo ordinario | ordinary ray
rayo paraxial | paraxial ray
rayo positivo | positive ray
rayo principal | main beam
rayo radioeléctrico | radio ray
rayo tangente | tangent ray
rayo ultravioleta | ultraviolet ray
rayo Y | Y ray
rayos característicos | fluorescent radiation
rayos cósmicos | cosmic rays
rayos cósmicos duros | hard cosmic ray
rayos cósmicos primarios | primary cosmic rays
rayos cósmicos secundarios | secondary cosmic rays
rayos cósmicos solares | solar cosmic rays
rayos de Bucky | grenz rays
rayos de fluorescencia | fluorescent radiation
rayos de Lenard | Lenard rays
rayos difusos | scattered rays
rayos duros | hard rays
rayos gamma | gamma
rayos gamma de captura | capture gamma rays
rayos gamma de periodo corto | short-lived gamma rays
rayos gamma duros | strong gamma rays
rayos gamma inmediatos | prompt gamma rays
rayos infrarrojos | infrared (/ultrared) rays
rayos límite | grenz rays
rayos meridianos | meridian rays
rayos retrógrados | retrograde rays
rayos roentgen | roentgen rays
rayos Roentgen | X-ray
rayos roentgen secundarios | secondary X-rays, secondary Roentgen rays
rayos ultrarrojos | ultrared rays
rayos ultravioleta | ultraviolet rays
rayos X | X-rays, Roentgen rays
rayos X blandos | soft X-rays
rayos X de ondas ultracortas | ultra-X-rays
rayos X difusos | scattered Roentgen rays
rayos X duros | hard X-ray
rayos X poco penetrantes | soft X-rays
rayos X primarios | primary X-rays
rayos X secundarios | secondary X-rays, secondary Roentgen rays
rayos X térmicos | thermal X-rays
rayos X ultrapenetrantes | ultra-X-rays
Raysistor [*marca comercial de dispositivo para controlar la conductividad de semiconductores*] | Raysistor
razón | ratio
razón de contraste | contrast ratio

razón de conversión | conversion ratio
razón de conversión de la zona fértil | blanket conversion ratio
razón de conversión del núcleo | core conversion ratio
razón de conversión externa | external conversion ratio
razón de conversión interna | internal conversion ratio
razón de corriente de pico a corriente de valle | peak-to-valley current ratio
razón de extinción | extinction ratio
razón de moderación | moderating ratio
razón de regeneración interna | internal breeding ratio
razón de reproducción | breeding ratio
razón de reproducción externa | external breeding ratio
razón de resistencia inversa a resistencia directa | reverse-forward resistance ratio
razón de sobrealimentación | supercharger ratio
razón de tiempo útil | up-time ratio
razón de trasferencia inversa de tensión | reverse voltage transfer ratio
razón de uno a cero | one-to-zero ratio
razón escalar | scalar ratio
razón inversa | inverse ratio
razón inversa de corrientes | reverse current ratio
razón inversa de tensiones | reverse voltage ratio
razón unitaria | unity ratio
razonamiento no monótono | nonmonotonic reasoning
Rb = rubidio | Rb = rubidium
RBC [*centro de bloqueo por radio*] | RBC = radio block centre
RBOC [*compañía regional Bell*] | RBOC = regional Bell operating company
RBS [*estación de radiofaro*] | RBS = radio beacon station
RBTC [*control de trenes por radio*] | RBTC = radio based train control
RC = radioscopia continua | CF = continuous fluoroscopy
RC = resistencia-capacidad | RC = resistance-capacitance
RC = retorno del carro [*en dispositivos de escritura*] | CR = carriage return
RCA = radar de control de aproximación | ACR = approach control radar
RCC [*centro de coordinación de rescates (con localización por satélite)*] | RCC = rescue co-ordination centre
RCC [*puesto de mando regional*] | RCC = regional control centre
RCM [*contramedida radioeléctrica (/de radar, /de radio), medida antirradar*] | RCM = radio countermeasure
RCP [*polaridad de recuento de referencia*] | RCP = reference counting polarity
RCP = registro de control de página | PCR = page control register

RCTL [*lógica de resistencias, lógica de resistor-capacidad-transistor*] | RCTL = resistor-capacitor-transistor logic
rd = rutherford [*cantidad de material radiactivo que produce un millón de desintegraciones por segundo*] | rd = rutherford
RdAc = radioactinio | RdAc = radioactinium
RDAT [*cinta de audio digital de cabeza giratoria*] | RDAT = rotating-head digital audio tape
RDBMS [*sistema de gestión relacional para bases de datos*] | RDBMS = relational database management system
RDF [*radiogoniómetro, radiolocalizador de dirección*] | RDF = radio direction finder
RDF [*distribuidor de repetidores (/baja frecuencia)*] | RDF = repeater distribution frame
RDF [*estructura de descripción de recursos (para metadatos)*] | RDF = resource description framework
RDF [*radiogoniometría, búsqueda de dirección por radio*] | RDF = radio direction finding
RDI = red digital integrada | IDN = integrated digital network
RDN = nombre distinguido relativo [*en internet*] | RDN = relative distinguished name
RDO [*objeto de datos remoto*] | RDO = remote data object
RDS [*sistema de radiotrasmisión de datos*] | RDS = radio data system
RDSI = red digital de servicios integrados [*en banda estrecha*] | ISDN = integrated services digital network
RDSI en banda ancha | broadband ISDN
RDSI-BA = RDSI en banda ancha | BISDN = broadband ISDN
RDSI-BE = RDSI en banda estrecha | N-ISDN = narrowband ISDN
RDS-TMC [*sistema de radiotrasmisión de datos - canal para mensajes de tráfico rodado*] | RDS-TMC = radio data system - traffic message channel
RdTh = radiotorio | RdTh = radiothorium
Re = renio | Re = rhenium
reacción | backlash, feedback, reaction, retroaction
reacción alfa-protón | alpha proton reaction
reacción automantenida | self-propagating reaction
reacción catódica | cathodic reaction
reacción de captura neutrónica radiactiva | radiative neutron capture reaction
reacción de captura radiactiva | radiative (/radioactive) capture reaction
reacción de electrodo | electrode reaction

reacción de escisión automantenida | self-sustaining fission reaction
reacción de espalación | spallation reaction
reacción de fragmentación | fragmentation reaction
reacción de fusión automantenida | self-sustaining fusion reaction
reacción de fusión secundaria | secondary fusion reaction
reacción de protón alfa | proton alpha reaction
reacción de tensión | voltage feedback
reacción de voltaje | voltage feedback
reacción degenerativa | reverse reaction
reacción del inducido | armature reaction
reacción electrodérmica | electrodermal reaction
reacción electrolítica reversible | reversible electrolytic process
reacción en cadena | chain reaction
reacción en cadena automantenida | self-propagating chain raction, self-sustaining chain reaction
reacción en cadena automoderada | self-limiting chain reaction
reacción en cadena automultiplicada | self-multiplying chain reaction
reacción en cadena con neutrones lentos | slow neutron chain reaction
reacción en cadena con neutrones retardados | slow neutron chain reaction
reacción en cadena de escisión por neutrones lentos | slow-neutron-induced fission chain reaction
reacción en cadena de escisión por neutrones térmicos | slow-neutron-induced fission chain reaction
reacción en cadena de estado estacionario | steady-state chain reaction
reacción en cadena energética | power chain reactor
reacción en cadena para producción de energía | power chain reactor
reacción en cadena por neutrones térmicos | thermal neutron chain reaction
reacción en tiempo real | real-time reaction
reacción endotérmica | endothermic reaction
reacción exotérmica | exothermic reaction
reacción fotonuclear | photonuclear reaction
reacción fotovoltaica | photovoltaic response
reacción inductiva | induction kick
reacción negativa | negative feedback (/reaction, /reaction)
reacción nuclear | nuclear reaction
reacción nuclear en cadena | nuclear chain reaction
reacción nuclear en cadena automantenida | self-maintained nuclear chain reaction, self-sustaining nuclear chain reaction
reacción nuclear espontánea | nuclear spontaneous reaction
reacción persistente | sustained reaction
reacción positiva | direct (/positive, /regenerative) feedback, regeneration
reacción positiva de rejilla de pantalla | screen grid regeneration
reacción positiva de tensión | positive voltage feedback
reacción productora de estrellas | star reaction
reacción protón-protón | proton-proton reaction
reacción rápida | quick recovery
reacción secundaria | secondary reaction
reacción sostenida | sustained reaction
reacción termonuclear | thermonuclear reaction
reacción termonuclear estacionaria | stationary thermonuclear reaction
reacción variable | variable response
reacondicionamiento | reprocessing
reactancia | choke, inductor, reactance; choking coil [*obsolete term for inductor*]
reactancia acústica | acoustic reactance
reactancia acústica específica | specific (/unit-area) acoustic reactance
reactancia acústica intrínseca | specific (/unit-area) acoustic reactance
reactancia acústica por unidad de superficie | unit-area acoustic reactance
reactancia adicional | series reactor
reactancia auxiliar | ballast
reactancia capacitiva | condensance, capacitive reactance
reactancia cero | zero reactance
reactancia de acoplamiento | coupling (/swinging) choke
reactancia de autoinducción | choking coil
reactancia de capacidad | capacity reactance
reactancia de conmutación | commutating reactance, switching reactor
reactancia de dispersión | leakage (/stray) reactance
reactancia de división de fase | phase-splitting reactance
reactancia de electrodo | electrode reactance
reactancia de filtro | filter choke
reactancia de fuga | leakage reactance
reactancia de inducción | choking coil, inductive reactance
reactancia de la armadura | armature reactance
reactancia de modulación | reactance modulation
reactancia de núcleo saturable | saturable core reactor
reactancia de polarización | polarization reactance
reactancia de Potier | Potier's reactance
reactancia de saturación | saturation reactance
reactancia de sincronización | synchronizing reactor
reactancia de suavización | smoothing choke
reactancia del circuito de control | control circuit reactance
reactancia del rotor | rotor reactance
reactancia efectiva | effective reactance
reactancia electródica | electrode reactance
reactancia electrónica | reactance (/reactor) valve, valve reactor
reactancia en circuito abierto | open-circuit reactance
reactancia en cortocircuito | short-circuit reactance
reactancia en cuadratura | quadrature reactance
reactancia giratoria | rotor reactance
reactancia inductiva | induction (/inductive) reactance
reactancia intrínseca | intrinsic reactance
reactancia limitadora de potencia | power-limiting reactance
reactancia mecánica | mechanical reactance
reactancia momentánea | transient reactance
reactancia mutua | mutual reactance
reactancia negativa | negative reactance
reactancia nula | zero reactance
reactancia parásita | stray reactance
reactancia parásita de las conexiones | stray lead reactance
reactancia por trasductor | transductor reactor
reactancia propia | self-reactance
reactancia resultante | net reactance
reactancia saturable | saturable reactance (/reactor)
reactancia sincrónica | synchronous reactance
reactancia sintonizada en derivación | shunt-tuned choke
reactancia subtransitoria | subtransient reactance
reactancia transitoria | transient reactance
reactancia variable | variable reactance
reactancímetro | reactance meter
reactatrón [*amplificador de microondas de bajo nivel de ruido con diodo semiconductor*] | reactatron
reactivación | reactivation
reactivación del filamento | filament reactivation

reactivador | rejuvenator
reactivador de válvulas de vacío | vacuum valve rejuvenator
reactivador de válvulas electrónicas | tube (/valve) rejuvenator
reactividad | reactivity
reactividad de burbujas | void reactivity
reactividad de huecos | void reactivity
reactividad disponible | available (/excess) reactivity
reactividad en función de la temperatura | temperature dependence of reactivity
reactividad inmediata | prompt reactivity
reactividad negativa | negative reactivity
reactividad remanente | residual reactivity
reactividad total | total reactivity
reactividad total absorbida | total reactivity absorbed
reactivo | reacting, reactive, retroactive, wattless
reactor | reactor, ballast, inductor, pile, choke; choking coil [*obsolete term for inductor*]
reactor acuoso | aqueous reactor
reactor autoestabilizado | self-stabilizing reactor
reactor autorregenerable | breeder reactor
reactor cerámico | ceramic reactor
reactor con combustible circulante | circulating fuel reactor
reactor con combustible metálico líquido | liquid-metal fast reactor
reactor con gas | gas-cooled reactor
reactor con lecho de bolas | pebble bed reactor
reactor con lecho fluidificado | fluidized bed reactor
reactor con moderador orgánico | organic-moderated reactor
reactor con neutrones térmicos | thermal breeder reactor
reactor con reflector | reflected reactor
reactor conmutador | switching reactor
reactor convertidor | converter reactor
reactor crítico | critical reactor
reactor de adiestramiento | training reactor
reactor de agua a presión | pressurized water reactor
reactor de agua de ciclo cerrado | closed-cycle water reactor
reactor de agua de ciclo directo | direct cycle water reactor
reactor de agua hirviendo | boiling water reactor
reactor de agua hirviendo y doble ciclo | dual cycle boiling water reactor
reactor de agua ligera | light water reactor
reactor de agua pesada | heavy water

reactor
reactor de alta temperatura | high temperature reactor
reactor de alto flujo | high flux reactor
reactor de arranque | starting reactor
reactor de baja temperatura | low temperature reactor
reactor de bajo flujo | low flux reactor
reactor de bloque | slab reactor
reactor de caldera de agua | water-boiler reactor
reactor de celosía | lattice reactor
reactor de ciclo abierto | open-cycle reactor
reactor de ciclo cerrado | closed-cycle reactor
reactor de ciclo directo | direct cycle reactor
reactor de ciclo indirecto | indirect cycle reactor
reactor de ciclo único | single-cycle reactor system
reactor de circulación natural | natural circulation reactor
reactor de combustible cerámico | ceramic-fuelled reactor
reactor de combustible en suspensión | slurry reactor
reactor de combustible líquido-metal | liquid-metal fuel reactor
reactor de conmutación | transductor
reactor de control por corrimiento espectral | spectral shift control reactor
reactor de conversión termiónica | thermionic conversion reactor
reactor de corriente proporcional | proportioning reactor
reactor de corrimiento espectral | spectral shift reactor
reactor de demostración | demonstration reactor
reactor de depósito | tank reactor
reactor de deriva espectral | spectral shift reactor
reactor de doble ciclo | dual cycle reactor
reactor de ebullición | water solution reactor, water-boiler reactor
reactor de energía nula | zero-energy reactor
reactor de ensayo de materiales | materials testing reactor
reactor de enseñanza | teaching reactor
reactor de escisión por neutrones lentos | slow reactor
reactor de espectro intermedio | intermediate spectrum reactor
reactor de espectro mixto | mixed spectrum reactor
reactor de fluido bajo presión | pressurized reactor
reactor de flujo dividido | split-flow reactor
reactor de haz | beam reactor
reactor de impulsos de núcleo anular | annular core pulse reactor

reactor de inductancia variable | swinging choke
reactor de investigación | research reactor
reactor de investigación avanzado | advanced research reactor
reactor de irradiación | irradiation reactor
reactor de lecho líquido fluidizado | liquid-fluidised bed reactor
reactor de máxima energía | super-power reactor
reactor de modulación | modulation reactor
reactor de neutrones intermedios | intermediate (neutron) reactor
reactor de neutrones rápidos | fast neutron reactor
reactor de neutrones rápidos de potencia nula | zero-power fast reactor
reactor de neutrones térmicos | thermal neutron reactor
reactor de núcleo buzo | plunger-core reactor
reactor de núcleo gaseoso | gas core reactor
reactor de núcleo móvil | plunger-core reactor
reactor de núcleo saturable | saturable core reactor
reactor de núcleo sólido homogéneo | solid homogeneous reactor
reactor de pasta combustible | paste reactor
reactor de piscina | pool reactor
reactor de plutonio | plutonium reactor
reactor de potencia | power reactor
reactor de potencia cero | zero-energy reactor, zero-power reactor
reactor de potencia nula | zero-power reactor
reactor de producción | production reactor
reactor de producción de calor | heat reactor
reactor de prueba | test reactor
reactor de prueba para sistemas aeroespaciales | aerospace system test reactor
reactor de radiobiología | biomedical reactor
reactor de radiofrecuencia | radio choke coil
reactor de radioquímica | chemonuclear reactor
reactor de resonancia | resonance reactor
reactor de sales fundidas | molten salt reactor
reactor de salida | output choke
reactor de saturación | saturating reactor
reactor de sodio-grafito | sodium-graphite reactor
reactor de suspensión | suspension reactor
reactor de tanque | tank reactor
reactor de torio | thorium reactor

reactor de trasformación termiónica | thermionic conversion reactor
reactor de tratamiento de materiales | materials processing reactor
reactor de tubo de ensayo | test-tube reactor
reactor de tubos de fuerza | pressure tube reactor
reactor de tubos de presión | pressure tube reactor
reactor de uranio | uranium reactor
reactor de uranio enriquecido | enriched reactor
reactor de uranio natural | natural uranium reactor
reactor de vapor sobrecalentado | superheat reactor
reactor del modulador | modulator reactor
reactor desnudo | bare reactor
reactor eléctrico | current-limiting reactor
reactor en derivación | shunt reactor
reactor en paralelo | paralleling reactor
reactor en pequeña escala | small-scale reactor
reactor en serie | series reactor
reactor enriquecido | enriched reactor
reactor epitérmico | epithermal reactor
reactor epitérmico de torio | epithermal thorium reactor
reactor estacionario | stationary reactor
reactor experimental | experimental (/research, /test) reactor
reactor experimental regenerable | experimental breeder reactor
reactor exponencial | exponential reactor
reactor fuente | source reactor
reactor generador | production reactor
reactor hervidor de agua | water solution reactor
reactor heterogéneo | heterogeneous reactor
reactor homogéneo | homogeneous reactor
reactor homogéneo acuoso | aqueous homogeneous reactor
reactor imagen | image reactor
reactor industrial | process heat reactor
reactor integral | integral reactor
reactor intermedio | intermediate reactor
reactor lento | slow reactor
reactor limpio | cold clean reactor
reactor moderado por agua | water-moderated reactor
reactor moderado por agua ligera | light water-moderated reactor
reactor moderado por grafito | graphite-moderated reactor
reactor no autocanalítico | nonautocatalytic reactor
reactor nuclear | nuclear reactor, pile
reactor nuclear con lecho de bolas | pebble nuclear reactor
reactor nuclear de piscina | swimming pool reactor
reactor orgánico | organic-cooled reactor
reactor para radiofrecuencia | radio-frequency choke
reactor plano | slab reactor
reactor poroso | porous reactor
reactor prefabricado | package (/packaged) reactor
reactor prefabricado de potencia | package power reactor
reactor primario | primary pile (/reactor)
reactor productor de calor industrial | process heat reactor
reactor productor de plutonio | plutonium-producing reactor
reactor prototipo | prototype reactor
reactor pulsado [*reactor nuclear para haces intermitentes de neutrones*] | pulsed (/pulsing) reactor
reactor que no ha funcionado | virgin reactor
reactor rápido | fast reactor
reactor rápido de metal líquido | liquid-metal fast reactor
reactor refrigerado por agente orgánico | organic-cooled reactor
reactor refrigerado por agua | water-cooled reactor
reactor refrigerado por gas | gas-cooled reactor
reactor refrigerado por sodio | sodium (/sodium-cooled) reactor
reactor regenerativo | regenerative reactor
reactor reproductor | (power) breeder reactor
reactor reproductor de potencia | power breeder reactor
reactor reproductor de resonancia | resonance breeder
reactor saturable | transductor, saturable reactor
reactor secundario | secondary reactor
reactor subcrítico | subcritical reactor
reactor supercrítico | supercritical reactor
reactor térmico | slow (/thermal) reactor
reactor térmico de metal líquido | liquid-metal thermal reactor
reactor térmico regenerable | thermal breeder reactor
reactor térmico reproductor | thermal breeder reactor
reactor término homogéneo sin reflector | bare homogeneous thermal reactor
reactor termonuclear | thermonuclear reactor
reactor tipo piscina | swimming pool reactor
reactor virtual | virtual reactor
reagrupación | rearrangement
reajustabilidad | resettability
reajustar | to reline
reajuste | retrain
reajuste automático | automatic reset
reajuste de audio | audio dubbing
reajuste de la sintonía | retuning
reajuste retroactivo | retrofit
real | real
realce | enhancement
realce de señal | signal enhancement
realidad virtual | virtual reality
realimentación | feedback
realimentación acústica | acoustic feedback
realimentación capacitiva | capacitive feedback
realimentación cinética | motional feedback
realimentación de corriente | current feedback
realimentación de posición | position feedback
realimentación de tensión (/voltaje) | voltage feedback
realimentación degenerativa | degenerative feedback
realimentación del amplificador | amplifier feedback
realimentación en lazo cerrado | closed-loop feedback
realimentación estabilizada | stabilized feedback
realimentación estabilizadora | stabilizing feedback
realimentación externa | external feedback
realimentación forzada | force feedback
realimentación inductiva | induction (/inductive) feedback
realimentación inversa | inverse feedback
realimentación negativa | negative feedback
realimentación negativa amplificada | amplified back bias
realimentación negativa de tensión | negative voltage feedback, voltage negative feedback
realimentación por bucle único | single-loop feedback
realimentación por circuito externo | external feedback
realimentación positiva | direct (/positive) feedback, regeneration, retroaction
realimentación positiva de tensión | positive voltage feedback
realimentación primaria | primary feedback
realimentación regenerativa | regenerative feedback
realimentación selectiva sintonizable | tunable selective feedback
realismo fotográfico | photorealism
realización | implementation
realización con elevada densidad de circuitos | high-density circuit packaging

realización de programas | programming
realización mecánica | package
realizador de formatos | formatter
realizador de formatos de textos | text formatter
reanimación por presión alternante | alternating positive-negative pressure breathing
reanimador de válvulas electrónicas | tube (/valve) rejuvenator
reanudación | restart, resume, rollback
reanudación automática del monitor | monitor auto resume
reanudación de baja energía | resuming from low power
reanudación de la velocidad de trasmisión [cuando trascurre un tiempo sin detectarse fallos en la línea] | fall forward
reanudar | to restart, to resume; to reboot
reanudar el servicio | to resume service
reanudar la trasmisión | to resume transmission
rearranque | restart
rearranque en caliente | warm restart
reasignación | reallocation
reasignación de página de memoria | memory page deallocation
reaviso | rering
REB = rebobinado, rebobinar | REW = rewind; TU = take-up
rebaba | chip
rebaja | allowance
rebajar | to derate, to pop, to take off
rebaje | notch
rebanada | slice
rebasar | to exceed
rebatrón [acelerador de partículas electrónicas] | rebatron
rebobinado | rewind, rewinding, takeup
rebobinador | rewinder
rebobinadora | rewinder
rebobinar | to takeup, to take-up, to re-reel; [una cinta] to rewind
reborde | flange
rebose | overflow, overshoot
rebotar | to bounce
rebote | bounce
rebote de armadura | armature rebound
rebote de contacto | contact bounce (/bouncing)
rebote de la válvula | valve bouncing
rebote de señal | bounce chatter
recableable | rewirable
recablear | to rewire
recalce | wedging
recalibrar | to recalibrate
recambiable | interchangeable
recambio | change, service part (/spare)
recambio de la muestra | sample changing
recarga | recharge

recarga de combustible | refuelling
recargable | rechargeable
recargar | to reload, to recharge; [la DRAM] to refresh
recebado | reignition
recepción | acceptance, receiving, reception
recepción a oído | reception by buzzer (/ear, /sounder), sound ranging
recepción acústica | sound reception
recepción antitrasmisión | antitransmit-receive
recepción auditiva | acoustic (/sound) ranging, sound reception, reception by buzzer (/ear, /sounder)
recepción autodina | autodyne reception
recepción con antenas espaciadas | space diversity reception
recepción con aumento de la portadora | reconditioned-carrier reception
recepción con diversidad de espacio | space diversity reception
recepción con superreacción | super-regenerative reception
recepción de amplificación directa | straight (/tuned radiofrequency) reception
recepción de barrera | barrage reception
recepción de diversidad | diversity reception
recepción de diversidad de polarización | polarization diversity reception
recepción de ondas | wave reception
recepción de portadora acentuada | exalted carrier reception
recepción de portadora amplificada | exalted carrier reception
recepción de portadora incrementada | exalted carrier reception
recepción de portadora reacondicionada | reconditioned-carrier reception
recepción de radio | radio receiving (/reception)
recepción de radio escolar | school-broadcast listening
recepción de radiofrecuencia sintonizada | straight (/tuned radiofrequency) reception
recepción de señales horarias | time signal reception
recepción de sonido | sound reception
recepción de televisión | television reception
recepción de un telegrama | reception of a telegram
recepción de una sola señal | single-signal reception
recepción de vídeo | video reception
recepción díplex | diplex reception
recepción dirigida | beam reception
recepción/distorsión por trayectoria múltiple | multipath distortion/reception
recepción en cinta | reception by tape
recepción en cinta perforada | perforated tape reception

recepción en diversidad cuádruple | quadruple diversity reception
recepción en diversidad de frecuencias | frequency diversity reception
recepción en fonía | phone reception
recepción en página impresa | printed page reception
recepción endodina | endodyne reception
recepción estereofónica | stereophonic reception
recepción fotográfica | photographic reception
recepción heterodina | heterodyne reception
recepción heterodina supersónica | supersonic heterodyne reception
recepción homodina | homodyne (/zero beat) reception
recepción intermitente | intermittent reception
recepción múltiple | diversity (/multiple) reception
recepción panorámica | panoramic reception
recepción por batido | beat reception
recepción por batido cero | zero beat reception
recepción por choque [debida a la excitación por choque de los circuitos resonantes] | shock reception
recepción por radio | radio receiving (/reception), RF pickup
recepción por trayectoria múltiple | multipath reception
recepción radiotelefónica | phone reception
recepción radiotelegráfica | radiotelegraph reception
recepción radiotelegráfica auditiva | radiotelegraph reception by ear
recepción regeneración de la portadora | reconditioned-carrier reception
recepción regenerativa | regenerative reception
recepción selectiva de una sola señal | single-signal reception
recepción simultánea | simultaneous reception
recepción solamente | receive only
recepción superheterodina | super-heterodyne reception
recepción superheterodina doble | double superheterodyne reception
recepción superregenerativa | super-regenerative reception
recepción supersónica | supersonic reception
recepción televisiva | telereception
recepción-trasmisión | receive-transmit
recepción ultradina | ultradyne reception
recepción unidina | unidyne reception
receptáculo | receptacle
receptáculo colectivo | plug-in nest
receptáculo de alimentación | power outlet (/receptacle)

receptáculo de alimentación para suministro eléctrico | power outlet
receptáculo de clavija | plug receptacle, plug-in outlet
receptáculo de pared | wall receptacle
receptáculo de suministro eléctrico | power receptacle
receptáculo embutido | flush receptacle
receptáculo empotrado | flush receptacle
receptáculo estanco | moistureproof socket
receptáculo polarizado | polarized receptacle
receptáculo tomacorriente | power receptacle
receptivo | receptive
receptor | earphone, listener, receiver, receptor; responser; receptive
receptor a tinta | inker
receptor acústico | sounder, sound receiver
receptor autodino | self-heterodyne reciever
receptor autoheterodino | autoheterodyne receiver
receptor automático de alarma | automatic alarm receiver
receptor autosincrónico | selsyn receiver
receptor auxiliar | pilot indicator
receptor bipolar telefónico | bipolar telephone receiver
receptor calibrado de válvulas | tube-calibrating receiver, valve-calibrating receiver
receptor con alarma automática | self-alarm reciever
receptor con barrido periódico | wobbulated receiver
receptor con enganche de fase | phase lock receiver
receptor con reloj | watch (/watch-case) receiver
receptor de a bordo | airborne receiver
receptor de abonado | subscriber receiver
receptor de alimentación mixta | two-way receiver
receptor de alimentación universal | universal receiver
receptor de alta fidelidad | high fidelity receiver
receptor de AM/FM | AM/FM receiver
receptor de amplificación directa | straight receiver
receptor de aproximación | approach receiver
receptor de audio a cristal | crystal audio receiver
receptor de banda ancha | wide-open receiver
receptor de banda estrecha | narrow-band receiver
receptor de banda lateral seleccionable | selectable-single sideband receiver

receptor de banda lateral simple | single-sideband receiver
receptor de banda lateral única | single-sideband receiver
receptor de barrido | sweeping receiver
receptor de batería | battery receiver
receptor de bobina móvil | moving conductor receiver
receptor de búsqueda | search receiver
receptor de casco | headgear receiver
receptor de casi cresta | quasi-peak receiver
receptor de circuitos impresos | printed circuit receiver
receptor de comprobación | monitoring receiver
receptor de comunicaciones | communication(s) receiver
receptor de conductor móvil | moving conductor receiver
receptor de control | monitor (/monitoring) receiver
receptor de conversión única | single-conversion receiver
receptor de correlación | correlation-type receiver
receptor de corriente alterna | AC receiver
receptor de corriente continua | direct current receiver
receptor de cristal | crystal set
receptor de datos | data receiver, end instrument
receptor de datos de coordenadas | coordinate data receiver
receptor de disco | dial pulse receiver
receptor de diversidad | diversity receiver
receptor de diversidad cuádruple | quadruple diversity receiver
receptor de doble conversión | double (/dual) conversion receiver
receptor de doble diversidad | dual diversity receiver
receptor de dos canales | two-channel receiver
receptor de dos canales de amplificación [*para frecuencia intermedia*] | split-sound receiver
receptor de dos corrientes | two-way receiver
receptor de emergencia | emergency receiver
receptor de escucha | monitoring receiver
receptor de exploración | scanning (/search) receiver
receptor de exploración automática | automatic-scanning receiver
receptor de facsímil | facsimile receiver
receptor de facsímil en página | page facsimile receiver
receptor de fase sincronzada | phase-locked receiver
receptor de filamentos en serie | series-string reciever

receptor de FM | FM receiver
receptor de frecuencia modulada | FM receiver = frequency-modulated receiver
receptor de galena | crystal set, galena receiver
receptor de hierro móvil | moving iron receiver
receptor de identificación | responser
receptor de imagen | picture receiver
receptor de infrarrojos | infrared receiver
receptor de largo alcance | loran receiver
receptor de línea | line receiver
receptor de llamada por tonos | touchcalling (/touch-tone) receiver
receptor de llamadas | paging receiver
receptor de mesa | table-model receiver
receptor de onda corta | short-wave receiver
receptor de ondas | wave receiver
receptor de par sincrónico | synchro-torque receiver
receptor de pila | battery receiver
receptor de portadora acentuada (/amplificada) | exalted carrier receiver
receptor de portadora incrementada | exalted carrier receiver
receptor de portadora recondicionada | reconditioned-carrier receiver
receptor de precisión para captación directa de programas radiados | precision off-air receiver
receptor de proyección | projection receiver
receptor de puesta en funcionamiento | turn-on receiver
receptor de pupitre | console receiver
receptor de radar | radar receiver
receptor de radiación | blooper
receptor de radio | radioreceiver, radio receiver (/set), radio-receiving set
receptor de radio de ondas medias | standard broadcast receiver
receptor de radio monitorizado | monitoring radio receiver
receptor de radiobaliza | beacon receiver
receptor de radiodifusión | broadcast receiver
receptor de radiodifusión transistorizado | transistor broadcast receiver
receptor de radiofaro | radiobeacon receiver
receptor de radiofrecuencia sintonizada | TRF receiver = tuned radiofrequency receiver; straight receiver
receptor de radiosonda | radiosonde receiver
receptor de recalada | homing receiver
receptor de repetidor | relay receiver
receptor de seis válvulas | six-valve receiver
receptor de selectividad aguda |

sharply selective reciever
receptor de señal única | single-signal receiver
receptor de señales | signal receiver
receptor de sintonía manual | tunable receiver
receptor de sintonía variable | tunable receiver
receptor de sobremesa | table-model receiver
receptor de sonar | sonar receiver
receptor de sonido | sound receiver
receptor de teclado | pushbutton receiver
receptor de telecontrol | remote-control receiver
receptor de teledifusión por cable | wired-broadcasting receiver
receptor de telegrafía armónica | voice frequency telegraph receiver
receptor de telemando | turn-on receiver
receptor de telemedida | telemetering (/telemetry) receiver
receptor de televisión | television (/televising, /vision broadcasting) receiver, television set
receptor de televisión en color | colour television receiver
receptor de televisión entre portadoras | intercarrier receiver
receptor de televisión para proyección | projection television receiver
receptor de televisión transistorizado | transistor television set, transistorized television receiver
receptor de tono sintonizable | tone-tuning receiver
receptor de tonos de canalización | tone channel receiver
receptor de trayectoria de planeo | glide path receiver
receptor de triple conversión | triple conversion receiver
receptor de ultrasonidos | ultrasonic receiver
receptor de válvulas | tube (/valve) receiver
receptor de válvulas termiónicas | thermionic valve receiver
receptor de varias bandas | multiband receiver
receptor de velocidad | rate receiver
receptor de VHF | VHF receiver
receptor de vídeo | video receiver
receptor de vídeo con cristal | crystal video receiver
receptor de vigilancia | monitoring receiver
receptor del localizador | localiser receiver
receptor del piloto | pilot indicator
receptor/descodificador integrado | integrated receiver/decoder
receptor desintonizado | off-tune receiver
receptor diferencial sincronizado | synchro differential receiver

receptor electrostático | electrostatic receiver
receptor/emisor asincrónico universal | universal asynchronous receiver/transmitter
receptor enclavado en fase | phase-locked receiver
receptor estereofónico | stereophonic receiver
receptor-excitador | receiver exciter
receptor fotoeléctrico | photoelectric receiver (/receptor)
receptor heterodino infrasónico | superheterodyne (/supersonic heterodyne) receiver
receptor homodino | homodyne (/zero beat) receiver
receptor impresor | printing receiver (/receiving) apparatus
receptor infradino | infradyne receiver
receptor interceptor | intercept receiver
receptor lineal-logarítmico | lin-log receiver
receptor logarítmico | log receiver
receptor-modulador | receiver-modulator
receptor monitor | monitoring receiver
receptor monocanal | single-channel receiver
receptor Morse | Morse receiver
receptor móvil | mobile receiver
receptor multibanda | multiband (/multirange) receiver
receptor multicanal | multichannel receiver
receptor multifrecuencia | multifrequency receiver
receptor multionda | multirange receiver
receptor multivalvular | multivalve receiver
receptor Nancy | Nancy receiver
receptor Navagloble | Navaglobe receiver
receptor neumático | pneumatic receptor
receptor neutrodino | neutrodyne receiver
receptor no sintonizado | wide-open receiver
receptor normal | main receiver
receptor normalizado | standard receiver
receptor óptico | optical receiver (/receptor)
receptor panorámico | panoramic (/wobbulated) receiver
receptor para CA/CC = receptor para corriente alterna y continua [*receptor para corriente universal*] | AC/DC receiver
receptor para corriente continua | DC receiver
receptor para radiocomunicaciones | radiocommunication receiver
receptor paramétrico | parametric receiver

receptor perforador | receiving perforator
receptor perforador impresor | printing reperforator
receptor perforador telegráfico | telegraph reperforator
receptor piezoeléctrico | piezoelectric receiver
receptor por batido cero | zero beat receiver
receptor portátil | portable receiver
receptor portátil de alimentación de tres corrientes | three-way portable receiver
receptor portátil de alimentación mixta | three-way portable receiver
receptor portátil de alimentación triple | three-way portable receiver
receptor portátil de alimentación universal | three-way portable receiver
receptor presintonizado | pretuned receiver
receptor radiométrico | radiometer-type receiver
receptor radiotelegráfico | radiotelegraph receiver
receptor regenerativo | regenerative receiver
receptor remoto | remote receiver
receptor selectivo | selective receiver
receptor sensible | sensitive receiver
receptor sin circuitos resonantes | wide-open receiver
receptor sin frecuencia intermedia | straight receiver
receptor sin trasformador | transformerless receiver
receptor sincrónico | synchro receiver
receptor sincrónico diferencial | synchro differential motor
receptor sintonizado para radiofrecuencia | tuned RF receiver
receptor superheterodino | superheterodyne (/supersonic heterodyne) receiver
receptor superheterodino de banda lateral | sideband superheterodyne receiver
receptor superheterodino de señal única | single-signal superhet (/superheterodyne receiver)
receptor superregenerador | superregenerative receiver
receptor superregenerativo | rush box
receptor telefónico | telephone earphone (/earpiece, /receiver)
receptor telefónico de casco | telephone headgear receiver
receptor telefónico de cristal | crystal telephone receiver
receptor telefónico de inductor | inductor telephone receiver
receptor telefónico dinámico | dynamic telephone receiver
receptor telefónico térmico | thermal telephone receiver
receptor telegráfico | telegraph (/telegraphy) receiver

receptor telegráfico de frecuencia vocal | voice frequency telegraph receiver
receptor term(o)iónico | thermionic valve receiver
receptor toda onda | multiband (/all-wave) receiver
receptor transistorizado | transistor radio
receptor-trasmisor asincrónico universal | universal asynchronous receiver/transmitter
receptor-trasmisor de sonar | sonar receiver-transmitter
receptor ultradino | ultradyne (receptor)
receptor ultrasónico | ultrasonic receiver
receptor unidino | unidyne receiver
receptor universal | universal (/all-wave) receiver
receptor vobulado | wobbulated receiver
receptor VOR [receptor omnidireccional de muy alta frecuencia] | VOR receiver = very high frequency omni-range receiver
rechazar una comunicación | to refuse a call
rechazar una petición | to reject a request
rechazo de entrada | front end rejection
rechazo de frecuencia intermedia | intermediate-frequency rejection
rechazo de las vibraciones del avión | aeroplane flutter rejection
rechazo de modo común | in-phase rejection
rechazo de respuesta espuria | spurious response rejection
rechazo en fase | in-phase rejection
rechazo en modo común | common mode rejection
rechazo ultrasónico | ultrasonic rejection
RECIBA = red experimental de comunicaciones integradas en banda ancha [España] | RECIBA [Spanish experimental broadband ISDN]
recibido | received
recibido bien | received OK
recibir | to copy, to receive
recibir mensajes | to copy
reciclabilidad | recyclability
reciclado | recycling
recierre | reclosure
recinto anecoico | anechoic enclosure
recinto blindado | shielded enclosure
recinto de aparatos | switch bay
recinto del reactor | reactor vessel
recinto doblemente apantallado | double shield enclosure
recinto para cableado | wiring room
recinto para instalaciones eléctricas | wiring room
recinto toroidal de vacío | toroidal-shaped vacuum envelope

recipiente | flask
recipiente celular | cell box
recipiente con compartimentos | multiple container
recipiente de acero | steel container
recipiente de recortes | chad container
recipiente de trasporte | cask, flask
recipiente del reactor | reactor vessel
recipiente evaporador | chamber for evaporation
recipiente vaporizador | chamber for evaporation
recíprocamente | mutually
reciprocidad | reciprocation
recíproco | mutual, reciprocal
recirculación | recycling, reentrancy
recirculación de etapa única | single-stage recycle
reclama | claims
reclamación | complaint
reclamaciones | claims
reclamo | decoy
recobrar | to retrieve
recocer | to anneal
recocido | annealed, annealing, refiring
recocido posterior al galvanizado | galvannealing
recogedor de artículos magnéticos | retriever of magnetic articles
recogedor de vacío | vacuum pickup
recogida electrónica de noticias | electronic news-gathering
recolección de datos | data collection
recolección de residuos | garbage collection [USA]
recolocar | to reallocate
recombinación | recombination
recombinación de volumen | volume recombination
recombinación disociativa | dissociative recombination
recombinación en columna | columnar recombination
recombinación preferencial | preferential recombination
recombinación radiactiva | radiative recombination
recombinación volumétrica | volume recombination
recomendaciones | recommendations
reconectar | to reset
reconexión | reclosing, reclosure, resetting
reconexión después del desenganche | resetting after tripping
reconfiguración | reconfiguration
reconfiguración automática del sistema | automatic system reconfiguration
reconmutación | recommutation
reconocer | to accept, to acknowledge, to inspect, to recognize
reconocer radiaciones electromagnéticas | to ferret
reconocimiento | acknowledgement, examination, scouting, survey
reconocimiento afirmativo | affirmative acknowledgement
reconocimiento de búsqueda electrónico | electronic search reconnaissance
reconocimiento de caligrafía | handwriting recognition
reconocimiento de caracteres | character recognition
reconocimiento de caracteres de tinta magnética | magnetic ink character recognition
reconocimiento de carga, trasporte y descarga | piggyback acknowledgment
reconocimiento de configuraciones | pattern recognition
reconocimiento de contramedidas electrónicas | electronic countermeasures reconnaissance
reconocimiento de disparo | trigger recognition
reconocimiento de escritura caligráfica | handwriting recognition
reconocimiento de forma de la onda por autoadaptación | adaptive waveform recognition
reconocimiento de huella dactilar | fingerprint recognition
reconocimiento de la voz | speech (/voice) recognition
reconocimiento de seguridad | security accreditation
reconocimiento de voz | speech (/voice) recognition
reconocimiento del idioma [hablado] | natural language recognition
reconocimiento del personal | personnel monitoring
reconocimiento electromagnético | electromagnetic survey (/reconnaissance), ferret reconnaissance
reconocimiento electrónico | electronic reconnaissance
reconocimiento fotoscópico | photoscope reconnaissance
reconocimiento inteligente de caracteres | intelligent character recognition
reconocimiento negativo | negative acknowledgement
reconocimiento oficial de seguridad | security accreditation
reconocimiento óptico | optical recognition
reconocimiento óptico de caracteres | optical character recognition
reconocimiento ortográfico de caracteres | orthographic character recognition
reconocimiento por radio | radio recognition (/survey)
reconocimiento por satélite | satellite reconnaissance
reconocimiento por televisión | television reconnaissance
reconocimiento positivo | positive acknowledgment
reconocimiento radioeléctrico | radio

survey
reconstrucción de una línea | reconstruction of a line
reconstruir | to reconstitute
recopilación de datos | data collection
recopilar | to compile
recordatorio | reminder; memo
recorrer una línea | to inspect a line
recorrido | path, range, ray, run, running, travel, traversal
recorrido ascendente | upstroke
recorrido de árbol | tree walking
recorrido de armadura | armature travel
recorrido de chispas explosivas | open spark gap
recorrido de cinta | path of tape
recorrido de extremo [*recorrido de las corrientes de eco producidas en el extremo del circuito*] | end path
recorrido de frecuencias | frequency run
recorrido de la armadura | armature stroke
recorrido de la información | data bus (/path)
recorrido de la línea | inspection of the line
recorrido de la onda | propagation path
recorrido de la señal | signal path
recorrido de la trasmisión | transmission route
recorrido de las chispas dirigidas | control spark gap
recorrido de las corrientes de eco [*producidas en el extremo del circuito*] | terminal echo path
recorrido de las partículas | particle path
recorrido de orden final | endorder traversal
recorrido de orden simétrico | inorder traversal
recorrido de prospección sísmica | seismic run
recorrido de relajación | relaxation length
recorrido del blanco | target course
recorrido del cable | cable route
recorrido del programa | program scan
recorrido eléctrico teórico | theoretical electrical travel
recorrido en orden final | endorder (/postorder) traversal
recorrido en orden previo | preorder traversal
recorrido en orden simétrico | inorder (/symmetric order) traversal
recorrido hasta la posición de trabajo | pretravel
recorrido libre medio | mean free path
recorrido libre medio de dispersión | scattering mean free path
recorrido libre medio de la reacción | reaction mean free path
recorrido libre medio de trasporte | transport mean free path
recorrido libre promedio de ionización | mean free path ionization
recorrido medio de chaparrón | shower unit
recorrido tangencial de la onda | tangential wave path
recortador | clipper
recortador de crestas | peak clipper
recortador de ondas sinusoidales | sine wave clipper
recortador de tensión | voltage clipper
recortador vocal | speech clipper
recortar | to clip, to shear; [*partes innecesarias de una imagen*] to crop
recorte | chip, clip plane, clipping, cutting, limitation, scissoring, truncation, windowing
recorte alto | finite clipping
recorte bajo | infinite clipping
recorte de cola | tail clipping
recorte de pico del blanco | white peak clipping
recorte de pico del negro | black peak clipping
recorte de picos | levelling [UK]
recorte de un ordenamiento | trim of an array
recorte de una matriz | trim of an array
recorte duro | hard clipping
recorte finito | finite clipping
recorte infinito | infinite clipping
recortes | chad
recortes de alambre | scrap wire
recortes de cinta | chad
recrecimiento con soldadura | weld overlay (/surfacing)
recta | straight line
recta de carga | load line
recta de carga estática | static load line
recta de Fermi | Fermi plot
recta radial de rumbo | omnibearing line
rectangular | rectangular
rectángulo | rectangle
rectángulo de encuadre | framing rectangle, marquee
rectángulo del carácter [*para su representación gráfica*] | character rectangle
rectena [*dispositivo convertidor de potencia de microondas en potencia de corriente continua*] | rectenna
rectificación | lapping, rectification, removing of kinks
rectificación automática | self-rectification
rectificación con resistencia de rejilla | cumulative (/leaky) grid rectification
rectificación de audio | audio rectification
rectificación de conductores | straightening of wires
rectificación de cristal de cuarzo | quartz crystal grounding
rectificación de diodo | diode rectification
rectificación de gran potencia | high power rectification
rectificación de hilos | straightening of wires
rectificación de media onda | half-wave rectification
rectificación de onda completa | full-wave rectification
rectificación de potencia | power rectification
rectificación de semiciclos | half-wave rectification
rectificación de vapor de mercurio | mercury vapour rectifier
rectificación lineal | linear rectification
rectificación por barrera de potencial | barrier-layer rectification
rectificación por capa de deplexión | depletion layer rectification
rectificación por cristal de cuarzo | quartz crystal lapping
rectificación por curva anódica | anode bend rectification
rectificación por medio de elementos semiconductores | semiconductor rectification
rectificador | rectifier (unit)
rectificador a vapor de mercurio | mercury-arc rectifier equipment
rectificador automático | self-rectifier, self-rectifying
rectificador básico | basic rectifier
rectificador biplaca | two-plate rectifier
rectificador birrejilla | twin-grid rectifier
rectificador complementario | complementary rectifier
rectificador complementario controlado de silicona | complementary silicon-controlled rectifier
rectificador con cuba de acero | steel tank rectifier
rectificador conmutador | commutating rectifier
rectificador controlado | controlled rectifier
rectificador controlado de silicio | silicon-controlled rectifier
rectificador controlado de silicio con exclusión por circuito puerta | gate turn-off silicon-controlled rectifier
rectificador controlado por amplitud | amplitude-controlled rectifier
rectificador controlado por fase | phase-controlled rectifier
rectificador controlado por magnitud | magnitude-controlled rectifier
rectificador controlado por rejilla | grid-controlled rectifier
rectificador controlado por silicio | thyristor
rectificador cuadrático | square law rectifier
rectificador de alimentación | power (/supply) rectifier
rectificador de alto vacío | high vacuum rectifier

rectificador de arco | arc rectifier
rectificador de arco a vapor de mercurio | mercury-arc rectifier equipment
rectificador de arco de mercurio | mercury arc rectifier
rectificador de arco de mercurio controlado | controlled mercury-arc rectifier
rectificador de arco de mercurio controlado por rejilla | grid-controlled mercury-arc rectifier
rectificador de arco de mercurio de múltiples cubas | multibulb mercury-arc rectifier
rectificador de arco de mercurio en cuba hermética de acero | sealed steel-tank mercury-arc rectifier
rectificador de autosaturación | self-saturating rectifier, self-saturation rectifier
rectificador de bomba con cuba de acero | steel tank continuously evacuated rectifier
rectificador de carburo de silicio | silicon carbide rectifier
rectificador de cátodo frío | cold cathode rectifier
rectificador de cátodo líquido | pool rectifier
rectificador de cierre hermético | sealed rectifier
rectificador de compensación | free wheel rectifier
rectificador de contacto | contact rectifier
rectificador de contacto por punta soldada | welded contact rectifier
rectificador de control por rejilla de voltaje regulable | variable voltage grid-controlled rectifier
rectificador de corriente estática | static current changer
rectificador de cresta a cresta | peak-to-peak rectifier
rectificador de cresta negativa | negative peak rectifier
rectificador de cristal | crystal rectifier
rectificador de cristal tipo N | N-type crystal rectifier
rectificador de cristal tipo P | P-type crystal rectifier
rectificador de descarga luminosa | glow discharge rectifier
rectificador de desplazamiento de fase | phase-shifting rectifier
rectificador de dirección | direction rectifier
rectificador de disco seco | metal (/dry disc) rectifier
rectificador de elemento reductor | end cell rectifier
rectificador de estrella | star rectifier
rectificador de fanotrones | phanotron rectifier
rectificador de gas de onda completa | full-wave gas rectifier
rectificador de Gratz | Gratz rectifier
rectificador de horquilla de media onda | fork rectifier
rectificador de ignitrones | ignitron rectifier
rectificador de lámina vibrante | vibrating reed rectifier
rectificador de magnesio y sulfuro de cobre | magnesium-copper-sulphide rectifier [USA]
rectificador de magnetrón | magnetron rectifier
rectificador de mando por rejilla de voltaje regulable | variable voltage grid-controlled rectifier
rectificador de media onda | half-wave rectifier
rectificador de mercurio | mercury rectifier
rectificador de mercurio por rejilla | grid pool tank
rectificador de Nodon | Nodon rectifier
rectificador de onda completa | full-wave rectifier
rectificador de onda doble | full-wave rectifier
rectificador de óxido de cobre | copper oxide rectifier
rectificador de placas secas | metal rectifier
rectificador de potencia | power rectifier
rectificador de potencia de germanio | power germanium rectifier
rectificador de potencia de semiconductor | semiconductor power rectifier
rectificador de puente | bridge rectifier
rectificador de puente de diodos de silicio | silicon bridge rectifier
rectificador de puente de onda completa | full-wave bridge rectifier
rectificador de punta y plano | point-plane rectifier
rectificador de puntas de contacto | point contact rectifier
rectificador de regulación paso a paso | step-regulated rectifier
rectificador de ruido | noise rectifier
rectificador de ruido del silenciador | squelch noise rectifier
rectificador de Schottky | Schottky rectifier
rectificador de selenio | selenium rectifier
rectificador de semiconductor | semiconductor rectifier
rectificador de señales | signal rectifier
rectificador de silicio | silicon rectifier
rectificador de silicio controlado | silicon power-controlled rectifier
rectificador de silicio de alta potencia | high-power silicon rectifier
rectificador de silicio de potencia media | medium power silicon rectifier
rectificador de sulfuro de cobre | copper sulphide rectifier
rectificador de superficie de contacto | surface contact rectifier
rectificador de tantalio | tantalum rectifier
rectificador de transición | transition rectifier
rectificador de túnel | tunnel rectifier
rectificador de unión | junction (/barrier film) rectifier
rectificador de unión difusa | diffused junction rectifier
rectificador de unión PN | PN-junction rectifier
rectificador de unión por difusión | diffused junction rectifier
rectificador de válvula al (/de) vacío | vacuum rectifier
rectificador de válvula electrónica | valve rectifier
rectificador de vapor de cesio | caesium vapour rectifier
rectificador de vapor de mercurio | mercury arc rectifier
rectificador de vapor de mercurio con cuba de acero | steel tank mercury-arc rectifier
rectificador de vapor de mercurio de cuba metálica | metal-tank mercury-arc rectifier
rectificador de xenón | xenon rectifier
rectificador discriminador de fase | phase-discriminating rectifier
rectificador dodecafásico | twelve-phase rectifier
rectificador duplicador de tensión | voltage doubler rectifier
rectificador electrolítico | electrolytic rectifier
rectificador electrónico | electronic rectifier
rectificador en delta de onda completa | full-wave delta rectifier
rectificador en doble Y | double Y rectifier
rectificador en estrella | wye rectifier
rectificador en zigzag | zigzag rectifier
rectificador estático | static (/stationary) rectifier
rectificador excitador | booster
rectificador gaseoso | gas-filled tube rectifier
rectificador giratorio | rotating rectifier
rectificador hermético con cuba de acero | steel tank pumpless rectifier
rectificador hexafásico de arco de mercurio controlado por rejilla | six-phase grid-controlled mercury arc rectifier
rectificador hexafásico de media onda | six-phase half-wave rectifier
rectificador hexafásico en paralelo | six-phase parallel rectifier
rectificador ideal | ideal rectifier
rectificador lineal | linear rectifier
rectificador mecánico | mechanical rectifier
rectificador metálico | metal (/metallic) rectifier

rectificador monoanódico | single-anode rectifier
rectificador monofásico | single-phase rectifier
rectificador monofásico de media onda | single-phase half-wave rectifier
rectificador monofásico de onda completa | single-phase full-wave rectifier
rectificador monofásico de onda completa en puente | single-phase full-wave bridge rectifier
rectificador monofásico en puente | single-phase bridge rectifier
rectificador multipactor | multipactor rectifier
rectificador no polarizado | unbiased rectifier
rectificador para voltímetro | voltmeter rectifier
rectificador PN | PN rectifier
rectificador polianódico | polyanode rectifier
rectificador polifásico | polyphase rectifier
rectificador por película de óxido | barrier film rectifier
rectificador por punta soldada | welded contact rectifier
rectificador seco | metal rectifier
rectificador seco de selenio | selenium dry (/dry-anode) rectifier
rectificador simétrico de avalancha | symmetrical avalanche rectifier
rectificador simple | simple rectifier
rectificador sincrónico | synchronous rectifier
rectificador Snook | Snook rectifier
rectificador term(o)iónico | thermionic rectifier
rectificador termoelectrónico | thermoelectronic rectifier
rectificador term(o)iónico | vacuum (valve) rectifier, valve tube
rectificador trifásico | three-phase rectifier
rectificador trifásico de onda completa | full-wave wye rectifier, three-phase full-wave rectifier
rectificador trifásico en puente | three-phase bridge-connected rectifier
rectificador tungar | tungar rectifier
rectificar | to rectify
rectigón [*diodo de gas de cátodo caliente a alta presión*] | rectigon
rectilíneo | rectilinear
recuadro | framing mask, mat
recuadro de control | check box
recuadro de diálogo | dialog box
recuadro de límites [*en gráficos*] | bounding box
recuadro filtrante de luz | luminous edge
recuadro para la clave de diálogo | password dialog box
recubierto | coated

recubierto con caucho | rubber-covered
recubrimiento | lapping, overlapping, overlay
recubrimiento de plata | silver overlay
recubrimiento electrostático | electrostatic coating
recubrimiento en lecho fluidizado | fluidized bed coating
recubrimiento iónico | ion sheath
recubrimiento metálico interior | metal backing
recubrimiento por arco de plasma | plasma arc coating
recubrimiento por aspersión | sprayed coating
recubrimiento por inmersión | dip coating
recubrimiento por rociado | sprayed coating
recubrimiento solapado | lap wrap
recubrir con estelita | to stellite
recuento | account, check, counting, count
recuento accidental | spurious
recuento de anticoincidencia | anticoincidence counting
recuento de centelleos | scintillation counting
recuento de coincidencia | coincidence counting
recuento de control de disparos | trigger countdown
recuento de destellos | scintillation counting
recuento de disparos | trigger countdown
recuento de grupos de granos | cluster counting
recuento de impulsos | pulse metering, pulse-counting
recuento de la válvula | tube count
recuento de los lóbulos | lobe frequency
recuento de palabras | counting of words
recuento de racimos de granos | blob (/cluster) counting
recuento de racimos de grupos de granos | blob counting
recuento de rayos delta | delta ray counting
recuento de válvula | valve count
recuento del grano | grain counting
recuento en el aire | air count
recuento espurio | spurious
recuento espurio de válvula | spurious valve count
recuento parásito | spurious count
recuento por cámara de ionización | ionization chamber counter
recuento por coincidencia | coincidence counting
recuento por válvula | tube (/valve) count
recuento por zonas | zone metering
recuento raíz [*en sistemas UNIX*] | root account

recuento secuencial | sequential counting
recuerdos | regards
recuperabilidad | recuperability
recuperable | recoverable
recuperación | picking up, recovery, retrieval
recuperación anticipada de errores | forward error recovery
recuperación de archivo | file recovery (/retrieval)
recuperación de avería | failure recovery
recuperación de base de datos | database recovery
recuperación de baterías | recovery of batteries
recuperación de bloque | block retrieval
recuperación de claves [*al descifrar códigos*] | key recovery
recuperación de corriente | recuperation (/regeneration) of current
recuperación de corte de corriente eléctrica | power-fail recovery
recuperación de datos | data retrieval
recuperación de datos tras fallo grave | crash recovery
recuperación de desechos | waste recovery
recuperación de energía | power recovery
recuperación de errores | error recovery
recuperación de errores al vuelo | on-the-fly error recovery
recuperación de fluencia | creep recovery
recuperación de información | information retrieval
recuperación de la señal | signal recovery
recuperación de residuos | waste recovery
recuperación de texto completo | free (/full) text retrieval
recuperación de texto libre | free text retrieval
recuperación del funcionamiento normal | returning to normal operation
recuperación del sistema | system recovery
recuperación del uranio | recovery of uranium
recuperación del uranio de desecho | recovery of waste uranium
recuperación regresiva de estado | backward error recovery
recuperación secuencial de alta velocidad | high speed sequential retrieval
recuperación tras fallo grave | crash recovery
recuperación ultrarrápida | ultrafast recovery time
recuperador de la pértiga | pole retriever

recuperar | to recover, to restore, to retrieve, to salvage
recuperar lo borrado | to unerase
recurrencia | recurrence, recursion
recursión | recursion
recursión primitiva | primitive recursion
recursivamente | recursively
recursivo | recursive
recurso | resource
recurso compartido | shared resource
recurso crítico | critical resource
recurso de bloqueo | lock resource
recurso de consumo | consumable resource
recurso de controladora | controller resource
recurso de emergencia [*en caso de avería*] | fallback
recurso del sistema | system resource
recurso reutilizable | reusable resource
recursos informáticos totales [*de una organización*] | information warehouse
recursos para la producción (de programas) | programming facilities
red | array, cage, external plant, grating, lattice, mesh, net, network (system), system
red a un cuarto de fase | quarter-phase network
red activa | active network
red activa de dos puertas | two-port active network
red activa RC = red activa de resistencia-capacidad | active RC network = active resistance-capacity network
red adaptadora de salida | output matching network
red aditiva | summing network
red aérea y subterránea | overhead-underground system
red agudizadora | peaking network
red agudizadora de bobina y resistencia en serie | series-peaking arrangement
red aislada | stub network
red aislante | isolation network
red amortiguadora | lead network
red analógica | analogue network
red artificial | artificial line
red asimétrica | dissymmetrical network
red atenuadora | attenuation network
red automática | automatic (/dial exchange) area
red automática rural | community dial service
red autopolarizante | self-biasing network
red biconjugada | biconjugate network
red bidireccional | bidirectional (/bilateral) network
red bilateral | bidirectional (/bilateral) network
red binómica de antenas | binomial aerial array

red binómica de radiación trasversal | binomial aerial array
red cambiadora de fase | phase shift network, phase-shifting network
red celular | ladder network
red centralizada | centralized network
red cliente/servidor | client/server network
red compensada | resonant earthed system
red compensadora | weighting network
red compensadora de fase | phase compensation network, phase-compensating network, phase-equalizing network
red compensadora de temperatura | temperature-compensating network
red con neutro aislado | isolated neutral sytem, network with insulated neutral
red con neutro directamente a tierra | system with solidly earthed neutral
red con neutro unido a tierra | network with earth-connected neutral
red con superganancia | supergain array
red cóncava | concave grating
red conductora | conductive (/wiring) pattern
red conectada | connected network
red conformadora | shaping network
red conformadora de impulsos | impulse-forming network, pulse-forming network
red conformadora de onda | wave-shaping network
red conmutada | switched network
red conmutada por paquetes [*de datos*] | packet-switched network
red continua de antenas elementales | continuous linear aerial array
red contrarrestadora de corrimiento | drift-counteracting network
red contrarrestadora de deriva | drift-counteracting network
red corporativa | corporate (/private switching) network
red correctora | correcting (/corrective, /peaking, /shaping) network
red correctora de avance-retardo | lead lag network
red correctora de fase | phase correction network, phase-correcting network
red cristalina | crystal lattice
red de absorción | absorption mesh
red de acceso universal a radiocomunicaciones terrestres | universal terrestrial radio access network
red de actividades | activity network
red de adaptación de impedancias | impedance matching network
red de adaptación de la carga | load-matching network
red de agrupamiento | grouping network
red de aislamiento | isolation network

red de ajuste de la carga | load-matching network
red de alarma | warning net (/network)
red de alarma por radar | radar warning net
red de alimentación | supply mains
red de anillo con espacios [*para mensajes*] | slotted-ring network
red de anillos | ring-down network
red de antena X-H | X-H antenna array
red de antenas | (aerial) array
red de antenas apiladas | stacked aerial (/array)
red de antenas de radiolocalización de gran abertura | wide-aperture radiolocation array
red de antenas en binomio | binomial array
red de antenas en fila | inline array
red de antenas en línea | colinear array
red de antenas equidistantes | linear array
red de antenas equiespaciadas | linear array
red de antenas escalonadas | staggered array
red de antenas espaciadas | spaced-aerial system
red de antenas lineal | linear array
red de antenas omnidireccionales | omnidirectional aerial array
red de antenas RADAN | RADAN aerial array
red de antenas rómbicas superpuestas | interlaced stacked rhombic array
red de antenas Sterba | Sterba array
red de antenas superpuestas | stacked array
red de anulación | annulling network
red de área amplia | wide area network
red de área de almacenamiento | storage area network
red de área del sistema [*red privada de servidores*] | system area network
red de área extendida | wide area network
red de área local | back end network, local area network
red de área local sin cableado | cableless LAN
red de área local sin hilos | cableless (/cordless, /wireless) LAN
red de área metropolitana | metropolitan area network
red de área personal [*sistema de red conectado directamente a la piel donde la transmisión de datos se realiza por contacto físico*] | personal area network
red de área sectorial | mean area network
red de área urbana | metropolitan area network
red de avance-retardo | lead lag network
red de banda ancha | broadband network

red de banda base | baseband network (/networking)
red de batería central | common battery exchange area
red de batería local | magnetoexchange (/local battery) area
red de Bravais | Bravais lattice
red de bus [*para red de área local*] | bus network
red de bus de contraseña | token bus network
red de bus de paso | token bus network
red de cables | cable network (/plant)
red de centrales urbanas | trunk group area
red de circuitos | network of circuits
red de circuitos en T en paralelo | parallel-T network, twin-T network
red de clase A [*en internet*] | class A network
red de clústeres | cluster network
red de codificación secuencial | sequential coding network
red de comunicación | communication network
red de comunicación para vehículos | vehicular communication system
red de comunicación privada | private network
red de comunicación virtual | virtual network
red de comunicaciones por circuitos privados | private wire communication network
red de comunicaciones por hilos privados | private wire communication network
red de comunicaciones radiotelefónicas | radiotelephony network
red de conductancia constante | constant conductance network
red de conexionado multicapa | multilayer interconnection pattern
red de configuración simétrica | symmetrical network
red de conmutación | switching field (/network)
red de conmutación automática | automatically-switched network
red de control de campo | controller area network
red de control por áreas | controller area network
red de corrección | weighting network
red de corrección previa | predistorting network
red de corte | cut-set network
red de cortina Sterba | Sterba-curtain array
red de cruce | crossover network
red de cruce de alto nivel | high level crossover network
red de cruce de bajo nivel | low-level crossover network
red de cuadripolos | ladder (/quadrupole) network
red de cuadripolos conectados en cascada (/serie) | tandem-connected four-terminal network
red de cuatro bornes | two-port network
red de cuatro terminales | four-terminal network
red de datos | data network
red de desacentuación | deemphasis network
red de desacoplamiento | decoupling network
red de desplazamiento de fase | all-pass network
red de diferenciación | differentiating network
red de difracción | diffraction grating
red de difracción ultrasónica | ultrasonic cross grating
red de dipolos de periodo logarítmico | log-periodic dipole array
red de dipolos horizontales en cortina | pine tree array
red de distorsión previa | predistorting network
red de distribución | distributing net, distribution network (/system), grid (system), power supply system, supply mains (/network)
red de distribución de energía | power system
red de distribución de tres conductores | three-wire mains
red de distribución eléctrica | grid (system)
red de distribución óptica | optical distribution network
red de distribución pública | public switched network
red de dos accesos | two-port network
red de dos bornes | two-terminal network
red de dos entradas | two-port network
red de dos pares de bornes | two-port network, two-terminal-pair network
red de dos pares de terminales | two-terminal-pair network
red de dos puertas (/puertos) | two-port network
red de dos terminales | two-terminal network
red de elementos autoenfasados | self-phased array
red de elementos en fase | phased array
red de energía | power network, power (supply) system
red de energía eléctrica | power mains (/pool)
red de enfasamiento | phasing network
red de enlaces | junction network
red de enlaces hertzianos | microwave beam system
red de enlaces móviles en triángulo | three-way mobile system
red de equilibrio | balancing network
red de equilibrio medio | compromise network
red de estabilización | stabilization network
red de estaciones de radar | radar network
red de estructura doble | structurally dual network
red de estructura simétrica | structurally symmetrical network
red de exploración radial | radially operated network
red de explotación en anillos | ring-operated network
red de explotación en mallas | mesh-operated network
red de fase mínima | minimum phase network
red de fibra óptica sincronizada | synchronous optical network
red de fibras fundidas | fused arrays of fibers [USA]
red de formación de señales | signal-shaping network
red de fototelegrafía | phototelegraph network
red de gestión de telecomunicaciones | telecommunications management network
red de hilos | wire net
red de información para búsqueda en bibliotecas | research libraries information network
red de interconexión | hook-up, switching network
red de interconexión de longitud mínima | shortest connection network
red de interconexiones en varios planos | multilayer interconnection pattern
red de interconexiones multicapa | multilayer interconnection pattern
red de k constante | constant k network
red de larga distancia | toll (/trunk) network
red de largo recorrido | wide area network
red de libre acceso | freenet, free-net
red de líneas | line plant, network of lines
red de líneas aéreas | pole-and-wire system
red de líneas conmutadas | switched network
red de líneas terrestres | landline facilities
red de malla | meshed network
red de muesca | notch network
red de múltiples anillos | multimesh network
red de n pares de terminales | n-terminal pair network
red de n terminales | n-terminal network
red de neutro aislado | insulated neutral network
red de nodos | node network
red de parámetros distribuidos | distributed parameter network

red de paso total | all-pass network
red de película gruesa | thick-film network
red de Petri | Petri net
red de preacentuación (/preamplificación) | pre-emphasis network
red de precisión | precision network
red de protección | cradle guard
red de proyectores de sonar | sonar projector array
red de puente en H | bridged-H network
red de puente en T | bridged-T network
red de radares | radar fence (/net)
red de radares de alerta | radar fence
red de radares de alerta en cadena en forma de pino | pine tree chain radar warning net
red de radares de vigilancia | radar surveillance network
red de radiación longitudinal | endfire array
red de radiación plana direccional | bedspring (/billboard) array
red de radiación regresiva | backfire array
red de radiación trasversal | broadside array
red de radio | radio net
red de radiodifusión | broadcasting network
red de radioenlaces | radio relay (link) network
red de radiofaros | radiobeacon system
red de radioteleimpresoras | radioteletypewriter system
red de reflexión | reflection grating
red de resistencia constante | constant resistance network
red de resistencia y capacidad | RC network
red de resistencias | resistor network
red de resistencias de película gruesa | thick-film resistor network
red de restricciones | constraint network
red de retardo de impulsos | pulse delay network
red de retrasmisión [*por relés*] | relay network
red de Rowland | Rowland grating
red de salvamento | scrambling net
red de secciones en tándem | ladder network
red de señalización | signalling network
red de señalización por disco dactilar (/selector) | dial signalling network
red de separación | isolation network
red de servicio público | public network
red de servicios digital integrada | integrated services digital network
red de subtrasmisión | subtransmission system

red de telecomunicaciones | telecom net = telecommunication network; telecommunication system
red de telecomunicaciones fijas aeronáuticas | aeronautical fixed telecommunication network
red de telecomunicaciones por hilos | wire telecommunications network
red de telecomunicaciones regionales | short-haul communications system
red de telefonía móvil | mobile network
red de teleimpresoras | teletypewriter network
red de teleimpresoras explotada por conmutación | switched teleprinter network
red de televisión | television network
red de télex | telex network
red de télex por línea telefónica | telephone-telex system
red de todo pasa | all-pass network
red de transición | compromise net
red de transición ampliada | augmented transition network
red de transistores | transistor network
red de trasmisión | transmission network
red de trasmisión a elevadísima tensión | supergrid
red de trasmisión de datos | data network (/networking)
red de trasmisión sincrónica por fibra óptica | synchronous optical network
red de trasmisiones por radio | radio net
red de tres impedancias | pi network
red de tres polos | three-terminal network
red de tres terminales | three-terminal network
red de usuario | usenet
red de valor añadido | value-added network
red de variación discontinua | stepped network
red de varias capas de película delgada | multilayer thin-film network
red de varias mallas | multimesh network
red de varios estratos de película delgada | multilayer thin-film network
red definida por software [*en red privada virtual*] | virtual private network
red del cristal | crystal lattice
red desacentuadora | deemphasis network
red desacopladora | decoupling network
red descodificadora | decoding network
red desequilibrada | unbalanced network
red desequilibrada de dos pares de terminales | unbalanced two-terminal-pair network

red desfasadora | phase shift network, phase-shifting network
red desfasadora de frecuencia única | single-frequency phase-shifting network
red desfasadora en cuadratura | quadrature network
red desfasadora monofrecuencia | single-frequency phase-shifting network
red desplazadora de fase | phase shift network, phase-shifting network
red difasada | quarter-phase network
red diferenciadora | differentiating network
red diferencial de resistencias | resistance hybrid (/junction)
red diferencial de trasformadores | transformer hybrid
red digital automática | automatic digital network
red digital avanzada | advanced digital network
red digital de servicios integrados | integrated services digital network
red digital integrada de servicios | integrated services digital network
red digitalizada de servicios integrados | integrated services digital network
red direccional de multielementos parásitos | multielement parasitic array
red directiva de antena con elementos pasivos | parasitic array
red directiva de antenas Coulmer | Coulmer aerial array
red directiva de antenas en cortina | curtain array
red directiva de antenas Janus | Janus aerial array
red disimétrica | dissymmetrical network
red distribuida | distributed network
red distribuida de ordenadores | distributed computer network
red divisora | crossover network
red divisora de altavoz | loudspeaker dividing network
red divisora de frecuencias | dividing network
red divisora de tensiones | dividing network
red doméstica versátil | versatile home network
red dual | dual network
red ecualizadora | equalizing network
red eléctrica | electric network
red eléctrica activa | active electric network
red eléctrica lineal pasiva | linear passive electric network
red eléctrica pasiva | passive electric network
red empresarial | corporate network
red en anillo | ring network, token ring
red en anillo con contraseñas de paso | token ring network

red en C | C network
red en cascada | tandem network
red en celosía | lattice network
red en correspondencia dual | dual
red en delta | delta network
red en escala de múltiples mallas | multimesh ladder network
red en escalera | ladder network
red en estrella | star chain (/connection, /network), wye network, Y network
red en H | H network
red en L | L network
red en O | O network
red en pi | pi network
red en plano | planar network
red en puente | lattice network
red en serie de dos pares de terminales | series two terminal pair network
red en serie-derivación | series-shunt network
red en serie-paralelo | series-parallel network
red en T | T network
red en T con capacitancia y resistencia en paralelo | parallel-T resistance capacitance network
red en Y | Y network
red equilibrada | balanced network
red equilibradora | balance (/balancing) network
red equivalente | equivalent network
red escalonada | step grating
red espacial | space lattice
red espacial profunda | deep space net
red específica | ad-hoc network
red estabilizadora | stabilization (/stabilizing) network
red europea con conmutación para el servicio telegráfico | switched European telegraph service
red fija | fixed network
red física | physical network
red fototelegráfica | phototelegraph network
red general de área | wide area network
red generalizada | generalized network
red gigante | giant grid
red global de zona | global area network
red heterogénea | heterogeneous network
red híbrida | hybrid (/mixed) network
red homogénea | homogeneous network
red igualadora de fase | phase-equalizing network
red industrial | power network
red informática | computer (/logical) network
red informática de empresa | enterprise network
red informática de recursos vinculados | attached resource computer network

red informática militar | military network
red integradora | integrating network
red inteligente | intelligent network
red interurbana | toll (/trunk) network
red interurbana de televisión | television relay network
red interurbana en cables | trunk cable plant
red isocrónica | isochronous network
red iterativa | iterated net
red jerárquica | hierarchical (/despotic) network
red jerárquica de ordenadores | hierarchical computer network
red libre [*red de libre utilización*] | free net (/network)
red lineal | linear network
red lineal de parámetros variables | linear varying parameter network
red local | local area network
red lógica integrada | integrated logic network
red mallada | meshed network
red manual | manual area
red mixta | combined network, overhead-underground system
red modeladora de impulsos | pulse-forming network
red modeladora de onda | wave-shaping network
red modificadora de la impedancia | building-out network
red monofásica | single-phase mains
red multipolar | multipole, multiport network
red multipolo | multiport network
red multipuerta | multiport network
red multisistema | multisystem network
red nacional | national hookup
red nacional de radioenlaces de microondas | nationwide microwave relay network
red nacional de telecomunicaciones | national telecommunications network
red nerviosa | neural net
red nerviosa redundante | redundant neural net
red neural | neural net (/network)
red neural artificial [*tipo de inteligencia artificial informática*] | artificial neural network
red neuronal | neural network
red no conductora | nonconductive pattern
red no disipativa | lossless network
red no lineal | nonlinear network
red no mallada | tree network
red no plana | nonplanar network
red no planar | nonplanar network
red óptica | optical network
red óptica de acceso para abonados | optical subscriber access network
red óptica sincrónica | sincronous optical network
red pasiva | passive network
red pasiva en T | passive T-network

red pi | pi network
red plana | planar network, plane grating
red plana de trasductores | planar array
red poligonal | meshed network, network mesh
red por hilos | wire network (/system)
red potenciométrica | potentiometer network
red primaria | backbone system
red principal | backbone (network), backbone system, bearer (/main line) network
red principal colapsada | collapsed backbone
red principal de internet | Internet backbone
red principal de microondas | main line microwave network
red privada | private network
red privada de PABX | private branch network
red pública | public network
red pública conmutada de telecomunicaciones | public switched telecommunications network
red pública de comunicaciones móviles terrestres | public land mobile network
red pública de conmutación | public switched network
red pública de conmutación telefónica | public switched telephone network
red pública de datos | public data network
red pública de paquetes | public packet network
red pública de radiotelefonía móvil | public land mobile network
red pública de telecomunicaciones | public telecommunication network
red radial | radial (/star type) network; wagon wheel wiring method
red radioeléctrica | radio net
red radiotelefónica | radiotelephony network
red radioteletipográfica | radioteletypewriter system
red reactiva | reactance network
red receptora | receiving net
red recíproca no disipativa | lossless reciprocal network
red recurrente | recurrent network
red reflectora | reflection grating
red regional | toll area
red resistiva | resistive network
red resistiva-capacitiva | resistance-capacitance network
red resistiva de adaptación de impedancias | resistive impedance-matching pad
red resistiva de película delgada | thin-film resistor network
red resistiva fija | pad
red retardadora de impulsos | pulse delay network

red rural | rural network
red SCSI | SCSI network
red secundaria | secondary network
red segura de área extendida | secure wide area network
red selectiva | selective network
red semántica | semantic net (/network)
red simétrica | balanced (/symmetrical) network
red sin pérdidas | lossless network
red Sterba | Sterba array
red suburbana | tandem (/toll) area
red sumadora | summation (/summing) network
red superdirectiva | supergain array
red superpuesta | superlattice
red telefónica | phone net, speech (/telephone) network, telephone system; voice-net [fam]
red telefónica automática | automatic area
red telefónica automática controlada por ordenador | automatic voice switching network
red telefónica de líneas conmutadas | switched telephone network
red telefónica de una vía | single-channel telephone network
red telefónica manual | manual area
red telefónica privada | private telephone network
red telefónica pública | public telephone network
red telefónica rural | rural telephone network
red telegráfica | telegraph network (/system)
red telegráfica privada | private telegraph network
red telegráfica pública | public telegraph network
red terminal | terminal network
red trifilar | three-wire mains
red tripolar | three-terminal network
red troncal | junction network
red troncal multimedia [red virtual que utiliza los mismos dispositivos físicos que internet] | multicast backbone
red unidad a unidad [red de ordenadores que utilizan el mismo programa] | peer-to-peer network
red unilateral | unilateral network
red unilateral de cuatro terminales | unilateral four-terminal
red urbana | exchange (/local) plant, local (exchange) network
red urbana de cables auxiliares | interoffice trunk cable plant
red variadora de fase | phase-shifting network
redacción de un mensaje | composition of a message
redacción de un telegrama | preparation of a telegram
redefinición del sistema | system reset
redes de dos pares de terminales co-
nectadas en paralelo | parallel two-terminal-pair networks
redes en correspondencia topológica dual | topological duals
redes inversas | inverse networks
redes recíprocas | reciprocal networks
redibujar | to redraw
redifundir | to rebroadcast
redifusión | rebroadcast, rediffusion
redimensionar [un objeto gráfico] | to resize
redirección de llamadas | call forwarding
redireccionador | redirector
redireccionamiento | (call) redirection, diversion
redistribución | redistribution
redistribución de área | area redistribution
redistribución de la energía | energy redistribution
redonda [tipo de letra] | roman
redondear | to round, to round off
redondeo | rounding, round off
redondeo por exceso | round-up
redondo | round
reducción | attenuation, reduction
reducción a velocidades térmicas | reduction to thermal velocities
reducción acústica | sound reduction
reducción beta | beta reduction
reducción de calidad de trasmisión | performance impairment
reducción de datos | data reduction (/summarization)
reducción de datos en línea | online data reduction
reducción de dimensiones | downsizing
reducción de ganancia acimutal | azimuth gain reduction
reducción de la calidad de trasmisión | transmission impairment
reducción de la calidad de trasmisión por causa de los ruidos | noise transmission impairment
reducción de la velocidad de trasmisión [al detectar un fallo en la línea] | fall backward
reducción de parásitos | noise quieting
reducción de régimen | derating
reducción de ruido | noise quieting
reducción de tarifa | allowance
reducción de tasa | allowance, reduction of a charge
reducción de tensión | voltage step-down
reducción de vibraciones | vibration control
reducción de voltaje | voltage step-down
reducción de volumen | clipping volume
reducción del mecanismo de sintonía | tuning rate (/ratio)
reducción del nivel de error | error rate damping
reducción del ruido | noise reduction
reducción del sistema de sintonía | tuning rate (/ratio)
reducción del tráfico | reduction of traffic
reducción del volumen sonoro | muting, squelch
reducción gradual de potencia | power setback
reducción no lineal | nonlinear taper
reducción por oxidación | redox = reduction by oxidation
reducir | to reduce; to attenuate, to derate
reducir a escala | to scale down
reducir la ganancia | to reduce the gain
reducir la velocidad | to decrease speed
reducir una frecuencia por división | to divide down a frequency
reductor | end cell switch, reducer, resolver, stepdown
reductor ahusado | tapered reducer
reductor auxiliar de una polaridad | one-point emergency cell switch
reductor auxiliar sencillo | one-point emergency cell switch
reductor cónico | tapered reducer
reductor de acumulador | battery regulating switch
reductor de alarma | elementary call switch
reductor de alumbrado | dimmer
reductor de batería | battery regulating switch
reductor de carga | charge (/single battery) switch
reductor de código telegráfico | telegraph channel extensor
reductor de descarga | discharge (/single battery) switch
reductor de doble polaridad | two-point end cell, two-point emergency cell switch
reductor de ganancia | gain turn down
reductor de luz | dimmer
reductor de luz iluminación | dimmer
reductor de luz manual | manual dimmer
reductor de potencial | potential divider
reductor de ruido | squelch
reductor de ruidos | noise reducer
reductor de tensión | potential divider, voltage divider (/reducer)
reductor de una polaridad de batería | single-pole battery-regulating switch
reductor de velocidad de eje vertical | vertical drive speed reducer
reductor de voltaje | potential divider, voltage divider (/reducer)
reductor doble | double regulating switch
reductor escalonado | step reducer
reductor lineal | linear taper
reductor sencillo de batería | single-pole battery-regulating switch

reductor terminal de una polaridad | one-point end cell switch
reductor terminal sencillo | one-point end cell switch
redundancia | redundancy
redundancia activa | active redundancy
redundancia de imagen | image redundancy
redundancia de reserva | standby redundancy
redundancia longitudinal | longitudinal redundancy
redundancia pasiva | standby redundancy
redundancia relativa | relative redundancy
redundancia vertical | vertical redundance
redundante | redundant
REE = resonancia del espín del electrón | ESR = electron spin resonance
reejecutar [*un programa*] | to rerun
reelaboración | recovery (/separation) process, reprocessing, rework
reelaboración del combustible | fuel reprocessing
reelaboración final | head end
reembolsar una tasa | to rebate a charge
reemisión | rebroadcast, rebroadcasting
reemisor | rebroadcasting transmitter, translator, transposer; [*de televisión*] translator transmitter
reemisor anónimo [*servidor de correo electrónico que oculta al destinatario la dirección del remitente*] | anonymous remailer
reemplazar | to replace
reemplazar con ceros | to zero
reemplazar el fusible | to change a fuse
reemplazar por | to replace with
reemplazar todo | to replace all
reemplazo | change
reemplazo de válvulas | tube (/valve) replacement
reencaminamiento | rerouting, alternative routing
reencaminar el tráfico | to reroute the traffic
reencender | to restrike
reencendido | reignition, restriking
reencendido del contador | counter reignition
reenlace | rebond
reenlace sobre enlace | rebonding over bond
reensamblado | reassembly
reentrada | reentry, reentrancy
reentrada a subrutina | subroutine reentry
reentrante | reentrant
reenviar | to resent
reenviar mensaje | to forward message
reenvío de llamada | call redirection
reenvío de llamadas | diversion
reenvío de servicio | service interception
reescribible | rewritable, erasable
reescribir | to rewrite
reescritura | write-back
reestructuración técnica | reengineering
reestructurar [*procesos*] | to reengineer
reexpedición | intermediate handling, redirection, reforwarding, transit
reexpedición automática de llamadas | automatic transfer of ringing, call forwarding no answer, diversion on no reply
reexpedir | to return, to translate
reextracción | back washing
REF = Registro Español de Frecuencias | REF [*Spanish frequency registry*]
referencia | label, mark, ranging, reference; benchmarking
referencia coherente | coherent reference
referencia cruzada | cross reference
referencia de celda mixta [*en matrices matemáticas*] | mixed cell reference
referencia de hipertexto | hypertext reference
referencia de la identidad | entity reference
referencia de la portadora de colores | colour carrier reference
referencia de llamadas | call reference
referencia de mando | command reference
referencia de orden | command reference
referencia de portadora de crominancia | chrominance carrier reference
referencia de regulación | setting mark
referencia de sincronización | timing reference
referencia de subportadora de crominancia | chrominance subcarrier reference
referencia de tensión | voltage reference
referencia del dato | datum reference
referencia del negro | black reference
referencia equivalente de articulación | articulation equivalent reference
referencia externa | external reference
referenciación | referencing
refiérase | refer
refinación | refining, refinement
refinado por zonas | zoning, zone refining
refino electrolítico | electrolytic refining
reflectancia | reflectance
reflectancia luminosa máxima | maximum luminous reflectance
reflectancia radiante | radiant reflectance
reflectividad | reflectivity
reflectividad acústica | acoustic reflectivity
reflectividad de radar | radar reflectivity
reflectividad inversora de sentido | sense-reversing reflectivity
reflectividad monoestática | monostatic reflectivity
reflectómetro | reflectometer, reflection meter, reflection (/return) measuring set
reflectómetro con base de dominio en el tiempo | optical time domain reflectometer
reflectómetro fotoeléctrico | photoelectric reflectometer (/reflection meter)
reflectómetro híbrido | hybrid reflectometer
reflector | reflector, reflex, repeller, shade, tamper
reflector acicular | needle
reflector angular | corner reflector, V reflector
reflector angular pasivo | passive corner reflector
reflector artificial de señales [*de radar*] | artificial target
reflector cilíndrico | cylindrical reflector
reflector compensado | compensated reflector
reflector complejo | complex reflector
reflector con corrección de fase | phase-corrected reflector
reflector cóncavo | scoop
reflector de antena | aerial reflector
reflector de bajos | bass reflex
reflector de bomba | tamper
reflector de confusión | confusion reflector, angel
reflector de correo | mail reflector
reflector de cortina | screen reflector
reflector de espejo | broad
reflector de exploración | searchlight
reflector de graves | bass reflex (enclosure)
reflector de guía de ondas | waveguide reflector
reflector de guiaondas | waveguide plunger (/reflector)
reflector de lente escalonada | spot reflector
reflector de neutrones | neutron reflector
reflector de ondas de radar | radar reflector
reflector de ondas radioeléctricas | radio reflector
reflector de perturbación | window
reflector de radar | radar reflector
reflector de rejilla | grating (/openwork) reflector
reflector de varillas | rod mirror (/reflector)
reflector diédrico | corner (/dihedral) reflector

reflector dieléctrico multicapa | multilayer dielectric reflector
reflector dieléctrico rectangular | square corner reflector
reflector difusor | broad reflector
reflector en duela de tonel | barrel-stave reflector
reflector en V | V reflector
reflector giratorio | rotoflector
reflector iónico | ion repeller
reflector para confusión del radar | radar confusion reflector
reflector paraboidal | paraboidal reflector
reflector parabólico | (radar) dish, mirror; parabola, (cut) parabolic reflector
reflector paraboloide | paraboloid (/paraboloidal) reflector
reflector paraboloide asimétrico | cut paraboloidal reflector
reflector pasivo | passive reflector
reflector pasivo codificado | coded passive reflector
reflector pasivo de perturbación | window
reflector pentagonal | pentareflector
reflector plano | plane reflector
reflector radioeléctrico | radio reflector
reflector retrodirectivo | retrodirective reflector
reflector triédrico | corner (/trihedral) reflector
reflectoscopio | reflection plotter
reflectoscopio de PPI virtual | virtual PPI reflectoscope
reflectoscopio de radar | radar reflectoscope
reflectoscopio supersónico | supersonic reflectoscope
reflectoscopio virtual | virtual reflectoscope
reflejado | reflected
reflejar y eliminar | to flip
reflejo | reflected, reflection, reflex
reflejo del mensaje [*para controlar el mensaje propio*] | message reflection
reflejo molesto | reflection glare
reflejo secundario | secondary reflection
reflejos del mar | sea (wave) clutter, wave clutter
réflex | reflex
reflexión | reflexion [UK], reflection [UK+USA]; backscattering, skip (effect)
reflexión acústica | sound reflection
reflexión acústica difusa | acoustic nonspecular reflection
reflexión anormal | abnormal (/sporadic) reflection
reflexión catadióptrica | reflex reflection
reflexión de Fresnel | Fresnel reflection
reflexión de impulsos | pulse reflection
reflexión de la carga | load reflection
reflexión de línea | line reflection
reflexión de retorno modulada | modulated back-scatter
reflexión de un haz de neutrones | reflection of a neutron beam
reflexión del emplazamiento | site reflection
reflexión del mar | wave clutter
reflexión del radar | radar reflection
reflexión del sonido | sound reflection
reflexión difusa | diffuse reflection
reflexión directa | direct reflection
reflexión dispersa | scattered reflection
reflexión en la ionosfera | skip (effect)
reflexión espectral | spectral reflectance
reflexión especular | specular reflection
reflexión esporádica | sporadic reflection
reflexión ionosférica | reflection by ionosphere
reflexión local | site reflection
reflexión múltiple | multihop, zigzag reflection
reflexión no especular | nonspecular reflection
reflexión regular | regular reflection
reflexión selectiva | selective reflection
reflexión sobre el agua | reflection from water surface
reflexión sobre el suelo | reflection from earth surface
reflexión sonora | sound reflection
reflexión superficial | surface reflection
reflexión terrestre | ground reflection
reflexión total interna | total internal reflection
reflexión troposférica | tropospheric reflection
reflexión zigzag | zigzag reflection
reflujo | flowback, reflowing
reforzador | booster
reforzador de radiofrecuencia | radiofrequency booster
reforzador de voltaje | positive booster
reforzamiento | burnthrough
reforzar | to boost
refracción | refraction
refracción acústica | acoustic refraction
refracción acústica atmosférica | atmospheric sound refraction
refracción atmosférica | atmospheric refraction
refracción costera | coastal refraction, shore effect
refracción del flujo magnético | flux refraction
refracción del haz de neutrones | refraction of neutron beam
refracción doble eléctrica y magnética | electric and magnetic double refraction
refracción normal | standard refraction
refracción normalizada | standard refraction
refracción regular | regular refraction
refractario | fireproof, heat-resistant, nonfusing, refractive
refractividad | refractivity
refractómetro | refractometer
refractómetro de contraste de fase | phase contrast refractometer
refractómetro de microondas | microwave refractometer
refractor | refractor
refrangible [*susceptible de ser refractado*] | refrangible
refrescamiento | refreshing
refrescar | to refresh
refrescar la pantalla | to refresh display
refrigeración | cooling
refrigeración circulatoria | closed-circuit cooling
refrigeración con aceite | oil cooling
refrigeración de la válvula | tube (/valve) cooling
refrigeración del tubo | tube cooling
refrigeración forzada por aceite | forced oil cooling
refrigeración forzada por aire | forced air cooling
refrigeración forzada por circulación de aceite | forced oil cooling
refrigeración laminar | splat cooling
refrigeración natural | natural cooling, self-cooling
refrigeración nuclear | nuclear cooling
refrigeración por aceite | cooling by oil
refrigeración por agua | water cooling, cooling by water
refrigeración por aire | air cooling, cooling by air
refrigeración por circulación de líquido | liquid cooling
refrigeración por convección | convection cooling
refrigeración por líquido | liquid cooling
refrigeración por película | film cooling
refrigeración por radiación | radiation cooling
refrigeración por vaporización | vapourization-cooled
refrigeración termoeléctrica | thermoelectric cooling (/refrigeration)
refrigerador eléctrico | electric refrigerator
refrigerador termoeléctrico | thermoelectric cooler
refrigerante | coolant
refrigerante primario | primary coolant
refrigerante secundario | secondary coolant
refs. = referencias | REFS = references
refuerzo | backing, boost, reinforcement
refuerzo de agudos | treble boost
refuerzo de la base | reinforcement of butt
**refuerzo de la intensidad de las se-

ñales | reinforced coverage
refuerzo de poliéster | polyester backing
refuerzo de seguridad contra averías | fail-safe brace
refuerzo de tensión B positiva | B plus booster
refuerzo del sonido del auditorio | audience reinforcement
refuerzo del sonido del ejecutante | performer reinforcement
refugio | shelter
REG = regulador | REG = regulator
REGEDIT [*editor de registro*] | REGEDIT = registry editor
regeneración | regeneration, regenerative feedback
regeneración acústica | acoustic regeneration
regeneración de combustible agotado | spent fuel reprocessing
regeneración de combustible nuclear | regeneration of nuclear fuel
regeneración de electrolito | regeneration of electrolyte
regeneración de impulsos | pulse regeneration
regeneración de la memoria | memory refresh
regeneración de la RAM | RAM refresh
regeneración de neutrones | regeneration of neutrons
regeneración en amplificadores | amplifier regeneration
regenerador | regenerative, regenerator, repeater
regenerador activo [*ordenador central*] | active hub
regenerador de impulsos | pulse regenerator
regenerador de potencia | power breeder
regenerador de señal | signal regenerator
regenerador de subportadora | subcarrier regenerator
regenerar | to regenerate; [*en vídeo*] to read/write, to refresh
regenerar el plutonio | to regenerate plutonium
regenerativo | regenerative, retroactive
régimen [*en acumuladores*] | time rate
régimen continuo | continuous rating
régimen de carga | charging rate, rate of charge
régimen de carga espacial | space charge-limited current
régimen de corriente residual | residual-current state
régimen de descarga | discharge rate, rate of discharge
régimen de entrada diferencial | differential input rating
régimen de espera | standby
régimen de funcionamiento | working conditions
régimen de medida con medidores de periodo | period range
régimen de reserva | standby
régimen de servicio | rating
régimen de tarifas | tariff system
régimen de tensión de entrada diferencial | differential input voltage rating
régimen de tiempo compartido | time sharing
régimen de trabajo | working conditions
régimen de variación | taper
régimen estacionario | steady-state operation
régimen extraeuropeo | extra-European system
régimen máximo de trasporte de corriente | current carrying rating
régimen nominal | rating, design centre rating, nominal service conditions
régimen nominal en servicio continuo | continuous duty rating
régimen normal | rating
régimen permanente | steady state
régimen por impulsos | pulsed operation
régimen pulsante | pulsed conditions
región | region, country
región acromática | achromatic locus (/region)
región activa de texto | active text region
región afectada | area of interest
región alcanzada por emisión de rayos X | X-ray coverage
región anódica | anode region, region of anode
región casi ultravioleta | near ultraviolet
región catódica | region of cathode
región crítica | critical region
región D | D region
región de aplanamiento del flujo | flux-flattened region
región de base | base region
región de brillo normal | normal glow region
región de campo lejano | far field region
región de carga espacial (/del espacio) | space charge region
región de Chapman | Chapman region
región de conductancia diferencial negativa | negative differential conductance region
región de control por radar | radar control area
región de cruce | crossover region
región de efecto transistor | transistor region
región de emisor | emitter region
región de emisores de electrones | region of electron emitters
región de emisores de positrones | region of positron emitters
región de energía térmica | thermal energy region
región de energías de resonancia | resonance region
región de Fraunhofer | Fraunhofer region
región de Fresnel | Fresnel region
región de funcionamiento | region of operation
región de Geiger | Geiger plateau (/region)
región de Geiger-Müller | Geiger-Müller region
región de infranegro | infrablack region
región de interés | area of interest
región de la barrera | barrier (/interface) region
región de la base | base region
región de las frecuencias ultraaltas | ultrahigh frequency region
región de las ondas decimétricas | ultrahigh frequency region
región de linealidad | linearity region
región de Mach | Mach region
región de microondas | microwave region
región de no funcionamiento | region of nonoperation
región de ondas submilimétricas | submillimetre region
región de penetración | sinker
región de potencial de rejilla negativo | negative grid region
región de proporcionalidad | proportional region
región de proporcionalidad limitada | limited proportionality region, region of limited proportionality
región de puerta | gate region
región de reacción | reacting (/reaction) region
región de rejilla negativa | negative grid region
región de resistencia negativa | negative resistance region
región de resonancia | resonance region
región de ruptura | breakdown region
región de Schumann | Schumann region
región de selección actual | current selection region
región de sombra | shadow region
región de transición | transition region
región de Zener | Zener region
región del espectro | spectrum locus
región del infrarrojo próximo | near infrared region
región del ultravioleta | ultraviolet region
región E | E region
región E de la ionosfera | ionosphere E-region
región explorada por el radar | radar coverage
región F | F region
región F de la ionosfera | ionosphere F-region
región intrínseca | intrinsic region
región N | N region

región óhmica | ohmic region
región oscura | dark space
región oscura de Crookes | Crookes dark space, cathode dark space
región P | P region
región pasivada | passivated region
región por encima del negro | blacker-than-black region
región proporcional | proportional region
región próxima | near region (/zone)
región reactiva de campo próximo | reactive near-field region
región semiconductora | semiconducting region
región supersónica | supersonic región
región térmica | thermal region
región tipo N | N-type area (/region)
región tipo P | P-type area (/region)
región ultravioleta próxima | near ultraviolet
región visible de la radiación | visible region of radiation
registrador | register, recorder, director
registrador a distancia | telerecorder
registrador autorregulador | self-regulating recorder
registrador cinescópico | kinescope recorder
registrador con equilibrio automático | self-balancing recorder
registrador continuo | continuous recorder
registrador de ábaco circular | circular chart recorder
registrador de acción directa | direct-acting recorder
registrador de banda de papel | strip chart recorder
registrador de banda sonora | sound film recorder
registrador de Brown | Brown recorder
registrador de chispa | spark recorder
registrador de cinta | tape recorder
registrador de cinta de doble pista | dual track tape recorder
registrador de cinta de vídeo | videotape recorder
registrador de cinta de vídeo en casetes | videocassette recorder
registrador de cinta perforada | punched tape recorder
registrador de código | code recorder
registrador de coincidencias con la amplitud de la tensión barrida | sweep balance recorder
registrador de compensación | self-balancing recording meter
registrador de conversaciones telefónicas | telephone voice recorder
registrador de coordenadas X-Y | X-Y recorder
registrador de cuerda | spring-drive recorder
registrador de curvas | plotter
registrador de datos | data logger

registrador de datos digitales | digital data recorder
registrador de datos ionosféricos de incidencia vertical | vertical incidence ionospheric recorder
registrador de demanda retardada | lagged-demand meter
registrador de espectro | spectrum recorder
registrador de facsímil | facsimile recorder
registrador de fase | phase plotter (/recorder)
registrador de formas de onda | waveform recorder
registrador de gráfica circular | round chart recorder
registrador de impulsos | pulse (/impulse) recorder
registrador de incidencias | incident recorder
registrador de inscripción directa | direct-writing recorder
registrador de llamadas automáticas | traffic meter
registrador de llegada | incoming register
registrador de luz solar | sunlight recorder
registrador de máxima | maximum recording attachment
registrador de motor sincrónico | synchronous motor recorder
registrador de muestreo | sampling recorder
registrador de oscilogramas | oscillograph (record) camera
registrador de partida | sending register
registrador de pH | pH recorder
registrador de picos | peak picker, peak-picking recorder
registrador de prueba | test register
registrador de radio | radio recorder
registrador de radiosonda | radiosonde recorder
registrador de rumbo de ataque | attack plotter
registrador de salida | originating (/outgoing) register
registrador de sector estrecho | narrow sector recorder
registrador de secuencias | sequence register
registrador de señal de radar | radar signal recorder
registrador de señales telemétricas | telemetering recorder
registrador de sifón | syphon (/siphon) recorder
registrador de sobrecarga | overflow register
registrador de sobretensiones transitorias | surge voltage recorder
registrador de soldadura | weld recorder
registrador de sombras | shadowgraph

registrador de sonido | sound recorder
registrador de sumario | summary recorder
registrador de tambor | drum recorder
registrador de telemedida | telemetering recorder
registrador de tránsito | tandem sender
registrador de velocidad | speed recorder
registrador de vibraciones | vibration recorder, vibrograph
registrador de vídeo | video recorder
registrador de voz | voice recorder
registrador digital incremental | incremental digital recorder
registrador diónico | dionic recorder
registrador discriminador | discriminating register
registrador eléctrico accionado por servomecanismo | servo-operated electric recorder
registrador electromecánico | electro-mechanical recorder
registrador electrotérmico | electrothermal recorder
registrador en coordenadas rectilíneas | rectilinear writing recorder
registrador en puente | recording bridge
registrador equilibrador | null balancing recorder
registrador estereofónico de cinta | stereo tape recorder
registrador fonográfico mecánico | mechanical phonograph recorder
registrador fotoeléctrico | photoelectric recorder
registrador fotoeléctrico de la densidad de humos | photoelectric smoke recorder
registrador fotográfico de sonido | photographic sound recorder
registrador galvanométrico | galvanometer (light-beam) recorder
registrador galvanométrico de sonido | galvanometer recorder
registrador gráfico | pen recorder
registrador helicoidal | helix recorder
registrador interurbano | toll register
registrador ionosférico de incidencia oblicua | oblique incidence ionospheric recorder
registrador magnético | magnetic recorder
registrador magnético de una sola pista | single-track recorder
registrador multiestilete | multiple stylus recorder
registrador multifunción | multipoint recorder
registrador óptico del sonido | optical sound recorder
registrador oscilográfico | oscillograph (/oscillographic) recorder, oscillograph recording apparatus
registrador por electreto | electret re-

corder
registrador por equilibrio de barrido | sweep balance recorder
registrador potenciométrico | potentiometer (/null balancing) recorder
registrador potenciométrico de papel en rollo | potentiometric strip-chart recorder
registrador repetidor | repeating register
registrador telefonográfico | telecord
registrador telegráfico | telegraph recorder
registrador vectorial | vectorial recorder
registrador X-Y múltiple [*registrador gráfico múltiple de coordenadas cartesianas*] | multiple X-Y recorder
registrar | to book, to enter, to log, to read in, to record; to store; to save; to subscribe
registrar en memoria | to store
registro | buffer, file, lead, log, manhole, metering, record, recording, register, registration, registry, storage
registro A | A register
registro a distancia | telerecording, remote recording
registro a presión sobre carbón | carbon pressure recording
registro adaptador de memoria | memory buffer register
registro alto de audiofrecuencia | upper audio range
registro alto de direcciones | adress-register high
registro analógico | analogue recording
registro asociativo | associative store (/storage)
registro automático | autosave, self-recording
registro automático de tasa | automatic fee registration
registro automático de telecomunicaciones | automatic telecommunication log
registro B | B register
registro bajo | low frequency range
registro bajo de direcciones | adress-register low
registro base | base register
registro calificador | qualifier register
registro ciclométrico | cyclometer register
registro circulante | circulating register
registro con detección previa | predetection recording
registro con vuelta a cero | return-to-zero recording
registro de activación | activation record
registro de acumulación múltiple | multiple accumulating register
registro de adición | addition record
registro de alimentación hacia adelante | feed-forward register
registro de almacenamiento | storage register
registro de amplitud constante | constant amplitude recording
registro de análisis espectral | wave analyser recording
registro de archivo | reference recording
registro de arranque | boot register; [*sector del disco donde está grabado el sistema operativo*] boot record
registro de arranque maestro | master boot register
registro de averías | fault register
registro de base | base register
registro de base limitada | base-bound register, datum-limit register
registro de borrado variable | variable erase recording
registro de bus maestro | bus master register
registro de cables | cable (assignment) record
registro de cifras | digit storage
registro de cociente y multiplicador | multiplier quotient register
registro de código de grupos | group code recording
registro de código de retorno | return code register
registro de cola | trailer record
registro de colores | registration of colours
registro de coma flotante | floating-point register
registro de comunicaciones telefónicas | voice logging
registro de configuración | configuration register
registro de conmutadores | switch register
registro de control | check register, control record (/register)
registro de control de página | page control register
registro de control de secuencias | sequence control register
registro de control y estado | control/status register
registro de conversaciones telefónicas | voice logging
registro de datos | data logging
registro de datos de (la) memoria | memory data register
registro de desplazamiento | shift register
registro de desplazamiento asíncronico | asynchronous shift register
registro de desplazamiento de alimentación hacia adelante | feed-forward shift register
registro de desplazamiento dinámico | dynamic shift register
registro de desplazamiento estático | static shift register
registro de desplazamiento magnético | magnetic shift register
registro de desplazamiento sincrónico | synchronous shift register
registro de desplazamiento y realimentación | feedback shift register
registro de destino | destination register
registro de dial | dial register
registro de dirección | address register
registro de dirección de memoria | memory address register
registro de direcciones | address register
registro de direcciones actuales (/en curso) | current address register
registro de dispositivo | device register
registro de doble pista | dual track recording
registro de doble densidad | double-density recording
registro de encabezamiento | header (/home) record
registro de entrada | input register
registro de entrada/salida | input/output register
registro de entradas nuevas | addition record
registro de errores | error hooper
registro de escáner | scannogram
registro de estado | status register
registro de frecuencia | frequency record
registro de frecuencias | registration of frequencies
registro de frecuencias radioeléctricas | radiofrequency record
registro de guardia | logbook
registro de impulsos | impulse recording
registro de incidencias | fault register
registro de índices | index register
registro de instrucción en curso | current instruction register
registro de instrucciones | instruction register
registro de instrucciones normales | current instruction register
registro de intercambio | exchange register
registro de interrupciones | interrupt register
registro de la onda portadora de la señal de frecuencia modulada | signal carrier frequency-modulation recording
registro de la palabra de estado | status word register
registro de la señal | signal recording
registro de la voz | speech (/voice) recording
registro de límite de base | base-limit register
registro de límite de datos | datum-limit register
registro de límites | bounds register
registro de línea de retardo | delay line register
registro de líneas | line record, pole diagram book

registro de llamadas | call recording
registro de localización de visitantes | visitor location register
registro de localización en origen | home location register
registro de longitud fija | fixed-length record
registro de longitud variable | variable length record
registro de medidas por zona y duración | zone-and-overtime registration
registro de medio desplazamiento | half-shift register
registro de memoria | memory (/storage) register
registro de memoria tampón | volatile storage
registro de operación | operation register
registro de órdenes | order register
registro de página | page register
registro de pantalla | screen deposition
registro de pista múltiple | multiple track recording
registro de portadora única con frecuencia modulada | single-carrier FM recording
registro de posiciones de visitantes | visitor location register
registro de progresión | stepping register
registro de puntero | pointer register
registro de radiofrecuencias | radio-frequency record
registro de realimentación | feedback register
registro de recursos | resource record
registro de referencia | reference record (/recording)
registro de reserva | standby register
registro de ruido blanco | white noise record
registro de seguridad | standby register; security log
registro de señal de radar | radar signal recording
registro de señales telegráficas | telegraph signal recording
registro de sinopsis | trailer record
registro de sonido | sound recording
registro de sonido con sonido | sound-with-sound feature
registro de supresión | deletion record
registro de telecomunicaciones | telecommunication log
registro de telemedida | telemetering record
registro de televisión | television recording
registro de tiempo | timing
registro de trabajo | work register
registro de transacción | transaction log
registro de un disco | cutting of a record
registro de una sola pista | full track recording

registro de válvulas | valve box
registro de velocidad constante | constant velocity recording
registro de verificación | check register
registro de vídeo | video recording
registro de voz | voice print
registro dedicado | dedicated register
registro del estado de control | control status register
registro del índice | index register
registro del programa | program register
registro del sistema | system registry
registro desbloqueado | unblocked record
registro desfasado | out-of-phase recording
registro digital | digital recording
registro dinámico | dynamic register
registro directo | direct recording
registro directo de lectura | direct reading recording
registro directo sobre cinta | key to tape
registro directo sobre disco | key to disk
registro E | E register
registro electrográfico | electrographic recording
registro electrolítico | electrolyte (/electrolytic) recording
registro electromecánico | electromechanical recording (/register)
registro electroquímico | electrochemical recording
registro electrosensible | electrosensitive recording
registro electrostático | electrostatic recording
registro electrotérmico | electrothermal recording
registro en blanco | white recording
registro en cinta de una sola pista | full track tape recording
registro en cuatro pistas | four-track recording
registro en memoria caché dinámica | dynamic caching
registro en nivel alto de direcciones | adressregister high
registro en nivel bajo de direcciones | adressregister low
registro escalonado | stepping register
registro espontáneo | print-through
registro espurio | spurious printing
registro estático | static register
registro estereofónico en cinta magnética | stereophonic magnetic-tape recording
registro fonográfico | phonograph recording
registro fotográfico | photographic recording
registro fotosensible | photosensitive recording
registro galvanométrico de escritura directa | direct-writing galvanometer recorder

registro general | general register
registro gráfico | ink recording
registro gráfico a tinta | ink recording
registro horizontal | horizontal recording
registro incompleto en el archivo | file incomplete record
registro indicador | sense indicator register
registro índice | index register
registro instantáneo | instantaneous recording
registro intermedio | buffer (register)
registro lacado | lacquer recording
registro laminado | laminated record
registro local | local record
registro lógico [unidad de información] | logical record
registro maestro | master
registro maestro de arranque | master boot register (/record)
registro magnético | magnetic recording
registro magnético de programas de televisión | television tape recording
registro magnetofónico en estereofonía | stereophonic tape recording
registro magnetoscópico | videotape recording
registro mecánico | mechanical register
registro medio | midrange, midfrequency range
registro multipista | multiple track recording
registro múltiple | dubbing
registro normal | standard register
registro oscilográfico | oscillographic record
registro osciloscópico | oscilloscope recording
registro perpendicular | perpendicular recording
registro por contacto | print-through
registro por haz de electrones | electron beam recording
registro por láser | laser storage
registro por modulación de impulsos | pulse modulation recording
registro por vapor de tinta | ink vapour recording
registro por zona y duración | zone-and-overtime registration
registro previo | pretaping
registro radiológico | roentgenogram
registro saturado | overloaded recording
registro secuenciador | sequencer register
registro separador | buffer register
registro sísmico | seismic recording
registro sobre registro | sound-plus-sound
registro sobre varias pistas | multiple track recording
registro sonoro | scoring, sound recording

registro sonoro en cinta magnética | sound recording on magnetic tape
registro sonoro en hilo magnético | sound-on-wire recording
registro sonoro en hilo magnetofónico | sound-on-wire recording
registro telemétrico | telemetering record
registro temporal | stack
registro termoplástico | thermoplastic recording
registro ultrasónico | ultrasonic recording
registro unitario | unit record
registro universal | general-purpose register
registro vertical | vertical (/hill-and-dale) recording
registro videográfico | videotape recording
registro volátil | volatile storage
regla | rule, ruler
regla básica de codificación | basic encoding rule
regla de activación | firing rule
regla de Ampère | Ampere's rule
regla de Arden | Arden's rule
regla de Aston | Aston rule
regla de Badger | Badger rule
regla de Barlow | Barlow rule
regla de Bragg | Bragg's rule
regla de carácter aproximado | rule of thumb
regla de codificación | encoding rule
regla de codificación distinguida | distinguished encoding rule
regla de falsa posición | regula falsi
regla de Feather | Feather rule
regla de Fleming | Fleming rule
regla de inferencia | inference rule, rule of inference
regla de la mano derecha | right-hand rule
regla de la mano izquierda | left-hand rule
regla de los tres dedos | three-finger rule, right-hand rule
regla de Matthiessen | Matthiessen's rule
regla *de otro modo* | else rule
regla de servicio | regulation
regla de Silsbee | Silsbee rule
regla de Simpson | Simpson's rule
regla del punto medio | midpoint rule
regla del sacacorchos | corkscrew rule
regla del trapecio | trapezium rule
regla empírica | rule of thumb
regla trapezoidal | trapezoidal rule
reglaje | setting
reglaje de cuadratura | quadrature adjustment
reglaje de fase simple | single phasing
reglaje de la válvula | valve adjusting (/adjustment)
reglaje de las válvulas | valve timing
reglaje del altímetro | altimeter setting
reglaje previo | presetting

reglamentación | standardization
reglamento | instruction, practice
reglamento de cableado | wiring regulations
reglamento de comunicaciones por radio | radio regulations
reglamento de instalaciones eléctricas | wiring regulations
reglamento de servicio | service regulations
reglamento telegráfico | telegraph regulations
Reglamento telegráfico y telefónico de París | Paris Telegraph and Telephone Regulations
reglas de compartimiento | sharing rules
reglas de Hund | Hund rules
reglas de selección | selection rules
reglas de selección de Gamow-Teller | Gamow-Teller selection rules
regleta | shell, (terminal) strip
regleta con prisioneros de conexión | stud terminal board
regleta cubridora | stile-casing
regleta de bornes | terminal plate
regleta de clavijas | jack strip
regleta de clavijas portalámparas | lamp jack strip
regleta de conexión | connecting block (/strip)
regleta de conexiones | terminal grid
regleta de contactos | slot, contact bank, bank of contacts
regleta de contactos de línea privada | private bank
regleta de contactos de líneas | line bank
regleta de demarcación | demarcation strip
regleta de designación | designation strip
regleta de distribución | fanning strip
regleta de fusibles | strip of fuses
regleta de identificación | designation strip
regleta de lámparas | lamp socket mounting
regleta de marcar | stile-strip
regleta de montaje de relés | relay mounting strip
regleta de pulsadores | pushbutton strip
regleta de resistencia | resistance strip
regleta de resistencias | resistor strip
regleta de sintonía | tuning strip
regleta de teclas | strip of keys
regleta de terminales | connecting (/tag) block, (cord) terminal strip, terminal block (/grid)
regleta distribuidora | fanning strip
regleta divisoria | stile-strip
regleta indicadora | designation strip
regleta para clavijas | jack mounting
regleta portarrelés | relay mounting strip
regrabable | rewritable

regrabación | dubbing, rerecording
regrabar | to rerecord, to rewrite
regresión de rejilla | slideback
regresión lineal | linear regression
regresión múltiple | multiple regression
regulable | controllable
regulación | regulation, fine control, setting
regulación a corriente constante | constant current regulation
regulación a distancia | teleregulation
regulación asimétrica | unbalanced regulation
regulación automática | automatic control (/regulation), self-regulating, self-regulation
regulación automática de crominancia | automatic chrominance control
regulación automática de la luz | automatic light
regulación automática de niveles | automatic level regulation
regulación automática silenciosa del volumen | quiet automatic volume control
regulación barométrica de la presión | barometric pressure control
regulación de campo por tomas en el devanado | tap field control
regulación de carga | load regulation
regulación de conductores | regulation of wires
regulación de doble piloto | two-pilot regulation (/regulator)
regulación de frecuencia de línea | line-frequency regulation
regulación de la amplitud de portadora | carrier amplitude regulation
regulación de la corriente de soldadura | welder current regulation
regulación de la descarga | regulation of discharge
regulación de la frecuencia | regulation of frequency
regulación de la ganancia por el indicador de volumen | ride gain control
regulación de la presión | pressure adjustment
regulación de la sensibilidad | sensitivity adjustment (/control)
regulación de la soldadura | welding control
regulación de la tensión | voltage control
regulación de la velocidad | speed regulation (/setting)
regulación de las válvulas | valve timing
regulación de línea | line regulation
regulación de línea estática | static line regulation
regulación de niveles | level regulation
regulación de ondulación | ripple regulation
regulación de precisión | fine adjustment

regulación de tensión | pressure regulation, voltage adjustment (/regulation)
regulación de tensión eléctrica | voltage adjustment
regulación de tres inductancias | three-coil regulation
regulación de un sistema de corrientes portadoras | regulation of a carrier system
regulación de un trasformador de tensión constante | regulation of a constant potential transformer
regulación de una línea metálica | regulation of a metallic circuit
regulación de una sola inductancia | single-coil regulation
regulación de variaciones de carga de cero al máximo | regulation for no-load to full-load
regulación de voltaje | pressure (/voltage) regulation
regulación de volumen | volume control
regulación de Ward-Leonard | Ward-Leonard control
regulación del condensador | condenser adjustment
regulación del relé | relay setting
regulación electrónica | electronic regulation
regulación en estado estacionario | steady-state regulation
regulación en régimen permanente | steady-state regulation
regulación fotoeléctrica del alumbrado | photoelectric lighting control
regulación inherente | inherent regulation
regulación por aplicación de tensiones fijas | multivoltage control
regulación por cambio del número de polos | pole-changing control
regulación por desfase | phase shift control
regulación por reostato | resistance (/rheostat, /rheostatic) control
regulación por resistencia | resistance regulation
regulación rectilínea | straight line control
regulación reostática | resistance regulation
regulación serie-paralelo | series-parallel control
regulación silenciosa | squelch, muting
regulación sin contacto | noncontact control
regulación total | total regulation
regulación total combinada | total combined regulation
regulación transitoria | transient regulation
regulación variable | variable command control
regulado | regulated
regulado por derivación | shunt-regulated
regulado por relé | relay-controlled
regulado por trasductor | transducer-controlled, transductor-controlled
regulado reostáticamente | rheostatically controlled
regulador | buffer, damper, governor, regulating, regulator
regulador accionado por válvula auxiliar | pilot-operated control
regulador acelerador | throttle valve
regulador activo | forward-acting regulator
regulador automático | self-operated regulator
regulador automático de sensibilidad | automatic volume control
regulador automático de tensión | automatic voltage regulator
regulador automático de volumen | automatic volume control
regulador axial | shaft governor
regulador barométrico | barometric pressure control
regulador barostático | barostat, barostatic relief valve
regulador de ajuste | setting regulator
regulador de amplia variación | wide-range governor
regulador de bobina móvil | moving coil regulator
regulador de carga | load regulator
regulador de conmutación | switching regulator
regulador de corriente | current regulator
regulador de corriente del baño | bath current regulator
regulador de derivación | shunt arc regulator
regulador de equilibrio acústico | audible balance control
regulador de equivalente accionado por onda sinusoidal | tone-operated net-loss adjuster
regulador de excitación | field regulator
regulador de fase | phase regulator, phasing control
regulador de frecuencia | frequency regulator
regulador de ganancia controlado por la voz | voice-operated gain-adjusting device
regulador de grabación | recording regulator
regulador de inducción | induction regulator
regulador de intensidad | current regulator
regulador de la dinámica | volume range regulator
regulador de la tensión de red | power line adjustor
regulador de línea [*eléctrica*] | line regulator
regulador de pila de carbón | carbon file (/pile) regulator
regulador de placas de carbón | carbon pile regulator
regulador de potencia | power regulator, output governor
regulador de puntos | point controller
regulador de radiaciones X | X-radiation regulator
regulador de realimentación | feedback regulator
regulador de registro | recording regulator
regulador de relé | pilot-operated controller
regulador de sensibilidad | sensitivity regulator
regulador de tensión | potential (/pressure, /variable voltage) regulator, voltage adjuster (/regulator)
regulador de tensión de descarga luminosa | glow discharge voltage regulator
regulador de tensión de línea | line voltage regulator
regulador de tensión de placa | plate voltage regulator
regulador de tensión de silicio | silicon voltage regulator
regulador de tensión de un generador | generator voltage regulator
regulador de tensión de voltaje anódico | plate voltage regulator
regulador de tensión en derivación | shunt regulator
regulador de tensión escalonado | step-voltage regulator
regulador de tensión integrado | integrated voltage regulator
regulador de tensión por inducción | induction voltage regulator
regulador de tensión Zener de silicio | silicon Zener voltage regulator
regulador de tiro | damper
regulador de tonalidad | tone control
regulador de tono | tone control
regulador de trasductor | transductor regulator
regulador de trasmisión | transmission regulator
regulador de vacío | vacuum regulator
regulador de válvula en serie | series valve regulator
regulador de velocidad | speed controller (/governor, /regulator)
regulador de voltaje | potential (/pressure, /voltage) regulator
regulador de voltaje de silicio | silicon voltage regulator
regulador de voltaje regenerativo | degenerative voltage regulator
regulador de voltaje transistorizado | transistorized voltage regulator
regulador de voltaje Zener de silicio | silicon Zener voltage regulator
regulador de volumen | volume control (switch)
regulador de volumen sin compensación de respuesta | uncompensated volume control

regulador del factor de potencia | power factor regulator
regulador del par | motortorque regulator
regulador dinámico | dynamic regulator
regulador electroneumático | electropneumatic regulator
regulador en derivación | shunt regulator
regulador en serie | series (arc) regulator
regulador en serie de válvula al vacío | vacuum valve series regulator
regulador equivalente regulado por onda sinusoidal | tone-operated net-loss adjuster
regulador estático | static regulator
regulador estático de tensión (/voltaje) | static voltage regulator
regulador piloto | pilot regulator
regulador por hilo piloto | pilot wire regulator
regulador posterior | postregulator
regulador potenciométrico | potentiometer control
regulador preajustable | preset controller
regulador realimentado | feedback regulator
regulador reostático | rheostatic regulator
regulador retroactivo | backward-acting regulator
regulador silverstat [*resistencia de tomas múltiples conectadas a contactos de plata de una sola lámina*] | silverstat regulator
regulador sinusoidal | tone-operated net-loss adjuster
regulador tacométrico | speed regulator
regulador Tirrill | Tirrill regulator
regulador trifásico de voltaje de línea | three-phase line-voltage regulator
regulador vocal [*dispositivo regulador de ganancia activado por la voz*] | vogad = voice-operated-gain-adjusting device
regular | regular; to steer
regular la ganancia [*por el indicador de volumen*] | to ride gain
regularidad | constancy, stability, uniformity
regulin [*dispositivo electrolítico compacto y coherente*] | regulin
Regulus [*misil teledirigido tierra-tierra*] | Regulus
rehacer | to redo, to undelete
rehacer el mensaje suprimido | to undelete message
reignición | reignition
reincorporación a la memoria | roll-in roll-out
reincorporar [*a la memoria*] | roll-in
reinicialización | reboot, reset
reinicialización automática | autorestart
reinicialización de conexión | power-up reset
reinicialización del sistema | system reset
reinicialización en caliente [*con las teclas Alt+Ctrl+Suprimir*] | soft boot; Vulcan death grip [*fam*]
reinicialización local [*de un ordenador*] | local reboot
reinicializar | to reset
reiniciar | to restart, to reboot
reinicio por hardware | hard reset
reinicio por software | soft reset
reinserción de corriente continua | DC reinsertion
reinserción de la componente continua | reinsertion
reinserción de la portadora | reinsertion of carrier
reinsertador | reinserter
reintegrar | to restore
reintentar | to retry
reintento | retry
reintroducción | feedback
reinyección | foldback
reiteración | repeating
reiteración de interrupciones | jogging
rejilla | echelette, gauze, grid, grille, lattice
rejilla abierta | open grid
rejilla aceleradora | accelerating grid
rejilla activadora | trigger grid
rejilla aislada | insulated grid
rejilla antidifusora | antidiffusion grid
rejilla autopolarizada | self-biased grid
rejilla catódica | cathode grid
rejilla cruciforme | cross lattice
rejilla de aceleración | acceleration (/accelerator) grid
rejilla de alambre | wire gauze
rejilla de barrera | barrier grid
rejilla de blindaje | shield grid
rejilla de calefacción | heating grill
rejilla de calentamiento | heating grill
rejilla de campo | space charge grid
rejilla de carga espacial | space charge grid
rejilla de control | control grid
rejilla de control de un klistrón | klystron control grid
rejilla de corte alejado | remote cutoff grid
rejilla de cuadro | frame grid
rejilla de desionización | deionizing grid
rejilla de detención | suppressor grid
rejilla de disparo | trigger grid
rejilla de enfoque | focusing grid
rejilla de enfoque y conmutación | focusing and switching grille
rejilla de inyección | injection grid
rejilla de Lysholm | stationary grid
rejilla de mando | control grid
rejilla de pantalla | screen grid
rejilla de Potter-Bucky | Potter-Bucky grid, reciprocating grid
rejilla de protección | shield grid
rejilla de reflexión | reflection grating
rejilla de tierra | ground grid
rejilla de vueltas abiertas | open-spaced grid
rejilla de Wehnelt | Wehnelt grid
rejilla del resonador | resonator grid
rejilla en cuadratura | quadrature grid
rejilla en espiral | spiral grid
rejilla exterior | outer grid
rejilla fija | stationary grid
rejilla flotante | floating (/free, /open) grid
rejilla fotoisla | photo-island grid
rejilla fotosensible | photo-island grid
rejilla indicadora | indicator grid
rejilla libre | free grid
rejilla moduladora | modulator grid
rejilla móvil | reciprocating grid, Potter-Bucky grid
rejilla negativa | negative grid
rejilla osciladora | oscillator grid
rejilla oscilante | reciprocating grid, Potter-Bucky grid
rejilla ovalada | oval grid
rejilla para iones | ion grid
rejilla polarizada | polar (/polarized) grid
rejilla positiva | positive grid
rejilla positiva por emisión excesiva | grid locking
rejilla radial | radial grating
rejilla reflectora | reflecting (/reflection) grating
rejilla reguladora | regulating grid
rejilla secundaria | suppressor grid
rejilla soporte | diagrid
rejilla supresora [*en diagramas de circuitos*] | suppressor grid
REL [*mensaje de liberación*] | REL = release message
rel. = relativo | rel = relative
relación | ratio, relation
relación agua-combustible | water-fuel ratio
relación ajustable | variable ratio
relación alcance-energía | range energy relation
relación alfa | alpha ratio
relación anterior-posterior | front-to-back ratio
relación antisimétrica | antisymmetric relation
relación asimétrica | asymmetric relation
relación atómica | atomic ratio
relación axial | axial ratio
relación bien fundada | well-founded relation
relación binaria | binary relation
relación cádmica | cadmium ratio
relación carga/masa | charge mass ratio
relación constante de fase | stationary phase relationship
relación cresta a valle | peak-to-valley ratio
relación de abrasamiento | burnout ratio

relación de abundancia | abundance ratio
relación de abundancia molecular | molecular abundance ratio
relación de actividad | activity ratio
relación de amortiguamiento | damping ratio
relación de amplificación | gain
relación de amplitud de ondas estacionarias | standing wave ratio
relación de aspecto [*relación entre la anchura y la altura de una imagen*] | aspect ratio
relación de atenuación | attenuation ratio, ratio of attenuation
relación de aumento | magnification ratio
relación de banda ancha | wideband ratio
relación de cancelación | cancellation ratio
relación de capacidad | capacitance ratio
relación de captación | pickup ratio
relación de captura | capture ratio
relación de cierre y apertura | on-off ratio
relación de circuito absorbente | absorber circuit factor
relación de clasificación | ordering relation
relación de compensación | compensation ratio
relación de compresión | compression ratio
relación de compresión de trasadmitancia | transadmittance compression ratio
relación de congruencia | congruence relation
relación de conjuntos | coset relation
relación de contenido | abundance ratio
relación de control | control ratio
relación de conversión | conversion ratio
relación de corriente | current ratio
relación de corriente de pico a corriente de valle | peak-to-valley current ratio
relación de corriente primaria | primary current ratio
relación de cuadratura | squareness ratio
relación de desnivel por fluctuación en la fuente de alimentación | power supply rejection ratio
relación de desviación | deviation ratio
relación de devanados | ratio of the windings
relación de dimensión | dimension ratio
relación de discriminación | discrimination ratio
relación de distribución de corriente primaria | primary current distribution ratio

relación de duración de impulsos | pulse time ratio
relación de entronque | branching ratio
relación de equivalencia | equivalence relation
relación de escala | scale fraction
relación de espiras | turn ratio
relación de expansión | expansion ratio
relación de fase | phase relation (/relationship)
relación de funcionamiento | operating ratio
relación de ganancia de conversión | conversion gain ratio
relación de gas | gas ratio
relación de Geiger-Nuttall | Geiger-Nuttall relation
relación de huecos | void ratio
relación de imagen | image ratio
relación de impulsión | impulse ratio
relación de intensidades de campo de onda útil y ruido | radio field-to-noise ratio
relación de intensidades de corriente | ratio of currents
relación de interferencia de frecuencia intermedia | intermediate-frequency interference ratio
relación de ionización | ionization rate
relación de Keesom | Keesom relationship
relación de la corriente de trasferencia | transfer current ratio
relación de la interferencia imagen | image interference ratio
relación de la salida uno a la salida de selección parcial | one-to-partial-select ratio
relación de los calores específicos | specific heat ratio
relación de luminancia | luminance ratio
relación de máximo a mínimo | peak-to-valley ratio
relación de neutralización intrínseca | intrinsic stand-off ratio
relación de ondas estacionarias | standing wave ratio
relación de ondas estacionarias de tensión | voltage standing-wave ratio
relación de ondulación residual | ripple ratio
relación de operación | operating ratio
relación de orientación | orientation ratio
relación de pendientes | slope ratio
relación de Poisson | Poisson's ratio
relación de potencia | power ratio
relación de potencias de ruido | noise power ratio
relación de potencias entre las señales de imagen y sonido | sound-to-picture power ratio
relación de propagación | propagation factor (/ratio)
relación de rechazo de frecuencia de imagen | image frequency rejection ratio
relación de rechazo de la amplitud modulada | AM rejection ratio
relación de rectangularidad | orientation (/squareness) ratio
relación de rectification | rectification ratio
relación de reproducción | breeding (/reproduction) ratio
relación de resistencias | resistance ratio
relación de respuesta en frecuencia intermedia | intermediate-frequency response ratio
relación de respuesta espuria | spurious response ratio
relación de ruido | noise ratio
relación de selección | selection ratio
relación de señal a ruido residual de válvula | signal/valve-residual-noise ratio
relación de señal vocal a ruido | speech/noise ratio
relación de sincronización | picture synchronizing ratio, picture-to-synchronizing ratio
relación de sobrealimentación | supercharger ratio
relación de sobremodulación | overshoot ratio
relación de supresión de amplitud | amplitude-suppression ratio
relación de tensión de ondas estacionarias | standing wave voltage ratio
relación de tensión de trasferencia inversa | reverse transfer voltage ratio
relación de tensiones | voltage ratio
relación de tensiones del trasformador | transformer voltage ratio
relación de trabajo | duty ratio
relación de trasferencia | transfer ratio, propagation factor
relación de trasferencia de corriente para señal débil | small-signal current-transfer ratio
relación de trasferencia de tensión inversa en circuito abierto para señal débil | small-signal open-circuit reverse-voltage transfer ratio
relación de trasferencia del bucle (/lazo) | loop transfer ratio
relación de trasformación | transformation (/transformer, /turn, /winding) ratio, ratio of transformation
relación de trasformación elevadora | step-up (turns) ratio
relación de trasformación reductora | stepdown (turns) ratio
relación de trasporte | transport ratio
relación de vacío | gas ratio
relación de válvula | valve ratio
relación de velocidades | velocity ratio
relación del cadmio | cadmium ratio
relación del rechazo de imagen | image rejection ratio

relación derivada | derived relation
relación detección/ciclo | blip-frame ratio, blip-scan ratio
relación detección/exploración | blip-frame ratio, blip-scan ratio
relación diafónica | signal-to-crosstalk ratio
relación diferencial de absorción | differential absorption ratio
relación directa | direct relation
relación dosis-efecto | dose effect relation
relación elevadora | step-up ratio
relación entre corriente continua de salida y de entrada | static forward-current transfer ratio
relación fase-frecuencia | phase-vs-frequency response
relación frecuencia-longitud de onda modulada | frequency wavelength relation
relación giromagnética | gyromagnetic ratio
relación giromagnética nuclear | nuclear gyromagnetic ratio
relación interna | internal relationship
relación intrínseca de cresta | intrinsic stand-off ratio
relación irreflexiva | irreflexive relation
relación irregular | variable ratio
relación L/C [*cociente de inductancia en henrios y capacitancia en faradios*] | L/C ratio
relación límite | limit ratio
relación marca/espacio | mark-space ratio
relación masa-energía | mass-energy relation
relación mínima de abrasamiento | minimum burnout ratio
relación padre/hijo [*relación de jerarquía en una estructura de datos en árbol*] | parent/child [*relationship between nodes in a tree data structure*]
relación paradiafónica | near-end signal-to-crosstalk ratio
relación peso/potencia | weight/power ratio
relación portadora-ruido | carrier-to-noise ratio
relación reactancia/resistencia | reactance-resistance ratio
relación recursiva | recursive relation
relación reductora | stepdown ratio
relación reflexiva | reflexive relation
relación residual de ondas estacionarias | residual VSWR = residual voltage standing-wave ratio
relación resistencia/reactancia | resistance-to-reactance ratio
relación señal-diafonía | signal-to-crosstalk ratio
relación señal-distorsión | signal-to-distortion ratio
relación señal/interferencia | signal/interference ratio, signal-to-interference ratio
relación señal/ruido [*relación señal-ruido*] | signal-noise ratio (/relation), signal-to-noise ratio
relación señal/ruido compensada sofométricamente | psophometrically weighted signal/noise ratio
relación señal/ruido disponible | available signal-noise ratio
relación señal/ruido sin compensación | unweighted signal-to-noise ratio
relación señal/ruido sin ponderación | unweighted signal-to-noise ratio
relación simétrica | symmetric relation
relación S/R = relación señal/ruido | SN ratio = signal/noise ratio
relación tolerable señal/interferencia | tolerable signal-to-interference ratio
relación trabajo/reposo igual a la unidad | unity mark/space ratio
relación transitiva | transitive relation
relación transitiva binaria | transitive binary relation
relación unitaria | unity ratio
relación útil de sincronización | percentage synchronization
relación variable | variable ratio
relaciones de la base de datos | database relations
relaciones de Thomson | Thomson relations
relajación | relaxation
relajación del dieléctrico | dielectric relaxation (/relay)
relajación del máser | maser relaxation
relajador de haz | beam relaxor
relámpago | (indirect) lighting, lightning-flash
relámpago con estricción | pinched lightning
relámpago de verano | summer lightning
relámpago difuso | sheet lightning
relámpago en bola | ball-lightning
relámpago en forma de bola | ball-lightning
relatividad | relativity
relativista | relativistic
relativo a la frase | sentential
relativo al cable | relative cable
relé | relay
relé abierto | open (/open-type, /unenergized) relay
relé accionado por desequilibrio de tensiones | voltage balance relay
relé accionado por motor | motor-driven relay
relé accionador | trip (/tripping) relay
relé activador | tripping relay
relé amplificador | repeating relay
relé anunciador | annunciation relay
relé automático | automatic relay
relé auxiliar | auxiliary (/slave) relay
relé balanza | balanced-beam relay
relé biestable | bistable relay
relé capacitivo | capacitance relay
relé coaxial | coaxial relay
relé coaxial de lámina | coaxial reed relay
relé común de millar | common thousand relay
relé con armadura de tracción | tractive armature relay
relé con armadura devanada | motor-type relay
relé con armadura empotrada (/encastrada) | relay with flexible armature
relé con armadura flexible | relay with flexible armature
relé con armaduras de lengüeta | resonant reed relay
relé con arrollamientos múltiples | multicoil relay
relé con autoenclavamiento | self-locking relay
relé con bobina móvil | moving coil relay
relé con cubierta protectora | enclosed relay
relé con derivación | diverter relay
relé con derivación magnética | shunt field relay
relé con enclavamiento | latch-in relay, latching-type relay
relé con interruptor de mercurio | mercury contact relay
relé con núcleo de tracción | tractive armature relay
relé con reductor magnético | relay with magnetic shunt
relé con regulación indiferente (/neutral) | relay neutrally adjusted
relé con retención | relay with holding winding
relé con retorno | homing relay
relé con shunt magnético | relay with magnetic shunt
relé conmutador | centre zero relay, relay with switching contacts
relé conmutador de emisión/recepción | transmit/receive relay
relé conmutador de escobillas | wiper-switching relay
relé contador | counting (/metering, /register, /registering) relay
relé contrafrenado | antiplugging relay
relé cortocircuitador | shorting relay
relé de acción diferida | slow-acting relay, slow-operate relay, slow-operating relay, time limit relay, time-delay relay, time-locking relay
relé de acción escalonada | relay with sequence action
relé de acción gradual | step-by-step relay
relé de acción instantánea | instantaneous relay
relé de acción lenta | slow-acting relay, slow-operate relay, slow-operating relay
relé de acción lenta y apertura rápida | slow-operate fast-release relay
relé de acción lenta y apertura retardada | slow-operate slow-release relay

relé de acción rápida | snap-action relay
relé de acción retardada | timing (/time limit, /slow-acting, /slow-operate, /slow-operating) relay
relé de acción rotativa | rotary action relay
relé de acción temporizada | time-locking relay
relé de accionamiento | tripping relay
relé de accionamiento intermitente | flashing relay
relé de accionamiento rápido | fast-operate relay
relé de accionamiento rápido y desconexión lenta | fast-operate-slow-release relay
relé de accionamiento rápido y desconexión rápida | fast-operate-fast-release relay
relé de aceleración | accelerating relay
relé de acoplamiento a red | network phasing relay
relé de acoplamiento de fase a red | network phasing relay
relé de activación manual | force actuated relay
relé de adición y sustracción | add-and-substract relay
relé de alarma | alarm relay
relé de aleta | vane-type relay
relé de alimentación | battery supply relay
relé de almacenamiento | storage relay
relé de alta velocidad | high speed relay
relé de antena | aerial relay
relé de apertura diferida | time-delay opening relay
relé de apertura retardada | slow-release relay, slow-releasing relay
relé de aplicación de campo | field application relay
relé de armadura | armature relay
relé de armadura basculante | Kipp relay, Kipp's apparatus
relé de armadura giratoria | relay with pivoted armature
relé de armadura lateral | side armature relay
relé de armadura pesada | heavy armature relay
relé de armadura plana | flat-type relay
relé de armaduras resonantes | resonant reed relay
relé de arranque | starter, start (/starting) relay
relé de arranque diferido | time-delay starting relay
relé de arranque secuencial en unidades | unit sequence starting relay
relé de autorretención | stick relay
relé de avance paso a paso | stepping relay
relé de aviso | drop relay
relé de baja | underpower relay

relé de baja carga | underload relay
relé de baja corriente | undercurrent relay
relé de baja potencia | underpower relay
relé de bajo voltaje | undervoltage relay
relé de barra | bar relay
relé de base octal | octal base relay
relé de bloqueo | blocking (/latching, /locking, /locking-out, /block system) relay
relé de bloqueo del traductor | translator blocking relay
relé de bobina | reed relay
relé de bobinas múltiples | multiple coil relay
relé de bobinas simétricas | symmetrical relay
relé de Brown | Brown converter
relé de cable | wire relay
relé de campo | field relay
relé de campo derivado | shunt field relay
relé de capacidad | capacitance relay
relé de carga mínima | underload relay
relé de cierre diferido | time-delay closing relay
relé de circuito de ánodo (/placa) | plate circuit relay
relé de clavijas | plug-in relay
relé de cociente | quotient relay
relé de conductancia | conductance relay
relé de conector | antiplugging relay
relé de conexión | connecting (/cut-through) relay
relé de conmutación | switching (/transfer) relay
relé de conmutación accionado por la voz | voice-operated keying relay
relé de contacto secuencial | sequential relay
relé de contactos bajo cubierta hermética | sealed-contact relay
relé de contactos conmutadores | relay with switching contacts
relé de contactos humedecidos en mercurio | mercury-wetted-contact relay
relé de control | control (/pilot) relay
relé de control de combinador | sequence-switch controlling relay
relé de control de potencia | power control relay
relé de control selectivo automático | automatic selective control (/transfer) relay
relé de corriente | current relay
relé de corriente alterna | AC relay
relé de corriente de fase inversa | reverse phase current relay
relé de corriente inversa | reverse current relay
relé de corriente mínima | undercurrent relay
relé de corriente universal | allstrom relay

relé de corte | cutoff (/cutout) relay; [*en llamadas*] ringing trip relay
relé de corte del hilo de masa | availability cutoff relay
relé de cuadro móvil | moving coil relay
relé de desconexión | break relay
relé de desconexión de carga | load disconnect relay
relé de desconexión instantánea | relay with instantaneous tripping
relé de desconexión por sobrevelocidad | overspeed shutdown relay
relé de desconexión rápida | fast-release relay
relé de desenganche | trip (/tripping) relay
relé de desplazamiento de mercurio | mercury displacement relay
relé de desprendimiento diferido | slow-release relay, slow-releasing relay
relé de disco móvil | cage (/movable disc) relay
relé de disparo | trigger (/tripping) relay
relé de disparo libre | trip-free relay
relé de distancia | distance relay
relé de distribución | distribution relay
relé de división de columnas | split-column relay
relé de doble prueba | double test relay
relé de dos arrollamientos | two-coil relay
relé de dos direcciones | throwover relay
relé de dos posiciones | two-step relay
relé de dos posiciones estables | side-stable relay
relé de emisión-recepción | send-receive relay
relé de emisiones radiofónicas | radiobroadcast relaying
relé de enclavamiento | interlock (/latching, /locking, /lock-up) relay
relé de enganche | latch-in relay
relé de enganche automático | self-latching relay
relé de enganche magnético | magnetic latch relay
relé de enlace interautomático | auto-auto relay set
relé de equilibrio de corriente | current balance relay
relé de equilibrio de fases | phase balance (current) relay
relé de escape libre | trip (/tripping) relay
relé de estado sólido | solid-state relay
relé de estado sólido acoplado por trasformador | transformer-coupled solid-state relay
relé de estado sólido fotoacoplado | photocoupled solid-state relay
relé de excitación gradual | sliding-current relay

relé de factor de potencia | power factor relay
relé de fallo de campo | motor-field failure relay
relé de fallo de encendido | power rectifier misfire relay
relé de fase abierta | open-phase relay
relé de fin de conversación | clearing relay
relé de fotoválvula | photovalve relay
relé de frecuencia | frequency relay
relé de frecuencia de campo polarizado | polarized-field frequency relay
relé de frecuencia vocal | voice frequency relay
relé de guarda | guard relay
relé de hilo caliente | hot wire relay
relé de impedancia | impedance relay
relé de impulsos | impulse (/impulsing, /pulsing, /pulse reed) relay
relé de impulsos de llegada | instepping relay
relé de impulsos directos | instepping relay
relé de impulsos inversos | outstepping (/revertive impulse) relay
relé de impulsos temporizado | time pulse relay
relé de inducción | induction relay
relé de inducido lateral | side armature relay
relé de inercia | inertia relay
relé de interposición | break-in relay
relé de interrupción de llamada | ringing trip relay
relé de inversión de fases | phase reversal relay, negative phase-sequence relay
relé de inversión de potencia | reverse power relay
relé de jaula | cage relay
relé de junta sellada | gasket-sealed relay
relé de lámina húmeda | wet reed relay
relé de lámina seca | dry reed relay
relé de lámina vibrante | vibrating reed relay
relé de láminas | reed (/reed-type) relay
relé de láminas de enclavamiento | latching reed relay
relé de láminas del tipo de transición | crosspoint reed relay
relé de láminas magnéticas | reed (/reed-type) relay
relé de láminas resonantes | resonant reed relay
relé de línea | line relay
relé de línea y corte | line and cutoff relay
relé de llamada | line (/ringing) relay
relé de mantenimiento de línea auxiliar | trunk holder relay
relé de marcado de línea | line marking relay
relé de marcado del ESG | group marking relay

relé de máxima | overcurrent (/overpower, /surge) relay
relé de máxima controlado por tensión | voltage-controlled overcurrent relay
relé de máxima y mínima corriente | over-and-undercurrent relay, over-and-undervoltage relay
relé de máxima y mínima potencia | over-and-underpower relay
relé de máximo de potencia | overpower relay
relé de medida | measuring relay
relé de memoria | memory relay
relé de memoria magnética | magnetic latching relay
relé de mercurio | mercury relay
relé de microondas | microwave relay
relé de mínima | underload relay
relé de mínimo de carga | underload relay
relé de monedas | coin box relay
relé de muelle de alambre | wire spring relay
relé de múltiples ballestas | multiple leaf relay
relé de múltiples bobinas | multicoil relay
relé de múltiples contactos | multiple contact relay
relé de múltiples posiciones | multiposition relay
relé de núcleo | plunger relay
relé de núcleo buzo | solenoid relay
relé de ocupación | busy (/holding) relay
relé de ocupado | busy relay
relé de pago previo | coin box relay
relé de parada diferida | time-delay stopping relay
relé de perforación | punching relay
relé de perforar X | X-punch relay
relé de polo sombreado | shaded pole relay
relé de potencia | power relay
relé de potencia activa | active power relay
relé de potencia direccional | directional power relay
relé de potencia mínima | underpower relay
relé de potencia reactiva | reactive power relay
relé de potencia y ángulo variable | arbitrary phase-angle power relay
relé de presión | pressure relay
relé de producto | product relay
relé de progresión | (rotary) stepping relay
relé de progresión por resorte | spring-actuated stepping relay
relé de progresión rotatoria | rotary stepping relay
relé de progresión sin retorno a la posición de reposo | nonhoming stepping relay
relé de propósito definido | definite purpose relay

relé de protección | protective relay
relé de protección contra fallos de aislamiento | ground protective relay
relé de protección contra sobretensiones | overvoltage protection realy
relé de protección de corriente reactiva | reactive current protection relay
relé de protección de puesta a tierra | protection ground relay
relé de prueba | test (/testing) relay
relé de puesta en funcionamiento | turn-on relay
relé de puesta en marcha | starting (/start) relay, starting element
relé de radar | radar relay, relay radar
relé de reactancia | reactance relay
relé de rearme automático | automatic reset relay
relé de recepción | receiving relay
relé de reconexión | reclosing relay
relé de reconexión en corriente alterna | AC reclosing relay
relé de reconexión en corriente continua | DC reclosing relay
relé de rectificador | rectifier relay
relé de rectificadores secos | rectifier relay
relé de red | network relay
relé de registro del conector de perforaciones | punch-bus pickup relay
relé de regulación | regulating relay
relé de regulación de tensión | voltage regulation relay
relé de regulación de voltaje | voltage regulation relay
relé de remanencia | remanent relay
relé de reposición automática | self-resetting relay, self-restoring relay
relé de reposición lenta | slow-release relay
relé de resistencia | resistance (/vibrating, /tuned reed) relay
relé de retardo | delay (/time-delay) relay
relé de retardo constante | independent time-lag relay
relé de retardo dependiente | dependent time-lag relay
relé de retardo inverso | inverse time-lag relay
relé de retardo limitado | inverse time-lag relay with definitive minimum
relé de retención | biased (/holding, /latching, /stick) relay
relé de retención magnética | remanent relay
relé de retención mecánica | latching relay
relé de rotación de fases | phase rotation relay
relé de ruptura | break relay
relé de ruta | routing relay
relé de seccionamiento | block system relay
relé de secreto | secrecy relay
relé de secuencia | sequence relay
relé de secuencia de fase cero | zero phase-sequence relay

relé de secuencia de fases | phase sequence relay
relé de secuencia incompleta | incomplete sequencer relay
relé de secuencia positiva | positive phase sequence relay
relé de seguridad | guard relay
relé de señalización | signal (/signalling) relay
relé de servicio intermitente | intermittent duty relay
relé de sincronismo | synchronizing relay
relé de sobrecarga | overcurrent (/overload) relay
relé de sobrecarga del sistema de puntería | train overload relay
relé de sobrecorriente | overcurrent relay
relé de sobrecorriente controlado por tensión | voltage-controlled overcurrent relay
relé de sobrecorriente de acción instantánea | rate-of-rise relay
relé de sobrecorriente direccional alterna | AC directional overcurrent relay
relé de sobrecorriente en corriente continua | DC overcurrent relay
relé de sobrecorriente instantáneo | instantaneous overcurrent relay
relé de sobrecorriente temporizado de alterna | AC time overcurrent relay
relé de sobrefrecuencia | overfrequency relay
relé de sobreintensidad | surge relay
relé de sobretensión | overvoltage (/surge) relay
relé de solenoide | plunger (/solenoid) relay
relé de solenoide de acción rotativa | rotary plunger relay
relé de solenoide rotativo | rotary solenoid relay
relé de supervisión | supervisory relay
relé de supresión de ruido | noise suppression relay
relé de telecomunicación | telecommunication relay
relé de telemando | remote-controlled relay, turn-on relay
relé de televisión | television relay
relé de temperatura | temperature relay
relé de tensión | voltage relay
relé de tensión de secuencia de fases | phase sequence voltage relay
relé de tensión mínima | (phase) undervoltage relay
relé de tiempo | relay with sequence action
relé de timbre | ringing relay
relé de timbre local | relay controlling local bell
relé de tipo bobina | reed-type relay
relé de tipo telefónico | telephone-type relay

relé de todo o nada de tres posiciones | centre zero relay
relé de trasferencia | (power) transfer relay
relé de trasferencia de potencia | power transfer relay
relé de trasmisión de impulsos | impulse-transmitting relay
relé de trasmisión de programas | program transmission relay
relé de trasmisión radiofónica | program transmission relay
relé de tres posiciones | three-position relay
relé de trinquete | ratchet relay
relé de un circuito y dos direcciones | single-pole double-throw relay
relé de un solo circuito | single-pole relay
relé de una sola bobina | single-coil relay
relé de uso general | general-purpose relay
relé de vacío | vacuum relay
relé de válvula | tube (/valve) relay
relé de válvula electrónica | electronic valve relay
relé de válvula fotoelectrónica | photovalve relay
relé de variación brusca | sudden-change relay
relé de variación de velocidad | rate-of-change relay
relé de velocidad lenta | slow-speed relay
relé de vía | track relay
relé de vías auxiliares | bypath relay
relé de vigilancia | supervisory relay
relé del conector de perforaciones | punch-bus relay
relé del freno de puntería | train brake relay
relé del manipulador | key relay
relé del tipo telefónico normal | standard telephone relay
relé desconectador | trip (/tripping) relay
relé desconectador de factor de potencia | power factor relay
relé desexcitado | unenergized relay
relé detector | sensing relay
relé detector de tensión | voltage-sensing relay
relé detector de voltaje | voltage-sensing relay
relé diferencial | differential relay
relé diferencial de tanto por ciento | percentage differential relay
relé diferencial de tensión estática | static voltage differential relay
relé diferencial polarizado | polarized differential relay
relé diferido | retarded relay
relé direccional | directional relay
relé direccional de potencia | power direction (/directional) relay
relé direccional de tensión | voltage-directional relay

relé direccional de tensión y potencia | voltage and power directional relay
relé direccional polarizado | polarity directional relay
relé disparador | trigger (/trip) relay
relé distribuidor | allotter relay
relé electrodinámico | electrodynamic relay
relé electromagnético | electromagnetic relay
relé electromecánico híbrido | hybrid electromechanical relay
relé electrónico | electronic (/solid-state, /trigger) relay
relé electrónico para teleimpresora | teletypewriter drive
relé electrónico telegráfico | telegraph electronic relay
relé electrostático | electrostatic relay
relé electrostrictor | electrostrictive relay
relé en derivación de línea | line shunt relay
relé encapsulado | encapsulated relay
relé enchufable | plug-in relay
relé enclavador | lock-up relay
relé esclavo | slave relay
relé estanco | sealed relay
relé estático | static relay (/modulator)
relé excitador | exciter relay
relé excitador de corriente continua | DC generator relay
relé ferrodinámico | ferrodynamic relay
relé fotoeléctrico | photorelay, light (/photoelectric) relay
relé fotoeléctrico de selenio | selenium relay
relé fotoelectrónico | photoelectronic relay
relé galvanométrico | galvanometric (/moving coil) relay
relé gaseoso | gas relay
relé generador de corriente continua | DC generator relay
relé herméticamente sellado | hermetically-sealed relay
relé hermético | reed (/sealed) relay
relé híbrido de estado sólido | hybrid solid-state relay
relé homoplar | zero phase-sequence relay
relé insensible a la corriente alterna | relay unaffected by alternating current
relé instantáneo | instantaneous relay
relé instrumental | instrument relay
relé integrador | integrating relay
relé integrador de impulsos | notching relay
relé intermedio | supplementary relay
relé interruptor | relay interrupter
relé lento | sluggish (/slow-to-operate) relay
relé lento a la reposición | slow-to-release relay
relé limitador de corriente | current limiter relay

relé limitador de intensidad | step-back relay
relé lógico de láminas | logic reed relay
relé maestro de protección de red | network master relay
relé maestro de red | network master relay
relé magnético sensible | sensitive magnetic relay
relé magnetoeléctrico | magnetoelectric relay
relé magnetoestrictivo | magnetostrictive relay
relé marginal | marginal relay
relé medidor de desfase | phase angle measuring relay
relé múltiple | multiple relay
relé múltiple conector de perforaciones | punch-bus multirelay
relé múltiple de supresión de ceros | zero suppression multirelay
relé neumático | air (/pneumatic) relay
relé neumático de retardo | pneumatic time-delay relay
relé neumático temporizado | pneumatic time-delay relay
relé neutral | neutral relay
relé neutro | neutral (/nonpolarized) relay
relé no polarizado | neutral (/no-bias, /nonpolarized) relay
relé óptico | light valve, optical relay
relé óptico de partículas | suspension light valve
relé para aplicación especial | special purpose relay
relé para manipulación intercalada | break-in relay
relé para sentido de fuerza | power direction relay
relé para sumar y restar | add-and-substract relay
relé para uso especial | special purpose relay
relé parcialmente excitado | partially energized relay
relé pasivo | passive relay
relé paso a paso | step-by-step relay
relé permisivo | permissive relay
relé piloto | pilot relay
relé plano | flat-type relay
relé polarizado | biased (/polar, /polarized, /voltage-directional) relay
relé polarizado de doble enganche magnético | polarized double-biased relay
relé polarizado graduado | polarized step-by-step relay
relé polarizado neutro | polarized no-bias relay
relé precintado | sealed relay
relé primario | primary relay
relé protector | protective relay
relé protector contra pérdida de velocidad por sobrecarga | stalling relay
relé protector de red | network relay
relé protector diferencial | differential protective relay
relé protegido por gas | gas protected relay
relé que se pega | sticking relay
relé quíntuple | quintuple relay
relé radioeléctrico | radio relay
relé rápido | high speed relay, quick-acting relay, quick-operating relay
relé recambiable | plug-in relay
relé receptor | receiving relay
relé receptor de impulsos | impulse-accepting relay
relé reforzado | heavy-duty relay
relé repetidor | repeating relay
relé resistente a las sacudidas | shock-resistant relay
relé resonante | resonant relay
relé retardado | time lag relay, time-delay relay
relé rotativo | rotary relay
relé rotatorio | rotary relay
relé satélite | satellite relay
relé secuencial | sequence (/sequential) relay
relé secundario | secondary relay
relé selectivo en frecuencia | frequency selective (/sensitive) relay
relé selector | selector relay
relé sellado miniatura | miniature sealed relay
relé semiconductor | semiconductor relay
relé sensible | sensitive relay
relé sensible de corriente alterna | sensitive AC relay
relé sensible de corriente continua | sensitive DC relay
relé silenciador | muting relay
relé simétrico | symmetrical relay
relé simulador | simulator relay
relé sin cubierta | open (/open-type, /unenclosed) relay
relé sintonizado | tuned relay
relé subminiatura | subminiature relay
relé supersensible | supersensitive relay
relé supersensible del monitor de radiofrecuencia | RF-monitor meter relay
relé suplementario | supplementary relay
relé taquimétrico | tachometric relay
relé telefónico | telephone relay
relé telefónico corto | short telephone relay
relé telegráfico | telegraph relay
relé telegráfico de rectificadores secos | telegraph rectifier relay
relé telegráfico polarizado | polarized telegraph relay
relé temporizado | retarded (/timing, /time limit, /time-controlled) relay
relé temporizado mecánicamente | mechanically timed relay
relé térmico | thermorelay, thermal (/temperature) relay
relé térmico de la máquina | machine thermal relay
relé térmico de retardo | thermal time delay relay
relé térmico de sobrecarga | thermal overload relay
relé térmico de sobrecarga del campo inductor | thermal field-overload relay
relé term(o)iónico | thermionic relay
relé termoeléctrico | thermorelay
relé termostático | thermostat (/thermostatic) relay
relé termostático de retardo | thermostatic delay relay
relé tipo instrumento | instrument relay
relé todo o nada | all-or-nothing relay
relé transistorizado | transistorized relay
relé ultrasensible | ultrasensitive relay
relé unilateral | unilateral relay
relé unipolar | single-pole relay
relé unipolar de dos vías | single-pole double-throw relay
relé verificador | test (/testing) relay
relé vibrador | vibrating relay
relé vibrador telegráfico | telegraph vibrating relay
relevador | relay
relevador de acción rápida | snap-action relay
relevador de acción rotativa | rotary action relay
relevador de armaduras resonantes | resonant reed relay
relevador de avance paso a paso | stepping relay
relevador de bloqueo | blocking relay
relevador de control de potencia | power control relay
relevador de enchufe | plug-in relay
relevador de excitación gradual | sliding-current relay
relevador de láminas resonantes | resonant reed relay
relevador de múltiples ballestas | multiple leaf relay
relevador de múltiples contactos | multiple contact relay
relevador de presión | pressure relay
relevador de progresión | stepping relay
relevador de reproducción | simulator relay
relevador de retención | biased relay
relevador de tres posiciones | three-position relay
relevador de trinquete | ratchet relay
relevador de una sola bobina | single-coil relay
relevador de vacío | vacuum relay
relevador de válvula | tube (/valve) relay
relevador del tipo telefónico normal | standard telephone relay
relevador electrónico | relay valve
relevador fotoelectrónico | photoelectronic relay

relevador neutral | neutral relay
relevador no polarizado | no-bias relay
relevador polarizado | biased (/polar) relay
relevador resistente a las sacudidas | shock-resistant relay
relevador resonante | resonant relay
relevador telefónico | telephone relay
relevador telefónico corto | short telephone relay
relevador telegráfico | telegraph relay
relevador temporizado | time-controlled relay
relevador term(o)iónico | thermionic relay
relevador unilateral | unilateral relay
relieve | etch
rellamada a registrador | switchhook, hook flash, register recall
rellamada automática [*llamada completada sobre abonado libre*] | automatic callback (/call back, /ring back)
rellamada automática en caso de extensión libre | call back when free, call back on no answer, ring back when next used
rellamada automática en caso de extensión ocupada | call completion (/back when on) busy
rellamada automática sobre un enlace | call back queue, ring-back queue, trunk line queuing
rellamada automática sobre una línea ocupada | callback (/ring-back) queue, trunk line queuing
rellamada por destellos | flashing recall
rellenado | topping-up
rellenar | to fill
rellenar con ceros | to zero
rellenar la figura | to fill solid
relleno | backfill; [*en octetos de bits*] padding
relleno de bits | bitpad
relleno de cable | cable fill
relleno de fusible | fuse filler
relleno de memoria | memory fill
relleno de superficie [*en gráficos en color*] | region fill
relleno musical de cola | musical cushion
relocalizable | relocatable
relocalización | relocation
relocalizar | to relocate
reloj | clock
reloj atómico | atomic clock, atomichron
reloj/calendario | clock/calendar
reloj central | master (/principal) clock
reloj con segundero | second-hand clock
reloj contador de llamadas | call meter
reloj de arena | hourglass pointer
reloj de cesio | caesium clock
reloj de conmutación para contador | meter changeover clock

reloj de estado sólido | solid-state watch
reloj de línea | line time clock
reloj de mando | time control gear
reloj de pulsera electrónico | electronic watch
reloj de referencia | reference clock
reloj de tiempo real | real-time clock
reloj de tiempo relativo | relative-time clock
reloj del sistema | system clock (/timer)
reloj digital | digital clock
reloj eléctrico | electric clock (/watch)
reloj eléctrico de impulsos | impulse-driven clock
reloj eléctrico sincrónico | synchronous electric clock
reloj electrónico | electronic clock
reloj externo | external clock
reloj externo de la UCP | external CPU clock
reloj horario | time (/time-of-day) clock
reloj interno | internal clock
reloj maestro | master (/principal) clock
reloj máser de amoníaco | ammonia maser clock
reloj molecular | molecular clock
reloj nuclear | nuclear clock
reloj patrón | master (/principal) clock
reloj patrón primario [*de alta precisión*] | primary reference clock
reloj patrón supervisado por radio | radio-supervised master clock
reloj principal | master (/principal) clock
reloj puesto en hora eléctricamente | electrically controlled clock
reloj secundario | secondary clock
reloj sincrónico | synchronous clock
reloj telefónico | speaking clock
reloj virtual | virtual clock
reluctancia | reluctance
reluctancia específica | specific reluctance
reluctancia variable | variable reluctance
reluctividad | specific reluctance (/magnetic resistance)
reluctivo | reluctive
reluctómetro | reluctometer
rem [*dosis biológica (humana) de radiación equivalente, unidad-dosis para los rayos ionizantes referidos a la actividad biológica*] | rem = roentgen equivalent man
remachadora de percusión | percussion riveting machine
remache | riveting
remache de acero | steel rivet
remache de cabeza de hongo | mushroom rivet
remanencia | remanence, residual induction
remate [*de ciertos estilos de letra*] | serif
remate de la punta de un cable | dressing

Remendur [*material magnético de aleación de cobalto-hierro-vanadio*] | Remendur
remitir | to send
remitrón [*tubo gaseoso utilizado como contador en calculadoras*] | remitron
remodulación | remodulation
remodulador | remodulator
remolino | eddy
remolque | trailer
remolque de cabina | driving trailer
remolque del paquete [*conjunto que acompaña a los datos de un paquete*] | packet trailer
remolque para postes | pole trailer
remontada en el tiempo [*técnica de atomicidad en transacciones electrónicas*] | rollback
remoto | outlying, remote
remover | to remove
rendija de exploración | scanning slit (/slot)
rendimiento | efficiency, performance, response, throughput, yield
rendimiento absoluto | absolute efficiency
rendimiento anódico | anode (/plate) efficiency
rendimiento calculado | scheduled performance
rendimiento cuántico | quantum efficiency (/yield)
rendimiento cuántico de conversión | conversion quantum efficiency
rendimiento cuántico de detector | detector quantum efficiency
rendimiento cuántico espectral | spectral quantum yield
rendimiento cuántico unitario | unit quantum efficiency
rendimiento de Auger | Auger yield
rendimiento de bombeo | conversion efficiency
rendimiento de captura | capture efficiency
rendimiento de conversión | conversion efficiency
rendimiento de conversión del dispositivo de centelleo | scintillator conversion efficiency
rendimiento de conversión total de un material centelleante | scintillator-material total-conversion efficiency
rendimiento de detección | detection efficiency
rendimiento de emisión | emission efficiency
rendimiento de energía | power output
rendimiento de escisión | fission yield
rendimiento de escisión primario | primary fission yield
rendimiento de fisión primaria | independent fission yield
rendimiento de fluorescencia | fluorescence yield
rendimiento de generador | generator efficiency

rendimiento de inyección | injection efficiency
rendimiento de inyección del emisor | emitter injection efficiency
rendimiento de la antena | aerial efficiency
rendimiento de la conversión del centelleo | scintillation conversion efficiency
rendimiento de la etapa | stage efficiency
rendimiento de la luminaria | luminaire efficiancy
rendimiento de la placa | plate efficiency
rendimiento de la potencia consumida | power consumption efficiency
rendimiento de la potencia disponible | available power efficiency
rendimiento de la radiación | yield of radiation
rendimiento de la red | system efficiency
rendimiento de la trasmisión | transmitting efficiency
rendimiento de la válvula de recuento | counting efficiency
rendimiento de pantalla | screen efficiency
rendimiento de potencia de detector | detector power efficiency
rendimiento de radiación | radiation efficiency
rendimiento de radiación de una antena | radiation efficiency of an aerial
rendimiento de rectificación | rectification efficiency, efficiency of rectification
rendimiento de recuento | counting efficiency
rendimiento de separación | separation efficiency
rendimiento de tensión | voltage efficiency
rendimiento de tensión de detector | detector voltage efficiency
rendimiento de trasferencia | transfer efficiency
rendimiento de trasmisión | transmission efficiency
rendimiento de trasmisión de flujo de electrones | electron stream transmission efficiency
rendimiento de trasmisión de flujo electrónico | electron stream transmission efficiency
rendimiento de trasmisión de haz electrónico (/de electrones) | electron stream transmission efficiency
rendimiento de un detector | detector efficiency
rendimiento de una fuente de luz | efficiency of a source of light
rendimiento de voltaje | voltage efficiency
rendimiento del altavoz | speaker efficiency
rendimiento del cañón [*electrónico*] | gun efficiency
rendimiento del centelleo | scintillation conversion efficiency
rendimiento del circuito | circuit efficiency
rendimiento del circuito de ánodo | anode circuit efficiency
rendimiento del circuito de carga | load circuit efficiency
rendimiento del circuito de placa | plate circuit efficiency
rendimiento del colector | collector efficiency
rendimiento del contestador | transponder efficiency
rendimiento del disco duro | hard disk performance
rendimiento del emisor | emitter efficiency
rendimiento del paso | stage efficiency
rendimiento del proyector | projector efficiency
rendimiento del sistema traductor-acoplamiento | transducer-coupling system efficiency
rendimiento del trasductor | transducer efficiency
rendimiento del ventilador | fan efficiency
rendimiento eléctrico global (/total) | overall electric efficiency
rendimiento electrónico | electronic efficiency
rendimiento en amperios hora | ampere-hour efficiency
rendimiento en cantidad | quantity efficiency
rendimiento en función de la presión | pressure sensivity
rendimiento en pares de iones | ionic yield
rendimiento en profundidad | percentage depth dose
rendimiento en tensión | volt efficiency
rendimiento en vatios hora | watt-hour efficiency
rendimiento en voltaje | volt efficiency
rendimiento energético | yield
rendimiento energético de conversión | energy conversion efficiency
rendimiento fotoeléctrico | photoelectric efficiency (/yield)
rendimiento global | overall efficiency
rendimiento global del generador termoeléctrico | overall thermoelectric generator efficiency
rendimiento global del sistema ultrasónico | overall ultrasonic system efficiency
rendimiento horario | paid-time ratio
rendimiento horario del circuito | hourly paid-time ratio
rendimiento intrínseco en presión | pressure response
rendimiento iónico | ion (/ionic) yield
rendimiento lumínico | luminous efficiency
rendimiento luminoso | light efficiency
rendimiento luminoso de un cuerpo negro | black body luminous efficiency
rendimiento luminoso máximo | maximum luminous efficiency
rendimiento luminoso relativo | relative luminous efficiency
rendimiento por hora del circuito | hourly paid-time ratio
rendimiento por par de iones | yield per ion pair
rendimiento radioquímico | radiation chemical yield
rendimiento reducido del generador | reduced generator efficiency
rendimiento relativo | relative efficiency (/response)
rendimiento térmico | heat performance, thermal efficiency
rendimiento total | throughput
rendimiento total de conversión del dispositivo de centelleo | scintillator total conversion efficiency
rendimiento total de equilibrio | equilibrium throughput
rendimiento total en vatios | total watts
rendimiento variable | variable efficiency
rendimiento volumétrico | volumetric efficiency
renglón escaso [*en tipografía*] | thin line
renio | rhenium
renombrar | to rename
renormalización de masa | renormalization of mass
renovación | turnover, second attempt
renovación de certificados | certificate renewal
renovación de la memoria | memory refresh
renovación de señal | signal reconditioning
renovar el cableado | to rewire
renovar el fusible | to refuse
reobase [*intensidad de corriente permanente de cátodo*] | rheobase
reoelectricidad | rheoelectricity
reoeléctrico | rheoelectric
reoelectroencefalografía | rheoelectroencephalography
reoelectroencefalógrafo | rheoelectroencephalograph
reoencefalografía | rheoencephalography
reóforo | rheophore
reografía | rheography
reográfico | rheographic
reógrafo | rheograph
reómetro | rheometer
reordenación | rearrangement
reordenamiento | rearrangement
reostático | rheostatic
reostato, reóstato | rheo = rheostat; two-terminal potentiometer

reostato con derivaciones | tapped rheostat
reostato con tomas | tapped rheostat
reostato de agua | water resistance
reostato de ajuste | trimmer (/trimming) rheostat
reostato de anillo | ring rheostat
reostato de arranque | starter, starting box, starter (/starting) resistance (/rheostat)
reostato de campo | field rheostat
reostato de carbón | carbon rheostat
reostato de carga | loading resistor
reostato de conmutador | switch rheostat
reostato de contacto deslizante | sliding (/slide wire) rheostat
reostato de cuadro | resistance frame
reostato de deslizamiento | slip regulator
reostato de excitación | field rheostat
reostato de filamento | filament rheostat
reostato de hilo bobinado | wire-wound rheostat
reostato de manivela | switch rheostat
reostato de puesta en marcha | starting resistance
reostato de regulación | trimmer (/trimming) rheostat
reostato de regulación de velocidad | speed control rheostat, speed-regulating rheostat
reostato de variación de velocidad | speed-adjusting rheostat
reostato en puente | potentiometer rheostat
reostato líquido | liquid rheostat
reostato operado eléctricamente | electrically operated rheostat
reostato potenciométrico | potentiometer (/potentiometer-type) rheostat
reostato regulador | trimming rheostat
reostato resistencia de arranque | starter resistance
reostato rotativo | rotor rheostat
reostricción | rheostriction, pinch effect
reostricción del plasma | plasma pinch
reotomo [*dispositivo de corte periódico de la corriente*] | rheotome
reotrón [*sinónimo obsoleto de betatrón*] | rheotron
reotropo | rheotrope
rep [*dosis física de radiación equivalente*] | rep = roentgen equivalent physical
REP = reproducción | PB = playback
rep. = repetición | rep = repetition
RE PAG = retroceso de página | PG UP = page up
repaginar | to repaginate
reparación | fault clearance (/correction)
reparación | repair, repairing, servicing
reparación de averías | troubleshooting
reparación urgente | urgent repair

reparador [*persona que soluciona problemas*] | troubleshooter
reparador de líneas | lineman
reparador de radio | radio repairman
reparador de radio y televisión | radio-and-television repairman
reparar [*una máquina*] | to debug
reparar averías | to troubleshoot
repartición del campo inductor | field distribution
repartidor | dispatcher, messenger, distributing (/distribution) frame
repartidor combinado [*principal e intermedio*] | combined distributing frame
repartidor con cubierta | enclosed distribution frame
repartidor cubierto | enclosed distribution frame
repartidor de carga | load dispatcher
repartidor de entrada | main distributing frame
repartidor de grupo secundario | supergroup distribution frame
repartidor de grupos | group distribution frame
repartidor de grupos primarios | group distribution frame
repartidor de hilo | wire dispenser
repartidor de interconexión | cross-connecting rack
repartidor de líneas intermedio | intermediate trunk distributing frame
repartidor de puentes | cross-connecting rack
repartidor de relés de marcado de grupo | marking distributing frame
repartidor de supergrupo | supergroup distribution frame
repartidor de telegramas | messenger
repartidor del marcador de línea | IDF line marker
repartidor horizontal | horizontal distributing frame
repartidor intermedio | intermediate distributing frame
repartidor mural de cables | cable wall frame
repartidor óptico | fanout, distribution shelve
repartidor principal | main distributing frame
reparto | delivery
reparto de canales | (frequency) channelling
reparto de carga | load division
reparto de potencial | potential distribution, voltage grading
repaso | rerun, roll-back
repaso estructurado | structured walk-through
repeledor | repeller
repeledor de klistrón | klystron repeller
repelente | repeller
repeler protones | to repel protons
repentino | prompt, sharp, sudden
repercusión | actuation

reperforador | reperforator
reperforador de recepción | receiving reperforator
reperforador impresor | printing (/typing) reperforator
reperforador impresor de trasmisión y recepción | sending-receiving typing reperforator
reperforador / trasmisor | reperforator / transmitter
reperforadora de cinta | tape reperforator
reperforadora de cinta telegráfica | telegraph reperforator
repertorio | repertoire
repertorio de datos | data directory
repertorio de instrucciones | instruction repertoire (/set)
repesca de llamadas [*en grupo*] | (group) call pickup
repetibilidad | repeatability
repetición | duplication, recursion, repeatering, repeating, repetition, rerun; [*en TV*] rehearsal
repetición automática | auto-repeat, automatic repetition
repetición continua | recursion
repetición de alarmas en el puesto de operadora | alarms extended to operators
repetición de frecuencias | repetition of frequencies
repetición de impulsos | pulse repeating (/repetition)
repetición de llamada | recall
repetición de marcación | redial, automatic redialling, repeat last call, saved number dialled (/redial)
repetición de oficio | routine repetition
repetición de tecla | typematic
repetición del último número marcado | last number redial, repeat last call
repetición geográfica de frecuencias | duplication of frequencies
repetición instantánea | instant replay
repetición regenerativa | regenerative repeatering
repetido | iterated
repetidor | repeater, translator, transposer; (physical) level relay, relay transmitter
repetidor adaptador | adapter booster
repetidor adosado | back-to-back repeater
repetidor anormal | odd repeater
repetidor automático | automatic repeater
repetidor bidireccional | two-way repeater
repetidor bilateral | two-way repeater
repetidor con acceso | drop repeater
repetidor de aullidos | howl repeater
repetidor de banda ancha | wideband repeater
repetidor de brújula girostática | indicator for gyrostatic compass
repetidor de cable | wire relay

repetidor de cable submarino | submarine cable repeater
repetidor de cinta de vídeo | videotape replay
repetidor de conferencia | conference repeater
repetidor de cordón | cord circuit repeater
repetidor de cuatro conductores | four-wire repeater
repetidor de cuatro hilos | four-wire repeater
repetidor de dos etapas | two-stage repeater
repetidor de filtro | frogging repeater
repetidor de frecuencia ultraalta | ultrahigh frequency translator
repetidor de frecuencia vocal | voice frequency repeater
repetidor de gran fondo | deep sea repeater
repetidor de impedancia negativa | negative impedance repeater
repetidor de impulsión | impulse repeater
repetidor de impulsos | transponder, pulse (/impulse) repeater
repetidor de impulsos de radar | radar pulse repeater
repetidor de impulsos de señal | signal pulse repeater
repetidor de impulsos de señalización | pulse link repeater
repetidor de klistrón | klystron repeater
repetidor de línea | line repeater
repetidor de llamada | ringing converter (/repeater)
repetidor de microondas | microwave repeater
repetidor de múltiples portadoras | multicarrier repeater
repetidor de paso | through position (/repeater)
repetidor de portadora | carrier repeater
repetidor de programas | program repeater
repetidor de punto directo | direct point repeater
repetidor de radar | radar repeater
repetidor de radio | radio repeater
repetidor de regeneración | regenerative repeater
repetidor de reserva | spare (/standby) repeater
repetidor de resistencia negativa | negative resistance repeater
repetidor de sistema | system repeater
repetidor de telégrafo | telegraph repeater
repetidor de televisión | television repeater, link transmitter
repetidor de tránsito directo | through position
repetidor de UHF | ultrahigh frequency translator
repetidor de una sola etapa | single-stage repeater
repetidor de vídeo de cinta sin fin | videotape replayer
repetidor del tipo remodulador | remodulation-type repeater
repetidor discriminador | discriminating repeater
repetidor doble | matched repeating coils
repetidor en contrafase | pushpull repeater
repetidor giratorio | rotary repeater
repetidor heterodino | heterodyne repeater
repetidor heterodino de disgregación e inserción de canales | heterodyne drop/insert repeater
repetidor híbrido | hybrid repeater
repetidor indicador de posición en el plano | PPI repeater, remote PPI
repetidor intercalado permanentemente | through line repeater
repetidor intermedio | intermediate repeater
repetidor montado en poste | pole-mounted repeater
repetidor multicanal | multichannel repeater
repetidor multipuerto | multiport repeater
repetidor óptico | optical repeater
repetidor para circuito bifilar | two-wire repeater
repetidor para circuito de dos hilos | two-wire repeater
repetidor para cruzamiento de frecuencias | frogging repeater
repetidor para paquetes de datos | frame relay
repetidor para poco fondo | shallow water repeater
repetidor pasivo | passive repeater
repetidor perturbador | repeater jammer
repetidor principal | main repeater
repetidor radioeléctrico | radio repeater
repetidor radioeléctrico sin acceso | radio through repeater
repetidor radioeléctrico sin derivación | radio through repeater
repetidor regenerador | regenerative repeater
repetidor regenerador de impulsos | regenerative pulse repeater
repetidor regenerativo | regenerative repeater
repetidor rígido | rigid repeater
repetidor semiactivo | semiactive repeater
repetidor semidúplex | half-duplex repeater
repetidor sin personal | unattended repeater
repetidor submarino | submarine repeater
repetidor submarino de gran fondo | deep sea repeater
repetidor telefónico | telephone amplifier (/repeater), voice repeater
repetidor telefónico terminal | terminal telephone repeater
repetidor telegráfico | telegraph (/telegraphic) repeater
repetidor telegráfico regenerativo | telegraph regenerative repeater
repetidor terminal | terminal repeater
repetidor tipo 44 | forty-four-type repeater
repetidor transistorizado | transistorized repeater
repetidor unidireccional | one-way repeater
repetidora de clase no desmodulante | nondemodulating repeater
repetidora móvil | vehicular repeater
repetidora no desmodulante | nondemodulating repeater
repetir | to redo, to repeat, to roll back; to iterate
repetir número | to repeat number
repintar | to repaint
repique [*del teléfono*] | calling, ring
repique codificado | code ringing
repique simultáneo | party line ringing
repisa | shelf
repisa para clavija | plug seat
repita según su copia | repeat from your copy
repitiendo | repeating
replanteo | setting out
réplica | response; mirror; replication
réplica de datos | data replication
réplica de disco [*como copia de seguridad con actualización automática*] | disc mirroring
réplica de imágenes [*mecanismo normalizado de* réplica] | shadowing
replicación de directorios [*duplicación desde un servidor*] | directory replication
replicador de puerto [*para conexión de ordenadores portátiles*] | port replicator
repliegue | aliasing
repliegue automático [*del texto en pantalla*] | wraparound
repolarización | repolarization
reponedora de cubierta [*para fibra óptica*] | fibre recoater
reponer | to put back, to release, to reset, to restore
reponer el fusible | to refuse
reponer un circuito en servicio | to restore a circuit to service
reportaje de trasmisión diferida | recorded description
reportaje para televisión | television field broadcast
reportaje radiofónico | radio reporting
reposición | homing, release, releasing, reset, resetting
reposición a mano | hand reset
reposición automática | self-resetting, self-restoring, self-setting

reposición automática del dispositivo de llamadas | automatic ringer resetting
reposición automática del equipo de llamadas | automatic ringer resetting
reposición de ciclo | cycle reset
reposición de cierre | reclosing
reposición del cambio de estado | upset reset
reposición del selector | selector reset
reposición eléctrica | electrical (/electric) reset
reposición manual | hand (/manual) reset
reposición unilateral | first-party release
reposicionabilidad de ajuste de frecuencia | resettability of tuning
reposicionabilidad de sintonía | resettability of tuning
reposicionar | to reset
reposo | quiescence, sleep
reposo con tono puesto | tone-off idle
reposo/espera | sleep/resume
representación | display
representación analógica | analogue representation
representación analógica en forma de tensión | voltage analog
representación de árbol binario | binary tree representation
representación de ataque por sonar | sonar attack plotter
representación de bits | bit mapping
representación de caracteres | character representation
representación de correspondencias ambientales | environment mapping
representación de imágenes reflejadas [*en la pantalla*] | mirroring
representación de la tarjeta | card image
representación de magnitud con signo | signed-magnitude representation
representación en imágenes | pictorial display
representación en perspectiva | perspective representation
representación esquemática | symbolic diagram (/representation)
representación estereofónica | stereophonic image
representación experta [*metodología para la toma de decisiones en un sistema experto*] | knowledge representation
representación gráfica | plotting; graphic display
representación gráfica de barras | bar-graph display
representación gráfica de modalidad vectorial | vector graphics, vector-mode graphic display
representación gráfica en forma de trama | raster graphics, raster-mode graphic display
representación incremental binaria | binary incremental representation
representación incremental ternaria | ternary incremental representation
representación regular | regular representation
representación simbólica | symbolic representation
representación tridimensional [*en gráficos de ordenador*] | gnomon
representación vectorial | vectorial display
representación visual | display
representación visual de siete segmentos | seven-segment display
representación visual electroluminiscente | electroluminescent display
representación visual por diodos emisores de luz | LED display
representación visual por plasma | plasma display
representante | representative; [*programa intermediario entre cliente y servidor*] proxy
representante del servicio técnico | service representativ
reprocesado | retry
reproducción | breeding, playback, repeating, replay, reproduction; [*de una imagen con realismo*] rendering
reproducción ambisónica | ambisonic reproduction
reproducción automática | autoplay
reproducción cuádruple | quadruple play
reproducción de agudos | high pitch (/note) reproduction
reproducción de matices | tonal rendition
reproducción del sonido | sound reproduction
reproducción estereofónica | stereophonic reproduction
reproducción fonográfica | phonograph reproduction
reproducción normal | standard play
reproducción por cambio de fase [*en técnica láser*] | phase-change recording
reproducción seleccionada | selected reproduction
reproducción simultánea | simultaneous playback
reproducción simultánea durante la grabación | simultaneous playback on recording
reproducción sonora | sound reproduction
reproducción y trasmisión simultánea | on-air playback
reproducibilidad | repeatability, reproducibility
reproducir | to reproduce
reproductividad neta | breeding gain
reproductor | reproducer, breeder, player, playback reproducer
reproductor con neutrones térmicos | thermal breeder
reproductor de agudos | treble reproducer, high frequency unit
reproductor de CD | CD player = compact disc player
reproductor de cinta | tape player (/reproducer)
reproductor de cinta magnetofónica | tape player
reproductor de cintas magnetofónicas | playback tape deck
reproductor de disco compacto | compact disc player
reproductor de grabación magnética | magnetic recording reproducer
reproductor de haz luminoso | light beam pickup
reproductor de potencia | power breeder
reproductor de registro fotográfico de sonido | photographic sound reproducer
reproductor de registros sonoros | pickup
reproductor de sonido | sound recorder
reproductor de tarjetas | card reproducer
reproductor dinámico | dynamic reproducer
reproductor fonográfico | phonograph (/phono) pickup, phonograph reproducer
reproductor magnético | magnetic reproducer
reproductor optoeléctrico de sonido | photographic sound reproducer
reproductor sonoro óptico | optical sound reproducer
reproductor térmico | thermal breeder
REPROM [*memoria reprogramable de sólo lectura*] | REPROM = reprogrammable read only memory
repuesto | service part (/spare), spare part
repuesto de radio | radio part
repuestos menores | running spares
repulsión | repulsion
repulsión de carga espacial | space charge repulsion
repulsión electromagnética | electromagnetic repulsion
repulsión mutua | mutual repulsion
repulsor | rejector
requemado | loss by oxidation and volatilization
requisito esencial | essential requirement
requisitos de energía | power requirements
resaltado atenuado | dimmed emphasis
resaltado de no disponible | unavailable emphasis
resaltado en uso | in-use emphasis
resaltado interactivo | interacted emphasis
resaltado predeterminado | default emphasis
resaltar | to highlight, to select
resaltar lo seleccionado | to selected

emphasis
resalte | boss, emphasis, ridge, stud
resalte de señal | signal highlighting
resalte del foco | focus emphasis
resbalamiento | slip, slippage
reserva | backup, privacy, reserve, standby; [*de memoria*] allocation
reserva caliente | hot standby
reserva compartida explícita [*entre un grupo de emisores*] | shared-explicit reserve
reserva de corriente | current margin
reserva de diálogos | dialog cache
reserva de energía | system reserve
reserva de la red | system reserve
reserva de potencia | power reserve, reserve power
reserva de reactividad | built-in reactivity
reserva de soldadura | solder resist
reserva disponible de energía | system reserve
reserva en energía eléctrica | energy reserve
reserva fría | cold standby
reserva útil de agua | useful water reserve
reservado | reserved
reservar [*memoria*] | to allocate
resguardado | drip proof
resguardar | to shield
residente | resident
residente en la RAM | RAM resident
residente en memoria | memory-resident
residual | residual, vestigial
residuo | rest, tailing
residuo de la onda portadora | carrier leak
residuos | garbage
residuos de la bomba | weapon debris (/residue)
residuos de la bomba nuclear | weapon debris
residuos líquidos radiactivos | radioactive liquid wastes
residuos radiactivos | radioactive waste
resiliencia | resilience
resina | resin, rosin
resina acrílica | acrylic resin
resina de fluorocarbono | fluorocarbon resin
resina de policlorotrifluoroetileno | polychlorotrifluoroethylene resin
resina de politetrafluoroetileno | polytetrafluoroethylene resin
resina de tetrafluoroetileno | tetrafluoroethylene resin
resina de trifluorcloroetileno | trifluorochloroethylene resin
resina de vinilo | vinyl resin
resina en estado B | B-stage resin
resina epóxica | epoxy resin
resina epoxídica | epoxy resin
resina sin bromo | bromine-free resin
resina vinílica | vinyl resin
resina vinilidénica | vinylidene resin

resincronización de trama | reframing
resintonización | retuning
resintonizar | to retune
resistencia | ballast; drag; ohmage; resistance, resistor; strength
resistencia a la abrasión | abrasion resistance
resistencia a la corriente continua | resistance at DC
resistencia a la desimantación | resistance to demagnetization
resistencia a la flexión | resistance to bending (/buckling)
resistencia a la humedad | moisture resistance
resistencia a la inflamación | flame resistance
resistencia a la ionización | voltage endurance
resistencia a la penetración | penetration resistance
resistencia a la perforación | puncture resistance (/strength)
resistencia a la radiación | radiation resistance, radiation-hard
resistencia a la rotura | ultimate strength
resistencia a la rotura por tracción | ultimate tensile strength
resistencia a la sobretensión transitoria | surge strength
resistencia a la vibración | vibration resistence
resistencia a las altas frecuencias | RF resistance = radiofrequency resistance
resistencia a las vibraciones | vibration-resistant
resistencia a los campos desimanadores | resistance to demagnetizing fields
resistencia a los campos desmagnetizantes | resistance to demagnetizing fields
resistencia a los impactos | shock resistence
resistencia a los impulsos | impulse strength
resistencia a tierra | resistance to earth
resistencia acústica | acoustic resistance
resistencia acústica específica | specific acoustic resistance
resistencia acústica intrínseca | specific (/unit-area) acoustic resistance
resistencia acústica por unidad de superficie | unit-area acoustic resistance
resistencia aerodinámica | drag
resistencia aglomerada | composition resistor
resistencia agudizadora | peaking (/peak) resistance (/resistor)
resistencia ajustable | adjustable resistor
resistencia al arco | arc (/arcover) resistance

resistencia al desgarramiento | tear (/tearing) strength
resistencia al desgaste | wear resistance
resistencia al efecto corona | voltage endurance
resistencia al flujo electrónico de corriente continua | DC electron stream resistance
resistencia al impacto | impact resistance
resistencia alineal | nonlinear resistance
resistencia amortiguada | swamper, swamping resistor
resistencia amortiguadora | swamp resistance
resistencia anódica | anode resistance
resistencia anódica en corriente alterna | AC anode resistance [UK], AC plate resistance [USA]
resistencia autorreguladora | barretter
resistencia bifilar | bifilar resistor
resistencia bobinada | wound (/wire-wound) resistor
resistencia bobinada con anillo cursor | wire-wound adjustable resistor
resistencia bobinada con brida variable | wire-wound adjustable resistor
resistencia bobinada semifija | wire-wound adjustable resistor
resistencia capacitiva sin desacoplamiento | unbypassed cathode resistor
resistencia catódica sin condensador de desacoplamiento | unbypassed cathode resistor
resistencia catódica sin condensador de sobrepaso | unbypassed cathode resistor
resistencia catódica sin derivación capacitiva | unbypassed cathode resistor
resistencia catódica sin desacoplamiento | unbypassed cathode resistor
resistencia compensada con impurezas | compensated impurity resistor
resistencia compensadora | ballast resistor
resistencia compuesta | composition resistor
resistencia con bobinado de Curtis | Curtis winding resistor
resistencia con derivaciones | tapped resistance (/resistor)
resistencia con devanado de Curtis | Curtis winding resistor
resistencia con devanado de Wenner | Wenner winding resistor
resistencia con tomas | tapped resistance (/resistor)
resistencia-condensador | capristor
resistencia conectada [*entre los polos de una fuente de tensión*] | resistor placed [*across a voltage source*]

resistencia controlada por tensión | voltage-controlled resistor
resistencia cortada | open resistor
resistencia crítica | critical resistance
resistencia de aglomerado | composition resistor
resistencia de aislamiento | insulation resistance
resistencia de ajuste | trimmer resistor
resistencia de alambre | wire resistance (/resistor)
resistencia de alambre de precisión | precision wire-wound resistor
resistencia de alimentación de ánodo | anode feed resistance
resistencia de alimentación de placa | plate feed resistance
resistencia de alta frecuencia | high frequency resistance
resistencia de amortiguación | attenuation resistance
resistencia de antena | aerial resistance
resistencia de aplanamiento | smoothing resistor
resistencia de arco | arc resistance
resistencia de arranque | starting resistance
resistencia de autopolarización | self-bias resistor, self-biasing resistor
resistencia de base | base resistance
resistencia de base extrínseca | extrinsic base resistance
resistencia de base uno | base-one resistance
resistencia de bloqueo | blocked resistance
resistencia de bobina | coil resistance
resistencia de borocarbón | borocarbon resistor
resistencia de Bronson | Bronson resistance
resistencia de caída de tensión | voltage-dropping resistor
resistencia de calentamiento | heater
resistencia de campo | field resistance (/resistor)
resistencia de capa difusa | diffused layer resistor
resistencia de carbón | carbon resistor, (carbon) composition resistor
resistencia de carbón aislada | insulated carbon resistor
resistencia de carga | charging resistance, load (/loading, /swamping) resistor, swamper
resistencia de carga anódica | plate load resistance
resistencia de cátodo | cathode resistor
resistencia de cátodo sin desacoplamiento | unbypassed cathode resistor
resistencia de cinta | strip resistor
resistencia de coeficiente negativo | negative coefficient resistance
resistencia de colector | collector resistance

resistencia de compensación | barretter, balancing diaphragm
resistencia de compuesto de carbón | carbon composition resistor
resistencia de conexión temporal | patching resistor
resistencia de conexiones radiales | radial lead resistor
resistencia de contacto | contact resistance
resistencia de contacto de un rotor | rotor contact resistance
resistencia de cordón de línea | line cord resistor
resistencia de corrección | peak resistance (/resistor)
resistencia de corriente alterna | AC resistance = alternating current resistance
resistencia de corriente continua | direct current resistance
resistencia de cuatro terminales | four-terminal resistance
resistencia de cursor | sliding resistance
resistencia de debilitamiento | diverter
resistencia de derivación | shunting resistor
resistencia de descarga | dumping resistor
resistencia de detección de corriente | current-sensing resistor
resistencia de devanado | coil resistance
resistencia de devanado simple | single-wound resistor
resistencia de dispersión | spreading resistance
resistencia de drenaje | bleeder, bleeder resistance (/resistor)
resistencia de emisor | emitter resistance
resistencia de empuje hacia abajo | pulldown resistor
resistencia de entrada | input resistance
resistencia de entrada diferencial | differential input resistance
resistencia de entrada diferencial equivalente | equivalent differential input resistance
resistencia de equilibrio | resistance balance
resistencia de esparcimiento | spreading resistance
resistencia de esparcimiento de la base | base spreading resistance
resistencia de estabilización | stabilizing (/swamping) resistor
resistencia de estricción | pinch resistor
resistencia de extinción | quenching resistance (/resistor)
resistencia de filamento | filament resistance
resistencia de filtro | smoothing resistor

resistencia de forzamiento | forcing resistance
resistencia de freno | stopper resistor
resistencia de fuga | bleeder, leak resistance, leakage reactance
resistencia de fuga del ignitor | igniter leakage resistance
resistencia de gran disipación | power resistor
resistencia de hilo bobinado | wire-wound resistor
resistencia de hilo y cursor | slide wire
resistencia de interferencia | interference drag
resistencia de Koch | Koch resistance
resistencia de la base | base resistance
resistencia de la base dos | base two resistance
resistencia de la malla | mesh resistance
resistencia de la señal | signal resistance
resistencia de las fibras | whisker resistance
resistencia de línea local | line loop resistance
resistencia de material semiconductor | semistor
resistencia de nitruro de tantalio | tantalum nitride resistor
resistencia de normalización | standardizing resistor
resistencia de óxido de estaño | tin oxide resistor
resistencia de óxido metálico | metal-oxide resistor
resistencia de pantalla en serie | series screen resistor
resistencia de paso | transition resistance
resistencia de pastilla | chip (/pellet) resistor
resistencia de película de carbón | carbon film resistor
resistencia de película de píldora | pellet film resistor
resistencia de película delgada | thin-film resistor
resistencia de película gruesa | thick-film resistor
resistencia de película metálica | metal film resistor
resistencia de pérdidas | loss (/wasteful) resistance
resistencia de placa | plate resistance
resistencia de placa en corriente continua | DC plate resistance
resistencia de platino | platinum resistance
resistencia de polarización | bias (/pullup) resistor, polarization resistance, resistor bias
resistencia de ponderación | weighting resistor
resistencia de posición extrema | end setting

resistencia de potencia cero | zero-power resistance
resistencia de precisión de alambre arrollado | precision wire-wound resistor
resistencia de protección | protective resistance (/resistor)
resistencia de protuberancia | top hat resistor
resistencia de puerta | gate resistance
resistencia de puesta a tierra | ground resistance
resistencia de puesta en marcha | starting resistance
resistencia de radiación de la antena | aerial radiation resistance
resistencia de radiación mutua | mutual radiation resistance
resistencia de radiofrecuencia | RF resistance
resistencia de regulación | regulating (/trimmer) resistor
resistencia de rejilla | grid resistance (/resistor)
resistencia de rejilla de pantalla | screen resistor
resistencia de resonancia | resonance (/resonant) resistance
resistencia de ruido equivalente | equivalent noise resistance
resistencia de ruptura | breaking stress
resistencia de salida | output resistance
resistencia de salida en bucle abierto | open-loop output resistance
resistencia de sangría | bleeder
resistencia de saturación | saturation resistance
resistencia de seguimiento | tracking resistance
resistencia de silicio | silicon resistor
resistencia de soplado de chispas | quenching resistance (/resistor)
resistencia de superficie | skin (/surface) resistance
resistencia de tierra | earth (/ground) resistance
resistencia de tirita | thyrite resistor
resistencia de trasferencia | transfer resistor
resistencia de trasformación | transformation resistance
resistencia de túnel | tunnel resistor
resistencia de volumen | volume resistance
resistencia del aislamiento | insulance, insulation resistance
resistencia del ánodo | anode resistance
resistencia del bucle | (subscriber's) loop resistance
resistencia del campo | diverter
resistencia del campo eléctrico | electric field strength
resistencia del circuito de control | control circuit resistance
resistencia del cursor | runner resistance
resistencia del electrodo | electrode resistance
resistencia del elemento móvil | movement resistance
resistencia del equipo móvil | movement resistance
resistencia del fallo | fault resistance
resistencia del medidor | meter resistance
resistencia del rotor | rotor resistance
resistencia del tipo usado en aparatos de radio | radio-type resistor
resistencia dependiente de la tensión | voltage-dependent resistor
resistencia derivadora | shunting resistance
resistencia desviadora | diverter
resistencia devanada en carrete | spool-wound resistor
resistencia dieléctrica | dielectric strength, puncture strength (/resistance)
resistencia diferencial | differential resistance
resistencia dinámica | dynamic resistance, ram drag
resistencia dinámica de contacto | dynamic contact resistance
resistencia dinámica de placa | dynamic plate resistance
resistencia directa | forward resistance
resistencia drenador-fuente de señal débil en estado activo | small-signal drain-to-source on-state resistance
resistencia efectiva | effective (/virtual) resistance
resistencia eficaz de la antena | aerial effective resistance
resistencia eléctrica | electric resistance
resistencia electródica | electrode resistance
resistencia elevadora de impedancia | spoiler resistor
resistencia en alta frecuencia | resistance at high frequency
resistencia en circuito abierto | open-circuit resistance
resistencia en corriente alterna | resistance to alternating current
resistencia en corriente continua | DC resistance
resistencia en corriente continua del haz de electrones | DC electron stream resistance
resistencia en cortocircuito | short-circuit resistance
resistencia en derivación | shunt resistance (/resistor)
resistencia en espiral | resistor spiral
resistencia en forma de cinta | strip resistor
resistencia en la cresta | hump resistance
resistencia en modo común | common mode resistance
resistencia en ohmios | ohmic value
resistencia en radiofrecuencia | radiofrequency resistance
resistencia en sentido directo | forward resistance
resistencia en serie | series resistance (/resistor)
resistencia en serie de emisor | emitter series resistance
resistencia en serie del condensador | capacitor series resistance
resistencia entre bases | interbase resistance
resistencia equivalente | equivalent resistance
resistencia equivalente en paralelo | effective parallel resistance
resistencia equivalente en serie | effective series resistance
resistencia específica | reluctivity, specific resistance (/strength)
resistencia estabilizadora | ballast (/stabilizing) resistor
resistencia estática | static resistance
resistencia estática de entrada | static input resistance
resistencia externa | external resistance
resistencia externa de amortiguamiento crítico | external critical damping resistance
resistencia fija | fixed resistor
resistencia fija de composición | fixed-composition resistance
resistencia flexible | flexible resistor
resistencia fraccionada | split resistor
resistencia fusible | fusible resistor, resistor fuse
resistencia giratoria | rotor resistance
resistencia global | bulk resistor
resistencia graduada en derivación | graded shunt resistance
resistencia impresa | printed resistor
resistencia inducida | induced drag
resistencia infinita | infinity ohms
resistencia integral | integral resistor
resistencia interna | internal resistance
resistencia interna de corriente alterna | AC resistance anode
resistencia interna de la pila | cell internal resistance
resistencia intersuperficial de cátodo | cathode interface (/layer) resistance
resistencia intrínseca | intrinsic resistance
resistencia inversa | back (/reverse) resistance
resistencia laminar | sheet resistance (/resistivity)
resistencia limitadora de corriente | current-limiting resistor
resistencia limitadora de la línea de señal | signal line limiting resistance
resistencia limitadora de rejilla | grid stopper
resistencia limitadora de sobretensión transitoria | surge resistor

resistencia lineal | resistance per unit length
resistencia líquida | water resistance
resistencia maciza | bulk property resistor
resistencia magnética | reluctance
resistencia magnética específica | reluctivity, specific magnetic resistance
resistencia masiva | bulk resistance
resistencia máxima a la tracción | ultimate tensile strength
resistencia mecánica | mechanical resistance
resistencia mecánica final | ultimate mechanical strength
resistencia metalizada | metallised resistor
resistencia mínima | minimum resistance
resistencia mínima absoluta | absolute minimum resistance
resistencia multiplicadora | multiplier resistor
resistencia mutua | mutual resistance
resistencia negativa | negative resistance
resistencia negativa tipo S | S-type negative resistance
resistencia no inducida | noninduced drag
resistencia no inductiva | noninductive resistor
resistencia no óhmica | nonlinear resistor
resistencia no reactiva | nonreactive resistance
resistencia normalizada | standard resistance (/resistor)
resistencia óhmica | ohmic (/noninductive, /true) resistance
resistencia óhmica de aislamiento | ohmic insulation resistance
resistencia óhmica pura | pure resistance
resistencia oscura | dark resistance
resistencia paralela al amperímetro | ammeter shunt
resistencia parásita | parasite, parasitic (/noninduced) drag
resistencia pasiva | passive resistance, structural drag
resistencia pelicular | film resistor
resistencia pelicular obtenida por pulverización | sprayed resistor
resistencia periférica total | total peripheral resistance
resistencia permanente a las altas tensiones | voltage endurance
resistencia potenciométrica | potentiometer-type resistor
resistencia propia | self-resistance
resistencia protectora | protective resistance
resistencia pura | noninductive (/nonreactive) resistance
resistencia real | ohmic (/true) resistance

resistencia recorrida | swept resistance
resistencia recubierta de esmalte vítreo | vitreous enamel resistor
resistencia reducida al avance | induced drag
resistencia reductora | dropping resistor
resistencia reductora de rejilla de panregistro sonoro en cinta | sound re-cording on tapetalla | screen dropping resistor
resistencia reductora de tensión | dropping (/voltage-dropping) resistor
resistencia reflejada | reflected resistance
resistencia reflejada del circuito de control | reflected control circuit resistance
resistencia reguladora | ballast resistor
resistencia reguladora de velocidad | speed regulator resistance
resistencia residual | residual resistance (/resistivity)
resistencia residual de posición extrema | end resistance offset
resistencia residual mínima | end resistance
resistencia resonante | resonant resistance
resistencia semivitrificada | semivitrified resistor
resistencia sensible a la temperatura | thermistor, temperature-sensitive resistor
resistencia sensible a la tensión | voltage-sensitive resistor
resistencia serie equivalente | equivalent series resistance
resistencia sin disipación | zero-power resistance
resistencia sin disipación de energía | zero-power resistance
resistencia superficial | surface resistance
resistencia temporizada | timing resistor
resistencia térmica | thermistor, thermoresistance, thermal endurance (/resistance, /resistor)
resistencia térmica efectiva | effective thermal resistance
resistencia terminal | terminal resistance (/resistor), terminating resistor
resistencia termosensible | thermistor, temperature-sensitive resistor, thermally sensitive resistor
resistencia termovariable | thermovariable resistor
resistencia Thomas | Thomas resistor
resistencia tipo regleta | resistance strip
resistencia tipo Thomas | Thomas-type resistor
resistencia total | total resistance
resistencia total funcional | total functional resistance

resistencia tropicalizada | tropicalized resistor
resistencia unitaria | resistance per unit length
resistencia variable | rheo = rheostat; variable resistance (/resistor)
resistencia variable con la temperatura | thermal (/thermovariable, /thermally sensitive) resistor
resistencia virtual | virtual resistance
resistencia volumétrica | volume resistance (/resistivity)
resistencia y capacidad | resistance-capacitance, resistance-capacity
resistencias trenzadas | woven resistors
resistente | resistant
resistente a la corrosión | corrosion-resistant
resistente a la humedad | moisture resistant
resistente a las radiaciones | radiation-hardened, radiation-resistant
resistente al calor | heat-resistant
resistente al desgaste | wear-resistant, wear-resisting
resistente al fuego | flame resistant
resistividad | resistivity, specific resistance
resistividad de aislamiento | insulation resistivity
resistividad de superficie | surface resistivity
resistividad eléctrica | electrical resistivity
resistividad en corriente continua | DC resistivity
resistividad laminar | sheet resistivity
resistividad masiva | bulk resistivity
resistividad superficial | surface resistivity
resistividad térmica | thermal resistivity
resistividad volumétrica | volume resistivity, specific insulation resistance
resistivo | resistive
resistor arrollado en espiral | pigtail resistor
resistor con terminales de casquillo | ferrule resistor
resistor con una toma | single-tapped resistor
resistor cortado | open resistor
resistor de actuación | pull-up resistor
resistor de alambre ajustable de corredera | slider-type adjustable wire-wound resistor
resistor de aplanamiento | smoothing resistor
resistor de caída de tensión en serie | series voltage-dropping resistor
resistor de caída en serie | series-dropping resistor
resistor de carga | loading resistor
resistor de casquillo | ferrule resistor
resistor de clavijas | plug-in resistor
resistor de conexión temporal | patching resistor

resistor de corrección | peak (/peaking) resistance (/resistor)
resistor de filtro | smoothing resistor
resistor de freno | stopper
resistor de fuga | leak resistor
resistor de gran disipación | power resistor
resistor de película delgada | thin-film resistor
resistor de película delgada de nicromio | thin-film nichrome resistor
resistor de silicio | silicon resistor
resistor decádico de múltiples cuadrantes | multidial decade resistor
resistor disipador de potencia | power-dissipating resistor
resistor FET [*resistencia con transistor de efecto de campo*] | FET resistor
resistor intercambiable | plug-in resistor
resistor no inductivo | noninductive resistor
resistor no lineal | nonlinear resistor
resistor P [*resistor de difusión*] | P resistor
resistor sin aislar | noninsulated resistor
resistor Thomas | Thomas resistor
resistor variable | variable resistor
resnatrón [*tetrodo de microondas del tipo de haz*] | resnatron
resolubilidad efectiva | effective computability
resolución | resolution, resolving
resolución acimutal | azimuth resolution
resolución angular | angular resolution; azimuth discrimination
resolución de aislamiento de fallo | fault isolation resolution
resolución de amplitud de impulso electrónico | electron pulse-height resolution
resolución de amplitud de impulsos del fotomultiplicador | photomultiplier pulse-height resolution
resolución de direcciones | address resolution
resolución de distancia | distance resolution, range discrimination
resolución de impulsos | pulse resolution
resolución de la distancia | range resolution
resolución de la sintonía | tuning resolution
resolución de mando | command resolution
resolución de marcación | bearing resolution
resolución de rumbo | bearing resolution
resolución de tiempo | time resolution
resolución del alcance | range resolution
resolución del blanco | resolution of target
resolución del dispositivo | device resolution
resolución del radar | radar resolution
resolución en acimut | resolution in azimuth
resolución en alcance (/distancia) | resolution in range
resolución energética del contador de centelleos | scintillation counter energy resolution
resolución estructural | structural resolution
resolución horizontal | horizontal resolution
resolución infinita | infinite resolution
resolución límite | limiting resolution
resolución para cesio del contador de centelleos | scintillation counter cesium resolution
resolución radial | range discrimination
resolución vertical | vertical resolution
resolucionador | resolver
resolucionador para sonar | sonar resolver
resolucionador sincrónico | synchro resolver
resolutor de ecuaciones | equation solver
resolutor de nombres [*en internet*] | name resolutor
resolutor de sonar | sonarresolver
resolver | to sense, to solve
resolver problemas | to troubleshoot
resonador | resonator, sounder
resonador acústico | acoustic resonator
resonador agrupador | buncher
resonador bivalvo | shell circuit
resonador de cavidad | cavity resonator, tuned cavity
resonador de cavidad toroidal | toroid cavity resonator
resonador de condensador variable | butterfly resonator
resonador de cuarzo | quartz resonator
resonador de diapasón | tuning fork
resonador de entrada | buncher, input (/buncher) resonator
resonador de extinción | quenched resonator
resonador de guía de ondas | waveguide resonator
resonador de guiaondas | waveguide resonator
resonador de Helmholtz | Helmholtz resonator
resonador de hilos paralelos | parallel wire resonator
resonador de línea coaxial | coaxial line resonator
resonador de línea de trasmisión | transmission line resonator
resonador de mariposa | butterfly resonator
resonador de Oudin | Oudin's resonator
resonador de placa de cuarzo | quartz plate resonator
resonador de salida | catcher, output (/catcher) resonator
resonador de sol naciente | rising sun resonator
resonador en modo de espesor | thickness mode resonator
resonador homofocal | confocal resonator
resonador interdigital | interdigital resonator
resonador magnetoestrictivo | magnetostrictive resonator
resonador piezoeléctrico | piezoelectric resonator
resonador telegráfico | telegraph sounder
resonancia | resonance
resonancia a frecuencia submúltiplo | submultiple resonance
resonancia a frecuencia submúltiplo de la de excitación | submultiple resonance
resonancia acústica | acoustic resonance
resonancia aguda | narrow (/sharp) resonance
resonancia al aire libre | resonance in free air
resonancia antiferromagnética | antiferromagnetic resonance
resonancia ciclotrónica | cyclotron resonance
resonancia cuántica | quantum-mechanical resonance
resonancia de aguja | needle chatter
resonancia de alta frecuencia | treble resonance
resonancia de amplitud | amplitude resonance
resonancia de Azbel-Kaner [*resonancia ciclotrónica en metales*] | Azbel Kaner resonance
resonancia de baja frecuencia | bass resonance
resonancia de cavidad | cavity resonance
resonancia de cono | cone resonance
resonancia de cuarto de onda | quarter-wave resonance
resonancia de fase | phase resonance
resonancia de graves | bass resonance
resonancia de la caja | enclosure resonance
resonancia de la onda de espín | spin wave resonance
resonancia de la velocidad | velocity resonance
resonancia de tensión | pressure resonance
resonancia del ciclotrón | cyclotron resonance
resonancia del mueble acústico | cabinet resonance
resonancia del sistema | system resonance

resonancia del suelo | ground resonance
resonancia en paralelo | parallel resonance
resonancia en serie | series resonance
resonancia ferromagnética | ferroresonance, ferromagnetic resonance
resonancia giromagnética | gyromagnetic resonance
resonancia magnética | magnetic resonance
resonancia magnética del núcleo | nuclear magnetic resonance
resonancia magnética electrónica | electron magnetic resonance
resonancia magnética nuclear | nuclear magnetic resonance
resonancia magnética protónica | proton magnetic resonance
resonancia magnética tópica | topical magnetic resonance
resonancia magnetoacústica nuclear | acoustic nuclear magnetic resonance, acoustic electron paramagnetic resonance
resonancia natural | natural resonance
resonancia nuclear | nuclear resonance
resonancia óptica | optical resonance
resonancia paralela | parallel resonance
resonancia paramagnética | paramagnetic resonance
resonancia paramagnética electrónica (/de los electrones) | electron paramagnetic resonance
resonancia paramagnética nuclear | nuclear paramagnetic resonance
resonancia parásita | hangover
resonancia periódica | periodic resonance
resonancia por espín del electrón | electron spin resonance
resonancia propia | self-resonance, natural resonance
resonancia protónica | proton resonance
resonancia vibratoria | vibrational resonance
resonante | resonant
resonar | to resonate
resonistor [*tipo de dispositivo resonante*] | resonistor
resorte | spring (finger)
resorte antagonista | restoring (/return) spring
resorte circular | garter spring
resorte corto | tip spring
resorte de clavija en U | U-link spring
resorte de contacto | contact spring
resorte de control | control spring
resorte de cortocircuito | shunting (/short-circuiting) spring
resorte de impulsión | pulse (/impulse) spring
resorte de la manivela | bellcrank spring

resorte de puesta a tierra | earth spring
resorte de reposición | restoring spring
resorte de reposición de la barra vertical | vertical bar restoring spring
resorte de retorno | return spring
resorte de tensión | backing spring
resorte de toma | takeoff spring
resorte del empujador de válvula | tappet spring
resorte del retén | latch spring
resorte del trinquete | feed pawl spring
resorte en espiral | spiral spring
resorte fijo | fixed spring
resorte filar | wire spring
resorte helicoidal | spiral spring
resorte móvil | moving spring
resorte polarizado | biasing spring
resorte retráctil | retractile spring
resortes de cortocircuitos del disco | off-normal springs
respecto a | concerning
respiración | breathing
resplandor | light
resplandor azul | blue glow
resplandor molesto | reflection glare
resplandor por reflexión | reflected glare
resplandor reflejado | reflected glare
responder | to reply, to return
respuesta | answer, answering, feedback, replay, reply, response, return
respuesta a impulsos de una cámara | impulse response of a room
respuesta a la corriente | response to current
respuesta a la excitación sinusoidal | sine wave response
respuesta a la onda sinusoidal | sine wave response
respuesta a la señal unidad | unit function response
respuesta a los graves | low note response
respuesta a los impulsos | pulse response
respuesta acústica | tonal response
respuesta adaptable [*de un módem al mensaje entrante, diferenciando entre fax y datos*] | adaptive answering
respuesta al color | colour response
respuesta al impulso unitario | unit pulse response
respuesta automática | autoanswer, auto-answer, automatic answer (/answering)
respuesta con ponderación C | C-weighted response
respuesta cuadrática | square law response
respuesta de agudos | high note response
respuesta de amplitud-frecuencia | amplitude frequency response
respuesta de audio | audio response
respuesta de bajos | bass response

respuesta de banda | band response
respuesta de corriente de campo libre | free field current response
respuesta de corriente de trasmisión | transmitting current response
respuesta de corriente en campo libre | receiving current sensibility, receiving voltage sensitivity
respuesta de cresta | peak response
respuesta de doble inflexión | double hump response
respuesta de fase | phase response
respuesta de fase en función de la frecuencia | phase-vs-frequency response
respuesta de fondo | background response
respuesta de frecuencia | frequency response
respuesta de frecuencia del canal vertical | vertical frequency response
respuesta de frecuencia en la banda base | baseband frequency response
respuesta de frecuencia plana | flat frequency response
respuesta de función escalonada | step function response
respuesta de graves | bass response
respuesta de imagen | image response
respuesta de impulsos | pulse reply
respuesta de incidencia aleatoria | random (incidence) response
respuesta de la banda | band response
respuesta de la potencia de trasmisión | transmitting power response
respuesta de la trasmisión | transmission response
respuesta de ley cuadrática | square law response
respuesta de onda cuadrada | square wave response
respuesta de parte plana | flat-top response
respuesta de paso | step response
respuesta de pico | peak response
respuesta de potencia | power response, response to power
respuesta de potencia disponible | available power response
respuesta de potencia trasmisora | projector power response
respuesta de radar | radar response
respuesta de radiofrecuencia | RF response
respuesta de radiofrecuencia a frecuencia intermedia | radio frequency-to-intermediate frequency response
respuesta de tensión | response to voltage
respuesta de tensión de campo libre | free field voltage response
respuesta de tensión de trasmisión | transmitting voltage response
respuesta de tensión en campo libre | receiving voltage sensitivity

respuesta de tiempo [*de un canal lineal*] | time response [*of a linear channel*]
respuesta de tiempo de canal | channel time response
respuesta de válvula de fotocátodo | photocathode valve response
respuesta de vídeo | video response
respuesta de voz [*por parte del ordenador*] | voice answer back
respuesta de voz interactiva [*con el ordenador*] | interactive voice response
respuesta del nivel acústico | sound level response
respuesta del nivel de intensidad sonora | sound level response
respuesta del paso de banda | bandpass response
respuesta del receptor | receiver response
respuesta en amplitud | amplitude response
respuesta en cortocircuito | short-circuit response
respuesta en el tiempo | time response
respuesta en frecuencia acústica | acoustic frequency response
respuesta en función del tiempo | time response
respuesta en presión | pressure response
respuesta en régimen permanente | steady-state response
respuesta en toda la gama musical | full-range frequency response
respuesta esencialmente uniforme | smooth response
respuesta espectral | spectral response
respuesta espectral absoluta | absolute spectral response
respuesta espectral relativa | relative spectral response
respuesta espuria | spurious response
respuesta indeseada | undesired response
respuesta máxima | peak response
respuesta pagada | prepaid reply, reply paid
respuesta pagada a un aviso | reply to a paid service notice
respuesta parásita | spurious response
respuesta perjudicial | undesired response
respuesta plana | flat (/flat-top) response
respuesta polar | polar response
respuesta proporcional | proportional response
respuesta rápida | fast answerback
respuesta relativa | relative response
respuesta relativa de un detector | relative detector response
respuesta selectiva automática | automatic selective reply
respuesta sensible | sensitive response
respuesta sobreamortiguada | deadbeat response
respuesta térmica | thermal response
respuesta transitoria | transient response
respuesta uniforme | smooth response
respuesta variable | variable response
respuesta vocal | audio response
respuesta vocal interactiva | interactive vocal response
respuestas no deseadas | fruit
resquebrajamiento | spallation
restablecedor | restorer
restablecer | to clear, to reset, to restore, to restrike
restablecer el error numérico | reset numeric error
restablecer la comunicación | to restore the connection
restablecer la normalidad de un circuito | to put a circuit regular
restablecer la pantalla de inicio de sesión | to reset login screen
restablecer normalmente un circuito | to restore a circuit
restablecer valores predeterminados | to reset to factory
restablecimiento | reset
restablecimiento de la componente de corriente continua | restoration of DC component
restablecimiento de sobredesviación | overscan recovery
restablecimiento del impulso | pulse recovery
restablecimiento del sincronismo [*entre un módem y otro*] | retrain
restablecimiento postsobrecarga | overload recovery
restablecimiento rápido | quick recovery
restador | subtractor
restauración | recovery, restoring, restore; [*de datos borrados*] undelete
restauración de corriente continua | DC restoration
restauración de la forma del impulso | pulse correction
restaurador | restorer
restaurador azul | blue restorer
restaurador de canales | channel restorer
restaurador de corriente continua | direct current restorer
restaurador de la corriente continua | DC restorer
restaurador de verde | green restorer
restaurador del color rojo | red restorer
restaurador del rojo | red restorer
restaurar | to reset, to restore; [*datos borrados*] to undelete
restitución | restitution
restitución arrítmica | start-stop restitution
restitución de la componente continua | reinsertion
restitución de la corriente continua | reinsertion of direct current
restitución de señales | signal restitution
restitución incorrecta | defective restitution
restitución perfecta | perfect restitution
restitución subjetiva de los colores | subjective colour rendering
restitución telegráfica | telegraph (/telegraphic) restitution
restituidor de la componente continua | reinserter
restituir un impulso | to restore a pulse
restituir una pulsación | to restore a pulse
resto | rest, stub (end)
resto de electrodo | stub (end)
restricción | constraint, restriction
restricción de conferencias | barred trunk access, long distance barring facility
restricción de energía | power cut
restricción de la identidad del que llama | calling line identification restriction
restricción de llamadas salientes | call blocking, barred trunk access, barring of outgoing calls, long distance barring facility, trunk barring
restricción de ruta | route restriction
restricción del tráfico automático interno | internal call blocking, controlled station to station restriction
restricción interurbana | toll restriction
restringido por el sistema | system modal
restringido por la aplicación | application modal
resucitar [*fam. aplicado a recuperar la conexión con internet*] | to return from the dead [*fam*]
resultado | fruit, result, output data
resultado de la medición | test result
resultado de la prueba de voz | voice test result
resultados | data
resultante | resultant
resumen | abstract
resumen de correo | mail digest
resumir | to digest
retardado | delayed
retardador | retarder, retarding
retardador variable de impulsos | pulse variable delay unit
retardante a las llamas | flame retardant
retardar | to retard, to slow down
retardo | delay, drag, lag, lagging, lateness, pre-delay, propagation time, slowing, slowing-down, time delay (/lag)
retardo absoluto | absolute delay
retardo cifrado | coding delay

retardo de abertura | aperture delay time
retardo de activación | turn-on delay time
retardo de altitud | altitude delay
retardo de apertura efectiva | effective aperture delay
retardo de capacidad única | single-capacity lag
retardo de chispa | spark lag
retardo de código | code (/coding) delay
retardo de conexión | on-delay
retardo de desactivación | turnoff delay time
retardo de disparo variable | variable trigger delay
retardo de encendido | spark lag
retardo de entrada | entrance delay
retardo de fase | phase delay (/lag, /retardation)
retardo de grupo | group delay
retardo de impulso del receptor | receiver pulse delay
retardo de impulso del trasmisor | transmitter pulse delay
retardo de impulsos | pulse retardation
retardo de impulsos del trasductor | transducer pulse delay
retardo de la conexión | time lag
retardo de la descarga | discharge delay
retardo de la envolvente | envelope delay
retardo de la propagación | propagation delay
retardo de la restitución | restitution delay
retardo de la señal | signal delay
retardo de la trasmisión | transmission delay
retardo de la válvula | valve lag
retardo de radiobaliza | beacon delay
retardo de red | network delay
retardo de rotación [*del disco para encontrar la informacion*] | rotational delay (/latency)
retardo de salida | exit delay
retardo de subida | turn-on delay time
retardo de tiempo real | real-time delay
retardo de trasmisión | inherent delay
retardo de trasmisión por ondas reflejadas | sky wave transmission delay
retardo de velocidad | velocity lag
retardo del barrido | sweep (starting) delay
retardo del comienzo del barrido | sweep starting delay
retardo del contestador | transponder (suppressed) time delay
retardo del encendido | ignition delay
retardo del impulso | pulse delay
retardo del tiempo de supresión del contestador | transponder suppressed time delay

retardo diferencial | differential delay
retardo en la carga de energía | delay on energization
retardo en la realización | delay on make
retardo en marcar | line lockout
retardo independiente | definite time limit
retardo magnético | magnetic lag
retardo por bucle | looping
retardo por trayectoria múltiple | multipath delay
retardo relativo | relative (time) delay
retardo sobre apertura | delay on break
retardo suprimido | suppressed-time delay
retardo total de propagación | round-trip delay
retardo variable | variable delay
retardo viscoso | viscous drag
retén | detent, latch (lever)
retén de conmutador | switch detent
retén de impresión | printing latch
retén de la cuña de bloqueo | wedge lock bail retainer
retén de no repetición | nonrepeat latch
retén de posición | indexing lock stub
retén de válvula | valve retainer
retén del eslabón de mando | drive link latch
retención | camp-on, dead end tie, hold, holding, holdup, latching, retaining, retention, storage
retención de aviso | hold acknowledge
retención de carga | charge retention
retención de imagen | sticking
retención de la imagen | burn, sticking, image retention
retención de la visión | retentivity of vision
retención de llamadas | call (/answer) hold
retención de una imagen | retention of a scene
retención eléctrica | electrical bail
retención en trabajo | lockup
retención hacia adelante | forward holding
retención hacia atrás | backward holding
retención mecánica | mechanical bail
retención por la operadora | manual holding
retención terminal | head guy
retener | to hold, to store
retenga lo cobrado | retain charge paid
retentividad | retentivity
retícula | graticule, grating, lattice, reticle, reticule
retícula de difracción | diffraction grating
retícula de rendijas | array of slits
retícula ultrasónica | ultrasonic grating
reticulación | cross linking; rasterization

reticulado | reticulated
reticulado polarizado | polar grid
retículo | grating, grid, lattice, raster, reticule
retículo acústico | acoustic grating
retículo coaxial | coaxial sheet grating
retículo completo | complete lattice
retículo de cruce ultrasónico | ultrasonic cross grating
retículo de difracción | diffraction grating
retículo de la pantalla de anticátodo | target mesh screen
retículo de la pantalla de blanco | target mesh screen
retículo de televisión | television raster
retículo de trasmisión | transmission grating
retículo del reactor | reactor lattice
retículo del reflector | reflector lattice
retículo distributivo | distributive lattice
retículo espacial ultrasónico | ultrasonic space grating
retículo patrón | master reticle
retículo ultrasónico | ultrasonic (cross) grating
retificador de tiempo | timing loop
retina | retina
retirada de residuos radiactivos | radioactive waste disposal
retirada de un circuito del servicio | removal of a circuit from service
retirado del cristal | crystal pulling
retirar | to take off
retirar del servicio | to put out of service
retirar el aislamiento | to strip
retirar una clavija | to withdraw a plug
RETMA [*asociación estadounidense de fabricantes de material de radio, televisión y electrónica*] | RETMA = Radio Television Electronics Manufacturers Association
retoque | touch-up
retornar | to return
retorno | backspace, backward, flyback, retrace, return
retorno a cero | return to zero
retorno a la condición de polarización | return to bias
retorno a la polarización | return to bias
retorno automático a letras | automatic unshift
retorno automático de cifras a letras | automatic unshift
retorno automático de respuesta | auto answer back
retorno blando [*cambio de línea que realiza el procesador de textos cuando una palabra no cabe ya en la línea que está escribiendo*] | soft return
retorno de carro | carriage return
retorno de la corriente de tracción por carril | rail return
retorno de línea | line flyback

retorno de llamada | ring-back
retorno de llamas | backfire
retorno de rejilla | grid return
retorno de respuesta | answerback, answer back
retorno de subrutina | subroutine return
retorno del carro | backspace, carriage return
retorno del cursor | carriage return
retorno del mar | sea return
retorno horizontal | horizontal flyback (/retrace)
retorno no válido | invalid return
retorno por carril | rail return
retorno por tierra | ground return
retorno vertical | vertical flyback (/retrace)
retransmisión [*retrasmisión*] | retransmission, rebroadcast, rebroadcasting; intermediate handling; relaying, repetition, rerun
retrasado | delayed
retrasar | to retard
retrasmisión | retransmission, rebroadcast, rebroadcasting; intermediate handling; relaying, repetition, rerun
retrasmisión automática | automatic repetition (/retransmission, /transit)
retrasmisión automática por cinta | automatic tape relay
retrasmisión de oficio | routine retransmission
retrasmisión de programas de televisión | television relaying
retrasmisión de programas de televisión por satélite | television relaying via satellite
retrasmisión de señales de televisión | television relay
retrasmisión de televisión | television relay
retrasmisión del tráfico | traffic relay
retrasmisión diferida | rebroadcasting, deferred relay
retrasmisión manual | manual retransmission
retrasmisión por arranque de cinta | torn tape relay
retrasmisión por cinta | tape retransmission
retrasmisión por cinta perforada | tape relay
retrasmisión por radiorrelés | radio relaying
retrasmisión radioeléctrica | radio relaying
retrasmisión semiautomática por cinta | semiautomatic tape relay
retrasmisión televisiva | television rebroadcasting
retrasmisión y reconocimiento positivo | positive acknowledgment and retransmission
retrasmisor | rebroadcasting (/relay) transmitter, responder, translator, transposer
retrasmisor de cinta perforada | perforated tape retransmitter
retrasmisor de conferencia | conference repeater
retrasmisor de frecuencia ultraalta | ultrahigh frequency translator
retrasmisor de tramas | frame relay
retrasmisor de UHF | ultrahigh frequency translator
retrasmitido automáticamente | automatically-relayed
retrasmitir | to rebroadcast, to refile, to translate
retrasmitir en diferido | to rebroadcast
retrasmitir una petición de comunicación | to retransmit a booking
retraso | delay, lag, lateness
retraso de chispa | spark lag
retraso de encendido | spark lag
retraso de fase | phase delay (/lag)
retraso de inserción | insertion delay
retraso de interrogación | interrogation suppressed time delay
retraso de la envolvente | envelope delay
retraso de la restitución | restitution delay
retraso de la válvula | valve lag
retraso de sincronización | timing lag
retraso del altímetro | altimeter lag
retraso máximo | full retard
retraso por trayectoria múltiple | multipath delay
retraso relativo | relative delay
retraso temporal | time delay
retrazado | flyback
retrazado de pantalla | screen retrace
retroacción | feedback
retroacoplamiento | feedback
retroalimentación | feedback
retroalimentación eléctrica | electric feedback
retroalimentación negativa | negative feedback
retroalimentación selectiva sintonizable | tunable selective feedback
retroaplicación | feedback
retroarco | arc-back, back arc
retroceder | to backtrack, to backspace
retroceso | backspace, recoil, retrace, retrogression, setback, snap back
retroceso de accionamiento eléctrico | power-operated backspacer
retroceso de espacio | backspace
retroceso de las escobillas | backward shift
retroceso de página | page up
retroceso del arco | backfire
retroceso del equipo | runback (/runback) of equipment
retroceso del haz electrónico | flyback
retroceso del protón | proton recoil
retroceso radiactivo | radioactive recoil
retrocohete | retrorocket
retroconexión de control | back-to-back connection
retrodifusión | back scatter, backscattering
retrodiodo | back diode
retrodispersión | backscattering
retrodispersión de saturación | saturation backscattering
retroemisión | back emission
retroiluminación | bias lighting, lightning bias
retroiluminado | backlit, back-lit
retroproyección filtrada | filtered back projection
retrorreflector | reflex reflector
retrorreflexión | reflex reflection
retumbo | rattle echo
reubicabilidad | relocatability
reubicación dinámica | dynamic relocation
reubicar | to relocate, to reallocate
reunir | to assemble
reutilizabilidad | reusability
revelado electrolítico | electrolytic development
revelado en cascada | cascade development
revelado mediante aerosol | aerosol development
revelado por cepillo magnético | magnetic brush development
revelador electronegativo | electronegative developer
revelador electropositivo | electropositive developer
revelar | to develop
revendedor especializado [*de material informático*] | boutique reseller
revendedor que aporta un valor añadido | value-added reseller
revenido | tempered
reverberación | reverberation
reverberación artificial mediante dispositivo electrónico | electronic reverberation
reverberación estereofónica | stereophonic reverberation
reverberación volumétrica | volume reverberation
reverberador | reverberator
reversible | reversible
reversión | turnover
reversión del flujo [*de partículas magnéticas*] | flux reversal
revestido de acero | steel-lined
revestido de platino | platinization [UK]
revestido en óxido | oxide-coated
revestimiento | braiding, coat, coating, jacket, serving, sheath, sheathing, shell, sleeve, sleeving
revestimiento aislante | covering
revestimiento antiestático | antistatic coating
revestimiento antihalo | backing
revestimiento antirreflejos | antireflection coating
revestimiento conductor | conductive coating
revestimiento conformado | conformal coating

revestimiento de acero inoxidable | stainless steel cladding
revestimiento de barra combustible | fuel rod coating
revestimiento de bobina | coil serving
revestimiento de grafito coloidal | aquadag coating
revestimiento de la fibra óptica | clad, cladding
revestimiento de óxido | oxide coating
revestimiento de papel | paper wrapping
revestimiento de plata | silvering
revestimiento de protección | protective covering
revestimiento de seda | silk covering
revestimiento del circuito impreso | clad, cladding
revestimiento exterior | outer coating, overall sheath
revestimiento galvánico rápido | flash plating
revestimiento interior | wadding
revestimiento metálico | cladding, clad
revestimiento sensible | sensitive lining
revestir | to sheath
revestir un empalme | to wrap a joint
revestir una junta | to wrap a joint
revisar | to inspect
revisión | examination, review, walk through, walkthrough
revisión de codificación de módulo | module coding review
revisión de diseño | design review
revisión de diseño de módulo | module design review
revisión de la línea | examination of the line
revisión estructurada | structured walkthrough
revista de telecomunicaciones | telecommunication journal
revista electrónica | e-zine = electronic magazine
revolución de la información | information revolution
revolución informática | computer revolution
revoluciones del eje | shaft speed
REXX [*ejecutor extendido reestructurado (lenguaje de programación de IBM)*] | REXX = restructured extended executor
RF = radiofrecuencia | HF = high frequency, RF = radio frequency
RFC [*petición de comentarios; colección de documentos formales en la comunidad de internet*] | RFC = request for comment
RFD [*petición de debate (en foros de discusión por internet)*] | RFD = request for discussion
RFE = emisora Radio Europa Libre | RFE = Radio Free Europe
RFI [*interferencia de radiofrecuencia*] | RFI = radio frequency interference

RFP [*impulso de referencia del cuadro, del oscilador*] | RFP = reference frame pulse
RFR = registro de frecuencias radioeléctricas | RFR = radio frequency record
RFS = radiofrecuencia sintonizada | TRF = tuned radiofrequency
RGB [*componentes rojo, verde y azul de la señal de color*] | RGB = red-green-blue
RIMS [*estación de monitorización de integridad y rango*] | RIMS = ranging and integrity monitoring station
ritmo | pulse
rizo | crimp
rH [*símbolo del potencial de reducción por oxidación*] | rH
Rh = rodio | Rh = rhodium
R/h = roentgen por hora | R/h = roentgen/hour
RHI [*indicador de altura y distancia*] | RHI = range height indicator
rhm = roentgen por hora a un metro | rhm = roentgen per hour at one meter
rhometal [*aleación magnética de alta resistividad*] | rhometal
riel de contacto superior | overrunning third rail
riesgo | hazard, risk
riesgo de avería | damage risk
riesgo de interferencia | potential interference
riesgo de radiación | radiation hazard
riesgo nuclear | nuclear hazard
RIF [*interfaz de bastidor*] | RIF = rack interface
RIFF [*formato de archivo para intercambio de recursos*] | RIFF = resource interchange file format
RIFI [*intensidad de campo de interferencia radioeléctrica*] | RIFI = radio interference field intensity
rigidez | rigidity, resistance to bending
rigidez a la perforación | puncture strength
rigidez acústica | acoustic stiffness
rigidez dieléctrica | dielectric (/electric, /puncture) strength
rigidez dieléctrica específica | specific (/unit) dielectric strength
rigidez magnética | magnetic rigidity
riómetro [*medidor de la opacidad ionosférica relativa*] | riometer
riostra | guy (wire)
riostra anclada al lado opuesto del camino | over-road stay
riostra en el sentido de la línea | longitudinal stay
riotrón | ryotron
RIP [*procesador de imagen reticulada*] | RIP = raster image processor
RIP [*protocolo de información sobre enrutamiento*] | RIP = routing information protocol
RIPE [*redes europeas de IP*] | RIPE = reseaux IP européens (fra)
riqueza de tonos altos | brilliance

riqueza molar | molecular abundance ratio
risa [*expresión usada familiarmente en internet*] | ROFL = rolling on the floor [*laughing*]
RISC [*ordenador con juego reducido de instrucciones*] | RISC = reduced instruction set computer
RISC avanzado [*proceso informático avanzado con juego de instrucciones reducido*] | advanced RISC = advanced reduced instruction set computing
RIT = Red Interamericana de Telecomunicaciones | IATN = Inter-American Telecommunications Network
ritmo | clock cycle
ritmo alfa | alpha rhythm
ritmo de conmutación | switching rate
ritmo de consulta | rate of interrogation
ritmo de ganancia de energía | rate of energy gain
ritmo de impulsos | pulse rate
ritmo de interrogación | rate of interrogation
ritmo de la pulsación | pulse recurrence rate
ritmo de reacción | reaction rate
rizado | ripple
rizado de salida de pico a pico | peak-to-peak output ripple
rizado reflejado de entrada | input-reflected ripple
rizado remanente de cresta a cresta | peak-to-peak residual ripple
RLC [*mensaje completo de liberación*] | RLC = release complete message
RLIN [*red de información para búsqueda en bibliotecas*] | RLIN = research libraries information network
RLL [*radio en el bucle local*] | RLL = radio in the local loop
RLSD [*detección de la señal de línea recibida*] | RLSD = received line signal detect
RMA [*asociación estadounidense de fabricantes de equipos de radio*] | RMA = Radio Manufacturers Association
RMCA [*corporación estadounidense de radiodifusión marítima*] | RMCA = Radiomarine Corporation of America
RMI [*indicador radiomagnético (combinado)*] | RMI = radio magnetic indicator
R/min = roentgen por minuto | R/min = roentgen per minute
Rmm [*roentgen por minuto a un metro*] | Rmm = roentgen per minute at one meter
RMM [*dispositivo de correspondencia en tiempo real (mejora de Windows para el acceso al sistema de archivos de 32 bit)*] | RMM = real-mode mapper
RMN = resonancia magnética nuclear | NMR = nuclear magnetic resonance

RMOS [*sistema operativo multitarea en tiempo real*] | RMOS = real-time multitasking operating system
Rn = radón | Rn = radon
RNC [*controlador de la red de radio*] | RNC = radio network controller
RNG [*radiobaliza emisora de señales guía, radiofaro direccional (/de alineación), indicador de rumbo, radioemisor*] | RNG = radio range
RNIS [*denominación de la red digital de servicios integrados francesa*] | RNIS = réseau numérique à intégration de services (fra)
RNS [*sistema de red radio*] | RNS = radio network system
RO [*sólo lectura*] | RO = read only
robinetería | plumbing
robo de baliza | beacon stealing
robo de bits | bit stealing
robo de ciclos | cycle stealing
robot [*máquina automática*] | robot, bot
robot con sensores | sensory robot
robot de cancelación [*para eliminar publicidad no deseada en el correo electrónico*] | cancelbot = cancel robot
robot de conocimiento | knowbot
robot de internet [*programa de búsqueda*] | Internet robot
robot de llamadas | call routiner
robot de supervisión | monitoring robot
robot eléctrico | electric robot
robot ensamblador | assembly robot
robot hidráulico | hydraulic robot
robot informatizado | computerized robot
robot inteligente | intelligent robot
robot neumático | pneumatic robot
robot programable | programmable robot
robot virtual | knowbot
robótica | robotics
robótica aplicada | applied robotics
robustecimiento | ruggedization
robustez | robustness
robustez del software | software robustness
robustez mecánica | mechanical life
robusto | robust
ROC [*método para valorar la interacción observador-sistema formador de imagen en la distinción de detalles*] | ROC = receiver-operator characteristics
rociado | splashing
rociado por arco | arc spraying
rociador | sprayer, spray head
rodaje | run-in
rodete | wheel
rodillo | roller
rodillo de alimentación secundaria | secondary feed roll
rodillo de contacto de clasificación | sorter contact roll
rodillo del empujador de válvula | tappet roller
rodillo impulsor | capstan
rodillo inferior | lower roller
rodillo izquierdo | left roller
rodillo portapapel de avance por fricción | friction-feed platen
rodillo prensor | pinch (/pressure) roller
rodillo prensor de goma | pinch roller
rodio | rhodium
ROE = relación de amplitud de onda estacionaria | SWR = standing wave ratio
roentgen [*unidad de dosis de radiación electromagnética*] | roentgen (unit)
roentgen equivalente | equivalent roentgen
roentgen equivalentes para el hombre | roentgen equivalent man
roentgen por hora | roentgen/hour
roentgen por hora a un metro | roentgen per hour at one metre
roentgen por minuto a un metro | roentgen per minute at one metre
roentgenización | roentgenization
roentgenografía | roentgenography
roentgenograma | roentgenogram
roentgenología | roentgenology
roentgenómetro | roentgenometer, Roentgen meter
roentgenoscopía | roentgenoscopy
roentgenoterapia | radiotherapy, roentgenotherapy, roentgen therapy
roentgenoterapia de contacto | short-focal-distance therapy
ROET = relación de ondas estacionarias de tensión [*coeficiente de ondas estacionarias*] | VSWR = voltage standing-wave ratio
ROGER [*clave de 'recibido y comprendido'*] | ROGER
rojo | red
rojo local | red-local
roldana | wheel
rollo | wind
rollo de alambre | wire coil
rollo de papel de impresión | roll stationery
rollo en blanco | blank coil
rollo virgen | blank coil
ROM [*memoria sólo de lectura*] | ROM = read only memory
ROM BIOS [*sistema básico de entrada/salida con memoria de sólo lectura*] | ROM BIOS = read-only memory basic input/output system
ROM de arranque | startup ROM
ROM por máscara | masked ROM
ROM programable | programmable ROM
ROM sucia [*sistema de 32 bits simulado*] | dirty ROM = dirty read-only memory
romboidal | rhombic
Romotar [*sistema hiperbólico no ambiguo de medición de distancias con base larga*] | Romotar = range-only measurement of trajectory and recording
romper | to smash, to crash
RON [*red de oficiales de radio*] | RON = radio officers net
ronquido | turntable rumble
ROP = red óptica pasiva | PON = passive optical network
ROS [*servicio de operaciones a distancia*] | ROS = remote operation service
rosa distante | pink-distant
rosario | stringer
rosca | screw thread
rosebud [*baliza de radar aerotrasportada para sistemas de control e identificación*] | rosebud
roseta | rosette, connection rose
rosetón | rosette
rotación | rotation, spin, turnover
rotación a la derecha | right rotation
rotación completa | full rotation
rotación de Faraday | Faraday's rotation
rotación de fase | phase rotation
rotación de la imagen | frame roll
rotación de la línea de nodos | nodal rotation
rotación de la traza | trace rotation
rotación de un vector dado | rota-tion (/curl) of a given vector
rotación normal | normal twisting
rotación oscilatoria | oscillatory spin
rotación sencilla | continuous twisting
rotación suplementaria | additional twisting
rotador | gyrator
rotador de ferrita | ferrite rotator
rotámetro | rotameter
rotar [*la imagen*] | to rotate
rotativo | rotary, rotational
rotatorio | rotary, rotating
rotor | rotator, rotor
rotor bobinado | wound rotor
rotor con devanado en fase | phase-wound rotor
rotor con devanado y polifásico | polyphase-wound rotor
rotor con polo saliente | dumbbell rotor
rotor de anillo | slip ring armature
rotor de barras | squirrel cage rotor
rotor de eje vertical | vertical axis rotor
rotor de jaula de ardilla | squirrel cage rotor
rotor de ranuras paralelas | parallel slot rotor
rotor de ranuras radiales | radial slot rotor
rotor de un medidor | rotor of a meter
rotor devanado | wound rotor
rotor macizo | solid rotor
ROTR [*equipo reperforador impresor sólo para recepción*] | ROTR = receive-only typing reperforator set
rotulación | legend
rótulo | label
rótulo de advertencia | warning tag
rótulo de fuente de salida | output source label
rótulo de fuente de salida de línea | line output source label

rótulo de salida maestra | master output label
rótulo estadístico | dummy ticket
rotura | break; blow out; disconnection
rotura catastrófica | catastrophic failure
rotura de cartuchos | slug burst
rotura de lingotes combustibles | slug burst
rotura de vaina | burst cartridge (/slug)
rotura del hilo | broken wire, disconnection
rotura por avalancha | avalanche breakdown
ROU [*unidad óptica remota*] | ROU = remote optical unit
rozar | to scuff
RP = respuesta pagada | RP = reply paid
RPC [*llamada de procedimiento remoto*] | RPC = remote procedure call
RPE-LTP [*tipo de codificador de señales vocales*] | RPE-LTP = regular pulse excited-long term prediction
RPF [*avance por ruta inversa (técnica para trasmisiones múltiples)*] | RPF = reverse path forwarding
RPG [*generador de programas de generación de informes*] | RPG = report program generator
RPG [*guía de protección contra las radiaciones*] | RPG = radiation protection guide
rpm = revoluciones por minuto | rpm = revolutions per minute
RPM [*multidifusión por ruta inversa*] | RPM = reverse path multicasting
RPN [*notación polaca inversa, notación por sufijos*] | RPN = reverse Polish notation [*postfix notation, suffix notation*]
RPROM [*PROM reprogramable*] | RPROM = reprogrammable PROM
rps = revoluciones por segundo | rps = revolutions per second
RPT = resistencia periférica total | TPR = total peripheral resistance
RQ [*petición de repetición*] | RQ = request for repetition
RR [*informe de receptor*] | RR = receiver report
RR [*reglamento de comunicaciones por radio*] | RR = radio regulations
RR = registro de recursos | RR = resource record
RRA [*análisis de radiorreceptor*] | RRA = radio receiver analysis
RSA [*algoritmo de encriptación de clave pública desarrollado por Rivest, Shamir y Adelman*] | RSA = Rivest, Shamir, Adelman [*public key encryption algorithm*]
RSAN = red secundaria de alto nivel [*de la red española de trasmisión de datos*] | RSAN [*Spanish secondary high level network*]
RSP [*radiofaro contestador (/de respuesta)*] | RSP = responder beacon

Rspec [*especificación de reserva (del ancho de banda)*] | Rspec = reservation specification
RSR = relación señal-ruido | SNR = signal-noise relation
RSVP [*protocolo de reserva (de recursos)*] | RSVP = reservation protocol [*resource reservation setup protocol*]
RT = radiotelefonía, radioteléfono | RT = radio telephony, radio telephone
RTBC [*red telefónica básica conmutada*] | RTBC
RTC = red telefónica conmutada | RTC = switched telephone network
RTCP [*protocolo de control (del trasporte de datos) en tiempo real*] | RTCP = real-time (transport) control protocol
RTF [*formato de texto enriquecido*] | RTF = rich text format
RTF = radiotelefonía | RTF = radio telephony
RTFM [*lea las instrucciones del manual*] | RTFM = read the flaming (/friendly) manual
RTG = radiotelégrafo, radiotelegrafía | RTG = radio telegraph, radio telegraphy
RTL [*lenguaje de trasferencia de registros*] | RTL = register transfer language
RTL [*lógica de resistencias y transistor*] | RTL = resistor-transistor logic
RTLP [*punto de nivel de trasmisión de referencia*] | RTLP = reference transmission-level point
RTMA [*asociación estadounidense de fabricantes de radio y televisión*] | RTMA = Radio Television Manufacturers Association
RTOE = relación de tensión de ondas estacionarias | SWVR = standing wave voltage ratio
RTP [*protocolo (de trasporte para aplicaciones) en tiempo real*] | RTP = real-time (transport) protocol
RTP [*volumen telefónico de referencia*] | RTP = reference telephonic power
RTSP [*protocolo de flujo en tiempo real*] | RTSP = real time streaming protocol
RTPB [*junta estadounidense de planificación técnica de radio*] | RTPB = Radio Technical Planning Board
RTPC [*red telefónica pública conmutada*] | RTPC
RTR [*bastidor de prueba de repetidores*] | RTR = repeater test rack
RTR = reloj de tiempo real | RTC = real time clock
RTS [*dispuesto para emitir*] | RTS = ready to send
RTS [*petición de envío*] | RTS = request to send
RTSP [*protocolo de canalización en tiempo real*] | RTSP = real-time streaming protocol
Ru = rutenio | Ru = ruthenium

rubí | ruby
rubidio | rubidium
rueda | wheel
rueda de ajuste estriada | serrated adjusting wheel
rueda de avance | feed wheel
rueda de cola giratoria | swivel tail wheel
rueda de desplazamiento [*en el ratón*] | scroll wheel
rueda de escape | ratchet (wheel)
rueda de escape de medición | front metering ratchet
rueda de escape frontal | front ratchet
rueda de estrella | ratchet (/star) wheel
rueda de gatillo | ratchet wheel
rueda de impresión | print wheel
rueda de margarita | daisy wheel
rueda de símbolos | symbol wheel
rueda de trinquete | ratchet wheel
rueda dentada | sprocket, screw gear
rueda dentada de cadena | sprocket wheel
rueda dentada de Fizeau | Fizeau toothed wheel
rueda fónica | tonewheel, phonic wheel (/motor)
rueda guía | idler
rueda helicoidal | screw wheel
rueda impresora | inking wheel
rueda impulsada | driven sprocket
rueda impulsora | drive sprocket
rueda indicadora | index wheel
rueda matriz | die wheel
rugosidad [*defecto en la superficie seccionada de la fibra óptica*] | hackle [*severe irregularity across a fibre end face*]
ruido | glitch, noise
ruido a la salida | noise output
ruido aleatorio | dither, fluctuation (/random) noise
ruido aleatorio verdadero | true random noise
ruido ambiental | ambient (/room) noise
ruido ambiental submarino | underwater ambient noise
ruido angular | angle noise
ruido atmosférico | airborne (/atmospheric) noise
ruido azul | blue noise
ruido blanco | white noise (/sound)
ruido brusco y corto | sharp noise
ruido causado por el viento | rustling effect
ruido coherente | coherent noise
ruido compensado | weighted noise
ruido cósmico | cosmic (/quantum) noise
ruido de absorción atmosférica | atmospheric absorption noise
ruido de agitación térmica | thermal (agitation) noise, full shot noise, Johnson noise
ruido de aguja | needle scratch, surface noise
ruido de alimentación | hum, ripple

(/battery supply circuit) noise
ruido de amplitud | amplitude noise
ruido de audiofrecuencia | audiofrequency noise
ruido de avalancha | avalanche noise
ruido de banda ancha | broadband noise
ruido de borrado de cinta | bulk-erased noise
ruido de campanilleo | ringing noise
ruido de canal en vacío | idle channel noise
ruido de canoa | motorboating
ruido de carga | loading noise
ruido de carraca | rattling noise
ruido de cavitación | cavitation noise
ruido de centelleo | flicker noise
ruido de chasquidos | popcorn noise
ruido de cinta saturada | saturation noise
ruido de circuito | background noise, Johnson noise
ruido de conmutación | switching noise
ruido de conmutaciones erráticas | multistate noise
ruido de contacto | contact noise
ruido de corriente | current noise
ruido de corriente alterna | AC noise
ruido de corriente continua | DC noise
ruido de corriente de cortocircuito | shorting noise
ruido de corriente de fuga | surface-leakage current noise
ruido de cortocircuito | shorting noise
ruido de crepitación | contact noise
ruido de cuantificación | quantization distortion (/noise), quantizing noise
ruido de descarga | shot noise
ruido de emisión secundaria | secondary emission noise
ruido de encendido | ignition noise
ruido de fase | phase noise
ruido de fenómenos atmosféricos | static noise
ruido de fluctuación | fluctuation noise
ruido de fondo | background (/basic, /ground, /idle, /internal) noise, mush, (turntable) rumble
ruido de fondo de la radiación | radiation background
ruido de fondo de origen celeste | sky background noise
ruido de fondo del receptor | receiver noise
ruido de fondo del sonar | sonar background noise
ruido de fondo del transistor | transistor noise
ruido de fondo submarino | underwater background noise
ruido de frecuencia modulada residual | residual FM noise
ruido de fritura | buzz, contact (/transmitter) noise, crackle, crackling, frying, hissing, line scratches
ruido de golpeteo | rattling noise

ruido de grabación | recording noise
ruido de granalla | shot noise, Schottky noise
ruido de granos | grain noise
ruido de ignición | ignition noise
ruido de impulsos | impulse (/pulse) noise
ruido de impulsos parásitos | spike noise
ruido de inducción | (power) induction noise
ruido de intermodulación | intermodulation noise
ruido de Johnson | Johnson noise
ruido de la estructura | structurborne noise
ruido de la fluctuación de velocidad | velocity fluctuation noise
ruido de la galaxia | galaxy noise
ruido de la sala | room noise
ruido de la válvula de radio | radio valve noise
ruido de lámpara | valve noise
ruido de línea | line noise
ruido de líquido | liquid-borne noise
ruido de los amplificadores de válvula de vacío | vacuum valve noise
ruido de micrófono | burning, transmitter noise
ruido de modulación | modulation noise
ruido de modulación de amplitud | amplitude modulation noise
ruido de modulación en la señal | noise behind the signal
ruido de motor | rumble, motorboating
ruido de origen celeste (/estelar) | sky noise
ruido de origen humano | man-made noise
ruido de origen solar | sunspot noise
ruido de parpadeo | flicker noise
ruido de partición | partition noise
ruido de partición de modos | mode partition (/competition) noise
ruido de portadora | carrier noise
ruido de precipitación | precipitation noise
ruido de propagación | path distortion noise
ruido de radiofrecuencia | radio noise; RF noise = radiofrequency noise
ruido de ráfaga | burst noise
ruido de referencia | reference noise
ruido de repiqueteo | ringing noise
ruido de resistencia | resistance noise
ruido de ronquido | rumble
ruido de salida radiado | radiated output noise
ruido de saturación | saturation noise
ruido de Schottky | Schottky noise
ruido de seguimiento angular | angle tracking noise
ruido de servomecanismo | servo-noise
ruido de superficie | surface noise
ruido de superficie grabado | recorded surface noise

ruido de telégrafo | (telegraph) thump
ruido de válvula | tube (/valve) noise
ruido de variación por pasos | resolution noise
ruido de vibrador | vibrator hash
ruido de vídeo | video noise
ruido de viento | wind noise
ruido del aire | airborne noise
ruido del amplificador | amplifier noise
ruido del amplificador de radiofrecuencia | RF amplifier noise
ruido del blanco | target noise
ruido del canal de voz sin señal | voice channel idle noise
ruido del circuito | circuit noise
ruido del gas | gas noise
ruido del local | room noise
ruido del movimiento browniano | Brownian motion noise
ruido del reactor | reactor noise
ruido del receptor | receiver noise
ruido del rectificador | rectifier noise
ruido del sistema | system noise
ruido difuso | scattered noise
ruido dinámico | dynamic noise
ruido discontinuo | spot noise
ruido eléctrico | electric (/electrical) noise
ruido eléctrico aleatorio | random electrical noise
ruido eléctrico de banda ancha | broadband electrical noise
ruido en exceso | excess noise
ruido en la señal | noise behind the signal
ruido en reposo | idle noise
ruido equivalente de entrada | noise equivalent input
ruido errático | erratic (/random) noise
ruido espontáneo de la corriente del ánodo | shot noise
ruido estelar | stellar noise
ruido externo | external noise
ruido extraterrestre | extraterrestrial noise
ruido galáctico | galactic (radio) noise, Jansky noise
ruido gaseoso | gas noise
ruido gaussiano | Gaussian noise
ruido generado | generated noise
ruido global | bulk noise
ruido granular | shot noise
ruido impulsivo | impulse noise
ruido inducido | induced (/power induction) noise
ruido inducido de polarización | bias-induced noise
ruido industrial | man-made noise
ruido interno | internal noise
ruido interno del receptor | receiver noise
ruido intrínseco | intrinsic noise
ruido local | site noise
ruido mecánico | (turntable) rumble
ruido metálico | metallic noise
ruido microfónico | microphonic noise
ruido negro | black noise
ruido no ponderado | flat noise

ruido oscuro | dark noise
ruido parásito | spurious noise
ruido permanente | steady noise
ruido ponderado | weighted noise
ruido por manchas solares | sunspot noise
ruido por retardo en los alimentadores | feeder delay noise
ruido por transiciones de corriente | multistate noise
ruido producido por asperezas de la cinta | surface-induced tape noise
ruido producido por defecto del altavoz | rattle
ruido propio | self-noise, internal (/set, /system) noise
ruido propio del transistor | transistor noise
ruido puntual | spot noise
ruido radioeléctrico | radio interference (/noise)
ruido radioeléctrico de origen celeste | sky noise
ruido radioeléctrico de origen estelar | sky noise
ruido radioeléctrico de origen solar | solar (radio) noise
ruido radioeléctrico local | site noise
ruido radioeléctrico natural | natural radio noise
ruido radioeléctrico solar | solar radio noise
ruido radioeléctrico terrestre | terrestrial radio noise
ruido residual | ground (/idle, /intrinsic, /residual) noise
ruido rosado [*tipo de interferencia radioeléctrica*] | pink noise
ruido seco | sharp noise
ruido sin compensación | flat noise
ruido sin modulación | zero-modulation noise
ruido sin ponderación | flat (/unweighted) noise
ruído sísmico | seismic noise
ruido sofométrico | psophometric noise
ruido solar | solar noise
ruido superficial | surface noise
ruido telegráfico | telegraph noise (/thump)
ruido térmico | thermal (agitation) noise, resistance noise, Johnson noise
ruido terrestre | terrestrial noise
ruido transicional | multistate noise
ruidos atmosféricos de silbido | whistling atmospherics
ruidosidad | noise capability
ruidosidad del haz | beam noisiness
ruidoso | noisy
rumbatrón [*resonador en forma de toro utilizado en los klistrones*] | rhumbatron
rumbo | heading
rumbo aparente | apparent bearing
rumbo de aguja corregido | corrected compass course
rumbo de cuadrante | quadrantal heading
rumbo del blanco | target course
rumbo del haz | localiser course
rumbo del haz del radiofaro | radio range course
rumbo magnético | magnetic course (/heading)
rumbo múltiple | multiple course
rumbo omnidireccional | omnibearing
rumbo por radar | radar heading
rumbo relativo | relative bearing (/heading)
rumbo sobre retículo | grid bearing
rumbo verdadero | true heading
rumor de Roberts | Roberts rumble
ruptor | cutout, interrupter, interruptor, trembler, normally closed contactor
ruptor de circuito | circuit breaker
ruptor de contacto | contact breaker
ruptor de línea | line breaker
ruptor térmico periódico | thermal flasher
ruptura | break, breakdown, breaking, disconnection, release, rupture
ruptura de circuito | circuit break
ruptura de corriente continua | DC breakdown
ruptura de programa | program break
ruptura de Zener | Zener breakdown
ruptura del generador de haces | streamer breakdown
ruptura dieléctrica | dielectric breakdown
ruptura electromecánica | electromechanical breakdown
ruptura muerta | dead break
ruptura múltiple | multiple break
ruptura por avalancha | avalanche breakdown
ruptura por descarga | discharge breakdown
ruptura secundaria | secondary breakdown
ruptura única | single break
ruta | course, lane, path, route, track, trunk group, way
ruta absoluta | absolute (/full) path
ruta alternativa | alternate (/alternative) route
ruta completa | absolute (/full) path, fully qualified path
ruta con iconos | iconic path
ruta corregida | course made good
ruta de acceso | access path
ruta de aproximación | approach path
ruta de búsqueda | search path
ruta de cable | cable run
ruta de conexiones | wirw routing
ruta de corrientes portadoras | carrier route
ruta de datos | data path
ruta de desbordamiento | overflow route, trunk group overflow
ruta de enlace directa | direct route
ruta de enlaces hercianos trashorizonte | over-the-horizon radio relay route
ruta de la información | information path
ruta de la trasmisión | transmission route
ruta de líneas aéreas | overhead route
ruta de líneas sobre postes | pole route
ruta de microondas | microwave route
ruta de postes | pole route
ruta de radioenlaces | radio relay route
ruta de retorno [*en mensajes electrónicos*] | return path
ruta de última opción | last-choice route
ruta del archivo | file path
ruta del directorio | directory path
ruta final | final (/last-choice) route
ruta histórica [*ruta seguida por un internauta en su navegación*] | clickstream
ruta libre | free routing
ruta marítima | sea lane, seaway
ruta mixta | mixed route
ruta principal | main line (/route), principal path, trunk route
ruta relativa | relative path
ruta secundaria | spur route
ruta telefónica | talking path
ruta terrestre | overland route
ruta tributaria | spur route
ruta troncal | trunk route
ruta verdadera | true course
ruta virtual [*para localizar un archivo*] | virtual path (/route)
rutenio | ruthenium
rutherford [*unidad de medida para el material radiactivo que produce un millón de desintegraciones por segundo*] | rutherford
rutina | routine
rutina abierta | open routine
rutina almacenada | stored routine
rutina automática | automatic routine
rutina auxiliar | auxiliary (/service) routine
rutina cerrada | closed routine
rutina correctora de errores | error correction routine
rutina de acceso mínimo | minimum access routine
rutina de arranque automático | autostart routine
rutina de asignación | allocation routine
rutina de carga | loading (/loader) routine
rutina de coma flotante | floating point routine
rutina de compilación | compiling routine
rutina de comprobación | check (/test) routine
rutina de depuración | debugging routine
rutina de diagnóstico | diagnostic routine
rutina de ejecución | executive routine

rutina de ensamblaje | assembly routine
rutina de errores | error routine
rutina de gestión | driver
rutina de instantánea | snapshot routine
rutina de interpretación | interpretive routine
rutina de librería [*en programación informática*] | library routine
rutina de punto de certificación | checkpoint routine
rutina de repaso | rerun (/roll-back) routine
rutina de repetición | rerun routine
rutina de servicio | service routine
rutina de servicio de la interrupción [*en prueba de la CPU*] | interrupt service routine
rutina de trazado | trace (/tracing) routine
rutina de uso general | utility routine
rutina de utilidad | utility routine
rutina de verificación | test routine
rutina específica | specific routine
rutina fija [*no modificable*] | canned routine
rutina fotográfica postmortem | postmortem routine
rutina general | general routine
rutina heurística | heuristic routine
rutina iterativa | iterative routine
rutina maestra | master routine
rutina para gestión de archivos | file-handling routine
rutina postmortem | postmortem routine
rutina reutilizable | reusable routine
rutina reutilizable en serie | serially reusable routine
rutina vacía [*que no realiza ninguna función*] | dummy routine
rutina verificadora de secuencia | sequence-checking routine
RV = realidad virtual | VR = virtual reality
RVD [*dirección de contador de referencia*] | RCD = reference counting direction
RVI = respuesta vocal interactiva | IRV = interactive vocal reponse
RWIN [*ventana de recepción*] | RWIN = receive window
RX [*recepción, recibiendo*] | RX = receive, receiving
RXD [*receptor de datos*] | RXD = receive data

S

s = segundo | s = second; sec. = second [USA]
S = azufre | S = sulphur
SA [*disponibilidad selectiva*] | SA = selective availability
SA = samario [*obs; véase: Sm*] | Sa = samarium [*obs., see: Sm*]
SAA [*arquitectura de aplicación de sistemas*] | SAA = systems application architecture
sabiduría | science
sabinio [*unidad de absorción en pies cuadrados*] | sabin
sabor | flavour [UK], flavor [USA]
sabotear | to hack
sacacorchos | corkscrew
sacar | to pull, to output
sacar de lista de espera | to dequeue
sacar de sincronismo | to pullout of step
sacar muestras | to sample
sacar una clavija | to withdraw a plug
sacarímetro | saccharimeter
sacatapones | plug puller
SACCH [*canal de control lento asociado a los canales de tráfico*] | SACCH = slow-associated control channel
sacudida | shake, shaking, shock, surge
sacudida eléctrica | surge
sacudida mecánica | mechanical shock
sacudida vibratoria | vibration shake
sacudidor | shaker
sacudidor piezoeléctrico | piezoelectric shaker
sacudir | to shake, to shake up
SAD [*base de datos de asociaciones de seguridad*] | SAD = security association database
SADT [*técnica de análisis y diseño estructurados*] | SADT = structured analysis and design technique
SAG MOS [*MOS de puerta autoalineada*] | SAG MOS = self-aligned gate MOS
sagital | sagittal
SAI = sistema (/fuente) de alimentación (eléctrica) ininterrumpida | UPS = uninterrupted (/unbroken) power supply
sal antioxidante | salt cover
sal conductora | conducting salt
sal de amoniaco | ammonium chloride, salt ammoniac
sala | bureau, room
sala anecoica | anechoic room
sala blanca [*sala con ambiente sin polvo ni impurezas*] | clean room
sala de alimentación | power room
sala de aparatos | apparatus (/instrument, /terminal (equipment), /traffic) room, operations floor
sala de aparatos telegráficos | telegraph instrument room
sala de conmutadores | switch room, switchroom
sala de control | control room
sala de descanso de operadoras | operator's restroom
sala de distribución | switchroom
sala de equipos | terminal equipment room
sala de espera | waiting room
sala de generadores | power room
sala de grabación | recording room
sala de grupo electrógeno de emergencia | elementary generator room
sala de información del radar | radar display room
sala de larga distancia | long distance room
sala de magnetoscopios | recording room
sala de mezcla | rerecording room
sala de operadores | operating (/traffic) room, operations floor
sala de patrones de medida | standards room
sala de regrabación | rerecording room
sala de relés | relay cabinet
sala de reverberación | reverberation room
sala de servicio | operating room
sala de telecine | telecine room
sala de terminales | terminal room
sala de tráfico | traffic room
sala de trasformadores | power room
sala limpia [*sala con ambiente sin polvo ni impurezas*] | white room
sala no absorbente | live room
sala reverberante | live room
saldo de bombeo | pumping balance
salida | exit, outflow, outlet, out-port, output; [*de un programa*] quit
salida a central distante | outgoing to distant exchange
salida a nivel cero | zero-level output
salida abierta de colector | open collector output
salida acústica | sound output
salida aleatoria | random output
salida analógica | analogue output
salida asimétrica | unbalanced output
salida cero | zero output
salida cero perturbada | disturbed-zero output
salida cero sin distorsión | undisturbed-zero output
salida coaxial | coaxial outlet
salida con doble triodo | twin-triode output
salida con terminación para línea de trasmisión | sending end termination output
salida correcta [*finalización metódica de un proceso informático*] | graceful exit
salida de almacenamiento | storage exit
salida de alta potencia | high end
salida de audio | audio output
salida de auriculares | head out
salida de conmutador | switch outlet
salida de datos | output
salida de estado cero | zero output
salida de fondo de escala | full scale output
salida de frecuencia modulada | frequency-modulated output
salida de frecuencias vocales | voice frequency output
salida de gases | venting
salida de imagen | picture output

salida de impresión | printout
salida de la señal | signal output
salida de la unidad de almacenamiento | storage exit
salida de la unidad de memoria | storage exit
salida de línea | line output
salida de memoria | storage exit
salida de onda cuadrada | square wave output
salida de ondas de software | software wave outputs
salida de ordenador a disco láser | computer output on laser disc
salida de ordenador a microfilm | computer output on microfilm
salida de perforación en la unidad de registro | storage punch exit
salida de plena escala | full scale output
salida de posición panorámica | PPI departure
salida de potencia | power output
salida de potencia media máxima | maximum average power output
salida de radiofrecuencia | RF output
salida de rayos catódicos | cathode ray output
salida de selección parcial | partial select output
salida de señal de vídeo | video output
salida de sistema | sign off
salida de sobretensión | overvoltage output
salida de tensión nula | zero-voltage output
salida de tercer canal | third-channel output
salida de transistor | transistor outline
salida de trasferencia de la unidad de almacenamiento | storage transfer exit
salida de tres estados | tristate output, three-state output
salida de triple estado | tristate output, three-state output
salida de un amplificador de línea de imagen | picture line-amplifier output
salida de válvula | tube (/valve) output
salida de vídeo | video output
salida de videofrecuencia | videofrequency output
salida de voz | voice output
salida de X y ceros | zero/X exit
salida del receptor | receiver output
salida del rectificador sin filtrar | unsmoothed output
salida del sistema | logout, log off (/out)
salida del trasmisor | transmitter output
salida desequilibrada | unbalanced output
salida diferida | deferred exit
salida digital | digital output
salida en paralelo | parallel output
salida en serie | serial out
salida en tiempo real | real-time output

salida equilibrada | balanced output
salida espectral | spectral output
salida espuria de un trasmisor | spurious transmitter output
salida falsa de trasmisor radiada | radiated spurious transmitter output
salida fantasma | phantom output
salida filtrada | smoothed output
salida flotante | floating out
salida impresa | hard copy
salida instantánea de potencia | instantaneous power output
salida maestra | master out
salida máxima | maximum output
salida máxima sin distorsión | maximum undistorted output
salida máxima útil | maximum useful output
salida nivelada | level output
salida nominal | nominal (/rated) output
salida paralela | parallel out
salida pulsada | pulsed output
salida pulsatoria | pulsed output
salida Q | Q output
salida rectificada | rectified output
salida secuencial | sequential output
salida serial | serial out
salida serie | serial out
salida simétrica [respecto a masa] | balanced output
salida sin distorsión | undistorted output
salida sin filtrar | unsmoothed output
salida sinusoidal | sine wave output
salida uno perturbada | disturbed-one output
salida uno sin distorsión | undisturbed-one output
salida útil | useful output
salida variable | variable output
saliente | flange, hump, outgoing, stud
saliente de contacto plateado | silver-overlaid contact stud
saliente para la introducción de la bujía | spark plug boss
salientes macroscópicos | treeing, trees
salir | to exit, to quit, to output
salir de Windows | to exit Windows
salir sin grabar cambios | to exit discarding changes
Sal.Lin. = salida de línea | LO = line out
salpicador de haz | beam splitter
salpicadura | splashing, splatter
salpicadura de banda lateral | splatter
saltachispas de guiaondas | waveguide spark gap
saltar | to skip
saltar a nueva vista | to jump-new-view
salto | bounce, branch, hop, hopoff, jump, kick, leapfrog, skip, skipping, stage
salto anterior [campo con la dirección de red del dispositivo de encaminamiento] | previous hop
salto condicional | branch, conditional branch (/jump)
salto cuántico | quantum jump
salto de aguja | pinch
salto de arco | arc over
salto de baliza | beacon skipping
salto de banda | bandgap
salto de canal | channel hop
salto de chispa | sparkover
salto de contacto | contact bounce
salto de defecto | defect skipping
salto de energía | energy gap
salto de energía entre bandas | bandgap energy
salto de la aguja | kick
salto de modo | double moding, mode hopping (/jump, /jumping)
salto de página | form feed
salto de papel | paper throw (/slew)
salto de potencia | power excursion
salto de resorte | snap
salto de tensión | voltage jump
salto de voltaje | voltage jump
salto del contador | counter overshooting
salto incondicional | unconditional branch (/jump)
salto local [para enlaces telefónicos] | local bypass
salto único | single hop
saltos alternos | leapfrog
salud | health
saludos | regards
salvapantallas | screen saver
salvar e intercambiar | to swap out
salvo error | errors excepted
salvo error u omisión | errors and omissions excepted
SAM [microprueba de barrido según Auger] | SAM = scanning Auger microprobe
samario | samarium
SAML [entrega del mensaje a un terminal y a un buzón] | SAML = send and mail
SAMOS [satélite artificial de reconocimiento militar] | SAMOS
SAN [red de área del sistema] | SAN = system area network
sanafán [circuito de retardo lineal] | sanaphant
sanatrón [circuito de retardo variable] | sanatron
sandbox [área de seguridad de Java] | sandbox
saneamiento | sanitization
sangrado | indentation
sangrador | bleeder
sangrar | to indent
sangría | bleeding, indentation
sangría colgante (/saliente) [en artes gráficas] | hanging indent, outdent
sanidad | health
sanidad de la soldadura | weld soundness
sanidad radiológica | radiological health
sans serif [familia de caracteres] | sans serif

SAOL [*lenguaje estructurado de audio para orquesta (lenguaje de síntesis para representación de sonidos)*] | SAOL = structured audio orchestra language
SAP [*protocolo de anuncio de sesión (en multidistribución de paquetes de datos)*] | SAP = session announcement protocol
SAP [*protocolo de aviso de accesibilidad [en servidores de internet)*] | SAP = service advertising protocol
SAPI [*identificador del punto de acceso al servicio*] | SAPI = service access point identifier
SAPI [*interfaz para programación de aplicaciones de voz*] | SAPI = speech application programming interface
SAR [*búsqueda y rescate (de datos)*] | SAR = search and rescue
SAR [*capa de segmentación y ensamblado*] | SAR = segmentation and reassembly layer
SAR [*radar de apertura forzada*] | SAR = synthetic aperture radar
SARAH [*rescate y direccionamiento, sistema de radio para salvamento*] | SARAH = search and rescue and homing
SARAN [*marca de material termoplástico para aislamiento eléctrico*] | SARAN
SARP [*procesador de búsqueda y rescate (para satélites de localización)*] | SARP = search and rescue processor
S.ARR. = sensor de arranque | S.SENS = start sensor
sarro de la bujía | spark plug fouling
SARSAT [*seguimiento por satélite para búsqueda y rescate*] | SARSAT = search and rescue satellite-aided tracking
SAS [*estación individual de enlace*] | SAS = single attachment station
SAT [*juego de herramientas para aplicaciones SIM*] | SAT = SIM application toolkit
SAT = satélite para aplicaciones tecnológicas | ATS = applications technology satellite
SAT = supervisión automática de trenes | ATS = automatic train supervision
SATAN [*herramienta de análisis de seguridad para la auditoría de redes*] | SATAN = security analysis tool for auditing networks
satélite | satellite
satélite activo | active satellite
satélite casi pasivo | quasi-passive satellite
satélite de baja órbita terrestre | low-Earth-orbit satellite
satélite de comunicaciones | communications satellite
satélite de comunicaciones activo | active communications satellite

satélite de comunicaciones pasivo | passive communication satellite
satélite de comunicaciones sincrónico | synchronous communications satellite
satélite de emisión digital (/directa) | digital broadcast satellite
satélite de navegación | navigation satellite
satélite de reconocimiento | reconnaissance satellite
satélite de tecnología avanzada | advanced technological satellite
satélite de telecomunicación pasivo | passive comsat = passive communications satellite
satélite equipado con televisión | television-equipped satellite
satélite orbital geoestacionario | geostationary orbit satellite
satélite oscuro | dark satellite
satélite para telecomunicaciones | telecommunication satellite
satélite pasivo | passive satellite
satélite recuperable | recoverable satellite
satélite reflector | reflector satellite
satélite relé | relay satellite
satélite repetidor | relay (station) satellite
satélite repetidor retardado | delayed repeater satellite
satélite selenoide | selenoid satellite
satélite sincrónico | synchronous satellite
satélite solar | sun satellite
satélite solar natural | solar satellite
satélite trasparente [*en equipo traspondedor*] | bent-pipe
satélite urbano | local (/urban) satellite
sateloide | satelloid
satisfactoriedad | satisfiability
satisfactoriedad CNF [*satisfactoriedad de la forma normal conjuntiva*] | CNF satisfiability = conjunctive normal form satisfiability
satisfactoriedad de la forma normal conjuntiva | conjunctive normal form satisfiability
saturable | saturable
saturación | burst, overdrive, overloading, purity, saturation, swamp; [*de la corriente de ánodo*] bottoming
saturación anódica | anode saturation
saturación de ánodo | anode (/voltage) saturation
saturación de color | colour saturation
saturación de corriente | current saturation
saturación de filamento | filament saturation
saturación de la corriente de placa | plate current saturation
saturación de placa | plate saturation
saturación de temperatura | temperature saturation
saturación de tensión (/voltaje) | voltage saturation

saturación del blanco | white saturation
saturación del cátodo | cathode saturation
saturación del negro | black saturation (/compression)
saturación del núcleo | soaking
saturación magnética | magnetic saturation
saturación máxima | maximum saturation
saturado | saturated, impregnated
saturador | saturator; saturant
saturar el núcleo | to soak
SAW [*onda acústica de superficie*] | SAW = surface acoustic wave
Sb = estilbio [*antimonio*] | Sb = stilb [*antimony*]
SBA [*sistema normalizado de haz de aproximación*] | SBA
SBC [*ordenador monotarjeta (/de una sola tarjeta)*] | SBC = single board computer
SBD [*transistor de superficie de difusión*] | SBD = surface-barrier diffused transistor
SBR [*copolímero de estireno*] | SBR
SBS [*conmutador de silicona de dos posiciones*] | SBS
SBT [*transistor de barrera superficial (/de superficie)*] | SBT = surface-barrier transistor
Sc = escandio | Sc = scandium
SCA [*autorización de comunicaciones subsidiarias*] | SCA = subsidiary communication authorization
SCAI [*interfaz de aplicaciones telefónicas asistida por ordenador*] | SCAI = switch computer applications interface [USA]
SCC [*conmutador (/interruptor) controlado de silicio*] | SCC = silicon-controlled commutator
SCC = señalización por canal común | CCS = common channel signalling
SCCP [*parte de control de la conexión de señalización*] | SCCP = signalling connection control part
SCE [*esmalte con una capa de algodón*] | SCE
SCEF [*función de entorno de creación de servicios*] | SCEF = service creation environment function
SCF [*función de control del servicio (en red inteligente)*] | SCF = service control function
SCF [*propiedades de las capacidades de servicio*] | SCF = service capability features
SCFH [*pies cúbicos normalizados por hora*] | SCFH = standard cubic feet per hour
SCFM [*modulación en frecuencia de subportadora*] | SCFM = subcarrier frequency modulation
SCH [*canal de sincronización (para enviar información de sincronismo de trama)*] | SCH = synchronization

channel
SCM [*director de comunicaciones de sección*] | SCM = section communications manager
SCM [*multiplexión con subportadoras*] | SCM = subcarrier multiplexing
SCMA [*acceso múltiple por subportadora*] | SCMA = subcarrier multiple access
SCP [*intensidad luminosa esférica*] | SCP = spherical candle power
script de arranque [*secuencia de arranque*] | startup script
Scripton [*marca de una válvula de rayos catódicos que produce una imagen en forma de letras o números*] | Scripton
SCS [*conmutador de silicio controlado*] | SCS = silicon controlled switch
SCS = servidor de capacidades de servicio | SCS = service capability server
SCSI [*interfaz para sistemas informáticos pequeños*] | SCSI = small computer systems interface
SCTL [*lógica de transistor acoplado por estabistor*] | SCTL = stabistor-coupled transistor logic
SCTP [*protocolo de trasmisión de control de flujo*] | SCTP = stream control transmission protocol
SCTT [*sociedad canadiense de telecomunicaciones trasmarinas*] | SCTT = Societé Canadienne des Télécommunications Transmarines (fra) [*Canadian overseas telecommunication corporation*]
SD [*densidad de escritura sencilla*] | SD = single density
SD = señal digital [*trama de señales digitales a 1.544 kbit/s*] | DS = digital signal
S/D [*anuncio de apagar el trasmisor*] | S/D = shutdown
SDB-CC [*protocolo de cambio de canal en difusión digital conmutada*] | SDB-CC = switched digital broadcast – channel change
SDCCH [*canal dedicado exclusivamente a una estación*] | SDCCH = stand-alone dedicated control channel
SDE [*descripción de fuente*] | SDE = source description
SDF [*función de datos del servicio*] | SDF = service data function
SDF [*repartidor de supergrupo (/grupo secundario)*] | SDF = supergroup distribution frame
SDH [*jerarquía digital sincronizada*] | SDH = synchronous digital hierarchy
SDI [*denominación de AT&T a sus enlaces digitales internacionales automáticos*] | SDI = switched digital hierarchy
SDK [*equipo para desarrollo de software*] | SDK = software development kit
SDLC [*control síncrono del enlace de datos*] | SDLC = synchronous data link control
SDM [*multiplexado por división de espacio*] | SDM = space-division multiplexing
SDMT [*DMT sincronizada (frecuencia multitono discreta sincronizada)*] | SDMT = synchronized DMT = synchronized discrete multitone
SDMU [*unidad de medición de velocidad y distancia*] | SDMU = speed and distance measurement unit
SDN [*red definida por software*] | SDN = software defined network
SDP [*protocolo de descripción de sesiones*] | SDP = session description protocol
SDP [*protocolo de descubrimiento de servicios*] | SDP = service discovery protocol
SDR [*margen dinámico del espectro*] | SDR = spectrum dynamic range
SDRAM [*memoria RAM estática dinámica*] | SDRAM = static dynamic RAM
SDS [*especificaciones sobre el diseño del sistema*] | SDS = system design specifications
SDSL [*línea digital simétrica de abonado (técnica de trasmisión digital en el bucle de abonado)*] | SDSL = symmetric(al) digital subscriber line
SDV [*vídeo digital conmutado*] | SDV = switched digital video
Se = selenio | Se = selenium
SE [*reserva compartida explícita (entre un grupo de emisores)*] | SE = shared-explicit
SE = seguidor del emisor | EF = emitter follower
SEC [*conducción por electrones secundarios*] | SEC = secondary electron conduction
sec. = sección | Sec = section
secado | desiccation, drying out
SECAM [*sistema francés de televisión en color*] | SECAM = Systéme électronique couleur avec mémoire (fra) [*French colour television broadcasting system*]
secante | secant
SECARTYS [*asociación española de exportadores de electrónica e informática*] | SECARTYS [*electronic and computer technology exporters association of Spain*]
sección | bay, pane, run, section, size
sección activa | active section
sección adaptadora | transforming (/building-out) section
sección alimentada indirectamente | parasitically excited section
sección antiinductiva | transposition section
sección coaxial | coaxial stub
sección compensadora | compensating line
sección comprimible | squeeze section
sección cortocircuitante | short-circuiting section
sección crítica | critical section
sección cuadrada | square section
sección de acercamiento | exposure section
sección de adaptación de cuarto de onda | quarter-wave matching section
sección de agotamiento | stripper
sección de amplificación | repeater section
sección de antena | aerial bay
sección de aproximación | exposure section
sección de archivo | file section
sección de bastidor | bay
sección de cifras | figures section
sección de conmutación | switching section
sección de control | control section
sección de cuarto de onda | quarter-wave stub
sección de entrada | front end
sección de entrada de cables | cable turning section
sección de extracción | stripping section
sección de filtro | filter section
sección de grupo | group section
sección de guiaondas | waveguide section
sección de inducido | element of a winding
sección de la base de tiempos | time-base section
sección de línea adaptadora | stub tuner
sección de modulación | modulation section
sección de múltiplex | multiplex section
sección de multiplicador de electrones | electron multiplier section
sección de prueba | test section
sección de pupinización | loading coil section
sección de radar | radar cross section
sección de radio | radio section
sección de rectificación | rectifier
sección de regulación de línea | line regulated section, regulated line section
sección de relés | relay bay
sección de reserva | reserve link (/section)
sección de separación | phase break, stripping section
sección de sincronización | sync section
sección de sonido | sound section
sección de supergrupo | supergroup section
sección de trasformación | transforming section
sección de trasposición [*de un circuito*] | transposition section
sección de vigilancia | supervisor section

sección del oscilador | oscillator section
sección desintonizadora | detuning stub
sección eficaz | cross section
sección eficaz clásica de dispersión | classical scattering cross section
sección eficaz de absorción | absorption cross section
sección eficaz de activación | activation cross section
sección eficaz de antena | aerial cross section
sección eficaz de captura | capture cross section
sección eficaz de captura de neutrones térmicos | thermal neutron capture cross section
sección eficaz de captura radiactiva | radiative capture cross section
sección eficaz de colisión | effective collision cross section
sección eficaz de dispersión | scattering (/Thomson) cross section
sección eficaz de dispersión coherente | coherent scattering cross section
sección eficaz de dispersión elástica | elastic scattering cross section
sección eficaz de dispersión incoherente | incoherent scattering cross section
sección eficaz de dispersión inelástica | inelastic scattering cross section
sección eficaz de dispersión inelástica radiactiva | radiative inelastic scattering cross section
sección eficaz de dispersión inelástica térmica | thermal inelastic scattering cross section
sección eficaz de escisión | fission cross section
sección eficaz de escisión térmica | thermal neutron fission cross section
sección eficaz de extracción de grupo | group removal cross section
sección eficaz de fisión | fission cross section
sección eficaz de frenado | stopping cross section
sección eficaz de ionización | ionization cross section
sección eficaz de producción | yield cross section
sección eficaz de radar | echoing area
sección eficaz de reacción | reaction cross section
sección eficaz de reactor | reactor cross section
sección eficaz de resonancia | resonance (cross) section
sección eficaz de Rutherford | Rutherford cross section
sección eficaz de separación de grupo | group removal cross section
sección eficaz de Thomson | Thomson cross section
sección eficaz de trasferencia de grupo por dispersión | group transfer scattering cross section
sección eficaz de trasporte | transport cross section
sección eficaz de un neutrón | neutron cross section
sección eficaz de Westcott | Westcott cross section
sección eficaz diferencial | differential cross section
sección eficaz diferencial de dispersión | differential scattering cross section
sección eficaz efectiva | effective cross section
sección eficaz macroscópica | macroscopic cross section
sección eficaz maxwelliana | Maxwellian cross section
sección eficaz media Doppler | Doppler averaged cross section
sección eficaz microscópica | microscopic cross section
sección eficaz no elástica | nonelastic cross section
sección eficaz nuclear | nuclear cross section
sección eficaz parásita | parasitic cross section
sección eficaz por átomo | cross-section per atom
sección eficaz térmica | thermal neutron cross-section, Westcott cross section
sección eficaz térmica efectiva | effective thermal cross section
sección eficaz total | total cross section
sección elástica de forma | shape elastic cross section
sección en hélice | waveguide twist
sección en L | L section
sección en T | tee section
sección equilibradora de impedancia en circuito abierto | open-circuit stub
sección equilibradora de impedancia en cortocircuito | short-circuited stub, short-circuit stub
sección equilibradora deslizante [de impedancias] | sliding stub
sección específica de colisión | total effective collision cross section
sección excitada indirectamente | parasitically excited section
sección local | tail
sección neutra | neutral section
sección no compensada | incomplete transposition section
sección parcial | partial cross section
sección pentodo | pentode section
sección primaria | primary section
sección principal de amplificación | main repeater section
sección principal de prueba | principal test section
sección ranurada | slotted line (/section)
sección ranurada de medición | slotted measuring section
sección repetidora | repeater section
sección resonante de guía de ondas | waveguide resonator
sección revirada | twisted section, waveguide twist
sección secundaria | secondary section
sección térmica eficaz | thermal cross section
sección terminal | end (/terminal) section
sección terminal de pupinización | first (/terminal) loading-coil section
sección tope | stopped section
sección trasversal | cross (/square) section
sección trasversal circular | circular cross section
sección trasversal de antena | aerial cross section
sección trasversal de dispersión | scattering cross section
sección trasversal de radar | radar cross section
sección trasversal del arco | arc cross section
sección trasversal del blanco (/objetivo) | target cross section
sección universal de tobera | nozzle cross section
sección variable | squeeze section
sección vertical | vertical section
seccionado | sectional, sectorial
seccionador | disconnector, isolator, line breaker, sectionalizer, slicer
seccionador de exterior | outdoor disconnecting switch
seccionador de potencia | load (break) switch
seccionador de señal | slicer
seccionador multipolar | multipolar isolator
seccionador para ruptura de carga | load break switch
seccionador tripolar en baño de aceite | three-pole oil-immersed isolating switch
seccionalización | sectionalizing
seccionamiento | block, rupture, sectioning, splitting
seccionamiento a distancia | remote cutoff
seccionamiento de la imagen | tearing
seccionamiento general | full multiple
seccionamiento remoto | remote cutoff
seccionamiento simple | single break
seccionar | to sectionalise [UK], to sectionalize [UK+USA]
SECDED [corrección de un solo error / detección de dos errores] | SECDED = single error correction / double error detection
seco | anhydrous
secohm [antiguo nombre del henrio, unidad práctica de inductancia] | sec-

ohm
SECOR [*sistema de navegación y vigilancia con satélite orbital*] | SECOR = sequential collocation of range
secreto | privacy
secreto de las comunicaciones radiotelefónicas | privacy of radiotelephone conversations
secreto industrial | trade secret
sector | cluster; sector; vane
sector axial | axial sector
sector de alimentación | supply section
sector de arranque | boot sector
sector de arranque de la partición | partition boot sector
sector de localizador | localiser sector
sector de marcaciones dudosas | bad-bearing sector
sector de memoria | cluster; storage location
sector de rumbo | radio range leg
sector de silencio | silent arc
sector de telecomunicaciones | telecommunication branch
sector defectuoso [*en un disco de memoria*] | bad sector
sector del buscador de margen | range finder sector
sector dentado | rack gear
sector monofásico | single-phase mains
sector muerto | blind (/dead) sector
sector N | N quadrant
sector ultravioleta | ultraviolet sector
sector útil | usable range
sectorial | sectional, sectoral, sectorial
sectorización | sectoring
sectorizado físicamente | hard-sectored
secuencia | sequence, sequency, suite; [*de caracteres, de señales*] string; frame
secuencia automática | automatic sequencing
secuencia binaria | binary sequence
secuencia binaria seudoaleatoria | pseudorandom binary sequence
secuencia clave [*secuencia entre la posición inicial y la final de una animación*] | key-frame
secuencia de arranque | boot sequence, initialization string
secuencia de Barker | Barker sequence
secuencia de campo | field sequence
secuencia de colación | collation sequence
secuencia de comprobación de imágenes | frame check sequence
secuencia de conmutación | sampling sequence
secuencia de control | control sequence (/strip)
secuencia de datos | data frame
secuencia de derivación | derivation sequence
secuencia de escape | escape sequence
secuencia de inicialización | initialization string
secuencia de instrucciones | instruction sequencing
secuencia de instrucciones del programa | sequence of program instructions
secuencia de intercalación | collating sequence
secuencia de interclasificación | collating sequence
secuencia de la soldadura | weld sequence
secuencia de las fases | phase sequence
secuencia de lenguaje fuente | compression (/source) coding, source compression coding
secuencia de llamada | calling sequence
secuencia de longitud máxima | maximum-length sequence
secuencia de maniobra | sequence of operation
secuencia de microinstrucciones | microinstructions sequence
secuencia de operación | sequence of operation
secuencia de prueba | test sequence
secuencia de puntos | dot sequential
secuencia de ruido | noise sequence
secuencia de salto de línea | newline sequence
secuencia de seudorruido | pseudo-noise sequence
secuencia de tecla directa | hot key sequence
secuencia de tiempo | time sequencing
secuencia de tiempos base | base-timing sequencing
secuencia de trasmisión | transmission sequence
secuencia directa | direct sequence
secuencia específica de datos | enumerated data type
secuencia finita | finite sequence
secuencia inicial de instrucciones | bootstrap
secuencia m | m-sequence
secuencia m periódica | m-sequence
secuencia numérica seudoaleatoria | pseudorandom number sequence
secuencia PN [*secuencia de seudorruido*] | PN sequence = pseudonoise sequence
secuencia selectiva | selective sequence
secuencia terminada en cero | null-terminated string
secuenciador | sequencer
secuenciador de microprogramas | microprogram sequencer
secuenciador de tambor | drum sequencer
secuencial | multistage, sequential, serial
secuencial-simultáneo | series-parallel
secuencialmente | sequentially
secundarias separadas no seleccionadas | separate secondaries not selected
secundario | secondary
secundario conectado en zigzag | zigzag-connected secondary
secundario del trasformador | transformer secondary
SED [*dosis de energía específica*] | SED = specific energy dosage
sedimentación | deposition
sedimentación iónica | ion plating
sedimento | dross, sludge
sedimento seco | dry dross
SEDISI [*agrupación española de empresas de informática*] | SEDISI [*Spanish association of software companies*]
SEG = seguridad | SAFE = safety
segmentación | segmentation, segmenting; pipelining
segmentación del programa | program segmentation
segmentado | segmented
segmentar | to segment
segmentariamente | segmentally
segmentario | segmental, segmentary
segmento | segment, section; [*de un grupo de antena*] bay
segmento de cadena | string segment
segmento de códigos | code segment
segmento de cortocircuito | shorting ring (/segment)
segmento de datos | data segment
segmento de guiaondas | waveguide section
segmento de línea | line segment
segmento principal [*de códigos en Macintosh*] | main segment
segmento de protección | return flat
segmento espacial | satellite space sector
segmento no disipativo | nondissipative stub
segmento raíz | root segment
segmento terreno | satellite ground sector
segregación | segregation, separation
seguido | continuous
seguido por radar | radar-tracked
seguidor automático de ruta | automatic chart-line follower
seguidor catódico de White | White cathode follower
seguidor de ánodo | anode follower
seguidor de cátodo | source (/cathode) follower
seguidor de circuitos | tracer
seguidor de emisor doble | double emitter follower
seguidor de estrellas | star tracker
seguidor de fase | phase tracker
seguidor de haz | beam rider
seguidor de horizonte | horizon tracker

seguidor de señales | signal tracer
seguidor del emisor | emitter follower
seguidor del sol | sun follower
seguidor digital de recorrido | digital range tracker
seguimiento | chase, pursuit, roaming, tracing, tracking; follow-up
seguimiento asistido | aided tracking
seguimiento automático | autotracking, automatic tracking, lock, locking-on
seguimiento automático mediante haz de radar | radar lock-on
seguimiento automático por iluminación | searchlighting
seguimiento automático por proyección | searchlighting
seguimiento complementario | complementary tracking
seguimiento con ayuda manual | manual rate-aided tracking
seguimiento de contactos | contact follow
seguimiento de fase | phase tracking
seguimiento de haz | beam-rider guidance
seguimiento de haz portador | beam-rider guidance
seguimiento de llamada | call tracing, malicious call trace; [*servicio suplementario RDSI*] recording of call data
seguimiento de proyectiles por radar | radar missile tracking
seguimiento de satélites | satellite tracking
seguimiento de señales | signal tracing
seguimiento de un circuito | tracing call
seguimiento del blanco | target tracking, tracking of target
seguimiento del circuito | call tracing
seguimiento del haz radioeléctrico | on the beam
seguimiento dentro de alcance | track in range
seguimiento infrarrojo pasivo | passive infrared tracking
seguimiento internacional | international roaming
seguimiento por comparación de señales | signal comparison tracking
seguimiento por detección estática | static split tracking
seguimiento por radar | radar monitoring (/tracking)
seguimiento por radio | radio tracking
seguimiento por rayos gamma | gamma ray tracking
seguimiento radioeléctrico | radio tracking
seguimiento vertical | vertical tracking
seguir | to continue, to follow; [*una ruta*] to track
segunda cifra | second digit
segunda cuantificación | second quantization
segunda descarga de Townsend | second Townsend discharge
segunda fuente | second source
segunda generación | second generation
segunda generación de ordenadores | second generation of computers
segunda petición | second request
segunda preselección parcial | partial secondary selection
segunda ruptura | second breakdown
segunda velocidad | second speed
segundero | second breakdown
segundo | second
segundo ánodo | second anode
segundo armónico | second harmonic
segundo detector | second detector
segundo detector de vídeo | second video detector
segundo grupo | second group
segundo plano | background
segundo selector interurbano | second group toll switch
segundo sonido | second sound
seguridad | guarding, safety, security
seguridad de conmutación | switching dependability
seguridad de criticidad nuclear | nuclear criticality safety
seguridad de flujo de tráfico | traffic flow security
seguridad de funcionamiento | dependability, reliability of operation
seguridad de la conmutación | switching dependability
seguridad de los datos | data integrity (/security)
seguridad de propagación | propagation reliability
seguridad de sitios de comercio electrónico | E-commerce site security
seguridad de trasmisión | transmission security
seguridad del reactor | reactor safety
seguridad del servicio | service dependability
seguridad electrónica | electronic security
seguridad en internet | Internet security
seguridad en la capa de trasporte [*de datos*] | transport layer security
seguridad funcional | dependability
seguridad informática | computer security
seguridad intrínseca | intrinsic reliability
seguridad multinivel | multilevel security
seguridad nuclear | nuclear safety
seguro contra fallo | fail safe
seguro contra fallos | fail-safe
seguro de calidad | quality assurance
seismicidad | seismicity
seísmo | earthquake, seism
seísmo marino | seaquake
SEL = selector, selección | SEL = selector, selection
selección | choice, dialling method, hunting; select, selecting, selection
selección a distancia | remote (/long distance) selection
selección a distancia del abonado solicitado | trunk operator dialling
selección a distancia por cuatro frecuencias | four-frequency dialling
selección a distancia por disco | dial pulsing
selección a distancia por frecuencia vocal | voice frequency dialling (/sending)
selección actual | current selection
selección alfanumérica [*para datos*] | alphanumeric sort
selección ampliada | extended selection
selección ascendente | ascending sort
selección automática | automatic hunting (/selection), hunting action
selección automática del abonado llamado | subscriber trunk dialling
selección con dos frecuencias | two-frequency dialling
selección con impulsos de corriente de cuatro frecuencias | four-frequency dialling
selección con seis cifras (/dígitos) | six-digit dialling
selección conjugada | conditional selection
selección continua | continuous hunting
selección de banda | band switching
selección de campo | field selection
selección de cara | side select
selección de chip | chip select
selección de componentes | chip select
selección de corriente de coincidencia | coincidence current selection
selección de emplazamiento | site selection
selección de impulsos | pulse selecting (/selection)
selección de intercambio | exchange selection
selección de la señal | strobing
selección de la señal de vídeo | video select
selección de línea | choice of line
selección de piloto | pilot pickoff
selección de rango | range selection
selección de ruta | route selection
selección de señal | gating
selección de señales de código | permutation-code switching system
selección de teleimpresora por teclado | teletypewriter keyboard selection
selección de unidad | drive select
selección de velocidad | speed switching, velocity sorting
selección de vídeo | video select
seleccion de zona | zone selection
selección deformada | faulty selection
selección del buscador de llamadas | call finder selection

selección del nivel de amplitud | amplitude level selection
selección del terminal | terminal selection
selección directa | direct dialling (/selection)
selección discontigua | discontiguous selection
selección en amplitud | amplitude selection
selección en cascada | cascading choice
selección estroboscópica | strobing
selección falsa | faulty selection
selección incompleta | mutilated selection
selección interurbana automática | toll line dialling
selección jerarquizada | triage
selección multifrecuencia | touch tone
selección múltiple | multiple selection
selección numérica | numerical selection
selección paso a paso | step-by-step selection
selección permanente | persistent selection
selección por botones | keyset selection
selección por control remoto | remote selection
selección por corriente alterna | alternating-current selection
selección por corrientes coincidentes | coincident current selection
selección por disco | dial operation
selección por frecuencia fuera de banda | outband dialling
selección por frecuencia vocal | voice frequency dialling (/sending)
selección por impulsos | gating
selección por manipulación | impulse drive selection
selección por permutación | exchange selection
selección por pulsadores | pushbutton selection
selección por teclado | key pulsing, keyboard selection
selección por tonos | tone dialing
selección posterior | post-selection
selección principal | primary selection
selección radiométrica | radiometric sorting
selección rotatoria | rotary search
selección rotatoria en un solo nivel | rotary hunting (/search on one level)
selección rotatoria sobre varios niveles | level hunting
selección secundaria parcial | partial secondary working
selección semiautomática | operator trunk semiautomatic dialling
seleccionable | selectable
seleccionado un chip programable | programmable chip
seleccionar | to dial, to select, to choose

seleccionar con el teclado | to dial with keyboard
seleccionar el tipo de acción | to select action type
seleccionar por conmutador | to switch
seleccionar todo | to select all
selectividad | selectance, selectivity
selectividad aguda | steep skirt selectivity
selectividad de canal adyacente | adjacent-channel selectivity
selectividad de falda | skirt selectivity
selectividad de flancos empinados | steep skirt selectivity
selectividad de flancos escarpados | steep skirt selectivity
selectividad de frecuencia | frequency selectivity
selectividad de frecuencia intermedia | IF selectivity
selectividad de señal única | single-signal selectivity
selectividad de trasmisión | transmission selectivity
selectividad de un receptor | selectivity of a reciever
selectividad del filtro | filter discrimination
selectividad del receptor | receiver selectivity
selectividad del segundo canal | second channel attenuation
selectividad direccional | directional selectivity
selectividad espectral | spectral selectivity
selectividad polifásica | polyphase selectivity
selectividad por el método de dos señales | two-signal selectivity
selectividad variable | variable selectivity
selectivo | selective
selector | dial, director, grab handler, handler, seeker, selecting, selector, tap (/tapping) switch, tuner; chooser
selector absorbente digital | digital absorbing selector
selector automático | self-driven selector
selector auxiliar | auxiliary (/special code) selector
selector con propulsión a motor | machine-driven selector
selector con repetidor | selector with repeater
selector de absorción de impulsos | digit absorbing selector
selector de acceso | access selector
selector de alcance | range selector
selector de amplitud | amplitude selector
selector de amplitud de impulsos | pulse amplitude (/height) selector
selector de anticoincidencia | anticoincidence selector
selector de archivo | file chooser

selector de ayuda mutua | mutual aid selector
selector de banda | band (/range) selector; [*de ondas*] waveband switch
selector de banda lateral | sideband selector
selector de bandas de varias secciones | multisection bandswitch
selector de barras cruzadas | crossbar selector
selector de búsqueda de falta de tierra | absence-of-earth searching selector
selector de canal | channel selector
selector de canales | station selector
selector de cincuentena | penultimate selector
selector de clasificación | selection dial, sort selector switch
selector de clavija | plug selector
selector de código | code selector
selector de coincidencia | coincidence selection
selector de coincidencias diferidas | delayed coincidence selector
selector de contorno de sonoridad | loudness contour selector
selector de coordenadas | crossbar switch
selector de datos | data selector
selector de dígito | digit selector
selector de dos movimientos | Strowger (/two-motion) selector
selector de enlace de llegada | injunction selector
selector de entrada | incoming selector
selector de entrada de corriente | power selection switch
selector de escala | scale selector
selector de escala de distancia | range selector
selector de estaciones | station selector
selector de estaciones en circuito compartido | party line station selector
selector de frecuencia | frequency selector switch
selector de funciones | function switch
selector de grupo | group selector
selector de grupo de x contactos | x-outlet group selector
selector de grupo primario | first group selector
selector de impulsos | pulse selector (/sorter)
selector de impulsos de sincronización | synchronizing pulse selector
selector de intervalos | time interval selector
selector de intervalos de tiempo | time interval selector
selector de la energía iónica | ion energy selector
selector de línea | line selector
selector de llamada automático | automatic dialler

selector de llamada del buscador | digit absorbing selector
selector de los dígitos B y C | B and C digit selector
selector de movimiento | move handler
selector de movimiento único | uniselector
selector de múltiples posiciones | multiposition selector switch
selector de oferta interurbana | trunk-offer selector
selector de ponderación | weighting switch
selector de potencia | power selector
selector de programas | program selector (switch)
selector de progresión directa | forward-acting selector
selector de progresión inversa | backward-acting selector
selector de prueba | test connector (/selector)
selector de puerto | port selector
selector de registro y lectura | recording/reproducing switch
selector de registros | register chooser (/selector)
selector de relé | relay selector
selector de relés | all-relay selector, relay unit
selector de relevadores | all-relay selector, relay unit
selector de rumbo | omnibearing selector
selector de saldo negativo | negative balance selector
selector de salida | outgoing selector
selector de secuencia de arranque por unidades | unit sequence switch
selector de señales | signal selector
selector de sonido | sound select
selector de tándem | tandem selector
selector de telemando/mando local | remote/local switch
selector de tensión | voltage selector (switch)
selector de tensiones | voltage changer switch
selector de tiempos de vuelo de neutrones lentos | slow neutron flight-time selector
selector de tomas de baja carga | underload tap changer
selector de tránsito | tandem selector
selector de tres pasos de amperaje | three-heat switch
selector de un solo movimiento | uniselector
selector de un solo movimiento propulsado por motor | motor uniselector
selector de velocidad | velocity selector
selector de velocidades de neutrones | neutron velocity selector
selector de volumen | volume control switch

selector de zona | zone selector
selector discriminador | discriminating selector
selector dividido | split selector
selector Ericsson | Ericsson selector
selector especial | auxiliary selector
selector final | final selector
selector final de centralitas privadas | PBX final selector
selector final de prueba | test final selector
selector final de x contactos | x-line final selector
selector final interurbano | toll connector, toll (/trunk) final selector
selector final para el tráfico urbano e interurbano | combination local and toll connector
selector giratorio | dial switch
selector lento | slow chopper
selector mixto para el tráfico urbano e interurbano | combination local and toll connector
selector monopolar | single-gang selector switch
selector motorizado | machine-driven selector
selector no cortocircuitante | non-shorting switch
selector omnidireccional | omnibearing selector
selector para servicio local y de larga distancia | combined local and trunk (/toll) selector
selector para tráfico urbano e interurbano | combined local and toll (/trunk) selector
selector paso a paso | step-by-step selector
selector primario | access (/primary) selector, register
selector rápido | high speed switch
selector registrador de A [*selector registrador de la primera letra*] | A digit selector
selector repetidor de conmutación | switching selector-repeater
selector rotativo | uniselector
selector rotatorio para abonados a varias líneas agrupadas | rotary-hunting connector
selector secundario | secondary selector
selector sin posición de reposo | nonhoming selector
selector Strowger | Strowger selector (/switch)
selector supresor | digit absorbing selector
selector telefónico | telephone dial
selector telegráfico | telegraph selector
selector terminal | terminal selector
selector unidireccional | unidirectional selector
selector XY | XY switch
selectrón [*aleación magnética de silicio y hierro*] | selectron

selenio | selenium
selenita | selenite
seleniuro | selenide
selenodesia | selenodesy
selenografía | selenography
selenoide | selenoid
selenología | selenology
sellado | seal, sealed, sealing-in
sellado al vacío | vacuum seal
sellado entre caras | interfacial seal
sellado final | final seal
sellado herméticamente | hermetically sealed
sellado hermético | hermetic seal
sellado mediante calor | heat seal
sellado polióptico | polyoptic sealing
sellado por calor | heat sealing
sellado por impulsos | impulse sealing
sellado preparatorio | housekeeper seal
sellado ultrasónico | ultrasonic sealing
sellador | sealant; sealer
SEM [*microscopio de exploración electrónica*] | SEM = scanning electron microscope
semación | semation
semáforo | semaphore
semáforo automático | robot traffic light
semana | week
semantema | semanteme, sememe
semantema de salida | outgoing semanteme
semántica | semantics
semántica algebraica | algebraic semantics
semántica de axiomas | axiomatic semantics
semántica denotativa | denotational semantics
semántica operacional | operational semantics
semántica trasformacional | transformational semantics
sematema | sememe
semator [*órgano del emisor para modulación telegráfica*] | semator
semiacabado | semifinished
semiajustable | semiadjustable
semialtura | half-height
semiancho | half-width
semianillo | semiring
semianillo cerrado | closed semiring
semianillo conmutativo | commutative semiring
semianillo unitario | unitary semiring
semiautomático | semiautomatic
semiaxial | semiaxial
semibucle plano | planar half-loop
semicelda de quinhidrona | quinhydrone half-cell
semicerrado | semienclosed
semiciclo | half-cycle, semicycle
semiciclo de no conducción | non-conducting half-cycle
semiciclo de reposición | resetting half-cycle
semiciclo de restablecimiento | re-

setting half-cycle
semicilindro | half-cylinder
semicilindro giratorio | rotating half-cylinder
semiconducción | semiconductorization
semiconductor | semicon = semiconductor; semiconductible, semiconducting
semiconductor bombardeado por electrones | electron-bombarded semiconductor
semiconductor compensado | compensated semiconductor
semiconductor complementario de óxido metálico | complementary metal-oxide semiconductor
semiconductor de calidad para transistores | transistor-grade semiconductor
semiconductor de capa gruesa de nitruro metálico | metal-thick-nitride semiconductor
semiconductor de capa gruesa de óxido metálico | metal-thick-oxide semiconductor
semiconductor de emisor | emitter semiconductor
semiconductor de estado sólido | solid-state semiconductor
semiconductor de impurezas | impurity semiconductor
semiconductor de óxido metálico | metallic oxide semiconductor, metal-oxide semiconductor
semiconductor de óxido metálico de iones implantados | ion-implanted MOS
semiconductor de óxido metálico del canal P | P-channel MOS
semiconductor de óxido metálico difuso | diffused metal-oxide semiconductor
semiconductor de película delgada | thin-film semiconductor
semiconductor de película fina | thin-film semiconductor
semiconductor de tipo i | intrinsic (/i-type) semiconductor
semiconductor de tipo n | n-type semiconductor
semiconductor de tipo p | p-type semiconductor
semiconductor degenerado | degenerate semiconductor
semiconductor elemental | elemental semiconductor
semiconductor extrínseco | extrinsic semiconductor
semiconductor fotosensible | photosensitive semiconductor
semiconductor fotosensible de doble unión | double junction photosensitive semiconductor
semiconductor fotosensible de una sola unión | single-junction photosensitive semiconductor
semiconductor fundido | fused semiconductor
semiconductor intrínseco | intrinsic (/i-type) semiconductor
semiconductor iónico | ionic semiconductor
semiconductor metálico de óxido nítrico | metal-nitride-oxide semiconductor
semiconductor mixto | mixed semiconductor
semiconductor monocristalino | single-crystal semiconductor
semiconductor n [*semiconductor negativo*] | n-type semiconductor
semiconductor n-p | NP semiconductor
semiconductor n-p-n | NPN semiconductor
semiconductor orgánico | organic semiconductor
semiconductor P = semiconductor positivo | P-type semiconductor
semiconductor positivo | P-type semiconductor
semiconductor refractario de óxido metálico | refractory metal-oxide semiconductor
semiconductor tipo aceptor | acceptor-type semiconductor
semiconductor tipo donador | donor-type semiconductor
semiconductor tipo I | I-type semiconductor
semiconductor tipo N [*semiconductor electrónico por exceso de electrones*] | N-type semiconductor
semiconductor tipo P | P-type semiconductor
semiconductor ultrapuro | ultrapure semiconductor
semiconductorizado | semiconductorized
semiconexión | half-connection
semicontinuo | semicontinuous
semicristalino | semicrystalline
semicúbico | semicubical
semidecidible | semidecidable
semidecisión | semidecision
semiderivación | half-tap
semidetallado | semidetailed
semidiámetro | semidiameter
semidígito | half-digit
semidipolo con tetón adaptador coaxial | sleeve stub aeri
semidireccional | semidirectional
semidúplex | semiduplex; [*capacidad de un dispositivo para recibir y trasmitir alternativamente*] half-duplex
semiduro | semihard
semieje | semiaxis, semiaxle
semielaborado | semifinished
semielemento | half-cell
semielemento de pila | half-cell
semielíptico | semielliptic, semielliptical
semiembutido | semiflush
semiencerrado | semienclosed
semiesférico | semispherical
semiespejo giratorio | rotary beam-splitter mirror
semiestable | semistable
semiestático | semistatic
semifijo | semifixed
semiflotante | semifloating
semifluido | semifluid
semigrupo | semigroup
semigrupo libre | free semigroup
semiincombustible | semifireproof
semiletal | semilethal
semilla | seed
semilogarítmico | semilog = semilogarithmic
semilongitud | half-lenght
semilongitud de onda | half-wavelength
semimate | semimat, semimatte
semimecánico | semimechanical
semimecanización | semimechanization
semimetálico | semimetallic
semimontante | half-upright
semiología | semiotics
semionda | half-wave
semionda negativa | negative half-wave
semionda positiva | positive halfwave
semioscuridad | semidarkness
semipalabra | half word
semiperforado | chadless
semiperímetro | semiperimeter
semiperiodo | half-cycle, half-period, semicycle
semipermeable | semipermeable
semiplateado | semisilvered
semiportátil | semiportable
semipotencia | half-power
semiproporcional | semiproportional
semiprotegido | semiprotected
semipuente | half-bridge
semirresonante | semiresonant
semirrestador | half subtractor
semirrígido | semirigid
semiselectivo | semiselective
semisuma | half-add
semisumador | half-adder
semisupresor de eco | half-echo suppressor
semitono | half-tone, semitone
semitórico | doroid
semitrasparente, semitransparente | semitransparent
semiuniversal | semiuniversal
semivía | half-channel
semivitrificado | semivitrified
SEMPER [*proyecto europeo para el comercio eletrónico seguro*] | SEMPER = secure electronic marketplace for Europe
SEN = sensor, sensibilidad | SENS = sensor, sensibility
senario [*compuesto de seis elementos, unidades o guarismos*] | senary
sencillo | single
seno | sag, sine
seno de la onda | wave trough
seno del ángulo de desfase | sine of phase difference

seno del desfase | sine of phase difference
senoidal | sinusoidal
sensación del sonido | sound sensation
sensación sonora | sound sensation
sensibilidad | sensibility, sensitiveness, sensitivity, susceptibility
sensibilidad a la caja [*discriminación entre mayúsculas y minúsculas*] | case sensitivity
sensibilidad a la radiación | radiation sensitivity
sensibilidad a la vibración | vibration sensitivity
sensibilidad absoluta | absolute sensitivity
sensibilidad al error local | site error susceptibility
sensibilidad al toque | touch sensitivity
sensibilidad catódica a la radiación | cathode radiant sensitivity
sensibilidad cromática | colour sensitivity
sensibilidad de acallamiento del receptor | receiver quieting sensitivity
sensibilidad de contraste | contrast sensitivity
sensibilidad de corriente | current sensitivity
sensibilidad de cuadratura | quadrature sensitivity
sensibilidad de deflexión | deflection sensitivity
sensibilidad de deflexión de la válvula de rayos catódicos | cathode ray valve deflection sensitivity
sensibilidad de desfase | angular deviation sensitivity
sensibilidad de desviación | deviation sensitivity
sensibilidad de desviación angular | angular deviation sensitivity
sensibilidad de entrada | input sensitivity
sensibilidad de entrada del amplificador de potencia | power amplifier input sensitivity
sensibilidad de exploración | scanning sensitivity
sensibilidad de fondo de escala | full scale sensitivity
sensibilidad de iluminación | illumination sensitivity
sensibilidad de la brújula | sensitivity of compass
sensibilidad de la tangente | tangent sensitivity
sensibilidad de la tensión | voltage sensitivity
sensibilidad de máxima desviación | maximum deviation sensitivity
sensibilidad de micrófono | microphone sensitivity
sensibilidad de potencia | power sensivity
sensibilidad de radiación | radiant sensitivity
sensibilidad de resolución | resolution sensitivity
sensibilidad de ruta | course sensitivity
sensibilidad de silenciamiento | quieting sensitivity
sensibilidad de silenciamiento de ruido | noise squelch sensitivity
sensibilidad de sintonía | tuning sensitivity
sensibilidad de sintonía electrónica | electronic tuning sensitivity
sensibilidad de sintonización térmica | thermal tuning sensitivity
sensibilidad del fotocátodo | photocathode sensivity
sensibilidad del fotocátodo al flujo radiante | photocathode radiant sensitivity
sensibilidad del fusible | sensitivity of fuse
sensibilidad del ratón | mouse sensitivity
sensibilidad del receptor | receiver sensitivity
sensibilidad del relé | relay sensitivity
sensibilidad del voltímetro | voltmeter sensitivity
sensibilidad dinámica | dynamic sensitivity
sensibilidad en megaohmios | megohm sensitivity
sensibilidad espectral | spectral selectivity
sensibilidad estática | static sensitivity
sensibilidad final | end point sensitivity
sensibilidad fotoeléctrica | photoelectric sensitivity (/yield)
sensibilidad incremental | incremental sensitivity
sensibilidad límite | limit of sensitivity
sensibilidad local | local sensitivity
sensibilidad luminosa | luminous sensitivity
sensibilidad luminosa del cátodo | cathode luminous sensitivity
sensibilidad luminosa del fotocátodo | photocathode luminous sensitivity
sensibilidad luminosa estática | static luminous sensitivity
sensibilidad máxima | maximum sensitivity
sensibilidad máxima del receptor | receiver maximum sensitivity
sensibilidad media | random sensitivity
sensibilidad monocromática | monochromatic sensitivity
sensibilidad radiante | radiant sensitivity
sensibilidad referida al nivel cero | zero-level sensitivity, zero-relative-level sensitivity
sensibilidad referida al nivel relativo cero | sensitivity referred to zero relative level
sensibilidad relativa | relative sensitivity
sensibilidad tangencial | tangential sensitivity
sensibilidad tangencial de traspaso | tangential sensitivity on look-through
sensibilidad térmica de la ganancia | temperature sensitivity of gain
sensibilidad útil | usable sensitivity
sensibilidad vertical | vertical sensitivity
sensibilización | priming, sensitization, sensitizing
sensibilización por plata | silver sensitization
sensibilizador | activator, sensitizer
sensibilizador espectral | wavelength sensitizer
sensible | sensible, sensitive
sensible a la irradiación | radiation-responsive
sensible a la luz | light sensitive
sensible a la máquina | machine sensitive
sensible a la potencia | sensitive to power
sensible a la radiactividad | radioactive-sensitive
sensible a la temperatura | sensitive to temperature
sensible a la tensión | sensitive to voltage
sensible a las radiaciones | radiation-sensitive
sensible al movimiento | motion-sensing
Sensistor [*marca comercial de una resistencia de silicio*] | Sensistor
sensitometría | sensitometry
sensitométrico | sensitometric
sensitómetro | sensitometer
sensor | sensor, probe
sensor activo | active (/intrinsic) sensor
sensor acústico | sound sensor
sensor de área | area sensor
sensor de arranque | start sensor
sensor de calor | heat sensor
sensor de campo E | E field sensor
sensor de campo H | H-field sensor
sensor de capacidad | capacitance sensor
sensor de cloruro de litio | lithium chloride sensor
sensor de fin de carrera | end sensor
sensor de Hall | Hall sensor
sensor de horizonte | horizon sensor
sensor de horizonte panorámico | wide-angle horizon sensor
sensor de imagen | image sensor
sensor de intrusión portátil | portable intrusion sensor
sensor de línea | line sensor
sensor de movimiento | motion sensor
sensor de poliestireno sulfonado | sulphonated polystyrene sensor
sensor de posición | position (/attitude) sensor
sensor de posición en rotación | ro-

tation position sensor
sensor de presión | pressure-sensing element
sensor de presión no soldado | unbonded strain gauge
sensor de presión soldado | bonded strain gauge
sensor de radiaciones | radiation sensor
sensor de radiosonda | radiosonde sensor
sensor de rayos infrarrojos | infrared sensor
sensor de retención | latching sensor
sensor de sonido | sound sensor
sensor de telemedida | telemetering sensor
sensor de temperatura | temperature sensor
sensor de vibraciones | vibration sensor
sensor de vídeo | video sensor
sensor del solenoide de tambor del cabezal | drum pick-up
sensor detector de deformación | strain gauge sensor
sensor fotoeléctrico | photoelectric pickup (/sensor)
sensor interferométrico | interferometric sensor
sensor magnético bipolar | magnetic bipolar sensor
sensor pasivo | extrinsic (/passive) sensor
sensor pasivo de intrusión | passive intrusion sensor
sensor piezoeléctrico | piezoelectric sensor
sensor portátil | portable sensor
sensor semiactivo | hybrid sensor
sensor sísmico | seismic sensor
sensor volumétrico | volumetric sensor
sensorial | sensorial, sensory
sentar | to seat
sentencia | sentence, statement
sentencia IF [*en programación informática*] | IF statement
sentencia condicional | conditional statement
sentencia de asignación | assignment statement
sentencia de trabajo [*en programación informática*] | job statement
sentencia fuente | source statement
sentencia si y únicamente si | *if and only if* statement
sentencia si, en otro caso | *if then else* statement
sentido | sense; [*de la trasmisión*] direction
sentido de bloqueo | blocking direction
sentido de la trasmisión | transmission direction
sentido de trasmisión barco-tierra | ship-to-shore direction of transmission
sentido de un vector | sense of a vector
sentido de una desigualdad | sense of an inequality
sentido directo | forward direction
sentido inverso | inverse (/reverse) direction
sentido inverso de funcionamiento | inverse direction of operation
seña de disponibilidad | ready signal
señal | signal; bookmark
señal A | A signal
señal activadora del barrido | sweep trigger
señal acústica | audible (/sound) signal, beep
señal acústica de baja frecuencia | low-frequency ringing set
señal aérea | air marker
señal aérea en tierra | air marker
señal aleatoria | random signal
señal analógica | analog signal
señal anisócrona | anisochronous signal
señal aparente | signal imitation
señal arrítmica | start-stop signal
señal audible | audible cue (/signal), aural signal
señal audible continua | continuous audible signal
señal automática de fin | automatic clearing (/ring-off signal)
señal automática de fin de conversación | automatic ring-off signal
señal avisadora de falta de alimentación | power failure warning signal
señal binaria | binary signal
señal bipolar | bipolar signal
señal blanca | white signal
señal B-Y | B-Y signal
señal cíclica | sequence signal
señal codificada de telecontrol | remote-control code
señal coherente de vídeo | coherent video
señal compleja | signal complex
señal compuesta | composite (/compound) signal, signal aggregate (/complex)
señal compuesta de sincronismo | composite synchronization signal
señal compuesta de sincronización | composite synchronization signal
señal compuesta de televisión | composite TV signal
señal común | common mode signal
señal con amplitud modulada del impulso | pulse-amplitude-modulation signal
señal con barrido | sweep signal
señal con barrido de frecuencia | sweep signal
señal con modulación periódica de frecuencia | wobbulated signal
señal conducida | conducted signal
señal continua | continuous signal
señal correctora de sombra | shading signal
señal cromática | colour signal
señal cronométrica | time tick
señal CS [*señal de estado de control*] | CS signal = control status signal
señal cuadrada | square (wave) signal
señal de absorción | absorption marker
señal de acompasamiento | clock signal
señal de activación | triggering signal
señal de actuación | actuating signal
señal de actuación del bucle (/lazo) | loop-actuating signal
señal de acuse de recibo | acknowledgement signal
señal de ajuste de fase | phasing signal
señal de alarma | alarm call, alarm (/warning) signal
señal de alarma radiotelefónica | radiotelephone alarm signal
señal de alarma radiotelegráfica | radiotelegraph alarm signal
señal de altitud | altitude signal
señal de armado | arming signal
señal de arranque | start (/starting) signal
señal de arrastre | driving signal
señal de audio | audio (/aural) signal
señal de auxilio | distress signal, signal of distress
señal de avería | trouble (/out-of-order) tone
señal de aviso | offering (/warning) signal
señal de bajo nivel | low level signal
señal de bloqueo | blocking (/test-busy) signal, use lockout
señal de borrado | blanking signal
señal de brillo | brightness signal; Y = luminance
señal de cámara | camera signal
señal de cambio de estado | upset (/status change) signal
señal de cambio de línea | line feed impulse
señal de cambios | inversion signal
señal de cancelación | cancelling signal
señal de cierre | clearing
señal de cifrado | key signal
señal de circulación | circulating signal
señal de código | code sign
señal de código internacional | international code signal
señal de colgado | clear-back signal
señal de color compuesta | composite colour signal
señal de comienzo | start (/starting) signal
señal de comienzo de grabación | start record signal
señal de comienzo de numeración | start-of-pulsing signal
señal de comienzo de registro | start record signal
señal de comienzo del mensaje | start-of-message signal

señal de compensación | compensation signal
señal de compensación de sombra | shading compensation signal
señal de componente única | single-component signal
señal de comprobación de reposición | release guard signal
señal de conexión | call connected signal
señal de conexión establecida | ringing guard signal
señal de confirmación de llamada | call confirmation signal
señal de conmutación | switching (/off-the-hook) signal
señal de control | control (/driving) signal
señal de control de realimentación | feedback control signal
señal de control por radio | radio command
señal de corrección | correcting current (/signal)
señal de crominancia | (carrier) chrominance signal
señal de crominancia Q | Q chrominance signal
señal de datos | data signal
señal de desconexión | disconnect (/release, /clear-back, /clear-forward) signal
señal de desconexión recibida | backward clear, on hook signal
señal de desenganche | prefix
señal de detención | stop signal
señal de diferencia del color | colour difference signal
señal de directividad | directivity signal
señal de disco | disc (/board) signal
señal de disparo | triggering signal
señal de dispuesto para recibir | wink start
señal de distancia | range signal
señal de efecto local | sidetone
señal de emergencia | urgency signal
señal de emisión | outgoing (/transmit) signal
señal de emisión de corriente de llamada | reringing signal
señal de encuadramiento | framing signal
señal de encuadre | framing signal
señal de entrada | input signal
señal de entrada del bucle | loop input signal
señal de entrada del lazo | loop input signal
señal de entrada sinusoidal | sinusoidal input signal
señal de error | error signal
señal de error del bucle | loop error signal
señal de error del lazo | loop error signal
señal de espacio | spacing signal
señal de espacio continua | continuous space
señal de espacio excesiva | spacing bias
señal de espacio unitario | single-unit spacing signal
señal de estación controlada | slave signal
señal de estación esclava | slave signal
señal de estado | status signal
señal de estado de control | control status signal
señal de excitación | driving (/triggering) signal
señal de facsímil | facsimile signal
señal de fin | disconnect (/clearing out) signal
señal de fin de archivo | end-of-file mark
señal de fin de cinta | end-of-tape marker
señal de fin de comunicación | clear-back signal, clear-forward signal, ringing-off signal
señal de fin de conversación | clearing (/supervision, /supervisory) signal
señal de fin de emisión | stop-send signal
señal de fin de envío | sending-finished signal
señal de fin de liberación | clearing signal
señal de fin de mensaje | end-of-message signal
señal de fin de numeración | end-of-pulsing signal
señal de fin de selección | forward end-of-selection signal
señal de fin por tierra | earth clearing
señal de final de bloque | end-of-block signal
señal de frecuencia contrastada | standard frequency signal
señal de frecuencia intermedia | intermediate-frequency signal
señal de frecuencia múltiple | multi-burst signal
señal de frecuencia patrón | standard frequency signal
señal de frecuencia vocal | speech
señal de frecuencia vocal modulada | modulated voice-frequency signal
señal de frecuencias vocales | voice signal
señal de frente escarpado | steep-fronted signal
señal de gran amplitud | large signal
señal de grupo ocupado | group engaged tone
señal de haz | beam signal
señal de identificación | signature, pilot signal, identification sign
señal de identificación de aeropuerto | aerodrome identification sign
señal de imagen | picture (/video) signal
señal de imagen compuesta | composite picture signal
señal de imagen con bloqueo (/borrado) | blanked picture signal
señal de imagen con supresión | blanked picture signal
señal de imagen cromática | colour picture signal
señal de imagen del rojo | red picture signal
señal de imagen en color | colour picture signal
señal de impulso | pulse signal
señal de impulso corto | narrow-pulsed signal
señal de impulsos | pulsed signal
señal de impulsos numéricos | impulsing signal
señal de inalterabilidad | write lockout
señal de indicación de alarma | alarm indication signal
señal de información | intelligence signal
señal de interferencia invisible | blanking
señal de interrogación | interrogation signal
señal de interrupción | break signal, interrupt mark
señal de intervención | forward transfer signal
señal de invitación a marcar | proceed-to-signal, proceed-to-send signal, proceed-to-select signal
señal de invitación a repetir | repeat signal
señal de invitación a trasmitir | ready (/start-pulsing, /proceed-to-send, /proceed-to-transmit) signal
señal de la base de tiempos | time-base signal
señal de la cámara | camera signal
señal de la grabadora | recorder signal
señal de la rueda fónica | tonewheel signal
señal de liberación | release signal
señal de liberación de bloqueo | release guard signal
señal de liberación de ida | clear-forward signal
señal de línea | dial tone, line signal
señal de línea de abonado | line drop signal
señal de línea libre | proceed-to-signal
señal de línea parcial | partial dial tone
señal de listo para recibir | read-to-receive signal, ready-to-receive signal
señal de llamada | audible (/call, /line, /offering, /recall, /ringing, /ringing tone) signal, ring-back, ringing tone
señal de llamada audible | audible ringing
señal de llamada de la central al abonado | ring-forward signal
señal de llamada de la central al peticionario | ring-back signal
señal de llamada hacia adelante | forward recall signal
señal de llamada internacional | international call signal

señal de llamada por impulsos | impulsing signal
señal de llamada táctica | tactical call sign
señal de luminancia | luminance signal
señal de mando | driving (/order, /pilot) signal
señal de marca continua | continuous mark
señal de marcación | dial tone, impulsing signal
señal de mensaje en espera | message waiting indication
señal de modulación | modulating signal
señal de numeración | digit (/digital, /impulsing, numerical, /pulsing) signal
señal de número recibido | number received signal
señal de ocupación | busy (/engaged, /busy flash) signal, line busy
señal de ocupación de línea telefónica | occupied
señal de ocupado | busy signal (/tone)
señal de ocupado a destellos | busy flash signal
señal de ocupado enviada de retorno | busy back
señal de onda cuadrada | square (wave) signal
señal de onda de tensión sinusoidal | sine wave signal voltage
señal de onda en escalera | staircase signal
señal de onda rectangular | square signal
señal de onda reflejada | sky wave signal
señal de onda sinusoidal | sine wave signal
señal de orden de destrucción | command destruct signal
señal de orientación | orientation mark
señal de parada | stop signal
señal de parada absoluta | absolute stop signal
señal de parada de grabación (/registro) | stop-record signal
señal de paso | permissive signal
señal de paso a nivel | level crossing signal
señal de peligro | scram signal
señal de peligro emitida en frecuencia próxima a la asignada | off-frequency distress signal
señal de petición de respuesta | call back signal
señal de poca intensidad | weak signal
señal de polaridad negativa | negative polarity signal
señal de polaridad positiva | positive polarity signal
señal de portadora de crominancia | carrier chrominance signal
señal de precaución | permissive (/slowing-down) signal

señal de preparado | ready signal
señal de principio de comunicación | clear-down signal
señal de propagación trashorizonte | over-the-horizon signal
señal de prueba | test signal
señal de prueba de impulso y barra | pulse-and-bar test signal
señal de prueba de onda cuadrada | square wave test signal
señal de puerta | gate signal
señal de puesta en marcha | start signal
señal de punto oscuro | dark spot signal
señal de puntos | dot signal
señal de radar | radar signal
señal de radio | radio signal
señal de radiobaliza exterior | outer marker
señal de radiofrecuencia | RF signal
señal de radiofrecuencia de alto nivel | high level radio-frequency signal
señal de radiofrecuencia de bajo nivel | low-level radio frequency signal
señal de ráfaga múltiple | multiburst signal
señal de realimentación | feedback signal, primary feedback
señal de realimentación del bucle (/lazo) | loop feedback signal
señal de recepción | acknowledgement signal
señal de reconocimiento | acknowledgement signal
señal de referencia | reference signal
señal de referencia almacenada | stored reference signal
señal de referencia de la subportadora | subcarrier reference signal
señal de referencia de onda continua | CW reference signal
señal de referencia de subportadora | subcarrier reference signal
señal de referencia solar | sun strobe
señal de regeneración | regenerator signal
señal de registrador | recorder signal
señal de reloj | clock signal
señal de repetición | repeat signal
señal de repique | ringing signal (/tone)
señal de reposición | reset command
señal de reposo | spacing signal
señal de reposo continua | continuous space
señal de respuesta | answer signal, return light (/signal)
señal de retorno | return (echo), signal return
señal de retorno del bucle | loop return signal
señal de retorno del carro | carriage (/carrier) return signal
señal de retorno del lazo | loop return signal
señal de retroceso del carro | carrier return signal

señal de salida | output (/starting) signal
señal de salida aleatoria | random output
señal de salida del bucle (/lazo) | loop output signal
señal de salida sin compensación de frecuencia | unweighted output signal
señal de salida sin ponderación | unweighted output signal
señal de saturación | saturating (/saturation) signal
señal de seccionamiento | blocking signal
señal de seguridad | safety signal
señal de selección de chip | chip select signal
señal de semáforo | semaphore signal
señal de separación | break (/separative) signal
señal de separación de mensaje | message separation signal
señal de sincronismo de color | colour sync signal
señal de sincronismo horizontal y vertical | supersync signal
señal de sincronismo vertical | vertical synchronizing signal
señal de sincronización | burst signal; sync signal = synchronization (/synchronizing) signal
señal de sincronización de la subportadora de crominancia | colour burst
señal de sincronización de trama | frame synchronization signal
señal de sincronización del color | colour burst
señal de sincronización vertical | vertical sync (/synchronizing) signal
señal de sintonización en red | netting call
señal de situación en ruta | on-course signal
señal de socorro | distress signal, signal of distress
señal de socorro radiotelefónica | radiotelephone distress signal
señal de sonido | aural (/sound) signal
señal de subida | uplink
señal de subportadora | subcarrier signal
señal de subportadora en cuadratura de fase | quadrature-phase subcarrier signal
señal de supervisión | supervision (/supervisory) signal
señal de supresión | blanking signal
señal de susurro | babble signal
señal de teleimpresora | teletypewriter signal
señal de telemando | remote-control signal
señal de telemedida | telemetry signal
señal de televisión | television signal
señal de televisión en color | colour television signal

señal de televisión normalizada | standardized television signal
señal de temporización | timing signal
señal de tensión sinusoidal | sine wave signal voltage
señal de terminación sencilla | single-ended signal
señal de tiempo | timing signal
señal de tipo N | N signal
señal de toma | seizing (/seizure) signal
señal de toma de línea | seizing (/seizure) signal
señal de toma de tránsito | transit seizing signal
señal de toma terminal | terminal seizing (/seizure) signal
señal de trabajo | mark, work (/marking) signal
señal de trabajo continua | continuous mark
señal de trasferencia | transfer signal
señal de trasferencia en entrada | forward transfer signal
señal de trasmisión | transmitter signal
señal de trasmisión de arcoiris | keyed rainbow signal
señal de umbral de pista | runway threshold marking
señal de urgencia | urgency signal
señal de validación | strobe
señal de vía | traffic signal
señal de vídeo | video (/picture) signal
señal de vídeo compuesta | composite video (/picture) signal
señal de vídeo de crominancia | chrominance video signal, video chrominance component
señal de vídeo global | total video signal
señal de videofrecuencia | videofrequency signal
señal de voz | voice signal
señal de zumbador | buzzer signal
señal débil | small (/weak) signal
señal débil a la entrada | small-signal input
señal débil activa | active low signal
señal del blanco | white signal
señal del código Q | Q signal
señal del color | colour signal
señal del color rojo | red signal
señal del espacio | space signal
señal del espectro trasladado | translated spectrum signal
señal del impulso | pulse waveform (/wave)
señal del programa | program signal
señal del rojo | red signal
señal del rojo-verde-azul | red-green-blue signal
señal del servicio de télex | telex service signal
señal del trasmisor | transmitter signal
señal derecha | right signal
señal derivada monocroma | shunted monochrome signal

señal deseada | wanted signal
señal desfasada | out-of-phase signal
señal determinista | deterministic signal
señal diferencia | difference signal
señal diferencial de modo | differential mode signal
señal diferencial del anillo (/bucle, /lazo) | loop difference signal
señal diferida | deferred-action alarm
señal digital | digital signal
señal discreta | discrete signal
señal Doppler | Doppler signal
señal eléctrica | electric signal
señal en cuadratura | quadrature signal
señal en escalera | staircase (signal)
señal en escalón | step signal
señal en fase | in-phase signal
señal en modo común | common mode signal
señal en rampa | linear rising signal
señal enclavada | interlock signal
señal entre portadoras | signal inter-carrier
señal espuria | spurious signal
señal espuria registrada por contacto | spurious print-through signal
señal estabilizadora | stabilizing signal
señal falsa | false signal, signal imitation
señal falsa por efecto de impresión magnética | spurious print-through signal
señal fantasma | ghost (/phantom) signal
señal fotoeléctrica | photoelectric signal
señal fuerte | large signal
señal fuerte activa | active high signal
señal G-Y | G-Y signal
señal hacia adelante | forward signal
señal hacia atrás | backward signal
señal horaria | time signal
señal horaria por radio | radio time signal
señal horaria radioeléctrica | radio time signal
señal I | I signal
señal imagen | image signal
señal indeseada | undesired (/unwanted) signal
señal indeseada de onda de tierra | undesired ground wave signal
señal indicadora de la posición de la aguja | signal indicating the position of the points
señal inhibidora | inhibit (/inhibiting) signal
señal inmediata | immediate signal
señal inteligente | intelligence signal
señal inteligible del reactor | reactor readable signal
señal interferente permisible | permissible interfering signal
señal inútil | unwanted signal
señal izquierda | left signal
señal lado izquierdo | left signal

señal legible del reactor | reactor readable signal
señal limitada | limited signal
señal lógica | logic signal
señal luminosa | (indicator) light, lamp (/luminous) signal
señal luminosa con luz de colores | colour light signal
señal luminosa de circulación en tierra | ground-traffic signal light
señal luminosa de llamada | visual ringing signal
señal luminosa de luces de posición | position light signal
señal marcadora | marking signal
señal marcadora de absorción | suck-out pip
señal marcadora de impulso rectangular | square-pulse marker signal
señal más ruido y distorsión | signal plus noise and distortion
señal mínima discernible | thereshold (/minimum discernible) signal
señal mioeléctrica | myoelectric signal
señal moduladora | modulating signal
señal moduladora del programa | program signal
señal monocroma | monochrome signal
señal monocroma de punteo | by-pass monochrome signal
señal multifrecuencia de doble tono | dual tone multifrequency signalling
señal múltiplex | multichannel signal
señal múltiplex de tonos | tone multiplex signal
señal múltiplex global | total multiplex signal
señal musical | signature (tune)
señal musical de identificación | signature tune
señal negra | black signal
señal neutra | neutral signal
señal no coherente | noncoherent signal
señal no deseada | unwanted signal
señal normalizada (de televisión) | standard (television) signal
señal numérica | digital signal
señal PAM [*señal con amplitud modulada del impulso*] | PAM signal = pulse-amplitude-modulation signal
señal para comenzar a marcar | start dialling signal
señal para la navegación aérea | air navigation signal
señal para marcar | dial (/dialling) tone
señal para trasmitir | start-pulsing signal
señal parásita | parasitic (signal), spurious (/undesired, /unwanted) signal
señal patrón | standard signal
señal periódica simple | simple periodic sign
señal perjudicial | unwanted signal
señal permisiva | permissive signal
señal perturbadora | interfering (/undesired, /unwanted) signal

señal perturbadora permisible | permissible interfering signal
señal polarizada | polar signal
señal portadora de color | carrier colour signal
señal preparatoria de tráfico | preparatory traffic signal
señal progresiva | forward signal
señal proporcional a la velocidad | rate signal
señal pulsante | pulsed signal
señal pulsatoria | pulsing signal
señal Q | Q signal
señal QCW [señal de subportadora en cuadratura de fase] | QCW signal = quadrature-phase subcarrier signal
señal radiada | radiated signal
señal radioeléctrica | radio signal
señal radioeléctrica de impulsos | pulsed radio signal
señal rechazada | rejected signal
señal rectangular | square (/rectangular) signal
señal rectificada | rectified signal
señal reflejada | reflected signal
señal repetida hasta acuse de recibo | repeated unit-acknowledged signal
señal restituida | restituted signal
señal RGB [señal del rojo-verde-azul] | RGB signal = red-green-blue signal
señal R-Y [señal de diferencia de color rojo menos luminancia utilizada en televisión en color] | R-Y signal
señal saliente | outgoing signal
señal saturante | saturating signal
señal secuencial | sequence (/sequential) signal
señal secundaria | secondary signal
señal semiautomática | semiautomatic signal
señal sencilla | simple signal
señal simétrica | symmetrical signal
señal sin marcación | signal without dialling
señal sincronizadora | synchronizing signal, timing waveform
señal sinusoidal | sinusoidal (/sine wave) signal, sinusoidal tone (/waveform)
señal sinusoidal en régimen permanente | steady-state sinusoidal signal
señal sonora | sound signal
señal submarina | underwater signal
señal supersónica | supersonic signal
señal telegráfica | telegraphic (/telegraph) signal
señal telemétrica | telemetry signal
señal TRAP | TRAP signal
señal ultrasónica | ultrasonic signal
señal umbral | threshold signal
señal única | single signal
señal unipolar | unipolar signal
señal útil | useful (/wanted) signal
señal visible | visible signal
señal visual | visual signal
señal visual de alarma | visual alarm signal
señal visual de ocupado | visual busy signal
señal vobulada | wobbulated signal
señal vocal | speech, voice signal
señal V-sinc = señal de sincronización vertical | V-sync signal = vertical synchronisation signal
señal Y | Y signal
señalado a fuego | branding
señalador | pointer
señalador de audiofrecuencia | ringing set
señalador de baja frecuencia | low-frequency signalling set, ringing repeater
señalador de frecuencia vocal | signalling set
señalar | to point
señalar un lugar | to bookmark
señales de entrada aleatorias (/gaussianas | random inputs
señales de impulsos | spikes
señales de registrador | register signals
señales de repique codificadas | coded ringing
señales de televisión | television information
señales de tono de manipulación todo o nada | on-off tone signals
señales falsas | fruit pulse
señales inestables de manipulación | keying chirp
señales internas de servicio | housekeeping
señales no deseadas | fruit
señales parásitas de radar | radar clutter
señales parásitas en pantalla | grass [fam]
señalización | signalling [UK], signaling [USA]; signalling communication, signal operation
señalización a distancia | remote signalling
señalización abonado-abonado [en sistema de señalización] | user-to-user signalling
señalización acústica | audible signalling
señalización asociada al acceso | access associated signalling
señalización asociada al canal | channel associated signalling
señalización audiovisual | audiovisual signalling
señalización automática | automatic signalling
señalización binaria | binary signalling
señalización con dos frecuencias | two-frequency signalling, two-voice frequency signalling
señalización con el gancho conmutador | switchhook signalling
señalización con frecuencia única | single-frequency signalling
señalización cuaternaria | quaternary signalling
señalización de baja frecuencia | low frequency signalling
señalización de conductores E y M | E and M lead signalling
señalización de control de telefonía | telephony control signalling
señalización de control supervisor | supervisory control signalling
señalización de corriente continua | DC signalling
señalización de corriente permanente | closed-circuit signalling
señalización de línea | line signalling (/signals)
señalización de multifrecuencia | multifrequency signalling
señalización de onda predeterminada | predicted-wave signalling
señalización de potencia | power signalling
señalización de protección | protective signalling
señalización de registrador | register signals
señalización de usuario a usuario | user to user signalling
señalización dentro de banda | in-band signalling
señalización dentro del intervalo | in slot signalling
señalización diferida | delayed (/deferred-action) alarm
señalización dígito a dígito | digit by digit dialling, overlap signalling
señalización en banda | in-band signalling
señalización en bloque | en bloc signalling
señalización en bucle de corriente continua | DC loop signalling
señalización en circuito cerrado | closed-circuit signalling
señalización en corriente alterna | AC signalling = alternating current signalling
señalización en frecuencia vocal en comunicaciones de tránsito | voice frequency signalling on built-up connections
señalización en la banda de frecuencias vocales | signalling on speech channel
señalización en la cabina | cab signalling
señalización en la cabina de conducción | cab signalling
señalización en portadora | carrier signalling
señalización externa de la estación | out-station signalling
señalización extremo a extremo | end-to-end signalling
señalización fuera de banda | out-band (/out-slot, /out-of-band) signalling
señalización fuera de la banda vocal | out-of-voice-band signalling
señalización hacia adelante | forward signalling

señalización inmediata | immediate-action alarm
señalización interna | internal signalling
señalización interna de la estación | in-station signalling
señalización manual | ring-down
señalización manual por corriente alterna | AC ringdown
señalización mecánica | power signalling
señalización múltiple | superimposed ringing
señalización octonaria | octonary signalling
señalización para gestionar el ahorro de energía de la pantalla | display power management signaling
señalización permanente | continuous signalling system
señalización por bucle | loop signalling (/supervision)
señalización por cambio de frecuencia | frequency exchange signalling
señalización por canal común | common channel signalling
señalización por cierre de bucle | loop start signalling
señalización por cierre de circuito | open-circuit signalling
señalización por diversidad de frecuencias | frequency change signalling
señalización por portadora | carrier signalling
señalización por frecuencia vocal | in-band signalling, voice frequency signalling
señalización por impulsos | pulse signalling
señalización por inversión de corriente continua | single-commutation direct-current signalling
señalización por inversión de polaridad | loop (/silent) reversal, reverse battery signalling
señalización por llave | ring-down
señalización por modulación de amplitud | amplitude change signalling
señalización por octetos | octonary signalling
señalización por portadora | carrier signalling
señalización por secuencia obligada | compelled signalling
señalización por tonos | tone signalling
señalización Q | Q-SIG
señalización Q conforme a ECMA | ECMA Q-SIG
señalización SCDC [*señalización por inversión de corriente continua*] | SCDC signalling = single-commutation direct-current signalling
señalización selectiva | gill selection
señalización selectiva por doble tono | two-tone selective signalling
señalización telefónica | telephone signalling unit
señalización usuario-usuario | user-to-user signalling
señalizador | flag, indicator, sentinel, signalling unit
señalizador de llamada | ringing converter
señalizador de radar | radar marker
señalizador selectivo | gill selector
señuelo | decoy
señuelo de humo | smoke puff decoy
señuelo electrónico | electronic deception
SEP [*punto final de señalización*] | SEP = signalling end point
SEP = sistema electrónico programable | PES = programmable electronic system
separabilidad | separability
separación | break, breakaway, departure, detachment, distance, divide, gap, precipitation, segregation, separating, separation, spacing, splitting
separación al borde | edge spacing
separación antidiafónica | crosstalk rejection
separación centrífuga | centrifugal separation
separación con cuña | wedging
separación de canales | stereophonic separation
separación de colores | colour separation
separación de colores secundarios [*conversión del cian, magenta y amarillo en grados de gris*] | undercolor separation
separación de contactos | contact separation
separación de electrones | electron detachment
separación de fases | phase splitting
separación de frecuencia | frequency departure
separación de frecuencias | separation of frequencies
separación de isótopos | separation of isotopes
separación de la capa límite | separation of boundary layer
separación de las extensiones en grupo | internal call blocking, controlled station to station restriction
separación de los electrodos de la bujía | spark plug gap
separación de los impulsos de sincronismo | separation of synchronizing pulses
separación de modos | mode separation
separación de ondas por su forma | waveform separation
separación de protección | protective gap
separación de señales | signal separation
separación de variables | separation of variables
separación del color en pantalla | desktop color separation
separación del entrehierro | gap length
separación diafónica | crosstalk isolation
separación electromagnética | electromagnetic separation
separación entre antenas | spacing between aerials
separación entre bloques | inteblock gap
separación entre canales | channel separation
separación entre dígitos de impulso | pulse digit spacing
separación entre frecuencias | spacing between frequencies
separación entre impulsos | pulse separation
separación entre picos | peak separation
separación entre varillas | rod gap
separación equivalente | equivalent separation
separación estéreo | stereo separation
separación estereofónica | stereophonic (channel) separation
separación estereofónica entre canales | stereophonic channel separation
separación galvánica | potential segregation, at zero potential, not carrying potential
separación geográfica | protection distance
separación interna del vapor | internal steam separation
separación isomérica | isomeric separation
separación isotópica | isotope separation, separation of isotopes
separación isotópica del uranio | uranium isotope separation
separación larga | long break
separación no de radar | nonradar separation
separación paradiafónica | near-end crosstalk isolation
separación por amplitudes | amplitude separation
separación por congelación | freezing out
separación sedimentaria | thickening
separación según radar | radar separation
separadamente | separately
separado | separate, uncoupled
separador | buffer, decollator, denuder, distancer (piece), precipitator, segregator, separator, spacer, spreader; [*adj*] separating, separative
separador de amplitud | clipper
separador de amplitudes | amplitude separator
separador de baterías | battery separator
separador de campo | field separator
separador de fase | phase splitter

separador de fecha | date separator
separador de frecuencias | frequency separator
separador de guiaondas | waveguide isolator
separador de haz | beam separator
separador de humedad | moisture separator
separador de impulsos | impulse separator
separador de impulsos de sincronización | sync (/synchronization) separator
separador de impulsos de sincronización de canal | channel synchronizing pulse separator
separador de información | information separator
separador de los productos de escisión | fission product separator
separador de los productos de fisión | fission product separator
separador de órdenes | command separator
separador de puerta | gated buffer
separador de rebote | bounce buffer
separador de registro | record separator
separador de señales | signal separator
separador de sincronismo | synchronizing separator
separador de sincronismo de trama | frame-synchronizing pulse separator
separador de sincronización (/sincronismos) | sync separator
separador de una etapa | single-stage separator
separador de válvulas | tube (/valve) separator
separador diferencial | differential resolver
separador electrostático | electrostatic separator
separador/excitador | buffer/driver
separador magnético | magnetic separator
separador magnético de chapas apiladas | sheet floater
separador magnético por vía húmeda | wet magnetic separator
separador metálico | metallic distancer
separador paralelo | parallel buffer
separador previo de órdenes espectrales | order-isolating diaphragm
separador y eliminador de interferencias pulsatorias | pulse-interference separator and blanker
separadora de hojas | burster
separar | to isolate, to separate, to take off, to unscrew
separar copias [*de papel continuo*] | to decollate
separar del paquete [*de programas*] | to unbundle
separar ficheros de un archivo conjunto [*con el programa 'tar' de UNIX*] | to untar

separarse | to unseal, to branch
separarse los contactos | to unseal
SEPP [*protocolo de pago electrónico seguro*] | SEPP = secure electronic payment protocol
SEPP [*ingeniería de software para procesado en paralelo*] | SEPP = software engineering for parallel processing
septena | septet
septeto | septet
serial | serial, sequential
serializar [*cambiar el modo de transmisión en serie a paralelo*] | to serialise [UK], to serialize [UK+USA]
serie | row, scope, sequence, series, suite; [*de mensajes*] string
serie actínica | actinium series
serie armónica de sonidos | harmonic series of sounds
serie característica | characteristic series
serie colateral | collateral series
serie cronológica | time series
serie de bastidores | bay
serie de bytes | byte serial
serie de caracteres | character string
serie de cifras | figure case
serie de desintegración | decay (/disintegration, /radioactive) series, series decay
serie de desintegración radiactiva | radioactive decay series
serie de elementos | series of elements
serie de Fourier | Fourier serie
serie de fuerza electromotriz | electromotive force series
serie de impulsos | pulse sequence
serie de impulsos todo o nada | on-off pulse sequence
serie de mediciones | series of measurements
serie de oscilaciones | oscillation train
serie de repetidores | span line
serie de repetidores regenerativos | span line
serie de Rimlock | Rimlock series
serie de símbolos | symbol string
serie de software | software suite
serie del actinouranio | actinouranium series
serie del uranio | uranium series
serie del uranio-radio | uranium-radium series
serie-derivación | series-shunt
serie electromotriz | electromotive series
serie electroquímica | electrochemical (/electromotive) series
serie galvánica | galvanic series
serie homogénea | array
serie isoeléctrica | isoelectronic sequence
serie nítida | sharp series
serie-paralelo | series-parallel, serial-parallel, series-shunt
serie PDP | PDP series

serie pobre [*serie con muchos datos idénticos que sobran*] | sparse array
serie radiactiva | radioactive series, transformation family
serie subminiatura | subminiature series
serie termoeléctrica | thermoelectric series
serie triboeléctrica | triboelectric series
serie V [*de recomendaciones para comunicación entre módems*] | V series
serie X | X-series
series de Fibonacci | Fibonacci series
series de Fourier | Fourier series
series electrostáticas | electrostatic series
serpentín del intercambiador de calor | reboiler coil
serpiente | snake
serrodino [*modulador de fase de un klistrón o una válvula de ondas progresivas*] | serrodyne
servicio | duty, service
servicio a horas fijas | scheduled operation
servicio a la orden | demand working
servicio a régimen constante | continuous service
servicio aeronáutico de radio | aeronautical radio service
servicio asegurado | assured service
servicio automático | automatic operation (/service, /working), dial operation, unattended service
servicio automático de tránsito [*servicio por doble oficina automática escalonada*] | automatic tandem working, dial system tandem operation
servicio avanzado de telefonía móvil | advanced mobile phone service
servicio bajo demanda | service on demand
servicio bancario en línea | online banking service
servicio básico | basis service, service attribute
servicio comercial continuo | continuous commercial service
servicio compartido | shared service
servicio con centrales de tránsito | tandem operation
servicio con demora | delay working
servicio con espera | delay working
servicio con estaciones de barco | ship service
servicio con indicación inmediata de la operadora de llegada | straightforward operation
servicio con indicador de llamadas accionado directamente | step-by-step call-indicator operation
servicio con indicadores de llamadas [*accionados indirectamente por combinaciones de corrientes*] | panel call indicator operation
servicio con líneas de órdenes | call circuit operation, order-wire working

servicio con llamada por llave | ring-down operation
servicio con llamada previa | signal working
servicio con llamada previa por llave | ring-down operation
servicio con oficinas de tránsito | tandem operation
servicio con posiciones A y B | A-to-B working
servicio con preparación | advance preparation service
servicio con selección automática por operadora | operator dialling working
servicio conocido | mindshare
servicio continuo | continuous duty (/service)
servicio de acceso a internet | Internet access device
servicio de acceso remoto | remote access service
servicio de averías | repair (/fault complaint) service
servicio de ayudas meteorológicas | meteorological aids service
servicio de cierre | closer
servicio de circuito de datos | circuit data service
servicio de comunicación de datos por conmutación de paquetes | packet-switched data service
servicio de comunicación de persona a persona | personal call service
servicio de comunicación inalámbrico barco-tierra | ship-to-shore wireless
servicio de comunicación internacional | international communication service
servicio de comunicaciones entre satélites | satellite-satellite communications service
servicio de comunicaciones personales | personal communications service
servicio de comunicaciones subsidiarias | SCA operation
servicio de conexión telefónica | dial-up service
servicio de conexión telefónica plana (/elemental) | plain old telephone service
servicio de conexión y desconexión | in and out service
servicio de conmutación para teleimpresoras | teletypewriter exchange service
servicio de conmutación para teletipos | teletypewriter exchange service
servicio de conservación | maintenance department
servicio de contador | measured service
servicio de correo electrónico | electronic mail service
servicio de corta duración | short-time duty

servicio de datos de área extendida | wide-area data service
servicio de despertador | alarm call service, automatic wake up, timed recall (/reminder)
servicio de diálogo | conversational service
servicio de difusión | distribution service
servicio de difusión por cable | redifusion service
servicio de directorio [en una red] | directory service
servicio de distribución | distribution service
servicio de distribución multipunto local | local multipoint distribution service
servicio de emergencia | emergency service
servicio de emergencia civil de radioaficionados | radio amateur civil emergency service
servicio de emisiones | broadcasting service
servicio de enlaces directos de teleimpresora con llamada por disco | teletypewriter dial exchange service
servicio de entrada eléctrica | electrical service entrance
servicio de fototelegrafía | picture telegraph service
servicio de fototelegramas | phototelegram service
servicio de frecuencias normalizadas | standard frequency service
servicio de hostelería | housekeeping
servicio de identificación | identification service
servicio de información | information (/inquiries) service, interception of calls
servicio de información de la red | network information service
servicio de información en línea | on-line information service
servicio de inteligencia | information service
servicio de inteligencia de radio | radio intelligence
servicio de inteligencia en comunicaciones | communications intelligence
servicio de interceptaciones | intercept service
servicio de intercomunicación | talk-back facility
servicio de intermitencia periódica | intermittent periodic load
servicio de larga distancia | combined line and recording service
servicio de líneas | wire service
servicio de llamadas de emergencia | emergency call (/response) service
servicio de llegada | incoming service
servicio de localización por radio | radiolocation service
servicio de mantenimiento | mainte-nance service
servicio de mediciones | maintenance service
servicio de mensajería | messaging service
servicio de mensajes cortos [entre teléfonos GSM] | short message service
servicio de nombres de dominio | domain name service
servicio de nomenclatura de internet | Internet naming service
servicio de notificaciones | notification service
servicio de observación y comprobación de emisiones | frequency monitoring
servicio de operaciones a distancia | remote operation service
servicio de operadoras centralizado | centralized operator (/attendant service)
servicio de páginas amarillas | yellow pages service
servicio de posicionamiento de precisión [por satélite, sólo para usos militares] | precision positioning service
servicio de posicionamiento normalizado [de uso civil no restringido en localización por satélite] | standard positioning service
servicio de prueba a horas fijas | scheduled test operation
servicio de quiosco | kiosk
servicio de radar | radar service
servicio de radio industrial | industrial radio service
servicio de radio para seguridad pública | public safety radio service
servicio de radio y televisión | radio-television servicing
servicio de radioafición | amateur radio service
servicio de radiocomunicación | radio service (/working)
servicio de radiocomunicación con estaciones de barco | ship service
servicio de radiocomunicación rural | rural radio service
servicio de radiocomunicaciones unilaterales | one-way radiocommunication service
servicio de radiodifusión | broadcasting service, sound broadcasting
servicio de radiodifusión aeronáutica | aeronautical broadcasting service
servicio de radiodifusión visual | visual broadcast service
servicio de radionavegación | radio-navigation service
servicio de radionavegación aeronáutica | aeronautical radionavigation service
servicio de radionavegación marítimo | maritime radionavigation service
servicio de radiotelefonía barco-tierra | ship-to-shore wireless telephone

servicio de radiotelegrafía barco-tierra | ship-to-shore wireless telegraph
servicio de reclamaciones | complaint service
servicio de recuperación de la información | retrieval service
servicio de red | network service
servicio de red con conexiones | connection-oriented network service
servicio de red de archivos | network file service
servicio de red sin conexiones | connectionless network service
servicio de registro | recording board
servicio de reparación de aparatos de radio y televisión | radio-television servicing
servicio de reparaciones | repair service
servicio de reparaciones de aparatos de radio | radio servicing
servicio de reservas [prestación hotelera en una PABX] | check in/check out
servicio de respuesta | answering (/response) service
servicio de retrasmisión de televisión | television relay service
servicio de salida | outgoing service
servicio de seguridad | safety service
servicio de señales horarias | time signal service
servicio de telecomunicaciones | telecommunication service
servicio de telecomunicaciones aeronáuticas | aeronautical telecommunication service
servicio de telecomunicaciones ferroviarias | railway radio service
servicio de telefonía móvil digital avanzada | digital advanced mobile phone service
servicio de telefonía personal | personal number
servicio de teléfono de datos digital | dataphone digital service
servicio de teléfono descolgado | off-the-hook service
servicio de telegramas por teléfono | phonogram service
servicio de telegramas por teleimpresión | printergram service
servicio de teleimpresión por líneas privadas | private line teleprinter (/teletypewriter) service
servicio de teleimpresoras | teletypewriter service
servicio de teleimpresoras por circuitos privados | private wire teletype service
servicio de teleimpresoras por hilos privados | private wire teletype service
servicio de telemetría | telemeter service
servicio de teleoperaciones | remote operation service
servicio de televoto | televoting

servicio de télex | telex facilities (/service)
servicio de télex por línea telefónica | telephone-telex system
servicio de tráfico directo | demand working
servicio de trasmisión barco-costa | ship-to-shore way of transmission
servicio de trasmisión barco-tierra | ship-to-shore way of transmission
servicio de trasmisión de datos por cable | data over cable service
servicio de trasmisión de programas | program transmission service
servicio de trasmisión de telegramas por teléfono | telephone-telegram service
servicio de trasmisión digital | digital service
servicio de trasmisión digital de datos | digital data service
servicio de trasmisión radiofónica | program transmission service
servicio de trasporte | bearer service
servicio de tren y automóvil | rail and road service
servicio de usuario a usuario | user-to-user service
servicio de validación | validation service
servicio de vehículo | vehicular service
servicio de videotexto | videotext
servicio de vigilancia | supervisory work
servicio de vigilante nocturno | night watchman service
servicio diferido | deferred service, delay working
servicio en línea | online service
servicio entre redes adyacentes | toll service
servicio entre redes próximas | junction service
servicio espacial | space service
servicio especial | special service
servicio ferroviario con informatización integral | computer-integrated railroading
servicio fijo | fixed service
servicio fijo aeronáutico | aeronautical fixed service
servicio fototelegráfico | phototelegram (/phototelegraph, /picture telegraph) service
servicio fototelegráfico por hilos | wire phototelegraph service
servicio general de radiotrasmisión por paquetes | general packet radio service
servicio horario | time service
servicio inatendido | unattended operation
servicio ininterrumpido | uninterrupted duty
servicio inmediato | demand working
servicio interactivo | conversational (/messaging, /retrieval) service

servicio interior | domestic service
servicio intermitente | intermittent duty (/service)
servicio intermitente nominal | intermittent duty rating
servicio intermitente variable | variable intermittent duty
servicio internacional de observación y comprobación de emisiones | international frequency monitoring
servicio internacional de telecomunicaciones | international telecommunication service
servicio interurbano | toll service
servicio interurbano a tarifa reducida | extended area service
servicio interurbano automático | automatic trunk working, tandem toll circuit dialling, toll line dialling
servicio interurbano automático en oficinas intermedias | tandem toll circuit dialling
servicio interurbano combinado de línea y registro | combined line and recording service (/operation)
servicio interurbano con espera y llamada interurbana | trunk signalling working
servicio interurbano con espera y señal interurbana | trunk signalling working
servicio interurbano con selectores de paso a paso | step-by-step inter-toll service
servicio interurbano inmediato | demand working, combined line and recording operation
servicio interurbano rápido | combined line and recording service
servicio manual | manual operating (/operation, /switching)
servicio manual con demora | manual delay service
servicio manual rápido | manual rapid service
servicio manual sin demora | manual demand service
servicio marítimo radiotelefónico | radiotelephone maritime service
servicio medido | measured service
servicio mensafónico | radio paging service
servicio mixto | mixed service
servicio móvil | mobile service
servicio móvil aeronáutico | aeronautical mobile service
servicio móvil de radio | mobile radio service
servicio móvil marítimo | maritime (/sea) mobile service
servicio móvil terrestre | vehicular (/land mobile) service
servicio móvil terrestre radiotelefónico | radiotelephone land mobile service
servicio multitarea | multitasking
servicio nacional | domestic (/home) service

servicio no telefónico | non voice service
servicio nocturno automático | automatic call transfer
servicio nocturno común | special night answer
servicio nocturno general | universal night ringing, unassigned night service, trunk answer form any station
servicio nocturno temporizado durante el día | automatic call transfer
servicio nocturno universal | unassigned night service, trunk answer form any station
servicio nominal | nominal service, rated duty
servicio opcional | supplementary service
servicio pagado | paid service
servicio parcial | open shop
servicio periódico | periodic duty (/service)
servicio permanente | continuous duty (/operation, /service)
servicio por circuitos privados | private wire service
servicio portador | bearer service
servicio portador en modo circuito de audio | circuit switched mode bearer service
servicio portador en modo paquete | bearer service packet mode
servicio preferente | preference facility
servicio privado | private service
servicio público de comunicación con aeronaves | public aviation service
servicio público de comunicaciones | public communications service
servicio público de radio | public radiocommunication services
servicio público de telecomunicaciones | public telecommunications service
servicio radiomarítimo | radiomaritime service
servicio radiotelefónico | radiotelephone facilities (/operation), wireless telephone service
servicio radiotelefónico de correspondencia pública | public correspondence radiotelephone service, radiotelephone public-correspondence service
servicio radiotelefónico de correspondencia restringida | radiotelephone limited-correspondence service
servicio radiotelefónico público | public radiotelephone service
servicio radiotelegráfico | wireless telegraph service
servicio radiotelegráfico de correspondencia pública | radiotelegraph public correspondence service
servicio radiotelegráfico de correspondencia restringida | radiotelegraph limited-correspondence service

servicio radiotelegráfico marítimo | radiotelegraph maritime service
servicio rápido | rapid (/demand, /on-demand) service; expedited service
servicio rápido de larga distancia | demand working
servicio rápido internacional | international rapid service
servicio reducido | power failure by-pass, trunk failure transfer
servicio reducido por emergencia | power failure transfer
servicio regular | basic (/scheduled) service
servicio semiautomático | semiautomatic working
servicio sin anotadoras | direct record working
servicio sin demora | demand working
servicio sin espera con llamada por llave | ring-down operation on a no-delay basis
servicio sin módem | modemless switching
servicio suplementario | add on, facility, supplementary service
servicio tasado | paid service
servicio telefónico | telephone facility (/operation, /relation, /service, /working)
servicio telefónico interior directo | direct inward dialling
servicio telefónico interurbano automático | direct distance dialling
servicio telefónico móvil | mobile telephone service
servicio telefónico por cable submarino | submarine cable telephone service
servicio telefónico por conmutación de líneas | switched telephone service
servicio telefónico plano antiguo | plain old telephone service
servicio telegráfico | telegraph facilities (/service), wire service
servicio telegráfico entre abonados | subscriber-to-subscriber telegraph service
servicio telegráfico por cable submarino | submarine cable telegraph service
servicio telegráfico por conmutación | switched telegraph service
servicio telegráfico público | public telegraph service
servicio teletipográfico | teletypewriter service
servicio temporal | temporary duty (/service), short-time duty
servicio temporal variable | variable temporary duty
servicio terminal | terminal service
servicio terrestre de radionavegación | radionavigation land service
servicio unihorario | one-hour duty
servicio unilateral de comunicaciones por radio | unilateral radiocom-

munication service
servicio variable | variable (/varying) duty
servicios de gestión de la información | management information services
servicios de operadora | operator services
servicios de valor añadido | value added and data services
servicios distribuidos | distributed services
servicios interactivos | interactive services
servicios opcionales | additional features
servicios radiotelegráficos | radiotelegraph facilities
servidor | server; host; [*en redes informáticas*] back end
servidor AAA [*servidor de verificación, autorización y facturación*] | AAA server = authentication, authorization, and accounting server
servidor activo | active server
servidor anónimo | anonymous server
servidor caché | proxy server
servidor CERN | CERN server
servidor comercial | commerce server
servidor de acceso a la red | network access server
servidor de acceso remoto | remote access server
servidor de aplicaciones | application server
servidor de archivos | file server
servidor de autorización | authorization server
servidor de base de datos | database server (/machine)
servidor de capacidades de servicio | service capability server
servidor de colores | colour server
servidor de comunicación | communication server
servidor de correo | mail server
servidor de disco | disc server
servidor de entorno de ejecución móvil | mobile execution environment
servidor de facturación | accounting server
servidor de fax | fax server
servidor de impresión | print server
servidor de impresoras | print (/printer) server
servidor de información de área amplia | wide area information server
servidor de información de internet | Internet information server
servidor de listas | listserv = list server
servidor de nombres [*en internet*] | name server
servidor de nombres CSO | CSO name server
servidor de nombres de dominio | domain name server
servidor de nombres DNS | DNS name server

servidor de noticias [*ordenador o programa para intercambio de noticias en internet*] | news server
servidor de red | network server
servidor de sesiones | session server
servidor de terminal [*en red de área local*] | terminal server
servidor de transacciones [*en comercio electrónico*] | transaction server
servidor de verificación | authentication server
servidor de vídeo | video server
servidor de Web | Web server
servidor DNS | DNS server
servidor en el límite | edge server
servidor en uso | active server
servidor fat [*que proporciona al cliente gran cantidad de automatismos*] | fat server
servidor fino [*servidor en que la mayoría de las aplicaciones funcionan en el ordenador del cliente*] | thin server
servidor FTP | FTP server
servidor funcional | functional server
servidor gateway | gateway server
servidor gófer | gopher server
servidor HTTP [*que utiliza el protocolo HTTP*] | HTTP server
servidor local de abonado | home subscriber server
servidor para gestión de sistemas | systems management server
servidor paralelo [*de procesado en paralelo*] | parallel server
servidor proxy [*servidor que filtra el tráfico de internet con una red de área local*] | proxy server
servidor raíz [*que localiza servidores DNS con información de alto nivel sobre internet*] | root server
servidor raíz de nombres | root name server
servidor relacional de objetos [*para la gestión de bases de datos complejas*] | object-relational server
servidor reservado [*ordenador destinado sólo a servidor de red*], servidor con función específica | dedicated server
servidor sin función específica | non-dedicated server
servidor SMP [*servidor de multiproceso simétrico*] | SMP server = symmetric multiprocessing server
servidor universal [*software de Oracle Corporation*] | universal server
servidor virtual | virtual server
servidor WAIS | waisserver
servidor Web personal | personal Web server
servidor Web virtual | virtual Web server
servidor whois [*programa que suministra nombres de usuario y direcciones de correo electrónico*] | whois server
servir | to serve
servlet [*pequeño programa Java que funciona en un servidor*] | servlet, serverlet
servo de primer orden | first-order servo
servo intercalado | embedded servo
servoaccionado | servopowered, servo-operated
servoaltímetro | servoaltimeter
servoamplificador | servoamplifier
servoamplificador de profundidad | pitch servo amplifier
servoanalizador | servoanalyser, servoanalyzer [USA]
servoasistencia | servoassistance
servoasistido | servoassisted
servobucle | servoloop
servocilindro | servocylinder
servocircuito | servocircuit
servocontrol | servocontrol
servocontrolador | servocontroller
servofreno | servobrake
servoindicador de medida | servometer
servomando | power control, servoactuator, servocontrol
servomanipulador | servomanipulator
servomecánica | servomechanics
servomecanismo | power control, servo, servocontrol mechanism, servo-equipment, servomechanism, follow-up system
servomecanismo de datos intermitentes | sampling servo
servomecanismo de funcionamiento intermitente | on-off servo
servomecanismo de la rueda fónica | tonewheel servo
servomecanismo de relé | relay servo, relay-type servomechanism
servomecanismo del capstan | capstan servo
servomecanismo inestable | unstable servo
servomecanismo limitador de velocidad | velocity-limiting servo
servomecanismo sensible a la velocidad | speed-sensing servo
servomodulador | servomodulator
servomotor | servomotor, servounit, power servo
servomotor de pasos | step servomotor
servomotor paso a paso | step servomotor
servomotor plano | pancake motor
servomotorizado | servomotorized
servomultiplicador | servomultiplier
servopotenciómetro | servopotentiometer, servodriven (/servo-operated) potentiometer
servorregulador | servocontroller, servogovernor, servoregulator
servosincronizador automático | magslip
servosistema | servosystem, servo-control system
servosistema buscador de cero | null-seeking servosystem
servosistema buscador de corriente nula | null-seeking servosystem
servosistema buscador de tensión nula | null-seeking servosystem
servosistema de datos intermitentes | sampling servo system
servosistema enclavado en fase | phase-locked servosystem
servosonda | servoprobe
servosuperficie | servosurface
servoválvula | servovalve
sesgo | skew
sesgo de la cinta | tape skew
sesgo del reloj | clock skew
sesgo dinámico | dynamic skew
sesgo estático | static skew
sesión | session
sesión actual | current session
sesión de escritorio | desktop session
sesión de grabación | recording session
sesión de inicio | home session
sesión de seguridad contra anomalía | fail-safe session
sesión de terminal | terminal session
sesión dependiente de la configuración gráfica | display-dependent session
sesión en red | networked session
sesión independiente de la configuración gráfica | display-independent session
sesión inicial | initial session
sesión interactiva | interactive session
sesión predeterminada del sistema | system default session
SET [*transacción electrónica segura (protocolo de comercio electrónico)*] | SET = secure electronic transaction
seudo- [*pref*] | pseudo-
seudoaleatorio | pseudorandom
seudoángulo de Brewster | pseudo-Brewster-angle
seudoclave | pseudocode
seudocódigo | pseudocode
seudocompilador [*compilador que genera un seudolenguaje*] | pseudo compiler
seudodieléctrico | pseudodielectric
seudodisquete | pseudo-floppy
seudoestéreo | pseudostereo
seudoinstrucción | pseudoinstruction
seudolenguaje | pseudocode, pseudo-language
seudomáquina | p-machine = pseudo-machine
seudónimo | nick, nickname
seudooperación | pseudooperation, pseudo-operation
seudoordenador | pseudocomputer
seudoportadora | pseudocarrier
seudoprograma | pseudoprogram
seudorreproducción continua [*de audio o de vídeo*] | pseudo-streaming
seudoteclado | pseudo keypad (/pushbotom)
seudoteclado marcador | pseudo keypad (/pushbotom)

sexagesimal | sexagesimal
sextante | sextant
sextante electrónico | electronic sextant
sextante giroscópico | (gyroscopic) sextant
séxtica [*ecuación cuántica de sexto grado*] | sextic (curve)
SF [*buscafuentes, buscador de fuentes*] | SF = source follower
SFERT [*sistema patrón europeo de referencia para la trasmisión telefónica*] | SFERT = European master telephone-transmission reference system
SFF = sistema flexible de fabricación | FMS = flexible manufacturing system
SG [*pasarela de señalización*] | SG = signalling gateway
SG [*símbolo de rejilla pantalla*] | SG = screen grid
SGBD = sistema de gestión de bases de datos | DBMS = database management system
SGML [*lenguaje de marcación generalizado normalizado (norma internacional para el intercambio de informaciones)*] | SGML = standard generalized markup language
SGRAM [*RAM para gráficos sincrónica*] | SGRAM = synchronous graphics RAM
SGS = sistema de gestión de servicios | SMS = service management system
SGSN [*nodo de soporte servidor de GPRS*] | SGSN = serving GPRS support node
SGU [*unidad de pasarela de señalización*] | SGU = signalling gateway unit
SGW [*calibrador normalizado para cables*] | SGW = standard wire gauge
SHA [*algoritmo de cálculo de clave seguro*] | SHA = secure hash algorithm
SHDSL [*técnica de trasmisión punto a punto por un único par de cobre*] | SHDSL = single-pair HDSL
SHORAN [*radioayuda de navegación a corta distancia*] | SHORAN = short range navigation
SHTTP [*protocolo para trasferencia segura de hipertexto (protocolo mejorado con funciones de seguridad con clave simétrica)*] | SHTTP = secure hypertext transfer protocol
shunt de instrumento | instrument shunt
shunt no inductivo | noninductive shunt
Si = silicio | Si = silicon
SI [*información sobre los servicios*] | SI = service information
SI = servicio de información (/inteligencia) | IS = information service
SIA = señal de indicación de alarma | AIS = alarm indication signal
SIC [*circuito semiconductor integrado*] | SIC = semiconductor integrated circuit
SiC = carburo de silicio | SiC = silica carbon
SICE [*controlador electrónico de interconexión normal*] | SICE = standard interface control electronics
SICE = servicio integrado de comunicaciones empresariales | VPN = virtual private network
sicoacústica [*psicoacústica*] | psychoacoustics
sicogalvanómetro | psychogalvanometer
sicointegroamperímetro | psychointegroammeter
sicología computacional | computational psychology
sicosomatógrafo [*psicosomatógrafo*] | psychosomatograph
sicrómetro [*psicrómetro*] | psychrometer
sideromagnético | sideromagnetic
siembra de errores | error (/bug) seeding
siemens [*unidad de conductancia eléctrica*] | siemens, mho
siempre | always
siempre actual | obsolescence free
siempre visible | always on top
sierra | saw
sierra circular | circular saw
sifón registrador | siphon recorder
SIG [*grupo de interés especial*] | SIG = special interest group
SIGINT [*detección de señales*] | SIGINT = signal intelligence
sigmatrón [*ciclotrón y betatrón trabajando en tándem para producir rayos X de mil millones de voltios*] | sigmatron
sigmoide | sigmoid; sigmoidal
SIGN [*indicativo (/señal) musical de identificación*] | SIGN = signature
signatura | signature
signatura de fallos | fault signature
signatura digital | digital signature
significación | significance
significado | sense, significance
signo | sign
signo de arroba | at sign
signo de error | erasure signal
signo de identificación | identification sign
signo de interrogación | question mark
signo de puntuación | punctuation mark
signo variable | variable sign
signos de apertura y cierre [*comillas, apóstrofos, etc.*] | dumb quotes
sigue a continuación | will follow
sígueme | follow me
siguiente | further, next
siguiente vista | next view
SIL [*circuito en una sola línea*] | SIL = single inline
SIL [*nivel de requisitos de seguridad*] | SIL = safety integrity level
silbato de Galton | Galton whistle
silbido | hiss, howl, ping, singing, starting of oscillations, whistler, whistling
silbido atmosférico | whistling atmospheric
silbido de ojiva | nose whistler
silbido de sonar | ping
silbido girofrecuencial | nose whistler
silbido heterodino | heterodyne whistle
silbido ionosférico | radio whistler
silbido radioeléctrico | radio whistler
silenciado | squelched
silenciador | squelch
silenciador automático | squelch
silenciador de ruido | noise blanker (/silencer)
silenciador de televisor | television silencer
silenciador eficaz | actual noise silencer
silenciador selectivo | selective squelch
silenciamiento | muting, quieting
silenciamiento del receptor | receiver muting
silenciar | to mute, to squelch
silencio | silence
silencio de radio | radio silence
silencio de radio internacional | international radio silence
silencio del radar | radar silence
silencio internacional de radio | international radio signalling
silencio radiofónico | radio silence
silicio | silicon
silicio policristalino | polysilicon = polycrystalline silicon
silicio sobre zafiro | silicon-on-sapphire
silicio tipo N | N-type silicon
silicio ultrapuro | ultrapure silicon
silicona | silicone
silicona en aislante | silicon on insulator
silla de operadora | operator's chair
silleta de operadora | operator's chair
silleta de suspensión para cables aéreos | bosun's chair
silo | silo
silverstat [*disposición de contactos de plata de una lámina*] | silverstat
SIM [*marcador de señalización*] | SIM = signalling marker
SIM [*módulo de identidad del abonado*] | SIM = subscriber identity module
SIM [*módulo simple de identificación*] | SIM = single identification module
simbólico | symbolic
símbolo | symbol, token
símbolo comodín [*en sistemas de reconocimiento de caracteres*] | abstract
símbolo de control | control symbol
símbolo de iniciación | sentence (/start) symbol, statement label
símbolo de peligro por radiaciones | radiation warning symbol
símbolo de sentencia | sentence (/start) symbol, statement label
símbolo de transistor | transistor sym-

bol
símbolo gráfico | graphic (symbol), icon
símbolo lógico | logic (/logical) symbol
símbolo nemónico | mnemonic symbol
símbolo terminal | terminal symbol
SIMD [*procesador de corriente de datos múltiples con una sola corriente de instrucciones*] | SIMD = single-instruction, multiple-data stream processing
simetría | balance
simetría aritmética | arithmetic symmetry
simetría de carga | charge symmetry
simetría de eje cero | zero axis symmetry
simetría geométrica | geometric symmetry
simétrico | symmetric, symmetrical
SIMM [*módulo de memoria de una línea de conexiones*] | SIMM = single inline memory module
simple | single; [*modo de trasmisión*] SPX = simplex
simple cara | single side
símplex | simplex (transmission)
símplex de doble canal | double channel simplex
símplex de dos canales | two-way simplex
símplex de frecuencia aproximada | offset frequency simplex
símplex de frecuencia simple (/única) | single-frequency simplex
símplex manual | manual simplex
símplex por frecuencias desplazadas | offset frequency simplex
simulación | simulation, dummy, spoofing
simulación de entorno | environmental simulation
simulación de fallos | fault simulation
simulación de máquina | machine simulation
simulación de Monte Carlo | Monte Carlo simulation
simulación de pruebas en panel | board test simulation
simulación por ordenador | simulation on a computer, computer simulation
simulación por terminal | terminal emulation
simulación solar | solar simulation
simulador | simulator, phantom, dummy
simulador de circuitos | circuit emulator
simulador de fase | phase simulator
simulador de imágenes de televisión | television image simulator
simulador de impulsos | pulse simulator
simulador de microprocesador | microprocessor emulator
simulador de objetivos de radar | radar target simulator
simulador de radar | radar simulator

simulador de radiación | radiating simulator
simulador de reactor | reactor simulator
simulador de ROM | ROM simulator
simulador de señales de radar | radar signal simulator
simulador de señales de sonar | sonar signal simulator
simulador de vuelo | flight simulator, link-trainer
simulador espacial | space simulator
Simulador Terrestre [*ordenador japonés con capacidad de 40 teraflops por segundo*] | Earth Simulator
simular | to simulate
simular un fallo | to fail
simultaneidad | simultaneity
simultáneo | simultaneous, composite, concurrent
sin actividad | dead
sin adaptación a la salida | unterminated
sin adaptación de impedancias a la salida | unterminated
sin advertencia | without warning
sin aislamiento | noninsulated
sin aislar | noninsulated
sin blindaje | shieldless
sin bloqueo | nonblocking
sin bloqueo virtual | virtually nonblocking
sin calibración | uncalibrated
sin carga | no load, nonloaded, uncharged, unloaded
sin carga terminal | unterminated
sin chispas | sparkless
sin colisión | collisionless
sin compensación | uncompensated, unweighted
sin compensación de frecuencia | unweighted
sin conectar | no connect
sin conexión | no connect (/connection), non connected (/connection); connectionless
sin conexión a tierra | nonearthed, not earthed [UK]; nongrounded [USA]
sin conexiones | floating
sin consumo | unloaded
sin consumo de energía | unloaded
sin contacto | noncontact, no contact
sin corriente | dead, dummy
sin defectos | zero defects
sin demora | nondelay
sin derechos de autor | copyleft
sin desgaste | wasteless
sin dirección | zero address
sin distribuidor | distributorless
sin enclavamiento | nonlocking
sin energía | wattless
sin esfuerzo | unstressed
sin estática | static-free
sin excitación | quiescent
sin fecha | no time
sin filtro | unweighted
sin fluctuación | dead beat
sin foco | afocal

sin forma | shapeless
sin fugas | free from leaks
sin funcionamiento [*en informática*] | down
sin hilos | cordless, wireless
sin impurezas | undoped
sin indicación de estado | stateless
sin interruptor | unswitched
sin lámparas termoiónicas | valveless
sin llave | keyless
sin memoria | out of memory
sin memoria intermedia | unbuffered
sin módem [*tipo de conexión entre ordenadores*] | null modem
sin moderación [*en distribución indiscriminada de mensajes a todos los abonados de un servidor*] | unmoderated
sin modulación | unmodulated
sin modular | unmodulated
sin neutralización | unneutralized
sin numerar | unnumbered
sin parásitos atmosféricos | static-free
sin parpadeo | nonblinking
sin pérdidas | lossless
sin polarización | unbiased, unweighted
sin portador | carrier-free
sin puesta a tierra | nonearthed, not earthed [UK]; nongrounded, not grounded [USA]
sin pupinizar | nonloaded
sin recubrimiento | nonoverlapping
sin recursos | out of resources
sin referencia | unreferred
sin reflexión | nonreflecting, nonreflection
sin registrar | unregistered
sin registro intermedio | unbuffered
sin regulación | unregulated
sin repetidor | nonrepeatered
sin restricciones | unrestricted
sin retardo | nondelay
sin retorno | nonreturn, non-return
sin retorno a cero | nonreturn to zero
sin retorno a cero uno | nonreturn to zero one
sin retorno a reposo | nonhoming
sin ruido | noiseless, noise-free
sin salida | no output
sin señal de entrada | quiescent
sin sombras | shadowless
sin tensión | cold
sin tierra | nonearthed, not earthed [UK]; nongrounded [USA]
sin trasformador | transformerless
sin trasportador | carrier-free
sin turbo | deturbo
sin válvulas | tubeless
sin válvulas electrónicas | tubeless
sin válvulas termoiónicas | valveless
sin visibilidad | blind
SINAD [*señal más ruido y distorsión*] | SINAD = signal plus noise and distortion
sinc. H = sincronización horizontal | H-sync = horizontal synchronization

sincrofasotrón | synchrophasotron
sincrómetro de masa | mass synchrometer
sincronía | synchronism
sincrónico | synchronous, clocked
sincronismo | synchronism, synchronization, synchronum
sincronismo de color compuesto | composite colour sync
sincronismo horizontal y vertical | supersync
sincronismo vertical | vertical hold
sincronizable | syncable
sincronización | clocking, gating, interlock, lock-in, synchronization
sincronización a largo plazo | long-time synchronization
sincronización automática | automatic synchronization, self-synchronizing
sincronización con efecto de volante | flywheel synchronization
sincronización de arranque-parada | start-stop synchronization
sincronización de canal por impulsos | channel pulse synchronization
sincronización de circuito compensador | flywheel synchronization
sincronización de circuito de radio | radio circuit synchronizing
sincronización de control | control synchro
sincronización de cuadro | picture sychronization (/sychronizing)
sincronización de fase | phase lock
sincronización de imagen | picture sychronization (/sychronizing)
sincronización de la corriente portadora | carrier synchronization, synchronization of the carrier frequency
sincronización de la onda portadora | synchronization of the carrier frequency
sincronización de las válvulas | valve timing
sincronización de maestro-esclavo | master-slave synchronization
sincronización del reactor | reactor synchronization
sincronización horizontal | horizontal synchronization
sincronización labial | lip-sync
sincronización plesiócrona | plesiochronous synchronization
sincronización por impulsos de trama | frame pulse synchronization
sincronización por onda ionosférica | sky wave synchronization
sincronización por rueda fónica | phonic wheel synchronization
sincronización posterior | post-record, post-scoring, post-synchronization, post-syncing
sincronización V = sincronización vertical | V-sync = vertical synchronization
sincronización vertical | vertical hold (/sync, /synchronization, /bandwidth)
sincronizado | clocked, phased, synchronizing, synchronous
sincronizado en fase | phase-synchronized
sincronizador | phaser, synchronisator, synchronizer
sincronizador automático | autosync
sincronizador de ciclos de soldadura | weld (/welding) timer
sincronizador de datos | data synchronizer
sincronizador de radar | radar synchronizer
sincronizador de tiratrón | thyratron timer
sincronizador del receptor | receiver synchro
sincronizador del trasmisor | transmitter synchro
sincronizador diferencial | differential selsyn (/synchro)
sincronizador electromecánico | magslip
sincronizar | to synchronise [UK], to synchronize [UK+USA]
síncrono [*expresión incorrecta por "sincrónico"*] | synchronous
sincronodino | synchronodyne
sincronógrafo | synchronograph
sincronómetro | synchronometer
sincronoscopio | synchronoscope
sincronoscopio de índice rotativo | rotary synchroscope
sincroscopio | synchroscope
sincrotrasmisor, sincrotransmisor | selsyn transmitter (/generator)
sincrotrón | synchrotron
sincrotrón con anillo de almacenamiento | storage ring synchrotron
sincrotrón de campo fijo y gradiente alternado | fixed field and alternating gradient synchrotron
sincrotrón de electrones | electron synchrotron
sincrotrón de enfoque intenso | strong focusing synchrotron
sincrotrón de gradiente alterno | alternating-gradient synchrotron
sincrotrón de gradiente constante | constant gradient synchrotron
sincrotrón de protones | proton synchrotron
sincrotrón para partículas pesadas | heavy particle synchrotron
síndrome | syndrome
síndrome de radiación | radiation syndrome
sinergia | synergy
singlete | singlet
sinimax [*aleación de hierro y silicio*] | sinimax
sinónimo | synonym
sinopsis | synopsis
SINS [*sistema de navegación marítima por inercia utilizado por los submarinos de propulsión nuclear*] | SINS
sintaxis | syntax
sintaxis abstracta [*para programación informática*] | abstract syntax
sinterización | sintering, sinterizing
sinterizado | sintered
sinterizar | to sinterise [UK], to sinterize [UK+USA]; to sinter
síntesis | synthesis
síntesis aditiva | additive synthesis
síntesis constructiva | constructive synthesis
síntesis de formantes | formant synthesis
síntesis de la voz | voice synthesis
síntesis de ondas periódicas | synthesis of periodic waves
síntesis de red | network synthesis
síntesis de voz | speech (/voice) synthesis
síntesis del circuito | circuit synthesis
síntesis por haz iónico | ion beam synthesis
síntesis por tabla de ondas [*en producción de sonido, sobre todo música, por ordenador*] | wavetable synthesis
sintetizador | synthesizer, synthesiser [UK]
sintetizador coherente de décadas de frecuencias | coherent decade frequency synthesizer
sintetizador coherente de frecuencias | coherent frequency synthesizer
sintetizador de forma de onda | waveform synthesizer
sintetizador de forma de onda mecánica | mechanical waveform synthesizer
sintetizador de frecuencia variable | variable frequency synthesizer
sintetizador de frecuencias | frequency synthesizer
sintetizador de impulsos | pulse synthesizer
sintetizador de muestras [*musicales*] | sampling synthesizer
sintetizador de música electrónica | electronic music synthesizer
sintetizador de vídeo | video synthesizer
sintetizador de voz | speech (/voice) synthesizer
sintetizador digital | digital synthesizer
sintetizador directo | direct synthesizer
sintetizador electrónico de frecuencia | electronic frequency synthesizer
sintetizador electrónico de ondas | electronic waveform synthesizer
sintetizador indirecto | indirect synthesizer
sintonía | tuning, tuning-in; syntony [USA]
sintonía a frecuencia única | tight alignment
sintonía con un solo mando | single-knob tuning
sintonía de mando único | single-control tuning
sintonía de paso de banda | bandpass tuning

sintonía delta | delta tune
sintonía electrónica | electronic tuning
sintonía monocontrol | single-knob tuning
sintonía por permeabilidad | permeability tuning
sintonía por reluctancia | reluctance tuning
sintonía repetida | repeat point tune (/tuning)
sintonía reproducible | resettable tuning
sintonía silenciosa | quiet tuning
sintonía térmica | thermal tuning
sintonizable | tunable, tuneable
sintonizable por tensión | voltage-tunable
sintonizable por variación de tensión | voltage-tunable
sintonización | tuning, tuning-in, tune-up
sintonización a distancia | remote tuning
sintonización aguda | sharp tuning
sintonización ancha | broad tuning
sintonización automática | self-tuning, automatic tuning
sintonización capacitiva | capacitive tuning
sintonización con incremento a saltos | stepped incremental tuning
sintonización con mando único | ganged tuning
sintonización de doble punto | double spot tuning
sintonización de todos los canales | all-channel tuning
sintonización del magnetrón | tuning of magnetron
sintonización del receptor | receiver tuning
sintonización del sonido | sound tuning
sintonización eléctrica | electric tuning
sintonización electrónica | electronic tuning
sintonización en línea | inline tuning
sintonización en red | netting
sintonización en tándem | ganged tuning
sintonización escalonada | staggered tuning
sintonización incremental del receptor | receiver incremental tuning
sintonización inductiva | induction (/inductive) tuning
sintonización manual | manual tuning
sintonización múltiple | multiple tuning
sintonización por circuito de hilos paralelos | parallel rod tuning
sintonización por condensador | capacitive tuning
sintonización por desplazamiento de pieza plana sobre bobina plana | spade tuning
sintonización por etapas | staggered tuning
sintonización por núcleo móvil | slug tuning
sintonización por núcleo variable | slug tuning
sintonización por permeabilidad | permeability tuning
sintonización por pulsadores | push-button tuning
sintonización por resistencia y capacidad | resistance-capacitance tuning
sintonización por variación de capacidad | variable capacity tuning
sintonización por variación de la inductancia | variable inductance tuning
sintonización precisa | sharp tuning, vernier adjustment
sintonización selectiva | selective tuning
sintonización silenciosa | quiet tuning
sintonización sincronizada | synchronous tuning
sintonización térmica | thermal tuning
sintonización variable | variable tuning
sintonizado | tuned
sintonizado en paralelo | parallel-tuned
sintonizador | syntonizer, trimmer, tuner, tuning unit
sintonizador continuo | continuous tuner
sintonizador de adaptador | stub tuner
sintonizador de adaptador de guiaondas | waveguide stub tuner
sintonizador de AM/FM | AM/FM tuner
sintonizador de amplitud modulada | AM tuner
sintonizador de barra | slug tuner
sintonizador de bobina en espiral | spiral tuner
sintonizador de brazo de reactancia | stub tuner
sintonizador de contacto deslizante | sliding tuner, sliding-contact tuner
sintonizador de cortocircuito por línea coaxial | coaxial line slug tuner
sintonizador de cuarto de onda | quarter-wave tuner
sintonizador de doble sección | double stub tuner
sintonizador de estado sólido | solid-state tuner
sintonizador de frecuencia modulada con múltiplex para recepción estereofónica | stereophonic multiplex FM tuner
sintonizador de guía de ondas | waveguide tuner
sintonizador de guiaondas | waveguide tuner
sintonizador de guiaondas de barra | waveguide slug tuner
sintonizador de guiaondas de manguito adaptador | waveguide slug tuner
sintonizador de guiaondas de tornillo deslizante | waveguide slide-screw tuner
sintonizador de línea resonante | resonant line tuner
sintonizador de núcleo móvil | slug tuner
sintonizador de permeabilidad | permeability tuner
sintonizador de permeabilidad variable | permeability tuner
sintonizador de pulsador | pushbutton tuner
sintonizador de radio | radio tuner (unit)
sintonizador de radiofrecuencia multicanal | multichannel radio frequency tuner
sintonizador de sección única | single-stub tuner
sintonizador de sonda | probe tuner
sintonizador de televisión | television tuner
sintonizador de tornillo deslizante | slide screw tuner
sintonizador de torreta | turret tuner
sintonizador de triple adaptador | triple-stub tuner
sintonizador de triple tetón | triple-stub tuner
sintonizador de volante | flywheel tuning
sintonizador E-H | E-H tuner
sintonizador en espiral | spiral tuner
sintonizador estereofónico | stereo (/stereophonic) tuner
sintonizador giratorio | turret tuner
sintonizador incremental | incremental tuner
sintonizador múltiple | multiple tuner
sintonizador para canales de VHF | VHF channel tuner
sintonizador por inducción | inductuner
sintonizador/programador | tuner/timer
sintonizador térmico | thermal tuner
sintonizar | to syntonise [UK], to syntonize [UK+USA]; to resonate, to tune, to tune in
sinusoidal | sinoidal, sinusoidal
sinusoide | sinusoid, sinusoidal waveform
sinusoide pura | pure sine wave
SIOI [*entrada/salida serial*] | SIOI = serial input/output
SIP [*patilla de una línea de conexiones, encapsulado lineal (/de línea de conexiones) simple*] | SIP = single inline pin, single inline package
SIP [*protocolo de inicio de sesión (en trasmisión de datos)*] | SIP = session initiation protocol
SIP-CGI [*interfaz de pasarela común para el protocolo de inicio de sesión*] | SIP-CGI = session initiation protocol-common gateway interface
SIPO [*entrada en serie, salida en paralelo*] | SIPO = serial in, parallel out

SIPP [*encapsulado de una línea de conexiones por patillas*] | SIPP = single inline pinned package
SIR [*transmisión en serie por infrarrojos*] | SIR = serial Infrared
sirena | howler, siren
sirena eléctrica | electric siren
sírvase acusar recibo | please acknowledge
sírvase avisar | please advise
sírvase comunicar el nombre del expedidor | please advise name of sender
sírvase ejecutar | please make
sírvase enviar copia | please send copy
sírvase expedir por teléfono | please deliver by telephone
sírvase hacer | please make
sírvase hacer lo necesario | please do needful
sírvase informar | please advise
sírvase leer | please make
sírvase notificar | please advise
sírvase reexpedir | please forward
SIS [*estereograma de una imagen*] | SIS = single image stereogram
siseo de cinta | tape hiss
SISI [*índice de sensibilidad a incrementos cortos*] | SISI = short increment sensitivity index
SISI [*integración a escala supergrande: cien mil transistores por chip*] | SISI = super large scale integration
sismográfico | seismographic
sismógrafo | seismograph
sismógrafo de reflexión | reflection seismograph
sismógrafo piezoeléctrico | piezoelectric seismograph
sismométrico | seismometric
sismómetro | seismometer
sismómetro rápido de emergencia | pop-up seismometer
sismómetro submarino de retorno automático a la superficie | pop-up seismometer
sismomicrófono | seismicrophone
sismoscopio | seismoscope
sismotectónico | seismotectonic
SISNet [*tecnología de acceso a la información de navegación por satélite desde internet en tiemo real*] | SISNet = signal in space through Internet
sistema | system, hook-up
sistema abierto | open system
sistema absoluto de Gauss | absolute system of Gauss
sistema accionador de la pluma | pen drive system
sistema activador | actuating system
sistema activo | active system
sistema activo de rastreo | active tracking system
sistema activo de seguimiento | active tracking system
sistema activo por infrarrojos | active infrared system

sistema acústico | acoustic system
sistema adaptable | adaptive system
sistema aislado | insulated system
sistema aislado de tierra | ungrounded system
sistema alámbrico | wire system
sistema alfa | alpha system
sistema anfitrión | host system
sistema antiinductivo | system for elimination of inductive interference
sistema apagachispas por descarga | quenched spark system
sistema armónico de frecuencia vocal | voice frequency system
sistema Armstrong de modulación de frecuencia | Armstrong frequency-modulation system
sistema arrítmico | start-stop system
sistema arrítmico con arranque sincrónico | stepped start-stop system
sistema audiotelegráfico | tone telegraph system
sistema audiovisual | audiovisual system
sistema autoadaptable | self-adaptive system
sistema autoestructurador | self-organizing sytem
sistema autoexcitado | self-exciting system
sistema automático | automatic (/dial) system
sistema automático con selectores de barras trasversales | automatic crossbar selector system
sistema automático con selectores de coordenadas | automatic crossbar selector system
sistema automático de alarma de ataque | automatic attack warning system
sistema automático de arrastre mecánico | power-driven system
sistema automático de barras cruzadas | crossbar automatic system
sistema automático de conmutadores rotativos | rotary system
sistema automático de control | automatic control system
sistema automático de relés | all-relay system, relay automatic system
sistema automático de supervisión y aterrizaje | automated control and landing system
sistema automático de Wheatstone | Wheatstone automatic system
sistema automático paso a paso | step-by-step automatic system
sistema autónomo | stand-alone system
sistema autor [*para adaptar formatos a entornos informáticos específicos*] | authoring system
sistema autosincrónico de corriente continua | DC self-synchronous system
sistema autosincrónico de corrientes | self-synchronous system

sistema autosintonizado | self-tuned system
sistema basado en conocimientos [*sistema experto*] | knowledge-based system
sistema básico avanzado de entrada /salida | advanced basic input/output system
sistema básico de entrada/salida | basic input/output system
sistema básico de entrada/salida de red | network basic input/output system
sistema Batten [*para la coordinación informática de palabras*] | Batten system
sistema Baudot | Baudot system
sistema bicolor | two-colour system
sistema bidimensional | 2-D system
sistema bifásico | two-phase system, quarter-phase system
sistema bifásico de fases unidas | interlinked two-phase system
sistema bifásico de tres hilos | two-phase three-wire system
sistema bifilar aislado | two-wire insulated system
sistema bifilar con un hilo puesto a tierra | two-wire earthed system
sistema bifurcado | forked working system
sistema binario | binary (number) system
sistema binario de complemento a dos | twos complement binary
sistema bivalente de desplazamiento de frecuencia | two-condition frequency-shift system
sistema calorimétrico | calorimeter system
sistema captador de vibraciones | vibration pickup system
sistema Carlsson | variable time interval
sistema casi lineal de control con realimentación | quasi-linear feedback control system
sistema celular digital [*en telefonía móvil*] | digital cellular system
sistema central | host (system)
sistema centralizado | centralized system
sistema cerrado | closed system
sistema CGS = sistema centímetro-gramo-segundo [*sistema cegesimal*] | CGS system = centimetre-gram-second-system
sistema circular | circular system
sistema clásico | classical system
sistema codificador de la voz | speech privacy system
sistema codificador multidimensional | multidimensional coding system
sistema coherente | coherent system
sistema combinado maestro/satélite | master-slave system
sistema compensado de trasmisión de datos | link access procedure bal-

anced system
sistema común | common system
sistema común de archivos de internet | common Internet file system
sistema con corrección automática de errores | self-corrected system
sistema con eliminación (/liberación) de los órganos selectores | bypath system
sistema con neutro a tierra | earthed neutral system
sistema con prioridad de interrupción | priority interrupt system
sistema con retorno por tierra | earth return system
sistema con señalizacón independiente | separate signalling system
sistema con solicitud de repetición | request repeat system
sistema con supresión de la portadora | suppressed-carrier system
sistema con vuelta por tierra | composite (/ground-return) signalling system
sistema conmutador rotatorio | rotary system
sistema contador de centelleos | scintillation counting system
sistema contador de impulsos | pulse-counting system
sistema contador en anillo de decena | ring-of-ten counting system
sistema conversacional | conversational service
sistema criptográfico | cryptosystem
sistema criptográfico para datos | data encryption standard
sistema cuádruplex | quadruplex system
sistema cuantificado | quantized system
sistema de acceso común [*en telefonía*] | trunking
sistema de acceso múltiple | multiaccess system
sistema de accionamiento por motor | power-driven system
sistema de adaptación automática | self-adaptive system
sistema de adaptación con tocón de cuarto de onda | Q system, Q-matched system
sistema de aislamiento | insulation system
sistema de alarma | alarm system
sistema de alarma aérea | air warning system
sistema de alarma con estación central | central station alarm system
sistema de alarma con estación remota | remote station alarm system
sistema de alarma de capacidad | capacitance alarm system
sistema de alarma de circuito abierto | open-circuit alarm system
sistema de alarma de circuito cerrado | closed-circuit alarm system
sistema de alarma de intrusión | intrusion alarm system
sistema de alarma de microondas | microwave alarm system
sistema de alarma fotoeléctrico | photoelectric alarm system
sistema de alarma fotoeléctrico modulado | modulated photoelectric alarm system
sistema de alarma local | local alarm system
sistema de alarma magnético | magnetic alarm system
sistema de alarma perimétrico | perimetre alarm system
sistema de alarma por detector de deformación | strain gauge alarm system
sistema de alarma por presión | pressure alarm system
sistema de alarma por proximidad | proximity alarm system
sistema de alarma por radar | radar alarm system
sistema de alarma por rayos infrarrojos | infrared alarm system
sistema de alarma privado | proprietary alarm system
sistema de alarma silenciosa | silent alarm system
sistema de alarma sonora | audio warning system
sistema de alarma ultrasónica pasivo | passive ultrasonic alarm system
sistema de alerta rápida contra misiles balísticos | ballistic missile early-warning system
sistema de álgebra | algebra system
sistema de alimentación | power (supply) system
sistema de alimentación de energía de continuidad absoluta | no-break power system
sistema de alimentación eléctrica | power system
sistema de alimentación eléctrica ininterrumpida | unbroken (/uninterrupted) power supply
sistema de alimentación en paralelo | parallel feed system
sistema de alimentación en serie | series feed system
sistema de alimentación ininterrumpida | unbroken (/uninterrupted) power supply
sistema de altavoces | speaker (/loudspeaker, /public address) system
sistema de altavoces de dos canales | two-channel loudspeaker system, two-way loudspeaker system
sistema de altavoces de tres vías | three-channel loudspeaker system, three-way loudspeaker (/speaker) system
sistema de altavoz en bafle infinito | infinite baffle speaker system
sistema de alternancia de fase por línea | phase alternation line system
sistema de antena | aerial system
sistema de antena antiparásitos | noise-reducing aerial system
sistema de antena antirruido | noise-reducing aerial system
sistema de antena con alimentación directa | driven array
sistema de antena de elementos apilados | multiple stacked array
sistema de antena reductor de ruido | noise-reducing aerial system
sistema de antena Yagi de elementos apilados | stacked Yagi array
sistema de antenas | aerial array, multiple aerial
sistema de antenas en T | T-type aerial system
sistema de antenas espaciadas | spaced-aerial system
sistema de antenas goniométricas | DF aerial system
sistema de antibloqueo electrónico | antiblock system
sistema de apoyo para la toma de decisiones | decision support system
sistema de aproximación controlado por portadora | carrier-controlled approach system
sistema de aproximación instrumental | instrument approach system
sistema de aproximación por instrumentos | instrument approach system
sistema de archivos | file system
sistema de archivos de alto rendimiento | high performance file system
sistema de archivos de CD-ROM | CD-ROM file system
sistema de archivos de contenido direccionable | content-addressable file system
sistema de archivos distribuidos | distributed file system
sistema de archivos en red | network file system
sistema de archivos FAT [*de MS-DOS*] | FAT file system
sistema de archivos plano [*sin orden jerárquico*] | flat file system
sistema de arranque | starting system
sistema de arranque por fase auxiliar | split-phase starting system
sistema de arranque por fase dividida | split-phase starting system
sistema de aterrizaje a ciegas | instrument landing system
sistema de aterrizaje desde tierra | talkdown system
sistema de aterrizaje instrumental | instrument landing system
sistema de aterrizaje por instrumentos | instrument landing system
sistema de autoría | authoring system
sistema de ayuda | help system
sistema de banda lateral simple (/única) | single-sideband system
sistema de barras cruzadas | crossbar system

sistema de barras cruzadas Pentaconta | Pentaconta exchange (/crossbar system)
sistema de barrido | sweeping system
sistema de base de datos | database system
sistema de base de datos en red | network database system
sistema de base de datos relacional | relational database system
sistema de base fija | fixed-base system, fixed-radix system
sistema de base mixta | mixed-base system
sistema de batería central | common battery system
sistema de bloqueo | block system
sistema de bloqueo del receptor | receiver lockout system
sistema de bloqueo y claves | locks and keys
sistema de bobinas primarias | primary coil system
sistema de Boothroyd-Creamer | Boothroyd-Creamer system
sistema de bucle abierto | open-loop system
sistema de bus | bus system
sistema de bus común | common bus system
sistema de búsqueda de personas por llamadas selectivas | selective call paging system
sistema de cableado interior a tierra | interior-wiring-system ground
sistema de cables de pares | twin-cable system
sistema de campos simultáneos | field-simultaneous system
sistema de canal compartido | split-channel system
sistema de canal dividido | split-channel system
sistema de canalización de vapor | vapour system
sistema de captación mutua | mutually imprisoning system
sistema de centralización de la carga | load centre system
sistema de centro de masas | centre of mass system
sistema de ciclo de Rankine | Rankine cycle system
sistema de cierre de ventanilla | dowser
sistema de cierre del receptor | receiver lockout system
sistema de cinta para usuario de ordenador | computer user's tape system
sistema de circuito abierto | open-circuit system, open-loop system
sistema de circuito cerrado | closed-circuit system
sistema de circuito simple | single-circuit system
sistema de clave pública | public key system

sistema de color de Munsell | Munsell colour system
sistema de coma fija | fixed-point system
sistema de coma flotante | floating point system
sistema de comienzo y parada | start-stop system
sistema de compensación de Wagner | Wagner compensation system
sistema de componer | authoring system
sistema de comunicación | communication (/talking) system
sistema de comunicación a doble hilo | metallic signalling system
sistema de comunicación aire-tierra-aire | air-ground-air communications system
sistema de comunicación alámbrica | wired communication system
sistema de comunicación codificada | scrambled speech system
sistema de comunicación de banda ancha | wideband communication system
sistema de comunicación integrado | integrated communication system
sistema de comunicación por difusión troposférica | tropospheric scatter communication system
sistema de comunicación por dispersión troposférica | tropospheric scatter communication system
sistema de comunicación por doble hilo | loop dialling
sistema de comunicación por hilos | wired communication system
sistema de comunicación por hilos desnudos aéreos | open-wire communication system
sistema de comunicación por impulsos | pulse communication system
sistema de comunicación secreta | secrecy system
sistema de comunicaciones de acceso total | total access communications system
sistema de comunicaciones trashorizonte | over-the-horizon communication system
sistema de conexión directa a tierra | solidly earthed system
sistema de conexiones dobles | double connection
sistema de conformación | shaping system
sistema de conmutación | switching system
sistema de conmutación de barras cruzadas | crossbar switching system
sistema de conmutación de teletipos | teletypewriter switching system
sistema de conmutación electrónica de programa almacenado | stored-program electronic switching system
sistema de conmutación Pentaconta | Pentaconta switching system

sistema de conmutación semiautomática | semiautomatic switching system
sistema de contacto subterráneo | slot system
sistema de continuidad absoluta | no-break system
sistema de control | control (/guidance) system
sistema de control adaptable | adaptive-control system
sistema de control autoadaptable | adaptive control system
sistema de control automático de desmagnetización | automatic degaussing control system
sistema de control casi lineal con realimentación | feedback quasi-linear control system
sistema de control con realimentación | feedback control system
sistema de control de datos intermitentes | sampled data control system
sistema de control de perfiles | contour control system
sistema de control de posición | position control system
sistema de control en bucle cerrado | closed-loop control system
sistema de control en ciclo cerrado | closed-cycle control system
sistema de control en circuito abierto | open-loop control system
sistema de control intermitente | on-off control system
sistema de control lineal con realimentación | feedback linear control system
sistema de control multiaxial | contour control system
sistema de control numérico | numerical control system
sistema de control por impulsos de respuesta | revertive control system
sistema de control por impulsos reenviados | revertive control system
sistema de control por registradores | register-controlled system
sistema de control por seguimiento del haz | beam-rider control system
sistema de coordenadas | coordinate (/crossbar) system
sistema de coordenadas cartesianas | x-y-z coordinate system
sistema de coordenadas tridimensional | x-y-z coordinate system
sistema de corrección automática de errores | automatic error-correcting system
sistema de corriente alterna bifilar | two-wire system with alternating current
sistema de corriente alterna de dos hilos | two-wire system with alternating current
sistema de corriente alterna de tres hilos | three-wire system with alternating current

sistema de corriente continua bifilar | two-wire system with direct current
sistema de corriente continua de dos hilos | two-wire system with direct current
sistema de corriente continua de tres hilos | three-wire system with direct current
sistema de corriente monofásica | single-phase-current system
sistema de corriente portadora sobre líneas de distribución de energía | power line carrier system
sistema de corriente simple | single-current system
sistema de corriente trifásica | three-phase-current system
sistema de corriente unidireccional | single-current system
sistema de corrientes portadoras de banda ancha | wideband carrier system
sistema de corrientes portadoras de banda lateral única | single-sideband carrier system
sistema de corrientes portadoras por líneas metálicas | metallic-line carrier system, metallic-wire carrier system
sistema de corrientes portadoras por pares simétricos (de cable) | symmetrical-cable-pair carrier system
sistema de corrientes portadoras sobre líneas aéreas | overhead carrier system
sistema de corrientes portadoras tipo C | type-C carrier system
sistema de cuatro niveles | four-level system
sistema de datos de muestreo | sampled-data system
sistema de desarrollo basado en microprocesador | microprocessor development system
sistema de desarrollo de aplicaciones | application development system
sistema de desarrollo del programa | program development system
sistema de desarrollo por microordenador | microcomputer development system
sistema de descarga de condensador | capacitor discharge system
sistema de descargas pulsantes | pulsed discharge system
sistema de desconexión preferente | preference tripping system
sistema de despacho por radio | radio-dispatching system
sistema de despegue y aterrizaje cortos | short takeoff and landing
sistema de desviación | sweeping system
sistema de detección de vibraciones | vibration detection system
sistema de detección por percepción de sonidos | sound-sensing detection system
sistema de detección y aviso de fallos | fault sensing and reporting system
sistema de detección y localización espacial | space detection and tracking system
sistema de detección y señalización de fallos | fault sensing and reporting system
sistema de difusión | diffusion system
sistema de dirección inercial gravitatoria | inertial-gravitational guidance system
sistema de dirección por repetidor de radar | radar repeat-back guidance
sistema de direcciones discretas de acceso aleatorio | random access discreete address system
sistema de distribución | distributing (/distribution) system
sistema de distribución de información múltiple | multiple information distribution system
sistema de distribución de líneas protegidas | protected wireline distribution system
sistema de distribución de televisión | television distribution system
sistema de distribución Edison | Edison distribution system
sistema de distribución en derivación | shunt (/parallel) system of distribution
sistema de distribución en serie | series system of distribution
sistema de distribución multicanal multipunto | multipoint multichannel distribution system
sistema de disyunción preferente | preference tripping system
sistema de diversidad cuádruple | quadruple diversity system
sistema de diversidad de espacio | space diversity system
sistema de diversidad de trayectorias | space diversity system
sistema de diversidad espacial | space diversity system
sistema de diversidad por antenas espaciadas | space diversity system
sistema de doble haz | dual beam system
sistema de dos fases | two-phase system, quarter-phase system
sistema de dos hilos | two-wire system
sistema de dos hilos aislado | two-wire insulated system
sistema de dos hilos con un hilo puesto a tierra | two-wire earthed system
sistema de dos niveles | two-level system
sistema de dos tonos | two-tone system
sistema de dos vías | two-way system
sistema de edición | publishing system
sistema de edición de caracteres | character read-out system
sistema de electrodo selector de color | colour-selecting electrode system
sistema de elementos apilados | multiple stacked array
sistema de encendido apantallado | screened ignition system
sistema de encendido transistorizado | transistorized ignition system
sistema de energía cero de impulsos | pulsed zero-energy system
sistema de enfoque de campo axial periódico | periodic axial field focusing system
sistema de enlace con varias estaciones relevadoras [o repetidoras o retrasmisoras] | multirepeater link
sistema de enlace multicanal por microondas | multichannel microwave relay system
sistema de enlace múltiplex por microondas | multiplex microwave system
sistema de enlace por microondas | microwave beam system
sistema de enlaces radioeléctricos | radio link system
sistema de entrada indirecta | off-line system
sistema de escofonía | scophony system
sistema de escritorio | desktop system
sistema de escritura para traductores | translator writing system
sistema de espera | delay (/queuing) system, delay type operation
sistema de espera de llamadas telefónicas | telephone queuing system
sistema de estaciones repetidoras de radio | radio relay system
sistema de evaluación | rating system
sistema de excitación de alta velocidad | high-speed excitation system
sistema de explotación telegráfica | telegraph operating system
sistema de facsímil | facsimile system
sistema de fallo compensable | fail-soft system
sistema de fallo gradual | fail-soft system
sistema de fibra óptica | fibre-optic system, fiber optics system
sistema de formación de imágenes en estado sólido | solid-state imaging system
sistema de frecuencia intermedia con sobreacoplamiento | overcoupled IF system
sistema de frecuencia portadora multicanal | multichannel carrier-frequency system
sistema de frecuencia vocal | voice frequency system
sistema de frenado del contador | meter braking element

sistema de fuerza tiristorizado | thyristor power system
sistema de gestión de archivos | file management system
sistema de gestión de bases de datos | database management system
sistema de gestión de calidad | quality management system
sistema de gestión de claves | key management system, data encryption standard
sistema de gestión de datos | data management system
sistema de gestión de datos digitales | digital data handling system
sistema de gestión de documentos | document management system
sistema de gestión de formatos | forms management system
sistema de gestión de interrupción | interrupt-driven system
sistema de gestión de la información | information management system
sistema de gestión de objetos | object management system
sistema de gestión de red | network management system
sistema de gestión de red de IBM | IBM network management
sistema de gestión de tráfico por almacenamiento y reexpedición | store-and-forward message switching system
sistema de gestión del color | colour management system
sistema de gestión para bases de datos distribuidas | distributed database management system
sistema de gestión por almacenamiento y reexpedición | store-and-forward message switching system
sistema de grabación audiovisual | audiovisual recording system
sistema de grabación del sonido | sound-recording system
sistema de grabación en pistas múltiples | multitrack recording system
sistema de grabación magnética de una sola pista | single-track magnetic system
sistema de gran línea base | long baseline system
sistema de guía | guidance system
sistema de guía acústico | acoustic homing system
sistema de guía al objetivo | homing guidance system
sistema de guía compuesto | composite guidance system
sistema de guía de orden | command guidance system
sistema de guía hiperbólico | hyperbolic guidance system
sistema de guía inercial por radio | radio-inertial guidance system
sistema de guía pasivo | passive homing system
sistema de guía por radio | radioguidance system
sistema de guía preajustada | preset guidance system
sistema de guiado por infrarrojos | infrared guidance system
sistema de guiaondas | system of waveguides
sistema de guías de ondas | system of waveguides
sistema de haces | system of beams
sistema de haz en V | V-beam system
sistema de Heaviside-Lorentz | Heaviside-Lorentz system
sistema de hierro móvil con blindaje | moving-iron shielded system
sistema de hilo punteado | stitch wire
sistema de identificación por alta frecuencia | high frequency identification system
sistema de ignición | ignition system
sistema de ignición de Kettering | Kettering ignition system
sistema de ignición semiconductor | semiconductor ignition system
sistema de iluminación | lighting system
sistema de iluminación de acceso | lead-in lighting system
sistema de iluminación de vía estrecha | narrow gauge lighting system
sistema de imagen intermedia | intermediate imaging
sistema de implementación por potencias de dos | buddy system
sistema de impulsión del estilete | pen drive system
sistema de impulsos | pulsing system
sistema de impulsos inversos | reverting impulse system, revertive pulse system, revertive-pulsing system
sistema de información | information system
sistema de información ejecutivo | executive information system
sistema de información en red | information network system
sistema de información geográfica | geographic information system
sistema de información organizativo | organizational information system
sistema de información para la dirección | management information system
sistema de información para la gestión | management information system
sistema de información universitario | campuswide information system
sistema de intensidad de corriente constante | constant current system
sistema de intercambio de información | information and content exchange
sistema de intercomunicación | intercom = intercommunication system; private address system
sistema de intercomunicación por altavoces | talkback loud hailer system
sistema de interconexión | interconnection system
sistema de interfaz | interface system
sistema de irradiación | radiation system
sistema de isoimpulsos | isopulse system
sistema de lectura de caracteres | character read-out system
sistema de limpieza ultrasónica | ultrasonic cleaning system
sistema de Lindenmeyer | Lindenmeyer system
sistema de línea aérea de contacto | overhead contact system
sistema de línea base corta | short baseline system
sistema de línea compartida por consulta de las estaciones | polled system
sistema de línea equilibrada | balanced line system
sistema de llamada por teclado | touch-tone system
sistema de llamada selectiva | SELCAL system = selective call system, selective-calling system
sistema de llamadas | paging system
sistema de llamadas abandonadas | loss (/busy-signal) system
sistema de llamadas perdidas | busy-signal system
sistema de llamadas por radio | radio paging system
sistema de lógica compartida | shared logic system
sistema de mallas | link
sistema de mando | power drive
sistema de mando directo | direct routing system
sistema de mando indirecto | indirect routing system
sistema de manipulación de mensajes | message handling system
sistema de manipulación de una sola corriente | neutral direct current system
sistema de marcado interior-exterior | inward-outward dialling system
sistema de masa de la antena | ground system of aerial
sistema de medición de vibraciones | vibration-measuring system
sistema de medición por radioisótopos | radioisotope measuring system
sistema de medios de comunicación digitales | digital media system
sistema de megafonía | public address system
sistema de memoria virtual | virtual memory system
sistema de mensajes | message system
sistema de mezcla | rerecording system
sistema de modulación con interrupción de portadora | quiescent carrier

system
sistema de monitor | monitor system
sistema de muestreo | sampling system
sistema de multiacceso | multiaccess system
sistema de múltiples derivaciones | tree arrangement
sistema de múltiples elementos | multiunit system
sistema de múltiples ondas portadoras | multicarrier scheme
sistema de múltiples portadoras | multicarrier scheme
sistema de multiplexión estereofónica | stereophonic multiplexing system
sistema de multiplexión por división de tiempo | interleaved system
sistema de multiproceso | multiprocessing system; multiprocessor, multiunit
sistema de multiprogramación | multiprogramming system
sistema de multitratamiento | multiprocessing system; multiprocessor, multiunit
sistema de navegación de corto alcance | short-range navigation system
sistema de navegación Decca | Decca navigator
sistema de navegación global por satélite | global navigation satellite system
sistema de navegación hiperbólico | hyperbolic navigation system
sistema de navegación por impulsos | pulse navigational system
sistema de navegación por radar | radar navigational system
sistema de navegación RADAN | RADAN navigation system
sistema de nombres de dominio [*en internet*] | domain name system
sistema de núcleo gráfico | graphics (/graphical) kernel system
sistema de numeración binario | binary number system
sistema de numeración decimal | decimal numbering system
sistema de numeración hexadecimal (/sexagesimal) | hexadecimal number system
sistema de numeración octal | octal number (/numbering) system
sistema de ondas estacionarias | standing (/stationary) wave system
sistema de ondas pronosticadas | predicted-wave system
sistema de ordenador remoto | remote computer system
sistema de oxidación | oxidation system
sistema de paso simple | once-through system
sistema de pérdidas | loss (/busy-signal) system
sistema de portadora | carrier system
sistema de portadora coherente | coherent carrier system
sistema de portadora colectiva | party line carrier system
sistema de portadora flotante | floating carrier system
sistema de portadora K | K-carrier system
sistema de portadora multicanal | multichannel carrier-frequency system
sistema de portadoras de banda ancha | wideband carrier system
sistema de posicionamiento global | global positioning system
sistema de procesador único | uniprocessor system
sistema de proceso de datos | data-processing system
sistema de proceso de datos automático | automatic data-processing system
sistema de proceso de textos | word-processing system
sistema de proceso por lotes | batch system
sistema de producción | production system
sistema de programación | programming system
sistema de programación orientado a objetos | object-oriented programming system
sistema de propagación por saltos sucesivos | multihop system
sistema de protección | protective system
sistema de puente dúplex | bridge duplex system
sistema de puesta a tierra de la antena | aerial ground system
sistema de puesta a tierra en un punto | one-point ground system
sistema de puesta en marcha | starting system
sistema de puestos de conexión permanente | way circuit
sistema de radar de precisión para aproximación | precision approach radar system
sistema de radar defensivo | radar defence system
sistema de radar en cadena | chain radar system
sistema de radar televisado | teleran system
sistema de radioalineación | track guidance system
sistema de radioayuda | radio aid
sistema de radiocomunicación de la policía | police radio (system)
sistema de radiodifusión | radio system
sistema de radiodifusión estereofónica | stereophonic radio system
sistema de radioenlace | radio link system
sistema de radioenlace de banda ancha | wideband radio relay system
sistema de radioenlace de televisión | television relay system
sistema de radioenlaces | radio relay system
sistema de radioenlaces por haz dirigido | radio beam system
sistema de radiofaro de aproximación sin visibilidad | blind approach beam system
sistema de radiofaros | radiobeacon system
sistema de radionavegación | radionavigation system
sistema de radionavegación de corto alcance | short-range navigation system
sistema de radiorrelés | radio relay system
sistema de radiotelegrafía impresora | radioteletypewriter system
sistema de radiotrasmisión de datos | radio data system
sistema de raíz fija | fixed-base system, fixed-radix system
sistema de raíz mixta | mixed-radix system
sistema de realimentación de información | information feedback system
sistema de recogida de datos | data acquisition system
sistema de recogida y control de datos | data acquisition and control system
sistema de recogida y conversión de datos | data acquisition and conversion system
sistema de rectificador giratorio (/rotatorio) | rotating rectifier system
sistema de recuento de impulsos | pulse-metering system
sistema de recuperación de información | information retrieval system
sistema de red de radio | radio network system
sistema de red integrada | integrated network system
sistema de reducción de datos | data reduction system
sistema de reducción-oxidación | redox system
sistema de reescritura | rewriting system
sistema de referencia | reference system, frame of reference
sistema de referencia para la trasmisión telefónica | telephone transmission reference system
sistema de refrigeración para temperaturas ultrabajas | ultralow temperature refrigeration system
sistema de refrigeración por agua | water-cooling system
sistema de refuerzo acústico | voice-assist system
sistema de refuerzo de sonido | sound-reinforcing system

sistema de refuerzo sonoro | voice-assist system
sistema de registro en pistas múltiples | multitrack recording system
sistema de registro magnético en pistas múltiples | multitrack recording system
sistema de registro sonoro | sound-recording system
sistema de reglas de producción | production-rule system
sistema de regulación | regulating system
sistema de relación de diseño máximo | design-maximum rating system
sistema de relés | relay (/all-relay) system
sistema de relés de microondas | microwave relay system
sistema de repetición automática | Verdan system
sistema de repetidores de radio | radio relay system
sistema de reproducción | playback (/reproducing) system
sistema de reproducción de grabaciones | rerecording system
sistema de reproducción del sonido | sound-reproducing system
sistema de reproducción estereofónica | stereophonic sound reproduction system
sistema de reproducción sonora | sound-reproducing system
sistema de respuesta | answerback system
sistema de retrasmisión | relay system
sistema de retrasmisión de televisión | television relay system
sistema de rotación de la traza | trace rotation system
sistema de satélite de múltiple acceso | multiple access satellite system
sistema de satélites | satellite system
sistema de Schmidt | Schmidt system
sistema de Scott | Scott system
sistema de seguimiento de exploración codificada | scan-coded tracking system
sistema de seguimiento pasivo | passive tracking system
sistema de seguimiento por comparación de fase | phase comparison tracking system
sistema de seguimiento por impulso único en un solo canal | single-channel monopulse tracking system
sistema de seguimiento por radar | radar tracking system
sistema de seguimiento semiactivo | semiactive tracking system
sistema de seguimiento tridimensional | 3-D tracking system
sistema de seguridad | fail-safe system
sistema de seguridad con autoverificación | self-testing safety system

sistema de seguridad radiotelefónica | radiotelephone security system
sistema de selección a distancia por corrientes de frecuencia vocal | voice frequency selecting system
sistema de selección automática de barras cruzadas | crossbar dialling system
sistema de selección telefónica dentro-fuera | inward-outward dialling system
sistema de señales continuas | continuous signal system
sistema de señalización digital de abonado | digital subscriber signalling system
sistema de señalización por canal común | common channel signalling system
sistema de señalización por corriente alterna | AC signalling system
sistema de servicio móvil bidireccional | two-way mobile system
sistema de servicio móvil de tres vías | three-way mobile system
sistema de servicio móvil unidireccional | one-way mobile system
sistema de sintonía silenciosa | squelch system
sistema de sintonía tipo Oudin | Oudin-type tuning system
sistema de sintonización por pulsadores | pushbutton tuning system
sistema de sintonización silenciosa | silent tuning system
sistema de sintonización sin retorno a posición de reposo | nonhoming tuning system
sistema de sintonización térmica | thermal tuning system
sistema de sobremesa | desktop system
sistema de socorro | help system
sistema de sonda de radar | radar-sonde system
sistema de sonido dividido | split-sound system
sistema de sonido estereofónico | stereophonic sound system
sistema de sonido partido | split-sound system
sistema de sonido por interportadora | intercarrier sound system
sistema de sonido por portadora intermedia | intercarrier sound system
sistema de sonorización | scoring system
sistema de soporte a la decisión | decision support system
sistema de sucesión de colores | sequential colour system
sistema de sucesión de puntos | dot sequential system
sistema de supervisión | supervisory system
sistema de supervisión y mantenimiento | system supervision and maintenance module

sistema de tablero de boletines | bulletin board system
sistema de tarifación | tariff system
sistema de telecomunicación por satélite subsincrónico | subsynchronous satellite system
sistema de telecomunicaciones | telecommunication system
sistema de telecomunicaciones de banda ancha | wideband communication system
sistema de telecomunicaciones de corta distancia | short-haul communications system
sistema de telecomunicaciones ferroviarias | railway communications system
sistema de teleconferencia | bulletin board system
sistema de telecontrol de receptores | remote receiver control system
sistema de teledifusión por cable | wire-broadcasting system
sistema de telefonía automática | dial system
sistema de telefonía de dos bandas | system for twin-band telephony
sistema de telefonía por corrientes portadoras | telephone carrier system
sistema de telefonía por corrientes portadoras para cortas distancias | short-haul carrier telephone system
sistema de telefonía secreta | privacy telephone system, speech privacy system
sistema de telefonía semiautomática | semimechanical (telephone) system
sistema de telefonía superpuesta para cortas distancias | short-haul carrier telephone system
sistema de telegrafía armónica | voice frequency telegraph system
sistema de telegrafía arrítmico | start-stop system
sistema de telegrafía de dos frecuencias moduladoras | two-tone telegraph system
sistema de telegrafía de dos tonos | two-tone telegraph system
sistema de telegrafía por tonos | tone telegraph system
sistema de teleimpresoras | teletypewriter system
sistema de telemando de receptores | remote receiver control system
sistema de telemando de redes | network remote control system
sistema de telemedición por tensión | voltage-type telemetering system
sistema de telemetría por multiplexión de impulsos | pulse multiplex telemetering system
sistema de televisión compatible | compatible television system
sistema de televisión comunitario | community television system
sistema de télex | telex system

sistema de terminales | terminal system
sistema de terminales en el punto de venta | point-of-sale system
sistema de tiempo compartido | time-sharing system
sistema de tiempo de ejecución | run-time system
sistema de tiempo real | real-time system
sistema de tierra | earth system
sistema de tierra de antena [*sistema de puesta a tierra de la antena*] | antenna earth system [UK], antenna ground system [USA]
sistema de tierra de la antena | aerial ground system
sistema de torsión | twist system
sistema de trasformación directa de la energía solar | solar direct conversion power system
sistema de trasmisión con fibras ópticas | fibre optics transmission system
sistema de trasmisión | transmission system
sistema de trasmisión acústica | acoustic transmission system
sistema de trasmisión automática de Wheatstone | Wheatstone automatic system
sistema de trasmisión autosincrónico | selsyn system
sistema de trasmisión con supresión de onda portadora | suppressed-carrier transmission system
sistema de trasmisión de datos | data transmission system
sistema de trasmisión de imágenes nucleares | nuclear image transmission system
sistema de trasmisión de placas paralelas | parallel plate transmission system
sistema de trasmisión de televisión en color secuencial | sequential colour transmission television system
sistema de trasmisión digital por satélite | digital satellite system
sistema de trasmisión fotoeléctrica | lightwave system
sistema de trasmisión mecánica | mechanical transmission system, power-driven system
sistema de trasmisión múltiplex | multiplex (transmission) system
sistema de trasmisión por corriente sencilla | neutral direct current system
sistema de trasmisión por desequilibrio de dúplex | upset duplex system
sistema de trasmisión por emisión de impulsos | pulse transmission system
sistema de trasmisión por fibra óptica | fibre-optic transmission system
sistema de trasmisión por fibra óptica y láser | laser fibre-optic transmission system
sistema de trasmisión por impulsos | pulse transmission system
sistema de trasmisión por pares de cobre | twisted pair carrier
sistema de trasmisión privado (/secreto) | privacy system
sistema de trasmisión sin onda portadora | suppressed-carrier transmission system
sistema de trasmisión telenuclear | tele-nuclear transmission system
sistema de trasposición | transposition system
sistema de trasposiciones por rotación | twist transposition system
sistema de tratamiento de mensajes | message handling system
sistema de trayectoria de planeo de doble frecuencia | two-frequency glide-path system
sistema de trayectoria de planeo por impulsos | pulsed glide path
sistema de tres canales | three-way system
sistema de tres hilos | three-wire system
sistema de tres vías | three-way system
sistema de turnos de llamadas telefónicas | telephone queuing system
sistema de Tury | Thury system
sistema de UHF por reparto de tiempos | ultrahigh frequency time-sharing system
sistema de un chip | system-on-a-chip
sistema de un grado de libertad | single-degree-of-freedom system
sistema de unidades | system of units
sistema de unidades absoluto | system of units
sistema de unidades electromagnéticas CGS | CGS electromagnetic system of units
sistema de unidades electrostáticas CGS | CGS electrostatic system of units
sistema de unidades fundamentales | absolute system of units
sistema de unidades montables | unit construction method
sistema de utilización general | general-purpose system
sistema de vacío | vacuum system
sistema de vapor | vapour system
sistema de varios altavoces | multiple loudspeaker system
sistema de ventanas | window system
sistema de ventilación | ventilating system
sistema de vías auxiliares | bypass system
sistema de vías con liberación de los órganos selectores | bypass system
sistema de videotexto | videotext system
sistema de voz interactivo | Interactive voice system
sistema decimal codificado en binario | binary-coded decimal system
sistema degenerado | degenerate system
sistema del laboratorio | laboratory system
sistema descodificador por impulsos | pulse decoding system
sistema desequilibrado | unbalanced system
sistema detector de errores con respuesta | error detecting and feedback system
sistema detector de errores con solicitud de repetición | request repeat system
sistema detenido | system halted
sistema digital | digital system
sistema director | director system
sistema discreto | discrete system
sistema discreto y continuo | discrete and continuous system
sistema distribuido | distributed system
sistema DOL | DOL system
sistema Doppler | Doppler system
sistema Doppler de impulsos | pulsed Doppler system
sistema Doppler de (/por) reflexión | reflection Doppler
sistema dúplex | duplex system
sistema dúplex alterable | upset duplex system
sistema dúplex de frecuencia única | single-frequency duplex
sistema dúplex diferencial | differential duplex system
sistema eléctrico | electrical system
sistema eléctrico de vehículo | vehicular electrical system
sistema eléctrico internacional | international electrical system
sistema electroacústico de dos canales | two-channel loudspeaker system, two-way loudspeaker system
sistema electromagnético | electromagnetic system
sistema electromagnético C.G.S. | electromagnetic C.G.S. system
sistema electrónico de conmutación | electronic switching system
sistema electrónico de gestión de documentos | electronic document management system
sistema electrónico de proceso de datos | electronic data processing system
sistema electrónico de trasferencia de fondos | electronic funds transfer system
sistema electrónico integrado | integrated electronic system
sistema electrónico programable | programmable electronic system
sistema electrostático | electrostatic system
sistema electrostático C.G.S. | electrostatic C.G.S. system

sistema emisor | transmitting system
sistema en cascada | cascade system
sistema en lazo cerrado | closed-loop system
sistema en línea | online system
sistema en serie | series system
sistema encaminador | intermediate system
sistema equivalente de cuatro hilos | equivalent four-wire system
sistema estéreo Minter | Minter stereo system
sistema estereofónico | stereophonic (/stereo sound) system
sistema estereofónico de alta fidelidad | stereophonic high-fidelity system
sistema estereofónico de altavoces | stereophonic loudspeaker system
sistema estereofónico de micrófonos | stereophonic microphone system
sistema estereoscópico | stereoscopic system
sistema estereosónico | stereosonic system
sistema europeo de señalización digital para abonados | European digital subscriber signalling system
sistema experto | expert system
sistema explorador | scanning system
sistema fijo | fixed system
sistema fino [*red donde la mayoría de las aplicaciones funcinonan en el ordenador central*] | thin system
sistema flexible de fabricación | flexible manufacturing system
sistema fonocaptor | pickup system
sistema formal | formal system
sistema fotoeléctrico de haz modulado | modulated beam photoelectric system
sistema fotoeléctrico de iluminación | photoelectric illumination control system
sistema funcional | operating system
sistema Gee [*sistema inglés de radiohaz*] | Gee system
sistema geográfico de referencia | world geographic reference system
sistema Giorgi | Giorgi system
sistema giroscópico de un solo grado de libertad | single-degree-of-freedom gyroscopic system
sistema global de (/para) comunicaciones móviles | global system for mobile communication
sistema guiado por órdenes | command-driven system
sistema H | H system
sistema heredado [*hardware o software de segundo uso*] | legacy system
sistema heterogéneo | heterogeneous system
sistema hexafásico | six-phase system
sistema HF ID [*sistema de identificación por alta frecuencia*] | HF ID system = high frequency identification system
sistema híbrido multilínea | hybrid telephone system
sistema Hughes | Hughes system
sistema impresor Hell | Hell printer system
sistema impulsor piezoeléctrico | piezoelectric driving system
sistema indeterminado | indeterminate system
sistema inductivo | inductive system
sistema inductor | magnet system
sistema informático | computer system
sistema informático integrado para aviación | airborne integrated data system
sistema informático empresarial | business information system
sistema innoble | nonnoble system
sistema integrado | packaged system
sistema integrado de oficina | integrated office system
sistema inteligente basado en conocimientos | intelligent knowledge-based system
sistema interactivo | interactive system
sistema interferómetro | interferometer system
sistema internacional de unidades eléctricas y magnéticas | international system of electrical and magnetic units
sistema iterativo | iterative array
sistema jerárquico de archivos | hierarchical file system
sistema jerárquico de bases de datos | hierarchical database system
sistema jerárquico de comunicación | hierarchical communication system
sistema jerarquizado de gestión para bases de datos | hierarchical database management system
sistema L = sistema Lindenmeyer | L-system = Lindenmeyer system
sistema lateral medio | middle side system
sistema Leblanc | Leblanc system
sistema lector | playback system
sistema lineal de control con realimentación | linear feedback control system
sistema localizador de doble frecuencia | two-frequency localizer system
sistema lógico | logic system
sistema maestro/esclavo | master/slave arrangement
sistema manual | manual system
sistema material | material system
sistema mecánico de televisión | mechanical television system
sistema metaoperativo [*sistema operativo bajo el que trabajan otros sistemas operativos*] | metaoperating system
sistema métrico | metric system
sistema microfónico estereofónico | stereo microphone system
sistema MKSA = sistema metro-kilogramo-segundo-amperio [*sistema de unidades electromagnéticas, también llamado sistema Giorgi*] | M.K.S.A. system = metre-kilogram-second-ampere system
sistema monofásico | single-phase system
sistema móvil de coordenadas | moving coordinate system
sistema multicanal | multichannel system
sistema multicanal de banda ancha | wideband multichannel system
sistema multicanal de corrientes portadoras | multiple channel carrier system
sistema multicanal de frecuencia vocal | voice frequency multichannel telegraph system
sistema multifilar | multiple system
sistema multifrecuencia | multifrequency system
sistema multilínea | key system
sistema múltiple | multiple (/multiplexed) system, net
sistema múltiplex | MUX system = multiplex system
sistema multipuesto | cluster
sistema multiusuario | multiuser (/multiple-user) system
sistema multivariante | multivariant system
sistema multivía | multichannel system
sistema multivía de corrientes portadoras | multichannel (/multiple channel) carrier system
sistema Munsell | Munsell system
sistema no cooperativo | noncooperative system
sistema no cuantizado | nonquantized system
sistema no degenerado | nondegenerate system
sistema no lineal de control con realimentación | nonlinear feedback control system
sistema noble | noble system
sistema normalizado | rule-based system
sistema normalizado de trabajo | standard working system
sistema numérico | number system
sistema numérico de complementos | complement number system
sistema objetivo | target system
sistema Oboe [*de radionavegación*] | Oboe system
sistema octal | octal number system
sistema octal codificado en binario | binary-coded octal system
sistema operativo | operating (/operation, /operative) system
sistema operativo con carga desde discos | disc operating system

sistema operativo de disco | disc (/disk) operating system
sistema operativo de red | network operating system
sistema operativo de terminales | terminal operating system
sistema operativo en tiempo real | real-time operating system
sistema operativo multitarea en tiempo real | real-time multitasking operating system
sistema operativo orientado al objeto | object-oriented operating system
sistema óptico de Schmidt | Schmidt optical system
sistema óptico electrónico | electron optical system
sistema p [*sistema operativo basado en ordenador virtual*] | p-system
sistema PAL [*sistema alemán de televisión en color*] | PAL system = phase alternation line system
sistema panel | panel system
sistema pantofónico | pantophonic system
sistema PAR [*sistema de radar de precisión para aproximación*] | PAR system = precision approach radar system
sistema para cortas distancias | short-haul system
sistema para guía de vehículos | vehicle guidance system
sistema para la manipulación de datos | data handling system
sistema para voz y datos | voice/data system
sistema paralelo de reescritura | parallel rewriting system
sistema parcial de Thue | semi-Thue system
sistema pasivo | passive system
sistema paso a paso | step-by-step system, Strowger system
sistema patrón | working reference system
sistema patrón de televisión | master TV system
sistema patrón de trabajo | working reference system
sistema PCI [*sistema de interfaz programable de comunicaciones*] | PCI system = programmable communication interface system
sistema PCM [*procedimiento de modulación del impulso codificado*] | PCM system = pulse-code-modulation system
sistema perifónico | periphonic system
sistema piloto-controlador | pilot controller system
sistema plano | planar array
sistema policíclico | multifrequency system
sistema polifásico | polyphase system
sistema polifásico de fases unidas | interlinked multiphase system
sistema polifásico equilibrado | balanced polyphase system
sistema POPI [*indicador de posiciones de la compañía telefónica*] | POPI = Post Office position indicator
sistema por magneto | magneto system
sistema por satélite | satellite system
sistema por satélite subsincrónico | subsynchronous satellite system
sistema portador | carrier system
sistema POS [*sistema de terminales en el punto de venta*] | POS system = point-of-sale system
sistema posicional | positional system
sistema práctico | practical system
sistema práctico de unidades eléctricas | practical system of electrical units
sistema práctico electromagnético | practical electromagnetic system
sistema principal | backbone (/main) system; [*de un proceso de datos*] host system
sistema propietario | proprietary system
sistema propulsor | power plant
sistema proyector episcópico | opaque projector system
sistema puesto a tierra | grounded system
sistema Pupin | Pupin system
sistema PWM-FM [*sistema de modulación de la duración de impulsos en frecuencia modulada*] | PWM-FM system
sistema QM [*sistema de radionavegación por ondas medias*] | QM system
sistema radial de conductores de tierra | radial conductor earth system
sistema radial de puesta a tierra | radial earth system
sistema radioeléctrico | radio system
sistema radioeléctrico multicanal | multichannel radio relay system
sistema radioeléctrico múltiplex | radio multiplex system
sistema radioeléctrico multivía | multichannel radio relay system
sistema radiotelefónico barco-tierra | ship-to-shore radiotelephone system
sistema radiotelefónico de comunicación secreta | secrecy system
sistema radiotelefónico de llamada selectiva | radiotelephone selective-calling system
sistema radiotelefónico multiportadora de VHF | VHF multicarrier radiotelephone system
sistema radiotelefónico trashorizonte por microondas | over-the-horizon microwave telephone system
sistema Rebecca-Eureka [*de comunicación radiotelefónica aire-tierra*] | (talking) Rebecca-Eureka system
sistema Rebecca-H | Rebecca-H system
sistema receptor | receiving system
sistema receptor radiotelegráfico | radiotelegraph receiving system
sistema rectificador para alimentación | rectifier power-supply system
sistema redox | redox system
sistema registrador de línea ranurada | slotted-line recorder (/recording) system
sistema relevador por cinta perforada | perforated tape relay system
sistema remoto | remote system
sistema reproductor de vídeo | video player system
sistema reticular | network system
sistema rho-theta [*radionavegación por coordenadas polares y telémetro*] | rho-theta system
sistema Scherbius | Scherbius system
sistema secuencial | sequential system
sistema seguro | secure system
sistema selectivo | selective system
sistema selectivo de búsqueda | selective paging system
sistema selectivo de búsqueda de personas | selective paging system
sistema semiautomático | semiautomatic system
sistema SI [*sistema internacional de unidades*] | SI system
sistema silenciador | muting (/quiet) system
sistema símplex | simplex (system)
sistema símplex con pulsador para hablar | press-to-talk system
sistema símplex de canal único | single-channel simplex
sistema símplex de dos canales | two-way simplex system
sistema símplex de mando manual | press-to-talk system
sistema simultáneo | simultaneous system
sistema simultáneo de televisión en color | simultaneous system of colour television
sistema sin puesta a tierra | ungrounded system
sistema sincrónico | synchro (/synchronous) system
sistema sincrónico por conductores | synchronous wired system
sistema sincronizado | synchro system
sistema sincronizado con multiplicación de velocidad | geared synchro system
sistema SMART [*sistema de análisis e informes autocontrolados*] | SMART system = self-monitoring analysis and reporting technology system
sistema sobre pedido | on-demand system
sistema Sonne | Sonne system
sistema sonoro | sound system
sistema Strowger | Strowger system
sistema Strowger de conmutación telefónica automática | Strowger automatic telephone system

sistema supervisor | supervisory system
sistema supervisor de alarma | supervisory alarm system
sistema supervisor de control | supervisory control system
sistema táctico de comunicaciones | tactical communications system
sistema táctico de navegación aérea | tactical air navigation
sistema telefónico | telephone system
sistema telefónico automático escalonado | step-by-step automatic telephone system
sistema telefónico automático gradual | step-by-step automatic telephone system
sistema telefónico celular | cellular telephone system
sistema telefónico con teclado | key telephone system
sistema telefónico de dial | dial telephone system
sistema telefónico de vías férreas | railway telephone system
sistema telefónico híbrido | hybrid telephone system
sistema telefónico manual | manual telephone system
sistema telefónico semiautomático | semiautomatic telephone system
sistema telegráfico | telegraph system
sistema telegráfico corrector de errores | error-correcting telegraph system
sistema telegráfico de frecuencia vocal | voice frequency telegraph system
sistema telegráfico monocanal | single-channel telegraph system
sistema telegráfico multicanal de frecuencia vocal | voice frequency multichannel telegraph system
sistema telegráfico ómnibus | omnibus telegraph system
sistema telegráfico por desplazamiento de fase | phase shift telegraph system
sistema telemedidor | telemetering system
sistema teletipográfico | teletypewriter system
sistema terminal de radar automático | automated radar terminal system
sistema termométrico de radiación | radiation thermometry system
sistema tetrafásico de cinco hilos | four-phase system with five wire
sistema Thue | Thue system
sistema todo relés | all-relay system
sistema tolerante al fallo | fault-tolerant system
sistema trascontinental | cross-continent system
sistema trasmisor | transmitting system
sistema tributario | feeder system
sistema tridimensional | 3-D system
sistema tridimensional de radiadores puntuales | volume array of point radiators
sistema trifásico | three-phase system
sistema trifásico de cuatro hilos | three-phase four-wire system
sistema trifásico de seis hilos | three-phase six-wire system
sistema trifásico en estrella | three-phase star-connected system
sistema trifásico hexafilar | three-phase six-wire system
sistema trifásico tetrafilar | three-phase four-wire system
sistema trifásico tetrafilar en estrella | three-phase four-wire wye system
sistema trifásico trifilar | three-phase three-wire system
sistema trifásico trifilar equilibrado | balanced three-wire three-phase system
sistema trifilar | three-wire system
sistema trifilar equilibrado | balanced three-wire system
sistema tríplex | triplex system
sistema ultrasónico | ultrasonic system
sistema unipolar de electrodos | monopolar (/unipolar) electrode system
sistema universal de telecomunicaciones móviles | universal mobile telecommunication system
sistema UNIX | UNIX system [*sistema multitarea para múltiples usuarios*]
sistema Verdan | Verdan system
sistema vibrante | vibrating system
sistema vibrocaptor | vibration pickup system
sistema voltimétrico | voltmeter system
sistema Ward-Leonard | Ward-Leonard system
sistema Wheatstone | Wheatstone system
sistema XY | XY system
sistema Yagi de elementos apilados | stacked Yagi array
sistemas abiertos de comunicación | open systems interconnection
sistemas cerrados de comunicación | closed systems interconnection
sistemas coaxiales de banda ancha | broadband coaxial systems
sistemas de codificación concatenada | concatenated coding systems
sistemas de energía eléctrica sincronizados | synchronous power systems
sistemas de energía sincronizados | synchronous power systems
SITA = Sociedad internacional de telecomunicaciones aeronáuticas | SITA = Société Internationale de Telecommunications Aeronautiques (*fra*) [*International society of aeronautical telecommunications*]
sitio | site, stand
sitio de prueba | test site; [*persona o entidad que prueba software nuevo antes de su lanzamiento al mercado*] beta site
sitio espejo [*servidor con un duplicado de los archivos de otro servidor*] | mirror site
sitio FTP [*conjunto de archivos y programas que reside en un servidor FTP*] | FTP site
sitio gófer | gopher site
sitio para almacenamiento de archivos [*en internet*] | archive site
sitio seguro [*de Web*] | secure site
sitio web | website, web site
sitio Web no actualizado | cobweb site
sitio Web obsoleto | cobweb site
situación | situation, status, attitude, fix, location, position, position fix, siting
situación de espera | standby
situación de hueco | hole site
situación de proximidad [*distancia entre una línea de telecomunicación y una línea de energía*] | situation of proximity
situación de reserva | standby
situación en la memoria | memory location
situación estable | steady state
situación estacionaria | steady state
situación peligrosa | distress
situación por loran | loran fix
situación por radar | radar fix
situación relativa | fix
situado | hooked up
situar | to put, to site
Sivicon [*marca comercial de válvula de televisión del tipo red de diodos de silicio*] | Sivicon
SJA = sistema jerárquico que archivos | HFS = hierarchical file system
Skybridge [*sistema de acceso vía satélite de nueva generación*] | Skybridge
slap-back [*eco de nivel decreciente que se produce donde reaparece la señal original*] | slap-back
slaving [*aplicación de un par para mantener la orientación del eje de rotación de un giróscopo*] | slaving
SLC [*capacidad de variación lineal*] | SLC = straight line capacitance
SLC [*radar director de proyectores*] | SLC = searchlight control radar
SLIC [*interfaz del circuito de abonado, circuito de extensión en PABX*] | SLIC = subscriber line interface circuit
SLIP [*línea de serie IP*] | SLIP = serial line Internet protocol
SLIP comprimido [*protocolo de internet de línea en serie comprimido*] | compressed SLIP = compressed serial line Internet protocol
SLIP dinámico [*protocolo de internet para línea en serie dinámica*] | dynamic SLIP = dynamic serial line Internet protocol
slot [*ranura para tarjetas*] | slot

slot vacío | empty slot
SLP [*protocolo de localización de servicios*] | SLP = service location protocol
SLW [*longitud de onda de variación lineal*] | SLW = straight line wavelength
Sm = samario | Sm = samarium
SM [*milla patrón*] | SM = standard mile
SMAF [*función de acceso a la gestión del servicio (en la red inteligente)*] | SMAF = service management access function
SMD [*dispositivo montado en superficie, componentes de montaje superficial*] | SMD = surface mounted device
SMDS [*servicios de datos conmutados a multimegabits*] | SMDS = switched multimegabit data services
SMF [*función de gestión del servicio (en la red inteligente)*] | SMF = service management function
SMIL [*lenguaje de integración multimedia sincronizado*] | SMIL = sinchronized multimedia integration language
SMP [*multiproceso simétrico*] | SMP = symmetric multiprocessing
SMPT [*protocolo de trasferencia simple de correo*] | SMPT = simple mail transfer protocol
SMPTE [*sociedad de ingenieros de cine y televisión*] | SMPTE = Society of motion picture and television engineers
SMS [*servicio de mensajes cortos (entre teléfonos GSM)*] | SMS = short message service
SMS [*servidor para gestión de sistemas*] | SMS = systems management server
SMS-SC [*centro de servicio de mensajes cortos*] | SMS-SC = short message service - service center
SMT [*tecnología para el montaje de los componentes en la superficie de tarjetas*] | SMT = surface mounting technology
SMTP [*protocolo simple de trasferencia de correo*] | SMTP = simple mail transfer protocol
Sn = estaño | Sn = tin
SN = servicio de notificaciones | NS = notification service
SNA [*arquitectura de redes de sistemas; arquitectura de red de IBM para teleproceso entre sus ordenadores y terminales*] | SNA = systems network architecture
SNAP [*proceso de análisis del número de abonado*] | SNAP = subscriber number analysis process
Snark [*proyectil dirigido de superficie a superficie*] | Snark
snivitz [*impulso pequeño de ruido*] | snivitz
SNMP [*protocolo simple para gestión de redes*] | SNMP = simple network management protocol
SNOBOL [*lenguaje simbólico orientado a cadenas*] | SNOBOL = string-oriented symbolic language
SO = sistema operativo | OS = operating system
SO de red = sistema operativo de red | network OS = network operating system
SOAP [*protocolo de acceso a objeto simple (en mensajería electrónica)*] | SOAP = simple object access protocol
sobrante | overflow
sobre | envelope
sobre con dirección impresa | stamped addressed envelope
sobre el tema | on item
sobre la ayuda | about help
sobre los bornes de salida | across the output
sobreaccionamiento de armadura | armature overtravel
sobreaceleración | jerk
sobreacoplado | overcoupled
sobreacoplamiento | overcoupling
sobreagrupamiento | overbunching
sobreaislamiento | overinsulation
sobrealcance | overrange, overranging
sobrealcance de encendido | turn-on overshoot
sobrealcance del sistema | system overshoot
sobrealcance transitorio | transient overshoot
sobrealimentación | boost, overboosting, supercharge, supercharging
sobrealimentado | supercharged
sobrealimentador | booster, supercharger
sobrealimentar | to supercharge
sobreamortiguamiento | overdamping, periodic damping
sobreamplificación brusca | burst
sobreángulo de posición | pitchover
sobrebarrido | overscan, overscanning
sobrecalentamiento nuclear | nuclear superheat (/superheating)
sobrecarga | blasting, excess current, overcharging, overflow, overloading, overload, overpower, surcharge
sobrecarga admisible | safe overload
sobrecarga breve | short-time overload
sobrecarga brusca | surge
sobrecarga catastrófica | catastrophic overloading
sobrecarga de corriente | excess current
sobrecarga de entrada | front end overload
sobrecarga de supresión | surge suppressor
sobrecarga de tensión | voltage overload
sobrecarga del operador | operator overloading
sobrecarga en funcionamiento normal | operating overload
sobrecarga funcional [*capacidad para varias rutinas con distinto nombre en un mismo programa*] | function overloading
sobrecarga momentánea | momentary overload
sobrecarga normal | normal overload
sobrecarga repentina | surge
sobrecargar | to overload, to pullout, to supercharge
sobrecarrera mecánica | mechanical overtravel
sobrecontrol | override
sobrecorriente | overcurrent, excess current, grading, surge
sobrecorriente de arranque | starting kick
sobrecorriente momentánea | surge current, momentary current surge
sobrecorriente transitoria de cierre | switch-on peak
sobredeposición | overplate
sobredesviación | overscan, overscanning
sobreenvenenamiento con xenón | xenon buildup after shutdown
sobreexcitación | overdrive, overloading, overexcitation, excess excitation, overenergization
sobreexcitar | to overexcite
sobreexploración | overscanning
sobrefrecuencia | overfrequency
sobregrabar | to overwrite
sobreimpresión | overwriting
sobreimpresión de la traza luminosa | trace strobing
sobreimprimir | to overprint
sobreimpulso | overshoot, overswing, pulse shortening
sobreimpulso máximo | maximum overshoot
sobreintensidad | excess current
sobreintensidad de corriente | overcurrent
sobreintensidad de emisión | superradiance
sobreintensidad momentánea | surge current
sobreintensidad nominal | surge current rating
sobreluminosidad | womp
sobremetalización | plating-up
sobremodulación | overcutting, overmodulation, overshoot
sobremodulación transitoria | transient overshoot
sobremuestreo | oversampling
sobreoscilación | squegging
sobrepaso de cátodo | cathode bypass
sobrepaso negativo | backswing
sobreperforación | overpunch, zone punch
sobrepeso | surcharge
sobrepolarización | overbiasing, overbias
sobreposicionamiento máximo | maximum overshoot
sobrepotencia | overpower
sobrepotencial | overpotential, overpressure

sobrepresión | overpressure
sobrepresión en campo abierto | free air (/field) overpressure
sobrerrecorrido | overtravel
sobrerrecubrimiento | overcoat
sobrerrelajación sucesiva | successive over-relaxation
sobresaturar | to supersaturate
sobrescribir | to overwrite, to rewrite
sobrescritura | superscript
sobretasa | surcharge, additional charge
sobretasa de preaviso (/aviso previo) | préavis charge (/fee)
sobretensión | boosting, overpotential, overpressure, overshoot, overvoltage, surge, voltage rise (/surge)
sobretensión de resonancia | overvoltage due to resonance, resonance rise of voltage, resonant voltage step-up
sobretensión del contador | counter overvoltage
sobretensión electrolítica | electrolytic excess voltage
sobretensión estática | static overvoltage
sobretensión inductiva | inductive kick
sobretensión longitudinal | longitudinal overvoltage
sobretensión mantenida | sustained overvoltage
sobretensión momentánea | voltage overshoot
sobretensión móvil | travelling overvoltage
sobretensión óhmica | ohmic overvoltage
sobretensión pasajera | transient voltage
sobretensión por liberación de hidrógeno | hydrogen overvoltage
sobretensión sostenida | sustained overvoltage
sobretensión transitoria | surge voltage
sobretensión transitoria de conmutación | switching overvoltage (/surge)
sobretensión trasversal | transverse overvoltage
sobretensor | (positive) booster
sobretono | overtone
sobrevoltaje | overpressure, overvoltage, voltage surge
sobrevoltaje del contador | counter overvoltage
SOBS [*sonar de descenso a profundidades marinas*] | SOBS = scanning ocean bottom sonar
socavado | undercut
socavar | to undercut
sociedad de internet | Internet society
sociedad de la información | information society
socio | member
sodar [*radar acústico para observaciones meteorológicas*] | sodar
sodio | natrium, sodium

SOFAR [*sistema de localización y telemetría submarina por ondas acústicas*] | SOFAR = sound fixing and ranging
sofométricamente | psophometrically
sofométrico | psophometric
sofómetro | psophometer; [*medidor de ruido del circuito*] circuit noise meter
SoftSSF [*funcionalidad de servidores de señalización para emular el comportamiento de una SSF*] | SoftSSF
software | software
software a medida | custom software
software abierto | open software
software casero [*desarrollado por un particular*] | homegrown software
software censor [*que impone restricciones al uso de internet*] | censorware
software de actualización [*de programas*] | dribbleware
software de alto uso de la memoria | memory intensive software
software de aplicación | application software (/package)
software de autor | authoring software
software de beneficencia [*de distribución gratuita con solicitud de donativo*] | careware
software de componentes | component software, componentware
software de comprobación automática | test automation software
software de comunicaciones | communications software
software de cruce | cross software
software de dominio público | public-domain software
software de libre distribución | free software
software de libre uso | free software
software de mercado horizontal | horizontal market software
software de oficina | business software
software de propiedad reservada | proprietary software
software de recuperación | retrieval software
software de red | network software
software de ROM | romware
software de seguimiento | monitoring software
software de serie | [*listo para utilizar*] off-the-shelf software; canned software
software de servidor | server software
software de sistema | system software
software de sistema símplex | simplex software
software de soporte | support software
software del sistema | system software
software didáctico [*para enseñanza o prácticas*]. | courseware, teachware
software gratuito de dudosa validez | fringeware
software incorporado | bundled software
software inflado [*que ocupa gran cantidad de memoria y recursos*] | bloatware
software integrado | integrated software
software libre | free software
software maligno | malware
software modular | modular software
software no utilizado [*que queda almacenado durante mucho tiempo sin usar*] | shelfware
software para dictado | dictation software
software para ordenador central | barrel gaging system
software por paquetes [*como forma de distribución*] | packaged software
software privado de empresa | intraware
software puente | bridgeware
SOGITS [*grupo de altos funcionarios para la normalización de las tecnologías de la información*] | SOGITS = senior officials group for information technology standardization
SOHO [*pequeña oficina/oficina en casa*] | SOHO = small office/home office
SOI [*silicona en el aislante (método de fabricación de microprocesadores)*] | SOI = silicon on insulator
SOL = solenoide | SOL = solenoid
sol radioeléctrico | radio sun
solapamiento | aliasing, foldover distortion, lap, overlap, overlay
solapamiento de frecuencias | frequency overlap
solapamiento en el cubrimiento de altura | height overlap coverage
solapar | to overlap
solape | lapping, overlapping
solape de los impulsos | pulse overlapping (/pile-up)
solar | solar
solarígrafo | solarigraph
solarímetro | solarimeter
soldabilidad | solderability
soldable | solderable
soldado | welded
soldado con plata | silver-soldered
soldado por arrastre | dip-soldered
soldador | jointer, solder, soldering iron, splicer
soldador de corriente alterna | AC welder
soldador de múltiples puntos | multipoint welding machine
soldador de pistola | soldering gun
soldador duro | hard solder
soldador para plata | silver solder
soldador por láser | laser welder
soldador por resistencia eléctrica | resistance welder
soldadora | welder, welding machine
soldadora de cierre | seal weld
soldadora de estanqueidad | seal weld
soldadora por puntos | spot welder

- **soldadura** | joint, solder, soldered connection, soldered joint, soldering, weld, welding, wipe, wipe (/wiped) joint
- **soldadura a presión** | pressure welding
- **soldadura a tope con recalcado** | vupset (/upset butt) welding
- **soldadura a tope en U** | U butt weld
- **soldadura a tope por aproximación** | butt welding
- **soldadura a tope por resistencia** | resistance butt welding
- **soldadura al arco en argón** | argon-arc welding
- **soldadura al cobre** | copperweld
- **soldadura al tungsteno en gas inerte** | tungsten inert-gas welding
- **soldadura arriostrada** | braze bonding
- **soldadura autógena** | autogenous welding
- **soldadura autógena por fusión** | autogenous welding by fusion
- **soldadura autógena por presión** | autogenous welding by pressure
- **soldadura bajo flujo electroconductor** | submerged arc welding
- **soldadura blanda** | soft soldering
- **soldadura capacitiva** | capacitive welding
- **soldadura con alma de resina múltiple** | multicore solder
- **soldadura con arco percusivo** | arc percussive welding
- **soldadura con cobre por resistencia** | resistance brazing
- **soldadura con decapado sónico** | sonic soldering
- **soldadura con electrodos en haz** | nested electrode welding
- **soldadura con electrodos múltiples** | multiple electrode welding
- **soldadura con láser** | laser soldering
- **soldadura con latón por resistencia** | resistance brazing
- **soldadura con núcleo de resina** | rosin core solder
- **soldadura con punta vibratoria a frecuencia ultrasónica** | ultrasonic soldering iron
- **soldadura con varilla de núcleo fundente** | flux-cored solder
- **soldadura continua** | continuous welding
- **soldadura de aleación de plata** | silver alloy brazing
- **soldadura de entrehierro paralelo** | parallel gap welding
- **soldadura de espárragos** | stud welding
- **soldadura de estaño** | soft solder
- **soldadura de hilo** | wire solder
- **soldadura de horno** | furnace soldering
- **soldadura de inercia** | inertia welding
- **soldadura de plata** | silver soldering
- **soldadura de puntos múltiples** | multiple spot welder
- **soldadura de vaivén** | weaving
- **soldadura dopada** | doped solder
- **soldadura dura** | brazing
- **soldadura eléctrica** | weld, electric brazing (/welding)
- **soldadura eléctrica de fusión sumergida en fundente** | submerged-melt electric welding
- **soldadura eléctrica por deslizamiento** | electroslag
- **soldadura eléctrica por puntos** | (resistance) spot welding
- **soldadura eléctrica por resistencia de recubrimiento** | resistance lap welding
- **soldadura eléctrica por retroceso** | electroslag
- **soldadura electromagnética por percusión** | electromagnetic percussion welding
- **soldadura en frío** | cold weld (/welding), dry joint
- **soldadura en gas inerte** | shielded inert gas welding
- **soldadura en seco** | dry joint
- **soldadura en serie** | series welding
- **soldadura en U** | U butt weld
- **soldadura eutéctica** | eutectic solder
- **soldadura fría** | cold junction
- **soldadura fuerte** | brazing, soudobrasage (fra)
- **soldadura fuerte por inmersión** | dip brazing
- **soldadura plana** | planar soldering, downhand welding
- **soldadura por abrasión** | abrasion soldering
- **soldadura por acumulación de energía** | stored energy welding
- **soldadura por aire caliente** | hot air soldering
- **soldadura por almacenamiento capacitivo** | capacitive storage welding
- **soldadura por alta frecuencia** | high frequency welding
- **soldadura por arco** | arc welding
- **soldadura por arco apantallado** | shielded arc welding
- **soldadura por arco en serie** | series arc welding
- **soldadura por arco pulsatorio** | pulse arc welding
- **soldadura por arco sumergido** | submerged arc welding
- **soldadura por arco sumergido en atmósfera inerte** | submerged arc welding
- **soldadura por arrastre** | drag soldering
- **soldadura por baño** | dip soldering
- **soldadura por calor de corriente en alta frecuencia** | radio (heat) welding
- **soldadura por calor eléctrico** | electric heat soldering
- **soldadura por centelleo** | flash welding
- **soldadura por chispas** | welding by sparks
- **soldadura por condensación** | condensation soldering
- **soldadura por cortocircuito** | short-circuit welding
- **soldadura por costura** | (resistance) seam welding
- **soldadura por flujo** | flow soldering
- **soldadura por flujo poroso** | foam fluxing
- **soldadura por fusión** | fusion welding
- **soldadura por haz electrónico** | electron beam welding
- **soldadura por haz electrónico programada** | programmed electron beam welding
- **soldadura por hidrógeno atómico** | atomic hydrogen welding
- **soldadura por impulsos** | pulsation welding, pulse soldering (/welding)
- **soldadura por inducción** | induction soldering
- **soldadura por inducción con bronce** | induction brazing
- **soldadura por inducción-resistencia** | induction-resistance welding
- **soldadura por inmersión** | dip soldering
- **soldadura por láser** | laser welding
- **soldadura por micropastilla** | flip-chip bonding
- **soldadura por ola** | wave soldering
- **soldadura por ondas** | wave soldering
- **soldadura por percusión** | percussion welding, percussive (arc) welding
- **soldadura por pistola pulverizadora** | spray gun soldering
- **soldadura por presión** | cold weld, solid-phase welding, welding with pressure
- **soldadura por proyección** | projection welding
- **soldadura por puntos** | spot welding
- **soldadura por puntos en serie** | series spot welding
- **soldadura por puntos múltiples** | multiple spot welding
- **soldadura por puntos por energía acumulada** | stored energy spot welding
- **soldadura por radiofrecuencia** | radiofrequency welding
- **soldadura por recubrimiento** | joint welding
- **soldadura por reflujo** | reflow soldering
- **soldadura por remanso de flujo** | flow soldering
- **soldadura por resistencia** | resistance soldering (/weld, /welding)
- **soldadura por ultrasonidos** | ultrasonic soldering (/welding)
- **soldadura por vaporización de metales** | vapour welding
- **soldadura por vibración** | vibration welding
- **soldadura seca** | dry joint
- **soldadura secuencial** | sequence weld (/welding)

soldadura simultánea | mass soldering
soldadura sónica | sonic soldering
soldadura TIG [*sodadura con tungsteno en gas inerte*] | TIG welding
soldadura tipo radio con alma de resina | rosin core radio (/radio-type) solder
soldadura ultrarrápida | ultraspeed welding
soldadura vidrio-metal | glass-to-metal seal
soldante | solder
soldar | to solder, to weld
soldar al arco | to weld
soldar con plata | to silver-solder
soldar por puntos | to spot-weld
solenoidal | solenoidal
solenoide | solenoid, solenoidal coil
solenoide de acción rotativa | rotary solenoid
solenoide de Ampère | Ampere solenoid
solenoide de anillo | ring soldenoid
solenoide de arranque | start solenoid
solenoide de avance | feed-out magnet
solenoide de freno | bandpass filter; [*filtro de paso bajo*] brake solenoid
solenoide recto | straight solenoid
solenoide superconductor | superconducting solenoid
solicitación | stress
solicitado | required
solicitante de llamada | caller
solicitar | to book, to request
solicitud | application, request
solicitud de abono | application for service
solicitud de fax | request to fax
solicitud de información | enquiry call
solicitud de llamada | request to call
solicitud de llamada despertadora | order for morning call
solicitud de servicio | service application, application for service
solicitud de terminación | terminate request
solidez | cutthrough, hardness; stability
solidez del enlace | bond strength
solidificación repetida | repeated solidification
sólido | solid
solidus [*temperatura más alta a la cual un metal o aleación está completamente sólido*] | solidus
solión [*válvula electroquímica de detección y control*] | solion
solión integrador | solion integrator
solistrón [*klistrón de estado sólido*] | solistron
solistrón de ajuste fino de frecuencia por variación de tensión | voltage-trimmable solistron
solistrón de ajuste fino por variación de tensión | voltage-trimmable solistron
solistrón sintonizable por tensión | voltage-tunable solistron
sólo lectura | read only
sólo memoria | only memory
sólo recepción | receive only
soltar | to drop
soltar un canal | to drop a channel
solubilidad | solubility
solubilidad real | real solubility
soluble | soluble
solución | solution
solución anódica | anodic solution
solución cerámica | ceramic solution
solución de anomalías | troubleshoot
solución de bromuro de cinc | zinc bromide solution
solución de continuidad | disconnection
solución de decapado | pickling solution
solución de problemas | problem solving
solución desoxidante | pickling solution
solución estacionaria | steady-state solution
solución para el estado estacionario | steady-state solution
solución para electrochapado | plating solution
solución para electroplastia (/galvanoplastia) | plating solution
solución protectora | preservative
solución radiactiva | radioactive solution
solucionador de ecuaciones | equation solver
solucionar problemas | to troubleshoot
solvólisis [*reacción química que se produce entre una sustancia disuelta y su solvente*] | solvolysis
SOM [*mapa de organización automática*] | SOM = self-organizing map
SOM [*modelo de objeto del sistema*] | SOM = system object model
SOM = sistema de operación y mantenimiento | OMS = operation and maintenance system
sombra | shade, shadow, umbra
sombra acústica | acoustic shadow
sombra de radar | radar shadow
sombra del botón | bottom shadow
sombreado | shaded, shading; shadow
sombreado en cruz | crosshatching
sombreado superior | top shadow
sombrear | to shade
SOML [*entrega del mensaje a un terminal o a un buzón*] | SOML = send or mail
sonalert [*emisor de tono de estado sólido para navegación*] | sonalert = sound navigation ranging
sonar | sonar; to ring
sonar activo | active sonar
sonar con trasductores de profundidad variable | variable depth sonar
sonar de barrido | scanning sonar
sonar de comunicaciones | communication sonar
sonar de ecos radáricos de distancia | echo-ranging sonar
sonar de escucha | listening sonar
sonar de exploración | scanning sonar
sonar de exploración por impulsos | pulse-type scanning sonar
sonar de exploración rotativo | rotating-type scanning sonar
sonar de profundidad variable | variable depth sonar
sonar de proyector | searchlight sonar
sonar explorador de barrido rotativo | rotating scanning sonar
sonar explorador rotativo | rotating scanning sonar
sonar pasivo | passive sonar
sonar supersónico | active sonar
sonar tipo proyector | searchlight-type sonar
sonda | sonde, probe
sonda activa | active probe
sonda amplificadora de autointerrupción | quenching probe unit
sonda bismútica | bismuth spiral
sonda blindada | shielded probe
sonda cautiva | wiresonde
sonda con contacto de resorte | spring contact probe
sonda con inversor de polaridad | polarity-reversing probe
sonda con termistor | thermistor probe
sonda de acoplamiento | coupling probe
sonda de acoplamiento de guiaondas | waveguide probe
sonda de alta tensión | high voltage probe
sonda de baja capacidad | low capacitance probe
sonda de caída | dropsonde
sonda de centelleos | scintillation probe
sonda de corriente | current probe
sonda de electrones | electron probe
sonda de energía de radiofrecuencia | RF power probe
sonda de fibra óptica | fibre-optic probe
sonda de Hall | Hall probe
sonda de incidencia vertical | vertical incidence sounder
sonda de iones | ionosonde
sonda de Langmuir | Langmuir's probe
sonda de potencial | potential probe
sonda de radar | radarsonde
sonda de radiofrecuencia | RF probe
sonda de rayos gamma | gamma ray probe
sonda de reactor | pile gun
sonda de resistencia y capacidad | RC probe
sonda de resistividad | resistivity probe
sonda de sintonía | tuning probe
sonda de sintonización | tuning probe (/wand)

sonda de sonido | sound probe
sonda de tensión | voltage probe
sonda de trasmisión alámbrica | wiresonde
sonda de varilla de guiaondas | waveguide probe
sonda desmoduladora | demodulator probe
sonda detectora | detector (/sensing) probe
sonda detectora de radiofrecuencia | radiofrequency probe detector
sonda detectora de señales | signal-tracer probe
sonda divisoria de escala | range splitter probe
sonda eléctrica | electrolyzer, electric probe
sonda equilibrada | balanced probe
sonda espacial | space probe
sonda fotoeléctrica | photoelectric probe
sonda inyectora de señales | signal injector probe
sonda ionosférica | topside sounder
sonda ionosférica oblicua | oblique incidence ionospheric recorder
sonda lanzada | dropsonde
sonda magnética | magnetic probe (/test coil), search coil
sonda microfónica | probe microphone
sonda para madera | pole tester
sonda para probar los postes | pole tester
sonda pasiva | passive probe
sonda piezoeléctrica | piezoelectric probe
sonda pirométrica | pyrometer probe
sonda planetaria avanzada | advanced planetary probe
sonda por cable | wiresonde
sonda por eco | echo depth sounder
sonda radiactiva | radioactive gauge
sonda rastreadora de señales | signal-tracer probe
sonda rectificadora | rectifier probe
sonda sintonizable | tunable probe
sonda solar | solar probe
sonda sonora | sound probe
sonda ultrasónica | ultrasonic probe (/depth sounder)
sonda ultrasónica de profundidad | ultrasonic depth sounder
sonda universal | multipurpose probe
sondeador | echo sounder
sondeador sónico (/por eco) | sonic echo sounder
sondear | to prospect
sondeo | plumbing, polling, probing, prospecting, sounding
sondeo de incidencia oblicua | oblique incidence probing
sondeo de pasada de lista | roll-call polling
sondeo eléctrico | electric log
sondeo electrónico | electronic log
sondeo ionosférico de incidencia oblicua | oblique incidence ionospheric sounding
sondeo ionosférico por retrodispersión | back scatter ionospheric sounding
sondeo por rayos gamma | gamma ray logging
sondeo por reflexión | reflection sounding
sondeo por ultrasonidos | ultrasonic sounding
sondeo radiactivo | radioactive logging
sondeo radioeléctrico con barrido de frecuencia | sweep frequency radio sounding
sondeo supersónico | supersonic sounding
sonería | ringing
sonería electrónica | electronic chimes
SONET [red de trasmisión sincrónica por fibra óptica (norma estadounidense)] | SONET = synchronous optical network
sónica | sonics
sónico | sonic
sonido | sound, tone
sonido aéreo | airborne sound
sonido binaural | binaural sound
sonido blanco | white sound
sonido compuesto | complex sound
sonido con sonido | sound-with-sound
sonido de aguja | needle talk
sonido de frecuencia única | single-frequency sound
sonido de tonel | boom, booming
sonido difuso | diffuse (/diffused) sound
sonido distintivo | distinctive ring
sonido en doble canal | dual channel sound
sonido encajonado | box effect
sonido entre portadoras | intercarrier sound
sonido estructural | structural sound
sonido explosivo | popping
sonido local | sidetone
sonido magnético | magnetic sound
sonido múltiple | multitone
sonido óptico | optical sound
sonido parásito | bastard sound
sonido puro | pure (/simple) sound
sonido retumbante | booming
sonido secundario | second sound
sonido sobre imagen | sound-on-vision
sonido sobre sonido | sound-on-sound
sonido trasmitido por los sólidos | solid-borne noise
sonidos muy agudos | ultrahighs
sonio [unidad de volumen sonoro subjetivo equivalente a 40 fonios] | sone
Sonne [sistema de radionavegación que establece zonas rotativas de señales características] | Sonne
sonoboya | radio sonobuoy
sonógrafo | sonograph
sonoluminiscencia | sonoluminiscence
sonómetro | sonometer, noise (/sound level) meter
sonómetro registrador | sonograph
sonoptografía | sonoptography
sonoridad | loudness
sonorización para audiciones | public address
sonorización posterior | post-record, post-scoring
sonorizar | to score
sonorizar una película | to score a film
sonorradiografía | sonoradiography
sonosonda | acoustic depth finder
SOP [suma de productos] | SOP = sum of products
soplado de chispas | spark blowing (/blowout)
soplado de las chispas | spark blowing
soplado magnético | magnetic blowout
soplador | blower
soplador de chispas | spark blowout (/extinguisher)
soplador magnético de chispas | blowout
soplante | gas circulator
soplete de plasma | plasma torch
soplete de plasma de radiofrecuencia | radiofrequency plasma torch
soplete de soldar | welding blowpipe (/burner, /torch)
soplete para soldar | welding flame
soplete soldador | welding torch
soplido | hiss
soplido de vibrador | vibrator hash
soportado por cuenta | beaded
soportado por perla | beaded
soportar [admitir compatibilidad] | to support
soporte | backing, bearing, holder, medium, mount, quill, spindle, (stub) support, [de aguja fonográfica] cantilever
soporte aislante simple en U | single U insulator spindle
soporte amortiguador de vibraciones | vibration-attenuating support
soporte arrosariado | beaded support
soporte atenuador de vibraciones | vibration-attenuating support
soporte autoestable | self-supporting stand
soporte con sistema de señales | pylon
soporte conmutador | switchhook, receiver rest
soporte de acetato | acetate base
soporte de aislador | spindle
soporte de antena exploradora | scanning aerial mount
soporte de aparatos de radio | radio rack
soporte de bandeja para cables | cable trough support stirrup
soporte de bobina | coil form
soporte de carril | runway bracket
soporte de cátodos | plating rack

soporte de chip con patillas | leaded chip carrier
soporte de conmutación rápida | quick-change bracket
soporte de controlador virtual | virtual driver support
soporte de cristal | crystal holder
soporte de cruceta | pole gain
soporte de cuarto de onda | quarter-wave stub (/support)
soporte de cubremontante | upright front cover support
soporte de datos | data medium
soporte de disco | dial mounting
soporte de enchufe | power outlet support
soporte de etiqueta | label support
soporte de la LAN | LAN media
soporte de la ranura de expansión | expansion slot frame
soporte de lenguaje natural [sistema de reconocimiento de voz] | natural language support
soporte de llaves | keyshelf
soporte de montaje | mounting bracket
soporte de montaje en bastidor | rack hanger
soporte de montaje en pared | wall-mount bracket
soporte de muñeca [pieza ergonómica de un teclado] | wrist support
soporte de pasarela | footboard support
soporte de peines | comb support
soporte de plataforma | platform support
soporte de prueba | test bed
soporte de puente informático | bridgeware
soporte de radar | radar console
soporte de registro | recording medium (/support)
soporte de relé | relay mounting
soporte de seguridad | hook guard
soporte de sujeción de la tarjeta | retaining bracket
soporte de suspensión tipo de resorte | spring hanger
soporte de trasposición | transposition pin
soporte de trasposición sencilla | simple transposition pin
soporte de trole | trolley support
soporte de unidad | drive carrier
soporte de válvula | tube mount (/socket), valve holder (/mount)
soporte del bloque de resortes | pile-up support
soporte del contador | meter frame (/support)
soporte del eje | axle bearing
soporte del sistema | system support
soporte del transistor | transistor mount
soporte doble | double insulator spindle
soporte doble en J | double J insulator spindle
soporte doble en S | double S insulator spindle
soporte doble en U | double U insulator spindle
soporte en T | T-type bracket
soporte en U de tornillo | swan neck spindle
soporte extensible | boom
soporte final | terminal bracket (/spindle)
soporte físico | hardware
soporte guía de barras | busbar support
soporte interelectródico | pinch
soporte intermedio | middleware
soporte intermedio sin hilos | leadless chip carrier
soporte lógico | software
soporte lógico de dominio público | shareware
soporte lógico inalterable | firmware
soporte óptico borrable | erasable optical media
soporte para cabezas de cable | cable rack
soporte para cables | cable rack
soporte para recoger el cable de alimentación | power cord retaining bracket
soporte portaaislador | insulator spindle
soporte portaválvula | valve socket
soporte prensado | pressed stem
soporte principalmente de lectura | read-mostly media
soporte rígido | rigid support
soporte vacío | empty medium
soporte vertical | drop bracket, straight spindle (/insulator pin)
soporte vertical de aislador | straight insulator pin
soporte virgen | virgin medium
soportes de datos extraíbles | removable media
soportes magnéticos | magnetic media
soportes ópticos | optical media
soportes ópticos de información sólo de lectura | read-only optical media
sordera | hearing loss
sordina | deadener
SOS [salvad nuestras almas, señal internacional de petición de socorro] | SOS = save our souls
sostén | hold
sostener | to sustain
sostenido | continuous, sharp
Sound Blaster [familia de tarjetas de sonido fabricadas por Creative Technology] | Sound Blaster
sourcing [modificación (de un equipo) para suprimir las fuentes de perturbación electromagnética] | sourcing
SP [ganancia espectral] | SP = spectrum power
SP [indicador de la memoria en pila] | SP = stackpointer
SP [valor pico espacial] | SP = spatial peak
SPA [absorciometría fotónica singular] | SPA = single photon absortiometry
SPA [asociación estadounidense de editores de software] | SPA = Software Publishers Association
space-hold [estado normal de una línea sin tráfico por la que se trasmite un espacio en blanco permanente] | space-hold
SPADATS [sistema de detección y seguimiento espacial] | SPADATS = space detection and tracking system
SPAG [grupo mixto para la promoción y aplicación de normas] | SPAG = standards promotion and application group
spam [correo no solicitado en masa] | spam
SPARC [arquitectura de procesador escalable de Sun Microsystems] | SPARC = scalable processor architecture
sparklies [interferencia de puntos o líneas en la imagen de televisión por satélite] | sparklies
SPARROW [proyectil aire-aire dirigido al blanco por un haz de radar trasmitido por el avión de lanzamiento] | SPARROW
SPC [control por programa almacenado] | SPC = stored program control
SPC [sistema de proceso central] | CPS = central processing system
SPD [base de datos de política de seguridad] | SPD = security policy database
SPDL [lenguaje normalizado de descripción de páginas] | SPDL = standard page description language
SPDT [conmutador unipolar de dos posiciones] | SPDT = single-pole double-throw
SPEDAC [ordenador analizador diferencial, ampliable, paralelo y de estado sólido] | SPEDAC = solid-state, parallel, expandable, differential-analyser computer
Spheredop [sistema especial de seguimiento de proyectiles autopropulsados] | Spheredop
SPI [índice de parámetros de seguridad] | SPI = security parameter index
SPM [marcador de la red de conversación] | SPM = speech marker
SPOC [punto de contacto de búsqueda y rescate (en localización por satélite] | SPOC = search and rescue point of contact
spool [operaciones periféricas simultáneas en línea] | spool = simultaneous peripheral operations on line
spooler [programa que permite las trasferencias de E/S puestas en cola para un dispositivo] | spooler
SPP [proceso paralelo escalable] | SPP = scalable parallel processing

spray antiestático | antistatic spray
SPS [*servicio de posicionamiento normalizado (de uso civil no restringido en localización por satélite)*] | SPS = standard positioning service
SPST [*interruptor simple unipolar*] | SPST = single-pole single-throw
sputnik | sputnik
SPX [*intercambio secuencial de paquetes (de datos)*] | SPX = sequenced packet exchange
SQ [*sistema matricial desarrollado por CBS*] | SQ system
SQA [*garantía de calidad del software*] | SQA = software quality assurance
SQL [*lenguaje normalizado (/estructurado) de consulta*] | SQL = standard (/structured) query language
squawker [*altavoz de frecuencias medias en un sistema de tres vías*] | squawker
SQUIRE [*equipo fijo universal para reconocimiento de intrusos (de la empresa) Signal*] | SQUIRE = Signal quiet universal intruder recognition equipment
Sr = estroncio | Sr = strontium
SR [*informe de emisor*] | SR = sender report
S.R. [*plato de avance*] | S.R. = supply reel
SRAEN = sistema de referencia para la determinación de las atenuaciones equivalentes de nitidez | SRAEN = système de référence pour la détermination des affaiblissements équivalents pour la netteté (fra) [*reference system for determining the attenuation of brightness equivalents*]
SRAM [*copia de memoria de acceso aleatorio*] | SRAM = shadow random access memory
SRAM [*memoria estática de acceso aleatorio*] | SRAM = static random access memory
SRAPI [*interfaz de programación para aplilcaciones de reconocimiento de voz*] | SRAPI = speech recognition API = speech recognition application programming interface
SRE [*radar de vigilancia*] | SRE = surveillance radar element
SRE = señal radiada eficaz | ESR = effective signal radiated
SRF [*función de recursos especializados*] | SRF = specialized resource function
SRS [*especificación sobre requisitos del sistema*] | SRS = system requirements specification
SRTE [*equipo de pruebas de emisores y receptores*] | SRTE = sender receiver test equipment
SRV = servicio | SRV = service
SS = sistema de señalización | SS = signalling system
SSA [*arquitectura de IBM para almacenamiento en serie*] | SSA = serial storage architecture
SSADM [*método de diseño y análisis de sistemas estructurados*] | SSADM = structured systems analysis and design method
SS-APDU [*unidad de datos del protocolo de aplicación para los servicios suplementarios*] | SS-APDU = supplementary service application protocol data unit
SSCC = sistema de señalización por canal común | CCSS = common channel signalling system
SSD [*disco duro*] | SSD = solid-state disk
S.SEP [*separador de sincronismos*] | S.SEP = sync separator
SSF [*función de conmutación del servicio*] | SSF = service switching function
SSFP [*precesión libre de estado estable*] | SSFP = steady state free precession
SSI [*integración de bajo grado, integración a pequeña escala*] | SSI = small scale integration
SSL [*capa de zócalo segura*] | SSL = secure socket layer
SSPM [*modulación de fase en banda lateral única*] | SSPM = single-sideband phase modulation
SSR [*radar secundario de vigilancia*] | SSR = secondary surveillance radar
SSRC [*fuente de sincronización (para flujo de paquetes de datos)*] | SSRC = synchronization source
SSRS [*especificación de requisitos para los subsistemas*] | SSRS = subsystem requirements specification
SSS [*subsistema de conmutación*] | SSS = switching subsystem
ST = sensibilidad tangencial | TSS = tangential sensitivity
Stabilite [*marca registrada de un sistema estabilizador de satélites artificiales de la Tierra*] | Stabilite
stackware [*aplicación de hypercard*] | stackware
STALO [*oscilador local estabilizado*] | STALO = stabilized local oscillator
STAR [*medidas especiales para mejorar las telecomunicaciones en zonas deprimidas*] | STAR = special telecommunications actions for regional development area
STC [*control en tiempo de la sensibilidad*] | STC = sensitivity time control
STDM [*multiplexión por división de tiempo sincrónica (multiplexor estadístico)*] | STDM = synchronous time-division multiplexing [*stafistical multiplexer*]
STE [*equipo de trasposición de grupo secundario*] | STE = supergroup translating equipment
STL [*enlace entre estudios y puesto emisor*] | STL = studio-to-transmitter link
STM [*modo de trasferencia sincrónica, modo de trasporte sincronizado*] | STM = synchronous transfer (/transport) mode
STOL [*sistema de despegue y aterrizaje cortos*] | STOL = short takeoff and landing
STP [*par de hilos trenzado apantallado*] | STP = shielded twisted pair
STP [*punto de trasporte de señalización*] | STP = signalling transport point
STP = servicio de trasmisión (de programas) | PTS = programme transmission service
STR = servicio de trasmisiones radiofónicas | PTS = programme transmission service
STRAD [*sistema de retrasmisión telegráfica de la industria privada*] | STRAD = signal transmission, reception and distribution
streamer [*mecanismo de arrastre de cinta en movimiento continuo*] | streamer
STS = señal de trasporte sincrónica | STS = synchronous transport signal
STT [*tecnología de transacción segura*] | STT = secure transaction technology
suavización de ruta | course softening
suavizado | smoothing
suavizar | to smooth
subacoplamiento | undercoupling
subacuático | underwater
subacústico | subaudio
subagrupamiento | underbunching
subalcance | undershoot
subalimentado | underrun, power-starved
subalimentador | subfeeder
subamortiguado | underdamped
subamortiguamiento | underdamping
subárbol | subtree
subárbol derecho | right subtree
subárbol izquierdo | left subtree
subarmónico | subharmonic
subatómico | subatomic
subbanda base | subbaseband
subbanda básica | subbaseband
subbarrido | underscan
subbloque | blockette [*fam*]
subcanal | subchannel, subcarrier (/subdivided) channel
subcanal a media velocidad | half-speed subchannel
subcanal estereofónico | stereo (/stereophonic) subchannel
subcapa | sublayer, substrate
subcarpeta | subfolder
subcentral | substation
subcentral de grupos rotativos | rotary substation
subcentro de distribución | subdistribution centre
subchasis | subchassis
subclase | subclass
subcomité técnico | subtechnical committee

subcompensado | undercompensated
subcomponente | subcomponent
subcompuesto | undercompounded
subconjunto | subassembly, subgraph, subgroup, subset
subconjunto de caracteres | character subset
subconjunto enchufable | plug-in subassembly
subconjunto propio | proper subset
subconmutación | subcommutation
subcontratación de servicios | outsourcing
subcontratista | subcontractor
subcorriente | undercurrent, subcurrent
subcrítico | subcritical
subcuadro | subpanel
subdesbordarmiento | underflow
subdesviación | underscan
subdesviación del haz explorador | underscan
subdireccionamiento | subaddressing
subdireccionamiento RDSI | ISDN-subaddress
subdirectorio | subdirectory, child directory
subdivisor | subdivider
subdivisor de canal | subdivider
subdominio | subdomain
subelemento | subelement
subenfriamiento | subcooling
subenlace | spur line
subenlace radioeléctrico | spur line
subesquema | subschema
subestación | substation, slave (/tributary) station
subestación al aire libre | outdoor switching station
subestación automática | automatic substation
subestación auxiliar | auxiliary power substation
subestación de acumuladores | accumulator substation
subestación de centro de carga | load centre substation
subestación de conmutación | mutation substation
subestación de distribución | distributing (/distribution, /switching generating) station
subestación de emergencia | auxiliary power substation
subestación de exterior | outdoor substation
subestación de grupo | group subcontrol station
subestación de grupos rotativos | rotary substation
subestación de intemperie | outdoor substation
subestación de rectificadores | rectifier substation
subestación de socorro | auxiliary power substation
subestación de telemando | telecontrolled substation

subestación de tracción | traction substation
subestación de trasformación | transformer substation, transforming station
subestación en cabina metálica | kiosk
subestación móvil | mobile substation
subestación rural | rural subcentre
subestación semiautomática | semi-automatic substation
subestación trasformadora | mutation (/transformer) substation
subestación trasportable | transportable substation
subestación unitaria | unit substation
subexcitación | underdrive
subexcitado | underdriven, underexcited
subfrecuencia | underfrequency
subgrafo de extensión | spanning subgraph
subgrupo | subgroup, subassembly, semigroup, grading group
subgrupo normal | normal subgroup
subgrupos de trabajo | sub-working parties
subida de la modulación | modulation rise
subida de tensión (/voltaje) | voltage rise (/step-up)
subida Doppler | up-Doppler
subimpulso | undershoot
subincisión | undercutting
subíndice | subscript
subir | to upload
subir de grado | to upgrade
subir el volumen | to increase volume
sublenguaje de base de datos | database sublanguage
sublenguaje de datos | data sublanguage
sublimación catódica | (cathode) sputtering
sublimación catódica por corriente continua | direct current sputtering
sublimación catódica por radiofrecuencia | RF sputtering = radiofrequency sputtering
sublimación catódica reactiva por corriente continua | direct current reactive sputtering
sublimación reactiva | reactive sputtering
sublista | sublist
submarinismo [desaparición momentánea de un objeto en pantalla por moverse a una velocidad mayor de la que la pantalla puede reproducir] | submarining
submarino | underwater
submarino atómico | atomic submarine
submatriz | submatrix
submenú | submenu, child menu
subminiatura | subminiature
subminiaturización | subminiaturization

submodulación | undermodulation
submontaje | subassembly
subnanosegundo | subnanosecond
suboperador | resale carrier
subordinado de los periféricos de entrada/salida | I/O limited = input/output limited
subóxido de galio | gallium suboxide
subpanel | subpanel, slide-up
subpaso | substep
subportadora | subcarrier
subportadora cero | zero subcarrier
subportadora de audio | audio subcarrier
subportadora de color | colour subcarrier
subportadora de crominancia | chrominance subcarrier
subportadora de impulsos | pulse subcarrier
subportadora estéreo | stereo subcarrier
subportadora estereofónica | stereophonic subcarrier
subportadora intermedia | intermediate subcarrier
subportadora nula | zero subcarrier
subportadora piloto | pilot subcarrier
subproducto radiactivo | radioactive by-product
subprograma | subprogram
subrayado | underline, underscore
subrayado doble | double underline
subrayar | to underline
subrayar palabra | word underline
subred | subnet, subnetwork
subred de comunicación | communication subnet (/subnetwork)
subrefracción | subrefraction
Subroc [tipo de cohete submarino] | Subroc = submarine rocket
subrutina | subroutine
subrutina abierta | open subroutine
subrutina anidada | nested subroutine
subrutina cerrada | closed subroutine
subrutina de inserción directa | direct insert subroutine
subrutina dinámica | dynamic subroutine
subrutina en línea | inline subroutine
subrutina estándar | standard subroutine
subrutina estática | static subroutine
subrutina normalizada | standard subroutine
subrutina recursiva | recursive subroutine
subrutinas de reentrada | reentrant subroutines
subsanar problemas | to troubleshoot
subsatélite | subsatellite
subsecuencia | subsequence, substring
subsemigrupo | subsemigroup
subsincrónico | subsynchronous
subsistema | subsystem
subsistema de audio | audio subsystem

subsistema de cinta magnética | magnetic tape subsystem
subsistema de conmutación | switching subsystem
subsistema de estación base | base station subsystem
subsistema de gráficos | graphics subsystem
subsistema de radio | radio subsystem
subsistema de red | network subsystem
subsistema de vídeo | video subsystem
subsónico | subaudio, subsonic
subtensión | undervoltage
subtipo | subtype
subvelocidades | subrate data
subvitrificado | underglaze
succión | drainage; suckout [*fam*]
sucesión | sequence, sequency, series, suite
sucesión de bastidores | suite of racks
sucesión de impulsos | pulse sequence (/stream)
sucesión de validación | validation suite
sucesivamente | sequentially
sucesivo | sequential, serial
suceso | event
suceso de ionización | ionizing event
suceso de ionización inicial | initial ionizing event
suceso de ionización primaria | primary ionization (/ionizing) event
suceso ionizante | ionizing event
suceso ionizante inicial | initial ionizing event
suceso regular | regular event
suciedad de la bujía | spark plug fouling
sucio | dirty
suelo | floor
sueño eléctrico | electric sleep
sufijo | suffix, postfix
sufrir avería | to fail
sufrir desmejoramiento | to degrade
sujeción | retainer
sujeción de cabeza de clavo | nail-head bond
sujetador | spring clamp
sujetador de cordón | cord fastener
sujetador de despachos | copyholder
sujetador de presión | trimount
sujetador elástico | trimount
sujetador rápido | trimount
sujetahilos | wiring clip
sujeto a corrección | subject to correction
sujeto de datos | data subject
sulf- [*pref*] | sulph-, sulf-
sulfatación | sulphating, sulphation
sulfatado | sulphating
sulfato de uranilo | uranyl sulphate
sulfuro de cadmio | cadmium sulphide
sulfuro de plomo | lead sulphide
suma | addition, aggregate, amount, sum, summing
suma algebraica | algebraic sum
suma almacenada | stored addition
suma aritmética | arithmetic sum
suma de certificación | checksum
suma de comprobación | checksum
suma de control | checksum
suma de productos | sum of products
suma de verificación | checksum
suma falsa | false addition
suma horizontal | crossfoot
suma lógica | logic sum
suma normalizada de productos | standard sum of products
suma paralela | parallel addition
sumador | adder
sumador algebraico | algebraic adder
sumador analógico | analogue adder
sumador BCD [*sumador decimal codificado en binario*] | BCD adder = binary-coded decimal adder
sumador binario | binary adder
sumador completo | full adder
sumador de propagación | ripple adder
sumador de trasmisión de arrastre | ripple (carry) adder
sumador decimal codificado en binario | binary-coded decimal adder
sumador digital en serie | serial digital adder
sumador en serie | serial adder
sumador paralelo | parallel adder
sumador serial | serial adder
sumando | addend
sumar | to add
sumar resultados | to summarize
sumario | (table of) contents
sumidero | sink
sumidero de corriente | current sink
sumidero de datos | data sink
suministrador | supplier
suministrador de fichas | card stacker
suministrador de tarjetas | card hopper
suministrador de tarjetas perforadas | card hopper
suministrar | to deliver, to provide, to work
suministrar datos | to work
suministrar potencia | to deliver
suministro | supply
suministro continuo de energía eléctrica | uninterruptible power supply
suministro de alimentación eléctrica ininterrumpida | uninterrupted power supply
suministro de alimentación ininterrumpida | uninterrupted power supply
suministro de batería | battery supply
suministro de energía | power feed
suministro de energía en reserva | standby power supply
suministro de energía para aparatos auxiliares | power takeoff
suministro público de corriente | public power supply
suministro público de corriente eléctrica | public power supply
suministro urbano | town supply
Sup. = suprimir | DEL = delete
super VGA [*supermatriz de videográficos*] | super VGA = super video graphics array
superacústico | superaudio
superantena de dipolo doble | superturnstile aerial
superar | to exceed
superbúsqueda | supersearch
supercardioide | supercardioid
supercargador | supercharger
superclase | superclass
supercompresión | supercompression
superconducción | superconducting
superconductividad | superconductivity
superconductor | superconducting; superconductive, supraconductor
superconductor blando | soft superconductor
superconductor duro (/no ideal) | hard superconductor
superconmutación | supercommutation
supercorriente | supercurrent
supercrítico | supercritical
superemitrón [*iconoscopio de imagen*] | superemitron
superescalar | superscalar
superficial | outside
superficie | face, surface
superficie activa | screen area, working surface
superficie alabeada | warped surface
superficie bañada | wetted surface
superficie bañada por el soldante | wetted surface
superficie blindada | shield coverage
superficie cero | surface zero
superficie de almacenamiento | storage surface
superficie de apoyo | bearing surface
superficie de bruñido | burnishing surface
superficie de calentamiento | heating surface
superficie de chispa explosiva | spark burn arc
superficie de contacto | contact area, fay (/faying) surface, interface
superficie de convergencia | convergence surface
superficie de dispersión | scattering surface
superficie de empalme | fay (/faying) surface
superficie de equifase | equiphase surface
superficie de equiseñales | equisignal surface
superficie de excitación | excitation cross section
superficie de Fermi | Fermi surface
superficie de isodosis | isodose surface

superficie de la imagen | picture area
superficie de moderación | slowing-down area
superficie de onda-velocidad | wave-velocity surface
superficie de operación | user interface (/surface), terminal operating elements
superficie de piel de naranja | orange peel
superficie de posición | surface of position
superficie de radiación | radiating surface
superficie de referencia | reference surface
superficie de reflexión selectiva | selectively reflecting surface
superficie de rodadura antideslizante | nonskid tread
superficie de separación del cátodo | cathode interface
superficie del blanco | target area
superficie del cristal | crystal face
superficie del objetivo | target area
superficie deshumedecida | dewetted surface
superficie efectiva de dispersión | echoing area
superficie en bruto | plate finish
superficie equifásica | equiphase surface
superficie equipotencial | equipotential surface, surface equipotential
superficie fotoeléctrica | photosurface
superficie fotométrica | polar surface of light distribution
superficie fotosensible | photosurface
superficie humedecida | wetted surface
superficie interfacial de la soldadura | weld interface surface
superficie isodósica | isodose surface
superficie oculta [*en diseño tridimensional por ordenador*] | hidden surface
superficie plana de apoyo | flat lug, flattening
superficie pulida por chorro de arena | sanded surface
superficie terminal | terminal area
superficie útil | working surface
supergrupo | supergroup
supergrupo básico | basic supergroup
superheterodino | superhet = superheterodyne
superheterodino doble | double superheterodyne
superintercambio | superexchange
superior | upper
supermalloy [*aleación magnética de níquel y hierro*] | Supermalloy
superminiordenador | supermini, superminicomputer
superordenador | supercomputer
superponer | to superimpose; [*un carácter sobre otro*] to overstrike
superponible | stackable
superposición | overlap, overlay, topping
superposición de colores | colour registration, registration of colours
superposición de control | override
superposición de frecuencias | frequency overlap
superposición de frecuencias portadoras | superimposition of carrier frequencies
superposición de impulsos | pulse superposition
superposición de resonancias | resonance overlap
superposición de señales | signal overlapping
superposición de sonidos | sound-plus-sound
superposición de vídeo | video mapping
superposición en memoria | overlay
superpotencia | superpower
superproceso de encauzamiento [*en procesado por etapas simultáneas*] | superpipelining
superradiación | super-radiance
superreacción | super-retroaction, super-regeneration
superred | supergrid
superrefracción | super-refraction
superrefracción troposférica | tropospheric super-refraction
superrefractario | super-refractory
superregeneración | super-regeneration, super-retroaction
superregenerador | super-regenerator
superregenerativo | super-regenerative
superretícula [*en fotomecánica*] | screen compensator
supersaturación | supersaturation
supersaturar | to supersaturate
supersensibilización | supersensitization
supersensible | supersensitive
superservidor | superserver
supersincronismo | supersync
supersónica | supersonics
supersónico | supersonic, transonic
supertensión | supervoltage
superusuario | superuser
supervisar | to monitor
supervisión | monitoring, supervision
supervisión a distancia | remote supervision
supervisión automática de pruebas | automatic test supervision
supervisión automática de trenes | automatic train supervision
supervisión automática de vehículos | automatic vehicle monitoring
supervisión de la documentación | walkthrough
supervisión de la propagación | propagation survey
supervisión de la vibración | vibration survey
supervisión de línea | line supervision
supervisión de protección | protection survey
supervisión de radiación | protection survey
supervisión del tráfico de circuitos interurbanos | trunk line observation
supervisión general | general supervision
supervisión por monitores | monitoring
supervisión por puente de trasmisión | bridge control supervision
supervisión por tercer hilo | sleeve control supervision
supervisión porcentual | percentage supervision
supervisión y señalización | supervision and signalling
supervisor | executive, monitor, supervisor, supervisory
supervisor de entrada/salida | input/output supervisor
supervisor de superposiciones | overlay supervisor
supervisor E/S = supervisor de entrada/salida | I/O supervisor = input/output supervisor
supervivencia | survivability, survival
supervivencia media | survival average
superviviente contaminado por radiactividad | radioactive survivor
suplementario | additional
suplemento | accessory, addendum, additive
suplemento de tasa | supplementary charge
suplemento de tecnología avanzada | advanced technology attachment
suplementos decorativos [*para el hardware o el software, que no inciden en las funciones básicas*] | bells and whistles
suplencia | secretarial function transfer
suplente | dummy
supletorio | extension telephone, subscriber extension station
supletorio con conexión directa a la red | subscriber extension with direct exchange facilities
supletorio con toma controlada de la red | partially restricted extension
supletorio con toma directa de la red | unrestricted extension
suprayección | surjection, onto function
supresión | suppression, backing-off, blackout, blanking
supresión de ambigüedad | sense finding
supresión de arrastre de ceros | zero split
supresión de banda lateral | sideband cutoff (/suppression)
supresión de ceros | zero blanking (/cancellation, /elimination, /suppression)
supresión de chispas | spark suppression

supresión de clasificación | sorting suppression
supresión de eco | echo suppression
supresión de fuentes de interferencias | interference source suppression
supresión de interfencias | suppression of interference
supresión de la banda lateral no deseada | unwanted sideband suppression
supresión de la frecuencia de imagen | image rejection, rejection of image frequency
supresión de la modulación de amplitud | AM suppression = amplitude modulation rejection
supresión de la onda de tierra | ground wave suppression
supresión de la onda portadora | suppression of carrier
supresión de la portadora de sonido | sound rejection
supresión de la presión | pressure suppression
supresión de la señal de sonido | rejection of the accompanying sound
supresión de los lóbulos laterales | side lobe suppression
supresión de parásitos | noise suppression
supresión de perturbaciones radioeléctricas | radio interference suppression
supresión de portadora | carrier suppression, suppression of carrier
supresión de retardo | suppressed-time delay
supresión de retornos asincrónicos | defruiting
supresión de ruido entre estaciones | intercarrier (/interstation) noise suppression
supresión de sonido | sound rejection
supresión de vapor | vapour suppression
supresión de vibraciones | vibration control
supresión de zona | zone blanking (/suppression)
supresión del cero | zero suppression
supresión del eco | echo suppression
supresión del haz | beam blanking
supresión del haz de retroceso | retrace blanking
supresión pendiente | pending delete
supresión por saldo negativo | suppress on minus balance
supresión por vapor | vapour suppression
supresión RFI [*supresión de interferencias de RF*] | RFI suppression
supresor | eliminator, rejector, suppressor
supresor antiparasitario | parasitic stopper
supresor de ambigüedad | sense finder

supresor de arco | arc suppressor
supresor de blancos | blank deleter
supresor de canto | singing suppressor
supresor de chasquidos | click suppressor
supresor de chispas | spark killer (/suppressor)
supresor de crominancia | colour killer
supresor de eco completo | full echo suppressor
supresor de eco de acción continua | rectifier-type echo suppressor, metal rectifier echo suppressor, valve-type echo suppressor
supresor de eco de acción discontinua | relay-type echo suppressor
supresor de eco de rectificadores secos | metal rectifier echo suppressor
supresor de eco diferencial | differential echo suppressor
supresor de eco intermedio | intermediate echo suppressor
supresor de eco terminal doble | full terminal echo suppressor
supresor de eco terminal por telemando | far-end-operated terminal echo suppressor
supresor de eco terminal simple | half-terminal echo suppressor
supresor de ecos | echo suppressor
supresor de ecos del receptor | receiving echo suppressor
supresor de estática | X stopper
supresor de frecuencia intermedia | IF rejection
supresor de impulsos de interferencia | pulse interference eliminator
supresor de interferencias | interference blanker (/suppressor)
supresor de interferencias de bujías | sparking-plug suppressor
supresor de la portadora de sonido | sound rejector
supresor de la reacción | reaction suppressor
supresor de modo del guiaondas | waveguide mode suppressor
supresor de oscilaciones parásitas | parasitic stopper (/suppressor)
supresor de parásitos | noise (/parasitic) suppressor
supresor de parásitos atmosféricos | X stopper
supresor de parásitos de bujías | sparking-plug suppressor
supresor de perturbaciones atmosféricas | static eliminator (/suppressor)
supresor de perturbaciones de radio | radio suppressor
supresor de radiofrecuencia | radio-frequency suppressor
supresor de reacción | antireaction device, singing suppressor
supresor de rejilla | grid suppressor
supresor de ruido | noise (/sound) suppressor

supresor de ruido entre estaciones | interstation noise suppressor
supresor de ruido entre portadoras | intercarrier noise suppressor
supresor de ruidos | noise killer
supresor de ruidos dinámico | dynamic noise suppressor
supresor de silbidos | singing suppressor
supresor de sobrecargas electrónico | electronic surge arrestor
supresor de sobrecargas momentáneas transitorias | surge suppressor
supresor de sobretensión | surge suppressor
supresor de sobretensiones | voltage surge suppressor
supresor de sonido | sound rejector
supresor de transitorios | transient suppressor
suprimido | suppressed
suprimir | to delete, to erase, to suppress, to unhide
suprimir chispas | to quench
suprimir espacio de trabajo | to delete workspace
suprimir mensaje | to delete message
suprimir punto de actuación | to delete hot spot
suprimir subpanel | to delete subpanel
supuesto | assumption
supuesto de Goudsmit y Uhlenbeck | Goudsmit and Uhlenbeck assumption
surco | groove
surco blanco | blank groove
surco cerrado | locked groove
surco concéntrico | concentric groove
surco de cierre | locked groove
surco de conexión | lead-over groove
surco de guiado | lead-in groove
surco de introducción | run-in
surco de parada | lead-out groove
surco de salida | lead-out groove
surco de tope | locked groove
surco disperso | spread groove
surco excéntrico | eccentric groove
surco inicial | lead-in groove
surco intermedio | lead-over groove
surco no modulado | unmodulated groove
surco rápido | fast groove
surfear [*fam. desplazarse por internet saltando de un enlace a otro*] | to surf
surtidor | shower, source
surtidor Auger | Auger shower
surtidor de luz | lighting outlet
susceptancia de sintonía | tuning susceptance
susceptancia de sintonización | tuning susceptance
susceptancia normalizada | standard susceptance
susceptibilidad | sensitiveness, susceptance, susceptibility, susceptiveness
susceptibilidad a la sensibilización | sensitization susceptibility

susceptibilidad a las perturbaciones | susceptiveness
susceptibilidad dieléctrica | dielectric susceptibility
susceptibilidad diferencial | differential susceptibility
susceptibilidad electromagnética | electromagnetic susceptibility
susceptibilidad inicial | initial susceptibility
susceptibilidad magnética | magnetic susceptibility
susceptibilidad reversible | reversible susceptibility
susceptible de ser tasado | chargeable
suscribir | to subscribe
suscriptor | subscriber
suscriptor moroso | subscriber in arrears
suspender [*temporalmente un proceso*] | to suspend
suspender el escritorio | to suspend desktop
suspender temporalmente un proceso | to pause
suspendido | overhunged, suspended
suspensión | overhung, suspension
suspensión acústica | acoustic suspension
suspensión bifilar | bifilar suspension
suspensión cardán | gimbals
suspensión catenaria sencilla | single catenary suspensión
suspensión de banda tirante | taut band suspension
suspensión de catenaria sencilla | single catenary suspensión
suspensión de emisiones por radio | radio silence
suspensión del cono | surround
suspensión periférica | surround
suspensión rígida | rigid suspension
suspensión trasera | rear suspension
suspensión trasera en altavoces | rear suspension
suspensión trasversal | transverse suspension

suspensión unifilar | unifilar suspension
sustancia base no metálica | metal-free matrix
sustancia de alta pureza | highly purified material
sustancia diamagnética | diamagnetic substance
sustancia equivalente al aire | air-equivalent material
sustancia paramagnética | paramagnetic substance
sustancia pura | specially pure element
sustancia radiactiva | radioactive material
sustancia radiactiva de vida corta | short-lived radioactive substance
sustentación | support
sustitución | change, substitution
sustitución de la batería | battery replacement
sustitución de macros | macrosubstitution
sustitución de válvulas | tube (/valve) replacement
sustituir | to substitute, to change, to replace, to swap
sustituir el contenido de la memoria | substitute memory
sustituir la memoria | substitute memory
sustracción de bits | bit stealing
sustractor | subtractor
sustractor completo | full subtractor
sustrato | header, substrate
sustrato activo | active substrate
sustrato con cableado impreso | printed wiring substrate
sustrato de película gruesa | thick-film substrate
sustrato de zafiro | sapphire substrate
sustrato empotrado | embedded (/imbedded) layer
sustrato flexible | flexible substrate
sustrato multicapa | multilayer substrate
sustrato pasivo | passive substrate

sustrato subportador | subcarrier substrate
sustrato trazado | scored substrate
sustrato vidrioso | glazed substrate
susurro | babble
suturación del núcleo | soak
SVA = servicios de valor añadido | VAS = value added services
SVC [*enlace de comunicación virtual*] | SVC = switched virtual call
SVC [*llamada al supervisor*] | SVC = supervisor call
SVGA [*supermatriz de videográficos*] | SVGA = super video graphics array
SVGA [*adaptador avanzado para gráficos de vídeo*] | SVGA = super video graphics adapter
SVR [*telefonía y telegrafía simultáneas*] | SVR = simultaneous voice/record
SW = software | SW = software
S/WAN [*red segura de área amplia*] | S/WAN = secure wide area network
SWCI [*elemento de configuración de software*] | SWCI = software configuration item
SWI [*intervalos mundiales especiales*] | SWI = special world intervals
SWIFT [*sociedad para las comunicaciones interbancarias a escala mundial*] | SWIFT = Society for worldwide interbank financial telecommunications
SWL [*radioaficionado (/radioescucha) de onda corta*] | SWL = short-wave listener
SWTL [*línea de trasmisión de onda estacionaria*] | SWTL = standing wave transmission line
SXN [*corrección del emisor*] | SXN = sender's correction
SYN [*carácter de sincronización libre*] | SYN = synchronous idle character
Syncom [*satélite de comunicaciones para televisión y radio*] | Syncom
SYRQ [*vea su RQ*] | SYRQ = see your RQ
SYXQ [*vea su XQ*] | SYXQ = see your XQ

T

t = tiempo | t = time
T = tera- [*prefijo que significa un billón de unidades*] | T = tera-
T = tierra, puesta a tierra, masa | GND = ground
T = tritio | T = tritium
Ta = tántalo | Ta = tantalum
TA = tecnología avanzada | AT = advanced technology
TAB = tabulador | TAB = tabulator
tabique | septum
tabique semipermeable | semipermeable partition
tabla | array, chart, table
tabla de asignación de archivos | file assignation (/allocation) table
tabla de búsqueda de vídeo | video look-up table
tabla de caracteres | symbol map
tabla de Cayley | Cayley table, composition (/operation) table
tabla de coeficientes de visibilidad relativa | table of relative luminosity factors
tabla de colores | colour table
tabla de colores disponibles [*para su representación en pantalla*] | colour look-up table
tabla de composición | composition (/operation) table, Cayley table
tabla de consulta | look-up table
tabla de contenidos | table of contents
tabla de contingencia | contingency table
tabla de conversión | conversion table
tabla de decisión | decision table
tabla de definición de caracteres | character definition table
tabla de direcciones calculadas | hash table
tabla de estado | state table
tabla de formato | format table
tabla de función | function table
tabla de localización de archivos | file assignation (/allocation) table
tabla de operaciones | composition (/operation) table, Cayley table
tabla de páginas | page table

tabla de parámetros verdaderos | truth table
tabla de partición | partition table
tabla de permutación | permutation table
tabla de pesos | weighting table
tabla de predicción de frecuencias | frequency prediction chart
tabla de saltos [*entre identificadores y rutinas*] | jump table
tabla de segmentos | segment table
tabla de símbolos | symbol table
tabla de sistema | system table
tabla de situación de archivos | file assignation (/allocation) table
tabla de tarifas | tariff schedule
tabla de traducción | translation table
tabla de transición de estados | state transition table
tabla de verdad | truth table
tabla de vectores de interrupción | interrupt vector table
tabla loran | loran table
tabla periódica | periodic table
tabla vectorial | vector table
tabla virtual de ubicación de archivos | virtual file allocation table
tablado | stillage
tablero | panel, tablet
tablero acústico | acoustic panel
tablero cableado | wired panel
tablero de alarma | failure panel
tablero de bornes | terminal board
tablero de carga | charging board (/panel)
tablero de clavijas | jack bay, test jack panel
tablero de conexionado enchapado | plated printed wiring board
tablero de conexiones | patchboard, path (/plug, /wiring, /terminal) board, plugboard, strapboard, terminal (/wired) panel
tablero de conexiones grabadas | etched board
tablero de conexiones por circuitos grabados | etched board
tablero de conmutación | switchboard

tablero de control de audiofrecuencia | audio control panel
tablero de control e instrumentación | control and instrument board
tablero de datos | data tablet
tablero de digitalización [*tablero gráfico*] | digitizing tablet
tablero de distribución | distribution board, power panel
tablero de distribución de cargas | load distribution switchboard
tablero de entrada | cable turning section
tablero de filtros de tronco principal | trunk filter panel
tablero de frente muerto [*panel frontal con los dispositivos en la parte posterior*] | dead front board
tablero de instrumentos | instrument board (/panel), meter panel, switchboard
tablero de interconexiones | strapboard
tablero de lámparas | bank of lamps
tablero de líneas de disco selector | dial drop panel
tablero de llaves | keyboard, keyshelf
tablero de mando de la alimentación | power control panel
tablero de montaje | workboard, mat
tablero de nivel de densidad | density step tablet
tablero de pruebas | test board
tablero de pulsadores | pushbutton station
tablero de señales | marker board
tablero de terminación de líneas | line termination panel
tablero de terminales | terminal board (/block panel)
tablero electrónico | spreadsheet (calculator); board; bulletin board system
tablero en pirámide | pyramid switchboard
tablero gráfico | plotter, graphic tablet, plotting board
tablero gráfico bidimensional | x-y plotter

tablero gráfico electrostático | electrostatic plotter
tablero gráfico sensible al tacto | touch-sensitive tablet
tablero gráfico táctil [dotado de sensores de presión] | touch pad
tablero multicapa | multilayer board
tablero reductor | reducing baffle
tableta | tablet
tablilla de datos | data tablet
tablón de anuncios | bulletin board
tablón de anuncios electrónico | bulletin board system
tabulador | tab = tabulator
tabulador de protección de escritura | write protect tab
tabulador horizontal | horizontal tabulator
tabulador vertical | vertical tabulator
tabular | to tab, to tabulate
taburete aislador | insulating stool
TACACS [sistema de control de acceso a controladora de acceso a terminal (en servidor centralizado)] | TACACS = terminal access controller access control system
TACAN [sistema táctico de navegación aérea] | TACAN = tactical air navigation
tachado [de un texto seleccionado mediante una línea superpuesta] | strikethrough
tacitrón [tiratrón en el que la acción de la rejilla puede detener la corriente anódica] | tacitron
taco de presión | pressure pad
tacógrafo | tachograph, speed recorder, recording tachometer
tacométrico | tachometric
tacómetro | speed counter (/gauge, /indicator), speedometer, tachometer, velocimeter
tacómetro de corriente continua | DC tachometer
tacómetro eléctrico | electric tachometer
tacómetro estroboscópico | strobotac = stroboscopic tachometer
tacómetro magnético | magnetic drag tachometer
tacómetro registrador | tachograph
TACS [sistema de comunicaciones de acceso total] | TACS = total access communications system
táctico | tactical
tajo | notch
taladrado por haz electrónico | electron beam drilling
taladrado sónico | sonic drilling
taladrado ultrasónico | ultrasonic drilling
taladradora circular | circle cutter
taladrar | to drill
taladro láser | laser drill
taladro ultrasónico | ultrasonic drill
talbot [unidad de energía luminosa en el sistema MKSA] | talbot
talio | thallium

talker [mecanismo de comunicación sincrónico para funciones de chat multiusuario] | talker
talk-off [tendencia de un sistema DTMF a responder falsamente a cualquier señal no válida] | talk-off
talla | cutting
tallado en X | X cut
tallado en Y | Y-cut
taller | workshop
taller auxiliar | satellite workshop
taller de bobinado | winding shop
taller de devanado | winding shop
taller de galvanoplastia | plating shop
taller de mantenimiento del radar | radar maintenance room
taller de radio | radio workshop
taller de reparaciones | service workshop
taller de trabajo | workshop
tallo de Mach | Mach front (/stem)
talón | lug
talón terminal | terminal lug
talón y saliente | toe and shoulder
talud [perfil saliente de las letras] | kern
tamaño | size
tamaño crítico | critical size
tamaño de la fuente [de tipos] | font size
tamaño de la imagen | picture size, size of picture
tamaño de la memoria | memory size
tamaño de la memoria base | base-memory size
tamaño de la memoria compartida | shared memory size
tamaño de la muestra | sample size
tamaño de la palabra | word size
tamaño de la reducción fotográfica | photographic reduction dimension
tamaño de la ventana | window size
tamaño de los caracteres | type size
tamaño de los datos | data width
tamaño de los tipos | type size
tamaño de palabra | word length (/size)
tamaño de ventana | window size
tamaño del archivo | file size
tamaño del bloque asignado | allocation block size
tamaño del caché | cache size
tamaño del directorio | directory size
tamaño del papel | paper size
tamaño del punto explorador (/luminoso) | spot size
tamaño predeterminado | default size
tambor | barrel, drum (barrow), reel, roller
tambor de cable | rope drum
tambor de enrollamiento | reel mechanism
tambor de exploración | scanning drum
tambor de flip-flop | drum flip-flop, drum pick-up
tambor de medición | calibrated drum
tambor de memoria | storage drum
tambor de paginación | paging drum

tambor de resorte | spring-loaded drum
tambor del embrague | clutch drum
tambor dentado | ratchet
tambor desenrollador | paying-out drum
tambor FF = tambor de flip-flop | DRUM FF = drum flip-flop
tambor indicador para longitud de onda | wavelength drum
tambor magnético | magnetic drum
tan pronto como sea posible | ASAP = as soon as possible
tanda | batch
tándem | tandem, gang
tándem de sintonía | tuning gang
tangente | tangent
tangente de pérdida | loss tangent
tangente del ángulo de pérdida | tangent of loss angle
tanque | tank
tanque de galvanoplastia | plating tank
tanque de mercurio | mercury tank
tanque de placa | plate tank
tanque electrolítico | electrolytic tank
tanque multiánodo | multianode tank
tantalio | tantalum
tanteo | score
tanteo de armónico | harmonic test check
tanteo de sintonía | rocking
tanteo máximo | top score
tanto de modulación | amount of modulation
tanto por ciento | per cent [UK], per cent [USA]
tanto por ciento de audición | per cent hearing
tanto por ciento de pérdida auditiva | per cent hearing loss
TAP [punto de conexión a una red] | TAP = terminal access point
tapa | cap, cover, cover slab, knockout
tapa ciega del aparato | apparatus blank
tapa de baterías | cell cover
tapa de bornas | meter terminal cover
tapa de caja de registro | manhole
tapa de cámara | manhole
tapa de contacto | ferrule
tapa de la rendija | slit cover
tapa de la unidad de almacenamiento | storage unit cover
tapa de palanquita | pry-out
tapa de protección | fender
tapa de seguridad | safety cover
tapa roscada | screw cap
tapadera de palanquita | pry-out
TAPI [interfase para programación de aplicaciones telefónicas] | TAPI = telephony API = telephony application programming interface
tapiz | carpet
tapón | (duct) plug, stopper
tapón calibrador | plug gauge
tapón de blindaje | stringer
tapón eléctrico | plug fuse

tapón fusible | cutout, fuseplug, fusible plug
tapón para los oídos | earplug
tapón roscado | screw plug
tapón y enchufe | plug and socket
taqueómetro [*contador de cotas y direcciones*] | tacheometer, tachymeter
taquimétrico | tachometric
taquímetro | speedometer
tarea | job, task
tarea de fondo | background task
tarea de impresión | print job
tarea en segundo plano | background task
tarea múltiple | multitasking
tarifa | tariff, rate, price schedule; [*telefónica*] toll [USA]
tarifa a tanto alzado | restricted tariff
tarifa basada en el factor de potencia | power factor tariff
tarifa básica | basic tariff
tarifa binomia | two-part tariff
tarifa completa | full rate
tarifa constante | straight line rate
tarifa de abono telefónico | telephone rental
tarifa de duración de llamada | length-of-call tariff
tarifa de exceso | excess tariff
tarifa de la energía | power rate
tarifa de llamada de larga distancia | toll [USA]
tarifa de tanto alzado | fixed tariff
tarifa de temporada | seasonal tariff
tarifa degresiva | diminishing tariff
tarifa doble | double tariff
tarifa entera | full rate
tarifa fija | basic tariff
tarifa global | fiat rate
tarifa interurbana | trunk charge (/rate); toll [USA]
tarifa mixta | two-part tariff
tarifa nocturna | night rate
tarifa normal | ordinary charging, measured rate service
tarifa plana | flat fare
tarifa por zona | zoning of rates
tarifa reducida | charging reduction
tarifación [*asignación de tarifas*] | charging information (/recording, /registration); (subscriber private) metering; charging, tariffication
tarifación automática de llamadas | automatic message accounting
tarifación detallada | toll ticketing
tarifación telefónica automática | automatic message accounting
tarifación totalizada | bulk billing (/metering, /registration)
tarifador | charging circuit
tarifas | schedule of rates
tarificación, tarifación | tariffication, charging, metering
tarjeta | board, card
tarjeta aceleradora [*para microprocesadores*] | accelerator card
tarjeta adaptadora | adapter (/adaptor) card
tarjeta adaptadora de vídeo | video adapter board
tarjeta adicional | add-in board, plug-in card
tarjeta binaria | binary card
tarjeta chip | chip (/smart) card
tarjeta completamente equipada [*con componentes*] | fully populated board
tarjeta con abertura | aperture card
tarjeta con asignación fija | dedicated card slot
tarjeta con formato europeo | euro-card
tarjeta con perforaciones al margen | edge card
tarjeta con talón | stub card
tarjeta controladora | controller, controller board
tarjeta controladora de disco duro | hard disk drive card
tarjeta controladora de juego | game controller
tarjeta controladora del dispositivo | device handler, device-handler
tarjeta controladora maestra | master controller
tarjeta controladora SCSI | SCSI control board
tarjeta corta [*de circuitos*] | half-card, short card
tarjeta de acuse de comunicación | QSL card
tarjeta de almacenamiento masivo | mass storage card
tarjeta de ampliación | expansion (/add-in) card
tarjeta de ampliación de memoria | memory expansion board (/card)
tarjeta de cableado impreso | printed wiring board
tarjeta de captura | capture board (/card)
tarjeta de captura de vídeo | video capture card
tarjeta de chip | chip card
tarjeta de circuito | circuit card
tarjeta de circuito impreso | printed circuit board; [*sin componentes*] bare board
tarjeta de circuitos | (printed writing) board
tarjeta de circuitos de simple cara | single-side printed board
tarjeta de circuitos flexible | flexible printed board
tarjeta de circuitos impresa de doble cara | double side printed board
tarjeta de circuitos impresos | printed board, printed circuit (/writing) board
tarjeta de circuitos impresos multicapa | multilayer printed board
tarjeta de circuitos multicapa | multi-layer printed board
tarjeta de circuitos para cambio de estado | upset card
tarjeta de componentes impresos | printed component board
tarjeta de compra | shopping cart
tarjeta de comunicación | communication card
tarjeta de conexión y uso inmediato | plug-and-play card
tarjeta de conexionado impreso | printed wiring board (/card)
tarjeta de conexiones de tornillo | screw terminal board
tarjeta de consumo | usage card
tarjeta de control | control (/controller) board
tarjeta de crédito | bank card
tarjeta de disco duro [*que contiene un disco duro y su controladora*] | hard card
tarjeta de encabezamiento | header card
tarjeta de expansión | expansion (/extender) board (/card)
tarjeta de expansión de memoria | memory expansion board (/card)
tarjeta de expansión desactivada en ranura | expansion board disabled in slot
tarjeta de fax | fax card
tarjeta de fibra perforada | perfboard = perforated fiber board
tarjeta de fin de trasmisión | end-of-transmission card
tarjeta de fuentes [*de caracteres*] | font card
tarjeta de funciones múltiples | multi-function board
tarjeta de gráficos | video card
tarjeta de interconexión | interface card
tarjeta de interfaz de red | network interface card
tarjeta de juegos | game card
tarjeta de lectura gráfica | mark-sense card
tarjeta de longitud total | full-length card
tarjeta de memoria | memory board (/card)
tarjeta de memoria para PC | PC memory card
tarjeta de módem | modem card
tarjeta de módulo de identidad de abonado | subscriber indentity module card
tarjeta de opciones | option card
tarjeta de parada | stop card
tarjeta de PC | PC card
tarjeta de prepago | paid card
tarjeta de programa | programme card
tarjeta de pruebas | test board
tarjeta de red | network card
tarjeta de registro | setup card
tarjeta de reproducción de vídeo | video display board
tarjeta de sonido | audio (/sound) board (/card)
tarjeta de supervisión de actividad | vital supervision card
tarjeta de tamaño medio | half-size card
tarjeta de tamaño total | full-size card

tarjeta de transición | transition card
tarjeta de transistores | transistor card
tarjeta de vídeo | display (/video) board (/card)
tarjeta de la interfaz | interface board
tarjeta del sistema | motherboard, system board
tarjeta dependiente | daughter card
tarjeta drop | drop card
tarjeta enchufable | paddle card, plug-in unit
tarjeta enchufada sobre otra | piggy-back board
tarjeta especial | special card
tarjeta gráfica | graphics card
tarjeta gráfica de vídeo | video graphics board
tarjeta hija | daughter card
tarjeta IBM [tarjeta de circuitos de la empresa IBM] | IBM card = International Business Machines card
tarjeta impresa de doble cara | double side printed board
tarjeta impresa equipada | printed board assembly
tarjeta inteligente | chip (/smart) card
tarjeta interpretadora | interpreter
tarjeta madre | mother board
tarjeta maestra de alta velocidad | high-speed pattern board
tarjeta magnética | magnetic card
tarjeta multifunción (/multifuncional) | multifunction card
tarjeta no listada | unlisted card
tarjeta óptica | optical card
tarjeta para cambio de estado | upset card
tarjeta para captura de vídeo | video capture board
tarjeta para compra virtual | virtual shopping card
tarjeta para reproducción de vídeo | video display card
tarjeta PC [de PCMCIA] | PC card
tarjeta perforada | punch (/punched) card
tarjeta perforada en los márgenes | margin-punched card
tarjeta PCMCIA | PCMCIA card
tarjeta QSL | QSL card
tarjeta RAM [tarjeta de memoria de acceso aleatorio] | RAM card = random access memory card
tarjeta reconocida | listed card
tarjeta riser | riser card
tarjeta ROM [tarjeta de memoria de sólo lectura] | ROM card = read-only memory card
tarjeta secundaria | secondary card
tarjeta SIM [tarjeta del módulo de identidad del abonado (en GSM)] | SIM card = subscriber identity module card
tarjeta sumaria | summary card
tarjeta única [en un ordenador que no admite más tarjetas] | single-board
tarjeta vacía [tarjeta de circuitos sin componentes] | unpopulated board

tarjetero [persona que comete fraude con tarjetas de crédito por internet] | carder
tartamudeo | stutter
tasa | charge, charging, rate
tasa adaptativa | adaptive rate
tasa adicional | additional charge
tasa cargada al usuario | user charge
tasa constitutiva | component charge
tasa de a bordo | aircraft charge
tasa de abono | subscriber charge
tasa de acierto | hit rate
tasa de aciertos | success ratio
tasa de aeronave | aircraft charge
tasa de averías | failure rate
tasa de bit constante | constant bit rate
tasa de bit variable | variable bit rate
tasa de cable | cable charge
tasa de conversación | call charge
tasa de error binario | bit error rate
tasa de error en las mutaciones | mutilation rate
tasa de errores | error rate
tasa de errores en bruto [de almacenamiento periférico] | raw error rate [of peripheral storage]
tasa de fallos | failure rate
tasa de línea | line charge
tasa de muestreo | sampling rate
tasa de mutilación | mutilation rate
tasa de precisión del instrumento | accuracy rating of the instrument
tasa de reexpedición | redirection charge
tasa de regeneración | refresh rate
tasa de rendimiento | throughput rate
tasa de repetición | repetition rate
tasa de respuesta | response rate
tasa de respuesta pagada | reply-paid charge
tasa de riesgo | hazard rate
tasa de servicio | assurance
tasa de tránsito de télex | telex transit share
tasa de tránsito por palabra | word transit share
tasa de urgencia | urgent rate
tasa de utilización | plant factor
tasa elemental | elementary rate
tasa fronteriza | frontier charge
tasa general | general rate
tasa insuficiente | undercharge
tasa interurbana | trunk charge
tasa media de trasmisión | average rate of transmission
tasa no pagada | unpaid charge
tasa por defecto | undercharge
tasa por palabra | rate per word, word rate
tasa por unidad de conversación | rate per unit call
tasa por uso | use charge
tasa radioeléctrica | radio rate
tasa radiotelefónica | radiotelephone charge
tasa suplementaria | surcharge, additional charge

tasa terrestre | lamp fee
tasa unitaria | charging unit, unit charge
tasable | chargeable
tasación por zona | zoning of rates
tasación por zona y duración de la llamada | time zone metering
TASI [asignación temporal de la voz mediante interpolación] | TASI = time assignment speech interpolation
TASR [radar de vigilancia de terminal] | TASR = terminal surveillance radar
tautología | tautology
TAV [velocidad promediada en un tiempo dado] | TAV = time averaged velocity
Tb = terbio | Tb = terbium
TB [batería telefónica] | TB = talking battery
TB [dispositivo de bloqueo de trasmisión] | TB = transmitter blocker
TB = terabyte | TB = terabyte
TBR [bases técnicas para la regulación] | TBR = technical basis for regulation
Tc = tecnecio | Tc = technetium
Tc = teraciclo | Tc = teracycle
TC = tarjeta de circuitos impresos | PB = printed board
TC = tensión conectada (/aplicada) | VO = voltage on
TCAM [método de acceso a las telecomunicaciones] | TCAM = telecommunications access method
TCH [canal para tráfico] | TCH = traffic channel
TCH/F [velocidad máxima de trasmisión por canal] | TCH/F = traffic channel fullrate
TCI = tarjeta de circuitos impresos | PWB = printed writing board
Tcl/Tk [lenguaje de órdenes para herramientas / juego de herramientas (sistema de programación)] | Tcl/Tk = tool command language / tool kit
TCM [división en el tiempo de las dos direcciones de trasmisión] | TCM = time compression multiplexing
TCM [modulación codificada de Trellis] | TCM = Trellis-coded modulation
TCP [protocolo de control de trasmisión] | TCP = transmission control protocol
TCP/IP [protocolo de control de trasmisión / protocolo internet] | TCP/IP = transmission control protocol / Internet protocol
TCS [señalización de control de telefonía] | TCS = telephony control signalling
Tc/s = tetraciclos por segundo | Tc/s = tetracycles per second
TCXO [oscilador controlado por cristal termorregulado] | TCXO = temperature-controlled crystal oscillator
TD = telediagnóstico | RD = remote diagnostics
TD = trasmisor distribuidor | TD = trans-

mitter-distributor
TDD [*esquema dúplex por división en el tiempo*] | TDD = time division duplex
TDL [*lógica transistor-diodo*] | TDL = transistor-diode logic
TDM [*multiplexión (/multiplexado) por distribución (/división) de tiempo*] | TDM = time-division multiplexing
TDMA [*acceso múltiple por división en el tiempo (tecnología de multiplexión para obtener múltiples subcanales de un canal telefónico)*] | TDMA = time division multiple access
TDS [*corriente o flujo de datos en forma tabular*] | TDS = tabular data stream
TDS = temporalmente desconectado | TDS = temporarily disconnected
TE [*equipo terminal RDSI*] | TE = terminal equipment
TE = tiempo de eco | TE = echo time
teasing [*movimiento lento del rotor para apertura y cierre repetidos de los contactos*] | teasing
teatro radiofónico | radio theatre
teatro televisado | theatre television
techo | ceiling
techo absoluto | absolute ceiling
techo del impulso | pulse flat
tecla | key (button), keytop, knob, button, pushbutton, press button
tecla abreviada de aplicación | application shortcut key
tecla acumuladora | accumulation key
tecla alfanumérica | alphanumeric key
tecla alternativa [*para usar en combinación con otra tecla*] | Alt key = alternate key; minor key
tecla automática | auto-key
tecla AvPág = tecla de avance de página | PgUp key = page up key
tecla de acceso | access key
tecla de acentuación | dead key
tecla de anulación | cancel key
tecla de arranque | start button, start (/starting) key
tecla de avance de página | page down key
tecla de ayuda | help key
tecla de barra | typebar
tecla de bloqueo de mayúsculas | caps lock key
tecla de bloqueo de números [*para bloqueo del teclado numérico o conversión de esas teclas en funciones de movimiento del cursor*] | scroll lock key
tecla de borrado | clear key
tecla de borrado | del key = delete key
tecla de campanilla | bell key
tecla de cierre | X button
tecla de código | code keylever
tecla de conmutación de estado | toggle key
tecla de control | control key
tecla de descarga | discharge (/stacker) key

tecla de desplazamiento | navigation key
tecla de dial | dial key
tecla de dirección [*del cursor*] | arrow (/direction) key
tecla de encendido | power-on key
tecla de escape | escape key
tecla de escucha | monitoring key
tecla de espaciado | spacing key
tecla de filtro | filter key
tecla de FIN | END key
tecla de flecha hacia abajo | down arrow key
tecla de flecha hacia arriba | up arrow key
tecla de función | F key = function key
tecla de función definida por el usuario | user-defined function key
tecla de función especial | special function key
tecla de función programable | programmable function key
tecla de INICIO | HOME key
tecla de inserción [*en teclados de ordenador*] | insert key
tecla de interrupción [*de tarea*] | break key
tecla de marcar | dialling key
tecla de mayúsculas | shift key
tecla de memoria | memory key
tecla de método abreviado | shortcut key
tecla de método abreviado con teclado | shortcut key
tecla de modificación | edit key
tecla de monitorización | monitoring key
tecla de opción | option key
tecla de órdenes | command key
tecla de parada | stop key
tecla de pausa | pause key
tecla de programa | feature button
tecla de rebobinado | rewinding key
tecla de repetición | repeat key
tecla de repetición de llamada | recall button
tecla de retorno | return key
tecla de retorno del carro | carriage-return key
tecla de retroceso | backspace (key)
tecla de retroceso de espacio | backspace
tecla de retroceso de página | page up key
tecla de selección | selection key
tecla de señal de interrupción | break keylever
tecla de tabulación | tab key
tecla de teleimpresora | teletypewriter key
tecla de urgencia | hot key
tecla definida por el usuario | user-defined key
tecla del cursor | cursor key
tecla del ratón [*para mover el puntero del ratón por la pantalla*] | mouse key
tecla directa | hot key
tecla directa de gestión de energía | power management hot key
tecla directa de seguridad | security hot key
tecla directa para pausa en el trabajo | coffee break hotkey
tecla ESC = tecla de escape | Esc key = escape key
tecla espaciadora | spacing key
tecla funcional | operating key
tecla ImprPant = tecla de imprimir pantalla | PrtSc key = print screen key
tecla INS = tecla de inserción | Ins key = insert key
tecla INTRO [*tecla de introducción, entrada o registro de datos*] | ENTER key
tecla modificadora | modifier key
tecla para impresión de la pantalla | print screen key
tecla para puerto serie | serial key
tecla programable | feature (/freely programmable) button, soft key
tecla redefinible | feature (/freely programmable) button, soft key
tecla RePág = tecla de retroceso de página | PgDn key = page down key
tecla retardada [*que se debe mantener pulsada para que ejerza su función*] | slow key
tecla suelta en el teclado | keyboard stuck key
teclado | (typewriter) keyboard, keyset, digit key strip, pushbutton set
teclado alfabético | alphabet keyboard
teclado ampliado | enhanced keyboard
teclado ANSI | ANSI keyboard
teclado blando | soft keyboard
teclado chicle [*antiguo teclado de ordenador de IBM para niños*] | chiclet keyboard
teclado complementario | companion keyboard
teclado con seguro de cambio | shift-lock keyboard
teclado dactilográfico | keyboard sender
teclado de acción directa | sawtooth keyboard
teclado de almacenamiento | storage keyboard
teclado de desplazamiento sucesivo de la imagen | roll-over indexing
teclado de emisión/recepción | keyboard send/receive
teclado de función programable | soft keyboard
teclado de funcionamiento | function keyboard
teclado de llamada por tonos | touch-calling keyset
teclado de membrana | membrane keyboard
teclado de memoria | storage keyboard
teclado de pedal | pedal keyboard
teclado de teleimpresora | teletypewriter keyboard

teclado de trasferencia | storage keyboard
teclado electrónico | electronic keyboard
teclado emisor-receptor | send-receive keyboard
teclado ergonómico | ergonomic keyboard
teclado hexadecimal | hex pad
teclado marcador | keypad, push buttons
teclado modelo | model keyboard
teclado numeral | number keyset
teclado numérico | (numeric) keypad
teclado personalizable | soft keyboard
teclado QWERTY [*llamado así por la disposición de las seis primeras letras*] | QWERTY keyboard
teclado reconfigurado | alternate (/alternative) keyboard
teclado regulador de sonoridad | swell manual
teclado rollover [*teclado que permite la activación superpuesta al pulsar simultáneamente más de una tecla*] | rollover
teclado selector | selector keyboard (/push-buttons)
teclado XT | XT keyboard
teclas de destinos | repertory buttons
teclas de flecha arriba y abajo [*para el movimiento del cursor*] | spin buttons
teclas de función de usuario | user function keys
teclas de programación fija | permanently programmable buttons
teclas de programas | feature key
teclas programadas a destinos fijos | fixed-destination call
tecleo diferencial | differential keying
tecnecio | technetium
tecnetrón [*semiconductor parecido a un triodo con conexiones anódicas y catódicas en extremos opuestos*] | tecnetron
técnica de ajuste | adjustment technique
técnica de ajuste por ratón | adjust swipe technique
técnica de ajuste por señalamiento [*con el ratón*] | adjust click technique
técnica de almacenamiento y envío [*de mensajes o datos*] | store-and-forward technique
técnica de análisis y diseño estructurados | structured analysis and design technique
técnica de área | area technique
técnica de arrastre horizontal | horizontal pulling technique
técnica de arrastre vertical | vertical pulling technique, Czochralski technique
técnica de asignación | allocation technique
técnica de circuitos impresos | printed circuit technique

técnica de compartimiento de línea por consulta centralizada | remote polling technique
técnica de compresión del espectro | spectrum-reducing technique
técnica de criba | sifting (/sinking) technique
técnica de Czochralski | Czochralski technique
técnica de delimitación por pulsación | area click technique
técnica de delimitación por ratón | area swipe technique
técnica de depuración octal | octal debugging technique
técnica de difusión de iones de litio | lithium-drifted technique
técnica de elaboración de señales por enganche de fase | lock-in signal processing technique
técnica de enlaces por dispersión | scatter technique
técnica de estriación | striation technique
técnica de examinar | browse technique
técnica de explotación | operational technique
técnica de extracción vertical | vertical pulling technique
técnica de fabricación plana | planar processing technique
técnica de fiabilidad | reliability engineering
técnica de fijación por escalonamiento y repetición | step-and-repeat fix technique
técnica de la propagación radioeléctrica | radiopropagation engineering
técnica de las corrientes débiles | small-current technique
técnica de las películas delgadas | thin-film technique
técnica de las películas gruesas | thick-film technique
técnica de las radiocomunicaciones | radiocommunication technology
técnica de los servomecanismos | servopractice
técnica de los ultrasonidos | ultrasonics technique
técnica de mantenimiento | service engineering
técnica de márgenes | margin technique
técnica de muestreo | sampling technique
técnica de multinivel | multilevel technique
técnica de nivelación de arrastre horizontal | zone-levelling technique
técnica de nivelación de zona | zone-levelling technique
técnica de película gruesa | thick-film technique
técnica de planos | planar technique
técnica de previsión | forecasting technique

técnica de pulsar rango | range click technique
técnica de punto medio | midpoint technique
técnica de radio | radio art
técnica de reducción | reduction technique
técnica de revisión | review technique
técnica de revisión y evaluación de funcionamiento | performance evaluation and review technique
técnica de selección | selection technique
técnica de selección de grupo | group selection technique
técnica de selección individual | individual selection technique
técnica de selección múltiple | multiple selection technique
técnica de selección por rango | range technique
técnica de selección por ratón | range swipe technique
técnica de selección por señalamiento | touch swipe technique
técnica de señalamiento | touch technique
técnica de señalar | point technique
técnica de servomando | servotechnique
técnica de servomecanismos | servo-system techniques
técnica de simplificación | reduction technique
técnica de soldadura | welding engineering
técnica de telecomunicaciones | telecommunication engineering
técnica de televisión de alta definición | high definition television technique
técnica de terminales de soporte | beam lead technique
técnica de trasferencia | transfer technique
técnica de trasmisión telefónica | telephone transmission technique
técnica de visualización por estriado | striation technique
técnica del vacío | vacuum technique (/engineering)
técnica diagramática | diagrammatic technique
técnica Doppler de impulsos | pulsed Doppler technique
técnica HDTV [*técnica de televisión de alta definición*] | HDTV technique = high definition television technique
técnica Janus | Janus technique
técnica molecular | molecular technique
técnica nuclear | nuclear engineering
técnica ping-pong [*para cambiar alternativamente el sentido de trasmisión*] | ping pong
técnica radioeléctrica | radio art
técnica telefónica | telephone engineering, telephonic art

técnicas de software | software techniques
técnicas no paramétricas | nonparametric techniques
técnicas paramétricas | parametric techniques
técnicas telefónicas | telephone practices
técnico | technician
técnico de aparatos terminales | office technician
técnico de efectos de sonido | soundman
técnico de explotación | operating technician
técnico de grabación | recording engineer, recordist
técnico de mantenimiento | serviceman
técnico de pruebas | testing officer
técnico de radar | radar technician
técnico de radio | radio (/radium) technician
técnico de radio y televisión | radio-and-television repairman
técnico de radiocomunicaciones | radio expert
técnico de reparaciones | serviceman
técnico de reparaciones de radio | radio repairman
técnico de sonido | recordist
técnico en conexionado | wirer
técnico en rayos X | roentgen (ray) technician
técnico en reparaciones de radio | radio serviceman
técnico radarista | radician
tecnoélite | techno-elite
tecnófilo [*amante de la tecnología*] | technophile
tecnófobo [*que tiene o muestra aversión por la tecnología*] | technophobe
tecnología | technology, know how
tecnología avanzada | hi-tech = high-tech = high technology
tecnología de acceso | access technology
tecnología de ambiente de vidrio | glass ambient technology
tecnología de barrido de retículo | raster scan technology
tecnología de comunicaciones privadas | private communications technology
tecnología de conmutación | switching technology
tecnología de grupo | group technology
tecnología de impresión | print technology
tecnología de Josephson | Josephson (junction) technology
tecnología de la información | information technology
tecnología de la lógica de estado sólido | solid logic technology
tecnología de la lógica de sólidos | solid logic technology

tecnología de la unión de Josephson | Josephson (junction) technology
tecnología de las películas gruesas | thick-film technology
tecnología de milicéntimos [*para transacciones comerciales con valores inferiores al céntimo*] | millicent technology
tecnología de montaje superficial | surface mount technology
tecnología de pulsación | push technology
tecnología de recepción | receiver technology
tecnología de semiconductores | semiconductor technology
tecnología de transacción segura | secure transaction technology
tecnología del haz dirigible | beam-addressable technology
tecnología del reactor | reactor technology (/engineering)
tecnología del vacío | vacuum technology
tecnología metal - óxido espeso – silicio | metal-thick-oxide-silicon technology
tecnología metal-óxido-silicio | metal-oxide-silicon technology
tecnología MOS | MOS technology
tecnología MTOS [*tecnología metal - óxido espeso - silicio*] | MTOS technology
tecnología planar | planar technology
tecnología punta | hi-tech = high-tech = high technology
tecnología superconductora | superconducting technology
tecnología Winchester | Winchester technology
TED [*detector de errores de teleimpresora*] | TED = teleprinter error detector
TED [*dispositivo de electrones trasferidos*] | TED = transferred electron device
teflón [*politetrafluoruro de etileno*] | teflon
tejido | tissue
tejido absorbente | spacecloth
tejido calefactor | woven resistors
tejido de alambres soldados | welded steel fabric
tejido de calentamiento | heating fabric
tejido ornamental | ornamental cloth
tel. = teléfono | tel. = telephone
tela barnizada | empire cloth
tela de malla | grille cloth
tela metálica de alambres soldados | welded wire fabric
tela ornamental | ornamental cloth
telaraña | web
telaraña mundial | world wide web
tele [*fam*] = televisión | tele = television
teleacción [*acción a distancia en servicios de telecomunicación*] | teleaction
teleaccionamiento | telemechanics

telealimentación | power feeding
telealimentación de la interfaz | power feeding of the interface
teleamperímetro | teleammeter = teleamperimeter
teleamperímetro de antena | remote aerial ammeter
teleautografía | telautography
teleautógrafo | telautograph, telewriter apparatus
telecámara | telecamera
telecaptura de llamadas | call pickup
telecaptura de llamadas de grupo | group call pickup
telecaptura individual de llamadas | extension call pickup
telecardiófono | telecardiophone
telecardiografía | telecardiography
telecardiógrafo | telecardiograph, telectrocardiograph
telecardiograma | telecardiogram
telecine | telecine, telecinema, television cinema
telecinematografía | telecine, telecinema
telecomposición | telegraphic typesetting
telecomunicación | telecom = telecommunication
telecomunicación aeronáutica | aeronautical telecommunication
telecomunicación por radio | radiotelecommunication
telecomunicación por satélite | satellite communication
telecomunicación radioeléctrica | radiotelecommunication
telecomunicación vía satélite | satellite communication
telecomunicaciones | telecommunications
telecomunicaciones asistidas por ordenador | computer-supported telecommunications
telecomunicaciones de superficie | surface communications
telecomunicador [*que realiza su trabajo comunicándose por ordenador*] | telecommuter
telecomunicar [*a través de ordenador*] | to telecommute
teleconector | data remote control unit
teleconexión | teleconnection
teleconferencia | teleconference, teleconferencing, real-time conferencing
teleconmutación | remote switching (/switchover), telecommuting
teleconmutador | teleswitch, remote-control switch
teleconservación | remote maintenance
telecontador | telecounter, remote meter
telecontrol | remote control (/keying), telecontrol
telecontrol de posición | remote position control
telecontrolado | remote-operated

telecromo [*válvula primitiva de televisión en color*] | telechrome
telectógrafo | telectrograph
telectroscopio | telectroscope
telecurieterapia | telecurie therapy
Teledesic [*sistema de acceso vía satélite de nueva generación*] | Teledesic
teledetección | remote detection
teledetección de errores | remote error sensing
telediafonía | far-end crosstalk
telediafonía entre circuito real y fantasma | side-to-phantom far-end crosstalk
telediafonía entre circuito real y real | side-to-side far-end crosstalk
telediagnóstico | remote diagnostics
teledifusión | telediffusion, program distribution
teledifusión por cable | wire (/wired) broadcasting, wire program distribution
teledirección | teleguidance
teledirección de tiro | telecontrol of guns
teledirección por radar de seguimiento | radar track command guidance
teledirigido | remote-controlled, remotely controlled
teleenseñanza | teleteaching
teleenvío | download
teleescritura | telewriting, special bulletin board
telefacsímil | telefacsimile
telefax | telefax, telefacsimile
telefluoroscopía | telefluoroscopy
telefonear | to telephone
telefonía | telephony
telefonía a base de pulsador para hablar | press-to-talk operation
telefonía accionada por la luz | light-powered telephone
telefonía alámbrica | wire telephony
telefonía asistida por ordenador | computer supported telephony
telefonía celular [*de telefonía*] | cellular system
telefonía combinada con señalización | speech plus signalling
telefonía combinada con telegrafía | speech plus telegraph (/telegraphy)
telefonía con calidad para la trasmisión de frecuencias vocales | speech quality telephony
telefonía con calidad para la trasmisión de voz | speech quality telephony
telefonía con señalización | speech plus signalling
telefonía con supresión de portadora en los silencios | quiescent carrier telephony
telefonía con telegrafía | speech plus telegraph (/telegraphy)
telefonía de frecuencia vocal | voice telephony
telefonía de portadora en reposo | quiescent carrier telephony
telefonía de vía férrea | railway telephony
telefonía móvil automática | automatic mobile telephony
telefonía múltiplex | speech (/voice) multiplex
telefonía óptica | phototelephony
telefonía por corriente portadora sobre líneas industriales [*de trasporte de energía*] | power line carrier-current telephony
telefonía por frecuencias microfónicas | voice frequency telephony
telefonía por frecuencias vocales | voice frequency telephony
telefonía por hilos | wire telephony
telefonía por internet | Internet telephony
telefonía por onda portadora | carrier telephony
telefonía por ondas cortas | short-wave telephony
telefonía por ondas portadoras de frecuencia modulada | frequency-modulated carrier-current telephony
telefonía por radioenlaces | radio relay link telephony
telefonía símplex | simplex telephony
telefonía sin hilos | wireless telephony
telefonía trasatlántica | transatlantic telephony
telefonía trasoceánica | transoceanic telephony
telefonía traspacífica | transpacific telephony
telefonía univocal | speech plus simplex
telefonía visual [*trasmisión de imágenes por líneas telefónicas*] | visual telephony
telefónico | telephonic
telefónico acústico | acoustic coupler
telefonista | telephonist, manual (/telephone) operator
telefonistas de turno | shift operators
teléfono | phone, subset, telephone (set); [*fam*] blower
teléfono accionado por energía acústica | sound-powered telephone
teléfono autoalimentado | sound power telephone, sound-powered set (/telephone, /telephone set)
teléfono automático | subscriber automatic telephone
teléfono automático de abonado | subscriber automatic telephone
teléfono automático de pared | wall dial telephone
teléfono celular | cell phone = cellular phone
teléfono colgado | on-hook
teléfono colgante | pendant telephone
teléfono con altavoz | talking (/hands-free) telephone
teléfono con disco marcador | telephone with dial
teléfono con micrófono incorporado | speaker phone
teléfono con selector | telephone with dial
teléfono con teclado | key telephone
teléfono confort | feature phone
teléfono de abonado | telephone subset, subscriber handset (/station, /station apparatus, /telephone, /telephone set)
teléfono de abonado de batería central | subscriber central battery telephone
teléfono de autoalimentación | sound power telephone, sound-powered (telephone) set
teléfono de batería central | central battery telephone
teléfono de batería local | local battery phone, magneto telephone
teléfono de cable | string telephone
teléfono de campaña | field telephone
teléfono de datos | dataphone
teléfono de disco selector | rotary dial instrument
teléfono de emergencia | telephony emergency
teléfono de energía acústica | sound power telephone, sound-powered (telephone) set
teléfono de escritorio | desk set
teléfono de extensión | remote set
teléfono de imán | magneto telephone
teléfono de intercomunicación | interphone
teléfono de línea simple | single-line telephone
teléfono de manos libres | hands off, handsfree, hands-free telephone
teléfono de mesa | table telephone
teléfono de monedas | coin box
teléfono de pago previo | prepayment (/pay station) telephone
teléfono de pared | wall (telephone) set
teléfono de pista | ground interphone, telebriefing installation
teléfono de pulsadores | pushbutton telephone
teléfono de servicio | service telephone
teléfono de servicio barco-muelle | ship-to-shore service telephone
teléfono de tarjeta | card telephone
teléfono de teclado de tonos | touch-tone telephone
teléfono de uso privado | residence telephone
teléfono de Web | Web phone
teléfono descolgado | off-hook
teléfono electrodinámico | sound-powered telephone
teléfono híbrido | hybrid station
teléfono interior | interphone
teléfono interno | subscriber's extension station
teléfono local | local phone
teléfono manual | manual telephone
teléfono móvil | cell phone = cellular

phone; mobile phone, portable telephone set; handy [*fam*]
teléfono oficial | official telephone
teléfono óptico | photophone
teléfono por internet [*comunicación de voz punto a punto por internet*] | Internet phone (/telephone)
teléfono privado | residential telephone
teléfono público | coin box (telephone), pay phone (/station telephone); public telephone (/coinphone, /call box, /station); pay station [USA]
teléfono público de monedas | pay phone, coin operated payphone, public coinphone (/telephone)
teléfono rojo | hot line, dedicated extension
teléfono sin cordón | cordless phone
teléfono suplementario | additional set
teléfono supletorio | additional (/remote) set, remote deskset (/extension telephone set)
teléfono supletorio de extensión | remote extension telephone set
teléfono teleinscriptor | telescribing phone
teléfono televisivo | picturephone
telefonógrafo | telephonograph
telefonograma | telephonogram
telefonometría | telephonometry
telefonométrico | telephonometric
telefonómetro | telephonometer
teléfonos de línea colectiva (/compartida) | party line telephones
telefoto | telephoto
telefoto por cable | wirephoto
telefotografía | telephotograph, telephotography
telefotómetro | telephotometer
telegénico | telegenic
telegrafía | telegraph, telegraphy
telegrafía alámbrica | wire telegraphy
telegrafía alámbrica por portadora de radiofrecuencia | line radio
telegrafía armónica | voice frequency (carrier) telegraphy
telegrafía armónica multicanal | voice frequency multichannel telegraphy
telegrafía armónica por hilo | wire voice frequency telegraphy
telegrafía automática | automatic telegraphy
telegrafía automática de Wheatstone | Wheatstone automatic telegraphy
telegrafía cuádruplex | quadruplex telegraphy
telegrafía de dos frecuencias | two-tone telegraphy
telegrafía de dos tonos | two-tone telegraphy
telegrafía de impresión arrítmica | start-stop printing telegraphy
telegrafía de impresión por comienzo y parada | start-stop printing telegraphy
telegrafía de vía férrea | railway telegraphy

telegrafía díplex | diplex telegraphy
telegrafía dúplex | duplex telegraphy
telegrafía dúplex de cuatro frecuencias | four-frequency duplex telegraphy
telegrafia electroquímica | electrochemical telegraphy
telegrafía facsímil | telefacsimile
telegrafía impresora | printing (/typeprinted) telegraphy
telegrafía impresora con código de permutaciones | permutation-code printing telegraphy
telegrafía manual | manual telegraphy
telegrafía modulada en audiofrecuencia | telegraphy modulated at audiofrequency
telegrafía Morse | Morse telegraphy
telegrafía multicanal de frecuencia vocal | voice frequency multichannel telegraphy
telegrafía múltiple | multiplex telegraphy
telegrafía múltiplex por división (/reparto) de tiempo | time-sharing multiplex telegraphy
telegrafía por corriente portadora | carrier telegraphy
telegrafía por corriente portadora de frecuencia telefónica | voice frequency carrier telegraphy
telegrafía por corriente portadora de frecuencia vocal | voice frequency carrier telegraphy
telegrafía por desplazamiento de frecuencia | frequency shift telegraphy
telegrafía por hilo | wire telegraphy
telegrafía por multiplexor | multiplex telegraphy
telegrafía por ondas continuas puras | telegraphy on pure continous waves
telegrafía por ondas cortas | short-wave telegraphy
telegrafía por portadora | carrier telegraphy
telegrafía por portadora de frecuencia telefónica | voice frequency carrier telegraphy
telegrafía por portadora de frecuencia vocal | voice frequency carrier telegraphy
telegrafía por registro de señales | signal-recording telegraphy
telegrafía por todo o nada | on-off telegraphy
telegrafía por tonos | tone telegraph (/telegraphy)
telegrafía portadora de altas frecuencias | high frequency carrier telegraphy
telegrafía simple | simplex telegraphy
telegrafía símplex | simplex telegraphy
telegrafía simultánea por tierra | simultaneous overland telegraphy
telegrafía sin hilos | wireless telegraphy
telegrafía sincrónica | synchronous system

telegrafía subacústica | subaudio telegraphy
telegrafía superacústica | superacoustic (/superaudio) telegraphy
telegrafía trasatlántica | transatlantic telegraphy
telegrafía ultrasonora | superaudio telegraphy
telegrafía unidireccional | simplex telegraphy
telegrafía y telefonía simultáneas | simultaneous telegraphy and telephony
telegrafiar | to wire
telegráfica | telegraph engineering
telegrafista | telegraph operator, telegrapher, telegraphist
telegrafista receptor | receiving telegraphist
telegrafista trasmisor | sending telegraphist (/telegraph operator)
telégrafo | telegraph
telégrafo acústico | telegraph sounder
telégrafo de aguja | single-needle system
telégrafo de frecuencia vocal | voice frequency telegraph
telégrafo impresor | printing (/recording) telegraph
telégrafo óptico | blinker
telégrafo registrador | recording telegraph
telegráfono | telegraphone
telegrama | telegram, telegraph message
telegrama aceptado en origen | telegram in acceptance
telegrama con repetición pagada | repetition-paid telegram
telegrama de doble tasa | urgent telegram
telegrama de escala | through telegram
telegrama de partida | originating telegram
telegrama de respuesta | reply telegram
telegrama de respuesta pagada | reply-paid telegram
telegrama de salida | outward telegram
telegrama de servicio | service telegram
telegrama de servicio tasado | paid service telegram
telegrama de tránsito | transit telegram
telegrama de tránsito con conmutación [*o por conmutación*] | transit telegram with switching
telegrama del servicio ferroviario | railway telegram
telegrama en forma de imagen | picture form telegram
telegrama en lenguaje claro | plain language telegram
telegrama en tránsito | through telegram

telegrama internacional de salida | outgoing international telegram
telegrama oficial | official telegram
telegrama por radio | wireless telegram
telegrama por teléfono | phonogram, telegram by telephone
telegrama por teleimpresión | printergram
telegrama privado | private telegram
telegrama privado urgente | urgent private telegram
telegrama reexpedido | redirected telegram
telegrama semafórico | semaphore telegram
telegrama trasoceánico | overseas telegram
telegrama urgente | urgent telegram
telegramas | telegrams
teleguía | teleguidance
telehor [*aparato de televisión primitivo*] | telehor
teleimpresor | teleprinter
teleimpresor de cinta perforada | perforated tape teletypewriter
teleimpresor de impresión en página | page-printing teleprinter
teleimpresor de páginas | page teletypewriter
teleimpresora | teleprinter, teletype, teletypewriter (machine), typewriter terminal
teleimpresora de cinta | tape-printing teleprinter
teleimpresora de recepción sólo | receive-only teleprinter, receiving-only teleprinter
teleimpresora de telégrafos | telegraph typewriter
teleimpresora de télex | TWX machine
teleimpresora para explotación dúplex | teletypewriter for duplex operation
teleimpresora para servicio dúplex | teletypewriter for duplex operation
teleimpresora vía radio | teletypewriter on radio
teleindicación | telemetering, remote indication (/reading, /readout)
teleindicador | teleindicator, remote (meter) indicator, remote-indicating, telegauge
teleindicador de lectura | remote-reading indicator
teleindicador de nivel | teleindicator of level
teleindicador de posición | remote position indicator
teleinformática | telematic services
teleinscriptor | telewriter
teleinterruptor | remote-control switch
teleléctrico | telelectric
teleman [*suboficial de telecomunicaciones*] | teleman
telemando | remote control (/controller, /actuation, /handling), remote-control operation, guidance system, pilot re-laying, telecontrol, telemanipulator
telemando de ganancia | remote gain control
telemando de la posición | remote positioning
telemando de redes | network remote control system
telemando de servomotor | telecontrol of steering gear
telemando eléctrico | remote electric control
telemando inalámbrico | mystery control
telemando inalámbrico por ondas de radiofrecuencia | RF wireless remote control
telemando inalámbrico por ondas ultrasónicas | ultrasonic wireless remote control
telemando multicanal | multichannel remote control
telemando por radio | radio remote control, wireless remote control
telemanipulación | remote maintenance
telemanipulador | remote (/remote-control) manipulator, telemanipulator
telemanómetro | telegauge, telemanometer
telemantenimiento | remote maintenance
telemarcación con impulsos de corriente alterna (/sinusoidal) | AC dialling = alternated current dialling
telemarketing | telemarketing
telemática | telematics, telematic services
telemecánica | telemechanics
telemecanismo | telemechanism
telemedición | telemetry, telemetering, remote metering (/measurement)
telemedición por radio | radiotelemetering
telemedida | telemetry, telemetering
telemedida de canal múltiple por radio | multichannel radio telemetering
telemedida eléctrica | electric telemetering
telemedido | telemetered
telemedidor de posición | position telemeter
telemedidor de tensión | voltage-type telemeter
telemedidor del tipo de posición | position-type telemeter
telemetría | telemetry (exchange)
telemetría acústica | acoustic telemetry
telemetría autoadaptable | adaptive telemetry
telemetría de conexión por hilo | wirelink telemetry
telemetría de radar | radar ranging
telemetría electromagnética | radio ranging
telemetría en banda S | S band telemetry
telemetría móvil | mobile telemetering
telemetría por impulsos codificados | pulse code telemetry
telemetría por radar | radar range finding, radar distance measuring
telemetría radioeléctrica | radio ranging (/range finding), radioacoustic position-finding
telemetría reducida | reduced telemetry
telémetro | telemeter, range finder
telémetro con radar | radar range finder
telémetro de coincidencia | split-field telemeter
telémetro de impulsos | pulse-type telemeter
telémetro de láser | laser rangefinder
telémetro de posición | ratio-type telemeter
telémetro de radar | radar distance-measuring equipment
telémetro de relación de magnitudes | ratio-type telemeter
telémetro de tensión | voltage-type telemeter
telémetro del tipo de corriente | current-type telemeter
telémetro eléctrico | electric telemeter
telémetro estereoscópico | stereotelemeter
telémetro frecuencial | frequency-type telemeter
telémetro tipo impulsos | impulse-type telemeter
telemicroscopía | televised microscopy
teleobservación | remote observation
teleoperador | teleoperator
telepantalla | remote display (unit)
teleposicionamiento | remote positioning
teleprocesar | to teleprocess
teleproceso | teleprocessing, remote data processing
teleprogramación | remote programming
telepuerto | teleport
telepuntería | telecontrol of guns
telepunto | telepoint
telerán [*localizador por radar televisado*] | teleran = television radar air navigation
telerán de UHF/SHF = navegación aérea por radar y televisión de UHF/SHF | UHF/SHF teleran = UHF/SHF television-radar air navigation
telerradiografía | teleradiography
telerradioterapia | teleradium therapy
telerred [*conexión a un ordenador central con emulación de terminal virtual*] | TELNET = telenetwork
telerregistrador | telerecorder
telerregistrador de película | telerecording equipment for film
telerregistro | telerecording, remote recording
telerregulación | teleregulation
telerroentgenografía | teleroentgenography

teleruro de plomo | lead telluride
TELESAT [*satélite de telecomunicaciones*] | TELESAT = telecommunications satellite
telescopio de radar | radar telescope
telescopio de rayos cósmicos | cosmic ray telescope
telescopio del colimador | collimator extension
telescopio electrónico | electron telescope
telescript [*lenguaje de programación orientado a las comunicaciones*] | telescript
teleselección con cuadrante | dial pulsing
teleseñalización | remote indication (/signalling)
teleseñalización automática del estado | automatic status reporting
teleservicios | teleservices
telesintonización | remote tuning
telesis | telesis
telesoftware | telesoftware
telespectador | televiewer, television viewer
telespectadores | televiewing public
telestereógrafo | telestereograph
telesynd [*telémetro (/telemando) sincrónico en posición y velocidad*] | telesynd
teleterapia | teletherapy, telecurie therapy
teletexto | (broadcast) teletext, videotext
teletexto RDSI | ISDN teletext
teletienda | TV shop
teletipo | teletype, teletypewriter, teletype writer, typewriter terminal; [*marca registrada*] Teletype
teletipo impresor de página | page-printer teletype
teletipo perforador de cinta sólo receptor | receive-only typing reperforator
teletipo receptor | receiving teletype
teletipo vía radio | teletypewriter on radio
teletipografía | printing telegraphy
teletorque | teletorque
teletrabajador | teleworker
teletrabajo | telework
teletráfico | teletraffic
teletranscriptor [*teletrascriptor*] | telewriter
teletrón con enfoque automático | self-focus teletron
televatímetro | telewattmeter
televigilancia | remote monitoring, fault sensing and reporting system
televisado | televised
televisar | to televise
televisión | television, televising, sound-sight broadcasting
televisión a la carta | video-on-demand
televisión comercial | sponsored television

televisión de abono | pay television; tollevision = toll television
televisión de alta definición | high-definition television
televisión de baja definición | low definition television
televisión de barrido lento | slow-sweep television
televisión de disco tricolor | tricolour disc television
televisión de exploración lenta | slow-scan television, slow-sweep television
televisión de imagen proyectada | projection television
televisión de pago | pay television; tollevision = toll television
televisión de pago previo | pay-as-you-see television
televisión de pantalla mural | picture frame television
televisión de proyección | projection television
televisión digital | digital television
televisión educativa | teleducation
televisión en blanco y negro | monochrome television
televisión en circuito cerrado | closed-circuit television
televisión en color | colour television
televisión en color compatible | compatible colour
televisión en color de líneas secuenciales | line sequential colour television
televisión en color de presentación simultánea | simultaneous colour television
televisión en color de secuencia de campos | field-sequential colour television
televisión en color por serie de campo | colour field-sequential television
televisión en color por serie de líneas | colour line-sequential television
televisión en color por serie de puntos | colour dot-sequential television
televisión en color por sucesión de puntos | dot sequential colour television
televisión en color secuencial | sequential colour television
televisión en color simultánea | simultaneous colour television
televisión en relieve | stereotelevision, stereoscopic television, television in relief
televisión estereoscópica | stereoscopic (/three-dimensional) television
televisión estratosférica | stratovision, stratospheric television
televisión industrial | industrial television
televisión industrial de exploración lenta | slow-scan industrial television
televisión interactiva | interactive television
televisión monocroma | monochrome television

televisión multicanal | multichannel television
televisión mural | picture-on-the-wall television
televisión por abono | subscription (/pay-as-you-see) television
televisión por antena colectiva | community antenna television
televisión por antena comunitaria | community aerial television
televisión por cable | cable TV = cable television; piped television, television distribution by cable
televisión por internet | Internet television
televisión por rayos X | X-ray television
televisión por red | net TV
televisión por suscripción | subscription television
televisión retrasmitida | relay television
televisión sin sonido | picture receiver
televisión tridimensional | television in relief, three-dimensional television
televisivo | televisual
televisor | telereceiver, televiser, television (/televising) receiver, television set, vision broadcasting receiver
televisor de mesa | table television set
televisor de pantalla con filtro de luz | black screen television set
televisor de pantalla oscura | black screen television set
televisor monocanal | one-channel television set
televisor portátil | portable television set
televisor transistorizado | transistor television set
televisual | televisual
televoltímetro | televoltmeter
televoto | televoting
télex | telex
telezumbador | telering
telnet [*protocolo de comunicación para activar un ordenador a distancia*] | telnet
Telpak [*marca comercial para una variedad de canales de comunicación de banda ancha*] | Telpak
Telstar [*satélite experimental activo de comunicaciones*] | Telstar
telurio | tellurium
teluro de cadmio | cadmium telluride
telururo de bismuto | bismuth telluride
telururo de cinc | zinc telluride
TEM [*modo de emisión trasversal*] | TEM = transversal emission mode
TEM = trasversal electromagnético (/eléctrico y magnético) | TEM = transverse electromagnetic
tema | topic, subject
tema actual | current topic
tema de discusión [*que suscita controversias (expresión usada en foros de internet)*] | holy war

tema de inicio | home topic
tema de menú | menu topic
tema marcado | marked topic
temblar | to shake
temblor | dither, jitter, shake, shaking
temblor de amplitud | amplitude jitter
temblor de antena | beam (/tracking) jitter
temblor de frecuencia | frequency jitter
temblor de la imagen | picture bounce
temblor de rastreo | beam (/tracking) jitter
temblor del haz | beam jitter
temperatura | temperature
temperatura a la sombra | shade temperature
temperatura absoluta | absolute temperature
temperatura ambiente | ambient (temperature)
temperatura ambiente de funcionamiento | ambient operating temperature
temperatura ambiente y presión saturada | ambient temperature, pressure, saturated
temperatura cinética | kinetic temperature
temperatura crítica | critical temperature
temperatura de almacenamiento | shelf (/storage) temperature
temperatura de carga débil de larga duración | soaking temperature
temperatura de Curie | Curie temperature
temperatura de ductilidad nula | nil ductility temperature
temperatura de estancamiento | stagnation temperature
temperatura de Fermi | Fermi temperature
temperatura de funcionamiento | thermal base
temperatura de ignición | ignition temperature
temperatura de la caja | case temperature
temperatura de no funcionamiento | nonoperating temperature
temperatura de radiación | radiation temperature
temperatura de reblandecimiento | softening temperature
temperatura de referencia | reference temperature
temperatura de referencia normal | standard reference temperature
temperatura de ruido | noise temperature
temperatura de ruido efectiva | effective noise temperature
temperatura de ruido en operación | operating noise temperature
temperatura de ruido normal | standard noise temperature
temperatura de saturación | saturation temperature
temperatura de trabajo | operating temperature
temperatura de transición | transition temperature
temperatura de transición de dúctil a quebradizo | ductile-brittle transition temperature
temperatura de transición de segundo orden | second-order transition temperature
temperatura de transición magnética | Curie point (/temperature), magnetic transition temperature
temperatura del color | colour temperature
temperatura del electrolito de carga débil de larga duración | soaking temperature
temperatura del mercurio condensado | condensed-mercury temperature
temperatura del punto caliente | hot spot temperature
temperatura efectiva de entrada de ruido | effective input noise temperature
temperatura en el centro | central temperature
temperatura equivalente de ruido | equivalent noise temperature
temperatura estelar | stellar temperature
temperatura nominal | rated temperature
temperatura operativa | operating temperature
temperatura pico de encendido | peak firing temperature
temperatura superior de operación | upper operating temperature
temperatura termonuclear | thermonuclear temperature
temperatura ultraalta | ultrahigh temperature
temperatura ultraelevada | ultrahigh temperature
temperatura y presión normales | standard temperature and pressure
templado | hardened, quenching
templado en aceite | oil-quenched fuse
templado y revenido | hardened and tempered
templar | to anneal, to quench
temple beta | beta quench
temple gamma | gamma quench
temple por inducción | induction hardening
temple superficial | surface hardening
temporalmente desconectado | temporarily disconnected
temporalmente fuera de servicio | temporarily out of service
temporización | timeout, time out, time-out cam, timing
temporización de impulsos | pulse timing
temporización de relé | relay timing
temporización doble | double clocking
temporización secuencial | sequence timing
temporizado | sequenced
temporizador | timer, interval timer, watchdog
temporizador ajustable exteriormente | externally adjustable timer
temporizador automático | self-timer
temporizador con retardo de desconexión | off-delay timer
temporizador de ajuste remoto | remotely adjustable timer
temporizador de arranque manual | manual start timer
temporizador de control | watchdog timer
temporizador de control del nivel de aumento | rate-of-rise timer
temporizador de impregnación térmica | soak timer
temporizador de impulsos | pulse timer
temporizador de inactividad | inactivity timer
temporizador de inactividad del teclado | keyboard inactivity timer
temporizador de inicialización | reset time
temporizador de inicio manual | manual reset timer
temporizador de intervalo | interval timer
temporizador de latencia [*en relojes*] | latency timer [*by clock*]
temporizador de memoria | memory timer
temporizador de programa | program timer
temporizador de repetición automática | self-repeating timer
temporizador de reposición | reset time
temporizador de retardo | delay timer
temporizador de seguridad | fail-safe timer
temporizador de soldadura | weld (/welding) timer
temporizador del intervalo de soldadura | weld interval timer
temporizador electromecánico | electromechanical timer
temporizador electrónico | electronic timer
temporizador fotoeléctrico | photoelectric timer
temporizador fotográfico | photographic timer
temporizador industrial | industrial timer
temporizador interno | internal timer
temporizador maestro | watchdog timer
temporizador mecánico | mechanical timer
temporizador monocíclico | stop cycle timer
temporizador neumático | pneumatic timer

temporizador no operativo | timer not operational
temporizador porcentual | percentage timer
temporizador pulsátil | pulsing (/pulsating) timer
temporizador repetidor | repeating timer
temporizador secuencial | sequence (/sequential) timer
temporizador secuencial de soldadura | sequence weld timer
temporizador sin puesta a cero | non-reset timer
temporizador tiratrónico | thyratron timer
tenaza aislante | insulated tongs
tenaza empalmadora | splicing clamp
tenaza engarzadora | crimping tool
tenaza para fusible | fuse tongs
tenazas diagonales | diagonal pliers
tenazas pelacables | stripping tongs
tenazas pelahilos | stripping tongs
tendencia al canto [*en interferencias*] | tendency to sing
tender al aire libre | to run open
tender cables | to wire
tender cables al aire libre | to run open
tender cables en conducciones | to run in pipe
tender cables en tubos | to run in pipe
tender en conducciones | to run in pipe
tender en tubos | to run in pipe
tendido | run, running
tendido de cable | cable runway
tendido de cables | laying of cables, run of wiring
tendido de guiaondas | plumbing
tendido de hilos desnudos | open-wire route
tendido de la red | mains
tendido de línea aérea | open-wire route
tendido del cable | cable route
tendido eléctrico | wiring
tenebrescencia [*oscurecimiento e iluminación bajo irradiación adecuada*] | tenebrescence
tener en cuenta una instrucción | to staticize
tensiómetro [*aparato para determinar la tensión de un cable portador*] | tensiometer
tensión | tension, voltage; pressure, pull; stress; voltage-controlled
tensión a masa (/tierra) | voltage to earth [UK], voltage to ground [USA]
tensión absoluta del electrodo | absolute electrode potential
tensión activa | on voltage
tensión al toque | touch voltage
tensión alimentadora de línea local | loop supply voltage
tensión alterna | AC voltage = alternating current voltage, alternating voltage

tensión alterna de cresta del espacio entre electrodos | peak alternating gap voltage
tensión alterna de onda rectangular | alternating square-wave voltage
tensión anódica | anode voltage, plate potential (/voltage)
tensión anódica crítica | critical anode voltage
tensión anódica de cebado (/descarga) | anode breakdown voltage
tensión anódica directa de cresta | peak forward anode voltage
tensión ánodo-filamento | plate-filament voltage
tensión aplicada | applied voltage
tensión bifásica | two-phase voltage
tensión capacitiva | reactive voltage
tensión cero | zero voltage
tensión compuesta de modulación | composite modulation voltage
tensión constante | constant voltage
tensión continua | direct current (/voltage), rectified tension, steady voltage
tensión continua estabilizada | stabilized direct current
tensión contra el comportamiento ambiguo | antistickoff voltage
tensión correctora de sombra | shading voltage
tensión crítica | critical (/threshold) voltage
tensión crítica de disparo | triggering threshold voltage
tensión crítica de rejilla | critical grid voltage
tensión cuadrada | square wave voltage
tensión cuántica | quantum voltage
tensión de aceleración | accelerating (/acceleration) voltage
tensión de aceleración posterior | post-acceleration voltage
tensión de activación | pickup voltage
tensión de acumulador | cell voltage
tensión de agitación térmica | thermal agitation voltage
tensión de agrupamiento | bunching voltage
tensión de ajuste fino | trimming voltage
tensión de alimentación | power supply voltage, supply potential (/voltage), voltage supply
tensión de alimentación de la rejilla | grid voltage supply
tensión de alimentación de placa | plate supply voltage
tensión de alimentación máxima absoluta | absolute maximum supply voltage
tensión de ánodo | anode (/plate) voltage
tensión de ánodo inversa de pico | peak anode inverse voltage
tensión de anulación | shutoff voltage
tensión de apagado | extinguishing voltage

tensión de arco | arcing (/arcover) voltage
tensión de arranque | starting (/striking) voltage
tensión de asentamiento | sealing voltage
tensión de ataque | driving voltage
tensión de avalancha | avalanche voltage
tensión de barrido | sweep voltage
tensión de barrido en dientes de sierra | sawtooth sweep voltage
tensión de barrido proporcional a la posición (angular) del eje | sweep voltage proportional to shaft position
tensión de barrido vertical | vertical drive (/sweep voltage)
tensión de base | base voltage
tensión de base de tiempos | time-base voltage
tensión de batería | battery voltage
tensión de bloqueo | sticking (/lockout) voltage
tensión de bombeo | pumping voltage
tensión de calentamiento | temperature rise voltage
tensión de cc con fusible | Vcc fused
tensión de cebado | starter (breakdown) voltage, striking voltage
tensión de cebado de rejilla | priming grid voltage
tensión de chispa | sparking voltage
tensión de circuito abierto | off-load voltage, open-circuit (terminal) voltage
tensión de circuito interrumpido | recovery voltage
tensión de circuito mudo | mute voltage
tensión de colector | collector voltage
tensión de comienzo del efecto corona | corona start voltage
tensión de conmutación | switching voltage
tensión de contorneo | flashover voltage
tensión de contorneo seco | dry flashover voltage
tensión de control | control voltage
tensión de control compuesta | composite controlling voltage
tensión de corrección interno | internal correction voltage
tensión de corriente continua | DC voltage
tensión de corte | cutoff (/pinch-off) voltage, voltage cutoff
tensión de corte de puerta | gate turn-off voltage
tensión de corte del blanco | target cutoff voltage
tensión de corte inversa puerta-fuente | reverse gate-to-source breakdown voltage
tensión de cresta | amplitude of voltage, peak voltage (/volts)
tensión de cresta a cresta | peak-to-peak voltage

tensión de cresta de audiofrecuencia entre rejilla y rejilla | peak AF grid-to-grid voltage
tensión de cresta de radiofrecuencia en la rejilla | peak RF grid voltage
tensión de cuadratura | quadrature voltage
tensión de cuba | tank voltage
tensión de deflexión | deflection voltage
tensión de deflexión vertical | vertical sweep voltage
tensión de desbloqueo | latch voltage
tensión de descarga | discharge voltage
tensión de descomposición | decomposition voltage
tensión de desequilibrio | offset voltage
tensión de desequilibrio de entrada | input offset voltage
tensión de desexcitación | dropout voltage
tensión de desintegración | disintegration voltage
tensión de desnivel de entrada | input voltage offset
tensión de desviación | sweep voltage
tensión de desviación vertical | vertical sweep voltage
tensión de discriminación de impulsos | pulse-discriminating voltage
tensión de disolución de ionización | electrolytic solution pressure
tensión de disolución electrolítica | electrolytic solution pressure
tensión de disparo | trigger (/triggering, /trip) voltage
tensión de disparo de puerta | gate trigger voltage
tensión de disposición | set voltage
tensión de disrupción en sentido inverso | reverse-breakdown voltage
tensión de doble amplitud | peak-to-peak voltage
tensión de eco | echo voltage
tensión de ecualización | equalize voltage
tensión de emisor | emitter voltage
tensión de encendido | starting (/striking, /starter breakdown) voltage; voltage of filament battery
tensión de enganche | pulling voltage
tensión de enmudecimiento | mute voltage
tensión de entrada | sending end voltage, supply potential (/voltage)
tensión de entrada de terminación sencilla | single-ended input voltage
tensión de entrada diferencial | differential input voltage
tensión de entrada en modo común | common mode input voltage
tensión de entrada en reposo | quiescent input voltage
tensión de entrada equivalente de ruido interno | internal noise equivalent input voltage

tensión de entrada sinusoidal | sinusoidal input voltage
tensión de error | error voltage
tensión de error de salida | output error voltage
tensión de estado activo | on-state voltage
tensión de estrangulamiento | pinch-off voltage
tensión de estricción | pinch-off voltage
tensión de excitación | excitation (/exciting) voltage
tensión de excitación sinusoidal | sine wave excitation voltage
tensión de exploración | scanning voltage
tensión de extinción | extinction voltage
tensión de extinción del efecto corona | corona extinction voltage
tensión de fase | phase voltage
tensión de filamento | filament voltage
tensión de fluctuación | fluctuation voltage
tensión de frenado | stopping voltage
tensión de funcionamiento | operation (/pickup) voltage
tensión de ignición | ignition (/starter breakdown) voltage
tensión de impulso | surge voltage
tensión de inserción | insertion voltage
tensión de interferencia en bornes | terminal interfering voltage
tensión de interrupción | breakdown voltage
tensión de ionización | ionization voltage
tensión de la batería de filamento | voltage of filament battery
tensión de la corriente continua de funcionamiento | working voltage direct current
tensión de línea | line voltage
tensión de línea baja | brownout
tensión de línea inadecuada | brownout
tensión de luminiscencia | glow potential (/voltage)
tensión de manipulación de corriente sencilla negativa | neutral negative keying voltage
tensión de marcha normal | running voltage
tensión de micrófono | talking supply
tensión de mínima corriente | valley voltage
tensión de modo normal | normal mode voltage
tensión de modulación de cresta | peak-modulating voltage
tensión de modulación simétrica | symmetrical modulation voltage
tensión de neutralización | neutralizing voltage
tensión de no conducción | off-state voltage

tensión de no disparo | gate nontrigger current
tensión de onda cuadrada (/rectangular) | square wave voltage
tensión de ondulación | ripple voltage
tensión de paso | step voltage
tensión de paso a reposo | dropout voltage
tensión de penetración | penetration (/punchthrough, /reach-through) voltage
tensión de perforación | breakdown (/punchthrough, /puncture, /reach-through) voltage
tensión de pico | peak voltage
tensión de pico de base uno | base-one peak voltage
tensión de pico repetitiva con el elemento desactivado | repetitive peak off-state voltage
tensión de pila | cell voltage
tensión de placa | plate voltage
tensión de placa equivalente | equivalent plate voltage
tensión de polarización | bias (voltage), polarization (/polarizing) voltage, voltage bias; [*de un electrodo*] supply voltage
tensión de polarización de rejilla | grid polarisation voltage
tensión de proyecto | design voltage
tensión de prueba | proof pressure, test voltage
tensión de puerta | gate voltage
tensión de puesta en funcionamiento | pickup voltage
tensión de radiofrecuencia | radiofrequency voltage
tensión de rama | branch voltage
tensión de reacción | reaction stress
tensión de reactancia | reactance voltage
tensión de realimentación | feedback sense voltage
tensión de recebado | reignition voltage
tensión de red | supply voltage
tensión de reencendido | reignition (/restriking) voltage
tensión de referencia | reference voltage, voltage reference
tensión de refuerzo | booster voltage
tensión de régimen | rated voltage, voltage rating
tensión de rejilla | grid voltage
tensión de rejilla de pantalla | screen (grid) voltage
tensión de reposicionamiento | reset voltage
tensión de resistencia al choque | impulse withstand voltage
tensión de resistencia al choque a la frecuencia industrial | power frequency withstand voltage
tensión de resorte | spring pressure
tensión de retención | sticking (/hold-off) voltage
tensión de retroceso | kickback

tensión de rotura | ultimate stress
tensión de ruido | noise voltage, psophometric potential difference
tensión de ruido no ponderada | flat noise
tensión de ruptura | breakdown voltage, voltage breakdown
tensión de ruptura asintótica | asymptotic breakdown voltage
tensión de ruptura de óxido | oxide breakdown voltage
tensión de ruptura de un dieléctrico | dielectric breakdown voltage
tensión de ruptura del arranque | starter breakdown voltage
tensión de ruptura estática | static breakdown voltage
tensión de ruptura por impulsos | impulse sparkover voltage
tensión de salida | output voltage
tensión de salida de desequilibrio | output offset voltage
tensión de salida de terminación sencilla | single-ended output voltage
tensión de salida diferencial | differential output voltage
tensión de salida en ausencia de señal | zero signal output voltage
tensión de salida en modo común | common mode output voltage
tensión de salida en reposo | quiescent output voltage
tensión de salida nula | zero-voltage output
tensión de salida sin adaptación | unterminated output voltage
tensión de salto | sweep voltage
tensión de salto de arco con aislador húmedo | wet flashover voltage
tensión de saturación | saturation voltage
tensión de saturación de salida | output saturation voltage
tensión de señal | signal voltage
tensión de señal de vídeo del rojo | red video voltage
tensión de servicio | nameplate pressure, online (/operating, /service, /steady) voltage
tensión de sincronismo | synchronous voltage
tensión de soldadura | welding voltage
tensión de soldadura por arco | welding arc voltage
tensión de Thomson | Thomson voltage
tensión de trabajo | operate (/operating, /working) voltage
tensión de trabajo en corriente continua | DC working volts
tensión de trabajo necesaria | must-operate voltage
tensión de umbral | threshold voltage
tensión de valle | valley voltage
tensión de vapor saturante | saturation vapour pressure
tensión de vídeo del azul | blue video voltage
tensión de vídeo del rojo | red video voltage
tensión de vídeo del verde | green video voltage
tensión de videofrecuencia | videofrequency voltage
tensión de Wehnelt | Wehnelt voltage
tensión del baño | bath voltage
tensión del blanco | target voltage
tensión del calefactor | heater voltage
tensión del calentador | heater voltage
tensión del condensador | capacitor voltage
tensión del electrodo | electrode voltage
tensión del filamento | heater voltage
tensión del muelle | spring tension
tensión del punto de pico proyectado | projected peak point voltage
tensión del punto de valle | valley point voltage
tensión del reflector | reflector voltage
tensión del resorte | spring tension
tensión deslizante | sliding voltage
tensión desplazadora de falso cero | antistickoff voltage
tensión diferencial | differential voltage
tensión dinámica de electrodo | dynamic electrode potential
tensión directa | forward voltage
tensión directa de disparo | breakover voltage
tensión directa de puerta | forward gate voltage
tensión directa de ruptura puerta-fuente | forward gate-to-source breakdown voltage
tensión disruptiva | disruptive (/puncture, /sparking) voltage
tensión disruptiva de Zener | Zener voltage
tensión disruptiva en circuito abierto | open-circuit breakdown voltage
tensión disruptiva en cortocircuito | short-circuit breakdown voltage
tensión disruptiva en humedad | wet flashover voltage
tensión efectiva | RMS voltage, virtual voltage
tensión eficaz | RMS voltage
tensión elástica | spring tension
tensión eléctrica | (electric) voltage
tensión eléctrica de ruptura | electric breakdown voltage
tensión electródica | electrode voltage
tensión electroquímica | electrochemical tension
tensión elevadora | booster voltage
tensión en circuito abierto | no-load voltage, open-circuit terminal voltage
tensión en circuito cerrado | closed-circuit voltage
tensión en contrafase | pushpull voltage
tensión en contrafase paralelo | push-push voltage
tensión en diente de sierra simétrica | pushpull sawtooth voltage
tensión en dientes de sierra | sawtooth (waveform) voltage
tensión en el paso | pace voltage
tensión en el portaválvulas | tube (/valve) socket voltage
tensión en el punto de recepción | receiving-end voltage
tensión en escalón | step (function) voltage
tensión en escalón unitario | unit-step voltage
tensión en estado de no conducción | off-state voltage
tensión en medios húmedos | wet flashover voltage
tensión en modo común | common mode voltage
tensión en oposición | bucking voltage
tensión en vacío | no-load voltage, open-circuit voltage
tensión entre bornes | applied pressure, terminal voltage, voltage across the terminals
tensión entre crestas | peak-to-peak voltage
tensión entre extremos de la línea | voltage across the line
tensión entre fase y neutro | star voltage, voltage to neutral
tensión entre fases | star (/line-to-line) voltage
tensión entre terminales | applied pressure, terminal voltage
tensión equilibrada | balanced voltage
tensión equivalente de desequilibrio de entrada | equivalent input offset voltage
tensión equivalente de rejilla | equivalent grid voltage
tensión equivalente de ruido de entrada | equivalent input noise voltage
tensión equivalente de ruido de entrada en banda ancha | equivalent input wideband noise voltage
tensión especificada | rated voltage
tensión estabilizada por resistencia en derivación | shunt-stabilized voltage
tensión estabilizadora | stabilization (/stabilizing) voltage
tensión estacionaria | steady voltage
tensión estática del electrodo | static electrode potential
tensión excitadora | driving voltage
tensión extraalta | extra-high tension (/voltage)
tensión final | end point voltage
tensión fotoeléctrica | photovoltage, photoelectric voltage
tensión inducida | induced voltage
tensión inductiva | reactive voltage
tensión inicial | initial voltage
tensión inicial inversa | initial inverse voltage

tensión insuficiente | undervoltage
tensión interna | internal pressure
tensión interruptora | quenching (/quench) voltage
tensión inversa | inverse (/reverse) voltage
tensión inversa de cresta | peak inverse (/reverse) voltage, peak reverse volts
tensión inversa de cresta de funcionamiento | crest working reverse voltage
tensión inversa de cresta máxima admisible | permissible peak inverse voltage
tensión inversa de ionización | flashback voltage
tensión inversa de pico | peak inverse voltage
tensión inversa de puerta | reverse gate voltage
tensión inversa de rejilla | reverse grid voltage
tensión inversa máxima | peak inverse voltage
tensión inversa transitoria de pico | transient peak inverse voltage
tensión límite inversa | reverse voltage limit
tensión magnética | magnetic potential difference
tensión máxima | peak voltage (/volts)
tensión máxima a una temperatura | temperature derated voltage
tensión máxima de desconexión | must-release voltage
tensión máxima de trabajo | maximum working voltage
tensión máxima inversa | peak reverse voltage (/volts)
tensión media | bias, average voltage
tensión mínima de arranque | minimum starting voltage
tensión mínima de descarga | minimum flashover voltage
tensión mixta de un polielectrodo | mixed polyelectrode potential
tensión momentánea | transient voltage
tensión negativa | negative potential
tensión negativa de rejilla | negative grid voltage
tensión no disruptiva del dieléctrico | dielectric withstanding voltage
tensión no inducida | noninduced voltage
tensión no ponderada | flat noise, unweighted voltage
tensión nominal | nominal voltage, rated pressure (/voltage), voltage rating
tensión nominal de bobina | rated coil voltage
tensión nominal de circuito | nominal circuit voltage
tensión nominal de excitación | rated coil voltage
tensión nominal de funcionamiento | rated working voltage

tensión nominal de operación | rated operational voltage
tensión nominal de regulación | regulated voltage rating
tensión nominal de un cable | rated voltage of a cable
tensión nominal primaria | rated primary voltage
tensión nominal secundaria | rated secondary voltage
tensión normal | standard voltage
tensión normal de servicio | nominal working voltage
tensión nula | zero voltage
tensión ondulante | undulating voltage
tensión ondulatoria | undulatory voltage
tensión oscilante | oscillating voltage
tensión parásita | noise voltage
tensión parásita equivalente | equivalent disturbing voltage
tensión patrón | standard voltage
tensión perturbadora | noise voltage
tensión perturbadora equivalente | kVT product
tensión placa-filamento | plate-filament voltage
tensión polarizada de célula fotoeléctrica | photocell voltage
tensión polarizadora | polarizing voltage
tensión polarizadora de ánodo | plate supply voltage
tensión polifásica | polyphase voltage
tensión ponderada | weighted voltage
tensión por acción nerviosa | voltage due to nervous action
tensión por fase | phase voltage
tensión positiva | positive voltage
tensión primaria | primary (/source) voltage
tensión primaria de distribución | primary distribution voltage
tensión principal | principal voltage
tensión pulsatoria | undulating (/undulatory) voltage
tensión reactiva | reactive voltage
tensión real de arco | true arc voltage
tensión rectangular | rectangular (/square wave) voltage
tensión rectificada | rectified tension (/voltage)
tensión reducida | reduced voltage
tensión reflejada | return voltage
tensión reforzada | boosted voltage
tensión regulable | variable voltage
tensión regulada | regulated voltage
tensión remanente | maintaining voltage
tensión requerida | required voltage
tensión residual | residual (/keep-alive) voltage
tensión respecto a masa | off-ground voltage
tensión resultante | resultant voltage
tensión secundaria | secondary voltage
tensión silenciadora | squelch voltage

tensión simétrica | pushpull (/push-push) voltage
tensión sin carga | no-load voltage
tensión sincrónica | synchronous voltage
tensión sinusoidal | sinusoidal (/sine wave) voltage
tensión sofométrica | psophometric voltage (/potential difference)
tensión superficial nuclear | nuclear surface tension
tensión telefónica | talking supply
tensión termoeléctrica | thermoelectric voltage
tensión transitoria | transient voltage
tensión transitoria de conmutación | switching transient
tensión transitoria de restablecimiento | restriking voltage
tensión transitoria de ruptura | transient recovery voltage
tensión trasversal | transverse voltage
tensión umbral | threshold voltage, voltage threshold
tensión unidireccional | unidirectional voltage
tensión variable | variable voltage (/tension), sliding voltage
tensión variable en función del tiempo | time-varying voltage
tensor | strainer, strand
tensor de cable | wire stay
tensor de deformación | strain tensor
tensor de hilos | wire stretcher
tensor de palanca acodada para hilos ligeros | tensioning device for light wires
tensor de riostra | stay tightener
tensor resistivo de arrollamiento | resistance loading damper
teorema | theorem
teorema chino del resto | chinese remainder theorem
teorema de aceleración | speedup theorem
teorema de Ampère | Ampere's theorem
teorema de bisección de Bartlett | Bartlett bisection theorem
teorema de Bloch | Bloch theorem
teorema de Carnot | Carnot theorem
teorema de Church-Rosser | Church-Rosser theorem
teorema de codificación | coding theorem
teorema de compensación | compensation theorem
teorema de De Morgan | De Morgan's theorem
teorema de Earnshaw | Earnshaw theorem
teorema de Furry | Furry theorem
teorema de Gauss | Gauss's theorem
teorema de incompletitud | incompleteness theorem
teorema de incompletitud de Gödel | Gödel's incompleteness theorem
teorema de inducción | induction theo-

rem
teorema de Kleene [*sobre expresiones regulares*] | Kleene's theorem [*on regular expressions*]
teorema de Kleene sobre puntos fijos | Kleene's theorem on fixed points
teorema de la codificación fuente | source coding theorem
teorema de la compensación de graves | bass compensation theorem
teorema de la compensación por dopado | doping compensation theorem
teorema de la energía recíproca | reciprocal energy theorem
teorema de la reciprocidad | reciprocity theorem
teorema de la recursión | recursion theorem
teorema de la superposición | superposition theorem
teorema de la trasferencia máxima de potencia | maximum power transfer theorem
teorema de las reactancias de Foster | Foster's reactance theorem
teorema de los espacios intermedios | gap theorem
teorema de los puntos fijos | fixed-point theorem
teorema de muestreo de Shannon | Shannon's sampling theorem
teorema de Norton | Norton's theorem
teorema de Nyquist | Nyquist theorem
teorema de Parikh | Parikh's theorem
teorema de Poynting | Poynting's theorem
teorema de reciprocidad acústica | acoustic reciprocity theorem
teorema de reciprocidad de Rayleigh | Rayleigh reciprocity theorem
teorema de Saurel | Saurel's theorem
teorema de Shannon | Shannon's theorem
teorema de Thevenin | Thevenin's theorem
teorema de Wigner | Wigner theorem
teorema del ajuste a cero | zero compensation theorem
teorema del muestreo | sampling theorem
teorema eléctrico de Thévenin | Thévenin's electrical theorem
teoría | theory
teoría atómica | atomic theory
teoría cuántica | quantum theory
teoría de atracción interiónica | interionic attraction theory
teoría de bandas de los sólidos | band theory of solids
teoría de Barden y Brattain | Barden and Brattain theory
teoría de Born-Infeld | Born-Infeld theory
teoría de campo | field theory
teoría de campo unificado de Einstein | Einstein unified field theory
teoría de campo unificado de Weyl | Weyl unified field theory

teoría de Drude [*de los electrones en metales*] | Drude theory [*of electrons in metals*]
teoría de Ewing del ferromagnetismo | Ewing theory of ferromagnetism
teoría de Fröhlich-Bardeen | Fröhlich-Bardeen theory
teoría de funcionamiento | operational theory
teoría de la aproximación | approximation theory
teoría de la automatización | automata theory
teoría de la captura de neutrones | neutron capture theory
teoría de la codificación | coding theory
teoría de la comunicación | communication theory
teoría de la conmutación | switching theory
teoría de la difusión | diffusion theory
teoría de la edad de Fermi | Fermi age theory
teoría de la ganancia debida a los obstáculos | obstacle gain theory
teoría de la información | information theory
teoría de la lógica de conjuntos difusos | fuzzy theory
teoría de la probabilidad | probability theory
teoría de la programación | programming theory
teoría de la ruptura de Seith | Seith breakdown theory
teoría de la ruptura de von Hippel | von Hippel breakdown theory
teoría de las colas | queuing theory
teoría de las limitaciones | theory of constrains
teoría de las perturbaciones | perturbation theory
teoría de las redes | network theory
teoría de las redes eléctricas | network theory
teoría de las señales débiles | small-signal theory
teoría de los campos cuantificados | quantized field theory
teoría de los circuitos | operating principles
teoría de los dominios | domain theory
teoría de los electrones libres de los metales | free electron theory of metals
teoría de los lenguajes formales | formal language theory
teoría de los tipos | theory of types
teoría de protección | shielding theory
teoría de renovación | replacement theory
teoría de ruptura por alta temperatura de Fröhlich | Fröhlich high-temperature breakdown theory
teoría de ruptura por baja temperatura de Fröhlich | Fröhlich low-temper-

ature breakdown theory
teoría de Schottky | Schottky theory
teoría de sistemas | systems theory
teoría de un grupo | one-group theory
teoría de Weber | Weber's theory
teoría del blanco | target theory
teoría del campo unificado | unified field theory
teoría del choque | target theory
teoría del electrón de Dirac | Dirac electron theory
teoría del electrón de Lorentz | Lorentz theory of electron
teoría del impacto | target theory
teoría del juego | game theory
teoría del muestreo | sampling theory
teoría del trasporte | transport theory
teoría del trasporte de cargas | theory of charge transport
teoría del valor | value theory
teoría dipolar de Debye | Debye dipole theory
teoría dipolar de London | London dipole theory
teoría electromagnética | electromagnetic theory
teoría electromagnética de la luz | electromagnetic theory of light
teoría electrónica de la valencia | electronic theory of valence
teoría magnética de Ampère | Ampere's theory of magnetism
teoría mesónica de las fuerzas nucleares | meson theory of nuclear forces
teorías de campo en proyección | projective field theories
tepee [*sistema de comunicaciones de retrodispersión de alta frecuencia*] | tepee
tera- [*pref. que significa un millón de unidades*] | tera- [*pref. meaning 10^{12}, equal to 1 trillion (USA) or to 1 million million (UK)*]
terabyte [*equivale a 1.099.511.627.776 ó 2^{40} bytes*] | terabyte [*one terabyte equals 2^{40}, or 1,099,511,627,776 bytes*]
teraciclo | teracycle
teraelectronvoltio | teraelectronvolt
teraflop [*un millón de operaciones por segundo*] | teraflop
terahercio | terahertz
teraohmímetro | teraohmmeter
teraohmio | teraohm
terapia con radio | radium therapy
terapia de electrochoque | electroshock therapy
terapia de radio | radiumtherapy
terapia de rotación | rotation therapy
terapia neutrónica | neutron therapy
terapia por choque | shock therapy
terapia por electrochoque | shock therapy
terapia por haz móvil | moving beam therapy
terapia por isótopos radiactivos | radioisotope therapy

terapia por radiación | radiation therapy
terapia por rayos X | radiotherapy, roentgen (/X-ray) therapy
terapia por ultrasonidos | ultrasonic therapy
terapia supersónica | supersonic therapy
terapia ultrasónica | ultrasonic therapy
teravatio | terawatt
terbio | terbium
tercer armónico | third harmonic
tercer elemento | third element
tercer hilo | C wire, private (/sleeve) wire, tertiary coil
tercer selector | third-group switch
tercer selector interurbano | toll third group switch
tercera empresa [*que suministra complementos*] | third party
tercera escobilla | third brush
tercera generación de ordenadores | third generation of computers
tercera ventana | third window
tercio de la altura | third-height
tercio de octava | one-third-octave
teremín [*instrumento musical electrónico*] | theremin
terfenilo [*polifenilo con tres grupos benzénicos*] | terphenyl
termalización | thermalization
termalización de neutrones | thermalization of neutrons
termalizar | to slow down; to thermalise [UK], to thermalize [UK+USA]
termalizar neutrones rápidos | to slow down
térmico | thermal, thermic
terminación | close, terminating, termination
terminación adaptada | matched termination
terminación anormal | abnormal termination
terminación bifilar | two-wire termination
terminación de circuito abierto | open-circuit termination
terminación de cuarto de onda | quarter-wave termination
terminación de cuatro hilos | four-wire terminating set
terminación de dos hilos | two-wire termination
terminación de guía de ondas | waveguide termination, termination for waveguide
terminación de guiaondas | termination for waveguide
terminación de guiaondas estriado | ridge waveguide termination
terminación de hilo | wire-feed termination
terminación de línea [*una vez impresa*] | line cap
terminación de línea coaxial | termination for coaxial line
terminación de línea óptica | optical line termination
terminación de resistencia | resistance (/resistor) termination
terminación del lado de la línea | line termination
terminación del servicio | close of work
terminación en cortocircuito | short-circuit termination
terminación en cuña | wedge termination
terminación en masa | mass termination
terminación enrollada | wrapped termination
terminación equilibrada | balanced termination
terminación hiperbólica | hyperbolic grind
terminación móvil | mobile termination
terminación normalizada | standard termination
terminación para línea de trasmisión | sending end termination
terminación por hilos de conexión | wire-lead termination
terminación recubierta | wrapped termination
terminación simétrica | balanced termination
terminación telefónica | telephone termination
terminado | done, terminated
terminador | terminating set (/unit), termination unit; [*valor de finalización*] terminator [*rogue value*]
terminador de bus | bus terminator
terminador de precisión | precision net (/network)
terminador de tres ramas en ángulo | three-conductor angle pothead
terminal | (connecting) terminal, console, lug, pin, plug, stud, tag, termination (unit), thimble
terminal accesible | accessible terminal
terminal aislado | insulated terminal
terminal amigable (/amistoso) | friendly terminal
terminal anódico | anode terminal
terminal avanzado | smart terminal
terminal bidireccional | two-way terminal
terminal con cola de espera | buffered terminal
terminal con desplazamiento del aislante | insulation displacement termination
terminal de alimentación [*eléctrica*] | supply (/power) terminal
terminal de anclaje | tie terminal
terminal de antena | aerial terminal
terminal de apertura ultraestrecha [*antena de reducido tamaño*] | ultra small aperture terminal
terminal de aplicación | application terminal
terminal de bandera | flag terminal
terminal de bus [*para Ethernet*] | terminator cap
terminal de cable | pot head, termination
terminal de campana | end bell
terminal de casquillo | ferrule terminal
terminal de comprobación | test terminal
terminal de conector a presión | pressure connector lug
terminal de conexión | connecting tag, fastener
terminal de conexión arrollada | wrap post
terminal de conexión rápida | quick-connect terminal
terminal de contacto | prong
terminal de contacto elástico | spring contact terminal
terminal de control | control terminal
terminal de cordón | cord terminal
terminal de cortocircuito | shorting terminal
terminal de cuatro hilos | four-wire termination
terminal de datos | data set, data terminal (equipment)
terminal de datos dispuesto (/preparado) | data terminal ready
terminal de derivación | service head
terminal de desconexión rápida | quick-disconnect terminal
terminal de disposición | set terminal
terminal de doble agarre | double grip terminal
terminal de emisor | emitter terminal
terminal de entrada de cero | zero-input terminal
terminal de entrada uno | one-input terminal
terminal de estañar | solder tag
terminal de fase | phase (/line) terminal
terminal de fibra óptica | fibre-optic terminus
terminal de fijación | clamp terminal
terminal de fijación sin soldadura | solderless terminal
terminal de fuerza | power terminal
terminal de funcionamiento autónomo | stand-alone terminal
terminal de grapa simple | single grip terminal
terminal de horquilla | spade lug (/terminal, /tip)
terminal de horquilla plana | spade tongue terminal
terminal de ignición | ignition terminal
terminal de inicialización | reset terminal
terminal de la base | base terminal
terminal de la carga | load side
terminal de línea óptica | optical line termination
terminal de línea muerta | dead line trunk
terminal de los hilos | dead end tie
terminal de modo-paquete | packet-

mode terminal
terminal de monitor de vídeo | video display terminal
terminal de nivel muerto | dead level trunk
terminal de ordenador | computer terminal
terminal de orejeta | tab terminal
terminal de pantalla | display terminal
terminal de portadora | carrier terminal
terminal de presentación alfanumérica [*no puede reproducir gráficos*] | alphanumeric display terminal
terminal de presión | crimp connection
terminal de prueba | test terminal
terminal de puerta | gate terminal
terminal de puesta a tierra | earth (/ground, /grounding) terminal
terminal de punto de venta | point of sale
terminal de radio de reserva | standby radio terminal
terminal de radio normal | main radio terminal
terminal de radiodifusión | radio-broadcasting terminal
terminal de recepción | receive terminal unit
terminal de referencia | reference point
terminal de reposición | reset terminal
terminal de reserva | spare terminating (/termination) set
terminal de salida cero | zero-output terminal
terminal de servicio | service head (/terminal), administrative terminal
terminal de sólo lectura | RO terminal = read only terminal
terminal de soporte | beam lead, tie terminal
terminal de supervisión | supervisory terminal
terminal de televisión | TV terminal
terminal de télex | telex terminal
terminal de tierra | earth terminal, ground lug
terminal de tornillo | post, terminal screw, screw terminal
terminal de trasmisión y recepción | two-way terminal
terminal de tres vías | three-way terminal
terminal de una salida | one-output terminal
terminal de unión | bonding pad
terminal de usuario local [*estación receptora terrestre*] | local user terminal
terminal de VHF de amplio espectro | terminal VHF omnirange
terminal de vídeo | video terminal
terminal de visualización de datos | video data terminal
terminal de visualización de vídeo | video display unit
terminal de voz | intelligent voice terminal

terminal de Web | Web terminal
terminal de Windows | Windows terminal
terminal desconocido | unknown terminal
terminal digital de cabecera | head-end digital terminal
terminal distante | distant end (/terminal)
terminal drenador | drain terminal
terminal emisor-receptor | sender-receiver terminal
terminal en el punto de venta | point-of-sale terminal
terminal en gancho | hook terminal
terminal externo | side contact
terminal extremo | end terminal
terminal fastón | faston terminal
terminal fuente | source terminal
terminal gráfico | graphic terminal
terminal grapinado | wire-wrap pin (/terminal)
terminal guía | guide pin
terminal indicador | cable marker, marking post
terminal inteligente | smart (/intelligent) terminal
terminal KSR [*terminal de teclado para emisión y recepción*] | KSR terminal = keyboard send/receive terminal
terminal libre | vacant terminal
terminal local | local side
terminal moldeado en la pieza de soporte | moulded-in terminal
terminal mudo | dumb terminal
terminal muerto | dead end
terminal multicanal | multichannel terminal
terminal múltiplex de canales de voz | voice multiplex terminal
terminal múltiplex de tonos | tone multiplex terminal
terminal multiservicio | multifunction terminal, multiservice device (/terminal)
terminal negativo | negative terminal
terminal neutro | neutral terminal
terminal no controlado | uncontrolled terminal
terminal no inteligente | dumb terminal
terminal para conexionado impreso | printed wiring terminal
terminal para soldar | plug, solder pin, soldering lug
terminal pasante de alimentación | feedthrough terminal
terminal portátil | hand-held terminal
terminal positivo | positive (terminal)
terminal receptor | receiving terminal
terminal remoto | remote terminal
terminal sin soldadura | solderless terminal
terminal soldado por baño | dip solder terminal
terminal superior | top cap
terminal superior de rejilla | grid cap
terminal teleescritor | teletypewriter,

typewriter terminal
terminal telefónico | telephone terminal; [*conectado en serie con otros a lo largo de la misma línea*] waystation
terminal telegráfico | telegraph terminal
terminal virtual | virtual terminal
terminal virtual de red | network virtual terminal
terminal VOR [*radiofaro omnidireccional de ondas métricas*] | terminal VOR
terminal X | X terminal
terminales de batería y de tierra | tip and ring [USA]
terminales en circuito abierto | open-circuited terminals
terminales equilibrados | balanced termination
terminales homólogos | related terminals
terminar | to terminate; to end up
terminar anormalmente | to abort
terminar el modo de diálogo | to log off
terminar la conexión | to log off
término | term, duration
término de orden superior | higher-order term
término de Pauli | Pauli term
término de primer orden | first-order term
término de producto | product term
término de producto estándar | minterm, standard product term
término de producto normalizado | minterm, standard product term
término de suma | sum term
término espectral | spectral term
término espectroscópico | term value
término máximo | maxterm, standard sum term
término medio | average
término mínimo | minterm, standard product term
término normalizado de suma | maxterm, standard sum term
término sigma | sigma term (/tree)
termión | thermion
termión negativo | negative thermion
termiónica | thermionics
termiónico, termoiónico | thermionic
termistor | thermistor, (thermal) resistor
termistor autocalentado | self-heated thermistor
termistor calentado indirectamente | indirectly heated thermistor
termistor de cuenta | bead thermistor
termistor NTC = termistor con coeficiente de temperatura negativo | NTC thermistor
termistor perla | bead thermistor
termistor PTC [*termistor con coeficiente de temperatura positivo*] | PTC thermistor
termistorizado | thermistored
termistorizar | to thermistorise [UK], to thermistorize [UK+USA]

termoamperímetro | thermoammeter, thermocouple ammeter
termobomba | thermoelectric heat pump
termocambiador de vapor a líquido | vapour-to-liquid heat exchanger
termocartógrafo de infrarrojos | thermal imager
termoclina | thermocline
termocompensador | thermocompensator
termodieléctrico | thermodielectric
termodinámica | thermodynamics
termoelectricidad | thermoelectricity, thermal electricity
termoeléctrico | thermoelectric
termoelectrón | thermoelectron, negative thermion
termoelectrónica | thermoelectronics
termoelectrónico | thermionic, thermo-electronic
termoelemento | thermel = thermic element; thermoelement, thermocouple element
termoescisión | thermofission
termoestable | thermosetting
termofisión | thermofission
termófono | thermophone
termofotografía | thermal photography
termofotovoltaico | thermophotovoltaic
termofusión | thermofusion
termogalvánico | thermogalvanic
termogalvanismo | thermogalvanism
termogalvanómetro | thermogalvanometer, thermocouple galvanometer
termogenerador de semiconductor | semiconductor thermogenerator
termografía | thermography
termógrafo | thermograph
termógrafo barométrico | barothermograph
termógrafo de exploración continua | continuous scan thermograph
termograma | thermogram
termoinmersor | immersion heater
termointerruptor | thermocutout, thermal cutout
termoión [*ión positivo o negativo que ha sido emitido por un cuerpo caliente*] | thermion
termoiónica | thermionics
termoiónico, termiónico | thermionic
termoluminiscencia | thermoluminiscence
termomagnético | thermomagnetic
termometría | thermometry
termometría de radiación | radiation thermometry
termometría de resistencia | resistance thermometry
termómetro | thermometer
termómetro bimetálico | bimetallic thermometer
termómetro de máxima | maximum thermometer
termómetro de radiación | radiation thermometer (/pyrometer)
termómetro de resistencia | resistance thermometer (/temperature meter)
termómetro de resistencia de platino | platinum resistance thermometer
termómetro de superficie por soldadura | weld-on surface temperature resistor
termómetro de temperatura superficial | surface temperature resistor
termómetro de termopar | thermocouple thermometer
termómetro del aire ambiente | outside air temperature gauge
termómetro digital | digital thermometer
termómetro eléctrico | electric thermometer
termómetro infrarrojo | infrared thermometer
termómetro magnético | magnetic thermometer
termómetro registrador | self-recording thermometer
termómetro termoeléctrico | thermo-electric thermometer
termomiliamperímetro | thermomilliammeter
termomolecular | thermomolecular
termomotor | thermomotive
termomultiplicador | thermomultiplier
termonuclear | thermonuclear
termopar | thermocouple, thermoelectric couple, thermal converter
termopar de estancamiento (/flujo estancado) | stagnation thermocouple
termopar de forma de onda | waveform thermocouple
termopar de plasma | plasma thermocouple
termopar de radiación | radiation thermocouple
termopar de vacío | vacuum thermocouple
termopar sónico | sonic thermocouple
termopar termonuclear | thermonuclear thermopair
termopila | thermopile
termopila de radiación | radiation thermopile
termoplástico | thermoplastic
termorreceptor | thermal receiver
termorregulador | thermoregulator
termorrelé | thermorelay
termorresistencia | thermoresistance
termorresistencia limitadora | limiting thermoresistor
termosfera | thermosphere
termostato | thermostat, thermostat (/thermostatic) relay
termostato de acción múltiple | multiple point thermostat
termostato de acción simple | single-point thermostat
termostato de radiación | radiation thermostat
termostato de seguridad | safety thermostat
termostato de termistor | thermistor thermostat
termostato eléctrico | electric thermostat
termounión | thermojunction
ternario | ternary
terraja | screw plate
terraja universal | universal tap wrench
terreno | terrain
terrestre | overland, terrestrial
tesauro | thesaurus
tesis de Church | Church's thesis
tesla | tesla
test de diagnóstico | diagnostic testing
testigo | indicator light, token, add-on witness
testigo luminoso | test bulb
testigo radiactivo | radiotracer
tetatrón [*dispositivo utilizado en experimentos de fusión nuclear*] | thetatron
tetones para el montaje del motor | motor mounting posts
tétrada [*grupo de cuatro impulsos*] | tetrad
tetrafilar | four-wire
tetrafluoruro de uranio | uranium tetrafluoride
tetrapolo | quadrupole
tetrapolo unilateral | unilateral four-terminal
tetrodo | tetrode
tetrodo conectado como triodo | triode-connected tetrode, tetrode strapped as triode
tetrodo de efecto de campo | field-effect tetrode
tetrodo de gas | gas tetrode
tetrodo de haces | beam tetrode
tetrodo de potencia | power tetrode
tetrodo de potencia de haz radial | radial beam power tetrode
tetrodo oscilador | tetrode oscillator
tetrodo PNP | PNP tetrode
TeV = teraelectronvoltio | TeV = tera-electronvolt
textfax RDSI | ISDN textfax
texto | text
texto comprimido | compressed speech
texto de prueba Fox | Fox message
texto de Shannon | Shannon text
texto de sólo lectura | read-only text
texto del indicador de solicitud | prompt text
texto electrónico | e-text = electronic text
texto en claro | plain text
texto en formato final | final form text
texto en grecas [*texto representado por elementos gráficos*] | greek text
texto en lenguaje claro | plain (language) text
texto legible | plain text
textura | texture
texturado | textured
TFI [*factor de perturbación telefónica*] | TFI = telephone influence factor
TFT [*transistor de película fina*] | TFT =

thin film transistor
TFTP [*protocolo de trasferencia de ficheros trivial*] | TFTP = trivial file transfer protocol
TGF [*filtro de paso de grupo, filtro de trasferencia de grupo primario*] | TGF = through group filter
Th = torio | Th = thorium
THDBH [*determinación de la hora cargada tomando el promedio del tráfico de diez días*] | THDBH = ten high day busy hour
THz = terahercio | THz = terahertz
TI [*identificador de transacción*] | TI = transaction identifier
TI = tecnología de la información | IT = information technology
TIA [*asociación estadounidense de industrias de telecomunicación*] | TIA = Telecommunications industries association
TIA [*gracias por adelantado; abreviatura usada en internet*] | TIA = thanks in advance
tic [*señal repetitiva regular de un circuito de reloj*] | tick
TID [*diferencia de intervalos de tiempo*] | TID = time interval difference
tiempo | time
tiempo acabado | time out
tiempo activo | available time, up-time
tiempo atómico | atomic time
tiempo base | timebase
tiempo cero de referencia | zero time reference
tiempo civil de Greenwich | Greenwich civil time
tiempo compartido | time-sharing (application)
tiempo compilado | compile time
tiempo completado | time out
tiempo concedido | period allowed
tiempo copado | time out
tiempo corto de respuesta | short response time
tiempo de abertura | aperture time
tiempo de absorción | soak (/soaking) time
tiempo de absorción del electrolito | soaking time
tiempo de acceso | access time
tiempo de acceso a memoria | storage access time
tiempo de acceso al disco | disc access time
tiempo de acceso de lectura | reading access time
tiempo de acceso de pista | track access time
tiempo de acceso garantizado | guaranteed access time
tiempo de acceso para búsqueda | seek access time
tiempo de aceleración | accelerating (/acceleration, /start) time
tiempo de activación | activation (/pulling) time
tiempo de activación de alto nivel | high level firing time
tiempo de actuación | actuating time
tiempo de actuación de un contacto | contact actuation time
tiempo de actuación efectiva | effective actuation time
tiempo de actuación final | final actuation time
tiempo de actuación inicial | initial actuation time
tiempo de adición | addition time
tiempo de adición y sustracción | add-substract time
tiempo de adquisición | acquisition time
tiempo de agrupamiento | bunching time
tiempo de almacenamiento | storage time
tiempo de almacenamiento de impulsos | pulse storage time
tiempo de almacenamiento de la pila húmeda | wet-charged stand
tiempo de almacenamiento de la pila seca | dry shelf life
tiempo de almacenamiento en húmedo | wet shelf life
tiempo de amortiguamiento | decay time
tiempo de anulación | turnoff time
tiempo de apagado | turnoff time
tiempo de apertura | opening time
tiempo de aprendizaje | I-time = instruction time
tiempo de arco | arcing time
tiempo de arranque | start time
tiempo de arrastre | carry time
tiempo de asentamiento | seating time
tiempo de ataque | attack time
tiempo de aumento | time of growth
tiempo de autocolisión | self-collision time
tiempo de avance | lead time
tiempo de avería | downtime
tiempo de bajada del impulso | pulse decay time
tiempo de barrido | scan (/sweep) time
tiempo de basculación | switching time
tiempo de bloqueo | partial restoring time
tiempo de bloqueo por restablecimiento de estado | partial restoring time
tiempo de borrado | blanking time
tiempo de búsqueda | search (/seek) time
tiempo de cadencia del impulso | pulse recurrence time
tiempo de caída | decay (/fall) time
tiempo de caída de la forma de onda | waveform fall time
tiempo de caída de la onda | waveform fall time
tiempo de caída del impulso | pulse decay (/fall) time
tiempo de caída del relé | decay time
tiempo de cálculo | think time
tiempo de cálculo del ordenador | think time
tiempo de cálculo representativo | representative calculating time
tiempo de calentamiento | preheating (/warm-up) time
tiempo de calentamiento de la válvula | tube (/valve) heating time
tiempo de calentamiento del cátodo | cathode heating time
tiempo de cambio de pista [*en la unidad de disco*] | step-rate time
tiempo de captación electrónica | electron collection time
tiempo de cierre | pulling time
tiempo de cierre del relé | pulling time
tiempo de cierre parcial | partial hang-over time
tiempo de colisión | collision time
tiempo de compilación | compilation time
tiempo de comunicación cara a cara | face time
tiempo de conducción | conducting period
tiempo de conexión | connect time
tiempo de confinamiento | containment time
tiempo de conmutación | switching (/setup, /transfer, /transfer open, /transit) time
tiempo de conmutación ferroeléctrica | ferroelectric switching time
tiempo de conmutación ferromagnética | ferromagnetic switching time
tiempo de conversión | conversion time
tiempo de corrección | settling time
tiempo de corte | splitting time
tiempo de corte controlado por puerta | gate-controlled turn-off time
tiempo de crecimiento | rise time
tiempo de crecimiento del centelleo | scintillation rise time
tiempo de crisis | crisis time
tiempo de decaimiento del centelleo | scintillation decay time
tiempo de desaceleración | deceleration (/slowing-down) time
tiempo de desactivación | turnoff time
tiempo de desbloqueo | turnoff time
tiempo de descanso | off time
tiempo de descarga de alto nivel | high level firing time
tiempo de desenganche | release time
tiempo de desionización | deionization (/recovery) time
tiempo de desocupación | unoccupied time
tiempo de desprendimiento | release time
tiempo de detección | sensing time
tiempo de difusión | diffusion time
tiempo de discriminación del contador de centelleos | scintillation counter time discrimination
tiempo de disponibilidad de máquina | available machine time

tiempo de doblado a ciclo abierto | open-cycle doubling time
tiempo de doblado lineal | linear doubling time
tiempo de duplicación | doubling time
tiempo de eco | echo time
tiempo de ejecución | E-time = execution time; runtime, run-time
tiempo de electrificación | electrification time
tiempo de elevación | rise time
tiempo de encendido controlado por puerta | gate-controlled turn-off time
tiempo de encendido de alto nivel | high level firing time
tiempo de encendido de la válvula | tube (/valve) heating time
tiempo de encendido del ignitor | igniter firing time
tiempo de encendido del inflamador | igniter firing time
tiempo de enlace | binding (/link) time
tiempo de entrada | entry (/access) time
tiempo de equilibrio | equilibrium time
tiempo de equipartición | time of equipartition
tiempo de escalonamiento | stagger time
tiempo de escritura | write time
tiempo de espera | waiting time, latency, timeout; speed-of-service interval
tiempo de espera de inactividad | inactivity time-out
tiempo de espera por la red [*tiempo que necesita la red para trasferir información entre ordenadores*] | network latency
tiempo de estabilización | setting time
tiempo de establecimiento | operation (/setting, /setup, /set-up) time
tiempo de establecimiento de la llamada | connection setup time
tiempo de establecimiento del impulso | pulse rise time, leading-edge pulse time
tiempo de exploración | sweep time
tiempo de exploración activa | trace time
tiempo de explotación | productive time
tiempo de extinción [*de un impulso*] | decay time [*of a pulse*]
tiempo de extinción del impulso | pulse decay (/fall) time
tiempo de extracción [*de instrucciones o datos de la memoria para guardarlos en un registro*] | fetch time
tiempo de falsa alarma | false alarm time
tiempo de formación del impulso | pulse rise time
tiempo de funcionamiento | operate (/operating, /operation, /functioning, /running, /sensitive) time, operate lag
tiempo de funcionamiento normal | up-time
tiempo de generación | generation time
tiempo de generación de visualización | display generation time
tiempo de generación inmediata | prompt generation time
tiempo de grabación | recording time
tiempo de impregnación térmica | soak time
tiempo de impulso medio | pulse average time
tiempo de inactividad [*tiempo total durante el que un sistema está fuera de servicio*] | down time
tiempo de incremento | time of growth
tiempo de indisponibilidad [*tiempo total durante el que un sistema está fuera de servicio*] | down time
tiempo de insensibilidad | insensitive time
tiempo de insensibilización | insensitive time
tiempo de instrucción | instruction time
tiempo de integración | integration time
tiempo de interrupción | interrupting (/outage) time
tiempo de interrupción estroboscópico | strobe release time
tiempo de inutilización | out-of-service time
tiempo de inversión | turnaround (/turnround) time
tiempo de ionización | ionization time
tiempo de la misión | mission time
tiempo de latencia | latency (time)
tiempo de lectura | read time
tiempo de liberación | reoperate time
tiempo de liberación de la saturación | saturated reoperate time
tiempo de llamada | ring time
tiempo de maniobra | operate (/operating) time
tiempo de mantenimiento | holding (/hold, /maintenance) time
tiempo de marcha | running time
tiempo de nueva operación saturado | saturated reoperate time
tiempo de observación | viewing time
tiempo de ocupación | holding time
tiempo de operación | operate (/operation) time
tiempo de oscilación parásita | ring time
tiempo de oscilación transitoria | ringing time
tiempo de parada | stop time
tiempo de parada de emergencia | scram time
tiempo de parada por mantenimiento activo | active maintenance down time
tiempo de paralización | paralysis time
tiempo de paso | transit time
tiempo de permanencia en la planta | plant holdup time
tiempo de persistencia | holdover time, time of persistence
tiempo de precalentamiento | pre-emphasis time
tiempo de precalentamiento del cátodo | cathode preheating time
tiempo de preparación | setup (/make-up, /train) time
tiempo de preparación para volver a operar | reoperate time
tiempo de procesador | CPU time, processor (/lead) time
tiempo de propagación | propagation delay (/time), transmission time
tiempo de propagación de grupo | group delay (/propagation time)
tiempo de propagación de la señal | signal delay
tiempo de puesta en marcha para osciladores pulsatorios | pulsed oscillator starting time
tiempo de reacción | reaction (/recovery) time
tiempo de readquisición | reacquisition time
tiempo de rearmado | release time
tiempo de rebobinado | rewind time
tiempo de reconexión | reset rate
tiempo de recorrido | turnaround time
tiempo de recuperación | recovery (/restoring) time
tiempo de recuperación de fase | phase recovery time
tiempo de recuperación de tensión | voltage recovery time
tiempo de recuperación del contador | counter recovery time
tiempo de recuperación directa | forward recovery time
tiempo de recuperación en sentido directo | forward recovery time
tiempo de recuperación inverso | reverse recovery time
tiempo de recuperación tras la sobrecarga | overload recovery time
tiempo de recuperación ultracorto | ultrafast recovery time
tiempo de redefinición | reset time
tiempo de referencia | reference time
tiempo de registro | storage time
tiempo de regulación del modo de mantenimiento | hold-mode settling time
tiempo de relajación | relaxation time
tiempo de remojo | soak time
tiempo de renovación | turnover time
tiempo de reparación | repair time
tiempo de reparación activo | active repair time
tiempo de repetición | repetition time
tiempo de reposición | resetting (/receiver response) time, release lag (/time)
tiempo de reposo | idle period (/time), unoccupied time
tiempo de reposo de la línea | idle time
tiempo de residencia mitad | half-residence time
tiempo de resolución | resolution (/re-

solving) time
tiempo de resolución de coincidencia | coincidence resolving time
tiempo de resolución del contador | counter resolving time
tiempo de resonancia | ringing time
tiempo de respuesta | (receiver) response time, settling (/turnaround) time, time of response
tiempo de respuesta a la solicitud | request-response time
tiempo de respuesta de actualización | update response time
tiempo de respuesta de desviación en régimen transitorio | transient time of deflection
tiempo de respuesta térmica | thermal response time
tiempo de respuesta transitoria | transient response time
tiempo de restablecimiento | recovery time
tiempo de restablecimiento saturado | saturated recovery time
tiempo de restablecimiento transitorio | transient recovery time
tiempo de restablecimiento tras la sobrecarga | overload recovery time
tiempo de restitución | recovery time
tiempo de retardo | delay time; [*para volver a transmitir tras una colisión*] deferral time
TIGA = Texas Instruments Graphics Architecture TIGA [*arquitectura de gráficos de Texas Instruments*]
tinta sólida | solid ink
tiempo de retardo de fase | phase delay time
tiempo de retardo de la propagación | propagation delay time, propagation time delay
tiempo de retardo del contador | counter lag time
tiempo de retardo del impulso | pulse delay time
tiempo de retardo en la bajada | turn-off delay time
tiempo de retención | hold (/retention, /turnoff) time
tiempo de retención estroboscópico | strobe hold time
tiempo de retención máximo | maximum retention time
tiempo de retorno | flyback (time), retrace (/return) time
tiempo de retorno a cero | decay time
tiempo de retorno vertical | vertical retrace time
tiempo de retrasmisión | relay time
tiempo de retroceso | resetting (/retrace) time
tiempo de reverberación | reverberation time
tiempo de seguridad | guard time
tiempo de selección libre | selector (/interdigit) hunting time
tiempo de sensibilidad | sensitive time
tiempo de sintonización térmica | thermal-tuning time
tiempo de soldadura | weld (/soldering) time
tiempo de subida | build-up time; [*de un impulso*] rise time [*of a pulse*]
tiempo de subida de la forma de onda | waveform rise time
tiempo de subida de la onda | waveform rise time
tiempo de subida del centelleo | scintillation rise time
tiempo de subida del impulso | pulse rise time
tiempo de suma | add time
tiempo de suma/resta | add-substract time
tiempo de supervivencia | survival time
tiempo de tintineo | chatter time
tiempo de trabajo | on-time
tiempo de transición | transition time
tiempo de tránsito | transit (/attack) time
tiempo de tránsito de los electrones | electron transit time
tiempo de tránsito del transistor | transistor transit lime
tiempo de tránsito entre electrodos | interelectrode transit time
tiempo de trasferencia | transfer time
tiempo de trasferencia del conmutador | switch transfer time
tiempo de trasmisión | transmission time, speed of transmission
tiempo de trasporte | carry (/transport) time
tiempo de trazado | trace time
tiempo de UCP [*tiempo de ocupación de la unidad central de proceso*] | CPU time = central processing unit time; processor time
tiempo de utilización | running (/utilization) time
tiempo de validez de una llamada con aviso previo | period of validity of a préavis call
tiempo de validez de una petición de comunicación | period of validity of a call, period during which a call is active
tiempo de vida de la energía | energy loss (/replacement) time
tiempo de vida de la reactividad | reactivity lifetime
tiempo de vida del portador | carrier lifetime
tiempo de visibilidad útil máximo | maximum usable viewing time
tiempo de visionado | viewing time
tiempo de visualización | viewing time
tiempo de vuelo | time of flight
tiempo de vuelo de neutrones lentos | slow neutron flight time
tiempo del bit | bit time
tiempo del ciclo | cycle time
tiempo del ciclo de almacenamiento | storage cycle time
tiempo del programa | program time
tiempo disponible | available (/idle) time
tiempo efectivo de propagación | overall transmission line, overall time of propagation
tiempo equivalente | equivalent time
tiempo inverso | inverse time
tiempo letal | survival time
tiempo letal del 50 % | median lethal time
tiempo libre medio de la reacción | reaction mean free time
tiempo límite de funcionamiento bajo sobrecarga | overload operating time
tiempo máximo de almacenamiento | maximum storage time
tiempo medio de difusión | average diffusion time
tiempo medio de espera | average speed-of-service interval
tiempo medio de ocupación | connect (/mean holding) time
tiempo medio de reparación | mean time to repair
tiempo medio de un impulso | mean pulse time
tiempo medio entre fallos | mean time between failures
tiempo medio entre incidentes | mean time between incidents
tiempo medio entre reparaciones | mean time to repair
tiempo medio para el fallo | mean time to failure
tiempo medio para el primer fallo | mean time to first failure
tiempo-movimiento | time-motion
tiempo muerto | downtime, dead (/paralysis) time
tiempo muerto del contador | counter dead time
tiempo muerto del repetidor de impulsos | transponder dead time
tiempo pagado | paid time
tiempo perdido | delayed pulse interval, lost-motion period (/time)
tiempo polinómico | polynomial time
tiempo productivo | uptime
tiempo promediado | averaging time
tiempo promedio | averaging time
tiempo promedio de la corriente del electrodo | electrode current averaging time
tiempo real | real time (processing)
tiempo tasable | cnargeable duration
tiempo tasado | chargeable (/paid) time
tiempo total de espera | overall speed-of-service interval
tiempo total de propagación de la señal [*desde el emisor al extremo receptor y su vuelta al trasmisor*] | round-trip time
tiempo total de transición | total transition time
tiempo trascurrido | elapsed time
tiempo útil | up-time
tiempo variable | variable time

tienda virtual | virtual store
tierra | earth [UK], ground [USA]; land
tierra a tierra | ground-to-ground
tierra accidental | earth fault, fault ground
tierra-aire | ground-to-air
tierra al bastidor | frame ground
tierra artificial | ground plane
tierra cero | ground zero
tierra de blindaje contra interferencias radioeléctricas [*o de radiofrecuencia*] | RF interference shield earth
tierra de la red | system earthing
tierra de radiofrecuencia | radiofrequency earth
tierra de retorno de corriente de llamada continua | continuous ringing current return earth
tierra de retorno de tono de invitación a marcar | dial tone return earth
tierra de retorno de tono de llamada continua | continuous ringing tone return earth
tierra de Wagner | Wagner ground
tierra del neutro | neutral ground
tierra directa | direct ground
tierra general | general ground
tierra negativa | negative ground
tierra plana | plane earth
tierra por avería | fault ground
tierra positiva | positive ground [USA]
tierra principal | main earth [UK], main ground [USA]
tierra rara | rare earth
tierra-tierra | ground-to-ground
tieso | tight
TIFF [*formato de archivo gráfico basado en etiquetas (formato normalizado para archivo de gráficos)*] | TIFF = tagged image file format [*a standard graphics file format*]
tifón | typhoon
TIG [*tungsteno en atmósfera de gas inerte*] | TIG = tungsten inert gas
tijeras | shears
tilde | caret
timbre | bell (set), (station) ringer; timbre [*by sound*]
timbre de alarma | warning bell
timbre de aparato telefónico | station ringer
timbre de baja frecuencia | low frequency ringer
timbre de batería | battery bell
timbre de corriente alterna y continua | AC/DC ringing
timbre de fin | auxiliary signal, clearing signal bell
timbre de frecuencia vocal | voice frequency ringer
timbre de golpe sencillo | single-stroke bell
timbre de teléfono selectivo | selective ringing
timbre de teléfono semiselectivo | semiselective ringing
timbre de vibración | vibrating bell

timbre de vibración sin contactos | contactless vibrating bell
timbre eléctrico | electric alarm, gong
timbre electrónico | audible (/tone) ringing
timbre falso | colouration [UK], coloration [USA]
timbre piloto | pilot alarm (/bell)
timbre polarizado | biased (/polarized) ringer, magneto (/polarized) bell
timbre selectivo | selective ringing, harmonic telephone ringer
timbre supletorio | extension bell
timbre telefónico | telephone ringer
timbre trepidante | trembler bell
timbre vibratorio | vibrating bell
TINA [*tarjeta de circuitos que posibilita el acceso del entorno MS-DOS a la RSDI*] | TINA = telefonintegrierte Netzwerkarchitektur (*ale*) [*telephone-integrated network architecture*]
TINGUIN [*interfaz de usuario gráfica interactiva fiable*] | TINGUIN = trustworthy interactive graphical user interface
tinkertoy [*modulación a base de placas de componentes con apilado vertical*] | tinkertoy
tinta | dye; ink
tinta en polvo | toner
tinta magnética | magnetic ink
tinte | stain
tinte láser | laser dyes
tintineo | chatter
tintineo de contacto interno | internally-caused contact chatter
TIP [*procesador de mensajes con interfaz de terminales*] | TIP = terminal interface processor
tipificación | standardization
tipo | normal, standard; style, type; [*de letra*] typeface
tipo booleano | Boolean type
tipo de archivo | file type
tipo de avisador | bell type
tipo de carácter | font
tipo de caracteres | character type
tipo de carga útil | payload type
tipo de contenido | content type
tipo de datos | data type
tipo de datos abstracto | abstract data type
tipo de datos booleano | Boolean type
tipo de datos de caracteres | character type
tipo de datos de números enteros | integer type
tipo de datos definido para usuarios | user-defined data type
tipo de datos escalable | scalar data type
tipo de datos que se pueden insertar | droppable data type
tipo de disco duro | hard disk type
tipo de emisión | emission type, type of emission
tipo de enumeración | enumeration type

tipo de informe | report type
tipo de instrucción no válida | invalid statement type
tipo de letra | font
tipo de letra escalable | scalable typeface
tipo de letra para ordenador | computer letter
tipo de mensaje | message type
tipo de números enteros | integer type
tipo de objeto | object type
tipo de proceso | process type
tipo de propiedad | property sort
tipo de recurso | resource type
tipo de servicio | type of duty
tipo de tarjeta | card type
tipo de ventana | window type
tipo del procesador | processor type
tipo encapsulado [*tipo de datos*] | encapsulated type
tipo lógico | logical type
tipo N | N type
tipo no embutido | surface type
tipo P | P type
tipo preferido de válvula | preferred valve type
tipo primitivo | primitive type
tipo real | real type
tipo sobresaliente | surface type
tipografía | typography
tipógrafo incorporado | built-in font
tipos de pilas | types of cell
tipos de transición de acoplamiento | transition types coupling
tipos de usuario | user classes of services
tipotrón | typotron
tira | strip, cutting
tira antirradar | chaff
tira bimetálica | bimetallic strip
tira cortocircuitadora | shorting strip
tira de capacidad decreciente | tapered capacitance strip
tira de caracteres | character string
tira fusible | strip fuse
tira identificadora | identification strip
tira neutra | leader
tira perturbadora | chaff
tira portaetiqueta | designation strip
tira sensitométrica | sensitometric strip
tiracintas de ondulador | undulator motor drive
tirante | span, stay, staybolt, steady span
tirante de cruceta [*tirante para crucetas desequilibradas*] | crossarm brace
tirantez | strain
tiras antirradáricas | window
tiras perturbadoras no resonantes | untuned rope
tiratón autoextintor | self-extinguishing thyratron
tiratrón | thyratron (valve)
tiratrón con rejilla de blindaje | shield grid thyratron
tiratrón con rejilla de control | positive valve

tiratrón con rejilla de protección | shield grid thyratron
tiratrón de argón | argon thyratron
tiratrón de disparo | trigger thyratron
tiratrón de estado sólido | solid-state thyratron
tiratrón de hidrógeno | hydrogen thyratron
tiratrón estroboscópico | strobotron = stroboscope thyratron
tiratrón generador de dientes de sierra | thyratron sawtooth-wave generator
tiratrón tetrodo en atmósfera de gas inerte | tetrode inert-gas-filled thyratron
tirector [*diodo de silicio que actúa como aislador y como conductor en función de su tensión*] | thyrector
tiristor [*rectificador controlado de silicio*] | thyristor; silicon-controlled rectifier [*obs*]
tiristor bidireccional | bidirectional thyristor
tiristor bilateral [*semiconductor formado por dos tiristores que conduce en ambas direcciones*] | bilateral thyristor
tiristor de apagado | turnoff thyristor
tiristor de bloqueo inverso | reverse-blocking thyristor
tiristor de puerta P | P-gate thyristor
tiristor de puerta tipo N | N gate thyristor
tiristor diodo bidireccional | bidirectional diode thyristor
tiristor diodo de bloqueo inverso | reverse-blocking diode thyristor
tiristor diodo de conducción inversa | reverse-conducting diode thyristor
tiristor triodo | triode thyristor
tiristor triodo bidireccional | triac, bidirectional triode thyristor
tiristor triodo de bloqueo inverso | reverse-blocking triode thyristor
tiristor triodo de conducción inversa | reverse-conducting triode thyristor
tirita [*materia cerámica de carburo de silicio con características no lineales de resistencia eléctrica*] | thyrite
tiro | fire, pulsing circuit
tirón | strain
tirolita | thyrite
tirón activo | active pullup
TIROS [*satélite de observación equipado con infrarrojos y televisión*] | TIROS = television infrared observation satellite
titanato de bario | barium titanate
titanio | titan, titanium
titilación | flutter, scintillating, scintillation
titilación de avión | aircraft flutter
titrador [*titulador*] | titration apparatus
titulación | titration
titulador [*titrador*] | titration apparatus
titulador potenciométrico | potentiometric titrimeter
titular de la licencia | patentee

titular de un abono | subscriber
título | title
título de cuadro de diálogo | dialog box title
título de la ventana | window title
título de ventana | window title
tixotropía | thixotropy
tixotrópico | thixotropic
tiza | chalk
TJ = técnico jefe | CHT = chief technician
Tl = talio | Tl = thallium
TLC [*controlador de línea telegráfica*] | TLC = telegraph line controller
TLD [*diseño de máximo nivel*] | TLD = top level design
Tlf. = teléfono | TLF = telephone
Tlg. = telégrafo | TLG = telegraph
TLO [*pérdida completa solamente*] | TLO = total loss only
TLS [*protocolo de seguridad en la capa de trasporte de datos*] | TLS = transport layer security
TLU [*consulta de tablas*] | TLU = table look-up
Tm = tulio | Tm = thulium
TM [*máquina de Turing*] | TM = Turing machine
TM = terminación móvil | MT = mobile termination
TMA [*asociación de empresarios de telecomunicación*] | TMA = Telecommunications managers association
TMA = telefonía móvil automática | TMA [*automatic mobile telephony*]
TMEF = tiempo (/intervalo) medio entre fallos | MTBF = mean time between failures
TMN [*red de gestión de telecomunicaciones*] | TMN = telecommunications management network
TMR [*resonancia magnética tópica*] | TMR = topical magnetic resonance
TMR = tiempo medio de reparación, tiempo (/intervalo) medio entre reparaciones | MTTR = mean time to repair
TMSI [*identificador temporal de abonado móvil*] | TMSI = temporary mobile subscriber identifier
Tn = torón | Tn = toron
TNT [*de placa sintonizada, en osciladores*] | TNT = tuned not-tuned
TNTS [*sistema de trasmisión telenuclear*] | TNTS = tele-nuclear transmission system
TO = trasformador de oscilación | OT = oscillation transformer
tobera | jet, nozzle
tobera atomizadora por ultrasonidos | ultrasonic nozzle
tobera de aire | air jet
tobera de medición | calibrating jet
tobera de pulverización | spray jet (/nozzle)
tobera de salida | exit (/outlet) jet
tobera de vidrio | glass jet
tocadiscos | phonograph, record player

tocadiscos automático | phono changer, (automatic) record changer
tocadiscos de maleta | portable gramophone (/phonograph)
tocadiscos manual de un solo disco | manual single play
tocadiscos portátil | portable gramophone (/phonograph)
toda onda | multifrequency
todo antes | all before
todo después | all after
todo el día | all day
todos | several
todos los derechos reservados | all rights reserved
todos los mensajes del registro | all log messages
TOF [*cabecera de archivo*] | TOF = top-of-file
tokamak [*confinador de plasma para investigación de fusión nuclear*] | tokamak
token bus [*procedimiento de acceso a LAN en anillo*] | token bus
tolerancia | allowance, tolerance
tolerancia a la radiofrecuencia | RF tolerance
tolerancia a la vibración | vibration tolerability (/tolerance)
tolerancia a los fallos | fault tolerance, critical computing
tolerancia absoluta | absolute tolerance
tolerancia amplia | wide tolerance
tolerancia de capacidad | capacitance tolerance
tolerancia de desgaste de contactos | contact wear allowance
tolerancia de distorsión | distortion tolerance
tolerancia de fabricación | fabrication tolerance
tolerancia de frecuencia | frequency tolerance
tolerancia de frecuencia del trasmisor | transmitter frequency tolerance
tolerancia de la resistencia | resistance tolerance
tolerancia de radiofrecuencia | RF tolerance
tolerancia dimensional nominal | nominal size limit
tolerancia electromagnética | electromagnetic compatibility
tolerancia en vacío | no-load tolerance
tolerancia especial | special tolerance
tolerancia más rígida que la normal | special tolerance
tolerancia nominal | nominal tolerance
tolerancia unilateral | unilateral limit
tolerante al fallo | fail-soft, fault-tolerant
TOM [*múltiplex de cuatro canales*] | TOM = telegraph on multiplex
toma | takeoff [UK], pickup, picking up; receptacle; seizing, seizure, socket, tap, tapoff, tapping

toma a tierra estática | static ground
toma auxiliar [*de señal*] | auxiliary
toma auxiliar de corriente alterna con interruptor [*para aparatos accesorios*] | switched AC accessory outlet
toma central | centre tap
toma de arado | plough [UK], plow [USA]
toma de batería | battery power receptacle
toma de conexión telefónica extremo-anillo-pantalla | TRS phone plug = tip-ring-sleeve phone plug
toma de conexión telefónica extremo-pantalla | TS phone plug = tip-sleeve phone plug
toma de control | takeover
toma de corriente | outlet, collector, plug connection, power outlet (/plug), receptacle, socket, tap
toma de corriente alterna | AC power = alternating-current power
toma de corriente auxiliar | utility outlet
toma de corriente auxiliar de uso general | utility outlet
toma de corriente con enchufe hembra y macho | socket outlet and plug
toma de corriente con interruptor | switched outlet
toma de corriente con puesta a tierra | grounding (/safety) outlet
toma de corriente de pared | wall outlet (/receptacle)
toma de corriente de pértiga | whip current collector
toma de corriente de tres contactos | three-pronged power outlet
toma de corriente mural | wall outlet
toma de corriente para soldar | welding point
toma de corriente sin interruptor | unswitched outlet
toma de dos espigas | two-pin socket
toma de enchufe | plug receptacle, plug-in outlet
toma de energía para aparatos auxiliares | power takeoff
toma de fuerza | power plug (/takeoff)
toma de línea | plugging-up
toma de líneas averiadas | plugging-up lines
toma de muestras | sampling
toma de potencia | power intake (/takeoff)
toma de prueba | test shot
toma de regulación | tapping point
toma de servicio | service box (/line)
toma de sonido | sound takeoff
toma de telecine | motion picture pickup
toma de televisión | television pickup
toma de tensión | voltage tap (/tapping)
toma de tierra | earth, earthing [UK], ground, grounding [USA]; frame ground
toma de tierra de señalización | signal ground
toma de tierra equilibrada | counterpoise
toma de un circuito | seizure
toma de Vca = toma de (voltios de) corriente alterna | VAC outlet = (volts) alternating current outlet
toma de velocidad | velocity pickup
toma del espectro | exposure of a spectrum
toma del rotor | rotor take-off
toma del trasformador | transformer tap
toma eléctrica con conexión de tierra | ground outlet
toma estática | static head
toma exterior | nemo, outside broadcast
toma panorámica | panning
toma simultánea de enlace [*toma simultánea de un enlace a dos hilos desde ambos extremos*] | glare
toma superior | topmost tap
toma vertical | standpipe
tomacorriente | plug body, power outlet, receptacle, service box
tomacorriente con conexiones de antena y tierra | radio outlet
tomacorriente de clavija | plug receptacle, plug-in outlet
tomacorriente de dos contactos | two-wire outlet
tomacorriente de dos hilos | two-wire outlet
tomacorriente múltiple | receptacle outlet
tomacorriente polarizado | polarized receptacle
tomar | to seize, to tap off
tomar muestras | to sample
tomar muestras y retener | to sample and hold
tomavistas episcópico | opaque pick-up unit
tombaga [*aleación usada en bisutería*] | tombac
tomografía | tomography
tomografía asistida por ordenador | computer-assisted tomography
tomografía axial informatizada | computerized axial tomography
tomografía computarizada por transmisión | transmission computer tomographie
tomógrafo | planigraph
tonalidad | (modulating) tone, audiofrequency modulating tone; [*del color*] hue
tonalidad cromática | hub
tonalidad del local | ambience
tonel | barrel
tóner [*tinta en polvo para impresoras*] | toner
tono | tone; tint; hue
tono audible | audible tone
tono complejo | complex tone
tono completo | whole tone
tono compuesto | combination tone
tono de alarma | alarm tone
tono de alarma de avería | fault alarm tone
tono de arranque | spurt tone
tono de audiofrecuencia | tone frequency
tono de avería | fault tone
tono de aviso | override tone
tono de banda lateral única manipulado | single-sideband keyed tone
tono de batido | beat tone (/note)
tono de conmutación | switching (control) tone
tono de control de llamada | buzzer tone
tono de distorsión | fuzz
tono de fallo | fault tone
tono de frecuencia vocal | voice tone
tono de identificación | tone identification signal
tono de invitación a marcar | dialling (/dial) tone
tono de llamada | audible (/tone) ringing, ringing tone (signal), tone call
tono de llamada audible | audible ringing tone
tono de llamada continua | continuous ringing tone
tono de llamada inmediato | immediate ringing tone
tono de llamada interrumpido | interrupted ringing tone
tono de maniobra | audible signal
tono de marcación [*procedimiento para marcar las cifras en telefonía patentado por ATT*] | touch tone
tono de marcación de aviso | attention dial tone
tono de marcar | dial tone
tono de marcar multifrecuencia [*procedimiento para marcar las cifras en telefonía*] | dial tone multifrequency
tono de multifrecuencia | multifrequency tone
tono de ocupación de grupo | group busy tone
tono de ocupado | busy tone
tono de orden | order tone
tono de prueba | test tone
tono de referencia | reference tone
tono de repique | ringing tone
tono de sala | room tone
tono de señalización | marker pip, signal tone, signalling channel (/tone)
tono de sobrecarga | equipment engaged tone
tono de tecla de llamada | touch-tone
tono de telegrafía | telegraph tone
tono de trabajo | making tone
tono eólico | aeolian tone [UK], eolian tone [USA]
tono especial de información | special information tone
tono fundamental | fundamental tone
tono indicador de avería | trouble tone
tono local | sidetone
tono manipulado en amplitud | amplitude-keyed tone

tono múltiple | multitone
tono normal | standard pitch
tono piloto | pilot tone
tono puro | pure (/simple) tone
tono secundario | secondary tone
tono sencillo | simple tone
tono simple | simple tone
tono sinusoidal | sinusoidal tone
tono siseante | sibilance
tono suma | summation tone
tono ululante | warble tone
tono vocal | voice tone
tonómetro | tonometer
tonómetro electrónico | electronic tonometer
tonos agudos | treble
Tonotron [*marca comercial de válvula acumuladora de visión directa*] | Tonotron
TOP [*protocolo técnico y administrativo*] | TOP = technical and office protocol
tope | butt, stop, stud
tope ajustable | setting stop
tope amagnético de armadura | non-magnetic armature shim
tope antirremanente | residual stop (/post)
tope de barra vertical | vertical bar backstop
tope de disco | finger stop of dial
tope de entrehierro | residual stop, stop pin
tope de marcador | finger stop of dial
tope de resorte | spring stop
tope de rotación a la derecha | right rotation stop
tope del cuadrante de arranque | starting dial detent
tope del impulso | pulse top
tope del relé | relay stop pin
tope digital | finger stop
tope digital del disco marcador | finger stop
tope limitador | stop pin
tope metálico | vertical bar backstop stud
tope metálico del selector | vertical bar backstop stud
tope móvil | movable stop
tope posterior | backstop
tope posterior de la armadura | armature backstop
topografía asistida por radar | radar terrain profiling
topografía por radar | radar surveying
topología | topology
topología de bus | bus topology
topología de doble anillo | dual-ring topology
topología de estrella en cascada [*en redes informáticas*] | cascaded star topology
topología de las redes | network topology
topología de las redes eléctricas | network topology
topología de red | network topology
topología en anillo | ring topology

topología en estrella | star topology
TOPS [*sistema operativo de terminales*] | TOPS = terminal operating system
toque | touch
toque de alarma | alarm call
toque de atención | call offer (/offering, /pending, /waiting, /warning), excutive (/station) camp on, waiting idication
TOR [*múltiplex de dos canales*] | TOR = telegraph on radio
TOR [*teleimpresora vía radio*] | TOR = teletypewriter on radio
torbellino | twister
torbernita | torbernite
torcedora | quadding (/twisting) machine
torcedura | warpage, wind
torcido adicional | additional twisting
toria [*dióxido de torio*] | thoria
torianita | thorianite
tórido | thoride
torio | thorium
torita | thorite
tormenta [*tráfico excesivo en una red*] | storm
tormenta de emisiones [*con sobrecarga de la red*] | broadcast storm
tormenta de fuego | firestorm
tormenta de ruido radioeléctrico | radio noise storm
tormenta eléctrica | electric storm
tormenta ionosférica | ionospheric storm
tormenta magnética | magnetic storm
tormenta radioeléctrica | radio storm
tornado | twister
tornadotrón [*generador de ondas electromagnéticas milimétricas*] | tornadotron
tornapunta | push (/push-pole) brace, strut
torneo | tournament
tornillo | screw
tornillo Allen | Allen screw
tornillo con cabeza de arandela | washer-head screw
tornillo con cabeza de paleta | spade bolt
tornillo con fiador | captive screw
tornillo de ajuste | residual screw
tornillo de avance | lead screw
tornillo de cabeza cuadrada | square head screw
tornillo de cabeza hexagonal | hex head screw
tornillo de estrella | Phillips screw
tornillo de fijación | setscrew, mounting screw
tornillo de montaje | stud, mounting screw
tornillo de reglaje de la válvula | valve-adjusting screw
tornillo de retención | stop screw
tornillo de rosca triangular | V-threaded screw
tornillo de sintonía | tuning screw
tornillo de sintonización | tuning screw

tornillo de sujeción | retaining (/terminal) screw
tornillo de tope | stop screw
tornillo imperdible | captive screw
tornillo limitador | stop screw
tornillo para madera | woodscrew
tornillo Phillips | Phillips screw
tornillo pivote | pivoting screw
tornillo residual | residual screw
tornillo sin fin | spiral conveyor
tornillo sin fin para arena | spiral sand pump
tornillo trasportador | spiral conveyor
toroidal | toroidal
toroide | toroid
toroide central | centre ring
torón | thoron
torón preformado | preformed strand
torpedo propulsado por cohete | rocket-assisted torpedo
torque | torque
torr [*unidad de presión para el vacío parcial igual a 133,32 pascales, equivalente a la presión de un milímetro de mercurio*] | torr [*unit of pressure for partial vacuums equal to 133,32 pascals*]
torre | tower
torre autoestable | self-supporting tower
torre de antena | aerial tower, radio mast
torre de antena autoportante | self-supporting aerial tower
torre de antena emisora | radio tower
torre de celosía | lattice tower
torre de enfriamiento del agua | water-cooling tower
torre de protocolos | stack
torre de radar | radar tower
torre de refrigeración del agua | water-cooling tower
torre de repetición | relay tower
torre de retrasmisión | relay tower
torre de telecomunicaciones | telecommunication tower
torre de terminal muerto | dead end tower
torre de trasmisión | transmission (/transmitter) tower
torre depuradora | scrubbing tower
torre en celosía | pylon
torre exploradora | scanner tower
torre metálica | pylon
torre movible | movable tower
torre radiante | radiating tower
torre solar | solar tower
torre telescópica | telescopic tower
torreta | turret
torricelli [*véase: torr*] | torr
torsiómetro de reluctancia | reluctance torquemeter
torsión | lay, twist, wind
torsión de guiaondas | waveguide twist
torsión de reposición | restoring torque
torsión del plano E | E-plane bend

torsión dextrorsum | right lay
torsión hacia la derecha | right (/right-hand, /right-handed) lay
torta amarilla | yellow cake
torta de cera | cake wax
tostación a cloro | chlorination
total | full, overall, total, whole
total de comprobación | hash total, total hash
total de control | control total
total de verificación del lote | batch total
total parcializado | hash total
totalización | totalizing
totalizador | counting train, full adder, position meter
totalizador de posiciones | position peg-count register
totalizador de sobrecarga | excess energy meter
totalizador de un aparato de medición | register of a meter
totalizador de un contador | register of a meter
totalizador normalizado | standard register
totalizar por suma | to summarise [UK], to summarize [UK+USA]
toxicidad del radio | radium toxicity
TP = teleimpresora | TP = teleprinter
tpi [*pistas por pulgada*] | tpi = tracks per inch
TPM [*mantenimiento realizado por empresa de terceros*] | TPM = third-party maintenance
TPV = terminal de punto de venta | POS = point of sale
TR = terminación de red | NT = network termination
TR = tiempo de repetición | RT = repetition time
TR = transistor | TR = transistor
TR = trasformador rotativo | RT = rotary transformer
traba | lock-out
trabajador sometido a radiación | radiation worker
trabajar | to work
trabajo | job, work, working
trabajo alrededor de un problema [*eludiéndolo*] | workaround
trabajo con ventanas | windowing
trabajo de desprendimiento de electrones | work function
trabajo de extracción | work function
trabajo de ionización | work of ionization
trabajo de salida | work function
trabajo en cadena | online production
trabajo en dúplex | duplex working
trabajo en multimodo | multimode operation
trabajo en serie | batch job
trabajo externo | outer work function
trabajo informático en grupo [*usando una red*] | workgroup computing
trabajo interno | inner work function
trabajo periódico | periodic duty

trabajo por lotes | batch job
trabajo por turno | shift working
TRAC [*Comité para la aplicación de recomendaciones técnicas*] | TRAC = technical recommendations application committee
TRACALS [*sistema de control de tráfico aéreo, navegación, aproximación y aterrizaje*] | TRACALS = air traffic control, navigation, approach, and landing system
tracción | pull (strength)
tracción eléctrica por gasolina | gas electric drive
tracción esclava | slaved tracking
tracción negativa | reverse thrust
tracción termoeléctrica | thermoelectric traction
tractor | tractor
traducción | translation
traducción de algoritmo | algorithm translation
traducción de datos | data translation
traducción de direcciones de red [*entre redes privadas e internet*] | network address translation
traducción de fórmulas | formula translation
traducción de frecuencia | frequency translation
traducción de lenguaje | language translation
traducir | to translate; to map
traductor | coder, interpreter, translator
traductor con circuito de memoria | wired memory translator
traductor de clave | coder
traductor de frecuencia | frequency translator
traductor de impulsos | pulse translator
traductor de lenguaje | language translator
traductor de nivel | level translator
traductor de números de abonado | digit translator, extension number translation
traductor del puerto de direcciones de la red | network address port translator
tráfico | traffic
tráfico A | A traffic
tráfico a gran distancia | long distance traffic
tráfico alto | high traffic
tráfico artificial | artificial traffic
tráfico automático | dialled traffic
tráfico bajo | low traffic
tráfico continental | continental circuit traffic
tráfico cursado | traffic carried
tráfico de comunicaciones por radio | radio traffic
tráfico de datos | data traffic
tráfico de desbordamiento | overflow (/residual) traffic
tráfico de entrada | inward traffic
tráfico de escala | via traffic

tráfico de escala por almacenamiento y reexpedición | store-and-forward traffic
tráfico de espera | delay (/waiting) traffic
tráfico de llegada | incoming (/inward) traffic
tráfico de mensajes de servicio | A traffic
tráfico de prueba | test traffic
tráfico de recogida | pick-up traffic
tráfico de salida | originating (/outgoing) traffic
tráfico de telecomunicaciones | telecommunication traffic
tráfico de teléfono a teléfono | station-to-station traffic
tráfico de telegramas | telegram traffic
tráfico de tránsito | transit traffic
tráfico de una sola operadora | one-operator traffic
tráfico débil | low traffic
tráfico desaprovechado | waste traffic
tráfico diferido | delayed traffic
tráfico entrante | incoming traffic
tráfico entre abonados | subscriber traffic
tráfico entre redes | internet traffic
tráfico ferroviario integrado por ordenador | computer-integrated railroading
tráfico ficticio | artificial traffic
tráfico fronterizo | frontier (/junction) traffic
tráfico hacia el sur | S/B traffic
tráfico ideal | pure chance traffic
tráfico intercontinental | intercontinental traffic
tráfico interior | domestic (/inland) traffic
tráfico internacional | international traffic
tráfico interno | internal traffic
tráfico interurbano | trunk traffic
tráfico interurbano de corta distancia | short haul traffic
tráfico interurbano de larga distancia | long haul traffic
tráfico interurbano interior | inland trunk traffic
tráfico limítrofe | junction traffic
tráfico medio de día laborable | average traffic per working day
tráfico nervioso | nervous traffic
tráfico oficial | official traffic
tráfico ofrecido | traffic offered
tráfico originado | originating traffic
tráfico para tercero | third-party traffic
tráfico perdido | lost traffic
tráfico por conmutación | switching traffic
tráfico por teleimpresora | teletypewriter traffic
tráfico por télex | telex traffic
tráfico puramente aleatorio | pure chance traffic
tráfico radiotelefónico | radiotelephone traffic

tráfico real | live traffic
tráfico regional | junction traffic
tráfico regularizado | smooth traffic
tráfico residual | overflow, residual traffic
tráfico saliente | outgoing traffic
tráfico semiautomático | semiautomatic traffic
tráfico simulado | artificial traffic
tráfico suburbano | junction traffic
tráfico tasado | paid traffic
tráfico telefónico | telephone traffic
tráfico telefónico según convenio | prearranged telephone traffic
tráfico telegráfico | telegraph traffic
tráfico teletipográfico | teletypewriter traffic
tráfico terminado | terminating traffic
tráfico terminal | terminal traffic
tráfico urbano | local (/short haul) traffic
traje espacial | spacesuit
trama | raster; [*de datos*] frame
trama de eliminación de color | chroma clear raster
trama de exploración | (scanning) raster
trama de impulsos | pulse frame
trama hacia la derecha | right-hand lay, right-handed lay
tramitar | to mature
tramo | run, section, span
tramo a tramo | link by link
tramo de cable | segment of cable
tramo no compensado | noncompensated length
trampa | trap
trampa adiabática | adiabatic trap
trampa caliente | hot trap
trampa de absorción | absorption trap
trampa de baja resistencia | low-resistance trap
trampa de flujo | flux trap
trampa de haz | beam trap
trampa de huecos | hole trap
trampa de iones | ion trap, beam bender
trampa de iones de cañón curvado | bent-gun ion trap
trampa de iones por haz doblado | bent-beam ion trap
trampa de línea | line trap
trampa de ondas | wavetrap
trampa de piso | floor trap
trampa de radar | radar decoy
trampa de resonancia en serie | series resonant trap
trampa de semiconductor | semiconductor trap
trampa de vapor | steam trap
trampa magnética de iones | ion trap magnet
trampa para la señal de sonido | sound trap
trampa para los productos de escisión | fission product trap
trampa para los productos de fisión | fission product trap
trampa refrigerada | refrigerated trap
trancor [*aleación magnética de silicio y hierro*] | trancor
trans-, tras- (*pref*) | trans-
TRANS = transformador, trasformador | TRANS = transformer
transacción | transaction, composition
transacción anidada | [*en programación, operación insertada en otra de mayor entidad*] nested transaction; subtransaction
transacción atómica | atomic transaction
transacción electrónica segura [*protocolo de comercio electrónico*] | secure electronic transaction
transacción pura | pure transaction
transacción segura | secure transaction
transadmitancia [*trasadmitancia*] | transadmittance
transcendental [*trascendental*] | transcendental
transceptor, trasceptor = transmisor (/trasmisor) y receptor | transceptor = transmitter and receiver, transmitter/receiver; transceiver
transcodificador [*trascodificador*] | transcoder
transconductancia [*trasconductancia*] | transconductance
transconductómetro [*trasconductómetro*] | transconductometer
transconductor [*trasconductor*] | transconductor
transconexión [*trasconexión*] | cross-connect
transcontinental [*trascontinental*] | transcontinental
transcribir [*trascribir*] | to transcribe
transcripción [*trascripción*] | transcription
transcriptor [*trascriptor*] | transcriptor
transcuriano [*trascuriano*] | transcurial
transcurrido [*trascurrido*] | elapsed
transdiferencial [*trasdiferencial*] | transdifferential
transdiodo [*trasdiodo*] | transdiode
transducción [*trasducción*] | transconduction
transductor [*trasductor*] | transductor
transecuatorial [*trasecuatorial*] | transequatorial
transferencia [*trasferencia*] | transfer
transferir [*trasferir*] | to transfer
transferómetro [*trasferómetro*] | transferometer
transfluxor [*trasfluxor*] | transfluxor
transformación [*trasformación*] | transformation
trasformada discreta del coseno | discrete cosine transform
transformador [*trasformador*] | transformator
transformar [*trasformar*] | to transform
transhíbrido [*trashíbrido*] | transhybrid
transhorizonte [*trashorizonte*] | transhorizon

transición | transition
transición al estado de superconducción | superconducting transition
transición conductiva | breakover
transición conductiva directa | forward breakover
transición conductiva en sentido directo | forward breakover
transición cuántica | quantum transition
transición de acceso [*en dispositivos lógicos*] | loging-on
transición de amplitud de la señal | signal edge
transición de espacio a marca | space-to-mark transition
transición de la señal | signal edge
transición de marca a espacio | mark-to-space transition
transición de modo | moding
transición de salida [*paso de estado nulo al de acceso en elementos lógicos*] | loging-off
transición gradual | taper, taper (/tapered) transition
transición isomérica | isomeric transition
transición no radiactiva | radiationless transition
transición no radiativa | nonquantized transition
transición permitida | allowed transition
transición por cortocircuito (/derivación) | shunt (/short-circuit) transition
transición por puente | bridge transition
transición positiva | positive transition
transición progresiva | taper (/tapered) transition
transición prohibida | forbidden transition
transición radiactiva | radiative transition
transición radiante directa | direct radiative transition
transición radiante indirecta | indirect radiative transition
transición serie-paralelo | series-parallel change (/transition), transition series-parallel
transición serie-paralelo por corte de derivaciones en la red | series-parallel change by opening the circuits in the network
transición serie-paralelo por resistencia | series-parallel shunt transition
transimpedancia [*trasimpedancia*] | transimpedance
transinformación [*trasinformación*] [*diferencia entre la información de entrada y la de salida*] | transinformation
transistancia | transistance
transistor [*trasistor*] | transistor
transistor 'copo de nieve' [*con emisor en estrella de seis puntas*] | snowflake transistor

transistor adaptado simétricamente | matched symmetrical transistor
transistor aleado | alloy (/alloyed) transistor
transistor aleado difundido | allo-diffused transistor
transistor aleado-difuso | post-alloy-diffused transistor
transistor anular | annular transistor
transistor bidireccional | bidirectional transistor
transistor bipolar | bipolar (junction) transistor
transistor bipolar de efecto de campo | heterojunction bipolar junction transistor
transistor coaxial | coaxial transistor
transistor colector común | common collector transistor
transistor combinado | compound-connected transistor
transistor complementario de unión única | complementary unijunction transistor
transistor con efecto de campo | field effect transistor
transistor con efecto de gancho PN | PN hook transistor
transistor con puntas (/punto) de contacto | point contact transistor
transistor con una sola capa | unijunction transistor
transistor conmutador | switching transistor
transistor de aleación | alloy transistor
transistor de aleación de silicio | silicon alloy transistor
transistor de aleación difusa | diffused alloy transistor
transistor de aleación-difusión | allo-diffused transistor, post-alloy-diffused transistor
transistor de aleación superficial | surface alloy transistor
transistor de almacenamiento de carga | charge storage transistor
transistor de avalancha | avalanche transistor
transistor de avalancha de superficie controlada | surface-controlled avalanche transistor
transistor de barrera de superficie | surface barrier transistor
transistor de barrera de unión | bonded-barrier transistor
transistor de barrera intrínseca | intrinsic barrier transistor
transistor de barrera sólida | bonded-barrier transistor
transistor de base difusa | diffused base transistor
transistor de base epitaxial | epitaxial-base transistor
transistor de base epitaxial y emisor difuso | diffused emitter epitaxial base transistor
transistor de base gradual | graded-base transistor
transistor de base homotaxial | homotaxial-base transistor
transistor de base metálica | metal base transistor
transistor de beta variable | variable beta transistor
transistor de campo | fieldistor
transistor de campo interno | drift transistor
transistor de capa agotada | depletion layer transistor
transistor de capas de difusión | grown-diffused transistor
transistor de carburo de silicio | silicon carbide transistor
transistor de colector común | common collector transistor
transistor de compuerta resonante | resonant gate transistor
transistor de conmutación | switching transistor
transistor de conmutación rápida | high-speed switching transistor
transistor de contacto por punta | whisker-type transistor
transistor de contacto puntual | whisker-type transistor
transistor de contacto puntual para muy altas frecuencias | VHF point contact transistor
transistor de contactos de punta | point transistor
transistor de cristal en cuña | wedge-type transistor
transistor de cuatro capas | four-layer transistor
transistor de deriva | drift transistor
transistor de difusión | diffusion transistor
transistor de difusión microaleado | microalloy-diffused transistor
transistor de difusión única | single-diffused transistor
transistor de doble difusión | double-diffused transistor
transistor de doble dopado | double-doped transistor
transistor de doble superficie | double surface transistor
transistor de efecto de campo | unipolar (/field-effect) transistor
transistor de efecto de campo de intensificación | enhancement-mode field-effect transistor
transistor de efecto de campo de silicio sobre zafiro | silicon-on-sapphire field-effect transistor
transistor de efecto de campo de tipo reducción | depletion-type field-effect transistor
transistor de efecto de campo del canal N | N-channel FET = N-channel field-effect transistor
transistor de efecto de campo del canal P | P-channel FET = P-channel field-effect transistor
transistor de efecto de campo en modo de reducción | depletion mode field-effect transistor
transistor de efecto de campo multicanal | multichannel field-effect transistor
transistor de efecto de campo semiconductor de óxido metálico | insulated-gate FET = metal-oxide semiconductor field-effect transistor
transistor de efecto de campo VMOS de potencia | VMOS power FET
transistor de efecto de reducción de campo | depletion field-effect transistor
transistor de emisor común | common emitter transistor
transistor de emisor doble | dual emitter transistor
transistor de emisor y base difusos | diffused emitter and base transistor
transistor de emisor y colector difusos | diffused emitter-collector transistor
transistor de estabilización | stabilizing transistor
transistor de filamento | filamentary transistor
transistor de fusión | meltback (/melt-quench) transistor
transistor de fusión difuso | meltback diffused transistor
transistor de gancho | hook transistor
transistor de germanio | germanium transistor
transistor de microaleación | microalloy transistor
transistor de modulación de conductividad | conductivity modulation transistor
transistor de múltiples emisores | multiemitter transistor
transistor de PbS = transistor de sulfuro de plomo | PbS transistor = lead sulphide transistor
transistor de película delgada | thin-film transistor
transistor de pentodo | pentode transistor
transistor de pentodo de efecto de campo | pentode field-effect transistor
transistor de planos difundidos | diffused planar transistor
transistor de potencia | power transistor
transistor de precisión de aleación de silicio | silicon precision alloy transistor
transistor de puerta de control | gated transistor
transistor de puerta resonante | resonant gate transistor
transistor de punta de contacto con base tipo P | P-type base point-contact transistor
transistor de puntas | point transistor
transistor de puntas y uniones de contacto | point junction transistor
transistor de radiofrecuencia | RF

transistor = radiofrequency transistor
transistor de resistencia base | base resistance transistor
transistor de salida sencilla | single-ended transistor
transistor de segunda | transistor second
transistor de silicio | silicon transistor
transistor de silicio de potencia difusa | silicon-diffused power transistor
transistor de silicio epitaxial de difusión tipo meseta | silicon-diffused epitaxial mesa transistor
transistor de sobrecarga | overlay transistor
transistor de solidificación | meltback transistor
transistor de superficie de difusión | surface barrier diffused transistor
transistor de superficie pasivada | surface-passivated transistor
transistor de tres uniones | three-junction transistor
transistor de triple difusión | triple-diffused transistor
transistor de una sola unión | single-junction transistor
transistor de unión | junction transistor
transistor de unión de aleación | fused junction transistor
transistor de unión de base doble | double base junction transistor
transistor de unión de efecto de campo | junction fieldistor = junction field-effect transistor
transistor de unión electroquímica | electrochemical junction transistor
transistor de unión graduada | rate-grown transistor
transistor de unión gradual | graded junction transistor
transistor de unión intrínseca | intrinsic junction transistor
transistor de unión PN | PN-junction transistor
transistor de unión PNP | PNP-junction transistor
transistor de unión por difusión | grown-diffused transistor
transistor de unión progresiva | rate-grown transistor
transistor de unión única | unijunction transistor
transistor de unión única programable | programmable unijunction transistor
transistor de uniones de estructura plana | planar junction transistor
transistor de uniones de silicio | silicon junction transistor
transistor de uniones NPIN | NPIN-junction transistor
transistor de uniones n-p-n | NPN-junction transistor
transistor de uniones n-p-n por variación de la velocidad de crecimiento | NPN rate-grown junction transistor
transistor de uniones por crecimiento | grown junction transistor
transistor de uniones por difusión | diffused junction transistor
transistor de zona desierta | depletion layer transistor
transistor de zona intrínseca | intrinsic region transistor
transistor del tipo de empobrecimiento | depletion-type transistor
transistor del tipo de enriquecimiento | enhancement-type transistor
transistor detector | sensing transistor
transistor difundido | diffused transistor
transistor electroóptico | electro-optical transistor
transistor electroquímico de colector difuso | electrochemical diffused collector transistor
transistor en base común | common base transistor
transistor en cascada | tandem transistor
transistor en cuña | wedge-type transistor
transistor en paralelo | shunt transistor
transistor en serie | tandem transistor
transistor en tándem | tandem transistor
transistor epitaxial | epitaxial transistor
transistor epitaxial de base difusa | diffused base epitaxial transistor
transistor epitaxial de silicio | silicon epitaxial transistor
transistor epitaxial de unión difusa | epitaxial diffused-junction transistor
transistor epitaxial mesa difuso | epitaxial diffused-mesa transistor
transistor epitaxial planar | epitaxial planar transistor
transistor epitaxial planar de silicio | silicon epitaxial planar transistor
transistor FAMOS | FAMOS-transistor = floating-gate avalanche injection MOS transistor
transistor fotosensible | phototransistor
transistor fotosensible de efecto de campo | photosensitive field-effect transistor
transistor mesa | mesa transistor
transistor mesa de crecimiento epitaxial | epitaxial growth mesa transistor
transistor mesa de difusión | diffused mesa transistor
transistor mesa de doble difusión | double-diffused mesa transistor
transistor meseta epitaxial de doble difusión | double-diffused epitaxial mesa transistor
transistor microaleado | microalloy transistor
transistor monounión de silicio | silicon unijunction transistor
transistor MOS | insulated-gate FET, metal-oxide semiconductor field-effect transistor
transistor MOS de acumulación | enhancement MOS transistor
transistor multiemisor | multiemitter transistor
transistor NPIN | NPIN transistor
transistor NPIP | NPIP transistor
transistor NPN, transistor n-p-n | NPN transistor
transistor n-p-n-p | NPNP transistor
transistor n-p-n-p con efecto de gancho en el colector | NPNP hook multiplier transistor
transistor n-p-n-p con multiplicación en el colector | NPNP hook multiplier transistor
transistor optoelectrónico | optoelectronic transistor
transistor oscilador | oscillator transistor
transistor pasivado | passivated transistor
transistor planar | planar transistor
transistor plano | planar transistor
transistor plano de silicio | planar silicon transistor, silicon planar transistor
transistor plano de unión | planar junction transistor
transistor plano epitaxial | planar epitaxial transistor
transistor PNIN [*transistor con región intrínseca entre dos regiones negativas*] | PNIN transistor = positive-negative-intrinsic transistor
transistor PNIP [*transistor de unión intrínseca entre una base tipo N (negativo)*] | PNIP transistor
transistor PNP | PNP transistor
transistor PNPN | PNPN transistor
transistor por fusión | alloy (/alloyed) transistor
transistor segundo | transistor second
transistor simétrico | symmetrical transistor
transistor tetrodo | tetrode transistor
transistor tetrodo con efecto de campo | tetrode field-effect transistor
transistor tetrodo de puntas | tetrode point-contact transistor
transistor tetrodo de puntas de contacto | point contact transistor tetrode
transistor tetrodo de uniones | tetrode junction transistor
transistor tetrodo de uniones de doble fase | tetrode junction transistor
transistor tipo A | A-type transistor, type A transistor
transistor tipo N | N-type transistor
transistor totalmente epitaxial | all-epitaxial transistor
transistor triodo | transistor triode, triode transistor
transistor triodo con base común | triode transistor with common base
transistor triodo con emisor común | triode transistor with emitter base

transistor triodo de efecto de campo | triode field-effect transistor
transistor triodo de uniones NPIN | NPIN junction transistor triode
transistor unipolar | unipolar transistor
transistor unipolar de efecto de campo | unipolar field-effect transistor
transistores complementarios | complementary transistors
transistores en conexión compuesta | compound-connected transistors
transistorización | transistorization, transistorizing
transistorizado | transistorized, transistor-operated
transistorizar | to transistorise [UK], to transistorize [UK+USA]
tránsito | transit, attack
tránsito automático | automatic transit
tránsito directo | direct transit
tránsito manual por cinta perforada | transit with manual tape relay
tránsito por conmutación | transit with switching
transitorio | surge, transient
transitorio de ataque | driving transient
transitorio de tensión | voltage transient
transitrón [*circuito de válvula termoiónica*] | transitron
translación [*traslación*] | translation, repetition
translúcido [*traslúcido*] | translucent
translunar [*traslunar*] | translunar
transmarino [*trasmarino*] | transmarine
transmisibilidad [*trasmisibilidad*] | transmittibility
transmisible [*trasmisible*] | transmissible
transmisión [*trasmisión*] | transmission
transmisividad [*trasmisividad*] | transmissivity
transmisómetro [*trasmisómetro*] | transmissometer
transmisor [*trasmisor*] | transmitter, sender
transmitancia [*trasmitancia*] | transmittance
transmitido [*trasmitido*] | transmitted
transmitiendo [*trasmitiendo*] | on air, running
transmitir [*trasmitir*] | to transmit
transmodulación [*trasmodulación*] | transmodulation
transmultiplexor [*trasmultiplexor*] | transmultiplexer
transmutación [*trasmutación*] | transmutation
transoceánico [*trasoceánico*] | transoceanic
transordenador [*trasordenador*] | transputer
transpacífico [*traspacífico*] | transpacific
transparencia [*trasparencia*] | transparency
transparente [*trasparente*] | transparent
transplutoniano [*trasplutoniano*] | transplutonic
transpolarizador [*traspolarizador*] | transpolarizer
transpondedor [*traspondedor*] | transponder
transponer [*trasponer*] | to transpond
transportable [*trasportable*] | transportable
transportador [*trasportador*] | transporter
transportar [*trasportar*] | to transport
transporte [*trasporte*] | transport
transposición [*trasposición*] | transposition
transradar [*trasradar*] | transradar
transrectificación [*trasrectificación*] | transrectification
transrectificador [*trasrectificador*] | transrectificator
transresistencia [*trasresistencia*] | transresistance
transresolucionador [*trasresolucionador*] | transolver
transrodaje [*trasrodaje*] | roll-on/roll-off
transtorno [*trastorno*] | upsetting
transtrictor [*trastrictor*] | transtrictor
transuraniano [*trasuraniano*] | transuranic
transuránico [*trasuránico*] | transuranic
transvasar, trasvasar [*información*] | to roll in
transversal [*trasversal*] | transversal
transverso [*trasverso*] | transversal
tranvía | tramway; trolley bus [UK]
TRAP [*subrutina que provoca una interrupción del programa en caso de funcionamiento anormal*] | TRAP
traqueteo | rattling
trasadmitancia, transadmitancia | transadmittance
trasadmitancia de haz | beam transadmittance
trasadmitancia directa | forward transadmittance
trasadmitancia directa para señal débil | small-signal forward transadmittance
trasadmitancia en cortocircuito | short-circuit transadmittance
trasadmitancia entre electrodos | interelectrode transadmittance
trasadmitancia general | overall transadmittance
trascendental, transcendental | trancendental
trasceptor, transceptor = transmisor (/trasmisor) y receptor | transceptor = transmitter and receiver, transmitter/receiver; transceiver
trasceptor múltiple | multiport transceiver
trasceptor vampiro [*para redes de Ethernet*] | vampire tap
trascodificador, transcodificador | transcoder, code converter
trasconductancia, transconductancia | mutual conductance, (valve) transconductance
trasconductancia de conversión | conversion transconductance
trasconductancia de señal débil | small-signal transconductance
trasconductancia entre electrodos | interelectrode transconductance
trasconductancia entre rejilla de control y ánodo | control grid-anode transconductance
trasconductancia estática | static transconductance
trasconductancia extrínseca | extrinsic transconductance
trasconductancia negativa | negative transconductance
trasconductancia refleja | reflex transconductance
trasconductancia rejilla-placa | grid-plate transconductance
trasconductómetro, transconductómetro | transconductometer, transconductance meter
trasconductor, transconductor | transconductor
trasconexión, transconexión | cross-connect
trascontinental, transcontinental | transcontinental
trascribir, transcribir | to transcribe, to transliterate
trascripción, transcripción | transcription
trascripción cinescópica | television transcription
trascripción de televisión | television transcription
trascripción eléctrica | electric (/electrical) transcription
trascripción fonética | phonetic transcription
trascriptor, transcriptor | transcriber, transcriptor
trascuriano, transcuriano | transcurial
trascurrido, transcurrido | elapsed
trasdiferencial, transdiferencial | transdifferential
trasdiodo, transdiodo | transdiode
trasducción, transducción | transduction, transconduction
trasducción capacitiva | capacitive transduction
trasducción de deformaciones | strain gauge transduction
trasducción de una señal | transducing of a signal
trasducción deformimétrica | strain gauge transduction
trasducción electromagnética | electromagnetic transduction
trasducción fotoconductiva | photoconductive transduction
trasducción fotorresistiva | photoresistive transduction
trasducción fotovoltaica | photovoltaic transduction
trasducción inductiva | inductive

transduction
trasducción piezoeléctrica | piezoelectric transduction
trasducción piezorresistiva | piezoresistive transduction
trasducción por reluctancia | reluctive transduction
trasducción potenciométrica | potentiometric transduction
trasducción relativa | reluctive transduction
trasducción resistiva | resistive transduction
trasductor, transductor | pickup, transducer, transducing, transductor
trasductor activo | active transducer
trasductor asimétrico | dissymmetrical transducer
trasductor autoexcitado | self-generating transducer
trasductor autogenerador | self-generating transducer
trasductor bidireccional | bidirectional (/bilateral) transducer
trasductor bilateral | bilateral (/bidirectional) transducer
trasductor cerámico | ceramic transducer
trasductor de acoplamiento en paralelo | parallel transducer
trasductor de acoplamiento en serie | series transductor
trasductor de alambre vibratorio | vibrating wire transducer
trasductor de alta frecuencia | high frequency driver
trasductor de alta frecuencia de acción de pistón | piston-type high-frequency transducer
trasductor de baja frecuencia | low frequency driver
trasductor de capacidad variable | variable capacitance transducer
trasductor de conversión | conversion transducer
trasductor de conversión armónica | harmonic conversion transducer
trasductor de conversión heterodino | heterodyne conversion transducer
trasductor de copa | drag cup transducer
trasductor de corriente alterna | AC transducer = alternating current transducer
trasductor de corriente continua | DC transducer = direct current transducer
trasductor de cristal | crystal transducer
trasductor de deformación de resistencia | resistance strain gauge
trasductor de desplazamiento | displacement transducer
trasductor de diferencias de presión | pressure difference transducer
trasductor de doble modo | dual mode transducer
trasductor de dos puertas | two-port
trasductor de electroestricción | electrostriction transducer
trasductor de equilibrio de fuerzas | force balance transducer
trasductor de extensímetro | strain gauge transducer
trasductor de frecuencia ultraacústica | ultrasonic transducer
trasductor de gama extensa | extended range transducer
trasductor de ganancia por inserción | transducer insertion gain
trasductor de hilo caliente | hot wire transducer
trasductor de hilo vibratorio | vibrating wire transducer
trasductor de humedad | humidity transducer
trasductor de imagen | image transducer
trasductor de inductancia mutua | mutual inductance transducer
trasductor de inductancia variable | variable inductance transducer
trasductor de ionización | ionization transducer
trasductor de magnetoestricción | magnetostriction transducer
trasductor de manómetro sellado | sealed-gauge pressure transducer
trasductor de modos | mode transducer
trasductor de posición | position transducer
trasductor de posición angular | angular-position pick-up
trasductor de posición del eje | shaft position transducer
trasductor de posición digital | digital position transducer
trasductor de posición digital absoluto | absolute digital position transducer
trasductor de presión | pressure pickup (/transducer)
trasductor de presión absoluta | absolute pressure pick-up (/transducer)
trasductor de presión con respiradero | vented pressure pickup (/transducer)
trasductor de presión de permeabilidad variable | variable permeability pressure transducer
trasductor de presión de puente de resistencias | resistance bridge pressure pickup
trasductor de presión diferencial | differential pressure pickup (/transducer)
trasductor de presión manométrica | gauge pressure transducer
trasductor de presión variable | variable pressure transducer
trasductor de proximidad | proximity transducer
trasductor de recogida de datos | end instrument
trasductor de reluctancia | reluctance pickup
trasductor de reluctancia variable | reluctance pickup, variable reluctance (/resistance) transducer
trasductor de salida en frecuencia | frequency output transducer
trasductor de sonar | sonar transducer
trasductor de telemedición | telemetering pickup
trasductor de telemedida | telemeter pickup, telemetering transducer
trasductor de temperatura abierto | open temperature pickup
trasductor de velocidad | velocity transducer
trasductor de velocidad vertical | vertical speed transducer
trasductor deformimétrico de presión | strain gauge pressure transducer
trasductor deformimétrico de semiconductor | semiconductor strain-gauge transducer
trasductor del impulso | pulse pickup
trasductor diferencial | differential transducer
trasductor digital | digital transducer
trasductor disimétrico | dissymmetrical transducer
trasductor E-I | E-I pick-off
trasductor eléctrico | electric transducer
trasductor electroacústico | electroacoustic transducer, thermophone
trasductor electromagnético | magnetoelectric transducer
trasductor electromecánico | cutter, electromechanical transducer
trasductor electroquímico | electrochemical transducer
trasductor electrostático | electrostatic transducer
trasductor estático | static transductor
trasductor explorador | scanning transducer
trasductor extensométrico | strain gauge transducer
trasductor fotoeléctrico | photoelectric pickoff (/transducer)
trasductor ideal | ideal transducer
trasductor inductivo | inductive transducer
trasductor integrado | integrated transducer
trasductor interdigital | interdigital transducer
trasductor ligado | bonded transducer
trasductor lineal | linear transducer
trasductor lineal de movimiento | linear motion transducer
trasductor lineal de velocidad | linear velocity transducer
trasductor lineal diferencial variable | linear variable-differential transducer
trasductor magnético | magnetic transducer
trasductor magnetoestrictivo ultrasonoro | ultrasonic magnetostriction transducer

trasductor mecánico | mechanical transducer
trasductor mecánico-eléctrico | pick-off
trasductor multicelular | split transducer
trasductor oscilante | oscillating transducer
trasductor para control de posición | position control transducer
trasductor para indicación posicional | position transducer
trasductor para medidas de peso | weight transducer
trasductor para medir presiones | pressure transducer
trasductor para montaje en paso en el casco | transducer for through-hull mounting
trasductor partido | split transducer
trasductor pasivo | passive transducer
trasductor piezoeléctrico | piezoelectric transducer
trasductor piezoeléctrico ultrasonoro | ultrasonic piezoelectric transducer
trasductor piezométrico | pressure transducer
trasductor piezoóptico | piezo-optical transducer
trasductor piroeléctrico | pyroelectric transducer
trasductor por flexión | bender transducer
trasductor por selección de tiempos | time selection transducer
trasductor potenciométrico | potentiometric transducer (/transductor), potentiometer-type transducer
trasductor recíproco | reciprocal transducer
trasductor reversible | reversible transducer
trasductor rotativo digital | digital rotary transducer
trasductor simétrico | symmetrical transducer
trasductor trasformador diferencial | differential transformer transducer
trasductor ultrasónico | ultrasonic transducer
trasductor unidireccional | unidirectional (/unilateral) transducer
trasductor unilateral | unilateral (/unidirectional) transducer
trasecuatorial, transecuatorial | transequatorial
trasera | back
trasferencia, transferencia | change-over, transfer
trasferencia a otra estación base [en radiotelefonía] | cutover
trasferencia ASCII [para archivos de texto] | ASCII transfer
trasferencia binaria | binary transfer
trasferencia condicional | conditional transfer
trasferencia continua de datos | burst

trasferencia de alarma | alarm transfer
trasferencia de archivos | file transfer
trasferencia de archivos binarios | binary file transfer
trasferencia de bits en paralelo | bit parallel
trasferencia de bloques de bits | bit block transfer
trasferencia de bloques de píxeles | pixels block transfer
trasferencia de carga | charge transfer
trasferencia de ceros | zero transfer
trasferencia de cinta a disco magnético | staging
trasferencia de control | transfer of control
trasferencia de control condicional | conditional transfer of control
trasferencia de control incondicional | unconditional transfer of control
trasferencia de datos | data transfer, download
trasferencia de enlaces a extensiones durante emergencias | power failure bypass (/transfer), trunk failure transfer
trasferencia de estructura vertical | vertical frame transfer
trasferencia de fuerza | power transfer
trasferencia de identificación del radar | transfer of radar identification
trasferencia de impresión | print-through
trasferencia de iones | ion transfer
trasferencia de la comunicación | handoff
trasferencia de la selección principal | primary transfer
trasferencia de llamada por aceptación | three party takeover
trasferencia de llamadas | call transfer
trasferencia de llamadas con retención momentánea | call transfer with hold
trasferencia de registro | rerecording
trasferencia de retrotrasmisión | backward transfer admittance
trasferencia de sector | sector transfer
trasferencia de señal de estrato a estrato | layer-to-layer signal transfer
trasferencia de tecnología | transfer of technology
trasferencia de tráfico entre circuitos | intercircuit operation
trasferencia del arrastre | drag transfer
trasferencia del tráfico | traffic relay
trasferencia desastrosa [de contenidos de memoria a un dispositivo con pérdida de los datos] | disaster dump
trasferencia electrónica | electron transfer; [de fondos] electronic transfer
trasferencia electrónica de fondos | electronic cash (/fund transfer)
trasferencia en bloques | block transfer
trasferencia en facsímil | facsimile posting
trasferencia en paralelo | parallel transfer
trasferencia en serie | serial transfer
trasferencia entre operadoras | attendant loop transfer, interposition calling (/traffic, /transfer)
trasferencia forzada entre extensiones | transfer procedure
trasferencia incondicional | unconditional transfer
trasferencia indiscriminada [de datos independientemente de sus destinos] | promiscuous-mode transfer
trasferencia lineal de energía | linear energy transfer
trasferencia magnética | magnetic printing (/transfer)
trasferencia periférica | peripheral transfer
trasferencia por aceptación entre extensiones | call pick up procedure, screened call transfer
trasferencia por discos [trasferencia de datos entre ordenadores pasando físicamente discos de un ordenador a otro] | sneakernet [fam]
trasferencia por entrega | three party takeover
trasferencia rápida | quick transfer, transfer procedure
trasferencia sincrónica | synchronous transfer
trasferencia telegráfica | postal cheque telegram
trasferencia uniforme de datos | uniform data transfer
trasferir, transferir | to transfer; [un archivo] to upload
trasferir el control | to release
trasferir un registro | to rerecord
trasferómetro, transferómetro | transferometer, transfer function meter
trasfluxor, transfluxor [núcleo magnético con dos o más aberturas y tres o más vías de flujo en paralelo] | transfluxor
trasfondo | background
trasformación, transformación | transformation, conversion
trasformación de aislamiento | isolating (/separating) transformation
trasformación de dirección | address mapping
trasformación de energía | energy conversion, transformation of energy
trasformación de energía eléctrica | transformation of electric energy
trasformación de exploración | scan conversion
trasformación de fase | phase transformation
trasformación de Fourier | Fourier transform
trasformación de impedancia | transformation of impedance
trasformación de Laplace | Laplace's transform

trasformación de las coordenadas de color | colour coordinate transformation
trasformación de las coordenadas de cromatismo | colour coordinate transformation
trasformación de potencia | power transformation
trasformación de Schwarz-Christoffel | Schwarz-Christoffel transformation
trasformación de Walsh | Walsh transform
trasformación del programa | program transformation
trasformación discreta de Fourier | discrete Fourier transform
trasformación en señal cuadrada | squaring
trasformación fotovoltaica de la energía solar | solar energy photovoltaic conversion
trasformación inversa de Fourier | inverse Fourier transform
trasformación radiactiva | radioactive transformation
trasformación rápida de Fourier | fast Fourier transform
trasformación rotacional | rotational transform
trasformación termoeléctrica | thermoelectric conversion
trasformación termonuclear | thermonuclear transformation
trasformador, transformador | converter, convertor, transformator, transformer
trasformador acorazado | shell transformer
trasformador acústico | acoustic transformer
trasformador adaptador de impedancia de antena | aerial matching transformer
trasformador ajustable | adjustable (/continuously-adjustable) transformer
trasformador antioscilación | anti-hunting transformer
trasformador apuntador | peaking transformer
trasformador autoenfriado relleno de aceite | oil-filled self-cooled transformer
trasformador autoprotegido | self-protected transformer
trasformador autorrefrigerado | self-cooled transformer
trasformador autorregulador para soldadura por arco | self-regulating arc-welding transformer
trasformador bifilar | bifilar (/two-wire) transformer
trasformador blindado | shell transformer
trasformador CA/CC | AC-DC converter = alternating current - direct current converter
trasformador CC/CA | d.c./a.c. converter = direct current / alternating current converter
trasformador con blindaje ranurado | slotted shield transformer
trasformador con circulación de agua | water-cooled transformer
trasformador con núcleo de hierro | iron core transformer, transformer with iron core
trasformador con refrigeración natural | transformer with natural cooling
trasformador con toma central | mid-tapping transformer
trasformador con tomas | tapped transformer
trasformador con varios primarios | multiple transformer
trasformador con varios secundarios | multiple transformer
trasformador-condensador de resonancia | resonance capacitor-transformer
trasformador cortocircuitado | short-circuited transformer
trasformador cuarto de onda de banda ancha | wideband quarter-wave transformer
trasformador de 4/2 hilos | four-wire/two-wire transformer
trasformador de absorción | negative boosting transformer
trasformador de acoplamiento | coupling transformer
trasformador de acoplamiento controlado | controlled coupling transformer
trasformador de acoplamiento de tubos | intertube transformer
trasformador de acoplamiento entre etapas | interstage transformer
trasformador de adaptación | matching transformer
trasformador de adaptación de impedancia | impedance matching transformer
trasformador de adaptación en delta | delta-matching transformer
trasformador de adaptación línea-rejilla | line-to-grid transformer
trasformador de adaptador único | single-stub transformer
trasformador de aislamiento | isolation transformer
trasformador de ajuste en delta | delta-matching transformer
trasformador de alimentación | power transformer, (power) supply transformer
trasformador de alimentación de ánodo | plate transformer
trasformador de alimentación de placa | plate transformer
trasformador de alta frecuencia | RF transformer = radiofrequency transformer
trasformador de ánodo | plate transformer
trasformador de arco | arc converter
trasformador de ataque | driving transformer
trasformador de audiofrecuencia | audio (/audiofrequency) transformer, audiotransformer
trasformador de banda ancha de múltiples secciones | wideband multisection transformer
trasformador de barrido horizontal | horizontal transformer
trasformador de barrido vertical | vertical sweep transformer
trasformador de cable | slip-over current transformer
trasformador de CA/CC | AC/DC converter
trasformador de campo giratorio | rotating field transformer
trasformador de central | transformer integral to the station
trasformador de columnas | type transformer core
trasformador de control | control transformer
trasformador de control de sincronismo | synchro control transformer
trasformador de corriente | current transformer
trasformador de corriente con devanado auxiliar | compensated current transformer
trasformador de corriente constante | constant current transformer
trasformador de corriente oscilante | Tesla transformer
trasformador de cuarto de onda | Q transformer = quarter-wave (/quarter-wavelength) transformer
trasformador de desenganche | tripping transformer
trasformador de desplazamiento de fase | phase-shifting transformer
trasformador de distribución | distribution transformer
trasformador de distribución de energía | power-distributing transformer
trasformador de doble pantalla | double screen transformer
trasformador de dos devanados | two-winding transformer
trasformador de drenaje | negative boosting transformer
trasformador de enchufe | plug-in transformer
trasformador de energía solar | solar (energy) converter, solar conversion device
trasformador de ensayo | testing transformer
trasformador de entrada | input transformer
trasformador de entrada del altavoz | telephone transformer
trasformador de entrada del auricular | telephone transformer
trasformador de excitación | driving transformer

trasformador de exploración | scan converter
trasformador de exterior | outdoor transformer
trasformador de fase | phase transformer
trasformador de fase aislada | phase-isolated transformer
trasformador de fase compensada | phase-compensating transformer
trasformador de filamento | filament transformer
trasformador de frecuencia | frequency transformer
trasformador de frecuencia acústica | audiotransformer
trasformador de frecuencia intermedia | intermediate-frequency transformer
trasformador de frecuencia intermedia con cuádruple ajuste de sintonización | quadra-tuned IF transformer
trasformador de frecuencia intermedia sobreacoplado | overcoupled IF transformer
trasformador de fuerza | power (supply) transformer
trasformador de guía de ondas | waveguide transformer
trasformador de guiaondas | waveguide transformer
trasformador de imagen | picture transformer
trasformador de impedancia de antena | aerial impedance transformer
trasformador de impedancias | impedance transformer
trasformador de impulsos | pulse (/pulsing) transformer
trasformador de instrumento | instrument transformer
trasformador de intemperie | outdoor transformer
trasformador de intensidad | current transformer
trasformador de línea | line transformer (/repeating coil)
trasformador de línea de cuarto de onda | quarter-wavelength line transformer
trasformador de medición | measuring transformer
trasformador de medida | transformer instrument
trasformador de medida compensada | phase-compensating transformer
trasformador de micrófono | microphone transformer
trasformador de modos | mode transformer
trasformador de modulación | modulation transformer
trasformador de modulación de altavoz | output transformer
trasformador de modulación de relación variable | variable ratio modulation transformer

trasformador de múltiple adaptación | multimatch transformer
trasformador de múltiples relaciones | multiple ratio transformer
trasformador de múltiples tomas | multitap transformer
trasformador de núcleo de aire | air-core transformer
trasformador de núcleo dividido | split-core current transformer
trasformador de núcleo saturable | peak (/peaking) transformer
trasformador de onda por modificación estructural [del guiaondas] | sheath-reshaping converter
trasformador de oscilación | oscillating (/oscillation) transformer
trasformador de paso de ánodo | plate bypass condenser
trasformador de paso de placa | plate bypass condenser
trasformador de perfil de onda | waveform converter
trasformador de pinza | split-core-type transformer
trasformador de placa | plate transformer
trasformador de poste | pole-type transformer
trasformador de potencia | power transformer
trasformador de potencia de devanados superconductores | superconducting power transformer
trasformador de potencia de portadora | carrier power transformer
trasformador de potencia superconductor | superconducting power transformer
trasformador de potencial | potential (/voltage) transformer
trasformador de preamplificación | preamplification transformer
trasformador de predicados | predicate transformer
trasformador de puenteado | bridging transformer
trasformador de puesta a tierra | grounding transformer
trasformador de radiofrecuencia | RF transformer = radiofrequency transformer
trasformador de radiofrecuencia no sintonizado | untuned radiofrequency transformer
trasformador de radiofrecuencia sintonizado | tuned radiofrequency transformer
trasformador de red | network transformer
trasformador de regulación | regulating transformer
trasformador de regulación de baja tensión | low-tension regulating transformer
trasformador de regulación de la tensión | voltage control transformer
trasformador de rejilla | grid transformer
trasformador de relación 1:1 | one-to-one transformer
trasformador de resonancia | resonance transformer
trasformador de retorno (/retroceso) | flyback transformer
trasformador de salida | output transformer
trasformador de salida de cuadro | picture transformer
trasformador de salida equilibrada | balanced output transformer
trasformador de salida horizontal | horizontal output transformer
trasformador de salida universal | universal output transformer
trasformador de seccionamiento | isolation transformer
trasformador de secciones escalonadas | stepped transformer
trasformador de separación | isolation transformer
trasformador de soldadura | welding transformer
trasformador de subestación | unit substation transformer
trasformador de subestación unitaria | unit substation transformer
trasformador de succión | negative boosting transformer
trasformador de tensión | potential (/voltage) transformer
trasformador de tensión constante | constant voltage transformer
trasformador de tensión constante de núcleo saturable | saturable-core constant-voltage transformer
trasformador de tensión variable | variable voltage transformer, varying potential transformer
trasformador de Tesla | Tesla coil (/transformer)
trasformador de timbre | bell transformer
trasformador de tipo acorazado | shell-type transformer
trasformador de tipo blindado | shell-type transformer
trasformador de tipo seco | dry-type transformer
trasformador de tipo seco autorrefrigerado | dry-type self-cooled transformer
trasformador de tipo seco refrigerado por aire forzado | dry-type forced-air-cooled transformer
trasformador de tres devanados | three-way transformer, three-winding transformer
trasformador de triple adaptador | triple-stub transformer
trasformador de triple sintonización | triple-tuned transformer
trasformador de triple terminal | triple-stub transformer
trasformador de un solo circuito | single-circuit transformer

trasformador de velocidad | velocity transformer
trasformador de vibrador | vibrator transformer
trasformador de voltaje | negative boosting transformer
trasformador deformimétrico piezorresistivo | piezoresistive strain-gauge transducer
trasformador del equilibrador | balance transformer, balancing repeating coil
trasformador del nivelador | balance transformer
trasformador del oscilador de bloqueo vertical | vertical-blocking oscillator transformer
trasformador desfasador | phase shifter transformer, phase-shifting transformer
trasformador desfasador de intensidad | quadrature transformer
trasformador diferencial | differential (/hybrid) transformer
trasformador diferencial anular para guiaondas | waveguide hybrid ring
trasformador diferencial de cuatro hilos y cuatro vías | four-way four-wire hybrid
trasformador diferencial lineal | linear differential transformer
trasformador diferencial para acoplamiento [*entre circuito radiotelefónico y línea telefónica*] | radio-to-telephone hybrid
trasformador digital analógico | digital-to-analogue converter
trasformador discriminador | discriminator transformer
trasformador distribuidor | distribution transformer
trasformador doble | matched transformers
trasformador E | E transformer
trasformador elevador | boosting (/booster, /step-up) transformer
trasformador elevador de cuarto de onda | quarter-wave step-up transformer
trasformador elevador/reductor | buck boost transformer
trasformador en aceite | oil-filled transformer
trasformador en aceite herméticamente cerrado | oil-filled hermetically sealed transformer
trasformador en baño de aceite | oil-immersed transformer
trasformador en cuadratura | quadrature transformer
trasformador en derivación | shunt transformer
trasformador en paralelo | multiple transformer
trasformador en puente | bridge transformer
trasformador en serie | series transformer
trasformador en T | teaser transformer
trasformador encapsulado herméticamente | potted and sealed transformer
trasformador enchufable | plug-in transformer
trasformador enfasador | phasing transformer
trasformador enfriamiento automático | self-cooled transformer
trasformador entre fases | interphase transformer
trasformador estabilizador | antihunting transformer
trasformador estabilizador de tensión | voltage-regulating transformer
trasformador estático | static (/stationary) transformer
trasformador estrella-estrella | star-star transformer
trasformador ferroeléctrico adaptivo | adaptive ferroelectric transformer
trasformador ferrorresonante | ferro-resonant transformer
trasformador giratorio | rotary (/rotatable, /rotating) transformer
trasformador híbrido | hybrid transformer
trasformador ideal | ideal transformer
trasformador instrumental | instrument transformer
trasformador integrador | summation transformer
trasformador integrador de intensidad | summation transformer
trasformador interetapa | interstage transformer
trasformador interior | indoor transformer
trasformador intervalvular | intervalve transformer
trasformador inversor | inverter transformer
trasformador monofásico | single-phase transformer
trasformador múltiple | multiple transformer
trasformador multiplicador de fases | phase-multiplying transformer
trasformador para bóveda | vault transformer
trasformador para iluminación de torre | tower-lighting transformer
trasformador para montaje en poste | pole (/pole-mounting) transformer
trasformador para montaje subterráneo | subway transformer
trasformador para poste | pole transformer
trasformador para rectificadores | transformer for rectifiers
trasformador para sobretensión de filamento del cinescopio | picture-valve brightener
trasformador para tubos de neón | tube transformer
trasformador para tubos luminosos | tube transformer
trasformador perfecto | perfect transformer
trasformador polifásico | polyphase transformer
trasformador por modificación estructural [*del guiaondas*] | sheath-reshaping converter
trasformador pulsatorio | pulsing transformer
trasformador rebajador | negative boosting transformer
trasformador rectificador | rectifier transformer, transfo-rectifier
trasformador reductor | inductor, booster (/boosting, /stepdown) transformer, choke (transformer); choking coil [*obsolete term for inductor*]
trasformador reductor aplicado | applied shock
trasformador reductor bifásico | two-phase stepdown transformer
trasformador reductor de alisamiento | smoothing choke
trasformador reductor de antena | aerial choke
trasformador reductor de audiofrecuencia | audiofrequency choke
trasformador reductor de radiofrecuencia para iluminación de antena | RF aerial lighting choke
trasformador reductor de tensión | negative booster, stepdown transformer
trasformador reductor de voltaje | negative booster
trasformador refrigerado por aire forzado | forced-air-cooled transformer
trasformador regulable | adjustable (/variable) transformer
trasformador regulador | regulating transformer
trasformador regulador de tensión | voltage-regulating transformer
trasformador repartidor de potencia | power-distributing transformer
trasformador resonante | resonance transformer
trasformador rotativo | rotary (/rotating) transformer
trasformador rotativo con ajuste de fase | rotatable phase-adjusting transformer
trasformador saturable | saturable transformer
trasformador seco | dry transformer
trasformador simétrico | pushpull transformer
trasformador simétrico-asimétrico | balun transformer = balanced-unbalanced transformer
trasformador simétrico-asimétrico de cuarto de onda | quarter-wave sleeve
trasformador simétrico-asimétrico de Pawsey | Pawsey stub
trasformador simétrico de núcleo saturable | pushpull saturable-core transformer

trasformador sincrónico | synchronous converter
trasformador sintonizado | tuned (/resonance) transformer
trasformador solar | solar transformer
trasformador sonda | probe transformer
trasformador subterráneo | subway transformer
trasformador sumergible | submersible transformer
trasformador sumergido en aceite | oil-immersed transformer
trasformador sumergido en baño de aceite | oil-immersed transformer
trasformador terminal | terminal transformer
trasformador term(o)iónico | thermionic converter
trasformador termoeléctrico | thermoelectric converter
trasformador toroidal | (toroidal) repeating coil, ring transformer
trasformador trifásico | three-phase transformer
trasformador variable | variable transformer
trasformador variable por pasos | stepping transformer
trasformador variador de fase | phase shifter transformer
trasformador ventilado | ventilated transformer
trasformar, transformar | to transform
trashíbrido, transhíbrido | transhybrid
trashorizonte, transhorizonte | transhorizon
trasimpedancia, transimpedancia | transimpedance
trasimpedancia inversa | reverse transimpedance
trasinformación, transinformación [*diferencia entre la información de entrada y la de salida*] | transinformation
traslación, translación | translation, repetition
traslación de frecuencia | frequency translation
traslación de grupo | group translation
traslación de señales telegráficas | repetition of telegraph signals
traslación de supergrupo | supergroup translation
traslación rectificadora | regenerative repeating
traslación regeneradora | regenerative repeating
trasladabilidad del software | software portability
trasladable | tear-off
trasladar | to move; [*una imagen a la pantalla*] to translate
traslado | moving
traslado de datos | data migration
traslado de decenas sin alteración de nueves | standing-on-nines carry
traslado de un teléfono de abonado | removal of a subscriber's telephone

traslúcido, translúcido | translucent
traslunar, translunar | translunar
trasmarino, transmarino | transmarine
trasmisibilidad, transmisibilidad | transmittibility, transmittivity, transmissibility
trasmisible, transmisible | transmissible
trasmisión, transmisión | transmission, communication, conduction, emission, forwarding, sending, transit
trasmisión a ciegas | blind transmission
trasmisión a doble polaridad | double current transmission, polar current
trasmisión a petición | request/reply transmission
trasmisión a ráfagas | burst transmission
trasmisión activada por la voz | antivoice-operated transmission
trasmisión acústica | acoustic transmission
trasmisión alámbrica | transmission by wire
trasmisión alternada | up-and-down working
trasmisión alternativa | alternate operation
trasmisión analógica | analogue transmission
trasmisión ascendente de datos | uplink
trasmisión asimétrica | asymmetrical transmission
trasmisión asincrónica | asynchronous transmission (/communication), start/stop transmission
trasmisión automática arrítmica | start-stop automatic transmission
trasmisión automática de imágenes | automatic picture transmission
trasmisión automática de las señales | automatic signalling
trasmisión bilateral con conmutación automática | antivoice-operated transmission
trasmisión canalizada | channelling
trasmisión casi de banda lateral única | quasi-single-sideband transmission
trasmisión con banda lateral residual | vestigial sideband transmission
trasmisión con cinta perforada | perforated tape transmission
trasmisión con control por la voz | voice-operated transmission
trasmisión con escala | intercircuit operation
trasmisión con impulsos modulados | pulse-modulated transmission
trasmisión con incidencia oblicua | oblique incidence transmission
trasmisión con portadora | transmitted carrier operation
trasmisión con supresión de banda lateral | suppressed-sideband transmission

trasmisión con supresión de onda portadora | suppressed-carrier transmission
trasmisión con supresión parcial de la banda lateral | transmission with partial sideband supression
trasmisión cuadrafónica | quadraphonic transmission
trasmisión de alcance óptico | line-of-sight transmission
trasmisión de archivos por lotes | batch file transmission
trasmisión de audio [*utilizando protocolos IP*] | audiocast
trasmisión de banda ancha | wideband transmission
trasmisión de banda lateral asimétrica | asymmetrical sideband transmission
trasmisión de banda lateral doble | double sideband transmission
trasmisión de banda lateral residual | vestigial (sideband) transmission
trasmisión de banda lateral única | single-sideband transmission (/working)
trasmisión de bits en serie | bit serial
trasmisión de cinta magnetofónica | voiceband transmission
trasmisión de códigos multiplexados | multiplex code transmission
trasmisión de comienzo y parada | start-stop transmission
trasmisión de conversación | speaking
trasmisión de corriente continua | direct current transmission
trasmisión de datos | data transmission
trasmisión de datos a alta velocidad | high-speed data rate
trasmisión de datos a baja velocidad | low-speed data rate
trasmisión de datos con reconocimiento y corrección de fallos | high level data link control
trasmisión de datos digitales | digital data transmission
trasmisión de datos numéricos | digital data transmission
trasmisión de datos RDSI | ISDN data transmission
trasmisión de energía | power transmission
trasmisión de energía eléctrica | transmission of electrical energy
trasmisión de este a oeste | E-W transmission = East-West transmission
trasmisión de exteriores | field pickup, outside broadcast
trasmisión de fuerza | power transmission
trasmisión de imágenes | picture telegraphy (/transmission)
trasmisión de imágenes no fijas | transmission of transient images
**trasmisión de imágenes no perma-

nentes | transmission of transient images
trasmisión de imágenes por corriente continua | DC picture transmission
trasmisión de impulsos | impulse (/pulse) transmission
trasmisión de impulsos de selección | dial pulsing
trasmisión de incidencia vertical | vertical incidence transmission
trasmisión de luminancia constante | constant luminance transmission
trasmisión de mensajes | messaging
trasmisión de momentos simultáneos | coincident transmission
trasmisión de paquetes de datos [de un punto a varios a través de internet] | multicast, multicasting
trasmisión de paquetes de datos por teléfono móvil | cellular digital packet data
trasmisión de patrones de frecuencia | standard frequency transmission
trasmisión de potencia | power flow
trasmisión de potencia por microondas | microwave power transmission
trasmisión de pregunta/respuesta | request/reply transmission
trasmisión de programas | program transmission
trasmisión de prueba | test transmission
trasmisión de radio díplex | diplex radio transmission
trasmisión de radio por múltiplex | multiplex radio transmission
trasmisión de radiofacsímil | radiofacsimile transmission
trasmisión de recorrido múltiple | multipath transmission
trasmisión de respuesta | return transmission
trasmisión de retorno | return transmission
trasmisión de señales | signalling
trasmisión de televisión | television transmission
trasmisión de velocidad regulable | variable speed transmission
trasmisión defectuosa | poor transmission
trasmisión del arrancador | starter drive
trasmisión del cuentarrevoluciones | tachometer drive
trasmisión del espectro disperso | spread spectrum transmission
trasmisión del tacómetro | tachometer drive
trasmisión del taquímetro | tachometer drive
trasmisión del tráfico | message handling
trasmisión del tráfico de mensajes | message handling
trasmisión demorada | delayed delivery
trasmisión diferida | recorded broadcast
trasmisión difundida | diffused transmission
trasmisión difusa | diffuse transmission
trasmisión difusa uniforme | uniform diffuse transmission
trasmisión digital | digital transmission
trasmisión digital de datos | digital data transmission
trasmisión digital de vídeo | digital video broadcasting
trasmisión digital simultánea de voz y datos | digital simultaneous voice and data
trasmisión directa | direct transmission (/drive)
trasmisión directa de televisión | television direct transmission
trasmisión directa por teclado | direct keyboard transmission
trasmisión dúplex | duplex transmission
trasmisión dúplex completa | full-duplex transmission
trasmisión en alternativa | flip-flop operation
trasmisión en banda base | baseband transmission
trasmisión en blanco | white transmission
trasmisión en blanco y negro | black-and-white transmission
trasmisión en color | colour transmission
trasmisión en color secuencial | sequential colour transmission
trasmisión en corriente continua | direct current transmission
trasmisión en el espacio libre | free space transmission
trasmisión en estereofonía | stereocasting
trasmisión en negro | black transmission
trasmisión en paralelo | parallel transmission
trasmisión en semiciclo | half-hertz transmission
trasmisión en serie | serial transmission, transmission serial
trasmisión en serie por infrarrojos | serial infrared
trasmisión en un solo sentido | unilateral transmission
trasmisión especular | specular transmission
trasmisión estereofónica en multiplexión | stereophonic multiplex broadcasting
trasmisión fototelegráfica | phototelegraph (/phototelegraphy, /telephoto) transmission, picture call
trasmisión hacia satélite | uplink
trasmisión lenta en código Morse | slow Morse code transmission
trasmisión manual | hand sending, manual transmission
trasmisión monocroma | monochrome transmission
trasmisión múltiple | multiple transmission
trasmisión múltiplex | multiplex operation (/transmission)
trasmisión múltiplex por forma de onda | waveshape multiplexing
trasmisión negativa | negative transmission, transmit negative
trasmisión negra | black transmission
trasmisión neutra | neutral transmission
trasmisión no simultánea | nonsimultaneous transmission
trasmisión para recepción en negativo | transmit negative
trasmisión para recepción en positivo | transmit positive
trasmisión por ampliación | transmission by amplification
trasmisión por cable | rope drive, transmission by cable (/wire)
trasmisión por correa | belt drive
trasmisión por corriente alterna | AC transmission = alternating-current transmission
trasmisión por corriente continua | DC transmission = direct current transmission
trasmisión por corriente de dos polaridades | double current transmission
trasmisión por corriente sencilla | neutral operation
trasmisión por corriente simple | single-current transmission
trasmisión por desplazamiento en frecuencia | frequency shift transmission
trasmisión por dispersión | scatter transmission
trasmisión por doble corriente | double current transmission, polar direct-current system, transmission by double current
trasmisión por encima del horizonte | over-the-horizon transmission
trasmisión por facsímil | facsimile transmission
trasmisión por frecuencias ultra altas | ultrahigh frequency transmission
trasmisión por hilo | transmission by wire
trasmisión por impulsos | pulse transmission
trasmisión por interrupción de corriente | closed-circuit working
trasmisión por línea | transmission by line
trasmisión por múltiples reflexiones | multihop transmission
trasmisión por múltiples saltos | multiple hop transmission
trasmisión por onda portadora | carrier transmission
trasmisión por ondas reflejadas | sky wave transmission

trasmisión por portadora | carrier transmission
trasmisión por radio | radiotransmission, radio transmission, transmission by radio
trasmisión por radioenlace de varios saltos | multirelay transmission
trasmisión por resorte | spring transmission
trasmisión por salto de frecuencia | frequency hopping
trasmisión por saltos sucesivos | multihop transmission
trasmisión por semiciclos | half-cycle transmission
trasmisión por series | burst transmission
trasmisión por simple corriente | transmission by simplex current
trasmisión por subportadora | subcarrier transmission
trasmisión por teleimpresora | teletypewriter transmission
trasmisión por télex | telex transmission
trasmisión por trayectoria múltiple | multipath transmission
trasmisión por tres mitades de banda lateral | sesquisideband transmission
trasmisión por una banda lateral y la mitad de la otra | sesquisideband transmission
trasmisión por una sola banda lateral | single-sideband transmission
trasmisión por una sola reflexión | single-hop propagation
trasmisión por una sola reflexión en la ionosfera | single-hop propagation
trasmisión positiva | positive transmission, transmit positive
trasmisión pulsante sincronizada | synchronous pulsed transmission
trasmisión punto a punto | point-to-point transmission
trasmisión radioeléctrica | radio transmission
trasmisión radioeléctrica de frecuencias contrastadas [o *normalizadas*] | standard frequency radio transmission
trasmisión radiofónica | program transmission, radiocast, radiobroadcast, radio broadcast
trasmisión radiofónica múltiple | multiple program transmission
trasmisión regular | regular transmission
trasmisión secreta | secret transmission
trasmisión secuencial | sequential transmission
trasmisión selectiva | selective transmission
trasmisión semidúplex | half-duplex transmission
trasmisión serie | transmission serial
trasmisión simultánea | simulcast, simulcasting, simultaneous broadcast (/transmission)
trasmisión sin cortes | blind transmission
trasmisión sin onda portadora | suppressed-carrier transmission
trasmisión sincrónica | synchronous transmission
trasmisión telegráfica | telegraph transmission
trasmisión telegráfica automática | automatic telegraph transmission
trasmisión telegráfica de alta velocidad | high-speed telegraph transmission
trasmisión telegráfica neutra inversa | inverse neutral telegraph transmission
trasmisión telegráfica por onda modulada | interrupted continuous wave telegraphy
trasmisión teletipográfica | teletypewriter transmission
trasmisión televisada | telecast
trasmisión territorial | territorial transmission
trasmisión trascontinental por satélite | transcontinental satellite transmission
trasmisión trashorizonte | over-the-horizon transmission
trasmisión unidireccional | unidirectional transmission; [*entre un emisor y un receptor en una red*] unicast
trasmisión unilateral | unilateral transmission
trasmisión vertical | vertical drive
trasmisión y recepción automáticas | automatic send/receive
trasmisividad, transmisividad | transmissivity
trasmisividad acústica | acoustic transmittivity
trasmisómetro, transmisómetro | transmissometer
trasmisor, transmisor | emitter, sender; Xmitter = transmitter
trasmisor activado por cinta | tape-controlled transmitter
trasmisor alimentado por energía solar | solar-powered transmitter
trasmisor apagado | transmitter off
trasmisor ártico | arctic transmitter
trasmisor aural | aural transmitter
trasmisor auxiliar | auxiliary transmitter
trasmisor blanco | target transmitter
trasmisor calorífico | heater
trasmisor con control vocal de la portadora | voice-controlled-carrier transmitter
trasmisor con modulación de amplitud | amplitude-modulated transmitter
trasmisor con modulación de fase | phase-modulated transmitter
trasmisor con oscilador de frecuencia variable | VFO transmitter
trasmisor con retardo | retard transmitter
trasmisor con varios canales de radiofrecuencia | multiple radiofrequency channel transmitter
trasmisor conectado/desconectado | XON/XOFF
trasmisor controlado por cristal | crystal-controlled transmitter
trasmisor de a bordo | airborne transmitter
trasmisor de alternador | alternator transmitter
trasmisor de amplitud modulada | amplitude-modulated transmitter
trasmisor de arco | arc transmitter
trasmisor de audio | aural transmitter
trasmisor de banda ancha | wideband transmitter
trasmisor de banda lateral doble | double sideband transmitter
trasmisor de banda lateral residual | vestigial sideband transmitter
trasmisor de banda lateral única | single-sideband transmitter
trasmisor de carbón en contrafase | pushpull carbon transmitter
trasmisor de chispa | spark transmitter (/sender)
trasmisor de chispas | spark sender
trasmisor de cinta | tape transmitter
trasmisor de control sincronizado | synchro control transmitter
trasmisor de corriente de portadora | carrier current transmitter
trasmisor de cristal estabilizado | crystal-stabilized transmitter
trasmisor de datos | transmit data
trasmisor de datos de coordenadas | coordinate data transmitter
trasmisor de demoras | bearing transmission unit
trasmisor de distancia | range transmitter
trasmisor de doble botón | pushpull carbon transmitter
trasmisor de emergencia de barco | ship emergency transmitter
trasmisor de emisión | broadcast transmitter
trasmisor de enlace | link transmitter
trasmisor de etapas múltiples | multistage transmitter
trasmisor de facsímil | facsimile transmitter
trasmisor de facsímil en página | page facsimile transmitter
trasmisor de flujo | flow transmitter
trasmisor de fonía | phone transmitter
trasmisor de frecuencia fija | fixed-frequency transmitter
trasmisor de frecuencia modulada | frequency-modulated transmitter
trasmisor de frecuencias ultra altas | ultrahigh frequency transmitter
trasmisor de imagen | visual transmitter
trasmisor de imágenes | picture transmitter

trasmisor de impulsos | pulse (/pulsed) transmitter
trasmisor de infrarrojo | infrared transmitter
trasmisor de localizador de pista | runway localizer transmitter
trasmisor de medios | media player
trasmisor de modulación de amplitud por modulación previa de fase | phase-to-amplitude modulated transmitter
trasmisor de modulación de fase | phase modulation transmitter
trasmisor de modulación de fase a modulación de amplitud | phase-to-amplitude modulated transmitter
trasmisor de numeración automática | automatic-numbering transmitter
trasmisor de onda corta | short-wave transmitter
trasmisor de ondas ultracortas | ultrashort-wave transmitter
trasmisor de perturbación radárica | radar-jamming transmitter
trasmisor de posición | remote position indicator
trasmisor de programas | program transmitter
trasmisor de radar | radar transmitter
trasmisor de radio | radio transmitter (/sender)
trasmisor de radio multicanal | multichannel radio transmitter
trasmisor de radioenlace | radio link transmitter
trasmisor de radiofaro direccional | radio range transmitter
trasmisor de radiofaro giratorio | rotating-beacon transmitter
trasmisor de radiosonda | radiosonde transmitter
trasmisor de reserva | standby transmitter
trasmisor de señales de baliza | beacon transmitter
trasmisor de sincronismo | synchro generator
trasmisor de sincronismo automático | selsyn transmitter
trasmisor de sonar | sonar transmitter
trasmisor de tambor | drum transmitter
trasmisor de telecontrol | remote-control transmitter
trasmisor de telegrafía armónica | voice frequency telegraph transmitter
trasmisor de teleimpresora | teletypewriter transmitter
trasmisor de telemedida | telemetering transmitter
trasmisor de televisión | television transmitter
trasmisor de tonos de canalización | tone channel transmitter
trasmisor de trayectoria de planeo | glide path transmitter
trasmisor de válvula de vacío | vacuum valve transmitter

trasmisor de válvulas | tube (/valve) transmitter
trasmisor de velocidad | rate transmitter
trasmisor de VHF | VHF transmitter
trasmisor de vídeo | visual transmitter
trasmisor diferencial sincronizado | synchro differential transmitter
trasmisor distribuidor | transmitter distributor
trasmisor electromagnético de posición angular | magslip
trasmisor en paralelo | parallel transmitter
trasmisor encendido | transmitter on
trasmisor esclavo | slave transmitter
trasmisor fijo | fixed transmitter
trasmisor fototelegráfico | phototelegraph transmitter
trasmisor localizador de emergencia [*para aviones*] | emergency locator transmitter
trasmisor microfónico | microphone transmitter, speech input equipment
trasmisor modulado en fase | phase modulation transmitter
trasmisor móvil | mobile transmitter
trasmisor multicanal | multichannel transmitter
trasmisor multifrecuencia | multifrequency transmitter
trasmisor múltiple | multiple transmitter
trasmisor múltiplex | multiplex transmitter
trasmisor Navaglobe | Navaglobe transmitter
trasmisor normal | main transmitter
trasmisor normalizado | standard transmitter
trasmisor numerador automático | automatic-numbering transmitter
trasmisor óptico | optical transmitter
trasmisor para modulación de voz | voice-modulated transmitter
trasmisor para modulación vocal | voice-modulated transmitter
trasmisor perforador | perforator transmitter
trasmisor por resorte | spring stud
trasmisor portátil | portable (/transportable) transmitter
trasmisor portátil de televisión | walkie-lookie
trasmisor radiotelefónico | radiotelephone (/wireless voice) transmitter
trasmisor radiotelegráfico | radiotelegraph (/wireless code) transmitter
trasmisor receptor, trasmisor-receptor | transceiver = transmitter-receiver
trasmisor-receptor de radio | two-way radio
trasmisor/receptor de radio con formato de bolsillo | walkie-talkie
trasmisor-receptor sincrónico universal | universal synchronous receiver-transmitter
trasmisor repetidor | relay transmitter

trasmisor retardado | retard transmitter
trasmisor sincrónico | synchro transmitter
trasmisor sincrónico diferencial | synchro differential generator
trasmisor telefónico | telephone transmitter
trasmisor telegráfico | telegraph (/telegraphy) transmitter
trasmisor telegráfico y telefónico | telegraph/telephone transmitter
trasmisor transistorizado | transistorized transmitter
trasmisor visual | visual transmitter
trasmitancia, transmitancia | transmittance
trasmitancia atmosférica | atmospheric transmittance
trasmitancia espectral | spectral transmittance
trasmitancia luminosa | luminous transmittance
trasmitancia luminosa máxima | maximum luminous transmittance
trasmitancia radiante | radiant transmittance
trasmitancia regular | regular transmittance
trasmitido, transmitido | transmitted
trasmitido por cable | wireborne
trasmitido por hilo | wireborne
trasmitiendo, transmitiendo | on air, running
trasmitir, transmitir | to book, to carry, to keysend, to refile, to send, to send out, to transmit
trasmitir a velocidad muy alta | to scream [*fam*]
trasmitir hacia satélite | to uplink
trasmitir por cable | send by wire
trasmitir por hilo | send by wire
trasmitir por radio | to radiobroadcast, to send by radio
trasmitir simultáneamente | to simulcast
trasmitir un flujo de datos [*de modo continuo*] | to stream
trasmitir una petición de comunicación | to pass a booking, to pass a call (again)
trasmodulación, transmodulación | transmodulation, monkey chatter (/talk)
trasmultiplexor, transmultiplexor | transmultiplexer
trasmutación, transmutación | transmutation
trasmutación nuclear | nuclear transmutation
trasoceánico, transoceánico | transoceanic
trasordenador, transordenador | transputer, transcomputer
traspacífico, transpacífico | transpacific
trasparencia, transparencia | transparency

trasparencia de bits | bit transparency
trasparencia de código [*independencia de la secuencia de bits*] | bit sequence independence
trasparencia de datos | data transparency
trasparencia de las prestaciones | feature transparency
trasparencia de rejilla | inverse (/reciprocal) amplification factor
trasparencia referencial | referential transparency
trasparente, transparente | transparent
trasparente a la radiación | transparent to radiation
trasparente a la radiación en radiofrecuencia | radiofrequency-transparent
trasparente a la radiofrecuencia | radiofrequency-transparent
trasparente a las ondas radioeléctricas | radiolucent
trasparente a las radiaciones | radiotransparent
trasparente a los rayos X | radiolucent
traspaso | feedthrough; [*facultad de mantener una conexión mientras el usuario se desplaza de una célula a otra*] handover
traspaso de energía | power transfer
traspaso por efecto túnel | tunnelling
trasplutoniano, transplutoniano | transplutonic
traspolarizador, transpolarizador | transpolarizer
trasponedor, transponedor | transponder
trasponedor con desplazamiento de frecuencia | frequency offset transponder
trasponedor de coincidencia (/seguridad) | secure transponder
trasponer, transponer | to transpose, to scramble, to transpond
trasportable, transportable | transportable
trasportador, transportador | carrier, transporter
trasportador de cinta | tape transport
trasportador de escala | scale protractor
trasportador de retención | hold-back carrier
trasportador neumático | airlift
trasportar, transportar | to transport
trasporte, transporte | carry, transport
trasporte calorífico radiactivo | radiative heat transfer
trasporte cíclico | end-around carry
trasporte completo | complete carry
trasporte con mando automático | self-instructed carry
trasporte de cinta | tape transport
trasporte de energía eléctrica | transmission of electrical energy
trasporte de isótopo | isotope transport

trasporte de paquetes [*de datos por internet*] | tunneling
trasporte supersónico | supersonic transport
trasposición, transposición | transposition
trasposición de caída | drop bracket transposition
trasposición de frecuencia | frequency translation
trasposición de supergrupo | supergroup translation
trasposición de tipo corto | point transposition
trasposición de unión | junction transposition
trasposición para circuitos combinados | phantom transposition
trasposición para fantomización | phantom transposition
trasposición por rotación | twisting transposition
trasposición rodante | rolling transposition
trasposición sencilla | simple transposition
trasposiciones coordenadas | coordinate transpositions
trasradar, transradar | transradar
trasrectificación, transrectificación | transrectification
trasrectificador, transrectificador | transrectificator
trasresistencia, transresistencia | transresistance
trasresolucionador, transresolucionador | transolver
trasrodaje, transrodaje | roll-on/roll-off
trastorno, transtorno | upsetting
trastrictor, transtrictor [*transistor de efecto de campo*] | transtrictor
trasuraniano, transuraniano | transuranic
trasuránico, transuránico | transuranic
trasvasar, transvasar [*información*] | to roll in
trasversal, transversal | transversal, transverse, broadside
trasversal eléctrico | transverse electric
trasversal magnético | transverse magnetic
trasverso, transverso | transversal
tratado con rayos X | X-rayed
tratado por irradiación | radiation-processed
tratamiento | handling, treating
tratamiento acústico | acoustic treatment
tratamiento antisonoro | acoustic treatment
tratamiento de alta frecuencia | high frequency treatment
tratamiento de datos | data handling (/processing)
tratamiento de errores | error control (/handling, /management)

tratamiento de excepciones | exception handling
tratamiento de homogeneización por recocido | homogenizing by annealing
tratamiento de irradiación | spray radiation treatment
tratamiento de irradiación total | spray radiation treatment
tratamiento de llamadas masivas | mass calling
tratamiento de residuos radiactivos | radioactive waste disposal
tratamiento de sensibilización | sensitization treatment
tratamiento de textos | text (/word) processing
tratamiento electrónico de datos | electronic data process
tratamiento final | head (/tail) end
tratamiento por lotes | batch processing
tratamiento simple de memoria intermedia | simple buffering
tratamiento superficial | surface treatment
tratar un mensaje | to handle a message
TRAU [*unidad de adaptación de trasmisiones y velocidad de trasmisión*] | TRAU = transcording and rate adaption unit
travesaño | crossarm, pole brace (/arm)
travesaño soporte de verticales | vertical gross support angle
travesía | run
traviesa | crossarm
traviesa de anclaje | anchor
trayecto | route
trayecto de descarga de derivación | relieving discharge path
trayecto de descarga de traslado | transition discharge path
trayecto de integración | path of integration
trayecto de subida | up-path
trayecto mixto | mixed route
trayecto principal | principal path
trayectoria | path, ray, route, swing, trace, trajectory
trayectoria aleatoria | random walk
trayectoria balística | ballistic trajectory
trayectoria de aterrizaje | approach path
trayectoria de descenso | glide slope
trayectoria de deslizamiento | glide path
trayectoria de línea visual | line-of-sight path
trayectoria de los electrones | trajectory of electrons
trayectoria de onda reflejada | hop
trayectoria de propagación | propagation path
trayectoria de propagación múltiple | multipath

trayectoria de sobrealcance | overshoot path
trayectoria de trasmisión | transmission path
trayectoria de un portador electrizado | path of a charged particle
trayectoria de un solo salto | single-hop path
trayectoria de vuelo | flight path
trayectoria del electrón | electron trajectory
trayectoria del rayo | ray path
trayectoria deseada | desired track
trayectoria electrónica | electron trajectory
trayectoria espiral | spiral path
trayectoria múltiple | multipath, multiple path
trayectoria obstaculizada | obstructed path
trayectoria óptica | optical path
trayectoria radioeléctrica | radio path, RF path
trayectoria semicircular | semicircular path
trayectoria terciaria | tertiary path
trayectoria verdadera | true course
traza | swarm
traza de ionización | ionization track
traza fotográfica | photographic trace
traza radial | swarm
trazado | outline, plotting, route, routing, scribing, setting out, trace
trazado automático [de imágenes] | autotrace
trazado circular | circular trace
trazado de perfil | profiling
trazado de radar | radar trace
trazado de retorno | return trace
trazado de un circuito | path of a circuit
trazado de una línea | route of a line
trazado del cable | cable route
trazado del radar | radar blip
trazado impreso | print plot
trazado por haz [método para crear gráficos por ordenador de alta calidad] | ray tracing
trazado por puntos sucesivos | relative plot
trazado verdadero | true plot
trazador | indicator, plotter, scriber, tracer
trazador de campo plano | flatbed plotter
trazador de curvas | curve tracer
trazador de curvas electrónico | electronic curve tracer
trazador de derrota | flight log
trazador de gráficos | plotter
trazador de grafos | graph plotter
trazador de reflexión | reflection plotter
trazador de superficie plana | flatbed plotter
trazador de tambor | drum plotter
trazador digital | digital plotter
trazador físico | physical tracer

trazador gráfico | pen plotter
trazador incremental | incremental plotter
trazador isotópico | isotopic tracer
trazador radiactivo | radiotracer, radioactive tracer
trazador radioisotópico | radioisotope tracer
trazadores no radiactivos | nonradioactive tracers
trazar | to plot, to trace, to track
trazo | stroke, trace
trazo circular | circular trace
trazo de la escala | scale mark (/marking)
trazo de la señal | signal trace
trazo de pie [en letras de algunos estilos de tipos romanos] | serif
trazo de referencia | strobe marker
trazo de registro | recording trace
trazo de retorno | retrace
trazo del impulso | pulse trace
trazo doble | dual trace
trazo estroboscópico | strobe marker
trazo inferior de la letra | descender
trazo osciloscópico | oscilloscope trace (/tracing)
trazos parásitos [debidos a la precipitación atmosférica] | precipitation clutter
TRC = tubo (/válvula) de rayos catódicos | CRT = cathode ray tube [USA]
T.REC [grabación por programador] | T.REC = timer record
trecena | thirteen group
trefilado | drawing, stranding
tremolación de raspado | scrape flutter
trémolo | tremolo
tren | train
tren con servicio radiotelefónico | radiotrain
tren de conmutadores | switch train
tren de impulsos | pulse group (/sequence, /stream, /train), spike train
tren de impulsos a intervalos regulares | regular pulse train
tren de impulsos bidireccional | bidirectional pulse train
tren de impulsos de periodo uniforme | regular pulse train
tren de impulsos de polaridad única | single-polarity pulse train
tren de impulsos de vídeo | video pulse train
tren de impulsos largos | boxcar [USA]
tren de impulsos periódicos | periodic pulse train
tren de impulsos rectangulares | boxcar [USA]
tren de impulsos unidireccional | unidirectional pulse train
tren de impulsos unidireccionales | single-polarity pulse train
tren de ondas | wavelet, wavetrain, train of waves
tren de ondas ultrasonoras | ultrason-

ic pulse
tren de oscilaciones | oscillation train
tren de puntas | spike train
tren de señales | sematema
tren de unidades múltiples | multiple unit train
tren multiplicador | step-up gearing
tren reductor fijo | stationary reduction gear
trenza | strand
trenza de alambre | wire braid
trenzado | stranded, stranding, twist
trenzado adicional | additional twisting
trenzado calefactor | woven resistors
trenzado plano | flat braid
trenzado sencillo | single braid
trenzado simple | single braid
trepa de la chispa | climbing of the spark
trepado | climbing
trepador | pole climber, pole-climbing iron
trepador para postes | pole climber, pole-climbing iron
trepidación | shaking
trepidar | to shake
tres | three
triac [semiconductor formado por dos tiristores que conduce en ambas direcciones] | triac [bilateral thyristor], bidirectional triode thyristor
tríada | triad
tríada cromática | colour triad
triangulación | triangulation
triángulo | triangle
triángulo de color | colour triangle
triángulo de fuerzas | triangle of forces
triángulo de impedancias | impedance triangle
triángulo de Maxwell | Maxwell triangle
triatómico | triatomic
triaxial | triaxial
TRIB [base de datos sobre pasarelas telefónicas] | TRIB = telephony routing information base
triboelectricidad | triboelectricity
triboeléctrico | triboelectric
triboelectrificación | triboelectrification
triboelectroemanescencia | triboelectroemanescence
triboluminiscencia | triboluminescence
tributario de los periféricos de entrada/salida | I/O limited = input/output limited
triclínico | triclinic
tricón [dispositivo de radionavegación] | tricon
tricromático | trichromatic
tricromía | three-colour picture
tridipolar | tridipole
tridop [dispositivo para seguimiento de proyectiles] | tridop
triductor | triductor
triestado | tristate
trifásico | three-phase
trifilar | three-wire
trifluoruro de cloro | chlorine trifluoride

trigatrón [*en radares*] | trigatron
trigistor | trigistor
trigonometría | trigonometry
trilaurilamina | trilaurylamine
trillón [10^{18}] | quintillion [*USA: 10^{18}*]
trimer | trimmer
trimer de neutralización | neutralizing trimmer
trinchera | cutting
trinistor [*tipo de semiconductor*] | trinistor
Trinitron [*marca comercial de un tubo de imagen*] | Trinitron
trinoscopio | trinoscope
trinquete | clutch, keeper, release device, releasing gear, trigger
trinquete de avance de medición | metering feed pawl
trinquete de avance del perforador | perforator feed pawl
trinquete de parada | stop pawl
trinquete de preparación | setup pawl
trinquete de retención frontal | front check pawl
trinqueteo | ratchetting
trío de impulsos | pulse triple
trío de loran | loran triplet
triodo | triode (valve), three-dimensional valve
triodo audión | audion
triodo biplaca | twin-plate triode
triodo de ánodo móvil | vibrotron
triodo de cristal | transistor triode, triode transistor
triodo de electrodos planos paralelos | planar triode
triodo de electrones térmicos | hot electron triode
triodo de espaciado reducido | close-spaced triode
triodo de estado sólido | solid-state triode
triodo de gas | gas relay (/triode)
triodo de gas de cátodo caliente | hot cathode gas triode
triodo de impedancia media | medium impedance triode
triodo de potencia | power triode
triodo de rejilla a tierra | grounded grid triode
triodo de salida | output triode
triodo de triple diodo | triple-diode triode
triodo de túnel | tunnel triode
triodo del oscilador | oscillator triode
triodo-heptodo | triode-heptode
triodo-hexodo | triode-hexode
triodo-hexodo conversor de frecuencia | triode-hexode frequency changer
triodo-hexodo mezclador | triode-hexode mixer
triodo oscilador | triode oscillator
triodo para voltímetro electrónico | voltmeter triode
triodo pentodo | triode-pentode
triodo plano | planar triode
triodo regulador | regulator triode

triodo semiconductor | triode transistor
triodo silenciador | squelch triode
triodo túnel | evaporated thin-film triode, metal interface amplifier
triodos gemelos | twin triode
TRIP [*protocolo de encaminamiento para telefonía sobre IP*] | TRIP = telephony routing over IP
tripartición | tripartition
triple | triple
triple diodo | triple diode
triple estado | tristate
triple tándem de trasformadores | three-gang transformer
triplete | triad, triplet
triplete de carga | triplet
tripleto [*red de tres estaciones radiogoniométricas*] | triplet
tríplex | triplex
triplexor | triplexer
triplicador | triplexer
triplicador de frecuencia | frequency trippler
triplicador de tensión (/voltaje | voltage trebler (/tripler)
trípode | tripod
tripolar | three-pole, three-terminal, triple-pole, tripolar
tripolo | tripole
trisistor | trisistor
tritio | tritium
tritón | triton
trituración | grinding
trituración de números | number crunching
TRL [*lógica transistor-resistor*] | TRL = transistor-resistor logic
troceado-disolución | chopping-leaching
troceado y disolución | chop and leach
troceador | chopper
troceador de luz | light chopper
troff [*programa de UNIX para formatear textos*] | troff = typesetting runoff
trole | trolley
trole axial | axial trolley
trole de pértiga | pole trolley
trole no axial | nonaxial trolley
trolebús | trolleybus, trolley coach (/vehicle), trombone; trolley bus [UK], trolley car [USA]
trompa acústica | loud hailer [UK], horn [USA]
TRON [*núcleo de sistema operativo en tiempo real*] | TRON = real-time operating system nucleus
troncal | trunk line
troncal de explotación intensa | high usage trunk
troncal de salida | outward trunk
tronco automático | dial toll switch trunk
tronco de conmutación automática | toll switch trunk
tronco de desvío | bypass trunk
tronco de empalme | tie trunk

tronco de paso | through trunk
tronco de tránsito | through trunk
tronco entre oficinas | intraoffice trunk
tronco radioeléctrico | radio trunk
tronco radiotelefónico | radiotelephone trunk
tronzadora de muela | abrasive cutoff machine
tropicalización | tropicalization
tropicalizar | to tropicalise [UK], to tropicalize [UK+USA]
TROPO [*comunicación por dispersión troposférica*] | TROPO = tropospheric-scatter communication
tropodispersión | troposcatter
tropopausa | tropopause
troposfera | troposphere
tropotrón [*tipo de magnetrón*] | tropotron
troquel respaldado | backed stamper
troquelado en cuadritos | dicing
troqueladora | stamping machine
TR-P = transistor de potencia | P.TR = power transistor
truco [*en publicidad*] | gimmick
truco óptico | sight effect
trueno | thunder
trueque | change, swap
trueque de memoria | swapping
truncamiento | truncation
truncar | to truncate; to round off
TS [*flujo de trasporte (secuencia de celdas para trasporte de datos)*] | TS = transport stream
TSA = tarjeta de supervisión de actividad | VSC = vital supervision card
TSAPI [*interfaz de programación para aplicaciones de servicios telefónicos*] | TSAPI = telephony services application programming interface
TSF [*filtro de paso de supergrupo, filtro de trasferencia de grupo secundario*] | TSF = through supergroup filter
T-SGW [*pasarela de señalización de trasporte*] | T-SGW = transport-signalling gateway
Tspec [*especificación del tráfico (de emisor, en aplicaciones de servicios integrados)*] | Tspec = traffic specification
TSS [*sistema de tiempo compartido*] | TSS = time-sharing system
TSSI [*secuencia de intervalos en la red*] | TSSI = time slot sequence integrity
TT = toma de tierra | FG = frame ground
TT = trasferencia por telegrama | TT = transfer by telegram
T/T [*sintonizador/programador*] | T/T = tuner/timer
TTC [*centralita interurbana terminal*] | TTC = terminating toll centre
TTE [*indicador de autonomía en teléfonos móviles*] | TTE = talk time effect
TTL [*lógica transistor-transistor*] | TTL = transistor-transistor logic
TTL [*plazo de tiempo que puede permanecer la información en una me-

moria caché; campo que restringe el ámbito de multidistribución de una conferencia; contador interno de tiempo de vida] | TTL = time to live
TTP [mapa de tiempo máximo] | TTP =
TTS [conversión de texto a voz (tecnología informática)] | TTS = text-to-speach
TTY [teleimpresora, teletipo] | TTY = teletype, teletypewriter
tuba | tuba
tubería aislante | tubing
tubería contráctil por calentamiento | heat-shrinkable tubing
tubería de aire comprimido | compressed air line
tubería de tierra | ground conduit
tubería de vapor | vapour line
tubería soldada | welded pipeline (/tubing)
tuberías | plumbing
tubo | tube [USA]
tubo activado | fired tube
tubo acústico | speaking (/voice) tube
tubo aislador | tube insulator
tubo almacenador de señales eléctricas | electric signal storage tube
tubo amortiguador | damper (/damping) tube
tubo amplificador de potencia | power valve
tubo analizador de imagen Farnsworth | Farnsworth image-dissector tube
tubo capilar | capillary
tubo capilar de aspiración | capillary intake (/suction)
tubo catódico de pantalla absorbente | skiatron
tubo catódico de trazo oscuro | skiatron
tubo cerámico | ceramic tube
tubo con cátodo de calentamiento indirecto | indirectly heated cathode tube
tubo con cátodo de óxido | oxide-cathode valve
tubo con control de rejilla | grid control tube
tubo contador de aguja | needle counter tube
tubo contador de corriente gaseosa | gas flow counter tube
tubo contador de escisión (/fisión) | fission counter tube
tubo contador de flujo gaseoso | gas flow counter tube
tubo contador de Geiger-Müller | Geiger-Müller (counter) tube
tubo contador de halógeno | halogen-quenched counter tube
tubo contador de helio | helium counter tube
tubo contador de inmersión | dip counter tube
tubo contador de pared delgada | thin-wall counter tube
tubo contador de radiaciones en at- mósfera gaseosa | gas-filled radiation-counter tube
tubo contador de vapor orgánico | organic-quenched counter tube
tubo contador de ventana | window counter tube
tubo contador de ventana extrema | end window counter tube
tubo contador multicátodo | multi-cathode counter tube
tubo contador para líquidos | liquid counter tube
tubo contador plano | flat counter tube
tubo contador proporcional de flujo | flow proportional counter tube
tubo convertidor de imagen | image-viewing tube
tubo de acoplamiento de salida | output coupling tube
tubo de almacenamiento de imagen | image storage tube
tubo de almacenamiento electrostático | electrostatic storage tube
tubo de alta gamma | high gamma tube
tubo de alto factor de seguridad | high reliability tube
tubo de alto mu | high gain tube
tubo de alto vacío | hard (/high vacuum) tube
tubo de barro | earthenware duct
tubo de base octal | octal base tube
tubo de calidad especial | premium valve
tubo de campo | field tube
tubo de cátodo de mercurio con rejilla [de mando] | grid pool tube
tubo de cemento | cement duct
tubo de cinco electrodos | five-electrode tube
tubo de conductancia mutua dinámica | dynamic mutual-conductance tube
tubo de cristal | glass tube
tubo de descarga horizontal | horizontal discharge tube
tubo de descarga luminosa | glow tube, luminous discharge lamp
tubo de descarga luminosa de cátodo frío | glow (discharge) cold-cathode tube
tubo de descarga sin electrodos | electrodeless discharge tube
tubo de destellos | flash tube
tubo de destellos láser | laser flash tube
tubo de desviación | drift tube
tubo de disco sellado | disc seal tube
tubo de discos cerámicos superpuestos | stacked ceramic valve
tubo de disparo | fired tube
tubo de efecto campo | field-effect tube
tubo de efluvio | glow tube
tubo de efluvio de cátodo frío | glow cold-cathode tube
tubo de efluvio modulador | modulator glow tube
tubo de electrochoque | electric shock tube
tubo de entrada | leading-in tube
tubo de entrada de porcelana | leading-in porcelain tube, porcelain leading-in tube, porcelain opening pipe
tubo de experimentación | experiment thimble
tubo de flujo magnético | magnetic tube of flux
tubo de foco lineal | line focus tube
tubo de fusible | fuse tube
tubo de gas | gas tube
tubo de gas de cátodo caliente | hot cathode gas-filled tube
tubo de gas raro | rare gas tube
tubo de Geiger-Müller | Geiger-Müller tube
tubo de Geissler | Geissler tube
tubo de gres | earthenware duct
tubo de haz conmutado (/controlado) | gated beam tube
tubo de haz electrónico (/de electrones) | electron beam tube
tubo de Heil | coaxial line tube, Heil tube
tubo de imagen | picture valve, kinescope
tubo de imagen con enfoque automático | self-focused picture valve
tubo de imagen con pantalla aluminizada | aluminized-screen picture valve
tubo de imagen de televisión | television picture valve
tubo de imagen de televisión en color de máscara reguladora | shadow-mask colour picture valve
tubo de imagen en color de tres cañones | trigun colour picture valve
tubo de imagen en negro | black scope
tubo de imagen rectangular | rectangular picture valve
tubo de impulso por haz | gated beam tube
tubo de inducción de salida | induction output tube
tubo de interacción extendida | extended interaction tube
tubo de Lawrence | Lawrence tube
tubo de línea coaxial | coaxial line tube
tubo de memoria | storage tube
tubo de migración | migration tube
tubo de muestra neumático | rabbit
tubo de neón | neon lamp (/tube, /tubing)
tubo de ojo caliente | heat-eye tube
tubo de ondas progresivas de pérdida no recíproca | nonreciprocal loss travelling-wave tube
tubo de oscilador | oscillator tube
tubo de pantalla absorbente | dark trace tube
tubo de pantalla de vídeo | video display tube

tubo de pomo | doorknob tube
tubo de potencia | power valve
tubo de protección para cable | cable protection pipe
tubo de rayo electrónico | electron ray tube
tubo de rayos catódicos | cathode ray tube (/valve)
tubo de rayos catódicos de doble haz | double beam cathode ray tube
tubo de rayos catódicos electrostático | electrostatic cathode-ray tube
tubo de rayos X | X-ray valve (/tube)
tubo de rayos X gaseoso (/de gas) | gas X-ray tube
tubo de régimen | operational tube
tubo de rejilla de cuadro | frame grid tube
tubo de rejilla en jaula de ardilla | squirrel cage grid tube
tubo de rejilla luminiscente | grid glow tube
tubo de retención directa de imágenes | direct view storage tube
tubo de traza oscura | dark trace tube
tubo de vaciado | exhaust pipe
tubo de válvula | valve tube
tubo de varios cátodos | multicathode tube
tubo de vidrio | glass tube
tubo de visualización-almacenamiento | display storage tube
tubo del indicador | indicator tube
tubo del manómetro de ionización | ionization-gauge tube
tubo disector de imagen | image dissector tube
tubo doble | duplex tube
tubo duro | hard tube
tubo electromagnético de rayos catódicos | electromagnetic cathode ray tube
tubo electrómetro | electrometer tube
tubo electrónico | valve [UK], tube [USA]; electron tube
tubo electrónico con bombeo continuo | pumped tube
tubo electrónico de destellos | electronic flash tube
tubo electrónico de imagen | electron image tube
tubo electrostático de memoria | electrostatic memory tube
tubo esquiatrón | dark trace tube
tubo estabilizador de gas | glow voltage regulator
tubo estroboscópico | strobotron = stroboscope thyratron
tubo faro | lighthouse tube
tubo ficticio | dummy tube
tubo flexible | loom
tubo fluorescente | glow tube
tubo fotoeléctrico | photoelectric device
tubo fotoeléctrico gaseoso | gas phototube
tubo fotoeléctrico multiplicador | photomultiplier

tubo gaseoso | gas (/gaseous) tube
tubo gasificado | soft valve
tubo gasificado con vacío imperfecto | soft valve
tubo indicador | indicator tube
tubo indicador de neón | neon indicator (tube)
tubo indicador de nivel | magic eye tube
tubo industrial | industrial tube
tubo invertido | inverted tube
tubo luminiscente | glow tube, tubular discharge lamp
tubo metálico | metal tube
tubo miniatrón | miniatron tube
tubo miniatura | miniature tube
tubo multicátodo | multicathode tube
tubo múltiple | multitube
tubo multiplicador electrónico | electron multiplier tube
tubo multirrejilla | multigrid tube
tubo neumático | pneumatic post, rabbit
tubo neumático distribuidor de fichas | pneumatic tube ticket distributor
tubo no aluminizado | nonaluminized tube
tubo noval | noval tube
tubo oscilador | oscillating tube
tubo para hiperfrecuencias | hyperfrequency tube
tubo para uso industrial | industrial tube
tubo piloto | pilot tube
tubo pulverizador capilar | capillary nebulizer
tubo rectificador de descarga luminiscente | glow-tube rectifier
tubo rectificador de onda completa | full-wave rectifier tube
tubo refrigerado por aceite | oil-cooled tube
tubo refrigerado por agua | water-cooled tube
tubo regulador de gas | glow voltage regulator
tubo sellado | sealed tube
tubo separador | separator tube
tubo Shepherd | Shepherd tube
tubo soldado | welded pipe
tubo subminiatura con conexiones en línea | inline subminiature tube
tubo term(o)iónico | thermionic tube
tubo term(o)iónico de alto vacío | thermionic vacuum tube
tubo term(o)iónico de vapor de mercurio | thyratron
tubo tipo filamento | filament-type tube
tubo tipo O | O-type tube
tubo tipo vidrio | glass type tube
tubo trasformador de imagen | image-viewing tube
tubo tungar | tungar bulb (/tube)
tubo vertical | standpipe
tubo vibrador | vibrator tube
tuerca | nut

tuerca cuadrada | square nut
tuerca de fijación | self-locking nut
tuerca de seguridad | locknut, safety nut
tuerca de tope | stop nut
tuerca de unión | union nut
tuerca delgada | shallow nut
tuerca elástica | springnut
tuerca limitadora | stop nut
tuerca para alambre | wire nut
tuerca para hilos | wire nut
tuistor [*hilo ferromagnético cilíndrico con núcleo amagnético*] | twistor
tuistor doble | piggyback twistor
tuistor en cascada | piggyback twistor
tulio | thulium
TUM [*marcador de unidad de enlaces*] | TUM = trunk unit marker
túnel | tunnel, gallery
túnel aerodinámico de densidad variable | variable density wind tunnel
túnel de desviación | drift tunnel
túnel para cables | cable subway
tungsteno | tungsten, wolfram
tungsteno de orientación uniaxial | uniaxially orientated tungsten
tungsteno toriado | thoriated tungsten
tupla [*en una base de datos, conjunto de valores relacionado cada uno con un atributo*] | tuple
turbidez | turbidity
turbidimetría | turbidimetry
turbidímetro | turbidimeter, opacimeter
turbidímetro fotoeléctrico | photoelectric turbidimeter
turbina con extracción | pass-out turbine
turbina de ajuste fino | vernier rocket
turbina de bombeo reversible | pump turbine
turbina de contrapresión | back-pressure turbine
turbo [*rápido*] | turbo
turboalternador | turboalternator, turbine generator
turbodinamo | turbogenerator
turboexcitador | turboexciter
turbogenerador | turbogenerator, turbine generator (unit), turbine-driven set
turbulencia | turbulence, eddy
turmalina | tourmaline
turno | docket, shift
tutoría | operator (/user) guidance, prompt, prompting
tutoría acústica | voice prompt
tutoría óptica | visual prompts
TV = televisión | TV = television
TVAD = televisión de alta definición | HDTV = high definition television
TV-STL [*enlace estudio-trasmisor de televisión*] | TV-STL = television studio-transmitter link
TVT [*tomografía computarizada por trasmisión*] | TCT = transmission computer tomographie
TWAIN [*tecnología sin nombre destacado*] | TWAIN = technology without

an interesting name
twip [*unidad tipográfica equivalente a un veinteavo de punto*] | twip [*typesetting unit of measure, equal to one-twentieth of a printer's point*]
twist [*difererencia de nivel de las señales entre los grupos de frecuencias altas y bajas*] | twist
TWM [*máser de ondas progresivas*] | TWM = travelling-wave maser
TWT [*válvula de ondas progresivas*] | TWT = travelling-wave tube
TWX [*servicio nacional estadounidense de télex*] | TWX = teletypewriter exchange service
Tx [*servicio de (conmutación para) teleimpresoras*] | Tx = teletypewriter exchange service
TXD [*trasmisor de datos*] | TXD = transmit data
TXT = texto | TXT = text

U

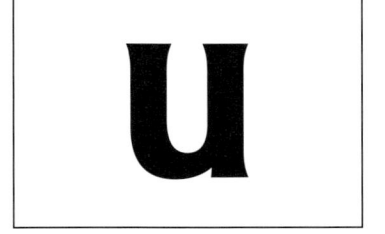

U = uranio | U = uranium
UA = unidad aritmética | AU = arithmetic unit
u.a. = unidad astronómica [1 u.a. = 1,495 × 108 km] | a.u. = astronomical unit
UADSL [*ADSL universal (modelo preestándar del módem ADSL sin divisor)*] | UADSL = universal ADSL
UAL [*capa del agente de usuario*] | UAL = user agent layer
UAL = unidad aritmética y lógica | ALU = arithmetic and logic unit
UAR [*unidad de adaptación de red*] | NAU = network adaptation unit
UART [*receptor-trasmisor asincrónico universal*] | UART = universal asynchronous receiver/transmiter
UBE [*correo masivo no solicitado*] | UBE = unsolicited bulk email
ubicable | relocatable
ubicación | location, allocation, siting
ubicación de la agenda del usuario | user calendar location
ubicar | to site
ubitrón | ubitron, free electron laser
UC [*proceso informático ubicuo*] | UC = ubiquitous computing
UC = unidad de control | CU = control unit
UCE [*publicidad no deseada por correo electrónico*] | UCE = unsolicited commercial email
UCM = unidad de cinta magnética | MTU = magnetic tape unit
UCM = unidad de conferencia multipunto | MCU = multipoint conference unit
UCP [*unidad central de proceso*] | CPU = central processing unit
UDA = unidad de datos de aplicación | ADU = application data unit
UDLC [*protoloco para la trasmisión de datos*] | UDLC = universal data link control
udómetro | udometer, rain gauge
UDP [*protocolo de datagrama de usuario*] | UDP = user datagram protocol
UDT [*trasferencia uniforme de datos*] |

UDT = uniform data transfer
UF = unidad física | PU = physical unit
UFV = unidad de formato vertical | VFU = vertical format unit
UHF [*frecuencia ultraalta*] | UHF = ultra high frequency
UI [*interfaz para conexión de unidades*] | UI = unit interface
UID [*identificador único*] | UID = unique identifier
UIR = Unión internacional de radiodifusión | UIR = Union internationale de radiodiffusion (*fra*) [*International broadcast union*]
UIT = Unión internacional de las telecomunicaciones | ITU = International Telecommunication Union
UJT [*transistor con una sola capa, transistor de unión única*] | UJT = unijunction transistor
Uknet [*proveedor británico de servicios de internet*] | UKnet
UL = unidad lógica | LU = logical unit
ULA [*orden lógico no comprometido*] | ULA = uncommitted logic array
ULA = unidad lógica y aritmética | ALU = arithmetic and logic unit
ula gaseosa | gas cell
ULLA = unidad de llamada automática | ACU = automatic calling unit
ULM [*lenguaje de modelado unificado (para expresar los requisitos y detalles de un proceso de negocio electrónico)*] | UML = unified modelling language
ULSI [*ultraalto grado de integración*] | ULSI = ultra large scale integration
última milla [*conexión por cable entre el abonado y la red telefónica*] | last mile [fam, USA]
últimas noticias | latest news
último bit útil | least significant bit
último enlace | late binding
ultraacústica | ultrasonics
ultraacústico | ultrasonic, superaudio
ultraaudible | ultra-audible
ultraaudión | ultra-audion
ultracentrifugadora | ultracentrifuge

ultracentrífugo | ultracentrifuge
ultradino | ultradyne
ultrafax | ultrafax
ultraficha [*microficha de densidad muy alta*] | ultrafiche
ultramicrómetro | ultramicrometer
ultramicroonda | ultramicrowave
ultramicroscopio | ultramicroscope
ultranegro | blacker-than-black
ultraprecisión | ultraprecision
ultrapuro | ultrapure
ultrarrápido | on-the-fly, ultrarapid, ultrahigh speed
ultrarrojo | ultrared
ultrasensible | supersensitive
ultrasónica | ultrasonics
ultrasónica por reflexión de impulsos | pulse reflection ultrasonics
ultrasónico | ultrasonic, ultrasound, ultra-audible
ultrasonografía | ultrasonography
ultrasonoro | ultrasonic, superaudio
ultravioleta | ultraviolet
ultravioleta próximo | near ultraviolet
ululato | warble
UMA [*área de memoria alta*] | UMA = upper memory area
UMA = unidad de masa atómica | AMU = atomic mass unit
UMB [*bloque de memoria superior (/alta)*] | UMB = ultrahigh (/upper) memory block
umbral | threshold
umbral acromático | achromatic threshold
umbral anterior | front porch
umbral de arranque | starting threshold
umbral de audición | threshold of audibility (/hearing)
umbral de compresión | threshold (/verge) of compression
umbral de detección | threshold detection
umbral de detectabilidad | threshold of detectability
umbral de diferencia | difference threshold

umbral de discriminación | discriminator threshold value
umbral de dolor | threshold of feeling
umbral de Geiger | Geiger threshold
umbral de Geiger-Müller | Geiger-Müller threshold
umbral de incomodidad | threshold of discomfort
umbral de interferencia | interference threshold
umbral de la corriente (/tensión) de disparo | gate nontrigger voltage
umbral de luminiscencia | luminiscence threshold, threshold of luminiscence
umbral de mejora | improvement threshold
umbral de mejora del impulso | pulse improvement threshold
umbral de movimiento del puntero | pointer movement threshold
umbral de reacción | reaction threshold
umbral de recepción | threshold signal
umbral de respuesta | threshold sensitivity
umbral de ruido de receptor | receiver noise threshold
umbral de sensibilidad | threshold of feeling (/sensitivity), threshold (/ultimate) sensitivity
umbral de silenciamiento | quieting sensitivity
umbral de tensión de disparo | triggering threshold voltage
umbral de voltaje de disparo | triggering threshold voltage
umbral del cadmio efectivo | effective cadmium cutoff
umbral fotoeléctrico | photoelectric threshold
umbral lógico de tensión | logical threshold voltage
umbral normal | normal threshold
umbral normal de audibilidad | normal threshold of audibility
umbral pleocroico | pleochroic halo
umbral posterior | back porch
umbral sonoro | audibility threshold, threshold of audibility
umbría | shade
UMM [metodología de modelado UM/CEFACT (para negocios electrónicos)] | UMM = UN/CEFACT modelling methodology
UMTS [sistema universal de telecomunicaciones móviles, servicio universal de telefonía móvil] | UMTS = universal mobile telecommunication system, universal mobile telephone service
una puerta | one-port
una sola dirección | single direction
UN/CEFACT [centro de NU para promoción del comercio y para comercio electrónico] | UN/ CEFACT = United Nations centre for trade facilitation and electronic business

UN/EDIFACT [norma de las Naciones Unidas para el intercambio electrónico de datos para la administración, el comercio y el trasporte] | UN/EDIFACT
UNC [convención universal de nombres (para archivos informáticos)] | UNC = universal (/uniform) naming convention
UNCID [reglas uniformes de conducta para el intercambio de datos comerciales mediante teletrasmisión] | UNCID = uniform rules of conduct for interchange of trade data by teletransmission
UNCITRAL [comisión de las Naciones Unidas para la legislación sobre el comercio internacional] | UNCITRAL = United Nations commission on international trade law
Undernet [red internacional alternativa de servidores IRC] | Undernet
UNEDED [directorio de elementos de datos UN/EDIFACT] | UNEDED = UN/EDIFACT data elements directory
UNEDMD [directorio de mensajes UN/EDIFACT] | UNEDMD = UN/ EDIFACT message directory
UNEDSD [directorio de segmentos UN/EDIFACT] | UNEDSD = UN/EDIFACT segment directory
uniaxial | uniaxial
unibus | unibus
unicast [protocolo para trasmisión de paquetes de datos entre direcciones IP] | unicast
único | single
UNICOM [sistema universal integrado de comunicaciones] | UNICOM = universal integrated communications system
unidad | unit; step; [de disco] drive; [de información] frame
unidad absoluta | absolute unit
unidad amplificadora de potencia | power amplifier unit
unidad angstrom | angstrom unit
unidad aritmética | arithmetic unit
unidad aritmética de fracciones | fractional arithmetic unit
unidad aritmética de serie | serial arithmetic unit
unidad aritmética lógica | arithmetic logic unit
unidad aritmética paralela | parallel arithmetic unit
unidad aritmética y lógica | arithmetic and logic unit
unidad arrítmica | stop-start unit
unidad astronómica [distancia que separa el Sol de la Tierra, 1 u.a. = 149.597.870 km] | astronomical unit
unidad audiotelegráfica | tone (frequency) telegraph unit
unidad audiotelegráfica de tonos | tone telegraph unit
unidad automática de llamada | automatic calling unit

unidad automotora | train unit
unidad autónoma | self-contained unit
unidad básica RDSI | ISDN basepart
unidad Bernoulli [tipo de disquete de alta capacidad] | Bernoulli box
unidad biestable | bistable unit
unidad cegesimal | CGS unit
unidad central | mainframe
unidad central de proceso | central processing unit, central processor (unit); mainframe
unidad central del clúster | cluster controller
unidad comprimida [de disco] | compressed drive
unidad conectable | pluggable unit
unidad conmutadora | switching unit
unidad contadora en anillo | ring counting unit
unidad cutánea | skin unit
unidad de absorción por pie cuadrado | square foot unit of absorption
unidad de acceso a múltiples estaciones | multistation access unit
unidad de aceleración | unit of acceleration
unidad de acentuación | emphasis unit
unidad de acoplamiento [para ordenadores portátiles] | docking station
unidad de adaptación de trasmisiones y velocidad de trasmisión | transcording and rate adaption unit
unidad de adelantamiento | lookahead unit
unidad de alarma | sentinel
unidad de alcance | range unit
unidad de alimentación | power (supply) unit
unidad de alimentación AB | AB (power) pack [USA]
unidad de almacenamiento | storage unit
unidad de almacenamiento temporal | buffer storage unit
unidad de antena | aerial unit
unidad de arranque [que utiliza la BIOS para cargar el sistema operativo del ordenador] | boot drive
unidad de arranque y parada | stop-start unit
unidad de arrastre de cinta en movimiento continuo | streaming tape unit
unidad de asignación [por ejemplo un clúster] | allocation unit
unidad de banda básica de reserva | standby baseband unit
unidad de barrido | sweep unit
unidad de base de tiempo | sweep unit
unidad de cálculo | count
unidad de cantidad de electricidad | unit quantity of electricity
unidad de cantidad de magnetismo | unit of quantity of magnetism
unidad de capacidad (/capacitancia) | unit of capacitance

unidad de carga | charging (/loading, /loading coil) unit; unit charge
unidad de carga eléctrica | unit electric charge
unidad de cartucho | cartridge drive
unidad de casete | cassette drive
unidad de CD | CD drive
unidad de CD-ROM | CD-ROM drive
unidad de chaparrón | shower unit
unidad de cierre | shutdown unit
unidad de cinta (magnética) | tape unit (/deck, /drive), magnetic tape unit
unidad de cintas | deck, tape unit
unidad de color primario | primary colour unit
unidad de comienzo | originating unit
unidad de comparación del cuadro | chart comparison unit
unidad de comparación del mapa | autoradar plot
unidad de condensador-resistencia | capacitor resistor unit
unidad de conferencia multipunto | multipoint conference unit
unidad de conmutación a elemento de reserva | standby switching unit
unidad de conmutación de mensajes | message switching unit
unidad de conmutación intermedia | intermediate selecting unit
unidad de consumo | sink
unidad de consumo de energía | sink
unidad de contacto | contact unit
unidad de control | control (/dialling) unit, controller
unidad de control automático de frecuencia para estación terminal | terminal AFC unit
unidad de control de periféricos | peripheral control unit
unidad de control de potencia | power control (/conversion) unit
unidad de control de secuencia | sequence control unit
unidad de control de selección | selector control unit
unidad de control de trasmisión | transmission control unit
unidad de control estereofónica | stereo control unit
unidad de control principal | main control unit
unidad de controlador de pasarela | gateway controller unit
unidad de conversación | unit call, initial period, service unit
unidad de conversación interurbana | intercity message unit
unidad de conversión | converter unit
unidad de corriente | unit of current
unidad de cristal a temperatura controlada | temperature-controlled crystal unit
unidad de cristal de modo armónico | harmonic mode crystal unit
unidad de cristal de sobretono | overtone crystal unit
unidad de cristal de tono armónico | overtone crystal unit
unidad de cristal herméticamente sellada | hermetically-sealed crystal unit
unidad de cristal piezoeléctrico | piezoelectric crystal unit
unidad de datos de aplicación | application data unit
unidad de datos del protocolo | protocol data unit
unidad de Debye | Debye unit
unidad de demora verdadera | true bearing unit
unidad de desplazamiento | shift unit
unidad de destello electrónica | electronic flash unit
unidad de difusión de etapas múltiples | multistage diffusion unit
unidad de disco | drive, disc (/disk) drive (/unit)
unidad de disco asignada [unidad con acceso local a la que se ha asignado una letra] | mapped drive
unidad de disco de cabeza por pista [que dispone de una cabeza de lectura/escritura para cada pista] | head-per-track disk drive
unidad de disco de doble cara | dual-sided disk drive
unidad de disco de estado sólido | solid-state disk drive
unidad de disco duro | hard drive, fixed (/hard) disk drive (/unit)
unidad de disco externa | external hard drive
unidad de disco fijo | fixed disk drive
unidad de disco flexible | diskette (/floppy-disk) drive
unidad de disco fuente | source drive
unidad de disco MO = unidad de disco magnetoóptico | MO disk drive = magneto-optic disc drive
unidad de disco por defecto | default drive
unidad de disco removible | exchangeable disk store
unidad de discos magnéticos | magnetic disc unit
unidad de disquete | disc drive (/unit), diskette drive, floppy disk drive (/unit)
unidad de distancia | range unit
unidad de distribución de energía | power distribution unit
unidad de duración | unit duration
unidad de duración de una señal | unit duration of a signal
unidad de electrón | electron unit
unidad de emisión terminal | transmit terminal unit
unidad de energía | power (/energy) unit
unidad de energía a prueba de interrupción | no-break power unit
unidad de energía eléctrica a prueba de interrupción | no-break electric-power unit
unidad de enlaces | trunk unit
unidad de enrejado básico | basic-grid unit
unidad de entrada | input unit
unidad de entrada del sistema | system input unit
unidad de error | failure unit
unidad de escala | scaling unit
unidad de escape | unit escapement
unidad de estado | status unit
unidad de fabricación | manufacturing unit
unidad de fallo | failure unit
unidad de formato vertical | vertical format unit
unidad de frecuencia | unit frequency
unidad de fuerza | power unit; unit of force
unidad de fuerza electromotriz | unit of electromotive force
unidad de fusible en líquido | liquid fuse unit
unidad de fusible no renovable | non-renewable fuse unit
unidad de gaveta | drawer unit
unidad de gestión de memoria | memory management unit
unidad de gestión de memoria por páginas [unidad para gestión de la memoria virtual] | paged memory management unit
unidad de interfaz para ordenador | computer interface unit
unidad de intensidad | unit of current
unidad de interconexión | interface unit
unidad de interfaz de arcén | wayside interface unit
unidad de interferencias | interference unit
unidad de interfuncionamiento | gateway, level relay; interworking unit
unidad de interruptor | switch assembly
unidad de lenguaje | word pattern
unidad de línea | line unit
unidad de línea de abonado y selector final | subscriber line and final selector unit
unidad de llamada automática | automatic calling (/dialling) unit
unidad de llamada telefónica | telephone call unit
unidad de longitud de onda | wavelength unit
unidad de marcación verdadera | true bearing unit
unidad de masa atómica | atomic mass unit
unidad de media altura [unidad de disco con la mitad de altura que las unidades de la generación precedente] | half-height drive
unidad de medición de velocidad y distancia | speed and distance measurement unit
unidad de memoria | memory (/storage) unit
unidad de memoria de masa | mass memory unit

unidad de mensaje | message unit
unidad de mezcla | mixing unit
unidad de microdisco [*para microdisco de una pulgada*] | microdrive
unidad de microprocesador | microprocessor unit
unidad de pantalla | display unit
unidad de pasarela | gateway unit
unidad de pasarela de señalización | signalling gateway unit
unidad de potencia | power unit
unidad de precipitación | precipitation unit
unidad de presentación [*visual*] | display unit
unidad de presentación panorámica | panoramic display unit
unidad de presentación visual | visual display unit
unidad de presión | pressure unit, unit of pressure
unidad de procesamiento | processing unit (/section)
unidad de procesamiento básica | basic processing unit
unidad de proceso | processing unit
unidad de programa | program unit
unidad de radar | radar unit
unidad de radiación cutánea | skin unit
unidad de recambio | standby unit
unidad de recepción | input (/receiver, /receiving) unit
unidad de rechazo de interferencia | interference rejection unit
unidad de recorte | shaping unit
unidad de red | network drive
unidad de red óptica | optical network unit
unidad de red telefónica | speech network unit
unidad de representación visual | visual display unit
unidad de reserva | standby unit
unidad de reserva normalmente apagada | cold standby equipment
unidad de resistencia | resistance unit, unit of resistance
unidad de resistencia y condensador | resistor-capacitor unit
unidad de respuesta | answerback unit
unidad de retardo | delay unit
unidad de retardo de bucle | loop delay unit
unidad de retardo digital | digital delay unit
unidad de retardo lineal | linear delay unit
unidad de retrasmisión | retransmission unit
unidad de reverberación | reverberation unit
unidad de salida | output unit
unidad de salida del sistema | system output unit
unidad de secuencia | sequence unit
unidad de selección de enlaces | trunk switching unit
unidad de selección de grupo | group selection unit
unidad de selección de líneas | line selection unit
unidad de selección intermedia | intermediate selecting (/switching) unit
unidad de señal telefónica | telephone signal unit
unidad de señal telegráfica | telegraph signal unit
unidad de señalización | signalling unit
unidad de separación | separating unit
unidad de servicio | service unit
unidad de servicio de canales | channel service unit
unidad de servicio de datos | data service unit
unidad de servicio eléctrico | electric service unit
unidad de sintonización | tuning unit
unidad de sintonización del discriminador de subportadora | subcarrier discriminator running unit
unidad de Solomon | Solomon's unit
unidad de tambor magnético | magnetic drum unit
unidad de tasa | charging unit
unidad de tasa del servicio de télex | unit telex charge
unidad de telecobalto | telecobalt unit
unidad de telegrafía por frecuencias acústicas | tone frequency telegraph unit
unidad de telegrama | unit telegram
unidad de telepantalla | remote display unit
unidad de télex | telex unit
unidad de terminación de red óptica | optical network termination
unidad de toma distante | remote pickup unit
unidad de toma exterior | remote pick-up unit
unidad de trabajo | unit of work
unidad de tráfico | traffic unit
unidad de trasmisión | transmission unit
unidad de trasmisión de demoras | bearing transmission unit
unidad de trasmisión digital de datos | digital data unit
unidad de tritio | tritium unit
unidad de vigilancia | sentinel
unidad de volumen | volume unit
unidad del sistema | system unit (/module)
unidad derivada | derived unit
unidad desfasadora | phase-shifting unit
unidad diferencial de banda base de cinco ramas | five-way baseband hybrid
unidad diferencial de banda base de tres ramas | three-way baseband hybrid
unidad difusora de etapa única | single-stage diffusion unit
unidad E | E unit
unidad eléctrica internacional | international electrical unit
unidad eléctrica práctica | practical electrical unit
unidad electromagnética | electromagnetic unit
unidad electromagnética centímetro-gramo-segundo | centimetre-gram-second electromagnetic unit
unidad electrónica de formato vertical | electronic vertical format unit
unidad electroquirúrgica | electro-surgical unit
unidad electrostática | electrostatic unit
unidad electrostática centímetro-gramo-segundo | centimetre-gram-second electrostatic unit
unidad emisora/receptora | TR unit = transmitter/receiver unit
unidad empaquetada | pack unit
unidad en línea | online unit
unidad en prueba | unit under test
unidad enchufable | plug-in (unit)
unidad enchufable tipo gaveta | plug-in drawer unit
unidad equilibradora | balancing unit
unidad estabilizadora | stabilizer unit
unidad exploradora | scanner unit
unidad fan-out [*conector para terminales de bus*] | fan-out-unit
unidad física | physical unit
unidad física de masa | physical mass unit
unidad fotoflash | photoflash unit
unidad fuera de línea | off-line unit
unidad funcional | function (/functional) unit
unidad funcional básica | basic function unit
unidad fundamental | fundamental unit
unidad generadora | generating unit
unidad grabadora | recording unit
unidad impresora | typing unit
unidad integradora | integrating unit
unidad lectora | reader
unidad lógica | logical unit (/drive)
unidad lógica acoplada por el emisor | emitter coupled logic
unidad lógica NO | NOT logic
unidad lógica y aritmética | arithmetic and logic(al) unit
unidad maestra | host
unidad maestra local | local host
unidad magnética | magnetic unit
unidad matricial | matrixer
unidad matriz | matrix unit
unidad máxima de recepcion | maximum receive unit
unidad máxima de transmision | maximum transmission unit
unidad miliroentgen | mr unit
unidad modular | module
unidad motora | motor-driven unit
unidad motriz sincrónica | synchronous motor unit

unidad móvil autónoma | self-contained mobile unit
unidad móvil de televisión | television pickup station
unidad N | N unit
unidad no preparada | drive not ready
unidad óptica | optical driver
unidad osciladora | oscillator unit
unidad PD-CD [*unidad de disco compacto regrabable por cambio de fase y CD-ROM*] | PD-CD drive = phase change rewritable disc-compact disc drive
unidad periférica | peripheral unit
unidad práctica usual | usual practical unit
unidad preamplificadora | preamplifier unit
unidad programadora | programmer unit
unidad puerta | gating unit
unidad R = unidad roentgen | R unit = Roentgen unit
unidad racionalizada | rationalized unit
unidad recambiable | plug-in unit
unidad receptora | receiving unit
unidad receptora de telecontrol | remote-control receiver unit
unidad rectificadora | rectifier unit
unidad registrada por el contador del abonado | step on the subscriber's meter
unidad registradora | recording unit
unidad reguladora de potencia | power-regulating unit
unidad reperforadora-impresora | typing reperforating unit
unidad repetidora multicanal | multi-channel repeater unit
unidad repetitiva | repetitive unit
unidad roentgen | roentgen unit
unidad S [*unidad arbitraria de intensidad de señal*] | S unit
unidad selectora de amplitud de canal movible | single-channel pulse amplitude selector unit
unidad selectora de emisiones telefónicas | remote deskset switch unit
unidad sensora | sensing unit
unidad siemens | siemens unit
unidad Sievert | Sievert unit
unidad sintonizadora del discriminador | discriminator tuning unit
unidad S-N = unidad Sabouraud-Noiré | S-N unit = Sabouraud-Noiré unit
unidad temporizadora de impulsos | pulse-timing unit
unidad térmica británica | British thermal unit
unidad terminadora diferencial | hybrid terminating unit
unidad terminal | terminal unit
unidad terminal multicanal | multi-channel terminal unit
unidad trasmisora | transmitter unit
unidad trasmisora de distancia | range transmission unit
unidad trasmisora de telecontrol | remote-control transmitter unit
unidad X | Xu = X unit
unidad zip [*disco de 3,5" de Iomega con capacidad de hasta 250 MB*] | zip drive
unidades de entrada | linking panel
unidades de fuerza | units of force
unidifusión | unicast
unidireccional | one way, one-way, simplex, single-directional, unidirected, unidirectional
unidistribución | unicast
unido por soldadura | welded
unificación | unification
unifilar | unifilar, monocord, single-wire, single-wired
uniforme | even, flat, uniform
uniformidad | uniformity
uniformidad de la característica potencia/frecuencia | power frequency uniformity
unifrecuencial | one-frequency
unilateral | unilateral
unilateralización | unilateralization
unimasa | uniground
unimodular | unimodular
uninodal | single node
unión | attachment, barrier, bind, binding, bond, close, connection, join, joint, junction, link, linkage, seam, splice, splicing, tie, union
unión a tierra | ground junction
unión activa | active junction
unión aleada | alloyed junction
unión base-colector | base-collector junction
unión blindada | shielded junction
unión con oscilación | wobble bond
unión con polarización inversa | reverse-biased junction
unión con punta de bola | ball bond (/bonding)
unión con resina | rosin joint
unión controlada por el límite elástico | yield-strength-controlled bonding
unión covalente | covalent bond
unión de aleación | alloyed (/fused) junction
unión de alta resistencia | high resistance joint
Unión de asociaciones técnicas internacionales | Union of international engineering organizations
unión de aumento regulado | rate-grown junction
unión de base de transistor y emisor | transistor base-emitter junction
unión de cabeza de clavo | nail-head bond
unión de colector | collector junction
unión de complejos | complex compound
unión de crecimiento | grown junction
unión de difusión | diffusion bonding
unión de emisor | emitter junction
unión de germanio tipo P | P-type germanium junction
unión de guiaondas | waveguide coupling (/junction)
unión de Josephson [*dispositivo crioelectrónico*] | Josephson junction
unión de líneas | line join
unión de manguito | sleeve coupling
unión de puntos | spot bonding
unión de resina | rosin connection
unión de resistencias | resistance junction
unión de riñón | kidney joint
unión de semiconductor crecido | grown semiconductor junction
unión de semiconductores | semiconductor junction
unión de un solo electrón | singlet linkage
unión de vidrio | glass binder
unión diferencial de guiaondas | waveguide hybrid ring
unión difundida | diffused junction
unión difusa | diffused junction
unión dopada | doped junction
unión E-H en forma de T | E-H T-junction
unión electromagnética | electromagnetic bonding
unión emisora de luz | junction light source
unión emplomada | weld junction
unión en cadena | catenary linkage
unión en cuña | wedge bond (/bonding)
unión en estrella | wye junction
unión en T | T (/tee) junction
unión en T de guiaondas | waveguide T (/tee)
unión en T del plano E | E-plane T-junction
unión en T en derivación | shunt T-junction
unión en T en el plano H | H-plane T-junction
unión en T en paralelo | shunt T-junction
unión en T en serie | series T-junction
unión en T híbrida | hybrid T-junction; magic tee [*fam*] = magic T-junction
unión en Y | Y junction
unión entre caras | interfacial junction
unión eutéctica | eutectic bonding
unión flotante | floating junction
unión fría | cold junction
unión fundida | fused junction
unión giratoria | rotary coupler
unión graduada | rate-grown junction
unión gradual | graded junction
unión híbrida | hybrid junction
unión híbrida con trasformadores | hybrid set, transformer hybrid
unión híbrida de resistencia | resistance hybrid
unión híbrida de trasmisores [*trasformador diferencial para aplicar la misma señal a dos trasmisores*] | transmitter junction hybrid
unión híbrida en anillo | hybrid ring (junction); rat race
unión ideal | ideal junction

unión interfacial | interfacial bond
Unión Internacional de Telecomunicaciones | International Telecommunications Union
unión líquida | liquid junction
unión mecánica | mechanical joint
unión NN | NN junction
unión óptica de contacto | optical contact bond
unión para bases de emisor y colector | emitter-base and collector-base junction
unión para mangueras | rubber tube connection
unión para tubos | caulking [UK], calking [USA]
unión Peltier | Peltier junction
unión plana | planar junction
unión PN, unión p-n | PN junction, p-n junction
unión por compresión y calentamiento | thermal compression bonding
unión por crecimiento | grown junction
unión por electrones | bonding electron
unión por hilo | wire bonding
unión por láser | laser bonding
unión por termocompresión | thermocompression bond (/bonding)
unión por termopar | thermocouple junction
unión por vibración ultrasónica | ultrasonic bond (/bonding)
unión PP | PP junction
unión rectificadora | rectifying junction
unión rotativa | rotating joint
unión solapada | lap joint
unión soldada | solder (/soldered) joint, wipe (/wiped, /welded) joint, weld (junction)
unión térmica | thermal bond (/junction)
unión termoeléctrica | thermoelectric junction, thermojunction
unión trenzada | twisted joint
unión única | single junction, unijunction
unión universal | universal joint
unión vidrio-metal | glass-to-metal seal
UNIPEDE = Unión internacional de productores y distribuidores de energía eléctrica | UNIPEDE = Union internationale des producteurs et distributeurs d'energie électrique [fra]
uniplex | uniplex
unipolar | unipolar, homopolar, single-pole
unipolaridad | unipolarity, single polarity
unipolo | unipole
unipolo vertical | vertical unipole
unipotencial | unipotential
unir | to connect
unitario | unary
unitor | unitor

UNIVAC [calculador automático universal; marca comercial] | UNIVAC = Universal Automatic Calculator
univalvular | one-tube
universal | multifunction, multipurpose, universal
universo | universe
universo de De Sitter | De Sitter universe
UNLK [clave de composición de las Naciones Unidas (modelo de impreso)] | UNLK = United Nations layout key
uno a la vez [aplicado a productos que sólo se pueden crear uno a uno, como el CD-ROM] | one-off
uno lógico | logical one
UNSM [mensaje normalizado por las Naciones Unidas] | UNSM = United Nations standard message
UNTDED [directorio de elementos de datos para el comercio de las Naciones Unidas] | UNTDED = United Nations trade data elements directory
uña de arrastre | drive pin
UPA [adaptación en el plano de usuario] | UPA = user plane adaptation
UPC [código universal de productos] | UPC = universal product code
UPC [espectroscopia fotoelectrónica por ultravioletas] | UPC = ultraviolet photoelectron spectroscopy
UPC = unidad central de proceso, procesador central | CPU = central processing unit, central processor
uplink [vía de comunicación de tierra a satélite] | uplink
UPnP [conjunto de protocolos para conexión y desconexión automática a la red] | UPnP = universal plug and play
UPP [conexión y uso inmediato universal] | UPP = universal plug and play
UPV = unidad de procesado de voz | VPU = voice processing unit
uránidos | uranide
uranífero | uraniferous
uranilo | uranyl
uraninita | uraninite
uranio | uranium
uranio agotado | depleted uranium, tails
uranio alfa | alpha uranium
uranio beta | beta uranium
uranio enriquecido | enriched uranium
uranio gamma | gamma uranium
uranio metálico | uranium metal
uranio natural | natural uranium
uranotorianita | uranothorianite
uranotorita | uranothorite
URC [descripción de recursos uniforme] | URC = uniform resource citation
urgencia | urgency, distress
URI [identificador de recursos uniforme] | URI = uniform resource identifier
URI = Universidad Radiofónica Internacional | URI = Université radiophonique internationale [fra]
URL [localizador universal de recursos]

| URL = universal resource locator
URL relativo [localizador relativo uniforme de recursos] | RELURL = relative URL = relative uniform resource locator
URN [nombre de recurso uniformizado] | URN = uniform resource name
usado por la tarjeta | used by card
usar | to use
USAT [terminal de apertura ultrapequeña de antena, aproximadamente 40 cm] | USAT = ultra small apertura terminal
USB [bus serie universal] | USB = universal serial bus
USIM [módulo de identidad de abonado UMTS] | USIM = UMTS subscriber identity module
uso | usage, service
uso compartido | shared use
uso conjunto | joint use
uso de colores | colour use
uso de la ayuda | using (/how to use) help
uso de memorias intermedias | caching
uso del recurso del sistema | system resource usage
uso del registro índice | indexing
uso en común | shared use
uso general | general purpose
uso legítimo | fair use
uso universal | general purpose
USR-LIB [biblioteca del usuario] | USR-LIB = user library
USRT [trasmisor-receptor sincrónico universal] | USRT = universal synchronous receiver-transmitter
USTA [asociación estadounidense de compañías telefónicas] | USTA = United States Telephone-Association
usuario | customer, user; [de programa de búsqueda] surfer
usuario accesible | user available
usuario de circuito | wire customer
usuario de línea privada | private wire customer
usuario del servicio | service user
usuario del servicio telegráfico | telegraph user
usuario del telégrafo | telegraph user
usuario del TWX | TWX customer
usuario final | end user
usuario que llama | party calling
usuario raíz | root user
usuario único | unique user
UT = unidad de tráfico [en telecomunicaciones] | TU = traffic unit [USA]
UTC [hora universal coordinada] | UTC = universal time coordinated
utensilio para ajuste de neutralización | neutralizing tool
útil | effective, useful
utilidad | service (ability), utility
utilidad de ahorro de energía | energy saver utility
utilidad de ayuda para la configuración | configuration assistance utility

utilidad de creación del índice de configuración | configuration index generation utility
utilidad de detección automática | autosense feature
utilidad informática | computer utility
utilidades | utilities
utilización | occupation; usage; utilisation [UK], utilization [UK+USA]; working
utilización de energía eléctrica | utilization of electrical energy
utilización de resonancia | resonance utilization
utilización de un circuito | allocation of a circuit
utilización de vías indirectas | indirect routing
utilización del espectro | spectrum utilization
utilización en robo de ciclo | cycle stealing; data break
utilización térmica | thermal utilization
utilizar | to work, to use
utilizar el ordenador | to compute
utillaje | tooling
utillaje de pruebas portátil | portable tester set
utillaje para líneas de trasmisión | transmission line hardware
UTP [*cable no blindado, par de hilos no apantallado*] | UTP = unshielded twisted pair
UTRAN [*red de acceso universal a radiocomunicaciones terrestres*] | UTRAN = universal terrestrial radio access network
UUCP [*protocolo de comunicaciones de Unix a Unix*] | UUCP = Unix to Unix communication protocol
uuencode [*programa de UNIX que convierte archivos binarios de 8 bit en archivos ASCII de 7 bit para imprimirlos*] | uuencode
UUIE [*elemento de información de tipo usuario-usuario*] | UUIE = user-user information element
UUS [*señalización abonado-abonado (en sistema de señalización)*] | UUS = user-to-user signalling
UV = ultravioleta | UV = ultraviolet
UV = unidad de volumen | VU = volume unit
uvicón | uvicon
UVROM [*memoria de sólo lectura por rayos ultravioleta*] | UVROM = ultraviolet read-only-memory

V

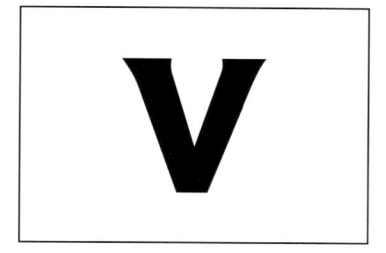

V = vanadio | V = vanadium
V = voltio | V = volt
VA = voltio amperios | VA = volt-ampere
VAB [*contestador de voz*] | VAB = voice answer back
VAC = velocidad angular constante | CAV = constant angular velocity
vacaciones | vacation
vaciado de corriente continua | DC dump
vaciado de la memoria | (storage) dump
vaciado estático | static dump
vaciado hexadecimal | hexadecimal dump
vaciador previo | preemptor
vaciar | to clear; [*la memoria*] to dump
vacilación | stagger, staggering
vacilación de inducido | armature hesitation
vacío | idle, vacuum, void
vacío medio | medium vacuum
vacío posible | practicable vacuum
vacío secundario | secondary vacuum
vacío ultraalto | ultrahigh vacuum
vacío ultraelevado | ultrahigh vacuum
VACM = velocidad angular constante modificada | MCAV = modified constant angular velocity
vacuómetro | vacuummeter, vacuum gauge (/indicator)
vacuómetro de Penning | Penning vacuum gauge
vagón | boxcar [USA]
vaho de vapor | vapour cloud (/mantle)
vaina | can, clad, jacket, sheath, sheet
vaina anódica | anode sheath
vaina catódica | cathode sheath
vaina de iones positivos | positive ion sheath
vaina de plasma | plasma sheath
vaivén | swing, hunting, cycling variation
valencia | valency, valence, significance
valencia iónica | electrostatic valency
valencia suplementaria | supplementary valence
validación | validation
validación de compilador | compiler validation
validación de datos | data validation
validación de la suma de comprobación | checksum validation
validador | validator
validar | to validate
validez | validity
válido | valid
valla | fence
vallado | fence
valle de la onda | wave trough
valle de potencial | potential trough
valle del impulso | pulse valley
valor | setting, value, worth
valor absoluto | absolute value
valor absoluto de tensión | absolute voltage level
valor actual | current setting
valor actualizado | present worth
valor analógico | analogue value
valor añadido | value-added
valor aproximado de trasporte | transport approximation
valor atípico | outlier
valor beta | beta value
valor booleano | Boolean value, logical value
valor cuadrático resultante | root-sum square
valor de accionamiento | pickup value
valor de activación | pickup (/pulling) value
valor de activación obligada | must-operate value
valor de aplicación | pickup (value)
valor de aplicación efectiva | pickup value
valor de arrastre | pulling figure
valor de cálculo de direccionamiento | hash value
valor de casi cresta | quasi-peak value
valor de catálogo | bogey
valor de corta duración | short-time rating
valor de cresta | crest value
valor de cresta a cresta | peak-to-peak value
valor de cresta de la tensión de radiofrecuencia de rejilla | peak RF grid voltage
valor de desactivación | dropout value
valor de desactivación forzosa | must-release value
valor de desenganche | resetting value
valor de disparo | trip value
valor de exposición | exposure value
valor de finalización | rogue value
valor de funcionamiento | functioning (/pickup) value
valor de interrupción | interrupting rating
valor de la barra de control | control rod worth
valor de Munsell | Munsell value
valor de paso a reposo | dropout value
valor de pH | pH value
valor de pico | peak value
valor de potencial | potential value
valor de puesta en funcionamiento | pulling value
valor de recuperación | salvage value
valor de referencia | set point
valor de referencia de ruido | noise criteria value
valor de regulación | operating value
valor de reposición | resetting value
valor de reposo | quiescent value
valor de reposo obligado | must-release value
valor de resistencia | resistance value
valor de resistencia crítica | critical resistance value
valor de ruido | noise measure
valor de ruido no ponderado | flat noise
valor de ruido sofométrico | psophometric noise value
valor de saturación | saturation (/soaking) value
valor de saturación del núcleo | soak (/soaking) value

valor de servicio | rating
valor de trabajo obligado | must-operate value
valor de triple estímulo | tristimulus value
valor de umbral | threshold value
valor del campo magnético | magnetic field strength
valor del coeficiente de temperatura | temperature coefficient value
valor del dato | data value
valor deseado | set point
valor diferencial de una barra de control | differential control rod worth
valor efectivo de la componente alterna | ripple current rating
valor eficaz | effective (/square, /virtual) value, RMS value, root mean
valor eficaz cuadrático medio | root mean square value
valor eficaz de corriente | root-mean-square current
valor eficaz de la amplitud del impulso | RMS pulse amplitude
valor eficaz de la presión sonora | root-mean-square sound pressure
valor eficaz de la velocidad de una partícula | root-mean-square particle velocity
valor eficaz de tensión anódica inversa | RMS inverse voltage rating
valor eficaz no ponderado | unweighted RMS value = unweighted root mean square value
valor en ausencia de modulación | unmodulated value
valor en régimen permanente | steady-state value
valor entero | integer value
valor entre crestas | peak-to-peak value
valor escalar | scalar value
valor estático | static value
valor exacto de disparo | just-operate value
valor exacto de funcionamiento | just-operate value
valor G | G value
valor instantáneo | instantaneous value
valor instantáneo máximo | crest value
valor límite | safe value; bound
valor lógico | Boolean value, logical value
valor máximo | maximum (/peak) value
valor máximo de la tensión | amplitude of voltage
valor medio | mean, average (/mean) value
valor no modulado | unmodulated value
valor nominal | rating, nominal value (/rating)
valor normal | rating
valor nulo | null
valor óhmico | ohmic value
valor paramétrico | parametric value

valor pico espacial | spatial peak
valor ponderado | weighted value
valor ponderado de la corriente | weighted current value
valor ponderado de la tensión | weighted voltage value
valor por defecto | default value
valor positivo | positive value
valor predeterminado | set value
valor preferido | preferred value
valor rectificado | rectified value
valor reflectométrico | reflectometer value
valor residual | residual
valor semiancho del filtro | half-width of a filter
valor superior | upper limit
valor trasversal eléctrico | TE value
valor triestímulo | tristimulus value
valor umbral | threshold value
valor vectorial | vector value
valor verdadero | true value
valoración | assessment; weighting, titration
valoración de riesgo | risk assessment
valoración libre | analysis without standard samples
valoración múltiple | multiple valuation
valoración sin muestra de comparación | analysis without standard samples
valoración voltamétrica | voltametric titration
valorador | titration apparatus
valorador potenciométrico | potentiometric titrimeter
valores anteriores | previous values
valores máximo y mínimo de la corriente de disparo | ultimate trip limits
valores nominales eléctricos | electrical ratings
valores por defecto de configuración | setup defaults
valores separados por tabulador | TSV = tab separated values
válvula | valve [UK], tube [USA]
válvula accionada por leva | poppet valve
válvula accionada por piloto | pilot-operated valve
válvula aceleradora | accelerating valve
válvula acumuladora de imagen móvil | travelling image storage valve
válvula acumuladora de imagen progresiva | travelling image storage valve
válvula acumuladora de imágenes | picture storage valve
válvula acumuladora de señales | signal storage valve
válvula al vacío con rejilla de pantalla | screen grid vacuum valve
válvula al vacío de dos electrodos | two-electrode vacuum valve
válvula almacenadora de señales | signal storage valve

válvula amortiguadora de oscilaciones | surge damping valve
válvula amplificadora de potencia | power amplifier valve
válvula amplificadora de tensión (/voltaje) | voltage amplifier valve
válvula amplificadora telefónica | telephone amplifying valve
válvula analizadora | pickup (/scanning) valve
válvula analizadora de televisión | camera valve
válvula apagada | unlighted valve
válvula Apple | Apple valve
válvula aspirante | suction valve
válvula aspirante de cierre | suction stop valve
válvula atenuadora | attenuator valve
válvula atravesada por un flujo igual a la unidad | unit valve
válvula automática | automatic valve
válvula automática de oscilador | self-oscillating valve
válvula autoprotectora | auto-protective valve
válvula autoprotegida | self-protected valve
válvula autorrectificadora | self-rectifying valve
válvula auxiliar | pilot valve
válvula banana | banana valve
válvula banana de color | banana colour valve
válvula blanda | soft valve
válvula blindada | screened valve
válvula captadora | pickup valve
válvula catódica de memoria | storage cathode ray tube
válvula catódica hueca | hollow cathode valve
válvula catódica tricolor | tricolour cathode-ray valve
válvula catódica tricromática | three-colour cathode-ray valve
válvula cerámica plana | planar ceramic valve
válvula con aletas de refrigeración | radiator valve
válvula con base de esteatita | steatite valve
válvula con bombeo continuo (/mantenido) | pumped valve
válvula con cátodo de óxido | oxide-cathode valve
válvula con cortocircuito interno | shorted valve
válvula con cuba de acero | steel tank rectifier
válvula con envuelta contra descargas eléctricas | shockproof valve
válvula con rejilla de campo | space charge grid valve
válvula con rejilla de carga espacial | space charge grid valve
válvula con rejilla de pantalla | screen grid valve
válvula con terminales en la base | single-ended valve

válvula con terminales simples | single-ended valve
válvula con velocidad modulada | velocity-modulated valve
válvula conmutadora | switching valve
válvula conmutadora de haz | beam switching valve
válvula contador Maze | Maze counter valve
válvula contadora alfa | alpha counter valve
válvula contadora de boro | boron counter valve
válvula contadora de campana | bel counter valve
válvula contadora de cátodo frío | cold cathode counter valve
válvula contadora de décadas | decade counter valve
válvula contadora de décadas por efluvios | decade glow counting valve
válvula contadora de electrones de trasferencia | transfer electrode counter valve
válvula contadora de flujo | proportional flow counter valve
válvula contadora de impulsos | pulse counter valve
válvula contadora de pared delgada | thin-wall counter valve
válvula contadora de partículas alfa de ventana delgada | thin-window alpha counter valve
válvula contadora de protones de retroceso | recoil proton counter valve
válvula contadora de punta | point counter valve
válvula contadora de radiación | radiation counter valve
válvula contadora de ventana delgada | thin-window counter valve
válvula contadora policatódica | multicathode counter tube
válvula controlada por presión diferencial | pressure differential valve
válvula convertidora de imagen | image converter valve
válvula de acción rápida | pop-action valve
válvula de aceleración | acceleration valve
válvula de aceleración posterior | post-accelerating valve
válvula de acumulación | storage camera valve
válvula de admisión | throttle valve
válvula de admisión de aire | vacuum valve
válvula de aguja | needle (/pin, /pintle) valve
válvula de ajuste | adjusting valve
válvula de almacenamiento | storage valve
válvula de almacenamiento de carga | charge storage valve
válvula de almacenamiento de imagen móvil (/progresiva) | travelling image storage valve
válvula de almacenamiento de registro | recording storage valve
válvula de almacenamiento electrostático de señales de televisión | television information storage valve
válvula de almacenamiento visual | visual storage valve
válvula de alto factor de amplificación | high gain (/mu) tube
válvula de alto vacío | hard tube, high vacuum valve
válvula de amplitud modulada | amplitude-modulated valve
válvula de ánodo fijo | stationary anode valve
válvula de ánodo giratorio | rotating-anode valve
válvula de ánodo móvil | movable anode valve
válvula de ánodo rotativo | rotating-anode valve
válvula de ánodo único | single-anode valve
válvula de apertura rápida | quick opening valve
válvula de asiento cónico | mushroom (/poppet) valve
válvula de aspiración | suction valve
válvula de banda ancha | broadband valve
válvula de Barkhausen | Barkhausen valve
válvula de barrido | scanning valve
válvula de base octal | octal base tube
válvula de bellota | acorn valve
válvula de Braun | Braun valve
válvula de Broca | Broca valve
válvula de caída de voltaje | voltage drop valve
válvula de calidad especial | premium valve
válvula de cámara | camera valve
válvula de cámara almacenadora | storage camera valve
válvula de cámara de televisión | television camera valve
válvula de cámara fotoconductora | photoconductive camera valve
válvula de cámara fotoemisora | photoemissive camera valve
válvula de cámara sin almacenamiento | nonstorage camera valve
válvula de cámara tipo almacenador | storage-type camera valve
válvula de cambio de marcha | reversing valve
válvula de campo | tube (/valve) of force
válvula de campo retardador | retarding-field valve
válvula de cañón múltiple | multigun tube
válvula de cañón único | single-gun valve
válvula de cara rectangular | rectangular-faced valve
válvula de carga espacial | space charge valve
válvula de cátodo caliente | thermionic (/hot cathode) valve
válvula de cátodo de calentamiento iónico | ionic-heated cathode valve
válvula de cátodo de cubeta | pool cathode valve
válvula de cátodo de mercurio | pool valve
válvula de cátodo frío | cold cathode valve
válvula de cátodo frío con ánodo cebado | starting-anode glow valve
válvula de cátodo frío con ánodo de encendido | starting-anode glow valve
válvula de cátodo líquido | pool (cathode) valve
válvula de cebado | primer valve
válvula de cierre | stop valve
válvula de cierre de seguridad | safety shotoff valve
válvula de cierre hermético | tight-closing valve
válvula de cinco electrodos | five-electrode tube
válvula de codificación | coding valve
válvula de coeficiente de amplificación variable | variable-mu valve
válvula de color de índice de haz | beam index colour valve
válvula de compensación | relief valve
válvula de compuerta | gate valve
válvula de conducción de electrones secundarios | secondary electron conduction valve
válvula de conducción en serie | series-passing valve
válvula de conmutación | switching valve
válvula de conmutación paso a paso | stepping valve
válvula de control de potencia de haz | beam power valve
válvula de control proporcional | proportional valve
válvula de conversión | converter valve
válvula de conversión termoeléctrica | thermoelectric conversion valve
válvula de convertidor pentarrejilla | pentagrid converter valve
válvula de Coolidge | Coolidge valve
válvula de corte agudo (/brusco, /rápido) | sharp cutoff valve
válvula de corte remoto | remote cut-off valve
válvula de Crookes | Crookes valve
válvula de declive variable | valve with variable slope
válvula de deflexión de haz | beam deflection valve
válvula de derivación | relieving rectifier
válvula de descarga | corona (/discharge) valve
válvula de descarga de arco | arc-discharge valve

válvula de descarga de gas montada en guiaondas | waveguide-mounted gas-discharge valve
válvula de descarga gaseosa | gas discharge valve
válvula de descarga luminosa | glow discharge valve
válvula de descarga montada en guiaondas | waveguide-mounted gas-discharge valve
válvula de descarga secuencial | sequential discharge valve
válvula de desconexión a distancia | remote cutoff valve
válvula de desconexión remota | remote cutoff valve
válvula de destellos de xenón | xenon flash valve
válvula de desviación del haz | beam deflection (/deflector) valve
válvula de diodo | diode valve
válvula de disco con movimiento vertical | poppet valve
válvula de disparo | pop (/pop-off) valve, trigger gap (/valve)
válvula de doble paso | two-way valve
válvula de dos electrodos | two-electrode valve
válvula de dos etapas | two-stage valve
válvula de dos pasos | two-way valve
válvula de dos vías | two-way valve
válvula de efecto corona | corona valve
válvula de efluvios | glow discharge valve
válvula de efluvios con ánodo cebado | starting-anode glow valve
válvula de efluvios con ánodo de encendido | starting-anode glow valve
válvula de electrodo plano | planar electrode valve
válvula de electrodos planos | planar valve
válvula de electroimán | solenoid valve
válvula de elevación | poppet valve
válvula de emisión | transmitter (/transmitting) valve
válvula de emisión-recepción | TR valve, transmit/receive box
válvula de emisión secundaria | secondary emission valve
válvula de encendido por rejilla exterior | band-ignited valve
válvula de enfriamiento por agua | water-cooled valve
válvula de escape | reducing (/relief) valve
válvula de escape rápido | pop valve
válvula de estrangulación | damped discharge, restricter (/throttle) valve
válvula de etapa de salida en cuadratura | quadrature valve
válvula de expansión con mando termostático | thermostatic expansion valve
válvula de expansión termostática | thermostatic expansion valve
válvula de fase sintonizada | phase-tuned valve
válvula de fasitrón | phasitron valve
válvula de filamento recto | straight filament valve
válvula de Fleming | Fleming valve
válvula de flujo | tube (/valve) of flux
válvula de fotoluminiscencia | photo-flash valve
válvula de fuerza | tube (/valve) of force
válvula de función múltiple | multipurpose valve
válvula de gran pendiente | high mu tube
válvula de haces | aligned-grid valve
válvula de haz conformado | shaped beam valve
válvula de haz de luz | light valve
válvula de haz dirigido | beam power valve
válvula de haz orbital | orbital beam valve
válvula de haz perfilado | shaped beam valve
válvula de haz radial | radial beam valve
válvula de Hittorf | Hittorf valve
válvula de hongo | mushroom valve
válvula de imagen | image (/picture, /television) valve
válvula de imagen con enfoque automático | self-focused picture valve
válvula de imagen con pantalla aluminizada | aluminized-screen picture valve
válvula de imagen de cámara | image-valve camera
válvula de imagen de haz reflejado | reflected beam kinescope
válvula de imagen de televisión | television picture valve
válvula de imagen de tres cañones | three-gun valve, trigun picture valve
válvula de imagen en cascada | cascade (/cascaded) image valve
válvula de imagen en color | colour picture valve
válvula de imagen en color de tres cañones | three-gun chromatic (/colour, /tricolour) picture valve, trigun colour picture valve
válvula de imagen en color de un solo cañón | single-gun colour valve
válvula de imagen en negro | black scope
válvula de imagen extraplana | thin picture valve
válvula de imagen rectangular | rectangular picture valve
válvula de imagen tipo acumulador | viewing storage valve
válvula de imagen tricolor | tricolour picture valve
válvula de impedancia variable | variable impedance valve
válvula de indicador visual | visual indicator valve
válvula de índice de haz | beam-indexing valve
válvula de inducción magnética | tube (/valve) of magnetic induction
válvula de inversión de fase | phase inverter valve
válvula de la etapa de salida | output valve
válvula de lámpara esterilizadora | sterilamp valve
válvula de lectura de salida | read-out valve
válvula de lectura numérica | numerical readout valve
válvula de Lenard | Lenard valve
válvula de luz de partículas en suspensión | suspension light valve
válvula de mando | pilot valve
válvula de mando eléctrico | electrically operated valve
válvula de mariposa | pivot (/throttle) valve
válvula de máscara de sombra | shadow mask valve
válvula de matriz de diodos de silicio | silicon diode array valve
válvula de McNally | McNally valve
válvula de memoria | storage valve
válvula de memoria de carga | charge storage valve
válvula de microondas | microwave tube
válvula de mu variable | supercontrol (/variable-mu) valve
válvula de Müller | Müller valve
válvula de múltiples elementos | multielement valve
válvula de múltiples pasos | multiport valve
válvula de múltiples rejillas | multigrid tube
válvula de Nodon | Nodon valve
válvula de nueve electrodos | nine-electrode valve
válvula de onda de retorno | backward-wave valve
válvula de onda electrónica | electron wave tube
válvula de onda inversa | backward-wave valve
válvula de onda progresiva de tipo hélice | helix-type travelling-wave valve
válvula de onda progresiva helicoidal | helix-type travelling-wave valve
válvula de onda regresiva | backward (/backward-wave) valve
válvula de ondas progresivas | travelling-wave valve
válvula de ondas progresivas de campo trasversal | transverse-field travelling-wave valve
válvula de ondas progresivas de corriente trasversal | transverse-current travelling-wave valve
válvula de ondas progresivas de haz trasversal | transverse beam travel-

ling-wave valve
válvula de ondas progresivas de imán permanente | permanent magnet travelling-wave valve
válvula de ondas progresivas tipo magnetrón | travelling-wave magnetron-type valve
válvula de oscilador | oscillator tube
válvula de pantalla | picture valve
válvula de pantalla absorbente | skiatron
válvula de pantalla oscura | blackface valve
válvula de parada | stop valve
válvula de paso múltiple | multiport valve
válvula de pendiente variable | remote cutoff valve
válvula de pentodo | pentode valve
válvula de pentodo modulador | pentode modulator valve
válvula de polarización cero (/nula) | zero-bias valve
válvula de pomo | doorknob tube
válvula de potencia | power (output) valve
válvula de potencia de banda ancha | wideband power valve
válvula de potencia de rejillas | power grid valve
válvula de potencia de salida | power output valve
válvula de potencia media | medium power valve
válvula de presentación de la situación | situation display valve
válvula de presión del sobrealimentador | waste gate valve
válvula de pretrasmisión-recepción | pre-TR valve
válvula de protección | protector valve
válvula de proyección | projection valve
válvula de purga | primer valve
válvula de radio | radio valve
válvula de rayos catódicos | ray valve, cathode ray tube (/valve)
válvula de rayos catódicos bicolor | two-colour cathode-ray valve
válvula de rayos catódicos de aceleración posterior | post-acceleration cathode ray valve
válvula de rayos catódicos de campo radial | radial field cathode-ray valve
válvula de rayos catódicos de haz perfilado | shaped beam display (/cathode-ray) valve
válvula de rayos catódicos para almacenamiento | cathode ray storage valve
válvula de rayos catódicos para almacenamiento de datos en memoria | cathode ray charge storage valve
válvula de rayos catódicos para proyección | projection cathode ray valve
válvula de rayos catódicos tricolor | tricolour cathode-ray valve

válvula de rayos catódicos tricromática | three-colour cathode-ray valve
válvula de rayos X | X-ray valve
válvula de rayos X autorrectificadora | self-rectifying X-ray valve
válvula de rayos X blindada | shielded X-ray valve
válvula de rayos X con ampolla metálica y aislamiento de porcelana | shear valve
válvula de rayos X con envuelta contra descargas eléctricas | shock-proof valve
válvula de rayos X de ánodo estacionario | stationary anode valve
válvula de rayos X de ánodo giratorio | rotating-anode X-ray valve, X-ray rotating anode valve
válvula de rayos X de cátodo caliente | hot cathode X-ray valve
válvula de reactancia | reactance (/reactor) valve
válvula de rebose | overflow valve
válvula de recambio | replacement valve
válvula de recepción | receiving valve
válvula de recepción antitrasmisión | ATR valve = anti-tr valve = antitransmit-receive valve
válvula de recepción de imagen | picture receiving valve
válvula de recuento | counter (/counting) valve
válvula de recuento con autoextinción | self-quenched counter valve
válvula de recuento con circuito exterior eliminador de chispas | external quenched counter valve
válvula de recuento con fuente interna gaseosa | counter valve with internal gas source
válvula de recuento de contador Geiger | Geiger counter valve
válvula de recuento por sistema octal | octal valve
válvula de recuento preliminar | prescaler
válvula de recuento proporcional | proportional counter valve
válvula de reducción de presión | pressure-reducing valve
válvula de referencia | reference valve
válvula de reflexión de imagen en color | reflection colour valve
válvula de régimen | operational tube
válvula de reglaje | adjusting valve
válvula de regulación | regulator (/throttle) valve
válvula de rejilla a masa | grounded grid valve
válvula de rejilla alineada | aligned-grid valve
válvula de rejilla de cuadro | frame grid tube
válvula de repuesto | spare valve
válvula de resistencia | resistance valve
válvula de resonancia | resonance

valve
válvula de resorte | spring valve
válvula de resortes | poppet valve
válvula de retención | stop valve
válvula de Rimlock | Rimlock valve
válvula de salida | output valve
válvula de Schuler | Schuler valve
válvula de seguridad | relief (/safety, /unloader) valve
válvula de seguridad contrapesada | weighted safety valve
válvula de seis electrodos | hexode, six-electrode valve
válvula de seis pastillas | six-prong valve
válvula de semiconductor | metal rectifier
válvula de separación | separator valve
válvula de servicio | service valve
válvula de servomando | servocontrol valve
válvula de seta | poppet valve
válvula de sintonía fija con control de fase | phase-tuned valve
válvula de solenoide | solenoid valve
válvula de supercontrol | supercontrol valve
válvula de susceptancia | susceptance valve
válvula de televisión | television valve
válvula de televisión en color de máscara reguladora | shadow-mask colour picture valve
válvula de televisión en color de un solo cañón | single-gun colour television valve
válvula de tensión de referencia | voltage reference valve
válvula de tiempo de tránsito | transit time valve
válvula de tipo célula | cell-type valve
válvula de tipo trasmisión | transmitting-type valve
válvula de tiratrón | thyratron valve
válvula de trasconductancia variable | supercontrol valve
válvula de trasmisión | transmitter (/transmitting) valve
válvula de trasmisión/recepción | transmit/receive valve
válvula de tres cañones de imagen en color | trigun colour picture valve
válvula de tres direcciones | triple valve
válvula de tres electrodos | triode (/three-dimensional) valve
válvula de tres pasos | three-way valve
válvula de tres rejillas | three-grid valve
válvula de tres vías | triple (/three-way) valve
válvula de triple rejilla | triple-grid valve
válvula de umbral | threshold valve
válvula de unidad múltiple | multiunit valve

válvula de vacío | vacuum valve (/tube)
válvula de vacío contenido | pumped rectifier
válvula de vapor de mercurio | mercury vapour valve
válvula de varias etapas | multistage valve
válvula de vástago | poppet valve
válvula de Venturi | Venturi tube (/valve)
válvula de Wehnelt | Wehnelt valve
válvula de Williams [para almacenamiento de información] | Williams valve
válvula del oscilador local | local oscillator valve
válvula del trasformador de exploración | scan converter valve
válvula descargadora | unloader valve
válvula desexcitada | unfired valve
válvula desfasadora | phase inverter valve
válvula desionizada | unfired valve
válvula desmontable | demountable valve
válvula detectora | valve detector
válvula detectora de radiación | radiation detector valve
válvula disectora [de imagen] | dissector valve
válvula doble | tandem valve
válvula dura | hard tube
válvula electrolítica | electrolytic valve
válvula electrómetro | electrometer valve
válvula electrónica | electron (/electronic, /radio) valve, valve tube
válvula electrónica con bombeo continuo | pumped valve
válvula electrónica con bombeo mantenido | pumped valve
válvula electrónica con electrodos planos paralelos | planar electrode valve
válvula electrónica de coeficiente de amplificación variable | variable-mu valve
válvula electrónica de mu variable | variable-mu valve
válvula electrónica de seis patillas | six-prong valve
válvula electrónica exponencial | supercontrol valve
válvula electrónica limitadora de tensión | voltage-limiting valve
válvula electrónica radiactiva | radioactive valve
válvula electrónica ultrasensible | ultrasensitive valve
válvula electroquímica | electrochemical valve
válvula equivalente | replacement valve
válvula estabilizadora | ballast (/stabilizer, /stabilizing) valve
válvula estabilizadora de tensión | stabilivolt (/stabilizer, /stabilizing,
/voltage regulator, /voltage-stabilizing) valve
válvula estabilizadora de voltaje | voltage regulator valve
válvula estroboscópica | strobotron = stroboscope thyratron; stroboscopic valve
válvula examinadora de puntos libres | free point valve tester
válvula exponencial | supercontrol valve
válvula fanotrón | phanotron valve
válvula fasitrón | phasitron valve
válvula fijadora de nivel | clamp valve
válvula filiforme | pencil valve
válvula fotoeléctrica | photoelectric valve
válvula fotoeléctrica blanda | soft photovalve
válvula fotoeléctrica con multiplicador electrónico | multiplier photovalve
válvula fotoeléctrica de alto vacío | vacuum photovalve
válvula fotoeléctrica multiplicadora | multiplier photovalve
válvula fotoeléctrica multiplicadora de electrones | photoelectric electron-multiplier valve
válvula fotoelectrónica | photovalve [UK]. phototube [USA]
válvula fotomultiplicadora | multiplier photovalve, photomultiplier valve
válvula fotosensible | light-sensitive valve
válvula indicadora de sintonía | tuning indicator valve
válvula inversora | reversal valve
válvula iónica | ionic valve
válvula limitadora | restricter valve
válvula limitadora de tensión | voltage-limiting valve
válvula loctal | loctal (/loktal) valve
válvula metálica | metal valve
válvula mezcladora | frequency changer, mixer valve
válvula miniatrón | miniatron valve [UK]
válvula miniatura | acorn (/miniature) tube
válvula miniatura tipo bantam | bantam valve
válvula monoanódica | single-anode rectifier
válvula monocañón | single-gun valve
válvula monorrejilla | single-grid valve
válvula monoscópica de rayos catódicos | monoscope cathode-ray valve
válvula multiánodo | multianode valve
válvula multielectrodo | multielectrode valve
válvula multietapa | multistage valve
válvula multihaz [válvula electrónica de múltiples rayos catódicos] | multibeam valve
válvula múltiple | multitube, multielement (/multiple unit, /multipurpose) valve
válvula multiplicadora | multiplier valve
válvula Nixie | Nixie valve [USA]; digitron
válvula noval | noval tube
válvula octal | octal valve
válvula osciladora de rejilla positiva | Barkhausen valve, positive grid oscillator valve
válvula osciloscópica | oscilloscope valve
válvula para frecuencias ultraaltas | ultrahigh frequency valve
válvula para modulación de amplitud | amplitude-modulated valve
válvula para muy altas frecuencias | VHF valve
válvula para radiofrecuencia | radio-frequency valve
válvula para radioterapia | therapy valve
válvula para terapia por rayos X | therapy valve
válvula para VHF | VHF valve
válvula para VHF y UHF | VHF/UHF valve
válvula para videofrecuencias | video valve
válvula pentarrejilla | pentagrid valve
válvula pentodo | pentode valve
válvula piloto | pilot valve
válvula piloto de solenoide | pilot solenoid valve
válvula pivotada | pivot valve
válvula plana | planar (electrode) valve
válvula polianódica | multianode valve
válvula poliodo | polyode valve
válvula positiva | positive valve
válvula preajustable | preset valve
válvula preamplificadora | preamplifier valve
válvula precintada | sealed valve
válvula protectora | protector valve
válvula que no enciende | unlighted valve
válvula reactiva | retroactor, retroactive valve
válvula rectangular | rectangular valve
válvula rectificadora | rectifier (/rectifying) valve
válvula rectificadora de alimentación | power rectifier
válvula rectificadora de gas | rectifier gas valve
válvula rectificadora de potencia | power-rectifying valve
válvula rectigón | rectigon valve
válvula reductora | restricter, restrictor, reducing (/restricter) valve
válvula reductora de presión | pressure-reducing valve
válvula reforzada | high reliability tube, ruggedized valve
válvula refrigerada por agua | water-cooled valve
válvula refrigerada por aire | air-cooled valve
válvula refrigerada por sal | salt-cool-

ed valve
válvula regulable | variable valve
válvula regulada por presión diferencial | pressure differential valve
válvula reguladora | adjusting (/regulating, /regulator) valve
válvula reguladora de contrapresión de acción inversa | reverse-acting back-pressure regulating valve
válvula reguladora de la velocidad | restricter valve
válvula reguladora de tensión | ballast (/voltage regulator) valve
válvula reguladora de voltaje | voltage regulator valve
válvula relé | relay valve
válvula repetidora | repeater valve
válvula repetidora de destellos | repeating flash valve
válvula selectora | selector valve
válvula selectora de dos posiciones | two-position selector valve
válvula sellada | sealed rectifier
válvula separadora | separating valve
válvula sin polarización | zero-bias valve
válvula sintonizable por tensión | voltage-tunable valve
válvula subalimentada | starved valve
válvula subminiatura | subminiature valve
válvula subminiatura con conexiones en línea | inline subminiature tube
válvula tándem | tandem valve
válvula terapéutica | therapy valve
válvula termiónica | thermionic valve
válvula termiónica al vacío | thermionic vacuum valve
válvula termoeléctrica | hot cathode valve
válvula termoelectrónica | thermionic valve
válvula termoiónica | hot cathode valve
válvula termoiónica de vapor | vapour-filled thermionic diode
válvula termoiónica de vapor de mercurio | mercury vapour valve
válvula termostática de expansión para limitación de presión | pressure limit thermostatic expansion valve
válvula tipo banana | banana valve
válvula tipo banana de color | banana colour valve
válvula tipo hongo | mushroom valve
válvula tipo lápiz | pencil valve
válvula tipo recepción | receiving-type valve
válvula trasductora | transducer valve
válvula trasformadora | converter valve
válvula trasformadora de exploración | scan conversion valve
válvula trasformadora de imagen | image converter valve
válvula tricolor | tricolour valve

válvula tricolor de un solo cañón | single-gun tricolour valve
válvula tricromática | three-colour valve
válvula tungar | tungar valve
válvula ultrasensible | ultrasensitive valve
válvula ultrasónica de luz | ultrasonic light valve
válvula ultrasónica luminosa | supersonic light valve
válvula unidad | unit valve
válvula y línea unidad | unit valve and line
válvulas gemelas | twin valves
VAN [*red de valor añadido*] | VAN = value-added network
vanadio | vanadium
vanguardia | vanguard
vano | span
VANS [*red que ofrece servicios que soportan la comunicación trasparente entre sus usuarios*] | VANS = value added network systems or services
vapor | steam; vapour [UK], vapor [USA]
vapor de dióxido de selenio | selenium dioxide fume
vapor de extinción | quenching vapour
vapor húmedo | wet steam
vapor radiactivo | radioactive steam
vapor saturado | saturated steam
vapor saturado seco | dry saturated steam
vaporizador | vapourizer
vapotrón | vapotron
VAR [*radiofaro direccional audiovisual*] | VAR = visual aural radio range
VAR [*revendedor que aporta un valor añadido*] | VAR = value-added reseller
varactor [*diodo de capacidad, diodo de reactancia variable, diodo semiconductor cuya capacidad es función de la tensión*] | varactor = variable reactor
varactor | variable reactor
varactor tipo píldora | pill varactor
varhorímetro | reactive energy meter, reactive volt-ampere-hour meter; [*contador de energía reactiva*] var-hour meter
variabilidad | variability
variable | shiftable, variable
variable aleatoria | random (/statistical) variable
variable alfanumérica | string variable
variable con la tensión | voltage-variable
variable con subíndices | subscripted variable
variable continua | continuous variable
variable controlada | controlled variable
variable controlada final | ultimately controlled variable
variable controlada indirectamente | indirectly controlled variable

variable de control | control variable
variable de entorno | environment variable
variable de estado | state variable
variable de la máquina | machine variable
variable del entorno | environment variable
variable dependiente | dependent variable
variable discreta | discrete variable
variable en función de la tensión | voltage-dependent
variable endógena | endogeneous variable
variable escalar | scalar variable
variable estadística | statistical variable
variable estocástica | stochastic variable
variable estructurada | structured variable
variable exógena | exogeneous variable
variable independiente | free (/independent) variable
variable isotópica | isotopic variable
variable local | local variable
variable manipulada | manipulated variable
variable muda | dummy variable
variable personal | personal variable
variable universal | global variable
Variac [*marca de trasformador automático de ajuste*] | Variac
variación | change; fluctuation, shifting, variation
variación aleatoria | random variation, straggling
variación automática de umbral | automatic threshold variation
variación brusca del nivel energético | power excursion
variación casual | straggling
variación casual instrumental | instrument straggling
variación cinética de la tensión | voltage variation with speed
variación de acimut | azimuth rate
variación de atenuación | variation of attenuation
variación de fase | phase change (/shift)
variación de frecuencia | frequency drift
variación de la alimentación | power supply variation
variación de la atenuación en función de la amplitud | variation of attenuation with amplitude, net loss variations with amplitude
variación de la atenuación en función de la frecuencia | variation of attenuation with frequency
variación de la concentración | change of concentration
variación de la polaridad | change of polarity

variación de la reactividad | reactivity drift
variación de la tensión en la red | supply voltage fluctuation
variación de nivel | level shifting
variación de onda triangular | triangular step
variación de resistencia | resistance variance (/variation)
variación de tensión | voltage step (/variation)
variación de tierra | ground shift
variación de trasconductancia | transconductance variation
variación de un rumbo | shift of course
variación de velocidad | speed adjusting (/adjustment, /change, /changing, /variation), velocity step (/variation)
variación de voltaje | voltage step (/variation)
variación del amortiguamiento en función de la amplitud | net loss variations with amplitude
variación del equivalente en función de la amplitud | net loss variations with amplitude
variación del promedio | variation from average
variación estadística | statistical straggling
variación gradual de las características | slow death
variación indeseada | unwanted variation
variación macroscópica del flujo | macroscopic flux variation
variación magnética | magnetic variation
variación momentánea | swinging
variación por calentamiento inicial | warm-up drift
variación rápida | slewing
variación relativa de velocidad | relative speed variation
variación repentina de la carga | step load change
variación respecto a la media | variation from average
variación secular | secular variation
variación total de cresta a cresta | peak-to-peak swing
variaciones de alta frecuencia | whiskers
variaciones imprevisibles en la propagación | vagaries of propagation
variaciones instantáneas de velocidad | instantaneous speed variations
variaciones parásitas de fase | phase jitter
variaciones periódicas | hunting
variador [empalme compensador de variaciones de longitud por cambios de temperatura] | variator, shifter
variador de fase | phase shifter
variador de velocidad | variable speed device
variante | option, variant

varianza | variance
variar | to shift
variar cíclicamente | to vary cyclically
variar el tamaño del enfoque | to zoom
varias veces | repeated times
variedad de colores | colour-rich
variedad de sistema | flavour [UK], flavor [USA]
varilla | rod, shank, stem, wand
varilla de adaptación | matching pillar
varilla de compensación | shim rod
varilla de control | control rod
varilla de control de la potencia | power control rod
varilla de control de potencia | power control rod
varilla de empuje | pushrod, push rod
varilla de encendedor | igniter rod
varilla de fibra óptica multiplexor-filtro | fibre-optic rod multiplexer-filter
varilla de impulsión | push rod
varilla de mando | pushrod, push rod
varilla de preparación | setup bail
varilla de pulsador | pushrod
varilla de regulación | regulating rod
varilla de seguridad | safety (/scram) rod
varilla de tierra | ground rod
varilla de válvula | valve stem
varilla empujaválvula (/levantaválvula) | tappet rod
varilla magnética | magnetic rod
varilla oscilante | wobble stick
varilla para soldar | welding rod
varilla soldadora | welding rod
varilla trasparente | light pipe
variómetro | variometer
Varioplex [sistema multiplexor que controla el intervalo para cada usuario en función del número de usuarios] | Varioplex
varistor [resistencia de característica no lineal] | varistor
varistor de efecto de campo | field-effect varistor
varistor de tirita | thyrite varistor
varistor fotosensible | photovaristor
varistor simétrico | symmetrical varistor
vasija del reactor | reactor vessel
vaso | flask
vaso poroso | porous pot
vástago | shaft, shank, stem; [de rare-factor] flag
vástago cónico | taper pin
vástago de accionamiento | operating stem
vástago de válvula | valve stem
vatígrafo | recording wattmeter
vatihorímetro | energy (/watt-hour) meter
vatímetro | wattmeter, power meter
vatímetro activado por torsión | torque-operated wattmeter
vatímetro astático | astatic wattmeter
vatímetro compensado | compensated wattmeter

vatímetro de carrete compuesto | composite coil wattmeter
vatímetro de cuerda | torsion head wattmeter
vatímetro de paleta | vane wattmeter
vatímetro de termopar | thermocouple wattmeter
vatímetro electrodinámico | electrodynamic wattmeter
vatímetro electrónico | electronic wattmeter
vatímetro electrostático | electrostatic wattmeter
vatímetro polifásico | polyphase wattmeter
vatímetro registrador | recording wattmeter
vatímetro-variómetro registrador | recording watt-and-variometer
vatio | watt
vatio internacional | international watt
vatio por esterradián | watt per steradian
vatio por esterradián por metro cuadrado | watt per steradian square metre
vatio por metro cuadrado | watt per square metre
vatio/segundo | watt/second
vatios de capacidad de potencia suma | summation watts
vatios de salida | outward watts
vatios de suma | summation watts
vatios hora | watt-hour
vatios por segundo | watt/second
VAX [extensión de dirección virtual] | VAX = virtual address extension
VBA [Visual Basic para aplicaciones] | VBA = Visual Basic for applications
VBR [tasa de bit variable] | VBR = variable bit rate
VBX [control de personalización de Visual Basic] | VBX = Visual Basic custom control
VC [bobina móvil] | VC = voice coil
VC [canal virtual] | VC = virtual channel
VC = voltio culombio | VC = volt-coulomb
Vca = voltios de corriente alterna | VAC = volts alternating current
vCalendar [formato electrónico para el intercambio de horarios y programaciones] | vCalendar
vCard [formato de tarjeta de visita electrónica] | vCard
Vcc = voltios de corriente continua | VDC = volts direct current
VCD [diodo de condensador variable] | VCD = variable capacitance diode
VCO [oscilador controlado (/regulado) por tensión, oscilador de voltaje controlado] | VCO = voltage-controlled oscillator
VCPI [interfaz de programa de control virtual (que permite la extensión de la memoria en MS-DOS)] | VCPI = virtual control program interface [for memory extension]

VCR [*registrador de cinta de vídeo en casetes*] | VCR = video cassette recorder
vdB = nivel de velocidad en dB | vdB = velocity level in dB
VDD [*controladora de pantalla virtual*] | VDD = virtual display device driver
VDE [*asociación de ingenieros electricistas alemanes*] | VDE = Verband deutscher Elektrotechniker (*ale*) [*Association of German electrical engineers*]
VDL [*metalenguaje para definición de otros lenguajes*] | VDL = Vienna definition language
VDM [*metaarchivo de vídeo*] | VDM = video display metafile
VDM [*método de desarrollo de Viena*] | VDM = Vienna development method
VDR [*resistencia dependiente de la tensión*] | VDR = voltage-dependent resistor
VDS [*sonar con trasductores a profundidad variable*] | VDS = variable depth sonar
VDSL [*línea digital de abonado con muy alta velocidad de trasmisión*] | VDSL = very high-rate digital subscriber line
VDT [*terminal de monitor de vídeo*] | VDT = video display terminal
VDU [*monitor de ordenador*] | VDU = video display unit
VDU [*monitor, pantalla, unidad de visualización*] | VDU = visual display unit
VEA [*aplicaciones telefónicas mejoradas*] | VEA = voice enhanced applications
vea nuestro BQ | see our BQ
vea nuestro mensaje | see our message
vea nuestro servicio | see our service
vea su servicio | see your service
vecindad | adjacency
vector | vector
vector-amperio | vector-ampere
vector auxiliar | dope vector
vector axial | axial vector
vector característico | characteristic vector
vector de acceso | access vector
vector de Burger | Burger vector
vector de columna | column vector
vector de corriente | phasor
vector de fila | row vector
vector de Hertz | Hertz vector
vector de interrupción | interrupt vector
vector de longitud variable | variable-length vector
vector de Poynting | Poynting's vector
vector del campo eléctrico | electric field vector
vector E | E vector
vector eléctrico | electric vector
vector giratorio | phasor
vector H | H vector

vector magnético | magnetic vector
vector potencial de un vector dado | vector potential of a given vector
vector potencial de un vector solenoidal | vector potential of a solenoidal vector
vector Q | Q vector
vector R-Y | R-Y vector
vector sobre tierra | ground vector
vector tensión | voltage vector
vector unidad (/unitario) de polarización | polarization unit vector
vector velocidad | velocity vector
vectores propios | eigenvectors
vectorescopio | vectorscope
vectorial | scalable
Vef = voltios efectivos | V RMS = volts root-mean-square value
vehículo espacial | spacecraft, space vehicle
vehículo estabilizado a tierra | earth-stabilized vehicle
vehículo motor con radar | radarized motor car
vehículo satélite | satellite vehicle
vehículo terrestre levitante | ground-effect machine
vela solar | light sail
velo | fog, haze
velo marginal | edge (/marginal) fog
velocidad | rate, speed, velocity
velocidad acústica | acoustic velocity
velocidad agregada | aggregate (/link) speed
velocidad al final del arranque reostático | speed at end of rheostatic starting period
velocidad aleatoria | random velocity
velocidad Alven | Alven speed
velocidad angular | angular rate (/velocity)
velocidad angular constante | constant angular velocity
velocidad angular constante modificada | modified constant angular velocity
velocidad ascensional | rate of climb
velocidad baja | slow speed
velocidad binaria | bit rate
velocidad cabezal-cinta | tape-to-head speed
velocidad característica | specific (/rated wind) speed
velocidad ciega | blind speed
velocidad combinada de varios canales en baudios | aggregate baud rate
velocidad combinada en baudios | aggregate baud rate
velocidad constante | stable speed
velocidad de absorción de dosis | absorbed dose rate
velocidad de acceso | access speed (/time)
velocidad de activación [*del ratón*] | click rate
velocidad de activación del ratón [*intervalo máximo entre dos pulsaciones*] | click speed
velocidad de Alfven | Alfven velocity
velocidad de amortiguamiento | quenching rate
velocidad de aproximación | rate of closure
velocidad de arranque | boot speed, starting velocity
velocidad de arranque/parada instantánea | instantaneous start/stop operation (/rate)
velocidad de arranque sin error | start-without-error rate
velocidad de arrastre | drift speed
velocidad de arrastre de la cinta | speed of tape
velocidad de atenuación | droop rate
velocidad de autorrepetición de tecla | typematic rate
velocidad de barrido | scanning rate (/speed), sweep rate (/speed, /velocity), sweeping speed
velocidad de basculación | toggle rate
velocidad de bits | bit rate
velocidad de borrado | erasing speed
velocidad de carga | rate of charge
velocidad de cinta | speed of operation
velocidad de circulación del refrigerante | coolant flow rate
velocidad de conmutación | switching (/toggling) speed
velocidad de conversión | conversion rate
velocidad de cresta | hump speed
velocidad de datos media | medium speed data rate
velocidad de decaimiento | rate of decay
velocidad de demora verdadera | true bearing rate
velocidad de deposición de la soldadura | weld deposition rate
velocidad de deriva | drift velocity
velocidad de deriva de la carga | drift velocity of charge
velocidad de descarga | rate of discharge
velocidad de desintegración | decay (/disintegration) rate, rate of disintegration
velocidad de desionización | deionization rate
velocidad de deslizamiento | drift velocity, slip speed
velocidad de desplazamiento | drift speed (/velocity)
velocidad de desviación | drift rate
velocidad de doble pulsación | double click speed
velocidad de dosis | dose rate
velocidad de dosis de exposición | exposure dose rate
velocidad de eje | spindle speed
velocidad de eliminación | clearance rate
velocidad de embalamiento | runaway speed

velocidad de emisión | emission velocity
velocidad de emisión de los puntos | dotting speed
velocidad de enfriamiento | quenching rate
velocidad de escape | escape velocity
velocidad de escape del gas | exhaust rate of a gas
velocidad de escritura | writing rate (/speed)
velocidad de escritura almacenada | stored writing rate
velocidad de escritura fotográfica | photographic writing speed
velocidad de exploración | scanning (/scan, /sweep) rate, scanning (/spot, /sweep, /sweeping) speed, pickup (/sweep) velocity
velocidad de extinción | quenching rate
velocidad de extinción del sonido | rate of decay
velocidad de extracción | rate of withdrawal
velocidad de fase | phase velocity
velocidad de fase del circuito de interacción | interaction circuit phase velocity
velocidad de fluencia | fluence rate
velocidad de fluencia máxima admisible | maximum permissible fluence rate
velocidad de formación | rate of formation
velocidad de funcionamiento | speed of operation
velocidad de ganancia de energía | rate of energy gain
velocidad de generación | generation rate
velocidad de generación del semiconductor | semiconductor generation rate
velocidad de grupo | group velocity
velocidad de impresión | priming speed
velocidad de información | information rate
velocidad de intercambio isotópico | isotopic rate of exchange
velocidad de inversión | reversal speed
velocidad de la cinta | tape speed, speed of tape
velocidad de la estructura telemétrica | telemetry frame rate
velocidad de la luz | speed (/velocity) of light
velocidad de la onda | wave velocity
velocidad de la partícula | particle velocity
velocidad de la UCP | CPU speed
velocidad de lectura | reading rate (/speed)
velocidad de línea | line speed
velocidad de modulación [*de impulsos*] | modulation rate
velocidad de modulación telegráfica | telegraphic speed
velocidad de muestreo | sampling rate (/speed)
velocidad de multiplicación de los neutrones inmediatos [*de escisión inmediata*] | prompt fission neutron multiplication rate
velocidad de Nyquist | Nyquist rate
velocidad de operación | speed of operation
velocidad de parpadeo | blink speed
velocidad de parpadeo del cursor | cursor blink speed
velocidad de paso a paso | stepping rate
velocidad de película sonora | sound speed
velocidad de penetración | penetration rate
velocidad de pérdida | loss rate
velocidad de plena marcha | full speed
velocidad de procesamiento | computing (/processing) speed
velocidad de propagación | propagation velocity, velocity of propagation
velocidad de propagación de la onda | wave velocity
velocidad de propagación de un frente de onda | velocity of propagation of a wavefront
velocidad de propagación de una onda | velocity of a wave
velocidad de reacción | reaction rate, rate of reaction
velocidad de reacción total | total reaction rate
velocidad de rebobinado | rewinding speed
velocidad de recirculación | recirculation rate
velocidad de recombinación | recombination velocity
velocidad de recombinación superficial | surface recombination velocity
velocidad de recombinación volumétrica | volume recombination rate
velocidad de recuperación | recovery rate
velocidad de regeneración | refresh rate
velocidad de registro | recording speed
velocidad de reloj | clock speed
velocidad de renovación | turnover rate
velocidad de repetición básica | basic repetition rate
velocidad de repetición de los impulsos | pulse recurrence frequency
velocidad de repetición horizontal | horizontal repetition rate
velocidad de reposición del sistema de control | control system reset rate
velocidad de reproducción | reproduction speed
velocidad de respuesta | response speed
velocidad de restablecimiento | reset rate
velocidad de restauración | recovery rate
velocidad de sedimentación | settling velocity
velocidad de sincronismo | synchronous speed
velocidad de sintonización térmica | thermal tuning rate
velocidad de soldadura | welding rate
velocidad de surco constante | constant groove speed
velocidad de trasferencia | transfer rate
velocidad de trasferencia constante [*en grabación de datos*] | sustained transfer rate
velocidad de trasferencia de bits | bit rate
velocidad de trasferencia de datos | data (transfer) rate
velocidad de trasmisión | transmission speed, rate (/speed) of transmission
velocidad de trasmisión binaria | bit transfer rate
velocidad de trasmisión de datos en baudios | baud rate
velocidad de trasmisión de equivalente | equivalent bit rate
velocidad de trasmisión de imágenes | frame rate
velocidad de trasmisión de los puntos | dotting speed
velocidad de trasmisión de palabras | word rate
velocidad de trasmisión del hilo | wire speed
velocidad de trasmisión en baudios | baud rate
velocidad de trasmisión por línea | transmission line speed
velocidad de trasmisión telegráfica | signalling telegraph speed, telegraph signalling (/transmission) speed
velocidad de trasporte de la energía | velocity of energy transmission
velocidad de trasporte de un ión | velocity of an ion
velocidad de trazado | stroke speed
velocidad de una onda periódica | phase velocity of a wave, velocity of a periodic wave
velocidad de variación de la distancia | range rate
velocidad del bus | bus speed
velocidad del eje | shaft speed
velocidad del hilo | wire speed
velocidad del inducido | rotor speed
velocidad del procesador | processor speed
velocidad del punto | spot speed
velocidad del punto luminoso | spot speed
velocidad del reloj | clock rate
velocidad del rotor | rotor speed

velocidad del sonido | speed (/velocity) of sound
velocidad del surco | groove speed (/velocity)
velocidad del tambor | drum speed
velocidad efectiva | effective speed
velocidad efectiva de trasmisión | effective speed of transmission
velocidad eficaz de una partícula | effective particle velocity
velocidad eléctrica | speed frequency
velocidad en baudios | baud rate
velocidad en régimen continuo | speed at continuous rating
velocidad en régimen unihorario | speed at one-hour rating
velocidad específica | specific speed
velocidad indicada por el horario | schedule speed
velocidad instalada | installed speed
velocidad instantánea de una partícula | instantaneous particle velocity
velocidad instantánea volumétrica | instantaneous volume velocity
velocidad kerma | kerma rate
velocidad libre | free speed
velocidad lineal constante | constant linear velocity
velocidad lineal constante modificada | modified constant linear velocity
velocidad lineal del surco | groove speed
velocidad máxima de escritura | maximum writing rate
velocidad máxima de funcionamiento | burst rate, [*sin interrupción*] | burst speed
velocidad máxima de la partícula | peak particle velocity
velocidad máxima de respuesta | maximum response speed
velocidad máxima de trasmisión por canal | traffic channel fullrate
velocidad media | medium velocity
velocidad media total | full rated speed
velocidad mínima | stalling speed
velocidad óptima | rated wind speed
velocidad orbital | orbit (/orbital) velocity
velocidad promediada en un tiempo dado | time averaged velocity
velocidad punta | overspeed
velocidad radial | radial velocity
velocidad reducida | reduced rate
velocidad regulable | variable speed (/velocity, /varying) speed
velocidad relativa | relative velocity
velocidad relativista | relativistic velocity
velocidad respecto a tierra | ground speed
velocidad sincrónica | synchronous speed
velocidad sónica | sonic speed
velocidad subsónica | subsonic speed
velocidad suma en baudios | aggregate baud rate
velocidad supersónica | transonic speed
velocidad telegráfica | telegraph (/telegraphic) speed
velocidad total de entrada | aggregate input (/speed), link speed
velocidad ultraalta | ultrahigh speed
velocidad ultrasónica | transonic speed
velocidad variable | variable velocity (/speed), varying speed
velocidad vectorial | velocity vector
velocidad vertical | vertical speed (/velocity)
velocidad vibratoria | vibratory velocity
velocidad virtual | virtual velocity
velocidad volumétrica | volume velocity
velocímetro | speed indicator, velocimeter, velometer
velocímetro de difracción | diffraction velocimeter
velocímetro de difracción óptica | optical diffraction velocimeter
velocímetro de láser | laser velocimeter
velocímetro por efecto doppler | laser doppler velocímeter
vendaje [*de cables*] | bandage
veneno | poison
veneno combustible | burnable poison
veneno consumible | burnable poison
veneno de escisión | fission poison
veneno del reactor | reactor poison
veneno nuclear | nuclear poison
veneno radiactivo | radioactive poison
veneno rápido | prompt poisoning
venenos nucleares | poison materials
ventana | window, aperture, face, view
ventana activa | active window
ventana apanelada | paned window
ventana blindada | shield window
ventana capacitiva | capacitive window
ventana con foco | window with focus
ventana de alerta [*en interfaces gráficas de usuario*] | alert box
ventana de ayuda | help window
ventana de compatibilidad | compatibility box
ventana de composición | compose window
ventana de diálogo | dialogue box
ventana de difusión | diffusion window
ventana de documento | document window
ventana de entrada de cables | cable chamber
ventana de grupo | group window
ventana de la aplicación | application window
ventana de presentación | display window
ventana de radiación | radiation window
ventana de radio | radio window
ventana de recepción | receive window
ventana de reentrada | reentry window
ventana de salida | output window
ventana de sonar | sonar window
ventana de trabajo | operating window
ventana de vídeo remoto | remote video window
ventana de vista del gestor de archivos | file manager view window
ventana del guiaondas | waveguide window
ventana del infrarrojo | infrared window
ventana emergente | pop-up window
ventana en uso | active window
ventana estanca de guiaondas | waveguide seal
ventana expandible | expandable window
ventana horaria | time window
ventana inactiva | inactive window
ventana inductiva | induction (/inductive) window
ventana infrarroja | infrared window
ventana preóhmica | preohmic window
ventana principal | main (/primary) window
ventana radioeléctrica | radio window
ventana resonante | resonance (/resonant, /resonating) window
ventana secundaria | secondary window
ventana trasparente | transparent window
ventanas de una pantalla | windowing, split screen
ventanas en cascada | cascading (/overlaid) windows
ventanas en mosaico | tiled windows
ventanas superpuestas | overlaid windows
ventanilla | port
ventanilla de exploración | scanning gate
ventanilla de observación | viewing window
ventanilla de presión de guía de ondas | waveguide pressure window
ventanilla de presión de guiaondas | waveguide pressure window
ventilador de UCP | CPU fan
ventilación por aspiración | ventilation by aspiration
ventilación sencilla | simple ventilation
ventilación serie | simple ventilation
ventilador | fan
ventilador axial con aletas de guía | vaneaxial fan
ventilador centrífugo | pressure blower
ventilador centrífugo multipala | multivane centrifugal fan
ventilador de la fuente de alimentación | power supply fan
ventilador frontal | front fan
ventilador impelente | pressure blower
ventilador volumétrico | volume blower
ventilar | to fan

ventosa al vacío | vacuum valve
ver | to view
ver por televisión | to teleview
verdadero | true
verde | green
verde distante | green-distant
verificación | check, examination, monitoring, test, testing, verification
verificación a cero | zero check
verificación automática | selftest, automatic check
verificación de caracteres | character check
verificación de combinación prohibida | forbidden combination check
verificación de diagnóstico | diagnostic check
verificación de errores | error checking
verificación de la producción | production control
verificación de la señal | signal check
verificación de las características de funcionamiento | proof of performance
verificación de paridad | parity check
verificación de paridad simple | single-parity check
verificación de racionalidad | validity check
verificación de redundancia longitudinal | longitudinal redundancy check
verificación de secuencia | sequence checking
verificación de validez | validity check
verificación de volcado | dump check
verificación del programa | program (/programme) verification
verificación dinámica | dynamic check
verificación doble | twin check
verificación estadística | statistical test
verificación estática | static test
verificación estática de trasconductancia | static transconductance test
verificación estroboscópica | stroboscopic checking
verificación impar-par | odd-even check
verificación marginal | marginal checking (/testing)
verificación marginal programada | programmed marginal check
verificación por duplicación | duplication check
verificación por eco | echo check (/checking)
verificación por ondas cuadradas | square wave testing
verificación por rayos X | X-ray inspection
verificación por redundancia | redundancy check
verificación por residuo | residue check
verificación por salto de rana [*rutina de disgnóstico informático*] | leapfrog test

verificación por saltos | leapfrog test
verificación por suma | summation check
verificación programada | programmed check
verificación redundante | redundant check
verificación visual | sight check
verificador | verifier
verificador de cinta | tape verifier
verificador de cortocircuitos | growler
verificador de funcionamiento | functional board tester
verificador lógico | logic probe
verificador mecánico | mechanical verifier
verificar | to audit, to check, to control, to verify, to test
verificar la conexión [*comprobar que un ordenador está conectado a internet mediante el envío de un paquete ping*] | to ping
verificar la ortografía | to check spelling
vermiculado | crackle finish
vernier | vernier
verosimilitud máxima | maximum likelihood
versales, versalitas | small caps = small capitals
versátil | versatile
versión | release, version
versión de la tabla | table version
versión ejecutable | run-time version
versión incorrecta | incorrect version
versión indebida | version mismatch
versión indebida del archivo | file version mismatch
versión mutilada (/reducida) | crippled version
verter información [*de un programa a otro*] | to pour
vertical | vertical, portrait
verticales | riser
verticalidad | verticality
vértice | node, vertex
vértice cortado | cut vertex; articulation point
vértice eliminado | cut vertex; articulation point
vértice escalonado | apex step
VESA [*Asociación de normativa electrónica sobre vídeo*] | VESA = Video Electronics Standards Association
vesiculación | pimpling
vestigio de portadora en línea | line carrier vestige
veterano | old timer, old-timer
VFAT [*tabla virtual de ubicación de archivos*] | VFAT = virtual file allocation table
VFS [*almacén virtual de archivos*] | VFS = virtual file store
VfW [*vídeo para Windows*] | VfW = video for Windows [*from Microsoft*]
VGA [*matriz de videográficos, especificación para tarjetas de vídeo*] | VGA = video graphics array

VGA extendida | extended VGA
VHDL [*lenguaje de descripción de muy alto nivel*] | VHDL = very high description language
VHE [*entorno doméstico virtual (en personalización de servicios de red)*] | VHE = virtual home environment
VHLL [*lenguaje de programación de muy alto nivel*] | VHLL = very high level language
VHN [*red doméstica versátil*] | VHN = versatile home network
VHSIC [*circuito VLSI con elevada velocidad de procesamiento*] | VHSIC = very high speed integrated-circuit
vía | circuit; path, route, routing, track, via, way
VIA [*arquitectura de interfaz virtual*] | VIA = virtual interface architecture
vía alternativa | alternative route (/routing)
vía auxiliar | alternate (/alternative) route, bypath
vía común para la trasmisión de señales | common signalling path
vía con derivación de tiempo | time-derived channel
vía de acceso | path
vía de comunicación | channel
vía de comunicación radiotelefónica | speech channel
vía de comunicación telefónica | speech channel
vía de conversación | speech path
vía de datos | data highway
vía de desbordamiento | overflow channel
vía de desvío | alternative route, overflow channel
vía de distribución | bus
vía de encaminamiento | route, routing channel
vía de encaminamiento de una comunicación | route of a call
vía de encaminamiento de una llamada | route of a call
vía de enlace desde el satélite hacia la estación terrestre | downlink
vía de enlace directa | primary route
vía de ida | forward channel
vía de la báscula | scale track
vía de la trasmisión | transmission route
vía de llamada | call channel
vía de paso | through path
vía de progresión | forward path
vía de propagación | propagation path
vía de realimentación | feedback path
vía de retorno | backward path
vía de salida | outgoing track
vía de segunda preferencia | second choice route
vía de socorro | elementary route
vía de telecomunicación | telecommunication channel
vía de teleimpresora | teletypewriter channel
vía de télex | telex channel

vía de trasmisión | channel; transmission channel (/facility, /path, /system)
vía de trasmisión de ida | forward channel
vía de trasmisión en ambos sentidos | go-and-return channel
vía de trasmisión reversible | reversible path
vía del arco | arc channel
vía directa | direct route
vía directa total | through path
vía dúplex | duplex channel
vía en cable | cable channel
vía exterior | outer channel
vía inalámbrica | wireless route
vía libre | clear channel
vía múltiple | multichannel, multiple channel
vía normal | first (/primary) route, normal channel (/route)
vía ocupada | engaged channel
vía perturbadora | disturbing channel (/path)
vía preferente | first choice route
vía primaria | primary route
vía principal | principal path
vía radiotelegráfica | radiotelegraph route
vía saliente | outgoing channel
vía secundaria | secondary route
vía sencilla | single track
vía supletoria | alternative route
vía telefónica | voiceway, telephone channel
vía telefónica compartida | party line voice circuit
vía telegráfica | telegraph route
vía terrestre | overland route
vía troposférica | tropospheric duct
vía única | single track
vía voz | via voice
viaje en situación de oposición | opposition-class trip
vías en múltiplex | multiple channels
vibración | chatter, flutter, oscillating, oscillation, shake, shaking, swing, vibration
vibración acústica | acoustic oscillation
vibración aleatoria | random vibration
vibración aleatoria de banda ancha | broadband random vibration
vibración aleatoria gaussiana | Gaussian random vibration
vibración casi permanente | quasi-steady-state vibration
vibración cíclica | cycling variation
vibración compleja estacionaria | complex steady-state vibration
vibración de aguja | needle chatter (/talk)
vibración de contacto inicial | initial contact chatter
vibración de contacto por causas externas | externally-caused contact chatter
vibración de frecuencia sónica | sonic vibration
vibración de la armadura | armature chatter
vibración de la caja acústica | cabinet vibration
vibración de la imagen | picture jitter
vibración de resonancia | resonance vibration
vibración del contacto | contact chatter
vibración en régimen permanente | steady-state vibration
vibración estacionaria | steady-state vibration
vibración estacionaria simple | simple steady-state vibration
vibración forzada | forced vibration
vibración libre | free (/natural) vibration
vibración Morse [variación de la voz en trasmisión de señales telegráficas por el mismo hilo telefónico] | Morse flutter
vibración natural | natural vibration
vibración periódica | periodic vibration
vibración por simpatía | sympathetic vibration
vibración propia | natural vibration
vibración resonante | resonant vibration, vibrational resonance
vibración resonante torsional | resonant torsional vibration
vibración según espesor | thickness vibration
vibración sinusoidal | sinusoidal vibration
vibración sonora | sonic vibration
vibración trasmitida por los sólidos | solid-borne vibration
vibración trasversal | thickness vibration
vibración ultrasónica | ultrasonic vibration
vibración uninodal | single-node vibration
vibración vocal | speech oscillation
vibraciones de fase | phase jitter
vibraciones libres | hangover
vibraciones verticales parásitas [ruido de baja frecuencia por vibraciones mecánicas en sentido vertical] | vertical rumble
vibrado contra la fricción estática | dithering
vibrador | vibrator, buzzer, chopper, shaker, ticker, tikker, trembler
vibrador asincrónico | nonsynchronous vibrator
vibrador de arranque | starting vibrator
vibrador de media onda | half-wave vibrator
vibrador de onda completa | full-wave vibrator
vibrador de puesta en marcha | starting vibrator
vibrador electromagnético | electromagnetic vibrator
vibrador electromecánico | electromechanical chopper
vibrador electrónico | ringing choke circuit
vibrador piezoeléctrico | piezoelectric vibrator
vibrador sincrónico | synchronous vibrator
vibrar | to shake, to shimmy
vibrato | vibrato
vibratorio | vibrating, vibratory
vibratrón | vibratron
vibrocaptor | vibration pickup
vibrocaptor piezoeléctrico | piezoelectric vibration pickup
vibrocardiografía | vibrocardiography
vibrofonocardiógrafo | vibrophonocardiograph
vibrógrafo | vibration recorder, vibration-recording apparatus, vibrograph
vibrograma | vibrogram
vibrómetro | vibrometer, vibration meter
vibrotrón | vibrotron
vida | life, lifetime
vida activa del radio | radium age
vida artificial | artificial life
vida cibernética | cyberlife
vida cíclica | cycle life
vida completa del software | software life-cycle
vida de almacenamiento | shelf (/storage) life
vida de calendario | calendar life
vida de carga | load life
vida de funcionamiento | operating life
vida de la batería | battery life
vida de la impregnación | pot life
vida de la reactividad | reactivity lifetime
vida de los neutrones térmicos | average diffusion time
vida de un equipo | equipment life
vida en servicio | operating life
vida inactiva de la pila seca | dry shelf life
vida mecánica | mechanical life (/lifetime)
vida media | mean life, turnover
vida media de un neutrón | neutron lifetime
vida media útil | mean life
vida media volumétrica | volume lifetime
vida nominal (/normal) | rated life
vida rotacional | rotational life
vida segura | safe life
vida térmica | thermal life
vida útil | life, lifetime, operating (/rated, /service, /useful) life
vida útil en depósito | shelf life
vida útil térmica | thermal life
vídeo | video
vídeo cancelado | cancelled video
vídeo cohesionado | cohered video
vídeo de conversión de barrido rápido en lento | slowdown video
vídeo de deceleración | slowdown video
vídeo de enmascaramiento | video masking

vídeo de imagen congelada [vídeo en el que la imagen cambia cada varios segundos] | freeze-frame video
vídeo de movimiento completo [vídeo digital que reproduce 30 imágenes por segundo] | full-motion video
vídeo de sobremesa [uso de cámaras digitales para videoconferencia] | desktop video
vídeo digital | digital video
vídeo digital comprimido | compressed digital video
vídeo digital conmutado | switched digital video
vídeo digital interactivo | digital video interactive
video digital para emisión | digital video broadcast
vídeo en espera | video standby
vídeo interactivo | interactive video
vídeo inverso | reverse video
vídeo invertido | inverse video
vídeo no compuesto | noncomposite video
vídeo retardado | slowed-down video
videoamplificador de línea | video line amplifier
videocámara | videocamera
videocasete | videocassette
videoclip | video clip
videoconferencia | videoconference, videoconferencing
videoconferencia en banda estrecha | smallband videoconferencing
videodifusión estereoscópica | stereoscopic broadcasting
videodifusión por circuito abierto | open-circuit television broadcast
videodisco | videodisc [UK], videodisk [USA]
videodisco digital | digital video disk
videodisco digital grabable | digital video disc-recordable
videodisco digital regrabable | digital video disc-erasable, rewritable digital video disc
videoenlace | video link
videófono | videophone, videotelephone
videofrecuencia | videofrequency
videofrecuencia de televisión | television videofrequency
videógrafo | videograph, videotape recorder
videojuego | videogame, video game
videométrico | videometric
videónica | videonics
videorrecepción | video reception
videorreceptor | video receiver
videosensor | video sensor
videoteca | video library
videotexto | videotext
videotexto multimedia | multimedia videotex
videotransistor | videotransistor
videotrón | videotron
videoventana | videowindow
Vidicon [marca de tubo de rayos catódicos para cámaras de televisión] | Vidicon
vidicón de registro | storage vidicon
vidicón tricolor | tricolour vidicon
vidriado | glassing, overglazed
vidrio | glass
vidrio de pantalla desmontable | removable picture valve window
vidrio de poro controlado | controlled porous glass
vidrio de seguridad | safety window, shatterproof glass
vidrio inastillable | safety glass
vidrio laminado | sheet glass
vidrio Lindemann | Lindemann glass
vidrio Nesa | Nesa glass
vidrio Pirex | hard glass
vidrio plano | sheet glass
vidrio polarizado | polarized glass
vidrio protector de la válvula de pantalla | picture valve safety glass
vidrio protector del cinescopio | picture valve safety glass
vidrio trasparente a la radiación ultravioleta | uviol glass
vieja [en radioafición] | old woman
viejo [en radioafición] | old man
viento | anchor, guy, stay, strand
viento de alambre | guy wire
viento provocado | afterwind
viento solar | solar wind
vientre de intensidad de corriente | current loop
vientre de oscilaciones | oscillation loop
vientre de tensión | potential loop, voltage antinode
vientre de voltaje | potential loop
vigilancia | guard, monitoring, surveillance, watch
vigilancia a distancia | remote monitoring
vigilancia continua | continuous watch
vigilancia de alcance | range surveillance
vigilancia de superficie | surface search
vigilancia de trasmisión | look-through
vigilancia del tráfico | message monitoring
vigilancia local | local record (/supervision), site monitoring
vigilancia permanente | permanent supervision
vigilancia por escucha | blind supervision
vigilancia por medios acústicos | aural monitoring
vigilancia por radar | radar surveillance, radio watch (/warning, /surveillance)
vigilancia primaria | primary guard
vigilante | supervisor
vigilante de radio | radio guard
vigilante principal | chief supervisor
vigilar | to stand guard, to watch, to monitor
vigilar en una frecuencia | to guard a frequency
V/in [voltios por pulgada] | V/in = volts per inch
vinculación a la ejecución | run-time binding
vinculación dinámica [de direcciones] | dynamic binding
vinculación estática [de direcciones] | static binding
vinculación precoz | early binding
vinculadamente acoplado | tightly coupled
vincular | to link
vínculo | link
vínculo automático | automatic link
vínculo denominado [tipo de hipervínculo en documentos HTML] | named anchor
vínculo manual | manual link
vine [copia de cintas de audio digitales] | vine
vinilideno | vinylidene
vinilita [plástico utilizado en discos de vinilo] | Vinylite
vinilo | vinyl
VIO = violeta | VLT = violet
violación | violation
violeta | violet
virador | toner
viraje rápido | sharp turn
virgen | blank, virgin
virginio | virginium
virtual | virtual
virus | virus
virus benigno [que no destruye información] | benign virus
virus informático | computer virus
virus macro [escrito en lenguaje macro] | macrovirus
viruta | chip, thread
viscoplasticidad | viscoplasticity
viscoplástico | viscoplastic
viscosidad | viscosity
viscosidad dieléctrica | dielectric viscosity
viscosidad magnética | magnetic creep (/viscosity), viscous hysteresis
viscosimetría | viscometry, viscosimetry
viscosimetría sónica | sonic viscometry
viscosímetro | viscometer, viscosimeter
visera | hood
visera de cámara | flag, gobo, lens screen
visibilidad | seeing, visibility (range)
visibilidad bajo los ecos parásitos | subclutter visibility
visibilidad bajo perturbación | subjamming visibility
visible | visible
visión | seeing, vision
visión artificial | machine vision
visión de datos | viewdata
visión de ordenador | computer vision
visión escotópica | scotopic vision
visión informática | computer vision

visión mecánica | machine vision
visión nocturna | noctovision
visión previa | preview
visión robot | robot vision
visita [duración de la exploración de un sitio Web por una persona] | visit
visitante [de página Web] | visitor
visitante único | unique visitor
visitantes por unidad de tiempo [en un sitio Web] | click-through
visófono | picturephone
visor | display, viewfinder; browser
visor con válvula Nixie | Nixie valve display
visor de ayuda | help viewer
visor de envolvente de impulsos | pulse envelope viewer
visor de mensajes | message viewer
visor del portapapeles | clipboard viewer
visor eléctrico | electrical boresight
visor electrónico | electronic viewfinder
visor M | M scan
visor mejorado | enhanced viewer
visor sensible | sense finder
vista | view
vista actual | current view
vista anterior | previous view
vista de agenda inicial | initial calendar view
vista de cara | front view
vista de contorno | outline view
vista de despiece | exploded view
vista de detalles | details view
vista de la agenda | calendar view
vista de la configuración | setup overview
vista de la semana | week view
vista de perfil | profile (/side) view, side front
vista del año | year view
vista del día | day view
vista del gestor de archivos | file manager view
vista del mes | month view
vista desde abajo | bottom view
vista desde el frente | front view
vista en alzado | front elevation
vista en árbol | tree view
vista en perspectiva | perspective view
vista en planta | plan
vista en sección | sectional view
vista espacial | spatial view
vista frontal | front view (/elevation)
vista inferior | base view
vista isométrica | isometric view
vista lateral | profile view
vista oblicua | oblique view (/projection)
vista PA | PA view
vista posterior | rear view
vista posterior-anterior | posterior-anterior view
vista predeterminada | default view
vista previa | preview
vista previa de la activación | activation preview
vista principal | current (/top) view
vista rápida [vista previa de archivos en Windows] | quick view
vista restringida | restricted view
vista superior | up-view
vista tangencial | tangential view (/projection)
vistazo rápido | quick contents
visual | visual
Visual Basic [marca de una versión de programación visual Basic de altas prestaciones] | Visual Basic
visualización | view, visualization, [en gráficos de ordenador] viewport
visualización caligráfica | calligraphic display
visualización de datos | data display
visualización de información digital | digital information display
visualización de radar | radar display
visualización prolongada | stretched display
visualizador | display, tracer; browser
visualizador alfanumérico | alphanumeric display
visualizador biestable | bistable display
visualizador de descarga gaseosa | gas discharge display
visualizador de digitrón | digitron display
visualizador de matriz de puntos | dot matrix display
visualizador de mosaico de lámparas | mosaic lamp display
visualizador de siete segmentos | seven-segment display
visualizador electrocrómico | electrochromic display
visualizador electroforético | electrophoretic display
visualizador electroluminiscente | electroluminescent display
visualizador externo | external viewer
visualizador por filamentos | filamentary display
visualizador previo | previewer
visualizador radiactivo | radiotracer
visualizador telefónico | display functions
visualizar | to display, to view
visualizar previamente | to preview
vitalidad | liveness
vítreo | vitreous
vitrificación | vitrification
vitrita [sustancia aislante] | vitrite
vivo | alive, hot, live
VLB [bus local VESA] | VLB = VL bus = VESA local bus
VLAN [red virtual de área local] | VLAN = virtual local area network
VLC = velocidad lineal constante | CLV = constant linear velocity
VLCM = velocidad lineal constante modificada | MCLV = modified constant linear velocity
VLIW [palabra de instrucción muy larga] | VLIW = very long instruction word
VLR [registro de localización de visitantes] | VLR = visitor location register
VLSI [muy alto grado de integración] | VLSI = very large scale integration
VM = velocidad media | MV = medium velocity
VML [lenguaje de marcado vectorial] | VML = vector markup language
VMS [sistema de memoria virtual] | VMS = virtual memory system
VO [objeto de vídeo] | VO = video object
VOA [polímetro para voltios, ohmios y amperios] | VOA = volt-ohm-ammeter
vobulación | wobbulation, wobble modulation
vobulación del punto | spot wobble
vobulador | wobbulator, frequency-swept oscillator
vobuloscopio [conjunto de generador panorámico y osciloscopio] | wobbuloscope
vocabulario | vocabulary, lexicon
vocabulario sofisticado | sophisticated vocabulary
vocalización digital [por ordenador] | digital speech
vocoder [codificador operado por la voz, sintetizador de voz] | vocoder = voice operated coder; voice response
voder [descodificador de voz] | voder = voice decoder
VoIP [uso del protocolo internet para comunicaciones por voz] | VoIP = voice over IP
VOK [conmutador accionado por la voz] | VOK = voice-operated keyer
voladizo | overhung
volátil | volatile
volatilidad | volatility
volcado [de datos] | dump, downloading
volcado de cinta [copia de los datos de una cinta sin formateo] | tape dump
volcado de memoria | memory dump
volcado de pantalla sobre impresora | screen dump
volcado de ventana | window dump
volcado dinámico | dynamic dump
volcado estático | static dump
volcado instantáneo | snapshot dump
volcado selectivo | selective dump
volcar | to throw
volframio | tungsten, wolfram
voltaico | voltaic
voltaje | voltage, pressure
voltaje a masa (/tierra) | voltage to earth [UK], voltage to gound [USA]
voltaje al final del cable alimentador | feeder booster
voltaje alterno de pico de la abertura | peak alternating gap voltage
voltaje anódico | anode voltage
voltaje anódico de avance | peak forward anode voltage

voltaje anódico de descarga | anode breakdown voltage
voltaje anódico inverso | inverse voltage
voltaje aplicado | applied voltage
voltaje característico | bias
voltaje cerebral | brain voltage
voltaje compensador | offset voltage
voltaje compuesto de control | composite controlling voltage
voltaje continuo | direct voltage
voltaje crítico de rejilla | critical grid voltage
voltaje crítico del magnetrón | magnetron critical voltage
voltaje de aceleración | acceleration voltage
voltaje de acumulador | cell voltage
voltaje de alimentación | supply potential (/voltage)
voltaje de alimentación anódica (/del ánodo) | anode (/plate) supply voltage
voltaje de alimentación primaria | source voltage
voltaje de barrido | sweep voltage
voltaje de corrección interno | internal correction voltage
voltaje de corriente alterna | AC voltage
voltaje de corte | cutoff (/pinch-off) voltage
voltaje de corte de rejilla | cutoff bias
voltaje de corte del blanco | target cutoff voltage
voltaje de cresta | peak voltage (/volts)
voltaje de cuadratura | quadrature voltage
voltaje de descarga disruptiva | puncture potential
voltaje de descomposición | decomposition voltage
voltaje de desconexión bajo | low striking voltage
voltaje de desintegración | disintegration voltage
voltaje de desviación | sweep voltage
voltaje de diodo | voltage diode
voltaje de disrupción del ánodo | anode breakdown voltage
voltaje de emisor de la cresta | peak point emitter voltage
voltaje de encendido | starter voltage
voltaje de enfoque | focusing voltage
voltaje de entrada | supply potential (/voltage)
voltaje de filamento | filament voltage
voltaje de funcionamiento | burning (/operating) voltage
voltaje de funcionamiento del contador | counter operating voltage
voltaje de ignición | starter voltage
voltaje de impulso | gate voltage
voltaje de inserción | insertion voltage
voltaje de marcha normal | running voltage
voltaje de neutralización | neutralizing voltage, voltage neutralizing

voltaje de ondulación | ripple voltage
voltaje de operación especificado | rated working voltage
voltaje de pico | peak voltage
voltaje de pila | cell voltage
voltaje de polarización de rejilla | grid bias
voltaje de recebado | reignition voltage
voltaje de red | supply voltage
voltaje de reencendido | reignition voltage
voltaje de régimen | operating potential, rated pressure, working (/rated working) voltage
voltaje de relumbre | voltage flare
voltaje de ruido | noise voltage
voltaje de salto | sweep voltage
voltaje de saturación | saturation voltage
voltaje de saturación del emisor | emitter saturation voltage
voltaje de servicio | nameplate (/operating) pressure, online (/working) voltage
voltaje de soldadura | welding voltage
voltaje de soldadura por arco | welding arc voltage
voltaje de trabajo | operating pressure
voltaje de valle del emisor | emitter valley voltage
voltaje de Zener | Zener voltage
voltaje del baño | bath voltage
voltaje del blanco | target voltage
voltaje del calefactor | heater voltage
voltaje del calentador | heater voltage
voltaje del filamento | heater voltage
voltaje del reflector | reflector voltage
voltaje disruptivo | disruptive (/puncture) voltage
voltaje efectivo | virtual voltage
voltaje efectivo de arco | true arc voltage
voltaje en circuito abierto | no-load voltage
voltaje entre bases | interbase voltage
voltaje entre crestas | peak-to-peak voltage
voltaje entre extremos de la línea | voltage across the line
voltaje entre fase y neutro | voltage to neutral
voltaje entre fases | line-to-line voltage
voltaje equilibrado | balanced voltage
voltaje equivalente | offset voltage
voltaje estabilizado | regulated voltage
voltaje estabilizador | stabilizing voltage
voltaje inicial | starting voltage
voltaje inicial inverso | initial inverse voltage
voltaje insuficiente | undervoltage
voltaje interno | internal pressure
voltaje inverso | inverse voltage
voltaje inverso de cresta | inverse peak voltage
voltaje inverso de ionización | flashback voltage
voltaje inverso de pico | inverse peak voltage

voltaje inverso máximo | peak reverse voltage (/volts)
voltaje máximo | peak voltage (/volts)
voltaje máximo inverso | inverse peak voltage
voltaje medio | bias
voltaje mínimo | minimum pressure
voltaje momentáneo | transient voltage
voltaje normal | standard voltage
voltaje optativo | optional voltage
voltaje patrón | standard voltage
voltaje positivo | positive voltage
voltaje primario | primary voltage
voltaje pulsatorio (/pulsátil) | ripple (/pulsating) voltage
voltaje rectificado | rectified voltage
voltaje reducido | reduced voltage
voltaje reforzador | boost voltage
voltaje regulable | variable voltage
voltaje regulado | regulated voltage
voltaje silenciador | squelch voltage
voltaje sinusoidal | sinusoidal (/sine wave) voltage
voltaje sofométrico | psophometric voltage
voltaje variable | variable voltage
voltamétrico | voltametric
voltámetro | voltameter [obs]
voltámetro de masa (/peso) | weight voltammeter
voltámetro de valoración | titration voltammeter
voltámetro de volumen | volume voltammeter
voltamperihorímetro | volt-ampere-hour meter
voltamperio | volt-ampere
voltamperio reactivo | volt-ampere reactive
voltamperio vectorial | vector volt-ampere
voltiamperímetro | voltammeter = volt-meter-amperimeter, volt-ampere meter
voltiamperímetro reactivo | reactive volt-ampere meter
voltiamperios-hora reactivos | reactive volt-ampere-hour
voltiamperios reactivos | reactive volt-ampere
voltímetro | voltmeter, voltage meter (/tester), voltage-measuring equipment, volt-reading meter
voltímetro-amperímetro | voltammeter = voltmeter-ammeter = voltmeter-amperimeter
voltímetro Cardew | Cardew voltmeter
voltímetro con amplificador y rectificador | rectifier-amplifier voltmeter
voltímetro con termoelemento atenuador | attenuator thermoelement voltmeter
voltímetro con triodo | triode voltmeter
voltímetro cuadrático | square law voltmeter
voltímetro de alta resistencia | high

resistance voltmeter
voltímetro de bobina móvil | moving coil voltmeter
voltímetro de carga nula | zero-load voltmeter
voltímetro de cero central (/en el centro) | zero-centre voltmeter
voltímetro de chispa | spark gap voltmeter
voltímetro de continua | voltmeter for direct current
voltímetro de corriente continua | voltmeter for direct current
voltímetro de cresta | crest (/peak, /peak-reading, /peak-responding) voltmeter, peak programme meter
voltímetro de cresta a cresta | peak-to-peak voltmeter
voltímetro de cuadro móvil | moving coil voltmeter
voltímetro de descargador de esferas | sphere cap voltmeter
voltímetro de desviación bilateral | two-direction voltmeter
voltímetro de desviación de cero central | two-direction voltmeter
voltímetro de efecto corona | corona voltmeter
voltímetro de equilibrio | paralleling voltmeter
voltímetro de estado sólido | solid-state voltmeter
voltímetro de explosor de esferas | sphere gap voltmeter
voltímetro de fase | phase voltmeter
voltímetro de imán móvil | moving iron voltmeter
voltímetro de máximos | peak-to-peak voltmeter
voltímetro de oposición | slideback voltmeter
voltímetro de pico | peak voltmeter
voltímetro de pico a pico | peak-to-peak voltmeter
voltímetro de promedio | average voltmeter
voltímetro de retención | sample-and-hold voltmeter
voltímetro de retrodeslizamiento | slideback voltmeter
voltímetro de salida | output voltmeter
voltímetro de termopar | thermocouple voltmeter
voltímetro de valor medio | average voltmeter
voltímetro de válvula al vacío | tube (/valve) voltmeter
voltímetro de válvula electrónica de vacío | vacuum valve voltmeter
voltímetro de válvula termoiónica | vacuum valve voltmeter
voltímetro de varias sensibilidades | multirange voltmeter
voltímetro diferencial | differential voltmeter
voltímetro digital | digital voltmeter
voltímetro digital de muestreo | clamp-and-hold digital voltmeter, sample-and-hold digital voltmeter
voltímetro electrónico | electronic (/tube, /valve) voltmeter
voltímetro electrónico de estado sólido | solid-state voltmeter
voltímetro electrostático | electrostatic voltmeter
voltímetro fasímetro | phase angle voltmeter
voltímetro generador | generating voltmeter
voltímetro giratorio | rotary voltmeter
voltímetro indicador de desfases | phase angle voltmeter
voltímetro-microamperímetro | volt-microammeter
voltímetro-miliamperímetro | volt-milliammeter
voltímetro-milivoltímetro | voltmeter-millivoltmeter
voltímetro numérico registrador | recording digital voltmeter
voltímetro-ohmímetro | volt-ohmmeter
voltímetro-ohmímetro electrónico | electronic volt-ohmmeter
voltímetro para amplitud de impulsos | pulse height voltmeter
voltímetro para frecuencias vocales | speech voltmeter
voltímetro para impulsos | pulse height voltmeter
voltímetro portátil | portable voltmeter
voltímetro potenciométrico | potentiometric voltmeter
voltímetro rectificador | rectifier voltmeter
voltímetro rectificador-amplificador | rectifier-amplifier voltmeter
voltímetro registrador | recording voltmeter, voltage recorder
voltímetro rotativo | rotary voltmeter
voltímetro segmentario | segmental voltmeter
voltímetro term(o)iónico | thermionic voltmeter
voltio | volt
voltio-amperio | volt-ampere
voltio-amperio-hora reactivo | volt-ampere-hour reactive
voltio-amperio reactivo | volt-ampere reactive
voltio-amperios-hora | volt-ampere-hour
voltio-hora | volt-hour
voltio internacional | international volt
voltio-ohmio-miliamperímetro | volt-ohm-milliammeter
voltio-segundo | volt-second
voltio semiabsoluto | semiabsolute volt
voltios de corriente alterna | volts alternating current
voltios efectivos | RMS volts
voltios eficaces | RMS volts
volumen | volume
volumen bloqueado | locked volume
volumen de ayudas | help volume
volumen de cobertura | volumetric coverage
volumen de los sonidos vocales | speech volume
volumen de pulsación | click volume
volumen de referencia | reference volume
volumen de residencia del sistema | system residence volume
volumen de tráfico | traffic flow (/volume)
volumen de vida promedio | volume lifetime
volumen del blanco | target volume
volumen del examinador | browser volume
volumen molecular-gramo | gram-molecular volume
volumen muerto | dead volume
volumen reactivo | reacting volume
volumen sensible | sensitive volume
volumen sensible radiobiológico | radiobiological sensitive volume
volumen telefónico de referencia | reference telephonic power
volumen total | overall volume
volumen total de burbujas (/huecos) | void content
volumen útil | sensitive volume
volumen variable | variable volume
volumen vocal | speech volume
volumetría | volumetry
volumétrico | volumetric, voluminal
volúmetro | volumeter, volume (/speech level, /volume indicator) meter
volúmetro del SFERT | SFERT speech level meter
volúmetro para pesos específicos | specific gravity volumeter
voluminosidad | voluminosity
volver | to return, to revert
volver a ajustar | to recalibrate
volver a arrancar | to restart
volver a cargar | to recharge
volver a cero | to reset
volver a iniciar | to start over
volver a la versión anterior [*de un documento*] | to revert
volver a llamar | to recall
volver a pasar la cinta | to rerun the slip
volver a poner en marcha | to restart
volver a sintonizar | to retune
volver a trasmitir | to refile
volver al reposo | to restore to normal
volver estático | to staticize
VOM [*polímetro para voltios, ohmios y miliamperios*] | VOM = volt-ohm-milliammeter
VON [*voz en la red, tecnología para la trasmisión de voz y vídeo en tiempo real por internet*] | VON = voice on the net
VOP [*plano de objeto de vídeo (unidad mínima de codificación de vídeo)*] | VOP = video object plane
VOR [*grabadora accionada por la voz*] | VOR = voice-operated recorder

VOR [*relé activado por la voz*] | VOR = voice-operated relay
VORTAC [*combinación de VOR y TACAN*] | VORTAC = VOR and TACAN
vórtice | eddy
VOX [*conmutador de emisión y recepción de control vocal (/por la voz)*] | VOX = voice-operated transmission (/keying unit)
voz | voice, speech
voz artificial | artificial voice, speech output, voice response
voz de ordenador trasparente | transparent computer voice
voz distorsionada | distorted conversation
voz en circuito conmutado [*opción de ISDN*] | circuit-switched voice
voz entrecortada | chopped-up conversation
voz sintética | voice response
voz sobre IP [*uso de redes de conmutación de paquetes IP para señales de voz*] | voice over IP
voz y datos digitales simultáneos [*trasmitidos por línea telefónica tradicional*] | digital simultaneous voice and data
vozgrama | voicegram
VP [*camino virtual (en trasmisión de datos)*] | VP = virtual path
VPD [*controladora de impresora virtual*] | VPD = virtual printer device driver
VPIM [*perfil de voz para correo de internet*] | VPIM = voice profile for Internet mail
VPL [*lenguaje de programación virtual*] | VPL = virtual programming language
VPN [*red privada virtual*] | VPN = virtual private network
VRAM [*memoria de vídeo de acceso directo*] | VRAM = video random access memory

VRC [*control de redundancia vertical*] | VRC = vertical redundancy check
VRML [*lenguaje para modelado de la realidad virtual*] | VRML = virtual reality modelling language; Vermul [*fam*]
VRR [*radiofaro direccional de identificación visual*] | VRR = visual radio range
VS = videosensor, sensor de vídeo | VS = video sensor
VSAM [*método de acceso a la memoria virtual*] | VSAM = virtual storage access method
VSAT [*estación terrena privada personal*] | VSAT = very small earth station terminal
VSB [*banda lateral vestigial (esquema de modulación para señales de televisión digital)*] | VSB = vestigial side band
VSBF [*filtro atenuador (/supresor) de banda lateral residual, filtro de bandas laterales asimétricas*] | VSBF = vestigial sideband filter
V.SEL [*selección de (la señal de) vídeo*] | V.SEL = video select
VT [*terminal virtual*] | VT = virtual terminal
VTAM [*método de acceso virtual a las telecomunicaciones*] | VTAM = virtual telecommunications access method
VTD [*controladora de reloj virtual*] | VTD = virtual timer device driver
VTM [*magnetrón sintonizable por tensión*] | VTM = voltage-tunable magnetron
VTO [*oscilador sintonizable por tensión*] | VTO = voltage-tunable oscillator
VTR [*registrador de cinta de video*] | VTR = video tape recorder
VTVM [*voltímetro de válvula termoiónica (/electrónica al vacío)*] | VTVM = vacuum tube voltmeter [USA]

V/U = VHF/UHF | V/U = VHF/UHF
vuelco | turnover
vuelco de modificaciones | change (/differential) dump
vuelco de rescate | rescue dump
vuelco diferencial | differential dump
vuelco instantáneo | snapshot dump
vuelo a ciegas | blind flying
vuelo de referencia dirigida | directed reference flight
vuelo de travesía | cross-country flight
vuelo estabilizado | stabilized flight
vuelo instrumental | instrument flight
vuelo por instrumentos | instrument flight
vuelo por referencia terrestre | terrestrial reference flight
vuelo radiodirigido | radio flying
vuelo seguido por radar | radar-tracked flight
vuelo sin visibilidad | blind flying
vuelta | turn, wind
vuelta a cero | setback
vuelta a la posición inicial | resetting
vuelta al equipo principal [*tras el paso a la unidad sustitutoria en equipos redundantes*] | failback
vuelta al reposo | homing (action)
vuelta de Maxwell | Maxwell turn
vueltas de control | control turns
vueltas del arrollamiento | turns of wire
vulcanizador | vulcanizer
vulnerabilidad | vulnerability
vúmetro | VU meter = volume unit meter; VU indicator = volume unit indicator
V+V = verificación y validación | V&V = verification and validation
VxD [*controladora de dispositivo virtual*] | VxD = virtual device driver
VXO [*oscilador de cuarzo variable*] | VXO = variable crystal oscillator

W

W = vatio | W = watt
W = volframio | W = wolfram
W3C [*consorcio de world wide web*] | W3C = world wide web consortium
WAE [*entorno de aplicación para sistemas inalámbricos*] | WAE = wireless application environment
WAIS [*servidor de información de área ampllia (sistema de búsqueda para internet)*] | WAIS = wide area information server
WAN [*red de área amplia (/extendida), red general de área, red de largo recorrido*] | WAN = wide area network
WAP [*protocolo de aplicaciones inalámbricas*] | WAP = wireless application protocol
warez [*software pirata que ha sido desportegido*] | warez
WATS [*servicio telefónico de área extendida, servicio telefónico concertado (interurbano)*] | WATS = wide area telephone service
WATTS [*Conferencia mundial de administraciones telefónicas y telegráficas*] | WATTS = World administrative telephone and telegraph conference
WAV [*formato de Windows para almacenamiento de sonido en forma de ondas*] | WAV
Wb = weber [*unidad de flujo magnético en el SI*] | Wb = weber
WBEM [*gestión empresarial basada en Web*] | WBEM = Web-based enterprise management
WCS [*memoria grabable de control*] | WCS = writeable control sotre
WD [*pizarra (aplicación para compartir datos)*] | WD = whiteboard
WDEF [*función de definición de ventana*] | WDEF = window definition function
WDL [*biblioteca de controladores de Windows*] | WDL = Windows driver library
WDM [*multiplexado por división en longitud de onda, división multiplexada de longitudes de onda*] | WDM = wave (/wavelength) division multiplexing
WDMA [*acceso múltiple por división en longitud de onda*] | WDMA = wavelength division multiple access
WDP [*protocolo de datagramas para sistemas inalámbricos*] | WDP = wireless datagram protocol
WDT [*temporizador maestro*] | WDT = watchdog timer
web por televisión | WebTV
weber, weberio [*unidad de flujo magnético en el SI*] | weber
weberio por amperio | weber per ampere
webzine [*publicación que se difunde por la World Wide Web*] | webzine
WERS [*servicio radiofónico de emergencia en caso de guerra*] | WERS = war emergency radio service
WF [*filtro comodín*] | WF = wildcard-filter
Wh, W/h = vatios hora | Wh, W-hr = watt-hour
whois [*orden que presenta la lista de usuarios registrados en una red Novell*] | whois
widget [*elemento de construcción fundamental para interfaces gráficas de usuario*] | widget
WiFi [*fidelidad inalámbrica, protocolo de comunicación de área local IEEE 802.11b*] | WiFi = wireless fidelity
WIMP [*superficie para gestión de ventanas, iconos, menús y punteros*] | WIMP = windows icons menus pointers
WIN [*red de área local sin hilos en un edificio*] | WIN = wireless in-building network
Windows [*sistema operativo de Microsoft para PC*] | Windows
WinG [*juegos de Windows*] | WinG = Windows games
WINS [*norma para red de información sobre grandes almacenes*] | WINS = warehouse information network standard
WINS [*servicio de nombres de Windows para internet*] | WINS = Windows Internet Naming Service
Wintel [*dícese de un ordenador que usa Windows y un procesador Intel*] | Wintel
WIU [*unidad de interfaz de arcén*] | WIU = wayside interface unit
WLAN [*LAN inalámbrico*] | WLAN = wireless LAN
W/m^2 [*vatios por metro cuadrado*] | W/m2 = watt per square metre
WMF [*formato de metaarchivo de Windows*] | WMF = Windows metafile format
WML [*lenguaje de marcación inalámbrica*] | WML = wireless markup language
wolframio [*volframio, tungsteno*] | tungsten, wolfram
WORM [*grabable una vez, legible muchas veces (medio de almacenamiento óptico masivo de gran perdurabilidad)*] | WORM = write once, read many
WOSA [*arquitectura de servicios abiertos de Windows*] | WOSA = Windows Open Services Architecture
WP [*tratamiento (/procesador) de textos*] | WP = word processing, word processor
WPABX [*centralita telefónica sin red de cables*] | WPABX = wireless PABX
WRAM [*memoria de ventana de acceso aleatorio*] | WRAM = window random access memory
Ws [*constante de energía (/vatios segundo)*] | Ws = watt-second constant
WSP [*protocolo de sesión para sistemas inalámbricos*] | WSP = wireless session protocol
WSP/B [*protocolo WSP para navegación*] | WSP/B = WSP/browsing
W/sr = vatio por esterradián | W/sr = watt per steradian
W/sr.m2 = vatio por esterradián por me-tro cuadrado | W/sr.m^2 = watt per steradian square metre

WT = grupo de trabajo | WG = working group
WTA [*aplicación de radiotelefonía*] | WTA = wireless telephony application
WTAC [*Consejo consultivo mundial de telecomunicaciones*] | WTAC = World telecommunications advisory council
WTAI [*interfaz de aplicación de radiotelefonía*] | WTAI = wireless telephony application interface
WTLS [*seguridad de la capa de trasporte inalámbrica*] | WTLS = wireless transport layer security
WTP [*protocolo de transacción para sistemas inalámbricos*] | WTP = wireless transaction protocol
WWW [*telaraña mundial, malla mundial*] | W3 = WWW = world wide web
WYSBYGI [*lo que ves es antes de obtenerlo (vista previa del resultado que produciría un cambio dado en un documento)*] | WYSBYGI = what You see before You get it
WYSIWYG [*lo que ves es lo que obtendrás (vista de un documento como producto final)*] | WYSIWYG = what You see is what You get

X

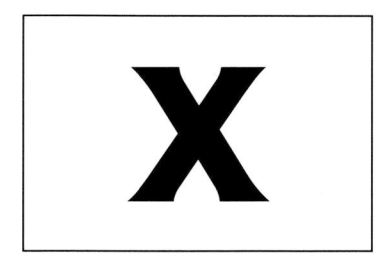

X [*símbolo de la reactancia en expresiones matemáticas*] | X
X-axis | ordenada, eje de ordenadas
Xbase [*lenguaje para bases de datos basadas en dBase*] | Xbase
Xc = reactancia capacitiva | Xc = capacitive reactance
XCMD [*orden externa*] | XCMD = external command
xDSL [*denominación genérica de las tecnologóias que se basan en DSL*] | xDSL
Xe = xenón | Xe = xenon
xenón | xenon
xerografía | xerography
xerografía de larga distancia | long distance xerography
xerorradiografía | xeroradiography
XFCN [*función externa*] | XFCN = external function
XFDL [*lenguaje ampliable de descripción de formularios*] | XFDL = extensible forms description language
XGA [*conjunto de gráficos extendido*] | XGA = extended graphics array
Xi [*reactancia inductiva*] | Xi = inductive reactance
Xi cero [*reactancia inductiva de valor cero*] | Xi-zero
XML [*lenguaje de marcación ampliable*] | XML = extensible markup language
XMS [*especificación de memoria ampliada*] | XMS = expanded memory specification
XMT [*abreviatura de 'transmisión' usada en las comunicaciones en serie*] | XMT = transmit
XNS [*sistema de red de Xerox*] | XNS = Xerox network system
X-ON/X-OFF [*trasmisor conectado/desconectado*] | X-ON/X-OFF = transmitter ON/OFF
XSL [*lenguaje de hojas de estilo extensible*] | XSL = extensible stylesheet language

Y

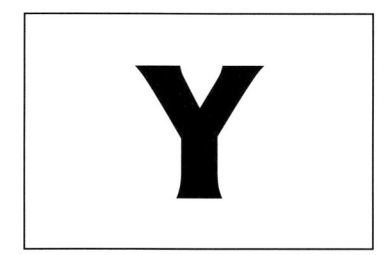

Y = itrio | **Y** = yttrium
Y = luminancia | **Y** = luminance
Y2K [*problema de cambio de dígitos en los relojes internos de ordenadores el año 2000*] | Y2K = year 2000 problem
Y de punto | dot AND
Y implícita [*operación lógica en la que una salida verdadera sólo se da si hay dos o más entradas verdaderas*] | implied AND
YACC [*otro compilador de compilador más*] | YACC = yet another compiler-compiler
yagi [*antena direccional compuesta por dipolos*] | yagi
Yahoo [*motor de búsqueda para internet*] | Yahoo
Yb = iterbio | Yb = ytterbium
YHBT [*has caído en la trampa; abreviatura usada en juegos por internet*] | YHBT = you have been trolled
YHL [*has perdido; abreviatura usada en internet*] | YHL = you have lost
y.lem [*materia original de la que surgieron los elementos fundamentales como consecuencia del 'big bang'*] | y.lem
Ymodem [*variedad de Xmodem con capacidades ampliadas*] | Ymodem
yocto- [*prefijo que significa 10^{-24}*] | yocto- [*prefix meaning 10^{-24}*]
yodo | iodine
yodo radiactivo | radioactive iodine
yugo | yoke
yugo de deflexión | deflection yoke
yugo de desviación | television yoke
yugo de exploración | deflecting (/scanning) yoke
yugo deflector | deflecting yoke
yute | jute
yotta- [*prefijo que significa 10^{24}*] | yotta- [*prefix meaning 10^{24}*]

Z

Z [*símbolo matemático de la impedancia*] | Z
Z = número atómico | Z = atomic number
Z0 [*símbolo matemático de la impedancia característica o de referencia*] | Z0
zafado | breakaway
zafiro | sapphire
zapata | shoe
zapata de conexión | connecting lug
zapata de contacto | shoe, shoegear
zapata de patín | collector shoe
zapata de toma | plough
zapata primaria | primary shoe
zapear [*fam*] | to zap
zener [*diodo que aplica el efecto Zener*] | zener
zepto- [*prefijo que significa 10^{-21}*] | zepto- [*prefix meaning 10^{-21}*]
ZETA [*reactor de fusión de energía nula*] | ZETA = zero-energy thermal (/thermonuclear) apparatus
zetta- [*prefijo que significa 10^{21}*] | zetta- [*prefix meaning 10^{21}*]
zigzaguear | to shimmy
zip [*desinencia de un tipo de archivo informático comprimido*] | zip
ZIP [*pin de zigzag en línea*] | ZIP = zigzag in-line pin
ZIP [*protocolo de información de zona*] | ZIP = zone information protocol
Zmodem [*tipo de Xmodem perfeccionado*] | Zmodem
Zn = cinc | Zn = zinc
zócalo | chip socket, socket (outlet)
zócalo [*para conexión de tarjetas de circuitos*] | slot
zócalo biselado | angled socket
zócalo con soporte de montaje | saddle-mounting socket
zócalo de bayoneta | bayonet socket
zócalo de caché secundaria | socket for secondary cache
zócalo de chip con patillas | leaded chip carrier
zócalo de circuito integrado | IC socket
zócalo de comunicaciones | communications slot
zócalo de conexión | slot
zócalo de discos | wafer socket
zócalo de dos espigas | two-pin socket
zócalo de entrada de corriente alterna | AC power input socket, socket for AC power input
zócalo de estaño-plomo | tin-lead socket
zócalo de expansión | expansion socket
zócalo de oblea | wafer socket
zócalo de procesador | processor socket
zócalo de torre | turret socket
zócalo de válvula | valve base (/holder)
zócalo del contador | meter base
zócalo diheptal | diheptal socket
zócalo duodecal | duodecal socket
zócalo estanco | moistureproof socket
zócalo ISA | ISA slot
zócalo magnal | magnal socket
zócalo noval | noval socket
zócalo octal | octal socket
zócalo para conexión directa del procesador | processor direct slot
zócalo para lámpara piloto | pilot lamp socket
zócalo para lamparita piloto | pilot light socket
zócalo para tubo noval | noval socket
zócalo PCMCIA [*para tarjetas de ordenador de 68 contactos*] | PCMCIA slot
zócalo portatubo | noval socket
zócalo portaválvula | valve (/tube, /noval) socket
zócalo tripolar | three-pole socket
zócalo vertical | vertical socket
zócalo ZIF [*zócalo para inserción del elemento sin aplicar fuerza*] | ZIF socket = zero insertion force socket
zona | zone, area, region
zona acromática | achromatic locus
zona activa con espiga | spiked core
zona agotada | depletion region
zona antirradar | window corridor
zona biseñal | bisignal zone
zona caliente | hotspot
zona ciega | blind zone
zona ciega del radar | radar blind spot
zona con condiciones de trabajo no reglamentadas | inactive area
zona con medio activo y envoltura fértil | seed and blanket core
zona controlada | controlled area
zona crepuscular | twilight zone
zona de aterrizaje | landing zone
zona de barrido del radar | radar blanket
zona de borrado | blanking zone
zona de Brillouin | Brillouin zone
zona de captura | trapping spot
zona de carga | charging zone
zona de cobertura del radar | radar area
zona de confusión | confusion region
zona de convergencia | convergence zone
zona de desbordamiento | spread
zona de desplazamientos | displacement spike
zona de desvanecimiento | fading area
zona de energía térmica | thermal energy region
zona de energías de resonancia | resonance region
zona de entrada [*de las corrientes vagabundas*] | cathodic (/negative) area
zona de entrega | delivery zone
zona de equifase | equiphase zone
zona de equiseñal | equisignal zone
zona de estabilidad | stability area
zona de exclusión | exclusion area
zona de Fresnel | Fresnel zone
zona de funcionamiento seguro | safe operating area
zona de inducción | near zone
zona de inserción | drop zone
zona de inversión | reversal zone
zona de máximo brillo | high light
zona de neutrones altamente epitérmicos | high epithermal neutron range

zona de numeración | dialling area
zona de peligro de radiación | radiation danger zone
zona de permanencia reglamentada | regulated stay area
zona de potencial de rejilla negativo | negative grid region
zona de radiación | radiation zone
zona de radiación X | X-ray coverage
zona de reacción | reaction (/reacting) region
zona de recepción | reception area
zona de recepción considerada | reception area contemplated
zona de reparto | delivery zone
zona de resonancia | resonance region
zona de ruptura | rupture zone
zona de salida | positive area
zona de salto | skip zone
zona de salto primaria | primary skip zone
zona de saturación | saturation region
zona de señales intensas | strong-signal area
zona de servicio | service area
zona de servicio intermitente | intermittent service area
zona de servicio recubierta | overlapping reception area
zona de silencio | blind (/silent) area, skip (/silent) zone, zone of silence
zona de silencio primaria | primary skip zone
zona de sombra | blind (/risk) area, shadow area (/zone)
zona de tasación | charging area
zona de trabajo | overlay zone
zona de trabajo reglamentado | regulated work area
zona de transición | transition region
zona de unión | bonding pad
zona de velocidad recíproca | reciprocal velocity region
zona defectuosa | drop out
zona del blanco | target area
zona del objetivo | target area
zona desierta | depletion layer (/region)
zona despejada | clearance hole
zona E | E zone
zona enfocada | reception area contemplated
zona equifásica | equiphase zone
zona exterior del arco | envelope of arc
zona fértil | blanket
zona frontal | front end area
zona hiperacústica | hyperacoustic zone
zona horaria | time zone
zona inactiva | inactive area
zona interurbana | trunk zone
zona isotérmica | isothermal region
zona lejana | far zone
zona libre de perturbaciones radioeléctricas | RF-quiet area
zona marginal | edge, fringe area
zona marginal de la llama | margin of flame
zona muerta | dead range (/spot, /zone)
zona N | N zone
zona neutra | neutral zone
zona ocupada | occupied space
zona P | P zone
zona periférica | peripheral region
zona plástica | plastic range (/zone)
zona PN | PN junction
zona PP [*zona de transición entre dos regiones tipo P de propiedades diferentes*] | PP junction
zona prohibida | prohibited area
zona protegida | protected zone
zona próxima | near zone
zona regional | toll area
zona saltada | skip area
zona suburbana | toll area
zona tarifaria | rate zone
zona telefónica | exchange area
zona terminal | terminal area (/pad); boss, pad, tab
zoom [*proceso de disminución y aumento progresivos de la imagen*] | zoom (function)
zoom para acercar | zoom in
zoom para alejar | zoom out
ZPI [*radar de vigilancia indicador de posición*] | ZPI = zone position indicator radar
ZTLP [*punto del nivel de trasmisión cero*] | ZTLP = zero transmission level point
zumbador | buzzer, hummer
zumbador acústico polarizado | polarized sounder
zumbador de armadura vibrátil | vibrating armature buzzer
zumbador de señalización | signal (/signalling) buzzer
zumbido | buzz, buzzer signal, hum, humming, singing
zumbido de corriente alterna | power line hum
zumbido de la alimentación | power supply hum
zumbido de línea de alimentación | power line hum
zumbido de llamada | ringing tone
zumbido de red | power line hum
zumbido de repique | ringing tone
zumbido de sector | power line hum
zumbido inducido | induced hum
zumbido magnético | magnetic hum
zumbido para marcar | dialling tone
zumbido residual | residual hum
zunchado | reinforcement
zuncho para poste | pole band
ZVEI = Zentralverband der elektrotechnischen Industrie [*ale*] [*asociación central de la industria electrotécnica alemana*] | ZVEI [*German electrotechnical industry association*]